Lexikon Lohnsteuer und Sozialversicherung 2024

Wichtige Änderungen für 2024

Auch für das Jahr 2024 gibt es wieder zahlreiche Änderungen im Lohnsteuer- und Sozialversicherungsrecht. In diesem komplett aktualisierten Lexikon mit über 500 Stichwörtern finden Sie alle Neuerungen, die Sie für Ihre tägliche Arbeit brauchen.

> **Geringfügig entlohnte Beschäftigung:** Erhöhung der Geringfügigkeitsgrenze zum 1.1.2024 auf 538 EUR

> **Kinderpflegekrankengeld:** Erhöhter Anspruch in 2024 und 2025 auch nach Auslaufen der Corona-Sonderregelung

> **Elternzeitmeldung:** Neue Verpflichtung zur Meldung bei Beginn und Ende der Elternzeit

> **Krankenkassen:** Abruf der zuständigen Krankenkasse in Ausnahmefällen

> **Grundfreibetrag:** Anhebung des Grundfreibetrags von 10.908 EUR auf 11.604 EUR

> **Solidaritätszuschlag:** Erhöhung der Freigrenzen auf 18.130 EUR (2023: 17.543 EUR) bzw. in Steuerklasse III auf 36.260 EUR (2023: 35.086 EUR)

> **Vermögensbeteiligung:** Erhöhung des Freibetrags von 1.440 EUR auf 2.000 EUR und Verbesserungen bei der Beteiligung an Start-Up-Unternehmen

Wichtiger Hinweis: Das Gesetzgebungsverfahren für das Wachstumschancengesetz, das wichtige Änderungen im Lohnsteuerrecht vorsieht, war zum Zeitpunkt des Redaktionsschlusses noch nicht abgeschlossen. Da unklar war, ob die geplanten Änderungen für 2024 kommen werden, wurden diese nicht eingearbeitet. Sie finden in den betroffenen Texten jedoch entsprechende Hinweise. Über Ihren Onlinezugang können Sie sich jederzeit über den aktuellen Gesetzesstand informieren.

Tipp: Konnten Sie am **Haufe Onlinetraining vom 8. Januar 2024** nicht teilnehmen? In Ihrer Mediathek finden Sie die Aufzeichnung des Seminars. So können Sie sich auch im Nachhinein über die **wichtigsten Änderungen zum Jahreswechsel 2023/2024** informieren. Wie Sie die Aufzeichnung aufrufen können, erfahren Sie auf der Rückseite. Einfacher und effektiver geht Weiterbildung nicht.

Das zweite Onlinetraining, das in Ihrem Abonnement enthalten ist, kündigen wir Ihnen rechtzeitig an: Im Sommerupdate des Lexikons, unter "Haufe Onlinetraining" auf der Startseite von Entgeltwissen PLUS und per Newsletter für Abonnenten.

Mit Haufe setzen Sie die gesetzlichen Änderungen einfach und sicher in die Praxis um.

Entgeltwissen PLUS

Zwei Online-Seminare in Ihrem Abonnement inklusive

Um an den Onlinetrainings teilnehmen zu können, müssen Sie den Zugang zur Online-Nutzung von Entgeltwissen PLUS freigeschaltet haben. Sollten Sie diesen noch nicht aktiviert haben, schicken Sie uns eine Nachricht über www.haufe.de/kontakt. Wählen Sie das Anliegen "Produktsupport & Freischaltcode" aus, tragen Sie in das Feld Produkt "Entgeltwissen Plus" ein und geben Sie in die Nachricht "Produktzugang freischalten" ein.
Oder rufen Sie uns kostenlos an unter 0800 50 50 445 (Mo-Fr 8-20 Uhr und Sa 9-14 Uhr). Sie erhalten eine E-Mail mit einer Schritt-für-Schritt-Anleitung, wie Sie in Ihr Online-Produkt gelangen. Wenn Sie Ihr Produkt über den Buchhandel bezogen haben, wenden Sie sich bitte an Ihren Buchhändler. Er hilft Ihnen gerne weiter.

1. Anmeldung

Sobald das nächste Onlineseminar verfügbar ist, erscheint es auf der Startseite von Entgeltwissen PLUS im Portlet "Haufe Onlinetraining". Klicken Sie auf den Seminartitel um sich anzumelden.

2. Teilnahme

Hinterlegen Sie erstmalig Ihre E-Mail-Adresse sowie ein persönliches Passwort. Anschließend buchen Sie per Mausklick auf "Anmelden" das Online-Seminar.
Nach Abschluss der Anmeldung erhalten Sie eine Bestätigungs-Mail mit einem Zugangslink, über den Sie ca. 15 Minuten vor Seminarbeginn in den Online-Seminarraum gelangen.

3. Videoaufzeichnungen der Online-Seminare

Videoaufzeichnungen vergangener Seminare finden Sie in Ihrer Mediathek.
Klicken Sie dazu auf „Zur Mediathek" im Portlet "Haufe Onlinetraining" – siehe oben.
Sie gelangen direkt zur Übersicht über bevorstehende Termine und den Videoaufzeichnungen vergangener Online-Seminare. Vergangene im Abo enthaltene Videos bleiben dort dauerhaft nutzbar.

Im Abo enthalten | Gekauft & Gebucht

Mediathek durchsuchen

Update zur Entgeltabrechnung
Stand 08.01.2024
ca. 120 Minuten
Jetzt starten

Update zur Entgeltabrechnung
Stand 21.07.2023
ca. 90 Minuten
Jetzt starten

Inhaltsverzeichnis

Änderungen zum Jahreswechsel 2023/2024

Inhalt

Lohnsteuer

1 Änderung bei Tarif und Kindern

Mit dem bereits Ende 2022 beschlossenen, sog. Inflationsausgleichsgesetz[1] sollen vor allem die Folgen der sog. kalten Progression bei der Lohn- und Einkommensteuer durch die Preisentwicklung ausgeglichen werden. Die zweite Stufe dieser Änderungen tritt ab 2024 in Kraft.

1.1 Entlastung beim Lohnsteuertarif

Beim Lohnsteuertarif[2] werden 2024 erneut der **Grundfreibetrag** angehoben und die Tarifeckwerte verschoben. U.a. ist eine weitere Anhebung des Grundfreibetrags von 10.908 EUR auf 11.604 EUR vorgesehen. Der Spitzensteuersatz beginnt 2024 erst ab 66.761 EUR statt bisher bei 62.810 EUR.[3]

Zur Vermeidung zusätzlicher Belastungen durch den ↗ Solidaritätszuschlag wird die dortige Freigrenze 2024 ebenfalls angehoben und zwar auf 18.130 EUR (2023: 17.543 EUR) im Jahr. Bei Jahreslohnsteuern unterhalb dieser Grenzen fällt deshalb kein Solidaritätszuschlag mehr an. In Steuerklasse III gelten jeweils die doppelten Beträge.

Die Verbesserungen werden regelmäßig beim Lohnsteuerabzug ab Januar 2024 wirksam. Die vorstehenden Neuerungen sind in den ab Januar 2024 gültigen Lohnsteuerprogrammen enthalten. Die Verwaltung hat den geänderten Programmablaufplan für die maschinelle Berechnung der vom Arbeitslohn einzubehaltenden Lohnsteuer, des Solidaritätszuschlags und der Maßstabsteuer für die Kirchenlohnsteuer für 2024 bekannt gemacht.[4]

Achtung

Weitere Anhebung Grundfreibetrag?

Der Grundfreibetrag soll für das Jahr 2024 nochmals auf **11.784 EUR** angehoben werden. Diese Änderung ist aber bis zum Jahreswechsel 2023/2024 nicht in ein Gesetzgebungsverfahren eingebracht worden. Es bleibt abzuwarten, ob zu einem späteren Zeitpunkt eine rückwirkende Anhebung mit nachfolgender Korrektur des Lohnsteuerabzugs erfolgen wird.

1.2 Änderungen bei Kindern

Das ↗ Kindergeld war bereits mit Wirkung ab 2023 auf einheitlich 250 EUR pro Monat erhöht worden. Eine weitere Änderung ab 2024 ist nicht vorgesehen. Grundsätzlich wird das Kindergeld durch die Familienkassen und unabhängig vom Lohnsteuerabzug ausgezahlt. Ausnahmsweise sind Arbeitgeber in der öffentlichen Verwaltung verpflichtet, das staatliche Kindergeld an ihre Beschäftigten mit der Entgeltabrechnung auszuzahlen.[5]

Der in der Steuererklärung alternativ zu gewährende ↗ Kinderfreibetrag[6] wird 2024 für jeden Elternteil angehoben, und zwar auf 3.192 EUR. Hinzu kommt jeweils ein unveränderter Freibetrag von 1.464 EUR für den Betreuungs- und Erziehungs- oder Ausbildungsbedarf des Kindes. Bei Ehegatten verdoppeln sich die Beträge. Der gesamte Freibetrag je Kind bei zusammen veranlagten Ehegatten beträgt damit im Jahr 2024 **9.312 EUR**.

Auswirkungen ergeben sich beim Lohnsteuerabzug nur beim Solidaritätszuschlag und ggf. bei der Kirchensteuer.

2 Zukunftsfinanzierungsgesetz

Das von Bundestag und Bundesrat beschlossene Gesetz zur Finanzierung von zukunftssichernden Investitionen – Zukunftsfinanzierungsgesetz[7] – enthält Regelungen aus dem Gesellschaftsrecht, dem Kapitalmarktrecht und dem Steuerrecht. Durch verbesserte steuerliche Rahmenbedingungen für die Mitarbeiterkapitalbeteiligung soll es Unternehmen erleichtert werden, Beschäftigte zu gewinnen.

---

1 Gesetz zum Ausgleich der Inflation durch einen fairen Einkommensteuertarif sowie zur Anpassung weiterer steuerlicher Regelungen v. 8.12.2022, BGBl 2022 I S. 2230.
2 § 32a EStG.
3 S. Freibeträge, Abschn. 2.1.
4 BMF, Schreiben v. 3.11.2023, IV C 5 – S 2361/19/10008 :010.
5 § 72 Abs. 1 EStG.
6 § 32 Abs. 6 EStG.
7 Drucksache 587/23; Beschluss.

2.1 Steuerfreie Mitarbeiterkapitalbeteiligung

Der Freibetrag für ↗ Mitarbeiterkapitalbeteiligungen[1] wird von bisher 1.440 EUR **ab 2024 auf 2.000 EUR erhöht**. Ursprünglich war eine deutlich größere Anhebung geplant. Der Freibetrag gilt weiterhin nur unter den Voraussetzungen, dass es sich bei der Mitarbeiterbeteiligung

- um eine freiwillige Leistung des Arbeitgebers handelt, die grundsätzlich allen Mitarbeitern des Unternehmens offensteht, die ein Jahr oder länger ununterbrochen in einem gegenwärtigen Dienstverhältnis zum Arbeitgeber stehen und
- um eine Vermögensbeteiligung am Unternehmen des eigenen Arbeitgebers handelt, die den Arbeitnehmern in Form von ↗ Sachbezügen gewährt wird.

Steuerfreie Mitarbeiterkapitalbeteiligungen können weiterhin in vollem Umfang auch durch Entgeltumwandlung finanziert werden.[2]

Beispiel

Gewährung von Unternehmensaktien an Arbeitnehmer

Ein börsennotiertes Unternehmen bietet allen fest angestellten Arbeitnehmern zum Ende des Jahres 2024 Unternehmensaktien zum aktuellen Börsenkurs von bis zu 2.000 EUR an. Die Hälfte wird vom Unternehmen als zusätzliche Prämie gewährt. Die andere Hälfte kann von den Arbeitnehmern im Wege der Entgeltumwandlung beansprucht werden.

Ergebnis: Die Gewährung der Unternehmensaktien bleibt in vollem Umfang steuerfrei, weil der neue Höchstbetrag eingehalten wird. Die Steuerfreiheit gilt auch für die im Wege der Entgeltumwandlung erworbenen Aktien.

Sozialversicherungsfrei bleiben allerdings nur die zusätzlich gewährten Anteile.

2.2 Aufgeschobene Besteuerung für Beteiligungen

Der Steueraufschub in § 19a EStG[3] enthält Regelungen, nach denen unter bestimmten Voraussetzungen die ↗ geldwerten Vorteile aus ↗ Vermögensbeteiligungen zunächst nicht besteuert werden (Steuerfreistellung im Zeitpunkt der Überlassung). Der Steueraufschub kommt vor allem in Fällen zur Anwendung, in denen die Vorteile über die vorherige Steuerbefreiung hinausgehen und/oder deren Voraussetzungen nicht erfüllt sind.

Die Besteuerung erfolgt erst zu einem späteren Zeitpunkt nämlich bei einer Verfügung (insbesondere beim Verkauf), der Beendigung des Dienstverhältnisses oder bisher spätestens nach 12 Jahren (aufgeschobene Besteuerung).

Die bisherigen Bedingungen für den Aufschub haben sich jedoch in der Praxis als zu eng erwiesen und werden deshalb angepasst. Probleme treten insbesondere auf, wenn die Übertragung einer Beteiligung zu steuerpflichtigem Arbeitslohn (Sachbezug) bei den Arbeitnehmern führt, ohne dass ihnen liquide Mittel zugeflossen sind.

Zur Abmilderung sind ab 2024 insbesondere folgende Maßnahmen beschlossen:

- Die Besteuerung des **geldwerten Vorteils** aus Vermögensbeteiligungen erfolgt erst **spätestens 15** statt bisher 12 Jahre nach der Übertragung der Vermögensbeteiligung.[4] Die Verschiebung des Besteuerungszeitpunkts gilt auch für Vermögensbeteiligungen, die vor 2024 übertragen wurden.
- Im Fall des Rückerwerb der Anteile bei Verlassen des Unternehmens ist nur die tatsächlich an die Arbeitnehmer gezahlte Vergütung maßgeblich.
- Für die Fälle des Ablaufs der Nachversteuerungsfrist und der Beendigung des Dienstverhältnisses findet keine Besteuerung mehr statt, wenn der Arbeitgeber auf freiwilliger Basis unwiderruflich erklärt, dass er die Haftung für die einzubehaltende und abzuführende Lohnsteuer übernimmt.[5] In diesen Fällen löst erst ein späterer Verkauf eine Besteuerung aus.

1 § 3 Nr. 39 Satz 1 EStG i. d. F. des Zukunftsfinanzierungsgesetzes.
2 S. Barlohnumwandlung.
3 Eingeführt ab 2021.
4 § 19a Abs. 4 EStG.
5 § 19 Abs. 4a EStG.

Im Übrigen sind im Hinblick auf die Anteile folgende Verbesserungen vorgesehen:

- In der Praxis werden die Gesellschaftsanteile oftmals nicht vom Arbeitgeber selbst, sondern den (Gründungs-)Gesellschaftern gewährt. Durch eine entsprechende Ergänzung von § 19a Abs. 1 Satz 1 EStG wird klargestellt, dass auch diese Fallgestaltung ein begünstigter Sachverhalt ist.[6]
- Bei Start-ups werden nahezu ausschließlich vinkulierte Anteile als Mitarbeiterbeteiligung gewährt. Bei diesen liegt erst zum Zeitpunkt der Zustimmung der Gesellschaft in Bezug auf die Übertragung ein steuerlicher Lohnzufluss vor. Eine Sonderregelung stellt sicher, dass der Steueraufschub auch für vinkulierte Anteile anwendbar ist.[7]
- Künftig ist hinsichtlich der begünstigten Unternehmen auf großzügigere Grenzen abzustellen:
- Die Unternehmen müssen danach weniger als 1.000 Mitarbeiter beschäftigen und dürfen höchstens einen Jahresumsatz von 100 Mio. EUR oder eine Jahresbilanzsumme von höchstens 86 Mio. EUR erzielen.[8]
- Die Förderung kann gewährt werden, wenn die Schwellenwerte im Zeitpunkt der Übertragung der Vermögensbeteiligung oder in einem der 6 vorangegangenen Kalenderjahre nicht unterschritten wurden.[9]
- Der maßgebliche Gründungszeitraum des Unternehmens wird von 12 auf 20 Jahre vor dem Beteiligungszeitpunkt ausgeweitet.[10]

Arbeitnehmersparzulage

Ab 2024 wird zudem die Einkommensgrenze bei der ↗ Arbeitnehmersparzulage für die Anlage der ↗ vermögenswirksamen Leistungen in Vermögensbeteiligungen (u. a. Investmentfonds) und für die wohnungswirtschaftliche Verwendung der vermögenswirksamen Leistungen (u. a. Bausparen) auf **einheitlich 40.000 EUR** bzw. bei der Zusammenveranlagung auf 80.000 EUR angehoben.[11] Bisher betrugen diese 20.000/40.000 EUR für Vermögensbeteiligungen und 17.900/35.800 EUR bei wohnungswirtschaftlicher Verwendung.

Mit der höheren Einkommensgrenze sollen auch vermehrt Arbeitnehmer, deren Arbeitgeber üblicherweise keine Vermögensbeteiligungen mit steuerlicher Förderung anbieten (u. a. im öffentlichen Dienst, bei Kirchen, Verbänden etc.), einen Vermögensaufbau über Vermögensbeteiligungen betreiben. Die höchstmögliche Arbeitnehmersparzulage dafür beträgt unverändert 400 EUR × 20 % = 80 EUR jährlich. Für die Anlage in Bausparverträgen und bei wohnungswirtschaftlichen Verwendungen werden 9 % der Beiträge i. H. v. max. 470 EUR gefördert.

3 Kreditzweitmarktförderungsgesetz

Kurz vor dem Jahreswechsel hat der Gesetzgeber einige steuerliche Änderungen in das Kreditzweitmarktförderungsgesetz verschoben[12], damit sie noch vor dem Jahreswechsel in Kraft treten können. Aus lohnsteuerlicher Sicht ist auf die folgenden Änderungen hinzuweisen:

3.1 Berücksichtigung der zutreffenden Pflegeversicherungsbeiträge

Der Mitte 2023 eingeführte Abschlag in der sozialen ↗ Pflegeversicherung ab dem 2. bis zum 5. Kind blieb bisher beim ↗ Lohnsteuerabzug noch unberücksichtigt. Nach der beschlossenen Änderung wird bereits bei der **Lohnsteuerberechnung** die Reduzierung des Beitragssatzes zur sozialen Pflegeversicherung aufgrund der Kinderzahl berücksichtigt.[13] Die Änderung ist erstmals anzuwenden auf laufenden Arbeitslohn, der für einen nach dem 31.12.2023 endenden Lohnzahlungszeitraum gezahlt wird, und auf sonstige Bezüge, die nach dem 31.12.2023 zufließen. Der Beitragsabschlag für zu berücksichtigende Kinder kann damit bei der Aufstellung des (geänderten) Programmablaufplans für die maschinelle Berechnung für 2024 berücksichtigt werden.

6 § 19a Abs. 1 Satz 1 EStG.
7 § 19a Abs. 1 Satz 3 EStG.
8 § 19a EStG Abs. 3 EStG.
9 § 19a EStG Abs. 3 EStG.
10 § 19a EStG Abs. 3 EStG.
11 § 13 Abs. 1 Satz 1 5. VermBG.
12 Bundesrats-Drucksache 656/23 (Beschluss).
13 § 39b Abs. 2 Satz 5 Nr. 3 Buchst. c EStG.

Hinweis

Pflegeversicherung: Digitales Verfahren für 2025 geplant

Für die Zukunft ist ein maschinelles Verfahren zur Kinderermittlung bei den Pflegekassen in Vorbereitung und die gesetzlichen Grundlagen vorgesehen. Bis 2025 soll ein digitales Verfahren zur Erhebung und zum Nachweis der Anzahl der berücksichtigungsfähigen Kinder entwickelt werden.

3.2 Berücksichtigung der Beiträge zur privaten Krankenversicherung

Bei der Berechnung der Lohnsteuer werden über die sog. ⇗ Vorsorgepauschale auch Beiträge zur privaten Basiskranken- und Pflege-Pflichtversicherung als Ausgaben berücksichtigt.[1] Hierfür müssen die Beschäftigten dem Arbeitgeber die abziehbaren privaten Basiskranken- und Pflege-Pflichtversicherungsbeiträge mittels einer Beitragsbescheinigung des Versicherungsunternehmens mitteilen.

Eigentlich sollte ab 2024 ein umfassender elektronischer Datenaustausch zwischen den Unternehmen der privaten Kranken- und Pflegeversicherung, der Finanzverwaltung und den Arbeitgebern eingeführt werden. Die entsprechenden Regelungen wurden bereits vor Jahren beschlossen. Dieser Termin verschiebt sich aber um 2 Jahre auf den 1.1.2026. Die Verschiebung ist im Rahmen des Kreditzweitmarktförderungsgesetzes über entsprechende Anwendungsregelungen gesetzlich flankiert worden.[2] Die bisher geltenden Regelungen sind damit bis zur Einführung des Datenaustauschs weiterhin anzuwenden.

4. Wachstumschancengesetz

Zahlreiche weitere Gesetzesänderungen – teils auch mit entlastender Wirkung – sind im Wachstumschancengesetz enthalten. Durch die Anhebung von Schwellenwerten und Pauschalen sollen vor allem kleine Betriebe von Bürokratie entlastet werden. Aktuell befindet sich das Gesetz im Vermittlungsausschuss, nachdem der Bundesrat seine Zustimmung verweigert[3] hat. Vor dem Jahreswechsel 2023/2024 konnte keine Einigung erzielt werden. Die weiteren Verhandlungen und deren Ergebnis bleiben deshalb abzuwarten.

Hinweis

Bisherige Werte bis auf Weiteres gültig

Das Gesetzgebungsverfahren, das eine Änderung der nachstehenden Werte vorsieht, ist noch nicht abgeschlossen. Ggf. wird eine Änderung im Laufe des Jahres 2024 folgen.

Aus lohnsteuerlicher Sicht ist vor allem auf folgende geplanten Änderungen hinzuweisen:

4.1 Berücksichtigung Verpflegungsmehraufwand

Arbeitnehmer können für tatsächlich entstandene ⇗ Verpflegungsmehraufwendungen aufgrund einer beruflich veranlassten **Auswärtstätigkeit** nach der Abwesenheitszeit von Wohnung und erster Tätigkeitsstätte gestaffelte Verpflegungspauschalen als ⇗ Werbungskosten ansetzen[4] oder in entsprechender Höhe einen steuerfreien Arbeitgeberersatz erhalten. Die Berücksichtigung der Pauschalen für die Verpflegungsmehraufwendungen ist im In- und Ausland auf die ersten 3 Monate einer beruflichen Tätigkeit an ein und derselben Tätigkeitsstätte beschränkt.

Die **inländischen Verpflegungspauschalen** sollen ab 2024 wie folgt angehoben werden[5]:

- für jeden Kalendertag, an dem Arbeitnehmer 24 Stunden von der Wohnung und der ersten Tätigkeitsstätte abwesend sind, von 28 EUR auf 32 EUR[6];
- für den An- oder Abreisetag, wenn Arbeitnehmer an diesem, einem anschließenden oder vorhergehenden Tag außerhalb der Wohnung übernachten, von jeweils 14 EUR auf 16 EUR[7];
- für jeden Kalendertag, an dem Arbeitnehmer ohne Übernachtung außerhalb der Wohnung mehr als 8 Stunden von der Wohnung und der ersten Tätigkeitsstätte abwesend sind, von 14 EUR auf 16 EUR.[8]

Wird Arbeitnehmern vom Arbeitgeber oder auf dessen Veranlassung von einem Dritten eine Mahlzeit zur Verfügung gestellt, werden die Pauschalen gekürzt, und zwar

- um 20 % für ein Frühstück und
- um jeweils 40 % für ein Mittag- und Abendessen.

der für die 24-stündige Abwesenheit geltenden höchsten Verpflegungspauschale.

Die Erhöhung der Verpflegungspauschale hätte zur Folge, dass sich die **Kürzungsbeträge für eine Mahlzeit** im Rahmen einer Auswärtstätigkeit ebenfalls erhöhen würden und zwar auf 6,40 EUR für ein Frühstück und auf 12,80 EUR für ein Mittag- oder Abendessen.

Steht Arbeitnehmern keine Verpflegungspauschale zu (z. B. weil die Tätigkeit weniger als 8 Stunden beträgt oder die sog. 3-Monatsfrist abgelaufen ist), so ist eine Versteuerung der Mahlzeit mit dem ⇗ Sachbezugswert vorzunehmen. Dieser beträgt für 2024 für ein **Frühstück 2,17 EUR** und für ein **Mittag- oder Abendessen 4,13 EUR**.

Zusätzliche Pauschale bei Übernachtung im Fahrzeug

Als weitere gesetzliche Maßnahme aus dem Wachstumschancengesetz soll die gesetzliche Pauschale für Arbeitnehmer, die ihre berufliche Tätigkeit vorwiegend auf Kraftfahrzeugen ausüben und auch dort übernachten (z. B. Berufskraftfahrer), ab 2024 von 8 EUR auf 9 EUR[9, 10] je Kalendertag angehoben werden.

Auslandsreisepauschalen

Für **Auslandsreisen** gelten abweichende ⇗ Pauschalen, die unabhängig von der gesetzlichen Neuregelung sind. Das BMF hat die für 2024 geltenden Pauschalen aktuell neu veröffentlicht.[11]

4.2 Listenpreisregelung bei Elektro- und Hybridfahrzeugen

Bei der ⇗ 1-%-Regelung ist bei der privaten Nutzung eines betrieblichen Kraftfahrzeugs, das keine CO_2-Emissionen hat[12] nur 1/4 der Bemessungsgrundlage (Bruttolistenpreis) anzusetzen.[13] Das gilt bislang jedoch nur, wenn der Bruttolistenpreis des Kraftfahrzeugs nicht mehr als 60.000 EUR beträgt. Zur Steigerung der Nachfrage und um die gestiegenen Anschaffungskosten abzubilden, soll der bestehende Höchstbetrag für nach dem 31.12.2023 angeschaffte Fahrzeuge auf 70.000 EUR[14] angehoben werden.

Der jeweilige Betrag gilt entsprechend bei der Überlassung eines betrieblichen Kraftfahrzeugs an Arbeitnehmer.[15]

Liegt der Bruttolistenpreis eines Elektrofahrzeugs über der Preisgrenze oder handelt es sich um ein extern aufladbares Elektro-Hybridfahrzeug kommt eine Halbierung der Bemessungsgrundlage in Betracht. Die Förderung von Hybridfahrzeugen erfolgt nur, wenn sie bestimmte Voraussetzungen erfüllen.

Hier hatte der Bundesrat weitere Verschärfungen angeregt, die der Bundestag im Gesetzesbeschluss aufgreift: Bei den Hybrid-Pkw soll die Alternativmöglichkeit in Form der bestehenden Kilometergrenze[16] zur Erlangung der halben Bemessungsgrundlage aufgehoben werden. Sie kommt dann nur noch zur Anwendung, wenn das Kraftfahrzeug eine Kohlendioxidemission von höchstens 50 Gramm je gefahrenen Kilometer hat. Auswirkungen ergeben sich aber erst bei Anschaffung ab 2025. Bis dahin genügt auch eine elektrische Reichweite von 60 km für den halben Listenpreis.

1 § 39b Abs. 2 Satz 5 Nr. 3 Buchst. d EStG.
2 § 52 Abs. 36 Sätze 3-4 EStG.
3 Drucksache 588/23, Beschluss.
4 § 9 Abs. 4a EStG.
5 Das Gesetzgebungsverfahren, das eine Änderung der beiden Werte vorsieht, ist noch nicht abgeschlossen. Ggf. wird eine Änderung im Laufe des Jahres 2024 folgen.
6 § 9 Abs. 4a EStG.
7 § 9 Abs. 4a EStG.
8 § 9 Abs. 4a EStG.
9 Das Gesetzgebungsverfahren, das eine Änderung des Werts vorsieht, ist noch nicht abgeschlossen. Ggf. wird eine Änderung im Laufe des Jahres 2024 folgen.
10 § 9 Abs. 4a EStG.
11 BMF, Schreiben v. 21.11.2023, IV C 5 – S 2353/19/10010 :005, BStBl 2023 I, S. 2076.
12 Reine Elektrofahrzeuge inkl. Brennstoffzellenfahrzeuge.
13 § 6 Abs. 1 Nr. 4 Satz 2 Nr. 3 EStG.
14 Das Gesetzgebungsverfahren, das eine Änderung des Werts vorsieht, ist noch nicht abgeschlossen. Ggf. wird eine Änderung im Laufe des Jahres 2024 folgen.
15 § 8 Abs. 2 Sätze 2-3 und 5 EStG.
16 Zulassung ab 1.1.2025: mindestens 80 Kilometer Reichweite.

	Anteil Listenpreis	Anschaffung	Listenpreis	Emissionen oder	Reichweite
Elektrofahrzeuge	0,25 %	ab 2019	<= 60.000 EUR	keine Vorgaben	
		ab 2024	<= 70.000 EUR		
Hybridfahrzeuge und Elektrofahrzeuge, die die Preisgrenze überschreiten	0,50 %	ab 2019	egal	max. 50 g CO_2/km	>= 40 km
		ab 2022			>= 60 km
		ab 2025			entfällt

4.3 Freibetrag für Betriebsveranstaltungen

Voraussichtlich sollen Zuwendungen des Arbeitsgebers an seine Arbeitnehmer und deren Begleitpersonen anlässlich von ⇗ Betriebsveranstaltungen ab 2024 steuerfrei bleiben soweit sie den Betrag von 150 EUR[1] (bisher 110 EUR) je Betriebsveranstaltung und Teilnehmer – unter den weiteren bisherigen Voraussetzungen – nicht übersteigen.[2]

Betriebsveranstaltungen sind Veranstaltungen auf **betrieblicher Ebene mit gesellschaftlichem Charakter**. Beispiele sind Betriebsausflüge, Weihnachtsfeiern und Jubiläumsfeiern. Voraussetzung für die Gewährung des Freibetrags ist, dass die Betriebsveranstaltung allen Angehörigen des Betriebs oder eines Betriebsteils offensteht.

Zuwendungen anlässlich einer Betriebsveranstaltung sind **alle Aufwendungen des Arbeitgebers einschließlich Umsatzsteuer** unabhängig davon, ob sie einzelnen Mitarbeitern individuell zurechenbar sind oder ob es sich um Kosten handelt, die der Arbeitgeber gegenüber Dritten für den äußeren Rahmen der Betriebsveranstaltung aufwendet. Zur Berechnung, ob sich die Zuwendungen des Arbeitgebers im Rahmen des Freibetrags bewegen oder darüber hinausgehen, sind die zu berücksichtigenden Aufwendungen des Arbeitgebers zunächst zu gleichen Teilen auf alle bei der Betriebsveranstaltung **anwesenden Teilnehmer** aufzuteilen. Auf die Anzahl der eingeladenen Personen kommt es demgegenüber nicht an.

Der jeweilige Freibetrag gilt für bis zu 2 Betriebsveranstaltungen jährlich. Nimmt der Mitarbeiter an mehr als 2 Betriebsveranstaltungen teil, können die beiden Veranstaltungen, für die der Freibetrag gelten soll, ausgewählt werden. Ist der **Steuerfreibetrag überschritten** oder werden mehr als 2 Veranstaltungen durchgeführt, liegt steuerpflichtiger Arbeitslohn vor. Arbeitslohn aus Anlass von Betriebsveranstaltungen kann mit **25 % pauschal besteuert** werden.[3, 4]

4.4 Änderungen Rentenbesteuerung

Der vollständige steuerliche Abzug von Altersvorsorgeaufwendungen als **Sonderausgaben** ist bereits seit 2023 möglich. Daraus folgt auch die volle Berücksichtigung der Rentenversicherungsbeiträge im Rahmen der sog. **Vorsorgepauschale** im Lohnsteuerabzugsverfahren. Als weitere Maßnahme, um eine drohende Doppelbesteuerung von Renten zu verhindern, soll der Anstieg der steuerpflichtigen Rentenanteile verlangsamt werden. Bereits ab dem Jahr 2023 soll der Anstieg des Besteuerungsanteils für jeden neuen Renteneintrittsjahrgang auf einen **halben Prozentpunkt**[5] jährlich reduziert werden. In der Folge ergeben sich Änderungen bei ⇗ Pensionären und Betriebsrentnern, die auch Auswirkungen auf den ⇗ Lohnsteuerabzug haben.

4.5 Versorgungsfreibetrag

Von ⇗ Versorgungsbezügen bei Pensionären und Betriebsrentnern bleibt ein nach einem Prozentsatz ermittelter und auf einen Höchstbetrag begrenzter Versorgungsfreibetrag sowie ein Zuschlag zum Versorgungsfreibetrag (Freibeträge für Versorgungsbezüge) steuerfrei.[6] Dieser Betrag wird für jeden neuen Jahrgang abgeschmolzen.

Beginnend mit dem Jahr 2023 soll der anzuwendende Prozentwert zur Bemessung des Versorgungsfreibetrags aber nicht mehr wie bisher in jährlichen Schritten von 0,8 Prozentpunkten, sondern nur noch in **jährlichen Schritten von 0,4 Prozentpunkten** verringert werden. Der Höchstbetrag soll ab dem Jahr 2023 um jährlich 30 EUR und der Zuschlag zum Versorgungsfreibetrag um **jährlich 9 EUR** sinken.[7]

Beginn der Versorgung	Bisher			Neu		
	Versorgungsfreibetrag		Zuschlag	Versorgungsfreibetrag		Zuschlag
	In %	Höchstbetrag		In %	Höchstbetrag	
2022	14,4	1.080 EUR	324 EUR	14,4	1.080 EUR	324 EUR
2023	13,6	1.020 EUR	306 EUR	14,0	1.050 EUR	315 EUR
2024	12,8	960 EUR	288 EUR	13,6	1.020 EUR	306 EUR
2040	0	0 EUR	0 EUR	7,2	540 EUR	162 EUR
2058				0	0 EUR	0 EUR

Hinweis

Rückwirkende Erhöhung über Einkommensteuerveranlagung

Um zusätzlichen Aufwand für die Arbeitgeber zu vermeiden, wird die (rückwirkende) Erhöhung des Versorgungsfreibetrags und des Zuschlags zum Versorgungsfreibetrag für das Jahr 2023 erst im Rahmen der Veranlagung zur Einkommensteuer gewährt werden. Für 2024 sind in den Lohnprogrammen bisher ebenfalls nur die bisherigen Freibeträge enthalten.

4.6 Altersentlastungsbetrag

Eine weitere Änderung betrifft eine Regelung für ältere, aber noch aktive Arbeitnehmer. Der ⇗ Altersentlastungsbetrag ist ein Steuerfreibetrag, der bei Bezug bestimmter Einkünfte gewährt wird, wenn der oder die Betroffene vor dem Beginn des Kalenderjahres das 64. Lebensjahr vollendet hat.[8] Begünstigte Einkünfte sind u.a. aktive Einkünfte aus nichtselbstständiger Arbeit. Betroffen ist also der Arbeitslohn und damit auch der Lohnsteuerabzug. Auch der Altersentlastungsbetrag wird jährlich abgeschmolzen.

Der verlangsamte Anstieg des Besteuerungsanteils bei den Renten soll auch im Bereich des Altersentlastungsbetrags nachvollzogen werden. Mit der Anpassung soll ab dem Jahr 2023 der anzuwendende Prozentsatz nicht mehr in jährlichen Schritten von 0,8 Prozentpunkten, sondern von **0,4 Prozentpunkten** verringert werden. Der Höchstbetrag soll beginnend ab 2023 um **jährlich 19 EUR** anstatt bisher 38 EUR sinken.[9]

Jahr nach Vollendung des 64. Lebensjahres	Bisher		Neu	
	Altersentlastungsbetrag		Altersentlastungsbetrag	
	In %	Höchstbetrag	In %	Höchstbetrag
2022	14,4	684 EUR	14,4	684 EUR
2023	13,6	646 EUR	14,0	665 EUR
2024	12,8	608 EUR	13,6	646 EUR
2040	0	0 EUR	7,2	342 EUR
2058			0	0 EUR

1 Das Gesetzgebungsverfahren, das eine Änderung des Werts vorsieht, ist noch nicht abgeschlossen. Ggf. wird eine Änderung im Laufe des Jahres 2024 folgen.
2 § 19 Abs. 1 Nr. 1a EStG.
3 § 40 Abs. 2 Satz 1 Nr. 2 EStG.
4 Weitere Einzelheiten s. BMF, Schreiben v. 14.10.2015, IV C 5 – S 2332/15/10001, BStBl 2015 I S. 832.
5 Statt bisher jährlich ein Prozentpunkt.
6 § 19 Abs. 2 Satz 3 EStG.
7 Das Gesetzgebungsverfahren, das eine Änderung des Versorgungsfreibetrags vorsieht, ist noch nicht abgeschlossen. Ggf. wird eine Änderung im Laufe des Jahres 2024 folgen.
8 § 24a EStG.
9 Das Gesetzgebungsverfahren, das eine Änderung des Altersentlastungsbetrags vorsieht, ist noch nicht abgeschlossen. Ggf. wird eine Änderung im Laufe des Jahres 2024 folgen.

Hinweis

Rückwirkende Erhöhung über Einkommensteuerveranlagung

Um zusätzlichen Aufwand für die Arbeitgeber zu vermeiden, wird auch die (rückwirkende) Erhöhung des Altersentlastungsbetrags für das Jahr 2023 erst im Rahmen der Veranlagung zur Einkommensteuer gewährt werden. Für 2024 ist die Änderung aber ebenfalls nicht in den bisher vorliegenden Lohnsteuertabellen enthalten..

4.7 Fünftelregelung bei der Lohnsteuer

Abfindungen und Vergütungen für eine mehrjährige Tätigkeit, wie z. B. ⇗ Jubiläumszuwendungen, können oftmals nach der sog. ⇗ Fünftelregelung besteuert werden.[1] Dadurch ergeben sich regelmäßig steuerliche (Progressions-)Vorteile. Außerordentliche Einkünfte[2] liegen aber nur dann vor, wenn die zu begünstigenden Einkünfte

- in einem Veranlagungszeitraum zu erfassen sind (= Zusammenballung in einem Kalenderjahr; 1. Prüfung) und
- durch die Zusammenballung von Einkünften erhöhte steuerliche Belastungen entstehen können (= Zusammenballung durch höhere Jahreseinkünfte; 2. Prüfung).

⇗ Abfindungen sind zudem nur dann ermäßigt zu besteuern, wenn die Voraussetzungen einer Entschädigung erfüllt sind. Eine Zahlung des Arbeitgebers, die bereits vorhandene Ansprüche abgilt, ist keine Entschädigung. Auch die Prüfung der Zusammenballung kann gerade bei Abfindungen komplex sein.

Derzeit kann die Fünftelregelung für Entschädigungen und Vergütungen für mehrjährige Tätigkeiten bereits bei der Berechnung der Lohnsteuer berücksichtigt werden. Da dieses Verfahren für Arbeitgeber kompliziert ist, soll es gestrichen werden.[3] Der Gesetzgeber verweist auf Stellungnahmen aus der Praxis, die gezeigt hätten, dass Arbeitgeber die Fünftelregelung wegen diverser Zweifelsfragen ohnehin vielfach nicht im Lohnsteuerverfahren anwenden, da sie die Voraussetzungen nicht prüfen könnten.

Die Tarifermäßigung sollen Arbeitnehmer aber weiterhin im Veranlagungsverfahren geltend machen können, sodass für die Beschäftigten letztlich nur Liquiditätsnachteile entstehen können. Für beschränkt steuerpflichtige Arbeitnehmer mit tarifermäßigt zu besteuerndem Arbeitslohn wird eine Antragsveranlagung ermöglicht.[4]

Wichtig

Fünftelregelung noch im Programm

Solange die Gesetzesänderung nicht endgültig beschlossen ist, bleibt die Anwendung im Lohnsteuerverfahren unter obigen Voraussetzungen grundsätzlich zulässig und ist auch in den Lohnabrechnungsprogrammen und Lohnsteuerbescheinigungen weiterhin vorgesehen.

4.8 Beiträge für eine Gruppenunfallversicherung

Beiträge zur gesetzlichen ⇗ Unfallversicherung gehören zu den Aufwendungen des Arbeitgebers für die Zukunftssicherung der Arbeitnehmer und sind steuerfrei.[5]

Bei freiwilliger Versicherung sind die Beitragszahlungen jedoch grundsätzlich nicht steuerfrei. Steht Arbeitnehmern ein eigener Anspruch gegen die Versicherungsgesellschaft zu, handelt es sich bei den Prämienzahlungen des Arbeitgebers für eine Unfallversicherung bereits im Zeitpunkt der Zahlung um Arbeitslohn. Soweit Beiträge zu Versicherungen jedoch auch das Unfallrisiko bei Auswärtstätigkeiten abdecken, sind diese als Reisenebenkosten steuerfrei. Bei Versicherungen gegen private und berufliche Unfälle sind das 20 % der Prämien.[6] Arbeitgeber können die steuerpflichtigen Beiträge für eine ⇗ Gruppenunfallversicherung mit einem Pauschsteuersatz von 20 % erheben.[7] Das gilt aber bisher nur, wenn der steuerliche Durchschnittsbetrag ohne Versicherungssteuer **100 EUR im Kalenderjahr** nicht übersteigt. Dieser **Grenzbetrag** soll **aufgehoben** werden. Eine Pauschalbesteuerung wäre damit für Gruppenunfallversicherungsbeiträge unbeschränkt möglich.

Beispiel

Pauschalierung der Gruppenunfallversicherung

In einer Gruppenunfallversicherung sind zahlreiche Arbeitnehmer gegen alle Unfälle zum Jahresbeitrag von 200 EUR versichert.

Gesamtbeitrag	200 EUR
Davon steuerfrei für Dienstreisen 20 %	40 EUR
Steuerpflichtiger Beitrag	160 EUR

4.9 Sonstige geplante Änderungen

4.9.1 Steuerbefreiung Qualifizierungsgeld

Durch das Gesetz zur Stärkung der Aus- und Weiterbildungsförderung wird für die berufliche Weiterbildung ab dem 1.4.2024 das sog. ⇗ Qualifizierungsgeld eingeführt.[8] Damit sollen Arbeitgeber und Arbeitnehmer unterstützt werden, wenn der Verlust von Arbeitsplätzen durch den Strukturwandel droht, die Unternehmen ihre Mitarbeitenden aber durch die richtige **Weiterbildung** weiterbeschäftigen können. Im Rahmen des Wachstumschancengesetzes soll das Qualifizierungsgeld steuerlich flankiert werden. Entsprechend dem Kurzarbeitergeld soll das von der Agentur für Arbeit gewährte Qualifizierungsgeld steuerfrei sein[9], aber dem Progressionsvorbehalt unterliegen.[10] Die Weiterbildungskosten, die beim Qualifizierungsgeld vom Arbeitgeber zu tragen sind, sollen ebenfalls **steuerfrei** gestellt werden.[11]

4.9.2 Nationales Besteuerungsrecht für Grenzgänger im ausländischen Homeoffice

Im Zusammenhang mit Tätigkeiten im ⇗ Homeoffice bei sog. ⇗ Grenzgängern soll die beschränkte Steuerpflicht ergänzt werden.[12] Die nichtselbstständige Arbeit soll für Einkünfte nach dem 31.12.2023 als im Inland ausgeübt oder verwertet gelten, soweit ein mit dem Ansässigkeitsstaat abgeschlossenes ⇗ Doppelbesteuerungsabkommen (DBA) oder eine bilaterale Vereinbarung für diese Tätigkeit Deutschland ein Besteuerungsrecht zuweist.

Doppelbesteuerungsabkommen mit Luxemburg

Auswirkungen ergeben sich im Verhältnis mit ⇗ Luxemburg. Dort gelten ab 2024 bei Grenzgängern bis zu 34 Homeoffice-Tage jährlich als unschädlich für die Zuordnung des Besteuerungsrechts (bisher 19 Tage). Wenn also der Arbeitgeber in Deutschland sitzt und der Beschäftigte bis zu 34 Tage im luxemburgischen Homeoffice arbeitet, könnte Deutschland das Besteuerungsrecht nach dem DBA in Kombination mit der geplanten Gesetzesregelung wahrnehmen.

Für die Zukunft ist zu erwarten, dass weitere DBA ähnliche Regelungen bekommen und die Bedeutung der beabsichtigten Gesetzesänderung zunimmt.

4.9.3 Geschenke

Aufwendungen für ⇗ Geschenke an Personen, die nicht Arbeitnehmer des Steuerpflichtigen sind, dürfen den Gewinn nicht mindern, wenn die Anschaffungs- oder Herstellungskosten der dem Empfänger im Wirtschaftsjahr zugewendeten Gegenstände insgesamt bisher 35 EUR nicht übersteigen. Dieser Betrag soll für Wirtschaftsjahre mit Beginn nach dem 31.12.2023 auf **50 EUR** angehoben werden.[13, 14]

Wichtig

Pauschalbesteuerung von Geschenken

Die geplante Änderung hat jedoch keine Auswirkung auf die Pauschalbesteuerung nach § 37b EStG. Hier bleiben nur sog. Streuwerbeartikel bis 10 EUR außer Betracht.

1 § 34 Abs. 1 EStG.
2 § 34 Abs. 1-2 EStG.
3 § 39b Abs. 3 Sätze 9-10 EStG.
4 § 50 Abs. 2 Satz 2 Nr. 4 Buchst. d EStG.
5 § 3 Nr. 62 Satz 1 EStG.
6 BMF, Schreiben v. 28.10.2009, IV C 5 – S 2332/09/10004, BStBl I S. 1275.
7 § 40b Abs. 3 EStG.
8 § 82a SGB III.
9 § 3 Nr. 2 Buchst. a EStG.
10 § 32b Abs. 1 Satz 1 Nr. 1 Buchst. a EStG.
11 § 3 Nr. 19 Satz 1 Buchst. a EStG.
12 § 49 Abs. 1 Nr. 4 Buchst. a EStG.
13 § 4 Abs. 5 Satz 1 Nr. 1 Satz 2 EStG.
14 Das Gesetzgebungsverfahren, das eine Änderung des Werts vorsieht, ist noch nicht abgeschlossen. Ggf. wird eine Änderung im Laufe des Jahres 2024 folgen.

4.9.4 Geringwertige Wirtschaftsgüter

Bisher konnten die Anschaffungs- oder Herstellungskosten geringwertiger Wirtschaftsgüter (sog. GWG) sofort vollständig abgezogen werden, wenn sie nicht mehr als 800 EUR betragen. Dieser Wert soll auf **1.000 EUR** (netto) angehoben werden.[1]

Bis zur **GWG-Grenze** können die Aufwendungen für ⇗ Arbeitsmittel – unabhängig vom Vorhandensein eines häuslichen ⇗ Arbeitszimmers oder der Inanspruchnahme der sog. Homeoffice-Pauschale – sofort vollumfänglich als ⇗ Werbungskosten in der Steuererklärung abgezogen werden. Ein steuerfreier Arbeitgeberersatz für Arbeitsmittel ist jedoch regelmäßig ausgeschlossen.

Hinweis

Sofortabzug möglich

Bereits ab 2021 war die Annahme einer Nutzungsdauer für Computerhard- und -software von nur einem Jahr und damit faktisch ein wertunabhängiger Sofortabzug zugelassen worden.[2] Kosten für einen neuen Laptop oder ein neues Tablet jeder Preisklasse können also ohnehin im Jahr der Anschaffung voll geltend gemacht werden, wenn sie (fast) ausschließlich beruflich genutzt werden.

4.9.5 Identifikationsnummer für die Lohnsteuerbescheinigung vom Finanzamt

Bis einschließlich 2022 war die Übermittlung der ⇗ Lohnsteuerbescheinigung auch unter Angabe der sog. **eTIN** zulässig, wenn dem Arbeitgeber die Identifikationsnummer des Arbeitnehmers nicht bekannt war. Ab dem Jahr 2023 soll ausschließlich die Identifikationsnummer als Ordnungsmerkmal anzugeben sein. Die Verwendung der eTIN ist nicht mehr zulässig. Das führt in der Praxis zu Problemen.

Geplant ist deshalb, dass die Finanzämter in Ausnahmefällen die **Identifikationsnummer auf Anfrage** an den Arbeitgeber übermitteln, wenn

- der Arbeitgeber für betroffene Beschäftigte bereits eine Lohnsteuerbescheinigung für das Jahr 2022 (mittels eTin) übermittelt hat,
- der Arbeitgeber zugleich versichert, dass das Dienstverhältnis über den 31.12.2022 hinaus fortbestanden hat und
- der Arbeitnehmer seiner Verpflichtung, dem Arbeitgeber die Identifikationsnummer mitzuteilen, trotz Aufforderung nicht nachgekommen ist.[3]

5 Ausblick

5.1 Neue Lohnsteuertabellen 2024

Im Jahr 2023 ist es aufgrund von Gesetzesänderungen zu mehrfachen Änderungen der ⇗ Lohnsteuertabellen gekommen. Auch für 2024 sind Änderungen zu erwarten. Berücksichtigt sind bisher nur die vorstehend dargestellten steuerlichen Änderungen.[4]

Der bekannt gegebene Programmablaufplan für 2024[5] berücksichtigt ausdrücklich noch nicht die geplanten Änderungen durch das Wachstumschancengesetz und das Kreditzweitmarktförderungsgesetz. Auswirkungen auf den Lohnsteuerabzug hätten u. a. die Abschaffung der Fünftelregelung und die Änderungen bei Versorgungsbezügen, sowie die Berücksichtigung der differenzierten Pflegeversicherungsbeiträge für Familien mit mehreren Kindern.

Das Bundesfinanzministerium hat bereits angekündigt, dass 2024 ein **geänderter Programmablaufplan** für die maschinelle Lohnsteuerberechnung mit weiteren Einzelheiten zur Korrektur des Lohnsteuerabzugs bekannt gemacht wird.

Hinweis

Korrektur des Lohnsteuerabzugs wird erforderlich

Der bis zur Anwendung der endgültigen Programmablaufpläne vorgenommene Lohnsteuerabzug für das Jahr 2024 ist regelmäßig vom Arbeitgeber nach Inkrafttreten neuer Tabellen zu korrigieren.[6]

Für die manuelle Berechnung lag bis zum Redaktionsschluss noch kein Plan für die Erstellung von Lohnsteuertabellen 2024 vor. Bis zur Bekanntmachung eines Programmablaufplans für die Erstellung von Lohnsteuertabellen für 2024 zur manuellen Berechnung gilt eine Übergangsregelung[7]: Arbeitgeber, die die Lohnsteuer manuell über die Lohnsteuertabellen ermitteln, können für den Übergangszeitraum die Lohnsteuer auch auf Grundlage der Lohnsteuertabellen ab 1.7.2023[8] ermitteln, wenn der Arbeitnehmer nicht ausdrücklich widerspricht.

5.2 Jahressteuergesetz 2024

Bereits angekündigt für die erste Jahreshälfte hat der Gesetzgeber ein Jahressteuergesetz 2024, in dem voraussichtlich auch einige lohnsteuerliche Änderungen enthalten sein werden. Die weitere Entwicklung bleibt abzuwarten.

Sozialversicherung

1 Bedeutung und Funktion der Sozialversicherungswerte

Die Sozialversicherungswerte sind maßgeblich für Fragen der Versicherungspflicht und Versicherungsfreiheit sowie für die Höhe der Sozialversicherungsbeiträge. Sie ändern sich i. d. R. von Jahr zu Jahr und werden deshalb zu Beginn des neuen Jahres festgelegt. Die Fortschreibung der Rechengrößen für das Jahr 2024 orientiert sich an der Veränderung der Bruttolöhne und -gehälter in den westdeutschen Ländern oder in Deutschland insgesamt im Jahr 2022. Bundesweit betrachtet betrug 2022 die Veränderung (Lohnzuwachsrate) 4,13 % und in den westdeutschen Ländern 3,93 %. Dementsprechend erhöhen sich die Rechengrößen für 2024 gegenüber dem Vorjahr.

1.1 Beitragsbemessungsgrenzen

Für die Berechnung der Beiträge wird das beitragspflichtige Einkommen (z. B. Arbeitsentgelt) max. bis zur Höhe der maßgebenden ⇗ Beitragsbemessungsgrenze herangezogen. Die Beitragsbemessungsgrenzen in der **allgemeinen Renten- und Arbeitslosenversicherung** betragen im Jahr 2024 **monatlich 7.550 EUR/West** (+ 250 EUR) bzw. **7.450 EUR/Ost** (+ 350 EUR). Die Beitragsbemessungsgrenze Ost wird schrittweise dem West-Wert angenähert und diesem zum 1.1.2025 vollständig entsprechen.

In der **Kranken- und Pflegeversicherung** beträgt die Beitragsbemessungsgrenze bundeseinheitlich **5.175 EUR** (+ 187,50 EUR).

1.2 Jahresarbeitsentgeltgrenzen der Krankenversicherung

Die ⇗ Jahresarbeitsentgeltgrenzen sind ausschließlich in der Krankenversicherung bei der Feststellung der Krankenversicherungspflicht des Arbeitnehmers zu berücksichtigen. Sie werden deshalb auch als Versicherungspflichtgrenzen bezeichnet. Krankenversicherungspflichtige Arbeitnehmer sind grundsätzlich gesetzlich krankenversichert. Überschreitet das regelmäßige Jahresarbeitsentgelt die Jahresarbeitsentgeltgrenze, tritt mit Ablauf des Kalenderjahres Krankenversicherungsfreiheit ein.[9]

1 § 6 Abs. 2, Abs. 2a Sätze 1-2 EStG.
2 BMF, Schreiben v. 22.2.2022, IV C 3 – S 2190/21/10002 :025, BStBl 2022 I S. 187.
3 § 39 Abs. 3 EStG.
4 S. Abschn. 1.
5 BMF, Schreiben v. 3.11.2023, IV C 5 – S 2361/19/10008 :010.
6 § 41c Abs. 1 Satz 1 Nr. 2 und Satz 2 EStG.
7 BMF, Schreiben v. 3.11.2023, IV C 5 – S 2361/19/10008 :010.
8 BMF, Schreiben v. 19.6.2023, IV C 5 – S 2361/19/10008 :009, BStBl 2023 I S. 1014, Anlage 2; sog. „Juli-Tabellen 2023".
9 § 6 Abs. 4 SGB V.

Krankenversicherungsfreie Arbeitnehmer können wählen, ob sie die gesetzliche Krankenversicherung freiwillig fortsetzen oder zu einem privaten Krankenversicherungsunternehmen wechseln.

Es sind 2 unterschiedliche Jahresarbeitsentgeltgrenzen zu berücksichtigen: Eine allgemeine sowie eine besondere Jahresarbeitsentgeltgrenze. Grundsätzlich gilt die **allgemeine Jahresarbeitsentgeltgrenze**. Im Jahr 2024 beträgt sie **69.300 EUR** (+ 2.700 EUR).

Die **besondere Jahresarbeitsentgeltgrenze** gilt nur für Arbeitnehmer, die am 31.12.2002 wegen Überschreitens der Jahresarbeitsentgeltgrenze krankenversicherungsfrei und zum damaligen Zeitpunkt bei einer privaten Krankenversicherung in einer substitutiven Krankenversicherung versichert waren. Im Jahr 2024 beträgt sie **62.100 EUR** (+ 2.250 EUR).

1.3 Bezugsgröße

Die ⇗ Bezugsgröße ist z. B. von Bedeutung für die Höhe der Entgeltgrenze in der ⇗ Familienversicherung und für die Bemessung der Mindestbeiträge von freiwillig Versicherten (z. B. Selbstständigen). Im Jahr 2024 beträgt die **Bezugsgröße West 42.420 EUR** – monatlich 3.535 EUR (+ 140 EUR). Die **Bezugsgröße Ost** beträgt **41.580 EUR** – monatlich 3.465 EUR (+ 175 EUR).

Hinweis

Bezugsgröße West und Ost

Die Bezugsgröße Ost ist nur für die Renten- und Arbeitslosenversicherung relevant. Sie wird – wie die Beitragsbemessungsgrenze Ost – vom 1.1.2019 bis 1.1.2025 schrittweise auf den West-Wert angehoben. In der Kranken- und Pflegeversicherung gilt bundeseinheitlich bereits nur die Bezugsgröße West.

1.4 Sachbezüge

Der ⇗ Sachbezug für freie Verpflegung wird zum 1.1.2024 auf **313 EUR** (+ 25 EUR) und der Sachbezug für freie Unterkunft auf **278 EUR** (+ 13 EUR) angehoben. Der monatliche Gesamtsachbezugswert beträgt demnach **591 EUR**.[1]

2 Beitragssätze und Umlagesätze in 2024

2.1 Krankenversicherung

Allgemeiner und ermäßigter Beitragssatz

Für alle Krankenkassen gelten einheitliche Beitragssätze:

- Der **allgemeine Beitragssatz** beträgt unverändert **14,6 %**. Er gilt für Beschäftigte, die bei Arbeitsunfähigkeit Anspruch auf Fortzahlung des Arbeitsentgelts für mindestens 6 Wochen haben.
- Der **ermäßigte Beitragssatz** beträgt unverändert **14,0 %**. Er gilt für Beschäftigte, die keinen Anspruch auf Krankengeld haben. Dies sind z. B. unständig Beschäftigte sowie Arbeitnehmer, deren Beschäftigungsverhältnis im Voraus auf weniger als 10 Wochen befristet ist, beschäftigte Erwerbsunfähigkeits- oder Altersrentner sowie Vorruhestandsgeldbezieher und Beschäftigte, die sich im Rahmen einer flexiblen Arbeitszeitregelung in einer Freistellungsphase befinden.

Kassenindividueller und durchschnittlicher Zusatzbeitragssatz

Die Höhe des kassenindividuellen Zusatzbeitragssatzes legt jede Krankenkasse in ihrer Satzung fest. Der daraus anfallende Beitrag ist durch das Mitglied und durch den Arbeitgeber je zur Hälfte zu tragen.

Für bestimmte Arbeitnehmer – z. B. ⇗ Geringverdiener und Teilnehmer an ⇗ Bundesfreiwilligendiensten – ist statt des kassenindividuellen Zusatzbeitragssatzes der **durchschnittliche Zusatzbeitragssatz** zugrunde zu legen.[2] Er wird vom Bundesgesundheitsministerium jährlich festgelegt. Der ⇗ durchschnittliche Zusatzbeitragssatz für das Jahr 2024 beträgt **1,7 %**.[3] Gegenüber dem Vorjahr wurde er damit um 0,1 Prozentpunkte angehoben.

Der aus dem durchschnittlichen Zusatzbeitragssatz anfallende Beitrag wird – wie der übrige Krankenversicherungsbeitrag – vom Arbeitgeber aufgebracht.

2.2 Pflegeversicherung

Der Beitragssatz zur Pflegeversicherung beträgt unverändert **3,4 %**. Die Beiträge werden von Arbeitgeber und Arbeitnehmer jeweils zur Hälfte aufgebracht, mit Ausnahme von Sachsen. Hier beträgt der Beitragsanteil des Arbeitgebers 1,2 % und der des Arbeitnehmers 2,2 %. Der allein vom Arbeitnehmer aufzubringende Beitragszuschlag für Kinderlose beträgt **0,6 %**. Für Eltern reduzieren sich die von ihnen zu tragenden Beiträge ab dem 2. bis zum 5. Kind um jeweils **0,25 Beitragssatzpunkte** (Beitragsabschlag seit 1.7.2023).

2.3 Arbeitslosenversicherung

Der Beitragssatz zur Arbeitslosenversicherung beträgt unverändert **2,6 %**. Die Beiträge werden von Arbeitgeber und Arbeitnehmer jeweils zur Hälfte aufgebracht.

2.4 Rentenversicherung

Der Beitragssatz zur allgemeinen Rentenversicherung beträgt unverändert **18,6 %**.[4] Die Beiträge werden von Arbeitgeber und Arbeitnehmer jeweils zur Hälfte aufgebracht.

2.5 Insolvenzgeldumlage

Der Umlagesatz für das Jahr 2024 beträgt unverändert **0,06 %**.[5] Die ⇗ Insolvenzgeldumlage wird nach einem Prozentsatz des rentenversicherungspflichtigen Arbeitsentgelts (Umlagesatz) erhoben. Die U3-Umlage wird allein von den Arbeitgebern aufgebracht. Hiervon ausgenommen sind die Arbeitgeber der öffentlichen Hand und private Haushalte. Zuständig für den Einzug ist die Krankenkasse des jeweiligen Arbeitnehmers sowie die Minijob-Zentrale für die geringfügig Beschäftigten. Für privat krankenversicherte Arbeitnehmer zieht die zuständige Einzugsstelle für die Beiträge zur Renten- und/oder zur Arbeitslosenversicherung die Umlage ein. Fehlt es auch an einer solchen Einzugsstelle, ist die Umlage an die Krankenkasse zu entrichten, die der Arbeitgeber gewählt hat.

2.6 Umlagen für Ausgleichsverfahren U1 und U2

Arbeitgeber, die in der Regel nicht mehr als 30 Arbeitnehmer beschäftigen, nehmen am Ausgleichsverfahren der Arbeitgeberaufwendungen bei Arbeitsunfähigkeit (U1-Verfahren) teil. Die Teilnahme an dem Ausgleichsverfahren der Arbeitgeberaufwendungen für Mutterschaftsleistungen (U2-Verfahren) erfolgt hingegen unabhängig von der Betriebsgröße.

Die zur Finanzierung der Aufwendungen erhobenen U1- und U2-Umlagesätze und die jeweiligen Erstattungssätze werden von jeder Krankenkasse und der Minijob-Zentrale selbst festgelegt. Insofern gibt es **keine einheitlichen Umlagesätze**. Die Arbeitnehmer werden an den Umlagen nicht beteiligt, da sie ausschließlich von den Arbeitgebern getragen werden. Bemessungsgrundlage für die Umlage ist das rentenversicherungspflichtige Arbeitsentgelt; einmalig gezahltes Arbeitsentgelt bleibt unberücksichtigt.

Umlagesätze der Minijob-Zentrale

Zum 1.1.2024 hat die Minijob-Zentrale ihre Umlagesätze nicht geändert. Der Umlagesatz zur U1 beträgt **1,1 %**. Der Umlagesatz zur U2 liegt bei **0,24 %**.

2.7 Fälligkeit der Beiträge und Umlagen

Drittletzter Bankarbeitstag

Der Gesamtsozialversicherungsbeitrag, die U1- und U2-Umlagen sowie die Insolvenzgeldumlage U3 sind spätestens am **drittletzten Bankarbeitstag des Monats der Arbeitsleistung fällig**.[6]

Erfüllungsort ist der Sitz der Einzugsstelle (Krankenkasse und Minijob-Zentrale), weshalb für die tatsächliche Bestimmung des drittletzten Bankarbeitstags die Verhältnisse am Sitz der jeweiligen Einzugsstelle

1 § 2 Abs. 1 Satz 1 und Abs. 3 Satz 1 SvEV.
2 § 242 Abs. 3 Satz 1 Nr. 6 SGB V.
3 § 242a Abs. 2 SGB V; BAnz AT v. 31.10.2023.
4 Bekanntmachung v. 14.11.2023, BGBl 2023 I Nr. 312.
5 Insolvenzgeldumlagesatzverordnung 2024.
6 § 23 Abs. 1 Satz 2 SGB IV.

(Hauptverwaltung) maßgeblich sind. Dies gilt auch, wenn einer der 3 letzten Bankarbeitstage auf einen nicht bundeseinheitlichen Feiertag fällt. Ferner ist zu berücksichtigen, dass sowohl der 24. als auch der 31.12. eines Jahres nicht als bankübliche Arbeitstage gelten (das gilt auch nach der Einführung des EUR-Zahlungsverkehrsraums SEPA).

Einreichungsfrist für den Beitragsnachweis

Der Beitragsnachweis muss der Einzugsstelle spätestens zu Beginn des 2. Arbeitstags vor Fälligkeit der Beiträge (00:00 Uhr) vorliegen. Ansonsten kann die Einzugsstelle die abzuführenden Beiträge schätzen.[1]

Termine 2024

Für das Jahr 2024 gelten somit für die Einreichung der Beitragsnachweise und die Zahlung der Beiträge und Umlagen folgende Termine:

Monat	Jan.	Feb.	März	April	Mai	Juni	Juli	Aug.	Sept.	Okt.	Nov.	Dez.
Einreichung Beitragsnachweis (bis 0:00 Uhr)	25.	23.	22.	24.	24.[2]/27.	24.	25.	26.	24.	24.[3]/25.	25.	19.
Fälligkeit	29.	27.	26.	26.	28.[4]/29.	26.	29.	28.	26.	28.[5]/29.	27.	23.

Beiträge aus Versorgungsbezügen

Die von der Zahlstelle abzuführenden Beiträge zur Kranken- und Pflegeversicherung werden am 15. des Folgemonats der Auszahlung der Versorgungsbezüge fällig.[6] Der Beitragsnachweis muss ebenfalls spätestens 2 Arbeitstage vor dem jeweiligen Fälligkeitstermin der Krankenkasse vorliegen.

3 Arbeitgeberzuschuss zum Kranken- und Pflegeversicherungsbeitrag

3.1 Gesetzlich krankenversicherte Arbeitnehmer

Arbeitnehmer, die wegen Überschreitens der ↗ Jahresarbeitsentgeltgrenze krankenversicherungsfrei und in der gesetzlichen Krankenversicherung (GKV) freiwillig versichert sind, erhalten von ihrem Arbeitgeber einen Zuschuss zu ihrem Krankenversicherungsbeitrag. Dieser ist in der Höhe zu zahlen, den der Arbeitgeber bei Versicherungspflicht des Beschäftigten zu tragen hätte. Für die Berechnung des Beitragszuschusses ist ein ↗ Beitragssatz i. H. v. **7,3 %** (mit Krankengeldanspruch) bzw. **7,0 %** (ohne Krankengeldanspruch) sowie der halbe Zusatzbeitragssatz der jeweiligen Krankenkasse zugrunde zu legen. Dabei ist der Zuschuss zum Zusatzbeitrag getrennt zu berechnen.

In der Pflegeversicherung erhalten die wegen Überschreitens der Jahresarbeitsentgeltgrenze krankenversicherungsfreien Arbeitnehmer einen Beitragszuschuss i. H. d. Betrags, den der Arbeitgeber bei versicherungspflichtigen Mitgliedern zu tragen hat.[7] Der **Beitragszuschuss** beträgt in 2024 höchstens **87,98 EUR** (1,7 % aus 5.175 EUR) bzw. in **Sachsen 62,10 EUR** (1,2 % aus 5.175 EUR). Der Beitragszuschlag für Kinderlose wird nicht bezuschusst.

3.2 Privat krankenversicherte Arbeitnehmer

Privat krankenversicherte Arbeitnehmer, die wegen Überschreitens der Jahresarbeitsentgeltgrenze oder aufgrund des Ausschlusses von der Krankenversicherungspflicht für über 55-Jährige krankenversicherungsfrei oder von der Versicherungspflicht befreit sind, erhalten von ihrem Arbeitgeber einen Zuschuss zu ihrem Beitrag für die private Krankenversicherung (PKV). Allerdings muss die PKV dafür bestimmte Voraussetzungen erfüllen.[8] Der Arbeitgeberzuschuss zum Krankenversicherungsbeitrag erstreckt sich auf die Hälfte des allgemeinen Beitragssatzes (7,3 %) zzgl. des halben durchschnittlichen Zusatzbeitragssatzes (0,85 %). Der Zuschuss ist jedoch begrenzt auf die Hälfte des tatsächlich zu zahlenden Beitrags. Unter Berücksichtigung der Beitragsbemessungsgrenze für 2024 ergibt sich ein **monatlicher Höchstzuschuss** i. H. v. **421,76 EUR** (7,3 % + 0,85 % aus 5.175 EUR).

Zum Pflegeversicherungsbeitrag erhalten die privat krankenversicherten Arbeitnehmer ebenfalls einen Zuschuss des Arbeitgebers.[9] Der Zuschuss ist begrenzt auf den Betrag, der bei Versicherungspflicht in der sozialen Pflegeversicherung als Arbeitgeber-Beitragsanteil zu zahlen wäre (1,7 % aus 5.175 EUR = **87,98 EUR** bzw. in Sachsen 1,2 % aus 5.175 EUR = **62,10 EUR**), höchstens jedoch die Hälfte des tatsächlich zu zahlenden Betrags.

4 Besondere Personengruppen

4.1 Künstler und Publizisten

Die nach dem Künstlersozialversicherungsgesetz abgabepflichtigen Unternehmen (z. B. Verlage, Galerien, Theater und Orchester) haben aus den Entgelten, die sie an selbstständige ↗ Künstler und Publizisten zahlen, eine ↗ Künstlersozialabgabe an die Künstlersozialkasse zu entrichten.[10] Der **Abgabesatz zur Künstlersozialversicherung** beträgt unverändert **5,0 %**.[11] Die Erfüllung der Melde- und Abgabepflichten der Unternehmen wird im Rahmen der turnusmäßig stattfindenden Betriebsprüfungen durch die Rentenversicherungsträger überwacht.[12]

4.2 Auszubildende und Praktikanten ohne Arbeitsentgelt

↗ Auszubildende und ↗ Praktikanten ohne Arbeitsentgelt, die nicht familienversichert sind, haben Beiträge zur Kranken- und Pflegeversicherung an die Krankenkasse zu zahlen. Als beitragspflichtige Einnahme gelten monatlich 812 EUR.[13] Bei einem Beitragssatz von 10,22 % (allgemeiner Beitragssatz 14,6 %, davon $^{7}/_{10}$) ergibt sich ein monatlicher Beitrag zur Krankenversicherung von **82,99 EUR zzgl. des Zusatzbeitrags der Krankenkasse.** Der Beitrag zur Pflegeversicherung beträgt **27,61 EUR** (812 EUR × 3,4 %) **bzw. 32,48 EUR** (812 EUR × 4,0 %) für kinderlose Versicherte nach Vollendung des 23. Lebensjahres; für Versicherte mit mehreren Kindern reduzieren sich die Beiträge ab dem 2. bis 5. Kind für jedes Kind um 0,25 Beitragssatzpunkte.

Die Kranken- und Pflegeversicherungsbeiträge sind von den Auszubildenden und Praktikanten ohne Arbeitsentgelt alleine zu tragen.[14] Die Ausbildungsstätten werden an der Aufbringung und Abführung dieser Beiträge nicht beteiligt.

In der Renten- und Arbeitslosenversicherung ist als beitragspflichtige Einnahme für die Bemessung der Beiträge aus der Beschäftigung mindestens 1 % der Bezugsgröße zugrunde zu legen. Für 2024 ist dies im Rechtskreis West ein Betrag von 35,35 EUR und im Rechtskreis Ost von 34,65 EUR. Die Renten- und Arbeitslosenversicherungsbeiträge trägt der Arbeitgeber allein[15] und führt sie an die zuständige Krankenkasse ab.

4.3 Familienversicherte

Ehegatten, Lebenspartner und Kinder von Mitgliedern sowie die Kinder von ↗ familienversicherten Kindern sind in der Kranken- und Pflegeversicherung beitragsfrei mitversichert[16], wenn diese u. a. kein eigenes Gesamteinkommen haben, das regelmäßig im Monat $^{1}/_{7}$ der monatlichen Bezugsgröße überschreitet. Im Jahr 2024 beträgt diese Einkommensgrenze monatlich **505 EUR** (2023: 485 EUR). Für Angehörige, die eine geringfügige Beschäftigung ausüben, gilt die höhere Einkommensgrenze i. H. v. monatlich **538 EUR** (bis 31.12.2023: 520 EUR).

2 In Bundesländern, in denen der 30.5.2024 (Fronleichnam) ein Feiertag ist.
3 In Bundesländern, in denen der 31.10.2024 (Reformationstag) ein Feiertag ist.
4 In Bundesländern, in denen der 30.5.2024 (Fronleichnam) ein Feiertag ist.
5 In Bundesländern, in denen der 31.10.2024 (Reformationstag) ein Feiertag ist.
6 § 256 Abs. 1 Satz 2 SGB V, § 60 Abs. 1 Satz 2 SGB XI.
7 § 61 Abs. 1 SGB XI.
8 § 257 Abs. 2 bis 2a SGB V.
9 § 61 Abs. 2 SGB XI.

1 § 28f Abs. 3 SGB IV.
10 § 25 KSVG.
11 Künstlersozialabgabe-Verordnung 2024, BGBl 2023 I Nr. 240.
12 § 28p Abs. 1a SGB IV.
13 § 236 Abs. 1 SGB V; § 57 Abs. 1 Satz 1 SGB XI; 27. BAföGÄndG v. 15.7.2022.
14 § 250 Abs. 1 Nr. 3 SGB V; § 59 Abs. 1 Satz 1 SGB XI.
15 § 20 Abs. 3 Satz 1 SGB IV.
16 § 10 SGB V, § 25 SGB X.

5 Weitere Änderungen in 2024

5.1 Minijobs: Geringfügigkeitsgrenze erhöht sich auf 538 EUR

Seit dem 1.10.2022 orientiert sich die Entgeltgrenze für ⇗ geringfügig entlohnte Beschäftigungen (Minijobs) am gesetzlichen ⇗ Mindestlohn. Ein Minijob soll bei einer Wochenarbeitszeit von bis zu 10 Stunden zum Mindestlohn möglich sein. Durch diese gesetzliche Koppelung steigt bei jeder Anhebung des Mindestlohns auch die Geringfügigkeitsgrenze an.[1]

Der Mindestlohn wurde zum 1.1.2024 auf 12,41 EUR je Stunde festgesetzt. Bis zum 31.12.2023 betrug er 12,00 EUR.[2] Dadurch erhöht sich ebenfalls zum **1.1.2024** die Geringfügigkeitsgrenze von 520 EUR auf **538 EUR** (Berechnung: 12,41 EUR × 130 : 3 = 537,77 EUR, aufgerundet: 538 EUR). Die Jahresverdienstgrenze erhöht sich entsprechend auf 6.456 EUR.

Wegfall der Bestandsschutzregelungen

Bei der Anhebung der Geringfügigkeitsgrenze zum 1.10.2022 von 450 EUR auf 520 EUR waren für Beschäftigungsverhältnisse mit einem regelmäßigen Arbeitsentgelt von **450,01 EUR bis 520 EUR** im Monat Bestandsschutzregelungen geschaffen worden, die den Fortbestand der Versicherungspflicht in der Kranken-, Pflege- und Arbeitslosenversicherung ermöglichten. In der Rentenversicherung war keine Bestandsschutzregelung nötig gewesen, da die Beschäftigten als Minijobber rentenversicherungspflichtig blieben.

Die **Bestandsschutzregelungen laufen am 31.12.2023 aus**, sodass die hiervon erfassten Beschäftigungsverhältnisse zum 1.1.2024 versicherungsrechtlich neu zu beurteilen sind. Bei einem regelmäßigen Arbeitsentgelt von bis zu 538 EUR monatlich gilt in der Kranken-, Pflege-, Renten- und Arbeitslosenversicherung das Beitrags- und Meldeverfahren für geringfügig Beschäftigte.

Aufgrund der Erhöhung der Geringfügigkeitsgrenze von 520 EUR auf 538 EUR sind **keine neuen Bestandsschutzregelungen** ab dem 1.1.2024 geschaffen worden. Der Gesetzgeber hatte schon bei den Änderungen zum 1.10.2022 angekündigt, künftig darauf zu verzichten.[3]

In laufenden Beschäftigungen werden damit auch alle Arbeitnehmer mit einem regelmäßigen Arbeitsentgelt von 520,01 EUR bis 538 EUR im Monat vom 1.1.2024 an einen Minijob ausüben und sind bei der Minijob-Zentrale anzumelden.

5.2 Midijobs: Neue Entgeltgrenze und Formeln

Durch die höhere Geringfügigkeitsgrenze ergeben sich auch Auswirkungen auf die Beschäftigungen im ⇗ Übergangsbereich (Midijobs), da sich deren untere Entgeltgrenze ändert. Vom 1.1.2024 an liegt ein Midijob vor, wenn das daraus erzielte Arbeitsentgelt regelmäßig **538,01 EUR bis 2.000,00 EUR** im Monat beträgt.[4]

Die beitragspflichtige Einnahme (BE) für die Berechnung des **Gesamtsozialversicherungsbeitrags** ermittelt sich nach folgender Formel:

$$BE = F \times G + ([2.000 / (2.000\text{-}G)] - [G / (2.000\text{-}G)] \times F) \times (AE - G)$$

„AE“ steht für Arbeitsentgelt, „G“ für die Geringfügigkeitsgrenze (538 EUR) und „F“ für den Faktor F (0,6846).[5] Für die Zeit ab 1.1.2024 kann folgende **Kurzformel** verwendet werden:

$$BE = 1{,}1160637482 \times AE - 232{,}12749658$$

Für den vom **Arbeitnehmer zu tragenden Anteil am Gesamtsozialversicherungsbeitrag** wird als beitragspflichtige Einnahme ein separat zu ermittelnder Betrag zugrunde gelegt, der sich nach folgender Formel berechnet:

$$BE = [2.000 / (2.000\text{-}G)] \times (AE - G)$$

Für die Zeit ab 1.1.2024 kann folgende **Kurzformel** verwendet werden:

$$BE = 1{,}367989056 \times AE - 735{,}9781121751$$

Der Arbeitgeberbeitragsanteil ergibt sich durch Abzug des Arbeitnehmerbeitragsanteils vom Gesamtbeitrag.

5.3 DEÜV-Meldungen bei Elternzeit

Arbeitgeber haben vom **1.1.2024** an im Rahmen des allgemeinen elektronischen Meldeverfahrens den Beginn und das Ende der ⇗ Elternzeit von **krankenversicherungspflichtigen und freiwillig versicherten Arbeitnehmern** der zuständigen Krankenkasse zu melden, damit diese das betreffende Versicherungsverhältnis prüfen und feststellen kann.[6] Eine Meldepflicht besteht nur für **gesetzlich** krankenversicherte Arbeitnehmer. Die Elternzeit-Meldungen sind zudem nicht für geringfügig Beschäftigte abzugeben.[7] Die Meldepflicht tritt nur ein, sofern die Beschäftigung durch Wegfall des Anspruchs auf Entgelt mindestens einen Kalendermonat unterbrochen wird. Diese Kalendermonatsfrist gilt jedoch nicht, sofern der Arbeitnehmer freiwilliges Mitglied einer Krankenkasse ist. In diesem Fall sind auch Zeiten einer Elternzeit von weniger als einem Kalendermonat zu melden. Die Elternzeit-Meldung ist mit der nächsten Entgeltabrechnung, spätestens innerhalb von 6 Wochen abzugeben.[8]

Die Beginn-Meldung und die Ende-Meldung sind mit den **Abgabegründen „17“ und „37“** zu erstatten. In der Beginn-Meldung ist das Datum des Beginns der Elternzeit anzugeben. Die Ende-Meldung enthält den Beginn aus der Beginn-Meldung und ein Ende-Datum (in der Regel das der Elternzeit).

Meldungen bei Krankenkassenwechsel oder Ende des Beschäftigungsverhältnisses

Bei einem Krankenkassenwechsel ist zum Zeitpunkt des Wechsels gegenüber der neuen Krankenkasse eine Beginn-Meldung abzugeben. Die Abgabe einer Ende-Meldung an die bisherige Krankenkasse ist nicht erforderlich.

Endet das sozialversicherungsrechtliche Beschäftigungsverhältnis während der Elternzeit, ist zusätzlich zur Abmeldung eine Ende-Meldung mit dem Datum des Beschäftigungsendes abzugeben.

Keine Bestandsmeldungen

Da die neue Meldepflicht erst bei Elternzeiten entsteht, die ab dem 1.1.2024 beginnen, sind bei Arbeitnehmern, die sich über den 31.12.2023 hinaus in Elternzeit befinden, zum Ende dieser Elternzeit keine Ende-Meldungen abzugeben. Diese Bestandsfälle sind bilateral zwischen den Beteiligten zu klären.

5.4 Erweiterter Kinderpflegekrankengeldanspruch

Bis zum 31.12.2023 besteht ein Anspruch auf ⇗ Kinderpflegekrankengeld für 30 Arbeitstage je Elternteil bzw. für 60 Arbeitstage bei Alleinerziehenden. Diese Sonderregelung aufgrund der Corona-Pandemie läuft zum Jahresende aus. Vom **1.1.2024** an können gesetzlich krankenversicherte Mütter und Väter je gesetzlich krankenversichertem Kind unter 12 Jahren pro Jahr jeweils **bis zu 15 Arbeitstage** Kinderpflegekrankengeld beziehen; **Alleinerziehende bis zu 30 Arbeitstage**. Bei mehreren Kindern können im Jahr insgesamt 35 Arbeitstage je Elternteil bzw. 70 Arbeitstage für Alleinerziehende gewährt werden. Die Regelung gilt zunächst nur für die Jahre 2024 und 2025.[9]

Kinderpflegekrankengeld bei stationären Aufenthalten

Darüber hinausgehend haben Eltern einen Anspruch auf Kinderpflegekrankengeld, wenn und solange die Mitaufnahme eines Elternteils bei stationärer Behandlung des versicherten Kindes aus medizinischen Gründen als Begleitperson notwendig ist, sofern das Kind das 12. Lebensjahr noch nicht vollendet hat oder behindert und auf Hilfe angewiesen ist. Das Vorliegen der medizinischen Gründe sowie die Dauer der Mitaufnahme sind von der stationären Einrichtung gegenüber der Begleitperson zu bescheinigen. Bis zur Vollendung des 9. Lebensjahres ist vom Vorliegen der medizinischen Gründe für die Mitaufnahme eines Elternteils auszugehen, sodass in diesen Fällen nur die Dauer der notwendigen Mitaufnahme zu bescheinigen ist.[10]

---

1 § 8 Abs. 1a SGB IV.
2 MiLoV4 v. 24.11.2023, BGBl. I Nr. 321 v. 29.11.2023.
3 BR-Drucks. 82/22, S. 28, 31 f.
4 § 20 Abs. 2 SGB IV.
5 BAnz AT v. 8.12.2023.
6 § 28a Abs. 1 Satz 1 Nr. 4, 4a SGB IV.
7 § 28a Abs. 9 SGB IV.
8 § 12 Abs. 6 DEÜV.
9 § 45 Abs. 2 SGB V.
10 § 45 Abs. 1a SGB V.

Bei stationärer Mitaufnahme besteht der Anspruch auf das Kinderpflegekrankengeld für die Dauer der medizinisch notwendigen Begleitung und ist insofern zeitlich nicht begrenzt.

5.5 Abruf der zuständigen Krankenkasse durch Arbeitgeber

Arbeitgeber haben ihre Arbeitnehmer bei Aufnahme eines Beschäftigungsverhältnisses bei einer Krankenkasse anzumelden. Vom **1.1.2024** an können Arbeitgeber die zuständige Krankenkasse beim GKV-Spitzenverband elektronisch abfragen, wenn ihnen die zuständige Krankenkasse zum Zeitpunkt der Abgabe der Meldung noch nicht bekannt ist. Gleiches gilt für Zahlstellen bei der Gewährung von Versorgungsbezügen sowie für die Bundesagentur für Arbeit und die kommunalen Träger nach § 6a SGB II (sog. Optionskommunen) bei Gewährung von Arbeitslosengeld oder Bürgergeld. Voraussetzung dieser Abfragemöglichkeit ist eine **vorherige erfolglose Aufforderung** des Beschäftigten, die entsprechenden Angaben zu machen.[1] Auf Grundlage der eingegangenen Abfrage prüft der GKV-Spitzenverband bei den Krankenkassen, ob eine Mitgliedschaft zum Zeitpunkt des Abrufs besteht und sendet innerhalb von 24 Stunden eine Rückmeldung an die anfragende Stelle.

5.6 Qualifizierungsgeld

Zum **1.4.2024** wird eine neue Entgeltersatzleistung, das „Qualifizierungsgeld" eingeführt.[2] Das ⇗ Qualifizierungsgeld wird von den Arbeitsagenturen geleistet und richtet sich an Beschäftigte, denen durch den Strukturwandel der Verlust ihrer Arbeitsplätze droht. Ihnen soll durch ⇗ Weiterbildungen eine zukunftssichere Beschäftigung im gleichen Unternehmen ermöglicht werden. Während die Beschäftigten zur Teilnahme an einer Weiterbildung von der Arbeit freigestellt sind, erhalten sie Qualifizierungsgeld, das in Anlehnung an die Regelungen zum Kurzarbeitergeld 60 % bzw. 67 % des ausgefallenen Nettoentgelts beträgt. Eine Aufstockung durch den Arbeitgeber ist möglich.[3] Wie bei dem Kurzarbeitergeld ist das Qualifizierungsgeld vom Arbeitgeber zu beantragen, zu berechnen und auftragsweise auszuzahlen.

Fortbestand des Versicherungsverhältnisses

Auch die versicherungs- und beitragsrechtliche Behandlung des Qualifizierungsgelds entspricht der des Kurzarbeitergeldes. Während des Bezugs von Qualifizierungsgeld besteht für die Beschäftigten das Versicherungsverhältnis in der Kranken-, Pflege-, Renten- und Arbeitslosenversicherung fort. Die Beiträge zur Kranken-, Pflege- und Rentenversicherung werden aus einem fiktiven Arbeitsentgelt i. H. v. 80 % des Unterschiedsbetrags zwischen dem Sollentgelt und dem Istentgelt gezahlt und sind vom Arbeitgeber aufzubringen. Zur Arbeitslosenversicherung fallen keine Beiträge an.

1 § 28a Abs. 3c, 3d SGB IV.
2 § 82a SGB III.
3 §§ 82b und 82c SGB III.

5.7 Unbedenklichkeitsbescheinigungen: Elektronische Beantragung und Ausstellung

Mit dem Ausstellen einer Unbedenklichkeitsbescheinigung dokumentiert die ⇗ Einzugsstelle (Krankenkasse oder Minijob-Zentrale) insbesondere, dass der Arbeitgeber seiner Pflicht zur Beitragsabführung ordnungsgemäß nachkommt. Dazu sind die Verhältnisse zum Zeitpunkt der Ausstellung der Bescheinigung und für einen Zeitraum von in der Regel 6 Monaten zuvor maßgebend.

Bislang wurde die Unbedenklichkeitsbescheinigung in einem zumeist papiergestützten Verfahren ausgestellt, das zum **1.1.2024** durch ein **in die Entgeltabrechnung integriertes elektronisches Verfahren** ersetzt wird.[4]

Danach hat der Arbeitgeber die Unbedenklichkeitsbescheinigung gegenüber der Krankenkasse elektronisch zu beantragen, an die der Gesamtsozialversicherungsbeitrag für den jeweiligen Arbeitnehmer zu zahlen ist. Der Arbeitgeber kann wählen, ob die Unbedenklichkeitsbescheinigung einmalig oder in einem sog. Abonnentenmodell (monatlich, viertel- oder halbjährlich) ausgestellt werden soll. Die Einzugsstelle stellt dem Arbeitgeber die Bescheinigung in elektronischer Form aus.

5.8 Beitrittsmöglichkeit für ausländische Fachkräfte

Vom **1.3.2024** an können Ausländer mit einer Aufenthaltserlaubnis zum Zwecke der Forschung nach § 18d Abs. 1 AufenthG innerhalb von 3 Monaten nach Aufenthaltnahme im Inland der gesetzlichen Krankenversicherung (GKV) als freiwilliges Mitglied beitreten.[5] Diese Regelung richtet sich an Forschende und Wissenschaftler aus Drittstaaten mit einer entsprechenden Aufenthaltserlaubnis. Bislang konnten sich diese Personen nach ihrem Zuzug nach Deutschland in aller Regel nur bei einem privaten Krankenversicherungsunternehmen (PKV) absichern, wenn sie als Arbeitnehmer aufgrund der Höhe ihres Entgelts krankenversicherungsfrei waren. Künftig können sie sich bei einer gesetzlichen Krankenkasse freiwillig versichern. Voraussetzung ist, dass sie ihren Beitritt zur GKV innerhalb einer Frist von 3 Monaten nach Aufenthaltnahme im Inland erklären.

5.9 Erhöhung der Hinzuverdienstgrenzen bei Erwerbsminderungsrenten

Während es seit dem 1.1.2023 bereits keine Hinzuverdienstgrenze mehr für Frührentner gibt, sind bei Erwerbsminderungsrentnern weiterhin Hinzuverdienstgrenzen zu beachten. Diese werden für das Jahr 2024 erneut erhöht. Bei Bezug einer Rente wegen teilweiser Erwerbsminderung beträgt die jährliche Hinzuverdienstgrenze ab dem 1.1.2024 37.117,50 EUR. Bei Renten wegen voller Erwerbsminderung beträgt sie 18.558,75 EUR.[6]

5 § 9 Abs. 1 Satz 1 Nr. 6 SGB V.
6 § 96a Abs. 1c Nr. 1, 2 SGB VI.
4 § 108b SGB IV.

Inhalt

A

B

H

I

J

K

L

M

N

O

P

R

S

T

U

V

W

Z

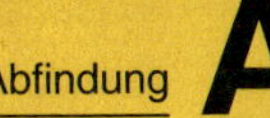

Abfindung

Eine Abfindung ist eine Entschädigung für den Verlust des Arbeitsplatzes und des damit verbundenen sozialen Besitzstands. Das deutsche Arbeitsrecht kennt keinen generellen gesetzlichen Anspruch des Arbeitnehmers auf Zahlung einer Abfindung bei Beendigung des Arbeitsverhältnisses. Es gibt aber spezielle Abfindungsansprüche, die im Folgenden dargestellt werden.

Abfindungen sind lohnsteuerpflichtiger Arbeitslohn und können gemäß der sog. Fünftelregelung unter bestimmten Voraussetzungen ermäßigt besteuert werden. Sie sind als Bruttobetrag auszuwerfen. Die Abfindung ist grundsätzlich unbeschränkt pfändbar und kann nur auf Antrag des Arbeitnehmers gerichtlich einem Pfändungsschutz unterstellt werden (§ 850i ZPO).

Sozialversicherungsrechtlich sind Abfindungen beitragsfrei, wenn sie wegen Beendigung des Beschäftigungsverhältnisses als Entschädigung für den Wegfall künftiger Verdienstmöglichkeiten durch den Verlust des Arbeitsplatzes gewährt werden.

Gesetze, Vorschriften und Rechtsprechung

Lohnsteuer: Rechtsgrundlage für die ermäßigte Besteuerung von Abfindungszahlungen ist sowohl für das Lohnsteuerabzugs- als auch das Einkommensteuerveranlagungsverfahren der § 24 EStG i. V. m. § 34 EStG. Weitere Einzelheiten zur ermäßigten Besteuerung von Abfindungen finden sich in R 34.1–34.5 EStR und H 34.1–34.5 EStH. Ein umfassendes BMF-Schreiben v. 1.11.2013, IV C 4 – S 2290/13/10002, BStBl 2013 I S. 1326, fasst die Voraussetzungen für die Anwendung der Fünftelregelung bei Entlassungsentschädigungen zusammen und beantwortet insbesondere die Frage, in welchen Fällen die für eine Steuerbegünstigung notwendige „Zusammenballung von Einkünften" in einem Veranlagungszeitraum durch die Abfindungszahlung vorliegt. Mit BMF-Schreiben v. 4.3.2016, IV C 4 – S 2290/07/10007, BStBl 2016 I S. 277 wurde dieses dann aktualisiert. Grund dafür war die geänderte BFH-Rechtsprechung, wonach die Vorabzahlung eines Kleinbetrags der Abfindung im Jahr des Aussscheidens (nicht mehr als 10 % der Hauptleistung) einer Zusammenballung von Einkünften im Jahr der Zahlung des überwiegenden Teils der Abfindung nicht entgegensteht.

Sozialversicherung: § 14 SGB IV definiert das in der Sozialversicherung beitragspflichtige Arbeitsentgelt. In einer grundlegenden Entscheidung hat das Bundessozialgericht (BSG, Urteil v. 21.2.1990, 12 RK 20/88) entschieden, dass es sich bei Abfindungen, die für den Verlust des Arbeitsplatzes gezahlt werden, **nicht um beitragspflichtiges Arbeitsentgelt** in diesem Sinne handelt.

Entgelt	LSt	SV
Abfindung nach Auflösung des Dienstverhältnisses	pflichtig	frei

Lohnsteuer

Abfindung ist steuerpflichtiger Arbeitslohn

Abfindungen sind Entschädigungszahlungen, die der Arbeitnehmer als Ausgleich für die mit der Auflösung des Dienstverhältnisses verbundenen Nachteile erhält, insbesondere bei Verlust des Arbeitsplatzes. Abfindungen sind lohnsteuerpflichtiger Arbeitslohn und können gemäß der sog. Fünftelregelung ermäßigt besteuert werden. Voraussetzung ist, dass die Abfindung in einem Kalenderjahr zufließt und zur Zusammenballung von Einkünften führt.

Steuerermäßigung nach der Fünftelregelung

Voraussetzungen für die Fünftelregelung

Wird die Entlassungsabfindung als Einmalbetrag gezahlt, ist dieser als sonstiger Bezug zu versteuern. Führt der einmalige Zufluss zu einer Zusammenballung von Einkünften, ist die Lohnsteuer nach der Fünftelregelung zu ermitteln.[1]

Voraussetzung für die Anwendung der Fünftelregelung auf Entlassungsabfindung ist, dass die Zahlungen

- als Ersatz für entgangene oder entgehende Einnahmen erfolgen,
- nicht auf eine Mitwirkung des Arbeitnehmers an der Schadensursache zurückzuführen sind und
- außerordentliche Einkünfte darstellen.[2]

Entschädigung als Ersatz für entgangene oder entgehende Einnahmen

Eine Entschädigung ist eine Leistung, die „als Ersatz für entgangene oder entgehende Einnahmen" gewährt wird, d. h. an die Stelle weggefallener oder wegfallender Einnahmen tritt. Sie muss unmittelbar durch den Verlust von steuerbaren Einnahmen bedingt sowie dazu bestimmt sein, diesen Schaden auszugleichen und auf einer neuen Rechts- oder Billigkeitsgrundlage beruhen.

Kein Mitwirken des Arbeitnehmers

Grundsätzlich setzt der Begriff der Entschädigung u. a. voraus, dass der Steuerpflichtige unter einem nicht unerheblichen rechtlichen, wirtschaftlichen oder tatsächlichen Druck handelt, sich also in einer nicht von ihm, sondern von dem Leistenden herbeigeführten Zwangssituation befindet. Dem steht eine einverständliche Regelung allerdings nicht entgegen. Es reicht aus, wenn der Empfänger in einer Konfliktsituation zur Vermeidung von Streitigkeiten nachgegeben hat, obwohl ihm eine andere Lösung lieber gewesen wäre.[3]

Aufstockungsbeträge zum Transferkurzarbeitergeld, die auf der Grundlage eines Transfer-Arbeitsverhältnisses und mit Rücksicht auf dieses von der Transfergesellschaft geleistet werden, sind regelmäßig keine Entschädigung.[4]

Zusammenballung von Einkünften

Entlassungsentschädigungen rechnen nur dann zu den außerordentlichen Einkünften, wenn diese dem Arbeitnehmer zusammengeballt zufließen.[5] Eine Zusammenballung von Einkünften liegt vor, wenn die Abfindung höher ist als der Arbeitslohn, den der Arbeitnehmer bei Fortsetzung des Dienstverhältnisses bis zum Ende des Kalenderjahres noch bezogen hätte. Dabei reicht eine geringfügige Überschreitung des wegfallenden Arbeitslohns um 1 EUR aus.

Fünftelregelung bei Teilzahlung in mehreren Jahren

Die Steuerbegünstigung des § 34 EStG setzt weiter voraus, dass es sich um eine Zusammenballung von Einkünften in einem Veranlagungszeitraum handelt. Der Zufluss mehrerer Teilbeträge in unterschiedlichen Veranlagungszeiträumen ist deshalb grundsätzlich schädlich, soweit es sich dabei nicht um eine im Verhältnis zur Hauptleistung stehende geringe Zahlung handelt (maximal 10 % der Hauptleistung), die in einem anderen Veranlagungszeitraum zufließt. Dasselbe gilt für eine zusätzliche Zahlung, die niedriger als die tarifliche Steuervergünstigung ist.[6]

Werden aber zusätzliche Entschädigungsleistungen, die Teil einer einheitlichen Entschädigung sind, aus Gründen der sozialen Fürsorge für eine gewisse Übergangszeit in späteren Kalenderjahren gewährt, sind diese für die Beurteilung der Hauptleistung als eine zusammengeballte Entschädigung unschädlich, wenn sie weniger als 50 % der Hauptleistung betragen.[7] Derartige ergänzende Zusatzleistungen können z. B. sein:

1 § 39b Abs. 3 Satz 9 EStG.
2 § 24 Nr. 1 EStG.
3 BFH, Urteil v. 23.11.2016, X R 48/14, BStBl 2017 II S. 383; BFH, Urteil v. 13.3.2018, IX R 16/17,BStBl 2018 II S. 709.
4 BFH, Urteil v. 12.3.2019, IX R 44/17, BStBl 2019 II S. 574.
5 BFH, Urteil v. 21.3.1996, XI R 51/95,BStBl 1996 II S. 416; BFH, Urteil v. 4.3.1998, XI R 46/97, BStBl 1998 II S. 787.
6 BFH, Urteil v. 13.10.2015, IX R 46/14, BStBl 2016 II S. 214; BMF, Schreiben v. 4.3.2016, IV C 4 – S 2290/07/10007 :031, BStBl 2016 I S. 277.
7 BMF, Schreiben v. 1.11.2013, IV C 4 – S 2223/07/0018 :005, BStBl 2013 I S. 1326, Rz. 13.

- die Übernahme von Kosten für eine ⇗ Outplacement-Beratung[1],
- die befristete Weiterbenutzung des Dienstwagens[2],
- die befristete Übernahme von Versicherungsbeiträgen oder die befristete Zahlung von Zuschüssen zum Arbeitslosengeld[3],
- die Zahlung einer Jubiläumszuwendung nach dem Ausscheiden, die der Arbeitnehmer bei Fortsetzung des Arbeitsverhältnisses erhalten hätte[4],
- Zahlungen zur Verwendung für die Altersversorgung.[5]

Werden Leistungen aus Gründen der sozialen Fürsorge in einem späteren Kalenderjahr als die zusammengeballten Leistungen gezahlt, fallen sie nicht unter die Fünftelregelung.

Fünftelregelung im Lohnsteuerabzugsverfahren berücksichtigen

Die Fragen nach der Zusammenballung und der Steuerermäßigung sind auch im Lohnsteuerabzugsverfahren zu prüfen. Hierfür ist der Arbeitgeber zuständig. In diese Prüfung können auch Arbeitslöhne oder andere Einkünfte einbezogen werden, die der Arbeitnehmer nach Beendigung des bestehenden Dienstverhältnisses voraussichtlich erzielen wird. Kann der Arbeitgeber die erforderlichen Feststellungen nicht treffen, hat er den Lohnsteuerabzug ohne Anwendung der Fünftelregelung vorzunehmen. In diesem Fall kann die evtl. in Betracht kommende Steuerermäßigung im Rahmen der Einkommensteuererklärung des Arbeitnehmers berücksichtigt werden.[6]

Hinweis

Vorerst keine Abschaffung der Fünftelregelung im Lohnsteuerverfahren

Nach geltendem Recht kann die Fünftelregelung bereits bei der Berechnung der Lohnsteuer durch den Arbeitgeber berücksichtigt werden. Da diese Berechnungen mit einem hohen technischen sowie sachkundigen Aufwand auf Seiten des Arbeitgebers verbunden sind, wird von dieser Möglichkeit schon heute oft kein Gebrauch gemacht. Das derzeit noch im Vermittlungsausschuss befindliche Wachstumschancengesetz sieht in diesem Zusammenhang für Zwecke der Vereinfachung der Lohnabrechnung eine Aufhebung der tarifermäßigten Besteuerung nach der Fünftelregelung im Lohnsteuerabzugsverfahren vor.[7] Die ermäßigte Besteuerung soll danach nur noch im Rahmen der Einkommensteuerveranlagung des Arbeitnehmers durchgeführt werden. Da das Gesetzgebungsverfahren noch nicht abgeschlossen ist, kommt es aber vorerst zu keiner Änderung.

Eintragung in der Lohnsteuerbescheinigung

Nutzt der Arbeitgeber die derzeit noch zulässige Möglichkeit einer ermäßigten Besteuerung im Lohnsteuerabzugsverfahren ist der entsprechende Betrag unter der Nr. 10 der ⇗ Lohnsteuerbescheinigung auszuweisen. Der Arbeitnehmer ist in diesem Fall zur Abgabe einer Einkommensteuererklärung verpflichtet.[8]

Die nach der Fünftelregelung ermäßigt besteuerte Abfindung und die hiervon erhobene Lohnsteuer bleiben beim Lohnsteuer-Jahresausgleich außer Ansatz, es sei denn, der Arbeitnehmer wünscht die Einbeziehung ausdrücklich. Hat der Arbeitgeber die Lohnsteuer nach der Fünftelregelung ermittelt, ist der Arbeitnehmer verpflichtet, eine Einkommensteuererklärung abzugeben.[9]

Abfindungen aus öffentlichen Mitteln

Für Kapitalabfindungen im öffentlichen Dienst sind weiterhin besondere Steuerbefreiungen zu beachten. So sind die Kapitalabfindungen aufgrund der Beamten(pensions)gesetze in vollem Umfang steuerfrei.[10] Hierzu rechnen z. B. Ausgleichszahlungen nach § 48 Abs. 1 BeamtVG oder Kapitalabfindungen nach §§ 28-35, die Ausgleichszahlung nach § 38 und der einmalige Betrag nach § 77 Soldatenversorgungsgesetz.

Außerdem sind Leistungen aus öffentlichen Mitteln (Anpassungsgeld) an Arbeitnehmer des Steinkohle- und Erzbergbaus, des Braunkohletiefbaus und der Eisen- und Stahlindustrie aus Anlass von Stilllegungs-, Einschränkungs-, Umstellungs- oder Rationalisierungsmaßnahmen nach wie vor in voller Höhe steuerfrei.[11]

Sozialversicherung

Abfindung bei Ende der Beschäftigung

In der Sozialversicherung sind Abfindungen unbegrenzt beitragsfrei, wenn sie wegen Beendigung des Beschäftigungsverhältnisses als Entschädigung für den Wegfall künftiger Verdienstmöglichkeiten durch den Verlust des Arbeitsplatzes[12] gewährt werden. Da diese Abfindungen außerhalb des Beschäftigungsverhältnisses gezahlt werden, sind sie auch nicht beitragspflichtig zur Kranken-, Pflege-, Renten- und Arbeitslosenversicherung.

Arbeitsgerichtliche Festlegung: Beschäftigungsende

Wird eine Beschäftigung z. B. während der Probezeit arbeitergeberseitig gekündigt und werden im Rahmen eines arbeitsgerichtlichen Verfahrens eine Abfindung und ein rechtliches Ende der Beschäftigung festgelegt, sind die Grundsätze zur Beurteilung von Abfindungen gemäß §§ 9 und 10 KSchG nicht anwendbar. Denn diese Abfindung wird für den Zeitraum zwischen tatsächlicher Beschäftigungsaufgabe und dem vom Arbeitsgericht durch Entscheidung oder Vergleich als rechtliches Ende der Beschäftigung festgelegten Zeitpunkt gezahlt. Insoweit ist die Abfindung als beitragspflichtiges Arbeitsentgelt für die Zeit bis zum Ende der Beschäftigung anzusehen.

Rückständige Entgeltansprüche

Die Zahlung von rückständigem Arbeitsentgelt anlässlich einer einvernehmlichen Beendigung der Beschäftigung oder der gerichtlichen Auflösung im Kündigungsschutzprozess ist Arbeitsentgelt im Sinne der Sozialversicherung und als laufendes (rückständiges) Arbeitsentgelt beitragspflichtig. Dies gilt selbst dann, wenn die Zahlung von den Beteiligten als „Abfindung" bezeichnet worden ist.[13]

Besonderheiten gelten, wenn eine fristlose Kündigung in eine fristgerechte Kündigung umgewandelt wird.

Zahlungen an einen von der Arbeit (einseitig oder widerruflich) freigestellten Arbeitnehmer, die der Arbeitgeber aufgrund eines arbeitsgerichtlichen Vergleichs bis zum Ende des Arbeitsverhältnisses leistet, stellen keine Abfindung dar, auch wenn sie als solche bezeichnet werden. In Fällen einer Freistellung ist deshalb zuerst die Grundsatzfrage zu klären, ob noch ein sozialversicherungsrechtlich relevantes Beschäftigungsverhältnis vorliegt.

Abfindungen in laufenden Beschäftigungsverhältnissen

Als Abfindungen deklarierte Zahlungen, die bei fortbestehendem Beschäftigungsverhältnis geleistet werden, sind nicht beitragsfrei, sondern stellen in vollem Umfang sozialversicherungspflichtiges Arbeitsentgelt dar.

Beitragsberechnung aus Abfindungen

Sofern eine Abfindung nach Maßgabe der von der Rechtsprechung aufgestellten Grundsätze sozialversicherungsrechtlich Arbeitsentgelt darstellt, müssen daraus Beiträge zur Kranken-, Pflege-, Renten- und Arbeitslosenversicherung berechnet werden.

Beitragsrechtliche Abfindungen gelten als ⇗ Einmalzahlung. Sie sind zeitlich dem letzten Entgeltabrechnungszeitraum der Beschäftigung zu-

1 BFH, Urteil v. 14.8.2001, XI R 22/00, BStBl 2002 II S. 180.
2 BFH, Urteil v. 3.7.2002, XI R 34/01, BFH/NV 2003 S. 448.
3 BFH, Urteil v. 24.1.2002, XI R 43/99, BStBl 2004 II S. 442.
4 BFH, Urteil v. 14.5.2003, XI R 23/02, BStBl 2004 II S. 451.
5 BFH, Urteil v. 15.10.2003, XI R 17/02, BStBl 2004 II S. 264.
6 § 46 Abs. 2 Nr. 8 EStG.
7 § 39b Abs. 3 und 10 EStG.
8 § 46 Abs. 2 Nr. 5 EStG.
9 § 46 Abs. 2 Nr. 5 EStG.
10 § 3 Nr. 3 EStG.
11 § 3 Nr. 60 EStG.
12 Z. B. nach § 9 KSchG und § 10 KSchG.
13 BSG, Urteil v. 21.2.1990, 12 RK 65/87.

zuordnen. Bei Zahlung einer Abfindung in der Zeit vom 1.1. bis 31.3. ist die ⇗ Märzklausel anzuwenden.

Abfindung bei geringfügig entlohnter Beschäftigung

Erhält der Arbeitnehmer im Rahmen eines in der Kranken-, Pflege- und Arbeitslosenversicherung versicherungsfreien ⇗ geringfügig entlohnten Minijobs eine Abfindung, führt dies nicht zum Eintritt von Versicherungspflicht.

Hinweis

Keine pauschale Lohnsteuer für Abfindungszahlungen bei Minijob

Bei geringfügig entlohnten Beschäftigungen bestimmt sich die Bemessungsgrundlage sowohl beim Pauschsteuersatz von 2 % als auch bei der pauschalen Lohnsteuer von 20 % nach dem Arbeitsentgelt im Sinne der Sozialversicherung, nicht etwa nach dem steuerlichen Arbeitslohnbegriff. Die für den Verlust des Arbeitsplatzes gezahlten Abfindungen sind kein sozialversicherungspflichtiges Arbeitsentgelt, wenn diese zum Ausgleich für die mit der Auflösung des Arbeitsverhältnisses verbundenen Nachteile bestimmt sind. Sie bleiben deshalb bei der Anwendung der Pauschalierungsvorschrift für geringfügig entlohnte Beschäftigungen außer Ansatz. Gleichwohl besteht für sie Lohnsteuerpflicht. Abfindungszahlungen, die bei Entlassung aus einem Minijob bezahlt werden, unterliegen deshalb dem Lohnsteuerabzug nach den Merkmalen der elektronischen Lohnsteuerkarte. Dies gilt auch, wenn der Arbeitgeber für die geringfügig entlohnte Beschäftigung bis zu seiner Auflösung lediglich die Pauschalabgaben in Höhe von 30 % entrichtet hat und damit die Besteuerung des aktiven Arbeitslohns nach den Pauschalierungsvorschriften des § 40a Abs. 2, 2a EStG erfolgte.[1]

Die ermäßigte Besteuerung ist zulässig, wenn die Voraussetzungen für die Anwendung der Fünftelregelung vorliegen.

Bedeutung des regelmäßigen Arbeitsentgelts

Für das Überschreiten der bei ⇗ geringfügig entlohnten Beschäftigungen maßgeblichen Geringfügigkeitsgrenze, kommt es auf das „regelmäßig" erzielte Arbeitsentgelt an. Davon ausgehend, dass es sich bei einer Abfindung grundsätzlich nicht um eine regelmäßige Entgeltzahlung handeln dürfte, berührt deren Zahlung die bestehende Versicherungsfreiheit nicht. Sollten im Rahmen eines geringfügig entlohnten Minijobs gleichwohl im Einzelfalle regelmäßig Abfindungszahlungen geleistet werden, wäre eine entsprechende Prüfung vorzunehmen, ob weiterhin von einer geringfügig entlohnten Beschäftigung ausgegangen werden kann.

Hinsichtlich der beitragsmäßigen Behandlung von Abfindungen im Rahmen einer geringfügig entlohnten Beschäftigung gilt: In Bezug auf die Erhebung

- des/der Pauschalbeiträge zur Krankenversicherung und ggf. Rentenversicherung sowie
- auf den regulären Rentenversicherungsbeitrag

ist darauf abzustellen, ob es sich bei der gezahlten Abfindung um eine dem Grunde nach sozialversicherungspflichtige Zahlung handelt oder nicht.

Abfindungen von Sozialleistungsträgern

Werden von den Sozialleistungsträgern Abfindungen von Leistungsansprüchen gewährt, sind diese beitragsrechtlich unerheblich. Solche Abfindungen kommen insbesondere aus Anlass der Wiederheirat einer Witwe (eines Witwers), zur Abgeltung von Ansprüchen auf Verletztenrenten und zum Erwerb von Grundbesitz eines Dauerwohnrechts usw. in Betracht. Die Abfindungsvorschriften ergeben sich für die Rentenversicherung aus § 107 SGB VI, für die Unfallversicherung aus den §§ 75 ff. SGB VII.

1 R 40a.2 Satz 4 LStR.

Abmeldung

Bei Beendigung der versicherungspflichtigen oder geringfügigen Beschäftigung hat der Arbeitgeber den Arbeitnehmer bei der zuständigen Krankenkasse abzumelden.

Gesetze, Vorschriften und Rechtsprechung

Sozialversicherung: Gesetzliche Grundlage der Abmeldung ist § 28a SGB IV. In § 8 DEÜV sind weitergehende Regelungen für die Abgabe der Abmeldung enthalten. Für die Praxis wichtige Hinweise enthalten sowohl die Gemeinsamen Grundsätze für die Datenerfassung und Datenübermittlung nach § 28b Abs. 1 Satz 1 Nrn. 1–3 SGB IV (GR v. 28.6.2023) als auch das Gemeinsame Rundschreiben Meldeverfahren zur Sozialversicherung (GR v. 29.6.2016) in den jeweils aktuellen Fassungen.

Sozialversicherung

Ende einer Beschäftigung

Das Ende einer versicherungspflichtigen oder geringfügigen Beschäftigung ist mit der nächsten folgenden Lohn- und Gehaltsabrechnung zu melden. Die Abmeldung ist spätestens innerhalb von 6 Wochen nach Beschäftigungsende der zuständigen Einzugsstelle zu übermitteln.

Eine Beendigung der Beschäftigung im melderechtlichen Sinne liegt auch vor, wenn der Arbeitnehmer eine bis zu 6 Monate dauernde ⇗ Pflegezeit in Anspruch nimmt und von der Arbeit in vollem Umfang freigestellt wird. Die Abmeldung hat dann zum letzten Arbeitstag vor Beginn der Pflegezeit zu erfolgen. Auch in diesen Fällen ist der Abgabegrund „30" maßgebend. Denn für die Pflegezeit ist weder in § 7 SGB IV noch in § 192 SGB V eine mitgliedschaftserhaltende Wirkung vorgesehen.

Gleichzeitige An- und Abmeldung

An- und Abmeldung können gleichzeitig vorgenommen werden, wenn innerhalb der Abgabefrist für die Abgabe einer ⇗ Anmeldung das Arbeitsverhältnis endet und noch keine Anmeldung erstattet wurde. Die gleichzeitige An- und Abmeldung mit dem Abgabegrund „40" ist allerdings nur mit Angabe der Versicherungsnummer zulässig.

Arbeitgeber haben seit dem 1.1.2023 vor Erstellung einer Anmeldung über ihr Entgeltabrechnungsprogramm oder über ihre maschinelle Ausfüllhilfe das elektronische Verfahren zur Abfrage der Versicherungsnummer bei der Datenstelle der Rentenversicherung (DSRV) zu nutzen.[2]

Ist die Versicherungsnummer nicht bekannt, sind in dem Feld „Wenn keine Versicherungsnummer angegeben werden kann" der Geburtsname, der Geburtsort, das Geschlecht und die Staatsangehörigkeit einzutragen. Bei der Angabe des Geschlechts sind – neben M für männlich und W für weiblich – X für unbestimmt und D für divers zulässig.

Wichtig

Kennzeichen des Krankenversicherungsschutzes für kurzfristig Beschäftigte

Bei gleichzeitiger An- und Abmeldung einer kurzfristigen Beschäftigung ist seit dem 1.1.2022 anzugeben, wie der Arbeitnehmer für die Beschäftigungsdauer krankenversichert ist.

Im Datensatz der Meldung stehen hierfür folgende Kennzeichen zur Verfügung:

- 1 = Beschäftigter ist gesetzlich krankenversichert
- 2 = Beschäftigter ist privat krankenversichert oder anderweitig im Krankheitsfall abgesichert

2 § 28a Abs. 3a Satz 1 SGB IV.

Ist der Arbeitnehmer versicherungspflichtig, freiwillig versichert oder familienversichert, besteht für die Dauer der Beschäftigung ein Krankenversicherungsschutz bei einer gesetzlichen Krankenkasse.

Im Falle einer privaten Krankenversicherung erfolgt die Absicherung im Krankheitsfall bei einem privaten Versicherungsunternehmen. Es besteht zudem die Möglichkeit, dass der Arbeitgeber für seine Beschäftigten eine private Krankenversicherung im Rahmen einer Gruppenversicherung abschließt.

Arbeitnehmer, die Leistungen aus einem Sondersystem erhalten oder Anspruch auf Sachleistungen zulasten eines ausländischen Versicherungsträgers haben, gelten als im Krankheitsfall anderweitig abgesichert.

Beschäftigungsende nach Unterbrechung von länger als einem Monat

Eine Beschäftigung gegen Arbeitsentgelt gilt als fortbestehend, solange die Beschäftigung ohne Anspruch auf Arbeitsentgelt fortdauert, jedoch nicht länger als einen Monat.[1] Beispiele hierfür können unbezahlter Urlaub, Arbeitsbummelei, Streik oder Aussperrung sein. In diesen Fällen ist der Zeitraum bis zum Ende der sozialversicherungspflichtigen Beschäftigung mit Abgabegrund „34" zu melden.

Beispiel

Meldung nach Unterbrechung von länger als einem Monat

Herr G. erhält vom 22.9. bis 28.10. unbezahlten Urlaub.

Es führt also zu einer länger als einen Monat andauernden Unterbrechung der Beschäftigung ohne Anspruch auf Arbeitsentgelt. Die Beschäftigung gilt daher nicht als fortbestehend.

Es ist eine Abmeldung zum 21.10. innerhalb von 6 Wochen nach Ende der Beschäftigung mit Grund der Abgabe „34" erforderlich.

Die Anmeldung zum 29.10. ist innerhalb von 2 Wochen nach Wiederaufnahme der Beschäftigung mit Grund „13" (Anmeldung wegen sonstiger Gründe: Anmeldung nach unbezahltem Urlaub) zu erstatten.

Diese beiden Meldungen müssen in jedem Fall separat erfolgen.

Berechnung der Monatsfrist

Letzter Tag der entgeltlichen Beschäftigung:	21.9.
Beginn der Monatsfrist:	22.9.
Ende der Monatsfrist:	21.10.

Privat Krankenversicherte

Für einen arbeitsunfähigen, privat krankenversicherten Arbeitnehmer, der nach dem Ende der ⇗ Entgeltfortzahlung kein Krankentagegeld bezieht, gilt die Regelung, die bei unbezahlten Arbeitsunterbrechungen für gesetzlich Versicherte anzuwenden ist, entsprechend. Einen Monat nach Ende der Entgeltzahlung muss eine Abmeldung mit Abgabegrund „34" erfolgen. Endet das Arbeitsverhältnis früher, ist die Abmeldung zum Ende der Beschäftigung zu erstatten. Wird Krankentagegeld bezogen, ist eine Unterbrechungsmeldung zu erstellen.

Arbeitskampf von länger als einem Monat

Wird ein rechtmäßiger Arbeitskampf länger als einen Monat geführt, ist das Ende des ersten Monats des Arbeitskampfs mit Abgabegrund „35" zu melden. Die Krankenkasse kann anhand des Abgabegrunds erkennen, dass die Mitgliedschaft in der Kranken- und Pflegeversicherung fortbesteht. In allen anderen Zweigen der Sozialversicherung endet das Versicherungsverhältnis nach einem Monat.

Bezug von Entgeltersatzleistungen

Wird eine versicherungspflichtige Beschäftigung z. B. durch den Bezug von Krankengeld unterbrochen, ist eine ⇗ Unterbrechungsmeldung zu erstatten und keine Abmeldung. Eine Abmeldung ist jedoch dann abzugeben, wenn die Beschäftigung während einer solchen Unterbrechung aufgelöst wird. Wird die Beschäftigung in dem auf das Ende der Entgeltfortzahlung folgenden Kalendermonat aufgelöst, so ist neben der Abmeldung zum Ende der Beschäftigung eine Meldung über das Ende der Zahlung von Arbeitsentgelt zu erstatten.

Beispiel

Ende der Beschäftigung nach Ende der Entgeltfortzahlung

Beginn der Arbeitsunfähigkeit:	9.8.	
Ende der Entgeltfortzahlung:	19.9.	
Ende der Beschäftigung:	25.10.	

Folgende Meldungen sind erforderlich:

Unterbrechungsmeldung:	Abgabegrund „51"	Zeitraum 1.1. bis 19.9.
Abmeldung:	Abgabegrund „30"	Zeitraum 20.9. bis 25.10.

Das sozialversicherungsrechtliche (nicht arbeitsrechtliche) Beschäftigungsverhältnis eines Arbeitnehmers endet, wenn die Höchstbezugsdauer von Krankengeld (Aussteuerung) erreicht wird. Zum Ablauf der sich an das Ende des Krankengeldbezugs anschließenden Monatsfrist muss eine Abmeldung erstellt werden (Abgabegrund 34, Entgelt 000000). Diese Regelung gilt auch für die Bezieher von Krankentagegeld einer Privatversicherung. Der Zeitraum der Monatsfrist ist zu melden, weil für diesen Sozialversicherungstage anzusetzen sind.

Beispiel

Ende des Krankengeldbezugs wegen Leistungsablaufs

Beginn des Krankengeldes:	5.3.
Ende des Krankengeldes: (Leistungsende)	24.8.

Folgende Meldungen sind erforderlich:

Unterbrechungsmeldung:	Abgabegrund „51"	Zeitraum 1.1. bis 4.3.
Abmeldung:	Abgabegrund „34"	Zeitraum 25.8. bis 24.9.

In Fällen, in denen nach dem Ende des Krankengeldanspruchs das Arbeitsverhältnis zwar weiterhin noch besteht, der Arbeitnehmer allerdings Arbeitslosengeld (Nahtlosigkeitsregelung) erhält, ist die Monatsfrist nicht anzuwenden. Hier ist eine Abmeldung mit dem letzten Tag des Krankengeldbezugs vorzunehmen (Abgabegrund 30).

Durch Tarifverträge, Betriebsvereinbarungen oder arbeitsrechtliche Regelungen ist häufig festgelegt, dass das Arbeitsverhältnis endet, wenn eine Alters- oder Erwerbsminderungsrente bewilligt wird. Das Arbeitsverhältnis endet in diesen Fällen mit Ablauf des Monats, in dem der Versicherte den Bescheid des Rentenversicherungsträgers erhält. Folglich endet das sozialversicherungsrechtliche Beschäftigungsverhältnis bereits vor Ablauf der Monatsfrist des § 7 Abs. 3 Satz 1 SGB IV.

Beispiel

Ende des Krankengeldbezugs wegen Zubilligung einer Erwerbsminderungsrente

Beginn des Krankengeldes:	5.3.
Ende des Krankengeldes: (Zubilligung einer vollen Erwerbsminderungsrente)	15.8.
Ende der Beschäftigung:	31.8.

Folgende Meldungen sind erforderlich:

Unterbrechungsmeldung:	Abgabegrund „51"	Zeitraum 1.1. bis 4.3.
Abmeldung:	Abgabegrund „34"	Zeitraum 16.8. bis 31.8.

Elternzeit

Wird eine versicherungspflichtige Beschäftigung durch eine Elternzeit unterbrochen, ist seit dem 1.1.2024 der Beginn der Elternzeit per Anmeldung und das Ende der Elternzeit per Abmeldung mit Abgabegrund „37" zu melden.[2]

1 § 7 Abs. 3 Satz 1 SGB IV.

2 § 12 Abs. 6 DEÜV.

Die Meldepflichten bei einer Elternzeit sind ein Novum, da erstmalig im Meldeverfahren der Beginn und das Ende einer Fehlzeit zu melden sind und nicht wie bislang die Unterbrechung der Beschäftigung als Meldetatbestand eine Unterbrechungsmeldung auslöst. Damit grenzen sich die Elternzeit-Meldungen von der fachlichen Struktur des Meldeverfahrens ab, zumal sie ungeachtet bestehender Meldetatbestände (z. B. Unterbrechungsmeldung wegen Elternzeit) zusätzlich abzugeben sind. Wie bei der Pflicht zur Abgabe der Unterbrechungsmeldung muss die Unterbrechung aufgrund der Elternzeit mindestens einen Kalendermonat andauern. Nur dann sind die An- und Abmeldung für die Elternzeit abzugeben.

Beispiel

Meldungen bei einer Elternzeit (jahresübergreifend)

Frau F. bezieht in der Zeit vom 27.1.2024 bis zum 9.3.2024 Mutterschaftsgeld und nimmt vom 10.3.2024 bis zum 9.3.2026 Elternzeit.

Unterbrechungsmeldung:	Abgabegrund „51“	Zeitraum 1.1. bis 26.1.2024
Anmeldung:	Abgabegrund „17“	Beginn 10.3.2024
Abmeldung:	Abgabegrund „37“	Zeitraum 10.3.2024 bis 9.3.2026

Es sind keine Jahresmeldungen für die Jahre 2024 und 2025 zu erstellen.

Beispiel

Meldungen bei einer Elternzeit (unterjährig)

Frau G. bezieht in der Zeit vom 24.1. bis zum 6.3. Mutterschaftsgeld und nimmt vom 7.3. bis zum 6.9. ein halbes Jahr Elternzeit.

Unterbrechungsmeldung:	Abgabegrund „51“	Zeitraum 1.1. bis 23.1.
Anmeldung:	Abgabegrund „17“	Beginn 7.3.
Abmeldung:	Abgabegrund „37“	Zeitraum 7.3. bis 6.9.

Unfallversicherung

Die Unfallversicherungsdaten sind für jeden im Vorjahr in der Unfallversicherung versicherten Beschäftigten ausschließlich in einer UV-Jahresmeldung anzugeben.

Bestandsprüfungen

Die übermittelten Abmeldungen werden von der Krankenkasse mit den eigenen Bestandsdaten abgeglichen. Festgestellte Fehler werden mit dem Arbeitgeber geklärt. Wenn die Abmeldung nicht zu erstatten war, fehlerhaft war oder bei einer falschen Krankenkasse eingereicht wurde, ist sie zu stornieren und ggf. neu zu erstellen.

Seit dem 1.1.2021 ist das Kennzeichen „Mehrfachbeschäftigung“ nicht mehr in den Abmeldungen anzugeben.

Angaben zur Besteuerung bei Abmeldungen von geringfügig Beschäftigten

Arbeitgeber ergänzen die Abmeldungen von geringfügig Beschäftigten im gewerblichen Bereich und in privaten Haushalten um die Angaben zum Steuerbezug.

In den Entgeltmeldungen für geringfügig entlohnte Beschäftigte sind seit dem 1.1.2022 die Steuernummer des Arbeitgebers sowie die steuerliche Identifikationsnummer (Steuer-ID) des Arbeitnehmers anzugeben. Weiterhin ist die Art der Besteuerung mit dem Kennzeichen „1“ zu übermitteln, wenn die Pauschsteuer abgeführt wird. In allen anderen Fällen, in denen die Pauschsteuer nicht angewendet wird, ist das Kennzeichen „0“ zu verwenden.

Abordnung

Bei einer Abordnung handelt es sich um eine vom Arbeitgeber veranlasste vorübergehende Beschäftigung des Arbeitnehmers bei einer anderen Dienststelle oder einem anderen Betrieb desselben Arbeitgebers unter Fortsetzung des bestehenden Arbeitsverhältnisses.

Gesetze, Vorschriften und Rechtsprechung

Sozialversicherung: Bei einer Abordnung bleibt die sozialversicherungsrechtliche Beurteilung eines Beschäftigungsverhältnisses (§ 7 SGB IV) unberührt.

Sozialversicherung

Bedeutung der Abordnung

Mit dem Begriff Abordnung wird eine in der Regel vorübergehende Zuweisung eines anderen beruflichen Aufgabenbereichs an einen Mitarbeiter bezeichnet. Besteht keine Rückkehrabsicht an den bisherigen Arbeitsplatz, handelt es sich um eine Versetzung. Merkmale der Abordnung sind

- die zeitliche Befristung der auswärtigen Tätigkeit sowie
- die Ausübung einer gleichwertigen Tätigkeit während der Abordnung.

Eine Abordnung liegt häufig dann vor, wenn ein Beschäftigter des öffentlichen Dienstes aus dienstlichen oder betrieblichen Gründen seine Tätigkeit bei einer anderen Dienststelle oder an einem anderen Dienstort erbringen soll.

Während der Abordnung ändert sich die Rechtsstellung des Arbeitnehmers bzw. die Rechtsbeziehung zwischen ↗ Arbeitnehmer und ↗ Arbeitgeber nicht. Die bisherige Behörde bzw. der bisherige Dienstherr bleibt auch für die Dauer der Abordnung weiterhin Arbeitgeber für den abgeordneten Mitarbeiter. Ein Arbeitgeberwechsel findet also nicht statt.

Folgen für die Sozialversicherung

Die bisherige sozialversicherungsrechtliche Beurteilung des Beschäftigungsverhältnisses des Arbeitnehmers bleibt von der Abordnung ebenfalls unberührt.

Sofern dem Arbeitnehmer während der Zeit der Abordnung ↗ Reisekosten oder ↗ Trennungsentschädigung (Trennungsgeld) gewährt werden, sind diese beitragspflichtig in der Sozialversicherung, sofern sie lohnsteuerpflichtig sind.

Abschlagszahlung

Abschlagszahlungen sind Auszahlungen bereits fälligen und verdienten, aber noch nicht abgerechneten Lohns. Bei der abschließenden Lohnabrechnung können sie abgezogen werden, ohne dass aufgerechnet zu werden braucht oder die Pfändungsfreigrenzen beachtet werden müssen. Nach Fälligkeit des Lohns steht dem Arbeitnehmer i. d. R. ein Anspruch auf eine Abschlagszahlung zu.

Die Abschlagszahlung unterscheidet sich vom Vorschuss dadurch, dass dieser eine Vorabzahlung auf noch nicht verdienten und fälligen Lohn ist, also im Hinblick auf künftige Arbeitsleistungen erbracht wird. Ein gesetzlicher Anspruch auf einen Gehaltsvorschuss gibt es grundsätzlich nicht, es sei denn, ein solcher ergibt sich aus dem Gesichtspunkt der Fürsorgepflicht des Arbeitgebers oder aus einer entsprechenden Regelung im Arbeitsvertrag, im Tarifvertrag oder einer Betriebsvereinbarung.

Wird der Arbeitslohn zunächst als Abschlagszahlung geleistet, kann der Arbeitgeber unter bestimmten Voraussetzungen die Lohnsteuer erst bei der Lohnabrechnung einbehalten.

Gesetze, Vorschriften und Rechtsprechung

Lohnsteuer: Der Lohnsteuereinbehalt bei Abschlagszahlungen ist geregelt in § 39b Abs. 5 EStG, ergänzende Verwaltungsanweisungen enthalten R 39b.5 Abs. 5 LStR und H 39b.5 LStH.

Sozialversicherung: Bei Vorschusszahlungen auf Arbeitsentgelt handelt es sich um Arbeitsentgelt nach § 14 SGB IV. Konkrete Regelungen zur Entgelteigenschaft enthält die Sozialversicherungsentgeltverordnung – SvEV. Der Zeitpunkt des Entstehens der Beitragsansprüche wird durch § 22 SGB IV bestimmt.

Lohnsteuer

Lohnsteuerliche Behandlung

Zahlt der Arbeitgeber den Arbeitslohn für den üblichen ↗ Lohnzahlungszeitraum (z. B. Monat) nur in ungefährer Höhe und erfolgt die eigentliche Lohnabrechnung erst später, kann die Lohnsteuer erst bei der Lohnabrechnung einbehalten werden. Dies gilt aber nicht, wenn der Lohnabrechnungszeitraum 5 Wochen übersteigt oder die Lohnabrechnung nicht innerhalb von 3 Wochen nach Ablauf des Lohnabrechnungszeitraums erfolgt.[1]

Wird die Lohnabrechnung für den letzten Abrechnungszeitraum des abgelaufenen Kalenderjahres erst im nachfolgenden Kalenderjahr, aber noch innerhalb der 3-Wochenfrist vorgenommen, handelt es sich um Arbeitslohn und einbehaltene Lohnsteuer dieses Lohnabrechnungszeitraums; der Arbeitslohn und die Lohnsteuer sind deshalb im Lohnkonto und in den Lohnsteuerbelegen des abgelaufenen Kalenderjahres zu erfassen.[2]

Die Lohnabrechnung gilt als abgeschlossen, wenn die Zahlungsbelege den Bereich des Arbeitgebers verlassen haben; es kommt nicht auf den zeitlichen Zufluss der Zahlung beim Arbeitnehmer an.[3]

Lohnvorschuss vs. Abschlagszahlung

Von einer Abschlagszahlung zu unterscheiden ist die Zahlung eines ↗ Vorschusses. Vorschüsse sind Vorauszahlungen des Arbeitgebers auf eine noch nicht verdiente Vergütung. Stellt die Zahlung eines Vorschusses laufenden Arbeitslohn dar, ist sie für die Lohnsteuerberechnung grundsätzlich dem Lohnzahlungszeitraum zuzurechnen, für den sie geleistet wurde.[4] Unter bestimmten Voraussetzungen kann der Vorschuss auch als ↗ sonstiger Bezug versteuert werden.[5]

Sozialversicherung

Vorschusszahlung auf zukünftiges Arbeitsentgelt

Vorschusszahlungen des Arbeitgebers auf zukünftiges Arbeitsentgelt stellen beitragspflichtiges Arbeitsentgelt im Sinne der Sozialversicherung dar. Die Beitragsberechnung aus vorausgezahltem Arbeitsentgelt erfolgt erst mit dem Monat, in dem die Arbeit, der dieses Arbeitsentgelt gegenübersteht, geleistet wird.

Abschlagszahlung bei bereits erbrachter Arbeitsleistung

Bei Abschlagzahlungen für bereits erbrachte Arbeitsleistungen ist die Beitragsberechnung vom vollen zu beanspruchenden Arbeitsentgelt – trotz der Teilzahlung – im Monat der tatsächlichen Arbeitsleistung vorzunehmen.

1 § 39b Abs. 5 EStG.
2 R 39b.5 Abs. 5 Satz 3 LStR.
3 R 39b.5 Abs. 5 Satz 2 LStR.
4 R 39b.5 Abs. 4 Satz 1 LStR.
5 R 39b.5 Abs. 4 Satz 2 LStR.

Abschlussprämie

Insbesondere im Banken- und Versicherungsgewerbe erhalten Arbeitnehmer für die unmittelbare oder mittelbare Herbeiführung eines Vertragsabschlusses regelmäßig sog. Abschlussprämien. Die Abschlussprämie steht in unmittelbarem Zusammenhang mit der Erbringung der Arbeitsleistung des Arbeitnehmers und ist deshalb steuer- und beitragspflichtig.

Abschlussprämien sind regelmäßig Einmalzahlungen, die steuerrechtlich zu den sonstigen Bezügen gehören; sie müssen deshalb gesondert erfasst und versteuert werden.

Sozialversicherungsrechtlich handelt es sich um einmalig gezahltes Arbeitsentgelt, das nach den Regeln für Einmalzahlungen zu verbeitragen ist. Werden die Beitragsbemessungsgrenzen nicht überschritten, ist die Abschlussprämie voll beitragspflichtig. Für Einmalzahlungen, die im ersten Quartal des Folgejahres gewährt werden, ist die Märzklausel zu beachten.

Bei der Berechnung der Umlagen U1 und U2 bleibt die Abschlussprämie unberücksichtigt; sie ist jedoch in die Bemessungsgrundlage für die Insolvenzgeldumlage einzubeziehen.

Gesetze, Vorschriften und Rechtsprechung

Lohnsteuer: Die Lohnsteuerpflicht der Abschlussprämien ergibt sich aus § 19 Abs. 1 EStG i. V. m. R 19.3 LStR.

Sozialversicherung: Die Beitragspflicht in der Sozialversicherung ergibt sich aus § 14 Abs. 1 SGB IV i. V. m. § 23a SGB IV.

Entgelt	LSt	SV
Abschlussprämie	pflichtig	pflichtig

Abschussgeld

Abschussgeld ist ein Aufwandsersatz des Arbeitgebers an Arbeitnehmer in privat forstwirtschaftlichen Betrieben. In der Praxis nennt man Abschussgeld auch häufig Patronen- oder Schussgeld.

Das Abschussgeld ersetzt den Aufwand des Jägers für das Erlegen eines Tieres, kann aber auch als Prämie für jedes abgeschossene Tier gezahlt werden. Übersteigt das Abschussgeld die tatsächlichen Aufwendungen für die eingesetzten Patronen nicht, handelt es sich um steuerfreien Auslagenersatz und damit sozialversicherungsfreies Arbeitsentgelt. Übersteigt hingegen das Abschussgeld die tatsächlichen Kosten, ist der übersteigende Betrag als laufender Arbeitslohn steuerpflichtig und als laufendes Arbeitsentgelt sozialversicherungspflichtig.

Gesetze, Vorschriften und Rechtsprechung

Lohnsteuer: Soweit das Abschussgeld die tatsächlichen Kosten für den Abschuss nicht übersteigt, handelt es sich gemäß R 19.3 Abs. 3 LStR um steuerfreien Auslagenersatz. Steuerpflichtiger Arbeitslohn ist in § 19 Abs. 1 EStG geregelt i. V. m. R 19.3 Abs. 1 LStR. Zur Abgrenzung zwischen laufendem Arbeitslohn und sonstigen Bezügen s. R 39b.2 LStR.

Sozialversicherung: Insoweit das Abschussgeld lohnsteuerfrei ist, ergibt sich die Beitragsfreiheit zur Sozialversicherung aus § 1 Abs. 1 Satz 1 Nr. 1 der SvEV. Sozialversicherungspflichtiges Arbeitsentgelt ist in § 14 Abs. 1 SGB IV geregelt.

Entgelt	LSt	SV
Abschussgeld als Prämie	pflichtig	pflichtig
Abschussgeld als Auslagenersatz	frei	frei

Abwälzung der Pauschalsteuer

Der Gesetzgeber hat dem Arbeitgeber verschiedene Möglichkeiten eingeräumt, bestimmte lohnsteuerliche Bezüge pauschal zu versteuern. Wesentliches Merkmal der pauschalen Lohnsteuer ist, dass diese grundsätzlich vom Arbeitgeber zu übernehmen ist. Er ist insoweit Steuerschuldner. Er kann jedoch im Innenverhältnis die Steuerschuldnerschaft wieder auf den Mitarbeiter übertragen. In diesem Fall spricht man von einer Abwälzung der pauschalen Lohnsteuer auf den Arbeitnehmer.

Gesetze, Vorschriften und Rechtsprechung

Lohnsteuer: § 40 Abs. 3 Satz 1 EStG regelt, dass der Arbeitgeber die pauschale Lohnsteuer zu übernehmen hat. Er ist Schuldner der Pauschalsteuern. Wer die Steuer im Verhältnis der Arbeitsvertragsparteien wirtschaftlich zu tragen hat, ist nicht steuergesetzlich geregelt. Die steuerlichen Auswirkungen einer Abwälzung finden sich in § 40 Abs. 3 Satz 2 EStG. Durch Verweise in § 40a Abs. 5 EStG und § 40b Abs. 5 Satz 1 EStG gilt § 40 Abs. 3 EStG auch für die weiteren Pauschalierungsvorschriften.

Sozialversicherung: Die Spitzenverbände der Sozialversicherungsträger haben zur Abwälzung der pauschalen Lohnsteuer am 31.3.1999 ein gemeinsames Rundschreiben veröffentlicht.

Lohnsteuer

Voraussetzungen

Eine Abwälzung führt dazu, dass der Arbeitnehmer die pauschalen Steuerbeträge im Ergebnis wirtschaftlich trägt. Eine solche Vereinbarung kann sich z. B. aus dem Arbeitsvertrag oder aus dem wirtschaftlichen Ergebnis einer Gehaltsumwandlung oder Gehaltsänderungsvereinbarung ergeben.

Folglich liegt nach Auffassung der Finanzverwaltung[1] eine Abwälzung vor,

- wenn die Pauschalsteuern als Abzugsbeträge in der Gehaltsabrechnung ausgewiesen werden oder
- wenn zur Abwälzung in arbeitsrechtlich zulässiger Weise eine Gehaltsminderung vereinbart wird.

Dies gilt auch, wenn der bisherige ungekürzte Arbeitslohn weiterhin für künftige Erhöhungen oder andere Arbeitgeberleistungen (z.B. Weihnachtsgeld, Tantieme, Jubiläumszuwendung) maßgebend bleibt. Entsprechendes gilt für eine vereinbarte Abwälzung anderer Steuerabzugsbeträge wie Solidaritätszuschlag und Kirchensteuer.

Dagegen nimmt die Finanzverwaltung keine Abwälzung von Steuerbeträgen an, wenn eine Gehaltsminderungsvereinbarung zu einer Neufestsetzung künftigen Arbeitslohns führt, aus der alle rechtlichen und wirtschaftlichen Folgerungen gezogen werden.

Dies gilt insbesondere dann, wenn der geminderte Arbeitslohn Bemessungsgrundlage für künftige Erhöhungen des Arbeitslohns oder für andere Arbeitgeberleistungen wird.

Bei Gehaltsumwandlungen liegt auch dann keine Abwälzung vor, wenn Arbeitgeber und Arbeitnehmer eine Gehaltsminderung in Höhe der anfallenden Pauschalsteuern vereinbaren.

1 BMF, Schreiben v. 10.1.2000, IV C 5 – S 2330 – 2/00, BStBl 2000 I S. 138.

Folgen der Abwälzung

Eine zulässige Abwälzung der Lohnsteuer mindert im Ergebnis den dem Arbeitnehmer zustehenden Arbeitslohn. Trotzdem gilt die abgewälzte pauschale Lohnsteuer nach ausdrücklicher gesetzlicher Regelung als Arbeitslohn.[2] Deshalb mindert auch die abgewälzte Steuer nicht die Bemessungsgrundlage für die Pauschalsteuer. Die pauschale Steuer ist stets von den ungekürzten Bezügen zu berechnen.

Gleiches gilt für die Abwälzung von ⇗ Solidaritätszuschlag oder ⇗ Kirchensteuer; sie führt ebenfalls nicht zu einer Minderung der Bemessungsgrundlage für die pauschale Lohnsteuer.

Achtung

Keine Auswirkung

Auf die Höhe der zu entrichtenden Steuerbeträge hat die Abwälzung der Pauschalsteuer damit keinerlei Einfluss. Der Steuergesetzgeber betrachtet sie als nicht abzugsfähige Personensteuer, die die Bemessungsgrundlage nicht mindern darf.

Die Verlagerung der Belastung darf weder zu einer Minderung des individuell nach den Lohnsteuerabzugsmerkmalen zu versteuernden Arbeitslohns noch zu einer Minderung der Bemessungsgrundlage für die pauschale Lohnsteuer führen.

Anwendungsfälle

Die Abwälzung pauschaler Lohnsteuer und die damit verbundenen Folgen kommen sowohl für pauschale Lohn- und Kirchensteuer nach besonderen Sätzen wie auch bei der Pauschalierung mit festen Pauschsteuersätzen (z. B. für Fahrtkostenzuschüsse) in Betracht. Die Regelungen gelten entsprechend für die Pauschalierungsvorschriften für Aushilfskräfte und Teilzeitarbeit sowie für die Pauschalierungsmöglichkeit für eine vor 2005 abgeschlossene Direktversicherung.

Beispiel

Bemessungsgrundlage bei Abwälzung

Ein Arbeitnehmer hat Anspruch auf einen Zuschuss zu seinen Pkw-Kosten für Fahrten zwischen Wohnung und erster Tätigkeitsstätte in Höhe der gesetzlichen Entfernungspauschale. Es ergibt sich ein Fahrtkostenzuschuss von insgesamt 210 EUR. Arbeitgeber und Arbeitnehmer haben vereinbart, dass der Arbeitnehmer die pauschale Lohnsteuer tragen soll.

Ergebnis: Die pauschale Lohnsteuer ist mit dem Steuersatz von 15 % von 210 EUR (= 31,50 EUR) zu berechnen. Sie mindert als Nettoabzug den Auszahlungsbetrag bei der Entgeltabrechnung (210 EUR ./. 31,50 EUR = 178,50 EUR). Der Arbeitnehmer erhält im Ergebnis den Zuschuss nicht in voller Höhe. Trotzdem ändert sich weder die pauschale Lohnsteuer noch die individuelle Lohnsteuer des Arbeitnehmers.

Sozialversicherung

Keine Kürzung der Bemessungsgrundlage

Die ⇗ pauschale Lohnsteuer ist eine vom Arbeitgeber zu übernehmende Steuerschuld. Es ist zulässig, dass der Arbeitgeber im Innenverhältnis vereinbarungsgemäß den Arbeitnehmer mit dieser Lohnsteuer belasten kann. Dies gilt auch für den Solidaritätszuschlag und die ⇗ Kirchensteuer. Die Übernahme der pauschalen Steuer durch den Arbeitnehmer hat keinerlei Einfluss auf die Beitragsbemessungsgrundlage in der Sozialversicherung.

Achtung

Keine Kürzung des Bruttoarbeitsentgelts

Es ist nicht zulässig, das vereinbarte Bruttoarbeitsentgelt um die vom Arbeitnehmer getragene pauschale Steuer zu vermindern und hieran die sozialversicherungsrechtliche Beurteilung bzw. die ⇗ Beitragsberechnung auszurichten.

2 § 40 Abs. 3 Satz 2 EStG.

Für die Berechnung der Beiträge zur Sozialversicherung bleibt das zwischen Arbeitgeber und Arbeitnehmer vereinbarte Bruttoarbeitsentgelt maßgebend.

Akkordarbeit

Akkordarbeit liegt regelmäßig dann vor, wenn in einem Arbeitsverhältnis die Grundlage für die Entlohnung des Arbeitnehmers nicht (nur) die Dauer der Arbeitszeit, sondern (hauptsächlich) die Erbringung einer gewissen Leistung in einer bestimmten Zeit ist. Diese Leistung wird meist in Stückzahlen gemessen.

Steuerlicher Arbeitslohn liegt auch dann vor, wenn sich dessen Höhe nach dem Arbeitserfolg richtet. Wird der Akkordlohn immer wiederkehrend gezahlt, handelt es sich um laufenden Arbeitslohn.

Gesetze, Vorschriften und Rechtsprechung

Sozialversicherung: Wichtige Rechtsquellen des Sozialversicherungsrechts sind §§ 14 Abs. 1 Satz 1, 23 Abs. 1 SGB IV.

Entgelt	LSt	SV
Akkordlohn	pflichtig	pflichtig
Zuschläge zum Akkordlohn	pflichtig	pflichtig

Lohnsteuer

Akkordlohn ist steuerpflichtig

Bemisst der Arbeitgeber den Arbeitslohn nicht nach der Arbeitsdauer, sondern nach der Arbeitsleistung, dem Arbeitserfolg oder der Menge der geleisteten Arbeit, liegt begrifflich Akkordarbeit vor. Gehaltsbestandteile, die für erfolgsabhängige Akkordarbeit geleistet werden, unterliegen ebenso wie der Grundlohn dem Lohnsteuerabzug.

Lohnzahlungszeitraum

Auch der Akkordlohn wird i. d. R. für einen bestimmten Zeitraum (z. B. einen Kalendermonat) gezahlt und abgerechnet. Der für die Anwendung der Lohnsteuertabelle maßgebende Lohnzahlungszeitraum steht damit ohne Weiteres fest.

Nur in Ausnahmefällen ist ein bestimmter Lohnzahlungszeitraum nicht gegeben. In diesen Fällen ist die Summe der tatsächlichen Arbeitstage oder Arbeitswochen als Lohnzahlungszeitraum anzusehen.[1] Der Arbeitgeber muss in diesem Fall den Akkordlohn dem Lohnzahlungszeitraum (Tag, Monat) zuordnen, für den er gezahlt wird. Solange das Arbeitsverhältnis fortbesteht, zählen auch solche in den Lohnzahlungszeitraum fallende Arbeitstage mit, für die der Arbeitnehmer keinen Lohn bezogen hat.

Akkordzuschlag

Zahlt der Arbeitgeber seinen Arbeitnehmern für die erfolgsabhängig erbrachte Leistung einen Akkordzuschlag, gelten die vorstehenden Grundsätze in gleicher Weise.

Sozialversicherung

Beitragsrechtliche Bewertung

Die Vergütung für Akkordarbeit ist laufendes ↗ Arbeitsentgelt im Sinne der Sozialversicherung.[2] Werden für die Akkordarbeit ↗ Zuschläge gezahlt, sind sie ebenfalls beitragspflichtig.

Zeitliche Zuordnung von Akkordlohn-Spitzbeträgen

Sofern Akkordlohn oder Akkordlohn-Spitzbeträge zu einem späteren Zeitpunkt ausgezahlt werden, sind sie für die ↗ Beitragsberechnung grundsätzlich dem Entgeltabrechnungszeitraum zuzurechnen, für den sie gezahlt werden. Eine Zuordnung zum Entgeltabrechnungszeitraum der tatsächlichen Zahlung erfolgt nicht. Eine nachträgliche Korrektur eines jeden Entgeltabrechnungszeitraums kann jedoch unterbleiben, wenn eine Vereinfachungsregelung genutzt wird: Wenn eine Berücksichtigung bei der Beitragsberechnung für den Entgeltabrechnungszeitraum nicht möglich ist, in dem der Akkordlohn erzielt (verdient) wurde, können die Entgeltteile dem nächsten oder übernächsten Entgeltabrechnungsmonat zugeordnet werden.

In diesen Fällen verschiebt sich die ↗ Fälligkeit der Beiträge entsprechend.

Der Arbeitgeber kann die Akkordlöhne jedoch nicht wahlweise dem nächsten oder übernächsten Monat zuordnen. Er muss sich vielmehr für eine Alternativregelung entscheiden und kann die einmal getroffene Entscheidung grundsätzlich nur mit Zustimmung der Einzugsstelle ändern.

Aktienoptionen

Aktienoptionen sind eine besondere Entlohnungsform für Arbeitnehmer. Diese Form der Zusatzvergütung ist gerade bei jungen Unternehmern beliebt, bei denen die Finanzmittel knapp sind, aber hoch qualifizierte und deshalb auch hoch bezahlte Spezialisten gewonnen werden müssen (sog. Stock-Option-Modelle). Aktienoptionen verbriefen für den Käufer das Recht, an einem bestimmten Tag zu einem bestimmten Preis Aktien eines Unternehmens zu erwerben (Call-Option) oder zu veräußern (Put-Option).

Die Aktiengesellschaft selbst ist i. d. R. in derartige Optionsgeschäfte nicht eingeschaltet, der Vertragspartner ist ein Dritter (Stillhalter).

Gesetze, Vorschriften und Rechtsprechung

Lohnsteuer: Die steuerliche Behandlung von Aktienoptionen folgt der einzelfallbezogenen Rechtsprechung des BFH.

Sozialversicherung: Die beitragsrechtlichen Auswirkungen von Aktienoptionen wurden in der Besprechung der Spitzenverbände der Krankenkassen, der Rentenversicherung und der Bundesagentur für Arbeit über Fragen des gemeinsamen Beitragseinzugs am 30./31.10.2003 festgelegt. Gesetzliche Grundlagen sind in § 14 Abs. 1 Satz 1 SGB IV und § 23a SGB IV zu finden.

Entgelt	LSt	SV
Nicht handelbare Optionsrechte	pflichtig	pflichtig
Handelbare Optionsrechte	pflichtig	pflichtig
Geldwerter Vorteil aus Aktienkauf des eigenen Unternehmens bis 2.000 EUR * zusätzlich geleistetes Entgelt	frei	frei*

Lohnsteuer

Aktienoptionen als Entlohnungsmodell

Häufig werden sowohl Führungskräfte als auch das mittlere Management über sog. Stock-Option-Programme am Erfolg des Unternehmens beteiligt. Hierbei werden den Arbeitnehmern Kauf- oder Verkaufsoptionsrechte für Aktien des Unternehmens eingeräumt. Die Arbeitnehmer können innerhalb eines festgelegten Zeitraums und zu einem vorher festgelegten Preis Aktien des eigenen oder eines verbundenen Unternehmens kaufen (Call-Option) oder verkaufen (Put-Option). Beweggrund für die Teilnahme ist – wie bei allen Börsentermingeschäften – die unterschiedliche Einschätzung der künftigen Kursentwicklung.

1 § 39b Abs. 5 Satz 4 EStG.
2 § 14 Abs. 1 Satz 1 SGB IV.

Die Aktiengesellschaft muss in derartige Optionsgeschäfte nicht selbst eingeschaltet werden, der Vertragspartner ist dann ein Dritter (sog. Stillhalter).

Da vor allem junge Unternehmen die geforderten Gehälter gut qualifizierter Arbeitnehmer nicht aufbringen können, werben sie mit ihren Entwicklungschancen, indem sie den Mitarbeitern Optionsrechte auf den Erwerb von Aktien des eigenen oder eines verbundenen Unternehmens anbieten. Sie versprechen sich davon neben der längerfristigen Bindung der Mitarbeiter an das Unternehmen ein höheres Engagement für das Unternehmen, weil die Mitarbeiter den Wert der Optionsrechte selbst beeinflussen können und wegen des verhältnismäßig niedrigen Barlohns letztlich das Unternehmensrisiko mittragen.

Optionsmodelle

Der Arbeitgeber räumt dem Arbeitnehmer Optionsrechte auf den Erwerb von Aktien des eigenen oder eines verbundenen Unternehmens zu einem bestimmten Termin und zu einem vorher bestimmten Preis ein. Je nach Interessenlage sind die Aktienoptionsmodelle unterschiedlich ausgestaltet:

- Dem Arbeitnehmer ist jegliche Verwertung des Optionsrechts bis zum Ausübungszeitpunkt untersagt.
- Das Optionsrecht ist jederzeit veräußerbar, wodurch eine Marktgängigkeit hergestellt wird. Zumeist wird ein Vorkaufsrecht des Arbeitgebers vereinbart oder eine Abschöpfung des vorzeitig erzielten Veräußerungsgewinnes zugunsten des Arbeitgebers festgelegt.
- Der Arbeitnehmer erhält nicht zwingend das Recht auf den Erwerb von Aktien im Ausübungszeitpunkt, sondern das Unternehmen hält sich die Möglichkeit offen, nur einen Barausgleich zu gewähren.
- Die Unternehmen zahlen auf den vorher bestimmten Preis für den Erwerb der Aktien einen Barausgleich.

Aktienoptionen als geldwerter Vorteil

Gewährt der Arbeitgeber seinem Arbeitnehmer aufgrund des Dienstverhältnisses Aktienoptionsrechte, ist die steuerliche Behandlung davon abhängig, ob ein über die Börse handelbares oder ein nicht handelbares Aktienoptionsrecht vorliegt. Es ist nicht von Bedeutung, ob die Optionsrechte nach den Optionsbedingungen übertragbar oder vererbbar sind oder ob sie einer Sperrfrist unterliegen.

Ein als Arbeitslohn zu erfassender ⇗ geldwerter Vorteil kann jedoch auch im Verzicht auf die Ausübung eines Optionsrechts liegen, wenn der Arbeitgeber oder ein Dritter für diesen Verzicht eine Vergütung zahlt.

Gegenleistung für das Zurverfügungstellen der Arbeitskraft

Der geldwerte Vorteil aus der Ausübung eines Aktienoptionsrechts ist aber nur dann den Einkünften aus nichtselbstständiger Arbeit zuzurechnen, wenn dieses im weitesten Sinne als Gegenleistung für das Zurverfügungstellen der individuellen Arbeitskraft des Arbeitnehmers gewährt wird. Somit liegt kein Arbeitslohn vor, wenn der Vorteil aufgrund von anderen Sonderrechtsbeziehungen zwischen Arbeitnehmer und Arbeitgeber gewährt wird, z. B. wegen der Veräußerung von Wirtschaftsgütern oder der entgeltlichen Nutzungsüberlassung von Sachen und Rechten.[1]

Ermittlung des geldwerten Vorteils

Ob der Arbeitnehmer die Aktien verbilligt erwirbt, ist grundsätzlich anhand der Wertverhältnisse bei Abschluss des für beide Seiten verbindlichen Veräußerungsgeschäfts zu bestimmen. Maßgebend für die Bewertung des ⇗ geldwerten Vorteils ist das Datum des Kaufvertrags. Die Erlangung der wirtschaftlichen Verfügungsmacht über die Aktien ist unbeachtlich für die Frage, ob und in welcher Höhe ein verbilligter Erwerb von Wirtschaftsgütern vorliegt.[2]

Spätere Wertveränderungen sind der Privatsphäre zuzuordnen

Sowohl positive als auch negative Wertveränderungen zwischen schuldrechtlichem Veräußerungs- und dinglichem Erfüllungsgeschäft sind der privaten Vermögenssphäre zuzuordnen und erst im Falle einer späteren Veräußerung nach § 20 Abs. 2 Satz 1 Nr. 1 EStG steuerbar.

Wichtig

Keine Anwendung des Teileinkünfteverfahrens

Das sog. Halb- bzw. Teileinkünfteverfahren findet auf Lohneinkünfte keine Anwendung. Zwar erzielen die Arbeitnehmer aus den im Rahmen der Mitarbeiteroptionsprogramme erworbenen Aktien ggf. mit den Dividendenerträgen oder aus der späteren Veräußerung Einkünfte aus Kapitalvermögen, jedoch haben diese ihren lohnsteuerlichen Bezug verloren. Die Erträge aus dem als geldwerter Vorteil besteuerten Aktienbezug sind dem Bereich der Mittelverwendung zuzuordnen.

Handelbare Aktienoptionsrechte

Marktgängigkeit

Handelbarkeit setzt die uneingeschränkte Veräußerbarkeit der Option an einem vorhandenen und für alle offenen Markt voraus. In diesem Sinn ist ein Aktienoptionsrecht, das an einer Wertpapierbörse gehandelt wird, handelbar. Die Handelbarkeit der Optionsrechte, z. B. zwischen den Arbeitnehmern, bedeutet deshalb für sich allein keine Marktgängigkeit.

Zuflusszeitpunkt bei handelbaren Optionen

Nach Rechtsprechung des BFH[3] ist zu unterscheiden zwischen:

- Regelfall: Der Arbeitgeber ist selbst Optionsgeber (Stillhalter) und überträgt bei Ausübung des Optionsrechts Aktien des eigenen oder eines verbundenen Unternehmens. Die Besteuerung erfolgt dann erst bei Umwandlung des Optionsrechts in Aktien, soweit der Kurswert den Übernahmepreis übersteigt.
- Anfangsbesteuerung: Bei der Übertragung von Optionsrechten, die sich der Arbeitgeber selbst am Markt gegenüber einem Dritten verschafft hat, erfolgt die Besteuerung bereits im Zeitpunkt der Einräumung des Optionsrechts.

Geldwerter Vorteil im „Regelfall"

Die Umwandlung des Optionsrechts in Aktien führt zum Zufluss eines geldwerten Vorteils beim Arbeitnehmer. Maßgeblich für die Höhe des geldwerten Vorteils ist der Kurswert der Aktie beim Aktienbezug aufgrund der Ausübung des Optionsrechts, abzüglich der Erwerbsaufwendungen des Arbeitnehmers für die Aktien und/oder das Optionsrecht. Überträgt der Arbeitnehmer das ihm vom Arbeitgeber eingeräumte Optionsrecht entgeltlich weiter, liegt darin bereits der steuerliche Zufluss als Arbeitslohn. Der Vorteil bemisst sich nach dem Wert des Optionsrechts im Zeitpunkt der Verfügung hierüber. Die Ausübung des Optionsrechts durch den Erwerber führt beim Arbeitnehmer nicht zu einem (weiteren) Zufluss von Arbeitslohn.[4]

Der geldwerte Vorteil gilt an dem Tag als zugeflossen, an dem dem Arbeitnehmer das wirtschaftliche Eigentum an den Aktien verschafft wird. Das ist i. d. R. der Tag der Einbuchung in das Depot des Arbeitnehmers.

Geldwerter Vorteil bei „Anfangsbesteuerung"

Im Fall der Anfangsbesteuerung ist der Sachbezug in Form des Optionsrechts mit dem um übliche Preisnachlässe geminderten Endpreis am Abgabeort im Zeitpunkt der Übertragung anzusetzen.[5] Zeitpunkt der Übertragung ist der Tag, an dem der Arbeitnehmer das Optionsrecht erwirbt. Fallen Bestell- und Liefertag auseinander, sind für die Preisfeststellung die Verhältnisse am Bestelltag (= Kauftag) maßgebend. In diesem Fall kann aus Vereinfachungsgründen der niedrigste Kurswert des Optionsrechts am Kauftag an einer deutschen Börse angesetzt werden. Wird das Optionsrecht – was insbesondere bei international ausgerichteten Konzernen vorkommt – nur im Ausland gehandelt, ist der niedrigste Kurswert vom Kauftag dieser ausländischen Börse heranzuziehen.

1 BFH, Urteil v. 30.6.2011, VI R 80/10, BStBl 2011 II S. 948.
2 BFH, Urteil v. 7.5.2014, VI R 73/12, BStBl 2014 II S. 904.
3 BFH, Urteil v. 20.11.2008, VI R 25/05, BStBl 2009 II S. 382.
4 BFH, Urteil v. 18.9.2012, VI R 90/10, BStBl 2013 II S. 289.
5 § 8 Abs. 2 Satz 1 EStG.

Beispiel

Anfangsbesteuerung

Der Arbeitgeber kauft am Markt von einem Dritten 100 (handelbare) Aktienoptionen zum Preis von je 70 EUR und überlässt diese dem Arbeitnehmer noch im gleichen Jahr unentgeltlich. Die Aktienoptionen werden in das Depot des Arbeitnehmers eingebucht; Kurs am Tag der Übertragung je 60 EUR.

Ergebnis: Der geldwerte Vorteil wird im Zeitpunkt der Übertragung des handelbaren Optionsrechts realisiert, da dem Arbeitnehmer in diesem Fall mit einer Übertragung des Rechts ein selbstständiger Anspruch gegenüber einem Dritten zusteht. Der Sachbezug in Form des Optionsrechts ist mit dem um übliche Preisnachlässe geminderten Endpreis am Abgabeort im Zeitpunkt der Abgabe anzusetzen und ggf. um ein dafür vom Arbeitnehmer gezahltes Entgelt zu mindern. Es ist ein geldwerter Vorteil von 6.000 EUR als Arbeitslohn zu versteuern (100 Aktienoptionen × 60 EUR).

Nicht handelbare Aktienoptionsrechte

Alle nicht an einer Wertpapierbörse handelbaren Aktienoptionsrechte gelten steuerlich als nicht handelbar, auch wenn sie außerhalb einer Börse gehandelt werden.

Zuflusszeitpunkt bei nicht handelbaren Optionen

Weder im Zeitpunkt der Gewährung noch der erstmaligen Ausübbarkeit des nicht handelbaren Aktienoptionsrechts ist ein Lohnzufluss beim Arbeitnehmer zu erfassen. Der Lohnzufluss ist erst beim tatsächlichen verbilligten Aktienbezug durch Optionsausübung als ⇗ geldwerter Vorteil zu versteuern.[1]

Zeitpunkt des Zuflusses ist der Tag der Einbuchung der Aktien in das Depot des Arbeitnehmers, denn an diesem Tag ist dem Arbeitnehmer durch Erfüllung des Anspruchs das wirtschaftliche Eigentum verschafft worden. Werden die Aktien bei der sog. Exercise-and-Sell-Variante sofort mit der Ausübung des Optionsrechts verkauft, ist der Zufluss des geldwerten Vorteils bereits im Zeitpunkt der Ausübung des Optionsrechts bewirkt.

Bewertung des Sachbezugs „Aktienoption"

Der geldwerte Vorteil ist in Höhe der Differenz zwischen dem Kurswert der überlassenen Aktie am maßgebenden Bewertungsstichtag und den Aufwendungen des Arbeitnehmers für die überlassenen Aktien und/oder das Optionsrecht als Arbeitslohn zu erfassen.[2]

Tipp

Vereinfachungsregelungen

Im Lohnsteuerabzugs- und im Veranlagungsverfahren gibt es 2 Vereinfachungsregelungen[3]:

- Für die Höhe des geldwerten Vorteils bestehen keine Bedenken, wenn auf den Tag der Ausbuchung beim Überlassenden oder dessen Erfüllungsgehilfen abgestellt wird (= Bewertungszeitpunkt). Alternativ kann auch auf den Vortag der Ausbuchung abgestellt werden.
- Ebenso ist es zulässig, bei allen begünstigten Arbeitnehmern den durchschnittlichen Wert der Aktien anzusetzen, wenn das Zeitfenster der Überlassung nicht mehr als einen Monat beträgt.

Wichtig

Abweichende Auffassung des BFH

Der BFH hat abweichend von der vorstehend beschriebenen Verwaltungsauffassung entschieden, dass bei einem verbilligten Erwerb von Aktien die Höhe des geldwerten Vorteils grundsätzlich anhand der Wertverhältnisse bei Abschluss des für beide Seiten verbindlichen Veräußerungsgeschäfts zu bestimmen ist.[4]

Folglich ist als Bewertungsstichtag bei Aktienoptionen auf den Tag der Ausübung des Optionsrechts durch den Arbeitnehmer abzustellen.

Kursänderungen nach Erwerb bleiben unberücksichtigt

Die Bewertung der überlassenen Aktien erfolgt grundsätzlich mit dem gemeinen Wert (= Kurswert) im Bewertungszeitpunkt.[5] Veränderungen des Kurswerts der Aktien nach dem Bewertungszeitpunkt bis zum Zeitpunkt des Zuflusses haben auf die Höhe des Arbeitslohns keine Auswirkungen. Bewertungszeitpunkt ist nach BFH-Rechtsprechung[6] der Tag der Ausübung des Optionsrechts. Deshalb fallen Bewertungs- und Zuflusszeitpunkt (Tag der Einbuchung ins Depot des Arbeitnehmers) regelmäßig auseinander.

Gewinne oder Verluste aus der Veräußerung der durch Ausübung des Optionsrechts erworbenen Aktien unterliegen der Besteuerung, sofern die Aktien nach dem 31.12.2008 erworben wurden.[7] Das gilt auch, wenn die durch Ausübung des Optionsrechts erworbenen Aktien einer Sperrfrist unterliegen.

Achtung

Steuerfreibetrag in Höhe von 2.000 EUR

Ein geldwerter Vorteil aus dem Erwerb der Aktien bleibt nach bis zu einem Betrag von 2.000 EUR (2023: 1.440 EUR) jährlich steuerfrei.[8] Der geldwerte Vorteil wird unter bestimmten Voraussetzungen bei Startups und KMU im Jahr der Übertragung der Aktien vorläufig nicht besteuert.

Beispiel

Geldwerter Vorteil nicht handelbarer Aktienoptionen

Ein Arbeitnehmer übt am 6.5. sein Optionsrecht auf den Erwerb von 100 Aktien zu einem Preis von 45 EUR pro Stück aus. Die Aktie wird an diesem Tag zu einem Kurs von 80 EUR pro Stück gehandelt. Am 11.6. erfolgt die Einbuchung in das Depot des Arbeitnehmers zu einem Kurswert von 65 EUR pro Stück.

Ergebnis: Der Besteuerung ist der Kurswert am Tag der Ausübung des Optionsrechts i. H. v. 80 EUR zugrunde zu legen, sodass 35 EUR je Aktie (80 EUR – 45 EUR) und somit insgesamt 3.500 EUR lohnsteuerpflichtig sind (100 Aktien × 35 EUR).

Zuflusszeitpunkt ist der 11.6., der Tag der Einbuchung der Aktien in das Depot des Arbeitnehmers.

Lohnsteuerabzug durch den Arbeitgeber

Der geldwerte Vorteil aus Aktienoptionen unterliegt im Zeitpunkt des Zuflusses dem Lohnsteuerabzug. Der Arbeitgeber ist auch dann zum Lohnsteuerabzug verpflichtet, wenn das Optionsrecht von einem Dritten (z. B. einer Konzerngesellschaft) eingeräumt worden ist und der Arbeitgeber von dieser Zuwendung Kenntnis hat.

Reicht der Barlohn zur Deckung der Lohnsteuer aus dem geldwerten Vorteil nicht aus, hat der Arbeitgeber gegenüber dem Betriebsstättenfinanzamt eine Anzeigepflicht, sofern der Arbeitnehmer den Fehlbetrag nicht zur Verfügung stellt.[9] Das Finanzamt fordert in diesem Fall die zu wenig einbehaltene Lohnsteuer beim Arbeitnehmer nach.

1 BFH, Urteil v. 24.1.2001, I R 100/98, BStBl 2001 II S. 509; BFH, Urteil v. 24.1.2001, I R 119/98, BStBl 2001 II S. 512; BFH, Urteil v. 20.6.2001, VI R 105/99, BStBl 2001 II S. 689; FG München, Urteil v. 29.5.2017, 12 K 930/14.
2 BFH, Urteil v. 20.6.2001, VI R 105/99, BStBl 2001 II S. 689.
3 BMF, Schreiben v. 8.12.2009, IV C 5 – S 2347/09/10002, BStBl 2009 I S. 1513, Tz. 1.3.
4 BFH, Urteil v. 7.5.2014, VI R 73/12, BStBl 2014 II S. 904.
5 § 3 Nr. 39 Satz 4 EStG.
6 BFH, Urteil v. 7.5.2014, VI R 73/12, BStBl 2014 II S. 904.
7 §§ 20 Abs. 2 Satz 1 Nr. 1, 52 Abs. 28 Satz 11 EStG.
8 § 3 Nr. 39 EStG i. d. F. des Zukunftsfinanzierungsgesetzes.
9 § 38 Abs. 4 EStG.

Rückübertragung von Aktien

Bei manchen Aktienoptionsmodellen behält sich der Arbeitgeber bei der Übertragung der Aktien auf den Arbeitnehmer durch Ausübung des Optionsrechts unter bestimmten Umständen ein Rückforderungsrecht vor. Kommt es aufgrund der getroffenen Vereinbarung tatsächlich zu einer Rückübertragung, liegt in Höhe des Börsenkurses der Aktien im Zeitpunkt ihrer Rückgabe ↗ negativer Arbeitslohn vor. Der steuerlich berücksichtigungsfähige negative Arbeitslohn ist der Höhe nach begrenzt auf den Betrag, der bei der Überlassung der Aktien als geldwerter Vorteil versteuert worden ist. Verzichtet der Arbeitgeber in solchen Fällen auf die an sich vereinbarte Rückübertragung der Aktien, fließt dem Arbeitnehmer nicht nochmals ein geldwerter Vorteil i. H. d. Verzichtsbetrags zu.

Rückgängigmachung eines geldwerten Vorteils

Auch bei einem fehlgeschlagenen Mitarbeiteraktienprogramm, bei dem zuvor vom Arbeitnehmer vergünstigt erworbene Aktien an den Arbeitgeber zurückgegeben werden, liegen negative Einnahmen bzw. ↗ Werbungskosten vor. Auch hier erfolgt seitens der Finanzverwaltung eine Begrenzung des Ansatzes auf den bei Ausgabe der Aktien versteuerten geldwerten Vorteil. Zwischenzeitlich eingetretene Wertveränderungen sind nicht steuermindernd zu berücksichtigen, da es sich bei dem Vorgang lediglich um eine Rückgängigmachung eines geldwerten Vorteils handelt.

Aktienoption für Aufsichtsrat

Nimmt ein Aufsichtsratsmitglied einer nicht börsennotierten Aktiengesellschaft an einer Maßnahme zum Bezug neuer Aktien teil, die nur Mitarbeitern und Aufsichtsratsmitgliedern der Gesellschaft eröffnet ist, so erzielt er Einkünfte aus selbstständiger Arbeit, wenn er die unter dem Ausgabepreis notierenden Aktien innerhalb der vereinbarten Frist zum Ausgabepreis an die Gesellschaft zurück gibt. Die Höhe der Einkünfte bemisst sich nach der Differenz zwischen Ausgabepreis und dem tatsächlichen Wert der Aktien im Zeitpunkt der Ausübung der Option. Der Zufluss erfolgt im Zeitpunkt der Ausübung der Option.[1]

Wandelschuldverschreibung und Darlehen mit Wandlungsrecht

Wandelschuldverschreibung

Beim Erwerb einer nicht handelbaren Wandelschuldverschreibung seines Arbeitgebers, fließt dem Arbeitnehmer der geldwerte Vorteil erst dann zu, wenn ihm nach Ausübung des Wandlungsrechts das wirtschaftliche Eigentum an den Aktien verschafft wird.

Darlehen mit Wandlungsrecht

Überträgt der Arbeitnehmer ein Darlehen nebst Wandlungsrecht gegen Entgelt auf einen Dritten, fließt dem Arbeitnehmer erst im Zeitpunkt der Übertragung auf den Dritten ein geldwerter Vorteil zu. Auf den Zeitpunkt der Ausübung des Wandlungsrechts kommt es nicht an.

Aktienoptionen bei Auslandsaufenthalten

Für die Zuweisung des Besteuerungsrechts nach einem Doppelbesteuerungsabkommen (DBA) ist der bei Ausübung der Aktienoptionsrechte zugeflossene geldwerte Vorteil dem gesamten Zeitraum zwischen der Gewährung (sog. Granting) und dem Eintritt der Unentziehbarkeit der Optionsrechte (sog. Vesting) zuzuordnen (zukunfts- und zeitraumbezogene Leistung). Der Zuflusszeitpunkt und der Zeitraum für die Zuordnung des Besteuerungsrechts weichen deshalb voneinander ab. Hält sich der Arbeitnehmer während des maßgeblichen Zeitraums teilweise im Ausland auf und bezieht er für die Auslandstätigkeit Einkünfte, die nach einem DBA im Inland steuerfrei sind, ist der auf diesen Zeitraum entfallende Teil des geldwerten Vorteils aus der Ausübung des Optionsrechts ebenfalls steuerfrei.[2] Dies gilt unabhängig davon, ob das Optionsrecht während des Bestehens der unbeschränkten Steuerpflicht oder zu einem anderen Zeitpunkt ausgeübt wird.[3]

1 BFH, Urteil v. 9.4.2013, VIII R 19/11, BStBl 2013 II S. 689.
2 BFH, Urteil v. 24.1.2001, I R 100/98, BStBl 2001 II S. 509; BFH, Urteil v. 24.1.2001, I R 119/98, BStBl 2001 II S. 512.
3 FG Baden-Württemberg, Urteil v. 21.5.2019, 6 K 488/17, Rev. beim BFH unter Az. I R 11/20.

Tipp

Nachweispflicht

Der Arbeitnehmer hat bei seiner Einkommensteuerveranlagung ggf. nachzuweisen, dass für den auf die Auslandstätigkeit entfallenden geldwerten Vorteil im ausländischen Staat Steuern entrichtet worden sind oder der ausländische Staat auf sein Besteuerungsrecht verzichtet hat. Entsprechende Belege sollten aufbewahrt werden.

Beispiel

Besteuerungsgrundlage mit Doppelbesteuerungsabkommen

Der Arbeitgeber räumt seinem Arbeitnehmer im Januar 01 das nicht handelbare, frühestens nach Ablauf von 4 Jahren innehabende Recht ein, 300 Aktien des eigenen Unternehmens zum Preis von 100 EUR pro Stück zu erwerben. Dies entsprach dem Börsenkurs im Jahr 01. Der Arbeitnehmer war während des gesamten Jahres 02 in Großbritannien eingesetzt. Der für diesen Zeitraum gezahlte Arbeitslohn war nach dem mit Großbritannien bestehenden Doppelbesteuerungsabkommen zu Recht steuerfrei belassen worden.

Im Januar 05 erwirbt der Arbeitnehmer diese Aktien bei einem aktuellen Börsenkurs von 50.000 EUR für insgesamt 30.000 EUR.

Ergebnis: Der geldwerte Vorteil aus der Ausübung der Aktienoption (20.000 EUR) entfällt zu einem Viertel auf den nicht dem Besteuerungsrecht der Bundesrepublik Deutschland unterliegenden Auslandseinsatz und ist i. H. v. 5.000 EUR steuerfrei. Die restlichen 15.000 EUR können als Entlohnung für eine mehrjährige Tätigkeit nach der Fünftelregelung besteuert werden.

Anwendung der Fünftelregelung

Die steuerpflichtigen geldwerten Vorteile aus der Ausübung der Aktienoptionsrechte können als Vergütungen für eine mehrjährige Tätigkeit nach der Fünftelregelung ermäßigt besteuert werden. Voraussetzung ist, dass

- der Zeitraum zwischen Einräumung und Ausübung der Optionsrechte mehr als 12 Monate beträgt und
- der Arbeitnehmer in dieser Zeit bei seinem Arbeitgeber beschäftigt ist.

Die Tarifermäßigung[4] in Form der Fünftelregelung kann bereits in Anspruch genommen werden, wenn das Optionsrecht für eine mindestens 2 Kalenderjahre berührende Tätigkeit des Arbeitnehmers gewährt wird und der Vergütungszeitraum mehr als 12 Monate umfasst.

Die Fünftelregelung ist zudem auch dann anwendbar, wenn dem Arbeitnehmer wiederholt Aktienoptionen eingeräumt werden und/oder der Arbeitnehmer die jeweils gewährte Option in einem Kalenderjahr nicht in vollem Umfang ausübt.[5]

Werbungskostenabzug

Werden die Optionsrechte nicht ausgeübt, sind die Aufwendungen eines Arbeitnehmers für den Erwerb von Optionsrechten als vergebliche ↗ Werbungskosten abziehbar. Maßgeblicher Zeitpunkt ist das Jahr, in dem die Optionsrechte wegen Nichtausübung der Option verfallen.

Beispiel

Werbungskosten bei Verfall der Optionsrechte

Der Arbeitnehmer hat im Januar 01 von seinem Arbeitgeber Aktienoptionsscheine mit Bezugsrecht auf Inhaber-Stammaktien gegen Zahlung eines Betrags von 30.000 EUR erworben. Da der Aktienkurs bei Ablauf der Optionszeit im Jahre 02 unter dem vereinbarten Bezugspreis liegt, macht er von seinem Bezugsrecht keinen Gebrauch und lässt die Optionsrechte verfallen.

4 § 34 EStG.
5 BFH, Urteil v. 18.12.2007, VI R 62/05, BStBl 2008 II S 294; FG München, Urteil v. 29.5.2017, 12 K 930/14.

Ergebnis: Die Aufwendungen für den Erwerb der Aktienoptionsscheine von 30.000 EUR können im Jahr des Verfalls der Optionsrechte (02) als Werbungskosten bei den Einkünften aus nichtselbstständiger Arbeit geltend gemacht werden.

Verlust der Beteiligung führt nicht zu Werbungskosten

Den Verlust seiner Beteiligung an der ihn beschäftigenden GmbH kann ein Arbeitnehmer jedoch grundsätzlich nicht als Werbungskosten bei seinen Lohneinkünften geltend machen. An dieser Beurteilung ändert sich auch nichts, wenn der Arbeitnehmer den Verlust damit begründet, dass die Möglichkeit einer Wertsteigerung der Beteiligung von vornherein nicht bestanden habe. Dieser Grundsatz gilt sowohl für den Verlust des Stammkapitals des beherrschenden Gesellschafter-Geschäftsführers als auch des Minderheitsgesellschafters.

Sozialversicherung

Beitragsrechtliche Bewertung

Verschiedene Unternehmen räumen ihren Arbeitnehmern Optionsrechte zum späteren Erwerb von Unternehmensaktien zu einem attraktiven Einkaufspreis ein. Dadurch können den Mitarbeitern dieser Unternehmen ↗ geldwerte Vorteile erwachsen. Zu einem Zufluss des Vermögensvorteils im steuerrechtlichen Sinne kommt es aber erst bei Ausübung des Optionsrechts. Dabei ist es unerheblich, ob der Gewinn ausgezahlt oder wieder in Aktien angelegt wird.

Als Zuflusszeitpunkt des geldwerten Vorteils aus der Ausübung eines Aktienoptionsrechts gilt der Tag der Ausbuchung der Aktien aus dem Depot des Überlassenden oder dessen Erfüllungsgehilfen. Dabei ist es ohne Bedeutung, ob die Kurse zwischen der Optionsausübung und der Ausbuchung der Aktien aus dem Depot des Überlassenden oder dessen Erfüllungsgehilfen gestiegen oder gefallen sind.

Diese steuerliche Behandlung ist nach Auffassung der Spitzenorganisationen der Sozialversicherung auch im Beitragsrecht maßgebend.

Hinweis

Entstehungszeitpunkt des geldwerten Vorteils

Sozialversicherungsrechtlich entsteht der geldwerte Vorteil aufgrund einer Aktienoption ebenfalls erst mit dem Tag der Ausbuchung der Aktie aus dem Depot.

Stock Options sind auch beitragspflichtig, wenn sie von einer ausländischen Muttergesellschaft gewährt werden.

Zuordnung des geldwerten Vorteils in einen Entgeltabrechnungszeitraum

Auf den geldwerten Vorteil sind die Regelungen für einmalig gezahltes Arbeitsentgelt anzuwenden. Sofern dieser dem Arbeitnehmer erst nach Beendigung eines Beschäftigungsverhältnisses zufließt, ist er dem letzten Entgeltabrechnungszeitraum im laufenden Kalenderjahr zuzuordnen. Hat das Beschäftigungsverhältnis bereits im Vorjahr geendet, ist der geldwerte Vorteil nur dann beitragspflichtig, wenn er im ersten Quartal des Kalenderjahres anfällt. Er ist dann wiederum dem letzten Entgeltabrechnungszeitraum des Vorjahres zuzuordnen. Ein aufgrund einer Aktienoption nach dem 31.3. zufließender geldwerter Vorteil nach Beendigung der Beschäftigung im Vorjahr ist nicht beitragspflichtig.

Kann der geldwerte Vorteil aufgrund einer Aktienoption nicht als Arbeitsentgelt aus der Beschäftigung verbeitragt werden, bleibt er auch dann beitragsfrei, wenn er nach dem Ausscheiden aus der Beschäftigung neben dem Bezug einer Betriebsrente zufließt.

Hinweis

Geldwerter Vorteil aus Aktienoption kein Versorgungsbezug

Der durch die Aktienoption erzielte geldwerte Vorteil stellt keinen ↗ Versorgungsbezug dar und kann demzufolge nicht zur Beitragsleistung herangezogen werden.

Finanzierung durch Entgeltumwandlung: Abweichende Beurteilung zum Steuerrecht

Mit Wirkung vom 1.1.2024 an ist der steuerfreie Höchstbetrag für Vermögensbeteiligungen von 1.440 EUR auf 2.000 EUR angehoben worden. Soweit es sich um eine zusätzliche Leistung des Arbeitgebers handelt, stellt die Vermögensbeteiligung bis zur Höhe von 2.000 EUR kein beitragspflichtiges Arbeitsentgelt dar. Entgeltumwandlungsfälle sind grundsätzlich nicht beitragsfrei in der Sozialversicherung.[1] Nur zusätzlich zu Löhnen und Gehältern gewährte lohnsteuerfreie Zuwendungen des Arbeitgebers zählen nicht zum Arbeitsentgelt nach § 14 SGB IV.

Beispiel

Beitragsberechnung aus Aktienüberlassung

Ein Arbeitgeber überlässt seinem Arbeitnehmer als freiwillige zusätzliche Leistung – also nicht als Ersatz oder anstelle von tariflich oder arbeitsvertraglich zustehendem Lohn – 10 Aktien, aktueller Kurswert 300 EUR.

Ergebnis: Der geldwerte Vorteil beträgt 3.000 EUR (10 × 300 EUR). Nach Abzug des Freibetrags von 2.000 EUR verbleibt ein beitragspflichtiges Arbeitsentgelt i. H. v. 1.000 EUR.

Die zusätzliche Zahlung ist allein beitragsrechtlich in der Sozialversicherung gefordert – nicht aber für das Steuerrecht.

Arbeitgeberleistungen werden nicht zusätzlich gewährt, wenn sie teilweise ein Surrogat für den vorherigen Entgeltverzicht bilden. Dazu hat das Bundessozialgericht in einem Urteil veränderte Grundsätze aufgestellt.[2]

Die Spitzenorganisationen der Sozialversicherung haben inzwischen in solchen Fällen die Zusätzlichkeitskriterien aus § 8 Abs. 4 EStG für die Sozialversicherung übernommen.

Eine Unterscheidung zwischen Entgeltverzicht für laufendes und einmalig gezahltes Arbeitsentgelt besteht nicht. Die Entgelteigenschaft in der Sozialversicherung besteht bei einer Entgeltumwandlung unabhängig davon, ob die Finanzierung aus laufendem oder einmalig gezahltem Arbeitsentgelt erfolgt.

Altersentlastungsbetrag

Steuerpflichtige, die vor Beginn des Kalenderjahres das 64. Lebensjahr vollendet haben, erhalten den Altersentlastungsbetrag. Beim Arbeitnehmer berechnet er sich nach einem bestimmten Prozentsatz vom Arbeitslohn (im Rahmen der Einkommensteuerveranlagung zuzüglich der Summe der anderen begünstigten positiven Einkünfte). Der Prozentsatz ist abhängig vom Kalenderjahr, das auf die Vollendung des 64. Lebensjahres folgt. Zusätzlich ist der Altersentlastungsbetrag auf einen Höchstbetrag begrenzt. Nicht begünstigt sind Versorgungsbezüge, Leibrenten und bestimmte sonstige Einkünfte. Der Altersentlastungsbetrag wird nicht automatisch berücksichtigt. Der Arbeitgeber muss prüfen, ob die Voraussetzungen dafür erfüllt sind.

Gesetze, Vorschriften und Rechtsprechung

Lohnsteuer: Der Altersentlastungsbetrag ist in § 24a EStG gesetzlich geregelt. Ergänzende Bestimmungen finden sich in R 24a EStR sowie für das Lohnsteuerabzugsverfahren in R 39b.4 LStR.

1 § 1 Abs. 1 Satz 1 Nr. 1 SvEV.
2 BSG, Urteil v. 23.2.2021, B 12 R 21/18 R.

Lohnsteuer

Voraussetzungen für die Gewährung

Der Altersentlastungsbetrag wird nach dem Kohortenprinzip jährlich angesetzt und beträgt für vor dem 2.1.1941 geborene Personen im Kalenderjahr 40 % des Arbeitslohns aus dem aktiven Beschäftigungsverhältnis, höchstens 1.900 EUR.

Übergang zur nachgelagerten Besteuerung

Für nach dem 1.1.1941 geborene Personen verringern sich der jeweilige Prozentsatz und Höchstbetrag entsprechend der Tabelle in § 24a Satz 5 EStG. Personen, die ab dem Kalenderjahr 2040 das 64. Lebensjahr vollenden, erhalten keinen Altersentlastungsbetrag – entsprechend dem Hineinwachsen der Renten in die (volle) Rentenbesteuerung.

Auch beschränkt steuerpflichtige Personen erhalten den Entlastungsbetrag.[1]

Höhe des Altersentlastungsbetrags

Die Höhe des Altersentlastungsbetrags berechnet sich nach einem Prozentsatz, der abhängig ist vom Kalenderjahr, das auf die Vollendung des 64. Lebensjahres folgt.

Beispiel

Altersentlastungsbetrag für Steuerpflichtige mit dem 64. Geburtstag im Jahr 2023

Beispielhaft für 2024 beträgt der Altersentlastungsbetrag bei Steuerpflichtigen, die das 64. Lebensjahr vor dem 1.1.2024, aber nach dem 31.12.2022 vollendet haben, 12,8 % der Einkünfte, der Höchstbetrag 608 EUR. Für 2024 trifft das auf Personen zu, die im Zeitraum vom 2.1.1959 bis zum 1.1.1960 geboren sind.[2]

Hinweis

Streckung der Abschmelzung des Altersentlastungsbetrags geplant

Das Wachstumschancengesetz sah zum 1.1.2024 eine Streckung der Abschmelzung des Altersentlastungsbetrags vor. Da das Gesetzgebungsverfahren noch nicht abgeschlossen ist, kann es im Laufe des Jahres 2024 zu einer Änderung kommen. Bis zur Verabschiedung eines Gesetzes gelten weiterhin die bisherigen Werte.

Sowohl der Prozentsatz als auch der Höchstbetrag des Altersentlastungsbetrags werden in dem auf die Vollendung des 64. Lebensjahres folgenden Jahr (erstmaliger Ansatz) „eingefroren". Beide Größen werden zeitlebens berücksichtigt, eine betragsmäßige Festschreibung des anzusetzenden Entlastungsbetrags erfolgt jedoch nicht.

Personengebundener Freibetrag

Der Altersentlastungsbetrag ist an die Person gebunden. Er darf weder beim Lohnsteuerabzug noch bei der Einkommensteuerveranlagung von dem Ehe-/Lebenspartner, der zwar die altersmäßigen Voraussetzungen erfüllt, aber keine Einkünfte hat, auf den anderen Ehe-/Lebenspartner übertragen werden. Erfüllen jedoch beide Ehe-/Lebenspartner die Voraussetzungen für den Altersentlastungsbetrag (Altersgrenze und eigene begünstigte Einkünfte), wird er im Rahmen der Einkommensteuerveranlagung für jeden der beiden angesetzt.[3]

Altersentlastungsbetrag kann negativen Gesamtbetrag der Einkünfte erhöhen

Laut BFH kann der Altersentlastungsbetrag im Rahmen des Verlustausgleichs[4] mit anderen Einkünften verrechnet werden und so auch einen negativen Gesamtbetrag der Einkünfte erhöhen. Dieser Umstand ist bei der Verlustfeststellung[5] zu berücksichtigen. D.h. der Altersentlastungsbetrag wirkt sich dann steuerlich positiv erst im Folgejahr aus.[6] Allerdings muss die Klage gegen den maßgeblichen Feststellungsbescheid erhoben werden und nicht gegen den Einkommensteuerbescheid.

Hinweis

Kein Verstoß gegen das Allgemeine Gleichbehandlungsgesetz (AGG)

Laut Finanzgericht Münster ist die Tatsache, dass der Altersentlastungsbetrag erst ab einem Alter von 64 Jahren gewährt wird, keine unzulässige Diskriminierung jüngerer Steuerpflichtiger. Der Altersentlastungsbetrag knüpft lediglich sachlich an die gesonderte Besteuerung des Beziehens von begünstigt besteuerten Alterseinkünften an.[7]

Berücksichtigung im Lohnsteuerabzugsverfahren

Maßgebender Arbeitslohn

Der Arbeitgeber hat den Altersentlastungsbetrag bei der Ermittlung der Lohnsteuer vom Arbeitslohn einer aktiven Berufstätigkeit zu berücksichtigen. Die Berechnung des Entlastungsbetrags sowie der Abzug vom Arbeitslohn erfolgen regelmäßig durch das Entgeltabrechnungsprogramm.

Bemessungsgrundlage ist der steuerpflichtige Bruttolohn ohne Kürzung um den Arbeitnehmer-Pauschbetrag oder einen im Lohnsteuerabzugsverfahren zu berücksichtigenden Freibetrag. Dabei sind Einkünfte aus Leibrenten sowie ⇗ Versorgungsbezüge (z. B. Pensionen und ⇗ betriebliche Altersversorgung) nicht anzusetzen.

Was nicht zur Bemessungsgrundlage gehört

Steuerfreier Arbeitslohn ist bei der Ermittlung des Altersentlastungsbetrags nicht zu berücksichtigen.[8] Ebenso darf der Altersentlastungsbetrag nicht abgezogen werden, wenn Arbeitslöhne mit pauschalierter Lohnsteuer gezahlt werden.[9]

Zurückgezahlter Arbeitslohn

Zahlt der Arbeitnehmer im laufenden Kalenderjahr erhaltenen Arbeitslohn zurück, so mindert dies die Bemessungsgrundlage. Eine Rückzahlung von Arbeitslohn für frühere Kalenderjahre wirkt sich nicht auf die Bemessungsgrundlage aus.

Erhält der Arbeitnehmer neben der betrieblichen Altersversorgung oder ⇗ Werksrente noch Arbeitslohn aus einer aktiven Berufstätigkeit, so ist nur dafür ein Altersentlastungsbetrag anzusetzen.

Kein Altersentlastungsbetrag für Kapitalerträge

Die Nichteinbeziehung von der Abgeltungsteuer unterliegenden Kapitalerträgen in die Bemessungsgrundlage des Altersentlastungsbetrags ist verfassungsgemäß.[10]

Anzusetzender Entlastungsbetrag

Für die Ermittlung der Lohnsteuer vom laufenden Arbeitslohn ist der Altersentlastungsbetrag höchstens mit dem auf den jeweiligen Entgeltzahlungszeitraum entfallenden Anteil anzusetzen (abzuziehen).

Dieser Anteil ist wie folgt zu ermitteln:

- bei monatlicher Lohnzahlung ist der Jahresbetrag mit 1/12,
- bei wöchentlicher Lohnzahlung der Monatsbetrag mit 7/30 und
- bei täglicher Lohnzahlung der Monatsbetrag mit 1/30 anzusetzen.

Ein Monatsbetrag ist dabei auf volle EUR, ein Wochenbetrag auf 0,10 EUR und ein Tagesbetrag auf 0,05 EUR aufzurunden. Eine Verrechnung des in einem Monat nicht ausgeschöpften Höchstbetrags mit den anteiligen, den Höchstbetrag übersteigenden Entlastungsbeträgen anderer Monate ist nicht zulässig.

1 R 39b.4 Abs. 1 LStR.
2 § 24a Satz 5 EStG i. d. F. des Entwurfs eines Wachstumschancengesetzes.
3 H 24a EStH.
4 § 2 Abs. 3 EStG.
5 § 10d Abs. 4 Satz 4 EStG.
6 BFH, Urteil v. 30.6.2020, IX R 3/19, BStBl 2021 II S. 859; Thüringer FG, Urteil v. 26.4.2022, 4 K 510/20, Rev. beim BFH unter Az. IX R 7/22.
7 FG Münster, Urteil v. 24.2.2016, 10 K 1979/15 E; BFH, Beschluss v. 3.9.2018, III B 74/17, BFH/NV 2018 S. 1273.
8 BFH, Urteil v. 26.6.2014, VI R 41/13, BStBl 2015 II S. 39.
9 R 39b.4 Abs. 2 Satz 4 LStR.
10 BFH, Beschluss v. 25.4.2017, III B 51/16, BFH/NV 2017 S. 1163.

Nachträgliche Berücksichtigung

Hat der Arbeitgeber in den Entgeltzahlungszeiträumen des Kalenderjahres insgesamt einen geringeren Altersentlastungsbetrag berücksichtigt, als dem Arbeitnehmer als Jahresbetrag zustehen würde, so kann der Differenzbetrag nachträglich angesetzt werden. Dies ist z. B. der Fall, wenn das Arbeitsverhältnis vor Ablauf des Jahres endet. Die nachträgliche Berücksichtigung kann entweder beim ⇗ Lohnsteuer-Jahresausgleich durch den Arbeitgeber oder bei der Veranlagung des Arbeitnehmers zur Einkommensteuer durch das Finanzamt erfolgen.

Entlastungsbetrag bei sonstigen Bezügen

Wird Arbeitslohn als ⇗ sonstiger Bezug gezahlt, darf der Altersentlastungsbetrag davon nur abgezogen werden, soweit er bei der Feststellung des maßgebenden Jahresarbeitslohns nicht verbraucht ist. Wird laufender Arbeitslohn erstmals gezahlt, nachdem im selben Kalenderjahr ein Altersentlastungsbetrag bereits bei sonstigen Bezügen berücksichtigt worden ist, darf der Arbeitgeber den steuerfreien Höchstbetrag bei den laufenden Bezügen nur berücksichtigen, soweit er sich bei den sonstigen Bezügen nicht ausgewirkt hat.[1]

Lohnsteuerbescheinigung

Dem Arbeitnehmer ist ein nach amtlich vorgeschriebenem Muster gefertigter Ausdruck der elektronischen Lohnsteuerbescheinigung mit Angabe der Identifikationsnummer (IdNr) auszuhändigen oder elektronisch bereitzustellen.[2] In der ⇗ Lohnsteuerbescheinigung ist unter Nr. 3 des Ausdrucks der ungekürzte (Brutto-)Arbeitslohn einzutragen. Eine Kürzung um den berücksichtigten Altersentlastungsbetrag ist nicht zulässig. Im Rahmen der Einkommensteuerveranlagung wird der Altersentlastungsbetrag neu ermittelt. Hierbei werden auch die anderen Einkünfte des Arbeitnehmers miteinbezogen. Ein nicht ausgeschöpfter Altersentlastungsbetrag kann hier nachgeholt werden.

Altersrente

Eine Altersrente aus der gesetzlichen Rentenversicherung erhalten versicherte Personen, die ein bestimmtes Lebensalter vollendet haben. Es gibt verschiedene Altersrenten, für die jeweils bestimmte Voraussetzungen erfüllt werden müssen. Abhängig von den jeweiligen Anspruchsvoraussetzungen kann derzeit die Altersrente grundsätzlich innerhalb der Spanne vom vollendeten 63. bis 67. Lebensjahr an beansprucht werden. Ansprüche auf Altersrente werden von der Rentenversicherung nicht automatisch, sondern grundsätzlich nur auf Antrag hin bewilligt.

Gesetze, Vorschriften und Rechtsprechung

Sozialversicherung: Die Alters- bzw. Leibrenten aus der gesetzlichen Rentenversicherung und vergleichbaren Versorgungseinrichtungen sowie privaten kapitalgedeckten Leibrentenversicherungen fließen nicht unmittelbar aus einem früheren Dienstverhältnis zu. Weil sie zu den wiederkehrenden Bezügen (sog. Leibrenten) rechnen, sind sie nicht lohnsteuerpflichtig; sie sind jedoch einkommensteuerpflichtig. Ihre Besteuerung (§ 22 Satz 3 Nr. 1 Buchst. a EStG) erfolgt im Rahmen einer Veranlagung zur Einkommensteuer.

Rechtsgrundlagen sind § 33 Abs. 1 SGB VI und §§ 34–42 SGB VI, §§ 235–238 SGB VI (Übergangsrecht), § 99 Abs. 1 SGB VI (Rentenbeginn).

Sozialversicherung

Antragstellung/Rentenbeginn

Die Altersrente wird grundsätzlich nur auf Antrag gewährt.[3] Der Antrag ist bei dem zuständigen Rentenversicherungsträger zu stellen. Er wird jedoch auch von allen anderen Leistungsträgern, Gemeinden und bei Personen, die sich im Ausland aufhalten, auch von den amtlichen Vertretungen der Bundesrepublik Deutschland im Ausland entgegengenommen und von dort anschließend an den zuständigen Rentenversicherungsträger weitergeleitet.[4]

Durch den Rentenantrag wird der Rentenbeginn bestimmt. Wird der Antrag innerhalb von 3 Kalendermonaten, nachdem die Anspruchsvoraussetzungen erfüllt sind, gestellt, beginnt die Altersrente mit dem Monat, zu dessen Beginn die Anspruchsvoraussetzungen erfüllt sind.

Wird der Rentenantrag erst nach Ablauf der 3 Kalendermonate gestellt, beginnt die Altersrente grundsätzlich am ersten Tag des Monats der Antragstellung. Fällt das Ende der Frist auf einen Samstag, Sonntag oder gesetzlichen Feiertag, endet sie erst mit dem folgenden Werktag.

Beispiel

Rentenbeginn

Ein am 8.8.1958 geborener Versicherter erreicht die für ihn maßgebende Regelaltersgrenze mit 66 Jahren, also am 7.8.2024.

a) Rentenantrag auf Regelaltersrente am 11.9.2024

b) Rentenantrag auf Regelaltersrente am 2.12.2024

Ergebnis: Die 3-Kalendermonatsfrist geht vom 1.9. bis 30.11.2024.

Im Fall a) ist der Rentenantrag rechtzeitig gestellt, die Rente beginnt somit am 1.9.2024.

Im Fall b) ist der Rentenantrag nach Ablauf der 3-Kalendermonatsfrist gestellt, die Rente beginnt daher mit dem Antragsmonat am 1.12.2024.

Erst durch die Antragstellung wird das Verwaltungsverfahren bei dem Rentenversicherungsträger ausgelöst. Damit ein reibungsloser Übergang von der Erwerbstätigkeit in das Rentnerdasein möglich ist, sollte der Rentenantrag etwa 3 bis 4 Monate vor Erreichen des maßgeblichen Lebensalters gestellt werden.

Regelaltersrente von Amts wegen

Haben Versicherte bis zum Erreichen der Regelaltersgrenze eine Rente wegen verminderter Erwerbsfähigkeit oder eine Erziehungsrente bezogen, ist – wenn Versicherte nichts anderes bestimmen – anschließend ab dem Folgemonat von Amts wegen eine Regelaltersrente zu leisten.[5] Unabhängig davon ist es erforderlich, dass Versicherte bestimmte Vordrucke ausfüllen, damit die Regelaltersrente entsprechend dem aktuellen Recht zutreffend berechnet werden kann.

Anspruchsvoraussetzungen

Für einen Anspruch auf eine Altersrente müssen immer 2 Voraussetzungen erfüllt sein:

- persönliche Voraussetzungen (z. B. ein bestimmtes Lebensalter wird vollendet oder Vorliegen einer Schwerbehinderung),
- eine bestimmte Mindestversicherungszeit wurde zurückgelegt.

Teilweise ist für den Anspruch auch vorausgesetzt, dass zusätzlich noch besondere versicherungsrechtliche Voraussetzungen vorliegen (z. B. eine gewisse Anzahl von Pflichtbeiträgen in einem bestimmten Zeitraum oder ab einem bestimmten Lebensalter).[6]

1 § 39b Abs. 3 EStG; R 39b.4 LStR.
2 § 41b Abs. 1 Satz 3 EStG.
3 § 19 Satz 1 SGB IV i. V. m. § 99 SGB VI, § 115 Abs. 1 SGB VI.
4 § 16 SGB I.
5 § 115 Abs. 3 Satz 1 SGB VI.
6 §§ 237 und 237a SGB VI.

Keine Hinzuverdienstgrenzen

Bis zum Jahr 2022 durfte zu einer vorgezogenen Altersrente bis zum Erreichen der Regelaltersgrenze nur in begrenztem Umfang hinzuverdient werden. Überschritt der ⇗ Hinzuverdienst aus einer Beschäftigung oder selbstständigen Tätigkeit die kalenderjährliche Hinzuverdienstgrenze von

- 6.300 EUR im Jahr 2019,
- 44.590 EUR im Jahr 2020,
- 46.060 EUR in den Jahren 2021 und 2022,

konnte die Altersrente nicht mehr als Vollrente, sondern nur noch als Teilrente gezahlt werden. Die Höhe der (stufenlosen) Teilrente ergab sich aus der Höhe des anzurechnenden Hinzuverdienstes. Erreichte der anzurechnende Hinzuverdienst sogar den Betrag der Vollrente, bestand dem Grund nach kein Rentenanspruch mehr.

Seit dem 1.1.2023 kann eine vorgezogene Altersrente ohne Beachtung von Hinzuverdienstbeschränkungen in Anspruch genommen werden.

Beispiel

Keine Hinzuverdienstbeschränkungen ab 2023

Eine Versicherte möchte ab dem 1.2.2024 die Altersrente für besonders langjährig Versicherte in Anspruch nehmen. Daneben möchte sie ihre aktuelle Beschäftigung mit einem Jahresgehalt von 60.000 EUR weiter und vollumfänglich ausüben.

Ergebnis: Die Beschäftigung steht dem vollen Altersrentenbezug nicht entgegen.

Altersgrenzen/Rentenminderung

Altersrenten werden nur gezahlt, wenn die versicherte Person ein bestimmtes Lebensalter vollendet hat. Die höchste Altersgrenze ist die sog. Regelaltersgrenze. Sie ist das Lebensalter, das für einen Anspruch auf Regelaltersrente vollendet sein muss. Alle anderen Altersrenten können bereits nach Vollendung eines früheren Lebensalters in Anspruch genommen werden.

Hinweis

Vorzeitiger Rentenbezug

Ein vorzeitiger Rentenbeginn ist in der Regel möglich. Die Rente wird dann jedoch für jeden Monat, den sie vorzeitig in Anspruch genommen wird, um 0,3 % gemindert. Ausnahmen bestehen bei der Altersrente für schwerbehinderte Menschen und bei der Altersrente für besonders langjährig Versicherte, die jeweils bereits vor Erreichen der Regelaltersgrenze ab einem bestimmten Lebensalter ohne Rentenabschläge in Anspruch genommen werden können.

Die Rentenminderung bei einer vorzeitigen Inanspruchnahme wirkt sich auf den gesamten zukünftigen Rentenbezug aus, d. h. die Rente wird sogar bei einer späteren Zahlung einer Hinterbliebenenrente weiterhin entsprechend gekürzt.

Die Rentenminderung kann durch eine Ausgleichszahlung vermieden werden. Der Betrag zum Ausgleich der Rentenminderung kann von der versicherten Person und auch von Dritten – z. B. dem Arbeitgeber im Rahmen von Sozialplänen oder Abfindungen – gezahlt werden. Der Rentenabschlag kann auch nur teilweise ausgeglichen werden.

Wichtig

Geboren am ersten Tag eines Monats

Wer am ersten Tag eines Monats geboren ist, vollendet das maßgebende Lebensalter am letzten Tag des Vormonats. Damit sind die altersmäßigen Voraussetzungen bereits im Vormonat erfüllt.

Beispiel

Geboren am ersten Tag eines Monats

Ein Versicherter ist am 1.3.1958 geboren und beantragt rechtzeitig die Regelaltersrente.

Aufgrund seines Geburtsjahres gilt für den Versicherten eine Regelaltersgrenze von 66 Jahren. Diese erreicht er am 31.3.2024, sodass seine Regelaltersrente bei rechtzeitiger Beantragung am 1.4.2024 beginnt.

Rentenarten

Altersrenten werden gezahlt als

- Regelaltersrente
- Altersrente für langjährig Versicherte
- Altersrente für schwerbehinderte Menschen
- Altersrente für besonders langjährig Versicherte
- Altersrente für langjährig unter Tage beschäftigte Bergleute

und für Versicherte, die vor 1952 geboren sind, als

- Altersrente wegen Arbeitslosigkeit oder nach Altersteilzeitarbeit und
- Altersrente für Frauen.

Beispiel

Rentenbeginn bei verschiedenen Altersrenten

Ein Versicherter ist am 2.2.1960 geboren und erkundigt sich nach den Möglichkeiten, in Altersrente gehen zu können. Er ist schwerbehindert mit einem Grad der Behinderung von 50 % und hat 45 Jahre mit Pflichtbeitragszeiten zurückgelegt.

Altersrente für besonders langjährig Versicherte

Aufgrund des Geburtsjahres gilt für den Versicherten eine Altersgrenze für den abschlagsfreien Rentenbezug von 64 Jahren und 4 Monaten. Diese erreicht er am 1.6.2024, sodass er die Rente ab 1.7.2024 beanspruchen kann. Ein früherer, vorzeitiger Altersrentenbeginn mit Abschlägen ist bei dieser Altersrente nicht möglich.

Altersrente für schwerbehinderte Menschen

Aufgrund des Geburtsjahres gilt für den Versicherten eine Altersgrenze für den abschlagsfreien Rentenbezug von 64 Jahren und 4 Monaten. Diese erreicht er am 1.6.2024, sodass er die Rente ab 1.7.2024 beanspruchen kann. Ein vorzeitiger Altersrentenbeginn mit Abschlägen von 0,3 % pro Monat ist möglich, frühestens ab 1.7.2021 aufgrund einer hierfür maßgebenden Altersgrenze von 61 Jahren und 4 Monaten (dann 10,8 % Abschlag).

Altersrente für langjährig Versicherte

Aufgrund des Geburtsjahres gilt für den Versicherten eine Altersgrenze für den abschlagsfreien Rentenbezug von 66 Jahren und 4 Monaten. Diese erreicht er am 1.6.2026, sodass er die Rente ab 1.7.2026 beanspruchen kann. Ein vorzeitiger Altersrentenbeginn mit Abschlägen von 0,3 % pro Monat ist möglich, frühestens ab 1.3.2023 aufgrund einer hierfür maßgebender Altersgrenze von 63 Jahren (dann 12,0 % Abschlag).

Regelaltersrente

Aufgrund des Geburtsjahres gilt für den Versicherten eine Altersgrenze von 66 Jahren und 4 Monaten. Diese erreicht er am 1.6.2026, sodass er die Rente ab 1.7.2026 beanspruchen kann. Ein früherer, vorzeitiger Altersrentenbeginn mit Abschlägen ist bei dieser Altersrente nicht möglich.

Vollrente/Teilrente

Versicherte können eine Rente wegen Alters in voller Höhe (Vollrente) oder als Teilrente in Anspruch nehmen.

Achtung

Teilrente aufgrund Hinzuverdienst nur bis zum Jahr 2022

Für die Zeit bis zum Ablauf des Monats des Erreichens der Regelaltersgrenze ist eine Teilrente zu zahlen, wenn sich dies aus der Berücksichtigung von ⇗ Hinzuverdienst ergibt. Die Teilrente ist stufenlos, d. h. der Anteil der Teilrente an der Vollrente ist abhängig vom anzurechnenden Hinzuverdienst.

Versicherte hatten und haben aber auch die Möglichkeit, unabhängig von einem Hinzuverdienst – also sowohl vor als auch nach Erreichen der Regelaltersgrenze – eine Teilrentenstufe zu wählen, allerdings nicht unter 10 % der Vollrente. Die Rentenversicherungsträger akzeptieren nur „ganze" Prozentstufen, also von 10 % bis 99 % von der vollen Rente.

Beispiel

Teilrente

Ein Versicherter hat ab 1.5.2021 Anspruch auf eine Altersrente für langjährig Versicherte nach Vollendung des 63. Lebensjahres in Höhe von 1.000 EUR (brutto). Ab 1.1.2022 nimmt er eine Beschäftigung auf und erzielt einen Hinzuverdienst, von dem 220 EUR auf die Rente anzurechnen sind. Der Versicherte erkundigte sich nach Möglichkeiten zur Teilrente.

1.5.2021 bis 31.12.2021

Der Versicherte erzielt keinen Hinzuverdienst, er kann als Teilrente jeden beliebigen Prozentanteil zwischen 10 % und 99 % der Vollrente in Anspruch nehmen.

1.1.2022 bis 31.12.2023

Aufgrund der Hinzuverdienstanrechnung ergibt sich eine Teilrente von 780 EUR (Teilrentenanteil 78 %). Der Versicherte könnte darüber hinaus auch eine geringere Teilrente wählen, aber nicht weniger als 10 % (100 EUR).

Ab 1.1.2023

Seit 1.1.2023 sind keine Hinzuverdienstbeschränkungen mehr zu beachten. Der Versicherte kann gleichwohl als Teilrente jeden beliebigen Prozentanteil zwischen 10 % und 99 % der Vollrente in Anspruch nehmen.

Achtung

Teilrente und Betriebsrente

Wird eine Rente der gesetzlichen Rentenversicherung als Teilrente gezahlt, kann dies Auswirkungen auf den Anspruch oder die Höhe der Betriebsrente haben.[1] Es wird daher empfohlen, sich an die Zahlstelle für die Betriebsrente zu wenden, wenn sich abzeichnet, dass eine Altersrente der gesetzlichen Rentenversicherung nicht als Vollrente, sondern als Teilrente zu zahlen ist.

Altersrente für Landwirte

Die Altersrente für Landwirte ist eine Versicherungsleistung für den Personenkreis der Landwirte. Sie ist der Rente für Arbeitnehmer aus der gesetzlichen Rentenversicherung vergleichbar. Die Altersrente für Landwirte zählt weder lohnsteuer- noch sozialversicherungsrechtlich zum Arbeitsentgelt. Sie gehört zu den sonstigen Einkünften des Einkommensteuerrechts. Früher wurde die Altersrente für Landwirte als Altersgeld bezeichnet. Der Bezug von Altersrente für Landwirte führt in der Regel zur Krankenversicherungspflicht als Rentner in der landwirtschaftlichen Krankenkasse.

Gesetze, Vorschriften und Rechtsprechung

Lohnsteuer: Die Lohnsteuerfreiheit der Altersrente ergibt sich aus der Tatsache, dass es sich hierbei nicht um Arbeitslohn, sondern um sonstige Bezüge gemäß § 22 EStG handelt.

Sozialversicherung: Altersrenten für Landwirte sind Sozialleistungen, deren Anspruch in den §§ 11 unf 12 ALG geregelt ist.

Altersteilzeit

Altersteilzeit ist eine Möglichkeit, über eine Reduzierung der Arbeitszeit oder eine vorzeitige Beendigung der aktiven Tätigkeit den Übergang in den Ruhestand vorzubereiten.

Gesetze, Vorschriften und Rechtsprechung

Lohnsteuer: Aufstockungsbeträge für Altersteilzeit können nach § 3 Nr. 28 EStG steuerfrei gezahlt werden.

Sozialversicherung: Die Besonderheiten im Beschäftigungsverhältnis werden in § 7 Abs. 1a SGB IV geregelt. Beitragsrechtliche Sonderregelungen enthalten die §§ 163 und 168 SGB VI.

Entgelt	LSt	SV
Altersteilzeitentgelt	pflichtig	pflichtig
Aufstockungsbeträge	frei	frei

Lohnsteuer

Aufstockungsbeträge sind steuerfrei

Die vom Arbeitgeber gezahlten Aufstockungsbeträge für Altersteilzeit sind steuerfrei[2]; sie unterliegen aber dem sog. ⇗ Progressionsvorbehalt.[3] Ebenso begünstigt sind die Aufwendungen des Arbeitgebers für die Höherversicherung in der gesetzlichen Rentenversicherung durch die Gewährung der Steuerbefreiung nach § 3 Nr. 28 EStG; diese Beträge unterliegen jedoch nicht dem Progressionsvorbehalt.

Wichtig

Gesonderte Aufzeichnung in Lohnkonto und Lohnsteuerbescheinigung

Als Entgeltersatzleistung, die dem Progressionsvorbehalt unterliegt, muss der Aufstockungsbetrag im Lohnkonto gesondert vermerkt und auf der elektronischen Lohnsteuerbescheinigung in Zeile 15 eingetragen werden.

Die Steuerbefreiung gilt auch insoweit, als die im Altersteilzeitgesetz genannten (Mindest-)Aufstockungsbeträge überschritten werden.[4] Ebenso ist es für die Steuerfreiheit des Aufstockungsbetrags unerheblich, ob der frei gewordene Teilzeitarbeitsplatz wieder besetzt wird. Des Weiteren kommt es nicht darauf an, ob der Arbeitgeber gegenüber der Bundesagentur für Arbeit einen Erstattungsanspruch hat. Daher kommt eine Steuerbefreiung auch nach Auslaufen des Altersteilzeitgesetzes in Betracht. Demnach sind Aufstockungsbeträge auch dann steuerfrei, wenn mit der Altersteilzeit erst nach dem 31.12.2009 begonnen wurde und diese nicht durch die Bundesagentur für Arbeit nach § 4 ATG gefördert wird.[5]

1 § 6 BetrAVG, §§ 33, 41 VBL-Satzung i. V. m. §§ 5, 12 ATV.

2 § 3 Nr. 28 EStG.
3 § 32b EStG.
4 R 3.28 Abs. 3 Satz 1 LStR.
5 § 1 Abs. 3 Satz 2 ATG.

Sachbezüge als Aufstockungsbetrag

Sofern eine entsprechende Vereinbarung im Altersteilzeitvertrag getroffen wurde, können Aufstockungsbeträge auch als Sachbezüge geleistet werden. Dies kann z. B. durch Weitergestellung des ⇗ Firmenwagens geschehen.

Insolvenzsicherung von Wertguthaben ist kein geldwerter Vorteil

Sichert der Arbeitgeber das für die Freistellungsphase der Altersteilzeit angesammelte Wertguthaben des Arbeitnehmers gegen Insolvenz ab, liegt dann kein ⇗ geldwerter Vorteil (Arbeitslohn) vor, wenn der Arbeitnehmer keinen eigenen Rechtsanspruch gegen den Sicherungsträger erwirbt.

Voraussetzungen der Steuerfreiheit

Die Steuerfreiheit tritt ein, wenn die Voraussetzungen des § 2 Altersteilzeitgesetz vorliegen, z. B.

- Vollendung des 55. Lebensjahres und
- Verringerung der tariflichen regelmäßigen wöchentlichen Arbeitszeit auf die Hälfte.

Eine Vereinbarung über die Arbeitszeitverkürzung muss sich zumindest auf den Zeitraum erstrecken, bis der Arbeitnehmer eine Rente wegen Alters beanspruchen kann. Frühestmöglicher Zeitpunkt für den Bezug einer Altersrente ist die Vollendung des 60. Lebensjahres.[1]

Lohnsteuerrechtlich gilt das Zuflussprinzip. Somit unterliegt auch der in der Freizeitphase weitergezahlte Arbeitslohn dem Lohnsteuerabzug nach den allgemein geltenden Grundsätzen.

Die Voraussetzungen des § 2 ATG müssen nicht im Zeitpunkt des Zuflusses vorliegen, sondern in dem Zeitraum, für den die fraglichen Einnahmen geleistet werden. Für die Steuerfreiheit von Aufstockungsbeträgen ist es daher unbeachtlich, wenn diese der Höhe nach erst nach Eintritt in den Ruhestand ermittelt und ausgezahlt werden.[2]

Begrenzung des steuerfreien Aufstockungsbetrags

Die Steuerfreiheit ist der Höhe nach auf einen Aufstockungsbetrag begrenzt, der zusammen mit dem Nettolohn für die Altersteilzeit 100 % des Nettolohns ohne Altersteilzeit nicht übersteigt. Für den steuerfreien Höchstbetrag ist der individuelle Nettolohn des jeweiligen Entgeltzahlungszeitraums maßgebend. Hierbei sind z. B. Tariflohnerhöhungen und ggf. in den ELStAM vermerkte Freibeträge zu berücksichtigen. Unangemessene Erhöhungen vor oder während der Altersteilzeit dürfen nicht berücksichtigt werden.

100-%-Grenze bei sonstigen Bezügen

Werden ⇗ sonstige Bezüge gezahlt, ist für die Prüfung der 100-%-Grenze anhand des maßgebenden Nettoarbeitslohns, den der Arbeitnehmer im jeweiligen Entgeltzahlungszeitraum ohne Altersteilzeit üblicherweise erhalten hätte, auf den voraussichtlichen Jahresnettoarbeitslohn unter Einbeziehung der sonstigen Bezüge bei einer unterstellten Vollzeitbeschäftigung abzustellen. Die Aufstockung eines sonstigen Bezugs (z. B. Urlaubs- oder Weihnachtsgeld) ist insoweit steuerfrei, als der Jahresnettolohn bei Altersteilzeit einschließlich der im Kalenderjahr gezahlten Aufstockungsbeträge 100 % des Jahresnettolohns bei Vollzeitbeschäftigung nicht übersteigt.

Beispiel

Begrenzung bei sonstigem Bezug als Aufstockungsbetrag

Ein Arbeitnehmer in Altersteilzeit hätte bei Vollzeitbeschäftigung Anspruch auf einen Jahresbruttolohn von 48.000 EUR zuzüglich eines sonstigen Bezugs von 1.500 EUR. Nach dem Altersteilzeitvertrag erhält er einen laufenden Jahresbruttolohn von 24.000 EUR und steuerfreie Aufstockungsbeträge von 7.800 EUR jährlich.

Im Juli wird ein Urlaubsgeld von 750 EUR gezahlt, das der Arbeitgeber auf insgesamt 1.500 EUR aufstockt.

Ergebnis: Ob die Aufstockung des Urlaubsgelds von 750 EUR steuerfrei bleiben kann, muss durch eine Vergleichsberechnung ermittelt werden.

Schritt 1: Ermittlung des maßgebenden Nettolohns bei fiktiver Vollarbeitszeitbeschäftigung

Jahresbruttolohn	48.000 EUR
Zzgl. sonstiger Bezug	+ 1.500 EUR
Abzgl. gesetzliche jährliche Abzüge (Steuern und Sozialversicherungsbeiträge)	– 18.100 EUR
Maßgebender Jahresnettolohn	31.400 EUR

Schritt 2: Ermittlung des maßgebenden Nettolohns bei Altersteilzeit

Jahresbruttolohn	24.000 EUR
Zzgl. sonstiger Bezug	+ 750 EUR
Abzgl. gesetzliche jährliche Abzüge	– 6.000 EUR
Zwischensumme	18.750 EUR
Zzgl. Aufstockung Urlaubsgeld	+ 750 EUR
Zzgl. steuerfreie Aufstockung	+ 7.800 EUR
Jahresnettoarbeitslohn	27.300 EUR

Der Aufstockungsbetrag von 750 EUR für das Urlaubsgeld kann steuerfrei bleiben, da der maßgebende Jahresnettolohn von 31.400 EUR bei fiktiver Vollzeitbeschäftigung nicht überschritten wird.

Beiträge zur Höherversicherung sind ebenfalls steuerfrei

Die vorzeitige Inanspruchnahme einer Altersrente nach Altersteilzeit kann zu Abschlägen bei der Rente führen. Damit die sich aufgrund der längeren Rentenbezugsdauer ergebende Minderung der monatlichen Rente ausgeglichen werden kann, wird den Versicherten, welche die Altersrente vorzeitig in Anspruch nehmen wollen, das Recht eingeräumt, zusätzliche Beiträge zu leisten. Vielfach wird durch tarifliche oder innerbetriebliche Regelungen die finanzielle Belastung der Arbeitnehmer bzw. Rentner vermieden oder jedenfalls verringert. Dies geschieht regelmäßig durch eine Übernahme bzw. Erstattung der Beiträge durch den Arbeitgeber.

Nach § 3 Nr. 28 EStG sind derartige Zahlungen des Arbeitgebers zur Übernahme von Beiträgen steuerfrei, soweit die Zahlungen des Arbeitgebers 50 % der Beiträge nicht übersteigen. Die Steuerfreiheit ist also auf die Hälfte der insgesamt geleisteten zusätzlichen Rentenversicherungsbeiträge begrenzt. Hintergrund ist, dass auch Pflichtbeiträge des Arbeitgebers zur gesetzlichen Rentenversicherung nur i. H. d. halben Gesamtbeitrags steuerfrei sind.

Hinweis

Voraussetzung der Steuerbefreiung

Die Berechtigung zur Zahlung solcher Beiträge und damit die Steuerfreistellung setzen voraus, dass der Versicherte erklärt, eine solche Rente zu beanspruchen.

Diese Steuerbefreiung gilt für sämtliche nach § 187a SGB VI in Betracht kommenden Beiträge. Deshalb können Sonderzahlungen, z. B. Entlassungsabfindungen, für solche zur Hälfte steuerbefreiten Beiträge genutzt werden.

Steuerfreie Aufstockungsbeträge während Arbeitsunfähigkeit

Steuerfrei sind auch tarifliche Aufstockungsbeträge, die bei Altersteilzeit während der Arbeitsunfähigkeit anstelle von Krankengeldzuschüssen gezahlt werden. Die Steuerbefreiung für diese Beträge gilt selbst dann, wenn der Arbeitgeber nur Aufstockungsbeträge, nicht jedoch die zusätzlichen Rentenversicherungsbeiträge erbringt. Da die Leistungen als steuerfreie Aufstockungsbeträge anzusehen sind, unterliegen sie allerdings dem Progressionsvorbehalt und erhöhen auf diese Weise den Steuersatz auf das steuerpflichtige Einkommen.

1 R 3.28 Abs. 1 Satz 4 LStR.
2 FG Köln, Urteil v. 22.11.2021, 6 K 1902/19; Rev. beim BFH unter Az.: VI R 4/22.

Hinweis

Übersteigende Beträge

Der verbleibende steuerpflichtige Teil der vom Arbeitgeber übernommenen Rentenversicherungsbeiträge ist im Grundsatz eine Entlassungsabfindung, die bei einer Auszahlung nach dem 31.12.2007 zwar steuerpflichtig ist. Sie kann aber unter Anwendung der Fünftelregelung ermäßigt besteuert werden, wenn die hierfür erforderlichen Voraussetzungen vorliegen.

Altersteilzeit im Blockmodell

Für Arbeitnehmer besteht im Rahmen des Altersteilzeitgesetzes unter bestimmten Voraussetzungen die Möglichkeit, ihre Arbeitszeit zu halbieren. Macht der Arbeitnehmer hiervon im Rahmen des sog. Blockmodells Gebrauch, schließt sich an eine Arbeitsphase in Vollzeit eine gleich lange Freistellungsphase an. Das Arbeitsverhältnis besteht bis zum Ende der Freistellungsphase weiter. Der Arbeitgeber zahlt dem Arbeitnehmer sowohl in der Arbeits- als auch in der Freistellungsphase den hälftigen Arbeitslohn für die von ihm geleistete Tätigkeit. Den Anspruch auf Zahlung des Arbeitslohns während der Freistellungsphase erwirbt der Arbeitnehmer dabei durch seine Tätigkeit in den Zeiten der Vollzeitbeschäftigung.

Bei den in der Freistellungsphase erzielten Einkünften handelt es sich daher nicht um Versorgungsbezüge. Die in der Altersteilzeit erbrachten Bezüge sind Entlohnung für die aktive Tätigkeit des Arbeitnehmers. Für den in der Freistellungsphase bezogenen Lohn kann daher weder der Versorgungsfreibetrag noch der Zuschlag zum Versorgungsfreibetrag in Anspruch genommen werden.[1]

Vorzeitige Beendigung der Altersteilzeit

Beendet der Arbeitnehmer die Altersteilzeit vorzeitig (Störfall), bleiben die bis dahin gezahlten Aufstockungsbeträge steuerfrei.[2]

Aufzeichnungspflicht des Arbeitgebers

Der Arbeitgeber hat die steuerfreien Aufstockungsbeträge im ↗ Lohnkonto aufzuzeichnen und in der ↗ Lohnsteuerbescheinigung anzugeben.

Aufstockungsbeträge und Lohnsteuer-Jahresausgleich schließen sich aus

Die Zahlung steuerfreier Aufstockungsbeträge schließt eine Durchführung des ↗ Lohnsteuer-Jahresausgleichs durch den Arbeitgeber sowie des permanenten Lohnsteuer-Jahresausgleichs aus.

Sozialversicherung

Sozialversicherungspflicht

Arbeitnehmer in Altersteilzeit werden versicherungsrechtlich wie alle anderen ↗ Arbeitnehmer beurteilt. Eine Besonderheit gilt bei diskontinuierlicher Verteilung der Arbeitszeit. Hier wird neben dem Aufstockungsbetrag eine kontinuierliche Zahlung des Arbeitsentgelts vorausgesetzt. Das bedeutet, das Arbeitsentgelt muss auf den gesamten Zeitraum, für den Altersteilzeit vereinbart worden ist, verteilt werden.[3]

Fortbestehen der Beschäftigung

Während der ↗ Freistellung von der Arbeit besteht nur dann eine Beschäftigung gegen Arbeitsentgelt weiter[4], wenn für diese Zeit Arbeitsentgelt fällig wird. Das Arbeitsentgelt kann mit einer vor oder nach der Freistellung erbrachten Arbeitsleistung erzielt worden sein (Wertguthaben). Bei einer kontinuierlichen Verteilung der Arbeitszeit liegt während des Gesamtzeitraums ein Beschäftigungsverhältnis vor.

1 BFH, Urteil v. 21.3.2013, VI R 5/12, BStBl 2013 II S. 611.
2 R 3.28 Abs. 2 Satz 3 und 4 LStR.
3 § 2 Abs. 2 Satz 1 Nr. 2 ATG.
4 § 7 Abs. 1a SGB IV.

Folgen einer Arbeitsunfähigkeit

Bei Zeiten längerer ↗ Arbeitsunfähigkeit in der Arbeitsphase wird nach Ablauf des Entgeltfortzahlungszeitraums keine Arbeitsleistung mehr erbracht, durch die für die Freistellungsphase Wertguthaben erzielt werden kann. Eine vorzeitige Beendigung des Versicherungsschutzes in der Freistellungsphase kann in diesen Fällen verhindert werden. Dazu ist die vorgesehene Freistellungsphase zu verkürzen, indem die Hälfte der in der Arbeitsphase ausgefallenen Zeit nachgearbeitet wird. Alternativ vermehrt der Arbeitgeber das Wertguthaben in der Höhe, in der infolge der ↗ Arbeitsunfähigkeit Wertguthaben nicht angespart werden konnte. Dies muss jedoch vor Eintritt der Freistellungsphase erfolgen.

Krankenversicherung

Für die Dauer der Altersteilzeit besteht grundsätzlich Krankenversicherungspflicht.[5]

Jahresarbeitsentgeltgrenze

Arbeitnehmer, die wegen Überschreitens der ↗ Jahresarbeitsentgeltgrenze versicherungsfrei sind und deren Arbeitsentgelt aufgrund der Altersteilzeit unter die Jahresarbeitsentgeltgrenze sinkt, werden von dem Tag an, von dem an sie Altersteilzeit leisten, wieder krankenversicherungspflichtig. Dies gilt sowohl bei kontinuierlicher als auch bei diskontinuierlicher Verteilung der Arbeitszeit. Bei Sonderzuwendungen gilt: Entfällt der Anspruch auf Sonderzuwendungen (z. B. bei Eintritt in die Freistellungsphase), ist eine neue krankenversicherungsrechtliche Beurteilung vorzunehmen.

Altersgrenze 55. Lebensjahr

Besonderheiten sind zu beachten bei Altersteilzeitarbeitnehmern, die nach der Vollendung des 55. Lebensjahres versicherungspflichtig werden. Sie bleiben trotz der im Grunde eintretenden Versicherungspflicht unter bestimmten Voraussetzungen weiterhin versicherungsfrei.

Achtung

Versicherung der „Nichtversicherten"

Die o. g. Versicherungsfreiheit wegen Vollendung des 55. Lebensjahres gilt nicht für Personen, die durch die Regelungen für die ↗ Nichtversicherten versicherungspflichtig zur Krankenversicherung werden.[6]

Renten-/Arbeitslosen-/Pflegeversicherung

Für die Dauer der vereinbarten Altersteilzeit besteht grundsätzlich Renten- und Arbeitslosenversicherungspflicht. Die Ausführungen zum Fortbestehen der Beschäftigung gelten auch für die Renten- und Arbeitslosenversicherung.

Die Beurteilung zur Versicherungspflicht in der Pflegeversicherung folgt wie bei allen Arbeitnehmern den Ergebnissen zur Krankenversicherung.

Beitragsberechnung

Das während der Altersteilzeit jeweils fällige Arbeitsentgelt ist grundsätzlich beitragspflichtig. Bei Arbeitnehmern, die Aufstockungsbeträge erhalten, gilt auch mindestens ein Betrag in Höhe von 80 % des Regelarbeitsentgelts – begrenzt auf den Unterschiedsbetrag zwischen 90 % der Beitragsbemessungsgrenze der allgemeinen Rentenversicherung und dem Regelarbeitsentgelt – zusätzlich als beitragspflichtige Einnahme.

Arbeits-/Freistellungsphase

Für die Berechnung der Beiträge zur Kranken-, Pflege-, Renten- und Arbeitslosenversicherung ist das für die Altersteilzeit jeweils fällige Arbeitsentgelt maßgebend. Für die Krankenversicherung ist in der Arbeitsphase der bundeseinheitliche allgemeine ↗ Beitragssatz i. H. v. 14,6 % und in der Freistellungsphase (im Blockmodell) grundsätzlich der bundeseinheitliche ermäßigte Beitragssatz i. H. v. 14,0 % maßgebend. Für die Freistellungsphase gilt dies allerdings nur dann, wenn nach dem Ende der Altersteilzeit die Aufnahme einer weiteren Beschäftigung nicht beabsich-

5 § 5 Abs. 1 Nr. 1 SGB V.
6 § 6 Abs. 3a Satz 4 SGB V.

tigt ist. Dies deshalb, weil nur in diesen Fällen ein späterer Anspruch auf Krankengeld faktisch ausgeschlossen ist.

Beschäftigung nach Freistellungsphase

In Freistellungsphasen, die kein Ausscheiden aus dem Erwerbsleben zur Folge haben (diskontinuierliche Altersteilzeit), gilt auch während der Freistellungsphase der allgemeine Beitragssatz i. H. v. 14,6 %. Auch in Fällen, in denen sich bei Altersteilzeit Arbeitsphase und Freistellungsphase häufig ablösen, ist weiterhin der allgemeine Beitragssatz maßgebend.[1]

Beitragszuschuss an privat/freiwillig Versicherte

Arbeitnehmer in Altersteilzeit, die weiterhin versicherungsfrei und freiwillig oder privat krankenversichert bleiben, erhalten vom Arbeitgeber auch weiterhin den Arbeitgeberzuschuss zu ihrer Krankenversicherung. Die Höhe des Zuschusses orientiert sich an der Höhe des Arbeitsentgelts, von dem der Arbeitgeber bei bestehender Krankenversicherungspflicht seinen Beitragsanteil entrichten müsste. Bei Altersteilzeit erfolgt die Beitragsberechnung demnach von dem Regelarbeitsentgelt. Bezüglich des Beitragssatzes gelten die vorab beschriebenen Regelungen. Während der Zeiträume, in denen gesetzlich Krankenversicherte wegen der passiven Phase der Altersteilzeit keinen Anspruch auf Krankengeld mehr haben, hat der Arbeitgeber auch den privat krankenversicherten Altersteilzeit-Arbeitnehmern nur einen verminderten Arbeitgeberzuschuss zur Krankenversicherung zu zahlen.[2]

Regelarbeitsentgelt

Das Regelarbeitsentgelt ist Bemessungsgrundlage sowohl für die Berechnung der Aufstockungsbeträge[3] als auch der zusätzlichen Rentenversicherungsbeiträge.[4]

Regelarbeitsentgelt ist das auf einen Monat entfallende sozialversicherungspflichtige Arbeitsentgelt, das der Arbeitgeber im Rahmen des Altersteilzeitarbeitsverhältnisses regelmäßig zu zahlen hat.[5] Als Regelarbeitsentgelt gilt also die Hälfte des Arbeitsentgelts, das der Arbeitnehmer vor dem Beginn der Altersteilzeit beanspruchen konnte (Vollzeitarbeitsentgelt). Das Regelarbeitsentgelt darf die monatliche Beitragsbemessungsgrenze der Arbeitslosenversicherung (2024: 7.550 EUR/West, 7.450 EUR/Ost; 2023: 7.300 EUR/West, 7.100 EUR/Ost) nicht übersteigen.

Entgeltumwandlung

Die für eine Entgeltumwandlung zur Finanzierung der Aufwendungen für die ⇗ betriebliche Altersversorgung verwendeten Entgeltbestandteile sind sozialversicherungsrechtlich begünstigt.[6]

Bei einer Altersteilzeit im Teilzeitmodell kann eine beitragsfreie Entgeltumwandlung jederzeit vereinbart, geändert oder beendet werden. Dies gilt auch in der Arbeitsphase einer Altersteilzeit im Blockmodell. Eine beitragsfreie und nicht zu einem Störfall führende Verwendung von Wertguthaben für eine Entgeltumwandlung in der Freistellungsphase ist gesetzlich nicht ausdrücklich geregelt. Ein solcher Anspruch auf Entgeltumwandlung kann aber auch in der Freistellungsphase bestehen, wenn sich die vertragliche Verpflichtung hierzu aus einer bereits in der Arbeitsphase wirksam gewordenen Vereinbarung zur Entgeltumwandlung ergibt.

Als Regelarbeitsentgelt ist das nach der Entgeltumwandlung beitragspflichtige Arbeitsentgelt der Berechnung der zusätzlichen Rentenversicherungsbeiträge zugrunde zu legen.

Beispiel

Entgeltumwandlung in der Arbeitsphase (Blockmodell)

Regelentgelt für Altersteilzeit	2.300 EUR
Entgeltbestandteil für Direktzusage	200 EUR
SV-Brutto nach Entgeltumwandlung (= Regelarbeitsentgelt)	2.100 EUR
Zusätzliche beitragspflichtige Einnahme (80 % von 2.100 EUR =)	1.680 EUR

1 BSG, Urteil v. 25.8.2004, B 12 Kr 22/02 R.
2 § 257 Abs. 2 Satz 3 SGB V.
3 § 3 Abs. 1 Nr. 1 Buchst. a ATG.
4 § 3 Abs. 1 Nr. 1 Buchst. b ATG.
5 § 6 Abs. 1 ATG.
6 § 14 Abs. 1 Satz 2 SGB IV, § 1 Abs. 1 Satz 1 Nr. 9 SvEV.

Hinweis

Entgeltumwandlung aus Einmalzahlungen

Da dem für die Berechnung der zusätzlichen Rentenversicherungsbeiträge maßgeblichen Regelarbeitsentgelt Einmalzahlungen nicht zuzurechnen sind, hat die beitragsfreie Entgeltumwandlung aus Einmalzahlungen keine Auswirkungen auf die zusätzlichen Rentenversicherungsbeiträge.

Zum Regelentgelt zählende Zulagen

Neben dem laufenden Arbeitsentgelt gehören zum Regelarbeitsentgelt auch laufende Zulagen (z. B. ⇗ vermögenswirksame Leistungen), laufende ⇗ Zuschläge (für Sonntags-, Feiertags- und Nachtarbeit), ⇗ Sachbezüge (z. B. Pkw, Telefonnutzung, Werkswohnung) oder sonstige ⇗ geldwerte Vorteile. ⇗ Einmalige Einnahmen gehören nicht dazu.

Bei Sachbezügen ist das der Beitragsberechnung zugrunde zu legende rentenversicherungspflichtige Regelarbeitsentgelt in der Regel höher als außerhalb der Altersteilzeit.

Beispiel

Sachbezug (Pkw) während Altersteilzeit

Vollzeitarbeitsentgelt			3.000 EUR
Altersteilzeit	Arbeitsentgelt	1.500 EUR	
	Firmen-Pkw	500 EUR	500 EUR
Regelarbeitsentgelt/Vollzeitarbeitsentgelt		2.000 EUR	3.500 EUR
Zusätzliche beitragspflichtige Einnahme			
80 % des Regelarbeitsentgelts i. H. v. 2.000 EUR		1.600 EUR	
Insgesamt		3.600 EUR	

Sobald der Sachbezug entfällt (z. B. während der Freistellungsphase in einem Blockmodell), ist der maßgebende Wert beim Regelarbeitsentgelt nicht mehr zu berücksichtigen. Im Beispiel würde die zusätzliche beitragspflichtige Einnahme dann 1.200 EUR (80 % von 1.500 EUR) betragen.

Aufstockungsbetrag

Im Rahmen der Altersteilzeit hat der Arbeitgeber das Regelarbeitsentgelt für die Altersteilzeit um mindestens 20 % aufzustocken.[7]

Beispiel

Aufstockungsbetrag

Altersteilzeit-Lohnabrechnungszeitraum	Juli
Laufendes Monatsentgelt	2.100 EUR
Beitragspflichtige Zulagen, die monatlich gezahlt werden	250 EUR
Urlaubsgeld	1.000 EUR
Mehrarbeitsvergütung	200 EUR

Für die Ermittlung des Regelarbeitsentgelts sind nur das laufende Monatsentgelt sowie die beitragspflichtigen Zulagen zu berücksichtigen. Sowohl das Urlaubsgeld (Einmalzahlung) als auch die Mehrarbeitsvergütung (Vergütung für nicht vereinbarte Altersteilzeitstunden) bleiben außer Betracht. Das Regelarbeitsentgelt beträgt 2.350 EUR. Der Aufstockungsbetrag (gesetzlicher Mindestbetrag) beträgt 470 EUR (20 % von 2.350 EUR).

Übersteigt das Regelarbeitsentgelt die Beitragsbemessungsgrenze (BBG) der Arbeitslosenversicherung, ist für die Berechnung des Aufstockungsbetrags zunächst eine entsprechende Begrenzung vorzunehmen.

7 § 3 Abs. 1 Nr. 1 Buchst. a ATG.

Beitragsrechtliche Bewertung

Der Aufstockungsbetrag ist gemäß § 3 Nr. 28 EStG steuerfrei und damit auch beitragsfrei zur Sozialversicherung.[1] Das gilt selbst dann, wenn der Arbeitgeber (z. B. aufgrund tarifvertraglicher Regelungen) einen höheren als den im ATG als Mindestbetrag (20 %) vorgesehenen Aufstockungsbetrag zahlt.

Zusätzliche beitragspflichtige Einnahme in der Rentenversicherung

Um Rentennachteile auszugleichen, die den altersteilzeitbeschäftigten Arbeitnehmern dadurch entstehen, dass ihr bisheriges Arbeitsentgelt auf die Hälfte reduziert wird, müssen die Arbeitgeber neben den Rentenversicherungsbeiträgen aus dem Altersteilzeitentgelt noch zusätzliche Beiträge zahlen. Diese zusätzlichen Beiträge sind auch zu entrichten, wenn die Voraussetzungen für eine Erstattung durch die Bundesagentur für Arbeit nicht erfüllt sind.

Für alle Altersteilzeitverhältnisse gilt als Bemessungsgrundlage für die zusätzlichen Rentenversicherungsbeiträge 80 % des Regelarbeitsentgelts.[2] Dieser Betrag wird ggf. begrenzt auf die Differenz zwischen 90 % der monatlichen BBG der Rentenversicherung und dem Regelarbeitsentgelt. Das Regelarbeitsentgelt und die zusätzliche (ggf. begrenzte) Bemessungsgrundlage dürfen zusammen die monatliche BBG der Rentenversicherung nicht übersteigen.

Bei der Berechnung des Regelarbeitsentgelts für die zusätzlichen Rentenversicherungsbeiträge ist nur laufendes Entgelt zu berücksichtigen. Einmalige Einnahmen sind nicht einzubeziehen.

Beispiel

Bemessungsgrundlage

Bisheriges Vollzeitarbeitsentgelt	7.800 EUR
Regelarbeitsentgelt in der Altersteilzeit	3.900 EUR
BBG der RV 2024 (West)	7.550 EUR
Berechnung der Bemessungsgrundlage für die zusätzlichen RV-Beiträge	
Regelarbeitsentgelt	3.900 EUR
90 % der BBG RV 2024 (West)	6.795 EUR
Differenz zum Regelarbeitsentgelt	2.895 EUR
80 % des Regelarbeitsentgelts	3.120 EUR

Da 80 % des Regelarbeitsentgelts (3.120 EUR) den Unterschiedsbetrag zwischen 90 % der BBG RV und dem Regelarbeitsentgelt übersteigen (2.895 EUR), ist die zusätzliche Bemessungsgrundlage zur Rentenversicherung auf 2.895 EUR zu begrenzen.

Beitragsberechnung bei Altersteilzeit im Blockmodell

Bei diskontinuierlicher Verteilung der Arbeitszeit (Blockmodell) sind die zusätzlichen Rentenversicherungsbeiträge ab Beginn der Altersteilzeit abzuführen. Der Arbeitnehmer erhält bei diesem Modell – trotz Beibehaltung seiner bisherigen Arbeitszeit – grundsätzlich nur das Arbeitsentgelt, das der Hälfte seiner bisherigen wöchentlichen Arbeitszeit entspricht, sowie aus dem Regelarbeitsentgelt – inkl. eventueller weiterer Entgeltteile (z. B. Einmalzahlungen) – einen steuer- und beitragsfreien Aufstockungsbetrag. Die andere Hälfte des erarbeiteten, aber nicht ausgezahlten Arbeitsentgelts, wird als Wertguthaben zurückgestellt.

Für die Berechnung der Rentenversicherungsbeiträge ist neben dem laufenden Arbeitsentgelt die Bemessungsgrundlage für die zusätzlichen RV-Beiträge (mindestens 80 % des Regelarbeitsentgelts) vorrangig vor zusätzlich gezahltem Arbeitsentgelt (z. B. Sonderzahlungen) zu berücksichtigen.

Mehrarbeit

Leistet ein Arbeitnehmer innerhalb der Altersteilzeit Mehrarbeit, sind vor der Verbeitragung der Mehrarbeitsvergütung vorrangig die zusätzlichen Rentenversicherungsbeiträge zu berechnen. Die Mehrarbeitsvergütungen wirken sich also nicht mindernd auf die zusätzlichen RV-Beiträge aus.

Beispiel

Mehrarbeit

Bisheriges Vollzeitarbeitsentgelt	3.500 EUR
Regelarbeitsentgelt in der Altersteilzeit	1.750 EUR
Mehrarbeitsvergütung	400 EUR
Berechnung der beitragspflichtigen Einnahmen zur RV	
Regelarbeitsentgelt	1.750 EUR
90 % der BBG RV 2024 (West)	6.795 EUR
Differenz zum Regelarbeitsentgelt	5.045 EUR
80 % des Regelarbeitsentgelts	1.400 EUR
Mehrarbeitsvergütung	400 EUR
Beitragspflichtige Einnahmen zur RV (1.750 EUR + 1.400 EUR + 400 EUR)	3.550 EUR

Übergangsbereich

Bei Altersteilzeitarbeitsverhältnissen führt ein regelmäßiges Arbeitsentgelt von 538,01 EUR bis 2.000 EUR sowohl in der Ansparphase als auch in der Entsparphase zur Anwendung des ⇗ Übergangsbereichs. Dies gilt auch dann, wenn das vor Beginn der Altersteilzeit erzielte Arbeitsentgelt außerhalb des Übergangsbereichs lag.

Bei einer Altersteilzeitbeschäftigung im Übergangsbereich bleibt der Aufstockungsbetrag nach § 3 Abs. 1 Nr. 1 Buchst. a ATG bei der Ermittlung des regelmäßigen Arbeitsentgelts unberücksichtigt. Zudem wirkt sich die Reduzierung des beitragspflichtigen Arbeitsentgelts nicht auf das der Berechnung dieser Aufstockungsbeträge und der zusätzlichen Rentenversicherungsbeiträge zugrunde zu legende Regelarbeitsentgelt aus.

Sonderfälle zur Beitragsberechnung

Für Altersteilzeitarbeitnehmer, die als bisher ⇗ Nichtversicherte krankenversicherungspflichtig sind, gilt hinsichtlich der Beitragszahlung ein gesondertes Verfahren. Der Arbeitgeber zahlt den Arbeitgeberzuschuss zur Kranken- und Pflegeversicherung an den Altersteilzeitarbeitnehmer aus. Dieser hat die vollen Kranken- und Pflegeversicherungsbeiträge an seine Krankenkasse zu zahlen. Der Arbeitgeber behält hier keinen Arbeitnehmeranteil zur Kranken- und Pflegeversicherung ein.

Weitere beitragsrechtliche Besonderheiten sind bei der Gewährung von ⇗ Einmalzahlungen, der Anwendung der ⇗ Märzklausel, bei Entgeltumwandlung und bei der Gewährung von ⇗ Kurzarbeitergeld oder ⇗ Saison-Kurzarbeitergeld zu beachten.

Störfall und Rückabwicklung

Der Störfall bezeichnet das Ereignis, bei dem das bei flexibler Arbeitszeit angesparte Wertguthaben nicht in der Freistellungsphase ausgezahlt und damit nicht mehr zweckentsprechend verwendet werden kann. Für die Beitragsberechnung gelten bei einem Störfall besondere Vorgaben. Beendet der Arbeitnehmer die Altersteilzeit, ohne dass ein Störfall im o. g. Sinne vorliegt, hat dies beitragsrechtlich die gleichen Folgen wie bei einem Störfall. Es kommt gewissermaßen zu einer Rückabwicklung des bisher geleisteten Wertguthaben.

Meldungen zur Sozialversicherung

Arbeitgeber haben bei Beginn und Ende der Altersteilzeit Meldungen zur Sozialversicherung zu erstatten.[3]

Das Ende der bisherigen Beschäftigung wird mit einer ⇗ Abmeldung mit Grund „33" und dem bis zum Beginn der Altersteilzeit erzielten Arbeitsentgelt gemeldet. Die ⇗ Anmeldung zu Beginn der Altersteilzeit erfolgt mit Grund „13".

1 § 1 Abs. 1 Nr. 1 SvEV.
2 § 163 Abs. 5 Satz 1 SGB VI.
3 § 28a Abs. 1 Nr. 16-17 SGB IV; § 12 DEÜV.

Für Altersteilzeitarbeitnehmer gilt ein besonderer Personengruppenschlüssel. Die Anmeldung und alle Folgemeldungen nach Beginn der Altersteilzeit (⇗ Jahresmeldungen, ⇗ Unterbrechungsmeldungen und Abmeldungen) sind mit dem Personengruppenschlüssel „103“ abzugeben.

Als beitragspflichtiges Bruttoarbeitsentgelt ist nicht nur das Arbeitsentgelt für die Altersteilzeit einzutragen, sondern der Gesamtbetrag, aus dem Beiträge zur Rentenversicherung gezahlt worden sind. Das Arbeitsentgelt in der Altersteilzeit ist also um die zusätzliche beitragspflichtige Einnahme zur Rentenversicherung zu erhöhen.

Tritt ein Störfall ein, ist das zur Rentenversicherung beitragspflichtige Arbeitsentgelt mit einer besonderen Meldung mit Abgabegrund „55“ zu melden. Hier gilt der Personen- und Beitragsgruppenschlüssel, der beim Arbeitnehmer zum Zeitpunkt des Störfalls zutrifft.

Altersteilzeit (Beiträge)

Maßgebend für die Berechnung der Beiträge zur Kranken-, Pflege-, Renten- und Arbeitslosenversicherung ist das für die Altersteilzeit jeweils fällige Arbeitsentgelt. Die darauf entfallenden Beiträge sind grundsätzlich vom Arbeitnehmer und Arbeitgeber je zur Hälfte zu tragen. In der Sozialversicherung gelten die jeweils maßgeblichen Beitragssätze.

In der sog. Arbeitsphase gilt in der Krankenversicherung der allgemeine Beitragssatz. In der Freistellungsphase ist für die Berechnung dieser Beiträge der ermäßigte Beitragssatz zur Krankenversicherung anzuwenden.

Gesetze, Vorschriften und Rechtsprechung

Sozialversicherung: Regelungen zum Aufstockungsbetrag als nicht beitragspflichtiges Arbeitsentgelt sind in § 3 Abs. 1 Nr. 1 Buchst. a AltersTZG und § 14 SGB IV i. V. m. § 1 SvEV zu finden. § 163 Abs. 5 SGB VI stellt die Beitragsabführung des Unterschiedsbetrags zur Rentenversicherung dar.

Die Spitzenorganisationen der Sozialversicherungsträger haben am 2.11.2010 ein Gemeinsames Rundschreiben zur Altersteilzeit veröffentlicht (GR v. 2.11.2010). Darin enthalten sind Regelungen zur Fälligkeit der Beiträge, zur Beitragsberechnung bei Kurzarbeit und zur Beitragsberechnung in Störfällen.

Sozialversicherung

Beitragssätze und Beitragstragung

In der Pflege-, Renten- und Arbeitslosenversicherung gelten die für die jeweiligen Sozialversicherungszweige maßgeblichen ⇗ Beitragssätze. In der sog. Arbeitsphase gilt in der Krankenversicherung der allgemeine Beitragssatz (14,6 %). Hinsichtlich der Freistellungsphase ist für die Berechnung der Krankenversicherungsbeiträge der ermäßigte Beitragssatz (14,0 %) zur Krankenversicherung anzuwenden.

Ist mit dem Ende des Arbeitsverhältnisses kein unmittelbares Ausscheiden aus dem Erwerbsleben verbunden, besteht im Falle der Arbeitsunfähigkeit für diese Arbeitnehmer während der Zeit der Freistellung von der Arbeitsleistung unter Fortzahlung der Bezüge ein grundsätzlicher Krankengeldanspruch. Die Beiträge werden in diesen Fällen nach dem allgemeinen Beitragssatz (14,6 %) bemessen. Nur dann, wenn absehbar ist, dass der Arbeitnehmer nach der Freistellungsphase aus dem Erwerbsleben ausscheidet, ist der ermäßigte Beitragssatz (14,0 %) anzusetzen.

In Fällen der ⇗ Altersteilzeit ist in der gesetzlichen Pflegeversicherung ein Zuschlag für Kinderlose (0,60 %) in der sozialen Pflegeversicherung ausschließlich vom Arbeitnehmer zu tragen. Da seit dem 1.7.2023 der Beitragssatz in der Pflegeversicherung für Eltern mit einem Kind 3,40 % beträgt, leitet sich daraus ein Arbeitgeberzuschuss i. H. v. 1,70 % ab. Der Beitragssatz für Eltern mit mehr als einem Kind wurde zum 1.7.2023 um 0,25 % pro Kind gesenkt. Die Entlastung ist auf max. 1,0 % begrenzt. Der Abschlag gilt nur bis zum Ablauf des Monats, in dem das jeweilige Kind das 25. Lebensjahr vollendet hat. Damit ergeben sich seit dem 1.7.2023 folgende Beitragssätze:

Beitragssatz in der Pflegeversicherung	Anzahl der Kinder
4,0 %	Kinderlos ab dem vollendeten 23. Lebensjahr
3,40 %	1
3,15 %	2
2,90 %	3
2,65 %	4
2,40 %	5 (oder mehr)

Liegt der Beschäftigungsort des Arbeitnehmers in Sachsen, ist der Arbeitnehmerbeitrag zur Pflegeversicherung für den Arbeitnehmer um 0,5 % höher, während der Arbeitgeberanteil um 0,5 % niedriger ist (z. B. Der Arbeitnehmeranteil in Sachsen für Eltern mit einem Kind beträgt 2,20 % statt 1,70 % im übrigen Bundesgebiet, und der Arbeitgeberanteil beträgt 1,20 % statt 1,70 % im übrigen Bundesgebiet.)

Die Beiträge aus dem kassenindividuellen Zusatzbeitrag in der Krankenversicherung teilen sich Arbeitgeber und Arbeitnehmer je zur Hälfte.

Besonderheiten der Beitragsberechnung

Beitragsberechnung aus Schichtzulagen

Die während einer im Blockmodell in der Arbeitsphase erzielten steuer- und beitragsfreien Schichtzulagen bleiben auch dann beitragsfrei, wenn deren Auszahlung in anteiligem Umfang in die Freistellungsphase verschoben wird. Diese Beträge sind weder bei der Berechnung des Aufstockungsbetrags noch bei der Berechnung des Unterschiedsbetrags zu berücksichtigen.

Beitragsberechnung bei Umzug ins Ausland

Das Altersteilzeitarbeitsentgelt, der Aufstockungsbetrag und der Unterschiedsbetrag zur Rentenversicherung werden bei Arbeitnehmern, die während der Freistellungsphase ihren Wohnsitz dauerhaft ins Ausland verlegt haben, so behandelt, als wäre hierauf deutsches Steuerrecht angewendet worden.

Aufstockungsbetrag

Der Aufstockungsbetrag[1] ist unbeschadet seiner Berücksichtigung im Rahmen des Progressionsvorbehalts[2] gemäß § 3 Nr. 28 EStG steuerfrei und gehört damit nicht zum ⇗ Arbeitsentgelt. Dies gilt auch, soweit der Arbeitgeber z. B. aufgrund tarifvertraglicher Regelungen einen höheren als den im AltersTZG als Mindestbetrag vorgesehenen Aufstockungsbetrag zahlt.

Unterschiedsbetrag/Zusätzliche beitragspflichtige Einnahme

Zusätzliche beitragspflichtige Einnahme in der Rentenversicherung

Bei Arbeitnehmern, die nach dem Altersteilzeitgesetz Aufstockungsbeträge erhalten, gilt mindestens ein Betrag i. H. v. 80 % des Regelarbeitsentgelts für die Altersteilzeit als beitragspflichtige Einnahme. Allerdings dürfen 80 % des Regelentgelts den

- Unterschiedsbetrag zwischen 90 % der monatlichen ⇗ Beitragsbemessungsgrenze und
- dem Regelarbeitsentgelt

nicht überschreiten. Das Regelentgelt darf wiederum höchstens bis zur Beitragsbemessungsgrenze der Rentenversicherung berücksichtigt werden. Hierbei sind nur Entgeltbestandteile zu berücksichtigen, die laufend

1 § 3 Abs. 1 Nr. 1 Buchst. a AltersTZG.
2 § 32b Abs. 1 Nr. 1 Buchst. g EStG.

gezahlt werden. Das hat zur Folge, dass einmalig gezahltes Arbeitsentgelt bei der Berechnung der zusätzlichen Rentenversicherungsbeiträge generell nicht zu berücksichtigen ist. Hier verhält es sich also anders, als bei den Aufstockungsbeträgen nach § 3 Abs. 1 Nr. 1 Buchst. a AltersTZG.

Beispiel

Zusätzliche beitragspflichtige Einnahme in der Rentenversicherung

Regelarbeitsentgelt	3.700 EUR
90 % der Beitragsbemessungsgrenze (2024: 7.550 EUR/West)	6.795 EUR
Differenz zum Regelarbeitsentgelt	3.095 EUR
80 % der Differenz zum Regelarbeitsentgelts	2.476 EUR
Zusätzliche beitragspflichtige Einnahme	2.476 EUR

Beitragsabführung bei Anwendung des Blockmodells

Bei einer Altersteilzeit mit diskontinuierlicher Verteilung der Arbeitszeit (Blockmodell) sind die zusätzlichen Beiträge zur Rentenversicherung ab Beginn des Altersteilzeitarbeitsverhältnisses abzuführen. Während der Arbeitsphase erhält der Arbeitnehmer grundsätzlich lediglich das Arbeitsentgelt entsprechend der Hälfte seiner bisherigen wöchentlichen Arbeitszeit. Diese Regelung gilt unabhängig davon, dass er seine bisherige Arbeitszeit beibehält. Darüber hinaus erhält er aus dem Regelarbeitsentgelt und ggf. auch aus weiteren Entgeltbestandteilen (z. B. Einmalzahlungen) einen steuer- und beitragsfreien Aufstockungsbetrag. Die andere Hälfte des erwirtschafteten Arbeitsentgelts wird als Wertguthaben zurückgestellt, soweit es aus der Vorarbeit für die Freistellungsphase zu berücksichtigen ist.

Die zusätzliche beitragspflichtige Einnahme ist unabhängig davon anzusetzen, ob hinsichtlich des Aufstockungsbetrags die Voraussetzungen für eine Erstattung durch die Bundesagentur erfüllt sind. Der sich aus der Verbeitragung der zusätzlichen beitragspflichtigen Einnahme ergebende ⇗ geldwerte Vorteil ist – ebenso wie der Aufstockungsbetrag – steuerfrei und damit nicht beitragspflichtig in der Sozialversicherung.

Für die Verbeitragung ist neben dem laufenden Arbeitsentgelt die für die zusätzlichen Rentenversicherungsbeiträge maßgebliche beitragspflichtige Einnahme (mindestens 80 % des Regelarbeitsentgelts) vor eventuell tatsächlich zusätzlich gezahltem Arbeitsentgelt (z. B. Sonderzahlungen) zu berücksichtigen.

Die auf die zusätzliche beitragspflichtige Einnahme entfallenden Rentenversicherungsbeiträge hat der Arbeitgeber allein zu tragen.

Mehrarbeit

Wird während der Altersteilzeit vom Arbeitnehmer Mehrarbeit geleistet, sind vor Verbeitragung der hierfür zu beanspruchenden Vergütung vorrangig die zusätzlichen Rentenversicherungsbeiträge zu ermitteln.

Beispiel

Mehrarbeitsvergütung

Regelarbeitsentgelt für Altersteilzeit	2.500 EUR
80 % des Regelarbeitsentgelts	2.000 EUR
Mehrarbeitsvergütung	500 EUR
Beitragspflichtige Einnahmen	
KV/PV/ALV (2.500 EUR + 500 EUR)	3.000 EUR
RV (2.500 EUR + 2.000 EUR + 500 EUR)	5.000 EUR

Einmalig gezahltes Arbeitsentgelt

⇗ Einmalzahlungen können bei der Berechnung des Aufstockungsbetrags[1] aber nicht für die Ermittlung der zusätzlichen beitragspflichtigen Einnahme nach § 163 Abs. 5 SGB VI berücksichtigt werden.

Bezug von Entgeltersatzleistungen

Solange für einen Arbeitnehmer bei ⇗ Arbeitsunfähigkeit oder medizinischen Rehabilitationsmaßnahmen Anspruch auf Fortzahlung des Arbeitsentgelts besteht, hat der Arbeitgeber neben dem nach § 3 EFZG fortzuzahlenden Arbeitsentgelt

- den Aufstockungsbetrag nach § 3 Abs. 1 Nr. 1 Buchst. a AltersTZG sowie
- Rentenversicherungsbeiträge für den Unterschiedsbetrag nach § 163 Abs. 5 SGB VI

zu zahlen. Nach Ablauf des Anspruchs auf Entgeltfortzahlung erhält der Arbeitnehmer die entsprechende Entgeltersatzleistung oder ein Krankentagegeld von einem privaten Krankenversicherungsunternehmen. Als Entgeltersatzleistungen kommen z. B. Kranken-, Versorgungskranken-, Verletzten- oder Übergangsgeld infrage. Berechnungsbasis für die Entgeltersatzleistung ist das Arbeitsentgelt, das der Arbeitnehmer vor Beginn der Arbeitsunfähigkeit bzw. Rehabilitationsmaßnahme erzielt hat. Die bis zum Ablauf der Entgeltfortzahlung vom Arbeitgeber erbrachten Leistungen werden für die Dauer des Bezugs

- der Entgeltersatzleistung, der ausschließlich die Altersteilzeit zugrunde liegt, oder
- des Krankentagegelds von einem privaten Krankenversicherungsunternehmen

von der Bundesagentur für Arbeit erbracht. Dies gilt nur, wenn die Bundesagentur für Arbeit dem Arbeitgeber diese Leistungen bislang nach § 4 AltersTZG erstattet hat.[2] Im Übrigen kann der Arbeitgeber – ohne hierzu gesetzlich verpflichtet zu sein – diese Leistungen weiterhin erbringen, damit auch in diesen Zeiten der Arbeitsunfähigkeit nach Ablauf der Entgeltfortzahlung Altersteilzeit i. S. d. Sozialversicherungsrechts vorliegt.

Hinweis

Zusätzliche Beiträge zur Rentenversicherung

Zusätzliche Beiträge zur Rentenversicherung aus dem Unterschiedsbetrag können allerdings nur dann rechtmäßig gezahlt werden, wenn entweder für die Zeit des Bezugs

- der Entgeltersatzleistungen kraft Gesetzes[3] oder
- des Krankentagegeldbezugs während einer Arbeitsunfähigkeit/Rehabilitation auf Antrag[4]

Rentenversicherungspflicht besteht.[5]

Der Antragspflichtversicherung ist als beitragspflichtige Einnahme 80 % des zuletzt für einen vollen Kalendermonat versicherten tatsächlichen Arbeitsentgelts aus der Altersteilzeit zugrunde zu legen.[6] Die Beiträge sind vom Versicherten selbst zu tragen.[7]

Beitragsberechnung bei Arbeitsunfähigkeit während der Altersteilzeit

Tritt in der Arbeitsphase einer Altersteilzeit im Blockmodell Arbeitsunfähigkeit ein, besteht für diese Zeit nach der ⇗ Entgeltfortzahlung Altersteilzeit im Sinne des Sozialversicherungsrechts. Dies gilt nur, wenn hierfür – neben der sog. Basispflichtversicherung – Aufstockungsbeträge und zusätzliche Rentenversicherungsbeiträge gezahlt werden.

1 § 3 Abs. 1 Nr. 1 Buchst. a AltersTZG.
2 § 10 Abs. 2 AltersTZG.
3 § 3 Satz 1 Nr. 3 SGB VI.
4 § 4 Abs. 3 Satz 1 Nr. 2 SGB VI.
5 § 163 Abs. 5 Satz 3 SGB VI.
6 § 166 Abs. 1 Nr. 5 SGB VI.
7 § 170 Abs. 1 Nr. 5 SGB VI.

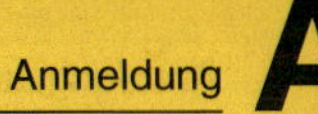

Zahlt ein Arbeitgeber für nicht förderungsfähige Altersteilzeitverhältnisse ausschließlich Aufstockungsbeträge[1], handelt es sich ebenfalls um eine Altersteilzeit im Sinne des Sozialversicherungsrechts. Die gezahlten Aufstockungsbeträge sind in diesem Fall beitragsfrei.

Altersteilzeit (Entgeltunterlagen)

Der Arbeitgeber hat Angaben zum Beginn und Ende der Altersteilzeit sowie die zusätzliche beitragspflichtige Einnahme in den Entgeltunterlagen festzuhalten.

Bei Altersteilzeit im Blockmodell sind in der Arbeitsphase die Zugänge aufgrund der Vorarbeit oder freiwilliger besonderer Zahlungen und in der Freistellungsphase die Abgänge des Wertguthabens aufzuführen.

Bei einem Störfall sind die Beitragsbemessungsgrundlagen im Entgeltkonto kalenderjährlich darzustellen. Dies sind beim Summenfelder-Modell für die Kranken-, Pflege- und Arbeitslosenversicherung die (Gesamt-) Differenzen zwischen

- dem beitragspflichtigen Arbeitsentgelt und
- der Beitragsbemessungsgrenze des jeweiligen Versicherungszweigs (SV-Luft) für die Dauer der Arbeitsphase seit der erstmaligen Bildung des Wertguthabens.

Für die Rentenversicherung ist die Beitragsbemessungsgrundlage die (Gesamt-) Differenz zwischen

- dem Arbeitsentgelt, von dem tatsächlich Beiträge zur Rentenversicherung entrichtet wurden, und
- dem Doppelten des Regelarbeitsentgelts (SV-Luft) bis zum Störfall seit der erstmaligen Bildung des Wertguthabens.

Gesetze, Vorschriften und Rechtsprechung

Sozialversicherung: Die entsprechenden Rechtsgrundlagen für die Führung von Entgeltunterlagen bei Altersteilzeit sind in den §§ 8 und 9 BVV zu finden.

Anmeldung

Eine Anmeldung ist zu erstatten, wenn eine Beschäftigung aufgenommen wird, diese muss entweder zumindest in einem Sozialversicherungszweig Versicherungspflicht begründen oder die Entrichtung eines Beitragsanteils durch den Arbeitgeber erfordern. Auch geringfügig entlohnte und kurzfristig Beschäftigte sind anzumelden. Die Meldungen für Minijobber gehen ausschließlich an die Minijob-Zentrale.

Gesetze, Vorschriften und Rechtsprechung

Sozialversicherung: Gesetzliche Grundlage der Anmeldung ist § 28a SGB IV. In § 6 DEÜV sowie § 13 Abs. 2 DEÜV sind weitergehende Regelungen für die Abgabe der Anmeldung enthalten.

Für die Praxis wichtige Hinweise enthalten die Gemeinsamen Grundsätze für die Datenerfassung und Datenübermittlung nach § 28b Abs. 1 Satz 1 Nrn. 1–3 SGB IV (GR v. 28.6.2023), das Gemeinsame Rundschreiben Meldeverfahren zur Sozialversicherung (GR v. 29.6.2016) und die Gemeinsamen Grundsätze für Bestandsprüfungen nach § 28b Abs. 1 Satz 1 Nr. 5 SGB IV (GR v. 12.12.2020) jeweils in der aktuellen Fassung.

1 § 3 Abs. 1 Nr. 1 Buchst. a AltersTZG.

Sozialversicherung

Beginn einer Beschäftigung

Der Beginn einer Beschäftigung, die

- Kranken-, Pflege-, Renten- oder Arbeitslosenversicherungspflicht begründet und
- für die Beitragsanteile zur Rentenversicherung oder zur Bundesagentur für Arbeit zu entrichten sind oder
- für die Pauschalbeiträge vom Arbeitgeber gezahlt werden,

ist mit der ersten folgenden Entgeltabrechnung, spätestens innerhalb von 6 Wochen, zu melden.

Geringfügige Beschäftigungen

Ebenfalls mit der ersten folgenden Entgeltabrechnung, innerhalb von 6 Wochen, sind geringfügig entlohnte oder kurzfristige Beschäftigungen bei der Minijob-Zentrale der Deutschen Rentenversicherung Knappschaft-Bahn-See in Essen anzumelden. Für die ⇗ geringfügig entlohnte Beschäftigung ist der Personengruppenschlüssel „109" bzw. für die ⇗ kurzfristige Beschäftigung der Personengruppenschlüssel „110" zu verwenden.

Wichtig

Vorbeschäftigungen bei kurzfristigen Beschäftigungen

Bei Eingang einer Anmeldung für einen kurzfristig Beschäftigten ist die Minijob-Zentrale seit 1.1.2022 verpflichtet, folgende Tatbestände unverzüglich an den Arbeitgeber zurückzumelden: Ob zum Zeitpunkt der Anmeldung für den Arbeitnehmer

- weitere kurzfristige Beschäftigungen bestehen oder
- im vorangegangenen Zeitraum im Kalenderjahr bestanden haben.

Bei der Rückmeldung werden nur die Verhältnisse zum Zeitpunkt des Eingangs der Anmeldung berücksichtigt. Eine nachträgliche Änderung der Meldehistorie führt nicht zu einer Korrektur der Rückmeldung durch die Minijob-Zentrale.

Lange Pflegezeit

Die oben genannten Meldefristen gelten auch, wenn der Arbeitnehmer nach dem Ende einer vollständigen Freistellung von der Arbeitsleistung wegen Inanspruchnahme einer „langen" ⇗ Pflegezeit[2] die Beschäftigung wieder aufnimmt.

Elternzeit

Seit 1.1.2024 ist der Beginn der Elternzeit mit der ersten folgenden Entgeltabrechnung, spätestens innerhalb von 6 Wochen, zu melden. Die Pflicht zur Meldung einer Elternzeit ist ein Novum, da erstmalig im Arbeitgeber-Meldeverfahren der Beginn und das Ende einer Fehlzeit zu melden ist und nicht wie bislang die Fehlzeit als Meldetatbestand allein eine DEÜV-Unterbrechungsmeldung auslöst. Damit grenzen sich die Elternzeit-Meldungen von der fachlichen Struktur des Arbeitgeber-Meldeverfahrens ab. Die Anmeldung der Elternzeit ist ungeachtet bestehender Meldetatbestände (z. B. der Unterbrechungsmeldung wegen Elternzeit) zusätzlich abzugeben.

Abgabegründe der Anmeldungen

Für die Abgabe der Anmeldung sind folgende Abgabegründe zu verwenden:

- Beginn der Beschäftigung: Abgabegrund „10"
- Krankenkassenwechsel: Abgabegrund „11"
- Beitragsgruppenwechsel: Abgabegrund „12"
- Sonstige Gründe: Abgabegrund „13"
- Beginn der Elternzeit: Abgabegrund „17"
- Gleichzeitige An- und Abmeldung wegen Ende einer Beschäftigung: Abgabegrund „40"

2 § 3 PflegeZG.

Wichtig

Kennzeichen des Krankenversicherungsschutzes im Meldeverfahren für kurzfristig Beschäftigte

Bei Aufnahme einer kurzfristigen Beschäftigung ist seit 1.1.2022 in allen Anmeldungen und bei gleichzeitiger An- und Abmeldung anzugeben, wie der Arbeitnehmer für die Beschäftigungsdauer krankenversichert ist.

Im Datensatz der Meldung stehen hierfür folgende Kennzeichen zur Verfügung:

- 1 = Beschäftigter ist gesetzlich krankenversichert
- 2 = Beschäftigter ist privat krankenversichert oder anderweitig im Krankheitsfall abgesichert

Ist der Arbeitnehmer versicherungspflichtig, freiwillig versichert oder familienversichert, besteht für die Dauer der Beschäftigung ein Krankenversicherungsschutz bei einer gesetzlichen Krankenkasse.

Im Falle einer privaten Krankenversicherung erfolgt die Absicherung im Krankheitsfall bei einem privaten Versicherungsunternehmen. Es besteht zudem die Möglichkeit, dass der Arbeitgeber für seine Beschäftigten eine private Krankenversicherung im Rahmen einer Gruppenversicherung abschließt.

Arbeitnehmer, die Leistungen aus einem Sondersystem erhalten oder Anspruch auf Sachleistungen zulasten eines ausländischen Versicherungsträgers haben, gelten als im Krankheitsfall anderweitig abgesichert.

Anmeldung ohne Versicherungsnummer

Die vom Rentenversicherungsträger vergebene Versicherungsnummer ist in der Anmeldung einzutragen. Vor Übermittlung der Anmeldung ist seit 1.1.2023 das elektronische Verfahren zur Abfrage der Rentenversicherungsnummer mit dem Datensatz Versicherungsnummernabfrage bei der Datenstelle der Rentenversicherung (DSRV) zu nutzen.

Wurde noch keine Versicherungsnummer vergeben, sind bei der Anmeldung zusätzliche Angaben in dem Feld „Wenn keine Versicherungsnummer angegeben werden kann" erforderlich. Es handelt sich dabei um die Angaben zum Geburtsnamen, zum Geburtsort, zum Geschlecht und zur Staatsangehörigkeit.

Bei den Angaben zum Geschlecht ist – neben M für männlich und W für weiblich – auch die Angabe X für unbestimmt oder D für divers zulässig.

Abruf der Krankenkasse in Ausnahmefällen

Bei sozialversicherungspflichtigen Arbeitnehmern ist die Anmeldung an die Krankenkasse zu erstatten, bei der der Arbeitnehmer versichert ist.

Seit 1.1.2024 können Arbeitgeber die zuständige Krankenkasse durch elektronischen Abruf beim GKV-Spitzenverband ermitteln und durch Verarbeitung der zurückgemeldeten Betriebsnummer der Krankenkasse eine korrekte und fristgerechte Anmeldung abgeben.

Abfragen dürfen allerdings nur dann erfolgen, wenn dem Arbeitgeber trotz vorheriger Aufforderung an den Arbeitnehmer keine, unvollständige oder falsche Angaben über die Mitgliedschaft in einer Krankenkasse für die Abgabe der Anmeldung vorliegen.

Die Abfrage mit dem Nachrichtentyp „Abfrage Mitgliedschaft Krankenkasse" erfolgt über das systemgeprüfte Entgeltabrechungsprogramm oder eine maschinelle Ausfüllhilfe im XML-Format über den GKV-Kommunikationsserver an die Annahmestelle des GKV-Spitzenverbandes. Der GKV-Spitzenverband führt eine Datenbank mit allen vorhandenen Mitgliedschaftsinformationen der Krankenkassen. In der Abfrage ist ausschließlich die Versicherungsnummer des Arbeitnehmers anzugeben.

Eine Übermittlung der Abfrage ist in der Zeit von Montag bis Freitag möglich. Die Beantwortung der Anfragen erfolgt innerhalb von 24 Stunden. Das Abfrageverfahren wird ohne Stornierungsmöglichkeit umgesetzt.

Abhängig von den Rückmeldungen der Krankenkassen an den GKV-Spitzenverband sendet der GKV-Spitzenverband eine Rückmeldung mit dem Nachrichtentyp „Angabe Mitgliedschaft Krankenkasse" an den Arbeitgeber:

- Mitgliedschaft bei einer Krankenkasse ermittelt = „1" inklusive Betriebsnummer der Krankenkasse
- keine Mitgliedschaft bei einer Krankenkasse ermittelt = „2"

Wird keine Mitgliedschaft übermittelt, ist der Arbeitgeber verpflichtet weitere Ermittlungen zur zuständigen Krankenkasse beim Arbeitnehmer vorzunehmen.

Die Rückmeldung des GKV-Spitzenverbandes ersetzt die elektronische Mitgliedsbestätigung der Krankenkasse nicht.[1]

Meldung nach Unterbrechung der Beschäftigung

Eine Anmeldung ist auch dann zu erstatten, wenn zuvor wegen des Endes einer Beschäftigung nach einer Unterbrechung von länger als einem Monat z. B.

- durch ↗ unbezahlten Urlaub oder
- wegen eines ↗ Arbeitskampfes von länger als einem Monat

eine ↗ Abmeldung vorgenommen worden ist und nun die Beschäftigung wieder beginnt. Dagegen erfordert die Aufnahme der Arbeit keine erneute Anmeldung, wenn bereits eine ↗ Unterbrechungsmeldung erstattet wurde. Dieser Sachverhalt tritt z. B. bei länger dauernder Arbeitsunfähigkeit ohne Entgeltzahlung ein.

Bestandsprüfungen

Die übermittelten Anmeldungen sind von der Krankenkasse mit den eigenen Bestandsdaten abzugleichen. Wird ein Fehler festgestellt, so ist dieser mit dem Arbeitgeber aufzuklären. Wenn die Anmeldung nicht zu erstatten war, inhaltlich fehlerhaft war oder bei einer falschen Krankenkasse eingereicht wurde, ist sie zu stornieren und ggf. neu zu erstellen.

Seit 1.1.2021 ist das Kennzeichen „Mehrfachbeschäftigung" nicht mehr in den DEÜV-Meldungen anzugeben.

Anrufungsauskunft

Zur Absicherung ihrer lohnsteuerlichen Pflichten können Arbeitgeber und Arbeitnehmer beim Finanzamt eine Lohnsteuer-Anrufungsauskunft beantragen. In diesem Fall ist das Finanzamt zur Auskunft verpflichtet. Teilt der Arbeitgeber die Auffassung des Finanzamts nicht, kann er bzw. der Arbeitnehmer die Anrufungsauskunft im Rechtsbehelfsverfahren anfechten. Die Auskunft des Finanzamts ist auf das Lohnsteuererhebungsverfahren begrenzt und bindet nicht das Finanzamt des Arbeitnehmers bei der Einkommensteuerveranlagung.

Gesetze, Vorschriften und Rechtsprechung

Lohnsteuer: Die Anrufungsauskunft für Lohnsteuerfragen regelt § 42e EStG. Die Verwaltungsanweisungen finden sich im BMF, Schreiben v. 12.12.2017, IV C 5 – S 2388/14/10001, BStBl 2017 I S. 1656.

Lohnsteuer

Pflicht zur Erteilung der Anrufungsauskunft

Das ↗ Betriebsstättenfinanzamt des Arbeitgebers hat auf Anfrage eines Beteiligten am Lohnsteuererhebungsverfahren darüber Auskunft zu geben, ob und inwieweit im einzelnen Fall die Vorschriften über die Lohnsteuer anzuwenden sind. Die Anrufungsauskunft ist in allen Fällen gebührenfrei (anders als die verbindliche Auskunft im Einkommensteuerverfahren).

1 § 175 Abs. 3 Satz 4 SGB V.

Anrufungsberechtigung

Das Recht der Anrufungsauskunft steht grundsätzlich sowohl dem Arbeitgeber als auch dem Arbeitnehmer zu.[1] Aber auch andere am Lohnsteuerverfahren Beteiligte, wie z. B. Hinterbliebene als Rechtsnachfolger, können eine Auskunft einholen, z. B. ob eine Arbeitnehmereigenschaft vorliegt oder Lohnteile steuerfrei oder steuerpflichtig sind. Dasselbe gilt für Personen, die nach den Vorschriften außerhalb des Einkommensteuergesetzes für Lohnsteuer haften, etwa gesetzliche Vertreter, Vermögensverwalter und Verfügungsberechtigte i. S. d. §§ 34 und 35 AO.

Anlass der Anrufungsauskunft

Das Auskunftsersuchen muss auf einen eindeutig erkennbaren, ausführlich dargelegten Sachverhalt gerichtet sein. Die wesentlichen Gesichtspunkte sind zu nennen. Im Auskunftsschreiben sind die konkreten Rechtsfragen darzulegen, die für den Einzelfall im Lohnsteuerabzugsverfahren von Bedeutung sind.[2]

Dieser Einzelfall kann sowohl einen Arbeitnehmer betreffen als auch für alle Arbeitnehmer des Betriebs oder für bestimmte Arbeitnehmergruppen von Bedeutung sein. Es darf sich nicht um Fragen handeln, die das Betriebsstättenfinanzamt mangels Zuständigkeit nicht beantworten kann bzw. darf; z. B. Fragen des steuerlichen Personenstands, allgemein gehaltene Anfragen, die erkennbar nicht beim Arbeitgeber vorkommende konkrete Fälle betreffen oder nach weitergehenden Folgerungen, z. B. einem Werbungskostenansatz.

Zuständigkeit liegt beim Betriebsstättenfinanzamt

Für die Auskunftserteilung ist das Finanzamt der Betriebsstätte des Arbeitgebers im lohnsteuerlichen Sinne zuständig – nicht das Wohnsitzfinanzamt des Arbeitnehmers und auch nicht ein Lohnsteuer-Außenprüfer. Die Auskunft kann nur im Rahmen der örtlichen Zuständigkeit erteilt werden. Eine gleichwohl vom Wohnsitzfinanzamt auf Anfrage erteilte Auskunft ist für das Betriebsstättenfinanzamt nicht bindend.

Mehrere Betriebsstätten: Zuständigkeit beim Geschäftsleitungsfinanzamt

Arbeitgeber mit mehreren ⇗ Betriebsstätten können von einem Finanzamt eine Anrufungsauskunft erhalten, die für mehrere Betriebsstätten gilt. Eine so abgestimmte Anrufungsauskunft erteilt das Finanzamt, in dessen Bezirk sich die Geschäftsleitung des Arbeitgebers im Inland befindet.[3]

Ist dieses Finanzamt kein Betriebsstättenfinanzamt, so ist das Finanzamt zuständig, in dessen Bezirk sich die Betriebsstätte mit den meisten Arbeitnehmern befindet. Für diese Anrufungsauskunft hat der Arbeitgeber sämtliche Betriebsstättenfinanzämter, das Finanzamt der Geschäftsleitung und erforderlichenfalls die Betriebsstätte mit den meisten Arbeitnehmern anzugeben und zu erklären, für welche Betriebsstätte die Auskunft von Bedeutung ist.

Besonderheit bei Konzernunternehmen

Eine abgestimmte Anrufungsauskunft ist für Arbeitgeber, die unter einer einheitlichen Leitung zusammengefasst sind (Konzernunternehmen), nicht vorgesehen. In diesen Fällen bleiben für die Auskunftserteilung die jeweiligen Betriebsstättenfinanzämter zuständig. Allerdings sollen die betreffenden Finanzämter für sämtliche Arbeitgeber des Konzerns eine abgestimmte Auskunft erteilen, wenn die Auskunft für mehrere Konzernunternehmen von Bedeutung ist. Dazu informiert das für die Auskunftserteilung zuständige Betriebsstättenfinanzamt das Finanzamt der Konzernzentrale, das die Koordination des Abstimmungsverfahrens übernimmt.[4,5]

1 § 42e EStG.
2 BMF, Schreiben v. 12.12.2017, IV C 5 – S 2388/14/10001, BStBl 2017 I S. 1656, Rz. 1.
3 § 42e Satz 2 EStG.
4 § 42e Sätze 1 und 2 EStG..
5 BMF, Schreiben v. 12.12.2017, IV C 5 – S 2388/14/10001, BStBl 2017 I S. 1656, Rz. 4.

Anrufungsauskunft an keine besondere Form gebunden

Die Anrufungsauskunft kann mündlich oder schriftlich gestellt werden. Bei schwierigen Sachverhalten kann das Betriebsstättenfinanzamt die Erteilung der Auskunft von der Vorlage entsprechender Unterlagen abhängig machen.

Die Auskunftserteilung soll schriftlich erteilt werden, insbesondere wenn das Finanzamt eine vom Antragsteller abweichende Rechtsauffassung vertritt oder die Erteilung ablehnt.

Auskunft stellt Verwaltungsakt dar

Die vom Betriebsstättenfinanzamt erteilte Rechtsauskunft stellt einen feststellenden Verwaltungsakt dar, dessen Inhalt auch im außergerichtlichen Rechtsbehelfsverfahren und ggf. im Klageverfahren überprüft werden darf.[6] Das Finanzamt hat aus diesem Grund die Anrufungsauskunft schriftlich zu erteilen und kann sie zeitlich befristen.[7] Im Falle der zeitlichen Befristung endet ihre Wirksamkeit durch Zeitablauf.

Die Anrufungsauskunft beinhaltet eine Regelung, wie das Finanzamt den dargestellten Sachverhalt aktuell behandelt. Dementsprechend hat der Antragsteller keinen Anspruch auf einen bestimmten rechtmäßigen Inhalt der Lohnsteuer-Anrufungsauskunft. Im gerichtlichen Verfahren erfolgt lediglich eine Überprüfung der Auskunft daraufhin, ob der Sachverhalt zutreffend erfasst und die rechtliche Beurteilung nicht offensichtlich fehlerhaft ist, z. B. offenkundig gegen das Gesetz oder die hierzu ergangene Rechtsprechung verstößt.[8] Einer umfassenden inhaltlichen Überprüfung bedarf es aufgrund des vorläufigen Charakters des Lohnsteuerverfahrens nicht.[9]

Im Rechtsbehelfsverfahren kommt eine Aussetzung der Vollziehung nicht in Betracht, da es sich bei einer erteilten Auskunft um einen feststellenden, aber nicht vollziehbaren Verwaltungsakt handelt.[10]

Rechtsfolgen der Anrufungsauskunft

Eine Anrufungsauskunft gibt dem Arbeitgeber lediglich einen Vertrauensschutz. Sie bedeutet weder eine Entscheidung über den Steueranspruch noch eine Steuerfestsetzung. Das Betriebsstättenfinanzamt ist jedoch nunmehr an die von ihm erteilte Anrufungsauskunft gebunden. Wird dem Arbeitgeber vom Finanzamt eine falsche Auskunft erteilt, kann das Finanzamt später den Lohnsteuerabzug nicht beanstanden. Eine Haftung des Arbeitgebers scheidet insoweit aus.

Anrufungsauskunft gültig bis zum Widerruf

Die Auskunft kann nur mit Wirkung für die Zukunft widerrufen werden.[11] Dies gilt nicht nur, wenn sich die der Auskunft zugrunde liegenden Bestimmungen oder die Rechtsprechung geändert haben, sondern auch dann, wenn die Rechtsauskunft fehlerhaft war. Die Vorschrift enthält für die Aufhebung bzw. Änderung einer Anrufungsauskunft keine eigene Korrekturbestimmung. Allerdings eröffnet der die Außenprüfung betreffende § 207 Abs. 2 AO die Möglichkeit, eine verbindliche Zusage mit Wirkung für die Zukunft aufzuheben oder zu ändern. Eine Einschränkung ergibt sich lediglich aus dem Umstand, dass die Maßnahme in das Ermessen des Finanzamts gestellt ist.[12] Für die Aufhebung oder Änderung einer rechtmäßigen Anrufungsauskunft muss deshalb ein besonderer, sachgerechter Anlass gegeben sein. Ein solcher Anlass kann u. a. vorliegen, wenn sich die einschlägige BFH-Rechtsprechung ändert. Der Widerruf einer materiell-rechtlich zutreffenden Anrufungsauskunft ist ermessensfehlerhaft.[13]

6 BFH, Urteil v. 5.6.2014, VI R 90/13, BStBl 2015 II S. 48.
7 R 42e Abs. 1 Satz 3 LStR.
8 BFH, Urteil v. 27.2.2014, VI R 23/13, BStBl 2014 II S. 894; BFH, Urteil v. 27.2.2014, VI R 19/12, BFH/NV 2014 S. 1370; BFH, Urteil v. 27.2.2014, VI R 26/12, BFH/NV 2014 S. 1370.
9 BFH, Urteil v. 27.2.2014, VI R 23/13, BStBl 2014 II S. 894; BFH, Urteil v. 5.6.2014, VI R 90/13, BStBl 2015 II S. 48.
10 BFH, Urteil v. 15.1.2015, VI B 103/14, BStBl 2015 II S. 447.
11 BFH, Urteil v. 2.9.2010, VI R 3/09, BStBl 2011 II S. 233; BFH, Urteil v. 2.9.2021, VI R 19/19, BStBl 2022 II S. 136; BMF, Schreiben v. 12.12.2017, IV C 5 – S 2388/14/10001, BStBl 2017 I S. 1656, Rz. 11.
12 § 5 AO.
13 BFH, Urteil v. 2.9.2021, VI R 19/19, BStBl 2022 II S. 136.

Anders verhält es sich, falls die Auskunft einen Vorbehalt enthält. Hier kann ohne Ermessensentscheidung die Anrufungsauskunft jederzeit zurückgenommen bzw. geändert werden, allerdings auch hier nur für zukünftige Besteuerungszeiträume.

Solange ein Widerruf nicht erfolgt ist, bleibt das Finanzamt an seine Auskunft gebunden.

Die Bindung entfällt auch ohne förmlichen Widerruf, wenn sich die gesetzlichen Regelungen, auf die sich die Auskunft stützte, ändern.

Bindungswirkung nur im Lohnsteuerverfahren

Im Übrigen beschränken sich die Rechtswirkungen der Anrufungsauskunft durch das Betriebsstättenfinanzamt auf das Lohnsteuer-Abzugsverfahren.[1] Die Änderungssperre wirkt im Lohnsteuerverfahren gegenüber dem Arbeitgeber und dem Arbeitnehmer, unabhängig davon, wer von beiden die Anrufungsauskunft gestellt hat. Das Finanzamt kann daher die vom Arbeitgeber aufgrund einer (unrichtigen) Anrufungsauskunft nicht einbehaltene und abgeführte Lohnsteuer auch nicht vom Arbeitnehmer nachfordern.[2] Allerdings schließt sie eine Inanspruchnahme des Arbeitnehmers im Rahmen seiner persönlichen Einkommensteuer nicht aus. Sie entfaltet keine Bindungswirkung für das Veranlagungsverfahren.[3] Das hat z. B. zur Folge, dass das Wohnsitzfinanzamt des Arbeitnehmers bei der Veranlagung dieses Arbeitnehmers eine andere Auffassung vertreten kann, als sie das Betriebsstättenfinanzamt in einer dem Arbeitgeber oder Arbeitnehmer erteilten Anrufungsauskunft vertreten hat. Deshalb können die Finanzämter bei der Einkommensteuerveranlagung zum Nachteil der Arbeitnehmer eine andere, ungünstigere Rechtsauffassung vertreten.[4]

Wichtig

Arbeitnehmer: Verbindliche Auskunft des Wohnsitzfinanzamts einholen

Wer also gleichzeitig eine Steuernachforderung beim Arbeitnehmer vermeiden will, hat darauf zu achten, dass er die Anrufungsauskunft im Namen des Arbeitnehmers beim Betriebsstättenfinanzamt stellt und darüber hinaus bei dem für die Veranlagung zuständigen Wohnsitzfinanzamt.[5] Bei verbindlichen Auskünften des Wohnsitzfinanzamts fallen Gebühren an.[6]

Anrufungsauskunft ist anfechtbar

Gegen die Anrufungsauskunft ist ein selbstständiger ⇗ Rechtsbehelf möglich. Der BFH hat unter Aufgabe seiner bisherigen Rechtsprechung entschieden, dass die Erteilung und der Widerruf einer Anrufungsauskunft nicht nur eine Wissenserklärung (unverbindliche Rechtsauskunft) des Betriebsstättenfinanzamts darstelle, sondern vielmehr ein feststellender Verwaltungsakt i. S. d. § 118 Satz 1 AO sei.[7] Die Finanzverwaltung folgt dieser Auffassung.[8]

Keine Aussetzung der Vollziehung

Ein Antrag auf Aussetzung der Vollziehung ist nicht möglich, da es sich nicht um einen vollziehbaren Verwaltungsakt handelt. Der Widerruf einer im Lohnsteuerverfahren erteilten Anrufungsauskunft ist ein feststellender Verwaltungsakt. Gegen ihre Rücknahme durch das Finanzamt ist ein vorläufiger Rechtsschutz durch Aussetzung der Vollziehung deshalb nicht zulässig.[9] Gleiches gilt bei Ablehnung einer Anrufungsauskunft.

Einspruch nur durch Antragsteller möglich

Der Arbeitnehmer kann keinen Rechtsbehelf gegen die dem Arbeitgeber erteilte Anrufungsauskunft einlegen, wenn der Arbeitgeber nach dieser Auskunft verfährt und dem Arbeitnehmer dadurch vermeintliche Nachteile erwachsen. Dieser kann seine abweichende Auffassung dadurch geltend machen, dass er bei einer ggf. eigens zu beantragenden Veranlagung zur Einkommensteuer seine abweichende Auffassung vorträgt und gegen einen evtl. ablehnenden Bescheid Rechtsbehelf einlegt.

Sonstige Auskunftsmöglichkeiten

Für das Lohnsteuerverfahren sind neben der Lohnsteuer-Anrufungsauskunft 2 weitere Auskunftsmöglichkeiten gesetzlich vorgesehen. Es besteht die Möglichkeit einer gebührenpflichtigen verbindlichen Auskunft[10] sowie einer verbindlichen Zusage aufgrund einer Außenprüfung.[11] Alle anderen, nicht gesetzlich geregelten Auskünfte der Finanzämter haben keinen rechtsbindenden Charakter. Ihnen kommt lediglich die informelle Bedeutung zu, welche Rechtsauffassung die Finanzbehörde zum jeweiligen Sachverhalt hat.

Verbindliche Auskunft für noch nicht verwirkte Sachverhalte

Die verbindliche Auskunft ist für den Arbeitnehmer bedeutsam, wenn er über das Lohnsteuerabzugsverfahren hinaus Rechtssicherheit für seine persönliche Einkommensteuer für steuerlich relevante Sachverhalte erreichen möchte, die bei einer ⇗ Lohnsteuer-Außenprüfung festgestellt werden. Die Anrufungswirkung entfaltet ausschließlich hinsichtlich des Lohnsteuerverfahrens verbindliche Rechtswirkungen, wenn auch für Arbeitgeber und Arbeitnehmer. Wer als Arbeitnehmer gleichzeitig Steuernachforderungen infolge von Lohnsteuer-Außenprüfungen bei seiner Einkommensteuerveranlagung vermeiden will, hat darauf zu achten, dass er zusätzlich bei dem für die Veranlagung zuständigen Wohnsitzfinanzamt eine verbindliche Auskunft einholt[12], die allerdings Kosten nach sich zieht.[13]

Verbindliche Zusage nach einer Außenprüfung

Die gebührenfreie verbindliche Zusage nach einer Lohnsteuer-Außenprüfung hat aufgrund der Spezialvorschrift der lohnsteuerlichen Anrufungsauskunft, anders als für die übrigen Prüfungsdienste, bei der Lohnsteuer so gut wie keine praktische Bedeutung. Sie dient dem Zweck für künftige geschäftliche Maßnahmen, die Gegenstand des Prüfungsberichts sind, eine verbindliche Rechtsauskunft einzuholen. Zuständig ist das jeweilige Betriebsstättenfinanzamt. Die verbindliche Zusage kann nur der Arbeitgeber beantragen.

Antragspflichtversicherung

Die Antragspflichtversicherung kommt nicht durch eine gesetzliche, zwangsweise Regelung zustande, sondern nur durch einen entsprechenden Antrag auf eigenen Entschluss. Wird der Antrag vom Sozialversicherungsträger angenommen, besteht die Pflichtversicherung i. d. R. unwiderruflich und unkündbar fort, solange die Tätigkeit bzw. der zum Antrag berechtigende Tatbestand andauert. Eine Versicherungspflicht auf Antrag ist in der gesetzlichen Rentenversicherung und Arbeitslosenversicherung für ausgewählte Personenkreise möglich. Zur Krankenversicherung besteht alternativ die Option einer freiwilligen Versicherung, die für die Pflegeversicherung grundsätzlich zur Versicherungspflicht führt. Eine Unfallversicherungspflicht kann auf Antrag nicht hergestellt werden. Einige Berufsgenossenschaften bieten eine besondere Auslandsversicherung an. Sind Unternehmer selbst nicht unfallversicherungspflichtig, kann eine freiwillige Unternehmerversicherung bei der Berufsgenossenschaft beantragt werden.

Gesetze, Vorschriften und Rechtsprechung

Sozialversicherung: Die Antragspflichtversicherung zur Rentenversicherung regelt § 4 Abs. 2 SGB VI, zur Arbeitslosenversicherung bestimmt § 28a SGB III die Personenkreise. Die Unfallversicherung für Auslandsaufenthalte ist in § 140 SGB VII geregelt.

1 BFH, Urteil v. 9.10.1992, VI R 97/90, BStBl 1993 II S. 166.
2 BFH, Urteil v. 17.10.2013, VI R 44/12, BStBl 2014 II S. 892; BFH, Urteil v. 20.3.2014, VI R 43/13, BStBl 2014 II S. 592.
3 BFH, Urteil v. 13.1.2011, VI R 61/09, BStBl 2011 II S. 479.
4 BFH, Urteil v. 13.1.2011, VI R 61/09, BStBl 2011 II S. 479.
5 BFH, Urteil v. 9.10.1992, VI R 97/90, BStBl 1993 II S. 166.
6 § 89 Abs. 3 AO.
7 BFH, Urteil v. 30.4.2009, VI R 54/07, BStBl 2010 II S. 996.
8 BMF, Schreiben v. 12.12.2017, IV C 5 – S 2388/14/10001, BStBl 2017 I S. 1656, Rz. 15.
9 BFH, Urteil v. 15.1.2015, VI B 103/14, BStBl 2015 II S. 447.
10 § 89 Abs. 2 AO.
11 §§ 204-207 AO.
12 BFH, Urteil v. 9.10.1992, VI R 97/90, BStBl 1993 II S. 166.
13 § 89 Abs. 3 AO.

Antragspflichtversicherung (Beschäftigte im Ausland)

Eine Versicherungspflicht auf Antrag kann bei Aufenthalt im Ausland zur gesetzlichen Rentenversicherung gestellt werden. Die Versicherungspflicht auf Antrag ist in den Fällen ratsam, in denen Rentenansprüche unter Umständen nur mit Pflichtbeiträgen aufrechterhalten werden können, wie z. B. bei Renten wegen Erwerbsminderung.

Gesetze, Vorschriften und Rechtsprechung

Sozialversicherung: § 4 SGB VI bestimmt die Voraussetzungen für die Versicherungspflicht auf Antrag zur Rentenversicherung. Die Rechtsverhältnisse der Sozialversicherung innerhalb der Europäischen Union regeln die Verordnungen (EG) Nr. 883/2004 des Europäischen Parlaments und des Rates vom 29.4.2004 zur Koordinierung der Systeme der sozialen Sicherheit, Verordnung (EG) Nr. 987/ 2009 vom 16.9.2009 sowie deren Änderungen mit der Verordnung (EU) 465/2012 vom 22.5.2012. Der Begriff des Entwicklungshelfers wird in § 1 EhfG definiert. Die Beitragshöhe der Antragspflichtversicherung berechnet sich nach § 166 Abs. 1 Nr. 4 SGB VI.

Sozialversicherung

Antragsberechtigter Personenkreis

Der Versicherungsschutz in der Rentenversicherung kann auf Antrag für die Dauer des Auslandsaufenthalts fortbestehen, wenn eine Person für eine begrenzte Zeit im Ausland beschäftigt ist. Erfüllt eine Auslandsbeschäftigung die Voraussetzungen der ⇗ Ausstrahlung, besteht dadurch bereits die vorrangige gesetzliche Versicherungspflicht. Die Versicherung muss in diesen Fällen also nicht beantragt werden.

Handelt es sich um keine Ausstrahlung, muss die im Ausland ausgeübte Tätigkeit einer ⇗ Beschäftigung im sozialversicherungsrechtlichen Sinne nach deutschem Recht entsprechen. Nur dann kann ein Antrag auf Rentenversicherungspflicht gestellt werden. Die Dauer der Beschäftigung im Ausland spielt keine Rolle. Es ist lediglich erforderlich, dass eine zeitliche Begrenzung besteht.

Staatsangehörigkeit der Antragsberechtigten

Die Regelung gilt nicht nur für deutsche Staatsangehörige. Sie erfasst alle Staatsangehörigen derjenigen Staaten, in denen die Verordnungen zur Koordinierung der Systeme der sozialen Sicherheit anwendbar sind. Es handelt sich dabei um

- deutsche Staatsangehörige sowie
- alle Angehörigen eines Mitgliedstaates der Europäischen Union,
- Angehörige eines Vertragsstaates des Abkommens über den Europäischen Wirtschaftsraum und
- Staatsangehörige der Schweiz,

die für eine begrenzte Zeit im Ausland beschäftigt sind.

Hinweis

Antragsberechtigt: Entwicklungshelfer

Den Antrag auf Versicherungspflicht können auch ⇗ Entwicklungshelfer im Sinne des Entwicklungshelfer-Gesetzes stellen. Sie müssen sich für einen ununterbrochenen Zeitraum von mindestens 2 Jahren gegenüber dem Träger der Entwicklungshilfe zur Ableistung des Dienstes verpflichtet haben. Die Versicherungspflicht auf Antrag erfasst auch einen ggf. im Inland geleisteten Vorbereitungsdienst bzw. eine entsprechende Ausbildung. Zur Staatsangehörigkeit der Entwicklungshelfer siehe oben.

Ausgeschlossene Personen

Personen, die in jeder Beschäftigung oder Tätigkeit rentenversicherungsfrei oder von der Versicherungspflicht zur Rentenversicherung befreit sind, können den Antrag auf Rentenversicherungspflicht nicht stellen.[1] Das betrifft insbesondere Bezieher einer Altersvollrente.[2]

Dauer der Versicherungspflicht

Antragserfordernis

Der Antrag auf Versicherungspflicht muss durch eine Stelle gestellt werden, die ihren Sitz im Inland hat. Das ist

- bei Beschäftigungen im Ausland im Regelfall der Arbeitgeber und
- bei den Entwicklungshelfern die Organisation der Entwicklungshilfe.

Tipp

Antrag kann formlos gestellt werden

Der Antrag kann formlos gestellt werden. Erforderlich ist lediglich, dass zum Ausdruck kommt, dass der Arbeitnehmer pflichtversichert werden will. Also eine „auf die Willenserklärung gerichtete Formulierung".

Wichtig: Die Versicherungsnummer des Arbeitnehmers muss angegeben werden!

Der betroffene Arbeitnehmer selbst ist nicht antragsberechtigt. Der Antrag ist an die Deutsche Rentenversicherung Bund zu richten. Diese trifft auch die Entscheidung über die Versicherungspflicht. Örtliche Versicherungsämter, Stadtverwaltungen und Sozialversicherungsträger (z. B. Krankenkassen) nehmen den Antrag ebenfalls entgegen.

Achtung

Der Antrag kann nicht wiederrufen werden

Auf eine einmal ausgesprochene Versicherungspflicht kann weder rückwirkend noch mit Wirkung für die Zukunft verzichtet werden. Sie dauert zwingend so lange an, wie die ihr zugrunde liegenden Voraussetzungen vorliegen.

Beginn/Ende der Versicherungspflicht

Die Versicherungspflicht beginnt mit dem Tag, an dem erstmals die Voraussetzungen für die Versicherungspflicht erfüllt sind, sofern sie innerhalb von 3 Monaten danach beantragt wird. Bei verspäteter Antragstellung tritt die Versicherungspflicht mit dem Folgetag des Antragseingangs ein.[3]

Beispiel

Beginn der Versicherungspflicht bei Antrag nach Aufnahme der Tätigkeit

Aufnahme der Tätigkeit als Entwicklungshelfer:	1.9.
Antragseingang:	23.9.
Beginn der Versicherungspflicht:	1.9.

Die Versicherungspflicht beginnt immer frühestens an dem Tag, an dem die Voraussetzungen hierfür erfüllt sind.

Beispiel

Fortsetzung: Beginn der Versicherungspflicht bei Antrag vor Aufnahme der Tätigkeit

Aufnahme der Tätigkeit als Entwicklungshelfer:	1.9.
Antragseingang:	13.8.
Beginn der Versicherungspflicht:	1.9.

Die Versicherungspflicht endet mit Ablauf des Tages, an dem die Voraussetzungen weggefallen sind.

1 § 4 Abs. 3 SGB VI.
2 § 5 Abs. 4 Nr. 1 SGB VI.
3 § 4 Abs. 4 SGB VI.

Beiträge

Beitragsbemessungsgrundlage ist das tatsächliche Entgelt bis zur ⇗ Beitragsbemessungsgrenze. Für Entwicklungshelfer gilt: Ergibt sich aus dem Durchschnittsentgelt der letzten 3 Monate vor der Auslandsbeschäftigung ein höherer Beitrag, ist als Ausgangswert für die Beitragsberechnung der Durchschnittswert maßgebend.[1] Für die Ermittlung des Durchschnittswerts wird eine Verhältnisberechnung zur Beitragsbemessungsgrenze durchgeführt.

Höhere Rentenbeiträge für Auslandsbeschäftigte

Für Personen, die für eine begrenzte Zeit im Ausland beschäftigt und daher auf Antrag in der Rentenversicherung pflichtversichert sind, können für Beschäftigungszeiten Beiträge aus einer beitragspflichtigen Einnahme in Höhe von mindestens 0,6667 der Beitragsbemessungsgrenze gezahlt werden.

Voraussetzungen für die höhere Beitragsbemessung

Die Mindestbeitragsbemessungsgrundlage von 0,6667 der Beitragsbemessungsgrenze gilt aber lediglich dann als beitragspflichtige Einnahme, wenn

- sie günstiger (höher) ist als das Arbeitsentgelt und
- die Maßgeblichkeit dieser Mindestbeitragsbemessungsgrundlage zwischen Versicherten und antragstellenden Stellen mit Wirkung für die Zukunft vereinbart wird (künftige Lohn- und Gehaltsabrechnungszeiträume).

Damit sind die antragspflichtversicherten Personen, die für eine begrenzte Zeit im Ausland beschäftigt sind den Entwicklungshelfern gleichgestellt. Allerdings muss dies vereinbart sein.

Beitragshöhe

$^2/_3$ der Beitragsbemessungsgrenze liegen derzeit bei monatlich 5.033,59 EUR (0,6667 von 7.550 EUR/West; 2023: 4.866,91 EUR, 0,6667 von 7.300 EUR/West). Hieraus resultiert bei einem Beitragssatz von 18,6 % ein Rentenversicherungsbeitrag von monatlich 936,25 EUR (2023: 905,25 EUR). Diesen trägt nicht der Versicherte, sondern die Stelle, die die Versicherungspflicht beantragt hat. Dabei handelt es sich oft um karitative und kirchliche Einrichtungen.

Tragung der Beiträge

Die Beiträge muss bei Auslandsbeschäftigungen der Arbeitgeber tragen. Bei Entwicklungshelfern muss diese Aufgabe die entsprechende Organisation übernehmen. Sie ist grundsätzlich verpflichtet, die Beiträge allein und in voller Höhe zu zahlen. Anders als es sonst bei Arbeitnehmern geregelt ist, dürfen Arbeitnehmer dem Arbeitgeber die Beiträge teilweise oder ganz erstatten. Auch bei solchen Vereinbarungen bleibt der Arbeitgeber im Verhältnis zur Rentenversicherung der Beitragsschuldner für den gesamten Rentenversicherungsbeitrag. Der Beitrag gilt als Gesamtsozialversicherungsbeitrag und ist wie die Beiträge für Arbeitnehmer an die ⇗ Einzugsstelle abzuführen.[2] Das ist die Krankenkasse, bei der die Krankenversicherung während des Auslandsaufenthalts besteht. Besteht keine Krankenversicherung bei einer deutschen Krankenkasse, bestimmt der Arbeitgeber die Einzugsstelle.

Unfallversicherung

Der Abschluss einer freiwilligen Unfallversicherung ist möglich für Mitarbeiter bestimmter Branchen. Einige Träger der gesetzlichen Unfallversicherung haben in ihrer Satzung von der Möglichkeit Gebrauch gemacht, eine besondere Auslandsversicherung einzurichten.[3]

Eine solche Einrichtung besteht für

- die Großhandels- und Lagereiberufsgenossenschaft,
- die Berufsgenossenschaft für Feinmechanik und Elektrotechnik sowie für
- die Verwaltungs-Berufsgenossenschaft.

Nähere Auskünfte zur freiwilligen Unfallversicherung erteilt die jeweilige Berufsgenossenschaft.

1 § 166 Abs. 1 Nr. 4 SGB IV.
2 § 28i SGB IV.
3 § 140 Abs. 2 und 3 SGB VII.

Antrittsgebühr

Im grafischen Gewerbe bezeichnet man die Vergütung für die Bereitschaft von Arbeitnehmern zur Arbeit an Sonn- und Feiertagen als Antrittsgebühr. Nach aktueller Rechtsprechung kann diese Antrittsgebühr gleichgesetzt werden mit einem Sonntags- bzw. Feiertagszuschlag.

Antrittsgebühren sind steuerpflichtiger Arbeitslohn und sozialversicherungspflichtiges Arbeitsentgelt.

Allerdings sieht das Einkommensteuergesetz die Möglichkeit vor, entsprechende Zuschläge für Sonntags-, Feiertags- und Nachtarbeit in bestimmten prozentualen Grenzen zum Grundlohn steuerfrei zu gewähren. Sofern Antrittsgebühren jedoch im Rahmen der Vorschriften für steuerfreie Zuschläge an Sonntagen gewährt werden, sind besondere Anforderungen an die Dokumentation gestellt. So dürfen etwa Zuschläge nur für tatsächlich geleistete Arbeit steuerfrei gewährt werden. Pauschal gewährte Antrittsgebühren sind grundsätzlich lohnsteuer- bzw. beitragspflichtig.

Gesetze, Vorschriften und Rechtsprechung

Lohnsteuer: Zur Lohnsteuerpflicht von Antrittsgebühren s. § 19 Abs. 1 Satz 1 Nr. 1 EStG i. V. m. R 19.3 Abs. 1 LStR. Zur Lohnsteuerfreiheit von Sonntags-, Feiertags- und Nachtzuschlägen s. § 3b EStG.

Sozialversicherung: Die Beitragspflicht der Antrittsgebühr ergibt sich aus § 14 Abs. 1 SGB IV. Die Beitragsfreiheit leitet sich grundsätzlich aus der Lohnsteuerfreiheit ab und basiert auf § 1 Abs. 1 Satz 1 Nr. 1 SvEV.

Entgelt	LSt	SV
Pauschale Antrittsgebühr	pflichtig	pflichtig
Antrittsgebühr als Sonntags-, Feiertags-, Nachtzuschlag	frei	frei

Anwaltsverein (Mitgliedsgebühr)

Häufig vereinbaren Arbeitgeber und deren angestellte Rechtsanwälte bzw. Justiziare die Übernahme von Mitgliedsbeiträgen zum Anwaltsverein als Teil der Entlohnung. In einem solchen Fall erfolgt die Übernahme der Mitgliedsbeiträge als Gegenleistung für die Bereitstellung der Arbeitsleistung des Anwalts. Sie stellt damit sowohl lohnsteuerpflichtigen Arbeitslohn als auch beitragspflichtiges Arbeitsentgelt dar.

Aufgrund des großen Vorteils der Kostenübernahme kann für den angestellten Rechtsanwalt von einem nicht unerheblichen Eigeninteresse ausgegangen werden. In diesem Fall kann nicht mehr von einem ganz überwiegend betrieblichen Interesse gesprochen werden, sodass dies zu lohnsteuerpflichtigem Arbeitslohn führt.

In einem Finanzgerichtsurteil wird die Übernahme der Beiträge zum Deutschen Anwaltsverein als Arbeitslohn eingestuft: Die Vorteile der Mitgliedschaft, insbesondere die berufliche Vernetzung sowie der vergünstigte Zugang zu Fortbildungsangeboten und zu Rabattaktionen, gelten unabhängig vom Anstellungsverhältnis und erfolgen somit nicht im überwiegend eigenbetrieblichen Interesse des Arbeitgebers.

Eine mögliche Ausnahme von der Lohnsteuerpflicht sieht der Bundesfinanzhof nur dann, wenn die Übernahme der Mitgliedsbeiträge im ganz überwiegend betrieblichen Interesse erfolgt.

Gesetze, Vorschriften und Rechtsprechung

Lohnsteuer: Zur Lohnsteuerpflicht von Mitgliedsbeiträgen s. § 19 Abs. 1 EStG i. V. m. R 19.3 Abs. 1 LStR. Die Übernahme der Beiträge ist regelmäßig nicht im überwiegend betrieblichen Interesse und führt zu Arbeitslohn, s. BFH, Urteil v. 12.2.2009, VI R 32/08, BStBl 2009 II S. 462 und BFH, Urteil v. 1.10.2020, VI R 11/18, vorgehend FG Münster, Urteil v. 1.2.2018, 1 K 2943/16 L.

Sozialversicherung: Die Beitragspflicht der Mitgliedsbeiträge ergibt sich aus § 14 Abs. 1 SGB IV. Die mögliche Beitragsfreiheit basiert auf der Lohnsteuerfreiheit und ist in § 1 Abs. 1 Satz 1 SvEV geregelt.

Entgelt	LSt	SV
Übernahme der Beiträge zum Anwaltsverein durch Arbeitgeber	pflichtig	pflichtig
Übernahme von Mitgliedsbeiträgen im überwiegend eigenbetrieblichen Interesse	frei	frei

Anwartschaftsversicherung (GKV)

Eine Anwartschaftsversicherung hält den Versicherungsschutz in der gesetzlichen Krankenversicherung (GKV) aufrecht. Leistungen können in dieser Zeit nicht bezogen werden. Da der Leistungsanspruch ruht, sind für die Anwartschaftsversicherung nur geringe Beiträge zu zahlen.

Gesetze, Vorschriften und Rechtsprechung

Sozialversicherung: Die Tatbestände, die zu einem Ruhen der Leistungen in der GKV führen, sind in § 16 SGB V normiert. Die Beitragsbemessung während der Dauer der Anwartschaftsversicherung regelt § 240 Abs. 4b SGB V.

Sozialversicherung

Berechtigter Personenkreis

Eine Anwartschaftsversicherung ist möglich, wenn der Leistungsanspruch nach § 16 Abs. 1 SGB V aus folgenden Gründen ruht:

- beruflich bedingter Auslandsaufenthalt,
- Ableistung einer gesetzlichen Dienstpflicht nach dem Soldatengesetz
- Ableistung eines Entwicklungsdienstes als Entwicklungshelfer sowie
- Untersuchungshaft oder Freiheitsentziehung wegen Straftaten.

Hinweis

Tätigkeit bei einer internationalen Organisation

Eine Beschäftigung bei einer internationalen Organisation (z. B. UN) im Inland kann als beruflich bedingter Auslandsaufenthalt des Mitglieds angesehen werden.

Beginn

Die Anwartschaftsversicherung beginnt grundsätzlich, wenn der zum Leistungsruhen führende Tatbestand eintritt.

Speziell beim Ruhen der Leistungen wegen Untersuchungshaft oder sonstigen Maßnahmen, die der Freiheitsentziehung wegen Straftaten dienen,[1] beginnt die Anwartschaftsversicherung unmittelbar. Das gilt in allen Fällen, bei denen von vornherein ein Freiheitsentzug von mehr als 3 Monaten feststeht. Stellt sich erst im Laufe der Maßnahme heraus, dass sie länger als 3 Monate dauern wird, beginnt die Anwartschaftsversicherung rückwirkend vom Beginn der Maßnahme an.

Ausschluss

Eine Anwartschaftsversicherung ist ausgeschlossen, wenn weiterhin anspruchsberechtigte Familienangehörige vorhanden sind. Dies gilt generell bei Heilfürsorgeberechtigten. Bei Mitgliedern mit beruflich bedingtem Auslandsaufenthalt dann, wenn sich die familienversicherten Angehörigen weiterhin in Deutschland aufhalten.

Gründe für eine Anwartschaftsversicherung

Wiederaufleben des Versicherungsschutzes

Anwartschaftsversicherungen werden i. d. R. abgeschlossen, um nach Wegfall der Ruhensvoraussetzungen, z. B. Rückkehr nach einer Auslandsbeschäftigung, den Versicherungsschutz wiederaufleben zu lassen.

Hinweis

Pflichtversicherung für Nichtversicherte macht Anwartschaftsversicherung entbehrlich

Durch die Versicherungspflicht nach § 5 Abs. 1 Nr. 13 SGB V für Personen ohne anderweitige Absicherung, entfällt der Hauptgrund für den Abschluss einer Anwartschaftsversicherung weitgehend.

Sofern der Versicherte die Durchführung einer Anwartschaftsversicherung wünscht, kann die Krankenkasse dies nicht ablehnen.

Die Fortführung der Mitgliedschaft im Rahmen einer Anwartschaftsversicherung muss die besonderen individuellen Verhältnisse des Versicherten berücksichtigen.

Versicherungsrechtliche Gründe

Der Abschluss einer Anwartschaftsversicherung während eines beruflich bedingten Auslandsaufenthalts kann aus folgenden Gründen zweckmäßig sein:

- Besteht wegen Überschreitens der ⇗ Jahresarbeitsentgeltgrenze Versicherungsfreiheit und wird die Mitgliedschaft wegen einer Auslandsbeschäftigung zugunsten einer vom Arbeitgeber veranlassten privaten Gruppenversicherung gekündigt, besteht bei der Rückkehr nach Deutschland kein Beitrittsrecht. Die Beitrittsmöglichkeit nach Rückkehr in das Inland nach § 9 Abs. 1 Nr. 5 SGB V besteht in der Regel für diese Personen nicht, weil ihre Mitgliedschaft nicht wegen der Beschäftigung im Ausland endete, sondern die private Versicherung der weiteren Mitgliedschaft in der gesetzlichen Krankenversicherung (GKV) vorgezogen wurde. Für diese Personen tritt aufgrund der absoluten Krankenversicherungsfreiheit auch keine nachrangige Versicherungspflicht nach § 5 Abs. 1 Nr. 13 SGB V ein.[2] Ein Wiederbeitritt in die GKV kann nur durch den Abschluss einer Anwartschaftsversicherung sichergestellt werden.
- Die Mitgliedschaft von Versicherten endet z. B. wegen Verzug in einen anderen EU/EWR-Staat oder die Schweiz. Die Betroffenen können sich in diesem Staat privat krankenversichern. Bei ihrer Rückkehr nach Deutschland können sie grundsätzlich nur dann der GKV als Mitglied beitreten, wenn Versicherungspflicht eintritt (z. B. aufgrund einer Beschäftigung). Die Versicherungspflicht nach § 5 Abs. 1 Nr. 13 SGB V als Nichtversicherte scheidet aus, wenn zuletzt eine private Versicherung bestanden hat.
- Das Mitglied möchte sicherstellen, dass die Voraussetzungen für die Pflichtmitgliedschaft in der Krankenversicherung der ⇗ Rentner (KVdR) erfüllt werden (9/10-Belegung in der 2. Hälfte des Berufslebens).
- Das Mitglied möchte sicherstellen, dass es die Vorversicherungszeit für Pflegeleistungen erfüllt.
- Das Mitglied möchte nach Beendigung des Auslandsaufenthalts ⇗ hauptberuflich selbstständig tätig sein und sich dann als freiwil-

1 § 16 Abs. 1 Nr. 4 SGB V.

2 § 6 Abs. 3 Satz 1 SGB V.

liges Mitglied in der GKV mit Anspruch auf Krankengeld versichern. Bei einer möglichen nachrangigen Versicherungspflicht nach § 5 Abs. 1 Nr. 13 SGB V wäre der Krankengeldanspruch ausgeschlossen.

Tätigkeit bei einer internationalen Organisation

Auch eine Beschäftigung bei einer internationalen Organisation kann als Auslandsaufenthalt, der durch die Berufstätigkeit des Mitglieds, seines Ehegatten oder eines seiner Elternteile bedingt ist, angesehen werden. Deshalb wird freiwillig in der GKV Versicherten bzw. ⇗ freiwillig weiterversicherten Mitgliedern nach § 240 Abs. 4b Satz 2 SGB V (2. Alternative) der Anwartschaftsbeitrag auch dann eingeräumt, wenn sie in Deutschland bei einer internationalen Organisation tätig sind.

Kein Anspruch auf Leistungen

Im Rahmen einer Anwartschaftsversicherung besteht kein Anspruch auf Leistungen. Die Versichertenkarte ist zurückzugeben.

Beitragshöhe

Für die Berechnung der Beiträge werden Einnahmen i. H. v. 10 % der monatlichen ⇗ Bezugsgröße (2024: 353,50 EUR; 2023: 339,50 EUR), der allgemeine Beitragssatz zur Krankenversicherung und der Beitragssatz zur Pflegeversicherung zugrunde gelegt.

Anwartschaftsversicherung (PKV)

Zweckmäßig ist eine Anwartschaftsversicherung, wenn die private Krankenversicherung vorübergehend nicht benötigt wird, weil die Krankenversorgung anderweitig gesichert ist. Das kann beispielsweise gegeben sein durch die Heilfürsorge bei Soldaten auf Zeit, bei Berufssoldaten, bei Beamten der Polizei oder der Feuerwehr. Gleiches gilt, wenn Personen vorübergehend der gesetzlichen Versicherungspflicht unterliegen und sich nicht von dieser befreien lassen. Fälle dieser Art treten z. B. bei einer Teilzeitbeschäftigung während der Elternzeit auf.

Auch für privat versicherte Selbstständige ist die Anwartschaft dann sinnvoll, wenn sie nach einer Phase der Festanstellung mit gesetzlicher Versicherungspflicht wieder als Selbstständige in die PKV zurückkehren wollen.

Mit der Anwartschaftsversicherung ruhen die Ansprüche an die private Kranken-Vollversicherung.

Zur Auswahl stehen die kleine und die große Anwartschaft. In beiden Fällen wird bei Reaktivierung der privaten Krankenversicherung auf eine Gesundheitsprüfung verzichtet. Bei der kleinen Anwartschaft wird jedoch das aktuelle Alter bei der Beitragsberechnung zugrunde gelegt, bei der großen Anwartschaft dagegen das ursprüngliche Eintrittsalter als Maßstab für den Vertrag genommen.

Gesetze, Vorschriften und Rechtsprechung

Sozialversicherung: Das Recht auf eine Anwartschaft ist im Versicherungsvertragsgesetz § 204 Abs. 4 festgeschrieben.

Anwesenheitsprämie

Die Anwesenheitsprämie stellt eine Sonderleistung zusätzlich zum normalen Arbeitsentgelt dar. Anwesenheitsprämien werden – als laufende oder einmalige Zahlungen – insbesondere für den Fall versprochen, dass der Arbeitnehmer keine Fehlzeiten hat oder diese ein bestimmtes Maß nicht überschreiten.

Gesetze, Vorschriften und Rechtsprechung

Lohnsteuer: Nach § 19 Abs. 1 Satz 1 Nr. 1 i. V. m. § 8 Abs. 1 EStG gehören zum Arbeitslohn alle Zuflüsse in Geld oder Geldeswert, die für eine Beschäftigung im öffentlichen oder privaten Dienst gewährt werden. Die Steuerfreiheit bestimmter Zuschläge für Sonntags-, Feiertags- oder Nachtarbeit regeln § 3b EStG, R 3b LStR und H 3b LStH.

Sozialversicherung: § 14 Abs. 1 SGB IV definiert das zur Beitragspflicht in der Sozialversicherung heranzuziehende Arbeitsentgelt aus einer Beschäftigung. § 1 Abs. 1 Satz 1 Nr. 1 SvEV legt fest, unter welchen Bedingungen bestimmte Entgeltbestandteile kein sozialversicherungspflichtiges Arbeitsentgelt darstellen. § 23a Abs. 1 SGB IV legt fest, unter welchen Voraussetzungen und mit welchen Auswirkungen Arbeitsentgelt als einmalig gezahltes Arbeitsentgelt zu betrachten ist.

Entgelt	LSt	SV
Anwesenheitsprämie	pflichtig	pflichtig
Als Zuschlag für Sonntags-, Feiertags- oder Nachtarbeit	frei (Grundlohn bis 50 EUR/Std.)	frei (Grundlohn bis 25 EUR/Std.)

Lohnsteuer

Anwesenheitsprämie ist steuerpflichtig

Zum Arbeitslohn gehören alle Zuflüsse in Geld oder Geldeswert, die für eine Beschäftigung im öffentlichen oder privaten Dienst gewährt werden.[1] Hierbei spielt die von den Beteiligten individuell gewählte Bezeichnung der zufließenden Leistung keine Rolle. Daher sind auch Anwesenheitsprämien als steuerpflichtiger Arbeitslohn zu erfassen.

Ausnahme: Steuerfreier Zuschlag für Sonntags-, Feiertags- und Nachtarbeit

Unter besonderen Voraussetzungen können jedoch Anwesenheitsprämien davon auszunehmen sein. Voraussetzung ist, dass sie für eine Arbeit in der Nacht, an Sonntagen oder Feiertagen als bloße Zeitzuschläge gezahlt werden. Die Entscheidung ist nach den Grundsätzen für die Steuerfreiheit von Zuschlägen für ⇗ Sonntags-, ⇗ Feiertags- und ⇗ Nachtarbeit zu treffen. Einzelheiten und Beispiele – insbesondere zu Mischzuschlägen, pauschalen und sonstigen Zuschlägen zum Arbeitslohn finden sich in § 3b EStG, R 3b LStR und H 3b LStH.

Sozialversicherung

Beitragspflicht

Die Beitragspflicht in der Sozialversicherung folgt der lohnsteuerlichen Beurteilung. Lohnsteuerpflichtige Anwesenheitsprämien gehören zum beitragspflichtigen Arbeitsentgelt in der Sozialversicherung.[2] Dies gilt unabhängig davon, ob sie als Geld- oder ⇗ Sachprämie gewährt werden.

Ausnahmen bestehen für Anwesenheitsprämien, die als Zuschläge für ⇗ Sonntagsarbeit, ⇗ Feiertagsarbeit oder Nachtarbeit gezahlt werden.[3]

Beurteilung als laufendes Arbeitsentgelt oder Einmalzahlung

Werden Anwesenheitsprämien für einzelne ⇗ Entgeltabrechnungszeiträume gezahlt, gelten sie als laufendes Arbeitsentgelt. In diesem Fall sind sie in dem entsprechenden Abrechnungszeitraum – für den sie gewährt werden – der Beitragsberechnung zu unterwerfen.

Werden Anwesenheitsprämien nicht zeitbezogen für einzelne Entgeltabrechnungszeiträume gezahlt, stellen sie ⇗ einmalig gezahltes Arbeitsentgelt dar. Sie werden dann nach § 23a Abs. 1 SGB IV im Entgeltabrechnungszeitraum der Auszahlung bei der Beitragsberechnung berücksichtigt.

1 § 19 Abs. 1 Satz 1 Nr. 1 i. V. m. § 8 Abs. 1 EStG.
2 § 14 Abs. 1 Satz 1 SGB IV.
3 § 1 Abs. 1 Satz 1 Nr. 1 zweiter Halbsatz SvEV.

Anzeigepflicht des Arbeitgebers

Anzeigepflichten des Arbeitgebers bestehen in verschiedenen, zumeist gesetzlich geregelten Fällen, in denen das Arbeitsverhältnis auch öffentliche Interessen und Gemeinwohlinteressen betrifft bzw. ein besonderes, durch behördliche Aufsicht gesichertes Schutzbedürfnis seitens des Arbeitnehmers besteht. Die Anzeigepflichten dienen zum einen dazu, damit die Arbeitnehmer die ihnen zustehenden Sozialleistungen von den entsprechenden Sozialleistungsträgern (Krankenkassen, Renten- oder Unfallversicherungsträgern, Arbeitsagenturen) erhalten. Zum anderen soll damit die Einhaltung von Gesetzen, Verordnungen oder sonstigen Vorschriften (z. B. Kündigungsschutz, Mutterschutz) überprüft werden können. Anzeigepflichten gegenüber Finanzämtern haben zentrale Bedeutung für die Besteuerung oder Gewährung fiskalischer Vergünstigungen.

Gesetze, Vorschriften und Rechtsprechung

Lohnsteuer: Die wesentlichen steuerlichen Anzeigepflichten des Arbeitgebers gegenüber dem Betriebsstättenfinanzamt sind geregelt in den §§ 38 Abs. 4 Satz 2, 39e Abs. 4 Sätze 3, 5 EStG sowie 41c Abs. 4 Satz 1 EStG. Die Unterlassung eines förmlich anzuzeigenden Sachverhalts führt gemäß § 170 Abs. 2 Satz 1 Nr. 1 AO zu einer Anlaufhemmung der Festsetzungsfrist; das unterscheidet die Anzeigeverpflichtung von den sonstigen Mitwirkungs- und Mitteilungspflichten des Arbeitgebers. Der Arbeitgeber haftet nach § 42d Abs. 2 EStG nicht, wenn er dem Finanzamt den steuerlichen Fehler anzeigt.

Sozialversicherung: Sozialversicherungsrechtlich sind § 28a SGB IV (Meldepflichten), § 28f Abs. 3 SGB IV (Aufzeichnungspflichten), §§ 192 und 193 SGB VII (Anzeigepflicht einer Unternehmenseröffnung und eines Versicherungsfalls) und die §§ 7 bis 13a BVV (Führung der Entgeltunterlagen) relevant.

Lohnsteuer

Abruf der ELStAM

Einmalige Registrierung als Arbeitgeber im ELSTER-Portal

Seit 2014 ist das Verfahren der ↗ elektronischen Lohnsteuerabzugsmerkmale (ELStAM) verpflichtend anzuwenden. Voraussetzung für den Abruf der ELStAM ist, dass sich der Arbeitgeber mit der aktuellen Steuernummer der lohnsteuerlichen ↗ Betriebsstätte registriert (sog. Elster-Authentifizierung). Der Registrierungsprozess erfolgt in 2 Schritten (mit einer E-Mail und einem PIN-Brief), dauert etwa eine Woche und muss innerhalb von 90 Tagen abgeschlossen sein. Arbeitgeber, die ihre Lohnabrechnungen durch einen Dritten erstellen lassen, z. B. durch einen Steuerberater, benötigen keine eigene Registrierung. Hier reicht es aus, wenn sich der Dritte registriert, da dieser als Datenübermittler fungiert. Nach erfolgreicher Authentifizierung erhält der Arbeitgeber ein elektronisches Zertifikat. Mithilfe des Zertifikats ist nachvollziehbar, wer wann welche ELStAM abgerufen hat.[1]

An- und Abmeldung des Arbeitnehmers

Für die Lohnsteuerberechnung muss der Arbeitgeber neu eingestellte Arbeitnehmer bei der ELStAM-Datenbank anmelden und hiermit dessen ELStAM anfordern. Es sei denn, die Lohnsteuer wird ausschließlich pauschal erhoben.

Änderungen der ELStAM stellt die Finanzverwaltung dem Arbeitgeber monatlich in elektronischer Form bereit. Der Arbeitgeber ist verpflichtet, die Änderungsliste monatlich anzufragen und abzurufen.[2] Er hat sie vor jeder Lohnabrechnung abzurufen. Wird das Dienstverhältnis mit dem Arbeitnehmer beendet, ist dies der Finanzverwaltung ebenfalls unverzüglich mitzuteilen.[3]

1 https://www.elster.de.
2 § 39e Abs. 5 Satz 3 EStG.
3 § 39e Abs. 4 Satz 5 EStG.

Ausblick: ELStAM-Verfahren für Grenzpendler

Für den ELStAM-Abruf wird eine Steueridentifikationsnummer (Steuer-ID oder IdNr) des Arbeitnehmers benötigt. Unbeschränkt steuerpflichtige Arbeitnehmer erhalten diese automatisch. Beschränkt steuerpflichtige Arbeitnehmer haben hingegen erst einmal keine Steuer-ID. Die Steuer-ID kann jedoch seitens des Grenzpendlers bei dem Betriebsstättenfinanzamtdes Arbeitgebers beantragt werden.[4] Der Vordruck zur Beantragung der Steuer-ID ist im Formular-Management-System der Bundesfinanzverwaltung zu finden.[5]

Hinweis

Elektronischer Abruf ist für Grenzpendler noch nicht möglich

Geplant ist die Integration der beschränkt steuerpflichtigen Arbeitnehmer in das ELStAM-Verfahren. Jedoch bleibt der Personenkreis der Grenzpendler bisher aus technischen Gründen noch vom ELStAM-Verfahren ausgeschlossen.

Anzeige unzutreffenden Lohnsteuereinbehalts

Der Arbeitgeber muss gegenüber dem ↗ Betriebsstättenfinanzamt anzeigen, wenn er die Lohnsteuer nicht zutreffend einbehalten hat und er keine Korrektur durchführen möchte oder nicht durchführen kann.[6] Regelmäßig ist dies der Fall, wenn der Arbeitgeber zu wenig oder zu viel Lohnsteuer vom Bruttoarbeitslohn einbehalten hat.

Darüber hinaus sind fehlerhafte Lohnabrechnungen anzeigepflichtig, wenn eine nachträgliche Einbehaltung von Lohnsteuer nicht möglich ist, weil

- dem Arbeitgeber ELStAM zum Abruf zur Verfügung gestellt werden, die auf einen Zeitpunkt vor Abruf dieser Lohnsteuerabzugsmerkmale zurückwirken oder
- der Arbeitnehmer eine Bescheinigung für den Lohnsteuerabzug mit Eintragungen vorlegt, die auf einen Zeitpunkt vor Vorlage dieser Bescheinigung zurückwirken oder
- der Arbeitnehmer von diesem Arbeitgeber keinen Arbeitslohn mehr bezieht (z. B. weil inzwischen das Beschäftigungsverhältnis aufgelöst wurde) oder
- der Arbeitgeber nach Ablauf des Kalenderjahres oder nach Beendigung des Beschäftigungsverhältnisses bereits die ↗ Lohnsteuerbescheinigung ausgeschrieben hat.

Anzuzeigen sind ferner die Fälle,

- in denen die nachträglich einzubehaltende Lohnsteuer den auszuzahlenden Arbeitslohn übersteigt oder
- der Arbeitnehmer dem Arbeitgeber die von einem Dritten gewährten Bezüge bzw. Zuwendungen, z. B. Aktienoptionen der Muttergesellschaft, am Ende des jeweiligen Lohnzahlungszeitraums nicht oder erkennbar unrichtig angibt.

Schriftform der Anzeige

Die Anzeige über den unzutreffenden Lohnsteuereinbehalt muss schriftlich erfolgen und folgende Angaben enthalten[7]:

- den Namen und die Anschrift des Arbeitnehmers,
- die abgerufenen ELStAM oder
- die auf der Bescheinigung für den Lohnsteuerabzug eingetragenen Besteuerungs- bzw. Lohnsteuerabzugsmerkmale (Geburtsdatum, Steuerklasse, Zahl der Kinderfreibeträge, Kirchensteuermerkmal und ggf. Freibetrag oder Hinzurechnungsbetrag) sowie
- den Anzeigegrund und
- die für die Berechnung einer Lohnsteuernachforderung erforderlichen Mitteilungen über Höhe und Art des Arbeitslohns (z. B. Auszug aus dem Lohnkonto).

4 § 39 Abs. 3 EStG
5 https://www.formulare-bfinv.de.
6 § 41c Abs. 4 Satz 1 EStG.
7 R 41c.2 LStR.

Haftungsbefreiende Wirkung der Anzeige

Durch die Anzeige wird der Arbeitgeber von einer haftungsweisen Inanspruchnahme für die zu wenig einbehaltene Lohnsteuer befreit. Aufgrund der Mitteilung des Arbeitgebers wird das Finanzamt die zu wenig einbehaltene Lohnsteuer unmittelbar vom Arbeitnehmer einfordern, regelmäßig wenn der nachzufordernde Betrag 10 EUR übersteigt.[1]

Beispiel

Arbeitgeberhaftung bei unterlassener Anzeige

Erhält der Arbeitnehmer einen Sachlohn, z. B. einen Firmen-Pkw, ist dafür grundsätzlich Lohnsteuer zu erheben. Reicht der dem Arbeitnehmer gezahlte Barlohn für die Entrichtung der auf den Sachlohn entfallenden Steuerabzüge nicht aus und zahlt der Arbeitnehmer den Fehlbetrag nicht an den Arbeitgeber, hat dieser das dem Betriebsstättenfinanzamt unverzüglich schriftlich anzuzeigen. Unterlässt der Arbeitgeber dies, haftet er für die nicht einbehaltenen Steuerbeträge.[2]

Mitteilungspflichten im Rahmen betrieblicher Altersvorsorge

Der Arbeitgeber muss der Versorgungseinrichtung spätestens 2 Monate nach Ablauf des Kalenderjahres oder Beendigung des Dienstverhältnisses die steuerliche Behandlung von Beiträgen zu Direktversicherungen, Pensionskassen oder Pensionsfonds mitteilen.[3] Der Einrichtung der ⇗ betrieblichen Altersversorgung wird dadurch ermöglicht, ihren Aufzeichnungs-, Mitteilungs- und Bescheinigungspflichten nachzukommen, die im Zusammenhang mit der steuerlichen Förderung der privaten Altersvorsorge geregelt worden sind.[4]

Für die Mitteilungspflichten des Arbeitgebers gilt Folgendes[5]:

- Leistet der Arbeitgeber Beiträge an eine Versorgungseinrichtung (Pensionsfonds, Pensionskasse, Direktversicherung), die für ihn die betriebliche Altersversorgung durchführt, hat er der Versorgungseinrichtung gesondert je Versorgungszusage mitzuteilen, ob die für den einzelnen Arbeitnehmer geleisteten Beiträge
  - nach § 3 Nrn. 56 und 63 EStG steuerfrei belassen oder mit 20 % pauschal besteuert wurden (nach § 40b EStG i. d. F. v. 31.12.2004) oder
  - individuell nach den ELStAM besteuert wurden.

  Die Mitteilungspflicht des Arbeitgebers kann durch einen Auftragnehmer wahrgenommen werden.
- Mitzuteilen sind ferner die nach § 3 Nr. 66 EStG steuerfreien Leistungen an eine Unterstützungskasse.

Die Mitteilung kann unterbleiben, wenn die Versorgungseinrichtung die steuerliche Behandlung der für den einzelnen Arbeitnehmer im Kalenderjahr geleisteten Beiträge bereits kennt oder aus den bei ihr vorhandenen Daten feststellen kann.

Macht der Arbeitgeber der Versorgungseinrichtung keine Angaben über die Besteuerung der Beiträge, hat die Versorgungseinrichtung davon auszugehen, dass die späteren Leistungen mit dem Zahlbetrag zu besteuern sind, wenn der Arbeitgeber der Versorgungseinrichtung keine Angaben über die Besteuerung der Beiträge macht.[6]

Hinweis

Vermögenswirksame Leistungen: Anzeigepflicht bei schädlicher Verfügung

Der Arbeitgeber ist verpflichtet, der Zentralstelle der Länder anzuzeigen, wenn der Arbeitnehmer über die bei ihm angelegten ⇗ vermögenswirksamen Leistungen prämienschädlich verfügt hat.[7]

Sozialversicherung

Meldungen zur Sozialversicherung

Damit die versicherungspflichtig beschäftigten Arbeitnehmer die notwendigen Leistungen von den Sozialversicherungsträgern erhalten, ist es wichtig, dass diese möglichst zeitnah über die entsprechenden Daten der Versicherten verfügen. Dazu ist es nötig, dass die Arbeitnehmer über ⇗ Meldungen bei den Sozialversicherungsträgern gemeldet werden. Diese Meldepflicht hat in der Sozialversicherung der Arbeitgeber.

Aufbewahrung/Führung von Entgeltunterlagen

Der Arbeitgeber hat für jeden Beschäftigten, getrennt nach Kalenderjahren, Entgeltunterlagen im Geltungsbereich des SGB IV in deutscher Sprache zu führen und bis zum Ablauf des auf die letzte Prüfung folgenden Kalenderjahres geordnet aufzubewahren.[8]

Nach der Beitragsverfahrensverordnung (BVV)[9] hat der Arbeitgeber zur Prüfung der Vollständigkeit der Entgeltabrechnung für jeden Abrechnungszeitraum und für alle Beschäftigten getrennt nach Krankenkassen die dafür notwendigen Angaben grundsätzlich elektronisch zu erfassen.

Von der Verpflichtung, Unterlagen in elektronischer Form zu führen, können sich Arbeitgeber auf Antrag bis zum 31.12.2026 befreien lassen.

Hinweis

Private Haushalte

Private Haushalte als Arbeitgeber, die am ⇗ Haushaltsscheckverfahren teilnehmen, müssen keine Entgeltunterlagen führen.

Berufskrankheiten

Der Betriebsunternehmer hat jeden Unfall in seinem Betrieb oder den Verdacht auf eine ⇗ Berufskrankheit dem zuständigen Unfallversicherungsträger binnen 3 Tagen anzuzeigen.[10]

Bei einer Betriebseröffnung hat der Unternehmer dem zuständigen Unfallversicherungsträger die für die Berufsgenossenschaft wesentlichen Angaben binnen einer Woche mitzuteilen. Diese Mitteilungspflicht gilt auch bei für den Unfallversicherungsträger relevanten Änderungen des Unternehmens.[11]

Anzeigepflichten des Arbeitnehmers

Im Rahmen eines Beschäftigungsverhältnisses bestehen für Arbeitnehmer verschiedene Pflichten zur Auskunft bzw. Anzeige gegenüber dem Arbeitgeber – aber auch gegenüber dem Finanzamt und den verschiedenen Sozialversicherungsträgern. Anzeigepflichten können sich aus Gesetz, Kollektivvereinbarung oder dem Individualarbeitsvertrag ergeben.

Gesetze, Vorschriften und Rechtsprechung

Lohnsteuer: § 39e Abs. 4 Satz 1 sowie Abs. 8 Satz 4 EStG regeln die wesentlichen steuerlichen Anzeigepflichten des Arbeitnehmers gegenüber dem Arbeitgeber. Die Anzeigeverpflichtungen des Arbeitnehmers gegenüber dem Finanzamt bei abweichenden Lohnsteuerabzugsmerkmalen bestimmen § 39 Abs. 5 Satz 1 sowie Abs. 7 Satz 1 EStG und § 39e Abs. 6 Satz 5 EStG.

Sozialversicherung: Eine allgemeine Verpflichtung zu Angaben im Rahmen des Meldeverfahrens gegenüber dem Arbeitgeber und den Sozialversicherungsträgern ist in § 28o SGB IV geregelt. Aus § 60 SGB I ergibt sich eine umfassende Informationspflicht für alle Leistungsbezieher gegenüber den betreffenden Leistungsträgern.

1 § 41c Abs. 4 Satz 2 EStG.
2 BFH, Urteil v. 9.10.2002, VI R 112/99, BStBl 2002 II S. 884.
3 § 5 Abs. 2 LStDV.
4 § 22 Nr. 5 Satz 7 EStG, § 89 Abs. 2 EStG und § 92 EStG.
5 § 5 Abs. 2 LStDV.
6 Beiträge i. S. v. § 22 Nr. 5 Satz 1 EStG.
7 § 8 VermBDV.
8 § 28f Abs. 1 Satz 1 SGB IV.
9 § 9 Abs. 1 BVV.
10 § 193 SGB VII.
11 § 192 SGB VII.

Lohnsteuer

Gegenüber dem Finanzamt

Ungünstigere Lohnsteuerabzugsmerkmale

Der Arbeitnehmer hat dem Finanzamt unverzüglich anzuzeigen, wenn die laut Lohn- und Gehaltsabrechnung angewendeten ⬀ elektronischen Lohnsteuerabzugsmerkmale (z. B. „Steuerklasse" oder „Zahl der Kinderfreibeträge") zu seinen Gunsten abweichen. Aufgrund dieser Anzeigen ist es der Finanzverwaltung möglich, automatisch gebildete Lohnsteuerabzugsmerkmale anzupassen bzw. zu korrigieren.[1]

Weitere Anzeigepflichten

Anzeigepflichten gegenüber dem Finanzamt bestehen außerdem, wenn

- Beiträge aufgrund von Versicherungsverträgen gegen Einmalbeitrag oder aufgrund von Rentenversicherungsverträgen ohne Kapitalwahlrecht gegen Einmalbeiträge als ⬀ Sonderausgaben berücksichtigt worden sind und die gesetzlichen Sperrfristen verletzt werden,
- der Arbeitnehmer weiß, dass der Arbeitgeber die einbehaltene Lohnsteuer nicht ordnungsgemäß abführt,
- ein Arbeitnehmer, für den Lohnsteuerabzugsmerkmale gebildet wurden, seinen inländischen Wohnsitz aufgibt, aber weiterhin lohnsteuerpflichtigen Arbeitslohn bezieht (Wechsel der Steuerpflicht),
- der Arbeitnehmer im Lohnsteuer-Ermäßigungsantrag unzutreffende Angaben zur Eintragung eines Freibetrags gemacht hat.

Aufgrund einer solchen Anzeige wird das Finanzamt im Lohnsteuer-Abzugsverfahren nur dann tätig, wenn die nachzufordernde Lohnsteuer 10 EUR übersteigt.

Gegenüber dem Arbeitgeber

Mitteilungspflicht im Rahmen des ELStAM-Verfahrens

Damit der Arbeitgeber das ELStAM-Verfahren anwenden und die ⬀ elektronischen Lohnsteuerabzugsmerkmale des Arbeitnehmers bei der Finanzverwaltung anfordern und abrufen kann, ist der Arbeitnehmer verpflichtet, bei Beginn des Beschäftigungsverhältnisses dem Arbeitgeber folgende Angaben mitzuteilen[2]:

- die Steuer-Identifikationsnummer,
- das Geburtsdatum,
- ob es sich um das erste oder ein weiteres Dienstverhältnis handelt und
- ob in einem zweiten oder weiteren Dienstverhältnis ein Freibetrag berücksichtigt und abgerufen werden soll.

Weitere Mitteilungspflichten

Des Weiteren hat der Arbeitnehmer dem Arbeitgeber

- eine Bescheinigung des Versicherungsträgers vorzulegen, wenn der Arbeitgeber dem Arbeitnehmer die Zuschüsse für die den gesetzlichen Pflichtbeiträgen zur Rentenversicherung gleichgestellten Beiträge an eine private Versicherung unmittelbar steuerfrei auszahlt.[3] Diese Bescheinigung des Versicherungsträgers über die zweckentsprechende Verwendung der Zuschüsse ist bis zum 30.4. des folgenden Kalenderjahres vorzulegen;
- eine Bescheinigung des Versicherungsträgers über die Beiträge zur privaten Kranken- und Pflegeversicherung vorzulegen, falls der Arbeitgeber diese bei der Lohnsteuererhebung berücksichtigen soll[4];

> **Hinweis**
>
> **Elektronischer Datenaustausch der privaten Kranken- und Pflegeversicherung ab 1.1.2026**
>
> Um die Nachweisführung der Bescheinigung zur Vorlage beim Arbeitgeber zu vereinfachen, soll künftig ein elektronischer Datenaustausch zwischen den Versicherungsunternehmen, der Finanzverwaltung und den Arbeitgebern erfolgen. Der bisher festgelegte Starttermin für die Einführung des Datenaustauschs war der 1.1.2024. Aufgrund technischer Probleme wird der Starttermin um 2 Jahre, voraussichtlich auf den 1.1.2026, verschoben.[5]

- Lohnzahlungen durch Dritte am Ende des jeweiligen Lohnzahlungszeitraums mitzuteilen.[6] Dies sind neben Barlohn auch ⬀ Sachbezüge und ⬀ geldwerte Vorteile.

Sozialversicherung

Auskunft gegenüber Arbeitgebern

Der Beschäftigte hat dem Arbeitgeber die zur Durchführung des Meldeverfahrens und der Beitragszahlung erforderlichen Angaben zu machen. Soweit erforderlich sind entsprechende Unterlagen vorzulegen. Übt der Arbeitnehmer mehrere Beschäftigungen aus, gilt dies gegenüber allen Arbeitgebern. Seit dem 1.1.2022 haben Arbeitgeber Entgeltunterlagen grundsätzlich in elektronischer Form zu führen. Aus dieser Verpflichtung folgt, dass auch Arbeitnehmer die notwendigen Unterlagen – soweit möglich – in elektronischer Form beizubringen haben.[7]

Außerdem haben Beschäftigte ihrem Arbeitgeber anzugeben, ob sie neben dem Arbeitsentgelt aus der Beschäftigung weitere beitragspflichtige Einnahmen erhalten (z. B. Renten, Versorgungsbezüge).

Zu den Anzeigepflichten gehört auch die Benachrichtigung des Arbeitgebers, wenn sich die Voraussetzungen für die Gewährung des ⬀ Beitragszuschusses zur Krankenversicherung ändern. Dies betrifft nicht versicherungspflichtige Arbeitnehmer, die nur wegen Überschreitens der ⬀ Jahresarbeitsentgeltgrenze versicherungsfrei sind.

Auskunft gegenüber Versicherungsträgern

Wer Sozialleistungen erhält oder beantragt, ist verpflichtet, alle Tatsachen anzuzeigen und Änderungen in den Verhältnissen, die für die Leistung erheblich sind, mitzuteilen.[8] Zu diesen ⬀ Auskunftspflichten gehört z. B. die Benachrichtigung des Rentenversicherungsträgers, wenn Bezüge aus der gesetzlichen Unfallversicherung oder der Arbeitslosenversicherung mit Bezügen aus der Rentenversicherung zusammentreffen oder wenn Bezieher einer Altersrente ein die zulässigen ⬀ Verdienstgrenzen übersteigendes Entgelt erhalten.

Auskünfte zur Beschäftigung

Der Versicherte muss auf Verlangen den zuständigen Versicherungsträgern unverzüglich Auskunft über

- die Art und Dauer seiner Beschäftigungen,
- die hierbei erzielten Arbeitsentgelte,
- seine Arbeitgeber und
- die für die Erhebung von Beiträgen notwendigen Informationen

geben und die für die Prüfung der Meldungen und Beitragszahlung erforderlichen Unterlagen vorlegen. Diese Verpflichtung gilt auch für den ⬀ Hausgewerbetreibenden, soweit er den Gesamtsozialversicherungsbeitrag selbst zahlt.[9]

1 § 39 Abs. 5 Satz 1 EStG.
2 § 39e Abs. 4 Satz 1 EStG.
3 § 3 Nr. 62 EStG.
4 § 39b Abs. 2 Satz 5 Nr. 3 Buchst. d EStG.
5 § 52 Abs. 36 EStG.
6 § 38 Abs. 4 Satz 3 EStG.
7 § 8 Abs. 2 BVV.
8 § 60 SGB I.
9 § 28o Abs. 2 SGB IV.

Weitere Anzeigepflichten obliegen dem Arbeitnehmer nach § 11 AltersTZG, bei deren vorsätzlicher oder fahrlässiger Verletzung die Bundesagentur für Arbeit vom Arbeitnehmer ↗ Schadensersatz verlangen kann.

Unständig Beschäftigte haben die Aufnahme und die Aufgabe der berufsmäßigen Ausübung von unständigen Beschäftigungen unverzüglich ihrer Krankenkasse zu melden, damit diese die Versicherungspflicht feststellen bzw. beenden kann.

Auskünfte zur Beurteilung der Versicherungs- und Beitragspflicht

Wer versichert ist oder als Versicherter in Betracht kommt und nicht bereits aufgrund seiner Beschäftigung nach § 28o SGB IV auskunftspflichtig ist, hat der Krankenkasse

- auf Verlangen über alle für die Feststellung der Versicherungs- und Beitragspflicht und für die Durchführung der Krankenkasse übertragenen Aufgaben erforderlichen Tatsachen unverzüglich Auskunft zu erteilen,
- Änderungen in den Verhältnissen, die für die Feststellung der Versicherungs- und Beitragspflicht erheblich sind und nicht durch Dritte gemeldet werden, unverzüglich mitzuteilen.

Vorlage von Unterlagen

Auf Verlangen sind Unterlagen, aus denen die Tatsachen oder die Änderungen der Verhältnisse hervorgehen, unverzüglich in den Geschäftsräumen der Krankenkasse vorzulegen. Entstehen der Krankenkasse durch eine Verletzung der genannten Pflichten zusätzliche Aufwendungen, können diese von dem Verpflichteten zurückgefordert werden.[1] Entsprechendes gilt für die Rentenversicherung.[2] Die Auskunfts- und Anzeigepflichten nach § 206 SGB V sowie § 196 Abs. 1 SGB VI sind insbesondere für die Prüfung der ↗ Scheinselbstständigkeit nach den §§ 7 und 7a SGB IV von Bedeutung.

Arbeitnehmerähnliche Personen und Arbeitnehmer

Anzeigepflichten bestehen auch für arbeitnehmerähnliche Personen und Arbeitnehmer, die bei ↗ exterritorialen Arbeitgebern (Botschaften, Konsulaten) beschäftigt sind. Sie haben die den Arbeitgebern auferlegten Anzeigepflichten selbst zu erfüllen. Darüber hinaus sind selbstständig Tätige, wie z. B. ↗ arbeitnehmerähnliche Selbstständige, nach § 2 Satz 1 Nr. 1–3 und 9 SGB VI verpflichtet, sich innerhalb von 3 Monaten nach Aufnahme der Selbstständigkeit beim Rentenversicherungsträger zu melden.[3]

Anzeige der Arbeitsunfähigkeit

Versicherte mit Anspruch auf ↗ Krankengeld haben ihrer Krankenkasse den Eintritt von ↗ Arbeitsunfähigkeit innerhalb von einer Woche anzuzeigen[4], ansonsten kommt es zum Ruhen der Leistung. Diese Verpflichtung besteht für Versicherte nur noch dann, wenn die Arbeitsunfähigkeitsdaten nicht im elektronischen Verfahren der Krankenkasse übermittelt werden.

Apothekerzuschuss

Der Apothekerzuschuss wird vom Arbeitgeber oder von der Gehaltsausgleichskasse der Apothekerkammern (GAK) an Angestellte der pharmazeutischen Branche gezahlt. Typischerweise handelt es sich um Kinder-, Frauen-, Dienstalters- oder Diebstahlzulagen. Der Apothekerzuschuss ist steuer- und beitragspflichtig, unabhängig davon, wer ihn gewährt.

Gesetze, Vorschriften und Rechtsprechung

Lohnsteuer: Zur Lohnsteuerpflicht s. § 19 Abs. 1 EStG i. V. m. R 19.3 Abs. 1 LStR.

Sozialversicherung: Die Beitragspflicht des Apothekerzuschusses ergibt sich aus § 14 Abs. 1 SGB IV.

Entgelt	LSt	SV
Apothekerzuschuss	pflichtig	pflichtig

Arbeitgeber

Arbeitgeber im arbeitsrechtlichen Sinne ist jeder, der einen anderen, auch vorübergehend, als Arbeitnehmer beschäftigt. Der Arbeitgeber schuldet dem Arbeitnehmer Arbeitsentgelt. Hierfür kann der Arbeitgeber die Arbeitsleistung des Arbeitnehmers fordern.

Im Steuerrecht ergibt sich der Begriff des Arbeitgebers aus den Beschreibungen des Arbeitnehmers sowie des Dienstverhältnisses und den Folgerungen daraus.

Im Sozialgesetzbuch wird der Begriff des Arbeitgebers nicht erläutert. Allerdings hat die Rechtsprechung denjenigen als Arbeitgeber bezeichnet, der unter Ausübung des Direktionsrechts über die Arbeitskraft des Beschäftigten verfügt.

Gesetze, Vorschriften und Rechtsprechung

Lohnsteuer: Der Begriff des inländischen Arbeitgebers wird teilweise in § 38 Abs. 1 Satz 2 EStG definiert. Die Pflichten des Arbeitgebers regeln § 38 EStG sowie die dazugehörenden R 38.1–R 38.5 LStR und H 38.1–H 38.5 LStH.

Sozialversicherung: Die sozialversicherungsrechtliche Bezeichnung des Arbeitgebers ist durch die Rechtsprechung erfolgt (BSG, Urteil v. 4.12.1958, 3 RK 3/56).

Lohnsteuer

Lohnsteuerrechtlicher Arbeitgeberbegriff

Der Begriff des Arbeitgebers wird im Einkommensteuergesetz und in der Lohnsteuer-Durchführungsverordnung nicht eindeutig bestimmt.[5] Er wird lediglich in den weiteren lohnsteuerlichen Vorschriften und durch die Rechtsprechung näher umschrieben. Folglich bestimmt sich der Begriff durch die Zielsetzung des Lohnsteuerverfahrens und durch die Abgrenzung zum Arbeitnehmer. Weil der Arbeitgeber kraft öffentlichen Rechts zur Erhebung und Abführung der Lohnsteuer verpflichtet ist und daran weitere Pflichten und Folgerungen anknüpfen, hat eine solche Festlegung im Lohnsteuerrecht weitreichende Folgerungen.

Zuerkennung der Arbeitgebereigenschaft

Als lohnsteuerlicher Arbeitgeber ist eine natürliche oder juristische Person anzusehen,

- zu der ein Arbeitnehmer in einem Dienstverhältnis steht,
- der ein Arbeitnehmer seine Arbeitskraft schuldet,
- unter deren Leitung ein Arbeitnehmer bei der Ausübung seiner Tätigkeit steht und
- in deren betrieblichen, beruflichen oder verwaltungsmäßigen Organismus ein Arbeitnehmer eingegliedert ist.

Sowohl natürliche Personen (z. B. Einzelunternehmer) als auch juristische Personen des privaten Rechts (z. B. GmbH und Vereine), juristische Personen des öffentlichen Rechts (z. B. Länder und Gemeinden) und Personengesellschaften (z. B. KG und OHG) können Arbeitgeber

1 § 206 SGB V.
2 § 196 Abs. 1 SGB VI.
3 § 190a SGB VI.
4 § 49 Abs. 1 Nr. 5 SGB V.

5 Ausnahme: § 38 Abs. 1 Satz 2 EStG.

sein. Auch Personenvereinigungen ohne eigene Rechtspersönlichkeit, nichtrechtsfähige Vereine und Stiftungen können Arbeitgeber sein.

Für die Zuerkennung der Arbeitgebereigenschaft ist auch entscheidend, dass der Arbeitgeber aus eigener Machtvollkommenheit in der Lage sein muss, Arbeitnehmer anzustellen, zu entlassen und ihnen Weisungen zu erteilen. Wer den Arbeitslohn zahlt, ist nicht stets entscheidend; es kommt auch nicht unbedingt darauf an, wer zivilrechtlich oder arbeitsrechtlich Vertragspartei des Arbeitnehmers ist.

Zahlung von Bezügen aufgrund früherer oder zukünftiger Dienstverhältnisse

Als Arbeitgeber ist ferner anzusehen, wer an eine Person aufgrund ihres früheren Dienstverhältnisses noch Bezüge aus diesem früheren Dienstverhältnis zahlt oder wer Bezüge aufgrund des früheren Dienstverhältnisses eines Dritten zahlt (z. B. an den Rechtsnachfolger eines verstorbenen Arbeitnehmers). Gleiches gilt, wenn Arbeitslohn im Hinblick auf ein zukünftiges Dienstverhältnis gezahlt wird.

Arbeits- oder sozialrechtlicher Arbeitgeberbegriff nicht entscheidend

Das lohnsteuerrechtliche Ergebnis muss nicht stets mit dem Arbeitgeberbegriff des Arbeitsrechts oder Sozialversicherungsrechts übereinstimmen. Auch enthalten die Bestimmungen der ⇗ DBA mitunter einen vom Lohnsteuerrecht abweichenden Arbeitgeberbegriff.

Inländischer Arbeitgeber nach Lohnsteuerrecht

Der lohnsteuerrechtliche Arbeitgeberbegriff ist nur von Bedeutung, soweit es sich um einen inländischen Arbeitgeber handelt, d. h. der Arbeitgeber im Inland

- einen Wohnsitz, seinen gewöhnlichen Aufenthalt,
- seine Geschäftsleitung, seinen Sitz, eine Betriebsstätte oder
- einen ständigen Vertreter hat.[1]

Inländische Arbeitgeber ist auch ein ausländischer Verleiher sowie ein im Ausland ansässiger Arbeitgeber, der im Inland eine Betriebsstätte oder einen ständigen Vertreter hat.

Betriebsstätte in diesem Sinne ist jede feste Geschäftseinrichtung oder Anlage, die der Tätigkeit eines Unternehmens dient.

Ständiger Vertreter ist eine Person, die nachhaltig die Geschäfte eines Unternehmers besorgt und dabei dessen Sachweisungen unterliegt. Ein ständiger Vertreter ist insbesondere eine Person, die für ein Unternehmen nachhaltig Verträge abschließt oder vermittelt, Aufträge einholt oder einen Warenbestand unterhält und davon Auslieferungen vornimmt. Als ständiger Vertreter kommt ferner eine Person in Betracht, die eine Filiale leitet oder die Aufsicht über einen Bautrupp ausübt, nicht aber z. B. ein einzelner Monteur.

Exterritoriale Vertretungen ausländischer Staaten im Inland (z. B. Botschaften) sind keine inländischen Arbeitgeber.

Hinweis

Ausländische Betriebsstätten einer im Inland ansässigen Kapitalgesellschaft

Da eine Betriebsstätte nicht ansässig sein kann, hat das FG Niedersachsen in mehreren Urteilen[2] entschieden, dass ausländische Betriebsstätten einer im Inland ansässigen Kapitalgesellschaft keine Arbeitgeber i. S. d. Art. 15 Abs. 2 Buchst. b OECD-MustAbk sind. Somit ist von der inländischen Kapitalgesellschaft als Arbeitgeberin der Lohnsteuerabzug nach § 38 Abs. 1 Satz 1 Nr. 1 EStG vom auf Inlandsdienstreisen entfallenden Arbeitslohn der Arbeitnehmer ihrer ausländischen Betriebsstätten vorzunehmen.

Das Niedersächsische FG hat die Revision vor dem BFH zugelassen (Rev. beim BFH unter Az. I R 7/22, I R 8/22 und I R 9/22).

Hinweis: Art 15 des OECD regelt das Besteuerungsrecht von Einkünften aus unselbstständiger Arbeit bei Arbeitnehmern, die in ausländischen Zweigniederlassungen und Betriebsstätten tätig sind.

Pflichten inländischer Arbeitgeber

Nur ein inländischer Arbeitgeber ist zur ordnungsgemäßen Einbehaltung und Abführung der Lohnsteuer verpflichtet. Ihm obliegen ferner bestimmte Anzeigepflichten. Schließlich trägt er die Haftung für die Erfüllung seiner lohnsteuerlichen Pflichten.

Sozialversicherung

Direktionsrecht des Arbeitgebers

Der Arbeitgeber entspricht dem Gegenbegriff des Arbeitnehmers.[3] Arbeitgeber im Sinne der Sozialversicherung ist jede natürliche oder juristische Person, zu der der Arbeitnehmer in einem Verhältnis persönlicher und wirtschaftlicher Abhängigkeit steht. Der Arbeitgeber übt das Weisungs- und Direktionsrecht gegenüber dem Arbeitnehmer aus. Dies äußert sich insbesondere in Anweisungen über Art, Ort, Zeit, Dauer und Weise der Arbeit. Der wirtschaftliche Erfolg der Arbeit kommt dem Arbeitgeber zugute. Wer Arbeitgeber ist, ergibt sich im Regelfall aus dem Arbeitsvertrag. Im Zweifel ist derjenige Arbeitgeber, der das Entgelt schuldet.[4] Letztlich ausschlaggebend sind immer die tatsächlichen Verhältnisse.

Aufzählung verschiedener Arbeitgeber

Arbeitgeber können

- natürliche Personen (z. B. Privatperson, eingetragener Kaufmann/eingetragene Kauffrau),
- juristische Personen des privaten Rechts (z. B. AG, GmbH, UG, Ltd.),
- juristische Personen des öffentlichen Rechts (z. B. Körperschaft oder Anstalt des öffentlichen Rechts), aber auch
- Personengesellschaften (z. B. BGB-Gesellschaft, OHG, KG, StG)

sein.

Arbeitgebereigenschaft in Sonderfällen

Bei der Betriebsführung durch einen Dritten ist in der Regel allein der Betriebsinhaber der Arbeitgeber.

Bei Leiharbeitnehmern im Sinne des Arbeitnehmerüberlassungsgesetzes gilt als Arbeitgeber der Verleiher. Der Entleiher haftet dabei für die Gesamtsozialversicherungsbeiträge, wenn der Verleiher seine Zahlungspflichten nicht erfüllt. Liegt keine gültige ⇗ Arbeitnehmerüberlassung vor, besteht ein Arbeitsverhältnis zwischen Entleiher und Leiharbeitnehmer.[5] Der Entleiher übernimmt dann alle Pflichten des Arbeitgebers.

Ein Insolvenzverwalter ist sozialversicherungsrechtlich Arbeitgeber für die von ihm weiterbeschäftigten bzw. freigestellten oder neu eingestellten Arbeitnehmer. Führt ein Insolvenzverwalter den Betrieb weiter, so übernimmt er alle sozialversicherungsrechtlichen Pflichten anstelle des Arbeitgebers. Der Insolvenzverwalter, der kraft eigenen Rechts und im eigenen Namen handelt, ist im sozialversicherungsrechtlichen Sinne Arbeitgeber.

Pflichten des Arbeitgebers

Neben den Pflichten aus dem Arbeitsverhältnis hat der Arbeitgeber auch gesetzliche Verpflichtungen gegenüber den Sozialversicherungsträgern. Zu Beginn einer Beschäftigung entscheidet der Arbeitgeber grundsätzlich eigenständig darüber, ob es sich im Einzelfall um eine versicherungspflichtige Beschäftigung handelt. Er hat für alle versicherungspflichtig Beschäftigten bei bestimmten Sachverhalten (z. B. Beginn und Ende einer Beschäftigung, Änderungen im Beschäftigungsverhältnis) ⇗ Meldungen an die zuständigen

1 § 38 Abs. 1 Satz 2 EStG.
2 Niedersächsisches FG, Urteile v. 16.12.2021, 11 K 14196/20, 11 K 14197/20 und 11 K 14198/20.
3 BSG, Urteil v. 16.3.1972, 3 RK 73/68.
4 BSG, Urteil v. 20.12.1962, 3 RK 31/58.
5 § 10 Abs. 1 AÜG.

Krankenkassen maschinell zu übermitteln.[1] Darüber hinaus ist der Arbeitgeber dazu verpflichtet,

- die Beiträge zur Sozialversicherung (Gesamtsozialversicherungsbeitrag) zu berechnen[2],
- die Beitragsanteile des Arbeitnehmers einzubehalten[3] und
- die Beiträge an die zuständige Krankenkasse zu zahlen.[4]

Damit die ordnungsgemäße Beitragsberechnung und -abführung von den Rentenversicherungsträgern geprüft werden kann, bestehen umfangreiche Aufzeichnungspflichten über die Entgeltunterlagen.[5]

Arbeitgeberanteil

Beiträge zur Kranken-, Pflege-, Renten- und Arbeitslosenversicherung sind meist vom Arbeitgeber (Arbeitgeberanteil) und Arbeitnehmer (Arbeitnehmeranteil) gemeinsam zu tragen. Den Arbeitgeberanteil hat der Arbeitgeber allein zu tragen (Lohnnebenkosten). Der Arbeitgeber darf seinen Anteil nicht vom Bruttogehalt des Arbeitnehmers abziehen.

Gesetze, Vorschriften und Rechtsprechung

Lohnsteuer: Für die Lohnsteuer ergibt sich die Steuerbefreiung aus § 3 Nr. 62 EStG und den ergänzenden Regelungen in R 3.62 LStR.

Sozialversicherung: Die wichtigsten relevanten Vorschriften zur Berechnung und Abführung der Sozialversicherungsbeiträge sind die §§ 28d bis 28h SGB IV. Darüber hinaus gelten die Sozialversicherungsentgeltverordnung (SvEV) sowie die Beitragsverfahrensverordnung (BVV). Zusätzlich sind für jeden einzelnen Versicherungszweig noch weitere Regelungen zu beachten, und zwar zur Krankenversicherung die §§ 226, 232, 241 und 249 SGB V, zur Pflegeversicherung die §§ 57, 58 und 60 SGB XI, zur Rentenversicherung die §§ 160, 162, 168 und 172 SGB VI und zur Arbeitslosenversicherung die §§ 341, 342 und 346 SGB III.

Lohnsteuer

Steuerfreier Arbeitgeberanteil

Die aufgrund gesetzlicher Verpflichtung für die Zukunftssicherung des Arbeitnehmers geleisteten Beiträge des Arbeitgebers, insbesondere an die Sozialversicherung (zur Kranken-, Pflege-, Renten-, Arbeitslosenversicherung; Gesamtsozialversicherungsbeitrag), sind nach § 3 Nr. 62 EStG lohnsteuerfrei. Dies gilt auch für

- solche Beitragsanteile, die aufgrund einer nach ausländischen Gesetzen bestehenden Verpflichtung an ausländische Sozialversicherungsträger, die den inländischen Sozialversicherungsträgern vergleichbar sind, geleistet werden, sowie für
- Zuschüsse eines inländischen Arbeitgebers an einen Arbeitnehmer für dessen Versicherung in einer ausländischen gesetzlichen Krankenversicherung innerhalb der Europäischen Union, des Europäischen Wirtschaftsraums sowie in der Schweiz.

Steuerfrei sind auch vom Arbeitgeber nach § 3 Abs. 3 Satz 3 SvEV übernommene Arbeitnehmeranteile am Gesamtsozialversicherungsbeitrag. Hierunter fallen z. B. übernommene Arbeitnehmeranteile, die der Arbeitgeber

- für Sachbezüge, die als sonstiger Bezug pauschal besteuert wurden,
- Krankenversicherungsbeiträge, die der Arbeitgeber nach § 9 der Mutterschutz- und Elternzeitverordnung oder nach entsprechenden Rechtsvorschriften der Länder

erstattet.

Die pauschalen Arbeitgeberbeiträge für geringfügig Beschäftigte sind ebenso lohnsteuerfrei.

Arbeitgeberbeiträge für die Versicherung eines unter das Altersteilzeitgesetz fallenden Arbeitnehmers in der gesetzlichen Rentenversicherung sind auch dann steuerfrei, wenn der Arbeitgeber wegen Nichteinstellung eines Arbeitslosen keinen Ersatzanspruch hat.

Achtung

Tarifvertragliche Vereinbarung

Leistet der Arbeitgeber dagegen Beiträge an die Sozialversicherung aufgrund einer tarifvertraglichen Verpflichtung, sind diese lohnsteuerpflichtig.

Steuerpflichtige Arbeitgeberleistungen

Leistet der Arbeitgeber Beiträge für Personen, die steuerlich keine Arbeitnehmer sind, z. B. Kommanditisten, besteht für diese Leistungen eine Steuerpflicht.

Maßgebend für die Beurteilung der Steuerpflicht und die Frage, ob die Ausgaben des Arbeitgebers für die Zukunftssicherung des Arbeitnehmers auf einer gesetzlichen Verpflichtung beruhen, ist grundsätzlich die Entscheidung des zuständigen Sozialversicherungsträgers des Arbeitnehmers.

Beitragszuschläge des Arbeitnehmers, z. B. für Kinderlose in der sozialen Pflegeversicherung, sind von ihm allein zu tragen und können deshalb vom Arbeitgeber nicht steuerfrei erstattet werden.

Hinweis

Arbeitgeberanteil zur ausländischen Sozialversicherung

Arbeitgeberanteile zu einer ausländischen Sozialversicherung sind lohnsteuerpflichtig, wenn sie auf vertraglicher Grundlage und damit freiwillig entrichtet werden.[6]

Nicht versicherungspflichtige Personen

Lohnsteuerfrei sind auch Zuschüsse des Arbeitgebers zu den Kranken- und Pflegeversicherungsbeiträgen eines nicht versicherungspflichtigen Arbeitnehmers. Dies gilt auch, wenn der Arbeitnehmer seine private Krankenversicherung bei einem Versicherungsunternehmen mit Sitz in einem anderen EU-Land abschließt.

Unter der Voraussetzung, dass ein Arbeitnehmer von der Versicherungspflicht in der gesetzlichen Rentenversicherung auf Antrag befreit worden ist, kann der Arbeitgeber bestimmte Zuschüsse gleichwohl lohnsteuerfrei gewähren. Den lohnsteuerfreien Arbeitgeberanteilen an den gesetzlichen Rentenversicherungsbeiträgen sind folgende Zuschüsse des Arbeitgebers gleichgestellt und daher ebenfalls lohnsteuerfrei

- zu den Aufwendungen des Arbeitnehmers für eine Lebensversicherung,
- für die freiwillige Weiterversicherung in der gesetzlichen Rentenversicherung und
- für eine öffentlich-rechtliche Versicherungs- oder Versorgungseinrichtung seiner Berufsgruppe.

Achtung

Kraft Gesetzes versicherungsfreie Steuerpflichtige

Die Steuerbefreiung für derartige Zuschüsse gilt nicht, sofern sie für Personen geleistet werden, die kraft Gesetzes versicherungsfrei sind (z. B. Vorstandsmitglieder einer AG). Somit sind Zuschüsse, die eine AG ihren Vorstandsmitgliedern zur freiwilligen Weiterversicherung in der gesetzlichen Rentenversicherung oder einem Versorgungswerk gewährt, nicht nach § 3 Nr. 62 Satz 1 EStG lohnsteuerfrei.[7]

1 § 28a SGB IV.
2 § 28d SGB IV.
3 § 28g SGB IV.
4 § 28e SGB IV.
5 § 28f SGB IV.
6 BFH, Urteil v. 18.5.2004, VI R 11/01, BStBl 2004 II S. 1014.
7 BFH, Urteil v. 24.9.2013, BStBl 2014 II S. 124.

Höhe der Steuerbefreiung

Die Zuschüsse sind insoweit lohnsteuerfrei, als sie insgesamt

- bei Befreiung von der Rentenversicherungspflicht die Hälfte bzw.
- bei Befreiung von der knappschaftlichen Rentenversicherung 2/3

der Gesamtaufwendungen des Arbeitnehmers nicht übersteigen. Darüber hinaus dürfen die Zuschüsse nicht höher sein, als der bei bestehender Versicherungspflicht zu zahlende Arbeitgeberbeitrag.

Sozialversicherung

Krankenversicherung

Versicherungspflichtige Arbeitnehmer

In der gesetzlichen Krankenversicherung gilt grundsätzlich die hälftige Beitragstragung zwischen Arbeitgeber und Arbeitnehmer. Die Bundesregierung schreibt einen für alle Krankenkassen einheitlichen allgemeinen Beitragssatz fest. Dieser beträgt 14,6 %. Somit ergeben sich sowohl ein Arbeitgeber- als auch ein Arbeitnehmeranteil von jeweils 7,3 %.

Der ermäßigte Beitragssatz beträgt 14,0 %. Arbeitnehmer und Arbeitgeber tragen hier jeweils einen Anteil von 7,0 %.

Ist der Arbeitnehmer bei einer Krankenkasse versichert, die einen kassenindividuellen einkommensabhängigen Zusatzbeitrag[1] erhebt, haben Arbeitnehmer und Arbeitgeber diesen ebenfalls jeweils zur Hälfte zu tragen.

Geringverdienergrenze für Auszubildende

Für einen ↗ Auszubildenden, dessen monatliches Entgelt 325 EUR nicht übersteigt, trägt der Arbeitgeber den Beitrag zu allen Sozialversicherungszweigen in voller Höhe allein.[2]

Der Zusatzbeitrag in der Krankenversicherung berechnet sich für diesen Personenkreis allerdings ausnahmsweise nach dem durchschnittlichen allgemeinen Beitragssatz (2024: 1,7 %; 2023: 1,6 %).

In diesen Fällen trägt der Arbeitgeber ggf. auch den Beitragszuschlag i. H. v. 0,6 % für (über 23-jährige) kinderlose Mitglieder in der sozialen Pflegeversicherung bzw. macht den Beitragsabschlag von jeweils 0,25 % für das 2. bis 5. Kind des Arbeitnehmers geltend. Eine andere Regelung gilt, wenn der Grenzwert von 325 EUR durch eine Einmalzahlung überschritten wird. In diesen Fällen gilt für die Auszubildenden und die Arbeitgeber für den 325 EUR überschreitenden Teil die reguläre Beitragslastverteilung.

Geringfügig entlohnte Beschäftigte

Der Arbeitgeber hat für ↗ geringfügig entlohnte Beschäftigte einen pauschalen Beitrag zur Krankenversicherung aus dem Arbeitsentgelt dieser Beschäftigung zu tragen, wenn die Beschäftigung versicherungsfrei ist.[3] Der Beitragssatz beträgt einheitlich für alle Krankenkassen 13 %, unabhängig davon, ob ein Entgeltfortzahlungsanspruch für mindestens 6 Wochen besteht oder nicht. Wie der Beschäftigte krankenversichert ist, spielt keine Rolle (z. B. Rentner, familienversichert, in der Krankenversicherung der Studenten). Ist der geringfügig entlohnte Beschäftigte überhaupt nicht in der gesetzlichen Krankenversicherung versichert, entfällt der Pauschalbeitrag.

Wird eine geringfügige Beschäftigung im Privathaushalt ausgeübt, beträgt der Pauschalbeitrag zur Krankenversicherung nur 5 %.

Bezieher von Kurzarbeiter-/Saison-Kurzarbeitergeld

Der Arbeitgeber hat bei freiwillig und privat krankenversicherten Beziehern von Kurzarbeitergeld und Saison-Kurzarbeitergeld den Krankenversicherungsbeitrag aus dem fiktiven Entgelt zu 100 % zu übernehmen.

1 § 242 SGB V.
2 § 20 Abs. 3 Satz 1 Nr. 1 SGB IV.
3 § 249b SGB V.

Beitragszuschüsse für krankenversicherungsfreie Arbeitnehmer wegen Überschreitens der Jahresarbeitsentgeltgrenze

Arbeitnehmer, die nur wegen Überschreitens der ↗ Jahresarbeitsentgeltgrenze krankenversicherungsfrei sind[4], erhalten einen Arbeitgeberzuschuss zu ihrem Kranken- und Pflegeversicherungsbeitrag. Als Zuschuss ist

- für gesetzlich krankenversicherte Arbeitnehmer der Betrag zu zahlen, den der Arbeitgeber bei Versicherungspflicht zu tragen hätte[5],
- für privat krankenversicherte Arbeitnehmer der Betrag zu zahlen, der sich bei Anwendung des allgemeinen Beitragssatzes zuzüglich der Hälfte des durchschnittlichen Zusatzbeitragssatzes[6] bzw.
- für Versicherte, die bei Versicherungspflicht keinen Anspruch auf Krankengeld hätten, bei Anwendung des ermäßigten Beitragssatzes zzgl. der Hälfte des durchschnittlichen Zusatzbeitragssatzes ergibt.[7]

Berechnungsgrundlage ist das erzielte Arbeitsentgelt[8], maximal bis zur jeweils gültigen monatlichen ↗ Beitragsbemessungsgrenze in der Krankenversicherung. Für PKV-Mitglieder wird der Zuschuss auf die Hälfte des Beitrags begrenzt, den der Arbeitnehmer für seine private Krankenversicherung aufzubringen hat.

Pflegeversicherung

Versicherungspflichtige Arbeitnehmer

Die Beiträge zur Pflegeversicherung für versicherungspflichtige ↗ Arbeitnehmer sind grundsätzlich je zur Hälfte vom Arbeitgeber und Arbeitnehmer aufzubringen.

Beitragszuschlag für Kinderlose

Der in der Pflegeversicherung von den kinderlosen Mitgliedern zu zahlende Beitragszuschlag i. H. v. 0,6 % ist vom Beschäftigten allein zu tragen. Eine hälftige Beitragstragung zwischen Arbeitgeber und Arbeitnehmer erfolgt also nur aus dem Beitragssatz i. H. v. 3,4 %. Arbeitnehmer, die im Bundesland Sachsen beschäftigt sind, tragen allerdings von den Beiträgen zur Pflegeversicherung 2,2 %. Kinderlose Mitglieder tragen im Bundesland Sachsen 2,8 %. Der Arbeitgeber trägt jeweils 1,2 %.

Beitragsabschlag für mehrere Kinder

Arbeitnehmer mit mehreren Kindern erhalten einen Abschlag i. H. v. 0,25 % für das 2. bis 5. berücksichtigungsfähige Kind. Damit vermindert sich ihr Anteil zur Pflegeversicherung bei 2 Kindern auf 1,45 %, bei 3 Kindern auf 1,2 %, bei 4 Kindern auf 0,95 % sowie bei 5 oder mehr Kindern auf 0,7 %. Mitglieder im Bundesland Sachsen tragen bei 2 Kindern 1,95 %, bei 3 Kindern 1,7 %, bei 4 Kindern 1,45 % sowie bei 5 oder mehr Kindern 1,2 %.

Rentenversicherung

Versicherungspflichtige Arbeitnehmer

Die Beiträge zur Rentenversicherung für versicherungspflichtige ↗ Arbeitnehmer sind grundsätzlich je zur Hälfte von Arbeitgeber und Arbeitnehmer aufzubringen.

Rentenbezieher

Personen, die nach Erreichen der Regelaltersgrenze eine ↗ Vollrente wegen Alters aus der gesetzlichen Rentenversicherung beziehen, sind rentenversicherungsfrei.[9] Der Arbeitgeber hat jedoch für beschäftigte Rentner seinen Beitragsanteil zur Rentenversicherung zu entrichten.[10] Dieser wirkt rentensteigernd. Der Arbeitnehmer kann jedoch durch eine bindende schriftliche Erklärung gegenüber dem Arbeitgeber auf die Ver-

4 § 6 Abs. 1 Nr. 1 SGB V.
5 § 249 Abs. 1 oder 2 SGB V.
6 § 241 SGB V.
7 § 243 SGB V.
8 § 226 Abs. 1 Satz 1 Nr. 1 SGB V.
9 § 5 Abs. 4 Nr. 1 SGB VI i. V. m. § 172 Abs. 1 Satz 1 SGB VI.
10 § 172 Abs. 1 Satz 1 Nr. 1 SGB VI.

sicherungsfreiheit verzichten und versicherungspflichtig werden. Dann sind Arbeitgeber- und Arbeitnehmeranteile zu entrichten.

Mitglieder geistlicher Genossenschaften/Diakonissen

Bei rentenversicherungspflichtigen Mitgliedern geistlicher Genossenschaften, Diakonissen und Angehörigen ähnlicher Gemeinschaften trägt der Arbeitgeber die Beiträge in voller Höhe, wenn das monatliche Arbeitsentgelt 40 % der monatlichen Bezugsgröße (2024: Ost: 1.386 EUR, West: 1.414 EUR; 2023: Ost: 1.316 EUR, West: 1.358 EUR) nicht übersteigt. Bei Überschreiten dieser Geringverdienergrenze durch eine ⇗ Einmalzahlung sind die Rentenversicherungsbeiträge aus dem gesamten Entgelt je zur Hälfte von den Mitgliedern und den Gemeinschaften zu tragen. Die für Auszubildende geltende Regelung, dass nur die auf den Überschreitungsbetrag entfallenden Beiträge je zur Hälfte aufzubringen sind, gilt hier nicht.

Geringfügig Beschäftigte

Bei ⇗ geringfügig entlohnt Beschäftigten zahlt der Arbeitgeber einen Pauschalbeitrag i. H. v. 15 % des Arbeitsentgelts.[1] Für geringfügig entlohnt Beschäftigte in Privathaushalten beträgt der Pauschalbeitrag 5 % des Arbeitsentgelts.

Bezieher von Kurzarbeiter-/Saison-Kurzarbeitergeld

Für Bezieher von Kurzarbeiter- oder Saison-Kurzarbeitergeld hat der Arbeitgeber den Beitragsanteil, der auf die Differenz zwischen dem tatsächlich erzielten (Istentgelt) und dem Sollentgelt entfällt, allein zu tragen.

Arbeitslosenversicherung

Versicherungspflichtige Arbeitnehmer

Die Beiträge zur Arbeitslosenversicherung für versicherungspflichtige ⇗ Arbeitnehmer sind grundsätzlich je zur Hälfte von Arbeitgeber und Arbeitnehmer aufzubringen.

Personen nach Vollendung des für die Regelaltersrente erforderlichen Lebensjahres

Für Personen, die das für den Anspruch auf die Regelaltersrente nach dem Recht der gesetzlichen Rentenversicherung maßgebliche Lebensjahr vollendet haben und deshalb in der Arbeitslosenversicherung versicherungsfrei sind, hat der Arbeitgeber allerdings gleichwohl seinen Arbeitgeberanteil zu entrichten.[2]

Sonderfälle

Jugendfreiwilligendienst

Bei einem Versicherten, der im Rahmen des ⇗ Jugendfreiwilligendienstes ein freiwilliges soziales Jahr oder ein freiwilliges ökologisches Jahr leistet, trägt der Arbeitgeber ohne Rücksicht auf die Höhe des Entgelts die Beiträge in voller Höhe allein.[3]

Erwerbstätigkeit in Einrichtungen der Jugendhilfe/Menschen mit Behinderungen in anerkannten Werkstätten

Für Personen, die in einer Einrichtung der Jugendhilfe für eine Erwerbstätigkeit befähigt werden sollen, für ⇗ Menschen mit Behinderungen in einer anerkannten Werkstatt für Menschen mit Behinderungen oder einer gleichartigen Einrichtung sowie für Teilnehmer an Leistungen zur Teilhabe am Arbeitsleben, trägt der Träger der Einrichtung bzw. der Reha-Träger die Beiträge allein.

Praktikanten/zur Berufsausbildung Beschäftigte ohne Arbeitsentgelt

Kranken- und pflegeversicherungspflichtige ⇗ Praktikanten und zur Berufsausbildung Beschäftigte ohne Arbeitsentgelt haben die Kranken- und Pflegeversicherungsbeiträge allein zu tragen.[4] In der Renten- und Arbeitslosenversicherung hat dagegen der Arbeitgeber die Beiträge in voller Höhe zu übernehmen. Bemessungsgrundlage für die Berechnung der Beiträge zur Kranken- und Pflegeversicherung ist der sich aus § 13 Abs. 1 Nr. 2 und Abs. 2 BAföG ergebende Betrag, wobei von dem Satz auszugehen ist, der für Studenten gilt, die nicht bei ihren Eltern wohnen. Für die Renten- und Arbeitslosenversicherungsbeiträge ist von einem Betrag i. H. v. 1 % der monatlichen ⇗ Bezugsgröße auszugehen (2024: 35,35 EUR; 2023: 33,95 EUR).

Hinweis

Besonderheit für Menschen mit Behinderungen in der Rentenversicherung

Beiträge zur Rentenversicherung gelten in den Fällen, in denen ein Rentenversicherungsträger Träger der Rehabilitation ist, als gezahlt. Dies betrifft die im Eingangsverfahren oder Berufsbildungsbereich der Werkstätten tätigen Menschen mit Behinderungen.

Arbeitgeberdarlehen

Ein Arbeitgeberdarlehen liegt vor, wenn dem Mitarbeiter vom Arbeitgeber oder aufgrund des Dienstverhältnisses von einem Dritten Geld auf der Rechtsgrundlage eines Darlehensvertrags überlassen wird.

Gesetze, Vorschriften und Rechtsprechung

Lohnsteuer: Die steuerliche Beurteilung von Zinsvorteilen richtet sich nach den Regelungen des § 8 Abs. 2 und 3 EStG. Ausführliche Erläuterungen enthält das BMF-Schreiben v. 19.5.2015, IV C 5 – S 2334/07/0009, BStBl 2015 I S. 484.

Sozialversicherung: Der aus einem zinslosen oder zinsverbilligt gewährten Arbeitgeberdarlehen resultierende geldwerte Vorteil ist als Einnahme aus einer Beschäftigung nach § 14 Abs. 1 Satz 1 SGB IV beitragspflichtig.

Entgelt	LSt	SV
Zinsvorteile bei Darlehenssumme bis 2.600 EUR	frei	frei
Zinsvorteile bei Darlehenssumme über 2.600 EUR	pflichtig	pflichtig
Zinsersparnisse bis 50 EUR mtl.	frei	frei
Pauschalierung der Zinsvorteile	pauschal	pflichtig
Hingabe der Darlehenssumme	frei	frei

Lohnsteuer

Darlehenssumme ist kein Arbeitslohn

Bei Arbeitgeberdarlehen führt die Auszahlung der Darlehenssumme nicht zu einem Lohnzufluss. Lediglich die Zinsvorteile sind als Arbeitslohn zu beurteilen.

Arbeitgeberdarlehen bis 2.600 EUR

Zinsvorteile aus Arbeitgeberdarlehen bis zu 2.600 EUR sind lohnsteuerlich unbeachtlich.[5] Für die Prüfung dieser Freigrenze ist die noch nicht getilgte Darlehenssumme am Ende des Lohnzahlungszeitraums maßgebend. Mehrere vom Arbeitgeber getrennt gewährte Darlehen sind hierbei zusammenzurechnen. Dies gilt unabhängig davon, zu welchen Zwecken und Konditionen sie vom Arbeitgeber hingegeben wurden.

1 § 172 Abs. 3 SGB VI.
2 § 346 Abs. 3 Satz 1 SGB III.
3 § 20 Abs. 3 Satz 1 Nr. 2 SGB IV.
4 § 250 Abs. 1 Nr. 3 SGB V und § 59 Abs. 1 Satz 1 SGB XI.

5 BMF, Schreiben v. 19.5.2015, IV C 5 – S 2334/07/0009, BStBl 2015 I S. 484, Rz. 4.

Arbeitgeberdarlehen über 2.600 EUR

Steuerpflicht der Zinsvorteile

Übersteigt die noch nicht getilgte Darlehenssumme am Ende des Lohnzahlungszeitraums die Freigrenze von 2.600 EUR, gehören Zinsvorteile als Sachbezüge zum steuerpflichtigen Arbeitslohn. Zinsvorteile liegen jedoch nicht vor, wenn der Arbeitgeber dem Mitarbeiter ein Darlehen zu einem marktüblichen Zinssatz (sog. Maßstabszinssatz) gewährt.[1]

Wichtig

Zinszuschüsse

Steuerpflichtig sind auch Zinszuschüsse, die der Arbeitgeber dem Mitarbeiter zu einem Darlehen gewährt, welches der Arbeitnehmer bei einer Bank aufgenommen hat. In diesem Fall liegt jedoch Barlohn und kein Sachlohn vor.

Arbeitgeber ist ein „Finanzunternehmen"

Gewährt der Arbeitgeber überwiegend Dritten Darlehen, z. B. bei Arbeitgebern im Bankengewerbe, ist der Rabattfreibetrag anwendbar.[2]

Ermittlung und Bewertung des Zinsvorteils

Der Zinsvorteil entspricht dem Unterschiedsbetrag zwischen dem als Endpreis[3] ermittelten Zinssatz und dem Zinssatz, der im Einzelfall konkret vereinbart wurde.[4] Als Endpreis[5] ist der Zinssatz heranzuziehen, den der Arbeitgeber fremden Dritten für ein vergleichbares Darlehen berechnet. Dieser Wert kann grundsätzlich dem Preisaushang des Kreditinstituts entnommen werden. Dabei ist auf den Preisaushang der Filiale, in der der Mitarbeiter arbeitet, abzustellen. Erhalten fremde Kunden auf diesen Zinssatz tatsächlich weitere Preisnachlässe, ist es zulässig, der Bewertung den Zinssatz nach Abzug durchschnittlich gewährter Preisnachlässe zugrunde zu legen.[6] Bei der Ermittlung des Endpreises ist ein Bewertungsabschlag von 4 % vorzunehmen.[7]

Hinweis

Konditionen vergleichbarer Darlehen maßgeblich

Für die Frage, ob ein vergleichbares Darlehen vorliegt, ist auf den Verwendungszweck (Wohnungsbaukredit, Konsumentenkredit/Ratenkredit, Überziehungskredit) sowie die Konditionen (Laufzeit des Darlehens, Dauer der Zinsfestlegung, Zeitpunkt der Tilgungsverrechnung) abzustellen.

Berücksichtigung des Rabattfreibetrags von 1.080 EUR

Der aus der Darlehensgewährung resultierende Zinsvorteil ist steuerfrei, soweit die aus dem Dienstverhältnis insgesamt stammenden Vorteile den Betrag von 1.080 EUR jährlich nicht übersteigen.[8]

Beispiel

Bewertung nach der Rabattfreibetragsregelung

Ein Angestellter einer Privatbank erhält im März ein Arbeitgeberdarlehen i. H. v. 10.000 EUR zu einem jährlichen Zinssatz von 2 %. Die Laufzeit beträgt 4 Jahre. Kunden der Bank wird ein Zinssatz von 5 % für ein vergleichbares Darlehen berechnet.

Ergebnis: Nach Abzug des 4-%-Bewertungsabschlags ergibt sich ein Vergleichszinssatz von 4,8 %. Der Zinsvorteil beträgt 2,8 % (4,8 % – 2 %). Dies entspricht einem monatlichen geldwerten Vorteil von 23,33 EUR (10.000 EUR × 2,8 % × 1/12). Ist der Rabattfreibetrag von 1.080 EUR nicht bereits durch andere Sachbezüge ausgeschöpft, bleibt der geldwerte Vorteil in voller Höhe steuerfrei.

Arbeitgeber ist kein „Finanzunternehmen"

Gewährt der Arbeitgeber regelmäßig nur seinen Mitarbeitern Darlehen, z. B. bei Industriebetrieben oder Handelsunternehmen, gilt die allgemeine Bewertungsvorschrift[9] ohne Berücksichtigung des Rabattfreibetrags.

Ermittlung und Bewertung des Zinsvorteils

Zinsvorteile sind mit dem um übliche Preisnachlässe geminderten üblichen Endpreis am Abgabeort zu bewerten, sog. Maßstabszinssatz. Anzuerkennen ist jeder Zinssatz, den der Arbeitgeber für ein Darlehen mit vergleichbaren Bedingungen am Abgabeort nachweist, etwa das Angebot einer ortsansässigen Bank. Aber auch allgemein zugängliche Internetangebote für Endverbraucher können herangezogen werden.[10]

Wichtig

Kein 4-%-Bewertungsabschlag bei Internetkonditionen

Von dem für den Abgabeort ermittelten Zinssatz darf ein Bewertungsabschlag von 4 %[11] vorgenommen werden.

Dagegen stellt ein Angebot aus dem Internet regelmäßig die günstigste Marktkondition dar, sodass in diesem Fall ein Bewertungsabschlag nicht mehr zulässig ist.

Aus Vereinfachungsgründen: Maßstabszinssatz der Deutschen Bundesbank nutzen

Die Finanzverwaltung beanstandet es im Übrigen nicht, wenn aus Vereinfachungsgründen der Arbeitgeber für die Feststellung des Maßstabszinssatzes (Vergleichszinssatz) auf die Zinsstatistik der Deutschen Bundesbank zurückgreift.[12] Als marktüblicher Zinssatz gilt danach der bei Vertragsabschluss von der Deutschen Bundesbank zuletzt veröffentlichte Effektivzinssatz.

Auf der Homepage der Deutschen Bundesbank können die entsprechenden Übersichten aufgerufen werden.[13] Maßgebend sind die Effektivzinssätze unter „Neugeschäft". Zwischen den einzelnen Kreditarten ist nach ihrem Verwendungszweck zu differenzieren, z. B. Wohnungsbaukredit oder Konsumentenkredit. Die Art der Besicherung des Darlehens ist ohne Bedeutung.

4-%-Bewertungsabschlag auf Effektivzinssatz

Der sich danach ergebende Effektivzinssatz ist mit 96 % der Bewertung zugrunde zu legen.

Beispiel

Bewertung nach allgemeinen Grundsätzen

Ein Arbeitnehmer erhielt im Januar ein Arbeitgeberdarlehen i. H. v. 16.000 EUR mit einer Laufzeit von 4 Jahren zu einem monatlich zu entrichtenden Effektivzins von 2 % jährlich.

Der bei Vertragsabschluss im Januar des Abschlussjahres von der Deutschen Bundesbank für Konsumentenkredite veröffentlichte Effektivzinssatz mit anfänglicher Zinsbindung von über ein Jahr bis 5 Jahre betrug 4,71 %.

Ergebnis: Der Maßstabszinssatz beläuft sich auf 4,52 % (96 % von 4,71 %; Ansatz von 2 Dezimalstellen ohne Rundung). Die Zinsverbilligung beträgt 2,52 % (4,52 % – 2 %) von 16.000 EUR = 403,20 EUR jährlich; das entspricht monatlich 33,60 EUR. Bei Tilgung ist der Zinsvorteil aus der Restschuld neu zu ermitteln.

Wahlrecht zwischen den Bewertungsmethoden

Grundsätzlich führt die Rabattfreibetragsregelung in den meisten Fällen für den Arbeitnehmer zu einem vorteilhafteren Ergebnis als die allgemeine Bewertungsvorschrift unter Berücksichtigung des günstigsten Preises am Markt. Dennoch kann es vorkommen, insbesondere wenn der Rabattfreibetrag bereits durch andere Sachbezüge ausgeschöpft ist, dass der Bewertung nach der allgemeinen Bewertungsvorschrift der Vorzug

1 BFH, Urteil v. 4.5.2006, VI R 28/05, BStBl 2006 II S. 781; BMF, Schreiben v. 19.5.2015, IV C 5 – S 2334/07/0009, BStBl 2015 I S. 484, Rz. 4.
2 § 8 Abs. 3 EStG.
3 § 8 Abs. 3 Satz 1 EStG.
4 BMF, Schreiben v. 19.5.2015, IV C 5 – S 2334/07/0009, BStBl 2015 I S. 484, Rz. 17.
5 § 8 Abs. 3 Satz 1 EStG.
6 BMF, Schreiben v. 19.5.2015, IV C 5 – S 2334/07/0009, BStBl 2015 I S. 484, Rz. 16.
7 § 8 Abs. 3 Satz 1 EStG.
8 § 8 Abs. 3 Satz 2 EStG.
9 § 8 Abs. 2 Satz 1 EStG.
10 BMF, Schreiben v. 19.5.2015, IV C 5 – S 2334/07/0009, BStBl 2015 I S. 484, Rz. 5.
11 R 8.1 Abs. 2 Satz 3 LStR.
12 BMF, Schreiben v. 19.5.2015, IV C 5 – S 2334/07/0009, BStBl 2015 I S. 484, Rz. 5.
13 www.bundesbank.de.

zu geben ist. Der Arbeitgeber darf in diesem Fall die Bewertung mit dem günstigsten Zinssatz am Markt (auch Internetangebot) durchführen. Er ist hierzu jedoch nicht verpflichtet.

Wahlrecht des Arbeitnehmers im Veranlagungsverfahren

Ggf. kann der Arbeitnehmer auch erst in seiner Einkommensteuererklärung die Neuberechnung des geldwerten Vorteils durch das Finanzamt beantragen.[1] Der Arbeitgeber muss für diesen Zweck seinem Mitarbeiter formlos die Berechnung des geldwerten Vorteils im Lohnsteuerabzugsverfahren mitteilen.[2]

50-EUR-Sachbezugsfreigrenze

Zinsvorteile aus Arbeitgeberdarlehen, die mit dem üblichen Endpreis am Abgabeort bewertet werden[3], bleiben im Rahmen der monatlichen 50-EUR-Sachbezugsfreigrenze (bis 2021: 44-EUR-Freigrenze) ggf. steuerfrei. Dabei ist allerdings sicherzustellen, dass die Freigrenze nicht bereits durch andere Sachbezüge ausgeschöpft wird.

Für Zinszuschüsse des Arbeitgebers gilt die 50-EUR-Freigrenze nicht.

Zuflusszeitpunkt der Zinsvorteile

Der geldwerte Vorteil aus einem zinsgünstigen Darlehen fließt dem Arbeitnehmer in dem Zeitpunkt zu, in dem die Zinsen fällig werden. Bei zinsloser Darlehensgewährung ist darauf abzustellen, wann Zinsen üblicherweise fällig wären. Der Arbeitgeber darf davon ausgehen, dass die Zinsen üblicherweise mit der Tilgungsrate fällig werden. Bei Arbeitgeberdarlehen ohne Tilgungsleistung (endfälliges Darlehen) kann für die Frage, ob der Zinsvorteil am Ende der Laufzeit, monatlich, vierteljährlich oder jährlich zufließt, grundsätzlich dem der Vereinbarung zugrunde liegenden Willen des Darlehensvertrags gefolgt werden.

Versteuerung der Zinsvorteile

Geldwerte Vorteile aus einem Arbeitgeberdarlehen sind regelmäßig nach den persönlichen Besteuerungsmerkmalen des Arbeitnehmers (↗ ELStAM) dem Lohnsteuerabzug zu unterwerfen. Unter bestimmten Voraussetzungen kann die Lohnsteuer pauschaliert werden.

Pauschalierung sonstiger Bezüge bis 1.000 EUR pro Jahr

Eine Pauschalierung der Lohnsteuer mit einem individuellen Pauschsteuersatz kommt für Zinsvorteile bis 1.000 EUR im Kalenderjahr in Betracht, die als ↗ sonstige Bezüge geleistet und nach der allgemeinen Bewertungsregelung bewertet werden.

Zinsvorteile rechnen zu den sonstigen Bezügen, wenn der Zinszahlungszeitraum den Lohnzahlungszeitraum überschreitet, z. B. wenn bei monatlicher Lohnzahlung die Zinsbeträge vierteljährlich fällig werden.

Wird der Zinsvorteil nur zum Teil pauschaliert, weil der pauschalierungsfähige Höchstbetrag von 1.000 EUR im Kalenderjahr überschritten ist, ist bei der Ermittlung des individuell zu versteuernden Zinsvorteils der Teilbetrag des Darlehens außer Ansatz zu lassen, für den die Zinsvorteile pauschal versteuert wurden.

Die Pauschalierung ist beim Betriebsstättenfinanzamt zu beantragen.[4]

Pauschalbesteuerung mit 30 % nach § 37b EStG

Zinsvorteile können auch mit einem festen Pauschsteuersatz von 30 % versteuert werden.[5] Zu beachten ist in diesem Fall, dass die Pauschalierung der Lohnsteuer mit 30 % nur einheitlich für alle Sachzuwendungen, die nach der allgemeinen Bewertungsregelung bewertet werden, durchgeführt werden kann.

Ein Antrag beim Betriebsstättenfinanzamt ist nicht erforderlich.

Wichtig

Pauschalbesteuerung nach § 37b EStG ist unwiderruflich

Die Entscheidung zur Anwendung der Pauschalierung mit 30 % kann nicht zurückgenommen werden.

Tipp

Pauschalierung nach § 37b EStG auch für Mitarbeiter von Banken

Zinsvorteile von Mitarbeitern von Banken sind grundsätzlich nach der Rabattfreibetragsregelung zu bewerten. Eine Pauschalierung der Zinsvorteile mit 30 % ist dann nicht möglich.[6] Übt der Arbeitgeber allerdings sein Wahlrecht zugunsten einer Bewertung mit dem üblichen Endpreis am Abgabeort[7] aus, ist auch die Pauschalierung mit 30 % zulässig.

Keine Pauschalierung bei Anwendung der Rabattfreibetragsregelung

Für Zinsvorteile, die nach der Rabattfreibetragsregelung bewertet werden, ist eine Pauschalierung der Lohnsteuer nicht möglich.[8]

Sozialversicherung

Darlehensbetrag ist kein Arbeitsentgelt

Darlehen, die der Arbeitgeber seinen Arbeitnehmern gewährt, sind kein sozialversicherungspflichtiges Arbeitsentgelt. Da das Darlehen auf Rückzahlung ausgerichtet ist, verbleibt im Hinblick auf den Darlehensbetrag kein geldwerter Vorteil. Dieser ist lediglich für den Zinsvorteil des Arbeitnehmers gegeben.

Achtung

Schuldenerlass

Verzichtet der Arbeitgeber auf die Rückzahlung des Darlehens, gehört das Darlehen in Höhe des erlassenen Betrags als einmalige Einnahme zum beitragspflichtigen Entgelt.

Beitragspflicht der Darlehenszinsen

Die sich bei einem zinslosen oder zinsverbilligten Arbeitgeberdarlehen ergebenden Zinsersparnisse stellen unter bestimmten Rahmenbedingungen allerdings beitragspflichtiges Arbeitsentgelt dar.

Höhe des geldwerten Vorteils ist entscheidend

Beitragsfreiheit zur Sozialversicherung besteht dann, wenn der ↗ geldwerte Vorteil aus dem zinsverbilligten oder zinslosen Darlehen monatlich nicht mehr als 50 EUR[9] beträgt.[10]

Der geldwerte Vorteil bei einem Arbeitgeberdarlehen bemisst sich nach dem Unterschiedsbetrag zwischen dem marktüblichen Zins und dem Zins, den der Arbeitnehmer im konkreten Einzelfall zahlt. Maßgebend ist der marktübliche Zinssatz bei Vertragsabschluss. Er gilt für die gesamte Vertragslaufzeit. Als marktüblich gelten die von der Deutschen Bundesbank zuletzt veröffentlichten Effektivzinssätze für die jeweilige Kreditart (z. B. Wohnungsbaukredit, Konsumentenkredit). Der auf diese Weise errechnete Zins wird um 4 % vermindert und mit dem auf Grundlage des konkret vereinbarten Zinssatzes errechneten Zins verglichen. Die Differenz stellt den monatlichen geldwerten Vorteil dar. Dieser ist beitragsfrei, wenn der Betrag von 50 EUR nicht überschritten wird. Ist der geldwerte Vorteil höher als 50 EUR, ist der gesamte Betrag beitragspflichtig.

1 BMF, Schreiben v. 19.5.2015, IV C 5 – S 2334/07/0009, BStBl 2015 I S. 484, Rzn. 24, 25.
2 BMF, Schreiben v. 19.5.2015, IV C 5 – S 2334/07/0009, BStBl 2015 I S. 484, Rz. 24.
3 § 8 Abs. 2 Satz 1 EStG.
4 § 40 Abs. 1 Nr. 1 EStG.
5 § 37b EStG.
6 § 37b Abs. 2 Satz 2 EStG.
7 § 8 Abs. 3 Satz 1 EStG.
8 § 8 Abs. 3 Satz 1 EStG.
9 Sachbezugsfreigrenze nach § 8 Abs. 2 EStG.
10 § 3 Abs. 1 Satz 4 SvEV.

Die steuerrechtlichen Besonderheiten bei Mitarbeitern von Finanzunternehmen gelten auch für den Bereich der Sozialversicherung. In Höhe des zu berücksichtigenden Steuerfreibetrags von 1.080 EUR stellt der geldwerte Vorteil auch kein Arbeitsentgelt dar.[1]

Vereinfachungsregelung bei Darlehenssumme bis 2.600 EUR

Aus Vereinfachungsgründen ist der Zinsvorteil unabhängig davon, ob es sich um ein zinsloses oder zinsverbilligtes Darlehen handelt, nicht dem beitragspflichtigen Arbeitsentgelt zuzurechnen. Voraussetzung ist hierbei, dass die Restschuld aus dem Arbeitgeberdarlehen am Ende des Lohnabrechnungszeitraums nicht mehr als 2.600 EUR beträgt.

Pauschalierung der Lohnsteuer nach § 40 Abs. 1 Satz 1 Nr. 1 EStG

Nimmt der Arbeitgeber eine Pauschalierung der Lohnsteuer als sonstigen Bezug vor, handelt es sich dennoch im Regelfall um beitragspflichtiges Arbeitsentgelt. Die Entgelteigenschaft besteht nur dann nicht, wenn es sich bei der Pauschalbesteuerung als sonstigen Bezug um laufendes Arbeitsentgelt, also um monatlich abgerechnete Zinsbeträge handelt.[2] Dies steht jedoch im Widerspruch zu den Voraussetzungen der Pauschalbesteuerung.

Pauschalbesteuerung nach § 37b EStG

Auch bei einer Pauschalbesteuerung nach § 37b EStG handelt es im Bereich der Sozialversicherung weiterhin um beitragspflichtiges Arbeitsentgelt.

Wichtig

Arbeitgeber erstattet Zinsen für ein Darlehen

Für den Fall, dass ein Arbeitnehmer ein Darlehen bei einer Bank aufnimmt, der Arbeitgeber jedoch zum Teil oder vollständig die für das Darlehen zu entrichteten Zinsen übernimmt, handelt es sich um einen Zinszuschuss, der stets in vollem Umfang zum beitragspflichtigen Arbeitsentgelt des Arbeitnehmers gehört.

Arbeitgeberhaftung

Der Arbeitgeber haftet gegenüber dem Arbeitnehmer umfassend vertraglich und deliktisch für Pflichtverletzungen aus dem Arbeitsverhältnis. Dabei wird ihm das Verhalten Dritter (Organmitglieder, sonstige Beschäftigte) in vielen Fällen zugerechnet. Daneben tritt die verschuldensunabhängige Haftung für sog. Eigenschäden des Arbeitnehmers. Eine Haftungserleichterung zugunsten des Arbeitgebers ähnlich der Haftung des Arbeitnehmers gibt es für vom Arbeitgeber fahrlässig verursachte Personenschäden.

Verletzt der Arbeitgeber seine lohnsteuerlichen Pflichten, haftet er neben dem Arbeitnehmer für zu gering einbehaltene und nicht rechtzeitig und vollständig abgeführte Lohnsteuer. Das Finanzamt entscheidet sich regelmäßig nach pflichtgemäßem Ermessen für den Arbeitgeber als Haftungsschuldner. Eine Haftung kann sich auch bei Arbeitnehmerüberlassung (Entleiher) sowie beim Lohnsteuerabzug durch einen Dritten ergeben.

Gesetze, Vorschriften und Rechtsprechung

Lohnsteuer: Der Zweck der Haftung des Arbeitgebers gemäß § 42d EStG liegt in der Sicherung einer ordnungsgemäßen Besteuerung. Nach § 42d Abs. 1 Nr. 1 EStG haftet der Arbeitgeber z. B. für die Lohnsteuer, die er für Rechnung des Arbeitnehmers bei Gehaltszahlung von dessen Arbeitslohn einbehalten und an das Betriebsstättenfinanzamt abführen muss. Sind Angaben in der Lohnsteuerbescheinigung unrichtig oder nicht vollständig, haftet der Arbeitgeber nach § 42d Abs. 1 Nr. 3 EStG für die Lohnsteuer, die aufgrund der fehlerhaften Lohnsteuerbescheinigung verkürzt wird.

Sozialversicherung: Arbeitgeber haften für die Zahlung der Sozialversicherungsbeiträge nach § 28e SGB IV. In diesem Zusammenhang sind auch die Verjährungsvorschriften nach § 25 SGB IV für Beitragsansprüche zu beachten.

Lohnsteuer

Haftung für Arbeitslohn

Bei Einkünften aus nichtselbstständiger Arbeit[3] (Arbeitslohn) wird die Einkommensteuer durch Abzug vom Arbeitslohn erhoben (Lohnsteuer). Grundsätzlich ist der Arbeitnehmer Schuldner der Lohnsteuer. Die Lohnsteuer entsteht in dem Zeitpunkt, in dem der Arbeitslohn dem Arbeitnehmer zufließt. Der Arbeitgeber muss die Lohnsteuer für Rechnung des Arbeitnehmers bei jeder Lohnzahlung vom Arbeitslohn einbehalten.[4] Der Arbeitgeber ist nur Schuldner der pauschalen Lohnsteuer.

Inanspruchnahme des Arbeitgebers

Verletzung der Einbehaltungs- und Abführungspflicht

Der Arbeitgeber haftet gemäß § 42d Abs. 1 Nr. 1 EStG zum einen, wenn er die nach den ELStAM[5] ermittelte Lohnsteuer nicht einbehält.

Hinweis

Gutschriften auf Wertguthabenkonto

Nur tatsächlich zugeflossener Arbeitslohn unterliegt dem Lohnsteuerabzug. Gutschriften auf einem Wertguthabenkonto sind kein gegenwärtig zufließender Arbeitslohn. Durch die Zuführung von Arbeitslohn zu einem Wertguthabenkonto wird der Anspruch des Arbeitnehmers nicht erfüllt. Vielmehr erwirbt der Arbeitnehmer anstelle des fälligen Lohnanspruchs einen noch nicht fälligen Anspruch auf zukünftige Lohnzahlung gegen den Arbeitgeber. Die Leistung des Arbeitgebers auf das Wertguthabenkonto dient nur der Absicherung des zukünftigen Anspruchs. Der Arbeitgeber haftet also nicht für die Lohnsteuer, wenn er die Entlassungsentschädigung als Wertguthaben zugunsten des Arbeitnehmers auf die DRV Bund übertragen hat.[6]

Auch die fehlende Insolvenzsicherung und das damit einhergehende Risiko des (Wert-)Verlusts eines vom Arbeitgeber nicht erfüllten Lohnanspruchs führen nicht zum Zufluss von Arbeitslohn, sodass die Haftung für die Lohnsteuer entfällt.[7]

Zum anderen haftet der Arbeitgeber, wenn er die Lohnsteuer nach den gesetzlichen Vorschriften einbehalten, diese aber nicht an das Finanzamt abgeführt hat (Verstoß gegen § 41a Abs. 1 Satz 1 Nr. 2 EStG).[8]

Verkürzung der Lohnsteuer

Die Haftung nach § 42d Abs. 1 Nr. 3 EStG erfordert die Feststellung, dass Lohnsteuer verkürzt worden ist aufgrund fehlerhafter Angaben im Lohnkonto[9] oder in der ⇗ Lohnsteuerbescheinigung.[10]

Haftungsausschluss

Der Arbeitgeber haftet nicht in folgenden Fällen[11]:

- Nachforderung gemäß § 39 Abs. 5 EStG,
- Nachforderung gemäß § 39a Abs. 5 EStG,
- vom Arbeitgeber angezeigte Fälle des § 38 Abs. 4 Sätze 2 und 3 EStG und des § 41c Abs. 4 EStG.[12]

1 § 3 Abs. 1 Satz 3, § 1 Abs. 1 Satz 1 Nr. 1 SvEV.
2 § 1 Abs. 1 Satz 1 Nr. 2 SvEV.
3 § 19 EStG.
4 §§ 38 ff. EStG; § 1 Abs. 2 Satz 1 LStDV.
5 § 39e Abs. 6 EStG.
6 BFH, Urteil v. 3.5.2023, IX R 25/21, BFH/NV 2023 S. 1239.
7 BFH, Urteil v. 28.6.2023, VI R 28/21, BFH/NV 2023 S. 1185.
8 H 42d.1 LStH „Allgemeines zur Arbeitgeberhaftung".
9 § 41 Abs. 1 EStG; § 4 LStDV.
10 H 42d.1 LStH „Allgemeines zur Arbeitgeberhaftung".
11 § 42d Abs. 2 EStG.
12 H 42d.1 LStH „Haftungsbefreiende Anzeige".

Haftungsvermeidung durch Anrufungsauskunft

Die ⇗ Lohnsteueranrufungsauskunft nach § 42e EStG[1] trifft eine Aussage darüber, wie die Finanzbehörde den vom Antragsteller dargestellten Sachverhalt im Hinblick auf die Verpflichtung zum Lohnsteuerabzug gegenwärtig rechtlich einordnet.[2] Das Absehen von der Einholung einer Anrufungsauskunft kann von der Finanzbehörde im Rahmen der Haftung als grob schuldhaft beurteilt werden.[3] Wenn ein Arbeitgeber beim Lohnsteuerabzug entsprechend einer Anrufungsauskunft handelt, kann ihm kein Fehlverhalten vorgeworfen werden, sodass eine Haftung grundsätzlich ausscheidet.[4]

Eine Anrufungsauskunft kann entsprechend § 207 Abs. 2 AO mit Wirkung für die Zukunft aufgehoben oder geändert werden.[5]

Haftungsdauer – Festsetzungsverjährung

Ein Haftungsbescheid darf nicht mehr ergehen, soweit die Steuer gegen den Steuerschuldner (Arbeitnehmer) nicht festgesetzt worden ist und wegen Ablaufs der steuerlichen Festsetzungsfrist gemäß § 169 AO auch nicht mehr festgesetzt werden kann.[6] Der Gleichlauf der Festsetzungsfristen beim Steuerschuldner und dem Steuerentrichtungspflichtigen ist in § 171 Abs. 15 AO geregelt.[7]

Ist die Frist für die Festsetzung der Lohnsteuer gegenüber den Arbeitnehmern zum Zeitpunkt des Erlasses des Haftungsbescheids abgelaufen, kann der Arbeitgeber für die – auf einen geldwerten Vorteil entfallende – nicht angemeldete und nicht abgeführte Lohnsteuer nicht mehr durch Haftungsbescheid in Anspruch genommen werden. Bei der Berechnung der Festsetzungsfrist für die Lohnsteuer bei den Arbeitnehmern ist hinsichtlich der Anlaufhemmung[8] darauf abzustellen, ob und ggf. wann der Arbeitgeber die ⇗ Lohnsteuer-Anmeldungen für die vom Haftungsbescheid umfassten Lohnsteuer-Anmeldungszeiträume abgegeben hat.[9]

Auswahlermessen des Finanzamts

Soweit die Haftung des Arbeitgebers reicht, sind der Arbeitgeber und der Arbeitnehmer Gesamtschuldner.[10] Das ⇗ Betriebsstättenfinanzamt kann die Steuerschuld oder Haftungsschuld nach pflichtgemäßem Ermessen gegenüber jedem Gesamtschuldner geltend machen.[11] Der Arbeitgeber kann auch dann als Haftender in Anspruch genommen werden, wenn der Arbeitnehmer zur Einkommensteuer veranlagt wird.

Hinweis

Inanspruchnahme des Arbeitnehmers vs. Arbeitgebers

In der Praxis sind die Fälle der Inanspruchnahme des Arbeitnehmers als Steuerschuldner gemäß § 42 Abs. 3 Satz 4 EStG eher die Ausnahme. H 42d.1 LStH enthält Fallbeispiele zur ermessensfehlerhaften und ermessensfehlerfreien Inanspruchnahme des Arbeitgebers.

Die vorrangige Inanspruchnahme des Arbeitgebers durch Haftungsbescheid ist z. B. aufgrund der Vielzahl der betroffenen Arbeitnehmer schneller und einfacher möglich, sodass die Inanspruchnahme des Arbeitgebers aus verwaltungsökonomischen Gründen ermessensgerecht ist.[12]

Haftungsbescheid

Eine Haftungsinanspruchnahme[13] als Arbeitgeber setzt voraus, dass die Lohnsteuer entstanden, nicht aber, dass sie auch festgesetzt worden ist.[14] Wird der Arbeitgeber vom Finanzamt als Haftungsschuldner in Anspruch genommen, so ist ein Haftungsbescheid zu erlassen.[15, 16]

Im Haftungsbescheid sind die für das Entschließungs- und Auswahlermessen[17] maßgebenden Gründe des Finanzamts anzugeben.[18] Der Arbeitgeber hat dann eine Zahlungsfrist von einem Monat.[19]

Wichtig

Rechtsbehelfe gegen den Haftungsbescheid

Der Arbeitnehmer hat gegen diesen Haftungsbescheid insoweit ein Einspruchsrecht, als er persönlich für die nachgeforderte Lohnsteuer in Anspruch genommen werden kann. Dem Arbeitgeber steht ein unbeschränktes Einspruchs- und Klagerecht zu.

Ernstliche Zweifel bei Haftungsbescheid aufgrund einer Steuerfahndung ohne Mitteilung der Besteuerungsgrundlagen

Die Vollziehung eines Lohnsteuerhaftungsbescheids gegen ein Taxiunternehmen, der nach Ermittlungen der Steuerfahndung (Schwarzzahlungen an Taxifahrer) ergeht, ist auszusetzen, wenn das Finanzamt dem Antrag des Arbeitgebers nicht stattgibt, diesem die Besteuerungsgrundlagen nach § 364 AO im Einspruchsverfahren mitzuteilen.[20]

Aussetzung der Vollziehung bei rechtswidrigem Haftungsbescheid

Ist ein Haftungsbescheid mit Sicherheit oder großer Wahrscheinlichkeit rechtswidrig und deshalb ein für den Steuerpflichtigen günstiger Prozessausgang zu erwarten, kann das Finanzgericht die Aussetzung der Vollziehung auch ohne Sicherheitsleistung des Haftungsschuldners anordnen. An der Rechtmäßigkeit eines Haftungsbescheids bestehen ernsthafte Zweifel, wenn das Finanzamt die einer Lohnkalkulation zugrunde liegenden tatsächlichen Umstände, wie geleistete Stunden oder Stundensatz, vorher nicht aufgeklärt hat, die Haftungssumme dadurch u. U. rechnerisch falsch ermittelt wurde und der Haftungsbescheid keinerlei Ermessenserwägungen enthält.[21]

Haftung hat nur Schadenscharakter

So darf eine Haftungsinanspruchnahme nur für die gesetzlich entstandene Lohnsteuer erfolgen. Eine Haftung des Arbeitgebers scheidet aus, wenn zweifelsfrei feststeht, dass eine Einkommensteuerschuld des Arbeitnehmers nicht oder nicht in Höhe des Lohnsteuerabzugs entstanden ist.[22]

Hinreichende Bestimmtheit des Haftungsbescheids

Der BFH hat entschieden, unter welchen Voraussetzungen ein Bescheid, mit dem sowohl vom Arbeitgeber pauschale Lohnsteuer[23] nacherhoben als auch der Arbeitgeber als Haftungsschuldner für Lohnsteuer gem. § 42d EStG in Anspruch genommen wird und dabei die Steuer- von der Haftungsschuld nicht eindeutig getrennt wird, inhaltlich hinreichend bestimmt ist.[24]

Entscheidend ist lt. BFH nicht die u. U. fehlerhafte „Überschrift" des Bescheids (= Verwaltungsakt), sondern der „Tenor". Wenn wie im Streitfall

- im Tenor nicht nur Haftungsbeträge nach § 42d EStG, sondern auch Pauschalsteuern enthalten sind (z. B. durch ausdrücklichen Verweis des Finanzamts auf die Pauschalierungsvorschriften)
- und zudem das Finanzamt Bezug genommen hat auf Schreiben des steuerpflichtigen Arbeitgebers, die deutlich machen, dass das Finanzamt einen kombinierten Pauschalierungs- und Haftungsbescheid erlassen wollte,

ist der Haftungsbescheid hinreichend bestimmt. Für die Festsetzung der Pauschalsteuer fehlte es aber im Streitfall an einer entsprechenden Lohnsteuer-Anmeldung der Arbeitgeberin, sodass der mit dem Haftungsbescheid äußerlich verbundene Pauschalierungsbescheid vom BFH aufgehoben wurde.

1 BMF, Schreiben v. 12.12.2017, IV C 5 – S 2388/14/10001, BStBl 2017 I S. 1656.
2 BFH, Urteil v. 7.5.2014, VI R 28/13, BFH/NV 2014 S. 1734; BFH, Urteil v. 27.2.2014, VI R 26/12, BFH/NV 2014 S. 1372; Hessisches FG, Urteil v. 22.2.2018, 4 K 1408/17, rkr.; FG Rheinland-Pfalz, Urteil v. 9.9.2020, 2 K 1690/18.
3 Niedersächsisches FG, Urteil v. 27.10.2021, 12 K 239/18.
4 BFH, Urteil v. 20.3.2014, VI R 43/13, BStBl 2014 II S. 592; FG des Saarlandes, Urteil v. 3.12.2014, 2 K 1088/12.
5 BFH, Urteil v. 2.9.2021, VI R 19/19, BStBl 2022 II S. 136.
6 § 191 Abs. 5 Satz 1 Nr. 1-2 AO.
7 BFH, Beschluss v. 17.3.2016, VI R 3/15, BFH/NV 2016 S. 994.
8 § 170 Abs. 2 Satz 1 Nr. 1 AO.
9 FG München, Urteil v. 28.11.2014, 8 K 2038/13.
10 § 42d Abs. 3 Satz 1 EStG; § 421 BGB.
11 § 5 AO; Sächsisches FG, Urteil v. 16.12.2021, 8 K 623/21; FG Berlin-Brandenburg, Beschluss v. 21.12.2022, 9 V 9085/22.
12 FG Münster, Urteil v. 14.2.2020, 14 K 2450/18 L.
13 H 42d.1 LStH „Haftungsverfahren".
14 FG Münster, Beschluss v. 23.6.2015, 1 V 1012/15 L.
15 § 191 Abs. 1 Satz 1 AO.
16 FG Nürnberg, Urteil v. 27.2.2019, 5 K 1199/17.
17 § 5 AO.
18 R 42d.1 Abs. 5 LStR; H 42d.1 LStH „Ermessensbegründung".
19 R 42d.1 Abs. 7 LStR.
20 FG des Saarlandes, Beschluss v. 23.3.2020, 2 V 1042/20.
21 FG Münster, Beschluss v. 16.4.2019, 5 V 281/19 L.
22 FG Berlin-Brandenburg, Beschluss v. 13.11.2018, 9 V 9023/18.
23 §§ 37a, 37b, 40, 40a und 40b EStG.
24 BFH, Urteil v. 1.9.2021, VI R 38/19, BFH/NV 2022 S. 321.

Anfechtung lässt Lohnsteuer-Anmeldung unberührt

Durch die Anfechtung eines Lohnsteuer-Haftungsbescheids seitens des Arbeitgebers werden nicht zugleich auch dessen Lohnsteuer-Anmeldungen oder ein Bescheid über die Anfechtung des Vorbehalts der Nachprüfung der Lohnsteuer-Anmeldungen für die Anmeldungszeiträume angefochten, in denen der Haftungstatbestand verwirklicht wurde.[1]

Haftung des Geschäftsführers für (pauschalierte) Lohnsteuer

Die Nichtabführung einzubehaltender und anzumeldender Lohnsteuer zu den gesetzlichen Fälligkeitszeitpunkten begründet regelmäßig eine zumindest grob fahrlässige Verletzung der Pflichten des Geschäftsführers einer GmbH. Das gilt auch im Fall der nachträglichen Pauschalierung der Lohnsteuer.[2]

Das Finanzamt übt lt. BFH sein Auswahlermessen gem. § 5 AO fehlerhaft aus, wenn es ohne nähere Begründung nur den Arbeitgeber (im Streitfall eine GmbH) für die Lohnsteuer in Haftung nimmt, obwohl nach den im Streitfall gegebenen Umständen eine Haftung des Geschäftsführers i. S. der §§ 34, 35, 69 AO in Betracht kommt.[3]

Tipp

Werbungskostenabzug bei Haftungsinanspruchnahme des Geschäftsführers

Ein angestellter Geschäftsführer, der Haftungsschulden aus seinem Vermögen bezahlt, kann diese Aufwendungen auch insoweit als Werbungskosten bei seinen Einkünften aus nichtselbstständiger Arbeit abziehen, als die Haftung auf nicht abgeführter Lohnsteuer beruht, die auf den Arbeitslohn des Geschäftsführers entfällt. Das Werbungskostenabzugsverbot gem. § 12 Nr. 3 EStG gilt nicht.[4]

Haftung bei Lohnzahlung durch Dritte

Der Lohnsteuer unterliegt auch der im Rahmen des Dienstverhältnisses von einem Dritten gewährte Arbeitslohn, wenn der Arbeitgeber weiß oder erkennen kann, dass derartige Vergütungen erbracht werden.[5]

Entgelte des Deutschen Handballbundes für Einsätze der Spieler in Länder- und Auswahlspielen sind z. B. keine Lohnzahlung von dritter Seite i. S. v. § 38 Abs. 1 Satz 3 EStG[6], sodass der Handballverein auf diese Zahlungen keine Lohnsteuer abführen muss. Damit entfällt auch eine Lohnsteuerhaftung nach § 42d EStG.[7]

Haftung bei Lohnansprüchen gegen Dritte

Soweit sich aus einem Dienstverhältnis oder einem früheren Dienstverhältnis tarifvertragliche Ansprüche des Arbeitnehmers auf Arbeitslohn unmittelbar gegen einen Dritten mit Wohnsitz, Geschäftsleitung oder Sitz im Inland richten und von diesem durch die Zahlung von Geld erfüllt werden, hat der Dritte die Pflichten des Arbeitgebers.[8] In den Fällen der Lohnzahlung durch Dritte haftet Letzterer in beiden Fällen des § 38 Abs. 3a EStG[9] neben dem Arbeitgeber.[10]

Haftung bei Arbeitnehmerüberlassung

Beschränkte Inanspruchnahme des Entleihers

Bei der ⇗ Arbeitnehmerüberlassung ist steuerrechtlich grundsätzlich der Verleiher Arbeitgeber der Leiharbeitnehmer. Wird der Entleiher als Haftungsschuldner in Anspruch genommen, so ist wegen der unterschiedlichen Voraussetzungen und Folgen stets danach zu unterscheiden, ob er als Arbeitgeber der Leiharbeitnehmer oder als Dritter nach § 42d Abs. 6 EStG neben dem Verleiher als dem Arbeitgeber der Leiharbeitnehmer haftet.

Der Entleiher haftet wie der Verleiher (Arbeitgeber), jedoch beschränkt auf die Lohnsteuer für die Zeit, für die ihm der Leiharbeitnehmer überlassen worden ist.[11] Die Haftung des Entleihers richtet sich deshalb nach denselben Grundsätzen wie die Haftung des Arbeitgebers. Sie scheidet aus, wenn der Verleiher als Arbeitgeber nicht haften würde.[12]

Hinweis

Ausnahmen von der Entleiherhaftung

Der Entleiher haftet nicht, wenn der Überlassung eine Erlaubnis nach § 1 AÜG[13] in der jeweils geltenden Fassung zugrunde liegt und soweit er nachweist, dass er den nach § 51 Abs. 1 Nr. 2 Buchst. d) EStG vorgesehenen Mitwirkungspflichten nachgekommen ist.[14]

Wenn eine Vollstreckung in das inländische bewegliche Vermögen des Arbeitgebers daran scheitert, dass dieser insolvent wird, haftet der Entleiher.[15]

Inanspruchnahme des Verleihers

Der Verleiher, der steuerrechtlich nicht als Arbeitgeber zu behandeln ist, kann wie ein Entleiher nach § 42d Abs. 6 EStG als Haftender in Anspruch genommen werden, aber erst nachdem der Entleiher auf Zahlung in Anspruch genommen worden ist.[16]

Sicherungsverfahren

Als Sicherungsmaßnahme kann das Finanzamt den Entleiher verpflichten, einen bestimmten Euro-Betrag oder einen als Prozentsatz bestimmten Teil des vereinbarten Überlassungsentgelts einzubehalten und abzuführen.[17]

Arbeitnehmerüberlassung im Baugewerbe

Im Baugewerbe ist die Haftung des Entleihers nach § 42d Abs. 6 EStG sowie die Anordnung einer Sicherungsmaßnahme nach § 42d Abs. 8 EStG ausgeschlossen, soweit der zum Steuerabzug verpflichtete Leistungsempfänger den Abzugsbetrag einbehalten und abgeführt hat bzw. dem Leistungsempfänger[18] im Zeitpunkt der Abzugsverpflichtung eine Freistellungsbescheinigung des Leistenden vorliegt, auf deren Rechtmäßigkeit er vertrauen durfte.

Internationale Arbeitnehmerentsendung

In den Fällen der internationalen Arbeitnehmerentsendung ist das in Deutschland ansässige aufnehmende Unternehmen inländischer Arbeitgeber, wenn es den Arbeitslohn für die ihm geleistete Arbeit wirtschaftlich trägt.[19] Dies gilt unabhängig davon, ob das Unternehmen im Inland dem Arbeitnehmer den Arbeitslohn im eigenen Namen und für eigene Rechnung auszahlt.[20] Voraussetzung für eine wirtschaftliche Arbeitgeberstellung ist lt. Rechtsprechung des BFH[21] vielmehr, dass der Einsatz des Arbeitnehmers bei dem aufnehmenden Unternehmen in dessen Interesse erfolgt und dass der Arbeitnehmer in den Arbeitsablauf des aufnehmenden Unternehmens eingegliedert ist und dessen Weisungen unterliegt.[22]

Sozialversicherung

Haftung des Arbeitgebers

Die Beiträge zur Sozialversicherung sind vom ⇗ Arbeitgeber zu zahlen.[23] Er ist damit gleichzeitig auch Beitragsschuldner der Sozialversicherungsbeiträge. Wird ein Arbeitsverhältnis ursprünglich als versicherungsfrei beurteilt und stellt sich im Nachhinein heraus, dass Versicherungspflicht bestanden hat, so wird die ⇗ Einzugsstelle für den Gesamtsozialver-

1 BFH, Urteil v. 15.2.2023, VI R 13/21, BFH/NV 2023 S. 745.
2 BFH, Urteil v. 14.12.2021, VII R 32/20, BFH/NV 2022 S. 692.
3 BFH, Urteil v. 2.9.2021, VI R 47/18, BFH/NV 2022 S. 99.
4 BFH, Urteil v. 8.3.2022, VI R 19/20, BFH/NV 2022 S. 1111.
5 § 38 Abs. 1 Satz 3 EStG.
6 R 38.4 Abs. 2 LStR.
7 FG Münster, Urteil v. 25.3.2015, 7 K 3010/12 L.
8 § 38 Abs. 3a Satz 1 EStG.
9 R 38.5 LStR.
10 § 42d Abs. 9 EStG; R 42d.3 LStR.
11 § 42d Abs. 6 EStG.
12 R 42d.2 LStR.
13 Arbeitnehmerüberlassungsgesetz, neu gefasst m. W. v. 1.4.2017 durch Gesetz v. 21.2.2017, BGBl. 2017 I S. 258.
14 § 42d Abs. 6 Satz 2 EStG; R 42d.2 Abs. 4 LStR.
15 R 42d.2 Abs. 6 LStR.
16 § 42d Abs. 7 EStG; R 42d.2 Abs. 7 LStR.
17 § 42d Abs. 8 EStG; R 42d.2 Abs. 8 LStR.
18 § 48 Abs. 1 EStG.
19 § 38 Abs. 1 Satz 1 Nr. 1, Satz 2 EStG.
20 § 38 Abs. 1 Satz 2 EStG.
21 BFH, Urteil v. 4.11.2021, VI R 22/19, BStBl 2021 II S. 562.
22 FG Münster, Urteil v. 24.3.2023, 4 K 722/21 L.
23 § 28e Abs. 1 SGB IV; § 150 SGB VII.

sicherungsbeitrag und die ⬀ Berufsgenossenschaft für die Unfallversicherungsbeiträge den Arbeitgeber auch für die Vergangenheit in Anspruch nehmen. Hierbei sind jedoch die Grenzen der ⬀ Verjährung zu beachten.[1] Besondere Haftungsregelungen bestehen für den Bereich der ⬀ Arbeitnehmerüberlassung.

Hinweis

Besonderheit bei Minijobs

Eine Besonderheit gilt bei geringfügig Beschäftigten. Stellt die Minijob-Zentrale aufgrund der eingegangenen Meldungen oder der Betriebsprüfer im Rahmen der Prüfung Versicherungspflicht aufgrund der Addition mehrerer Beschäftigungen fest, so wird die Versicherungspflicht nur für die Zukunft festgestellt. So entfällt eine Nachzahlung seitens des Arbeitgebers. Das gilt allerdings nur, wenn der Arbeitgeber seinen Pflichten (Befragung der Beschäftigung, fristgemäße Meldung usw.) ordnungsgemäß nachgekommen ist.

Ab 2022 erhält der Arbeitgeber von der Einzugsstelle (Minijob-Zentrale) eine elektronische Rückmeldung über bereits zuvor ausgeübte Beschäftigungen im laufenden Kalenderjahr. So kann er schnell und zutreffend die Voraussetzungen für die Versicherungsfreiheit wegen Kurzfristigkeit der Beschäftigung überprüfen.

Rückwirkende Einbehaltung der Arbeitnehmeranteile

In den Fällen einer Beitragsnachforderung regelt § 28g SGB IV die rückwirkende Einbehaltung von ⬀ Arbeitnehmeranteilen an den Kranken-, Pflege-, Renten- und Arbeitslosenversicherungsbeiträgen. Soweit der Arbeitgeber an der unterbliebenen Beitragseinbehaltung ein Verschulden trägt, darf ein unterbliebener Beitragsabzug nur bei den 3 nächsten Lohn- oder Gehaltszahlungen nachgeholt werden. Hat der Arbeitgeber am unterbliebenen Beitragsabzug kein Verschulden, so ist ein rückwirkender Beitragsabzug uneingeschränkt möglich.

Ist das Arbeitsverhältnis bereits beendet worden, so hat der Arbeitgeber in der Regel kein Rückgriffsrecht in Form eines Lohnabzugs gegenüber dem Arbeitnehmer.

Ausnahme bei Arbeitnehmerverschulden

Ausnahmsweise kann jedoch auf Beschäftigte zurückgegriffen werden in den Fällen, in denen der Arbeitnehmer seinen Pflichten nach § 28o Abs. 1 Satz 1 SGB IV vorsätzlich oder grob fahrlässig nicht nachgekommen ist. Zu diesen Pflichten gehört, dass der Arbeitnehmer dem Arbeitgeber die zur Durchführung des Melde- und Beitragsverfahrens erforderlichen Angaben macht. Verschweigt also z. B. ein Arbeitnehmer trotz Befragung durch den Arbeitgeber weitere Beschäftigungsverhältnisse, um dadurch das Überschreiten der maßgebenden Grenzen, die zur Versicherungspflicht führen, zu vermeiden, dann hat der Arbeitgeber bei nachträglicher Feststellung der Versicherungspflicht das Recht, Arbeitnehmeranteile auch von ausgeschiedenen Arbeitnehmern zu fordern.

Haftung in besonderen Gewerbezweigen

Baugewerbe

Ein Unternehmer des Baugewerbes, der einen anderen Unternehmer (Subunternehmer) mit der Erbringung von Bauleistungen beauftragt, haftet unter bestimmten Voraussetzungen für die Erfüllung der Zahlungspflicht der Sozialversicherungsbeiträge dieses Unternehmers. Die Haftung gilt auch für die vom Subunternehmer gegenüber ausländischen Sozialversicherungsträgern zu zahlenden Beiträge. Der Unternehmer, der zur Haftung herangezogen werden soll, kann die Zahlung verweigern, wenn die Einzugsstelle den Arbeitgeber noch nicht gemahnt hat und die Mahnfrist auch noch nicht abgelaufen ist.

Die Haftung nach § 28e Abs. 3 SGB IV entfällt, wenn der Arbeitgeber nachweist, dass er ohne eigenes Verschulden davon ausgehen konnte, dass der Nachunternehmer oder ein von ihm beauftragter Verleiher seine Zahlungspflicht erfüllte.

1 § 25 SGB IV.

Die Haftung setzt ein Mindestauftragsvolumen von 275.000 EUR voraus. Durch diese Regelung soll verhindert werden, dass private Bauherren in die Haftung geraten.

Fleischwirtschaft

Die Generalunternehmerhaftung wurde durch das Gesetz zur Sicherung von Arbeitnehmerrechten in der Fleischwirtschaft analog den Regelungen der Bauwirtschaft auf die Fleischwirtschaft ausgedehnt. Allerdings gilt hier kein Mindestauftragsvolumen. Eine Befreiung von der Haftung kann ausschließlich durch Vorlage einer Unbedenklichkeitsbescheinigung der zuständigen Einzugsstelle erbracht werden.

Arbeitnehmerüberlassung

Bei einer Arbeitnehmerüberlassung gilt stets der Verleiher als Arbeitgeber. Das Zeitarbeitsunternehmen haftet somit auch für die Gesamtsozialversicherungsbeiträge. Kommt der Verleiher seinen Verpflichtungen zur Beitragszahlung nicht nach, haftet der Entleiher für die Erfüllung der Zahlungspflicht.[2] Die Haftung des Entleihers beschränkt sich dann allerdings auf die Beitragsschulden für die Zeit, für die ihm der Arbeitnehmer tatsächlich überlassen wurde. Der Entleiher kann die Zahlung jedoch verweigern, solange die Einzugsstelle den Arbeitgeber (Verleiher) nicht gemahnt hat und die Mahnfrist nicht abgelaufen ist.

Wichtig

Vertragliche Bezeichnung der Arbeitnehmerüberlassung

Bei einem Abgrenzungsfehler beim Einsatz von Werk- oder Dienstverträgen wird der Auftraggeber zum Arbeitgeber – mit allen Pflichten. Arbeitnehmerüberlassungsverträge sind nur noch gültig, wenn sie vertraglich ausdrücklich als solche bezeichnet werden.

Mindestlohn

Die beiden besonderen Haftungstatbestände nach dem SGB IV, Generalunternehmerhaftung im ⬀ Baugewerbe und Haftung des Entleihers bei ⬀ Arbeitnehmerüberlassung, kommen ggf. auch in Fällen in Betracht, in denen zu geringe Sozialversicherungsbeiträge gezahlt wurden, z. B. aufgrund der Nichteinhaltung von Mindestarbeitsbedingungen seitens des Subunternehmers bzw. des Verleihers. Denn die Beitragsansprüche der Sozialversicherungsträger entstehen bereits, sobald ihre im Gesetz oder aufgrund eines Gesetzes bestimmten Voraussetzungen vorliegen. Abweichende Regelungen gelten lediglich für Einmalzahlungen, hier gilt das aus dem Steuerrecht bekannte Zuflussprinzip.

EU-Entsenderichtlinie

Für jeden in das EU-Ausland entsandten Arbeitnehmer gelten die entsprechenden Regelungen des Beschäftigungsstaates, insbesondere zum Mindestlohn, auch für Arbeitnehmer, die aus Deutschland in einen anderen EU-Staat entsandt sind. Sind die dort geltenden Mindestbeträge höher als in Deutschland, hat der Arbeitnehmer demzufolge einen höheren Vergütungsanspruch. Auch wenn der Arbeitgeber diesen nicht erfüllen sollte, werden die darauf entfallenden Sozialversicherungsbeiträge fällig.

Arbeitnehmer

Arbeitnehmer sind Personen, die im Dienst eines anderen zur Arbeit verpflichtet sind.

Gesetze, Vorschriften und Rechtsprechung

Lohnsteuer: Der Arbeitnehmerbegriff ist geregelt in § 1 LStDV und mittelbar durch § 19 Abs. 1 EStG. Die Verwaltungsanweisungen R 19.0–19.2 LStR sowie H 19.0–19.2 LStH enthalten weitere Informationen.

Sozialversicherung: Die Beschäftigung ist in § 7 Abs. 1 SGB IV geregelt. Arbeitnehmer im sozialversicherungsrechtlichen Sinne ist, wer im Dienste eines anderen in persönlicher Abhängigkeit steht. Die

2 § 28e Abs. 2 Satz 1 SGB IV.

Merkmale des arbeitsrechtlichen Arbeitsverhältnisses sind oft ähnlich, aber bei einem arbeitsrechtlichen Arbeitsverhältnis muss es sich nicht zwingend um ein sozialversicherungsrechtliches Beschäftigungsverhältnis handeln.

Lohnsteuer

Lohnsteuerrechtliche Auslegung

Arbeitnehmer im Sinne des Lohnsteuerrechts sind Personen, die im öffentlichen oder privaten Dienst angestellt oder beschäftigt sind. Sie gelten auch als Arbeitnehmer, soweit ihnen aus einer früheren Anstellung oder Beschäftigung noch Bezüge zufließen, z. B. Werksrenten oder Pensionen. Arbeitnehmer sind ferner die Rechtsnachfolger dieser Personen, soweit sie Arbeitslohn aus dem früheren Arbeitsverhältnis ihres Rechtsvorgängers beziehen, z. B. Erben, Witwen, Waisen.[1]

Unbeachtlich ist die Frage nach der Geschäftsfähigkeit oder nach dem Umfang der persönlichen Steuerpflicht. Als Arbeitnehmer gelten auch Personen, die sich noch im Vorbereitungsdienst befinden oder die im Hinblick auf ein künftiges Dienstverhältnis bereits Bezüge erhalten, z. B.:

- Auszubildende,
- Beamtenanwärter,
- Referendare oder
- Studenten, die von einem privatwirtschaftlichen Unternehmen laufende Bezüge erhalten und sich verpflichtet haben, nach Abschluss des Studiums in die Dienste des Unternehmens zu treten.

Arbeits- oder sozialrechtlicher Arbeitnehmerbegriff nicht entscheidend

Der Arbeitnehmerbegriff aus anderen Rechtsgebieten ist für die lohnsteuerliche Beurteilung grundsätzlich nicht maßgebend.[2] Deshalb sind – anders als im Arbeitsrecht – z. B. auch Vorstandsmitglieder von Aktiengesellschaften lohnsteuerlich gesehen Arbeitnehmer.

Sind Arbeitnehmer in einer Personengesellschaft tätig und beteiligen sie sich an dieser Gesellschaft als Mitunternehmer (keine bloße Darlehenshingabe), so gelten sie – abweichend von der Sozialversicherung – vom Zeitpunkt des Beteiligungserwerbs an als gewerblich Tätige. Sie beziehen dann für ihre Tätigkeit keinen Arbeitslohn mehr, sondern Einkünfte aus Gewerbebetrieb.

Unmaßgeblich ist auch die sozialversicherungsrechtliche Einordnung als Scheinselbstständiger.

Merkmale

Erforderlich für die Arbeitnehmereigenschaft ist das Vorliegen eines Dienstverhältnisses. Ein schriftlicher oder ausdrücklich vereinbarter mündlicher Dienstvertrag oder Arbeitsvertrag wird nicht verlangt.

Wesentliche Merkmale für die Bejahung der Arbeitnehmereigenschaft sind u. a.

- die persönliche Abhängigkeit vom Arbeitgeber,
- die Weisungsgebundenheit,
- die Eingliederung als unselbstständiger Teil in den wirtschaftlichen Organismus des Unternehmens,
- das Schulden der Arbeitskraft,
- das Fehlen eines unternehmerischen Risikos sowie
- der Anspruch auf Urlaub und Entgeltfortzahlung.

Erfolgsabhängige Vergütung und stundenweise Beschäftigung

Nicht entscheidend ist, wie die Tätigkeit bezeichnet wird oder die Art und Höhe der Entlohnung. Der Arbeitnehmereigenschaft steht nicht ohne Weiteres entgegen, wenn die Entlohnung nach dem Erfolg der Tätigkeit vorgenommen wird. Für die Beurteilung der Arbeitnehmereigenschaft kommt es auch nicht auf den Umfang der Tätigkeit an. Selbst eine nur stundenweise Beschäftigung oder gelegentliche Aushilfstätigkeit führt zur Annahme der Arbeitnehmereigenschaft.

Beschäftigung aufgrund öffentlich-rechtlicher Verpflichtung

Werden Personen aufgrund einer öffentlich-rechtlichen Verpflichtung zu Arbeiten herangezogen, fehlt eine freiwillig eingegangene Verpflichtung, die Arbeit zu schulden, sodass aus steuerlicher Sicht kein Dienstverhältnis anzunehmen ist.

Ein-Euro-Jobber als Arbeitnehmer

Die an Bürgergeld-Empfänger nach § 19 Abs. 1 Satz 1 SGB II (bis 2022: Arbeitslosengeld II-Empfänger) gezahlte Entschädigung für Mehraufwendungen stellt keinen Arbeitslohn dar; sie ist steuerfrei nach § 3 Nr. 2d EStG und unterliegt nicht dem Progressionsvorbehalt. Voraussetzung ist, dass als Entschädigung lediglich die Zuschüsse der Agentur für Arbeit gezahlt bzw. weitergeleitet werden. Zwischen Betrieb und Bürgergeld-Empfänger (bis 2022: Arbeitslosengeld II-Empfänger) entsteht lohnsteuerrechtlich insoweit kein Arbeitsverhältnis.

Zahlt der Auftrag- bzw. Arbeitgeber eine darüber hinausgehende Vergütung, ist nach den allgemeinen Regelungen zu prüfen, ob ein steuerliches Arbeitsverhältnis vorliegt.

Arbeitsverhältnisse mit Familienmitgliedern

Grundsätzlich werden Arbeitsverhältnisse mit Familienmitgliedern anerkannt. Die Arbeitsleistung muss jedoch über die familienrechtliche Pflicht zur Mitarbeit hinausgehen. Darüber hinaus müssen das Dienstverhältnis und der Arbeitsvertrag ernsthaft gewollt und tatsächlich durchgeführt werden sowie einem Fremdvergleich mit dritten Personen standhalten.[3]

Hingegen wird ein hauswirtschaftliches Beschäftigungsverhältnis mit der nichtehelichen Lebensgefährtin nicht anerkannt, wenn diese zugleich Mutter des gemeinsamen Kindes ist.[4]

Lohnsteuereinbehalt

Unbeschränkte und beschränkte Steuerpflicht

Für die lohnsteuerliche Behandlung des Arbeitslohns ist von Bedeutung, ob der Arbeitnehmer unbeschränkt oder beschränkt einkommensteuerpflichtig ist.

Unbeschränkt einkommensteuerpflichtig sind Arbeitnehmer, die im Inland ihren Wohnsitz oder ihren gewöhnlichen Aufenthalt haben, sowie ggf. auf Antrag auch Grenzpendler. Einen Wohnsitz im Sinne der Steuergesetze hat jemand dort, wo er eine Wohnung innehat, die er den Umständen nach beibehalten und benutzen wird.

Arbeitnehmer, die im Bundesgebiet (Inland) eine Tätigkeit ausüben, und hier weder Wohnsitz noch gewöhnlichen Aufenthalt haben, sind in aller Regel beschränkt lohnsteuerpflichtig.

ELStAM-Verfahren

Unbeschränkt steuerpflichtiger Arbeitnehmer

Damit der Arbeitgeber vom gezahlten Arbeitslohn den gesetzlich vorgeschriebenen Lohnsteuereinbehalt zutreffend durchführen kann, muss ein unbeschränkt steuerpflichtiger Arbeitnehmer seinem Arbeitgeber bei Eintritt in das Dienstverhältnis im Rahmen des ELStAM-Verfahrens folgende Angaben mitteilen:

- die Steuer-Identifikationsnummer (IdNr),
- das Geburtsdatum,
- ob es sich um das Haupt- oder Nebenarbeitsverhältnis handelt und
- ob in einem zweiten oder weiteren Dienstverhältnis ein Freibetrag berücksichtigt und abgerufen werden soll.

Mit diesen Angaben kann der Arbeitgeber den Arbeitnehmer bei der Finanzverwaltung per Datenfernübertragung anmelden, dessen elektronische Lohnsteuerabzugsmerkmale anfordern und sie abrufen.

1 § 1 Abs. 1 LStDV.
2 BFH, Urteil v. 2.12.1998, X R 83/96, BStBl 1999 II S. 534; BFH, Urteil v. 8.5.2008, VI R 50/05, BStBl 2008 II S. 868.
3 R 4.8 EStR; H 4.8 EStH.
4 BFH, Urteil v. 19.5.1999, XI R 120/96, BStBl 1999 II S. 764.

Ersatzbescheinigung über die maßgebenden Besteuerungsmerkmale

Beschränkt steuerpflichtige oder als unbeschränkt steuerpflichtig behandelte Arbeitnehmer erhalten auf Antrag vom ⇗ Betriebsstättenfinanzamt des Arbeitgebers eine Bescheinigung über ihre Besteuerungsmerkmale. Diese Bescheinigung ist Grundlage für den Lohnsteuereinbehalt; sie kann auch vom Arbeitgeber im Namen des Arbeitnehmers beantragt werden.

Ist einem Arbeitnehmer bisher keine Steuer-Identifikationsnummer zugeteilt worden, kann der Arbeitgeber für diesen Arbeitnehmer nicht am elektronischen Abrufverfahren teilnehmen. In diesem Fall benötigt der Arbeitgeber für den Lohnsteuerabzug die durch den Arbeitnehmer vorgelegte amtliche Bescheinigung. Diese amtliche Bescheinigung für den Lohnsteuerabzug hat das Wohnsitzfinanzamt auf Antrag des Arbeitnehmers für die Dauer eines Kalenderjahres auszustellen.

Seit dem 1.1.2021 hat der Arbeitgeber die Möglichkeit, diese amtliche Bescheinigung für den Lohnsteuerabzug für seinen Arbeitnehmer beim Betriebsstättenfinanzamt zu beantragen. Voraussetzung ist, dass der Arbeitnehmer seinen Arbeitgeber dazu bevollmächtigt.[1]

Der Arbeitgeber kann in den folgenden Fällen für die Lohnberechnung die voraussichtlichen Lohnsteuerabzugsmerkmale i. S. d. § 38b EStG längstens für die Dauer von 3 Monaten zugrunde legen[2]:

- Bescheinigungen werden verzögert ausgestellt (technische Störung),
- die Identifikationsnummer wurde nicht zugeteilt, sofern der Arbeitnehmer die fehlende Zuteilung nicht zu vertreten hat.

Wichtig

Einbeziehung beschränkt steuerpflichtiger Arbeitnehmer in das ELStAM-Verfahren seit 2020

Bisher sind Arbeitgebern sowie in Deutschland ansässigen Unternehmen die elektronischen Lohnsteuerabzugsmerkmale für ihre ausländischen Arbeitnehmer (beschränkt steuerpflichtige Arbeitnehmer) in Papierform mitgeteilt worden. Seit 1.1.2020 werden auch beschränkt steuerpflichtige Arbeitnehmer in das ELStAM-Verfahren einbezogen.[3] Da ein ausländischer Arbeitnehmer im Inland bzw. bei der Gemeinde seines Wohnorts regelmäßig nicht meldepflichtig ist, hat dieser selbst einen Antrag für die erstmalige Zuteilung einer Steuer-Identifikationsnummer beim Betriebsstättenfinanzamt zu stellen. Der Arbeitnehmer kann auch seinen Arbeitgeber mit der Beantragung der erstmaligen Zuteilung bevollmächtigen.

Hat der Arbeitnehmer bereits eine Identifikationsnummer, so teilt das Betriebsstättenfinanzamt diese dem Arbeitnehmer bzw. dem inländischen Bevollmächtigten mit. Sollte dem Arbeitnehmer (noch) keine Identifikationsnummer zugeteilt werden können, hat das Betriebsstättenfinanzamt auf Antrag des Arbeitnehmers eine Bescheinigung für den gesetzlich vorgeschriebenen Lohnsteuereinbehalt auszustellen.

Ausnahmen regelt ein aktuelles BMF-Schreiben

Eine aktuelle Verwaltungsanweisung regelt indes bereits Ausnahmen vom ELStAM-Verfahren für beschränkt steuerpflichtige Arbeitnehmer.[4]

Abschaffung des Ordnungsmerkmals eTin

Bislang konnte der Arbeitgeber die Lohnsteuerbescheinigung auch unter Angabe der sog. eTin übermitteln, wenn ihm die Identifikationsnummer des Arbeitnehmers unbekannt war.§ 41b Abs. 2 Satz 1 EStG§ 41b Abs. 2 Satz 1 EStG.[5] Durch die Einbeziehung der beschränkt steuerpflichtigen Arbeitnehmer in das ELStAM-Verfahren ist die Verwendung einer Steuer-Identifikationsnummer ab dem Veranlagungszeitraum 2023 zwingend.

Hat der Arbeitnehmer trotz Aufforderung des Arbeitgebers seine Identifikationsnummer nicht mitgeteilt, so sollte rückwirkend zum 1.1.2023 mit dem Wachstumschancengesetz für den Arbeitgeber die Möglichkeit geschaffen werden, die Identifikationsnummer des Arbeitnehmers zwecks Übermittlung der Lohnsteuerbescheinigung beim Finanzamt anzufordern. Das Finanzamt soll diese dem Arbeitgeber mitteilen. Voraussetzung soll sein, dass der Arbeitgeber eine Lohnsteuerbescheinigung 2022 übermittelt hat und das Dienstverhältnis auch noch nach Ablauf des Jahres 2022 fortbestanden hat. Da das Gesetzgebungsverfahren noch nicht abgeschlossen ist, kann es im Laufe des Jahres 2024 zu einer Änderung kommen.

Lohnsteuerabzug vom Arbeitslohn

Dem Lohnsteuerabzug unterliegt der gezahlte bzw. zugeflossene Arbeitslohn, wobei gesetzliche Steuerfreistellungen zu beachten sind. So sind z. B. vom Arbeitgeber gesetzlich zu leistende Beiträge an die Rentenversicherung steuerfrei (⇗ Arbeitgeberanteile). Die gesetzlichen ⇗ Arbeitnehmeranteile sind im Rahmen der maßgebenden Höchstbeträge als Vorsorgeaufwendungen abziehbar.

Übernimmt der Arbeitgeber die gesetzlichen Arbeitnehmeranteile, handelt es sich um steuerpflichtigen Arbeitslohn.

Sozialversicherung

Persönliche Abhängigkeit

Arbeitnehmer im sozialversicherungsrechtlichen Sinne ist, wer im Dienste eines anderen – des ⇗ Arbeitgebers – in persönlicher Abhängigkeit steht. Eine persönliche Abhängigkeit besteht, wenn der Beschäftigte einem umfassenden Weisungsrecht des Arbeitgebers unterliegt. Dieses bezieht sich auf Zeit, Dauer, Art und Ort der Arbeitsausführung. Allerdings kann das Weisungsrecht des Arbeitgebers insbesondere bei leitenden Angestellten eingeschränkt und verfeinert sein. Zwar sieht die Funktion leitender Angestellter in der Organisation des Betriebs bestimmte Kompetenzen unter Entfall von Weisungsabhängigkeit vor. Dennoch handelt es sich immer noch um Arbeitnehmer, weil die eingeräumten Kompetenzen innerhalb eines bindenden Rahmens durch den Arbeitgeber stehen.

Abwägung aller Merkmale ist entscheidend

Eine selbstständige Tätigkeit ist gekennzeichnet durch

- das eigene Unternehmerrisiko,
- die Verfügungsmöglichkeit über die eigene Arbeitskraft und
- die im Wesentlichen frei gestaltbare Tätigkeit und Arbeitszeit.

Ob eine Tätigkeit abhängig oder selbstständig verrichtet wird, entscheidet sich letztlich danach, welche Merkmale überwiegen. Alle Umstände des Falls sind dabei zu berücksichtigen. Hierbei ist auch die vertragliche Ausgestaltung des Beschäftigungsverhältnisses zu beachten. Weicht diese jedoch von den tatsächlichen Verhältnissen ab, haben diese ausschlaggebende Bedeutung.

Im Zweifelsfall Statusanfrageverfahren

Arbeitnehmer und/oder Arbeitgeber können den Status des Erwerbstätigen von der ⇗ Clearingstelle der Deutschen Rentenversicherung Bund in Berlin feststellen lassen, wenn Zweifel daran bestehen oder die Beteiligten sich nur absichern wollen, ob ein abhängiges Beschäftigungsverhältnis im Sinne der Sozialversicherung vorliegt.[6] Für Ehegatten, Lebenspartner, Abkömmlinge und GmbH-Gesellschafter-Geschäftsführer ist das ⇗ Statusfeststellungsverfahren vorgeschrieben.

Steuerrechtliche Beurteilung nicht maßgeblich

Die Beurteilung, ob ein abhängiges Beschäftigungsverhältnis im Sinne der Sozialversicherung vorliegt, richtet sich allein nach dem Recht der Sozialversicherung. Eine Entscheidung der Steuerbehörde bindet die Träger der Sozialversicherung nicht. Ob ein Erwerbstätiger zur Lohnsteuer oder Einkommensteuer veranlagt wird, gilt für die Sozialversicherung lediglich als ein Indiz für die Einordnung als Arbeitnehmer oder Selbstständiger. Wer ⇗ hauptberuflich eine selbstständige Tätigkeit ausübt und daneben eine Arbeitnehmertätigkeit, ist nicht in der gesetzlichen

1 § 39e Abs. 8 Satz 2 EStG.
2 § 39c Abs. 1 EStG.
3 § 39 Abs. 3 EStG.
4 BMF, Schreiben v. 7.11.2019, IV C 5 – S 2363/19/10007 :001, BStBl 2019 I S. 1087.
5 § 41b Abs. 2 Satz 1 EStG

6 § 7a SGB IV.

Kranken- und Pflegeversicherung versicherungspflichtig. Es besteht die Möglichkeit, sich privat zu versichern.

Ausschluss der Arbeitnehmereigenschaft

Nicht zu den Arbeitnehmern gehören in der Kranken-, Renten- und Arbeitslosenversicherung insbesondere:

- ordentliche und stellvertretende Vorstandsmitglieder einer Aktiengesellschaft[1],
- mitarbeitende ⇗ Gesellschafter von offenen Handelsgesellschaften und Gesellschaften bürgerlichen Rechts,
- Komplementäre und unter bestimmten Voraussetzungen auch Kommanditisten,
- ⇗ Geschäftsführer von Gesellschaften mit beschränkter Haftung, wenn sie die Geschicke der Gesellschaft maßgeblich beeinflussen können.

Arbeitnehmerähnliche Selbstständige

Bei arbeitnehmerähnlichen Selbstständigen handelt es sich um Erwerbstätige, die dem Personenkreis der Arbeitnehmer vergleichbar sind. Dennoch gehören sie versicherungsrechtlich zu den Selbstständigen. Dieser Personenkreis ist versicherungspflichtig in der gesetzlichen Rentenversicherung.

Auch ein Auftragnehmer, den der Auftraggeber als Selbstständigen bewertet hat, kann zum Personenkreis der arbeitnehmerähnlichen Selbstständigen zählen. Damit wäre dieser Auftragnehmer zwar versicherungsfrei in der Kranken-, Pflege- und Arbeitslosenversicherung, aber dennoch rentenversicherungspflichtig.

Im Lohnsteuerrecht ist der Begriff der arbeitnehmerähnlichen Selbstständigen unbekannt. Die arbeits- und sozialversicherungsrechtliche Einreihung als arbeitnehmerähnliche Person hat keinen Einfluss auf die steuerrechtliche Beurteilung.

Gesetze, Vorschriften und Rechtsprechung

Lohnsteuer: Steuerrechtlich sind für die Abgrenzung zwischen Arbeitnehmer und selbstständiger Tätigkeit die §§ 18 und 19 EStG sowie die einschlägigen Verwaltungsregelungen in den LStR und LStH maßgebend.

Sozialversicherung: Die Versicherungspflicht zur Rentenversicherung ergibt sich aus § 2 Satz 1 Nr. 9 SGB VI. Die Befreiungsmöglichkeiten von der Versicherungspflicht ergeben sich aus den §§ 6 Abs. 1a und 231 Abs. 5 SGB VI. Die beitragspflichtige Einnahme ist in § 162 Nr. 5 SGB VI geregelt.

Lohnsteuer

Steuerrechtliche Einordnung

Arbeitnehmerähnliche Selbstständige i. S. v. § 2 Satz 1 Nr. 9 SGB VI sind steuerlich regelmäßig selbstständig tätig.

Nach der Rechtsprechung des BFH erfolgt die steuerrechtliche Entscheidung, ob eine gewerbliche, selbstständige oder Arbeitnehmertätigkeit vorliegt, nach eigenständigen Kriterien und unabhängig von denen der Sozialversicherung sowie des Arbeitsrechts.[2] Zwar kann im Einzelfall für die steuerrechtliche Beurteilung einer Tätigkeit als selbstständig oder unselbstständig der sozialrechtlichen und arbeitsrechtlichen Einordnung indizielle Bedeutung zukommen, eine Bindung besteht jedoch nicht, diese Einordnung ist eher unmaßgeblich.[3] Daher vermag die neuere zivilrechtliche und arbeitsrechtliche Rechtsprechung sowie die Gesetzgebung zur sog. Scheinselbstständigkeit die steuerrechtliche Beurteilung nicht vorzuprägen.

Dem Arbeitsrecht liegt z. B. der Gedanke der sozialen Schutzbedürftigkeit zugrunde. Ein derartiger Regelungszweck ist dem Steuerrecht hingegen fremd.[4] Folglich haben die arbeits- und sozialversicherungsrechtlichen Begriffe „arbeitnehmerähnliche Person/Selbstständige" keine Auswirkung auf die einkommensteuerrechtliche Abgrenzung zwischen Arbeitnehmer und Gewerbetreibendem/Selbstständigem, ebenso sind das Alter, die Rentenversicherungspflicht und eine wirtschaftliche sowie persönliche Abhängigkeit[5] unmaßgeblich.

Folgen

Das Steuerrecht hebt schwerpunktmäßig auf die Nähe des Steuerpflichtigen zum Marktgeschehen ab und beurteilt anhand der Merkmale „Unternehmerrisiko" und „Unternehmerinitiative". Dabei sind für die Abgrenzung der Einkünfte zwischen den vorgenannten Einkunftsarten regelmäßig die Maßstäbe des Einkommen-, Gewerbe- und Umsatzsteuerrechts anzulegen.[6]

⇗ Arbeitnehmer ist nicht, wer umsatzsteuerrechtlich Unternehmer ist, sich am allgemeinen wirtschaftlichen Verkehr mit einer Tätigkeit beteiligt, die gegen Entgelt am Markt erbracht und für Dritte äußerlich erkennbar angeboten wird, und unternehmerisches Risiko trägt. Dabei ist es unmaßgeblich, ob der Selbstständige nur für einen einzigen oder mehrere Vertragspartner tätig wird.

Folglich hat der „arbeitnehmerähnliche" Selbstständige regelmäßig die Umsätze aufzuzeichnen, in seinen Rechnungen die Umsatzsteuer auszuweisen und den Gewinn in der Einkommensteuererklärung anzugeben und selbst zu versteuern. Der Auftraggeber muss vom Rechnungsbetrag (Umsatz) keine Lohnsteuer einbehalten. Der Selbstständige kann die entrichteten Beiträge zur Rentenversicherung als ⇗ Sonderausgaben geltend machen, der Abzug als Betriebsausgaben ist nicht möglich. Werden Vergütungen/Ersatzleistungen (z. B. ⇗ Mutterschaftsgeld) vom Auftraggeber an den arbeitnehmerähnlichen Selbstständigen gezahlt, so unterliegen diese i. d. R. dem persönlichen Steuersatz, während die Zahlungen vom Arbeitgeber an den Arbeitnehmer steuerfrei sein können.[7]

Sozialversicherung

Versicherungspflicht in der Rentenversicherung

Arbeitnehmerähnliche Selbstständige sollen ebenso wie Arbeitnehmer über einen Versicherungsschutz der Rentenversicherung verfügen. Deshalb sind Personen rentenversicherungspflichtig, die von ihrer Tätigkeit und ihren Einkommensmöglichkeiten her eher einem ⇗ Arbeitnehmer als einem Unternehmer vergleichbar sind.

Deuten Hinweise auf eine Selbstständigkeit, aber auch auf eine Arbeitnehmereigenschaft hin, muss geprüft werden, ob ggf. tatsächlich die Arbeitnehmereigenschaft vorliegt. Denn für diesen Fall wäre der Betroffene grundsätzlich versicherungspflichtig zu allen Sozialversicherungszweigen.

Hinweis

Befreiung von der Versicherungspflicht in der Rentenversicherung

Arbeitnehmerähnliche Selbstständige können sich auf Antrag von der Versicherungspflicht in der Rentenversicherung befreien lassen.

Personenkreis der arbeitnehmerähnlichen Selbstständigen

Zu dem Personenkreis der arbeitnehmerähnlichen Selbstständigen gehören Erwerbstätige, die

- im Zusammenhang mit ihrer selbstständigen Tätigkeit regelmäßig keinen versicherungspflichtigen Arbeitnehmer beschäftigen, und
- auf Dauer und im Wesentlichen nur für einen Auftraggeber tätig sind.

Bei Gesellschaftern gelten als Auftraggeber die Auftraggeber der Gesellschaft.

1 BSG, Urteil v. 18.9.1973, 12 RK 5/73.
2 BFH, Urteil v. 2.12.1998, X R 83/96, BFH/NV 1999 S. 1024.
3 BFH, Urteil v. 14.6.1985, VI R 150-152/82, BStBl 1985 II S. 661.
4 BFH, Urteil v. 23.10.1992, VI R 59/91, BStBl 1993 II S. 303.
5 Wie in § 7 SGB IV angeführt.
6 BFH, Urteil v. 27.7.1972, V R 136/71, BStBl 1972 II S. 810; BFH, Urteil v. 10.3.2005, V R 29/03, BStBl 2005 II S. 730.
7 .

Beschäftigung von Arbeitnehmern

Eine regelmäßige Beschäftigung von Arbeitnehmern liegt vor, wenn diese kontinuierlich für die Erwerbsperson im Zusammenhang mit der zu beurteilenden Tätigkeit beschäftigt werden. Auch bei Unterbrechungen von bis zu 2 Monaten innerhalb eines Jahres handelt es sich noch um eine regelmäßige Beschäftigung. Als Arbeitnehmer gelten dabei auch ↗ Auszubildende. Dagegen spielt der regelmäßige Einsatz von ↗ geringfügig entlohnten Beschäftigten (Minijobber) keine Rolle.

Dauerhafte Tätigkeit für einen Auftraggeber

Die Tätigkeit für einen Auftraggeber ist dauerhaft, wenn sie im Rahmen eines Dauerauftragsverhältnisses oder eines regelmäßig wiederkehrenden Auftragsverhältnisses erfolgt. Eine Tätigkeit wird im Wesentlichen für einen Auftraggeber ausgeübt, soweit der Selbstständige mindestens 5/6 seiner gesamten Einkünfte (aus den zu beurteilenden Tätigkeiten) allein aus einer dieser Tätigkeiten erzielt.

Für die Beurteilung der Rentenversicherungspflicht des Gesellschafter-Geschäftsführers einer juristischen Person (GmbH) bzw. Kapitalgesellschaft (KG, GmbH & Co. KG) kommt es ausschließlich auf die Verhältnisse der Gesellschaft an. Wenn die Gesellschaft, für die der Gesellschafter-Geschäftsführer tätig ist,

- versicherungspflichtige Arbeitnehmer beschäftigt und
- zugleich für mehrere Auftraggeber tätig ist (also mehrere Kunden hat),

ist der Gesellschafter-Geschäftsführer nicht rentenversicherungspflichtig.

Achtung

Gesellschaft ohne versicherungspflichtige Arbeitnehmer

Wenn die Gesellschaft (z. B. als Ein-Mann-GmbH) keine versicherungspflichtigen Arbeitnehmer beschäftigt und im Wesentlichen nur für einen Auftraggeber tätig ist, kommt in diesem Fall für den Gesellschafter-Geschäftsführer Rentenversicherungspflicht in Betracht.

Solche Selbstständige sind als arbeitnehmerähnliche Selbstständige rentenversicherungspflichtig.[1]

Statusfeststellungsverfahren

Sind sich Auftraggeber und Auftragnehmer nicht darüber im Klaren, ob die vereinbarte Tätigkeit als selbstständig oder als abhängig anzusehen ist, kann eine Klärung durch eine Anfrage bei der Clearingstelle der Deutschen Rentenversicherung Bund (DRV Bund) beantragt werden.

Selbstständig tätige Handelsvertreter

Handelsvertreter ist, wer als selbstständiger Vermittlungsvertreter ständig damit betraut ist, für ein anderes Unternehmen Geschäfte zu vermitteln oder als Abschlussvertreter im Namen des anderen Unternehmens Geschäfte abzuschließen.[2] Selbstständig tätige ↗ Handelsvertreter sind als arbeitnehmerähnliche Selbstständige nicht generell von der Rentenversicherungspflicht ausgeschlossen. Rentenversicherungspflicht als arbeitnehmerähnlicher Selbstständiger kann allerdings nur eintreten, wenn wegen derselben Tätigkeit nicht bereits aus anderen Gründen Rentenversicherungspflicht als Selbstständiger vorliegt. Hingegen können unterschiedliche und parallel ausgeübte selbstständige Tätigkeiten zu einer Mehrfachversicherung in der gesetzlichen Rentenversicherung führen. So kann z. B. Rentenversicherungspflicht als selbstständiger Handwerker bestehen und zusätzlich Versicherungspflicht als arbeitnehmerähnlicher Versicherungsvertreter. Sofern ein Handelsvertreter nicht als selbstständiger Vermittlungs- oder Abschlussvertreter tätig ist, gilt er als Angestellter (Arbeitnehmer).[3]

1 § 2 Satz 1 Nr. 9 SGB VI.
2 § 84 Abs. 1 HGB.
3 § 84 Abs. 2 HGB.

Beiträge

Regelbeitrag

Die Beiträge von arbeitnehmerähnlichen Selbstständigen richten sich nach der (monatlichen) Bezugsgröße (2024: 3.535 EUR/West bzw. 3.465 EUR/Ost; 2023: 3.395 EUR/West bzw. 3.290 EUR/Ost). Unter Berücksichtigung des aktuellen Beitragssatzes der Rentenversicherung (2024: 18,6 %), ergibt sich für das Kalenderjahr 2024 damit ein monatlicher Regelbeitrag in Höhe von 657,51 EUR/West bzw. 644,49 EUR/Ost (2023: 631,47 EUR/West bzw. 611,94 EUR/Ost).

Ausnahmen vom Regelbeitrag

Für die ersten 3 Jahre nach Aufnahme der selbstständigen Tätigkeit gelten als beitragspflichtige Einnahmen nur 50 % der monatlichen Bezugsgröße. Für diesen Zeitraum ist im Ergebnis also nur der halbe monatliche Regelbeitrag (2024: 328,76 EUR/West bzw. 322,24 EUR/Ost; 2023: 315,74 EUR/West bzw. 305,98 EUR/Ost) zu zahlen. Der Selbstständige kann jedoch beantragen, auch in den ersten 3 Jahren nach Aufnahme der Erwerbstätigkeit den vollen Regelbeitrag zu zahlen.

Hinweis

Selbstständiger wählt Höhe der Beiträge

Selbstständige haben nach Ablauf der ersten 3 Jahre nach Aufnahme der Tätigkeit die Wahl, ob sie den Regelbeitrag oder einen abweichenden Beitrag zahlen wollen. Dazu muss das höhere oder niedrigere Einkommen nachgewiesen werden. Dabei ist allerdings mindestens die am 1.1. des jeweiligen Jahres geltende monatliche Geringfügigkeitsgrenze als monatliches Arbeitseinkommen bei der Beitragsberechnung zugrunde zu legen.

Beitragstragung

Arbeitnehmerähnliche Selbstständige müssen ihren Beitrag zur Rentenversicherung selbst tragen.[4] Die rechtzeitige und vollständige Zahlung der Beiträge wird von den Rentenversicherungsträgern durch Prüfungen überwacht.[5] Die Prüfungen können auch bei vom Selbstständigen beauftragten Stellen durchgeführt werden (z. B. Steuerberater oder Rechenzentren), die z. B. die Meldungen zur Rentenversicherung erstatten oder die Beiträge zahlen.

Arbeitnehmeranteil

Die Beiträge zur Kranken-, Pflege-, Renten- und Arbeitslosenversicherung werden vom Arbeitgeber und Arbeitnehmer gemeinsam getragen. Der vom Arbeitnehmer zu tragende Beitragsanteil wird Arbeitnehmeranteil genannt. Dieser Anteil wird durch den Arbeitgeber vom Bruttolohn einbehalten und zusammen mit dem Arbeitgeberanteil an die zuständige Einzugsstelle (Krankenkasse) abgeführt.

Gesetze, Vorschriften und Rechtsprechung

Lohnsteuer: Übernimmt der Arbeitgeber die Arbeitnehmeranteile zur Sozialversicherung, sind diese nach § 19 Abs. 1 EStG i. V. m. R 19.3 LStR lohnsteuerpflichtig. Zum Lohnzufluss bei nachentrichteten Sozialversicherungsbeiträgen nach Schwarzgeldzahlungen vgl. BFH, Urteil v. 13.9.2007, VI R 54/03 BStBl 2008 II S. 58.

Sozialversicherung: Die wichtigsten relevanten Vorschriften zur Berechnung und Abführung der Sozialversicherungsbeiträge sind die §§ 28d bis 28h SGB IV. Darüber hinaus gelten die Sozialversicherungsentgeltverordnung (SvEV) sowie die Beitragsverfahrensverordnung (BVV). Zusätzlich sind für jeden einzelnen Versicherungszweig noch weitere Regelungen zu beachten, und zwar

4 § 169 SGB VI.
5 § 212 SGB VI.

- zur Krankenversicherung die §§ 226, 232, 241 und 249 SGB V,
- zur Pflegeversicherung die §§ 57, 58 und 60 SGB XI,
- zur Rentenversicherung die §§ 160, 162, 168 und 172 SGB VI und
- zur Arbeitslosenversicherung die §§ 341, 342 und 346 SGB III.

Entgelt	LSt	SV
Vom Arbeitgeber übernommene Arbeitnehmeranteile zum Gesamtsozialversicherungsbeitrag	pflichtig	pflichtig

Lohnsteuer

Arbeitnehmeranteil vom Bruttolohn

Die Arbeitnehmeranteile zum (gesetzlichen) Gesamtsozialversicherungsbeitrag (Arbeitslosen-, Kranken-, Pflege- und Rentenversicherung) einschließlich der Beitragszuschläge sind aus dem beitragspflichtigen Bruttoarbeitsentgelt, welches i. d. R. mit dem steuerpflichtigen Bruttoarbeitslohn übereinstimmt, zu bestreiten, maximal bis zur jeweils gültigen Beitragsbemessungsgrenze.

Es sind hingegen keine Arbeitnehmeranteile vom Bruttolohn abzuziehen bei

- Geringverdienern (Ausbildungsvergütung bis max. 325 EUR monatlich[1]),
- Teilnehmern am freiwilligen sozialen Jahr oder
- Teilnehmern am Bundesfreiwilligendienst.

Übernimmt der Arbeitgeber – neben dem Arbeitgeberanteil – auch den Arbeitnehmeranteil, führt das zum Zufluss von steuerpflichtigem Arbeitslohn. Das gilt auch, wenn die Beiträge erst im Nachhinein abgeführt werden.[2]

Lohnzufluss bei Nachentrichtung der Arbeitnehmeranteile

Nicht steuerpflichtig sind die Arbeitgeberanteile am Gesamtsozialversicherungsbeitrag, die der Arbeitgeber wegen der gesetzlichen Beitragslastverschiebung nachzuentrichten und zu übernehmen hat.[3] Es sei denn, Arbeitgeber und Arbeitnehmer haben eine ⇗ Nettolohnvereinbarung getroffen oder beide bzw. der Arbeitgeber hat bewusst die Unmöglichkeit einer späteren Rückbelastung beim Arbeitnehmer zwecks Steuer- und Beitragshinterziehung in Kauf genommen.

Arbeitnehmeranteil als Vorsorgeaufwendungen abzugsfähig

Die vom Arbeitgeber einbehaltenen und abgeführten Arbeitnehmeranteile an den gesetzlichen Gesamtsozialversicherungsbeiträgen dürfen ebenso wie die vom Arbeitnehmer selbst gezahlten Beträge den steuerpflichtigen Arbeitslohn nicht mindern. Die Anteile zur Kranken-, Renten- und Pflegeversicherung werden beim laufenden Lohnsteuerabzug durch die in die Lohnsteuertabelle eingearbeitete ⇗ Vorsorgepauschale steuermindernd berücksichtigt.

Übersteigen die Arbeitnehmeranteile zusammen mit den übrigen Vorsorgeaufwendungen des Arbeitnehmers die Vorsorgepauschale, können sie bei der Einkommensteuerveranlagung im Rahmen der maßgebenden Höchstbeträge als ⇗ Sonderausgaben berücksichtigt werden.

Nicht abzugsfähig im Lohnsteuerabzugsverfahren sind Arbeitnehmeranteile, soweit sie mit solchen Einnahmen in Zusammenhang stehen, die vom Lohnsteuerabzug freigestellt waren, z. B. aufgrund des Auslandstätigkeitserlasses oder eines ⇗ Doppelbesteuerungsabkommens (steuerfreier Arbeitslohn). Diese Arbeitnehmeranteile sind nicht auf der ⇗ Lohnsteuerbescheinigung anzugeben. Die Beiträge können nur im Veranlagungsverfahren durch den Steuerpflichtigen selbst geltend gemacht werden.

1 Durch die Mindestausbildungsvergütung kann die Geringverdienergrenze nur noch bei vor dem Jahr 2020 abgeschlossenen Ausbildungsverträgen zum Tragen kommen, außerdem bei Pflichtpraktikanten, für die der Mindestlohn nicht gilt.
2 BFH, Urteil v. 13.9.2007, VI R 54/03, BStBl 2008 II S. 58.
3 § 3 Nr. 62 EStG.

Sozialversicherung

Kranken-/Pflege-/Renten-/Arbeitslosenversicherung

Versicherungspflichtige Arbeitnehmer

Die Pflichtbeiträge zur Kranken-, Pflege-, Renten- und Arbeitslosenversicherung sind grundsätzlich je zur Hälfte vom Arbeitgeber und Arbeitnehmer aufzubringen.

Beitragszuschlag für Kinderlose in der Pflegeversicherung

Der in der ⇗ Pflegeversicherung von den kinderlosen Mitgliedern zu zahlende Beitragszuschlag i. H. v. 0,6 % ist vom Beschäftigten allein zu tragen. Eine hälftige Beitragstragung zwischen Arbeitgeber und Arbeitnehmer erfolgt also nur aus dem Beitragssatz i. H. v. 3,4 %. Arbeitnehmer, die im Bundesland Sachsen beschäftigt sind, tragen allerdings von den Beiträgen zur ⇗ Pflegeversicherung 2,2 %. Kinderlose Mitglieder tragen im Bundesland Sachsen 2,8 %. Der Arbeitgeber trägt jeweils 1,2 %.

Beitragsabschlag für mehrere Kinder in der Pflegeversicherung

Arbeitnehmer mit mehreren Kindern erhalten einen Abschlag i. H. v. 0,25 % für das 2. bis 5. berücksichtigungsfähige Kind. Damit vermindert sich ihr Anteil zur Pflegeversicherung bei 2 Kindern auf 1,45 %, bei 3 Kindern auf 1,2 %, bei 4 Kindern auf 0,95 % sowie bei 5 oder mehr Kindern auf 0,7 %. Mitglieder im Bundesland Sachsen tragen bei 2 Kindern 1,95 %, bei 3 Kindern 1,7 %, bei 4 Kindern 1,45 % sowie bei 5 oder mehr Kindern 1,2 %.

Einbehaltung durch den Arbeitgeber

Die Beiträge zur Kranken-, Pflege-, Renten- und Arbeitslosenversicherung (einschl. des zur sozialen Pflegeversicherung von kinderlosen Mitgliedern zu zahlenden Beitragszuschlags in Höhe von 0,35 %) haben für die versicherungspflichtig Beschäftigten die Arbeitgeber (Arbeitgeber- und Arbeitnehmeranteil) abzuführen. Die Versicherungspflichtigen müssen sich bei der Lohnzahlung den Arbeitnehmeranteil vom Arbeitsentgelt abziehen lassen. Für bestimmte Personengruppen kann es bezüglich des Abzugs jedoch Ausnahmen geben.

Nachholung des Beitragseinbehalts

Ist die Einbehaltung der Arbeitnehmeranteile für einen Lohnabrechnungszeitraum unterblieben, darf dies nur bei den nächsten 3 Lohn- oder Gehaltszahlungen nachgeholt werden, danach nur dann, wenn der Abzug ohne Verschulden des Arbeitgebers unterblieben ist. Diese zeitliche Beschränkung des Abzugs gilt nicht für vom Arbeitnehmer allein zu tragende Teile des Gesamtsozialversicherungsbeitrags, wie z. B. für den Beitragszuschlag für kinderlose Mitglieder in der sozialen Pflegeversicherung. Ohne zeitliche Einschränkung dürfen darüber hinaus die Arbeitnehmeranteile einbehalten werden, wenn der Arbeitnehmer die ⇗ Auskunfts- und Vorlagepflichten[4] vorsätzlich oder grob fahrlässig verletzt hat und dadurch die Einbehaltung durch den Arbeitgeber unterblieben ist.

Krankenversicherung

Versicherungspflichtige Arbeitnehmer

In der gesetzlichen Krankenversicherung tragen Arbeitnehmer und Arbeitgeber jeweils die Hälfte des Beitrags.

Die Bundesregierung schreibt einen für alle Krankenkassen einheitlichen Beitragssatz fest. Dieser beträgt seit 1.1.2015 14,6 %. Der Arbeitnehmeranteil beläuft sich auf 7,3 %. Der ermäßigte Beitragssatz beträgt seit 1.1.2015 14,0 %. Auf den Arbeitnehmer entfällt hier ein Anteil von 7,0 %. Zusätzlich hat der Arbeitnehmer die Hälfte des kassenindividuellen Zusatzbeitrags zu übernehmen.

4 § 28o SGB IV.

Personen ohne anderweitigen Krankenversicherungsschutz

In der gesetzlichen Krankenversicherung sind Personen versicherungspflichtig, die keinen anderweitigen Krankenversicherungsschutz haben. Sofern es sich bei diesen Personen um Arbeitnehmer handelt, tragen Arbeitgeber und Arbeitnehmer die aus dem Arbeitsentgelt zu zahlenden Beiträge jeweils zur Hälfte.

Wichtig

Regelungen zum GSV-Beitrag gelten nicht

Die Regelungen über die Zahlung des Gesamtsozialversicherungsbeitrags[1] werden für diesen Personenkreis allerdings nicht angewendet. Der Arbeitnehmer ist hier alleiniger Beitragsschuldner. Dies hat zur Folge, dass er den Arbeitgeber- und Arbeitnehmeranteil an seine Krankenkasse zu zahlen hat. Der Arbeitgeber zahlt die sich aus dem Arbeitsentgelt ergebenden Kranken- und Pflegeversicherungsbeiträge wie einen Beitragszuschuss an den Arbeitnehmer aus.

Geringverdienergrenze für Auszubildende

Für Auszubildende, deren monatliches Arbeitsentgelt die ⬀ Geringverdienergrenze i. H. v. 325 EUR nicht übersteigt, trägt der Arbeitgeber den Arbeitnehmeranteil am Gesamtsozialversicherungsbeitrag[2], ebenso den Beitragszuschlag in Höhe von 0,6 % für (über 23-jährige) kinderlose Mitglieder in der sozialen Pflegeversicherung.

Wird der Grenzwert von 325 EUR durch eine ⬀ Einmalzahlung überschritten, gelten andere Regelungen zur Beitragstragung.[3]

Übergangsbereich

Beschäftigungen mit einem monatlichen Arbeitsentgelt im Übergangsbereich von 538,01 EUR bis 2.000 EUR[4] sind versicherungspflichtig. Der Arbeitnehmer hat hier nur einen reduzierten Beitragsanteil am Gesamtsozialversicherungsbeitrag zu zahlen.

Beitragsübernahme durch den Arbeitgeber

Übernimmt der Arbeitgeber freiwillig die Arbeitnehmeranteile der Beiträge zur Sozialversicherung, handelt es sich dabei um ⬀ einen geldwerten Vorteil. In der Folge sind diese Arbeitnehmeranteile als beitragspflichtiges Arbeitsentgelt anzusehen. Das gilt auch für die Arbeitnehmeranteile für eine betriebliche Ruhegeldeinrichtung, die vom Arbeitslohn des Arbeitnehmers einbehalten werden.

Bezug von Sozialleistungen

Kranken-, Versorgungskranken-, Verletzten- und Übergangsgeld sind beitragspflichtig in der Renten-, Arbeitslosen- und Pflegeversicherung. Die Beitragspflicht setzt vom Beginn des Leistungsanspruchs an ein. Den Arbeitnehmeranteil behalten die zuständigen Leistungsträger, z. B. Krankenkassen, von der Geldleistung ein.[5] Empfänger von Übergangs- und Versorgungskrankengeld werden allerdings nicht mit Beiträgen belastet.

Beitragszuschuss durch den Arbeitgeber

Freiwillig krankenversicherte Arbeitnehmer haben die Beiträge allein zu tragen und zu zahlen. Das gilt auch für privat krankenversicherte Arbeitnehmer. Für diese Arbeitnehmer besteht jedoch u. U. ein Anspruch auf eine Beitragsbeteiligung des Arbeitgebers in Form eines ⬀ Beitragszuschusses.

1 §§ 28d ff. SGB IV.
2 § 20 Abs. 3 Satz 1 Nr. 1 SGB IV.
3 § 20 Abs. 3 Satz 2 SGB IV.
4 Bis 30.9.2022: 450,01 EUR bis 1.300 EUR, vom 1.10.2022 bis 31.12.2022: 450,01 EUR bis 1.600 EUR bzw. ab 1.1.2023 bis 31.12.2023: 450,01 EUR bis 2.000,00 EUR.
5 Ein Arbeitgeberanteil fällt für die Sozialleistung nicht an. Zuschüsse zur Sozialleistung können beitragspflichtig werden.

Arbeitnehmerbewirtung

Eine Bewirtung liegt vor, wenn Personen verköstigt werden. Bewirtet der Arbeitgeber seinen Arbeitnehmer, stellt der sich dadurch ergebende Vorteil als Sachbezug steuerpflichtigen Arbeitslohn dar, wenn die Bewirtung im weitesten Sinne als Ertrag bzw. Gegenleistung für die individuelle Arbeitskraft des Arbeitnehmers anzusehen ist und keine Kürzung der als Reisekosten anzusetzenden Verpflegungspauschbeträge bei beruflichen Auswärtstätigkeiten infrage kommt. Anders verhält es sich, wenn der Arbeitnehmer an geschäftlichen Bewirtungen oder an anderen Bewirtungen teilnimmt, die im überwiegend betrieblichen Interesse und damit ohne Entlohnungscharakter erfolgen.

Zu den Bewirtungskosten zählen die Aufwendungen für Speisen und Getränke und sonstige Genussmittel sowie dadurch entstehende Nebenkosten wie z. B. Trinkgelder.

Gesetze, Vorschriften und Rechtsprechung

Lohnsteuer: Einzelheiten zur Abgrenzung einer beruflichen von einer privaten Veranlassung regeln R 19.5 und 19.6 Abs. 2 LStR. Die lohnsteuerliche Bewertung steuerpflichtiger Vorteile richtet sich nach § 8 EStG. Ersetzt der Arbeitgeber dem Arbeitnehmer die Aufwendungen einer dienstlichen Bewirtung, ist dies nach § 3 Nr. 50 EStG steuerfrei. Die Kürzung von Verpflegungspauschalen bei Dienstreisen ist in § 9 Abs. 4a EStG geregelt. Ergänzende Erläuterungen enthält das BMF-Schreiben v. 25.11.2020, IV C 5 – S 2353/19/10011 :006, BStBl 2020 I S. 1228 sowie zu den Anforderungen an (digitale) Bewirtungsbelege das BMF-Schreiben v. 30.6.2021, IV C 6 – S 2145/19/10003 :003, BStBl 2021 I S. 908, Rz. 8.

Sozialversicherung: Die beitragsrechtliche Bewertung von Bewirtungskosten erfolgt nach § 14 Abs. 1 Satz 1 SGB IV i. V. m. § 1 Abs. 1 Satz 1 Nr. 1 SvEV sowie R 19.3 Abs. 2 Nr. 3 LStR und R 8.1 Abs. 8 Nr. 1 LStR.

Entgelt	LSt	SV
Arbeitnehmerbewirtung	pflichtig	pflichtig
Arbeitnehmerbewirtung bei außergewöhnlichen Arbeitseinsätzen bis 60 EUR	frei	frei
Arbeitnehmerbewirtung bei Betriebsveranstaltungen bis 110 EUR	frei	frei

Lohnsteuer

Arbeitsessen ist steuerpflichtiger Sachbezug

Bewirtet der Arbeitgeber seinen Arbeitnehmer ohne die Teilnahme von Geschäftsfreunden des Arbeitgebers außerhalb des Betriebs, z. B. in einem Restaurant, kostenlos oder verbilligt, liegt regelmäßig Arbeitslohn vor. Steuerpflichtig ist der auf den Arbeitnehmer entfallende Teil der angefallenen Bewirtungskosten, wenn er die Freigrenze von 50 EUR monatlich übersteigt. Für den Arbeitgeber sind diese Bewirtungskosten in voller Höhe als Betriebsausgaben abzugsfähig.

Wichtig

Bewirtung in überwiegend betrieblichem Interesse ist steuerfrei

Die Bewirtung des Arbeitnehmers ist steuerfrei, wenn sie im ganz überwiegend eigenbetrieblichen Interesse erfolgt, z. B. bei einer ⬀ Betriebsveranstaltung bzw. einem außergewöhnlichen Arbeitseinsatz, oder falls der Arbeitnehmer an einer geschäftlich veranlassten Bewirtung betriebsfremder Personen teilnimmt.

Zudem können Bewirtungskosten, die der Arbeitgeber dem Arbeitnehmer ersetzt, als ⬀ Auslagenersatz steuerfrei sein. Für die Steuerfreiheit ist der Anlass der Bewirtung entscheidend. Eine Kürzung der Verpflegungspauschale ist zu beachten. Es ist ohne Bedeutung, ob der geldwerte Vorteil aus der arbeitgeberseitigen Gestellung von Mahlzeiten zum Arbeitslohn zählt.

Arbeitnehmerbewirtung während Dienstreisen

Wird ein Arbeitnehmer während einer beruflichen Auswärtstätigkeit unentgeltlich oder verbilligt verpflegt, ist zwischen einer üblichen Arbeitgeberbewirtung und einem Belohnungsessen zu unterscheiden. Bei einer üblichen Mahlzeit gilt eine Üblichkeitsgrenze von 60 EUR. Die Abgrenzungskriterien sind in den Lohnsteuer-Richtlinien[1] zu finden. Der Gesetzgeber gibt im Rahmen der 60-EUR-Grenze der Kürzung der Verpflegungspauschalen den Vorrang vor der Vorteilsbesteuerung, wenn der Arbeitnehmer während einer beruflichen Auswärtstätigkeit unentgeltlich von seinem Arbeitgeber verpflegt wird. Die Besteuerung des geldwerten Vorteils mit den amtlichen Sachbezugswerten (2024: 2,17 EUR für das Frühstück und 4,13 EUR für das Mittag- bzw. Abendessen) kommt nur noch dann infrage, wenn dem Arbeitnehmer keine Verpflegungsmehraufwendungen zustehen, etwa weil er die 8-Stundengrenze nicht erreicht oder die 3-Monatsfrist überschritten wird. Die Besteuerung mit dem Sachbezugswert bei dienstlichen Reisen ist damit nicht der praktische Hauptanwendungsfall, sondern von untergeordneter Bedeutung.

Arbeitsessen bei außergewöhnlichem Arbeitseinsatz

Stellt der Arbeitgeber seinen Arbeitnehmern während eines außergewöhnlichen Arbeitseinsatzes Mahlzeiten und Getränke kostenlos oder verbilligt zur Verfügung, z. B. anlässlich von Überstunden oder während einer betrieblichen Besprechung, liegt darin kein steuerpflichtiger Arbeitslohn. Dies gilt jedoch nur für Arbeitsessen bis zu einem Wert von 60 EUR durchschnittlich je Arbeitnehmer.[2]

Unter diese Regelung fallen in erster Linie Arbeitsessen im Betrieb. Arbeitsessen außerhalb des Betriebs, die im ganz überwiegend betrieblichen Interesse an einer günstigen Gestaltung des Arbeitsablaufs erforderlich sind, gehören insbesondere dann nicht zum steuerpflichtigen Arbeitslohn, wenn im Betrieb keine Möglichkeit für ein Arbeitsessen besteht oder keine geeigneten Besprechungsräume zur Verfügung stehen.

Bewirtung nach Beendigung des Arbeitseinsatzes ist steuerpflichtig

Kein steuerfreies Arbeitsessen ist die Mahlzeitengestellung, die nach Beendigung des Arbeitseinsatzes erfolgt, z. B. außerhalb des Betriebs in einem Restaurant. Der hieraus entstehende geldwerte Vorteil unterliegt als steuerpflichtiger Arbeitslohn dem Lohnsteuerabzug, auch wenn der Wert der einzelnen Bewirtung weniger als 60 EUR pro Arbeitnehmer beträgt. Ggf. bleibt die Bewirtung im Rahmen der 50-EUR-Grenze steuerfrei. Möglich ist auch die Pauschalbesteuerung mit 30 %.[3] Finden Arbeitsessen mit einer gewissen Regelmäßigkeit in einer Gaststätte in der Nähe des Betriebs statt, führt dies bei den teilnehmenden Arbeitnehmern ebenfalls zu steuerpflichtigem Arbeitslohn[4], für den dieselbe lohnsteuerliche Behandlung wie für Mahlzeiten im Anschluss an die Arbeit gilt. Für den Arbeitgeber sind die Kosten der Arbeitsessen in voller Höhe als Betriebsausgaben abziehbar.

Betriebsinterne Arbeitnehmerbewirtung

Bewirtung während Betriebsveranstaltung

Die Bewirtung der Arbeitnehmer anlässlich einer üblichen ↗ Betriebsveranstaltung führt nicht zu steuerpflichtigem Arbeitslohn, wenn die Bewirtungskosten zuzüglich der anteiligen anderen üblichen Auf- und Zuwendungen des Arbeitgebers für die Veranstaltung den Freibetrag von 110 EUR nicht übersteigen.[5]

Die Bewirtungskosten kann der Arbeitgeber stets in voller Höhe als Betriebsausgaben abziehen, unabhängig von der steuerlichen Behandlung beim Arbeitnehmer.

Bewirtung anlässlich Arbeitnehmerjubiläum

Übernimmt der Arbeitgeber die Kosten einer Arbeitnehmerfeier aus Anlass der Diensteinführung, eines Amts- oder Funktionswechsels, eines runden (10-, 20-, 25-, 30-, 40-, 50-, 60-jährigen) Arbeitnehmerjubiläums oder der Verabschiedung eines Arbeitnehmers, führt dies nicht zu steuerpflichtigem Arbeitslohn, wenn die Aufwendungen des Arbeitgebers einschließlich Umsatzsteuer höchstens 110 EUR je teilnehmender Person betragen. Zu diesen Aufwendungen zählen auch Geschenke bis zu einem Gesamtwert von 60 EUR. Wird die 110-EUR-Freigrenze überschritten, sind die Aufwendungen dem steuerpflichtigen Arbeitslohn des Arbeitnehmers hinzuzurechnen.[6]

Im Übrigen gelten die vorstehenden Regelungen auch, wenn statt des runden 40-, 50- oder 60-jährigen Arbeitnehmerjubiläums ein früherer Zeitpunkt zum Anlass für die Arbeitnehmerfeier genommen wird, der höchstens 5 Jahre vor dem 40-, 50- oder 60-jährigen Jubiläum liegt, z. B. das 35-, 45- oder 55-jährige Jubiläum.

Wichtig

Bewirtung anlässlich Arbeitnehmergeburtstag ist keine Betriebsveranstaltung

Der 110-EUR-Freibetrag für ↗ Betriebsveranstaltungen ist mangels entsprechender gesetzlicher Regelung für diese Veranstaltungen nicht anzuwenden.[7]

Die Ehrung eines einzelnen Arbeitnehmers ist keine Betriebsveranstaltung. Übliche Sachzuwendungen können jedoch weiterhin bis zu 110 EUR steuerfrei bleiben, wenn ein ganz überwiegend eigenbetriebliches Interesse vorliegt. Für die Steuerfreiheit dieser „Betriebsveranstaltungen ähnlichen Feiern" ist die 110-EUR-Freigrenze maßgebend. Die Freigrenze ist – im Unterschied zum Freibetrag – in den Lohnsteuerrichtlinien geregelt.[8] Bei Überschreiten der Grenze von 110 EUR pro Teilnehmer ist der gesamte (nicht nur der übersteigende) Betrag lohnsteuerpflichtiger Arbeitslohn.

Bewirtung anlässlich eines Geburtstags ist steuerpflichtig

Vom Arbeitgeber übernommene Bewirtungskosten anlässlich des Geburtstags oder der Höhergruppierung eines Arbeitnehmers sind grundsätzlich steuerpflichtiger Arbeitslohn, auch wenn neben dem Arbeitnehmer Geschäftsfreunde eingeladen wurden, weil in diesem Fall grundsätzlich die Bewirtung allein in der Person des Arbeitnehmers begründet ist. Ein privater Anlass liegt auch bei einer akademischen Feier eines Hochschullehrers vor.[9]

Ausnahme: Bewirtung anlässlich eines runden Geburtstags

Anders verhält es sich, wenn es sich um ein Fest des Arbeitgebers (betriebliche Veranstaltung) handelt, z. B. ein Empfang anlässlich eines runden Geburtstags eines Arbeitnehmers.[10, 11] Hierbei ist die Freigrenze von 110 EUR zu beachten.

Sind die übernommenen Bewirtungskosten dem Arbeitnehmer zuzurechnen, kann der Arbeitgeber sie stets in vollem Umfang als Betriebsausgaben abziehen.

Teilnahme an Geschäftsfreundebewirtung ist steuerfrei

Die Teilnahme an einer geschäftlich veranlassten Bewirtung führt beim bewirteten Geschäftsfreund nicht zu einer Betriebseinnahme. Nimmt der Arbeitnehmer an einer betrieblich veranlassten Bewirtung von Geschäftsfreunden des Arbeitgebers teil, gehören auch die auf den Arbeitnehmer entfallenden Kostenanteile nicht zum steuerpflichtigen Arbeitslohn. Dies gilt unabhängig vom Preis der Mahlzeit, also auch dann, wenn der Preis pro teilnehmender Person mehr als 60 EUR beträgt.[12]

Das gilt auch dann, wenn die geschäftlich veranlasste Bewirtung während einer Dienstreise des Arbeitnehmers stattfindet. In diesen Fällen kann eine Kürzung der Verpflegungspauschale infrage kommen. Sind die betrieblichen Bewirtungskosten geschäftlich veranlasst, z. B. Bewirtung von Geschäftsfreunden oder Besuchern, können die Bewirtungskosten nur mit 70 % als Betriebsausgaben angesetzt werden, auch so-

1 R 8.1 Abs. 8 Nr. 2 Satz 8 LStR.
2 R 19.6 Abs. 2 LStR.
3 § 37b Abs. 2 EStG.
4 BFH, Urteil v. 4.8.1994, VI R 61/92, BStBl 1995 II S. 59.
5 Das Gesetzgebungsverfahren, das eine Änderung des Werts vorsieht, ist noch nicht abgeschlossen. Ggf. wird eine Änderung im Laufe des Jahres 2024 folgen.
6 R 19.3 Abs. 2 Nr. 3 LStR.
7 R 19.5 Abs. 2 Satz 5 LStR.
8 R 19.3 Abs. 2 Nr. 3 LStR.
9 FG Köln, Urteil v 15.12.2011, 10 K 2013/10.
10 R 19.3 Abs. 2 Nr. 4 LStR.
11 BFH, Urteil v. 28.1.2003, VI R 48/99, BStBl 2003 II S. 724.
12 R 8.1 Abs. 8 Nr. 1 LStR.

weit sie auf Arbeitnehmer entfallen.[1] Eine Kürzung des Vorsteuerabzugs bei der Umsatzsteuer ist nicht vorzunehmen.[2]

Hinweis

Keine Pauschalbesteuerung bei geschäftlicher Bewirtung

Die Vorteilsgewährung, die in der geschäftlichen Bewirtung liegt, führt bei allen Teilnehmern zu keinen steuerbaren Einnahmen i. S. d. Einkommensteuergesetzes und im Gegenzug ist der Betriebsausgabenabzug beim Zuwendenden auf 70 % begrenzt. Dementsprechend sind solche Bewirtungsleistungen nicht in die Pauschalierung des § 37b EStG einzubeziehen. Dies gilt nicht nur für die Bewirtung der Geschäftsfreunde selbst, auch die Aufwendungen für die daran teilnehmenden Arbeitnehmer des Zuwendenden sind nicht der Pauschalversteuerung zu unterwerfen.[3]

Bewirtung bei Incentive-Maßnahmen

Steuerfreie Bewirtung bei Incentive-Veranstaltungen

Oft laden Firmen im Rahmen des Vertriebs der eigenen Produkte (potenzielle) Kunden zu Informations- oder Werbeveranstaltungen ein. Diese meist ganz- oder halbtägigen betrieblichen Veranstaltungen werden häufig mit einem Unterhaltungsprogramm verbunden, die geschäftliche Bewirtung ist nur Teil des Gesamtrahmenprogramms. Neben der Bewirtung werden Vorträge von Personen des öffentlichen Lebens, Aktivitäten von Stars aus Funk und Fernsehen, sonstige künstlerische oder kulturelle Darbietungen sowie Varieté-Auftritte und Musikprogramme angeboten. Der Unterhaltungsteil bewirkt, dass eine zweifelsfrei betrieblich veranlasste Werbe- oder Informationsveranstaltung den Charakter einer Eventveranstaltung erhält. Die Aufwendungen für die geschäftlich veranlasste Bewirtung bleiben ungeachtet der übrigen „Incentive-Maßnahmen" bei der steuerlichen Erfassung beim Dritten als Betriebseinnahme bzw. beim Arbeitnehmer als lohnsteuerpflichtiger Arbeitslohn außer Ansatz.[4]

Anders verhält es sich mit der Sachzuwendung „Unterhaltungsprogramm". Sie ist mit den hierfür entstandenen Aufwendungen beim Geschäftspartner eine steuerpflichtige Betriebseinnahme bzw. beim teilnehmenden Arbeitnehmer lohnsteuerpflichtiger Arbeitslohn. Im Falle der Pauschalbesteuerung sind die Aufwendungen für den Programmteil in die Bemessungsgrundlage des § 37b EStG einzubeziehen. Auch wenn die Veranstaltung insgesamt den Zweck verfolgt, für die vom Unternehmen vertriebenen Produkte zu werben, ist dennoch dieser Teil der Veranstaltung des Unternehmens getrennt zu beurteilen, wenn die unterhaltende Darbietung auch ohne die Werbeveranstaltung einen eigenständigen, objektiven marktgängigen Wert hat. Dies gilt auch für Sachzuwendungen in Form von Vorträgen über allgemeine Themen.

Beispiel

Aufteilung der Aufwendungen bei Incentive-Veranstaltungen

Eine Möbelfirma lädt ihre Einzelhändler zu einer Abendveranstaltung mit dem Thema „Träume wohnen" ein. Neben einem Ausblick auf die neue Möbelkollektion wird den teilnehmenden Kunden ein reichhaltiges Buffet geboten. Zur Abrundung des Abends tritt ein namhafter Varietékünstler auf, der Teile seines Tourneeprogramms „Traumwelt" zeigt.

Ergebnis: Die Verköstigung der Teilnehmer stellt eine steuerfreie geschäftliche Bewirtung dar und fällt daher nicht unter den Anwendungsbereich des § 37b Abs. 1 EStG. Die Aufwendungen für die künstlerische Darbietung sind als eigenständige steuerpflichtige Sachzuwendung zu beurteilen. Die Möbelfirma kann die Steuer mit 30 % für die Zuwendungsempfänger übernehmen.

Zur Aufteilung der Gesamtaufwendungen für „VIP-Logen" in Sportstätten o. Ä. gelten die von der Finanzverwaltung festgelegten Aufteilungssätze.[5]

Der dort festgelegte Aufteilungsmaßstab ist bei anderen (eintägigen) betrieblichen Veranstaltungen mit Event-Charakter entsprechend anzuwenden, d. h. der Anteil der geschäftlich veranlassten Bewirtung ist herauszurechnen und stellt keine Betriebseinnahme bzw. keinen Arbeitslohn dar. In die steuerpflichtige Bemessungsgrundlage der Pauschalierungsvorschrift des § 37b EStG einzubeziehen ist dagegen der auf Geschenke entfallende pauschale Anteil.

Es wird nicht beanstandet, wenn bei betrieblich veranlassten Aufwendungen der für das Gesamtpaket (Werbeleistungen, Bewirtung, Eintrittskarten usw.) vereinbarte Gesamtbetrag aus Vereinfachungsgründen wie folgt aufgeteilt wird:

- 40 % für Werbung,
- 30 % für Bewirtung,
- 30 % für Eintrittskarten u. a. Geschenke.

Steuerpflichtige Bewirtung bei Incentive-Reisen

Eine Sonderstellung nehmen geschäftliche Bewirtungen ein, die im Rahmen von Incentive-Reisen durchgeführt werden. Eine Incentive-Reise ist ein Pauschalpaket mit touristischem (privatem) Charakter. Sie entspricht nach ihren Leistungs- und Erlebnismerkmalen regelmäßig einer am Markt angebotenen Gruppenreise, bei der Reiseziel, -programm und -dauer festgelegt sind und der Teilnehmerkreis begrenzt ist. Incentive-Reisen sind ertragssteuerlich als Gesamtpaket zu beurteilen.[6] Beim Empfänger ist die Reise als Gesamtleistung zu erfassen und der Wert sämtlicher Reiseleistungen als Betriebseinnahme bzw. Arbeitslohn zu erfassen. Beim Zuwendenden sind die Kosten für eine Incentive-Reise, die als Geschenk i. S. v. § 4 Abs. 5 Satz 1 Nr. 1 EStG oder zusätzlich zur ohnehin geschuldeten Leistung gewährt wird, in vollem Umfang in die Bemessungsgrundlage des § 37b EStG einzubeziehen. Die auf die Bewirtung entfallenden Kosten sind Teil der Gesamtleistung. Die Aufwendungen für geschäftliche Bewirtungen im Rahmen von Incentive-Reisen sind nicht steuerfrei und dürfen deshalb nicht aus der Bemessungsgrundlage für die 30-%-Pauschalsteuer herausgerechnet werden.

Beispiel

„Incentive-Reise" als steuerpflichtige Gesamtleistung

Ein Bürofachgroßhändler lädt seine 10 besten Einzelhändler zu einer 2-tägigen Reise zum Großen Preis von Monaco nach Monte Carlo ein. Die Gesamtkosten inklusive Zugfahrt, Hotelunterbringung, Stadtbesichtigung und sonstigem Rahmenprogramm betragen 20.000 EUR. Darin enthalten sind 3.000 EUR für ein Galadiner an der Rennstrecke am Samstagabend. Der Bürofachgroßhändler übernimmt die Besteuerung nach § 37b EStG.

Ergebnis: Die Vorteilsgewährung bei Incentive-Reisen ist als Gesamtleistung zu beurteilen. Der pauschalen Einkommensteuer von 30 % unterliegen demzufolge sämtliche Kosten, die für die einzelnen Reiseleistungen 20.000 EUR betragen haben. Ein steuerfreier Anteil für Bewirtungsleistungen darf nicht herausgerechnet werden, auch soweit die gewährte Verköstigung bei getrennter Beurteilung die Voraussetzungen einer geschäftlichen Bewirtung erfüllen.

Wichtig

Incentive-Reisen sind nur Veranstaltungen mit Übernachtung

Der Unterschied zwischen einer Incentive-Reise und einer Incentive-Maßnahme, bei der ggf. ein geschäftlicher Bewirtungsanteil herausgerechnet werden kann, liegt darin, ob die Veranstaltung eine bezahlte Übernachtung beinhaltet.[7] Für die Annahme einer Incentive-Reise ist die bloße Übernachtung im Anschluss an eine Abendveranstaltung ausreichend, z. B. um den Teilnehmern die nächtliche Rückreise zu ersparen. Nicht erforderlich ist, dass sich der Programmteil der Reise über 2 Tage erstreckt.

1 § 4 Abs. 5 Nr. 2 EStG; R 4.10 Abs. 6, 7 EStR.
2 § 15 Abs. 1a UStG.
3 BMF, Schreiben v. 19.5.2015, IV C 6 – S 2297 – b/14/10001, BStBl 2015 I S. 468, Rz. 10.
4 BMF, Schreiben v. 19.5.2015, IV C 6 – S 2297 – b/14/10001, BStBl 2015 I S. 468, Rz. 10.
5 BMF, Schreiben v. 19.5.2015, IV C 6 – S 2297 – b/14/10001, BStBl 2015 I S. 468, Rz. 15.
6 BMF, Schreiben v. 14.10.1996, IV B 2 – S 2143 – 23/96, BStBl 1996 I S. 1192.
7 BMF, Schreiben v. 19.5.2015, IV C6 – S 2297-b/14/10001, BStBl 2015 I S. 468, Rz. 10.

Steuerfreie Erstattung von Bewirtungskosten

Bewirtet der Arbeitnehmer Geschäftsfreunde seines Arbeitgebers in einer Gaststätte und erstattet der Arbeitgeber die in der vorgelegten Bewirtungsrechnung ausgewiesenen Bewirtungskosten, ist der Kostenersatz beim Arbeitnehmer als ↗ Auslagenersatz steuerfrei. Der auf den Arbeitnehmer entfallende Teil der Bewirtungskosten ist kein steuerpflichtiger geldwerter Vorteil. Allerdings mindern sich die vom Arbeitgeber steuerfrei zahlbaren Verpflegungspauschalen auch bei einer Bewirtung von Geschäftsfreunden während einer Dienstreise des Arbeitnehmers.

Geschäftliche Bewirtungskosten zu 70 % als Betriebsausgabe abziehbar

Der Arbeitgeber kann die ersetzten geschäftlichen Bewirtungskosten mit 70 % als Betriebsausgaben abziehen, auch soweit sie auf den Arbeitnehmer entfallen, wenn die vom Arbeitnehmer vorgelegte Bewirtungsrechnung die gesetzlichen Voraussetzungen erfüllt[1], z. B. maschinell erstellt und maschinell registriert ist, Namen und Anschrift der Gaststätte sowie das ausgedruckte Datum der Bewirtung enthält; handschriftliche Ergänzungen oder Datumsstempel reichen nicht aus. Die Angabe der Steuernummer der Gaststätte (des leistenden Unternehmers) oder die vom BZSt nach umsatzsteuerlichen Vorschriften erteilte USt-IdNr. sind ebenfalls erforderlich, es sei denn der Gesamtrechnungsbetrag übersteigt 250 EUR nicht (sog. Kleinbetragsrechnung i. S. d. § 33 UStDV).

Die Bewirtungsleistungen müssen in der Rechnung im Einzelnen ausgewiesen werden; die Angaben „Speisen und Getränke" und die Angabe der für die Bewirtung in Rechnung gestellten Gesamtsumme genügen nicht. Zulässig sind aber Bezeichnungen wie z. B. „Menü 1", „Tagesgericht 2" oder „Lunch-Buffet" und aus sich selbst heraus verständliche Abkürzungen. Die Rechnung muss auch den Namen des Bewirtenden enthalten, wenn der Rechnungsbetrag 250 EUR übersteigt. Der Name kann vom Gastwirt handschriftlich auf der Rechnung vermerkt werden.[2]

Wichtig

Genauen Anlass der Bewirtung nennen

Die Angabe dient zum Nachweis, dass die Bewirtung betrieblich/beruflich veranlasst war. Daher ist der Zusammenhang mit einem konkreten geschäftlichen Vorgang oder einer bestimmten Geschäftsbeziehung einzutragen.

Nicht ausreichend sind allgemein gehaltene Angaben wie

- „Arbeitsessen"
- „Kundenpflege" oder
- „Infogespräch".

Ebenso wenig ausreichend ist die Angabe der Geschäftsbeziehung zur bewirteten Person. Anhand solcher Angaben kann der Nachweis der betrieblichen Veranlassung im Zusammenhang mit einem geschäftlichen Vorgang oder einer Geschäftsbeziehung nicht geführt werden. Im Regelfall ist neben dem Hinweis auf die von den bewirteten Personen vertretene Firma und den Gegenstand der Besprechungen/Verhandlungen die Angabe des konkreten geschäftlichen Anlasses erforderlich. Dies gilt auch für Ärzte, Rechtsanwälte, Steuerberater oder Apotheker, die sich nicht auf ihre beruflichen Verschwiegenheitspflichten berufen können.

Trinkgelder ebenfalls nur zu 70 % abziehbar

Trinkgelder, die durch maschinell erstellte und registrierte Rechnungen nicht auszuweisen sind, werden anerkannt, wenn es sich um übliche Beträge (etwa bis 6 EUR) handelt; für höhere Trinkgelder kann der Nachweis z. B. dadurch geführt werden, dass das Trinkgeld vom Empfänger auf der Rechnung handschriftlich quittiert wird.[3]

Steuerfreier Auslagenersatz trotz formaler Mängel

Im Übrigen sind vom Arbeitgeber ersetzte Bewirtungskosten beim Arbeitnehmer auch dann als Auslagenersatz steuerfrei, wenn die vorgelegte Bewirtungsrechnung den genannten Anforderungen nicht entspricht und der Arbeitgeber deshalb keine Betriebsausgaben geltend machen kann. Das gilt insbesondere dann, wenn der Arbeitgeber den Arbeitnehmer mit der Bewirtung seiner Geschäftsfreunde ausdrücklich beauftragt hat.

Sozialversicherung

Zugehörigkeit zum Arbeitsentgelt

Die sozialversicherungsrechtliche Beurteilung von Bewirtungskosten richtet sich nach dem Steuerrecht. Bewirtungskosten zählen dann zum beitragspflichtigen Arbeitsentgelt, wenn es sich um steuerpflichtigen Arbeitslohn handelt.

Getränke und Genussmittel, die der Arbeitgeber seinen Arbeitnehmern im Betrieb kostenlos zur Verfügung stellt, gehören nicht zum beitragspflichtigen Arbeitsentgelt. Voraussetzung ist allerdings, dass der Wert der Zuwendung 60 EUR nicht übersteigt. Ansonsten ist der volle Betrag beitragspflichtig.

Bewirtungskosten fallen aus unterschiedlichen Anlässen heraus an. Zur genauen Differenzierung von Bewirtungskosten sind besonders Regelungen zu berücksichtigen.

Veranstaltungen und Feierlichkeiten

Jubiläen

Bewirtungskosten, die vom Arbeitgeber anlässlich

- der Diensteinführung,
- des Amts- oder Funktionswechsels (Beförderung),
- der Verabschiedung oder
- eines runden (10-, 20-, 25-, 30-, 40- oder 50-jährigen) Arbeitnehmerjubiläums

übernommen werden, gehören nicht zum steuer- und beitragspflichtigen Arbeitslohn. Die Aufwendungen des Arbeitgebers je teilnehmender Person dürfen 110 EUR nicht übersteigen. Wird dieser Betrag überschritten, ist nicht nur der übersteigende Betrag, sondern der volle Betrag steuer- und beitragspflichtig.

Geburtstag des Arbeitnehmers

Bewirtungskosten des Arbeitgebers anlässlich eines runden Geburtstags des Arbeitnehmers stellen grundsätzlich steuer- und beitragspflichtiges Arbeitsentgelt dar.

Handelt es sich unter Berücksichtigung aller Umstände um ein Fest des Arbeitgebers (der Geburtstag ist quasi nur der Aufhänger), sind die anteiligen Bewirtungskosten steuer- und beitragsfrei. Dies gilt für die auf den Arbeitnehmer selbst, dessen Familienangehörige und privaten Gäste entfallenden Kosten, wenn sie pro Person den Betrag von 110 EUR nicht übersteigen. In diesen Betrag sind allerdings auch Sachgeschenke an den Arbeitnehmer einzubeziehen, deren Wert 60 EUR nicht übersteigt.

Betriebsveranstaltungen

Bewirtet der Arbeitgeber seine Arbeitnehmer im Rahmen einer üblichen Betriebsveranstaltung, zählen die Zuwendungen bis zur Höhe des Freibetrags von 110 EUR nicht zum Arbeitsentgelt in der Sozialversicherung. Lediglich der 110 EUR übersteigende geldwerte Vorteil der Aufwendungen für die Betriebsveranstaltung ist beitragspflichtig.[4]

1 § 4 Abs. 5 Nr. 2 EStG.
2 FG Berlin-Brandenburg, Urteil v. 8.11.2021, 16 K 11381/18.
3 BMF, Schreiben v. 30.6.2021, IV C 6 – S 2145/19/10003 :003, BStBl 2021 I S. 908, Rz. 8.
4 § 19 Abs. 1 Satz 1 Nr. 1a EStG.

Beispiel

Durchführung einer Betriebsveranstaltung

Eine Betriebsveranstaltung verursacht Kosten von 170 EUR je teilnehmenden Arbeitnehmer.

Ergebnis: Der übersteigende Anteil der Kosten i. H. v. 60 EUR (Kosten je Arbeitnehmer von 170 EUR abzgl. des Freibetrags von 110 EUR) stellt einen geldwerten Vorteil dar. Dieser ist beitragspflichtig.

Der beitragspflichtige Teil entfällt bei einer Pauschalversteuerung durch den Arbeitgeber. Die Pauschalversteuerung muss dabei spätestens bis zum letzten Tag des Monats Februar des Folgejahres erfolgen.

Arbeitnehmererfindungen

Arbeitnehmererfindungen sind Erfindungen, für die ein gewerbliches Schutzrecht nach dem PatentG oder dem GebrauchsmusterG beansprucht werden kann und die von einem Arbeitnehmer im Zusammenhang mit seinem Arbeitsverhältnis gemacht worden sind, in der Regel in Ausübung seiner Tätigkeit.

Andere schutzfähige Leistungen von Arbeitnehmern im Arbeitsverhältnis wie urheberrechtlich geschützte Werke oder schutzfähige Leistungen nach anderen Gesetzen wie dem HalbleiterschutzG, dem SortenschutzG oder dem DesignG fallen nicht in den Bereich des ArbnErfG, ebenso wenig Verbesserungsvorschläge, die der Regelung durch eine Betriebsvereinbarung vorbehalten sind.

Gesetze, Vorschriften und Rechtsprechung

Lohnsteuer: Vergütungen oder Prämien für Arbeitnehmererfindungen rechnen nach den allgemeinen Grundsätzen zum steuerpflichtigen Arbeitslohn (§ 19 Abs. 1 EStG, § 2 LStDV, R 19.3 LStR, H 19.3 LStH).

Sozialversicherung: § 14 Abs. 1 SGB IV definiert das beitragspflichtige Arbeitsentgelt in der Sozialversicherung. § 1 Abs. 1 Satz 1 Nr. 1 SvEV legt fest, unter welchen Bedingungen bestimmte Entgeltbestandteile kein sozialversicherungspflichtiges Arbeitsentgelt darstellen. § 23a Abs. 1 SGB IV legt fest, unter welchen Voraussetzungen und mit welchen Auswirkungen Arbeitsentgelt als einmalig gezahltes Arbeitsentgelt zu betrachten ist.

Entgelt	LSt	SV
Erfindervergütung	pflichtig	pflichtig

Lohnsteuer

Besteuerung

Vom Arbeitgeber an Arbeitnehmer gezahlte Vergütungen für Erfindungen oder Prämien für Verbesserungsvorschläge gehören in voller Höhe zum lohnsteuerpflichtigen Arbeitslohn. Im Regelfall wird es sich dabei um Diensterfindungen handeln, für die der Arbeitnehmer einen Vergütungsanspruch hat. Für ihre Besteuerung gelten sie als ⇗ sonstige Bezüge, die unter Anwendung der ⇗ Jahreslohnsteuertabelle zu besteuern sind.

Erfindervergütung als Einnahme aus einem früheren Dienstverhältnis

Erfindervergütungen sind auch dann Arbeitslohn, wenn das Arbeitsverhältnis im Augenblick der Zahlung nicht mehr besteht. Dies führt bei ins Ausland verzogenen Mitarbeitern dazu, dass das Besteuerungsrecht dem Wohnsitzstaat im Zeitpunkt der Zahlung zusteht.[1]

Für die Einordnung einer Erfindervergütung als Einnahme aus einem früheren Dienstverhältnis ist unerheblich, ob es sich bei der Erfindung um eine Zufallserfindung handelt und wie viel der ehemalige Arbeitnehmer zur weiteren Verwertungsreife beigetragen hat. Ebenso kommt es nicht darauf an, ob die Parteien das ArbnErfG direkt anwenden wollten und die Rechte und Pflichten aus diesem Gesetz erfüllt haben.[2]

Ermäßigte Besteuerung

Hat die Erarbeitung der Erfindung oder des Verbesserungsvorschlags mehr als 12 Monate in Anspruch genommen, kann es sich um mehrjährige Bezüge handeln.

Die Lohnsteuer wird in diesen Fällen unter Anwendung der sog. Fünftelregelung ermäßigt, wenn eine Zusammenballung von Einkünften vorliegt.[3]

Diese Voraussetzung ist bei Erfindervergütungen oder Prämien für Verbesserungsvorschläge erfüllt, wenn sie

- zusätzlich zum laufenden Arbeitslohn und
- an ganzjährig beschäftigte Arbeitnehmer oder
- an Arbeitnehmer gezahlt werden, die vom Arbeitgeber Versorgungsbezüge erhalten.

Soll mit einer Vergütung nicht eine mehrjährige Tätigkeit entlohnt werden, sondern der Übergang der Verwertungsbefugnis an den Diensterfindungen, ist die Fünftelregelung nicht anwendbar.[4]

Gibt der Arbeitnehmer mit seinem Interesse an einer Weiterführung der ursprünglichen Vereinbarung auf Arbeitnehmererfindervergütung im Konflikt mit seinem Arbeitgeber nach und nimmt dessen Abfindungsangebot an, liegt nach der Rechtsprechung eine steuerbegünstigte Entschädigung vor.[5]

Sozialversicherung

Patentfähige und gebrauchsmusterschutzfähige Erfindungen

Vergütungen, die der Unternehmer für patentfähige und für gebrauchsmusterschutzfähige Erfindungen an seine Arbeitnehmer zahlt, sind uneingeschränkt dem sozialversicherungspflichtigen Arbeitsentgelt zuzurechnen und damit beitragspflichtig.[6] Erfindervergütungen sind beitragsrechtlich als ⇗ einmalig gezahltes Arbeitsentgelt zu behandeln.

Vergütungen für Verbesserungsvorschläge

Handelt es sich nicht um schutzfähige Erfindungen, sondern nur um Verbesserungsvorschläge, die prämiert worden sind, so sind diese Prämien ebenfalls in voller Höhe als Arbeitsentgelt im Sinne der Sozialversicherung[7] anzusehen und damit beitragspflichtig. Dies gilt selbst dann, wenn die Prämie von einem Dritten gezahlt wird.[8] Schutzfähige Erfindungen sind grundsätzlich beitragspflichtig. Prämien für Verbesserungsvorschläge sind beitragsrechtlich ebenfalls als ⇗ Einmalzahlungen zu behandeln.

Sachprämien für Verbesserungsvorschläge

Verbesserungsvorschläge der Arbeitnehmer werden häufig auch mit Sachprämien abgegolten. In diesen Fällen ist grundsätzlich stets der ⇗ geldwerte Vorteil der Sachprämie zu ermitteln und der Beitragsberechnung zugrunde zu legen. Soweit der Wert der Sachprämie 80 EUR nicht übersteigt, kann anstelle des tatsächlichen Werts der Sachprämie auch der Durchschnittswert der pauschal versteuerten Sachzuwendung als Beitragsberechnungsgrundlage herangezogen werden.[9] Voraussetzung dafür ist allerdings auch, dass der Arbeitgeber den ⇗ Arbeitnehmeranteil am Sozialversicherungsbeitrag übernimmt.

1 BFH, Urteil v. 21.10.2009, I R 70/08, BStBl 2012 II S. 493.

2 FG München, Urteil v. 21.5.2015, 10 K 2195/12.
3 Ursprünglich war eine Abschaffung der Fünftelregelung im Lohnsteuerabzugsverfahren ab 2024 geplant. Da das Gesetzgebungsverfahren noch nicht abgeschlossen ist, kommt es vorerst zu keiner Änderung.
4 FG Münster, Urteil v. 27.4.2013, 12 K 1625/12 E,.
5 BFH, Urteil v. 29.2.2012, IX R 28/11, BStBl 2012 II S. 569.
6 § 14 SGB IV.
7 § 14 SGB IV.
8 BSG, Urteil v. 26.3.1998, B 12 KR 17/97 R.
9 § 3 Abs. 3 Satz 3 SvEV.

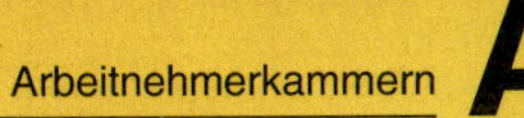

Zahlung der Vergütung nach Beschäftigungsende

Sofern die Zahlung der Vergütung/Prämie für die vom Arbeitnehmer getätigte Erfindung bzw. für seinen Verbesserungsvorschlag durch den Arbeitgeber erst nach dem Ende der Beschäftigung erfolgt, richtet sich die beitragsrechtliche Zuordnung nach den grundsätzlichen Vorgaben für Einmalzahlungen. Eine solche Zahlung ist dem letzten Entgeltabrechnungszeitraum im laufenden Kalenderjahr zuzuordnen, auch wenn dieser nicht mit Arbeitsentgelt belegt ist.[1]

Arbeitnehmerkammern

Arbeitnehmerkammern bzw. Arbeitskammern gibt es in Deutschland nur in Bremen und im Saarland. Sie haben die Aufgabe, die Interessen der Arbeitnehmer wahrzunehmen und zu fördern. Sie sollen insbesondere die Behörden und Gerichte in Fachfragen durch Gutachten und Berichte unterstützen, die Berufsausbildung fördern und Rechtsberatung betreiben.

Die Aufgaben der Kammern werden durch Beiträge der in Bremen oder im Saarland beschäftigten Arbeitnehmer finanziert. Der Arbeitgeber muss die Beiträge vom Arbeitslohn einbehalten und an das Finanzamt abführen. Ist als Bundesland der Betriebsstätte eines der beiden Länder angegeben, ist der Kammerbeitrag vom Lohn des Arbeitnehmers einzubehalten.

Gesetze, Vorschriften und Rechtsprechung

Lohnsteuer: Die Pflichtmitgliedschaft in Bremen und im Saarland ergibt sich aus dem Gesetz über die Arbeitnehmerkammer im Lande Bremen v. 28.3.2000 (Gesetzblatt der Freien Hansestadt Bremen S. 83) und dem Gesetz über die Arbeitskammer des Saarlandes v. 8.4.1992 (Amtsblatt S. 590), zuletzt geändert durch das Gesetz v. 15.2.2006 (Amtsblatt S. 474, 530). Die steuerliche Behandlung der Kammerbeiträge ergibt sich aus § 9 Abs. 1 Satz 1 EStG. Einzelheiten zur Beitragspflicht, Höhe, Einbehaltung und Anmeldung finden sich in der Beitragsordnung der Arbeitnehmerkammer im Lande Bremen v. 21.6.2018, zuletzt geändert zum 7.10.2021, bzw. in der Verordnung über die Erhebung von Beiträgen für die Arbeitskammer des Saarlandes, zuletzt geändert zum 26.11.2015.

Lohnsteuer

Arbeitnehmerkammer Bremen

Beitragspflichtige Arbeitnehmer

Beitragspflichtig zur Arbeitnehmerkammer Bremen sind alle im Land Bremen tätigen Arbeitnehmer, deren Arbeitslohn über der Geringfügigkeitsgrenze liegt (2024: 538 EUR monatlich).[2] Als Arbeitnehmer gelten insbesondere auch im Homeoffice Beschäftigte und Personen, die wirtschaftlich unselbstständig sind und deshalb als arbeitnehmerähnliche Personen eingestuft werden.

Ebenfalls beitragspflichtig sind Arbeitnehmer in einem Ausbildungsdienstverhältnis mit einem Arbeitslohn von mehr als der monatlichen Geringfügigkeitsgrenze. Personen, die keine Arbeitnehmer sind, sind von der Mitgliedschaft in der Arbeitskammer ausgeschlossen, sodass für diese Personen auch keine Beiträge zu entrichten sind. Hierzu zählen beispielsweise Vorstandsmitglieder von Aktiengesellschaften, Gesellschafter-Geschäftsführer oder Fremd-Geschäftsführer einer GmbH.[3]

Die Kammerzugehörigkeit endet, wenn die Voraussetzungen nicht mehr gegeben sind, insbesondere wenn der Arbeitnehmer nicht mehr im Land Bremen tätig ist oder sich selbstständig macht. Die Zugehörigkeit endet jedoch nicht, wenn nach Beendigung des Arbeitsverhältnisses Anspruch auf Sozialleistungen besteht – etwa auf Arbeitslosengeld. Die Mitgliedschaft bleibt auch dann bestehen, wenn für die Dauer einer Sperrfrist oder der Anrechnung von Abfindungen oder anderweitiger Einkünfte eine solche Leistung vorübergehend nicht beansprucht werden kann. Dies gilt entsprechend, wenn die Bezugsdauer einer derartigen Leistung (etwa das Arbeitslosengeld) erschöpft ist und Anspruch auf eine andere vergleichbare Leistung oder Arbeitslosengeld II geltend gemacht werden kann.[4]

Beitragshöhe

In Bremen liegt der Beitrag seit 2023 bei 0,14 % des steuerpflichtigen Arbeitslohns (bis 2022: 0,15 %). Bruchteile von Cent sind auf volle Centbeträge abzurunden. Maßgebend ist der steuerpflichtige Arbeitslohn nach den Bestimmungen der Lohnsteuerdurchführungsverordnung für Zeiträume, in denen das Arbeitsverhältnis besteht oder bestand.

Pauschalbesteuerter Arbeitslohn sowie Nettolohn ist in die Beitragsberechnung einzubeziehen. Dabei bleibt die Pauschalsteuer unberücksichtigt. Der ⇗ Nettolohn ist mit dem umgerechneten Bruttoarbeitslohn anzusetzen.

Nicht zur Bemessungsgrundlage für den Kammerbeitrag gehören vom Arbeitgeber gezahlte ⇗ Versorgungsbezüge aus einem früheren Dienstverhältnis.[5]

In der Beitragsordnung der Arbeitnehmerkammer Bremen sind weder Höchstbeiträge noch Höchstbeträge der Bemessungsgrundlage bestimmt.[6]

Tipp

Keine Beitragspflicht von Abfindungen

Abfindungen, die aus Anlass der Beendigung eines Arbeitsverhältnisses gezahlt werden, sind seit 2022 von der Beitragspflicht befreit.[7]

Beitragseinbehaltung

Der Arbeitgeber muss feststellen, welche seiner Beschäftigten aus den eingangs genannten Gründen Mitglied in der Arbeitnehmerkammer sind und ob sie Beiträge zu zahlen haben (also der Verdienst über der monatlichen Geringfügigkeitsgrenze liegt). Der Arbeitgeber muss die Kammerbeiträge in dem Zeitpunkt vom Arbeitslohn einbehalten, in dem auch der ⇗ Lohnsteuerabzug vorgenommen wird oder in dem der Arbeitgeber die pauschale Lohnsteuer übernimmt.

Unterbliebene Abzüge dürfen nur bei der Lohnzahlung für den nächsten Lohnzahlungszeitraum nachgeholt werden. Für alle davor unterbliebenen Beitragsabzüge haftet der Arbeitgeber endgültig. Eine Ausnahme besteht in den Fällen, in denen die Beiträge ohne Verschulden des Arbeitgebers verspätet entrichtet worden sind.

Beitragsanmeldung und -zahlung

Die vom Arbeitslohn einbehaltenen Kammerbeiträge muss der Arbeitgeber zusammen mit den einbehaltenen (Lohn)Steuerabzügen dem ⇗ Betriebsstättenfinanzamt melden und termingerecht zahlen.

Arbeitgeber, die keine ⇗ Lohnsteuer-Anmeldungen an Betriebsstättenfinanzämter im Land Bremen abzugeben haben, müssen die Kammerbeiträge an das Finanzamt Bremen – bis zum 10. Tag nach Ablauf eines Anmeldungszeitraums – anmelden und abführen.

Anmeldungszeitraum ist der Kalendermonat

Anmeldungszeitraum ist grundsätzlich der Kalendermonat. Abweichend hiervon gelten folgende Anmeldezeiträume:

- das Kalendervierteljahr bei Vorjahresbeiträgen von mehr als 400 EUR, aber nicht mehr als 800 EUR;
- das Kalenderjahr bei Vorjahresbeiträgen von nicht mehr als 400 EUR.[8]

1 § 23a Abs. 2 SGB IV.
2 § 8 Abs. 1 Nr. 1 SGB IV.
3 § 4 Abs. 1 Arbeitnehmerkammer-Gesetz.
4 § 4 Abs. 2 Arbeitnehmerkammer-Gesetz.
5 § 2 Abs. 2 Nr. 2 Satz 2 LStDV.
6 Beitragsordnung der Arbeitnehmerkammer im Lande Bremen.
7 § 3 Abs. 1 Satz 3 der Beitragsordnung der Arbeitnehmerkammer im Lande Bremen.
8 § 5 der Beitragsordnung der Arbeitnehmerkammer Bremen.

Zu meldende Daten

In der Beitragsanmeldung sind die Anzahl der Arbeitnehmer sowie die Lohnzahlungszeiträume, für welche die Beiträge einbehalten worden sind, und die Gesamtsumme der Beiträge anzugeben. Die Beitragsanmeldungen sind mit der Lohnsteuer-Anmeldung nach amtlich vorgeschriebenem Datensatz auf elektronischem Weg zu übermitteln.

Erstattung und Verjährung von Beiträgen

Zu Unrecht gezahlte Beiträge erstattet das Finanzamt Bremen auf Antrag. Allerdings muss dem Antrag eine Bescheinigung des Arbeitgebers beigefügt werden, in dem sowohl Höhe als auch Umstände der zu Unrecht gezahlten Beiträge genannt sind. Erstattungen für das laufende Kalenderjahr kann auch der Arbeitgeber vornehmen. Er muss dann den Erstattungsbetrag von der nächsten Beitragszahlung abziehen.[1]

Der Beitragsanspruch und der Erstattungsanspruch verjähren mit Ablauf des dritten Jahres nach Entstehung der Ansprüche.[2]

Arbeitskammer des Saarlandes

Beitragspflichtige Arbeitnehmer

Der Arbeitskammer des Saarlandes gehören alle in einem im Saarland gelegenen Betrieb beschäftigten Arbeitnehmer an. Dazu zählen auch ↗ Grenzgänger, die z. B. aus Frankreich ins Saarland pendeln.

Ist der Arbeitnehmer im Homeoffice tätig und liegt der vertraglich vereinbarte Leistungsort im Rahmen von Homeoffice ausschließlich oder überwiegend im Saarland, besteht ebenfalls eine gesetzliche Mitgliedschaft in der Arbeitskammer des Saarlandes.[3]

Ausgenommen von der Beitragspflicht im Saarland sind[4]

- Arbeitnehmer, die zu ihrer Berufsausbildung beschäftigt sind (Auszubildende, Anlernlinge, Praktikanten);
- Arbeitnehmer, die geringfügig beschäftigt sind[5];
- Arbeitssuchende;
- Vorstandsmitglieder von Aktiengesellschaften, Gesellschafter-Geschäftsführer oder Fremd-Geschäftsführer einer GmbH;
- leitende Angestellte, die zur selbstständigen Einstellung und Entlassung von im Betrieb oder in der Betriebsabteilung beschäftigten Arbeitnehmern berechtigt sind oder denen Generalvollmacht oder Prokura erteilt ist.

Beitragshöhe

Im Saarland beträgt der Beitrag 0,15 % des monatlichen Bruttoarbeitsentgelts, das der Sozialversicherungspflicht unterlegen hat oder im Versicherungsfall unterlegen hätte, höchstens aber 0,15 % von 100 % der Beitragsbemessungsgrenze der Rentenversicherung West (monatlicher Beitragshöchstbetrag für 2024: 11,32 EUR[6]). Bei der Beitragsfestsetzung bleiben Bruchteile eines Cents, die sich bei der Berechnung ergeben, außer Ansatz.

Es gibt kein Mindesteinkommen für den Beitrag. Bei Beschäftigten im Übergangsbereich, die ab 1.1.2024 mehr als 538 EUR und bis zu 2.000 EUR monatlich verdienen, ist die Regelung zum Übergangsbereich anzuwenden.[7]

Beitragseinbehaltung

Der Arbeitgeber der im Saarland beitragspflichtigen Arbeitnehmer ist verpflichtet, die festgesetzten Beiträge jeweils bei der Lohnzahlung vom Arbeitnehmer einzubehalten und monatlich mit den fälligen Steuerabzugs-Beträgen an das zuständige Finanzamt einzuzahlen.[8]

Beitragsanmeldung und -zahlung

Die vom Arbeitslohn einbehaltenen Kammerbeiträge hat der Arbeitgeber zu den gleichen Terminen dem Finanzamt anzumelden und abzuführen, die auch für die Anmeldung und Abführung der Lohnsteuer gelten (monatlich, vierteljährlich oder jährlich).[9]

Im Einzelnen gilt Folgendes:

- Wird der Arbeitslohn für einen monatlichen Zeitraum gezahlt, ist der volle Monatsbeitrag bei der Zahlung des Arbeitslohns einzubehalten.
- Wird der Arbeitslohn für einen kürzeren als monatlichen Zeitraum gezahlt, ist der Beitrag für den Monat in voller Höhe bei der letzten Zahlung des Arbeitslohns im Monat einzubehalten. Dies gilt auch bei Abschlagszahlungen auf den Arbeitslohn.
- Wird der Arbeitslohn für einen längeren als monatlichen Zeitraum gezahlt, ist der Arbeitslohn zur Beitragsberechnung auf einen vollen Monat umzurechnen. Als voller Monat werden 15 und mehr Tage in einem Monat gerechnet. Der Beitrag richtet sich nach der Höhe des errechneten monatlichen Arbeitslohns. Er ist mit der Zahl der vollen Monate zu vervielfachen und einzubehalten.

Beim Wechsel des Arbeitgebers im Laufe eines Monats sind die Arbeitslöhne des Arbeitnehmers während eines Zeitraums von einem Monat zusammenzurechnen. Der Monatsbeitrag ist von dem Arbeitgeber einzubehalten, der zuletzt einen Lohn im Monat auszahlt. Ist dem Arbeitgeber, der den letzten Lohn im Monat auszahlt und deshalb zur Einbehaltung des Beitrags verpflichtet ist, der Arbeitslohn für die abgelaufene Zeit des Monats nicht bekannt, so kann der Arbeitslohn für den letzten Lohnzahlungszeitraum auf einen Monatslohn umgerechnet und der Beitrag nach dem errechneten monatlichen Arbeitslohn bemessen werden.[10]

Bezieht ein Arbeitnehmer Arbeitslohn aus mehreren gegenwärtigen oder früheren Dienstverhältnissen gleichzeitig von verschiedenen Arbeitgebern, ist der Kammerbeitrag von dem Arbeitgeber einzubehalten, der im ELStAM-Verfahren als Hauptarbeitgeber gemeldet ist.[11]

Zu meldende Daten

Für Arbeitgeber im Saarland ist das jeweilige ↗ Betriebsstättenfinanzamt für die Anmeldung und Abführung der Kammerbeiträge zuständig. Mit der Einzahlung ist dem Finanzamt ein Nachweis mit folgenden Angaben einzureichen[12]:

- Bezeichnung der Arbeitsstätte,
- Gesamtbetrag der für den Anmeldungszeitraum einbehaltenen Kammerbeiträge.

Dieser Nachweis ist mit dem Vordruck für die ↗ Lohnsteuer-Anmeldung verbunden.

Arbeitgeber ohne Betriebsstätte im Saarland

Soweit Lohnsteuer-Anmeldungen an die saarländischen Finanzämter nicht abzugeben sind, haben die Arbeitgeber die einbehaltenen Beiträge zur Arbeitskammer an das für die im Saarland gelegenen Arbeitsstätten örtlich zuständige Finanzamt abzuführen. Unterhält der Arbeitgeber im Saarland mehrere Arbeitsstätten, für die verschiedene Finanzämter örtlich zuständig sind, sind die Kammerbeiträge an das Finanzamt abzuführen, in dessen Bezirk die größte Anzahl von Arbeitnehmern beschäftigt wird.

Gleichzeitig mit der Anmeldung müssen dem Finanzamt folgende Angaben gemeldet werden[13]:

- Bezeichnung der Arbeitsstätte,
- Gesamtzahl der beitragspflichtigen Arbeitnehmer,
- Gesamtsumme der einbehaltenen Beträge.

---

1 § 6 der Beitragsordnung der Arbeitnehmerkammer Bremen.
2 § 6 der Beitragsordnung der Arbeitnehmerkammer Bremen.
3 Merkblatt „Arbeitskammerbeitrag im Falle von Homeoffice ja oder nein?".
4 § 2 Abs. 1 und 3 der Verordnung über die Erhebung von Beiträgen für die Arbeitskammer des Saarlandes.
5 § 8 SGB IV.
6 Für 2023: max. 10,95 EUR pro Monat.
7 § 20 Abs. 2 SGB IV.
8 § 5 Abs. 1 der Verordnung über die Erhebung von Beiträgen für die Arbeitskammer des Saarlandes.
9 § 6 Abs. 1–3 der Verordnung über die Erhebung von Beiträgen für die Arbeitskammer des Saarlandes.
10 § 6 Abs. 4 der Verordnung über die Erhebung von Beiträgen für die Arbeitskammer des Saarlandes.
11 § 6 Abs. 5 der Verordnung über die Erhebung von Beiträgen für die Arbeitskammer des Saarlandes.
12 § 5 Abs. 1 der Verordnung über die Erhebung von Beiträgen für die Arbeitskammer des Saarlandes.
13 § 5 Abs. 3 der Verordnung über die Erhebung von Beiträgen für die Arbeitskammer des Saarlandes.

Aufzeichnungs- und Bescheinigungspflicht

Die einbehaltenen Beiträge sind auf dem ⇗ Lohnkonto[1] und der Lohn- und Gehaltsabrechnung des beitragspflichtigen Arbeitnehmers zu vermerken. Die an die Finanzverwaltung abgeführten Beiträge zur Arbeitskammer Saarland bzw. zur Arbeitnehmerkammer Bremen sind in den freien Zeilen der ⇗ Lohnsteuerbescheinigung zu bescheinigen.

Tipp

Werbungskostenabzug für Kammerbeiträge

Die Kammerbeiträge können vom Arbeitnehmer mit der Jahressteuererklärung in der Anlage N unter ⇗ Werbungskosten als „Beiträge zu Berufsverbänden" geltend gemacht werden.[2]

Arbeitnehmersparzulage

Die Arbeitnehmersparzulage ist eine staatliche Förderung der Vermögensbildung der Arbeitnehmer durch Gewährung einer Geldzulage. Sofern das Einkommen des Arbeitnehmers bestimmte Grenzen nicht überschreitet, wird die staatliche Subvention für vermögenswirksame Leistungen gewährt. Der Geldbetrag wird vom Arbeitgeber für den Arbeitnehmer angelegt. Für vermögenswirksame Leistungen im Rahmen des Beteiligungs- oder Bausparens nach dem 5. Vermögensbildungsgesetz erhält der Arbeitnehmer eine steuer- und sozialabgabenfreie Arbeitnehmersparzulage. Die Höhe der Sparzulage ist von der Anlageart der vermögenswirksamen Leistungen des Arbeitnehmers abhängig. Die Arbeitnehmersparzulage ist kein beitragspflichtiges Arbeitsentgelt.

Gesetze, Vorschriften und Rechtsprechung

Lohnsteuer: Einzelheiten zu den Anlageformen, Voraussetzungen und Höhe der Arbeitnehmersparzulage regeln das 5. VermBG, die dazu erlassene Verordnung – VermBDV – sowie ein Anwendungsschreiben des BMF v. 29.11.2017, IV C 5 – S 2430/17/10001.

Sozialversicherung: Arbeitsentgelt in der Sozialversicherung ist in § 14 Abs. 1 SGB IV definiert.

Lohnsteuer

Begünstigte Anlageformen

Beteiligungssparen bis 400 EUR

Die Arbeitnehmersparzulage für Vermögensbeteiligungen beträgt 20 % der angelegten vermögenswirksamen Leistungen, begrenzt auf maximal 400 EUR jährlich.[3]

Begünstigt sind folgende Anlageformen (Beteiligung am Produktivkapital):

- Sparverträge über Wertpapiere oder andere Vermögensbeteiligungen, einschließlich Mitarbeiterbeteiligungs-Sondervermögen[4]
- Wertpapier-Kaufverträge[5]
- Beteiligungs-Verträge[6] und
- Beteiligungs-Kaufverträge.[7]

Maßgebend für den Zulagensatz ist das Jahr, in dem die vermögenswirksamen Leistungen angelegt werden. Das Datum des Vertragsabschlusses ist unbeachtlich.

1 § 41 Abs. 1 EStG.
2 § 9 EStG.
3 § 13 5. VermBG.
4 § 4 5. VermBG.
5 § 5 5. VermBG.
6 § 6 5. VermBG.
7 § 7 5. VermBG.

Achtung

Erwerb steuerfreier Vermögensbeteiligungen nicht begünstigt

Steuerfreie ⇗ Mitarbeiterkapitalbeteiligungen können mit vermögenswirksamen Leistungen erworben werden; sie rechnen jedoch nicht zu den zulagebegünstigten vermögenswirksamen Leistungen.

Bausparverträge bis 470 EUR

Die Arbeitnehmersparzulage für Bausparverträge beträgt 9 % der angelegten vermögenswirksamen Leistungen, begrenzt auf maximal 470 EUR jährlich.[8]

Begünstigt sind Anlagen

- nach dem Wohnungsbau-Prämiengesetz, z. B. in einen Bausparvertrag;
- für den Bau, Erwerb, den Ausbau, die Erweiterung oder die Entschuldung eines im Inland gelegenen Wohngebäudes bzw. Eigentumswohnung zum Zwecke des Wohnungsbaus.

Höhe der Sparzulage

Die Arbeitnehmersparzulage für das Beteiligungssparen (20 %) und die für das Bausparen (9 %) können nebeneinander in Anspruch genommen werden. Voraussetzung ist, dass der Arbeitnehmer seine vermögenswirksamen Leistungen auf mehrere Anlagearten aufteilt.

Dies kann z. B. dadurch erfolgen, dass er einen Teil seiner vermögenswirksamen Leistungen auf einen Wertpapier-Sparvertrag anlegt und einen weiteren Teil in einen Bausparvertrag einzahlt. In diesem Fall wären vermögenswirksame Leistungen bis zu 870 EUR jährlich mit Arbeitnehmersparzulagen in Höhe von insgesamt 123 EUR[9] begünstigt.

	Prämienbegünstigter Höchstbetrag	Arbeitnehmersparzulage
Beteiligungssparen	400 EUR	20 % = 80 EUR
Bausparvertrag	470 EUR	9 % = 43 EUR
Gesamt	870 EUR	123 EUR

Einkommensgrenzen

Voraussetzung für die Gewährung der Sparzulage ist, dass das zu versteuernde Einkommen des Arbeitnehmers im Sparjahr folgende Beträge nicht übersteigt:

Maximal zu versteuerndes Einkommen	
Ledige (Steuerklasse I oder II)	Zusammenveranlagung (Steuerklasse III oder IV)
40.000 EUR[10]	80.000 EUR[11]

Bei Einzelveranlagung von Ehe- oder eingetragenen Lebenspartnern zur Einkommensteuer wird jeder Ehe- oder eingetragene Lebenspartner wie ein Lediger behandelt (Einkommensgrenze 40.000 EUR).

Bei Arbeitnehmern mit Kindern erhöhen sich die Einkommensgrenzen 2024 um die Freibeträge für Kinder i. H. v. insgesamt 4.645 EUR[12] je Kind.[13] Die Freibeträge für Kinder sind stets für das gesamte Sparjahr zugrunde zu legen. Dies gilt auch dann, wenn die steuerliche Berücksichtigung des Kindes im Laufe des Jahres beginnt oder endet.

8 § 13 5. VermBG.
9 Der sich hierbei ergebende Betrag i. H. v. 122,30 EUR wird zugunsten des Sparers gerundet.
10 § 13 Abs. 1 Satz 1 5. VermBG i. d. F. des Zukunftsfinanzierungsgesetzes.
11 § 13 Abs. 1 Satz 1 5. VermBG i. d. F. des Zukunftsfinanzierungsgesetzes.
12 3.192 EUR Kinderfreibetrag + 1.464 EUR Betreuungsfreibetrag für jedes zu berücksichtigende Kind.
13 § 2 Abs. 5 Satz 2 EStG.

Bei der Ermittlung der Einkommensgrenze bleiben Einkünfte aus Kapitalvermögen, die dem Abgeltungssteuersatz von 25 % unterliegen, unberücksichtigt.

Arbeitnehmerrechte und Arbeitgeberpflichten

Vermögenswirksame Leistungen können als zusätzliche Arbeitgeberleistungen vereinbart werden, in

- Einzelverträgen mit Arbeitnehmern,
- Betriebsvereinbarungen,
- Tarifverträgen oder
- bindenden Festsetzungen (bei Heimarbeitern).

Gesetzliche Verpflichtung des Arbeitgebers

Der Arbeitnehmer kann auch an seinen Arbeitgeber einen schriftlichen Antrag stellen, dass Teile des Arbeitslohns vermögenswirksam anzulegen sind. Der Arbeitgeber muss diesem Antrag folgen, soweit die vermögenswirksam anzulegenden Lohnteile – ggf. zusammen mit anderen vermögenswirksamen Leistungen des Kalenderjahres – den Förderhöchstbetrag von 870 EUR jährlich nicht übersteigen. Der Arbeitgeber kann jedoch auch – dem Begehren des Arbeitnehmers folgend – höhere vermögenswirksame Leistungen erbringen.

Änderungsrecht des Arbeitnehmers

Einmal jährlich darf der Arbeitnehmer von seinem Arbeitgeber schriftlich verlangen, dass

- die Anlageform gewechselt wird oder
- der Vertrag über die vermögenswirksame Anlage von Lohnteilen aufgehoben, eingeschränkt oder erweitert wird.

Achtung

Keine Neuanlage nach Aufhebung im selben Kalenderjahr

Im Fall der Aufhebung ist der Arbeitgeber nicht verpflichtet, in demselben Kalenderjahr einen neuen Vertrag über die vermögenswirksame Anlage von Teilen des Arbeitslohns abzuschließen.[1]

Aufteilungspflicht nur bei Mindestanlage

Zur Aufteilung der vermögenswirksamen Leistungen ist der Arbeitgeber nur dann verpflichtet, wenn der Arbeitnehmer von seinem Arbeitslohn folgende Mindestbeträge anlegen will:

- monatlich mindestens 13 EUR,
- vierteljährlich mindestens 39 EUR oder
- einmal im Kalenderjahr mindestens 39 EUR.[2]

Besonderheiten bei Grenzgängern

Lehnt ein ausländischer Arbeitgeber ab, mit dem bei ihm beschäftigten ↗ Grenzgänger eine Vereinbarung über vermögenswirksame Leistungen abzuschließen, kann eine inländische Bank, Sparkasse oder eine inländische Kapitalverwaltungsgesellschaft die Funktionen des Arbeitgebers übernehmen.

Voraussetzung ist, dass der ausländische Arbeitgeber den Arbeitslohn auf ein Konto des Arbeitnehmers bei der Bank, Sparkasse oder der Kapitalanlagegesellschaft überweist und diese dann die vermögenswirksam anzulegenden Beträge zulasten dieses Kontos unmittelbar an das Unternehmen, das Institut oder den Gläubiger leistet.

Antragsverfahren

Antragsfristen

Auf Antrag des Arbeitnehmers wird die Arbeitnehmersparzulage jährlich vom Finanzamt festgesetzt. Dies erfolgt im Rahmen der Veranlagung des Arbeitnehmers zur Einkommensteuer. Die Arbeitnehmersparzulage wird für jeden Anlagevertrag zugunsten des Steuerpflichtigen auf volle Euro aufgerundet.

Antragsfrist beachten

Der Antrag ist im Rahmen der 4-jährigen Festsetzungsfrist für die Einkommensteuerveranlagung abzugeben. Der Fristlauf beginnt mit Ablauf des Kalenderjahres, in dem die vermögenswirksamen Leistungen angelegt wurden.

Wichtig

Verlängerung der Antragsfrist

Entsteht der erstmalige Anspruch auf Sparzulage erst durch eine nachträgliche Änderung des zu versteuernden Einkommens nach Ablauf der Antragsfrist, verlängert sich die maßgebliche Antragsfrist für die Festsetzung der Sparzulage entsprechend.

Für die Festsetzung der Sparzulage sind die Angaben in der Bescheinigung des Kreditinstituts, Unternehmens (einschließlich der Kapitalanlagegesellschaft) oder Arbeitgebers über die bei diesen angelegten vermögenswirksamen Leistungen maßgeblich.

Nachholung der Sparzulage

Ein Bescheid über die Ablehnung der Festsetzung einer Arbeitnehmersparzulage wegen Überschreitens der Einkommensgrenze ist aufzuheben, wenn der Einkommensteuerbescheid nach Ergehen des Ablehnungsbescheids zur Arbeitnehmersparzulage geändert und dadurch erstmals festgestellt wird, dass die Einkommensgrenze unterschritten ist. Die Arbeitnehmersparzulage wird dann vom Finanzamt nachträglich festgesetzt. Die Frist für die Festsetzung der Arbeitnehmersparzulage endet in diesem Fall nicht vor Ablauf eines Jahres nach Bekanntgabe des geänderten Steuerbescheids.[3]

Kein erneuter Antrag erforderlich

Die Nachholung der Festsetzung der Arbeitnehmersparzulage wird von Amts wegen vorgenommen (grundsätzlich verbunden mit der Änderung der Einkommensteuerfestsetzung). Ein erneuter Antrag des Arbeitnehmers auf Festsetzung der Arbeitnehmersparzulage ist daher nicht erforderlich.

Beispiel

Festsetzung Arbeitnehmersparzulage von Amts wegen

Der Arbeitgeber überweist für den ledigen Arbeitnehmer in 2024 vermögenswirksame Leistungen (VL) i. H. v. 400 EUR auf einen VL-Investmentsparplan. Der Arbeitnehmer stellt in 2025 mit seiner Einkommensteuererklärung einen Antrag auf Festsetzung der Arbeitnehmersparzulage und fügt die entsprechende Anlage VL bei. Das vom Finanzamt in 2025 für den Veranlagungszeitraum 2023 berechnete zu versteuernde Einkommen beträgt 42.000 EUR.

Das Finanzamt lehnt die Festsetzung der beantragten Arbeitnehmersparzulage ab, da das zu versteuernde Einkommen die maßgebliche Einkommensgrenze von 40.000 EUR überschreitet. Ende Februar 2029 ändert das Finanzamt das zu versteuernde Einkommen nach einem Klageverfahren auf 39.000 EUR.

Ergebnis: Von Amts wegen erfolgt daraufhin eine erstmalige Festsetzung der Arbeitnehmersparzulage für 2024 i. H. v. 80 EUR (20 % von 400 EUR), denn die maßgebliche Einkommensgrenze von 40.000 EUR wird nicht mehr überschritten. Die Festsetzung ist bis Ende Februar 2030 möglich, da der Ablauf der Festsetzungsfrist für die Arbeitnehmer-Sparzulage 2024 bis dahin gehemmt ist.

Elektronische Vermögensbildungsbescheinigung

Die Gewährung der Arbeitnehmersparzulage setzt seit 2017 eine elektronische Vermögensbildungsbescheinigung voraus.[4] Hierfür muss der Arbeitnehmer gegenüber dem Anlageinstitut in die elektronische Übermittlung einwilligen und diesem seine persönliche steuerliche Identifikati-

1 § 11 Abs. 5 Satz 2 5. VermBG.
2 § 11 Abs. 3 5. VermBG.
3 § 14 Abs. 5 5. VermBG.
4 Amtshilferichtlinie-Umsetzungsgesetz v. 26.6.2013, BStBl 2013 I S. 802. BMF, Schreiben v. 16.12.2016, IV C 5 – S 2439/16/10001, BStBl 2016 I S. 1435.

onsnummer (IdNr) mitteilen. Das Anlageinstitut übermittelt die elektronische Vermögensbildungsbescheinigung bis zum 28.2. des folgenden Kalenderjahres an die Finanzverwaltung.

Die Vorlage der Anlage VL in Papierform ist seit 2017 keine Voraussetzung für die Festsetzung der Arbeitnehmersparzulage.

Fälligkeit und Auszahlung

Die Auszahlung der festgesetzten Sparzulage an den Arbeitnehmer erfolgt durch das Finanzamt, wenn die für die Anlageart geltende Sperrfrist bereits abgelaufen ist oder für die Anlageart keine Sperrfrist gilt (z. B. bei Entschuldung von Wohnungseigentum).

Unterliegen die sparzulagenbegünstigten vermögenswirksamen Leistungen noch einer Sperrfrist, sind die festgesetzten Sparzulagen erst nach Ablauf der Sperrfrist fällig. Die Arbeitnehmersparzulage ist steuerfrei.[1]

Zentrale Verwaltung der Arbeitnehmersparzulagen

Noch nicht fällige Sparzulagen werden bei einer Zentralstelle der Länder beim Technischen Finanzamt Berlin (ZPS ZANS) in Berlin gespeichert. Die Daten werden für alle Bundesländer auch dort verwaltet. Nach Ablauf der Sperrfrist veranlasst die Zentralstelle die Auszahlung der gespeicherten Sparzulagen durch das Finanzamt zugunsten des Arbeitnehmers an das Kreditinstitut, das Unternehmen oder den Arbeitgeber, bei dem die vermögenswirksamen Leistungen angelegt worden sind. Durch einen Datenaustausch mit den Anlageinstituten und den Bundesländern wird monatlich sichergestellt, dass die termingerechte Auszahlung der Arbeitnehmersparzulage erfolgt.

Achtung

Auszahlungssperre bei schädlicher Verfügung

Bei schädlichen vorzeitigen Verfügungen über vermögenswirksame Leistungen sperrt die Zentralstelle die Auszahlung der gespeicherten Sparzulagen.

Bei unschädlichen vorzeitigen Verfügungen veranlasst die Zentralstelle die vorzeitige Auszahlung der Sparzulage an das Kreditinstitut/Unternehmen zur Weiterleitung an die Arbeitnehmer.

Rückforderung der Sparzulage

Bei Verletzung von Sperr-, Verwendungs- und Vorlagefristen entfällt die Zulagenbegünstigung rückwirkend.[2] Das Finanzamt ändert daraufhin den Bescheid über die Festsetzung der Sparzulage, und die Auszahlung der gespeicherten Sparzulagen wird gesperrt. Sofern Zulagen bereits ausgezahlt worden sind, werden diese vom Arbeitnehmer zurückgefordert.

Wird über vermögenswirksame Leistungen vorzeitig verfügt, ist dies der ZPS ZANS[3] anzuzeigen. Für die Anzeige ist der amtlich vorgeschriebene Datensatz zu verwenden.[4] Die Bekanntgabe der Datensatzbeschreibung erfolgte letztmals am 23.9.2019.[5]

Die Anzeigen von Kreditinstituten, Kapitalverwaltungsgesellschaften, Bausparkassen und Versicherungsunternehmen sind als unschädliche, vollständig schädliche oder teilweise schädliche Verfügungen zu kennzeichnen.[6]

Achtung

Nachträgliche Rückforderung

Hat das Finanzamt bei Ablauf der Sperrfrist die Sparzulage an den Arbeitnehmer ausgezahlt und wird dem Finanzamt erst nachträglich eine schädliche Verfügung über die vermögenswirksamen Leistungen bekannt, wird das Finanzamt auch in den Fällen die bereits ausgezahlte Arbeitnehmersparzulage vom Arbeitnehmer zurückfordern.

1 § 13 Abs. 3 Satz 1 5. VermBG.
2 § 13 Abs. 5 Satz 1 5. VermBG.
3 Zentralstelle für Arbeitnehmer-Sparzulage und Wohnungsbauprämie beim Technischen Finanzamt Berlin.
4 § 8 Abs. 3 5. VermBG.
5 BMF, Schreiben v. 23.9.2019, IV C 5 – S 2439/19/10002, BStBl 2019 I S. 925.
6 § 8 Abs. 2 Satz 1 VermBDV.

Arbeitgeberhaftung für Sparzulage

Soweit der Arbeitgeber seine Pflichten nach dem 5. Vermögensbildungsgesetz verletzt hat, haftet er für zu Unrecht gezahlte Sparzulagen. Eine solche Pflichtverletzung kann sich z. B. aus einer Verletzung von Kennzeichnungs- oder Anzeigepflichten i. S. d. § 15 Abs. 3 5. VermBG ergeben. Bei der Arbeitgeberhaftung für zu viel gezahlte Arbeitnehmersparzulagen gelten die Regeln der Lohnsteuerhaftung entsprechend. Insoweit besteht auch hier eine Gesamtschuldnerschaft des Arbeitnehmers und des Arbeitgebers.[7]

Darüber hinaus haften auch die Anlageunternehmen oder -institute für zurückzuzahlende Sparzulagen, wenn sie ihre Pflichten nach dem 5. VermBG oder nach der VermBDV verletzt haben.

Einholung einer Auskunft beim Finanzamt

Damit sich der Arbeitgeber in lohnsteuerlichen Zweifelsfällen über die Anwendung des 5. VermBG informieren kann, hat das Betriebsstättenfinanzamt auf Anfrage des Arbeitgebers Auskünfte zu erteilen.[8]

Sozialversicherung

Kein Entgelt im Sinne der Sozialversicherung

Die Arbeitnehmersparzulage ist als staatliche Leistung nicht beitragspflichtig zur Sozialversicherung.[9] Sie ist kein Bestandteil des ↗ Arbeitsentgelts.

Die Arbeitnehmersparzulage ist bei der Berechnung von Geldleistungen (Krankengeld, Mutterschaftsgeld, Verletztengeld, Übergangsgeld etc.) aus der Sozialversicherung nicht zu berücksichtigen.

Wichtig

Keine Berücksichtigung bei Entgeltbescheinigungen

Die Arbeitnehmersparzulage ist bei der Abgabe von Verdienstbescheinigungen zur Leistungsberechnung nicht zu berücksichtigen.

Weitergewährung von Arbeitsentgelt während des Bezugs einer Entgeltersatzleistung

Zahlt der Arbeitgeber während des Bezugs von Entgeltersatzleistungen (z. B. Krankengeld, Mutterschaftsgeld, Verletztengeld, Übergangsgeld etc.) Arbeitsentgelt als sogenannte arbeitgeberseitige Leistung (z. B. vermögenswirksame Leistungen) fort, ist dieses beitragsfrei. Voraussetzung ist allerdings, dass das gezahlte Arbeitsentgelt zusammen mit der Sozialleistung das bisherige Nettoarbeitsentgelt nicht übersteigt.[10] Die Arbeitnehmersparzulage ist dabei nicht zu berücksichtigen.

Arbeitnehmerüberlassung

Als Arbeitnehmerüberlassung bezeichnet man die vorübergehende Überlassung eines Arbeitnehmers (Leiharbeitnehmer) durch einen Unternehmer (Verleiher) an einen Dritten (Entleiher) zur Arbeitsleistung. Dabei ist der Leiharbeitnehmer verpflichtet – unter Fortbestand seines Arbeitsverhältnisses zum Verleiher –, für den Betrieb des Entleihers nach dessen Weisungen zu arbeiten. Eine Überlassung zur Arbeitsleistung liegt vor, wenn einem Entleiher Arbeitskräfte zur Verfügung gestellt werden, die in dessen Betrieb eingegliedert sind und ihre Arbeit allein nach Weisungen des Entleihers und in dessen Interesse ausführen. Die Arbeitnehmerüberlassung wird teilweise auch Leiharbeit, Zeitarbeit oder Personalleasing genannt.

7 § 1 5. VermBDV.
8 § 15 Abs. 4 5. VermBG.
9 § 13 Abs. 3 des 5. VermBG.
10 § 23c SGB IV.

Gesetze, Vorschriften und Rechtsprechung

Die Autoren des aktuellen Koalitionsvertrags 2021–2025 weisen darauf hin, dass, absehbar durch den EuGH, weitere Vorgaben für das bestehende deutsche AÜG zu erwarten sind. Das AÜG soll im Hinblick auf die zu erwartende Rechtsprechung des EuGH u. a. dahingehend geprüft werden, ob und welche gesetzlichen Änderungen unter Berücksichtigung der Gesetzesevaluierung vorzunehmen sind. Hervorzuheben ist, dass Werkverträge und Arbeitnehmerüberlassung im aktuellen Koalitionsvertrag als notwendige Instrumente für Arbeitgeber anerkannt werden und strukturelle und systematische Verstöße gegen Arbeitsrecht und Arbeitsschutz in diesem Zusammenhang durch eine effektive Rechtsdurchsetzung verhindert werden sollen.

Lohnsteuer: Die steuerlichen Folgerungen einer Arbeitnehmerüberlassung regeln § 42d Abs. 6 EStG und R 42d.2, 42d.3 LStR sowie H 42d.2, 42d.3 LStH.

Sozialversicherung: Schnittstelle zum AÜG ist § 28e Abs. 2 SGB IV. Darüber hinaus hat die Rechtsprechung entschieden (BSG, Urteil v. 12.8.1987, 10 RAr 12/86), dass bei unerlaubter Arbeitnehmerüberlassung ein Arbeitsverhältnis zwischen dem Entleiher und dem Leiharbeitnehmer zum Zuge kommt.

Lohnsteuer

Verleiher bleibt Arbeitgeber

Werden Arbeitnehmer gewerbsmäßig oder gelegentlich nicht gewerbsmäßig einem anderen Unternehmen (Entleiher) zur Arbeitsleistung überlassen, so bleibt der Verleiher grundsätzlich Arbeitgeber der Leiharbeitnehmer. Daraus folgen die üblichen lohnsteuerlichen Arbeitgeberpflichten des Verleihers. Für den Entleiher ergeben sich aufgrund der Arbeitnehmerüberlassung Haftungsverpflichtungen, wenn der Verleiher die Lohnsteuer von den Arbeitslöhnen der verliehenen Arbeitnehmer nicht ordnungsgemäß einbehält und abführt. Zu den weiteren lohnsteuerlichen Arbeitgeberpflichten gehören z. B. die Abgabe der Lohnsteuer-Anmeldungen und die Mitwirkungspflicht bei Lohnsteuer-Außenprüfungen.

Arbeitgebereigenschaft ausländischer Verleiher

Hat ein ausländischer Verleiher seinen Sitz oder eine Betriebsstätte im Inland, ist er inländischer Arbeitgeber mit den üblichen Rechten und Pflichten. Ist er kein inländischer Arbeitgeber, so ist er als ausländischer Verleiher dennoch zum Lohnsteuerabzug in Deutschland verpflichtet.[1]

Diese Grundsätze gelten für einen ausländischen Verleiher selbst dann, wenn der inländische Entleiher Arbeitgeber im Sinne eines DBA ist. Die Arbeitgebereigenschaft des Entleihers nach einem DBA hat nur Bedeutung für die Zuweisung des Besteuerungsrechts.[2]

Die Verpflichtung zum Lohnsteuerabzug gilt für die vom Beginn des Einsatzes im Inland an gezahlten Arbeitslöhne und unabhängig davon, wie lange der Einsatz dauert. Das deutsche Besteuerungsrecht bezieht sich auf alle Arbeitnehmer und nicht nur auf solche mit besonderen Funktionen. Es kommt jedoch regelmäßig eine Freistellung des Arbeitslohns nach einem DBA in Betracht, wenn der ausländische Arbeitnehmer sich nicht länger als 183 Tage im Inland aufhält.

Arbeitnehmerüberlassung im Konzern

Überlässt eine im Ausland ansässige Kapitalgesellschaft von ihr eingestellte Arbeitnehmer an eine inländische Tochtergesellschaft und werden die Arbeitnehmer weder unter Leitung der inländischen Tochtergesellschaft tätig, noch haben sie deren Weisungen zu folgen, wird es sich regelmäßig um einen drittbezogenen Arbeitseinsatz handeln. In diesem Fall sind die Arbeitnehmer nicht in die Hierarchie der inländischen Tochtergesellschaft eingebunden, sie ist grundsätzlich nicht Arbeitgeber im lohnsteuerlichen Sinne.[3] Sie haftet daher grundsätzlich nicht für die von dem ausländischen Arbeitgeber nicht einbehaltene Lohnsteuer.

Arbeitgebereigenschaft bei internationaler Arbeitnehmerentsendung

In den Fällen der internationalen Arbeitnehmerentsendung ist das in Deutschland ansässige aufnehmende Unternehmen inländischer Arbeitgeber, wenn es den Arbeitslohn für die ihm geleistete Arbeit

- wirtschaftlich trägt[4] oder
- nach dem Fremdenvergleichsgrundsatz hätte tragen müssen.[5]

Es ist nicht Voraussetzung, dass das Unternehmen dem Arbeitnehmer den Arbeitslohn im eigenen Namen und für eigene Rechnung auszahlt.

Die Verpflichtung zum Lohnsteuerabzug des inländischen Unternehmens entsteht bereits im Zeitpunkt der Auszahlung des Arbeitslohns an den Arbeitnehmer, unabhängig davon, ob es aufgrund einer Vereinbarung mit dem ausländischen, entsendenden Unternehmen mit einer Weiterbelastung rechnen kann.[6]

Auf Abgrenzungsfragen und Besonderheiten im Zusammenhang mit der Arbeitnehmerüberlassung zwischen international verbundenen Unternehmen, insbesondere auf die Frage, wer als wirtschaftlicher Arbeitgeber im Sinne des DBA anzusehen ist, geht das BMF-Schreiben v. 3.5.2018 ausführlich ein.[7]

Beispiel

Internationale Arbeitnehmerentsendung

Die spanische Tochtergesellschaft K eines internationalen Unternehmens produziert elektronische Apparate, die durch weitere Tochtergesellschaften weltweit vertrieben werden. Eine Tochtergesellschaft D des Unternehmens vertreibt die elektronischen Apparate in Deutschland. D benötigt für 5 Monate einen Arbeitnehmer mit Detailkenntnissen der Apparate und mit spanischen Sprachkenntnissen. Aus diesem Grund wird A, ein in Spanien ansässiger Angestellter des K, zu D entsandt, um während dieser Zeit bei K Interessenten und Kunden zu beraten sowie um Auskünfte zu erteilen. A bleibt während dieser Zeit bei K angestellt und wird weiterhin von K bezahlt. D übernimmt lediglich die Reisekosten von A.

Ergebnis: Für den Zeitraum der Tätigkeit des A im Inland ist D als wirtschaftlicher Arbeitgeber anzusehen. Die Entsendung des A zwischen den international verbundenen Unternehmen erfolgt im Interesse des aufnehmenden Unternehmens D; A ist in den Geschäftsbetrieb von D eingebunden.

Für die Lohnsteuerabzugsverpflichtung ist es letztlich unbeachtlich, ob D den Arbeitslohn für die ihm durch A geleistete Arbeit wirtschaftlich trägt oder nicht. Trägt D den Arbeitslohn nicht, ist zu prüfen, ob unter Fremden üblicherweise ein Ausgleich beansprucht worden wäre (Fremdvergleichsgrundsatz). Trifft dies zu, hat D seine Lohnsteuerabzugsverpflichtung zu beachten. D ist inländischer Arbeitgeber.

Lohnsteuerabzugsverfahren

Für Leiharbeitnehmer gelten gegenüber dem Verleiher (Arbeitgeber) die allgemeinen Regelungen des Lohnsteuerabzugsverfahrens, z. B.

- Mitteilung der Identifikationsnummer und des Geburtstags für den Abruf der elektronischen Lohnsteuerabzugsmerkmale;
- Mitteilung, ob es sich um das erste oder ein weiteres Dienstverhältnis handelt;
- Mitteilung, ob und in welcher Höhe ein Freibetrag abgerufen werden soll oder ersatzweise
- Vorlage einer Bescheinigung des Finanzamts für den Lohnsteuerabzug (alternativ zum ELStAM-Verfahren) sowie
- Duldung des Lohnsteuerabzugs.

1 § 38 Abs. 1 Satz 1 Nr. 2 EStG, R 38.3 Abs. 1 Satz 2 LStR.
2 BFH, Urteil v. 24.3.1999, I R 64/98, BStBl 2000 II S. 41.
3 BFH, Urteil v. 24.3.1999, I R 64/98, BStBl 2000 II S. 41; BFH, Urteil v. 23.2.2005, I R 46/03, BStBl 2005 II S. 547.
4 § 38 Abs. 1 Satz 2 EStG.
5 § 38 Abs. 1 Satz 2 1. Teilsatz EStG i. d. F. des Gesetzes zur weiteren steuerlichen Förderung der Elektromobilität und zur Änderung weiterer steuerlicher Vorschriften.
6 R 38.3 Abs. 5 LStR.
7 BMF, Schreiben v. 3.5.2018, IV B 2 – S 1300/08/10027, BStBl 2018 I S. 643, Rz. 128 ff.

Arbeitnehmern, die im Inland keinen Wohnsitz begründen und beschränkt einkommensteuerpflichtig sind, erteilt die Finanzverwaltung ab dem Kalenderjahr 2020 eine Identifikationsnummer (IdNr). Anderenfalls muss der Arbeitgeber für den ggf. vorzunehmenden Lohnsteuerabzug beim Betriebsstättenfinanzamt eine Papierbescheinigung beantragen.

Haftung des Leiharbeitnehmers

Der Leiharbeitnehmer kann für nicht vorschriftsmäßig abgeführte Lohnsteuer nur dann in Anspruch genommen werden, wenn ihm bekannt ist, dass der Verleiher die einbehaltene Lohnsteuer nicht vorschriftsmäßig abgeführt hat, und er dies dem Finanzamt nicht unverzüglich mitteilt. Für nicht zutreffend einbehaltene Lohnsteuer hingegen kann der Leiharbeitnehmer wie jeder andere Arbeitnehmer neben oder anstelle des Verleihers herangezogen werden.

Kein Steuerabzug nur in Sonderfällen

Ist der überlassene Arbeitnehmer im Inland beschränkt einkommensteuerpflichtig oder hat Deutschland aufgrund eines Doppelbesteuerungsabkommens für einen beschränkt oder unbeschränkt einkommensteuerpflichtigen Arbeitnehmer kein Besteuerungsrecht, darf der Verleiher nur dann vom Lohnsteuerabzug absehen, wenn ihm eine vom Betriebsstättenfinanzamt ausgestellte Freistellungsbescheinigung vorliegt.

Inanspruchnahme des Entleihers

Haftung als Arbeitgeber oder als Dritter?

Als Entleiher (Dritter) wird das Unternehmen bezeichnet, das den Arbeitnehmer aufgrund einer vertraglichen Vereinbarung mit dem Verleiher (Arbeitgeber) vorübergehend in seinem Betrieb zur Arbeitsleistung einsetzt; der Entleiher ist Kunde des Verleihers. Wird der Entleiher als Haftungsschuldner in Anspruch genommen, ist wegen der unterschiedlichen Voraussetzungen und Folgen stets danach zu unterscheiden, ob er als Arbeitgeber des Leiharbeitnehmers oder als Dritter[1] neben dem Verleiher als dem Arbeitgeber des Leiharbeitnehmers haftet.

Ausschluss der Entleiherhaftung

Der Entleiher haftet für die dem Verleiher obliegende Verpflichtung zur Einbehaltung und Abführung der Steuerabzugsbeträge nur dann, wenn der Verleiher keine von den zuständigen inländischen Behörden erteilte Erlaubnis zum gewerbsmäßigen Verleih von Arbeitnehmern besitzt.[2] Zu beachten ist die Einschränkung, dass der Entleiher auf Zahlung aber nur in Anspruch genommen werden darf, soweit die Vollstreckung in das inländische bewegliche Vermögen des Arbeitgebers fehlgeschlagen ist oder keinen Erfolg verspricht.

Entleiherhaftung im Baugewerbe

Für den Bereich des Baugewerbes sind zur Frage der Entleiherhaftung die Vorschriften zur Bauabzugsteuer zu beachten. Danach entfällt eine Entleiherhaftung, wenn der Entleiher als Leistungsempfänger für eine Bauleistung der Verpflichtung zur Anmeldung und Abführung der Bauabzugsteuer nachgekommen ist oder ihm eine gültige Freistellungsbescheinigung des Leistenden vorgelegen hat, auf deren Rechtmäßigkeit er vertrauen durfte.[3,4]

Entleiherhaftung bei Werkverträgen

Wurde ein Werkvertrag abgeschlossen, der vom Finanzamt später als Arbeitnehmerüberlassungsvertrag beurteilt wird, entfällt die Entleiherhaftung ebenfalls, wenn sich der Entleiher bezüglich der rechtlichen Einordnung des Vertrags ohne sein Verschulden geirrt hat.

Soweit eine Haftung des Entleihers in Betracht kommt, beschränkt sie sich auf die Lohnsteuer für den Zeitraum der Arbeitnehmerüberlassung. Die Haftung scheidet aus, wenn der Verleiher als Arbeitgeber nicht haften würde. Hat der Verleiher einen Teil der geschuldeten Lohnsteuer gezahlt, mindert dieser den Haftungsbetrag des Entleihers.

1 § 42d Abs. 6 EStG.
2 § 42d Abs. 6 EStG.
3 § 48 Abs. 4 Nr. 2 EStG; § 48b Abs. 5 EStG.
4 BMF, Schreiben v. 27.12.2002, IV A 5 S 2272 1/02, BStBl 2002 I S. 1399, Rz. 74; Änderungen durch BMF, Schreiben v. 4.9.2003, IV A 5 – S 2272b – 20/03, BStBl 2003 I S. 431 sowie durch BMF, Schreiben v. 20.9.2004, IV A 5 – S 2 272 b – 11/04, BStBl 2004 I S. 862.

Wichtig

Zivilrechtliche Absprachen unbedeutend

Zivilrechtliche Absprachen zwischen Verleiher und Entleiher über die Übernahme von Einbehaltungs- und Abführungspflichten sind steuerlich unbeachtlich und führen nicht zum Erlöschen der Haftung des Verleihers.

Höhe der Haftungsschuld

Ist durch die Umstände der Arbeitnehmerüberlassung die nicht einbehaltene Lohnsteuer schwer zu ermitteln, kann die Haftungsschuld mit 15 % des zwischen Verleiher und Entleiher vereinbarten Entgelts (ohne Umsatzsteuer) angenommen werden, solange der Entleiher nicht glaubhaft macht, dass seine Haftungsschuld niedriger ist. Das Finanzamt kann auch anordnen, dass der Entleiher einen bestimmten Teil des mit dem Verleiher vereinbarten Entgelts als Lohnsteuer einzubehalten und abzuführen hat, wenn dies zur Sicherung des Steueranspruchs notwendig ist.[5]

Sozialversicherung

Arbeitgeberpflichten

Arbeitgeber im Sinne der Sozialversicherung bei Arbeitnehmerüberlassung mit Erlaubnis der Bundesagentur für Arbeit ist grundsätzlich der Verleiher. Er hat die Arbeitgeberpflichten gegenüber der Krankenkasse zu erfüllen. Diese beinhalten neben der Meldepflicht auch die Entrichtung der Sozialversicherungsbeiträge. Voraussetzung für die Einordnung des Verleihers als Arbeitgeber ist, dass der Arbeitnehmerüberlassungsvertrag auch ausdrücklich als solcher bezeichnet wird. Eine nachträgliche „Heilung" eines Dienst- oder Werkvertrags durch eine vorsorgliche Arbeitnehmerüberlassungserlaubnis ist nicht mehr möglich.

Haftung für die Beiträge durch Entleiher

Der Verleiher hat als Arbeitgeber auch die Sozialversicherungsbeiträge für die ausgeliehenen Arbeitnehmer zu entrichten. Kommt er dieser Verpflichtung nicht nach, haftet der Entleiher für die Erfüllung der Zahlungspflicht wie ein selbstschuldnerischer Bürge.

Die Haftung des Entleihers beschränkt sich allerdings auf die Beitragsschulden für die Zeit, für die ihm der Arbeitnehmer überlassen worden ist. Er kann die Zahlung verweigern, solange die Krankenkasse den Arbeitgeber (Verleiher) nicht unter Fristsetzung gemahnt hat und die Frist nicht verstrichen ist.[6]

Achtung

Haftung bei fehlender Erlaubnis der Arbeitnehmerüberlassung

Bei Arbeitnehmerüberlassung ohne Erlaubnis der Bundesagentur für Arbeit gilt gemäß § 10 Abs. 1 AÜG der Entleiher als Arbeitgeber der Leiharbeitnehmer. Ihn trifft daher die Zahlungspflicht für die Gesamtsozialversicherungsbeiträge.[7]

Zahlt allerdings der Verleiher den Arbeitnehmern das Arbeitsentgelt oder einen Teil des Arbeitsentgelts, so hat er auch die hierauf entfallenden Beiträge an die ⇗ Einzugsstelle zu zahlen. Insoweit gelten hinsichtlich der Zahlungspflicht sowohl der Entleiher als auch der Verleiher als Arbeitgeber. Sie haften für den auf das vom Verleiher gezahlte Arbeitsentgelt entfallender Gesamtsozialversicherungsbeitrag als Gesamtschuldner. Eine Mahnfrist, wie sie bei erlaubter Arbeitnehmerüberlassung zu beachten ist, gilt dabei nicht.

Haftung bei Unwirksamkeit der Arbeitnehmerüberlassung

Die Haftung bei Unwirksamkeit der Arbeitnehmerüberlassung des Verleihers ist auch dann von Bedeutung, wenn sie z. B. den Gleichstellungsgrundsatz des § 8 AÜG verletzt[8] und deshalb die Arbeitnehmerüberlas-

5 § 42d Abs. 8 EStG.
6 § 28e Abs. 2 SGB IV.
7 § 28e Abs. 1 SGB IV.
8 BSG, Urteil v. 16.11.2015, B 12 R 11/14 R.

sung unwirksam ist.[1] Der Gleichstellungsgrundsatz der o. g. Norm des AÜG beinhaltet u. a. das Gebot der gleichen Bezahlung des Leiharbeitnehmers wie für einen vergleichbaren eigenen Arbeitnehmer des Entleihers.

Wichtig

Haftungsrechtliche Folge fehlender vertraglicher Bezeichnung

Bei einer irrtümlichen Einordung als Dienst- oder Werkvertrag besteht seit Änderung des AÜG nicht mehr die Möglichkeit der Heilung durch eine sog. „vorsorgliche Arbeitnehmerüberlassungserlaubnis". Jede Arbeitnehmerüberlassung muss im Vertrag ausdrücklich als solche bezeichnet werden. Dadurch steigt das Risiko des Entleihers, unfreiwillig Arbeitgeber zu werden.

Für die in § 28e SGB IV normierte Haftung des Entleihers für die Entrichtung der Sozialversicherungsbeiträge gilt i. Ü. die reguläre 4-jährige Verjährungsfrist.[2] Es handelt sich bei dem zu erfüllenden Beitragsanspruch um eine öffentlich-rechtliche Forderung.

Beitragshaftung bei überlassenen freien Mitarbeitern

Durchaus üblich ist es, dass sich ein Auftraggeber eines freien Mitarbeiters bedient, der ihm von einer Agentur überlassen wird. Sofern dieser freie Mitarbeiter in den Betrieb des Auftraggebers eingegliedert ist und demzufolge eine Scheinselbstständigkeit und damit eine sozialversicherungspflichtige Beschäftigung vorliegt, wird der Auftraggeber zum Entleiher. Dies wiederum hat zur Konsequenz, dass der Auftraggeber (= Entleiher) gesamtschuldnerisch für die Beiträge zur Sozialversicherung haftet.

Abstellung von Arbeitnehmern außerhalb des AÜG

Bei Abstellung von Arbeitnehmern außerhalb des Arbeitnehmerüberlassungsgesetzes kommt es für die Frage, wer als Arbeitgeber des abgestellten (ausgeliehenen) Arbeitnehmers anzusehen ist, auf den Schwerpunkt der arbeitsrechtlichen Beziehungen an. Liegt dieser Schwerpunkt nach wie vor beim abstellenden Arbeitgeber (Verleiher), hat die Abstellung sozialversicherungsrechtlich keine Auswirkungen.

Arbeitnehmerüberlassung mit Auslandsbezug

Grundsätzlich ist eine Arbeitnehmerüberlassung auch ins Ausland möglich. Handelt es sich um eine Entsendung innerhalb der EU/ bzw. des EWR-Raumes, müssen die Meldebestimmungen (EU-Entsenderichtlinie) beachtet werden.

Fehlt es an der erforderlichen Erlaubnis zur Arbeitnehmerüberlassung, so liegt keine Entsendung vor und damit können die Regelungen zur Ausstrahlung nicht greifen. In der Folge gilt das Territorialprinzip, sodass der Arbeitnehmer in jedem Fall den Rechtsvorschriften des Tätigkeitsstaates unterliegt. Entsprechend müssen die dort geltenden Regelungen, insbesondere zu Meldungen und zur Beitragszahlung beachtet werden. Außerhalb des EU-/EWR-Raumes kann es bei fehlender Arbeitserlaubnis zur illegalen Beschäftigung führen. Darüber hinaus können steuerliche Konsequenzen (steuerlicher Betriebssitz) entstehen.

Besonderheit bei unerlaubter Überlassung aus dem EU-Ausland

Hat der Verleiher ohne Erlaubnis seinen Sitz im EU-Ausland und gelten aufgrund der EU-Richtlinien die dortigen Rechtsvorschriften weiter, so kommt es nicht zu einem fiktiven Arbeitsverhältnis beim deutschen Entleiher.[3]

Arbeitsbedingungen

Für Personal, das von einer Zeitarbeitsvermittlung kommt, muss der Entleiher in der Regel mindestens die gleichen grundlegenden Arbeits- und Beschäftigungsbedingungen bieten wie dem festangestellten Personal. Dazu gehören Entlohnung, Arbeitszeit sowie Regelungen für Überstunden, Pausen, Ruhezeiten, Nachtschichten und Urlaub. Die Zeitarbeitskräfte müssen den gleichen Zugang zu den Gemeinschaftseinrichtungen (Kantinen, Kinderbetreuungseinrichtungen und Verkehrsdienstleistungen usw.) erhalten, die dem festangestellten Personal zur Verfügung stehen, es sei denn, eine unterschiedliche Behandlung lässt sich objektiv begründen.[4]

Meldepflichten des Verleihers

Der Verleiher hat ausschließlich die im DEÜV-Meldeverfahren üblichen ↗ Meldungen zur Sozialversicherung zu erstatten. Den Entleiher trifft keine Meldeverpflichtung.

Beiträge zur gesetzlichen Unfallversicherung

Auch ein Unternehmen, das sich von einem unerlaubt handelnden Verleiher Arbeitskräfte entliehen hat, ist nach der Rechtsprechung als Arbeitgeber verpflichtet, die rückständigen Unfallversicherungsbeiträge zu zahlen.[5] Das folgt schon aus dem AÜG, in dem festgelegt ist, dass bei unerlaubter Arbeitnehmerüberlassung das Arbeitsverhältnis zu dem Verleiher nichtig ist, aber stattdessen ein Arbeitsverhältnis zum Entleiher unterstellt werden muss. Bei unerlaubter Arbeitnehmerüberlassung obliegen die sozialversicherungsrechtlichen Arbeitgeberpflichten dem Entleiher.[6] Die Arbeitgebereigenschaft des Entleihers bei unerlaubter Arbeitnehmerüberlassung wird nicht durch dessen Gutgläubigkeit oder durch einen Irrtum über die Erlaubnispflichtigkeit der Arbeitnehmerüberlassung beseitigt.

Arbeitskampf

Der Arbeitskampf ist die von den Tarifparteien – Gewerkschaft einerseits, Arbeitgeber oder Arbeitgeberverband andererseits – kollektiv geführte Auseinandersetzung um arbeitsrechtliche Gestaltungs- und Regelungsfragen durch die Ausübung von gegenseitigem Druck. Wichtigstes Arbeitskampfmittel seitens der Arbeitnehmer ist der Streik, seitens der Arbeitgeber die Aussperrung. Regelmäßiges Ziel eines Arbeitskampfs ist der Abschluss eines Tarifvertrags. Voraussetzung ist stets, dass sich die Tarifparteien im Verhandlungsweg – inkl. Schlichtung – auf einen Tarifvertrag nicht einigen konnten. In diesem Fall kann der Abschluss des Tarifvertrags durch einen Arbeitskampf erzwungen werden.

Der Arbeitskampf führt zu keiner anderen Beurteilung der Arbeitnehmereigenschaft. Evtl. Lohnzahlungen bleiben steuerpflichtig.

Gesetze, Vorschriften und Rechtsprechung

Sozialversicherung: § 7 Abs. 3 SGB IV schreibt für alle Sozialversicherungszweige vor, wie Arbeitsunterbrechungen ohne Anspruch auf Arbeitsentgelt sozialversicherungsrechtlich zu bewerten sind. Darüber hinaus enthalten § 192 Abs. 1 SGB V und § 49 Abs. 2 SGB XI Sonderregelungen für die Kranken- und Pflegeversicherung.

Sozialversicherung

Fortbestand der Beschäftigung ohne Entgeltanspruch

Beschäftigungen, die ohne Anspruch auf Arbeitsentgelt unterbrochen werden, gelten in der Kranken-, Pflege-, Renten- und Arbeitslosenversicherung für einen Monat als fortbestehend.[7] Infolgedessen bleibt auch die Versicherungspflicht in einer Beschäftigung ohne Anspruch auf Arbeitsentgelt für einen Monat erhalten.

Eine Aussperrung führt zum Ruhen der Hauptpflichten aus dem Arbeitsverhältnis. Das Arbeitsverhältnis an sich bleibt bestehen, die versicherungspflichtige Beschäftigung bleibt in diesem Fall für einen Monat erhalten. Wird die Aussperrung im Einzelfall jedoch zulässig mit auflösender Wirkung ausgesprochen, ist sie mit einer Kündigung gleichzusetzen. Die versicherungspflichtige Beschäftigung endet in diesem Fall zeitgleich mit der arbeitsrechtlichen Auflösung des Arbeitsverhältnisses.

1 § 9 Abs. 1 Nr. 2 AÜG.
2 § 25 Abs. 1 SGB IV.
3 BAG, Urteil v. 26.4.2022, 9 AZR 228/21.
4 EU-Richtlinie über Leiharbeit.
5 BSG, Urteil v. 18.3.1987, 9b RU 16/85.
6 BSG, Urteil v. 27.8.1987, 2 RU 41/85.
7 § 7 Abs. 3 Satz 1 SGB IV.

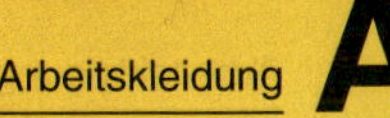

Bei beschäftigungsauflösender Aussperrung ruht das Arbeitslosengeld

Solange der zur Auflösung führende Arbeitskampf andauert, ruht der Anspruch auf Arbeitslosengeld. Er ruht unter Umständen sogar dann, wenn der arbeitslos gewordene Arbeitnehmer nicht beteiligt war. Dies trifft allerdings nur zu, wenn der Arbeitskampf

- auf eine Änderung der Arbeitsbedingungen im Betrieb abzielt oder
- durch Gewährung von Arbeitslosengeld der Arbeitskampf beeinflusst und die Einhaltung der strikten Neutralität der Bundesagentur für Arbeit nicht mehr gegeben wäre.

Unterschiedliche Beurteilung der Versicherungspflicht

Ist die Arbeitsunterbrechung auf eine Arbeitskampfmaßnahme zurückzuführen (Streik oder Aussperrung), spielt es für den Erhalt der Versicherungspflicht in der Renten- und Arbeitslosenversicherung keine Rolle, ob es sich um einen rechtmäßigen oder rechtswidrigen Arbeitskampf handelt.

Kranken- und Pflegeversicherung: Rechtswidriger oder rechtmäßiger Arbeitskampf entscheidend

Ausnahmen gelten für die Kranken- und Pflegeversicherung. In diesen beiden Sozialversicherungszweigen ist für den Erhalt der Mitgliedschaft zu unterscheiden, ob es sich bei den Arbeitskampfmaßnahmen um einen rechtswidrigen oder einen rechtmäßigen Arbeitskampf handelt. Bei einem rechtswidrigen Arbeitskampf bleibt die Mitgliedschaft längstens für einen Monat bestehen.[1] Handelt es sich hingegen um einen rechtmäßigen Arbeitskampf, bleibt die Mitgliedschaft für die gesamte Dauer des Arbeitskampfs erhalten.[2]

Beitragsberechnung

Zeiten einer Arbeitsunterbrechung, wie z. B. Streik oder Aussperrung jeweils bis zu einem Monat, sind dem Grunde nach beitragspflichtige Zeiten. Für Zeiten einer Arbeitsunterbrechung im Sinne dieser Vorschrift sind deshalb ⇗ Sozialversicherungstage (SV-Tage) anzusetzen und bei der Ermittlung der anteiligen Beitragsbemessungsgrenze zu berücksichtigen.[3]

Beispiel

Arbeitskampf und Beitragsberechnung

Eine Beschäftigung mit Versicherungspflicht in allen Versicherungszweigen besteht seit Jahren.

Es erfolgt eine Arbeitskampfmaßnahme ohne Arbeitsleistung und Entgeltzahlung vom 5.9. bis 8.9.

Ergebnis: Die versicherungspflichtige Beschäftigung bleibt während der Arbeitskampfmaßnahme bestehen. Für die Beitragsberechnung sind im September 30 SV-Tage anzusetzen.

Beiträge werden ggf. aus dem geminderten Teil-Entgelt berechnet. Im Interesse einer einheitlichen Berechnung der Beiträge aus dem Arbeitsentgelt in allen Sozialversicherungszweigen empfehlen die Spitzenorganisationen der Sozialversicherung, die über einen Monat hinausgehenden Tage auch in der Kranken- und Pflegeversicherung nicht als SV-Tage zu berücksichtigen.

Hinweis

Beitragsrechtliche Bewertung des Streikgeldes

Ein von der Gewerkschaft während eines Arbeitskampfs gezahltes Streikgeld ist nicht als Einnahme aus der Beschäftigung und somit nicht als beitragspflichtiges Arbeitsentgelt zu bewerten. Ein Krankengeldanspruch ist für arbeitsunfähige Arbeitnehmer während des Arbeitskampfs nicht ausgeschlossen.[4]

Meldungen

Wird ein rechtmäßiger Arbeitskampf länger als einen Monat geführt, ist das Ende des ersten Monats des Arbeitskampfs mit dem Abgabegrund „35" zu melden. Die Einzugsstelle kann anhand des Abgabegrundes erkennen, dass die Mitgliedschaft in der Kranken- und Pflegeversicherung fortbesteht. In allen anderen Zweigen der Sozialversicherung endet das Versicherungsverhältnis nach einem Monat.

Im Fall des rechtswidrigen Arbeitskampfs endet die Versicherungspflicht in allen Zweigen der Sozialversicherung nach Ablauf eines Monats. Das Ende der Versicherungspflicht ist in der ⇗ Abmeldung mit dem Abgabegrund „34" zu melden.

Wird die Beschäftigung nach einem Streik von länger als einem Monat wieder aufgenommen, ist der Beschäftigungsbeginn mit dem Abgabegrund „13" zu melden. Dies gilt unabhängig davon, ob der Streik als rechtmäßiger oder rechtswidriger Arbeitskampf geführt wurde.

Arbeitskleidung

Arbeitskleidung im weiteren Sinne ist die für das Erbringen der Arbeitsleistung eingesetzte bzw. erforderliche Bekleidung des Arbeitnehmers. Dabei wird unterschieden nach der Funktion der Kleidung: Berufs- und Arbeitskleidung (im engeren Sinne) dient dem allgemeinen Schutz der persönlichen Kleidung. Schutzkleidung wird zum Schutz vor Gefahren und aus hygienischen Gründen getragen. Und unter den Begriff Dienstkleidung fällt die Kleidung, die zur Identifikation bestimmter dienstlicher Funktionen führt.

Problematisch ist zum einen, ob es eine Verpflichtung zum Tragen der entsprechenden Kleidung gibt, zum anderen wer jeweils die Kosten für die Arbeitskleidung trägt – insbesondere im Hinblick auf vertragliche Regelungen.

Gestellt der Arbeitgeber typische Berufskleidung unentgeltlich oder verbilligt, zählt der Vorteil nicht zum steuerpflichtigen Arbeitslohn und unterliegt auch nicht der Beitragspflicht zur Sozialversicherung. Schafft der Arbeitnehmer solche Kleidungsstücke selbst an, sind die Aufwendungen als Werbungskosten ansatzfähig.

Gesetze, Vorschriften und Rechtsprechung

Lohnsteuer: Näheres zur Steuerfreiheit regeln § 3 Nr. 31 EStG sowie die Verwaltungsregelungen in R 3.31 LStR und H 3.31 LStH.

Sozialversicherung: § 14 Abs. 1 SGB IV definiert den Arbeitsentgeltbegriff in der Sozialversicherung. Arbeitsentgelt sind alle laufenden oder einmaligen Einnahmen aus einer Beschäftigung. § 1 Abs. 1 SvEV grenzt die allgemeine Definition allerdings dahingehend ein, dass Arbeitsentgeltteile, die lohnsteuerfrei sind, nicht zum beitragspflichtigen Arbeitsentgelt gehören.

Entgelt	LSt	SV
Überlassung typischer Berufskleidung	frei	frei
Überlassung von „normaler" Kleidung	pflichtig	pflichtig
Instandhaltung und Reinigung typischer Berufskleidung	frei	frei
Einkleidungsbeihilfe	frei	frei
Abnutzungsentschädigung für Dienstkleidung	frei	frei
Wäschegeld für arbeitnehmereigene Kleidung	pflichtig	pflichtig

1 § 7 Abs. 3 Satz 1 SGB IV.
2 § 192 Abs. 1 Nr. 1 SGB V und § 49 Abs. 2 SGB XI.
3 § 23a Abs. 3 Satz 2 SGB IV.
4 BSG, Urteil v. 15.12.1971, 3 RK 87/68.

Lohnsteuer

Überlassung typischer Arbeitskleidung

Stellt der Arbeitgeber dem Arbeitnehmer typische Arbeits- bzw. Berufskleidung (z. B. Schutzkleidung) unentgeltlich oder verbilligt zur Verfügung, zählt der geldwerte Vorteil nicht zum steuerpflichtigen Arbeitslohn.[1] Hierbei ist es unerheblich, ob die Arbeits- oder Berufskleidung leihweise überlassen wird oder endgültig in das Eigentum des Arbeitnehmers übergeht.[2]

Vereinfachungsregelung

Aus Gründen der Vereinfachung geht die Finanzverwaltung von typischer Berufskleidung aus, wenn der Arbeitnehmer die Kleidung zusätzlich zum ohnehin geschuldeten Arbeitslohn erhält.[3] Die Gestellung eindeutiger bürgerlicher Kleidung fällt aber nicht unter diese Regelung.

Bürgerliche Kleidung

Übliche „normale" Schuhe und Unterwäsche sowie Sportanzüge sind keine typische Arbeitskleidung. Soweit der Arbeitgeber dem Arbeitnehmer solche Kleidungsstücke unentgeltlich oder verbilligt zur Verfügung stellt, führt das zu einem steuer- und beitragspflichtigen ↗ Sachbezug.

Zuschüsse zur typischen Arbeitskleidung

Steuerfrei ist auch die Erstattung der Aufwendungen des Arbeitnehmers für die Anschaffung typischer Arbeitskleidung, sog. Barablösung.[4] Voraussetzung ist, dass nach Gesetz, Tarifvertrag oder Betriebsvereinbarung ein Anspruch auf die Gestellung von typischer Arbeitskleidung besteht, der aus betrieblichen Gründen nicht erfüllt wird. Davon ist auszugehen, wenn die Beschaffung der Kleidungsstücke durch den Arbeitnehmer vorteilhafter für den Arbeitgeber ist.[5]

Die Barablösung ist allerdings steuerpflichtig, wenn der Anspruch auf Gestellung von Berufskleidung lediglich in einem Einzelarbeitsvertrag geregelt ist.

Zuschüsse zur Kleiderkasse

Zuschüsse des Arbeitgebers zu einer betrieblichen Kleiderkasse, sog. Dienstkleidungszuschüsse, die kostenlos oder verbilligt typische Arbeitskleidung an die Arbeitnehmer ausgibt, sind ebenfalls steuerfrei.

Pauschale Zahlungen nur eingeschränkt steuerfrei

Pauschale Barablösungen des Arbeitgebers sind nur steuerfrei, soweit sie die regelmäßigen Absetzungen für Abnutzung und die üblichen Instandhaltungskosten der typischen Arbeitskleidung nicht übersteigen.[6]

Zahlung von Wäschegeld

Beim sog. Wäschegeld, welches der Arbeitgeber seinem Arbeitnehmer zum Zwecke der Reinigung der Kleidung zahlt, sind verschiedene Fallgestaltungen zu unterscheiden.

Wäschegeld für nicht berufstypische Kleidung

Handelt es sich nicht um berufstypische Kleidung, wird die Zahlung als steuerpflichtiger Arbeitslohn behandelt.

> **Hinweis**
>
> **Reinigungskosten bei längerfristigen Auslandsreisen**
>
> Auch dann, wenn der Arbeitnehmer sich auf einer mehrwöchigen Reise in einem fernöstlichen Land befindet, können die Reinigungskosten für bürgerliche Kleidung nicht als Reisenebenkosten steuerfrei erstattet werden.[7]

Wäschegeld für typische Arbeitskleidung

Handelt es sich um die Reinigung typischer Arbeitskleidung und ist der Arbeitgeber aufgrund Gesetzes, Tarifvertrages oder Betriebsvereinbarung zur Zahlung verpflichtet, so kann das Wäschegeld steuerfrei erstattet werden.[8]

Steuerfrei ist das Wäschegeld auch dann, wenn damit die Reinigungskosten der vom Arbeitgeber gestellten Berufskleidung abgegolten werden.[9]

Wäschegeld für arbeitnehmereigene Arbeitskleidung

Wäschegeld für vom Arbeitnehmer selbst beschaffte Arbeitskleidung ist steuer- und beitragspflichtig.

Erstattung „privater" Reinigungskosten

Ebenfalls steuer- und beitragspflichtig ist der Aufwandsersatz „privater" Reinigungskosten typischer Arbeitskleidung des Arbeitnehmers, z. B. Reinigungskosten, die bei der Benutzung der privaten Waschmaschine des Arbeitnehmers entstehen. In diesem Fall besteht keine Steuerbefreiung für den Arbeitgeberersatz, da kein ↗ Auslagenersatz oder ↗ durchlaufende Gelder vorliegen.

Arbeitskleidung im öffentlichen Dienst

Für bestimmte Berufsgruppen des öffentlichen Dienstes gilt eine ausdrückliche Steuerbefreiung.[10] Danach wird die Überlassung von Dienstkleidung aus Dienstbeständen steuerfrei gewährt u. a. bei Angehörigen

- der Polizei,
- der Bundeswehr und
- der Berufsfeuerwehr.[11]

Dies gilt ebenfalls für sog. Einkleidungsbeihilfen und Abnutzungsentschädigungen für die Dienstkleidung. Die Steuerfreiheit gilt für sämtliche Dienstbekleidungsstücke, welche die Angehörigen der genannten Berufsgruppen nach den jeweils maßgebenden Dienstbekleidungsvorschriften zu tragen haben.[12]

Auslagenersatz der Reinigungskosten

Erstattet der Arbeitgeber dem Arbeitnehmer die Reinigungskosten der von ihm gestellten Berufskleidung, liegt insoweit steuerfreier ↗ Auslagenersatz vor.[13]

Werbungskosten

Schafft der Arbeitnehmer die typische Arbeitskleidung selbst an, gehören seine Aufwendungen sowie die Kosten für Reinigung und Reparatur der Arbeitskleidung zu den abziehbaren ↗ Werbungskosten. Wird die typische Arbeitskleidung in einer privaten Waschmaschine gereinigt, so können die hierdurch anfallenden Werbungskosten anhand von Erfahrungen der Verbraucherverbände geschätzt werden.[14]

Arbeitgeberzuschuss mindert Werbungskostenabzug

Leistet der Arbeitgeber einen steuerfreien Barzuschuss oder ersetzt er die Aufwendungen ganz, mindert dies insoweit die abziehbaren Beträge.[15]

Sozialversicherung

Keine Beitragspflicht bei unentgeltlicher Überlassung

Wird dem Arbeitnehmer Berufskleidung unentgeltlich oder verbilligt überlassen, ist dies eine Sachleistung des Arbeitgebers und zählt nicht zum beitragspflichtigen Entgelt. Die beitragsrechtliche Beurteilung folgt hier der steuerrechtlichen Bewertung. Zur typischen Berufskleidung zählen z. B. Sicherheitsschuhe, Sicherheitskleidung, Warnwesten, Helme oder Handschuhe.

1 § 3 Nr. 31 EStG.
2 R 3.31 Abs. 1 Satz 1 LStR.
3 R 3.31 Abs. 1 Satz 2 LStR.
4 § 3 Nr. 31 EStG.
5 R 3.31 Abs. 2 Satz 2 LStR.
6 § 3 Nr. 31 EStG; R 3.31 Abs. 2 Satz 3 LStR.
7 FG Baden-Württemberg, Urteil v. 28.10.1993, 6 K 147/91, EFG 1994 S. 467.
8 § 3 Nr. 31 EStG.
9 § 3 Nr. 50 EStG.
10 § 3 Nr. 4 EStG.
11 § 3 Nr. 4 Buchst. a EStG.
12 R 3.4 LStR.
13 § 3 Nr. 50 EStG.
14 BFH, Urteil v. 29.6.1993, VI R 77/91, BStBl 1993 II S. 837; BFH, Urteil v. 29.6.1993, VI R 53/92, BStBl 1993 II S. 838.
15 § 3c Abs. 1 EStG.

Ersatz der Aufwendungen des Arbeitnehmers

Erstattet der Arbeitgeber dem Arbeitnehmer die verauslagten Anschaffungskosten von Arbeitskleidung, besteht ebenfalls Steuer- und damit auch Beitragsfreiheit zur Sozialversicherung.

Wäschegeld

Die beitragsrechtliche Bewertung eines an den Arbeitnehmer gezahlten Wäschegeldes orientiert sich an der steuerrechtlichen Beurteilung. Somit ist danach zu differenzieren, ob Wäschegeld für die Berufskleidung oder für die nicht berufstypische Kleidung gezahlt wird. Das steuerfreie Wäschegeld für die typische Berufskleidung ist beitragsfrei zur Sozialversicherung.[1]

Demgegenüber ist ein für die nicht berufstypische Kleidung gezahltes – steuerpflichtiges – Wäschegeld beitragspflichtiges Arbeitsentgelt. Ebenfalls zum beitragspflichtigen Arbeitsentgelt zählt die Erstattung „privater" Reinigungskosten, z. B. für vom Arbeitnehmer selbst beschaffte Arbeitskleidung.

1 § 1 Abs. 1 Satz 1 Nr. 1 SvEV.

Arbeitslohnspende

Verzichten Arbeitnehmer anlässlich von Katastrophen (wie Natur- und Umweltkatastrophen, aber auch Krieg) auf die Auszahlung von Teilen ihres Arbeitslohns, die der Arbeitgeber dann zweckgebunden spendet, gelten häufig steuerliche Sonderregelungen. Diese Lohnteile bleiben bei der Ermittlung des steuerpflichtigen Arbeitslohns außer Ansatz, wenn der Arbeitgeber bestimmte formale Voraussetzungen beachtet. Im Gegenzug dürfen diese Spenden bei einer Veranlagung zur Einkommensteuer nicht angesetzt werden. Sozialversicherungsrechtlich bleiben Spenden vom Arbeitslohn des Arbeitnehmers trotz einer ggf. bestehenden Steuerfreiheit grundsätzlich beitragspflichtig. Eine Ausnahmeregelung existiert nur, soweit es sich um eine Arbeitslohnspende für Naturkatastrophen handelt.

Gesetze, Vorschriften und Rechtsprechung

Lohnsteuer: Steuerbegünstigt sind Lohnteile, wenn sie der Arbeitgeber auf ein Spendenkonto einer spendenempfangsberechtigten Einrichtung i. S. d. § 10b Abs. 1 Satz 2 EStG einzahlt. Der außer Ansatz bleibende Arbeitslohn muss im Lohnkonto nach § 4 Abs. 2 Nr. 4 Satz 1 LStDV dokumentiert werden. Er darf aber nicht in der Lohnsteuerbescheinigung angegeben werden, s. § 41b Abs. 1 Satz 2 Nr. 3 EStG. Grundlage für diese besondere Steuerfreiheit sind BMF-Schreiben, z. B. zur Corona-Pandemie das BMF-Schreiben v. 9.4.2020, IV C 4 – S 2223/19/10003 :003, BStBl 2020 I S. 498 (Abschn. V), verlängert bis 31.12.2023 durch das BMF-Schreiben v. 12.12.2022, IV C 4 – S 2223/19/10003 :006, sowie zur Unterstützung der vom Krieg in der Ukraine Geschädigten das BMF-Schreiben v. 17.3.2022, IV C 4 – S 2223/19/10003 :013, BStBl 2022 I S. 330, verlängert bis zum 31.12.2023 durch das BMF-Schreiben v. 17.11.2022, IV C 4 – S 2223/19/10003 :018, BStBl 2022 I S. 1516.

Sozialversicherung: Die Beitragsfreiheit bei Arbeitslohnspenden für Naturkatastrophen im Inland regelt § 1 Abs. 1 Satz 1 Nr. 11 SvEV.

Entgelt	LSt	SV
Arbeitslohnspende	frei	pflichtig
Spende bei (Natur-)Katastrophen im Inland	frei	frei
Spende bei (Natur-)Katastrophen im Ausland	frei	pflichtig

Lohnsteuer

Arbeitslohnspenden anlässlich von Katastrophen

Als steuerliche Reaktion auf Katastrophenfälle veröffentlicht die Finanzverwaltung regelmäßig gesonderte BMF-Schreiben mit einer Vielzahl von steuerlichen Vereinfachungsmaßnahmen.[2] Auslöser sind regionale Katastrophenfälle (z. B. Unwetter) oder bundesweite zusätzliche Belastungen wie eine Pandemie (zuletzt die ↗ Corona-Pandemie); in Einzelfällen auch internationale Ausnahmesituationen wie der Ukraine-Krieg. Wann solch ein Katastrophenfall vorliegt, regelt die Finanzverwaltung anlassbezogen. Dies können BMF-Schreiben sein oder länderbezogene Verwaltungsanweisungen (Katastrophenerlasse).

Mit besonderen lohnsteuerlichen Regelungen wird eine rasche Unterstützungsmöglichkeit der betroffenen bzw. geschädigten Personen durch einen Besteuerungsverzicht beim Arbeitnehmer angeboten. Dabei ist der Arbeitgeber gefordert; er kann für bestimmte steuerpflichtige Arbeitslohnteile auf einen ↗ Lohnsteuerabzug vom steuerpflichtigen Arbeitslohn verzichten, wenn er besondere Aufzeichnungsvorschriften beachtet.

So begünstigt sind regelmäßig Mitarbeiterspenden. Verzichten Arbeitnehmer auf die Auszahlung von Teilen des Arbeitslohns zugunsten einer Zahlung des Arbeitgebers auf das Spendenkonto einer spendenempfangsberechtigten Organisation zur Förderung steuerbegünstigter Zwecke[3], bleiben diese Lohnteile bei der Feststellung des steuerpflichtigen Arbeitslohns außer Ansatz. Voraussetzung ist, dass der Arbeitgeber die Verwendungsauflage erfüllt und dies im ↗ Lohnkonto des Arbeitnehmers dokumentiert. Ebenso begünstigt sind Teile eines im ↗ Arbeitszeitkonto angesammelten Wertguthabens.

Hinweis

Mitarbeiterspenden für Arbeitskollegen in besonderen (finanziellen) Notlagen

Gerät ein (einzelner) Mitarbeiter unverschuldet in eine finanzielle Notlage, z. B. durch einen Brand o. Ä., können die Arbeitslohnspenden ebenfalls unbesteuert bleiben. Es handelt sich dabei aber in jedem Fall um eine Billigkeitsmaßnahme. Es muss deshalb zwingend eine vorherige ↗ Anrufungsauskunft↗ beim Betriebsstättenfinanzamt eingeholt werden.

Zu beachten ist, dass das Sozialversicherungsrecht nicht vollständig der Steuerfreiheit folgt. Die Beitragsfreiheit ist ausdrücklich auf Naturkatastrophen beschränkt.

Andere Steuerbefreiungen, Vergünstigungen oder Pauschalbesteuerungsmöglichkeiten (z. B. Notbetreuung von Kindern[4] oder die Freigrenze von 50 EUR bei ↗ Sachbezügen[5] bleiben hiervon unberührt und können neben der hier aufgeführten Steuerfreiheit in Anspruch genommen werden.

Arbeitgeber als Spendensammelstelle

Verzichten Arbeitnehmer anlässlich von Ausnahmesituationen, Naturkatastrophen oder Krieg auf die

- Auszahlung von Teilen ihres Arbeitslohns oder
- auf Teile ihres als Arbeitslohn angesammelten Wertguthabens,

damit sie der Arbeitgeber zugunsten der Betroffenen spendet, gelten steuerliche Sonderregelungen. Diese Lohnteile bleiben steuerfrei, wenn der Arbeitgeber bestimmte formale Voraussetzungen beachtet. Im Gegenzug dürfen diese Spenden bei einer Veranlagung zur Einkommensteuer nicht steuermindernd angesetzt werden. Der Verzicht geschieht regelmäßig durch eine formlose Erklärung gegenüber dem Arbeitgeber.

2 Zur Corona-Pandemie: BMF, Schreiben v. 9.4.2020, IV C 4 – S 2223/19/10003 :003, BStBl 2020 I S. 498 (Abschn. V), verlängert bis 31.12.2022 durch BMF, Schreiben v. 15.12.2021, IV C 4 – S 2223/19/10003 :006, BStBl 2021 I S. 2476, und ergänzt durch BMF-Schreiben v. 12.12.2022, IV C 4 – S 2223/19/10003 :006, über den 31.12.2022 erweitert, soweit die Arbeitslohnspenden bis zum 31.12.2023 getätigt werden.
3 Einrichtung i. S. d. § 10b Abs. 1 Satz 2 EStG.
4 § 3 Nr. 34a EStG.
5 § 8 Abs. 2 Satz 11 EStG.

In diesem Fall darf der Arbeitgeber auf die Erhebung der Lohnsteuer verzichten, wenn er den Lohnteil auf ein Spendenkonto einer spendenempfangsberechtigten Einrichtung i. S. d. § 10b Abs. 1 Satz 2 EStG einzahlt und dies dokumentiert. Welche Spendenempfänger in Betracht kommen, wird in den jeweiligen BMF-Schreiben bzw. Ländererlassen geregelt.

Hinweis

Unterstützung von Geschädigten im Ukraine-Krieg

Bei der Unterstützung von Geschädigten ist abweichend von den vorstehenden Ausführungen zu beachten, dass nur die Lohnteile bei der Feststellung des steuerpflichtigen Arbeitslohns des Arbeitnehmers außer Ansatz bleiben, soweit diese

- zugunsten einer steuerfreien Beihilfe und Unterstützung des Arbeitgebers an vom Ukraine-Krieg geschädigte Arbeitnehmer des Unternehmens[1] oder an Arbeitnehmer von Geschäftspartnern oder
- zugunsten einer Zahlung des Arbeitgebers auf ein Spendenkonto einer spendenempfangsberichtigten Einrichtung[2]

auf die Auszahlung von Teilen ihres Arbeitslohns oder auf Teile ihres angesammelten Wertguthabens verzichten.

Als Verzicht gilt auch die teilweise Lohnverwendung eines Beamten, Richters, Soldaten oder Tarifbeschäftigten, wie Auszahlung von Teilen ihres Arbeitslohns oder auf Teile ihres als Arbeitslohn angesammelten Wertguthabens, auf den gesetzlich oder tarifvertraglich zustehenden Arbeitslohn.

Die Unterstützung der vom Krieg in der Ukraine Geschädigten ist (vom 24.2.2022) bis zum 31.12.2023 befristet.[3]

Hinweis

Unterstützung von Geschädigten durch das Erdbeben in der Türkei und Syrien

Bei der Unterstützung von Geschädigten ist abweichend von den vorstehenden Ausführungen zu beachten, dass nur die Lohnteile bei der Feststellung des steuerpflichtigen Arbeitslohns des Arbeitnehmers außer Ansatz bleiben, soweit diese

- zugunsten steuerfreier ↗ Beihilfen und Unterstützung des Arbeitgebers an vom Erdbeben in der Türkei und Syrien geschädigte Arbeitnehmer des Unternehmens[4] oder an Arbeitnehmer von Geschäftspartnern oder
- zugunsten einer Zahlung des Arbeitgebers auf ein Spendenkonto einer spendenempfangsberichtigten Einrichtung[5]

auf die Auszahlung von Teilen ihres Arbeitslohns oder auf Teile ihres angesammelten Wertguthabens verzichten.

Als Verzicht gilt auch die teilweise Lohnverwendung eines Beamten, Richters, Soldaten oder Tarifbeschäftigten, wie Auszahlung von Teilen ihres Arbeitslohns oder auf Teile ihres als Arbeitslohn angesammelten Wertguthabens, auf den gesetzlich oder tarifvertraglich zustehenden Arbeitslohn.

Die steuerliche Maßnahme zur Unterstützung der Geschädigten ist (vom 6.2.2023) bis zum 31.12.2023 befristet.[6]

1 Unter den Unternehmens-Begriff fallen auch die mit dem Arbeitgeber verbundene Unternehmen i. S. d. § 15 AktG.
2 i. S. d. § 10b Abs. 1 Satz 2 EStG.
3 BMF, Schreiben v. 17.3.2022, IV C 4 – S 2223/19/10003 :013, BStBl 2022 I S. 330, ergänzt durch BMF, Schreiben v. 7.6.2022, IV C 4 – S 2223/19/10003 :017, BStBl 2022 I S. 923, verlängert bis zum 31.12.2023 durch BMF, Schreiben v. 17.11.2022, IV C 4 – S 2223/19/10003 :018, BStBl 2022 I S. 1516.
4 Unter den Unternehmens-Begriff fallen auch die mit dem Arbeitgeber verbundene Unternehmen i. S. d. § 15 AktG.
5 i. S. d. § 10b Abs. 1 Satz 2 EStG.
6 BMF, Schreiben v. 27.2.2023, IV C 4 – S 2223/19/10003 :019.

Aufzeichnungspflicht im Lohnkonto

Als Grundlage für den Besteuerungsverzicht muss der Arbeitgeber den außer Ansatz bleibenden ↗ Arbeitslohn im Lohnkonto als „steuerfrei gezahlt" aufzeichnen.[7] Dies ermöglicht der Finanzverwaltung, die steuerlich korrekte Behandlung der Arbeitslohnspende zu prüfen.

Auf diese besondere Aufzeichnung kann der Arbeitgeber allerdings verzichten. Voraussetzung hierfür ist, dass der Arbeitnehmer seinen Lohnverzicht schriftlich erklärt hat und diese Erklärung zum ↗ Lohnkonto genommen worden ist.

Kein Ausweis in der Lohnsteuerbescheinigung

Damit die Arbeitslohnspende steuerfrei bleibt, darf sie nicht in der ↗ Lohnsteuerbescheinigung angegeben werden (z. B. als Arbeitslohn). Sie wird als üblicher steuerfreier Lohnteil behandelt.

Kein weiterer Spendenabzug

Mit der steuerunbelasteten Weiterleitung der Arbeitslohnspende hat der Arbeitgeber letztlich bereits einen möglichen Spendenabzug berücksichtigt (sog. abgekürzter Anrechnungsweg). Folglich dürfen die (steuerfrei belassenen) Lohnteile bei der Einkommensteuerveranlagung nicht als Spende erklärt und berücksichtigt werden. Sofern keine ↗ Sonderausgaben geltend gemacht werden, wird der Sonderausgaben-Pauschbetrag[8] angesetzt.

Sozialversicherung

Verzicht auf Teile des Arbeitslohns zugunsten einer Spende

Verzichten Arbeitnehmer zugunsten einer Spende auf Teile des Arbeitslohns oder auf Teile eines angesammelten Wertguthabens auf einem Arbeitszeitkonto, bleiben diese Entgeltbestandteile trotz einer ggf. bestehenden Steuerfreiheit grundsätzlich beitragspflichtig in der Sozialversicherung. Eine Ausnahmeregelung gibt es in der Sozialversicherungsentgeltverordnung nur für Naturkatastrophen im Inland.[9]

Spenden bei Naturkatastrophen

Steuerfreie Zuwendungen des Beschäftigten aus Arbeitsentgelt oder Wertguthaben, die zugunsten von Naturkatastrophen im Inland an Geschädigte geleistet wurden, zählen nicht zum sozialversicherungspflichtigen Entgelt. Unter diese Vergünstigung fallen sowohl Gehaltsumwandlungen aus laufendem als auch aus ↗ einmalig gezahltem Arbeitsentgelt.

Wichtig in diesem Zusammenhang ist allerdings, dass die Spende über den Arbeitgeber geleistet bzw. weitergeleitet wird, also mit ihm vereinbart ist. Spenden, die vom Arbeitnehmer privat geleistet werden, also ohne Einschaltung des Arbeitgebers überwiesen werden, sind von dieser Regelung zur Beitragsfreiheit nicht betroffen. Der Arbeitgeber hat die Verwendung der Spenden nachweisbar zu dokumentieren.

Unter die Regelung des § 1 Abs. 1 Nr. 11 SvEV fallen Spenden eines Arbeitnehmers aus seinem Arbeitsentgelt, die er über seinen Arbeitgeber an einen katastrophengeschädigten Mitarbeiter des Betriebs oder auf ein Spendenkonto leistet. Die Beitragsfreiheit einer entsprechenden Spende ist weder an eine zeitliche Frist gebunden noch der Höhe nach begrenzt.

Achtung

Abweichung zum Steuerrecht: Gehaltsumwandlung bei Naturkatastrophen im Ausland

Sozialversicherungsrechtlich sind Spenden bei Naturkatastrophen im Ausland nicht beitragsfrei. Dies ist anders als im Steuerrecht geregelt.

7 § 4 Abs. 2 Nr. 4 Satz 1 LStDV.
8 § 10c EStG.
9 § 1 Abs. 1 Nr. 11 SvEV.

Arbeitslosenversicherung

Die Arbeitslosenversicherung ist das Sozialleistungssystem zum Schutz der Arbeitnehmer vor den wirtschaftlichen Folgen der Arbeitslosigkeit. Kernleistung ist das Arbeitslosengeld. Daneben gehören das Teilarbeitslosengeld und das Kurzarbeitergeld zu den Leistungen der Arbeitslosenversicherung. Die Leistungen der Arbeitslosenversicherung werden aus Beiträgen der versicherungspflichtigen Arbeitnehmer und deren Arbeitgeber finanziert. Die Arbeitslosenversicherung ist Bestandteil des Systems der Arbeitsförderung, die mit weiteren Förderleistungen zum Ziel hat, dem Entstehen von Arbeitslosigkeit präventiv entgegenzuwirken bzw. bei Eintritt von Arbeitslosigkeit diese so schnell wie möglich zu beenden.

Gesetze, Vorschriften und Rechtsprechung

Sozialversicherung: Das Versicherungsrecht der Arbeitslosenversicherung ist in den §§ 24 bis 28a SGB III, das Leistungsrecht des Arbeitslosengeldes in den §§ 136 bis 164 SGB III geregelt. Der Arbeitslosenversicherungsschutz nach einer Beschäftigung im EU-Ausland richtet sich maßgeblich nach Regelungen des europäischen Koordinierungsrechts der Verordnungen (EG) Nr. 883/2004 und 987/2009.

Sozialversicherung

Versicherungspflicht

Die Arbeitslosenversicherung ist wie die Kranken-, Pflege- und Rentenversicherung als Pflichtversicherung nach dem Prinzip der Zwangsmitgliedschaft mit gesetzlichen Befreiungstatbeständen ausgestaltet. Die Versicherungspflicht erstreckt sich auf Personen, die als Beschäftigte oder aus sonstigen Gründen in einem Versicherungspflichtverhältnis zur Bundesagentur für Arbeit stehen.

Personenkreis der Beschäftigten

Zu den versicherungspflichtig Beschäftigten gehören grundsätzlich alle Arbeitnehmer, die gegen Entgelt beschäftigt sind. Hierzu gehören z. B. auch Beschäftigte nach dem Jugendfreiwilligendienstgesetz sowie Beschäftigte im Rahmen des Bundesfreiwilligendienstes. ⇗ Heimarbeiter gelten als Beschäftigte und stehen insoweit den Arbeitnehmern gleich.

Versicherungspflichtig sind im Weiteren alle Personen, die zu ihrer Berufsausbildung beschäftigt sind. Den zur Berufsausbildung Beschäftigten stehen gleich

- Auszubildende, die in einer außerbetrieblichen Einrichtung ausgebildet werden,
- Teilnehmende an sog. dualen Studiengängen und
- Teilnehmende an praxisintegrierten Ausbildungen (dies sind Ausbildungsgänge, z. B. im Gesundheits-, Erziehungs- und Sozialbereich mit wechselnden Abschnitten des schulischen Unterrichts und der praktischen Ausbildung), für die ein Ausbildungsvertrag und ein Anspruch auf Ausbildungsvergütung besteht.[1]

Die Versicherungspflicht knüpft im Regelfall an die tatsächliche Beschäftigung und Entgeltzahlung an. Bei Unterbrechungen der Entgeltzahlung bis zu einem Monat oder bei einem längeren Arbeitsausfall wegen ⇗ Kurzarbeit besteht das Versicherungspflichtverhältnis fort.[2] Eine Beschäftigung besteht auch in Zeiten einer Freistellung von mehr als einem Monat, wenn diese Freistellung auf Basis eines sog. Wertguthabens erfolgt. Ohne Wertguthabenvereinbarungen können Freistellungen von bis zu 3 Monaten als Beschäftigung gelten, wenn der Freistellung eine Vereinbarung zur flexiblen Arbeitszeitgestaltung zugrunde liegt.

1 § 25 SGB III.
2 § 24 Abs. 2 bis 4 SGB III, § 7 Abs. 3 SGB IV.

Achtung

Versicherungsschutz nicht von Beitragszahlung abhängig

Ein Versicherungsschutz ist nicht von der Zahlung der Beiträge zur Arbeitslosenversicherung, sondern allein vom Bestehen der Versicherungspflicht abhängig. Daraus folgt einerseits, dass Versicherungsschutz auch dann besteht, wenn Beiträge zu Unrecht nicht entrichtet worden sind. Andererseits begründet eine fehlerhafte Beitragszahlung oder die widerspruchslose Entgegennahme von Beiträgen durch die Einzugsstelle keinen Anspruch auf Arbeitslosengeld.

Abgrenzung zur selbstständigen Tätigkeit

Die Abgrenzung einer (versicherungspflichtigen) Beschäftigung von einer (versicherungsfreien) selbstständigen Tätigkeit ist in der Praxis oft mit Schwierigkeiten verbunden. Deshalb sehen die Regelungen des Sozialversicherungsrechts hierzu ein „Statusfeststellungsverfahren“ vor. In diesem Verfahren entscheidet die Deutsche Rentenversicherung Bund grundsätzlich auf Antrag der Betroffenen über die Frage, ob eine (abhängige) Beschäftigung oder eine selbstständige Tätigkeit vorliegt.[3]

Die Agenturen für Arbeit sind bei ihren Entscheidungen über einen Anspruch auf Arbeitslosengeld an eine Statusentscheidung der Deutschen Rentenversicherung Bund gebunden. Diese Bindungswirkung besteht im Grundsatz unverändert auch nach den zum 1.4.2022 reformierten Regelungen zum Statusfeststellungsverfahren.[4] Seit 1.4.2022 entscheidet die Deutsche Rentenversicherung Bund allerdings nur noch über den „Erwerbsstatus“ als Element einer möglichen Sozialversicherungspflicht und nicht mehr über das Vorliegen der konkreten Versicherungspflicht nach dem SGB III.

Sonstige Versicherungspflichtige

Zum Personenkreis der sonstigen Versicherungspflichtigen zählen nicht die versicherungspflichtig beschäftigten Arbeitnehmer. Vielmehr zählen zu diesem Personenkreis[5]:

- Jugendliche, die in Einrichtungen der beruflichen Rehabilitation Leistungen zur Teilhabe am Arbeitsleben erhalten, die ihnen eine Erwerbstätigkeit auf dem allgemeinen Arbeitsmarkt ermöglichen sollen sowie Personen in Einrichtungen der Jugendhilfe, die für eine Erwerbstätigkeit befähigt werden sollen;
- Personen, die Wehr- oder Zivildienst leisten und während dieser Zeit nicht als Beschäftigte versicherungspflichtig sind;
- Gefangene, sofern sie nach den Regelungen des Strafvollzugsgesetzes Arbeitsentgelt oder Ausbildungsbeihilfe erhalten;
- Personen, die Leistungen für den Ausfall von Arbeitseinkünften wegen einer Organspende beziehen;
- Bezieher von Kranken-, Verletzten- oder Übergangsgeld wegen medizinischer Rehabilitation oder von Krankentagegeld aus der privaten Krankenversicherung sowie Bezieherinnen von Mutterschaftsgeld;
- Bezieher einer Rente wegen voller Erwerbsminderung aus der gesetzlichen Rentenversicherung;
- Personen in der Zeit, in der sie ein Kind erziehen oder betreuen, welches das dritte Lebensjahr noch nicht vollendet hat (die Versicherungspflicht für Erziehende ist beitragsfrei);
- Personen, die einen Pflegebedürftigen ab dem Pflegegrad 2 mindestens 10 Stunden wöchentlich verteilt auf mindestens 2 Tage in der Woche in seiner häuslichen Umgebung pflegen (die Beiträge werden allein von der Pflegekasse getragen).

3 § 7a SGB IV.
4 § 7a Abs. 1 Satz 5 SGB IV.
5 § 26 SGB III.

Hinweis

Unmittelbare „Vorversicherung" für Versicherungspflicht bei Leistungsbezug/Erziehung/Pflege erforderlich

Die sonstige Versicherungspflicht bei Bezug der o. a. Leistungen bei Krankheit, Mutterschaft oder Erwerbsminderung sowie bei Erziehung oder Pflege setzt zusätzlich voraus, dass die Betreffenden unmittelbar vor dem Bezug der Leistungen bzw. vor Beginn der Erziehung oder Pflege entweder in einem Versicherungspflichtverhältnis[1] gestanden oder Anspruch auf eine Entgeltersatzleistung der Arbeitsförderung (insbesondere also Arbeitslosengeld)[2] hatten.[3]

Unmittelbarkeit in diesem Sinne liegt nach Auslegung der Bundesagentur für Arbeit immer dann vor, wenn der Zeitraum zwischen dem Ende der vorhergehenden Versicherungspflicht bzw. dem vorhergehenden Anspruch auf eine Entgeltersatzleistung der Arbeitsförderung und dem Beginn des neuen Versicherungstatbestands einen Monat nicht überschreitet.[4]

Beispiel:

A gibt seine Beschäftigung wegen der Pflege seiner Mutter zum 30.6. auf. Er übernimmt die Pflege jedoch erst ab dem 1.9. In der Zwischenzeit vom 1.7. bis 31.8. ist er weder versicherungspflichtig beschäftigt, noch macht er einen Anspruch auf eine Entgeltersatzleistung der Arbeitsförderung geltend. In diesem Fall besteht ab 1.9. keine Versicherungspflicht wegen Pflege. Nach einer längeren Pflegedauer, von z. B. 2 Jahren, hätte A bei Rückkehr auf den Arbeitsmarkt damit auch keinen Anspruch auf Arbeitslosengeld, weil die versicherungsrechtlichen Voraussetzungen nicht mehr erfüllt wären. Hätte A die Pflege ab dem 1.7. übernommen oder sich in der Zeit vom 1.7. bis 31.8. arbeitslos gemeldet und einen Anspruch auf Arbeitslosengeld erworben, wäre die Voraussetzung der „Vorversicherung" erfüllt und die Pflegekasse hätte Beiträge zur Arbeitslosenversicherung zu entrichten.

Versicherungspflicht auf Antrag

Selbstständig Tätige und Personen, die eine Beschäftigung von mindestens 15 Stunden wöchentlich außerhalb des EU-Auslands aufnehmen und ausüben, können ihren Arbeitslosenversicherungsschutz im Rahmen einer Versicherungspflicht auf Antrag (sog. ⇗ Freiwillige Weiterversicherung) durch eigene Beitragszahlung aufrechterhalten. Die Möglichkeit der freiwilligen Weiterversicherung steht weiterhin Personen offen, die ihre Beschäftigung oder den Bezug von Arbeitslosengeld durch eine berufliche Weiterbildung oder durch eine Elternzeit[5] nach dem dritten Lebensjahr ihres Kindes (von Bedeutung z. B. bei später in die Familie aufgenommenen Pflegekindern) unterbrechen.[6]

Versicherungsfreiheit

Die Regelungen zur Versicherungsfreiheit erstrecken sich in erster Linie auf Personen, deren Beschäftigung sich außerhalb des allgemeinen Arbeitsmarkts vollzieht oder die durch eigenständige Systeme geschützt sind.[7]

Versicherungsfrei sind:

- Personen, die die Altersgrenze für eine Regelaltersrente erreicht haben; ab diesem Zeitpunkt ist lediglich der Arbeitgeber zur Zahlung seines Beitrags verpflichtet (zur Ausnahmeregelung bis 31.12.2021, siehe unter „Wichtig");
- Personen, die wegen Leistungsminderung dem Arbeitsmarkt nicht mehr zur Verfügung stehen;
- Beamte, Richter, Soldaten und beamtenähnliche Beschäftigte;
- Personen in einer ⇗ geringfügigen Beschäftigung nach § 8 SGB IV. Ausnahmen gelten in Fällen einer Unterschreitung der Geringfügigkeitsgrenze bei betrieblicher Ausbildung, bei Beschäftigungen nach dem Jugendfreiwilligendienstegesetz oder Bundesfreiwilligendienstgesetz, bei Kurzarbeit, bei witterungsbedingtem Arbeitsausfall oder bei Beschäftigungen im Rahmen einer stufenweisen Wiedereingliederung;
- Personen in einer unständigen Beschäftigung (typischerweise Beschäftigungen mit einer Dauer von weniger als einer Woche), die sie berufsmäßig ausüben;
- Studenten und Schüler an allgemeinbildenden Schulen, die eine Beschäftigung ausüben;
- Bezieher von Arbeitslosengeld in Beschäftigungen, deren Arbeitszeit weniger als 15 Wochenstunden beträgt und
- Personen in einer aus Mitteln der Grundsicherung für Arbeitsuchende öffentlich geförderten Beschäftigung[8] oder in entsprechenden Sonderprogrammen und Modellprojekten.

Wichtig

Übergangsregelung zur Anhebung der Geringfügigkeitsgrenze auf 520 EUR

Zum 1.10.2022 wurde die Geringfügigkeitsgrenze von 450 EUR auf 520 EUR monatlich erhöht. Personen, die bis zur Erhöhung der Geringfügigkeitsgrenze ein Arbeitsentgelt oberhalb von 450 EUR bis zu 520 EUR erzielt haben, waren bis 30.9.2022 damit versicherungspflichtig in der Arbeitslosenversicherung. Seit 1.10.2022 bestünde – bei unverändertem Entgelt – grundsätzlich Versicherungsfreiheit. Nach einer Übergangsregelung können die Betroffenen weiterhin, längstens bis zum 31.12.2023, versicherungspflichtig bleiben, auch wenn das Entgelt ab 1.10.2022 die dann geltende Geringfügigkeitsgrenze von 520 EUR unterschreitet. Sie haben bis Ende des Jahres 2023 die Möglichkeit, ihre Beschäftigung an die geänderte Geringfügigkeitsgrenze anzupassen und den Versicherungsschutz in der Arbeitslosenversicherung damit ab 1.1.2024 weiterhin zu erhalten. Sie können auf den Übergangsschutz jedoch auch seit 1.10.2022 verzichten.[9]

Leistungen der Arbeitslosenversicherung

Entgeltersatzleistungen der Arbeitslosenversicherung sind

- das Arbeitslosengeld bei Arbeitslosigkeit,
- das Arbeitslosengeld bei beruflicher Weiterbildung,
- das Teilarbeitslosengeld und
- das ⇗ Kurzarbeitergeld, einschließlich der Sonderformen ⇗ Saison-Kurzarbeitergeld und Transferkurzarbeitergeld.

Wichtig

Arbeitslosengeld II als Grundsicherung für Arbeitsuchende

Das Arbeitslosengeld II ist keine Leistung der Arbeitslosenversicherung. Es ist eine steuerfinanzierte und bedürftigkeitsabhängige Fürsorgeleistung, die nach dem Recht der Grundsicherung für Arbeitsuchende in pauschalierter Höhe gezahlt wird.

Arbeitslosengeld

Kernaufgabe des Arbeitslosengeldes ist der Ersatz des Arbeitsentgelts wegen Arbeitslosigkeit. Das Arbeitslosengeld wird auch bei Teilnahme an einer geförderten beruflichen Weiterbildungsmaßnahme gezahlt. Das Gesetz unterscheidet deshalb zwischen dem Arbeitslosengeld bei Arbeitslosigkeit und dem Arbeitslosengeld bei beruflicher Weiterbildung.[10]

1 § 24 SGB III.
2 § 3 Abs. 4 SGB III.
3 § 26 Abs. 2, 2a und 2b SGB III.
4 Das BSG lässt in Ausnahmefällen auch einen längeren Zeitraum zu; BSG, Urteil v. 23.2.2017, B11 AL 4/16.
5 § 15 BEEG.
6 § 28a SGB III.
7 §§ 27, 28 SGB III.
8 §§ 16e und 16i SGB II.
9 § 454 Abs. 2 SGB III.
10 § 136 Abs. 1 SGB III.

Arbeitslosengeld bei Arbeitslosigkeit

Anspruch auf Arbeitslosengeld bei Arbeitslosigkeit hat,

- wer arbeitslos ist,
- sich persönlich bei der zuständigen Agentur für Arbeit oder elektronisch arbeitslos gemeldet und
- die Anwartschaftszeit erfüllt hat.

Arbeitslosengeld wird längstens bis zum Ende des Monats gezahlt, in dem der Arbeitslose das für die Regelaltersrente maßgebliche Lebensalter erreicht hat.[1]

Im Einzelnen:

Arbeitslosigkeit

Arbeitslosigkeit im Gesetzessinne[2] liegt vor, wenn der Antragsteller

- beschäftigungslos ist, d. h. nicht in einem Beschäftigungsverhältnis steht und keine Erwerbstätigkeit oder nur eine solche mit einem Umfang von weniger als 15 Stunden wöchentlich ausübt,
- sich aktiv bemüht, seine Beschäftigungslosigkeit durch Eigenbemühungen zu beenden und
- der Arbeitsvermittlung zur Verfügung steht, d. h. objektiv in der Lage und subjektiv bereit ist, jede arbeitsmarktübliche und zumutbare versicherungspflichtige Beschäftigung mit einem Umfang von mindestens 15 Wochenstunden anzunehmen und auszuüben.

Achtung

Entgelteinbußen und längere Pendelzeiten zumutbar

Welche Beschäftigungen einem Arbeitslosen zumutbar sind, richtet sich in erster Linie nach dem erzielbaren Arbeitsentgelt; ein besonderer Berufs- oder Qualifikationsschutz besteht nicht. Danach sind einem Arbeitslosen in den ersten 3 Monaten der Arbeitslosigkeit alle Beschäftigungen zumutbar, in denen er mindestens 80 % des (Brutto-)Arbeitsentgelts verdienen kann, nach dem das ihm zustehende Arbeitslosengeld bemessen ist; vom vierten bis zum sechsten Monat der Arbeitslosigkeit gilt eine Quote von mindestens 70 % des Entgelts. Ab dem siebten Monat der Arbeitslosigkeit sind alle Beschäftigungen zumutbar, deren Nettoarbeitsentgelt unter Berücksichtigung der Werbungskosten das Arbeitslosengeld erreicht oder übersteigt. Als Pendelzeiten für den Hin- und Rückweg zum Arbeitsplatz sind im Regelfall bis zu 2 ½ Stunden zumutbar.[3]

Arbeitslosmeldung

Die Arbeitslosmeldung kann durch persönliche Vorsprache bei der für den Wohnsitz zuständigen Agentur für Arbeit erfolgen.[4] Ist die Agentur für Arbeit am ersten Tag der Beschäftigungslosigkeit des Arbeitslosen nicht dienstbereit, so wirkt die persönliche Meldung an dem nächsten Tag der Dienstbereitschaft auf den Tag zurück, an dem die Agentur für Arbeit nicht dienstbereit war.[5]

Beispiel

Rückwirkung der Arbeitslosmeldung

Die Beschäftigung eines Arbeitnehmers endet an einem Freitag. Er meldet sich am folgenden Montag persönlich arbeitslos. In diesem Fall wirkt die Arbeitslosmeldung auf den ersten Tag der Beschäftigungslosigkeit, den Samstag, zurück. Bei Vorliegen aller übrigen Voraussetzungen besteht deshalb ab dem Samstag auch Anspruch auf Arbeitslosengeld.

Seit dem 1.1.2022 ist neben der persönlichen Arbeitslosmeldung auch eine elektronische Arbeitslosmeldung im IT-Portal der Bundesagentur für Arbeit rechtswirksam. Eine elektronische Arbeitslosmeldung setzt neben der rechtswirksamen Erklärung auch eine rechtssichere Identifizierung voraus. Beides ist nach den derzeitigen gesetzlichen Regelungen über die Online-Ausweisfunktion des Personalausweises möglich.[6] Die Agentur für Arbeit soll mit dem Arbeitslosen unverzüglich nach Eintritt der Arbeitslosigkeit ein persönliches Vermittlungsgespräch führen, sofern dies nicht bereits zeitnah, d. h. innerhalb von 4 Wochen vor Eintritt der Arbeitslosigkeit (in der Zeit der frühzeitigen Arbeitsuche), erfolgt ist.[7] Bei elektronischer Arbeitslosmeldung wird die Agentur deshalb regelmäßig zu einem Gespräch im Wege einer Meldeaufforderung einladen; bei einem Meldeversäumnis ohne wichtigen Grund, kann eine Sperrzeit von einer Woche eintreten.[8]

Hinweis

Durchgängiger Online-Prozess bei Arbeitslosmeldung

Mit der elektronischen Arbeitslosmeldung bietet die Bundesagentur für Arbeit weitere Online-Prozesse im IT-Portal an. So kann auch die gesetzlich geforderte Meldung zur frühzeitigen Arbeitsuche elektronisch erfolgen. Auch der Antrag auf Arbeitslosengeld kann elektronisch gestellt werden. Zudem haben die Betroffenen die Möglichkeit, einen Termin für ein Beratungs- und Vermittlungsgespräch online zu vereinbaren. Für derartige Gespräche steht – bei Einverständnis der Betroffenen – künftig auch im gesamten Vermittlungsprozess die Option der Videokommunikation zur Verfügung.

Die Wirkung einer Arbeitslosmeldung bleibt erhalten, wenn die Arbeitslosigkeit bis zu 6 Wochen (z. B. durch eine befristete Beschäftigung) unterbrochen wird. Dies gilt jedoch nicht, wenn ein Arbeitsloser eine Beschäftigung aufnimmt, die er der Agentur für Arbeit nicht unverzüglich meldet.

Anwartschaftszeit

Die Anwartschaftszeit für das Arbeitslosengeld hat erfüllt, wer innerhalb einer Rahmenfrist von 30 Monaten vor der Entstehung des Anspruchs mindestens 360 Kalendertage in einem Versicherungspflichtverhältnis gestanden hat.

Hinweis

Sonderregelung zur verkürzten Anwartschaftszeit

Eine Sonderregelung zur Anwartschaftszeit besteht für Personen, die berufsbedingt bzw. wegen der Besonderheiten ihres Wirtschaftszweigs überwiegend nur kurz befristete Beschäftigungen ausüben (z. B. Künstler, Schauspieler). Sie haben die Anwartschaftszeit bereits dann erfüllt, wenn sie innerhalb der 30-monatigen Rahmenfrist mindestens 180 Kalendertage versicherungspflichtig beschäftigt waren. Zusätzliche Voraussetzung ist, dass

- sich die in der Rahmenfrist zurückgelegten Beschäftigungstage überwiegend aus versicherungspflichtigen Beschäftigungen von bis zu 14 Wochen ergeben (sog. Beschäftigungsbedingung) und
- das in den letzten 12 Monaten erzielte Arbeitsentgelt das 1,5-fache der sozialversicherungsrechtlichen ⇗ Bezugsgröße nicht übersteigt (sog. Entgeltbedingung).

Die Sonderregelung wurde zum 1.1.2023 entfristet.[9]

Arbeitslosengeld bei beruflicher Weiterbildung

Kernvoraussetzung für diese Leistung ist, dass der Arbeitslose an einer von der Agentur für Arbeit nach § 81 SGB III geförderten Weiterbildungsmaßnahme teilnimmt.[10] Die Förderung einer solchen beruflichen Weiterbildung setzt insbesondere voraus, dass

- sie notwendig ist, um den Arbeitnehmer bei Arbeitslosigkeit beruflich einzugliedern, um eine drohende Arbeitslosigkeit abzuwenden, um bei Ausübung einer Teilzeitbeschäftigung eine Vollzeitbeschäftigung zu erlangen oder um einen Berufsabschluss zu erreichen,

1 § 137 SGB III.
2 § 138 SGB III.
3 § 140 SGB III.
4 § 141 Abs. 1 SGB III.
5 § 141 Abs. 3 SGB III.
6 Zu den Möglichkeiten und Voraussetzungen des Online-Ausweises, vgl. www.personalausweisportal.de.
7 § 141 Abs. 4 SGB III.
8 § 309, § 159 Abs. 1 Satz 2 Nr. 8 i. V. m. Satz 1 SGB III.
9 § 142 Abs. 2 SGB III.
10 § 144 SGB III.

- vor Beginn der Teilnahme eine Beratung durch die Agentur für Arbeit erfolgt ist und
- Maßnahme und Träger der Maßnahme für die Förderung zugelassen sind.

Im Übrigen gelten grundsätzlich die Voraussetzungen des Arbeitslosengeldes bei Arbeitslosigkeit, d. h. für einen Leistungsanspruch muss insbesondere die Anwartschaftszeit erfüllt sein. Ein Anspruch auf Arbeitslosengeld bei beruflicher Weiterbildung kann sich während einer Maßnahme nicht erschöpfen, d. h. die Leistung wird in jedem Fall bis zum Ende der Maßnahme gezahlt.

Hinweis

Leistungen bei Teilnahme an Deutschsprachkursen

Die Teilnahme an Deutschsprachkursen wird grundsätzlich nicht im Rahmen der beruflichen Weiterbildung gefördert. Bei Arbeitslosen, die an einem Integrationskurs[1] oder an einem Kurs zur berufsbezogenen Deutschsprachförderung[2] teilnehmen, kann seit 1.8.2019 in dieser Zeit das Arbeitslosengeld bei Arbeitslosigkeit weitergezahlt werden, wenn die Teilnahme für eine dauerhafte berufliche Eingliederung notwendig ist.[3]

Leistungsdauer

Die Dauer des Anspruchs auf Arbeitslosengeld richtet sich nach

- der Dauer der Versicherungspflicht in den letzten 5 Jahren vor Anspruchsbeginn und
- dem Lebensalter, das bei Entstehung des Leistungsanspruchs vollendet ist.[4]
- Die Grundanspruchsdauer von 6 Monaten wird nach einer Versicherungszeit von 12 Monaten erreicht.
- Die Höchstdauer für unter 50-jährige Arbeitslose beträgt 12 Monate.
- Die Höchstdauer für mindestens 58-jährige und ältere Arbeitnehmer beträgt 24 Monate.

Staffelung

Im Einzelnen gilt folgende Staffelung:

Versicherungszeiten in den letzten 5 Jahren vor Anspruchsentstehung mind. ... Monate	Vollendetes Lebensjahr ...	Anspruchsdauer ... Monate
12		6
16		8
20		10
24		12
30	50.	15
36	55.	18
48	58.	24

Für die o. a. Sonderregelung zur verkürzten Anwartschaftszeit für kurz befristet Beschäftigte gilt folgende Tabelle zur Anspruchsdauer:

Versicherungszeiten in den letzten 2 Jahren vor Anspruchsentstehung mind. ... Monate	Anspruchsdauer ... Monate
6	3
8	4
10	5

1 § 43 AufenthG.
2 § 45a AufenthG.
3 § 139 Abs. 1 Satz 2 SGB III.
4 § 147 Abs. 1 SGB III.

Minderung der Anspruchsdauer

Die Dauer des Arbeitslosengeldanspruchs mindert sich grundsätzlich im Verhältnis 1:1 um die verbrauchten Leistungstage. Darüber hinaus werden Tage einer ⇗ Sperrzeit von der Leistungsdauer abgezogen; in Fällen einer Sperrzeit wegen Arbeitsaufgabe mindert sich die Dauer des Anspruchs um 12 Wochen, mindestens jedoch um $^1/_4$ der Anspruchsdauer.[5]

Für das Arbeitslosengeld bei beruflicher Weiterbildung gelten Sonderregelungen. Hier mindert sich die Anspruchsdauer nur „hälftig“, d. h. für jeweils 2 Bezugstage wird nur ein Tag von der bewilligten Anspruchsdauer abgezogen. Eine Minderung unterbleibt zudem ganz, soweit sich eine Anspruchsdauer von weniger als 3 Monaten ergeben würde (bis 30.6.2023 1 Monat).[6]

Beispiel

Anspruchsdauerprivileg bei geförderter Weiterbildung

B hat einen Anspruch auf Arbeitslosengeld für eine Dauer von 12 Monaten erworben. Nach dem Bezug von Arbeitslosengeld bei Arbeitslosigkeit für eine Dauer von 4 Monaten fördert die Agentur für Arbeit eine abschlussbezogene Weiterbildungsmaßnahme mit einer Dauer von 24 Monaten. B erhält in dieser Zeit das Arbeitslosengeld bei beruflicher Weiterbildung. Die zu Beginn der Bildungsmaßnahme verbliebene Restbezugsdauer von 8 Monaten mindert sich für die Zeit des Bezugs von Arbeitslosengeld bei beruflicher Weiterbildung zunächst nur hälftig. Eine Minderung unter 3 Monaten ist jedoch ausgeschlossen (bis 30.6.2023 1 Monat). D. h. B verfügt am Ende der 2-jährigen Bildungsmaßnahme noch über eine Restbezugsdauer von 3 Monaten (bis 30.6.2023 1 Monat), für die er – im Falle eines nicht nahtlosen Übergangs in eine neue Beschäftigung – wieder einen Anspruch auf Arbeitslosengeld bei Arbeitslosigkeit geltend machen könnte.

Leistungshöhe

Das Arbeitslosengeld errechnet sich aus dem Bruttoarbeitsentgelt (Bemessungsentgelt), das der Arbeitnehmer in einem Bemessungszeitraum erzielt hat. Aus diesem Bemessungsentgelt wird ein pauschaliertes Nettoentgelt (das sog. Leistungsentgelt) ermittelt. Von diesem Leistungsentgelt wird das Arbeitslosengeld nach dem gesetzlich bestimmten Leistungsprozentsatz berechnet.[7]

Bemessungsentgelt

Ausgangspunkt der Berechnung ist die Ermittlung des sog. Bemessungsentgelts.[8] Dies ist grundsätzlich das durchschnittlich auf den Kalendertag entfallende beitragspflichtige Bruttoarbeitsentgelt, das der Arbeitslose in den abgerechneten Entgeltabrechnungszeiträumen der Beschäftigung(en) im letzten Jahr vor der Entstehung des Anspruchs mindestens jedoch an 150 Tagen erzielt hat. In die Leistungsbemessung fließen auch Arbeitsentgelte für ⇗ Mehrarbeit und beitragspflichtige ⇗ Einmalzahlungen ein.

Achtung

Sonderregelungen nach Kurzarbeit und bei Beschäftigungssicherungsvereinbarung

Für Beschäftigungszeiten, in denen Kurzarbeit geleistet wurde, ist nicht das tatsächlich erzielte Kurzarbeiterentgelt maßgebend. Als Bemessungsentgelt wird das Arbeitsentgelt zugrunde gelegt, das ohne den Arbeitsausfall und ohne Mehrarbeit erzielt worden wäre.[9] Eine weitere begünstigende Sonderregelung zur Leistungsbemessung gilt, wenn die Arbeitszeit oder das Arbeitsentgelt wegen einer Beschäftigungssicherungsvereinbarung vorübergehend gemindert war. In diesen Fällen ist nicht das erzielte (verminderte) Arbeitsentgelt, sondern das Arbeitsentgelt zugrunde zu legen, das ohne die Beschäftigungssicherungsvereinbarung und ohne Mehrarbeit erzielt worden wäre. Diese im Zusammenhang mit der COVID-19-Pandemie beschlossene

5 § 148 Abs. 1 Nr. 4 SGB III.
6 § 148 Abs. 1 Nr. 7, Abs. 2 Satz 3 und Abs. 3 SGB III i. d. F. ab 1.7.2023.
7 §§ 149 ff. SGB III.
8 §§ 150, 151 SGB III.
9 § 151 Abs. 3 Nr. 1 SGB III.

Sonderregelung gilt für kollektivrechtliche Beschäftigungssicherungsvereinbarungen, die seit dem 1.3.2020 geschlossen oder wirksam geworden sind. Sie ist zudem begrenzt auf Zeiten mit Anspruch auf Arbeitsentgelt vom 1.3.2020 bis zum 31.12.2022. Arbeitslose, deren Leistungsanspruch vor dem 1.1.2021 entstanden ist, können bei Nachweis eines entsprechenden Sachverhalts rückwirkend eine Neuberechnung ihres Arbeitslosengeldes beantragen.[1]

Eine besondere Bestandsschutzregelung vermeidet Nachteile für Arbeitnehmer, die zuletzt weniger verdient haben als in ihrer früheren Beschäftigung. Sofern innerhalb der letzten 2 Jahre vor der Entstehung des Anspruchs bereits ein Anspruch auf Arbeitslosengeld bestanden hat, ist für die Leistungsberechnung mindestens das Bemessungsentgelt zugrunde zu legen, das auch für den vorherigen Leistungsanspruch maßgeblich war.

Verminderung der Arbeitszeit

Ist ein Arbeitsloser nicht mehr bereit oder nicht mehr in der Lage, die im Bemessungszeitraum erreichte Arbeitszeit zu leisten, z. B. bei einem Teilzeitwunsch oder infolge gesundheitlicher Einschränkungen, vermindert sich das Bemessungsentgelt grundsätzlich für die Zeit der Einschränkung entsprechend dem Verhältnis der künftig leistbaren zur früheren Arbeitszeit.

Beispiel

Herabbemessung des Arbeitslosengeldes bei Einschränkung auf Teilzeitarbeit

Ein Arbeitnehmer hat in der letzten Beschäftigung in Vollzeitarbeit (40 Std. wöchentlich) ein Bruttoarbeitsentgelt (Bemessungsentgelt) von 120 EUR täglich erzielt. Nach 4-monatigem Bezug von Arbeitslosengeld schränkt der Arbeitnehmer seine Vermittlungsbereitschaft auf Teilzeitarbeit mit einem Umfang von 30 Stunden wöchentlich ein.

Ab dem Zeitpunkt der Einschränkung wird das Arbeitslosengeld auf Basis der künftig möglichen Arbeitszeit neu berechnet. Das Bemessungsentgelt beträgt danach 90 EUR täglich (120 EUR / 40 Std. × 30 Std. ≙ 90 EUR).

Fiktive Leistungsbemessung

Kann ein Bemessungszeitraum von mindestens 150 Tagen mit Anspruch auf Arbeitsentgelt nicht festgestellt werden, ist als Bemessungsentgelt ein nach Qualifikationsgruppen pauschaliertes fiktives Arbeitsentgelt zugrunde zu legen. Bei der untersten Qualifikationsgruppe 4 (für Beschäftigungen, die keine Ausbildung erfordern) ist dabei mindestens ein Entgelt in Höhe des gesetzlichen Mindestlohnes (ab 1.10.2022 = 12 EUR/Std.) zugrunde zu legen.[2]

Leistungsentgelt

Zur Berechnung des Leistungsbetrags wird dem maßgeblichen Bemessungsentgelt ein pauschaliertes Nettoentgelt (Leistungsentgelt) zugeordnet.[3] Dieses ergibt sich, indem das ungerundete kalendertägliche Bemessungsentgelt rein rechnerisch um pauschalierte Entgeltabzüge vermindert wird. Dies sind nach gesetzlicher Vorgabe:

- eine Sozialversicherungspauschale in Höhe von 20 % des Bemessungsentgelts,
- die Lohnsteuer nach Maßgabe der jeweiligen Lohnsteuerklasse und der Lohnsteuertabelle, die sich nach dem vom Bundesministerium für Finanzen bekannt gegebenen Programmablaufplan in dem Jahr ergibt, in dem der Anspruch entstanden ist, und
- der Solidaritätszuschlag ohne Berücksichtigung von Kinderfreibeträgen.

Leistungssatz

Das Arbeitslosengeld beträgt für Arbeitslose mit einem Kind im Sinne des Steuerrechts 67 %, für die übrigen Berechtigten 60 % des ermittelten Leistungsentgelts.[4]

Beispiel

Leistungsberechnung

Arbeitnehmer, verheiratet, 1 Kind, Steuerklasse. III, individueller Zusatzbeitrag KV 1,6 %.

Monatliches Bruttoentgelt	3.500,00 EUR
Tägliches Bemessungsentgelt (Monatswert × 12 : 365)	115,07 EUR
./. Sozialversicherungsbeiträge (20-%-Pauschale)	23,01 EUR
./. Lohnsteuer	5,56 EUR
= Tägliches Leistungsentgelt	86,50 EUR
× Leistungssatz 67 %	57,96 EUR
Arbeitslosengeld für volle Monate (Tagessatz × 30)	1.738,65 EUR

Nebenverdienst

Nebenverdienst aus einer Erwerbstätigkeit von weniger als 15 Wochenstunden wird nach Abzug der Steuern, Werbungskosten/Betriebsausgaben und Sozialversicherungsbeiträgen angerechnet, soweit der gesetzliche Freibetrag von 165 EUR monatlich überschritten wird

Hinweis

Keine Anrechnung von steuerfreien Sonderzahlungen

Soweit ein Arbeitgeber zusätzlich zum ohnehin geschuldeten Arbeitslohn in der Zeit vom 1.3.2020 bis zum 31.3.2022 aufgrund der Corona-Krise steuerfreie[5] Zuschüsse oder Sachbezüge bis zu einem Betrag von 1.500 EUR gewährt, sind diese nicht als Nebenverdienst zu berücksichtigen.

Nicht angerechnet wird auch der sog. Pflegebonus im Jahr 2022, der bis zu 4.500 EUR steuerfrei gestellt ist.[6]

Anrechnungsfrei bleibt zudem die Energieentlastungspauschale in Höhe von 300 EUR, die z. B. auch an Minijobber im September 2022 gezahlt wird.[7]

Ruhen/Erlöschen des Anspruchs

Ein Ruhen des Arbeitslosengeldes sieht das Gesetz vor

- für den Zeitraum, für den der Arbeitslose aufgrund eines fortbestehenden oder früheren Arbeitsverhältnisses noch ↗ Arbeitsentgelt oder eine ↗ Urlaubsabgeltung erhält oder beanspruchen kann;
- sofern der Arbeitslose wegen einer vorzeitigen Beendigung des Arbeitsverhältnisses (ohne Einhaltung der maßgeblichen Kündigungsfrist) eine Entlassungsentschädigung beanspruchen kann oder erhalten hat;
- bei Zuerkennung einer Sozialleistung, insbesondere Krankengeld oder Rente;
- für die Dauer einer ↗ Sperrzeit von bis zu 12 Wochen bei versicherungswidrigem Verhalten;
- im Falle eines Arbeitskampfs.

Ein Anspruch auf Arbeitslosengeld kann nicht mehr geltend gemacht werden, wenn nach seiner Entstehung mehr als 4 Jahre vergangen sind. Darüber hinaus erlischt der Anspruch, wenn der Arbeitslose

- erneut die Anwartschaftszeit für einen Leistungsanspruch erfüllt hat oder
- nach Entstehung des Anspruchs Anlass für den Eintritt von ↗ Sperrzeiten in einem Gesamtumfang von mindestens 21 Wochen gegeben hat.[8]

1 § 421d Abs. 2 SGB III.
2 § 152 SGB III.
3 § 153 SGB III.
4 § 149 SGB III.
5 § 3 Nr. 11a EStG.
6 § 3 Nr. 11b EStG.
7 § 112 Abs. 2 EStG.
8 § 161 Abs. 1 SGB III.

Sozialversicherungsschutz

Versicherungspflicht

Der Bezug von Arbeitslosengeld begründet Versicherungspflicht in der gesetzlichen Renten- und Krankenversicherung sowie in der sozialen Pflegeversicherung. Die Versicherungspflicht zur Kranken- und Pflegeversicherung bleibt – zum Schutz des Betroffenen –auch bestehen, wenn die Entscheidung, die zum Bezug der Leistung geführt hat, rückwirkend aufgehoben oder die Leistung zurückgefordert oder zurückgezahlt worden ist.

Versicherungspflicht in der Kranken- und Pflegeversicherung besteht auch, wenn Arbeitslosengeld nicht bezogen wird, sondern allein wegen der Berücksichtigung einer Urlaubsabgeltung oder wegen des Eintritts einer Sperrzeit ruht.[1]

Die Beiträge zur Sozialversicherung werden auf der Grundlage von 80 % des (Brutto-)Bemessungsentgelts entrichtet und allein von der Agentur für Arbeit getragen.

Für nicht gesetzlich renten-, kranken- und pflegeversicherte Leistungsbezieher übernimmt die Agentur für Arbeit bis zur Höhe der gesetzlichen Sozialversicherungsbeiträge die Beiträge an das private Versicherungsunternehmen.[2]

Ein Unfallversicherungsschutz besteht, soweit eine Aufforderung der Agentur für Arbeit zur Meldepflicht sowie bei Teilnahme an einer von der Agentur für Arbeit geförderten Maßnahme wahrgenommen wird.[3]

Anspruch bei Arbeitsunfähigkeit

Wird der Arbeitslose während des Leistungsbezugs arbeitsunfähig krank, besteht Anspruch auf Leistungsfortzahlung bis zu 6 Wochen.[4] Ab der 7. Woche besteht Anspruch auf Krankengeld in Höhe des zuvor bezogenen Arbeitslosengeldes.[5] Eine Leistungsfortzahlung erfolgt auch bei Erkrankung eines Kindes für bis zu 10 Tage, bei Alleinerziehenden für bis zu 20 Tage im Kalenderjahr, wenn das Kind das 12. Lebensjahr noch nicht vollendet hat. Für das Jahr 2022 gelten infolge der COVID-19-Pandemie Sonderregelungen zu einer längeren Fortzahlung des Arbeitslosengeldes für bis zu 30 Tage pro Kind, längstens für 65 Tage, bei Alleinerziehenden für jedes Kind längstens für 60 Tage, insgesamt höchstens für 130 Tage.[6]

Teilarbeitslosengeld

Das Teilarbeitslosengeld kommt zum Zuge, wenn 2 oder mehr versicherungspflichtige Beschäftigungen nebeneinander ausgeübt wurden und eine dieser Beschäftigungen endet.

Besondere Voraussetzungen bei Teilarbeitslosengeld

Für einen Anspruch auf Teilarbeitslosengeld gelten folgende Besonderheiten:

- Teilbeschäftigungslosigkeit setzt voraus, dass der Arbeitnehmer eine von 2 oder mehreren jeweils für sich genommen versicherungspflichtigen Beschäftigungen verloren hat.
- Die Anwartschaftszeit für das Teilarbeitslosengeld hat erfüllt, wer innerhalb von 2 Jahren vor Anspruchsentstehung mindestens 360 Kalendertage parallel zu einer versicherungspflichtigen Beschäftigung eine weitere versicherungspflichtige Beschäftigung ausgeübt hat.
- Die Dauer des Teilarbeitslosengeldes ist auf 6 Monate (180 Kalendertage) beschränkt.
- Nebentätigkeiten sind nur in engem Umfang bis zu 5 Stunden wöchentlich und bis zu 2 Wochen zulässig. Bei Überschreiten dieser Grenzen erlischt der Leistungsanspruch; er erlischt außerdem spätestens ein Jahr nach Entstehung.

1 § 5 Abs. 1 Nr. 2 SGB V.
2 §§ 173, 174 SGB III.
3 § 2 Abs. 1 Nr. 14 SGB VII.
4 § 146 SGB III.
5 § 47b SGB V.
6 § 421d Abs. 3 SGB III.

Gelingt es dem Leistungsberechtigten nicht, bis zur Ausschöpfung des Anspruchs auf Teilarbeitslosengeld eine neue (passende) Beschäftigung zu finden, muss er sich entscheiden, ob er seinen Lebensunterhalt aus dem Einkommen der fortgeführten Beschäftigung bestreiten kann oder auch diese Beschäftigung aufgibt. Er könnte dann auf Basis beider Beschäftigungen „Voll-Arbeitslosengeld“ beantragen.

Arbeitslosenversicherungsschutz nach Beschäftigung im EU-Ausland

Beschäftigungs- und Versicherungszeiten im EU-Ausland, in der Schweiz, in Island, Norwegen oder Liechtenstein werden nach den Regelungen des europäischen Koordinierungsrechts auch für einen Anspruch auf Arbeitslosengeld in Deutschland berücksichtigt. Grundvoraussetzung ist, dass zwischen der Auslandsbeschäftigung und der Beantragung von Arbeitslosengeld in Deutschland eine versicherungspflichtige Beschäftigung in Deutschland ausgeübt wurde; die Dauer dieser „Zwischenbeschäftigung“ ist nicht vorgeschrieben.[7]

Beispiel

Berücksichtigung von Beschäftigungszeiten im EU-Ausland

Versicherungspflichtige Beschäftigung in Spanien vom 1.1.2014 bis 31.3.2022.

Versicherungspflichtige Beschäftigung in Deutschland vom 10.4.2022 bis 20.6.2022.

Arbeitslosmeldung und Beantragung von Arbeitslosengeld in Deutschland am 21.6.2022.

Die Zeiten der Beschäftigung in Spanien werden für einen Anspruch auf Arbeitslosengeld nach deutschem Recht berücksichtigt.

Eine Ausnahme vom Erfordernis der Zwischenbeschäftigung gilt für sog. „Grenzgänger“. Dies sind Personen, die

- ihren Wohnsitz in Deutschland haben, im Ausland beschäftigt sind und in der Regel täglich, mindestens aber einmal wöchentlich an den Wohnsitz zurückkehren (auch als „echte“ Grenzgänger bezeichnet) oder
- während der Auslandsbeschäftigung ihren Wohnsitz in Deutschland beibehalten, zwar nicht täglich oder wöchentlich dorthin zurückkehren, jedoch weiterhin enge Beziehungen zu Deutschland unterhalten, z. B. durch familiäre Bindungen (auch als „unechte“ Grenzgänger bezeichnet).

Diese Grenzgänger können im Fall des Verlusts der Auslandsbeschäftigung ihren Anspruch auf Arbeitslosengeld in Deutschland unmittelbar geltend machen.

Hinweis

Brexit

Am 1.2.2020 ist Großbritannien aus der EU ausgetreten. Das entsprechende Austrittsabkommen sieht eine Übergangsphase bis zum 31.12.2020 vor. EU-Bürger, britische Staatsangehörige, Drittstaatsangehörige und Familienmitglieder, die in der Übergangsphase rechtmäßig in Großbritannien oder in der EU gelebt oder gearbeitet haben, haben einen umfassenden rechtlichen Bestandsschutz auch für die Zeit nach der Übergangsphase erworben. Bei Rückkehr nach Deutschland/in die EU werden danach, z. B. im Fall der Arbeitslosigkeit die in Großbritannien zurückgelegten Versicherungs- und Beschäftigungszeiten weiterhin unter den o. a. Voraussetzungen für einen Anspruch auf Arbeitslosengeld berücksichtigt.

7 Art. 61 VO (EG) Nr. 883/2004.

Arbeitsmittel

Arbeitsmittel sind Gegenstände, die der Arbeitnehmer zur Ausübung oder Erledigung seiner Arbeiten einsetzt.

Der Begriff „Arbeitsmittel" ist weit auszulegen und begrenzt sich nicht nur auf Maschinen, Werkzeuge, Geschäftsunterlagen und typische Arbeitskleidung. Zu den Arbeitsmitteln gehören auch der ausschließlich dienstlich genutzte Pkw, Laptops, Diensttelefone usw.

Stellt der Arbeitgeber die Arbeitsmittel zur Verfügung, ist dies lohnsteuerlich unbeachtlich. Werden sie dem Arbeitnehmer jedoch unentgeltlich oder verbilligt auch privat überlassen, ist der Vorteil als Arbeitslohn anzusetzen. Aufwendungen des Arbeitnehmers für Arbeitsmittel sind Werbungskosten; ebenso die Kosten für Betrieb und Unterhalt.

Die Beitragspflicht in der Sozialversicherung leitet sich aus der lohnsteuerlichen Behandlung ab.

Gesetze, Vorschriften und Rechtsprechung

Lohnsteuer: Nach § 9 Abs. 1 Satz 3 Nr. 6 EStG stellen Aufwendungen für Arbeitsmittel und deren Einsatz Werbungskosten dar. § 12 Nr. 1 Satz 2 EStG versagt den Werbungskostenabzug von Aufwendungen für Arbeitsmittel, die der Lebensführung zuzurechnen sind, sog. Aufteilungs- und Abzugsverbot.

Sozialversicherung: § 14 Abs. 1 SGB IV definiert den Arbeitsentgeltbegriff in der Sozialversicherung. § 1 Abs. 1 Satz 1 Nr. 1 SvEV grenzt die allgemeine Definition allerdings dahingehend ein, dass Arbeitsentgeltteile, die lohnsteuerfrei sind, nicht zum beitragspflichtigen Arbeitsentgelt gehören.

Entgelt	LSt	SV
Arbeitsmittel, unentgeltliche berufliche Nutzung	frei	frei
Zahlung von Werkzeuggeld	frei	frei
Privatnutzung betrieblicher Datenverarbeitungs- und Telekommunikationsgeräte	frei	frei

Lohnsteuer

Ausschließlich berufliche Nutzung

Wirtschaftsgüter rechnen dann zu den Arbeitsmitteln, wenn sie nahezu ausschließlich für eine Benutzung im Rahmen der beruflichen Tätigkeit geeignet sind. Eine private Mitbenutzung ist unschädlich, soweit sie einen Nutzungsanteil von etwa 10 % nicht übersteigt.[1] Liegt diese Voraussetzung vor, kann die Zugehörigkeit der genutzten Geräte und Gegenstände zu den Arbeitsmitteln in der Regel ohne Weiteres bejaht werden. Dagegen ist bei Wirtschaftsgütern, die auch im Rahmen der allgemeinen Lebensführung nutzbar sind, die Zuordnung oft schwierig oder zweifelhaft.

Arbeitsmittel als Arbeitslohn

Unentgeltliche berufliche Nutzung

Der Wert von unentgeltlich zur beruflichen Nutzung überlassenen Arbeitsmitteln, die der Arbeitgeber dem Arbeitnehmer nur zum Gebrauch am Arbeitsplatz bereitstellt, ist kein steuerpflichtiger Arbeitslohn (z. B. Arbeitsplatzausstattung wie Schreibtisch, Bürostuhl, Deskbike usw.).[2, 3] Dies gilt auch, wenn der Arbeitnehmer die Arbeitsmittel erwirbt und der Arbeitgeber die Auslagen ersetzt.

1 BFH, Urteil v. 19.2.2004, VI R 135/01, BStBl 2004 II S. 958.
2 R 19.3 Abs. 2 LStR.
3 BMF, Schreiben v. 20.4.2021, IV C 5 – S 2342/20/10003:003, BStBl 2021 I S. 700.

Steuerfrei sind Erstattungen für Anschaffung und Auslagen für

- Arbeitsmittel als Werkzeuggeld[4] und
- typische Berufskleidung.[5]

Nutzung außerhalb des Betriebs

Stellt der Arbeitgeber (betriebliche) Arbeitsmittel zur Verfügung oder übereignet er diese an den Arbeitnehmer, z. B. Schenkung eines Computers, kann sich daraus ein ⇨ geldwerter Vorteil ergeben. Voraussetzung hierfür ist regelmäßig eine Nutzung außerhalb des Betriebs.

Steuerpflichtiger Arbeitslohn liegt vor, wenn der Arbeitgeber dem Arbeitnehmer die Arbeitsmittel nicht zweckgebunden (z. B. zum Gebrauch am Arbeitsplatz), sondern zur freien Verfügung übereignet.[6]

Bewahrt der Arbeitnehmer ein Arbeitsmittel in seiner Wohnung auf, besteht für bestimmte Wirtschaftsgüter eine erhöhte Nachweispflicht, um den ersten Anschein einer Privatnutzung zu widerlegen. Dies gilt z. B. für Smart-TV's und andere Multimediageräte im häuslichen Arbeitszimmer und für Musikinstrumente. Solche Geräte werden nach der allgemeinen Erfahrung der Finanzverwaltung regelmäßig in nicht unerheblichem Umfang auch privat verwendet.

Privatnutzung betrieblicher Datenverarbeitungsgeräte etc.

Steuerbefreiung für moderne Kommunikationsmittel

Die Vorteile aus der privaten Nutzung betrieblicher Datenverarbeitungs- und Telekommunikationsgeräte sowie deren Zubehör sind steuerfrei, und zwar unabhängig vom Verhältnis der beruflichen zur privaten Nutzung.[7] Das gilt auch für die Vorteile aus zur privaten Nutzung überlassenen System- und Anwendungsprogrammen, wenn der Arbeitgeber diese Programme in seinem Betrieb einsetzt.[8] Daher ist die Nutzung von Computerspielen mangels betrieblichen Einsatzes grundsätzlich nicht nach § 3 Nr. 45 EStG begünstigt.[9] Ebenso steuerfrei sind Dienstleistungen des Arbeitgebers im Zusammenhang mit der Überlassung der hier betroffenen betrieblichen Geräte und Programme.

Zu den begünstigten Dienstleistungen zählen insbesondere die Installation oder Inbetriebnahme der begünstigten Geräte und Programme[10] durch einen IT-Service des Arbeitgebers.[11] In anderen Fällen liegt regelmäßig steuerpflichtiger Arbeitslohn vor. Der Arbeitnehmer kann jedoch die verauslagten Beträge bei beruflicher Veranlassung als Werbungskosten ansetzen.

Beispiele für begünstigte Geräte und Zubehör

Unter den Begriff der betrieblichen Datenverarbeitungs- und Telekommunikationsgeräte fallen u. a.[12]

- PC und Laptop,
- Handy und Smartphone,
- Smartwatch,
- Tablet.

Beispiele für begünstigtes Zubehör

Als Zubehör begünstigt sind u. a.

- Monitor,
- Drucker, Beamer, Scanner,
- Modem, Netzwerkswitch,
- Router, Hub, Bridge,
- ISDN-Karte, SIM-Karte, UMTS-Karte, LTE-Karte,
- Ladegeräte und Transportbehältnisse.

4 § 3 Nr. 30 EStG.
5 § 3 Nr. 31 EStG.
6 BFH, Urteil v. 25.1.1985, VI R 173/80, BStBl 1985 II S. 437.
7 § 3 Nr. 45 EStG; R 3.45 Sätze 1 und 2 LStR.
8 § 3 Nr. 45 Satz 2 EStG.
9 H 3.45 LStH.
10 I. S. d. § 3 Nr. 45 EStG.
11 H 3.45 LStH.
12 H 3.45 LStH.

Begünstigte Software

Zu den begünstigten System- und Anwendungsprogrammen zählen u. a.[1]

- Betriebssysteme,
- Browser,
- Virenscanner,
- Softwareprogramme (z. B. Home-use-Programme, Volumenlizenzvereinbarung).

Nicht begünstigte Geräte

Regelmäßig nicht begünstigt, weil es sich nicht um betriebliche Geräte des Arbeitgebers handelt, sind[2]

- Smart-TV,
- Spielkonsolen,
- MP3-Player,
- Spielautomaten,
- E-Book-Reader,
- Gebrauchsgegenstände mit eingebautem Mikrochip,
- Digitalkameras und digitale Videocamcorder,
- vorinstallierte Navigationsgeräte im Pkw.[3]

Arbeitsmittel als Werbungskosten

Ausschließliche berufliche Nutzung

Vom Arbeitgeber nicht ersetzte Aufwendungen des Arbeitnehmers für Arbeitsmittel sind als ⇗ Werbungskosten abziehbar. Voraussetzung hierfür ist, dass die Arbeitsmittel ausschließlich der Berufsausübung dienen, z. B.

- typische Berufskleidung,
- Fachbücher und Fachzeitschriften oder
- Werkzeuge.

Abzugsfähige Werbungskosten

Allgemeine Grundsätze

Aufwendungen für Arbeitsmittel können im Rahmen der Einkommensteuererklärung als Werbungskosten geltend gemacht werden.[4] Dabei ist jedoch zu prüfen, ob die Kosten hierfür

- sofort vollständig im Jahr der Anschaffung oder
- im Wege der Abschreibung, verteilt über die voraussichtliche Nutzungsdauer des Wirtschaftsguts,

als Werbungskosten angesetzt werden können.

Arbeitsmittel, deren Nettoanschaffungskosten nicht mehr als 800 EUR[5] betragen, können im Jahr der Ausgabe in voller Höhe als Werbungskosten abgesetzt werden. Bei Arbeitnehmern muss die Umsatzsteuer hinzugerechnet werden, sodass die Anschaffungskosten für die einzelnen Wirtschaftsgüter 952 EUR brutto betragen dürfen.

Hinweis

Anhebung der Sofortabschreibungsgrenze geplant

Das Wachstumschancengesetz sah zum 1.1.2024 eine Erhöhung der Sofortabschreibungsgrenze vor. Da das Gesetzgebungsverfahren noch nicht abgeschlossen ist, kann es im Laufe des Jahres 2024 zu einer Änderung kommen. Bis zur Verabschiedung eines Gesetzes gilt weiterhin die Betragsgrenze von 800 EUR.

Betragen die Anschaffungskosten mehr als 800 EUR netto, müssen die Anschaffungskosten durch Abschreibung auf die Jahre der üblichen Nutzungsdauer verteilt werden. Werden solche Arbeitsmittel im Laufe eines Kalenderjahres angeschafft, kann nur der auf die Nutzungsdauer aufgeteilte zeitanteilige Jahresbetrag abgezogen werden.

Eine außergewöhnliche technische Abnutzung (z. B. bei Büromöbeln) ist ebenfalls als Werbungskosten zu berücksichtigen, und zwar auch dann, wenn wirtschaftlich kein Werteverzehr eintritt.[6]

Die Aufwendungen für die Arbeitsmittel können neben der Homeoffice-Pauschale[7] geltend gemacht werden.

Sofortabschreibung für digitale Wirtschaftsgüter

Für ab 2021 angeschaffte Computerhardware und bestimmte Betriebs- und Anwendersoftware wird die Nutzungsdauer mit einem Jahr angenommen.[8] Folglich können die dafür verausgabten Kosten in jedem Fall – unabhängig von der Höhe der Anschaffungskosten – sofort als Werbungskosten berücksichtigt werden. Das gilt auch, wenn die Hardware im Laufe des Jahres angeschafft wurde. Die Finanzverwaltung beanstandet es in diesen Fällen nicht, wenn anstelle der zeitanteiligen die gesamte Abschreibung in Anspruch genommen wird.[9] Der Begriff „Computerhardware" umfasst dabei Computer, Desktop-Computer, Notebooks, Tablets, Desktop-Thin-Clients, Workstations, Dockingstations, externe Speicher- und Datenverarbeitungsgeräte (Small-Scale-Server), externe Netzteile sowie Peripheriegeräte (z. B. Drucker, Headsets, Festplatten, Monitore etc.).

Für in Veranlagungszeiträumen vor 2021 angeschaffte Computerhardware und Betriebs- und Anwendersoftware, für die eine andere als die einjährige Nutzungsdauer zugrunde gelegt wurde, können im Jahr 2021 ebenfalls die vorgenannten Grundsätze angewendet werden. Hieraus folgt, dass für derartige Wirtschaftsgüter im Jahr 2021 noch bestehende Restbeträge an AfA in vollem Umfang als Werbungskosten geltend gemacht werden können.[10]

Gemischt genutzte Wirtschaftsgüter

Nutzt der Arbeitnehmer ein Wirtschaftsgut sowohl beruflich als auch in nicht unerheblichem Umfang privat, sind die gesamten Aufwendungen grundsätzlich nicht als Werbungskosten abziehbar. Erfolgt die berufliche Nutzung anhand objektiver Merkmale leicht nachprüfbar getrennt von der privaten Nutzung, können die Aufwendungen nach Anteilen aufgeteilt werden. Eine Schätzung ist unzulässig. Ist der berufliche Nutzungsanteil nicht von untergeordneter Bedeutung oder nicht leicht trennbar, rechnen die gesamten Aufwendungen zur Privatsphäre.

Umwidmung zunächst privater Gegenstände

Nutzt der Arbeitnehmer einen zuvor in seinem Privatbereich eingesetzten Gegenstand für berufliche Zwecke oder setzt er ein ihm geschenktes Wirtschaftsgut entsprechend beruflich ein, kann er die Anschaffungskosten für diese Gegenstände als Werbungskosten geltend machen.

Bemessungsgrundlage für die Abschreibung sind die Anschaffungs- oder Herstellungskosten inklusive Umsatzsteuer abzüglich der „fiktiv" auf die Zeit der Privatnutzung bzw. auf die Zeit bis zur Schenkung entfallenden Abschreibungsbeträge.[11]

Veräußerung eines Arbeitsmittels

Veräußert der Arbeitnehmer ein als Arbeitsmittel genutztes Wirtschaftsgut in einem anderen Jahr als dem der Anschaffung, ist der Veräußerungserlös nicht als Arbeitslohn oder zur Kürzung des Werbungskostenabzugs anzusetzen. Ggf. ist ein Veräußerungsgewinn als Einkünfte aus einem privaten Veräußerungsgeschäft anzusetzen.

1 H 3.45 LStH.
2 H 3.45 LStH.
3 BFH, Urteil v. 16.2.2005, VI R 37/04, BStBl 2005 II S. 563.
4 § 9 Abs. 1 Satz 3 Nr. 6 EStG.
5 § 9 Abs. 1 Satz 3 Nr. 7 EStG § 6 Abs. 2 Satz 1 EStG,.
6 § 9 Abs. 1 Satz 3 Nr. 7 i. V. m. § 7 Abs. 1 Satz 7 EStG.
7 § 4 Abs. 5 Nr. 6b EStG.
8 BMF, Schreiben v. 22.2.2022, IV C 3 – S 2190/21/10002 :025, BStBl 2022 I S. 187.
9 BMF, Schreiben v. 22.2.2022, IV C 3 – S 2190/21/10002 :025, BStBl 2022 I S. 187, entgegen § 7 Abs. 1 Satz 4 EStG.
10 BMF, Schreiben v. 22.2.2022, IV C 3 – S 2190/21/10002 :025, BStBl 2022 I S. 187, Rzn. 7, 8.
11 BFH, Urteil v. 16.2.1990, VI R 85/87, BStBl 1990 II S. 883.

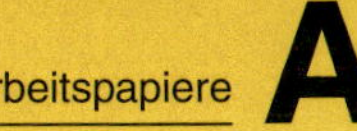

Übersicht zur Besteuerung von Arbeitsmitteln

An dieser Stelle befindet sich im Online-Produkt eine interaktive Grafik, in der die verschiedenen steuerlichen Möglichkeiten abhängig vom Eigentum beim Arbeitgeber bzw. beim Arbeitnehmer dargestellt sind.[1]

Sozialversicherung

Beitragsrechtliche Bewertung

Die beitragsrechtliche Beurteilung von Arbeitsmitteln orientiert sich an der steuerrechtlichen Beurteilung. Werden dem Arbeitnehmer unentgeltlich Arbeitsmittel zum Gebrauch am Arbeitsplatz überlassen (z. B. Werkzeug, Fachbücher), sind diese lohnsteuerfrei und stellen kein beitragspflichtiges Arbeitsentgelt dar.[2] Dies gilt auch, wenn der Arbeitnehmer die Arbeitsmittel erwirbt und der Arbeitgeber die Auslagen ersetzt.

Überlässt der Arbeitgeber dem Arbeitnehmer die Arbeitsmittel jedoch nicht zweckgebunden für die berufliche Nutzung, sondern zur freien Verfügung, sind sie lohnsteuerpflichtig und damit auch beitragspflichtiges Arbeitsentgelt.

Hinweis

Kauf und Instandhaltung von Arbeitsmitteln durch den Arbeitnehmer

Beschafft sich der Arbeitnehmer die Arbeitsmittel selbst bzw. hält er diese auf eigene Kosten instand (z. B. Ausgaben für Erwerb oder Reinigung von Berufskleidung, Fachliteratur, Werkzeug u. Ä.), verringern die hierfür aufgewendeten Beträge das beitragspflichtige Arbeitsentgelt nicht.

Unfallversicherung

Umfang der versicherten Tätigkeit

In der Unfallversicherung gehören zu den versicherten Tätigkeiten auch das mit der Beschäftigung im Unternehmen zusammenhängende Verwahren, Befördern, Instandhalten und Erneuern eines Arbeitsmittels, wenn dies auf Veranlassung des Unternehmers erfolgt.

Auch die im Zusammenhang mit der Instandhaltung, Verwahrung, Erneuerung, Wartung des Arbeitsgeräts erforderlichen Wege sind unfallversichert.

Unfallversicherungsrechtliche Definition eines Arbeitsmittels

Ein Arbeitsmittel kann jeder Gegenstand sein, der zur Verrichtung der unfallversicherten Tätigkeit geeignet ist und benutzt wird. Es ist gleichgültig, ob es vom Unternehmen gestellt wird oder Eigentum des Versicherten ist.

Die für die Arbeitsausübung verwendete Alltagskleidung zählt nicht zu den Arbeitsmitteln, selbst wenn sie für die Arbeit benötigt wird. Bei der Reinigung einer durch die betriebliche Tätigkeit verschmutzten Arbeitshose handelt es sich aber um die Instandhaltung eines Arbeitsgeräts; diese Tätigkeit steht unter Unfallversicherungsschutz.

Arbeitspapiere

Als Arbeitspapiere werden Dokumente bezeichnet, die der Arbeitnehmer seinem Arbeitgeber im Zusammenhang mit dem Beschäftigungsverhältnis vorlegen muss. Nur so kann der Arbeitgeber seine gesetzlichen Verpflichtungen, z. B. Sozialversicherungsbeiträge abzuführen, korrekt erfüllen.

Im ELStAM-Verfahren erhält der Arbeitgeber die Lohnsteuerabzugsmerkmale direkt von der Finanzverwaltung.

Auch Unterlagen, die der Arbeitgeber seinem Arbeitnehmer aushändigen muss, werden als Arbeitspapiere bezeichnet. Dazu zählen die Kindergeldbescheinigung, der Versicherungsnummernachweis, die Bescheinigung über den im laufenden Kalenderjahr gewährten oder abgegoltenen Urlaub, das Arbeitszeugnis, Unterlagen über vermögenswirksame Leistungen und die Arbeitsbescheinigung. Im Baugewerbe kommt die Lohnnachweiskarte, in der Lebensmittelbranche das Gesundheitszeugnis, bei ausländischen Arbeitnehmern aus Nicht-EU-Staaten die Arbeitserlaubnis und bei Jugendlichen die Gesundheitsbescheinigung hinzu.

Gesetze, Vorschriften und Rechtsprechung

Lohnsteuer: § 39 Abs. 1 EStG ordnet den Lohnsteuerabzug auf Basis der ELStAM an. Zum Abruf der ELStAM muss der Arbeitnehmer dem Arbeitgeber Daten mitteilen, vgl. § 39e Abs. 4 Satz 1 EStG. Unbeschränkt steuerpflichtige Arbeitnehmer, denen keine Identifikationsnummer zugeteilt wurde, müssen dem Arbeitgeber gemäß § 39e Abs. 8 Sätze 1 und 4 EStG die vom Wohnsitzfinanzamt ausgestellte Bescheinigung für den Lohnsteuerabzug vorlegen. Diese Bescheinigung kann auch der Arbeitgeber beantragen, wenn ihn der Arbeitnehmer dazu nach § 80 Abs. 1 AO bevollmächtigt hat. Den Abruf der ELStAM-Daten beschränkt steuerpflichtiger Arbeitnehmer regelt § 39 Abs. 3 EStG.

Sozialversicherung: Für die Vorlagepflicht des Versicherungsnummernachweises gilt § 5 Abs. 6 DEÜV. Der Arbeitnehmer hat – sofern sich dies nicht aus anderen Unterlagen ergibt – die Elterneigenschaft nachzuweisen (§ 55 Abs. 3 Satz 3 SGB XI). Außerdem sind Angaben über die gewählte Krankenkasse zu machen (§ 175 Abs. 3 Satz 1 SGB V).

Lohnsteuer

Beginn des Arbeitsverhältnisses

Elektronische Lohnsteuerkarte

Im ELStAM-Verfahren muss der Arbeitnehmer dem Arbeitgeber nur noch in besonderen Fällen papierbasierte Dokumente für den Lohnsteuerabzug vorlegen.

Der Lohnsteuerabzug kann vorgenommen werden, wenn der Arbeitnehmer bei Eintritt in das Dienstverhältnis dem Arbeitgeber seine Identifikationsnummer (IdNr) und seinen Geburtstag mitteilt. Im Übrigen muss der Arbeitnehmer mitteilen, ob es sich um das erste oder ein weiteres Dienstverhältnis handelt.

Des Weiteren muss der Arbeitnehmer angeben, ob und in welcher Höhe ein festgestellter Lohnsteuerfreibetrag im ELStAM-Verfahren abgerufen werden soll.[3]

Bescheinigung für den Lohnsteuerabzug

Wurde einem ⇗ unbeschränkt steuerpflichtigen Arbeitnehmer keine Identifikationsnummer[4] zugeteilt, können ELStAM weder gebildet noch vom Arbeitgeber abgerufen werden. In diesem Fall stellt das für den Arbeitnehmer zuständige Wohnsitzfinanzamt auf dessen Antrag eine Bescheinigung für den Lohnsteuerabzug aus. Diese Bescheinigung ist ein Dokument, das der Arbeitnehmer dem Arbeitgeber vorlegen muss. Der Arbeitgeber muss diese entgegennehmen und während der Dauer des Dienstverhältnisses aufbewahren – längstens bis zum Ablauf des jeweiligen Kalenderjahres.[5]

Die erforderliche Bescheinigung kann seit 2021 auch der Arbeitgeber beantragen, wenn der Arbeitnehmer ihn hierzu bevollmächtigt hat.[6]

1 S. https://infogram.com/1pzgkg5pzw069pa29ld0p5wy7zb1l17rp5x?live.
2 § 1 Abs. 1 Satz 1 Nr. 1 SvEV.
3 § 39e Abs. 4 Satz 1 Nrn. 1–3 EStG.
4 §§ 139a, 139b AO.
5 § 39e Abs. 8 EStG.
6 § 39e Abs. 8 Satz 2 EStG.

Ist der Arbeitnehmer nach § 1 Abs. 2 EStG unbeschränkt steuerpflichtig oder nach § 1 Abs. 3 EStG als unbeschränkt steuerpflichtig zu behandeln bzw. ist er beschränkt steuerpflichtig[1], hat er seit 2020 den Antrag auf die erstmalige Zuteilung einer Identifikationsnummer beim ⇗ Betriebsstättenfinanzamt zu stellen.[2]

Da dieser Personenkreis in Deutschland regelmäßig nicht meldepflichtig ist, kann die für das Lohnsteuerabzugsverfahren erforderliche steuerliche Identifikationsnummer nicht durch einen Anstoß der Gemeinde zugeteilt werden. Aus diesem Grund muss der Arbeitnehmer selbst die Zuteilung der steuerlichen Identifikationsnummer beim zuständigen Betriebsstättenfinanzamt beantragen. Um Verständigungsprobleme bei der Antragstellung bzw. Verzögerungen bei der Postzustellung der Identifikationsnummer in das Ausland zu vermeiden, kann der Arbeitnehmer seinen Arbeitgeber bevollmächtigen[3], die erstmalige Zuteilung der Identifikationsnummer zu beantragen.[4]

Zur Beantragung der Identifikationsnummer wird ein bundeseinheitlicher Vordruck durch die Finanzverwaltung zur Verfügung gestellt.[5]

Sofern das Betriebsstättenfinanzamt feststellt, dass dem betroffenen Arbeitnehmer bereits eine Identifikationsnummer erteilt worden ist, teilt das Betriebsstättenfinanzamt diese dem Arbeitnehmer bzw. dem inländischen Bevollmächtigten mit.

Für den Fall, dass dem Arbeitnehmer keine Identifikationsnummer zugeteilt werden kann, hat das Betriebsstättenfinanzamt weiterhin auf Antrag des Arbeitnehmers eine (Papier-)Bescheinigung für den Lohnsteuerabzug auszustellen.[6]

Auch diese Bescheinigung ist vom Arbeitgeber als Beleg zum ⇗ Lohnkonto zu nehmen.

Wichtig

Abruf von Lohnsteuerabzugsmerkmalen trotz vorhandener Identifikationsnummer noch nicht in allen Fällen möglich

Der elektronische Abruf der Lohnsteuerabzugsmerkmale im ELStAM-Verfahren für beschränkt Steuerpflichtige ist seit dem 1.1.2020 freigeschaltet. Der Arbeitgeber hat daher ab diesem Zeitpunkt die Lohnsteuerabzugsmerkmale für diesen Personenkreis im ELStAM-Verfahren abzurufen.[7]

Für beschränkt steuerpflichtige Arbeitnehmer ist allerdings dann keine Teilnahme am ELStAM-Verfahren möglich, wenn bei ihnen ein Freibetrag[8] zu berücksichtigen ist. Auch für Arbeitnehmer, die nach § 1 Abs. 2 EStG erweitert unbeschränkt steuerpflichtig sind oder die nach § 1 Abs. 3 EStG auf Antrag wie unbeschränkt einkommensteuerpflichtig zu behandeln sind, ist die Teilnahme am ELStAM-Verfahren ebenfalls noch nicht möglich. In diesen Fällen hat das Betriebsstättenfinanzamt des Arbeitgebers wie bisher auf Antrag eine Papierbescheinigung für den Lohnsteuerabzug auszustellen und den Arbeitgeberabruf zu sperren.[9]

Ende des Arbeitsverhältnisses

Übermittelt der Arbeitgeber die ⇗ Lohnsteuerbescheinigung an die Finanzverwaltung, muss er dem Arbeitnehmer bei Beendigung des Dienstverhältnisses oder nach Ablauf des Kalenderjahres einen nach amtlichem Muster erstellten Ausdruck der elektronisch übermittelten Lohnsteuerbescheinigung aushändigen oder elektronisch bereitstellen.

Sozialversicherung

Der Versicherungsnummernachweis

Zu den Arbeitspapieren gehört der Versicherungsnummernachweis. Der Versicherungsnummernachweis ersetzt seit dem 1.1.2023 den Sozialversicherungsausweis. Den Versicherungsnummernachweis erhält jeder Arbeitnehmer. Er wird bei erstmaliger Vergabe einer Versicherungsnummer von der Datenstelle der Rentenversicherung von Amts wegen ausgestellt. Er enthält

- die Versicherungsnummer,
- den Familiennamen und den Geburtsnamen,
- den Vornamen und
- das Ausstellungsdatum.

Vorlagepflicht

Arbeitgeber benötigen zur Erstellung der DEÜV-Meldungen die Versicherungsnummer des Beschäftigten.

Arbeitgeber haben seit dem 1.1.2023 vor Erstellung einer DEÜV-Anmeldung über ihr Entgeltabrechnungsprogramm oder über ihre maschinelle Ausfüllhilfe das elektronische Verfahren zur Abfrage der Rentenversicherungsnummer mit dem Datensatz Versicherungsnummernabfrage bei der Datenstelle der Rentenversicherung (DSRV) zu nutzen.

In den Fällen, in denen keine Versicherungsnummer durch die Datenstelle der Rentenversicherung übermittelt werden kann, hat der Beschäftigte dem Arbeitgeber den Versicherungsnummernachweis bei Beginn der Beschäftigung vorzulegen.[10]

Hinterlegung

Der Versicherungsnummernachweis muss nicht beim Arbeitgeber hinterlegt werden.

Ersatz

Wenn der Versicherungsnummernachweis zerstört oder unbrauchbar wurde bzw. abhanden gekommen ist, wird auf Antrag ein neuer ausgestellt. Der Beschäftigte muss den Verlust der zuständigen Krankenkasse oder dem Rentenversicherungsträger mitteilen. Von Amts wegen wird ein neuer Versicherungsnummernachweis erstellt, wenn sich die Versicherungsnummer oder die Angaben zur Person ändern. Jeder Beschäftigte darf nur einen auf seinen Namen ausgestellten Ausweis besitzen.

Mitführung von Arbeitspapieren

Eine Pflicht zur Mitführung des Versicherungsnummernachweises besteht für den Arbeitnehmer nicht. Allerdings sind Arbeitnehmer bestimmter Branchen verpflichtet, amtliche Personaldokumente mitzuführen und bei Kontrollen der Zollverwaltung auf Verlangen vorzulegen.[11] Solche Dokumente sind der Personalausweis, der Reisepass oder deren Ersatzdokumente.

Folgende Branchen sind davon betroffen:

- Baugewerbe,
- Gaststätten- und Beherbergungsgewerbe,
- Personenbeförderungsgewerbe,
- Speditions-, Transport- und Logistikgewerbe,
- Schaustellergewerbe,
- Forstwirtschaft,
- Gebäudereinigungsgewerbe,
- Unternehmen, die sich am Auf- und Abbau von Messen und Ausstellungen beteiligen,
- Fleischwirtschaft,
- Prostitutionsgewerbe,
- Wach- und Sicherheitsgewerbe.

1 § 1 Abs. 4 EStG.
2 § 39 Abs. 3 Satz 1 EStG.
3 § 80 Abs. 1 AO.
4 § 39 Abs. 3 Satz 2 EStG.
5 BMF, Schreiben v. 7.11.2019, IV C 5 – S 2363/19/10007 :001, BStBl 2019 I S. 1087.
6 § 39 Abs. 3 Satz 5 EStG.
7 BMF, Schreiben v. 7.11.2019, IV C 5 – S 2363/19/10007 :001, BStBl 2019 I S. 1087.
8 § 39a EStG.
9 BMF, Schreiben v. 7.11.2019, IV C 5 – S 2363/19/10007 :001, BStBl 2019 I S. 1087.
10 § 28a Abs. 3a SGB IV; § 5 Abs. 6 DEÜV.
11 § 2a Abs. 1 SchwarzArbG.

Informationspflicht des Arbeitgebers

Die Arbeitgeber sind verpflichtet, ihre Arbeitnehmer schriftlich über die Mitführungs- und Vorlagepflicht von Personaldokumenten zu informieren.[1] Arbeitgeber, die vorsätzlich oder fahrlässig ihre Arbeitnehmer nicht über deren Pflichten informieren, handeln ordnungswidrig. Diese Ordnungswidrigkeit kann mit einer Geldbuße bis zu 1.000 EUR geahndet werden.[2]

Tipp

Informationspflicht des Arbeitgebers

Die Informationspflicht sollte bei Beginn der Beschäftigung wahrgenommen und schriftlich dokumentiert werden. Geldbußen können so vermieden werden.

Arbeitsunfähigkeit

Ein Arbeitnehmer ist arbeitsunfähig, wenn er objektiv nicht oder nur mit der Gefahr einer gesundheitlichen Verschlechterung fähig ist, die ihm nach dem Arbeitsvertrag obliegende Arbeit zu verrichten. Arbeitsunfähigkeit (AU) ist die zentrale Voraussetzung für den Entgeltfortzahlungsanspruch nach dem Entgeltfortzahlungsgesetz (EFZG) sowie den Anspruch auf Krankengeld nach dem Sozialgesetzbuch V (SGB V). Sie ist begrifflich von der verminderten Erwerbsfähigkeit zu unterscheiden.

Gesetze, Vorschriften und Rechtsprechung

Sozialversicherung: Die Arbeitsunfähigkeit als Voraussetzung für den Anspruch auf Krankengeld ist in § 44 Abs. 1 SGB V geregelt. Grundlage für die Beurteilung der Arbeitsunfähigkeit durch Vertragsärzte und Krankenkassen ist die Richtlinie des Gemeinsamen Bundesausschusses über die Beurteilung der Arbeitsunfähigkeit und die Maßnahmen zur stufenweisen Wiedereingliederung (AUR).

Der unbestimmte Rechtsbegriff der Arbeitsunfähigkeit wird für den Bereich des Sozialversicherungsrechts durch das Bundessozialgericht (BSG) ausgelegt (BSG, Urteil v. 25.2.2010, B 13 R 116/08 R). Für das EFZG ist die Rechtsprechung des Bundesarbeitsgerichts (BAG) maßgeblich (BAG, Urteil v. 26.10.2016, 5 AZR 167/16 und BAG, Urteil v. 9.4.2014, 10 AZR 637/13).

Sozialversicherung

Beurteilung

Arbeitnehmer/selbstständig Tätige

Arbeitsunfähig ist ein Versicherter, wenn er aufgrund von Krankheit seine zuletzt vor der Arbeitsunfähigkeit ausgeübte Arbeit nicht mehr oder nur unter der Gefahr der Verschlimmerung der Erkrankung ausführen kann.[3] Bei der Beurteilung ist darauf abzustellen, welche Bedingungen die bisherige Tätigkeit konkret geprägt haben. Es wird ausdrücklich auf die zuletzt vor Beginn der Arbeitsunfähigkeit ausgeübte Tätigkeit abgestellt.

Arbeitsunfähigkeit besteht weiterhin während einer

- stufenweisen Wiederaufnahme der Arbeit zur dauerhaften Wiedereingliederung in das Erwerbsleben,
- befristeten Eingliederung arbeitsunfähiger Versicherter in eine Werkstatt für Menschen mit Behinderungen oder
- Belastungserprobung und Arbeitstherapie.

Es ist unerheblich, ob der Versicherte trotz der gesundheitlichen Beeinträchtigung möglicherweise noch eine andere Tätigkeit ausüben kann. Die Arbeitsunfähigkeit wird nicht durch die

1 § 2a Abs. 2 SchwarzArbG.
2 § 8 Abs. 2 Nr. 2 i. V. m. Abs. 6 SchwarzArbG.
3 BSG, Urteil v. 14.2.2001, B 1 KR 30/00 R.

- Aufhebung des Arbeitsverhältnisses oder
- Meldung der Arbeitslosigkeit bei der Arbeitsvermittlung

beendet.

Der Versicherte gibt damit zwar zu erkennen, dass er sich für eine berufliche Neuorientierung öffnet und zu einem Berufswechsel bereit ist. Allerdings endet damit nicht der Bezug zur früheren Beschäftigung. Erst mit der tatsächlichen Aufnahme einer neuen beruflichen Tätigkeit wird die Arbeitsunfähigkeit beendet und die neue Tätigkeit zur Grundlage für die Beurteilung einer weiteren Arbeitsunfähigkeit.

Maßstab der Arbeitsunfähigkeit von hauptberuflich selbstständig Erwerbstätigen ist die vor Feststellung der Arbeitsunfähigkeit verrichtete Erwerbstätigkeit.[4]

Arbeitslosengeldbezieher

Arbeitslose sind arbeitsunfähig, wenn sie krankheitsbedingt nicht mehr in der Lage sind, leichte Arbeiten in einem zeitlichen Umfang zu verrichten, für den sie sich bei der Agentur für Arbeit zur Verfügung gestellt haben.[5] Dabei ist es unerheblich, welcher Tätigkeit der Versicherte vor der Arbeitslosigkeit nachging. Die Befragung durch den Arzt bezieht sich bei Arbeitslosen auch auf den zeitlichen Umfang, für den der Versicherte sich der Agentur für Arbeit zur Vermittlung zur Verfügung gestellt hat.

Hinweis

Bürgergeld nach § 19 Abs. 1 Satz 1 SGB II und Krankengeld

Bezieher von Bürgergeld nach § 19 Abs. 1 Satz 1 SGB II haben keinen Anspruch auf Krankengeld.[6]

Ursächlichkeit

Für den Anspruch auf Entgeltersatzleistungen (z. B. Krankengeld) ist der ursächliche Zusammenhang zwischen einer Krankheit und der Arbeitsunfähigkeit erforderlich. Die Krankheit muss die wesentliche Bedingung für die Arbeitsunfähigkeit sein. Andere Ursachen neben der Krankheit schließen den Anspruch nicht aus.

Beispiel

Wesentliche Bedingung

Ein beschäftigter Versicherter leidet unter einer Beinverkürzung als Folge einer Krankheit. Wenn die erforderliche Beinprothese zur Reparatur gegeben wird, kann die Arbeit nicht weiter ausgeübt werden. Die Arbeitsunfähigkeit hat ihre wesentliche Ursache in der Krankheit.[7]

Verweisungstätigkeit

Gibt ein Versicherter nach dem Eintritt der Arbeitsunfähigkeit die zuletzt ausgeübte Beschäftigung auf, ändert sich der rechtliche Maßstab für die Beurteilung der Arbeitsunfähigkeit. Es sind dann nicht mehr die konkreten Verhältnisse an diesem Arbeitsplatz maßgebend, sondern es ist abstrakt auf die Art der zuletzt ausgeübten Beschäftigung abzustellen.[8] Der Versicherte darf auf gleich oder ähnlich geartete Tätigkeiten verwiesen werden.

Handelt es sich bei der zuletzt ausgeübten Beschäftigung um einen anerkannten Ausbildungsberuf, scheidet eine Verweisung auf eine außerhalb dieses Berufs liegende Beschäftigung aus.

Eine Verweisungstätigkeit innerhalb des Ausbildungsberufs muss, was

- die Art der Verrichtung,
- die körperlichen und geistigen Anforderungen,
- die notwendigen Kenntnisse und Fertigkeiten sowie
- die Höhe des Entgelts

4 BSG, Urteil v. 14.12.2006, B 1 KR 6/06 R.
5 BSG, Urteil v. 10.5.2012, B 1 KR 20/11 R.
6 § 44 Abs. 2 Satz 1 Nr. 1 SGB V.
7 BSG, Urteil v. 23.11.1971, 3 RK 26/70.
8 BSG, Urteil v. 12.3.2013, B 1 KR 7/12 R.

angeht, mit der bisher verrichteten Arbeit im Wesentlichen übereinstimmen. Der Versicherte muss sie ohne größere Umstellung und Einarbeitung ausführen können. Dieselben Bedingungen gelten bei ungelernten Arbeiten, nur dass hier das Spektrum der zumutbaren Tätigkeiten größer ist, weil die Verweisung nicht durch die Grenzen eines Ausbildungsberufs eingeschränkt ist.

Versicherung

Die Mitgliedschaft Versicherungspflichtiger bleibt während der Arbeitsunfähigkeit erhalten, solange Anspruch auf Krankengeld besteht.[1] Voraussetzung für den Erhalt der Mitgliedschaft ist, dass der Anspruch auf Krankengeld innerhalb eines Versicherungsverhältnisses oder in unmittelbarem Anschluss daran entsteht (Nahtlosigkeitsregelung).[2]

Die Arbeitsunfähigkeit muss also spätestens am nächsten Tag nach einem beendeten Beschäftigungsverhältnis ärztlich festgestellt werden.[3]

Beispiel

Nahtlosigkeitsregelung

Das Beschäftigungsverhältnis eines versicherten Arbeitnehmers endet mit dem 26.4. (Mittwoch). Am 27.4. (Donnerstag) stellt ein Arzt fest, dass der Arbeitnehmer arbeitsunfähig krank ist. Es entsteht ein Anspruch auf Krankengeld mit dem Beginn des 27.4. (0:00 Uhr), der sich nahtlos an die vorhergehende Mitgliedschaft bis zum 26.4. (24:00 Uhr) anschließt.

Bei einer Fortsetzungserkrankung ist ebenfalls die fristgerechte ärztliche Feststellung für den Fortbestand entscheidend.[4]

Das Versicherungsverhältnis freiwillig versicherter Krankengeldbezieher wird durch die Arbeitsunfähigkeit nicht berührt.

Hinweis

Freiwillige Versicherung mit Anspruch auf Krankengeld

Ein freiwillig versicherter Arbeitnehmer hat über das Ende des Arbeitsverhältnisses hinaus einen Anspruch auf Krankengeld, wenn die fortgesetzte Arbeitsunfähigkeit jeweils fristgerecht festgestellt wird.[5] Wird die fortgesetzte Arbeitsunfähigkeit verspätet festgestellt, ist die freiwillige Versicherung im Anschluss an den letzten Bewilligungsabschnitt des Krankengeldes in eine Versicherung ohne Anspruch auf Krankengeld zu ändern.[6]

Beschäftigungsverbote

Ein Beschäftigungsverbot nach dem Mutterschutzgesetz[7] ist nicht als Arbeitsunfähigkeit anzusehen.[8] Dies schließt allerdings nicht aus, dass während des Beschäftigungsverbots unabhängig von der Schwangerschaft Arbeitsunfähigkeit wegen einer Krankheit eintreten kann.

Beschäftigungsverbote oder Schutzmaßnahmen (Quarantäne) nach dem Infektionsschutzgesetz (IfSG) sind ebenfalls keine Arbeitsunfähigkeit.[9]

Bescheinigung des Arztes

Rückdatierung

Der behandelnde Arzt soll die Arbeitsunfähigkeit für eine vor der ersten Inanspruchnahme des Arztes liegende Zeit grundsätzlich nicht bescheinigen. Eine Rückdatierung des Beginns der Arbeitsunfähigkeit auf einen vor dem Behandlungsbeginn liegenden Tag ist

- nur ausnahmsweise,
- nur nach gewissenhafter Prüfung und
- in der Regel nur bis zu 3 Tage

zulässig. Das gilt auch für eine rückwirkende Bescheinigung über das Fortbestehen der Arbeitsunfähigkeit. Der Bescheinigung kommt die Bedeutung einer ärztlich-gutachtlichen Stellungnahme zu. Sie bildet die Grundlage für die Entscheidung der Krankenkasse über den Anspruch auf Krankengeld.

Während der Entgeltfortzahlung

Vertragsärzte bescheinigen die Arbeitsunfähigkeit während der Entgeltfortzahlung durch den Arbeitgeber auf dem vereinbarten Vordruck.[10] Dauert die Arbeitsunfähigkeit länger als in der Erstbescheinigung angegeben, ist erneut eine ärztliche Bescheinigung über das Fortbestehen der Arbeitsunfähigkeit auszustellen. Eine Fortsetzungserkrankung ist spätestens am nächsten Werktag nach dem vorhergehenden Bewilligungsabschnitt ärztlich festzustellen und zu bescheinigen.[11]

Hinweis

Vereinbarter Vordruck

1. Die Vertragsärzte bescheinigen die Arbeitsunfähigkeit auf einem verbindlich vereinbarten Vordruck. Das Formular ist sowohl während der Entgeltfortzahlung als auch während des Krankengeldbezugs zu verwenden. Darin ist anzugeben, ob es sich um eine Erst- oder Folgebescheinigung handelt.

   Die Bescheinigung wird auch ab 1.1.2023 weiterhin ausgestellt, damit der Arbeitnehmer die Arbeitsunfähigkeit auch in Störfällen rechtssicher beweisen kann. Daran wird festgehalten, bis die Arbeitsunfähigkeit gegenüber dem Arbeitgeber durch ein geeignetes elektronisches Äquivalent mit gleich hohem Beweiswert nachgewiesen werden kann.

2. Die Arbeitgeber werden ab 1.1.2023 am elektronischen Meldeverfahren beteiligt.[12] Die Krankenkasse stellt die elektronischen Meldedaten zur Verfügung. Der Arbeitgeber erhält einen elektronischen Hinweis, dass die Daten für ihn abrufbar sind. Das Verfahren gilt auch für geringfügig Beschäftigte. Die Minijob-Zentrale ruft die Arbeitsunfähigkeitsdaten von der zuständigen Krankenkasse ab, um das U1-Verfahren durchzuführen.

Während des Krankengeldbezugs

Während des Krankengeldbezugs wird die Arbeitsunfähigkeit vom Arzt ebenfalls durch eine AU-Bescheinigung attestiert. Eine Folgebescheinigung ist spätestens am nächsten Werktag nach dem zuletzt bescheinigten Ende der Arbeitsunfähigkeit auszustellen.[13] Der Vordruck dient sowohl als Auszahlungsschein als auch dem Nachweis der Arbeitsunfähigkeit gegenüber dem Arbeitgeber.

Ab 1.1.2023 sind die Arbeitsunfähigkeitsdaten unter Angabe der Diagnosen sowie unter Nutzung der Telematikinfrastruktur (elektronische Gesundheitskarte)[14] unmittelbar elektronisch an die Krankenkasse zu übermitteln.[15] Die Regelung gilt auch für Krankenhäuser und stationäre Reha-Einrichtungen.[16] Ausgenommen sind nur Vorsorge- und Rehabilitationseinrichtungen, die nicht an die Telematikinfrastruktur angeschlossen sind.

Die Praxis muss an ein Praxisinformationssystem angeschlossen sein. Sollte das nicht der Fall sein, kann eine Arbeitsunfähigkeit nicht zulasten der Krankenkasse festgestellt und bescheinigt werden.

Während der Übergangsphase bis zum 31.12.2022 wird weiterhin zusätzlich die 4-teilige Papierbescheinigung ausgestellt. Der Vordruck wird auch darüber hinaus verwendet, bis eine rechts- und beweissichere elektronische Bescheinigung möglich ist.

---

1 § 192 Abs. 1 Nr. 2 SGB V.
2 BSG, Urteil v. 10.5.2012, B 1 KR 19/11 R; BSG, Urteil v. 7.4.2022, B 3 KR 3/24 R.
3 § 46 Satz 1 Nr. 2 SGB V.
4 § 46 Sätze 2, 3 SGB V.
5 § 46 Satz 2 SGB V.
6 BSG, Urteil v. 17.6.2021, B 3 KR 2/19 R.
7 §§ 3 ff. MuSchG.
8 § 3 Abs. 2 AUR.
9 §§ 28, 31 IfSG.
10 § 5 AUR.
11 § 46 Satz 2 SGB V.
12 § 109 Abs. 1 SGB IV, § 125 Abs. 5 SGB IV.
13 § 46 Satz 2 SGB V.
14 § 291a SGB V.
15 § 295 Abs. 1 Satz 1 Nr. 1, Satz 10 SGB V.
16 § 39 Abs. 1a Satz 6 2. Halbsatz SGB V.

Hinweis

Verspätete Feststellung

Wird die fortgesetzte Arbeitsunfähigkeit eines versicherungspflichtig beschäftigten Arbeitnehmers verspätet festgestellt, bleibt der Anspruch auf Krankengeld auch dann bestehen, wenn die weitere Arbeitsunfähigkeit wegen derselben Krankheit spätestens innerhalb eines Monats nach dem zuletzt bescheinigten Ende der Arbeitsunfähigkeit ärztlich festgestellt wird.[1] Allerdings ruht während dieser Zeit der Anspruch auf Krankengeld.[2]

Nach einer Krankenhausentlassung

Das Krankenhaus führt ein Entlassmanagement durch. In diesem Rahmen bescheinigt der Krankenhausarzt eine Arbeitsunfähigkeit für einen Zeitraum von bis zu 7 Kalendertagen nach der Entlassung.[3] Er handelt dabei wie ein Vertragsarzt und verwendet den vereinbarten Vordruck oder meldet elektronisch. Der weiterbehandelnde Vertragsarzt ist entsprechend zu informieren. Während der Corona-Pandemie kann die Bescheinigung für bis zu 14 Tage ausgestellt werden (die Regelung ist zunächst längstens bis zum 31.12.2021 befristet).[4] Falls erforderlich, wird eine Folgebescheinigung ausgestellt. Der Krankenhausarzt ist dabei an die AUR gebunden.

Die Regelungen gelten entsprechend für die stationsäquivalente psychiatrische Behandlung sowie für Ärzte in Einrichtungen der medizinischen Rehabilitation bei Leistungen nach den §§ 40 Abs. 2 und 41 SGB V.

Ärztliche Untersuchung

Die Arbeitsunfähigkeit darf nur aufgrund einer unmittelbaren und persönlichen ärztlichen Untersuchung bescheinigt werden.[5] Die Arbeitsunfähigkeit kann davon abweichend auch mittelbar persönlich im Rahmen von Videosprechstunden festgestellt werden.[6] Dies ist jedoch nur zulässig, wenn

- der Versicherte dem Vertragsarzt aufgrund früherer Behandlung unmittelbar persönlich bekannt ist und
- die Erkrankung dies nicht ausschließt.

Eine Arbeitsunfähigkeit kann im Rahmen einer eingehenden telefonischen Befragung festgestellt werden (seit dem 7.12.2023), wenn

- eine Videosprechstunde nicht möglich ist,
- die aktuell vorliegende Erkrankung keine schwere Symptomatik aufweist,
- mit den begrenzten Mitteln der telefonischen Anamnese ein ausreichender Eindruck vom Gesundheitszustand des Patienten verschafft werden kann und
- die Versicherten dem Arzt aufgrund früherer Behandlung unmittelbar persönlich bekannt sind.

Der Arzt kann die Arbeitsunfähigkeit unter diesen Voraussetzungen erstmalig für längstens 5 Kalendertage bescheinigen. Eine darüber hinaus bestehende Fortsetzungserkrankung muss bei einer persönlichen Untersuchung festgestellt werden.

Ansonsten ist eine erstmalige Feststellung der Arbeitsunfähigkeit nur für einen Zeitraum von bis zu 7 Kalendertagen möglich. Eine fortgesetzte Arbeitsunfähigkeit darf nur festgestellt werden, wenn bei dem Versicherten bereits zuvor aufgrund unmittelbar persönlicher Untersuchung durch den Vertragsarzt Arbeitsunfähigkeit wegen derselben Krankheit festgestellt worden ist.

Hinweis

Videosprechstunde

Ist der Patient in der Arztpraxis unbekannt, kann die Arbeitsunfähigkeit längstens für 3 Kalendertage festgestellt werden.

Ausnahmsweise durfte während der COVID-19-Epidemie in Risikogebieten bei Erkrankungen der oberen Atemwege, die keine schwere Symptomatik vorweisen, und bei Verdachtsfällen auf eine Infektion mit COVID-19, eine Erstbescheinigung für längstens 7 Tage auch nach einer telefonischen Anamnese ausgestellt werden.[7] Eine Fortsetzungserkrankung konnte für weitere 7 Tage festgestellt werden. Die Ausnahmeregelung ist mit dem 31.3.2023 ausgelaufen.

Hinweis

Epidemische Lage

Die Erstbescheinigung kann nach einer stationären Behandlung (Entlassmanagement) für 14 Tage ausgestellt werden, wenn der Deutsche Bundestag gemäß § 5 Abs. 1 IfSG eine epidemische Lage von nationaler Tragweite festgestellt hat. Die erstmals am 25.3.2020 festgestellte epidemische Lage bestand zunächst bis zum 25.11.2021 fort.[8]

Der Deutsche Bundestag hat das Recht, die epidemische Lage von nationaler Tragweite vor Ablauf der 3 Monate aufzuheben, wenn die Voraussetzungen für die epidemische Lage nicht mehr gegeben sind.[9]

Anzeige

Gegenüber dem Arbeitgeber

Der Arbeitnehmer ist verpflichtet, dem Arbeitgeber die Arbeitsunfähigkeit und deren voraussichtliche Dauer unverzüglich und damit ohne schuldhaftes Zögern mitzuteilen.[10] Dies bedeutet, dass der Arbeitgeber am ersten Tag der Arbeitsunfähigkeit in den ersten Betriebsstunden (ggf. auch schon vor dem ersten Arztbesuch) zu unterrichten ist. Eine unverzügliche Anzeige ist darüber hinaus erforderlich, wenn eine Arbeitsunfähigkeit länger als angenommen oder durch den Arzt bescheinigt andauert.

Die Arbeitsunfähigkeit kann persönlich oder durch eine dritte Person mündlich oder telefonisch angezeigt werden und ist nicht an eine bestimmte Form gebunden.

Anzuzeigen ist, dass der Arbeitnehmer arbeitsunfähig ist und dieser Zustand auf einer Krankheit beruht. Art und Ursache der Krankheit sind nicht mitzuteilen.

Hinweis

Elektronisches Arbeitgeberverfahren ab 1.1.2023

Gesetzlich krankenversicherte Arbeitnehmer zeigen im elektronischen Arbeitgeberverfahren ab 1.1.2023 die Arbeitsunfähigkeit und ihre Fortsetzung wie bisher unverzüglich an.

Hinweis

Auskunftsanspruch des Arbeitgebers

Der Arbeitgeber hat einen Auskunftsanspruch gegenüber dem Arbeitnehmer, um festzustellen, ob

- die Arbeitsunfähigkeit selbst verschuldet ist oder
- der Arbeitnehmer einen Schadensersatzanspruch gegen einen Dritten hat, der auf den Arbeitgeber übergegangen ist.

Gegenüber der Agentur für Arbeit

Bezieher von Arbeitslosengeld oder Übergangsgeld sind verpflichtet, der zuständigen Agentur für Arbeit ihre Arbeitsunfähigkeit unverzüglich anzuzeigen.[11] Außerdem müssen sie spätestens vor Ablauf des dritten Kalendertages nach Eintritt der Arbeitsunfähigkeit eine ärztliche Bescheinigung über die Arbeitsunfähigkeit und deren voraussichtliche Dauer vorlegen. Das Gleiche gilt für Personen, die diese Leistungen beantragt haben.

---

1 § 46 Satz 3 SGB V.
2 § 49 Abs. 1 Nr. 8 SGB V.
3 § 4a AUR.
4 § 8 Abs. 2 AUR.
5 § 4 Abs. 1 Satz 2 AUR.
6 § 4 Abs. 5 AUR.

7 § 8 Abs. 1a AUR.
8 Beschluss des Bundestages v. 25.8.2021.
9 § 5 Abs. 1 Satz 2 IfSG.
10 § 5 Abs. 1 EFZG, § 121 Abs. 1 Satz 1 BGB.
11 § 311 Satz 1 Nr. 1 SGB III.

Nachweispflicht des Arbeitnehmers

Arbeitsunfähigkeitsdauer länger als 3 Kalendertage

Dauert die Arbeitsunfähigkeit länger als 3 Kalendertage, hat der Arbeitnehmer eine ärztliche Bescheinigung über das Bestehen der Arbeitsunfähigkeit sowie deren voraussichtliche Dauer spätestens an dem darauffolgenden Arbeitstag vorzulegen.[1]

Beispiel

Vorlage der Erstbescheinigung

Die Wochentage wurden beispielhaft gewählt, um die Wirkung auf die Fristen zu verdeutlichen.

Die Arbeitnehmer sind jeweils bis auf Weiteres arbeitsunfähig krank. Im Betrieb wird von montags bis freitags gearbeitet.	Arbeitsunfähigkeit von mehr als 3 Kalendertagen am …	Folgender Arbeitstag
Arbeitnehmer A ist seit dem 17.10. (Montag) arbeitsunfähig krank.	20.10.	21.10. (Freitag)
Arbeitnehmer B ist seit dem 18.10. (Dienstag) arbeitsunfähig krank.	21.10.	24.10. (Montag)
Arbeitnehmer C ist seit dem 19.10. (Mittwoch) arbeitsunfähig krank.	22.10.	24.10. (Montag)
Arbeitnehmer D ist seit dem 20.10. (Donnerstag) arbeitsunfähig krank.	23.10.	24.10. (Montag)
Arbeitnehmer E ist seit dem 21.10. (Freitag) arbeitsunfähig krank.	24.10.	25.10. (Dienstag)

Tipp

Rechtsauffassung zur Nachweisfrist

Das Beispiel zur Frist, innerhalb der die Arbeitsunfähigkeit nachzuweisen ist, orientiert sich ausschließlich am Gesetzestext. Alternativ wird in der Praxis die Auffassung vertreten, dass die Arbeitsunfähigkeit spätestens an dem Arbeitstag nachzuweisen ist, der auf den dritten Tag der Arbeitsunfähigkeit folgt.

Kurzzeitige Erkrankungen von bis zu 3 Kalendertagen

Der Arbeitgeber kann auch bei einer kurzzeitigen Erkrankung von bis zu 3 Kalendertagen einen Nachweis durch eine ärztliche Bescheinigung verlangen. Er kann außerdem die Frist für die Vorlage einer ärztlichen Bescheinigung gegenüber der gesetzlichen Regelfrist abkürzen.[2]

Es liegt im Ermessen des Arbeitgebers eine frühere Vorlage zu verlangen und zu entscheiden, ob generell, abteilungsbezogen oder im Einzelfall von der Regelfrist von 3 Kalendertagen abgewichen werden soll.

Der Arbeitgeber hat gegenüber den Arbeitnehmern ein einseitiges Bestimmungsrecht.[3] Eine vertragliche Regelung ist nicht erforderlich.

Es liegt im Ermessen des Arbeitgebers, sein Recht auszuüben. Eine Begründung ist nicht erforderlich. Dieses Recht kann durch eine ausdrückliche Regelung in einem Tarifvertrag ausgeschlossen werden.

Hinweis

Recht des Arbeitgebers geltend machen

§ 5 Abs. 1 Satz 3 EFZG begründet einen Anspruch des Arbeitgebers.[4] Dieser Anspruch kann in einem Einzelfall ausgeübt, arbeitsvertraglich vereinbart oder durch Tarifvertrag geltend gemacht werden.

1 § 5 Abs. 1 Satz 2 EFZG.
2 BAG, Urteil v. 14.11.2012, 5 AZR 886/11.
3 § 5 Abs. 1 Satz 3 EFZG.
4 § 194 Abs. 1 BGB.

Folgebescheinigung

Die Angabe der voraussichtlichen Dauer der Arbeitsunfähigkeit in der Bescheinigung begrenzt deren Wirksamkeit. Dauert die Arbeitsunfähigkeit länger als angegeben, ist eine erneute ärztliche Bescheinigung beizubringen.

Für die Vorlage dieser Folgebescheinigung sieht das Gesetz keine Frist vor. In der Praxis wird die Nachweisfrist in entsprechender Anwendung des § 5 Abs. 1 Satz 2 EFZG berechnet.[5] Der Nachweis über die Verlängerung der Arbeitsunfähigkeit ist demnach spätestens am ersten Arbeitstag nach dem dritten Kalendertag der noch nicht bescheinigten Arbeitsunfähigkeitszeit zu erbringen.

Beispiel

Vorlage der Folgebescheinigung

Ein Arbeitnehmer ist aufgrund einer ärztlichen Erstbescheinigung bis zum 7.11. (Montag) arbeitsunfähig krank. Die Arbeitsunfähigkeit dauert darüber hinaus an. Die Folgebescheinigung ist spätestens am 11.11. (Freitag) vorzulegen.

Der Arbeitnehmer hat bereits am 8.11. in den ersten Betriebsstunden mitzuteilen, dass die Arbeitsunfähigkeit über den 7.11. hinaus fortdauert.

Elektronisches Arbeitgeberverfahren ab 1.1.2023

Die Arbeitgeber werden ab 1.1.2023 am elektronischen Verfahren beteiligt.[6] Die Krankenkasse stellt die elektronischen Meldedaten zur Verfügung. Der Arbeitgeber erhält einen elektronischen Hinweis, dass die Daten für ihn abrufbar sind. Das Verfahren gilt auch für geringfügig Beschäftigte. Die Minijob-Zentrale ruft die Arbeitsunfähigkeitsdaten von der zuständigen Krankenkasse ab, um das U1-Verfahren durchzuführen.

Der Nachweis wird für den Versicherten über das elektronische Verfahren geführt.[7] Der Arbeitnehmer ist verpflichtet, die Arbeitsunfähigkeit und ihre Fortsetzung fristgerecht[8] ärztlich feststellen zu lassen.[9]

Die Nachweispflicht des Arbeitnehmers bleibt bestehen, soweit die elektronische Meldung nicht greift. Dies betrifft die geringfügige Beschäftigung in Privathaushalten oder die Feststellung der Arbeitsunfähigkeit durch Ärzte, die nicht an der vertragsärztlichen Versorgung teilnehmen (z. B. bei im Ausland ansässigen Ärzten).

Der Arbeitnehmer erhält weiterhin eine Bescheinigung in Papier über die festgestellte Arbeitsunfähigkeit (ohne Diagnose). Sie dient dem Arbeitnehmer z. B. als Beweismittel in Störfällen (Technikversagen). Die Urkunde kann dem Arbeitgeber ausgehändigt werden.

Arbeitnehmer, die nicht gesetzlich krankenversichert sind, weisen die Arbeitsunfähigkeit weiterhin durch eine ärztliche Bescheinigung in Papier nach.

Verweigerung der Entgeltfortzahlung durch den Arbeitgeber bei Verletzung der Nachweispflicht

Der Arbeitgeber kann die Entgeltfortzahlung verweigern, wenn der Arbeitnehmer die Arbeitsunfähigkeit nicht oder nicht fristgerecht nachweist (Leistungsverweigerungsrecht).[10]

Tipp

Die Arbeitsunfähigkeit wird nicht rechtzeitig angezeigt

Verstößt der Arbeitnehmer gegen die Pflicht, seine Arbeitsunfähigkeit anzuzeigen, ergibt sich daraus kein Recht des Arbeitgebers, die Entgeltfortzahlung zu verweigern. Ein Verstoß gegen die Anzeigepflicht kann allerdings

- Schadensersatzansprüche des Arbeitgebers,
- eine Abmahnung oder
- eine Kündigung

nach sich ziehen.

5 BAG, Urteil v. 29.8.1980, 5 AZR 1051/79.
6 § 109 SGB IV in der ab 1.7.2022 geltenden Fassung.
7 § 5 Abs. 1a EFZG in der ab 1.7.2022 geltenden Fassung.
8 § 5 Abs. 1 Sätze 2–4 EFZG.
9 § 5 Abs. 1a Satz 2 EFZG in der ab 1.7.2022 geltenden Fassung.
10 § 7 Abs. 1 Nr. 1 EFZG.

Das Leistungsverweigerungsrecht steht dem Arbeitgeber nur zu, wenn der Arbeitnehmer die Verletzung seiner Obliegenheitspflichten zu vertreten hat.[1]

Das Leistungsverweigerungsrecht des Arbeitgebers ist vorläufig, solange der Arbeitnehmer die Arbeitsunfähigkeit nicht nachweist. Die Entgeltfortzahlung ist auch für die Vergangenheit zu leisten, wenn der Verweigerungsgrund wegfällt, weil der Arbeitnehmer seiner Nachweispflicht entsprochen hat.

Meldung bei der Krankenkasse

Dem Versicherten einer Krankenkasse obliegt es, der Krankenkasse die Arbeitsunfähigkeit innerhalb einer Woche nach dem Beginn der Arbeitsunfähigkeit zu melden.[2] Wird die Frist nicht eingehalten, ruht der Anspruch auf Krankengeld. Das gilt auch für eine Fortsetzungserkrankung.[3]

Bei verspäteter Meldung ist die Gewährung von Krankengeld selbst dann ausgeschlossen, wenn die Leistungsvoraussetzungen i. Ü. zweifelsfrei gegeben sind und den Versicherten kein Verschulden an dem unterbliebenen oder nicht rechtzeitigen Zugang der Meldung trifft. Auch eine vom Versicherten rechtzeitig zur Post gegebene, aber auf dem Postweg verloren gegangene Bescheinigung kann den Eintritt der Ruhenswirkung des Krankengeldes selbst dann nicht verhindern, wenn die Meldung unverzüglich nachgeholt wird.

Die Meldung ist nicht an eine bestimmte Form gebunden und kann persönlich oder durch Dritte gegenüber der zuständigen Krankenkasse erfolgen. Die Meldung ist u. a. erfolgt, wenn der Krankenkasse eine ärztliche Bescheinigung zugeht.

Aufgrund der elektronischen Übermittlung ab 1.1.2023 ist der Versicherte davon befreit, die Arbeitsunfähigkeit persönlich an die Krankenkasse zu melden.[4] Eine verspätete Übermittlung geht nicht zulasten des Versicherten. Die Ruhenswirkung einer verspäteten Meldung tritt nicht ein. Ist eine elektronische Übermittlung aus technischen Gründen während der Übergangsphase nicht möglich (z. B. weil das erforderliche Update für den Konnektor in der Arztpraxis noch nicht eingespielt werden konnte), obliegt dem Versicherten die Meldung an die Krankenkasse.

Hinweis

Adressat der Meldung

Die Meldung ist als Obliegenheit des Versicherten gegenüber der für das Krankengeld zuständigen Krankenkasse abzugeben. § 16 Abs. 1 SGB I, wonach ein Leistungsantrag auch bei einem unzuständigen Leistungsträger wirksam abgegeben werden kann, ist auf die Meldung nicht anzuwenden.

Der Arzt ist verpflichtet, der Krankenkasse die AU-Bescheinigung unverzüglich zu übersenden.[5] Die Vorschrift bezweckt, den Arbeitgeber möglichst frühzeitig zu unterrichten, dass die Krankenkasse von der Arbeitsunfähigkeit weiß. Der Versicherte ist dadurch nicht von seiner Obliegenheit entbunden, der Krankenkasse die Arbeitsunfähigkeit zu melden.[6]

Begutachtung

Die Vorlage einer AU-Bescheinigung reicht regelmäßig aus, den Anspruch auf ⇗ Entgeltfortzahlung oder Krankengeld zu begründen. Ist diese Voraussetzung erfüllt, kann der Arbeitgeber die Fortzahlung des Entgelts nicht mit einem bloßen Bestreiten der Arbeitsunfähigkeit verweigern.

Die Krankenkassen sind bei Arbeitsunfähigkeit eines Versicherten jedoch verpflichtet, eine Begutachtung durch den Medizinischen Dienst einzuleiten, soweit dies gesetzlich bestimmt ist.[7] Dies ist insbesondere der Fall, wenn es zur Sicherung des Behandlungserfolgs oder zur Beseitigung von Zweifeln an der Arbeitsunfähigkeit erforderlich ist. Die Zweifel an der Arbeitsunfähigkeit

- brauchen nicht begründet zu werden,
- können medizinische, rechtliche oder sonstige Ursachen haben oder
- können beim Arbeitgeber deshalb begründet sein, weil sich die Arbeitsunfähigkeitsmeldung z. B. nach innerbetrieblichen Differenzen, nach Beendigung des Arbeitsverhältnisses oder nach vorheriger Ankündigung des Arbeitnehmers ergeben haben.

Zweifel an der Arbeitsunfähigkeit

Krankenkasse

Nach § 275 Abs. 1a Satz 1 SGB V sind Zweifel an der Arbeitsunfähigkeit von der Krankenkasse insbesondere in den Fällen anzunehmen, in denen Versicherte

- auffällig häufig,
- auffällig häufig nur für kurze Dauer,
- am Ende oder zu Beginn der Arbeitswochen

arbeitsunfähig sind oder die Arbeitsunfähigkeit von einem Arzt festgestellt ist, der durch die Häufigkeit der von ihm ausgestellten Bescheinigungen über Arbeitsunfähigkeit auffällig geworden ist.

Darüber hinaus sind nach den Richtlinien über die Zusammenarbeit der Krankenkassen mit dem Medizinischen Dienst Zweifel an dem Bestehen von Arbeitsunfähigkeit u. a. dann angebracht, wenn

- ein Fehlverhalten des Arbeitnehmers im Hinblick auf das bescheinigte Krankheitsbild vorliegt,
- die Arbeitsunfähigkeitsmeldung nach innerbetrieblichen Differenzen oder nach Beendigung des Arbeitsverhältnisses erfolgt oder
- der Arbeitnehmer die Arbeitsunfähigkeit angekündigt hat.

Arbeitgeber

Der Arbeitgeber kann verlangen, dass die Krankenkasse eine Stellungnahme des Medizinischen Dienstes zur Überprüfung der Arbeitsunfähigkeit einholt. Die Krankenkasse kann jedoch von einer Beauftragung des Medizinischen Dienstes absehen, wenn sich die medizinischen Voraussetzungen der Arbeitsunfähigkeit eindeutig aus den der Krankenkasse vorliegenden Unterlagen ergeben.

Verfahren

Das Ergebnis und die erforderlichen Angaben über die Befunde werden dem behandelnden Arzt und der Krankenkasse mitgeteilt. Arbeitnehmer und Arbeitgeber werden vom Medizinischen Dienst nicht über das Ergebnis des Gutachtens informiert. Solange noch ein Anspruch auf ⇗ Entgeltfortzahlung besteht und das Gutachten mit der Bescheinigung des Vertragsarztes im Ergebnis nicht übereinstimmt, teilt die Krankenkasse sowohl dem Arbeitgeber als auch dem Arbeitnehmer das Ergebnis der Begutachtung mit.

Inhalt dieser Mitteilung ist nicht eine eventuelle Änderung der Diagnose, sondern lediglich die abweichende Auffassung zur Frage der Arbeitsunfähigkeit oder der Dauer.

Der Arbeitgeber ist von der Krankenkasse auch dann zu benachrichtigen, wenn der Arbeitnehmer der Vorladung zur Begutachtung nicht nachgekommen ist.

Der behandelnde Arzt kann darüber hinaus ein Zweitgutachten bei der Krankenkasse beantragen, wenn er mit dem Gutachten des Medizinischen Dienstes nicht einverstanden ist.

1 § 7 Abs. 2 EFZG.
2 § 49 Abs. 1 Nr. 5 SGB V.
3 BSG, Urteil v. 5.12.2019, B 3 KR 5/19 R.
4 § 49 Abs. 1 Nr. 5 SGB V.
5 § 5 Abs. 1 Satz 5 EFZG.
6 BSG, Urteil v. 25.10.2018, B 3 KR 23/17 R.
7 § 275 Abs. 1 Satz 1 Nr. 3 SGB V.

Arbeitsunfall

Arbeitsunfälle sind zeitlich begrenzte, von außen auf den Körper einwirkende Ereignisse, die zu einem Gesundheitsschaden oder zum Tod führen. Sie werden auch als Berufsunfälle bzw. Werksunfälle oder Betriebsunfälle bezeichnet. Bei Unfallereignissen muss ein Bezug zu einer Tätigkeit gegeben sein, die unter dem Schutz der gesetzlichen Unfallversicherung steht (versicherte Tätigkeit). Anderenfalls (z. B. bei privaten Freizeit-, Sport- oder Verkehrsunfällen) handelt es sich nicht um einen Arbeitsunfall, für den ein Träger der gesetzlichen Unfallversicherung zuständig ist.

Gesetze, Vorschriften und Rechtsprechung

Sozialversicherung: § 8 Abs. 1 SGB VII bestimmt den Begriff „Arbeitsunfall" und verbindet ihn mit der versicherten Tätigkeit (§§ 2, 3 oder 6 SGB VII). Die Rechtsprechung enthält zahlreiche Urteile zum Begriff „Arbeitsunfall" (z. B. BSG, Urteil v. 7.5.2019, B 2 U 31/17).

Sozialversicherung

Arbeitsunfall

Arbeitsunfälle sind Unfälle von Versicherten infolge einer den Versicherungsschutz nach §§ 2, 3 oder 6 SGB VII begründenden Tätigkeit (versicherte Tätigkeit).[1]

Unfälle sind zeitlich begrenzte, von außen auf den Körper einwirkende Ereignisse, die zu einem Gesundheitsschaden oder zum Tod führen (Unfallereignis).[2]

Ein Arbeitsunfall erfordert, dass

- der Versicherte zum Kreis der in der Unfallversicherung versicherten Personen gehört (Versicherungsschutztatbestand),
- die Verrichtung der Tätigkeit des Versicherten zur Zeit des Unfalls der versicherten Tätigkeit zuzurechnen ist (innerer oder sachlicher Zusammenhang),
- die versicherte Tätigkeit zu dem zeitlich begrenzten von außen auf den Körper einwirkenden Unfallereignis geführt hat (Unfallkausalität) und
- das Unfallereignis einen Gesundheitserstschaden oder den Tod des Versicherten verursacht hat (haftungsbegründende Kausalität).[3]

Länger andauernde Unfallfolgen aufgrund des Gesundheitsschadens (haftungsausfüllende Kausalität) sind keine Voraussetzung für die Feststellung eines Arbeitsunfalls.[4]

Eine besondere Form des Arbeitsunfalls ist in der gesetzlichen Unfallversicherung der ⇗ Wegeunfall.

Eine Leistungspflicht der gesetzlichen Krankenversicherung bei Arbeitsunfällen besteht nicht.[5]

Das gilt auch, wenn der Gesundheitsschaden auf eine Spende von Organen, Geweben oder Blut zur Separation von Blutstammzellen oder anderen Blutbestandteilen zurückzuführen ist.[6] Der Ausschluss ist beim Verletztengeld nicht nur auf die Höhe beschränkt. Vielmehr besteht auch kein Anspruch auf Krankengeld, das über den Anspruch auf Verletztengeld hinausgeht (Krankengeld-Spitzbetrag).[7]

Hinweis

Krankengeld-Spitzbetrag

Eine Ausnahme gilt für nebenberuflich Erwerbstätige, die in der Unfallversicherung freiwillig versichert und aufgrund ihrer hauptberuflichen Beschäftigung gesetzlich krankenversichert sind.[8] Das über das Verletztengeld aus der Unternehmertätigkeit hinausgehende Krankengeld ist als Spitzbetrag auszuzahlen.

Gesundheitsschaden

Gesundheitsschäden sind sowohl regelwidrige Zustände des Körpers als auch des Geistes und der Seele. Als Gesundheitsschaden gilt auch der Verlust eines Hilfsmittels.[9]

Zeitlich begrenztes Ereignis

Das Ereignis muss zeitlich begrenzt sein. Es wird nur bejaht, wenn es eine Arbeitsschicht nicht überschritten hat.[10] Bei länger einwirkenden Ereignissen kommt u. U. eine Berufskrankheit in Betracht.

Von außen auf den Körper einwirkendes Ereignis

Das Ereignis muss von außen einwirken. Das Merkmal wird insgesamt weit ausgelegt. „Von außen" bringt zum Ausdruck, dass sog. innere Ursachen (z. B. epileptischer Anfall, Herzinfarkt, Schlaganfall) nicht als Unfall im Sinne der gesetzlichen Unfallversicherung anzusehen sind.[11] Allerdings kann die innere Ursache ihrerseits durch einen äußeren Vorgang hervorgerufen worden sein, z. B. kann eine besondere körperliche Anstrengung den epileptischen Anfall oder ein Stresszustand den Herzinfarkt verursacht haben.

Versicherte Tätigkeit

Als versicherte Tätigkeit gilt eine den Versicherungsschutz nach §§ 2, 3 oder 6 SGB VII begründende Tätigkeit. Im Kern geht es dabei um die Entscheidung, ob das Handeln einer Person noch vom Versicherungsschutz der gesetzlichen Unfallversicherung erfasst wird. Unstrittig ist dies bei Beschäftigten, insbesondere für die unmittelbar im Arbeitsvertrag geschuldete Tätigkeit.

Dienstreise/-weg

Unfallversicherungsschutz besteht immer dann, wenn Versicherte Tätigkeiten nachgehen, die für den Antritt der dienstlich veranlassten Auswärtstätigkeit maßgeblich sind.[12] Nicht versichert sind Tätigkeiten, die eindeutig der Privatsphäre zuzuordnen sind und denen man sich beliebig zuwenden kann (z. B. Besichtigungen oder Ausflüge).

Arbeitnehmer stehen auch unter dem Schutz der gesetzlichen Unfallversicherung, wenn sie auf Veranlassung des Arbeitgebers an einer Weiterbildungsmaßnahme teilnehmen.[13]

Erfolgt die Weiterbildung aus eigener Initiative und auf eigene Kosten, besteht ebenfalls Versicherungsschutz, wenn sie die beruflichen Chancen verbessert und nicht rein privaten Interessen dient. Der Versicherungsschutz erstreckt sich auf die Zeit des Seminars selbst sowie auf die An- und Abreise.

Betriebssport

Betriebssport ist eine versicherte Tätigkeit, wenn dadurch ein Ausgleich zur einseitigen beruflichen Belastung geschaffen werden soll.[14] Dies setzt einen zeitlichen Zusammenhang mit der Arbeit und eine gewisse Regelmäßigkeit voraus.

Erforderlich ist zusätzlich

- eine betriebsbezogene Organisation und
- ein im Wesentlichen auf den Betrieb bezogener Teilnehmerkreis.

Bei der einzelnen Betätigung darf der Wettbewerbscharakter nicht im Vordergrund stehen, deshalb ist die Teilnahme von Betriebssportgemeinschaften am allgemeinen Wettkampfbetrieb nicht versichert.

1 § 8 Abs. 1 Satz 1 SGB VII.
2 § 8 Abs. 1 Satz 2 SGB VII.
3 BSG, Urteil v. 30.3.2017, B 2 U 15/15 R.
4 BSG, Urteil v. 5.7.2011, B 2 U 17/10 R.
5 § 11 Abs. 5 SGB V.
6 § 12a SGB VII.
7 BSG, Urteil v. 26.6.2014, B 2 U 17/13 R.
8 BSG, Urteil v. 25.11.2015, B 3 KR 3/15 R.
9 § 8 Abs. 3 SGB VII.
10 BSG, Urteil v. 8.12.1998, B 2 U 1/98 R.
11 BSG, Urteil v. 9.5.2006, B 2 U 1/05 R.
12 BSG, Urteil v. 19.8. 2003, B 2 U 43/02 R.
13 BSG, Urteil v. 26.4.2016, B 2 U 14/14 R.
14 BSG, Urteil v. 27.10.2009, B 2 U 29/08 R.

Gemeinschaftsveranstaltungen

Eine Teilnahme an Betriebsfesten, Betriebsausflügen oder ähnlichen betrieblichen Gemeinschaftsveranstaltungen kann der versicherten Beschäftigung ebenfalls unter bestimmten Voraussetzungen zugerechnet werden[1]:

- Der Arbeitgeber will die Veranstaltung als eigene betriebliche Gemeinschaftsveranstaltung zur Förderung der Zusammengehörigkeit der Beschäftigten untereinander durchführen (Einvernehmen mit der Unternehmensleitung).
- Er hat zu der Veranstaltung alle Betriebsangehörigen oder bei Gemeinschaftsveranstaltungen für organisatorisch abgegrenzte Abteilungen des Betriebs alle Angehörigen dieser Abteilung eingeladen oder einladen lassen. Die persönliche Teilnahme der Unternehmensleitung ist nicht erforderlich.
- Mit der Einladung muss der Wunsch des Arbeitgebers deutlich werden, dass möglichst alle Beschäftigten sich freiwillig zu einer Teilnahme entschließen.
- Die Teilnahme muss vorab erkennbar grundsätzlich allen Beschäftigten des Unternehmens oder der betroffenen Abteilung offenstehen und objektiv möglich sein.

Es fehlt am Einvernehmen mit der Unternehmensleitung, wenn sich einer betrieblichen Gemeinschaftsveranstaltung ein informelles Beisammensein anschließt, das nicht mehr zum Programm der Veranstaltung gehört.[2]

Der Zusammenhang zur versicherten Tätigkeit ist damit gelöst.

Es reicht nicht aus, nur den Beschäftigten einer ausgewählten Gruppe die Teilnahme anzubieten oder zugänglich zu machen.

Nur in Ausnahmefällen, in denen Beschäftigte von vornherein nicht teilnehmen können, muss die umfassende Teilnahmemöglichkeit nicht für alle Mitarbeiter bestehen.

Gründe dafür können sein, dass etwa aus Gründen der Daseinsvorsorge der Betrieb aufrechterhalten werden muss oder wegen der Größe der Belegschaft aus organisatorisch-technischen Gründen eine gemeinsame Betriebsveranstaltung ausscheidet. In diesen Fällen sind aber alle Beschäftigten einzuladen, deren Teilnahme möglich ist.

Heimarbeitsplatz

Der Schutz der ↗ gesetzlichen Unfallversicherung beschränkt sich auf Unfälle im Arbeitsraum und auf dem Weg dorthin (versicherter Betriebsweg).[3] Der Versicherungsschutz beginnt, wenn der Weg zum Arbeitsplatz in der Absicht aufgenommen wird, dort mit der Arbeit zu beginnen. Der Versicherungsschutz endet mit dem Verlassen des Arbeitsplatzes. Ereignet sich der Unfall in Räumen, die gleichzeitig privaten und beruflichen Zwecken dienen, spricht die Vermutung so lange gegen einen Arbeitsunfall, wie nicht belegt worden ist, dass der Unfall tatsächlich bei einer beruflichen Arbeit geschehen ist.[4]

Befördern/Reparieren von Arbeitsgeräten

Arbeitnehmer üben eine versicherte Tätigkeit aus, wenn sie ein Arbeitsgerät oder eine Schutzausrüstung verwahren, befördern, instand halten und erneuern oder sich ein Arbeitsgerät oder eine Schutzausrüstung auf Veranlassung durch den Unternehmer erstmals beschaffen.

Ausschluss des Arbeitsunfalls

Gelegenheitsursache

Sind mehrere Ursachen für das Unfallereignis maßgebend (z. B. Sturz während der Arbeitszeit infolge eines Herzinfarkts), ist nach der Theorie der wesentlichen Bedingung zu entscheiden, ob ein Arbeitsunfall eingetreten ist.[5] Wenn das versicherte Unfallereignis die wesentliche Bedingung für die Unfallfolgen ist und der Gelegenheitsursache keine überragende Bedeutung zukommt, dann handelt es sich um einen Arbeitsunfall. Vergleichbar sind willentlich herbeigeführte Einwirkungen (z. B. Selbstverstümmelung) oder konkurrierende Ursachen, die der versicherten Tätigkeit nicht zuzurechnen sind (z. B. Drogenkonsum).

Ein Arbeitsunfall ist dagegen ausgeschlossen, wenn die Gelegenheitsursache die wesentliche Ursache für das Unfallereignis war.

Eigenwirtschaftliche Tätigkeit

Wenn der Unfallverletzte zum Unfallzeitpunkt höchst persönliche Verrichtungen (wie z. B. Essen) oder eigenwirtschaftliche Verrichtungen (wie z. B. Einkaufen) ausgeführt hat, dann fehlt es am sachlichen Zusammenhang mit der versicherten Tätigkeit; ein Arbeitsunfall ist ausgeschlossen.[6] Eigenwirtschaftliche Tätigkeiten unterbrechen die versicherte Tätigkeit und damit auch den Versicherungsschutz. Der Versicherungsschutz lebt wieder auf, wenn anschließend die versicherte Tätigkeit wieder ausgeübt wird.[7]

Das gilt auch, wenn der versicherte Weg zur Arbeit oder zur Wohnung durch eine privatwirtschaftliche Handlung unterbrochen wird und sich dabei ein Unfall ereignet.[8]

Hinweis

Geringfügige Unterbrechung des versicherten Weges

Eine geringfügige Unterbrechung des versicherten Weges ist für den Versicherungsschutz unschädlich.[9] Davon ist auszugehen, wenn sie zu keiner erheblichen Zäsur in der Fortbewegung in Richtung auf das ursprünglich geplante Ziel führt, weil sie ohne nennenswerte zeitliche Verzögerung „im Vorbeigehen" oder „ganz nebenher" erledigt werden kann.

Gemischte Tätigkeit

Gibt der Verletzte für sein Handeln sowohl versicherte als auch private Gründe an (gemischte Tätigkeit; gemischte Motivationslage), ist zur Beurteilung des sachlichen Zusammenhangs zwischen der versicherten Tätigkeit und der Verrichtung zur Zeit des Unfalls darauf abzustellen, ob die Verrichtung hypothetisch auch dann vorgenommen worden wäre, wenn die privaten Gründe des Handelns nicht vorgelegen hätten.[10]

Beispiel

Gemischte Motivationslage

Ein Arbeitnehmer verletzt sich während der Arbeitszeit bei der Reparatur einer Hebebühne im Betrieb seines Arbeitgebers. Die Hebebühne sollte für Arbeiten am privaten Pkw des Arbeitnehmers verwendet werden. Die Arbeit gehört nicht zur Beschäftigung des Klägers. Allerdings ist die Instandsetzung der Hebebühne für den Arbeitgeber nützlich, weil sie den Einsatz der Arbeitszeit anderer Arbeitnehmer oder die Vergütung eines Werkunternehmers erspart. Die Verrichtung ist einerseits durch das eigenwirtschaftliche Interesse des Klägers an der Reparatur seines Privat-Pkws motiviert gewesen, sie ist andererseits für den Arbeitgeber nützlich.

Ein Arbeitsunfall ist nicht eingetreten, weil der Arbeitnehmer ohne die Absicht, seinen privaten Pkw zu reparieren, nicht an der Hebebühne gearbeitet hätte.

Besondere Sachverhalte

Ein Eigenverschulden (Fahrlässigkeit und grobe Fahrlässigkeit) des Versicherten ist in der gesetzlichen Unfallversicherung bei der Annahme eines Versicherungsfalls ohne Bedeutung. Auch bei eigenem Verschulden liegt ein Wegeunfall vor, wenn die übrigen Voraussetzungen für einen Arbeitsunfall erfüllt sind. War jedoch Trunkenheit, Rauschgift- oder Tablettenmissbrauch die rechtlich allein wesentliche Ursache des Unfalls, entfällt der Versicherungsschutz. Gleiches gilt in den Fällen, in denen das Unfallereignis vorsätzlich herbeigeführt wurde.

1 BSG, Urteil v. 5.7.2016, B 2 U 19/14 R.
2 BSG, Urteil v. 30.3.2017, B 2 U 15/15 R.
3 BSG, Urteil v. 27.11.2018, B 2 U 28/17 R.
4 BSG, Urteil v. 31.8.2017, B 2 U 9/16 R.
5 BSG, Urteil v. 9.5.2006, B 2 U 1/05 R.
6 BSG, Urteil v. 31.1.2012, B 2 U 2/11 R.
7 BSG, Urteil v. 4.7.2013, B 2 U 3/13 R.
8 BSG, Urteil v. 20.12.2016, B 2 U 15/16 R.
9 BSG, Urteil v. 7.5.2019, B 2 U 31/17 R.
10 BSG, Urteil v. 26.6.2014, B 2 U 4/13 R.

Alkohol

Ein Arbeitsunfall ist dann nicht gegeben, wenn die alkoholische Beeinflussung für den Eintritt des Unfalls derart bedeutsam war, dass demgegenüber die betrieblichen Umstände in den Hintergrund gedrängt und bedeutungslos werden. Ein typischer Fall der alkoholbedingten Herabsetzung der Leistungsfähigkeit ist die eingeschränkte Fahrtüchtigkeit von Kraftfahrern, weil der Alkoholgenuss ihre Wahrnehmungs- und Reaktionsfähigkeit beeinträchtigt. Von absoluter Fahruntüchtigkeit ist bei einer Blutalkoholkonzentration von 1,1 ‰ auszugehen.[1]

Tipp

Relative Fahruntüchtigkeit

Beweisanzeichen für eine alkoholbedingte Fahruntüchtigkeit bei einer Blutalkoholkonzentration von weniger als 1,1 ‰ sind:

- Fahrweise des Versicherten, z. B. überhöhte Geschwindigkeit,
- Fahren in Schlangenlinien,
- plötzliches Bremsen,
- Missachten von Vorfahrtszeichen oder einer roten Ampel,
- Überqueren einer großen Kreuzung ohne Reduzierung der Geschwindigkeit,
- Benehmen bei Polizeikontrollen,
- sonstiges Verhalten, das eine alkoholbedingte Enthemmung und Kritiklosigkeit erkennen lässt.

Drogen

Ähnlich wie beim Alkoholgenuss beseitigt die Einnahme von legalen oder illegalen Drogen den sachlichen Zusammenhang zwischen der versicherten Tätigkeit und der Verrichtung zur Zeit des Unfalls, wenn sie zu einer Lösung vom Betrieb geführt hat.[2] Cannabiskonsum ist die wesentliche Ursache eines Unfalls, wenn ein THC-Wert von mindestens 1 ng/ml im Blut festgestellt wurde und weitere Beweisanzeichen die drogenbedingte Fahruntüchtigkeit des Versicherten belegen. Derartige Beweisanzeichen sind Gangunsicherheiten, Müdigkeit, Apathie, Denk-, Konzentrations-, Aufmerksamkeits- und Wahrnehmungsstörungen, leichte Ablenkbarkeit.

Vollrausch

Vollrausch und Leistungsausfall liegen dann vor, wenn der Versicherte so hochgradig betrunken ist, dass er zum Unfallzeitpunkt bzw. in naher Zukunft das Wesentliche seiner eigentlichen Tätigkeit nicht oder nur grob fehlerhaft verrichten kann.[3] Konkret ist die Situation des Leistungsausfalls gegeben. Es liegt dann der Zustand der Volltrunkenheit vor, der zu einer Lösung vom Versicherungsschutz führt, d. h., ein Arbeitsunfall kann unter keinen Umständen mehr angenommen werden. Die Lösung vom Versicherungsschutz tritt durch den Zustand der Volltrunkenheit ein, ohne dass es z. B. eines Verweises von der Arbeitsstelle durch einen Vorgesetzten bedürfte.

Beweislast des Versicherten

Der Unfallversicherungsträger hat den Sachverhalt von Amts wegen zu ermitteln.[4] Nach dem Grundsatz der objektiven Beweislastverteilung geht die Unbeweisbarkeit eines anspruchsbegründenden Tatbestands zulasten des Versicherten.[5]

Anzeigepflicht des Unternehmers

Unternehmer sind nach § 193 SGB VII verpflichtet, einen Arbeits- oder Wegeunfall dann anzuzeigen, wenn ein Beschäftigter getötet oder so schwer verletzt wird, dass er für mehr als 3 Tage arbeitsunfähig ist. Ein Exemplar ist an den zuständigen Unfallversicherungsträger zu senden. Ein Exemplar dient der Dokumentation im Unternehmen. Unterliegt das Unternehmen der allgemeinen Arbeitsschutzaufsicht, ist ein Exemplar an die für den Arbeitsschutz zuständige Landesbehörde zu senden. Der allgemeinen Arbeitsschutzaufsicht unterliegen z. B. landwirtschaftliche Betriebe, soweit sie Arbeitnehmer beschäftigen. Zu den zuständigen Landesbehörden zählen z. B. die Gewerbeaufsichtsämter und die Staatlichen Ämter für Arbeitsschutz.

Wichtig

Kopie für den Arbeitnehmer

Der verunglückte Mitarbeiter hat das Recht auf eine Kopie der Unfallanzeige. Arbeitgeber sind verpflichtet, Arbeitnehmer darauf hinzuweisen.

Haftungsausschluss

Personen, die durch eine betriebliche Tätigkeit einen Versicherungsfall von Versicherten desselben Betriebs verursacht haben, sind zum Ersatz des Personenschadens nur verpflichtet, wenn sie den Versicherungsfall vorsätzlich oder auf einem nach § 8 Abs. 2 Nr. 1–4 SGB VII versicherten Weg herbeigeführt haben.[6] Das gleiche Haftungsprivileg genießt der Unternehmer, in dessen Betrieb sich der Arbeitsunfall ereignet hat.[7] Der Forderungsübergang nach § 116 SGB X ist jeweils ausgeschlossen. Damit können zivilrechtliche Ansprüche (z. B. Schmerzensgeld) durch den Geschädigten nur bei Vorsatz oder im Zusammenhang mit Wegeunfällen geltend gemacht werden.

Arbeitsunterbrechung

Zu Arbeitsunterbrechungen kommt es z. B. bei unbezahltem Urlaub, Arbeitsbummelei, Streik oder Aussperrung. Grundsätzlich gilt eine Beschäftigung als fortbestehend, solange das Beschäftigungsverhältnis ohne Anspruch auf Arbeitsentgelt fortdauert. Wird die Beschäftigung durch Bezug einer Entgeltersatzleistung unterbrochen, gilt sie sozialversicherungsrechtlich nicht als fortbestehend. Allerdings bleibt die Mitgliedschaft in der Kranken- und Pflegeversicherung erhalten. In der Renten- und Arbeitslosenversicherung besteht nach anderen gesetzlichen Vorschriften Versicherungspflicht.

Gesetze, Vorschriften und Rechtsprechung

Lohnsteuer: Lohnsteuerrechtliche Regelungen, nach denen eine längerfristige Arbeitsunterbrechung im Lohnkonto und in der elektronischen Lohnsteuerbescheinigung zu vermerken ist, finden sich in § 41b Abs. 1 Nr. 2 i. V. m. § 41 Abs. 1 Satz 5 EStG.

Sozialversicherung: Der Fortbestand eines Versicherungsverhältnisses bei Arbeitsunterbrechungen ist in § 7 Abs. 3 SGB IV geregelt. Die Spitzenorganisationen der Sozialversicherung haben zu dieser Thematik am 12.3.2013 eine gemeinsame Verlautbarung veröffentlicht (BE v. 13.3.2013: TOP 1).

Lohnsteuer

Aufzeichnung Großbuchstabe U im Lohnkonto

Der Arbeitgeber muss am Ort der Betriebsstätte für jeden Arbeitnehmer und jedes Kalenderjahr ein ⬀ Lohnkonto führen.[8] In das Lohnkonto sind die für den Lohnsteuerabzug erforderlichen elektronischen Lohnsteuerabzugsmerkmale bzw. die sich aus einer entsprechenden Bescheinigung des Finanzamts ergebenden Merkmale zu übernehmen.[9] Die Anzahl der Großbuchstaben U ist aufzuzeichnen, wenn bei fortbestehendem Arbeitsverhältnis Arbeitslohnansprüche für mindestens 5 aufeinanderfolgende Werktage ganz oder überwiegend entfallen sind (U = Unterbrechung).[10]

1 BSG, Urteil v. 30.1.2007, B 2 U 23/05 R.
2 BSG, Urteil v. 30.1.2007, B 2 U 23/05 R.
3 BSG, Urteil v. 5.9.2006, B 2 U 24/05 R.
4 § 20 Abs. 1 Satz 1 SGB X.
5 BSG, Urteil v. 27.10.2009, B 2 U 23/08 R.
6 § 104 Abs. 1 Satz 1 SGB VII.
7 § 105 Abs. 1 Satz 1 SGB VII.
8 § 4 LStDV.
9 § 39e Abs. 4 Satz 2 und Abs. 5 Satz 2 sowie § 39 Abs. 3 oder § 39e Abs. 7 oder Abs. 8 EStG.
10 § 41 Abs. 1 Satz 5 EStG.

> **Wichtig**
>
> **Anzahl der vermerkten Großbuchstaben U zu bescheinigen**
>
> Im Gegensatz zu den anderen Großbuchstaben ist nicht nur der bloße Großbuchstabe U zu bescheinigen, sondern die Anzahl der Großbuchstaben U. Im Datenfeld „Anzahl U" ist die Summe der aufgezeichneten Großbuchstaben U zu bescheinigen.

Der Zeitraum der Unterbrechung muss nicht bescheinigt werden, insbesondere nicht die Anzahl der Arbeitstage, für die ganz oder überwiegend der Anspruch auf Arbeitslohn entfallen ist.

> **Beispiel**
>
> **Arbeitnehmer nimmt unbezahlten Urlaub**
>
> Ein Arbeitnehmer nimmt innerhalb eines Kalenderjahres zweimal unbezahlten Urlaub mit je 5 Tagen.
>
> **Ergebnis:** In der ↗ Lohnsteuerbescheinigung ist in Zeile 2 „Zeiträume ohne Anspruch auf Arbeitslohn" die Ziffer „2" einzutragen.

Keine Unterbrechung des Lohnzahlungszeitraums

Regelmäßig erhalten Arbeitnehmer ihren Lohn bzw. ihr Gehalt für einen monatlichen Lohnzahlungszeitraum. Im Falle einer Unterbrechungsmeldung (U) erhält der Arbeitnehmer seinen Lohn bzw. sein Gehalt nicht für den vollen Monat, die Lohnsteuer muss aber trotzdem anhand der Monatstabelle berechnet werden.

Wichtig ist, dass bei bloßer Arbeitsunterbrechung kein ↗ Teillohnzahlungszeitraum entsteht. Solange das Dienstverhältnis fortbesteht, sind auch solche in den Lohnzahlungszeitraum fallende Arbeitstage mitzuzählen, für die der Arbeitnehmer keinen steuerpflichtigen Arbeitslohn bezogen hat.[1]

> **Beispiel**
>
> **Lohnsteuerberechnung bei Arbeitsunterbrechung**
>
> Peter Emsig (kinderlos) hat ein Monatsgehalt von 2.000 EUR. Im Jahr 2023 entfallen 128,83 EUR Lohnsteuer darauf. Vom 16.9.-30.9. nimmt Herr Emsig unbezahlten Urlaub. Er erhält für diesen Monat ein Teilentgelt von 1.000 EUR.
>
> **Ergebnis:** Die 1.000 EUR – obwohl nur für einen halben Monat gezahlt – werden auch nach der Monatstabelle versteuert. Die Lohnsteuer für den September beträgt 0 EUR.

Wichtige Unterbrechungstatbestände

Tatbestände, die als Arbeitsunterbrechung bzw. Zeiten ohne Anspruch auf Arbeitslohn gelten, und die auf der Lohnsteuerbescheinigung mit dem Großbuchstaben U auszuweisen sind:

- ↗ unbezahlter Urlaub von mindestens 5 zusammenhängend verlaufenden Arbeitstagen im Kalenderjahr,
- Bezug von ↗ Elterngeld oder Inanspruchnahme der Elternzeit für mindestens 5 aufeinanderfolgende Arbeitstage,
- Bezug von (Kinderpflege-)↗ Krankengeld für 5 oder mehr Tage (nach Ablauf der Lohnfortzahlung),
- Zeiten während des Bezugs von ↗ Verletztengeld,
- Bezug von ↗ Mutterschaftsgeld ohne Zuschuss des Arbeitgebers,
- Inanspruchnahme der ↗ Pflegezeit für mindestens 5 aufeinanderfolgende Arbeitstage.

1 R 39b.5 Abs. 2 Satz 3 LStR.

Sozialversicherung

Fortbestehen der Versicherungspflicht

Für alle Sozialversicherungszweige gilt: Eine Beschäftigung ohne ↗ Arbeitsentgelt gilt für einen Monat als fortbestehend. Entsprechend besteht die Versicherungspflicht für die Dauer der Arbeitsunterbrechung ohne Anspruch auf Arbeitsentgelt in der Kranken-, Pflege-, Renten- und Arbeitslosenversicherung fort. Dabei wird nicht vorausgesetzt, dass die Dauer der Arbeitsunterbrechung von vornherein befristet ist. Die Versicherungspflicht bleibt daher auch für einen Monat erhalten, wenn

- die Dauer der Arbeitsunterbrechung nicht absehbar oder
- die Unterbrechung von vornherein auf einen Zeitraum von mehr als einen Monat befristet ist.

Eine Beschäftigung gilt auch als fortbestehend, wenn Arbeitsentgelt aus einem bei der Deutschen Rentenversicherung Bund übertragenen Wertguthaben bezogen wird.

Berechnung der Monatsfrist

Die Monatsfrist beginnt mit dem ersten Tag der Arbeitsunterbrechung. Sie endet mit dem Ablauf desjenigen Tages des nächsten Monats, der dem Tag vorhergeht, der durch seine Zahl dem Anfangstag der Frist entspricht. Fehlt dem nächsten Monat der für den Ablauf der Frist maßgebende Tag, endet die Frist mit Ablauf des letzten Tages dieses Monats.[2]

> **Beispiel**
>
> **Berechnung Beginn und Ende der Monatsfrist**

Letzter Tag des entgeltlichen Beschäftigungsverhältnisses	Beginn der Monatsfrist	Ende der Monatsfrist
15.1.	16.1.	15.2.
31.1.	1.2.	28.2. oder 29.2.
28.2.	29.2. (Schaltjahr)	28.3.
29.2. (Schaltjahr)	1.3.	31.3.
31.3.	1.4.	30.4.
30.4.	1.5.	31.5.

Inanspruchnahme von Pflegezeit

Das versicherungspflichtige Beschäftigungsverhältnis besteht bei vollständiger Freistellung von der Arbeitsleistung für ↗ Pflegezeiten nach § 3 PflegeZG nicht fort. Im Gegenteil: Selbst für den ersten Monat der Pflegezeit wird eine Beschäftigung gegen Arbeitsentgelt in diesen Fällen nicht angenommen.[3]

Einmalig gezahltes Mutterschaftsgeld für privat krankenversicherte Frauen

Das ↗ Mutterschaftsgeld an privat krankenversicherte Frauen[4] führt zur Anwendung von § 7 Abs. 3 Satz 3 SGB IV. Das Versicherungsverhältnis besteht in diesen Fällen nicht für einen Monat fort. Die Beschäftigung wird durch den Bezug von Mutterschaftsgeld unterbrochen.

Zum letzten Tag des Entgeltanspruchs vor Beginn der Schutzfrist ist eine ↗ Unterbrechungsmeldung mit dem Abgabegrund „51" zu erstatten.

> **Beispiel**
>
> **Unterbrechungsmeldung**
>
> Claudia Müller arbeitet als Filialleiterin einer Kaufhauskette. Sie ist privat krankenversichert. Frau Müller hat das einmalige Mutterschaftsgeld über das Bundesamt für Soziale Sicherung beantragt. Am 17.9. beginnt für sie die 6-wöchige Schutzfrist vor dem voraussichtlichen Entbindungstag.

2 § 26 Abs. 1 SGB X i. V. m. § 187 Abs. 2 Satz 1 und § 188 Abs. 2–3 BGB.
3 § 7 Abs. 3 Satz 4 SGB IV.
4 § 13 Abs. 2 MuSchG.

Ergebnis: Der Arbeitgeber hat zum 16.9. eine Unterbrechungsmeldung mit dem Abgabegrund „51" zu erstatten. Zu verwenden ist der Personengruppenschlüssel „101" und der Beitragsgruppenschlüssel „0110".

Mehrere unterschiedliche Unterbrechungstatbestände

Treffen mehrere Arbeitsunterbrechungen aufgrund unterschiedlicher Tatbestände unmittelbar aufeinander, so sind diese zur Ermittlung der Zeitgrenze von einem Monat zusammenzurechnen. Dies gilt allerdings nicht, wenn sich z. B. ein ⇗ unbezahlter Urlaub[1] an den Bezug von ⇗ Elternzeit[2] anschließt. Die Zeiten der einzelnen Arbeitsunterbrechungen sind dann nicht zusammenzurechnen.[3]

Unterbrechungstatbestände

Bezug von Entgeltersatzleistungen oder Inanspruchnahme von Elternzeit

Eine Beschäftigung gilt nicht als fortbestehend, wenn Entgeltersatzleistungen bezogen werden.[4] Als Entgeltersatzleistungen gelten

- Krankengeld,
- Krankentagegeld,
- Verletztengeld,
- Versorgungskrankengeld,
- Übergangsgeld,
- Mutterschaftsgeld,
- Erziehungs- und Elterngeld,
- Elternzeit.

Bezug von Kurzarbeitergeld

Die Mitgliedschaft bleibt in der Kranken- und Pflegeversicherung bei Bezug von ⇗ Kurzarbeitergeld nach dem SGB III bestehen.[5]

In der Rentenversicherung besteht die Versicherungspflicht fort.[6] In der Arbeitslosenversicherung bleibt das Versicherungspflichtverhältnis während eines erheblichen Arbeitsausfalls mit Entgeltausfall im Sinne der Vorschriften über das Kurzarbeitergeld unberührt.[7]

Organspender

Die versicherungspflichtige Mitgliedschaft bleibt auch erhalten, wenn ein Spender von Organen oder Geweben von einem Leistungsträger (private Krankenversicherung, Beihilfeträger des Bundes u. a.) Leistungen für den Ausfall von Arbeitseinkünften bezieht oder beanspruchen kann.[8] Für die Dauer des Leistungsbezugs besteht Versicherungs- und Beitragspflicht in der Renten-, Arbeitslosen- und Pflegeversicherung.[9]

Rechtmäßiger Arbeitskampf

Die Versicherungspflicht in der Renten- und Arbeitslosenversicherung bleibt bei ⇗ Arbeitskampfmaßnahmen längstens für einen Monat erhalten.[10] Dabei ist es unerheblich, ob die Maßnahmen rechtmäßig oder rechtswidrig sind. In der Kranken- und Pflegeversicherung bleibt die Mitgliedschaft bis zur Beendigung des rechtmäßigen Arbeitskampfs erhalten.[11]

1 Arbeitsunterbrechung i. S. v. § 7 Abs. 3 Satz 1 SGB IV.
2 Arbeitsunterbrechung i. S. d. § 7 Abs. 3 Satz 3 SGB IV.
3 BSG, Urteil v. 17.2.2004, B 1 KR 7/02 R.
4 § 7 Abs. 3 Satz 3 SGB IV.
5 § 192 Abs. 1 Nr. 4 SGB V sowie § 49 Abs. 2 SGB XI i. V. m. § 192 Abs. 1 Nr. 4 SGB V.
6 § 1 Satz 1 Nr. 1 2. Halbsatz SGB VI.
7 § 24 Abs. 3 SGB III.
8 § 192 Abs. 1 Nr. 2a SGB V.
9 § 3 Satz 1 Nr. 3a SGB VI, § 26 Abs. 2 Nr. 2a SGB III, § 49 Abs. 2 SGB XI i. V. m. § 192 Abs. 1 Nr. 2a SGB V.
10 § 7 Abs. 3 Satz 1 SGB IV.
11 § 192 Abs. 1 Nr. 1 SGB V sowie § 49 Abs. 2 SGB X i. V. m. § 192 Abs. 1 Nr. 1 SGB V.

Schwangere

Die Mitgliedschaft von Schwangeren bleibt in der Kranken- und Pflegeversicherung erhalten, auch bei

- zulässiger Auflösung des Beschäftigungsverhältnisses durch den Arbeitgeber und
- Beurlaubung unter Wegfall des Arbeitsentgelts.[12]

Freiwilliger Wehrdienst

Die Beschäftigung gegen Arbeitsentgelt gilt nicht noch als fortbestehend, wenn sie durch einen ⇗ freiwilligen Wehrdienst unterbrochen wird.

Auswirkungen auf die Beitragsberechnung

Die Arbeitsunterbrechungen haben unmittelbar Auswirkungen auf die ⇗ Beitragsberechnung und ggf. auf die Höhe der zu zahlenden Beiträge. Zeiten der Arbeitsunterbrechung ohne Anspruch auf Arbeitsentgelt sind keine beitragsfreien, sondern dem Grunde nach beitragspflichtige Zeiten. Für Zeiträume von Arbeitsunterbrechungen i. S. v. § 7 Abs. 3 Satz 1 SGB IV (z. B. unbezahlter Urlaub) sind ⇗ Sozialversicherungstage anzusetzen. Diese Zeiträume sind auch bei der Ermittlung[13] der anteiligen Jahresbeitragsbemessungsgrenzen zu berücksichtigen.

Achtung

Besonderheit bei Wiederbeginn der Versicherungspflicht im laufenden Monat

Endet die Versicherungspflicht wegen einer Arbeitsunterbrechung ohne Fortzahlung von Arbeitsentgelt im Laufe eines Monats, gilt eine Besonderheit: Ein nach Wiederbeginn der Versicherungspflicht in diesem Monat erzieltes laufendes Arbeitsentgelt kann nicht auf Zeiten davor verlagert werden.

Meldungen

Beschäftigung ohne Anspruch auf Arbeitsentgelt

⇗ Meldungen fallen nicht an, wenn die Arbeitsunterbrechung nach § 7 Abs. 3 Satz 1 SGB IV einen Monat nicht überschreitet. Bei längeren Arbeitsunterbrechungen endet die entgeltliche Beschäftigung nach einem Monat. Dann ist innerhalb von 6 Wochen nach dem Ende der Beschäftigung eine ⇗ Abmeldung mit dem Meldegrund „34" zu erstatten. In dieser Meldung ist das im gesamten Meldezeitraum erzielte Arbeitsentgelt zu bescheinigen.

Hinweis

Meldegrund „34" auch außerhalb der Monatsfrist

Mit dem Meldegrund „34" werden auch diejenigen Fälle erfasst, in denen die Beschäftigung bereits während der Monatsfrist endet.

Die Fiktion der Beschäftigung gegen Arbeitsentgelt ist auch bei Zubilligung einer Rente wegen verminderter Erwerbsfähigkeit anzunehmen, solange das Arbeitsverhältnis besteht (maximal einen Monat). Das Arbeitsverhältnis endet in der Praxis arbeitsrechtlich in der Regel bei Erwerbsminderungsrenten mit Ablauf des Monats, in dem der Rentenbescheid zugestellt wird. Beginnt die Rente erst nach Zustellung des Rentenbescheids, endet das Arbeitsverhältnis mit Ablauf des dem Rentenbeginn vorangehenden Tages. In den genannten Fällen kann das sozialversicherungsrechtliche Beschäftigungsverhältnis damit auch schon vor Ablauf der Monatsfrist enden.[14]

Beispiel

Anwendung des Meldegrundes „34"

Ein versicherungspflichtiger Arbeitnehmer ist seit dem 20.10.2023 arbeitsunfähig erkrankt. Sein Arbeitgeber zahlt das Entgelt fort bis zum 30.11.2023. Ab 1.2.2024 wird eine unbefristete Rente wegen voller Erwerbsminderung bewilligt. Am 17.6.2024 erfolgt die Zustellung des

12 § 192 Abs. 2 SGB V.
13 § 23a Abs. 3 Satz 2 SGB IV.
14 § 7 Abs. 3 Satz 1 SGB IV.

Rentenbescheids. Die Rentenmitteilung geht bei der zuständigen Krankenkasse am 14.6.2024 ein. Bis zu diesem Tag zahlt diese Krankengeld aus. Das Arbeitsverhältnis endet am 30.6.2024.

Ergebnis:

Folgende Meldungen sind vom Arbeitgeber zu erstatten:

Abmeldung 1.1.2024 bis 31.1.2024 Beitragsgruppenschlüssel „1111“	wegen Beitragsgruppenwechsel mit Grund „32“ Personengruppenschlüssel „101“
Anmeldung 1.2.2024 Beitragsgruppenschlüssel „3101“	wegen Beitragsgruppenwechsel mit Grund „12“ Personengruppenschlüssel „101“
Abmeldung 15.6.2024 bis 30.6.2024 Beitragsgruppenschlüssel „3101“	wegen Beschäftigungsende mit Grund „34“ Personengruppenschlüssel „101“

Entgeltersatzleistungsbezug/Mutterschaftsgeld/Wehrdienst/Elterngeld/Elternzeit

Wird die versicherungspflichtige Beschäftigung nach § 7 Abs. 3 Satz 3 SGB IV für mindestens einen Kalendermonat unterbrochen, ist für den Zeitraum bis zum Wegfall des Arbeitsentgeltanspruchs eine Unterbrechungsmeldung mit dem Meldegrund „51“ zu erstatten. Endet die Beschäftigung während einer solchen Unterbrechung, ist eine Abmeldung mit dem Meldegrund „30“ vorzunehmen.[1]

Endet die Beschäftigung in dem auf den Wegfall des Arbeitsentgeltanspruchs folgenden Kalendermonat, sind Meldungen zu erstatten. Für den Zeitraum bis zum Wegfall ist sowohl eine Unterbrechungsmeldung (Meldegrund „51“) abzugeben sowie für den Zeitraum vom Beginn der Unterbrechung an bis zum Ende der Beschäftigung eine Abmeldung (Meldegrund „30“).[2]

Arbeitszeitkonto

Das Arbeitszeitkonto ist eine Möglichkeit, Arbeitszeit flexibler zu gestalten und flexible Arbeitszeitmodelle zu steuern. Auf einem Arbeitszeitkonto wird (i. d. R. elektronisch) die tatsächlich geleistete Arbeitszeit des Arbeitnehmers festgehalten und mit der arbeits- oder tarifvertraglich vereinbarten Arbeitszeit saldiert. Daraus entstehen bei Überschreitung der vereinbarten Arbeitszeit Plussalden („Zeitguthaben“) sowie bei Unterschreitung der vereinbarten Arbeitszeit Minussalden („Zeitschulden“).

Arbeitszeitkonten als „laufende Konten“ (z. B. Gleitzeitkonto) liegt dabei die Idee zugrunde, dass Plus- und Minussalden im Rahmen der jeweiligen betrieblichen Regelungen fortlaufend ausgeglichen werden. Die Möglichkeit der Bildung von Plus- und Minussalden kann dabei sowohl betrieblichen Anforderungen (z. B. Arbeitsspitzen und „Arbeitstäler“) als auch persönlichen Interessen (bessere Berücksichtigung privater Belange) Rechnung tragen.

Eine Sonderform des Arbeitszeitkontos sind sog. Zeitwertkonten. Solche Konten dienen nicht der flexiblen Gestaltung der werktäglichen oder wöchentlichen Arbeitszeit oder dem Ausgleich betrieblicher Produktions- und Arbeitszeitzyklen mit dem Ziel eines regelmäßigen Ausgleichs. Sie sollen insbesondere längere Freistellungen des Arbeitnehmers unter Fortbestand des sozialversicherungspflichtigen Beschäftigungsverhältnisses unterstützen (z. B. Sabbatical oder vorgezogener Ruhestandseintritt). Guthaben auf Zeitwertkonten können auch durch Umwandlung von Entgeltbestandteilen aufgebaut werden und unterliegen besonderen sozialversicherungs- und steuerrechtlichen Rahmenbedingungen.

Gesetze, Vorschriften und Rechtsprechung

Lohnsteuer: Die Regelungen zur Besteuerung von Zeitwertkonten dienen der Bestimmung des Zuflusszeitpunkts von Arbeitslohn, diese sind geregelt in §§ 11, 19 EStG sowie im BMF-Schreiben v. 17.6.2009, IV C 5 – S 2332/07/004, BStBl 2009 I S. 1286. Regelungen zur lohn-/einkommensteuerlichen Anerkennung von Zeitwertkonten bei Organen von Körperschaften finden sich im BMF-Schreiben v. 8.8.2019, IV C 5 -S 2332/07/0004 :004, BStBl 2019 I S. 874.

Sozialversicherung: Bei der Auszahlung von Überstunden sind besondere Regelungen zu beachten, s. Besprechungsergebnis der Spitzenorganisationen der Sozialversicherung vom 14./15.11.2012. Mit dem Gesetz zur Verbesserung der Rahmenbedingungen für die Absicherung flexibler Arbeitszeitregelungen v. 21.12.2008 (Flexi-II-Gesetz) wurden Regelungen zur Abgrenzung der Wertguthabenvereinbarungen von anderen Formen flexibler Arbeitszeitmodelle getroffen. Die Spitzenverbände der Sozialversicherungsträger haben die sich aus dem Flexi-II-Gesetz ergebenden Änderungen im Rundschreiben v. 31.3.2009 zusammengefasst.

Entgelt	LSt	SV
Gutschrift auf dem Arbeitszeitkonto (Ansparphase) * Ausnahme UV	frei	frei*
Auszahlung aus dem Arbeitszeitkonto (Freistellungsphase) * Ausnahme UV	pflichtig	pflichtig*

Lohnsteuer

Arten von Arbeitszeitkonten

Flexi- oder Gleitzeitkonten

Sog. Flexi- oder Gleitzeitkonten, mittels derer die werktägliche oder wöchentliche Arbeitszeit flexibel gestaltet oder betriebliche Produktions- und Arbeitszeitzyklen ausgeglichen werden, sind steuerlich unbedeutend. Sie dienen lediglich dazu, Mehr- oder Minderarbeitszeiten anzusammeln, um diese zu einem späteren Zeitpunkt wieder auszugleichen.

Zuflusszeitpunkt des Arbeitslohns

Der Arbeitslohn ist mit Auszahlung bzw. Erlangung anderweitiger wirtschaftlicher Verfügungsmacht des Arbeitnehmers zugeflossen und zu versteuern. Die inhaltlichen Anforderungen für Zeitwertkonten, wie z. B. die Werterhaltungsgarantie, werden steuerlich also nicht auf Flexi- oder Gleitzeitkonten ausgeweitet (analog zur Sozialversicherung).

Hinweis

Altersteilzeitvereinbarung der Vorstände von Genossenschaften

Das BMF-Schreiben[3] zu den Zeitwertkonten findet keine Anwendung auf Altersteilzeitverträge der Vorstände von Genossenschaften, die den Bestimmungen des Altersteilzeitgesetzes entsprechend abgeschlossen wurden bzw. werden. Auch § 3 Nr. 28 EStG ist weiterhin für solche Altersteilzeitvereinbarungen anwendbar.

Zeitwertkonto

Der steuerliche Begriff „Zeitwertkonto“ orientiert sich am arbeits- und sozialrechtlichen Sinn und Zweck dieser Vereinbarung. Er steht für eine Vereinbarung von Arbeitgeber und Arbeitnehmer, nach der der Arbeitnehmer künftig fällig werdenden Arbeitslohn nicht sofort ausbezahlt erhält, sondern dieser Arbeitslohn beim Arbeitgeber zunächst nur betragsmäßig erfasst wird, um ihn im Zusammenhang mit einer vollen oder teilweisen Freistellung von der Arbeitsleistung während des noch fortbestehenden Dienstverhältnisses auszuzahlen. Der steuerliche Begriff „Zeitwertkonto“ entspricht insoweit dem sozialversicherungsrecht-

1 § 9 Abs. 1 DEÜV.
2 § 9 Abs. 2 DEÜV.

3 BMF, Schreiben v. 17.6.2009, IV C 5 – S 2332/07/004, BStBl 2009 I S. 1286.

lichen Begriff der Wertguthabenvereinbarungen i. S. v. § 7b SGB IV – sog. Lebensarbeitszeit- bzw. Arbeitszeitkonto.[1]

Steuerliche Behandlung von Zeitwertkonten

Besteuerung erst in der Entnahmephase

Bei einer steuerlich als Zeitwertkonto anzuerkennenden Vereinbarung wird nicht der Aufbau des Guthabens auf dem Zeitwertkonto besteuert, sondern erst die Auszahlung des Guthabens während der Freistellung. Es wird davon ausgegangen, dass der Arbeitnehmer durch die interne Gutschrift auf dem Zeitwertkonto noch keine wirtschaftliche Verfügungsmacht über die dem Zeitwertkonto zugeführten Beträge erlangt, somit liegt kein Zufluss von Arbeitslohn vor.

Davon wird aus Vereinfachungsgründen auch dann noch ausgegangen, wenn die Gehaltsänderungsvereinbarung bereits erdiente, aber noch nicht fällig gewordene Arbeitslohnteile umfasst. Dies gilt auch, wenn eine Einmal- oder Sonderzahlung einen Zeitraum von mehr als einem Jahr betrifft.

Beispiel

Teilweise Auszahlung und Überführung in Zeitwertkonto

Ein Arbeitnehmer möchte sich seine im Rahmen eines Projektes geleisteten 100 Überstunden zur Hälfte auszahlen lassen und zur Hälfte auf sein Zeitwertkonto überführen. Dies vereinbart er mit seinem Arbeitgeber bereits vor dem Fälligkeitszeitpunkt. Zu welchem Zeitpunkt sind die Auszahlung sowie die Überführung auf das Zeitwertkonto steuerpflichtig?

Ergebnis: Für die 50 Überstunden, die direkt ausbezahlt werden, tritt die Lohnsteuerpflicht im Zeitpunkt der Auszahlung ein. Hinsichtlich der 50 Überstunden, die dem Zeitwertkonto zugeführt werden sollen, tritt im Zeitpunkt der Zuführung noch kein lohnsteuerpflichtiger Zufluss ein. Lohnsteuerpflicht besteht erst im Zeitpunkt der Auszahlung während der Freistellungsphase.

Guthabenverwendung für die betriebliche Altersversorgung

Wird das Guthaben eines steuerlich anzuerkennenden Zeitwertkontos aufgrund einer Vereinbarung zwischen Arbeitgeber und Arbeitnehmer vor Fälligkeit, also vor der planmäßigen Auszahlung während der Freistellung, ganz oder teilweise zugunsten einer ↗ betrieblichen Altersversorgung herabgesetzt, wird dies steuerlich wie eine Entgeltumwandlung zugunsten betrieblicher Altersversorgung behandelt.

Besteuerungszeitpunkt

Dies führt dazu, dass sich der Zuflusszeitpunkt dieser Beträge nach den steuerlichen Regelungen richtet, die für den gewählten Durchführungsweg der zugesagten betrieblichen Altersversorgung gelten.[2]

Dies gilt bei einem Altersteilzeitarbeitsverhältnis im sog. Blockmodell in der Arbeitsphase und der Freistellungsphase entsprechend.

Beitragsfreie Übertragung von Wertguthaben abgeschafft

Im Sozialversicherungsrecht besteht die Möglichkeit, Wertguthaben in betriebliche Altersversorgung umzuwandeln, nur noch für individuelle Wertguthabenvereinbarungen, die vor dem 14.11.2008 geschlossen wurden[3], ohne dass es dadurch zu einem Störfall kommt infolge der nicht vereinbarungsgemäßen Verwendung des Guthabens für Freistellung. Dies gilt unabhängig davon, ob für den Beschäftigungsbetrieb eine tarifliche Regelung oder Betriebsvereinbarung besteht, die eine solche Übertragungsmöglichkeit vorsieht.

Begünstigter Personenkreis

Arbeitnehmer in einem gegenwärtigen Dienstverhältnis

Ein Zeitwertkonto kann für alle Arbeitnehmer[4] im Rahmen eines gegenwärtigen Dienstverhältnisses eingerichtet werden. Dazu gehören auch Arbeitnehmer mit einer ↗ geringfügig entlohnten Beschäftigung i. S. d. § 8 bzw. § 8a SGB IV. Besonderheiten gelten bei befristeten Dienstverhältnissen, beherrschenden Gesellschafter-Geschäftsführern und anderen Arbeitnehmern, die gleichzeitig Organ einer Gesellschaft sind.

Befristete Arbeitsverhältnisse

Bei befristeten Arbeitsverhältnissen müssen die Zeitwertkontenvereinbarungen vorsehen, dass die sich während der Beschäftigung ergebenden Guthaben bei normalem Ablauf während der Dauer des befristeten Dienstverhältnisses, d. h. innerhalb der vertraglich vereinbarten Befristung, durch Freistellung ausgeglichen werden können.

Organe von Körperschaften

Arbeitnehmer ist nicht an Körperschaft beteiligt

Vereinbarungen über die Einrichtung von Zeitwertkonten bei Arbeitnehmern, die zugleich als Organ einer Körperschaft bestellt sind (z. B. bei Mitgliedern des Vorstands einer Aktiengesellschaft oder Geschäftsführern einer GmbH), sind lohn-/einkommensteuerlich ebenfalls grundsätzlich anzuerkennen, wenn der Arbeitnehmer nicht an der Körperschaft beteiligt ist, z. B. Fremdgeschäftsführer.[5]

Arbeitnehmer ist ohne beherrschende Stellung beteiligt

Ist der Arbeitnehmer an der Körperschaft beteiligt, beherrscht diese aber nicht (z. B. Minderheitsgesellschafter-Geschäftsführer), ist nach den allgemeinen Grundsätzen zu prüfen, ob eine verdeckte Gewinnausschüttung vorliegt. Liegt danach keine verdeckte Gewinnausschüttung vor, sind Vereinbarungen über die Einrichtung von Zeitwertkonten ebenfalls lohn-/einkommensteuerlich grundsätzlich anzuerkennen.[6]

Arbeitnehmer ist mit beherrschender Stellung beteiligt

Ist der Arbeitnehmer an der Körperschaft beteiligt und beherrscht diese (beherrschender Gesellschafter-Geschäftsführer), liegt eine verdeckte Gewinnausschüttung vor. Vereinbarungen über die Einrichtung von Zeitwertkonten sind lohn- und einkommensteuerlich nicht anzuerkennen. Ist von einer verdeckten Gewinnausschüttung auszugehen, kann bei Organen von Körperschaften durch die Gutschrift auf dem Zeitwertkonto keine Verschiebung des Besteuerungszeitpunkts erreicht werden.[7,8]

Hinweis

Getrennte Betrachtung bei mehreren Beschäftigungsverhältnissen

Bei der Frage der Anerkennung eines Zeitwertkontos im Fall eines Arbeitnehmers mit 2 oder mehr Beschäftigungsverhältnissen zu verschiedenen Arbeitgebern, ist jedes Beschäftigungsverhältnis für sich getrennt zu betrachten. Ist der Arbeitnehmer nur in dem einen Beschäftigungsverhältnis als Organ bestellt, hindert dies grundsätzlich nicht die Anerkennung eines Zeitwertkontos in dem anderen Beschäftigungsverhältnis, in dem eine solche Organstellung nicht besteht.

Folgen bei Erwerb/Beendigung einer Organstellung

Der Erwerb einer Organstellung führt nicht zur Auflösung oder Versteuerung des bis zu diesem Zeitpunkt (also ohne Organ der Körperschaft zu sein) aufgebauten Guthabens. Nach Erwerb der Organstellung ist hinsichtlich der weiteren Zuführungen zu dem Konto eine verdeckte Ge-

1 BMF, Schreiben v. 17.6.2009, IV C 5 – S 2332/07/004, BStBl 2009 I S. 1286; BMF, Schreiben v. 8.8.2019, IV C 5 -S 2332/07/0004 :004, BStBl 2019 I S. 874; FinMin Nordrhein-Westfalen, Verfügung v. 9.8.2011, S 2332 – 81 – V B 3.
2 BMF, Schreiben v. 12.8.2021, IV C 5 – S 2333/19/10008 :017, BStBl 2021 I S. 1050, Rz. 8ff.
3 § 23b Abs. 3 SGB IV.
4 § 1 LStDV.
5 BFH, Urteil v. 22.2.2018, VI R 17/16, BStBl 2019 II S. 496, zum Fremd-Geschäftsführer. Nach Auffassung des BFH ist die Organstellung des Fremdgeschäftsführers für die Frage des Zuflusses von Arbeitslohn irrelevant.
6 BMF, Schreiben v. 8.8.2019, IV C 5 -S 2332/07/0004 :004, BStBl 2019 I S. 874.
7 BFH, Urteil v. 11.11.2015, I R 26/15, BStBl 2016 II S. 489, zum beherrschenden Gesellschafter-Geschäftsführer. Vereinbarungen zu Zeitwertkonten sind nach Auffassung des BFH nicht mit dem Aufgabenbild eines GmbH-Gesellschafter-Geschäftsführers vereinbar.
8 BMF, Schreiben v. 8.8.2019, IV C 5 -S 2332/07/0004 :004, BStBl 2019 I S. 874.

winnausschüttung zu prüfen, sofern der Arbeitnehmer neben seiner Organstellung auch an der Körperschaft beteiligt ist.

Nach Beendigung der Organstellung und Fortbestehen des Dienstverhältnisses kann das Zeitwertkonto entweder wieder weiter aufgebaut oder für Zwecke der Freistellung verwendet werden. Entsprechendes gilt für Arbeitnehmer, die in der Gesellschaft beschäftigt sind, die sie beherrschen.

Arbeitnehmer-Ehegatten

Schließen Ehegatten im Rahmen eines Arbeitsverhältnisses zusätzlich auch eine Zeitwertkonten-Vereinbarung ab, ist für diese gesondert zu prüfen, ob sie den Grundsätzen über die steuerliche Anerkennung von Verträgen zwischen nahen Angehörigen entspricht (sog. Fremdvergleich). Im Zuge der dazu erforderlichen Gesamtwürdigung ist der Umstand, ob die Vertragschancen und -risiken in fremdüblicher Weise verteilt sind, von wesentlicher Bedeutung.

Eine einseitige Verteilung der Risiken zulasten des Arbeitgeber-Ehegatten ist regelmäßig anzunehmen, wenn der Arbeitnehmer-Ehegatte unbegrenzt Wertguthaben ansparen sowie Dauer, Zeitpunkt und Häufigkeit der Freistellungsphasen nahezu beliebig wählen kann. Eine solche einseitig zulasten des Arbeitgeber-Ehegatten gehende Risikoverteilung ist ein starkes Indiz dafür, dass die Zeitwertkonten-Vereinbarung dem widerspricht, was zwischen Fremden üblich ist.[1]

Aufbau des Zeitwertkontos

Umfang der Zuführungen

Der Zweck eines Zeitwertkontos ist der Aufbau eines Guthabens mit dem Ziel der Freistellung während des noch bestehenden Dienstverhältnisses. Dieser Zweck wird nur solange erfüllt, wie die dem Konto zugeführten Beträge auch durch Freistellung noch vollständig aufgebraucht werden können.

Bei Zeitwertkonten, bei denen die Beteiligten erkennbar die im Sozialversicherungsrecht festgelegten Anforderungen, insbesondere des § 7 Abs. 1a Satz 1 SGB IV (Angemessenheit des Arbeitsentgelts in der Freistellungsphase) einzuhalten beabsichtigen, geht die Finanzverwaltung aus Vereinfachungsgründen davon aus, dass eine Prognoseentscheidung entbehrlich ist.

Jährliche Prognoseentscheidung in anderen Fällen

Bei allen Vereinbarungen, wo dies nicht berücksichtigt wird und Zweck der Vereinbarung die Freistellung vor der Altersrente ist, ist eine jährliche Prognoseentscheidung zu treffen. Für diese meist erst kurz vor Beginn der vereinbarten Freistellung durchzuführende Prognose ist aus steuerlicher Sicht zum einen der ungeminderte Arbeitslohnanspruch (ohne Berücksichtigung der Gehaltsänderungsvereinbarung) und zum anderen der voraussichtliche Zeitraum der maximal noch zu beanspruchenden Freistellung heranzuziehen. Der voraussichtliche Zeitraum der Freistellung bestimmt sich dabei grundsätzlich nach der vertraglichen Vereinbarung. Das Ende des voraussichtlichen Freistellungszeitraums kann allerdings nicht über den Zeitpunkt hinausgehen, zu dem der Arbeitnehmer eine Rente wegen Alters nach dem SGB VI spätestens beanspruchen kann (Regelaltersgrenze). Jede weitere Gutschrift auf dem Zeitwertkonto wäre dann Einkommensverwendung und damit steuerpflichtiger Zufluss von Arbeitslohn.

Hinweis

Erfolgsabhängige Vergütungsbestandteile

Bei erfolgsabhängiger Vergütung ist neben dem Fixum auch der erfolgsabhängige Vergütungsbestandteil für die Prognoseentscheidung zu berücksichtigen. Die Finanzverwaltung beanstandet es dabei nicht, wenn insoweit der Durchschnittsbetrag der letzten 5 Jahre zugrunde gelegt wird. Wird die erfolgsabhängige Vergütung tatsächlich noch keine 5 Jahre gewährt oder besteht das Dienstverhältnis noch keine 5 Jahre, ist der Durchschnittsbetrag dieses Zeitraums zugrunde zu legen.

1 BFH, Urteil v. 28.10.2020, X R 1/19, BStBl II 2021 S. 283.

Verzinsung der Guthaben

Im Rahmen von Zeitwertkonten kann dem Arbeitnehmer auch eine Verzinsung des Guthabens zugesagt werden. Diese kann beispielsweise in einem festen jährlichen Prozentbetrag des angesammelten Guthabens bestehen, wobei sich der Prozentbetrag auch nach dem Umfang der jährlichen Gehaltsentwicklung richten kann, oder in einem Betrag in Abhängigkeit von der Entwicklung bestimmter am Kapitalmarkt angelegter Vermögenswerte.

Die Zinsen erhöhen das Guthaben des Zeitwertkontos und sind im Zeitpunkt der Auszahlung an den Arbeitnehmer als Arbeitslohn zu erfassen.

Zuführung von steuerfreiem Arbeitslohn zum Zeitwertkonto

Wird vor der Leistung von steuerlich begünstigtem Arbeitslohn bestimmt, dass ein steuerfreier Zuschlag auf dem Zeitwertkonto eingestellt und getrennt ausgewiesen wird, bleibt die Steuerfreiheit bei Auszahlung in der Freistellungsphase erhalten.[2] Dies gilt jedoch nur für den Zuschlag als solchen, nicht hingegen für eine darauf beruhende etwaige Verzinsung oder Wertsteigerungen.

Kein Rechtsanspruch gegenüber einem Dritten

Wird das Guthaben eines Zeitwertkontos aufgrund der Vereinbarung zwischen Arbeitgeber und Arbeitnehmer z. B. als Depotkonto bei einem Kreditinstitut oder Fonds geführt, darf der Arbeitnehmer zur Vermeidung eines Lohnzuflusses keinen unmittelbaren Rechtsanspruch gegenüber dem Dritten haben.

Beauftragt der Arbeitgeber ein externes Vermögensverwaltungsunternehmen mit der Anlage der Guthabenbeträge, finden die Minderung wie auch die Erhöhung des Depots, z. B. durch Zinsen und Wertsteigerungen infolge von Kursgewinnen, zunächst in der Vermögenssphäre des Arbeitgebers statt. Beim Arbeitnehmer sind die durch die Anlage des Guthabens erzielten Vermögensminderungen/-mehrungen erst bei Auszahlung der Beträge in der Freistellungsphase lohnsteuerlich zu erfassen.

Wertschwankungen

Wertschwankungen sowie die Minderung des Zeitwertkontos (z. B. durch die Abbuchung von Verwaltungskosten und Depotgebühren) in der Aufbauphase sind lohnsteuerlich unbeachtlich.

Inhalt der Zeitwertkontengarantie

Für Zeitwertkonten ist im Hinblick auf die sozialversicherungsrechtlichen Regelungen in § 7d und § 7e SGB IV zur Führung und Insolvenzsicherung von Wertguthaben nun auch steuerlich erforderlich, dass die zwischen Arbeitgeber und Arbeitnehmer getroffene Vereinbarung zum Zeitpunkt der planmäßigen Inanspruchnahme des Guthabens mindestens ein Rückfluss der dem Zeitwertkonto zugeführten Arbeitslohn-Beträge (Bruttoarbeitslohn im steuerlichen Sinne ohne den Arbeitgeberanteil am Gesamtsozialversicherungsbeitrag) vorsieht (Zeitwertkontengarantie[3]).

Gibt der Arbeitgeber dem Arbeitnehmer eine arbeitsrechtliche Garantie für die in das Zeitwertkonto eingestellten Beträge, nimmt die Finanzverwaltung die Erfüllung der geforderten Garantie grundsätzlich bereits dann an, wenn der Arbeitgeber für diese Verpflichtung insbesondere die Voraussetzungen des Insolvenzschutzes nach § 7e SGB IV entsprechend erfüllt. Dies gilt nicht nur zu Beginn, sondern während der gesamten Auszahlungsphase, unter Abzug der bereits geleisteten Auszahlungen.

Hinweis

Prüfbarkeit der Zeitwertkontengarantie

Durch diese Anknüpfung an die im Sozialversicherungsrecht mindestens prüfbaren Kriterien des § 7e Abs. 6 SGB IV wird die Prüfbarkeit des Kriteriums der Zeitwertkontengarantie sowohl für den Arbeitgeber als auch für die Verwaltung erheblich vereinheitlicht und vereinfacht. Insbesondere die sehr schwierigen Fragen nach Art und Umfang der

2 R 3b Abs. 8 LStR.
3 Thüringer FG, Urteil v. 25.11.2021 – 4 K 122/18, Rev. beim BFH unter Az. VI R 28/21.

zu beachtenden Kapitalanlagevorschriften[1] spielen damit keine Rolle für das Vorliegen der steuerlichen Zeitwertkontengarantie.

Werterhaltungsgarantie des Anlageinstituts

Wird das Guthaben eines Zeitwertkontos aufgrund der Vereinbarung zwischen Arbeitgeber und Arbeitnehmer bei einem externen Anlageinstitut (z. B. Kreditinstitut oder Fonds) geführt und liegt keine Zeitwertkontengarantie des Arbeitgebers vor, muss eine vergleichbare Garantie durch das Anlageinstitut abgegeben werden.

Planwidrige Verwendung der Guthaben

Auszahlung bei existenzbedrohender Notlage

Eine Vereinbarung wird steuerlich auch dann noch als Zeitwertkonto anerkannt, sofern die Möglichkeit der Auszahlung des Guthabens bei fortbestehendem Beschäftigungsverhältnis neben der Freistellung von der Arbeitsleistung auf Fälle einer existenzbedrohenden Notlage des Arbeitnehmers begrenzt wird.

Verhalten sich Arbeitgeber und Arbeitnehmer entgegen ihrer eigenen Vereinbarung und wird ohne Vorliegen einer existenzbedrohenden Notlage des Arbeitnehmers das Guthaben ganz oder teilweise ausgezahlt, erfolgt eine Besteuerung entsprechend der sich dadurch offenbarten wirklich gewollten wirtschaftlichen Verhältnisse. In einem solchen Fall ist bei dem einzelnen Arbeitnehmer das gesamte Guthaben – also neben dem ausgezahlten Betrag auch den verbleibenden Guthabenbetrag – im Zeitpunkt der planwidrigen Verwendung der Besteuerung zu unterwerfen.

Beendigung des Dienstverhältnisses vor oder während der Freistellungsphase

Eine planwidrige Verwendung liegt im Übrigen vor, wenn das Dienstverhältnis vor Beginn oder während der Freistellungsphase beendet wird (z. B. durch Erreichen der Altersgrenze, Tod des Arbeitnehmers, Eintritt der Invalidität, Kündigung) und der Wert des Guthabens an den Arbeitnehmer oder seine Erben ausgezahlt wird. Lohnsteuerlich gelten dann die allgemeinen Grundsätze, d. h. der Einmalbetrag ist i. d. R. als ⇗ sonstiger Bezug zu besteuern. Wurde das Guthaben über einen Zeitraum von mehr als 12 Monate hinweg angespart, ist eine ermäßigte Besteuerung mittels der sog. Fünftelregelung[2] möglich.

Planwidrige Weiterbeschäftigung

Der Nichteintritt oder die Verkürzung der Freistellung durch planwidrige Weiterbeschäftigung gilt ebenfalls als eine planwidrige Verwendung. Eine lohnsteuerliche Erfassung über den kürzeren Zeitraum und damit ggf. höhere monatlich auszuzahlende Guthabenbeträge erfolgt auch in diesen Fällen nach den allgemeinen Grundsätzen im Zeitpunkt der Auszahlung des Guthabens; je nach Umständen des Einzelfalles dann ggf. mit mehr oder weniger progressionserhöhender Wirkung.

Übertragung des Guthabens bei Beendigung der Beschäftigung

Bei Beendigung einer Beschäftigung besteht die Möglichkeit, ein in diesem Beschäftigungsverhältnis aufgebautes Guthaben zu erhalten und nicht auflösen zu müssen.

Bei der Übertragung des Guthabens an den neuen Arbeitgeber tritt der neue Arbeitgeber an die Stelle des alten Arbeitgebers und übernimmt im Weg der Schuldübernahme die Verpflichtungen aus der Zeitwertkontenvereinbarung. Die Leistungen aus dem Zeitwertkonto durch den neuen Arbeitgeber sind Arbeitslohn, von dem er bei Auszahlung Lohnsteuer einzubehalten hat.[3] Im Fall der Übertragung des Guthabens auf die Deutsche Rentenversicherung Bund ist die Übertragung steuerfrei.[4] Bei der Auszahlung des Wertguthabens handelt es sich aber um Arbeitslohn, für den die Deutsche Rentenversicherung Bund Lohnsteuer einzubehalten hat.[5]

Vertrauensschutzregelungen

Für vor dem 1.1.2009 eingerichtete Zeitwertkonten ohne Zeitwertkontengarantie

Für 2009 bereits eingerichtete und aus Vertrauensschutzgründen steuerlich anzuerkennende Zeitwertkonten-Modelle wurde eine Übergangsregelung vorgesehen:

Die steuerliche Behandlung von weiteren Zuführungen bei Zeitwertkonten ohne Zeitwertkontengarantie ändert sich ab diesem Zeitpunkt von „nachgelagerter" in eine „vorgelagerte" Besteuerung. Der am 31.12.2008 vorhandene Wertbestand des Zeitwertkontos sowie die Zuführungen bis zum 31.12.2009 bleiben unverändert bestehen und werden erst bei Auszahlung besteuert. Alle ab 1.1.2010 erfolgenden neuen Zuführungen wären dann direkt bei Gutschrift zu besteuern.

Wurde spätestens bis zum 31.12.2009 die geforderte Zeitwertkontengarantie für den am 31.12.2008 vorhandenen Wertbestand des Zeitwertkontos sowie die Zuführungen bis zum 31.12.2009 nachträglich vorgesehen, können diese Vereinbarungen steuerlich weiter anerkannt werden. Damit sind dann auch alle Zuführungen nach dem 31.12.2009 nicht schon bei Gutschrift, sondern erst bei Auszahlung zu besteuern.

Die als Arbeitslohn bereits besteuerten Zuführungen zu dem Zeitwertkonto sind gesondert aufzuzeichnen. Bei Auszahlung zulasten des Kontos erfolgt dann ggf. nur noch eine Besteuerung von Zinsen und Erträgen (Einkünfte aus Kapitalvermögen). Eine etwaige Verzinsung ist entsprechend aufzuteilen.

Zeitwertkonten zugunsten von Organen von Körperschaften

Für am 31.1.2009 eingerichtete und aus Vertrauensschutzgründen steuerlich anzuerkennende Zeitwertkonten-Modelle von Organen von Körperschaften wurde ebenfalls eine Übergangsregelung vorgesehen. Die bis zu diesem Zeitpunkt aufgebauten Guthaben bleiben unverändert bestehen und werden erst bei Auszahlung besteuert.

Ab 1.1.2009 änderte sich die steuerliche Behandlung von weiteren Zuführungen bei Zeitwertkonten von Organen von „nachgelagerter" in eine „vorgelagerte" Besteuerung.

Die neuen Zuführungen sind direkt bei Gutschrift zu besteuern. Bei Auszahlung zulasten des Kontos erfolgt ggf. nur noch eine Besteuerung von Zinsen und Erträgen (Einkünfte aus Kapitalvermögen). Dafür sind die entsprechenden Beträge getrennt aufzuzeichnen. Eine etwaige Verzinsung ist entsprechend aufzuteilen. Dies gilt allerdings nur noch, soweit der Arbeitnehmer Organ einer Körperschaft ist, an der er auch beteiligt ist und nach den allgemeinen Grundsätzen eine verdeckte Gewinnausschüttung vorliegt.[6]

Hinweis

Besteuerung der Beiträge, die zur Auszahlung kommen

Bei Konten, die nach diesem Zeitpunkt geschlossen werden, bedeutet das, dass nur die Beträge besteuert werden, die zur Auszahlung kommen; die können in der Summe niedriger aber auch höher sein als der Wertbestand am 31.12.2008 sowie die Zuführungen bis 31.12.2009. Bei Konten, bei denen bis zum 31.12.2009 eine Zeitwertkontengarantie vorgesehen wird, müssen der Wertbestand am 31.12.2008 sowie die Brutto AL-Zuführungen bis zum 31.12.2009 spätestens zu Beginn bzw. während der planmäßigen Auszahlungsphase vorhanden sein.

1 § 7d Abs. 3 SGB IV.
2 § 34 EStG.
3 BFH, Urteil v. 4.9.2019, VI R 39/17, BFH/NV 2020 S. 85.
4 § 3 Nr. 53 EStG.
5 § 38 Abs. 3 Satz 3 EStG.
6 BMF, Schreiben v. 8.8.2019, IV C 5 – S 2332/07/0004 :004, BStBl 2019 I S. 874.

Sozialversicherung

Arbeitszeitkontenmodelle

Das Arbeitszeitkonto ist ein Teilbereich der flexiblen Arbeitszeitgestaltung. Im Arbeitszeitkonto wird ein Arbeitszeitvolumen erfasst. Dies geschieht abgekoppelt von der in einem bestimmten Zeitabschnitt tatsächlich erbrachten Arbeitsleistung.

Die verschiedenen Arbeitszeitkontenmodelle unterscheiden sich durch

- die Kontoführung in Zeiteinheiten oder in Entgelt,
- die Festlegung des Ausgleichszeitraums und
- den Zweck des Arbeitszeitkontos.

Es ist zu unterscheiden, ob es sich um ein Arbeitszeitkonto im Rahmen einer Wertguthabenvereinbarung oder einer sonstigen flexiblen Arbeitszeitregelung handelt.

Sonstige flexible Arbeitszeitregelungen

Sonstige flexible Arbeitszeitregelungen[1] verfolgen nicht das Ziel der (längerfristigen) Freistellung von der Arbeitsleistung unter Verwendung eines eigens dafür angesparten Arbeitsentgelts. Vielmehr erfolgt bei diesen Arbeitszeitregelungen bei schwankender Arbeitszeit regelmäßig ein Ausgleich im Arbeitszeitkonto. Sie verfolgen meist das Ziel, eine produktionsbedingte Verstetigung der Arbeitszeit – möglicherweise auch über einen längeren Zeitraum – zu ermöglichen. Nur ausnahmsweise werden Zeitguthaben zusätzlich zum geschuldeten Arbeitsentgelt abgegolten.

Diese sonstigen Arbeitszeitregelungen werden nicht von den besonderen versicherungs-, beitrags- und melderechtlichen Regelungen für flexible Arbeitszeitregelungen erfasst. Insbesondere gelten für sie nicht die speziellen Bestimmungen z. B. über Aufzeichnungspflichten, Wertguthabenanlage und Insolvenzsicherung. Dabei ist unerheblich, ob die Zeitguthaben 250 Stunden überschreiten. Die besonderen Regelungen für flexible Arbeitszeitregelungen können allenfalls freiwillig und zusätzlich vereinbart werden.

Grundsätzlich sind Überstundenvergütungen laufendes Arbeitsentgelt und beitragspflichtig im Erzielungsmonat. Soweit entsprechende Zeitguthaben nicht mehr abgebaut werden können, ist deren entgeltliche Abgeltung im Rahmen eines einmalig gezahlten Arbeitsentgelts beitragspflichtig.

Ausgleich durch Freistellung

Bei Abweichungen der tatsächlichen Arbeitszeit von der vertraglich geschuldeten (Kern-) Arbeitszeit im Rahmen einer sonstigen flexiblen Arbeitszeitregelung stellt sich in Zeiten der vollständigen Verringerung der Arbeitszeit (Freistellung) unter Fortzahlung eines verstetigten Arbeitsentgelts die Frage, ob von einer Beschäftigung gegen Arbeitsentgelt auszugehen ist. Mit Einführung der Regelungen über Wertguthabenvereinbarungen, wurde dies zunächst nur für einen Monat bejaht. Seit dem 1.1.2012 besteht eine Beschäftigung auch in Zeiten der Freistellung von der Arbeitsleistung von mehr als einem Monat, wenn während einer bis zu 3-monatigen Freistellung Arbeitsentgelt aus einer Vereinbarung zur flexiblen Gestaltung der werktäglichen oder wöchentlichen Arbeitszeit oder dem Ausgleich betrieblicher Produktions- und Arbeitszeitzyklen fällig ist.[2]

Bei Arbeitsentgelt, das aus dem aus Arbeitszeitguthaben errechnet wird, entstehen die Beitragsansprüche, sobald dieses ausgezahlt worden ist.[3]

Der Beitragspflicht unterliegt ausschließlich das, unabhängig von der im Rahmen einer geringeren oder höheren Arbeitszeit tatsächlich erbrachten Arbeitsleistung, vertraglich geschuldete verstetigte Arbeitsentgelt.

Ausgleich durch Auszahlung

Es gilt für die Arbeitsentgelte aus einer sonstigen flexiblen Arbeitszeitregelung das Zuflussprinzip. Sofern Zeitguthaben aus sonstigen flexiblen Arbeitszeitregelungen nicht durch Freizeit ausgeglichen, sondern in Arbeitsentgelt abgegolten werden, erfolgt dessen Verbeitragung als einmalig gezahltes Arbeitsentgelt.[4]

1 Z. B. Gleitzeitkonten.
2 § 7 Abs. 1a Satz 2 SGB IV.
3 § 22 Abs. 1 Satz 2 SGB IV.
4 § 23a SGB IV.

Achtung

Besonderheit bei beendetem oder ruhenden Beschäftigungsverhältnissen

Mit Wirkung vom 1.1.2023 wurde folgende Regelung in das Gesetz aufgenommen:

Für die Abgeltung von Entgeltguthaben, die aus Arbeitszeitguthaben abgeleitet sind, findet § 23a SGB IV mit der Maßgabe Anwendung, dass nach Beendigung oder bei Ruhen des Beschäftigungsverhältnisses ausgezahlte Entgeltguthaben auch dann dem letzten Entgeltabrechnungszeitraum zuzuordnen sind, wenn dieser nicht im laufenden Kalenderjahr liegt.[5]

Beispiel

Auszahlung von Arbeitszeitguthaben nach Beschäftigungsende

Eine Arbeitnehmerin ist seit Jahren versicherungspflichtig beschäftigt. Seit dem 1.11.2022 befindet sich die Arbeitnehmerin in Elternzeit. Die Elternzeit endet am 30.4.2024. Zu diesem Zeitpunkt hat die Arbeitnehmerin auch das Beschäftigungsverhältnis gekündigt. Im Juni 2024 erfolgt die Auszahlung einer Urlaubsabgeltung i. H. v. 2.500 EUR und eines Entgeltguthabens aus einem Arbeitszeitguthaben i. H. v. 3.500 EUR.

Ergebnis: Die Urlaubsabgeltung stellt einmalig gezahltes Arbeitsentgelt dar. Sie wird nach dem Ende des ruhenden Beschäftigungsverhältnisses und dem Ende der sozialversicherungsrechtlichen Beschäftigung gezahlt. Da im laufenden Kalenderjahr kein Entgeltabrechnungszeitraum mit SV-Tagen vorhanden ist, verbleibt der Auszahlungsbetrag beitragsfrei.

Das Entgeltguthaben aus dem Arbeitszeitguthaben wird ebenfalls als einmalig gezahltes Arbeitsentgelt behandelt. Die Zuordnung der ausgezahlten 3.500 EUR erfolgt als einmalig gezahltes Arbeitsentgelt zum Oktober 2022. Sie wird dort im Rahmen der noch nicht verbeitragten SV-Luft des Jahres 2022 beitragspflichtig. Der verbeitragte Betrag ist als Sondermeldung mit Abgabegrund „54" und dem Zeitraum 1.10.2022 bis 31.10.2022 zu melden.

Arbeitszeitguthaben außerhalb flexibler Arbeitszeitregelungen

Teilweise werden Überstundenvergütungen außerhalb von flexiblen Arbeitszeitregelungen nicht im nächsten oder übernächsten Monat ausgezahlt, sondern ebenfalls angespart. Werden solche angesammelten Überstunden ohne Inanspruchnahme einer Freistellung ausgezahlt, muss grundsätzlich eine Rückrechnung erfolgen. Bei einer Rückrechnung wird nicht beanstandet, wenn die angesammelten Arbeitsentgelte noch im selben Kalenderjahr oder spätestens bis März des Folgejahres ausgezahlt werden und die Auszahlung aus Vereinfachungsgründen als ↗ einmalig gezahltes Arbeitsentgelt behandelt wird. Dabei ist dann die anteilige Beitragsbemessungsgrenze des Nachzahlungszeitraums zugrunde zu legen. Dadurch wird eine abrechnungstechnisch aufwendige Rückrechnung vermieden.

Wichtig

Abweichende Regelung für Umlagebeiträge

Die Behandlung der Auszahlung als einmalig gezahltes Arbeitsentgelt führt nicht automatisch zur Beitragsfreiheit im Hinblick auf die Beiträge zur Umlage U1 oder U2, obwohl dort einmalig gezahltes Arbeitsentgelt von der Beitragspflicht ausgenommen ist. Der Charakter der Nachzahlung als laufendes Arbeitsentgelt bleibt – ungeachtet der Vereinfachungsregel – weiter bestehen. Rückwirkend ausgezahlte Überstunden sind bei der Berechnung der Umlagen U1 und U2 grundsätzlich in dem Umfang zu berücksichtigen, in dem auch die Beiträge zur Rentenversicherung bemessen werden. Ist der beitragspflichtige Anteil der Nachzahlung jedoch dadurch gemindert oder auf 0 reduziert, weil bereits eine Einmalzahlung für die Bemessung der Beiträge zur Rentenversicherung zu berücksichtigen war, gilt eine abweichende Regelung. Die Umlagen sind dann aus der Nachzahlung der variablen Arbeitsentgeltbestandteile aus einer von der Rentenversicherung abweichenden Bemessungsgrundlage zu berechnen.

5 § 23d SGB IV.

Arbeitszeitkonto in einer geringfügig entlohnten Beschäftigung

In einer ↗ geringfügig entlohnten Beschäftigung mit einem Stundenlohnanspruch und schwankender Arbeitszeit kann ein verstetigtes, also gleichbleibendes Arbeitsentgelt gezahlt werden. Die geleisteten Arbeitsstunden werden über ein Arbeitszeitkonto geführt. Eine entsprechende Vereinbarung muss neben dem Aufbau von Zeitguthaben auch deren tatsächlichen Abbau ermöglichen.

Gestaltungsmöglichkeiten

Für die Ermittlung des regelmäßigen Arbeitsentgelts ist die Gesamtjahresarbeitszeit zu berücksichtigen. Die in einzelnen Monaten mehr oder weniger als die Soll-Arbeitszeit geleisteten Stunden können innerhalb des Jahreszeitraums wieder ausgeglichen werden. Dabei kann der Arbeitnehmer für die Dauer von max. 3 Monaten unter Fortzahlung des Arbeitsentgelts von der Arbeitsleistung freigestellt werden. Ein zu erwartendes Arbeitszeitguthaben ist dabei mit einzubeziehen. Das daraus errechnete durchschnittliche monatliche Arbeitsentgelt darf in einem Jahr die Geringfügigkeitsgrenze nicht übersteigen bzw. auf Jahressicht nicht mehr als 6.456 EUR betragen.

Beispiel

Flexibler Arbeitseinsatz

Einstellung eines Hausmeisters zum 1.4.2024 auf Stundenlohnbasis (16 EUR pro Stunde). Es wird ein verstetigtes Arbeitsentgelt von 512 EUR im Monat vereinbart. Dies entspricht einer monatlichen Arbeitszeit von 32 Stunden (Jahresarbeitszeit = 384 Stunden). Der Arbeitseinsatz soll flexibel erfolgen und die wöchentliche Arbeitszeit demnach schwanken. Der Arbeitgeber schließt mit dem Hausmeister daher eine Gleitzeitvereinbarung über die Einrichtung eines Arbeitszeitkontos ab. Diese ermöglicht dem Hausmeister, monatliche Überstunden auf- und abzubauen.

Ergebnis: Soweit der Arbeitgeber in der vorausschauenden Betrachtung davon ausgeht, dass das Arbeitszeitkonto zum Ende des maßgebenden Zeitjahres (30.9. des Folgejahres) max. 19,5 Stunden Restguthaben enthalten wird, ist der Hausmeister versicherungsfrei, weil das durchschnittliche Arbeitsentgelt 538 EUR nicht übersteigt.

384 Stunden + 19,5 Stunden = 403,5 Stunden × 16 EUR : 12 Monate = 538 EUR

Der Arbeitgeber hat von dem verstetigten Arbeitsentgelt den Pauschalbeitrag zur Kranken- und Rentenversicherung zu zahlen.

Personengruppenschlüssel:	109
Beitragsgruppenschlüssel:	6 5 0 0

Auswirkungen beim Überschreiten der Entgeltgrenze

Die vorgenommene versicherungsrechtliche Beurteilung bleibt grundsätzlich für die Vergangenheit maßgebend, wenn sich die erwartete Arbeitszeit infolge nicht sicher voraussehbarer Umstände im Laufe der Beschäftigung als unzutreffend erweist. Bedeutsam sind dann die Sachverhalte, in denen der Arbeitnehmer bereits vor Ablauf des für die versicherungsrechtliche Beurteilung maßgebenden Jahreszeitraums eine Arbeitsleistung erbracht hat, die einem Anspruch auf Arbeitsentgelt oberhalb der geltenden Jahresentgeltgrenze von 6.456 EUR entspricht. In diesen Fällen liegt ab dem Monat keine geringfügig entlohnte Beschäftigung mehr vor, von dem an ein Überschreiten der Jahresentgeltgrenze aufgrund der tatsächlich erbrachten Arbeitsleistung absehbar ist.

Beispiel

Jahresentgeltgrenze vorzeitig überschritten

Beschäftigung im Rahmen einer geringfügig entlohnten Beschäftigung mit Gleitzeitvereinbarung seit Jahren. Seit dem 1.1.2024 wird ein verstetigtes Arbeitsentgelt von 538 EUR im Monat bei einem Stundenlohn von 16 EUR gezahlt. Dies entspricht einer monatlichen Arbeitszeit von 33,625 Stunden (Jahresarbeitszeit = 403,5 Stunden). Der Arbeitseinsatz erfolgt flexibel. Innerhalb des Jahreszeitraums vom 1.1. bis zum 31.12. hat in der Vergangenheit immer ein entsprechender Ausgleich stattgefunden.

Ergebnis: Im Kalenderjahr 2024 ist bereits bis Ende August eine Jahresarbeitszeit von 403,5 Stunden erbracht worden. Ein Ausgleich ist wegen des weiteren Arbeitsanfalls nicht möglich. Vom 1.9. an handelt es sich nicht mehr um eine geringfügige Beschäftigung. Der Arbeitgeber hat letztmalig für August den Pauschalbeitrag zur Kranken- und Rentenversicherung zu entrichten.

Erneute Versicherungsfreiheit möglich

Nach dem Eintritt der Versicherungspflicht kann zu einem späteren Zeitpunkt wieder eine geringfügig entlohnte Beschäftigung vorliegen. Dies kann sich aus der neu angestellten Jahresbetrachtung ergeben. Voraussetzung ist dabei, dass das regelmäßige Arbeitsentgelt die Geringfügigkeitsgrenze unter Berücksichtigung des sich aus dem bereits bestehenden und dem zu erwartenden Arbeitszeitguthaben abzuleitenden Arbeitsentgeltanspruchs nicht übersteigt.

Wertguthabenkonto

Für die Führung von Arbeitszeitkonten gelten gesetzliche Vorgaben. Bestimmte Gestaltungsformen müssen als Wertguthabenkonten geführt werden. Im Fall von (Lebens-)Arbeitszeitkonten auf Grundlage einer Wertguthabenvereinbarung wird erbrachte Arbeitszeit über einen größeren Zeitraum angespart. Das Guthaben auf dem Wertguthabenkonto kann für längere Freistellungszeiträume, einen vorgezogenen Altersruhebeginn oder zur betrieblichen Weiterbildung verwendet werden.

Versicherungsrechtliche Regelungen

In der Ansparphase einer flexiblen Arbeitszeitregelung liegt eine Beschäftigung gegen Arbeitsentgelt vor. Insoweit ergeben sich keine Besonderheiten hinsichtlich der versicherungsrechtlichen Beurteilung. Soweit die Höhe des Arbeitsentgelts für die versicherungsrechtliche Beurteilung von Bedeutung ist (höherverdienende Arbeitnehmer oder geringfügig entlohnte Beschäftigung), bleibt das angesparte Arbeitsentgelt außer Betracht.

Eine Beschäftigung gilt für Zeiten der Freistellung von der Arbeitsleistung aufgrund flexibler Arbeitszeitregelungen von mehr als einem Monat als ausgeübt, wenn

- während der Freistellung Arbeitsentgelt aus einem Wertguthaben im Rahmen einer Wertguthabenvereinbarung fällig ist und
- das monatlich fällige Arbeitsentgelt während der Freistellung nicht unangemessen von dem für die vorausgegangenen 12 Kalendermonate abweicht, in denen Arbeitsentgelt bezogen wurde.[1]

In der Freistellungsphase sind also weitere Voraussetzungen für einen Fortbestand der Versicherungspflicht erforderlich.

Fälligkeit der Beiträge

Die Fälligkeit der Sozialversicherungsbeiträge ist grundsätzlich an die Entstehung des Anspruchs und nicht an die tatsächliche Auszahlung gebunden.

Bei der flexiblen Arbeitszeit wird für die angesparten Wertguthaben die ↗ Fälligkeit der Beiträge hinausgeschoben. Die Voraussetzungen für die besonderen Regelungen im Rahmen flexibler Arbeitszeiten müssen hierbei erfüllt sein.

Die Beiträge aus dem Wertguthaben werden erst mit der Auszahlung des Guthabens fällig.[2]

Ansparphase

Die Beiträge werden aus dem tatsächlich ausgezahlten Entgelt berechnet und sind für das tatsächliche Entgelt sofort fällig. Die Beitragsberechnung und -fälligkeit für das angesparte Wertguthaben, also die Gutschrift auf dem Arbeitszeitkonto, wird hinausgeschoben.

Freistellungsphase

Die Beiträge werden aus dem vom Arbeitszeitkonto ausgezahlten Wertguthaben berechnet. Die Beiträge werden mit Fälligkeit und Auszahlung

1 § 7 Abs. 1a Satz 1 SGB IV.
2 § 23b Abs. 1 SGB IV.

des Wertguthabens sofort fällig. Für noch verbleibendes Wertguthaben werden sie weiter hinausgeschoben.

Ausnahme: gesetzliche Unfallversicherung

Bei Wertguthabenvereinbarungen ist für Zeiten

- der tatsächlichen Arbeitsleistung und
- der Inanspruchnahme des Wertguthabens

das in dem jeweiligen Zeitraum fällige Arbeitsentgelt nach den Fälligkeitsterminen für Sozialversicherungsbeiträge maßgebend. Die spezielle Regelung zur Fälligkeit von beitragspflichtigem Arbeitsentgelt bei flexiblen Arbeitszeitregelungen wird in der Unfallversicherung jedoch nicht analog angewendet. Für die Ermittlung der Unfallversicherungsbeiträge ist das laufende Arbeitsentgelt stets nach dem Entstehungsprinzip heranzuziehen. Das bedeutet, dass in der Unfallversicherung – anders als in übrigen Sozialversicherungszweigen – in den Fällen der Inanspruchnahme eines Wertguthabens für gesetzlich geregelte oder vertraglich vereinbarte vollständige Freistellungen Unfallversicherungsbeiträge ausschließlich in der Ansparphase der flexiblen Arbeitszeitregelung erhoben werden. Diesem Ergebnis liegt der Gedanke zugrunde, dass ein unfallversicherungsrechtlich relevantes Risiko in der Phase der vollständigen Freistellung nicht (mehr) besteht.

Dieses Arbeitsentgelt ist zu dem Zeitpunkt im Lohnnachweis und in der separaten Jahresmeldung der Unfallversicherung zu melden, in dem es erarbeitet wurde.

Störfall

Unter einem Störfall (z. B. bei Ende des Arbeitsverhältnisses durch Kündigung oder Tod) versteht man die nicht bestimmungsgemäße Verwendung des angesparten Wertguthabens. Wird das angesparte Entgelt nicht als laufende Entgeltzahlung während der Freistellungsphase verwendet, sondern vorher ausgezahlt, ist eine besondere ⇗ Beitragsberechnung erforderlich.[1]

Zeitpunkt des Störfalls

In einem Störfall soll das Entgelt zurückgerechnet und nach den Verhältnissen zum Zeitpunkt seiner Entstehung für die Beitragsberechnung herangezogen werden. Dies erfolgt unter Berücksichtigung der ⇗ Beitragssätze, die zum Zeitpunkt des Störfalls gelten.

Als Tag des Störfalls gilt:

- bei Zahlungsunfähigkeit des Arbeitgebers der Tag, an dem die Beiträge aus dem Wertguthaben gezahlt werden,
- bei Kündigung der letzte Tag des Arbeitsverhältnisses (Ausnahme: Übertragung Wertguthaben auf die Deutsche Rentenversicherung oder Mitnahme zu einem neuen Arbeitgeber),
- der Tag der Auszahlung des nicht für die Freistellung verwendeten Wertguthabens oder
- der Tag der Übertragung des Wertguthabens auf eine andere Person.

Beitragsberechnung aus dem Wertguthaben

Das im Rahmen des Störfalls ausgezahlte Wertguthaben wird rückwirkend ab Beginn der Ansparphase der Beitragsberechnung unterzogen. Hierbei gelten 2 Alternativen.

Bei beiden Möglichkeiten wird je Kalenderjahr, beginnend mit der erstmaligen Bildung eines Wertguthabens, die „SV-Luft" gebildet und dokumentiert. „SV-Luft" ist die Differenz zwischen dem tatsächlich ausgezahlten und damit beitragspflichtigen Arbeitsentgelt und der ⇗ Beitragsbemessungsgrenze.

Die Unterschiede liegen im weiteren Umgang mit der so ermittelten „SV-Luft".

Summenfelder-Modell

Die ermittelte „SV-Luft" wird über Jahre hinweg im Wertguthabenkonto addiert, bis ein Störfall eintritt. Zur Ermittlung des beitragspflichtigen Teils des Wertguthabens ist das gesammelte Wertguthaben, einschließlich des Wertzuwachses, mit der Summe der „SV-Luft" zu vergleichen. Der geringere Wert stellt das beitragspflichtige Arbeitsentgelt aus dem aufgrund des Störfalls ausgezahlten Wertguthaben dar.

Alternativmodell

Hier wird der Vergleich zwischen „SV-Luft" und dem Wertguthabenkonto nicht erst bei Eintritt des Störfalls, sondern jährlich vorgenommen. Der jeweils geringere Wert stellt ebenfalls den beitragspflichtigen Teil des Wertguthabens dar. Die jährlich ermittelten Beträge werden zusätzlich dokumentiert und bei Eintritt eines Störfalls addiert. Dieser Endbetrag ist dann das beitragspflichtige Arbeitsentgelt.

Tipp

Bevorzugtes Modell

Das Alternativmodell ist mit einem etwas höheren Aufwand durch die jährliche Ermittlung und Dokumentation des beitragspflichtigen Teils des Wertguthabens verbunden. Bei Eintritt eines Störfalls ist dieses Modell aber die günstigere Berechnungsmethode. Das gilt insbesondere, wenn in einem oder mehreren Jahren keine Beiträge auf das Wertguthabenkonto geflossen sind.

Hinweis

Längerer Schutz in der Sozialversicherung

Arbeitsentgelt aus einer flexiblen Arbeitszeitregelung kann zum Ausgleich von Produktions- und Arbeitszeitzyklen weitergezahlt werden. Diese Zeiten werden der Entnahme von Arbeitsentgelt aus einem Wertguthaben bis zu einer Dauer von 3 Monaten gleichgestellt. Der Sozialversicherungsschutz besteht in dieser Zeit fort.

Insolvenzschutz

Das Wertguthaben ist sicher anzulegen. Es sind Vorkehrungen zu treffen, um das Wertguthaben sowie die darauf entfallenden Gesamtsozialversicherungsbeiträge gegen das Risiko der ⇗ Insolvenz des Arbeitgebers abzusichern. Dies wird im Rahmen der ⇗ Betriebsprüfung durch die Rentenversicherungsträger überwacht.

Für den Fall, dass durch eine unzureichende Insolvenzsicherung das Wertguthaben ganz oder teilweise verloren geht, gelten weitreichende Haftungen des Arbeitgebers.

Arbeitszimmer

Ein Arbeitszimmer ist ein Raum, in dem eine Tätigkeit ausgeübt wird, die mit einer steuerlichen Einkunftsart im Zusammenhang steht. Eine gesetzliche Definition des häuslichen Arbeitszimmers existiert nicht. Aus der Finanzrechtsprechung heraus hat sich jedoch folgende Definition entwickelt:

Ein häusliches Arbeitszimmer ist ein abgeschlossener Raum, der nach seiner Funktion, Ausstattung und Lage in die häusliche Sphäre eingebunden ist, vorwiegend der Erledigung gedanklicher, schriftlicher oder verwaltungsorganisatorischer Arbeiten dient und nahezu ausschließlich zu betrieblichen oder beruflichen Zwecken genutzt wird.

Räume mit atypischer Ausstattung und Funktion gelten nicht als Arbeitszimmer. Dies ist unabhängig davon, ob sie der Lage nach in die häusliche Sphäre eingebunden sind, wie z. B. eine Werkstatt, Praxis, Kanzlei oder ein Behandlungsraum.

Ein Arbeitszimmer ist nicht „häuslich", wenn es in einem fremden Gebäude angemietet wird oder darin Publikumsverkehr stattfindet oder familienfremde Mitarbeiter dort beschäftigt werden. Der Abzug von Werbungskosten bzw. von Betriebsausgaben bei einem häuslichen Arbeitszimmer wurde mit Wirkung zum 1.1.2023 neu geregelt.

1 § 23b Abs. 2 SGB IV.

Gesetze, Vorschriften und Rechtsprechung

Lohnsteuer: Die Abzugsmöglichkeiten für die berufliche Betätigung in der häuslichen Wohnung sind in § 4 Abs. 5 Nr. 6b EStG und Nr. 6c EStG näher bestimmt. Die Verwaltung hat in H 9.14 LStH zur steuerlichen Behandlung häuslicher Arbeitszimmer Stellung genommen. Einen umfassenden Überblick über die Voraussetzungen und die anzuwendende Prüfreihenfolge gibt das BMF-Schreiben 15.8.2023, IV C 6 – S 2145/19/10006 :027, BStBl 2023 I S. 1551.

Sozialversicherung: § 14 Abs. 1 SGB IV definiert das zur Beitragspflicht in der Sozialversicherung heranzuziehende Arbeitsentgelt aus einer Beschäftigung. § 1 Abs. 1 Satz 1 Nr. 1 SvEV legt fest, unter welchen Bedingungen bestimmte Entgeltbestandteile kein sozialversicherungspflichtiges Arbeitsentgelt darstellen.

Entgelt	LSt	SV
Ersatz der Kosten durch Arbeitgeber	pflichtig	pflichtig
Leihweise Überlassung von Einrichtungs- und Ausstattungsgegenständen	frei	frei

Lohnsteuer

Abzug bei einem häuslichen Arbeitszimmer

Grundsatz

Aufwendungen für die Wohnung der Steuerpflichtigen sind grundsätzlich nicht als Betriebsausgaben oder Werbungskosten abziehbar, weil sie die Lebensführung der Steuerpflichtigen auch dann betreffen, wenn sie den Beruf oder die Tätigkeit der Steuerpflichtigen fördern.[1] Von diesem grundsätzlich bestehenden Abzugsverbot besteht eine Ausnahme für die Fälle, in denen Steuerpflichtige ein dem Typusbegriff entsprechendes Arbeitszimmer nutzen, welches den Mittelpunkt der gesamten betrieblichen und beruflichen Betätigung bildet.[2]

Eine zweite Ausnahme besteht für diejenigen, die ihre berufliche Tätigkeit überwiegend von zuhause aus ausüben.[3]

Voraussetzungen und Ausmaß der Abziehbarkeit

Die Aufwendungen für ein häusliches Arbeitszimmer, welches den Mittelpunkt der gesamten betrieblichen und beruflichen Betätigung bildet, können der Höhe nach uneingeschränkt als Werbungskosten geltend gemacht werden – und zwar auch dann, wenn für die berufliche Tätigkeit dauerhaft ein anderer Arbeitsplatz zur Verfügung steht.

Alternativ können die Aufwendungen pauschal i. H. v. 1.260 EUR pro Jahr abgezogen werden (sog. Jahrespauschale).

Bildet das Arbeitszimmer nicht den Mittelpunkt der gesamten betrieblichen und beruflichen Betätigung, können die Aufwendungen für das häusliche Arbeitszimmer i. H. d. sog. Tagespauschale geltend gemacht werden, wenn die betriebliche oder berufliche Tätigkeit an dem jeweiligen Tag überwiegend in der häuslichen Wohnung ausgeübt wird.

Liegen weder die Voraussetzungen für den Ansatz der Jahrespauschale noch für einen Abzug der Tagespauschale vor, können die Aufwendungen für ein häusliches Arbeitszimmer – mit Ausnahme der Aufwendungen für Einrichtungsgegenstände, die zu den Arbeitsmitteln gehören – steuerlich nicht berücksichtigt werden.

Anforderungen an die Räumlichkeiten

Der Begriff des häuslichen Arbeitszimmers setzt voraus, dass der jeweilige Raum ausschließlich oder nahezu ausschließlich für betriebliche/berufliche Zwecke genutzt wird. Unerheblich ist jedoch, ob ein häusliches Arbeitszimmer für die Tätigkeit erforderlich ist. Für die Abzugsfähigkeit von Aufwendungen genügt die Veranlassung durch die Einkünfteerzielung.[4]

1 § 12 Nr. 1 EStG.
2 § 4 Abs. 5 Satz 1 Nr. 6b EStG.
3 § 4 Abs. 5 Satz 1 Nr. 6c EStG.
4 BFH, Urteil v. 3.4.2019, BStBl 2022 II S. 358.

Wichtig

Keine Abzugsbeschränkung für ein außerhäusliches Arbeitszimmer

Nicht unter die Abzugsbeschränkung für häusliche Arbeitszimmer fallen Räume, bei denen es sich um Lagerräume, Ausstellungsräume oder Betriebsräume handelt, die außerhalb der Privatwohnung liegen. Das gilt selbst dann, wenn diese Räume an die Wohnung angrenzen. Die Aufwendungen hierfür können bei beruflicher Veranlassung uneingeschränkt als Werbungskosten berücksichtigt werden.

Beruflich genutzte Räumlichkeiten in unmittelbarer Nähe

Werden hingegen von einem Arbeitnehmer in einem Mehrfamilienhaus neben seiner Privatwohnung weitere Räumlichkeiten für berufliche Zwecke genutzt, handelt es sich nur dann um ein häusliches Arbeitszimmer, wenn die beruflich genutzten Räume zur Privatwohnung in unmittelbarer räumlicher Nähe liegen, z. B., wenn die beruflich genutzten Räume unmittelbar an die Privatwohnung angrenzen oder auf derselben Etage direkt gegenüber liegen. Entsprechendes gilt, wenn der als Zubehörraum zur Wohnung gehörende Abstell-, Keller- oder Speicherraum als häusliches Arbeitszimmer genutzt wird.

In gleicher Weise handelt es sich um ein häusliches Arbeitszimmer, wenn sich die zu Wohnzwecken und die beruflich genutzten Räume in einem ausschließlich vom Steuerpflichtigen genutzten Zweifamilienhaus befinden und auf dem Weg dazwischen keine der Allgemeinheit zugängliche oder von fremden Dritten benutzte Verkehrsfläche betreten werden muss.[5]

Kein häusliches Arbeitszimmer liegt dagegen bei einem in die häusliche Sphäre eingebundenen Raum vor, der als Behandlungsraum eingerichtet ist und der nachhaltig zur Behandlung von Patienten genutzt wird, wenn aufgrund seiner Einrichtung und tatsächlichen Nutzung eine private (Mit-)Nutzung praktisch auszuschließen ist. In diesem Fall greifen die Abzugsbeschränkungen auch dann nicht, wenn die Patienten den Behandlungsraum nur über einen dem privaten Bereich zuzuordnenden Flur erreichen können.[6]

Keine Anforderungen an Einrichtung oder Ausstattung

Ein häusliches Arbeitszimmer muss weder zwingend mit bürotypischen Einrichtungsgegenständen ausgestattet sein noch für Bürotätigkeiten genutzt werden. Die Nutzung eines „Übe-Zimmers" durch einen Musiker, zur Lagerung von Noten, Partituren, CDs und musikwissenschaftlicher Literatur, kommt auch der Nutzung eines „typischen" Arbeitszimmers durch Angehörige anderer Berufsgruppen gleich.[7] Für die steuerliche Anerkennung ist nicht Voraussetzung, dass Art und Umfang der Tätigkeit des Arbeitnehmers einen besonderen häuslichen Arbeitsraum erfordern.

Achtung

Arbeitsecke oder Durchgangszimmer ist kein Arbeitszimmer

Die steuerliche Anerkennung eines häuslichen Arbeitszimmers wird von der Finanzverwaltung versagt, wenn

- für das normale Wohnbedürfnis kein hinreichender Raum zur Verfügung steht oder
- lediglich eine sog. „Arbeitsecke" in einem ansonsten überwiegend privat genutzten Raum eingerichtet worden ist[8] oder
- das Arbeitszimmer ständig durchquert werden muss (sog. Durchgangszimmer), um andere privat genutzte Räume zu erreichen.

  In diesen Fällen können die Aufwendungen jedoch ggf. in Höhe der Tagespauschale berücksichtigt werden.

Zubehörräume zu einer Wohnung, die fast ausschließlich beruflich genutzt werden, können häusliches Arbeitszimmer sein, z. B. Keller oder Speicher. Im Übrigen kann ein häusliches Arbeitszimmer auch mehrere Räume umfassen. Dagegen können Aufwendungen für Küche, Bad und Flur, die in die häusliche Sphäre eingebunden sind und zu einem nicht unerheblichen Teil privat genutzt werden, nicht als Werbungskosten be-

5 BFH, Urteil v. 15.1.2013, VIII R 7/10, BStBl 2013 II S. 374.
6 BFH, Urteil v. 29.1.2020, VIII R 11/17, BStBl 2020 II S. 445.
7 BFH, Urteil v. 10.10.2012, BFH/NV 2013 S. 359.
8 BFH, Urteil v. 17.2.2016, X R 26/13, BStBl 2016 II S. 611.

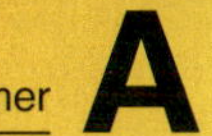

rücksichtigt werden, auch wenn ein berücksichtigungsfähiges häusliches Arbeitszimmer existiert.[1]

Kein häusliches Arbeitszimmer bei gemischt genutzten Räumen

Ein in die häusliche Sphäre des Steuerpflichtigen eingebundener Raum stellt dagegen kein häusliches Arbeitszimmer dar, wenn der Raum sowohl zur Erzielung von Einkünften als auch in mehr als einem nur untergeordneten Umfang zu privaten Zwecken genutzt wird.[2] Bei einem gemischt genutzten Zimmer handelt es sich schon dem Grunde nach nicht um ein Arbeitszimmer.[3] Somit ist auch bei einem büromäßig eingerichteten Arbeitsbereich, der durch einen Raumteiler vom Wohnbereich abgetrennt ist, kein häusliches Arbeitszimmer gegeben.[4]

In diesen Fällen können die Aufwendungen jedoch ggf. i. H. d. Tagespauschale berücksichtigt werden.

Hinweis

Unangekündigte Wohnungsbesichtigung durch das Finanzamt

Die unangekündigte Wohnungsbesichtigung durch einen Beamten der Steuerfahndung als sog. Flankenschutzprüfer zur Überprüfung der Angaben des Steuerpflichtigen zu einem häuslichen Arbeitszimmer im Besteuerungsverfahren ist wegen Verstoßes gegen den Verhältnismäßigkeitsgrundsatz rechtswidrig, wenn der Steuerpflichtige bei der Aufklärung des Sachverhalts mitwirkt.[5]

Ansatz der tatsächlichen Aufwendungen

Mittelpunkt der beruflichen Tätigkeit

Der Tätigkeitsmittelpunkt bestimmt sich nach dem inhaltlichen, qualitativen Schwerpunkt der betrieblichen und beruflichen Tätigkeit. Der zeitliche (quantitative) Umfang der Nutzung des häuslichen Arbeitszimmers ist lediglich ein Indiz.[6]

Ein häusliches Arbeitszimmer bildet dann den Mittelpunkt der gesamten beruflichen Betätigung eines Arbeitnehmers, wenn nach Würdigung der Tätigkeitsmerkmale aufgrund des Gesamtbilds der Verhältnisse davon auszugehen ist, dass er

- im häuslichen Arbeitszimmer die Handlungen vornimmt und
- Leistungen erbringt, die für die konkret ausgeübte berufliche Tätigkeit wesentlich und prägend sind.

Eine außerhäusliche Tätigkeit schließt daher nicht von vornherein aus, dass sich der Mittelpunkt dennoch im häuslichen Arbeitszimmer befindet. Das gilt selbst dann, wenn die außerhäusliche Tätigkeit zeitlich überwiegen sollte.

Das häusliche Arbeitszimmer bildet auch dann den Mittelpunkt der gesamten beruflichen Betätigung, wenn eine in qualitativer Hinsicht gleichwertige Arbeitsleistung wöchentlich an 3 Tagen von zuhause und an 2 Tagen im Betrieb des Arbeitgebers zu erbringen ist. Entscheidend ist, wo die qualitativ gleichwertige Arbeitsleistung zu mehr als der Hälfte der Arbeitszeit erbracht wird.[7]

Abziehbare Kosten

Zu den abzugsfähigen Werbungskosten gehören u. a.:

- Miete,
- Nebenkosten (z. B. Heizung, Strom, Wasser),
- Aufwendungen für die Ausstattung des Zimmers (ohne Kunstgegenstände),
- Renovierungsaufwand,
- Beleuchtung,
- Abschreibung für Abnutzung des Gebäudes (wenn das Gebäude sich im Eigentum des Arbeitnehmers befindet),
- Schuldzinsen (Kredite im Zusammenhang mit dem Gebäude bzw. der Wohnung),
- Grundsteuer, Müllabfuhr, Schornsteinfeger, Gebäudeversicherung,
- Reinigung.

Anstelle des Vollkostenabzugs kann aus Vereinfachungsgründen die Jahrespauschale i. H. v. 1.260 EUR angesetzt werden.

Tipp

Aufwendungen für selbst produzierten Strom mittels eigener PV-Anlage

Zu den abzugsfähigen Aufwendungen für das häusliche Arbeitszimmer gehören auch die Aufwendungen für den selbst produzierten Strom aus einer auf oder an dem Gebäude des Arbeitnehmers installierten Photovoltaikanlage. Mit dem Betrieb einer Photovoltaikanlage wird regelmäßig ein eigenständiger Gewerbebetrieb begründet. Unter den Voraussetzungen des § 3 Nr. 72 EStG sind die Einnahmen und die Entnahmen aus dem Betrieb einer Photovoltaikanlage steuerfrei. Die Entnahme ist gleichwohl mit dem Teilwert zu bewerten.[8] In Höhe des Entnahmewerts liegen zugleich Aufwendungen für die Nutzung eines häuslichen Arbeitszimmers vor, soweit der entnommene Strom anteilig auf das häusliche Arbeitszimmer entfällt.

Beispiel

Eigenverbrauch des Stroms einer PV-Anlage fürs Arbeitszimmer

Ein Arbeitnehmer nutzt ein steuerlich anerkanntes häusliches Arbeitszimmer mit einer Gesamtfläche von 15 m^2. Auf seinem Einfamilienhaus (gesamte Wohnfläche: 150 m^2) hat der Arbeitnehmer eine Photovoltaikanlage mit einer Nennleistung von 15 kW (peak) installiert. Der Arbeitnehmer produziert im Kalenderjahr insgesamt 15.000 kWh Strom, von dem er 5.000 kWh unmittelbar im Einfamilienhaus selbst verbraucht. Die Stromgestehungskosten betragen 10 Cent pro kWh (= Buchwert). Der Teilwert des selbst produzierten Stroms beträgt dagegen 30 Cent pro kWh. Die sonstigen (anteiligen) abzugsfähigen Aufwendungen für das häusliche Arbeitszimmer (AfA, Finanzierungskosten etc.) betragen im Kalenderjahr 1.500 EUR.

Ergebnis: Zu den abzugsfähigen Aufwendungen gehören auch die Aufwendungen für den entnommenen Strom, soweit sie anteilig auf das Arbeitszimmer entfallen. Die Bewertung des entnommenen Stroms erfolgt dabei zum Teilwert. Die anteilig auf das häusliche Arbeitszimmer entfallenen Aufwendungen für den selbst produzierten Strom berechnen sich demnach wie folgt:

5.000 kWh × 30 Cent × 15/150 = 150 EUR

Aufteilung der Aufwendungen bei Ehegatten

Eine Besonderheit besteht bei Verheirateten, bei denen beide Ehegatten berufstätig sind und das gemeinsame häusliche Arbeitszimmer jeweils zu beruflichen Zwecken nutzen. Hier ist zu unterscheiden, ob es sich das Arbeitszimmer im eigenen oder in einem gemieteten Objekt befindet.

Befindet sich das häusliche Arbeitszimmer in einem im Miteigentum der Ehegatten stehenden Einfamilienhaus oder einer (Eigentums-)Wohnung, sind die auf das häusliche Arbeitszimmer entfallenden und von den Ehegatten getragenen Aufwendungen (u. a. Abschreibung, Schuldzinsen, Energiekosten) im Verhältnis der Miteigentumsanteile auf die Ehegatten aufzuteilen.

Befindet sich das häusliche Arbeitszimmer hingegen in einer von den Ehegatten gemeinsam angemieteten Wohnung, sind die anteilige Miete und die anteiligen Energiekosten jeweils zur Hälfte den Ehegatten zuzurechnen.

1 BFH, Urteil v. 17.2.2016, X R 26/13,BStBl 2016 II S. 611; BFH, Urteil v. 14.5.2019, VIII R 16/15, BStBl 2019 II S. 510.
2 BFH, Beschluss v. 27.7.2015, GrS 1/14, BStBl 2016 II S. 265; BFH, Urteil v. 8.9.2016, III R 62/11, BStBl 2017 II S. 163.
3 BFH, Beschluss v. 27.7.2015, GrS 1/14, BStBl 2016 II S. 265.
4 BFH, Urteil v. 22.3.2016, VIII R 10/12, BStBl 2016 II S. 881.
5 BFH, Urteil v. 12.7.2022, VIII R 8/19, BFH/NV 2022 S. 1266.
6 BMF, Schreiben v. 6.10.2017, IV C 6 – S 2145/07/10002 :019, BStBl 2017 I S. 1320.
7 BMF, Schreiben v. 6.10.2017, IV C 6 – S 2145/07/10002 :019, BStBl 2017 I S. 1320, Rz. 11; Beispiele s. OFD Niedersachsen, Schreiben v. 27.3.2017, S 2354 – 118 – St 215.

8 § 6 Abs. 1 Nr. 4 EStG.

Entscheidungen zum unbegrenzten Werbungskostenabzug

- Bei einem Ingenieur, dessen Tätigkeit wesentlich durch die Erarbeitung theoretischer komplexer Problemlösungen im häuslichen Arbeitszimmer geprägt ist, kann dieses auch dann Mittelpunkt der beruflichen Betätigung sein, wenn die Betreuung der Kunden im Außendienst ebenfalls zu seinen Aufgaben gehört.[1]
- Bei einem Verkaufsleiter, der zur Überwachung von Mitarbeitern und zur Betreuung von Großkunden auch im Außendienst tätig ist, kann das häusliche Arbeitszimmer gleichwohl den Mittelpunkt der beruflichen Betätigung bilden, wenn er dort die für seinen Beruf wesentlichen Leistungen (Organisation der Betriebsabläufe) erbringt.[2]
- Bei einer Produkt- und Fachberaterin, deren Tätigkeit wesentlich durch die Arbeit im Außendienst (Produktpräsentation) geprägt ist, bildet das häusliche Arbeitszimmer auch dann nicht den Mittelpunkt ihrer beruflichen Betätigung, wenn die dort verrichteten Arbeiten zur Erfüllung der übertragenen Aufgaben notwendig sind.[3]
- Bei einem Praxis-Consultant, der ärztliche Praxen in betriebswirtschaftlichen Fragen berät, betreut und unterstützt, kann das häusliche Arbeitszimmer auch dann den Mittelpunkt der beruflichen Betätigung bilden, wenn er einen nicht unerheblichen Teil seiner Arbeitszeit im Außendienst verbringt.[4] Das zeitliche Überwiegen der außerhäuslichen Tätigkeit schließt einen unbegrenzten Werbungskostenabzug der Arbeitszimmeraufwendungen nicht von vornherein aus.[5]
- Bei einem Arbeitnehmer, der seine berufliche Tätigkeit teilweise zuhause und teilweise im Außendienst ausübt, können die auf das Arbeitszimmer entfallenden Kosten nicht uneingeschränkt als Werbungskosten abgezogen werden. Häusliches Arbeitszimmer und Außendiensttätigkeit können nicht gleichermaßen „Mittelpunkt" der beruflichen Tätigkeit eines Arbeitnehmers sein. Ein Vollkostenabzug der entstandenen Aufwendungen verlangt nach dem insoweit eindeutigen Gesetzeswortlaut jedoch, dass das Arbeitszimmer den Mittelpunkt der gesamten beruflichen und betrieblichen Betätigung bildet.[6]
- Aufwendungen für das Einrichten eines Telearbeitsplatzes im häuslichen Arbeitszimmer sind uneingeschränkt abziehbar, wenn sich dort der Betätigungsmittelpunkt des Arbeitnehmers befindet.[7] Das Gericht hat offen gelassen, ob Aufwendungen für das Einrichten eines Telearbeitsplatzes überhaupt der Abzugsbeschränkung unterliegen.
- Bei einem Arzt, der Gutachten über die Einstufung der Pflegebedürftigkeit erstellt und dazu seine Patienten ausschließlich außerhalb des häuslichen Arbeitszimmers untersucht und dort (vor Ort) alle erforderlichen Befunde erhebt, liegt der qualitative Schwerpunkt nicht im häuslichen Arbeitszimmer, in welchem lediglich die Tätigkeit begleitende Aufgaben erledigt werden.[8] Dagegen kann das häusliche Arbeitszimmer eines u. a. von Gerichten beauftragten psychologischen Gutachters den Mittelpunkt dessen beruflicher Tätigkeit darstellen, wenn Kern seiner Gutachtertätigkeit in der Auswertung von Akten und Explorationen sowie der Ausarbeitung von Gutachten liegt.
- Bei einem Architekten, der neben der Planung auch mit der Ausführung der Bauwerke (Bauüberwachung) betraut ist, kann diese Gesamttätigkeit keinem konkreten Tätigkeitsschwerpunkt zugeordnet werden. Das häusliche Arbeitszimmer bildet in diesem Fall nicht den Mittelpunkt der gesamten beruflichen und betrieblichen Betätigung.[9]
- Bei einem Lehrer befindet sich der Mittelpunkt der betrieblichen und beruflichen Betätigung regelmäßig nicht im häuslichen Arbeitszimmer, weil die berufsprägenden Merkmale eines Lehrers im Unterrichten bestehen und diese Leistungen in der Schule o. Ä. erbracht werden.[10]
- Bei einem Hochschullehrer ist das häusliche Arbeitszimmer grundsätzlich nicht der Mittelpunkt der beruflichen Tätigkeit. Findet die das Berufsbild prägende Tätigkeit außerhalb des häuslichen Arbeitszimmers statt, kann auch eine zeitlich weit überwiegende Nutzung des häuslichen Arbeitszimmers keine Verlagerung des Mittelpunkts bewirken.[11]
- Der Mittelpunkt der beruflichen Tätigkeit eines Richters liegt im Gericht und nicht im häuslichen Arbeitszimmer.[12]
- Ein Pensionär im Ruhestand, der eine selbstständige Tätigkeit als Gutachter aufgenommen hat und daneben nur Versorgungsbezüge und geringfügige weitere Einkünfte aus der Vermietung einer Eigentumswohnung und aus Kapitalvermögen erzielt, hat im häuslichen Arbeitszimmer den Mittelpunkt seiner gesamten betrieblichen und beruflichen Tätigkeit. Die Versorgungsbezüge und die übrigen Einkünfte sind mangels Tätigwerden bzw. wegen Geringfügigkeit nicht in die Gesamtbetrachtung einzubeziehen. Einkünfte aus früheren Dienst- und Arbeitsverhältnissen sind für die Bestimmung des Mittelpunkts der gesamten beruflichen und betrieblichen Betätigung ohne Bedeutung.[13]

Ansatz der Jahrespauschale von 1.260 EUR

Steuerpflichtige, die ein dem Typusbegriff entsprechendes häusliches Arbeitszimmer nutzen, welches den Mittelpunkt der gesamten betrieblichen und beruflichen Betätigung bildet, können anstelle der tatsächlichen Aufwendungen eine Jahrespauschale i. H. v. 1.260 EUR als Werbungskosten abziehen.[14]

Der Pauschalbetrag von 1.260 EUR gilt personenbezogen (also für den jeweiligen Arbeitnehmer) und nicht raumbezogen. Das hat zur Folge, dass bei mehreren Nutzern eines häuslichen Arbeitszimmers jeder Steuerpflichtige, der die persönlichen Abzugsvoraussetzungen erfüllt[15], die Jahrespauschale in voller Höhe geltend machen kann.[16]

Beispiel

Personenbezogener Höchstbetrag

Ein Ehepaar nutzt gemeinsam zu jeweils 50 % ein häusliches Arbeitszimmer. Das Arbeitszimmer stellt für beide Ehegatten den Mittelpunkt der gesamten betrieblichen und beruflichen Betätigung dar. Die Kosten für das häusliche Arbeitszimmer betragen 2.000 EUR.

Ergebnis: Beide Ehegatten können die Aufwendungen für das häusliche Arbeitszimmer i. H. d. Jahrespauschale von jeweils 1.260 EUR berücksichtigt werden. In der Summe können bei den Eheleuten demnach 2.520 EUR als Werbungskosten berücksichtigt werden, obwohl die tatsächlichen Aufwendungen „nur" 2.000 EUR betragen.

Übt ein Arbeitnehmer mehrere betriebliche oder berufliche Tätigkeiten nebeneinander aus, kommt ein pauschaler Abzug der Aufwendungen i. H. v. 1.260 EUR nur dann in Betracht, wenn das häusliche Arbeitszimmer den Mittelpunkt der gesamten betrieblichen und beruflichen Tätigkeit bildet.

Beispiel

Mehrere Tätigkeiten

Ein angestellter Krankenhausarzt übt eine freiberufliche Gutachtertätigkeit in seinem häuslichen Arbeitszimmer aus.

Ergebnis: Die Aufwendungen für das häusliche Arbeitszimmer können nicht in Höhe der tatsächlichen Aufwendungen oder pauschal in Höhe der Jahrespauschale von 1.260 EUR abgezogen werden, da der Mittelpunkt der Arbeitnehmertätigkeit im Krankenhaus liegt. Für die Tätigkeit im häuslichen Arbeitszimmer kommt aber ggf. der Ansatz der Tagesauschale in Betracht.

1 BFH, Urteil v. 13.11.2002, VI R 28/02, BStBl 2004 II S. 59.
2 BFH, Urteil v. 13.11.2002, VI R 104/01, BStBl 2004 II S. 65.
3 BFH, Urteil v. 13.11.2002, VI R 82/01, BStBl 2004 II S. 62.
4 BFH, Urteil v. 29.4.2003, VI R 78/02, BStBl 2004 II S. 76.
5 BFH, Urteil v. 15.3.2007, VI R 65/05, BFH/NV 2007 S. 1133.
6 BFH, Urteil v. 21.2.2003, VI R 14/02, BStBl 2004 II S. 68.
7 BFH, Urteil v. 23.5.2006, VI R 21/03, BStBl 2006 II S. 600.
8 BFH, Urteil v. 23.1.2003, IV R 71/00, BStBl 2004 II S. 43.
9 BFH, Urteil v. 26.6.2003, IV R 9/03, BStBl 2004 II S. 50.
10 BFH, Urteil v. 26.2.2003, VI R 125/01, BStBl 2004 II S. 72.
11 BFH, Urteil v. 27.10.2011, VI R 71/10, BStBl 2012 II S. 234.
12 BFH, Urteil v. 8.12.2011, VI R 13/11, BStBl 2012 II S. 236.
13 BFH, Urteil v. 11.11.2014, VIII R 3/12, BStBl 2015 II S. 382.
14 § 4 Abs. 5 Satz 1 Nr. 6b Satz 3 EStG.
15 § 4 Abs. 5 Satz 1 Nr. 6b Satz 2 EStG.
16 BMF, Schreiben v. 15.8.2023, IV C 6 – S 2145/19/10006 :027, BStBl 2023 I S. 1551, Rz. 20.

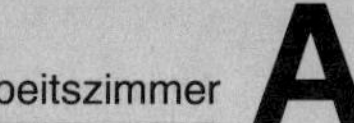

Anrechnung der Jahrespauschale auf den Arbeitnehmer-Pauschbetrag

Die Jahrespauschale wirkt sich beim Steuerpflichtigen im Ergebnis nur dann aus, wenn die Jahrespauschale zusammen mit anderen Werbungskosten des Arbeitnehmers den Arbeitnehmer-Pauschbetrag i. H. v. 1.230 EUR überschreitet. Ein Ansatz der Jahrespauschale neben dem Arbeitnehmer-Pauschbetrag ist ausgeschlossen.

Tipp

Aufteilungswahlrecht

Übt ein Steuerpflichtiger mehrere betriebliche und berufliche Tätigkeiten nebeneinander aus und bildet das häusliche Arbeitszimmer den Mittelpunkt der gesamten betrieblichen und beruflichen Betätigung, so sind die Aufwendungen für das häusliche Arbeitszimmer oder die wahlweise in Anspruch genommene Jahrespauschale grds. entsprechend dem Nutzungsumfang den darin ausgeübten Tätigkeiten zuzuordnen.

Die Finanzverwaltung lässt es aber zu, auf eine Aufteilung der Aufwendungen oder der Jahrespauschale auf die verschiedenen Tätigkeiten zu verzichten und diese insgesamt einer Tätigkeit zuzuordnen.[1]

Hierdurch ließe sich bei Arbeitnehmern, die noch einer weiteren Betätigung im häuslichen Arbeitszimmer nachgehen (z. B. Einkünfte aus selbstständiger Arbeit), der Arbeitnehmer-Pauschbetrag dadurch „retten", dass die Aufwendungen für das häusliche Arbeitszimmer oder die Jahrespauschale insgesamt der anderen Einkunftsart zugeordnet würden.

Tagespauschale

Abzug der Tagespauschale (sog. Homeoffice-Pauschale)

Steuerpflichtige, welche die Voraussetzungen für den Abzug tatsächlicher Kosten für ein häusliches Arbeitszimmer nicht erfüllen[2], können für jeden Kalendertag, an dem die betriebliche oder berufliche Tätigkeit überwiegend in der häuslichen Wohnung ausgeübt und die erste Tätigkeitsstätte nicht aufgesucht wird, einen pauschalen Betrag von 6 EUR pro Tag abziehen (Tagespauschale). Auf das Vorliegen eines häuslichen Arbeitszimmers kommt es dabei nicht an. Der Höchstbetrag der Tagespauschale beträgt 1.260 EUR pro Kalenderjahr, sodass im Ergebnis bis zu 210 Tage steuerlich begünstigt sind.

Wichtig

Anrechnung der Tagespauschale auf den Arbeitnehmer-Pauschbetrag

Die Tagespauschale wirkt sich beim Steuerpflichtigen im Ergebnis nur dann aus, wenn die Tagespauschale zusammen mit anderen Werbungskosten des Arbeitnehmers den Arbeitnehmer-Pauschbetrag i. H. v. 1.230 EUR überschreitet. Ein Ansatz der Tagespauschale neben dem Arbeitnehmer-Pauschbetrag ist ausgeschlossen.

Tipp

Aufteilungswahlrecht

Übt ein Steuerpflichtiger mehrere betriebliche und berufliche Tätigkeiten nebeneinander aus, sind die Voraussetzungen für den Abzug der Tagespauschale tätigkeitsbezogen zu prüfen. Die Tagespauschale von 6 EUR bezieht sich auf den Kalendertag und erhöht sich auch dann nicht, wenn an einem Kalendertag verschiedene betriebliche oder berufliche Betätigungen ausgeübt werden, für die jeweils die Abzugsvoraussetzungen vorliegen. Die Tagespauschale ist daher grds. auf die unterschiedlichen Einkunftsarten aufzuteilen.

Die Finanzverwaltung lässt es aber zu, auf eine Aufteilung der Tagespauschale auf die verschiedenen Tätigkeiten zu verzichten und diese insgesamt einer Tätigkeit zuzuordnen, für die die Voraussetzungen für den Abzug der Tagespauschale vorliegen.[3] Hierdurch ließe sich bei Arbeitnehmern, die noch eine weitere Betätigung von zuhause aus ausüben (z. B. Einkünfte aus selbstständiger Arbeit), der Arbeitnehmer-Pauschbetrag dadurch „retten", dass die Tagespauschale insgesamt der anderen Einkunftsart zugeordnet würde.

Für die Frage, ob die Tätigkeit überwiegend in der häuslichen Wohnung ausgeübt wird, ist auf die Gesamtarbeitszeit des Tages abzustellen. Fahrten zwischen Wohnung und erster Tätigkeitsstätte gehören – anders als Zeiten einer Auswärtstätigkeit – regelmäßig nicht zur Arbeitszeit. Erforderlich ist, dass die Arbeit zu mehr als die Hälfte der Gesamtarbeitszeit des Tages in der häuslichen Wohnung ausgeübt wird. Zeiten, in denen die berufliche Tätigkeit in öffentlichen Räumen (z. B. einem Café) ausgeübt wird, sind dabei nicht der Tätigkeit in der häuslichen Wohnung zuzuordnen.

Wichtig

Nachweis

Die Kalendertage, an denen die Voraussetzungen für die Inanspruchnahme der Tagespauschale erfüllt sind, sind vom Steuerpflichtigen aufzuzeichnen und in geeigneter Form glaubhaft zu machen.[4]

(Kein) Ansatz der Tagespauschale bei Ansatz der Entfernungspauschale

Der Abzug der Tagespauschale ist grundsätzlich ausgeschlossen für Tage, an denen der Steuerpflichtige seine erste Tätigkeitsstätte aufgesucht hat und hierfür den Abzug der Entfernungspauschale[5] geltend machen kann.[6] Ein Abzug beider Pauschalen nebeneinander für einen Kalendertag ist daher grundsätzlich nicht zulässig.

Der Ausschluss des Ansatzes der Tagespauschale gilt jedoch dann nicht, wenn dem Steuerpflichtigen für die betriebliche oder berufliche Betätigung dauerhaft kein anderer Arbeitsplatz zur Verfügung steht.[7] In diesen Fällen kann daher sowohl die Entfernungspauschale als auch die Tagespauschale als Werbungskosten abgezogen werden.

Wichtig

Nebeneinander von Entfernungs- und Tagespauschale

Wenn dem Arbeitnehmer für die betriebliche oder berufliche Tätigkeit dauerhaft kein anderer Arbeitsplatz zur Verfügung steht, kann er an den Tagen, an denen er sowohl an der ersten Tätigkeitsstätte als auch in der häuslichen Wohnung tätig wird, neben der Entfernungspauschale auch die Tagespauschale als Werbungskosten abziehen.

In diesen Fällen ist nach Auffassung der Finanzverwaltung zwar ein Tätigwerden, aber kein zeitlich überwiegendes Tätigwerden in der häuslichen Wohnung für den Abzug der Tagespauschale erforderlich.[8]

Beispiel

Ansatz der Tagespauschale neben der Entfernungspauschale

Ein Lehrer sucht an 180 Tagen seine Schule (= erste Tätigkeitsstätte) für jeweils 5 Stunden auf und arbeitet davon an 120 Tagen für jeweils 3 Stunden nach dem Unterricht nachmittags von zuhause aus. Dem Lehrer steht für seine Unterrichtsvor- bzw. -nachbereitung kein geeigneter Arbeitsplatz zur Verfügung.

1 BMF, Schreiben v. 15.8.2023, IV C 6 – S 2145/19/10006 :027, BStBl 2023 I S. 1551, Rz. 17.
2 § 4 Abs. 5 Satz 1 Nr. 6b EStG.
3 BMF, Schreiben v. 15.8.2023, IV C 6 – S 2145/19/10006 :027, BStBl 2023 I S. 1551, Rz. 29.
4 BMF, Schreiben v. 15.8.2023, IV C 6 – S 2145/19/10006 :027, BStBl 2023 I S. 1551, Rz. 30.
5 § 9 Abs. 1 Satz 3 Nr. 4 EStG.
6 § 4 Abs. 5 Satz 1 Nr. 6c Satz 1 EStG
7 § 4 Abs. 5 Satz 1 Nr. 6c Satz 2 EStG
8 BMF, Schreiben v. 15.8.2023, IV C 6 – S 2145/19/10006 :027, BStBl 2023 I S. 1551, Rz. 31.

Ergebnis: Der Lehrer kann für 180 Fahrten zu seiner Schule Werbungskosten i. H. d. Entfernungspauschale geltend machen. Daneben steht ihm für seine Tätigkeit von zuhause aus der Abzug der sog. Tagespauschale für insgesamt 120 Tage i. H. v. jeweils 6 EUR unabhängig vom zeitlichen Umfang der häuslichen Tätigkeit zu, da dem Lehrer an seiner ersten Tätigkeitsstätte dauerhaft kein anderer Arbeitsplatz zur Verfügung steht.

Der Ansatz der Jahrespauschale ist unabhängig vom Vorliegen eines häuslichen Arbeitszimmers ausgeschlossen, da der Mittelpunkt der gesamten beruflichen Tätigkeit in der Schule liegt.

(K)ein anderer Arbeitsplatz

Ein anderer Arbeitsplatz ist jeder Arbeitsplatz, der zur Erledigung von Büroarbeiten geeignet ist und der vom Arbeitnehmer im erforderlichen Umfang für alle Aufgabenbereiche seiner Erwerbstätigkeit genutzt werden kann. Muss der Arbeitnehmer einen nicht unerheblichen Teil seiner beruflichen Tätigkeit von zuhause aus verrichten, ist ein anderer Arbeitsplatz unschädlich.

Beispiel

Unschädlicher anderer Arbeitsplatz

Einer Schulleiterin mit einem Unterrichtspensum von 18 Wochenstunden steht im Schulsekretariat ein Schreibtisch nur für die Verwaltungsarbeiten zur Verfügung. Für die Vor- und Nachbereitung des Unterrichts kann dieser Arbeitsplatz nach objektiven Kriterien wie Größe und Ausstattung nicht genutzt werden. Diese Arbeiten müssen von zuhause aus erledigt werden.

Ergebnis: Die Schulleiterin kann für die Tage, an denen sie ihrer Tätigkeit überwiegend in der häuslichen Wohnung ausgeübt, die Tagespauschale auch dann ansetzen, wenn sie die Schule (= erste Tätigkeitsstätte) aufsucht. Entsprechendes gilt, wenn ein Dienstzimmer für die Verwaltungstätigkeit eines Schulleiters keinen ausreichenden Platz zur Unterbringung der für die Vor- und Nachbereitung des Unterrichts erforderlichen Gegenstände bietet.

Arbeitsplatz muss tatsächlich zur Verfügung stehen

Übt ein Arbeitnehmer nur eine berufliche Tätigkeit aus, muss der andere Arbeitsplatz auch tatsächlich für sämtliche Aufgabenbereiche dieser Tätigkeit zur Verfügung stehen. Steht ein anderer Arbeitsplatz zwar grundsätzlich zur Verfügung, muss der Arbeitnehmer jedoch trotzdem einen nicht unerheblichen Teil seiner beruflichen Tätigkeit von zuhause aus verrichten, ist der andere Arbeitsplatz unschädlich und die Aufwendungen können trotz Ansatzes einer Entfernungspauschale in Höhe der Tagespauschale angesetzt werden.

Wichtig

Nachweis

In Zweifelsfällen ist das Nichtvorhandensein eines anderen Arbeitsplatzes durch die Vorlage einer Bescheinigung des Arbeitgebers nachzuweisen.[1]

Hinweis

Co-Working-Spaces und Shared-Desks

Bei sog. Co-Working-Spaces werden die Büroarbeitsplätze aus dem Betrieb des Arbeitgebers ausgelagert. Hierzu mietet der Arbeitgeber ggf. stunden- oder tageweise Büroarbeitsplätze i. d. R. wohnortnah an, um einerseits ein regelmäßiges Pendeln der Belegschaft zu vermeiden und anderseits den Mitarbeitern jederzeit ausreichend Büroarbeitsplätze zur Verfügung stellen zu können. Bei sog. Shared-Desks werden dagegen Bürokapazitäten durch den Arbeitgeber bewusst eingespart. Die Belegschaft ist in diesen Fällen regelmäßig dazu angehalten, einen Teil der Arbeit auch von zuhause aus zu erledigen. Der Belegschaft wird am Betriebssitz daher nur nach Absprache mit dem Arbeitgeber ein Arbeitsplatz zur Verfügung gestellt.

Die Finanzverwaltung lässt einen Abzug der Tagespauschale in diesen Fällen jedoch nur für solche Tage zu, an denen der Steuerpflichtige die erste Tätigkeitsstätte nicht aufsucht und zeitlich überwiegend in der häuslichen Wohnung tätig wird.[2] Damit ist ein Nebeneinander von Entfernungs- und Tagespauschale in diesen Fällen regelmäßig ausgeschlossen.

Eine Ausnahme kann für solche Tage gelten, an denen der Arbeitnehmer die erste Tätigkeitsstätte für eine (Kunden-)Besprechung aufsucht und vor oder nach der Besprechung in der häuslichen Wohnung seine Büroarbeit erledigt. In diesem Fall, kann er unabhängig von der zeitlichen Aufteilung neben der Entfernungspauschale auch die Tagespauschale abziehen, wenn ihm für die Bürotätigkeit an diesem Tag kein (Büro-)Arbeitsplatz an der ersten Tätigkeitsstätte zur Verfügung steht.

Ansatz der Tagespauschale bei Dienstreisen

Der Abzug von Reisekosten als Werbungskosten schließt den Abzug der Tagespauschale nicht grundsätzlich aus. Der Arbeitnehmer kann daher neben Reisekosten auch die Tagespauschale als Werbungskosten ansetzen, wenn er die berufliche Tätigkeit an diesen Tagen überwiegend in der häuslichen Wohnung ausübt.

Steht dem Arbeitnehmer dauerhaft kein anderer Arbeitsplatz zur Verfügung, ist ein zeitlich überwiegendes Tätigwerden in der häuslichen Wohnung nach Ansicht der Finanzverwaltung nicht erforderlich.[3]

Beispiel

Ansatz der Tagespauschale neben Reisekosten

Ein angestellter Bauingenieur fährt an einem Tag erst auf die Baustelle und anschließend erledigt er die Büroarbeiten nicht am Arbeitsplatz seines Arbeitgebers (= erste Tätigkeitsstätte), sondern an seinem Arbeitsplatz in der häuslichen Wohnung.

Ergebnis: Der Steuerpflichtige kann für diesen Tag sowohl Reisekosten für die Fahrt zur Baustelle als auch die Tagespauschale abziehen, wenn die Arbeit überwiegend in der häuslichen Wohnung ausgeübt wurde.

Abwandlung:

Dem Bauingenieur steht dauerhaft kein anderer Arbeitsplatz beim Arbeitgeber zur Verfügung.

Ergebnis: Der Bauingenieur kann für jeden Tag, an dem er tatsächlich (auch) von zuhause aus arbeitet, die Tagespauschale (ggf. neben Reisekosten) abziehen. Da dem Arbeitnehmer dauerhaft kein anderer Arbeitsplatz zur Verfügung steht, kommt es auf ein zeitlich überwiegendes Tätigwerden in der häuslichen Wohnung nicht an.

Kein Ansatz der Tagespauschale bei doppelter Haushaltsführung

Können Steuerpflichtige Unterkunftskosten für eine beruflich veranlasste doppelte Haushaltsführung abziehen[4], ist ein zusätzlicher Abzug der Tagespauschale nicht zulässig, soweit die Steuerpflichtigen ihre berufliche Betätigung in der Wohnung ausüben, für die die Mehraufwendungen abgezogen werden können.[5]

Wird dagegen die betriebliche oder berufliche Tätigkeit am Ort des eigenen Hausstands ausgeübt, ist ein Abzug der Tagespauschale zulässig, soweit die weiteren Abzugsvoraussetzungen vorliegen.[6]

Ersatz der Kosten durch den Arbeitgeber

Steuerfreie Arbeitgebererstattung

Ersetzt der Arbeitgeber dem Arbeitnehmer die Aufwendungen, die im Zusammenhang mit der Tätigkeit in der eigenen Wohnung des Arbeitneh-

1 Das Wohnsitzfinanzamt des Arbeitnehmers stellt einen ausführlichen Fragebogen zur Verfügung.

2 BMF, Schreiben v. 15.8.2023, IV C 6 – S 2145/19/10006 :027, BStBl 2023 I S. 1551, Rz. 35.
3 BMF, Schreiben v. 15.8.2023, IV C 6 – S 2145/19/10006 :027, BStBl 2023 I S. 1551, Rz. 31.
4 § 9 Abs. 1 Satz 3 Nr. 5 Satz 1 bis 4 EStG.
5 § 4 Abs. 5 Satz 1 Nr. 6c Satz 3 EStG.
6 BMF, Schreiben v. 15.8.2023, IV C 6 – S 2145/19/10006 :027, BStBl 2023 I S. 1551, Rz. 38.

mers entstehen, liegt steuerpflichtiger Arbeitslohn vor, weil es für diesen Werbungskostenersatz keine gesetzliche Steuerbefreiungsvorschrift gibt.[1] Gleiches gilt bei Zahlung eines pauschalen Bürokostenzuschusses oder bei Übernahme der Kosten für die Büroeinrichtung.

Ausnahmsweise liegt jedoch kein Arbeitslohn vor, wenn der Arbeitgeber gleichartige Verträge auch mit fremden Dritten schließt und die Anmietung eines Raums im ganz überwiegend eigenbetrieblichen Interesse des Arbeitgebers erfolgt. Davon ist auszugehen, wenn der Arbeitgeber dem Arbeitnehmer den Aufwand für ein Außendienstmitarbeiterbüro ersetzt. Arbeitslohn liegt ebenfalls nicht vor, wenn der Arbeitgeber die Einrichtungs- und Ausstattungsgegenstände des Arbeitnehmers erwirbt und diese dem Arbeitnehmer nur leihweise zur Verfügung stellt.

Ersetzt hingegen der Arbeitgeber nicht nur die Kosten für das Arbeitszimmer (Miete, Heizung, Strom, Einrichtung), sondern auch die Aufwendungen für das Telefon, Faxgerät, Computer mit Internetanschluss oder Kopiergerät, gelten gesonderte Regelungen.

Telefon/Handy/Internet

Bei arbeitnehmereigenen Telefonanschlüssen kann – anders als bei betrieblichen Telekommunikationsgeräten – durch die Privatnutzung des Arbeitnehmers kein geldwerter Vorteil entstehen.

In bestimmtem Umfang kann der Arbeitgeber für die vom häuslichen Telefon des Arbeitnehmers geführten beruflich veranlassten Gespräche steuerfreien ⇗ Auslagenersatz gewähren.[2] Hierunter fallen neben der beruflichen Nutzung des häuslichen Telefonanschlusses des Arbeitnehmers auch die berufliche Verwendung des privaten Internetanschlusses in der Wohnung des Arbeitnehmers sowie die berufliche Verwendung des arbeitnehmereigenen Mobil- oder Autotelefons.

Ersetzt der Arbeitgeber dem Arbeitnehmer die Kosten für berufliche Gespräche vom Privatanschluss des Arbeitnehmers, ist dieser Arbeitgeberersatz als Auslagenersatz steuerfrei, wenn die Aufwendungen für die beruflichen Gespräche im Einzelnen nachgewiesen werden.[3]

Der steuerfreie Auslagenersatz umfasst dabei neben den beruflich veranlassten laufenden Verbindungsentgelten (Telefon und Internet) auch die anteiligen Grundkosten (Nutzungsentgelt für die Telefonanlage sowie Grundpreis für die Anschlüsse). Die monatlichen Rechnungen des Telekommunikationsanbieters sind als Belege zum ⇗ Lohnkonto zu nehmen.

Achtung

Flatrate

Auch bei einem Pauschaltarif ohne Einzelverbindungsnachweis (Flatrate) muss anhand geeigneter, ggf. selbst gefertigter Aufzeichnungen der berufliche und private Nutzungsumfang nachgewiesen werden.

Tipp

Vereinfachte Nachweisführung

Anstelle des monatlichen Einzelnachweises ist es – auch wenn der Arbeitnehmer eine Flatrate nutzt – zulässig, dass der Arbeitnehmer dem Arbeitgeber den beruflichen Anteil für die Nutzung privater Telekommunikationsgeräte des Arbeitnehmers für einen repräsentativen Zeitraum von 3 Monaten im Einzelnen nachweist. In der Folgezeit kann das sich ergebende Nutzungsverhältnis der beruflichen Verbindungsentgelte zu den gesamten Verbindungsentgelten für den Umfang des steuerfreien Auslagenersatzes so lange zugrunde gelegt werden, bis sich die Verhältnisse wesentlich ändern. Die monatlichen Rechnungen des Telekommunikationsanbieters sind als Belege zum Lohnkonto zu nehmen.

Zulässig ist es auch, dass der Arbeitgeber anhand dieser Aufzeichnungen für die berufliche Nutzung privater Telekommunikationsgeräte seinem Arbeitnehmer steuerfreien Auslagenersatz in Höhe eines Durchschnittsbetrags gewährt. Der so ermittelte monatliche Durchschnittsbetrag kann – solange sich die Verhältnisse nicht wesentlich ändern – für die Folgezeit als steuerfreier Auslagenersatz fortgeführt werden.

Bei dieser Variante sind nur die Rechnungsbelege des 3-Monatszeitraums als Belege zum Lohnkonto aufzubewahren.

Vereinfachung bei Kleinbeträgen

Der Arbeitgeber kann ohne weitere Prüfung 20 % des vom Arbeitnehmer vorgelegten Rechnungsbetrags, höchstens 20 EUR monatlich steuerfrei ersetzen.[4] Voraussetzung ist, dass dem jeweiligen Arbeitnehmer erfahrungsgemäß überhaupt beruflich veranlasste Telekommunikationsaufwendungen entstehen. Die monatlichen Rechnungen des Telekommunikationsanbieters sind als Belege zum Lohnkonto zu nehmen.

Computer mit Internetanschluss

Bei einem dem Arbeitnehmer vom Arbeitgeber leihweise überlassenen Computer mit Internetanschluss ist nicht nur die berufliche, sondern auch die private Nutzung steuerfrei.[5] Die Steuerbefreiung wurde auf Datenverarbeitungsgeräte ausgedehnt.[6] Hierdurch ist die private Nutzung dienstlicher Geräte (z. B. Laptop, Smartphone, Tablet) steuerfrei.

Wendet der Arbeitgeber dem Arbeitnehmer hingegen einen Computer zu, gehört der Wert dieses Sachbezugs zum steuerpflichtigen Arbeitslohn. Der geldwerte Vorteil ist selbst dann zu erfassen, wenn der Computer zu 100 % beruflich genutzt wird. Der Arbeitgeber kann jedoch den Wert des übereigneten Computers auch pauschal mit 25 % versteuern.[7]

Pauschalierungsfähig sind zudem die laufenden Kosten für die Internetnutzung. Der Arbeitgeber kann den vom Arbeitnehmer erklärten Betrag für die laufende Internetnutzung (Gebühren) pauschal versteuern, soweit der erklärte Betrag monatlich 50 EUR nicht übersteigt.[8] Die Erklärung des Arbeitnehmers muss der Arbeitgeber als Beleg zum Lohnkonto aufbewahren. Möchte der Arbeitgeber seinem Mitarbeiter monatlich mehr als 50 EUR erstatten und mit 25 % pauschal versteuern, muss der Arbeitnehmer für einen repräsentativen Zeitraum von 3 Monaten die entstandenen Aufwendungen im Einzelnen nachweisen.[9] Der sich danach ergebende monatliche Durchschnittsbetrag darf der Pauschalierung für die Zukunft so lange zugrunde gelegt werden, bis sich die Verhältnisse wesentlich ändern (z. B. bei einer Veränderung der Höhe der Aufwendungen oder der beruflichen Tätigkeit).

System- und Anwendungsprogramme

Geldwerte Vorteile des Arbeitnehmers aus der privaten Nutzung von System- und Anwendungsprogrammen, die dem Arbeitnehmer vom Arbeitgeber oder aufgrund des Dienstverhältnisses von einem Dritten unentgeltlich oder verbilligt überlassen werden (sog. Home-Use-Programme), sind steuerfrei.[10]

Kopiergeräte

Ersetzt der Arbeitgeber dem Arbeitnehmer die Aufwendungen für ein Fotokopiergerät, ist der Arbeitgeberersatz steuerpflichtig. Eine Pauschalversteuerung mit 25 % nach § 40 Abs. 2 Satz 1 Nr. 5 EStG kommt nicht in Betracht, da es sich nicht um einen Computer oder um Zubehör eines Computers handelt. Daher kann der Arbeitnehmer aber die Werbungskosten bei seiner Veranlagung zur Einkommensteuer geltend machen, soweit er das Fotokopiergerät beruflich nutzt.

Vermietung an den Arbeitgeber

Um die Abzugsbeschränkung des häuslichen Arbeitszimmers dem Grunde nach zu vermeiden, werden oft Mietverträge mit dem Arbeitgeber über das häusliche Arbeitszimmer abgeschlossen. Die Mieteinnahmen werden als Einnahmen aus Vermietung und Verpachtung erklärt, als Werbungskosten bei Vermietung und Verpachtung werden die vollen, anteiligen Kosten des häuslichen Arbeitszimmers – also ohne Berücksichtigung der Abzugsbeschränkung – geltend gemacht.

1 R 19.3 Abs. 3 Satz 1 LStR.
2 § 3 Nr. 50 EStG.
3 § 3 Nr. 50 EStG.
4 R 3.50 Abs. 2 Satz 4 LStR.
5 § 3 Nr. 45 EStG.
6 Gesetz zur Änderung des Gemeindefinanzreformgesetzes und von steuerlichen Vorschriften v. 8.5.2012, BGBl. 2012 I S. 1030.
7 § 40 Abs. 2 Satz 1 Nr. 5 EStG.
8 R 40.2 Abs. 5 Satz 7 LStR.
9 R 40.2 Abs. 5 Satz 9 i. V. m. R 3.50 Abs. 2 Satz 2 LStR.
10 Gesetz zur Änderung des Gemeindefinanzreformgesetzes und von steuerlichen Vorschriften v. 8.5.2012, BGBl. 2012 I S. 1030.

Nutzung im Interesse des Arbeitnehmers

Dient die Nutzung des häuslichen Arbeitszimmers in erster Linie den Interessen des Arbeitnehmers, handelt es sich bei den Zahlungen des Arbeitgebers um steuerpflichtigen Arbeitslohn. Indiz hierfür ist, dass der Arbeitnehmer im Betrieb des Arbeitgebers über einen weiteren Arbeitsplatz verfügt oder der Arbeitgeber ohne besondere (vertragliche) Vereinbarungen eine sog. Aufwandspauschale zahlt. Die Aufwendungen des Arbeitnehmers für das häusliche Arbeitszimmer sind in diesem Fall nicht als Werbungskosten abziehbar.

Nutzung im Interesse des Arbeitgebers

Wird der betreffende Raum jedoch vor allem im betrieblichen Interesse des Arbeitgebers genutzt und geht dieses Interesse – objektiv nachvollziehbar – über die Entlohnung des Arbeitnehmers bzw. über die Erbringung der jeweiligen Arbeitsleistung hinaus, so ist anzunehmen, dass die betreffenden Zahlungen auf einer neben dem Arbeitsverhältnis gesondert bestehenden Rechtsbeziehung beruhen. Anhaltspunkte hierfür können sich z. B. daraus ergeben, dass der Arbeitgeber

- entsprechende Rechtsbeziehungen zu gleichen Bedingungen auch mit fremden Dritten, die nicht in einem Arbeitsverhältnis zu ihm stehen, eingegangen ist oder
- entsprechende Versuche des Arbeitgebers, Räume von fremden Dritten anzumieten, erfolglos geblieben sind.

In diesem Fall führen die Zahlungen des Arbeitgebers zu Einnahmen aus Vermietung und Verpachtung. Die entstandenen Aufwendungen sind jedoch nur dann als Werbungskosten bei den Einkünften aus Vermietung und Verpachtung abzugsfähig, wenn der Arbeitnehmer mit der Vermietung des Arbeitszimmers an den Arbeitgeber mit Einkünfteerzielungsabsicht handelt. Die Einkünfteerzielungsabsicht kann auch bei einer auf Dauer angelegten Vermietung – anders als bei Wohnimmobilien – nicht unterstellt werden, da das Arbeitszimmer mit der Überlassung an den Arbeitgeber aus objektiver Sicht eine Gewerbeimmobilie darstellt. Dabei ist es unerheblich, ob diese Räume in oder außerhalb der Privatwohnung des Arbeitnehmers liegen. Entscheidend ist die im Mietvertrag vereinbarte und damit verbindlich festgelegte Art der Nutzung.[1]

Wichtig

Nachweis

Eine Anerkennung durch die Finanzverwaltung erfolgt jedoch nur, wenn das (überwiegende) betriebliche Interesse des Arbeitgebers an der Anmietung durch entsprechende schriftliche Vereinbarungen dokumentiert ist.

Sozialversicherung

Beitragsrechtliche Bewertung von Arbeitszimmern

Richtet sich der Arbeitnehmer in seiner Wohnung ein beruflich genutztes Arbeitszimmer ein, kann er die entstandenen Kosten und die laufenden Aufwendungen steuerlich geltend machen. Steuerlich abzusetzende Werbungskosten wirken sich jedoch auf das sozialversicherungspflichtige ⇗ Entgelt nicht aus. Die Beiträge werden vom ungeminderten Arbeitsentgelt berechnet.

Achtung

Aufwendungsersatz durch den Arbeitgeber führt zur Beitragspflicht

Ersetzt der Arbeitgeber dem Arbeitnehmer die Aufwendungen für ein beruflich genutztes Arbeitszimmer, sind die Arbeitgeberleistungen grundsätzlich steuerpflichtiger Arbeitslohn. Der vom Arbeitgeber geleistete Betrag ist beitragspflichtig in der Sozialversicherung.

Überlassung von Arbeitsausstattung durch den Arbeitgeber

Erhalten Arbeitnehmer mit einem Heimarbeitsplatz von ihrem Arbeitgeber leihweise Einrichtungs- oder Ausstattungsgegenstände (z. B. einen Computer) für das Arbeitszimmer, entsteht keine Steuerpflicht und kein beitragspflichtiges Arbeitsentgelt. Die überlassenen betrieblichen Gegenstände sind unabhängig von ihrem Wert steuer- und sozialversicherungsfrei. Unerheblich ist auch das Verhältnis von beruflicher und privater Nutzung.

Voraussetzung für die Beitragsfreiheit ist jedoch, dass die betrieblichen Gegenstände nicht z. B. durch Schenkung in das Eigentum des Arbeitnehmers übergehen.

Weitere Besonderheiten sind bei ⇗ Telekommunikationsleistungen wie z. B. Personalcomputer, Zubehör oder Internetzugang zu beachten.

Aufbewahrungspflichten

Der Arbeitgeber hat sowohl im Arbeits- als auch im Steuer- und Sozialversicherungsrecht bestimmte Unterlagen und Daten für eine bestimmte Zeit aufzubewahren, um in dieser Zeit einen Zugriff darauf sicherzustellen.

Gesetze, Vorschriften und Rechtsprechung

Lohnsteuer: Im Steuerrecht gibt es gesetzliche Aufzeichnungs- und Aufbewahrungspflichten, um den Steuerbehörden und den Sozialversicherungsträgern im Rahmen der Lohnsteuer-Außenprüfung bzw. der Betriebsprüfung den Zugriff auf die Daten zu ermöglichen. Das Gesetz sieht in § 41 Abs. 1 Satz 9 EStG eine eigene 6-jährige Aufbewahrungsfrist vor. Für alle übrigen für den Lohnsteuerabzug bedeutsamen Unterlagen gilt nach § 147 Abs. 1 Nr. 5 und Abs. 3 AO ebenfalls eine Frist von 6 Jahren.

Sozialversicherung: Die im Zusammenhang mit der Beitragsabrechnung und -zahlung zu erfüllenden Aufzeichnungspflichten des Arbeitgebers sind in § 28f Abs. 1 Sätze 1 und 2 SGB IV genannt.

Lohnsteuer

6-jährige Aufbewahrungsfrist

Lohnkonten

Für ⇗ Lohnkonten gilt ein Aufbewahrungszeitraum von 6 Jahren.[2] Für die Fristberechnung ist dabei auf den Beginn des Kalenderjahres abzustellen, das auf die zuletzt eingetragene Entgeltzahlung folgt. Dasselbe gilt für die Sammelkonten, wenn der Arbeitgeber auf die Führung von Einzelkonten verzichtet, weil der Arbeitslohn pauschal versteuert wird. Die Lohnbuchhaltung für das Jahr 2024 ist demzufolge bis zum 31.12.2030 aufzubewahren.

Soweit Lohnunterlagen digitalisiert sind, gelten die Grundsätze zur ordnungsgemäßen Führung und Aufbewahrung von Büchern, Aufzeichnungen und Unterlagen in elektronischer Form sowie zum Datenzugriff (GoBD).[3]

Die GoBD definieren Kriterien, die u. a. die Buchführung und andere steuerlich bedeutsame Aufzeichnungen zu erfüllen haben. Hierbei liegt der Schwerpunkt auf der Belegsicherung, der Nachvollziehbarkeit und Nachprüfbarkeit von Geschäftsvorfällen sowie dem Datenzugriff.

Unterlagen zur betrieblichen Altersversorgung

Die Aufbewahrungsfristen für die Aufzeichnungen und Unterlagen im Zusammenhang mit der ⇗ betrieblichen Altersversorgung richten sich nach

1 BFH, Urteil v. 17.4.2018, IX R 9/17, BStBl 2019 II S. 219; BMF, Schreiben v. 18.4.2019, IV C 1-S 2211/16/10003:005, BStBl I 2019 S. 461.

2 § 41 Abs. 1 Satz 9 EStG.

3 BMF, Schreiben v. 28.11.2019, IV A 4 – S 0316/19/10003 :001, BStBl 2019 I S. 1269.

den für Lohnsteuerzwecke bestehenden allgemeinen Aufbewahrungsbestimmungen und betragen hiernach 6 Jahre.[1]

Übrige Lohnunterlagen

Für alle übrigen für den Lohnsteuerabzug bedeutsamen Unterlagen gilt nach der Abgabenordnung ebenfalls eine Aufbewahrungsfrist von 6 Jahren.[2] Hierunter fallen z. B.

- Freistellungsbescheinigungen,
- Reisekostenabrechnungen,
- Fahrtenbücher,
- Rechnungsbelege über Auslagenersatz oder
- Arbeitszeitlisten u. a.

10-jährige Aufbewahrungsfrist für Unterlagen der Gewinnermittlung

Soweit Lohnunterlagen auch für die betriebliche Gewinnermittlung von Bedeutung sind, verlängert sich die Aufbewahrungsfrist auf 10 Jahre.[3] Die 10-jährige Aufbewahrungsfrist gilt insbesondere für

- Lohnlisten und Lohnsteuerunterlagen,
- Jahresabschlüsse und Jahresabschlusserläuterungen,
- Buchungsbelege und Buchführungsunterlagen,
- Inventarlisten und Inventurunterlagen.

Besondere Bescheinigung für den Lohnsteuerabzug

Soweit als Ersatz für die elektronische Lohnsteuerkarte ein Papierverfahren vorgesehen ist (z. B. für Arbeitnehmer mit falschem ELStAM-Datensatz oder übergangsweise noch für Steuerpflichtige mit Auslandsbezug), gelten die hierfür verfassten Regelungen.[4,5]

Aufbewahrungsfrist nur bis zum Ende des Kalenderjahres bzw. bis zum Austritt

Der Arbeitgeber ist verpflichtet, die Besondere Bescheinigung mit den Besteuerungsmerkmalen des Arbeitnehmers während des Dienstverhältnisses, längstens bis zum Ablauf des Kalenderjahres aufzubewahren.[6] Die Besteuerungsmerkmale des Arbeitnehmers sind in das Lohnkonto zu übernehmen.[7]

Bei Beendigung des Dienstverhältnisses während des Jahres hat der Arbeitgeber dem Arbeitnehmer die Papierbescheinigung auszuhändigen. Insbesondere im Falle eines Arbeitgeberwechsels muss der Arbeitnehmer seine Bescheinigung für die Durchführung des Lohnsteuerabzugs dem neuen Arbeitgeber vorlegen. Der bisherige Dienstherr darf den für den Arbeitnehmer gesetzlich vorgeschriebenen Ausdruck der elektronischen Lohnsteuerbescheinigung nicht mit der besonderen Bescheinigung verbinden. Eine Ausnahme gilt für Arbeitgeber, die von der elektronischen Übermittlung der Lohnsteuerbescheinigung befreit sind, z. B. weil sie nur Arbeitnehmer im Privathaushalt beschäftigen.[8]

Jederzeitige Verfügbarkeit und Wiedergabe der Daten

Die Unterlagen müssen während der Dauer der Aufbewahrungspflicht verfügbar sein und jederzeit innerhalb einer angemessenen Frist lesbar gemacht werden können.

Wer die aufbewahrten Unterlagen nur in Form von Datenträgern vorlegen kann, ist verpflichtet, auf seine Kosten diejenigen Hilfsmittel zur Verfügung zu stellen, die zur Lesbarkeit der Daten erforderlich sind (z. B. Computer, Lesegeräte usw.). Nach der Betriebsprüfungsordnung haben die Prüfer Anspruch darauf, direkt in den elektronischen Programmen zu prüfen.

Wichtig

Löschung der Daten nach Ablauf der Aufbewahrungsfrist

Seit 25.5.2018 ist bei der Aufbewahrung von (lohn-)steuerlichen Unterlagen die Datenschutzgrundverordnung (DSGVO) zu beachten.[9] Nach Ablauf der steuerlichen Aufbewahrungsfristen sind die für Steuerzwecke nicht mehr relevanten Daten zu löschen („Recht auf Vergessenwerden"). Dies gilt insbesondere für den Datenschutz bereits ausgeschiedener Arbeitnehmer.

Aufbewahrungsfristen Kurzübersicht

Aufbewahrungsfristen für Lohnunterlagen

Belegart	Aufbewahrungsfrist
Abrechnungen von Aushilfen	10 Jahre, ggf. 6 Jahre[10]
An-, Ab- und Ummeldungen zur Krankenkasse	Bis zum Ablauf des auf die letzte Rentenversicherungsprüfung folgenden Kalenderjahres[11]
Beitragsnachweise der Krankenkassen	Bis zum Ablauf des auf die letzte Rentenversicherungsprüfung folgenden Kalenderjahres[12]
Besondere Bescheinigung	Bis zum Ende des Kalenderjahres oder bis zur Auflösung des Arbeitsverhältnisses oder bis zum Wechsel der Lohnsteuerbescheinigung
Nachweise über die Berechnung der Umlage zur Unfallversicherung	5 Jahre[13]
Buchungsbelege für die Finanzbuchhaltung	10 Jahre
Lohn- und Beitragsabrechnungsunterlagen zur Sozialversicherung	Bis zum Ablauf des auf die letzte Prüfung folgenden Kalenderjahres[14]
Lohn- und Gehaltskonten	10 Jahre, ggf. 6 Jahre[15]
Lohnsteuer-Anmeldungen	10 Jahre, ggf. 6 Jahre[16]
Lohnsteuerbescheinigung	6 Jahre[17]
Quittungen über Zahlungen von Arbeitslohn	10 Jahre

1 § 41 Abs. 1 Satz 10 EStG.
2 § 147 Abs. 1 Nr. 5, Abs. 3 AO.
3 § 147 Abs. 3 Satz 1 i. V. m § 147 Abs. 1 Nrn. 1, 4, 4a EStG.
4 § 39 Abs. 2 Satz 2 i. V. m. § 39 Abs. 3 EStG.
5 BMF, Schreiben v. 7.11.2019, IV C 5 – S 2363/19/10007 :001, BStBl 2019 I S. 1087.
6 §§ 39 Abs. 3, 39e Abs. 8 EStG.
7 § 41 Abs. 1 EStG.
8 § 41b Abs. 1 EStG.

9 Verordnung (EU) des Europäischen Parlaments und des Rates v. 27.4.2016, Amtsblatt der EU, L 119/1- L119/88.
10 I. d. R. 10 Jahre, da Buchungsbeleg bzw. Bilanzunterlagen, § 257 Abs. 1, 4, 5 HGB, § 147 Abs. 1, 3 und 4 AO. Sofern weder Buchungsbeleg noch Bilanzunterlagen, beträgt die Aufbewahrungsfrist 6 Jahre, § 147 Abs. 3 Satz 1 AO, mindestens jedoch bis zur Festsetzungsfrist des jeweiligen Steuerbescheids. Diese endet i. d. R. 4 Jahre nach Abgabe der Steuererklärung; jeweils zum 31.12. dieses Jahres.
11 § 25 Abs. 2 DEÜV.
12 § 25 Abs. 2 DEÜV.
13 § 165 Abs. 4 SGB VII.
14 § 28f Abs. 1 SGB IV.
15 I. d. R. 10 Jahre, da Buchungsbeleg bzw. Bilanzunterlagen, § 257 Abs. 1, 4, 5 HGB, § 147 Abs. 1, 3 und 4 AO. Sofern weder Buchungsbeleg noch Bilanzunterlagen, beträgt die Aufbewahrungsfrist 6 Jahre, § 147 Abs. 3 Satz 1 AO, mindestens jedoch bis zur Festsetzungsfrist des jeweiligen Steuerbescheids. Diese endet i.d. R. 4 Jahre nach Abgabe der Steuererklärung; jeweils zum 31.12. dieses Jahres.
16 I. d. R. 10 Jahre, da Buchungsbeleg bzw. Bilanzunterlagen, § 257 Abs. 1, 4, 5 HGB, § 147 Abs. 1, 3 und 4 AO. Sofern weder Buchungsbeleg noch Bilanzunterlagen, beträgt die Aufbewahrungsfrist 6 Jahre, § 147 Abs. 3 Satz 1 AO, mindestens jedoch bis zur Festsetzungsfrist des jeweiligen Steuerbescheids. Diese endet i.d. R. 4 Jahre nach Abgabe der Steuererklärung; jeweils zum 31.12. dieses Jahres.
17 I. d. R. ist die Lohnsteuerbescheinigung kein Buchungsbeleg; deshalb beträgt die Aufbewahrungsfrist nicht 10 Jahre, § 147 Abs. 3 AO, mindestens jedoch bis zur Festsetzungsfrist des jeweiligen Steuerbescheids. Diese endet i. d. R. 4 Jahre nach Abgabe der Steuererklärung; jeweils zum 31.12. dieses Jahres.

Aufbewahrungsfristen für sonstige Unterlagen im Personalbereich

Belegart	Aufbewahrungsfrist
Arbeitszeitnachweise über 8 Stunden täglich	2 Jahre[1]
Bewirtungsbelege	10 Jahre[2]
Heimarbeit	
• Entgeltbelege	3 Jahre nach dem Jahr der letzten Eintragung[3]
• Personallisten	1 Jahr nach dem Jahr der Anlegung[4]
Jugendarbeitsschutzunterlagen	
• Ärztliche Bescheinigungen	Bis zum 18. Geburtstag oder dem Ende der Beschäftigung[5]
• Personenbezogene Unterlagen	2 Jahre nach der letzten Eintragung[6]
Personalakte	Es besteht keine arbeitsrechtliche Pflicht, Personalakten des ausgeschiedenen Mitarbeiters noch eine bestimmte Zeit aufzubewahren
Schwerbehindertenverzeichnis	Während der Dauer der Beschäftigung von Schwerbehinderten[7]
Zeugnisse des Arbeitnehmers	3 Jahre[8]

Sozialversicherung

Welche Unterlagen müssen aufbewahrt werden und wie lange?

Der Arbeitgeber ist verpflichtet, die Entgeltunterlagen, die Beitragsabrechnungen und Beitragsnachweise sowie die Bescheinigungen für den Arbeitnehmer[9] bis zum Ablauf des auf die letzte ⬀ Betriebsprüfung folgenden Kalenderjahres geordnet aufzubewahren. Hat ein Arbeitgeber keinen Sitz im Inland, hat er zur Erfüllung der Aufbewahrungspflicht einen Bevollmächtigten, der seinen Sitz im Inland hat, zu bestellen.[10]

Hinweis

Beschäftigte in Privathaushalten

Die Führung und Aufbewahrung von Entgeltunterlagen gilt nach § 28f Abs. 1 SGB IV nicht für Beschäftigte in privaten Haushalten. Hier ist das Verfahren des ⬀ Haushaltsschecks anzuwenden.

Sonderbestimmungen im Baugewerbe, in der Kurier-, Express- und Paketbranche sowie in der Fleischwirtschaft

Führt ein Unternehmer einen Dienst- oder Werkvertrag im Baugewerbe aus, hat er die Entgeltunterlagen und die Beitragsabrechnung so zu gestalten, dass eine Zuordnung des Arbeitnehmers, des Arbeitsentgelts und des darauf entfallenden Gesamtsozialversicherungsbeitrags zu dem jeweiligen Dienst- oder Werkvertrag möglich ist. Dies gilt auch für Unternehmer im Speditions-, Transport- und damit verbundenen Logistikgewerbe, die im Bereich der Kurier-, Express- oder Paketdienste tätig sind und im Auftrag eines anderen Unternehmers Pakete befördern.[11] Damit soll die Zuordnung der einzelnen Entgelte und des Sozialversicherungsbeitrags bei Dienst- oder Werkverträgen möglich sein.

In der Fleischwirtschaft sind die Unternehmen u. a. verpflichtet, Ende und Dauer der täglichen Arbeitszeit jeweils am Tag der Arbeitsleistung elektronisch und manipulationssicher aufzuzeichnen und diese Aufzeichnungen elektronisch aufzubewahren.[12]

Elektronische Führung der Entgeltunterlagen

Entgeltunterlagen sind seit dem 1.1.2022 grundsätzlich in elektronischer Form zu führen. Die Spitzenorganisationen haben bundeseinheitlich die Rahmenbedingungen für die Art und den Umfang der Speicherung bestimmt.[13] Arbeitgeber können sich auf ihren Antrag hin von der Führung elektronischer Entgeltunterlagen bis zum 31.12.2026 befreien lassen.

Folgen der Verletzung der Aufbewahrungspflichten

Verstöße gegen die Regelungen zur Aufbewahrung sind eine Ordnungswidrigkeit, die mit Bußgeld bis zu 50.000 EUR belegt werden kann. Wenn im Baugewerbe oder in der Kurier-, Express- oder Paketbranche Entgeltunterlagen nicht oder nicht richtig gestaltet sind, kann dies mit einem Bußgeld bis zu 5.000 EUR belegt werden.[14, 15]

Feststellung des Verstoßes bei einer Betriebsprüfung

Hat ein Arbeitgeber die Aufzeichnungs- bzw. Aufbewahrungspflichten verletzt und können dadurch die Versicherungs- oder Beitragspflicht oder die Beitragshöhe nicht festgestellt werden, kann der prüfende Träger der Rentenversicherung den Sozialversicherungsbeitrag von der Summe der vom Arbeitgeber gezahlten Arbeitsentgelte geltend machen. Dies gilt nicht, soweit ohne unverhältnismäßig hohen Verwaltungsaufwand festgestellt werden kann, dass keine Beiträge zu zahlen waren oder einem bestimmten Beschäftigten Arbeitsentgelt zugeordnet werden kann. Kann der prüfende Rentenversicherungsträger die Höhe der Arbeitsentgelte nicht oder nur mit unverhältnismäßig hohem Verwaltungsaufwand ermitteln, hat er diese zu schätzen. Kann nachträglich Versicherungs- oder Beitragspflicht, Versicherungsfreiheit oder die Höhe des Arbeitsentgelts nachgewiesen werden, ist der Bescheid aufgrund der Schätzung zu widerrufen.

Aufmerksamkeiten

Annehmlichkeiten und Gelegenheitsgeschenke des Arbeitgebers können als Aufmerksamkeiten steuerfrei bleiben, wenn sie sich bei objektiver Würdigung aller Umstände nicht als Entlohnung, sondern lediglich als notwendige Begleiterscheinung betriebsfunktionaler Zielsetzungen erweisen. Ebenso wenig gehören weitere Sachzuwendungen und geldwerte Vorteile zum Arbeitslohn, die letztlich im ganz überwiegenden betrieblichen Interesse gewährt werden. Die Einordnung als Aufmerksamkeit setzt voraus, dass die Sachzuwendung (keine Geldzuwendung) des Arbeitgebers im gesellschaftlichen Verkehr üblicherweise ausgetauscht wird und zu keiner ins Gewicht fallenden Bereicherung der Arbeitnehmer führt. Der Wert der Aufmerksamkeit, des Arbeitsessens oder der Sachzuwendung im Rahmen von Betriebsveranstaltungen darf max. 60 EUR brutto betragen.

Gesetze, Vorschriften und Rechtsprechung

Lohnsteuer: Die Frage, welche Sachleistungen zu den Aufmerksamkeiten rechnen, ist nicht gesetzlich geregelt. Für die Einordnung sind die Bestimmungen von R 19.6 LStR und H 19.6 LStH maßgebend. Zur auch für Aufmerksamkeiten maßgeblichen Abgrenzung zwischen Geldleistung und Sachbezug vgl. BMF, Schreiben v. 15.3.2022, IV C 5 – S 2334/19/10007 :007, BStBl 2022 I S. 242.

Sozialversicherung: Die Beitragsfreiheit basiert auf der Lohnsteuerfreiheit und ergibt sich aus § 1 Abs. 1 SvEV.

1 § 16 Abs. 2 ArbZG.
2 § 147 Abs. 3 AO.
3 § 13 Abs. 1 1. DVO HAG.
4 § 9 Abs. 3 1. DVO HAG.
5 § 41 Abs. 1 JArbSchG.
6 § 50 Abs. 2 JArbSchG.
7 § 80 SGB IX.
8 § 195 BGB.
9 § 25 Abs. 1 DEÜV.
10 § 28f Abs. 1 SGB IV.
11 § 28f Abs. 1a SGB IV.
12 § 6 Abs. 1 GSA Fleisch.
13 GR v. 18.3.2022.
14 § 111 Abs. 1 Nr. 3a SGB IV.
15 § 111 Abs. 1 Nr. 3 SGB IV.

Entgelt	LSt	SV
Aufmerksamkeit in Form von Geld	pflichtig	pflichtig
Aufmerksamkeit als Sachzuwendung bis 60 EUR brutto	frei	frei
Arbeitsessen bei außergewöhnlichem Arbeitseinsatz	frei	frei
Getränke und Genussmittel zum Verzehr im Betrieb	frei	frei

Lohnsteuer

Sachzuwendungen aus persönlichem Anlass

Sachzuwendungen, die dem Arbeitnehmer nur mit Rücksicht auf das Arbeitsverhältnis zufließen, gehören grundsätzlich zum steuerpflichtigen Arbeitslohn. Es ist gleichgültig, ob es sich um einmalige oder laufende Einnahmen handelt, ob ein Rechtsanspruch auf sie besteht, unter welcher Bezeichnung und in welcher Form sie gewährt werden.

Steuerfreie Aufmerksamkeiten bis 60 EUR brutto

Geschenke, die der Arbeitnehmer aus persönlichem Anlass erhält und deren Wert 60 EUR brutto pro Anlass nicht übersteigt, bleiben als Aufmerksamkeiten lohnsteuerfrei, weil es am Entlohnungscharakter fehlt. Die Sachzuwendung muss aus Anlass eines besonderen persönlichen Ereignisses des Arbeitnehmers oder seiner im Haushalt lebenden Familienangehörigen[1] gegeben werden.

Nur Sachzuwendungen begünstigt

In Betracht kommen nur Sachzuwendungen, die Hingabe von Geld ist steuerpflichtig. Zur auch für Aufmerksamkeiten maßgeblichen Abgrenzung hat die Verwaltung ausführlich Stellung genommen.[2]

Grundsätzlich können auch ⇗ Gutscheine oder Prepaid-Karten als Aufmerksamkeit ausgegeben werden. Dabei sind aber die gleichen Einschränkungen wie bei der Sachbezugsfreigrenze zu beachten.

Begünstigte Gutscheine und Geldkarten dürfen ausschließlich zum Bezug von Waren oder Dienstleistungen berechtigen und keinen Geldersatz darstellen.[3]

Weitere Voraussetzung ist ein begrenzter Kreis von Akzeptanzstellen oder Einlösungsmöglichkeiten.[4]

Besondere persönliche Ereignisse

Einmalige oder selten vorkommende persönliche Ereignisse können z. B. sein:

- Geburtstag,
- Silberhochzeit,
- Einschulung,
- Schulabschluss, Abschlussprüfung einer Ausbildung,
- Kommunion oder Konfirmation eines Kindes,
- Krankenbesuch,
- Arbeitnehmerjubiläum, aber nicht Firmenjubiläum.

Achtung

Weihnachten ist kein persönliches Ereignis

Die Rechtsprechung hat die Verwaltungsauffassung insoweit bestätigt. Ist die Übergabe eines Weihnachtspakets auf Weihnachtsfeiern wegen der Schichtarbeit im Betrieb und der Vielzahl der Arbeitnehmer organisatorisch nicht möglich, handelt es sich bei den übergebenen Päckchen um eine steuerbare Aufmerksamkeit. Es liegt in diesem Fall steuerpflichtiger Arbeitslohn vor.[5]

Auch andere Feiertage sind kein persönliches Ereignis.

Beispiele für steuerfreie Aufmerksamkeiten

Als Aufmerksamkeit kommen z. B. in Betracht:

- Blumen,
- Genussmittel (z. B. alkoholische Getränke und Tabakwaren),
- Bücher oder
- Ton- und Bildträger.

Lohnsteuerliche Freigrenze von 60 EUR brutto

Für die Einordnung als Aufmerksamkeit gilt eine Freigrenze von höchstens 60 EUR brutto. Sachzuwendungen mit einem Wert von mehr als 60 EUR sind in voller Höhe steuer- und beitragspflichtig.

Die 60-EUR-Freigrenze ist nicht gesetzlich, sondern durch Verwaltungsanweisung geregelt.[6]

Hinweis

Sachgeschenke bei Betriebsveranstaltungen

Zuwendungen des Arbeitgebers an seine Arbeitnehmer bei üblichen ⇗ Betriebsveranstaltungen werden als Leistungen im ganz überwiegenden eigenbetrieblichen Interesse des Arbeitgebers nicht besteuert, soweit der Freibetrag von 110 EUR[7, 8] je Arbeitnehmer und Veranstaltung insgesamt eingehalten wird.

Die Finanzverwaltung beanstandet es aus Vereinfachungsgründen nicht, wenn Geschenke, deren Wert je Arbeitnehmer 60 EUR nicht übersteigt, als Zuwendungen anlässlich einer Betriebsveranstaltung in die Gesamtkosten einbezogen werden (z. B. „Weihnachtspäckchen"). Bei Geschenken oberhalb des Betrags von 60 EUR ist im Einzelfall zu prüfen, ob sie „anlässlich" (konkreter Zusammenhang zwischen der Betriebsveranstaltung und dem Geschenk) oder „nur bei Gelegenheit" einer Betriebsveranstaltung zugewendet werden.

Sonderzuwendungen aus sonstigen Anlässen

Freiwillige Sonderzuwendungen des Arbeitgebers an einzelne Arbeitnehmer, z. B. Lehrabschlussprämien, gehören grundsätzlich zum Arbeitslohn. Es spielt keine Rolle, ob damit soziale Zwecke verfolgt werden oder ob sie dem Arbeitnehmer anlässlich besonderer persönlicher Ereignisse zugewendet werden. Das gilt sowohl für Geld- als auch für Sachgeschenke.[9]

Sachzuwendungen an Dritte

Die Steuerfreiheit von Aufmerksamkeiten bis zu einem Betrag von 60 EUR brutto anlässlich eines persönlichen Ereignisses gilt auch für Sachzuwendungen an Dritte.[10]

Beispiel

60-EUR-Freigrenze und Lohnsteuerpauschalierung bei Sachzuwendungen an Dritte

Unternehmer A wendet für die Geschenke an seine Geschäftsfreunde die Lohnsteuerpauschalierung bei Sachzuwendungen mit 30 % an.[11] Seinem Geschäftsfreund B schenkt er zum 50. Geburtstag ein Präsentpaket im Wert von 39,27 EUR brutto.

1 Die Beschränkung auf Haushaltsangehörige ist mit R 19.6 LStR 2023 ergänzt worden.
2 BMF, Schreiben v. 15.3.2022, IV C 5 – S 2334/19/10007 :007, BStBl 2022 I S. 242.
3 § 8 Abs. 1 Satz 2 und 3 EStG.
4 BMF, Schreiben v. 15.3.2022, IV C 5 – S 2334/19/10007 :007, BStBl 2022 I S. 242.
5 Hessisches FG, Urteil v. 22.2.2018, 4 K 1408/17.
6 R 19.6 Abs. 1 LStR.
7 Das Gesetzgebungsverfahren, das eine Änderung des Werts vorsieht, ist noch nicht abgeschlossen. Ggf. wird eine Änderung im Laufe des Jahres 2024 folgen.
8 § 19 Abs. 1 Nr. 1a EStG
9 BFH, Urteil v. 22.3.1985, VI R 26/82, BStBl 1985 II S. 641.
10 BMF, Schreiben v. 19.5.2015, IV C 6 – S 2297 – b/14/10001, BStBl 2015 I S. 468, Tz. 9c, geändert durch BMF, Schreiben v. 28.6.2018, IV C 6 – S 2297 – b/14/10001, BStBl 2018 I S. 814.
11 § 37b Abs. 1 EStG.

Ergebnis: Das Präsentpaket ist nicht in die Pauschalbesteuerung mit 30 % einzubeziehen, da es sich um eine Aufmerksamkeit bis zu 60 EUR anlässlich eines besonderen persönlichen Ereignisses (Geburtstag) des Geschäftsfreunds B handelt (sinngemäße Anwendung von R 19.6 Abs. 1 LStR).

Unternehmer A kann zudem den Nettowert der Zuwendung i. H. v. 33 EUR als Betriebsausgabe abziehen, da die Freigrenze von 50 EUR (bis 2023: 35 EUR) für Geschenke[1] nicht überschritten ist. Hinsichtlich des Umsatzsteueranteils von 6,27 EUR ist er zum Vorsteuerabzug berechtigt.

Bewirtung anlässlich außergewöhnlichem Arbeitseinsatz

Zu den steuerfreien Aufmerksamkeiten zählt auch die ⇗ Bewirtung von Arbeitnehmern durch den Arbeitgeber anlässlich und während eines außergewöhnlichen Arbeitseinsatzes.[2] Hierzu zählen in erster Linie Arbeitsessen im Betrieb.

Erfolgt die Mahlzeitengestellung nach Beendigung des Arbeitseinsatzes, ist der Vorteil regelmäßig steuerpflichtiger Arbeitslohn.

Getränke und Genussmittel zum Verzehr im Betrieb

Getränke und Genussmittel, die der Arbeitgeber den Arbeitnehmern zum Verzehr im Betrieb unentgeltlich oder verbilligt überlässt, gehören – ohne wertmäßige Begrenzung – ebenfalls zu den steuerfreien Aufmerksamkeiten. Das gilt auch, wenn die Getränke und Genussmittel eigens zur Weitergabe an die Arbeitnehmer beschafft oder hergestellt werden.

Achtung

Begünstigt ist nur der Verzehr im Betrieb

Ausgenommen sind Getränke und Genussmittel, die zum häuslichen Verzehr unentgeltlich oder verbilligt überlassen werden. Der Wert solcher ⇗ Sachbezüge gehört zum steuerpflichtigen Arbeitslohn, wenn er die Sachbezugs-Freigrenze von 50 EUR[3] monatlich übersteigt.

Handelt es sich um Waren, die im Betrieb hergestellt oder gehandelt werden, wird für den Rabatt ein Freibetrag von 1.080 EUR jährlich gewährt.

Stellt der Arbeitgeber seinen Arbeitnehmern unbelegte Backwaren nebst Heißgetränken zum sofortigen Verzehr im Betrieb bereit, handelt es sich bei den zugewandten Vorteilen grundsätzlich um nicht steuerbare Aufmerksamkeiten.[4]

Sozialversicherung

Beitragsrechtliche Bewertung

Die beitragsrechtliche Beurteilung von Aufmerksamkeiten richtet sich nach den steuerrechtlichen Kriterien. Als Sachzuwendungen sind die Aufmerksamkeiten bis zu einem Wert von 60 EUR steuerfrei und – da sie zusätzlich zum ohnehin geschuldeten Arbeitslohn gewährt werden – auch beitragsfrei.[5] Wird der Betrag von 60 EUR überschritten, ist der gesamte Betrag steuer- und damit beitragspflichtig. ⇗ Geldzuwendungen des Arbeitgebers sind unabhängig von deren Höhe immer steuer- und beitragspflichtig.

Wichtig

Bewertung als Einmalzahlungen

Beitragspflichtige Sach- oder Geldzuwendungen sind als einmalig gezahltes Arbeitsentgelt zu bewerten. Sie sind beitragsrechtlich dem Monat der Auszahlung zuzuordnen.[6]

Sachzuwendungen an Dritte

⇗ Pauschal versteuerte Sachzuwendungen an Arbeitnehmer eines anderen Arbeitgebers (Dritten) stellen kein beitragspflichtiges Arbeitsentgelt dar.[7] Dies gilt nicht, wenn der Arbeitnehmer bei einem mit dem zuwendenden Arbeitgeber verbundenen Unternehmen beschäftigt ist.[8]

Bewirtung anlässlich außergewöhnlichem Arbeitseinsatz

Die Bewirtung anlässlich außergewöhnlicher Arbeitseinsätze zählt als Zuwendung des Arbeitgebers, die zusätzlich zum Arbeitsentgelt steuerfrei gewährt wird. Aus diesem Grund zählen diese Zuwendungen nicht zum Arbeitsentgelt und sind damit beitragsfrei.[9]

Aufrechnung

Aufrechnung ist die wechselseitige Tilgung zweier Forderungen, die sich gegenüberstehen, durch Verrechnung. Sie ist entweder durch Aufrechnungsvertrag oder durch einseitige empfangsbedürftige Willenserklärung eines Schuldners, der zugleich Gläubiger ist, möglich. Aufzurechnen ist gegen die **Nettolohnforderung**; der Arbeitgeber bleibt zur Abführung der öffentlichen Abgaben verpflichtet.

Zu Unrecht gezahlte Beiträge zur Kranken-, Pflege-, Renten- und Arbeitslosenversicherung werden grundsätzlich erstattet (Beitragserstattung). Zu viel gezahlte Beiträge können aber auch ver- oder aufgerechnet werden, die dafür notwendigen Voraussetzungen werden nachfolgend beschrieben.

Gesetze, Vorschriften und Rechtsprechung

Sozialversicherung: Die Aufrechnung ist in § 28 SGB IV und § 333 SGB III beschrieben. Die Spitzenverbände der Sozialversicherungsträger legten das genaue Verfahren verbindlich in den Gemeinsamen Grundsätzen für die Auf- bzw. Verrechnung und Erstattung zu Unrecht gezahlter Beiträge zur Kranken-, Pflege-, Renten- und Arbeitslosenversicherung aus einer Beschäftigung v. 20.11.2019 (GR v. 20.11.2019) fest.

Sozialversicherung

Aufrechnung durch den Arbeitgeber

Der Arbeitgeber kann Beiträge in voller Höhe oder Teile von Beiträgen zur Sozialversicherung, die er zu viel gezahlt hat, aufrechnen, wenn bei Aufrechnung von Beiträgen in voller Höhe der Beginn des Zeitraums, für den die Beiträge irrtümlich gezahlt wurden, nicht länger als 6 Kalendermonate zurückliegt. Bei Aufrechnung von Teilbeiträgen darf der Erstattungszeitraum nicht länger als 24 Kalendermonate zurückliegen.

Antrag des Arbeitnehmers notwendig

Für die Aufrechnung ist weiterhin Voraussetzung, dass der Arbeitnehmer eine schriftliche Erklärung abgibt, dass ihm kein Bescheid über eine Forderung eines Leistungsträgers vorliegt und seit Beginn des Erstattungszeitraums Leistungen der Kranken-, Pflege-, Renten- oder Arbeitslosenversicherung nicht beantragt, nicht bewilligt oder gewährt worden sind. Er muss bestätigen, dass die ausgezahlten Rentenversicherungsbeiträge nicht als freiwillige Beiträge verbleiben sollen bzw. dass er für diese Zeit keine freiwilligen Beiträge entrichten will.

1 § 4 Abs. 5 Satz 1 Nr. 1 Satz 2 EStG i. d. F. des Entwurfs eines Wachstumschancengesetzes.
2 R 19.6 Abs. 2 Satz 2 LStR.
3 § 8 Abs. 2 Satz 11 EStG.
4 BFH, Urteil v. 3.7.2019, VI R 36/17, BStBl 2020 II S. 788.
5 § 1 Abs. 1 Nr. 1 SvEV.
6 § 23a Abs. 1 SGB IV.
7 § 37b Abs. 1 EStG.
8 § 1 Abs. 1 Nr. 14 SvEV.
9 § 1 Abs. 1 Nr. 1 SvEV.

Ausschluss der Aufrechnung

Beruht die Beitragsüberzahlung darauf, dass Beiträge irrtümlich von einem zu hohen Arbeitsentgelt gezahlt worden sind, so ist eine Aufrechnung der Beiträge ausgeschlossen, wenn der überhöhte Betrag der Bemessung von Geldleistungen an den Versicherten zugrunde gelegt wurde.

Eine Aufrechnung durch den Arbeitgeber scheidet auch aus, wenn für den Erstattungszeitraum oder für einen Teil des Erstattungszeitraums eine Prüfung beim Arbeitgeber stattgefunden hat oder wenn Zinsen geltend gemacht werden.[1]

In den Fällen, in denen eine Aufrechnung ausscheidet, ist eine Beitragserstattung zu beantragen.

Durchführung der Aufrechnung

Die zu viel gezahlten Beiträge sind mit den Beiträgen für den laufenden Entgeltabrechnungszeitraum aufzurechnen. Wird die Aufrechnung vorgenommen, weil ein zu hohes Arbeitsentgelt für die Beitragsberechnung zugrunde gelegt wurde, sind zunächst die Beiträge aus dem richtigen beitragspflichtigen Arbeitsentgelt in dem maßgebenden Zeitraum zu berechnen. Dabei sind die für diesen Zeitraum maßgebenden Beitragsfaktoren zu berücksichtigen. Aus dem Vergleich zwischen den neu berechneten und den unrichtig berechneten Beiträgen ergibt sich der aufzurechnende Betrag. Alle Berichtigungen und Stornierungen sind in den Lohn- und Gehaltsunterlagen so festzuhalten, dass sie im Rahmen einer ⇗ Betriebsprüfung nachvollziehbar sind. Dazu gehört auch die vom Versicherten abzugebende Erklärung. Werden Aufrechnungen für vergangene Kalenderjahre vorgenommen, sind Korrektur-Beitragsnachweise einzureichen und bereits abgegebene ⇗ Meldungen zu stornieren und neu zu erstellen.

Verrechnung durch die Einzugsstelle

Sofern die zur Verrechnung anstehenden Beiträge zu den jeweiligen Sozialversicherungszweigen noch nicht verjährt[2] sind, kann die Krankenkasse als Einzugsstelle eine solche vornehmen. Voraussetzungen dafür sind, dass

- der Arbeitgeber zur Aufrechnung von Beiträgen berechtigt ist und er von dieser Möglichkeit keinen Gebrauch macht,
- sie zu viel Beiträge berechnet hat und diese vom Arbeitgeber gezahlt worden sind,
- zu viel gezahlte Beiträge anlässlich einer Prüfung beim Arbeitgeber festgestellt werden und nicht die Zuständigkeit des Rentenversicherungsträgers gegeben ist.

Allerdings darf die Krankenkasse die Beiträge in voller Höhe nur dann verrechnen, wenn der Arbeitnehmer eine schriftliche Erklärung darüber abgibt, Leistungen der Kranken-, Renten-, Pflege- und Arbeitslosenversicherung nicht erhalten zu haben, und dass die entrichteten Rentenversicherungsbeiträge dem Rentenversicherungsträger nicht als Beiträge zur freiwilligen Versicherung verbleiben sollen.

Keine Verrechnung von Pauschal- und Gesamtsozialversicherungsbeiträgen

Eine Verrechnung von Pauschalbeiträgen für geringfügig entlohnte Beschäftigungen mit anderen Gesamtsozialversicherungsbeiträgen ist nicht möglich, weil jeweils unterschiedliche Einzugsstellen betroffen sind. Denn die Minijob-Zentrale Deutsche Rentenversicherung Knappschaft-Bahn-See ist allein für den Einzug der Pauschalbeiträge zuständig. Eine Verrechnung zu Unrecht gezahlter Pauschalbeiträge mit zu zahlenden Pauschalbeiträgen gegenüber der Deutschen Rentenversicherung Knappschaft-Bahn-See ist allerdings nicht ausgeschlossen.

Wichtig

Möglichkeit der Verrechnung von Pauschal- und Gesamtsozialversicherungsbeiträgen

Wird im Rahmen einer ⇗ Betriebsprüfung festgestellt, dass eine versicherungspflichtige Beschäftigung zu Unrecht als versicherungsfreie, geringfügig entlohnte Beschäftigung bewertet wurde, werden die entsprechenden Gesamtsozialversicherungsbeiträge nachberechnet. Allerdings wird in diesen Fällen lediglich die Differenz zwischen den zu Unrecht gezahlten Pauschalbeiträgen (einschließlich Umlagen) und den nachzuzahlenden Gesamtsozialversicherungsbeiträgen (einschließlich Umlagen) als Beitragsanspruch beziffert. Dieses Verfahren reduziert den Verwaltungsaufwand sowohl aufseiten der Arbeitgeber als auch der Versicherungsträger.

Durchführung der Verrechnung

Verrechnungen durch die Einzugsstelle sind in den Beitragsunterlagen zu vermerken und dem Arbeitgeber zwecks Dokumentation in den Entgeltunterlagen bekannt zu geben. Die Einzugsstelle hat den zuständigen Rentenversicherungsträger über die im Wege der Verrechnung vorgenommene Erstattung der Rentenversicherungsbeiträge zu benachrichtigen.

Achtung

Verrechnung der Beiträge für vergangene Kalenderjahre

Soweit Beiträge oder Teile von Beiträgen für vergangene Kalenderjahre verrechnet werden, kann diese Verrechnung mit dem Beitragsnachweis des Monats, in dem die Verrechnung stattgefunden hat, durchgeführt werden. Das gilt auch, wenn Beiträge für ein abgelaufenes Kalenderjahr verrechnet werden. Ein Korrekturbeitragsnachweis für den betroffenen Abrechnungszeitraum ist dagegen nicht einzureichen.

Verrechnung durch den Rentenversicherungsträger

Der Rentenversicherungsträger ist zur Verrechnung der zu viel gezahlten Beiträge berechtigt[3], wenn er dies anlässlich einer Betriebsprüfung beim Arbeitgeber feststellt und mit der Verrechnung keine Berichtigung der beitragspflichtigen Einnahmen verbunden ist oder aus Einmalzahlungen resultiert (z. B. bei Anwendung falscher Beitragssätze, bei Beitragsentrichtung aus Entgeltteilen oberhalb der Beitragsbemessungsgrenze). Verrechnungen des Rentenversicherungsträgers im Rahmen einer Betriebsprüfung sind im Prüfbescheid vorzunehmen. Vom Arbeitgeber bereits erstattete Meldungen sind zu stornieren und ggf. neu abzugeben.

Aufsichtsratsvergütungen

Die Aufsichtsratsvergütung ist eine Zuwendung für ein Mandat im Aufsichtsrat einer Aktiengesellschaft, einer Kommanditgesellschaft auf Aktien, einer Genossenschaft oder einer GmbH mit mehr als 500 Arbeitnehmern. Die Vergütung wird in der Satzung festgesetzt oder von der Hauptversammlung bewilligt. Sie kann als monatlich gleichbleibender Betrag, als Gewinnanteil oder in einer Kombination von beidem gewährt werden. Es handelt sich nicht um Arbeitslohn, sondern um Einkünfte aus selbstständiger Arbeit.

Ein Aufsichtsratsmandat ist kein Beschäftigungsverhältnis im Sinne der Sozialversicherung. Die aus dem Mandat heraus gewährte Aufsichtsratsvergütung gilt nicht als Arbeitsentgelt, sondern als Einnahme aus einer selbstständigen Tätigkeit. Dies gilt selbst dann, wenn der Arbeitnehmervertreter in dem Konzern im Aufsichtsrat agiert, in dem er auch beschäftigt ist.

1 § 27 SGB IV.
2 § 27 Abs. 2 SGB IV.
3 § 27 Abs. 2 SGB IV.

Gesetze, Vorschriften und Rechtsprechung

Lohnsteuer: Die Aufsichtsratsvergütung unterliegt nicht dem Lohnsteuerabzug, sondern ist geregelt in § 18 Abs. 1 Nr. 3 EStG.

Sozialversicherung: Die beitragsrechtliche Beurteilung von Aufsichtsratvergütungen erfolgt nach § 14 Abs. 1 Satz 1 SGB IV und § 6 Abs. 1 Nr. 1 SGB V. Ergänzend hat die sozialgerichtliche Rechtsprechung (LSG Nordrhein-Westfalen, Urteil v. 13.9.1966, L 15 Kn U 156/64) entschieden, dass eine Aufsichtsratsvergütung nicht zum sozialversicherungspflichtigen Arbeitsentgelt gehört.

Entgelt	LSt	SV
Vergütung für Aufsichtsratsmandat	frei	frei

Lohnsteuer

Einkünfte aus selbstständiger Tätigkeit

Der Aufsichtsrat hat die Geschäftsführung zu überwachen.[1] Aufsichtsratsvergütungen[2, 3] zählen regelmäßig zu den Einkünften aus selbstständiger Tätigkeit.[4, 5] Diese Vergütungen unterliegen daher nicht dem Lohnsteuerabzug und werden durch die Veranlagung zur Einkommensteuer erfasst. Daneben unterliegen sie der Umsatzsteuer[6, 7], wobei je nach Höhe der Vergütungen die Kleinunternehmerregelung des § 19 UStG zur Anwendung kommen kann.

Der BFH hat entschieden, dass das Mitglied eines Aufsichtsrats entgegen bisheriger Rechtsprechung nicht als Unternehmer tätig ist, wenn es aufgrund einer nicht variablen Festvergütung kein Vergütungsrisiko trägt.[8]

Unter engen Grenzen kommt bei einer ehrenamtlichen Aufsichtsratstätigkeit die Steuerbefreiung nach § 4 Nr. 26 UStG in Betracht.[9]

Eine AG kann ihre Aufsichtsratsmitglieder, die auch als Arbeitnehmer für die AG tätig sind (Vorstandsmitglieder, Führungskräfte), arbeitsvertraglich verpflichten, ihre erhaltenen Aufsichtsratsvergütungen zu melden. Damit kann eine Anrechnung dieser Vergütung bei der Auszahlung der Tantiemen vorgenommen werden.[10]

Größere Unternehmen stellen den Mitgliedern ihres Aufsichtsrats neben der Barvergütung mitunter Büroräume, Bürokräfte und Kfz zur Verfügung. Dann kommt es auf den Einzelfall und die Umstände an, ob der Wert dieser Leistungen als Aufsichtsratsvergütung anzusehen ist.[11]

Trägt die Genossenschaft die Kosten für die Teilnahme ihrer Aufsichtsräte an einem Seminar, ist darin keine Aufsichtsratsvergütung zu sehen, wenn die Fortbildung der Qualifizierung des Aufsichtsrats für seine Aufsichtsratstätigkeit dient.[12]

Einkünfte aus nichtselbstständiger Tätigkeit mit Lohnsteuerabzug

Dem Verbot der Übertragung von Geschäftsführermaßnahmen an den Gesamtaufsichtsrat[13] steht die Übertragung einzelner, fest umrissener Aufgaben auf ein einzelnes Aufsichtsratsmitglied nicht entgegen. Ist ein Aufsichtsratsmitglied auch für das Unternehmen aufgrund besonderer Verträge tätig, handelt es sich bei den Vergütungen u. U. um Arbeitslohn, der dem Lohnsteuerabzug unterliegt.[14]

Einkünfte aus nichtselbstständiger Tätigkeit ohne Lohnsteuerabzug

Eine Besonderheit ergibt sich für Aufsichtsratsvergütungen, die Bedienstete im öffentlichen Dienst für eine auf Vorschlag oder auf Veranlassung ihres Dienstvorgesetzten übernommene Nebentätigkeit im Aufsichtsrat eines Unternehmens erhalten.[15] Diese Vergütungen sind i. d. R. ablieferungspflichtig, soweit sie bestimmte Grenzbeträge überschreiten. Die Aufsichtsratsvergütungen führen zu Einkünften aus nichtselbstständiger Arbeit, unterliegen aber nicht dem Lohnsteuerabzug, sondern müssen bei der Veranlagung zur Einkommensteuer des Arbeitnehmers erfasst werden. Dabei sind die abzuliefernden Beträge nach dem Abflussprinzip[16] und damit u. U. erst im Folgejahr als Werbungskosten zu berücksichtigen.

Eine Umsatzsteuerpflicht besteht in diesen Fällen nicht.

Aktienoption für Aufsichtsrat

Nimmt ein Aufsichtsrat einer nicht börsennotierten AG an einer Maßnahme zum Bezug neuer Aktien teil, die nur Mitarbeitern und Aufsichtsratsmitgliedern der Gesellschaft eröffnet ist, und hat er die Option, die von ihm gezeichneten Aktien innerhalb einer bestimmten Frist zum Ausgabekurs an die Gesellschaft zurückzugeben, so erzielt er Einkünfte aus selbstständiger Arbeit, wenn er die unter dem Ausgabepreis notierenden Aktien innerhalb der vereinbarten Frist zum Ausgabepreis an die Gesellschaft zurückgibt. Die Höhe der Einkünfte bemisst sich nach der Differenz zwischen Ausgabepreis und dem tatsächlichen Wert der Aktien im Zeitpunkt der Ausübung der Option. Der Zufluss erfolgt im Zeitpunkt der Ausübung der Option.[17]

Unterstützung der vom Krieg in der Ukraine Geschädigten

Verzichtet ein Aufsichtsratsmitglied vor Fälligkeit oder Auszahlung auf Teile seiner Aufsichtsratsvergütung zugunsten einer steuerfreien Beihilfe und Unterstützung seines Arbeitgebers an die vom Krieg in der Ukraine geschädigten Arbeitnehmer des Unternehmens oder Arbeitnehmer von Geschäftspartnern, werden diese Lohnanteile bei der Feststellung des steuerpflichtigen Arbeitslohns nicht berücksichtigt. Dies setzt aber voraus, dass der Arbeitgeber die Verwendungsauflage erfüllt und dies dokumentiert.[18]

Der außer Ansatz bleibende Arbeitslohn muss im Lohnkonto aufgezeichnet werden.[19] Dies gilt nicht, wenn der Arbeitnehmer seinen Verzicht schriftlich erteilt hat und diese Erklärung zum Lohnkonto genommen worden ist.

Der außer Ansatz bleibende Arbeitslohn muss nicht in der Lohnsteuerbescheinigung angegeben werden.[20]

Die Unterstützung der vom Krieg in der Ukraine Geschädigten wurde bis zum 31.12.2023 verlängert.

1 § 111 AktG.
2 §§ 113, 114 AktG.
3 BGH, Urteil v. 29.6.2021, II ZR 75/20: Verdeckte Aufsichtsratsvergütung durch Beratervertrag.
4 § 18 Abs. 1 Nr. 3 EStG..
5 BFH, Beschluss v. 8.8.2023, VIII B 72/22, BFH/NV 2023 S. 1188; BFH, Urteil v. 28.8.2003, IV R 1/03, BStBl 2004 II S. 112.
6 § 1 Abs. 1 Nr. 1 UStG.
7 FG München, Beschluss v. 19.2.2013, 14 V 286/13; Niedersächsisches FG, Urteil v. 30.11.2010, 16 K 29/10, rkr; OFD Frankfurt, Verfügung v. 11.5.2022, S 7100 A – 287 – St 110.2.
8 BFH, Urteil v. 27.11.2019, V R 23/19, BFH/NV 2020 S. 480; BMF, Schreiben v. 8.7.2021, III C 2 – S 7104/19/10001 :003, BStBl 2021 I S. 919; FG Köln, Urteil v. 26.11.2020, 8 K 2333/18, rkr.: Vergütung des Aufsichtsrats eines Sportvereins unterliegt nicht der Umsatzsteuer.
9 BFH, Urteil v. 20.8.2009, V R 32/08, BStBl 2010 II S. 88.
10 OFD Koblenz, Verfügung v. 12.7.2006, S 7100 A – St 44 3.
11 OFD Magdeburg, Verfügung v. 3.8.2011, S 2248 – 15 – St 213.
12 OFD Niedersachsen, Verfügung v. 22.7.2011, S 2755-13-St 241.
13 § 111 Abs. 4 AktG.
14 BFH, Urteil v. 20.9.1966, I 265/62, BStBl 1966 III S. 688.
15 LAG Hessen, Urteil v. 4.11.2009, 8/7 Sa 2219/08; LSF Sachsen, Verfügung v. 22.12.2014, S 2248-19/8-21.
16 § 11 Abs. 2 EStG.
17 BFH, Urteil v. 9.4.2013, VIII R 19/11, BStBl 2013 II S. 689.
18 BMF, Schreiben v. 17.3.2022, IV C 4 – S 2223/19/10003:013, BStBl 2022 I S. 330, Ziffer VI. und V; zuletzt verlängert durch BMF, Schreiben v. 24.10.2023, IV C 4 – S 2223/19/10003 :023, BStBl 2023 I S. 1869.
19 § 4 Abs. 2 Nr. 4 Satz 1 LStDV.
20 § 41b Abs. 1 Satz 2 Nr. 3 EStG.

Aufstiegs-BAföG

Das Aufstiegsfortbildungsförderungsgesetz (AFBG; Aufstiegs-BAföG) bietet altersunabhängige Förderleistungen im Bereich der beruflichen Bildung. Das BAföG steht demgegenüber Studenten zur Verfügung, die ein Hochschulstudium absolvieren. Mit dem Aufstiegs-BAföG kann gefördert werden, wer sich mit einem Lehrgang oder an einer Fachschule auf eine anspruchsvolle berufliche Fortbildungsprüfung vorbereitet. Die Förderung erfolgt teils als Zuschuss, der nicht mehr zurückgezahlt werden muss, und teils als Angebot der Kreditanstalt für Wiederaufbau (KfW) über ein zinsgünstiges Darlehen.

Teilnehmer an Fortbildungsmaßnahmen nach dem AFBG gelten nicht als Auszubildende des Zweiten Bildungsweges, selbst dann nicht, wenn sie nach dem BAföG gefördert werden.

Gesetze, Vorschriften und Rechtsprechung

Sozialversicherung: Das sog. „Meister-BAföG" wird nach dem Gesetz zur Förderung der beruflichen Aufstiegsförderung (Aufstiegsfortbildungsförderungsgesetz – AFBG) bezahlt.

Sozialversicherung

Versicherungspflicht

Teilnehmer an Fortbildungsmaßnahmen nach dem AFBG gelten nicht als Auszubildende des Zweiten Bildungsweges. Der Personenkreis der Meisterschüler unterliegt in keinem Sozialversicherungszweig der Versicherungspflicht.

Familienversicherung oder freiwillige Krankenversicherung

Das Aufstiegs-BAföG (ehemals: Meister-BAföG) zählt nicht zum Gesamteinkommen und ist daher nicht auf die Einkommensgrenze für die ⇗ Familienversicherung anzurechnen. Der Bezieher von Aufstiegs-BAföG kann sich daher bei Erfüllen der allgemeinen Anspruchsvoraussetzungen familienversichern.

Besteht kein Anspruch auf Familienversicherung, kann der Meisterschüler die Mitgliedschaft bei der Krankenkasse freiwillig fortsetzen. Freiwillig krankenversicherte Bezieher von Aufstiegs-BAföG sind in der sozialen Pflegeversicherung versicherungspflichtig.

Zuständige Krankenkasse

Bezieher von Aufstiegs-BAföG können eine Krankenkasse nach den Bestimmungen des allgemeinen Krankenkassenwahlrechts wählen. Da keine Krankenversicherungspflicht besteht, kann auch eine private Krankenversicherung gewählt werden. Bei einem Krankenkassenwechsel oder der Kündigung der Mitgliedschaft sind Fristen zu beachten.

Aufwandsentschädigung

Eine Aufwandsentschädigung ist die meist pauschalierte zusätzliche Vergütung für besondere Umstände oder Belastungen der Arbeit. Typisches Beispiel sind die ⇗ Auslösungen im Baugewerbe oder bei Montagearbeitern. Steuerrechtlich gehören Aufwandsentschädigungen zum steuerpflichtigen Arbeitslohn – allerdings können im öffentlichen Dienst gezahlte Aufwandsentschädigungen in bestimmtem Umfang steuerfrei gewährt werden. Die Beitragspflicht in der Sozialversicherung knüpft an die Steuerpflicht an.

Gesetze, Vorschriften und Rechtsprechung

Lohnsteuer: Im Steuerrecht ist § 3 Nr. 12 EStG zu berücksichtigen, bei nebenberuflicher (ehrenamtlicher) Tätigkeit § 3 Nrn. 26, 26a und 26b EStG. Ein ausführliches Anwendungsschreiben des BMF, Schreiben v. 21.11.2014, IV C 4 – S 2121/07/0010, BStBl 2014 I S. 1581, erläutert den Anwendungsbereich von § 3 Nrn. 26a und 26b EStG. Zur steuerlichen Behandlung der Aufwandsentschädigungen für ehrenamtliche Betreuer s. Koordinierter Ländererlass des FinMin Baden-Württemberg, Verfügung v. 10.2.2016, 3 – S 2337/38.

Sozialversicherung: § 14 Abs. 1 SGB IV definiert das zur Beitragspflicht in der Sozialversicherung heranzuziehende Arbeitsentgelt aus einer Beschäftigung. § 1 Abs. 1 SvEV legt fest, unter welchen Bedingungen bestimmte Entgeltbestandteile kein sozialversicherungspflichtiges Arbeitsentgelt darstellen.

Entgelt	LSt	SV
Aufwandsentschädigung im öffentlichen Dienst	frei	frei
Aufwandsentschädigung im öffentlichen Dienst für Verdienstausfall oder Zeitverlust	pflichtig	pflichtig
Aufwandsentschädigung für nebenberufliche Tätigkeiten in der Privatwirtschaft bis 3.000 EUR	frei	frei
Aufwandsentschädigung für ehrenamtliche Tätigkeiten in der Privatwirtschaft bis 840 EUR	frei	frei

Lohnsteuer

Steuerfreier Auslagenersatz

Zahlt der private Arbeitgeber seinem Arbeitnehmer Aufwandsentschädigungen, zählen sie grundsätzlich zum steuerpflichtigen Arbeitslohn.

Handelt es sich um ⇗ durchlaufende Gelder oder ⇗ Auslagenersatz, kommt eine Steuerfreiheit in Betracht.[1]

Pauschaler Auslagenersatz hingegen führt i. d. R. zu steuerpflichtigem Arbeitslohn. Ausnahmsweise kann pauschaler Auslagenersatz steuerfrei bleiben, wenn er

- regelmäßig wiederkehrt und
- der Arbeitnehmer die entstandenen Aufwendungen für einen repräsentativen Zeitraum von 3 Monaten im Einzelnen nachweist.[2]

Aufwandsentschädigung im öffentlichen Bereich

Zahlung aus öffentlichen Kassen

Im öffentlichen Dienst gezahlte Aufwandsentschädigungen sind steuerfrei, wenn sie

1. dem Grunde und der Höhe nach gesetzlich festgelegt und
2. im Haushaltsplan des Bundes oder eines Landes ausgewiesen sind.[3, 4]

Andere Aufwandsentschädigungen öffentlich-rechtlicher Körperschaften (z. B. Gemeinden, Landkreise) sind steuerfrei, wenn sie aus öffentlichen Kassen an öffentliche Dienste leistende Personen gezahlt werden, soweit nicht festgestellt wird, dass sie für Verdienstausfall oder Zeitverlust gewährt werden oder den Aufwand offenbar übersteigen.[5, 6] Mit der steuerfreien Dienstaufwandsentschädigung nach der Landeskommunalbesoldungsverordnung des Landes Baden-Württemberg soll der gesamte durch das Amt verursachte persönliche Aufwand abgegolten werden.[7, 8] § 3 Nr. 12 EStG ist im Verhältnis zu § 3 Nr. 13 EStG nachrangig.[9]

1 § 3 Nr. 50 EStG.
2 R 3.50 Abs. 2 Sätze 1 und 2 LStR.
3 § 3 Nr. 12 Satz 1 EStG.
4 FG Baden-Württemberg, Urteil v. 6.3.2019, 2 K 317/17, rkr.
5 § 3 Nr. 12 Satz 2 EStG.
6 FinMin Baden-Württemberg, Verfügung v. 11.1.2019, 3 – S 233.7/31.
7 § 3 Nr. 12 Satz 2 EStG.
8 FG Baden-Württemberg, Urteil v. 17.10.2019, 3 K 1507/18, rkr.
9 BFH, Urteil v. 19.10.2016, VI R 23/15, BStBl 2017 II S. 345.

Die Steuerbefreiung nach § 3 Nr. 12 Satz 2 EStG gilt nicht für Aufwandsentschädigungen und Sitzungsgelder eines Präsidiumsmitglieds eines privatrechtlich organisierten kommunalen Spitzenverbands.[1]

Die an ehrenamtliche Mitglieder Kommunaler Vertretungen und Ortsvorsteher gezahlten Vergütungen bzw. Entschädigungen bleiben nach besonderen Länderregelungen entsprechend der Funktion und Einwohnerzahl der Gemeinde steuerfrei.[2]

Die Tätigkeit der öffentlich-rechtlichen Rundfunkanstalten ist als öffentlicher Dienst anzusehen, soweit es sich um den normalen Programmdienst handelt.[3, 4]

Bei der „Entschädigung" eines ehrenamtlichen Richters nach § 18 des Justizvergütungs- und -entschädigungsgesetzes (JVEG) für Verdienstausfall handelt es sich nicht um eine Aufwandsentschädigung bzw. Einnahmen aus einer nebenberuflichen Tätigkeit. Diese „Entschädigung" ist als Ersatz für den entfallenen Arbeitslohn steuerpflichtig, eine Steuerbefreiung nach § 3 Nr. 12 Satz 1 und § 3 Nr. 26 EStG kommt aber nicht in Betracht. Eine an ehrenamtliche Richter gezahlte Entschädigung für Zeitversäumnis nach § 16 JVEG ist nicht steuerbar.[5]

Aufwandsentschädigungen aus der Landeskasse an eine ehrenamtliche Betreuerin aus dem Titel „Auslagen in Rechtssachen" des Staatshaushalts sind nicht nach § 3 Nr. 12 EStG steuerfrei, denn die Ausweisung im Haushaltsplan als Aufwandsentschädigung ist weitere Voraussetzung für die Steuerfreiheit des § 3 Nr. 12 Satz 1 EStG.[6] Für die ehrenamtliche Betreuerin gilt aber § 3 Nr. 26b EStG, d. h. die Aufwandsentschädigungen sind steuerfrei, soweit sie nicht mit weiteren steuerfreien Einnahmen nach § 3 Nr. 26 EStG den Freibetrag von 3.000 EUR überschreiten.

An Verwaltungsratsmitglieder gezahlte Entschädigungen für Zeitaufwand gemäß § 41 Abs. 3 SGB IV sind steuerpflichtige Einnahmen aus einer sonstigen selbstständigen Tätigkeit.[7] Die Entschädigungen sind nicht steuerfrei gemäß § 3 Nr. 12 EStG. § 3 Nr. 12 Satz 1 EStG setzt die Zahlung von Aufwandsentschädigungen aus einer Bundes- oder Landeskasse voraus, was im Streitfall nicht gegeben war. Die Zahlung erfolgte vom Sozialversicherungsträger.[8]

Höhe der Steuerbefreiung

Ist für eine solche Aufwandsentschädigung ein Betrag oder Höchstbetrag durch Gesetz oder Rechtsverordnung bestimmt, so sind

- bei hauptamtlich Tätigen 100 % der gewährten Aufwandsentschädigung,
- bei ehrenamtlich Tätigen 33 % der gewährten Aufwandsentschädigung, mind. 250 EUR monatlich

steuerfrei.

Ist kein Betrag oder Höchstbetrag durch Gesetz oder Rechtsverordnung bestimmt, sind bei hauptamtlich und ehrenamtlich tätigen Personen Aufwandsentschädigungen bis zu 250 EUR monatlich steuerfrei.[9, 10]

Übertragung nicht ausgeschöpfter Beträge

Der steuerfreie Mindest- oder Höchstbetrag von 250 EUR monatlich ist grundsätzlich für die Monate zu ermitteln, in denen öffentliche Dienste geleistet werden. Nicht ausgeschöpftes Freibetragsvolumen kann auf andere Monate des Kalenderjahres übertragen werden. Für die Ermittlung der Anzahl der in Betracht kommenden Monate ist die Dauer der hauptamtlichen oder ehrenamtlichen Funktion im Kalenderjahr maßgebend. Auf die Dauer des tatsächlichen Einsatzes im Ehrenamt kommt es nicht an. Angefangene Kalendermonate zählen als volle Monate.

Nachholung nicht ausgeschöpfter Monatsbeträge

Beim Lohnsteuerabzug ist die beschriebene Verrechnung des nicht ausgeschöpften Freibetragsvolumens mit steuerpflichtigen Aufwandsentschädigungen anderer Lohnzahlungszeiträume dieser Tätigkeit im Kalenderjahr möglich, auch mit abgelaufenen Lohnzahlungszeiträumen. Sie kann bei Beendigung der Tätigkeit oder zum Ende des Kalenderjahres vorgenommen werden.[11]

Ehrenamtsfreibetrag nachrangig zu berücksichtigen

Der allgemeine ⇗ Ehrenamtsfreibetrag für Einnahmen aus nebenberuflichen Tätigkeiten im gemeinnützigen, mildtätigen oder kirchlichen Bereich i. H. v. 840 EUR im Jahr kann nicht zusätzlich zu den steuerfreien Aufwandsentschädigungen angesetzt werden.[12, 13]

> **Hinweis**
>
> **Aufwandsentschädigung ehrenamtlicher Feuerwehrleute**
>
> Soweit die Feuerwehrtätigkeit eine begünstigte Nebentätigkeit[14] darstellt und der Freibetrag nicht bereits für begünstigte Nebentätigkeiten in einem anderen Dienst- oder Auftragsverhältnis ausgeschöpft wird, kommen die Steuerbefreiung für Aufwandsentschädigungen aus öffentlichen Kassen für öffentliche Dienste[15, 16] und der Übungsleiterfreibetrag[17, 18] in Betracht. Für die Feststellung, inwieweit die Feuerwehrtätigkeit eine nach § 3 Nr. 26 EStG begünstigte Tätigkeit darstellt, kann in der Regel von dem laut Finanzverwaltung dargestellten typisierenden Aufteilungsmaßstab ausgegangen werden.[19]

Die an Helfer im sog. Hintergrunddienst des Hausnotrufs gezahlten Vergütungen sind vollumfänglich steuerfrei. Für diese spezielle Tätigkeit kommt es nicht darauf an, ob die Helfer im Hintergrunddienst tatsächlich Rettungseinsätze ausführen.[20]

Aufwandsentschädigung für nebenberufliche Tätigkeiten

Einnahmen aus einer nebenberuflichen Tätigkeit als ⇗ Übungsleiter, Erzieher, Betreuer oder aus vergleichbaren Tätigkeiten sowie aus nebenberuflichen künstlerischen oder pflegerischen Tätigkeiten bleiben bis zu einem jährlichen Betrag von 3.000 EUR steuerfrei.[21, 22]

Dies gilt nur dann, wenn diese Tätigkeiten im Auftrag

- einer juristischen Person des öffentlichen Rechts (z. B. einer Gemeinde, IHK oder Handwerkskammer) oder
- einer steuerbegünstigten Körperschaft (z. B. gemeinnütziger Verein) ausgeübt werden.[23]

Nur nebenberufliche Tätigkeit sind begünstigt

Eine nebenberufliche Tätigkeit ist dann anzunehmen, wenn sie bezogen auf das Kalenderjahr nicht mehr als 1/3 der Arbeitszeit eines vergleichbaren Vollzeiterwerbs in Anspruch nimmt.[24] Typische Beispiele sind Dozenten bei der IHK oder der Handwerkskammer, Trainer bei Sportvereinen, Jugendgruppenleiter bei gemeinnützigen Organisationen oder im Fahrdienst tätige Fahrer im Bereich der teilstationären Tagespflege.[25]

1 FG Münster, Urteil v. 24.9.2019, 3 K 2458/18 E, rkr.
2 OFD Frankfurt, Verfügung v. 21.9.2020, S 2248 A – 7 – St 213.
3 § 18 Abs. 1 Satz 1 Nr. 3 EStG.
4 OFD Frankfurt, Verfügung v. 16.9.2014, S 2248 A – 8 – St 213.
5 BFH, Urteil v. 31.1.2017, IX R 10/16, BStBl 2018 II S. 571; OFD Frankfurt, Verfügung v. 9.5.2018, S 2337 A – 073 – St 213.
6 FG Baden-Württemberg, Urteil v. 6.3.2019, 2 K 317/17, rkr.
7 § 18 Abs. 1 Nr. 3 EStG.
8 FG Münster, Urteil v. 31.10.2018, 7 K 1976/17 E, rkr.; s. auch BFH, Urteil v. 3.7.2018, VIII R 28/15, BStBl 2018 II S. 715.
9 R 3.12 Abs. 3 LStR.
10 BMF, Schreiben v. 8.4.2021, IV C 5 – S 2337/20/10001:001, BStBl 2021 I S. 622.
11 H 3.12 LStH „Übertragung nicht ausgeschöpfter steuerfreier Monatsbeträge".
12 § 3 Nr. 26a Satz 2 EStG.
13 LfSt Bayern, Verfügung v. 18.9.2019, S 2121.2.1-29/25 St36.
14 Z. B. Ausbildungstätigkeit und Sofortmaßnahmen gegenüber Verunglückten und Verletzten.
15 FinMin Sachsen-Anhalt, Erlass v. 6.4.2023, 45-S 2342-204.
16 § 3 Nr. 12 Satz 2 EStG.
17 § 3 Nr. 26 EStG.
18 BFH, Urteil v. 3.7.2018, VIII R 28/15, BStBl 2018 II S. 715; FG Nürnberg, Urteil v. 6.10.2017, 4 K 858/16.
19 FinMin Bayern, Verfügung v. 13.11.2013, 34 – S 2337 – 013 – 41 621/13, mit Beispielen.
20 OFD Frankfurt, Verfügung v. 2.9.2019, S 2245 A – 002 – St 29; FG Köln, Urteil v. 25.2.2015, 3 K 1350/12, rkr.
21 § 3 Nr. 26 EStG.
22 OFD Niedersachsen, Verfügung v. 28.7.2011, S 2121 –55 – St 213; OFD Frankfurt, Verfügung v. 2.9.2019, S 2245 A – 002 – St 29.
23 R 3.26 Abs. 3 LStR.
24 R 3.26 Abs. 2 LStR.
25 FG Baden-Württemberg, Urteil v. 8.3.2018, 3 K 888/16, rkr.

Aufwandsentschädigungen für ehrenamtliche Vormundschaften, Betreuer und Pflegschaften

Aufwandsentschädigungen für ehrenamtliche Vormundschaften, Betreuer und Pflegschaften[1] sind steuerfrei, soweit sie zusammen mit den steuerfreien Einnahmen aus bestimmten nebenberuflichen Tätigkeiten den Freibetrag von jährlich 3.000 EUR[2] nicht überschreiten.[3, 4]

Nach der neuen Gesetzessystematik verweist das Vormundschaftsrecht auf das Betreuungsrecht, nicht wie bis zum 31.12.2022 umgekehrt, und gilt auch für Pflegschaften für Minderjährige.[5]

Nur ehrenamtliche Tätigkeiten sind begünstigt

Aufwandsentschädigungen bekommt nur der ehrenamtlich tätige Vormund, Betreuer etc. Die Aufwandsentschädigung beträgt pro Betreuungsfall pauschal 425 EUR pro Betreuungsjahr.[6] Bei Geltendmachung dieses Betrags müssen dem Familiengericht keine Belege vorgelegt werden. Werden höhere Aufwendungen geltend gemacht, müssen diese nachgewiesen werden. Die Erstattung erfolgt jährlich, erstmals ein Jahr nach der Betreuerbestellung. Der Anspruch auf Festsetzung der Aufwandspauschale erlischt, wenn der Antrag nicht jeweils bis zum 30.6. des Folgejahres eingereicht wird. Es handelt sich um eine Ausschlussfrist, nach deren Ablauf der Anspruch nicht mehr geltend gemacht werden kann.

Wichtig

Wer sich „stark" um Nachlässe kümmert, tut das nicht ehrenamtlich

Der Bundesfinanzhof hat festgestellt, dass eine Nachlasspflegschaft nicht ehrenamtlich geführt wird und die daraus erzielten Einkünfte steuerpflichtig sind, wenn die Tätigkeit bestimmte Grenzen überschreitet.

Bei Vormundschaften bestehe die Faustregel, dass von einer „berufsmäßigen Ausübung" der Betreuung auszugehen ist, wenn mehr als 10 Vormundschaften geführt werden oder die für die Führung der Vormundschaften erforderliche Zeit 20 Wochenstunden nicht unterschreitet. Die Übernahme von 10 Nachlasspflegschaften übersteige diese „Unschädlichkeitsgrenze" um das 3-fache, sodass jedenfalls von einer steuerpflichtigen Berufsmäßigkeit auszugehen sei.[7]

Der Abzug des Pflege-Pauschbetrags[8] durch die Pflegeperson wird durch die Gewährung einer Aufwandsentschädigung für ehrenamtliche Betreuer ausgeschlossen.[9]

Aufwandsentschädigungen sind grundsätzlich einkommensteuerpflichtig

Die Aufwandsentschädigungen sind sonstige Einkünfte[10] und damit grundsätzlich einkommensteuerpflichtig.

Das gilt jedoch nicht, wenn sie nach Abzug des Steuerfreibetrags und der mit der Tätigkeit im Zusammenhang stehenden Werbungskosten (ggf. pauschale Werbungskosten) und ggf. zusammen mit weiteren Einkünften[11] weniger als 256 EUR im Kalenderjahr (Freigrenze) betragen haben.[12]

Beispiel

Ehrenamtlicher Betreuer ist auch noch Übungsleiter

Ein Arbeitnehmer ist nebenberuflich als selbstständig tätiger Übungsleiter in einem gemeinnützigen Verein tätig und erhält hierfür 3.600 EUR, für die er die Übungsleiterpauschale in Anspruch nimmt. Zusätzlich hat er eine ehrenamtlich rechtliche Betreuung übernommen, für die er eine Aufwandsentschädigung von 400 EUR erhält.

Ermittlung der steuerpflichtigen Einkünfte:	
Einnahmen als Übungsleiter	3.600,00 EUR
Abzgl. Steuerfreibetrag nach § 3 Nr. 26 EStG (höchstens)	3.000,00 EUR
Einkünfte aus selbstständiger Tätigkeit nach § 18 EStG	600,00 EUR
Einnahmen als ehrenamtlich rechtlicher Betreuer	400,00 EUR
Abzgl. Steuerfreibetrag nach § 3 Nr. 26b EStG (entfällt, da für die Tätigkeit als Übungsleiter verbraucht)	0,00 EUR
Abzgl. Werbungskostenpauschale (25 % v. 400 EUR)	100,75 EUR
Sonstige Einkünfte gemäß § 22 Nr. 3 EStG	299,25 EUR

Die Einkünfte als ehrenamtlicher Betreuer übersteigen die Freigrenze von 256 EUR, sodass sie in vollem Umfang steuerpflichtig sind.

Abgrenzung zum Berufsbetreuer

Berufsbetreuer nach § 19 Abs. 2 BtoG (z. B. Rechtsanwälte) haben Einkünfte aus sonstiger selbstständiger Tätigkeit.[13, 14] Ein Betreuer ist berufsmäßig tätig, wenn er mehr als 10 Betreuungen hat oder die zur Führung der Betreuungen erforderliche Zeit voraussichtlich 20 Wochenstunden überschreitet.[15] Berufsbetreuer haben keinen Steuerfreibetrag nach § 3 Nr. 26b EStG.

Sozialversicherung

Beitragsrechtliche Bewertung

Aufwandsentschädigungen von privaten Arbeitgebern sind beitragspflichtiges Arbeitsentgelt, soweit sie steuerpflichtig sind. Für Arbeitnehmer im öffentlichen Dienst sind nur Aufwandsentschädigungen für Verdienstausfall oder Zeitverlust beitragspflichtig.

Freibeträge für bestimmte Personengruppen

Übungsleiterfreibetrag

Aufwandsentschädigungen für nebenberufliche Tätigkeiten als ↗ Übungsleiter, Ausbilder, Erzieher oder vergleichbare Tätigkeiten sind beitragsfrei, wenn sie jährlich 3.000 EUR (steuerlicher Übungsleiterfreibetrag; 2020: 2.400 EUR) nicht übersteigen.[16]

Die Spitzenverbände der Sozialversicherungsträger empfehlen allerdings, dass bei ganzjährig andauernden Beschäftigungen der Betrag als monatliche Aufwandsentschädigung – also pro rata temporis – angesetzt wird (jeweils 250 EUR; 2020: 200 EUR). Dies liegt im Interesse einer kontinuierlichen versicherungsrechtlichen Beurteilung.

1 § 1808 Abs. 2 BGB; Gesetz zur Reform des Vormundschafts- und Betreuungsrechts v. 4.5.2021, BGBl 2021 I S. 882; Gesetz über die Vergütung von Vormündern und Betreuern v. 26.6.2022, BGBl 2022 I S. 959.
2 § 3 Nr. 26 EStG.
3 § 3 Nr. 26b EStG.
4 BFH, Urteil v. 17.10.2012, VIII R 57/09, BStBl 2013 II S. 799; OFD Frankfurt, Verfügung v. 30.8.2011, S 2121 A – 33 – St 213; BFH, Urteil v. 20.12.2017, III R 23/15, BStBl 2019 II S. 469; FinMin Niedersachsen, Merkblatt v. 30.10.2018, S 2337 – 117/7 – 34 13.
5 § 1813 Abs. 1 BGB.
6 FinMin Thüringen, Erlass. v. 9.1.2023, 1040-21-S 2121/18-2-2898/2023.
7 BFH, Urteil v. 19.4.2012, V R 31/11, BFH/NV 2012 S. 1831; OFD Nordrhein-Westfalen, 2.9.2013, Kurzinformation ESt Nr. 14/2013 zu § 1835a BGB a. F.
8 § 33b Abs. 6 EStG.
9 BFH, Urteil v. 4.9.2019, VI R 52/17, BStBl 2020 II S. 97.
10 § 22 Nr. 3 EStG.
11 i. S. v. § 22 Nr. 3 EStG.
12 § 22 Nr. 3 Satz 2 EStG.
13 § 18 Abs. 1 Nr. 3 EStG.
14 BFH, Urteil v. 15.6.2010, VIII R 10/09, BStBl 2010 II S. 906.
15 BMF, Schreiben v. 22.11.2013, IV D 3 – S 7172/13/10001, BStBl 2013 I S. 1590; FinMin Niedersachsen, Verfügung v. 30.10.2018, S S 2337 – 117/7 – 34 13, dort III.
16 § 1 Abs. 1 Satz 1 Nr. 16 SvEV.

Wichtig

Unterjährige Aufnahme oder Beendigung einer Beschäftigung

Beginnt eine Beschäftigung im Laufe eines Kalenderjahres, kann – da der Übungsleiterfreibetrag 3.000 EUR pro Kalenderjahr beträgt – monatlich ein entsprechend höherer Betrag als Aufwandsentschädigung berücksichtigt werden. Voraussetzung ist, dass der Steuerfreibetrag zuvor noch nicht ausgeschöpft war. Ein anteilig höherer Betrag pro Monat kann bei Beendigung der Beschäftigung im Laufe eines Kalenderjahres nur angesetzt werden, wenn das Ende der Beschäftigung im Voraus feststeht.

Beispiel

Versicherungs-/Beitragsfreiheit einer zeitlich begrenzten Übungsleitertätigkeit

Sportlehrer A übernimmt befristet für die Zeit vom 1.4. bis 31.8. im ortsansässigen Sportverein eine Trainertätigkeit. Hierfür erhält er eine monatliche Aufwandsentschädigung von 600 EUR. A übt im gleichen Kalenderjahr keine weiteren Übungsleitertätigkeiten aus.

Die von A neben seiner Hauptbeschäftigung ausgeübte, auf 5 Monate begrenzte Trainertätigkeit im ortsansässigen Sportverein ist versicherungs- und beitragsfrei zur Sozialversicherung, weil die in diesem Zusammenhang erzielte Aufwandsentschädigung den Betrag von 3.000 EUR nicht überschreitet.

Ehrenamtsfreibetrag

Die Aufwandsentschädigung für die Ausübung eines ⇗ Ehrenamts ist beitragspflichtiges Entgelt in der Höhe, wie sie den tatsächlich zu entschädigenden Aufwand übersteigt.

Für bestimmte nebenberuflich ausgeübte ehrenamtliche Tätigkeiten gilt ein steuerfreier Ehrenamtsfreibetrag in Höhe von 840 EUR (2020: 720 EUR) im Kalenderjahr nicht als Arbeitsentgelt und ist beitragsfrei zur Sozialversicherung.[1]

Wie bei der Übungsleiterpauschale gilt auch für die Ehrenamtspauschale die Empfehlung, dass bei einer ganzjährigen Ausübung der ehrenamtlichen Tätigkeit pro Monat ein Betrag von 70 EUR (2020: 60 EUR) angesetzt wird. Bei unterjähriger Aufnahme oder Beendigung der ehrenamtlichen Tätigkeit hingegen kann auch ein entsprechend höherer monatlicher Betrag angesetzt werden, sofern der Steuerfreibetrag zuvor noch nicht ausgeschöpft war.

Au-pair-Beschäftigung

Au-pairs sind junge Erwachsene aus dem Ausland, die in einer Gastfamilie tätig sind. Im Vordergrund stehen die Betreuung der Kinder der Gastfamilie sowie leichte Haushaltsarbeiten gegen freie Unterkunft, Verpflegung und ein Taschengeld. Die Au-pairs können im Gegenzug eine fremde Sprache erlernen bzw. vorhandene Sprachkenntnisse verbessern und Land und Leute kennenlernen.

Gesetze, Vorschriften und Rechtsprechung

Lohnsteuer: § 1 LStDV und H 19.0 LStH enthalten die Grundaussagen zum steuerrechtlichen Arbeitnehmerbegriff. Zu den lohnsteuerrechtlichen Kriterien einer Au-pair-Tätigkeit s. FG Hamburg, Urteil v. 17.5.1982, VI R 198/79, EFG 1983 S. 21.

Sozialversicherung: Grundlage der versicherungsrechtlichen Beurteilung von Au-pair-Beschäftigungen ist ein Urteil des Bundessozialgerichts (BSG, Urteil v. 29.10.1969, 12 RJ 440/63). Darüber hinaus haben die Spitzenorganisationen der Sozialversicherung Kriterien zur Behandlung von Au-pairs veröffentlicht (BE v. 12.10.2009: TOP 2).

Lohnsteuer

Lohnsteuerliche Behandlung

Ob es sich bei einer Au-pair-Tätigkeit um ein lohnsteuerpflichtiges Beschäftigungsverhältnis handelt, richtet sich ausschließlich nach den lohnsteuerrechtlichen Regelungen; die arbeits- und sozialversicherungsrechtliche Beurteilung ist unmaßgeblich.

Verrichtet die Au-pair übliche Hausarbeiten gegen ein Taschengeld, führt dies grundsätzlich nicht zu einem lohnsteuerpflichtigen Arbeitsverhältnis, weil eine Au-pair in der Betätigung ihres geschäftlichen Willens nicht unter der Leistung der Gastfamilie steht. Der Zweck des Au-pair-Verhältnisses ist nämlich weder auf das Erhalten der Arbeitskraft für die Hausarbeit noch auf die Möglichkeit zum Geldverdienen ausgerichtet. Im Vordergrund steht das gegenseitige Kennen- und Verstehenlernen zwischen Menschen verschiedener Nationen ohne großen finanziellen Aufwand. Im Übrigen ist die Au-pair auch nicht geschäftlich in den Haushalt der Gastfamilie eingeordnet, sodass sie verpflichtet wäre, den Weisungen des Haushaltsvorstands zu folgen.[2]

Steht allerdings die Hilfe im Haushalt der Gastfamilie im Vordergrund, so ist die Gegenleistung als Arbeitslohn zu behandeln.

Sozialversicherung

Sozialversicherungsrechtliche Beurteilung

Die Au-pair-Tätigkeiten müssen grundsätzlich im Einzelfall daraufhin geprüft werden, ob eine sozialversicherungspflichtige Beschäftigung ausgeübt wird. Von einem Betreuungsverhältnis besonderer Art – und damit nicht von einer Beschäftigung gegen ⇗ Arbeitsentgelt – ist auszugehen, wenn ein Au-pair

- wie ein eigenes Kind in die Gastfamilie aufgenommen ist,
- ohne feste Arbeitszeit nur gelegentlich im Haushalt mithilft und
- neben freier Unterkunft und Verpflegung ein Taschengeld erhält, das monatlich 280 EUR nicht überschreitet.

Sofern die vorgenannten Voraussetzungen alle erfüllt werden, liegt keine Beschäftigung im Sinne der Sozialversicherung vor. Damit fallen keine Sozialversicherungsbeiträge für das Au-pair an.

Unabhängig hiervon muss das Au-pair im Krankheitsfall abgesichert sein, sodass ggf. der Abschluss einer privaten Krankenversicherung erforderlich ist.

Geringfügige Beschäftigung

Liegt kein Betreuungsverhältnis besonderer Art, sondern eine Beschäftigung gegen Arbeitsentgelt vor, kommt eine ⇗ geringfügig entlohnte Beschäftigung für Au-pairs grundsätzlich in Betracht. Bei Au-pairs sind die Regelungen für geringfügig Beschäftigte in Privathaushalten[3] anzuwenden, da ihre Beschäftigung durch einen privaten Haushalt begründet wird und die Tätigkeiten sonst gewöhnlich durch Mitglieder des privaten Haushalts erledigt werden (z. B. Kinderbetreuung, Wäsche waschen, Zubereiten von Mahlzeiten). Für geringfügige Beschäftigungen in Privathaushalten ist das sog. ⇗ Haushaltsscheck-Verfahren obligatorisch, sodass Zuwendungen unberücksichtigt bleiben, die nicht in Geld gewährt werden.[4] Demzufolge sind die Sachbezugswerte für freie Unterkunft und Verpflegung nicht dem Arbeitsentgelt zuzurechnen. Das monatliche Arbeitsentgelt von Au-pairs in Form des Taschengeldes i. H. v. 280 EUR überschreitet daher nicht die Geringfügigkeitsgrenze.[5]

1 § 1 Abs. 1 Satz 1 Nr. 16 SvEV.

2 FG Hamburg, Urteil v. 17.5.1982, VI 198/79, EFG 1983, S. 21.
3 § 8a SGB IV.
4 § 14 Abs. 3 SGB IV.
5 § 8 Abs. 1 Nr. 1 SGB IV.

Ausbildungsbeihilfen

Ausbildungsbeihilfen sind Zuschüsse, die nach dem Recht der Arbeitsförderung zur Unterstützung der beruflichen Ausbildung an Auszubildende, aber auch an ausbildende Arbeitgeber gezahlt werden. Neben dem bekannteren BAföG als Unterstützung bei Schulausbildung oder Studium, kann bei Aufnahme einer beruflichen Ausbildung ein Anspruch auf Berufsausbildungsbeihilfe bestehen. Daneben gibt es besondere Fördermöglichkeiten für Arbeitgeber. Sie können Zuschüsse für die Qualifizierung, Ausbildung und eine anschließende Übernahme erhalten und werden bei Ausbildungsschwierigkeiten erforderlichenfalls durch begleitende Maßnahmen unterstützt.

Die beitragsrechtliche Bewertung von Studienbeihilfen des Arbeitgebers an Arbeitnehmer wird hier nicht dargestellt.

Gesetze, Vorschriften und Rechtsprechung

Lohnsteuer: Die Steuerbefreiung der Berufsausbildungsbeihilfe nach §§ 56 ff. SGB III ist in § 3 Nr. 2 EStG geregelt.

Sozialversicherung: Die im Folgenden dargestellten Ausbildungsbeihilfen sind im SGB III geregelt: Die Berufsausbildungsbeihilfe für Auszubildende in den §§ 56 bis 72 SGB III, die vergleichbaren Regelungen zum Ausbildungsgeld in den §§ 122 bis 128 SGB III, die Zuschüsse an Arbeitgeber für eine betriebliche Einstiegsqualifizierung in § 54a SGB III und die Zuschüsse für die Aus- und Weiterbildung von Menschen mit Behinderungen und schwerbehinderten Menschen in § 73 SGB III. Grundlage für die Förderung der Assistierten Ausbildung sind die §§ 74 bis § 75a SGB III. Grundsätzliche Regelungen zur beruflichen Ausbildung enthält das Berufsbildungsgesetz (BBiG).

Die Regelungen zum Bundesprogramm „Ausbildungsplätze sichern" ergeben sich aus den entsprechenden Förderrichtlinien des Bundesministeriums für Arbeit und Soziales und des Bundesministeriums für Bildung und Forschung.

Lohnsteuer

Leistungen, die nach den Vorschriften des SGB III zur Förderung der Aus-, Fort- oder Weiterbildung der Empfänger gewährt werden, gehören zu den steuerfreien Leistungen.[1] Die Berufsausbildungsbeihilfe nach §§ 56 ff. SGB III bleibt daher in vollem Umfang steuerfrei; sie unterliegt auch nicht dem ↗ Progressionsvorbehalt, da sie nicht zu den Leistungen gehört, die in § 32b EStG aufgelistet sind.

Sozialversicherung

Berufsausbildungsbeihilfe

Förderungsfähige Berufsausbildung

Auszubildende haben Anspruch auf Berufsausbildungsbeihilfe, wenn sie

- in einem nach dem Berufsbildungsgesetz, der Handwerksordnung oder dem Seearbeitsgesetz staatlich anerkannten Ausbildungsberuf[2] betrieblich oder außerbetrieblich ausgebildet werden, oder
- eine betriebliche Ausbildung nach dem Pflegeberufegesetz oder dem Altenpflegegesetz absolvieren und
- den dafür vorgeschriebenen Berufsausbildungsvertrag abgeschlossen haben.[3]

Hinweis

Berufsausbildungsbeihilfe auch bei Berufsvorbereitung

Die Berufsausbildungsbeihilfe wird auch an junge Menschen gezahlt, die zunächst durch eine berufsvorbereitende Bildungsmaßnahme auf eine Ausbildung vorbereitet werden, oder die im Rahmen einer solchen Maßnahme den nachträglichen Erwerb des Hauptschulabschlusses anstreben.[4] Für diese Förderung gelten eigenständige Bedarfssätze[5] und zum Teil erleichterte Voraussetzungen.

Förderung einer zweiten Ausbildung

Ein Anspruch auf Berufsausbildungsbeihilfe besteht grundsätzlich nur für die erste Berufsausbildung. Eine zweite Förderung ist dann möglich, wenn zu erwarten ist, dass eine dauerhafte berufliche Eingliederung auf andere Weise nicht erreicht werden kann und die Eingliederung durch eine zweite Berufsausbildung erreicht wird. Nach der vorzeitigen Lösung eines Berufsausbildungsverhältnisses darf eine erneute Förderung erfolgen, wenn für die Lösung ein berechtigter Grund bestand. Dies ist z. B. der Fall, wenn sich im Verlauf der Ausbildung herausgestellt hat, dass der Auszubildende für den Beruf nicht geeignet ist, oder wenn sich die Ausbildungsneigung wesentlich geändert hat. Bei der Zweitförderung handelt es sich um eine Ermessensentscheidung der Agentur für Arbeit.[6]

Ausbildung im Ausland

Eine Berufsausbildung, die teilweise im Ausland durchgeführt wird, ist auch für den Auslandsteil förderungsfähig, wenn dieser im Verhältnis zur Gesamtausbildungsdauer angemessen ist und höchstens ein Jahr dauert. Eine betriebliche Berufsausbildung, die vollständig im angrenzenden Ausland oder den übrigen EU-Mitgliedstaaten durchgeführt wird, ist förderungsfähig, wenn sie nach Bestätigung einer nach Bundes- oder Landesrecht zuständigen Stelle (z. B. der Industrie- und Handelskammer oder der Handwerkskammer) einer inländischen betrieblichen Berufsausbildung gleichwertig ist. Weitere Voraussetzung ist, dass die Auslandsausbildung dem Erreichen des Bildungsziels und der Beschäftigungsfähigkeit besonders dienlich ist, etwa durch den Erwerb zusätzlicher Sprachkompetenzen oder Auslandserfahrungen, die in dem Beruf von Bedeutung sind.[7]

Förderungsberechtigter Personenkreis

Auszubildende in einer Berufsausbildung sind förderungsberechtigt, wenn sie

- außerhalb des Haushalts der Eltern oder eines Elternteils wohnen und
- die Ausbildungsstätte von der Wohnung der Eltern oder eines Elternteils aus nicht in angemessener Fahrtzeit erreichen können. Zumutbar sind bis zu 2 Stunden für Hin- und Rückweg.

Die Zeitvorgabe zur Erreichbarkeit der Ausbildungsstätte gilt nicht für Auszubildende, die volljährig, verheiratet oder in einer Lebenspartnerschaft verbunden sind oder waren, mit mindestens einem Kind zusammenleben oder aus schwerwiegenden sozialen Gründen nicht auf die elterliche Wohnung verwiesen werden können.[8]

Bei berufsvorbereitenden Bildungsmaßnahmen sind die Teilnehmenden auch dann förderungsberechtigt, wenn sie noch im Haushalt der Eltern wohnen.

Förderung von ausländischen jungen Menschen/„Flüchtlingen"

Der Zugang zu den Instrumenten und Leistungen der Ausbildungsförderung nach dem SGB III ist für ausländische junge Menschen seit dem 1.8.2019 grundlegend neu geregelt. Kernvoraussetzung ist, dass die Betroffenen eine Erwerbstätigkeit ausüben dürfen, oder dass ihnen eine Erwerbstätigkeit erlaubt werden kann. Die Förderung steht damit grundsätzlich allen ausländischen jungen Menschen mit einem allgemeinen Zugang zum Arbeitsmarkt, z. B. Bürgern aus der EU oder auch Asylberechtigten ohne Einschränkungen bzw. vorherige Wartezeiten offen.

1 § 3 Nr. 2 Buchst. a EStG.
2 Nähere Informationen rund um das Thema Berufsausbildung bietet die Internetseite des Bundesinstituts für Berufsbildung.
3 §§ 56, 57 SGB III.
4 §§ 51, 53 SGB III.
5 § 62 SGB III.
6 § 57 SGB III.
7 § 58 SGB III.
8 § 60 SGB III.

Für „Flüchtlinge“, die nicht über einen gesicherten Aufenthaltsstatus verfügen, gelten Einschränkungen:

- Personen mit einer Aufenthaltsgestattung sind nicht zum Bezug von Berufsausbildungsbeihilfe berechtigt, weder bei der Berufsvorbereitung noch bei der Berufsausbildung. Sie erhalten in diesen Fällen grundsätzlich (weiterhin) Leistungen zur Sicherung des Lebensunterhalts nach dem Asylbewerberleistungsgesetz (AsylbLG).
- Personen mit einer Duldung gehören grundsätzlich zum förderungsberechtigten Personenkreis, wenn sie – bei Vorliegen der Voraussetzungen im Übrigen – sich seit mindestens 15 Monaten ununterbrochen erlaubt, gestattet oder geduldet im Bundesgebiet aufhalten.[1]

Höhe der Leistung

Die Berufsausbildungsbeihilfe wird als Zuschuss gezahlt und nach dem Bedarfsprinzip berechnet.

Zur Festsetzung der Leistungshöhe wird zunächst ein Gesamtbedarf für den Lebensunterhalt, für Fahrtkosten und für sonstige Aufwendungen ermittelt. Auf diesen Gesamtbedarf ist – unter Berücksichtigung bestimmter Freibeträge – das Einkommen des Auszubildenden, seines Ehegatten oder Lebenspartners und der Eltern anzurechnen.

Wichtig

Erhöhung der Leistungen zum 1.8.2022

Mit dem 27. BAföG-Änderungsgesetz wurden auch die Bedarfssätze für die Berufsausbildungsbeihilfe und die Freibeträge für die Einkommensanrechnung grundlegend angepasst, um den steigenden Lebenshaltungskosten besser Rechnung zu tragen. Die neuen Sätze und Freibeträge gelten ab dem 1.8.2022 auch für laufende Förderfälle; die Erhöhung erfolgt von Amts wegen.[2]

Die nachfolgenden Ausführungen beschränken sich auf die wichtigsten Bedarfssätze und Regelungen zur Einkommensanrechnung. Die genannten Beträge gelten jeweils monatlich.

Tipp

Bei Hilfebedürftigkeit besteht ergänzend Anspruch auf Bürgergeld

Auszubildende in einer förderungsfähigen Berufsausbildung oder berufsvorbereitenden Bildungsmaßnahme können ergänzend Bürgergeld erhalten, wenn trotz Ausbildungsvergütung und Ausbildungsförderung noch Hilfebedürftigkeit besteht, d. h. der existenzsichernde Bedarf nicht ohne ergänzendes Bürgergeld gedeckt werden kann. Der Antrag auf Leistungen ist beim örtlich zuständigen Jobcenter zu stellen.

Bedarf für den Lebensunterhalt

Bei Auszubildenden in Berufsausbildung mit eigener Wohnung ist als Bedarf ein Pauschalbetrag von 781 EUR anzusetzen.[3] Bei Personen, die während einer berufsvorbereitenden Bildungsmaßnahme im Haushalt der Eltern wohnen, ist ein Bedarf in Höhe von 262 EUR anzusetzen; bei Unterbringung außerhalb des Haushalts der Eltern werden als Bedarf für den Lebensunterhalt 632 EUR zugrunde gelegt.[4]

Bedarf für Fahrtkosten

Der Bedarf für Fahrtkosten richtet sich grundsätzlich nach den Kosten für Pendelfahrten zwischen Unterkunft, Ausbildungsstätte und Berufsschule. Maßgebend sind die Kosten der niedrigsten Klasse des zweckmäßigsten öffentlichen Verkehrsmittels. Bei Nutzung anderer Verkehrsmittel sind die pauschalen Sätze für die Wegstreckenentschädigung nach § 5 Abs. 1 BRKG maßgebend. Bei einer erforderlichen auswärtigen Unterbringung werden die Kosten der An- und Abreise und für eine monatliche Familienheimfahrt übernommen. Bei einer Ausbildung im Ausland werden grundsätzlich die Kosten für eine Hin- und Rückreise je Ausbildungshalbjahr (bei Ausbildung innerhalb Europas) oder je Ausbildungsjahr (bei Ausbildung außerhalb Europas) übernommen.[5]

Bedarf für sonstige Aufwendungen

Für sonstige Aufwendungen der Ausbildung gelten pauschale Bedarfssätze. Für Arbeitskleidung wird eine Pauschale von 15 EUR zugrunde gelegt. Als Bedarf für die Kosten einer notwendigen Betreuung von aufsichtsbedürftigen Kindern wird ein Betrag in Höhe von 160 EUR je Kind zugrunde gelegt. Anderweitige Kosten können anerkannt werden, soweit diese durch die Ausbildung unvermeidbar entstehen, andernfalls die Ausbildung gefährdet ist und die Aufwendungen von dem Auszubildenden oder den Erziehungsberechtigten zu tragen sind.[6]

Blockschulunterricht

Wird der Berufsschulunterricht nicht wie meist üblich an einem oder 2 Tagen in der Woche erteilt, sondern in zusammenhängenden Zeiträumen von mehreren Wochen, spricht man von Blockschulunterricht.

Entstehen während des Blockschulunterrichts höhere Kosten, z. B. wegen weiterer Fahrten oder einer auswärtigen Unterbringung, werden diese in der Berufsausbildungsbeihilfe nicht berücksichtigt. Für die Zeit des Berufsschulunterrichts in Blockform wird vielmehr weiterhin der Bedarf zugrunde gelegt, der für Zeiten ohne Berufsschulunterricht anfällt. In diesen Fällen ist aber die Inanspruchnahme aufstockenden Arbeitslosengelds II durch das örtlich zuständige Jobcenter möglich.

Wohnt der Auszubildende noch im Haushalt seiner Eltern, besteht auch dann kein Anspruch auf Berufsausbildungsbeihilfe, wenn er während des Blockschulunterrichts zwischenzeitlich außerhalb des Haushalts der Eltern untergebracht ist.[7]

Einkommensanrechnung

Bei Auszubildenden in einer Berufsausbildung werden die Ausbildungsvergütung, das Einkommen des Ehegatten oder Lebenspartners und das Einkommen der Eltern unter Berücksichtigung gesetzlich bestimmter Freibeträge auf den Gesamtbedarf angerechnet.

Hinweis

Gesetzliche Mindestvergütung

Seit 1.1.2020 ist im Berufsbildungsgesetz eine monatliche Mindestvergütung für Auszubildende festgeschrieben. Die Mindestvergütung ist nach Ausbildungsjahren gestaffelt und wird stufenweise eingeführt. Sie beträgt z. B. im ersten Ausbildungsjahr 515 EUR im Jahr 2020, 550 EUR im Jahr 2021, 585 EUR im Jahr 2022 und 620 EUR im Jahr 2023; maßgeblich ist der Ausbildungsbeginn. Ab dem Jahr 2024 wird sie entsprechend der Entwicklung der Ausbildungsvergütungen fortgeschrieben.[8]

Bei Personen in einer berufsvorbereitenden Bildungsmaßnahme wird generell von einer Anrechnung des Einkommens abgesehen.[9]

Für die Ermittlung des Einkommens sowie für Anrechnungen gelten, von kleineren Abweichungen und ausbildungsbedingten Sonderbedarfen abgesehen[10], die entsprechenden Vorschriften des BAföG.

- Abweichend von den Regelungen des BAföG bleiben von der Ausbildungsvergütung 80 EUR anrechnungsfrei, wenn die Ausbildungsstätte von der Wohnung der Eltern oder eines Elternteils aus nicht in angemessener Zeit erreicht werden kann.
- Vom Einkommen des Ehegatten oder Lebenspartners des Auszubildenden bleiben 1.605 EUR anrechnungsfrei. Dieser Betrag erhöht sich für jedes im Haushalt lebende Kind, das nicht selbst wiederum Anspruch auf Berufsausbildungsbeihilfe oder BAföG hat, um weitere 730 EUR.
- Vom Einkommen der Eltern bleiben 2.415 EUR, bei einem Elternteil bzw. bei getrennt lebenden Eltern jeweils 1.605 EUR anrechnungs-

1 § 60 Abs. 3 SGB III.
2 § 455 SGB III.
3 § 61 Abs. 1 SGB III.
4 § 62 Abs. 1, 2 SGB III.
5 § 63 SGB III.
6 § 64 SGB III.
7 § 65 SGB III.
8 § 17 BBiG.
9 § 67 Abs. 4 SGB III.
10 § 67 Abs. 1 bis 3 und 5 SGB III.

frei. Der Elternfreibetrag erhöht sich für jedes weitere im Haushalt lebende Kind, das nicht selbst wiederum Anspruch auf Berufsausbildungsbeihilfe oder BAföG hat, um 730 EUR. Wenn die Vermittlung einer geeigneten Ausbildungsstelle nur bei Unterbringung außerhalb des Haushalts der Eltern möglich ist, bleiben weitere 856 EUR anrechnungsfrei.

- Soweit das Einkommen des Ehegatten oder der Eltern des Auszubildenden den danach maßgeblichen Freibetrag übersteigt, bleiben wiederum 50 % und für jedes Kind, für das ein Freibetrag zusteht, wiederum 5 % des übersteigenden Einkommensbetrags anrechnungsfrei.

Macht der Auszubildende glaubhaft, dass die Eltern den errechneten Unterhaltsbetrag nicht leisten können oder kann das Einkommen der Eltern, z. B. mangels deren Mitwirkung, nicht berechnet werden, wird die Berufsausbildungsbeihilfe zunächst ohne Einkommensanrechnung gezahlt. Die Agentur für Arbeit macht in diesem Fall die entsprechenden Ansprüche gegenüber den Eltern geltend.[1]

Beispiel

Berechnung der Berufsausbildungsbeihilfe

Maximilian ist 17 Jahre alt, ledig und wohnte bisher bei seinen Eltern in Magdeburg. Dort hat er keine passende Ausbildungsstelle als Industriekaufmann gefunden und sich für eine Ausbildung in Hamburg entschieden. Er hat ein Zimmer angemietet, das 350 EUR monatlich kostet. Im ersten Ausbildungsjahr erhält er eine monatliche Vergütung von 700 EUR. Das Monatseinkommen der Eltern beträgt 2.800 EUR. Die Eltern haben keine weiteren Kinder.

I. Bedarfsermittlung	
Bedarf für den Lebensunterhalt	781 EUR
Arbeitskleidung	15 EUR
Fahrtkosten Wohnung/Betrieb (Monatskarte)	65 EUR
Fahrtkosten monatliche Familienheimfahrt	60 EUR
Gesamtbedarf	921 EUR
II. Einkommensanrechnung	
Einkommen Maximilian (Ausbildungsvergütung)	700 EUR
abzüglich Freibetrag	80 EUR
Anrechnungsbetrag	620 EUR
Einkommen der Eltern	2.800 EUR
Grundfreibetrag	2.415 EUR
Erhöhungsfreibetrag wg. auswärtiger Unterbringung Maximilian	856 EUR
Es ergibt sich keine Anrechnung, da der Freibetrag von 3.271 EUR das Einkommen von 2.800 EUR übersteigt (würde das Einkommen den Freibetrag übersteigen, wäre es zu 50 % anzurechnen).	
III. Ergebnis	
Auf den Bedarf von	921 EUR
ist Einkommen anzurechnen in Höhe von	620 EUR
Die Berufsausbildungsbeihilfe beträgt somit	301 EUR

Förderdauer

Anspruch auf Berufsausbildungsbeihilfe besteht für die tatsächliche Dauer der Ausbildung, d. h. grundsätzlich bis zum Tag der Abschlussprüfung. Eine Förderung über die vorgeschriebene Ausbildungszeit hinaus kann dann erfolgen, wenn der Berufsausbildungsvertrag nach dem Berufsbildungsgesetz verlängert wurde.[2]

Bei Krankheit wird die Leistung bis zum Ende des dritten auf den Eintritt der Krankheit folgenden Kalendermonats fortgezahlt. Eine Fortzahlung erfolgt auch bei Schwangerschaft während eines Beschäftigungsverbots und während der Schutzfristen. Während einer Elternzeit besteht jedoch kein Anspruch auf Berufsausbildungsbeihilfe.[3]

Achtung

Rechtzeitige Antragstellung ist wichtig

Berufsausbildungsbeihilfe wird nur auf Antrag gezahlt. Dieser ist bei der für den Wohnort zuständigen Agentur für Arbeit zu stellen. Eine nachträgliche Antragsstellung ist möglich, die Leistung wird rückwirkend jedoch längstens vom Beginn des Antragsmonats an gezahlt.[4]

Auszahlung

Die Berufsausbildungsbeihilfe wird monatlich nachträglich gezahlt. Beträge unterhalb einer Bagatellgrenze von 10 EUR monatlich werden nicht ausgezahlt.[5]

Sonderregelungen für Menschen mit Behinderung/Ausbildungsgeld

Für Menschen mit Behinderung gelten – über die allgemeinen Förderungregelungen hinaus – besondere Voraussetzungen und Konditionen. So haben sie auch dann Anspruch auf Berufsausbildungsbeihilfe, wenn sie während einer Berufsausbildung noch im Haushalt der Eltern wohnen oder wenn sie noch minderjährig sind und außerhalb des Haushalts der Eltern wohnen, obwohl die Ausbildungsstätte auch von der Wohnung der Eltern aus in angemessener Zeit zu erreichen wäre. In diesen Fällen beträgt der Bedarf für Lebensunterhalt einschließlich eines Zuschlags für Unterkunftskosten monatlich 454 EUR.[6]

In anderen Fällen tritt an die Stelle der Berufsausbildungsbeihilfe das vergleichbare Ausbildungsgeld, das

- bei Berufsausbildung und Unterstützter Beschäftigung,
- berufsvorbereitenden Bildungsmaßnahmen und bei einer Grundausbildung sowie
- bei Maßnahmen in anerkannten Werkstätten für behinderte Menschen oder bei einem anderen Leistungsanbieter

unter jeweils eigenständigen Förderkonditionen und Bedarfssätzen gezahlt wird.[7]

Ausbildungsförderung für Arbeitgeber

Die Arbeitgeberförderung erfolgt in Form von Zuschüssen bei betrieblicher Qualifizierung und Ausbildung. Daneben können Arbeitgeber durch ausbildungsbegleitende Hilfen bzw. durch Maßnahmen der Assistierten Ausbildung unterstützt werden.

Wichtig

Antragstellung vor Förderbeginn

Der Antrag auf Förderung muss grundsätzlich vor Eintritt des leistungsbegründenden Ereignisses gestellt werden, d. h. vor dem tatsächlichen Ausbildungsbeginn. Die Agentur für Arbeit kann bei Vorliegen einer unbilligen Härte eine nachträgliche Antragstellung zulassen.[8]

Einstiegsqualifizierung

Ziel

Die betriebliche Einstiegsqualifizierung (EQ) ist eine spezielle Form der Berufsvorbereitung. Sie soll jüngeren Menschen mit erschwerten Vermittlungsperspektiven ermöglichen, eine (anschließende) Berufsausbildung aufzunehmen und erfolgreich abzuschließen. Mit dem Instrument sollen zugleich nicht oder nicht mehr ausbildende Betriebe (erneut) für die Berufsausbildung gewonnen werden.

1 § 68 SGB III.
2 § 8 Abs. 2 BBiG.
3 § 69 SGB III.
4 §§ 323-325 SGB III.
5 § 71 SGB III.
6 § 116 Abs. 3, 4 SGB III.
7 §§ 122-126 SGB III.
8 § 324 Abs. 1 SGB III.

Die Förderung darf allerdings nicht dazu führen, dass betriebliche Ausbildungsstrukturen verdrängt werden. Sofern Anhaltspunkte dafür vorliegen, dass der Antrag stellende Betrieb seine Ausbildungstätigkeit verringert hat und durch Plätze für EQ ersetzt, ist eine Förderung ausgeschlossen.

Hinweis

Erleichterte betriebliche Voraussetzungen

Da mit der EQ auch nicht ausbildende Betriebe angesprochen werden sollen, ist die Förderung nicht davon abhängig, dass die nach dem BBiG oder der Handwerksordnung (HwO) grundsätzlich geforderte Eignung von Ausbildungsstätte und Ausbildungspersonal vorliegen.[1]

Förderleistungen

Arbeitgeber, die eine EQ durchführen, können einen Zuschuss in Höhe der von ihnen mit dem Auszubildenden vereinbarten Vergütung bis zu einer Höhe von 262 EUR monatlich erhalten.[2] Die EQ begründet Versicherungspflicht in der Sozialversicherung. Die Agentur für Arbeit übernimmt deshalb neben dem Zuschuss auch einen pauschalierten Anteil am durchschnittlichen Gesamtsozialversicherungsbeitrag des Auszubildenden in Höhe von derzeit 124 EUR monatlich.

Die Teilnehmenden an einer EQ können durch die Übernahme der Kosten für Fahrten zwischen Unterkunft, Ausbildungsstätte und Berufsschule gefördert werden (Kosten ÖPNV oder Wegstreckenentschädigung nach dem Bundesreisekostengesetz).[3]

Die Förderdauer wird im Einzelfall zwischen Betrieb, Bewerber und Agentur für Arbeit festgelegt. Das Gesetz setzt hierzu einen Förderrahmen von 6 bis 12 Monaten. Die Förderung soll für Ausbildungsbewerber nicht vor dem 1.10. eines Jahres beginnen. Dies soll sicherstellen, dass zunächst alle Möglichkeiten der Vermittlung auf einen unmittelbaren Ausbildungsplatz ausgeschöpft werden. Für die übrigen Personenkreise, wie z. B. sog. „Altbewerber" aus früheren Schulentlassjahren, kann ein Eintritt in die EQ bereits ab dem 1.8. eines Jahres erfolgen.

Förderfähiger Personenkreis

Zum förderfähigen Personenkreis gehören

- bei der Agentur für Arbeit gemeldete Ausbildungsbewerber, die infolge eingeschränkter Vermittlungsperspektiven keine Ausbildungsstelle gefunden haben,
- Ausbildungssuchende, die noch nicht in vollem Maße über die erforderliche Ausbildungsreife verfügen sowie lernbeeinträchtigte und
- sozial benachteiligte Ausbildungssuchende.

Die Förderung setzt nicht voraus, dass der Bewerber der Agentur für Arbeit bekannt ist oder von dieser vorgeschlagen wird. Sofern Arbeitgeber selbst einen Bewerber finden, muss die Agentur für Arbeit jedoch eingeschaltet werden und die Förderfähigkeit feststellen.

Gefördert werden sollen in erster Linie Ausbildungssuchende unter 25 Jahren ohne (Fach-)Abitur. Eine Förderung älterer Ausbildungssuchender oder von Personen mit Hochschulreife ist im begründeten Einzelfall möglich, z. B. wenn persönliche Umstände (Krankheit, familiäre Probleme) eine frühere Ausbildung nicht ermöglicht haben.

Tipp

Erleichterte Bedingungen für Flüchtlinge

Nach den Weisungen der Bundesagentur für Arbeit kann bei Flüchtlingen bis unter 35 Jahren in der Regel von einer begründeten Ausnahme ausgegangen werden, da die Lebensumstände für die Betroffenen zuvor die Aufnahme einer Berufsausbildung nicht ermöglicht haben.

Personen, die bereits eine Berufsausbildung oder ein Studium abgeschlossen haben, können nicht gefördert werden. Die Förderung ist auch dann ausgeschlossen, wenn der Auszubildende bereits früher eine EQ bei dem Betrieb durchlaufen hat oder in dem Betrieb in den letzten 3 Jahren versicherungspflichtig beschäftigt war.[4]

Inhaltliche Anforderungen

Die EQ muss

- auf Grundlage eines Vertrags i. S. d. § 26 BBiG durchgeführt werden,
- auf einen anerkannten Ausbildungsberuf vorbereiten und
- in Vollzeit oder bei Kindererziehung oder Pflege von Angehörigen mit mindestens 20 Stunden wöchentlich durchgeführt werden.

Die Inhalte der EQ müssen grundsätzlich geeignet sein, um auf einen Ausbildungsberuf vorzubereiten. Hierzu können z. B. die im Rahmen der Initiative Jobstarter Connect entwickelten Ausbildungsbausteine genutzt werden. Die Zeit der EQ kann auf eine anschließende Berufsausbildung angerechnet werden und damit die Ausbildungsdauer verkürzen.[5]

Vorausgesetzt wird grundsätzlich, dass mindestens 70 % der Gesamtzeit einer EQ im Betrieb durchgeführt werden.

Hinweis

Kombination mit Deutschförderkurs und Assistierter Ausbildung möglich

Für ausländische junge Menschen kann die EQ mit einem Berufssprachkurs kombiniert werden. Bei einer entsprechenden tariflichen Vereinbarung genügt es, wenn der betriebliche Zeitanteil mindestens 50 % beträgt. Die EQ kann darüber hinaus mit Maßnahmen der Assistierten Ausbildung verbunden werden, wenn die Maßnahme ohne diese Hilfen nicht begonnen oder fortgesetzt werden kann.

Zuschüsse zur Ausbildung/Qualifizierung von Menschen mit Behinderung

Arbeitgeber, die Menschen mit Behinderung[6] eine betriebliche Ausbildung oder eine Weiterbildung ermöglichen, können Zuschüsse zu der Ausbildungsvergütung oder der vergleichbaren Vergütung erhalten. Voraussetzung ist, dass die Aus- oder Weiterbildung sonst nicht zu erreichen oder gefährdet ist.[7]

Eine Förderung kann auch dann erfolgen, wenn sich erst nach Beginn der Maßnahme wegen Art oder Schwere der Behinderung eine Gefährdung der Aus- und Weiterbildung ergibt und der Aus- oder Weiterbildungsplatz nur auf diese Weise erhalten werden kann.

Die Zuschüsse sollen regelmäßig 60 %, bei schwerbehinderten Menschen 80 % der monatlichen Ausbildungsvergütung für das letzte Ausbildungsjahr bzw. der vergleichbaren Vergütung einschließlich des darauf entfallenden pauschalierten Arbeitgeberanteils am Gesamtsozialversicherungsbeitrag nicht übersteigen. Letzterer Betrag wird mit 20 % der berücksichtigungsfähigen Vergütung bemessen.

In begründeten Ausnahmefällen können bis zu 100 % der maßgeblichen Vergütung gezahlt werden.

Die Förderung kann verlängert werden, wenn

- der Ausbildungs- oder Weiterbildungserfolg sonst nicht zu erreichen ist, z. B. wegen der Wiederholung eines nicht bestandenen Prüfungsteils,
- die Vertragsparteien die Verlängerung schriftlich vereinbart haben und
- die Verlängerung von der zuständigen Stelle akzeptiert wird.

1 §§ 27-33 BBiG, §§ 21 ff. HWO.
2 § 54a Abs. 1 SGB III.
3 § 54a Abs. 6 SGB III.
4 § 54a Abs. 5 SGB III.
5 § 8 Abs. 1 BBiG, § 27b Abs. 1 HWO.
6 § 19 SGB III.
7 § 73 SGB III.

Tipp

Anschlussförderung bei Übernahme in ein Arbeitsverhältnis bis zu 12 Monate

Werden schwerbehinderte Menschen, deren Aus- oder Weiterbildung nach den o. a. Regelungen gefördert worden ist, im Anschluss daran in ein Arbeitsverhältnis bei dem ausbildenden oder einem anderen Arbeitgeber übernommen, kann ein Eingliederungszuschuss in Höhe von bis zu 70 % des Arbeitsentgelts für die Dauer von einem Jahr gezahlt werden.[1]

Assistierte Ausbildung

Mit dem Instrument der Assistierten Ausbildung werden junge Menschen mit Unterstützungsbedarf vor und während einer Berufsausbildung gefördert. Das Instrument richtet sich gleichermaßen an Ausbildungsbetriebe und bietet Unterstützung bei der Anbahnung, Durchführung und Organisation der Berufsausbildung. Ziel der Förderung ist der erfolgreiche Abschluss einer Berufsausbildung.

Die Förderung unterscheidet

- eine optionale Vorphase mit Angeboten und Hilfen, die für die Aufnahme einer Berufsausbildung relevant sind und
- eine begleitende Phase mit Unterstützungsangeboten, vorrangig während einer Ausbildung oder einer Einstiegsqualifizierung, erforderlichenfalls auch noch nach Ausbildungsabschluss bei der Suche und der Stabilisierung eines Anschlussarbeitsverhältnisses.

Die Förderung wird von Maßnahmeträgern im Auftrag der Agenturen für Arbeit und der Jobcenter durchgeführt; für die Teilnehmenden und für die Betriebe steht dabei ein fester Ausbildungsbegleiter zur Verfügung.[2]

Ausbildungsfreibetrag

Neben den kindbedingten Entlastungen durch den Kinderfreibetrag und dem sog. Bedarfsfreibetrag (Freibetrag für den Betreuungs-, Erziehungs- oder Ausbildungsbedarf des Kindes) können Eltern für auswärts wohnende Kinder über 18 Jahre einen Ausbildungsfreibetrag erhalten. Der Ausbildungsfreibetrag ist unabhängig von der Höhe der eigenen Einkünfte und Bezüge des volljährigen Kindes.

Gesetze, Vorschriften und Rechtsprechung

Lohnsteuer: Die Voraussetzungen für den Ansatz des Ausbildungsfreibetrags regelt § 33a Abs. 2–4 EStG. Verwaltungsanweisungen dazu enthalten R 33a.2 EStR und H 33a.2 EStH.

Lohnsteuer

Höhe des Ausbildungsfreibetrags und Voraussetzungen

Eltern können zur Abgeltung des entstehenden Sonderbedarfs zusätzlich zum Kinderfreibetrag und zum Freibetrag für den Betreuungs-, Erziehungs- und Ausbildungsbedarf ihres Kindes (sog. BEA-Freibetrag)[3] einen Ausbildungsfreibetrag von 1.200 EUR (2022: 924 EUR).[4] jährlich auf Antrag erhalten, wenn das Kind

1. das 18. Lebensjahr vollendet hat,
2. sich in Berufsausbildung befindet und
3. auswärtig untergebracht ist.

Weitere Voraussetzung ist, dass der Elternteil

- unbeschränkt einkommensteuerpflichtig ist und
- für das Kind ↗ Kindergeld erhält oder es bei der als Lohnsteuerabzugsmerkmal (ELStAM) zu berücksichtigenden Kinderfreibetragszahl erfasst ist.[5]

Für ein auswärtig untergebrachtes noch minderjähriges Kind steht dem Steuerpflichtigen kein Ausbildungsfreibetrag zu.[6]

Der Ausbildungsfreibetrag kann als ↗ Freibetrag bei den ↗ ELStAM eingetragen werden. In der Einkommensteuererklärung wird der Ausbildungsfreibetrag aufgrund der Angaben in der Anlage Kind berücksichtigt.

Ausbildung nach Wegfall der Kindergeldberechtigung

Bei Wegfall der Kindergeldberechtigung können Steuerpflichtige Ausbildungskosten für ihr Kind als außergewöhnliche Belastungen geltend machen. Für Kinder im Inland ist die Abziehbarkeit auf die Höhe des Grundfreibetrags[7,8] begrenzt, für Kinder im Ausland ist der Höchstbetrag entsprechend der Ländergruppeneinteilung zu kürzen.

Voraussetzung der Berufsausbildung

Entscheidende Voraussetzung für den Ausbildungsfreibetrag ist die Berufsausbildung[9] des Kindes. Hierzu zählt

- der Besuch von Allgemeinwissen vermittelnden Schulen, z. B. Gymnasien,
- die praktische Berufsausbildung,
- eine Lehre oder
- Ausbildung an Fach(hoch)schulen und Universitäten.

Ein freiwilliges soziales Jahr ist keine Berufsausbildung. Für Kinder, die ein freiwilliges soziales Jahr absolvieren, wird kein Ausbildungsfreibetrag gewährt.[10]

Nicht jeder Auslandsaufenthalt kann als Berufsausbildung anerkannt werden, auch wenn sich dadurch die Kenntnisse der jeweiligen Landessprache verbessern. Sprachaufenthalte im Ausland können nur unter besonderen Umständen als Berufsausbildung anerkannt werden.[11]

Definition des Ausbildungszeitraums

Begünstigt ist der Zeitraum bis zum Abbruch oder Abschluss der Ausbildung, z. B. mit der bestandenen Lehre, Gesellen-, Gehilfenprüfung oder Abschlussprüfung. Begünstigt ist auch die 4-monatige Übergangszeit zwischen 2 Ausbildungsabschnitten, wenn das Kind auswärts untergebracht ist.[12]

Pauschale Abgeltung der Ausbildungskosten

Das Finanzamt prüft nicht die Höhe der Kosten für die Berufsausbildung. Es müssen hierfür jedoch grundsätzlich Aufwendungen (z. B. Studiengebühren, Kosten für Fachliteratur, Kosten der auswärtigen Unterbringung) entstanden und vom Steuerpflichtigen (Elternteil) getragen worden sein.[13] Ob der Mehrbedarf für ein auswärtig zu Ausbildungszwecken untergebrachtes volljähriges Kind in ausreichendem Maße steuerlich berücksichtigt wird, ist nicht isoliert am Maßstab des Ausbildungsfreibetrags zu prüfen.[14]

Voraussetzung der auswärtigen Unterbringung

Es kommt nicht darauf an, ob die Berufsausbildung der entscheidende Anlass für die auswärtige Unterbringung im In- oder Ausland ist oder ob andere Gründe maßgebend sind.

Die Wohnung des Kindes kann auch in derselben politischen Gemeinde wie die Wohnung der Eltern liegen. Leben die Eltern in getrennten Haus-

1 § 73 Abs. 3 SGB III.
2 §§ 74 bis 75a SGB III.
3 § 32 Abs. 6 EStG.
4 § 33a Abs. 2 EStG.
5 § 33a Abs. 2 Satz 1 EStG.
6 FG Rheinland-Pfalz, Urteil v. 27.3.2018, 3 K 1651/16, rkr.
7 § 33a Abs. 1 EStG.
8 BFH, Urteil v. 8.6.2022, VI R 45/20, BStBl 2023 II S. 23.
9 § 32 Abs. 4 Nr. 2 Buchst. a EStG.
10 BFH, Beschluss v. 25.11.2014, VI B 1/14, BFH/NV 2015 S. 332.
11 BFH, Urteil v. 22.2.2017, III R 3/16, BFH/NV 2017 S. 1304.
12 § 32 Abs. 4 Nr. 2 Buchst. b EStG.
13 H 33a.2 EStH „Aufwendungen für die Berufsausbildung".
14 Schleswig-Holsteinisches FG, Urteil v. 20.2.2013, 5 K 217/12, rkr.

halten, wird eine auswärtige Unterbringung nur anerkannt, wenn das Kind außerhalb der Haushalte beider Elternteile lebt.[1, 2]

Ausbildungsfreibetrag auch bei verheirateten Kindern

Eine auswärtige Unterbringung liegt auch dann vor, wenn das beim Elternteil berücksichtigte Kind verheiratet ist, mit seinem Ehe-/Lebenspartner am Ausbildungsort eine eheliche Wohnung besitzt und dort wohnt.[3] Das gilt auch dann, wenn mit der Berufsausbildung erst nach der Heirat begonnen wurde.

Kinder im Ausland

Ist das Kind im Ausland ansässig und beschränkt einkommensteuerpflichtig, mindert sich der Ausbildungsfreibetrag um ein bis drei Viertel entsprechend den Verhältnissen im Wohnsitzstaat nach der sog. Ländergruppeneinteilung.[4]

Zeitanteilige Berücksichtigung

Vollendet ein Kind erst im Laufe des Jahres sein 18. Lebensjahr oder wird ein über 18 Jahre altes Kind erst im Laufe des Jahres auswärtig untergebracht, wird der Freibetrag zeitanteilig berücksichtigt.[5] Dabei wird der Freibetrag von 1.200 EUR[6] anteilig von dem Monat an gewährt, in dem das auswärtig untergebrachte Kind das 18. Lebensjahr vollendet[7] hat oder ein über 18 Jahre altes Kind erstmals auswärtig untergebracht wird.

Keine Einkünfteanrechnung

Der Ausbildungsfreibetrag wird nicht um die Höhe der eigenen Einkünfte und Bezüge des Kindes gekürzt.[8]

Lediglich Ausbildungsbeihilfen aus öffentlichen Kassen mindern den Ausbildungsfreibetrag.[9] Soweit negative Einkünfte (Verluste) vorliegen, dürfen diese nicht auf die Beihilfen angerechnet werden.[10]

Aufteilung des Ausbildungsfreibetrags

Geschiedene oder verheiratete und dauernd getrennt lebende Eltern des Kindes erhalten den Ausbildungsfreibetrag zur Hälfte, ebenso Eltern nicht ehelicher Kinder. Auf gemeinsamen Antrag des Elternpaars ist eine andere Aufteilung möglich.[11]

Sozialversicherung

Der Ausbildungsfreibetrag hat lediglich steuerrechtliche Bedeutung. In der Sozialversicherung wirkt sich dieser Freibetrag nicht auf die Höhe des beitragspflichtigen Entgelts aus. Er mindert also nicht den Ausgangswert der Beitragsberechnung.

Auskunftspflichten

Damit Arbeitgeber die versicherungsrechtliche Beurteilung einer Beschäftigung, die erforderlichen Meldungen und die Beitragsberechnung korrekt vornehmen können, hat der Beschäftigte gegenüber seinem Arbeitgeber bestimmte Auskunftspflichten. Außerdem haben Beschäftigte/Versicherte spezielle Auskunftspflichten gegenüber der Krankenkasse bzw. dem Rentenversicherungsträger.

Gesetze, Vorschriften und Rechtsprechung

Lohnsteuer: Den rechtlichen Rahmen für die Auskunftspflichten bildet die Abgabenordnung. Zur Auskunftspflicht allgemein s. § 93 AO; zum Kontenabruf § 93b AO. Die Pflicht zur Vorlage von Urkunden anderer Beteiligter ist in § 97 AO geregelt. Das Auskunftsverweigerungsrecht ist in § 101 AO geregelt. Zum Auskunftsrecht der Behörden s. BFH, Urteil v. 24.2.2010, II R 57/08, BFH/NV 2010 S. 968, BStBl 2011 II S. 5.

Sozialversicherung: Die allgemeine Auskunftspflicht des Versicherten gegenüber der Einzugsstelle ist in § 206 SGB V geregelt. In § 28o SGB IV sind die Auskunftspflichten des Beschäftigten gegenüber seinem Arbeitgeber geregelt. Die Auskunftspflichten des Arbeitgebers gegenüber der Einzugsstelle oder den Sozialleistungsträgern sind in der Beitragsverfahrensverordnung und in § 98 SGB X festgelegt.

Lohnsteuer

Auskunftspflichtige Personen

Steuerpflichtige oder andere Personen müssen den Finanzbehörden Auskünfte erteilen, die zur Feststellung eines für die Besteuerung erheblichen Sachverhalts erforderlich sind. Im Zusammenhang mit der Erhebung, Durchführung und Abführung der Lohnsteuer ergeben sich eine Reihe von Auskunftspflichten. Den rechtlichen Rahmen für die Auskunftspflichten bildet die Abgabenordnung (AO). Man unterscheidet bei den Auskunftspflichtigen zwischen unmittelbar Beteiligten und sog. „anderen Personen".

Unmittelbar beteiligt sind

- Finanzverwaltung,
- Steuerschuldner und
- Arbeitgeber.

Zu den „anderen Personen" gehören in der Praxis

- Steuerberater,
- Rechtsanwälte,
- Wirtschaftsprüfer und
- andere am Steuerfeststellungsverfahren beteiligte Personen.

Diese sollen erst dann zur Auskunft angehalten werden, wenn die Sachverhaltsaufklärung durch die (unmittelbar) Beteiligten nicht zum Ziel führt oder keinen Erfolg verspricht.

Die Auskünfte sind von allen Beteiligten wahrheitsgemäß nach bestem Wissen und Gewissen zu erteilen.

Auskunftsersuchen nach § 93 AO

Inhalt

Von einem Auskunftsersuchen spricht man, wenn das Finanzamt den Steuerpflichtigen oder andere Personen um Auskunft über einen steuerlich relevanten Sachverhalt bittet.[12] Im Auskunftsersuchen ist anzugeben, worüber Auskünfte erteilt werden sollen und ob die Auskunft für die Besteuerung des Auskunftspflichtigen (unmittelbare Beteiligung) oder für die Besteuerung anderer Personen angefordert wird.

Form

Der Auskunftspflichtige kann die Auskunft schriftlich, elektronisch, mündlich oder fernmündlich erteilen. Die Finanzbehörde kann verlangen, dass der Auskunftspflichtige schriftlich Auskunft erteilt, wenn dies sachdienlich ist. Auf Verlangen des Auskunftspflichtigen muss das Auskunftsersuchen schriftlich ergehen.

Auskunftspflichtige, die nicht aus dem Gedächtnis Auskunft geben können, müssen Bücher, Aufzeichnungen, Geschäftspapiere und andere Urkunden, die ihnen zur Verfügung stehen, einsehen und ggf. Aufzeichnungen daraus entnehmen.

Mündliche Auskunft

Die Finanzbehörde kann darüber hinaus anordnen, dass der Auskunftspflichtige eine mündliche Auskunft bei der Auskunft ersuchenden Behörde erteilt. Hierzu ist die Behörde insbesondere dann befugt, wenn trotz

1 H 33a.2 EStH „Auswärtige Unterbringung".
2 BFH, Urteil v. 5.2.1988, III R 21/87, BStBl 1988 II S. 579.
3 BFH, Urteil v. 8.2.1974, VI R 322/69, BStBl 1974 II S. 299.
4 § 33a Abs. 2 Satz 2 und Abs. 1 Satz 6 EStG.
5 § 33a Abs. 3 Satz 1 EStG.
6 § 33a Abs. 2 EStG.
7 § 108 AO, §§ 187 ff. BGB.
8 § 33a Abs. 3 Satz 2 EStG.
9 Sächsisches FG , Urteil v. 4.11.2013, 6 K 347/13, rkr.
10 § 33a Abs. 3 Satz 3 EStG; H 33a.3 EStH.
11 § 33a Abs. 2 Sätze 3-5 EStG.

12 § 93 AO.

Aufforderung eine schriftliche Auskunft nicht erteilt worden ist oder eine schriftliche Auskunft nicht zu einer Klärung des Sachverhalts geführt hat.

Dokumentation

Auf Antrag des Auskunftspflichtigen ist über die mündliche Auskunft gegenüber der Behörde eine Niederschrift aufzunehmen. Die Niederschrift enthält

- den Namen der anwesenden Personen,
- den Ort,
- den Tag und
- den wesentlichen Inhalt der Auskunft.

Sie muss von dem Amtsträger, dem die mündliche Auskunft erteilt wird, und vom Auskunftspflichtigen unterschrieben werden. Den Beteiligten ist eine Abschrift der Niederschrift zu überlassen.

Vorlage von Urkunden

Die Finanzbehörde kann von den Beteiligten und anderen Personen die Vorlage von Büchern, Aufzeichnungen, Geschäftspapieren und anderen Urkunden zur Einsicht und Prüfung verlangen. Dabei ist anzugeben, ob die Urkunden für die Besteuerung des zur Vorlage Aufgeforderten oder für die Besteuerung anderer Personen benötigt werden.

Die Vorlage von Büchern, Aufzeichnungen, Geschäftspapieren und anderen Urkunden wird i. d. R. erst dann verlangt, wenn der Vorlagepflichtige eine Auskunft nicht erteilt hat, die Auskunft unzureichend ist oder Bedenken gegen ihre Richtigkeit bestehen.

Diese Einschränkungen gelten nicht gegenüber dem Beteiligten, soweit dieser eine steuerliche Vergünstigung geltend macht, oder wenn die Finanzbehörde eine Außenprüfung nicht durchführen will oder wegen der erheblichen steuerlichen Auswirkungen eine baldige Klärung für geboten hält.

Die Finanzbehörde kann die Vorlage von Urkunden in der Behörde verlangen oder sie bei dem Vorlagepflichtigen einsehen, wenn dieser einverstanden ist.

Auskunftsverweigerungsrecht

Grundsätzlich hat der Steuerpflichtige selbst kein Auskunftsverweigerungsrecht. Allerdings kann der Grundsatz zur Auskunftspflicht mittelbar Beteiligter eingeschränkt werden. Zwar sind an einer Steuersache beteiligte Personen grundsätzlich zur Auskunft verpflichtet. Angehörige eines Beteiligten können jedoch die Auskunft verweigern, soweit sie nicht selbst als Beteiligte über ihre eigenen steuerlichen Verhältnisse auskunftspflichtig sind oder die Auskunftspflicht für einen Beteiligten zu erfüllen haben. Die Angehörigen sind über das Auskunftsverweigerungsrecht zu belehren. Die Belehrung muss schriftlich dokumentiert und aktenkundig gemacht werden.[1]

Die Auskunft verweigern können ebenfalls folgende Personengruppen zum Schutz von Berufsgeheimnissen:

- Geistliche über das, was ihnen in ihrer Eigenschaft als Seelsorger anvertraut worden oder bekannt geworden ist;
- Mitglieder des Bundestags, eines Landtags oder einer zweiten Kammer über Personen, die ihnen in ihrer Eigenschaft als Mitglieder dieser Organe oder denen sie in dieser Eigenschaft Tatsachen anvertraut haben;
- Verteidiger, Rechtsanwälte, Patentanwälte, Notare (insofern keine Anzeigepflicht besteht), Steuerberater, Wirtschaftsprüfer, Steuerbevollmächtigte, vereidigte Buchprüfer, Ärzte, Zahnärzte, psychologische Psychotherapeuten, Kinder- und Jugendlichenpsychotherapeuten, Apotheker und Hebammen, über das, was ihnen in dieser Eigenschaft anvertraut worden oder bekannt geworden ist;
- Personen, die im redaktionellen Bereich tätig sind, können die Auskunft über die Person des Verfassers, Einsenders oder Gewährsmanns von Beiträgen und Unterlagen sowie über die ihnen im Hinblick auf ihre Tätigkeit gemachten Mitteilungen verweigern, soweit es sich um Beiträge, Unterlagen und Mitteilungen für den redaktionellen Teil handelt.

Die genannten Personen dürfen die Auskunft nicht verweigern, wenn sie von der Verpflichtung zur Verschwiegenheit entbunden sind. Die Entbindung von der Verpflichtung zur Verschwiegenheit gilt auch für die Hilfspersonen.[2]

Sozialversicherung

Auskunftspflichten der Beschäftigten bzw. Versicherten

Nach § 206 SGB V haben Versicherte oder diejenigen, die als Versicherte in Betracht kommen,

- auf Verlangen über alle Tatsachen, die für die Feststellung der Versicherungs- und Beitragspflicht und für die Durchführung der der Krankenkasse übertragenen Aufgaben erforderlich sind, unverzüglich Auskunft zu erteilen sowie
- Änderungen in den Verhältnissen, die für die Feststellung der Versicherungs- und Beitragspflicht erheblich sind und nicht durch Dritte gemeldet werden, unverzüglich mitzuteilen.

Auf Verlangen sind auch die Unterlagen, aus denen die Tatsachen oder die Änderungen der Verhältnisse hervorgehen, der Krankenkasse in deren Geschäftsräumen unverzüglich vorzulegen. Werden die Auskunftspflichten verletzt, kann der Sozialleistungsträger die Erstattung entstehender Mehraufwendungen einfordern.

Angaben zur Durchführung des Melde- und Beitragsverfahrens

Beschäftigte müssen dem Arbeitgeber alle zur Durchführung des Meldeverfahrens und der Beitragszahlung erforderlichen Angaben machen. Sie haben ihrem Arbeitgeber zusätzlich anzugeben, ob sie neben dem Arbeitsentgelt aus der Beschäftigung weitere beitragspflichtige Einnahmen erhalten. Die Art und die Höhe der Einnahmen muss nicht angegeben werden.

Beschäftigte haben ggf. auch Unterlagen vorzulegen, die ihre Angaben bestätigen.[3] Aus der Verpflichtung des Arbeitgebers, Entgeltunterlagen in elektronischer Form zu führen, ergibt sich für Arbeitnehmer die Verpflichtung, die notwendigen Dokumente ebenfalls in elektronischer Form zur Verfügung zu stellen.[4]

Können Beschäftigte Unterlagen nur in Paierform zur Verfügung stellen, sind diese vom Arbeitgeber in elektronische Form umzuwandeln.

Wichtig

Schriftformerfordernis für Erklärungen oder Anträge der Beschäftigten

Seit dem 1.1.2022 ist in Fällen, in denen aufgrund gesetzlicher Regelungen die Schriftform vorgeschrieben ist, ein elektronisches Dokument mit einer qualifizierten elektronischen Signatur zu versehen.

Stellt der Beschäftigte diese Dokumente in Papierform zur Verfügung, hat der Arbeitgeber das Originaldokument in Papierform anzunehmen. Wird das Originaldokument in elektronischer Form übernommen, hat der Arbeitgeber dies mit einer fortgeschrittenen Signatur zu versehen.

Mehrfachbeschäftigte

Ist der Arbeitnehmer bei mehreren Arbeitgebern beschäftigt, gilt die Auskunftspflicht gegenüber allen Arbeitgebern. Hierzu gehört auch, dass der Arbeitnehmer seine Arbeitgeber über eventuelle Vorbeschäftigungen oder über aktuelle weitere Beschäftigungen bei anderen Arbeitgebern informiert. Dies ist u. a. für die Prüfung relevant, ob es sich um eine geringfügige Beschäftigung handelt.

1 § 101 AO.

2 § 102 AO.
3 § 28o SGB IV.
4 § 8 Abs. 2 BVV.

Tipp

Dokumentation per Einstellungsfragebogen

Arbeitgeber sollten die notwendigen Angaben zur versicherungsrechtlichen Beurteilung der Beschäftigung mittels eines Einstellungsbogens beim Arbeitnehmer erfragen.

Dies sollte auch vor dem Hintergrund der Aufzeichnungspflichten des Arbeitgebers geschehen.

Minijobs

Insbesondere für geringfügig Beschäftigte ist zwingend vorgesehen, dass die Erklärung des

- ↗ kurzfristig geringfügig Beschäftigten über weitere Beschäftigungen im aktuellen Kalenderjahr oder
- die Erklärung des ↗ geringfügig entlohnten Beschäftigten über weitere Beschäftigungen

zu den Entgeltunterlagen zu nehmen ist.[1]

In beiden Fällen ist die Bestätigung über die Aufnahme weiterer Beschäftigungen dem Arbeitgeber anzuzeigen.

Auskunftspflichten im Haushaltsscheckverfahren

Besondere Regelungen gelten bei geringfügig Beschäftigten in Privathaushalten. Hier ist das Haushaltsscheckverfahren vorgeschrieben. Im ↗ Haushaltsscheck ist lediglich vom Arbeitnehmer zu kennzeichnen, ob eine Mehrfachbeschäftigung vorliegt. Die weitere Prüfung übernimmt die Minijob-Zentrale.

Arbeitsentgelt aus mehreren Beschäftigungen

Auch in anderen Sachverhalten hat der Arbeitnehmer die aus den einzelnen Beschäftigungen erzielten Arbeitsentgelte allen beteiligten Arbeitgebern mitzuteilen. Dies ist für die korrekte Beitrags- und Entgeltabrechnung der einzelnen Arbeitgeber notwendig. Dies gilt insbesondere für die Beitragsberechnung im ↗ Übergangsbereich oder für die Beitragsberechnung bei Arbeitsentgelten, die insgesamt die ↗ Beitragsbemessungsgrenzen übersteigen.

Auskunftspflicht gegenüber Versicherungsträgern

Der Beschäftigte muss auf Verlangen den zuständigen Versicherungsträgern unverzüglich Auskunft über die Art und Dauer seiner Beschäftigungen, die hierbei erzielten Arbeitsentgelte, seine Arbeitgeber und die für die Erhebung von Beiträgen notwendigen Tatsachen informieren. Ferner muss er alle für die Prüfung der Meldungen und der Beitragszahlung erforderlichen Unterlagen vorlegen. Dies gilt auch für die ↗ Hausgewerbetreibenden, die den Gesamtsozialversicherungsbeitrag selbst zahlen.

Diese Auskunftspflicht besteht nicht nur, solange das Beschäftigungsverhältnis besteht. Sie gilt auch dann fort, wenn das Beschäftigungsverhältnis bereits beendet ist.

Mitwirkungspflicht der Empfänger von Sozialleistungen

Wer Sozialleistungen erhält oder beantragt, hat bestimmte Mitwirkungspflichten, die in den §§ 60 bis 67 SGB I näher umschrieben sind. Dazu gehört u. a. die Erteilung von Auskünften über alle für eine Leistungsgewährung erheblichen Tatsachen. Auf Verlangen kann der zuständige Leistungsträger ein persönliches Erscheinen zu einem Gespräch anordnen.

Auskunftspflicht gegenüber Rentenversicherungsträgern

In der gesetzlichen Rentenversicherung sind die Auskunftspflichten der Versicherten in § 196 SGB VI beschrieben. Versicherte oder Personen, für die eine Versicherung durchgeführt werden soll, müssen dem Träger der Rentenversicherung

- über alle Tatsachen, die für die Feststellung der Versicherungs- und Beitragspflicht und für die Durchführung der den Trägern der Rentenversicherung übertragenen Aufgaben erforderlich sind, auf Verlangen unverzüglich Auskunft erteilen sowie
- Änderungen in den Verhältnissen, die für die Feststellung der Versicherungs- und Beitragspflicht erheblich sind und nicht durch Dritte gemeldet werden, unverzüglich mitteilen.

Bei Bedarf sind die entsprechenden Unterlagen bzw. Nachweise vorzulegen.

Folgen bei Auskunftsverweigerung oder falschen Angaben

Ein Arbeitnehmer handelt ordnungswidrig, wenn er der Einzugsstelle oder dem Rentenversicherungsträger die notwendigen Auskünfte oder Unterlagen vorsätzlich oder grob fahrlässig verweigert. Gleiches gilt, wenn er eine erforderliche Auskunft nicht, nicht richtig, nicht vollständig oder nicht rechtzeitig erteilt. Diese Ordnungswidrigkeit kann gegenüber dem Arbeitnehmer mit einem Bußgeld von bis zu 5.000 EUR belegt werden.[2]

Dies gilt auch, wenn der Arbeitnehmer gegenüber seinem Arbeitgeber (bzw. allen beteiligten Arbeitgebern bei Mehrfachbeschäftigten) die notwendigen Auskünfte oder Unterlagen verweigert. In der Praxis ist es hierzu allerdings erforderlich, dass der Arbeitgeber die Einzugsstelle entsprechend informiert und ein Bußgeldverfahren gegenüber seinem Arbeitnehmer einleiten lässt.

Falsche Angaben des Arbeitnehmers im Minijob

Besondere Regelungen existieren im Zusammenhang mit der Ausübung von geringfügigen Beschäftigungen. Hat der Arbeitnehmer gegenüber dem Arbeitgeber falsche Angaben gemacht, sollen dem Arbeitgeber daraus keine Nachteile erwachsen.

Seit dem 1.1.2022 teilt die Minijob-Zentrale in Fällen, in denen der Arbeitgeber eine DEÜV-Anmeldung für einen kurzfristig Beschäftigten (Personengruppenschlüssel 110) übermittelt, mit, ob im vorausgehenden Zeitraum des gleichen Kalenderjahres weitere kurzfristige Beschäftigungen bestehen oder bestanden haben.[3]

Wichtig

Nachträgliche Feststellung der Versicherungspflicht

Eine im Nachhinein durch einen Sozialversicherungsträger (z. B. durch Datenabgleich bei der Minijob-Zentrale) festgestellte Versicherungspflicht aufgrund mehrerer geringfügiger Beschäftigungen führt nicht rückwirkend zur Versicherungspflicht. In diesen Fällen tritt die Versicherungspflicht erst mit der Bekanntgabe dieser Feststellung durch die Einzugsstelle oder durch einen Rentenversicherungsträger ein.

Hat der Arbeitgeber jedoch vorsätzlich oder grob fahrlässig versäumt, den Sachverhalt für die versicherungsrechtliche Beurteilung aufzuklären, gilt diese besondere Regelung nicht.[4] Grobe Fahrlässigkeit liegt z. B. vor, wenn der Arbeitgeber nichts unternommen hat, um den Sachverhalt korrekt zu ermitteln oder die Mitteilung der Minijob-Zentrale über weitere kurzfristige Beschäftigungen nicht beachtet hat.

Auskunftspflichten des Arbeitgebers

Der Arbeitgeber hat auf Verlangen dem Leistungsträger oder der zuständigen Stelle für die Sozialversicherungsbeiträge oder dem prüfberechtigten Träger der Sozialversicherung Auskunft wegen der Erbringung von Sozialleistungen und der Entrichtung von Beiträgen zu erteilen.

Auskünfte auf Fragen, deren Beantwortung dem Arbeitgeber selbst oder einer ihm nahe stehenden Person die Gefahr zuziehen würde, wegen einer Straftat oder einer Ordnungswidrigkeit verfolgt zu werden, können verweigert werden. Dieses Auskunftsverweigerungsrecht gilt sowohl für Auskünfte wegen der Erbringung von Sozialleistungen als auch für Auskünfte wegen der Entrichtung von Beiträgen. Es betrifft jedoch nur die Auskunftserteilung, nicht aber die Vorlage der Geschäftsbücher, Listen oder andere Unterlagen, aus denen die Angaben über die Beschäftigung hervorgehen.[5]

1 § 8 Abs. 2 Nr. 7 BVV.

2 § 111 Abs. 1 Nr. 4 i. V. m. Abs. 4 SGB IV.
3 § 13 Abs. 2 DEÜV.
4 § 8 Abs. 2 Satz 4 SGB IV.
5 § 98 Abs. 1 SGB X.

Mitwirkungspflichten bei der Beitragsüberwachung

Wegen der Entrichtung von Beiträgen hat der Arbeitgeber über alle Tatsachen Auskunft zu erteilen, die für die Erhebung der Beiträge notwendig sind. Auf Verlangen hat der Arbeitgeber Geschäftsbücher, Listen oder andere Unterlagen während der Geschäftszeit entweder in seinen oder in den Geschäftsräumen des Versicherungsträgers vorzulegen.

Die Beitragsverfahrensverordnung und die Grundsätze über Aufzeichnungs- und Nachweispflichten sowie der Mitwirkungspflichten bei der Beitragsüberwachung verpflichten den Arbeitgeber zur richtigen und vollständigen Auskunft, insbesondere über

- die Anzahl aller von ihm beschäftigten Personen einschließlich der mitarbeitenden Familienangehörigen, der gelegentlich oder zur Aushilfe beschäftigten Personen und der mutmaßlich versicherungsfreien und der von der Versicherungspflicht befreiten Personen,
- die Namen, das Geburtsdatum und die Wohnung dieser Personen,
- den Ort, die Art, den Beginn und das Ende der Beschäftigung dieser Personen,
- die Entgelte, die diese Personen als Lohn, Gehalt, Gewinnanteil, freie Kost, freie Wohnung oder sonstige Sachbezüge oder unter anderen Bezeichnungen erhalten,
- alle sonstigen Zuwendungen aufgrund des Beschäftigungsverhältnisses,
- den Zeitpunkt der Zahlung dieser Entgelte und Zuwendungen sowie darüber, ob und in welchem Umfang sie steuerlich zum Arbeitslohn im Sinne der LStDV gerechnet worden sind,
- die gesamten Beiträge, die an Träger der gesetzlichen Krankenversicherung abgeführt oder an die Versicherten ausgezahlt worden sind, einschließlich der ↗ Arbeitgeberanteile für versicherungsfreie oder von der Versicherungspflicht befreite Personen.

Achtung

Zulässige Befragung der Arbeitnehmer

Besteht der Verdacht, dass der Arbeitgeber eine falsche Auskunft erteilt hat, ist er verpflichtet, die beschäftigten Personen während der Arbeitszeit an ihrem Arbeitsplatz über die Beschäftigungsverhältnisse und die von ihnen erzielten Entgelte befragen zu lassen.

Erbringung von Sozialleistungen

Darüber hinaus bestehen nach § 98 Abs. 1 Satz 1 SGB X Auskunftspflichten wegen der Erbringung von Sozialleistungen und der Entrichtung von Beiträgen. Die Auskunftspflicht erfasst Art, Umfang, Beginn und Ende der Beschäftigung, Beschäftigungsort und Höhe des Arbeitsentgelts, soweit diese für die Gewährung und Berechnung der Sozialleistung notwendig sind.

Erweiterte Auskunftspflicht gegenüber dem Unfallversicherungsträger

In der Unfallversicherung hat der Arbeitgeber Auskunftspflichten im Zusammenhang mit dem erweiterten Präventionsauftrag des Unfallversicherungsträgers. So kann im Zusammenhang mit arbeitsmedizinischen Vorsorgeuntersuchungen die Erhebung, Nutzung und Verarbeitung bestimmter Daten durch den Arbeitgeber vom Unfallversicherungsträger verlangt werden.[1]

Auslagenersatz

Unter Auslagen versteht man die Gelder, die zur Erbringung einer Leistung oder Erfüllung eines Auftrags verwendet werden müssen, für die der Leistungserbringer häufig in Vorlage tritt. Es handelt sich also um Gelder, die der Arbeitnehmer nach der Aufwendung erhält.

1 § 15 Abs. 2 SGB VII.

Gesetze, Vorschriften und Rechtsprechung

Lohnsteuer: Die Steuerfreiheit von Auslagenersatz ergibt sich aus § 3 Nr. 50 EStG.

Sozialversicherung: § 14 Abs. 1 SGB IV definiert das zur Beitragspflicht in der Sozialversicherung heranzuziehende Arbeitsentgelt aus einer Beschäftigung. § 1 Abs. 1 Satz 1 Nr. 1 SvEV legt fest, unter welchen Bedingungen bestimmte Entgeltbestandteile kein sozialversicherungspflichtiges Arbeitsentgelt darstellen.

Entgelt	LSt	SV
Ersatz von Ausgaben, die der Arbeitnehmer für seinen Arbeitgeber geleistet hat	frei	frei
Durchlaufende Gelder, die der Arbeitnehmer vom Arbeitgeber erhält, um sie für ihn auszugeben	frei	frei
Übernahme von Strafen und Geldbußen des Arbeitnehmers	pflichtig	pflichtig

Lohnsteuer

Steuerfreier Auslagenersatz

Lohnsteuerlich setzt ein Auslagenersatz voraus, dass der Arbeitnehmer Ausgaben für Rechnung des Arbeitgebers tätigt und diese von ihm ersetzt werden. Dabei ist es gleichgültig, ob die Ausgaben im Namen des Arbeitgebers oder im eigenen Namen verauslagt werden – maßgebend ist das Innenverhältnis. Sie müssen folglich vom Arbeitgeber veranlasst oder gebilligt worden sein. Zudem darf kein oder nur ein sehr geringes eigenes Interesse des Arbeitnehmers an den Ausgaben bestehen; sie dürfen ihn nicht bereichern.

Der Aufwendungsersatz nach § 670 BGB ist hingegen nicht ohne Weiteres steuerfrei.

Voraussetzungen für steuerfreien Auslagenersatz

Steuerfreier Auslagenersatz liegt vor, wenn die Ausgaben

- im ganz überwiegenden Interesse des Arbeitgebers erfolgen,
- der Arbeitsausführung dienen und
- nicht zu einer Bereicherung des Arbeitnehmers führen.

Wichtig

Steuerfreiheit nur bei Einzelabrechnung

Voraussetzung für die Steuerfreiheit ist, dass über die Auslagen einzeln abgerechnet wird. Eine Abrechnung nach Eigenbelegen ist zulässig.

Bei Beschaffung von Hilfs- und Betriebsstoffen (z. B. Büromaterial, Porto, Benzin, Diesel, Öl für den Firmenwagen) liegt immer Auslagenersatz vor. In diesem Fall (aber eben nur in diesem) spielen die Eigentumsverhältnisse beim Erwerb keine Rolle, weil beim Arbeitnehmer keine Bereicherung eintreten kann[2]

Beispiele für steuerfreien Auslagenersatz

Steuerfreier Auslagenersatz liegt z. B. vor, wenn der Arbeitgeber dem Arbeitnehmer die einzeln abgerechneten Kosten ersetzt für

- Kundengeschenke, die im Auftrag des Arbeitgebers erworben worden sind,
- geschäftliche Telefongespräche, die der Arbeitnehmer für den Arbeitgeber außerhalb des Betriebs geführt hat,
- die ↗ Bewirtung von Geschäftsfreunden des Arbeitgebers,

2 BFH, Urteil v. 21.8.1995, VI R 30/95, BStBl 1995 II S. 906.

- die Garage, die der Arbeitnehmer für seinen Dienstwagen gemietet hat,
- das Aufladen von Elektrofahrzeugen,
- Maßnahmen zur ⬀ Fortbildung, die auf eigene Rechnung des Mitarbeiters erbracht werden, können bei Übernahme oder Erstattung durch den Arbeitgeber steuerfrei bleiben.[1]

Beispiel

Kostenerstattung einer dienstlichen Veranstaltung

Als Rahmenprogramm zu einer dienstlichen Veranstaltung wird für die teilnehmenden Arbeitnehmer eine Bowling-Veranstaltung durchgeführt. Ein teilnehmender Arbeitnehmer bezahlt die Kosten für die Bowling-Bahn sowie sämtliche dort verzehrten Speisen und Getränke. Er lässt sich diese Kosten anschließend über den vom Arbeitgeber vorgesehenen Auslagenerstattungsprozess erstatten.

Ergebnis: Bei der Erstattung der Kosten durch den Arbeitgeber an den Beschäftigten handelt es sich – auch hinsichtlich der Erstattung für dessen eigene Teilnahme – um steuerfreien Auslagenersatz weil er die Ausgaben für Rechnung des Arbeitgebers geleistet hat. Bei den für Rechnung des Arbeitgebers gewährten Leistungen handelt es sich bei allen Teilnehmern um Sachbezüge.

Hinweis

Schadensersatz ist kein steuerlicher Auslagenersatz

Arbeitgebererstattungen von Sach- und Vermögensschäden an Arbeitnehmer-Eigentum sind kein steuerlicher Auslagenersatz, sondern steuerfreier ⬀ Schadensersatz.

Auslagenersatz im eigenen Interesse des Arbeitnehmers

Die Verwaltung hat ausführlich zur bei Sachbezügen und Aufmerksamkeiten maßgeblichen Abgrenzung von Geldleistungen und Sachbezügen Stellung genommen.[2] Sie hat dabei klargestellt, dass die Steuerbefreiung für Auslagenersatz hiervon unberührt bleibt.

Besteht hingegen ein eigenes Interesse des Arbeitnehmers an den bezogenen Waren oder Dienstleistungen, liegt kein steuerfreier Auslagenersatz vor[3] Davon ist auszugehen, wenn die Waren oder Dienstleistungen für den privaten Gebrauch der Beschäftigten bestimmt sind.

Auslagenersatz mit Vorsteuerabzug

Eine auf den Arbeitgeber ausgestellte Rechnung ist für die Lohnsteuerfreiheit nicht zwingend erforderlich. Allerdings benötigt der Arbeitgeber für den Vorsteuerabzug aus Rechnungen mit einem Gesamtwert von mehr als 250 EUR eine ordnungsgemäße Rechnung mit Namen und Anschrift des Leistungsempfängers.

Steuerpflichtiger Auslagenersatz

Werbungskostenersatz

Steuerfrei ist nur der Auslagenersatz. Handelt es sich um Werbungskostenersatz, liegt steuerpflichtiger Arbeitslohn vor. Dies gilt unabhängig davon, ob der Mitarbeiter die Aufwendungen später in seiner Steuererklärung geltend machen kann.

Kontoführungsgebühren

Der Ersatz von Kontoführungsgebühren für die Führung eines Lohn- und Gehaltskontos bei einem Kreditinstitut ist kein steuerfreier Auslagenersatz, sondern steuerpflichtiger Werbungskostenersatz.

Übernahme von Bußgeldern

Bei der Erstattung von Strafen und Geldbußen handelt es sich ebenfalls nicht um steuerfreien Auslagenersatz, sondern um steuerpflichtigen Arbeitslohn.[4] Dies gilt unabhängig von der Höhe des Bußgelds und würde z. B. auch für eine Strafe für zu schnelles Fahren gelten. Ein rechtswidriges Tun ist keine Grundlage einer betriebsfunktionalen Zielsetzung und kann deshalb nicht im eigenbetrieblichen Interesse sein. Dies gilt unabhängig davon, ob der Arbeitgeber ein solches rechtswidriges Verhalten angewiesen hat und/oder anweisen darf.[5]

In den vorstehenden Fällen ging es um die Übernahme von gegen die Arbeitnehmer verhängten Bußgeldern. Eine Ausnahme gilt jedoch, wenn der Arbeitgeber als Halter eines Kfz die Zahlung eines Verwarnungsgelds wegen einer ihm erteilten Verwarnung auf seine eigene Schuld übernimmt. Die Zahlung führt dann nicht zu Arbeitslohn des die Ordnungswidrigkeit begehenden Arbeitnehmers.[6] Zu prüfen ist dann aber, ob der Arbeitgeber gegenüber dem Fahrer einen Regressanspruch hat.

Pauschaler Auslagenersatz

Pauschalvergütungen des Arbeitgebers an den Arbeitnehmer, z. B. arbeitsvertraglich für Aufwendungen anlässlich von beruflichen Auswärtstätigkeiten, sind grundsätzlich steuerpflichtig.

Pauschaler Auslagenersatz ist aber ausnahmsweise steuerfrei, wenn er

- regelmäßig wiederkehrt,
- keine Bereicherung des Arbeitnehmers darstellt und
- der Arbeitnehmer die entstandenen Aufwendungen für einen repräsentativen Zeitraum von 3 Monaten im Einzelnen nachweist.

Aufgrund dieses Nachweises bleibt der pauschale Auslagenersatz solange steuerfrei, bis sich die Verhältnisse wesentlich ändern.[7]

Hinweis

Wiederkehrender pauschaler Auslagenersatz zulässig

Die Rechtsprechung lässt Pauschalabgeltungen darüber hinaus zu, wenn die Aufwendungen erfahrungsgemäß regelmäßig in etwa gleicher Höhe wiederkehren und der Auslagenersatz – im Großen und Ganzen – den tatsächlichen Aufwendungen entspricht.[8]

In folgenden Fällen ist ein pauschaler Auslagenersatz ausdrücklich vorgesehen:

Pauschaler Auslagenersatz beruflicher Telefonkosten

Ist der berufliche Anteil nicht genau ermittelbar, können die Aufwendungen des Arbeitnehmers für ⬀ Telekommunikationsleistungen i. H. v. 20 % der jeweiligen Monatsabrechnung, maximal 20 EUR pro Monat, pauschal steuerfrei ersetzt werden.[9] Voraussetzung ist, dass aufgrund der Tätigkeit erfahrungsgemäß beruflich veranlasste Aufwendungen anfallen.

Pauschaler Auslagenersatz für Reisenebenkosten

Aufwendungen von Lkw-Fahrern, insbesondere für die Nutzung sanitärer Einrichtungen, können pauschal mit dem Durchschnittsbetrag ersetzt werden, wenn die tatsächlich entstandenen Aufwendungen für einen repräsentativen Zeitraum von 3 Monaten durch entsprechende Aufzeichnungen glaubhaft gemacht werden.[10]

Pauschaler Auslagenersatz für E-Auto-Strom

Zur Vereinfachung des steuerfreien Auslagenersatzes für das elektrische Aufladen eines Elektro-Firmenwagens (ausschließlich Pkw) beim Arbeitnehmer zu Hause, lässt die Finanzverwaltung folgende monatlichen Pauschalen zu[11]:

1 R 19.7 LStR.
2 BMF, Schreiben v. 15.3.2022, IV C 5-S 2334/19/10007:007, BStBl 2022 I S. 242.
3 R 3.50 Abs. 1 Satz 3 LStR.
4 BFH, Urteil v. 22.7.2008, VI R 47/06, BStBl 2009 II S. 151.
5 BFH, Urteil v. 14.11.2013, VI R 36/12, BStBl 2014 II S. 278.
6 BFH, Urteil v. 13.8.2020, VI R 1/17, BStBl 2021 II S. 103.
7 R 3.50 Abs. 2 LStR.
8 BFH, Urteil v. 2.10.2003, IV R 4/02, BStBl 2004 II S. 129.
9 R 3.50 Abs. 2 Satz 4 LStR
10 BMF, Schreiben v. 4.12.2012, IV C 5 – S 2353/12/10009, BStBl 2012 I S. 1249.
11 BMF, Schreiben v. 29.9.2020, IV C 5 – S 2334/19/10009 :004, BStBl 2020 I S. 972.

Pauschale für	Mit zusätzlicher Lademöglichkeit beim Arbeitgeber	Ohne zusätzliche Lademöglichkeit beim Arbeitgeber
Elektrofahrzeuge	30 EUR	70 EUR
Hybridelektrofahrzeuge	15 EUR	35 EUR

Sozialversicherung

Lohnsteuerfreier Auslagenersatz ist nicht beitragspflichtig

Nicht als beitragspflichtiges ⇗ Arbeitsentgelt gelten

- der Ersatz von Ausgaben, die der Arbeitnehmer für seinen Arbeitgeber geleistet hat, oder
- durchlaufende Gelder, die der Arbeitnehmer vom Arbeitgeber erhält, um sie für ihn auszugeben.[1]

Achtung

Aufwandsentschädigung als Pauschale

Wird dem Beschäftigten als Aufwandspauschale ein Betrag ausbezahlt, der die tatsächlich entstandenen Aufwendungen übersteigt, so ist diese Differenz dem beitragspflichtigen Arbeitsentgelt zuzurechnen. Ausnahme: Ein pauschaler Auslagenersatz, der regelmäßig wiederkehrt und bei denen der Arbeitnehmer die entstandenen Aufwendungen für einen repräsentativen Zeitraum von 3 Monaten im Einzelnen nachweist, bleibt beitragsfrei zur Sozialversicherung.

Auslagenersatz als Pauschale

Wird dem Beschäftigten pauschal ein Betrag ausbezahlt, der die tatsächlich entstandenen Aufwendungen übersteigt, so ist diese Differenz dem beitragspflichtigen Arbeitsentgelt zuzurechnen. Ausnahme: Ein pauschaler lohnsteuerfreier Auslagenersatz, der regelmäßig wiederkehrt und bei denen der Arbeitnehmer die entstandenen Aufwendungen für einen repräsentativen Zeitraum von 3 Monaten im Einzelnen nachweist, bleibt beitragsfrei zur Sozialversicherung.

Beitragspflicht bei Ersatz von Buß- und Verwarnungsgeldern

Ersetzt der Arbeitgeber seinem Beschäftigten die Auslagen für Bußgelder, die z. B. als Kraftfahrer im Speditionsgewerbe wegen Überschreitung der Lenkzeiten und der Nichteinhaltung von Ruhezeiten entstanden sind, handelt es sich um steuerpflichtigen Arbeitslohn.[2] Vergleichbares gilt auch für anderweitige Verwarnungsgelder. Folglich ist dieser Auslagenersatz auch beitragspflichtig zur Sozialversicherung. Die steuerrechtliche Bewertung ist maßgeblich für die Beitragsplicht.

Ausländische Arbeitnehmer

Ausländische Arbeitnehmer sind Arbeitnehmer ohne deutsche Staatsangehörigkeit. Arbeitsrechtlich ist dies jedoch unbeachtlich, entsprechende Differenzierungen sind unwirksam. Allerdings unterliegen ausländische Arbeitnehmer den Vorgaben des Ausländerrechts hinsichtlich Einreise und Beschäftigungsmöglichkeiten in Deutschland. Dabei ist zwischen den EU-Staatsangehörigen und Nicht-EU-Staatsangehörigen zu unterscheiden.

Gesetze, Vorschriften und Rechtsprechung

Lohnsteuer: Rechtsgrundlage sind die §§ 1, 1a, 39, 49 EStG. Zum Lohnsteuerabzug bei im Inland nicht meldepflichtigen Arbeitnehmern s. BMF-Schreiben v. 8.11.2018, IV C 5 – S 2363/13/10003 – 02, BStBl 2018 I S. 1137, Rzn. 89 ff. und BMF-Schreiben v. 7.11.2019, IV C 5 – S 2363/19/10007 :001, BStBl 2019 I S. 1087. Zur Behandlung eines verheirateten EU-Bürgers mit inländischen Einkünften als unbeschränkt steuerpflichtig s. BFH, Urteil v. 6.5.2015, I R 16/14, BStBl 2015 II S. 975.

Sozialversicherung: Nach dem in § 3 SGB IV geregelten Territorialitätsprinzip gelten für eine in Deutschland ausgeübte Beschäftigung die deutschen Rechtsvorschriften. Ausnahmen bestehen durch die in § 5 SGB IV geregelte Einstrahlung. Diese Grundsätze sind jedoch nur anwendbar, wenn es keine Regelungen des über- und zwischenstaatlichen Rechts gibt. Dies sind in erster Linie die Verordnung (EG) über soziale Sicherheit Nr. 883/2004 sowie die von Deutschland mit anderen Staaten abgeschlossenen Abkommen über Soziale Sicherheit. Im Hinblick auf illegale Beschäftigungsverhältnisse gelten die §§ 7 Abs. 4 und 14 Abs. 2 Satz 2 SGB IV.

Lohnsteuer

Unbeschränkte Einkommensteuerpflicht

Wohnsitz im Inland

Für den Lohnsteuerabzug ist die Nationalität des Arbeitnehmers ohne Bedeutung, maßgebend ist dessen unbeschränkte oder beschränkte Steuerpflicht. Nach ihr richtet sich der vom inländischen Arbeitslohn des ausländischen Arbeitnehmers vorzunehmende Lohnsteuerabzug, zu dem inländische Arbeitgeber und ggf. auch ausländische Verleiher verpflichtet sind.

Ausländische Staatsangehörige, die im Inland wohnen und Arbeitslohn beziehen, sind unbeschränkt einkommensteuerpflichtig. Sie unterliegen somit dem Lohnsteuerabzug nach den allgemeinen Vorschriften.[3]

Entsendung ausländischer Mitarbeiter nach Deutschland

Die Lohnsteuerabzugsverpflichtung besteht auch in Fällen der ⇗ Arbeitnehmerentsendung zwischen international verbundenen Unternehmen, wenn das Sendeunternehmen (als Dritter) den Arbeitslohn weiterzahlt und das in Deutschland ansässige Unternehmen den Arbeitslohn für die ihm geleistete Arbeit wirtschaftlich trägt.[4]

Umsetzung der EU-Entsenderichtlinie ab 30.7.2020

Das Gesetz über zwingende Arbeitsbedingungen bei grenzüberschreitenden Dienstleistungen (AEntG) schreibt ausländischen Unternehmen, die ihren Sitz in einem anderen EU-Staat als Deutschland haben und in Deutschland Dienstleistungen erbringen wollen, die Einhaltung bestimmter in Deutschland geltender arbeits- und sozialversicherungsrechtlicher Mindeststandards vor. § 2 AEntG regelt aufgrund der durch die EU-Richtlinie 2018/957 überarbeiteten EU-Entsenderichtlinie 96/71/EG über die Entsendung von Arbeitnehmern im Rahmen der Erbringung von Dienstleistungen, dass die in Rechts- oder Verwaltungsvorschriften enthaltenen Regelungen über Arbeitsbedingungen, wie z. B. Entlohnung, auch auf Arbeitsverhältnisse zwischen einem im Ausland ansässigen Arbeitgeber und seinen im Inland beschäftigten Arbeitnehmern zwingend anzuwenden sind. § 2a AEntG definiert, was alles zur Entlohnung gehört.[5]

Zahlt der Arbeitgeber mit Sitz im Ausland seinem Mitarbeiter eine Zulage für die Zeit der Arbeitsleistung im Inland (Entsendezulage), kann diese auf die Entlohnung nach § 2 Abs. 1 Nr. 1 AEntG angerechnet werden.[6]

Beträge, die entsandte Arbeitnehmer vom Arbeitgeber erhalten, um die Aufwendungen auszugleichen, die ihnen infolge der Entsendung entstehen (Unterkunft, Reise, Verpflegung), sind als Entsendekosten kein Bestandteil der Entlohnung. Sie dürfen nicht auf den Lohn angerechnet

1 § 1 Abs. 1 Satz 1 Nr. 1 SvEV.
2 BFH, Urteil v. 14.11.2013, VI R 36/12.

3 § 1 Abs. 1 Satz 1 EStG; R 39b.5 Abs. 1 LStR.
4 § 38 Abs. 1 Satz 2 EStG.
5 Gesetz zur Umsetzung der Richtlinie (EU) 2018/957 des Europäischen Parlaments und des Rates vom 28.6.2018 zur Änderung der Richtlinie 96/71/EG über die Entsendung von Arbeitnehmern im Rahmen der Erbringung von Dienstleistungen vom 10. Juli 2020, BGBl 2020 I S. 1657.
6 § 2b Abs. 1 Satz 1 AEntG.

werden.[1] Die entsendebedingten Kosten soll der Arbeitgeber nach den im Herkunftsland geltenden Regeln tragen.

Hinweis

Fehlende Regelung – Vermutung spricht für Erstattung von Entsendekosten

Legen die für das Arbeitsverhältnis geltenden Arbeitsbedingungen nicht fest, welche Bestandteile einer Entsendezulage als Erstattung von Entsendekosten gezahlt werden oder welche Bestandteile einer Entsendezulage Teil der Entlohnung sind, wird (zugunsten des Arbeitnehmers) unwiderleglich vermutet, dass die gesamte Entsendezulage als Erstattung von Entsendekosten gezahlt wird.[2]

183-Tage-Regelung

Nach den internationalen Besteuerungsregelungen der ↗ DBA steht Deutschland regelmäßig kein Besteuerungsrecht zu, wenn

- der ausländische Arbeitnehmer seinen Wohnsitz im Ausland beibehält,
- sein Aufenthalt im Inland 183 Tage nicht übersteigt,
- der ausländische Arbeitgeber den Arbeitslohn weiterzahlt und
- dieser nicht von einer inländischen Betriebsstätte übernommen wird.[3]

Grenzpendler

Für die Beneluxstaaten sowie einige weitere Staaten, z. B. Frankreich[4] und Österreich, liegt das Besteuerungsrecht für Arbeitnehmer, die ihren Wohnsitz in einem dieser Staaten innehaben und ihre Tätigkeit in bestimmten besonderen Grenzgebieten der anderen dieser Staaten ausüben, beim Wohnsitzstaat, wenn der Arbeitnehmer täglich zu seinem Wohnsitz zurückkehrt.

Beschränkte Einkommensteuerpflicht

Beschränkt einkommensteuerpflichtig sind Arbeitnehmer, die im Inland weder einen Wohnsitz noch ihren gewöhnlichen Aufenthalt haben. Voraussetzung für die beschränkte Einkommensteuerpflicht des Arbeitslohns ist, dass die nichtselbstständige Arbeit im Inland ausgeübt oder verwertet wird.

Verwertung im Inland

Dies trifft zu, wenn der Arbeitnehmer im Bundesgebiet persönlich tätig wird, z. B. täglich zur Tätigkeit nach Deutschland einreist. Die nichtselbstständige Arbeit wird im Inland verwertet, wenn der Arbeitnehmer das Ergebnis einer im Ausland ausgeübten Tätigkeit im Inland seinem Arbeitgeber zuführt. Z. B. wird die Tätigkeit im Inland verwertet, wenn der im Ausland wohnende Repräsentant eines inländischen Unternehmens im Ausland Aufträge einholt und sie an das inländische Stammhaus weiterleitet.

Hinweis

Erweiterung der beschränkten Einkommensteuerpflicht von Arbeitnehmern

Mit dem Wachstumschancengesetz sollte die beschränkte Einkommensteuerpflicht von Arbeitnehmern um die Fälle erweitert werden, in denen die Tätigkeit im Ansässigkeitsstaat des Steuerpflichtigen oder in einem oder mehreren anderen Staaten ausgeübt wird und ein mit dem Ansässigkeitsstaat abgeschlossenes DBA oder eine zwischenstaatliche Vereinbarung für diese im Ansässigkeitsstaat oder in einem oder mehreren anderen Staaten ausgeübte Tätigkeit Deutschland ein Besteuerungsrecht zuweist. Das Gesetzgebungsverfahren ist noch nicht abgeschlossen. Ggf. wird eine Änderung im Laufe des Jahres 2024 folgen.

1 § 2b Abs. 1 Sätze 2, 3 AEntG.
2 § 2b Abs. 2 AEntG.
3 OFD Karlsruhe, Verfügung v. 24.9.2013, S 130.1/935 St 216, zur Berechnung der Aufenthaltsdauer i. S. d. 183-Tage-Regelung des Art. 13 Abs. 4 DBA-Frankreich; BFH, Urteil v. 12.10.2011, I R 15/11, BStBl 2012 II S. 548.
4 BMF, Schreiben v. 30.3.2017, IV B 3 – S 1301 – FRA/16/10001:001, BStBl 2017 I S. 753, zu Grenzgängerbesteuerung DBA-Frankreich.

Keine Verwertung im Inland

Dagegen liegt keine Verwertung im Inland vor, wenn der Arbeitnehmer im Ausland z. B. Bau-, Wartungs- oder Reparaturarbeiten durchführt.

Für die Besteuerung des Arbeitslohns beschränkt einkommensteuerpflichtiger Arbeitnehmer mit ausschließlich Inlandseinkünften wird unterschieden zwischen

- Arbeitnehmern mit EU/EWR-Staatsangehörigkeit und
- Arbeitnehmern ohne EU/EWR-Staatsangehörigkeit.

Arbeitnehmer mit EU/EWR-Staatsangehörigkeit

Arbeitnehmer, die Staatsangehörige von EU/EWR-Mitgliedstaaten sind und ausschließlich oder fast ausschließlich Inlandseinkünfte beziehen, werden auf Antrag den unbeschränkt einkommensteuerpflichtigen Arbeitnehmern gleichgestellt.[5]

Ausschließliche oder fast ausschließliche Inlandseinkünfte liegen bei Arbeitnehmern vor, wenn

- ihre Jahreseinkünfte mindestens zu 90 % der deutschen Besteuerung unterliegen oder
- ihre ausländischen Einkünfte den Grundfreibetrag von 11.604 EUR im VZ 2024[6] nicht übersteigen.

Diese Arbeitnehmer werden in die Steuerklassen I–V eingereiht, wenn die jeweiligen Voraussetzungen vorliegen. Es ist ein besonderer Antrag erforderlich: die Anlage Grenzpendler EU/EWR zum Antrag auf Lohnsteuerermäßigung, die in mehreren Sprachen aufgelegt wird.

Arbeitnehmer ohne EU/EWR-Staatsangehörigkeit

Arbeitnehmer, die nicht Staatsangehörige von EU/EWR-Mitgliedstaaten sind und deren Jahreseinkünfte mindestens zu 90 % der deutschen Besteuerung unterliegen, oder deren ausländische Einkünfte den Grundfreibetrag von 11.604 EUR im VZ 2024[7] nicht übersteigen, werden auf Antrag einem unbeschränkt einkommensteuerpflichtigen Arbeitnehmer nahezu gleichgestellt.

Auch in diesen Fällen besteht die Möglichkeit, auf Antrag eine Einkommensteuerveranlagung durchzuführen (Einreihung in die Steuerklasse I); innerhalb dieser kann der Ehe-/eingetragene Lebenspartner jedoch nicht berücksichtigt werden.[8, 9]

Steuerklasse I bei Überschreiten der Grenzbeträge

Sind die vorgenannten Voraussetzungen nicht erfüllt, weil die ausländischen Jahreseinkünfte die Grenzbeträge übersteigen, werden die ausländischen Arbeitnehmer in die Steuerklasse I eingereiht.[10] Die Einkommensteuer dieser Arbeitnehmer ist durch den Lohnsteuerabzug grundsätzlich abgegolten[11]; eine Einkommensteuerveranlagung kann jedoch beantragt werden.

Besonderheiten bei ausländischen Arbeitnehmern

ELStAM für beschränkt Steuerpflichtige

ELStAM-Abruf

Ab dem Veranlagungszeitraum 2020 ist es durch § 39 Abs. 3 EStG möglich, beschränkt einkommensteuerpflichtige Arbeitnehmer (Steuerklasse I ohne Freibetrag) in das Verfahren der elektronischen Lohnsteuerabzugsmerkmale einzubeziehen.

Arbeitgeber müssen seit 1.1.2020 die ELStAM für beschränkt einkommensteuerpflichtige Arbeitnehmer im ELStAM-Verfahren abrufen.[12] Weil

5 §§ 1 Abs. 3, 1a EStG.
6 § 32a Abs. 1 Satz 2 Nr. 1 EStG i. d. F. des Inflationsausgleichsgesetzes. Es wurde aber eine Erhöhung für das Jahr 2024 angekündigt, die rückwirkend ab 1.1.2024 gelten soll.
7 § 32a Abs. 1 Satz 2 Nr. 1 EStG i. d. F. des Inflationsausgleichsgesetzes. Es wurde aber eine Erhöhung für das Jahr 2024 angekündigt, die rückwirkend ab 1.1.2024 gelten soll.
8 § 1 Abs. 3 EStG.
9 FG Köln, Beschluss v. 4.7.2013, 11 V 1596/13.
10 § 38b Abs. 1 Satz 1 Nr. 1 Buchst. b) EStG.
11 § 50 Abs. 2 Satz 1 EStG.
12 BMF, Schreiben v. 7.11.2019, IV C 5 – S 2363/19/10007:001, BStBl 2019 I S. 1087; BMF, Schreiben v. 8.11.2018, IV C 5 – S 2363/13/10003 – 02, BStBl 2018 I S. 1137.

beschränkt einkommensteuerpflichtige Personen in Deutschland regelmäßig nicht meldepflichtig sind, kann die für den Abruf der ELStAM erforderliche steuerliche Identifikationsnummer (IdNr.) nicht auf Veranlassung der Meldebehörde zugeteilt werden.

Wichtig

Zuteilung der steuerlichen Identifikationsnummer beantragen

Die steuerliche Identifikationsnummer muss der Arbeitnehmer beim Betriebsstättenfinanzamt des Arbeitgebers beantragen.[1] Die Zuteilung einer Identifikationsnummer kann aber auch der Arbeitgeber beantragen, wenn ihn der Arbeitnehmer dazu bevollmächtigt. In diesen Fällen wird die Finanzverwaltung das Mitteilungsschreiben an den Arbeitgeber und nicht an den Arbeitnehmer versenden.[2]

Zur Beantragung der Identifikationsnummer wird ein bundeseinheitlicher Vordruck zur Verfügung gestellt.

Wurde dem beschränkt einkommensteuerpflichtigen Arbeitnehmer bereits eine Identifikationsnummer zugeteilt, teilt das Betriebsstättenfinanzamt diese auf Anfrage des Arbeitnehmers mit. Der Arbeitgeber ist auch berechtigt, eine Anfrage im Namen des Arbeitnehmers zu stellen.

Ausnahme vom ELStAM-Verfahren

Die Teilnahme am ELStAM-Verfahren gilt noch nicht für folgende Fälle:

- Für beschränkt steuerpflichtige Arbeitnehmer wird ein Freibetrag i. S. d. § 39a EStG berücksichtigt.
- Der Arbeitslohn wird nach den Regelungen in Doppelbesteuerungsabkommen auf Antrag von der Besteuerung freigestellt.
- Der Steuerabzug wird nach den Regelungen in Doppelbesteuerungsabkommen auf Antrag gemindert oder begrenzt.
- Der Arbeitnehmer ist nach § 1 Abs. 2 EStG erweitert unbeschränkt einkommensteuerpflichtig.
- Der Arbeitnehmer wird nach § 1 Abs. 3 EStG auf Antrag wie unbeschränkt einkommensteuerpflichtig behandelt.

In obigen Fällen wird wie bisher auf Antrag eine Papierbescheinigung für den Lohnsteuerabzug ausgestellt und der Arbeitgeberabruf im ELStAM-Verfahren gesperrt.

Kann dem Arbeitnehmer keine Identifikationsnummer zugeteilt werden, muss das Betriebsstättenfinanzamt weiterhin auf Antrag des Arbeitnehmers eine Bescheinigung für den Lohnsteuerabzug ausstellen. Ab 1.1.2021 kann auch der Arbeitgeber die Bescheinigung beantragen, wenn ihn der Arbeitnehmer dazu nach § 80 Abs. 1 AO bevollmächtigt hat.[3]

Der beschränkt einkommensteuerpflichtige Arbeitnehmer muss dem Arbeitgeber die Papierbescheinigung unverzüglich vorlegen.

Stellt das Finanzamt fest, dass dem Arbeitnehmer bereits eine Identifikationsnummer zugeteilt worden ist, teilt es diese auf Anfrage des Arbeitnehmers mit.[4]

Der Arbeitgeber ist berechtigt, die Anfrage im Namen des Arbeitnehmers zu stellen.[5] Wird der Antrag auf Gleichstellung mit einem unbeschränkt einkommensteuerpflichtigen Arbeitnehmer gestellt, ist die Höhe der ausländischen Einkünfte durch eine Bestätigung der ausländischen Steuerbehörde auf amtlichem Vordruck nachzuweisen.

Durchführung des Lohnsteuerabzugs

Der Arbeitgeber muss die Lohnsteuer nach den ELStAM berechnen. In Ausnahmefällen sind die Besteuerungsmerkmale in der vom Finanzamt erteilten Bescheinigung maßgebend.

Hat das Finanzamt in der Bescheinigung kenntlich gemacht, dass es sich um einen ausländischen Arbeitnehmer mit inländischen Arbeitseinkünften handelt[6], muss der Arbeitgeber beim Lohnsteuerabzug auch den ⬀ Altersentlastungsbetrag und bei der Besteuerung sonstiger Bezüge ggf. die Fünftelregelung berücksichtigen.[7, 8]

Vorlage eines Besteuerungsnachweises

Verwertet ein beschränkt einkommensteuerpflichtiger Arbeitnehmer seine nichtselbstständige Arbeit im Inland, kann der Lohnsteuerabzug zu einer ⬀ Doppelbesteuerung führen. In diesem Fall können die Einkünfte aus der Verwertung beim Lohnsteuerabzug außer Ansatz bleiben, wenn der Arbeitnehmer durch eine Bescheinigung des Finanzamts nachweist, dass von diesen Einkünften in dem anderen Staat (der Tätigkeitsausübung) eine der deutschen Einkommensteuer entsprechende Steuer tatsächlich erhoben wird.

Liegen die Voraussetzungen des Auslandstätigkeitserlasses vor, ist solch ein Nachweis nicht erforderlich.

Ausstellen der Lohnsteuerbescheinigung

Bei Beendigung des Dienstverhältnisses oder am Ende des Kalenderjahres muss der Arbeitgeber eine elektronische ⬀ Lohnsteuerbescheinigung ausstellen.

Pauschalierung für nur kurzfristig im Inland ausgeübte Tätigkeit

Der Arbeitgeber kann ab 2020 unter Verzicht auf den Abruf der ELStAM die Lohnsteuer für Bezüge von kurzfristigen, im Inland ausgeübten Tätigkeiten von beschränkt steuerpflichtigen Arbeitnehmern, die einer ausländischen Betriebsstätte dieses Arbeitgebers zugeordnet sind, mit einem Pauschsteuersatz von 30 % des Arbeitslohns erheben.[9]

Eine kurzfristige Tätigkeit i. S. d. Lohnsteuer liegt nur vor, wenn die im Inland ausgeübte Tätigkeit 18 zusammenhängende Arbeitstage nicht übersteigt.[10]

Der Arbeitgeber hat die pauschale Lohnsteuer zu übernehmen. Der Arbeitgeber ist Schuldner der pauschalen Lohnsteuer.[11]

Working-Holiday-Programm

Wie viele Monate Teilnehmer des Working-Holiday-Programms in Deutschland arbeiten dürfen, ist in den bilateralen Abkommen unterschiedlich geregelt, auch wenn ein Working-Holiday-Visum in Deutschland 12 Monate lang gültig ist. Teilnehmer, die in Deutschland arbeiten wollen, kommen alle aus Nicht-EU/EWR-Staaten.

I. d. R. werden die Teilnehmer wohl diverse Aushilfsjobs in Form der ⬀ geringfügig entlohnten Beschäftigung annehmen oder im Rahmen einer ⬀ kurzfristigen Beschäftigung, die von vornherein befristet ist auf nicht mehr als 3 Monate bzw. insgesamt 70 Arbeitstage, tätig. Der Arbeitslohn ist lohnsteuerpflichtig (wohl regelmäßig Steuerklasse I). Unter Umständen kommt die Pauschalbesteuerung nach § 40a Abs. 1 EStG in Betracht.

In einem Midijob können Teilnehmer des Working-Holiday-Programms zwischen 538 EUR (bis 31.12.2023: 520 EUR) und 2.000 EUR im Monat verdienen und es wird dann die Lohnsteuer nach der Steuerklasse I erhoben.

Sozialversicherung

Beschäftigung in Deutschland

Jeder in Deutschland beschäftigte ausländische Arbeitnehmer unterliegt grundsätzlich dem deutschen Sozialversicherungsrecht.[12] Übt ein ausländischer Arbeitnehmer in Deutschland eine abhängige Beschäftigung

1 § 39 Abs. 3 Satz 1 EStG.
2 Mit dem Wachstumschancengesetz sollte in Fällen, in denen der Arbeitnehmer dem Arbeitgeber trotz dessen Aufforderung seine Identifikationsnummer nicht mitteilt, rückwirkend zum 1.1.2023 für den Arbeitgeber die Möglichkeit geschaffen werden, die Identifikationsnummer des Arbeitnehmers zum Zweck der Übermittlung der Lohnsteuerbescheinigung beim Finanzamt anzufordern. Das Gesetzgebungsverfahren ist noch nicht abgeschlossen. Ggf. wird eine Änderung im Laufe des Jahres 2024 folgen.
3 § 39e Abs. 8 Satz 2 EStG.
4 § 39 Abs. 3 Satz 3 EStG.
5 § 39 Abs. 3 Satz 4 EStG.
6 Fall des § 50 Abs. 1 EStG.
7 § 39b Abs. 1 EStG.
8 Ursprünglich war eine Abschaffung der Fünftelregelung im Lohnsteuerabzugsverfahren ab 2024 geplant. Da das Gesetzgebungsverfahren noch nicht abgeschlossen ist, kommt es vorerst zu keiner Änderung.
9 § 40a Abs. 7 Satz 1 EStG.
10 § 40a Abs. 7 Satz 2 EStG.
11 § 40 Abs. 3 Sätze 1 und 2 EStG.
12 § 4 SGB IV.

gegen Arbeitsentgelt aus, ist er in der Kranken-, Pflege- und Rentenversicherung versicherungspflichtig sowie im Bereich der Arbeitsförderung. Ausnahmen von dieser Regelung kann es im Rahmen der Einstrahlung[1] sowie im Rahmen der Regelungen des über- und zwischenstaatlichen Rechts[2] geben.

Arbeitnehmer aus dem vertragslosen Ausland

Für einen ausländischen Arbeitnehmer aus dem vertragslosen Ausland der in Deutschland eine Beschäftigung aufnimmt, gelten grundsätzlich die deutschen Rechtsvorschriften. Es muss die Versicherungspflicht in allen Sozialversicherungszweigen geprüft werden. Eine Ausnahme bildet die ⇗ Einstrahlung. Sind die Voraussetzungen für eine Einstrahlung erfüllt, gelten für den ausländischen Arbeitnehmer nicht die deutschen Rechtsvorschriften über die Sozialversicherung.

Arbeitnehmer aus einem anderen EU-/EWR-Staat, der Schweiz oder dem Vereinigten Königreich

In Deutschland beschäftigte Arbeitnehmer oder selbstständig erwerbstätige Personen aus einem anderen EU-/EWR-Staat, der Schweiz oder dem Vereinigten Königreich unterliegen nach der Verordnung (EG) über Soziale Sicherheit Nr. 883/2004 den deutschen Rechtsvorschriften in allen Sozialversicherungszweigen. Dies gilt auch für Personen, die in Deutschland arbeiten, in einem anderen Mitgliedsstaat wohnen und täglich oder mindestens 1x wöchentlich in ihren Wohnstaat zurückkehren sowie für Studierende, die in Deutschland studieren und arbeiten und bisher in einem anderen EU-/EWR-Staat, der Schweiz oder dem Vereinigten Königreich versichert waren. Grundsätzlich gelten für die Personen die deutschen Rechtsvorschriften auch in den Fällen, in denen keine Versicherungspflicht aufgrund der Beschäftigung eintritt. Hierbei handelt es sich in der Regel um geringfügig beschäftigte Personen oder um Personen, deren Arbeitsentgelt die ⇗ Jahresarbeitsentgeltgrenze von Beginn an übersteigt.

Ausnahmen

Einige ausländische Arbeitnehmer unterliegen nicht den deutschen Rechtsvorschriften. Dies sind insbesondere ausländische Arbeitnehmer,

- die nach Deutschland von einem ausländischen Arbeitgeber entsandt wurden,
- die gewöhnlich in mehreren Staaten beschäftigt oder selbstständig erwerbstätig sind,
- die aufgrund einer Ausnahmevereinbarung den Rechtsvorschriften eines anderen Staates unterliegen.

Arbeitnehmer aus Abkommensstaaten

Ausländische Arbeitnehmer aus einem Abkommensstaat, die in Deutschland eine Beschäftigung aufnehmen, unterliegen den deutschen Rechtsvorschriften. Wurde der ausländische Arbeitnehmer von einem ausländischen Arbeitgeber nach Deutschland entsandt, sind die Voraussetzungen einer ⇗ Entsendung nach dem jeweiligen Abkommen zu prüfen. Sind die Voraussetzungen erfüllt, unterliegt der Arbeitgeber nicht den deutschen Rechtsvorschriften.

Working-Holiday-Visum

Sofern junge Menschen im Rahmen eines Working-Holiday-Visums in Deutschland eine Beschäftigung aufnehmen, unterliegen sie dem deutschen Sozialversicherungsrecht. Die versicherungs-, beitrags- und melderechtliche Behandlung erfolgt für sie als Arbeitnehmer deshalb nach den allgemeinen Regelungen. Bei einer befristeten Beschäftigung wird häufig eine versicherungsfreie ⇗ kurzfristige Beschäftigung vorliegen (BGR 0000 und PGR 110). Bei einem Midijob im ⇗ Übergangsbereich wäre die BGR grundsätzlich 1111. Zu berücksichtigen wäre, dass in der Krankenversicherung der ermäßigte ⇗ Beitragssatz anzuwenden wäre, wenn

- das krankenversicherungspflichtige Arbeitsverhältnis im Voraus auf weniger als 10 Wochen befristet ist und
- kein Anspruch auf Krankengeld besteht (BGR 3111).

1 § 5 SGB IV.
2 § 6 SGB IV.

Beschäftigung im Ausland

Wird ein ausländischer Arbeitnehmer von einem deutschen Unternehmen dauerhaft im Ausland beschäftigt, gelten grundsätzlich die Rechtsvorschriften des jeweiligen Beschäftigungsstaates. Das deutsche Unternehmen unterliegt hinsichtlich der Beitrags- und Meldepflichten den Rechtsvorschriften des ausländischen Staates. Der Umfang der Absicherung des Arbeitnehmers ist in den verschiedenen Ländern unterschiedlich. Wird ein ausländischer Arbeitnehmer von einem deutschen Arbeitgeber vorübergehend ins Ausland entsandt, wäre zu prüfen, ob es sich bei der Auslandstätigkeit um eine ⇗ Ausstrahlung, eine ⇗ Entsendung nach dem Recht des jeweiligen Abkommens oder um eine Entsendung nach der Verordnung (EG) über soziale Sicherheit Nr. 883/2004 handelt.

Krankenversicherung in Deutschland

Versicherungspflicht bei ausländischen Arbeitnehmern

Ein ausländischer Arbeitnehmer, der in Deutschland eine abhängige Beschäftigung gegen Arbeitsentgelt ausübt, unterliegt den deutschen Rechtsvorschriften wie ein inländischer Arbeitnehmer. Es besteht grundsätzlich Versicherungspflicht in allen Sozialversicherungszweigen bzw. die Möglichkeit zum Beitritt zur freiwilligen Versicherung. Sollte der ausländische Arbeitnehmer bisher in Deutschland krankenversichert gewesen sein, käme auch die ⇗ obligatorische Anschlussversicherung in Betracht. Hierbei handelt es sich um eine Weiterversicherung bei der bisherigen Krankenversicherung. Dies gilt auch für ausländische Arbeitnehmer, die in Deutschland eine abhängige Beschäftigung gegen Arbeitsentgelt ausüben und in einem anderen EU-/EWR-Staat, der Schweiz oder im Vereinigten Königreich wohnen.

Geringfügig beschäftigte Personen

Ein ausländischer Arbeitnehmer, der in Deutschland eine geringfügige Beschäftigung ausübt, ist grundsätzlich versicherungsfrei in allen Versicherungszweigen. In der Regel besteht die Möglichkeit einer Familienversicherung über den Ehegatten. Wohnt der ausländische Arbeitnehmer in einem EU-/EWR-Staat, der Schweiz oder im Vereinigten Königreich, unterliegt er aufgrund der Verordnung (EG) über Soziale Sicherheit Nr. 883/2004 den deutschen Rechtsvorschriften, da er als Arbeitnehmer angesehen wird. Eine Familienversicherung kann nicht begründet werden. Die geringfügig beschäftigte Person muss in Deutschland entweder eine freiwillige Krankenversicherung begründen oder es besteht Versicherungspflicht als bislang nichtversicherte Person. Eine Absicherung zulasten eines anderen Trägers ist nicht möglich. Eine Ausnahme von dieser Regelung gibt es in Bezug auf Dänemark, Luxemburg und Österreich. Sollte eine Person, die in einem der 3 Staaten abgesichert ist, in Deutschland eine geringfügige Beschäftigung ausüben, dann führt die Beschäftigung nicht zur Anwendung des deutschen Rechts.

Studierende

Ein studentischer Aufenthalt in Deutschland gilt grundsätzlich als vorübergehender Aufenthalt. Entsprechend ist ein Studierender, der in Deutschland studiert und bisher in einem EU-/EWR-Staat, der Schweiz oder dem Vereinigten Königreich gewohnt hat, in diesem Staat abgesichert. Seine Leistungsansprüche weist er über die Europäische Krankenversicherungskarte (EHIC) nach. Sollte der Studierende in Deutschland eine Beschäftigung aufnehmen, dann unterliegt er aufgrund der Verordnung (EG) über Soziale Sicherheit Nr. 883/2004 den deutschen Rechtsvorschriften, da er als Arbeitnehmer angesehen wird. Das Gleiche gilt im Regelfall bei Aufnahme eines Vor- bzw. Nachpraktikums gegen Arbeitsentgelt. In diesem Fällen kommt eine Versicherungspflicht in der Krankenversicherung der Studierenden, eine freiwillige Versicherung oder eine Versicherungspflicht als bislang nicht versicherte Person in Betracht. Eine Absicherung zulasten eines anderen Trägers ist nicht mehr möglich.

Illegale Beschäftigung

Ein ausländischer Arbeitnehmer, der in Deutschland eine Beschäftigung ohne die erforderliche Arbeitserlaubnis ausübt, unterliegt dennoch der Versicherungspflicht in allen Versicherungszweigen. Kann die konkrete Dauer der bisherigen Beschäftigung nicht festgestellt werden, gilt eine Fiktion. Es wird unterstellt, dass die Beschäftigung bereits seit mindestens 3 Monaten bestanden hat.[1] Auch die Beiträge sind vom Arbeitgeber für die entsprechende Zeit zu entrichten.

Freiwillige Weiterversicherung in Deutschland

Personen, die eine Beschäftigung mit einem Arbeitsentgelt über der Jahresarbeitsentgeltgrenze ausüben, können sich in Deutschland grundsätzlich freiwillig versichern oder privat absichern.

Arbeitnehmer aus dem vertragslosen Ausland

Ausländische Arbeitnehmer aus dem vertragslosen Ausland üben in der Regel eine Beschäftigung mit einem Arbeitsentgelt über der Jahresarbeitsentgeltgrenze aus und sind im Rahmen der Blue-Card-Regelung in Deutschland versichert. Sollte es sich um die erste Aufnahme einer Beschäftigung in Deutschland handeln, besteht die Möglichkeit zum Beitritt in die freiwillige Krankenversicherung. War der ausländische Arbeitnehmer bereits in Deutschland krankenversichert und wurde diese Versicherung durch die Beschäftigung im Ausland beendet, besteht ebenso die Möglichkeit zum freiwilligen Beitritt, wenn der ausländische Arbeitnehmer die Beschäftigung innerhalb von 2 Monaten nach Rückkehr aufgenommen hat.

Arbeitnehmer aus einem anderen EU-/EWR-Staat, der Schweiz oder dem Vereinigten Königreich

Ausländische Arbeitnehmer aus einem anderen EU-/EWR-Staat, der Schweiz oder dem Vereinigten Königreich, die in Deutschland eine Beschäftigung mit einem Arbeitsentgelt über der ⇗ Jahresarbeitsentgeltgrenze aufnehmen, können in Deutschland gesetzlich krankenversichert werden. War der ausländische Arbeitnehmer bisher in einem anderen EU-/EWR-Staat, der Schweiz oder im Vereinigten Königreich krankenversichert, können die in diesen Staaten zurückgelegten Versicherungszeiten bei der Prüfung der Vorversicherungszeit für den Beitritt zur freiwilligen Krankenversicherung berücksichtigt werden. Der Nachweis der Versicherungszeiten erfolgt über den Vordruck E 104 bzw. SED S041. Grundsätzlich können auch andere Dokumente, die Rückschlüsse auf die Geltung der Rechtsvorschriften eines anderen Staates zulassen, als Nachweis dienen. Dies sind in der Regel Arbeitsverträge, Verdienstbescheinigungen sowie Steuerbescheide.

Arbeitnehmer aus Abkommensstaaten

Ausländische Arbeitnehmer aus einem anderen Abkommensstaat, die in Deutschland eine Beschäftigung mit einem Arbeitsentgelt über der Jahresarbeitsentgeltgrenze aufnehmen, können in Deutschland grundsätzlich freiwillig versichert werden.

Besondere Voraussetzungen

Voraussetzung ist immer, dass das Ausscheiden aus der Versicherung gleichgestellt wird und der ausländische Arbeitnehmer bereits einen Bezug zur deutschen Krankenversicherung hat. Das Ausscheiden aus der Versicherung ist in den Abkommen mit Bosnien-Herzegowina, dem Kosovo, Kroatien, Mazedonien, Montenegro und Serbien geregelt. Zusätzlich muss der ausländische Arbeitnehmer bereits zu irgendeinem Zeitpunkt mindestens einen Tag in Deutschland gesetzlich krankenversichert gewesen sein.

Nimmt der ausländische Arbeitnehmer erstmals eine Beschäftigung in Deutschland auf, kommt eine freiwillige Versicherung in Bezug auf die oben genannten Staaten in Betracht.[2] War der ausländische Arbeitnehmer bereits in Deutschland krankenversichert und wurde diese Versicherung durch die Beschäftigung in einem Abkommensstaat beendet, besteht ebenso die Möglichkeit zum freiwilligen Beitritt, wenn der ausländische Arbeitnehmer die Beschäftigung innerhalb von 2 Monaten nach Rückkehr aufgenommen hat. Sollte dies nicht der Fall sein, wäre zu prüfen, ob der ausländische Arbeitnehmer die Vorversicherungszeiten für die freiwillige Versicherung erfüllt hat. Die in einem Abkommensstaat zurückgelegten Zeiten werden hierbei zusammengerechnet und können mit dem entsprechenden Vordruck (abhängig vom Abkommen) nachgewiesen werden.

Besonderheiten für die Türkei und Tunesien

Das Ausscheiden aus der Versicherung wird im Verhältnis zu der Türkei und zu Tunesien nicht gleichgestellt. Dies führt dazu, dass eine freiwillige Versicherung nur möglich ist, wenn der ausländische Arbeitnehmer erstmals eine Beschäftigung in Deutschland aufnimmt oder seine bisherige Krankenversicherung durch die Beschäftigung in einem dieser Staaten beendet wurde und er eine Beschäftigung in Deutschland innerhalb von 2 Monaten nach Rückkehr aufnimmt.

Krankenversicherung bei Beschäftigung im Ausland

Ausländische Arbeitnehmer, die im Ausland von einem deutschen Arbeitgeber beschäftigt werden, unterliegen grundsätzlich den Rechtsvorschriften des Beschäftigungsstaates. Ausnahmen kann es im Rahmen einer ⇗ Ausstrahlung geben. Ebenso kann es andere Regelungen im Rahmen des über- und zwischenstaatlichen Rechts geben.

Ausländischer Student

Für die lohnsteuer- und sozialversicherungsrechtliche Beurteilung der Beschäftigung ist es unerheblich, ob ein Student aus dem In- oder Ausland kommt.

Das Zuwanderungsgesetz regelt für ausländische Studierende aufenthaltsrechtliche Bestimmungen. Es differenziert dabei 2 Gruppen: EU-Bürger und Angehörige der EWR-Staaten (Island, Liechtenstein, Norwegen) und Angehörige anderer Staaten (Drittstaaten).

Einkünfte aus studentischen Beschäftigungsverhältnissen ausländischer Studenten stellen lohnsteuerrechtlich Arbeitslohn und sozialversicherungsrechtlich Arbeitsentgelt dar. Die sozialversicherungsrechtliche Beurteilung von beschäftigten ausländischen Studenten, insbesondere die Prüfung der Geringfügigkeit bzw. der „20-Stunden-Grenze“, erfolgt nach den Kriterien, die auch für deutsche beschäftigte Studenten gelten.

Gesetze, Vorschriften und Rechtsprechung

Sozialversicherung: Aufenthaltsrechtliche Bestimmungen werden im Gesetz über den Aufenthalt, die Erwerbstätigkeit und die Integration von Ausländern im Bundesgebiet geregelt.

Die Pflichtversicherung als Student in der gesetzlichen Krankenversicherung ergibt sich aus § 5 Abs. 1 Nr. 9 SGB V. Ob die deutschen Rechtsvorschriften im Rahmen des EU-Rechts anzuwenden sind, ist unter Berücksichtigung der EG-Verordnungen (EG) 883/04 und 987/09 zu entscheiden.

Die Beschäftigung ist versicherungsfrei in allen Versicherungszweigen, wenn die Studenten eine kurzfristige Beschäftigung nach § 8 Abs. 1 SGB IV ausüben. Die versicherungsrechtliche Beurteilung einer geringfügig entlohnten Beschäftigung von ausländischen Studenten nach § 8 Abs. 1 Nr. 1 SGB IV ist in § 7 Abs. 1 SGB V und § 27

1 § 7 SGB IV.
2 § 9 Abs. 1 Nr. 3 SGB V.

Abs. 2 SGB III für die Kranken-, Pflege- und Arbeitslosenversicherung geregelt. Für die Rentenversicherung ist sie in § 6 Abs. 1b SGB VI normiert.

Darüber hinaus besteht Versicherungsfreiheit in der Krankenversicherung nach § 6 Abs. 1 Nr. 3 SGB V, in der Pflegeversicherung nach § 20 Abs. 1 SGB XI und in der Arbeitslosenversicherung nach § 27 Abs. 4 Nr. 2 SGB III, wenn die wöchentliche Arbeitszeit nicht mehr als 20 Stunden beträgt (BSG, Urteil v. 26.6.1975, 3/12 RK 14/73, BSG, Urteil v. 10.9.1975, 3 RK 42/75, BSG, Urteil v. 10.9.1975, 3/12 RK 17/74, BSG, Urteil v. 10.9.1975, 3/12 RK 15/74 und BSG, Urteil v. 30.11.1978, 12 RK 45/77).

Lohnsteuer

Keine Besonderheiten im nationalen Steuerrecht

Für ausländische Studenten gelten im Hinblick auf die nationale Besteuerung nach dem EStG keine Besonderheiten. Haben die ausländischen Studenten ihren Wohnsitz oder gewöhnlichen Aufenthalt im Inland, sind sie unbeschränkt steuerpflichtig.[1] Folglich unterliegen sämtliche in- und ausländischen Einkünfte, insbesondere die Arbeitslöhne aus einem studentischen Nebenjob im Inland, der deutschen Einkommensbesteuerung bzw. dem Lohnsteuerabzug (vorbehaltlich der Anwendung entsprechender Doppelbesteuerungsabkommen).

Einschränkende Regelungen im DBA

Für eine im Inland ausgeübte Tätigkeit des ausländischen Studenten steht das Besteuerungsrecht grundsätzlich der BRD zu. Eine Abweichung hiervon aufgrund der sog. 183-Tage-Regelung kommt grundsätzlich nicht in Betracht, weil die Vergütungen in den in Betracht kommenden Fällen i. d. R. von oder für einen Arbeitgeber getragen werden, der im Inland ansässig ist, bzw. die Vergütungen von einer Betriebsstätte getragen werden, die der Arbeitgeber im Inland hat.

Zahlungen aus ausländischer Quelle

Zahlungen, die ein Student während seines Studiums für Studium oder Unterhalt im Inland erhält, werden nicht der deutschen Besteuerung unterworfen, wenn die Zahlungen aus ausländischen Quellen stammen.[2] Diese Regelung hat in zahlreichen DBA ihren Niederschlag gefunden. Allerdings variieren die gesetzlichen Regelungen im Einzelfall geringfügig, sodass immer die konkreten Regelungen des jeweiligen DBA zu prüfen sind.

Sozialversicherung

Studenten aus anderen EU-Staaten, der Schweiz und Abkommensstaaten

Ausländische Studenten aus anderen EU-Staaten, der Schweiz oder Abkommensstaaten sind als Studenten längstens bis zur Vollendung des 30. Lebensjahres in der studentischen Krankenversicherung pflichtversichert, sofern sie

- sich zum Zweck des Studiums in Deutschland aufhalten und
- keine Sachleistungsansprüche zulasten des anderen EU-Staats, der Schweiz oder eines Abkommensstaats geltend machen können.

Der Eintritt der studentischen Krankenversicherung setzt außerdem voraus, dass der Student keine ⇗ Familienversicherung beanspruchen kann und sich auch nicht von der Krankenversicherungspflicht hat befreien lassen.[3]

Hinsichtlich der versicherungsrechtlichen Behandlung der während des Studiums ausgeübten Beschäftigungen gelten hingegen die für deutsche Studenten maßgebenden Regelungen.

1 § 1 Abs. 1 Satz 1 EStG.
2 Art. 20 OECD-MA.
3 § 8 Abs. 1 Nr. 5 SGB V.

Studenten aus Drittstaaten und dem vertragslosen Ausland

Ausländische Studenten aus Nicht-EU-Staaten dürfen während des Studiums einer Beschäftigung bis zu insgesamt 4 Monaten (120 Arbeitstage oder 240 halbe Arbeitstage) im Jahr nachgehen.[4] Auch eine studentische Nebentätigkeit an der Hochschule ist erlaubt. Andere Tätigkeiten werden nur im Ausnahmefall und auf Antrag gestattet.

In der Kranken- und Pflegeversicherung werden die Studenten aus Drittstaaten und dem vertragslosen Ausland (z. B. den USA) unter den Voraussetzungen versichert, die auch für deutsche ⇗ Studenten gelten; Besonderheiten wie für die Studenten aus einem EU-Staat, der Schweiz oder einem Abkommensstaat sind insofern nicht zu beachten. Auch hinsichtlich der versicherungsrechtlichen Behandlung der während des Studiums ausgeübten Beschäftigungen gelten die für deutsche Studenten maßgebenden Regelungen.

Ausländisches Arbeitsentgelt

Als ausländisches Arbeitsentgelt definiert man Einkünfte aus nichtselbstständiger Arbeit, die

- in einem ausländischen Staat ausgeübt wird
- im Inland ausgeübt wird, aber in einem ausländischen Staat verwertet wird oder
- von ausländischen öffentlichen Kassen mit Rücksicht auf ein gegenwärtiges oder früheres Dienstverhältnis gezahlt werden.

Wenn sich ein in Deutschland wohnender Arbeitnehmer z. B. mehr als 183 Tage in einem ausländischen Staat aufhält, steht das Besteuerungsrecht für ausländischen Arbeitslohn dem ausländischen Staat zu.

Ist der ausländische Arbeitslohn steuerbefreit, unterliegt er in Deutschland dennoch dem sog. Progressionsvorbehalt.

Das Arbeitsentgelt eines Mitglieds ist in der Sozialversicherung sowohl für die Berechnung der Beiträge als auch für die Gewährung von Leistungen von erheblicher Bedeutung. Wird Arbeitsentgelt in ausländischer Währung erzielt, muss es anhand der von der Europäischen Zentralbank veröffentlichten Referenzkurse in Euro umgerechnet werden. Diese entsprechen den von der Finanzverwaltung im Bundessteuerblatt veröffentlichen monatlichen Umsatzsteuer-Umrechnungskursen.[5]

Gesetze, Vorschriften und Rechtsprechung

Lohnsteuer: Zur Besteuerung ausländischer Einkünfte s. §§ 34c–34d EStG.

Sozialversicherung: Die Umrechnung von ausländischem, in fremder Währung erzieltem, Einkommen ist in § 17a SGB IV geregelt. Der BFH hat festgelegt, dass die Referenzkurse der Europäischen Zentralbank den von der Finanzverwaltung im Bundessteuerblatt veröffentlichten monatlichen Umsatzsteuer-Umrechnungskursen entsprechen (BFH, Urteil v. 3.12.2009, BStBl. 2010 II S. 698).

Entgelt	LSt	SV
Ausländisches Arbeitsentgelt	pflichtig	pflichtig

4 § 16b Abs. 3 AufenthG.
5 BFH, Urteil v. 3.12.2009, BStBl. 2010 II S. 698.

Ausländisches Einkommen

Einkommen wird im Bereich der gesetzlichen Krankenversicherung für die Berechnung von Beiträgen und für die Leistungsgewährung herangezogen. Bei der Berücksichtigung des Einkommens spielt es keine Rolle, ob das Einkommen in Deutschland oder in einem anderen Staat erzielt wurde. Als ausländisches Einkommen gelten das Arbeitsentgelt/Arbeitseinkommen sowie Renten, sofern sie in fremder Währung gezahlt werden. Die fremde Währung muss in Euro umgerechnet werden.

Gesetze, Vorschriften und Rechtsprechung

Sozialversicherung: Grundlage für die Berücksichtigung des ausländischen Einkommens als beitragspflichtige Einnahme sind die §§ 226 bis 240 SGB V. Die Umrechnung des ausländischen Einkommens erfolgt nach § 17a SGB VI. § 17a SGB V ist jedoch nur anwendbar, wenn es keine vorrangigen Regelungen im über- und zwischenstaatlichen Recht gibt (§ 6 SGB IV). Im Anwendungsbereich der Verordnung (EG) über soziale Sicherheit Nr. 883/2004 sowie der dazugehörigen Durchführungsverordnung (EG) Nr. 987/2009 ist Art. 90 der Durchführungsverordnung (EG) Nr. 987/2009 sowie die dazugehörigen Beschlüsse Nr. H3 und Nr. H7 anzuwenden.

Sozialversicherung

Anwendungsfälle

Ausländisches Einkommen wird in verschiedenen Fallkonstellationen berücksichtigt, die nachfolgend beschrieben werden.

Ermittlung der Entgeltgrenzen für die Versicherungspflicht/Versicherungsfreiheit

Für die Ermittlung der Entgeltgrenzen für die Versicherungspflicht und Versicherungsfreiheit muss geprüft werden, wie hoch das ausländische Einkommen ist.

Beitragspflichtige Einnahmen

Ausländisches Arbeitsentgelt/Arbeitseinkommen wird als beitragspflichtige Einnahme für die Berechnung von Beiträgen im Bereich der Pflichtversicherung sowie für die freiwillige gesetzliche Krankenversicherung berücksichtigt. Dies gilt auch in den Fällen, in denen im Beschäftigungsstaat bereits Beiträge auf das Arbeitsentgelt/Arbeitseinkommen erhoben wurden. Gesetzliche Renten aus dem Ausland sowie ↗ Versorgungsbezüge werden ebenfalls als beitragspflichtige Einnahmen berücksichtigt.

Hinweis

Beiträge werden trotz Steuer berechnet

Auf Arbeitsentgelt/Arbeitseinkommen werden Beiträge auch in den Sachverhalten erhoben, in denen bereits für das Arbeitsentgelt/Arbeitseinkommen Steuern entrichtet wurden.

Ermittlung der Belastungsgrenze

Personen können im Bereich der Krankenversicherung von Zuzahlungen befreit werden. Für die Ermittlung der Belastungsgrenze nach § 62 SGB V wird das ausländische Einkommen berücksichtigt.

Familienversicherung

Sowohl für die Prüfung der ↗ Familienversicherung als auch für die Prüfung des überwiegenden Unterhalts wird im Rahmen des Gesamteinkommens das ausländische Einkommen berücksichtigt.

Zusammentreffen Rente/Krankengeld

Beim Zusammentreffen von Rente mit Krankengeld ist das ausländische Einkommen zu berücksichtigen.

Leistungen

Ausländisches Einkommen kann Einfluss auf die Höhe einer zu gewährenden Leistung haben. Erfolgt eine Anrechnung des Einkommens auf eine Leistung, muss ebenfalls eine Umrechnung des ausländischen Einkommens in Euro erfolgen.

Umrechnung

Es gibt verschiedene Umrechnungskurse, die abhängig vom jeweiligen Staat angewandt werden. Auf der Homepage des GKV-Spitzenverbandes, DVKA, werden die jeweiligen Kurse in der Rubrik „Umrechnungskurse" bekannt gegeben.

Referenz der Europäischen Zentralbank

Ausländisches Einkommen, das in fremder Währung erzielt wird, wird grundsätzlich nach § 17a SGB IV umgerechnet. Hierfür wird der von der Europäischen Zentralbank öffentlich bekannt gegebene Referenzkurs berücksichtigt.

Dieser entspricht den von der Finanzverwaltung im Bundessteuerblatt veröffentlichten monatlichen Umsatzsteuer-Umrechnungskursen.[1]

Mittelkurs der Deutschen Bundesbank

Wird für eine Währung kein Referenzkurs veröffentlicht, erfolgt die Umrechnung des Einkommens nach dem von der Deutschen Bundesbank ermittelten Mittelkurs für die Währung des betreffenden Landes.

Quartalskurse

Die Quartalskurse werden im Amtsblatt der Europäischen Union veröffentlicht. Der Quartalskurs nach Art. 107 der Durchführungsverordnung Nr. 574/1972 kann nur noch für Drittstaatsangehörige, die ein Einkommen in ausländischer Währung aus dem Vereinigten Königreich erhalten, angewandt werden.

Tageskurs der Europäischen Zentralbank

Im Anwendungsbereich der Verordnung (EG) über soziale Sicherheit Nr. 883/2004 wird bei erstmaliger Umrechnung vom ausländischen Einkommen nach den Vorgaben des Art. 90 der Durchführungsverordnung (EG) Nr. 987/2009 umgerechnet. Maßgeblich für die Umrechnung ist der Tageskurs, der an dem Tag veröffentlicht wird, an dem die deutsche Krankenkasse die Umrechnung vornimmt. Dieser Kurs gilt nicht für Drittstaatsangehörige, die ein Einkommen in ausländischer Währung aus Island, Liechtenstein, Norwegen oder der Schweiz erhalten. Für diese Personen gilt der Umrechnungskurs nach § 17a SGB IV.

Berücksichtigung von Änderungen

Im über- und zwischenstaatlichen Recht gibt es keine Regelungen für die Tatbestände, in denen die Umrechnungskurse verändert werden müssen. Daher wird in diesen Fällen auf § 17a SGB IV verwiesen. Nach dieser Regelung bleibt der angewandte Kurs solange maßgebend, bis Veränderungen eintreten. Eine Neuberechnung muss beispielsweise erfolgen, wenn sich die Höhe der Sozialleistung oder des zu berücksichtigenden Einkommens ändert. Bei Kursveränderungen von mehr als 10 % gegenüber der letzten Umrechnung muss auch – jedoch nicht vor Ablauf von 3 Kalendermonaten – der ermittelte Betrag neu berechnet werden.

Prüfschritte der Krankenkasse

Für die Berücksichtigung von Kursveränderungen sind von der Krankenkasse folgende Prüfschritte vorzunehmen:

Zunächst muss geprüft werden, ob eine Kursveränderung von mehr als 10 % gegenüber dem zuletzt angewandten Kurs vorliegt. Für den neuen Kurs wird auf den durchschnittlichen monatlichen Referenzkurs der Europäischen Zentralbank abgestellt, der am 15. eines Monats vom GKV-Spitzenverband, DVKA, für den Vormonat zur Verfügung gestellt wird.

Anschließend muss festgestellt werden, welcher Umrechnungskurs maßgebend ist.

1 BFH, Urteil v. 3.12.2009, BStBl 2010 II S. 698.

Leistungsbeginn liegt in der Vergangenheit

Liegt der Beginn der Leistung oder der neu berechneten Leistung in der Vergangenheit, ist der Umrechnungskurs für den Monat maßgebend, in dem die Anrechnung des Einkommens beginnt.

Leistungsbeginn liegt in der Zukunft

Liegt der Beginn der Leistung nicht in der Vergangenheit, ist der Umrechnungskurs für den ersten Monat des Kalendervierteljahres maßgebend, da dem Beginn der Berücksichtigung von Einkommen vorausgeht.

Auslandsrentenzahlung

Bei Rentenansprüchen gilt grundsätzlich das Territorialitätsprinzip. Dies bedeutet, dass eine Rentenzahlung grundsätzlich nur im Inland möglich ist. Die Rentenzahlung erfolgt ggf. mit Einschränkungen auch ins Ausland.

Gesetze, Vorschriften und Rechtsprechung

Sozialversicherung: Der Bereich der Rentenversicherung ist im SGB VI geregelt. Zusätzlich sind die Verordnung (EG) über soziale Sicherheit Nr. 883/2004 und die Durchführungsverordnung (EG) Nr. 987/2009 sowie die jeweiligen Abkommensregelungen zu beachten.

Sozialversicherung

Rentenzahlungen in Deutschland

In Deutschland wird zwischen 3 Rentenarten unterschieden. Es gibt

- Renten wegen Alters,
- Renten wegen Erwerbsminderung,
- Renten wegen Todes.

Eine Rente kann bezogen werden, wenn die persönlichen, versicherungsrechtlichen und die wartezeitrechtlichen Voraussetzungen erfüllt werden.

Rentenzahlungen bei vorübergehendem Aufenthalt im Ausland

Begibt sich ein Rentner vorübergehend ins Ausland hat dies keine Auswirkungen auf die Rentenzahlungen. Die Rentenzahlungen werden wie bisher auf ein deutsches Konto überwiesen.

Rentenzahlungen bei dauerhaftem Aufenthalt im Ausland

Verlegt ein Rentner seinen Wohnsitz dauerhaft ins Ausland, kann dies Auswirkungen auf die Leistungsansprüche und auf die Rentenberechtigung haben. Grundsätzlich bestehen bei Auslandsaufenthalt kein Anspruch auf einen ⇗ Beitragszuschuss zur Krankenversicherung und kein Anspruch auf eine sog. „Arbeitsmarktrente". In der Regel handelt es sich bei einer „Arbeitsmarktrente" um eine Rente bei Erwerbsminderung. Bei gewöhnlichem Aufenthalt von Nicht-Staatsangehörigen eines EU-, EWR-Staates oder der Schweiz ist eine Rentenkürzung von 30 % vorgesehen.

Beispiel

Vietnamesin erhält eine deutsche Witwenrente

Eine Vietnamesin verlegt nach dem Tod ihres Ehemannes ihren Wohnsitz zurück nach Vietnam. Die Witwenrente wird ohne Kürzung gewährt, da der Ehemann deutscher Staatsangehöriger war. Die Ehefrau ist vietnamesische Staatsangehörige. Sollte ihr aufgrund der in Deutschland zurückgelegten Beschäftigungszeiten eine Altersrente gewährt werden, ist diese Rente auf 70 % zu kürzen. Als vietnamesische Staatsangehörige wird die Ehefrau weder von der Verordnung (EG) über soziale Sicherheit Nr. 883/2004 noch von einem Sozialversicherungsabkommen erfasst.

Diese Einschränkungen gelten nicht für Staatsangehörige von EU-, EWR-Staaten und der Schweiz bzw. bei Drittstaatsangehörigen im Anwendungsbereich der Verordnung (EG) über soziale Sicherheit. Sie gelten auch nicht im Anwendungsbereich der ⇗ Sozialversicherungsabkommen.

Dauerhafter Aufenthalt in einem EU-, EWR-Staat oder der Schweiz

Verlegt ein Rentner seinen Wohnort in einen anderen EU-, EWR-Staat oder in die Schweiz, wird die Rente in voller Höhe ausgezahlt. Einschränkungen im Hinblick auf sog. Arbeitsmarktrenten sind nicht vorgesehen. Sollte der Rentner privat krankenversichert sein, wäre auch ein Beitragszuschuss zu zahlen.

Krankenversicherung

Die Verordnung (EG) über soziale Sicherheit Nr. 884/2004 koordiniert die Zuständigkeiten für die Durchführung der Krankenversicherung bei Rentenbezug. Bezieht ein Rentner ausschließlich eine Rente aus einem Mitgliedsstaat, ist der rentenzahlende Staat für die Durchführung der Krankenversicherung zuständig. Dies gilt auch, wenn der Rentner in einem anderen Mitgliedsstaat wohnt. Weitere Koordinierungsregelungen gibt es für Rentner mit mehreren Renten aus verschiedenen Staaten sowie Rentner, die eine Beschäftigung ausüben. Sollte im Ergebnis deutsches Recht anzuwenden sein, muss der Rentner in Deutschland weiter Beiträge bezahlen. Im Wohnstaat hat er Anspruch auf alle Sachleistungen. Der Träger des Wohnorts stellt diese der deutschen Krankenkasse in Rechnung.

Pflegeversicherung

Sind für einen Rentner, der in einem anderen Mitgliedsstaat wohnt, die deutschen Rechtsvorschriften anzuwenden, dann hat er auch Anspruch auf Leistungen aus der Pflegeversicherung. Sollten die Voraussetzungen erfüllt sein, besteht neben den Sachleistungen auch ein Anspruch auf Pflegegeld. Auf das Pflegegeld können die im Wohnstaat bezogenen Pflegesachleistungen angerechnet werden.

Dauerhafter Aufenthalt in einem Abkommensstaat

Verlegt ein Rentner seinen Wohnort in einen Abkommensstaat, mit dem ein Abkommen über soziale Sicherheit im Bereich der Rentenversicherung besteht, wird die Rente in der Regel in voller Höhe ausgezahlt.

Krankenversicherung

Die Sozialversicherungsabkommen mit Bosnien-Herzegowina, dem Kosovo, Mazedonien, Montenegro, Serbien, Türkei und Tunesien sind auch auf den Bereich der Krankenversicherung anzuwenden. Verlegt eine Person, die ausschließlich eine deutsche Rente bezieht, ihren Wohnsitz in einen dieser Staaten, kann die in Deutschland bestehende Krankenversicherung der Rentner weiter durchgeführt werden. Sollte der Rentner in Deutschland freiwillig krankenversichert sein, wäre die freiwillige Versicherung bei Wohnortverlegung nach Mazedonien, Tunesien und in die Türkei zu beenden. Sollte der Rentner weitere Renten erhalten, muss im Rahmen der Abkommensregelungen geprüft werden, ob und ggf. nach welchen Rechtsvorschriften der Rentner versichert wird.

Nachweise

Der Rentenversicherungsträger übersendet einmal jährlich an alle im Ausland wohnenden Rentner eine Lebensbescheinigung. Mit dieser Bescheinigung sollen Rentenüberzahlungen bei Todesfällen zulasten der Rentenversicherungsträger vermieden werden. Sendet der Rentner die Lebensbescheinigung nicht zurück, erfolgt eine Mahnung. Sollte die Lebensbescheinigung weiterhin nicht zurückgesendet werden, stellt der Rentenversicherungsträger die Rentenzahlung ein.

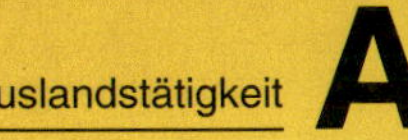

Auslandstätigkeit

Der Einsatz von Mitarbeitern im Ausland reicht von kurzen, mehrtägigen Einsätzen und Besuchen bis zur Entsendung über mehrere Jahre samt Familie. Dabei bedarf es insbesondere bei längeren Aufenthalten entsprechender Vertragsgestaltung, zumindest der Modifikation bzw. Ergänzung des ursprünglichen Arbeitsvertrags, eventuell auch eines Neuabschlusses, z. B. mit dem Tochterunternehmen im Ausland.

Neben den im Arbeitsrecht und Steuerrecht zu beachtenden Besonderheiten hat eine Auslandstätigkeit auch erhebliche Auswirkungen auf die Sozialversicherung.

Gesetze, Vorschriften und Rechtsprechung

Lohnsteuer: Steuerrechtlich sind vor allem bestehende Doppelbesteuerungsabkommen (DBA) zu berücksichtigen, die das Besteuerungsrecht für Arbeitseinkünfte regelmäßig dem Tätigkeitsstaat zuweisen; zum gegenwärtigen Stand der DBA s. BMF-Schreiben v. 18.1.2023, IV B 2 – S 1301/21/10048 :002, BStBl 2023 I S. 195. Die steuerliche Behandlung des Arbeitslohns nach DBA wird erläutert im BMF-Schreiben v. 3.5.2018, IV B 2 – S 1300/08/10027, BStBl 2018 I S. 643, geändert durch das BMF-Schreiben v. 22.4.2020, IV B 2 – S 1300/08/10027-01, BStBl 2020 I S. 483, sowie im BMF-Schreiben v. 14.3.2017, IV C 5 – S 2369/10/10002, BStBl 2017 I S. 473. Besteht mit dem ausländischen Staat kein DBA, kann der Auslandstätigkeitserlass relevant sein, s. das BMF-Schreiben v. 10.6.2022, IV C 5 – S 2293/19/10012 :001, BStBl 2022 I S. 997.

Sozialversicherung: Für den Bereich der Sozialversicherung sind die §§ 4 bis 6 SGB IV zu beachten. Grundsätzlich gilt bei einer Auslandstätigkeit das deutsche Recht. Für Auslandstätigkeit in EU/EWR-Staaten und in der Schweiz sind die Verordnung (EG) über soziale Sicherheit Nr. 883/2004 sowie die Durchführungsverordnung (EG) Nr. 987/2009 zu berücksichtigen. Des Weiteren sind die Regelungen in den Abkommen über Soziale Sicherheit zu beachten.

Lohnsteuer

Unbeschränkte Einkommensteuerpflicht

Ist ein Arbeitnehmer mit Wohnsitz im Inland im Ausland tätig, bleibt er unbeschränkt einkommensteuerpflichtig.[1] Im Inland wird dabei grundsätzlich das Welteinkommen erfasst, wobei die Doppelbesteuerungsabkommen (DBA) und der Auslandstätigkeitserlass eine eventuelle Steuerfreiheit und ggf. einen damit zusammenhängenden ⇗ Progressionsvorbehalt regeln.[2] Die Staatsangehörigkeit des Arbeitnehmers ist unbeachtlich. Dieser Grundsatz gilt unabhängig davon, ob der Arbeitnehmer im Ausland seinen Arbeitslohn von einem inländischen oder ausländischen Arbeitgeber bezieht.

Jeder inländische Arbeitgeber hat grundsätzlich auch von dem im Ausland gezahlten Arbeitslohn die Lohnsteuer zu erheben. Für die Auslandstätigkeit können aber auch steuerfreie Lohnteile gezahlt werden, z. B. bleibt ein etwa gezahlter ⇗ Kaufkraftausgleich in bestimmten Grenzen steuerfrei.[3]

Besteuerungsrecht des Tätigkeitsstaates

Bei Einkünften aus nichtselbstständiger Arbeit liegt das Besteuerungsrecht regelmäßig beim Tätigkeitsstaat. Dies wird durch das jeweils abgeschlossene Doppelbesteuerungsabkommen (DBA) geregelt. Entscheidend sind immer die konkreten Regelungen in dem jeweiligen DBA.

Ausnahme beachten

Nach den DBA behält i. d. R. Deutschland das Besteuerungsrecht, wenn

- sich der Arbeitnehmer nicht länger als 183 Tage innerhalb von 12 Monaten oder im Steuer- oder Kalenderjahr in dem anderen Staat aufhält,
- der Arbeitslohn nicht von einem oder für einen Arbeitgeber gezahlt wird, der im Tätigkeitsstaat ansässig ist und
- der Arbeitslohn nicht von einer Betriebsstätte getragen wird, die der Arbeitgeber im Tätigkeitsstaat unterhält.

Progressionsvorbehalt beachten

Hat der ausländische Tätigkeitsstaat nach dem DBA das Besteuerungsrecht, bleiben die Arbeitslöhne (Einkünfte) in Deutschland regelmäßig steuerfrei. Sie unterliegen jedoch dem ⇗ Progressionsvorbehalt bei der Einkommensteuerveranlagung.[4] Dies bedeutet, dass die übrigen im Inland erzielten steuerpflichtigen Einkünfte mit dem Steuersatz besteuert werden, der sich unter Einbeziehung der steuerfreien ausländischen Einkünfte ergeben würde.

Zur Anwendung des Progressionsvorbehalts ermittelt das Finanzamt die Einkünfte nach deutschem Recht. In diesem Fall wird die im Ausland auf den (ausländischen) Arbeitslohn gezahlte Steuer nicht auf die deutsche Einkommensteuer angerechnet.

Grenzgängerregelung beachten

Besonderheiten ergeben sich für ⇗ Grenzgänger, wenn das anzuwendende DBA eine Grenzgängerregelung enthält. Dies ist der Fall nur bei den DBA mit Frankreich, Österreich und der Schweiz.

Anrechnung ausländischer Steuern

Hat ein unbeschränkt einkommensteuerpflichtiger Arbeitnehmer seinen Arbeitslohn im Inland und im Ausland zu versteuern, was bei einigen DBA-Staaten und grundsätzlich bei allen Nicht-DBA-Staaten als Tätigkeitsstaat der Fall ist, wird die ausländische Steuer auf die deutsche Einkommensteuer angerechnet.[5] Alternativ kann auf Antrag die ausländische Steuer bei der Einkünfteermittlung abgezogen werden.[6]

Auslandstätigkeitserlass

Ist der Arbeitnehmer in einem Staat tätig, mit dem kein DBA besteht, kann der von einem Arbeitgeber mit Sitz, Geschäftsleitung, Betriebsstätte oder einem ständigen Vertreter im Inland oder einem EU-/EWR-Staat gezahlte Arbeitslohn unter den Voraussetzungen des Auslandstätigkeitserlasses (ATE) steuerfrei sein.[7] Begünstigt sind nur bestimmte Tätigkeiten, zudem:

- muss die Auslandstätigkeit mindestens 3 Monate ununterbrochen in Nicht-DBA-Staaten ausgeübt werden,
- darf der Arbeitslohn nicht unmittelbar oder mittelbar aus inländischen öffentlichen Kassen gezahlt werden und
- der Arbeitnehmer muss nachweisen, dass die Einkünfte aus nichtselbstständiger Arbeit in dem Tätigkeitsstaat einer Einkommensteuer i. H. v. durchschnittlich mindestens 10 % unterliegen und dass diese Steuer entrichtet wurde (Mindestbesteuerung).

Verzicht auf Lohnsteuerabzug möglich

Der Arbeitgeber kann nach dem Auslandstätigkeitserlass auf den Lohnsteuerabzug verzichten, wenn das ⇗ Betriebsstättenfinanzamt für die betroffenen Arbeitnehmer (auf Antrag des Arbeitgebers oder des Arbeitnehmers) eine Freistellungsbescheinigung erteilt hat. Die Vergütungen sind ggf. in einen steuerfreien und einen steuerpflichtigen Teil aufzuteilen.[8] Die abschließende Prüfung der Steuerfreistellung des Arbeitslohns erfolgt im Rahmen der Veranlagung zur Einkommensteuer. Der steuerfreie Arbeitslohn unterliegt dem ⇗ Progressionsvorbehalt.

1 § 1 Abs. 1 Satz 1 EStG.
2 BMF, Schreiben v. 3.5.2018, IV B 2 – S 1300/08/10027, BStBl 2018 I S. 643, geändert durch BMF, Schreiben v. 22.4.2020, IV B 2 – S 1300/08/10027-01, BStBl 2020 I S. 483, sowie BMF, Schreiben v. 14.3.2017, IV C 5 – S 2369/10/10002, BStBl 2017 I S. 473 (zur gegebenenfalls erforderlichen Aufteilung des Arbeitslohns in einen steuerfreien und einen steuerpflichtigen Teil).
3 § 3 Nr. 64 EStG; R 3.64 LStR; H 3.64 LStH.
4 § 32b Abs. 1 Satz 1 Nr. 3 EStG.
5 § 34c Abs. 1 EStG.
6 § 34c Abs. 2 EStG.
7 BMF, Schreiben v. 10.6.2022, IV C 5 – S 2293/19/10012 :001, BStBl 2022 I S. 997.
8 BMF, Schreiben v. 14.3.2017, IV C 5 – S 2369/10/10002, BStBl 2017 I S. 473.

Ausländischer Arbeitgeber

Beschäftigt ein ausländischer Arbeitgeber im Inland einen Arbeitnehmer und hat der Arbeitgeber weder einen Wohnsitz oder gewöhnlichen Aufenthalt noch seine Geschäftsleitung[1], Sitz[2], Betriebsstätte[3] oder einen ständigen Vertreter[4, 5] im Inland, ist für den gezahlten Arbeitslohn keine Lohnsteuer einzubehalten. In diesem Fall ist eine Pflichtveranlagung durchzuführen, bei der die in Deutschland steuerpflichtigen Arbeitnehmer die vom ausländischen Arbeitgeber gezahlten Löhne durch die Abgabe einer Einkommensteuererklärung dem Finanzamt mitteilen und versteuern müssen.

Öffentlicher Arbeitgeber

Deutsche Staatsangehörige, die im Inland weder Wohnsitz[6] noch gewöhnlichen Aufenthalt[7] haben, jedoch zu einer inländischen juristischen Person des öffentlichen Rechts in einem Dienstverhältnis stehen und dafür Arbeitslohn aus einer inländischen öffentlichen Kasse beziehen, unterliegen der erweiterten unbeschränkten Steuerpflicht[8, 9]; ebenso die zu ihrem Haushalt gehörenden Angehörigen mit deutscher Staatsangehörigkeit.

Diplomatische Missionen oder konsularische Vertretungen

Hierunter fallen insbesondere ins Ausland entsandte deutsche Staatsangehörige als Mitglieder einer diplomatischen Mission oder konsularischen Vertretung, z. B. Botschaftsangehörige, einschließlich der zu ihrem Haushalt gehörenden Angehörigen.[10]

Steuerfreiheit und Progressionsvorbehalt bei Gehältern/Bezügen von Bediensteten internationaler Organisationen

Die Zahl der unbeschränkt steuerpflichtigen Arbeitnehmer, die Gehälter und Bezüge von internationalen Organisationen erhalten, nimmt stetig zu. Oftmals wird in Abkommen und Protokollen, die Deutschland mit diesen internationalen Organisationen geschlossen hat, geregelt, ob diese Vergütungen in Deutschland besteuert werden können oder nicht.[11]

Lohnsteuerabzug bei grenzüberschreitender Arbeitnehmerentsendung

In Fällen der internationalen Arbeitnehmerüberlassung ist das in Deutschland ansässige aufnehmende Unternehmen inländischer Arbeitgeber, wenn es den Arbeitslohn für die ihm geleistete Arbeit „wirtschaftlich trägt" oder nach dem Fremdvergleichsgrundsatz hätte tragen müssen. Davon ist zwar insbesondere dann auszugehen, wenn die von dem anderen Unternehmen gezahlte Arbeitsvergütung dem deutschen Unternehmen weiterbelastet wird, dies ist aber nicht erforderlich. Voraussetzung ist auch nicht, dass das Unternehmen dem Arbeitnehmer den Arbeitslohn im eigenen Namen und für eigene Rechnung auszahlt.[12]

Sozialversicherung

Anzuwendende Rechtsvorschriften

Bei einer Auslandstätigkeit sind die Rechtsvorschriften des Beschäftigungsstaates anzuwenden. Von diesem Grundsatz gibt es verschiedene Ausnahmen.

Ausstrahlung

Handelt es sich bei der Auslandstätigkeit um eine ↗ Ausstrahlung, sind die deutschen Rechtsvorschriften weiter anzuwenden. Eine Ausstrahlung liegt vor, wenn ein Arbeitnehmer während einer in Deutschland bestehenden Beschäftigung für eine im Voraus begrenzte Tätigkeit ins Ausland entsandt wird. Der Arbeitnehmer unterliegt während dieser vorübergehenden Beschäftigung weiterhin den deutschen Rechtsvorschriften über die Sozialversicherung und ist somit in dieser Zeit versichert.

Einstrahlung

Handelt es sich bei der Auslandstätigkeit um eine ↗ Einstrahlung, sind die deutschen Rechtsvorschriften nicht anzuwenden. Eine Einstrahlung liegt vor, wenn ein Arbeitnehmer während einer im Ausland bestehenden Beschäftigung für eine im Voraus begrenzte Tätigkeit nach Deutschland entsandt wird. Der Arbeitnehmer unterliegt während dieser vorübergehenden Beschäftigung weiterhin den Rechtsvorschriften des ausländischen Staates. Die deutschen Rechtsvorschriften über die Sozialversicherung werden nicht angewendet.

EU/EWR-Staaten und die Schweiz

Wird eine Auslandstätigkeit in einem EU/EWR-Staat oder in der Schweiz ausgeübt, werden nur die Rechtsvorschriften eines Mitgliedstaates angewendet. Liegt eine ↗ Entsendung in einen Mitgliedstaat vor, gelten die deutschen Rechtsvorschriften für die gesamte Beschäftigungsdauer weiter. Damit eine Entsendung vorliegen kann, muss die entsandte Person vom persönlichen, gebietlichen und sachlichen Geltungsbereich der Verordnung erfasst werden. Zusätzlich muss geprüft werden, ob die Voraussetzungen für eine Entsendung nach den Verordnungen (EG) über Soziale Sicherheit vorliegen.

Abkommensstaaten

Wird eine Auslandstätigkeit in einem Staat ausgeübt, mit dem ein Abkommen über Soziale Sicherheit geschlossen wurde, gelten vorrangig die Regelungen des Abkommens. Hierbei ist zu beachten, dass es bei den jeweiligen Abkommen über Soziale Sicherheit Einschränkungen beim gebietlichen, persönlichen oder sachlichen Geltungsbereich gibt. Wenn die Voraussetzungen erfüllt sind, muss geprüft werden, ob eine Entsendung nach dem jeweiligen Abkommen vorliegt.

Ausnahmevereinbarungen

Die Regelungen in den Verordnungen (EG) über Soziale Sicherheit und in den jeweiligen Abkommen führen nicht immer zum gewünschten Ergebnis. Gelten nach den vorgenannten Regelungen für die Dauer der Auslandstätigkeit die Rechtsvorschriften eines anderen Staates, kann durch eine ↗ Ausnahmevereinbarung erreicht werden, dass für die Auslandstätigkeit weiterhin die deutschen Rechtsvorschriften gelten.

Nachweise

Liegt eine Entsendung vor, benötigt der Arbeitnehmer eine Bescheinigung, dass für ihn die deutschen Rechtsvorschriften weitergelten. Die Bescheinigung über die anzuwendenden Rechtsvorschriften dient als Nachweis, dass für die Person ausschließlich die deutschen Rechtsvorschriften und nicht die Rechtsvorschriften des Beschäftigungsstaates gelten.

Leistungen

Ein im Ausland beschäftigter Arbeitnehmer kann auf unterschiedliche Weise Leistungen in Anspruch nehmen.

Leistungen im Rahmen der Leistungsaushilfe

Für entsandte Arbeitnehmer besteht ein Anspruch auf Sachleistungen im Rahmen ihrer Auslandstätigkeit. Die Auslandstätigkeit muss dazu entweder in einem EU/EWR-Staat oder der Schweiz oder in einem Staat, mit dem ein bilaterales Sozialversicherungsabkommen für den Bereich der Krankenversicherung besteht, ausgeübt werden. Diesen Anspruch kann der Arbeitnehmer im Anwendungsbereich der Verordnung (EG) über soziale Sicherheit Nr. 883/2004 mit der Europäischen Krankenversicherungskarte und im Anwendungsbereich eines Sozialversicherungsabkommens mit dem entsprechenden Anspruchsnachweis geltend machen.

1 § 10 AO.
2 § 11 AO.
3 § 12 AO.
4 § 13 AO.
5 BFH, Urteil v. 23.10.2018, I R 54/16, BStBl 2019 II S. 365.
6 § 8 AO.
7 § 9 AO.
8 § 1 Abs. 2 EStG.
9 FG Düsseldorf, Urteil v. 11.3.2021, 12 K 1516/17 AO, Rev. beim BFH unter Az. I R 52/21.
10 R 1 EStR.
11 Für eine Übersicht s. SenFin Berlin, Erlass v. 2.9.2019, III A – S 1311 – 5/2007; BMF, Schreiben v. 18.3.2013, IV B 4 – S 1311/07/10039, BStBl 2013 I S. 404.
12 § 38 Abs. 1 Satz 2 EStG; R 38.3 Abs. 5 LStR; H 38.3 LStH.

Erstattungsanspruch gegen den Arbeitgeber

Ein Arbeitnehmer hat Anspruch auf die Erstattung der Leistungsaufwendungen durch den Arbeitgeber, wenn

- der im Ausland tätige Arbeitnehmer weiterhin den deutschen Rechtsvorschriften unterliegt und
- während seiner Auslandstätigkeit erkrankt.

Dies gilt auch für die Familienangehörigen, die den Arbeitnehmer während der Auslandstätigkeit begleiten. Der Arbeitgeber kann die Kosten von der Krankenkasse erstattet bekommen. Die Krankenkasse ermittelt den Erstattungsbetrag, der nach deutschem Recht angefallen wäre. Zusätzlich wird der Erstattungsbetrag ermittelt, der im Rahmen der Leistungsaushilfe angesetzt wird. Der höhere Betrag muss dem Arbeitgeber erstattet werden.

Auslandszulage

Bei Auslandszulagen handelt es sich um Entgeltbestandteile, die Beamte zusätzlich für eine Tätigkeit im Ausland erhalten. Typische Formen der Auslandszulage sind

- Kaufkraftausgleich,
- Auslandstrennungsgeld,
- Mietzuschuss,
- Zulage an Lehrer an Europäischen Schulen und
- Auslandskinderzuschlag.

Auslandszulagen betragen häufig zwischen 50 EUR und 100 EUR. Sie können je nach Einsatz und Einsatzgebiet aber auch höher ausfallen.

Auslandszulagen, die den Arbeitslohn übersteigen, der dem Arbeitnehmer bei einer gleichwertigen Tätigkeit am Ort der zahlenden öffentlichen Kasse zustehen würden, sind steuerfrei und damit auch beitragsfrei in der Sozialversicherung.

Gesetze, Vorschriften und Rechtsprechung

Lohnsteuer: Die Lohnsteuerfreiheit ergibt sich aus § 3 Nr. 64 EStG und § 55 Bundesbesoldungsgesetz. Die Höhe der steuerfreien Kaufkraftzuschläge richtet sich nach der vierteljährlich vom BMF bekannt gegebenen Gesamtübersicht der Kaufkraftzuschläge: BMF, Schreiben v. 4.1.2022, IV C 5 – S 2341/21/10001 :004, BStBl 2022 I S. 123; BMF, Schreiben v. 13.4.2022, IV C 5-S 2341/22/10001 :001, BStBl 2022 I S. 649; BMF, Schreiben v. 4.7.2022, IV C 5 – S 2341/22/10001 :002, BStBl 2022 I S. 1000; BMF, Schreiben v. 7.10.2022, IV C 5 – S 2341/22/10001 :003, BStBl 2022 I S. 1417; BMF, Schreiben v. 28.12.2022, IV C 5 – S 2341/22/10001 :004. Zum Werbungskostenabzug bei steuerbefreiten Auslandszulagen s. § 3c EStG, BFH, Urteil v. 11.2.1993, VI R 66/91, BStBl 1993 II S. 450 und BFH, Urteil v. 13.08.1997, I R 65/95, BStBl 1998 II S. 21.

Entgelt	LSt	SV
Auslandszulage	frei	frei

Auslösungen

Auslösungen sind zusätzliche Leistungen des Arbeitgebers, die dem an eine auswärtige Arbeitsstelle entsandten Arbeitnehmer einen Ausgleich für die Mehrkosten gewähren sollen, die durch die Arbeit außerhalb der ersten Tätigkeitsstätte entstehen.

Auslösung ist ein arbeitsrechtlicher Begriff, den das Lohnsteuerrecht nicht kennt. Auslösung im lohnsteuerrechtlichen Sinne ist der pauschale Aufwendungsersatz, den ein Arbeitgeber seinem außerhalb des öffentlichen Dienstes beschäftigten Arbeitnehmer anlässlich einer Auswärtstätigkeit zahlt. Mitunter werden auch die Begriffe Bauzulage, Wegegeld oder Montagezulage verwendet. Ein Aufwendungsersatz nach § 670 BGB ist nicht stets steuerfrei.

Gesetze, Vorschriften und Rechtsprechung

Lohnsteuer: Private Arbeitgeber können Auslösungen nach den Bestimmungen des § 3 Nr. 16 EStG steuerfrei zahlen. Arbeitgeber des öffentlichen Dienstes haben die Regelungen des § 3 Nr. 13 EStG zu beachten. Die maßgeblichen Verwaltungsanweisungen beinhalten R 3.16 LStR und R 9.4–9.11 LStR sowie H 9.4–9.11 LStH. Umfangreiche Regelungen sowie Erläuterungen mit zahlreichen Beispielen zum steuerlichen Reisekostenrecht enthält das BMF-Schreiben v. 25.11.2020, IV C 5 – S 2353/19/10011 :006, BStBl 2020 I S. 1228. Darüber hinaus zu beachten sind die Vorschriften zu den Aufzeichnungen im Lohnkonto nach § 4 Abs. 2 LStDV und für die Ausstellung von Lohnsteuerbescheinigungen gemäß § 41b EStG.

Sozialversicherung: Die Beitragspflicht zur Sozialversicherung bestimmt sich nach der lohnsteuerlichen Beurteilung und ist in § 14 Abs. 1 SGB IV und § 1 SvEV geregelt.

Entgelt	LSt	SV
Auslösungen bis zur Höhe der steuerlich zulässigen Pauschbeträge	frei	frei

Lohnsteuer

Arbeitgeberersatz bei auswärtiger Beschäftigung

Steuerlich umfasst der Sammelbegriff „Auslösung" die Reisekostenvergütungen des Arbeitgebers bei auswärtiger Beschäftigung sowie die Arbeitgebererstattung bei ⇗ doppelter Haushaltsführung.

⇗ Reisekosten sind Fahrtkosten, Verpflegungsmehraufwendungen, Übernachtungskosten und Reisenebenkosten, wenn diese durch eine so gut wie ausschließlich beruflich veranlasste Auswärtstätigkeit des Arbeitnehmers entstehen.[1] Solch eine beruflich veranlasste Auswärtstätigkeit verlangt eine vorübergehende berufliche Tätigkeit des Arbeitnehmers außerhalb seiner Wohnung und außerhalb seiner ersten Tätigkeitsstätte.[2] Auch ein Vorstellungsgespräch eines Stellenbewerbers rechnet zur beruflich veranlassten Auswärtstätigkeit.

Eine ⇗ doppelte Haushaltsführung liegt vor, wenn der Arbeitnehmer aus beruflichen Gründen eine Zweitwohnung benötigt. Dazu muss der Arbeitnehmer außerhalb des Ortes seiner ersten Tätigkeitsstätte einen eigenen Hausstand unterhalten und auch am Ort der ersten Tätigkeitsstätte wohnen. Die Anzahl der Übernachtungen ist dabei unerheblich. Eine doppelte Haushaltsführung liegt nicht vor, solange die auswärtige Beschäftigung als Auswärtstätigkeit anzuerkennen ist und somit keine erste Tätigkeitsstätte vorhanden ist. Typische Fälle, die eine auswärtige Zweitwohnung erforderlich machen, sind ein Arbeitgeberwechsel oder die Versetzung an einen anderen Beschäftigungsort. Notwendige Mehraufwendungen anlässlich einer doppelten Haushaltsführung können steuerfrei erstattet bzw. zugewendet werden.[3]

1 § 3 Nr. 13 oder 16 EStG.
2 § 9 Abs. 4 EStG.
3 § 3 Nr. 16 EStG.

Gesamterstattungsverfahren für Reisekosten

Zur Ermittlung der steuerfreien Leistungen des Arbeitgebers dürfen die einzelnen Reisekostenarten zusammengefasst werden. Die Gesamterstattung ist steuerfrei, soweit sie die Summe der nach R 9.5–9.8 LStR zulässigen Einzelvergütungen nicht übersteigt.[1] Zur Ausschöpfung des steuerfreien Volumens darf der Arbeitnehmer mehrere Reisen zusammengefasst abrechnen. Gleiches gilt sinngemäß für Mehraufwendungen anlässlich einer doppelten Haushaltsführung.[2]

Gehaltsumwandlung in begrenztem Umfang möglich

Die Umwandlung des nach den individuellen Lohnsteuerabzugsmerkmalen zu versteuernden Arbeitslohns bzw. Lohnteile in steuerfreie Reisekostenerstattungen ist steuerlich zulässig. Dadurch wird faktisch der Bruttolohn reduziert und der Nettolohn erhöht. Voraussetzung dafür ist, dass Arbeitgeber und Arbeitnehmer die Lohnumwandlung vor der Entstehung des Vergütungsanspruchs vereinbaren.[3, 4]

Steuerfreie Auslösung bei Auslandsreisen

Befindet sich die Tätigkeitsstätte im Ausland und kehrt der Arbeitnehmer nicht täglich zum inländischen Wohnsitz zurück, darf der Arbeitgeber (Auslands-)Auslösungen zahlen, die bis zu bestimmten Höchstbeträgen steuerfrei bleiben. Bei beruflich veranlassten Auslandsreisen sind für Verpflegungsmehraufwendungen sowie für Übernachtungen länderspezifische Pauschbeträge zu beachten, die i. d. R. jährlich aktualisiert und vom Bundesfinanzministerium bekannt gegeben werden. Diese amtlichen Pauschbeträge gelten entsprechend für ⇗ doppelte Haushaltsführungen im Ausland.

Ein- und mehrtägige Reisen in das Ausland

Ist ein Arbeitnehmer an nur einem Tag im Ausland tätig, ist der entsprechende Pauschbetrag des letzten Tätigkeitsorts im Ausland maßgebend. Kehrt er nicht täglich zum inländischen Wohnsitz zurück und ist der Arbeitnehmer in verschiedenen Staaten tätig, wird die Verpflegungspauschale wie folgt ermittelt:

- Ohne Tätigwerden ist am Anreisetag der entsprechende Pauschbetrag für den Ort maßgebend, der vor 24 Uhr Ortszeit erreicht wird – das gilt bei Anreise vom Inland in das Ausland oder vom Ausland in das Inland.
- Ist der Arbeitnehmer am Abreisetag noch tätig, ist bei Abreise vom Ausland in das Inland oder vom Inland in das Ausland die Verpflegungspauschale des letzten Tätigkeitsorts maßgebend.
- Für die Tage zwischen der An- und Abreise ist die Verpflegungspauschale des Orts maßgebend, den der Arbeitnehmer vor 24 Uhr erreicht hat.

Verpflegungsmehraufwendungen nur 3 Monate steuerfrei

Wie bei inländischen Auswärtstätigkeiten, darf der Arbeitgeber die ⇗ Verpflegungspauschalen bzw. Auslandstagegelder nur für die ersten 3 Monate ab Beginn der beruflich veranlassten Auswärtstätigkeit (bzw. ab Bezug der Unterkunft) am selben ausländischen Beschäftigungsort steuerfrei zahlen. Nach Ablauf der 3-Monatsfrist ist eine steuerfreie Zahlung der Auslandstagegelder nicht mehr zulässig. Jedoch führt danach eine Unterbrechung der beruflichen Tätigkeit an derselben Tätigkeitsstätte zu einem Neubeginn der 3-Monatsfrist, wenn sie mindestens 4 Wochen dauert.[5]

Der Grund für die Unterbrechung der Auswärtstätigkeit ist unerheblich, wie z. B. Urlaub; es zählt nur die Unterbrechungsdauer.

Übernachtungspauschalen zeitlich unbegrenzt steuerfrei

Für Unterkunftskosten im Ausland darf der Arbeitgeber – anstelle des amtlichen Pauschbetrags für Auslandsübernachtungen – auch die tatsächlichen und angemessenen Aufwendungen des Arbeitnehmers zeitlich unbegrenzt steuerfrei zahlen.

Pauschale Zahlungen für die Zweitwohnung im Ausland (ohne Einzelnachweis) sind nach Ablauf der ersten 3 Monate nur bis zu 40 % des für Auswärtstätigkeiten maßgebenden amtlichen ausländischen Übernachtungspauschbetrags steuerfrei.

Aufzeichnungs- und Bescheinigungspflichten

Um dem Finanzamt die Voraussetzungen für die Steuerfreiheit der gezahlten Auslösungen nachzuweisen, muss der Arbeitgeber die entsprechenden Angaben über die Auswärtstätigkeit oder die doppelte Haushaltsführung des Arbeitnehmers im ⇗ Lohnkonto aufzeichnen und die Unterlagen als Belege zum Lohnkonto aufbewahren, z. B. die Reisekostenabrechnungen.[6]

Ausnahme von der Aufzeichnung im Lohnkonto

Das Betriebsstättenfinanzamt kann eine andere Aufzeichnung als im Lohnkonto zulassen, wenn der Arbeitgeber für die Lohnabrechnung ein maschinelles Verfahren anwendet und die Möglichkeit zur Nachprüfung in anderer Weise sichergestellt ist. Allerdings sind auch in diesen Fällen die Arbeitslohnzahlungen selbst sowie die Art der jeweiligen Bezüge im Lohnkonto zu vermerken.[7]

Großbuchstabe M bei unentgeltlichen Mahlzeiten bis 60 EUR

Hat der Arbeitgeber oder auf dessen Veranlassung ein Dritter dem Arbeitnehmer während seiner beruflichen Auswärtstätigkeit oder im Rahmen seiner doppelten Haushaltsführung eine mit dem amtlichen Sachbezugswert zu bewertende Mahlzeit zur Verfügung gestellt, muss im ⇗ Lohnkonto der Großbuchstabe M aufgezeichnet werden. Diese Aufzeichnungspflicht gilt unabhängig von der tatsächlichen Anzahl der Mahlzeitengestellungen an den Arbeitnehmer im Kalenderjahr. Stellen die gestellten Mahlzeiten keinen Arbeitslohn dar oder übersteigt deren Preis 60 EUR brutto und sind sie daher nicht mit dem amtlichen Sachbezugswert zu bewerten, ist kein Großbuchstabe M im Lohnkonto aufzuzeichnen.

Außerdem ist der Arbeitgeber grundsätzlich verpflichtet, bei steuerfrei gezahlten Verpflegungszuschüssen bei doppelter Haushaltsführung sowie bei einer Mahlzeitengestellung auf Auswärtstätigkeiten den Großbuchstaben M in der ⇗ Lohnsteuerbescheinigung (Nummer 2) anzugeben.

Sozialversicherung

Beitragsrechtliche Bewertung

Ob Auslösungen zur Sozialversicherung beitragspflichtig sind, richtet sich nach der lohnsteuerrechtlichen Beurteilung.

Beitragsfreie Auslösung

Handelt es sich um Reisekostenvergütungen oder um Mehraufwendungen anlässlich einer ⇗ doppelten Haushaltsführung, sind Auslösungen beitragsfrei. Voraussetzung dafür ist, dass die Auslösungen höchstens in Höhe der vom Arbeitnehmer absetzbaren ⇗ Werbungskosten erfolgt.[8]

Ausnahmevereinbarung

Sind die Voraussetzungen für eine Entsendung nach der Verordnung (EG) über soziale Sicherheit oder nach einem Abkommen über Soziale Sicherheit nicht erfüllt, gelten die Rechtsvorschriften des Beschäftigungsstaates. Dieses Ergebnis ist in vielen Fällen nicht gewollt. Mit dem Abschluss einer Ausnahmevereinbarung gibt es die Möglichkeit, für einzelne Personen eine individuelle Regelung zu vereinbaren.

Gesetze, Vorschriften und Rechtsprechung

Sozialversicherung: Die Ausnahmevereinbarung ist in der Verordnung (EG) Nr. 883/2004 über soziale Sicherheit sowie in den jeweiligen Abkommen über Soziale Sicherheit geregelt. Bei gewöhnlicher grenzüberschreitender Telearbeit gilt das Rahmenübereinkommen zur Anwendung des Artikels 16 Abs. 1 der Verordnung (EG) 883/2004 bei gewöhnlicher grenzüberschreitender Tätigkeit.

1 R 3.16 LStR.
2 R 3.16, 9.4–9.9, 9.11 LStR.
3 H 3.16 LStH.
4 BFH, Urteil v. 27.4.2001, VI R 2/98, BStBl 2001 II S. 601.
5 § 9 Abs. 4a Satz 7 EStG.
6 § 4 Abs. 2 LStDV; R 9.5 Abs. 2 Satz 2 LStR.
7 § 4 Abs. 3 LStDV.
8 § 3 Nr. 16 EStG.

Sozialversicherung

Ziel einer Ausnahmevereinbarung

Für Arbeitnehmer gelten die ausländischen Rechtsvorschriften, wenn die Voraussetzungen für eine Entsendung nicht gegeben sind. Sollte ein individuell begründbares Interesse bestehen, dass für eine Person für die Dauer der Auslandstätigkeit die deutschen Rechtsvorschriften weitergelten, kann ein Antrag auf eine Ausnahmevereinbarung gestellt werden. Sollte eine Ausnahmevereinbarung abgeschlossen werden, gelten für den Arbeitnehmer für die Dauer der Beschäftigung die deutschen Rechtsvorschriften weiter.

Beispiel

Entsendung nach Frankreich für 36 Monate

Ein deutsches Unternehmen entsendet einen Arbeitnehmer für ein 36-monatiges Projekt nach Frankreich. Da der Entsendezeitraum von 24 Kalendermonaten überschritten wird, gelten für den Arbeitnehmer für die Dauer der Beschäftigung die französischen Rechtsvorschriften. Da der Arbeitnehmer bisher immer in Deutschland versichert war, beantragt er mit seinem Arbeitgeber den Abschluss einer Ausnahmevereinbarung. Kommt die Ausnahmevereinbarung zustande, gelten für den Arbeitnehmer in allen Versicherungszweigen die deutschen Rechtsvorschriften.

Ausnahmevereinbarungen können auch bei gewöhnlicher grenzüberschreitender Telearbeit geschlossen werden. Hierbei sollten die Hinweise zur Antragstellung der Homepage der DVKA beachtet werden.

Beispiel

Grenzüberschreitende Telearbeit

Herr A. wohnt in Frankreich und arbeitet in Deutschland. Ab dem 1.7.2023 möchte er 8 Tage im Monat von zu Hause arbeiten. Derzeit ist geplant, dass er in diesem Umfang das gesamte nächste Jahr tätig sein soll. Der Arbeitgeber beantragt elektronisch eine Ausnahmevereinbarung. Sollte diese zustandekommen, gelten für den Arbeitnehmer für den gesamten Zeitraum in allen Versicherungszweigen die deutschen Rechtsvorschriften.

Ausnahmevereinbarungen gelten im Rahmen der Verordnung (EG) über soziale Sicherheit Nr. 883/2004 für alle Sozialversicherungszweige. Im Bereich der Abkommen gelten Ausnahmevereinbarungen immer für die Sozialversicherungszweige, die vom sachlichen Geltungsbereich des Abkommens erfasst werden. Es ist nicht möglich, eine Ausnahmevereinbarung auf einzelne Sozialversicherungszweige zu beschränken.

Beispiel

Entsendung nach Amerika

Ein Mitarbeiter arbeitet seit Jahren bei einem deutschen Unternehmen und ist versicherungspflichtig in allen Versicherungszweigen. Aufgrund seiner Erfahrungen soll er in den nächsten 2 Jahren bei der Tochtergesellschaft in den USA arbeiten. Mit der Tochtergesellschaft wird ein lokaler Arbeitsvertrag geschlossen. Sein deutscher Arbeitsvertrag wird für die Dauer der Entsendung ruhend gestellt. Eine Entsendung liegt nicht vor, da der Mitarbeiter nicht für Rechnung seines deutschen Arbeitgebers in den USA tätig ist. Grundsätzlich unterliegt der Mitarbeiter den amerikanischen Rechtsvorschriften in der Rentenversicherung. Der Mitarbeiter beantragt mit seinem Arbeitgeber eine Ausnahmevereinbarung, die abgeschlossen wird. Mit dem Abschluss der Ausnahmevereinbarung gelten für den Mitarbeiter weiterhin die deutschen Rechtsvorschriften im Bereich der Rentenversicherung. Außerdem unterliegt der Mitarbeiter nicht der amerikanischen Krankenversicherung.[9] Da keine Entsendung vorliegt, unterliegt er nicht den deutschen Rechtsvorschriften im Bereich der Arbeitsförderung, Unfall- und Pflegeversicherung.

Wirkungsdauer der Ausnahmevereinbarung

In der Regel wird eine Ausnahmevereinbarung für bis zu 5 Jahre abgeschlossen. Sollen darüber hinaus die deutschen Rechtsvorschriften weitergelten, kann erneut ein Antrag auf Abschluss einer Ausnahmevereinbarung gestellt werden. Damit eine weitere Ausnahmevereinbarung unterstützt werden kann, wird eine besondere Begründung gefordert. Ausnahmevereinbarungen werden in der Regel für die Zukunft geschlossen. Dies dient der Rechtssicherheit und vermeidet eine Rückabwicklung. Bei verspäteter Antragstellung kann im Einzelfall auch für bereits abgelaufene Zeiträume eine Ausnahmevereinbarung getroffen werden.

Verfahren

Im Rahmen der Verordnung (EG) über soziale Sicherheit Nr. 883/2004

Anträge auf den Abschluss einer Ausnahmevereinbarung im Rahmen der Verordnung (EG) über soziale Sicherheit Nr. 883/2004 sind ausschließlich elektronisch zu übermitteln. Die Antragstellung erfolgt aus einem systemgeprüften Entgeltabrechnungsprogramm oder mittels einer maschinell erstellten Ausfüllhilfe der Informationstechnischen Servicestelle der gesetzlichen Krankenversicherung (ITSG).

Für Selbstständige ist derzeit kein elektronisches Verfahren vorgesehen, weshalb der Antrag auf Abschluss einer Ausnahmevereinbarung formlos an den GKV-Spitzenverband, DVKA gesandt werden kann.

Bei Rückfragen erfolgt der Schriftwechsel über den Postweg. Im Rahmen des Antragverfahrens muss der Arbeitgeber bestätigen, dass die beantragte Ausnahmevereinbarung im Interesse des Arbeitnehmers liegt.

Hinweis

Erklärung bei den Abrechnungsunterlagen

Von der Übermittlung der Erklärung kann abgesehen werden, wenn der Arbeitgeber bestätigt, dass eine solche Erklärung vorliegt und diese zu den Abrechnungsunterlagen genommen wurde. In den übrigen Sachverhalten ist der Antrag auf Abschluss einer Ausnahmevereinbarung schriftlich zu stellen.

Im Rahmen der Sozialversicherungsabkommen

Anträge auf den Abschluss einer Ausnahmevereinbarung im Bereich der ⇗ Sozialversicherungsabkommen können nicht elektronisch übermittelt werden. Für die Beantragung werden verschiedene Angaben benötigt, die unterschiedlich sein können. Daher sollten für die Beantragung der Ausnahmevereinbarung die auf der Homepage des GKV-Spitzenverbandes, DVKA, zur Verfügung stehenden Anträge verwendet werden. Allerdings kann der Antrag auch formlos gestellt werden. Jedem Antrag muss eine Erklärung des Arbeitnehmers beigefügt werden, warum die deutschen Rechtsvorschriften für den entsprechenden Arbeitnehmer weiter gelten sollen. Die Erklärungen für den Arbeitnehmer sind ebenfalls auf den Seiten des GKV-Spitzenverbandes, DVKA, hinterlegt. Die Entscheidung, ob ein Antrag auf Ausnahmevereinbarung unterstützt wird, liegt im Ermessen des GKV-Spitzenverbandes, DVKA. Hierbei wird immer gefordert, dass,

- weiterhin eine arbeitsrechtliche Anbindung zum deutschen Unternehmen besteht,
- die Auslandstätigkeit immer zeitlich begrenzt ist und
- der Arbeitgeber die Beitrags- und Meldepflichten bei Abschluss einer Ausnahmevereinbarung erfüllt.

Wird der Antrag von der DVKA unterstützt, unterbreitet diese dem ausländischen Träger einen Vereinbarungsvorschlag. Dieser prüft, ob er einer Ausnahmevereinbarung zustimmen kann.

9 S. Schlussprotokoll deutsch-amerikanisches Abkommen.

Tipp

Zeitige Beantragung einer Ausnahmevereinbarung

Der GKV-Spitzenverband, DVKA, empfiehlt, den Antrag auf Abschluss einer Ausnahmevereinbarung mindestens 4 Monate vor der geplanten Auslandsbeschäftigung zu stellen. In der Regel nimmt das Konsultationsverfahren mit dem ausländischen Träger Zeit in Anspruch.

Bescheinigung über die anzuwendenden Rechtsvorschriften

Ist eine Ausnahmevereinbarung zustande gekommen, informiert der GKV-Spitzenverband, DVKA, den Arbeitgeber über das Ergebnis. Bei Beschäftigung in den EU-, EWR-Staaten, der Schweiz, Albanien, Australien, Indien, Korea oder Mazedonien stellt der GKV-Spitzenverband, DVKA, die Bescheinigung über die anzuwendenden Rechtsvorschriften aus und informiert die zuständige Krankenkasse über das Ergebnis. Bei Beschäftigungen in allen anderen Staaten wird der Arbeitgeber vom GKV-Spitzenverband, DVKA, über das Ergebnis informiert. Anschließend wendet sich der Arbeitgeber an die zuständige Krankenkasse und beantragt die Ausstellung der Bescheinigung über die anzuwendenden Rechtsvorschriften. Nach Erhalt leitet der Arbeitgeber ein Exemplar der Bescheinigung über die anzuwendenden Rechtsvorschriften an seinen Arbeitnehmer weiter.

Wichtig

Weiterleitung einer Kopie der Bescheinigung über die anzuwendenden Rechtsvorschriften

Wird eine Ausnahmevereinbarung für eine Beschäftigung in Albanien, Australien, Brasilien, Kanada, Quebec, USA oder Uruguay abgeschlossen, muss durch den ausstellenden Träger eine Kopie der Bescheinigung an die auf der Bescheinigung genannte Stelle im Beschäftigungsstaat gesandt werden.

Außendienstmitarbeiter

Außendienstmitarbeiter verrichten ihre berufliche Tätigkeit typischerweise an ständig wechselnden Einsatzorten. Die Dienstreisen und Fahrtätigkeiten dieser Personen werden unter dem Begriff der beruflichen Auswärtstätigkeit zusammengefasst.

Zusätzlich zur „normalen“ Entlohnung erhalten Außendienstmitarbeiter regelmäßig Reisekostenerstattungen des Arbeitgebers, z. B. für Verpflegungsmehraufwendungen, Übernachtungskosten, Fahrtkosten und Reisenebenkosten. Die Erstattung von Reisekosten ist im Rahmen der lohnsteuerlichen Grenzen steuerfrei. Sofern Steuerfreiheit vorliegt, liegt auch Beitragsfreiheit im sozialversicherungsrechtlichen Sinne vor.

Entfällt eine Reisekostenerstattung des Arbeitgebers oder erstattet er weniger, als steuerlich zulässig ist, kann der Außendienstmitarbeiter die Differenz als Werbungskosten bei der Einkommensteuerveranlagung geltend machen.

Sozialversicherungsrechtlich sind Außendienstmitarbeiter als Arbeitnehmer versicherungspflichtig.

Gesetze, Vorschriften und Rechtsprechung

Lohnsteuer: Die Reisekostenvorschriften ergeben sich aus R 9.4 – 9.8 LStR. Zu den gesetzlichen Bestimmungen der Reisekostenreform s. BMF-Schreiben v. 25.11.2020, IV C 5 – S 2353/19/10011 :006, BStBl 2020 I S. 1228, mit Auslegungshinweisen. Zum Frühstücksabzug bei Hotelübernachtungen s. BMF, Schreiben v. 5.3.2010, IV D 2 – S 7210/07/10003/IV C 5 – S 2353/09/10008, BStBl 2010 I S. 259.

Sozialversicherung: Außendienstmitarbeiter sind nach § 7 Abs. 1 SGB IV als Arbeitnehmer versicherungspflichtig. Ihr Arbeitsentgelt unterliegt nach § 14 Abs. 1 SGB IV der Beitragspflicht in der Sozialversicherung.

Ausstrahlung

Eine Ausstrahlung ist eine Entsendung nach deutschem Sozialversicherungsrecht, das deutsche Recht „strahlt“ also ins Ausland „aus“. Sie liegt vor, wenn ein Arbeitnehmer

- während eines in Deutschland bestehenden Beschäftigungsverhältnisses
- für eine im Voraus begrenzte Tätigkeit ins Ausland entsandt wird und
- weiter deutsches Recht gilt.

Eine Ausstrahlung kann insofern nicht vorliegen, wenn entsprechende Sozialversicherungsbereiche vom Sozialversicherungsabkommen erfasst werden. Das bedeutet konkret: Eine Ausstrahlung ist in den nicht vom Sozialversicherungsabkommen erfassten Zweigen möglich.

Dies gilt nicht für die EU-Staaten, da die Verordnungen (EG) über soziale Sicherheit alle Sozialversicherungszweige erfassen. Bei einer Entsendung nach EU-Recht kann es sich nie um eine Ausstrahlung handeln. Entweder gelten bei Erfüllung aller Voraussetzungen die Rechtsvorschriften des Entsendestaates fort oder es gelten die Rechtsvorschriften des Staates, in dem der Arbeitnehmer vorübergehend beschäftigt ist.

Beide Fälle – sowohl die Ausstrahlung als auch die Entsendung nach EU-Recht – bezeichnen die Auslandstätigkeit des Arbeitnehmers als „Entsendung“. Das kann zu Verwirrung führen. Trotz der gleichen Bezeichnung, sind aber unterschiedliche Dinge gemeint:

- Die „Entsendung im Sinne der Ausstrahlung“ oder
- die „Entsendung nach EU-Recht“.

Auch wenn nachfolgend die Entsendung genannt wird, sind hier ausschließlich die Regelungen einer „Entsendung im Sinne der Ausstrahlung“ beschrieben.

Gesetze, Vorschriften und Rechtsprechung

Sozialversicherung: Der Begriff der Ausstrahlung ist in § 4 SGB IV für alle Sozialversicherungszweige geregelt. Für die Beurteilung der Ausstrahlung ist die Gemeinsame Verlautbarung zur versicherungsrechtlichen Beurteilung entsandter Arbeitnehmer vom 8.3.2020 heranzuziehen. Sowohl die Ein- als auch die Ausstrahlung bilden eine Ausnahme vom geltenden Territorialitätsprinzip (§ 3 SGB IV). Die Grundsätze der Ausstrahlung sind jedoch nur anwendbar, wenn es keine vorrangigen Regelungen des über- und zwischenstaatlichen Rechts gibt (§ 6 SGB IV).

Als überstaatliches Recht sind vom 1.5.2010 an in erster Linie die Verordnung (EG) über soziale Sicherheit Nr. 883/2004 und die Durchführungsverordnung (EG) Nr. 987/2009 anzusehen sowie die Verordnung (EWG) Nr. 1408/1971. Letztere galt bis zum 1.5.2010 und wird nur noch für einzelne Personenkreise bzw. Länder angewendet.

Als zwischenstaatliches Recht gelten die von der Bundesrepublik Deutschland mit anderen Staaten abgeschlossenen Abkommen über Soziale Sicherheit.

Sozialversicherung

Voraussetzungen für eine Ausstrahlung

Wird ein Arbeitnehmer während eines in Deutschland bestehenden Beschäftigungsverhältnisses ins Ausland entsandt, gelten für diesen Arbeitnehmer weiterhin die deutschen Rechtsvorschriften in allen Versicherungszweigen. Dazu zählen die Kranken-, die Pflege-, die Renten-, die Arbeitslosen- und die Unfallversicherung. Dies gilt nur, sofern die Voraussetzungen für eine Ausstrahlung vorliegen. Nach diesen Voraussetzungen muss

- es sich um eine vorübergehende Beschäftigung im Ausland,
- es sich um eine Entsendung im Rahmen eines deutschen Beschäftigungsverhältnisses handeln und
- die Dauer der Beschäftigung im Voraus zeitlich begrenzt sein.

Wichtig

Ausschlussgründe für eine Ausstrahlung

Ist eine der 3 Voraussetzungen[1] nicht erfüllt, liegt keine Ausstrahlung vor. In einem solchen Fall gelten nicht die deutschen Rechtsvorschriften über die Sozialversicherung.

Deutsches Recht oder Sozialversicherungsabkommen?

Mit zahlreichen Ländern existieren ↗ Sozialversicherungsabkommen, die Regelungen für alle oder auch nur einen bzw. einzelne Sozialversicherungszweige enthalten. Zu diesen gehören u. a. die „Verordnungen (EG) über soziale Sicherheit" als auch die „bilateralen Abkommen". Für die durch Sozialversicherungsabkommen geregelten Sozialversicherungszweige bzw. auch für nur einzelne Sozialversicherungszweige geregelte Abkommen kann keine Ausstrahlung vorliegen. Durch die ↗ Abkommen werden die in dem Entsendeland geltenden versicherungs-, beitrags- und leistungsrechtlichen Bestimmungen geregelt. Damit die Verordnungen greifen, müssen bestimmte Voraussetzungen erfüllt sein.

Doppelversicherung möglich

Sollten die Voraussetzungen für das Sozialversicherungsabkommen nicht erfüllt sein und das Abkommen damit nicht greifen, ist eine Ausstrahlung nach deutschem Recht möglich. In diesen Fällen kann es zu Doppelversicherungen kommen. Das bedeutet, die Versicherungs- und Beitragspflicht kann sowohl nach deutschem als auch parallel nach ausländischem Recht bestehen. Dies gilt auch für die Versicherungszweige, die vom jeweiligen Abkommen nicht erfasst werden.

Tipp

Auskünfte zur Abwicklung der Doppelversicherungen

Im Fall von Doppelversicherungen muss das Sozialrecht des Landes berücksichtigt werden, in das der Arbeitnehmer entsandt wird. Auskünfte zu den jeweiligen Bestimmungen im Ausland erteilen z. B. die Außenhandelskammern des jeweiligen Landes, in das die Entsendung erfolgt.

Vertragsloses Ausland

Auch für einen Arbeitnehmer, der ins vertragslose Ausland entsandt wird, sind die Voraussetzungen einer Ausstrahlung zu prüfen.

Beispiel

Arbeitnehmer wird nach Peru entsandt

Ein Arbeitnehmer ist in einem deutschen Unternehmen beschäftigt und wird für ein Bauprojekt nach Peru entsandt. Da die Voraussetzungen einer Ausstrahlung erfüllt sind, gelten für ihn die deutschen Rechtsvorschriften in allen Versicherungszweigen. Da es mit Peru kein Abkommen gibt, kann es auch zu einer Versicherungs- und Beitragspflicht in Peru kommen.

EU/EWR-Staaten und die Schweiz

Für einen Arbeitnehmer, der in einen EU/EWR-Staat oder in die Schweiz entsandt wird, sind vorrangig die Regelungen der Verordnungen (EG) über soziale Sicherheit zu beachten.[2] Damit eine Entsendung vorliegen kann, muss die entsandte Person vom persönlichen, gebietlichen und sachlichen Geltungsbereich der Verordnung erfasst werden. Zusätzlich muss geprüft werden, ob die Voraussetzungen für eine ↗ Entsendung nach den Verordnungen (EG) über soziale Sicherheit vorliegen.

Abkommensstaaten

Für einen Arbeitnehmer, der in ein Land entsandt wird, mit dem ein Abkommen über soziale Sicherheit abgeschlossen wurde, gelten vorrangig die jeweiligen Abkommensregelungen. Hierbei ist zu beachten, dass es bei den jeweiligen Abkommen über soziale Sicherheit Einschränkungen beim gebietlichen, persönlichen oder sachlichen Geltungsbereich gibt. Wenn die Voraussetzungen erfüllt sind, muss geprüft werden, ob eine ↗ Entsendung nach dem jeweiligen Abkommen vorliegt.

Ausschlussgründe für eine Ausstrahlung

Eine Ausstrahlung liegt nicht vor, wenn die Voraussetzungen für eine Entsendung nicht gegeben sind.

Nachfolgend wird dargestellt, wann dies der Fall ist.

Fehlende Anbindung zur deutschen Sozialversicherung

Ein wesentliches Merkmal für eine Entsendung ist die Bewegung aus Deutschland hinaus in einen anderen Staat. Entscheidend für eine Entsendung ist, dass sich der Lebensmittelpunkt der entsandten Person in Deutschland befunden hat. Weiterhin muss bereits eine vorherige Beziehung zur deutschen Sozialversicherung bestanden haben und eine fortbestehende Inlandsintegration bei vorübergehender Auslandsbeschäftigung bestehen.

Beispiel

Arbeitnehmer wird im Ausland eingestellt

Ein deutsches Unternehmen möchte eine Niederlassung in Kolumbien eröffnen. Für den Aufbau der Organisation der Niederlassung stellt das Unternehmen in Kolumbien einen Einheimischen ein. Der Einheimische gilt als sog. „Ortskraft". Es handelt sich nicht um eine Entsendung.

Arbeitnehmer wird nach Beschäftigung im Ausland bleiben

Ein deutsches Unternehmen hat einen Arbeitnehmer nach Paraguay entsandt. Die Tätigkeit ist auf 3 Jahre befristet. Der Arbeitnehmer hat sich für diese Tätigkeit gemeldet, weil seine Eltern noch in Paraguay leben. Er beabsichtigt nach der Tätigkeit bei seinen Eltern in Paraguay zu bleiben. Es liegt keine Entsendung vor, da der Arbeitnehmer nicht mehr nach Deutschland zurückkehren möchte.

Ausnahmefälle

Die Anbindung an die deutsche Sozialversicherung liegt in Ausnahmefällen auch dann vor, wenn eine Person

- eingestellt und unmittelbar in einen Drittstaat entsandt wird,
- vor der Einstellung bereits den deutschen Rechtsvorschriften unterlegen hat oder
- bereits eine hinreichende Beziehung zur deutschen Sozialversicherung hat.

Eine weitere Voraussetzung ist, dass die Person nach der Entsendung in Deutschland weiterbeschäftigt wird.

Beispiel

Arbeitnehmer wird während einer Entsendung eingestellt

Ein deutsches Unternehmen stellt eine bereits nach Kuwait entsandte Person ein und möchte diese unmittelbar in Kuwait weiterbeschäftigen. Die Beschäftigung soll ohne Einarbeitungszeit in Deutschland ausgeübt werden. Nach der Entsendung ist eine Weiterbeschäftigung in Deutschland geplant.

Da der Arbeitnehmer während seiner Entsendung den deutschen Rechtsvorschriften unterliegt, liegt in diesem Fall eine Entsendung im Rahmen einer Ausstrahlung vor.

1 Vorübergehende Auslandsbeschäftigung, Entsendung im Rahmen einer deutschen Beschäftigungsverhältnisses und zeitliche Befristung im Voraus.
2 § 6 SGB IV.

Unzureichende inländische Beschäftigung

Eine Entsendung ist gegeben, wenn das inländische Beschäftigungsverhältnis während der Entsendung fortbesteht. Bei der Beschäftigung muss es sich um eine Beschäftigung im Sinne der Sozialversicherung handeln.[1] Hierzu gehört unter anderem die organisatorische Eingliederung des Arbeitnehmers in das Unternehmen und das Weisungsrecht des Arbeitgebers. Weiterhin muss sich der Entgeltanspruch gegen den bisherigen Arbeitgeber richten.

Hinweis

Telearbeit kein Ausschlusskriterium

Eine Ausstrahlung liegt auch dann vor, wenn der Arbeitnehmer mit Zustimmung des Arbeitgebers seine abhängige Beschäftigung im Ausland im Homeoffice ausübt. Hierbei spielt es keine Rolle, ob die Initiative für die Tätigkeit im Ausland vom Arbeitgeber oder Arbeitnehmer ausging.

Beispiel

Urlaub in Indonesien

Ein Arbeitnehmer arbeitet bereits seit 20 Jahren für ein deutsches Unternehmen. Er möchte mit seiner Ehefrau für 1 Jahr nach Indonesien reisen, um die Enkelkinder zu besuchen. Anschließend wird er wieder in Deutschland weiter beschäftigt werden. Er vereinbart mit seinem Arbeitgeber, dass er in diesem Jahr von Indonesien aus für das Unternehmen in Form von Telearbeit arbeiten wird. Im Ergebnis handelt es sich um eine Ausstrahlung.

Ruhendes Arbeitsverhältnis

Eine Entsendung liegt nicht vor, wenn während der Entsendung lediglich ein sog. Rumpfarbeitsverhältnis besteht. Dies bedeutet, dass die Hauptpflichten ruhen, somit kein Arbeitsentgelt gezahlt wird und der Arbeitnehmer keine Arbeitsleistung erbringt, die dem Unternehmen zugerechnet werden kann. Hierbei ist zu beachten, dass die Zahlung des Entgelts nur ein Kriterium darstellt. In diesem Zusammenhang muss geprüft werden, ob der Arbeitgeber das Entgelt des Arbeitnehmers weiterhin in seiner Entgeltabrechnung ausweist, die Lohnkosten steuerlich als Betriebsausgaben geltend gemacht werden und ob dem Unternehmen der wirtschaftliche Erfolg angerechnet wird.

Wichtig

Lohnsteuer im Ausland

Die Zahlung der Lohnsteuer im Ausland ist unschädlich für die Beurteilung, ob eine Entsendung vorliegt.

Beteiligungsgesellschaften/Konzerne

Wird ein Arbeitnehmer zu einer Tochtergesellschaft des deutschen Betriebs entsandt, gelten grundsätzlich die gleichen Voraussetzungen für eine Entsendung wie bei nicht verbundenen Unternehmen. Es muss geprüft werden, ob die rechtlichen und tatsächlichen Gestaltungsmerkmale bei der Tochtergesellschaft im entsendenden Unternehmen liegen. In der Regel liegt keine Entsendung vor, wenn das bisherige Arbeitsverhältnis in den Hintergrund tritt. Anhaltspunkte hierfür sind, dass der wirtschaftliche Wert der Arbeit der Tochtergesellschaft zuzurechnen ist, der Entgeltanspruch sich ausschließlich gegen die Tochtergesellschaft richtet und das Arbeitsentgelt der Tochtergesellschaft als Betriebsausgabe in Rechnung gestellt wird.

Hinweis

Arbeitsentgelt wird als Betriebsausgabe geltend gemacht

Bei einer konzerninternen Entsendung kann Arbeitsentgelt unter engen Voraussetzungen als Betriebsausgabe geltend gemacht werden. Dies ist möglich, wenn

- es sich um eine kurzfristige Entsendung (bis 2 Monate) handelt,
- der Arbeitnehmer keinen anderen Arbeitnehmer ablöst und
- der arbeitsvertragliche Entgeltanspruch sich ausschließlich gegen das deutsche Unternehmen richtet.

Unbefristete Entsendung

Damit eine Entsendung vorliegen kann, muss bei vorausschauender Betrachtungsweise eine Begrenzung vorliegen. Eine Befristung kann sich aus dem Vertrag oder aus der Eigenart der Beschäftigung ergeben. Es reicht nicht aus, wenn sich die Begrenzung erst im Laufe der Entsendung ergibt.

Beispiel

Unbefristete Entsendung

Ein Arbeitnehmer wird für unbestimmte Zeit nach Bolivien entsandt. Nach einem Jahr stellt sich heraus, dass die Entsendung im Folgejahr enden wird. Es handelt sich um keine Ausstrahlung, da die Befristung nicht im Voraus bestanden hat, sondern sich erst im Laufe der Tätigkeit ergeben hat.

Keine zeitliche Begrenzung liegt vor, wenn der Arbeitnehmer jederzeit aus dem Ausland zurückgerufen werden kann. Auch das Erreichen der Altersgrenze für eine Vollrente stellt keine Begrenzung dar.

Beispiel

Begrenzung wird automatisch vereinbart

Ein Unternehmen entsendet einen Arbeitnehmer nach Russland. Es wurde vertraglich vereinbart, dass die Entsendung vorerst auf 2 Jahre begrenzt wird. Der Vertrag verlängert sich jeweils um ein weiteres Jahr, wenn dieser nicht 4 Monate vorher gekündigt wird. Es handelt sich um keine Entsendung, da keine Begrenzung im Sinne der Ausstrahlung vorliegt.

Ende der Ausstrahlung

Die Ausstrahlung endet in der Regel mit Ablauf des Entsendezeitraums. Eine Entsendung endet auch, wenn der im Ausland beschäftigte Arbeitnehmer seinen Arbeitgeber wechselt. Dies gilt nicht, wenn das inländische Unternehmen von einem anderen Unternehmen übernommen wird.

Beispiel

Vorübergehende Rückkehr ins Inland

Ein Unternehmen hat einen Mitarbeiter für 4 Jahre nach Südafrika entsandt. Nach 2 Jahren soll der Arbeitnehmer für eine Einweisung für 3 Monate nach Deutschland zurückkehren. Die Unterbrechung ist länger als 2 Monate[2], somit endet die Entsendung. Mit Rückkehr nach Südafrika muss geprüft werden, ob eine neue Entsendung vorliegt.

Leistungen bei Krankheit

Ein Arbeitnehmer kann auch im Ausland erkranken und benötigt Leistungen, die er von seinem Arbeitgeber bzw. von der deutschen Krankenkasse erhalten kann. Hierbei ist zu unterscheiden, ob sich der Arbeitnehmer im vertragslosen Ausland, in einem Abkommensstaat oder in der EU bzw. im EWR befindet. Davon hängt ab, ob der Arbeitnehmer ausschließlich Leistungen über den Arbeitgeber erhalten kann, oder auch die Möglichkeit besteht, zusätzlich Leistungen über das jeweilige Gesundheitssystem zu erhalten.

Vertragsloses Ausland

Bei einer Entsendung ins vertragslose Ausland stellt der Arbeitgeber die Leistungen dem entsandten Arbeitnehmer zur Verfügung. Auch für Familienangehörige, die den Arbeitnehmer begleiten, stellt der Arbeitgeber die Leistungen zur Verfügung.

1 § 7 SGB IV.

2 § 8 Abs. 1 Nr. 2 SGB IV.

> **Tipp**
>
> **Auslandskrankenversicherung für Unternehmen**
>
> Arbeitnehmer sind auf Dienstreisen im Ausland oft besonderen Risiken ausgesetzt. Übernimmt der Arbeitgeber die Behandlungskosten bei einer Krankheit oder einem Unfall, können für ihn schnell hohe Kosten entstehen. Zum Schutz gegen dies Risiko können Arbeitgeber bei privaten Versicherungsgesellschaften eine betriebliche Auslandskrankenversicherung abschließen. Diese wird zumeist für eine bestimmte Anzahl von Arbeitnehmern bzw. für eine Gruppe abgeschlossen. Dadurch ist sie meist günstig, vielfach entfallen auch Altershöchstgrenzen.

EU/EWR-Staaten und die Schweiz

Bei einer Entsendung in einen EU/EWR-Staat oder in die Schweiz kann der Arbeitnehmer über die ⇗ Europäische Krankenversicherungskarte, die sich in der Regel auf der Rückseite der Krankenversichertenkarte befindet, Leistungen in Anspruch nehmen.

Ansprüche nach Abkommen

Bei einer Entsendung in einen Abkommensstaat kann der Arbeitnehmer von seiner gesetzlichen Krankenkasse eine Bescheinigung für die Leistungsinanspruchnahme erhalten. Voraussetzung ist, dass das Abkommen über soziale Sicherheit sich auf die Krankenversicherung erstreckt.

Auszubildender

Unter Berufsausbildung ist die einmalige, breit angelegte berufliche Grundbildung und die für die Ausübung einer qualifizierten Tätigkeit notwendige Fachbildung in einem geordneten Ausbildungsgang in einem Berufsausbildungsverhältnis zu verstehen. Es handelt sich also um die Ausbildung eines Auszubildenden (Lehrlings) im handwerklichen, landwirtschaftlichen, kaufmännischen oder industriellen Bereich, im Gesundheits- und Sozialwesen, in den Naturwissenschaften sowie im öffentlichen Dienst.

Auch eine betriebliche oder überbetriebliche Umschulung für einen anerkannten Ausbildungsberuf nach dem Berufsbildungsgesetz (BBiG) ist der betrieblichen Berufsausbildung gleichgestellt.

Steuerlich können Aufwendungen für eine erstmalige Berufsausbildung nur beschränkt als Sonderausgaben abgezogen werden. Demgegenüber stellen Aufwendungen für eine weitere Berufsausbildung (vorweggenommene) Werbungskosten dar. Auszubildende sind grundsätzlich versicherungspflichtig.

Gesetze, Vorschriften und Rechtsprechung

Lohnsteuer: Auszubildende sind Arbeitnehmer im steuerrechtlichen Sinne (§§ 38 ff. EStG) und können neben der Ausbildungsvergütung auch von steuerfreien Sachbezügen profitieren (§ 8 Abs. 2 Sätze 1 und 11 EStG). Auszubildende können nicht als geringfügig Beschäftigte beschäftigt werden.

Sozialversicherung: Die Vorschrift des § 7 Abs. 2 SGB IV dehnt den Begriff der Beschäftigung auf den Erwerb beruflicher Kenntnisse, Fertigkeiten oder Erfahrungen im Rahmen betrieblicher Berufausbildung aus. Die Versicherungspflicht der zur Berufsausbildung Beschäftigten ergibt sich aus § 5 Abs. 1 Nr. 1 SGB V (Krankenversicherung), § 20 Abs. 1 Nr. 1 SGB XI (Pflegeversicherung), § 1 Abs. 1 Nr. 1 SGB VI (Rentenversicherung) und § 25 Abs. 1 SGB III (Arbeitslosenversicherung). Hinsichtlich der Beitragsberechnung ist bei der Berufsausbildung ggf. die Geringverdienergrenze nach § 20 Abs. 3 SGB IV zu beachten.

Lohnsteuer

Ausbildungsvergütung

Jeder Auszubildende hat Anspruch auf eine angemessene Vergütung. Für den Ausbilder ergeben sich regelmäßig keine lohnsteuerrechtlichen Besonderheiten. Die Ausbildungsvergütung ist steuerpflichtiger Arbeitslohn.[1]

Aufzeichnungspflichten im Lohnkonto

Der Arbeitgeber muss am Ort der Betriebsstätte für den Auszubildenden für jedes Kalenderjahr ein ⇗ Lohnkonto führen.[2]

Zusätzliche Arbeitgeberleistungen

Der Arbeitgeber kann dem Auszubildenden neben der Ausbildungsvergütung die gleichen Vergünstigungen lohnsteuerfrei zukommen lassen, die er auch dem „normalen" Arbeitnehmer gewährt, wenn sie zusätzlich zum ohnehin geschuldeten Arbeitslohn freiwillig geleistet werden.

Dazu gehören u. a:

- ⇗ Sachbezüge[3, 4],
- Teilnahme an üblichen ⇗ Betriebsveranstaltungen[5, 6],
- ⇗ Betriebliche Gesundheitsförderung[7],
- Zinsersparnisse,
- ⇗ Reisekosten, ⇗ Umzugskosten oder Mehraufwendungen bei ⇗ doppelter Haushaltsführung[8],
- Zahlungen für die Unterbringung und Betreuung von nicht schulpflichtigen Kindern[9, 10],
- ⇗ Werkzeuggeld[11],
- ⇗ Arbeitskleidung[12],
- Privatnutzung betrieblicher ⇗ Telekommunikationsgeräte[13, 14],
- zusätzliche Leistungen des Arbeitgebers zur besseren Vereinbarkeit von Familie und Beruf (Unterstützungen bei Wiedereinstieg in den Beruf nach einer Elternzeit oder im Fall der Betreuung von pflegebedürftigen Angehörigen).[15]

> **Tipp**
>
> **Steuerfreie Reisekosten für Fahrten zur Berufsschule**
>
> Fahrten des Auszubildenden zur Berufsschule oder anderen Ausbildungseinrichtungen sind grundsätzlich Auswärtstätigkeiten.[16] Die Ausbildungsvergütung muss für diese Zeiten vom Ausbildungsunternehmen fortgezahlt werden. Der Arbeitgeber kann dem Auszubildenden für die Fahrten zur Berufsschule steuerfrei Reisekosten erstatten.[17]

Lohnsteuerpauschalierung

Der Ausbilder kann auch beim Auszubildenden die Lohnsteuer für bestimmte Lohnbestandteile mit einem Pauschsteuersatz von 25 % erheben z. B. für ⇗ Erholungsbeihilfen.[18]

1 §§ 38 ff. EStG.
2 § 41 Abs. 1 EStG; § 4 Abs. 1, 2 LStDV.
3 § 8 Abs. 2 Satz 11 EStG.
4 BMF, Schreiben v. 15.3.2022, IV C 5 – S 2334/19/10007:007, BStBl 2022 I S. 242: Abgrenzung zwischen Geldleistung und Sachbezug.
5 R 19.5 LStR.
6 BMF, Schreiben v. 7.12.2016, IV C 5 – S 2332/15/10001; BFH, Urteil v. 29.4.2021, VI R 31/18, BStBl 2021 II, S. 606.
7 § 3 Nr. 34 EStG.
8 § 3 Nr. 16 EStG; R 3.16 LStR.
9 § 3 Nr. 33 EStG; R 3.33 Abs. 3 LStR.
10 BFH, Beschluss v. 14.4.2021, III R 30/20: Anrechnung der Leistung nach § 3 Nr. 33 EStG auf Sonderausgaben gem. § 10 Abs. 1 Nr. 5 EStG.
11 § 3 Nr. 30 EStG.
12 § 3 Nr. 31 EStG.
13 § 3 Nr. 45 EStG.
14 BFH, Urteil v. 23.11.2022, VI R 51/20, BFH/NV 2023 S. 374.
15 § 3 Nr. 34a EStG.
16 BFH, Beschluss v. 2.3.2011, III B 106/10, BFH/NV 2011 S. 793; s. aber BFH, Urteil v. 10.4.2014, III R 35/13, BStBl 2014 II S. 1011; BMF, Schreiben v. 25.11.2020, IV C 5 – S 2353/19/10011:006, BStBl 2020 I S. 1128.
17 R 9.5 LStR.
18 § 40 Abs. 2 Satz 1 Nr. 3 EStG.

Für Sachbezüge in Form unentgeltlicher oder verbilligter Beförderung eines Arbeitnehmers zwischen Wohnung und erster Tätigkeitsstätte und für zusätzlich zum ohnehin geschuldeten Arbeitslohn geleistete Zuschüsse zu den Aufwendungen des Arbeitnehmers für Fahrten zwischen Wohnung und erster Tätigkeitsstätte, kann der Arbeitgeber unter bestimmten Voraussetzungen die Lohnsteuer mit einem Pauschsteuersatz von 15 % erheben.[1]

Besonderheiten für Arbeitgeber

Minijob und Geringverdiener

Die Ausbildung im Rahmen einer ⇗ geringfügigen Beschäftigung (Minijob) ist nicht möglich. Die ⇗ Geringverdienergrenze von 325 EUR[2] bei der Ausbildung führt zur Lohnsteuerfreiheit.

Berufsausbildungsbeihilfe

Berufsausbildungsbeihilfe wird u. a. während einer Berufsausbildung von der Agentur für Arbeit auf Antrag geleistet. Auszubildende erhalten Berufsausbildungsbeihilfe, wenn sie während der Berufsausbildung nicht bei den Eltern wohnen.[3, 4] Lohnsteuerrechtliche Konsequenzen hat diese Leistung für den Ausbilder nicht.

Studiengebühren

Übernimmt der Arbeitgeber im Rahmen eines Ausbildungsdienstverhältnisses als Schuldner Studiengebühren, wird ein ganz überwiegend eigenbetriebliches Interesse des Arbeitgebers unterstellt und steuerrechtlich kein Vorteil mit Arbeitslohncharakter angenommen. Ein Ausbildungsdienstverhältnis liegt vor, wenn die Ausbildungsmaßnahme Gegenstand des Dienstverhältnisses ist.[5] So sind auch Studiengebühren, die der Arbeitgeber bei einer im dualen System durchgeführten Ausbildung aufgrund einer Vereinbarung mit der Bildungseinrichtung als unmittelbarer Schuldner trägt, kein Arbeitslohn.[6]

Berufsbegleitendes Studium

Ein berufsbegleitendes Studium kann als berufliche Fort- und Weiterbildungsleistung des Arbeitgebers anzusehen sein, wenn es die Einsatzfähigkeit des Arbeitnehmers im Betrieb erhöhen soll.[7] Die Übernahme von Studiengebühren durch den Arbeitgeber führt dann auch nicht zu Arbeitslohn.

Stipendien

Stipendien sind in aller Regel nicht steuerbar. Stipendien an Studenten können gem. § 3 Nr. 44 EStG steuerfrei sein.[8]

Berufsausbildung und Kindergeldanspruch

Erste Berufsausbildung

Als erste Berufsausbildung ist die Ausbildung für einen künftigen Beruf zu verstehen. Hierzu gehören insbesondere der Besuch von Hoch- oder Fachschulen sowie die Ausbildung für einen handwerklichen, kaufmännischen oder technischen Beruf und die Ausbildung in der Hauswirtschaft aufgrund eines Berufsausbildungsvertrags oder an einer Lehranstalt.[9, 10] Ein erstmaliges Hochschulstudium ist i. d. R. eine Berufsausbildung.

Der Freiwilligendienst im Rahmen des Bundesfreiwilligendienstes ist grundsätzlich keine Berufsausbildung, da er i. d. R. nicht der Vorbereitung auf einen konkret angestrebten Beruf, sondern der Erlangung sozialer Erfahrungen und der Stärkung des Verantwortungsbewusstseins für das Gemeinwohl dient. Dies gilt auch für eine im Rahmen des Freiwilligendienstes absolvierte nur knapp 6 Monate dauernde Qualifikation zum Rettungssanitäter gemäß der Bayerischen Rettungssanitäterverordnung.[11]

Die Ausbildung zum Rettungshelfer ist eine Berufsausbildung i. S. v. § 9 Abs. 6 EStG.[12]

Kinderfreibetrag und Kindergeld

Bei einer erstmaligen Berufsausbildung bzw. einem Erststudium des Kindes erhalten Eltern dafür den Kinderfreibetrag oder ⇗ Kindergeld für Kinder bis zur Vollendung des 25. Lebensjahres, unabhängig von der Höhe der eigenen Einkünfte/Einnahmen des Kindes.[13] Bei auswärtiger Unterbringung des Kindes gibt es einen ⇗ Ausbildungsfreibetrag i. H. v. 1.200 EUR.[14, 15]

Achtung

Kein Kindergeld nach krankheitsbedingtem Ausbildungsabbruch

Eine kindergeldrechtliche Berücksichtigung wegen Berufsausbildung i. S. d. § 32 Abs. 4 Satz 1 Nr. 2 Buchst. a) EStG scheidet aus, sobald ein Kind sein Ausbildungsverhältnis krankheitsbedingt nicht nur unterbrochen, sondern abgebrochen hat. Ein Abbruch zeigt sich in der Abmeldung des Kindes von der (Hoch-)Schule oder dessen Kündigung des Ausbildungsverhältnisses.[16]

Eine kindergeldrechtliche Berücksichtigung wegen Berufsausbildung scheidet aus, wenn Ausbildungsmaßnahmen im Rahmen des fortbestehenden Ausbildungsverhältnisses wegen einer nicht vorübergehenden Erkrankung (länger als 6 Monate) unterbleiben.[17]

Anspruch nach Abschluss der ersten Berufsausbildung

Ein Kind wird bezüglich des Kindergeldes nach Abschluss einer erstmaligen Berufsausbildung oder eines Erststudiums nur berücksichtigt, wenn es keiner anspruchsschädlichen Erwerbstätigkeit nachgeht. Schädlich ist eine Erwerbstätigkeit des Kindes dann, wenn die regelmäßige wöchentliche Arbeitszeit insgesamt mehr als 20 Stunden beträgt.[18]

Die Regelung zur Zahlung des Kindergeldes gilt auch dann, wenn die erstmalige Berufsausbildung bereits vor Vollendung des 18. Lebensjahres abgeschlossen worden ist.

Merkmale der erstmaligen Berufsausbildung

Die Berufsausbildung ist als erstmalige Berufsausbildung anzusehen, wenn ihr keine andere abgeschlossene Berufsausbildung bzw. kein abgeschlossenes berufsqualifizierendes Hochschulstudium vorausgegangen ist.[19] Eine erstmalige Berufsausbildung oder ein Erststudium sind grundsätzlich abgeschlossen, wenn sie das Kind zur Aufnahme eines Berufs befähigen.

Kriterien zum Abschluss einer erstmaligen Berufsausbildung

Eine Erstausbildung liegt vor, wenn eine geordnete Ausbildung mit einer Mindestdauer von 12 Monaten bei vollzeitiger Ausbildung durchgeführt wird und mit einer Abschlussprüfung endet.[20] Ist eine Abschlussprüfung nach dem Ausbildungsplan nicht vorgesehen, gilt die Ausbildung mit der tatsächlichen planmäßigen Beendigung als abgeschlossen.

Eine Berufsausbildung als Erstausbildung hat auch abgeschlossen, wer die Abschlussprüfung mit einer Mindestdauer von 12 Monaten bestanden hat, ohne dass er zuvor die entsprechende Berufsausbildung durchlaufen hat.

1 § 40 Abs. 2 Satz 2 EStG.
2 § 20 Abs. 3 Satz 1 Nr. 1 SGB IV.
3 § 56 SGB III.
4 BSG, Urteil v. 29.8.2012, B 11 AL 22/11 R; LSG Mecklenburg-Vorpommern, Urteil v. 16.6.2021, L 2 AL 49/14.
5 R 9.2 LStR; H 9.2 LStH.
6 BMF, Schreiben v. 13.4.2012, IV C 5 – S 2332/07/0001, BStBl 2012 I S. 531.
7 R 19.7 LStR.
8 OFD Frankfurt, Verfügung v. 9.4.2019, S 2121 A – 013-St 231; BFH, Urteil v. 15.9.2010, X R 33/08, BStBl 2011 II S. 637; BFH, Urteil v. 24.2.2015, VIII R 43/12, BStBl 2015 II S. 691.
9 § 9 Abs. 6 Satz 2 ff. EStG.
10 BMF, Schreiben v. 8.2.2016, IV C 4 – S 2282/07/0001 – 01, BStBl 2016 I S. 226.
11 FG Nürnberg, Urteil v. 9.1.2023, 3 K 782/22.
12 BFH, Urteil v. 12.1.2023, VI R 41/20, BFH/NV 2023 S. 544.
13 BFH, Urteil v. 3.7.2014, III R 52/13, BStBl 2015 II S. 152.
14 § 33a Abs. 2 Satz 1 EStG.
15 FG Rheinland-Pfalz, Urteil v. 27.3.2018, 3 K 1651/16.
16 BFH, Urteil v. 31.8.2021, III R 41/19, BStBl 2022 II S. 465.
17 BFH, Urteil v. 15.12.2021, III R 43/20, BStBl 2022 II S. 472.
18 BMF, Schreiben v. 8.2.2016, IV C 4 – S 2282/07/0001 – 01, BStBl 2016 I S. 226, Rz. 2; BZSt, Schreiben v. 26.5.2023, St II 2 – S 2280 – DA/22/00001, DA-KG 2023, Tz. A 20.3. ff., BStBl 2023 I S. 818.
19 BMF, Schreiben v. 8.2.2016, IC C 4 -S 2282/07/0001-01, Tz. 2.1 Abs. 6, BStBl 2016 I S. 226.
20 § 9 Abs. 6 EStG.

Die steuerliche Behandlung von Erstausbildungskosten gem. § 9 Abs. 6 EStG ist verfassungsgemäß.[1,2]

Studienwechsel oder Unterbrechung des Studiums

Bei einem Wechsel des Studiengangs oder bei einer Unterbrechung und späteren Weiterführung des Studiums ohne Abschluss des zunächst betriebenen Studiengangs ist der vorangegangene Studienteil kein abgeschlossenes Erststudium.

Steuerlicher Abzug von Ausbildungskosten

Aufwendungen für die erstmalige Berufsausbildung und für ein Erststudium sind grundsätzlich Kosten der persönlichen Lebensführung, sodass ein Werbungskostenabzug ausscheidet.[3] Dies gilt auch für Aufwendungen für eine Berufsausbildung ohne den vorherigen Abschluss einer Erstausbildung, auch wenn der Steuerpflichtige zuvor langjährig Einkünfte aus einer gewerblichen Tätigkeit erzielt hat.[4] Aufwendungen des Steuerpflichtigen für dessen erstmalige Berufsausbildung oder für ein Erststudium, das zugleich eine Erstausbildung vermittelt, sind keine Werbungskosten, wenn diese Berufsausbildung oder das Erststudium nicht im Rahmen eines Dienstverhältnisses stattfindet. Ggf. kommt ein Ansatz als Sonderausgaben in Betracht.[5,6]

Ist die erstmalige Berufsausbildung oder ein Erststudium Gegenstand eines Dienstverhältnisses (Ausbildungsdienstverhältnis, Lehre), werden die entstehenden Aufwendungen als Werbungskosten berücksichtigt, soweit sie nicht vom Arbeitgeber übernommen werden.

Steuerliche Berücksichtigung von BAföG und Studienkrediten

Zweckgebundene steuerfreie Zahlungen zur Förderung der Ausbildung (BAföG) sind auf die als Werbungskosten anzusetzenden Ausbildungskosten anzurechnen. Die Aufwendungen des Steuerpflichtigen werden nur in dem Jahr steuerlich berücksichtigt, in dem sie geleistet wurden. Dies gilt auch dann, wenn sie aus Darlehensmitteln bestritten worden sind. Ausgaben zur Tilgung eines zur Berufsausbildung aufgenommenen Darlehens sind keine abzugsfähigen Ausbildungskosten, wohl aber die Zinsen für ein Ausbildungsdarlehen, auch wenn sie nach Abschluss der Berufsausbildung gezahlt werden.

Wichtig

Sonderausgabenabzug bei Berufsausbildung

Aufwendungen für die erstmalige eigene Berufsausbildung oder für ein Erststudium des unbeschränkt einkommensteuerpflichtigen und nicht dauernd getrennt lebenden Ehe-/Lebenspartners sind als ⇗ Sonderausgaben bis zu 6.000 EUR jährlich abziehbar. Der Betrag von 6.000 EUR ist für jeden Ehe-/Lebenspartner gesondert anzusetzen.[7]. Abziehbar sind die unmittelbaren Kosten der Berufsausbildung wie z. B. Schulgeld, Semestergebühren oder Ausgaben für Fachliteratur. Zu den Aufwendungen für die eigene Berufsausbildung gehören auch die Ausgaben für eine auswärtige Unterbringung.[8] Wenn die Ausbildung zuhause erfolgt (z. B. als Fernstudium) sind auch die Kosten für ein etwaiges ⇗ Arbeitszimmer[9] oder die ⇗ Homeoffice-Pauschale[10] zu berücksichtigen. Bei auswärtiger Ausbildung sind gem. § 9 Abs. 1 Satz 3 Nrn. 4-5 EStG etwaige Aufwendungen für Fahrten zwischen Wohnung und Ausbildungsstätte bzw. für doppelte Haushaltsführung ansetzbar und gem. § 9 Abs. 4a EStG auch etwaige Verpflegungsmehraufwendungen.[11]

Mehraktige Erstausbildung

Anforderungen

Entscheidend ist, ob bereits der erste (objektiv) berufsqualifizierende Abschluss in einem Ausbildungsgang zum Abschluss der Erstausbildung führt oder ob bei einer mehraktigen Ausbildung auch ein nachfolgender Abschluss in einem Ausbildungsgang Teil der Erstausbildung sein kann. Dabei kommt es darauf an, ob der erste Abschluss integrativer Bestandteil eines einheitlichen Ausbildungsgangs ist.[12]

Mehraktige Ausbildungsmaßnahmen sind Teil einer einheitlichen Erstausbildung, wenn sie

- einen engen sachlichen bzw. inhaltlichen Zusammenhang haben (z. B. dieselbe Berufssparte, derselbe fachliche Bereich) und
- die Durchführung in einem engen zeitlichen Zusammenhang erfolgt.

Sie müssen zeitlich und inhaltlich so aufeinander abgestimmt sein, dass die Ausbildung nach Erreichen des ersten Abschlusses fortgesetzt werden soll und das angestrebte Berufsziel erst über den weiterführenden Abschluss erreicht werden kann.[13]

Ein Abschluss einer erstmaligen Berufsausbildung muss aber nicht bereits mit dem ersten (objektiv) berufsqualifizierenden Abschluss erfüllt sein.

Beispiele für einheitliche mehraktige Erstausbildung

Bachelor und anschließender Master

Ein nachfolgender Studiengang ist dann Teil der Erstausbildung, wenn das Masterstudium zeitlich und inhaltlich auf den vorangegangenen Bachelorstudiengang abgestimmt ist.[14]

Eine mehraktige Berufsausbildung liegt auch vor, wenn das Kind schon bei Aufnahme eines Bachelorstudiums das Berufsziel gehabt hat, später eine gehobene Position in der Wirtschaft zu bekleiden, und es im Anschluss an den Abschluss des Bachelorstudiums ein Masterstudium aufnimmt, dessen erfolgreicher Abschluss Voraussetzung für die Erreichung dieses Berufsziels ist.[15]

Duales Studium

Der BFH sieht ein duales Hochschulstudium zum Bachelor im Studiengang Steuerrecht und eine studienintegrierte praktische Ausbildung zum Steuerfachangestellten als einheitliches Erststudium an.[16]

Laut BFH beendet ein Kind, das ein duales Studium durchführt, seine Erstausbildung noch nicht mit der erfolgreichen Absolvierung einer studienintegrierten praktischen Ausbildung in einem Lehrberuf. Die Erstausbildung dauert bis zum Abschluss des parallel durchgeführten Bachelorstudiums fort.[17] Dies betrifft z. B. ein duales Studium der Wirtschaftsinformatik mit gleichzeitiger Ausbildung zum Fachinformatiker.

Referendariat unmittelbar nach dem ersten Staatsexamen

Mit dem ersten juristischen Staatsexamen ist die erstmalige Berufsausbildung grundsätzlich abgeschlossen. Ein in einem engen zeitlichen Zusammenhang aufgenommenes Referendariat zur Vorbereitung auf das zweite Staatsexamen ist Teil der erstmaligen Berufsausbildung.

Parallele Studiengänge

Werden 2 Studiengänge parallel studiert, die zu unterschiedlichen Zeiten abgeschlossen werden, ist der nach dem berufsqualifizierenden Abschluss eines der Studiengänge weiter fortgesetzte andere Studiengang kein Erststudium mehr ab dem Zeitpunkt des Abschlusses des einen Studienganges. Etwas anderes gilt nur, wenn die Studiengänge in einem engen sachlichen Zusammenhang stehen.

1 BVerfG, Beschluss v. 19.11.2019, 2 BvL 22-27/14, BFH/NV 2020 S. 334.
2 S. Abschn. 5.4.
3 § 9 Abs. 6 Satz 1 EStG.
4 BFH, Urteil v. 15.2.2023, VI R 22/21, BFH/NV 2023 S. 712.
5 § 10 Abs. 1 Nr. 7 Satz 1 EStG.
6 BMF, Schreiben v. 22.9.2010, IV C 4 – S 2227/07/10002:002, BStBl 2010 I S. 721.
7 § 10 Abs. 1 Nr. 7 Satz 2 EStG.
8 § 10 Abs. 1 Nr. 7 Satz 3 EStG.
9 § 4 Abs. 5 Satz 1 Nr. 8b EStG.
10 § 4 Abs. 5 Satz 1 Nr. 6c EStG.
11 § 10 Abs. 1 Nr. 7 Satz 4 EStG.
12 BFH, Urteil v. 16.6.2015, XI R 1/14, BFH/NV 2015 S. 1378; BFH, Urteil v. 4.2.2016, III R 14/15, BStBl 2016 II S. 615; BFH, Beschluss v. 9.3.2016, III B 146/15, BFH/NV 2016 S. 918.
13 BFH, Urteil v. 8.9.2016, III R 27/15, BStBl 2017 II S. 278.
14 BFH, Urteil v. 3.9.2015, VI R 9/15, BStBl 2016 II S. 166.
15 FG Baden-Württemberg, Urteil v. 16.1.2018, 6 K 3796/16; BFH, Urteil v. 11.12.2018 III R 26/18, BStBl 2019 II S. 765, Zurückverweisung an das FG zwecks Tatsachenfeststellung.
16 BFH, Urteil v. 3.7.2014, III R 52/13, BStBl 2016 II S. 166.
17 BFH, Urteil v. 16.6.2015, XI R 1/14, BFH/NV 2015 S. 1378.

Erstausbildung bei mehraktigen Ausbildungsmaßnahmen

Ein Kind, das von Anfang an den Abschluss als „geprüfter Immobilienfachwirt" anstrebt und dafür zunächst eine Ausbildung zum Immobilienkaufmann macht, ist während der anschließenden berufsbegleitenden Weiterbildung der IHK zu berücksichtigen, auch wenn die wöchentliche Arbeitszeit mehr als 20 Stunden beträgt.[1]

Hingegen ist eine erstmalige Berufsausbildung mit dem Bestehen der Prüfung als Steuerfachangestellter abgeschlossen.[2] Dies gilt u. U. auch, wenn das volljährige Kind von Anfang an „Steuerberater" werden will und später eine Ausbildung zum „Steuerfachwirt" abschließt, wenn aber eine Zulassung zur Steuerberaterprüfung frühestens 7 Jahre nach dem Abschluss als Steuerfachangestellter möglich ist.[3]

Das FG hat nicht hinreichend geprüft, ob das „Kind" mit der Aufnahme der Vollzeittätigkeit bereits in den von ihm angestrebten Beruf eintrat und die Ausbildung zum Steuerfachwirt nicht mehr im Rahmen einer einheitlichen Erstausbildung, sondern als berufsbegleitende Weiterbildungsmaßnahme absolvierte. Das FG muss im zweiten Rechtsgang der Frage nachgehen, ob die weitere Ausbildung eher dem Beschäftigungsverhältnis untergeordnet war oder umgekehrt das Beschäftigungsverhältnis der Ausbildung. Denn lt. BFH ist eine Erstausbildung nicht anzunehmen, wenn ein Kind nach Erlangung eines ersten Berufsabschlusses während einer beruflichen Weiterbildung eine Erwerbstätigkeit aufnimmt, die im Vergleich zur Weiterbildung als „Hauptsache" anzusehen ist.

Berufsbegleitendes Studium eines Verwaltungsfachangestellten zum Verwaltungsfachwirt

Bei der von vornherein angestrebten Weiterbildung eines Verwaltungsfachangestellten zum Verwaltungsfachwirt im Rahmen eines zum nächstmöglichen Zeitpunkt begonnenen berufsbegleitenden Studiums handelt es sich nicht zwingend noch um einen Teil einer einheitlichen mehraktigen Erstausbildung.[4]

Das FG hatte lt. BFH nicht alle maßgeblichen Umstände in seine Überzeugungsbildung mit einbezogen. Die im Rahmen des § 32 Abs. 4 Satz 2 EStG vorzunehmende Abgrenzung einer einheitlichen Erstausbildung mit daneben ausgeübter Erwerbstätigkeit von einer berufsbegleitend durchgeführten Weiterbildung (Zweitausbildung) ist anhand einer Gesamtwürdigung der Verhältnisse vorzunehmen.

Umorientierung während mehraktiger einheitlicher Erstausbildung eines Kindes 2 zeitlich und inhaltlich zusammenhängende Ausbildungsabschnitte können auch dann zu einer einheitlichen Erstausbildung zusammengefasst werden, wenn das Kind sich nach dem Ende des ersten Ausbildungsabschnitts umorientiert und seine Ausbildung anders als ursprünglich geplant fortsetzt. Lt. BFH hängt die Frage, ob mehrere Ausbildungsabschnitte noch Teil einer einheitlichen Erstausbildung sind, zunächst vom engen zeitlichen und sachlichen Zusammenhang ab. Der enge zeitliche Zusammenhang zwischen Ausbildungsabschnitten entfällt nicht dadurch, dass das Kind nach Beendigung der Lehre sein ursprünglich geplantes Studienfach ändert, wenn das neu gewählte Studienfach (Betriebswirtschaftsstudium statt Ausbildung zum Bankfachwirt am Bankkolleg) ebenfalls im sachlichen Zusammenhang mit der Lehre (Bankkaufmann) steht. Der BFH hat zum Ausdruck gebracht, dass nur solche Ausbildungsabschnitte Teil einer einheitlichen Erstausbildung sein können, die nicht einer Weiterbildung im bereits aufgenommenen Beruf entsprechen.[5]

Achtung

Öffentlich-rechtlich geordneter Ausbildungsgang – keine einheitliche Erstausbildung

Hat ein Kind eine Ausbildung zum „Sozialversicherungsangestellten" erfolgreich abgeschlossen und wird es zum weiteren Ausbildungsabschnitt „AOK-Betriebswirt" erst zugelassen, wenn es mindestens ein Jahr in dem Beruf gearbeitet und weitere Leistungsnachweise erbracht hat, lassen sich die Ausbildungsabschnitte nicht mehr zu einer einheitlichen Erstausbildung zusammenfassen.[6]

Zweitausbildung

Kindergeldanspruch

Wenn das Kind später eine weitere Ausbildung aufnimmt, handelt es sich immer um eine Zweitausbildung. Dies betrifft z. B. die Meisterausbildung nach mehrjähriger Berufstätigkeit aufgrund abgelegter Gesellenprüfung oder ein Masterstudium nach mehrjähriger Berufstätigkeit.

Voraussetzung: Berufsqualifizierender Abschluss

Als berufsqualifizierender Abschluss gilt auch der Abschluss eines Studiengangs, durch den die fachliche Eignung für einen beruflichen Vorbereitungsdienst oder eine berufliche Einführung vermittelt wird, wie z. B. beim juristischen Vorbereitungsdienst. Auch der Bachelorgrad ist grundsätzlich ein berufsqualifizierender Abschluss.

Kein Kindergeld für berufsbegleitend Jura studierende Finanzbeamtin

Für eine nach Abschluss ihrer Ausbildung zur Diplom-Finanzwirtin mit deutlich mehr als 20 Wochenarbeitsstunden in der Finanzverwaltung arbeitende Finanzbeamtin hat deren Mutter keinen Anspruch auf Kindergeld, wenn die Tochter ein nebenberuflich betriebenes Jurastudium aufgenommen hat. Im Streitfall hat der BFH das Jurastudium in der Gesamtbetrachtung nicht als Teil einer einheitlichen Erstausbildung beurteilt, sondern ist von einer Zweitausbildung in Form einer berufsbegleitend durchgeführten Weiterbildung ausgegangen.[7]

Kein Kindergeldanspruch während Ausbildung zum Facharzt

Schließt ein Kind nach erfolgreich abgeschlossenem Medizinstudium einen Dienstvertrag mit einer Klinik, der als Vorbereitungszeit zur Erlangung der Facharztqualifikation dient, ist ein Kindergeldanspruch während dieses Dienstverhältnisses mangels Vorliegens einer Berufsausbildung ausgeschlossen. Dies gilt, wenn bei einer Gesamtbetrachtung der Erwerbscharakter und nicht der Ausbildungscharakter im Vordergrund steht.[8]

Werbungskostenabzug

Aufwendungen für die zweite Ausbildung sind (vorweggenommene) Werbungskosten[9], wenn der Steuerpflichtige zuvor bereits eine Erstausbildung (Berufsausbildung oder Studium) abgeschlossen hat. Allerdings muss eine geordnete Erstausbildung mit einer Mindestdauer von 12 Monaten bei vollzeitiger Ausbildung und mit einer Abschlussprüfung durchgeführt worden sein.[10]

Beispiele für Zweitausbildung

Weiterführendes Studium mit Berufserfahrung als Zulassungsvoraussetzung

Nimmt ein Kind nach Abschluss einer kaufmännischen Ausbildung ein Studium auf, das eine ein- oder mehrjährige Berufstätigkeit voraussetzt, ist das Studium kein integrativer Bestandteil einer einheitlichen Ausbildung, sondern eine zweite Ausbildung.

Berufsbegleitendes Studium nach Ausbildung

Der im Anschluss an eine Ausbildung zur Steuerfachangestellten erfolgte Besuch einer Fachschule für Wirtschaft neben einer Vollzeitbeschäftigung im Ausbildungsberuf ist nicht der zweite Teil einer mehraktigen Berufsausbildung, sondern als Zweitausbildung anzusehen.[11]

1 FG Rheinland-Pfalz, Urteil v. 28.6.2017, 5 K 2388/15.
2 FG Münster, Urteil v. 17.1.2018, 3 K 2555/17 Kg.
3 FG des Saarlandes, Urteil v. 15.2.2017, 2 K 1290/16, aufgehoben durch BFH, Urteil v. 10.4.2019, III R 43/17, BFH/NV 2019 S. 1343, Zurückverweisung an das FG.
4 FG Düsseldorf, Urteil v. 22.3.2019, 7 K 2386/18 Kg, aufgehoben durch BFH, Urteil v. 19.2.2020, III R 28/19, BStBl 2020 II S. 562, Zurückverweisung an das FG.
5 BFH, Urteil v. 23.10.2019, III R 14/18, BStBl 2020 II, S. 785, Zurückverweisung an das Niedersächsische FG.
6 BFH, Urteil v. 18.2.2021, III R 14/19, BFH/NV 2021 S. 936.
7 BFH, Urteil v. 7.4.2022, III R 22/21, BStBl 2022 II S. 678.
8 BFH, Urteil v. 22.9.2022, III R 40/21, BStBl 2023 II S. 251.
9 § 9 EStG.
10 § 9 Abs. 6 Satz 2 EStG.
11 FG Münster, Urteil v. 23.5.2017, 1 K 2410/16 Kg.

Ausbildung zum Bankfachwirt

Eine einheitliche Erstausbildung ist nicht mehr anzunehmen, wenn die vom Kind aufgenommene Erwerbstätigkeit bei einer Gesamtwürdigung der Verhältnisse bereits die hauptsächliche Tätigkeit bildet und sich die weiteren Ausbildungsmaßnahmen als eine auf Weiterbildung und/oder Aufstieg in dem bereits aufgenommenen Berufszweig gerichtete Nebensache darstellen.[1]

Arbeit als Steuerfachangestellte und Teilzeitstudium an Fachhochschule zum Betriebswirt

Eine einheitliche Erstausbildung ist auch nicht anzunehmen, wenn ein Kind nach Erlangung eines ersten Berufsabschlusses während einer beruflichen Weiterbildung eine Erwerbstätigkeit aufnimmt, die im Vergleich zur Weiterbildung als „Hauptsache" anzusehen ist.[2]

Erstausbildung: Abweichende Begrifflichkeiten im Kindergeldrecht und beim Werbungskostenabzug

Das BVerfG hat entschieden, dass der Ausschluss des Werbungskostenabzugs von Berufsausbildungskosten für eine Erstausbildung außerhalb eines Dienstverhältnisses gem. § 9 Abs. 6 EStG verfassungsgemäß ist.

Die Wertung der in § 32 Abs. 4 Satz 2 EStG verwendeten Tatbestandsmerkmale „erstmalige Berufsausbildung" und „Erststudium" im Kindergeldrecht ist für die Auslegung des § 9 Abs. 6 EStG, wann ein Werbungskostenabzug in Betracht kommt oder nicht, nicht relevant.

So hat der BFH entschieden, dass eine Steuerpflichtige, die vor Beginn ihres Bachelor-Studiums lediglich die Schule besucht und diese mit dem Abitur abgeschlossen hat, die Kosten für das Bachelor-Studium (Erstausbildung) nicht abziehen darf, weil dies auch nicht im Rahmen eines Dienstverhältnisses stattgefunden hat. Mit dem Bestehen des Bachelor-Studiengangs ist das Erststudium i. S. d. § 9 Abs. 6 EStG beendet. Die Kosten für das anschließende Master-Studium als Zweitausbildung hat der BFH als Werbungskosten (nicht als Sonderausgaben) abzugsfähig gesehen.[3]

Sozialversicherung

Berufsausbildung in der Sozialversicherung

Der im Berufsbildungsgesetz[4] definierte Begriff der Berufsausbildung gilt auch für das Sozialversicherungsrecht.

Die Vorschrift des § 7 Abs. 2 SGB IV dehnt den Begriff der Beschäftigung auf den Erwerb beruflicher Kenntnisse, Fertigkeiten oder Erfahrungen aus. Daher gelten ⬀ Volontäre, ⬀ Praktikanten und Anlernlinge als zur Berufsausbildung beschäftigt.

Versicherungspflicht

Kranken- und Pflegeversicherung

In der Kranken- und Pflegeversicherung gilt die Einschränkung, dass Auszubildende nur dann als Arbeitnehmer sozialversicherungspflichtig sind, wenn sie Entgelt erhalten. Da Auszubildende Anspruch auf eine Mindestausbildungsvergütung haben, ist diese Einschränkung eher theoretischer Natur.

Die Versicherungspflicht in der Kranken- und Pflegeversicherung kann wegen fehlender Entgeltzahlung für andere zu ihrer Berufsausbildung beschäftigte Personen (z. B. Praktikanten) ausgeschlossen sein.

Renten- und Arbeitslosenversicherung

In der Renten- und Arbeitslosenversicherung sind zu ihrer Berufsausbildung beschäftigte Personen ohne Rücksicht darauf versicherungspflichtig, ob ⬀ Ausbildungsbeihilfen, ⬀ Entgelt o. Ä. gezahlt werden.

1 BFH, Urteil v. 21.3.2019, III R 17/18, BStBl 2019 II S. 772, Zurückverweisung an das Niedersächsische FG zwecks Tatsachenfeststellung; BFH, Urteil v. 20.2.2019, III R 42/18, BStBl 2019 II S. 769, Zurückverweisung an das FG Düsseldorf zwecks Tatsachenfeststellung.
2 BFH, Urteil v. 11.12.2018, III R 47/17, BFH/NV 2019 S. 694, Zurückverweisung an das FG Münster zwecks Tatsachenfeststellung.
3 BFH, Urteil v. 12.2.2020, VI R 17/20, BStBl 2020 II S. 719.
4 § 1 Abs. 3 BBiG; §§ 10 ff. BBiG.

Besondere Formen der Berufsausbildung

Praxisintegrierte schulische Ausbildungsgänge

Teilnehmer an Ausbildungen mit Abschnitten des schulischen Unterrichts und der praktischen Ausbildung, für die ein Ausbildungsvertrag und Anspruch auf Ausbildungsvergütung besteht (praxisintegrierte Ausbildungen) sind vom 1.7.2020 an den zur Berufsausbildung Beschäftigten gleichgestellt. Damit sind diese Teilnehmer kranken-, pflege-, renten- und arbeitslosenversicherungspflichtig. Diese Regelung stellt sicher, dass Auszubildende in praxisintegrierten schulischen Ausbildungsgängen unabhängig vom konkreten Ausbildungsberuf dann in die Sozialversicherungspflicht einbezogen sind, wenn

- ein Ausbildungsvertrag geschlossen wird und
- ein Anspruch auf Ausbildungsvergütung auch während der Phasen der schulischen Ausbildung besteht.

Von dieser Regelung sind insbesondere Auszubildende in Gesundheitsberufen betroffen, da praxisintegrierte schulische Ausbildungsgänge dort die Regel sind (u. a. Ausbildung für Logopäden, Ergotherapeuten, Physiotherapeuten). Diese Regelungen gelten auch für Auszubildende in vergleichbaren schulischen Einrichtungen (z. B. die Ausbildung zum Erzieher).

Berufsausbildung ohne Arbeitsentgelt

Zur Berufsausbildung Beschäftigte ohne Arbeitsentgelt sind in der gesetzlichen Kranken- und Pflegeversicherung grundsätzlich familienversichert. Sind die Voraussetzungen der ⬀ Familienversicherung nicht gegeben, besteht Versicherungspflicht als ⬀ Praktikant nach § 5 Abs. 1 Nr. 10 SGB V bzw. § 20 Abs. 1 Nr. 10 SGB XI.

Außerbetriebliche Berufsausbildung/Umschüler

Eine außerbetriebliche Berufsausbildung liegt vor, wenn diese von verselbstständigten, nicht einem Betrieb angegliederten Bildungseinrichtungen durchgeführt wird. Es kann sich dabei um u. a. Berufsbildungswerke, Berufsförderungswerke und Berufsfortbildungswerke handeln. Die Teilnehmer sind den zur Berufsausbildung Beschäftigten gleichgestellt und daher sozialversicherungspflichtig.

Bei einer außerbetrieblichen Weiterbildung mit Abschluss in einem anerkannten Ausbildungsberuf (⬀ Umschulung[5]) fehlt es am Abschluss eines Berufsausbildungsvertrags. Daher kann Sozialversicherungspflicht nicht bestehen.

Beitragsberechnung

Berechnungsgrundlage

Die Beiträge für Auszubildende werden von der Ausbildungsvergütung berechnet. Dabei wird der Beitragsberechnung mindestens die Mindestausbildungsvergütung zugrunde gelegt. Die monatliche Mindestausbildungsvergütung im 1. Ausbildungsjahr hängt vom Jahr des Ausbildungsbeginns ab und betrug bei Ausbildungsstart in

- 2023: 620 EUR
- 2022: 585 EUR
- 2021: 550 EUR
- 2020: 515 EUR

Seit dem 1.1.2024 wird die Höhe der gesetzlichen Mindestvergütung für das 1. Ausbildungsjahr jeweils im November des Vorjahres im Bundesgesetzblatt bekannt gegeben und jährlich an die durchschnittliche Entwicklung aller Ausbildungsvergütungen angepasst. Für das Jahr 2024 wurde sie auf 649 EUR festgelegt.

Soweit keine Ausbildungsvergütung bezogen wird – möglich ist dies nur für Ausbildungsverhältnisse, die bis zum 31.12.2019 begründet wurden – gelten Sonderregelungen.

5 § 60 BBiG.

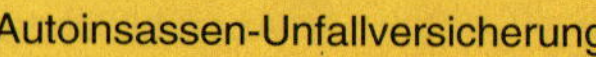

Hinweis

Auszubildende ohne Arbeitsentgelt

Dass Auszubildende keine Ausbildungsvergütung erhalten, ist seit 1.1.2020 rein theoretischer Natur.

Geringverdienergrenze

Der Arbeitgeber trägt die Sozialversicherungsbeiträge (einschließlich des durchschnittlichen Zusatzbeitragssatzes) für zur Berufsausbildung Beschäftigte in voller Höhe allein, wenn die monatliche Ausbildungsvergütung nicht mehr als 325 EUR beträgt.[1] In der Sozialversicherung werden diese Personen auch als ⇗ Geringverdiener bezeichnet.

Dies gilt auch für den ⇗ Beitragszuschlag für (über 23-jährige) kinderlose Mitglieder in der sozialen Pflegeversicherung. Dieser beträgt seit dem 1.7.2023 0,6 %.[2]

Übergangsbereich

Die Regelungen des ⇗ Übergangsbereichs gelten für Auszubildende nicht. Besonderheiten können sich ergeben, wenn ein Auszubildender neben dem Ausbildungsverhältnis weitere Beschäftigungen ausübt.

Meldungen

Beginn und Ende der Berufsausbildung sind vom Arbeitgeber zu melden. Zu den Berufsausbildungszeiten zählen nicht nur die Zeiten der Berufsausbildung nach dem Berufsausbildungsgesetz, sondern z. B. auch die Zeiten eines rentenversicherungspflichtigen Praktikums oder Volontariats.

Beginn der Berufsausbildung

Arbeitgeber haben den Auszubildenden bei der gewählten Krankenkasse anzumelden. Wenn der Auszubildende bereits vor Beginn der Berufsausbildung, z. B. als Aushilfe bei demselben Arbeitgeber gearbeitet hat, hat der Arbeitgeber das Ende des Beschäftigungsverhältnisses und den Beginn der Ausbildung zu melden.

Da es sich um eine Änderung im Beschäftigungsverhältnis handelt, ist in der Abmeldung als Grund der Abgabe die Schlüsselzahl „33“, in der Anmeldung als Abgabegrund die Schlüsselzahl „13“ anzugeben.

Als Personengruppe ist grundsätzlich „102“ (Auszubildende) zu verschlüsseln. Für Auszubildende, deren Arbeitsentgelt die Geringverdienergrenze (325 EUR monatlich) nicht übersteigt, ist der Personengruppenschlüssel „121“ zu verwenden.

Sofern das Berufsausbildungsverhältnis im Laufe eines Kalendermonats beginnt, können anstelle des tatsächlichen Ausbildungsbeginns der Erste des Monats, in dem die Berufsausbildung begonnen hat, und als Ende der Beschäftigung der letzte Tag des Vormonats gemeldet werden.

Beispiel

Meldung bei Wechsel von Beschäftigung in Ausbildung

Ein Arbeitnehmer wird bis zum 15.8. als Mitarbeiter in der Poststelle beschäftigt, ab 16.8. beginnt er eine Ausbildung zum Bürokaufmann.

Ergebnis: Das Beschäftigungsverhältnis kann aus Vereinfachungsgründen zum 31.7. mit Abgabegrund „33“ und Personengruppe „101“ ab- und das Berufsausbildungsverhältnis zum 1.8. mit Abgabegrund „13“ und Personengruppe „102“ angemeldet werden.

Ende der Berufsausbildung

Der Arbeitgeber hat das Ende der Berufsausbildung der Krankenkasse zu melden. Für Auszubildende, die nach der Berufsausbildung nicht weiterbeschäftigt werden, ist nur eine Abmeldung erforderlich. Werden die Auszubildenden nach dem Ende des Berufsausbildungsverhältnisses bei demselben Arbeitgeber z. B. als Facharbeiter oder Angestellte weiterbeschäftigt, hat der Arbeitgeber das Ende der Berufsausbildung und den Beginn des Beschäftigungsverhältnisses zu melden. Das Ende der Berufsausbildung ist mit Abgabegrund „33“ und Personengruppe „102“ zu melden. Der Beginn der Beschäftigung ist mit Abgabegrund „13“ und der Personengruppe „101“ anzuzeigen.

Meldungen bei Ausbildungsabschluss im laufenden Kalendermonat

Sofern das Berufsausbildungsverhältnis im Laufe eines Kalendermonats endet, können anstelle des tatsächlichen Endes der Berufsausbildung der letzte Tag des Monats, in dem die Berufsausbildung geendet hat, und als Beginn der Beschäftigung bei dem gleichen Arbeitgeber der Erste des Folgemonats gemeldet werden.

Meldefristen

Für ⇗ Meldungen von Änderungen gelten die Meldefristen für die ⇗ Anmeldung. Demnach sind die Meldungen mit der ersten folgenden Entgeltabrechnung, spätestens innerhalb von 6 Wochen nach Eintritt des jeweiligen Tatbestands zu melden.

Entsprechende Meldefristen gelten für eine Anmeldung eines Beschäftigungsverhältnisses, das sich an ein Berufsausbildungsverhältnis anschließt, und für die Abmeldung, wenn das Beschäftigungsverhältnis einem Berufsausbildungsverhältnis vorausgeht.

Bezug von Waisenrente

In der Rentenversicherung und in der Unfallversicherung wird Waisenrente bis zur Vollendung des 18. oder 27. Lebensjahres gewährt, wenn und solange das Kind sich u. a. in Schul- oder Berufsausbildung befindet. Waisen erhalten die Waisenrente anrechnungsfrei, wenn sie nach dem 30.6.2015 das 18. Lebensjahr vollenden und neben der Waisenrente Einkommen, wie z. B. die Ausbildungsvergütung, beziehen.

Autoinsassen-Unfallversicherung

Die Insassen-Unfallversicherung ist eine freiwillige Beitragsleistung des Arbeitgebers. Bei der Autoinsassen-Unfallversicherung liegt die Besonderheit darin, dass nicht eine bestimmte Person versichert ist, sondern der jeweilige Benutzer des Pkw. Es steht also erst bei Eintritt des Versicherungsfalls fest, wer die versicherte Person ist.

Die Versicherungsbeiträge (Einzel- oder Gruppenunfallversicherung) sind kein Arbeitslohn, wenn der Arbeitnehmer keine eigenen Ansprüche gegen das Versicherungsunternehmen hat.

Dies hat jedoch zur Folge, dass die im Versicherungsfall vom Arbeitgeber an den Arbeitnehmer ausgekehrte Versicherungsleistung in voller Höhe lohnsteuer- und beitragspflichtig ist, wenn der Unfall im privaten Bereich eingetreten ist. Dies gilt auch bei einem im beruflichen Bereich eingetretenen Unfall soweit es sich nicht um steuerfreie Schadensersatzleistungen handelt.

Gesetze, Vorschriften und Rechtsprechung

Lohnsteuer: Da die Beiträge zur Autoinsassen-Unfallversicherung selbst keinen Arbeitslohn darstellen, kann keine Lohnsteuerpflicht eintreten.

Sozialversicherung: Da die Beiträge zur Autoinsassen-Unfallversicherung kein Arbeitsentgelt darstellen, kann keine Beitragspflicht eintreten. Die Beitragspflicht der Versicherungsleistung als Bestandteil des Arbeitsentgelts regelt § 14 Abs. 1 SGB IV.

Entgelt	LSt	SV
Zahlung der Versicherungsbeiträge	frei	frei
Versicherungsleistung bei privatem Unfall	pflichtig	pflichtig
Versicherungsleistung bei steuerfreiem Schadensersatz eines beruflichen Unfalls	frei	frei

1 § 20 Abs. 3 SGB IV.
2 Bis zum 30.6.2023: 0,35 %.

Bachelorand

Verfasser der Masterarbeit werden im Alltag manchmal als „Masterand“ bzw. weiterhin als „Diplomand“ bezeichnet. Mit Umsetzung des Bologna-Prozesses ist der akademische Diplom-Grad an vielen Hochschulen entfallen. Er wurde durch den Bachelor bzw. Master ersetzt. Beim Bachelor wird gelegentlich die Bezeichnung „Bachelorand“ verwendet.

Diplomanden, Master- oder Bacheloranden sind Personen, die ihre schriftliche Abschlussarbeit eines Diplom-, Master- oder Bachelorstudiengangs einer Hochschule oder Berufsakademie verfassen. Diese Arbeiten sind in bestimmten Studien- und Prüfungsordnungen vorgeschrieben. Viele Unternehmen stellen den Studenten zur Anfertigung ihrer Arbeit ihre betrieblichen Einrichtungen zur Verfügung. Mit einer Vereinbarung wird meist geregelt dass die Diplom-, Master- oder Bachelorarbeit zur weiteren Verwendung dem Unternehmen überlassen wird und ob Vergütungen bzw. Honorare gezahlt werden.

Gesetze, Vorschriften und Rechtsprechung

Lohnsteuer: Bei Diplomanden, Bachelor- und Masteranden sowie Doktoranden muss jeweils geprüft werden, ob die Arbeitnehmereigenschaft in § 19 Abs. 1 EStG erfüllt ist und es sich bei dem Entgelt um steuerlichen Arbeitslohn handelt.

Sozialversicherung: Die Kriterien einer abhängigen Beschäftigung sind in § 7 Abs. 1 SGB IV geregelt. Diplomanden sind auch Thema des Gemeinsamen Rundschreibens der Spitzenorganisationen der Sozialversicherung vom 23.11.2016-II.

Lohnsteuer

Diplomand, Masterand, Bachelorand

Viele Unternehmen sind bereit, Studenten bei der Erstellung ihrer Diplom-, Master- oder Bachelorarbeit mit Rat und Tat sowie einem pauschalen Entgelt zu unterstützen. Das Entgelt bzw. Honorar darf aber keinen Gegenwert für eine erbrachte Arbeitsleistung darstellen, sondern nur für die Erstellung und Überlassung der Arbeit gezahlt werden.

Ob es sich bei Diplom-, Master- oder Bacheloranden um ⇗ Arbeitnehmer und bei dem Entgelt um steuerpflichtigen Arbeitslohn handelt, hängt im Wesentlichen davon ab, ob sie

1. weisungsgebunden und
2. als unselbstständiges Glied in den Organismus des Unternehmens eingegliedert sind.

Im Gegensatz zu ⇗ Praktikanten fehlen diese Merkmale i. d. R. bei Diplom, Master- oder Bacheloranden, da sie sich meist nur kurzfristig im betreuenden Unternehmen aufhalten, um sich Anregungen zu holen und Material zu sammeln oder Zwischenergebnisse zu besprechen.

Doktorand

Sofern Doktoranden, die eine Promotion anstreben, neben ihrer Doktorarbeit für ein Unternehmen oder eine Einrichtung (z. B. Universität oder Stiftung) arbeiten, sind sie i. d. R. als Arbeitnehmer und ihr Entgelt somit als Arbeitslohn zu behandeln. Auch hier gelten die Kriterien der Weisungsgebundenheit sowie der Eingliederung in das jeweilige Unternehmen. Erhalten Doktoranden Promotionsstipendien, sind diese unter den Voraussetzungen des § 3 Nr. 44 EStG steuerfrei.

Bachelor

Sofern Studenten im Rahmen der berufspraktischen Ausbildung eines Bachelor-Studiengangs in einem Unternehmen beschäftigt sind, werden sie als Arbeitnehmer behandelt.

Sozialversicherung

Diplomanden, Master- oder Bacheloranden sind nicht als ⇗ Arbeitnehmer kranken-, pflege-, renten- und arbeitslosenversicherungspflichtig. Personen, die sich allein zur Erstellung der für den Studienabschluss erforderlichen Diplom-, Master- oder Bachelorarbeit in einen Betrieb begeben und in dieser Zeit neben der Anfertigung ihrer Diplom-, Master oder Bachelorarbeit keine für den Betrieb verwertbare Arbeitsleistung erbringen, gehören nicht zu den abhängig Beschäftigten i. S. des § 7 Abs. 1 SGB IV. Dies gilt auch, wenn sie eine Vergütung erhalten.

Hinweis

Keine Beiträge, Umlagen und Meldungen

Weil keine Beschäftigung im Sinne der Sozialversicherung vorliegt, sind von den Betrieben aus einer Vergütung weder Sozialversicherungsbeiträge noch Umlagen an eine Einzugsstelle abzuführen.

Ebenso entfällt die Abgabe von DEÜV-Meldungen, einschließlich solcher mit der Beitragsgruppe „190“ für die Unfallversicherung.

Anders gelagert sind die Fälle, in denen eine Beschäftigung dem Grunde nach zwar vorliegt, die betreffenden Personen aber in der Kranken-, Pflege-, Renten- und Arbeitslosenversicherung versicherungs- und beitragsfrei sind. In diesen Sachverhalten besteht grundsätzlich Unfallversicherungspflicht (aufgrund der bestehenden Beschäftigung) mit der Folge, dass „190er“ Meldungen anfallen. Das kann z. B. bei Praktikanten vorkommen.

BahnCard

Überlässt der Arbeitgeber dem Arbeitnehmer eine BahnCard (oder gewährt eine Geldleistung für die Anschaffung einer solchen), ist dies grundsätzlich eine Sachzuwendung. Diese stellt sowohl steuerpflichtigen Arbeitslohn als auch beitragspflichtiges Arbeitsentgelt dar. Dies gilt insbesondere für die Privatnutzung der Karte. Wird die BahnCard ausschließlich zu beruflichen Zwecken genutzt, kann der Arbeitgeber seinen Arbeitnehmern die Kosten für eine BahnCard 25 oder 50 (Ermäßigung der Fahrpreise jeweils um 25 % bzw. 50 %) oder die BahnCard 100 (Jahresnetzkarte) lohnsteuer- und sozialversicherungsfrei erstatten. Zudem bleiben Zuschüsse zu den Fahrten zwischen Wohnung und erster Tätigkeitsstätte sowie die Gestellung von Jobtickets steuerfrei, sodass sich insbesondere in Kombination mit Dienstreisen weitere Möglichkeiten ergeben, Arbeitnehmern eine BahnCard ohne Steuerbelastung zur Verfügung zu stellen. Rechnet sich die BahnCard aus Arbeitgebersicht für begünstigte Fahrten, kann die im Regelfall ebenfalls mögliche Privatnutzung in den Hintergrund treten.

Gesetze, Vorschriften und Rechtsprechung

Lohnsteuer: Die Steuerfreiheit einer BahnCard kann sich als Reisekostenersatz aus § 3 Nr. 16 EStG (bzw. § 3 Nr. 13 EStG im öffentlichen Dienst) sowie für ein Jobticket aus § 3 Nr. 15 EStG ergeben. Einzelheiten hat die Finanzverwaltung mit BMF-Schreiben v. 15.8.2019, IV C 5 – S 2342/19/10007 :001, BStBl 2019 I S. 875, geregelt.

Sozialversicherung: Gesetzliche Grundlagen zur beitragsrechtlichen Bewertung einer BahnCard bzw. von Jahresnetzkarten finden sich in § 14 Abs. 1 Satz 1 SGB IV i. V. m. § 1 SvEV.

Entgelt	LSt	SV
Nutzung zu privaten Zwecken	pflichtig	pflichtig
Vollamortisation aufgrund Dienstreisen	frei	frei
Vollamortisation aufgrund Dienstreisen und Nutzung als Jobticket	frei	frei

Lohnsteuer

Zufluss von Arbeitslohn

Überlässt der Arbeitgeber dem Arbeitnehmer eine BahnCard zur beruflichen und privaten Nutzung, führt dies grundsätzlich zum sofortigen Zufluss von Arbeitslohn, wenn dem Arbeitnehmer mit der Karte ein uneingeschränktes Nutzungsrecht eingeräumt wurde.[1] Der sofortige Zufluss von Arbeitslohn wird damit begründet, dass für die Nutzung der Karte weder einzelne Fahrten angezeigt noch weitere Fahrausweise eingelöst werden müssen. Die Karte verschafft dem Arbeitnehmer das uneingeschränkte Nutzungsrecht hinsichtlich der Verbindungen des Verkehrsträgers.

Steuerfreiheit: ganz oder teilweise

Vollamortisation aufgrund von Dienstreisen

Ersetzt der Arbeitgeber einem Arbeitnehmer mit (umfangreicher) Reisetätigkeit die Kosten einer BahnCard oder stellt er ihm direkt eine BahnCard zur Verfügung, um auf diese Weise selbst erstattungspflichtige Fahrtkosten für Dienstreisen zu sparen, gehört die BahnCard zu den steuerfreien Reisekosten. Voraussetzung für die Steuerfreiheit ist, dass durch die Anschaffung der BahnCard geringere Fahrtkosten für die Dienstreisen entstehen als bei Ansatz der normalen Einzelfahrscheine für alle dienstlichen Bahnfahrten des Jahres (Vollamortisation). Die Anschaffung der BahnCard für dienstliche Reisen des Arbeitnehmers muss betriebswirtschaftlich günstiger sein. Nutzt der Arbeitnehmer die BahnCard auch für private Bahnreisen, liegt kein steuerpflichtiger Kostenersatz vor, wenn ein überwiegend eigenbetriebliches Interesse des Arbeitgebers gegeben ist. Die nachstehenden Regelungen gelten einheitlich für die BahnCard 25, 50 und 100 in der 1. sowie in der 2. Klasse.

Prognoseberechnung

Bei der BahnCard führt die Möglichkeit der privaten Mitbenutzung immer dann nicht zu einem lohnsteuerpflichtigen geldwerten Vorteil, wenn sich durch die Dienstreisen für den Arbeitgeber eine Kostenersparnis durch die BahnCard ergibt, die größer ist als der Preis für die BahnCard. Dabei kann der Arbeitgeber im Rahmen einer Prognoseberechnung prüfen, ob die Fahrtberechtigung bereits bei Hingabe insgesamt steuerfrei belassen werden kann.[2] Liegen die Aufwendungen des Arbeitgebers für die BahnCard zusammen mit den ermäßigt abgerechneten dienstlichen Bahnfahrten unter den Fahrtkosten, die ohne die BahnCard entstanden wären, gehört der Kostenersatz zu den steuerfreien ⇗ Reisekosten. Durch die Übernahme der BahnCard entstehen für den Arbeitgeber im Ergebnis geringere Betriebsausgaben, als dies beim normalen Bahntarif für die Reisetätigkeiten des Arbeitnehmers im Jahr der Fall gewesen wäre. Die Überlassung der BahnCard erfolgt aufgrund der Prognoseentscheidung im überwiegend betrieblichen Interesse und stellt somit keinen steuerpflichtigen geldwerten Vorteil dar, unabhängig davon, ob der Arbeitnehmer die BahnCard auch privat nutzen kann.

Beispiel

Vollamortisation der BahnCard

Der Arbeitgeber stellt dem Arbeitnehmer eine BahnCard 100 (2. Klasse) mit einem Anschaffungswert von 4.400 EUR zur Verfügung. Diese BahnCard darf der Arbeitnehmer auch für private Bahnreisen nutzen. Der Mitarbeiter betreut ein Projekt. Hierfür sind zahlreiche Fahrten innerhalb Deutschlands notwendig, die er mit der Bahn vornimmt. Die Kosten der Einzelfahrscheine für die notwendigen Fahrten der beruflichen Auswärtstätigkeiten werden auf ca. 4.500 EUR prognostiziert.

Ergebnis: Da die Anschaffung der BahnCard 100 günstiger in der Prognose ist als Einzelfahrscheine, führt die Zurverfügungstellung der BahnCard beim Arbeitnehmer nicht zu einem steuerpflichtigen geldwerten Vorteil. Nach der Prognose zum Zeitpunkt der Hingabe der BahnCard übersteigen die Kosten für Einzelfahrscheine den Preis der BahnCard 100.

Beispiel

Steuerfreie BahnCard 50

Ein Arbeitgeber in München ersetzt einem leitenden Angestellten die Kosten für die BahnCard 50 (1. Klasse) von 515 EUR, weil er für 6 Monate als Projektleiter an der Niederlassung in Stuttgart einmal pro Woche eingesetzt ist. Nach der betrieblichen Kalkulation liegen die Kosten, die für Einzelfahrscheine nach Stuttgart entstanden wären, deutlich über den Gesamtaufwendungen für die BahnCard zzgl. der Kosten für die zum ermäßigten halben Preis erworbenen Fahrscheine.

Ergebnis: Der Angestellte hat seine erste Tätigkeitsstätte am Betriebssitz in München. Die Tätigkeit in Stuttgart ist eine berufliche Auswärtstätigkeit, für die Reisekosten beansprucht werden können. Die vom Arbeitgeber ersetzten Fahrtkosten für die BahnCard sowie die jeweiligen ermäßigten Fahrscheine sind steuerfrei. Entscheidend für die Steuerfreiheit ist, dass durch die BahnCard im Ergebnis für den Arbeitgeber insgesamt geringere Reisekosten entstehen, als dies beim normalen Bahntarif für die Reisetätigkeit des Arbeitnehmers im betreffenden 12-Monatszeitraum der Fall gewesen wäre. Eine private Mitbenutzung der BahnCard 50 ist für die Steuerfreiheit unbeachtlich.

Änderungen im Laufe des Jahres

Tritt die prognostizierte Vollamortisation aus unvorhersehbaren Gründen (z. B. Krankheit) nicht ein, ist keine Nachversteuerung vorzunehmen. Das überwiegend eigenbetriebliche Interesse bei Hingabe der BahnCard wird hierdurch nicht berührt. Ändern sich die der Prognose zugrunde liegenden Annahmen grundlegend (z. B. Wechsel vom Außendienst in den Innendienst), hat eine Korrektur und ggf. Nachversteuerung für den noch nicht abgelaufenen Gültigkeitszeitraum zu erfolgen.[3]

Beispiel

Unzutreffende Prognose

Der Arbeitgeber überlässt seinem Arbeitnehmer eine BahnCard 100, die er zum Preis von 4.400 EUR erworben hat. Nach der Prognose des Arbeitgebers betragen die ersparten Kosten der Einzelfahrscheine für Dienstreisen im Gültigkeitszeitraum 5.000 EUR. Tatsächlich ergeben sich im Laufe der Gültigkeitsdauer für Dienstreisen des Arbeitnehmers aus unvorhersehbaren Gründen nur ersparte Kosten der Einzelfahrscheine i. H. v. 4.000 EUR.

Ergebnis: Nach der Prognose des Arbeitgebers zum Zeitpunkt der Hingabe der Fahrberechtigung übersteigen die ersparten Kosten für die Einzelfahrscheine die Kosten der BahnCard 100. Die BahnCard 100 ist daher steuerfrei. Dass die prognostizierte Vollamortisation tatsächlich nicht eingetreten ist, ist unerheblich und führt nicht zu einer Nachversteuerung.

Wichtig

Pandemie-Situation ist unvorhersehbarer Grund

Zu den unvorhersehbaren Gründen zählt u. E. auch die Pandemie-Situation in den Jahren 2020 und 2021. In zahlreichen Fällen dürften sich BahnCards in diesen Jahren trotz zuvor sachgerechter Prognose nicht amortisieren. Dennoch ist keine Nachversteuerung vorzunehmen. Sollte sich jedoch insbesondere der Dienstreisebedarf dauerhaft verringern, ist die Prognose für die Zukunft zu korrigieren.

Vollamortisation aufgrund von Dienstreisen und/oder als sog. Jobticket

Zuschüsse des Arbeitgebers, die zusätzlich zum ohnehin geschuldeten Arbeitslohn[4] zu den Aufwendungen von Arbeitnehmern für Fahrten mit öffentlichen Verkehrsmitteln im Linienverkehr zwischen Wohnung und erster Tätigkeitsstätte (sowie für Fahrten zu einem weiträumigen Tätigkeitsgebiet oder zu einem vom Arbeitgeber dauerhaft festgelegten Sam-

1 BFH, Urteil v. 12.4.2007, VI R 89/04, BStBl 2007 II S. 719; bestätigt durch BFH, Urteil v. 14.11.2012, VI R 56/11, BStBl 2013 II S. 382.
2 BMF, Schreiben v. 15.8.2019, IV C 5 – S 2342/19/10007 :001, BStBl 2019 I S. 875, Rz. 14.
3 BMF, Schreiben v. 15.8.2019, IV C 5 – S 2342/19/10007 :001, BStBl 2019 I S. 875, Rz. 15.
4 § 8 Abs. 4 EStG.

melpunkt) erbracht werden, bleiben steuerfrei.[1] Die Steuerbefreiung gilt für Zuschüsse ebenso wie für die Arbeitgebergestellung eines sog. Jobtickets.

Aufgrund der zusätzlichen Steuerbefreiung kann die Vollamortisation bzw. die Steuerfreiheit einer BahnCard nicht nur aus der Nutzung für Dienstreisen, sondern auch aus der Nutzung als sog. Jobticket resultieren.

Die Kostendeckung bzw. Amortisation der BahnCard ist auch allein über (weite) Fahrten zur ersten Tätigkeitsstätte möglich. Die Finanzverwaltung fordert hier aber, dass die BahnCard nicht teurer sein darf, als eine Monats- oder Jahreskarte für die benötigte Strecke zur Arbeit.

Amortisationsprognose

Ergibt die Prognose zum Zeitpunkt der Hingabe der Fahrberechtigung, dass die Summe

- aus den ersparten Kosten für Einzelfahrscheine, die für Fahrten im Rahmen einer ⇗ Dienstreise (oder Familienheimfahrten im Rahmen der doppelten Haushaltsführung) anfallen würden, und
- dem regulären Verkaufspreis einer Fahrberechtigung für die Strecke zwischen Wohnung und erster Tätigkeitsstätte (oder zu einem Sammelpunkt oder zu einem weiträumigen Tätigkeitsgebiet) für den entsprechenden Gültigkeitszeitraum

die Kosten der BahnCard erreicht oder übersteigt, ist die Arbeitgeberleistung insgesamt steuerfrei.[2]

Beispiel

Vollamortisation mit Jobticket-Funktion

Der Arbeitgeber überlässt einer Mitarbeiterin eine BahnCard 100, die er zum Preis von 4.400 EUR erworben hat. Nach der Prognose des Arbeitgebers betragen die ersparten Kosten der Einzelfahrscheine für Dienstreisen im Gültigkeitszeitraum 3.000 EUR. Der reguläre Preis der Jahresbahnfahrkarte für die Strecke zwischen Wohnung und erster Tätigkeitsstätte hätte 1.600 EUR betragen.

Ergebnis: Nach der Prognose des Arbeitgebers zum Zeitpunkt der Hingabe übersteigen die ersparten Kosten für die Einzelfahrscheine die Kosten der BahnCard 100.

Ersparte Kosten für Einzelfahrscheine	3.000 EUR
Zzgl. regulärer Verkaufspreis der Fahrberechtigung (Whg. – erste Tätigkeitsstätte)	+ 1.600 EUR
Summe der ersparten Kosten	4.600 EUR
Kosten der BahnCard 100	> 4.400 EUR

Die BahnCard 100 ist i. H. v. 3.000 EUR steuerfreier Reisekostenersatz und der verbleibende Betrag von 1.400 EUR bleibt als Jobticket steuerfrei (und ist auch nur in dieser Höhe auf der Lohnsteuerbescheinigung auszuweisen).

BahnCard 100	4.400 EUR
Abzgl. steuerfreier Reisekostenersatz	– 3.000 EUR
Als Jobticket steuerfrei	1.400 EUR

Auf den Umfang der tatsächlichen Nutzung sowie die private Nutzungsmöglichkeit kommt es nicht an.

Teilamortisation

Werden die Kosten der BahnCard durch Auswärtstätigkeiten und/oder als Jobticket nicht vollständig erreicht (prognostizierte Teilamortisation), stellt die Überlassung der Fahrberechtigung grundsätzlich steuerpflichtigen Arbeitslohn dar.

Die Arbeitgeberleistung kann i. H. d. als Jobticket berücksichtigungsfähigen Aufwendungen steuerfrei belassen werden. Die Fahrberechtigung ist zunächst als geldwerter Vorteil dem Lohnsteuerabzug zu unterwerfen.[3] Monatsweise oder am Ende des Jahres können die ersparten Dienstreisekosten mittels eines Korrekturbetrags abgezogen werden. Für die Höhe des Korrekturbetrags können aus Vereinfachungsgründen die ersparten Reisekosten für Einzelfahrscheine, begrenzt auf die Höhe der tatsächlichen Kosten der Fahrberechtigung, zugrunde gelegt werden. Die als Jobticket steuerfreien Leistungen ändern sich dadurch nicht.[4]

Beispiel

Prognose Teilamortisation, Ergebnis Vollamortisation

Der Arbeitgeber überlässt einem Mitarbeiter eine BahnCard 100, die er zum Preis von 4.400 EUR erworben hat. Nach der Prognose des Arbeitgebers betragen die ersparten Kosten der Einzelfahrscheine für Dienstreisen im Gültigkeitszeitraum 2.500 EUR. Der reguläre Preis der Jahresbahnfahrkarte für die Strecke zwischen Wohnung und erster Tätigkeitsstätte des Arbeitnehmers hätte 1.600 EUR betragen. Tatsächlich ergeben sich im Laufe der Gültigkeitsdauer für Dienstreisen ersparte Kosten der Einzelfahrscheine i. H. v. 4.000 EUR.

Ergebnis: Nach der Prognose des Arbeitgebers erreichen die ersparten Kosten (2.500 EUR + 1.600 EUR) nicht die Kosten der BahnCard 100 i. H. v. 4.400 EUR. Es ergibt sich eine prognostizierte Teilamortisation i. H. v. 4.100 EUR:

Ersparte Kosten für Einzelfahrscheine für Dienstreisen	2.500 EUR
Zzgl. regulärer Verkaufspreis der Fahrtberechtigung (Whg. – erste Tätigkeitsstätte)	+ 1.600 EUR
Summe der ersparten Kosten (prognostizierte Teilamortisation)	4.100 EUR
Kosten der BahnCard 100	< 4.400 EUR

Die Hingabe der BahnCard kann zunächst nur anteilig für die Fahrten zur ersten Tätigkeitsstätte steuerfrei belassen werden (1.600 EUR). In dieser Höhe ist der auf die Entfernungspauschale anzurechnende Betrag in der Lohnsteuerbescheinigung auszuweisen.

Die für Dienstreisen ersparten Kosten der Einzelfahrscheine kann der Arbeitgeber monatsweise oder am Ende des Gültigkeitszeitraums mindern (mittels Verrechnung mit dem dann feststehenden steuerfreien Reisekostenerstattungsanspruch). Danach ergibt sich eine steuerfreie Reisekostenerstattung i. H. v. 2.800 EUR (4.400 EUR abzgl. 1.600 EUR).

Prognoseverzicht

Korrektur am Jahresende

Führt der Arbeitgeber keine Amortisationsprognose für die BahnCard durch, stellt die Überlassung der Fahrberechtigung zunächst in voller Höhe steuerpflichtigen Arbeitslohn dar. Am Ende des Kalenderjahres der Gültigkeit sind als Korrekturbetrag beim steuerpflichtigen Arbeitslohn mindernd zu berücksichtigen:

- die ersparten Kosten für Einzelfahrscheine, die für Fahrten im Rahmen einer ⇗ Dienstreise (oder Familienheimfahrten im Rahmen einer doppelten Haushaltsführung) angefallen wären, und
- die Kosten für den regulären Verkaufspreis einer Fahrberechtigung für die Strecke zwischen Wohnung und erster Tätigkeitsstätte (oder zu einem Sammelpunkt oder einem weiträumigen Tätigkeitsgebiet), die für den entsprechenden Gültigkeitszeitraum entstanden wären.[5]

1 § 3 Nr. 15 EStG.
2 BMF, Schreiben v. 15.8.2019, IV C 5 – S 2342/19/10007 :001, BStBl 2019 I S. 875, Rz. 16.
3 BMF, Schreiben v. 15.8.2019, IV C 5 – S 2342/19/10007 :001, BStBl 2019 I S. 875, Rz. 19.
4 BMF, Schreiben v. 15.8.2019, IV C 5 – S 2342/19/10007 :001, BStBl 2019 I S. 875, Rz. 20.
5 BMF, Schreiben v. 15.8.2019, IV C 5 – S 2342/19/10007 :001, BStBl 2019 I S. 875, Rz. 22.

Beispiel

Abrechnung ohne Prognose

Der Arbeitgeber überlässt seinem Arbeitnehmer Anfang des Jahres eine BahnCard 100, die er zum Preis von 4.400 EUR erworben hat. Die Fahrberechtigung ist für das gesamte Jahr vom 1.1.–31.12. gültig. Eine Prognoseberechnung führt der Arbeitgeber nicht durch. Zum Ende des Kalenderjahres ergibt sich, dass die ersparten Kosten der Einzelfahrscheine für Dienstreisen 2.000 EUR betragen. Der reguläre Preis der Jahresfahrkarte für die Strecke zwischen Wohnung und erster Tätigkeitsstätte des Arbeitnehmers beträgt 1.600 EUR.

Ergebnis: Da der Arbeitgeber keine Prognoseberechnung vornimmt, führt die Überlassung der Bahncard durch den Arbeitgeber Anfang des Jahres zunächst i. H. v. 4.400 EUR zu steuerpflichtigem Arbeitslohn. Zum Ende des Kalenderjahres kann der Arbeitgeber beim steuerpflichtigen Arbeitslohn des Arbeitnehmers für die ersparten Kosten der Einzelfahrscheine für Dienstreisen einen Korrekturbetrag von 2.000 EUR und für den regulären Preis der Jahresfahrkarte für die Strecke zwischen Wohnung und erster Tätigkeitsstätte einen Korrekturbetrag von 1.600 EUR mindernd berücksichtigen.

Korrektur bei mehrjähriger Gültigkeit

Bei einer Gültigkeit der Fahrberechtigung über den Jahreswechsel hinaus sowie bei einer mehrjährigen Gültigkeitsdauer ist der Korrekturbetrag zum Ende eines jeden Kalenderjahres sowie zum Ende des Gültigkeitszeitraums anhand der Verkaufspreise der in dem jeweiligen Zeitraum durchgeführten Fahrten zu ermitteln. Die Summe der Korrekturbeträge kann insgesamt höchstens bis zum Betrag des steuerpflichtigen Arbeitslohns mindernd berücksichtigt werden.

Beispiel

Gültigkeit über Jahreswechsel hinaus

Der Arbeitgeber überlässt seinem Arbeitnehmer eine BahnCard 100, die er zum Preis von 4.400 EUR erworben hat. Die Fahrberechtigung ist vom 1.10. bis 30.9. des Folgejahres gültig. Eine Prognoseberechnung führt der Arbeitgeber nicht durch.

Ergebnis im ersten Jahr: Zum Ende des Jahres ergibt sich für den Zeitraum 1.10.-31.12., dass die ersparten Kosten der Einzelfahrscheine für Dienstreisen 500 EUR betragen. Der reguläre Preis der Jahresfahrkarte für die Strecke zwischen Wohnung und erster Tätigkeitsstätte des Arbeitnehmers beträgt für diesen Zeitraum anteilig 400 EUR (3/12 von 1.600 EUR). Da der Arbeitgeber keine Prognoseberechnung vornimmt, führt die Überlassung der BahnCard durch den Arbeitgeber an den Arbeitnehmer i. H. v. 4.400 EUR zu steuerpflichtigem Arbeitslohn. Zum Ende des Jahres kann der Arbeitgeber beim steuerpflichtigen Arbeitslohn des Arbeitnehmers für die ersparten Kosten der Einzelfahrscheine für Dienstreisen einen Korrekturbetrag von 500 EUR und für den anteiligen regulären Preis der Jahresfahrkarte für die Strecke zwischen Wohnung und erster Tätigkeitsstätte einen Korrekturbetrag von 400 EUR (3/12 von 1.600 EUR) mindernd berücksichtigen. Der Arbeitgeber muss 400 EUR als steuerfreie Leistung in Zeile 17 der Lohnsteuerbescheinigung angeben.

Ergebnis im Folgejahr: Zum Ende des Gültigkeitszeitraums der Fahrberechtigung ergibt sich für den Zeitraum 1.1.-30.9., dass die ersparten Kosten der Einzelfahrscheine für Dienstreisen 1.500 EUR betragen. Zum 30.9. des Folgejahres kann der Arbeitgeber beim steuerpflichtigen Arbeitslohn des Arbeitnehmers in Höhe der ersparten Kosten der Einzelfahrscheine für Dienstreisen einen Korrekturbetrag von 1.500 EUR und in Höhe des anteiligen regulären Preises der Jahresfahrkarte für die Strecke zwischen Wohnung und erster Tätigkeitsstätte einen Korrekturbetrag von 1.200 EUR (9/12 von 1.600 EUR) mindernd berücksichtigen. Der Arbeitgeber muss eine steuerfreie Leistung i. H. v. 1.200 EUR für das Jobticket in Zeile 17 der Lohnsteuerbescheinigung angeben.

Aufzeichnungs- und Nachweispflichten

Die ganz oder teilweise steuerfreie Überlassung einer BahnCard ist im ⇗ Lohnkonto aufzuzeichnen[1] und in der ⇗ Lohnsteuerbescheinigung auszuweisen.[2] Im Falle eines Zuschusses sollte sich der Arbeitgeber die zweckentsprechende Verwendung nachweisen lassen und diesen Nachweis als Beleg zum Lohnkonto nehmen. Sofern die steuerfreie Überlassung aufgrund einer Prognoseberechnung erfolgt ist, muss diese dokumentiert werden. Für eine spätere Überprüfung sollten die verbilligt unternommenen Fahrten aufgezeichnet und belegt werden. Im Falle des Nichteintritts der Prognose ist ggf. zu dokumentieren, warum es sich um einen unvorhersehbaren Grund handelt.

Umsatzsteuerliche Behandlung einer BahnCard

Erhält der Arbeitnehmer die BahnCard nach der Prognoseentscheidung im überwiegend betrieblichen Interesse, weil eine Vollamortisation der Kosten für Dienstreisen eintritt, ist für eine etwaige private Nutzung kein Umsatz zu berechnen. Die Privatnutzung stellt keine unentgeltliche Wertabgabe dar. Gleichzeitig kann der Arbeitgeber den vollen Vorsteuerabzug aus der Rechnung in Anspruch nehmen, sofern etwaige steuerfreie Ausgangsumsätze des Unternehmens dem nicht entgegenstehen.

Wird nur eine Vollamortisation unter Berücksichtigung der Funktion als Jobticket oder eine Teilamortisation erreicht, erfolgt die Zuwendung nicht im überwiegend eigenbetrieblichen Interesse. Die Privatnutzung durch den Arbeitnehmer führt zum Ausschluss des Vorsteuerabzugs, weil die Eingangsleistung „Kauf der BahnCard" nicht für den unternehmerischen Geschäftsbetrieb, sondern für den privaten Bedarf der Arbeitnehmer erfolgt.[3]

Werbungskosten

Erhält der Arbeitnehmer von seinem Arbeitgeber für dienstliche Auswärtstätigkeiten keine BahnCard, können die Aufwendungen des Arbeitnehmers ungeachtet der privaten Nutzungsmöglichkeit abzugsfähige Reisekosten als Werbungskosten darstellen. Entscheidend ist, dass durch die BahnCard insgesamt geringere Werbungskosten entstehen, als dies beim normalen Bahntarif für die Reisetätigkeit des betreffenden Jahres der Fall gewesen wäre. Führt die Kostenersparnis nicht zur Vollamortisation der Kosten für die jeweilige BahnCard, ist ein teilweiser Werbungskostenabzug zulässig. Die Höhe des anteiligen Werbungskostenabzugs kann anhand der ersparten Kosten für Einzelfahrscheine der mit der BahnCard durchgeführten dienstlichen Fahrten berechnet werden.

Sozialversicherung

Geldwerter Vorteil bei freier Nutzung

Die Überlassung einer Jahresnetzkarte eines Verkehrsunternehmens zur uneingeschränkten Nutzung durch den Arbeitnehmer stellt grundsätzlich einen ⇗ geldwerten Vorteil dar und ist deshalb beitragspflichtiges Arbeitsentgelt i. S. v. § 14 Abs. 1 Satz 1 SGB IV.

Hierbei handelt es sich um einen sofortigen Zufluss von Arbeitsentgelt, d. h. es fließt nicht erst bei Inanspruchnahme der einzelnen ermäßigten bzw. kostenlosen Fahrten zu.

Überlassung aus eigenbetrieblichem Interesse

Wird eine BahnCard aus ganz überwiegend eigenbetrieblichem Interesse des Arbeitgebers überlassen, ist dies steuerfrei und damit beitragsfrei. Voraussetzung dafür ist, dass der Arbeitnehmer sie zu beruflich veranlassten Auswärtstätigkeiten nutzt und sich der Arbeitgeber hierdurch ⇗ Reisekosten erspart. Dies ist dann der Fall, wenn die Aufwendungen des Arbeitgebers für die BahnCard und die ermäßigt abgerechneten Bahnfahrten für Auswärtstätigkeiten geringer sind als die Fahrkosten, die ohne die Zurverfügungstellung der BahnCard angefallen wären. Es muss somit eine „Vollamortisation" beim Arbeitgeber zu den von ihm übernommenen Kosten der BahnCard gegeben sein. In diesem Fall ist

1 § 4 Abs. 2 LStDV.
2 § 41b Abs. 1 Satz 2 Nr. 6 EStG.
3 Abschn. 15.15 Abs. 1 UStAE.

eine Mitnutzung für private Zwecke unschädlich, da diese von untergeordneter Bedeutung ist.

Die Berücksichtigung der privaten Nutzung ist unschädlich und insofern weiterhin beitragsfrei, soweit dies für die steuerrechtliche Bewertung festgestellt wurde.

Rabattregelung für die Mitarbeiter von Verkehrsunternehmen

Wird die BahnCard bzw. eine Jahresnetzkarte von dem Verkehrsunternehmen an die eigenen Mitarbeiter abgegeben, wird die Beitragspflicht im Rahmen der Rabattregelung beurteilt. Beträgt der Wert der Jahresnetzkarte nicht mehr als 1.080 EUR, besteht Beitragsfreiheit zur Sozialversicherung für diesen geldwerten Vorteil.[1] Ist der geldwerte Vorteil höher, ist der Betrag, der den Wert von 1.080 EUR überschreitet, beitragspflichtig.

Barlohnumwandlung

Bei einer Barlohnumwandlung tauscht der Arbeitnehmer einen Teil seines Barlohns gegen andere Leistungen des Arbeitgebers, für die im Regelfall keine oder eine geringere Steuer- bzw. Beitragsbelastung eintritt. Der Barlohnumwandlung liegt eine Vereinbarung zwischen Arbeitnehmer und Arbeitgeber zugrunde. Barlohnumwandlung wird auch als Entgelt- oder Gehaltsumwandlung bezeichnet.

Gesetze, Vorschriften und Rechtsprechung

Lohnsteuer: Zur Gewährung von Zusatzleistung und zur Zulässigkeit von Gehaltsumwandlungen vgl. BMF, Schreiben v. 5.2.2020, IV C 5 – S 2334/19/10017 :002, BStBl 2020 I S. 222. Zur Entgeltumwandlung zugunsten einer betrieblichen Altersversorgung s. BMF, Scheiben v. 12.8.2021, IV C 5 – S 2333/19/10008 :017, BStBl 2021 I S. 1050, Rz. 9 ff. und § 1 Abs. 2 Nr. 3 BetrAVG.

Sozialversicherung: Regelungen der Barlohn- oder Entgeltumwandlung im Zusammenhang mit der betrieblichen Altersversorgung finden sich in § 14 Abs. 1 SGB IV und § 1 Abs. 1 Nr. 4, 4a und 9 SvEV. Weitergehende Erläuterungen haben die Spitzenorganisationen der Sozialversicherung in einem Gemeinsamen Rundschreiben vom 20.12.2022 bekannt gegeben. Entgeltumwandlungen aus Anlass der Unterstützung von Geschädigten inländischer Naturkatastrophen werden nach § 1 Abs. 1 Nr. 11 SvEV beurteilt. Beitragsrechtliche Auswirkungen weiterer Entgeltumwandlungen werden in der Rechtsprechung beschrieben (u. a.BSG, Urteil v. 2.3.2010, B 12 R 5/09 R und BSG, Urteil v. 23.2.2021, B 12 R 21/18 R).

Lohnsteuer

Anwendungsbereich und -zweck einer Barlohnumwandlung

In der Praxis besteht vielfach der Wunsch, regulären Arbeitslohn in steuerfreien oder pauschal zu besteuernden Arbeitslohn umzuwandeln. Mit einer solchen Vorgehensweise wird im Ergebnis erreicht, dass sich hierdurch niedrigere Steuerabzugsbeträge (Lohnsteuer sowie ggf. Solidaritätszuschlag und Kirchensteuer) ergeben. Der Gesetzgeber lässt allerdings eine solche Barlohnumwandlung nicht bedingungslos zu. Zunächst bleibt aber festzuhalten, dass eine Barlohnumwandlung steuerrechtlich grundsätzlich zulässig ist.[2]

Voraussetzung für die Annahme einer Barlohnumwandlung ist, dass der Arbeitnehmer unter Änderung des Anstellungsvertrags vor Entstehung des Vergütungsanspruchs dessen Herabsetzung und die Umwandlung in eine steuerfreie oder pauschal zu besteuernde Vergütung vereinbart.[3]

1 § 8 Abs. 3 Satz 2 EStG.
2 BFH, Beschluss v. 20.8.1997, VI B 83/97, BStBl 1997 II S. 667.
3 BFH, Urteil v. 27.4.2001, VI R 2/98, BStBl 2001 II S. 601.

Der Gesetzgeber möchte allerdings keinen generellen Anreiz für Gehaltsverzichte oder -umwandlungen schaffen. Aufgrund dessen verbindet er die Inanspruchnahme bestimmter Vergünstigungen mit einem Zusätzlichkeitserfordernis und schließt damit im Ergebnis insoweit die Barlohnumwandlung partiell aus.

Barlohnumwandlung in Vergütungsbestandteile ohne Zusätzlichkeitserfordernis

Barlohnumwandlungen in Vergütungsbestandteile für die kein gesetzliches Zusätzlichkeitserfordernis besteht sind grundsätzlich zulässig. Hierzu gehören u. a. folgende Steuervergünstigungen bzw. Pauschalierungen:

- steuerfreie (private) Nutzung von Personalcomputern und Telekommunikationsgeräten[4]
- unentgeltlicher oder verbilligter Erwerb von ↗ Vermögensbeteiligungen[5]
- steuerfreie Beiträge an eine Direktversicherung, eine Pensionskasse, einen Pensionsfonds[6]
- Gestellung von ↗ Dienstwagen[7]
- Sachbezüge unter Ausnutzung des sog. Rabattfreibetrags.[8]

Hinweis

Umwandlung in Sachbezüge unter Ausnutzung des Rabattfreibetrags

Bei einer Umwandlung von Bar- in Sachlohn zur Ausnutzung des Rabattfreibetrags[9] ist bei Gutscheinen und Geldkarten zu beachten, dass sie nur dann Sachbezüge darstellen, wenn sie ausschließlich zum Bezug von Waren oder Dienstleistungen berechtigen und die Kriterien des § 2 Abs. 1 Nr. 10 des Zahlungsdiensteaufsichtsgesetzes erfüllen.[10]

- Pauschalierung von unentgeltlich oder verbilligt abgegebenen arbeitstäglichen ↗ Mahlzeiten[11] und
- pauschal zu besteuernde Beiträge zu Direktversicherungen oder Pensionskassen, sofern die Voraussetzung für eine Pauschalierung gegeben ist.[12]

Barlohnumwandlung in Vergütungsbestandteile mit Zusätzlichkeitserfordernis

Eine Barlohnumwandlung in Vergütungsbestandteile, für die gesetzlich ein Zusätzlichkeitserfordernis besteht, ist steuerlich nicht anzuerkennen.[13]

Mit einem solchen Zusätzlichkeitserfordernis sind folgende Vergünstigungen bzw. Pauschalierungen u. a. verbunden:

- Arbeitgeberzuschüsse zu den Aufwendungen des Arbeitnehmers für Fahrten mit öffentlichen Verkehrsmitteln im Linienverkehr zwischen Wohnung und erster Tätigkeitsstätte sowie für Fahrten im öffentlichen Personennahverkehr („steuerfreies ↗ Jobticket"),[14]
- Arbeitgeberleistungen zur Verbesserung des Gesundheitszustands und der ↗ betrieblichen Gesundheitsförderung[15]
- Überlassung eines betrieblichen Fahrrads, das nicht als Kraftfahrzeug eingestuft ist[16]

4 § 3 Nr. 45 EStG.
5 § 3 Nr. 39 EStG.
6 § 3 Nr. 63 EStG.
7 § 8 Abs. 2 Satz 2–5 EStG.
8 § 8 Abs. 3 EStG.
9 § 8 Abs. 3 EStG.
10 § 8 Abs. 1 Satz 2 und 3 EStG.
11 § 40 Abs. 2 Nr. 1 EStG.
12 § 40b EStG a. F.; R 40b.1 Abs. 5 LStR.
13 § 8 Abs. 4 EStG.
14 § 3 Nr. 15 EStG.
15 § 3 Nr. 34 EStG.
16 § 3 Nr. 37 EStG.

- Übereignung eines betrieblichen Fahrrads, das nicht als Kraftfahrzeug eingestuft ist[1]
- arbeitgeberseitig gewährte Vorteile für das elektrische Aufladen eines Elektro- oder Hybridfahrzeugs an einer ortsfesten Einrichtung des Arbeitgebers oder eines verbundenen Unternehmens[2]
- Arbeitgeberzuschüsse zu den Aufwendungen des Arbeitnehmers für den Erwerb und die Nutzung von Ladevorrichtungen für Elektro- oder Hybridfahrzeuge bzw. die unentgeltliche oder verbilligte Übereignung einer derartigen Ladevorrichtung an Arbeitnehmer[3]
- ↗ Sachbezüge unter Anwendung der 50-EUR-Grenze (bis 2021: 44-EUR-Grenze)[4]
- (Waren-)↗ Gutscheine und Geldkarten, sofern sie als Sachbezüge zu werten sind[5], und
- ↗ Kindergartenzuschüsse.[6]

Ausschluss von Leistungen im eigenbetrieblichen Interesse

Bei Arbeitgeberleistungen im ganz überwiegend eigenbetrieblichen Interesse ist eine Barlohnumwandlung generell nicht zulässig.[7, 8] Eine solche Arbeitgeberleistung unterscheidet sich von den zulässigen Gehaltsumwandlungen maßgeblich dadurch, dass die nach der Absenkung des Barlohns erbrachte Leistung des Arbeitgebers auf der Ebene des Arbeitnehmers überhaupt nicht steuerbar ist.

Im Übrigen ist der Begriff des „ganz überwiegend eigenbetrieblichen Interesses" des Arbeitgebers bereits inhaltlich nicht mit einer Gehaltsumwandlung vereinbar. Verzichtet der Arbeitnehmer freiwillig auf Barlohn zugunsten einer anderen Leistung, kann die Vorteilsgewährung nicht mehr im ganz überwiegend eigenbetrieblichen Interesse des Arbeitgebers erfolgen. In einem solchen Fall kann das eigene Interesse des Arbeitnehmers an der Vorteilsgewährung gerade nicht vernachlässigt werden. Eine Gehaltsumwandlung, bei der Barlohn in einen vermeintlichen Vorteil im ganz überwiegend eigenbetrieblichen Interesse gewandelt wird, ist so zu bewerten, als hätten Arbeitnehmer und Arbeitgeber ein Rechtsgeschäft wie unter fremden Dritten abgeschlossen und das Entgelt im abgekürzten Zahlungsweg mit dem (zugeflossenen) Barlohn verrechnet.[9]

Echter Barlohnverzicht

Von der Barlohnumwandlung ist der Barlohnverzicht abzugrenzen, der vorliegt, wenn endgültig auf Teile des in bar auszuzahlenden Arbeitslohn verzichtet wird.

Vereinbaren Arbeitgeber und Arbeitnehmer zur wirtschaftlichen Gesundung des Unternehmens einen freiwilligen Barlohnverzicht als Sanierungsbeitrag des Arbeitnehmers, fehlt es insoweit am Zufluss von Arbeitslohn. Nur der geminderte Arbeitslohn unterliegt dem Lohnsteuerabzug. Dies gilt unabhängig davon, ob ein solcher Verzicht arbeitsrechtlich oder tarifvertraglich zulässig ist.

Sozialversicherung

Zusätzlich gewährte Entgeltbestandteile

Den Wunsch, Teile des Arbeitsentgelts so umzuwandeln, dass dadurch Abzüge erspart werden, besteht in der Praxis nicht nur im Steuer- sondern auch im Sozialversicherungsrecht. Allerdings ist eine wirksame Barlohnumwandlung an Voraussetzungen gebunden. Bestimmte Einnahmen, Beiträge und Zuwendungen gehören nicht zum Arbeitsentgelt, sofern sie vom Arbeitgeber nach den Regelungen des Steuerrechts lohnsteuerfrei belassen oder pauschalbesteuert werden. Dies gilt für die in § 1 Abs. 1 Satz 1 Nrn. 1, 4 und 4a SvEV näher bezeichneten Einnahmen, Beiträge und Zuwendungen jedoch nur dann, wenn sie zusätzlich zu Löhnen oder Gehältern gewährt werden.

Wichtig

Zusätzliche Leistung des Arbeitgebers

Arbeitgeberleistungen werden nicht zusätzlich gewährt, wenn sie ein teilweises Surrogat für die Entgeltumwandlungen bzw. den Entgeltverzicht bilden. Sie führen daher nicht zur Beitragsfreiheit in der Sozialversicherung.

Zusätzlichkeitserfordernis im sozialversicherungsrechtlichen Sinne

Angesichts der inhaltlich weitgehend deckungsgleichen Merkmale für die Erfüllung des Zusätzlichkeitserfordernisses im Steuerrecht einerseits und im Beitragsrecht andererseits sind grundsätzlich die Kriterien des steuerrechtlichen Zusätzlichkeitserfordernisses in Ansatz zu bringen und zu prüfen. Dies gilt auch dann, wenn allein das Beitragsrecht der Sozialversicherung – nicht aber das Steuerrecht – für bestimmte Tatbestände ein Zusätzlichkeitserfordernis verlangt. Bei Entgeltumwandlungen im Sinne eines vorherigen Entgeltverzichts und daraus resultierenden neuen Arbeitgeberleistungen ist daher regelmäßig davon auszugehen, dass es an der Zusätzlichkeit der neuen Leistung fehlt. Folgende steuerfreie Leistungen des Arbeitgebers verlangen nur im Beitragsrecht der Sozialversicherung ein Zusätzlichkeitserfordernis:

- Entschädigung für betriebliche Nutzung privater Werkzeuge nach § 3 Nr. 30 EStG
- unentgeltliche oder verbilligte Überlassung von ↗ Berufsbekleidung nach § 3 Nr. 31 EStG
- unentgeltliche oder verbilligte ↗ Sammelbeförderung zur Arbeitsstätte nach § 3 Nr. 32 EStG
- Mitarbeiterkapitalbeteiligung nach § 3 Nr. 39 EStG
- private Nutzung betrieblicher PC und ↗ Telekommunikationsgeräte sowie Zubehör und Software nach § 3 Nr. 45 EStG
- durchlaufende Gelder und ↗ Auslagenersatz nach § 3 Nr. 50 EStG
- ↗ Kaufkraftausgleich für Auslandseinsatz nach § 3 Nr. 64 EStG

Dies gilt analog für die von § 1 Satz 1 Nr. 4a i. V. m. Sätzen 3 und 4 SvEV erfassten pauschalbesteuerten bzw. steuerfreien Sachverhalte:

- Beiträge zur umlagefinanzierten ↗ betrieblichen Altersversorgung nach § 3 Nr. 56 EStG bzw. nach § 40 b EStG

Beispiel

Mitarbeiterbeteiligung übersteigt die Grenze der Steuerfreiheit

Ein Mitarbeiter mit einem monatlichen Gehalt i. H. v. 4.500 EUR erwirbt im Juli GmbH-Anteile i. H. v. 300 EUR durch Gehaltsumwandlung.

Ergebnis: Das steuerpflichtige Arbeitsentgelt beträgt im Juli 4.200 EUR, das beitragspflichtige Arbeitsentgelt beträgt 4.500 EUR. Mitarbeiterbeteiligungen sind bis zur Höhe von 2.000 EUR kalenderjährlich steuerfrei. Die steuerliche Förderung ist auch möglich, wenn die Mitarbeiterbeteiligung durch Gehaltsumwandlung finanziert wird. Derartige Gehaltsumwandlungen führen aber nicht zur Beitragsfreiheit. Beitragsfreiheit besteht nur, wenn die Mitarbeiterbeteiligung zusätzlich zum geschuldeten Gehalt gewährt wird.

Beitragsfreiheit bei fehlender Zusätzlichkeitserfordernis

Etwas anderes gilt, wenn weder das Steuerrecht noch das Beitragsrecht der Sozialversicherung ein Zusätzlichkeitserfordernis enthalten. In diesem Fall führt ein Entgeltverzicht oder eine Entgeltumwandlung für die daraus resultierende steuerfreie bzw. pauschalbesteuerte Arbeitgeberleistung im Rahmen der SvEV zur Beitragsfreiheit. Betroffen sind im Wesentlichen folgende Sachverhalte:

1 § 40 Abs. 2 Satz 1 Nr. 7 EStG.
2 § 3 Nr. 46 EStG.
3 § 40 Abs. 2 Satz 1 Nr. 6 EStG.
4 § 8 Abs. 2 Satz 11 1. Halbsatz EStG.
5 § 8 Abs. 1 Satz 3, Abs. 2 Satz 11 2. Halbsatz EStG.
6 § 3 Nr. 33 EStG.
7 OFD Nordrhein-Westfalen, 9.7.2015, Kurzinformation LSt Nr. 05/2015.
8 H 19.3 LStH „Allgemeines zum Arbeitslohnbegriff".
9 OFD Nordrhein-Westfalen, 9.7.2015, Kurzinformation LSt Nr. 05/2015.

- sonstige Bezüge für mehrere Arbeitnehmer nach § 40 Abs. 1 Satz 1 Nr. 1 EStG i. V. m. § 1 Abs. 1 Satz 1 Nr. 2 SvEV (soweit kein einmalig gezahltes Arbeitsentgelt)
- Arbeitslohn aus Anlass von ⬀ Betriebsveranstaltungen nach § 40 Abs. 2 Satz 1 Nr. 2 EStG
- ⬀ Erholungsbeihilfen nach § 40 Abs. 2 Satz 1 Nr. 3 EStG
- Vergütungen für Verpflegungsmehraufwendungen nach § 40 Abs. 2 Satz 1 Nr. 4 EStG
- Sachbezüge in Form unentgeltlicher oder verbilligter Beförderung zur Arbeitsstätte nach § 40 Abs. 2 Satz 2 erster Halbsatz EStG i. V. d. § 1 Abs. 1 Satz 1 Nr. 3 SvEV
- Beiträge zur kapitalgedeckten betrieblichen Altersversorgung nach § 3 Nr. 63 EStG i. V. m. § 1 Abs. 1 Satz 1 Nr. 9 SvEV
- Geschenke i. S. v. § 4 Abs. 5 Satz 1 Nr. 1 Satz 1 EStG an Arbeitnehmer nicht verbundener Unternehmen nach § 37b Abs. 1 EStG i. V. m. § 1 Abs. 1 Satz 1 Nr. 14 SvEV

Betriebliche Altersversorgung

Die Bedeutung der ⬀ betrieblichen Altersversorgung nimmt angesichts der immer größer werdenden Finanzierungsschwierigkeiten in der gesetzlichen Rentenversicherung stetig zu. Der Gesetzgeber hat deshalb eine Reihe steuer- und beitragsrechtlicher Vergünstigungen geschaffen, um die Anreize für eine betriebliche Altersversorgung zu erhöhen.

Für die Gestaltung der betrieblichen Altersversorgung stehen verschiedene Durchführungswege (Direktzusage, Unterstützungskassen, Pensionskassen, Pensionsfonds und Direktversicherungen) zur Verfügung. Die beitragsrechtliche Beurteilung von Gehaltsumwandlungen orientiert sich an den einzelnen Durchführungswegen der betrieblichen Altersversorgung.

Beispiel

Entgeltumwandlung für betriebliche Altersversorgung

Beschäftigungsverhältnis seit 1.1.2011, mtl. Arbeitsentgelt	4.400 EUR
Entgeltumwandlung (Direktversicherung) mtl.	350 EUR
Ergebnis:	
Laufendes Arbeitsentgelt nach Entgeltumwandlung	4.050 EUR
Sozialversicherungspflichtiges Arbeitsentgelt (4.400 EUR – 302 EUR =)	4.098 EUR
(4 % der BBG RV West = 302 EUR mtl.)	

Gehaltsumwandlung und Sachbezüge

Immer mehr Arbeitgeber gehen dazu über, mit ihren Arbeitnehmern statt einer Vergütungserhöhung

- die Zuwendung von ⬀ Sachbezügen zu vereinbaren oder
- einen Teil des Gehalts in Sachbezüge umzuwandeln.

Zum Arbeitsentgelt im Sinne der Sozialversicherung gehören alle Einnahmen aus der Beschäftigung, gleichgültig, unter welcher Bezeichnung oder in welcher Form sie geleistet werden.[1] Gehaltsumwandlungen in einen Sachbezug können aber unter bestimmten Voraussetzungen beitragsfrei sein.

Gehaltsumwandlung zugunsten eines Firmenfahrzeugs als Sachbezug

Auch die Überlassung eines ⬀ Firmenfahrzeugs zur privaten Nutzung an den Arbeitnehmer kann als Sachbezug Arbeitsentgelt i. S. v. § 14 SGB IV sein. Für die Bewertung dieser Art von Sachbezügen sind die in § 8 Abs. 2 Sätze 2, 3 EStG enthaltenen steuerrechtlichen Regelungen sozialversicherungsrechtlich entsprechend anzuwenden.[2]

Wird im Zuge der Überlassung eines Firmenfahrzeugs statt der bisherigen Vergütung die Zahlung eines reduzierten Barlohns vereinbart, ist diese Art von Barlohnumwandlung nach Auffassung der Spitzenorganisationen der Sozialversicherung beitragsrechtlich von Bedeutung, wenn sie

- arbeitsrechtlich zulässig ist und
- sich der Verzicht ausschließlich auf künftig fällig werdende Arbeitsentgeltbestandteile richtet.

Bei einer entsprechenden Vereinbarung sind die Gesamtsozialversicherungsbeiträge nach dem ausgezahlten Barlohn und dem Wert der als Sachbezug gewährten Überlassung des Firmenfahrzeugs zur privaten Nutzung zu errechnen. Das gilt auch dann, wenn die Summe aus dem Wert des Sachbezugs und dem reduzierten Barlohn geringer ist als ein dem Arbeitnehmer ohne Sachbezug zustehender reiner Barlohn.

Auswirkungen auf die Berechnung von Sozialversicherungsleistungen

Die Beitragsfreiheit von Arbeitsentgelten bzw. Entgeltbestandteilen bietet dem Arbeitnehmer nicht nur Vorteile. Das beitragsfreie Arbeitsentgelt wird nicht mitberücksichtigt, wenn es um die Berechnung von Leistungen der Sozialversicherung geht. Aus Entgelten, die aufgrund der genannten Vorschriften nicht der Beitragsberechnung unterlagen, lässt sich auch kein Anspruch auf Leistungen ableiten. So muss der Arbeitnehmer damit rechnen, dass z. B. ein späterer Anspruch auf ⬀ Krankengeld aus der gesetzlichen Krankenversicherung, bzw. die Höhe seiner Rente aus der gesetzlichen Rentenversicherung, niedriger ausfallen können.

Basistarif

Der „Basistarif" ist ein spezieller Tarif in der privaten Krankenversicherung (PKV), der eine bestimmte Grundabsicherung vorsieht. Durch eine Regelung im Versicherungsaufsichtsgesetz muss der Basistarif verpflichtend von allen Unternehmen angeboten werden, die private Krankenversicherungsvolltarife anbieten. Dabei hat der Basistarif gesetzlich definierte Voraussetzungen zu erfüllen. Er muss beispielsweise die Leistungen der gesetzlichen Krankenversicherung umfassen und er wird zu bestimmten Höchstprämien angeboten. Der Basistarif stellt sozusagen eine gesetzliche Schutzklausel dar, um auch Versicherten der privaten Krankenversicherung eine Absicherung zu bezahlbaren Preisen zu ermöglichen.

Gesetze, Vorschriften und Rechtsprechung

Sozialversicherung: Die Vorschrift über den Basistarif findet sich im Versicherungsaufsichtsgesetz (VAG). § 152 Abs. 1 VAG definiert den Basistarif, während die Absätze 2 bis 4 den Zugang, die Beitragshöhe und die Leistungen des Basistarifs festlegen. § 154 VAG regelt darüber hinaus einen Risikoausgleich für den Basistarif, den die Versicherungsunternehmen durchführen müssen.

Auch im Gesetz über den Versicherungsvertrag – Versicherungsvertragsgesetz (VVG) finden sich Regelungen zum Basistarif. Das 8. Kapitel des VVG umfasst die Vorschriften zur Krankenversicherung (§§ 192 bis 208 VVG). § 193 Abs. 5 VVG legt fest, welchen Personen ein Versicherer eine Versicherung im Basistarif anbieten muss.

Das Bundesverfassungsgericht hat die Regelung des § 193 Abs. 5 VVG als mit dem Grundgesetz vereinbar angesehen (BVerfG, Urteil v. 10.6.2009, 1 BvR 825/08, 1 BvR 831/08).

Bestimmte Beschäftigte, die in der privaten Krankenversicherung versichert sind, erhalten von ihrem Arbeitgeber einen Beitragszuschuss. Dieser wird gemäß § 257 Abs. 2a SGB V nur dann gezahlt, wenn das private Krankenversicherungsunternehmen des Beschäftigten einen Basistarif anbietet (die Pflicht des PKV-Unternehmens einen Basistarif

1 § 14 Abs. 1 SGB IV.
2 § 3 Abs. 1 Satz 3 SvEV.

anzubieten, besteht nur für Versicherungsunternehmen mit Sitz in Deutschland – § 152 Abs. 1 VAG). Bei Beziehern von Bürgergeld ergibt sich der Beitragszuschuss nach § 26 SGB II, bei Beziehern von Sozialhilfe nach § 32 SGB XII.

Sozialversicherung

Inhalt des Basistarifs

Die Leistungen des Basistarifs müssen in Art, Umfang und Höhe den Pflichtleistungen der gesetzlichen Krankenversicherung vergleichbar sein. Das bedeutet allerdings nicht, dass die Leistungen im Basistarif identisch sein müssen mit denen der gesetzlichen Krankenversicherung. Es muss jedoch eine weitgehende Übereinstimmung vorliegen. Der Basistarif muss außerdem in verschiedenen Varianten angeboten werden:

- Kindern und Jugendlichen (bei ihnen werden bis zum 21. Lebensjahr keine Altersrückstellungen gebildet)
- Personen mit Beihilfeanspruch nach beamtenrechtlichen Vorschriften (bei ihnen sind die Leistungen des Basistarifs auf die Ergänzung der Beihilfe beschränkt).

Das PKV-Unternehmen hat den Versicherten im Basistarif die Möglichkeit von Selbstbehalten in Höhe von 300, 600, 900 und 1.200 EUR anzubieten. Die vertragliche Mindestbindungsfrist für Verträge mit Selbstbehalt wird dabei auf 3 Jahre festgesetzt.

Zugang zum Basistarif

In Deutschland gilt eine allgemeine Pflicht zur Krankenversicherung. Alle Personen mit Wohnsitz in Deutschland müssen sich versichern. Diese Pflicht ist erfüllt, wenn eine Versicherung

- in der gesetzlichen oder privaten Krankenversicherung besteht,
- ein Anspruch auf freie Heilfürsorge besteht oder
- die Person einen Anspruch auf Leistungen nach dem Asylbewerberleistungsgesetz hat.

Beamte mit Beihilfeanspruch oder Personen mit gleichartigen Ansprüchen müssen sich anteilig ergänzend zur Beihilfe versichern. Für diejenigen, die in der privaten Krankenversicherung versichert werden (müssen), gibt es die Möglichkeit der Versicherung im Basistarif. Die Vorschrift des § 152 Abs. 2 VAG regelt den Zugang zum Basistarif.

Neukunden

Der Zugang zum Basistarif muss von jedem Unternehmen folgenden Personen ermöglicht werden:

- freiwillig in der gesetzlichen Krankenversicherung Versicherten innerhalb von 6 Monaten nach Einführung des Basistarifs bzw. nach dem Beginn der im SGB V vorgesehenen Wechselmöglichkeit im Rahmen ihres freiwilligen Versicherungsverhältnisses (z. B. nach dem Ausscheiden aus der Versicherungspflicht wegen Überschreitung der ⇗ Jahresarbeitsentgeltgrenze);
- allen Nichtversicherten mit Wohnsitz in Deutschland;
- allen Personen, die einen beihilfeergänzenden (oder vergleichbaren Ansprüchen) Schutz benötigen;
- Personen, die eine Versicherung in der privaten Krankenversicherung abschließen (PKV-Neukunden).

Hinweis

Altersrückstellungen bei Wechsel des Versicherers

Bei einem späteren Wechsel zu einem anderen privaten Krankenversicheurngsunternehmen werden die Altersrückstellungen im Umfang des Basistarifs übertragen.

Höchstbeitrag des Basistarifs

Der Beitrag, der für den Basistarif von den Unternehmen der privaten Krankenversicherung erhoben werden darf, ist begrenzt.[1] Die Prämie darf – mit oder ohne Selbstbehalt – den Höchstbeitrag der gesetzlichen Krankenversicherung nicht überschreiten. Dieser ergibt sich aus der Multiplikation des allgemeinen Beitragssatzes zzgl. des durchschnittlichen Zusatzbeitrags mit der Beitragsbemessungsgrenze. Sollte der Versicherte durch die Zahlung dieses Höchstbeitrags hilfebedürftig im Sinne der Vorschriften über die Grundsicherung für Arbeitsuchende bzw. Sozialhilfe werden, so reduziert sich der Beitrag um die Hälfte.

Soweit bei einem halbierten Beitrag noch Hilfebedürftigkeit vorliegt, beteiligt sich der zuständige Sozialleistungsträger im erforderlichen Umfang an den Beiträgen, sofern dadurch Hilfebedürftigkeit vermieden wird.[2] Für Bezieher von Bürgergeld kommt zudem ein Zuschuss in Betracht.

Beitragskalkulation für den Basistarif

Gründe für die Beitragskalkulation

Die Kalkulation der Beiträge für den Basistarif durch die Unternehmen der privaten Krankenversicherung ist gesetzlich vorgegeben. Sie werden auf der Basis gemeinsamer Kalkulationsgrundlagen für alle beteiligten Unternehmen ermittelt.[3] Dies ist erforderlich, da mit dem Basistarif auch eine Portabilität der Altersrückstellungen innerhalb der privaten Krankenversicherung eingeführt wurde. Für den Basistarif ist aufgrund des Kontrahierungszwangs ohne Möglichkeit von Risikozuschlägen und Leistungsausschlüssen außerdem ein Risikoausgleich durchzuführen.[4] Auch dieser setzt eine weitgehend einheitliche Kalkulation voraus.

Mitnahme von Altersrückstellungen bei Wechsel des Versicherungsunternehmens

Altersrückstellungen können bei einem Versicherungswechsel innerhalb der privaten Krankenversicherung (PKV) weitgehend mitgenommen werden. Die Mitnahme der Alterungsrückstellungen basiert auf dem Basistarif. PKV-Versicherte, die seit dem 1.1.2009 einen Vertrag abgeschlossen haben, können bei einem Wechsel zu einem anderen Unternehmen die angesparten Alterungsrückstellungen bis zum Umfang des Basistarifs mitnehmen. Im neuen Unternehmen werden sie dann so gestellt, als wären sie bereits in dem Alter eingetreten, in dem sie beim früheren Unternehmen eingetreten sind.

Beitragszuschüsse

Bezieher von Bürgergeld oder Sozialhilfe haben einen Anspruch auf einen Zuschuss zu ihren Krankenversicherungsbeiträgen. Für Sozialhilfebezieher, die bei einem privaten Krankenversicherungsunternehmen versichert sind, werden die Aufwendungen übernommen, soweit sie angemessen sind.[5]

Bei Beziehern von Bürgergeld ergibt sich der Beitragszuschuss nach § 26 SGB II. Leistungsbezieher nach dem SGB II haben zur Schließung ihrer sog. „PKV-Beitragslücke" einen Anspruch auf einen Beitragszuschuss zu ihrer privaten Krankenversicherung, der in der Höhe auf die Hälfte des Beitrags für den Basistarif begrenzt ist. Besteht unabhängig von der Höhe des zu zahlenden Beitrags Hilfebedürftigkeit, zahlt der zuständige Träger den Betrag, der auch für einen Bezieher von Bürgergeld in der gesetzlichen Krankenversicherung zu tragen ist. Ergibt die Bedürftigkeitsprüfung, dass durch die Halbierung des Beitrags im Basistarif Hilfebedürftigkeit vermieden werden kann, wird kein Zuschuss gewährt. Das PKV-Unternehmen ist in diesen Fällen verpflichtet, für die Dauer der Hilfebedürftigkeit den Beitrag im Basistarif zu halbieren.

Besteht hingegen trotz halbiertem Beitrag im Basistarif Hilfebedürftigkeit, beteiligt sich der zuständige Sozialleistungsträger im erforderlichen Umfang an den Beiträgen, sofern dadurch Hilfebedürftigkeit vermieden wird.[6]

---

1 § 152 Abs. 3 VAG.
2 § 32 Abs. 4 SGB XII.
3 § 152 Abs. 5 VAG.
4 § 154 VAG.
5 § 26 SGB II; § 32 SGB XII.
6 § 32 SGB XII.

Baugewerbe

Das Baugewerbe ist ein Wirtschaftszweig, der Planungs- und Ausführungsleistungen erbringt, die zur Errichtung von Bauwerken dienen. Zum Baugewerbe gehören hauptsächlich Bauunternehmen, welche die verschiedenen Gewerke ausführen.

Die Baustoffindustrie, Baubehörden und Bauforschungsinstitute sowie Bauträgergesellschaften werden regelmäßig nicht zum Baugewerbe gezählt.

Steuerlich gelten für die Behandlung des Arbeitslohns und von Zuwendungen des Arbeitgebers an Arbeitnehmer des Baugewerbes keine besonderen Bestimmungen. Dennoch gibt es einige im Baugewerbe typische Vergütungsbestandteile, bei denen lohnsteuerrechtliche Besonderheiten zu beachten sind.

Gesetze, Vorschriften und Rechtsprechung

Lohnsteuer: Im Baugewerbe beschäftigte Arbeitnehmer haben regelmäßig keine erste Tätigkeitsstätte. Folglich kann der Arbeitgeber aufgrund beruflicher Auswärtstätigkeit entstehende Reisekosten in den Grenzen des § 3 Nr. 16 EStG steuerfrei erstatten; s. auch R 9.5–9.8 LStR. Hat der Arbeitnehmer auf der Baustelle seine erste Tätigkeitsstätte, ist Rechtsgrundlage für die steuerfreie Sammelbeförderung des Arbeitnehmers zur Einsatzstelle § 3 Nr. 32 EStG. Zur Pauschalbesteuerung des Fahrtkostenzuschusses s. § 40 Abs. 2 Satz 2 EStG. Zur Pauschalbesteuerung der Beträge an die Zusatzversorgungskasse s. § 40b EStG. Die Steuerfreiheit des Arbeitgeberanteils zur Zusatzversorgungskasse regelt § 3 Nr. 63 EStG.

Sozialversicherung: In § 101 Abs. 2 SGB III wird normiert, wer zum Betrieb eines Baugewerbes zählt. Die Beitragshaftung im Baugewerbe ist in § 28e Abs. 3a SGB IV geregelt. § 28f Abs. 1a SGB IV i. V. m. § 19 Abs. 1 AEntG bestimmt die Führung und Aufzeichnungspflicht der Lohnunterlagen. Die Bußgeldvorschriften bei nicht korrekter Führung der Lohnunterlagen werden in § 111 Abs. 1 Nr. 3a SGB IV dargestellt.

Entgelt	LSt	SV
Erschwerniszulagen im Baugewerbe	pflichtig	pflichtig
Beitragsanteil für Zusatzversorgungskasse (zus. Alters- und Hinterbliebenenversorgung)	frei	frei

Lohnsteuer

Erschwerniszulagen

Erschwerniszulagen im Baugewerbe werden aufgrund von Mehraufwendungen des Arbeitnehmers für Erschwernisse seiner beruflichen Tätigkeit gezahlt, wenn sie weder durch eine Reisekostenvergütung noch durch sein übliches Gehalt abgegolten sind. In Betracht kommen hier typischerweise

- Zulagen wegen besonderer Schmutz- oder Staubbelastung (Schmutzzulagen),
- Schneezulagen, z. B. für das Reinigen von vereisten Dachrinnen, Entfernen von Eiszapfen oder Schnee auf Dächern,
- Gefährdungs-/Gefahrenzulagen,
- Zulagen wegen anderer erschwerender und ggf. auch gesundheitsgefährdender Bedingungen, wie Hitze- und Kältezulagen oder Lärmzulagen.

Da solche ⇗ Zulagen keinen steuerlich berücksichtigungsfähigen Aufwand abgelten und für sie keine besonderen Steuerbefreiungen bestehen, gehören sie zum steuerpflichtigen Arbeitslohn.

Reisekostenerstattungen

Vorliegen einer ersten Tätigkeitsstätte

Für das steuerliche Reisekostenrecht ist entscheidend, ob eine erste Tätigkeitsstätte vorliegt oder nicht. Eine erste Tätigkeitsstätte wird vorrangig vom Arbeitgeber bestimmt. Seine Festlegung entscheidet darüber, ob und ab wann sich sein Arbeitnehmer auf einer steuerlich begünstigten Auswärtstätigkeit mit steuerfreiem Reisekostenersatz befindet oder ob er auf dem Weg zur ersten Tätigkeitsstätte ist, für den die Entfernungspauschale angesetzt wird.

Tipp

Erste Tätigkeitsstätte im Baugewerbe

Bevor im Baugewerbe eine Zuordnung zur ersten Tätigkeitsstätte vorgenommen wird, sollte geprüft werden, ob dies erforderlich ist.

Steuerfreier Reisekostenersatz

Arbeitnehmer des Baugewerbes, die ihre Tätigkeit im Rahmen einer beruflich veranlassten Auswärtstätigkeit ausüben, können ebenso wie die Arbeitnehmer aller anderen Branchen einen entsprechenden steuerfreien Reisekostenersatz für ihre Aufwendungen erhalten. Typischerweise kommen in Betracht:

- Fahrtkosten,
- Verpflegungsmehraufwendungen und
- Übernachtungskosten.

Fahrtkosten und Sammelbeförderung

Fährt der Arbeitnehmer mit seinem eigenen Pkw zur auswärtigen Baustelle, kann ihm der Arbeitgeber als Reisekosten 0,30 EUR pro gefahrenen Kilometer steuerfrei erstatten.

Die unentgeltliche oder verbilligte ⇗ Sammelbeförderung eines Arbeitnehmers zwischen Wohnung und erster Tätigkeitsstätte mit einem vom Arbeitgeber gestellten Beförderungsmittel kann steuerfrei erfolgen, soweit die Sammelbeförderung für den betrieblichen Einsatz des Arbeitnehmers notwendig ist. Allerdings ist darauf zu achten, dass der Arbeitnehmer im Falle der Bereitstellung einer Sammelbeförderung für diese Wegstrecke keine Werbungskosten ansetzen darf.

Wird der Arbeitnehmer im Rahmen einer Auswärtstätigkeit zwischen der Wohnung und einer auswärtigen Tätigkeitsstätte (keine erste Tätigkeitsstätte) mit einem vom Arbeitgeber gestellten Beförderungsmittel unentgeltlich befördert oder nutzt er ein Firmenfahrzeug, ist dies steuerfrei. Im Gegenzug dürfen für diese Fahrten keine steuerfreien Fahrtkosten gezahlt werden.

Pauschalbesteuerung bei Fahrtkostenzuschuss

Soweit der Arbeitgeber dem Arbeitnehmer für seine Fahrten zwischen Wohnung und erster Tätigkeitsstätte einen steuerpflichtigen ⇗ Fahrtkostenzuschuss zusätzlich zum ohnehin geschuldeten Arbeitslohn gewährt, kann dieser für den Arbeitnehmer steuer- und sozialversicherungsfrei gezahlt werden, wenn der Arbeitgeber den Fahrtkostenzuschuss pauschal mit 15 % besteuert.[1] Eine Pauschalbesteuerung kann maximal in Höhe der abzugsfähigen Entfernungspauschale erfolgen.

Nutzung von Dienstfahrzeugen

Nutzt der Arbeitnehmer für die Fahrten zwischen Wohnung und erster Tätigkeitsstätte ein Firmenfahrzeug, dürfen keine steuerfreien Fahrtkostenzuschüsse gezahlt werden. Zum Ausgleich für die mit dem Firmenfahrzeug zurückgelegten Strecken zwischen Wohnung und erster Tätigkeitsstätte ist ein steuerpflichtiger monatlicher geldwerter Vorteil mit 0,03 % des Pkw-Bruttolistenpreises je Monat und je Entfernungskilometer anzusetzen. Handelt es sich um eine berufliche Auswärtstätigkeit, ist der geldwerte Vorteil steuerfrei (Reisekosten).

1 § 40 Abs. 2 Satz 2 Nr. 1 EStG.

Verpflegungsmehraufwendungen

Wenn Arbeitnehmer im Rahmen ihrer beruflichen Auswärtstätigkeit für eine bestimmte (Mindest-)Dauer von ihrer Wohnung bzw. der ersten Tätigkeitsstätte abwesend sind, kann der Arbeitgeber zum Ausgleich der damit verbundenen Mehraufwendungen einen steuerfreien Spesenersatz gewähren, der sich nach der Abwesenheitsdauer richtet:

Abwesenheitsdauer	Steuerfreier Pauschbetrag	
	bis 2023	ab 2024[1]
mehr als 8 Stunden	14 EUR	14 EUR[2]
mindestens 24 Stunden	28 EUR	28 EUR[3]

Bei mehrtägigen Reisen können unabhängig von der tatsächlichen Abwesenheitszeit 14 EUR[4] sowohl für den An- als auch für den Abreisetag gewährt werden.

Die genannten Spesensätze kann der Arbeitgeber erhöhen (max. verdoppeln), indem er den zusätzlichen Betrag mit 25 % pauschal versteuert. Soweit der Arbeitnehmer die Spesen steuerfrei erstattet bekommt, entfällt der Werbungskostenabzug. Die Spesenerstattungen sind auf der ↗ Lohnsteuerbescheinigung auszuweisen.

Übernachtungskosten

Müssen Arbeitnehmer des Baugewerbes im Rahmen ihrer beruflichen Auswärtstätigkeit außerhalb ihrer Wohnung übernachten, kann der Arbeitgeber diese Übernachtungskosten steuerfrei erstatten.

Beiträge zur Zusatzversorgungskasse

Arbeitgeber im Baugewerbe müssen von den tariflich festgelegten Leistungen einen bestimmten Betrag der Bruttolohnsumme an die Zusatzversorgungskasse abführen für

- Urlaub,
- Lohnausgleich und
- Zusatzversorgung.

Beitragsanteile für Urlaub und Lohnausgleich

Die Beitragsanteile für ↗ Lohnausgleich und für ↗ Urlaub sind nicht dem Arbeitslohn hinzuzurechnen. Lohnsteuerpflichtig sind erst die späteren Leistungen aus der Urlaubskasse, die anstatt nach den persönlichen Lohnsteuerabzugsmerkmalen (ELStAM) pauschal mit 20 % versteuert werden können. Dies ist aber keine abschließende Besteuerung. Der so pauschal besteuerte Arbeitslohn wird im Rahmen einer Einkommensteuerveranlagung des Arbeitnehmers erfasst und die mit 20 % einbehaltene Lohnsteuer angerechnet. Hierfür hat die Zusatzversorgungskasse eine Lohnsteuerbescheinigung auszustellen.

Beitragsanteil für Zusatzversorgung

Der Beitragsanteil für die Zusatzversorgung ist Arbeitslohn, der regelmäßig als ↗ betriebliche Altersversorgung steuerfrei ist.

Saison-Kurzarbeitergeld

Das ↗ Saison-Kurzarbeitergeld nach dem SGB III entspricht dem früheren Winterausfallgeld bzw. Schlechtwettergeld. Es ist als besondere Form des Kurzarbeitergelds steuerfrei[5]; die Zahlungen werden jedoch bei der Veranlagung zur Einkommensteuer dem ↗ Progressionsvorbehalt[6] unterworfen.

Wurde Saison-Kurzarbeitergeld gezahlt, darf der Arbeitgeber für den Arbeitnehmer keinen ↗ Lohnsteuer-Jahresausgleich durchführen. Auch der sog. permanente Jahresausgleich ist nicht zulässig.

1 § 9 Abs. 4a Satz 3 EStG
2 Das Gesetzgebungsverfahren, das eine Änderung der Werte vorsieht, ist noch nicht abgeschlossen. Ggf. wird eine Änderung im Laufe des Jahres 2024 folgen.
3 Das Gesetzgebungsverfahren, das eine Änderung der Werte vorsieht, ist noch nicht abgeschlossen. Ggf. wird eine Änderung im Laufe des Jahres 2024 folgen.
4 Das Gesetzgebungsverfahren, das eine Änderung der Werte vorsieht, ist noch nicht abgeschlossen. Ggf. wird eine Änderung im Laufe des Jahres 2024 folgen.
5 § 3 Nr. 2 EStG.
6 § 32b EStG.

Steuerfrei sind auch die ↗ Trennungsentschädigung (kein Progressionsvorbehalt) und die Arbeitgeberumlagen zur ↗ Winterbauförderung.[7]

Haftung des Entleihers

Im Fall eines gewerbsmäßigen Verleihs von Arbeitnehmern an Betriebe des Baugewerbes ohne Erlaubnis nach dem Arbeitnehmerüberlassungsgesetz haftet der Entleiher für die Lohnsteuer der Leiharbeitnehmer.

Sozialversicherung

Besondere Leistungen im Baugewerbe

Das Baugewerbe kennt einige besondere Leistungen. Hierzu gehören

- ↗ Auslösungen,
- Leistungen der ↗ Winterbauförderung und
- ↗ Urlaubsgeld.

Auslösungen können sozialversicherungsrechtliches Entgelt sein, wenn sie die steuerrechtlichen Höchstgrenzen für ↗ Reisekosten überschreiten.

Beitragsrechtliche Bewertung von Erschwerniszulagen

Bei Erschwerniszulagen wie z. B. Schmutzzulagen, Schneezulagen, Gefährdungszulagen oder auch Hitze- und Kältezulagen handelt es sich um beitragspflichtiges Arbeitsentgelt.

Maßnahmen zur Sicherung der ganzjährigen Beschäftigung

Mit der Zielsetzung, eine ganzjährige Beschäftigung im Baugewerbe zu fördern, gelten in der Bauwirtschaft ganz besondere Regelungen.

- Ein Arbeitsverhältnis gewerblicher Arbeitnehmer im Baugewerbe darf in der Schlechtwetterzeit (1.12. bis 31.3.; für das Gerüstbaugewerbe beginnt die Schlechtwetterzeit bereits am 1.11.) nicht aus Witterungsgründen gekündigt werden.
- Nach dem Bundesrahmentarifvertrag für das Baugewerbe (BRTV) führt der Arbeitgeber für die gewerblichen Arbeitnehmer ein individuelles Ausgleichskonto. Er kann in einem Zeitraum von 12 Kalendermonaten 150 Arbeitsstunden vor- und 30 Arbeitsstunden nacharbeiten lassen. Soweit eine solche Arbeitszeitflexibilisierung nicht vereinbart wurde, kann der Arbeitgeber 30 Stunden vorarbeiten lassen und den Lohn einem Ansparkonto gutschreiben. Die 30 Stunden dienen als Ausgleich der ersten Ausfallstunden wegen schlechter Witterung während des Schlechtwetterzeitraums.
- Auf ↗ Saison-Kurzarbeitergeld haben Arbeitnehmer des Baugewerbes bei Arbeitsausfällen einen Anspruch, wenn diese auf wirtschaftlichen oder witterungsbedingten Gründen oder auf einem unabwendbaren Ereignis beruhen.
- Arbeitnehmer der Bauwirtschaft haben als ergänzende Leistungen Anspruch auf ein Wintergeld. Dieses wird steuer- und sozialversicherungsfrei als Zuschuss-Wintergeld bzw. Mehraufwands-Wintergeld gezahlt.[8]
- Die Mittel für die ergänzenden Leistungen sind umlagefinanziert. Zu diesen zählen das Wintergeld sowie die Erstattung der vom Arbeitgeber zu tragenden Sozialversicherungsbeiträge. Im Bauhauptgewerbe werden die Umlagen gemeinsam von Arbeitgebern und Arbeitnehmern getragen, im Baunebengewerbe allein durch die Arbeitgeber. Die Winterbeschäftigungsumlage im Bauhauptgewerbe beträgt 2 % der umlagepflichtigen Bruttoarbeitsentgelte der gewerblichen Arbeitnehmer. Die Umlage wird anteilig vom Arbeitgeber in Höhe von 1,2 % und vom Arbeitnehmer in Höhe von 0,8 % aufgebracht. Der vom Arbeitnehmer zu tragende Anteil an der Umlage ist steuer- und sozialversicherungspflichtig.

7 § 3 Nr. 2 EStG.
8 § 102 SGB III.

Beitragsrechtliche Bewertung von Urlaubsabgeltungen

Bei Urlaubsabgeltungen sowie Entschädigungsansprüchen (§§ 8–10 BRTV) haben die Spitzenverbände der Sozialversicherungsträger die Auffassung vertreten, dass es sich in allen Fällen der in § 8 BRTV genannten Urlaubsabgeltungen ausnahmslos um sozialversicherungsrechtliches Arbeitsentgelt handelt. Die Urlaubsabgeltung ist einmalig gezahltes Arbeitsentgelt und ist als solches beitragspflichtig. Das gilt auch für Urlaubsabgeltungen, die erst nach einer 3-monatigen branchenfremden Tätigkeit ausgezahlt werden.

Hinweis

Auszahlung der Urlaubsabgeltungen erfolgt durch SOKA-BAU

Die Auszahlungen aller Urlaubsabgeltungen für gewerbliche Arbeitnehmer erfolgt über die Sozialkassen im Baugewerbe (SOKA-BAU), konkret durch die Urlaubs- und Lohnausgleichskasse der Bauwirtschaft (ULAK).

Die Beitragsberechnung sowie die in diesen Fällen erforderlichen Meldungen hat der Arbeitgeber vorzunehmen, der die Urlaubsabgeltung auszahlt.

Beitragseinbehalt durch die Urlaubs- und Lohnausgleichskasse

Auf Antrag des Arbeitnehmers zahlt die ULAK die Urlaubsabgeltung erfüllungshalber unmittelbar an den Arbeitnehmer aus. Dies haben die Tarifpartner der Bauwirtschaft vereinbart. Dabei hat sie den Arbeitnehmeranteil – unter Außerachtlassung der Beitragsbemessungsgrenzen – einzubehalten. Ist ein zu hoher Beitragsabzug erfolgt, hat der Arbeitgeber den Ausgleich vorzunehmen. Die ULAK zahlt den von der Urlaubsabgeltung einbehaltenen Arbeitnehmerbeitragsanteil an den Arbeitgeber, der ihn sodann mit seinem Anteil an die Einzugsstelle weiterleitet. Sofern die ULAK dazu ermächtigt wird, führt sie den Arbeitnehmerbeitragsanteil an die zuständige Einzugsstelle ab.

Aufgaben der Urlaubs- und Lohnausgleichskasse im Insolvenzfall

Die Sozialpartner des Baugewerbes haben sich mit der ULAK darauf verständigt, dass die ULAK das Beitrags- und Meldeverfahren nur in den Fällen übernimmt, in denen der letzte Bauarbeitgeber in Insolvenz gefallen ist. Im Einzelnen ist folgende Verfahrensweise abgesprochen worden:

- Die ULAK entnimmt den Zeitraum der Zuordnung der Urlaubsabgeltung, soweit vorhanden, der letzten Beitragsmeldung des letzten Arbeitgebers. Fehlen solche Meldungen und liegen der ULAK auch die im ULAK-Verfahren üblichen Meldungen des Arbeitgebers nicht vor, so hat der Arbeitnehmer die erforderlichen Daten nachzuweisen.
- Sogenannte „Fehltage" werden von der ULAK nur dann berücksichtigt, wenn sie Kenntnis davon hat. Im Einzelfall kann das zur Folge haben, dass ein zu hoher Beitrag einbehalten und abgeführt wird.
- Die Entgeltmeldung erfolgt als Sondermeldung mit dem Meldegrund „54" unter der Betriebsnummer des Arbeitgebers.
- Beim Beitragsnachweis meldet die ULAK Arbeitnehmer- und Arbeitgeberanteil und weist darauf hin, dass bezüglich des Arbeitgeberanteils die Zahlungspflicht weiterhin beim Arbeitgeber liegt.

Hinweis

Entschädigungen nach § 8 Nr. 8 BRTV zählen nicht zum Arbeitsentgelt

Die Entschädigung nach § 8 Nr. 8 BRTV ist kein Arbeitsentgelt, da der Anspruch hierauf erst entsteht, wenn die Urlaubsansprüche bzw. Urlaubsabgeltungsansprüche verfallen sind. Es handelt sich um einen originären Anspruch gegen die Urlaubs- und Lohnausgleichskasse.

Zusatzversorgungsbeiträge

Beiträge zur zusätzlichen Alters- und Hinterbliebenenversorgung sind in der Regel steuerfrei und entsprechend auch sozialversicherungsfrei.

Generalunternehmerhaftung für Subunternehmer

Grundsatz der Durchgriffshaftung

Ein Unternehmer des Baugewerbes, der einen anderen Unternehmer mit der Erbringung von Bauleistungen beauftragt, haftet

- für die Erfüllung der Zahlungspflicht dieses Unternehmens (Nachunternehmer) sowie
- für die Zahlungspflicht eines von diesem Nachunternehmer beauftragten Verleihers.[1]

Die Haftung entspricht der eines selbstschuldnerischen Bürgen. Dies gilt ab einem geschätzten Gesamtwert aller für ein Bauwerk in Auftrag gegebenen Bauleistungen von 275.000 EUR, wobei für die Schätzung § 3 der Vergabeverordnung gilt.

Die ⇗ Haftung des Bauunternehmers besteht entsprechend für die vom Nachunternehmer gegenüber ausländischen Sozialversicherungsträgern abzuführenden Beiträge. Solange die Einzugsstelle den Arbeitgeber nicht gemahnt hat und die Mahnfrist nicht abgelaufen ist[2], kann der Hauptunternehmer die Beitragszahlung jedoch verweigern (sog. „subsidiäre Haftung").

Die Haftung umfasst die Beiträge und Säumniszuschläge, die infolge der Pflichtverletzung zu zahlen sind sowie die Zinsen für gestundete Beiträge (Beitragsansprüche).[3]

Haftungsausschluss

Entsprechend § 28e Abs. 3b SGB IV entfällt die Haftung des Hauptunternehmers, wenn er nachweist, dass er ohne eigenes Verschulden davon ausgehen konnte, dass der Nachunternehmer oder ein von ihm beauftragter Verleiher seine Zahlungspflicht erfüllt (Haftungsausschluss). Ein Verschulden des Unternehmers ist ausgeschlossen, soweit und solange er Fachkunde, Zuverlässigkeit und Leistungsfähigkeit des Nachunternehmers oder des von diesem beauftragten Verleihers durch eine Präqualifikation nachweist.

Dazu gehört z.B. eine Prüfung des Hauptunternehmers darauf, ob bei dem vom Nachunternehmer abgegebenen Angebot die Lohnkosten einschließlich der Sozialversicherungsbeiträge zutreffend einkalkuliert worden sind. Entscheidend für die Frage des Haftungsausschlusses kann dabei auch sein, ob der Hauptunternehmer vom Nachunternehmer

- eine Freistellungsbescheinigung der Finanzbehörde über die Erfüllung seiner Steuerpflicht nach dem Gesetz zur Eindämmung der illegalen Beschäftigung im Baugewerbe bzw.
- Bescheinigungen der Einzugsstellen über die Erfüllung seiner Zahlungspflichten hinsichtlich des Gesamtsozialversicherungsbeitrags

angefordert hat.

Unbedenklichkeitsbescheinigungen anfordern

Der Unternehmer kann den Nachweis anstelle der Präqualifikation auch für den Zeitraum des Auftragsverhältnisses durch Vorlage von Unbedenklichkeitsbescheinigungen der zuständigen Einzugsstellen für den Nachunternehmer oder den von diesem beauftragten Verleiher erbringen. Die Unbedenklichkeitsbescheinigung enthält Angaben über die ordnungsgemäße Zahlung der Sozialversicherungsbeiträge und die Zahl der gemeldeten Beschäftigten. Damit sind die Voraussetzungen des Haftungsausschlusses bereits gegeben.[4] Die Unbedenklichkeitsbescheinigungen haben eine Gültigkeitsdauer von 3 Kalendermonaten nach Ausstellung. Werden sie nicht erneuert, erlischt ihre Gültigkeit für Arbeitsentgelte, die für Zeiten nach Ablauf der Gültigkeitsdauer erzielt wurden. In den Unbedenklichkeitsbescheinigungen ist die Anzahl der Arbeitnehmer zu vermerken, die bei der ausstellenden Einzugsstelle versichert sind. Die Anzahl der in den Bescheinigungen insgesamt genannten Personen muss ausreichen, um die Arbeiten durchführen zu können.

1 § 28e Abs. 3a SGB IV.
2 § 28e Abs. 2 Satz 2 SGB IV.
3 § 28e Abs. 4 SGB IV.
4 § 28e Abs. 3f SGB IV.

Achtung

Hauptunternehmer trägt Beweislast zum Nichtvorliegen der Haftung

Die Beweislast zum Nichtvorliegen der Haftung trägt der Hauptunternehmer. Die Einzugsstellen brauchen also das Vorliegen des Haftungsausschlusses nicht von Amts wegen zu ermitteln. Vielmehr hat der Hauptunternehmer den Nachweis hierzu zu führen. Durch die vereinbarte Verwaltungsvereinfachung dürfte allerdings die Frage der Beweislastführung regelmäßig nur noch von untergeordneter Bedeutung sein.

Auskunftspflichten des Nachunternehmers

Der Nachunternehmer, der Bauleistungen im Auftrag eines anderen Hauptunternehmers erbringt, ist verpflichtet, auf Verlangen der Einzugsstelle den Namen und die Anschrift dieses Unternehmers mitzuteilen.[1] Etwas anderes gilt, wenn dieser Auskunftsanspruch seitens der Einzugsstelle nicht durchgesetzt werden kann. Dann hat ein Unternehmer, der einen Gesamtauftrag für die Erbringung von Bauleistungen für ein Bauwerk erhält, der Einzugsstelle auf Verlangen Namen und Anschriften aller von ihm mit der Erbringung von Bauleistungen beauftragten Unternehmer zu benennen.

Achtung

Geldbuße bei Auskunftsverweigerung

Die Auskunftsverweigerung stellt eine Ordnungswidrigkeit dar.[2] Sie kann mit einer Geldbuße von bis zu 50.000 EUR geahndet werden.

Anwendungsbereich der Durchgriffshaftung

Die Durchgriffshaftung im Baugewerbe gilt ab einem geschätzten Gesamtwert aller für ein Bauwerk in Auftrag gegebenen Bauleistungen von 275.000 EUR.[3] Für die Schätzung des Gesamtwerts gilt § 3 VgV. Nicht entscheidend ist also das einzelne Auftragsvolumen; es kommt vielmehr auf die Summe aller Bauleistungen des Hauptunternehmers und aller Nachunternehmer für ein Bauwerk an.

Erweiterung der Durchgriffshaftung auf weitere Nachunternehmen

Die Haftung des Hauptunternehmers erstreckt sich ferner auf das von dem Nachunternehmer beauftragte nächste Unternehmen.[4]

Voraussetzung für diese weitergehende Haftung ist jedoch, dass die Beauftragung des unmittelbaren Nachunternehmers bei verständiger Würdigung der Gesamtumstände als ein Rechtsgeschäft anzusehen ist, dessen Ziel vor allem die Auflösung der grundsätzlich bestehenden Durchgriffshaftung ist. Maßgeblich für die Würdigung ist die Verkehrsanschauung im Baubereich.

Umgehungstatbestand

Ein Rechtsgeschäft, das als ein solcher Umgehungstatbestand anzusehen ist, wird in der Regel angenommen, wenn

- der unmittelbare Nachunternehmer weder selbst eigene Bauleistungen noch planerische oder kaufmännische Leistungen erbringt oder
- wenn der unmittelbare Nachunternehmer weder technisches noch planerisches oder kaufmännisches Fachpersonal in nennenswertem Umfang beschäftigt oder
- wenn der unmittelbare Nachunternehmer in einem gesellschaftsrechtlichen Abhängigkeitsverhältnis zum Hauptunternehmer steht.

Darüber hinaus sind in den Fällen, in denen der unmittelbare Nachunternehmer seinen handelsrechtlichen Sitz außerhalb des Europäischen Wirtschaftsraums hat, die Umstände des Einzelfalls besonders zu prüfen.[5]

1 § 28e Abs. 3c SGB IV.
2 § 111 Abs. 1 Nr. 2d SGB IV.
3 § 28e Abs. 3d SGB IV.
4 § 28e Abs. 3e SGB IV.
5 § 28e Abs. 3e Satz 4 SGB IV.

Hinweis

Geltungsbereich der Unfallversicherung

Die bisher genannten Regelungen zur Generalunternehmerhaftung erstrecken sich auch auf die Unfallversicherung. Dies gilt insbesondere für die Beitragshaftung bei der Arbeitnehmerüberlassung und der Ausführung eines Dienst- oder Werkvertrags.[6]

Führung der Lohnunterlagen

Unternehmer im Baugewerbe

Der Unternehmer im Baugewerbe hat bei der Ausführung eines Dienst- oder Werkvertrags die Entgeltunterlagen und die Beitragsrechnung so zu gestalten, dass eine Zuordnung

- der Arbeitnehmer,
- des Arbeitsentgelts und
- des darauf entfallenden Gesamtsozialversicherungsbeitrags zu dem jeweiligen Dienst- oder Werkvertrag

möglich ist.[7]

Ziel dieser Regelung ist die konkrete Durchsetzung der nunmehr bestehenden Durchgriffshaftung und die hierfür erforderliche Feststellung des Haftungsumfangs.

Achtung

Geldbuße bei nicht korrekter Führung der Lohnunterlagen

Werden die Lohnunterlagen nicht entsprechend der dargestellten Regelungen geführt, stellt das eine Ordnungswidrigkeit dar.[8] Sie kann mit einer Geldbuße von bis zu 5.000 EUR geahndet werden.

Nachunternehmer

Grundsätzlich kann der Nachunternehmer seiner besonderen Pflicht zur Führung der Lohnunterlagen nur durch eine Kennzeichnung in diesen Lohnunterlagen nachkommen. Seitens der Sozialversicherung bestehen allerdings keine Bedenken, wenn der Nachunternehmer seiner Aufzeichnungspflicht dadurch nachkommt, dass er die Bescheinigung nach § 19 Abs. 1 AEntG getrennt nach den verschiedenen Generalunternehmen aufbewahrt. Eine Zuordnung zur einzelnen Lohnunterlage muss durch ein gemeinsames Merkmal (z. B. Personalnummer) möglich sein. Bei Mitarbeitern,

- für die die Aufzeichnungspflicht nach § 19 Abs. 1 AEntG nicht gilt (Angestellte) oder
- die ein festes monatliches Arbeitsentgelt erhalten und
- die im unmittelbaren Zusammenhang mit dem Gewerk tätig sind,

werden die Verhältnisse herangezogen, die sich aus der Auswertung der Bescheinigungen nach § 19 Abs. 1 AEntG ergeben. Aus den Bescheinigungen werden danach der Beginn, das Ende und die Dauer der täglichen Arbeitszeit (ohne Pausen) des Arbeitnehmers zugrunde gelegt.

BAV-Förderbetrag

Der Förderbetrag zur betrieblichen Altersversorgung (BAV-Förderbetrag) ist ein staatlicher Zuschuss für Arbeitgeber, die zusätzliche Beiträge zur betrieblichen Altersversorgung für Arbeitnehmer mit geringem Einkommen leisten. Er wurde 2018 mit dem Ziel eingeführt, den Verbreitungsgrad der kapitalgedeckten betrieblichen Altersversorgung über eine Pensionskasse, einen Pensionsfonds oder eine Direktversicherung bei diesem Personenkreis zu erweitern. Geringverdiener in diesem Sinne sind Arbeitnehmer mit einem laufenden Arbeitslohn bis zu 2.575 EUR im Monat. Der Zuschuss für den Arbeitgeber beträgt

6 § 150 Abs. 3 SGB VII.
7 § 28f Abs. 1a SGB IV.
8 § 111 Abs. 1 Nr. 3a SGB IV.

30 % seiner zusätzlich zum ohnehin geschuldeten Arbeitslohn geleisteten Beiträge. Die Förderung setzt Arbeitgeberbeiträge von mindestens 240 EUR jährlich voraus. Als Förderobergrenze gelten Arbeitgeberbeiträge von 960 EUR je Arbeitnehmer, sodass sich der BAV-Förderbetrag jährlich zwischen 72 EUR und 288 EUR bewegt. Beim Arbeitnehmer rechnen die geförderten Beiträge zum steuerfreien Arbeitslohn.

Der Förderbetrag stellt für den Arbeitnehmer keinen geldwerten Vorteil und daher kein sozialversicherungsrechtlich relevantes Arbeitsentgelt dar. Die zur Erlangung des Förderbetrags erforderlichen Arbeitgeberbeiträge sind kein sozialversicherungspflichtiges Arbeitsentgelt.

Gesetze, Vorschriften und Rechtsprechung

Lohnsteuer: Der Förderbetrag zur betrieblichen Altersversorgung ist in § 100 EStG geregelt. Einzelheiten zur Inanspruchnahme des staatlichen Zuschusses enthält außerdem das BMF-Schreiben v. 12.8.2021, IV C 5 – S 2333/19/10008 :017, BStBl 2021 I S. 1050, geändert durch das BMF-Schreiben v. 18.3.2022, IV C 5 – S 2333/19/10008 :026, BStBl 2022 I S. 333.

Sozialversicherung: Die Regelung zur beitragsrechtlichen Behandlung der Arbeitgeberbeiträge enthält § 1 Abs. 1 Satz 1 Nr. 9 SvEV.

Lohnsteuer

Begünstigte Durchführungswege

Förderung der externen Durchführungswege

Das staatliche Fördermodell kann der Arbeitgeber nur nutzen, wenn er die ↗ betriebliche Altersversorgung (bAV) über eine externe Versorgungseinrichtung durchführt. Begünstigt sind Beiträge an eine kapitalgedeckte Pensionskasse, einen Pensionsfonds oder für eine Direktversicherung. Für Zuwendungen an umlagefinanzierte Pensionskassen erhält der Arbeitgeber keinen Zuschuss. Werden sowohl Umlagen als auch Beiträge im Kapitaldeckungsverfahren erhoben, gehören Letztere nur dann zu den begünstigten Aufwendungen, wenn eine getrennte Verwaltung und Abrechnung beider Vermögensmassen erfolgt.

Hinweis

Keine „Zillmerung" von Abschluss- und Vertriebskosten

Die Gewährung des BAV-Förderbetrags kommt nur bei „ungezillmerten" Verträgen in Betracht. Die Abschluss- und Vertriebskosten des Vertrags dürfen folglich nicht zulasten der ersten Beiträge finanziert werden („Zillmerung"). Nur die externe Versorgungseinrichtung kann dem Arbeitgeber bestätigen, dass diese Voraussetzung erfüllt ist.[1]

Bei am 1.1.2018 bereits bestehenden Verträgen wird die steuerliche Förderung ausnahmsweise gewährt, sobald für die Restlaufzeit des Vertrags gewährleistet ist, dass verbliebene und ggf. neu anfallende Abschluss- und Vertriebskosten nur als fester Anteil der ausstehenden laufenden Beiträge einbehalten werden.

Auszahlungsweise der Versorgungsleistungen

Der staatliche Zuschuss setzt voraus, dass die Versorgungsleistungen als monatliche Leistungen in Form einer lebenslangen Leibrente oder als Ratenzahlungen im Rahmen eines Auszahlungsplans mit einer anschließenden Teilkapitalverrentung ab spätestens dem 85. Lebensjahr ausgezahlt werden (lebenslange Versorgung). Dabei müssen die Leistungen während der gesamten Auszahlungsphase gleich bleiben oder steigen. Bis zu 12 Monatsleistungen können in einer Auszahlung zusammengefasst werden und bis zu 30 % des zu Beginn der Auszahlungsphase zur Verfügung stehenden Kapitals können auch außerhalb monatlicher Leistungen ausgezahlt werden.[2] Unschädlich ist es, wenn anstelle der lebenslangen Altersversorgung eine Einmalzahlung gewählt werden kann. Dies gilt gleichermaßen für die Alters-, Invaliditäts- oder Hinterbliebenenversorgung. Ein vereinbartes Kapitalwahlrecht kann förderunschädlich nur innerhalb des letzten Jahres vor dem vertraglich vorgesehenen Beginn der Altersversorgungsleistung ausgeübt werden. Für die Berechnung der Jahresfrist ist auf das im Zeitpunkt der Ausübung des Wahlrechts vertraglich vorgesehene Ausscheiden aus dem Erwerbsleben (vertraglich vorgesehener Beginn der Altersversorgungsleistung) abzustellen. Da die Auszahlungsphase bei der Hinterbliebenenleistung im Zeitpunkt des Todes des ursprünglich Berechtigten beginnt, wird es in diesem Fall nicht beanstandet, wenn das Wahlrecht zugunsten der Kapitalzahlung im zeitlichen Zusammenhang mit dem Tod des ursprünglich Berechtigten ausgeübt wird.

Übt der Arbeitnehmer sein Kapitalwahlrecht außerhalb der Jahresfrist aus, entfällt ab diesem Zeitpunkt die Förderung für den Arbeitgeber durch den BAV-Förderbetrag, weil deren Voraussetzungen nicht mehr vorliegen. Außerdem sind die Beiträge zu versteuern.

Bei reinen Beitragszusagen ist eine lebenslange Versorgungsleistung zwingend.[3]

Keine Förderung der internen Durchführungswege

Erteilt der Arbeitgeber dem Arbeitnehmer eine Pensions-/Direktzusage bzw. eine Zusage auf Unterstützungskassenleistungen, ist die staatliche Förderung nicht möglich. Beiträge zu einer ggf. abgeschlossenen Rückdeckungsversicherung sind ebenfalls nicht begünstigt.

Anspruchsberechtigte Arbeitgeber

Vom BAV-Förderbetrag profitieren nur Arbeitgeber, die dem Grunde nach auch zum Lohnsteuerabzug verpflichtet sind. Dies sind inländische Arbeitgeber, ausländische Verleiher und bei einer internationalen Arbeitnehmerentsendung auch das in Deutschland ansässige Unternehmen, das den Arbeitslohn für die geleistete Arbeit wirtschaftlich trägt oder nach dem Fremdvergleichsgrundsatz hätte tragen müssen.[4]

Begünstigte Arbeitgeberbeiträge

Der staatliche Zuschuss wird nur für Beiträge des Arbeitgebers gewährt, die er zusätzlich zum ohnehin geschuldeten Arbeitslohn[5] leistet und entfällt damit in den Fällen des Gehaltsverzichts oder der ↗ Barlohnumwandlung.[6]

Im Rahmen einer Barlohnumwandlung sind auch diejenigen Arbeitgeberbeiträge von dem staatlichen Zuschuss ausgeschlossen, die der Arbeitgeber wegen ersparter Sozialversicherungsbeiträge zusätzlich leistet (gesetzlicher Zuschuss).[7]

Die begünstigten zusätzlichen Beiträge des Arbeitgebers können tarifvertraglich, durch Betriebsvereinbarung oder individualrechtlich zugesagt werden.

Keine begünstigten Beiträge

Der Förderbetrag wird nicht gewährt für Beiträge des Arbeitgebers, die er bei einer reinen Beitragszusage als Sicherungsbeitrag leistet und die dem Arbeitnehmer unmittelbar gutgeschrieben oder zugerechnet werden.[8] Entsprechendes gilt für alle Finanzierungsanteile des Arbeitnehmers, die in einem vom Arbeitgeber geschuldeten Gesamtversicherungsbeitrag enthalten sind. Der Förderbetrag kann auch nicht beansprucht werden für Beiträge, die der Arbeitnehmer aufgrund einer eigenen Verpflichtung entrichtet, auch wenn der Arbeitgeber die Beiträge an die Versorgungseinrichtung abführt.

Freiwillige Matching-Modelle

Abzugrenzen sind die in der Praxis häufig vorkommenden „Freiwilligen Matching-Modelle". Dabei bemisst sich die Höhe der Arbeitgeberbeiträge zur bAV typischerweise nach der Höhe der Arbeitnehmerbeiträge durch originäre Entgeltumwandlung. In diesen Fällen werden die Zahlungen des Arbeitgebers zusätzlich zum ohnehin geschuldeten Arbeitslohn geleistet. Der Arbeitgeber kann für diese Leistungen grundsätzlich den BAV-Förderbetrag beanspruchen.

1 § 100 Abs. 3 Nr. 5 EStG.
2 § 100 Abs. 3 Nr. 4, § 82 Abs. 2 Satz 2 EStG.
3 § 82 Abs. 2 Satz 2 Nr. 2 EStG.
4 § 38 Abs. 1 EStG.
5 § 8 Abs. 4 EStG.
6 § 100 Abs. 3 Nr. 2 EStG.
7 § 1a Abs. 1a, § 23 Abs. 2 BetrAVG.
8 § 23 Abs. 1 BetrAVG.

Beispiel

Freiwilliger Arbeitgeberzuschuss bei Matching-Modellen

Der Arbeitgeber führt bAV in einer Pensionskasse durch. Der Arbeitnehmer verzichtet monatlich auf 150 EUR seines Arbeitslohns zugunsten der Pensionskasse (Barlohnumwandlung). Der Arbeitgeber zahlt ergänzend einen Zuschuss von 40 % des umgewandelten Arbeitnehmerbeitrags. Der Arbeitgeberzuschuss beinhaltet bereits den gesetzlichen Arbeitgeberzuschuss von 15 % wegen ersparter Sozialversicherungsbeiträge.[1]

Ergebnis: Der Arbeitgeberzuschuss beträgt folglich 60 EUR monatlich (40 % von 150 EUR). Davon entfallen 22,50 EUR auf den gesetzlichen Arbeitgeberzuschuss (15 % von 150 EUR). Hierfür wird kein BAV-Förderbetrag gewährt. Dagegen ist der freiwillige Arbeitgeberzuschuss von 37,50 EUR förderfähig.

Wahlweise Verwendung von vermögenswirksamen Leistungen zugunsten betrieblicher Altersversorgung

Besteht die Möglichkeit (z. B. aufgrund eines entsprechenden Tarifvertrags), zusätzliche vermögenswirksame Leistungen des Arbeitgebers wahlweise für den Aufbau von betrieblicher Altersversorgung (Pensionsfonds, kapitalgedeckte Pensionskasse, Direktversicherung) im Wege einer Entgeltumwandlung einzusetzen, kann der Arbeitgeber hierfür keinen BAV-Förderbetrag erhalten. Diese Beiträge werden nicht zusätzlich zum ohnehin geschuldeten Arbeitslohn geleistet. Dies gilt im Übrigen gleichermaßen für in diesem Zusammenhang vom Arbeitgeber gewährte Erhöhungsbeiträge sowie für Erhöhungsbeiträge des Arbeitgebers, die von einer zusätzlichen Entgeltumwandlung des Arbeitnehmers abhängen.

Beispiel

Umwandlung von vermögenswirksamen Leistungen sowie Erhöhungsbeiträge des Arbeitgebers

Nach dem Tarifvertrag hat der Arbeitnehmer Anspruch auf vermögenswirksame Leistungen i. H. v. 6,65 EUR im Monat. Werden die vermögenswirksamen Leistungen wahlweise zugunsten eines Beitrags in eine Pensionskasse umgewandelt, beträgt die Arbeitgeberzahlung 26 EUR im Monat und nicht lediglich 6,65 EUR.

Ergebnis: Der Arbeitgeberbeitrag von 26 EUR im Monat wird nicht zusätzlich zum ohnehin geschuldeten Arbeitslohn geleistet und berechtigt mithin nicht zur Geltendmachung des BAV-Förderbetrags.

Alternative:

Der Arbeitgeberbeitrag erhöht sich auf 50 EUR im Monat, wenn die vermögenswirksame Leistung im Rahmen einer Entgeltumwandlung verwendet wird und der Arbeitnehmer hierbei mindestens einen Eigenbeitrag von weiteren 13 EUR monatlich erbringt.

Ergebnis: Auch in diesem Fall liegen keine zusätzlichen Arbeitgeberbeiträge vor. Der Arbeitgeber erhält keinen staatlichen Zuschuss.

In beiden Fällen rechnen die Beiträge beim Arbeitnehmer jedoch zum steuerfreien Arbeitslohn.[2]

Erstes Dienstverhältnis

Der BAV-Förderbetrag wird für alle Personen gewährt, die lohnsteuerlich als Arbeitnehmer einzustufen sind, also auch für beherrschende Gesellschafter-Geschäftsführer. Voraussetzung ist, dass die Arbeitnehmer beim Arbeitgeber in einem ersten Dienstverhältnis stehen. Dies sind alle Arbeitnehmer, die nach den ELStAM in die Steuerklassen I–V eingereiht sind. Nur Arbeitnehmer in Steuerklasse VI sind von der staatlichen Bezuschussung ausgeschlossen.

Wegfall des Arbeitslohnanspruchs

Bei einem weiterbestehenden Dienstverhältnis wird der BAV-Förderbetrag auch gewährt, wenn der Anspruch auf Arbeitslohn weggefallen ist, z. B. bei Elternzeit oder Pflegezeit oder bei Bezug von Kurzarbeiter- oder Krankengeld.

1 § 1a Abs. 1a BetrAVG.
2 § 3 Nr. 63 EStG.

Pauschalbesteuerung

Bei Arbeitsverhältnissen, die ohne Abruf der ELStAM pauschal versteuert werden,[3] muss der Arbeitnehmer erklären, dass es sich um sein erstes Dienstverhältnis handelt.

Steuerbefreiung beim Arbeitnehmer

Die durch den BAV-Förderbetrag zuschussfähigen Arbeitgeberbeiträge rechnen beim Arbeitnehmer zum steuerfreien Arbeitslohn. Der max. BAV-Förderbetrag für den Arbeitgeber beträgt 288 EUR (30 % der zusätzlichen Arbeitgeberbeiträge). Beim Arbeitnehmer bleiben folglich Beiträge bis 960 EUR steuerfrei.[4] Liegen die Fördervoraussetzungen nicht vor, greift diese Steuerbefreiung nicht.

Tipp

Zusätzliches steuerfreies Volumen

Neben dem steuerfreien Volumen von max. 960 EUR bleiben beim Arbeitnehmer darüber hinaus Beiträge zur bAV bis zum Höchstbetrag von 8 % der Beitragsbemessungsgrenze in der allgemeinen Rentenversicherung/West[5] steuerfrei (2024: 7.248 EUR). Insgesamt beträgt das steuerfreie Volumen zum Aufbau von bAV im Kalenderjahr 2024 bei Geringverdienern daher bis zu 8.208 EUR (960 EUR + 7.248 EUR).

Die Steuerfreiheit nach § 100 Abs. 6 EStG ist vorrangig anzuwenden, wenn der Arbeitgeber den BAV-Förderbetrag in Anspruch nimmt. Der Vorrang gilt nicht nur gegenüber der Steuerbefreiung nach § 3 Nr. 63 EStG (2024: 7.248 EUR), sondern auch gegenüber der Pauschalierung der Lohnsteuer.[6] Hat der Arbeitgeber den Förderbetrag beantragt und stellt vor Ablauf des Kalenderjahres fest, dass er die Steuerbefreiung für Beiträge bis zu 960 EUR nicht vollständig ausgenutzt hat, muss er eine anderweitige steuerliche Behandlung von zusätzlichen Beiträgen zur bAV des Arbeitnehmers spätestens bis zur Übermittlung der ↗ Lohnsteuerbescheinigung rückgängig machen. Alternativ kann er auch die monatlichen Teilbeträge zur betrieblichen Altersversorgung so ändern, dass die Steuerbefreiung für Beiträge bis zu 960 EUR voll ausgeschöpft wird.

Gewährung und Berechnung des BAV-Förderbetrags

Verrechnung in der Lohnsteuer-Anmeldung

Die Gewährung des BAV-Förderbetrags ist in das Lohnsteuer-Anmeldeverfahren eingebunden. Der Arbeitgeber berechnet die Höhe des Förderbetrags auf Basis der von ihm geleisteten zusätzlichen Beiträge selbst und verrechnet seinen Anspruch auf den staatlichen Zuschuss mit dem Gesamtbetrag der abzuführenden Lohnsteuer in der nächsten ↗ Lohnsteuer-Anmeldung.

Tipp

Anrufungsauskunft möglich

Der Arbeitgeber kann bei seinem Betriebsstättenfinanzamt eine kostenlose Anrufungsauskunft[7] zu Zweifelsfragen im Zusammenhang mit der Gewährung des BAV-Förderbetrags beantragen.

Der selbst ermittelte Förderbetrag ist gesondert in Zeile 22 der Lohnsteuer-Anmeldung 2024 einzutragen. Außerdem ist die Zahl der Arbeitnehmer mit BAV-Förderbetrag in Zeile 16 der Lohnsteuer-Anmeldung 2024 zu deklarieren. Die Berechnung des Arbeitgebers überprüft das Finanzamt im Rahmen einer ↗ Lohnsteuer-Außenprüfung oder ↗ Lohnsteuer-Nachschau.[8]

3 § 40a EStG.
4 § 100 Abs. 6 EStG.
5 § 3 Nr. 63 EStG.
6 § 40b EStG a. F.
7 § 42e EStG.
8 § 100 Abs. 5 EStG.

Beispiel

Verrechnung in der Lohnsteuer-Anmeldung

Ein Arbeitgeber leistet seit diesem Jahr erstmals vierteljährliche Beiträge von 80 EUR für eine Direktversicherung zugunsten eines Arbeitnehmers mit einem Monatslohn von 2.150 EUR. Die Beiträge werden im Januar, April, Juli und Oktober geleistet.

Ergebnis: Der Arbeitgeber hat in den jeweiligen Monaten einen Anspruch auf einen BAV-Förderbetrag von 24 EUR (30 % von 80 EUR). Diesen kann er mit den Lohnsteuer-Anmeldungen für Januar, April, Juli und Oktober geltend machen.

Beim Arbeitnehmer gehören die Beiträge von 320 EUR zum steuerfreien Arbeitslohn nach § 100 Abs. 6 EStG.

Ist keine Lohnsteuer einzubehalten oder ist die vom Arbeitgeber einzubehaltende Lohnsteuer geringer als der Förderbetrag, erstattet das ⇗ Betriebsstättenfinanzamt den Betrag aufgrund der Lohnsteuer-Anmeldung. Dies gilt insbesondere bei Arbeitnehmern mit einem sog. „Minijob", bei denen die pauschale Lohnsteuer nicht an das Betriebsstättenfinanzamt, sondern an die Deutsche Rentenversicherung Knappschaft-Bahn-See abzuführen ist.

Mindest- und Höchstbeitrag

Der BAV-Förderbetrag wird dem Arbeitgeber gewährt, wenn er Beiträge zur bAV von mindestens 240 EUR im Kalenderjahr leistet. Bei der Ermittlung des Mindestbetrags werden nur solche Beiträge berücksichtigt, bei denen im Zeitpunkt der Beitragsleistung die maßgeblichen Einkommensgrenzen nicht überschritten werden. Außerdem werden nur Beiträge für ungezillmerte Versicherungstarife sowie Verträge mit begünstigter Auszahlungsform berücksichtigt.

Förderobergrenze sind jährliche Beiträge von 960 EUR. Der staatliche Zuschuss beträgt 30 % des Arbeitgeberbeitrags. Im Ergebnis liegt der Förderbetrag für den Arbeitgeber daher zwischen 72 EUR und 288 EUR.[1]

Beispiel

Berechnung des BAV-Förderbetrags

Der Arbeitgeber schließt im November 2024 eine Direktversicherung für eine teilzeitbeschäftigte Arbeitnehmerin mit einem monatlichen Bruttoarbeitslohn von 1.800 EUR ab. Der zusätzlich zum ohnehin geschuldeten Arbeitslohn erbrachte Arbeitgeberbeitrag (jährliche Beitragszahlung) wird erstmals im November 2024 i. H. v.

1. 200 EUR
2. 400 EUR
3. 1.000 EUR

an das Versicherungsunternehmen abgeführt. Der Arbeitgeber beantragt den BAV-Förderbetrag.

Ergebnis Fall 1: Dem Arbeitgeber wird kein Förderbeitrag gewährt, da der Mindestbeitrag von 240 EUR nicht erreicht wird. Bei der Arbeitnehmerin bleiben die Beiträge im Rahmen der Steuerbefreiung nach § 3 Nr. 63 EStG (2024: 7.248 EUR) gleichwohl steuerfrei.

Ergebnis Fall 2: Der Förderbetrag für den Arbeitgeber beträgt 120 EUR (30 % von 400 EUR). Die Beiträge von 400 EUR sind bei der Arbeitnehmerin steuerfreier Arbeitslohn nach § 100 Abs. 6 EStG.

Ergebnis Fall 3: Dem Arbeitgeber wird der maximale Förderbetrag von 288 EUR gewährt (30 % von max. 960 EUR). Bei der Arbeitnehmerin bleiben die Beiträge in vollem Umfang steuerfrei (960 EUR nach § 100 Abs. 6 EStG; 40 EUR nach § 3 Nr. 63 EStG).

1 § 100 Abs. 2 Satz 1, Abs. 3 Nr. 2 EStG.

Beispiel

Berechnung des Mindestbeitrags bei gezillmertem und ungezillmertem Tarif

Für einen Arbeitnehmer besteht seit Jahren ein Direktversicherungsvertrag mit gezillmertem Tarif, in den der Arbeitgeber monatlich 50 EUR (600 EUR/Jahr) einzahlt. In diesem Jahr zahlt der Arbeitgeber erstmals jährlich 150 EUR als zusätzlichen Beitrag in einen Pensionsfonds. Für den Beitrag in den Pensionsfonds sind alle Förderkriterien erfüllt.

Ergebnis: Ein BAV-Förderbetrag kann vom Arbeitgeber nicht beansprucht werden, da der Mindestbetrag von 240 EUR nicht durch zusätzliche Arbeitgeberbeiträge erreicht wird, die sämtliche Förderkriterien[2] erfüllen.

Der BAV-Förderbetrag ist ein Jahresbetrag. Es ist ohne Bedeutung, ob der zusätzliche Arbeitgeberbeitrag für die bAV des Arbeitnehmers als Jahresbetrag, halb-, vierteljährlich, monatlich oder in unregelmäßigen Abständen gezahlt wird.

Keine Pflicht zur Inanspruchnahme des BAV-Förderbetrags

Ein Arbeitgeber ist nicht verpflichtet, den BAV-Förderbetrag zu beantragen.

Höhere Beiträge als 960 EUR

Leistet der Arbeitgeber zusätzliche Beiträge zur betrieblichen Altersversorgung des Arbeitnehmers, die den Betrag von 960 EUR im Kalenderjahr überschreiten, wird der BAV-Förderbetrag solange gewährt, bis der höchstmögliche Zuschuss von 288 EUR erreicht wird. Danach wird keine Förderung mehr gewährt.

Beispiel

Monatliche Beitragszahlung und Überschreiten des Höchstbetrags

Ein Arbeitgeber leistet für einen Arbeitnehmer mit einem monatlichen Bruttoarbeitslohn von 1.800 EUR erstmals ab diesem Jahr Zuwendungen an eine kapitalgedeckte Pensionskasse von 100 EUR monatlich.

Ergebnis: Die zusätzlichen Arbeitgeberbeiträge profitieren lediglich bis zur Höhe von 960 EUR von dem staatlichen Zuschuss. Der BAV-Förderbetrag ist für Januar bis September mit je 30 EUR (30 % von 100 EUR) und im Oktober mit 18 EUR (30 % von 60 EUR) zu berechnen. Für die Beiträge im November und Dezember erhält der Arbeitgeber keinen BAV-Förderbetrag mehr.

Beim Arbeitnehmer bleiben die Beiträge zur bAV i. H. v. 1.200 EUR in vollem Umfang steuerfrei (960 EUR nach § 100 Abs. 6 EStG und 240 EUR nach § 3 Nr. 63 EStG).

Niedrigere Beiträge als 240 EUR

Der BAV-Förderbetrag wird dem Arbeitgeber nur unter der Voraussetzung gewährt, dass er zusätzliche, begünstigte Arbeitgeberbeiträge mindestens i. H. v. 240 EUR im Kalenderjahr leistet. Werden die Beiträge auf mehrere Zahlungen verteilt, ist im Zeitpunkt der jeweiligen Beitragsleistung vorausschauend zu prüfen, ob der Mindestbetrag von 240 EUR jährlich erreicht werden wird. Spätere Änderungen der Verhältnisse sind unbeachtlich.[3]

Beispiel

Unvorhersehbare Ereignisse

Der Arbeitgeber entrichtet erstmals in 2024 Zuwendungen an einen Pensionsfonds i. H. v. 50 EUR monatlich für einen Arbeitnehmer mit einem Bruttoarbeitslohn von 2.400 EUR. Die Beiträge werden am Monatsersten geleistet. Der Arbeitnehmer scheidet unerwartet am 30.4.2024 aus dem Dienstverhältnis aus. Der Arbeitgeber erlangt hiervon am 20.2.2024 Kenntnis.

2 § 100 Abs. 3 EStG.
3 § 100 Abs. 4 Satz 1 EStG.

Ergebnis: Für die Gewährung des BAV-Förderbetrags sind die Verhältnisse im Zeitpunkt der Beitragsleistung maßgebend. Der Arbeitgeber kann für Januar und Februar 2024 einen monatlichen Förderbetrag von 15 EUR (30 % von 50 EUR) im Rahmen der Lohnsteuer-Anmeldung geltend machen. Für März 2024 kann kein staatlicher Zuschuss beansprucht werden, da der Arbeitgeber am Monatsersten erkennen kann, dass er den Mindestbetrag von 240 EUR bis zum Ausscheiden des Arbeitnehmers am 30.4.2024 nicht mehr erreichen wird. Der Arbeitgeber muss den BAV-Förderbetrag für Januar und Februar 2024 nicht an das Finanzamt zurückzahlen.

Beim Arbeitnehmer bleiben die Beiträge für Januar und Februar 2024 nach § 100 Abs. 6 EStG steuerfrei. Die Beiträge für März und April 2024 sind nach § 3 Nr. 63 EStG steuerbefreit.

Im Referenzjahr 2016 bereits bestehende Versorgungsvereinbarungen

Mit der Einführung des BAV-Förderbetrags ab 2018 verfolgte der Gesetzgeber das Ziel, die bAV auszubauen und den Arbeitgeber zu zusätzlichen Beiträgen für die Altersversorgung seiner Arbeitnehmer zu motivieren. Mitnahmeeffekte bei zu Beginn des Kalenderjahres 2018 bereits vorhandenen Versorgungsvereinbarungen sollten dagegen ausgeschlossen sein.

Deshalb wird der Förderbetrag bei Versorgungsvereinbarungen der Höhe nach begrenzt, wenn bereits im Kalenderjahr 2016 (= Referenzjahr) vom Arbeitgeber zusätzliche Beiträge an einen Pensionsfonds, eine Pensionskasse oder für eine Direktversicherung geleistet wurden. Der Förderbetrag ist auf den Betrag gedeckelt, den der Arbeitgeber über die Beiträge des Kalenderjahres 2016 hinaus leistet.[1]

Bei einer erst ab 2017 bestehenden betrieblichen Altersversorgung (z. B. wegen Neueinstellung) muss die Deckelung also nicht geprüft werden. Das gilt auch für alle Erhöhungen der zusätzlichen Arbeitgeberbeiträge in 2017 oder später.

Beispiel

Förderbetrag bei Versorgungsvereinbarungen vor 2018

Der Arbeitgeber hat für einen Mitarbeiter im Kalenderjahr 2010 eine Direktversicherung abgeschlossen. Der monatliche Beitrag beträgt 100 EUR, den der Arbeitgeber zusätzlich zum ohnehin geschuldeten Arbeitslohn (1.700 EUR monatlich) erbringt.

1. Der Vertrag wird seit 2010 unverändert fortgeführt.
2. In den Vertrag fließen ab 2024 Beiträge i. H. v. 120 EUR monatlich.
3. In den Vertrag fließen ab 2024 Beiträge i. H. v. 250 EUR monatlich.
4. In den Vertrag fließen seit 2017 Beiträge i. H. v. 120 EUR monatlich.

Ergebnis Fall 1: Der Arbeitgeber leistet in 2024 zusätzliche Arbeitgeberbeiträge i. H. v. 100 EUR monatlich. Der Förderbetrag beträgt grundsätzlich 30 EUR pro Monat (30 % von 100 EUR). Er ist jedoch begrenzt auf den Betrag, den der Arbeitgeber über den Arbeitgeberbeitrag aus 2016 hinaus leistet. Da vom Arbeitgeber die Beiträge seit 2010 in unveränderter Höhe geleistet werden, wird ihm im Ergebnis kein BAV-Förderbetrag gewährt.

Ergebnis Fall 2: Der Förderbetrag beträgt ab Januar 2024 grundsätzlich 36 EUR (30 % v. 120 EUR), ist aber begrenzt auf 20 EUR, da die zusätzlichen Arbeitgeberbeiträge aus dem Jahr 2016 (Referenzjahr) nur um 20 EUR monatlich aufgestockt werden. Der Förderbetrag wird in dieser Höhe monatlich für das ganze Kalenderjahr 2024 gewährt.

Ergebnis Fall 3: Der Arbeitgeber zahlt monatlich zusätzliche Arbeitgeberbeiträge von 250 EUR. Der BAV-Förderbetrag beträgt für Januar bis März 2024 jeweils 75 EUR (30 % von 250 EUR), für April 2024 lediglich noch 63 EUR, da der maximale staatliche Zuschuss von 288 EUR erreicht ist. Der Förderbetrag wird nicht gedeckelt, da der Arbeitgeber seine Leistungen um 150 EUR monatlich aufgestockt hat.

Ergebnis Fall 4: Fall 4 entspricht der Lösung im Fall 2. Hierfür ist entscheidend, dass als Referenzjahr auf das Jahr 2016 abgestellt wird.

Beim Arbeitnehmer bleiben die monatlichen Beiträge in den Fällen 1 bis 4 bis zu max. 960 EUR nach § 100 Abs. 6 EStG steuerfrei, wenn der Arbeitgeber den Förderbetrag geltend macht und dieser lediglich der Höhe nach begrenzt wird. Die ggf. über den Betrag von 960 EUR hinausgehenden Arbeitgeberbeiträge bleiben bis zu 8 % der Beitragsbemessungsgrenze in der allgemeinen Rentenversicherung/West steuerfrei (2024: 7.248 EUR).

Beispiel

BAV-Förderbetrag und Entgeltumwandlung im Referenzjahr 2016

Ein Arbeitgeber zahlt seit 2016 Beiträge von 50 EUR monatlich in einen Pensionsfonds. Die Beiträge wurden bis 2023 durch Barlohnumwandlung finanziert. Der steuerpflichtige Bruttoarbeitslohn des Arbeitnehmers beträgt nach Barlohnumwandlung 2.100 EUR. Ab dem Kalenderjahr 2024 soll der Arbeitnehmer eine Lohnerhöhung erhalten. Die Beiträge zum Pensionsfonds von 50 EUR im Monat werden deshalb ab 2024 vom Arbeitgeber zusätzlich zum ohnehin geschuldeten Arbeitslohn geleistet.

Ergebnis: Der Arbeitgeber erhält einen Förderbetrag von 180 EUR (30 % von 600 EUR). Die Deckelung des BAV-Förderbetrags muss nicht geprüft werden, da der Arbeitgeber im Referenzjahr 2016 keine zusätzlichen Arbeitgeberbeiträge geleistet hat.

War ein laufender Beitrag (bei monatlicher oder vierteljährlicher Entrichtung) so bemessen, dass die Deckelung bei planmäßigem Verlauf nicht greift und scheidet der Arbeitnehmer unerwartet aus dem Unternehmen aus, ist die Inanspruchnahme des BAV-Förderbetrags nicht rückgängig zu machen.[2]

Die Begrenzung (Deckelung) greift jedoch dann, wenn der Arbeitgeber im Jahr 2016 einen zusätzlichen Arbeitgeberbeitrag geleistet hat, das Arbeitsverhältnis in 2016 oder danach beendet wurde und später, d. h. in 2017 oder danach, erneut ein Arbeitsverhältnis mit demselben Arbeitgeber begründet wurde oder wird.

Der Referenzbetrag des Kalenderjahrs 2016 ist nicht auf einen Jahresbetrag hochzurechnen, wenn der Arbeitnehmer im Kalenderjahr 2016 nicht ganzjährig beschäftigt war und deshalb auch nicht für das ganze Jahr 2016 Beiträge für die Altersvorsorge geleistet wurden (z. B. bei einer Einstellung im Dezember 2016 und infolgedessen nur einem Monatsbeitrag für die betriebliche Altersversorgung).

Arbeitgeberwechsel

Bei einem Arbeitgeberwechsel während des Kalenderjahres kann jeder Arbeitgeber den BAV-Förderbetrag bis zum Höchstbetrag von 288 EUR ausschöpfen. Daraus folgt, dass auch dem Arbeitnehmer die Steuerbefreiung für Beiträge bis zu 960 EUR mehrfach gewährt wird.

Dies gilt nicht im Fall der Gesamtrechtsnachfolge und des Betriebsübergangs nach § 613a BGB. Ein Arbeitgeberwechsel liegt in diesen Fällen nicht vor.

Arbeitslohngrenze

Maßgebender Arbeitslohn

Der BAV-Förderbetrag zielt darauf ab, die betriebliche Altersversorgung bei geringverdienenden Arbeitnehmern auszubauen. Der staatliche Zuschuss wird dem Arbeitgeber vor diesem Hintergrund nur für Arbeitnehmer gewährt, deren steuerpflichtiger Arbeitslohn nicht mehr beträgt als

- 85,84 EUR bei einem täglichen Lohnzahlungszeitraum oder
- 600,84 EUR bei einem wöchentlichen Lohnzahlungszeitraum oder
- 2.575 EUR bei einem monatlichen Lohnzahlungszeitraum oder
- 30.900 EUR bei einem jährlichen Lohnzahlungszeitraum.

1 § 100 Abs. 2 Satz 2 EStG.

2 § 100 Abs. 4 Satz 1 EStG.

Bei der Ermittlung des Mindestbeitrags von 240 EUR werden nur solche Beiträge berücksichtigt, bei denen im Zeitpunkt der Beitragsleistungen diese Einkommensgrenzen nicht überschritten werden.

Laufender steuerpflichtiger Arbeitslohn maßgebend

Entscheidend ist der laufende steuerpflichtige Arbeitslohn des Arbeitnehmers, wie er im jeweiligen Lohnabrechnungszeitraum für die Berechnung der Lohnsteuer zu ermitteln ist.[1] Bei einem täglichen, wöchentlichen oder monatlichen Lohnzahlungszeitraum ist der Lohn nicht auf einen voraussichtlichen Jahresarbeitslohn hochzurechnen.

Nicht einzubeziehende Lohnbestandteile

Unbeachtlich sind steuerfreie Lohnbestandteile sowie sonstige Bezüge. Außer Ansatz bleiben auch Teile von pauschal versteuertem Arbeitslohn.[2]

Beispiel

Förderbetrag für Geringverdiener mit Sachbezug und sonstigem Bezug

Ein Arbeitgeber leistet für einen Arbeitnehmer erstmals ab diesem Jahr Beiträge an einen Pensionsfonds von monatlich 150 EUR. Der Arbeitnehmer erzielt einen steuerpflichtigen Monatslohn i. H. v. 2.550 EUR. Zusätzlich bekommt er eine Tankkarte, mit der er monatlich für 40 EUR in der benachbarten Tankstelle tanken kann. Im Januar bekommt er eine Jubiläumszuwendung von 300 EUR.

Ergebnis: Die Tankkarte rechnet zwar zum laufenden Arbeitslohn. Sie bleibt jedoch im Rahmen der 50-EUR-Freigrenze[3] steuerfrei und berührt daher die Arbeitslohngrenze von 2.575 EUR nicht. Unberücksichtigt bleibt auch die Jubiläumszuwendung. Es handelt sich insoweit um einen sonstigen Bezug. Obwohl die Jubiläumszuwendung steuerpflichtig ist, wird die Arbeitslohngrenze von 2.575 EUR im Januar nicht überschritten, weil nur der steuerpflichtige laufende Arbeitslohn für die Gewährung des BAV-Förderbetrags von Bedeutung ist. Die Beiträge zum Pensionsfonds gehören beim Arbeitnehmer zum steuerfreien laufenden Arbeitslohn[4] und berühren daher ebenfalls nicht die maßgebende Arbeitslohngrenze.

Der Förderbetrag für den Arbeitgeber beträgt von Januar bis Juni jeweils 45 EUR (30 % von 150 EUR) und im Juli noch 18 EUR (30 % von 60 EUR). Dann ist der Höchstbetrag von 288 EUR erreicht.

Verhältnisse im Zeitpunkt der Beitragsleistung

Für die Einkommensgrenzen sind ausschließlich die Verhältnisse im Zeitpunkt der Beitragsleistung maßgebend.[5]

Beispiel

Förderbetrag für Arbeitnehmer mit pauschaliertem Arbeitslohn

Für einen Arbeitnehmer wird erstmals im Dezember 2024 ein jährlicher Beitrag von 800 EUR in einen Pensionsfonds geleistet. Der Arbeitnehmer arbeitet bis zum 31.7.2024 in Vollzeit mit einem monatlichen Bruttoarbeitslohn von 3.500 EUR. Ab August verringert sich der steuerpflichtige Monatslohn wegen Teilzeitbeschäftigung auf 2.500 EUR. Außerdem werden seit Jahren Beiträge von 146 EUR monatlich zu einer Direktversicherung geleistet, die mit 20 % pauschaliert werden.

Ergebnis: Da der Beitrag zum Pensionsfonds vom Arbeitgeber nur einmal jährlich im Dezember geleistet wird, ist ausschließlich der steuerpflichtige laufende Arbeitslohn für den Monat Dezember 2024 für die Gewährung des Förderbetrags entscheidend. Dieser beträgt 2.500 EUR. Die pauschal versteuerten Beiträge zur Direktversicherung bleiben für die Prüfung der Arbeitslohngrenze außer Ansatz. Damit kann für Dezember 2024 der BAV-Förderbetrag gewährt werden. Er beträgt 30 % von 800 EUR = 240 EUR.

Beim Arbeitnehmer bleibt der Beitrag zum Pensionsfonds steuerfrei.

Ändern sich die Verhältnisse nachträglich mit Wirkung für die Vergangenheit, ist dies unbeachtlich.[6]

Beispiel

Nachträgliche Lohnerhöhungen

Ein Arbeitnehmer erzielt einen Bruttoarbeitslohn von 2.400 EUR. Der Arbeitgeber entrichtet für ihn einen Beitrag von 40 EUR am Ende jedes Monats in eine Pensionskasse und nimmt dafür den Förderbetrag von 12 EUR in Anspruch. Am 20.9.2024 wird der Arbeitnehmer nach einer arbeitsrechtlichen Auseinandersetzung rückwirkend mit Wirkung ab 1.1.2024 in eine höhere Tarifgruppe eingereiht. Das monatliche Bruttogehalt erhöht sich rückwirkend auf 2.600 EUR.

Ergebnis: Der Arbeitgeber darf beginnend ab September 2024 den Förderbetrag nicht mehr geltend machen. Für die bereits geleisteten Beiträge bleibt die Förderung erhalten.

Davon zu unterscheiden sind aber Fälle, in denen nachträglich festgestellt wird, dass der maßgebende Arbeitslohn im Zeitpunkt der Beitragsleistung unzutreffend ermittelt und die Geringverdienergrenze tatsächlich überschritten wurde. Als Folge hiervon sind die jeweiligen Lohnsteuer-Anmeldungen zu ändern und bereits in Anspruch genommene Förderbeträge zurückzuzahlen.

Beispiel

Unzutreffende Ermittlung des maßgebenden Arbeitslohns

Eine teilzeitbeschäftigte Arbeitnehmerin mit einem Monatslohn von 2.550 EUR erhält für die geleistete Arbeit an Samstagen einen Lohnzuschlag von 50 EUR. Von der Lohnbuchhaltung wird der Zuschlag zunächst irrtümlich als steuerfrei beurteilt. Der Arbeitgeber hat den BAV-Förderbetrag erhalten. Ende des Kalenderjahres wird der Fehler festgestellt und korrigiert.

Ergebnis: Die Voraussetzungen für den Förderbetrag haben von vornherein nicht vorgelegen, weil der zutreffende laufende steuerpflichtige Bruttoarbeitslohn monatlich 2.600 EUR beträgt. Der Arbeitgeber muss die Lohnsteuer-Anmeldungen korrigieren und die erhaltenen Förderbeträge zurückzahlen.

Es bestehen im Übrigen keine Bedenken, wenn der BAV-Förderbetrag für regelmäßig oder unregelmäßig geleistete Beiträge in einer Summe spätestens mit der letzten ⇗ Lohnsteuer-Anmeldung für das jeweilige Kalenderjahr geltend gemacht wird. Dadurch kann der Arbeitgeber vermeiden, dass Fehler bei der Ermittlung der Förderkriterien, die nachträglich festgestellt werden, zur Abgabe von berichtigten Lohnsteuer-Anmeldungen verpflichten.

Lohnsteuerabzug im Inland

Weitere Voraussetzung für die Gewährung des BAV-Förderbetrags ist, dass der Arbeitslohn im Zeitpunkt der Entrichtung der Beiträge im Inland dem Lohnsteuerabzug unterliegt. Ein inländischer Lohnsteuerabzug in diesem Sinne ist auch anzunehmen bei Arbeitslohn während der Eltern- und Pflegezeit oder des Bezugs von Kurzarbeiter- oder Krankengeld, auch wenn der steuerpflichtige Arbeitslohn in diesen Fällen 0 EUR beträgt. Die Art der persönlichen Steuerpflicht des Arbeitnehmers spielt keine Rolle, also ob er als unbeschränkt oder beschränkt steuerpflichtig zu behandeln ist. Eine Förderung ist ausgeschlossen für Arbeitnehmer, die im Zeitpunkt der Beitragsleistung ausschließlich nach einem Doppelbesteuerungsabkommen steuerfreien Arbeitslohn beziehen. Die Förderung kommt jedoch in Betracht für Arbeitnehmer, bei denen aufgrund eines Doppelbesteuerungsabkommens der Lohnsteuerabzug im Inland begrenzt ist, wie z. B. bei ⇗ Grenzgängern aus der Schweiz auf 4,5 % des Bruttobetrags der Vergütung.[7]

1 § 39b Abs. 2 Satz 1 EStG.
2 §§ 37a, 37b, 40, 40b EStG a. F. und § 40b EStG.
3 § 8 Abs. 2 Satz 11 EStG.
4 § 100 Abs. 6, § 3 Nr. 63 EStG.
5 § 100 Abs. 3 Nr. 3 EStG.
6 § 100 Abs. 4 Satz 1 EStG.
7 § 100 Abs. 3 Nr. 1 EStG.

Beispiel

Förderbetrag bei Arbeitnehmern mit Auslandstätigkeit

Für einen Arbeitnehmer soll ab Anfang Dezember 2024 ein jährlicher Beitrag von 1.500 EUR zu einer Direktversicherung geleistet werden. Der Arbeitnehmer erzielt einen monatlichen Bruttoarbeitslohn von 3.500 EUR.

1. Der Arbeitnehmer ist ab 15.12.2024 befristet für längere Zeit im Ausland eingesetzt. Der Arbeitslohn für den Auslandseinsatz ist nach den Vorschriften eines DBA steuerfrei. Im Dezember beträgt der steuerpflichtige Arbeitslohn 1.750 EUR, der steuerfreie Arbeitslohn ebenfalls 1.750 EUR.
2. Der Arbeitnehmer ist bereits ab 15.11.2024 im Ausland beschäftigt.

Ergebnis: Für die Gewährung des Förderbetrags sind die Verhältnisse im Zeitpunkt der Entrichtung des Beitrags maßgebend.

Im Fall 1 unterliegt im Dezember ein laufender Arbeitslohn von 1.750 EUR dem inländischen Lohnsteuerabzug. Die Einkommensgrenze ist damit nicht überschritten. Der Förderbetrag beträgt 30 % von 1.500 EUR = 450 EUR, max. 288 EUR. Ohne Bedeutung ist, dass der Arbeitnehmer von Januar bis November 2024 kein Geringverdiener im Sinne der Förderung ist.

Im Fall 2 unterliegt der Arbeitslohn im Monat Dezember 2024, in dem der Beitrag zur Direktversicherung geleistet wird, nicht dem Lohnsteuerabzug im Inland. Eine Förderung scheidet damit aus.

Arbeitslohngrenze bei geringfügig Beschäftigten und Aushilfen

Der BAV-Förderbetrag kann auch für die ⇗ betriebliche Altersversorgung von Arbeitnehmern gewährt werden, deren Arbeitsentgelt bzw. Arbeitslohn nicht individuell nach den ELStAM, sondern

- als geringfügig entlohnte Beschäftigte mit 2 % oder 20 %[1]
- als kurzfristig beschäftigte Personen mit 25 %[2] bzw.
- als Aushilfskräfte in der Land- und Forstwirtschaft mit 5 %[3]

pauschal versteuert wird. Bei diesem Personenkreis gibt es keinen laufenden Arbeitslohn, der dem individuellen Lohnsteuerabzug unterliegt. Deshalb wird auf das pauschal besteuerte Arbeitsentgelt oder den pauschal besteuerten Arbeitslohn für den entsprechenden Lohnzahlungszeitraum abgestellt. Als sonstige Bezüge einzuordnende Arbeitsentgelte bzw. Arbeitslohnteile bleiben unberücksichtigt.

Im Übrigen gelten die gleichen Einkommensgrenzen wie für Arbeitnehmer, die nach den ELStAM abgerechnet werden.

Beispiel

BAV-Förderbetrag und Minijob

Eine Arbeitnehmerin ist auf Minijobbasis mit einem sozialversicherungsrechtlichen Arbeitsentgelt von 520 EUR im Monat beschäftigt. Ab diesem Jahr werden im Juni und Dezember Beiträge an eine Direktversicherung i. H. v. 250 EUR geleistet. Das Arbeitsentgelt aus der geringfügigen Beschäftigung wird mit 2 % pauschaliert.

Ergebnis: Für die Beiträge an die Direktversicherung wird jeweils ein Förderbetrag von 75 EUR gewährt (30 % von 250 EUR). Obwohl die pauschale Lohnsteuer von 2 % nicht an das Betriebsstättenfinanzamt, sondern an die Deutsche Rentenversicherung Knappschaft-Bahn-See abzuführen ist, ist der BAV-Förderbetrag im Rahmen einer Lohnsteuer-Anmeldung zu beantragen.

Bei der Arbeitnehmerin gehören die Beiträge zur Direktversicherung zum steuerfreien Arbeitslohn.[4]

Aufzeichnungspflichten im Lohnkonto

Das Vorliegen der Voraussetzungen für den BAV-Förderbetrag ist im Lohnkonto aufzuzeichnen.[5]

Wichtig ist daran zu denken, dass die Höhe der Förderung vom Referenzjahr 2016 abhängen kann und dies dementsprechend ebenfalls im Lohnkonto zu dokumentieren ist.

Rückzahlung des BAV-Förderbetrags

Verfall von Anwartschaften auf betriebliche Altersversorgung

Der Arbeitgeber soll die staatliche Förderung nur dann endgültig behalten dürfen, wenn der Arbeitnehmer von den Leistungen der bAV profitiert. Verfällt die Anwartschaft aus einer durch den BAV-Förderbetrag begünstigten bAV, muss der Arbeitgeber den Förderbetrag zurückzahlen (z. B. im Fall des Ausscheidens aus dem Dienstverhältnis vor Unverfallbarkeit). Dies gilt allerdings nur insoweit, als der Arbeitgeber eine Rückzahlung der Beiträge erhält. Dadurch wird dem Umstand Rechnung getragen, dass in einigen Fällen trotz Verfalls der Anwartschaft keine Rückflüsse an den Arbeitgeber erfolgen. Dies kann z. B. bei einer verfallenen Invaliditäts- und Hinterbliebenenversorgung im Zusammenhang mit einer reinen Beitragszusage eintreten, bei der alle Beiträge im Kollektiv verbleiben.

Die Rückzahlung des Förderbetrags hat der Arbeitgeber in die Lohnsteuer-Anmeldung für den Lohnzahlungszeitraum aufzunehmen, in dem ihm der Rückzahlungsbetrag aus der verfallenen Anwartschaft zufließt. Der entsprechende Förderbetrag ist der an das Betriebsstättenfinanzamt abzuführenden Lohnsteuer hinzuzurechnen.[6]

Rückzahlung nach Lohnsteuer-Außenprüfung

Wird im Rahmen einer ⇗ Lohnsteuer-Außenprüfung vom Finanzamt festgestellt, dass bei einem Arbeitgeber die Voraussetzungen für die Gewährung des BAV-Förderbetrags nicht vorgelegen haben, muss er den bereits in Anspruch genommenen staatlichen Zuschuss zurückzahlen. Das Finanzamt erlässt einen entsprechenden Bescheid.[7]

Beispiel

Änderung nach Lohnsteuer-Außenprüfung

Für eine Arbeitnehmerin mit einem Bruttoarbeitslohn von 2.500 EUR entrichtet der Arbeitgeber seit 2020 zusätzliche Arbeitgeberbeiträge für eine Direktversicherung i. H. v. 40 EUR monatlich. Er nimmt hierfür den Förderbetrag von monatlich 12 EUR (30 % von 40 EUR) in Anspruch. Im Rahmen einer Lohnsteuer-Außenprüfung, die im Kalenderjahr 2024 für den Zeitraum 2020–2023 durchgeführt wird, wird festgestellt, dass der laufende steuerpflichtige Bruttoarbeitslohn der Arbeitnehmerin um 80 EUR auf 2.580 EUR monatlich zu erhöhen ist, weil der Arbeitgeber der Arbeitnehmerin jeden Monat einen Warengutschein in dieser Höhe zugewendet hat und die 50-EUR-Freigrenze[8] damit überschritten ist.

Ergebnis: Das Finanzamt fordert vom Arbeitgeber den staatlichen Zuschuss zurück, weil die Arbeitslohngrenze überschritten ist. Dies hat für die Arbeitnehmerin zur Folge, dass auch die Beiträge zur Direktversicherung nicht mehr nach § 100 Abs. 6 EStG steuerfrei bleiben. Soweit das steuerfreie Volumen noch nicht ausgeschöpft ist, können die Direktversicherungsbeiträge allerdings im Rahmen der Steuerbefreiung nach § 3 Nr. 63 EStG bis zu 8 % der Beitragsbemessungsgrenze in der allgemeinen Rentenversicherung (West) steuerfrei bleiben.

1 § 40a Abs. 2 und 2a EStG.
2 § 40a Abs. 1 EStG.
3 § 40a Abs. 3 EStG.
4 § 100 Abs. 6 EStG.
5 § 4 Abs. 2 Nr. 7 LStDV.
6 § 100 Abs. 4 Sätze 2 ff. EStG.
7 Änderung nach § 164 AO.
8 § 8 Abs. 2 Satz 11 EStG.

Besteuerung der Versorgungsleistungen

Versorgungsleistungen aus einer Pensionskasse, einem Pensionsfonds oder aus einer Direktversicherung sind in vollem Umfang nachgelagert als sonstige Einkünfte im Rahmen der Einkommensteuerveranlagung[1] zu versteuern, soweit die Zahlungen auf steuerfreien Beiträgen beruhen, für die der Arbeitgeber den BAV-Förderbetrag in Anspruch genommen hat. Dies gilt für sämtliche Leistungen unabhängig davon, ob sie als Renten, Raten oder als einmalige Kapitalzahlungen dem ehemaligen Arbeitnehmer zufließen. Die ermäßigte Besteuerung nach der Fünftelregelung ist auch für Einmalzahlungen ausgeschlossen. Außerordentliche Einkünfte i. S. d. § 34 Abs. 2 EStG liegen regelmäßig nicht vor.[2]

Hinweis

Rentenbezugsmitteilungsverfahren

Der Arbeitgeber muss die Versorgungseinrichtung (Pensionsfonds, Pensionskasse, Direktversicherung) spätestens 2 Monate nach Ablauf des Kalenderjahres oder nach Beendigung des Dienstverhältnisses darüber unterrichten, in welchem Umfang er für den einzelnen Arbeitnehmer Beiträge zwischen 240 EUR und 960 EUR wegen der Inanspruchnahme des BAV-Förderungsbetrags steuerfrei belassen hat. Die Mitteilung kann unterbleiben, wenn die Versorgungseinrichtung die steuerliche Behandlung der für den einzelnen Arbeitnehmer geleisteten Beiträge bereits kennt oder aus den bei ihr vorhandenen Daten feststellen kann, und dieser Umstand dem Arbeitgeber mitgeteilt worden ist.[3] Die Versorgungseinrichtung benötigt diese Informationen, um ihren Verpflichtungen im Rahmen des Rentenbezugsmitteilungsverfahrens[4] nachkommen zu können. Sie ermittelt den Umfang der steuerpflichtigen sonstigen Einkünfte und teilt diese der Finanzverwaltung elektronisch zur Auswertung im Rahmen der Einkommensteuerveranlagung des ehemaligen Arbeitnehmers mit. Außerdem erhält der ehemalige Arbeitnehmer eine Leistungsmitteilung.[5]

Sozialversicherung

Entgelteigenschaft

Der steuerfrei gezahlte Arbeitgeberbeitrag ist auch sozialversicherungsrechtlich nicht dem Arbeitsentgelt zuzurechnen.[6] Dabei ist es unerheblich, ob der Arbeitgeberbeitrag für die ⇗ betriebliche Altersversorgung des Arbeitnehmers als Jahresbetrag oder in Teilbeträgen (z. B. monatlich) entrichtet wird.

Der Förderbetrag i. H. v. max. 288 EUR ersetzt dem Arbeitgeber einen Teil seiner Aufwendungen. Bei dem Förderbetrag handelt es sich nicht um einen geldwerten Vorteil für den Beschäftigten. Beitragspflicht besteht daher nicht.

Beispiel

Arbeitgeberanteil für Förderbetrag kein Arbeitsentgelt

Der Arbeitnehmer A ist seit Jahren bei der Müller GmbH beschäftigt. Das monatliche Arbeitsentgelt beträgt gleichbleibend 1.750 EUR. Vom 1.1.2024 an entrichtet der Arbeitgeber für Arbeitnehmer A zusätzlich Beiträge an ein Versicherungsunternehmen für eine kapitalgedeckte Direktversicherung. Der monatliche Beitrag beträgt 100 EUR (kalenderjährlich = 1.200 EUR).

Ergebnis: Die Voraussetzungen für die Inanspruchnahme des Förderbetrags durch den Arbeitgeber sind erfüllt. Der Arbeitgeberbeitrag i. H. v. 960 EUR ist kalenderjährlich nach § 100 EStG steuerfrei und damit auch kein beitragspflichtiges Arbeitsentgelt. Der Restbetrag ist nach § 3 Nr. 63 EStG steuerfrei und ebenfalls kein beitragspflichtiges Arbeitsentgelt.

Anrechnung des beitragsfreien Förderbetrags in der Sozialversicherung

Die Steuerbefreiung für Arbeitgeberbeiträge, die durch den BAV-Förderbetrag begünstigt sind, kann neben der Steuerbefreiung von 8 % der Beitragsbemessungsgrenze in der allgemeinen Rentenversicherung/West (2024: 7.248 EUR; 2023: 7.008 EUR) in Anspruch genommen werden. Der Arbeitgeber könnte demnach zusätzlich über 960 EUR hinaus steuerfreie Beiträge zur betrieblichen Altersversorgung des Geringverdieners bis zu 8 % der Beitragsbemessungsgrenze in der allgemeinen Rentenversicherung/West zahlen.

Dabei ist die Steuerfreiheit der Arbeitgeberbeiträge für den BAV-Förderbetrag vorrangig.

Kein Arbeitsentgelt im Sinne der Sozialversicherung sind hingegen nur 4 % der Beitragsbemessungsgrenze in der allgemeinen Rentenversicherung/West (2024: 3.624 EUR; 2023: 3.504 EUR). Im weiteren Unterschied zu den steuerrechtlichen Regelungen gilt dieser Betrag insgesamt für die durch den BAV-Förderbetrag begünstigten Arbeitgeberbeiträge und die darüber hinausgehenden Aufwendungen für die betriebliche Altersversorgung des Arbeitnehmers durch den Arbeitgeber und einer evtl. zusätzlichen Entgeltumwandlung des Arbeitnehmers.[7] Dabei zählt zunächst der Arbeitgeberbeitrag für den BAV-Förderbetrag nicht zum beitragspflichtigen Arbeitsentgelt. Anschließend sind zunächst die weiteren rein arbeitgeberfinanzierten Beiträge beitragsfrei. Der verbleibende Restbetrag steht für die Beitragsfreiheit der Entgeltumwandlung zur Verfügung.

Beispiel

Zuwendungen über Freibetrag

Der Arbeitnehmer ist seit Jahren bei einem Arbeitgeber teilzeitbeschäftigt. Sein monatlich gleichbleibendes Gehalt beträgt 2.000 EUR. Daneben zahlt der Arbeitgeber seit 2015 Beiträge i. H. v. 150 EUR monatlich für den Arbeitnehmer an einen kapitalgedeckten Pensionsfonds. Zum 1.1.2022 hat er die monatliche Leistung auf 210 EUR erhöht.

Zusätzlich verzichtet der Arbeitnehmer ab 1.1.2024 auf 120 EUR seines Gehalts im Rahmen einer Entgeltumwandlung als Beitrag für diesen Pensionsfonds. Der gesamte Beitrag für die Altersvorsorge beträgt von diesem Zeitpunkt an entsprechend 330 EUR monatlich (Jahresbeitrag: 3.960 EUR).

Ergebnis: Die Voraussetzungen für die Inanspruchnahme des Förderbetrags durch den Arbeitgeber sind erfüllt.

Der Jahresbeitrag i. H. v. 3.960 EUR übersteigt den Betrag, der sozialversicherungsrechtlich kein Arbeitsentgelt (3.624 EUR) darstellt. Davon stellt zunächst der Arbeitgeberbeitrag für den Förderbetrag kein Arbeitsentgelt dar. In Höhe des dann verbleibenden Restbetrags (3.624 EUR – 960 EUR =) 2.664 EUR sind die weiteren Aufwendungen kein beitragspflichtiges Arbeitsentgelt, wobei dies vorrangig für den arbeitgeberfinanzierten Anteil gilt.

Der übersteigende Betrag i. H. v. (3.960 EUR – 3.624 EUR =) 336 EUR jährlich ist beitragspflichtiges Arbeitsentgelt. Hinzu kommt noch der ggf. vom Arbeitgeber zu gewährende Arbeitgeber-Pflichtzuschuss aufgrund der Entgeltumwandlung des Arbeitnehmers.

Wirkung der Aufteilung des jährlichen Förderbetrags auf das Arbeitsentgelt

Es besteht die Möglichkeit, den Freibetrag monatlich gleichbleibend (pro rata) oder ab Jahresbeginn jeweils in voller Höhe (en bloc) auszuschöpfen.

1 § 22 Nr. 5 Satz 1 EStG.
2 BFH, Urteil v. 20.9.2016, X R 23/15, BStBl II 2017 S. 347.
3 § 5 Abs. 2, 3 LStDV.
4 § 22a EStG.
5 § 22 Nr. 5 Satz 7 EStG.
6 § 1 Abs. 1 Satz 1 Nr. 9 SvEV.
7 § 1 Abs. 1 Satz 1 Nr. 9 SvEV.

Beispiel

Aufteilung pro rata oder en bloc

Gehalt:	2.000 EUR
(davon Entgeltumwandlung: 100 EUR)	
Arbeitgeberbeitrag zur bAV:	250 EUR
	2.250 EUR

Ergebnis:

Arbeitsentgelt bei Aufteilung pro rata	
Monatlicher Freibetrag: 3.624 EUR : 12 =	302 EUR
Der Arbeitgeberbeitrag zur bAV i. H. v. 250 EUR und 52 EUR (302 EUR – 250 EUR) der Entgeltumwandlung sind kein Arbeitsentgelt.	
Sozialversicherungspflichtiges Arbeitsentgelt:	1.948 EUR
Arbeitsentgelt bei Aufteilung en bloc	
Monate Januar bis Oktober	
2.250 EUR – 350 EUR (Arbeitgeberbeitrag und Entgeltumwandlung)	1.900 EUR
Sozialversicherungspflichtiges Arbeitsentgelt: (verbrauchter Freibetrag: 350 × 10 = 3.500 EUR)	
Monat November	
2.250 EUR – 124 EUR (Restbetrag vom Freibetrag)	
Sozialversicherungspflichtiges Arbeitsentgelt:	2.126 EUR
Monat Dezember	
(Freibetrag aufgebraucht)	
Sozialversicherungspflichtiges Arbeitsentgelt:	2.250 EUR

Beamte

Der Beamte steht in einem öffentlich-rechtlichen Dienst- und Treueverhältnis zu einer öffentlich-rechtlichen Körperschaft. Er erfüllt die Arbeitnehmereigenschaft nicht, da er seine Tätigkeit nicht auf der Grundlage eines privatrechtlichen (Dienst-)Vertrags erbringt. Beamte werden lohnsteuerrechtlich als Arbeitnehmer eingestuft; ihre aktiven Bezüge und die spätere Pension sind als Arbeitslohn steuerpflichtig.

In der Sozialversicherung sind Beamte wegen der bestehenden Absicherung bei Krankheit durch Fortzahlung der Bezüge und Beihilfe oder Heilfürsorge sowie der bestehenden Anwartschaft auf Versorgung beim Dienstherrn versicherungsfrei. Für pensionierte Beamte, Richter und Berufssoldaten gelten besondere Regelungen. Diese werden im Stichwort Pensionäre dargestellt.

Gesetze, Vorschriften und Rechtsprechung

Lohnsteuer: Die maßgebliche Vorschrift für die Einordnung der Beamtenbezüge ist § 19 Abs. 1 EStG; § 3 EStG stellt bestimmte Leistungen im öffentlichen Dienst steuerfrei.

Sozialversicherung: Im Sozialversicherungsrecht regeln § 6 Nr. 2 SGB V, § 27 Abs. 1 Satz 1 Nr. 1 SGB III und § 5 Abs. 1 Satz 1 Nr. 1 SGB VI die Versicherungsfreiheit der Beamten in ihrer Tätigkeit. Für Rechtsreferendare finden sich Regelungen in einem Besprechungsergebnis (BE v. 18.11.2015).

Lohnsteuer

Steuerpflichtige Beamtenbezüge

Lohnsteuerrechtlich werden Beamte als Arbeitnehmer eingestuft. Ihre aktiven Bezüge und die spätere Pension sind steuerpflichtiger Arbeitslohn. Sie unterliegen mit ihren Dienstbezügen dem Lohnsteuerabzug nach den allgemeinen Vorschriften – einschließlich Stellenzulagen wie der Ministerialzulage. Dabei ist die besondere Lohnsteuertabelle anzuwenden. Die steuerliche Berücksichtigung der von Beamten getragenen Vorsorgeaufwendungen als ⇗ Sonderausgaben kann sowohl beim Lohnsteuerabzug durch die Berücksichtigung der tatsächlichen Krankenversicherungsbeiträge oder im Rahmen einer Veranlagung zur Einkommensteuer beantragt und angesetzt werden.

Dem Beamtenverhältnis geht regelmäßig eine Ausbildung als Beamtenanwärter oder als Rechts- bzw. Gerichtsreferendar voraus. Steuerlich sind dies Ausbildungsdienstverhältnisse. Die dafür gezahlten Unterhaltszuschüsse sind als Arbeitslohn steuerpflichtig, weil sie sich im weitesten Sinne als Gegenleistung für eine Beschäftigung im öffentlichen Dienst erweisen.

Arbeitslohn sind auch die (weiter) gezahlten Dienstbezüge an

- Aufstiegsbeamte, wenn sie für den Dienst in einer höheren Laufbahn ausgebildet werden,
- zum Studium abkommandierte oder beurlaubte Bundeswehroffiziere,
- zur Erlangung der mittleren Reife abkommandierte Zeitsoldaten,
- für ein Promotionsstudium beurlaubte Geistliche.

Deshalb gelten für diesen Personenkreis die nachfolgenden Grundsätze entsprechend.

Steuerpflichtige Übergangsgelder und Versorgungszuschlag

Steuerpflichtig sind auch die Übergangsgelder und Übergangsbeihilfen wegen einer Entlassung aus dem Dienstverhältnis, z. B. die Zahlungen an Zeitsoldaten.

Zahlt der Arbeitgeber an beurlaubte Beamten einen Versorgungszuschlag zur Aufrechterhaltung der Pensionsansprüche, z. B. für die von der deutschen Post oder Bahn ausgeliehenen Beamten (bei einer In-Sich-Beurlaubung), handelt es sich um steuerpflichtigen Arbeitslohn. In gleicher Höhe liegen beim Beamten Werbungskosten für den Aufbau bzw. die Sicherung der Pensionsansprüche vor, weil die spätere Beamtenpension als steuerpflichtiger Versorgungsbezug dem Lohnsteuerabzug unterliegt.

Steuerpflichtige Sachbezüge

Steuerpflichtig sind nicht nur die bar gezahlten Dienstbezüge, sondern auch Sachbezüge wie die unentgeltliche oder verbilligte Gestellung von Gemeinschaftsunterkünften (einschließlich Heizung und Beleuchtung), z. B. an Angehörige der Bundeswehr, des Bundesgrenzschutzes und der Polizei. Die anzusetzenden Beträge richten sich nach den amtlichen Sachbezugswerten und werden regelmäßig jahresbezogen festgesetzt.

Hingegen wird ein Wert für die unentgeltliche oder verbilligte Gestellung einer Unterkunft regelmäßig lohnsteuerlich nicht erfasst, soweit entsprechende Aufwendungen des Beamten als Werbungskosten abziehbar wären, z. B. im Rahmen einer doppelten Haushaltsführung nach R 9.11 LStR oder im Rahmen einer beruflich veranlassten Auswärtstätigkeit nach § 9 Abs. 1 Satz 3 Nr. 5a EStG.[1]

Die im öffentlichen Dienst unter bestimmten Voraussetzungen gezahlten Gehaltsvorschüsse rechnen zu den ⇗ Arbeitgeberdarlehen, weshalb evtl. Zinsersparnisse steuerpflichtig sein können; wird die Geringfügigkeitsgrenze von 2.600 EUR eingehalten, entsteht kein geldwerter Vorteil.

1 BMF, Schreiben v. 25.11.2020, IV C 5 – S 2353/19/10011 :006, BStBl 2020 I S. 1228.

Beispiel

Fahrvergünstigungen für Ruhestandsbeamte des Bundeseisenbahnvermögens

Der BFH hat geurteilt, dass es sich bei Fahrvergünstigungen für Ruhestandsbeamte des Bundeseisenbahnvermögens um Versorgungsbezüge handelt. Die Fahrvergünstigungen stellen keine Gegenleistung für Dienstleistungen des Ruhestandsbeamten dar, welche im gleichen Zeitraum geschuldet und erbracht werden.[1]

Steuerfreie Bezüge

Neben der Steuerpflicht für die üblichen Dienstbezüge und Zulagen sind gesonderte Steuerbefreiungsvorschriften für bestimmte Leistungen des Dienstherrn an den Beamten zu beachten.

Steuerfrei sind

- allgemein die Beihilfen in Krankheits-, Geburts- oder Todesfällen nach den Beihilfevorschriften des Bundes oder der Länder, die aus öffentlichen Kassen gezahlt werden.[2]

  Das anlässlich eines Todesfalls eines Beamten gezahlte pauschale, nach den Dienstbezügen bzw. dem Ruhegehalt des Verstorbenen bemessene Sterbegeld nach § 18 Abs. 1 BeamtVG an die Hinterbliebenen ist nicht nach § 3 Nr. 11 EStG steuerfrei[3];
- bei Angehörigen der Bundeswehr, der Bundespolizei, des Zollfahndungsdienstes, der Polizei der Länder und der Berufsfeuerwehr der Länder und Gemeinden
  - der Geldwert der ihnen aus Dienstbeständen überlassenen Dienstkleidung sowie Einkleidungsbeihilfen und Abnutzungsentschädigungen;
  - im Einsatz gewährte Verpflegung oder Verpflegungszuschüsse und
  - der Geldwert der aufgrund gesetzlicher Vorschriften gewährten Heilfürsorge;
- bestimmte Unfallfürsorgeleistungen des Dienstherrn[4], z. B. Zahlungen wegen eines Dienstunfalls;
- bestimmte Renten-, Kapitalabfindungen und Ausgleichszahlungen nach dem Beamtenversorgungsgesetz oder Soldatenversorgungsgesetz[5], wie z. B. die Witwenabfindung für Versorgungsansprüche bei Wiederheirat oder Abfindungen für den zwangsweisen Ruhestand aufgrund gesetzlicher Altersgrenzen.

Zahlt der Dienstherr Reisekostenvergütungen, Umzugskostenvergütungen und Trennungsgelder aus öffentlichen Kassen an den Beamten, gilt für die Frage der Steuerfreiheit eine andere Befreiungsvorschrift[6] als für den Arbeitnehmer außerhalb des öffentlichen Dienstes und seinen Arbeitgeber.[7] Grundsätzlich hat dieser Unterschied keine praktischen Auswirkungen.[8]

Steuerfreie Auslandsbezüge

Steuerfrei sind zudem die Bezüge (Auslandszulagen), die ein Beamter für seine Tätigkeit im Ausland (z. B. Auslandslehrer) erhält, insoweit sie den Arbeitslohn übersteigen, der dem Arbeitnehmer bei einer gleichwertigen Tätigkeit am Ort der zahlenden öffentlichen Kasse (im Inland) zustehen würde.[9] Das EU-Tagegeld ist steuerpflichtiger Arbeitslohn. Es bleibt jedoch steuerfrei, soweit es auf steuerfreie Auslandsdienstbezüge angerechnet wird.

1 BFH, Urteil v. 11.3.2020, VI R 26/18, BStBl 2020 II S. 565.
2 § 3 Nr. 11 EStG.
3 BFH, Urteil v. 19.04.2021, VI R 8/19, BStBl 2021 II S. 909.
4 § 3 Nr. 6 EStG.
5 § 3 Nr. 3 EStG.
6 § 3 Nr. 13 EStG.
7 § 3 Nr. 16 EStG.
8 BFH, Urteil v. 12.4.2007, VI R 53/04, BStBl 2007 II S. 536; BFH, Urteil v. 8.10.2008, VIII R 58/06, BStBl 2009 II S. 405.
9 § 3 Nr. 64 EStG.

Steuerpflichtige Beihilfe

Zahlt der Beamte einen eigenen Kostenbeitrag, damit der Beihilfeanspruch bestimmte Wahlleistungen umfasst, z. B. die Mehrkosten für die Unterbringung in einem Zweibettzimmer bei stationärer Behandlung in einem Krankenhaus, wird dieser eigene Beitrag regelmäßig im Wege einer Gehaltsumwandlung geleistet. In diesem Fall sind nur die so geminderten Bezüge steuerpflichtig. Im Gegenzug kann der Eigenbeitrag nicht als Sonderausgaben angesetzt bzw. abgezogen werden.

Steuerfreie Aufwandsentschädigungen

Zahlungen an Beamte für die Tätigkeit (Funktion) als Personalrat oder Personalratsvorsitzender, können als Aufwandsentschädigung nach § 3 Nr. 12 Satz 2 EStG und R 3.12 LStR steuerfrei behandelt werden. Erhält ein Beamter für seine Tätigkeit als nicht hauptberufliche Lehrkraft eine Lehrentschädigung, ist diese regelmäßig als Aufwandsentschädigung steuerfrei.

Hinweis

Steuerpflichtige Stellenzulage bei Lehrern

Wird die Lehrentschädigung als Stellenzulage gezahlt, ist sie steuerpflichtig.

Zahlt der Dienstherr Leistungen an die gesetzliche Rentenversicherung zur Nachversicherung des Beamten anlässlich seines Ausscheidens aus dem Beamtenverhältnis, sind diese steuerfrei.[10]

Entsprechend den Regelungen für den privaten Dienst ist die Gestellung von Berufskleidung, Uniformen sowie geringfügige Aufwandsentschädigungen, z. B. für Hundeführer regelmäßig steuerfrei.[11]

Keine abzugsfähigen Werbungskosten

Entgegen der früheren Rechtsprechung ist es bei Durchführung des Versorgungsausgleichs bei Beamtenversorgungen nicht mehr möglich, Zahlungen zur Wiederauffüllung einer gekürzten Versorgungsanwartschaft als Werbungskosten abzusetzen. Dies gilt auch für die Schuldzinsen eines Kredits, der zur Leistung der Ausgleichszahlungen aufgenommen worden ist. Mit § 10 Abs. 1a Nr. 3 EStG stellt der Gesetzgeber klar, dass solche Ausgleichszahlungen ausschließlich den Sonderausgaben zuzuordnen sind.

Pensionszahlungen als Arbeitslohn

Die Pension, die der Beamte im Ruhestand erhält, unterliegt als steuerpflichtiger Versorgungsbezug dem Lohnsteuerabzug. Gleiches gilt für die Witwen-/Witwerpension, die der überlebende Ehegatte nach dem Tod des bezugsberechtigten Ehegatten erhält sowie das Waisengeld. Die Pension rechnet zu den steuerbegünstigten Versorgungsbezügen. Von Versorgungsbezügen werden als Versorgungsfreibetrag ein prozentual ermittelter und auf einen Höchstbetrag begrenzter Freibetrag sowie ein Zuschlag zum Versorgungsfreibetrag (Festbetrag) abgezogen. Beide Freibeträge verringern sich bis zum Kalenderjahr 2039 („Abschmelzen") nach einer gesetzlich festgelegten Tabelle, ab 2040 sind die Abzugsbeträge nicht mehr anzusetzen.[12, 13]

Steuerbegünstigte Nebentätigkeit

Einnahmen aus einer Nebentätigkeit von Beamten können steuerbegünstigt sein, z. B. durch Ansatz der Übungsleiterpauschale; auch eine Pauschalbesteuerung des Arbeitslohns aus der Nebentätigkeit ist möglich. Übt der Beamte auf Veranlassung seines Dienstherrn eine Nebentätigkeit in einem Unternehmen aus, i. d. R. in einem Überwachungsorgan wie Vorstand, Aufsichtsrat usw., so wird von der gezahlten Vergütung keine Lohnsteuer einbehalten. Soweit der Beamte die Einnahmen (ganz oder teilweise) an den Dienstherrn abführen muss, handelt es sich um durchlaufende Gelder, die steuerlich nicht zu erfassen sind. Verbleibende Beträge hat der Beamte in der Einkommensteuererklärung anzugeben und zu versteuern.

10 § 3 Nr. 62 EStG.
11 § 3 Nrn. 4, 30, 50 EStG.
12 § 19 Abs. 2 Satz 3 EStG
13 Mit dem Wachstumschancengesetz war geplant, dass sich beide Freibeträge bis zum Kalenderjahr 2057 verringern sollen, ab 2058 wären die Abzugsbeträge dann nicht mehr anzusetzen. Das Gesetzgebungsverfahren ist noch nicht abgeschlossen. Ggf. wird eine Änderung im Laufe des Jahres 2024 folgen.

Sozialversicherung

Beamte

Beamte auf Lebenszeit oder Zeit

Beamte auf Lebenszeit oder Zeit sind in ihrer Beschäftigung als Beamte versicherungsfrei in der Kranken-, Pflege- und Arbeitslosenversicherung. Sie haben nach beamtenrechtlichen Vorschriften bei Krankheit Anspruch auf Fortzahlung der Bezüge und auf Beihilfe oder Heilfürsorge.

In der Rentenversicherung besteht in der Beamtenbeschäftigung Versicherungsfreiheit. Beamte besitzen nach beamtenrechtlichen Vorschriften Anwartschaft auf Versorgung bei verminderter Erwerbsfähigkeit und im Alter sowie auf Hinterbliebenenversorgung.

Die Ausführungen zur Versicherungsfreiheit in der Kranken-, Pflege-, Renten- und Arbeitslosenversicherung beziehen sich hier zunächst nur auf die Beamtenbeschäftigung als solche.

Beamte auf Widerruf im Vorbereitungsdienst

Die Versicherungsfreiheit besteht auch in der Ausbildungszeit (Beamte auf Widerruf im Vorbereitungsdienst) und Probezeit der Beamten.

Dem Personenkreis der Beamten sind Richter, Soldaten auf Zeit sowie Berufssoldaten der Bundeswehr gleichgestellt. Sie sind daher ebenfalls versicherungsfrei in der Kranken-, Pflege-, Renten- und Arbeitslosenversicherung.

Pensionierte Beamte, Richter und Berufssoldaten

Für pensionierte Beamte, Richter und Berufssoldaten sind besondere Regelungen zu beachten.

Beamtenähnliche Personen

Auch bestimmte beamtenähnliche Personen können in dieser Beschäftigung – den Beamten gleichgestellt – versicherungsfrei sein.

Die folgenden Ausführungen zur Versicherungsfreiheit in der Kranken-, Pflege-, Renten- und Arbeitslosenversicherung beziehen sich hier zunächst nur auf die beamtenähnliche Beschäftigung als solche.

Kranken-, pflege- und arbeitslosenversicherungsfreie beamtenähnliche Personen

In der Kranken-, Pflege- und Arbeitslosenversicherung sind dies sonstige Beschäftigte des Bundes, eines Landes, eines Gemeindeverbands, einer Gemeinde, von öffentlich-rechtlichen Körperschaften, Anstalten, Stiftungen oder Verbänden öffentlich-rechtlicher Körperschaften oder deren Spitzenverbänden, Geistliche der als öffentlich-rechtliche Körperschaften anerkannten Religionsgesellschaften sowie hauptamtlich beschäftigte Lehrer an privaten genehmigten Ersatzschulen. Voraussetzung dafür ist, dass sie entsprechend beamtenrechtlichen Vorschriften oder Grundsätzen bei Krankheit Anspruch auf Fortzahlung der Bezüge und auf Beihilfe haben.

Rentenversicherungsfreie beamtenähnliche Personen

Zu den rentenversicherungsfreien beamtenähnlichen Personen gehören sonstige Beschäftigte von Körperschaften, Anstalten oder Stiftungen des öffentlichen Rechts, deren Verbänden einschließlich der Spitzenverbände oder ihrer Arbeitsgemeinschaften. Voraussetzung für die Rentenversicherungsfreiheit ist zunächst, dass diesen Personen entsprechend beamtenrechtlicher Vorschriften oder Grundsätze Anwartschaft auf

- Versorgung bei verminderter Erwerbsfähigkeit und im Alter sowie
- Hinterbliebenenversorgung

gewährleistet ist und die Erfüllung der Gewährleistung gesichert ist.

Zudem müssen die beamtenähnlichen Personen entsprechend der beamtenrechtlichen Vorschriften oder Grundsätze Anspruch auf Vergütung und bei Krankheit auf Fortzahlung der Bezüge oder bei Krankheit Anspruch auf Beihilfe haben.

Hinweis

Bestandsschutz für bis zum 31.12.2008 rentenversicherungsfreie Personen

Diese Regelung trat zum 1.1.2009 in Kraft. Beamtenähnliche Personen, die nach dem bis zum 31.12.2008 geltenden Recht rentenversicherungsfrei waren, bleiben in dieser Beschäftigung weiterhin rentenversicherungsfrei, auch wenn sie die ab 1.1.2009 geltenden Voraussetzungen nicht erfüllen.[1]

Ernennung zum Beamten innerhalb von zwei Jahren nach Beginn der Beschäftigung oder öffentlich-rechtlichen Ausbildung

Alternativ dazu sind auch beamtenähnliche Personen rentenversicherungsfrei, die innerhalb von 2 Jahren nach Beginn der Beschäftigung zu Beamten ernannt werden sollen oder die in einem öffentlich-rechtlichen Ausbildungsverhältnis stehen, wie z.B. nicht verbeamtete Rechtsreferendare.

Geistliche und Kirchenbeamte

Zu den rentenversicherungsfreien beamtenähnlichen Personen gehören auch Geistliche und Kirchenbeamte. Voraussetzung dafür ist, dass ihnen nach kirchenrechtlichen Regelungen entsprechend der beamtenrechtlichen Vorschriften oder Grundsätzen Anwartschaft auf Versorgung bei verminderter Erwerbsfähigkeit und im Alter sowie auf Hinterbliebenenversorgung gewährleistet und die Erfüllung der Gewährleistung gesichert ist.

Gewährleistungsentscheidung und Beginn der Rentenversicherungsfreiheit

Über das Vorliegen aller der o.g. Voraussetzungen entscheidet (sog. Gewährleistungsentscheidung) für Beschäftigte beim Bund und bei Dienstherren oder anderen Arbeitgebern, die der Aufsicht des Bundes unterstehen, das zuständige Bundesministerium. Ansonsten entscheidet die oberste Verwaltungsbehörde des Landes, in dem der Arbeitgeber seinen Sitz hat.[2] Die Rentenversicherungsfreiheit beginnt vom Beginn des Monats an, in dem die Zusicherung der Anwartschaften auf Versorgung tatsächlich erfolgt.

Gesetzliche und private Krankenversicherung

Beamte, Richter und beamtenähnliche Personen, die sich in der gesetzlichen Krankenversicherung freiwillig versichern, können in der gesetzlichen Krankenversicherung keine auf den Beihilfeanspruch abgestimmte Versicherung (Restkostenversicherung) abschließen. Sie erwerben den vollen Versicherungsschutz. In der privaten Krankenversicherung kann dagegen eine Versicherung abgeschlossen werden, die lediglich die durch den Beihilfeanspruch nicht abgedeckten Kosten umfasst.

Hinweis

Familienversicherung kann PKV teuer machen

Je nach persönlicher Situation kann dennoch die freiwillige Weiterversicherung in der gesetzlichen Krankenversicherung kostengünstiger sein, weil in der privaten Krankenversicherung jeder Familienangehörige einen eigenen Versicherungsvertrag abschließen muss. Dagegen können in der gesetzlichen Krankenversicherung Familienangehörige beitragsfrei mitversichert werden.

Pflegeversicherung

In der Pflegeversicherung müssen bei einem privaten Krankenversicherungsunternehmen krankenversicherte Beamte und andere Personen, die nach beamtenrechtlichen Vorschriften oder Grundsätzen bei Pflegebedürftigkeit einen Beihilfeanspruch haben, eine private Pflegeversicherung abschließen. Diese muss die Beihilfeleistungen im Pflegefall bis zu der Höhe aufstocken, dass insgesamt Art und Umfang der Leistungen

1 § 230 Abs. 6 SGB VI.
2 § 5 Abs. 1 Satz 3 SGB VI.

aus der sozialen Pflegeversicherung erreicht werden.[1] Für beihilfeberechtigte Personen reichen dabei Vertragsleistungen aus, die den jeweiligen Beihilfeanspruch entsprechend ergänzen. Bei einer freiwilligen Krankenversicherung in der gesetzlichen Krankenversicherung besteht Versicherungspflicht in der sozialen Pflegeversicherung.[2]

Wichtig

Pflegeversicherungsbeitrag nach halbem Beitragssatz

Leistungen aus der Pflegeversicherung werden wegen des Beihilfeanspruchs nur zur Hälfte gewährt. Dafür müssen Beiträge auch nur nach dem halben Beitragssatz gezahlt werden.

Rechtsreferendare im öffentlich-rechtlichen Ausbildungsverhältnis

In allen Bundesländern werden Rechtsreferendare mittlerweile nicht mehr zu Beamten auf Widerruf im Vorbereitungsdienst ernannt. Sie absolvieren ihr Referendariat im Rahmen eines öffentlich-rechtlichen Ausbildungsverhältnisses nach dem Juristenausbildungsgesetz des jeweiligen Bundeslandes. Während des gesamten Referendariats erhalten sie vom jeweiligen Land als Vergütung eine monatliche Unterhaltsbeihilfe. Diese erhalten sie auch dann, wenn das Referendariat außerhalb von Gerichtsbarkeit und Verwaltung durchgeführt wird. Rentenversicherungsfreiheit besteht für sie als beamtenähnliche Personen, sofern ihnen

- nach Entscheidung (sog. Gewährleistungsentscheidung) der obersten Verwaltungsbehörde des jeweiligen Bundeslandes entsprechend beamtenrechtlicher Vorschriften oder Grundsätze Anwartschaft auf Versorgung bei Erwerbsminderung und im Alter sowie auf Hinterbliebenenversorgung gewährleistet ist und
- die Erfüllung der Gewährleistung gesichert ist.

Hinweis

Keine Anwartschaft für Rechtsreferendare in Thüringen

In Thüringen wird Rechtsreferendaren keine Anwartschaft auf Versorgung

- bei Erwerbsminderung und
- im Alter sowie auf Hinterbliebenenversorgung

gewährleistet. Sie sind daher als Beschäftigte zur Berufsausbildung rentenversicherungspflichtig.[3]

In der Kranken-, Pflege- und Arbeitslosenversicherung besteht für Rechtsreferendare in allen Bundesländern Versicherungspflicht.[4] Der Grund: Die in einem öffentlich-rechtlichen Ausbildungsverhältnis stehenden Rechtsreferendare haben bei Krankheit keinen Anspruch auf Fortzahlung der Bezüge und auf Beihilfe.

Zusätzliche Vergütung für Rechtsreferendare in der Anwalts- oder Wahlstation

Teilweise erhalten Rechtsreferendare während ihrer Ausbildung außerhalb von Gerichtsbarkeit und Verwaltung von ihrer Ausbildungsstation, über die vom ausbildenden Bundesland hinaus gezahlte Unterhaltsbeihilfe, eine zusätzliche Vergütung. Typischerweise handelt es sich dabei meist um eine Rechtsanwalts- bzw. Wahlstation.

Zusätzliche Vergütung ohne Rechtsgrund

Das ausbildende Land bleibt auch dann alleiniger Arbeitgeber, wenn die Rechtsreferendare über die vom ausbildenden Bundesland hinaus gezahlte Unterhaltsbeihilfe eine zusätzliche Vergütung erhalten. Allerdings gilt dies nur, sofern die zusätzliche Vergütung

- von dieser Ausbildungsstation freiwillig und ohne Rechtsgrund gezahlt wird und
- die Eingliederung in deren Betrieb nicht über das Maß hinausgeht, welches die Referendarausbildung erfordert.

Bei der Beitragsberechnung sind daher auch die zusätzlichen Vergütungen zu berücksichtigen, die die Ausbildungsstation den ihr zur Ausbildung vom Land zugewiesenen Referendaren gewährt. Das Land ist insoweit als alleinige Arbeitgeberin der Referendare zur Zahlung aller Beiträge zur Kranken-, Pflege- und Arbeitslosenversicherung aus dieser Beschäftigung verpflichtet. In der Rentenversicherung besteht – beim Vorliegen einer entsprechenden Gewährleistungsentscheidung – auch Versicherungs- und damit Beitragsfreiheit für die zusätzliche Vergütung. Im Falle der Nachversicherung sind die zusätzlichen Vergütungen in die ggf. vom jeweiligen Bundesland durchzuführende Nachversicherung mit einzubeziehen.

Hinweis

Rentenversicherungsbeiträge bei zusätzlicher Vergütung ohne Rechtsgrund

Da Rechtsreferendare in Thüringen rentenversicherungspflichtig sind, hat das Land auch für die zusätzlich ohne Rechtsgrund gezahlten Vergütungen laufend Beiträge zur Rentenversicherung zu zahlen.

Zusätzliche Vergütung mit Rechtsgrund

Neben dem öffentlich-rechtlichen Ausbildungsverhältnis zum Land besteht eine weitere Beschäftigung zur Ausbildungsstation, wenn die zusätzliche Vergütung für eine mündlich oder schriftlich vereinbarte Nebentätigkeit gezahlt wird, die die Referendare verpflichtet, über den notwendigen Teil der Ausbildung hinaus Leistungen zu erbringen. Diese Nebentätigkeit ist versicherungs- und beitragspflichtig in der Kranken-, Pflege-, Renten- und Arbeitslosenversicherung[5], sofern die Vergütung regelmäßig die monatliche Geringfügigkeitsgrenze überschreitet. Andernfalls werden die Regelungen für eine ↗ geringfügig entlohnte Beschäftigung angewendet.

Hinweis

Rechtsreferendare im Land Thüringen

Rechtsreferendare im Land Thüringen, die ihr Referendariat vor dem 2.5.2016 aufgenommen haben, absolvieren ihr Referendariat bis zu dessen Ende weiterhin als Beamte auf Widerruf im Vorbereitungsdienst und nicht in einem öffentlich-rechtlichen Ausbildungsverhältnis.

Wird die zusätzliche Vergütung ohne Rechtsgrund gezahlt, so bleibt das ausbildende Land alleiniger Arbeitgeber der Referendare. In der Kranken-, Pflege-, Renten- und Arbeitslosenversicherung besteht Versicherungsfreiheit. Im Falle der Nachversicherung sind die zusätzlichen Vergütungen in die – ggf. vom Land Thüringen – durchzuführende Nachversicherung miteinzubeziehen.

Sofern die Zahlung der zusätzlichen Vergütung allerdings mit Rechtsgrund erfolgt, besteht in der Kranken- und Pflegeversicherung Versicherungsfreiheit. In der Renten- und Arbeitslosenversicherung besteht hingegen grundsätzlich Versicherungspflicht.

Nebenbeschäftigung und anderweitige Beschäftigung von Beamten

Kranken- und Pflegeversicherung

In der Kranken- und Pflegeversicherung sind Beamte und die gleichgestellten Personenkreise auch dann versicherungsfrei, wenn sie eine Beschäftigung als Arbeiter oder Angestellter neben ihrer Beamtenbeschäftigung aufnehmen. Beamte sind solange kranken- und pflegeversicherungsfrei in ihrer Nebenbeschäftigung, wie im Krankheitsfall Anspruch auf Fortzahlung der Bezüge und auf Beihilfe oder Heilfürsorge aus dem Beamtenverhältnis besteht.

1 § 22 Abs. 1 Satz 3 SGB XI, § 23 Abs. 3 SGB XI.
2 § 20 Abs. 3 SGB XI.
3 § 1 Satz 1 Nr. 1 SGB VI.
4 § 5 Abs. 1 Nr. 1 SGB V, § 20 Abs. 1 Satz 2 Nr. 1 i. V. m. Satz 2 SGB XI, § 25 Abs. 1 Satz 1 SGB III.
5 BSG, Urteil v. 31.3.2015, B 12 KR 1/13 R.

Hinweis

Renten- und Arbeitslosenversicherung

In der Renten- und Arbeitslosenversicherung muss dagegen geprüft werden, ob aus anderen Gründen Versicherungsfreiheit oder eine Befreiung von der Versicherungspflicht besteht.

Renten- und Arbeitslosenversicherung

In der Renten- und Arbeitslosenversicherung sind Beamte und die gleichgestellten Personenkreise nur in dieser Beschäftigung versicherungsfrei. Wird daneben eine weitere Beschäftigung – auch eine nicht zum Hauptamt gehörende Beschäftigung beim eigenen Dienstherrn (z. B. nebenamtliche Lehrtätigkeit) – ausgeübt, ist diese renten- und arbeitslosenversicherungspflichtig, sofern nicht Versicherungsfreiheit bzw. eine Befreiung von der Rentenversicherungspflicht nach anderen Vorschriften gegeben ist. In Betracht kommt hier z. B. die Befreiung von der Rentenversicherungspflicht oder Versicherungsfreiheit wegen einer geringfügigen Beschäftigung.

Rentenversicherungsfreiheit durch Gewährleistungserstreckungsentscheidung

Wird jedoch die Gewährleistung des Anspruchs auf Versorgung bei verminderter Erwerbsfähigkeit und im Alter sowie auf Hinterbliebenenversorgung aus der Beamtenbeschäftigung von der zuständigen Stelle ausdrücklich auch auf die Nebenbeschäftigung oder anderweitige Beschäftigung bei einem öffentlichen oder privaten Arbeitgeber erstreckt, so besteht ebenfalls Rentenversicherungsfreiheit in der weiteren Beschäftigung. Man spricht in diesem Fall von der sog. Gewährleistungserstreckungsentscheidung. Eine anderweitige Beschäftigung kann z. B. während einer Beurlaubung ohne Bezüge ausgeübt werden.

Wichtig

Arbeitslosenversicherungsfreiheit erstreckt sich nicht auf Nebenbeschäftigung

In der Arbeitslosenversicherung kann die Versicherungsfreiheit – im Gegensatz zur Rentenversicherung – nicht durch eine Gewährleistungserstreckungsentscheidung auf eine Nebenbeschäftigung oder anderweitige Beschäftigung erstreckt werden.

Beurlaubte Beamte bei einem privaten Arbeitgeber

Beurlaubte Beamte sind auch in einer bei einem privaten Arbeitgeber ausgeübten Beschäftigung kranken-, pflege- und arbeitslosenversicherungsfrei, wenn

- sich der private Arbeitgeber verpflichtet, dem beurlaubten Beamten im Krankheitsfall für die gesamte Zeit der Beurlaubung das vereinbarte Arbeitsentgelt und die den Beihilfevorschriften entsprechenden Leistungen zu gewähren, und
- der beurlaubende Dienstherr erklärt, die Rückkehr des beurlaubten Beamten von dem Zeitpunkt an zu gewährleisten, von dem an der Arbeitgeber diese Leistungen im Krankheitsfall nicht mehr erbringt.

Zuweisung von Bundes-, Landes- und Kommunalbeamten

Bei Beamten, die nach § 29 BBG (Bundesbeamte) bzw. § 20 BeamtStG (Landes- und Kommunalbeamte) einer anderen privaten oder öffentlichen Einrichtung zugewiesen werden, erstreckt sich die Rechtsstellung als Beamter (in der Rentenversicherung auch ohne ausdrückliche Gewährleistungserstreckungsentscheidung) auch auf diese Beschäftigungen, sodass sie kranken-, pflege-, renten- und arbeitslosenversicherungsfrei sind.

Beitragsberechnung für die Nebenbeschäftigung

Beamte, Richter, Soldaten auf Zeit etc. sind selbst dann nicht versicherungspflichtig in der Kranken- und Pflegeversicherung, wenn sie zusätzlich zu ihrer Beamtenbeschäftigung eine an sich versicherungspflichtige Beschäftigung aufnehmen. Deshalb sind zu diesen Zweigen der Sozialversicherung auch keine Beiträge zu entrichten.

In der Rentenversicherung bestehen dagegen regelmäßig und in der Arbeitslosenversicherung bestehen keine besonderen Vorschriften, sodass hier die allgemeingültigen Regelungen anzuwenden sind.

Für Beamte, die eine versicherungspflichtige Nebenbeschäftigung aufnehmen, gelten folgende Beitragsgruppen:

KV	Beitragsgruppe	0000
RV	Beitragsgruppe	0100
ALV	Beitragsgruppe	0010
PV	Beitragsgruppe	0000

Somit ergibt sich der Beitragsgruppenschlüssel: 0110.

Beispiel

Renten- und Arbeitslosenversicherung eines Beamten

Ein Beamter im mittleren Dienst bessert sich durch eine genehmigte versicherungspflichtige Beschäftigung als Taxifahrer beim Taxiruf sein Einkommen auf.

In seiner Beschäftigung als Taxifahrer erzielt er ein monatliches Arbeitsentgelt oberhalb der monatlichen Geringfügigkeitsgrenze.

Der Arbeitgeber Taxiruf hat für den Beamten in seiner Beschäftigung als Taxifahrer Beiträge zur Renten- und Arbeitslosenversicherung zu entrichten. Sollte das Entgelt innerhalb des ↗ Übergangsbereichs liegen, werden die besonderen Regelungen innerhalb des Übergangsbereichs angewendet.

Beitragsgruppenschlüssel: 0110.

Befreiung von der Versicherungspflicht

Arbeitnehmer unterliegen grundsätzlich dem Schutz der einzelnen Sozialversicherungszweige. Unter bestimmten Voraussetzungen haben Arbeitnehmer jedoch das Recht, sich von der Versicherungspflicht in der Kranken-, Pflege- und Rentenversicherung befreien zu lassen. Hierzu ist in der Regel aber nachzuweisen, dass der Arbeitnehmer das entsprechende Risiko (z. B. gegen Krankheit) anderweitig abgedeckt hat. Die Befreiung ist nur auf Antrag und innerhalb einer bestimmten Frist möglich. In der Arbeitslosenversicherung besteht keine Möglichkeit, sich von der Versicherungspflicht befreien zu lassen.

Gesetze, Vorschriften und Rechtsprechung

Sozialversicherung: Für die einzelnen Sozialversicherungszweige gelten jeweils gesonderte Vorschriften: Für die gesetzliche Krankenversicherung ist § 8 SGB V, für die Pflegeversicherung § 22 SGB XI und für die Rentenversicherung § 6 SGB VI relevant. Die GKV-Fachkonferenz Beiträge hat im Besprechungsergebnis vom 22.11.2016 Regelungen zur Befreiung von der Krankenversicherungspflicht formuliert (BE v. 22.11.2016: TOP 2).

Sozialversicherung

Krankenversicherung

Eine Befreiung von der Versicherungspflicht auf Antrag in der Krankenversicherung ist nach § 8 SGB V möglich.

Erhöhung der Jahresarbeitsentgeltgrenze

Allgemeine Jahresarbeitsentgeltgrenze

Arbeitnehmer, die am 31.12.2023

- wegen Überschreitens der allgemeinen ↗ Jahresarbeitsentgeltgrenze von 66.600 EUR krankenversicherungsfrei waren,
- privat krankenversichert sind und
- aufgrund der Anhebung der allgemeinen Jahresarbeitsentgeltgrenze zum 1.1.2024 auf 69.300 EUR krankenversicherungspflichtig werden,

haben die Möglichkeit, sich von der Krankenversicherungspflicht befreien zu lassen.

Besondere Jahresarbeitsentgeltgrenze

Für Arbeitnehmer, für die die besondere Jahresarbeitsentgeltgrenze nach § 6 Abs. 7 SGB V maßgeblich ist, weil sie am 31.12.2002 bei einem privaten Krankenversicherungsunternehmen versichert waren, gilt Folgendes: Wenn sie durch die Anhebung der besonderen Jahresarbeitsentgeltgrenze von 59.850 EUR (im Jahr 2023) auf 62.100 EUR (ab 2024) zum 1.1.2024 krankenversicherungspflichtig werden, können sie ebenfalls die Befreiung von der Krankenversicherungspflicht beantragen.

Bezieher von Arbeitslosen-/Unterhaltsgeld

Bezieher von Arbeitslosengeld und Unterhaltsgeld sind grundsätzlich krankenversicherungspflichtig. Sofern sie aber unmittelbar vor Beginn des Leistungsbezugs mindestens 5 Jahre nicht gesetzlich, sondern privat krankenversichert waren, können sie sich von der Krankenversicherungspflicht befreien lassen. Die Befreiung ist davon abhängig, dass der Antragsteller nachweist, dass er von seinem privaten Krankenversicherungsunternehmen Leistungen erhält, die nach Art und Umfang den Leistungen der gesetzlichen Krankenversicherung gleichwertig sind. Die Krankenversicherungsunternehmen stellen zum Nachweis der Gleichwertigkeit entsprechende Bescheinigungen aus. Der Leistungsträger (z. B. Agentur für Arbeit) übernimmt in diesen Fällen den Beitrag zur privaten Krankenversicherung höchstens bis zu dem Betrag, den sie im Fall der Krankenversicherungspflicht als Beitrag zu zahlen hätte. Als Beitragssatz zur Krankenversicherung gilt dabei für 2024 der einheitliche allgemeine ↗ Beitragssatz der gesetzlichen Krankenversicherung in Höhe von 14,6 % zuzüglich des durchschnittlichen Zusatzbeitragssatzes[1] i. H. v. 1,7 % (2023: 1,6 %).

Erwerbstätigkeit während der Elternzeit

Während der ↗ Elternzeit darf der Beurlaubte bis zu 30 Wochenstunden arbeiten. Wer bisher krankenversicherungsfrei war, durch die ↗ Teilzeitarbeit während der Elternzeit aber versicherungspflichtig wird, kann auf Antrag von der Krankenversicherungspflicht befreit werden. Die Befreiung erstreckt sich aber nur auf die Zeit der Elternzeit. Wird die Beschäftigung darüber hinaus weiter in vermindertem Umfang fortgesetzt, endet die Befreiung.

Pflegezeit nach dem Pflegezeit-/Familienpflegezeitgesetz

Arbeitnehmer haben die Möglichkeit, sich für die Pflege von nahen Angehörigen für einen gewissen Zeitraum von der Arbeit ganz oder teilweise freistellen zu lassen. Wer bisher krankenversicherungsfrei war, durch die Herabsetzung seiner regelmäßigen Wochenarbeitszeit während der ↗ Pflegezeit nach § 3 PflegeZG oder für die Dauer der ↗ Familienpflegezeit nach § 2 FPfZG aber krankenversicherungspflichtig wird, kann sich auf Antrag von der Krankenversicherungspflicht befreien lassen. Die Befreiung erstreckt sich dabei allerdings nur auf die Pflegezeit nach § 3 PflegeZG oder auf die Dauer der Familienpflegezeit nach § 2 FPfZG und der Nachpflegephase nach § 3 Abs. 1 Nr. 1 Buchst. c FPfZG. Wird die Beschäftigung nach dem Ende der Pflegezeit oder dem Ende der Familienpflegezeit (einschl. Nachpflegephase) weiter in vermindertem Umfang ausgeübt, endet die Befreiung mit dem Ende der Pflegezeit oder Familienzeit bzw. Nachpflegephase.

Verringerung der Arbeitszeit

Wer nur deshalb krankenversicherungspflichtig wird, weil er seine Arbeitszeit auf die Hälfte (oder weniger) der regelmäßigen Wochenarbeitszeit vergleichbarer Vollbeschäftigter des Betriebs reduziert, wird auf Antrag von der Krankenversicherungspflicht befreit. Diese Möglichkeit gilt auch für Beschäftigte, die im Anschluss an ihre bisherige Beschäftigung bei einem anderen Arbeitgeber eine Beschäftigung aufnehmen, die die vorstehend genannten Voraussetzungen erfüllt. Die Möglichkeit der Befreiung gilt auch für Beschäftigte, die im Anschluss an die Zeit

- des Bezugs von ↗ Elterngeld oder
- der Inanspruchnahme von ↗ Elternzeit oder ↗ Pflegezeit oder ↗ Familienpflegezeit, einschl. Nachpflegephase,

eine Beschäftigung mit reduzierter Arbeitszeit aufnehmen, was bei Vollbeschäftigung zur Krankenversicherungsfreiheit nach § 6 Abs. 1 Nr. 1 SGB V führen würde.

Wichtig

Voraussetzung: Krankenversicherungsfreiheit in den letzten 5 Jahren

Bedingung in Fällen der Reduzierung der Arbeitszeit aufgrund des Bezugs von Elterngeld oder der Inanspruchnahme von Elternzeit oder Pflegezeit oder Familienpflegezeit ist ferner, dass der Beschäftigte seit mindestens 5 Jahren wegen Überschreitens der ↗ Jahresarbeitsentgeltgrenze krankenversicherungsfrei ist. Zeiten des Bezugs von Elterngeld oder der Inanspruchnahme von Elternzeit oder Pflegezeit oder Familienpflegezeit (einschl. Nachpflegephase) werden auf die 5-Jahresfrist angerechnet.

Rentner/Menschen mit Behinderungen

Von der Krankenversicherungspflicht wird auf Antrag befreit, wer durch den Antrag auf Rente oder den Bezug von Rente krankenversicherungspflichtig wird.

Teilnehmer an Leistungen zur Teilhabe am Arbeitsleben sowie an Abklärung der beruflichen Eignung oder Arbeitserprobung werden ebenfalls von der Versicherungspflicht befreit.

Dies gilt auch für ↗ Menschen mit Behinderungen, die

- in anerkannten Werkstätten für Menschen mit Behinderungen oder
- in nach dem Blindenwarenvertriebsgesetz anerkannten Blindenwerkstätten tätig oder für diese Einrichtungen in Heimarbeit oder
- bei einem anderen Leistungsanbieter nach § 60 SGB IX

beschäftigt sind.

Menschen mit Behinderungen, die in Anstalten, Heimen oder gleichartigen Einrichtungen in gewisser Regelmäßigkeit eine Leistung erbringen, die $^1/_5$ der Leistung eines vollerwerbsfähigen Beschäftigten in gleichartiger Beschäftigung entspricht, können sich von der Versicherungspflicht ebenfalls befreien lassen.

Wichtig

Keine Befreiung möglich bei unmittelbar vorausgehender anderweitiger Krankenversicherungspflicht

Eine Befreiung von der Krankenversicherungspflicht auf Antrag gemäß § 8 Abs. 1 Satz 1 Nr. 4 SGB V ist nur dann möglich, wenn nicht unmittelbar vor Eintritt des Befreiungstatbestands bereits Krankenversicherungspflicht aus einem anderen Grund bestand.[2] Dabei spielt es keine Rolle, ob es sich bei der vorausgehenden Versicherungspflicht um

1 § 242a SGB V.

2 BSG, Urteil v. 27.4.2016, B 12 KR 24/14 R.

eine zunächst bestehende Vorrangversicherungspflicht handelt oder sich die Versicherungspflichttatbestände unmittelbar aneinander anschließen. Neben den Versicherungspflichttatbeständen des § 5 Abs. 1 Nrn. 1 bis 13 SGB V schließen auch die Mitgliedschaft als Rentenantragsteller, die nach §§ 192 und 193 SGB V fortbestehenden Mitgliedschaften sowie die Versicherungspflicht in der landwirtschaftlichen Krankenversicherung die Befreiung von einer unmittelbar anschließenden Krankenversicherungspflicht als Rentner aus.

Geht dem Befreiungstatbestand nicht unmittelbar vorher, sondern eine zu irgendeinem Zeitpunkt in der Vergangenheit liegende Krankenversicherungspflicht voraus, ist eine Befreiung von der Krankenversicherungspflicht allerdings möglich. Dies gilt gleichermaßen, wenn unmittelbar vor dem Befreiungstatbestand eine ⇗ Familienversicherung bestand.

Beispiel

Vorausgehende Versicherungspflicht als Arbeitnehmer

A ist bis zum 31.7. als Arbeitnehmer krankenversicherungspflichtig. Aufgrund des Erreichens der Altersgrenze bezieht er vom 1.8. an Altersrente von der Deutschen Rentenversicherung-Bund. Da er die für die Krankenversicherungspflicht der Rentner geforderten Voraussetzungen erfüllt, ist eine Befreiung von der Krankenversicherungspflicht auf Antrag nicht möglich.

Beispiel

Vorausgehende Familienversicherung

B war bis zum 30.4. als Arbeitnehmer krankenversicherungspflichtig. Da er keinen Anspruch auf Arbeitslosengeld hat, ist er zunächst vom 1.4. an bei seiner Ehefrau familienversichert. Im gleichen Jahr erhält er vom 1.9. an Altersrente von der Deutschen Rentenversicherung-Bund. Da er sich privat versichern möchte, stellt er am 1.9. einen Antrag auf Befreiung von der Krankenversicherungspflicht. Obgleich B die für die Krankenversicherungspflicht als Rentner geforderten Voraussetzungen erfüllt, wird er aufgrund seines Befreiungsantrags nicht krankenversicherungspflichtig. Die Befreiung von der Krankenversicherungspflicht als Rentner ist möglich, weil er nicht unmittelbar vor dem Befreiungstatbestand pflichtversichert war.

Für Teilnehmer an Leistungen zur Teilhabe am Arbeitsleben sowie an Abklärung der beruflichen Eignung oder Arbeitserprobung sowie für die o. a. Menschen mit Behinderungen gilt ebenfalls der Ausschluss der Befreiungsmöglichkeit von der Krankenversicherungspflicht, wenn unmittelbar vorher eine anderweitige Krankenversicherungspflicht bestanden hat.

Studenten/Praktikanten

Wer durch die Einschreibung als ⇗ Student oder durch die Aufnahme einer in Studien- oder Prüfungsordnungen vorgeschriebenen berufspraktischen Tätigkeit krankenversicherungspflichtig wird, wird auf seinen Antrag von dieser Versicherungspflicht befreit.

Die Befreiung von der Krankenversicherungspflicht auf Antrag ist ausgeschlossen, wenn unmittelbar vor Eintritt der Krankenversicherungspflicht als Student oder Praktikant eine anderweitige Krankenversicherungspflicht bestanden hat.

Antragsfrist

Der Antrag auf Befreiung ist in den genannten Fällen innerhalb von 3 Monaten nach Beginn der Versicherungspflicht bei der Krankenkasse zu stellen. Es handelt sich hierbei um eine Ausschlussfrist.

Wirksamkeit

Die Befreiung wirkt vom Beginn der Versicherungspflicht an, wenn seit diesem Zeitpunkt noch keine Leistungen in Anspruch genommen wurden, sonst vom Beginn des Kalendermonats an, der auf die Antragstellung folgt. Die Befreiung ist unwiderruflich.

Achtung

Wirksamwerden der Befreiung

Die Befreiung von der Krankenversicherungspflicht wird nur dann wirksam, wenn das Mitglied das Bestehen eines anderweitigen Anspruchs auf Absicherung im Krankheitsfall nachweist.[1]

Bei einem solchen anderweitigen Anspruch auf Absicherung im Krankheitsfall kommt in erster Linie eine Versicherung in der privaten Krankenversicherung in Betracht, bei der Vertragsleistungen beansprucht werden können, die der Art nach den Leistungen der gesetzlichen Krankenversicherung entsprechen. Eine anderweitige Absicherung im Krankheitsfall wäre aber auch gegeben, wenn nach beamtenrechtlichen Grundsätzen Anspruch auf Fortzahlung der Bezüge und auf Beihilfe oder Heilfürsorge gegeben ist.

Der Nachweis über den anderweitigen Anspruch auf Absicherung im Krankheitsfall, ist schriftlich gegenüber der Krankenkasse zu führen, bei der die Befreiung von der Versicherungspflicht beantragt wird.

Erstmalige Krankenversicherungspflicht

Das Recht auf Befreiung von der Krankenversicherungspflicht aufgrund der beschriebenen Tatbestände setzt gemäß § 8 Abs. 1 Satz 2 SGB V nicht voraus, dass der Antragsteller erstmals krankenversicherungspflichtig wird. Diese mit dem GKV-Versichertenentlastungsgesetz mit Wirkung zum 15.12.2018 eingeführte Regelung soll gewährleisten, dass auch die Versicherten, die zuvor bereits krankenversicherungspflichtig gewesen sind, ihr Recht auf Befreiung von der Krankenversicherungspflicht unter den in § 8 Abs. 1 Satz 1 Nrn. 1 bis 7 SGB V normierten Voraussetzungen ausüben können.

Wirkung

Die von der zuständigen Krankenkasse ausgesprochene Befreiung wirkt nach den von der Rechtsprechung aufgestellten Grundsätzen jeweils nur bis zur Beendigung des die Befreiung auslösenden Versicherungspflichttatbestands.[2] Dies gilt insbesondere auch dann, wenn zwischenzeitlich aufgrund eines anderweitigen Tatbestands Krankenversicherungspflicht eingetreten ist (z. B. wegen des Bezugs von Arbeitslosengeld). Durch diese Rechtsprechung wurde klargestellt, dass eine Befreiung von der Krankenversicherungspflicht auch dann erneut beantragt werden muss, wenn ein Arbeitgeberwechsel stattfindet oder Unterbrechungen im Arbeitsverhältnis eintreten.

Beispiel

Wirkung einer Befreiung von der Krankenversicherungspflicht

Der 50-jährige Arbeitnehmer A ist seit vielen Jahren privat krankenversichert. Aufgrund einer leichten Reduzierung seiner Arbeitszeit und der damit verbundenen Verringerung des Arbeitsentgelts wird er versicherungspflichtig. A lässt sich von der Krankenversicherungspflicht befreien. Wenige Monate später wird seine Beschäftigung beendet und er bezieht 6 Monate Arbeitslosengeld. Dann nimmt er wieder eine Beschäftigung auf, in der sein Entgelt die Jahresarbeitsentgeltgrenze nicht überschreitet.

Ergebnis: In seiner ursprünglichen Beschäftigung ist Arbeitnehmer A zunächst versicherungsfrei. Durch die Befreiung von der Krankenversicherungspflicht bleibt er versicherungsfrei, als sich sein regelmäßiges Arbeitsentgelt verringert und er somit die Jahresarbeitsentgeltgrenze nicht mehr überschreitet.

Während des Bezugs des Arbeitslosengeldes wird er wieder krankenversicherungspflichtig. Von dieser Krankenversicherungspflicht kann er sich befreien lassen. Auch in der neuen Beschäftigung nach dem Ende des Arbeitslosengeldbezugs wird der Arbeitnehmer versicherungspflichtig. Die Befreiung von der Krankenversicherungspflicht aus der ersten Beschäftigung wirkt jedoch nicht auf das neue Arbeitsverhältnis.

1 § 8 Abs. 2 Satz 4 SGB V.
2 BSG, Urteil v. 25.5.2011, B 12 KR 9/09 R.

Die nach § 8 Abs. 1 Satz 1 Nr. 1 SGB V ausgesprochene Befreiung wirkt selbst dann nicht fort, wenn

- zwischen der beendeten Beschäftigung und einer neuerlichen Beschäftigung ein Zwischenzeitraum mit Arbeitslosengeldbezug lag und
- die betroffene Person für den an sich krankenversicherungspflichtigen Arbeitslosengeldbezug eine Befreiung gemäß § 8 Abs. 1 Satz 1 Nr. 1a SGB V in Anspruch genommen hat.

Zusammentreffen von Tatbeständen

Allerdings entfaltet die – tatbestandsbezogen – ausgesprochene Befreiung nach herrschender Meinung auch für einen Versicherungspflichttatbestand Wirkung, wenn dieser parallel zu dem Tatbestand, für den die Befreiung ausgesprochen wurde, eintritt.[1] Dies gilt allerdings nur für solche Tatbestände, die gegenüber dem zur Befreiung führenden Tatbestand im Sinne der Versicherungskonkurrenz nachrangig oder gleichrangig anzusehen sind.

Beispiel

Befreiung von der Krankenversicherungspflicht wirkt auch für einen zusätzlich eintretenden Versicherungspflichttatbestand

Arbeitnehmer B ist seit vielen Jahren privat krankenversichert und wird durch eine Reduzierung seiner Arbeitszeit zum 1.4. wegen Unterschreitens der Jahresarbeitsentgeltgrenze krankenversicherungspflichtig. B lässt sich von der Krankenversicherungspflicht befreien. Vom 1.8. an nimmt B eine Zweitbeschäftigung auf, in der ist B aufgrund der Entgelthöhe dem Grunde nach krankenversicherungspflichtig. Die zur Erstbeschäftigung ausgesprochene Befreiung von der Krankenversicherungspflicht wirkt auch für die zum 1.8. aufgenommene Zweitbeschäftigung.

Mehrere zur Versicherungspflicht führenden Tatbeständen

Grundsätzlich wirkt die Befreiung von der Krankenversicherungspflicht tatbestandsbezogen auf das jeweilige Versicherungsverhältnis, aufgrund dessen die Befreiung herbeigeführt wurde.

Allerdings ist diese Grundsatzregelung für die von der Krankenversicherungspflicht befreiten Personen nur eingeschränkt anwendbar. Die Befreiung von der Krankenversicherungspflicht wirkt sich nur auf solche zeitgleich vorliegende zur Versicherungspflicht führende Tatbestände aus, die gegenüber dem zur Befreiung führenden Tatbestand im Sinne der Versicherungskonkurrenz als gleich- oder nachrangig anzusehen sind.[2]

Achtung

Vorrangiger Befreiungstatbestand

Solange der Tatbestand, der zur Befreiung von der Krankenversicherungspflicht geführt hat, gegenüber einem anderweitig eintretenden KV-Pflichttatbestand vorrangig ist, wirkt die ausgesprochene Befreiung auch für den neu eintretenden KV-Pflichttatbestand.

Konkret bedeutet dies, dass eine aufgrund einer Beschäftigung ausgesprochene Befreiung von der Krankenversicherungspflicht immer dazu führt, dass auch für zeitgleich eintretende anderweitige Pflichttatbestände der Eintritt von Krankenversicherungspflicht ausgeschlossen ist, solange die Beschäftigung andauert.

Krankenversicherungspflicht als Rentner

Eine ausgesprochene Befreiung von der Krankenversicherungspflicht als Rentner schließt den Eintritt einer vorrangigen Versicherungspflicht als Arbeitnehmer nicht mehr aus. Diese Befreiung führt nicht mehr dazu, dass der Arbeitnehmer gemäß § 6 Abs. 3 Satz 1 SGB V versicherungsfrei ist.

1 § 6 Abs. 3 Satz 1 SGB V.
2 BSG, Urteil v. 25.5.2011, B 12 KR 9/09 R.

Bezug von (Teil-)Arbeitslosengeld

Eine Befreiung von der Krankenversicherungspflicht aufgrund des Bezugs von (Teil-)Arbeitslosengeld schließt jedoch die gleichrangige Krankenversicherungspflicht als Arbeitnehmer in einer – neben dem Arbeitslosengeldbezug – ausgeübten Beschäftigung aus.[3]

Wichtig

Recht ab 1.7.2015 und Regelung für über 55-jährige Personen

Nach den vorstehend aufgezeigten Grundsätzen ist in allen Fällen zu verfahren, in denen nach dem 30.6.2015 eine zur Krankenversicherungspflicht führende Beschäftigung aufgenommen worden ist.

Unabhängig davon, ist die Versicherungsfreiheit für über 55-jährige Personen zu beachten, wenn sie nicht die in § 6 Abs. 3a SGB V geforderte Vorversicherungszeit erfüllen.

Befristete Befreiung während Elternzeit/Familienpflegezeit

Speziell für die Befreiungen von der Krankenversicherungspflicht wegen

- Aufnahme einer nicht vollen Erwerbstätigkeit während der Elternzeit oder
- Herabsetzung der regelmäßigen Arbeitszeit während der Pflegezeit nach § 3 PflegeZG oder der Familienpflegezeit nach § 2 FPfZG

ist die Dauer der Befreiung ausdrücklich von vornherein auf die Dauer der Eltern-, Pflege- oder Familienpflegezeit (einschl. Nachpflegephase nach § 3 Abs. 1 Nr. 1 Buchst. c FPfZG) beschränkt.

Pflegeversicherung

In der Krankenversicherung freiwillig versicherte Personen sind in der sozialen ⇗ Pflegeversicherung versicherungspflichtig.[4] Diese Personen können sich von der Versicherungspflicht befreien lassen, wenn sie einen privaten Pflegeversicherungsvertrag abgeschlossen haben, der Leistungen vorsieht, die denen der sozialen Pflegeversicherung entsprechen, und zwar auch für die Familienangehörigen, die bei Versicherungspflicht in der sozialen Pflegeversicherung familienversichert wären.

Der Antrag kann nur innerhalb von 3 Monaten nach Beginn der Versicherungspflicht bei der Pflegekasse gestellt werden. Die Befreiung wirkt vom Beginn der Versicherungspflicht an, wenn seit diesem Zeitpunkt noch keine Leistungen in Anspruch genommen wurden, sonst vom Beginn des Kalendermonats an, der auf die Antragstellung folgt. Die Befreiung kann nicht widerrufen werden.[5]

Rentenversicherung

In der Rentenversicherung können verschiedene Personengruppen auf Antrag von der Versicherungspflicht befreit werden.

Mitglieder berufsständischer Versorgungseinrichtungen/Lehrer/Erzieher

Mitglieder berufsständischer Versorgungseinrichtungen werden von der Rentenversicherungspflicht befreit, wenn

- für sie einkommensbezogene Beiträge bis zur Beitragsbemessungsgrenze entrichtet werden und
- sie ähnliche Leistungen beanspruchen können wie in der gesetzlichen Rentenversicherung.[6]

Ebenfalls von der Rentenversicherungspflicht befreit werden Lehrer und Erzieher an nicht-öffentlichen Schulen, die Versorgungsanwartschaften

- bei verminderter Erwerbsfähigkeit,
- im Alter sowie
- auf Hinterbliebenenversorgung nach beamtenrechtlichen oder entsprechenden kirchenrechtlichen Grundsätzen

beanspruchen können.

3 § 8 Abs. 1 Satz 1 Nr. 4 SGB V.
4 § 20 Abs. 3 SGB XI.
5 § 22 Abs. 2 SGB XI.
6 § 6 Abs. 1 Nr. 1 SGB VI.

Außerdem muss bei ↗ Lehrern und Erziehern die Erfüllung der Gewährleistung der Versorgungsanwartschaft gesichert sein. Zusätzlich muss nach beamtenrechtlichen Vorschriften oder Grundsätzen

- Anspruch auf Vergütung und bei Krankheit auf Fortzahlung der Bezüge oder
- bei Krankheit Anspruch auf Beihilfe oder Heilfürsorge

bestehen.

Nichtdeutsche Besatzungsmitglieder deutscher Schiffe

Besatzungsmitglieder deutscher Seeschiffe, die nicht deutsche Staatsangehörige sind und ihren Wohnsitz oder gewöhnlichen Aufenthalt nicht in einem Mitgliedsstaat der Europäischen Union, einem Vertragsstaat des Abkommens über den Europäischen Wirtschaftsraum oder der Schweiz haben, können von der Rentenversicherungspflicht befreit werden. Dazu ist ein Antrag des Arbeitgebers erforderlich.

Achtung

Ausnahme von der Befreiungsoption

Die Befreiungsmöglichkeit gilt für diesen Personenkreis nur, wenn die Betroffenen nicht den deutschen Besatzungsmitgliedern nach über- oder zwischenstaatlichem Recht gleichgestellt sind.

Handwerker

Selbstständig tätige Handwerker können sich auf Antrag von der Rentenversicherungspflicht befreien lassen, wenn sie mindestens 18 Jahre (216 Kalendermonate) Pflichtbeiträge entrichtet haben. Die Möglichkeit zur Befreiung gilt nicht für bevollmächtigte Bezirksschornsteinfeger und Bezirksschornsteinfegermeister.

Handwerker, die bis zum 31.12.1991 aufgrund eines Lebensversicherungsvertrags von der Rentenversicherungspflicht befreit waren, bleiben auch vom 1.1.1992 an in jeder Beschäftigung oder Tätigkeit, die während der Dauer der Eintragung in die Handwerksrolle ausgeübt wird, rentenversicherungsfrei.[1] Das gilt entsprechend für selbstständig tätige Handwerker, die gemäß § 7 HwVG von der Rentenversicherungspflicht befreit worden sind.[2]

Arbeitnehmerähnliche Selbstständige

Nach Vollendung des 58. Lebensjahres

Wer als ↗ arbeitnehmerähnlicher Selbstständiger erstmals nach Vollendung des 58. Lebensjahres und einer zuvor ausgeübten selbstständigen Tätigkeit rentenversicherungspflichtig wird, kann sich befreien lassen.

Die Befreiung ist auf die jeweilige selbstständige Tätigkeit beschränkt. Sie wirkt vom Vorliegen der Befreiungsvoraussetzungen, wenn sie innerhalb von 3 Monaten beantragt wird, sonst vom Eingang des Antrags an.

Existenzgründer

Selbstständige, die erstmals als arbeitnehmerähnliche Selbstständige in der Rentenversicherung versicherungspflichtig werden, können sich für einen Zeitraum von 3 Jahren nach erstmaliger Aufnahme der Erwerbstätigkeit von der Rentenversicherungspflicht befreien lassen. Das Befreiungsrecht kommt also in erster Linie den Existenzgründern zugute. Für eine zweite Existenzgründung kann ein weiterer 3-jähriger Befreiungszeitraum in Anspruch genommen werden. Dies ist allerdings nicht möglich, wenn eine bestehende selbstständige Existenz lediglich umbenannt oder deren Geschäftszweck gegenüber der vorangegangenen nicht wesentlich verändert worden ist.

Früher selbstständig Erwerbstätige (Übergangsregelung)

Bei Eintritt der Versicherungspflicht als Selbstständiger ist unter bestimmten Voraussetzungen neben den o.g. Möglichkeiten auch eine dauerhafte Befreiung von der Versicherungspflicht möglich. Diese Option besteht, wenn

- am 31.12.1998 eine selbstständige Tätigkeit ausgeübt wurde, die nicht rentenversicherungspflichtig war,
- die Versicherungspflicht als Selbstständiger nach dem 31.12.1998 eintritt und
- eine ausreichende private Absicherung vorliegt oder der Selbstständige vor dem 2.1.1949 geboren ist.

Die Befreiung ist innerhalb eines Jahres nach Eintritt der Versicherungspflicht zu beantragen und wirkt immer rückwirkend.[3]

Geringfügig entlohnt Beschäftigte

↗ Geringfügig entlohnt Beschäftigte haben die Möglichkeit, sich von der Rentenversicherungspflicht auf Antrag befreien zu lassen.

Form

Der Antrag auf Befreiung von der Rentenversicherungspflicht muss schriftlich beim Arbeitgeber gestellt werden. Vom 1.1.2023 an ist auch eine elektronische Antragstellung möglich.[4]

Mehrere geringfügig entlohnte Beschäftigungen

Sollten mehrere ↗ geringfügig entlohnte Beschäftigungen parallel ausgeübt werden, die insgesamt jedoch nicht die Geringfügigkeitsgrenze überschreiten, muss der Befreiungsantrag bei allen Arbeitgebern einheitlich gestellt werden. Der einmal gestellte Befreiungsantrag ist für die Dauer der geringfügig entlohnten Beschäftigung/en bindend.

Wirksamkeit der Befreiung

Die Befreiung gilt aber erst dann als erteilt, wenn die zuständige Einzugsstelle (Minijob-Zentrale) nicht innerhalb eines Monats nach Eingang der Meldung des Arbeitgebers dem Befreiungsantrag des Beschäftigten widerspricht. Sind alle Voraussetzungen erfüllt, wird die Befreiung rückwirkend vom Beginn des Monats wirksam,

- in dem der Befreiungsantrag des Beschäftigten dem Arbeitgeber zugegangen ist und
- der Arbeitgeber den Befreiungsantrag der Einzugsstelle mit der ersten folgenden Entgeltabrechnung, spätestens jedoch innerhalb von 6 Wochen nach Zugang zugeleitet hat.

Hinweis

Meldung des Arbeitgebers ausschlaggebend

Erfolgt die Meldung des Arbeitgebers über die beantragte Befreiung erst später, wirkt diese erst vom Beginn des auf den Ablauf der Widerspruchsfrist der Einzugsstelle folgenden Monats.

Elektronische Abgabe/Speicherung des Antrags

Aufgrund der zum 1.1.2022 mit dem 7. SGB IV-Änderungsgesetz wirksam gewordenen Änderung der Beitragsverfahrensverordnung (BVV) ist die Erklärung des geringfügig Beschäftigten gegenüber dem Arbeitgeber, dass auf Versicherungsfreiheit in der Rentenversicherung verzichtet wird, elektronisch abzugeben und vom Arbeitgeber in den Entgeltunterlagen elektronisch vorzuhalten.[5]

Allerdings wird diese Verpflichtung zur elektronischen Abgabe des Befreiungsantrags i. d. R. nicht wirksam werden können, da Beschäftigte nur in absoluten Ausnahmefällen die Abgabe der Erklärung mittels qualifizierter elektronischer Signatur (QES) werden abgeben können.

Deshalb haben sich die Spitzenverbände der Sozialversicherungsträger darauf verständigt, dass der Arbeitgeber die vorgenannte Erklärung als Originaldokument in Papierform entgegen nehmen muss, wenn der Beschäftigte den Antrag nicht mit QES zur Verfügung stellen kann.[6]

Überführt der Arbeitgeber das Originaldokument (Papierform) in elektronische Form, hat er diese mit einer fortgeschrittenen Signatur des Arbeit-

1 § 230 Abs. 1 Satz 2 SGB VI.
2 § 231 Abs. 1 Satz 2 Nr. 2 SGB VI.
3 § 231 Abs. 6 SGB VI.
4 § 6 Abs. 1b Satz 2 SGB VI.
5 § 8 Abs. 2 Satz 1 Nr. 4 BVV.
6 Gemeinsame Grundsätze nach § 9a BVV für die Entgeltunterlagen nach § 8 BVV und für die Beitragsabrechnung nach § 9 BVV v. 18.3.2022.

gebers zu versehen. Kann der Arbeitgeber das Originaldokument nur ohne fortgeschrittene Signatur in elektronische Form überführen (z. B. als PDF-Dokument), muss er das Originaldokument zusätzlich in Papierform aufbewahren.

Nicht zulässig ist die Führung von nicht unterschriebenen schriftlichen Erklärungen und Anträgen mit Unterschriftserfordernis als PDF-Dateien oder als Bilddateien im Format jpeg, bmp, png oder tiff.

Antragsfrist

Die Befreiung wird vom Beginn der jeweiligen Beschäftigung an wirksam, wenn sie innerhalb von 3 Monaten beantragt wird, ansonsten vom Eingang des Antrags an. Bisher für diesen Personenkreis bereits ausgesprochene Befreiungen bleiben weiter gültig.[1]

Wirkung

Die Befreiung von der Rentenversicherungspflicht ist grundsätzlich auf die jeweilige Beschäftigung oder Tätigkeit beschränkt. Wird die Beschäftigung oder Tätigkeit aufgegeben und zu einem späteren Zeitpunkt eine neue aufgenommen, so tritt wieder Rentenversicherungspflicht ein. Es kann jedoch dann erneut ein Befreiungsantrag gestellt werden. Die Rechtsprechung hat eindeutig klargestellt, dass eine früher erteilte Befreiung bei einem Wechsel der Beschäftigung hinsichtlich der neuen Beschäftigung selbst dann keine Wirkung mehr entfaltet, wenn hierbei dieselbe oder eine vergleichbare berufliche Tätigkeit verrichtet wird.[2]

Eine Ausnahme gilt für Mitglieder berufsständischer Versorgungseinrichtungen sowie für Lehrer und Erzieher. Bei diesen Personenkreisen erstreckt sich die Befreiung auch auf andere (auch berufsfremde) versicherungspflichtige Tätigkeiten, wenn diese

- infolge ihrer Eigenart zeitlich begrenzt sind oder
- vertraglich im Voraus zeitlich begrenzt sind und
- der Versorgungsträger für die Zeit der berufsfremden Beschäftigung bzw. Tätigkeit den Erwerb einkommensbezogener Versorgungsanwartschaften gewährleistet.[3]

Achtung

Wirkung auf vorübergehende, versicherungspflichtige und berufsfremde Beschäftigung

Die für eine andere Beschäftigung erteilte Befreiung von der Rentenversicherungspflicht entfaltet auf eine vorübergehende, versicherungspflichtige – und berufsfremde – Beschäftigung nur dann Wirkung, wenn die ursprünglichen Befreiungsvoraussetzungen weiterhin vorliegen.[4]

Während der vorübergehenden berufsfremden Beschäftigung muss die Pflichtmitgliedschaft in einer berufsständischen Versorgungseinrichtung oder Kammer durchgängig bestehen, damit sie die Wirkung auf andere Beschäftigungen entfalten kann.

Die Befreiungswirkung ist in diesen Fällen aber – wie bereits oben beschrieben – immer davon abhängig, dass der Versorgungsträger für die Zeit der berufsfremden Beschäftigung den Erwerb einkommensbezogener Versorgungsanwartschaften gewährleistet. Ist der Versorgungsträger hierzu nicht willens oder nicht in der Lage, wirkt die Befreiung auch nicht für die vorübergehende, berufsfremde Beschäftigung.

Aufnahme vor dem 1.1.2013

Bestand die geringfügig entlohnte Beschäftigung bereits vor dem 1.1.2013 unter Berücksichtigung des bis Ende 2012 maßgeblichen Entgeltgrenzwerts von 400 EUR, bleibt die seinerzeit kraft Gesetzes bestehende Rentenversicherungsfreiheit dauerhaft erhalten. Dies gilt allerdings nicht, wenn in der ursprünglich mit einem Entgelt von max. 400 EUR ausgeübten geringfügig entlohnten Beschäftigung nach dem 1.1.2013 eine Entgelterhöhung auf bis zu 450 EUR, nach dem 1.10.2022 auf bis zu 520 EUR bzw. nach dem 1.1.2024 auf bis zu 538 EUR erfolgt. In diesem Falle bleibt es zwar weiterhin bei einer geringfügig entlohnten Beschäftigung, für die dann jedoch mit der Entgelterhöhung auf über 400 EUR Rentenversicherungspflicht eintritt. Von dieser kann sich der Beschäftigte jedoch befreien lassen.[5]

Hinweis

Keine Befreiung, wenn Rentenversicherungspflicht gewählt wurde

Auch hier ist jedoch eine Ausnahme zu berücksichtigen: Minijobber können sich nicht von der Rentenversicherungspflicht befreien lassen, wenn sie bereits auf die Versicherungsfreiheit in der Rentenversicherung verzichtet haben. Vor dem 1.1.2013 hatten diese bewusst die Beitragspflicht zur Rentenversicherung gewählt.

Wirksamkeit

Die Befreiung wirkt vom Vorliegen der Befreiungsvoraussetzungen an, wenn sie innerhalb von 3 Monaten beantragt wird, sonst vom Eingang des Antrags an.

Krankenversicherungspflicht der Künstler/Publizisten

Für selbstständig tätige ⬀ Künstler und Publizisten ist eine Befreiung von der Krankenversicherungspflicht möglich. Dabei ist zu differenzieren nach einem allgemeinen Befreiungsrecht bei erstmaliger Aufnahme der Tätigkeit und einem Befreiungsrecht für höherverdienende Künstler und Publizisten.

Erstmalige Aufnahme einer künstlerischen/publizistischen Tätigkeit

Selbstständig tätige Künstler und Publizisten haben bei erstmaliger Aufnahme der Tätigkeit die Möglichkeit, sich von der einsetzenden Krankenversicherungspflicht befreien zu lassen.[6]

Voraussetzung für die Befreiung von der Krankenversicherungspflicht ist, dass der Künstler/Publizist für sich und seine Familienangehörigen aus der privaten Krankenversicherung Vertragsleistungen erhält, die der Art nach denen der gesetzlichen Krankenversicherung entsprechen.

Der Antrag auf Befreiung von der Krankenversicherungspflicht muss bei der Künstlersozialkasse gestellt werden. Er kann nur innerhalb von 3 Monaten nach Feststellung der Krankenversicherungspflicht gestellt werden. Hierbei handelt es sich um eine Ausschlussfrist. Wird diese versäumt, ist die Befreiung nicht mehr möglich. Die Befreiung wirkt vom Beginn der Krankenversicherungspflicht an, sofern nicht bereits bis zur Antragstellung Leistungen der Krankenkasse in Anspruch genommen worden sind. Andernfalls wirkt die Befreiung vom Beginn des Monats an, der auf den Monat der Antragstellung folgt.

Wichtig

Befreiung kann bis zum Ablauf von 3 Jahren nach erstmaliger Aufnahme der Tätigkeit wieder beendet werden

Die Befreiung von der Krankenversicherungspflicht nach erstmaliger Aufnahme der Tätigkeit endet 3 Jahre nach deren erstmaliger Aufnahme mit Ablauf des nächstfolgenden 31.3. Sofern innerhalb dieses Zeitraums ein Antrag auf Befreiung wegen Überschreitung der Jahresentgeltgrenze nach § 7 KSVG gestellt wird, wirkt diese ab dem Zeitpunkt des Ablaufs der definierten Frist aus der Befreiung aufgrund erstmaliger Tätigkeitsaufnahme.[7]

Sofern der selbstständige Künstler/Publizist von dem Befreiungsrecht Gebrauch gemacht hat, kann er bis zum Ablauf von 3 Jahren nach erstmaliger Aufnahme der selbstständigen Tätigkeit schriftlich erklären, dass die seinerzeit beantragte Befreiung von der Krankenversicherungspflicht enden soll. Die Versicherungspflicht beginnt in diesen Fällen nach Ablauf der 3-Jahres-Frist.

[8] Dies bedeutet, dass es für die ersten 3 Jahre der selbstständigen Tätigkeit bei dem privaten Krankenversicherungsschutz bleibt.

1 § 231 Abs. 1 Satz 1 SGB VI.
2 BSG, Urteile v. 31.10.2012, B 12 R 3/11 R sowie B 12 R 5/10 R.
3 § 6 Abs. 5 Satz 2 SGB VI.
4 BSG, Urteil v. 31.10.2012, B 12 R 8/10 R.
5 § 231 Abs. 9 SGB VI.
6 § 6 Abs. 1 KSVG.
7 § 6 Abs. 2 Sätze 1 und 2 KSVG.
8 § 6 Abs. 2 Sätze 3 und 4 KSVG.

Überschreitung der Jahresarbeitsentgeltgrenze

Selbstständige Künstler und Publizisten, deren Arbeitseinkommen in den abgelaufenen 3 Kalenderjahren insgesamt über der Summe der Jahresarbeitsentgeltgrenze nach § 6 Abs. 6 SGB V gelegen hat, können sich von der Krankenversicherungspflicht befreien lassen.[1]

Der Antrag auf Befreiung muss bei der Künstlersozialkasse bis zum 31.3. des Jahres gestellt werden, in dem die Voraussetzungen hierfür erfüllt sind. Wird diese Antragsfrist versäumt, kann ein erneuter Antrag erst wieder im Folgejahr gestellt werden. Die Befreiung kann nicht widerrufen werden und wirkt vom Beginn des Monats an, der auf die Antragstellung folgt.

Beihilfen

Unter dem Begriff „Beihilfen" (Unterstützungen) versteht man im Allgemeinen einmalige oder gelegentliche Zuwendungen des Arbeitgebers, um einen Arbeitnehmer in einer Notsituation finanziell zu entlasten. Auch Leistungen anlässlich der Eheschließung oder der Geburt eines Kindes und Leistungen im Zusammenhang mit der Durchführung von Erholungsmaßnahmen werden häufig als Beihilfen bezeichnet. Beihilfen gehören zum Arbeitslohn des Arbeitnehmers, auch soweit sie aus weiteren Gründen gewährt werden. In begrenztem Umfang und unter bestimmten Voraussetzungen bleiben sie jedoch steuerfrei. Die sozialversicherungsrechtliche Beurteilung knüpft an die steuerliche Beurteilung an. Steuerfreie Unterstützungsleistungen sowie pauschal versteuerte Erholungsbeihilfen sind beitragsfrei.

Gesetze, Vorschriften und Rechtsprechung

Lohnsteuer: Für die Zuordnung von Beihilfen und Unterstützungen zum Arbeitslohn gelten die allgemeinen Regelungen des § 19 EStG sowie die dazugehörenden Verwaltungsvorschriften. Einzelheiten zur Frage der Steuerfreiheit entsprechender Leistungen an Arbeitnehmer in der Privatwirtschaft regelt R 3.11 Abs. 2 LStR. Für die Pauschalierung der Lohnsteuer von Erholungsbeihilfen gilt § 40 Abs. 2 Satz 1 Nr. 3 EStG.

Sozialversicherung: § 14 SGB IV regelt die Entgelteigenschaft für die Sozialversicherung. Durch § 1 SvEV ist die Anknüpfung an die steuerrechtliche Beurteilung sichergestellt.

Entgelt	LSt	SV
Beihilfen in Notsituationen bis 600 EUR	frei	frei
Erholungsbeihilfen, Pauschalierung mit 25 % bis 156 EUR/104 EUR/52 EUR	pauschal	frei
Heirats- und Geburtsbeihilfen	pflichtig	pflichtig
Mietbeihilfen	pflichtig	pflichtig
Übergangsbeihilfen	pflichtig	pflichtig

Entgelt

Steuer- und Beitragspflicht

Lohnsteuer

Bei Beihilfen handelt es sich um einmalige oder gelegentliche Zuwendungen des Arbeitgebers. Mit diesen unterstützt er Arbeitnehmer aus sozialen Gründen. Diese Beihilfen gehören regelmäßig zum Arbeitslohn des Arbeitnehmers. Bestimmte Beihilfen bleiben in begrenztem Umfang steuerfrei (z. B. Notstandsbeihilfen), während andere in vollem Umfang der Besteuerung unterliegen (z. B. Heirats- und Geburtsbeihilfen).

1 § 7 KSVG.

Sozialversicherung

Dem ⇗ Arbeitsentgelt sind einmalige Einnahmen dann nicht zuzurechnen, wenn sie zusätzlich zum Lohn oder Gehalt gewährt werden und lohnsteuerfrei sind.[2] Da Beihilfen des Arbeitgebers dem Grunde nach nicht steuerbefreit sind, sind diese in voller Höhe beitragspflichtig zur Sozialversicherung. Voraussetzung zur Beitragspflicht ist, dass die Zahlung tatsächlich erfolgt. Allein ein bestehender arbeitsrechtlicher Anspruch (z. B. wenn eine Heiratsbeihilfe tarifvertraglich vereinbart ist) reicht für die Beitragspflicht nicht aus. Im Gegensatz zur Beurteilung bei laufendem Entgelt gilt hier das Zuflussprinzip.[3]

Erholungsbeihilfen

Lohnsteuer

⇗ Erholungsbeihilfen des Arbeitgebers an den Arbeitnehmer und seine Familienangehörigen gehören grundsätzlich zum steuerpflichtigen Arbeitslohn. Sie können pauschal mit 25 % versteuert werden[4], wenn die Beihilfen im Kalenderjahr folgende Freigrenzen nicht übersteigen:

- für den Arbeitnehmer 156 EUR,
- für den Ehe-/Lebenspartner 104 EUR und
- für jedes Kind 52 EUR.

Voraussetzung ist, dass die Erholungsbeihilfen zweckentsprechend verwendet werden. Davon kann ausgegangen werden, wenn die Zuwendung in zeitlichem Zusammenhang mit einem Urlaub des Arbeitnehmers gewährt wird.[5] Ob der Arbeitnehmer verreist oder seinen Urlaub zu Hause verbringt, ist dagegen ohne Bedeutung.

Die Pauschalierung der Lohnsteuer ist auch zulässig, wenn die Erholungsbeihilfe nicht zusätzlich zum ohnehin geschuldeten Arbeitslohn, sondern durch ⇗ Barlohnumwandlung erbracht wird.

Übersteigen die Beihilfen den jeweiligen Höchstbetrag, werden sie insgesamt als ⇗ sonstiger Bezug versteuert[6] oder es wird ein besonderer betriebsindividueller Pauschsteuersatz angewendet, den der Arbeitgeber beim Betriebsstättenfinanzamt beantragen kann.[7]

Tipp

Betriebliche Gesundheitsförderung bis 600 EUR steuerfrei

Es besteht die Möglichkeit einer steuerfreien Förderung von Maßnahmen zur Verbesserung des allgemeinen Gesundheitszustands der Arbeitnehmer und zur ⇗ betrieblichen Gesundheitsförderung. Pro Jahr und Mitarbeiter bleiben bis zu 600 EUR steuerfrei.[8] Übersteigt die Leistung den Freibetrag von 600 EUR, ist nur der übersteigende Betrag lohnsteuerpflichtig.

Zu den Leistungen gehören z. B. Maßnahmen zur Stressbewältigung und Entspannung, vor allem jedoch Maßnahmen auf Grundlage der gesundheitsfachlichen Bewertungen der Krankenkassen. Allerdings gilt die Steuerfreiheit nur, wenn die Leistung zusätzlich zum ohnehin geschuldeten Arbeitslohn erbracht wird.

Soweit die Leistung des Arbeitgebers zur Verbesserung des allgemeinen Gesundheitszustands des Arbeitnehmers steuerfrei ist und es sich um eine zusätzlich zum geschuldeten Arbeitsentgelt gezahlte Zuwendung handelt, bleibt sie auch beitragsfrei zur Sozialversicherung. Soweit wegen Überschreitung des steuerlichen Freibetrags Steuerpflicht eintritt, hat dies ebenfalls Beitragspflicht zur Sozialversicherung zur Folge.

Zur steuerlichen Anerkennung von Arbeitgeberleistungen für die betriebliche Gesundheitsförderung hat die Finanzverwaltung eine Umsetzungshilfe veröffentlicht.[9]

2 § 1 Abs. 1 Satz 1 Nr. 1 SvEV.
3 § 22 Abs. 1 Satz 2 SGB IV.
4 § 40 Abs. 2 Satz 1 Nr. 3 EStG.
5 R 40.2 Abs. 3 Satz 4 LStR.
6 § 39b Abs. 3 EStG.
7 § 40 Abs. 1 Satz 1 Nr. 1 EStG.
8 § 3 Nr. 34 EStG.
9 BMF, Schreiben v. 20.4.2021, IV C 5 – S 2342/20/10003 :003, BStBl 2021 I S. 700.

Erholungsbeihilfe bei typischen Berufskrankheiten

Ausnahmsweise können ⇗ Erholungsbeihilfen als Leistungen im überwiegenden betrieblichen Interesse steuerfrei bleiben. Erholungsbeihilfen zur Abwehr oder zur Heilung typischer Berufskrankheiten sind Leistungen im überwiegenden betrieblichen Interesse und unterliegen daher nicht dem Lohnsteuerabzug.

Typische Berufskrankheiten sind Erkrankungen, die in unmittelbarem Zusammenhang mit dem Beruf stehen und für die betreffende Berufsgruppe typisch sind, z. B. Bleivergiftung, Silikose, Strahlenpilzerkrankung.

Die zweckentsprechende Verwendung der Erholungsbeihilfe muss sichergestellt sein, z. B. dadurch, dass der Arbeitgeber die Erholungsbeihilfe unmittelbar an eine Kurklinik oder ein Erholungsheim zahlt.

Erholungsbeihilfen als Sachzuwendung

Erholungsbeihilfen können auch als Sachzuwendung gewährt werden. Die unentgeltliche oder verbilligte Unterbringung von Arbeitnehmern in Erholungsheimen des Arbeitgebers rechnet daher ebenfalls zu den pauschalierungsfähigen Erholungsbeihilfen.

Bewertung der Sachzuwendung

Der geldwerte Vorteil ist mit dem entsprechenden Pensionspreis eines vergleichbaren Beherbergungsbetriebs am selben Ort zu bewerten, ggf. abzüglich des Preises, den der Arbeitnehmer gezahlt hat. Preisabschläge sind zulässig, wenn der Arbeitnehmer als Gast einschränkende Regelungen zu beachten hat, die für Hotels und Pensionen allgemein nicht gelten.[1] Eine Bewertung der Unterkunft und Verpflegung mit den amtlichen Sachbezugswerten ist dagegen nicht zulässig.

Sozialversicherung

Erholungsbeihilfen, die nach § 40 Abs. 2 Satz 1 Nr. 3 EStG pauschal versteuert werden, sind beitragsfrei zur Sozialversicherung.[2] Wird von der o. g. Möglichkeit der pauschalen Versteuerung nach § 40 Abs. 1 Satz 1 Nr. 1 EStG Gebrauch gemacht, führt diese pauschale Versteuerung ebenfalls zur Beitragsfreiheit. Dies gilt jedoch nur, wenn es sich bei Zuwendung nicht um eine Einmalzahlung i. S. d. § 23a SGB IV handelt.[3] Soweit es sich bei der nach § 40 Abs. 1 Satz 1 Nr. 1 EStG pauschalversteuerten Zuwendung um eine einmalige Zahlung i. S. d. § 23a SGB IV handelt, ist sie als beitragspflichtige Zuwendung anzusehen und als ⇗ Einmalzahlung im Monat des Zuflusses unter Berücksichtigung der jeweiligen anteiligen Jahresbeitragsbemessungsgrenze (ggf. unter Anwendung der ⇗ Märzklausel) zur Beitragsberechnung in der Sozialversicherung heranzuziehen.[4]

Erholungsbeihilfen als Sachzuwendung

Hinsichtlich der Beitragspflicht zur Sozialversicherung sind an eine als Sachzuwendung gewährte Erholungsbeihilfe die gleichen Maßstäbe wie für eine als Barzuwendung gewährte Erholungsbeihilfe anzuwenden.

Heirats- und Geburtsbeihilfen

Lohnsteuer

Geldzuwendungen, die aus Anlass der Heirat des Arbeitnehmers oder der Geburt eines Kindes gewährt werden, gehören stets zum steuerpflichtigen Arbeitslohn. Lediglich Sachzuwendungen bleiben bis zu einem Wert von 60 EUR brutto als ⇗ Aufmerksamkeiten aus Anlass eines besonderen persönlichen Ereignisses steuerfrei.[5]

Achtung

Überschreitung der Freigrenze führt zu Arbeitslohn

Wird die Freigrenze i. H. v. 60 EUR brutto überschritten, sind die Sachzuwendungen dem steuerpflichtigen Arbeitslohn hinzuzurechnen.

Sozialversicherung

Geburts- und Heiratsbeihilfen sind grundsätzlich in voller Höhe als Arbeitsentgelt beitragspflichtig zur Sozialversicherung.

Mietbeihilfen

Lohnsteuer

Zahlt der Arbeitgeber dem Arbeitnehmer im Rahmen des bestehenden Beschäftigungsverhältnisses einen Zuschuss zur Wohnungsmiete (Mietbeihilfe, Mietzuschuss usw.) und trägt dadurch zur Verbilligung von Wohnraum bei, liegt steuerpflichtiger Arbeitslohn vor.[6] Die 50-EUR-Sachbezugsfreigrenze[7] ist nicht anwendbar, da kein ⇗ Sachbezug vorliegt. Soweit die Mietbeihilfen regelmäßig gezahlt werden, gelten sie steuerrechtlich grundsätzlich als laufende Bezüge. Die Erstattung von Mehraufwendungen bei doppelter Haushaltsführung nach § 3 Nr. 13 und 16 EStG ist dagegen steuerfrei.

Beispiel

Mietbeihilfen bei doppelter Haushaltsführung

Arbeitnehmer A führt einen beruflich veranlassten doppelten Haushalt in Koblenz. Am Beschäftigungsort bewohnt er eine 2-Zimmer-Wohnung. Der Familienhaushalt befindet sich in Düsseldorf. Der Arbeitgeber beteiligt sich an den Kosten für die 2-Zimmer-Wohnung mit einer monatlichen Beihilfe von 150 EUR.

Ergebnis: Im Rahmen einer beruflich veranlassten doppelten Haushaltsführung kann der Arbeitgeber die Übernachtungskosten bis max. 1.000 EUR pro Monat steuerfrei ersetzen.[8] Die Mietbeihilfe ist in diesem Fall ausnahmsweise nicht zu versteuern.

Sozialversicherung

Mietbeihilfen, die als steuerpflichtiger Arbeitslohn zu betrachten sind, unterliegen gleichermaßen als Arbeitsentgelt der Beitragspflicht zur Sozialversicherung. Sofern die Mietbeihilfen regelmäßig gezahlt werden, gelten sie sozialversicherungsrechtlich als regelmäßiges Arbeitsentgelt.[9]

Notstandsbeihilfen

Lohnsteuer

Beihilfen und Unterstützungen, die private Arbeitgeber an Arbeitnehmer bei Krankheit, Tod naher Angehöriger, Naturkatastrophen oder in anderen Unglücksfällen (Feuer u. Ä.) leisten, sind bis zu 600 EUR jährlich steuerfrei.[10] Die wirtschaftliche Bedürftigkeit des Arbeitnehmers ist ohne Bedeutung. Entscheidend ist allein, dass der Arbeitnehmer durch die Notsituation finanziell belastet wird. Übersteigende Zuwendungen gehören grundsätzlich zum steuerpflichtigen Arbeitslohn. Lediglich in besonderen Notfällen können auch höhere Beträge steuerfrei bleiben. In diesen Fällen ist jedoch zu prüfen, ob der Arbeitnehmer wirtschaftlich bedürftig ist. Neben den Einkommensverhältnissen des Arbeitnehmers ist bei dieser Frage auch der Familienstand zu berücksichtigen. Drohende oder bereits eingetretene Arbeitslosigkeit begründet für sich keinen besonderen Notfall.[11] Um auszuschließen, dass mit einer „Unterstützung" eine vom Arbeitnehmer erbrachte Arbeitsleistung „belohnt" wird, bleiben Beihilfen nur dann steuerfrei, wenn die Gewährung von Beihilfen ohne maßgebenden Einfluss des Arbeitgebers im jeweiligen Einzelfall erfolgt.

Hinweis

Beihilfen aus öffentlichen Mitteln sind steuer- und beitragsfrei

Beihilfen und Unterstützungen, die wegen Hilfsbedürftigkeit (Krankheit, Tod) aus öffentlichen Mitteln geleistet werden, bleiben im Rahmen des § 3 Nr. 11 EStG steuerfrei, und zwar ohne betragsmäßige Begrenzung.[12]

1 BFH, Urteil v. 18.3.1960, VI 345/57 U, BStBl 1960 III S. 237.
2 § 1 Abs. 1 Satz 1 Nr. 3 SvEV.
3 § 1 Abs. 1 Satz 1 Nr. 2 SvEV.
4 § 23a Abs. 1 Satz 3 und Abs. 4 SGB IV.
5 R 19.6 Abs. 1 LStR.
6 § 19 Abs. 1 EStG i. V. m. R 19.3 LStR.
7 § 8 Abs. 2 Satz 11 EStG.
8 § 3 Nr. 16 EStG, § 9 Abs. 1 Satz 3 Nr. 5 EStG.
9 § 14 Abs. 1 SGB IV.
10 R 3.11 Abs. 2 Satz 4 LStR.
11 R 3.11 Abs. 2 Sätze 5 und 6 LStR.
12 R 3.11 Abs. 1 LStR.

Die Beihilfen aus öffentlichen Kassen oder jene, die für Zwecke der Wissenschaft oder Kunst gezahlt werden, gelten ebenfalls nicht als Arbeitsentgelt i. S. d. Sozialversicherung und sind damit auch nicht beitragspflichtig.[1]

Sozialversicherung

Steuerfreie Beihilfen, die ein Arbeitgeber seinem in einer Notsituation befindlichen Arbeitnehmer gewährt, sind auch in der Sozialversicherung beitragsfrei. Sind die Beihilfen in Notsituationen für den über 600 EUR im Kalenderjahr hinausgehenden Betrag steuerpflichtig, sind sie auch beitragspflichtig zur Sozialversicherung.

Schulbeihilfe, Ausbildungsbeihilfe

Lohnsteuer

Beihilfen, die für Zwecke der Ausbildung und Erziehung geleistet werden (⇗ Ausbildungs-, Erziehungs-, ⇗ Studienbeihilfen, ⇗ Stipendien), gehören zum steuerpflichtigen Arbeitslohn, wenn sie aus privaten Mitteln geleistet werden. Für Leistungen aus öffentlichen Mitteln kann eine der Steuerbefreiungen nach § 3 Nrn. 2, 11 und 44 EStG in Betracht kommen.

Beispiel

Steuerpflichtige Schulbeihilfe aus privaten Mitteln

Ein Arbeitnehmer zieht aus beruflichen Gründen von Stuttgart nach Berlin. Sein privater Arbeitgeber in Berlin zahlt dem Arbeitnehmer eine Schulbeihilfe von 200 EUR monatlich, da der Sohn kurz vor Abschluss des Abiturs in Baden-Württemberg steht und deshalb die Schule nicht wechseln möchte.

Ergebnis: Die Schulbeihilfe gehört zum steuerpflichtigen Arbeitslohn des Arbeitnehmers.

Vergütungen im Rahmen eines Ausbildungsdienstverhältnisses sind ebenfalls steuerpflichtig. Die Übernahme von Studiengebühren kann ggf. steuerfrei bleiben. Die Berufsausbildungsbeihilfe nach den §§ 56 ff. SGB III bleibt in vollem Umfang steuerfrei. Sie unterliegt auch nicht dem ⇗ Progressionsvorbehalt, da sie nicht zu den Leistungen gehört, die in § 32b EStG aufgelistet sind.

Sozialversicherung

Schul- bzw. Ausbildungsbeihilfen, die als steuerpflichtiger Arbeitslohn zu betrachten sind, unterliegen gleichermaßen als Arbeitsentgelt der Beitragspflicht zur Sozialversicherung. Wie in der Steuer, unterliegt die Berufsausbildungsbeihilfe nach den §§ 56 ff. SGB III auch nicht der Beitragspflicht zur Sozialversicherung.

Übergangsbeihilfen

Lohnsteuer

Fortlaufend gezahlte Übergangsbeihilfen, die private Arbeitgeber dem Arbeitnehmer nach einem vorzeitigen Ausscheiden aus dem Dienstverhältnis bis zur Inanspruchnahme von Leistungen aus der gesetzlichen Rentenversicherung oder der ⇗ betrieblichen Altersversorgung gewähren, sind als laufender Arbeitslohn dem Lohnsteuerabzug zu unterwerfen.[2]

Hinweis

Steuerfreie Entgeltersatzleistungen

Übergangsgelder, die als Entgeltersatzleistungen von der Deutschen Rentenversicherung, der Bundesagentur für Arbeit sowie dem Träger der gesetzlichen Unfallversicherung geleistet werden, bleiben steuerfrei.[3] Sie unterliegen jedoch dem ⇗ Progressionsvorbehalt.[4]

Sozialversicherung

Übergangsbeihilfen, die als steuerpflichtiger Arbeitslohn zu betrachten sind, sind gleichermaßen beitragspflichtig zur Sozialversicherung.

Achtung

Trennung zwischen Übergangsbeihilfen und betrieblicher Altersversorgung

Betriebliche Altersversorgung liegt nur vor, wenn Altersbezüge frühestens mit Vollendung des 62. Lebensjahres (bei vor dem 1.1.2012 erteilten Versorgungszusagen gilt das 60. Lebensjahr) zur Auszahlung kommen. Da für den Aufbau von betrieblicher Altersversorgung steuerliche Vergünstigungen in Anspruch genommen werden können, die jedoch nicht für Übergangsbeihilfen gelten, ist auf eine sorgfältige Trennung von Übergangsbeihilfen und Leistungen der betrieblichen Altersversorgung zu achten. Andernfalls werden die steuerlichen Vergünstigungen für die betriebliche Altersversorgung nicht gewährt.

Übergangsbeihilfen sind grundsätzlich nicht als beitragspflichtiger Versorgungsbezug zur Kranken- und Pflegeversicherung zu werten. Zahlungen des Arbeitgebers an (ehemalige) Arbeitnehmer im rentennahen Alter für die Zeit zwischen Ende der Beschäftigung und Eintritt in den gesetzlichen Ruhestand sind als „Übergangszahlungen" keine Versorgungsbezüge i. S. d. § 229 SGB V. Es fehlt in diesem Fall am „Alterssicherungszweck". Auch hat das Erreichen einer für den Ruhestand typischen Altersgrenze mit Einsetzen der „regulären" betrieblichen Altersversorgung keine Auswirkung auf die beitragsrechtliche Beurteilung von daneben gewährten Übergangsbeihilfen. Lediglich, wenn der Beginn der Betriebsrente mittels eines Übergangsgeldes oder einer Übergangsbeihilfe ab einer für den Ruhestand typischen Altersgrenze „vorgezogen" wird, gilt etwas anderes: In diesem Fall ist die Leistung als Versorgungsbezug i. S. d. § 229 SGB V anzusehen. Des Weiteren hat die Rechtsprechung entschieden, dass unbefristete Leistungen, die ein (ehemaliger) Arbeitgeber an Arbeitnehmer nach Ausscheiden aus dem Arbeitsverhältnis anfänglich mit Überbrückungsfunktion auch über den Renteneintritt hinaus zahlt, zunächst keine beitragspflichtigen Versorgungsbezüge darstellen. Sie sind jedoch ab dem Zeitpunkt des Eintritts der gesetzlichen Rente bzw. spätestens ab Erreichen der Regelaltersgrenze als beitragspflichtige Versorgungsbezüge anzusehen. Ab diesem Zeitpunkt dienen sie einem Versorgungszweck und haben nicht nur Überbrückungsfunktion.[5]

Beitragsbemessungsgrenzen

Grundsätzlich richtet sich die Höhe der Beiträge zur Sozialversicherung nach dem Arbeitsentgelt des Versicherten. Übersteigt das Arbeitsentgelt aber einen gewissen Wert, wird es nur bis zu dieser Höhe berücksichtigt. Dieser Wert wird als Beitragsbemessungsgrenze (BBG) bezeichnet. Die Beitragsbemessungsgrenzen werden jährlich entsprechend der aktuellen Steigerungsrate der Bruttoentgelte in Deutschland angepasst und grundsätzlich für jeden Zweig der Sozialversicherung bestimmt. Der Wert für den Rechtskreis West gilt bundeseinheitlich für alle Werte im Bereich der Kranken- und Pflegeversicherung. Für den Bereich der Renten- und Arbeitslosenversicherung werden nach Rechtskreisen getrennte Werte herangezogen.

Gesetze, Vorschriften und Rechtsprechung

Sozialversicherung: Grundlage für die Anwendung der Beitragsbemessungsgrenzen ist § 223 Abs. 3 SGB V für die Krankenversicherung, § 54 Abs. 2 SGB XI für die Pflegeversicherung, § 159 SGB VI für die Rentenversicherung und § 341 Abs. 3 und 4 SGB III für die Arbeitslosenversicherung. Die aktuellen Werte der Beitragsbemessungsgrenzen werden jährlich durch die Bundesregierung in der Sozialversicherungs-Rechengrößenverordnung festgelegt.

1 § 1 Abs. 1 Satz 1 Nr. 1 SvEV.
2 § 19 Abs. 1 Satz 1 Nrn. 1, 2 EStG.
3 § 3 Nr. 1 bzw. 2 EStG.
4 § 32b Abs. 1 Satz 1 Nr. 1 Buchst. a und b EStG.
5 BSG, Urteil v. 29.7.2015, B 12 KR 4/14 R; BSG, Urteil v. 29.7.2015, B 12 KR 18/14 R; BSG, Urteil v. 20.7.2017, B 12 KR 12/15 R.

Sozialversicherung

Renten-/Arbeitslosenversicherung

Die Beitragsbemessungsgrenze beträgt im Jahr 2024 in der gesetzlichen Renten- und Arbeitslosenversicherung jährlich 90.600 EUR/West bzw. 89.400 EUR/Ost (2023: 87.600 EUR/West bzw. 85.200 EUR/Ost). In der knappschaftlichen Rentenversicherung beträgt sie jährlich 111.600 EUR/West bzw. 110.400 EUR/Ost (2023: 107.400 EUR/West bzw. 104.400 EUR/Ost).

Kranken-/Pflegeversicherung

Die Beitragsbemessungsgrenze der Kranken- und Pflegeversicherung ist an die nach § 6 Abs. 7 SGB V geltende besondere ⇗ Jahresarbeitsentgeltgrenze angebunden.[1] Sie beträgt in der Kranken- und Pflegeversicherung für das Jahr 2024 bundeseinheitlich 62.100 EUR.

Teilentgeltzahlungszeiträume

Für Monatsbezüge beträgt die Beitragsbemessungsgrenze $^{1}/_{12}$ der ⇗ Jahresbeitragsbemessungsgrenze; unabhängig davon, wie viele Kalendertage der jeweilige volle Monat hat. Im Jahr 2024 beträgt die Beitragsbemessungsgrenze in der allgemeinen Rentenversicherung und in der Arbeitslosenversicherung monatlich 7.550 EUR/West bzw. 7.450 EUR/Ost (2023: 7.300 EUR/West bzw. 7.100 EUR/Ost), in der knappschaftlichen Rentenversicherung 9.300 EUR/West bzw. 9.200 EUR/Ost (2023: 8.950 EUR/West bzw. 8.700 EUR/Ost).

Zur Kranken- und Pflegeversicherung beträgt die monatliche Beitragsbemessungsgrenze im Jahr 2024 5.175,00 EUR.

Für andere Bemessungszeiträume als das Jahr und den Monat gilt Folgendes:

Zeitraum	Formel	Allg. RV und ALV EUR	Knappsch. RV EUR	KV und PV EUR
Kalendertag	(Jahres-BBG)/360	West: 251,67	West: 310,00	172,50
		Ost: 248,33	Ost: 306,67	
1 Woche	(Jahres-BBG × 7)/360	West: 1.761,67	West: 2.170,00	1.207,50
		Ost: 1.738,33	Ost: 2.146,67	
2 Wochen	(Jahres-BBG × 14)/360	West: 3.523,33	West: 4.340,00	2.415,00
		Ost: 3.476,67	Ost: 4.293,33	
3 Wochen	(Jahres-BBG × 21)/360	West: 5.285,00	West: 6.510,00	3.622,50
		Ost: 5.215,00	Ost: 6.440,00	
4 Wochen	(Jahres-BGG × 28)/360	West: 7.046,67	West: 8.680,00	4.830,00
		Ost: 6.953,33	Ost: 8.586,67	
5 Wochen	(Jahres-BBG × 35)/360	West: 8.808,33	West: 10.850,00	6.037,50
		Ost: 8.691,67	Ost: 10.733,33	

Beschäftigung nicht über den ganzen Kalendermonat

Wird die versicherungspflichtige Beschäftigung zwar laufend, aber nicht während des ganzen Kalendermonats ausgeübt, ist die jeweils anteilige Beitragsbemessungsgrenze auf kalendertäglicher Basis zu ermitteln. Dazu wird die tägliche Beitragsbemessungsgrenze ungerundet mit den beitragspflichtigen Kalendertagen des Zeitraums vervielfacht. Das Ergebnis wird auf 2 Dezimalstellen mathematisch gerundet.

Hat der Arbeitnehmer im Laufe eines Monats seinen Arbeitsplatz gewechselt, ohne dass hierdurch eine Beschäftigungslosigkeit eingetreten ist, so ist bei der Berechnung der jeweiligen Teilbeschäftigungen bei Kalendermonaten mit 31 Tagen zur Feststellung der Beitragsbemessungsgrenze bei der letzten Beschäftigung im Monat ein Tag abzuziehen.

Auch bei ⇗ Mehrfachbeschäftigten ist die Beitragsbemessungsgrenze zu beachten. Übersteigt das Gesamtentgelt die jeweilige Beitragsbemessungsgrenze, so sind die Entgelte der einzelnen Beschäftigungen anteilig nach folgender Formel zu kürzen:[2]

$$\frac{\text{Jeweilige BBG} \times \text{Entgelt aus einer Beschäftigung}}{\text{Gesamtentgelt aus allen Beschäftigungen}}$$

Hinweis

Kürzung hoher Einzelentgelte vor der Verhältnisrechnung

Bei ⇗ Mehrfachbeschäftigten mit Arbeitsentgelten oberhalb der Beitragsbemessungsgrenze gilt Folgendes: Die Einzelentgelte der Beschäftigungen sind auf die Beitragsbemessungsgrenze des jeweiligen Versicherungszweigs zu kürzen. Dies erfolgt vor der Verhältnisberechnung, die das für die Beitragsberechnung beitragspflichtige Entgelt des jeweiligen Arbeitgebers bestimmt.

Beitragsberechnung

Als Grundsatz für die Beitragsberechnung in der Sozialversicherung gilt, dass für jeden Kalendertag der Mitgliedschaft in der gesetzlichen Krankenversicherung und der Pflegeversicherung Beiträge zu zahlen sind. Das gilt auch für die Arbeitslosenversicherung. Für die Rentenversicherung besteht eine solche Berechnungsvorschrift nicht. Beiträge sind nicht zu zahlen, wenn Tage der Mitgliedschaft als beitragsfreie Zeit gelten.

Für Arbeitnehmer sind die Gesamtsozialversicherungsbeiträge vom Arbeitgeber nach bestimmten rechtlichen Vorgaben zu berechnen. Für die Beitragsberechnung sind folgende Faktoren relevant: Die Beschäftigungsdauer (Sozialversicherungstage), das erzielte Arbeitsentgelt und die maßgebenden Beitragssätze der einzelnen Sozialversicherungszweige. Beitragsbemessungsgrenzen begrenzen das Arbeitsentgelt ggf. bei der Beitragsberechnung.

Gesetze, Vorschriften und Rechtsprechung

Sozialversicherung: Die wichtigsten Vorschriften zur Berechnung und Abführung der Sozialversicherungsbeiträge sind die §§ 28d–28h SGB IV. Darüber hinaus gelten die Sozialversicherungsentgeltverordnung (SvEV) sowie die Beitragsverfahrensverordnung (BVV). Zusätzlich sind zur Krankenversicherung die §§ 226, 232, 241 und 249 SGB V relevant, zur Pflegeversicherung die §§ 57, 58 und 60 SGB XI sowie zur Rentenversicherung die §§ 160, 162, 168 und 172 SGB VI und zur Arbeitslosenversicherung die §§ 341, 342 und 346 SGB III.

Sozialversicherung

Grundsätze

Beitragszeitraum

Die Beiträge werden grundsätzlich für jeden Tag der Mitgliedschaft berechnet. Dabei werden

- die Woche mit 7 Tagen,
- der Monat mit 30 Tagen und
- das Kalenderjahr mit 360 Tagen

angesetzt. Erstreckt sich die Beitragspflicht nicht über einen vollen Kalendermonat, sind für die Beitragsberechnung die tatsächlichen Kalendertage des entsprechenden Monats zu berücksichtigen. Ausgangswert für die Berechnung der Sozialversicherungsbeiträge sind die beitragspflichtigen Einnahmen der Mitglieder.

1 § 223 Abs. 3 SGB V.
2 § 22 Abs. 2 SGB IV.

Gesamtsozialversicherungsbeiträge

Die Beiträge zur Kranken-, Pflege- und Rentenversicherung sowie zur Bundesagentur für Arbeit (⇗ Gesamtsozialversicherungsbeiträge) sind bei jeder Lohn- oder Gehaltsabrechnung vom Arbeitgeber zu berechnen. Sie werden durch Lohnabzug vom Arbeitgeber zusammen mit dem ⇗ Arbeitnehmeranteil an die zuständige Krankenkasse entrichtet. Hierbei werden auch die Umlagen zur Insolvenzgeldversicherung sowie zum Umlageverfahren berücksichtigt. Pauschalbeiträge zur Kranken- und Rentenversicherung für ⇗ geringfügig entlohnte Beschäftigungen sind an die Minijob-Zentrale der Deutschen Rentenversicherung Knappschaft-Bahn-See abzuführen.

Die Beitragsberechnung erfolgt grundsätzlich aus dem ⇗ Arbeitsentgelt. Dabei ist nach § 14 SGB IV zu unterscheiden zwischen laufendem und einmalig gezahltem Arbeitsentgelt.

Laufendes Arbeitsentgelt sind alle Zuwendungen, die für die Arbeit in einzelnen ⇗ Entgeltabrechnungszeiträumen gezahlt werden. Einmalzahlungen sind dagegen Zuwendungen, die nicht für die Arbeit in einem einzelnen ⇗ Entgeltabrechnungszeitraum gezahlt werden (z. B. Urlaubs-, Weihnachtsgeld).

Laufendes Arbeitsentgelt ist unabhängig vom Zeitpunkt der Auszahlung grundsätzlich in dem Entgeltabrechnungszeitraum (Monat) für die Beitragsberechnung zu berücksichtigen, in dem es erzielt wurde, d. h. die entsprechenden Arbeiten ausgeführt wurden.

Zuordnung der Einmalzahlungen

Einmalzahlungen sind dagegen immer dem Monat der Auszahlung zuzuordnen. Wird in diesem Monat die ⇗ Beitragsbemessungsgrenze der Krankenversicherung durch das laufende Arbeitsentgelt und die Einmalzahlung überschritten, ist eine anteilige Beitragsbemessungsgrenze zu bilden und der beitragspflichtige Anteil nach Versicherungszweigen zu errechnen. Bei Zahlung in der Zeit vom 1.1. bis 31.3. ist unter Umständen die ⇗ Märzklausel anzuwenden.

Einmalige Einnahmen sind dann nicht mehr dem Arbeitsentgelt hinzuzurechnen, wenn der Arbeitnehmer darauf schriftlich verzichtet hat.

Beitragssätze

Die Beiträge zu den einzelnen Versicherungszweigen sind nach dem Beitragssatz zu berechnen, welcher für den Abrechnungszeitraum zutrifft. Sie sind für jeden Tag der Mitgliedschaft in der Kranken- und Pflegeversicherung und für die Zeit der Versicherung in der Renten- und Arbeitslosenversicherung zu entrichten.

Beitragsfreie Zeiten

Beitragsfrei sind Zeiten, in denen Anspruch auf Kranken-, Mutterschafts-, Erziehungs- oder Elterngeld, Verletzten-, Versorgungskranken- oder Übergangsgeld besteht.

Beiträge sind bis zur jeweiligen ⇗ Beitragsbemessungsgrenze zu berechnen. Sind nur für einen Teil des Monats Beiträge zu berechnen, kann das in diesem Zeitraum erzielte Arbeitsentgelt auch nur bis zur Höhe der auf diesen Zeitraum entfallenden Teilbeitragsbemessungsgrenze herangezogen werden.

Beitragstragung

Die Beiträge zur Kranken-, Pflege-, Renten- und Arbeitslosenversicherung für die versicherungspflichtig Beschäftigten werden von ihnen und dem Arbeitgeber grundsätzlich jeweils zur Hälfte aufgebracht. Nach § 2 Abs. 1 BVV erfolgt die Berechnung des Beitrags jeweils durch Anwendung des halben Beitragssatzes und anschließender Verdoppelung des gerundeten Ergebnisses. Zwischenergebnisse sind dabei nicht zu runden.

Arbeitgeber-/Arbeitnehmeranteil in der Krankenversicherung

In der gesetzlichen Krankenversicherung tragen Arbeitgeber und Arbeitnehmer jeweils die Hälfte der Beiträge aus dem Arbeitsentgelt nach dem allgemeinen oder ermäßigten Beitragssatz zuzüglich des kassenindividuellen Zusatzbeitragssatzes. Die Beitragsermittlung erfolgt in der Weise, dass die Beiträge durch Anwendung des halben Beitragssatzes auf das Arbeitsentgelt und anschließender Verdopplung des gerundeten Ergebnisses berechnet werden.

Beispiel

Beitragsberechnung in der Krankenversicherung

Ein Arbeitnehmer erhält monatlich ein Gehalt in Höhe von 3.700 EUR. Für den Arbeitnehmer ist der allgemeine Beitragssatz anzuwenden, der kassenindividuelle Zusatzbeitragssatz beträgt 1,4 %. Berechnung des Krankenversicherungsbeitrags:

$$\frac{3.700 \text{ EUR} \times (7{,}3 + 0{,}7)}{100} = 296 \text{ EUR}$$

Ergebnis: Der Krankenversicherungsbeitrag beträgt 296 EUR × 2 = 592 EUR.

Pflegeversicherung

In der Pflegeversicherung ist der von den kinderlosen Mitgliedern zu zahlende Beitragszuschlag i. H. v. 0,6 % vom Beschäftigten allein zu tragen. Eine hälftige Beitragstragung zwischen Arbeitgeber und Arbeitnehmer erfolgt also nur aus dem Beitragssatz i. H. v. 3,4 %. Der Beitragsanteil der Arbeitnehmer vermindert sich ggf. noch um einen Abschlag von jeweils 0,25 % für das 2. bis 5. berücksichtigungsfähige Kind.

Übersicht über die Beitragssätze und die Beitragstragung in der Pflegeversicherung seit 1.7.2023:

Kinder (unter 25 Jahren)	Beitragssatz	Beitrags-		Beitragstragung	
		zuschlag	abschlag	Arbeitgeber	Arbeitnehmer
ohne Kinder	4,0 % (3,4 % + 0,6 %)	0,6 %	–	1,7 %	2,3 % (1,7 % + 0,6 %)
1 Kind	3,4 %	–	–	1,7 %	1,7 %
2 Kinder	3,15 % (3,4 % – 0,25 %)	–	0,25 %	1,7 %	1,45 % (1,7 % – 0,25 %)
3 Kinder	2,9 % (3,4 % – 0,5 %)	–	0,5 %	1,7 %	1,2 % (1,7 % – 0,5 %)
4 Kinder	2,65 % (3,4 % – 0,75 %)	–	0,75 %	1,7 %	0,95 % (1,7 % – 0,75 %)
5 Kinder	2,4 % (3,4 % – 1 %)	–	1 %	1,7 %	0,7 % (1,7 % – 1 %)
Alle Kinder sind mindestens 25 Jahre alt	3,4 %	–	–	1,7 %	1,7 %

Achtung

Pflegeversicherung in Sachsen

Weil im Bundesland Sachsen kein bundeseinheitlicher Feiertag abgeschafft wurde, trägt der Arbeitgeber hier nur einen Beitragsanteil i. H. v. 1,2 %. Der Arbeitnehmer ist dort mit 2,2 % belastet. Auch hier vermindert sich der Beitragsanteil der Arbeitnehmer ggf. noch um einen Abschlag von jeweils 0,25 % für das 2. bis 5. berücksichtigungsfähige Kind. Kinderlose Mitglieder tragen in Sachsen einen Beitragssatz i. H. v. 2,8 %.

Geringverdiener/freiwillige soziale Dienste

Eine weitere Ausnahme von dem Grundsatz der hälftigen Beitragstragung gilt für

- Beschäftigte im Rahmen betrieblicher Berufsbildung, deren monatliches Arbeitsentgelt 325 EUR nicht übersteigt (hierzu gehören auch Umschüler, wenn die Umschulung für einen anerkannten Ausbildungsberuf erfolgt und nach den Vorschriften des Berufsbildungsgesetzes[1] durchgeführt wird,
- Personen, die im Rahmen des ⇗ Jugendfreiwilligendienstes ein freiwilliges soziales Jahr[2] oder ein freiwilliges ökologisches Jahr[3] leisten.

1 § 1 Abs. 4 und § 47 BBiG.
2 § 3 JFDG.
3 § 4 JFDG.

In diesen Fällen ist der Arbeitgeber zur vollen Beitragstragung verpflichtet, was auch hinsichtlich des Beitragszuschlags in der sozialen Pflegeversicherung (0,6 %) gilt.

Kurzarbeitergeld/Saison-Kurzarbeitergeld

Bei Bezug von Kurzarbeitergeld oder ⇗ Saison-Kurzarbeitergeld bleibt in der gesetzlichen Kranken-, Pflege-, Renten- und Arbeitslosenversicherung das tatsächlich (noch) erzielte Bruttoarbeitsentgelt (Kurzlohn) Grundlage für die Berechnung der Beiträge. Diese Beiträge sind grundsätzlich je zur Hälfte vom Arbeitgeber und vom Arbeitnehmer zu tragen.

Für die Beiträge zur Kranken-, Pflege- und Rentenversicherung kommt noch eine fiktive Bemessungsgrundlage hinzu. Dieses Fiktiventgelt beträgt 80 % des Unterschiedsbetrags zwischen dem ungerundeten Sollentgelt und dem ungerundeten Istentgelt. Die Beiträge aus dem Fiktiventgelt trägt der Arbeitgeber allein.[1]

Wichtig

Agentur für Arbeit übernimmt Beitragszuschlag für Kinderlose

Der Beitragszuschlag für Kinderlose zur Pflegeversicherung in Höhe von 0,6 % wird pauschal über die Agentur für Arbeit abgegolten.

Beschäftigungen im Übergangsbereich

Die allgemeingültigen Grundsätze zur Beitragsberechnung gelten nicht für Beschäftigungen mit einem regelmäßigen Arbeitsentgelt, das zwischen 538,01 EUR und 2.000 EUR (2023: 520,01 EUR bis 2.000 EUR) liegt. In solchen Fällen gelten die Besonderheiten des ⇗ Übergangsbereichs.

Schätzung der Beitragsschuld

Wenn bis zum Zeitpunkt der Zahlung der Beiträge noch nicht alle Abrechnungsdaten vorliegen, müssen die voraussichtlich anfallenden Sozialversicherungsbeiträge geschätzt werden. Eine Schätzung ist für alle Arbeitnehmer notwendig, deren Abrechnungsdaten erst nach Fälligkeit der Sozialversicherungsbeiträge vollständig vorliegen. Für Arbeitnehmer mit ausschließlich festen Bezügen ist keine Schätzung erforderlich. Erhalten Arbeitnehmer zusätzlich zu den festen Bezügen einen variablen Entgeltbestandteil (z. B. Provisionen), muss dieser Entgeltbestandteil geschätzt werden.

Beitragserstattung

Zur Erstattung von Gesamtsozialversicherungsbeiträgen kann es dann kommen, wenn diese zu Unrecht entrichtet wurden oder beanstandet werden. Eine Beitragserstattung von Versichertenbeitragsanteilen zur Rentenversicherung liegt immer dann vor, wenn zu Recht entrichtete Beiträge ganz oder teilweise erstattet werden.

Gesetze, Vorschriften und Rechtsprechung

Sozialversicherung: Die Erstattung von Gesamtsozialversicherungsbeiträgen ist in § 26 Abs. 2 SGB IV beschrieben. Das nähere Verfahren dazu regeln die „Gemeinsamen Grundsätze zur Auf- bzw. Verrechnung und Erstattung zu Unrecht gezahlter Beiträge zur Kranken-, Pflege-, Renten- und Arbeitslosenversicherung aus einer Beschäftigung der Spitzenverbände der Sozialversicherung" (GR v. 20.11.2019). Die Erstattung von Versicherungsbeiträgen zur Rentenversicherung regelt § 210 SGB VI.

1 § 249 Abs. 2 SGB V, § 168 Abs. 1 Nr. 1a SGB VI, § 58 Abs. 1 SGB XI.

Sozialversicherung

Auf- bzw. Verrechnung oder Erstattung?

Die „Gemeinsamen Grundsätze zur Auf- bzw. Verrechnung und Erstattung zu Unrecht gezahlter Beiträge zur Kranken-, Pflege-, Renten- und Arbeitslosenversicherung aus einer Beschäftigung" sind sowohl von den Krankenkassen als auch von den Arbeitgebern bei der Verrechnung und Rückzahlung von Beiträgen zur Kranken-, Pflege-, Renten- und Arbeitslosenversicherung zu beachten. Sie gelten jedoch nicht für die nicht nach dem Arbeitsentgelt bemessenen Beiträge zur landwirtschaftlichen Krankenversicherung.

Nach den genannten Grundsätzen können zu viel berechnete oder gezahlte Beiträge zur Kranken-, Pflege-, Renten- und Arbeitslosenversicherung ver- oder aufgerechnet oder erstattet (gutgeschrieben) werden. Nachstehend wird aufgezeigt, unter welchen Voraussetzungen und in welchem Umfang Gesamtsozialversicherungsbeiträge erstattet werden können. Auf die Besonderheiten in der Rentenversicherung wird eingegangen.

Hinweis

Auf- bzw. Verrechnung vorrangig vor Erstattung

Neben der Erstattung von Gesamtsozialversicherungsbeiträgen ist eine Auf- oder Verrechnung möglich. Grundsätzlich wird davon ausgegangen, dass eine Erstattung immer nur dann in Betracht kommt, wenn eine Auf- bzw. Verrechnung nicht möglich ist. Eine Aufrechnung ist durch den Arbeitgeber grundsätzlich nur möglich, wenn der Beginn des Zeitraums, für den Beiträge irrtümlich gezahlt wurden, nicht länger als 6 Monate zurückliegt.

Erstattung von Gesamtsozialversicherungsbeiträgen

In der Kranken-, Pflege-, Renten- und Arbeitslosenversicherung werden zu Unrecht gezahlte Beiträge auf Antrag erstattet.[2]

Hinweis

Begriff „zu Unrecht entrichtete Beiträge"

Beiträge sind auch dann irrtümlich geleistet, wenn der Zahlende angenommen hat, dass die Möglichkeit einer freiwilligen (Weiter-)Versicherung besteht. Soweit die Beiträge zur Rentenversicherung nicht wirksam gezahlt wurden, sind sie als „zu Unrecht gezahlte Beiträge" zu bezeichnen.

Eine irrtümliche Beitragsentrichtung liegt grundsätzlich dann vor, wenn die Beiträge entrichtet wurden, weil der Arbeitgeber versehentlich davon ausgegangen ist, dass für den Arbeitnehmer Versicherungs- und damit Beitragspflicht vorlag. Diese Beiträge sind zu Unrecht entrichtet. Häufig vorkommende Sachverhalte in diesem Zusammenhang sind

- bei irrtümlicher Annahme von Versicherungspflicht, z. B. die Falschbeurteilung der Versicherungspflicht von mitarbeitenden ⇗ Gesellschaftern,
- bei irrtümlicher Annahme von Beitragspflicht, z. B. die Falschbeurteilung von ⇗ einmalig gezahltem Arbeitsentgelt.

Kein Erstattungsanspruch bei Leistungsbezug

Eine Erstattung der Beiträge scheidet allerdings aus, wenn für den Arbeitnehmer aufgrund dieser Beiträge oder für den Zeitraum, für den die Beiträge zu Unrecht gezahlt worden sind, Leistungen erbracht wurden. Die zweite Alternative „... für den Zeitraum ..." gilt nicht für die Rentenversicherung.[3] Beiträge sind jedoch zu erstatten, sofern während des Leistungsbezugs

- Beitragsfreiheit bestanden hat (z. B. Bezug von Krankengeld, Übergangsgeld) und
- während dieser Zeit zu Unrecht Beiträge entrichtet wurden.

2 § 26 Abs. 2 SGB IV.
3 BSG, Urteil v. 25.4.1991, 12/1 RA 65/89.

Sind dagegen nur Teile von Beiträgen (z. B. zu hohe Beiträge durch Ablese- oder Rechenfehler) zu Unrecht entrichtet worden, sind diese dann zu erstatten, wenn sie die Höhe der Leistung nicht beeinflusst haben.

Sind Leistungen aus den zu Unrecht entrichteten Beiträgen gewährt worden, scheidet die Beitragserstattung nur für den Versicherungsträger aus, der die Leistung erbracht hat.

Anspruchsberechtigte

Der Anspruch auf Beitragserstattung steht demjenigen zu, der die Beiträge getragen hat.[1] Das sind im Normalfall Arbeitnehmer und Arbeitgeber jeweils zur Hälfte.

Durchführung der Erstattung/Gutschrift

Für die Erstattung der Beiträge ist grundsätzlich die Einzugsstelle (Krankenkasse) zuständig. Der Anspruch auf die Beitragsrückzahlung steht demjenigen zu, der die Beiträge getragen hat. Das sind in aller Regel der ⇗ Arbeitgeber und der ⇗ Arbeitnehmer. Die Erstattung der zu Unrecht entrichteten Beiträge muss vom Arbeitgeber und Arbeitnehmer beantragt werden; ein gemeinsamer Antrag ist ebenso möglich wie ein getrennter Antrag. Für den Erstattungsantrag ist grundsätzlich der dafür vorgesehene Vordruck zu verwenden. Stellt die Einzugsstelle fest, dass für die Erstattung der Rentenversicherungsträger oder die Bundesagentur für Arbeit zuständig ist, leitet sie den Antrag weiter.

Bei Beitragserstattungen zu Unrecht gezahlter Kranken- und Pflegeversicherungsbeiträge melden die Krankenkassen die Höhe der Erstattung an die Finanzbehörden.[2] Die für die Übermittlung der Daten erforderliche Steuer-Identifikationsnummer (Steuer-ID) wird mit dem Erstattungsantrag beim Arbeitnehmer erfragt.

Achtung

„Kein Zurückbehalt"

Der Arbeitgeber darf im Hinblick auf die Erstattung fällige Beiträge nicht zurückbehalten.

Für die Erstattung zuständige Versicherungsträger

Zu Unrecht entrichtete Beiträge sind grundsätzlich von dem Versicherungsträger zu erstatten, der diese Beiträge erhalten hat.

Beitragsart	Für die Erstattung zuständiger Versicherungsträger
Kranken- und Pflegeversicherungsbeiträge	Krankenkasse
Rentenversicherungsbeiträge	Rentenversicherungsträger
Beiträge zur Arbeitslosenversicherung	Arbeitsagentur, in dessen Bezirk die Krankenkasse, die die Beiträge zur Arbeitslosenversicherung erhalten hat, ihren Sitz hat

Krankenkassen übernehmen Erstattung für Renten- und Arbeitslosenversicherung

Neben der beschriebenen grundsätzlichen Zuständigkeit haben sowohl die Rentenversicherungsträger sowie die Bundesagentur für Arbeit mit den Krankenkassen eine Vereinbarung getroffen, dass die Krankenkassen die Erstattung der Renten- bzw. Arbeitslosenversicherungsbeiträge grundsätzlich übernehmen. Unabhängig von dieser Vereinbarung ist in bestimmten Fällen entweder der Rentenversicherungsträger oder die Agentur für Arbeit für die Erstattung zuständig.

Erstattung bei Auslandsaufenthalt

Eine Erstattung zu Unrecht entrichteter Beiträge ist grundsätzlich auch dann möglich, wenn sich der Berechtigte im Ausland aufhält.

Vererblichkeit des Erstattungsanspruchs

Ist der Erstattungsberechtigte verstorben, so steht das Recht der Erstattung seinen Erben zu.

Verzinsung des Erstattungsanspruchs

Die Vorschrift des § 27 SGB IV erfasst eine Säumnis des Versicherungsträgers bei der Auszahlung des bereits festgestellten Erstattungsbetrags. Der Erstattungsanspruch der Betroffenen ist mit 4 % auf volle EUR-Beträge zu verzinsen. Die Verzinsung erfolgt nach Ablauf eines Kalendermonats

- nach Eingang des vollständigen Erstattungsantrags,
- beim Fehlen eines Antrags nach der Bekanntgabe der Entscheidung über die Erstattung bis zum Ablauf des Kalendermonats vor der Zahlung.

Die Verzinsung beginnt auch bei Erstattung von Beiträgen für mehrere Jahre, frühestens nach Ablauf eines Kalendermonats nach dem Eingang des vollständigen Erstattungsantrags.[3]

Dabei ist der Kalendermonat mit 30 Tagen zugrunde zu legen. Ein Erstattungsanspruch verjährt in 4 Jahren nach Ablauf des Kalenderjahres, in dem die Beiträge entrichtet worden sind.

Beispiel

Höhe der Verzinsung

a) Eingang des Antrags auf Erstattung zu Unrecht entrichteter Beiträge i. H. v. 1.304,43 EUR am 5.7.; Rückzahlung des Erstattungsbetrags am 23.2. des folgenden Jahres. Zinsen sind zu berechnen für die Zeit vom 1.9. bis 31.1. (5 Kalendermonate):

$$\frac{1.304 \text{ EUR} \times 4 \times 5}{100 \times 12} = 21{,}73 \text{ EUR}$$

b) Eingang des Erstattungsantrags am 4.5.; Rückzahlung des Erstattungsbetrags am 30.7. Keine Zinsberechnung, da Beginn und Ende der Zinszeit zusammenfallen.

Beanstandet der Versicherungsträger die Rechtswirksamkeit von Beiträgen, beginnt die Verjährung mit dem Ablauf des Kalenderjahres der Beanstandung. Über einen evtl. Verzicht auf die ⇗ Einrede der Verjährung entscheiden die betroffenen Versicherungsträger im Einzelnen.

Beginn und Ende der Verzinsung

Der Beginn der Verzinsung bleibt auch dann maßgebend, wenn die Krankenkasse den Antrag auf Erstattung der zu Unrecht entrichteten Beiträge zur Rentenversicherung und/oder zur BA nicht bearbeiten kann und insoweit an die zuständigen Stellen (Rentenversicherungsträger und Agentur für Arbeit) weiterleitet.

Ist der Antrag unvollständig, so tritt an die Stelle des Eingangs der Zeitpunkt, an welchem dem Versicherungsträger alle Angaben für eine ordnungsmäßige Bearbeitung des Antrags vorliegen. Durch diese Regelung wird der Versicherungsträger davor geschützt, dass Ermittlungen wegen eines unvollständigen Antrags zu seinen Lasten gehen. Dies gilt jedoch nur soweit zugunsten der Versicherungsträger, als diese nicht die erforderlichen Angaben ohne unverhältnismäßig hohen Verwaltungsaufwand selbst ermitteln können.

Krankenkasse stellt zu Unrecht gezahlte Beiträge fest

Sofern die Krankenkasse selbst feststellt, dass der Arbeitgeber Beiträge zu Unrecht gezahlt hat, beginnt die Zinszeit nach Ablauf des ersten vollen Kalendermonats nach der Mitteilung der Krankenkasse über die Beitragsrückzahlung an den Arbeitgeber. Es kann davon ausgegangen werden, dass zu diesem Zeitpunkt alle erforderlichen Angaben festgestellt wurden und die Krankenkassen unverzüglich einen entsprechenden Bescheid erteilen.

1 § 26 Abs. 3 SGB IV.
2 § 10 Abs. 2a Satz 4 EStG.
3 LSG Nordrhein-Westfalen, Urteil v. 11.2.1993, L 9 Ar 109/92.

Feststellung zu Unrecht gezahlter Beiträge durch Betriebsprüfung

Bei einer durchgeführten Betriebsprüfung gilt als Mitteilung der von dem prüfenden Rentenversicherungsträger zu erstattende „Bericht über die Beitragsüberwachung einschließlich des Meldeverfahrens". Dabei ist für den Beginn eines eventuellen Zinszeitraums der Zeitpunkt maßgebend, an dem der Empfangsberechtigte die Mitteilung erhalten hat. Die Verzinsung endet in allen Fällen mit Ablauf des letzten Kalendermonats vor der Zahlung des Erstattungsbetrags durch den Versicherungsträger.

Meldeberichtigungen

Wird durch die Beitragserstattung das Versicherungsverhältnis oder die Höhe des rentenversicherungspflichtigen Arbeitsentgelts verändert, sind auch die bisher erstatteten ↗ Meldungen nach der DEÜV vom Arbeitgeber zu stornieren. Gegebenenfalls sind neue Meldungen mit den nunmehr zutreffenden Angaben zu erstatten. Hat die Einzugsstelle die Erstattung der zu Unrecht gezahlten Beiträge vorgenommen, veranlasst sie die Korrektur der entsprechenden Meldungen durch den Arbeitgeber und überwacht deren Eingang.

Beitragserstattung in der Rentenversicherung

Rentenversicherungsbeiträge können für folgende Personenkreise erstattet werden[1]:

a) Versicherte, die nicht versicherungspflichtig sind und nicht das Recht zur freiwilligen Versicherung haben,

b) Versicherte, die die Regelaltersgrenze erreicht und die allgemeine Wartezeit nicht erfüllt haben,

c) Witwen, Witwer oder Waisen, wenn wegen nicht erfüllter allgemeiner Wartezeit ein Anspruch auf Rente wegen Todes (Witwen-/Witwer-, Waisenrente) nicht besteht,

d) Versicherte, die versicherungsfrei oder von der Versicherungspflicht befreit sind und die allgemeine Wartezeit nicht erfüllt haben.

Tipp

Information von Arbeitnehmern

Von diesen Konstellationen sind im Unternehmen z. B. beschäftigte Rentner oder ausländische Arbeitnehmer, die nach kurzer Beschäftigungszeit in Deutschland in ihr Heimatland zurückkehren, betroffen. Zu den nachfolgenden Sachverhalten kann der Arbeitgeber grundsätzliche Informationen vermitteln. Darüber hinaus sollte er den betroffenen Arbeitnehmer jedoch an die Deutsche Rentenversicherung verweisen.

Gründe für die Beitragserstattung

Wegfall der Versicherungspflicht

Die Erstattung setzt voraus, dass

- der Versicherte aus der Versicherungspflicht ausgeschieden ist,
- für ihn kein Recht zur freiwilligen Versicherung besteht,
- seit dem Ausscheiden aus der Versicherungspflicht mindestens 24 Kalendermonate (Wartefrist) abgelaufen sind und inzwischen nicht erneut Versicherungspflicht eingetreten ist.

Diese Voraussetzungen müssen im Zeitpunkt des Antrags auf Beitragserstattung erfüllt sein. Der Grund für den Wegfall der Versicherungspflicht ist unbedeutend. Entscheidend ist, dass Versicherungspflicht einmal bestanden hat, nun aber nicht mehr besteht. Es darf weder zur allgemeinen noch zur knappschaftlichen Rentenversicherung mehr Versicherungspflicht bestehen.

Nicht aus der Versicherungspflicht ausgeschieden und deshalb grundsätzlich nicht erstattungsberechtigt ist, wer

- zwar seine versicherungspflichtige Beschäftigung oder Tätigkeit im Bundesgebiet aufgegeben hat, aber
- in einem anderen EU-/EWR-Mitgliedsstaat oder in einem anderen Abkommensstaat der Bundesrepublik Deutschland rentenversicherungspflichtig ist.

Berechtigung zur freiwilligen Versicherung

Die Berechtigung zur freiwilligen Versicherung ist für alle Personen ohne Rücksicht auf ihre Staatsangehörigkeit ab Vollendung des 16. Lebensjahres gegeben. Dies gilt auch für Deutsche, die ihren gewöhnlichen Aufenthalt im Ausland haben.

Erreichen der Regelaltersgrenze

Besteht für einen Versicherten nach Erreichen der Regelaltersgrenze kein Anspruch auf Regelaltersrente, kann die Beitragserstattung ebenfalls beantragt werden. Ein Grund dafür kann darin liegen, dass die allgemeine Wartezeit von 5 Jahren nicht erfüllt ist. Ob die Wartezeit nach Erreichen der Regelaltersgrenze durch Zahlung weiterer Pflichtbeiträge oder freiwilliger Beiträge noch erfüllt werden kann, ist für die Erstattung ohne Bedeutung.

Erstattung an Hinterbliebene

Ist die allgemeine Wartezeit für eine Hinterbliebenenrente nicht erfüllt und gilt sie auch nicht als erfüllt, so kann aus den vom Verstorbenen gezahlten Beiträgen keine Rentenleistung erbracht werden. Die Witwe, der Witwer oder die Waisen haben aber das Recht, sich diese Beiträge erstatten zu lassen. Halbwaisen erhalten die Erstattung nur, wenn eine Witwe oder ein Witwer nicht vorhanden ist. Bei mehreren Waisen steht diesen der Erstattungsbetrag zu gleichen Teilen zu.

Versicherungsfreie oder von der Versicherungspflicht Befreite

Personen, die versicherungsfrei oder von der Versicherungspflicht befreit sind und die allgemeine Wartezeit nicht erfüllt haben, können eine Erstattung der Beiträge beantragen. Der Anspruch auf Beitragserstattung besteht erst nach einer Wartefrist von 24 Kalendermonaten nach dem Ausscheiden aus der Versicherungspflicht.

Zu den berechtigten Personen gehören unter anderem:

- Beamte oder Richter auf Lebenszeit sowie Berufssoldaten,
- sonstige Beschäftigte von Körperschaften, Anstalten oder Stiftungen des öffentlichen Rechts,
- satzungsmäßige Mitglieder geistiger Genossenschaften,
- Versicherte, die dauerhaft von der Versicherungspflicht befreit sind (z. B. weil sie aufgrund ihrer Beschäftigung Pflichtmitglied in einer ↗ berufsständischen Versorgungseinrichtung sind).

Höhe der Erstattung

Beiträge werden grundsätzlich in der Höhe erstattet, in der der Versicherte sie getragen hat. Wurde Nettoarbeitsentgelt vereinbart, wird der vom Arbeitgeber getragene Beitragsanteil des Versicherten erstattet. Hat ein Sozialleistungsträger Rentenversicherungsbeiträge z. B. für Zeiten des Bezugs von ↗ Krankengeld oder ↗ Verletztengeld gezahlt und hat der Versicherte die Beiträge mitgetragen, so wird der vom Versicherten getragene Anteil erstattet.

Umfang der Erstattung

Erstattet werden nur Beiträge, die

- im Bundesgebiet für Zeiten nach dem 20.6.1948,
- in Berlin (West) nach dem 24.6.1948,
- im Saarland nach dem 19.11.1947 und
- im Beitrittsgebiet nach dem 30.6.1990

gezahlt worden sind. Die vor diesen Zeitpunkten entrichteten Beiträge kommen für eine Erstattung nicht infrage. Ausgeschlossen von der Erstattung sind auch Beiträge, die von den Pflegekassen für nicht erwerbsmäßig tätige Pflegepersonen und vom Bund für Wehrpflichtige, Wehrübende und Zivildienstleistende entrichtet wurden sowie Beiträge wegen Kindererziehung.

1 § 210 Abs. 1 und 1a SGB VI.

Rechtsfolgen

Durch die Erstattung wird das bisherige Versicherungsverhältnis aufgelöst. Ansprüche aus den bis zur Erstattung zurückgelegten rentenrechtlichen Zeiten, auch wenn sie nicht erstattet werden konnten, bestehen nicht mehr. Die vor dem Zeitpunkt der Erstattung liegenden nicht erstattungsfähigen Beitragszeiten, beitragsfreien Zeiten (Anrechnungszeiten, Ersatzzeiten) sowie Berücksichtigungszeiten können, auch wenn später wieder eine Versicherung in der Rentenversicherung durchgeführt wird, nicht wieder aufleben.

Ausschluss der Erstattung verjährter Rentenversicherungspflichtbeiträge

Die bis zur ⬀ Betriebsprüfung entrichteten Rentenversicherungsbeiträge gelten unter bestimmten Voraussetzungen als zu Recht entrichtete Beiträge.

Beitragserstattung, Besonderheiten

Zu Unrecht entrichtete Beiträge werden in der Kranken-, Pflege-, Renten- und Arbeitslosenversicherung grundsätzlich erstattet. Von diesem Grundsatz gibt es jedoch einige Ausnahmen. Diese kommen insbesondere bei der Kranken-, Pflege- und Rentenversicherung zum Tragen. Nicht immer erfolgt die Beitragserstattung z. B. an den Arbeitnehmer und den Arbeitgeber.

Gesetze, Vorschriften und Rechtsprechung

Sozialversicherung: Grundsätzliche Regelungen zur Beitragserstattung ergeben sich aus § 26 Abs. 2 SGB IV. Ergänzende Regelungen zur Erstattung und Verrechnung von Sozialversicherungsbeiträgen enthalten die „Gemeinsamen Grundsätze zur Auf- bzw. Verrechnung und Erstattung zu Unrecht gezahlter Beiträge zur Kranken-, Pflege-, Renten- und Arbeitslosenversicherung aus einer Beschäftigung“ der Spitzenverbände der Sozialversicherung (GR v. 20.11.2019).

Sozialversicherung

Erstattung von Kranken-/Pflegeversicherungsbeiträgen bei unzuständiger Krankenkasse

Zu Unrecht entrichtete Beiträge zur Kranken- und Pflegeversicherung sind zu erstatten. Etwas anderes gilt, wenn die Krankenkasse bis zur Geltendmachung des Erstattungsanspruchs aufgrund dieser Beiträge oder für den Zeitraum, für den die Beiträge zu Unrecht entrichtet worden sind, Leistungen der Kranken- und/oder Pflegeversicherung erbracht oder zu erbringen hat.

Im Verhältnis der Versicherungsträger zueinander regelt § 111 SGB X, dass der Anspruch auf Erstattung ausgeschlossen ist, wenn der Erstattungsberechtigte ihn nicht spätestens 12 Monate nach Ablauf des letzten Tages, für den die Leistung erbracht wurde, geltend macht.

Die infolge einer Fehlversicherung zu Unrecht entrichteten Beiträge zur Kranken- und/oder Pflegeversicherung sind dem Versicherten auch zu erstatten, wenn die unzuständige Kranken- und/oder Pflegekasse von der zuständigen Kranken- und/oder Pflegekasse infolge der Ausschlussfrist des § 111 SGB X keine Erstattung erbrachter Leistungen erhalten kann.

Erstattung von Krankenversicherungsbeiträgen aufgrund eines Bescheids

Eine Erstattung von Krankenversicherungsbeiträgen, die aufgrund eines bindend gewordenen Bescheids entrichtet worden sind, ist allerdings ausgeschlossen.[1] Selbst wenn der Bescheid über die zu entrichtenden Beiträge nicht bindend geworden ist und sich die für die Bemessung der Beiträge maßgebende Satzungsregelung als rechtsfehlerhaft herausstellt, besteht kein Anspruch auf Erstattung der zu Unrecht entrichteten Beiträge, wenn aufgrund dieser Beiträge für ihren Geltungszeitraum Leistungen der Krankenkasse erbracht wurden oder zu erbringen sind.[2]

Erstattung von Kranken-, Pflege- und Rentenversicherungsbeiträgen durch den Arbeitgeber im Rahmen eines Ersatzanspruchs

Der Arbeitgeber hat der Bundesagentur für Arbeit (BA) die geleisteten Beiträge zur Kranken-, Pflege- und Rentenversicherung zu erstatten, wenn

- die Agentur für Arbeit zunächst Arbeitslosengeld zahlt und
- sich anschließend herausstellt, dass der Arbeitgeber für den gleichen Zeitraum noch Arbeitsentgelt zu zahlen hat.[3]

Der Anspruch auf dieses Arbeitsentgelt ist auf die Agentur für Arbeit kraft Gesetzes übergegangen. Zahlt der Arbeitgeber das Arbeitsentgelt trotzdem an den Versicherten, hat er der Bundesagentur die Kranken-, Pflege- und Rentenversicherungsbeiträge zu erstatten.

Die Verpflichtung des Arbeitgebers zur Erstattung der Kranken-, Pflege- und Rentenversicherungsbeiträge besteht, soweit er für dieselbe Zeit Beiträge zur Kranken-, Pflege- und Rentenversicherung des Arbeitnehmers zu entrichten hat. Der Arbeitgeber wird insoweit von seiner Verpflichtung befreit, Beiträge an die Krankenkasse zu entrichten.

Erstattung von Kranken-/Pflegeversicherungsbeiträgen aus Versorgungsbezügen

Soweit der Bezieher der ⬀ Versorgungsbezüge auch eine versicherungspflichtige Beschäftigung ausübt, sind Beiträge aus dem beitragspflichtigen Arbeitsentgelt und den Versorgungsbezügen höchstens bis zur Beitragsbemessungsgrenze der Kranken- und Pflegeversicherung zu entrichten. Für die Beitragsberechnung ist vorrangig das Arbeitsentgelt heranzuziehen.[4]

Bei Gewährung von ⬀ einmalig gezahltem Arbeitsentgelt sind auch für die bereits zurückgelegten Monate des Kalenderjahres unter Umständen bis zur anteiligen Beitragsbemessungsgrenze Beiträge zur Kranken- und Pflegeversicherung zu entrichten.

Die Berücksichtigung der anteiligen Beitragsbemessungsgrenze für die Berechnung der Beiträge aus einmalig gezahltem Arbeitsentgelt kann bei Empfängern von Versorgungsbezügen dazu führen, dass rückschauend aus dem einmalig gezahlten Arbeitsentgelt und den Versorgungsbezügen insgesamt Beiträge von einem höheren Wert als der anteiligen Beitragsbemessungsgrenze erhoben worden sind. Für Fälle dieser Art schreibt § 231 Abs. 1 SGB V vor, dass dem Versicherten die Beiträge aus den Versorgungsbezügen von einem die anteilige Beitragsbemessungsgrenze übersteigenden Betrag auf Antrag zu erstatten sind.

Die Krankenkasse informiert das Mitglied, wenn es zu einer Überschreitung der Beitragsbemessungsgrenze gekommen ist.

Beitragsrückzahlung bei Nichtinanspruchnahme von Leistungen

Eine Sonderform der Beitragserstattung – der Erstattung zu Recht entrichteter Beiträge – stellt in der Krankenversicherung die Prämienzahlung bei Nichtinanspruchnahme von Leistungen dar (sog. Wahlleistung nach § 53 Abs. 2 SGB V). Die Krankenkasse kann nach dieser Vorschrift in ihrer Satzung für alle beitragspflichtigen Mitglieder, die im Kalenderjahr länger als 3 Monate versichert waren, eine Prämie vorsehen, wenn sie und ihre familienversicherten Angehörigen in diesem Kalenderjahr keine Leistungen zulasten der Krankenkasse in Anspruch genommen haben. Die Prämie kann in Form einer Beitragsrückzahlung ausgestaltet werden. Der Wahltarif „Beitragsrückzahlung“ kann nicht von Personen beansprucht werden, deren Beiträge allein von einem Dritten getragen werden (z. B. Praktikanten mit einem monatlichen Arbeitsentgelt von bis 325 EUR).

1 BSG, Urteil v. 26.6.1980, 5 RKn 5/78.

2 BSG, Urteil v. 28.1.1982, 5a RKn 1/81.

3 § 335 Abs. 3 SGB III.

4 § 230 SGB V.

Der Arbeitgeber hat nach diesen Regelungen keinen Anspruch auf Beitragsrückzahlung.

Erstattung zu Recht entrichteter Rentenversicherungsbeiträge

Selbst wenn Beiträge zu Recht entrichtet worden sind, besteht oftmals weder ein Anspruch auf freiwillige Versicherung noch auf Rente.

In diesen Fällen sieht das SGB VI die Erstattung der Versichertenanteile der Rentenversicherungsbeiträge sowie der vollen Höherversicherungsbeiträge – gleichgültig, wer diese getragen hat – vor.

Hinweis

Zeitpunkt der Antragstellung

Die Erstattung zu Recht entrichteter Rentenversicherungsbeiträge kann jederzeit beantragt werden, wenn die Voraussetzungen für die Erstattung erfüllt sind.

Erstattung bei Wegfall der Versicherungspflicht

Versicherte, bei denen die Versicherungspflicht in der gesetzlichen Rentenversicherung entfällt, ohne dass das Recht zur freiwilligen Versicherung besteht (z. B. Beamte), können die Erstattung der Beiträge beantragen. Der Grund für den Wegfall der Versicherungspflicht ist unerheblich (z. B. Aufgabe der Beschäftigung, Rückkehr ins Ausland, Übernahme ins Beamtenverhältnis). Es genügt also, dass Versicherungspflicht einmal bestanden hat und jetzt nicht mehr besteht.

Allgemeine Wartezeit durch Versicherungsfreie/-befreite wird nicht erfüllt

Beiträge werden auf Antrag auch Versicherten erstattet, die versicherungsfrei oder von der Versicherungspflicht befreit sind, wenn sie die allgemeine Wartezeit nicht erfüllt haben. Dies gilt nicht für Personen, die wegen Geringfügigkeit einer Beschäftigung oder aufgrund einer selbstständigen Tätigkeit versicherungsfrei sind.

Ausschluss der Erstattung

Eine Erstattung ist ausgeschlossen,

- wenn während einer Versicherungsfreiheit oder Befreiung von der Versicherungspflicht von dem Recht der freiwilligen Versicherung Gebrauch gemacht wurde oder
- solange Versicherte als Beamte oder Richter auf Zeit oder auf Probe, Soldaten auf Zeit, Beamte auf Widerruf im Vorbereitungsdienst versicherungsfrei oder nur befristet von der Versicherungspflicht befreit sind.

Die Rentenversicherungsbeiträge werden allerdings erst erstattet, wenn seit dem Ausscheiden aus der Rentenversicherungspflicht 24 Monate abgelaufen sind und nicht erneut Rentenversicherungspflicht eingetreten ist.

Kein Erstattungsanspruch für Ausländer nach Rückkehr ins Heimatland

Für die Prüfung des Rechts auf freiwillige Versicherung ist auch eine Pflichtversicherung aufgrund von Rechtsvorschriften eines der übrigen Mitgliedstaaten der EU zu berücksichtigen. Somit kann auch ein in der Bundesrepublik beschäftigter Ausländer nach der Rückkehr in sein Heimatland unter Umständen freiwillige Beiträge zur deutschen Rentenversicherung leisten, auch wenn er seinen Wohnsitz oder gewöhnlichen Aufenthalt nicht in der Bundesrepublik Deutschland hat. Daher besteht kein Anspruch auf Erstattung der Rentenversicherungsbeiträge nach § 210 SGB VI.

Regelaltersgrenze erreicht und kein Erfüllen der allgemeinen Wartezeit

Versicherte, die die Regelaltersgrenze erreicht und die allgemeine Wartezeit (60 Monate) nicht erfüllt haben, erhalten auf Antrag die entrichteten Rentenversicherungsbeiträge erstattet. Wird nach Erstattung der Rentenversicherungsbeiträge nach Erreichen der Regelaltersgrenze erneut eine Beschäftigung aufgenommen, ist diese Beschäftigung rentenversicherungsfrei.

Erstattung der Rentenversicherungsbeiträge bei Tod des Versicherten

Hat ein Verstorbener bis zu seinem Tode die Wartezeit von 60 Monaten nicht erfüllt, sodass kein Anspruch auf Rente wegen Todes besteht, werden die von dem Verstorbenen entrichteten Rentenversicherungsbeiträge auf Antrag erstattet. Halbwaisen haben aber nur dann einen Anspruch auf Beitragserstattung, wenn eine Witwe oder ein Witwer nicht vorhanden ist. Mehreren Waisen steht der Erstattungsbetrag zu gleichen Teilen zu.

Höhe des Erstattungsbetrags

Die zu Recht entrichteten Rentenversicherungsbeiträge werden in der Höhe erstattet, in der der Versicherte sie getragen hat.[1] Dabei ist durchaus eine prozentuale Errechnung des Erstattungsbetrags nach der Höhe des beitragspflichtigen Arbeitsentgelts zulässig. War mit dem Arbeitnehmer ein Nettoarbeitsentgelt vereinbart, wird dem Arbeitnehmer nur der vom Arbeitgeber getragene Arbeitnehmeranteil erstattet.

Pflichtbeiträge zur Rentenversicherung aufgrund einer selbstständigen Tätigkeit oder freiwillige Beiträge werden zur Hälfte erstattet. Beiträge zur Höherversicherung werden in voller Höhe erstattet.

In Fällen, in denen ein Versorgungsausgleich durchgeführt wurde, ist die Beitragserstattung bei dem Ausgleichsverpflichteten entsprechend zu kürzen und bei dem Ausgleichsberechtigten entsprechend zu erhöhen. Somit wird der Erstattungsbetrag wegen eines durchgeführten Versorgungsausgleichs entweder erhöht oder gemindert. Ein Erstattungsbetrag ergibt sich auch dann, wenn neben dem Betrag aus einem Versorgungsausgleich keine weiteren erstattungsfähigen Beiträge vorhanden sind. Dies gilt beim Rentensplitting entsprechend.

Ausgleich von Nachteilen in der Rentenversicherung

Eine Beitragserstattung in der Rentenversicherung kann für den Versicherten negative Auswirkungen mit sich bringen, z. B. bei der

- Erfüllung der Wartezeiten,
- Erfüllung der Versicherungszeiten als Voraussetzung für einen Rentenanspruch,
- Bewertung der für die Rentenhöhe maßgeblichen Beitragszeiten.

Werden die zur Rentenversicherung entrichteten Pflichtbeiträge beanstandet, ist daher § 202 SGB VI zu beachten. Danach gelten Beiträge, die in der irrtümlichen Annahme der Rentenversicherungspflicht entrichtet und nicht zurückgefordert wurden, als im vollen Umfang (Arbeitgeber- und Arbeitnehmeranteil) für die freiwillige Versicherung entrichtet. Diese Regelung bedeutet jedoch nicht, dass der Versicherte sich die Versichertenanteile bis auf die Höhe der jeweiligen Mindestbeiträge erstatten und die restlichen Beiträge in freiwillige Rentenversicherungsbeiträge umwandeln lassen kann.[2]

Rückforderung der Beitragsanteile durch den Arbeitgeber

Fordert der Arbeitgeber seinen Beitragsanteil zurück, hat der Versicherte die Möglichkeit, dem Arbeitgeber die von diesem getragenen Beitragsanteile zu ersetzen. Insoweit entfällt dann der Erstattungsanspruch des Arbeitgebers.

Sind die vom Arbeitgeber getragenen Beitragsanteile bereits erstattet worden, ist der Versicherte berechtigt, den Erstattungsbetrag für den Arbeitgeber an den Rentenversicherungsträger zurückzuzahlen.[3] Im Fall der Rückzahlung der dem Arbeitgeber erstatteten Beitragsanteile gelten die zu Unrecht gezahlten Pflichtbeiträge zur Rentenversicherung in voller Höhe als freiwillige Beiträge.

Ist die Erstattung der zu Unrecht gezahlten Pflichtbeiträge zur Rentenversicherung ausgeschlossen, weil aufgrund dieser Beiträge Leistungen erbracht wurden, gelten sie ebenfalls als freiwillige Beiträge.

1 § 210 Abs. 3 SGB VI.
2 BSG, Urteil v. 8.12.1988, 12 RK 61/87.
3 § 202 Satz 4 SGB VI.

Fehlversicherung in der Rentenversicherung

Eine „Fehlversicherung" liegt vor, wenn die Rentenversicherungsbeiträge an die knappschaftliche Rentenversicherung gezahlt wurden, obwohl sie für die allgemeine Rentenversicherung bestimmt waren. Gleiches gilt für den umgekehrten Fall.

Diese Fehlversicherung zwischen der allgemeinen Rentenversicherung und der knappschaftlichen Rentenversicherung wird in der Weise berichtigt, dass der nicht zuständige Versicherungsträger die zu Unrecht gezahlten Beiträge beanstandet und an den zuständigen Versicherungsträger überweist. Die Beiträge gelten als zu Recht gezahlte Beiträge des Versicherungszweigs, der die Beiträge entgegennimmt. Differenzbeträge zwischen den Beiträgen zur allgemeinen Rentenversicherung und den Beiträgen zur knappschaftlichen Rentenversicherung sind vom Arbeitgeber nachzuzahlen. Bei Überzahlungen erhalten der Arbeitgeber und der Arbeitnehmer eine Erstattung.

Beitragsfreiheit

Für Versicherungspflichtige sind in der Sozialversicherung grundsätzlich für jeden Tag der Mitgliedschaft Beiträge zu zahlen. Mitglieder der gesetzlichen Krankenversicherung haben allerdings den Vorteil, dass für Zeiten, in denen Entgeltersatzleistungen (u. a. Mutterschafts-, Kranken- oder Verletzten- bzw. Übergangsgeld) oder Elterngeld bezogen werden, Beitragsfreiheit besteht. Bei der Beitragsberechnung aus dem Arbeitsentgelt sind für diese beitragsfreien Zeiten keine Sozialversicherungstage anzusetzen. Zuschüsse des Arbeitgebers zu den Entgeltersatzleistungen sind beitragsfrei, wenn sie mit den Entgeltersatzleistungen das bisherige Nettoarbeitsentgelt nicht um mehr als 50 EUR übersteigen. Die Entgeltersatzleistung selbst ist allerdings beitragspflichtig.

Gesetze, Vorschriften und Rechtsprechung

Sozialversicherung: Die generelle Pflicht zur Beitragszahlung ist in § 223 Abs. 1 SGB V geregelt, die Beitragsfreiheit bestimmter Entgeltersatzleistungen in § 224 Abs. 1 SGB V. Die Beitragsfreiheit der Arbeitgeberzuschüsse regelt § 23c SGB IV.

Sozialversicherung

Kranken- und Pflegeversicherung

Für die Zeit der Mitgliedschaft sind grundsätzlich Beiträge zu zahlen. Mitglieder der gesetzlichen Krankenversicherung haben allerdings für die Zeit des Anspruchs auf ↗ Kranken-, ↗ Mutterschafts-, ↗ Verletzten-, Versorgungskranken- bzw. Übergangsgeld keine Beiträge zu entrichten. Arbeitnehmer, die sich für eine Lebendorganspende oder zur Spende von Blut zur Separation von Blutstammzellen entscheiden, erhalten – sofern der Anspruch auf Entgeltfortzahlung erschöpft ist – Krankengeld. Der Bezug dieses Krankengeldes führt ebenfalls zur Beitragsfreiheit. Bei der Beitragsberechnung aus dem Arbeitsentgelt werden diese beitragsfreien Zeiten nicht als ↗ Sozialversicherungstage (SV-Tage) bewertet.

Die Beitragsfreiheit besteht ebenfalls beim Bezug von gesetzlich krankenversicherten Beziehern von ↗ Elterngeld und während der ↗ Elternzeit.

Privat Versicherte während der Elternzeit

Privat krankenversicherte Bezieher von Elterngeld haben weiterhin ihren vollen Krankenversicherungsbeitrag zu zahlen und erhalten keinen ↗ Beitragszuschuss vom Arbeitgeber, da dieser nur dann zu zahlen ist, wenn auch Arbeitsentgelt beansprucht werden kann.

Renten- und Arbeitslosenversicherung

Für die Bereiche der Arbeitslosenversicherung und auch der Rentenversicherung fehlt eine der Kranken- und Pflegeversicherung vergleichbare Vorschrift zur Beitragsfreiheit während des Bezugs von Sozialleistungen. Der gemeinsame Einzug der Beiträge zur Kranken-, Pflege-, Renten- und Arbeitslosenversicherung gebietet es allerdings, die für die Kranken- und Pflegeversicherung geltenden Regelungen für alle 4 Versicherungszweige gleichermaßen anzuwenden. Andere Fehlzeiten ohne Arbeitsentgelt, für die nicht ausdrücklich Beitragsfreiheit angeordnet ist (z. B. Zeiten des ↗ unbezahlten Urlaubs oder des unentschuldigten Fernbleibens von der Arbeit), sind allerdings als „SV-Tage" zu berücksichtigen.

Zuschüsse des Arbeitgebers

Arbeitgeberseitige Leistungen, die für die Zeit des Bezugs von Sozialleistungen – also grundsätzlich in beitragsfreien Zeiten – gezahlt werden, gelten nicht als beitragspflichtiges Arbeitsentgelt (= beitragspflichtige Einnahme), wenn die Einnahmen zusammen mit den Sozialleistungen das Nettoarbeitsentgelt nicht um mehr als 50 EUR übersteigen. Das hat zur Folge, dass alle arbeitgeberseitigen Leistungen, die für die Zeit des Bezugs von Sozialleistungen laufend gezahlt werden, bis zum Nettoarbeitsentgelt nicht beitragspflichtig sind (SV-Freibetrag). Alle darüber hinausgehenden Beträge sind erst dann als beitragspflichtige Einnahmen zu berücksichtigen, wenn sie die Freigrenze von 50 EUR übersteigen.

Beitragsfreiheit bei freiwillig versicherten Arbeitnehmern

Die Beitragsfreiheit beim Bezug von Entgeltersatzleistungen gilt auch für freiwillig versicherte Arbeitnehmer, die wegen Überschreitens der Jahresarbeitsentgeltgrenze krankenversicherungsfrei sind. Bei Bezug von Kranken- oder Mutterschaftsgeld werden keine Beiträge aus der Mindestbemessungsgrundlage erhoben. Beiträge sind von diesem Personenkreis während des Bezugs von Elterngeld zu zahlen. Mitglieder, die vor Inanspruchnahme der Elternzeit wegen Überschreitens der ↗ Jahresarbeitsentgeltgrenze krankenversicherungsfrei waren, sind für die Dauer der Elternzeit im Anschluss an den Bezug von Mutterschaftsgeld beitragsfrei. Allerdings sind sie nur beitragsfrei, wenn – ohne die freiwillige Mitgliedschaft – die Voraussetzungen der ↗ Familienversicherung erfüllt werden.

Beitragsfreiheit von Rentenantragstellern

Beitragsfrei sind in der Kranken- und Pflegeversicherung auch bestimmte Rentenantragsteller.[1] Beitragsfreiheit besteht

- bei einem Antrag auf ↗ Witwenrente, sofern der verstorbene Ehegatte bereits ebenfalls Rente bezog und in der Krankenversicherung der Rentner (KVdR) pflichtversichert war.
- bei einem Antrag auf ↗ Waisenrente aus der Versicherung eines ebenfalls aufgrund Rentenbezugs in der KVdR pflichtversicherten Verstorbenen, wenn die Rentenantragstellung vor Vollendung des 18. Lebensjahres der Waise erfolgt.
- wenn ohne die Versicherungspflicht nach § 5 Abs. 1 Nr. 11 oder 12 SGB V ein Anspruch auf kostenfreie Familienversicherung bestehen würde. Diese Konstellation gilt nur für die Krankenversicherung.

In allen genannten Fällen tritt Beitragsfreiheit ein, wenn während des maßgeblichen Zeitraums nicht gleichzeitig Arbeitseinkommen aus selbstständiger Tätigkeit oder ↗ Versorgungsbezüge i. H. v. insgesamt mindestens $^{1}/_{20}$ der monatlichen ↗ Bezugsgröße erzielt werden. In 2024 beläuft sich dieser Betrag auf 176,50 EUR (2023: 169,75 EUR).

Beitragsfreier Zeitraum

Die Beitragsfreiheit der genannten Rentenantragsteller bezieht sich jeweils auf den Zeitraum ab Antragsdatum bis zum Rentenbeginn. Wird eine Rente rückwirkend ab Rentenantragsdatum oder früher bewilligt, so fällt auch die Beitragsfreiheit rückwirkend zumindest ab Rentenantragsdatum weg.

1 § 225 SGB V.

Beitragsfreiheit in der Pflegeversicherung auf Antrag

Pflegeversicherte, die sich auf nicht absehbare Dauer in stationärer Pflege befinden, sind beitragsfrei, wenn sie Leistungen zur Pflege aus der Unfallversicherung oder nach dem BVG beziehen. Allerdings tritt diese Beitragsfreiheit nicht kraft Gesetzes ein, sondern auf Antrag des Versicherten. Die Pflegekassen sind aufgrund ihrer Beratungspflicht gehalten, die Versicherten auf die mögliche Beitragsfreiheit und den erforderlichen Antrag hinzuweisen. Die Beitragsfreiheit besteht allerdings dann nicht, wenn das Mitglied Angehörige hat, die in der Pflegeversicherung familienversichert sind.

Wird während einer beitragsfreien Zeit Arbeitsentgelt gezahlt, besteht hierfür Beitragspflicht. Zuschüsse des Arbeitgebers zum Krankengeld bleiben jedoch beitragsfrei, soweit hierdurch das Nettoarbeitsentgelt nicht überschritten wird oder es sich lediglich um weiter gewährte vermögenswirksame Leistungen handelt.

Beitragsgruppen

Der Arbeitgeber hat der Einzugsstelle monatlich einen Beitragsnachweis zu übermitteln. In diesem Beitragsnachweis werden die Beiträge zu den jeweiligen Sozialversicherungszweigen aufgeteilt, die in Beitragsgruppen dargestellt werden. Die geltenden Beitragsgruppen werden von den Spitzenorganisationen der Sozialversicherung festgesetzt.

Gesetze, Vorschriften und Rechtsprechung

Sozialversicherung: Grundlage für die Bestimmung der Beitragsgruppen bildet § 28b Abs. 2 SGB IV in Verbindung mit den Gemeinsamen Grundsätzen der Spitzenorganisationen der Sozialversicherung zum Aufbau der Datensätze für die Übermittlung von Beitragsnachweisen durch Datenübertragung nach § 28b Abs. 1 Satz 1 Nr. 2 SGB IV (GR v. 23.3.2017) in Verbindung mit Anlage 1 der Gemeinsamen Grundsätze für die Datenerfassung und Datenübermittlung nach § 28b Abs. 1 Satz 1 Nr. 1–3 SGB IV v. 28.6.2023 in der jeweils geltenden Fassung. Daraus ergibt sich auch die Verpflichtung des Arbeitgebers zur Verwendung von Beitragsgruppen.

Sozialversicherung

Angabe von Beitragsgruppen

Da die Beiträge zur Kranken-, Pflege-, Renten- und Arbeitslosenversicherung grundsätzlich in der gleichen Weise berechnet werden, kann der Gesamtsozialversicherungsbeitrag im Allgemeinen in einem Arbeitsgang errechnet werden. Weil der Anspruch auf die Beiträge jedoch nicht alleine dem Gesundheitsfonds, sondern ihrem Anteil entsprechend der Pflegekasse, den Trägern der Rentenversicherung und der Bundesagentur für Arbeit zusteht, muss die Krankenkasse den Gesamtsozialversicherungsbeitrag aufteilen. Damit die Krankenkasse dazu in der Lage ist, hat der Arbeitgeber die Beiträge nach Beitragsgruppen getrennt nachzuweisen.

Besondere Beitragsgruppen sind vorgesehen für die Umlagebeträge nach dem Aufwendungsausgleichsgesetz (Ausgleich für Aufwendungen bei Krankheit „U1“ und bei Mutterschaft „U2“) sowie für die ↗ Insolvenzgeldumlage.

Beitragsgruppen in Ziffern

Die Beitragsgruppen sind in den Meldungen mit dem 4-stelligen numerischen Schlüssel zu verschlüsseln. Die Beiträge sind im Beitragsnachweis-Datensatz nach Beitragsgruppen getrennt anzugeben.

Die Beitragsgruppen werden im Beitragsnachweis numerisch aufgeführt. Es gelten folgende Schlüssel, die sich aus dem Beitragsgruppenschlüssel eines Versicherungszweiges ableiten:

Beitrag zur Krankenversicherung	
kein Beitrag	0000
allgemeiner Beitrag	1000
ermäßigter Beitrag	3000
Beitrag zur landwirtschaftlichen Krankenversicherung	4000
Arbeitgeberbeitrag zur landwirtschaftlichen Krankenversicherung	5000
Pauschalbetrag für geringfügig Beschäftigte	6000
Beitrag zur freiwilligen Krankenversicherung	
Firmenzahler	9000
Beitrag zur Rentenversicherung	
kein Betrag	0000
voller Betrag	0100
halber Betrag (Arbeitgeber)	0300
Pauschalbeitrag für geringfügig Beschäftigte	0500
Beitrag zur Arbeitslosenversicherung	
kein Beitrag	0000
voller Beitrag	0010
halber Beitrag (Arbeitgeber)	0020
Beitrag zur Pflegeversicherung	
kein Beitrag	0000
voller Beitrag	0001
halber Beitrag	0002
Insolvenzgeldumlage	0050
Ausgleich der Arbeitgeberaufwendungen	
Umlagebeträge für den Ausgleich nach dem AAG bei Krankheit	U1
Umlagebeträge für den Ausgleich nach dem AAG bei Mutterschaft	U2

Zusatzbeiträge zur Krankenversicherung

Die Krankenversicherungsbeiträge der krankenversicherungspflichtigen Arbeitnehmer sind entweder unter der Beitragsgruppe 1000 oder der Beitragsgruppe 3000 ohne Zusatzbeiträge aufzuführen. Im Beitragsnachweis-Datensatz sind die Zusatzbeiträge in der Position „Zusatzbeiträge Pflichtbeitrag ZBP“ aufzuführen.

Bei freiwillig krankenversicherten Arbeitnehmern, deren Krankenversicherungsbeiträge vom Arbeitgeber im Firmenzahlerverfahren gezahlt werden, sind die Zusatzbeiträge gesondert aufzuführen. Der Beitragsnachweis-Datensatz sieht dafür die Position „Zusatzbeitrag KV-Freiw ZBF“ vor.

Besonderheiten für die Pflegeversicherung

Bei freiwillig in der gesetzlichen Krankenversicherung versicherten Personen ist die Pflegeversicherung – unabhängig davon, ob für die Krankenversicherung der Schlüssel „0“ oder „9“ verwendet wird – stets mit „1“ oder „2“ zu verschlüsseln, wenn Versicherungspflicht in der sozialen Pflegeversicherung besteht. Auch der Beitragszuschlag für Kinderlose und die Berücksichtigung des Beitragsabschlags für Eltern ist im Feld „Beitrag für freiwillig Krankenversicherte zur Pflegeversicherung“ auszuweisen.

Der Schlüssel „0“ für die Pflegeversicherung kommt nur für solche Personen in Betracht, die in der privaten Pflegeversicherung versichert oder die geringfügig beschäftigt sind. Entsprechendes gilt für Personen, die weder in der sozialen noch in der privaten Pflegeversicherung versichert sind.

Beitragskorrektur

Nachträgliche Änderungen des Entgelts machen Beitragskorrekturen erforderlich. Diese können beispielsweise aus Anwendung der Märzklausel oder aus einer Betriebsprüfung resultieren.

Gesetze, Vorschriften und Rechtsprechung

Sozialversicherung: Die Spitzenorganisationen der Sozialversicherung aktualisieren regelmäßig die Gemeinsamen Grundsätze zum Aufbau der Datensätze für die Übermittlung von Beitragsnachweisen durch Datenübertragung nach § 28b Abs. 2 SGB IV. Die jeweils geltende Fassung ist in einem GR dargestellt. Die Spitzenorganisationen der Sozialversicherungsträger haben im Rundschreiben vom 4.6.2013 den Wegfall der zeitlichen Rechnungsabgrenzung zum 1.1.2014 mit Auswirkungen auf die Erstellung von Korrekturbeitragsnachweisen beschrieben.

Die Märzklausel – vielfach Auslöser von Beitragskorrekturen – ist in § 23a Abs. 4 SGB IV geregelt.

Sozialversicherung

Nachträglicher Abzug von Arbeitnehmeranteilen

Der Anspruch des Arbeitgebers auf Abzug der Arbeitnehmeranteile vom Arbeitsentgelt ist zeitlich begrenzt. Sind die Abzüge für einen Zahlungszeitraum unterblieben, so dürfen sie nur noch bei den 3 nächsten Entgeltzahlungen nachgeholt werden, es sei denn, dass die Beiträge ohne Verschulden des Arbeitgebers verspätet entrichtet werden.

Aktuelle Beitragskorrekturen

Beitragskorrekturen aus Vormonaten können grundsätzlich in den aktuellen Beitragsnachweis mit aufgenommen werden. Das gilt auch für Beitragsnachforderungen, die sich aus ⇗ Betriebsprüfungen ergeben.

Besonderheiten gelten, wenn Beiträge dem Vorjahr zugeordnet werden müssen, beispielsweise durch die Anwendung der ⇗ Märzklausel.

Stornierung eines Beitragsnachweises

Neben der Berücksichtigung von Beitragskorrekturen im laufenden Beitragsnachweis besteht die Möglichkeit, den übermittelten Beitragsnachweis – auch für zurückliegende Zeiträume – zu stornieren. Hierbei wird das Beitragssoll vollständig abgesetzt und für denselben Zeitraum ein neuer Beitragsnachweis an die zuständige Einzugsstelle gemeldet.

Beitragskorrekturen durch die Märzklausel

Beitragskorrekturen für zurückliegende ⇗ Entgeltabrechnungszeiträume können in den laufenden Beitragsnachweis mit einfließen. Ein Korrekturbeitragsnachweis ist nicht mehr erforderlich. Das gilt auch dann, wenn Beiträge aus einmalig gezahltem Arbeitsentgelt, aufgrund der ⇗ Märzklausel dem Vorjahr zugeordnet werden müssten.

Beitragsnachentrichtung

Aufgrund rückwirkender Tarif- oder Einzelverträge können Arbeitsentgelte nachträglich ausgezahlt werden. Die Nachzahlungen sind bei der Beitragsberechnung entsprechend zu berücksichtigen. Zur Rentenversicherung besteht für bestimmte Personengruppen die Möglichkeit, Rentenversicherungsbeiträge für die Vergangenheit nachzuzahlen. Mit einer Nachzahlung kann ein Rentenanspruch erworben und/oder die Rentenhöhe gesteigert werden.

Gesetze, Vorschriften und Rechtsprechung

Sozialversicherung: Rechtsgrundlage für die Frage des möglichen (nachträglichen) Beitragsabzugs ist § 28g SGB IV. § 202 SGB VI regelt die Möglichkeit, freiwillige Beiträge nachzuzahlen, wenn Beiträge zuvor in der irrtümlichen Annahme von Versicherungspflicht beanstandet worden sind. Die Nachzahlungsoptionen sind in den §§ 204–207 SGB VI geregelt. Darüber hinaus bestimmt § 187a SGB VI die Nachzahlung von Beiträgen bei vorzeitiger Inanspruchnahme von Altersrente. Generelle Voraussetzungen zur Nachzahlung enthält § 209 SGB VI.

Sozialversicherung

Grundsätze für die Nachentrichtung

Wird Arbeitsentgelt vom Arbeitgeber nachgezahlt (z. B. aufgrund rückwirkender Tarif- oder Einzelverträge), so sind diese Zahlungen laufendes Arbeitsentgelt. Im Allgemeinen ist eine Korrektur der Abrechnung des ⇗ Entgeltabrechnungszeitraums erforderlich, für den die Nachzahlung geleistet wird. Es ist jedoch auch zulässig, solche Nachzahlungen bei der Beitragsberechnung wie eine ⇗ Einmalzahlung zu behandeln (Vereinfachungsregelung). Dabei gilt allerdings die Besonderheit, dass die anteilige Jahresbeitragsbemessungsgrenze lediglich für den Nachzahlungszeitraum gebildet wird.

Beispiel

Zeitraum der anteiligen Jahresbeitragsbemessungsgrenze

laufendes Arbeitsentgelt	3.850 EUR
rückwirkende Gehaltserhöhung zum 1.3.2024	55 EUR
(Tarifvertrag vom 21.8.2024)	
Nachzahlung für März bis August 2024 (zusammen mit dem erhöhten Arbeitsentgelt für September 2024)	330 EUR

Ergebnis: Beitragsberechnung für September 2024

Anteilige Jahres-BBG März bis August 2024	KV/PV	RV/ALV
KV/PV 5.175 EUR × 6	31.050 EUR	
RV/ALV 7.550 EUR × 6		45.300 EUR
Beitragspflichtiges Arbeitsentgelt März bis August 2024		
3.850 EUR × 6	23.100 EUR	23.100 EUR
Differenz zur BBG	7.950 EUR	22.200 EUR

Der Nachzahlungsbetrag ist in allen Zweigen der Sozialversicherung in voller Höhe von 330 EUR beitragspflichtig.

Akkord-/Überstunden-/Provisionsspitzen

Auch die nachträglich abgerechneten ⇗ Akkord- oder Überstunden- und Provisionsspitzen müssen auf die Entgeltabrechnungszeiträume verteilt werden, auf die sie entfallen. Lässt sich allerdings nicht feststellen, in welchem Entgeltabrechnungszeitraum diese Vergütungen tatsächlich erzielt wurden, können sie gleichmäßig auf den Zeitraum verteilt werden, für den sie bestimmt sind.

Rechnet der Arbeitgeber zusätzliche Vergütungen kontinuierlich erst zeitversetzt ab, so können sie bei der Beitragsberechnung des nächsten oder übernächsten Abrechnungsmonats berücksichtigt werden. Voraussetzung ist, dass die Abrechnung maximal mit 2-monatiger Verspätung erfolgt.

Geringfügig Beschäftigte und rückwirkende Erhöhung des Arbeitsentgelts

Wird die Geringfügigkeitsgrenze infolge einer rückwirkenden Erhöhung des Arbeitsentgelts überschritten, tritt Versicherungspflicht mit dem Tage ein, an dem der Anspruch auf das erhöhte Arbeitsentgelt entstanden ist. Beispielhaft wäre dies der Tag des Abschlusses eines Tarifvertrags. Für die zurückliegende Zeit verbleibt es bei der Versicherungsfreiheit. Für das nachgezahlte Arbeitsentgelt sind aber Pauschalbeiträge (auch von dem die Geringfügigkeitsgrenze übersteigenden Betrag) zu zahlen.

Nachentrichtung von Rentenversicherungsbeiträgen

Bestimmte Gruppen von Versicherten haben die Möglichkeit, Beiträge zur gesetzlichen Rentenversicherung nachzuentrichten. Ziel ist es hierbei, einen Rentenanspruch oder eine höhere Rente zu erreichen. Beispielhaft gilt dies für ⇗ Menschen mit Behinderung, die in einer Werkstatt für Menschen mit Behinderung beschäftigt sind oder für Zeiten der schulischen Ausbildung nach dem 16. Lebensjahr, die nicht als Anrechnungszeiten berücksichtigt werden können.

Nähere Informationen sind im Internet unter www.deutsche-rentenversicherung-bund.de zu finden.

Beitragssätze

Die Beiträge zur Sozialversicherung werden in Prozentsätzen (Beitragssätzen) von den beitragspflichtigen Einnahmen (z. B. Arbeitsentgelt) berechnet. In den einzelnen Sozialversicherungszweigen (Kranken-, Pflege-, Renten- und Arbeitslosenversicherung) gelten jeweils bundeseinheitliche Beitragssätze, die von der Bundesregierung per Gesetz oder Rechtsverordnung festgelegt werden. In der gesetzlichen Krankenversicherung existieren der allgemeine und der ermäßigte Beitragssatz. In der Rentenversicherung wird nach dem Beitragssatz für die allgemeine Rentenversicherung und dem Beitragssatz für die knappschaftliche Rentenversicherung unterschieden.

Der Beitragssatz bei Freistellung von der Arbeit wird im gleichnamigen Stichwort dargestellt.

Gesetze, Vorschriften und Rechtsprechung

Sozialversicherung: Für die Krankenversicherung ist der allgemeine Beitragssatz in § 241 SGB V geregelt; die §§ 242 und 242a SGB V enthalten die Vorschriften zum Zusatzbeitragssatz; § 243 SGB V definiert den ermäßigten Beitragssatz. Der Beitragssatz zur Pflegeversicherung wird direkt in § 55 SGB XI festgesetzt. Gleiches gilt für den Beitragssatz zur Arbeitslosenversicherung in § 341 SGB III. Für die Rentenversicherung definiert § 158 SGB VI den Beitragssatz, der in seiner konkreten Höhe jedoch durch die „Bekanntmachung der Beitragssätze in der allgemeinen Rentenversicherung und der knappschaftlichen Rentenversicherung" durch das Bundesministerium für Arbeit und Soziales festgesetzt wird. Die Insolvenzgeldumlage wird nach § 361 SGB III jährlich durch Rechtsverordnung festgesetzt.

Sozialversicherung

Krankenversicherung

Die Entscheidung darüber, ob der allgemeine oder ermäßigte Beitragssatz anzuwenden ist, ist jeweils bei Beginn bzw. Änderung des Versicherungsverhältnisses zu treffen.

Die Bundesregierung hat den allgemeinen und den ermäßigten Beitragssatz gesetzlich festgelegt. Diese gelten einheitlich für alle Krankenkassen. Die Beitragstragung erfolgt jeweils paritätisch durch die Arbeitgeber und Arbeitnehmer.

Allgemeiner Beitragssatz

Dieser Beitragssatz gilt für Mitglieder, die

- bei Arbeitsunfähigkeit für mindestens 6 Wochen Anspruch auf Fortzahlung ihres Arbeitsentgelts oder
- auf Zahlung einer die Versicherungspflicht begründenden Sozialleistung haben.

Er beträgt bundeseinheitlich 14,6 %.[1]

Der allgemeine Beitragssatz bezieht sich grundsätzlich auf das Arbeitsentgelt eines krankenversicherungspflichtigen Arbeitnehmers.

Freiwillig krankenversicherte Arbeitnehmer

Selbst für diejenigen freiwillig versicherten Arbeitnehmer, die wegen Überschreitens der Jahresarbeitsentgeltgrenze versicherungsfrei sind und im Falle der Arbeitsunfähigkeit einen Anspruch auf ⇗ Entgeltfortzahlung für mindestens 6 Wochen haben, darf die Krankenkasse keinen geringeren als den allgemeinen Beitragssatz vorsehen.[2]

Der allgemeine Beitragssatz gilt auch für freiwillige Mitglieder. Diese Regelung ist Ausdruck des die Krankenversicherung beherrschenden Solidarprinzips und schließt eine weitere Beitragsermäßigung aus.

Geringfügig entlohnt Beschäftigte

Für geringfügig entlohnt Beschäftigte gelten besondere Beitragssätze.

Beschäftigte Rentner

Der allgemeine Beitragssatz gilt auch für das Arbeitsentgelt, wenn der Arbeitnehmer

- zeitgleich eine Teilrente wegen Alters oder
- eine Rente wegen teilweiser Erwerbsminderung oder
- wegen Berufsunfähigkeit

bezieht.

Wartezeit zum Entgeltfortzahlungsanspruch

Der allgemeine Beitragssatz[3] gilt für Mitglieder, die bei Arbeitsunfähigkeit mindestens 6 Wochen Anspruch

- auf Entgeltfortzahlung oder
- auf Weiterzahlung von Sozialleistungen (z. B. Arbeitslosengeld)

haben. Dabei spielt es keine Rolle, dass der Anspruch auf Entgeltfortzahlung bei Neuantritt einer Arbeitsstelle erst nach einer 4-wöchigen „Wartezeit" entsteht.[4] Auch in den ersten 4 Wochen eines Beschäftigungsverhältnisses gilt damit der allgemeine Beitragssatz.

Ermäßigter Beitragssatz

Für Mitglieder, die keinen Anspruch auf Krankengeld haben, gilt der ermäßigte Beitragssatz. Er beträgt 14,0 %. Für den Beitragssatz bei ⇗ Freistellung von der Arbeit gelten besondere Regelungen.

Zusatzbeitrag

Zusatzbeiträge werden nach einem kassenindividuellen Zusatzbeitragssatz berechnet.[5] Die Krankenkassen haben den einkommensabhängigen Zusatzbeitrag als Prozentsatz der beitragspflichtigen Einnahmen jedes Mitglieds zu erheben. Der Zusatzbeitragssatz ist originärer Bestandteil des Krankenversicherungsbeitrags. Besondere Regelungen zur Fälligkeit und Zahlung gibt es nicht. Zu beachten ist jedoch, dass die Beiträge aus dem Zusatzbeitragssatz gesondert zu berechnen und im Beitragsnachweis gesondert auszuweisen sind. Die Beiträge aus dem Zusatzbeitragssatz werden je zur Hälfte von Arbeitgeber und Arbeitnehmer getragen. Dies gilt nicht für Geringverdiener, denn von der Verpflichtung zur alleinigen Beitragstragung durch den Arbeitgeber wird auch der Zusatzbeitrag in der Krankenversicherung erfasst.

1 § 241 SGB V.
2 BSG, Urteil v. 25.6.1991, 1 RR 6/90.
3 § 241 SGB V.
4 § 3 Abs. 3 EFZG.
5 § 242 SGB V.

Beispiel

Ermittlung des Arbeitgeber- und Arbeitnehmeranteils

Monatliches Arbeitsentgelt	2.000 EUR
Allgemeiner Beitragssatz	14,6 %
Zusatzbeitragssatz	1,8 %
Gesamtbeitragssatz	16,4 %
Beitragsberechnung	
Arbeitgeberanteil	
16,4 % : 2 = 8,2 % von 2.000 EUR	164 EUR
Arbeitnehmeranteil	
entspricht Arbeitgeberanteil	164 EUR
Gesamtbeitrag	328 EUR

Durchschnittlicher Zusatzbeitragssatz

Der ↗ durchschnittliche Zusatzbeitrag[1] wird anstelle des kassenindividuellen Zusatzbeitragssatzes für bestimmte Personenkreise, wie z. B. Geringverdiener, erhoben. Er wird jährlich bis zum 1.11. eines Jahres durch das Bundesministerium für Gesundheit bestimmt und beträgt seit dem 1.1.2024 1,7 %.[2]

Pauschalbeiträge für geringfügig entlohnt Beschäftigte

Für gesetzlich krankenversicherte ↗ geringfügig entlohnt Beschäftigte muss der Arbeitgeber Pauschalbeiträge zur Krankenversicherung abführen. Für geringfügig entlohnt Beschäftigte im gewerblichen Bereich beträgt dieser derzeit 13 % und für Minijobs im Privathaushalt 5 %.[3] Für geringfügig entlohnte Beschäftigungen, die seit dem 1.1.2013 aufgenommen werden, besteht grundsätzlich Versicherungspflicht in der Rentenversicherung. Der Arbeitgeber muss hier ebenfalls einen Pauschalbeitrag in Höhe von 15 % bzw. 5 % (bei Minijobs in Privathaushalten) entrichten. Der Minijobber hat einen Eigenanteil in Höhe von 3,6 % bzw. von 13,6 % (bei Minijobs in Privathaushalten) zu tragen. Das ist der Differenzbetrag zwischen dem allgemeinen Beitragssatz der gesetzlichen Rentenversicherung von derzeit 18,6 % und dem Pauschalbeitrag des Arbeitgebers.

Allgemeine/Knappschaftliche Rentenversicherung

In der allgemeinen Rentenversicherung gilt seit 1.1.2018 ein Beitragssatz in Höhe von 18,6 %. Zur knappschaftlichen Rentenversicherung beträgt er 24,7 %.[4]

Arbeitslosenversicherung

Der Beitragssatz zur Arbeitslosenversicherung beträgt seit dem 1.1.2023 2,6 %.[5]

Pflegeversicherung

Höhe

In der sozialen Pflegeversicherung beträgt der Beitragssatz seit dem 1.7.2023 bundeseinheitlich 3,4 %. Für Beihilfeberechtigte (z. B. Beamte) und Heilfürsorgeberechtigte (z. B. Polizeibeamte) gilt immer nur der halbe Beitragssatz.

Beitragszuschlag für Kinderlose

Kinderlose Mitglieder der sozialen Pflegeversicherung, die

- ab dem 1.1.1940 geboren sind und
- das 23. Lebensjahr vollendet haben,

müssen einen Beitragszuschlag i. H. v. 0,6 % zahlen.

Beitragsabschlag

Bundesweit (ohne Sachsen)

Arbeitnehmer mit mehreren Kindern erhalten einen Beitragsabschlag in Höhe von 0,25 % für das 2. bis 5. berücksichtigungsfähige Kind bis zur Vollendung des 25. Lebensjahres.

Für Mitglieder gelten somit folgende Beitragssätze:

Anzahl der Kinder	Beitragssatz	Arbeitnehmeranteil
Ohne Kind	4,0 %	2,3 %
1 Kind	3,4 % (lebenslang)	1,7 %
2 Kinder	3,15 %	1,45 %
3 Kinder	2,9 %	1,2 %
4 Kinder	2,65 %	0,95 %
5 und mehr Kinder	2,4 %	0,7 %

Sachsen

Für Mitglieder im Bundesland Sachsen gelten folgende Beitragssätze:

Anzahl der Kinder	Beitragssatz	Arbeitnehmeranteil
Ohne Kind	4,0 %	2,8 %
1 Kind	3,4 % (lebenslang)	2,2 %
2 Kinder	3,15 %	1,95 %
3 Kinder	2,9 %	1,7 %
4 Kinder	2,65 %	1,45 %
5 und mehr Kinder	2,4 %	1,2 %

Unfallversicherung

Einen vergleichbaren Beitragssatz wie für die übrigen Sozialversicherungszweige gibt es hier nicht. Die Höhe der Beiträge richtet sich nach dem Entgelt der Versicherten und nach dem Grad der Unfallgefahr in dem Unternehmen. Die Satzung des Unfallversicherungsträgers kann allerdings bestimmen, dass die Beiträge entweder nach dem wirklich verdienten ↗ Entgelt oder nach einem Vomhundertsatz der Lohnsumme berechnet werden.

Insolvenzgeldumlage

Finanziert wird das Insolvenzgeld als Leistung der Bundesagentur für Arbeit über eine gesonderte Umlage. Seit 1.1.2023 beträgt die ↗ Insolvenzgeldumlage 0,06 %.[6]

Umlage zur Erstattung der Arbeitgeberaufwendungen

Satzung der Krankenkasse

Die Umlage der Ausgleichsverfahren für die Arbeitgeberaufwendungen bei Arbeitsunfähigkeit (U1) und Mutterschaftsleistungen (U2) wird bei jeder Krankenkasse für die dort versicherten Arbeitnehmer festgesetzt. Zur U1 können die Kassen verschiedene Erstattungssätze anbieten, die mit entsprechend angepassten Umlagesätzen finanziert werden.

Minijob-Zentrale

Die Umlage der Ausgleichsverfahren für die Arbeitgeberaufwendungen bei Arbeitsunfähigkeit (U1) beträgt bei der Minijob-Zentrale seit 1.1.2023 1,1 % (2022: 0,9 %). Die Umlage der Ausgleichsverfahren für die Arbeitgeberaufwendungen bei Mutterschaftsleistungen (U2) beträgt seit 1.1.2023 0,24 % (2022: 0,29 %). Dabei bleibt es auch 2024.

1 § 242a SGB V.
2 BAnz AT 31.10.2022 B5.
3 § 249b Satz 1 und 2 SGB V.
4 § 158 Abs. 1 SGB VI i. V. m. § 1 BSV 2018.
5 § 341 Abs. 2 SGB III.
6 § 1 InsoGeldFestV 2023.

Beitragszuschlag für Kinderlose in der Pflegeversicherung

Der Beitragszuschlag in der Pflegeversicherung für Kinderlose beträgt 0,6 % und ist alleine durch das Mitglied zu tragen. Der Zusatzbeitrag wird vom Arbeitgeber mit den übrigen Gesamtsozialversicherungsbeiträgen an die Krankenkassen überwiesen. Bereits ein einziges Kind bewirkt, dass beide beitragspflichtigen Elternteile von dem Beitragszuschlag befreit sind. Wird ein Kind lebend geboren, schließt dies den Beitragszuschlag für Kinderlose in der Pflegeversicherung dauerhaft aus.

Gesetze, Vorschriften und Rechtsprechung

Sozialversicherung: Grundlage für die Erhebung des Beitragszuschlags bildet § 55 Abs. 3 SGB XI. Zum Nachweis der Elterneigenschaft beim Beitragszuschlag für Kinderlose hat der GKV-Spitzenverband am 7.11.2017 Grundsätzliche Hinweise (GR v. 7.11.2017-I) veröffentlicht. Regelungen darüber, wer den Beitragszuschlag trägt und zu zahlen hat, sind in den §§ 58 bis 60 SGB XI enthalten.

Sozialversicherung

Personenkreis

Mitglieder mit Vollendung des 23. Lebensjahres

Der Beitragszuschlag für Kinderlose ist zu zahlen vom Ablauf des Monats an, in dem das 23. Lebensjahr vollendet wird, es sei denn, das Mitglied gehört darüber hinaus zu einer der unter Abschn. 1.3, 1.4 oder 1.5 genannten und von der Beitragspflicht ausgenommenen Personengruppen.

Achtung

Am Monatsersten geborene Personen

Personen, die am Ersten eines Monats geboren sind, sind bereits ab Beginn dieses Monats zuschlagspflichtig, denn das Lebensjahr wird am Tag vor dem Geburtstag vollendet.

Weist ein Arbeitnehmer rechtzeitig vor der Vollendung des 23. Lebensjahres die Elterneigenschaft nach, bleibt er zuschlagsfrei. Wird die Elterneigenschaft innerhalb der ersten 3 Monate nach Vollendung des 23. Lebensjahres nachgewiesen, ist der Arbeitnehmer über die Vollendung des 23. Lebensjahres hinaus ebenfalls zuschlagsfrei. Wird der Nachweis erst nach Ablauf von 3 Monaten vorgelegt, entfällt der Beitragszuschlag ab Beginn des folgenden Monats nach Vorlage des Nachweises.

Vor dem 1.1.1940 geborene Mitglieder

Der Beitragszuschlag für Kinderlose ist nicht von Mitgliedern zu zahlen, die vor dem 1.1.1940 geboren sind. Die dieser Generation angehörenden Mitglieder der Geburtsjahrgänge vor 1940 sind generell vom Beitragszuschlag für Kinderlose ausgenommen, unabhängig davon, ob sie tatsächlich Kinder haben oder jemals hatten.

Wehrdienstleistende

Wehrdienstleistende sind ohne weitere Differenzierung vom Beitragszuschlag für Kinderlose ausgenommen. Hierbei handelt es sich allerdings nicht um eine personenbezogene, sondern um eine einnahmenbezogene Ausnahme von der Beitragspflicht. Grundlage für die Bemessung der Beiträge im Rahmen der pauschalen Beitragserhebung nach der KV-/PV-Pauschalbeitragsverordnung ist der bundeseinheitliche Beitragssatz nach § 55 Abs. 1 Satz 1 SGB XI in Höhe von 3,05 %. Sofern daneben bzw. außerhalb der pauschalen Beitragserhebung Beiträge aus Renten, Versorgungsbezügen oder Arbeitseinkommen erhoben werden[1], umfasst die Beitragspflicht auch den Beitragszuschlag für Kinderlose.

1 § 57 Abs. 1 Satz 1 SGB XI i. V. m. § 244 Abs. 1 Satz 2 SGB V.

Bezieher von Bürgergeld

Personen, die wegen des Bezugs von Bürgergeld nach § 19 Abs. 1 Satz 1 SGB II versicherungspflichtig in der Pflegeversicherung sind, sind vom Beitragszuschlag für Kinderlose ausgenommen. Diese Ausnahmeregelung ist nicht anzuwenden, wenn weitere beitragspflichtige Einnahmen (z. B. Rente, Versorgungsbezüge) bezogen werden. Gleiches gilt, wenn neben der Versicherungspflicht aufgrund des Bezugs von Bürgergeld nach § 19 Abs. 1 Satz 1 SGB II eine weitere Versicherungspflicht besteht (Mehrfachversicherung) und aufgrund dessen Beitragspflichten zu erfüllen sind.

Mitglieder mit Elterneigenschaft

Eltern

Wenn Arbeitnehmer ihre Elterneigenschaft nicht nachweisen, gelten sie beitragsrechtlich als kinderlos bis zum Ablauf des Monats, in dem der Nachweis erbracht wird. Wird der Nachweis über die Elterneigenschaft innerhalb von 3 Monaten nach der Geburt eines Kindes erbracht, entfällt der Beitragszuschlag ab Beginn des Geburtsmonats. Wird der Nachweis erst nach Ablauf von 3 Monaten nach der Geburt vorgelegt, entfällt der Beitragszuschlag ab Beginn des folgenden Monats nach Vorlage des Nachweises.

Bei pflegeversicherungspflichtigen Arbeitnehmerinnen wird dies in aller Regel nicht ins Gewicht fallen, weil sie während des Bezugs von Mutterschaftsgeld und beim anschließenden Elterngeldbezug oder der anschließenden Elternzeit in aller Regel beitragsfrei sind. Beim Vater des Kindes ist die 3-Monatsfrist aber zu beachten.

Adoptiv-/Stief-/Pflegeeltern

Die Elterneigenschaft wird bei Adoptiv-, Stief- und Pflegeeltern nur anerkannt, wenn die Familienbindung zu einem Zeitpunkt bewirkt wurde, an dem für das Kind aufgrund der Altersgrenzen eine Familienversicherung durchgeführt wird oder hätte durchgeführt werden können.[2]

Die 3-Monatsfrist und der Freistellungszeitpunkt gelten bei Adoptiv-, Stief- und Pflegeeltern entsprechend. An die Stelle der Geburt treten

- der Beschluss des Familiengerichts über die Adoption,
- die Heirat des leiblichen Elternteils mit dem Stiefelternteil und
- die Aufnahme in den Haushalt des Stiefelternteils oder
- der Zeitpunkt der Aufnahme in den Haushalt der Pflegeeltern und
- der Nachweis des Jugendamts.

Bei der Annahme eines Kindes (Adoption) tritt an die Stelle der „Geburt des Kindes“ die Zustellung des Beschlusses des Familiengerichts. Bei den Adoptivpflegekindern tritt die Wirkung bereits von dem Zeitpunkt an ein, in dem sie mit dem Ziel der Annahme in die Obhut des Annehmenden aufgenommen worden sind.

Anerkennung der Vaterschaft

Die gerichtliche Feststellung bzw. öffentlich beurkundete Anerkennung der Vaterschaft in Fällen, in denen keine Vaterschaft zu Beginn der Geburt feststand und durch Klage der Mutter, des Vaters oder des Kindes angestrebt wurde, wirken familienrechtlich zwar auf den Zeitpunkt der Geburt zurück. Die Freistellung von der Zahlung des Beitragszuschlags bei Kinderlosigkeit wirkt aber erst vom Beginn des Monats, der auf die Rechtskraft der Entscheidung folgt. Gleiches gilt im Falle der Anerkennung der Vaterschaft eines Dritten während eines Scheidungsverfahrens.

Ausländische Kinder

Eine Befreiung vom Beitragszuschlag tritt auch für Grenzgänger – insbesondere aus EU-Staaten – ein. Insoweit spielt es keine Rolle, ob das Kind jemals in Deutschland gelebt hat. Gleiches gilt für Angehörige von Staaten, mit denen ein Sozialversicherungsabkommen zur Krankenversicherung besteht. Auch bei leiblichen Kindern aus Nichtabkommensstaaten, die niemals in Deutschland gelebt haben, wird eine Befreiung vom Beitragszuschlag eingeräumt.

2 § 25 Abs. 2 SGB XI.

Erfüllung der Elterneigenschaft von 2 Elternteilen

Von der Zahlung des Beitragszuschlags werden Eltern bei entsprechendem Nachweis der Elterneigenschaft befreit. Wird die Elterneigenschaft nachgewiesen, besteht für das gesamte Versicherungsleben eine Befreiung von der Zahlung des Beitragszuschlags. Die Freistellung ist nicht auf die Dauer der Kindererziehung beschränkt.

Als Eltern gelten[1]

- leibliche Eltern,
- Adoptiveltern,
- Stiefeltern oder
- Pflegeeltern.

Ist die Elterneigenschaft nachgewiesen, werden beide Elternteile von der Zahlung des Beitragszuschlags befreit. Bereits ein einzelnes Kind löst die Zuschlagsfreiheit aus. Auch wenn das Kind zwischenzeitlich verstorben sein sollte, gelten Mitglieder nicht als kinderlos. Der Beitragszuschlag ist dauerhaft nicht zu zahlen. Das gilt auch dann, wenn das Kind bei der Geburt gestorben ist, aber die Merkmale einer Lebendgeburt getragen hat. D. h., eine Lebendgeburt ist ausreichend, um die Zuschlagspflicht dauerhaft auszuschließen. Im Umkehrschluss bedeutet dies, dass tot geborene Kinder (auch wenn diese im Stammbuch eingetragen werden) nicht dazu führen, dass die Elterneigenschaft vorliegt.

Wichtig

Grund der Kinderlosigkeit für den Beitragszuschlag ohne Bedeutung

Die Gründe, warum jemand keine Kinder hat, spielen für die Erhebung des Beitragszuschlags keine Rolle.

Erfüllung der Elterneigenschaft von mehr als 2 Elternteilen

Die Elterneigenschaft kann bei mehr als 2 beitragspflichtigen Elternteilen erfüllt sein mit der Konsequenz, dass alle betroffenen Elternteile von der Zahlung des Beitragszuschlags freigestellt sind. Folgende Fallgestaltungen sind denkbar:

- Scheidung der leiblichen Eltern; Wiederheirat der Mutter und Aufnahme des Kindes in den Haushalt des neuen Ehepartners:
  Der Beitragszuschlag ist von dem leiblichen Vater, der Mutter und dem Stiefvater nicht zu zahlen.
- Öffentliche Beurkundung des Gerichts wegen Vaterschaftsanerkenntnis des leiblichen Vaters; Freigabe zur Adoption durch die nicht verheirateten leiblichen Eltern; Aufnahme in den Haushalt der Adoptiveltern durch Beschluss des Familiengerichts:
  Der Beitragszuschlag ist von dem leiblichen Vater, der leiblichen Mutter sowie von dem Adoptivvater und der Adoptivmutter nicht zu zahlen.

Voraussetzungen zur Zuschlagsfreiheit

Die Zuschlagsfreiheit ist davon abhängig, welche Stellung die Eltern haben:

Stellung der Eltern	Weitere Bedingung
Leibliche Eltern	Keine
Stiefeltern	Häusliche Gemeinschaft mit dem Kind vor Überschreiten der Altersgrenzen.
Adoptiveltern	Wirksamwerden der Adoption vor Überschreiten der Altersgrenzen.
Pflegeeltern	Keine. Pflegeeltern erbringen Betreuungs- und Erziehungsleistungen unabhängig vom Alter des Pflegekindes.

1 § 56 Abs. 1 Satz 1 Nr. 3, Abs. 3 Nr. 2, 3 SGB I.

Nachweis der Elterneigenschaft

Die Elterneigenschaft ist in geeigneter Form gegenüber der beitragsabführenden Stelle (z. B. Arbeitgeber, Rehabilitationsträger, Rentenversicherungsträger, Zahlstelle der Versorgungsbezüge) bzw. bei Selbstzahlern gegenüber der Pflegekasse nachzuweisen. Der Nachweis kann entfallen, wenn dieser Stelle die Elterneigenschaft bereits aus anderen Gründen bekannt ist.[2] Das Gesetz schreibt keine konkrete Form des Nachweises vor. Es werden alle Urkunden berücksichtigt, die zuverlässig die Elterneigenschaft des Mitglieds (als leibliche Eltern, Adoptiv-, Stief- oder Pflegeeltern) belegen.

Bei Arbeitgebern reicht es aus, wenn sich aus den Personal- bzw. den (auch steuerlichen) Entgeltunterlagen die Elterneigenschaft nachprüfbar ergibt.

Achtung

Entgeltunterlagen

Kopien der vorzulegenden Unterlagen sind zur Nachweisführung zugelassen. Bei Zweifeln an der Authentizität der Kopien sind die Originale oder beglaubigte Kopien bzw. beglaubigte Abschriften vorzulegen.

Leibliche Eltern/Adoptiveltern

Als Nachweise bei leiblichen Eltern und Adoptiveltern (im ersten Grad mit dem Kind verwandt) kommen wahlweise in Betracht:

- Geburtsurkunde bzw. internationale Geburtsurkunde („mehrsprachige Auszüge aus Personenstandsbüchern"),
- Abstammungsurkunde (wird für einen bestimmten Menschen an seinem Geburtsort geführt),
- Auszug aus dem Geburtenbuch des Standesamts,
- Auszug aus dem Familienbuch/Familienstammbuch,
- steuerliche Lebensbescheinigung des Einwohnermeldeamts (Bescheinigung wird ausgestellt, wenn der Steuerpflichtige für ein Kind, das nicht bei ihm gemeldet ist, einen halben Kinderzähler als Lohnsteuerabzugsmerkmal eintragen lassen möchte: Er muss hierfür nachweisen, dass er im ersten Grad mit dem Kind verwandt ist, z. B. durch Vorlage einer Geburtsurkunde),
- Vaterschaftsanerkennungs- und Vaterschaftsfeststellungsurkunde,
- Adoptionsurkunde,
- Kindergeldbescheid der Bundesagentur für Arbeit (BA) – Familienkasse – (bei Angehörigen des öffentlichen Dienstes und Empfängern von Versorgungsbezügen die Bezüge- oder Gehaltsmitteilung der mit der Bezügefestsetzung bzw. Gehaltszahlung befassten Stelle des jeweiligen öffentlich-rechtlichen Arbeitgebers bzw. Dienstherrn),
- Kontoauszug, aus dem sich die Auszahlung des Kindergeldes durch die BA – Familienkasse – ergibt (aus dem Auszug ist die Höhe des überwiesenen Betrags, die Kindergeldnummer sowie in der Regel der Zeitraum, für den der Betrag bestimmt ist, zu ersehen),
- Elterngeldbescheid,
- Bescheinigung über Bezug von Mutterschaftsgeld,
- Nachweis der Inanspruchnahme von Elternzeit nach dem Bundeselterngeld- und Elternzeitgesetz,
- Einkommensteuerbescheid (Berücksichtigung eines oder eines halben Kinderfreibetrags),
- aktueller ELStAM-Ausdruck des Wohnsitzfinanzamts (Eintrag eines oder eines halben Kinderfreibetrags),
- Sterbeurkunde des Kindes,
- Feststellungsbescheid des Rentenversicherungsträgers, in dem Kindererziehungs- und Kinderberücksichtigungszeiten ausgewiesen sind.

2 § 55 Abs. 3 Satz 3 SGB XI.

Stiefeltern

Als Nachweise bei Stiefeltern[1] kommen wahlweise in Betracht:

- Heiratsurkunde bzw. Nachweis über die Eintragung einer Lebenspartnerschaft und eine Meldebescheinigung des Einwohnermeldeamts oder einer anderen für Personenstandsangelegenheiten zuständigen Behörde oder Dienststelle, dass das Kind als wohnhaft im Haushalt des Stiefvaters oder der Stiefmutter gemeldet ist oder war (s. Haushaltsbescheinigung oder Familienstandsbescheinigung für die Gewährung von Kindergeld – Vordrucke der BA zur Erklärung über die Haushaltszugehörigkeit von Kindern und für Arbeitnehmer, deren Kinder im Inland wohnen);
- Feststellungsbescheid des Rentenversicherungsträgers, in dem Kindererziehungs- und Kinderberücksichtigungszeiten ausgewiesen sind;
- Einkommensteuerbescheid (Berücksichtigung eines oder eines halben Kinderfreibetrags);
- aktueller ELStAM-Ausdruck des Wohnsitzfinanzamts (Eintrag eines oder eines halben Kinderfreibetrags).

Pflegeeltern

Als Nachweise bei Pflegeeltern[2] kommen wahlweise in Betracht:

- Meldebescheinigung des Einwohnermeldeamts oder einer anderen für Personenstandsangelegenheiten zuständigen Behörde oder Dienststelle und Nachweis des Jugendamts über „Vollzeitpflege" nach § 27 i. V. m. § 33 SGB VIII (z. B. Pflegevertrag zwischen Jugendamt und Pflegeeltern, Bescheid über Leistungsgewährung gegenüber den Personensorgeberechtigten oder Bescheinigung des Jugendamts über Pflegeverhältnis. Tagespflegeeltern fallen nicht unter den Begriff der „Pflegeeltern"; ein Pflegekindverhältnis ist nicht anzunehmen, wenn ein Mann mit seiner Lebensgefährtin und deren Kindern oder eine Frau mit ihrem Lebensgefährten und dessen Kindern in einem gemeinsamen Haushalt lebt – Berücksichtigung nur bei Vorliegen der Stiefelterneigenschaft);
- Feststellungsbescheid des Rentenversicherungsträgers, in dem Kindererziehungs- und Kinderberücksichtigungszeiten ausgewiesen sind;
- Einkommensteuerbescheid (Berücksichtigung eines oder eines halben Kinderfreibetrags).

Hilfsweise zugelassene Nachweise

Wenn die oben aufgeführten Unterlagen nicht vorhanden und auch nicht mehr zu beschaffen sind, können hilfsweise Taufbescheinigung und Zeugenerklärungen als Beweismittel dienen.

Der Nachweis durch die vorgenannten Unterlagen ist nur dann zulässig, wenn selbst nach Ausschöpfung aller Mittel eine der vorgenannten Unterlagen nicht beschafft werden kann. Ob das Mitglied in diesen Fällen zuschlagsfrei wird, entscheidet die Pflegekasse.

Aufbewahrung von Nachweisen

Die Nachweise über die Elterneigenschaft sind von der beitragszahlenden Stelle zusammen mit den übrigen Unterlagen, die für die Zahlung der Pflegeversicherungsbeiträge relevant sind, aufzubewahren. Ein Vermerk „als Nachweis hat vorgelegen …" ist nicht ausreichend. Der Nachweis ist für die Dauer des die Beitragszahlung zur Pflegeversicherung begründenden Versicherungsverhältnisses von der beitragszahlenden Stelle aufzubewahren und darüber hinaus bis zum Ablauf von weiteren 4 Kalenderjahren. Soweit bei dem Nachweis der Elterneigenschaft auf Unterlagen zurückgegriffen werden soll, die der beitragszahlenden Stelle bereits vorliegen, ist eine gesonderte zusätzliche Aufbewahrung bei den für die Beitragszahlung zur Pflegeversicherung begründenden Unterlagen nicht notwendig. Diese Unterlagen sind aber den die Beitragszahlung zur Pflegeversicherung begründenden Unterlagen hinzuzufügen, wenn sie vernichtet werden sollen.

Hinweis

Ausländische Nachweise

Nachweise in ausländischer Sprache müssen vom Versicherten auf eigene Kosten übersetzt werden.

Zeitpunkt der Befreiung von der Zahlung des Beitragszuschlags

Die nachstehende Übersicht verdeutlicht die Auswirkungen der Befreiung von der Zahlung der Zuschlagspflicht und den Beginn der Zuschlagspflicht:

Sachverhalt	Tatbestand, der anstelle der Geburt tritt	Zeitpunkt, von dem an Befreiung von Zahlung des Beitragszuschlags eintritt	Anmerkung
Adoption (bei Gerichtsbeschluss)	Beschluss des Familiengerichts	Beginn des Monats, in dem Gerichtsbeschluss zugestellt wurde	Keine Erwachsenen-Adoption; Altersgrenze nach § 25 Abs. 2 SGB XI gilt
Adoptionspflegekind	Inobhutnahme	Beginn des Monats, in dem das Kind mit dem Ziel der Annahme in Obhut des Annehmenden aufgenommen wurde	
Stiefkindschaftsverhältnis	Heirat des leiblichen Elternteils mit Stiefelternteil	Beginn des Monats der Eheschließung	
Pflegekindschaftsverhältnis	Aufnahme in den Haushalt der Pflegeeltern	Beginn des Monats der Aufnahme in den Haushalt	Zusätzlicher Nachweis des Jugendamts erforderlich
Feststellung der Vaterschaft	Öffentlich beurkundete Anerkennung	Beginn des Monats, der auf den der öffentlichen Beurkundung folgt	
Feststellung der Vaterschaft	Gerichtsbeschluss	Beginn des Monats, der auf den der Rechtskraft des Gerichtsbeschlusses folgt	Gilt auch für die Fälle, in denen die Vaterschaft während eines Scheidungsverfahrens festgestellt wurde

Tragung/Zahlung

Grundsätzlich sind die Beiträge von demjenigen zu zahlen, der sie zu tragen hat. Beschäftigte ohne Kinder tragen den Beitragszuschlag grundsätzlich allein. ↗ Menschen mit Behinderungen, die in einer Werkstatt für Menschen mit Behinderungen beschäftigt sind, haben den Beitragszuschlag ebenfalls selbst zu tragen.[3]

Für ↗ Geringverdiener zahlt der Arbeitgeber auch den Beitragszuschlag zur Pflegeversicherung. Auch für Personen, die einen ↗ Jugendfreiwilligendienst oder einen ↗ Bundesfreiwilligendienst leisten, trägt der Arbeitgeber den Beitragszuschlag.

Der Beitragszuschlag muss durch den Arbeitgeber gezahlt werden. Dieser behält den Beitragszuschlag vom Arbeitsentgelt des Beschäftigten ein und überweist ihn zusammen mit den übrigen Gesamtsozialversicherungsbeiträgen. Hat der Arbeitgeber den vom Beschäftigten zu tragenden Beitragszuschlag nicht einbehalten, darf er dies nur bei den nächsten 3 Entgeltzahlungen nachholen. Etwas anderes gilt, wenn der Abzug ohne Verschulden des Arbeitgebers unterblieben ist. Diese Beschränkung des nachträglichen Beitragsabzugs gilt nicht für den Beitragszuschlag für Kinderlose.

1 Eltern i. S. d. § 56 Abs. 3 Nr. 2 i. V. m. Abs. 2 Nr. 1 SGB I.
2 Eltern i. S. d. § 56 Abs. 3 Nr. 3 i. V. m. Abs. 2 Nr. 2 SGB I.
3 BSG, Urteil v. 5.5.2010, B 12 KR 14/09 R.

Beitragszuschuss

Der Beitragszuschuss ist eine Leistung des Arbeitgebers an Beschäftigte, die wegen Überschreitens der Verdienstgrenze nicht pflichtversichert oder wegen einer privaten Krankenversicherung von der Pflichtversicherung befreit sind. Die jeweiligen Zuschüsse stellen kein direktes Arbeitsentgelt dar.

Gesetze, Vorschriften und Rechtsprechung

Sozialversicherung: Die Zuschüsse des Arbeitgebers zum privaten bzw. freiwilligen gesetzlichen Krankenversicherungsbeitrag ergeben sich aus § 257 SGB V, bei Bezug von Kurzarbeitergeld i. V. m. § 249 Abs. 2 SGB V, zum Pflegeversicherungsbeitrag aus § 61 SGB XI.

Entgelt

Krankenversicherung

Freiwillig krankenversicherte Arbeitnehmer

Freiwillig in der gesetzlichen Krankenversicherung versicherte Beschäftigte, die nur wegen Überschreitens der Jahresarbeitsentgeltgrenze[1] versicherungsfrei sind, erhalten von ihrem Arbeitgeber einen Beitragszuschuss. Sinkt das Arbeitsentgelt unter die ↗ Jahresarbeitsentgeltgrenze, tritt Krankenversicherungspflicht ein. Dies gilt nicht für Arbeitnehmer, die das 55. Lebensjahr vollendet haben, privat krankenversichert sind und in den letzten 5 Jahren nicht gesetzlich versichert waren. Diese Personen erhalten dennoch den Beitragszuschuss, obwohl das Entgelt die Jahresarbeitsentgeltgrenze nicht mehr übersteigt.

Achtung

Überschreitung der Jahresarbeitsentgeltgrenze bei Mehrfachbeschäftigung

Für Arbeitnehmer, die mehrfachbeschäftigt und wegen Überschreitens der Jahresarbeitsentgeltgrenze versicherungsfrei sind, wird der Beitragszuschuss in Höhe der jeweiligen Entgelte unter den Arbeitgebern berechnet.

Privat krankenversicherte Arbeitnehmer

Nicht gesetzlich krankenversicherte Arbeitnehmer erhalten den Zuschuss, wenn Sie wegen Überschreitens der Jahresarbeitsentgeltgrenze oder aufgrund der Regelung für 55-Jährige versicherungsfrei sind. Eine weitere Zuschussgewährung besteht, wenn diese Beschäftigten von der Versicherungspflicht befreit sind.

Sie erhalten den Zuschuss für sich und ihre Angehörigen, die bei Versicherungspflicht des Beschäftigten familienversichert werden könnten. Zuschüsse dürfen nur dann gezahlt werden, wenn privat Krankenversicherte Vertragsleistungen beanspruchen können, die der Art nach den Leistungen des SGB V entsprechen.[2]

Für freiwillig in der gesetzlichen Krankenversicherung versicherte Familienangehörige eines privat krankenversicherten Arbeitnehmers dürfen keine Beitragszuschüsse durch den Arbeitgeber gezahlt werden.[3]

Wichtig

Höchstzuschuss beachten

Der Beitragszuschuss für privat krankenversicherte Arbeitnehmer ist begrenzt auf die Hälfte des Betrags, den der Beschäftigte für seine private Krankenversicherung (PKV) tatsächlich zu zahlen hat.

1 § 6 Abs. 1 Nr. 1 SGB V.
2 § 257 Abs. 2 SGB V.
3 BSG, Urteil v. 20.3.2013, B 12 KR 4/11 R.

Berechnung

Die Bemessung des Beitragszuschusses wird sowohl für freiwillige Mitglieder der gesetzlichen Krankenversicherung (GKV) als auch für PKV-Mitglieder nach einheitlichen Kriterien durchgeführt. Grundlage für die Zuschussberechnung ist das erzielte Arbeitsentgelt[4] bis maximal zur monatlichen ↗ Beitragsbemessungsgrenze (2024: 5.175 EUR; 2023: 4.987,50 EUR).

Als Zuschuss ist

- für gesetzlich krankenversicherte Arbeitnehmer der Betrag zu zahlen, den der Arbeitgeber bei Versicherungspflicht zu tragen hätte (Hälfte des allgemeinen ↗ Beitragssatzes zuzüglich des halben kassenindividuellen Zusatzbeitragssatzes)[5],
- für gesetzlich krankenversicherte Arbeitnehmer, die keinen Anspruch auf Krankengeld haben, für die Berechnung des Beitragszuschusses der halbe ermäßigte Beitragssatz zuzüglich des halben kassenindividuellen Zusatzbeitragssatzes anzuwenden,
- für privat krankenversicherte Arbeitnehmer der Betrag zu zahlen, der sich bei Anwendung der Hälfte des allgemeinen ↗ Beitragssatzes zuzüglich des halben durchschnittlichen Zusatzbeitragssatzes ergibt[6],
- für privat krankenversicherte Arbeitnehmer, die im Falle der Versicherungspflicht keinen Anspruch auf Krankengeld hätten, für die Berechnung des Beitragszuschusses der halbe ermäßigte Beitragssatz zuzüglich des halben durchschnittlichen Zusatzbeitragssatzes anzuwenden.[7]

Zuschuss in der gesetzlichen Krankenversicherung

Versicherter mit Anspruch auf Krankengeld

Der bundeseinheitliche allgemeine Beitragssatz wurde von der Bundesregierung auf 14,6 % festgesetzt. Für die Zuschussberechnung ist somit ein Beitragssatz in Höhe von 7,3 % (14,6 % : 2) zu berücksichtigen. Hinzu kommt der halbe kassenindividuelle Zusatzbeitrag der Krankenkasse des Arbeitnehmers.

Der Beitragssatz ist mit den beitragspflichtigen Einnahmen des freiwilligen Mitglieds zu multiplizieren.

Im Jahr 2024 beträgt der Höchstbeitragszuschuss 377,78 EUR zzgl. des halben Zusatzbeitrags.

Versicherter ohne Anspruch auf Krankengeld

Für Arbeitnehmer, die bei Mitgliedschaft in der gesetzlichen Krankenversicherung keinen Anspruch auf Krankengeld haben (z. B. Personen, die sich in der Freistellungsphase der Altersteilzeit befinden), ist für die Beitragszuschussberechnung der ermäßigte ↗ Beitragssatz der gesetzlichen Krankenversicherung zu berücksichtigen. Auch für diese Arbeitnehmer wird der kassenindividuelle Zusatzbeitrag zur Hälfte bezuschusst.

Der Beitragsatz ist mit den beitragspflichtigen Einnahmen des freiwilligen Mitglieds zu multiplizieren.

Im Jahr 2024 beträgt der Höchstbeitragszuschuss 362,25 EUR zzgl. des halben Zusatzbeitrags.

Höchstzuschuss in der privaten Krankenversicherung

Der durchschnittliche Zusatzbeitragssatz wurde vom Bundesministerium für Gesundheit 2024 auf 1,7 % (2023: 1,6 %) festgesetzt. Für die Zuschussberechnung ist 2024 somit ein Beitragssatz i. H. v. 8,15 % (14,6 % + 1,7 % = 16,3 % : 2) zu berücksichtigen (2023: 14,6 % + 1,6 % = 16,2 % : 2 = 8,1 %). Sollte der ermäßigte Beitragssatz von 14,0 % maßgeblich sein, beträgt der Beitragssatz 2024 für die Zuschussberechnung 7,85 % (14,0 % + 1,7 % = 15,7 % : 2 = 7,85 %; 2023: 14,0 % + 1,6 % = 15,6 % : 2 = 7,8 %).

4 § 226 Abs. 1 Satz 1 Nr. 1 SGB V.
5 § 249 Abs. 1 oder 2 SGB V.
6 § 241 SGB V.
7 § 243 SGB V.

Unter Berücksichtigung der monatlichen Beitragsbemessungsgrenze für 2024 i. H. v. 5.175 EUR (2023: 4.987,50 EUR) und des Beitragssatzes von 8,15 % (= 7,3 % + 0,85 %; 2023: 7,3 % + 0,8 % = 8,1 %) ergibt sich ab 1.1.2024 für PKV-Versicherte, die in der gesetzlichen Krankenversicherung einen Anspruch auf Krankengeld hätten, ein monatlicher Höchstzuschuss von 421,76 EUR (5.175 EUR × 8,15 % ; 2023: 403,99 EUR).

Für Arbeitnehmer, die bei einer Mitgliedschaft in der gesetzlichen Krankenversicherung keinen Anspruch auf Krankengeld hätten (z. B. Personen, die sich in der Freistellungsphase der Altersteilzeit befinden), ist für die Beitragszuschussberechnung der ermäßigte ↗ Beitragssatz der gesetzlichen Krankenversicherung zu berücksichtigen. Der Höchstzuschuss für diese Arbeitnehmer beträgt ab 1.1.2024 406,24 EUR (5.175 EUR × 7,85 %; 2023: 389,03 EUR).

Beispiel

Beitragszuschuss bei Teilzeitbeschäftigten

Eine von der KV-Pflicht befreite Teilzeitbeschäftigte erhält ein monatliches Entgelt von 2.500 EUR. Vom 1.4.2024 an erhöht sich ihr monatliches Arbeitsentgelt auf 2.700 EUR. Ihr Beitrag für die private Krankenversicherung beträgt ab dem 1.1.2024 monatlich 420 EUR.

Im Jahr 2024 sind für die Bemessung des Beitragszuschusses für die PKV der allgemeine Beitragssatz sowie der durchschnittliche Zusatzbeitragssatz anzusetzen. Diese betragen 14,6 % sowie 1,7 %. Bei einem monatlichen Entgelt von 2.500 EUR errechnet sich der Beitragszuschuss ab 1.1.2024 wie folgt:

$$\frac{2.500 \text{ EUR} \times (14{,}6 + 1{,}7)}{100 \times 2} = 203{,}75 \text{ EUR}$$

Durch die Entgelterhöhung zum 1.4.2024 auf 2.700 EUR erhöht sich der Beitragszuschuss auf:

$$\frac{2.700 \text{ EUR} \times (14{,}6 + 1{,}7)}{100 \times 2} = 220{,}05 \text{ EUR}$$

Ergebnis: Die Hälfte des monatlichen Beitrags für die private Krankenversicherung beträgt (420 EUR : 2 =) 210 EUR. Der Beitragszuschuss beträgt somit vom 1.1.-31.3.2024 monatlich 203,75 EUR und ab 1.4.2024 monatlich 210 EUR.

Lohnsteuerrechtliche Behandlung

Zuschüsse des Arbeitgebers zu den Krankenversicherungsbeiträgen eines nicht versicherungspflichtigen Arbeitnehmers, der eine private Krankenversicherung abgeschlossen hat, gehören zum steuerfreien Arbeitslohn, soweit der Arbeitgeber zur Zuschussleistung gesetzlich verpflichtet ist.[1] Die Höhe des Arbeitgeberzuschusses richtet sich ausschließlich nach den sozialversicherungsrechtlichen Bestimmungen. Eine leistungsbezogene Begrenzung des Zuschusses sieht § 257 Abs. 2 Satz 2 SGB V nicht vor, sodass Beiträge zur privaten Krankenversicherung im Rahmen des § 257 SGB V zuschussfähig sind, auch wenn der Krankenversicherungsvertrag Leistungserweiterungen enthält.[2] Für die Bemessung des Arbeitgeberzuschusses unbedeutend sind die für Zwecke des Sonderausgabenabzugs im Rahmen der Einkommensteuerveranlagung[3] bestehenden Regelungen der Krankenversicherungsbeitragsanteils-Ermittlungsverordnung.[4]

Beitragsbescheinigung zu den Entgeltunterlagen nehmen

Zahlt der Arbeitgeber die steuerfreien Zuschüsse unmittelbar an den Arbeitnehmer aus, hat der Arbeitnehmer die zweckentsprechende Verwendung durch eine Bescheinigung des Versicherungsunternehmens nach Ablauf eines jeden Kalenderjahres nachzuweisen. Die Bescheinigung ist zu den Entgeltunterlagen zu nehmen.

Geleistete Mehrbeiträge sind steuerpflichtig

Zahlt der Arbeitgeber seinem Arbeitnehmer einen Zuschuss, der die Hälfte des tatsächlich geleisteten Beitrags übersteigt, ist der geleistete Mehrbetrag steuerpflichtig. Da es sich bei dem übersteigenden Teil der Arbeitgeberzahlung um eine Geldleistung handelt, ist die 50-EUR-Sachbezugsfreigrenze nicht anwendbar. Es liegt kein Sachbezug vor, da der Arbeitgeber mit der Geldleistung keinen Versicherungsschutz verschafft.

Beispiel

Arbeitgeberzuschuss übersteigt den hälftigen Arbeitnehmerbeitrag

Ein privat versicherter Angestellter (Westdeutschland) zahlt einen monatlichen Beitrag von 540 EUR für die private Krankenversicherung. Der hälftige gezahlte Beitrag (270 EUR) liegt unter dem ab 1.1.2024 geltenden Höchstbetrag von 421,76 EUR (5.175 EUR × 8,15 %).

Ergebnis: Zahlt der Arbeitgeber einen Beitragszuschuss i. H. v. 421,76 EUR, ist der den steuerfreien Betrag von 270 EUR übersteigende Differenzbetrag von 151,76 EUR steuerpflichtig (421,76 EUR – 270 EUR).

Beispiel

Arbeitgeberzuschuss übersteigt den Höchstbetrag

Ein privat versicherter Angestellter (Westdeutschland) zahlt einen monatlichen Beitrag von 880 EUR für die private Krankenversicherung. Der hälftige gezahlte Beitrag (440 EUR) liegt über dem ab 1.1.2024 geltenden Höchstbetrag von 421,76 EUR.

Ergebnis: Zahlt der Arbeitgeber einen Zuschuss in Höhe des hälftigen Beitrags (440 EUR), ist der den steuerfreien Betrag übersteigende Differenzbetrag von 18,24 EUR steuerpflichtig (440 EUR – 421,76 EUR).

Besondere Personenkreise

Freiwillig krankenversicherter Kurzarbeitergeldbezieher

Diese Arbeitnehmer erhalten von ihrem Arbeitgeber für das Istentgelt (tatsächlich erzieltes Arbeitsentgelt) einen Beitragszuschuss in Höhe des Arbeitgeberanteils von 7,3 % zzgl. des halben kassenindividuellen Zusatzbeitragssatzes.[5] Der Beitragszuschuss ist aus dem fiktiven Arbeitsentgelt zu berechnen.

Beispiel

Zuschussberechnung bei Kurzarbeitergeld für freiwillig GKV-Versicherte

monatliches Arbeitsentgelt (Sollentgelt)	5.800,00 EUR
kassenindividueller Zusatzbeitragssatz	1,3 %
Beitragssatz der GKV 2024	14,6 %
monatlicher Beitrag zur freiwilligen KV (5.175 EUR × 15,9 %)	822,83 EUR
monatlicher Beitragszuschuss ab 1.1.2024 (5.175 EUR × 7,95 %)	411,41 EUR

Infolge Kurzarbeit fällt ab 1.2.2024 die Hälfte der Arbeitszeit aus. Der Kurzlohn (Istentgelt) beträgt 2.900 EUR.

Ergebnis:

darauf entfallender Beitragszuschuss (2.800 EUR × 7,95 %)	222,60 EUR
80 % des Unterschiedsbetrags zwischen Soll- und Istentgelt (5.800 EUR – 2.900 EUR = 2.900 EUR; 2.900 EUR × 80 % = 2.320 EUR)	
begrenzt auf die BBG KV insgesamt (5.175 EUR – 2.900 EUR)	2.275,00 EUR
auf das fiktive Arbeitsentgelt entfallender Beitragszuschuss (2.275 EUR × 15,9 %)	361,73 EUR
Beitragszuschuss insgesamt	584,33 EUR

1 § 257 Abs. 2 SGB V.
2 § 257 Abs. 2 Satz 1 SGB V.
3 § 10 EStG.
4 R 3.62 Abs. 2 Nr. 3 Satz 5 LStR.
5 § 249 Abs. 2 SGB V.

Privat krankenversicherter Kurzarbeitergeldbezieher

Diese Arbeitnehmer erhalten als Beitragszuschuss einen Betrag, der sich aus dem tatsächlichen Arbeitsentgelt (Istentgelt) und des bei Krankenversicherungspflicht zugrunde zu legenden fiktiven Arbeitsentgelts ergibt.

Für die Berechnung des Beitragszuschusses gilt Folgendes:

Der Zuschussanteil aus dem Istentgelt wird auf der Basis des Arbeitgeberanteils am Beitragssatz der gesetzlichen Krankenversicherung (GKV) inklusive des durchschnittlichen Zusatzbeitragssatzes ermittelt. Außerdem ist der Zuschuss aus dem fiktiven Arbeitsentgelt zu berechnen. Hierfür wird der volle Beitragssatz der GKV inklusive des durchschnittlichen Zusatzbeitragssatzes berücksichtigt. Der Beitragszuschuss ist jedoch auf den tatsächlich zu zahlenden Beitrag zur privaten Krankenversicherung (PKV) beschränkt.

Bei diesen Berechnungen ist zunächst der auf das Fiktiventgelt entfallende Beitragszuschuss zu ermitteln und gegebenenfalls auf die Höhe des (vollen) PKV-Beitrags zu begrenzen. Anschließend ist der auf das tatsächliche Arbeitsentgelt entfallende Beitragszuschuss, maximal in Höhe der Hälfte der Differenz von PKV-Beitrag und Beitragszuschuss für das Fiktiventgelt, zu berechnen.

Beispiel

Zuschussberechnung bei Kurzarbeitergeld für PKV-Versicherte

Monatslohn (Sollentgelt)	5.800,00 EUR
Durchschnittlicher Zusatzbeitragssatz 2024	1,7 %
Beitragssatz der GKV 2024	14,6 %
monatlicher Beitrag zur PKV	430,00 EUR
monatlicher Höchstzuschuss ab 1.1.2024 (5.175 EUR × 8,15 %)	421,76 EUR

Infolge Kurzarbeit fällt ab 1.6.2024 die Hälfte der Arbeitszeit aus. Der Kurzlohn (Istentgelt) beträgt 2.900 EUR.

Ergebnis:

80 % des Unterschiedsbetrags zwischen Soll- und Istentgelt (5.800 EUR – 2.900 EUR = 2.900 EUR; 2.900 EUR × 80 % = 2.320 EUR)	
begrenzt auf die BBG KV insgesamt (5.175 EUR – 2.900 EUR)	2.275,00 EUR
auf das fiktive Arbeitsentgelt entfallender Beitragszuschuss (2.275 EUR × 16,3 %)	370,83 EUR
Beitragszuschuss aus dem Istentgelt (2.900 EUR × 8,15 %)	236,35 EUR
begrenzt auf die Hälfte der Differenz zum Beitrag zur PKV (430,00 EUR – 370,83 EUR) : 2 = 29,59 EUR; 29,59 EUR < 236,35 EUR	29,59 EUR
Beitragszuschuss insgesamt 370,83 EUR + 29,59 EUR =	400,42 EUR

Hinweis

Anwendung des ermäßigten Beitragssatzes

Wenn der Arbeitnehmer bei einer Pflichtversicherung in der gesetzlichen Krankenversicherung keinen Anspruch auf Krankengeld hätte, ist jeweils der ermäßigte Beitragssatz anzuwenden. Dies gilt sowohl beim Zuschuss für einen freiwillig in der gesetzlichen Krankenversicherung Versicherten als auch bei der Zuschussbemessung für einen PKV-Versicherten.

Vorruhestandsgeldbezieher

Soweit diese Personen als Beschäftigte bis unmittelbar vor Beginn der Vorruhestandsleistungen Anspruch auf den vollen oder anteiligen Beitragszuschuss wegen einer Mitgliedschaft in der gesetzlichen oder privaten Krankenversicherung hatten, bleibt der Anspruch für die Dauer der Vorruhestandsleistungen erhalten. Für die Höhe des Zuschusses ist das Vorruhestandsgeld bis zur ⇗ Beitragsbemessungsgrenze zu berücksichtigen.

Freiwillig Krankenversicherte

Der Beitragszuschuss wird in Höhe des Betrags gewährt, den der Arbeitgeber bei Versicherungspflicht des Beziehers von Vorruhestandsgeld zu tragen hätte. Er errechnet sich aus der Hälfte des ermäßigten Beitragssatzes der gesetzlichen Krankenversicherung (2024: 7,0 %) zuzüglich des halben Zusatzbeitragssatzes der Krankenkasse, bei der die freiwillige Krankenversicherung besteht.[1]

Privat Krankenversicherte

Der Beitragszuschuss für privat krankenversicherte Bezieher von Vorruhestandsgeld berechnet sich aus

- der Höhe des Vorruhestandsgeldes begrenzt auf die Beitragsbemessungsgrenze und
- der Grundlage des ermäßigten Beitragssatzes zuzüglich des durchschnittlichen Zusatzbeitragssatzes.

Der Zuschuss ist begrenzt auf die Hälfte des tatsächlichen Betrags, den die Bezieher von Vorruhestandsgeld zu zahlen haben. Für 2024 ergibt sich ein Höchstbeitragszuschuss von ((14,0 % + 1,7 %) : 2 = 7,85 %; 5.175 EUR × 7,85 % =) 406,24 EUR (2023: 389,03 EUR).[2]

Mehrfachbeschäftigte

Bei ⇗ Mehrfachbeschäftigten ist hinsichtlich der Zahlung des Beitragszuschusses grundsätzlich eine der Höhe der jeweiligen Arbeitsentgelte entsprechende Aufteilung vorzunehmen. Die beteiligten Arbeitgeber tragen den Beitragszuschuss also anteilig.[3]

Dabei ist in der Weise zu verfahren, dass zunächst die Höhe des insgesamt zu zahlenden Beitragszuschusses festgestellt wird. Der auf den einzelnen Arbeitgeber entfallende Teil des Beitragszuschusses wird dann ermittelt, indem der Gesamtbeitragszuschuss mit dem Arbeitsentgelt aus der einzelnen Beschäftigung multipliziert und das Ergebnis durch die Summe der Arbeitsentgelte dividiert wird.

Arbeitnehmer in Freistellungsphase der Altersteilzeit

Arbeitnehmer haben auch in der Freistellungsphase einen Anspruch auf einen Beitragszuschuss. Voraussetzung ist, dass weiterhin Versicherungsfreiheit wegen Überschreitens der Jahresarbeitsentgeltgrenze vorliegt. In dieser Zeit besteht kein realisierbarer Anspruch auf Krankengeld. Die Beiträge zur Krankenversicherung werden somit nach dem ermäßigten Beitragssatz (2024: 14,0 %) zzgl. des (kassenindividuellen bzw. durchschnittlichen) Zusatzbeitragssatzes bemessen. Zur Zuschussberechnung gelten die Ausführungen zum Höchstzuschuss.

Beispiel

Beitragszuschuss bei Beschäftigten in der Freistellungsphase während Altersteilzeit

privat krankenversicherter Arbeitnehmer	
durchschnittlicher Zusatzbeitragssatz 2024	1,7 %
monatlich weiter gewährtes Entgelt in der Freistellungsphase	5.200 EUR
ermäßigter Beitragssatz 2024	14,0 %

Der Beschäftigte erhält den Höchstzuschuss in Höhe von 406,24 EUR begrenzt auf die Beitragsbemessungsgrenze (2023: 5.175 EUR × 7,85 %).

1 § 257 Abs. 3 SGB V.
2 § 257 Abs. 4 SGB V.
3 § 257 Abs. 1 Satz 2 SGB V.

Beitragszuschuss und Einmalzahlung

In Einzelfällen kommt es vor, dass ein Beschäftigter zwar nicht mit seinem laufenden Arbeitsentgelt die monatliche Beitragsbemessungsgrenze der Krankenversicherung überschreitet, aber durch die Gewährung regelmäßiger und mit hinreichender Sicherheit zu erwartender ⇗ Einmalzahlungen jedoch insgesamt die ⇗ Jahresarbeitsentgeltgrenzen übersteigt und deshalb krankenversicherungsfrei ist. Grundsätzlich ist in diesen Fällen der Beitragszuschuss von dem Ausgangswert zu berechnen, der bei bestehender Krankenversicherungspflicht maßgebend wäre. Dies sind in den einzelnen Monaten das laufende Arbeitsentgelt (welches unterhalb der Beitragsbemessungsgrenze liegt) und im Entgeltabrechnungszeitraum, in dem die Einmalzahlung gezahlt wird, das laufende und das einmalig gezahlte Arbeitsentgelt.

Neuberechnung des Beitragszuschusses durch Zahlung einer Prämie

Sofern der Angestellte Einmalzahlungen erhält, ist eine Neuberechnung des Beitragszuschusses vorzunehmen. Die Einschränkung, dass als Beitragszuschuss höchstens die Hälfte dessen zusteht, was der Angestellte für seine Versicherung tatsächlich aufwendet, bezieht sich nicht nur auf den Zuordnungsmonat bei Zahlung einer Prämie. Sie bezieht sich auf den gesamten Zeitraum, der für die Berechnung der Beiträge aus dem einmalig gezahlten Arbeitsentgelt heranzuziehen ist. Dies bedeutet, dass sich bei Gewährung von Einmalzahlungen rückwirkend sowohl der Zuschuss verändert als auch der Anteil des Versicherten zu seinen Aufwendungen der privaten Krankenversicherung. Damit muss eine Neuberechnung für den entsprechenden Zeitraum vorgenommen werden. Es gelten die Regelungen wie bei Einmalzahlungen.

Beispiel

Beitragszuschuss bei Zahlung eines Weihnachtsgeldes

Eine Arbeitnehmerin ist bereits seit 1999 privat krankenversichert. Ihr monatlicher Beitrag für die PKV beträgt 820 EUR. Ihr Entgelt überschreitet die für sie geltende Jahresarbeitsentgeltgrenze für das Jahr 2024 in Höhe von 62.100 EUR nur durch ein regelmäßig im Dezember gezahltes Weihnachtsgeld in Höhe von 6.000 EUR. Ihr monatliches Gehalt beträgt 4.850 EUR. Im Jahr 2024 sind für die Bemessung des Beitragszuschusses für die PKV der allgemeine Beitragssatz sowie der durchschnittliche Zusatzbeitragssatz anzusetzen. Diese betragen 14,6 % und 1,7 %. Bei einem monatlichen Entgelt von 4.850 EUR errechnet sich der Beitragszuschuss ab 1.1.2024 wie folgt:

$$\frac{4.850 \text{ EUR} \times 16,3}{100 \times 2} = 395,28 \text{ EUR}$$

Ergebnis: Die Hälfte des monatlichen PKV-Beitrags beträgt (820 EUR : 2 =) 410 EUR. Der Beitragszuschuss beträgt somit 395,28 EUR.

Im Dezember beträgt das Arbeitsentgelt (Gehalt 4.850 EUR + Weihnachtsgeld 6.000 EUR =) 10.850 EUR. Der Beitragszuschuss vom Gehalt wird wie in den Vormonaten ermittelt. Vom Weihnachtsgeld ist in Anlehnung an die beitragsrechtlichen Regelungen bei Einmalzahlungen folgender Betrag für die Zuschussberechnung zugrunde zu legen:

Jahresbeitragsbemessungsgrenze	62.100 EUR
bisherige Grundlage für den Beitragszuschuss (4.850 × 12 =)	58.200 EUR
Differenz	3.900 EUR

Im Dezember 2024 ist der Beitragszuschuss daher von (Gehalt: 4.850 EUR + Anteil vom Weihnachtsgeld: 3.900 EUR =) 8.750 EUR zu berechnen:

$$\frac{8.750 \text{ EUR} \times 16,3}{100 \times 2} = 713,13 \text{ EUR}$$

Praktische Umsetzung

Aus Gründen einer praktikablen Handhabung kann von der bei Krankenversicherungspflicht geltenden Regelung abgewichen werden. Der Beitragszuschuss kann während des gesamten Jahres in der Höhe gezahlt werden, der bei Anwendung der monatlichen Beitragsbemessungsgrenze (2024: 5.175,00 EUR; 2023: 4.987,50 EUR) zu zahlen wäre. Dies führt im Ergebnis – über das Kalenderjahr betrachtet – zu einem Beitragszuschuss in gleicher Höhe wie bei der für Pflichtbeiträge vorgeschriebenen Berechnungsweise.

Pflegeversicherung

Privat Pflegeversicherte

Die von der Versicherungspflicht in der Pflegeversicherung befreiten Arbeitnehmer, die bei einem privaten Versicherungsunternehmen gegen das Risiko der Pflegebedürftigkeit versichert sind, haben Anspruch auf einen Zuschuss für ihre private Pflegeversicherung. Der Arbeitgeber trägt dabei grundsätzlich die nach dem Arbeitsentgelt bis zur Beitragsbemessungsgrenze der Pflegeversicherung zu bemessenden Beiträge zur Hälfte.

Der Zuschuss ist in der Höhe begrenzt auf den Betrag, der als Arbeitgeberanteil bei Versicherungspflicht in der sozialen Pflegeversicherung als Beitragsanteil zu zahlen wäre, höchstens jedoch auf die Hälfte des Betrags, den der Beschäftigte für seine private Pflegeversicherung zu zahlen hat. Ab 1.1.2024 beträgt der Höchstzuschuss (Berechnung: 3,4 % : 2 = 1,7 %; 5.175 EUR × 1,7 % =) 87,98 EUR (bis 30.6.2023: 76,06 EUR; 1.7. bis 31.12.2023: 84,79 EUR). Den Beitragszuschlag für Kinderlose[1] in Höhe von 0,6 % (bis 30.6.2023: 0,35 %) tragen die Beschäftigten allein. Ein Zuschuss hierfür wird nicht geleistet.

Hinweis

Besonderheit im Bundesland Sachsen

Der Arbeitgeberanteil zur Pflegeversicherung beträgt in Sachsen nur 1,2 %. Der Beitragszuschuss ist auf diesen Satz begrenzt. Ab 1.1.2024 gilt ein monatlicher Höchstzuschuss in Höhe von 62,10 EUR (bis 30.6.2023: 51,12 EUR; 1.7. bis 31.12.2023: 59,85 EUR). Maßgebend für die räumliche Abgrenzung ist der Beschäftigungsort.

Der Zuschuss zur privaten Pflegeversicherung wird nur dann gewährt, wenn der Arbeitnehmer dem Arbeitgeber alle 3 Jahre eine Bescheinigung des privaten Versicherungsunternehmens[2] vorlegt.

Freiwillig Krankenversicherter

Beschäftigte, die freiwillig in der gesetzlichen Krankenversicherung versichert sind, erhalten von ihrem Arbeitgeber einen Zuschuss in Höhe der Hälfte der nach dem Arbeitsentgelt zu bemessenden Pflegeversicherungsbeiträge. Der Zuschuss wird aus 1,7 % (bis 30.6.2023: 1,525 %), im Bundesland Sachsen aus 1,2 % (bis 30.6.2023: 1,025 %), des Arbeitsentgelts errechnet. Zum Beitragszuschlag für kinderlose Mitglieder ist kein Zuschuss vom Arbeitgeber zu zahlen.

Belegschaftsrabatt

Belegschafts- oder Personalrabatte liegen vor, wenn Arbeitgeber ihren Arbeitnehmern kostenlos oder verbilligt Waren bzw. Dienstleistungen überlassen. Lohnsteuer- und sozialversicherungsrechtlich liegt grundsätzlich ein geldwerter Vorteil vor. Rabatte auf Waren und Dienstleistungen, die der Arbeitgeber üblicherweise an fremde Dritte abgibt, bleiben unter Berücksichtigung des Rabattfreibetrags bis 1.080 EUR jährlich steuer- und beitragsfrei. Ausgangsgröße ist der ortsübliche Endpreis für die entsprechende Ware oder Dienstleistung, gemindert um einen Bewertungsabschlag von 4 %. Die Differenz zwischen dem maßgeblichen (geminderten) Endpreis und dem vom Arbeitnehmer gezahlten Entgelt bleibt bis zu 1.080 EUR jährlich steuer- und bei-

1 § 55 Abs. 3 SGB XI.
2 § 61 Abs. 6 SGB XI.

tragsfrei. Ist der gewährte Rabatt höher, ist der übersteigende Betrag steuer- und beitragspflichtig.

Der Arbeitgeber darf im Lohnsteuerabzugsverfahren den geldwerten Vorteil nach § 8 Abs. 2 EStG bewerten. Hierbei ist als Endpreis der günstigste Preis am Markt einschließlich aller Nebenkosten anzusetzen, dann allerdings ohne Bewertungsabschlag und ohne Rabattfreibetrag. Dabei können auch Angebote aus dem Internet oder aus Prospekten herangezogen werden. Der Arbeitgeber ist aber nicht dazu verpflichtet, den geldwerten Vorteil nach § 8 Abs. 2 Satz 1 EStG zu bewerten.

Der Sachbezug ist vom Arbeitgeber im Lohnkonto aufzuzeichnen, dabei muss er den Abgabetag, den Abgabeort und die Berechnungsgrundlagen festhalten.

Preisnachlässe, die der Arbeitgeber nicht nur seinen Arbeitnehmern, sondern auch fremden Dritten üblicherweise einräumt, stellen keinen geldwerten Vorteil dar.

Vergünstigungen auf Waren und Dienstleistungen, die der Arbeitgeber üblicherweise nicht an fremde Dritte abgibt, stellen einen Sachbezug dar und die Rabattfreibetragsregelung kann nicht angewendet werden. Solche Sachbezüge können ggf. im Rahmen der 50-EUR-Sachbezugsfreigrenze steuerfrei bleiben.

Gesetze, Vorschriften und Rechtsprechung

Lohnsteuer: Der große Rabattfreibetrag ist in § 8 Abs. 3 EStG geregelt. Die 50-EUR-Sachbezugsfreigrenze in § 8 Abs. 2 Satz 11 EStG. Weitere Regelungen enthalten R 8.1 und R 8.2 LStR sowie H 8.1 und H 8.2 LStH. Zur Bewertung von Sachbezügen s. BMF, Schreiben v. 16.5.2013, IV C 5 – S 2334/07/0011, BStBl 2013 I S. 729, zuletzt geändert durch BMF, Schreiben v. 11.2.2021, IV C 5 – S 2334/19/10024 : 003, und BFH, Urteil v. 26.7.2012, VI R 30/09, BStBl 2013 II S. 400 sowie BFH, Urteil v. 26.7.2012, VI R 27/11, BStBl 2013 II S. 402.

Entgelt	LSt	SV
Belegschaftsrabatt bis 1.080 EUR	frei	frei
Über Belegschaftsrabatt von 1.080 EUR hinausgehender Betrag	pflichtig	pflichtig

Belohnung

Unter einer Belohnung wird die Vergütung des Arbeitgebers an Arbeitnehmer für Leistungen besonderer Art verstanden. Die Belohnung kann in Geld oder Geldwert bestehen. Im Rahmen von Dienstverhältnissen wird eine Belohnung regelmäßig in der Absicht gewährt, ein bestimmtes Verhalten der Arbeitnehmer zu fördern. In diesem Zusammenhang hat sich der Begriff „Incentive" etabliert, der sich am ehesten mit dem deutschen Begriff „Anreiz" übersetzen lässt.

Gesetze, Vorschriften und Rechtsprechung

Lohnsteuer: Belohnungen stellen grundsätzlich Arbeitslohn i. S. d. § 19 EStG dar. Besonderheiten ergeben sich bei der Behandlung von Incentivereisen, die in H19.7 LStH behandelt werden.

Sozialversicherung: Belohnungen aus dem Beschäftigungsverhältnis zählen nach § 14 SGB IV zum Arbeitsentgelt. Belohnungen zur Verhütung von Unfällen, ausgezahlt durch die Unfallversicherungsträger, werden beitragsrechtlich nach § 14 SGB IV i. V. m. § 1 Abs. 1 Nr. 1 SvEV und BFH, Urteil v. 22.2.1963, BStBl 1963 III S. 306 beurteilt.

Entgelt	LSt	SV
Prämien, Incentives, Preise	pflichtig	pflichtig
Belohnung für die Verhütung von Katastrophen/Unfällen	frei	frei

Lohnsteuer

Steuerpflichtiger Arbeitslohn

Belohnungen an den Arbeitnehmer sind grundsätzlich steuerpflichtiger Arbeitslohn, wenn sie mit Rücksicht auf das Dienstverhältnis und nicht im ganz überwiegend eigenen betrieblichen Interesse des Arbeitgebers gezahlt werden. Dies gilt auch für Belohnungen an Arbeitnehmer, die durch persönlichen Einsatz oder besonders umsichtiges Verhalten eine Gefahr für Leib und Leben anderer abgewendet oder erheblichen Sachschaden verhindert haben.

Als steuerpflichtiger Arbeitslohn sind somit folgende Belohnungen einzuordnen:

- Prämien des Arbeitgebers im Rahmen eines Sicherheitswettbewerbs,
- Prämien für Verbesserungsvorschläge oder Erfindervergütungen,
- Prämien für besonders gute Leistungen,
- „Fangprämien" für Ladendiebe, die z. B. ein Kaufhaus seinen Angestellten verspricht,
- Prämien, die eine Bank für die Meldung oder Aufdeckung von Unregelmäßigkeiten auslobt,
- Prämien eines Dritten, wenn sie Entlohnungscharakter für im Rahmen des Dienstverhältnisses erbrachte Leistungen haben.

Vom Arbeitgeber ausgelobte Prämien z. B. im Rahmen eines Verkaufs- oder Ideenwettbewerbs sind grundsätzlich Arbeitslohn. Je nach Art der Prämie erfolgt eine Versteuerung als Bar- oder Sachlohn nach den allgemeinen Grundsätzen.

Ausnahmen von der Steuerpflicht

In besonderen Einzelfällen sieht die Finanzverwaltung von der Besteuerung ab.[1] Voraussetzung ist, dass es sich um eine Belohnung für die Verhütung einer Katastrophe handelt und die Gefahrenbekämpfung nicht zum unmittelbaren Aufgabenbereich des Arbeitnehmers gehört.

Nicht durch das Dienstverhältnis veranlasst und damit auch kein steuerpflichtiger Arbeitslohn sind dagegen z. B. Belohnungen der Berufsgenossenschaft für Verdienste bei der Verhütung von Unfällen.[2]

Incentivereise mit touristischem Charakter

Veranstaltet der Arbeitgeber eine Incentivereise, um bestimmte Arbeitnehmer für besondere Leistungen zu belohnen und zu weiteren Leistungssteigerungen zu motivieren, stellt dieses sog. ↗ Incentive für die Arbeitnehmer einen steuerpflichtigen geldwerten Vorteil dar. Hiervon ist auszugehen, wenn auf den Reisen

- ein Besichtigungsprogramm angeboten wird, das einschlägigen Touristikreisen entspricht und
- der berufliche Erfahrungsaustausch zwischen den Arbeitnehmern demgegenüber zurücktritt.

Preise mit Entlohnungscharakter

Preise für Engagement

Preise für besondere Leistungen oder besonderes Engagement, z. B. auf technischem, wissenschaftlichem oder künstlerischem Gebiet, sind nur dann zu versteuern, wenn ein untrennbarer wirtschaftlicher Zusammenhang zwischen dem Preis und einer Einkunftsart besteht. Ein solcher

1 Bayerisches Staatsministerium der Finanzen v. 1.6.1954, S 2303 – 1072 – 49 079, bundeseinheitliche Regelung.
2 BFH, Urteil v. 22.2.1963, VI 165/61 U, BStBl 1963 III S. 306.

liegt vor, wenn der Preis wie ein leistungsbezogenes Entgelt für eine Tätigkeit wirkt und eine unmittelbare Folge der Tätigkeit ist oder sogar das Ziel dieser Tätigkeit darstellt. Hierunter fallen z. B. Preise

- eines Architekten bei einem Ideenwettbewerb,
- für eine innovative unternehmerische Idee,
- für eine herausragende Leistung eines Profisportlers,
- für besondere betriebswirtschaftliche Leistungen eines jungen Marktleiters im Einzelhandel.

Achtung

Auszeichnung des Lebenswerks, des Charakters oder der Vorbildfunktion

Nicht im Zusammenhang mit einer Einkunftsart und damit nicht steuerpflichtig sind Preise, die ein Lebenswerk prämieren, eine besondere charakterliche Haltung oder eine Vorbildfunktion auszeichnen. Dies gilt selbst dann, wenn bestimmte Werke, mit denen auch Einnahmen erzielt wurden, z. B. aus der Verwertung von Büchern, Anlass für die Verleihung des Preises waren. Dabei kann auch das Alter einer ausgezeichneten Person bedeutsam sein.

Preise im Rahmen eines Dienstverhältnisses

Werden Preise im Rahmen eines Dienstverhältnisses zugewendet, liegt grundsätzlich steuerpflichtiger Arbeitslohn vor. Voraussetzung ist insoweit, dass der Preis leistungsabhängig erworben wurde und daher Entlohnungscharakter hat. Hiervon ist auszugehen bei Preisvergaben anlässlich eines Sicherheitswettbewerbs oder eines Wettbewerbs mit Verbesserungsvorschlägen.

Sachpreise aus betrieblichen Verlosungen

Ein Bezug zum Dienstverhältnis, der zum Zufluss von Arbeitslohn führt, liegt auch in den Fällen vor, in denen innerhalb des Betriebs Sachpreise von erheblichem Wert verlost werden, z. B. Fahrräder oder Fernseher.

Findet die Verlosung außerhalb einer üblichen Betriebsveranstaltung statt, liegt auch bereits bei Zuwendung kleinerer Preise steuerpflichtiger Arbeitslohn vor. Von einer Verlosung außerhalb einer üblichen Betriebsveranstaltung, die zu Lohnzufluss führt, ist auch auszugehen, wenn sich eine Verlosung nur an bestimmte herausgehobene Personen im Unternehmen richtet, z. B die außertariflich bezahlten Angestellten.

Tipp

Los-Kaufpreis als Werbungskosten absetzen

Erwirbt der Arbeitnehmer die Lose entgeltlich, kann er in Höhe seines Kaufpreises Werbungskosten geltend machen.

Ausnahme bei Betriebsveranstaltungen

Eine Lohnversteuerung ist jedoch ausnahmsweise dann nicht vorzunehmen, wenn es sich um Verlosungen des Arbeitgebers handelt, an denen jeder Arbeitnehmer teilnehmen kann und die im Rahmen einer üblichen ⇗ Betriebsveranstaltung stattfinden oder die als bloße Aufmerksamkeit im Rahmen einer nicht üblichen Betriebsveranstaltung gewährt werden. Dann ist ihr Wert in den 110-EUR-Freibetrag[1] einzubeziehen.[2]

Gewinne aus privaten Preisausschreiben

Ebenfalls nicht einkommensteuerpflichtig sind Gewinne aus privaten Preisausschreiben, Preisrätseln oder Quizsendungen.

Belohnungen Dritter als Arbeitslohn

Auch Belohnungen die dem Arbeitnehmer von einem Dritten gewährt werden, können steuerpflichtiger Arbeitslohn sein. Hier ist besonders zu prüfen, ob eine Belohnung auch tatsächlich mit Rücksicht auf das Dienstverhältnis geleistet wurde. Um Arbeitslohn kann es sich z. B. handeln, bei

- Belohnungen durch Kunden des Arbeitgebers,
- Preisgeldern, die für besondere Leistungen im Zusammenhang mit der beruflichen Tätigkeit vergeben werden,
- Nachwuchsförderpreisen, wenn diese den wirtschaftlichen Charakter eines leistungsbezogenen Entgelts haben.

Sofern der Arbeitgeber in das Belohnungsverfahren eingeschaltet ist, handelt es sich immer um eine ⇗ Lohnzahlung durch Dritte, die zu steuerpflichtigem Arbeitslohn führt. In allen anderen Fällen reicht es für eine Lohnsteuerabzugsverpflichtung des Arbeitgebers bereits aus, dass der Arbeitgeber weiß oder erkennen kann, dass Lohn von Dritten geleistet wurde.[3]

Sozialversicherung

Belohnungen vom Arbeitgeber für persönlichen Einsatz oder besonders umsichtiges Verhalten des Arbeitnehmers stellen grundsätzlich sozialversicherungspflichtiges Arbeitsentgelt dar. Voraussetzung ist, dass die Zahlungen im Zusammenhang mit erbrachten Leistungen des Arbeitnehmers innerhalb des Beschäftigungsverhältnisses bzw. in enger Verbindung zu der Arbeitnehmertätigkeit stehen. Sie sind grundsätzlich dem ⇗ Entgeltabrechnungsmonat zuzuordnen, in dem sie ausgezahlt werden. Sofern sie in dem Zeitraum vom Januar bis März eines Jahres ausgezahlt werden, erfolgt unter bestimmten Voraussetzungen eine Zuordnung zum letzten Entgeltabrechnungsmonat des vergangenen Jahres.

Hinweis

Beurteilung des regelmäßigen Jahresarbeitsentgelts

Belohnungen zählen nicht zum regelmäßigen Jahresarbeitsentgelt. Sie bleiben somit bei der Berechnung des regelmäßigen Jahresarbeitsentgelts unberücksichtigt.

Belohnung für die Verhinderung einer Katastrophe

Wird dem Arbeitnehmer eine Belohnung für die Verhinderung einer Katastrophe gezahlt und gehört die Gefahrenbekämpfung nicht zur unmittelbaren Aufgabe des Arbeitnehmers, so zählt diese nicht zum beitragspflichtigen Arbeitsentgelt.[4] Das Gleiche gilt auch für Belohnungen von Berufsgenossenschaften, die zur Verhütung von Unfällen gewährt werden.[5]

Bereitschaftsdienstzulage

Angehörige vieler Branchen erhalten für den Bereitschaftsdienst an Wochenenden oder nachts eine Zulage vom Arbeitgeber. Diese Zulage bezeichnet man als Bereitschaftsdienstzulage.

Sie wird im Zusammenhang mit der Arbeitsleistung des Arbeitnehmers gewährt, die dieser zur Verfügung stellt. Sie ist damit steuerpflichtiger Arbeitslohn bzw. beitragspflichtiges Arbeitsentgelt.

Häufig werden in der Praxis Bereitschaftsdienstzulagen mit steuerfreien Zuschlägen verwechselt. Während jedoch steuerfreie Zuschläge nur im Zusammenhang mit einer tatsächlich erbrachten Leistung gewährt werden können, sind Bereitschaftsdienstzulagen gerade nicht für tatsächlich geleistete Stunden vorgesehen. Eine Bereitschaftsdienstzulage kann also nur dann im Rahmen von steuerfreien Zuschlägen für Sonntags-, Feiertags- und Nachtarbeit gewährt werden, wenn aus der Bereitschaft eine tatsächliche Arbeitsleistung erfolgt.

Zu der Frage „Ist Maßstab für die Berechnung der prozentualen Höchstgrenzen beim Bereitschaftsdienst an Sonn- und Feiertagen oder zur Nachtzeit das für den bei Anwesenheit am Arbeitsplatz geleisteten Bereitschaftsdienst gezahlte Entgelt oder der sonst maßgebende Grundlohn?" ist ein Verfahren beim BFH unter Az. VI R 1/22 anhängig.

1 Das Gesetzgebungsverfahren, das eine Änderung des Werts vorsieht, ist noch nicht abgeschlossen. Ggf. wird eine Änderung im Laufe des Jahres 2024 folgen.
2 § 19 Abs. 1 Nr. 1a Satz 3 EStG.
3 § 38 Abs. 1 Satz 3 EStG.
4 FinMin Niedersachsen, Erlass v. 6.2.1985.
5 BFH, Urteil v. 22.2.1963, VI 165/61 U.

Gesetze, Vorschriften und Rechtsprechung

Lohnsteuer: Die Lohnsteuerpflicht der Bereitschaftsdienstzulage ergibt sich aus § 19 Abs. 1 EStG i. V. m. R 19.3 LStR. Zur Berechnung des Grundlohns bei Bereitschaftsdiensten befindet sich ein Verfahren in Revision beim BFH unter Az. VI R 1/22, Vorinstanz: Niedersächsisches FG, Urteil v. 15.12.2021, 14 K 268/18.

Sozialversicherung: Sofern die Bereitschaftsdienstzulage lohnsteuerpflichtig ist, ergibt sich die Beitragspflicht aus § 14 SGB IV.

Entgelt	LSt	SV
Bereitschaftsdienstzulage	pflichtig	pflichtig

Berufsfachschüler

Fach- bzw. Berufsfachschulen zählen nicht zu den anerkannten Ausbildungsstätten des Zweiten Bildungsweges. Es handelt sich dabei um Einrichtungen der beruflichen Ausbildung, für deren Besuch keine Berufsausbildung oder berufliche Tätigkeit vorausgesetzt wird.

Gesetze, Vorschriften und Rechtsprechung

Sozialversicherung: In der Pflegeversicherung werden Fach- und Berufsfachschüler ausdrücklich als versicherungspflichtige Personenkreise in § 20 Abs. 1 Satz 2 Nr. 10 SGB XI genannt. Die Vorbehaltsklausel in § 20 Abs. 1 Satz 1 SGB XI schließt diese Versicherungspflicht jedoch aus. Nach § 20 Abs. 3 SGB XI sind freiwillige Mitglieder in der gesetzlichen Krankenversicherung versicherungspflichtig in der sozialen Pflegeversicherung. Die kostenfreie Familienversicherung in der gesetzlichen Krankenversicherung ist in § 10 SGB V definiert.

Die versicherungsrechtliche Beurteilung der Ausbildung zum staatlich geprüften Sportlehrer an einer anerkannten privaten Berufsfachschule ist Thema eines BSG-Urteils gewesen (BSG, Urteil v. 7.11.1995, 12 RK 38/94).

Sozialversicherung

Versicherungspflicht

Fach- bzw. Berufsfachschüler unterliegen nicht der Kranken- und Pflegeversicherungspflicht als Auszubildende des Zweiten Bildungsweges. In der Renten- und Arbeitslosenversicherung sind sie nicht versicherungspflichtig.

Staatlich geprüfte Sportlehrer

Die Rechtsprechung[1] hat entschieden, dass eine Ausbildung zum staatlich geprüften Sportlehrer an einer anerkannten privaten Berufsfachschule nicht unter den „Zweiten Bildungsweg" fällt und demzufolge auch keine Krankenversicherungspflicht nach § 5 Abs. 1 Nr. 10 SGB V auslöst. Dies gilt selbst dann, wenn sie sich in einem nach dem BAföG förderungsfähigen Ausbildungsabschnitt befinden.

Familienversicherung/freiwillige Krankenversicherung

Der Fach- oder Berufsfachschüler kann sich bei Erfüllen der allgemeinen Anspruchsvoraussetzungen familienversichern. Besteht kein Anspruch auf ⇗ Familienversicherung, kann der Fach- oder Berufsfachschüler seine Mitgliedschaft freiwillig fortsetzen. Freiwillig krankenversicherte Fach- oder Berufsfachschüler sind in der sozialen Pflegeversicherung versicherungspflichtig.

1 BSG, Urteil v. 7.11.1995, 12 RK 38/94.

Zuständige Krankenkasse

Fach- und Berufsfachschüler können eine Krankenkasse nach den Bestimmungen des allgemeinen Krankenkassenwahlrechts wählen. Da keine Krankenversicherungspflicht besteht, kann auch eine ⇗ private Krankenversicherung gewählt werden. Bei einem Krankenkassenwechsel oder der Kündigung der Mitgliedschaft sind Fristen zu beachten.

Berufsgenossenschaften

Eine Berufsgenossenschaft ist ein Träger der gesetzlichen Unfallversicherung für die gewerbliche Wirtschaft. Zwangsmitglied ist hier jeder Unternehmer, der Arbeitnehmer beschäftigt. Die Berufsgenossenschaften gehören zu den Sozialversicherungsträgern, da die gesetzliche Unfallversicherung einen der 5 Zweige der Sozialversicherung darstellt.

Gesetze, Vorschriften und Rechtsprechung

Sozialversicherung: § 114 SGB VII regelt, welche Träger es in der gesetzlichen Unfallversicherung gibt. Der Bescheid über die Zuständigkeit sowie den Begriff des Unternehmers werden in § 136 SGB VII definiert. In § 192 SGB VII sind die Mitteilungs- und Auskunftspflichten von Unternehmern und Bauherren normiert.

Der Europäische Gerichtshof hat entschieden, dass das Monopol der Berufsgenossenschaften weder gegen das Wettbewerbsrecht der EU noch gegen die Dienstleistungsfreiheit verstößt (EuGH, Urteil v. 5.3.2009, C-350/07).

Sozialversicherung

Aufbau/Abgrenzung zu anderen Trägern

Berufsgenossenschaften sind Träger der gesetzlichen Unfallversicherung für die gewerbliche Wirtschaft und die Landwirtschaft. Es gibt 9 gewerbliche Berufsgenossenschaften, die überwiegend nach fachlichen Gesichtspunkten gegliedert sind. Sie sind für alle Unternehmen (Betriebe, Verwaltungen, Einrichtungen, Tätigkeiten) einer bestimmten Branche zuständig. Die Unternehmen in der Landwirtschaft werden durch die Sozialversicherung für Landwirtschaft, Forsten und Gartenbau betreut.

Neben den Berufsgenossenschaften gibt es bei den Ländern 16 Unfallkassen, ferner 3 Gemeindeunfallversicherungsverbände. Auf Bundesebene gibt es die Unfallversicherung Bund und Bahn. Ferner existieren 4 Feuerwehr-Unfallkassen.

Organisation

Berufsgenossenschaften sind kraft Gesetzes gebildete Pflichtvereinigungen der Unternehmer. Sie sind Körperschaften des öffentlichen Rechts und haben Behördeneigenschaft. Ihre Aufgaben nehmen sie in Erfüllung ihrer gesetzlichen Pflicht in eigenem Namen und unter eigener Verantwortung wahr. Sie stehen unter der Rechtsaufsicht des Bundesamts für Soziale Sicherung (BAS), die Fachaufsicht über die Prävention hat das Bundesministerium für Arbeit und Sozialordnung. Die Berufsgenossenschaften verwalten sich selbst durch ihre Organe, die Vertreterversammlung und den Vorstand. Alle 6 Jahre werden die Vertreter der Arbeitgeber und der Versicherten in der Sozialversicherungswahl neu gewählt.

Unternehmer und Versicherte

Mitglied der fachlich zuständigen Berufsgenossenschaft ist entsprechend dem Gewerbezweig jeder Unternehmer. Die Mitgliedschaft beginnt mit den vorbereitenden Arbeiten für die Eröffnung des Unternehmens[2] oder bei der erstmaligen Beschäftigung von Personen. Bei vielen Berufsgenossenschaften sind die Unternehmer pflichtversichert, bei einigen Berufsgenossenschaften kann sich der Unternehmer selbst freiwillig versichern, um geschützt zu sein. Die Anmeldung des Unternehmens muss binnen

2 § 136 Abs. 1 Satz 2 SGB VII.

einer Woche vorgenommen werden.[1] Der Unternehmer hat jede Änderung seines Betriebs, die für die berufsgenossenschaftliche Zuständigkeit oder für die Beitragsberechnung von Bedeutung ist, binnen 4 Wochen anzuzeigen. Die Folge kann die Überweisung an eine andere Berufsgenossenschaft oder eine geänderte Risikoeinstufung[2] sein.

Aufgaben

Die Berufsgenossenschaften haben die Aufgabe,

- an der Stelle des Unternehmers bei Arbeitsunfällen einzutreten, also die Haftung zu übernehmen,
- ↗ Arbeitsunfälle, ↗ Berufskrankheiten und arbeitsbedingte Gesundheitsgefahren[3] zu verhüten (Prävention),
- Gesundheit und Arbeitskraft der Verletzten wiederherzustellen (Rehabilitation) und
- die Verletzten oder ihre Hinterbliebenen finanziell zu entschädigen.

Finanzierung

Die gewerblichen Berufsgenossenschaften finanzieren sich ausschließlich durch Beiträge der Unternehmer[4], weil die Übernahme der Haftung ausschließlich den Unternehmern zugutekommt. Die pflichtversicherten Arbeitnehmer sind also, anders als in anderen Sozialversicherungszweigen, an der Beitragszahlung nicht beteiligt. Der Bedarf des abgelaufenen Geschäftsjahres wird auf die Mitglieder umgelegt. Die Beiträge werden nicht nach festen Prozentsätzen wie in den anderen Sozialversicherungszweigen, sondern nach dem Entgelt, das die Versicherten im Betrieb verdient haben, bis zu einer Höchstgrenze sowie nach dem Gefahrtarif – das ist eine Einstufung in Schadensklassen – berechnet. Die Unternehmer müssen den Berufsgenossenschaften jeweils bis zum 11. Februar nach Ablauf des Geschäftsjahres das Arbeitsentgelt nachweisen (letztmalig am 11.2.2018). Zum 16. Februar muss das Entgelt pro Arbeitnehmer und pro Gefahrtarifstelle ferner mit der Jahresmeldung im DEÜV-Verfahren gemeldet werden.

Berufshaftpflichtversicherung

Die gesetzlich oder berufsrechtlich vorgeschriebene Berufshaftpflichtversicherung gibt es für Freiberufler (Rechtsanwälte, Architekten, Ärzte, Hebamme etc.) sowie Gewerbetreibende (z. B. Immobilienkreditvermittler, Makler). Mit der Berufshaftpflichtversicherung sollen Risiken für Vermögensschäden sowie im Personen- und Sachbereich versichert werden, die aus der Ausübung der berufsspezifischen Tätigkeiten entstehen können.

Gesetze, Vorschriften und Rechtsprechung

Lohnsteuer: Der Arbeitslohnbegriff nach § 2 LStDV ist maßgebend für die Frage, ob steuerpflichtige Einkünfte nach § 19 Abs. 1 Satz 1 EStG und § 2 Abs. 2 Satz 1 Nr. 2 EStG vorliegen. Zur Übernahme von Beiträgen zur Berufshaftpflichtversicherung als Arbeitslohn s. BFH-Urteil v. 26.7.2007, VI R 64/06, BStBl 2007 II S. 892.

Entgelt	LSt	SV
Übernahme von Versicherungsbeiträgen	pflichtig	pflichtig

Entgelt

Versicherungsbeitrag als Arbeitslohn

Übernimmt der Arbeitgeber (Einzelkanzlei) die Beiträge zur Berufshaftpflichtversicherung eines angestellten Rechtsanwalts, geschieht das nicht im eigenbetrieblichen Interesse des Arbeitgebers. Denn jeder Rechtsanwalt muss eine Berufshaftpflichtversicherung mit einer Mindestversicherungssumme abschließen.[5,6] Diese übernommenen Beiträge zur Berufshaftpflichtversicherung zählen zum Arbeitslohn und sind lohnsteuer- und beitragspflichtig.

Übernimmt ein Rechtsanwalt die Versicherungsbeiträge seiner angestellten Rechtsanwälte, die im Außenverhältnis nicht für eine anwaltliche Pflichtverletzung haften, liegt Arbeitslohn regelmäßig nur in Höhe des übernommenen Prämienanteils vor, der auf die Mindestversicherungssumme[7] entfällt. Der darüber hinausgehende Anteil ist kein Arbeitslohn und wird vom Arbeitgeber im eigenen Interesse bezahlt.[8]

Berufshaftpflicht kein Arbeitslohn

Kein Arbeitslohn oberhalb der Mindestversicherungssumme

Erstattet eine Rechtsanwaltskanzlei in Form einer GbR die Zahlung eines angestellten Anwalts bezüglich der vom Anwalt direkt abgeschlossenen Berufshaftpflichtversicherung und ist der Anwalt auf dem Briefkopf der Rechtsanwaltssozietät als Angestellter bezeichnet, ist der Anteil des Beitrags über die Mindestversicherungssumme hinaus kein Arbeitslohn. Laut BFH haftet der angestellte Rechtsanwalt, der als solcher auf dem Briefkopf aufgeführt ist, im Außenverhältnis für seine anwaltlichen Fehler nicht. Hierfür muss allein die mandatierte Anwaltssozietät einstehen. Denn der angestellte Rechtsanwalt handelt im Rahmen seiner anwaltlichen Tätigkeit für die Anwaltssozietät als deren Erfüllungsgehilfe, sodass diese für anwaltliche Pflichtverletzungen des angestellten Rechtsanwalts haftet. Wird ein zivilrechtlich nicht haftender Anwalt in den erhöhten Versicherungsschutz einer Sozietät einbezogen, liegt ein überwiegend eigenbetriebliches Interesse der Sozietät an der versicherungsrechtlich benötigten Höherversicherung und der hierdurch abgedeckten Versicherungssumme vor. Dies stellt somit keinen Arbeitslohn dar. Dann muss die Versicherungsprämie entsprechend aufgeteilt werden.[9]

Im obigen Streitfall hat der BFH die Sache an das FG Münster zurückverwiesen, weil das FG keine Feststellungen dazu getroffen hatte, ob durch die Übernahme der erhöhten Beiträge zur eigenen Berufshaftpflichtversicherung des angestellten Anwalts ausnahmsweise in vollem Umfang Arbeitslohn vorliegt, weil dieser als „Scheinsozius" zu beurteilen ist. Von einem Scheinsozius spricht man, wenn Außenstehende wie Mandanten nicht erkennen können, dass der auf dem Briefkopf benannte Anwalt nur angestellt und nicht Mitglied der Sozietät ist. Auch wenn der angestellte Anwalt als solcher auf dem Briefkopf der Rechtsanwaltssozietät erscheint und direkt über die Vermögensschaden-Haftpflichtversicherung der Rechtsanwaltskanzlei in Form der GbR mitversichert ist und keine eigene Versicherung abgeschlossen hat, führt nur der Anteil der Mindestversicherungssumme zu Arbeitslohn.[10]

Auch Beiträge, die eine Partnerschaftsgesellschaft mbB für die angestellten Anwälte übernommen hat, sind nur in Höhe der Mindestversicherungssumme Arbeitslohn.[11]

Kein Arbeitslohn bei eigener Berufshaftpflicht einer Rechtsanwalts-GmbH und -GbR

Die eigene Berufshaftpflichtversicherung einer Rechtsanwalts-GmbH nach § 59j BRAO führt nicht zu Lohn bei den angestellten Anwälten. Die Rechtsanwalts-GmbH wendet dadurch weder Geld noch einen geldwerten Vorteil in Form des Versicherungsschutzes zu.[12]

Gleiches gilt bei der eigenen Berufshaftpflichtversicherung einer Rechtsanwalts-GbR.[13]

1 § 192 SGB VII.
2 § 160 SGB VII.
3 § 15 SGB VII.
4 § 150 SGB VII.
5 § 51 Abs. 1 Satz 1, Abs. 4 BRAO.
6 BFH, Urteil v. 26.7.2007, VI R 64/06, BStBl 2007 II S. 892; BFH, Urteil v. 17.1.2008, VI R 26/06, BStBl 2008 II S. 378, für Beiträge zu den Berufskammern von Steuerberatern und Wirtschaftsprüfern.
7 § 51 Abs. 4 BRAO.
8 BFH , Urteil v. 15.12.2021, VI R 32/19, BFH/NV 2022 S. 412.
9 BFH, Urteil v. 1.10.2020, VI R 11/18, BStBl 2021 II S. 356.
10 BFH, Urteil v. 1.10.2020, VI R 12/18, BStBl 2021 II S. 356.
11 BFH, Beschluss v. 23.7.2021, VI R 42/20.
12 BFH, Urteil v. 19.11.2015, VI R 74/14, BStBl 2016 II S. 303.
13 BFH, Urteil v. 10.3.2016, VI R 58/14, BStBl 2016 II S. 621.

Berufskammer/Berufsverband

Rechtsanwälte, Architekten, Ärzte, Apotheker, Steuerberater werden mit der Zulassung bzw. Bestellung Zwangsmitglieder in den jeweiligen Berufskammern. Zu deren Aufgaben gehört die Fort- und Weiterbildung von Mitgliedern, die Berufsaufsicht, die Qualitätssicherung sowie die Information von Bürgern über die berufliche Tätigkeit sowie berufsbezogene Themen.

Übernimmt der Arbeitgeber die Beiträge zur Berufskammer eines Angestellten (z. B. angestellter Geschäftsführer), zählen diese zum Arbeitsentgelt und sind lohnsteuer- und beitragspflichtig in der Sozialversicherung.[1] Dies geschieht nicht im eigenbetrieblichen Interesse des Arbeitgebers, denn z. B jeder Steuerberater ist Zwangsmitglied und profitiert auch von den Leistungen der Berufskammer. Gleiches gilt z. B. für die Übernahme der Beiträge zum Deutschen Anwaltsverein, weil die Vorteile der Mitgliedschaft, insbesondere die berufliche Vernetzung sowie der vergünstigte Zugang zu Fortbildungsangeboten und zu Rabattaktionen, sich für den Anwalt unabhängig vom Anstellungsverhältnis auswirken.

Auch die Übernahme der Umlage für die Einrichtung des besonderen elektronischen Anwaltspostfachs einer angestellten Rechtsanwältin durch den Arbeitgeber führt zu Arbeitslohn.

Gesetze, Vorschriften und Rechtsprechung

Lohnsteuer: Der Arbeitslohnbegriff nach § 2 LStDV ist maßgebend für die Frage, ob steuerpflichtige Einkünfte nach § 19 Abs. 1 Satz 1 EStG und § 2 Abs. 2 Satz 1 Nr. 2 EStG vorliegen. Für Beiträge zu den Berufskammern von Steuerberatern und Wirtschaftsprüfern s. BFH-Urteil v. 17.1.2008, VI R 26/06, BStBl 2016 II S. 303 und zur Übernahme von Beiträgen zur Rechtsanwaltskammer BFH, Urteil v. 1.10.2020, VI R 11/18.

Entgelt	LSt	SV
Übernahme von Kammer- oder Verbandsbeiträgen	pflichtig	pflichtig

Berufskrankheit

Berufskrankheiten treten nicht durch ein plötzliches Ereignis ein. Hier wird die gesundheitliche Beeinträchtigung und Schädigung des gesetzlich Unfallversicherten durch eine schädigende Einwirkung bei einer beruflichen Tätigkeit über einen längeren Zeitraum hinweg verursacht. Liegt hierbei ein ursächlicher Zusammenhang mit einer versicherten Tätigkeit (z. B. als Arbeitnehmer) und der geforderten Krankheitsmerkmale vor, so spricht man von einer Berufskrankheit.

Gesetze, Vorschriften und Rechtsprechung

Sozialversicherung: Der Begriff der Berufskrankheit wird in § 9 SGB VII gesetzlich geregelt. Die Berufskrankheiten-Verordnung (BKV) konkretisiert diese Vorschrift, während Anlage 1 der BKV den Katalog der Berufskrankheiten enthält, welche von den Trägern der gesetzlichen Unfallversicherung derzeit anzuerkennen sind.

Sozialversicherung

Entschädigung durch Berufsgenossenschaft

Primär werden die Versicherten in der gesetzlichen Unfallversicherung entschädigt, wenn ihr Gesundheitsschaden durch ein plötzliches schädigendes Ereignis bei einer beruflichen Tätigkeit eingetreten ist. Der soziale Schutzgedanke greift aber auch dann, wenn der Gesundheitsschaden auf einer allmählich schädigenden Einwirkung im Betrieb beruht, aber grundsätzlich nur, wenn die schädigende Einwirkung als Berufskrankheit definiert und anerkannt ist.[2] Die Berufskrankheit stellt neben dem ⬀ Arbeitsunfall einen eigenständigen Versicherungsfall dar.

Berufskrankheiten-Verordnung

Die Berufskrankheiten werden von der Bundesregierung in einer Rechtsverordnung aufgeführt, der Berufskrankheiten-Verordnung. Es dürfen nur Erkrankungen in diese Verordnung aufgenommen werden, wenn sie nach den Erkenntnissen der medizinischen Wissenschaft durch besondere Einwirkungen verursacht worden sind, denen bestimmte Personengruppen durch ihre Arbeit in erheblich höherem Grade als die übrige Bevölkerung einer Gefährdung ausgesetzt sind. Auch Krankheiten, die noch nicht in dieser Liste enthalten sind, können wie eine Berufskrankheit entschädigt werden, wenn nach neuen wissenschaftlichen Erkenntnissen für sie die gleichen Voraussetzungen gegeben sind, wie sie für die Aufnahme in die Liste gefordert werden.

Arbeitsbedingte Erkrankungen/arbeitsbedingte oder berufsbedingte Gesundheitsgefahren

„Arbeitsbedingte Erkrankungen“[3] und „arbeitsbedingte oder berufsbedingte Gesundheitsgefahren“[4] sind von den Berufskrankheiten deutlich zu trennen: nur Krankheiten, die die Begriffsmerkmale des § 9 Abs. 1 Satz 1 SGB VII erfüllen, sind Berufskrankheiten. Nach der Definition handelt es sich um Krankheiten von Versicherten, die durch Rechtsverordnung als Berufskrankheit bezeichnet wurden und die diese im Einzelfall infolge einer versicherten Tätigkeit erlitten haben. Der Nachweis dieser Kausalität ist häufig schwierig, weil berufliche Faktoren mit Einwirkungen aus dem unversicherten häuslichen Lebensbereich konkurrieren.

Wegfall des Unterlassungszwangs

Am 7.5.2020 wurde der Entwurf der Bundesregierung für ein 7. SGB IV-ÄndG vom Bundestag angenommen. Die Gesetzesänderungen sind zum 1.1.2021 in Kraft getreten. Ab diesem Zeitpunkt ist es bei 99 Berufskrankheiten-Ziffern für die Anerkennung einer Berufskrankheit nicht mehr erforderlich, dass die Versicherten die gefährdende Tätigkeit dauerhaft unterlassen (sog. Unterlassungszwang). Zu diesen Berufskrankheiten gehören insbesondere die Hauterkrankungen (BK-Ziffer 5101), Erkrankungen der Lenden- und Halswirbelsäule (BK-Ziffern 2108, 2109, 2110) und der Atemwege (BK-Ziffern 4301, 4302).

Aufteilung in Gruppen

In der zurzeit gültigen Liste der Berufskrankheiten-Verordnung sind die Berufskrankheiten in folgende 6 Gruppen eingeteilt:

1. Durch chemische Einwirkungen verursachte Krankheiten, z. B. Erkrankungen des Blutes, des blutbildenden und des lymphatischen Systems durch Benzol (BK-Ziffer 1318).
2. Durch physikalische Einwirkungen verursachte Krankheiten, z. B. Schwerhörigkeit durch Lärm am Arbeitsplatz (BK 2301).
3. Durch Infektionserreger oder Parasiten verursachte Krankheiten sowie Tropenkrankheiten.
4. Erkrankungen der Atemwege und der Lunge, des Rippenfells und Bauchfells, z. B. Lungenkrankheiten durch Asbest (BK-Ziffer 4104) oder durch allergisierende Stoffe verursachte obstruktive Atemwegserkrankungen (BK-Ziffer 4301).
5. Hautkrankheiten und
6. Krankheiten sonstiger Ursache, Augenzittern der Bergleute (BK-Ziffer 6101).

Für einige Berufskrankheiten-Tatbestände werden zusätzliche versicherungsrechtliche Merkmale für den Eintritt des Versicherungsfalls gefordert. Der Umfang der Entschädigung bei Berufskrankheiten ist der gleiche wie bei ⬀ Arbeitsunfällen. Der Unternehmer muss bei Verdacht auf eine Berufskrankheit Anzeige beim Unfallversicherungsträger erstatten (Formblatt).

1 BFH, Urteil v. 1.10.2020, VI R 11/18, BStBl 2021 II S. 352.

2 §§ 7 und 9 SGB VII.
3 § 3 Abs. 1 Nr. 3 ASiG.
4 § 14 SGB VII.

Berufsständische Versorgung

Für die Angehörigen sog. Kammerberufe bestehen berufsständische, öffentlich-rechtliche Versicherungs- und Versorgungseinrichtungen. Soweit dies gesetzlich geregelt ist, werden Beschäftigte und selbstständig Tätige für die Beschäftigung oder selbstständige Tätigkeit Mitglied einer öffentlich-rechtlichen Versorgungseinrichtung und zugleich einer berufsständischen Kammer ihrer Berufsgruppe. Die in einer berufsständischen Versorgungseinrichtung versicherten Arbeitnehmer entrichten regelmäßig Beiträge, wie sie auch in der gesetzlichen Rentenversicherung zu zahlen sind.

Die Mitgliedschaft in einem Berufsständischen Versorgungswerk steht den Berufsgruppen der Ärzte, Zahnärzte, Psychologischen Psychotherapeuten, Apotheker, Notare, Rechtsanwälte, Architekten, Ingenieure, Wirtschaftsprüfer oder Steuerberater offen.

Gesetze, Vorschriften und Rechtsprechung

Lohnsteuer: Zuschüsse des Arbeitgebers zu den Beiträgen des Arbeitnehmers an ein berufsständisches Versorgungswerk sind nach § 3 Nr. 62 Satz 2 Buchst. c und Satz 3 EStG in begrenzter Höhe steuerfrei. Die Beiträge des Arbeitnehmers zu berufsständischen Versorgungseinrichtungen, die Versorgungsleistungen im Alter, bei Invalidität und im Todesfall gewährleisten, sind (unbeschränkt) als Sonderausgaben nach § 10 Abs. 1 Nr. 2 Satz 1 Buchst. a EStG abzugsfähig. Ist der Leistungsumfang des Versorgungswerks nicht dem der gesetzlichen Rentenversicherung vergleichbar, kommt ein beschränkter Sonderausgabenabzug nach § 10 Abs. 1 Nr. 2 Satz 1 Buchst. b EStG in Betracht. Renten aus berufsständischen Versorgungswerken werden nach § 22 Nr. 1 Satz 3 Buchst. a Doppelbuchst. aa EStG nachgelagert besteuert.

Sozialversicherung: Die Befreiung von der Versicherungspflicht wegen Mitgliedschaft in einer berufsständischen Versorgung ist in § 6 Abs. 1 Satz 1 Nr. 1 SGB VI geregelt.

Die Rechtsprechung hat die Befreiung berufsständisch Versorgter von der gesetzlichen Rentenversicherungspflicht angepasst (§ 6 Abs. 5 SGB VI i. V. m. BSG, Urteile v. 31.10.2012, B 12 R 8/10 R, B 12 R 3/11 R und B 12 R 5/10 R). Für Unternehmensanwälte gilt eine gesonderte Rechtsprechung (BSG, Urteile v. 3.4.2014, B 5 RE 13/14 R; B 5 RE 9/14 R und B 5 RE 3/14 R). Eine mögliche Rentenversicherungsfreiheit ergibt sich aus § 5 Abs. 4 Nr. 2 SGB VI i. V. m. § 5 Abs. 1 Satz 1 Nr. 3 SGB VI. Beiträge zu Berufsverbänden sind beitragspflichtig (§ 14 SGB IV i. V. m. BFH, Urteile v. 27.2.1959, VI 271/57 U und v. 15.5.1992, VI R 106/88). Das Gesetz zur Neuordnung des Rechts der Syndikusanwälte und zur Änderung der Finanzgerichtsordnung regelt das Recht für Syndikusanwälte ab 1.1.2016.

Lohnsteuer

Sonderausgabenabzug für Beiträge

Eine berufsständische Versorgungseinrichtung ist eine öffentlich-rechtliche Versicherungs- oder Versorgungseinrichtung für Beschäftigte und selbstständig tätige Angehörige der kammerfähigen freien Berufe, die den gesetzlichen Rentenversicherungen vergleichbare Leistungen erbringen und deren Mitglieder auf Antrag von der Mitgliedschaft in der gesetzlichen Rentenversicherung befreit werden (z. B. Versorgungswerke von Ärzten, Wirtschaftsprüfern, Architekten u. Ä.).[1] Die in einer berufsständischen Versorgungseinrichtung versicherten Arbeitnehmer entrichten regelmäßig Beiträge, wie sie auch in der gesetzlichen Rentenversicherung zu zahlen sind. Entsprechend hat auch der Arbeitgeber seinen Anteil zu leisten. Einzelheiten regelt die Satzung des jeweiligen Versorgungswerks.

Entrichtet ein Arbeitnehmer Beiträge an eine berufsständische Versorgungseinrichtung, so sollten diese als ↗ Sonderausgaben ursprünglich erst ab dem Jahr 2025 in voller Höhe unbeschränkt abzugsfähig sein. Mit dem Jahressteuergesetz 2022 wurde die volle Abzugsfähigkeit auf das Veranlagungsjahr 2023 vorgezogen. Somit gilt seit 2023 bereits die volle Abzugsfähigkeit von 100 % des Höchstbetrags. Der maximale Betrag, der bei den Altersvorsorgeaufwendungen berücksichtigt wird, ist an den Höchstbeitrag zur knappschaftlichen Rentenversicherung gebunden. Er beträgt 2024 max. 27.566 EUR für Ledige und 55.131 EUR für Verheiratete pro Jahr.[2]

Voraussetzung für den Abzug als Sonderausgaben ist, dass die späteren Leistungen (Zahlungen) der Versorgungseinrichtung denen der gesetzlichen Rentenversicherung entsprechen.[3]

Zur steuerlichen Einordnung der Versorgungseinrichtungen, die den gesetzlichen Rentenversicherungen vergleichbare Leistungen i. S. v. § 10 Abs. 1 Nr. 2 Buchst. a EStG erbringen, veröffentlicht das BMF jeweils gesonderte BMF-Schreiben.

Für die Einordnung und Abzugsfähigkeit solcher Beiträge kommt es nicht darauf an, in welchem Land der Versicherungsnehmer seinen Wohnsitz hat.

Sonderausgabenabzug bei beschränkt Steuerpflichtigen

§ 50 Abs. 1 Satz 3 EStG regelt, dass beschränkt Steuerpflichtige[4] Beiträge an berufsständische Versorgungseinrichtungen nicht als Sonderausgaben ansetzen dürfen. Nach Auffassung des EuGH verstößt diese Regelung gegen die Niederlassungsfreiheit. Entsprechend den Vorgaben dieses EuGH-Urteils[5] hat das BMF nun geregelt, dass bis zu einer gesetzlichen Neuregelung des § 50 Abs. 1 EStG die Gewährung eines Sonderausgabenabzugs für Pflichtbeiträge an berufsständische Versorgungseinrichtungen auch für beschränkt Steuerpflichtige zulässig ist, soweit die entsprechenden Voraussetzungen (wie z. B. eine inländische Berufsausübung) vorliegen.[6]

Wichtig

Beiträge an berufsständische Versorgungseinrichtungen sind Sonderausgaben bei beschränkt Steuerpflichtigen

Durch das Jahressteuergesetz 2020 wurde mit § 50 Abs. 1a EStG die EuGH-Entscheidung gesetzlich umgesetzt. So können Beiträge an berufsständische Versorgungseinrichtungen[7] auch grundsätzlich bei beschränkt Steuerpflichtigen als Sonderausgaben berücksichtigt werden. Jedoch müssen die Beiträge in unmittelbarem Zusammenhang mit Einkünften aus Gewerbebetrieb oder aus selbstständiger Arbeit stehen. Insoweit müssen die Aufwendungen durch die Tätigkeit verursacht und somit für die Ausübung notwendig sein. Außerdem muss ein Veranlassungszusammenhang zwischen den Einnahmen und Ausgaben durch dasselbe Ereignis gegeben sein.[8]

Ein Abzug der Beiträge im Rahmen der Veranlagung zur Einkommensteuer ist, entsprechend dem Urteil des EuGH, nur in dem Umfang zu gewähren, der dem Anteil der im Inland der Einkommensteuer unterliegenden Einkünfte an den durch die fragliche Tätigkeit erzielten Gesamteinkünften entspricht. Für die Ermittlung der abzugsfähigen Beträge werden die gesamten positiven in- und ausländischen Einkünfte, die durch die entsprechende Tätigkeit erzielt wurden, zugrunde gelegt. Ist der Betrag der Einkünfte aus einem oder mehreren Staaten negativ, fließen diese Einkünfte hingegen nicht ein. Sollten die inländischen Einkünfte aus dieser Tätigkeit negativ sein, können Beiträge im Inland nicht berücksichtigt werden.

Arbeitnehmer, die inländische Einkünfte aus nichtselbstständiger Arbeit beziehen[9], können die allgemeine Regelung des Sonderausgabenabzugs für Altersvorsorgeaufwendungen[10] in Anspruch nehmen.

1 BMF, Schreiben v. 19.6.2020, IV C 3 – S 2221/19/10058 :001, BStBl 2020 I S. 627 enthält eine Liste der in Betracht kommenden Einrichtungen.

2 24,7 % von 111.600 EUR.

3 BMF, Schreiben v. 24.5.2017, IV C 3 – S 2221/16/10001 :004, BStBl 2017 I S. 820, Tz. 6 ff., ergänzt durch BMF, Schreiben v. 6.11.2017, IV C 3 – S 2221/17/10006 :001, BStBl 2017 I S. 1455, BMF, Schreiben v. 3.4.2019, IV C 3 – S 2221/10/10005 :005, BStBl 2019 I S. 254, BMF, Schreiben v. 28.9.2021, IV C 3 – S 2221/21/10016 :001, BStBl 2021 I S. 1833, und BMF, Schreiben v. 16.12.2021, IV C 3 – S 2221/20/10012 :002, BStBl 2022 I S. 155.

4 § 1 Abs. 4 EStG.

5 EuGH, Urteil v. 6.12.2018, C-480/17, BFH/NV 2019 S. 190.

6 BMF, Schreiben v. 26.6.2019, IV C 5 – S 2301/19/10004 :001, BStBl 2019 I S. 624.

7 § 10 Abs. 1 Nr. 2 Buchst. a EStG.

8 BFH v. 18.4.2012, X R 62/09, BStBl 2012 II S. 721.

9 § 49 Abs. 1 Nr. 4 EStG.

10 § 10 Abs. 1 Nr. 2 Buchst. a EStG i. V. m. § 50 Abs. 1 Satz 4 EStG.

Besteuerung der Versorgungsbezüge

Für Renten aus berufsständischen Versorgungswerken gelten dieselben steuerlichen Vorschriften wie für Renten aus der gesetzlichen Rentenversicherung. Beide Renten unterliegen seit dem Jahr 2005 der nachgelagerten Besteuerung.[1] Im Rahmen einer Übergangsregelung erfolgt die nachgelagerte Besteuerung bis 2040 gleitend. Dies gilt auch für unselbstständige Bestandteile der Rente (z. B. Kinderzuschüsse) sowie für einmalige Leistungen, wie Kapitalauszahlungen, Sterbegeld, Abfindung von Kleinbetragsrenten. Sofern nicht gegen das Verbot der doppelten Besteuerung verstoßen wird, hält der BFH diese Besteuerung der Altersrenten für verfassungsgemäß.[2]

Öffnungsklausel: Besteuerung der Rente mit günstigerem Ertragsanteil

Weil eine nachgelagerte Besteuerung der Renten aus berufsständischen Versorgungswerken bei Selbstständigen im Einzelfall zu einer Überbesteuerung führen kann, sieht das EStG eine Öffnungsklausel für vor 2015 geleistete Beiträge vor.[3] Danach kann auf Antrag ein Teil der Leibrente mit der günstigeren Ertragsanteilsbesteuerung erfasst werden. Solche Rententeile beruhen regelmäßig auf Beiträgen oberhalb des Höchstbeitrags zur gesetzlichen Rentenversicherung, weshalb sie in der Einzahlungsphase nicht als steuermindernde Abzugsbeträge berücksichtigt worden sind. Weitere Voraussetzung für die Ertragsanteilsbesteuerung ist, dass solche Beiträge bis zum 31.12.2004 mindestens für eine Dauer von 10 Jahre geleistet worden sind. Um diese günstigere Besteuerung zu erhalten, muss der Steuerpflichtige die entsprechenden Beitragsleistungen gegenüber dem Finanzamt nachweisen. Die Einzahlungsjahre müssen nicht unmittelbar aufeinander gefolgt sein.

Verfassungswidrige doppelte Besteuerung bei Altersbezügen

Der Steuerpflichtige kann eine verfassungswidrige doppelte Besteuerung bereits bei Beginn des Rentenbezugs rügen. Es kann nicht unterstellt werden, dass zu Beginn des Rentenbezugs zunächst nur solche Rentenzahlungen geleistet werden, die sich aus steuerentlasteten Beiträgen speisen.[4]

Hinweis

Urteile des BFH zur Rentenbesteuerung

In 2 Verfahren hat sich der BFH mit der Rentenbesteuerung befasst. So urteilte dieser, dass in den zu entscheidenden Fällen keine Doppelbesteuerung vorliege. Insoweit sind beide Revisionen zurückgewiesen worden.

Jedoch könne dies für künftige Rentnerjahrgänge anders aussehen. Denn für jeden neuen Rentnerjahrgang wird der geltende Rentenfreibetrag mit jedem Jahr kleiner. So dürfte der Freibetrag künftig rechnerisch in vielen Fällen nicht mehr ausreichen, um die aus versteuertem Einkommen geleisteten Teile der Rentenversicherungsbeiträge auszugleichen.[5]

Der BFH hat auch entschieden, dass eine Doppelbesteuerung bei privaten Renten systembedingt nicht möglich ist.[6]

Höhe des steuerfreien Arbeitgeberzuschusses

Der Arbeitgeberzuschuss zu den Beiträgen des Arbeitnehmers an ein berufsständisches Versorgungswerk ist steuerfrei in Höhe des Betrags, der als Arbeitgeberanteil bei Versicherungspflicht in der allgemeinen Rentenversicherung zu zahlen wäre.[7] Die Steuerfreiheit ist begrenzt auf die Hälfte der tatsächlichen Gesamtaufwendungen des Arbeitnehmers. Der Arbeitgeberzuschuss ist nicht steuerfrei, wenn der Arbeitnehmer kraft Gesetzes in der gesetzlichen Rentenversicherung versicherungsfrei ist.

Wichtig

Steuerfreier Höchstzuschuss des Arbeitgebers

Der steuerfreie Höchstzuschuss errechnet sich durch die Multiplikation der Beitragsbemessungsgrenze zur allgemeinen gesetzlichen Rentenversicherung (West) mit dem amtlich festgelegten Arbeitgeberanteil:

- Die Beitragsbemessungsgrenze in der Rentenversicherung (West) in 2024 beträgt 7.550 EUR monatlich.
- Der Beitragssatz zur Rentenversicherung für Arbeitgeber und Arbeitnehmer liegt jeweils bei 9,3 %.

Somit errechnet sich der monatliche steuerfreie Höchstzuschuss des Arbeitgebers für Mitglieder einer berufsständischen Versorgungseinrichtung mit 9,3 % v. 7.550 EUR, er beträgt somit 702,15 EUR.

Nachweis- und Aufzeichnungspflichten

Der Arbeitgeber kann die steuerfreien Zuschüsse unmittelbar an die Versorgungseinrichtung oder an den Arbeitnehmer auszahlen. Zahlt der Arbeitgeber die steuerfreien Zuschüsse unmittelbar an den Arbeitnehmer aus, muss der Arbeitnehmer die zweckentsprechende Verwendung durch eine entsprechende Bescheinigung des Versicherungsträgers bis zum 30.4. des Folgejahres nachweisen. Der Arbeitgeber hat diese Bescheinigung als Unterlage zum ⇗ Lohnkonto aufzubewahren.[8]

Lohnsteuerbescheinigung

Nach Beendigung des Dienstverhältnisses oder nach Ablauf des Kalenderjahres hat der Arbeitgeber der Finanzverwaltung bis zum letzten Tag im Februar des Folgejahres eine elektronische Lohnsteuerbescheinigung zu übermitteln.[9] Der Arbeitgeberzuschuss an berufsständische Versorgungseinrichtungen sowie der entsprechende Arbeitnehmeranteil sind in der Lohnsteuerbescheinigung anzugeben. Hat der Arbeitgeber die Beiträge unmittelbar an eine berufsständische Versorgungseinrichtung abgeführt (sog. Firmenzahler), ist der Arbeitgeberzuschuss in Nummer 22b und der Arbeitnehmeranteil in Nummer 23b zu bescheinigen. Führt der Arbeitnehmer den gesamten Beitrag selbst an die berufsständische Versorgungseinrichtung ab (sog. Selbstzahler) und zahlt der Arbeitgeber dem Arbeitnehmer hierfür einen zweckgebundenen Zuschuss, ist in Nummer 22b der Zuschuss zu bescheinigen. Eine Eintragung in Nummer 23b ist in diesen Fällen nicht vorzunehmen.[10]

Sozialversicherung

Befreiungsmöglichkeit in der Rentenversicherung

Um eine Doppelversicherung in der Rentenversicherung und in einem Versorgungswerk zu vermeiden, können sich die Pflichtmitglieder nach § 6 Abs. 1 Nr. 1 SGB VI von der Versicherungspflicht zur Rentenversicherung befreien lassen, wenn

- am jeweiligen Ort der Beschäftigung oder selbstständigen Tätigkeit für ihre Berufsgruppe bereits vor dem 1.1.1995 eine gesetzliche Verpflichtung zur Mitgliedschaft in der berufsständischen Kammer bestanden hat,
- für sie nach näherer Maßgabe der Satzung einkommensbezogene Beiträge unter Berücksichtigung der ⇗ Beitragsbemessungsgrenze der allgemeinen Rentenversicherung zur berufsständischen Versorgungseinrichtung zu zahlen sind, und
- aufgrund dieser Beiträge Leistungen für den Fall verminderter Erwerbsfähigkeit und des Alters sowie für Hinterbliebene erbracht und angepasst werden, wobei auch die finanzielle Lage der berufsständischen Versorgungseinrichtung zu berücksichtigen ist.

1 § 22 Nr. 1 Satz 3 Buchst. a Doppelbuchst. aa EStG.
2 BFH, Urteil v. 6.4.2016, X R 2/15, BStBl 2016 II S. 733; die dagegen eingelegte Verfassungsbeschwerde hat das BverfG durch den Beschluss vom 27.3.2017 nicht zur Entscheidung angenommen.
3 § 22 Nr. 1 Satz 3 Buchst. a Doppelbuchst. bb Satz 2 EStG.
4 BFH, Urteil v. 21.6.2016, X R 44/14, BFH/NV 2016 S. 1791.
5 BFH, Urteil v. 19.5.2021, X R 33/19, BFH/NV 2021 S. 992.
6 BFH, Urteil v. 19.5.2021, X R 20/19, BFH/NV 2021 S. 980.
7 § 3 Nr. 62 Satz 3 EStG.
8 R 3.62 Abs. 4 LStR.
9 § 41b Abs. 1 Satz 2 EStG; § 91c Abs. 1 Nr. 1 AO.
10 Bekanntmachung des Musters für den Ausdruck der elektronischen Lohnsteuerbescheinigung 2024 durch BMF, Schreiben v. 8.9.2023, IV C 5 – S 2533/19/10030 :005, BStBl 2023 I S. 1653. Bei der Ausstellung des Ausdrucks der elektronischen Lohnsteuerbescheinigung sind die Vorgaben in BMF, Schreiben v. 9.9.2019, IV C 5 – S 2378/19/10002 :001, BStBl 2019 I S. 911, zu beachten.

Besondere Personengruppen

Recht der Syndikusrechtsanwälte

Rechtsanwälte, die ihren Beruf als Angestellte eines anderen Rechtsanwalts oder einer rechtsanwaltlichen Berufsausübungsgesellschaft ausüben, können sich von der Rentenversicherung befreien lassen und einer berufsständischen Versorgungseinrichtung angehören.

Mit Wirkung zum 1.1.2016 wurde geregelt, dass angestellte Volljuristen bei anderen Arbeitgebern ihren Beruf als Rechtsanwalt ausüben, sofern sie im Rahmen ihres Angestelltenverhältnisses für ihren Arbeitgeber anwaltlich tätig sind (Syndikusrechtsanwälte).[1]

Zulassung als Syndikusrechtsanwalt

Für die Befreiung von der Rentenversicherungspflicht ist zunächst die Zulassung als Syndikusrechtsanwalt erforderlich. Über diesen Zulassungsantrag entscheidet die örtlich zuständige Rechtsanwaltskammer.

Eine für die Befreiung notwendige anwaltliche Tätigkeit liegt vor, wenn das Arbeitsverhältnis durch folgende fachlich unabhängig und eigenverantwortlich auszuübende Tätigkeiten sowie durch folgende Merkmale geprägt ist:

- die Prüfung von Rechtsfragen – einschließlich der Aufklärung des Sachverhalts – sowie das Erarbeiten und Bewerten von Lösungsmöglichkeiten,
- die Erteilung von Rechtsrat,
- die Ausrichtung der Tätigkeit auf die Gestaltung von Rechtsverhältnissen, insbesondere durch das selbstständige Führen von Verhandlungen, oder auf die Verwirklichung von Rechten und
- die Befugnis, nach außen aufzutreten.[2]

Entscheidung durch die Rechtsanwaltskammer

Die Entscheidung über die Zulassung als Syndikusrechtsanwalt erfolgt durch die örtlich zuständige Rechtsanwaltskammer erst nach Anhörung des Rentenversicherungsträgers. Die Entscheidung ist zu begründen und dem Antragsteller sowie dem Rentenversicherungsträger zuzustellen. Beiden steht gegen die Entscheidung der Klageweg vor den Anwaltsgerichten offen.[3]

Ist die Zulassungsentscheidung der Rechtsanwaltskammer erfolgt und rechtskräftig, kann die Befreiung von der Rentenversicherungspflicht beantragt werden. Der Rentenversicherungsträger ist an die bindend gewordene Zulassungsentscheidung gebunden. Daher beschränkt sich das Befreiungsverfahren auf die Feststellung der weiteren Voraussetzungen einer Befreiung.

Geringfügig entlohnte Beschäftigungen

Bei Mitgliedern berufsständischer Versorgungswerke, die von der Rentenversicherungspflicht befreit worden sind und eine ⇗ geringfügig entlohnte Beschäftigung aufnehmen, gilt bei Verzicht auf die Rentenversicherungsfreiheit Folgendes:

Die Befreiung von der Rentenversicherungspflicht greift nicht „automatisch". Auch wenn die geringfügig entlohnte Beschäftigung in einem Kammerberuf ausgeübt wird, ist ein zusätzlicher Antrag auf Befreiung zu stellen.[4]

Handelt es sich dagegen bei der geringfügig entlohnten Beschäftigung um eine berufsfremde Beschäftigung, besteht im Falle des Verzichts auf die Rentenversicherungsfreiheit in einer vor dem 1.1.2013 aufgenommenen Beschäftigung Versicherungspflicht in der Rentenversicherung weiter. Eine nach dem 31.12.2012 aufgenommene Beschäftigung ist ebenfalls rentenversicherungspflichtig, wenn keine Befreiung als Minijobber beantragt wird.

1 Gesetz zur Neuordnung des Rechts der Syndikusanwälte und zur Änderung der Finanzgerichtsordnung v. 21.12.2015 i. V. m. § 231 Abs. 4 SGB VI.
2 §§ 46a Abs. 1 Satz 1 i. V. m. 46 Abs. 3 BRAO.
3 § 46a Abs. 2 BRAO.
4 BSG, Urteile v. 31.10.2012, B12 R 8/10 R, B 12 R 3/11 R und B 12 R 5/10 R.

Beispiel

Minijob als Nebentätigkeit – Mitglied berufsständischer Versorgungswerke

Die Apothekerin F. Müller arbeitet bei der „Apotheke mit Herz" gegen ein monatliches Arbeitsentgelt von 3.100 EUR. Sie ist wegen Mitgliedschaft in einem berufsständischen Versorgungswerk von der Rentenversicherungspflicht in der Hauptbeschäftigung befreit (Personengruppe 101, Beitragsgruppe 1011). Folgende Fallkonstellationen sind für die Meldungen und Entgeltabrechnung zu unterscheiden:

Art der Beschäftigung	Personengruppe	Beitragsgruppe
Berufsfremde Nebenbeschäftigung als Angestellte oder Nebenbeschäftigung als Apothekerin, Antrag auf Befreiung von der Rentenversicherungspflicht als Minijobber, monatlich 200 EUR	109	6500
Nebenbeschäftigung als Apothekerin Antrag auf Befreiung von der Rentenversicherungspflicht als Mitglied einer Berufsständischen Versorgung, monatlich 200 EUR	109	6000
Berufsfremde Nebenbeschäftigung als Angestellte oder Nebenbeschäftigung als Apothekerin, kein Antrag auf Befreiung von der Rentenversicherungspflicht, monatlich 200 EUR	109	6100

Wirkung der Befreiung

Die Befreiung von der Rentenversicherungspflicht ist unwiderruflich und gilt ausschließlich für die Dauer der Beschäftigung oder selbstständigen Tätigkeit für die die Befreiung beantragt wurde.

Dies bedeutet, dass sie weder auf eine neben der befreiten Tätigkeit ausgeübte, noch auf eine nach Beendigung der befreiten Beschäftigung oder selbstständigen Tätigkeit neu aufgenommene Tätigkeit Wirkung entfaltet. Lediglich andere zeitlich befristete Tätigkeiten werden von der Befreiung automatisch erfasst.[5]

Hinweis

Keine freiwillige Rentenversicherung möglich

Eine freiwillige Versicherung in der Rentenversicherung entfällt für Personen, die sich von der Versicherungspflicht in der Rentenversicherung wegen

- Bezugs ihrer Pension oder
- wegen ihrer Mitgliedschaft bei einer berufsständischen Versorgungseinrichtung

haben befreien lassen.

Wichtig

Neuer Befreiungsantrag bei Beschäftigungswechsel

Mitglieder Berufsständischer Versorgungseinrichtungen müssen bei jedem Wechsel ihrer Beschäftigung zwingend einen neuen Befreiungsantrag bei der Deutschen Rentenversicherung Bund stellen.

Frist zur Befreiung

Der Antrag auf Befreiung von der Rentenversicherungspflicht muss fristwahrend und unter Einhaltung der Frist von 3 Monaten nach Beginn der Versicherungspflicht gestellt werden. Wird die Befreiung später beantragt, kann sie nur noch ab dem Zeitpunkt der Antragstellung wirksam werden.

5 § 6 Abs. 5 SGB VI.

Arbeitgeberzuschuss zur berufsständischen Versorgungseinrichtung

Für Beschäftigte, die als Mitglied einer berufsständischen Versorgungseinrichtung von der Rentenversicherungspflicht befreit worden sind, tragen die Arbeitgeber die Hälfte des Beitrags zur berufsständischen Versorgungseinrichtung. Die Arbeitgeber müssen aber höchstens die Hälfte des Beitrags zahlen, der zu zahlen wäre, wenn der Beschäftigte nicht von der Versicherungspflicht befreit worden wäre.

Nehmen Personen, die nach den Regelungen einer berufsständischen Versorgungseinrichtung eine Versorgung nach Erreichen einer Altersgrenze beziehen, eine Beschäftigung auf, sind sie in dieser Beschäftigung rentenversicherungsfrei.[1] In diesen Fällen hat der Arbeitgeber seinen Anteil am Rentenversicherungsbeitrag zu zahlen, der zu zahlen wäre, wenn die Beschäftigten versicherungspflichtig wären.[2]

Der Arbeitnehmer hat die Möglichkeit, durch schriftliche Erklärung gegenüber seinem Arbeitgeber auf die Rentenversicherungsfreiheit zu verzichten. Der Verzicht kann nur mit Wirkung für die Zukunft erklärt werden und ist für die Dauer der Beschäftigung bindend.[3]

Meldeverfahren in der Sozialversicherung

Der Arbeitgeber hat für Beschäftigte, die

- nach § 6 Abs. 1 Nr. 1 SGB VI von der Rentenversicherungspflicht befreit und
- Mitglied einer berufsständischen Versorgungseinrichtung sind,

zusätzlich an die Datenannahmestelle der berufsständischen Versorgungseinrichtungen zu melden. Die Beitragsgruppe zur Rentenversicherung ist mit „0" zu verschlüsseln.

Bei einem Wechsel der berufsständischen Versorgungseinrichtung innerhalb eines bestehenden Beschäftigungsverhältnisses ist zum Tage vor dem Zuständigkeitswechsel eine Abmeldung wegen Änderungen im Beschäftigungsverhältnis zu erstatten. Mit dem Tage, an dem der Wechsel wirksam wird, hat eine Anmeldung wegen Änderungen im Beschäftigungsverhältnis zu erfolgen.

Beschäftigung

Eine Beschäftigung ist ein persönliches und wirtschaftliches Abhängigkeitsverhältnis, in dem sich ein Arbeitnehmer (Angestellter, Arbeiter) seinem Arbeitgeber gegenüber befindet.

Gesetze, Vorschriften und Rechtsprechung

Sozialversicherung: Die gesetzlichen Grundlagen einer Beschäftigung sind in § 7 SGB IV definiert. Die höchstrichterlichen Entscheidungen zu dieser Thematik sind in das Rundschreiben der Spitzenverbände der Sozialversicherung zur Statusfeststellung von Erwerbstätigen vom 1.4.2022 (GR v. 1.4.2022) eingeflossen. Teil des Rundschreibens sind als Anlage die versicherungsrechtliche Beurteilung von Gesellschafter-Geschäftsführern, Fremdgeschäftsführern und mitarbeitenden Gesellschaftern einer GmbH sowie Geschäftsführern einer Familien-GmbH (Anlage 3) und die versicherungsrechtliche Beurteilung von mitarbeitenden Angehörigen (Anlage 4).

Sozialversicherung

Merkmale für eine Beschäftigung

Das persönliche Abhängigkeitsverhältnis ergibt sich aus der Weisungsbefugnis des Arbeitgebers. Der Arbeitgeber legt Zeit, Ort, Dauer und Art der Beschäftigung fest. Bei Hochqualifizierten und Spezialisten kann sich dies auf eine funktionsgerecht dienende Teilhabe am Arbeitsprozess reduzieren. Auch wenn eines oder mehrere dieser Merkmale zurücktreten oder fehlen, zeichnet sich die Beschäftigung dadurch aus, dass eine persönliche Leistungspflicht besteht und die Arbeitsleistung fremdbestimmt ist. Das heißt,

- die Aufgaben des Arbeitnehmers sind von der Betriebsordnung geprägt,
- er ist in den Betriebsorganismus eingegliedert und
- er leistet somit unselbstständige Arbeit.

Das wirtschaftliche Abhängigkeitsverhältnis ergibt sich auch daraus, dass der Arbeitnehmer Anspruch auf Entgelt für geleistete Arbeit hat, das Unternehmerrisiko jedoch nicht trägt. Ein Unternehmerrisiko liegt dann vor, wenn der Erfolg des eigenen wirtschaftlichen Einsatzes, d. h. des Einsatzes der eigenen Arbeitskraft oder des eingesetzten Kapitals, ungewiss ist. Folgende weitere Punkte sind Merkmale einer Beschäftigung:

- keine Verfügungsmöglichkeit über die eigene Arbeitskraft
- keine im Wesentlichen freigestaltete Arbeitstätigkeit
- Fremdbestimmtheit der Tätigkeit
- keine eigene Betriebsstätte
- Vereinbarung von Urlaub
- Entgeltfortzahlung im Krankheitsfall

Berücksichtigung tatsächlicher Verhältnisse

Für das Bestehen einer Beschäftigung kommt es wesentlich auf die objektiven tatsächlichen Verhältnisse der Ausgestaltung der Beziehungen zwischen Arbeitgeber und Arbeitnehmer und deren Gesamtwürdigung an. In diese Gesamtwürdigung ist der Schutzzweck der Sozialversicherung einzubeziehen. Das Vorliegen eines Arbeitsvertrags ist nicht Voraussetzung für die Begründung einer Beschäftigung im Sinne der Sozialversicherung, wohl aber ein Indiz. Ebenso ist das Nichtbestehen eines gesetzlichen oder tarifvertraglich zwingend vorgeschriebenen Arbeitsvertrags kein Anhaltspunkt dafür, dass ein Beschäftigungsverhältnis nicht vorliegt. Die Verwendung eigener Arbeitsmittel spricht nicht gegen das Bestehen eines Beschäftigungsverhältnisses. Insbesondere im Handwerk ist dies üblich (Maurer, Zimmerleute, Friseure).

Hinweis

Optionales Anfrageverfahren

Mit dem Statusfeststellungsverfahren soll den Beteiligten Rechtssicherheit darüber verschafft werden, ob sie selbstständig tätig oder abhängig beschäftigt sind. Das Verfahren wird von der Deutschen Rentenversicherung Bund durchgeführt. Beteiligte, die eine Statusfeststellung beantragen können, sind die Vertragspartner (Auftragnehmer und Auftraggeber), jedoch keine anderen Versicherungsträger. Jeder Beteiligte kann das Anfrageverfahren allein beantragen, die Beteiligten brauchen sich in der Beurteilung der Erwerbstätigkeit nicht einig zu sein. Aus Beweisgründen ist für das Anfrageverfahren die Schriftform vorgeschrieben.

Entscheidungen der Rechtsprechung

Das Bundessozialgericht hat sich immer wieder mit der Frage des Vorliegens einer Beschäftigung im sozialversicherungsrechtlichen Sinne befasst. In zahlreichen Sachverhalten ging es z. B. um die Fragestellung, ob Pflegekräfte, die als Honorarpflegekräfte in stationären Pflegeeinrichtungen tätig sind oder Ärzte, die als Honorarärzte in stationären Pflegeeinrichtungen tätig sind oder im Nebenjob immer wieder als Notarzt im Rettungsdienst tätig sind, in einem abhängigen Beschäftigungsverhältnis stehen.

Honorarpflegekräfte

Bei der Beurteilung, ob eine Beschäftigung vorliegt, sind die regulatorischen Vorgaben zu berücksichtigen. Sie führen im Regelfall zur Annahme einer Eingliederung der Pflegefachkräfte in die Organisations- und Weisungsstruktur der stationären Pflegeeinrichtung. Unternehmerische Freiheiten sind bei der konkreten Tätigkeit in einer stationären Pflegeein-

1 § 5 Abs. 4 Nr. 2 SGB VI.
2 § 172 Abs. 1 SGB VI.
3 § 5 Abs. 4 Satz 2 SGB VI.

richtung kaum denkbar. Selbstständigkeit kann nur ausnahmsweise angenommen werden. Hierfür müssen gewichtige Indizien sprechen. Bloße Freiräume bei der Aufgabenerledigung, z. B. ein Auswahlrecht der zu pflegenden Personen oder bei der Reihenfolge der einzelnen Pflegemaßnahmen, reichen hierfür nicht.

Ausgehend davon hat das Bundessozialgericht entschieden, dass es sich bei der Tätigkeit von Honorarpflegekräften um eine Beschäftigung im sozialversicherungsrechtlichen Sinne handelt.[1] Die Honorarpflegekraft hatte – nicht anders als bei dem Pflegeheim angestellte Pflegefachkräfte – ihre Arbeitskraft vollständig eingegliedert in einen fremden Betriebsablauf eingesetzt und war nicht unternehmerisch tätig.

Honorarärzte

Bei einer Tätigkeit als Arzt ist eine sozialversicherungspflichtige Beschäftigung nicht von vornherein wegen der besonderen Qualität der ärztlichen Heilkunde als Dienst „höherer Art" ausgeschlossen. Entscheidend ist, ob die Betroffenen weisungsgebunden beziehungsweise in eine Arbeitsorganisation eingegliedert sind. Letzteres ist bei Ärzten in einem Krankenhaus regelmäßig gegeben, weil dort ein hoher Grad der Organisation herrscht, auf die die Betroffenen keinen eigenen, unternehmerischen Einfluss haben. So sind Anästhesisten – wie die Ärztin im strittigen Sachverhalt – bei einer Operation in der Regel Teil eines Teams, das arbeitsteilig unter der Leitung eines Verantwortlichen zusammenarbeiten muss. Auch die Tätigkeit als Stationsarzt setzt regelmäßig voraus, dass sich die Betroffenen in die vorgegebenen Strukturen und Abläufe einfügen. Im zu beurteilenden Sachverhalt war die Ärztin wiederholt im Tag- und Bereitschaftsdienst und überwiegend im OP tätig. Hinzu kommt, dass Honorarärzte ganz überwiegend personelle und sachliche Ressourcen des Krankenhauses bei ihrer Tätigkeit nutzen. So war die Ärztin hier nicht anders als beim Krankenhaus angestellte Ärzte vollständig eingegliedert in den Betriebsablauf. Unternehmerische Entscheidungsspielräume sind bei einer Tätigkeit als Honorararzt im Krankenhaus regelmäßig nicht gegeben. Die Honorarhöhe ist nur eines von vielen in der Gesamtwürdigung zu berücksichtigenden Indizien und vorliegend nicht ausschlaggebend. Auch hier hat das Bundessozialgericht in seiner Entscheidung das Vorliegen einer Beschäftigung bejaht.[2]

Notärzte

Ärzte, die im Nebenjob immer wieder als Notarzt im Rettungsdienst tätig sind, sind regelmäßig sozialversicherungspflichtig beschäftigt.

Ausschlaggebend ist, dass die Ärzte während ihrer Tätigkeit als Notarzt in den öffentlichen Rettungsdienst eingegliedert sind. Sie unterliegen Verpflichtungen, z. B. der Pflicht, sich während des Dienstes örtlich in der Nähe des Notarztfahrzeuges aufzuhalten und nach einer Einsatzalarmierung durch die Leitstelle innerhalb einer bestimmten Zeit auszurücken. Dabei ist unerheblich, dass dies durch öffentlich-rechtliche Vorschriften vorgegeben ist. Zudem nutzen sie überwiegend fremdes Personal und Rettungsmittel. Dass es sich dabei nicht unbedingt um Rettungsmittel des betroffenen Landkreises als Arbeitgeber handelt, rechtfertigt keine andere Entscheidung. Der Arzt setzt jedenfalls keine eigenen Mittel in einem wesentlichen Umfang ein.

Anhaltspunkte für eine selbstständige Tätigkeit fallen demgegenüber nicht entscheidend ins Gewicht. Dass die Beteiligten davon ausgehen, die Tätigkeit erfolgt freiberuflich beziehungsweise selbstständig, ist angesichts der Vereinbarungen und der tatsächlichen Durchführung der Tätigkeit irrelevant. Zudem können die Ärzte nur dadurch ihren Verdienst vergrößern und damit unternehmerisch tätig werden, indem sie mehr Dienste übernehmen. Während der einzelnen Dienste – und nur darauf kommt es an – haben sie insbesondere aufgrund ihrer Eingliederung in eine fremde Organisation keine Möglichkeit, ihren eigenen Gewinn durch unternehmerisches Handeln zu steigern.[3]

Pool-Arzt im vertragsärztlichen Notdienst

Ein Zahnarzt, der als sog. „Pool-Arzt" im Notdienst tätig ist, geht nicht deshalb automatisch einer selbstständigen Tätigkeit nach, weil er insoweit an der vertragszahnärztlichen Versorgung teilnimmt. Maßgebend sind vielmehr – wie bei anderen Tätigkeiten auch – die konkreten Umstände des Einzelfalls.

Der Zahnarzt war wegen seiner Eingliederung in die von der Kassenzahnärztlichen Vereinigung organisierten Abläufe im sozialversicherungsrechtlichen Sinne beschäftigt. Hierauf hatte er keinen entscheidenden, erst recht keinen unternehmerischen, Einfluss. Er fand eine von dritter Seite organisierte Struktur vor, in der er sich fremdbestimmt einfügte und unabhängig von konkreten Behandlungen stundenweise bezahlt wurde. Er verfügte nicht über eine Abrechnungsbefugnis, die für das Vertragszahnarztrecht eigentlich typisch ist. Dass der Zahnarzt bei der konkreten medizinischen Behandlung frei und eigenverantwortlich handeln konnte, fällt nicht entscheidend ins Gewicht. Infolgedessen unterlag der Zahnarzt bei der Notdiensttätigkeit aufgrund Beschäftigung der Versicherungspflicht.[4]

Lehrer und Dozenten

Für Lehrer, die insbesondere durch Übernahme weiterer Nebenpflichten in den Schulbetrieb eingegliedert sind und nicht nur stundenweise Unterricht erteilen, wird ein Beschäftigungsverhältnis angenommen. Demgegenüber wird für Dozenten/Lehrbeauftragte an Universitäten, Hoch- und Fachhochschulen, Fachschulen, Volkshochschulen, Musikschulen sowie an sonstigen – auch privaten – Bildungseinrichtungen regelmäßig ein Beschäftigungsverhältnis zu diesen Schulungseinrichtungen ausgeschlossen, wenn sie mit einer von vornherein zeitlich und sachlich beschränkten Lehrverpflichtung betraut sind, weitere Pflichten nicht zu übernehmen haben und sich dadurch von den fest angestellten Lehrkräften erheblich unterscheiden.

Eine Musikschullehrerin, deren Tätigkeit sich durch die Pflicht zur persönlichen Arbeitsleistung in festgelegten Räumen kennzeichnet und die auch in prägender Weise in die Organisationsabläufe der Musikschule eingegliedert ist, indem diese die gesamte Organisation des Musikschulbetriebs in ihrer Hand hält, die Räume und Instrumente kostenfrei zur Verfügung stellt und nach außen gegenüber den Schülern allein auftritt, steht in einem abhängigen Beschäftigungsverhältnis zur Musikschule. Im Rahmen der für die Beurteilung anzustellenden Gesamtschau spricht der Umstand, dass so gut wie keine unternehmerischen Gestaltungsmöglichkeiten bestehen, gegen eine selbstständige Tätigkeit. Dabei ist zu berücksichtigen, dass insbesondere weder die Möglichkeit gegeben ist, im Rahmen des Vertragsverhältnisses eigene Schüler zu akquirieren und auf eigene Rechnung zu unterrichten, noch die geschuldete Lehrtätigkeit durch andere erbringen zu lassen.[5]

Von einem Beschäftigungsverhältnis in einer der o. g. Schulungseinrichtungen ist auszugehen, wenn die Arbeitsleistung insbesondere unter folgenden Umständen erbracht wird:

- Pflicht zur persönlichen Arbeitsleistung
- Festlegung bestimmter Unterrichtszeiten und Unterrichtsräume (einzelvertraglich oder durch Stundenpläne) durch die Schule/Bildungseinrichtung
- kein Einfluss auf die zeitliche Gestaltung der Lehrtätigkeit
- Meldepflicht für Unterrichtsausfall aufgrund eigener Erkrankung oder sonstiger Verhinderung
- Ausfallhonorar für unverschuldeten Unterrichtsausfall
- Verpflichtung zur Vorbereitung und Durchführung gesonderter Schülerveranstaltungen
- Verpflichtung zur Teilnahme an Lehrer- und Fachbereichskonferenzen oder ähnlichen Dienst- oder Fachveranstaltungen der Schuleinrichtung (dem steht eine hierfür vereinbarte gesonderte Vergütung als eine an der Arbeitszeit orientierter Vergütung nicht entgegen)
- selbstgestalteter Unterricht auf der Grundlage von Lehrplänen als Rahmenvorgaben geht nicht mit typischen unternehmerischen Freiheiten einher. Die zwar insoweit bestehende inhaltliche Weisungsfreiheit kennzeichnet die Tätigkeit insgesamt nicht als eine in unternehmerischer Freiheit ausgeübte Tätigkeit, insbesondere wenn

1 BSG, Urteil v. 7.6.2019, B 12 R 6/18 R.
2 BSG, Urteil v. 4.6.2019, B 12 R 11/18 R.
3 BSG, Urteil v. 19.10.2021, B 12 KR 29/19 R.
4 BSG, Urteil v. 24.10.2023, B 12 R 9/21 R.
5 BSG, Urteil v. 28.6.2022, B 12 R 3/20 R.

a) keine eigene betriebliche Organisation besteht und eingesetzt wird,

b) kein Unternehmerrisiko besteht und

c) keine unternehmerischen Chancen bestehen, weil zum Beispiel die gesamte Organisation des Schulbetriebs in den Händen der Schuleinrichtung liegt und keine eigenen Schüler akquiriert und auf eigene Rechnung unterrichtet werden können, sowie die geschuldete Lehrtätigkeit nicht durch Dritte erbracht werden kann.

Diese Beurteilungsmaßstäbe finden – auch in laufenden Bestandsfällen –spätestens für Zeiten ab 1.7.2023 Anwendung.

Beschäftigung von Gesellschaftern und Geschäftsführern

Für die versicherungsrechtliche Beurteilung von Gesellschafter-Geschäftsführern, Fremdgeschäftsführern, mitarbeitenden Gesellschaftern und Geschäftsführern einer Familien-GmbH gelten besondere Regelungen.

Beschäftigung von Angehörigen

Die Beschäftigung von nahen Angehörigen schließt ein Beschäftigungsverhältnis nicht aus.

Achtung

Zuständigkeit für das Statusfeststellungsverfahren für Ehegatten, Lebenspartner und Abkömmlinge des Arbeitgebers

Das Statusfeststellungsverfahren für Ehegatten, Lebenspartner und Abkömmlinge des Arbeitgebers wird durch die Clearingstelle der DRV Bund durchgeführt.

Im Anfrageverfahren wird festgestellt, ob es sich um eine abhängige Beschäftigung oder eine selbstständige Tätigkeit handelt.[1]

Eine Entscheidung über die Versicherungspflicht in der Kranken-, Pflege-, Renten- und Arbeitslosenversicherung aufgrund einer Beschäftigung erfolgt nicht. Die Versicherungspflicht wird durch die Krankenkasse festgestellt, über die die Meldung erfolgt ist. Bei der Beurteilung der Versicherungspflicht ist die Krankenkasse an die Entscheidung der Deutschen Rentenversicherung Bund, dass es sich um eine Beschäftigung und/oder selbstständige Tätigkeit handelt, gebunden.

Die Deutsche Rentenversicherung Bund ist berechtigt, Bescheide zur Versicherungspflicht einer als Einzugsstelle handelnden gesetzlichen Krankenkasse mit dem Argument anzufechten, ihre Alleinzuständigkeit im obligatorischen Clearingstellenverfahren sei verletzt.

Versicherungsstatus

Im Sinne der Sozialversicherung Beschäftigte sind auch die Personen, die von der ⬀ Versicherungspflicht ausgenommen sind. Regelungen, die von der Versicherungspflicht freistellen oder bestimmte Personen von den für Beschäftigte geltenden Vorschriften über die Versicherungspflicht ausnehmen, setzen voraus, dass die betreffende Person dem Grunde nach eine unselbstständige Arbeit in einer Beschäftigung ausübt.

Beschäftigungsfiktion bei illegaler Beschäftigung

Wird ein illegales Beschäftigungsverhältnis festgestellt, werden die Beiträge festgesetzt und nachgefordert. Zur Vereinfachung wird das Bestehen der Beschäftigung gegen Arbeitsentgelt für einen Zeitraum von 3 Monaten unterstellt. Dies gilt, wenn ein Arbeitgeber ausländische Arbeitnehmer beschäftigt,

- die nicht die erforderliche Arbeitsgenehmigung[2] oder
- keine nach § 4 Abs. 3 AufenthG erforderliche Berechtigung zur Erwerbstätigkeit

haben.[3]

Scheinselbstständigkeit

Immer wieder taucht die Problematik auf, dass Personen als selbstständige Unternehmer auftreten, obwohl sie von der Art ihrer Tätigkeit her Arbeitnehmer sind. Dieser Personenkreis wird als Scheinselbstständige bezeichnet. Sie gelten jedoch in der Sozialversicherung als versicherungspflichtige Arbeitnehmer.

Vertragsbeziehung mit Ein-Personen-Kapitalgesellschaft

Stellt sich die Tätigkeit einer natürlichen Person nach deren tatsächlichem Gesamtbild als abhängige Beschäftigung dar, ist ein sozialversicherungspflichtiges Beschäftigungsverhältnis nicht deshalb ausgeschlossen, weil Verträge nur zwischen dem Auftraggeber und einer Kapitalgesellschaft bestehen, deren alleiniger Geschäftsführer und Gesellschafter die natürliche Person ist.[4]

In den vom BSG zu beurteilenden Sachverhalten waren die natürlichen Personen alleinige Gesellschafter und Geschäftsführer von Kapitalgesellschaften. Mit diesen Kapitalgesellschaften schlossen Dritte Verträge über die Erbringung von Dienstleistungen. Dabei ging es um Pflegedienstleistungen im stationären Bereich eines Krankenhauses bzw. um eine beratende Tätigkeit. Tatsächlich erbracht wurden die Tätigkeiten ausschließlich von den natürlichen Personen.

Es entscheiden die jeweiligen konkreten tatsächlichen Umstände der Tätigkeit nach einer Gesamtabwägung über das Vorliegen einer Beschäftigung. Daran ändert der Umstand nichts, dass Verträge nur zwischen den Auftraggebern und den Kapitalgesellschaften geschlossen wurden. Die Abgrenzung richtet sich vielmehr nach dem Geschäftsinhalt, der sich aus den ausdrücklichen Vereinbarungen der Vertragsparteien und der praktischen Durchführung des Vertrags ergibt, nicht aber nach der von den Parteien gewählten Bezeichnung oder gewünschten Rechtsfolge.

Fortbestehen der Beschäftigung bei Freistellung von der Arbeit

Grundsätzlich ist das Bestehen der Versicherungspflicht von einer tatsächlichen Arbeitsleistung abhängig. Eine versicherungspflichtige Beschäftigung besteht aber fort, wenn

- die Dienstbereitschaft des Arbeitnehmers und die Verfügungsbefugnis des Arbeitgebers dem Grunde nach erhalten bleiben und
- das Arbeitsentgelt weitergezahlt wird.[5]

Danach kann eine Beschäftigung auch dann vorliegen, wenn der Arbeitnehmer

- für die Dauer eines Studiums oder einer Fortbildung von der Arbeit freigestellt ist und
- eine Studienbeihilfe des Arbeitgebers erhält.

Ende der versicherungspflichtigen Beschäftigung

Grundsätzlich endet die Versicherungspflicht der Arbeitnehmer mit dem Ende der Beschäftigung. Sie endet auch, wenn eine Voraussetzung für die Versicherungspflicht wegfällt, obwohl das Beschäftigungsverhältnis fortbesteht. Dies kann z. B. der Fall sein

- bei Überschreiten der ⬀ Jahresarbeitsentgeltgrenze in der Kranken- und Pflegeversicherung oder
- dem Eintreten eines sonstigen Umstands, der Versicherungsfreiheit zur Folge hat.

Ende der „Verfügungsgewalt" des Arbeitgebers

Die Beschäftigung endet mit dem Zeitpunkt, zu dem die „Verfügungsgewalt" des Arbeitgebers über den Arbeitnehmer wirtschaftlich und tatsächlich endet. Haben Arbeitnehmer und Arbeitgeber vereinbart, dass das Arbeitsverhältnis an einem bestimmten Tage als beendet anzusehen ist, so endet mit dem letzten Tag der Arbeit auch die Versicherungspflicht. Das gilt auch dann, wenn die Beschäftigung nach Ablauf einer nur unwesentlichen Zeit wieder neu begründet werden soll. Verlängert der Arbeitgeber ein von ihm gekündigtes Arbeitsverhältnis nachträglich

1 § 7a Abs. 2 Satz 1 SGB IV.
2 § 284 Abs. 1 SGB III.
3 § 7 Abs. 4 SGB IV.
4 BSG, Urteil v. 20.7.2023, B 12 BA 1/23 R, B 12 R 15/21 R und B 12 BA 4/22 R.
5 BSG, Urteil v. 21.2.1990, 12 RK 65/87.

um die dem Arbeitnehmer noch zustehenden Urlaubstage und nimmt der Arbeitnehmer diese Vertragsverlängerung stillschweigend an, endet die versicherungspflichtige Beschäftigung mit dem letzten Urlaubstag.[1]

Entgeltanspruch des dienstbereiten Arbeitnehmers

Nach der Beendigung der tatsächlichen Beschäftigung des Arbeitnehmers besteht Versicherungspflicht solange das der Beschäftigung zugrunde liegende Dienst- oder Arbeitsvertragsverhältnis und der sich daraus ergebende vertragsmäßige Entgeltanspruch des dienstbereiten Arbeitnehmers weiter bestehen.

Wichtig

Entscheidung des Arbeitsgerichts für Versicherungspflicht maßgeblich

Solange der Arbeitnehmer während des vertragsmäßig bestehenden Entgeltanspruchs dem Arbeitgeber zur Verfügung steht, besteht das versicherungsrechtliche Beschäftigungsverhältnis. Ist in solchen Fällen die rechtliche Fortdauer des Arbeitsvertrags strittig, so ist die arbeitsrechtliche Entscheidung in der Sache abzuwarten; die eventuelle Fortdauer der Versicherungspflicht ist in diesem Fall von der Entscheidung der Arbeitsgerichte abhängig. Diese Schwierigkeit muss nach Ansicht der Rechtsprechung in Kauf genommen werden. Solche Fälle liegen bei ungerechtfertigter fristloser Entlassung oder auch bei einer Kündigung unter gleichzeitiger sofortiger Beurlaubung bis zur Beendigung des Dienstverhältnisses vor. Ferner entstehen solche Fälle aus den Kündigungsschutzbestimmungen des Kündigungsschutzgesetzes sowie des SGB IX (Regelungen für schwerbehinderte Menschen).

Kündigung während einer Arbeitsunfähigkeit mit Entgeltfortzahlung

Der Anspruch auf Fortzahlung des Arbeitsentgelts wird nicht dadurch berührt, dass der Arbeitgeber oder der Arbeitnehmer aus einem dort bezeichneten Anlass das Arbeitsverhältnis kündigt.[2] In diesen Fällen ist trotz der Beendigung des Arbeitsverhältnisses die Entgeltfortzahlung weiter zu leisten. Nach Sinn und Zweck des EFZG ist davon auszugehen, dass in solchen Fällen Versicherungs- und Beitragspflicht bis zum Wegfall des Anspruchs auf Entgeltfortzahlung besteht.

Wirkung einer arbeitsgerichtlichen Entscheidung

Nachträgliche Verlängerung des Arbeitsverhältnisses durch Urteil

Wird durch Arbeitsgerichtsurteil oder arbeitsgerichtlichen Vergleich (z. B. Umwandlung einer fristlosen in eine fristgemäße Kündigung) das Arbeitsverhältnis nachträglich „verlängert", so besteht die versicherungspflichtige Beschäftigung weiter. Das gilt jedoch nur, wenn bis zu dem festgesetzten Ende des Arbeitsverhältnisses die bisherige Vergütung weiterzuzahlen ist. Die Beschäftigung verlängert sich selbst dann, wenn dem Arbeitnehmer nach dem Arbeitsgerichtsurteil oder dem arbeitsgerichtlichen Vergleich für die Zeit nach Beendigung der tatsächlichen Arbeitsleistung nicht mehr die volle Vergütung, sondern nur ein bestimmtes Teilentgelt weiterzuzahlen ist. In derartigen Fällen ist das dem Arbeitnehmer noch zustehende Arbeitsentgelt gleichmäßig auf die Zeit zwischen der tatsächlichen Beendigung und dem durch Urteil oder Vergleich festgesetzten Ende des Arbeitsverhältnisses aufzuteilen.

Diese Regelungen gelten allerdings nur dann, wenn der Arbeitnehmer seine Bereitwilligkeit zur Arbeitsleistung zu erkennen gegeben hat.[3]

Zeitpunkt der Beendigung des Arbeitsverhältnisses wird nicht festgelegt

Wird der Zeitpunkt der Beendigung des Arbeitsverhältnisses dagegen nicht festgelegt, so endet die Versicherungspflicht mit dem letzten Arbeitstag. Dies gilt auch, wenn das Ende des Arbeitsverhältnisses zwar nachträglich auf einen Zeitpunkt nach dem letzten Arbeitstag festgelegt wird, eine Verpflichtung zur Zahlung von Arbeitsentgelt seitens des Arbeitgebers aber nicht besteht. In diesem Fall bleibt zwar das Arbeitsverhältnis im arbeitsrechtlichen Sinne bestehen, wegen fehlender Entgeltzahlung jedoch nicht das versicherungspflichtige Beschäftigungsverhältnis.

1 BSG, Urteil v. 26.3.1980, 3 RK 9/79, USK 8062.
2 § 8 Abs. 1 EFZG.
3 BSG, Urteil v. 25.9.1981, 12 RK 58/80.

Zeitpunkt der Beendigung des Arbeitsverhältnisses wird festgelegt

Die Beschäftigung endet auch im Falle des arbeitsgerichtlichen Vergleichs mit dem Zeitpunkt auf den das Ende des Arbeitsverhältnisses festgelegt worden ist. Nach außen hin weist ein arbeitsgerichtlicher Vergleich zwar Einvernehmlichkeit aus. Im Falle eines Arbeitsgerichtsverfahrens geht die Einvernehmlichkeit letztlich aber verloren. Das Arbeits-/Beschäftigungsverhältnis ist streitbefangen. Diese Streitbefangenheit besteht durchgängig fort, selbst dann, wenn das arbeitsgerichtliche Verfahren durch offiziellen arbeitsgerichtlichen Vergleich beendet worden ist. Insoweit ist es für einen gerichtlichen Vergleich kennzeichnend, dass im Rahmen der Abwägung der Sach- und Rechtslage Kompromisslösungen zur Beendigung des Rechtsstreits gefunden wurden, ohne dass die ursprüngliche Streitbefangenheit damit beseitigt worden ist.

Arbeitsgerichtlicher Vergleich

Im Arbeitsgerichtsverfahren wird angestrebt, die Streitigkeiten der Parteien gütlich zu lösen. Wollte man den arbeitsgerichtlichen Vergleich nicht privilegieren und den Fortbestand des Beschäftigungsverhältnisses verneinen, wären die Arbeitnehmer benachteiligt, die die streitige Beendigung des Beschäftigungsverhältnisses angefochten haben. Dieses in dem Rechtsstreit zum Ausdruck gekommene Angebot der Arbeitskraft wirkt faktisch fort. Dieser Grundlage wird durch einen Vergleich – dem vielfach auch andere Erwägungen zugrunde liegen – der Boden nicht entzogen.

Hiernach ist die Beendigung der Beschäftigung durch arbeitsgerichtlichen Vergleich besonders begünstigt.

Außergerichtlicher Vergleich

Die Ausführung zum arbeitsgerichtlichen Vergleich gilt dann nicht, wenn sich die Parteien außerhalb des arbeitsgerichtlichen Verfahrens auf eine einvernehmliche Auflösung des Arbeitsverhältnisses einigen. In diesen Fällen richtet sich die versicherungsrechtliche Beurteilung nach den allgemeinen Grundsätzen, die für den Fortbestand der Beschäftigungsverhältnisse bei Auflösung gelten. Entscheidend ist also die Ausgestaltung dieses Vergleichs.

Freistellung des Arbeitnehmers vor Ende des Arbeitsverhältnisses

Immer wieder kommt es vor, dass Arbeitnehmer von ihrer Arbeit freigestellt werden, obwohl das (arbeits)rechtliche Ende des Arbeitsverhältnisses noch gar nicht erreicht ist. Die Auswirkungen auf die Versicherungspflicht in der Sozialversicherung sind dabei – je nach Vereinbarung und Sachverhalt – unterschiedlich.

a) Freistellung von der Arbeitsleistung

   Hat der Arbeitgeber ein „Rückholrecht", kann er den Arbeitnehmer bis zum Ablauf des rechtlichen Endes der Beschäftigung anweisen, seine Arbeitskraft erneut bzw. weiterhin zur Verfügung zu stellen. Daher besteht die versicherungspflichtige Beschäftigung während der Freistellung fort.

   Wird ein Aufhebungs- oder Abwicklungsvertrag geschlossen und der Arbeitnehmer unwiderruflich freigestellt, endet das Arbeitsverhältnis sozialversicherungsrechtlich aber ebenfalls erst mit dem tatsächlichen Ende des Arbeitsverhältnisses. Dies gilt auch in Fällen, in denen der Arbeitnehmer Entgeltfortzahlung wegen Arbeitsunfähigkeit erhält oder seinen Resturlaub in Anspruch nimmt.[4]

b) Aufhebungsvertrag

   Mit einem Aufhebungsvertrag beenden Arbeitgeber und Arbeitnehmer einvernehmlich das Arbeitsverhältnis zu einem bestimmten Zeitpunkt. Dies erfolgt unabhängig von bestehenden Kündigungsfristen. Das arbeitsrechtliche Verhältnis und auch die sozialversicherungsrechtliche Beschäftigung enden durch den Aufhebungsvertrag. In einem Aufhebungsvertrag vereinbarte Abfindungen sollen den Verlust des Arbeitsplatzes ausgleichen. Diese ↗ Abfindungen sind kein Arbeitsentgelt in der Sozialversicherung und beitragsfrei.

4 BSG, Urteil v. 24.9.2008, B 12 KR 22/07 R.

Flexibilisierung der Arbeitsverhältnisse (Arbeitszeiten)

Das Fortbestehen einer versicherungspflichtigen Beschäftigung bei einer Unterbrechung der Arbeitsleistung (z. B. während einer Freistellungsphase bei Vereinbarung flexibler Arbeitszeit, während des sog. Sabbatjahres) ist an bestimmte Voraussetzungen gebunden.

Fortbestehen der Beschäftigung ohne Entgeltzahlung

Unterbrechung der Beschäftigung

Eine Unterbrechung der Beschäftigung gegen Arbeitsentgelt, die nicht länger als einen Monat andauert, unterbricht die Beschäftigung gegen Arbeitsentgelt nicht.[1] Es handelt sich dabei insbesondere um Zeiten bei ⇗ unbezahltem Urlaub, Arbeitsbummelei, Streik und Aussperrung. Entsprechend bleibt auch die Mitgliedschaft in der Kranken- und Pflegeversicherung und die Versicherungspflicht in der Renten- und Arbeitslosenversicherung weiter bestehen.

Eine Besonderheit gilt in der Kranken- und Pflegeversicherung für länger als einen Monat andauernde rechtmäßige ⇗ Arbeitskämpfe: Für die Dauer solcher Arbeitskämpfe bleibt die Mitgliedschaft in der Krankenversicherung erhalten.[2]

Ruhen der Beschäftigung oder Zeiten mit Entgeltersatzleistungen

Während ruhender Arbeitsverhältnisse (z. B. bei Eltern- oder Pflegezeit, Wehrdienst) in denen es an der Pflicht zur Arbeitsleistung und Vergütung fehlt, besteht die Fiktion der Beschäftigung gegen Arbeitsentgelt jedoch nicht fort. Dies gilt auch, wenn der Arbeitnehmer bei Fortdauer der Beschäftigung folgende Entgeltersatzleistungen erhält[3]:

- Krankengeld,
- Krankentagegeld,
- Verletztengeld,
- Versorgungskrankengeld,
- Übergangsgeld,
- Pflegeunterstützungsgeld,
- Mutterschaftsgeld oder
- Elterngeld.

Beschäftigungsbetrieb

Die Meldungen zur Sozialversicherung enthalten u. a. die Betriebsnummer des Beschäftigungsbetriebs. Ein Beschäftigungsbetrieb im Sinne des Meldeverfahrens ist eine nach Gemeindegrenze und Wirtschaftszweig abgegrenzte Einheit, in der Beschäftigte tätig sind und für den eine Betriebsnummer als eindeutiges Identifikationsmerkmal vergeben wird.

Hat ein Unternehmen nur einen Standort, ist dieser der Beschäftigungsbetrieb und erhält eine Betriebsnummer.

Hat ein Unternehmen innerhalb der Gemeinde eine Filiale mit anderer wirtschaftlicher Ausrichtung oder eine Filiale in einer anderen Gemeinde, gelten diese jeweils als eigenständige Beschäftigungsbetriebe mit einer eigenen Betriebsnummer.

Unternehmen mit mehreren Standorten müssen in den Sozialversicherungsmeldungen für einen Beschäftigten stets die Betriebsnummer des Beschäftigungsbetriebs angeben, in dem er tatsächlich beschäftigt ist.

Die Angabe der korrekten Betriebsnummer des Beschäftigungsbetriebs ist wichtig für die Betriebsstättendatei der Bundesagentur für Arbeit und die daraus generierte Beschäftigungsstatistik.

Gesetze, Vorschriften und Rechtsprechung

Sozialversicherung: Jeder Betrieb, der Arbeitnehmer beschäftigt, benötigt gemäß § 28a Abs. 3 Nr. 6 SGB IV i. V. m. § 18i Abs. 1 SGB IV eine Betriebsnummer. Die Betriebsnummer wird für jeden Beschäftigungsbetrieb vom Betriebsnummernservice (BNS) der Bundesagentur für Arbeit nach elektronischer Anforderung vergeben. Einzelheiten zum Verfahren enthält das Gemeinsame Rundschreiben Meldeverfahren zur Sozialversicherung vom 29.6.2016 in der jeweils aktuellen Fassung.

Beschäftigungsort

Der Beschäftigungsort, auch Arbeitsort oder Dienstort genannt, ist der Ort, an dem die Arbeit überwiegend erbracht wird. Sonderformen des Beschäftigungsorts ergeben sich u. a., wenn der Arbeitnehmer an unterschiedlichen Orten (z. B. als Bauarbeiter, im Kundendienst, Homeoffice) tätig ist oder der Arbeitgeber an mehreren Orten Arbeitsstätten unterhält. Auch welche gesetzlichen Regelungen angewendet werden, richtet sich nach dem Beschäftigungsort. Betroffen sind z. B. das Feiertagsgesetz oder die versicherungsrechtlichen Bestimmungen in den Rechtskreisen Ost und West.

Gesetze, Vorschriften und Rechtsprechung

Sozialversicherung: Der Beschäftigungsort ist in den §§ 9–11 SGB IV definiert. § 175 Abs. 1 SGB V regelt die Krankenkassenwahlrechte für die Krankenkassen des Beschäftigungsorts. Ergänzend hierzu haben die (ehemaligen) Spitzenverbände der Krankenkassen eine „Gemeinsame Verlautbarung zum Krankenkassenwahlrecht" veröffentlicht. Darüber hinaus haben die Spitzenorganisationen der Sozialversicherungsträger die „Richtlinien zur versicherungsrechtlichen Beurteilung von Arbeitnehmern bei Einstrahlung und Ausstrahlung" erlassen.

Sozialversicherung

Beschäftigungsort versus Betriebsstätte

Für die sozialversicherungsrechtliche Beurteilung wird nach den maßgeblichen gesetzlichen Bestimmungen auf den Beschäftigungsort abgestellt. Demgegenüber stellt die lohnsteuerliche Betrachtung auf die „Betriebsstätte" ab. Auch wenn sich inhaltlich zwischen den beiden Begrifflichkeiten i. d. R. keine wesentlichen Abweichungen ergeben, ist eine zweifelsfreie Ermittlung erforderlich. Die korrekte Ermittlung der ⇗ Betriebsstätte ist für die Beurteilung von lohnsteuerfreien Zahlungen unerlässlich; insbesondere im Zusammenhang mit Auslandstätigkeiten und Auslösungen.

Bestimmung des Beschäftigungsorts

Im Zusammenhang mit der sozialversicherungsrechtlichen Beurteilung eines Beschäftigungsverhältnisses muss der Beschäftigungsort ermittelt bzw. festgelegt werden.

Beschäftigungsort ist der Ort, an dem die Beschäftigung tatsächlich ausgeübt wird.[4] Darüber hinaus gilt als Beschäftigungsort der Ort, an dem eine feste Arbeitsstätte errichtet ist, wenn Personen

- von ihr aus mit einzelnen Arbeiten außerhalb der festen Arbeitsstätte beschäftigt werden oder

1 § 7 Abs. 3 Satz 1 SGB IV.
2 § 192 Abs. 1 Nr. 1 SGB V.
3 § 7 Abs. 3 Satz 3 und 4 SGB IV.

4 § 9 SGB IV.

- außerhalb der festen Arbeitsstätte beschäftigt werden und diese Arbeitsstätte sowie der Ort, an dem die Beschäftigung tatsächlich ausgeübt wird, im Bezirk desselben Versicherungsträgers liegen.

Soweit Personen bei einem Arbeitgeber an mehreren festen Arbeitsstätten beschäftigt sind, gilt als Beschäftigungsort die Arbeitsstätte, in der sie überwiegend beschäftigt sind.

Wenn sich eine feste Arbeitsstätte über den Bezirk mehrerer Gemeinden erstreckt, gilt als Beschäftigungsort der Ort, an dem die Arbeitsstätte ihren wirtschaftlichen Schwerpunkt hat.

Wechselnde Einsatzstellen

Wird die Beschäftigung an verschiedenen Orten ausgeübt und ist eine feste Arbeitsstätte nicht vorhanden, gilt als Beschäftigungsort der Ort, an dem der Betrieb seinen Sitz hat. Leitet eine Außenstelle des Betriebs die Arbeiten unmittelbar, ist der Sitz der Außenstelle als Beschäftigungsort maßgebend. Lässt sich danach kein Beschäftigungsort in Deutschland bestimmen, gilt als Beschäftigungsort der Ort, an dem die Beschäftigung in Deutschland erstmals ausgeübt wird. Die gleichen Grundsätze sind sinngemäß ebenfalls anzuwenden, wenn sich die wechselnden Einsatzstellen sowohl im Rechtskreis West als auch im Rechtskreis Ost befinden.

Beispiel

Außendienstmitarbeiter mit abwechselnden Beschäftigungsorten

Herr L ist bei Firma M mit Firmensitz in Bremen als Außendienstmitarbeiter angestellt.

Der eigentliche Tätigkeitsbereich erstreckt sich über Norddeutschland einschließlich der Bundesländer Mecklenburg-Vorpommern und Brandenburg und umfasst somit die Rechtskreise West und Ost. Herr L hat zwar keine feste Arbeitsstätte, je nach Dauer der Außendienstbesuche beginnt oder endet sein Arbeitseinsatz gelegentlich am Firmensitz.

Der Beschäftigungsort ist täglich wechselnd. Teilweise findet die Tätigkeit an einem Tag sogar in beiden Rechtskreisen statt.

Da für Herrn L keine feste Arbeitsstätte vorhanden ist, gilt als Beschäftigungsort der Ort des Betriebssitzes. In diesem Fall also im Rechtskreis West (= Bremen).

Homeoffice (Telearbeit)

Zunehmend üben Arbeitnehmer ihre Beschäftigung von zu Hause aus. Dies ist insbesondere in den Branchen der Fall, in denen die Arbeit am Bildschirm ausgeübt werden kann („Telearbeit") oder als Außendiensttätigkeit gestaltet ist.

Die Bewertung, welcher Ort bei Homeoffice-Arbeitsplätzen als Beschäftigungsort gilt, ist – entsprechend der Vorgaben des § 9 SGB IV – grundsätzlich danach auszurichten, wo die Beschäftigung überwiegend ausgeübt wird.

Krankenkassenwahl

Bei der Wahl einer Orts-, Betriebs-, Innungs- oder Ersatzkasse haben die Beschäftigten darauf zu achten, dass die gewählte Krankenkasse sich u. a. auf ihren Beschäftigungsort erstreckt. Das ist zumeist unproblematisch, weil sich zumindest die Orts- und Innungskrankenkassen inzwischen überwiegend auf die Beschäftigungsorte des jeweiligen Bundeslands erstrecken und die bundesunmittelbaren Ersatzkassen für die Beschäftigungsorte des gesamten Bundesgebiets zuständig sind.

Mehrfachbeschäftigte

Weiterhin ist der Beschäftigungsort noch bei ↗ Mehrfachbeschäftigungen bedeutsam, wenn der Beschäftigte sowohl im Rechtskreis West als auch im Rechtskreis Ost Beschäftigungen ausübt. Es ist dann zu prüfen, ob auf den Beschäftigten das für West oder das für Ost geltende Versicherungsrecht anzuwenden ist. Für die Renten- und die Arbeitslosenversicherung ist dabei zu prüfen, ob das Arbeitsentgelt insgesamt die ↗ Beitragsbemessungsgrenze überschreitet.

Auslandstätigkeit

In den Fällen der ↗ Ausstrahlung gilt der bisherige Beschäftigungsort als fortbestehend.[1] Ist ein solcher nicht vorhanden, z. B. weil der Mitarbeiter erst für den Auslandseinsatz eingestellt wurde, gilt als Beschäftigungsort der Ort, an dem der Betrieb, von dem der Beschäftigte ins Ausland entsandt wird, seinen Sitz hat.

Besondere Personengruppen

Für besondere Personengruppen wird mit § 10 SGB IV auch der Beschäftigungsort bestimmt.

Danach gilt als Beschäftigungsort für Personen, die ein freiwilliges soziales Jahr oder ein freiwilliges ökologisches Jahr im Sinne des Jugendfreiwilligendienstgesetzes[2] leisten, der Ort, an dem der Träger des freiwilligen sozialen/ökologischen Jahres seinen Sitz hat.[3]

Als Beschäftigungsort für ↗ Entwicklungshelfer und für auf Antrag ins Ausland entsandte Deutsche gilt der Sitz des Trägers des Entwicklungsdienstes bzw. der Sitz der antragstellenden Stelle.[4]

Schließlich gilt als Beschäftigungsort für Seeleute der Heimathafen des Seeschiffes.[5] Ist kein Heimathafen in Deutschland vorhanden (z. B. weil das Schiff ausgeflaggt wurde), gilt als Beschäftigungsort Hamburg.

Selbstständig Tätige

Für selbstständige Tätigkeiten gelten die vorstehend aufgezeigten Vorschriften über die Bestimmung des Beschäftigungsorts nach § 11 SGB IV entsprechend. Ist für den selbstständig Tätigen eine feste Betriebsstätte nicht vorhanden, gilt der Wohnsitz oder der gewöhnliche Aufenthaltsort des selbstständig Tätigen als Tätigkeitsort. Besteht für den selbstständig Tätigen Rentenversicherungspflicht, richtet sich auch die Zuständigkeit des Regionalträgers der Deutschen Rentenversicherung, nach dem Tätigkeitsort. Bei diesem Regionalträger ist die Rentenversicherung durchzuführen und sind die Rentenversicherungsbeiträge zu entrichten.

Beschränkt steuerpflichtige Arbeitnehmer

Das deutsche Steuerrecht unterscheidet zwischen unbeschränkt steuerpflichtigen Personen und beschränkt steuerpflichtigen Personen. Die – meist ausländischen – Arbeitnehmer werden in Deutschland nur „beschränkt steuerpflichtig", wenn sie nur vorübergehend in Deutschland tätig sind und keinen Wohnsitz oder gewöhnlichen Aufenthalt in Deutschland haben.

Im Normalfall werden beschränkt Steuerpflichtige nicht zur Einkommensteuer veranlagt, denn mit dem Abzug der Steuer – z. B. vom Lohn oder von den Kapitaleinkünften – gilt die Steuer als abgegolten. Auf Antrag kann eine Behandlung als unbeschränkt Steuerpflichtiger und damit eine Veranlagung zur Einkommensteuer erfolgen, wenn mindestens 90 % der Gesamteinkünfte in der Bundesrepublik Deutschland erworben werden oder die im Ausland zu besteuernden Einkünfte den steuerlichen Grundfreibetrag nicht übersteigen; dieser Betrag wird bei bestimmten Ländern um 25 %, 50 % oder 75 % gekürzt. Daneben gibt es noch die zeitlich beschränkte erweitert beschränkte Steuerpflicht für deutsche Auswanderer in ein Niedrigsteuerland.

Gesetze, Vorschriften und Rechtsprechung

Lohnsteuer: Die beschränkte Steuerpflicht von Arbeitnehmern richtet sich nach den §§ 1, 1a, sowie 49 Abs. 1 Nr. 4 EStG. Die Besteuerung der Einkünfte aus nichtselbstständiger Arbeit bei beschränkt einkommensteuerpflichtigen Künstlern richtet sich nach dem BMF-Schreiben v. 31.7.2002, IV C 5 – S 2369-5/02, BStBl 2002 I S. 707 und dem BMF-

1 § 9 Abs. 6 SGB IV.
2 JFDG.
3 § 10 Abs. 1 SGB IV.
4 § 10 Abs. 2 SGB IV.
5 § 10 Abs. 3 SGB IV.

Schreiben v. 28.3.2013, IV C 5 – S 2332/09/10002, BStBl 2013 I S. 443. Die Ländergruppeneinteilung ab 1. Januar 2021 ergibt sich aus dem BMF-Schreiben v. 11.11.2020, IV C 8 -S 2285/19/10001 :002, BStBl I 2020 S. 1212. Regelungen zum Lohnsteuerabzug bei beschränkt Steuerpflichtigen enthält das BMF-Schreiben v. 7.11.2019, IV C 5 – S 2363/19/10007 :001, BStBl 2019 I S. 1087.

Lohnsteuer

Beschränkte Steuerpflicht

Die persönliche Steuerpflicht beschreibt den von der Einkommensteuer betroffenen Personenkreis, wogegen die sachliche Steuerpflicht die Bemessungsgrundlage (das zu versteuernde Einkommen) definiert. Bei der persönlichen Steuerpflicht ist zwischen unbeschränkter und beschränkter Steuerpflicht zu differenzieren.

Beschränkt einkommensteuerpflichtig können nur natürliche Personen sein. Beschränkt einkommensteuerpflichtig mit ihren inländischen Einkünften aus nichtselbstständiger Arbeit sind Arbeitnehmer, zumeist ausländische, die

- in Deutschland keinen Wohnsitz und
- keinen gewöhnlichen Aufenthalt haben.[1]

Den gewöhnlichen Aufenthalt im Inland begründen Arbeitnehmer i. d. R. dann, wenn sie sich für mehr als 6 Monate in Deutschland aufhalten. In diesem Fall ist von Beginn an von einer unbeschränkten Steuerpflicht auszugehen.[2]

Von inländischen Einkünften ist auszugehen, wenn die nichtselbstständige Arbeit vom Arbeitnehmer im Inland

- ausgeübt oder
- verwertet wird oder
- verwertet worden ist.[3]

Ausübung der Tätigkeit im Inland

Die nichtselbstständige Tätigkeit wird im Inland ausgeübt, wenn der Arbeitnehmer im Geltungsbereich des Einkommensteuergesetzes persönlich tätig wird.[4] Bei Ausübung der Tätigkeit im Inland kommt es nicht darauf an, ob ein inländischer oder ein ausländischer Arbeitgeber den Arbeitslohn zahlt.

Hinweis

Ergänzung der Ausübung der Tätigkeit im Inland geplant

Mit dem Wachstumschancengesetz wurde geplant, die Regelung zu ergänzen. Von einer Ausübung der Tätigkeit im Inland soll demnach auch dann auszugehen sein,

- wenn die Tätigkeit im Ansässigkeitsstaat des Arbeitnehmers oder in einem oder mehreren anderen Staaten ausgeübt wird und
- ein mit dem Ansässigkeitsstaat abgeschlossenes DBA oder eine zwischenstaatliche Vereinbarung für diese im Ansässigkeitsstaat oder in einem oder mehreren anderen Staaten ausgeübte Tätigkeit

Deutschland ein Besteuerungsrecht zuweist.

Da das Gesetzgebungsverfahren noch nicht abgeschlossen ist, kann es im Laufe des Jahres 2024 zu einer Änderung kommen.

Verwertung im Inland

Eine Verwertung nichtselbstständiger Arbeit im Inland liegt vor, wenn der Arbeitnehmer das Arbeitsergebnis einer außerhalb des Geltungsbereichs des Einkommensteuergesetzes ausgeübten Tätigkeit seinem Arbeitgeber im Inland zuführt oder nutzbar macht.[5]

1 § 1 Abs. 4 EStG i. V. m. § 49 Abs. 1 Nr. 4 EStG.
2 § 9 AO.
3 § 49 Abs. 1 Nr. 4 Buchst. a EStG.
4 R 39.4 Abs. 2 Satz 1 LStR.
5 R 39.4 Abs. 2 Satz 2 LStR.

Voraussetzung für eine Verwertung der Arbeitsleistung im Inland ist, dass der Ort der Ausübung der Tätigkeit vom Ort der Verwertung der nichtselbstständigen Arbeit verschieden ist. Hierbei ist es aus steuerlicher Sicht bedeutungslos, ob der Arbeitnehmer für einen inländischen Arbeitgeber tätig ist und der Arbeitslohn vom Inland aus gezahlt wird.

Prüfung des Verwertungstatbestands

Zunächst muss festgestellt werden,

- welche Tätigkeiten im Einzelnen vom Arbeitnehmer ausgeübt werden und
- welche Bedeutung diese Tätigkeiten für das inländische Unternehmen haben.

Nur bei genauer Kenntnis der Tätigkeit des Arbeitnehmers lässt sich beurteilen, ob (und inwieweit) der Arbeitnehmer das Ergebnis seiner ausländischen Tätigkeit seinem inländischen Arbeitgeber im Inland oder Ausland zuführt.

Aufteilung im Schätzungswege bei verschiedenartigen Tätigkeiten

Bei verschiedenartigen Tätigkeiten des Arbeitnehmers ist auf die einzelne Tätigkeit abzustellen. Sollte im Einzelfall eine gemischte Tätigkeit (teilweise Verwertung im Inland) vorliegen, ist das Arbeitsentgelt im Schätzungswege aufzuteilen.

Der Arbeitnehmer führt seinem Arbeitgeber an dem Ort (Inland oder Ausland) das Ergebnis seiner Tätigkeit zu, an dem der Arbeitnehmer den Erfolg seiner Tätigkeit seinem Arbeitgeber nutzbar macht. Insoweit obliegt den Beteiligten durch das Vorliegen eines Auslandssachverhalts eine erhöhte Mitwirkungspflicht nach § 90 Abs. 2 AO.

Beispiel

Ausübung der Tätigkeit

Ein lediger Wissenschaftler wird im Rahmen eines Forschungsvorhabens in Südamerika tätig. Seinen inländischen Wohnsitz hat er aufgegeben. Er übergibt entsprechend den getroffenen Vereinbarungen seinem inländischen Arbeitgeber einen Forschungsbericht. Der Arbeitgeber sieht von einer kommerziellen Auswertung der Forschungsergebnisse ab.

Ergebnis: Der Wissenschaftler ist mit den Bezügen, die er für die Forschungstätigkeit von seinem Arbeitgeber erhält, beschränkt einkommensteuerpflichtig. Die Einkünfte unterliegen deshalb dem Lohnsteuerabzug für beschränkt steuerpflichtige Arbeitnehmer.

Ausnahmen von der Besteuerung

Von der Besteuerung des Verwertungstatbestands wird abgesehen, wenn

- Deutschland nach einem DBA mit dem ausländischen Wohnsitzstaat kein Besteuerungsrecht zusteht und nach R 39b.10 LStR der Lohnsteuerabzug unterbleiben darf[6] oder
- der Arbeitnehmer mit den Einkünften aus seiner Tätigkeit im Tätigkeitsstaat einer der deutschen Einkommensteuer entsprechenden Steuer unterlegen hat. Auf den Nachweis wird bei Arbeitnehmern verzichtet, bei denen die Voraussetzungen des Auslandstätigkeitserlasses vorliegen.[7]

Unbeschränkte Steuerpflicht auf Antrag

Unter bestimmten Voraussetzungen werden auf Antrag natürliche Personen als unbeschränkt einkommensteuerpflichtig behandelt, die im Inland weder einen Wohnsitz noch ihren gewöhnlichen Aufenthalt haben, soweit sie inländische Einkünfte im vorstehenden Sinne erzielen. Voraussetzung ist, dass

- die Summe aller Einkünfte im Kalenderjahr zu mindestens 90 % der deutschen Einkommensteuer unterliegt oder
- diejenigen Einkünfte, die nicht der deutschen Besteuerung unterliegen, ab 2024 höchstens 11.604[8] EUR (2023: 10.908 EUR) betragen.

6 R 39.4 Abs. 3 Nr. 1 LStR.
7 R 39.4 Abs. 3 Nr. 2 LStR.
8 § 32a Abs. 1 EStG i. d. F. des Inflationsausgleichsgesetzes.

Abhängig von der Ländergruppeneinteilung ist der (Grundfrei-)Betrag von 11.604[1] EUR (2023: 10.908 EUR) bei bestimmten Ländern um 25 %, 50 % oder 75 % zu kürzen.[2] Für die Prüfung der Zusammenveranlagung (Steuerklasse III) eines EU-/EWR-Staatsangehörigen mit seinem in einem anderen EU-/EWR-Mitgliedstaat ansässigen Ehe-/Lebenspartner verdoppelt sich die Betragsgrenze für die ausländischen Einkünfte ab 2024 auf 23.208 EUR (2023: 21.816 EUR).

Wichtig

Überprüfung der Einkunftsgrenzen bei fiktiver unbeschränkter Steuerpflicht

Entgegen der bisherigen Verwaltungsauffassung ist bei der Frage, ob Ehegatten die Einkunftsgrenzen (relative oder absolute Wesentlichkeitsgrenze) für das Wahlrecht zur Zusammenveranlagung in Fällen der fiktiven unbeschränkten Einkommensteuerpflicht wahren, im Rahmen einer einstufigen Prüfung[3] auf die Einkünfte beider Ehegatten abzustellen und der Grundfreibetrag zu verdoppeln.[4] Die Finanzverwaltung hatte zuvor im Rahmen einer zweistufigen Prüfung zunächst geprüft, ob der eine Ehegatte selbst als unbeschränkt steuerpflichtig zu behandeln ist.[5] Erst im zweiten Schritt wurde geprüft, ob beide Ehegatten zusammen die Einkunftsgrenzen des § 1a Abs. 1 Nr. 2 Satz 3 EStG einhalten.[6]

Steuerabzugsverfahren

Lohnsteuerabzug durch den Arbeitgeber

Der Steuerabzug ist vom inländischen Arbeitgeber vorzunehmen, wenn nicht ausnahmsweise eine Freistellung aufgrund eines ⇗ Doppelbesteuerungsabkommens in Betracht kommt.[7]

Inländischer Arbeitgeber ist, wer im Inland

- einen Wohnsitz,
- seinen gewöhnlichen Aufenthalt,
- seine Geschäftsleitung,
- seinen Sitz,
- eine Betriebsstätte oder
- einen ständigen Vertreter hat.

Beschränkt steuerpflichtige Arbeitnehmer werden in 3 Gruppen eingeteilt:

1. Staatsangehörige von EU/EWR-Mitgliedstaaten, die nahezu ihre gesamten Einkünfte in Deutschland erzielen, werden auf Antrag einem unbeschränkt Steuerpflichtigen völlig gleichgestellt. Sie erhalten alle steuerlichen Vergünstigungen einschließlich Versteuerung nach dem Splittingtarif (Steuerklasse III bei Verheirateten).
2. Staatsangehörige aus Nicht-EU/EWR-Staaten, die nahezu ihre gesamten Einkünfte in Deutschland erzielen, werden auf Antrag einem unbeschränkt Steuerpflichtigen fast gleichgestellt. Sie erhalten alle steuerlichen Vergünstigungen mit Ausnahme „familienbezogener" Vorteile, wie z. B. Versteuerung nach dem Splittingtarif (Steuerklasse III bei Verheirateten).
3. Alle übrigen beschränkt steuerpflichtigen Arbeitnehmer erhalten stets die Steuerklasse I und können lediglich Werbungskosten und bestimmte Arten von Sonderausgaben steuermindernd geltend machen.

Besonderheiten beim Lohnsteuerabzug

Für beschränkt steuerpflichtige Arbeitnehmer werden dem Arbeitgeber ab 2020 erstmalig elektronische Lohnsteuerabzugsmerkmale zur Verfügung gestellt. Im Inland nicht meldepflichtigen Personen wird auf Antrag eine steuerliche Identifikationsnummer zugeteilt.[8] Die Antragstellung erfolgt grundsätzlich durch den Arbeitnehmer beim Betriebsstättenfinanzamt des Arbeitgebers.[9] Die Zuteilung der Identifikationsnummer kann ab 2021 alternativ vom Arbeitgeber beantragt werden, wenn ihn der Arbeitnehmer dazu nach § 80 Abs. 1 AO bevollmächtigt hat.[10] Eine Antragstellung kann unterbleiben, wenn dem Arbeitnehmer bereits eine Identifikationsnummer zugeteilt wurde (z. B. weil der Arbeitnehmer in früheren Jahren bereits unbeschränkt steuerpflichtig war). In diesen Fällen teilt das Betriebsstättenfinanzamt die Identifikationsnummer auf Anfrage mit.[11]

Besondere Bescheinigung auf Antrag

Durch die Einbeziehung der beschränkt einkommensteuerpflichtigen Arbeitnehmer in das ELStAM-Verfahren ist eine Verwendung des besonderen steuerlichen Ordnungsmerkmals zukünftig nicht mehr erforderlich, weshalb die dafür maßgebenden Regelungen mit Wirkung ab dem Veranlagungszeitraum 2023 aufgehoben werden. Für die im BMF-Schreiben vom 7.11.2019[12] genannten Ausnahmefälle (s. u.) ist daher auch weiterhin die Bildung eines besonderen steuerlichen Ordnungsmerkmals möglich.[13] Um den Lohnsteuerabzug vornehmen zu können, benötigten beschränkt steuerpflichtige Arbeitnehmer bisher jährlich eine neue Lohnsteuerabzugsbescheinigung, die alle für den Lohnsteuerabzug durch den Arbeitgeber erforderlichen Besteuerungsmerkmale enthielt. Diese Besondere Bescheinigung für den Lohnsteuerabzug wurde auf Antrag von dem für den Arbeitgeber zuständigen Betriebsstättenfinanzamt ausgestellt. Die Lohnsteuer wurde nach den dort eingetragenen Lohnsteuerabzugsmerkmalen berechnet. Dieses papierbehaftete Verfahren zur Ausstellung einer besonderen Bescheinigung für den Lohnsteuerabzug ist für eine Übergangsphase[14] auch weiterhin in den Fällen anzuwenden,

- in denen beschränkt steuerpflichtigen Arbeitnehmern ein Freibetrag i. S. d. § 39a EStG berücksichtigt wird, oder
- wenn deren Arbeitslohn nach den Regelungen in Doppelbesteuerungsabkommen auf Antrag von der Besteuerung freigestellt wird, oder
- wenn der Steuerabzug nach den Regelungen in Doppelbesteuerungsabkommen auf Antrag gemindert oder begrenzt wird.

Elektronische Lohnsteuerbescheinigung

Der Arbeitgeber muss dem Arbeitnehmer eine Durchschrift der Daten aushändigen, die er dem Finanzamt auf elektronischem Wege übermittelt hat. In den Fällen der beschränkten Steuerpflicht ist der allgemeine Vordruck der elektronischen ⇗ Lohnsteuerbescheinigung zu verwenden.

Besondere Lohnsteuerbescheinigung in Ausnahmefällen

Nimmt der Arbeitgeber – ausnahmsweise – nicht am elektronischen Lohnsteuerverfahren teil (sog. Härtefall), muss er nach Ablauf des Kalenderjahres oder wenn das Dienstverhältnis vor Ablauf des Kalenderjahres beendet wird, eine Besondere Lohnsteuerbescheinigung ausstellen; diese entspricht inhaltlich der elektronischen Lohnsteuerbescheinigung.

Für nach dem 31.12.2019 endende Lohnzahlungszeiträume ist die Besondere Lohnsteuerbescheinigung unmittelbar an das Betriebsstättenfinanzamt zu übersenden. Der Arbeitnehmer erhält nur noch eine Zweitausfertigung dieser Bescheinigung.[15]

Lohnsteuer-Jahresausgleich durch Arbeitgeber

Die Durchführung des betrieblichen Lohnsteuer-Jahresausgleichs setzte bis einschließlich 2019 voraus, dass der Arbeitnehmer unbeschränkt einkommensteuerpflichtig ist. Folglich durfte der Arbeitgeber für beschränkt einkommensteuerpflichtige Arbeitnehmer keinen Lohnsteuer-Jahresausgleich durchführen. Dies galt auch in den Fällen, in denen der beschränkt Steuerpflichtige einem unbeschränkt steuerpflichtigen Inländer

1 § 32a Abs. 1 EStG i. d. F. des Inflationsausgleichsgesetzes v. 13.12.2022. Es wurde aber eine Erhöhung für das Jahr 2024 angekündigt, die rückwirkend ab 1.1.2024 gelten soll.
2 Für die Ländergruppeneinteilung ab 2021 s. BMF, Schreiben v. 11.11.2020, IV C 8 – S 2285/19/10001 :002, BStBl I 2020 Seite 1212.
3 § 1a Abs. 1 Nr. 2 EStG.
4 BFH, Urteil v. 6.5.2015, I R 16/14, BStBl 2015 II S. 957.
5 § 1 Abs. 3 EStG.
6 R 1 EStR.
7 § 38 Abs. 1 Nrn. 1, 2 EStG.

8 Die Identifikationsnummer des Arbeitnehmers ist für den Abruf der ELStAM erforderlich.
9 § 39 Abs. 3 Satz 1 EStG.
10 § 39 Abs. 3 Satz 2 EStG.
11 §§ 39, 41b EStG.
12 BMF, Schreiben v. 7.11.2019, IV C 5 – S 2363/19/10007 :001, BStBl 2019 I S. 1087.
13 § 41b Abs. 2 Satz 1 EStG.
14 BMF, Schreiben v. 7.11.2019, IV C 5 – S 2363/19/10007 :001, BStBl 2019 I S. 1087.
15 § 41b Abs. 1 Sätze 4, 5 EStG.

völlig gleichgestellt war. Eine Erstattung von Steuerabzugsbeträgen kam deshalb bei beschränkt steuerpflichtigen Arbeitnehmern grundsätzlich ausschließlich im Rahmen einer Veranlagung zur Einkommensteuer durch das Finanzamt in Betracht. Seit 2020 werden auch beschränkt steuerpflichtige Arbeitnehmer in den betrieblichen Lohnsteuer-Jahresausgleich eingebunden.[1]

Besonderheiten

Altersentlastungsbetrag berücksichtigen

Auch bei beschränkt steuerpflichtigen Arbeitnehmern ist der Altersentlastungsbetrag zu berücksichtigen, wenn sie vor Beginn des Kalenderjahres das 64. Lebensjahr vollendet hatten (2024: vor dem 2.1.1960 geborene Personen).

Lohnsteuerpauschalierung

Für Aushilfskräfte und ⇗ Teilzeitbeschäftigte kann unter bestimmten Voraussetzungen die Lohnsteuer mit 25 %, 20 %, 5 % oder 2 % pauschaliert werden. Diese Pauschalierungsmöglichkeiten gelten auch für beschränkt steuerpflichtige ausländische Saisonarbeiter.

Steuerabzug durch ausländische Verleiher

Der Steuerabzug ist auch von einem ausländischen Verleiher vorzunehmen.[2] Ausländischer Verleiher ist, wer einem Dritten Arbeitnehmer gewerbsmäßig zur Arbeitsleistung im Inland überlässt, ohne inländischer Arbeitgeber zu sein. Legt der Arbeitnehmer dem Arbeitgeber keine Bescheinigung des Betriebsstättenfinanzamts über die Besteuerungsmerkmale vor, hat der Arbeitgeber die Steuerabzugsbeträge nach Steuerklasse VI einzubehalten.

Vorruhestandsgelder grundsätzlich steuerpflichtig

Auch Vorruhestandsgelder, die an inzwischen in ihre Heimatländer zurückgekehrte Personen gezahlt werden, die nicht mehr unbeschränkt einkommensteuerpflichtig sind, gehören zu den der deutschen Besteuerung unterliegenden Einkünften aus nichtselbstständiger Arbeit. Denn auch diese Bezüge sind letztlich Einkünfte aus einer Tätigkeit, die im Inland ausgeübt oder verwertet worden ist.

Besteuerungsrecht des Ansässigkeitsstaats

Da Vorruhestandsgelder der Versorgung des Steuerpflichtigen dienen, steht das Besteuerungsrecht allerdings dem Ansässigkeitsstaat im Zeitpunkt der Zahlung der Vorruhestandsgelder zu.[3] Entsprechendes gilt auch für die in der Praxis häufig gezahlten Betriebsrenten.

Abfindungen grundsätzlich steuerpflichtig

Zu den inländischen Einkünften eines beschränkt einkommensteuerpflichtigen Arbeitnehmers ohne Wohnsitz oder gewöhnlichen Aufenthalt in Deutschland gehören auch steuerpflichtige ⇗ Abfindungen für die Auflösung des Dienstverhältnisses.[4] Voraussetzung ist, dass die für die zuvor ausgeübte Tätigkeit bezogenen Einkünfte der inländischen Besteuerung unterlegen haben.

Besteuerungsrecht des früheren Tätigkeitsstaats

Abfindungen gelten für die Anwendung von DBA als für die frühere Tätigkeit zusätzlich geleistetes Entgelt.[5] Dadurch gilt für Abfindungen, die anlässlich der Beendigung eines Dienstverhältnisses gezahlt werden, ein generelles Besteuerungsrecht des früheren Tätigkeitsstaats. Eine Ausnahme besteht, wenn in einem DBA abweichende Regelungen getroffen wurden, die dann maßgeblich sind.[6] Eine Rückfallklausel stellt sicher, dass das Besteuerungsrecht an den früheren Tätigkeitsstaat zurückfällt, wenn der andere Staat die Abfindung aufgrund eines abweichenden DBA-Verständnisses nicht besteuert.[7]

1 § 42b Abs. 1 Satz 1 EStG.
2 § 38 Abs. 1 Nr. 2 EStG.
3 Art. 18 OECD-MA.
4 § 49 Abs. 1 Nr. 4 Buchst. d EStG.
5 § 50d Abs. 12 Satz 1 EStG.
6 § 50d Abs. 12 Satz 2 EStG.
7 § 50d Abs. 12 Satz 3 i. V. m. § 50d Abs. 9 Satz 1 Nr. 1 EStG.

Künstler, Berufssportler, Schriftsteller, Journalisten usw.

Lohnsteuerabzug bei nichtselbstständiger Tätigkeit

Dem Lohnsteuerabzug zu unterwerfen sind – wie bei allen anderen beschränkt steuerpflichtigen Arbeitnehmern – Einkünfte beschränkt steuerpflichtiger

- Künstler,
- Berufssportler,
- Schriftsteller,
- Journalisten und
- Bildberichterstatter,

die ihre Tätigkeit bei einem inländischen Arbeitgeber im Rahmen eines Arbeitsverhältnisses nichtselbstständig ausüben.

Für die Abgrenzung zwischen selbstständiger Tätigkeit und nichtselbstständiger Tätigkeit bei beschränkter Einkommensteuerpflicht sind die Regelungen maßgebend, die für unbeschränkt einkommensteuerpflichtige Künstler gelten.

DBA-Regelungen beachten

Der von einem inländischen Arbeitgeber vorzunehmende Lohnsteuerabzug darf nur dann unterbleiben, wenn der Arbeitslohn nach den Vorschriften eines Doppelbesteuerungsabkommens von der deutschen Lohnsteuer freizustellen ist. Dies ist vielfach für künstlerische Tätigkeiten im Rahmen eines Kulturaustauschs vorgesehen. Das Betriebsstättenfinanzamt hat auf Antrag des Arbeitnehmers oder des Arbeitgebers (im Namen des Arbeitnehmers) eine entsprechende Freistellungsbescheinigung zu erteilen.

Pauschalierung bei nur vorübergehender Tätigkeit

Der inländische Arbeitgeber kann bei beschränkt steuerpflichtigen Künstlern die Lohnsteuer pauschalieren, wenn die Künstler als

- gastspielverpflichtete Künstler bei Theaterbetrieben,
- freie Mitarbeiter für Hörfunk und Fernsehen oder
- Mitarbeiter in der Film- und Fernsehproduktion

nichtselbstständig tätig sind und vom Arbeitgeber nur kurzfristig, höchstens für 6 zusammenhängende Monate, beschäftigt werden.[8]

Bei beschränkt steuerpflichtigen Künstlern bemisst sich die pauschale Lohnsteuer nach den gesamten Einnahmen des Künstlers einschließlich der steuerfreien Reisekosten und der sonstigen steuerfreien Entschädigungen (u. a. Reise- und Umzugskostenvergütungen, Mehraufwendungen bei doppelter Haushaltsführung und Trennungsgelder).[9] Abzüge sind nicht zulässig, weder für Werbungskosten noch für Sonderausgaben oder Steuern.

Pauschalsteuersatz beträgt 20 %

Die pauschale Lohnsteuer beträgt für Einnahmen 20 %; hinzu kommt der zusätzlich erhobene Solidaritätszuschlag in Höhe von 5,5 % der pauschalen Lohnsteuer. Übernimmt der Arbeitgeber sowohl die Lohnsteuer als auch den Solidaritätszuschlag, beträgt die pauschale Lohnsteuer insgesamt 25,35 % der Einnahmen. In den Fällen, in denen der Arbeitgeber nur den Solidaritätszuschlag übernimmt, beträgt die pauschale Lohnsteuer 20,22 % der Einnahmen. Der Solidaritätszuschlag beträgt zusätzlich jeweils 5,5 % der pauschalen Lohnsteuer. Kirchensteuer fällt bei beschränkt steuerpflichtigen Arbeitnehmern nicht an.[10]

Zahlungen aus öffentlichen Kassen

Einkünfte aus einer im Ausland ausgeübten Arbeitnehmertätigkeit unterliegen nach § 49 Abs. 1 Nr. 4 Buchst. b EStG auch dann im Inland der Besteuerung, wenn der Arbeitslohn aus inländischen öffentlichen Kassen, einschließlich der Kassen des Bundeseisenbahnvermögens und

8 BMF, Schreiben v. 31.7.2002, IV C 5 – S 2369 – 5/02, BStBl 2002 I S. 707.
9 § 3 Nrn. 13, 16 EStG.
10 BMF, Schreiben v. 28.3.2013, IV C 5 – S 2332/09/10002, BStBl 2013 I S. 443.

der Deutschen Bundesbank, gewährt wird. Die inländische Besteuerung der Zahlungen aus öffentlichen Kassen erfolgt unabhängig davon, ob die Zahlungen für ein gegenwärtiges oder früheres Dienstverhältnis gewährt werden.

Die Besteuerung erfolgt auch dann, wenn der Zahlungsanspruch des Arbeitnehmers nicht unmittelbar gegenüber der inländischen öffentlichen Kasse besteht. Es reicht vielmehr aus, wenn das im Ausland gezahlte Arbeitsentgelt der auszahlenden Stelle durch eine öffentliche Kasse erstattet wird. Diese Voraussetzung ist nur dann erfüllt, wenn die öffentlichen Mittel wirtschaftlich für die dienstvertragliche Vergütung gezahlt werden. Erforderlich ist ein konkreter Bezug, d. h. die Zahlung muss durch das Dienstverhältnis als auslösendes Moment veranlasst sein. Ein solcher Zusammenhang ist insbesondere dann gegeben, wenn die öffentliche Kasse die an den konkreten Arbeitnehmer gezahlte Vergütung nachträglich erstattet oder die entsprechenden Mittel im Vorhinein gewährt, um es dem Arbeitgeber zu ermöglichen, die Arbeitsvergütung zu bezahlen. Vom Besteuerungstatbestand des § 49 Abs. 1 Nr. 4 Buchst. b EStG nicht erfasst sind jedoch Arbeitsvergütungen, soweit diese anteilig aus EU-Mitteln stammen.

Beispiel

Beschränkte Steuerpflicht bei Erhalt von Entwicklungshilfe

Arbeitnehmer A arbeitet als Ingenieur im Ausland für eine private Hilfsorganisation, die im Ausland Entwicklungshilfe leistet. Die Hilfsorganisation erhält vom Bundesministerium für wirtschaftliche Zusammenarbeit und Entwicklung die für A entstandenen Lohnkosten in voller Höhe erstattet.

Ergebnis: Auch wenn A seine Arbeitnehmertätigkeit ausschließlich im Ausland ausübt und seinen Arbeitslohn unmittelbar von einem privaten Arbeitgeber bezieht, unterliegen die Einkünfte vorbehaltlich eines bestehenden Doppelbesteuerungsabkommens der inländischen beschränkten Steuerpflicht, da der erzielte Arbeitslohn in voller Höhe mittelbar aus öffentlichen Kassen gezahlt wurde.

Geschäftsführer, Prokuristen und Vorstandsmitglieder

Einkünfte aus Arbeitnehmertätigkeit von nicht in Deutschland ansässigen Arbeitnehmern können – soweit es sich nicht um Zahlungen aus öffentlichen Kassen handelt – grundsätzlich nur dann im Inland besteuert werden, wenn die Tätigkeit auch im Inland ausgeübt oder dort verwertet wird bzw. worden ist.

Besteuerungsrecht im Inland aufgrund DBA

Durch diese Regelung entstanden in Deutschland Besteuerungslücken für Einnahmen, die im Ausland ansässige Beschäftigte für inländische Unternehmen erhielten. § 49 Abs. 1 Nr. 4 Buchs. c EStG bewirkt, dass Deutschland ein ihm aufgrund eines ↗ Doppelbesteuerungsabkommens bereits zugewiesenes Besteuerungsrecht tatsächlich ausüben kann. Damit sind die Einkünfte

- im Ausland ansässiger und
- für eine Gesellschaft mit Geschäftsführung im Inland tätiger
  - Geschäftsführer,
  - Prokuristen und
  - Vorstandsmitglieder

in Deutschland steuerpflichtig, wenn Deutschland nach dem einschlägigen Doppelbesteuerungsabkommen das Besteuerungsrecht zugewiesen bekommen hat.

Im Normalfall findet für die Zuweisung des Besteuerungsrechts auch bei dem o. a. Personenkreis Art. 15 des OECD-Musterabkommens zur Vermeidung von Doppelbesteuerung Anwendung.

Ausnahme: Besteuerungsrecht beim Ansässigkeitsstaat der Kapitalgesellschaft

In den DBA mit der

- Schweiz,
- Belgien,
- Dänemark,
- Japan,
- Niederlande,
- Polen,
- Österreich und
- Schweden

wird das Besteuerungsrecht für die Vergütungen an diesen Personenkreis jedoch ausdrücklich dem Staat zugewiesen, in dem die Kapitalgesellschaft ihren Sitz hat.

Beispiel

Vergütung für die Tätigkeit als Geschäftsführer

Ein Arbeitnehmer mit Wohnsitz in Belgien ist Geschäftsführer einer GmbH, die ihren Sitz und ihre Geschäftsleitung in Frankfurt am Main hat. Er übt seine Tätigkeit regelmäßig in Belgien aus. An 30 Tagen im Jahr unternimmt er eine beruflich veranlasste Auswärtstätigkeit nach Frankfurt am Main.

Ergebnis: Da der Arbeitnehmer in Deutschland weder einen Wohnsitz noch einen gewöhnlichen Aufenthalt hat, ist er nicht unbeschränkt steuerpflichtig. Durch seine Tätigkeit als Geschäftsführer der GmbH erzielt er jedoch inländische Einkünfte, mit denen er in Deutschland der beschränkten Steuerpflicht unterliegt.[1] Auf den Umfang der persönlichen Tätigkeit im Deutschland kommt es auf Grund seiner Stellung als Organ der Kapitalgesellschaft nicht an. Art. 16 Abs. 1 DBA Belgien weist Deutschland das Besteuerungsrecht hinsichtlich der Vergütungen für die Tätigkeit als Geschäftsführer der GmbH zu, da der Sitz der Gesellschaft Frankfurt am Main ist.

Besteuerungsrecht im Inland auch ohne DBA

Deutschland hat auch das Besteuerungsrecht für Vergütungen an

- Geschäftsführer,
- Prokuristen und
- Vorstandsmitglieder

von Gesellschaften mit Geschäftsleitung in Deutschland, wenn diese ihren Wohnsitz oder gewöhnlichen Aufenthalt in einem Staat haben, mit dem Deutschland kein DBA abgeschlossen hat.

Flugpersonal

Nach Artikel 15 Abs. 3 OECD-Musterabkommen und der entsprechenden Regelung in den DBA hat Deutschland beim Bordpersonal von Luftfahrtunternehmen, deren Geschäftsleitung sich im Inland befindet, das Besteuerungsrecht. Dies gilt auch, soweit die Tätigkeit nicht im Inland ausgeübt wird. Der ausländische Ansässigkeitsstaat stellt die Einkünfte von seiner Besteuerung frei, wenn er die Doppelbesteuerung durch die Freistellungsmethode vermeidet.

Beschränkt steuerpflichtige Einkünfte in diesem Sinne liegen vor, wenn

- die Tätigkeit an Bord eines im internationalen Luftverkehr eingesetzten Luftfahrzeugs ausgeübt wird und
- das Flugzeug von einem Unternehmen mit Geschäftsleitung im Inland betrieben wird.[2]

Eine Aufteilung der Einkünfte in einen steuerpflichtigen und einen steuerfreien Teil wird damit entbehrlich.

Ausnahme bei ausschließlich national eingesetzten Luftfahrzeugen

Durch das Abstellen der Tätigkeit auf die im internationalen Luftverkehr eingesetzten Luftfahrzeuge wird vermieden, dass auch das im Ausland ansässige Bordpersonal von inländischen Unternehmen erfasst wird, das auf Flügen eingesetzt wird, die ausschließlich im Hoheitsgebiet dieses ausländischen Staates durchgeführt werden. Z. B., wenn ein in

1 § 49 Abs. 1 Nr. 4 Buchst. c EStG.
2 § 49 Abs. 1 Nr. 4 Buchst. e EStG.

Deutschland ansässiges Unternehmen einen in den USA wohnenden Hubschrauberpiloten für Flüge über den Grand Canyon beschäftigt. Hier weisen auch Art. 15 Abs. 1 OECD-Musterabkommen und die entsprechenden DBA dem Tätigkeitsstaat das Besteuerungsrecht zu.

Einkommensteuer-Pflichtveranlagung bei eingetragenem Freibetrag

Die Eintragung eines Freibetrags auf der Bescheinigung führt bei beschränkt Steuerpflichtigen zur Pflichtveranlagung durch das Betriebsstättenfinanzamt des Arbeitgebers, wenn der im Kalenderjahr erzielte Arbeitslohn des Arbeitnehmers die Bagatellgrenze i. H. v. 12.870 EUR (2023: 12.174 EUR)[1] übersteigt.

Auch bei einer zeitlich begrenzten Tätigkeit im Kalenderjahr kommt es in diesen Fällen zum Ansatz der Jahreslohnsteuertabelle. Diese Regelung ist deshalb insbesondere bei ausländischen Saisonarbeitskräften von Bedeutung, auf deren Lohnsteuerabzugsbescheinigung ein Freibetrag eingetragen ist, z. B. wegen Aufwendungen für eine doppelte Haushaltsführung und/oder Reisekosten. Zuständig für die Durchführung der Einkommensteuerveranlagung ist das Betriebsstättenfinanzamt des Arbeitgebers.

Beispiel

Saisonarbeiter

Ein Saisonarbeiter aus Spanien arbeitet vom 1.6. bis 30.9. im Weinberg in der Pfalz. Er hält sich nur 4 Monate in Deutschland auf und ist somit beschränkt steuerpflichtig. Seine Frau lebt in der Familienwohnung in Madrid. Eine Bescheinigung seines spanischen Finanzamts über die Höhe seiner Einkünfte in Spanien legt er nicht vor. Daher wird er als beschränkt Steuerpflichtiger behandelt und wird nach der Steuerklasse I besteuert.

Ergebnis: Kirchensteuer fällt bei beschränkt steuerpflichtigen Arbeitnehmern nicht an. Vom Monatslohn abgezogene Lohnsteuer und Solidaritätszuschlag können erstattet werden, wenn der für das Kalenderjahr maßgebliche Grundfreibetrag nicht überschritten wurde.

2.000 EUR × 4	8.000 EUR
Abzgl. Arbeitnehmer-Pauschbetrag	– 1.230 EUR
Abzgl. Vorsorgeaufwendungen (angenommen)	– 200 EUR
Abzgl. Sonderausgaben-Pauschbetrag	– 36 EUR
Zu versteuerndes Einkommen	6.534 EUR
Einkommensteuer lt. Grundtabelle	0 EUR

Hat der Arbeitnehmer keine weiteren ausländischen Einkünfte, werden die einbehaltene Lohnsteuer und der Solidaritätszuschlag in vollem Umfang erstattet. Hat der Arbeitnehmer ausländische Einkünfte, werden diese im Rahmen des ⇗ Progressionsvorbehalts bei der Veranlagung berücksichtigt.

Für beschränkt steuerpflichtige Arbeitnehmer ist auch dann eine Pflichtveranlagung durchzuführen, wenn

- der beschränkt steuerpflichtige Arbeitnehmer nebeneinander von mehreren Arbeitgebern Arbeitslohn bezogen hat[2]
- die Lohnsteuer für einen sonstigen Bezug i. S. d. § 34 Abs. 1 und 2 Nr. 2 und 4 EStG nach § 39b Abs. 3 Satz 9 EStG oder für einen sonstigen Bezug[3] nach § 39c Abs. 3 EStG ermittelt wurde[4] oder
- der Arbeitgeber die Lohnsteuer von einem sonstigen Bezug berechnet hat und der Arbeitslohn aus früheren Dienstverhältnissen des Kalenderjahres außer Betracht geblieben ist.[5]

Antragsveranlagung beschränkt steuerpflichtiger Arbeitnehmer

Beschränkt steuerpflichtige Arbeitnehmer haben Anspruch auf eine Einkommensteuer-Veranlagung, wenn sie

- EU/EWR-Bürger sind und
- in einem EU-EWR-Staat wohnen.[6]

Die Antragsveranlagung für EU/EWR-Staatsangehörige, die ihre Einkünfte sowohl in Deutschland als auch im Ausland erzielen, führt zur Anwendung der Jahrestabelle. Der Arbeitnehmer kann allerdings nur Werbungskosten und bestimmte Sonderausgaben geltend machen. Weitere Vergünstigungen wie der Splittingvorteil, Kinderfreibeträge, Freibeträge für Betreuungs-, Erziehungs- oder Ausbildungsbedarf, Realsplitting oder Abzug außergewöhnlicher Belastungen werden nicht gewährt.

Werden keine Werbungskosten bzw. Sonderausgaben geltend gemacht, werden die Jahres-Pauschbeträge gewährt:

- Arbeitnehmer-Pauschbetrag i. H. v. 1.230 EUR[7] und
- Sonderausgaben-Pauschbetrag i. H. v. 36 EUR.

Beschränkt steuerpflichtige Arbeitnehmer können zudem die folgenden tatsächlichen Vorsorgeaufwendungen als Sonderausgaben geltend machen:

- Beiträge zur gesetzlichen Rentenversicherung,
- Beiträge zur Basiskrankenversicherung und
- Beiträge zur gesetzlichen Pflegeversicherung[8]

Hinweis

Antragsveranlagung für beschränkt Steuerpflichtige geplant

Mit dem Wachstumschancengesetz war geplant, dass beschränkt steuerpflichtige Arbeitnehmer, die nicht Staatsangehörige eines EU-/EWR-Staats sind oder außerhalb eines EU-/EWR-Staats ihren Wohnsitz oder gewöhnlichen Aufenthalt haben, ebenfalls auf Antrag veranlagt werden, wenn sie außerordentliche Einkünfte bezogen haben. Das Gesetzgebungsverfahren ist noch nicht abgeschlossen. Ggf. wird eine Änderung im Laufe des Jahres 2024 folgen.

Bestechungsgeld

Bestechungsgelder (Schmiergeld) sind Aufwendungen, mit denen anderen Vorteile gewährt und im Gegenzug Vorteile erwartet werden. Bestechungsgelder sind vom Betriebsausgabenabzug ausgenommen, sofern der Zahlung eine rechtswidrige Handlung zugrunde liegt.

Ist der Empfänger von Bestechungsgeld ein Arbeitnehmer, handelt es sich nicht um Arbeitslohn, sondern um sonstige Einkünfte. Wer Bestechungsgeld entgegennimmt riskiert – je nach Umständen des Einzelfalls – eine außerordentliche oder ordentliche Kündigung, auch ohne vorangegangene Abmahnung.

1 Summe aus Grundfreibetrag nach § 32a Abs. 1 EStG i. d. F. des Inflationsausgleichsgesetzes v. 13.12.2022, Arbeitnehmer-Pauschbetrag und Sonderausgaben-Pauschbetrag nach § 50 Abs. 2 Satz 2 Nr. 4 Buchst. a EStG.
2 § 50 Abs. 2 Satz 2 Nr. 4 Buchst. c EStG i. V. m. § 46 Abs. 2 Nr. 2 EStG.
3 Derzeit kann die Tarifermäßigung des § 34 Abs. 1 EStG für bestimmte Arbeitslöhne bereits bei der Berechnung der Lohnsteuer durch den Arbeitgeber berücksichtigt werden. Ursprünglich war eine Abschaffung der Fünftelregelung im Lohnsteuerabzugsverfahren ab 2024 geplant. Da das Gesetzgebungsverfahren noch nicht abgeschlossen ist, kommt es vorerst zu keiner Änderung.
4 § 50 Abs. 2 Satz 2 Nr. 4 Buchst. c EStG i. V. m. § 46 Abs. 2 Nr. 5 EStG.
5 § 50 Abs. 2 Satz 2 Nr. 4 Buchst. c EStG i. V. m. § 46 Abs. 2 Nr. 5a EStG.
6 § 50 Abs. 2 Satz 2 Nr. 4 Buchst. b, Satz 7 EStG.
7 § 9a Nr. 1a EStG.
8 § 50 Abs. 1 Satz 4 EStG.

Die Annahme von geringfügigen Geschenken, die branchenüblich sind, z. B. Kugelschreiber oder Kalender, stellt dagegen keine Pflichtwidrigkeit dar, die zur Kündigung des Arbeitsverhältnisses berechtigt.

Fordert der Arbeitnehmer von Vertragspartnern des Arbeitgebers Schmiergelder, stellt dies regelmäßig einen verhaltensbedingten Kündigungsgrund dar.

Gesetze, Vorschriften und Rechtsprechung

Lohnsteuer: Bestechungsgelder an Arbeitnehmer sind sonstige Einkünfte i. S. des § 22 Nr. 3 EStG, s. BFH-Urteil v. 26.1.2000, IX R 87/95, BStBl. II S. 396. Eine Lohnsteuerpflicht tritt nicht ein. Zum Betriebsausgabenabzug bei Bestechungsgeldern s. § 4 Abs. 5 Satz 1 Nr. 10 EStG.

Sozialversicherung: Beitragspflicht tritt nicht ein.

Betriebliche Altersversorgung

Betriebliche Altersversorgung liegt vor, wenn der Arbeitgeber dem Arbeitnehmer Leistungen mit einem der Versorgungszwecke Alter, Tod oder Invalidität als Gegenleistung für die vom Arbeitnehmer insgesamt erbrachte Arbeitsleistung zusagt. Entscheidend sind der Bezug der Versorgungszusage zum Arbeitsverhältnis und die spezifische Zweckbindung. Zum Aufbau der betrieblichen Altersversorgung stehen die 5 Durchführungswege Pensionskasse, Pensionsfonds, Direktversicherung, Direkt-/Pensionszusage und Unterstützungskasse zur Verfügung.

Gesetze, Vorschriften und Rechtsprechung

Lohnsteuer: Der Zufluss von Arbeitslohn ist bei Zuwendungen an Pensionsfonds, Pensionskassen und für Direktversicherungen in § 19 Abs. 1 Satz 1 Nr. 3 EStG geregelt. Der steuerfreie Aufbau der betrieblichen Altersversorgung erfolgt nach § 3 Nrn. 56, 63, 63a und § 100 Abs. 6 EStG. Die Möglichkeit der Pauschalversteuerung für Beiträge an Direktversicherungen und Pensionskassen ergibt sich aus § 40b EStG. Der staatliche Zuschuss für den Arbeitgeber (BAV-Förderbetrag) bei Aufbau betrieblicher Altersversorgung für Geringverdiener über eine kapitalgedeckte Pensionskasse, einen Pensionsfonds oder als Direktversicherung ist in § 100 EStG geregelt. Leistungen aus Pensionsfonds, Pensionskassen und Direktversicherungen sind nach § 22 Nr. 5 EStG als sonstige Einkünfte im Rahmen der Einkommensteuerveranlagung der ehemaligen Arbeitnehmer zu erfassen. In den Durchführungswegen Unterstützungskasse und Direkt-/Pensionszusage unterliegen die Leistungen als Versorgungsbezüge dem Lohnsteuerabzug nach § 19 Abs. 2 EStG. Ausführlich erläutert wird die steuerliche Förderung der betrieblichen Altersversorgung mit BMF-Schreiben v. 12.8.2021, IV C 5 – S 2333/19/10008 :017, BStBl 2021 I S. 1050, geändert durch das BMF-Schreiben v. 18.3.2022, IV C 5 – S 2333/19/10008 :026, BStBl 2022 I S. 333.

Sozialversicherung: Steuerfreie Zuwendungen des Arbeitgebers an Pensionskassen, Pensionsfonds oder für Direktversicherungen nach § 3 Nr. 63 Sätze 1 und 2 EStG sowie § 100 Abs. 6 Satz 1 EStG sind nach § 1 Abs. 1 Satz 1 Nr. 9 SvEV sozialversicherungsrechtlich bis zur Höhe von 4 % der jährlichen BBG in der allgemeinen Rentenversicherung nicht dem Arbeitsentgelt hinzuzurechnen. Diese Höchstgrenze gilt einschließlich der Zuwendungen aus einer Entgeltumwandlung des Arbeitnehmers i. S. d. § 1 Abs. 2 Nr. 3 BetrAVG und den verpflichtenden Arbeitgeberzuschüssen bei einer Entgeltumwandlung. In den Durchführungswegen Unterstützungskasse und Direkt-/Pensionszusage erfolgt die beitragsrechtliche Beurteilung nach § 14 Abs. 1 Satz 2 SGB IV mit dem gleichen Freibetrag.

Entgelt	LSt	SV
Direktversicherung, kapitalgedeckte Pensionskasse		
Beiträge * Ggf. Kürzung des Freibetrags um pauschalierte Beiträge. ** Ohne Kürzung um pauschalierte Beiträge.	frei (bis 7.248 EUR* + ggf. 960 EUR/ Jahr)	frei** (bis 3.624 EUR/ Jahr)
Beiträge bis 1.752 EUR/Jahr mit 20 % * Sofern zusätzlich zum Lohn/Gehalt gezahlt oder aus Einmalzahlung finanziert.	pauschal	frei*
Umlagefinanzierte Pensionskasse		
Laufende Zuwendungen (auch Einmalbezüge) bis 2.718 EUR/Jahr * Bis 100 EUR/Monat abzüglich Hinzurechnungsbetrag.	frei	frei*
Laufende Zuwendungen (auch Einmalbezüge) bis 1.752 EUR/Jahr mit 20 % * Bis 100 EUR/Monat abzüglich Hinzurechnungsbetrag.	pauschal	frei*
Sonderzahlungen: Pflichtpauschalierung in unbegrenzter Höhe mit 15 % * Bis 100 EUR/Monat abzüglich Hinzurechnungsbetrag.	pauschal	frei*
Pensionsfonds		
Beiträge * Ggf. Kürzung des Freibetrags um pauschalierte Beiträge zu Direktversicherungen und kapitalgedeckten Pensionskassen. ** Ohne Kürzung um pauschalierte Beiträge.	frei (bis 7.248 EUR* + ggf. 960 EUR/ Jahr)	frei** (bis 3.624 EUR/ Jahr)
Direkt-/Pensionszusage, Unterstützungskasse		
Ansparphase * AG-Finanzierung unbegrenzt sv-frei; bei Entgeltumwandlung bis 3.384 EUR/ Jahr.	frei	frei*

Lohnsteuer

Direktversicherungen, Pensionsfonds, Pensionskassen (externe Durchführungswege)

Steuerliche Förderung im Überblick

Zuwendungen an Direktversicherungen, Pensionskassen und Pensionsfonds gehören im Zeitpunkt der Zahlung zum Arbeitslohn[1] des Arbeitnehmers. Hierfür ist entscheidend, dass der Arbeitnehmer mit der Leistung der Beiträge durch den Arbeitgeber an das Versicherungsunternehmen bzw. die Versorgungseinrichtung einen Rechtsanspruch auf die späteren ↗ Versorgungsleistungen erlangt. Der Vorgang stellt sich wirtschaftlich betrachtet so dar, als ob der Arbeitgeber dem Arbeitnehmer Mittel zur Verfügung stellt, die dieser zum Zweck seiner Zukunftssicherung verwendet. Die Zuwendungen und Beiträge werden durch nachfolgende Steuervergünstigungen gefördert:

- Steuerbefreiung nach § 3 Nr. 63 EStG für Zuwendungen an Direktversicherungen, Pensionsfonds und kapitalgedeckte Pensionskassen,
- ergänzende Steuerbefreiung nach § 3 Nr. 63a EStG für Sicherungsbeiträge des Arbeitgebers bei reinen Beitragszusagen, soweit diese nicht unmittelbar dem einzelnen Arbeitnehmer gutgeschrieben oder zugerechnet werden,
- Steuerbefreiung nach § 3 Nr. 56 EStG für Zuwendungen an umlagefinanzierte Pensionskassen,

1 § 19 Abs. 1 Satz 1 Nr. 3 EStG.

- Pauschalierung der Lohnsteuer nach § 40b EStG in der geltenden Fassung mit 20 % oder 15 % für Zuwendungen an umlagefinanzierte Pensionskassen,
- Pauschalierung der Lohnsteuer nach § 40b EStG a. F. mit 20 % im Wege einer unbefristeten Übergangsregelung für Zuwendungen an Direktversicherungen und kapitalgedeckte Pensionskassen, wenn bereits vor dem 1.1.2018 mindestens ein Beitrag zutreffend pauschaliert wurde,
- Förderung durch Altersvorsorgezulage[1] bzw. den zusätzlichen Sonderausgabenabzug[2] („Riester-Förderung") für Zuwendungen an Direktversicherungen, kapitalgedeckte Pensionskassen und Pensionsfonds,
- Gewährung eines staatlichen Zuschusses (BAV-Förderbetrag) für den Arbeitgeber und korrespondierende Steuerbefreiung der Beiträge nach § 100 Abs. 6 EStG auf der Ebene des Arbeitnehmers für Zuwendungen an Direktversicherungen, Pensionsfonds und kapitalgedeckte Pensionskassen bei Geringverdienern i. S. d. § 100 EStG.

Wichtig

Keine Anwendung der 50-EUR-Freigrenze oder Pauschalierung nach § 37b EStG

Zuwendungen an Pensionsfonds, Pensionskassen und für Direktversicherungen sind Geldleistungen. Die Anwendung der 50-EUR-Freigrenze für Sachbezüge[3, 4] sowie die Pauschalierung der Einkommensteuer nach § 37b EStG sind ausgeschlossen.

Kapitalgedeckte betriebliche Altersversorgung

Steuerbefreiung

Beiträge an eine kapitalgedeckte Pensionskasse, an einen Pensionsfonds und für eine Direktversicherung sind grundsätzlich bis zu 8 % der Beitragsbemessungsgrenze in der allgemeinen Rentenversicherung (West)[5] steuerfrei. Das steuerfreie Volumen in 2024 beträgt 7.248 EUR (2023: 7.008 EUR).[6]

Voraussetzungen für die Steuerbefreiung

Die Steuerbefreiung knüpft daran, dass die Versorgungsleistungen monatlich als lebenslange Leibrente oder als Ratenzahlungen im Rahmen eines Auszahlungsplans mit anschließender lebenslanger Teilkapitalverrentung ab spätestens dem 85. Lebensjahr ausgezahlt werden und die Leistungen während der gesamten Auszahlungsphase gleich bleiben oder steigen. Bis zu 12 Monatsraten dürfen in einer Auszahlung zusammengefasst werden und bis zu 30 % des zu Beginn der Auszahlungsphase zur Verfügung stehenden Kapitals können außerhalb der monatlichen Leistungen ausgezahlt werden. Ein vertraglich vereinbartes Kapitalwahlrecht steht der Steuerbefreiung nicht entgegen, solange es nicht oder erst innerhalb des letzten Jahres vor dem vertraglich vorgesehenen Beginn der Altersversorgungsleistung ausgeübt wird. Beiträge für reine Kapitallebensversicherungen gehören in vollem Umfang zum steuerpflichtigen Arbeitslohn.

Bei reinen Beitragszusagen[7] ist eine lebenslange Versorgungsleistung verpflichtend.[8]

Die Steuerbefreiung gilt nur im Rahmen des ersten Dienstverhältnisses, ggf. aber auch bei einer ⇗ geringfügigen Beschäftigung. Bei Arbeitnehmern, die nach Steuerklasse VI abgerechnet werden, sind die Beiträge zur betrieblichen Altersversorgung in vollem Umfang steuerpflichtig und nach den individuellen Besteuerungsmerkmalen (ELStAM) zu versteuern.

Der Zeitpunkt der Erteilung der Versorgungszusage ist für die Anwendung der Steuerbefreiung ohne Bedeutung.

Beispiel

Steuerfreies Volumen in 2024

Für einen Arbeitnehmer wurde in 2016 eine Direktversicherung (Rentenversicherung) abgeschlossen. Die monatlichen Beiträge betragen 700 EUR (= 8.400 EUR im Jahr).

Ergebnis: Die Beiträge bleiben in 2024 bis zu 7.248 EUR steuerfrei, 1.152 EUR unterliegen dem Lohnsteuerabzug.

Wichtig

Kürzung des steuerfreien Volumens um pauschalierte Beiträge

Das steuerfreie Volumen wird gekürzt, soweit der Arbeitgeber Beiträge für die Zukunftssicherung nach § 40b EStG a. F. pauschal versteuert.

Sicherungsbeiträge des Arbeitgebers

Sicherungsbeiträge des Arbeitgebers bei reinen Beitragszusagen[9] bleiben in vollem Umfang steuerfrei[10], wenn sie nicht dem einzelnen Arbeitnehmer unmittelbar gutgeschrieben werden. Andernfalls gilt für sie zusammen mit den übrigen Beiträgen die Steuerbefreiung bis zu 7.248 EUR.

Pauschalierung

Für Direktversicherungen und kapitalgedeckte Pensionskassen besteht die Möglichkeit, die Pauschalierung der Lohnsteuer mit 20 % für Beiträge bis zu 1.752 EUR nach § 40b EStG a. F.[11] durchzuführen. Dies setzt voraus, dass bei dem jeweiligen Arbeitnehmer bereits vor dem 1.1.2018 mindestens ein Beitrag zutreffend pauschal versteuert wurde, was nur auf Versorgungszusagen vor dem 1.1.2005 zutreffen kann. Ist dies der Fall, liegen für diesen Arbeitnehmer die persönlichen Voraussetzungen für die Anwendung der Pauschalierung sein ganzes Leben lang vor. Vertragsänderungen, Neuabschlüsse, Änderungen der Versorgungszusage und Arbeitgeberwechsel sind ohne Bedeutung.

Tipp

Fortführung der Pauschalierung

Die Fortführung der Pauschalierung nach § 40b EStG a. F. knüpft ausschließlich daran an, dass für den Arbeitnehmer vor dem 1.1.2018 mindestens ein Beitrag für Direktversicherungen oder kapitalgedeckte Pensionskassen pauschal nach § 40b EStG in einer Fassung vor dem 1.1.2005 versteuert wurde. Ohne Bedeutung ist, ob die Pauschalierung für denselben Vertrag oder einen anderen Vertrag fortgeführt werden soll oder ob sogar der Durchführungsweg gewechselt wird.

Die Entscheidung für oder gegen die Inanspruchnahme der Pauschalierung hat weitreichende Folgen für die steuerliche Beurteilung der Versorgungsleistungen. Pauschal versteuerte Beiträge gelten trotz des niedrigen Steuersatzes von 20 % als „nicht gefördert", mit der Folge, dass die darauf beruhenden Versorgungsleistungen nicht voll versteuert werden müssen.

Der Nachweis der Pauschalierung kann durch Vorlage einer Gehaltsabrechnung oder durch eine Bescheinigung der Versorgungseinrichtung oder des früheren Arbeitgebers erfolgen.

Wichtig

Keine Pauschalierung für Pensionsfonds

Beiträge an einen Pensionsfonds können nicht pauschal versteuert werden.

1 §§ 79–99 EStG.
2 § 10a EStG.
3 § 8 Abs. 2 Satz 11 EStG.
4 BMF, Schreiben v. 13.4.2021, IV C 5 – S 2334/19/10007 :002, BStBl 2021 I S. 624, Rz. 29.
5 2024: 90.600 EUR.
6 § 3 Nr. 63 Satz 1 EStG.
7 § 1 Abs. 2 Nr. 2a BetrAVG.
8 § 3 Nr. 63 Satz 1, § 82 Abs. 2 Satz 2 Nr. 2 EStG.
9 § 23 Abs. 1 BetrAVG.
10 § 3 Nr. 63a EStG.
11 § 40b EStG **a. F.** beinhaltet die Rechtslage dieser Vorschrift zum 31.12.2004. Sie gilt im Rahmen einer unbefristeten Übergangsregelung für Beiträge und Zuwendungen an Direktversicherungen und kapitalgedeckte Pensionskassen weiter. Abzugrenzen ist die Pauschalierung der Lohnsteuer nach § 40b EStG in der geltenden Fassung, die seit 1.1.2005 nur noch auf Zuwendungen an umlagefinanzierte Pensionskassen Anwendung findet. In beiden Fällen sind jedoch laufende Beiträge (auch Einmalbezüge) bis zu 1.752 EUR mit 20 % pauschalierungsfähig.

Die Anwendung der Pauschalbesteuerung ist nicht erst nach dem Überschreiten des steuerfreien Höchstbetrags von 7.248 EUR möglich, sondern kann wahlweise vorrangig durchgeführt werden und mindert dann das steuerfreie Volumen von 7.248 EUR.

Beispiel

Minderung des steuerfreien Volumens

Für Arbeitnehmer A werden jährliche Beiträge in eine Direktversicherung von 1.752 EUR seit dem Kalenderjahr 2000 geleistet, die vom Arbeitgeber stets mit 20 % pauschaliert werden. Im Kalenderjahr 2024 wird die betriebliche Altersversorgung durch eine Versicherung in einem Pensionsfonds ergänzt. Die Zuwendungen an den Pensionsfonds betragen 6.000 EUR/Jahr.

Ergebnis: Die Beiträge zum Pensionsfonds bleiben bis zu 5.496 EUR steuerfrei. Auf das steuerfreie Volumen von 7.248 EUR werden die pauschalierten Beiträge zur Direktversicherung von 1.752 EUR angerechnet (7.248 EUR – 1.752 EUR). Die übersteigenden Zuwendungen von 504 EUR an den Pensionsfonds sind mit dem persönlichen Steuersatz nach den ELStAM lohnzuversteuern.

Bei Direktversicherungen keine Verzichtserklärung erforderlich

Im Unterschied zur Rechtslage bis 2018 kann die Pauschalierung der Lohnsteuer bei Direktversicherungen seit 2019 auch ohne ausdrücklichen Verzicht des Arbeitnehmers auf die Steuerbefreiung erfolgen. Damit wurde eine steuerliche Gleichbehandlung der Zuwendungen an kapitalgedeckte Pensionskassen und der Beiträge für Direktversicherungen erzielt.

Beispiel

Steuerbefreiung oder Pauschalierung

Ein Arbeitnehmer ist seit 2003 in einer Pensionskasse versichert. Die jährlichen Beiträge betragen 4.000 EUR. In 2017 blieben im Rahmen der Steuerbefreiung nach § 3 Nr. 63 EStG Beiträge bis zu 3.048 EUR steuerfrei und 952 EUR wurden vom Arbeitgeber mit 20 % pauschaliert. In 2018 waren die Beiträge in vollem Umfang steuerfrei (steuerfreier Höchstbetrag in 2018 = 6.240 EUR).

Der Arbeitnehmer wechselte zum 1.7.2019 seinen Arbeitgeber. Der neue Arbeitgeber schloss für ihn eine Direktversicherung (Rentenversicherung) ab. Seit 1.7.2019 werden monatliche Beiträge zur Direktversicherung von 300 EUR geleistet. Außerdem erfolgt eine Versicherung in einem Pensionsfonds, an den Zuwendungen i. H. v. 5.000 EUR jährlich fließen.

Ergebnis:

- Wenn der Arbeitnehmer seinem neuen Arbeitgeber nachgewiesen hat (z. B. durch Vorlage einer Lohnabrechnung), dass der frühere Arbeitgeber bereits Beiträge zu einer Pensionskasse pauschal versteuert hat, kann die Pauschalierung der Lohnsteuer für die Beiträge zur Direktversicherung fortgeführt werden. Der Zeitpunkt der Versorgungszusage, der Wechsel des Durchführungswegs sowie der Arbeitgeberwechsel sind ohne Bedeutung. Die Beiträge können bis zu 1.752 EUR pauschal versteuert werden. Das steuerfreie Volumen 2024 verringert sich aufgrund der erfolgten Pauschalierung auf insgesamt 5.496 EUR (7.248 EUR – 1.752 EUR), das für den übersteigenden Beitrag zur Direktversicherung von 1.848 EUR (Gesamtbeitrag in 2024: 12 × 300 EUR = 3.600 EUR) sowie die Zuwendung an den Pensionsfonds von 5.000 EUR verwendet werden kann. Steuerpflichtig und nach den ELStAM zu versteuern sind folglich Zukunftssicherungsleistungen i. H. v. 1.352 EUR (6.848 EUR – 5.496 EUR).
- Im Kalenderjahr des Arbeitgeberwechsels (2019) konnten sowohl der bisherige als auch der neue Arbeitgeber das Pauschalierungsvolumen von 1.752 EUR sowie das steuerfreie Volumen nutzen.
- Die Entscheidung für oder gegen die Anwendung der Pauschalierung ist ausschlaggebend für den Umfang der steuerpflichtigen Versorgungsleistungen.

Voraussetzung für Pauschalierung

Auch die Pauschalierung der Lohnsteuer setzt wie die Steuerbefreiungsvorschrift das Vorliegen eines ersten Dienstverhältnisses voraus. Bei Arbeitnehmern in Steuerklasse VI ist folglich nicht nur die Steuerbefreiung, sondern auch die Möglichkeit der Pauschalierung der Lohnsteuer ausgeschlossen. Die Zahlungsweise der Versorgungsleistungen ist für die Pauschalierung der Lohnsteuer dagegen unerheblich. Insbesondere ist im Unterschied zur Steuerbefreiung die Pauschalierung der Lohnsteuer auch möglich, wenn als Versorgungsleistung ausschließlich eine Einmalkapitalzahlung vereinbart wird (reine Kapitallebensversicherung).

Riester-Förderung

Steuerpflichtige Beiträge und Zuwendungen an kapitalgedeckte Pensionskassen, Pensionsfonds und für Direktversicherungen, die vom Arbeitgeber nicht pauschal, sondern nach den ELStAM des Arbeitnehmers versteuert werden, können bei Vorliegen der weiteren gesetzlichen Vorgaben durch die Gewährung der Altersvorsorgezulage[1] bzw. den zusätzlichen Sonderausgabenabzug[2] im Rahmen der Einkommensteuerveranlagung („Riester-Förderung") gefördert werden. Der Arbeitgeber ist in die Gewährung der „Riester-Förderung" nicht eingebunden.

Besteuerung der Versorgungsleistungen

Leistungen, die bei Eintritt des Versorgungsfalls (Alter, Tod oder Invalidität) oder ggf. bei einer Abfindung der Versorgungsanwartschaft zur Auszahlung kommen, werden als sonstige Einkünfte[3] im Rahmen der Einkommensteuerveranlagung des ehemaligen Arbeitnehmers versteuert. Der Umfang der Besteuerung in der Leistungsphase richtet sich nach der steuerlichen Behandlung der Beiträge in der Ansparphase:

- Soweit die Versorgungsleistungen auf steuerfreien Beiträgen beruhen oder durch Altersvorsorgezulage bzw. den zusätzlichen Sonderausgabenabzug gefördert wurden (= „geförderte Beiträge"), unterliegen die Leistungen stets in vollem Umfang der nachgelagerten Besteuerung.[4]
- Wurden die Beiträge dagegen pauschal oder individuell nach den ELStAM versteuert (= „nicht geförderte Beiträge"), sind Rentenzahlungen regelmäßig nur mit dem Ertragsanteil steuerpflichtig. Auch Kapitalzahlungen führen nicht in voller Höhe zu steuerpflichtigen Einkünften.[5]

Zur Sicherstellung der Besteuerung der Leistungen aus einer Direktversicherung, einem Pensionsfonds und einer Pensionskasse im Rahmen der Einkommensteuerveranlagung dient das Rentenbezugsmitteilungsverfahren. Art und Höhe der steuerpflichtigen Einkünfte werden dabei der Finanzverwaltung von den Versorgungseinrichtungen elektronisch übermittelt, sodass der Leistungsempfänger grundsätzlich auf eigene Angaben in seiner Einkommensteuererklärung verzichten kann. Der Steuerbürger erhält aber ebenfalls eine Leistungsmitteilung von der Versorgungseinrichtung zum Ausfüllen der Anlage R-AV/bAV, falls er diese zusammen mit seiner Einkommensteuererklärung abgibt.[6]

BAV-Förderbetrag

Förderung der externen betrieblichen Altersversorgung

Seit 2018 erhält der Arbeitgeber einen staatlichen Zuschuss („↗ BAV-Förderbetrag"), wenn er für Arbeitnehmer mit geringem Einkommen („Geringverdiener") eine betriebliche Altersversorgung über einen Pensionsfonds, eine kapitalgedeckte Pensionskasse oder als Direktversicherung durchführt und die Versorgungsträger die monatlichen Leistungen im Alter, bei Invalidität oder bei Tod in Form einer lebenslangen Leibrente oder als Ratenzahlungen im Rahmen eines Auszahlungsplans mit einer anschließenden Teilkapitalverrentung ab spätestens dem 85. Lebensjahr auszahlen. Die Leistungen müssen während der gesamten Auszahlungsphase gleich bleiben oder steigen. Bis zu 12 Monatsraten können in einer Auszahlung zusammengefasst werden. Außerdem ist es zulässig,

1 §§ 79–99 EStG.
2 § 10a EStG.
3 § 22 Nr. 5 EStG.
4 § 22 Nr. 5 Satz 1 EStG.
5 § 22 Nr. 5 Satz 2 EStG i. V.m. § 20 Abs. 1 Nr. 6 EStG.
6 § 22a EStG.

dass 30 % des zu Beginn der Auszahlungsphase zur Verfügung stehenden Kapitals außerhalb der monatlichen Leistungen gewährt werden. Ein Kapitalwahlrecht kann förderunschädlich vereinbart werden und steht der Förderung nicht entgegen, solange es nicht oder nur innerhalb des letzen Jahres vor dem vertraglich vorgesehenen Beginn der Altersversorgungsleistung ausgeübt wird. Bei reinen Beitragszusagen sind durch die Pensionskasse, den Pensionsfonds oder das Lebensversicherungsunternehmen (bei Direktversicherungen) verpflichtend lebenslange Versorgungsleistungen vorzusehen.

Für Zuwendungen an umlagefinanzierte Pensionskassen wird der BAV-Förderbetrag nicht gewährt.

Wichtig

Kein Zuschuss bei „Zillmerung“

Die externen Versorgungseinrichtungen dürfen die Abschluss- und Vertriebskosten des Vertrags nicht zulasten der ersten Beiträge einbehalten („Zillmerung“), sondern nur als festen Anteil an den laufenden Beiträgen. Andernfalls wird der staatliche Zuschuss nicht gewährt.

Gewährung des BAV-Förderbetrags

Gefördert werden nur zusätzlich zum ohnehin geschuldeten Arbeitslohn geleistete Arbeitgeberbeiträge von mindestens 240 EUR bis maximal 960 EUR im ersten Dienstverhältnis. Barlohnumwandlungen sind nicht begünstigt. Der BAV-Förderbetrag wird als Zuschuss für den Arbeitgeber mit 30 % der Beiträge und Zuwendungen berechnet und beträgt daher zwischen 72 EUR und 288 EUR. Im Ergebnis ist der Arbeitgeber folglich nur mit 70 % der zusätzlichen Beiträge für die Altersvorsorge des Arbeitnehmers belastet.

Beiträge des Arbeitgebers	Höhe der Förderung
Zusätzliche Arbeitgeberbeiträge an einen Pensionsfonds, eine kapitalgedeckte Pensionskasse oder für eine Direktversicherung	30 % als BAV-Förderbetrag (Arbeitgeberzuschuss):
240 EUR bis 960 EUR	72 EUR bis 288 EUR

Verrechnung in der Lohnsteuer-Anmeldung

Der BAV-Förderbetrag wird vom Arbeitgeber selbst berechnet und im Rahmen der Lohnsteuer-Anmeldung (Zeilen 16 und 22 der Lohnsteuer-Anmeldung 2024) beantragt. Der Zuschuss wird dem Arbeitgeber durch Verrechnung mit der anzumeldenden und abzuführenden Lohnsteuer gewährt.

Referenzjahr 2016

Wurden bereits in 2016 (= Referenzjahr) zusätzliche Arbeitgeberbeiträge für die betriebliche Altersversorgung des Arbeitnehmers geleistet, ist der Förderbetrag auf den Betrag begrenzt, den der Arbeitgeber über die Zuwendungen in 2016 hinaus leistet. Ziel des Gesetzgebers war, die betriebliche Altersversorgung auszubauen und weiter zu verbreiten. Der staatliche Zuschuss soll also nicht für Beiträge gewährt werden, die ohnehin schon geleistet wurden.

Beispiel

Ermittlung des BAV-Förderbetrags

Ein Arbeitgeber leistet in 2024 zusätzliche Arbeitgeberbeiträge von 560 EUR für die Versicherung eines Arbeitnehmers mit einem geringen Einkommen in einer Pensionskasse.

1. Die Versicherung in der Pensionskasse erfolgt erstmals in 2024.
2. Die Versicherung in der Pensionskasse besteht seit 2014.
3. Die Versicherung in der Pensionskasse besteht seit 2017.
4. Die Versicherung besteht seit 2014. Die Beiträge werden in 2024 auf 700 EUR aufgestockt.

Ergebnis:

1: Der BAV-Förderbetrag, den der Arbeitgeber als staatlichen Zuschuss erhält, beträgt 168 EUR (30 % von 560 EUR).

2: Der BAV-Förderbetrag wird zunächst ebenfalls mit 30 % von 560 EUR berechnet, allerdings ist zu berücksichtigen, dass der Arbeitgeber Zuwendungen in dieser Höhe bereits seit 2014 leistet. Damit ist der BAV-Förderbetrag auf den Betrag zu begrenzen, der über die in 2016 geleisteten Beiträge hinausgeht. Da er die betriebliche Altersversorgung nicht aufgestockt hat, beträgt der Förderbetrag 0 EUR.

3: Der Förderbetrag beträgt 168 EUR. Eine Begrenzung erfolgt nicht, da für die Frage der Begrenzung stets auf das Referenzjahr 2016 abzustellen ist und in 2016 die betriebliche Altersversorgung noch nicht bestand.

4: Der Förderbetrag beträgt grundsätzlich 210 EUR (30 % von 700 EUR), jedoch begrenzt auf 140 EUR, weil nur in dieser Höhe die Arbeitgeberbeiträge im Vergleich zum Referenzjahr 2016 aufgestockt werden.

Förderung nur bei Geringverdienern mit erstem Dienstverhältnis

Der Arbeitgeber erhält die staatliche Förderung nur, wenn er betriebliche Altersversorgung für Arbeitnehmer mit geringem Einkommen (= „Geringverdiener“ in diesem Sinne) aufbaut, die bei ihm im ersten Dienstverhältnis stehen. Maßgebend ist der steuerpflichtige Arbeitslohn in dem Lohnzahlungszeitraum, in dem die Beitragsleistung erfolgt. Ein Arbeitnehmer gilt als geringverdienend, wenn sein laufender Arbeitslohn folgende Grenzen nicht übersteigt:

- bei monatlichem Lohnzahlungszeitraum 2.575 EUR,
- bei täglichem Lohnzahlungszeitraum 85,84 EUR,
- bei wöchentlichem Lohnzahlungszeitraum 600,84 EUR und
- bei jährlichem Lohnzahlungszeitraum 30.900 EUR.

Der Arbeitslohn muss im Inland steuerpflichtig sein. In die Ermittlung der Arbeitslohngrenzen werden ⇗ sonstige Bezüge, steuerfreier sowie teilweise auch pauschal versteuerter Arbeitslohn nicht einbezogen.[1]

Beispiel

Maßgebender Arbeitslohn

Ein teilzeitbeschäftigter Arbeitnehmer mit monatlichem Lohnzahlungszeitraum bezieht von Januar bis September 2024 einen laufenden Bruttoarbeitslohn von 2.180 EUR. Ab Oktober erhöht sich der Arbeitslohn auf 3.500 EUR, weil der Arbeitnehmer in Vollzeit beschäftigt wird. Daneben kommt im Juli 2024 ein Urlaubsgeld von 300 EUR zur Auszahlung. Außerdem übernimmt der Arbeitgeber die Kosten für die Fahrt zur Arbeitsstätte mit öffentlichen Verkehrsmitteln (40 EUR/Monat).

1. Der Arbeitgeber entrichtet seit Januar 2024 monatliche Direktversicherungsbeiträge von 35 EUR.
2. Der Arbeitgeber entrichtet im Januar 2024 einen Jahresbeitrag von 420 EUR.
3. Der Arbeitgeber entrichtet im Dezember 2024 einen Jahresbeitrag von 420 EUR.

Ergebnis: Für die Inanspruchnahme des Förderbetrags sind die Verhältnisse im Zeitpunkt der Beitragsleistung maßgebend. Der laufende steuerpflichtige Arbeitslohn beträgt von Januar bis September 2024 2.180 EUR und von Oktober bis Dezember 2024 3.500 EUR. Für die Prüfung der Einkommensgrenze unberücksichtigt bleiben das steuerpflichtige Urlaubsgeld, da ein sonstiger Bezug vorliegt, sowie der monatliche Fahrtkostenzuschuss, der zwar zum laufenden Arbeitslohn zählt, jedoch steuerfrei bleibt.[2]

1: Der Förderbetrag beträgt 10,50 EUR (30 % von 35 EUR) in den Lohnzahlungszeiträumen Januar bis September 2024. Ab Oktober 2024 wird die Arbeitslohngrenze überschritten und kein Förderbetrag mehr gewährt.

1 §§ 37a, 37b, 40, 40b EStG.
2 § 3 Nr. 15 EStG.

2: Der BAV-Förderbetrag ist mit 126 EUR (30 % von 420 EUR) zu berechnen, da im Januar 2024 die Lohngrenze von 2.575 EUR nicht überschritten wird.

3: Ein staatlicher Zuschuss wird nicht gewährt, weil im Zeitpunkt der Beitragsleistung (Dezember 2024) der laufende steuerpflichtige Bruttoarbeitslohn 3.500 EUR beträgt.

Erstes Dienstverhältnis bei geringfügiger Beschäftigung

Für Arbeitnehmer, die kurzfristig beschäftigt oder im Rahmen einer ⇗ geringfügig entlohnten Beschäftigung (Minijob) tätig werden und deren Arbeitslohn vom Arbeitgeber pauschal[1] versteuert wird, kann der staatliche Zuschuss ebenfalls gewährt werden. Entscheidend ist, dass der Arbeitnehmer zum Arbeitgeber in einem ersten Dienstverhältnis steht und der Arbeitslohn in dem Lohnzahlungszeitraum, für den der Förderbetrag geltend gemacht wird, der inländischen Besteuerung unterliegt. Für Arbeitnehmer in Steuerklasse VI ist die Inanspruchnahme des BAV-Förderbetrags ausgeschlossen.

Steuerfreiheit der Beiträge und nachgelagerte Besteuerung

Die zusätzlichen Arbeitgeberbeiträge zwischen 240 EUR und 960 EUR, für die dem Arbeitgeber der BAV-Förderbetrag gewährt wird, gehören auf der Ebene des Arbeitnehmers zum steuerfreien Arbeitslohn.[2]

Tipp

Verhältnis zur Steuerbefreiung nach § 3 Nr. 63 EStG

Die Steuerbefreiung nach § 3 Nr. 63 Satz 1 EStG bis zu 8 % der Beitragsbemessungsgrenze in der allgemeinen Rentenversicherung (West; 2024: 7.248 EUR) kann zusätzlich zur Steuerbefreiung nach § 100 Abs. 6 EStG für Beiträge zwischen 240 EUR und 960 EUR in Anspruch genommen werden. Vorrang hat die Steuerbefreiung nach § 100 Abs. 6 EStG für Beiträge zwischen 240 EUR und 960 EUR.

Leistungen der Versorgungseinrichtung, die auf den steuerfreien Beiträgen zwischen 240 EUR und 960 EUR beruhen, werden in vollem Umfang als sonstige Einkünfte[3] besteuert (⇗ nachgelagerte Besteuerung).

Rückzahlung des BAV-Förderbetrags

Für die Inanspruchnahme des Förderbetrags sind die Verhältnisse im Zeitpunkt der Beitragsleistung maßgebend. Spätere Änderungen in den Verhältnissen sind unbeachtlich und führen nicht dazu, dass ein bereits gewährter BAV-Förderbetrag vom Arbeitgeber zurückgezahlt werden muss.[4] Eine Rückzahlung muss aber erfolgen, wenn eine Anwartschaft des Arbeitnehmers auf betriebliche Altersversorgung später verfällt und soweit sich daraus eine Rückzahlung an den Arbeitgeber ergibt. Der staatliche Zuschuss ist auch dann zurückzuzahlen, wenn der Arbeitgeber den BAV-Förderbetrag beansprucht hat, obwohl die Voraussetzungen für dessen Gewährung von vornherein nicht vorgelegen haben, z. B. weil die Einkommensgrenzen falsch ermittelt wurden.

Umlagefinanzierte betriebliche Altersversorgung

Nicht alle Pensionskassen wirtschaften im Kapitaldeckungsverfahren. Zu den umlagefinanzierten Pensionskassen gehören im Wesentlichen die Zusatzversorgungskassen im öffentlichen Dienst, die z. B. für Angestellte des Bundes, der Länder oder Gemeinden Leistungen der betrieblichen Altersversorgung erbringen.[5] Für die steuerliche Beurteilung von Zuwendungen an umlagefinanzierte Pensionskassen ist zwischen laufenden Beiträgen und Sonderzahlungen zu unterscheiden.

Laufende Zuwendungen

Steuerbefreiung

Monatliche Zuwendungen und regelmäßige Einmalbezüge an umlagefinanzierte Pensionskassen sind als sog. laufende Zuwendungen in 2024 bis zu 3 % der Beitragsbemessungsgrenze in der allgemeinen Rentenversicherung (West), also bis zu 2.718 EUR steuerfrei (2023: 2.628 EUR).[6, 7]

Die Steuerbefreiung knüpft daran an, dass die Auszahlung der zugesagten Alters-, Invaliditäts- oder Hinterbliebenenversorgung monatlich in Form einer lebenslangen Leibrente oder alternativ als Ratenzahlungen im Rahmen eines Auszahlungsplanes mit anschließender Teilkapitalverrentung ab spätestens dem 85. Lebensjahr erfolgt. Die Leistungen müssen während der gesamten Auszahlungsphase gleich bleiben oder steigen.

Bis zu 12 Monatsleistungen können in einer Auszahlung zusammengefasst und bis zu 30 % des zu Beginn der Auszahlungsphase zur Verfügung stehenden Kapitals können außerhalb von monatlichen Leistungen ausgezahlt werden. Ein Kapitalwahlrecht steht der Steuerbefreiung nicht entgegen, solange es nicht oder nur innerhalb des letzten Jahres vor dem vertraglich vorgesehenen Beginn der Altersversorgungsleistungen ausgeübt wird. Bei reinen Beitragszusagen sind stets lebenslange Zahlungen als Versorgungsleistung zu erbringen.

Außerdem muss ein erstes Dienstverhältnis (Steuerklasse I–V) vorliegen. Die Voraussetzungen für die Inanspruchnahme der Steuerbefreiung nach § 3 Nr. 56 EStG unterscheiden sich folglich nicht von denen für die Gewährung der Steuerbefreiung nach § 3 Nr. 63 EStG bei kapitalgedeckter betrieblicher Altersversorgung.

Hinweis

Keine Doppelförderung möglich

Die Steuerbefreiungen für die umlagefinanzierte betriebliche Altersversorgung bzw. für die kapitalgedeckte betriebliche Altersversorgung können nicht gleichzeitig in Anspruch genommen werden. Erbringt ein Arbeitgeber neben Beiträgen für eine kapitalgedeckte Altersversorgung[8] auch Zuwendungen für die Versorgung in einer umlagefinanzierten Pensionskasse[9], hat die Steuerbefreiung für die kapitalgedeckten Beiträge Vorrang. Die steuerfreien kapitalgedeckten Beiträge mindern das steuerfreie Volumen für die umlagefinanzierten Zuwendungen (ggf. bis 0 EUR).

Pauschalierung

Die Steuerbefreiung ist für Zuwendungen an umlagefinanzierte Pensionskassen verpflichtend vorrangig anzuwenden, wenn deren Voraussetzungen erfüllt sind. Lediglich Beiträge, die das steuerfreie Volumen von 2.718 EUR übersteigen, können durch den Arbeitgeber bis zu 1.752 EUR nach § 40b EStG in der geltenden Fassung mit 20 % pauschal versteuert werden.[10] Anders als bei der Pauschalierung der Lohnsteuer bei Direktversicherungen und kapitalgedeckten Pensionskassen, ist für die Pauschalierung bei umlagefinanzierten Pensionskassen nicht Voraussetzung, dass bereits vor dem 1.1.2018 ein pauschalierter Beitrag entrichtet wurde.

Beispiel

Zuerst Steuerbefreiung, dann Pauschalierung

Ein Arbeitnehmer arbeitet im öffentlichen Dienst. Für ihn wird erstmals in 2024 eine betriebliche Altersversorgung in der Versorgungsanstalt des Bundes und der Länder (VBL) durchgeführt.

Ergebnis: Die VBL ist eine weitgehend umlagefinanzierte Pensionskasse. Die umlagefinanzierten Zuwendungen sind vorrangig bis zu maximal 2.718 EUR steuerfrei. Das steuerfreie Volumen vermindert sich, soweit die Steuerbefreiung nach § 3 Nr. 63 EStG für kapitalgedeckte Bausteine in Anspruch genommen wurde. Der die Steuerbefrei-

1 § 40a EStG.
2 § 100 Abs. 6 EStG.
3 § 22 Nr. 5 Satz 1 EStG.
4 § 100 Abs. 4 EStG.
5 § 18 BetrAVG.

6 § 3 Nr. 56 EStG.
7 Der steuerfreie Höchstbetrag betrug von 2008 bis 2013 1 % der BBG. In der Zeit von 2014 bis 2019 waren bis zu 2 % der BBG steuerfrei. Bis 2024 bleiben bis zu 3 % steuerfrei, ab 2025 beträgt das steuerfreie Volumen 4 % der BBG. Vor 2008 waren Zuwendungen an eine umlagefinanzierte Pensionskasse in vollem Umfang steuerpflichtig.
8 § 3 Nr. 63 EStG.
9 § 3 Nr. 56 EStG.
10 § 40b EStG in der geltenden Fassung gilt seit 1.1.2005 nur noch für umlagefinanzierte Pensionskassen. Abzugrenzen ist die Pauschalierung nach § 40b EStG **a. F.**. Sie gilt im Rahmen einer unbefristeten Übergangsregelung für Beiträge und Zuwendungen an Direktversicherungen und kapitalgedeckte Pensionskassen weiter. In beiden Fällen sind jedoch laufende Beiträge (auch Einmalbezüge) bis zur Höhe von 1.752 EUR mit 20 % pauschalierungsfähig.

ung übersteigende Betrag der umlagefinzanierten Zuwendungen kann bis zu 1.752 EUR mit 20 % pauschaliert werden, auch wenn für den Arbeitnehmer noch nie ein Beitrag zur Zukunftssicherung pauschal versteuert wurde.

Keine Riester-Förderung

Zuwendungen an umlagefinanzierte Versorgungssysteme sind auch bei individueller Lohnversteuerung nach den ELStAM von der Gewährung der Altersvorsorgezulage bzw. des zusätzlichen Sonderausgabenabzugs ausgeschlossen. Die sog. „Riester-Förderung" begünstigt ausschließlich kapitalgedeckte Altersvorsorgeprodukte.

Sonderzahlungen

Sonderzahlungen an umlagefinanzierte Pensionskassen sind vom Arbeitgeber verpflichtend mit 15 %[1] zu pauschalieren. Die Durchführung des individuellen Lohnsteuerabzugs ist nicht zulässig.[2] Sonderzahlungen werden anstelle der bei regulärem Verlauf zu entrichtenden Zuwendungen oder neben laufenden Beiträgen (auch Einmalbezügen) zur Finanzierung des umlagefinanzierten Versorgungssystems erbracht.[3]

Zu den steuerpflichtigen Sonderzahlungen gehören insbesondere Leistungen des Arbeitgebers an eine Pensionskasse anlässlich

- seines Austritts aus einem umlagefinanzierten Versorgungssystem (sog. Gegenwertzahlungen sowie Zahlungen im Erstattungsmodell[4]) oder
- des Wechsels von einem umlagefinanzierten Versorgungssystem in ein anderes umlagefinanziertes Versorgungssystem oder
- der Zusammenlegung zweier umlagefinanzierter Versorgungssysteme.

Von der Lohnbesteuerung ausgenommen werden dagegen Zahlungen des Arbeitgebers

- zur erstmaligen Bereitstellung der Kapitalausstattung zur Erfüllung der Solvabilitätskapitalanforderung[5]
- zur Wiederherstellung einer angemessenen Kapitalausstattung nach unvorhersehbaren Verlusten oder zur Finanzierung der Verstärkung der Rechnungsgrundlagen aufgrund einer unvorhersehbaren und nicht nur vorübergehenden Änderung der Verhältnisse,

Achtung

Steuerpflicht bei Absenkung der laufenden Beiträge

Die nicht steuerbaren Sonderzahlungen dürfen nicht zu einer Absenkung des laufenden Beitrags führen bzw. durch die Absenkung des laufenden Beitrags dürfen keine nicht steuerbaren Sonderzahlungen ausgelöst werden.

- in Form von Sanierungsgeldern.

Hinweis

Sanierungsgelder

Sanierungsgelder werden von Mitgliedern einer umlagefinanzierten Pensionskasse zur Deckung eines zusätzlichen Finanzierungsbedarfs erhoben. Ein solcher kann sich bei einer Systemumstellung auf der Finanzierungs- oder Leistungsseite zur Finanzierung der zum Zeitpunkt der Umstellung bestehenden Versorgungsverpflichtungen oder Versorgungsanwartschaften ergeben.

1 § 40b Abs. 4 EStG.
2 Die Pauschalierungspflicht verstößt nach Auffassung des BFH gegen den allgemeinen Gleichheitssatz; vgl. BFH, Beschluss v. 14.11.2013, VI R 49/12, BFH/NV 2014 S. 418 und BFH, Beschluss v. 14.11.2013, VI R 50/12, BFH/NV 2014 S. 426. Über die Rechtsfrage hat nunmehr das Bundesverfassungsgericht zu urteilen, Az. 2 BvL 8/14.
3 § 19 Abs. 1 Satz 1 Nr. 3 Satz 2 EStG.
4 §§ 23a, 23c der Satzung der Versorgungsanstalt des Bundes und der Länder.
5 §§ 89, 213, 234g oder 238 VAG.

Besteuerung der Versorgungsleistungen

Versorgungsleistungen aus einer umlagefinanzierten Pensionskasse werden im Rahmen der Einkommensteuerveranlagung als sonstige Einkünfte[6] versteuert.

Soweit die Leistungen auf steuerfreien Beiträgen beruhen, sind die Einnahmen in vollem Umfang steuerpflichtig. Wurden die Beiträge pauschal oder nach den ELStAM vom Arbeitgeber versteuert, sind Rentenzahlungen nur in Höhe des Ertragsanteils zu versteuern. Kapitalzahlungen sind ebenfalls nur teilweise steuerpflichtig.

Direkt-/Pensionszusage, Unterstützungskasse (interne Durchführungswege)

Direkt-/Pensionszusage

Mit der Erteilung einer Direktzusage (auch: Pensionszusage) wendet der Arbeitgeber dem Arbeitnehmer noch keinen Vermögenswert zu. Die Zusage löst daher keinen Arbeitslohnzufluss aus. Dies gilt auch dann, wenn der Arbeitgeber zur Absicherung der Direktzusage eine Rückdeckungsversicherung auf das Leben des Arbeitnehmers abgeschlossen hat.

Der BAV-Förderbetrag wird dem Arbeitgeber für eine Direktzusage nicht gewährt.

Versorgungsleistungen des Arbeitgebers sind Arbeitslohn

Die Versorgungsleistungen aus einer Pensionszusage unterliegen in vollem Umfang der Lohnbesteuerung. Der Arbeitgeber muss folglich weiterhin die ELStAM der Versorgungsempfänger abrufen, ein ↗ Lohnkonto führen und eine ↗ Lohnsteuerbescheinigung elektronisch übermitteln. Versorgungsbezüge sind durch die Gewährung des Versorgungsfreibetrages und des Zuschlags zum Versorgungsfreibetrag[7] begünstigt.

Hinweis

ELStAM bei verschiedenartigen Bezügen aus dem Dienstverhältnis

Zahlt der Arbeitgeber neben dem Arbeitslohn für ein aktives Dienstverhältnis (z.B. bei einem weiterbeschäftigten Rentner) auch Versorgungsbezüge, kann er die Lohnsteuer für den zweiten und jeden weiteren Bezug ohne Abruf weiterer ELStAM nach der Steuerklasse VI einbehalten. Entsprechendes gilt, wenn der Arbeitnehmer neben (Versorgungs-)Bezügen und weiteren Vorteilen aus dem eigenen früheren Dienstverhältnis auch andere Versorgungsbezüge bezieht.[8]

Unterstützungskasse

Eine Unterstützungskasse gewährt den Arbeitnehmern keinen Rechtsanspruch auf die späteren Versorgungsleistungen. Zuwendungen des Arbeitgebers an eine Unterstützungskasse führen deshalb zu keinem Arbeitslohnzufluss. Dies gilt auch für rückgedeckte Unterstützungskassen.

Für Zuwendungen an eine Unterstützungskasse erhält der Arbeitgeber keinen BAV-Förderbetrag.

Leistungen aus einer Unterstützungskasse sind Arbeitslohn

Wie bei einer Direktzusage müssen erst die Leistungen, die bei Eintritt des Versorgungsfalls von der Unterstützungskasse gezahlt werden, als Arbeitslohn versteuert werden. Für die Leistungen der Unterstützungskasse werden die Freibeträge für Versorgungsbezüge gewährt.

Lohnabrechnung durch Dritte

Zum Lohnsteuerabzug ist grundsätzlich der Arbeitgeber verpflichtet. Zahlt die Unterstützungskasse die Versorgungsbezüge aus, kann unter bestimmten Voraussetzungen auch die Unterstützungskasse mit Zustimmung des Finanzamts die lohnsteuerlichen Arbeitgeberpflichten übernehmen.[9]

6 § 22 Nr. 5 EStG.
7 § 19 Abs. 2 EStG.
8 § 39e Abs. 5a EStG.
9 § 38 Abs. 3a Satz 2 EStG.

Hinweis

ELStAM bei verschiedenartigen Bezügen aus dem Dienstverhältnis

Erhält der Arbeitnehmer im Rahmen eines einheitlichen Dienstverhältnisses neben dem Arbeitslohn für eine aktive Beschäftigung (z. B. bei einem weiterbeschäftigten Rentner) auch Versorgungsbezüge aus einer Unterstützungskasse, kann der Arbeitgeber die Lohnsteuer für den zweiten und jeden weiteren Bezug ohne Abruf weiterer ELStAM nach der Steuerklasse VI einbehalten. Entsprechendes gilt, wenn der Arbeitnehmer neben (Versorgungs-)Bezügen und weiteren Vorteilen aus dem eigenen früheren Dienstverhältnis auch andere Versorgungsbezüge bezieht.[1]

Entgeltumwandlung („Deferred Compensation")

Betriebliche Altersversorgung kann in allen 5 Durchführungswegen auch durch Umwandlung von Arbeitslohn des Arbeitnehmers finanziert werden.

In den Durchführungswegen Direktversicherung, Pensionskasse und Pensionsfonds fließt der Arbeitslohn, auf den zugunsten der betrieblichen Altersversorgung verzichtet wird, gleichwohl zu. Allerdings kann steuerpflichtiger Arbeitslohn, der bisher nach den persönlichen Besteuerungsmerkmalen (ELStAM) versteuert werden musste, in steuerfreien Arbeitslohn oder pauschal besteuerungsfähigen Arbeitslohn umgewandelt werden.

Beispiel

Entgeltumwandlung zugunsten einer Direktversicherung

Ein Arbeitnehmer (Jahresgehalt 70.000 EUR) verzichtet auf die jährliche Weihnachtsvergütung von 5.000 EUR zugunsten von Beiträgen in eine Direktversicherung (Rentenversicherung).

Ergebnis: Die Beiträge bleiben im Kalenderjahr 2024 in vollem Umfang steuerfrei.[2] Die steuerpflichtige Weihnachtsvergütung wird in eine steuerfreie Zukunftssicherungsleistung umgewandelt. Allerdings unterliegen die späteren Rentenzahlungen in vollem Umfang im Rahmen der Einkommensteuerveranlagung als sonstige Einkünfte[3] der nachgelagerten Besteuerung.

Der Arbeitgeber muss 15 % des umgewandelten Arbeitslohns zusätzlich als Arbeitgeberzuschuss zur betrieblichen Altersvorsorge des Arbeitnehmers leisten, soweit er durch die Entgeltumwandlung Sozialversicherungsbeträge einspart. Dieser Arbeitgeberzuschuss bleibt zusammen mit den vom Arbeitnehmer durch Entgeltumwandlung erbrachten Beiträgen im Rahmen des Höchstbetrags von 7.248 EUR steuerfrei.

Wird die Barlohnumwandlung zugunsten einer Direktzusage oder von Leistungen aus einer Unterstützungskasse durchgeführt, fließt der Arbeitslohn, auf den der Arbeitnehmer verzichtet, gegenwärtig nicht zu.

Beispiel

Entgeltumwandlung zugunsten einer Direktzusage

Ein Arbeitnehmer verzichtet auf die jährliche Weihnachtsvergütung von 7.000 EUR zugunsten einer späteren Betriebsrente (Direktzusage).

Ergebnis: Die Weihnachtsvergütung fließt wegen der Entgeltumwandlung nicht zu. Der steuerpflichtige Bruttoarbeitslohn verringert sich um 7.000 EUR. Allerdings muss der Arbeitgeber die Betriebsrente im Versorgungsfall dem Lohnsteuerabzug unterwerfen.

Wichtig

Verzicht auf künftigen Arbeitslohn

Eine Entgeltumwandlung zugunsten betrieblicher Altersversorgung wird nur dann anerkannt, wenn der Arbeitnehmer vor Fälligkeit des Arbeitslohns seinen Verzicht ausspricht. Dies gilt sowohl für laufenden Arbeitslohn als auch für einmalige Bezüge (⇗ sonstige Bezüge). Auf Arbeitslohn, der bereits fällig war, kann nicht mehr steuerlich wirksam verzichtet werden.

Sozialversicherung

Beitragsrechtliche Beurteilung der Durchführungswege

Beiträge zur betrieblichen Altersversorgung stellen unter Berücksichtigung von Höchstgrenzen kein beitragspflichtiges ⇗ Arbeitsentgelt dar. Die beitragsrechtliche Beurteilung hängt davon ab, welcher Versorgungsweg im Einzelfall zum Aufbau der betrieblichen Altersversorgung verwendet wird. Bei der beitragsrechtlichen Beurteilung spielt es auch eine Rolle, ob ausschließlich der Arbeitgeber den Aufwand zur betrieblichen Altersversorgung leistet, oder ob auch der Arbeitnehmer hieran durch Umwandlung von Arbeitsentgelt beteiligt ist oder den Aufwand in dieser Form alleine trägt. Sowohl für Arbeitnehmer als auch für Arbeitgeber liegt ein besonderer Anreiz in der Ersparnis von Sozialversicherungsbeiträgen.

Direktzusage/Unterstützungskasse

Nach § 14 Abs. 1 Satz 2 SGB IV gehören Entgeltteile, die durch Entgeltumwandlung für eine Direktzusage oder Unterstützungskassenversorgung verwendet werden, nicht zum Arbeitsentgelt in der Sozialversicherung, soweit sie 4 % der jährlichen ⇗ Beitragsbemessungsgrenze der allgemeinen Rentenversicherung (West) nicht übersteigen (2024: 3.624 EUR jährlich, 302 EUR monatlich; 2023: 3.504 EUR jährlich, 292 EUR monatlich). Der 4 % übersteigende Betrag ist Arbeitsentgelt und somit beitragspflichtig in der Sozialversicherung.

Direktversicherung

Beitragsbewertung der steuerfreien Zuwendungen

Beiträge für Direktversicherungen bleiben bis zur Höhe von 4 % der Beitragsbemessungsgrenze der allgemeinen Rentenversicherung (2024: 3.624 EUR jährlich, 302 EUR monatlich; 2023: 3.504 EUR jährlich, 292 EUR monatlich) bei bestehender Steuerfreiheit auch beitragsfrei zur Sozialversicherung.[4] Dieser sozialversicherungsrechtliche Freibetrag gilt auch für darin enthaltene Beträge, die aus einer Entgeltumwandlung stammen. Die Aufwendungen können sowohl aus laufendem Arbeitsentgelt als auch aus ⇗ Einmalzahlungen finanziert werden.

Voraussetzung für die Steuerfreiheit und die Beitragsfreiheit ist allerdings, dass die spätere Auszahlung der Versorgungsleistung nicht in Form einer ⇗ Kapitalleistung, sondern als lebenslange Rente erfolgt.

Wichtig

Höherer Steuerfreibetrag gilt nicht für die Sozialversicherung

Nach § 3 Nr. 63 Satz 1 EStG beträgt der steuerfreie Betrag seit dem 1.1.2018 für diese Zuwendungen 8 % der Beitragsbemessungsgrenze der allgemeinen Rentenversicherung. In der Sozialversicherung sind allerdings weiterhin lediglich 4 % der Beitragsbemessungsgrenze der allgemeinen Rentenversicherung kein beitragspflichtiges Arbeitsentgelt.

Der Freibetrag ist stets vom Bruttoarbeitsentgelt und nicht von dem auf die Beitragsbemessungsgrenze begrenzten Arbeitsentgelt abzuziehen. Übersteigt das Arbeitsentgelt auch nach der Entgeltumwandlung die monatliche Beitragsbemessungsgrenze in der Rentenversicherung (2024: 7.550 EUR/West bzw. 7.450 EUR/Ost; 2023: 7.300 EUR/West bzw. 7.100 EUR/Ost), ergeben sich keine Auswirkungen auf die beitragsrechtliche Beurteilung.

1 § 39e Abs. 5a EStG.
2 § 3 Nr. 63 EStG.
3 § 22 Nr. 5 Satz 1 EStG.
4 § 3 Nr. 63 Sätze 1 und 2 EStG, § 1 Abs. 1 Satz 1 Nr. 9 SvEV.

Aufteilung des Freibetrags pro rata oder en bloc möglich

Der Freibetrag steht für jedes Kalenderjahr in voller Höhe zur Verfügung (2024: 3.624 EUR). Bei einer Aufteilung pro rata wird jeden Monat ein gleichbleibender Betrag berücksichtigt. Bei einer Beschäftigung im kompletten Kalenderjahr ergeben sich so (3.624 EUR : 12 =) 302 EUR monatlich. Werden die Direktversicherungsbeiträge nicht für ein komplettes Kalenderjahr abgeführt, erhöht sich der monatliche Freibetrag entsprechend. So stehen z. B. bei einem Beschäftigungsbeginn am 1.3.2024 monatlich (3.624 EUR : 10 =) 362,40 EUR zur Verfügung.

Bei einer Nutzung des Freibetrags en bloc, werden die monatlichen Beiträge jeweils in voller Höhe beitragsfrei gestellt, bis der Freibetrag komplett aufgebraucht ist. Danach sind in den verbleibenden Monaten des Kalenderjahres die Entgeltumwandlungen in voller Höhe beitragspflichtig.

Arbeitgeberbezogener Freibetrag

Für die Inanspruchnahme der Beitragsfreiheit wird auf eine arbeitgeberbezogene Betrachtung abgestellt. Bei einem Arbeitgeberwechsel im Laufe des Kalenderjahres kann im neuen Dienstverhältnis der Höchstbetrag erneut in Anspruch genommen werden.

Pauschalversteuerte Direktversicherungsbeiträge

Unter bestimmten Voraussetzungen besteht die Möglichkeit, dass der Arbeitgeber die Beiträge an eine Direktversicherung nach § 40b EStG a. F. pauschal versteuert. Nach § 40b EStG a. F. pauschal besteuerte Zuwendungen für eine Direktversicherung werden nicht dem sozialversicherungspflichtigen Arbeitsentgelt zugerechnet und sind somit beitragsfrei, wenn sie zusätzlich zum Arbeitsentgelt gewährt werden. Dies gilt auch für darin enthaltene Beträge, die aus einer Entgeltumwandlung stammen.[1]

Achtung

Freibeträge bestehen nebeneinander

Der sich aus § 1 Abs. 1 Satz 1 Nr. 4 SvEV ergebende sozialversicherungsrechtliche Freibetrag in Höhe des Pauschalierungshöchstbetrags von 1.752 EUR im Jahr, findet neben dem sich aus § 1 Abs. 1 Satz 1 Nr. 9 SvEV ergebenden sozialversicherungsrechtlichen Freibetrag i. H. v. 4 % der Beitragsbemessungsgrenze der allgemeinen Rentenversicherung Anwendung. Eine gegenseitige Anrechnung der sozialversicherungsrechtlichen Freibeträge erfolgt nicht.

Soweit der Arbeitnehmer jedoch nach § 52 Abs. 4 Satz 12 EStG auf die Steuerfreiheit nach § 3 Nr. 63 EStG zugunsten der Pauschalbesteuerung nach § 40b EStG a. F. verzichtet hat, ist nur der Freibetrag i. H. v. 1.752 EUR nutzbar.

Wichtig

Entgeltumwandlung aus laufendem Arbeitsentgelt weiterhin beitragspflichtig

Nach der alten Rechtslage galten als „zusätzlich zu Löhnen oder Gehältern“ auch Finanzierungen aus einmalig gezahltem Arbeitsentgelt. Durch die „Erste Verordnung zur Änderung der Sozialversicherungsentgeltverordnung vom 18.11.2008“, die seit dem 1.1.2009 anzuwenden ist, wurde die Passage „dies gilt auch für darin enthaltene Beiträge, die aus einer Entgeltumwandlung (§ 1 Abs. 2 Nr. 3 BetrAVG) stammen“ ergänzt. Dabei sollte es sich lediglich um eine Klarstellung für die bisher zugelassene beitragsfreie Verwendung von Einmalzahlungen für Direktversicherungsbeiträge handeln. Eine darüber hinausgehende Möglichkeit der beitragsfreien Entgeltumwandlung von laufendem Arbeitsentgelt wird damit nicht zugelassen, da es in diesen Fällen weiterhin an der erforderlichen Zusätzlichkeit der Direktversicherungsbeiträge fehlt. Einmalzahlungen, die – ungeachtet der arbeitsrechtlichen Zulässigkeit – in jedem Kalendermonat zu einem Zwölftel ausgezahlt werden, verlieren allerdings ihren Charakter als einmalig gezahltes Arbeitsentgelt und sind damit als laufendes Arbeitsentgelt zu qualifizieren.

1 § 1 Abs. 1 Satz 1 Nr. 4 SvEV.

Beitragsfreiheit auch in Neuverträgen möglich

Die vorgenannten Voraussetzungen für die Beitragsfreiheit der Entgeltumwandlung zu einer Direktversicherung gelten auch für Direktversicherungen, die im Rahmen des § 52 Abs. 40 EStG erstmals nach 2017 nach § 40b EStG a. F. pauschal besteuert werden.

Hinweis

Steuerliche Förderung bedingt individuelle Versteuerung

Arbeitnehmer, die von der steuerlichen Förderung Gebrauch machen wollen, müssen nach § 82 Abs. 2 EStG die Beiträge zur Direktversicherung individuell versteuern, sodass Beitragsfreiheit nicht in Betracht kommen kann. Dabei ist es unerheblich, ob die Beiträge oder Zuwendungen vom Arbeitgeber zusätzlich zum Lohn oder Gehalt erbracht werden oder der Arbeitnehmer sie durch Entgeltumwandlung finanziert.

Pensionskasse

Für Zuwendungen an Pensionskassen gelten grundsätzlich die Aussagen zu den Zuwendungen an eine Direktversicherung.

Kapitalgedeckte Pensionskasse

Steuerfreie Zuwendungen an Pensionskassen zum Aufbau einer kapitalgedeckten Altersversorgung bis zur Höhe von 4 % der Beitragsbemessungsgrenze der allgemeinen Rentenversicherung sind beitragsfrei (2024: 3.624 EUR jährlich, 302 EUR monatlich; 2023: 3.504 EUR jährlich, 292 EUR monatlich). Dies gilt sowohl für die Beiträge des Arbeitgebers, die zusätzlich zum ohnehin geschuldeten Arbeitslohn erbracht werden (rein arbeitgeberfinanzierte Beiträge), als auch für die Beiträge des Arbeitnehmers, die durch Entgeltumwandlung finanziert werden.[2]

Umlagefinanzierte Pensionskasse

Der Arbeitgeberanteil an dieser Umlage gehört nach den Maßgaben des § 1 Abs. 1 Satz 1 Nr. 4a sowie der Sätze 3 und 4 SvEV zum beitragspflichtigen Arbeitsentgelt. Daraus folgt, dass lediglich max. 100 EUR monatlich nicht dem beitragspflichtigen Arbeitsentgelt zuzurechnen sind. Außerdem ist für diesen Teil der Berechnungsgrundlage ein Hinzurechnungsbetrag zu bilden, wenn die Versorgungsregelung bestimmte Kriterien erfüllt. Im Ergebnis verringert dieser Hinzurechnungsbetrag dann den nicht beitragspflichtigen Prämienteil.

Pensionsfonds

Zuwendungen an einen Pensionsfonds sind – auch wenn sie aus einer Entgeltumwandlung stammen – über § 1 Abs. 1 Satz 1 Nr. 9 SvEV i. V. m. § 3 Nr. 63 EStG kein Arbeitsentgelt i. S. d. Sozialversicherung, soweit sie insgesamt im Kalenderjahr 4 % der Beitragsbemessungsgrenze der allgemeinen Rentenversicherung nicht übersteigen (2024: 3.624 EUR jährlich, 302 EUR monatlich; 2023: 3.504 EUR jährlich, 292 EUR monatlich).

Förderbetrag für Geringverdiener

Ab 1.1.2018 erhalten Arbeitgeber, die für ihre Arbeitnehmer Beiträge zur kapitalgedeckten betrieblichen Altersversorgung in den Durchführungswegen Direktversicherung, Pensionsfonds oder Pensionskasse entrichten, unter bestimmten Voraussetzungen einen Förderbetrag.

Der ↗ BAV-Förderbetrag wird maximal für einen zusätzlichen Arbeitgeberbeitrag i. H. v. 960 EUR im Kalenderjahr gezahlt und beträgt 30 % von dem Arbeitgeberbeitrag, also max. 288 EUR. Dieser zusätzliche Arbeitgeberbeitrag zur betrieblichen Altersversorgung ist bis zur Höhe von 960 EUR nach dieser eigenständigen Vorschrift steuer- und sozialversicherungsfrei.[3]

2 § 1 Abs. 1 Satz 1 Nr. 9 SvEV.
3 § 100 Abs. 6 Satz 1 EStG, § 1 Abs. 1 Satz 1 Nr. 9 SvEV.

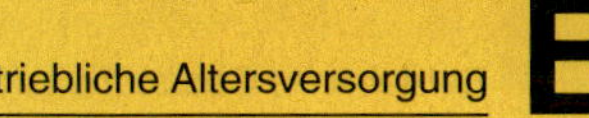

Hinweis

Arbeitgeberbeitrag für BAV-Förderbetrag Teil der Höchstgrenze

Übersteigt der Arbeitgeberanteil den Steuerfreibetrag i. H. v. 960 EUR, besteht regelmäßig auch für den darüber hinaus gezahlten Arbeitgeberbeitrag Steuerfreiheit nach § 3 Nr. 63 EStG. Die Steuerfreiheit dieser beiden Vorschriften besteht nebeneinander.

In der Sozialversicherung ist der Arbeitgeberbeitrag für den BAV-Förderbetrag hingegen Teil der Höchstgrenze. Dies bedeutet, dass alle Zuwendungen für eine betriebliche Altersversorgung (Arbeitgeberbeitrag für BAV-Förderbetrag, weitere Arbeitgeberbeiträge, Entgeltumwandlung des Arbeitnehmers) insgesamt nur bis zur Höhe von 4 % der Beitragsbemessungsgrenze der allgemeinen Rentenversicherung kein beitragspflichtiges Arbeitsentgelt darstellen.

Verpflichtender Arbeitgeberzuschuss

Die Beiträge zur Finanzierung einer kapitalgedeckten betrieblichen Altersversorgung stellen im Kalenderjahr 2024 bis zur Höhe von 302 EUR monatlich bzw. 3.624 EUR jährlich kein Arbeitsentgelt dar. Dies gilt auch für darin enthaltene Beiträge aus einer Entgeltumwandlung. Durch diese Beitragsfreiheit entfallen auch die Arbeitgeberanteile am Gesamtsozialversicherungsbeitrag auf die entsprechenden Beträge.

Der Arbeitgeber ist verpflichtet, seine Ersparnis mit in die Beiträge einfließen zu lassen. Betroffen sind nur die Vereinbarungen in den Durchführungswegen Direktversicherung, Pensionsfonds und Pensionskasse.[1]

Die Höhe des verpflichtenden Arbeitgeberzuschusses beträgt 15 % des umgewandelten Entgelts. Der Arbeitgeber ist jedoch nur zu dem Arbeitgeberzuschuss verpflichtet, soweit er durch die Entgeltumwandlung Sozialversicherungsbeiträge einspart.

Die Verpflichtung besteht

- seit 1.1.2018 für die ab diesem Zeitpunkt möglichen reinen Beitragszusagen mit Tarifvertrag,
- seit 1.1.2019 für alle ab diesem Zeitpunkt neu abgeschlossenen Verträge zur betrieblichen Altersversorgung,
- seit 1.1.2022 für alle bestehenden Verträge, unabhängig vom Zeitpunkt des Vertragsbeginns.

Verpflichtender Arbeitgeberzuschuss im Rahmen der Höchstgrenze kein Arbeitsentgelt

Der oben genannte Arbeitgeber-Pflichtzuschuss zählt zu den Aufwendungen für die betriebliche Altersversorgung, die in der Sozialversicherung insgesamt nur bis zur Höhe von 4 % der Beitragsbemessungsgrenze der allgemeinen Rentenversicherung (2024: 3.624 EUR jährlich, 302 EUR monatlich) kein beitragspflichtiges Arbeitsentgelt darstellen.

Beispiel

Arbeitgeberzuschuss zur betrieblichen Altersversorgung

Der Arbeitnehmer A ist seit dem 1.1.2016 beschäftigt. Sein monatliches Arbeitsentgelt beträgt 3.000 EUR. Bei Beschäftigungsbeginn hat sein Arbeitgeber für ihn eine kapitalgedeckte Direktversicherung abgeschlossen. Der monatliche Beitrag beträgt 100 EUR und wird durch Entgeltumwandlung vom Arbeitnehmer finanziert. Derselbe Sachverhalt liegt auch bei Arbeitnehmer B vor. Er ist allerdings erst seit dem 1.1.2021 bei dem Arbeitgeber beschäftigt.

Ergebnis: Der Beitrag zur Finanzierung der Direktversicherung i. H. v. 100 EUR monatlich stellt kein sozialversicherungsrechtliches Arbeitsentgelt dar. Sozialversicherungsbeiträge sind daher nur von 2.900 EUR zu entrichten. Insoweit spart auch der Arbeitgeber die Arbeitgeberanteile am Gesamtsozialversicherungsbeitrag. Der Arbeitgeber ist seit dem 1.1.2022 verpflichtet, zusätzlich zu den 100 EUR des Arbeitnehmers A 15 EUR monatlich (15 % von 100 EUR) an die Direktversicherung abzuführen. Bei Arbeitnehmer B bestand die Verpflichtung zur Zahlung des Arbeitgeberzuschusses bereits ab dem 1.1.2021. Da die Aufwendungen von jeweils insgesamt 115 EUR die Höchstbeträge nicht übersteigen, ist auch der zusätzliche Arbeitgeberbeitrag i. H. v. 15 EUR kein beitragspflichtiges Arbeitsentgelt.

Höhe des Arbeitgeberzuschusses bei geringerer Ersparnis

Der Arbeitgeber ist nur zu dem Arbeitgeberzuschuss verpflichtet, soweit er durch die Entgeltumwandlung Sozialversicherungsbeiträge einspart. Hat er durch die Entgeltumwandlung des Arbeitnehmers keine Ersparnis (z. B. weil das monatliche Arbeitsentgelt des Arbeitnehmers trotz der Entgeltumwandlung oberhalb der Beitragsbemessungsgrenzen liegt), ist er zu keinem Zuschuss verpflichtet. Beträgt die Ersparnis des Arbeitgebers weniger als 15 % (z. B. weil die Beitragsersparnis nur die Versicherungszweige Renten- und Arbeitslosenversicherung betrifft), ist er nur in Höhe der Ersparnis zum Zuschuss verpflichtet.

Sicherungsbeitrag für reine Beitragszusage

Für die Zusageform der betrieblichen Altersversorgung als reine Beitragszusage soll als Ausgleich für den Wegfall der Einstandspflicht des Arbeitgebers für die Versorgungsleistung im Tarifvertrag vereinbart werden, dass der Arbeitgeber einen Sicherungsbeitrag zahlt. Der Sicherungsbeitrag kann dazu genutzt werden, die Versorgungsleistung (Betriebsrente) etwa dadurch zusätzlich abzusichern, dass die Versorgungseinrichtung einen höheren Kapitaldeckungsgrad oder eine konservativere Kapitalanlage realisiert. Im Rahmen eines kollektiven Sparmodells kann der Sicherungsbeitrag auch zum Aufbau kollektiven Kapitals verwendet werden.

Der Sicherungsbeitrag ist nach § 3 Nr. 63a EStG steuerfrei, soweit er nicht unmittelbar dem einzelnen Beschäftigten direkt gutgeschrieben oder zugerechnet wird. Bei diesen Beiträgen handelt es sich daher nicht um einen geldwerten Vorteil für den Beschäftigten. Beitragspflichtiges Arbeitsentgelt in der Sozialversicherung liegt nicht vor.[2] Werden Sicherungsbeiträge hingegen nicht lediglich für die zusätzliche Absicherung der reinen Beitragszusage gezahlt, sondern dem einzelnen Beschäftigten direkt gutgeschrieben oder zugerechnet, gelten die allgemeinen steuer- und beitragsrechtlichen Regelungen für Beiträge zur kapitalgedeckten betrieblichen Altersversorgung.

Mehrere Durchführungswege

Wird die betriebliche Altersversorgung gleichzeitig über mehrere Durchführungswege nebeneinander praktiziert (z. B. Direktzusage bzw. Unterstützungskassenversorgung neben Pensionskasse, Pensionsfonds oder Direktversicherung), gelten für jeden Durchführungsweg die im EStG, SGB IV oder in der Sozialversicherungsentgeltverordnung genannten Grenzen.

Werden jedoch mehrere in den maßgebenden Einzelvorschriften gemeinsam genannte Durchführungswege wie

- Direktzusage und Unterstützungskassenversorgung[3] oder
- Pensionskasse, Pensionsfonds und Direktversicherung[4]

nebeneinander praktiziert, kann der Freibetrag je Einzelvorschrift nur einmal berücksichtigt werden.

Entsprechendes gilt für die Gesamtbeiträge der nach § 40b EStG pauschal versteuerbaren Anlageformen. Dabei zählen § 40b EStG a. F. und § 40b EStG als 2 Vorschriften. Das bedeutet, dass für abgeschlossene Direktversicherungen nach § 40b a. F. i. V. m. § 52 Abs. 40 EStG und Pensionskassenzusagen nach dem 31.12.2004 im Umlageverfahren[5] mit jeweils 1.752 EUR pauschal versteuert werden können und bei Erfüllung der Voraussetzungen von § 1 Abs. 1 Satz 1 Nr. 4 SvEV dem Arbeitsentgelt nicht zuzurechnen sind.

Maximaler Freibetrag

Beim Aufbau einer betrieblichen Altersversorgung durch die Nutzung mehrerer verschiedenartiger Durchführungswege, deren Begünstigung sich aus unterschiedlichen Rechtsvorschriften ableitet, ergibt sich durch

1 § 1a Abs. 1a BetrAVG.

2 § 1 Abs. 1 Satz 1 Nr. 1 SvEV.
3 § 14 Abs. 1 Satz 2 SGB IV.
4 § 1 Abs. 1 Satz 1 Nr. 9 SvEV, § 3 Nr. 63 Sätze 1 und 2 EStG.
5 § 40b EStG.

die Kumulierung der maßgebenden Freibeträge kalenderjährlich ein maximal anzusetzender Freibetrag eines Arbeitnehmers aus 2 × 4 % der Beitragsbemessungsgrenze West der allgemeinen Rentenversicherung[1] sowie aus dem nach § 40b EStG a. F. und § 40b EStG n. F. pauschal versteuerten Betrag von 2 × 1.752 EUR (2024: 2 × 3.624 EUR + 2 × 1.752 EUR = 10.752 EUR). Eine weitere Erhöhung des Freibetrags durch eine getrennte Betrachtung der Arbeitgeberaufwendungen für eine Pensionskasse oder Direktversicherung einerseits und der Arbeitnehmeraufwendungen aus Entgeltumwandlung zu diesen Durchführungswegen andererseits ist nicht möglich.

Vorzeitige Beendigung des Versorgungsvertrags (Rückabwicklung)

In Fällen, in denen der Vertrag über die betriebliche Altersversorgung vorzeitig beendet und ein Anspruch auf Auszahlung des bisher angesparten Guthabens geltend gemacht wird, ergeben sich beitragsrechtliche Konsequenzen (sog. Rückabwicklung). Abfindungen von Versorgungsanwartschaften, die in den Durchführungswegen Direktzusage, Unterstützungskasse, Pensionskasse, Pensionsfonds oder Direktversicherung aufgebaut wurden, sind ausschließlich als ⇗ Versorgungsbezüge zu bewerten. Es handelt sich demnach nicht um Arbeitsentgelt im Sinne der Sozialversicherung.

Betriebliche Gesundheitsförderung, BGF

Mit der betrieblichen Gesundheitsförderung (BGF) sollen die mit der Beschäftigung verbundenen gesundheitlichen Beanspruchungen und Belastungen der Beschäftigten abgemildert und die Arbeitskraft erhalten werden. Teilweise werden auch das Arbeitsumfeld und die Lebenssituation einbezogen. Die betriebliche Gesundheitsförderung ist ein wesentlicher Baustein des betrieblichen Gesundheitsmanagements. Sie schließt alle im Betrieb durchgeführten Maßnahmen zur Stärkung der Gesundheit ein.

Zur Förderung der betrieblichen Gesundheitsförderung gewährt das Einkommensteuergesetz eine Steuerbefreiung. Leistungen des Arbeitgebers zur Verbesserung des allgemeinen Gesundheitszustands und zur betrieblichen Gesundheitsförderung sind bis zu 600 EUR jährlich steuerfrei, soweit sie zusätzlich zum ohnehin geschuldeten Arbeitslohn erbracht werden.

Zur sachlichen Eingrenzung der Steuerbefreiung wird Bezug auf die Vorschriften des Fünften Sozialgesetzbuchs genommen. Der Arbeitgeber soll seinen Beschäftigten Maßnahmen auf der Grundlage der gesundheitsfachlichen Bewertungen der Krankenkassen anbieten.

Gesetze, Vorschriften und Rechtsprechung

Lohnsteuer: § 3 Nr. 34 EStG regelt die Voraussetzungen für die Steuerfreiheit. Eine Umsetzungshilfe für die Praxis bietet das BMF-Schreiben v. 20.4.2021, IV C 5 – S 2342/20/10003 :003, BStBl 2021 I S. 700.

Sozialversicherung: Die Beitragsfreiheit als Konsequenz der Steuerfreiheit ergibt sich aus § 1 Abs. 1 Satz 1 SvEV.

Entgelt	LSt	SV
Gesundheitsfördernde Gestaltung der Arbeitstätigkeit/-bedingungen	frei	frei
(Zertifizierte) Präventionskurse oder betriebliche Gesundheitsförderung bis 600 EUR jährlich	frei	frei
Nicht begünstigte Maßnahmen oder höhere Beträge	pflichtig	pflichtig
Gesundheitsvorsorgeleistungen im eigenbetrieblichen Interesse bis 600 EUR jährlich	frei	frei

1 § 1 Abs. 1 Satz 1 Nr. 9 SvEV.

Lohnsteuer

Steuerfreie Gesundheitsförderung

Betriebsinterne Maßnahmen, die der Arbeitgeber zum Zweck der Gesundheitsförderung und zur Erhaltung der Arbeitskraft seiner Mitarbeiter durchführt, gehören grundsätzlich zum Arbeitslohn.

Leistungen des Arbeitgebers zur Verbesserung des allgemeinen Gesundheitszustands des Arbeitnehmers oder der betrieblichen Gesundheitsförderung bleiben jedoch bis zu 600 EUR im Kalenderjahr je Arbeitnehmer steuerfrei[2],

- wenn sie hinsichtlich Qualität, Zweckbindung, Zielgerichtetheit und Zertifizierung die Anforderungen des SGB V erfüllen und
- die Leistungen zusätzlich zum ohnehin geschuldeten Arbeitslohn erbracht werden.

Der Höchstbetrag ist jahresbezogen und gilt pro Dienstverhältnis. Übersteigende Beträge rechnen zum steuerpflichtigen Arbeitslohn.

Hinweis

2 Arten der steuerfreien Gesundheitsfürsorge

Die steuerliche Förderung ist damit im Grundsatz für die beiden folgenden Varianten möglich:

- Leistungsangebote zur verhaltensbezogenen Prävention, die von den Krankenkassen oder der „Zentralen Prüfstelle Prävention" zertifiziert sind (Präventionskurse);
- sonstige nicht zertifizierungspflichtige verhaltensbezogene Maßnahmen des Arbeitgebers im Zusammenhang mit einem betrieblichen Gesundheitsförderungsprozess, welche den Vorgaben des Leitfadens Prävention[3] genügen.

Davon abgegrenzt werden Leistungen des Arbeitgebers im ganz überwiegend eigenbetrieblichen Interesse, da diese nicht zu Arbeitslohn führen.

Leistungen der individuellen verhaltensbezogenen Prävention

Zertifizierte externe Maßnahmen

Leistungen zur individuellen verhaltensbezogenen Prävention werden grundsätzlich in Form von Präventionskursen erbracht. Ziel ist insbesondere die Motivation zu einer gesunden Lebensführung. Die Prüfung und ggf. Zertifizierung von Kursen zur individuellen verhaltensbezogenen Prävention erfolgt durch eine Krankenkasse oder regelmäßig durch die „Zentrale Prüfstelle Prävention" des Dienstleistungsunternehmens „Team Gesundheit GmbH".

Diese Kurse finden i. d. R. außerhalb des Betriebsgeländes statt und werden durch den Arbeitgeber bezuschusst. Die Teilnahme des Arbeitnehmers ist durch eine vom Kursleiter unterschriebene Teilnahmebescheinigung nachzuweisen. Diese Unterlagen sind vom Arbeitgeber als Belege zum Lohnkonto aufzubewahren.

Zertifizierte Arbeitgebermaßnahmen

Für Leistungen, die der Arbeitgeber zur individuellen verhaltensbezogenen Prävention gewährt, kommt die Steuerbefreiung ebenfalls in Betracht, wenn die Leistungen zertifiziert sind. Falls nicht bereits zertifizierte Leistungen eingekauft werden, können sie im Einzelfall auch auf Veranlassung des Arbeitgebers zertifiziert werden.

Wird eine bereits zertifizierte Leistung eingekauft, muss

- der beim Arbeitgeber durchgeführte Kurs inhaltlich identisch sein,
- das Zertifikat auf den Kursleiter ausgestellt sein, der den Kurs beim Arbeitgeber durchführt, und
- das Zertifikat bei Kursbeginn noch gültig sein.

2 § 3 Nr. 34 EStG.
3 S. Leitfaden Prävention des GKV Spitzenverbands zur Umsetzung von §§ 20, 20a SGB V.

Zertifikat und Teilnahmebescheinigung sind vom Arbeitgeber als Belege zum Lohnkonto zu nehmen.

Gleichgestellte Kurse ohne Zertifikat

Im Regelfall besteht für im Auftrag des Arbeitgebers allein für dessen Beschäftigte erbrachte Präventionskurse keine Zertifizierungsmöglichkeit, insbesondere, weil die Krankenkassen gar nicht beteiligt sind. Obwohl diese Kurse streng genommen die gesetzlichen Voraussetzungen nicht erfüllen, gewährt die Verwaltung unter weiteren Voraussetzungen die Anwendung der Steuerbefreiung.[1] Der Kurs muss inhaltlich mit einem bereits zertifizierten und geprüften Kurskonzept eines Fachverbands oder einer anderen Organisation (z. B. „Rücken-Fit") identisch sein. Der Kursleiter hat das von ihm genutzte zertifizierte Kurskonzept zu benennen und schriftlich zu bestätigen, dass der angebotene Kurs entsprechend den vorgegebenen Stundenverlaufsplänen durchgeführt wird. Die Erklärungen des Kursleiters – auch zu seiner Qualifikation – sind als Belege zum Lohnkonto zu nehmen.

Betriebliche Gesundheitsförderung

Begünstigte Maßnahmen

Von den individuellen Präventionskursen sind die verhaltensbezogenen Interventionen zu unterscheiden, die Arbeitgeber im Rahmen eines betrieblichen Gesundheitsförderungsprozesses erbringen können. Dabei geht es um eine gesundheitsförderliche Gestaltung der Arbeitstätigkeit und der Arbeitsbedingungen sowie den Aufbau und die Stärkung gesundheitsförderlicher Strukturen. Nicht der Einzelne ist primär Adressat, sondern die strukturellen Rahmenbedingungen am Arbeitsplatz sollen gesundheitsförderlich gestaltet werden.

Dabei kann es sich z. B. um Angebote

- zur Stressbewältigung und Ressourcenstärkung,
- zum bewegungsförderlichen Arbeiten,
- zur gesundheitsgerechten Ernährung im Arbeitsalltag und
- zur Suchtprävention im Betrieb

handeln. Begünstigt sind z. B. Maßnahmen wie die „Bewegte Pause". Eine Zertifizierung derartiger Maßnahmen ist grundsätzlich nicht vorgesehen.

Die Umsetzungshilfe der Verwaltung enthält zahlreiche Beispiele zu den vorstehenden Angebotsgruppen.[2]

Voraussetzungen für die Steuerbefreiung

Die Leistungen müssen im Rahmen eines strukturierten innerbetrieblichen Prozesses erfolgen. Dazu gehört eine Bedarfsanalyse unter Einbeziehung der Fachkräfte für Arbeitssicherheit und ggf. der Betriebsärzte.

Die Leistungen können auf dem Betriebsgelände oder in einer geeigneten Einrichtung außerhalb des Betriebsgeländes erbracht werden. Der Arbeitgeber hat die Teilnahmebescheinigung und eine Erklärung als Beleg zum Lohnkonto zu nehmen, wonach die Maßnahme unter den vorstehenden Voraussetzungen umgesetzt wurde. Bei begünstigten Vorträgen genügt bereits eine vom Arbeitgeber zu führende Anwesenheitsliste, aus der sich zudem der wesentliche Inhalt des Vortrags ergibt.

Achtung

Von der Steuerbefreiung ausgeschlossene Maßnahmen

Ausdrücklich von der Steuerbefreiung ausgeschlossen sind u. a.:

- Mitgliedsbeiträge in Sportvereinen und Fitnessstudios (sie fallen auch nicht anteilig unter die Steuerbefreiung),
- Maßnahmen ausschließlich zum Erlernen einer Sportart,
- Trainingsprogramme mit einseitigen körperlichen Belastungen (z. B. Spinning),
- Massagen und physiotherapeutische Behandlungen,
- Zuschüsse zur Kantinenverpflegung,
- Eintrittsgelder in Schwimmbäder, Saunen, Teilnahme an Tanzschulen.[3]

Bewertung und Zufluss der steuerfreien Leistungen

Die Leistungen des Arbeitgebers fließen den Mitarbeitern mit Beginn des Präventionskurses oder Vortrags zu. Sie sind grundsätzlich mit den um übliche Preisnachlässe geminderten Endpreisen am Abgabeort anzusetzen.[4] Zuzahlungen der Mitarbeiter sind anzurechnen. Die Verwaltung hat grundsätzlich keine Bedenken, wenn die Leistungen des Arbeitgebers aus Vereinfachungsgründen mit den tatsächlichen Aufwendungen des Arbeitgebers bewertet werden.[5]

Die Aufwendungen sind zu gleichen Teilen auf alle am Präventionskurs teilnehmenden oder beim Vortrag anwesenden Mitarbeiter aufzuteilen und jeweils im Lohnkonto entsprechend zu dokumentieren.

Hinweis

Reise- und Übernachtungskosten streitig

In einem Revisionsverfahren ist aktuell streitig, ob zu den von der Steuerbefreiung erfassten Leistungen auch die mit der eigentlichen Präventionsleistung in Zusammenhang stehenden Verpflegungs-, Reise- und Unterkunftskosten sowie andere Nebenleistungen gehören. In der Vorinstanz hatte das Finanzgericht die Gesundheitsmaßnahme als einheitliches Leistungspaket beurteilt, für das insgesamt die Steuerbefreiung anzuwenden ist.[6]

Die Steuerbefreiung selbst und die maßgeblichen sozialversicherungsrechtlichen Regelungen wurden nach dem Streitjahr geändert. Die Rechtsfrage ist jedoch u. E. auch weiterhin relevant.

Die Finanzverwaltung lehnt die Steuerbefreiung für Unterbringungs- und Verpflegungskosten ab.[7]

Nur zusätzliche Leistungen begünstigt

Voraussetzung für die Steuerfreiheit ist, dass es sich um zusätzliche Leistungen des Arbeitgebers handelt (sog. ⇗ Zusätzlichkeitsvoraussetzung).[8]

Leistungen zur Gesundheitsförderung sind insbesondere dann nicht steuerfrei, wenn sie

- unter Anrechnung auf den vereinbarten Arbeitslohn oder
- durch Umwandlung (Umwidmung) des vereinbarten Arbeitslohns erbracht werden.

Leistung im überwiegenden betrieblichen Interesse

Leistungen zur Gesundheitsförderung der Arbeitnehmer sind oftmals im überwiegend betrieblichen Interesse des Arbeitgebers. Solche Leistungen sind kein Arbeitslohn und unterliegen nicht dem Lohnsteuerabzug. Die Umsetzungshilfe der Finanzverwaltung zur Gesundheitsförderung enthält auch dazu zahlreiche Beispiele.[9]

Im ganz überwiegend eigenbetrieblichen Interesse sind u.a:

- Leistungen zur Verbesserung von Arbeitsbedingungen,
- Aufwendungen für Sport- und Übungsgeräte, Einrichtungsgegenstände (z. B. für den betriebseigenen Fitnessraum),

1 BMF, Schreiben v. 20.4.2021, IV C 5 – S 2342/20/10003 :003, BStBl 2021 I S. 700, Rz. 15.
2 BMF, Schreiben v. 20.4.2021, IV C 5 – S 2342/20/10003 :003, BStBl 2021 I S. 700, Rz. 22 ff.
3 BMF, Schreiben v. 20.4.2021, IV C 5 – S 2342/20/10003 :003, BStBl 2021 I S. 700, Rz. 34.
4 § 8 Abs. 2 Satz 1 EStG.
5 BMF, Schreiben v. 20.4.2021, IV C 5 – S 2342/20/10003 :003, BStBl 2021 I S. 700, Rz. 32.
6 FG Thüringen v. 14.10.2021, 1 K 655/17, Rev. beim BFH unter Az. VI R 24/21.
7 BMF, Schreiben v. 20.4.2021, IV C 5 – S 2342/20/10003 :003, BStBl 2021 I S. 700, Rz. 30.
8 § 8 Abs. 4 EStG.
9 BMF, Schreiben v. 20.4.2021, IV C 5 – S 2342/20/10003 :003, BStBl 2021 I S. 700, Rz. 37.

- Leistungen zur Förderung von Mannschaftssportarten durch Zuschüsse oder Bereitstellung einer Sporthalle/eines Sportplatzes ohne Individualsportarten (Tennis, Squash und Golf),
- Maßnahmen zur Vorbeugung spezifisch berufsbedingter Beeinträchtigungen der Gesundheit (durch medizinische Gutachten belegt),
- Arbeitsplatzausstattung (z. B. höhenverstellbarer Schreibtisch),
- zahlreiche Beratungsleistungen rund um die Gesundheit von Mitarbeitern,
- die Gestellung/Bezuschussung einer Bildschirmarbeitsplatzbrille auf ärztliche Verordnung (ohne Rezept findet allerdings auch die Steuerbefreiung keine Anwendung),
- Aufwendungen für Gesundheits-Check-Ups und Vorsorgeuntersuchungen, allerdings höchstens bis zu dem Betrag, den die gesetzlichen Krankenkassen für diese Leistungen erstatten würden.

Hinweis

Impfungen begünstigt

Auch Schutzimpfungen entsprechend den Empfehlungen der Ständigen Impfkommission (STIKO) sind im eigenbetrieblichen Interesse und bleiben steuerunbelastet.

Überwiegendes Arbeitgeberinteresse vs. Bereicherung des Arbeitnehmers

Die Abgrenzung von überwiegendem Arbeitgeberinteresse einerseits und Bereicherung des Arbeitnehmers bleibt in Einzelfällen schwierig. Wegen der Steuerbefreiung erübrigt sie sich lohnsteuerlich bei Beträgen bis 600 EUR. Übersteigen die Zuwendungen dagegen den Freibetrag von 600 EUR, ist eine Abgrenzung erforderlich.

Hinweis

Seminarkosten für „Sensibilisierungswoche" sind Arbeitslohn

Die Teilnahme von Mitarbeitern an sog. Sensibilisierungswochen des Arbeitgebers wurde in einem BFH-Urteil als Zuwendung mit Entlohnungscharakter und damit als Arbeitslohn qualifiziert.[1] Die angebotene Sensibilisierungswoche umfasste u. a. Kurse zu gesunder Ernährung und Bewegung, Körperwahrnehmung, Stressbewältigung, Herz-Kreislauf-Training, Achtsamkeit, Eigenverantwortung und Nachhaltigkeit. Es handelte sich um Seminare zur Vermittlung von Erkenntnissen über einen gesunden Lebensstil, die keinen Bezug zu berufsspezifisch bedingten gesundheitlichen Beeinträchtigungen haben. Im Urteilsfall verblieb nach Anwendung der Steuerbefreiung ein steuerpflichtiger Lohnanteil.

Umsatzsteuer

Die Steuerbefreiung für Arbeitgebermaßnahmen zur Gesundheitsförderung greift nur bei der Lohn- und Einkommensteuer, nicht aber bei der Umsatzsteuer. Hier sind die allgemeinen Regelungen anwendbar. Neben der eventuellen Möglichkeit des Vorsteuerabzugs fällt für die Maßnahmen regelmäßig Umsatzsteuer an. Eine Ausnahme besteht bei Maßnahmen im überwiegend eigenbetrieblichen Interesse.

Sozialversicherung

Leistungen der Krankenkasse

Die Krankenkassen werden mit § 20b Abs. 1 SGB V verpflichtet, Leistungen zur Gesundheitsförderung in Betrieben zu erbringen. Danach haben sie die folgenden im Gesetz genannten Anforderungen zu erfüllen:

- Erhebung der gesundheitlichen Situation einschließlich ihrer Risiken und Potenziale unter Beteiligung der Versicherten und der Verantwortlichen für den Betrieb,
- Entwicklung von Vorschlägen zur Verbesserung der gesundheitlichen Situation und zur Stärkung gesundheitlicher Ressourcen und Fähigkeiten sowie
- Unterstützung bei deren Umsetzung.

Hierbei handelt es sich im Gegensatz zu § 20 SGB V um eine Regelleistung, sodass eine Satzungsregelung nicht erforderlich ist.

Umfang der Gesamtausgaben

Damit die Krankenkassen ihrem gesetzlichen Auftrag nachkommen, ist definiert, welchen finanziellen Umfang die Gesamtausgaben einer Krankenkasse für betriebliche Gesundheitsförderung erreichen sollen. Dies sind im Jahr 2024 durchschnittlich 3,58 EUR je Versicherten. Davon sollen mindestens 1,13 EUR je Versicherten für betriebliche Gesundheitsförderung in Krankenhäusern und Pflegeeinrichtungen verwendet werden.[2]

Wird dieser Betrag nicht erreicht, müssen die Krankenkassen den Restbetrag dem Spitzenverband Bund der Krankenkassen zur Verfügung stellen. Der Spitzenverband verteilt die Mittel auf die Landesverbände der Krankenkassen und die Ersatzkassen. Diese müssen die Mittel den Koordinierungsstellen zur Umsetzung von Kooperationsvereinbarungen zur Verfügung stellen.[3]

Handlungsfelder/Präventionsprinzipien

Auch hier ist der Leitfaden Prävention des GKV-Spitzenverbandes zu beachten. Dort werden für die Unterstützung der betrieblichen Gesundheitsförderung durch die Krankenkassen folgende Handlungsfelder und Präventionsprinzipien beschrieben:

Beratung zur gesundheitsförderlichen Arbeitsgestaltung

- Gesundheitsförderliche Gestaltung von Arbeitstätigkeit und -bedingungen
- Gesundheitsgerechte Führung
- Gesundheitsförderliche Gestaltung betrieblicher Rahmenbedingungen
  - Bewegungsförderliche Umgebung
  - Gesundheitsgerechte Verpflegung im Arbeitsalltag
  - Verhältnisbezogene Suchtprävention im Betrieb

Gesundheitsförderlicher Arbeits- und Lebensstile

- Stressbewältigung und Ressourcenstärkung
- Bewegungsförderliches Arbeiten und körperlich aktive Beschäftigte
- Gesundheitsgerechte Ernährung im Arbeitsalltag
- Verhaltensbezogene Suchtprävention im Betrieb

Überbetriebliche Vernetzung und Beratung

- Verbreitung und Implementierung betrieblicher Gesundheitsförderung durch überbetriebliche Netzwerke

Gemeinsame Koordinierungsstellen

Alle Krankenkassen beraten und unterstützen Unternehmen in neu zu organisierenden gemeinsamen regionalen Koordinierungsstellen für betriebliche Gesundheitsförderung. Hierzu sollen keine Mehrfachstrukturen geschaffen, sondern bestehende Strukturen – wie Geschäfts- und Servicestellen der Krankenkassen, die ergänzende unabhängige Teilhabeberatung nach § 32 SGB IX und moderne Kommunikationsmittel und -medien – genutzt werden. Mit der Regelung wird die in der betrieblichen Gesundheitsförderung erforderliche Zusammenarbeit der Krankenkassen gefördert und ein niedrigschwelliger Zugang zu den Leistungen für Unternehmen geschaffen.

1 BFH, Urteil v. 21.11.2018, VI R 10/17, BStBl 2019 II S. 404.

2 § 20 Abs. 6 SGB V.

3 § 20b Abs. 4 SGB V.

Hilfe bei Leistungsinanspruchnahme

Die Koordinierungsstellen sollen bei der Inanspruchnahme der Leistungen helfen, indem sie insbesondere über diese informieren. Die Koordinierungsstellen klären, welche der Krankenkassen im Einzelfall die Leistungen der Gesundheitsförderung im Betrieb initiiert. Kleinere Betriebe sollen dabei über vorhandene örtliche Netzwerke erreicht werden. Örtliche Unternehmensorganisationen – wie Industrie- und Handelskammern, Handwerkskammern und Innungen – sollen über Kooperationsvereinbarungen beteiligt werden.

Beitragsrechtliche Bewertung der Arbeitgeberleistungen

Das Sozialversicherungsrecht beurteilt die Beitragspflicht grundsätzlich analog dem Steuerrecht. Die steuerfreien Arbeitgeberleistungen zur Gesundheitsförderung bis in Höhe von 600 EUR jährlich gehören nicht zum Arbeitsentgelt im Sinne der Sozialversicherung.[1]

Leistungen zur Gesundheitsförderung der Arbeitnehmer im überwiegend betrieblichen Interesse des Arbeitgebers sind generell steuerfrei, also auch dann, wenn sie 600 EUR jährlich überschreiten. Bei Steuerfreiheit zählen diese Arbeitgeberleistungen nicht zum Arbeitsentgelt und sind damit ebenfalls beitragsfrei.

Die beitragsfreien Leistungen des Arbeitgebers werden bei der Ermittlung des regelmäßigen Jahresarbeitsentgelts nicht berücksichtigt.[2]

Betriebliche Krankenversicherung

Bei der betrieblichen Krankenversicherung (bKV) handelt es sich um eine private Kranken-Zusatzversicherung. Sie wirkt als sog. „nichtsubstitutive" Krankenversicherung als Ergänzung zur unverändert fortbestehenden gesetzlichen oder privaten Krankenversicherung der Mitarbeiter. Die Zusatzpolicen werden als Gruppenverträge des Betriebes in Kooperation mit einem privaten Krankenversicherer angeboten. Dabei ist der Arbeitgeber Versicherungsnehmer, die einzelnen Arbeitnehmer sind die Versicherten. Abzugrenzen ist die bKV von der Betriebskrankenkasse als der institutionalisierten Einrichtung eines eigenen Versicherungsträgers durch den Arbeitgeber.

Mit einer bKV kann die Bindung der Belegschaft an das Unternehmen sowie deren medizinische Versorgung verbessert werden. Auch für die Gewinnung neuer Mitarbeiter stellt das Angebot des Unternehmens einen Wettbewerbsvorteil dar. Zudem können für den Betrieb die steuerlichen Aspekte interessant sein.

Für den Arbeitnehmer ist ein Gruppenvertrag von Vorteil, wenn die monatlichen Beiträge unter denen der frei erhältlichen privaten Krankenzusatz-Versicherungen liegen. Zudem ist ein solches Angebot für Mitarbeiter mit Vorerkrankungen interessant, wenn auf Gesundheitsprüfungen verzichtet wird.

Gesetze, Vorschriften und Rechtsprechung

Lohnsteuer: Zum Arbeitslohn gehören auch Leistungen des Arbeitgebers an die bKV als Zukunftssicherungsleistungen i. S. d. § 2 Abs. 2 Nr. 3 LStDV. Diese Beiträge sind mangels gesetzlicher Verpflichtung nicht nach § 3 Nr. 62 EStG von der Steuer befreit. Für alle ab 2014 zufließenden Leistungen kann die 50-EUR-Freigrenze grundsätzlich nicht angewendet werden. Der BFH bejahte hingegen die Anwendung der 50-EUR-Freigrenze, sofern die Versicherungsleistung als Sachlohn zu bewerten ist, d. h. wenn der Arbeitnehmer ausschließlich Versicherungsschutz, aber keine Geldzahlung verlangen kann (BFH, Urteil v. 7.6.2018, VI R 13/16, BStBl 2019 II S. 371). Zur Pauschalversteuerung als sonstige Bezüge siehe § 40 Abs. 1 EStG.

Sozialversicherung: Die Leistungen der betrieblichen Krankenversicherung sind im Versicherungsvertragsgesetz geregelt.

1 § 1 Abs. 1 Nr. 1 SvEV.
2 § 6 Abs. 1 Nr. 1 i. V. m. Abs. 6 oder Abs. 7 SGB V.

Lohnsteuer

Beiträge sind steuerpflichtig

Grundsätzlich stellen die durch den Arbeitgeber übernommenen Beiträge einen ↗ geldwerten Vorteil dar, der dem Bruttolohn zugerechnet werden muss. Sie sind grundsätzlich lohnsteuerpflichtig. Sollen dem Arbeitnehmer die Beiträge zur betrieblichen Krankenversicherung als Nettolohn zufließen, müssen sie auf den Bruttolohn hochgerechnet werden.[3]

Die Steuerbefreiung für ↗ Zukunftssicherungsleistungen kommt mangels gesetzlicher Verpflichtung nicht in Betracht.

Einstufung als Sachlohn

↗ Sachbezüge sind alle nicht in Geld bestehenden Einnahmen.[4] Mit einem BMF-Schreiben hat die Finanzverwaltung zur Einstufung der betrieblichen Krankenversicherung als Sachbezug Stellung genommen.[5]

Anwendung der 50-EUR-Sachbezugsfreigrenze

Danach stellt die Gewährung von Kranken-, Krankentagegeld- oder Pflegeversicherungsschutz bei Abschluss einer Kranken-, Krankentagegeld- oder Pflegeversicherung und Beitragszahlung durch den Arbeitgeber einen Sachbezug dar. Dieser kann im Rahmen der 50-EUR-Freigrenze (bis 2021: 44 EUR) steuerfrei bleiben.

Einstufung als Barlohn

Ein Sachbezug liegt nicht vor, wenn der Arbeitnehmer anstelle des Sachbezugs auch eine Geldleistung verlangen kann, selbst wenn der Arbeitgeber die Sache zuwendet. Ist der Arbeitnehmer Versicherungsnehmer und der Arbeitgeber leistet lediglich einen Zuschuss zur privaten Versicherung des Arbeitnehmers, handelt es sich um Barlohn.[6] Im Fall des BFH-Urteils vermittelte der Arbeitgeber nur den Kontakt zum Versicherungsunternehmen und zahlte dem Arbeitnehmer einen Zuschuss, wenn dieser selbst den Vertrag schloss.

Tipp

Betriebliche Krankenversicherung sinnvoll gestalten

Der BFH weist ausdrücklich auf die in den 2 Urteilen zum Ausdruck kommende Gestaltungsfreiheit für Arbeitgeber hin.[7] Entscheidet sich der Arbeitgeber dafür, seinen Mitarbeitern unmittelbaren Versicherungsschutz zu gewähren, liegt Sachlohn vor. Zahlt er lediglich einen Zuschuss zu einem vom Arbeitnehmer selbst abgeschlossenen Vertrag, liegt Barlohn vor.

Pauschalbesteuerung als sonstiger Bezug

Die Lohnsteuer kann pauschaliert werden, wenn die betriebliche Krankenversicherung als ↗ sonstiger Bezug beurteilt werden kann. Voraussetzung ist, dass die betriebliche Krankenversicherung als Gruppenvertrag einer größeren Anzahl von Mitarbeitern gewährt und jährlich gezahlt wird. Die Lohnsteuerpauschalierung von sonstigen Bezügen ist bis zu 1.000 EUR je Mitarbeiter und Kalenderjahr möglich. Die Pauschalversteuerung muss beim zuständigen ↗ Betriebsstättenfinanzamt beantragt werden.[8]

Sozialversicherung

Voraussetzungen für den Abschluss

Die Voraussetzungen für den Abschluss einer bKV sind je nach Anbieter und Unternehmen unterschiedlich. Sie richten sich im Wesentlichen nach

- der Anzahl der versicherten Mitarbeiter,
- den branchenspezifischen Gesundheitsrisiken und
- den versicherten Leistungen.

3 R 39b.9 LStR.
4 § 8 Abs. 2 Satz 1 EStG.
5 BMF, Schreiben v. 13.4.2021, IV C 5 – S 2334/19/10007 :002, BStBl 2021 I S. 624.
6 BFH, Urteil v. 4.7.2018, VI R 16/17, BStBl 2019 II S. 373.
7 BFH, Urteil v. 4.7.2018, VI R 16/17, BStBl 2019 II S. 373; BFH, Urteil v. 7.6.2018, VI R 13/16, BStBl 2019 II S. 371.
8 § 40 Abs. 1 EStG.

Einheitliche Standards gibt es nicht.

Definiert wird zunächst das Versichertenkollektiv. Das kann eine relativ homogene Personengruppe sein – wie etwa die (leitenden) Verwaltungsangestellten. Bedingung ist, dass eine bestimmte Mindestanzahl von Mitarbeitern versichert wird. Das können 10, 20, 50 oder 100 Arbeitnehmer sein. Die Variante, dass mindestens 90 % der Belegschaft in den Versicherungsschutz einbezogen werden, ist ebenfalls gängige Praxis. Auch hier ist eine Mindestzahl – beispielsweise 20 Personen – erforderlich.

Hinweis

Freiwillige Teilnahme

Die Teilnahme an der bKV ist freiwillig. Mitarbeiter müssen sich lediglich innerhalb einer vereinbarten Frist entscheiden, ob sie das Angebot annehmen. Das können 6 Monate nach Vertragsabschluss beziehungsweise nach Beginn der Festanstellung sein.

Gesundheitsprüfungen

Gesundheitsprüfungen sind beim individuellen Abschluss einer privaten Kranken-Zusatzversicherung üblich. Vorerkrankungen können zur Ablehnung oder zu Risikozuschlägen führen. Ausnahmen bestehen für Auslandsreise-Krankenversicherungen sowie bestimmte Privat-Policen, welche über gesetzliche Krankenkassen vermittelt werden.

Bei betrieblichen Krankenversicherungen gibt es sehr unterschiedliche Verfahrensweisen:

- Je nach Anbieter und Größe des Versichertenkollektivs wird entweder gänzlich auf Gesundheitsfragen verzichtet. Alternativ findet eine sogenannte „vereinfachte Gesundheitsprüfung" statt. In solchen Fällen kann die Zahl der Fragen zur Gesundheitsprüfung beispielsweise von 10 auf 5 reduziert werden.
- Möglich sind auch Regelungen, dass eine Gesundheitsprüfung nur für Beschäftigte mit vielen Krankheitstagen obligatorisch ist.
- Die Vertragsbedingungen können vorsehen, dass Mitarbeiter mit bestimmten schweren Erkrankungen wie beispielsweise Krebs, Multipler Sklerose oder HIV nicht in den Gruppenvertrag mit aufgenommen werden.
- Bei einer sehr kleinen Versichertengemeinschaft sind reguläre Gesundheitsprüfungen oft Zugangsvoraussetzung. Anträge können somit abgelehnt oder Risikozuschläge verlangt werden.
- Ob und in welchem Umfang Gesundheitsprüfungen verlangt werden, kann auch davon abhängen, ob der Beitrag vom Arbeitgeber oder vom Arbeitnehmer gezahlt wird.

Hinweis

Klärung zwischen Arbeitnehmer und Versicherungsunternehmen

Sind Gesundheitsfragen zu beantworten, wird das direkt und individuell zwischen dem interessierten Mitarbeiter und dem Versicherungsunternehmen geklärt. Der Arbeitgeber ist in dieses Verfahren nicht einbezogen.

Oft können Familienangehörige der Mitarbeiter mitversichert werden. Die Angehörigen müssen sich in der Regel einer Gesundheitsprüfung unterziehen.

Wartezeit

Auf die bei privaten Kranken-Zusatzversicherungen üblichen Wartezeiten wird bei der bKV verzichtet. Die Versicherten sind somit sofort leistungsberechtigt.

Angebotsspektrum

Als bKV werden im Wesentlichen die – auch – auf dem freien Markt erhältlichen privaten Kranken-Zusatzversicherungen angeboten. Das sind beispielsweise:

- Wahlleistungen im Krankenhaus (freie Klinikwahl, Chefarztbehandlungen, Ein- oder Zweibettzimmer, Ersatz-Tagegeld bei Verzicht auf den Chefarzt).
- Zahnersatz-Zusatzversicherung (Zuschüsse nur zur Regelversorgung oder auch zu höherwertigem Zahnersatz wie Implantaten mit privatzahnärztlichen Leistungen. In der Regel werden die Zahlungen in den ersten 3 Jahren begrenzt).
- Ambulante Behandlungen (u. a. alternative Heilmittel, Zuschuss für Sehhilfen, Naturheilbehandlung). Oft ist eine Auslandsreise-Krankenversicherung eingeschlossen.
- Auslandsreise-Krankenversicherung.

Zudem gibt es spezielle Vorsorgetarife. Diese beinhalten alters- und geschlechtsspezifische Prophylaxemaßnahmen für die Belegschaft.

Finanzierung

Die bKV kann nach verschiedenen Varianten finanziert werden:

- Der Arbeitgeber schließt den Vertrag über die bKV und zahlt die Beiträge für die Mitarbeiter.
- Der Arbeitgeber vereinbart einen Gruppenvertrag mit einem Versicherer. Die Mitarbeiter zahlen die Beiträge in voller Höhe oder sie erhalten einen Beitrags-Zuschuss vom Arbeitgeber.

Beiträge

Die Beiträge werden unternehmensindividuell berechnet. Da üblicherweise keine Alterungsrückstellungen gebildet werden und ein Gruppenrabatt gewährt wird, sind sie in der Regel niedriger als normale private Krankenzusatzversicherungen. Die Versicherer können entweder altersunabhängige oder nach Altersgruppen gestaffelte Beiträge erheben.

Wichtig

Weiterführung der bKV bei Ausscheiden aus dem Betrieb

Bei entsprechender vertraglicher Regelung kann der Mitarbeiter die Versicherung nach dem Ausscheiden aus dem Betrieb privat weiterführen. Eine erneute Gesundheitsprüfung findet in diesem Fall nicht statt. Allerdings wird für den neuen Beitrag das aktuelle Alter berücksichtigt. Mit einer Anwartschaftsversicherung kann die dadurch erforderliche Beitragserhöhung verhindert werden.

Beitragsbewertung der Sozialabgaben

Für den Arbeitnehmer ist eine arbeitgeberfinanzierte bKV ein geldwerter Vorteil. Für die beitragsrechtliche Bewertung muss unterschieden werden, ob es sich um Sach- oder Barlohn handelt. Im Steuerrecht gilt eine Freigrenze, wenn der Vertrag durch den Arbeitgeber für den Arbeitnehmer abgeschlossen wird. Bei der Zuwendung handelt es sich um Sachlohn. Nutzt der Arbeitgeber dafür die steuerliche Freigrenze in Höhe von 50 EUR (bis 2021: 44 EUR), stellt die Zuwendung auch kein beitragspflichtiges Arbeitsentgelt in der Sozialversicherung dar. Nach den sozialversicherungsrechtlichen Vorschriften gelten die steuerrechtlichen Regelungen im Rahmen der 50-EUR-Grenze entsprechend.[1] Wird hingegen der Versicherungsvertrag durch den Arbeitnehmer mit entsprechendem Zuschuss des Arbeitgebers abgeschlossen, handelt es sich um Barlohn. Dieser ist zu versteuern und infolgedessen auch beitragspflichtig. Freibeträge sind beitragsrechtlich nur zu berücksichtigen, soweit sie auch steuerrechtlich bestehen.

Betriebliches Eingliederungsmanagement (BEM)

Sind Beschäftigte innerhalb eines Jahres mindestens 6 Wochen ununterbrochen oder wiederholt arbeitsunfähig erkrankt, ist ihnen von ihrem Arbeitgeber nach § 167 Abs. 2 Satz 1 SGB IX ein betriebliches Eingliederungsmanagement (BEM) anzubieten. Die Teilnahme ist für die Beschäftigten freiwillig. Für den Begriff der Arbeitsunfähigkeit gilt § 3 Abs. 1 EFZG. Das BEM ist ein ergebnisoffenes Klärungsverfahren, das dazu

1 § 3 Abs. 1 Satz 4 SvEV.

dient, durch geeignete Maßnahmen zur Gesundheitsprävention das Arbeitsverhältnis möglichst dauerhaft zu erhalten[1] und krankheitsbedingte Kündigungen zu vermeiden. Ziel ist somit, unter Aufrechterhaltung des Arbeitsplatzes künftig krankheitsbedingte Fehlzeiten zu reduzieren.

Es geht um einen verlaufs- und ergebnisoffenen „Suchprozess", der individuell angepasste Lösungen zur Vermeidung zukünftiger Arbeitsunfähigkeit ermitteln soll.[2]

Ziel ist festzustellen, aufgrund welcher gesundheitlichen Einschränkungen es zu den bisherigen Ausfallzeiten gekommen ist. Außerdem soll herausgefunden werden, ob Möglichkeiten bestehen, sie durch bestimmte Veränderungen künftig zu verringern, um so eine Beendigung des Arbeitsverhältnisses zu vermeiden.[3]

Das Gesetz schreibt weder konkrete Maßnahmen noch einen bestimmten Verfahrensablauf vor. Aber es lassen sich Mindeststandards ableiten. Zu diesen gehört es, die gesetzlich dafür vorgesehenen Stellen, Ämter und Personen zu beteiligen und zusammen mit ihnen – mit Zustimmung und Beteiligung der betroffenen Person – ernsthaft zu versuchen, eine an den Zielen des BEM orientierte Klärung herbeizuführen. Zudem entspricht ein BEM-Verfahren den gesetzlichen Anforderungen nur, wenn es keine vernünftigerweise in Betracht zu ziehenden Anpassungs- und Änderungsmöglichkeiten ausschließt und in ihm die von den Teilnehmern eingebrachten Vorschläge sachlich erörtert werden.[4]

Präventiv sollen ein konkreter Rehabilitationsbedarf erkannt und entsprechende Maßnahmen rechtzeitig eingeleitet werden. Das erfordert ein betriebliches Vertrauensklima, das die Beteiligten zur Mitwirkung ermutigt. BEM soll helfen und nicht drohen. Es ist Ausfluss der Fürsorgepflicht des Arbeitgebers unter Berücksichtigung der Privatsphäre des Einzelnen.[5]

Gesetze, Vorschriften und Rechtsprechung

Sozialversicherung: Häufigste Schnittstelle ist eine stufenweise Wiedereingliederung des Arbeitnehmers in seine bisherige Tätigkeit (§ 74 SGB V, § 44 SGB IX).

Sozialversicherung

Ziel

§ 167 Abs. 2 SGB IX zielt darauf ab, bei gesundheitlichen Störungen mit Zustimmung des Arbeitnehmers eine gemeinsame Klärung möglicher Maßnahmen durch alle Beteiligten herbeizuführen. Zu beteiligen sind der Arbeitgeber, der Arbeitnehmer, der Betriebs- oder Personalrat und die Schwerbehindertenvertretung. Falls erforderlich werden der Werks- oder Betriebsarzt, der Sozialversicherungsträger und das Integrationsamt hinzugezogen. Der Arbeitnehmer nimmt freiwillig am BEM teil. Die betrieblichen Interessenvertretungen werden nur mit seiner Zustimmung beteiligt. Das BEM dient dazu, die Arbeitsbedingungen anzupassen, den Arbeitnehmer frühzeitig in den Arbeitsprozess einzugliedern und den Arbeitsplatz dauerhaft zu erhalten.

Hinweis

Krankenrückkehrgespräch

Ein Krankenrückkehrgespräch ist nicht Teil des BEM. Es wird auf Wunsch des Arbeitgebers nach der Rückkehr an den Arbeitsplatz durchgeführt. Die Teilnahme ist für den Arbeitnehmer verpflichtend.

Einbeziehen von Sozialleistungsträgern

Das betriebliche Eingliederungsmanagement wird durch Leistungen zur Teilhabe am Arbeitsleben[6] oder begleitende Hilfen im Arbeitsleben ergänzt.[7] Dazu hat der Arbeitgeber den zuständigen Rehabilitationsträger oder bei schwerbehinderten Menschen das Integrationsamt hinzuzuziehen.[8]

Hinweis

Gemeinsame Servicestellen

Gemeinsame Servicestellen wurden 2018 aufgelöst. Ihre Aufgaben haben nach dem 31.12.2018 die zuständigen Rehabilitationsträger übernommen.

Die Rehabilitationsträger und ggf. das Integrationsamt haben darauf hinzuwirken, dass die erforderlichen Leistungen oder Hilfen unverzüglich beantragt werden.[9] Sie müssen innerhalb von 3 Wochen ab Antragseingang beim zuständigen Rehabilitationsträger erbracht werden.[10]

Arbeitgeber können als Anreiz zur Einführung eines betrieblichen Eingliederungsmanagements durch Prämien oder einen Bonus – etwa bei den von ihnen zu tragenden Anteilen an den Sozialversicherungsbeiträgen – gefördert werden.[11] Diese Option ist vergleichbar mit den Bonusregelungen zur betrieblichen Gesundheitsförderung, wie sie von Krankenkassen oder Unfallversicherungsträgern angeboten werden.

Die Integrationsämter können für begleitende Hilfe im Arbeitsleben Geldleistungen an

- schwerbehinderte Menschen,
- Arbeitgeber und
- Träger von Integrationsfachdiensten einschließlich psychosozialer Dienste freier gemeinnütziger Einrichtungen und Organisationen sowie an Träger von Integrationsprojekten

erbringen.

Stufenweise Wiedereingliederung

Eine Maßnahme des BEM kann die stufenweise Wiedereingliederung als Leistung zur medizinischen Rehabilitation darstellen. Hiermit sollen arbeitsunfähige Arbeitnehmer durch eine schrittweise Rückkehr in ihre bisherige Tätigkeit wieder in das Erwerbsleben eingegliedert werden.[12]

Während der stufenweisen Wiedereingliederung ist der Arbeitnehmer weiterhin arbeitsunfähig und der zuständige Rehabilitationsträger zahlt eine Entgeltersatzleistung (z. B. Krankengeld oder Übergangsgeld). Anspruch auf Arbeitsentgelt besteht nicht. Eine freiwillige Leistung des Arbeitgebers ist nicht ausgeschlossen. Sie wird ggf. auf die Entgeltersatzleistung angerechnet.

Hinweis

Leitfaden für Betriebe und Betriebsärzte

Eine zügige betriebliche Wiedereingliederung ist für von längerer Arbeitsunfähigkeit betroffene Beschäftigte von existenzieller Bedeutung. Auch für Betriebe gewinnt sie vor dem Hintergrund des demografischen Wandels wirtschaftlich an Bedeutung. Der Verband deutscher Betriebs- und Werksärzte (VDBW) hat sein Know-how in einem Leitfaden zusammengefasst. Der Leitfaden gibt Personalverantwortlichen und Betriebsärzten Beispiele und Antworten zu allen wichtigen Aspekten und Fragen des ganzheitlichen Eingliederungsmanagements.

1 BT-Drucks. 15/1783, S. 16.
2 BAG, Urteil v. 20.5.2020, 7 AZR 100/19, Rz. 32.
3 BAG, Urteil v. 20.11.2014, 2 AZR 755/13, Rz. 30.
4 BAG, Urteil v. 7.9.2021, 9 AZR 571/20, Rz. 9; BAG, Urteil v. 20.5.2020, 7 AZR 100/19, Rz. 32; BAG, Urteil v. 19.11.2019, Rz. 20.
5 Edenfeld, DB 2019, S. 1267.
6 §§ 49 ff. SGB IX.
7 § 185 Abs. 1 Satz 1 Nr. 3 SGB IX.
8 § 167 Abs. 2 Satz 5 SGB IX.
9 § 167 Abs. 2 Satz 6 SGB IX.
10 § 14 Abs. 2 Satz 2 SGB IX.
11 § 167 Abs. 3 SGB IX.
12 § 44 SGB IX, § 74 SGB V.

Unterstützung beim Aufbau

Ansprechpartner sind die zuständigen Rehabilitationsträger, also die Krankenkassen, Rentenversicherungsträger, Unfallversicherungsträger und die Bundesagentur für Arbeit. Sind schwerbehinderte Menschen betroffen, ist das Integrationsamt der richtige Ansprechpartner.

Betriebsdatenpflege

Die Betriebsdaten aller Arbeitgeber sind in der von allen Sozialversicherungsträgern genutzten Betriebsstättendatei der Bundesagentur für Arbeit (BA) gespeichert. Die erforderlichen Betriebsdaten des Arbeitgebers werden erstmalig bei der Vergabe einer Betriebsnummer durch den Betriebsnummern-Service (BNS) der BA in Saarbrücken erfasst. Änderungen der Betriebsdaten sind vom Arbeitgeber unverzüglich zu melden.

Gesetze, Vorschriften und Rechtsprechung

Sozialversicherung: Die Arbeitgeber sind nach § 18i Abs. 4 SGB IV verpflichtet, Änderungen von Betriebsdaten dem Betriebsnummern-Service der Bundesagentur für Arbeit unverzüglich zu melden. Einzelheiten zum Verfahren enthalten das Gemeinsame Rundschreiben Meldeverfahren zur Sozialversicherung vom 29.6.2016, die Gemeinsamen Grundsätze für die Datenerfassung und Datenübermittlung nach § 28b Abs. 1 Satz 1 Nr. 1 bis 3 SGB IV sowie die Gemeinsamen Grundsätze Kommunikationsdaten nach § 28b Abs. 1 Satz 1 Nr. 4 SGB IV in den jeweils aktuellen Fassungen.

Sozialversicherung

Betriebsdaten

Bei der Vergabe einer Betriebsnummer werden die notwendigen Betriebsdaten des jeweiligen Betriebs, insbesondere:

- Name und Anschrift des Betriebs,
- Beschäftigungsort,
- Wirtschaftszweig,
- Rechtsform des Betriebs,
- Unternehmernummer nach dem SGB VII,
- Name, Bezeichnung und Anschrift der „Meldenden Stelle", falls vom Beschäftigungsbetrieb abweichend,
- Ansprechpartner im Meldeverfahren (Name, Telefon, Fax, E-Mail) und
- Korrespondenzadresse

erhoben und von der Bundesagentur betriebsnummernbezogen gespeichert.

Bestimmte Betriebe erhalten darüber hinaus ein besonderes Merkmal: die Kennzeichnung Sofortmeldepflicht, Insolvenzgeld oder U1.

Die ⇗ Betriebsnummer selbst ist ebenfalls Bestandteil der Betriebsdaten. Sie kann jedoch nicht im Rahmen der Betriebsdatenpflege geändert werden.

Meldung geänderter Betriebsdaten

Meldepflicht des Arbeitgebers

Änderungen der Betriebsdaten sind unverzüglich zu melden. Die Änderungsmeldung erfolgt durch den Arbeitgeber mittels elektronischer Datenübertragung mit dem Datensatz Betriebsdatenpflege (DSBD). Manuelle Meldungen an den Betriebsnummern-Service (BNS) sind nicht vorgesehen. Können die Daten nicht mit einem Entgeltabrechnungsprogramm übermittelt werden, ist die systemgeprüfte Ausfüllhilfe „SV-Meldeportal" zu verwenden.

Hinweis

Betriebsdatenpflege bei Insolvenz

Nach Eröffnung eines Insolvenzverfahrens ist der Insolvenzverwalter zur Abgabe der Änderungsmeldung verpflichtet.

Verletzung der Meldepflicht

Eine Änderung der Betriebsdaten ist unverzüglich elektronisch zu übermitteln. Eine nicht bzw. eine nicht unverzüglich abgegebene Meldung der geänderten Betriebsdaten stellt eine Ordnungswidrigkeit dar, die mit einem Bußgeld bis zu 5.000 EUR geahndet werden kann.

Empfänger der Meldungen

Der Datensatz DSBD wird an eine vom Arbeitgeber frei wählbare Annahmestelle einer Krankenkasse übermittelt. Die Daten sind nach der Verarbeitung in der zentralen Betriebsstättendatei für sämtliche Krankenkassen, die Rentenversicherungsträger und die Bundesagentur für Arbeit verfügbar.

Hinweis

Änderung nur einmal melden

Ändern sich die Betriebsdaten, muss stets nur ein Datensatz Betriebsdatenpflege übermittelt werden. Die mehrfache Übermittlung einer Änderungsmeldung, z. B. an mehrere Annahmestellen, ist nicht gewollt.

Meldepflichtige Änderungen

Im Rahmen der Betriebsdatenpflege teilen Arbeitgeber alle betrieblichen Änderungen mit. Änderungen können auf unterschiedlichen Ereignissen beruhen, wie z. B.:

- Betriebsbezeichnung (u. a. Umfirmierung),
- Umzug des Beschäftigungsbetriebs,
- Kommunikationsdaten des Ansprechpartners,
- Betriebsstilllegungen,
- Betriebsaufgaben und
- Änderung der Korrespondenzadresse jeweils bezogen auf die Arbeitgeber-Betriebsnummer.

Hinweis

Änderung der Postanschrift

Die Postanschrift ist Bestandteil der Betriebsdaten und muss im Rahmen der Betriebsdatenpflege aktuell gehalten werden. Abweichende Postanschriften können auf unterschiedliche Weise angegeben werden. Dabei kann es sich um Hausanschriften, Postfachanschriften bei der Deutschen Post, Großempfängeranschriften und Auslandsanschriften handeln. Im Datenbaustein „Abweichende Postanschrift" (DBPA) ist einzutragen, um welche Art der abweichenden Postanschrift es sich handelt.

Abgabegründe

Die Änderung bestehender Betriebsdaten werden mit dem Datenbaustein DSBD gemeldet. Es gibt Sachverhalte, die auch ohne Änderung von Betriebsdaten eine Übermittlung des Datenbausteins DSBD erfordern. Dies ist der Fall, wenn der Arbeitgeber den Dienstleister (u. a. Steuerberater, dienstleistendes Rechenzentrum) oder im Rahmen eines Umzugs das Abrechnungsprogramm wechselt. Damit in derartigen Fällen ein DSBD initiativ erzeugt werden kann, sind seit dem 1.1.2022 folgende Abgabegründe verpflichtend:

- 01 = Änderung

  Dieser Abgabegrund ist bei der regulären Änderung von Betriebsdaten zu verwenden.

- 05 = Änderung der Betriebsdaten

  Dieser Abgabegrund erlaubt einen Bestandsabgleich mit der Bundesagentur für Arbeit (BA). Die Initiativmeldung ist erforderlich, sofern in der Entgeltabrechnung bereits aktuelle Angaben gespeichert sind, die in der Datei des Beschäftigungsbetriebs bei der BA noch anders lauten.

- 06 = Neuer Dienstleister/neue Abrechnungssoftware

  Dieser Abgabegrund ist für eine Initiativmeldung zu verwenden, z. B. wenn der Dienstleister gewechselt wird.

Meldung durch die Krankenkasse

Die Krankenkassen (Einzugsstellen) können – zusätzlich zu den Meldungen der Arbeitgeber – Änderungen von Betriebsdaten über die Datenstelle der Träger der Rentenversicherung (DSRV) an die Bundesagentur für Arbeit melden. Sie können auf diesem Weg Entscheidungen zur Sofortmeldepflicht, Insolvenzgeldumlagepflicht und Umlagepflicht U1 mitteilen.

Zweck der Betriebsdatenpflege im Meldeverfahren

Durch die Betriebsdatenpflege wird

- Arbeitgebern die Möglichkeit eröffnet, ohne zusätzlichen Aufwand ihrer gesetzlichen Verpflichtung zur Meldung von geänderten Betriebsdaten gem. § 18i SGB IV nachzukommen,
- ein Beitrag zum Bürokratieabbau geleistet, da im Rahmen des bestehenden, vollständig implementierten Meldeverfahrens nach der DEÜV ohne Medienbruch gemeldet wird, d. h. es wird bereits vorhandene, zertifizierte Software genutzt,
- die Abgabe von Mehrfachmeldungen an verschiedene Sozialversicherungsträger entbehrlich.

Weitergehende Funktionen oder statistische Auswertungen sind durch die Betriebsdatenpflege nicht möglich und auch nicht gewollt.

Betriebshelfer (Landwirtschaft)

Betriebshelfer übernehmen die vorübergehende Vertretung von landwirtschaftlichen und gartenbaulichen Betriebsleitern in sozialen Notlagen. Sie gewährleisten eine geregelte Weiterführung des Betriebes. Sofern die Betriebshelfer ihre Tätigkeit im Rahmen eines Angestelltenverhältnisses ausüben, sind die Einnahmen sowohl lohnsteuerpflichtiger Arbeitslohn als auch beitragspflichtiges Arbeitsentgelt.

Die Betriebshilfe ist unter bestimmten Voraussetzungen eine Leistung der Sozialversicherung für Landwirtschaft, Forsten und Gartenbau (SVLG).

Gesetze, Vorschriften und Rechtsprechung

Lohnsteuer: Die Lohnsteuerpflicht der Einnahmen als Betriebshelfer ergibt sich aus § 19 Abs. 1 EStG i. V. m. R 19.3 LStR.

Sozialversicherung: Die Beitragspflicht der Einnahmen des Betriebshelfers regelt § 14 SGB IV.

Betriebsnachfolge

Unter Betriebsnachfolge versteht man den Übergang des Betriebs oder eines Betriebsteils auf einen neuen Rechtsträger, d. h. einen neuen Betriebsinhaber, und zwar unabhängig von dem Rechtsgrund der Nachfolge. Die Betriebsnachfolge kann aufgrund eines Individualvertrags oder als Gesamtnachfolge (z. B. im Falle einer Erbschaft) erfolgen.

Gesetze, Vorschriften und Rechtsprechung

Lohnsteuer: Steuerlich haftet der Erwerber nach § 75 AO in begrenztem Umfang.

Sozialversicherung: Bei einer Betriebsnachfolge bzw. einem Betriebsübergang ist sozialversicherungsrechtlich grundsätzlich von einem neuen Beschäftigungsverhältnis auszugehen, das eine neue versicherungs- und beitragsrechtliche Beurteilung erfordert.

Lohnsteuer

Erwerberhaftung für betriebliche Steuerschulden

Geht ein Unternehmen oder ein gesondert geführter Betrieb im Ganzen auf eine andere Person über[1], haftet der Erwerber neben dem Vorgänger für (betriebliche) Steuern, z. B. Umsatzsteuer und Lohnsteuer, die seit dem Beginn des letzten vor der Übereignung liegenden Kalenderjahres entstanden sind und bis zum Ablauf von einem Jahr nach Anmeldung des Betriebs durch den Erwerber festgesetzt oder angemeldet werden.[2] Demnach haftet der Betriebserwerber auch für zu gering einbehaltene Lohnsteuerbeträge; jedoch nicht für steuerliche Nebenleistungen wie ⇗ Säumniszuschläge, die gegen den vorigen Eigentümer bzw. Besitzer wegen verspäteter Lohnsteuerentrichtung festgesetzt wurden.

Kein Haftungsausschluss durch ruhenden Betrieb

Die Haftung für nicht erhobene bzw. nicht abgeführte Lohnsteuer entfällt auch dann nicht, wenn der Betrieb vor Wiederaufnahme durch den Rechtsnachfolger einige Zeit geruht hat, es sei denn, der Betrieb hat wegen einer zu langen Stilllegung seinen Charakter als lebender Organismus verloren. Unbeachtlich ist auch, ob der Erwerber das Unternehmen selbst fortführt oder nicht, z. B. bei Weiterverkauf wenige Monate nach Erwerb.

Keine Haftung bei Erwerb aus Insolvenzmasse

Ferner entsteht bei Erwerben aus Insolvenz- oder Vollstreckungsverfahren keine Haftung.

Voraussetzung der Erwerberhaftung

Voraussetzung für die Haftung des Erwerbers ist, dass der Betrieb im Ganzen erworben wird. Dazu müssen die wesentlichen Grundlagen des Unternehmens übergehen, sodass der Erwerber das Unternehmen ohne nennenswerte finanzielle Aufwendungen fortsetzen kann.

Haftungsbeschränkung

Insgesamt ist die Haftung auf den Bestand des übernommenen Vermögens beschränkt. Zur Absicherung des lohnsteuerlichen Risikos kann der Arbeitgeber eine zeitgleiche Außenprüfung durch das Finanzamt und die Rentenversicherung beantragen.

Zusammenrechnung von Beschäftigungszeiten

Für die Bemessung des steuerfreien und pauschalierungsfähigen Höchstbetrags für Vorruhestandsleistungen sowie für Beschäftigungszeiten für Betriebsjubiläen werden die Zeiten zusammengerechnet, die der Arbeitnehmer im selben Unternehmen des Übereigners und Erwerbers beschäftigt war.

---

1 § 613a BGB.
2 § 75 AO.

Sozialversicherung

Haftung für rückständige Beiträge

Die zivilrechtliche Regelung zum Übergang der Rechte und Pflichten auf den Betriebserwerber[1] ist nicht auf die Beitragspflichten der Sozialversicherung übertragbar. Mögliche vorhandene Beitragsrückstände des vorherigen Inhabers sind auch hinsichtlich der Arbeitnehmeranteile keine Verpflichtung des Arbeitgebers aus dem laufenden Arbeitsverhältnis. Auch aus der Haftung für die Steuerschulden[2] ergibt sich keine Auswirkung auf die Sozialversicherungsbeiträge. Aus diesem Grund hat der bisherige Arbeitgeber ↗ Abmeldungen (Abgabegrund „33") und der Betriebsnachfolger ↗ Anmeldungen (Abgabegrund „13") mit einer neuen ↗ Betriebsnummer vorzunehmen.[3]

Teilnahme am Ausgleichsverfahren zur Erstattung der Entgeltfortzahlung

Für die Teilnahme des Betriebs am Ausgleichsverfahren nach dem AAG gilt, dass bei einer Übernahme eines Betriebs durch einen anderen Arbeitgeber die Teilnahme am U1-Erstattungsverfahren neu geprüft wird, wenn ein neuer Betrieb entstanden ist. Bei einem unterjährigen Betriebsübergang[4] bleibt die für das laufende Kalenderjahr getroffene Feststellung weiter maßgebend.

Versicherung der Arbeitnehmer

Wenn ein Arbeitnehmer durch den Wechsel des Arbeitgebers gleichzeitig ein höheres Arbeitsentgelt erhält, welches die ↗ Jahresarbeitsentgeltgrenze übersteigt, stellt sich die Frage nach dem Ausscheiden aus der Krankenversicherungspflicht. Wenn mit dem neuen Arbeitgeber auch ein neuer Arbeitsvertrag geschlossen wird, ist der Arbeitgeberwechsel wie ein neues Beschäftigungsverhältnis zu werten. Das bedeutet, dass mit dem Wechsel des Arbeitgebers die bisherige Krankenversicherungspflicht entfällt und vom Zeitpunkt des neuen Beschäftigungsverhältnisses an Krankenversicherungsfreiheit besteht. Dies gilt ebenso, wenn der Betriebsnachfolger in die Rechte des bisherigen Betriebsinhabers eintritt[5] und der neue Betriebsinhaber eine Erhöhung des bisherigen Entgelts vornimmt.

Geringfügig entlohnte Beschäftigung

Eine – bei ↗ geringfügig entlohnt Beschäftigten mögliche – Befreiung von der Rentenversicherungspflicht gilt für die gesamte Dauer der Beschäftigung und kann nicht widerrufen werden. Endet die Beschäftigung und wird bei einem neuen Arbeitgeber eine neue Beschäftigung aufgenommen, muss eine Befreiung neu beantragt werden. Im Falle eines Betriebsübergangs handelt es sich um ein neues Beschäftigungsverhältnis, sodass ein neuer Antrag erforderlich ist.

Einmalzahlungen

Einmalig gezahltes Arbeitsentgelt unterliegt der Beitragspflicht, wenn das bisher gezahlte beitragspflichtige Arbeitsentgelt die anteiligen Jahresbeitragsbemessungsgrenzen nicht erreicht. Für die Ermittlung der anteiligen Jahresbeitragsbemessungsgrenzen (SV-Luft) sind alle beitragspflichtigen Zeiten des Beschäftigungsverhältnisses bei dem Arbeitgeber, der die ↗ Einmalzahlung zahlt, zu addieren.

Grundsätzlich ist ein Arbeitgeberwechsel anzunehmen, wenn ein neuer Arbeitsvertrag geschlossen wird. Bei einem Betriebsübergang nach § 613a BGB ist immer von einem Arbeitgeberwechsel auszugehen. Dabei spielt es keine Rolle, dass beim Betriebsübergang der neue Betriebsinhaber in die Rechte und Pflichten des bisherigen Arbeitgebers eintritt.

Daraus ergibt sich, dass die SV-Luft aus den Arbeitsentgelten ab dem Zeitpunkt des Betriebsübergangs zu bilden ist. Die Beschäftigungszeiten beim bisherigen Unternehmen bleiben unberücksichtigt.

1 § 613a BGB.
2 § 75 AO.
3 LSG Bayern, Urteil v. 28.1.2011, L 5 R 848/10 B ER.
4 § 613a BGB.
5 § 613a BGB.

Unfallversicherung

In der Unfallversicherung hat der Unternehmer jeden Wechsel der Person, auf die der Betrieb läuft, in der durch die Satzung bestimmten Frist der Genossenschaft anzuzeigen. Ein Wechsel der Person liegt vor bei Verkauf, Verpachtung oder sonstiger Übertragung an einen anderen Unternehmer.

Für die Beiträge bis zum Ablauf des Geschäftsjahres, in welchem der Wechsel angezeigt wird, bleibt der bisherige Unternehmer haftbar, ohne dadurch den Nachfolger von der Haftung zu befreien. Der bisherige Unternehmer und sein Nachfolger sind also als Gesamtschuldner verpflichtet.

Betriebsnummer

Die Betriebsnummer ist bei allen Meldungen und Beitragsnachweisen anzugeben. Sie wird einem Arbeitgeber auf Antrag von der Bundesagentur für Arbeit für einen Betrieb erteilt, in dem er mindestens einen Arbeitnehmer beschäftigt. Sie ist auch ein Identifikationsmerkmal in der Beschäftigungsstatistik der Bundesagentur für Arbeit. Die Beschäftigungsstatistik wird wiederum aufgrund der Daten in den Meldungen zur Sozialversicherung erstellt.

Gesetze, Vorschriften und Rechtsprechung

Sozialversicherung: Die Meldungen enthalten für jeden Versicherten insbesondere die Betriebsnummer seines Beschäftigungsbetriebs (§ 28a Abs. 3 Satz 1 Nr. 6 SGB IV). Die Verpflichtung des Arbeitgebers zur Beantragung der Betriebsnummer ergibt sich aus § 18i SGB IV. Dort ist auch geregelt, dass alle Änderungen der Betriebsdaten durch den Arbeitgeber zu melden sind. Einzelheiten zum Verfahren enthalten das Gemeinsame Rundschreiben Meldeverfahren zur Sozialversicherung vom 29.6.2016 (GR v. 29.6.2016) und die Gemeinsamen Grundsätze für die Datenerfassung und Datenübermittlung nach § 28b Abs. 1 Satz 1 Nr. 1–3 SGB IV v. 28.6.2023 in der jeweils aktuellen Fassung. Die Optimierung des Verfahrens Betriebsdatenpflege ist Inhalt eines Besprechungsergebnisses (BE v. 28.6.2017, TOP: 1, BE v. 16.3.2023 TOP 8, BE v. 28.6.2023 TOP 9 und 12).

Sozialversicherung

Zweck der Betriebsnummer

Arbeitgeber erstatten für ihre Beschäftigten ↗ Meldungen zur Sozialversicherung. Damit Betriebe an dem automatisierten Meldeverfahren teilnehmen können, benötigen sie eine Betriebsnummer. Die Betriebsnummer ist ein wichtiges Merkmal im Meldeverfahren der Sozialversicherung. Mithilfe der Betriebsnummer werden Arbeitgeber bei den Sozialversicherungsträgern identifiziert. Beitragszahlungen können dem betreffenden Arbeitgeberkonto zugeordnet werden.

Aufbau einer Betriebsnummer

Die Betriebsnummer ist eine 8-stellige Zahl. Die ersten 3 Stellen der Betriebsnummer enthalten die Schlüsselnummer der für die Vergabe der Betriebsnummer zuständigen örtlichen Arbeitsagentur. Die folgenden 4 Stellen kennzeichnen den Betrieb (Betriebsteil des Unternehmens), dem die Betriebsnummer zugeteilt worden ist. Sie sind eine reine Nummernfolge und dienen der Identifikation im Rahmen des Melde- und Beitragseinzugsverfahrens der Sozialversicherung. Die letzte Stelle enthält die im Modulo-10-Verfahren ermittelte Prüfziffer.

Aufbau der Prüfziffer

Die Prüfziffer der Betriebsnummer wird folgendermaßen ermittelt:

- Die Ziffern der Betriebsnummer in der 1. bis 7. Stelle werden – beginnend mit der höchsten Stelle (links stehende Ziffer) – mit den Zahlen 1, 2, 1, 2, 1, 2 und 1 vervielfältigt.
- Aus den Ergebnissen werden die Quersummen gebildet.
- Die Quersummen werden addiert.
- Die sich aus dieser Addition ergebende Summe wird durch die Zahl 10 geteilt.
- Der sich ergebende Rest (auch die Ziffer „0") ist die Prüfziffer.
- Als letzte Ziffer der Betriebsnummer ist sowohl die errechnete Prüfziffer als auch die Ziffer zulässig, die sich ergibt, wenn die errechnete Prüfziffer um die Konstante 5 erhöht wird.

Durch die Erhöhung der Prüfziffer um die Konstante 5 wird ein „Überlaufen" der Betriebsnummer verhindert (ähnliche Regelung wie bei der Vergabe von Versicherungsnummern).

Für die Rentenberechnung ist es wichtig, dass der Arbeitnehmer dem Rechtskreis (West oder Ost) zugeordnet wird, in dem er beschäftigt ist.

Vergabe der Betriebsnummer

Zuständige Stelle

Die Betriebsnummern werden vom Betriebsnummern-Service (BNS) der Bundesagentur für Arbeit (BA) in Saarbrücken vergeben. Der BNS ist seitdem der erste Ansprechpartner für

- Arbeitgeber,
- Steuerberater,
- Krankenkassen,
- Gewerbeämter,
- Handelsregister und
- andere Institutionen,

wenn es um die Vergabe und Aktualisierung von Betriebsnummern geht.

Anschrift des Betriebsnummern-Service

Eschberger Weg 68

66121 Saarbrücken

Telefon: 0800 4555520

E-Mail-Adresse: Betriebsnummernservice@arbeitsagentur.de

Internet: www.arbeitsagentur.de (> Unternehmen > Betriebsnummern-Service)

Betriebsnummernvergabe für besondere Betriebe

Grundsätzlich vergibt der Betriebsnummern-Service die Betriebsnummer.

Es gibt 3 Ausnahmefälle, in denen die Betriebsnummer bei einer anderen Institution zu beantragen ist:

1. Privathaushalte, die noch nie eine Betriebsnummer erhalten haben und Arbeitnehmer ausschließlich auf Basis eines ↗ geringfügig entlohnten Minijobs beschäftigen. Für diese ist die Minijob-Zentrale der Deutschen Rentenversicherung Knappschaft-Bahn-See zuständig.
2. Knappschaftliche Betriebe (Gewinnung von Mineralien, z. B. Kohle) oder Betriebe, die Mitarbeiter in einem knappschaftlichen Betrieb einsetzen oder Mitarbeiter beschäftigen, die knappschaftliche Arbeiten auf Schachtanlagen verrichten oder zu Sanierungsarbeiten im Tagebau eingesetzt werden. Für diese ist die Deutsche Rentenversicherung Knappschaft-Bahn-See zuständig.
3. Betriebe der See-Berufsgenossenschaft. Für diese ist die Deutsche Rentenversicherung Knappschaft Bahn-See, Bereich See-Krankenkasse, Hamburg, zuständig.

Form des Antrags

Eine Betriebsnummer kann ausschließlich auf elektronischem Weg beantragt werden.[1] Der Antrag auf Betriebsnummern-Vergabe kann vom Arbeitgeber selbst oder von seinem Steuerberater/Wirtschaftsprüfer gestellt werden.

Notwendige Daten für den Vergabeantrag

Für die Beantragung der Betriebsnummer sind insbesondere

- Name und Anschrift des Beschäftigungsbetriebs,
- Beschäftigungsart,
- die wirtschaftliche Tätigkeit,
- die Rechtsform und
- die in der gesetzlichen Unfallversicherung maßgebende Unternehmensnummer des Unternehmens, dem der Beschäftigungsbetrieb angehört,

elektronisch zu übermitteln.

Absendernummer

Arbeitgeber sind verpflichtet, bei der Datenübermittlung eine Absendernummer (Betriebsnummer des Arbeitgebers) zu verwenden. Die Absendernummer wird aufgrund eines elektronischen Antrags bei der Vergabe eines Zertifikats zur Sicherung der Datenübertragung von der zertifikatsausstellenden Stelle (Trustcenter der ITSG) vergeben.

Änderung von Betriebsdaten

Änderungen der ↗ Betriebsdaten sind dem Betriebsnummern-Service mitzuteilen.[2] Hierzu zählen:

- Eröffnung einer weiteren Niederlassung,
- Verlegung eines Betriebs/einer Niederlassung,
- Änderung der wirtschaftlichen Tätigkeit oder des Betriebszwecks,
- Änderung von Name/Bezeichnung oder Anschrift,
- Betriebsschließungen,
- Wiedereröffnung des Betriebs,
- Änderungen bei den Attributen Insolvenzgeldumlage, Umlage U1 und Sofortmeldepflicht,
- Änderung Ansprechpartner im Meldeverfahren,
- Änderung der Unternehmensnummer in der gesetzlichen Unfallversicherung.

Betriebsprüfung

Aufgabe der Betriebsprüfung ist es zu prüfen, ob die Einnahmen zur Sozialversicherung rechtzeitig und vollständig erhoben wurden. Die Rentenversicherungsträger prüfen mindestens alle 4 Jahre, ob diese Arbeitgeberpflichten erfüllt werden. Dies beinhaltet u. a., dass die Sozialversicherungsbeiträge vollständig und richtig berechnet sind, die Arbeitnehmeranteile richtig einbehalten wurden und die Beiträge einschließlich der Umlagen nach dem Aufwendungsausgleichsgesetz jeweils zum Fälligkeitstag in richtiger Höhe an die Krankenkassen abgeführt wurden.

Geprüft wird die beim Arbeitgeber vorgenommene Beurteilung von unfallversicherungspflichtigem Arbeitsentgelt und dessen Zuordnung zu den Gefahrtarifstellen der Unfallversicherung, die Zahlung der Künstlersozialabgabe und die Meldepflichten nach dem Künstlersozialversicherungsgesetz, der Insolvenzschutz bei Wertguthabenvereinbarungen und die Zahlung der Insolvenzgeldumlage.

1 https://www.arbeitsagentur.de/unternehmen/betriebsnummern-service.
2 § 18i Abs. 4 SGB IV.

Die korrekte Abführung der Lohnsteuer wird im Rahmen einer Lohnsteuer-Außenprüfung geprüft.

Gesetze, Vorschriften und Rechtsprechung

Sozialversicherung: Die Aufgabe der Betriebsprüfung ist gemäß § 28p SGB IV alleine den Trägern der Rentenversicherung übertragen. Nach § 28p Abs. 1a SGB IV i. V. m. § 35 Abs. 1 Satz 2 KSVG wurde der Prüfauftrag um die Prüfung der Künstlersozialabgabe erweitert. Mit Änderung von § 28p Abs. 1a SGB IV wurde die Prüfung der Künstlersozialabgabe weiter verstärkt. Die Künstlersozialkasse erhielt durch § 35 Abs. 2 KSVG wieder ein eigenes Prüfrecht.

Nach § 166 Abs. 2 SGB VII i. V. m. § 28p Abs. 1c SGB IV sind die Träger der gesetzlichen Rentenversicherung auch zur Prüfung der Unternehmen zur Unfallversicherung verpflichtet.

Näheres zur Vorbereitung und zum Ablauf der Betriebsprüfungen ist mit der Beitragsverfahrensverordnung (BVV) bestimmt. Im Interesse eines übereinstimmenden Prüfverfahrens wurde die Gemeinsame Verlautbarung „Prüfungen der Rentenversicherungsträger bei den Arbeitgebern" vom 3.11.2010 herausgegeben.

Nach § 28p Abs. 6a SGB IV i. V. m. § 147 Abs. 6 Satz 1 Abgabenordnung (AO) kann der Rentenversicherungsträger im Rahmen der Prüfung im Einvernehmen mit dem Arbeitgeber Einsicht in die maschinell geführten Daten nehmen und diese maschinell auswerten (elektronisch unterstützte Betriebsprüfung). Gemäß § 28p Abs. 6a SGB IV i. d. F. des 7. SGB-ÄndG wird die elektronisch unterstützte Betriebsprüfung (euBP) für Arbeitgeber zum 1.1.2023 – jedoch nur für die Entgeltdaten – verpflichtend. Nach § 126 SGB IV können allerdings Arbeitgeber im begründeten Einzelfall für Zeiträume bis zum 31.12.2026 den Verzicht auf die Verpflichtung zur Teilnahme an der euBP beantragen.

Zur Bekämpfung der Schwarzarbeit und der illegalen Beschäftigung führen die Behörden der Zollverwaltung Prüfungen und Ermittlungen durch. Die Träger der Rentenversicherung sind nach §§ 2, 6 SchwarzArbG Zusammenarbeitsbehörde der zur Ermittlung bei der Bekämpfung der Schwarzarbeit und der illegalen Beschäftigung zuständigen Behörden der Zollverwaltung.

Sozialversicherung

Zeitabstände

Betriebsprüfungen sind so durchzuführen, dass den beteiligten Versicherungsträgern keine Beitragsausfälle entstehen.[1] Die Rentenversicherungsträger führen mindestens alle 4 Jahre eine Betriebsprüfung bei den Arbeitgebern in alleiniger Verantwortung durch.[2]

Die Prüfung erstreckt sich auf alle Beiträge und Abgaben zur

- Krankenversicherung,
- Pflegeversicherung,
- Rentenversicherung,
- Arbeitslosenversicherung,
- ↗ Unfallversicherung
- den ↗ Umlagen nach dem Aufwendungsausgleichsgesetz (AAG),
- Künstlersozialversicherung (Künstlersozialabgabe),
- den abgegebenen ↗ Meldungen nach der DEÜV
- ↗ Insolvenzgeldumlage

und der in diesem Zusammenhang abzugebenden Beitragsnachweise und Meldungen.

Weiter werden bei Wertguthabenvereinbarungen mit Arbeitnehmern die vom Arbeitgeber getroffenen Vorkehrungen in Bezug auf den Insolvenzschutz von Wertguthaben geprüft.

1 § 76 Abs. 1 SGB IV.
2 § 28p Abs. 1 Satz 1 SGB IV.

Wie Betriebsprüfungen im Einzelnen durchzuführen sind, unterliegt keinen streng vorgegebenen Normen. Sie können auf gewissenhafte Stichproben beschränkt werden.[3]

Hinweis

Private Haushalte werden nicht geprüft

Arbeitgeber, die nur Beschäftigte im privaten Haushalt haben, werden nicht geprüft. Dies schränkt jedoch nicht die Befugnis ein, aufgrund der Aufdeckung von Schwarzarbeit und illegaler Beschäftigung, das Bestehen von Beitragsforderungen zu prüfen und Beiträge gemäß § 28p SGB IV nachzufordern.

Als Privathaushalte gelten keine Beschäftigungen, die von Dienstleistungsagenturen oder anderen Unternehmen begründet sind und Beschäftigungen, die mit Wohnungseigentümergemeinschaften geschlossen werden.

Elektronisch unterstützte Betriebsprüfung (euBP)

Optional können bislang Betriebsprüfungen im Einvernehmen mit dem Arbeitgeber als ↗ elektronisch unterstützte Betriebsprüfung (euBP) durchgeführt werden. Die Teilnahme der Arbeitgeber an der euBP ist verpflichtend. Die Verpflichtung erstreckt sich jedoch nur auf die Entgeltdaten. Arbeitgeber können bei dem für die Prüfung zuständigen Rentenversicherungsträger beantragen, dass für Zeiträume bis zum 31.12.2026 auf eine elektronische Übermittlung der gespeicherten Daten verzichtet wird.

Ab dem 1.1.2025 gilt die Verpflichtung für Arbeitgeber, die für eine Betriebsprüfung erforderlichen Finanzbuchhaltungsdaten in elektronischer Form zu übermitteln. Falls diese Daten nicht mithilfe eines systemgeprüften Entgeltabrechnungsprogramms (per euBP) übertragen werden, haben Arbeitgeber die Möglichkeit, sie über eine systemgeprüfte Schnittstelle oder ein systemgeprüftes Programmmodul aus ihrer Finanzbuchhaltungssoftware an die Träger der Deutschen Rentenversicherung zu senden.

Zuständigkeit des Rentenversicherungsträgers

Die Rentenversicherungsträger stimmen sich darüber ab, welche Arbeitgeber sie prüfen, um Mehrfachprüfungen auszuschließen.[4] Die Zuständigkeit innerhalb der Deutschen Rentenversicherung (DRV) wird nach der jedem Arbeitgeber von der Agentur für Arbeit vergebenen Betriebsnummer bestimmt. Maßgebend ist die jeweilige Endziffer der Betriebsnummer (BBNR).

BBNR-Endziffer	Zuständiger Rentenversicherungsträger
0 bis 4	Deutsche Rentenversicherung Bund (DRV Bund)
5 bis 9	Deutsche Rentenversicherung Regionalträger
Knappschaftlich versicherte Arbeitnehmer, seemännisch Beschäftigte, Beschäftigte der Bahn	Deutsche Rentenversicherung Knappschaft-Bahn-See (DRV Knappschaft-Bahn-See)
Ausschließlich mitarbeitende Familienangehörige in der Landwirtschaft	Landwirtschaftliche Krankenkassen

Für Arbeitgeber, deren Entgeltabrechnungen durch eine Abrechnungsstelle (Steuerberater, Buchhaltungsbüro usw.) durchgeführt werden, ist die Betriebsnummer der Abrechnungsstelle maßgebend. Bei Sofortprüfungen (z. B. bei Schwarzarbeit, illegaler Beschäftigung) bestimmt sich die Zuständigkeit wiederum nach der Betriebsnummer des Arbeitgebers.

Die örtliche Zuständigkeit im Bereich der Regionalträger richtet sich nach dem Sitz der Lohn- und Gehaltsabrechnungsstelle des Arbeitgebers.

3 BSG, Urteil v. 30.10.2013, B 12 AL 2/11 R.
4 § 28p Abs. 2 SGB IV.

Hat ein Arbeitgeber mehrere Beschäftigungsbetriebe, wird er insgesamt geprüft. Das Prüfverfahren kann mit der Aufforderung zur Meldung eingeleitet werden.[1]

Arbeitgeber, die keinen Sitz im Inland haben, müssen zur Führung der Entgeltunterlagen einen Bevollmächtigten mit Sitz im Inland bestellen. Als Sitz gilt der Beschäftigungsbetrieb des Bevollmächtigten im Inland bzw. der Wohnsitz oder gewöhnliche Aufenthalt des Bevollmächtigten.[2]

Wichtig

Hauptbetrieb ist maßgebend

Ist ein Betrieb ein in jeder Hinsicht eigenverantwortlich handelnder Hauptbetrieb, so richtet sich die Zuständigkeit ausschließlich nach der Betriebsnummer dieses Betriebs. Zugehörige Betriebe, deren Lohn- und Gehaltsbuchhaltung aber vom Hauptbetrieb erledigt wird, sind als sog. Unterbetriebe einzuordnen. Die Zuständigkeit hierbei richtet sich nach der Betriebsnummer des Hauptbetriebs.

Planung und Vorbereitung der Prüfung

Die DRV Bund führt für die Zwecke der Betriebsprüfung ein Dateisystem mit den maßgebenden Daten zum Arbeitgeber und der Zahl der Beschäftigten. Anhand dieser Datei werden die zu prüfenden Betriebe selektiert. Die Prüfungen nach § 28p Abs. 1, Abs. 1a SGB IV und § 166 Abs. 2 SGB VII werden bei den Arbeitgebern und den Abrechnungsstellen vorgenommen, die im Auftrag des Arbeitgebers die Entgeltabrechnungen durchführen sowie die erforderlichen Meldungen erstatten. Der Arbeitgeber bzw. die von ihm beauftragte Abrechnungsstelle hat ein Wahlrecht, wo die Prüfung stattfinden soll,

- in seinen Geschäftsräumen oder
- in denen der prüfenden Stelle.[3]

Ankündigung spätestens 14 Tage vor der Prüfung

Die Prüfung erfolgt grundsätzlich nach vorheriger Ankündigung, sie soll möglichst einen Monat und muss spätestens 14 Tage vor der Prüfung angekündigt werden. Mit Zustimmung des Arbeitgebers kann von diesen Terminvorgaben abgewichen werden.[4] Bei Vorliegen besonderer Gründe wie z. B. Betriebsaufgabe, ⇗ Insolvenz oder bei Verdacht auf ⇗ Schwarzarbeit/illegale Beschäftigung oder Beitragshinterziehung, sind die Rentenversicherungsträger berechtigt, eine Prüfung ohne vorherige Ankündigung durchzuführen.

Raum oder Arbeitsplatz zur Durchführung der Prüfung

Der Arbeitgeber oder die für die Entgeltabrechnung beauftragte Stelle muss einen geeigneten Raum oder Arbeitsplatz sowie die erforderlichen Hilfsmittel kostenlos zur Verfügung stellen.[5] Die dem Arbeitgeber im Rahmen von Betriebsprüfungen entstehenden Kosten werden nicht ersetzt. Dies gilt auch im Hinblick auf einen eventuellen Verdienstausfall.

Tipp

Gemeinsame Prüfung auf Antrag des Arbeitgebers

§ 42f Abs. 4 EStG sieht die Möglichkeit einer gemeinsamen Prüfung der Finanzverwaltung und der Rentenversicherung vor. Die gemeinsame Prüfung erfordert einen formlosen Antrag des Arbeitgebers beim ⇗ Betriebsstättenfinanzamt.

Umfang und Inhalte der Prüfung

Ansprüche auf Beiträge verjähren 4 Jahre nach Ablauf des Kalenderjahres, in dem sie fällig geworden sind.[6] Damit keine Beiträge verjähren, umfasst der Prüfzeitraum grundsätzlich den gesamten Verjährungszeitraum von 4 Jahren. Die Verjährung der Beitragsforderungen ist für die Dauer der Betriebsprüfung gehemmt. Die Hemmung endet, wenn die Betriebsprüfung unmittelbar nach ihrem Beginn für die Dauer von 6 Monaten aus Gründen unterbrochen wird, die der prüfende Rentenversicherungsträger zu vertreten hat.

Schwerpunkte des Umfangs und des Prüfungsinhalts

Geprüft werden insbesondere

- versicherungsrechtliche Beurteilungen, insbesondere der Beschäftigungsverhältnisse (Versicherungspflicht/-freiheit),
- Beurteilungen des Arbeitsentgelts für die Beitragsberechnung in der Kranken-, Pflege- und Rentenversicherung sowie nach dem Recht der Arbeitsförderung und der Unterlagen nach dem Aufwendungsausgleichsgesetz
- Berechnungen und zeitliche Zuordnungen der Beiträge und der abzugebenden Beitragsnachweise,
- Beitragsberichtigungen,
- für die Beitragsberechnung zur Unfallversicherung erforderliche Angaben und Beurteilungen zum Arbeitsentgelt und zur Zuordnung des Arbeitsentgelts zu einer Gefahrtarifstelle,
- Entgeltmeldungen nach der DEÜV einschließlich der Angaben im Meldebaustein DBUV,
- Führung der Entgeltunterlagen[7]
- bei Wertguthabenvereinbarungen die getroffenen Vorkehrungen in Bezug auf den Insolvenzschutz[8]
- Auswertung der Bescheide und Prüfberichte der Finanzbehörden[9]
- Unterlagen des gesamten Rechnungswesens[10]
- Auswertung von Mitteilungen und Ermittlungsergebnissen der Zusammenarbeitsbehörden, insbesondere der Behörden der Zollverwaltung[11], der Finanzbehörden[12]
- Feststellung der Künstlersozialabgabe[13] und
- Zahlung der ⇗ Insolvenzgeldumlage.

Geschuldete Arbeitsentgelte sowie Prüfung des allgemeinen Mindestlohns

Sozialversicherungsbeiträge werden auch für geschuldetes, d. h. den Arbeitnehmern zustehendes, jedoch nicht gezahltes Arbeitsentgelt erhoben (z. B. Arbeitsentgelt aus allgemeinverbindlichen Tarifverträgen oder aufgrund des Mindestlohns).[14] Die Beitragsberechnung wird entsprechend geprüft.

Achtung

Eingeschränkte Prüfung zur Unfallversicherung

Unternehmen mit einem Unfallversicherungsbeitrag in Höhe von bis zu 1,5 % der Bezugsgröße werden bezüglich der Unfallversicherung grundsätzlich nicht mehr geprüft. Hier erfolgen nur noch Stichprobenprüfungen, die durch den Unfallversicherungsträger festgelegt werden.

Prüfung über das gesamte Rechnungswesen

Die Prüfung erstreckt sich über den gesamten Bereich der Entgeltunterlagen.[15] Sie kann über das gesamte Rechnungswesen einschließlich aller Voraufzeichnungen und Belege ausgedehnt werden.[16] Da entgeltbezogene Vorgänge oft nur in der Finanzbuchhaltung verbucht sind, ist mittlerweile die Prüfung des Rechnungswesens Prüfstandard der Rentenversicherungsträger. Zu den entgeltbezogenen Vorgängen zählen z. B. die ⇗ Scheinselbstständigkeit oder ⇗ geldwerte Vorteile.

1 § 28p Abs. 1a SGB IV.
2 § 28f Abs. 1b SGB IV.
3 § 98 Abs. 1 Satz 3 SGB X.
4 § 7 BVV.
5 § 7 Abs. 2 BVV.
6 § 25 Abs. 1 SGB IV.
7 § 28f Abs. 1 und 1a SGB IV i. V. m. §§ 8, 9 BVV.
8 § 7e SGB IV.
9 § 10 Abs. 2 BVV.
10 § 11 Abs. 2 BVV.
11 § 2 SchwarzArbG.
12 §§ 31, 31a AO.
13 § 24 KSVG.
14 § 22 SGB IV, Arbeitnehmer-Entsendegesetz.
15 §§ 8, 9 BVV.
16 § 11 Abs. 2 BVV.

Achtung

Auswertung der Lohnsteuer-Haftungsbescheide

Die Prüfer sind verpflichtet, die Bescheide und Prüfberichte der Finanzbehörden einzusehen und sozialversicherungsrechtlich auszuwerten. Das Ergebnis muss im Prüfbericht festgehalten werden.

Mit Zugang eines Lohnsteuer-Haftungsbescheides erhält der Arbeitgeber Kenntnis von seiner Zahlungspflicht auch in sozialversicherungsrechtlicher Hinsicht. Zu diesem Zeitpunkt werden unter Beachtung der 4-jährigen Verjährungsfrist[1] auch die Sozialversicherungsbeiträge fällig. Erfolgt keine Auswertung, gilt für diese Beiträge eine Verjährungsfrist von 30 Jahren, wenn die Abrechnung von einer Abrechnungsstelle oder einer Fachkraft vorgenommen wurde oder es sich um eine verbreitete Entgeltart handelt.

Entgeltunterlagen – Vorzulegende Unterlagen

Anforderungen an die vorzulegenden Entgeltunterlagen

Bei einer Betriebsprüfung muss gewährleistet werden, dass jederzeit ohne zeitlichen Verzug ein Zugriff auf die Daten möglich ist.

Ebenfalls muss jede Form der Abrechnung und der vorgenommenen Beurteilung während einer Betriebsprüfung innerhalb angemessener Zeit prüfbar sein. Dies muss sowohl durch die Prüfbarkeit einzelner Geschäftsvorfälle (fallweise Prüfung) als auch des Abrechnungsverfahrens (Verfahrensprüfung) möglich sein. Die Auskunfts-, Vorlage-, Nachweis- und Mitwirkungspflichten des Arbeitgebers sind für diesen Zweck umfangreich gesetzlich geregelt.[2] Ist mit der Abrechnung eine Abrechnungsstelle (Steuerberater) beauftragt, so steht diese insoweit dem Arbeitgeber gleich.

Regelungen der Beitragsverfahrensverordnung

Im Sozialversicherungsrecht müssen die Unterlagen hinsichtlich ihrer Gestaltung und ihres Aufbaus den Vorschriften des § 28f SGB IV und der Beitragsverfahrensverordnung entsprechen. Entgeltunterlagen müssen danach für jeden Beschäftigten in deutscher Sprache geführt werden und alle persönlichen Daten des Beschäftigten enthalten. Zur Prüfung der Vollständigkeit der Entgeltabrechnung muss für jeden Abrechnungszeitraum (Kalendermonat) ein Verzeichnis aller Beschäftigten in der Sortierfolge der Entgeltunterlagen und nach Krankenkassen (Einzugsstellen) getrennt erfasst und lesbar zur Verfügung gestellt werden. Aus diesem Verzeichnis muss auch die Zusammensetzung und die Zuordnung der Arbeitsentgelte ersichtlich sein.

Pflicht zur Führung elektronischer Entgeltunterlagen

Seit dem 1.1.2022 sind bestimmte begleitende und erläuternde Unterlagen zum Entgelt nur noch in elektronischer Form aufzubewahren.[3] Arbeitgeber können bei dem für die Prüfung zuständigen Rentenversicherungsträger beantragen, dass für Zeiträume bis zum 31.12.2026 auf eine elektronische Übermittlung der gespeicherten Daten verzichtet wird.[4]

Welche Unterlagen müssen elektronisch geführt werden?

Insbesondere sind folgende Unterlagen in elektronischer Form zu den Entgeltunterlagen zu nehmen:

- Nachweise einer Versicherungsfreiheit oder die nötigen Unterlagen zu einer Befreiung von der Versicherungspflicht[5];
- Erklärungen von kurzfristig Beschäftigten zu weiteren kurzfristigen Beschäftigungen im Kalenderjahr oder bei geringfügig entlohnten Beschäftigten Auskünfte zu weiteren Beschäftigungen[6];
- Nachweise über einen Krankenversicherungsschutz von kurzfristig geringfügigen Beschäftigten[7];
- Nachweise einer möglichen Elterneigenschaft (z. B. durch Geburtsurkunde)[8];
- Dokumentation über Beginn, Ende und Dauer der täglichen Arbeitszeit nach dem Mindestlohngesetz (Stundenaufzeichnungen)[9];
- Befreiungserklärungen von Minijobbern von der Rentenversicherungspflicht.[10]

In welcher Form sind die elektronischen Entgeltunterlagen zu führen?

Die Art und der Umfang der Speicherung der Datensätze und das Weitere zum Verfahren für die Entgeltunterlagen nach § 8 BVV und für die Beitragsabrechnung nach § 9 BVV werden bundeseinheitlich in Gemeinsamen Grundsätzen bestimmt.

Gegenstand der Gemeinsamen Grundsätze ist Form und Übermittlung der Unterlagen, die nach § 8 Abs. 2 BVV zu den Entgeltunterlagen zu nehmen sind.

Demnach sollen den Arbeitgebern die nötigen Unterlagen bereits in digitaler Form zur Verfügung gestellt werden. Da dies von Beschäftigten nicht immer zu erwarten ist, können im Einzelfall die physischen Unterlagen selbst digitalisiert werden.

Sofern die Daten bereits aus einem Entgeltabrechnungsprogramm stammen, ist nichts weiter zu veranlassen.

Andere Unterlagen wie die Dokumentationen der täglichen Arbeitszeit oder die Befreiungserklärungen von geringfügig Beschäftigten sind hingegen als PDF-Dokument oder als Bild-Datei (Formate: jpeg, bmp, png oder tiff) zu digitalisieren. Eine wichtige Anforderung an das Dokument ist, dass die Datei im Nachgang nicht mehr veränderbar ist.

Die Unterlagen sind entweder zusätzlich zum elektronisch abgelegten Dokument in Papierform aufzubewahren oder mit einer elektronischen Signatur zu versehen.

Das jeweilige Dokument ist als Datei mit einem nachvollziehbaren Titel zu versehen. Über die genaue Speicherform kann der Arbeitgeber selbst entscheiden, sofern die Daten so abgelegt sind, dass sie für einen unbeteiligten Dritten verständlich sind.

Unterlagen mit Unterschriftserfordernis

Werden vom Arbeitgeber schriftliche Entgeltunterlagen mit Unterschrifterfordernis in elektronischer Form überführt, hat er diese mit einer fortgeschrittenen Signatur zu versehen. Eine zusätzliche Aufbewahrung von Entgeltunterlagen in körperlicher Form ist dann nicht mehr notwendig.[11]

Abschluss der Betriebsprüfung

Schlussbesprechung

Die beanstandeten Sachverhalte werden dem Arbeitgeber bzw. dem für die Entgeltabrechnung verantwortlichen Mitarbeiter in einer Schlussbesprechung mitgeteilt. Die Schlussbesprechung gilt als Anhörung i. S. v. § 24 SGB X. Der Arbeitgeber wird hierbei auch auf die Möglichkeiten und die Konsequenzen der Aussetzung der Vollziehung des Beitragsbescheids durch den Rentenversicherungsträger nach § 86a Abs. 3 SGG sowie der ⇗ Stundung von Beitragsforderungen durch die Einzugsstellen nach § 76 Abs. 2 Nr. 1 SGB IV hingewiesen. Der Arbeitgeber soll durch den Prüfbescheid oder das Abschlussgespräch zur Prüfung Hinweise zu den festgestellten Sachverhalten erhalten, um in den weiteren Verfahren fehlerhafte Angaben zu vermeiden.[12]

Prüfmitteilung/Beitragsbescheid

Die beanstandeten Sachverhalte werden in einem Prüfbericht[13] zusammengefasst und dem Arbeitgeber mittels Verwaltungsakt bekannt gegeben. Dies umfasst alle versicherungs-, beitrags- und melderechtlichen Sachverhalte, einschließlich der Umlagen nach dem Aufwendungsaus-

1 § 25 SGB IV.
2 § 98 SGB X i. V. m. der Beitragsverfahrensverordnung.
3 § 8 Abs. 2 BVV.
4 § 8 Abs. 3 BVV.
5 § 8 Abs. 2 Nr. 1 BVV i. V. m. § 8 Abs. 1 Nr. 9 BVV.
6 § 8 Abs. 2 Nr. 7 BVV.
7 § 8 Abs. 2 Nr. 7a BVV.
8 § 8 Abs. 2 Nr. 11 BVV.
9 § 8 Abs. 2 Nr. 13 BVV.
10 § 8 Abs. 2 Nr. 4a BVV.
11 § 9 Abs. 5 BVV.
12 § 7 Abs. 4 Satz 3 i. d. F. des 6. SGB IV-ÄndG.
13 § 7 Abs. 3 BVV.

gleichsgesetz, die Insolvenzgeldumlage und die Abgabepflicht sowie die Vorauszahlungsbescheide zur Künstlersozialabgabe. Hierbei erlässt der Träger der Rentenversicherung auch die Widerspruchsbescheide und vertritt die Sozialgerichtsverfahren. Die Feststellungen zur Unfallversicherung werden dem zuständigen Unfallversicherungsträger mitgeteilt, der dann die Auswertung in unfallversicherungsrechtlicher Hinsicht vornimmt.

Das Ergebnis der Prüfung ist dem Arbeitgeber innerhalb von 2 Monaten nach Abschluss der Prüfung schriftlich mitzuteilen, auf Wunsch des Arbeitgebers kann dies durch Datenübertragung erfolgen.[1] Dies gilt auch dann, wenn eine Prüfung keinerlei Beanstandungen ergeben hat. Sofern Beiträge nachzufordern oder gutzuschreiben sind, wird der Prüfbericht der jeweiligen Einzugsstelle übersandt.

Betriebsprüfungen ohne Beanstandungen werden mit einer Prüfmitteilung ohne Feststellungen abgeschlossen. Sind im Betrieb Erwerbstätige vorhanden, die Angehörige des Arbeitgebers (Ehegatten, Lebenspartner, Abkömmlinge) oder GmbH-Gesellschafter-Geschäftsführer sind und deren Status nicht bereits durch einen Verwaltungsakt festgestellt ist, so werden bei jeder Betriebsprüfung Verwaltungsakte zum sozialversicherungsrechtlichen Status erlassen.

Zahlungsfrist wird überwacht

Bei Erteilung eines Beitragsbescheids zur Nachforderung von Sozialversicherungsbeiträgen setzt der Rentenversicherungsträger eine Zahlungsfrist zur Begleichung der Beitragsforderungen. Die Beitragsforderungen sind bis zum drittletzten Bankarbeitstag des Monats, der dem Datum des Bescheids folgt, an die Einzugsstelle zu zahlen. Die zuständige Einzugsstelle überwacht die Einhaltung der Frist und muss bei verspäteten Zahlungen im Wege des Beitragseinzugs ⇗ Säumniszuschläge erheben und ggf. das Verwaltungsvollstreckungsverfahren einleiten.

Säumniszuschläge im Rahmen der Prüfung

Im Rahmen von Betriebsprüfungen sind ⇗ Säumniszuschläge nicht zu erheben, soweit der Arbeitgeber glaubhaft macht, dass er unverschuldet keine Kenntnis von der Beitragspflicht hatte.

Sind danach Säumniszuschläge zu erheben, so werden diese ab dem Beginn des Monats der Fälligkeit bis zum Vormonat der Schlussbesprechung erhoben. Wurde derselbe Sachverhalt bereits bei einer vorherigen Prüfung festgestellt, werden Säumniszuschläge ausgehend vom Zeitpunkt der Zahlung des Arbeitsentgelts berechnet.

Hinweis

Auswertung von Lohnsteuer-Haftungsbescheiden innerhalb von 3 Monaten

Wird der vom Finanzamt erlassene Lohnsteuer-Haftungsbescheid vom Arbeitgeber innerhalb von 3 Monaten nach seiner Bestandskraft ausgewertet, werden Säumniszuschläge nicht erhoben (Ausnahme wiederholende Feststellungen).

Aufbewahrungspflichten

Die Entgeltunterlagen sind bis zum Ablauf des auf die letzte Betriebsprüfung folgenden Kalenderjahres geordnet aufzubewahren.[2] Die Aufbewahrungsfristen für die Unterlagen des Rechnungswesens ergeben sich aus dem Handelsgesetzbuch (HGB) und der Abgabenordnung (AO). Es gilt eine Aufbewahrungsfrist von 10 bzw. 6 Jahren.[3]

Die Prüfmitteilungen sind vom Arbeitgeber bis zur nächsten Betriebsprüfung aufzubewahren.[4]

Summenbeitragsbescheid

Hat der Arbeitgeber seine gesetzlichen Aufzeichnungspflichten verletzt und können daher die Versicherungspflicht, die Beitragspflicht oder die Beitragshöhe nicht festgestellt werden, kann der Rentenversicherungsträger Beitragsnachforderungen anhand eines ⇗ Summenbeitragsbescheids, ggf. ohne namentliche Benennung, geltend machen.[5]

Vertrauensschutz/Beanstandungsschutz

Betriebsprüfungen werden in aller Regel als Stichprobenprüfungen durchgeführt, wobei der Betriebsprüfer die Auswahl der prüfrelevanten Sachverhalte nach pflichtgemäßem Ermessen zu treffen hat. Ein Vertrauensschutz bzw. ein Beanstandungsschutz kann folglich nicht für Sachverhalte eintreten, die bei der Prüfung nicht entdeckt werden. Dies gilt selbst dann, wenn ein Betriebsprüfer eine Verfahrensweise des Arbeitgebers ausdrücklich geduldet hat. Nur bei Entscheidungen zu bestimmten Sachverhalten, zu denen ein hinreichend bestimmter Verwaltungsakt erlassen wurde[6], tritt Vertrauensschutz ein. Eine Rücknahme ist ggf. nur unter den engen Grenzen der §§ 44 ff. SGB X möglich.

Nach ständiger Rechtsprechung haben Betriebsprüfungen den Sinn und Zweck, im Interesse des Versicherungsträgers und aller Versicherten die Beitragsentrichtung zu den einzelnen Zweigen der Sozialversicherung zu sichern und nicht den Arbeitgeber von seiner Beitragsschuld freizustellen.[7]

Wichtig

Stichprobenprüfungen

Eine Betriebsprüfung muss nicht umfassend und erschöpfend sein, sondern kann sich auf bestimmte Einzelfälle und Stichproben beschränken. Betriebsprüfungen, die ohne Beanstandungen beendet werden und ohne dass ein entsprechender feststellender Verwaltungsakt erging, begründen keinen Vertrauensschutz für den Arbeitgeber, weil es an einem Anknüpfungspunkt hierfür fehlt. Dies gilt auch für Betriebsprüfungen in Klein- und Kleinstbetrieben.[8]

Betriebsprüfung, elektronische

Arbeitgeber haben im Rahmen des Verfahrens „elektronisch unterstützte Betriebsprüfung" die für die Prüfung relevanten Entgeltabrechnungsdaten elektronisch im Online-Verfahren an die Deutsche Rentenversicherung zu übermitteln. Für Zeiten bis 31.12.2026 kann auf Antrag auf die elektronische Übermittlung der Entgeltabrechnungsdaten verzichtet werden. Die elektronische Übermittlung der Daten aus der Finanzbuchhaltung ist freiwillig. Die vom Arbeitgeber übermittelten Daten werden mithilfe einer Prüfsoftware analysiert. Die gewonnenen Ergebnisse und die aufbereiteten Daten werden für die weitere Durchführung der Betriebsprüfung genutzt. Nach Abschluss der Betriebsprüfung können Ergebnisdaten von der Rentenversicherung elektronisch abgerufen werden.

Gesetze, Vorschriften und Rechtsprechung

Sozialversicherung: In § 28p Abs. 6a SGB IV ist der rechtliche Rahmen für die Anforderung und Übermittlung der prüfrelevanten Abrechnungsdaten geregelt. Darüber hinaus bildet die Regelung die Grundlage für die Grundsätze zur Übermittlung der Daten für die elektronisch unterstützte Betriebsprüfung. Nach § 126 SGB IV können Arbeitgeber auf Antrag für Zeiträume bis zum 31.12.2026 auf die elektronische Übermittlung der gespeicherten Daten nach § 28p Abs. 6a SGB IV verzichten.

Entsprechend § 9 Abs. 5 BVV können Arbeitgeber Entgeltunterlagen auf maschinell verwertbaren Datenträgern führen. Es erfolgt der Verweis auf § 147 Abs. 5 und 6 AO und damit auf das Recht der Finanzverwaltung, im Rahmen einer Außenprüfung Einsicht in die gespeicherten Daten zu nehmen und diese maschinell auszuwerten. Insoweit ergeben sich nunmehr auch für die Rentenversicherungsträger im Rahmen einer Betriebsprüfung die Möglichkeit und das Recht zur Prüfung digitaler Ab-

1 § 7 Abs. 4 Satz 1 BVV.
2 § 28f Abs. 1 SGB IV.
3 § 257 Abs. 4 HGB, § 147 Abs. 3 AO.
4 § 7 Abs. 4 Satz 3 BVV.
5 BSG, Urteil v. 7.2.2002, B 12 KR 12/01 R.
6 §§ 31, 33 SGB X.
7 BSG, Urteil v. 30.11.1978, 12 RK 6/76, BSG, Urteil v. 10.9.1975, 3/12 RK 15/74.
8 BSG, Urteil v. 30.10.2013, B 12 AL 2/11 R; BSG, Urteil v. 18.11.2015, B 12 R 7/14 R; BSG, Urteil v. 19.9.2019, B 12 R 25/18 R.

rechnungen. § 7 Abs. 4 Satz 1 BVV bildet – soweit der Arbeitgeber dies wünscht – die Grundlage für eine Bereitstellung der Prüfmitteilung in elektronischer Form.

Sozialversicherung

Verfahren

Die elektronisch unterstützte ⇗ Betriebsprüfung vereinfacht dem Arbeitgeber die Vorbereitung und Durchführung der Betriebsprüfung. Dem Betriebsprüfer vor Ort müssen weniger oder keine Unterlagen mehr vorgelegt werden. Das spart Zeit und Geld. Nimmt ein Arbeitgeber am Verfahren teil, sind die für die Betriebsprüfung erforderlichen Daten in der durch die Verfahrensgrundsätze vorgegebenen Struktur zu übermitteln. Auch bei der elektronisch unterstützten Betriebsprüfung bleiben der persönliche Kontakt zu den Arbeitgebern und die Beratung erhalten.

Aufgrund einer Änderung des § 28p Abs. 6a SGB IV zum 1.1.2023 durch das 7. SGB IV-Änderungsgesetz wurde die elektronische Übermittlung der für die Prüfung notwendigen Daten aus einem systemgeprüften Entgeltabrechnungsprogramm grundsätzlich verpflichtend geregelt. Durch das gleichzeitige Inkrafttreten des § 126 SGB IV können Arbeitgeber für Zeiträume bis zum 31.12.2026 auf Antrag beim zuständigen Rentenversicherungsträger auf die elektronischen Übermittlung der Entgeltabrechnungsdaten verzichten.

Die elektronische Übermittlung von Daten aus der Finanzbuchhaltung bleibt weiterhin freiwillig.

Technische Grundlagen und Rahmenbedingungen

Einheitliche Schnittstelle (Datensatzbeschreibung)

Vor dem Hintergrund der Vielzahl an Abrechnungsprogrammen und der damit verbundenen heterogenen Datenstruktur wurde eine einheitliche und verbindliche Schnittstelle für den Export der prüfrelevanten Daten aus den Abrechnungssystemen definiert. Die konkrete Angabe der für die Betriebsprüfung erforderlichen Daten inklusive der Vorgabe zu Struktur und Feldformaten sind dabei berücksichtigt.

Zur Erzeugung und Übermittlung der prüfrelevanten Daten muss der jeweilige Softwareersteller die Funktionen zum Export der Daten in das Abrechnungsprogramm integrieren.

Hinweis

Nur strukturierte Abrechnungsdaten

Das Verfahren sieht in der derzeitigen Fassung nur eine Übermittlung von strukturierten Daten (Datensätze, -bausteine) vor. In einer späteren Ausbaustufe soll auch die zusätzliche Übermittlung von Belegen und Nachweisen (z. B. als PDF-Dateien) ermöglicht werden.

Datenübermittlung

Die Übersendung der Daten erfolgt medienbruchfrei und im Online-Verfahren unter Nutzung des eXTra-Standards (einheitliches XML-basiertes Transportverfahren). Dieser Standard wurde unter Federführung des Bundesministeriums für Wirtschaft und Technologie (BMWi) entwickelt und richtet sich insbesondere an Datenübermittlungsverfahren zwischen Wirtschaft und Verwaltung.

Die Daten werden im Verfahren der elektronisch unterstützten Betriebsprüfung ausschließlich an den Kommunikationsserver der Datenstelle der Rentenversicherung (DSRV) als zentrale Datenannahmestelle übermittelt. Die Dateiübertragung erfolgt über gesicherte und verschlüsselte Übertragungswege und aus systemgeprüften Abrechnungsprogrammen. Die Anbindung maschineller Ausfüllhilfen (z. B. sv.net) ist nicht vorgesehen. Arbeitgeber und Steuerberater können für die Datenübermittlung das vorhandene ITSG-Zertifikat nutzen.

Seit dem 1.1.2023 müssen systemgeprüfte Abrechnungsprogramme Entgeltabrechnungsdaten für das Verfahren der elektronisch unterstützten Betriebsprüfung bereitstellen. Abrechnungsprogramme können freiwillig das Zusatzmodul „Übermittlung von Daten aus der Finanzbuchhaltung“ im Zusammenhang mit der elektronisch unterstützten Betriebsprüfung umsetzen, um ergänzend entsprechende Daten bereitstellen zu können.

Die Sozialversicherungsträger wurden infolge dessen gesetzlich dazu verpflichtet, ein Hilfsmittel zur Erleichterung des elektronischen Austauschs von Meldungen, Beitragsnachweisen, Bescheinigungen und Anträgen bereitzustellen. Am 4.10.2023 wurde das SV-Meldeportal aktiviert, dass die bisherige Ausfüllhilfe sv.net ablöst. Während einer Übergangszeit bis zum 29.2.2024 können Anwender uneingeschränkt das Vorgängerprodukt weiterhin verwenden.

Der integrierte Online-Datenspeicher eröffnet insbesondere kleinen Unternehmen die Möglichkeit, ihre Daten zentral zu speichern. Einmal erfasste Mitarbeiterdaten werden gesichert und müssen nicht, wie es bei sv.net der Fall ist, erneut eingegeben werden.

Aktuell ist eine elektronische Übermittlung der Entgeltbuchhaltung allerdings noch nicht möglich. Zukünftig soll die elektronische Bereitstellung dieser Informationen gem. den Vorgaben im Rahmen von Betriebsprüfungen durch den Prüfdienst der gesetzlichen Rentenversicherung (euBP-Verfahren) durch das SV-Meldeportal jedoch möglich sein.

Hinweis

Keine Annahme von Datenträgern

Datenträger (CD, DVD, USB-Sticks) können nicht angenommen werden. Ein Einspielen externer Datenträger ist aus Gründen der Datensicherheit nicht möglich. Die Datenannahme erfolgt ausschließlich im gesicherten Online-Verfahren.

Datenschutz und Datensicherheit

Die Daten werden vom Arbeitgeber bzw. Steuerberater ausschließlich zum konkreten Zweck der Durchführung der einzelnen Betriebsprüfung nach § 28p SGB IV übermittelt. Eine regelmäßig wiederkehrende Datenübermittlung oder eine anlasslose Bevorratung der Arbeitgeberdaten erfolgt nicht.

Die Speicherung erfolgt für die Dauer der Betriebsprüfung ausschließlich in speziell gesicherten Systemen der Deutschen Rentenversicherung.

Über das Abrufverfahren im Rahmen des eXTra-Standards kann sich der Arbeitgeber über den aktuellen Stand der Verarbeitung seiner Daten informieren.

Durchführung einer elektronisch unterstützten Betriebsprüfung

Umfang

Im Rahmen der Betriebsprüfung durch die Rentenversicherung werden regelmäßig die Daten der Lohn- und Gehaltsbuchhaltung sowie des betrieblichen Rechnungswesens als Teil der Finanzbuchhaltung berücksichtigt. Art und Umfang der für die Betriebsprüfung relevanten Daten und Unterlagen ergeben sich insbesondere aus §§ 8 ff. BVV.

Der allgemeine Umfang einer Betriebsprüfung bleibt bei einer elektronisch unterstützten Prüfung unberührt. Es handelt sich lediglich um eine andere Form der Bereitstellung der zu prüfenden Betriebsdaten.

Die Teilnahme der Arbeitgeber an der elektronischen Betriebsprüfung (kurz: euBP) ist dabei verpflichtend. Die Verpflichtung erstreckt sich bislang jedoch nur auf die Entgeltdaten. Arbeitgeber können bei dem für die Prüfung zuständigen Rentenversicherungsträger beantragen, dass für Zeiträume bis zum 31.12.2026 auf eine elektronische Übermittlung der gespeicherten Daten verzichtet wird.

Ab dem 1.1.2025 gilt die Verpflichtung für Arbeitgeber, die für eine Betriebsprüfung erforderlichen Finanzbuchhaltungsdaten in elektronischer Form zu übermitteln. Falls diese Daten nicht mithilfe eines systemgeprüften Entgeltabrechnungsprogramms (per euBP) übertragen werden, haben Arbeitgeber die Möglichkeit, sie über eine systemgeprüfte Schnittstelle oder ein systemgeprüftes Programmmodul aus ihrer Finanzbuchhaltungssoftware an die Träger der Deutschen Rentenversicherung zu senden.

Ablauf der elektronisch unterstützten Betriebsprüfung

Bei der Absprache eines Prüftermins kann die Durchführung einer elektronisch unterstützten Betriebsprüfung mit dem zuständigen Prüfdienst vereinbart werden. Der Prüfdienst wird dann weitere Details zur Datenanlieferung in die schriftliche Prüfanmeldung aufnehmen. Auch ein späterer Wunsch zur Datenübermittlung kann in Abstimmung mit dem Prüfdienst realisiert werden.

Unplausibilitäten und Notwendigkeit der Einsichtnahme einzelner Belege

Ergeben sich bei der Auswertung der Abrechnungsdaten Hinweise, Unplausibilitäten oder die Notwendigkeit der Einsichtnahme einzelner Belege, wird der Prüfdienst diese gezielt beim Arbeitgeber bzw. Steuerberater anfordern. Diese werden insofern entlastet, da im Vorfeld der Betriebsprüfung keine Unterlagen mehr kopiert und zusammengestellt werden müssen.

Durch die Auswertung der übermittelten Daten können im Vorfeld gezielt Sachverhalte aufgegriffen bzw. Belege angefordert werden. Dies kann zu einem wesentlich kürzeren Aufenthalt des Betriebsprüfers beim Arbeitgeber vor Ort führen. Sofern nach Auswertung der Daten aus der Lohn- und Finanzbuchhaltung keine weitere Rücksprache oder die Einsichtnahme von weiteren Belegen erforderlich ist, kann ggf. auch eine Prüfung vor Ort entbehrlich sein.

Tipp

Antrag auf außerordentliche Prüfung bei Systemwechsel

Beim Wechsel des Abrechnungsprogramms kann eine Betriebsprüfung auch außerhalb des turnusmäßigen Prüfzeitraums erfolgen. So kann bereits zum Zeitpunkt des Abschaltens des Altsystems eine Datenübertragung und Prüfung erfolgen.

Die außerordentliche Betriebsprüfung muss beim Prüfdienst des zuständigen Rentenversicherungsträgers beantragt werden. Die Kontaktdaten sind im Internetauftritt der Deutschen Rentenversicherung unter der Rubrik Experten > Arbeitgeber & Steuerberater > Betriebsprüfdienst > Prüfbüros der Deutschen Rentenversicherung veröffentlicht.

Übermittlung der ergänzenden Entgeltunterlagen

Der Gesetzgeber hat in § 8 Abs. 2 BVV geregelt, welche ergänzenden Unterlagen in elektronischer Form zu den Entgeltunterlagen zu nehmen sind.

Zu den begleitenden Entgeltunterlagen gehören Unterlagen zur Versicherungspflicht/Versicherungsfreiheit, zur Staatsangehörigkeit, zur Mitgliedschaft bei der Krankenkasse, zur Entsendung und auch Stundenaufzeichnungen. Es fallen u. a. folgende Unterlagen darunter:

- Personalfragebogen für geringfügig entlohnte oder kurzfristig Beschäftigte,
- Arbeitsvertrag einschließlich etwaiger schriftlicher Vereinbarungen,
- Antrag und Bescheid über die Feststellung des sozialversicherungsrechtlichen Status,
- Stundenaufzeichnungen,
- Unterlagen über den Aufenthaltstitel,
- Nachweise über getroffene Vorkehrungen zum Insolvenzschutz von Wertguthaben,
- Anträge auf Befreiung von der Versicherungspflicht (z. B. für Minijobber).

Die Entgeltunterlagen sind elektronisch als Datei zu führen und mit einem sprechenden Namen (Art der Entgeltunterlage, namentliche und zeitliche Zuordnung zum Inhalt des Dokuments) zu versehen (z. B. befreiungsantrag-mustermann_max-03042023.pdf).

Wie und wo der Arbeitgeber die elektronischen Unterlagen führt, bleibt ihm überlassen. Es sind alle gängigen Formate (z. B. PDF oder Bilddateien im Format jpeg, bmp, png oder tiff) erlaubt. Die Ablage ist sowohl in Ordnerverzeichnissen auf dem Betriebsrechner möglich, als auch in einer Cloud oder in Dateimanagementsystemen.

Die im Rahmen der Betriebsprüfung angeforderten ergänzenden Unterlagen sind auf elektronischen Wege zu übermitteln. Hier ist bei einem laufenden Verwaltungsverfahren der Betriebsprüfung abzuwarten, welche genauen Unterlagen vom Betriebsprüfdienst der Deutschen Rentenversicherung angefordert werden.

Für den Datenversand bietet die Deutsche Rentenversicherung ein gesichertes Verfahren über Cryptshare an. Es ist jedoch auch möglich, dass die Daten in anderer geeigneter Form übermittelt werden. Einige Lohnprogramme bieten hier ähnliche Möglichkeiten an. Auch ist es möglich die Daten per E-Mail zu versenden. Bei Letzterem empfiehlt es sich, die Dateien aus Gründen der Datensicherheit mit einem Passwort-Schutz zu versehen.

Eine Datenübertragung dieser Unterlagen über das Verfahren der euBP ist nicht möglich.

Abschluss der elektronisch unterstützten Betriebsprüfung

Auch bei einer elektronisch unterstützten Betriebsprüfung wird dem Arbeitgeber bzw. Steuerberater das Ergebnis der Prüfung schriftlich bekannt gegeben.

Rückmeldung bei Feststellungen

Bereitstellung von Grunddaten für die Berichtigung von Meldungen

Bei beitragsrechtlichen Prüffeststellungen mit melderelevanten Entgeltdifferenzen wird nach Abschluss der Betriebsprüfung eine Datei erstellt, die neben Korrekturhinweisen aus Nachberechnungs- bzw. Erstattungsfällen auch Grundinformationen über die zu stornierenden Ursprungsmeldungen enthält. Diese Datei wird bei der Datenstelle der Rentenversicherung (DSRV) bereitgestellt und kann über die Abrechnungssoftware abgerufen werden, sofern sie über eine euBP-Meldeunterstützung verfügt. Für die Zuordnung zum einzelnen Personalfall im Unternehmen werden die in der ursprünglichen Sendung des Arbeitgebers verwendeten betrieblichen Identifizierungsmerkmale (Aktenzeichen Verursacher/Personalnummer, Versicherungsnummer) berücksichtigt. Dadurch kann der Schritt des manuellen Übertragens der notwendigen Daten in eine Ausfüllhilfe (z. B. sv.net) künftig entfallen. Dies entbindet den Arbeitgeber jedoch nicht von den in § 28a SGB IV enthaltenen Meldepflichten.

Der Arbeitgeber wird im Bescheid auf die bereitgestellten Datensätze für Meldekorrekturen hingewiesen.

Hinweis

Korrektur von Meldungen

Die Korrektur der Meldung muss von demjenigen veranlasst werden, der sie erstattet hat.[1] Dies schließt auch die Richtigstellung der eigenen Meldebestände ein.

Modul „Annahme von Grunddaten für Meldekorrekturen"

Werden die bereitgestellten Daten durch die mit dem Zusatzmodul „Annahme von Grunddaten für Meldekorrekturen im Zusammenhang mit der elektronisch unterstützten Betriebsprüfung" zertifizierte Entgeltabrechnungssoftware maschinell abgeholt und verarbeitet, kann der Arbeitgeber im eigenen Abrechnungssystem die Meldekorrekturen veranlassen. Die Meldekorrektur beinhaltet eine Stornierung der Ursprungsmeldung und die Abgabe einer korrigierten Meldung unter Berücksichtigung der Daten aus der Betriebsprüfung.

1 § 28a SGB IV.

Hinweis

Erstattung der Meldungen aus dem Entgeltabrechnungssystem

Als Unterscheidungsmerkmal für diese Meldungen von Korrekturen nach einer Betriebsprüfung dient das Kennzeichen „Übermittlungsweg der abgegebenen Meldung" mit dem Eintrag „Meldekorrektur aus der Betriebsprüfung" im Datensatz DSME.

Bereitstellung von Prüfergebnissen in elektronischer Form

Das Prüfergebnis in elektronischer Form wird als PDF-Datei bei der DSRV zum Abruf im eXTra-Standard bereitgestellt.[1] Das elektronische Dokument kann dann unternehmensseitig z. B. im Dokumenten-Management-System (DMS) abgelegt werden.

Das Prüfergebnis wird weiterhin in körperlicher Form postalisch übersandt. Maßgebend für die ordnungsgemäße Zustellung sowie für den Zeitpunkt der Zustellung ist der postalische Versand. Die rechtlichen Konsequenzen orientieren sich damit nach wie vor an den körperlich – also per Post – versandten Prüfergebnissen.

Hinweis

Optionale Nutzung der Rückmeldungen

Beide Funktionen der elektronischen Rückmeldung nach der durchgeführten Betriebsprüfung können von Teilnehmern an der euBP auf freiwilliger Basis und unabhängig voneinander genutzt werden. Einzige Voraussetzung ist, dass das Abrechnungssystem diese Funktionen unterstützt und eine Zertifizierung durch die ITSG erfolgt ist.

Löschung der Arbeitgeberdaten

Nach Abschluss des Verfahrens beim Rentenversicherungsträger werden die übermittelten Daten automatisch gelöscht.

Die Löschung der gelieferten Arbeitgeberdaten in den Systemen der Rentenversicherung erfolgt in Anwendung des § 28p Abs. 8 Satz 6 SGB IV. Dem Arbeitgeber wird der Abruf eines Löschprotokolls im eXTra-Standard ermöglicht.

Betriebsrente

Um eine Betriebsrente im steuer- und sozialversicherungsrechtlichen Sinne handelt es sich, wenn dem Arbeitnehmer aus Anlass seines bisherigen Arbeitsverhältnisses vom Arbeitgeber Leistungen mit dem Eintritt des „biologischen Ereignisses" gewährt werden. Bei der Altersversorgung ist dies das altersbedingte Ausscheiden aus dem Arbeitsleben, bei der Invaliditätsversorgung der Invaliditätseintritt und bei der Hinterbliebenenversorgung der Tod des Arbeitnehmers. Der Zweck der Leistung muss immer die Versorgung nach dem Ausscheiden aus dem Arbeitsleben sein. Altersversorgungsleistungen werden grundsätzlich nur dann als betriebliche Altersversorgung anerkannt, wenn sie frühestens mit dem 60. Lebensjahr beginnen. Betriebsrenten gelten in der Sozialversicherung als Versorgungsbezug.

Gesetze, Vorschriften und Rechtsprechung

Lohnsteuer: Die Rechtsgrundlage für die Besteuerung von Betriebsrenten findet sich in § 19 Abs. 2 Nr. 2 EStG. Anwendungsbeispiele enthält R 19.8 LStR sowie H 19.8 LStH. Weitere Erläuterungen s. BMF, Schreiben v. 19.8.2013, IV C 3 – S 2221/12/10010 :004/IV C 5 – S 2345/08/0001, BStBl 2013 I S. 1087; geändert durch BMF, Schreiben v. 10.4.2015, IV C 5 – S 2345/08/10001 :006, BStBl 2015 I S. 256, BMF, Schreiben v. 1.6.2015, IV C 5 – S 2345/15/10001, BMF, Schreiben v. 4.7.2016, IV C 3 – S 2255/15/10001, BStBl 2016 I S. 645, BMF, Schreiben v. 19.12.2016, IV C 5 – S 2345/07/0002, BStBl 2016 I S. 1433 und BMF, Schreiben v. 24.5.2017, IV C 3 – S 2221/16/10001 :004, BStBl 2017 I S. 820, ergänzt durch BMF, Schreiben v. 6.11.2017, IV C 3 – S 2221/17/10006 :001, BStBl 2017 I S. 1455, BMF, Schreiben v. 28.9.2021, IV C 3 – S 2221/21/10016 :001, BStBl 2021 I 1833 sowie BMF, Schreiben v. 16.12.2021, IV C 3 – S 2221/20/10012 :002, BStBl 2022 I S. 155.

Sozialversicherung: Die Beitragspflicht von Betriebsrenten in der Kranken- und Pflegeversicherung ergibt sich aus § 229 Abs. 1 SGB V und § 57 Abs. 1 SGB XI. Weiterhin hat das Bundessozialgericht grundlegende Entscheidungen getroffen zur Beitragspflicht von aus eigenen finanziellen Mitteln erworbenen Ansprüchen auf eine Zusatzrente (BSG, Urteil v. 6.2.1992, 12 RK 37/91); zum hinreichenden Zusammenhang zwischen dem Erwerb der Leistungen aus der Lebensversicherung (Direktversicherung) und der Berufstätigkeit des Arbeitnehmers (BSG, Urteil v. 25.4.2007, B 12 KR 25/05 R); zu den beitragspflichtigen Versorgungsbezügen der Leistungen, die von einem privaten Versicherungsunternehmen aufgrund eines Gruppenversicherungsvertrags erbracht werden (BSG, Urteil v. 10.6.1988, 12 RK 35/86). Zur Verfassungsmäßigkeit der Beitragspflicht aus Direktversicherungsleistungen siehe BVerfG, Beschluss v. 7.4.2008, 1 BvR 1924/07.

Entgelt	LSt	SV
Renten aus Direktzusage oder Unterstützungskasse an sog. Werkspensionäre * Beitragspflicht nur in KV und PV	pflichtig	pflichtig*

Lohnsteuer

Besteuerung von Betriebsrenten

Erhält der Arbeitnehmer eine Betriebsrente, beruhen diese Zahlungen auf einem Versprechen des Arbeitgebers oder auf einer Vereinbarung mit dem Arbeitgeber, Leistungen einer ⇗ betrieblichen Altersversorgung zu erhalten. Diese Verpflichtung des Arbeitgebers wird als Versorgungszusage oder auch als Pensionszusage bezeichnet. Aufgrund einer Versorgungszusage erhält der Arbeitnehmer bei Erreichen der vereinbarten Altersgrenze oder im Invaliditätsfall laufende Rentenleistungen, die sog. Betriebsrente. Um diese Versorgungsansprüche finanziell abzusichern, bildet der Arbeitgeber (Pensions-)Rückstellungen und/oder er schließt eine Rückdeckungsversicherung ab.

Im Zeitpunkt einer solchen Versorgungszusage fließt dem Arbeitnehmer noch kein Arbeitslohn zu, weil der Arbeitnehmer keinen unmittelbaren Rechtsanspruch erwirbt. Steuerpflichtiger Arbeitslohn fließt erst im Zeitpunkt der Zahlung der Altersversorgungsleistungen an den Arbeitnehmer zu. Auch die Zuführungen des Arbeitgebers zur Pensionsrückstellung oder die Beiträge zur Rückdeckungsversicherung führen nicht zu steuerpflichtigem Arbeitslohn. Eine Steuerpflicht tritt erst im Versorgungsfall ein, wenn der Arbeitnehmer oder seine Hinterbliebenen eine Betriebsrente bzw. entsprechende Leistungen erhalten.

Die Betriebsrente stellt einen Teil der vom Arbeitgeber erbrachten Gegenleistung für die geleistete Arbeit des Arbeitnehmers dar. Folglich rechnet sie als Bezug aus dem früheren Dienstverhältnis zum Arbeitslohn und unterliegt dem Lohnsteuerabzug nach den individuellen Lohnsteuerabzugsmerkmalen (⇗ ELStAM).

Werbungskostenpauschbetrag von 102 EUR

In der Auszahlungsphase gelten für die Betriebsrenten bestimmte Sonderregelungen. So erhält der Versorgungsempfänger anstelle des Arbeitnehmer-Pauschbetrags einen jährlichen Werbungskosten-Pauschbetrag von 102 EUR.

Erhält der Versorgungsempfänger neben den ⇗ Versorgungsbezügen auch Arbeitslohn für eine aktive Tätigkeit, werden der Arbeitnehmer-Pauschbetrag und der Werbungskosten-Pauschbetrag abgezogen. Bei den Versorgungsbezügen wird der Werbungskosten-Pauschbetrag auch dann berücksichtigt, wenn für die aktive Tätigkeit höhere Werbungskosten als der Arbeitnehmer-Pauschbetrag angesetzt werden.

1 § 7 Abs. 4 Satz 1 BVV.

Steuerfreier Versorgungsfreibetrag und Zuschlag

Bezieher von Betriebsrenten erhalten einen steuermindernden Versorgungsfreibetrag und einen Zuschlag zum Freibetrag. Die Höhe der beiden Freibeträge ist abhängig vom Jahr des Versorgungsbeginns. Der Versorgungsfreibetrag berechnet sich nach einem bestimmten Prozentsatz. Der sich danach ergebende Betrag ist auf einen Höchstbetrag begrenzt. Bei Versorgungsbeginn in 2024 beträgt der Versorgungsfreibetrag 12,8 % der Versorgungsbezüge, max. 960 EUR (2023: 13,6 %, max. 1.020 EUR) und der Zuschlag zum Versorgungsfreibetrag 288 EUR (2023: 306 EUR) betragen. Beginnt der Versorgungsbezug erst 2040 oder später, wird weder ein Versorgungsfreibetrag noch ein Zuschlag gewährt.[1]

Um den mehrfachen Abzug des Zuschlags auszuschließen – etwa bei Betriebsrenten von mehreren Arbeitgebern –, wird dieser nur in den Steuerklassen I bis V berücksichtigt.[2] Hierdurch können sich bei Betriebsrentnern mit Steuerklasse VI höhere Lohnsteuerabzugsbeträge ergeben als letztlich an Einkommensteuer zu zahlen ist. Solch ein zu hoher Einbehalt wird im Rahmen einer Einkommensteuerveranlagung überprüft und ggf. berichtigt. Dort wird stets der zutreffende Zuschlag zum Versorgungsfreibetrag angesetzt und von der Summe aller Versorgungsbezüge abgezogen.

Der Arbeitgeber muss den Versorgungsfreibetrag sowie den Zuschlag zum Versorgungsfreibetrag als steuerfreie Teile beim Lohnsteuerabzug berücksichtigen.

Hinweis

Bei Wohnsitz im Ausland: Doppelbesteuerungsabkommen beachten

Hat der Bezieher einer Betriebsrente seinen Wohnsitz ins Ausland verlegt, ist nach dem ⇗ Doppelbesteuerungsabkommen mit demjenigen Land, in dem der Betriebsrentner nunmehr seinen Wohnsitz hat, zu prüfen, ob diesem Wohnsitzstaat das Besteuerungsrecht zusteht. Dies wird bei Betriebsrenten i. d. R. der Fall sein.

Auf Antrag erhält ein solcher Betriebsrentner vom inländischen Finanzamt eine Bescheinigung, dass seine Betriebsrente in Deutschland nicht dem Lohnsteuerabzug unterliegt. Weil der Betriebsrentner im Inland keinen Wohnsitz hat, ist das Betriebsstättenfinanzamt des Arbeitgebers dafür zuständig. Diese Bescheinigung muss der Arbeitnehmer seinem ehemaligen Arbeitgeber vorlegen, der dann die Betriebsrente ohne Lohnsteuerabzug auszahlen kann.

Renten, die ganz oder teilweise auf früheren Beitragsleistungen des Arbeitnehmers beruhen, sind kein Arbeitslohn (z. B. Altersrenten aus der gesetzlichen Rentenversicherung). Von solchen Renten ist lediglich ein sog. Ertragsanteil steuerpflichtig, der im Rahmen einer Veranlagung zur Einkommensteuer besteuert wird.

Sozialversicherung

Beitragsrechtliche Beurteilung

Betriebsrenten sind als ⇗ Versorgungsbezüge grundsätzlich beitragspflichtig in der Kranken- und Pflegeversicherung.[3] Bei der Berechnung der Beiträge zur Krankenversicherung ist im Jahr 2024 ein Freibetrag von 176,75 EUR (2023: 169,75 EUR) zu berücksichtigen. Wird dieser Wert überschritten, ist nur der überschreitende Betrag der Betriebsrente beitragspflichtig. Dieser Freibetrag gilt nicht für die Beitragsberechnung in der Pflegeversicherung. In der Pflegeversicherung handelt es sich um eine Freigrenze. Damit sind, abweichend von dem sonst üblichen Grundsatz „Pflegeversicherung folgt Krankenversicherung", regelmäßig unterschiedlich hohe beitragspflichtige Einnahmen in der Kranken- und in der Pflegeversicherung zu berücksichtigen. In der Pflegeversicherung ist also der ungekürzte Betrag der Betriebsrente beitragspflichtig.

Beispiel

Grundlagen der Beitragsbemessung

Die Betriebsrente wird i. H. v. monatlich 600 EUR gezahlt.

Ergebnis: Beiträge zur Krankenversicherung sind aus einem Betrag i. H. v. (600 EUR – 176,75 EUR =) 423,25 EUR, zur Pflegeversicherung aus einem Betrag in Höhe der Betriebsrente (= 600 EUR) zu entrichten.

Zu den beitragspflichtigen Versorgungsbezügen gehören auch Leistungen, die von einem privaten Versicherungsunternehmen aufgrund eines Gruppenversicherungsvertrags erbracht werden, der für die Mitglieder einer Berufsgruppe Leistungen im Falle der Berufsunfähigkeit, des Alters und des Todes vorsieht.[4]

Für die Beitragspflicht ist es ohne Bedeutung, ob die Zahlungen laufend oder als einmalige Kapitalleistung erfolgen.

In der Renten- und Arbeitslosenversicherung sind Betriebsrenten nicht beitragspflichtig.

Betriebssport

Betriebssport gewinnt in Betrieben als Maßnahme der allgemeinen Gesundheitsförderung immer mehr an Bedeutung. Er ist dadurch gekennzeichnet, dass der Arbeitgeber selbst Sportanlagen überlässt. Größere Firmen bieten Sportmöglichkeiten auf arbeitgebereigenen Anlagen an, andere übernehmen die Gebühren für die Anmietung von Tennis- und Golfplätzen oder Fitnessstudios. Die Überlassung betriebseigener Schwimmbäder und Sportplätze ist als Leistung im überwiegend betrieblichen Interesse für den Arbeitnehmer lohnsteuerfrei. Nutzt der Arbeitnehmer vom Arbeitgeber angemietete Tennis- oder Squashplätze, liegt hingegen grundsätzlich steuerpflichtiger Arbeitslohn vor.

Gesetze, Vorschriften und Rechtsprechung

Lohnsteuer: Die Frage, ob die Nutzung betriebseigener Sportanlagen Arbeitslohn ist oder nicht, richtet sich nach § 19 Abs. 1 EStG und § 2 LStDV. Die Überlassung von Tennis- und Squashplätzen als steuerpflichtiger geldwerter Vorteil ist ausdrücklich erwähnt in H 19.3 LStH „Beispiele".

Sozialversicherung: Bei Überlassung von Sportanlagen durch den Arbeitgeber besteht Beitragspflicht als laufendes Arbeitsentgelt nach § 14 SGB IV i. V. m. der Finanzrechtsprechung (BFH, Urteil v. 27.9.1996, VI R 44/96, USK 9645) soweit üblicherweise ein Entgelt zu zahlen ist.

Entgelt	LSt	SV
Nutzung betriebseigener Sportanlagen zur Verbesserung der Arbeitsbedingungen	frei	frei
Nutzung betriebseigener Sportanlagen nur für ausgewählte Arbeitnehmer	pflichtig	pflichtig
Überlassung von angemieteten Sportstätten	pflichtig	pflichtig
Zuschuss zu Mitgliedsbeiträgen in Sport- oder Fitnessstudios	pflichtig	pflichtig

1 Das Wachstumschancengesetz sieht eine Streckung der Abschmelzung des Versorgungsfreibetrags bis 2058 vor. Das Gesetzgebungsverfahren ist jedoch noch nicht abgeschlossen. Ggf. wird eine Änderung im Laufe des Jahres 2024 folgen.
2 § 39b Abs. 2 Satz 5 Nr. 1 EStG.
3 § 229 Abs. 1 Satz 1 Nr. 5 SGB V, § 57 Abs. 1 SGB XI.

4 BSG, Urteil v. 10.6.1988, 12 RK 35/86.

Lohnsteuer

Steuerfreie Leistungen im überwiegend betrieblichen Interesse

Leistungen des Arbeitgebers können schon von vornherein kein Arbeitslohn sein, wenn es sich um Vorteile handelt, die sich bei objektiver Würdigung aller Umstände nicht als Entlohnung, sondern lediglich als notwendige Begleiterscheinung betriebsfunktionaler Zielsetzungen erweisen. Aus den Begleitumständen wie z. B.

- Anlass,
- Art und Höhe des Vorteils,
- Auswahl der Begünstigten,
- freie oder nur gebundene Verfügbarkeit,
- Freiwilligkeit oder Zwang zur Annahme des Vorteils und
- die besondere Geeignetheit für den jeweils verfolgten betrieblichen Zweck

muss sich ergeben, dass diese Zielsetzung ganz im Vordergrund steht und ein damit einhergehendes eigenes Interesse des Mitarbeiters, den betreffenden Vorteil zu erlangen, vernachlässigt werden kann.[1]

Betriebliches und gleichzeitig privates Interesse

Eine Aufteilung von Sachzuwendungen (z. B. bei einer Sensibilisierungswoche) an Arbeitnehmer in Arbeitslohn und Zuwendungen im betrieblichen Eigeninteresse scheidet aus, wenn die Veranlassungsbeträge so ineinandergreifen, dass eine Trennung nicht möglich ist, und daher von einer einheitlich zu beurteilenden Zuwendung auszugehen ist.[2]

Maßnahmen zur Verbesserung der Gesundheit stehen aber immer auch im Interesse des Arbeitnehmers, weil es sich um ein höchstpersönliches Anliegen handelt. So sehen die Finanzgerichte stets ein erhebliches Eigeninteresse des Arbeitnehmers in der unentgeltlichen Nutzung von Sportanlagen.[3]

Überlassung betriebseigener Sportanlagen durch den Arbeitgeber

Die unentgeltliche Überlassung einer betriebseigenen Sportanlage durch den Arbeitgeber ist im Allgemeinen dann eine Leistung im ganz überwiegend betrieblichen Interesse und damit für den Arbeitnehmer kein Arbeitslohn, wenn das Interesse des Arbeitgebers an der Verbesserung der Arbeitsbedingungen im Vordergrund steht und nicht die Bereicherung des Arbeitnehmers. Dies gilt z. B. für die Überlassung betriebseigener Schwimmbäder oder Sportplätze, wenn diese für die gesamte Belegschaft offenstehen.

Steuerpflichtige Leistungen mit Entlohnungscharakter

Ist die Nutzung allerdings einzelnen Mitarbeitern vorbehalten, steht die Entlohnung dieser Mitarbeiter im Vordergrund. Die Nutzung führt bei diesen Arbeitnehmern daher zu steuerpflichtigem Arbeitslohn. Auch die Nutzung durch bereits ausgeschiedene Mitarbeiter ist regelmäßig ein geldwerter Vorteil.[4]

Bei der Überlassung angemieteter Tennis- und Squashplätze an Arbeitnehmer kann nicht von einem ganz überwiegenden betrieblichen Interesse ausgegangen werden. Die unentgeltliche Nutzung durch den Arbeitnehmer führt zu lohnsteuerpflichtigem Arbeitslohn, unabhängig davon, wie der Arbeitgeber die Nutzung der überlassenen Plätze im Einzelnen organisiert hat.[5] Ähnlich verhält es sich bei der Überlassung von

- Golfplätzen,
- Segelbooten und
- Reitpferden.

1 H 19.3 LStH „Allgemeines zum Arbeitslohnbegriff".
2 BFH, Urteil v. 21.11.2018, VI R 10/17, BStBl 2019 II S. 404.
3 FG Köln, Urteil v. 14.2.2013, 13 K 2940/12; BFH, Urteil v. 27.9.1996, VI R 44/96, BStBl 1997 II S. 146.
4 FG Köln, Urteil v. 14.02.2013, 13 K 2940/12.
5 BFH, Urteil v. 27.9.1996, VI R 44/96, BStBl 1997 II S. 146.

Die Höhe dieses geldwerten Vorteils bemisst sich nach dem Betrag, der normalerweise von einem Fremden im täglichen Wirtschaftsverkehr für die Überlassung bezahlt werden müsste. Eine Versteuerung unterbleibt allenfalls im Rahmen der 50-EUR-Freigrenze (bis 2021: 44-EUR-Freigrenze).[6]

Regelmäßig steht auch die Übernahme der Startgebühr für einen Firmenlauf und die Laufbekleidung nicht im eigenbetrieblichen Interesse des Arbeitgebers. Die Kostenübernahme ist deshalb als Arbeitslohn zu versteuern. Es kann sich auch um eine Betriebsveranstaltung handeln, wenn die allgemeinen Voraussetzungen erfüllt sind.

Steuerfreibetrag für betriebliche Gesundheitsförderung

Leistungen des Arbeitgebers zur Verbesserung des allgemeinen Gesundheitszustands und der ⇗ betrieblichen Gesundheitsförderung, die zusätzlich zum ohnehin geschuldeten Arbeitslohn erbracht werden, bleiben bis zu einem Betrag von 600 EUR jährlich steuerfrei.[7] Die Abgrenzung der unter die Steuerbefreiung fallenden Maßnahmen ist an die von den Krankenkassen zu erbringenden Leistungen i. S. d. §§ 20, 20a SGB V geknüpft. Seit dem 1.1.2019 neu eingeführte verhaltenspräventive Maßnahmen müssen zusätzlich zertifiziert sein.

Tipp

Betriebliche Gesundheitsförderung und Betriebssportanlagen kombinieren

Leistungen im ganz überwiegend eigenbetrieblichen Interesse werden nicht auf den Höchstbetrag von 600 EUR angerechnet. Der Arbeitgeber kann deshalb Betriebssportanlagen neben diesen Leistungen i. S. d. § 3 Nr. 34 EStG anbieten.

Tipp

Bewegte Mittagspause

Unter dem Präventionsprinzip „Gesundheitsförderliche Gestaltung betrieblicher Rahmenbedingungen" listet der Leitfaden Prävention die Initiierung betrieblicher Gruppenaktivitäten (Betriebssportgruppen, Organisation gezielter Ausgleichsaktivitäten wie z. B. „Aktivpausen", „Treppe statt Aufzug", „Mit dem Rad zur Arbeit") auf. Eine sog. „bewegte Mittagspause" kann deshalb als betriebliche Gesundheitsförderung nach § 20b SGB V eingestuft werden und bis zu 600 EUR jährlich steuerfrei bleiben.

Maßnahmen betrieblicher Gesundheitsförderung sollen möglichst unter Nutzung evidenzbasierter Konzepte im Rahmen eines strukturierten Prozesses umgesetzt werden. Da eine Trennung zwischen ⇗ betrieblicher Gesundheitsförderung (keine Zertifizierungspflicht) und Leistungen zur individuellen verhaltensbezogenen Prävention (Zertifizierungspflicht) in der Praxis nicht immer leicht ist, ist eine Abstimmung mit der Krankenkasse über die geplante Maßnahme empfehlenswert. Insbesondere wenn für das Pausenangebot externe Anbieter einbezogen werden, ist die Anbieterqualifikation anhand des Leitfadens zu prüfen.

Zuschuss zum Mitgliedsbeitrag von Fitnessstudios

Im Rahmen von sog. Firmenfitness-Mitgliedschaftsmodellen bieten Arbeitgeber ihren Beschäftigten Gesundheitsprogramme an, die eine weitreichende Nutzung von bundesweiten Verbundanlagen umfasst. Der geldwerte Vorteil aus der Nutzung von Sportanlagen aufgrund einer ⇗ Firmenfitness-Mitgliedschaft ist grundsätzlich steuerpflichtig. Dasselbe gilt für Zuschüsse zu Mitgliedsbeiträgen von einzelnen ⇗ Fitnessstudios.

6 § 8 Abs. 2 Satz 11 EStG.
7 § 3 Nr. 34 EStG.

Sozialversicherung

Überlassung betriebseigener Sportstätten

Sofern ein Arbeitgeber seinen Arbeitnehmern betriebseigene Sportstätten (z. B. Sportplatz, Fitnessraum, Schwimmbad etc.) unentgeltlich überlässt, geschieht dies beitragsfrei zur Sozialversicherung.[1] Es handelt sich um keinen geldwerten Vorteil für den Arbeitnehmer, weil eher betriebliche Interessen im Vordergrund stehen.

Anmietung von Sportstätten

Etwas anderes gilt allerdings bei der unentgeltlichen Überlassung von angemieteten Sportstätten (z. B. Tennisplätze). Hier steht nicht mehr das überwiegend betriebliche Interesse im Vordergrund. Weil sich der Arbeitnehmer hierdurch eigene Aufwendungen erspart, handelt es sich um einen steuer- und sozialversicherungspflichtigen ⇗ geldwerten Vorteil. Die Höhe des geldwerten Vorteils bemisst sich nach den lohnsteuerrechtlichen Regelungen für ⇗ Sachbezüge.

Kostenübernahme von Mitgliedsbeiträgen

Dem Arbeitnehmer entsteht ein beitragspflichtiger ⇗ geldwerter Vorteil, wenn der Arbeitgeber die Mitgliedsbeiträge des Arbeitnehmers eines Sportvereins oder Fitnessclubs übernimmt oder bezuschusst. Es handelt sich dabei nicht um Sachbezüge, sondern um Barzuwendungen. Die Höhe des beitragspflichtigen Entgelts bemisst sich nach dem Betrag, den sich der Arbeitnehmer erspart.

Achtung

Arbeitgeber schließt Vertrag mit einem Fitnessstudio ab

Ist der Arbeitgeber unmittelbarer Vertragspartner des Fitnessstudios und trägt die Mitgliedsbeiträge direkt, stellen die vom Arbeitgeber getragenen Beiträge für den Arbeitnehmer einen ⇗ Sachbezug dar. Die Sachbezugsgrenze von 50 EUR monatlich kann angewendet werden.

Unfallversicherungsschutz

Bieten Arbeitgeber ihren Mitarbeitern als Ausgleich für die Belastungen am Arbeitsplatz eine Möglichkeit zum Betriebssport an, so sind die Mitarbeiter währenddessen grundsätzlich gesetzlich unfallversichert.

Voraussetzung für den Unfallversicherungsschutz ist, dass der Betriebssport regelmäßig stattfindet und er einen klaren organisatorischen Bezug zum Arbeitgeber hat. Dies ist z. B. gegeben, wenn der Arbeitgeber die Örtlichkeit zur Verfügung stellt oder feste Zeiten vorgibt.

Die Mitarbeiter sind sowohl während dem Betriebssport selbst als auch auf dem Weg dorthin und zurück nach Hause oder zum Arbeitsplatz gesetzlich unfallversichert.

Etwas anders gilt bei einem betriebsinternen Fußballturnier. Das Turnier wird nicht als Betriebssport und nicht als Gemeinschaftsveranstaltung eingestuft. Folglich ist ein Unfall, der sich während eines solchen Turniers ereignet, kein Arbeitsunfall.[2]

Betriebsstätte

Eine lohnsteuerliche Betriebsstätte im Inland ist Voraussetzung für die Verpflichtung des Arbeitgebers zum Lohnsteuereinbehalt; zudem sind dort die Lohnunterlagen aufzubewahren.

Die Betriebsstätte ist der Betrieb oder Teilbetrieb des Arbeitgebers, in dem der für die Durchführung des Lohnsteuerabzugs maßgebende Arbeitslohn ermittelt wird. Es kommt also darauf an, wo die für den Lohnsteuerabzug maßgebenden Lohnteile zusammengestellt oder bei maschineller Lohnabrechnung die für den Lohnsteuerabzug maßgebenden Eingabewerte festgestellt werden.

Für die Bestimmung der lohnsteuerlichen Betriebsstätte ist nicht entscheidend, wo sich die Tätigkeitsstätte des Arbeitnehmers befindet, wo die Berechnung der Lohnsteuer vorgenommen wird oder wo die für den Lohnsteuerabzug maßgebenden Unterlagen tatsächlich aufbewahrt werden.

Sozialversicherungsrechtlich wird der Begriff „⇗ Beschäftigungsort" verwendet.

Gesetze, Vorschriften und Rechtsprechung

Lohnsteuer: Der lohnsteuerliche Betriebsstättenbegriff wird in § 41 Abs. 2 EStG sowie R 41.3 LStR bestimmt; besondere Finanzamtszuständigkeiten regelt H 41.3 LStH. Dieser Betriebsstättenbegriff kann von der Betriebsstätte nach § 12 AO und der nach den DBA-Regelungen abweichen.

Lohnsteuer

Begriff der Betriebsstätte

Eine lohnsteuerliche Betriebsstätte ist der Betrieb oder Teil des Betriebs des Arbeitgebers, in dem der für die Durchführung des Lohnsteuerabzugs maßgebende Arbeitslohn ermittelt wird. Wird der maßgebende Arbeitslohn nicht in dem Betrieb oder einem Teil des Betriebs des Arbeitgebers oder nicht im Inland ermittelt, so gilt als Betriebsstätte der Mittelpunkt der geschäftlichen Leitung des Arbeitgebers im Inland. Als Betriebsstätte gilt auch der inländische Heimathafen deutscher Handelsschiffe, wenn die Reederei im Inland keine Niederlassung hat.[3]

Zulässig ist es, die Lohnsteuerberechnung der Arbeitnehmer eines Teilbetriebs oder einer anderen Untergliederung des Unternehmens zum Teil am Ort des Teilbetriebs und zum Teil bei der Zentrale durchzuführen. Dann bestehen für die beiden Gruppen von Arbeitnehmern verschiedene Betriebsstätten. Eine Einrichtung, die im Auftrag anderer Unternehmen in ihrem Rechenzentrum die Lohn- und Gehaltsabrechnung für deren Arbeitnehmer einschließlich der Lohnkontenführung vornimmt, wird nicht als Betriebsstätte der Auftraggeber angesehen.

Eine Betriebsstätte i. S. d. Lohnsteuerrechts setzt keinen Betrieb im allgemeinen Sinne voraus. Auch Privatpersonen, die z. B. Hausangestellte beschäftigen, haben eine Betriebsstätte.

Die lohnsteuerliche Betriebsstätte legt letztlich fest,

- wo die ⇗ Lohnkonten für die Arbeitnehmer zu führen sind[4],
- an welches Finanzamt die einbehaltene Lohnsteuer abzuführen und die ⇗ Lohnsteuer-Anmeldung abzugeben ist,
- welches Finanzamt für die ⇗ Lohnsteuer-Außenprüfung zuständig ist,
- von welchem Finanzamt eine ⇗ Anrufungsauskunft einzuholen ist und
- an welches Finanzamt eine von der Haftung befreiende Anzeige über zu wenig einbehaltene Lohnsteuer zu richten ist.[5]

Das ⇗ Finanzamt der Betriebsstätte ist auch zuständig für die Genehmigung einer Pauschalierung der Lohnsteuer nach § 40 EStG und die Erteilung von Bescheinigungen über die beschränkte Lohnsteuerpflicht von Arbeitnehmern.[6]

Lohnsteueraufkommen

Verschiebungen im Lohnsteueraufkommen, die sich dadurch ergeben, dass bei zentralen Entgeltabrechnungsstellen die einbehaltene Lohnsteuer nur einem Bundesland anstatt mehreren Bundesländern zufließt, sind für die Arbeitgeber unbedeutend. Es ist in erster Linie Aufgabe des Finanzausgleichs zwischen den Bundesländern, solche Verschiebungen des Steueraufkommens auszugleichen.

1 § 1 SvEV i. V. m. § 19 Abs. 1 EStG und § 2 LStDV.
2 BSG, Urteil v. 28.6.2022, B 2 U 8/20 R.

3 § 41 Abs. 2 EStG.
4 § 41 Abs. 1 EStG.
5 § 41c Abs. 4 EStG.
6 § 39 Abs. 2 EStG.

Betriebsstättenfinanzamt

Betriebsstättenfinanzamt ist das Finanzamt, in dessen Bezirk sich die lohnsteuerliche Betriebsstätte des Arbeitgebers befindet. Beim Betriebsstättenfinanzamt ist die Lohnsteueranmeldung abzugeben und die einbehaltene Lohnsteuer abzuführen.

Gesetze, Vorschriften und Rechtsprechung

Lohnsteuer: Die Bestimmung der lohnsteuerlichen Betriebsstätte ergibt sich aus § 41 Abs. 2 EStG. Die Definition des Betriebsstättenfinanzamts ist in § 41a Abs. 1 Nr. 1 EStG festgelegt. Ergänzende Bestimmungen enthält Abschnitt R 41.3 LStR. Genauere Informationen zur Zuständigkeit bei beschränkt steuerpflichtigen Arbeitnehmern gibt das LfSt Bayern, Verfügung v. 18.3.2019, S 0122.2.1-1/9.

Lohnsteuer

Lohnsteuerrechtliche Betriebsstätte

Betriebsstätte im Sinne des Lohnsteuerrechts ist der Betrieb oder Betriebsteil des Arbeitgebers, in dem der für die Durchführung des Lohnsteuerabzugs maßgebende Arbeitslohn ermittelt wird.[1] Entscheidend ist, wo die für den Lohnsteuerabzug maßgebenden Entgeltbestandteile zusammengestellt oder bei maschineller Entgeltabrechnung die für den Lohnsteuerabzug maßgebenden Eingabewerte festgestellt werden. Es kommt nicht darauf an, wo die Berechnung der Lohnsteuer vorgenommen wird und wo die für den Lohnsteuerabzug maßgebenden Unterlagen aufbewahrt werden.[2]

Ort der Geschäftsleitung als lohnsteuerrechtliche Betriebsstätte

Wird der maßgebende Arbeitslohn nicht in dem Betrieb oder Betriebsteil des Arbeitgebers oder nicht im Inland ermittelt, so gilt als Betriebsstätte der Mittelpunkt der geschäftlichen Leitung des Arbeitgebers im Inland.

Eine Betriebsstätte im Sinn des Lohnsteuerrechts setzt keinen Betrieb im allgemeinen Sinn voraus. Auch Privatpersonen, die z. B. Hausangestellte beschäftigen, haben eine Betriebsstätte. Im Übrigen ist nicht erforderlich, dass es sich bei der Betriebsstätte zugleich um die Arbeitsstätte des Arbeitnehmers handelt.

Arbeitgeber mit mehreren Betriebsstätten

Hat ein Unternehmen an verschiedenen Orten Zweigniederlassungen und wird der maßgebende Arbeitslohn teilweise am Sitz der Hauptverwaltung und teilweise in den einzelnen Zweigniederlassungen ermittelt, z. B. der Arbeitslohn der Arbeiter und Lehrlinge am Ort der Zweigniederlassung, in der sie tätig sind und das Gehalt der leitenden Angestellten am Sitz der Hauptverwaltung unabhängig davon, wo diese ihre Tätigkeit tatsächlich ausüben, so ist jede einzelne Zweigniederlassung sowie der Sitz der Hauptverwaltung für sich eine Betriebsstätte im lohnsteuerlichen Sinn. Es handelt sich dann um einen Arbeitgeber mit mehreren Betriebsstätten.

Ein selbstständiges Dienstleistungsunternehmen, das im Auftrag anderer Unternehmen in seinem Rechenzentrum die Lohn- und Gehaltsabrechnung für deren Arbeitnehmer einschließlich der Lohnkontenführung vornimmt, wird dagegen nicht als Betriebsstätte der Auftraggeber/Arbeitgeber angesehen.[3]

Hinweis

Übernahme der lohnsteuerlichen Pflichten durch Dritte

Hiervon zu unterscheiden ist der Fall, dass ein solcher Dritter sich gegenüber dem Arbeitgeber verpflichtet hat, dessen gesamte lohnsteuerlichen Pflichten im eigenen Namen zu erfüllen. Stimmt das Betriebsstättenfinanzamt des Dritten im Einvernehmen mit dem Betriebsstättenfinanzamt des Arbeitgebers dem zu, so tritt der Dritte nach § 38 Abs. 3a EStG an die Stelle des Arbeitgebers. Das bedeutet allerdings nicht, dass der Dritte selbst zum Arbeitgeber der Arbeitnehmer wird, deren Lohnsteuer er einbehält, anmeldet und abführt.

Erfüllt der Dritte die lohnsteuerlichen Pflichten des Arbeitgebers, so haftet er z. B. neben dem Arbeitgeber und dem Arbeitnehmer als Gesamtschuldner. Die Einbeziehung des Dritten in die Gesamtschuldnerschaft ist erforderlich, weil sich Lohnsteuerfehlbeträge auch aus dessen Handeln ergeben können. Der Arbeitgeber kann nicht aus der Gesamtschuldnerschaft entlassen werden, weil Fehlbeträge auch auf falschen Angaben gegenüber dem Dritten beruhen können. Bei der Ermessensentscheidung, welcher Gesamtschuldner in Anspruch genommen werden soll, ist allerdings zu berücksichtigen, wer den Fehlbetrag zu vertreten hat.

Besondere Geschäftseinrichtungen als Betriebsstätte

Als Betriebsstätte gilt nicht nur eine feste Geschäftseinrichtung oder Anlage, die der Tätigkeit eines Unternehmens dient; Betriebsstätten sind vielmehr auch Landungsbrücken, Kontore und sonstige Geschäftseinrichtungen, die einem Unternehmer, Mitunternehmer oder seinem ständigen Vertreter, z. B. einem Prokuristen, zur Ausübung des Gewerbes dienen. Als Betriebsstätte gilt auch der inländische Heimathafen deutscher Seeschiffe, wenn die Reederei im Inland keine Niederlassung hat.[4]

Inländische Betriebsstätte bei ausländischen Arbeitgebern

Bei einem ausländischen Arbeitgeber mit Wohnsitz und Geschäftsleitung im Ausland, der im Inland einen ständigen Vertreter hat[5], aber keine Betriebsstätte unterhält, gilt als Mittelpunkt der geschäftlichen Leitung der Wohnsitz oder der gewöhnliche Aufenthalt des ständigen Vertreters.[6]

Der Begriff der Betriebsstätte ist vor allem von Bedeutung für die Frage, wo die Lohnkonten für die Arbeitnehmer zu führen sind[7], aber auch für die Bestimmung des Betriebsstättenfinanzamts.

Zuständigkeiten des Betriebsstättenfinanzamts

Das Betriebsstättenfinanzamt ist das Finanzamt, in dessen Bezirk sich die lohnsteuerliche Betriebsstätte des Arbeitgebers befindet. Bei diesem Finanzamt ist die Lohnsteuer-Anmeldung abzugeben und die einbehaltene Lohnsteuer abzuführen.[8]

Es ist ebenfalls für alle anderen das Lohnsteuerverfahren betreffenden Pflichten und Rechte des Arbeitgebers zuständig. So hat der Arbeitgeber eine ⇗ Anrufungsauskunft an das Finanzamt seiner lohnsteuerlichen Betriebsstätte zu richten, wenn sie Bindungswirkung entfalten soll.

An das Betriebsstättenfinanzamt ist auch eine von der Haftung (Rückforderung) befreiende Anzeige über zu wenig einbehaltene Lohnsteuer zu richten.[9]

Weitere Zuständigkeiten des Betriebsstättenfinanzamts

Das Betriebsstättenfinanzamt ist ferner zuständig für die

- ⇗ Durchführung einer Lohnsteuer-Außenprüfung[10],
- Erteilung einer ⇗ Anrufungsauskunft[11],
- Genehmigung einer Pauschalierung der Lohnsteuer nach § 40 Abs. 1 EStG oder § 37a EStG,
- Erteilung von Bescheinigungen über die Lohnsteuerbefreiung einzelner Arbeitnehmer aufgrund von Doppelbesteuerungsabkommen[12],
- Erteilung einer Identifikationsnummer (IdNr) für beschränkt steuerpflichtige Arbeitnehmer[13, 14] und
- Ausfertigung von Bescheinigungen über die bei der Lohnsteuerberechnung für beschränkt steuerpflichtige Arbeitnehmer zu berücksichtigenden steuerfreien Beträge und Kinderfreibeträge.[15]

1 § 41 Abs. 2 EStG.
2 R 41.3 LStR.
3 R 41.3 LStR.

4 § 41 Abs. 2 Satz 3 EStG.
5 § 13 AO.
6 R 41.3 LStR.
7 § 41 Abs. 1 EStG.
8 § 41a Abs. 1 EStG.
9 § 41c Abs. 4 EStG.
10 § 42f EStG.
11 § 42e EStG.
12 § 39b Abs. 6 EStG.
13 § 39 Abs. 3 EStG.
14 BMF, Schreiben v. 7.11.2019, IV C 5 – S 2363/19/10007 :001, BStBl 2019 I S. 1087.
15 § 39d Abs. 1 EStG.

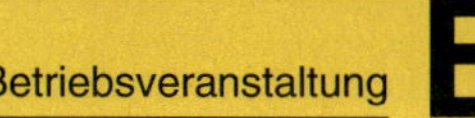

Zuständigkeit für Arbeitnehmer ohne Wohnsitz oder gewöhnlichen Aufenthalt im Inland

Das Betriebsstättenfinanzamt ist auch für die Bildung und die Änderung der Lohnsteuerabzugsmerkmale zuständig, wenn der Arbeitnehmer ↗ beschränkt einkommensteuerpflichtig ist.[1, 2] Wurde diesen Arbeitnehmern keine Identifikationsnummer zugeteilt, hat ihnen das Betriebsstättenfinanzamt auf Antrag eine Bescheinigung für den Lohnsteuerabzug auszustellen[3], die der Arbeitnehmer dem Arbeitgeber zu Beginn des Kalenderjahres oder beim Eintritt in das Dienstverhältnis vorlegen muss.

Erst mit dem Veranlagungszeitraum, in dem die unbeschränkte Steuerpflicht besteht, bestimmt sich die örtliche Zuständigkeit nach dem Wohnsitzfinanzamt.[4] Das Wohnsitzfinanzamt ist das Finanzamt, in dessen Bezirk der Arbeitnehmer seinen Wohnsitz oder in Ermangelung eines Wohnsitzes seinen gewöhnlichen Aufenthalt hat.

Betriebsveranstaltung

Betriebsveranstaltungen sind Veranstaltungen auf betrieblicher Ebene, die gesellschaftlichen Charakter haben. Als übliche Betriebsveranstaltungen gelten z. B. Betriebsausflüge, Weihnachtsfeiern und Jubiläumsfeiern. Zuwendungen des Arbeitgebers an die Arbeitnehmer im Rahmen einer Betriebsveranstaltung gehören regelmäßig nicht zum lohnsteuerpflichtigen Arbeitslohn, wenn es sich um übliche Zuwendungen handelt. Übliche Zuwendungen sind z. B. Speisen und Getränke, die Übernahme von Übernachtungskosten, Eintrittskarten, Geschenke oder Aufwendungen für „den äußeren Rahmen". Zur Abgrenzung zwischen lohnsteuerfreien und lohnsteuerpflichtigen Betriebsveranstaltungen gilt ein Freibetrag, sofern die Teilnahme allen Betriebsangehörigen (auch Aushilfskräften) offensteht. Ergeben sich lohnsteuerpflichtige geldwerte Vorteile, kann der Arbeitgeber die Lohnsteuer pauschal mit 25 % erheben.

Gesetze, Vorschriften und Rechtsprechung

Lohnsteuer: Einzelheiten zum Begriff der Betriebsveranstaltung und der Frage, ob und in welcher Höhe ggf. Arbeitslohn vorliegt, regelt § 19 Abs. 1 Nr. 1a EStG. Ergänzende Regelungen enthält das Lohnsteuer-Handbuch in H 19.5 LStH. Zweifelsfragen bei der Anwendung der gesetzlichen Regelung klärt das BMF, Schreiben v. 14.10.2015, IV C 5 – S 2332/15/10001, BStBl 2015 I S. 832. Die Lohnsteuerpauschalierung steuerpflichtiger geldwerter Vorteile aufgrund einer Betriebsveranstaltung regelt § 40 Abs. 2 Satz 1 Nr. 2 EStG. Das LfSt Bayern, 22.11.2017, S 2371.1.1 – 3/1 St 31 fasst die einkommensteuerliche, lohnsteuerliche und umsatzsteuerliche Behandlung zusammen.

Sozialversicherung: Die Beitragsfreiheit basiert auf der Lohnsteuerfreiheit und ist in § 1 Abs. 1 Satz 1 SvEV geregelt.

Entgelt	LSt	SV
Zuwendung aus Betriebsfeiern bis 110 EUR je Arbeitnehmer	frei	frei
Zuwendung aus Betriebsfeiern über 110 EUR je Arbeitnehmer, übersteigender Betrag	pflichtig	pflichtig
Zuwendung aus mehr als 2 Betriebsfeiern pro Jahr und pro Arbeitnehmer	pflichtig	pflichtig
Zuwendung aus Betriebsfeiern, wenn pauschal mit 25 % versteuert	pauschal	frei

1 § 39 Abs. 2 EStG.
2 LfSt Bayern, Verfügung v. 18.3.2019, S 0122.2.1-1/9.
3 § 39 Abs. 3 EStG.
4 § 19 Abs. 1 AO.

Lohnsteuer

Begriff der Betriebsveranstaltung

Eine Betriebsveranstaltung ist eine vom Betrieb organisierte Zusammenkunft der Betriebsleitung mit der Belegschaft aus besonderem Anlass, die den Charakter einer Gesellschaftsveranstaltung und Feier hat, z. B. Jubiläums- und Weihnachtsfeiern sowie Betriebsausflüge.[5] Eine Feier in diesem Sinne ist anzunehmen, wenn die Betriebsveranstaltung ein gewisses Eigengewicht hat. Sie muss über den Rahmen einer bloßen Geschenkverteilung hinausgehen.[6] Dies ist z. B. der Fall, wenn Festvorträge, Musikvorführungen, Bewirtung und Genussmittel dargeboten werden.

Für die Frage, ob eine betriebliche Veranstaltung zu den Betriebsveranstaltungen rechnet, spielt es keine Rolle, ob die Veranstaltung vom Arbeitgeber oder vom Betriebsrat (Personalrat) veranstaltet wird. Eine Betriebsveranstaltung liegt bereits vor, wenn arbeitgeberseitig eine Veranstaltung durchgeführt wird, die

- geselligen Charakter hat und
- an der überwiegend die eigenen Arbeitnehmer teilnehmen.[7]

Der Teilnehmerkreis muss sich überwiegend aus Betriebsangehörigen, deren Begleitpersonen und ggf. Leiharbeitnehmern oder Arbeitnehmern anderer Unternehmen im Konzernverbund zusammensetzen.

Kriterien für Steuerfreiheit

Ist der Begriff der Betriebsveranstaltung erfüllt, ist die Lohnsteuerfreiheit der vom Arbeitgeber gewährten Zuwendung anlässlich einer solchen Veranstaltung an 3 Kriterien geknüpft. Die Kosten einer Betriebsveranstaltung führen danach beim Arbeitnehmer nicht zum Lohnzufluss,

- soweit die Teilnahme allen Arbeitnehmern offensteht,
- nicht mehr als 2 begünstigte Veranstaltungen pro Jahr durchgeführt werden und
- die Obergrenze von 110 EUR inkl. Umsatzsteuer pro Veranstaltung und teilnehmenden Arbeitnehmer nicht überschritten wird.[8]

Hinweis

Anhebung des Freibetrags auf 150 EUR geplant

Das Wachstumschancengesetz sah für Betriebsveranstaltungen ab 1.1.2024 eine Anhebung des Freibetrags auf 150 EUR pro Arbeitnehmer für max. 2 Veranstaltungen pro Jahr vor. Da das Gesetzgebungsverfahren noch nicht abgeschlossen ist, kann es im Laufe des Jahres 2024 zu einer Änderung kommen. Bis zur Verabschiedung eines Gesetzes gilt aber weiterhin der Freibetrag von 110 EUR.

Offene Teilnahme an der Betriebsveranstaltung

Begrenzter Teilnehmerkreis kann schädlich sein

Die Anwendung des Freibetrags setzt voraus, dass die Möglichkeit der Teilnahme seitens der Firma allen Betriebsangehörigen angeboten wird. Für die Anwendbarkeit der Steuerbefreiung muss die Teilnahme allen Arbeitnehmern offenstehen; der Teilnehmerkreis darf sich nicht als Bevorzugung bestimmter Arbeitnehmergruppen darstellen. Eine unzulässige Bevorzugung kann sich durch die Auswahl des Teilnehmerkreises nach der Stellung des Arbeitnehmers, nach der Gehaltsgruppe, nach der Dauer der Betriebszugehörigkeit oder nach besonderen Leistungskriterien ergeben.

5 BMF, Schreiben v. 14.10.2015, IV C 5 – S 2332/15/10001, BStBl 2015 I S. 832, Tz. 2.
6 BFH, Urteil v. 9.6.1978, VI R 197/75, BStBl 1978 II S. 532.
7 § 19 Abs. 1 Nr. 1a EStG.
8 § 19 Abs. 1 Nr. 1a Satz 3 EStG. Das Gesetzgebungsverfahren, das eine Anhebung des Werts vorsieht, ist noch nicht abgeschlossen. Ggf. wird eine Änderung im Laufe des Jahres 2024 folgen.

Wichtig

Offene Teilnahme als Voraussetzung für den Freibetrag

Die gesetzliche Begriffsbestimmung der Betriebsveranstaltung[1] weicht von der bis Ende 2014 gültigen Formulierung in den LStR in einem entscheidenden Punkt ab. Die vorherige Definition der Betriebsveranstaltung verlangte, dass der Arbeitgeber die Teilnahmemöglichkeit an der Veranstaltung allen Arbeitnehmern bzw. Arbeitnehmern einer Abteilung/Organisationseinheit seines Betriebs eingeräumt hat. Nach dem Gesetzeswortlaut ist für den Begriff der Betriebsveranstaltung nicht mehr erforderlich, dass die Teilnahme allen Arbeitnehmern offensteht.[2] Lediglich für die Berücksichtigung des Freibetrags muss jedoch die Teilnahme – wie bisher – allen Arbeitnehmern möglich sein.

Begünstigte Veranstaltungen trotz begrenztem Teilnehmerkreis

Auch bei einer Begrenzung des Teilnehmerkreises kann eine in Höhe des Freibetrags begünstigte Betriebsveranstaltung vorliegen, wenn diese sich aus einer horizontalen Auswahl der Mitarbeiter ergibt. Keine Bevorzugung einer bestimmten Arbeitnehmergruppe stellt die aus einer der „horizontalen Beteiligung" resultierende Begrenzung auf bestimmte Unternehmenseinheiten dar. Eine Beschränkung auf einzelne Abteilungen bei größeren Firmen ist naturgemäß unschädlich. Es werden ausdrücklich auch Veranstaltungen begünstigt, die sich auf einen Betriebsteil beschränken, soweit alle Mitarbeiter dieses Betriebsteils eingeladen sind.[3] Die bisherigen Verwaltungsanweisungen zu Abteilungsfeiern gelten weiter.[4]

Als Betriebsveranstaltungen werden deshalb auch anerkannt:

- Veranstaltungen für eine Organisationseinheit des Betriebs (Werk, Abteilung), wenn alle Angehörigen dieser Einheit teilnehmen können. Nicht erforderlich ist, dass anderen Einheiten eine (gleichwertige) Betriebsfeier zugestanden wird.[5]
- Pensionärstreffen für alle früheren Arbeitnehmer im Ruhestand.
- Jubilarfeiern, wenn diese für mehrere Arbeitnehmer mit rundem (10-, 20-, 25-, 30-, 40-, 50- oder 60-jährigem) Dienstjubiläum zusammengefasst werden, auch wenn neben den Jubilaren noch ein begrenzter Kreis von engeren Mitarbeitern usw. eingeladen ist.[6]

Hinweis

Ehrung einzelner Mitarbeiter ist keine Betriebsveranstaltung

Keine Betriebsveranstaltungen sind betriebliche Feiern zur Ehrung oder Verabschiedung eines einzelnen Arbeitnehmers sowie anlässlich eines runden Arbeitnehmergeburtstags.

Bei den Veranstaltungen können aber übliche Sachzuwendungen bis 110 EUR unter dem Gesichtspunkt des ganz überwiegend betrieblichen Interesses ebenfalls lohnsteuerfrei bleiben. Der seit 2015 geltende 110-EUR-Freibetrag für Betriebsveranstaltungen findet aber für diese Veranstaltungen keine Anwendung. Für die Steuerfreiheit dieser „Betriebsveranstaltungen ähnlichen Feiern" ist eine 110-EUR-Freigrenze maßgebend.[7] Bei Überschreiten der Grenze von 110 EUR pro Teilnehmer ist der gesamte (und nicht nur der übersteigende) Betrag lohnsteuerpflichtiger Arbeitslohn.

Noch nicht geklärt ist, ob die Finanzverwaltung die Freigrenze betragsmäßig an den für Betriebsveranstaltungen geltenden Freibetrag anpassen wird, sofern dieser künftig erhöht wird.

Jubiläums- und Abteilungsfeiern

Als Betriebsveranstaltungen werden auch Veranstaltungen anerkannt, die nur für eine Organisationseinheit des Betriebs (z. B. Abteilung) durchgeführt werden. Danach sind auch Feiern begünstigt, zu denen nur alle früheren Arbeitnehmer des Unternehmens (Pensionärstreffen) oder nur solche Arbeitnehmer eingeladen werden, die bereits im Unternehmen ein rundes (10-, 20-, 25-, 30-, 40-, 50-, 60-jähriges) Arbeitnehmerjubiläum gefeiert haben oder in Verbindung mit der Betriebsveranstaltung feiern (Jubilarfeiern). Dabei kann statt des 40-, 50- oder 60-jährigen Arbeitnehmerjubiläums auch ein anderer Zeitpunkt zum Anlass für die Jubilarfeier genommen werden, wenn dieser Zeitpunkt höchstens 5 Jahre vor diesen 40-, 50- oder 60-jährigen Jubiläen liegt.

Eine Jubilarfeier wird also auch dann als Betriebsveranstaltung anerkannt, wenn z. B. an einer 40-jährigen Jubilarfeier Arbeitnehmer teilnehmen, deren 40-jähriges Arbeitnehmerjubiläum erst in 5 Jahren eintritt. Im Übrigen liegt eine Jubilarfeier auch dann vor, wenn neben den Jubilaren ein begrenzter Kreis anderer Arbeitnehmer, wie z. B. die engeren Mitarbeiter des Jubilars, eingeladen wird.

Wichtig

Arbeitsessen ist keine Betriebsveranstaltung

Keine Betriebsveranstaltungen sind Arbeitsessen, betriebliche Feiern zur Ehrung oder Verabschiedung eines einzelnen Arbeitnehmers sowie anlässlich eines runden Arbeitnehmergeburtstags. Bei den letztgenannten Veranstaltungen können aber übliche Sachzuwendungen bis 110 EUR steuerfrei bleiben (Freigrenze).[8] Der 110-EUR-Freibetrag für Betriebsveranstaltungen darf für diese Veranstaltungen aber nicht angewendet werden.

Maximal 2 Betriebsveranstaltungen jährlich

Die Begrenzung auf 2 Betriebsveranstaltungen im Kalenderjahr ist nicht veranstaltungsbezogen, sondern arbeitnehmerbezogen. Nimmt der Arbeitnehmer an mehr als 2 Betriebsveranstaltungen im Kalenderjahr teil, scheidet die Berücksichtigung des Freibetrags von bis zu 110 EUR aus. Dies gilt auch für zusätzlich zu 2 betrieblichen Veranstaltungen durchgeführte Jubilars- oder Pensionärsfeiern. Ab der 3. Betriebsveranstaltung tritt Lohnsteuerpflicht ein.[9]

Ausnahme für Personalchefs oder Betriebsratsmitglieder

Ausnahmen bestehen für Arbeitnehmer, die aufgrund ihrer dienstlichen Funktion an mehreren Betriebsfeiern teilnehmen, etwa Betriebsratsmitglieder oder Arbeitnehmer der Firmenleitung. Der auf diese Arbeitnehmer entfallende Kostenanteil ist kein Arbeitslohn, weil sie aus betrieblichen Gründen mehr als 2 Betriebsveranstaltungen aufsuchen; die mehrfache Teilnahme dient der Erfüllung beruflicher Aufgaben.

Besteuerungswahlrecht bei mehr als 2 Veranstaltungen jährlich

Bei mehr als 2 Feiern jährlich kann der Arbeitgeber die beiden üblichen Veranstaltungen selbst bestimmen.[10] Der Arbeitgeber kann unabhängig von der zeitlichen Reihenfolge die für ihn steuerlich günstigste Lösung wählen und die Betriebsveranstaltung mit den niedrigsten Kosten als 3. und damit lohnsteuerpflichtige auswählen. Das Wahlrecht kann auch noch bei einer ⇗ Lohnsteuer-Außenprüfung ausgeübt werden.

Wichtig

Arbeitnehmerbezogener Nachweis der Teilnahme an mehr als 2 Veranstaltungen

Die arbeitnehmerbezogene Begrenzung auf 2 begünstigte Betriebsveranstaltungen erfordert im Lohnbüro einen deutlich höheren Aufzeichnungsaufwand. Es muss nicht nur das bisherige Teilnehmerverzeichnis für jede einzelne Betriebsveranstaltung geführt werden. Zusätzlich ist namentlich festzuhalten, an welchen der mehr als 2 Betriebsveranstaltungen pro Jahr der einzelne Arbeitnehmer tatsächlich teilgenommen hat. Hier hat es die Firma in der Hand, weiterhin die bisherige veranstaltungsbezogene Besteuerung der 3. Betriebsveranstaltung in Anspruch zu nehmen, wenn auf die arbeitnehmerbezogene Nachweisführung der Teilnahmezahl verzichtet wird.

1 § 19 Abs. 1 Nr. 1a Satz 1 EStG.
2 S. aber OFD Nordrhein-Westfalen v. 4.10.2016, Kurzinformation LSt Nr. 02/2016.
3 § 19 Abs. 1 Nr. 1a Satz 3 EStG.
4 BMF, Schreiben v. 14.10.2015, IV C 5 – S 2332/15/10001, BStBl 2015 I S. 832, Tz. 4b.
5 BFH, Urteil v. 4.8.1994, VI R 61/92, BStBl 1995 II S. 59.
6 R 19.5 Abs. 2 Nr. 3 LStR.
7 R 19.3 Abs. 2 Nrn. 3, 4 LStR. Die Regelungen der LStR sind auch für Zeiträume ab 2015 anzuwenden.
8 R 19.3 Abs. 2 Nr. 3, 4 LStR.
9 BFH, Urteil v. 16.11.2005, VI R 68/00, BStBl 2006 II S. 440.
10 R 19.5 Abs. 3 Satz 4 LStR.

Mehrtägige Veranstaltungen

Im Rahmen des Freibetrags können auch mehrtägige Betriebsveranstaltungen lohnsteuerfrei bleiben. Der Freibetrag verdoppelt sich nicht bei einem 2-tägigen Firmenausflug. Nur soweit der Gesamtaufwand der (mehrtägigen) Betriebsfeier den Freibetrag überschreitet, ist der übersteigende Teil der Zuwendungen als steuerpflichtiger Arbeitslohn anzusehen. Wird der Freibetrag nicht überschritten, sind die Zuwendungen anlässlich der Betriebsveranstaltung auch bei einer 2- oder mehrtägigen Betriebsveranstaltung steuerfrei.

110-EUR-Freibetrag

Zuwendungen aus Anlass einer Betriebsveranstaltung bleiben für die Teilnahme an max. 2 Betriebsveranstaltungen bis zur Obergrenze von 110 EUR steuerfrei, nur der 110 EUR übersteigende Betrag ist steuerpflichtig. Dieser einheitliche Höchstbetrag gilt für alle Arbeitnehmer.[1] Er kann nicht verdoppelt werden, wenn der Arbeitgeber lediglich eine einzige Betriebsveranstaltung durchführt. Außerdem kann ein für eine Betriebsveranstaltung nicht ausgeschöpfter Freibetrag nicht teilweise auf die andere zweite Betriebsveranstaltung übertragen werden.

Berechnung der steuerpflichtigen Zuwendung

Ermittlung der als Bemessungsgrundlage

Die Ermittlung der Bemessungsgrundlage wird typisierend nach dem Umfang der insgesamt für die Betriebsveranstaltung angefallenen Aufwendungen und dem sich ergebenden Pro-Kopf-Anteil für den teilnehmenden Arbeitnehmer bestimmt. In die Berechnung sind nur die Arbeitgeberleistungen einzubeziehen, nicht dagegen die von dem Arbeitnehmer selbst getragenen Kosten.[2]

Ermittlung der Pro-Kopf-Zuwendungen

Im Anschluss an die Ermittlung der Bemessungsgrundlage sind die (Brutto-)Gesamtkosten des Arbeitgebers auf den Arbeitnehmer und dessen Begleitpersonen zu verteilen. Abzustellen für die Pro-Kopf-Aufteilung ist auf die Anzahl der tatsächlich anwesenden Arbeitnehmer und Begleitpersonen, nicht auf die Anzahl der angemeldeten Arbeitnehmer.[3] Die Berechnung des Freibetrags von 110 EUR bestimmt sich nach dem Gesetzeswortlaut nach der Anzahl der tatsächlichen Teilnehmer. Nicht teilnehmende Personen, durch die dem Arbeitgeber Kosten entstanden sind, mindern die Zuwendungen anlässlich der Betriebsveranstaltungen nicht.

Berechnungsschema

1.	Speisen, Getränke, Tabakwaren und Süßigkeiten	...... EUR
2.	Fahrtkosten (z. B. mit dem Bus oder der Bahn)	...... EUR
3.	Eintrittskarten für kulturelle oder sportliche Veranstaltungen (nur wenn die Theater- oder Sportveranstaltung Bestandteil eines Gesamtprogramms ist)	...... EUR
4.	Geschenke (unabhängig davon, ob es sich um Genussmittel oder Geschenke von bleibendem Wert handelt und ohne betragsmäßige Grenze)	...... EUR
5.	Aufwendungen für den äußeren Rahmen (z. B. Saalmiete, Musik, Kegelbahn, Kosten der Betriebsfeiervorbereitung u. Ä.)	...... EUR
=	Gesamtaufwand der angefallenen Zuwendungen	...... EUR
	Gesamtvorteil pro Arbeitnehmer ist steuerfrei bis 110 EUR (= Gesamtaufwand/Anzahl der Teilnehmer)	...... EUR

Übersteigt der Gesamtvorteil die Höchstgrenze von 110 EUR liegt nur in Höhe des übersteigenden Differenzbetrags lohnsteuerpflichtiger Arbeitslohn vor.

Die Beträge sind stets einschließlich Umsatzsteuer zu verstehen, auch wenn die Firma zum Vorsteuerabzug berechtigt ist.

Beispiel

2-tägiger Betriebsausflug

Eine Firma führt Anfang September 2024 einen 2-tägigen Betriebsausflug mit Schifffahrt auf dem Bodensee durch. Für die 50 teilnehmenden Arbeitnehmer sind insgesamt folgende Kosten entstanden:

Aufwendungen	Gesamtkosten
Busfahrt	1.600 EUR
Verpflegung	2.500 EUR
Übernachtung	4.000 EUR
Saalmiete	200 EUR
Schifffahrt	400 EUR
Tanzkapelle	400 EUR
Gesamt	9.100 EUR

Ergebnis: Sämtliche Aufwendungen sind in die Berechnung des 110-EUR-Freibetrags einzubeziehen, auch soweit sie den „äußeren Rahmen" betreffen. Auf den einzelnen Arbeitnehmer entfallen damit 182 EUR (9.100 EUR : 50 Arbeitnehmer). Die gesamte 2-tägige Betriebsveranstaltung ist damit in Höhe des Differenzbetrags von 72 EUR lohnsteuerpflichtig, da der Betrag von 110 EUR überschritten ist. Der Gesamtbetrag von 9.100 EUR ist damit i. H. v. 3.600 EUR lohnsteuerpflichtiger Arbeitslohn (= 9.100 EUR abzgl. 5.500 EUR) und führt bei Anwendung des Pauschsteuersatzes von 25 % zu einer pauschalen Lohnsteuer von 900 EUR.

Einzubeziehende Kosten

Unmittelbar zurechenbare Kosten

Es werden alle Aufwendungen des Arbeitgebers, die durch die begünstigte betriebliche Veranstaltung anfallen, auf den Höchstbetrag angerechnet – einschließlich Umsatzsteuer. Es ist unerheblich, ob die Kosten dem Arbeitnehmer individuell zugerechnet werden können. Auch ein rechnerischer Anteil an den Kosten, die der Arbeitgeber gegenüber Dritten für den äußeren Rahmen der Betriebsveranstaltung aufwendet, ist in die Berechnung der 110-EUR-Höchstgrenze einzubeziehen.[4] Auch Stornokosten, Trinkgelder oder andere vergebliche Kosten zählen zur Bemessungsgrundlage, auch wenn sie nur zu einer abstrakten Bereicherung des Arbeitnehmers führen. Gleiches gilt für Wareneinsatz und anteilige Lohnkosten für das Küchenpersonal zur Zubereitung der Mahlzeiten in der Betriebskantine. Diese (kalkulatorischen) Kosten erhöhen die Bemessungsgrundlage für die Berechnung des Freibetrags. Entscheidend für die Einbeziehung in die Bemessungsgrundlage ist, dass die Aufwendungen des Arbeitgebers unmittelbar der Betriebsveranstaltung zugerechnet werden können. Leistungen, die nicht in unmittelbarem Zusammenhang mit der betrieblichen Feier stehen, bleiben unberücksichtigt.

Rechnerische Selbstkosten bleiben unberücksichtigt

Außer Ansatz bleiben rein rechnerische (Gemein-)Kosten der Betriebsveranstaltung, etwa anteilige Lohnkosten für die Vorbereitung der Feier oder anteilige Abschreibungsbeträge bzw. Energiekosten für die eigenen Betriebsräume, in denen die Veranstaltungen abgehalten werden.

Wichtig

„No-Show-Kosten" werden angerechnet

Zur Bemessungsgrundlage zählen auch die Kosten, die durch kurzfristige Nichtteilnahme von Arbeitnehmern entstehen, z. B. aufgrund nicht eingenommener Mahlzeiten. Sog. „No-Show-Kosten" für zunächst angemeldete, später aber – aus welchen Gründen auch immer – an der Betriebsfeier nicht teilnehmende Arbeitnehmer zählen laut Finanzverwaltung zu den unmittelbar durch die Betriebsveranstaltung veranlassten Gesamtkosten der Betriebsveranstaltung, auch wenn die teilnehmenden Arbeitnehmer insoweit nicht bereichert sind. Der hiervon abweichenden Auffassung des FG

1 § 19 Abs. 1 Nr. 1a Satz 3 EStG.
2 BFH, Urteil v. 16.11.2005, VI R 157/98, BStBl 2006 II S. 437.
3 BMF, Schreiben v. 7.12.2016, IV C 5 – S 2332/15/10001; BFH, Urteil v. 29.4.2021, VI R 31/18, BStBl 2021 II S. 606.
4 BMF, Schreiben v. 14.10.2015, IV C 5 – S 2332/15/10001, BStBl 2015 I S. 832, Tz. 2.

Köln, das die Berechnung des geldwerten Vorteils ausschließlich nach den Kosten für die tatsächlich teilnehmenden Arbeitnehmer vornahm und sog. „No-Show-Kosten" bei der Berechnung des Freibetrag außer Ansatz ließ, hat der BFH eine klare Absage erteilt.[1] Unabhängig davon, ob die Aufwendungen bei den teilnehmenden Arbeitnehmern zu einer Vorteilsgewährung führen, erhöhen sich dadurch die Kosten für die Berechnung des Freibetrags. Gegen die Entscheidung ist Verfassungsbeschwerde beim BVerfG eingelegt.[2]

Um Nachteile zu vermeiden, empfiehlt es sich im Einzelfall eine Anrufungsauskunft beim zuständigen Betriebsstättenfinanzamt einzuholen. In jedem Fall ist anzuraten, um bei einer späteren Lohnsteuer-Außenprüfung die Anzahl der tatsächlichen Teilnehmer an der Betriebsveranstaltung nachweisen zu können, seitens der Lohnbuchhaltung Teilnehmerlisten zu erstellen und diese als Beleg zum ⇗ Lohnkonto zu nehmen.

Aufwendungen für den äußeren Rahmen

Kosten für den äußeren Rahmen der Veranstaltung, die der Arbeitgeber gegenüber Dritten aufwendet, wie z. B. Saalmiete, Ausgaben für Musik, Kegelbahn, Sanitäter und für künstlerische oder artistische Darbietungen, sind in die Berechnung einzubeziehen. Hierunter fallen auch die Aufwendungen zur Vorbereitung der Veranstaltung. Eine konkrete Bereicherung des Arbeitnehmers ist nicht erforderlich. Der BFH vertritt ebenfalls die Auffassung, dass alle der Betriebsveranstaltung direkt zuzuordnenden Aufwendungen des Arbeitgebers in die Bemessungsgrundlage einzubeziehen sind. Dies gilt insbesondere für die Kosten, die für das mit der Durchführung der Betriebsveranstaltung betraute externe Personal ausgegeben werden, auch wenn sie für den Arbeitnehmer keinen marktgängigen Wert haben.[3]

Sachgeschenke des Arbeitgebers

Anzusetzen sind auch Geschenke, unabhängig von ihrem Wert, die der Arbeitnehmer anlässlich der Betriebsveranstaltung erhält. In die Berechnung einzubeziehen sind also auch Geschenke, die über der für ⇗ Aufmerksamkeiten geltenden Freigrenze liegen, deren Wert also mehr als 60 EUR beträgt. Unerheblich ist, ob es sich um Genussmittel oder Geschenke von bleibendem Wert handelt.

Voraussetzung für die Einbeziehung von Geschenken in die steuerfreie Obergrenze ist, dass die Sachzuwendung anlässlich der Betriebsveranstaltung erfolgt.[4] Dies ist immer dann der Fall, wenn das Geschenk den Charakter eines typischen Bestandteils der Veranstaltung aufweist. Es muss zum üblichen Rahmen oder Programm einer Betriebsfeier zählen. Zur Abgrenzung des Wortlauts „anlässlich der Betriebsveranstaltung" muss geprüft werden, ob die Zuwendung auch ohne Durchführung der Betriebsveranstaltung gewährt worden wäre. Der Arbeitgeber darf nicht nur die Gelegenheit der Betriebsfeier nutzen, um das Sachgeschenk steuerbegünstigt den Mitarbeitern zu überreichen.[5]

Wichtig

Vereinfachungsregelung für Geschenke bis 60 EUR

Das BMF hat eine bundeseinheitliche Vereinfachungsregelung für kleinere Geschenke festgelegt. Danach sind Geschenke unter 60 EUR (inkl. MwSt) ohne weitere Prüfung als Zuwendungen anlässlich der Betriebsveranstaltung in die Berechnung der Gesamtkosten einzubeziehen. Bei Sachgeschenken, deren Wert 60 EUR je Arbeitnehmer übersteigt, muss im Einzelfall geprüft werden, ob sie anlässlich oder nur bei Gelegenheit der Betriebsveranstaltung den Arbeitnehmern zugewendet worden sind.

Geschenke, die der Arbeitgeber ohne Betriebsveranstaltung an die Belegschaft verteilt, können im Rahmen der 60-EUR-Grenze nur steuerfrei bleiben, wenn es sich um Aufmerksamkeiten handelt. Hierfür muss ein besonderer persönlicher Anlass des Arbeitnehmers vorliegen.[6] Werden den Mitarbeitern Weihnachtspakete gewährt, ohne dass diese Teil einer Weihnachtsfeier sind, liegt auch bei Geschenken von geringem Wert Arbeitslohn vor[7], der aber im Rahmen der Sachbezugsfreigrenze von 50 EUR lohnsteuerfrei bleiben kann. Sofern diese Grenze bereits durch andere Sachbezüge überschritten ist, bleibt dem Arbeitgeber die Möglichkeit, die Lohnsteuer mit dem Pauschsteuersatz von 30 % zu übernehmen.[8]

Lohnsteuerpauschalierung mit 25 %

Geschenke, die aus Anlass einer Betriebsveranstaltung überreicht werden, können insoweit ebenfalls mit 25 % pauschal besteuert werden, als der 110-EUR-Freibetrag überschritten ist.

Beispiel

Berücksichtigung von Sachgeschenken

Jeder Arbeitnehmer erhält im Rahmen der betrieblichen Weihnachtsfeier ein Weihnachtspaket im Wert von 70 EUR brutto. Die übrigen Aufwendungen für die Betriebsveranstaltung belaufen sich pro Arbeitnehmer auf 120 EUR brutto.

Ergebnis: Bei der Berechnung des 110-EUR-Freibetrags ist das Weihnachtspaket zu berücksichtigen. Die gesamten Zuwendungen anlässlich der Weihnachtsfeier betragen 190 EUR pro Arbeitnehmer und überschreiten damit den Freibetrag von 110 EUR. Der 110 EUR übersteigende Betrag von 80 EUR ist ein steuerpflichtiger geldwerter Vorteil. Der Arbeitgeber kann seine Mitarbeiter von der Besteuerung freistellen, indem er den übersteigenden Betrag mit 25 % pauschal versteuert.

Hinweis: Für Geschenke bis 60 EUR ergäbe sich dasselbe Ergebnis, auch wenn feststeht, dass die Weihnachtsfeier nur als Rahmen für die Geschenkeverteilung gewählt wird. Aufgrund der dargestellten Vereinfachungsregelung ist der Sachgrund der Zuwendung bis 60 EUR nicht zu prüfen.

Reisekosten

Reisekosten (Geld- und Sachleistungen), die bei der Durchführung der Betriebsveranstaltung anfallen, zählen zum äußeren Rahmen der Veranstaltung und sind somit bei der Berechnung des Gesamtaufwands zu berücksichtigen, z. B. Fahrtkosten, Verpflegungskosten und Unterbringungskosten bei einem Betriebsausflug. Die für ⇗ Reisekosten geltende Lohnsteuerfreiheit ist für die Berechnung des Freibetrags ausgeschlossen. Dies gilt insbesondere für die gemeinsame Busfahrt zum Ausflugsziel, die in die Berechnung der Gesamtkosten der Betriebsveranstaltung eingehen.

Ausnahme: Arbeitnehmereigene Reisekosten

Anders verhält es sich mit den eigenen Fahrt-, Verpflegungs- und Übernachtungskosten des Arbeitnehmers, die den auswärts beschäftigten Arbeitnehmern durch die Anreise zum (Ausgangs-)Ort der Betriebsveranstaltung entstehen.[9] Reisekosten zur Teilnahme an der gemeinsamen Betriebsfeier bleiben bei der Berechnung des 110-EUR-Freibetrags außer Ansatz.[10]

Kosten für Begleitpersonen

Neben den Ausgaben für den Arbeitnehmer können auch Aufwendungen lohnsteuerfrei bleiben, die z. B. für Ehepartner, Kinder oder andere Begleitpersonen des Arbeitnehmers entstehen. Allerdings sind die auf Begleitpersonen entfallenden anteiligen Kosten ausdrücklich auf den dem Arbeitnehmer zustehenden 110-EUR-Freibetrag anzurechnen.[11] Eine Vervielfältigung um die Anzahl der teilnehmenden Angehörigen ist nicht zulässig.

Beispiel

Teilnahme von Begleitpersonen des Arbeitnehmers

Eine Firma lädt die Belegschaft einschließlich der Ehegatten (50 Arbeitnehmer und 30 Ehegatten) zu einem Abendessen in ein teures Lokal ein. Die Gesamtaufwendungen betragen 8.000 EUR.

1 BFH, Urteil v. 29.4.2021, VI R 31/18, BStBl 2021 II S. 606; Vorinstanz FG Köln, Urteil v. 27.6.2018, 3 K 870/17.
2 Az beim BVerfG 2 BvR 1443/21.
3 BFH, Urteil v. 29.4.2021, VI R 31/18, BStBl 2021 II S. 606.
4 BMF, Schreiben v. 7.12.2016, IV C 5 – S 2332/15/10001.
5 BFH, Urteil v. 7.11.2006, VI R 58/04, BStBl 2007 II S. 128; Hessisches FG, Urteil. v. 22.2.2018, 4 K 1408/17.
6 R 19.6 Abs. 1 LStR.
7 Hessisches FG, Urteil v. 22.2.2018, 4 K 1408/17.
8 § 37b Abs. 2 EStG.
9 BMF, Schreiben v. 24.10.2014, IV C 5 – S 2353/14/10002, BStBl 2014 I S. 1412, Rz. 85.
10 FG Düsseldorf, Urteil v. 22.2.2018, 9 K 580/17 L.
11 BMF, Schreiben v. 14.10.2015, IV C 5 – S 2332/15/10001, BStBl 2015 I S. 832, Tz. 4a.

Ergebnis: Für die Frage, ob die gewährten Zuwendungen noch im Rahmen des 110-EUR-Freibetrags liegen, ist nicht auf die Anzahl der Teilnehmer, sondern auf den einzelnen Arbeitnehmer abzustellen. Auf den einzelnen Teilnehmer entfallen 100 EUR (= 8.000 EUR/80 Teilnehmer).

Danach ist die Betriebsveranstaltung für diejenigen Arbeitnehmer lohnsteuerfrei, die ohne Begleitung an dem Abendessen teilgenommen haben. Für alle übrigen Arbeitnehmer berechnen sich die Zuwendungen zuzüglich der Aufwendungen für den Ehegatten auf 200 EUR. Sie liegen damit über dem 110-EUR-Freibetrag. Lohnsteuerpflichtig ist nur der übersteigende Betrag von jeweils 90 EUR.

Kosten für externe Personen

Besteuerung der Zuwendungen

Nehmen an der Betriebsveranstaltung auch Geschäftspartner des Arbeitgebers teil (ggf. mit Begleitperson), sind die Gesamtaufwendungen nach Köpfen aufzuteilen. Dies gilt sowohl für die Erfassung auf der Einnahmenseite als auch für den Betriebsausgabenabzug.

Der auf die Arbeitnehmer inkl. deren Begleitpersonen entfallende Kostenanteil kann im Rahmen des 110-EUR-Freibetrags steuerfrei bleiben.[1] Die anteiligen Aufwendungen, die auf Geschäftsfreunde, Kunden oder Lieferanten entfallen, stellen bei diesen eine Betriebseinnahme dar, die das zuwendende Unternehmen mit Abgeltungswirkung für den Empfänger pauschal mit 30 % versteuern kann.[2] Eine Sonderstellung nehmen die ⇗ Bewirtungskosten bei eintägigen Betriebsveranstaltungen ohne Übernachtung ein. Steuerlich handelt es sich hierbei um Aufwendungen für eine geschäftliche Bewirtung.[3] Der Vorteil aus einer geschäftlichen Bewirtung ist nicht als Betriebseinnahme zu erfassen.[4] Die für die Geschäftsfreunde bei eintägigen Betriebsfeiern anfallenden steuerfreien Bewirtungskosten sind deshalb aus der Bemessungsgrundlage für die Bewertung der Betriebsveranstaltung auszuscheiden. Dasselbe gilt für die übrigen auf die teilnehmenden Dritten entfallenden Kosten mit Incentivecharakter, etwa für das Unterhaltungsprogramm, für die die Möglichkeit der Pauschalbesteuerung mit 30 % nach § 37b Abs. 1 EStG besteht.

Veranstaltung ohne Übernachtung

Für die Besteuerung der Gesamtkosten einer Betriebsveranstaltung ohne Übernachtung sind bei Beteiligung von externen Personen 2 Schritte notwendig:

1. Zunächst sind die Aufwendungen für die Mitarbeiter und die externen Teilnehmer getrennt zu ermitteln.
2. Anschließend ist bei den externen Personen zwischen den Kosten für die geschäftliche Bewirtung und den übrigen Kosten für das (Unterhaltungs-)Programm bzw. etwaige Geschenke zu unterscheiden.

Beispiel

Kostenaufteilung bei Betriebsveranstaltungen

Anlässlich eines Firmenjubiläums lädt der Arbeitgeber neben der gesamten Belegschaft auch seine Geschäftspartner ein. An der Veranstaltung haben 130 Arbeitnehmer und 20 Geschäftsfreunde teilgenommen.

Aufwendungen	Gesamtkosten
Saalmiete	5.000 EUR
Deko-Kosten	3.000 EUR
Catering	11.500 EUR
Bedienungspersonal	2.000 EUR
Honorare für Künstler	7.000 EUR
Tanzkapelle	1.500 EUR
Gesamt	30.000 EUR

Ergebnis: Die Jubiläumsfeier erfüllt die lohnsteuerlichen Kriterien einer Betriebsveranstaltung. Die Teilnahme an der Veranstaltung war für sämtliche Mitarbeiter vorgesehen. Außerdem ist der Charakter einer Betriebsfeier durch die überwiegende Teilnahme betriebseigener Personen gegeben. Die Kosten pro Teilnehmer belaufen sich auf 200 EUR (30.000 EUR : 150 Teilnehmer).

Die auf die Mitarbeiter entfallenden Aufwendungen folgen den für Betriebsveranstaltungen geltenden lohnsteuerlichen Regeln. Die anteiligen Kosten für die Geschäftsfreunde sind um den Aufwand für die „steuerfreie geschäftliche Bewirtung" zu kürzen. Hierzu gehören neben den Cateringkosten auch die Ausgaben für die Bedienungen, sodass sich ein Pro-Kopf-Anteil für die Bewirtung von 90 EUR ergibt (13.500 EUR : 150 Teilnehmer).

Arbeitnehmer	Aufwendungen
Lohnsteuerpflichtiger Anteil pro Arbeitnehmer (200 EUR – 110 EUR Freibetrag)	90 EUR
Pauschalbesteuerung mit 25 % (90 EUR × 130 Arbeitnehmer)	11.700 EUR
Pauschale Lohnsteuer: 25 % von 11.700 EUR (zzgl. Solidaritätszuschlag und Kirchenlohnsteuer)	2.925 EUR

Geschäftsfreunde	
Steuerpflichtiger Anteil je Geschäftspartner (200 EUR – 90 EUR steuerfreie Bewirtung)	110 EUR
Pauschalbesteuerung mit 30 % nach § 37b EStG (110 EUR × 20 Geschäftspartner)	2.200 EUR
Pauschale Lohnsteuer: 30 % von 2.200 EUR (zzgl. Solidaritätszuschlag und Kirchenlohnsteuer)	660 EUR

Veranstaltung mit Übernachtung: Incentive-Veranstaltung

Die Steuerfreiheit der Geschäftsfreundebewirtung kommt nur bei eintägigen Betriebsveranstaltungen zur Anwendung. Ist die betriebliche Feier mit einer Übernachtung verbunden, liegt nach Auffassung der Finanzverwaltung in Bezug auf die teilnehmenden Geschäftsfreunde insgesamt eine ⇗ Incentive-Veranstaltung vor, aus der ein geschäftlicher Bewirtungsanteil nicht herausgerechnet werden darf.[5] Entscheidend ist, dass die Veranstaltung eine vom Arbeitgeber bezahlte Übernachtung beinhaltet. Nicht erforderlich ist, dass sich auch der Programmteil auf 2 Tage erstreckt. Ausreichend ist die bloße Übernachtung, um dem teilnehmenden Geschäftsfreund die nächtliche Rückreise zu ersparen.

Achtung

Bewirtungskosten im Rahmen einer Incentive-Maßnahme nicht steuerfrei

Bei der Teilnahme von Geschäftsfreunden an Betriebsveranstaltungen ist von einer Incentive-Maßnahme des Arbeitgebers auszugehen, wenn diese mit einer Übernachtung verbunden wird. Beim externen Teilnehmer ist die Veranstaltung als Gesamtleistung zu erfassen und der Gesamtwert als Betriebseinnahme oder Arbeitslohn anzusetzen, je nachdem ob es sich um einen selbstständig oder nichtselbstständig tätigen Geschäftsfreund handelt.[6] Der zuwendende Arbeitgeber kann die Steuer für den jeweiligen Empfänger mit 30 % übernehmen.[7]

Die auf die geschäftliche Bewirtung entfallenden Kosten sind Teil der Gesamtleistung und deshalb im Rahmen von Incentive-Veranstaltungen nicht steuerfrei. Sie dürfen deshalb aus der Bemessungsgrundlage für die Pauschalbesteuerung nach § 37b EStG nicht herausgerechnet werden.

Beim Zuwendenden sind die Gesamtkosten für die Teilnahme von Geschäftsfreunden an Betriebsveranstaltungen mit Übernachtung als Geschenk[8] in vollem Umfang zu den nicht abziehbaren Betriebsausgaben zu rechnen, da im Normalfall die 35-EUR-Grenze überschritten sein wird.

1 § 19 Abs. 1 Nr. 1a EStG; bestätigt durch BFH, Urteil v. 29.4.2021, VI R 31/18, BStBl 2021 II S. 606.
2 § 37b Abs. 1 EStG.
3 § 4 Abs. 5 Satz 1 Nr. 2 EStG.
4 R 4.7 Abs. 3 EStR.
5 BMF, Schreiben v.19.5.2015, IV C 6 – S 2297-b/14/10001, BStBl 2015 I S. 468, Rz. 10.
6 BMF, Schreiben v. 14.10.1996, IV B 2 – S 2143 – 23/96, BStBl 1996 I S. 1192.
7 § 37b Abs. 1 EStG.
8 § 4 Abs. 5 Satz 1 Nr. 1 EStG.

Betriebsausgabenabzug

Zuwendungen für die Bewirtung von Geschäftspartner dürfen nur mit 70 % als Betriebsausgaben angesetzt werden.[1] Anders als bei Arbeitnehmern, deren Bewirtungskosten ohne Kürzung in vollem Umfang als Betriebsausgaben abzugsfähig sind, muss die pauschale Kürzung um 30 % auch für Bewirtungsaufwendungen für Geschäftsfreuende beachtet werden, die im Rahmen einer lohnsteuerlichen Betriebsveranstaltung anfallen. Auch hier ist die Aufteilung der voll abziehbaren und der auf 70 % begrenzten Betriebsausgaben nach Köpfen vorzunehmen.[2]

Die 70-%-Grenze für den Betriebsausgabenabzug ist auch bei Konzernarbeitnehmern verbundener Unternehmen und Leiharbeitnehmern zu beachten. Im Unterschied zur Abgrenzung, ob eine Betriebsveranstaltung vorliegt, rechnen Konzernmitarbeiter und Leiharbeitnehmer bei den Bewirtungskosten zum Personenkreis der geschäftlichen Bewirtung, für die der gekürzte Betriebsausgabenabzug gilt.

Besteuerung steuerpflichtiger Zuwendungen

Überschreitet der Gesamtbetrag der üblichen Zuwendungen den Freibetrag von 110 EUR, ist nur der übersteigende Teilbetrag der Zuwendungen lohnsteuerpflichtig.

Der Lohnsteuerabzug ist entweder nach den individuellen ELStAM des Arbeitnehmers vorzunehmen oder es ist eine Pauschalbesteuerung mit 25 % durchzuführen.[3] Die Zulässigkeit der Pauschalbesteuerung wird von der Finanzverwaltung davon abhängig gemacht, dass seitens des Arbeitgebers die Teilnahme aller Arbeitnehmer der Firma bzw. der Organisationseinheit vorgesehen ist. Dies ergibt sich aus dem BMF-Anwendungsschreiben, das eine Pauschalbesteuerung nur für steuerpflichtige Zuwendungen aus Betriebsveranstaltungen zulässt, die allen Arbeitnehmern offenstehen.[4] Lohnsteuerpflichtige Zuwendungen bei einer Jahresabschlussfeier, die ausschließlich für Führungskräfte abgehalten wird, können nicht mit 25 % pauschal versteuert werden.[5] Möglich ist in diesem Fall die Pauschalbesteuerung nach § 37b EStG. Der Pauschsteuersatz beträgt 30 %. Der eigentliche Nachteil neben der höheren Pauschalsteuer liegt in der Sozialversicherung begründet. Die vom Gesetzgeber eigens für Betriebsveranstaltungen in § 40 Abs. 2 EStG vorgesehene Pauschalbesteuerungvorschrift ist für den Arbeitgeber vor allem deshalb von Vorteil, da für die pauschal besteuerten Leistungen mit 25 % im Normalfall die Beiträge zur Sozialversicherung entfallen. Der pauschal besteuerte Arbeitslohn mit 30 % ist dagegen sozialversicherungspflichtig.[6]

Tipp

Beitragsfreiheit nur bei zeitnaher Pauschalbesteuerung

Zu beachten ist, dass die Beitragsfreiheit in der Sozialversicherung nur eintritt, wenn die Pauschalbesteuerung zeitnah im Rahmen der jeweiligen Lohnabrechnung, spätestens jedoch bis zur Ausstellung der Lohnsteuerbescheinigung erfolgt, also bis zum 28.2. des Folgejahres bzw. im Schaltjahr 2024 bis zum 29.2.[7] Ursächlich für diese von der Lohnsteuer abweichende Behandlung ist, dass in der Sozialversicherung nicht das Zuflussprinzip, sondern der Entgeltanspruch über die Beitragserhebung entscheidet. Die Arbeitsentgelteigenschaft ist deshalb bereits im Zeitpunkt der Entstehung des Beitragsanspruchs zu beurteilen. Macht der Arbeitgeber erst im Rahmen einer Lohnsteuer-Außenprüfung von der Pauschalbesteuerung mit 25 % für die steuerpflichtige Betriebsveranstaltung Gebrauch, kann nach den sozialversicherungsrechtlichen Zeitvorgaben die gleichzeitige Beitragsfreiheit regelmäßig nicht mehr erreicht werden.

Keine Lohnsteuerpauschalierung bei Geldgeschenken

Begünstigt sind ausschließlich Sach- und Barzuwendungen, die für eine Betriebsveranstaltung bzw. aus deren Anlass gewährt werden. Erhalten Arbeitnehmer anlässlich einer Weihnachtsfeier Geldgeschenke, die kein zweckgebundenes Zehrgeld sind, scheidet die Möglichkeit der pauschalen Lohnsteuer aus, weil der Arbeitgeber lediglich die Gelegenheit der Betriebsveranstaltung nutzt, um die für die Arbeitnehmer frei verfügbaren Geldmittel zu übergeben.[8] Der Lohnsteuerabzug bestimmt sich nach den für ⇗ sonstige Bezüge geltenden Grundsätzen.

Sozialversicherung

Beitragspflicht von Bar- und Sachzuwendungen

Zuwendungen des Arbeitgebers an die Arbeitnehmer bei Betriebsveranstaltungen, wie z. B. Betriebsausflügen, Jubiläumsfeiern und Weihnachtsfeiern, sind beitragsfrei bis zu einem Betrag von 110 EUR für den einzelnen Arbeitnehmer. Wird dieser Betrag überschritten, sind 110 EUR steuer- und beitragsfrei. Nur noch der 110 EUR übersteigende Betrag ist steuer- und damit auch beitragspflichtig.

Werden die Aufwendungen mit 25 % pauschal besteuert, ist der pauschal besteuerte Betrag nicht beitragspflichtig.[9]

Hinweis

Beitragspflicht bei nachträglicher Besteuerung

Die Zuwendung muss durch den Arbeitgeber zum Zeitpunkt der Entgeltabrechnung für den jeweiligen Abrechnungszeitraum lohnsteuerfrei belassen oder pauschal besteuert worden sein.[10]

Wird aus Anlass einer Betriebsveranstaltung eine ⇗ Verlosung durchgeführt, so wird der Wert des daraus gewonnenen Sachgeschenks in die 110 EUR der Betriebsveranstaltung eingerechnet. Wird der Wert durch das Sachgeschenk überschritten, ist hier wiederum der Gesamtbetrag für die Betriebsveranstaltung maßgeblich: Bis zu 110 EUR besteht Beitragsfreiheit. Der 110 EUR übersteigende Betrag kann pauschal besteuert werden und ist dann wiederum beitragsfrei. Auch hier muss die Zuwendung durch den Arbeitgeber zum Zeitpunkt der Entgeltabrechnung für den jeweiligen Abrechnungszeitraum lohnsteuerfrei belassen oder pauschal besteuert worden sein.

Geschenklose

Die dem Arbeitnehmer geschenkten Lose einer von fremden Dritten durchgeführten Lotterie sind als geldwerte Vorteile grundsätzlich dem sozialversicherungspflichtigen Arbeitsentgelt zuzurechnen. Allerdings steht ein etwaiger Lotteriegewinn nicht mehr im Zusammenhang mit dem Arbeitsverhältnis und ist damit auch nicht beitragspflichtig zur Sozialversicherung.

Unfallversicherungsschutz

Wege von und zu betrieblichen Veranstaltungen sind grundsätzlich unfallversichert. Betriebsfeiern unterliegen dem Schutz der Unfallversicherung dagegen nur, wenn sie sich im Wesentlichen auf Betriebsangehörige beschränken. Außerdem müssen sie dem Zweck dienen, dass das Betriebsklima gefördert und der Zusammenhalt der Beschäftigten untereinander gestärkt wird. Dazu ist es nicht erforderlich, dass die Unternehmensleitung persönlich oder eine von ihr beauftragte Person an der Feier teilnehmen muss.[11]

Es ist nicht erforderlich, dass der Unternehmer selbst Veranstalter ist; dies kann auch der Betriebsrat sein. Es genügt, wenn der Unternehmer die Veranstaltung billigt und fördert, der Betriebsrat die Veranstaltung leitet und dabei zugleich für den Unternehmer handelt.[12]

---

1 § 4 Abs. 5 Satz 1 Nr. 2 EStG.
2 BMF, Schreiben v. 6. 7.2010, IV C 3 – S 2227/07/10003:002, BStBl 2010 I S. 614, Rz. 15.
3 § 40 Abs. 2 Nr. 2 EStG.
4 BMF, Schreiben v. 14.10.2015, IV C 5 – S 2332/15/10001, BStBl 2015 I S. 832.
5 FG Münster, Urteil v. 20.2.2020, 8 K 32/19 E, P, L; ebenso FG Köln, Urteil v. 27.1.2022, 6 K 2175/20, für Vorstands- bzw. Führungskräfte-Weihnachtsfeier, Rev. beim BFH unter Az. VI R 5/22.
6 § 1 Abs. 1 Satz 3 SvEV.
7 § 1 Abs. 1 Satz 2 SGB IV.
8 BFH, Urteil v. 7.2.1997, VI R 3/96, BStBl 1997 II S. 365.
9 § 1 Abs. 1 Satz 1 Nr. 3 SvEV.
10 § 1 Abs. 1 Satz 2 SvEV.
11 BSG, Urteil v. 5.7.2016, AZ B 2 U 19/14 R.
12 BSG, Urteil v. 26.6.1958, 2 RU 281/55.

Hinweis

Keine Teilnahme durch den gesamten Betrieb

Für die Anerkennung einer Veranstaltung als betriebliche Gemeinschaftsveranstaltung ist es nicht erforderlich, dass der gesamte Betrieb an der Feier teilnimmt. Es genügt, wenn abgrenzbare Organisationseinheiten mit Billigung der Leitung eigene Weihnachtsfeiern durchführen. Das Bundessozialgericht[1] hat allerdings betont, dass mit der Einladung der Wunsch des Arbeitgebers deutlich werden muss, dass möglichst alle Beschäftigten sich freiwillig zu einer Teilnahme entschließen. Die Teilnahme müsse daher grundsätzlich allen Beschäftigten des Unternehmens oder der betroffenen Abteilung offenstehen und objektiv möglich sein. Wenn nur „Fußballfans und Kicker" eingeladen werden, sei diese Voraussetzung nicht erfüllt.

Baden während eines Betriebsausflugs

Versichert ist auch das Baden während eines Betriebsausflugs, wenn es durch einen längeren Aufenthalt am Strand ermöglicht wurde.[2]

Jubiläumsfeiern im Betrieb sind als versicherte Tätigkeiten anzusehen. Auch die Teilnahme an Richtfesten ist versichert. Der Unfallversicherungsschutz erfasst auch die damit im Zusammenhang stehenden Wege.

Geselliges Beisammensein in einem Hotel

Auch ein geselliges Beisammensein in einem Hotel während einer Dienstreise nach der Arbeit kann grundsätzlich eine betriebliche Gemeinschaftsveranstaltung sein. Erforderlich ist, dass sie „im Einvernehmen" mit der Unternehmensleitung stattfindet. Es genügt, dass die Leitung der jeweiligen organisatorischen Einheit (z. B. Regionaldirektion) als Veranstalter auftritt. Eine persönliche Teilnahme der Leitung ist nicht erforderlich. Es muss aber deutlich werden, dass das Zusammensein von der Leitung zumindest informell initiiert, angeregt oder organisiert wird.[3]

Sonderfall Leiharbeit

Leiharbeitnehmer sind keine Betriebsangehörigen im oben beschriebenen Sinn. Im Rahmen der gewerbsmäßigen Arbeitnehmerüberlassung stehen sie bei der Teilnahme an betrieblichen Gemeinschaftsveranstaltungen des Entleihbetriebs trotzdem unter dem Schutz der gesetzlichen Unfallversicherung, wenn sie nach ihrem Empfängerhorizont davon ausgehen können, dass sie von der Einladung des Entleihbetriebs mit umfasst sind.

Betriebsversammlung

Die Betriebsversammlung ist Organ der Betriebsverfassung, allerdings ohne Vertretungsmacht oder sonstige Außenfunktionen. Ihre Zuständigkeit ist im BetrVG abschließend festgelegt. Sie dient im Wesentlichen der Aussprache und gegenseitigen Information innerhalb der Belegschaft und zwischen Belegschaft und dem Betriebsrat. Gegenüber dem Betriebsrat kann die Betriebsversammlung nur unverbindliche Anregungen geben, es besteht kein Weisungsrecht o. Ä.

Gesetze, Vorschriften und Rechtsprechung

Lohnsteuer: Zur Steuerpflicht des gezahlten Arbeitslohns für die Zeit der Teilnahme an der Betriebsversammlung s. § 19 Abs. 1 Satz 1 Nr. 1 EStG. Falls die Veranstaltung nicht an der ersten Tätigkeitsstätte stattfindet, ist Grundlage für den Fahrtkostenersatz als steuerfreie Reisekosten § 3 Nr. 16 EStG.

Lohnsteuer

Weitergezahlte Vergütung ist laufender Arbeitslohn

Die Teilnahme des Arbeitnehmers an einer Betriebsversammlung ist beruflich veranlasst und rechnet nicht zu seinem privaten Bereich. Der für die Zeit der Versammlungsteilnahme weiter gezahlte Arbeitslohn ist dem steuerpflichtigen laufenden Arbeitslohn des Lohnzahlungszeitraums hinzuzurechnen.

Wegezeitentschädigungen und Fahrtkostenersatz

Vergütungen für die Fahrt- und Wegezeit (Wegezeitentschädigungen) zur Betriebsversammlung sind als steuerpflichtiger Arbeitslohn zu behandeln, steuerpflichtige Sonderzahlungen sind als sonstige Bezüge zu behandeln.

Die steuerliche Behandlung der Fahrtkostenerstattung richtet sich danach, ob die Versammlung stattfindet an

- der ersten Tätigkeitsstätte des Arbeitnehmers oder
- einem anderen auswärtigen privaten oder betrieblichen Ort.

Betriebsversammlung an der ersten Tätigkeitsstätte

Findet die Betriebsversammlung an der ersten Tätigkeitsstätte des Arbeitnehmers statt, handelt es sich bei den Fahrten zur Betriebsversammlung um Fahrten zwischen Wohnung und Tätigkeitsstätte. Benutzt der Arbeitnehmer für diese Fahrten öffentliche Verkehrsmittel, ist die Fahrtkostenerstattung des Arbeitgebers steuerfreier Arbeitslohn.[4] Benutzt der Arbeitnehmer sein eigenes Kraftfahrzeug, kann der Arbeitgeber die Fahrtkostenerstattung individuell oder pauschal mit 15 % versteuern.

Betriebsversammlung nicht an der ersten Tätigkeitsstätte

Findet die Betriebsversammlung nicht an der ersten Tätigkeitsstätte des Arbeitnehmers statt, handelt es sich um eine beruflich veranlasste Auswärtstätigkeit. Die Fahrten zur Betriebsversammlung sind dann als ⇗ Reisekosten zu behandeln; der Arbeitgeber kann die tatsächlichen Aufwendungen steuerfrei ersetzen. Abhängig von der Abwesenheitsdauer von der Wohnung kommen auch steuerfreie Verpflegungspauschalen in Betracht. Ist eine Übernachtung erforderlich, kann der Arbeitgeber diese Aufwendungen ebenfalls steuerfrei erstatten.

Verbindung mit einem Betriebsfest

Lädt der Personal- oder Betriebsrat zu einem geselligen Beisammensein im Anschluss an die Betriebsversammlung ein, handelt es sich insoweit um eine ⇗ Betriebsveranstaltung.[5]

Sozialversicherung

Beitragspflicht

Werden für die Dauer der Betriebsversammlung Bezüge fortgezahlt (z. B. bei Stundenlöhnern), sind diese als laufendes Arbeitsentgelt beitragspflichtig.

Bei der Auszahlung einer speziellen finanziellen Vergütung für die Teilnahme an einer Betriebsversammlung handelt es sich um eine beitragspflichtige ⇗ Einmalzahlung. Sie ist dem Entgeltabrechnungsmonat zuzuordnen, in dem die Vergütung ausgezahlt wird.

Werden Fahrtkosten zur Betriebsversammlung durch den Arbeitgeber ersetzt, so richtet sich die Beitragspflicht zur Sozialversicherung an der lohnsteuerlichen Bewertung aus. Danach handelt es sich bei Erstattungsbeträgen

- um beitragsfreie Reisekosten, wenn die Versammlung außerhalb der regelmäßigen Arbeitsstätte stattfindet bzw.
- um beitragspflichtiges Entgelt, wenn die Versammlung an der regelmäßigen Arbeitsstätte durchgeführt wird und diese nicht pauschal versteuert werden.

1 BSG, Urteil v. 15.11.2016, B 2 U 12/15 R.
2 BSG, Urteil v. 22.8.1955, 2 RU 49/54.
3 BSG, Urteil v. 30.3.2017, 2 RU 6/15 R.
4 § 3 Nr. 15 EStG.
5 BFH, Urteil v. 30.4.2009, VI R 55/07, BStBl 2009 II S. 726.

Unfallversicherungsschutz

Betriebsversammlungen unterliegen dem Schutz der gesetzlichen Unfallversicherung, wenn sie

- vom Willen des Unternehmers oder eines von ihm Beauftragten getragen werden und
- dazu dienen, die Verbundenheit und das Vertrauensverhältnis zwischen Betriebsleitung und Belegschaft zu fördern.

Der Unfallversicherungsschutz umfasst auch den Weg zur und von der Betriebsversammlung.

Bewerbung

Die Bewerbung bzw. das Bewerbungsverfahren zielt auf die Besetzung eines Arbeitsplatzes durch den Arbeitgeber zur Deckung eines bestehenden Personalbedarfs. Regelmäßig erfolgt die Bewerbung als Reaktion auf eine Stellenausschreibung; möglich ist aber auch eine Initiativbewerbung. Mit Einleitung des Bewerbungsverfahrens entsteht ein **vorvertragliches Schuldverhältnis** zwischen den Beteiligten.

Wenn der potenzielle Arbeitgeber einen Bewerber zur Vorstellung auffordert, erwirbt dieser einen Anspruch auf Erstattung der anfallenden Kosten. Sucht der Bewerber den künftigen Arbeitgeber auf eigene Initiative oder auf Vermittlung der Arbeitsagentur auf, so ist der Arbeitgeber nicht zum Kostenersatz verpflichtet.

Gesetze, Vorschriften und Rechtsprechung

Lohnsteuer: Der steuerliche Werbungskostenabzug ergibt sich aus § 9 EStG. Die Steuerfreiheit von Ersatzleistungen für Reisekosten zum Vorstellungsgespräch ergibt sich aus § 3 Nr. 16 EStG zusammen mit § 9 EStG.

Sozialversicherung: Die Arbeitsagenturen können nach § 45 SGB III Arbeitsuchenden einen Zuschuss zu den Bewerbungskosten gewähren.

Lohnsteuer

Bewerbungskostenersatz ist steuerpflichtig

Bewerbungskosten sind steuerlich Werbungskosten. Der Bewerber kann sie in seiner Einkommensteuererklärung geltend machen. Zu den Bewerbungskosten gehören die Kosten für

- aufgegebene Stellenanzeigen,
- Bewerbermappen,
- Lichtbilder,
- Kopien oder Gebühren zur Beglaubigung von Unterlagen,
- Porto,
- polizeiliche Führungszeugnisse,
- Bescheinigungen,
- Literatur und
- Kurse für das Vorstellungsgespräch etc.

Will der zukünftige Arbeitgeber derartige Kosten ersetzen, handelt es sich um steuerpflichtigen Arbeitslohn.

Reisekostenerstattung ist steuerfrei

Durch die persönliche Vorstellung eines Stellenbewerbers können Fahrt-, Verpflegungs- und ⇗ Übernachtungskosten entstehen. Steuerlich handelt es sich um Reisekosten im Rahmen einer Auswärtstätigkeit.

Steuerfreie Arbeitgebererstattung möglich

Erstattet der Stellenanbieter einem Stellenbewerber die für das Vorstellungsgespräch entstandenen Aufwendungen, z. B. ⇗ Fahrtkosten für öffentliche Verkehrsmittel oder bis zu 0,30 EUR je Kilometer bei Benutzung eines Pkw, oder Verpflegungspauschbeträge wie bei beruflich veranlassten Auswärtstätigkeiten, sind diese Ersatzleistungen als ⇗ Reisekosten steuerfrei.

Steuerfreiheit auch bei erfolgloser Bewerbung

Die Steuerfreiheit gilt auch dann, wenn die Bewerbung nicht zu einem Dienstverhältnis führt. Falls der potenzielle Arbeitgeber die Aufwendungen nicht oder nur teilweise erstattet, kann der Bewerber sie im Rahmen der Einkommensteuererklärung als ⇗ Werbungskosten ansetzen.

Sozialversicherung

Beitragsrechtliche Beurteilung der Erstattung von Bewerbungskosten

Sofern die Erstattung von Bewerbungskosten steuerfrei gestellt wird, gelten diese auch nicht als beitragspflichtiges Arbeitsentgelt in der Sozialversicherung.

Bezugsgröße

Die Bezugsgröße ist eine einheitliche „Referenzgröße“ für den gesamten Bereich der Sozialversicherung. Sie ist dynamisch und wird zum 1.1. jeden Jahres durch Rechtsverordnung an die allgemeine Lohnentwicklung angepasst. Zahlreiche andere Vorschriften der Sozialversicherung verweisen auf die Bezugsgröße. Die Werte der einzelnen Vorschriften werden dadurch ständig aktuell gehalten.

In der gesetzlichen Kranken- und Pflegeversicherung gilt einheitlich für das gesamte Bundesgebiet die Bezugsgröße für den Rechtskreis West. Die abweichende Bezugsgröße für den Rechtskreis Ost hat nur noch Bedeutung für die Renten-, Arbeitslosen- und Unfallversicherung.

Gesetze, Vorschriften und Rechtsprechung

Sozialversicherung: Die Bezugsgröße wird in § 18 SGB IV definiert. Ermächtigungsgrundlage für den Bundesminister für Arbeit und Sozialordnung zum Erlass von Rechtsverordnungen zur Bezugsgröße ist § 17 Abs. 2 SGB IV.

Sozialversicherung

Wert der Bezugsgröße

Die Bezugsgröße beträgt im Jahr 2024 jährlich 42.420 EUR/West (2023: 40.740 EUR) bzw. 41.580 EUR/Ost (2023: 39.480 EUR). Monatlich beträgt sie 3.535 EUR/West (2023: 3.395 EUR) bzw. 3.465 EUR/Ost (2023: 3.290 EUR).

Als Bezugsgröße im Sinne der Sozialversicherung gilt das durchschnittliche Arbeitsentgelt aller Versicherten der allgemeinen Rentenversicherung (ohne Auszubildende) im vorvergangenen Kalenderjahr, gerundet auf den nächsthöheren, durch 420 teilbaren Betrag.[1] Die Bezugsgröße für den Rechtskreis Ost wird abweichend ermittelt, indem die Entwicklung der Durchschnittsentgelte im Beitrittsgebiet besonders berücksichtigt wird. Für die Zeit ab 1.1.2025 ist eine Bezugsgröße (Ost) nicht mehr zu bestimmen.[2]

1 § 18 Abs. 1 SGB IV.
2 § 18 Abs. 2 SGB IV.

Durch die Anbindung der Bezugsgröße an das durchschnittliche Arbeitsentgelt der gesetzlichen Rentenversicherung des jeweils vorvergangenen Kalenderjahres ist die Bezugsgröße dynamisch. Die Bezugsgröße wird jährlich in der Sozialversicherungs-Rechengrößenverordnung veröffentlicht.

Von der Bezugsgröße abgeleitete Werte

Mindest-/Höchstjahresarbeitsverdienst in der ⇗ Unfallversicherung	Der Mindestjahresarbeitsverdienst beträgt für Versicherte, die im Zeitpunkt des Versicherungsfalls das 15., aber noch nicht das 18. Lebensjahr vollendet haben, 40 % der Bezugsgröße (2024: 16.968 EUR/West, 16.632 EUR/Ost) und für Versicherte, die das 18. Lebensjahr vollendet haben, 60 % der Bezugsgröße (2024: 25.452 EUR/West, 24.948 EUR/Ost). Der Höchstjahresarbeitsverdienst beträgt das 2-fache der im Zeitpunkt des Versicherungsfalls maßgebenden Bezugsgröße (2024: 84.840 EUR/West, 83.160 EUR/Ost).
Festsetzung der Mindestbeitragsbemessungsgrundlage für freiwillige Mitglieder in der gesetzlichen Krankenversicherung	Sie beträgt für den Kalendertag den 90. Teil der monatlichen Bezugsgröße. Daraus ergibt sich für das Kalenderjahr 2024 eine monatliche Mindestbeitragsbemessungsgrundlage in Höhe von 1.178,33 EUR.
Beurteilung der Beitragspflicht zur Kranken-/Pflegeversicherung von Versorgungsbezügen und Arbeitseinkommen[1]	Eine Beitragspflicht besteht nur dann, wenn der monatliche Zahlbetrag (insgesamt) $^{1}/_{20}$ der monatlichen Bezugsgröße übersteigt (2024: 176,75 EUR).
Freibetrag für Renten der betrieblichen Altersversorgung zur Krankenversicherung[2]	Renten der betrieblichen Altersversorgung werden nur beitragspflichtig, soweit sie $^{1}/_{20}$ der monatlichen Bezugsgröße übersteigen (2024: 176,75 EUR).
Mindestarbeitsentgelt der nach § 5 Abs. 1 Nr. 7 und 8 SGB V in der gesetzlichen Kranken-/Pflegeversicherung versicherungspflichtigen ⇗ Menschen mit Behinderungen[3]	Das Mindestarbeitsentgelt beträgt 20 % der monatlichen Bezugsgröße. Das sind im Jahr 2024 monatlich 707 EUR (West/Ost). In der Rentenversicherung beträgt das Mindestbemessungsentgelt für Menschen mit Behinderungen, nach Rechtskreisen getrennt, 80 % der monatlichen Bezugsgröße, somit 2024 2.828 EUR/West bzw. 2.772 EUR/Ost.
Anspruch auf ⇗ Familienversicherung in der Kranken-/Pflegeversicherung	Dieser ist ausgeschlossen, wenn das Einkommen des Angehörigen in Ost und West $^{1}/_{7}$ der monatlichen Bezugsgröße übersteigt. Die Einkommensgrenze beträgt im Kalenderjahr 2024 monatlich 505 EUR. Für Familienangehörige, die eine geringfügige Beschäftigung nach § 8 Abs. 1 Nr. 1 SGB IV ausüben, gilt eine Einkommensgrenze in Höhe der Geringfügigkeitsgrenze (seit 1.1.2024: 538 EUR).

Darüber hinaus gilt die Bezugsgröße für

- die Entschädigung der bei den Versicherungsträgern ehrenamtlich Tätigen;
- die Ermittlung der Freibeträge für Familienangehörige bei der Belastungsgrenze für die Zuzahlungen der Versicherten[4];
- die ⇗ Beitragsberechnung für versicherungspflichtige landwirtschaftliche Unternehmer aus außerlandwirtschaftlichen Einkünften[5];
- die Befreiung von der Versicherungspflicht als landwirtschaftlicher Unternehmer, wenn das außerlandwirtschaftliche Einkommen mehr als $^{1}/_{7}$ der Bezugsgröße beträgt;
- die Berechnung der Beiträge für rentenversicherungspflichtige Pflegepersonen[6];
- die Beitragsberechnung der in der gesetzlichen Rentenversicherung versicherungspflichtigen Selbstständigen.[7]

1 § 226 Abs. 2 Satz 1 SGB V.
2 § 226 Abs. 2 Satz 2 SGB V.
3 § 235 Abs. 3 SGB V.
4 § 62 SGB V.

Bildschirmarbeit

Bildschirmarbeit ist die Arbeit, die an Bildschirmgeräten ausgeübt wird.

Gesetze, Vorschriften und Rechtsprechung

Lohnsteuer: Die Steuerfreiheit bei Übernahme der Kosten für eine spezielle Sehhilfe am Arbeitsplatz ist in R 19.3 Abs. 2 Nr. 2 LStR geregelt.

Entgelt	LSt	SV
Kostenübernahme für spezielle Sehhilfe am Arbeitsplatz	frei	frei

Entgelt

Kein Arbeitslohn bei Kostenübernahme für Bildschirmbrille

Trägt der Arbeitgeber aufgrund gesetzlicher Verpflichtung die angemessenen Kosten für eine spezielle Sehhilfe (Bildschirmbrille bzw. Arbeitsplatzbrille), ist die Übernahme der Kosten hierfür kein Arbeitslohn.[8] Voraussetzung hierfür ist, dass aufgrund einer Untersuchung der Augen und des Sehvermögens durch eine fachkundige Person i. S. d. § 6 Abs. 1 Bildschirmarbeitsverordnung (Betriebs- oder Augenarzt) eine normale Sehhilfe nicht ausreichend und deshalb eine spezielle Sehhilfe notwendig ist, um eine ausreichende Sehfähigkeit in den Entfernungsbereichen des Bildschirmarbeitsplatzes zu gewährleisten. Das eigenbetriebliche Interesse des Arbeitgebers überwiegt in diesem Fall. Eine Verordnung durch den Optiker reicht hingegen nicht aus.

Werbungskostenabzug

Nicht vom Arbeitgeber ersetzte Aufwendungen des Arbeitnehmers sind ⇗ Werbungskosten. Liegen die Voraussetzungen für den Werbungskostenabzug nicht vor, weil es sich z. B. nicht um eine reine Arbeitsplatzbrille, sondern um eine Gleitsichtbrille handelt, kommt ein Ansatz als außergewöhnliche Belastungen in Betracht.

Sozialversicherungsrechtliche Beurteilung

Der Arbeitgeber muss die Kosten für eine Bildschirmbrille übernehmen, wenn der Arbeitnehmer diese ausschließlich für die Arbeit am Bildschirm benötigt. In diesen Fällen ergibt sich aus der Kostenübernahme kein beitragspflichtiges Arbeitsentgelt im Sinne der Sozialversicherung. Für die Arbeit am Bildschirm gibt es von den Unfallversicherungsträgern eine Reihe von Vorschriften, die der Arbeitgeber im Interesse der Gesundheit des Arbeitnehmers beachten muss.

5 § 39 Abs. 2 KVLG 1989.
6 § 166 Abs. 2 SGB VI.
7 § 165 Abs. 1 SGB VI.
8 R 19.3 Abs. 2 Nr. 2 LStR.

Brexit

Mit dem Wort Brexit wird der Austritt des Vereinigten Königreichs aus der Europäischen Union bezeichnet. Infolge des Brexits ergeben sich Änderungen für Personen in allen europäischen Staaten, insbesondere auch für Arbeitgeber und Arbeitnehmer. Die Übergangsphase bis zu einer endgültigen und dauerhaften Vereinbarung zwischen der EU und dem Vereinigten Königreich wurde durch das sog. Austrittsabkommen geregelt. In dieser bis zum 31.12.2020 laufenden Übergangsphase galten die bisherigen Regelungen uneingeschränkt weiter. Nunmehr haben die EU und das Vereinigte Königreich ein Abkommen über den zukünftigen Zugang zum Binnenmarkt abgeschlossen und damit einen ungeregelten „No-Deal-Brexit" vermieden. Das Abkommen wurde am 27.4.2021 vom Europäischen Parlament ratifiziert und ist zum 1.5.2021 in Kraft getreten. In der Zeit vom 1.1.2021 bis 30.4.2021 wurde es vorläufig angewandt.

Gesetze, Vorschriften und Rechtsprechung

Lohnsteuer: Bei der Entsendung von Arbeitnehmern aus Deutschland in das Vereinigte Königreich oder umgekehrt aus dem Vereinigten Königreich nach Deutschland müssen die steuerlichen Regelungen beachtet werden. Diese ergeben sich aus dem zwischen Deutschland und dem Vereinigten Königreich abgeschlossenen Doppelbesteuerungsabkommen (DBA) und (aus deutscher Sicht) aus dem Einkommensteuergesetz (EStG). Hieran ändert sich auch durch den Brexit nichts.

Sozialversicherung: In Art. 50 des EU-Vertrags ist der Austritt eines Mitgliedstaats aus der Europäischen Union geregelt. Hierzu wurde das Abkommen über den Austritt des Vereinigten Königreichs Großbritannien und Nordirlands aus der Europäischen Union und der Europäischen Atomgemeinschaft (2019/C3841/01) beschlossen. Vom Brexit sind alle Bereiche des Sozialgesetzbuches betroffen. Vom 1.2.2020 an gilt eine Übergangsphase bis zum 31.12.2020. In dieser Zeit gelten die Verordnungen (EG) Nr. 883/2004 und Nr. 987/2009 über soziale Sicherheit sowie die vorherigen Verordnungen (EWG) über soziale Sicherheit Nr. 1408/1971 und Nr. 574/1972 uneingeschränkt weiter. Die Verordnungen (EG) über soziale Sicherheit sind auch nach dem 31.12.2020 anzuwenden, sofern sich in dem zu bewertenden Sachverhalt keine Änderungen in den Verhältnissen ergeben haben. Vom 1.1.2021 an findet das zwischen der EU und dem Vereinigten Königreich abgeschlossene Abkommen über Handel und Zusammenarbeit Anwendung. Dieses Abkommen regelt Sachverhalte, die nach dem 1.1.2021 beginnen und zu keinem vorherigen Zeitpunkt einen grenzüberschreitenden Bezug zwischen der EU und dem Vereinigten Königreich hatten.

Lohnsteuer

Doppelbesteuerungsabkommen

Das Doppelbesteuerungsabkommen ist unabhängig davon anwendbar, ob das Vereinigte Königreich ein Mitgliedstaat der Europäischen Union (EU) ist oder nicht. Die Regelungen des Doppelbesteuerungsabkommens insbesondere zur Ansässigkeit, zum Besteuerungsrecht für den Arbeitslohn und zur Vermeidung der Doppelbesteuerung sind daher auch nach dem Brexit weiter anwendbar. Insoweit ergeben sich keinerlei Änderungen und somit auch kein Anpassungsbedarf.

Einkommensteuergesetz

Eine Reihe von begünstigenden Regelungen des EStG sind an eine Mitgliedschaft in der EU oder im Europäischen Wirtschaftsraum (EWR) geknüpft. Nach dem vollzogenen Brexit ist das Vereinigte Königreich seit dem 1.2.2020 kein Mitgliedstaat der EU mehr und es gehört auch nicht dem EWR an. Es ist damit ein Drittstaat. Da der Austritt jedoch mit einem Austrittsabkommen erfolgte („Geregelter Brexit"), galt bis zum 31.12.2020 ein Übergangszeitraum. Für die Dauer dieses Übergangszeitraums wurde das Vereinigte Königreich weiter wie ein EU-Mitgliedstaat behandelt. Die für EU- und EWR-Mitgliedstaaten geltenden begünstigenden Regelungen des EStG galten daher bis zum Ende des Übergangszeitraums weiter auch für das Vereinigte Königreich. Durch den Brexit änderte sich also zunächst einmal nichts.

Nach dem Ende des Übergangszeitraums ist das Vereinigte Königreich seit dem 1.1.2021 nun für die Einkommensteuer als „normaler" Drittstaat, und damit wie jeder andere Drittstaat auch, zu behandeln. Das zwischen der EU und dem Vereinigten Königreich abgeschlossene Handels- und Kooperationsabkommen, das am 1.1.2021 zunächst vorläufig und am 1.5.2021 endgültig in Kraft getreten ist, ändert hieran nichts, da es keine Sonderbestimmungen für die Einkommensteuer enthält.

Somit sind die begünstigenden Regelungen des EStG seit dem 1.1.2021 im Verhältnis zum Vereinigten Königreich nicht mehr anwendbar.

Dies kann durchaus spürbare steuerliche Auswirkungen haben. Im Folgenden werden daher die lohnsteuerlichen Konsequenzen aufgezeigt, die der Wegfall dieser Regelungen für das Vereinigte Königreich ab dem 1.1.2021 hat.

Arbeitnehmer mit Wohnsitz in Deutschland

Einige der Regelungen betreffen ausschließlich ⇗ unbeschränkt Steuerpflichtige. Dies sind Personen, die in Deutschland einen Wohnsitz oder ihren gewöhnlichen Aufenthalt haben.[1] Dabei kann es sich um Arbeitnehmer handeln, die von Deutschland aus in das Vereinigte Königreich entsendet werden und ihren Wohnsitz in Deutschland beibehalten. Es kann sich aber auch um Arbeitnehmer handeln, die vom Vereinigten Königreich aus nach Deutschland entsendet werden und hier einen Wohnsitz oder ihren gewöhnlichen Aufenthalt begründen. Möglich ist auch eine unbeschränkte Steuerpflicht auf Antrag, wenn zwar weder Wohnsitz noch gewöhnlicher Aufenthalt in Deutschland vorliegen, aber der Großteil der Einkünfte in Deutschland erzielt wird.[2]

Zusammenveranlagung von Ehegatten

Die Zusammenveranlagung von Ehegatten[3] führt häufig zu einer niedrigeren Besteuerung, da insbesondere der Splittingtarif anzuwenden ist.[4] Voraussetzung ist, dass beide Ehegatten unbeschränkt steuerpflichtig sind.[5] Ist dies beim Ehegatten des Arbeitnehmers nicht der Fall, kann der Ehegatte aber als unbeschränkt steuerpflichtig behandelt werden, wenn der Arbeitnehmer selbst Staatsangehöriger eines EU- oder EWR-Mitgliedstaats ist und der nicht dauernd getrennt lebende Ehegatte seinen Wohnsitz oder gewöhnlichen Aufenthalt in einem dieser Staaten oder in der Schweiz hat.[6] Ist der Arbeitnehmer Staatsangehöriger des Vereinigten Königreichs und/oder hat der Ehegatte dort seinen Wohnsitz, liegt diese Voraussetzung ab dem 1.1.2021 nicht mehr vor. Eine Zusammenveranlagung ist dann nicht mehr möglich, was zu einer höheren Steuerbelastung führen kann.

Abziehbarkeit von Unterhaltsleistungen

Unter den gleichen Voraussetzungen wie bei der Zusammenveranlagung können Unterhaltsleistungen an geschiedene oder dauernd getrennt lebende Ehegatten als Sonderausgaben abgezogen werden.[7] Diese Möglichkeit besteht ab dem 1.1.2021 nicht mehr.

Abziehbarkeit von Vorsorgeaufwendungen

Vorsorgeaufwendungen, insbesondere für Alters- und Krankenvorsorge[8], können unter bestimmten Voraussetzungen auch dann als ⇗ Sonderausgaben abgezogen werden, wenn der Arbeitslohn nach dem Doppelbesteuerungsabkommen steuerfrei ist. Dies gilt jedoch nur, wenn sie in einem unmittelbaren wirtschaftlichen Zusammenhang mit in einem EU- oder EWR-Mitgliedstaat oder in der Schweiz erzielten Ein-

1 § 1 Abs. 1 EStG.
2 § 1 Abs. 3 EStG.
3 § 26b EStG.
4 § 32a Abs. 5 EStG.
5 § 26 Abs. 1 Satz 1 Nr. 1 EStG.
6 § 1a Abs. 1 Nr. 2 EStG.
7 §§ 1a Abs. 1 Nr. 1, 10 Abs. 1a EStG.
8 § 10 Abs. 1 Nrn. 2, 3, 3a EStG.

nahmen aus nichtselbstständiger Tätigkeit stehen.[1] Eine Tätigkeit im Vereinigten Königreich kann daher nach dem Übergangszeitraum nicht mehr zur Abziehbarkeit der Vorsorgeaufwendungen in solchen Fällen führen.

Zudem können Vorsorgeaufwendungen abgezogen werden, die an Versicherungsunternehmen geleistet werden, die ihren Sitz oder ihre Geschäftsleitung in einem EU- oder EWR-Mitgliedstaat haben.[2] Ab dem 1.1.2021 können daher Zahlungen an Versicherungsunternehmen im Vereinigten Königreich nicht mehr abgezogen werden.

Abziehbarkeit von Schulgeld

Zahlungen von Schulgeld können bis zu einem Höchstbetrag als Sonderausgaben abgezogen werden, wenn die Schule in einem EU- oder EWR-Mitgliedstaat gelegen ist.[3] Ab dem 1.1.2021 können daher Zahlungen an Schulen im Vereinigten Königreich nicht mehr abgezogen werden.

Abziehbarkeit des Pflege-Pauschbetrags

Für die persönliche Pflege einer anderen Person kann ein Pflege-Pauschbetrag als außergewöhnliche Belastung abgezogen werden, wenn die Pflege in einer Wohnung in einem EU- oder EWR-Mitgliedstaat durchgeführt wird.[4] Dies ist ab dem 1.1.2021 bei der Pflege in einer Wohnung im Vereinigten Königreich nicht mehr der Fall.

Kindergeld

Anspruch auf ↗ Kindergeld hat, wer unbeschränkt steuerpflichtig ist[5] und, wenn er nicht freizügigkeitsberechtigt ist, eine Niederlassungs- oder bestimmte Aufenthaltserlaubnis besitzt.[6] Zudem müssen die Kinder einen Wohnsitz oder ihren gewöhnlichen Aufenthalt im Inland oder in einem Mitgliedstaat der EU oder des EWR haben.[7] Ab dem 1.1.2021 kann daher bei Fehlen dieser Voraussetzungen der Anspruch auf Kindergeld entfallen.

Wegzugsbesteuerung

Wird die unbeschränkte Steuerpflicht in Deutschland beendet und ist der Arbeitnehmer an einer Kapitalgesellschaft beteiligt, so werden unter bestimmten Voraussetzungen im Zeitpunkt des Wegzugs eventuelle stille Reserven der Besteuerung unterworfen.[8] Bei Staatsangehörigen eines EU- oder EWR-Mitgliedstaats, die in einem dieser Staaten unbeschränkt steuerpflichtig werden, wird die Steuer bei einem Wegzug bis Ende 2021 jedoch zinslos und ohne Sicherheitsleistung gestundet.[9] Ab dem 1.1.2021 ist diese Stundung bei einem Wegzug in das Vereinigte Königreich nicht mehr möglich. Bereits vor diesem Zeitpunkt bestehende Stundungen werden jedoch allein wegen des Austritts des Vereinigten Königreichs aus der EU nicht widerrufen.[10]

Bei Wegzügen ab 2022 entfallen die Sonderregelungen für EU-/EWR-Fälle und eine Stundung ist generell nicht mehr möglich.[11] Für am 31.12.2021 noch laufende Stundungen gelten die bisherigen Regelungen jedoch fort.[12]

Arbeitnehmer mit Wohnsitz im Vereinigten Königreich

Andere Regelungen betreffen ausschließlich ↗ beschränkt Steuerpflichtige. Dies sind Personen, die in Deutschland weder einen Wohnsitz noch ihren gewöhnlichen Aufenthalt haben, die aber inländische Einkünfte haben.[13] Dabei kann es sich insbesondere um Arbeitnehmer handeln, die vom Vereinigten Königreich aus nach Deutschland entsendet werden und hier keinen Wohnsitz und auch keinen gewöhnlichen Aufenthalt begründen.

1 § 10 Abs. 2 Satz 1 Nr. 1 EStG.
2 § 10 Abs. 2 Satz 1 Nr. 2 EStG.
3 § 10 Abs. 1 Nr. 9 EStG.
4 § 33b Abs. 6 Satz 1 EStG.
5 § 62 Abs. 1 EStG.
6 § 62 Abs. 2 EStG.
7 § 63 Abs. 1 Satz 6 EStG.
8 § 6 AStG; § 17 EStG.
9 § 6 Abs. 5 AStG a. F., § 21 Abs. 1 Nr. 1 AStG.
10 § 6 Abs. 8 AStG a.F.
11 § 6 AStG.
12 § 21 Abs. 3 AStG.
13 § 1 Abs. 4 EStG.

Antragsveranlagung

Der Lohnsteuerabzug hat bei beschränkt steuerpflichtigen Arbeitnehmern grundsätzlich Abgeltungswirkung.[14] Eine Veranlagung kommt nur in 2 Fällen in Betracht. So besteht eine Pflicht zur Veranlagung, wenn für den Arbeitnehmer ein Freibetrag als Lohnsteuerabzugsmerkmal gebildet worden ist[15] und der im Kalenderjahr insgesamt erzielte Arbeitslohn die Pflichtveranlagungsgrenze i. H. v. 12.174 EUR (2022: 13.150 EUR)[16] übersteigt.

Ein Antrag auf Veranlagung durch Abgabe einer Steuererklärung[17] ist jedoch nur möglich, wenn der Arbeitnehmer Staatsangehöriger eines EU- oder EWR-Mitgliedstaats ist und auch in einem dieser Staaten seinen Wohnsitz oder gewöhnlichen Aufenthalt hat.[18] Ab dem 1.1.2021 ist somit die Antragsveranlagung für Arbeitnehmer aus dem Vereinigten Königreich nicht mehr möglich. Dies kann insbesondere bei hohen Werbungskosten zu erheblichen Nachteilen führen. Hier sollte ggf. überlegt werden, durch einen Antrag auf Bildung eines Freibetrags eine Pflichtveranlagung herbeizuführen.

Arbeitnehmer mit Wohnsitz in Deutschland oder im Vereinigten Königreich

Wieder andere Regelungen betreffen sowohl unbeschränkt als auch beschränkt Steuerpflichtige. Diese Regelungen können also in allen Entsendungsfällen, egal in welche Richtung, relevant werden.

Steuerfreiheit bestimmter Leistungen

Bestimmte Lohnersatz- und Sozialleistungen sind steuerfrei, z. B. Leistungen aus einer Krankenversicherung, einer Pflegeversicherung oder aus der gesetzlichen Unfallversicherung, Arbeitslosengeld, Kurzarbeitergeld oder Insolvenzgeld.[19] Dies gilt auch für vergleichbare Leistungen ausländischer Rechtsträger, die ihren Sitz in einem Mitgliedstaat der EU oder des EWR oder in der Schweiz haben.[20] Ab dem 1.1.2021 sind somit entsprechende Leistungen aus dem Vereinigten Königreich nicht mehr steuerfrei.

Entsprechendes gilt für die Anwendbarkeit des ↗ Übungsleiterfreibetrags[21] und der ↗ Ehrenamtspauschale.[22]

Abziehbarkeit von Spenden und Mitgliedsbeiträgen

Spenden und Mitgliedsbeiträge für steuerbegünstigte Zwecke können als Sonderausgaben abgezogen werden, wenn sie an einen Empfänger in einem EU- oder EWR-Mitgliedstaat geleistet werden.[23] Zuwendungen an Empfänger im Vereinigten Königreich sind somit ab dem 1.1.2021 nicht mehr abziehbar.

Steuerermäßigung für haushaltsnahe Leistungen

Für Aufwendungen für haushaltsnahe Beschäftigungsverhältnisse, Dienstleistungen und Handwerkerleistungen kann eine Steuerermäßigung bis zu 20 % der Aufwendungen, begrenzt auf bestimmte Höchstbeträge, in Anspruch genommen werden, wenn die Leistung in einem Haushalt in einem EU- oder EWR-Mitgliedstaat erbracht wird.[24] Ab dem 1.1.2021 ist somit die Steuerermäßigung für Leistungen in einem im Vereinigten Königreich gelegenen Haushalt nicht mehr möglich.

Einzelfall ist entscheidend

Die genannten steuerlichen Folgen können bei Entsendungen – je nach den Umständen des einzelnen Falls – relevant sein oder nicht. Erforderlich ist deshalb eine genaue Prüfung jedes Einzelfalls.

14 § 50 Abs. 2 Satz 1 EStG.
15 §§ 50 Abs. 2 Satz 2 Nr. 4 Buchst. a, 39a Abs. 4, 39 Abs. 4 Nr. 3 EStG.
16 Summe aus Grundfreibetrag, Arbeitnehmer-Pauschbetrag und Sonderausgaben-Pauschbetrag nach § 46 Abs. 2 Nr. 4 EStG.
17 §§ 50 Abs. 2 Satz 2 Nr. 4 Buchst. b, 46 Abs. 2 Nr. 8 EStG.
18 § 50 Abs. 2 Satz 7 EStG.
19 § 3 Nrn. 1, 2 Buchst. a-d EStG.
20 § 3 Nr. 2 Buchst. e EStG.
21 § 3 Nr. 26 EStG.
22 § 3 Nr. 26a EStG.
23 § 10b Abs. 1 Satz 2 EStG.
24 § 35a Abs. 4 EStG.

Sozialversicherung

Entwicklung des Brexits

Mit der Entscheidung zum sog. Brexit hat das Vereinigte Königreich am 29.3.2017 offiziell seinen Austritt aus der EU erklärt. Am 23.3.2019 erfolgte eine Fristverlängerung bis zum 12.4.2019 und anschließend bis zum 31.10.2019. Am 28.10.2019 wurde eine weitere Fristverlängerung bis zum 31.1.2020 beschlossen. Am 20.12.2019 hat das britische Parlament dem Austrittsabkommen zugestimmt. Das Europäische Parlament hat am 29.1.2020 ebenfalls dem Austrittsabkommen zugestimmt, sodass das Vereinigte Königreich die Europäische Union zum 1.2.2020 verlassen hat. Die Entscheidung hat Auswirkungen auf alle Lebensbereiche der europäischen Bürger. Auch im Bereich der Sozialversicherung sind sämtliche Bereiche betroffen. Vom 1.2.2020 bis zum 31.12.2020 galt eine Übergangsphase. In dieser Übergangsphase waren auf das Vereinigte Königreich die Verordnungen (EG) über soziale Sicherheit weiter uneingeschränkt anzuwenden. Somit ergaben sich bis zu diesem Zeitpunkt keine Auswirkungen für Unternehmen, Institutionen und Versicherte.

Fortgelten der Verordnungen (EG) über soziale Sicherheit

Die Verordnungen (EG) über soziale Sicherheit sind auch über den 31.12.2020 hinaus anzuwenden, sofern sich in dem zu bewertenden Sachverhalt keine Änderungen in den Verhältnissen ergeben haben.

Austrittsabkommen und Übergangsphase

Mit dem „Austrittsabkommen" wird das im EU-Vertrag vorgesehene Abkommen zwischen dem Austrittskandidaten und der EU bezeichnet. Mit dem Inkrafttreten des Austrittsabkommens zum 1.2.2020 begann die Übergangsphase, die am 31.12.2020 endete.

Nach dem Ende der Übergangsphase galten die Verordnungen (EG) über soziale Sicherheit in den Sachverhalten weiter, die vor dem Ende der Übergangsphase begonnen hatten und darüber hinausgehen. Außerdem wurden von dem Austrittsabkommen auch Sachverhalte erfasst, die erst nach dem Ende des Übergangszeitraums aufgetreten waren, ihren Ursprung aber bereits vor dem Ende des Übergangszeitraums hatten.

Abkommen über Handel und Zusammenarbeit

Das „Abkommen über Handel und Zusammenarbeit" regelt die zukünftigen Beziehungen zwischen der EU und dem Vereinigten Königreich. Es wurde am 27.4.2021 ratifiziert und ist zum 1.5.2021 in Kraft getreten. In der Zeit vom 1.1.2021 bis 30.4.2021 wurde es vorläufig angewandt. Von dem neuen Abkommen über Handel und Zusammenarbeit werden Sachverhalte erfasst, die ab dem 1.1.2021 beginnen und bei denen es keinen grenzüberschreitenden Bezug zwischen der EU und dem Vereinigten Königreich gibt. Das Abkommen über Handel und Zusammenarbeit erfasst die Kranken-, Renten-, Unfallversicherung und den Bereich der Arbeitsförderung. Nicht erfasst werden die Familienleistungen sowie der Bereich der Pflegeversicherung. Es beinhaltet Regelungen, die im Wesentlichen den Regelungen der Verordnungen (EG) über soziale Sicherheit entsprechen.

Recht für Entsendungen in den verschiedenen Abkommensphasen

Entsendungen nach dem Austrittsabkommen

Vor dem Ende der Übergangsphase

Entsendungen, die vor dem 1.1.2021 begonnen haben gelten bis zum Ablauf der Entsendung weiter. Da die Entsendedauer auf 24 Kalendermonate begrenzt ist, kann es neue Entsendungen nach dem Austrittsabkommen nicht mehr geben. Begonnene Entsendungen sind im Regelfall bereits beendet.

Nach dem Ende der Übergangsphase

Entsendungen, die nach dem 31.12.2020 beginnen, fallen nicht unter das Austrittsabkommen. Es gelten die Regelungen des Abkommens über Handel und Zusammenarbeit.

Entsendungen nach dem Abkommen über Handel und Zusammenarbeit

Für Entsendungen und vorübergehende selbstständige Tätigkeiten gelten die Regelungen des Abkommens über Handel und Zusammenarbeit, wenn sie

- nach dem 1.1.2021 beginnen und
- keinen grenzüberschreitenden Bezug zum Vereinigten Königreich haben,

sofern dies vom jeweiligen Staat gewünscht wird. Ist dies der Fall, dann muss der jeweilige Staat eine entsprechende Meldung (sog. Notifizierung) abgeben. Die Notifizierung Deutschlands soll kurzfristig erfolgen. Sollte ein Mitgliedstaat keine Notifizierung abgeben, gelten keine Entsenderegelungen.

Für Personen, für die im Bereich der Krankenversicherung die deutschen Rechtsvorschriften nach dem Abkommen über Handel und Zusammenarbeit gelten, finden auch die Vorschriften der Pflegeversicherung Anwendung.

Auswirkungen auf die Sozialversicherung

Vorversicherungszeiten

Die während der Übergangsphase im Vereinigten Königreich zurückgelegten Versicherungs- und Beschäftigungszeiten können als Vorversicherungszeiten in allen Versicherungszweigen angerechnet werden. Dies gilt insbesondere im Bereich der Kranken- und Pflegeversicherung.

Zeiten, die nach der Übergangsphase im Vereinigten Königreich zurückgelegt werden, können ebenfalls berücksichtigt werden. Voraussetzung ist, dass bereits zu irgendeinem Zeitpunkt vor dem Ende der Übergangphase Zeiten im Vereinigten Königreich zurückgelegt wurden.

Beispiel

Berücksichtigung von in der Übergangsphase erworbene Vorversicherungszeiten

Ein deutscher Staatsangehöriger ist seit 2010 im Vereinigten Königreich beschäftigt. Er beabsichtigt 2023 als Rentner nach Deutschland zurückzukehren. Da er bereits vor dem 31.12.2020 im Vereinigten Königreich gewohnt hat, wird er vom Austrittsabkommen erfasst. Die Rentenzeiten können vollständig als Vorversicherungszeiten angerechnet werden.

Zeiten, die nach dem Abkommen über Handel und Zusammenarbeit zurückgelegt wurden, werden ebenfalls als Vorversicherungszeit für die Versicherungspflicht in der Krankenversicherung der Rentner berücksichtigt.

Krankenversicherung

Regelungen nach dem Austrittsabkommen

Wohnort Deutschland

Personen bleiben auch nach der Übergangsphase im Vereinigten Königreich versichert, solange sich keine Änderungen in den Verhältnissen ergeben (die ihrer versicherungsrechtlichen Beurteilung zugrunde lagen). Dies gilt für Personen, die

- in der Übergangsphase in Deutschland oder in einem anderen Mitgliedschaft wohnen und
- im Vereinigten Königreich versichert sind,

insbesondere für Rentner.

Wohnort Vereinigtes Königreich

Personen, die im Vereinigten Königreich wohnen und in Deutschland oder einem anderen Mitgliedsstaat versichert sind, bleiben auch nach der Übergangsphase wie bisher versichert, solange sich keine Änderungen in den Verhältnissen ergeben die ihrer versicherungsrechtlichen Beurteilung zugrunde lagen. Dies gilt insbesondere für Rentner.

Rentner

Auf Rentner, die ab einem Zeitpunkt nach dem 31.12.2020 eine Rente beantragen/beziehen, können die Verordnungen (EG) über soziale Sicherheit weiter angewandt werden, wenn

- ein Unionsbürger zu irgendeinem Zeitpunkt vor dem Ende des Übergangszeitraums den britischen Rechtsvorschriften unterlag,
- ein britischer Staatsangehöriger zu irgendeinem Zeitpunkt vor dem Ende des Übergangszeitraums den Rechtsvorschriften eines anderen Mitgliedstaats unterlag.

Vorübergehender Aufenthalt

Personen, die sich in der Übergangsphase in einem Mitgliedsstaat oder im Vereinigten Königreich vorübergehend aufhalten, bleiben bis zur Beendigung ihres Aufenthalts wie bisher versichert. Dies gilt insbesondere für Studierende, entsandte Arbeitnehmer und Touristen.

Grenzüberschreitender Bezug

Besteht ein vorheriger grenzüberschreitender Bezug, handelt es sich um einen Bestandsfall. Die Regelungen der Verordnungen (EG) über soziale Sicherheit sind weiter anzuwenden. In Deutschland versicherte Personen, die sich im Vereinigten Königreich oder in einem anderen Mitgliedstaat aufhalten, benötigen für die Leistungsinanspruchnahme eine Europäische Krankenversicherungskarte (EHIC) oder eine Provisorische Ersatzbescheinigung (PEB). Im Vereinigten Königreich versicherte Personen, die sich in einem anderen Mitgliedstaat aufhalten, erhalten für die Leistungsinanspruchnahme eine neue europäische Krankenversicherungskarte (Citizens Rights-EHIC) bzw. die Global Health Insurance Card (GHIC). Die bisherige europäische Krankenversicherungskarte mit EU-Logo ist vom 1.1.2021 nicht mehr gültig und wird durch eine EHIC ohne EU-Logo ausgetauscht.

Britische Studierende erhalten eine auf den Studienzeitraum befristete GHIC, die ausschließlich im Studienstaat gültig sein wird.

Die Leistungsaushilfe wird während der Übergangsphase regulär weitergeführt. Sollten Personen nach der Übergangsphase weiterhin den bisherigen Rechtsvorschriften unterliegen, haben diese auch weiterhin Anspruch auf die Leistungsaushilfe.

Regelungen nach dem Abkommen über Handel und Zusammenarbeit

Wohnortverlegung von Deutschland ins Vereinigte Königreich

Für Personen, die in Deutschland oder einem anderen Mitgliedstaat wohnen, finden die Regelungen nach dem Abkommen über Handel und Zusammenarbeit Anwendung, sofern sie

- bisher keinen grenzüberschreitenden Bezug zum Vereinigten Königreich aufweisen und
- nach dem 31.12.2020 ihren Wohnort in das Vereinigte Königreich verlegen.

Wohnortverlegung vom Vereinigte Königreich nach Deutschland

Dies gilt auch für britische Staatsangehörige, die im Vereinigten Königreich wohnen, bisher keinen grenzüberschreitenden Bezug zu Deutschland oder einem anderen Mitgliedstaat aufweisen und nach dem 31.12.2020 ihren Wohnort in einen anderen Mitgliedstaat oder nach Deutschland verlegen (z. B. Einfachrentner).

Vorübergehender Aufenthalt

Das Abkommen über Handel und Zusammenarbeit gilt auch für Personen, die sich nach dem 31.12.2020 vorübergehend im Vereinigten Königreich oder in Deutschland aufhalten.

Findet das Abkommen über Handel und Zusammenarbeit Anwendung, gelten für die Personen im Wesentlichen die Regelungen der Verordnungen (EG) über soziale Sicherheit weiter. In Deutschland oder in einem anderen Mitgliedstaat versicherte Personen können bei vorübergehenden Aufenthalten im Vereinigten Königreich Leistungen über die EHIC bzw. über die PEB in Anspruch nehmen. Im Vereinigten Königreich versicherte Personen erhalten seit dem 11.1.2021 bei Erst- und Folgeanträgen die Global Health Insurance Card (GHIC). Diese verfügt über dieselbe Struktur und enthält die gleichen Informationen wie die EHIC. Bei der GHIC ist als Hintergrund die britische Flagge abgebildet. Die Personen können mit der britischen GHIC bzw. PEB weiterhin Leistungen in Anspruch nehmen.

Beispiel

Vorübergehender Aufenthalt nach dem 31.12.2020

Ein deutscher Staatsangehöriger macht in der Zeit vom 1.7.2021 bis 15.7.2021 Urlaub im Vereinigten Königreich. Sollte er in dieser Zeit Leistungen benötigen, kann er diese mit seiner EHIC in Anspruch nehmen.

Pflegeversicherung

Die Ausführungen zur Krankenversicherung gelten auch für die Pflegeversicherung. Personen, die nach der Übergangsphase krankenversichert sind, sind auch weiter pflegeversichert und erhalten die Leistungen wie bisher.

Personen, die nach dem Abkommen über Handel und Zusammenarbeit krankenversichert sind, werden nicht weiter pflegeversichert. Der Bereich der Pflegeversicherung wird vom neuen Abkommen nicht erfasst.

Rentenversicherung

Rentenversicherungsrechtliche Tatbestände, die während oder nach Ende der Übergangsphase im Vereinigten Königreich zurückgelegt wurden, werden wie bisher berücksichtigt.

Wohnt eine Person während oder nach der Übergangsphase im Vereinigten Königreich und erhält diese Person bereits eine Rente, wird diese wie bisher in gleicher Höhe ausgezahlt. Solange sich keine Änderungen in den Verhältnissen ergeben. Das gilt nur solange sich keine Änderungen in den Verhältnissen ergeben, die der versicherungsrechtlichen Beurteilung zugrunde lagen.

Bundesfreiwilligendienst

Der Bundesfreiwilligendienst ist eine nach dem Aussetzen der Wehrpflicht (in Form des Wehr- oder des Zivildienstes) eingeführte neue Form des freiwilligen Dienstes. Er steht beiden Geschlechtern ohne Altersgrenze offen und dauert im Regelfall zwischen 6 und 18 Monate. In Ausnahmefällen kann er auf bis zu 24 Monate verlängert werden. Ziel ist es, sowohl Möglichkeiten des sozialen und zivilgesellschaftlichen Engagements zu schaffen als auch den durch den Fortfall des Zivildienstes drohenden Mangel an Arbeitskräften in den verschiedenen Bereichen der sozialen Infrastruktur zu kompensieren.

Gesetze, Vorschriften und Rechtsprechung

Lohnsteuer: Lohnsteuerrechtlich sind die allgemeinen Arbeitgeber- und Arbeitnehmerpflichten zu beachten. Die Pflichten des Arbeitgebers regeln § 38 EStG sowie die dazugehörenden R 38.1–38.5 LStR und H 38.1–38.5 LStH. Welche Einnahmen zu den Einkünften aus nichtselbstständiger Arbeit gehören, regeln § 19 Abs. 1 EStG, R 19.3-19.7 LStR sowie die zugehörigen H 19.3-19.7 LStH. Bundesfreiwillige werden nach den Regelungen in § 1 Abs. 2 LStDV sowie H 19.0 LStH als Arbeitnehmer tätig. Folglich sind ihre Einnahmen gemäß § 19 EStG als Arbeitslohn zu erfassen. Hiervon stellt § 3 Nr. 5 Buchst. f EStG das gezahlte Taschengeld steuerfrei.

Sozialversicherung: Bundesfreiwilligendienstleistende stehen in einem sozialversicherungsrechtlichen Beschäftigungsverhältnis, daher gelten die grundsätzlich auch für Arbeitnehmer anzuwendenden Rechtsvorschriften. Besonderheiten ergeben sich beim Vorliegen einer geringfügigen Beschäftigung (§ 7 SGB V) und bei der Beitragstragung (§ 20 Abs. 3 SGB IV). Mit den versicherungs- und beitragsrechtlichen Auswirkungen in der Kranken- und Pflegeversicherung beschäftigte sich der Fachausschuss Beiträge beim GKV-Spitzenverband ausführlich (BE v. 28.6.2011: TOP 1). Im Besprechungsergebnis sind sämtliche Rechtsgrundlagen in deren thematischem Zusammenhang erläutert.

Entgelt	LSt	SV
Taschengeld	frei	pflichtig
Verpflegung, Unterkunft in Höhe der vollen Sachbezugswerte (§ 2 SvEV)	pflichtig	pflichtig

Lohnsteuer

Dienst-/Arbeitsverhältnis

Die Teilnehmer an einem Bundesfreiwilligendienst werden i. d. R. zwischen 6 und 24 Monate tätig. Grundlage dieser Tätigkeit ist eine Vereinbarung mit der Bundesrepublik Deutschland, vertreten durch das Bundesamt für Familie und zivilgesellschaftliche Aufgaben. Auch wenn in dieser Vereinbarung ausdrücklich aufgeführt wird, dass ein Arbeitsverhältnis „nicht begründet" wird, so unterliegt die Tätigkeit der Bundesfreiwilligen den allgemeinen steuerlichen Grundsätzen. Gemäß den Regelungen des § 1 Abs. 2 LStDV sowie den ergänzenden Abgrenzungskriterien des H 19.0 LStH (Arbeitnehmer) liegt ein steuerliches Dienstverhältnis vor, aus dem Einkünfte aus nichtselbstständiger Arbeit erzielt werden.

Arbeitslohn

Arbeitslohnteile

Die Einnahmen der Bundesfreiwilligen setzen sich zusammen aus dem als Barlohn gezahlten Taschengeld sowie den zusätzlich kostenlos oder verbilligt gewährten Sachbezügen. Als solche Bezüge kommen regelmäßig Berufskleidung, Unterkunft und Verpflegung in Betracht. Anstelle dieser Sachbezüge kann die Einsatzstelle dem Bundesfreiwilligen auch die angefallenen Kosten ersetzen (Barabgeltung).

Steuerfreier Arbeitslohn

Aufgrund der Regelungen in § 3 Nr. 5 Buchst. f EStG ist das gezahlte Taschengeld steuerfrei. Soweit der Arbeitgeber die erforderliche (typische) Berufskleidung kostenlos oder verbilligt stellt, ist dieser Sachbezug als geldwerter Vorteil ebenso steuerfrei.[1]

Steuerpflichtiger Arbeitslohn

Kommt für die o. g. Sachbezüge und für deren Barabgeltung keine Steuerbefreiung in Betracht, sind sie steuerpflichtige Einnahmen. Hierunter fallen regelmäßig die unentgeltliche oder verbilligte Unterkunft oder Mahlzeiten. Gewährte Sachbezüge, wie z. B. arbeitstägliche Mahlzeiten, sind nach der Sozialversicherungsentgeltverordnung zu bewerten. Sind diese arbeitsvertraglich vereinbart, ist eine Pauschalversteuerung mit 25 % nicht zulässig.

Arbeitgeberpflichten

Für die Einsatzstelle des Bundesfreiwilligen bzw. für die ihn beschäftigende Organisation ergeben sich die üblichen Arbeitgeberpflichten:

- Anmeldung des Bundesfreiwilligen als Arbeitnehmer im ELStAM-Verfahren,
- Abruf und Anwendung der ELStAM,
- Führung eines Lohnkontos,
- Abgabe einer Lohnsteuer-Anmeldung,
- Ausstellung bzw. Übermittlung der (elektronischen) Lohnsteuerbescheinigung(en),
- Abmeldung des Bundesfreiwilligen im ELStAM-Verfahren nach Beendigung des Dienstes.

Hinweis

Aufzeichnungserleichterungen im Lohnkonto

Soweit ausschließlich steuerfreier Arbeitslohn gezahlt wird, kann der Arbeitgeber beim Betriebsstättenfinanzamt Aufzeichnungserleichterungen im Lohnkonto nach § 4 Abs. 2 Nr. 4 LStDV beantragen. Stimmt das Betriebsstättenfinanzamt zu, kann auf die Aufzeichnung des steuerfreien Arbeitslohns verzichtet werden.

Sozialversicherung

Versicherungsrechtliche Beurteilung

Die sozialversicherungsrechtlichen Regelungen des ↗ Jugendfreiwilligendienstgesetzes gelten auch für Personen, die den Bundesfreiwilligendienst leisten.[2] Daher stehen die Bundesfreiwilligendienstleistenden in einem sozialversicherungsrechtlichen Beschäftigungsverhältnis und sind kranken-, pflege-, renten- und arbeitslosenversicherungspflichtig, wenn ihnen

- ↗ Sachbezüge (bzw. eine entsprechende Entgeltersatzleistung) und/oder
- Taschengeld

gewährt werden. Wird der Bundesfreiwilligendienst allerdings ohne Sach- oder Barbezüge geleistet, tritt keine Sozialversicherungspflicht ein. In diesen Fällen kann – sofern die entsprechenden Voraussetzungen erfüllt sind – der Versicherungsschutz über eine ↗ Familienversicherung sichergestellt werden.

Für Teilnehmer am Bundesfreiwilligendienst kommt Sozialversicherungsfreiheit wegen geringfügiger Entlohnung (Minijob) nicht in Betracht. ↗ Kurzfristige Beschäftigungen zwischen Schulentlassung und Ableistung des Bundesfreiwilligendienstes werden immer berufsmäßig ausgeübt. Dies gilt auch, wenn nach der Ableistung des Bundesfreiwilligendienstes voraussichtlich ein Studium aufgenommen wird.

Leistungsansprüche

Krankengeld

Gesetzlich versicherte Teilnehmende an einem Bundesfreiwilligendienst haben Anspruch auf Krankengeld, wenn sie arbeitsunfähig sind oder bei Erkrankung eines Kindes. Allerdings ruht dieser Krankengeldanspruch, wenn sie während der Arbeitsunfähigkeit Taschengeld und/oder Sachbezüge weiterhin erhalten. Dies ist in aller Regel in den ersten 6 Wochen der Arbeitsunfähigkeit der Fall, da die Einsatzstelle im Rahmen der nach § 8 BFDG geschlossenen Vereinbarung das Taschengeld für diesen Zeitraum weiter zahlt.

Bei einer (wiederholten) Arbeitsunfähigkeit werden keine Vorerkrankungen angerechnet; daher ist für jede Arbeitsunfähigkeit – anders als bei Arbeitnehmern – ein erneuter Anspruch auf Weiterzahlung des Taschengeldes für 6 Wochen gegeben. Daneben besteht auch bereits in den ersten 4 Wochen einer Beschäftigung Anspruch auf Fortzahlung der Bezüge.

Da die Weiterzahlung nicht im Rahmen des Entgeltfortzahlungsgesetzes geschieht, erfolgt keine Erstattung im Rahmen des ↗ Umlageverfahrens U1.

Mutterschaftsgeld

Da gesetzlich versicherte Teilnehmerinnen am Bundesfreiwilligendienst Anspruch auf Krankengeld haben, ergibt sich daraus auch ein Anspruch auf ↗ Mutterschaftsgeld. Im Gegensatz zur Arbeitsunfähigkeit erhalten die Einsatzstellen ihre Aufwendungen, die ihnen durch die Schwangerschaft und Mutterschaft entstehen, im Rahmen des Ausgleichsverfahrens U2 erstattet.

Beitragsberechnung

Die Beiträge zur Kranken-, Pflege- und Rentenversicherung werden für die Zeit des Dienstes nach der Höhe des Taschengeldes und dem Wert der ↗ Sachbezüge bzw. der dafür geleisteten Geldersatzleistung bemessen. Die Höhe des Taschengeldes wird in einer Vereinbarung zwischen der Einsatzstelle und dem Dienstleistenden geregelt. Es beträgt höchstens 6 % der ↗ Beitragsbemessungsgrenze zur Rentenversicherung. Im Jahr 2024 beläuft sich der Höchstbetrag auf 453 EUR/mtl. (2023: 438 EUR/mtl.). Diese Berechnungsgrundlage gilt grundsätzlich auch für die Arbeitslosenversicherung.

1 § 3 Nr. 31 EStG; R 3.31 LStR.

2 § 13 BFDG.

Zusatzbeitrag in der Krankenversicherung

Für Bundesfreiwilligendienstleistende wird der Zusatzbeitrag zur Krankenversicherung nicht in Höhe eines eventuellen kassenindividuellen, sondern in Höhe des ⇗ durchschnittlichen Zusatzbeitragssatzes erhoben. Dieser wurde für 2024 auf 1,7 % festgesetzt.

Arbeitslosenversicherung

Für die Arbeitslosenversicherung gelten besondere beitragsrechtliche Regelungen, wenn sich der Bundesfreiwilligendienst unmittelbar an eine versicherungspflichtige Beschäftigung anschließt. In diesem Fall werden die Beiträge von der ⇗ Bezugsgröße berechnet (2024: 3.535 EUR/West und 3.465 EUR/Ost mtl.; 2023: 3.395 EUR/West, 3.290 EUR/Ost). Beträgt der Zeitraum zwischen dem Ende der Beschäftigung und dem Beginn des Bundesfreiwilligendienstes nicht mehr als ein Monat, gilt dies ebenfalls als unmittelbarer Anschluss an eine versicherungspflichtige Beschäftigung.

Tragung der Beiträge

Die für die Dienstleistenden zu zahlenden Beiträge trägt der Arbeitgeber alleine. Dies gilt sowohl für den durchschnittlichen Zusatzbeitrag zur Krankenversicherung als auch für den eventuell zu zahlenden Beitragszuschlag zur sozialen Pflegeversicherung; dieser beträgt seit dem 1.7.2023 0,6 %.[1] Von dem seit dem 1.7.2023 möglichen Beitragsabschlag für Mitglieder mit mindestens 2 Kindern in der Pflegeversicherung profitiert der Arbeitgeber nicht. Nach ausdrücklicher gesetzlicher Regelung[2] ist der Beitragssatz nicht zu reduzieren, wenn das Mitglied nicht selbst an der Beitragstragung beteiligt ist. Die besonderen beitragsrechtlichen Regelungen des ⇗ Übergangsbereichs gelten für Teilnehmer am Bundesfreiwilligendienst nicht.

Umlageverfahren U1/U2

Für Teilnehmer am Bundesfreiwilligendienst sind Beiträge zur ⇗ Umlage U1 nicht zu zahlen. Die Dienstleistenden werden auch bei der Ermittlung der Gesamtzahl der Beschäftigten nicht berücksichtigt. Sie zählen nicht zu den Arbeitnehmern im Sinne des Aufwendungsausgleichsgesetzes.

Die Teilnehmer am Bundesfreiwilligendienst werden in das U2-Verfahren einbezogen. Die Aufwendungen aus Anlass der Mutterschaft sind erstattungsfähig. Daraus folgt, dass auch die Umlagen U2 zu entrichten sind.

Insolvenzgeldumlage

⇗ Insolvenzgeldumlage muss für diesen Personenkreis entrichtet werden. Dafür ist das tatsächlich erzielte Arbeitsentgelt (Taschengeld und Sachbezüge) zu berücksichtigen, sofern der Arbeitgeber nicht zu den von der Zahlung befreiten Arbeitgebern gehört.[3]

Meldeverfahren

Für Teilnehmer am Bundesfreiwilligendienst gelten die Regelungen des DEÜV-Meldeverfahrens. Da Teilnehmer von der Zahlung eines kassenindividuellen Zusatzbeitrags ausgenommen und deshalb von anderen Beschäftigten abzugrenzen sind, ist dieser Personenkreis grundsätzlich mit dem Personengruppenschlüssel „123" zu melden.

Teilnehmer am Bundesfreiwilligendienst, die

- eine Vollrente wegen Alters nach Erreichen der Regelaltersgrenze,
- eine entsprechende Versorgung einer berufsständischen Versorgungseinrichtung oder
- eine Versorgung nach beamtenrechtlichen Grundsätzen wegen Erreichen einer Altersgrenze

beziehen, sind – sofern sie nicht auf die Versicherungsfreiheit verzichtet haben – mit dem Personengruppenschlüssel „119" zu melden.

1 Bis zum 30.6.2023: 0,35 %.
2 § 59a Satz 2 SGB XI.
3 § 358 Abs. 1 Satz 2 SGB III.

Bürgermeister

Für die Beurteilung der Einnahmen von Bürgermeistern ist zunächst zu unterscheiden, ob es sich um Einkünfte von ehrenamtlichen Bürgermeistern oder um Einkünfte von hauptberuflichen Bürgermeistern handelt.

Bei ehrenamtlichen Bürgermeistern gelten i. d. R. die Vorschriften für steuerfreie Aufwandsentschädigungen für ehrenamtliche Tätigkeiten. Echte Aufwandsentschädigungen gelten nicht als Arbeitslohn im lohnsteuerrechtlichen Sinne und auch nicht als Arbeitsentgelt im Sinne der Sozialversicherung. Allerdings ist hier darauf zu achten, dass die Aufwandsentschädigungen nicht höher sind als der tatsächliche Aufwand. Bei hauptberuflichen Bürgermeistern ist das Entgelt aufgrund der überwiegenden Bereitstellung der Arbeitsleistung des Bürgermeisters gegenüber dem öffentlichen Träger eindeutig als steuerpflichtiger Arbeitslohn zu behandeln. Das Arbeitsentgelt eines hauptamtlich beschäftigten Bürgermeisters ist beitragspflichtig in allen Zweigen der Sozialversicherung.

Gesetze, Vorschriften und Rechtsprechung

Lohnsteuer: Die Lohnsteuerpflicht der Einkünfte hauptberuflicher Bürgermeister regeln § 19 Abs. 1 EStG i. V. m. R 19.3 LStR. Die Lohnsteuerfreiheit der Einkünfte (Aufwandsentschädigung) ehrenamtlicher Bürgermeister ergibt sich aus § 3 Nr. 26a EStG. Das FinMin Baden-Württemberg, 20.3.2014, 3 – S 233.7/5 fasst die steuerliche Behandlung von Aufwandsentschädigungen für haupt- oder ehrenamtliche Bürgermeister bzw. Ortsvorsteher und erster Stellvertreter des Bürgermeisters zusammen.

Sozialversicherung: Die Beitragspflicht der Einnahmen hauptberuflicher Bürgermeister und für die Einnahmen aus ehrenamtlichen Tätigkeiten ergibt sich aus § 14 SGB IV. Die Beitragsfreiheit der Aufwandsentschädigung ist in § 1 SvEV geregelt.

Sozialversicherung

Ehrenamtlicher Bürgermeister

Ein Bürgermeister ist dann ausschließlich ehrenamtlich tätig, wenn er lediglich repräsentative Aufgaben erfüllt, nicht aber für die Verwaltung zuständig ist. In diesen Fällen besteht kein Beschäftigungsverhältnis und damit keine Sozialversicherungspflicht.

Bei der Wahrnehmung von Verwaltungsaufgaben in nicht unerheblichem Umfang liegt hingegen ein sozialversicherungsrechtliches Beschäftigungsverhältnis vor. Dabei ist das Verhältnis zwischen Repräsentations- und Verwaltungsaufgaben nicht entscheidend. Es reicht vielmehr aus, wenn der Bürgermeister nach der maßgebenden Kommunalverfassung dazu verpflichtet ist.[4]

Bezug von Vergütungen

Ein Kriterium für die Beurteilung der Sozialversicherungspflicht ist der Bezug von Vergütungen. Im Falle eines ehrenamtlichen Kreishandwerkermeisters hatte das BSG entschieden, dass auch über steuerfreie Aufwandsentschädigungen hinausgehende Entschädigungen (für den Zeitaufwand) unschädlich seien, wenn sie gesetzlich vorgesehen sind.

Die Sozialversicherungspflicht aufgrund Beschäftigung von Ortsvorstehern und Bürgermeistern ist nicht ausgeschlossen, weil sie ihre Tätigkeit zugleich als Ehrenbeamte ausüben. Vielmehr kommt es auch bei diesen Organen juristischer Personen des öffentlichen Rechts darauf an, inwieweit sie in ihrer Tätigkeit Weisungen unterliegen und konkret in Verwaltungsabläufe eingegliedert, z. B. Dienstvorgesetzte sind. Ein weiteres Kriterium ist, ob die Betroffenen eine Gegenleistung erhalten, die sich

4 BSG, Urteil v. 25.1.2006, B 12 KR 12/05 R.

als Arbeitsentgelt und nicht als Aufwandsentschädigung für eine von ideellen Zwecken geprägte Tätigkeit darstellt. Dies ist in jedem Einzelfall zu prüfen. Die Gegenleistung darf unter Berücksichtigung bestimmter Merkmale – wie Höhe, Bemessung, steuerrechtliche Ehrenamts- und kommunalrechtliche Entschädigungspauschalen – nicht evident über den Ausgleich für den tatsächlichen Aufwand des Ehrenamts hinausgehen.

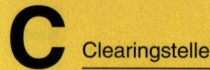

Ortsvorsteher, die im Wesentlichen ihr Wahlamt ausüben, sind grundsätzlich nicht abhängig beschäftigt. Eine dafür gezahlte Aufwandsentschädigung ist jedenfalls dann nicht beitragspflichtig, wenn sie nicht offensichtlich eine verdeckte Vergütung ist.

Bürgermeister sind dagegen grundsätzlich sozialversicherungspflichtig beschäftigt, wenn sie nicht nur Vorsitzende des Stadtrats, sondern auch Spitze der Verwaltung und Dienstvorgesetzte sind und dafür eine Entschädigung erhalten, die deutlich über steuerrechtliche Ehrenamtspauschalen hinausgeht.[1]

Arbeitslosenversicherung

In der Arbeitslosenversicherung besteht wegen der Ausübung eines politischen Wahlamtes Versicherungs- und damit zugleich Beitragsfreiheit.[2]

Die Versicherungsfreiheit erstreckt sich nur auf die Tätigkeit als Bürgermeister. Eine daneben ausgeübte anderweitige Beschäftigung unterliegt der Versicherungspflicht – auch in der Arbeitslosenversicherung.

Beitragsrechtliche Bewertung

Soweit Versicherungspflicht in der Kranken-, Pflege- und Rentenversicherung besteht, wird für die Beitragserhebung das steuerpflichtige Entgelt herangezogen. Der auf eine reine Aufwandsentschädigung bezogene Teil bleibt damit beitragsfrei.

Hauptamtliche Bürgermeister

Hauptamtliche Bürgermeister gelten als Arbeitnehmer und unterliegen damit der Versicherungspflicht in der Kranken-, Pflege-, Renten- und Arbeitslosenversicherung.

Carsharing

Immer häufiger erhalten Arbeitnehmer über ein Buchungsportal kurzfristig Fahrzeuge zur privaten Nutzung. Dies ist aus Arbeitnehmersicht insbesondere interessant für die Nutzung am Wochenende oder z. B. bei stundenweiser Anmietung eines Transportfahrzeugs zur Beförderung sperriger Güter. Der Arbeitgeber schafft die Möglichkeit zur Fahrzeugbuchung und ist damit Leasingnehmer des Fahrzeugs. Die Bezahlung erfolgt häufig durch Überweisung des Arbeitnehmers.

Da der Arbeitgeber Leasingnehmer ist, handelt es sich um die Überlassung eines Firmenfahrzeugs. Der geldwerte Vorteil für die Privatnutzung durch den Arbeitnehmer ist daher grundsätzlich nach der 1-%-Regelung oder der Fahrtenbuchmethode zu versteuern.

Sofern die Überlassung des Fahrzeugs nicht mehr als 5 Kalendertage im Monat umfasst, kann der geldwerte Vorteil aus der Firmenfahrzeuggestellung ausnahmsweise mit 0,001 % des auf volle 100 EUR abgerundeten inländischen Bruttolistenpreises inkl. Sonderausstattung im Zeitpunkt der Erstzulassung je privat gefahrenem Kilometer ermittelt werden. Hierzu müssen die Kilometerstände des Fahrzeugs aufgezeichnet werden. Wird dasselbe Fahrzeug an mehr als 5 Kalendertagen im Monat überlassen, ist bei pauschaler Ermittlung der geldwerte Vorteil nach der 1-%-Regelung zu bewerten, auch wenn das Kfz nur zeitweise (aber eben an mehr als 5 Kalendertagen im Monat) zur privaten Nutzung überlassen wurde.

Eine Versteuerung des geldwerten Vorteils nach der Fahrtenbuchmethode ist zwar grundsätzlich möglich, aber in der Praxis schwierig, da die Gesamtkosten für das Fahrzeug im Kalenderjahr benötigt werden.

Nutzungsentgelte des Arbeitnehmers sind vom entstehenden geldwerten Vorteil bis auf maximal 0 EUR abzuziehen. Dies gilt für pauschale Zahlungen, kilometerabhängige Zahlungen oder aber die Zahlung von Betriebskosten. Trotz der zeitweisen Nutzung des Firmenfahrzeugs sind Aufzeichnungen über die Bemessung des geldwerten Vorteils sowie die Höhe eines eventuell vom Arbeitnehmer zu zahlenden Nutzungsentgelts im Lohnkonto vorzunehmen.

Fehlt das Vorliegen einer Anknüpfung der kurzfristigen Fahrzeugüberlassung an das Arbeitsverhältnis und eine Nutzungsberechtigung des Fahrzeugs durch den Arbeitgeber, ist keine Dienstwagengestellung anzunehmen. Stattdessen ist der Arbeitnehmer selbst Leasingnehmer. Erhält der Arbeitnehmer aufgrund der besonderen vertraglichen Konstellation die günstigen Konditionen seines Arbeitgebers für das Leasing, stellt die Verbilligung einen steuerpflichtigen geldwerten Vorteil dar, für den die Anwendung der 50-EUR-Freigrenze (bis 2021: 44 EUR) in Betracht kommt.

Gesetze, Vorschriften und Rechtsprechung

Lohnsteuer: Einzelheiten zur Erfassung und Bewertung des geldwerten Vorteils für die private Nutzung eines betrieblichen Kfz regeln § 8 Abs. 2 Satz 2 i. V. m. § 6 Abs. 1 Nr. 4 Satz 2 EStG sowie R 8.1 Abs. 9 LStR und H 8.1 LStH (9–10). Sorgt der Arbeitgeber lediglich für eine verbilligte Leasingrate, kommt die 50-EUR-Sachbezugsfreigrenze nach § 8 Abs. 2 Satz 1 i. V. m. Satz 11 EStG in Betracht.

Sozialversicherung: Für Sachbezüge wird größtenteils eine Parallele zum Steuerrecht hergestellt, dies ergibt sich aus § 3 SvEV.

Entgelt	LSt	SV
Geldwerter Vorteil durch Kfz-Überlassung	pflichtig	pflichtig
Geldwerter Vorteil i. H. d. Preisermäßigung der Leasingrate bis mtl. 50 EUR (Arbeitnehmer ist Leasingnehmer)	frei	frei

Clearingstelle

Die Clearingstelle ist bei der Deutschen Rentenversicherung Bund in Berlin angesiedelt. Ihre Entscheidung ist für alle Träger der gesetzlichen Sozialversicherung bindend.

Sie prüft auf Antrag der Beteiligten, ob bei einem Auftragsverhältnis eine Beschäftigung oder eine selbstständige Tätigkeit vorliegt (Feststellung des Erwerbsstatus). Wurde bereits ein Verfahren zur Feststellung der Versicherungspflicht durch eine Einzugsstelle oder einen anderen Versicherungsträger eingeleitet, wird die Clearingstelle nicht aktiv. Die Feststellung kann im Rahmen einer Prognoseentscheidung oder einer Gruppenfeststellung erfolgen.

Die Clearingstelle entscheidet auch verbindlich, ob ein mithelfender Angehöriger im Rahmen familienhafter Mithilfe oder in einer abhängigen Beschäftigung tätig ist. Diese Beurteilung nennt man Statusfeststellung und das entsprechende Verfahren Statusfeststellungsverfahren.

Anträge auf Statusklärung sind schriftlich oder elektronisch an die Clearingstelle der Deutschen Rentenversicherung Bund (Postfach, 10704 Berlin) zu richten. Diese führt die Feststellung kostenlos durch.

Im Internet existiert eine URL „clearingstelle.de". Diese Seite stammt nicht von der Deutschen Rentenversicherung. Es handelt sich vielmehr um ein kommerzielles Beratungsangebot.

Gesetze, Vorschriften und Rechtsprechung

Sozialversicherung: Rechtsgrundlage für das Statusfeststellungsverfahren ist § 7a Abs. 1 Satz 1 SGB IV.

1 BSG, Urteil v. 27.4.2021, B 12 KR 25/19 R und B 12 R 8/20 R.
2 § 27 Abs. 3 Nr. 4 SGB III.

Corona-Pandemie: Soziale Absicherung

Arbeitnehmer, deren Betrieb während eines Infektionsverdachts geschlossen wird, die unter Quarantäne gestellt sind oder deren Kinder die Kindertagesstätte oder die Schule nicht besuchen dürfen, können unterschiedliche Leistungen beanspruchen, um ihren Einkommensausfall auszugleichen. Dazu gehören u. a. fortgezahltes Arbeitsentgelt und Krankengeld. Unterstützend wurde der Zugang zum Kurzarbeitergeld bis zum 30.6.2023 erleichtert.

Gesetze, Vorschriften und Rechtsprechung

Der Anspruch auf Arbeitsentgelt während einer Zeit, in der der Arbeitnehmer ohne eigenes Verschulden an der Arbeitsleistung verhindert ist, ergibt sich aus § 616 BGB. Nach dem Infektionsschutzgesetz (IfSG) ist eine Entschädigung vorgesehen, wenn der Arbeitnehmer einen Verdienstausfall erleidet (§ 56 IfSG). Die Entschädigung wird vom Arbeitgeber ausgezahlt, der wiederum eine Erstattung vom Gesundheitsamt erhält (§ 56 Abs. 5 IfSG). Tritt eine krankheitsbedingte Arbeitsunfähigkeit ein, richtet sich der Anspruch auf Entgeltfortzahlung nach §§ 3 ff. EFZG. Krankengeld (auch für die Betreuung eines erkrankten Kindes) kann nach §§ 44, 45 SGB V beansprucht werden.

Maßnahmen der Gesundheitsämter

Die Gesundheitsämter können verschiedene Schutzmaßnahmen ergreifen, um die Verbreitung übertragbarer Krankheiten zu verhindern.[1] Dazu gehören die häusliche Quarantäne, berufliche Tätigkeitsverbote oder geschlossene Kindertageseinrichtungen oder Schulen. Betroffene Arbeitnehmer müssen nicht zwangsläufig krank und behandlungsbedürftig sein. Es reicht vielmehr bereits der Kontakt zu einer ansteckungsverdächtigen Person, der Verdacht auf eine Infektion oder das Ausscheiden von Krankheitserregern, ohne selbst krank zu sein.[2]

Entgeltersatz

Verdachtsfälle/Quarantäne

Homeoffice

Wird ein Arbeitnehmer z. B. wegen des Kontakts zu einer krankheitsverdächtigen Person unter häusliche Quarantäne gestellt, kann er während dieser Zeit nicht seiner Arbeitspflicht im Betrieb nachkommen. Die Situation ist unproblematisch, wenn der Arbeitnehmer stattdessen auf einen häuslichen Arbeitsplatz (Homeoffice) ausweichen kann.

Anspruch auf Arbeitsentgelt

Fehlt es an einem Heimarbeitsplatz, richtet sich der Anspruch auf Arbeitsentgelt nach § 616 BGB. Danach hat der Arbeitnehmer für eine verhältnismäßig nicht erhebliche Zeit Anspruch auf Arbeitsentgelt, wenn er unverschuldet keine Arbeit leisten kann. Davon ist zweifellos bei einer häuslichen Quarantäne auszugehen. Als verhältnismäßig nicht erhebliche Zeit wird in der Praxis ein Zeitraum von 3 Arbeitstagen bis zu 2 Wochen angenommen. Allerdings kann dieser Anspruch sowohl durch einen Arbeitsvertrag als auch durch einen Tarifvertrag ausgeschlossen werden, wovon im Arbeitsleben vielfach Gebrauch gemacht wird.

Hinweis

Verschulden des Arbeitnehmers

Von einem Verschulden des Arbeitnehmers an der Arbeitsverhinderung kann ausgegangen werden, wenn er eine öffentlich empfohlene Schutzimpfung nicht ausführen lässt, an einer „Corona-Party" teilnimmt oder nach einer vermeidbaren Urlaubsreise aus einem Risikogebiet zurückkehrt und deswegen eine Quarantäne angeordnet wird. Den Arbeitnehmer trifft kein Verschulden, wenn das Reiseland erst nach dem Antritt der Reise zum Risikogebiet erklärt wird. Eine Entschädigung nach dem Infektionsschutzgesetz ist in diesem Fall ebenfalls ausgeschlossen.[3]

Auszubildende erhalten während dieser Zeit weiterhin ihre Vergütung. Der Anspruch darauf kann vertraglich nicht ausgeschlossen werden.[4]

Entschädigung nach dem IfSG

Hat der Arbeitnehmer keinen Anspruch auf Arbeitsentgelt nach § 616 BGB, wird ihm eine Entschädigung nach dem Infektionsschutzgesetz (IfSG) gezahlt. Die Entschädigung richtet sich nach dem ausgefallenen Arbeitsentgelt und wird durch den Arbeitgeber für längstens 6 Wochen ausgezahlt. Der Arbeitgeber kann beim Gesundheitsamt einen Antrag stellen und sich die Entschädigung erstatten lassen. Die Entschädigung ist ausgeschlossen, wenn der Arbeitnehmer öffentlich empfohlene Schutzimpfungen nicht ausführen lässt oder eine vermeidbare Urlaubsreise in ein Risikogebiet antritt und deswegen nach seiner Rückkehr eine Quarantäne angeordnet wird.[5]

Das Reiseziel muss bereits bei Antritt der Reise als Risikogebiet eingestuft sein.

Wenn ein Arbeitgeber seinen Betrieb oder Betriebsteile vorsorglich ohne eine behördliche Verfügung schließt, gerät er gegenüber seinen arbeitswilligen Arbeitnehmern in Annahmeverzug und hat während dieser Zeit das Arbeitsentgelt zu zahlen.[6]

Krankheitsfälle

Bestätigt sich der Infektionsverdacht, ist der Arbeitnehmer von da an arbeitsunfähig krank. Der Anspruch auf Arbeitsentgelt richtet sich nach dem Entgeltfortzahlungsgesetz (EFZG). Der Arbeitgeber zahlt für längstens 6 Wochen das ausgefallene Arbeitsentgelt. Vorerkrankungszeiten sind nicht anzurechnen, ebenso wie die Zeit, in der eine Entschädigung nach dem IfSG geleistet wurde. Das fortgezahlte Arbeitsentgelt wird dem Arbeitgeber von der Krankenkasse erstattet, wenn er am Ausgleich der Arbeitgeberaufwendungen teilnimmt.

Im Anschluss an die Entgeltfortzahlung tritt die Krankenkasse mit Krankengeld ein.[7]

Die Arbeitsunfähigkeit ist ärztlich festzustellen und der Krankenkasse zu melden.[8] Bis zum 31.3.2023 konnte die Arbeitsunfähigkeit aufgrund einer telefonischen Rücksprache festgestellt und bescheinigt werden. Alternativ ist es weiterhin möglich, eine Arbeitsunfähigkeit im Rahmen einer Videosprechstunde festzustellen.

Hinweis

Zusammentreffen von Quarantäne und Arbeitsunfähigkeit

Für den Anspruch auf Entgeltfortzahlung kommt es darauf an, dass die Arbeitsunfähigkeit die alleinige Ursache für die Arbeitsunfähigkeit ist. Davon ist auszugehen, wenn zunächst die Arbeitsunfähigkeit eintritt und zu einem späteren Zeitpunkt eine Quarantäne verhängt wird.

Tritt die Arbeitsunfähigkeit dagegen während einer Quarantäne ein, ist die Arbeitsunfähigkeit nicht die alleinige Ursache für die Arbeitsverhinderung. In diesem Fall besteht kein Anspruch auf Entgeltfortzahlung.

Kinderbetreuung

Entgeltfortzahlung

Wird eine Kindertagesstätte oder eine Schule ganz oder teilweise geschlossen, ist ein Kind ggf. im häuslichen Bereich zu betreuen. Der Anspruch auf Arbeitsentgelt des Elternteils, das die Betreuung übernimmt, richtet sich nach § 616 BGB, falls der Anspruch nicht vertraglich ausgeschlossen ist. Auszubildende erhalten für längstens 6 Wochen weiter ihre Ausbildungsvergütung.[9] Ansonsten ist der Arbeitnehmer darauf angewiesen, Überstunden abzubauen oder bezahlten oder unbezahlten

1 §§ 28 ff. IfSG.
2 BSG, Urteil v. 28.9.2010, B 1 KR 5/10.
3 § 56 Abs. 1 Satz 4 IfSG.
4 § 19 Abs. 1 Nr. 2 Buchst. b BBiG.
5 § 56 Abs. 1 Satz 4 IfSG.
6 §§ 293 ff. BGB, § 56 IfSG, § 2 Nr. 5 IfSG.
7 §§ 44 ff. SGB V, §§ 1 ff. AAG, §§ 3 ff. EFZG.
8 § 46 Abs. 1 Satz 2, § 49 Abs. 1 Nr. 5 SGB V.
9 § 19 BBiG.

Urlaub zu nehmen. Ansprüche auf Arbeitsentgelt oder Ausbildungsvergütung (einschließlich eines Arbeitszeitguthabens) sind vorrangig vor einer Entschädigung.[1]

Entschädigung für Verdienstausfälle bei behördlicher Schließung von Schulen/Kitas

Erwerbstätige Sorgeberechtigte haben einen Anspruch auf Entschädigung, wenn der Deutsche Bundestag eine epidemische Lage von nationaler Tragweite feststellt[2] und

- Einrichtungen zur Betreuung von Kindern, Schulen oder Einrichtungen für Menschen mit Behinderungen auf Grund des IfSG vorübergehend geschlossen werden oder deren Betreten, auch aufgrund einer Absonderung, untersagt wird, oder wenn von der zuständigen Behörde Schul- oder Betriebsferien angeordnet oder verlängert werden, die Präsenzpflicht in einer Schule aufgehoben oder der Zugang zum Kinderbetreuungsangebot eingeschränkt wird oder eine behördliche Empfehlung vorliegt, vom Besuch einer Einrichtung zur Betreuung von Kindern, einer Schule oder einer Einrichtung für Menschen mit Behinderungen abzusehen,
- Erwerbstätige während dieser Zeit ihre Kinder selbst betreuen müssen und
- Arbeitsentgelt nicht gezahlt wird.[3]

Anspruchsberechtigt sind erwerbstätige Sorgeberechtigte von Kindern, die das 12. Lebensjahr noch nicht vollendet haben oder eine Behinderung haben und deshalb auf Hilfe angewiesen sind. Sorgeberechtigt ist derjenige, dem die Personensorge für ein Kind zusteht.[4] Steht das Kind in Vollzeitpflege[5] und wurde in den Haushalt aufgenommen, steht den Pflegeeltern der Anspruch auf Entschädigung zu.[6]

Der Entschädigungsanspruch galt auch nach der Aufhebung der epidemischen Lage von nationaler Tragweite (bis 25.11.2021) bis zum 19.3.2022 fort. Die Frist wurde durch das „Gesetz zur Verlängerung des Sozialdienstleister- Einsatzgesetzes und weiterer Regelungen“ bis zum 23.9.2022 verlängert.[7]

Hinweis

Epidemische Lage von nationaler Tragweite

Der Entschädigungsanspruch ist nicht über den 23.9.2022 hinaus verlängert worden. Deswegen kann die Entschädigung danach nur beansprucht werden, wenn der Deutsche Bundestag erneut eine epidemische Lage von nationaler Tragweite nach § 5 Abs. 1 Satz 1 IfSG feststellt.

Anspruchsberechtigte haben gegenüber der zuständigen Behörde, auf Verlangen des Arbeitgebers auch diesem gegenüber darzulegen, dass sie in diesem Zeitraum keine zumutbare Betreuungsmöglichkeit für das Kind sicherstellen können.[8]

Eine zumutbare Betreuungsmöglichkeit ist die sog. Notbetreuung in der Kindertagesstätte oder der Schule. Die Entschädigung ist ebenfalls ausgeschlossen, wenn auf den anderen Elternteil, andere Familienmitglieder oder Verwandte zurückgegriffen werden kann. Personen, die einer Risikogruppe angehören, gelten nicht als zumutbare Betreuungsmöglichkeit (z. B. Großeltern). Während einer Kurzarbeit wird keine Entschädigung gezahlt.

Der Entschädigungsanspruch ist ausgeschlossen, wenn die Kindertagesstätte oder Schule regelmäßig während der Schulferien geschlossen wäre.[9]

Die Entschädigung wird in Höhe von 67 % des Verdienstausfalls für längstens 10 Wochen pro Jahr unabhängig von der Zahl der Kinder gezahlt. Alleinerziehende Erwerbstätige erhalten die Entschädigung für längstens 20 Wochen pro Jahr.[10] Der monatliche Höchstbetrag ist auf 2.016 EUR begrenzt.

Arbeitnehmer sind während der Entschädigungsleistung weiterhin sozialversichert.[11] Bemessungsgrundlage für die Beiträge sind 80 % des Arbeitsentgelts, von dem die Entschädigung berechnet wurde.

Die Entschädigung wird vom Arbeitgeber ausgezahlt und diesem von der zuständigen Behörde (z. B. Gesundheitsamt) erstattet.[12]

Kinderpflegekrankengeld

Ein Anspruch auf Kinderpflegekrankengeld[13] entsteht, wenn Krankheitssymptome auftreten und das erkrankte Kind deswegen beaufsichtigt, betreut oder gepflegt werden muss. Die Leistung wird von der Krankenkasse des Versicherten gezahlt, der deswegen der Arbeit fernbleibt. Das Krankengeld wird längstens bis zur Vollendung des 12. Lebensjahres des erkrankten Kindes geleistet (Ausnahme: Kinder mit einer Behinderung).

Das Krankengeld wird in jedem Kalenderjahr für jedes Kind für längstens 10 Arbeitstage gezahlt (Alleinerziehende: längstens 20 Arbeitstage). Bei mehreren Kindern ist der Anspruch auf höchstens 25 Arbeitstage begrenzt (Alleinerziehende: höchstens 50 Arbeitstage). Während dieser Zeit hat der Arbeitnehmer einen Anspruch darauf, von der Arbeit freigestellt zu werden. Der Anspruch ruht, wenn der Arbeitgeber (z. B. aufgrund vertraglicher Verpflichtung) das Arbeitsentgelt fortzahlt.

Hinweis

Verlängerte Anspruchsdauer

- Wegen der andauernden Corona-Pandemie ist die gesetzlich geregelte Anspruchsdauer nicht ausreichend. Sie wird deswegen ab 1.1.2020 für jedes Kind auf höchstens 15 Arbeitstage (insgesamt nicht mehr als 35 Arbeitstage) und für alleinerziehende Versicherte auf längstens 30 Arbeitstage (insgesamt nicht mehr als 70 Arbeitstage) erweitert. Die Regelung ist bis zum 31.12.2020 befristet.
- Für die Kalenderjahre 2021, 2022 und 2023 ist die Anspruchsdauer auf 30 bzw. 65 Arbeitstage und für alleinerziehende Versicherte auf 60 bzw. 130 Arbeitstage verlängert worden.[14] Die verlängerte Bezugsdauer für 2021/2022/2023 gilt sowohl aus krankheits- als auch aus pandemiebedingten Gründen (z. B. vollständige oder teilweise Schließung einer Kita). Die pandemiebedingten Gründe waren zunächst bis zum 19.3.2022 befristet und wurden bis zum 7.4.2023 verlängert (zuletzt durch das „Gesetz zur Stärkung des Schutzes der Bevölkerung und insbesondere vulnerabler Personengruppen vor COVID-19“).

  Die Verwendung liegt im Ermessen der Eltern. Kinderpflegekrankengeld kann auch beantragt werden, wenn die Eltern im Homeoffice arbeiten. Wenn der gesamte Anspruch ausgeschöpft ist, besteht in einem neuen Betreuungsfall (krankheits- oder pandemiebedingt) kein weiterer Anspruch. Wird das verlängerte Kinderpflegekrankengeld pandemiebedingt gezahlt,[15] ruht der Anspruch auf Entschädigung nach dem Infektionsschutzgesetz für beide Elternteile.[16]

Das Krankengeld wird nach dem während der Freistellung ausgefallenen Nettoarbeitsentgelt berechnet. Ähnlich wird auch die Entgeltfortzahlung im Krankheitsfall berechnet. Das Nettoarbeitsentgelt wird aus dem Bruttoarbeitsentgelt ermittelt, soweit davon Beiträge zur Krankenversicherung berechnet wurden. Bruttoarbeitsentgelt wird somit nur bis zur Beitragsbemessungsgrenze der Krankenversicherung berücksichtigt (2023: 4.978,50 EUR mtl.; 2022/2021: 4.837,50 EUR mtl.). Das Nettoarbeitsentgelt ist wegen der Begrenzung ggf. fiktiv zu ermitteln.

1 § 45 SGB V.
2 § 5 Abs. 1 Satz 1 IfSG.
3 § 56 Abs. 1a Satz 1 IfSG.
4 § 1631 BGB.
5 § 33 SGB VIII.
6 § 56 Abs. 1a Satz 4 IfSG.
7 § 56 Abs. 1a Satz 5 IfSG.
8 § 56 Abs. 1a Satz 2 IfSG.
9 § 56 Abs. 1a Satz 3 IfSG.
10 § 56 Abs. 2 Satz 5 IfSG.
11 § 57 Abs. 6 IfSG.
12 § 56 Abs. 5 IfSG.
13 § 45 SGB V.
14 § 45 Abs. 2a SGB V.
15 § 45 Abs. 2a Satz 3 SGB V.
16 § 45 Abs. 2b SGB V.

- Das Brutto-Krankengeld beträgt 90 % des Nettoarbeitsentgelts.
- ⇗ Einmalzahlungen werden berücksichtigt, wenn sie in den letzten 12 Kalendermonaten vor der Freistellung gezahlt und davon Beiträge zur Krankenversicherung entrichtet wurden. Das Brutto-Krankengeld beträgt dann unabhängig von der Höhe der Einmalzahlung 100 % des ausgefallenen Nettoarbeitsentgelts.
- Das kalendertägliche Krankengeld darf 70 % der kalendertäglichen Beitragsbemessungsgrenze in der Krankenversicherung nicht übersteigen (2023: 116,38 EUR; 2022/2021: 112,88 EUR).

Corona-Sonderzahlung

Zur Abmilderung der zusätzlichen Belastungen durch die Corona-Krise wurde für alle Arbeitnehmer befristet für den Zeitraum vom 1.3.2020 bis 31.3.2022 eine Beihilfe oder Unterstützung bis zu 1.500 EUR steuer- sowie beitragsfrei gestellt. Dies betraf alle Berufsgruppen, nicht nur die sog. systemrelevanten Berufsgruppen. Die Steuerfreiheit der Corona-Sonderzahlungen wurde nur gewährt, soweit bestimmte Kriterien beachtet worden sind, wie z. B. die Zusätzlichkeitsvoraussetzung oder arbeitsrechtliche Gesichtspunkte in Bezug auf das Gleichbehandlungsgebot.

Zur Anerkennung für herausragende Leistungen während der Corona-Krise konnte, im Unterschied zur Corona-Sonderzahlung für alle Arbeitnehmer, speziell für Arbeitnehmer, wie Pflegekräfte, in bestimmten Einrichtungen wie Krankenhäusern befristet für den Zeitraum vom 18.11.2021 bis 31.12.2022 ein zusätzlicher Pflegebonus bis zu 4.500 EUR steuerfrei ausgezahlt werden.

Gesetze, Vorschriften und Rechtsprechung

Lohnsteuer: Grundlagen der Steuerfreiheit waren zunächst die Regelungen des § 3 Nr. 11 EStG, R 3.11 LStR sowie das BMF-Schreiben v. 26.10.2020, IV C 5 – S 2342/20/10012 :003, BStBl 2020 I S. 1227. Im Interesse einer umfassenden Rechtssicherheit wurde nachträglich eine Gesetzesregelung in § 3 Nr. 11a EStG geschaffen. Mit dem neuen § 3 Nr. 11b EStG wurde zudem ein Pflegebonus für bestimmte Berufsgruppen steuerfrei gestellt.

Sozialversicherung: Die steuerfreien Beihilfen und Unterstützungen sind nach § 1 Abs. 1 Satz 1 Nr. 1 SvEV beitragsfrei in der Sozialversicherung.

Entgelt	LSt	SV
Corona-Sonderzahlung bis zu 1.500 EUR	frei	frei
Corona-Pflegebonus bis zu 4.500 EUR	frei	grds. frei

Entgelt

Corona-Bonus im Zeitraum 1.3.2020–31.3.2022

Steuerfreie Beihilfen und Unterstützungen infolge der Corona-Krise

Zur Abmilderung der zusätzlichen Belastungen durch die Corona-Krise konnten Arbeitgeber an ihre Beschäftigten Beihilfen oder Unterstützungen steuerfrei sowie beitragsfrei in der Sozialversicherung auszahlen. Begünstigt waren Sonderzahlungen bis zu 1.500 EUR, die dem Arbeitnehmer in der Zeit vom 1.3.2020 bis zum 31.3.2022 zugeflossen sind.[1] Folglich konnten Arbeitgeber ihren Beschäftigten aufgrund der aktuellen Corona-Krise zusätzlich zum ohnehin geschuldeten Arbeitslohn Beihilfen oder Unterstützungen bis zu einem Betrag von insgesamt 1.500 EUR

- entweder steuer- und beitragsfrei auszahlen
- oder als Sachlohn steuer- und beitragsfrei gewähren.

1 § 3 Nr. 11a EStG.

Achtung

Auszahlungsfrist für Corona-Sonderzahlung ist ausgelaufen

Corona-Sonderzahlungen konnten bis zum 31.3.2022 steuer- und sozialversicherungsfrei ausgezahlt werden. Die Auszahlungsfrist ist mittlerweile ausgelaufen, d. h., bei einem Zufluss nach dem 31.3.2022 wäre eine solche Sonderzahlung regulär steuer- und beitragspflichtig.

Bei dem Betrag von 1.500 EUR handelte es sich um einen steuerlichen Freibetrag (Höchstbetrag). Sämtliche Formen von Beihilfen oder Unterstützungen, die Beschäftigte von ihrem Arbeitgeber erhalten haben, waren von der Steuerfreiheit erfasst. Auch Zinszuschüsse und Zinsvorteile bei einem ⇗ Darlehen, das zur Beseitigung von Folgen der durch die Corona-Krise entstandenen Auswirkungen aufgenommen wurde, konnten darunter fallen. Während der gesamten Laufzeit des Darlehens sind diese Zinszuschüsse und Zinsvorteile steuerfrei gewesen.

Nach Veröffentlichung des BMF-Schreibens zur Sonderzahlung in Corona-Zeiten haben das Bundesministerium der Finanzen und die obersten Finanzbehörden der Länder einen Fragen-/Antwortenkatalog veröffentlicht, welcher zu steuerlichen Fragen im Zusammenhang mit der Corona-Krise Stellung genommen hat.[2] Die FAQ stellen insofern kein BMF-Schreiben im herkömmlichen Sinne dar. Vielmehr sind Bund und Länder übereingekommen, wie mit einzelnen Problemstellungen umzugehen ist. Da es sich bei den FAQ nicht um ein BMF-Schreiben handelt, war die Finanzverwaltung nicht an diese Weisungen gebunden. Zu entscheiden hatten demnach im Einzelfall die Finanzämter.

Voraussetzungen für Steuerfreiheit

Voraussetzung für die Corona-Sonderzahlung bis 1.500 EUR war, dass die Beihilfen oder Unterstützungen infolge der Corona-Krise

1. im begünstigten Zeitraum
2. zusätzlich zum ohnehin geschuldeten Arbeitslohn
3. zur Abmilderung der zusätzlichen Belastung durch die Corona-Krise

gezahlt worden ist.

Durch Corona-Krise zusätzlich entstandene Belastung

Im Interesse einer umfassenden Rechtssicherheit sollten nur zusätzliche Belastungen im Zusammenhang mit der Corona-Krise begünstigt werden.[3] Daher war es erforderlich, dass aus den vertraglichen Vereinbarungen zwischen Arbeitgeber und Arbeitnehmer (auch in Form eines Tarifvertrags, durch Betriebsvereinbarung oder durch eine einzelvertragliche Vereinbarung) erkennbar sein musste, dass es sich um Beihilfen oder Unterstützungen zur Abmilderung der zusätzlichen Belastung durch die Corona-Krise gehandelt hat, z. B. aufgrund einer Vereinbarung, dass diese Beihilfen oder Unterstützungen zusätzlich zum ohnehin geschuldeten Arbeitslohn geleistet wurden.

Es war jedoch nicht erforderlich, dass zur unbürokratischen Anwendung der Arbeitgeber prüfen musste, ob die in den Lohnsteuer-Richtlinien genannten Voraussetzungen für Beihilfen oder Unterstützungen[4], die wegen Hilfsbedürftigkeit gewährt werden, vorgelegen haben. Auch die Grenze von 600 EUR musste nicht beachtet werden. Aufgrund der gesamtgesellschaftlichen Auswirkungen der Corona-Krise wurde zugunsten aller Beschäftigten angenommen, dass eine den Anlass rechtfertigende Notfallsituation vorgelegen hat. Auch die engen Voraussetzungen in R 3.11 Abs. 2 Satz 6 LStR mussten zunächst für solche Beihilfen oder Unterstützungen bis zu einem Betrag von 1.500 EUR nicht erfüllt sein.

Schädliche Umwandlung einer Leistungsprämie

Eine Leistungsprämie durfte grundsätzlich nicht in eine steuerfreie Beihilfe oder Unterstützung zur Abmilderung der zusätzlichen Belastung durch die Corona-Krise umgewandelt oder umqualifiziert werden, soweit diese auf einer bestehenden arbeitsvertraglichen oder dienstrechtlichen Vereinbarung beruhte. Die coronabedingte Betroffenheit eines Arbeitnehmers musste in der Zeit begründet sein, in der das Beschäftigungsverhältnis bestand. So konnte eine Abfindung, die sich auf ein Beschäftigungsverhält-

2 BMF, FAQ „Corona" (Steuern).
3 § 3 Nr. 11a EStG.
4 R 3.11 Abs. 2 Satz 1 LStR.

nis bezog, welches vor dem 1.3.2020 beendet worden ist, nicht in eine steuerfreie Beihilfe oder Unterstützung umqualifiziert oder umgewandelt werden.

Begünstigte Arbeitgeber

In Bezug auf die Arbeitgeber wurde nicht zwischen Leistungen von öffentlich-rechtlichen oder privaten Arbeitgebern unterschieden. Auch öffentlich-rechtliche Arbeitgeber konnten bei Einhaltung der übrigen Voraussetzungen gleichermaßen steuerfreie Beihilfen oder Unterstützungen zur Abmilderung der zusätzlichen Belastung durch die Corona-Krise gewähren wie private Arbeitgeber.

Begünstigte Arbeitnehmer

Als Höchstbetrag für eine steuerfreie Beihilfe oder Unterstützung i. S. d. § 3 Nr. 11a EStG galt pro Arbeitnehmer der Betrag von 1.500 EUR. Unerheblich war, ob bei Zahlung der Corona-Sonderzahlung der Arbeitnehmer in Voll- oder Teilzeit beschäftigt war oder ob es sich um einen geringfügig entlohnten Beschäftigten (sog. Minijobber) gehandelt hat. Im Falle eines ⇗ Ehegatten-Arbeitsverhältnisses musste die Gewährung einer solchen Beihilfe oder Unterstützung jedoch auch unter Fremden üblich sein (sog. Fremdvergleichsgrundsatz).

Gesellschafter-Geschäftsführer

Auch einem Gesellschafter-Geschäftsführer konnten Beihilfen oder Unterstützungen bis 1.500 EUR[1] befristet steuer- und auch sozialversicherungsfrei in Form von Zuschüssen und Sachbezügen zur Abmilderung der zusätzlichen Belastung durch die Corona-Krise zufließen. Aus den vertraglichen Vereinbarungen oder einer anderen rechtlichen Verpflichtung zwischen der GmbH und dem Gesellschafter-Geschäftsführer musste erkennbar sein, dass es sich als rechtfertigender Anlass um eine steuerfreie Beihilfe oder Unterstützung zur Abmilderung der zusätzlichen Belastung aufgrund der gesamtgesellschaftlichen Betroffenheit durch die Corona-Krise gehandelt hat.

Es war jedoch erforderlich, dass die übrigen Voraussetzungen eingehalten wurden, d. h.

1. die Sonderzahlung musste zusätzlich zum ohnehin geschuldeten Arbeitslohn zufließen und
2. darüber hinaus war auch darzulegen (wie auch bei Arbeitnehmern ohne Gesellschafterstellung), dass eine Vereinbarung über Sonderzahlungen, die vor dem 1.3.2020 ohne einen Bezug zur Corona-Krise getroffen wurde, jedenfalls nicht nachträglich in eine steuerfreie Corona-Sonderzahlung umgewandelt werden konnte, z. B. weil der Gesellschafter-Geschäftsführer bereits im Februar 2020 über die Gewährung einer Sonderzahlung im März 2020 informiert worden ist.

Bei einem Gesellschafter-Geschäftsführer einer GmbH konnte die Zahlung von steuerfreien Beihilfen oder Unterstützungen zu einer verdeckten Gewinnausschüttung führen. In diesem Fall ist die Steuerfreiheit sowie eine mögliche Sozialversicherungsfreiheit ausgeschieden. Eine verdeckte Gewinnausschüttung konnte vorliegen, wenn für die Zahlung keine überzeugenden betrieblichen Gründe vorlagen, sondern eine Veranlassung durch das Gesellschaftsverhältnis gegeben war.[2] Dies konnte sein, wenn ein Vorteil aufgrund eines geschlossenen Vertrags zwischen der GmbH (vertreten durch einen gewissenhaften Geschäftsleiter) und dem Gesellschafter-Geschäftsführer, wie z. B. unangemessen hohe Geschäftsführergehälter, einem Nichtgesellschafter unter sonst gleichen Umständen nicht gewährt worden wäre. D. h., dieser Geschäftsleiter würde gegenüber einer Person, die nicht Gesellschafter-Geschäftsführer ist, eine Vermögensmehrung oder -minderung unter sonst gleichen Umständen zu vergleichbaren Konditionen versagen.

Beispiel

Sonderzahlung an Gesellschafter-Geschäftsführer

Die GmbH hatte ihrem Gesellschafter-Geschäftsführer im Januar 2022 zusätzlich zu seinem Geschäftsführergehalt spontan und nebenbei eine Sonderzahlung von 1.500 EUR zur Abmilderung der zusätzlichen Belastungen durch die Corona-Krise gezahlt.

Ergebnis: Es handelte sich um eine verdeckte Gewinnausschüttung, da keine vertragliche Vereinbarung oder andere rechtliche Verpflichtung zwischen der GmbH und dem Gesellschafter-Geschäftsführer geschlossen worden ist. Es war nicht erkennbar, dass es sich bei der Sonderzahlung um eine steuer- und sozialversicherungsfreie Beihilfe oder Unterstützung zur Abmilderung der zusätzlichen Belastung als rechtfertigender Anlass aufgrund der gesamtgesellschaftlichen Betroffenheit durch die Corona-Krise gehandelt hat.

Ist einer Person, die einem Gesellschafter-Geschäftsführer nahesteht, eine verdeckte Gewinnausschüttung zugeflossen, so war diese verdeckte Gewinnausschüttung steuerrechtlich stets dem Gesellschafter-Geschäftsführer als Einnahme zuzurechnen, es sei denn, die nahestehende Person war selbst Gesellschafter oder Gesellschafter-Geschäftsführer. Unerheblich dabei war, dass der betreffende Gesellschafter-Geschäftsführer selbst einen Vermögensvorteil erlangte.

Beispiel

Sonderzahlung als verdeckte Gewinnausschüttung

Zwischen der GmbH und dem Gesellschafter-Geschäftsführer wurde vereinbart, dass diesem im Februar 2022 eine Sonderzahlung zufließen sollte. Die Höhe der Sonderzahlung ergab sich aus dem Umsatz der GmbH für den Monat Januar 2022, max. 1.500 EUR. Die tatsächliche Höhe der Sonderzahlung wurde vor Auszahlung an den Gesellschafter-Geschäftsführer seitens der Geschäftsführung noch verhandelt.

Ergebnis: Es hat eine verdeckte Gewinnausschüttung vorgelegen, da bei einem Gesellschafter-Geschäftsführer von vornherein klar und eindeutig bestimmt sein muss, ob und in welcher Höhe – egal ob laufend oder einmalig – ein Entgelt gezahlt werden soll. Dabei darf bei der Berechnung der Vergütung kein Spielraum verbleiben. Die Berechnungsgrundlagen mussten so bestimmt sein, dass allein durch Rechenvorgänge die Höhe der Vergütung ermittelt werden konnte, ohne dass es noch der Ausübung irgendwelcher Ermessensakte seitens der Geschäftsführung oder Gesellschafterversammlung bedarf. Dies galt entsprechend für Leistungen an den beherrschenden Gesellschaftern nahestehende Personen.

Mehrere Dienstverhältnisse

Eine steuerfreie Sonderzahlung konnte für jedes Dienstverhältnis gesondert geleistet werden. Der steuerfreie Höchstbetrag von 1.500 EUR durfte folglich pro Dienstverhältnis ausgeschöpft werden. Dies galt allerdings nicht, wenn der Arbeitnehmer im Kalenderjahr bei demselben Arbeitgeber mehrere Dienstverhältnisse ausgeübt hat.

Auszahlung in Teilbeträgen oder Ratenzahlung

Hinsichtlich der Zahlungsart durfte der Arbeitgeber eine beliebige Verteilung des begünstigten Betrags (max. insgesamt 1.500 EUR) wählen. So konnte die Sonderzahlung auch in Teilbeträgen an den Arbeitnehmer geleistet werden. In diesen Fällen war der begünstigte Zeitraum verstärkt zu beachten.

Beispiel

Steuerfreie Sonderzahlung in beliebigen Raten

Arbeitnehmer A erhielt von seinem Arbeitgeber B aufgrund einer einzelvertraglichen Vereinbarung aus April 2021 eine Sonderzahlung von 1.800 EUR. Diese Zahlung wurde in 6 gleichen Raten von je 300 EUR ab September 2021 bis Februar 2022 gezahlt.

Ergebnis: Da es sich um steuerfreie Beihilfen oder Unterstützungen von B an A zur Abmilderung der zusätzlichen Belastung durch die Corona-Krise handelte, waren die Raten von je 300 EUR für die Monate September 2021 bis Januar 2022 lohnsteuer- und sozialversicherungsfrei. Die Zahlung für den Monat Februar 2022 i. H. v. 300 EUR hingegen war lohnsteuer- und sozialversicherungspflichtig, da der Höchstbetrag von 1.500 EUR bereits ausgeschöpft wurde.

1 § 3 Nr. 11a EStG.
2 H 8.5 KStH 2015, „III. Veranlassung durch das Gesellschaftsverhältnis".

Tipp

Steuerfreien Höchstbetrag bis 1.500 EUR ausschöpfen

Die Zahlungsfristverlängerung bis zum 31.3.2022 verschaffte Arbeitgebern die Möglichkeit, ihren Arbeitnehmern eine Corona-Sonderprämie bzw. einen noch nicht ausgeschöpften Teilbetrag auszuzahlen.

Hatte ein Arbeitgeber beispielsweise seinen Arbeitnehmern im Mai 2020 eine Corona-Sonderprämie von 850 EUR gezahlt – die Sonderprämien wurden vertraglich vereinbart –, konnte er mit Auszahlung eines weiteren Teilbetrags i. H. v. 650 EUR z. B. im Februar 2022 den steuerfreien Höchstbetrag von 1.500 EUR ausschöpfen. Folglich hat der Arbeitgeber seinen Arbeitnehmern im zulässigen Zeitraum vom 1.3.2020 bis zum 31.3.2022 eine lohnsteuer- sowie sozialversicherungsfreie Corona-Sonderprämie von insgesamt 1.500 EUR gezahlt.

Sonderzahlung und Gehaltsumwandlung/Gehaltsverzicht

Für die Steuerfreiheit von Corona-Sonderzahlungen kamen nur zusätzliche Zahlungen im Zusammenhang mit der Corona-Krise in Betracht. Daher war es erforderlich, dass die Beihilfen und Unterstützungen

1. zur Abmilderung der zusätzlichen Belastung durch die Corona-Krise und
2. zusätzlich zum ohnehin geschuldeten Arbeitslohn geleistet worden sind.

Die Steuerbefreiung war damit insbesondere im Rahmen eines Gehaltsverzichts oder von Gehaltsumwandlungen ausgeschlossen.[1]

Beispiel

Corona-Sonderzahlung statt Weihnachtsgeld

Ein Arbeitgeber ist zur Zahlung von Weihnachtsgeld an die Arbeitnehmer i. H. v. 750 EUR arbeitsrechtlich verpflichtet und wollte aber stattdessen im Jahr 2021 eine Corona-Sonderzahlung in gleicher Höhe gewähren. Konnte die Zahlung steuerfrei sowie beitragsfrei in der Sozialversicherung gewährt werden?

Ergebnis: Der Arbeitgeber konnte das jährlich zu zahlende Weihnachtsgeld an seine Arbeitnehmer nicht in eine steuer- und sozialversicherungsfreie Beihilfe und Unterstützung umwandeln, da eine arbeitsrechtliche Verpflichtung zur Zahlung von Weihnachtsgeld bereits vor dem 1.3.2020 bestanden hat.

Maßgeblich für die konkreten vertraglichen Vereinbarungen oder anderen rechtlichen Verpflichtungen zur Gewährung der Beihilfen oder Unterstützungen war der Zeitraum vom 1.3.2020 bis 31.3.2022, da nur in diesem Zeitraum von einer Veranlassung zur Abmilderung von zusätzlichen Belastungen durch die Corona-Krise ausgegangen werden konnte.[2]

Beispiel

Verzicht auf Freizeitausgleich zugunsten einer Vergütung

Zwischen dem Arbeitnehmer und seinem Arbeitgeber gab es bis zum 14.3.2020 keinen vertraglich vereinbarten Anspruch auf eine Vergütung von Überstunden, lediglich die Möglichkeit des Freizeitausgleichs war gegeben. Seit dem 15.3.2020 kamen sie vertraglich überein, dass der Arbeitnehmer zugunsten einer Vergütung auf einen Freizeitausgleich von Überstunden verzichtet bzw. bei ihm angesammelte Überstunden gekürzt werden können. Konnte der Verzicht auf Freizeitausgleich zugunsten einer Vergütung in Form von Corona-Sonderzahlungen steuer- und beitragsfrei bleiben?

Ergebnis: Aufgrund der nach dem 1.3.2020 geschlossenen vertraglichen Neuregelung haben die Voraussetzungen einer Gewährung „zusätzlich zum ohnehin geschuldeten Arbeitslohn“ nach § 8 Abs. 4 EStG vorgelegen. Darüber hinaus musste für die Steuerfreiheit aus den vertraglichen Vereinbarungen zwischen Arbeitnehmer und Arbeitgeber auch erkennbar sein, dass es sich um steuerfreie Beihilfen oder Unterstützungen zur Abmilderung der zusätzlichen Belastung durch die Corona-Krise gehandelt hat. War dies gegeben, konnte der Verzicht auf Freizeitausgleich zugunsten einer Vergütung in Form von steuer- und beitragsfreien Beihilfen oder Unterstützungen umgewandelt werden.

Zeitpunkt der Vereinbarung entscheidend

Eine Vereinbarung über Sonderzahlungen, die vor dem 1.3.2020 ohne einen Bezug zur Corona-Krise getroffen wurde, konnte nicht nachträglich in eine steuerfreie Beihilfe oder Unterstützung zur Abmilderung der zusätzlichen Belastung durch die Corona-Krise umgewandelt werden (z. B. wenn für die Sonderzahlung in der Bilanz zum 31.12.2019 eine Rückstellung gebildet wurde oder die Arbeitnehmer bereits im Februar 2020 über die Gewährung einer Sonderzahlung im März 2020 informiert wurden). Maßgeblich war dabei der 1.3.2020, da nur ab diesem Zeitpunkt die Veranlassung in der Abmilderung der zusätzlichen Belastungen durch die Corona-Krise liegen konnte. Leistungen des Arbeitgebers, die auf einer vertraglichen Vereinbarung oder einer anderen rechtlichen Verpflichtung beruhten, die vor dem 1.3.2020 getroffen wurden, konnten nicht als steuerfreie Sonderzahlung gewährt werden. Nicht begünstigt waren somit alle Leistungen, die bereits vor dem 1.3.2020 vereinbart wurden oder deren Zahlung vor dem 1.3.2020 beabsichtigt war.

Sofern vor dem 1.3.2020 keine vertraglichen Vereinbarungen oder andere rechtliche Verpflichtungen des Arbeitgebers zur Gewährung einer Sonderzahlung bestanden, konnte unter Einhaltung der o. g. Voraussetzungen anstelle der Sonderzahlung auch eine steuerfreie Beihilfe oder Unterstützung zur Abmilderung der zusätzlichen Belastung durch die Corona-Krise gewährt werden.

Corona-Sonderzahlung anstelle freiwilliger Leistungen

Für die Steuerfreiheit der Leistungen war es erforderlich, dass aus den vertraglichen Vereinbarungen zwischen Arbeitgeber und Arbeitnehmer erkennbar war, dass es sich um steuerfreie Beihilfen oder Unterstützungen zur Abmilderung der zusätzlichen Belastung durch die Corona-Krise gehandelt hat und die übrigen o. g. Voraussetzungen eingehalten wurden. War dies der Fall, konnte anstelle von freiwilligen Zahlungen oder z. B. einer freiwilligen Erholungsbeihilfe auch eine Corona-Sonderzahlung gewährt werden.

Beispiel

Freiwillige Sondergratifikation

Aufgrund der zusätzlichen Arbeitsbelastung in der Corona-Krise hatte der Arbeitgeber beschlossen, seinem Arbeitnehmer in den Monaten Dezember 2021 bis Februar 2022 eine freiwillige Sondergratifikation von insgesamt 1.200 EUR zu zahlen. In der Gratifikationsvereinbarung ist auf den Vorbehalt der Freiwilligkeit der Sondervergütung hingewiesen worden. Die Auszahlung erfolgte am 28.2.2022.

Ergebnis: Die freiwillige Sondergratifikation konnte steuerfrei ausgezahlt werden, weil sie

1. innerhalb des Zeitraums 1.3.2020 bis 31.3.2022 gewährt wurde und im begünstigten Zeitraum ausgezahlt worden ist,
2. zusätzlich aufgrund der zusätzlichen Belastung durch die Corona-Krise bis zum 31.3.2022 ausgezahlt wurde und
3. eine vertragliche Vereinbarung vorlag.

Aufzeichnungs- und Nachweispflichten

Die steuerfreie Sonderzahlung war im ↗ Lohnkonto aufzuzeichnen,[3], sodass sie bei einer künftigen Lohnsteuer-Außenprüfung als solche zu erkennen ist und die Rechtsgrundlage für die Zahlung bei Bedarf geprüft werden kann. Der Zusammenhang mit der Corona-Krise kann sich ergeben aus einzelvertraglichen Vereinbarungen zwischen Arbeitgeber und Arbeitnehmer, aus ähnlichen Vereinbarungen (z. B. Tarifverträge oder gesonderte Betriebsvereinbarungen) oder aus Erklärungen des Arbeitgebers (z. B. individuelle Lohnabrechnungen oder Überweisungsbelege), in denen die Corona-Sonderzahlung als solche ausgewiesen ist.[4]

1 Zur Gewährung von Zusatzleistungen und Zulässigkeit von Gehaltsumwandlungen s. § 8 Abs. 4 EStG.
2 S. u. „Zeitpunkt der Vereinbarung ist entscheidend“.
3 § 4 Abs. 2 Nr. 4 LStDV.
4 S. BMF, FAQ „Corona“ (Steuern).

Soweit ausnahmsweise keine Verpflichtung zur Führung von Lohnunterlagen bestand (z. B. beim ⇗ Haushaltsscheckverfahren), genügt ein einfacher Zahlungsnachweis. Darüber hinaus ist diese nicht auf der Lohnsteuerbescheinigung auszuweisen und muss auch nicht in der Einkommensteuererklärung angegeben werden.[1] Sie unterlag nicht dem ⇗ Progressionsvorbehalt.

Weitere Vergünstigungen neben der Sonderzahlung

Darüber hinaus waren zusätzliche Leistungen des Arbeitgebers für eine kurzfristige berufsbedingte erforderliche Betreuung von Kindern der Arbeitnehmer (lohn-)steuerfrei, wenn die Kinder das 14. Lebensjahr noch nicht vollendet hatten.[2] Diese Leistungen sind bis zu 600 EUR im Kalenderjahr pro Arbeitnehmer steuerfrei und müssen zusätzlich zum ohnehin geschuldeten Arbeitslohn erbracht werden. In Betracht kamen sowohl Zahlungen an den Arbeitnehmer als auch die Organisation der Notbetreuung durch den Arbeitgeber selbst.

Neben diesen Vergünstigungen konnten auch andere Steuerbefreiungen, Bewertungsvergünstigungen oder Pauschalbesteuerungsmöglichkeiten, z. B. Sachbezüge im Rahmen der 50-EUR-Sachbezugsfreigrenze (bis 2021: 44-EUR-Freigrenze)[3], in Anspruch genommen werden.

Corona-Pflegebonus

Steuerfreier Corona-Pflegebonus bis 4.500 EUR

Arbeitnehmer in bestimmten Einrichtungen, wie Krankenhäusern, Rettungsdiensten, Dialyseeinrichtungen, Arzt- bzw. Zahnarztpraxen, Vorsorge- oder Rehabilitationseinrichtungen, sollten zur Anerkennung besonderer Leistungen während der Corona-Krise einen Pflegebonus gewährt bekommen. Damit sollte die Arbeit derer honoriert werden, die unter besonderen Arbeitsbedingungen während der Corona-Krise die mit dem Coronavirus infizierten Patienten versorgt und betreut haben. Begünstigt war der steuer- und beitragsfreie Pflegebonus von bis zu 4.500 EUR, der diesen Arbeitnehmern in der Zeit vom 18.11.2021 bis zum 31.5.2023 zusätzlich zum ohnehin geschuldeten Arbeitslohn zufloss.[4] Der steuerfreie Pflegebonus konnte damit zusätzlich zu der bereits abgelaufenen Corona-Sonderzahlung gewährt werden. Auszahlungen, die nach dem 31.5.2023 erfolgen, sind dagegen steuer- und beitragspflichtig.

Abgrenzung zur Corona-Sonderzahlung bis 1.500 EUR

Bei dem Pflegebonus handelte es sich nicht um eine steuerfreie Corona-Sonderzahlung. In der Corona-Krise wurde eine solche Sonderzahlung von bis zu 1.500 EUR gewährt, die i. d. R. allen Arbeitnehmern in der Zeit vom 1.3.2020 bis 31.3.2022 steuerfrei und beitragsfrei in der Sozialversicherung zugeflossen ist bzw. zugewendet wurde. Die Corona-Sonderzahlung konnte den Arbeitnehmern aller Berufsgruppen zur Abmilderung der zusätzlichen Belastungen gewährt werden. Die Sonderzahlung war steuerfrei, wenn diese zusätzlich zum ohnehin geschuldeten Arbeitslohn gezahlt wurde und zur Abmilderung der zusätzlichen Belastungen durch die Corona-Krise diente. Die Corona-Sonderzahlung nach § 3 Nr. 11a EStG ist zum 31.3.2022 ausgelaufen.

Anwendungsfragen im FAQ-Katalog „Corona" (Steuern) des BMF

Das Bundesministerium der Finanzen und die obersten Finanzbehörden der Länder haben einen ergänzenden Fragen-/Antwortkatalog veröffentlicht, welcher auch zu den steuerlichen Fragen im Zusammenhang mit dem Pflegebonus Stellung nimmt.[5]

Wichtig

Keine Anrechnung auf Grundsicherung nach SGB II

Der steuerfreie Pflegebonus wurde bei Arbeitsuchenden nach dem SGB II nicht auf die Grundsicherung angerechnet.

Achtung

Steuerfreier Pflegebonus von Corona-Sonderzahlung abzugrenzen

Der steuerfreie Pflegebonus war nur bestimmten Arbeitnehmern vorbehalten – anders als bei der damaligen Corona-Sonderzahlung nach § 3 Nr. 11a EStG. Bis zum 31.3.2022 konnte jeder Arbeitgeber an seine Arbeitnehmer eine Sonderzahlung von bis zu 1.500 EUR steuerfrei auszahlen.

Der Pflegebonus wird hingegen nur an Arbeitnehmer, z. B. an Pflegekräfte, in bestimmten Einrichtungen ausgezahlt, wie Vorsorge- oder Rehabilitationseinrichtungen (deren medizinische Versorgung vergleichbar ist mit einem Krankenhaus).

Hinweis

Vorrang des Pflegebonus vor der Corona-Sonderzahlung

Die Corona-Sonderzahlung von bis zu einem Höchstbetrag von 1.500 EUR und der Corona-Pflegebonus von bis zu 4.500 EUR konnten nicht nebeneinander gezahlt werden. Auch konnten die beiden Höchstbeträge nicht addiert werden. D. h., hat ein Arbeitgeber einem Arbeitnehmer, der in einer begünstigten Einrichtung tätig war, in der Zeit vom 18.11.2021 bis zum 31.3.2022 einen Betrag von 3.000 EUR ausgezahlt hat, handelte es sich hierbei um die Zahlung eines steuerfreien Pflegebonus.[6] Die Regelung zum Pflegebonus ging der steuerfreien Corona-Sonderzahlung vor. Der Arbeitgeber konnte die an seinen Arbeitnehmer ausgezahlten 3.000 EUR nicht in einen Pflegebonus und eine Corona-Sonderzahlung aufteilen.

Hinweis

Aktuelle Anwendungsfragen im FAQ-Katalog „Corona" (Steuern) des BMF

Nach Verkündung des Vierten Gesetzes zur Umsetzung steuerlicher Hilfsmaßnahmen zur Bewältigung der Corona-Krise haben das Bundesministerium der Finanzen und die obersten Finanzbehörden der Länder einen ergänzenden Fragen-/Antwortenkatalog veröffentlicht, welcher auch zu den steuerlichen Fragen im Zusammenhang mit dem Pflegebonus Stellung nimmt.[7]

So ist es für Arbeitgeber möglich, zeitnah auf aktuelle Fragestellungen zu reagieren. Die FAQ stellen insofern kein BMF-Schreiben im herkömmlichen Sinne dar. Vielmehr kommen Bund und Land überein, wie mit einzelnen Problemstellungen umzugehen ist. Da es sich bei den FAQ nicht um ein BMF-Schreiben handelt, ist die Finanzverwaltung nicht an diese Weisungen gebunden. Zu entscheiden haben demnach im Einzelfall die Finanzämter.

Voraussetzung für die Steuerfreiheit

Voraussetzung war, dass der steuerfreie Pflegebonus infolge der Corona-Krise

- im begünstigten Zeitraum vom 18.11.2021 bis 31.12.2022,
- zusätzlich zum ohnehin geschuldeten Arbeitslohn und
- an Arbeitnehmer in bestimmten Einrichtungen für besondere Leistungen während der Corona-Krise

ausgezahlt wurde.

1 Zum Umfang der Ausweispflichten auf der Lohnsteuerbescheinigung 2020 s. BMF, Schreiben v. 9.9.2019, IV C 5 – S 2378/19/10030 :001, BStBl 2019 I S. 919, ergänzt durch BMF, Schreiben v. 9.9.2020, IV C 5 – S 2533/19/10030 :002, BStBl 2020 I S. 926, zur Bekanntmachung des Vordruckmusters der elektronischen Lohnsteuerbescheinigung 2021 sowie ergänzt durch BMF, Schreiben v. 18.8.2021, IV C 5 – S 2533/19/10030 :003, BStBl 2021 S. 1079, geändert durch BMF, Schreiben v. 15.7.2022, IV C 5 – S 2533/19/10030 :003, BStBl 2022 I S. 1203 und durch BMF, Schreiben v. 8.9.2022, IV C 5 – S 2533/19/10030 :004, BStBl 2022 I S. 1397, zur Bekanntmachung des Vordruckmusters der elektronischen Lohnsteuerbescheinigung 2023.

2 § 3 Nr. 34a EStG.

3 § 8 Abs. 2 Satz 11 EStG.

4 § 3 Nr. 11b EStG.

5 BMF, FAQ „Corona" (Steuern), VIII. Steuerfreier „Corona-Pflegebonus" für Arbeitnehmer bis zu 4.500 EUR.

6 § 3 Nr. 11b EStG.

7 BMF, FAQ „Corona" (Steuern), VIII. Steuerfreier „Corona-Pflegebonus" für Arbeitnehmer bis zu 4.500 EUR.

Beispiel

Auszahlung des steuerfreien Pflegebonus

Ein Arbeitnehmer arbeitete in einer Dialyseeinrichtung. Sein Arbeitgeber zahlte seinem Arbeitnehmer am 31.7.2022 zusätzlich zum ohnehin geschuldeten Arbeitslohn einen steuerfreien Pflegebonus von 2.500 EUR.

Ergebnis: Der Arbeitgeber konnte seinem Arbeitnehmer den steuerfreien Pflegebonus auszahlen, weil dieser

1. innerhalb des Zeitraums 18.11.2021 bis 31.12.2022 gewährt wurde und im begünstigten Zeitraum ausgezahlt worden ist,
2. zusätzlich aufgrund der zusätzlichen Belastung durch der Corona-Krise bis zum 31.12.2022 ausgezahlt wurde und
3. der Arbeitnehmer in einer bestimmten Einrichtung, einer Dialyseeinrichtung, arbeitete.

Der steuerfreie Pflegebonus unterlag nicht dem ⇗ Progressionsvorbehalt.

Begünstigte Arbeitnehmer

Anspruchsberechtigt waren Arbeitnehmer, die in der Corona-Krise erheblichen Belastungen ausgesetzt waren.

Pro Arbeitnehmer galt der Betrag von 4.500 EUR als Höchstbetrag für einen steuerfreien Pflegebonus i. S. d. § 3 Nr. 11b EStG. Dabei war unerheblich, ob bei Zahlung des Pflegebonus der Arbeitnehmer in Voll- oder Teilzeit beschäftigt war oder ob es sich um eine geringfügig entlohnte Beschäftigung (Minijob)[1] handelte.

Einen steuerfreien Pflegebonus konnten Arbeitnehmer erhalten, die in einer der folgenden Einrichtung arbeiten bzw. dort tätig waren:

- in Krankenhäusern,
- in Einrichtungen für ambulantes Operieren,
- in Vorsorge- oder Rehabilitationseinrichtungen, in denen eine den Krankenhäusern vergleichbare medizinische Versorgung erfolgt,
- in Dialyseeinrichtungen,
- in Arztpraxen, Zahnarztpraxen,
- in ambulanten Pflegediensten, die ambulante Intensivpflege in Einrichtungen, Wohngruppen oder sonstigen gemeinschaftlichen Wohnformen erbringen, oder
- bei einem Rettungsdienst,
- nicht unter § 23 Abs. 5 Satz 1 IfSG fallende voll- oder teilstationäre Einrichtungen zur Betreuung und Unterbringung älterer, behinderter oder pflegebedürftiger Menschen oder vergleichbare Einrichtungen[2] bzw.
- nicht unter § 23 Abs. 5 Satz 1 IfSG fallende ambulante Pflegedienste und Unternehmen, die den Einrichtungen nach § 36 Abs. 1 Nr. 2 IfSG vergleichbare Dienstleistungen anbieten. Angebote zur Unterstützung im Alltag i. S. d. § 45a Abs. 1 Satz 2 SGB XI zählen nicht zu solchen Dienstleistungen.

Entsprechendes galt auch für Auszubildende, Praktikanten, geringfügig entlohnte Minijobber, Freiwillige[3] bzw. eingesetzte Arbeitnehmer aufgrund einer Arbeitnehmerüberlassung oder eines Werk- oder Dienstleistungsvertrags, die in den vorgenannten Einrichtungen arbeiten bzw. dort tätig waren. Ein Arbeitsvertragsverhältnis zum Inhaber der Einrichtung musste dabei jedoch nicht bestehen.

Wichtig

Anspruchsberechtigt waren nicht nur Pflegekräfte

Neben Pflegekräften gehörten auch weitere in Krankenhäusern sowie Pflegeeinrichtungen und Pflegediensten tätige Arbeitnehmer zu den Anspruchsberechtigten, z. B. nicht pflegerisch tätige Personen.

1 § 40a Abs. 2 EStG.
2 § 36 Abs. 1 Nr. 2 IfSG.
3 i. S. d. § 2 BFDG und i. S. d. § 2 JFDG.

Gesetzliche Klarstellung für begünstigte Einrichtungen nach dem IfSG zur Gewährung des Corona-Pflegebonus

Anders als bei der Corona-Sonderzahlung nach § 3 Nr. 11a EStG ist der steuerfreie Corona-Pflegebonus nur bestimmten Arbeitnehmern vorbehalten.

Denn Voraussetzung für die Gewährung des Corona-Pflegebonus von bis zu 4.500 EUR ist es u. a., dass der Personenkreis der Anspruchsberechtigten beispielsweise in begünstigten Einrichtungen beschäftigt ist bzw. war. Diese begünstigten Einrichtungen hatte der Gesetzgeber explizit genannt[4], z. B. Einrichtungen für ambulantes Operieren, Vorsorge- oder Rehabilitationseinrichtungen, in denen eine den Krankenhäusern vergleichbare medizinische Versorgung erfolgt, Dialyseeinrichtungen, Arztpraxen, Zahnarztpraxen oder aber Rettungsdienste.[5] Darunter fallen also auch voll- und teilstationäre Pflegediensteinrichtungen.

Aufgrund einer späteren gesetzlichen Änderung des Infektionsschutzgesetzes[6] würde sich nun der Kreis der bisher begünstigten Einrichtungen zum Teil ändern.[7] Damit der Personenkreis der Anspruchsberechtigten weiterhin Anspruch auf den steuerfreien Corona-Pflegebonus hat, kam durch das Jahressteuergesetz 2022 eine gesetzliche Klarstellung. Nun ist geregelt, dass der steuerfreie Corona-Pflegebonus von bis zu 4.500 EUR denjenigen Anspruchsberechtigten weiterhin gewährt wird, die in den durch das Vierte Corona-Steuerhilfegesetz benannten begünstigten Einrichtungen beschäftigt sind bzw. waren. Zu diesen zählen die begünstigten Einrichtungen nach § 23 Abs. 3 Satz 1 Nrn. 1–4, 8, 11 und 12 IfSG sowie in § 36 Abs. 1 Nr. 2 und 7 IfSG in der damaligen Fassung des Infektionsschutzgesetzes.

Mehrere Dienstverhältnisse

Ein steuerfreier Pflegebonus konnte für jedes Dienstverhältnis gesondert geleistet werden. D. h., dass der steuerfreie Höchstbetrag von 4.500 EUR folglich pro Dienstverhältnis ausgeschöpft werden durfte. Dies galt allerdings nicht, wenn der Arbeitnehmer im Kalenderjahr bei demselben Arbeitgeber mehrere Dienstverhältnisse ausgeübt hat.

Begünstigte Zahlungen

Begünstigt waren Zahlungen des Arbeitgebers aufgrund bundes- und landesrechtlicher Regelungen, wie dem Pflegebonusgesetz, oder auf Grundlage von Beschlüssen der Bundes- oder einer Landesregierung bzw. von Tarifverträgen, wie dem Tarifvertrag der Länder über die Corona-Sonderzahlung vom 29.11.2021. Aber auch freiwillige Zahlungen des Arbeitgebers, wie die freiwillige Aufstockung nach dem Pflegebonusgesetz, waren begünstigt.

Pflegebonus-Zahlung und Gehaltsumwandlung/Gehaltsverzicht

Für die Steuerfreiheit des Pflegebonus kamen nur zusätzliche Zahlungen im Zusammenhang mit der Corona-Krise in Betracht. Es war daher erforderlich, dass der Pflegebonus an Arbeitnehmer in bestimmten Einrichtungen

1. zur Anerkennung besonderer Leistungen während der Corona-Krise gewährt („Corona-Pflegebonus") und
2. zusätzlich zum ohnehin geschuldeten Arbeitslohn geleistet wurde.

Ausgeschlossen wurde damit die Steuerbefreiung insbesondere im Rahmen eines Gehaltsverzichts oder einer Gehaltsumwandlung.[8]

Auszahlung in Teilbeträgen oder Ratenzahlung

Der Arbeitgeber durfte hinsichtlich der Zahlungsart eine beliebige Verteilung des begünstigten Betrags (max. insgesamt 4.500 EUR) wählen. So konnte der Pflegebonus auch in Teilbeträgen an den Arbeitnehmer in bestimmten Einrichtungen geleistet werden. Verstärkt zu beachten war in diesen Fällen der begünstigte Zeitraum.

4 Viertes Corona-Steuerhilfegesetz v. 19.6.2022, BGBl. 2022 I S. 911;.s.a. BR-Drucks. 83/22 S. 14 und BT-Drucks. 20/1906 S. 44.
5 Nach § 23 Abs. 3 Satz 1 Nr. 1–4, 8, 11, 12 IfSG; § 36 Abs. 1 Nr. 2, 7 IfSG.
6 Gesetz zur Stärkung des Schutzes der Bevölkerung und insbesondere vulnerabler Personengruppen vor COVID-19 v. 16.9.2022, BGBl 2022 I S. 1454.
7 So wurden in diesem Zusammenhang z. B. § 23 Abs. 3 Satz 1 Nr. 11 IfSG sowie § 36 Abs. 1 Nr. 2, 7 IfSG gestrichen und nun dem § 35 IfSG zugeordnet.
8 Zur Gewährung von Zusatzleistungen und Zulässigkeit von Gehaltsumwandlungen s. § 8 Abs. 4 EStG.

Beispiel

Steuerfreier Pflegebonus in beliebigen Raten

Arbeitnehmer A (Pflegekraft in einem Krankenhaus) erhielt von seinem Arbeitgeber B aufgrund einer landesrechtlichen Regelung aus Dezember 2021 eine steuerfreie Sonderzahlung und einen Pflegebonus von insgesamt 2.400 EUR. Die Zahlung wurde in 6 gleichen Raten von je 400 EUR für die Zeiträume Februar 2022 bis März 2022 sowie August 2022 bis November 2022 gezahlt.

Ergebnis: Bei der Zahlung der ersten 2 Raten für die Monate Februar 2022 und März 2022 handelte es sich um die Zahlung eines steuerfreien Pflegebonus, auch wenn der Arbeitgeber für diese Monate eine Corona-Sonderzahlung zahlen wollte. Insoweit hatte B kein Wahlrecht. Die Zahlung eines Pflegebonus im Zeitraum vom 18.11.2021 bis 31.3.2022 geht der Zahlung einer Corona-Sonderzahlung vor. B konnte A einen steuerfreien Pflegebonus von 2.400 EUR zusätzlich aufgrund der zusätzlichen Belastung durch die Corona-Krise bis zum 31.12.2022 auszahlen. Da A in einer bestimmten Einrichtung, in einem Krankenhaus, tätig ist, waren die Raten von je 400 EUR für die Monate Februar 2022 und März 2022 sowie August 2022 bis November 2022 lohnsteuer- und (grds.) sozialversicherungsfrei.

Beispiel

Zahlung eines Pflegebonus von mehr als 4.500 EUR

Ein Arbeitgeber hat seinen Arbeitnehmern in einem Krankenhaus, aufgrund landesrechtlicher Regelungen, z. B. einen steuerfreien Pflegebonus in 6 gleichen Raten von je 900 EUR ab April 2022 bis September 2022 gezahlt.

Ergebnis: Die gesetzlichen Voraussetzungen für den Erhalt eines steuerfreien Pflegebonus lagen vor. Die Raten von je 900 EUR für die Monate April 2022 bis August 2022 waren lohnsteuer- und beitragsfrei. Die Zahlung für den Monat September 2022 i. H. v. 900 EUR hingegen war lohnsteuer- und beitragspflichtig, da die Zahlung der 6. Rate den Höchstbetrag von 4.500 EUR übersteigt.

Tipp

Ausschöpfung des steuerfreien Höchstbetrags bis 4.500 EUR

Der Zahlungszeitraum vom 18.11.2021 bis zum 31.12.2022 verschaffte Arbeitgebern die Möglichkeit, ihren Arbeitnehmern einen Pflegebonus bzw. einen noch nicht ausgeschöpften Teilbetrag auszuzahlen.

Hat ein Arbeitgeber beispielsweise seinen Arbeitnehmern im Krankenhaus im Dezember 2021 einen Pflegebonus von 2.300 EUR gezahlt – aufgrund bundesrechtlicher Regelung –, konnte er mit Auszahlung eines weiteren Teilbetrags i. H. v. 2.200 EUR (z. B. im November 2022) den steuerfreien Höchstbetrag von 4.500 EUR ausschöpfen. Folglich hatte der Arbeitgeber seinem Arbeitnehmern im zulässigen Zeitraum vom 18.11.2021 bis zum 31.12.2022 einen lohnsteuer- sowie beitragsfreien Pflegebonus von insgesamt 4.500 EUR gezahlt.

Bei dem Betrag von 4.500 EUR handelte es sich um einen steuerlichen Freibetrag (Höchstbetrag), der sich auf den gesamten Zahlungszeitraum vom 18.11.2021 bis zum 31.12.2022 erstreckt. D.h., der Höchstbetrag von 4.500 EUR war nicht pro Jahr zu gewähren.

Aufzeichnungs- und Nachweispflichten

Der steuerfreie Pflegebonus war im Lohnkonto aufzuzeichnen[1], sodass er bei einer künftigen Lohnsteuer-Außenprüfung als solcher zu erkennen ist und die Rechtsgrundlage für die Zahlung bei Bedarf geprüft werden kann. Der Zusammenhang mit der Anerkennung besonderer Leistungen während der Corona-Krise konnte sich ergeben aus Erklärungen des Arbeitgebers (z. B. individuelle Lohnabrechnungen oder Überweisungsbelege), in denen die Auszahlung des steuerfreien Pflegebonus als solcher ausgewiesen war. Nicht erforderlich war jedoch ein Nachweis über die besonderen Leistungen.

Der Pflegebonus war nicht auf der ↗ Lohnsteuerbescheinigung auszuweisen und musste auch nicht in der Einkommensteuererklärung angegeben werden.

Deputate

Deputate sind die Abgabe von Produkten und Leistungen des Arbeitgebers an den Arbeitnehmer als Teil der Entlohnung. So erhalten Mitarbeiter des Brauereigewerbes einen Haustrunk oder Arbeitnehmer im Kohle- oder Untertagebau Deputat-Kohle. Gebräuchlich sind Deputate auch in der Land- und Forstwirtschaft. Wird eine Gaststätte mit Übernachtungsmöglichkeiten betrieben, stellt die Zurverfügungstellung von Kost und Logis an eigene Arbeitnehmer ausnahmsweise auch ein Deputat dar.

Deputate sind Sachzuwendungen, die grundsätzlich steuerpflichtigen Arbeitslohn bzw. beitragspflichtiges Arbeitsentgelt in der Sozialversicherung darstellen. Jedoch ist zu prüfen, ob für die Sachzuwendungen die Rabattregelungen angewendet werden können: Der Rabattfreibetrag i. H. v. 1.080 EUR jährlich ist auf Waren und Dienstleistungen anwendbar, die der Arbeitgeber dem Arbeitnehmer überlässt, die jedoch für Dritte hergestellt und vertrieben werden. Der Arbeitgeber kann dem Arbeitnehmer pro Kalenderjahr Waren i. H. v. 1.080 EUR steuerfrei überlassen. Der maßgebliche Wert ergibt sich aus dem Endverbraucherpreis abzüglich 4 % Bewertungsabschlag.

Gesetze, Vorschriften und Rechtsprechung

Lohnsteuer: Zur Lohnsteuerpflicht von Deputaten s. § 19 Abs. 1 EStG i. V. m. R 19.3 LStR. Der sog. große Rabattfreibetrag ist in § 8 Abs. 3 EStG i. V. m. R 8.2 LStR geregelt.

Sozialversicherung: Zur Beitragspflicht der Deputate ist in § 14 Abs. 1 Satz 1 SGB IV der Begriff des Arbeitsentgelts definiert. Sofern Deputate steuerfrei sind, ergibt sich die Beitragsfreiheit aus § 1 Abs. 1 Satz Nr. 1 SvEV.

Entgelt	LSt	SV
Deputate bis 1.080 EUR im Jahr	frei	frei

Deutschlandstipendium

Mit dem Deutschlandstipendium werden engagierte und begabte Studenten aller Nationalitäten mit 300 EUR monatlich gefördert. Das Fördergeld wird je zur Hälfte vom Staat und von privaten Förderern (z. B. Unternehmen) aufgebracht. Es wird einkommensunabhängig und ggf. zusätzlich zu BAföG-Leistungen für mindestens 2 Semester und höchstens bis zum Ende der Regelstudienzeit gezahlt.

Für Stipendiaten, die als Studenten in der gesetzlichen Krankenversicherung pflicht- oder familienversichert sind, wirkt sich der Bezug des Fördergeldes in versicherungs- und beitragsrechtlicher Hinsicht nicht aus.

Gesetze, Vorschriften und Rechtsprechung

Sozialversicherung: Die Deutschlandstipendiaten sind in aller Regel als Studenten nach § 5 Abs. 1 Nr. 9 SGB V und § 20 Abs. 1 Nr. 9 SGB XI versicherungspflichtig in der Kranken- und Pflegeversicherung, sofern sie nicht nach § 10 SGB V, § 25 SGB XI familienversichert sind. Nach dem Ausscheiden aus der Pflicht- oder Familienversicherung regelt § 188 Abs. 4 SGB V die freiwillige Weiterversicherung in der Krankenversicherung; freiwillige Mitglieder unterliegen nach § 20 Abs. 3 SGB XI der Versicherungspflicht in der Pflegeversicherung.

1 § 4 Abs. 2 Nr. 4 LStDV.

Sozialversicherung

Versicherungsrechtliche Auswirkungen

Der Bezug eines Stipendiums führt nicht zur Versicherungspflicht in der Sozialversicherung. Eine Versicherung in der gesetzliche Krankenversicherung und sozialen Pflegeversicherung besteht für die Stipendiaten, jedoch aufgrund ihrer Einschreibung an einer staatlichen oder staatlich anerkannten Hochschule.[1] Insofern sind für die Stipendiaten die Regelungen der studentischen Krankenversicherung anzuwenden.

Beitragsrechtliche Behandlung

Das Deutschlandstipendium

- zählt bei familienversicherten Studenten nicht zum Gesamteinkommen[2], sofern es steuerfrei gezahlt wird. Damit kann durch das Stipendium die Einkommensgrenze in der ⬀ Familienversicherung nicht überschritten werden;
- gehört bei pflichtversicherten Studenten nicht zu den beitragspflichtigen Einnahmen.[3] Es ist damit unabhängig von seiner Höhe beitragsfrei;
- ist bei freiwillig versicherten Studenten in voller Höhe beitragspflichtig.[4] Auch eine eventuelle Zweckbindung des Stipendiums mindert nicht die Beitragspflicht.[5]

Diebstahlersatz

Wird dem Arbeitnehmer im Rahmen seiner beruflichen Tätigkeit eine Sache entwendet, kann der Arbeitgeber den Schaden erstatten. Erfolgt die Erstattung in angemessener Höhe, hat der Arbeitnehmer keinen geldwerten Vorteil. Der erstattete Betrag ist lohnsteuer- und sozialversicherungsfrei.

Übersteigt der Schadensersatzbetrag den tatsächlichen Verlust des Arbeitnehmers, entsteht ein geldwerten Vorteil in Höhe des Differenzbetrags. In der Praxis kommt der Diebstahlersatz am häufigsten im Zusammenhang mit der Durchführung einer beruflichen Auswärtstätigkeit in Betracht. Wird dem Arbeitnehmer im Verlauf einer Dienstreise der Pkw gestohlen, kann der Arbeitgeber diesen Diebstahl steuer- und sozialversicherungsfrei erstatten.

Gesetze, Vorschriften und Rechtsprechung

Lohnsteuer: Zur lohnsteuerrechtlichen Behandlung von Diebstahlersatz s. § 9 EStG und H 9.8 LStH und BFH, Urteil v. 25.5 1992, VI R 171/88, BStBl 1993 II S. 44 zum Diebstahl eines Pkw während einer Dienstreise.

Entgelt	LSt	SV
Diebstahlersatz im Rahmen einer beruflichen Tätigkeit	frei	frei

Dienstrad

Stellt der Arbeitgeber dem Arbeitnehmer ein betriebliches Fahrrad unentgeltlich oder verbilligt zur privaten Nutzung zur Verfügung, stellt dies einen geldwerten Vorteil dar. Für die steuer- und beitragsrechtliche Bewertung ist zu unterscheiden zwischen:

- Fahrrädern und „kleinen" E-Bikes mit einer Motorunterstützung bis 25 km/h (sog. Pedelecs), die verkehrsrechtlich als Fahrrad einzustufen sind (keine Kennzeichen- bzw. Versicherungspflicht) und
- „großen" E-Bikes mit einer Motorunterstützung bis 45 km/h (sog. S-Pedelecs), die verkehrsrechtlich als Kraftfahrzeug gelten (Kennzeichen- bzw. Versicherungspflicht).

Die steuer- und beitragsrechtliche Bewertung ist außerdem abhängig davon, ob das Dienstrad dem Arbeitnehmer zusätzlich zum ohnehin geschuldeten Arbeitslohn oder im Rahmen einer Gehaltsumwandlung zur Verfügung gestellt wird.

Gesetze, Vorschriften und Rechtsprechung

Lohnsteuer: Die Bewertung des Sachbezugs aus der verbilligten oder unentgeltlichen Überlassung von E-Bikes und „normalen" Fahrrädern regelt § 8 Abs. 2 Satz 10 EStG und der in diesem Zusammenhang ergangene gleichlautende Ländererlass v. 9.1.2020, BStBl 2020 I S. 174. Die Sachbezugsbewertung eines E-Bikes als Kfz erfolgt nach § 8 Abs. 2 Sätze 2–5 EStG (1-%-Regelung). Das Aufladen privater E-Bikes, die verkehrsrechtlich als Kfz gelten, im Betrieb des Arbeitgebers ist steuerfrei nach § 3 Nr. 46 EStG. Die Überlassung eines verkehrsrechtlich als Fahrrad einzustufenden Pedelecs führt zu steuerfreiem Arbeitslohn nach § 3 Nr. 37 EStG.

Sozialversicherung: Die Überlassung eines (Elektro-)Fahrrads stellt einen sonstigen Sachbezug dar, der nach § 3 SvEV zu beurteilen ist. Die sozialversicherungsrechtliche Behandlung richtet sich grundsätzlich nach der lohnsteuerlichen Behandlung. Soweit hiernach Steuerfreiheit für eine zusätzlich zum Lohn oder Gehalt gewährte Zuwendung des Arbeitgebers besteht, sind diese gemäß § 1 Abs. 1 Satz 1 Nr. 1 SvEV auch kein beitragspflichtiges Arbeitsentgelt. Soweit eine Pauschalbesteuerung nach § 40 Abs. 2 EStG in Anspruch genommen wird, ergibt sich die Beitragsfreiheit zur Sozialversicherung für den geldwerten Vorteil aus § 1 Abs. 1 Satz 1 Nr. 3 SvEV.

Entgelt	LSt	SV
Überlassung von Fahrrädern und E-Bikes bis 25 km/h (sog. Pedelecs), falls zusätzlich gewährt	frei	frei
Überlassung von Fahrrädern und E-Bikes bis 25 km/h (sog. Pedelecs), falls Entgeltumwandlung	pflichtig	pflichtig
Überlassung von E-Bikes als Kfz (sog. S-Pedelecs)	pflichtig	pflichtig
Übereignung von Fahrrädern und E-Bikes bis 25 km/h (sog. Pedelecs) mit 25 % pauschaliert	pauschal	frei
Aufladen privater E-Bikes	frei	frei
Gestellung betrieblicher Ladevorrichtung	frei	frei
Übereignung von Ladevorrichtung, mit 25 % pauschaliert	pauschal	frei

Lohnsteuer

Faktoren der steuerlichen Beurteilung

Die steuerliche Bewertung von Dienstfahrrädern hängt von mehreren Faktoren ab:

- Handelt es ich um ein klassisches Fahrrad, ein „kleines" E-Bike (mit Elektrounterstützung bis max. 25 km/h) oder um ein „großes" E-Bike?
- Wird die Leistung „on top", d. h. zusätzlich zum ohnehin geschuldeten Arbeitslohn erbracht oder erfolgt die Überlassung in Form einer Barlohnumwandlung?
- Wann wurde das Dienstrad angeschafft bzw. erstmalig überlassen?

1 § 5 Abs. 1 Nr. 9 SGB V, § 20 Abs. 1 Nr. 9 SGB XI.
2 § 16 SGB IV i. V. m.. § 10 Abs. 1 Satz 1 Nr. 5 SGB V und § 25 Abs. 1 Satz 1 Nr. 5 SGB XI.
3 § 236 Abs. 1 SGB V, § 57 Abs. 1 SGB XI.
4 § 240 Abs. 1 SGB V, § 57 Abs. 4 Satz 1 SGB XI.
5 BSG, Urteil v. 6.9.2001, B 12 KR 14/00 R.

Definition und Unterschiede: E-Bike, Pedelec, S-Pedelec und „normales" Fahrrad

Pedelecs (Pedal Electric Cycle) sind E-Bikes, die nach der StVO mit einem max. 250 Watt starken Motor betrieben werden dürfen, welcher auf 25 km/h begrenzt ist. Für derartige Räder gilt keine Kennzeichen- bzw. Versicherungspflicht. Da sie verkehrsrechtlich als Fahrrad eingestuft werden, gelten lohnsteuerrechtlich für sie dieselben Regelungen wie für ein klassische Fahrrad.

S-Pedelecs sind E-Bikes mit einer Motorunterstützung über 25 km/h hinaus (Unterstützung meist bis 45 km/h, Motorleistung 250 Watt und mehr). Solche Räder gelten verkehrsrechtlich als Kraftfahrzeug. Aus diesem Grund richtet sich die Besteuerung nach den Regelungen der ⇗ Dienstwagenbesteuerung. Deshalb muss im Gegensatz zur Besteuerung von betrieblichen Fahrrädern und E-Bikes bis 25 km/h für S-Pedelecs zusätzlich der Zuschlag von 0,03 % des Listenpreises je Entfernungskilometer für die Fahrten zwischen Wohnung und erster Tätigkeitsstätte als geldwerter Vorteil berücksichtigt werden.

Steuerfreie Überlassung von (Elektro-)Fahrrädern

Die zusätzlich zum ohnehin geschuldeten Arbeitslohn vorgenommene Überlassung von

- kraftfahrzeugrechtlich als Fahrrad einzuordnenden E-Bikes (sog. Pedelecs) und
- normalen Fahrrädern

führt zu steuerfreiem Arbeitslohn.[1] Die Steuerbefreiung wurde bis 31.12.2030 verlängert.[2] Steuerpflichtiger Arbeitslohn liegt hingegen vor, wenn die vorgenannte Überlassung infolge einer (Barlohn-)Umwandlung des ohnehin geschuldeten Arbeitslohns erfolgt.

Steuerpflichtige Überlassung von (Elektro-)Fahrrädern

Überlassung von E-Bikes bis 25 km/h (sog. Pedelecs) und Fahrrädern

Die Überlassung eines Pedelecs oder eines normalen Fahrrads führt nur in den Fällen einer Barlohnumwandlung zu steuerpflichtigem Arbeitslohn.[3]

Der geldwerte Vorteil bestimmt sich nach einem Durchschnittswert.[4] Als Durchschnittswert sind 1 % der auf volle 100 EUR abgerundeten unverbindlichen Preisempfehlung (UVP) des Herstellers, Importeurs oder Großhändlers im Zeitpunkt der (ersten) Inbetriebnahme des Fahrrads einschließlich der Umsatzsteuer anzusetzen. Hieraus folgt, dass alle unselbstständigen Einbauten (fest am Rahmen verbaute Schlösser, Navigationsgeräte, angebaute Träger usw.), die der Hersteller, Importeur oder der Großhändler am Fahrrad vorgenommen hat, mit dem Ansatz der UVP abgegolten sind.[5]

Mit diesem monatlichen 1-%-Durchschnittswert ist die private Nutzung abgegolten, also:

- alle Privatfahrten,
- alle Fahrten zwischen Wohnung und erster Tätigkeitsstätte sowie
- alle Heimfahrten im Rahmen der doppelten Haushaltsführung.[6]

Wichtig

Verringerte Bemessungsgrundlage bei erstmaliger Überlassung von 2019 bis 2030

Überlässt der Arbeitgeber dem Arbeitnehmer erstmals in der Zeit vom 1.1.2019 bis 31.12.2030 ein betriebliches E-Bike (Pedelec) oder ein normales Fahrrad, ist bis 2030 1 % des auf volle 100 EUR abgerundeten Viertels der UVP anzusetzen. Für die Anwendung der Vergünstigung kommt es nicht darauf an, wann das Fahrrad angeschafft, hergestellt oder geleast worden ist. Entscheidend ist vielmehr, dass das E-Bike (Pedelec) oder das Fahrrad selbst erstmals im Zeitraum vom 1.1.2019 bis 31.12.2030 einem Arbeitnehmer zur privaten Nutzung überlassen wird.

Wurde das E-Bike (Pedelec) oder das Fahrrad hingegen einem Arbeitnehmer bereits vor dem 1.1.2019 zur privaten Nutzung überlassen, kommt bei einem Wechsel des Nutzungsberechtigten nach dem 31.12.2018 die neue Steuererleichterung nicht in Betracht.[7]

Wichtig

Ausdrücklich keine Anwendung der Sachbezugsfreigrenze

Die Freigrenze für Sachbezüge von 50 EUR im Jahr 2022 (bis 2021: 44 EUR)[8] ist ausdrücklich nicht anzuwenden. Diese gilt nur bei der Bewertung von Sachbezügen mit dem üblichen Endpreis am Abgabeort.[9]

Barlohnumwandlung zugunsten eines E-Bikes

Eine Entgeltumwandlung wird von der Finanzverwaltung anerkannt, soweit es sich um ein E-Bike handelt, das dem Arbeitgeber gehört und vom Arbeitnehmer ggf. auch privat genutzt werden kann. Oftmals wird in diesen Fällen eine vollständige oder teilweise Übernahme der Leasingraten durch die Arbeitnehmer vereinbart. Voraussetzung ist, dass die Vereinbarung vor Entstehung des Vergütungsanspruchs, d. h. vor der Fälligkeit der Lohnzahlung, abgeschlossen wird.

Überlassung von E-Bikes als Kfz (sog. S-Pedelecs)

Die Bewertung des geldwerten Vorteils aus der verbilligten oder unentgeltlichen Überlassung eines sog. S-Pedelecs erfolgt nach dem für die Überlassung von Kraftfahrzeugen (Pkw) geltenden Grundsätzen.[10] Der ⇗ geldwerte Vorteil aus der privaten Nutzung und die Nutzung zu Fahrten zwischen Wohnung und erster Tätigkeitsstätte oder für Familienheimfahrten im Rahmen einer doppelten Haushaltsführung ist daher jeweils gesondert unter Anwendung der sog. Listenpreismethode wie folgt zu bewerten:

- 1-%-Ansatz für die Privatnutzung plus zusätzlich
- 0,03 % des Listenpreises je Entfernungskilometer für Fahrten Wohnung – erste Tätigkeitsstätte.

Anstelle der Listenpreismethode kann der geldwerte Vorteil nach der Fahrtenbuchmethode ermittelt werden.[11]

Tipp

Steuerförderung für E-Autos gilt auch für E-Bikes über 25 km/h

Ist ein Elektrofahrrad verkehrsrechtlich als Kfz einzuordnen, gelten dieselben steuerlichen Vergünstigungen wie bei der Dienstwagenbesteuerung. Für die 1-%-Methode gilt somit Folgendes:

- Bei S-Pedelecs, die in der Zeit vom 1.1.2013 bis zum 31.12.2018 angeschafft wurden, ist der maßgebliche inländische Bruttolistenpreis um die darin enthaltenen Kosten pro Kilowattstunde der Batteriekapazität zu mindern.
- Bei S-Pedelecs, die in der Zeit vom 1.1.2019 bis zum 31.12.2030 angeschafft werden, ist der maßgebliche inländische Listenpreis während der gesamten Nutzung nur zu 1/4 anzusetzen.

Wird der geldwerte Vorteil aus der Überlassung eines S-Pedelecs nach der sog. Fahrtenbuchmethode ermittelt, gelten entsprechende steuerliche Vergünstigungen.[12]

Fahrradüberlassung gehört zur Angebotspalette des Arbeitgebers

Gehört die steuerpflichtige Fahrradüberlassung zur Angebotspalette des Arbeitgebers an fremde Dritte, z. B. bei Fahrradverleihern, Großhändlern oder Herstellern, ist der geldwerte Vorteil aus dem um 4 % geminderten

1 § 3 Nr. 37 EStG.
2 § 52 Abs. 4 Satz 7, Abs. 12 Satz 6 EStG.
3 § 3 Nr. 37 EStG.
4 Gleichlautende Ländererlasse v. 9.1.2020, BStBl 2020 I S. 174.
5 BFH, Urteil v. 13.10.2010, VI R 12/09, BStBl 2010 II S. 361, Rz. 13.
6 § 8 Abs. 2 Satz 10 EStG.
7 Gleichlautende Ländererlasse v. 9.1.2020, BStBl 2020 I S. 174.
8 § 8 Abs. 2 Satz 11 EStG.
9 § 8 Abs. 2 Satz 1 EStG.
10 § 8 Abs. 2 Sätze 2–5 EStG.
11 § 8 Abs. 2 Satz 4 EStG i. V. m. § 6 Abs. 1 Nr. 4 EStG.
12 § 6 Abs. 1 Nr. 4 Satz 3 Nrn. 1, 2 EStG i. V. m. § 8 Abs. 2 Satz 4 EStG.

üblichen Endpreis für diese Dienstleistung zu ermitteln, wenn die Lohnsteuer nicht pauschal erhoben wird.[1]

Hierbei ist auch der Rabattfreibetrag i. H. v. jährlich 1.080 EUR zu berücksichtigen.[2]

Sonderfragen im Zusammenhang mit dem (Elektro-)Fahrrad-Leasing

In der Praxis gibt es im Zusammenhang mit dem Fahrrad-Leasing eine Vielzahl von unterschiedlichen Vertragsgestaltungen. Festzuhalten bleibt aber auch hier, dass in den Fällen, in denen der Arbeitgeber dem Arbeitnehmer ein Leasing-Rad zur Verfügung stellt, ein geldwerter Vorteil

- sowohl in der vergünstigten Nutzungsüberlassung des (Elektro-)Fahrrads durch den Arbeitgeber
- als auch in der vergünstigten Übereignung dieses Fahrzeugs durch einen Dritten vorliegt.[3]

Achtung

Steuerbefreiung gilt nicht bei Barlohnumwandlung

Leasingmodelle laufen i. d. R. über eine Entgeltumwandlung. Bei solchen Vertragsgestaltungen bleibt es bei der bisherigen Regelung, dass 1 % für die privaten Fahrten versteuert werden muss. Die Steuerbefreiung[4] gilt nur für zusätzlich zum ohnehin geschuldeten Arbeitslohn gewährte Vorteile für die Überlassung eines (Elektro-)Fahrrads, das kraftfahrzeugrechtlich kein Kfz ist.

Nutzungsüberlassung resultiert aus Arbeitsvertrag

Least der Arbeitgeber das (Elektro-)Fahrrad von dem Leasinggeber und überlässt es dem Arbeitnehmer auch zur privaten Nutzung, stellt diese Nutzungsüberlassung durch den Arbeitgeber Arbeitslohn dar. In solchen Fällen liegt dann keine vom Arbeitsvertrag abweichende Sonderrechtsbeziehung vor, die einer Überlassung des (Elektro-)Fahrrads durch den Arbeitgeber entgegenstehen würde, wenn

- der Anspruch auf Überlassung im Rahmen einer Gehaltsumwandlung mit Wirkung für die Zukunft vereinbart ist. Voraussetzung ist, dass der Arbeitnehmer unter Änderung des Arbeitsvertrags auf einen Teil seines Barlohns verzichtet und ihm der Arbeitgeber stattdessen Sachlohn in Form eines Nutzungsrechts an einem (Elektro-)Fahrrad des Arbeitgebers gewährt[5] oder
- der Anspruch arbeitsvertraglicher Vergütungsbestandteil ist. Davon ist insbesondere auszugehen, wenn von vornherein bei Abschluss eines Arbeitsvertrags eine solche Vereinbarung getroffen wird oder wenn die Beförderung in eine höhere Gehaltsklasse mit der Überlassung eines (Elektro-)Fahrrads des Arbeitgebers verbunden ist.[6]

In Leasingfällen setzt das Vorliegen eines Dienstfahrrads zudem voraus, dass der Arbeitgeber gegenüber der Leasinggesellschaft zivilrechtlich Leasingnehmer ist und nicht der Arbeitnehmer.

Nutzungsüberlassung resultiert aus unabhängiger Sonderrechtsbeziehung

In den Ausnahmefällen, in denen eine vom Arbeitsvertrag unabhängige Sonderrechtsbeziehung vorliegt (keine Gehaltsumwandlung, kein arbeitsvertraglicher Vergütungsbestandteil) und der Arbeitnehmer sämtliche Kosten und Risiken aus der Überlassung trägt, kommen die Urteilsgrundsätze des sog. Behördenleasings zum Tragen. In einem solchen Fall liegt der geldwerter Vorteil in der Verschaffung vergünstigter Leasing-Konditionen. Die Bewertung des Vorteils richtet sich nach dem üblichen Endpreis am Abgabeort, vermindert um übliche Preisnachlässe.[7, 8]

1 § 8 Abs. 3 EStG i. V. m. § 40 EStG.
2 § 8 Abs. 3 Satz 3 EStG.
3 BMF, Schreiben v. 17.11.2017, IV C 5 – S 2334/12/10002 – 04, BStBl 2017 I S. 1546.
4 § 3 Nr. 37 EStG.
5 BFH, Urteil v. 6.3.2008, VI R 6/05, BStBl 2008 II S. 530.
6 BMF, Schreiben v. 17.11.2017, IV C 5 – S 2334/12/10002-04, BStBl 2017 I S. 1546.
7 § 8 Abs. 2 Satz 1 EStG.
8 BFH, Urteil v. 18.12.2014, VI R 75/13, BStBl 2015 II S. 670.

Kauf des (Elektro-)Fahrrads nach Laufzeitende des Leasingvertrags

Unentgeltliche oder verbilligte Übereignung durch Arbeitgeber: Pauschalierung mit 25 %

Sofern der Arbeitgeber das Elektrofahrrad, das kein Kfz ist, zunächst gekauft und dann an den Arbeitnehmer unentgeltlich oder verbilligt übereignet hat, kann er die Steuer für die dem Arbeitnehmer gewährte Sachzuwendung „Fahrradübereignung", die zusätzlich zum ohnehin geschuldeten Arbeitslohn erbracht wird, seit 2020 mit einem Pauschalsteuersatz von 25 % erheben.[9]

Die Pauschalierungsvorschrift greift i. Ü. auch dann, wenn der Arbeitgeber außerhalb einer Leasinggestaltung ohne Einschaltung weiterer Dritter, dem Arbeitnehmer ein von ihm erworbenes Pedelec oder normales Fahrrad übereignet.

Der Arbeitgeber ist Schuldner der pauschalen Lohnsteuer. Wälzt er diese auf den Arbeitnehmer ab, führt dieser Vorgang nicht dazu, dass die lohnsteuerliche Bemessungsgrundlage für die pauschale Lohnsteuer gemindert wird.[10]

Verkauf durch Dritte

Kauft der Arbeitnehmer nach Ende der Vertragslaufzeit das von ihm bis dahin genutzte (Elektro-)Fahrrad von dem Dritten zu einem geringeren Preis, als dem um übliche Preisnachlässe geminderten üblichen Endpreis[11], ist der Unterschiedsbetrag als Arbeitslohn von dritter Seite zu versteuern.[12] Anstelle dieser Bewertung kommt grundsätzlich auch die Pauschalierung mit 30 % nach § 37b EStG durch den Zuwendenden in Betracht.

Bewertung nach § 37b Abs. 1 EStG

Eine Pauschalierung nach § 37b Abs. 1 EStG lässt die Verwaltung mit ihrem Erlass ausdrücklich zu. Die Pauschalierung nach dieser Vorschrift kann nur der Zuwendende selbst (z. B. Leasinggeber, Dienstleister oder Verwertungsgesellschaft) vornehmen. Zur Ermittlung des geldwerten Vorteils ist grundsätzlich eine Einzelbewertung vorzunehmen. Aus Vereinfachungsgründen kann aber der übliche Endpreis eines (Elektro-)Fahrrads, das dem Arbeitnehmer aufgrund des Dienstverhältnisses nach 36 Monaten Nutzungsdauer übereignet wird, mit 40 % der auf volle 100 EUR abgerundeten unverbindlichen Preisempfehlung des Herstellers, Importeurs oder Großhändlers im Zeitpunkt der Inbetriebnahme des (Elektro-)Fahrrads einschließlich Umsatzsteuer angesetzt werden. Ein niedrigerer Wert kann aber nachgewiesen werden.[13]

Aufladen im Betrieb des Arbeitgebers

Aufladen privater E-Bikes im Betrieb

Das elektrische Aufladen eines privaten E-Bikes des Arbeitnehmers, das verkehrsrechtlich als Kfz[14] gilt, im Betrieb des Arbeitgebers ist (befristet bis 2030) steuerfrei.[15] Voraussetzung ist, dass dieser geldwerte Vorteil ↗ zusätzlich zum ohnehin geschuldeten Arbeitslohn gewährt wird.

Als Betrieb i. S. d. Vorschrift gilt die ortsfeste betriebliche Einrichtung des Arbeitgebers oder eines verbundenen Unternehmens.[16] Die Steuerbefreiung gilt damit auch für Leiharbeitnehmer.

Aus Billigkeitsgründen rechnen auch vom Arbeitgeber gewährte Vorteile für das Laden von Pedelecs nicht zum Arbeitslohn.[17]

Aufladen betrieblicher E-Bikes

Wird ein E-Bike des Arbeitgebers, das verkehrsrechtlich als Kfz einzustufen ist, dem Arbeitnehmer zur privaten Nutzung überlassen und der geld-

9 § 40 Abs. 2 Satz 1 Nr. 7 EStG.
10 § 40 Abs. 3 Sätze 1, 2 EStG.
11 § 8 Abs. 2 Satz 1 EStG.
12 BMF, Schreiben v. 17.11.2017, IV C 5 – S 2334/12/10002 – 04, BStBl 2017 I S. 1546.
13 BMF, Schreiben v. 17.11.2017, IV C 5 – S 2334/12/10002 – 04, BStBl 2017 I S. 1546, Rzn. 4a, 4b.
14 Elektrofahrzeug i. S. d. § 6 Abs. 1 Nr. 4 Satz 2 EStG.
15 § 3 Nr. 46 EStG; BMF, Schreiben v. 29.9.2020, IV C 5 – S 2334/19/10009 :004, BStBl 2020 I S. 972, Rz. 10.
16 § 15 AktG.
17 BMF, Schreiben v. 29.9.2020, IV C 5 – S 2334/19/10009 :004, BStBl 2020 I S. 972, Rz. 10.

werte Vorteil nach der sog. Listenpreismethode ermittelt, ist der geldwerte Vorteil aus dem elektrischen Aufladen des Kfz bereits mit der 1-%-Regelung abgegolten.

Überlassung betrieblicher Ladevorrichtungen

Die unentgeltliche oder verbilligte Überlassung betrieblicher Ladevorrichtungen zur privaten Nutzung im Zusammenhang mit E-Bikes, die als Kfz gelten, ist (befristet bis 2030) steuerfrei.[1]

Übereignung betrieblicher Ladevorrichtungen

Geldwerte Vorteile aus der unentgeltlichen oder verbilligten Übereignung von Ladevorrichtungen für E-Bikes, die als Kfz gelten, können vom Arbeitgeber pauschal mit einem Prozentsatz von 25 % besteuert werden.[2] Voraussetzung ist, dass dieser geldwerte Vorteil zusätzlich zum ohnehin geschuldeten Arbeitslohn erbracht wird.

Der Arbeitgeber ist Schuldner der pauschalen Lohnsteuer. Wälzt er diese auf den Arbeitnehmer ab, führt dieser Vorgang nicht dazu, dass sich die lohnsteuerliche Bemessungsgrundlage für die Pauschalierung vermindert.[3]

Barzuschüsse des Arbeitgebers zum Aufladen

Ebenfalls pauschal mit 25 % besteuert werden können nach dieser Vorschrift die zusätzlich zum ohnehin geschuldeten Arbeitslohn erbrachten Arbeitgeberzuschüsse zu den Aufwendungen des Arbeitnehmers für den Erwerb und die Nutzung von Ladevorrichtungen für E-Bikes, die verkehrsrechtlich als Kfz einzustufen sind.

Anwendungszeitraum

Die Steuerbefreiungs-[4] bzw. Pauschalierungsvorschriften[5] sind anzuwenden auf Vorteile, die in einem nach dem 31.12.2016 endenden Lohnzahlungszeitraum oder als sonstige Bezüge nach dem 31.12.2016 zugewendet werden. Die Pauschalierungsvorschrift ist letztmalig anzuwenden auf Vorteile, die in einem vor dem 1.1.2030 endenden Lohnzahlungszeitraum oder als sonstige Bezüge vor dem 1.1.2030 zugewendet werden. Für die Steuerbefreiungsvorschrift wurde die Frist ebenfalls verlängert bis zum 31.12.2030.

Erstattungen des Arbeitgebers

Zuschüsse bei Auswärtstätigkeiten mit dem Fahrrad

Benutzt der Arbeitnehmer sein privates Fahrrad für ↗ Dienstreisen, kann der Arbeitgeber ihm die tatsächlich entstandenen Reisekosten steuerfrei erstatten, soweit die steuerlich zulässigen Höchstbeträge nicht überstiegen werden.[6]

Zuschüsse für Fahrten Wohnung – erste Tätigkeitsstätte

Stellt der Arbeitgeber dem Arbeitnehmer kein Fahrrad unentgeltlich oder verbilligt zur Verfügung, sondern erstattet er ihm die Aufwendungen für Fahrten zwischen Wohnung und erster Tätigkeitsstätte, führt dieses zu steuerpflichtigem Arbeitslohn.[7] Dieser kann – unter weiteren Voraussetzungen – pauschal mit 15 % versteuert werden.[8]

Aufzeichnungspflichten

Seit Juli 2020 besteht keine Aufzeichnungspflicht mehr in den Fällen, in denen der Arbeitgeber zusätzlich zum ohnehin geschuldeten Arbeitslohn Vorteile in der Form der Überlassung von Pedelecs gewährt.

Dasselbe gilt für das Aufladen von verkehrsrechtlich als Kfz einzustufenden E-Bikes (sog. S-Pedelecs) an einer ortsfesten Einrichtung des Arbeitgebers und für die arbeitgeberseitig eingeräumten Vorteile aus der Überlassung von betrieblichen Ladevorrichtungen für die private Nutzung.[9]

Hinweis

Befreiung von Aufzeichnungspflichten für das Laden von S-Pedelecs und Überlassen von Ladevorrichtungen

Die Finanzverwaltung verzichtete bereits seit 2017 auf die Einhaltung der Aufzeichnungspflichten für gewährte Vorteile im Zusammenhang mit dem Aufladen von verkehrsrechtlich als Kfz einzustufenden E-Bikes (sog. S-Pedelecs) an einer ortsfesten Einrichtung des Arbeitgebers und für arbeitgeberseitig eingeräumte Vorteile aus der Überlassung von betrieblichen Ladevorrichtungen für die private Nutzung.[10] Diese verwaltungsseitig eingeräumte Erleichterung ist Ende 2020 ausgelaufen, sodass der in die Lohnsteuer-Durchführungsverordnung (LStDV) aufgenommene Verzicht im Juli 2020 auf die Aufzeichnung an die bisherige Verwaltungspraxis anschließt.[11]

Fahrradüberlassung und Umsatzsteuer

Überlassung resultiert aus dem Arbeitsvertrag

Die Überlassung eines (Elektro-)Dienstfahrrads durch den Arbeitgeber an den Arbeitnehmer zur privaten Nutzung stellt eine Vergütung für geleistete Dienste dar. Mit diesem Sachlohn bewirkt der Arbeitgeber eine entgeltliche Leistung,[12] für die der Arbeitnehmer einen Teil seiner Arbeitsleistung aufwendet.[13]

Dies ist allerdings nur dann der Fall, wenn der Arbeitnehmer nach dem Arbeitsvertrag, den mündlichen Vereinbarungen oder den sonstigen Umständen des Arbeitsverhältnisses (z. B. faktische betriebliche Übung) neben dem Barlohn einen zusätzlichen Lohn in Form der Sachzuwendung erhält.[14]

Bemessungsgrundlage

Die umsatzsteuerliche Bemessungsgrundlage für diesen Umsatz ist der Wert der Arbeitsleistung des Arbeitnehmers, der nicht durch den Barlohn abgegolten ist.[15] Aus Vereinfachungsgründen beanstandet es die Finanzverwaltung jedoch nicht, wenn für die umsatzsteuerliche Bemessungsgrundlage von lohnsteuerlichen Werten ausgegangen wird. Diese Werte sind dann als Bruttowerte anzusehen, aus denen zur Ermittlung der Bemessungsgrundlage die Umsatzsteuer herauszurechnen ist.[16]

Wird daher für lohnsteuerliche Zwecke für die entgeltliche Überlassung des (Elektro-)Dienstfahrrads für Fahrten zwischen Wohnung und erster Tätigkeitsstätte monatlich 1 % des inländischen Listenpreises als geldwerter Vorteil angesetzt, kann dieser Wert auch für die Umsatzsteuer zugrunde gelegt werden. Eine Kürzung des inländischen Listenpreises für Elektro- und Hybridelektrofahrzeuge um 1/2 bzw. 1/4[17, 18] ist nicht vorzunehmen.[19]

In den Fällen, in denen die Fahrradüberlassung im Rahmen einer Gehaltsumwandlung erfolgt, ist der Wert der Arbeitsleistung und mithin die umsatzsteuerliche Bemessungsgrundlage allerdings betragsmäßig in Höhe der Barlohnherabsetzung bestimmt. Eine Ermittlung der umsatzsteuerlichen Bemessungsgrundlage durch die sog. 1-%-Methode entfällt somit. Hier ist allerdings der Ansatz der Mindestbemessungsgrundlage zu beachten.[20] Diese ist anzusetzen, wenn sie den tatsächlich gezahlten Betrag übersteigt. Die Mindestbemessungsgrundlage bestimmt sich nach den entstandenen Ausgaben, soweit sie zum vollen oder teilweisen Vorsteuerabzug berechtigt haben.[21]

1 § 3 Nr. 46 EStG.
2 § 40 Abs. 2 Nr. 6 EStG.
3 § 40 Abs. 3 Sätze 1, 2 EStG.
4 § 3 Nr. 46 EStG.
5 § 40 Abs. 2 Nr. 6 EStG.
6 § 3 Nr. 13 oder 16 EStG.
7 R 19.3 Abs. 3 Satz 2 Nr. 2 LStR.
8 § 40 Abs. 2 Satz 2 EStG.
9 § 4 Abs. 2 Nr. 4 Satz 1 LStDV.
10 BMF, Schreiben v 14.12.2016, IV C 5 – S 2334/14/10002 – 03, BStBl I 2016 S. 1446, Rz. 30.
11 § 4 Abs. 2 Nr. 4 Satz 1 LStDV.
12 § 1 Abs. 1 Nr. 1 UStG.
13 Abschn. 1.8 Abs. 1 Satz 1 UStAE.
14 Abschn. 1.8 Abs. 1 Satz 2 UStAE; Abschn. 4.18.1 Abs. 7 Satz 2 UStAE.
15 § 10 Abs. 2 Satz 2 UStG i. V. m. § 10 Abs. 1 Satz 1 UStG.
16 Abschn. 1.8 Abs. 8 Sätze 2 und 3 UStAE, Abschn. 15.24 Abs. 3 Sätze 3 und 4 UStAE.
17 § 8 Abs. 2 Satz 10 EStG.
18 Gleichlautende Ländererlasse v. 9.1.2020, BStBl 2020 I S. 174.
19 Abschn. 15.23 Abs. 11 Nr. 2 Satz 4 UStAE.
20 § 10 Abs. 5 Satz 1 Nr. 2 UStG i. V. m. § 10 Abs. 4 Nr. 2 UStG.
21 LfSt Bayern, Verfügung v. 17.3.2021, S 2334.2.1-122/2 St 36, n. v.

Wenn der anzusetzende Wert des Fahrrads weniger als 500 EUR beträgt, beanstandet es die Finanzverwaltung nicht, wenn abweichend von den vorgenannten Grundsätzen von keiner entgeltlichen Überlassung des Fahrrads ausgegangen wird. In diesen Fällen ist keine Umsatzbesteuerung der Leistung an den Arbeitnehmer erforderlich.[1]

Vorsteuerabzug

Dem Arbeitgeber steht aus den Anschaffungs- oder Reparaturkosten grundsätzlich ein Vorsteuerabzug zu, wenn die Leistung von einem anderen Unternehmer für das Unternehmen des Arbeitgebers erbracht wird. Von einer Leistung für das Unternehmen ist hier auszugehen, weil der Arbeitgeber als Unternehmer die (Elektro-)Fahrräder sowohl im Fall der unentgeltlichen als auch der entgeltlichen Überlassung jeweils im Rahmen eines Leistungsaustauschs erbringt.

Least der Arbeitgeber als Unternehmer das jeweilige (Elektro-)Dienstrad und stellt es dem Arbeitnehmer unentgeltlich oder entgeltlich zur Verfügung, besteht auch ein Recht zum Vorsteuerabzug aus den Leasingraten, wenn die Leistung für das Unternehmen des Arbeitgebers von einem anderen Unternehmer erbracht wird.[2] Der in den Leasingraten jeweils enthaltene Vorsteuerabzug ist dann abzugsfähig.

Überlassung resultiert aus einer vom Arbeitsvertrag unabhängigen Sonderrechtsbeziehung

Auch hier handelt es sich bei der Nutzungsüberlassung an den Arbeitnehmer um eine sonstige Leistung des Arbeitgebers. In einem solchen Fall bestimmt sich die umsatzsteuerliche Bemessungsgrundlage nach dem vereinbarten Entgelt abzüglich der geschuldeten Umsatzsteuer.[3]

Im Übrigen ist auch hier die sog. Mindestbemessungsgrundlage zu beachten, die immer dann Anwendung findet, wenn sie den tatsächlich gezahlten Betrag übersteigt. Die Mindestbemessungsgrundlage bestimmt sich nach den entstandenen Ausgaben, soweit sie zum vollen oder teilweisen Vorsteuerabzug berechtigt haben.[4]

Beträgt der Wert des Fahrrads weniger als 500 EUR, dürfte auch in diesen Fällen m. E. eine Umsatzbesteuerung entfallen.[5]

Vorsteuerabzug

Aus den Anschaffungs- oder Reparaturkosten steht dem Arbeitgeber grundsätzlich ein Vorsteuerabzug zu, wenn die Leistung von einem anderen Unternehmer für das Unternehmen des Arbeitgebers erbracht wird. Least der Arbeitgeber das Fahrrad, besteht auch ein Recht zum Vorsteuerabzug soweit im Übrigen die (weiteren) Voraussetzung des § 15 UStG vorliegen.[6]

Sozialversicherung

Steuerfreie Überlassung von E-Bikes

Die zusätzlich zum ohnehin geschuldeten Arbeitsentgelt vorgenommene Überlassung von kraftfahrzeugrechtlich als Fahrrad einzuordnenden E-Bikes (Pedelecs) stellt steuerfreies Arbeitsentgelt dar. Dies führt gleichermaßen auch zur Beitragsfreiheit in der Sozialversicherung.[7] Erfolgt die Überlassung eines E-Bikes hingegen als Überlassung infolge einer (Barlohn-)Umwandlung des ohnehin geschuldeten Arbeitsentgelts, handelt es sich um steuerpflichtiges und damit auch um beitragspflichtiges Arbeitsentgelt.

Geldwerter Vorteil aus dem Aufladen

Soweit der geldwerte Vorteil aus dem elektrischen Aufladen im Betrieb des Arbeitgebers steuerfrei ist, besteht auch Beitragsfreiheit.[8] Gleiches gilt, wenn das Aufladen bei einem nach § 15 AktG verbundenen Unternehmen des Arbeitgebers erfolgt. Diese steuerrechtliche Förderung galt zunächst befristet für vor dem 1.1.2021 angeschaffte Fahrzeuge. Die Frist wurde auf Zeiträume vor dem 1.1.2031 erweitert.[9] Das wirkt sich entsprechend auch auf die Beitragsfreistellung zur Sozialversicherung aus.

Liegt hingegen steuerpflichtiger Arbeitslohn vor, z. B. weil die für die Steuerfreiheit geforderten Voraussetzungen nicht erfüllt sind, besteht auch Beitragspflicht in der Sozialversicherung.[10]

Gestellung betrieblicher Ladevorrichtungen

Überlässt der Arbeitgeber seinem Arbeitnehmer betriebliche Ladevorrichtungen zur privaten Nutzung, ist dieser geldwerte Vorteil befristet bis zum 1.1.2031 steuer- und damit auch beitragsfrei. Dies gilt auch, wenn das Aufladen bei einem nach § 15 AktG verbundenen Unternehmen des Arbeitgebers erfolgt.

Übereignung betrieblicher Ladevorrichtungen

Der Arbeitgeber kann die Lohnsteuer pauschal erheben, soweit er den Arbeitnehmern zusätzlich zum ohnehin geschuldeten Arbeitslohn unentgeltlich oder verbilligt Ladevorrichtungen für E-Bikes übereignet. Sofern der Arbeitgeber von der Lohnsteuerpauschalierung Gebrauch macht, gehört der geldwerte Vorteil nicht zum Arbeitsentgelt in der Sozialversicherung.[11]

Barzuschüsse des Arbeitgebers

Für Barzuschüsse des Arbeitgebers zu den Aufwendungen des Arbeitnehmers für den Erwerb und die Nutzung von Ladevorrichtungen für E-Bikes, die zusätzlich zum ohnehin geschuldeten Arbeitslohn erbracht werden, gilt: Wird der geldwerte Vorteil pauschal mit 25 % lohnversteuert, bleibt er beitragsfrei in der Sozialversicherung.

Wichtig

Beitragsfreiheit nur bei tatsächlich durchgeführter Steuerfreiheit oder Lohnsteuerpauschalierung

Für beide vorstehend genannten Sachverhalte gilt, dass die Beitragsfreiheit nur dann besteht, wenn die Steuerfreiheit oder die Pauschalbesteuerung im Rahmen der Entgeltabrechnung tatsächlich durchgeführt wird.[12]

Zeitliche Befristung beachten

Für beide vorstehend genannten Sachverhalte gilt, dass die Möglichkeit zur Steuerfreistellung bzw. Lohnsteuerpauschalierung dieser geldwerten Vorteile erst für Lohnzahlungszeiträume eintritt, die nach dem 31.12.2016 enden oder als sonstige Bezüge nach dem 31.12.2016 zugewendet werden. Die Steuerfreiheit und die Lohnsteuerpauschalierung ist zeitlich beschränkt auf Entgeltzahlungszeiträume, die vor dem 1.1.2031 enden bzw. die als sonstige Bezüge vor dem 1.1.2031 zugewendet werden.

Leasingverträge bei Elektrofahrrädern

In der Praxis werden im Zusammenhang mit Elektrofahrrädern häufig Leasingverträge abgeschlossen. Der Arbeitgeber ist dabei der Leasingnehmer. Dem einzelnen Arbeitnehmer wird dann das Dienstfahrrad unentgeltlich zur privaten Nutzung zur Verfügung gestellt. Die Finanzierung der Leasingraten erfolgt häufig durch einen Gehaltsverzicht des Arbeitnehmers in Höhe der Leasingrate.

Beitragspflichtiges Arbeitsentgelt

Der Entgeltverzicht vermindert die Berechnungsgrundlage für die zu entrichtenden Steuern. Eine Beitragsfreiheit in der Sozialversicherung setzt voraus, dass der Entgeltverzicht

- auf künftig fällig werdende Entgeltansprüche gerichtet und
- arbeitsrechtlich zulässig ist.

1 Abschn. 15.24 Abs. 3 Sätze 5 und 6 UStAE.
2 § 15 Abs. 1 Nr. 1 UStG.
3 § 10 Abs. 1 UStG; LfSt Bayern, Verfügung v. 17.3.2021, S 2334.2.1-122/2 St 36, n. v.
4 § 10 Abs. 5 Satz 1 Nr. 2 UStG i. V. m. § 10 Abs. 4 Nr. 2 UStG.
5 Analoge Anwendung von Abschn. 15.24 Abs. 3 Sätze 5 und 6 UStAE.
6 LfSt Bayern, Verfügung v. 17.3.2021, S 2334.2.1-122/2 St 36, n. v.
7 § 1 Abs. 1 Satz 1 Nr. 1 SvEV.
8 § 1 Abs. 1 Satz 1 Nr. 1 SvEV.
9 Gesetz zur weiteren steuerlichen Förderung der Elektromobilität und zur Änderung weiterer steuerlicher Vorschriften.
10 § 14 Abs. 1 SGB IV.
11 § 40 Abs. 2 Nr. 6 EStG i. V. m. § 1 Abs. 1 Satz 1 Nr. 3 SvEV.
12 § 1 Abs. 1 Satz 2 SvEV.

Ein für allgemeinverbindlich erklärter Tarifvertrag kann nie rechtswirksam unterschritten werden. Dies gilt selbst dann, wenn sich Arbeitgeber und Arbeitnehmer über den Entgeltverzicht einig sind. Aus sozialversicherungsrechtlicher Sicht muss daher unbedingt der Vorbehalt eines Tarifvertrags beachtet werden. Tariflohn kann nicht umgewandelt werden.

Wichtig

Beitragsrechtliche Bewertung gilt gleichermaßen für alle SV-Zweige

Die beitragsrechtliche Bewertung im Zusammenhang mit der Gehaltsumwandlung für die Überlassung eines Dienstrads gelten gleichermaßen für alle SV-Zweige. Somit ist hiervon neben dem beitragspflichtigen Arbeitsentgelt zur KV, PV, RV und ALV auch das UV-pflichtige Arbeitsentgelt erfasst.

Privatnutzung beitragspflichtig

Die unentgeltliche Privatnutzung ist als Sachbezug beitragspflichtig. Die Beitragsberechnungsgrundlage ist mit dem steuerlichen geldwerten Vorteil identisch.

Beispiel

Arbeitsentgelt bei Elektrofahrrädern mit Leasingverträgen

Der Arbeitgeber schließt mit einem Fahrradanbieter einen Leasingvertrag über ein Elektrofahrrad, das keine straßenverkehrsrechtliche Zulassung benötigt. Die unverbindliche Preisempfehlung für das Elektrofahrrad beträgt 2.800 EUR. Als monatliche Leasingrate sind 90 EUR vereinbart.

Das Elektrofahrrad wird dem Arbeitnehmer ab 1.2. zur privaten Nutzung überlassen. Der Arbeitnehmer erhält eine außertarifliche Vergütung i. H. v. 4.000 EUR. Zur Finanzierung der monatlichen Leasingrate verzichtet er vom 1.2. an auf 90 EUR seines monatlichen Gehalts. Der Gehaltsverzicht wird durch eine Abänderung des Arbeitsvertrags im Januar schriftlich vereinbart.

Ergebnis: Der Gehaltsverzicht mindert das beitragspflichtige Arbeitsentgelt. Der sich aus der privaten Nutzung des Elektrofahrrads ergebene geldwerte Vorteil ist beitragspflichtig. Allerdings gilt für die im Zeitraum vom 1.1.2019 bis 31.12.2030 angeschafften Elektrofahrräder der auf volle 100 EUR abgerundete Betrag eines Viertels der unverbindlichen Preisempfehlung als geldwerter Vorteil.[1]

Arbeitsentgelt insgesamt:

beitragspflichtiges Bruttoarbeitsentgelt (4.000 EUR – 90 EUR)	3.910 EUR
Elektrofahrrad (1 % von 700 EUR (¼ von 2.800 EUR)) =	7 EUR
Insgesamt	3.917 EUR

Hinweis

Höhe des geldwerten Vorteils ist vom Zeitpunkt der Inbetriebnahme des Fahrrads abhängig

Wurde dem Arbeitnehmer das Elektrofahrrad

a) ab dem Jahr 2019 zur privaten Nutzung überlassen, beträgt der geldwerte Vorteil 1 % des auf volle 100 EUR abgerundeten Viertels des Anschaffungspreises;

b) bis Ende 2018 zur privaten Nutzung überlassen, beträgt der geldwerte Vorteil 1 % des auf volle 100 EUR abgerundeten vollen Anschaffungspreises.

Beitragsrechtliche Auswirkungen bei Übereignung nach Ende des Leasingvertrags

Die Leasingverträge sehen im Regelfall eine Kaufoption des Arbeitnehmers am Laufzeitende vor. Der Arbeitnehmer kann dann das Elektrofahrrad von dem Leasinggeber zu einem Preis von z. B. 10 % der unverbindlichen Preisempfehlung bei Beginn des Leasingvertrags erwerben.

Der Preis liegt jedoch im Regelfall deutlich unter dem Preis, der üblicherweise für ein vergleichbares gebrauchtes Elektrofahrrad zu zahlen ist. Obwohl der Arbeitnehmer den geringeren Preis an den Leasinggeber zahlt, handelt es sich um einen geldwerten Vorteil aus der Beschäftigung, der auch beitragspflichtig ist. Dabei ist der Unterschiedsbetrag zwischen dem um übliche Preisnachlässe geminderten üblichen Endpreis und dem tatsächlich zu entrichtenden Preis als Arbeitsentgelt anzusetzen.[2] Grundsätzlich erfolgt die Ermittlung des geldwerten Vorteils durch Einzelbewertung. Die steuerliche Vereinfachungsmöglichkeit kann auch für die Sozialversicherung angewendet werden.

Die geldwerten Vorteile aus der unentgeltlichen oder verbilligten Übereignung (Schenkung) von (Elektro-)Fahrrädern an Arbeitnehmer kann der Arbeitgeber seit 1.1.2020 pauschal mit 25 % Lohnsteuer besteuern. Die Pauschalierung führt zur Beitragsfreiheit in der Sozialversicherung.

Beispiel

Vergünstigter Erwerb des Elektrofahrrads

Der im Beispiel zuvor beschriebene Leasingvertrag hat eine Laufzeit von 3 Jahren. Nach Ablauf der Laufzeit kann der Arbeitnehmer das Elektrofahrrad zum Preis von 280 EUR (10 % der unverbindlichen Preisempfehlung für das Elektrofahrrad bei Beginn des Leasingvertrags) erwerben.

Ergebnis: Aus Vereinfachungsgründen kann der geldwerte Vorteil wie folgt ermittelt werden:

Wert des Elektrofahrrades zum Zeitpunkt des Erwerbs (Laufzeit: (3 Jahre × 10 %) + (1 Jahr nach Ablauf der Laufzeit 10 %) = 40 % von 2.800 EUR =)	1.120 EUR
abzüglich Eigenleistung des Arbeitnehmers	280 EUR
geldwerter Vorteil	840 EUR

Der geldwerte Vorteil ist als einmalig gezahltes Arbeitsentgelt zu verbeitragen.

Wichtig

Pauschalversteuerung nach § 37b Abs. 1 EStG

Sofern der Leasinggeber den Vorteil nach § 37b Abs. 1 EStG pauschal versteuert, stellt der geldwerte Vorteil kein beitragspflichtiges Arbeitsentgelt dar.[3]

Dienstreise

Einen arbeitsrechtlich fest umrissenen Begriff der Dienstreise gibt es nicht. Angeknüpft werden kann an die Legaldefinition in § 2 Bundesreisekostengesetz. Eine Dienstreise ist danach die Reise zu einem anderen als dem regelmäßigen Arbeitsort. Keine Dienstreise ist die reguläre An- und Abfahrt zum bzw. vom betrieblichen Arbeitsort.

Auch das lohnsteuerliche Reisekostenrecht kennt den Begriff der Dienstreise nicht. Eine Dienstreise wird im Lohnsteuerrecht als beruflich veranlasste Auswärtstätigkeit bezeichnet. Eine berufliche Auswärtstätigkeit ist jede berufliche Tätigkeit außerhalb der ersten Tätigkeitsstätte und außerhalb der Wohnung des Arbeitnehmers. Im-

1 § 6 Abs. 1 Nr. 4 Satz 2 EStG.

2 § 3 Abs. 1 Satz 1 SvEV.
3 § 1 Abs. 1 Satz 1 Nr. 14 SvEV.

mer wenn die gesetzlichen Kriterien der beruflichen Auswärtstätigkeit erfüllt sind, kann der Arbeitgeber Reisekosten steuerfrei ersetzen. Ohne steuerfreien Arbeitgeberersatz darf der Arbeitnehmer die Dienstreisekosten in seiner Einkommensteuererklärung als Werbungskosten ansetzen.

Gesetze, Vorschriften und Rechtsprechung

Lohnsteuer: Reisekosten für Dienstreisen können vom Arbeitgeber in den Grenzen des § 3 Nr. 16 EStG (Privatwirtschaft) und § 3 Nr. 13 EStG (öffentlicher Dienst) steuerfrei erstattet werden; ansonsten sind sie nach § 9 EStG als Werbungskosten ansatzfähig. Eine berufliche Auswärtstätigkeit ist untrennbar verbunden mit der Prüfung der ersten Tätigkeitsstätte, die in § 9 Abs. 4 EStG definiert wird. Das BMF-Schreiben v. 25.11.2020, IV C 5 – S 2353/19/10011 :006, BStBl 2020 I S. 1228, enthält weitere Hinweise zu Reisekosten und der Prüfung der ersten Tätigkeitsstätte.

Sozialversicherung: Unfallversicherungsschutz besteht für Beschäftigte gemäß § 8 Abs. 1 Satz 1 SGB VII. Danach sind Arbeitsunfälle Unfälle von Versicherten infolge einer den Versicherungsschutz nach §§ 2, 3 oder 6 SGB VII begründenden Tätigkeit (versicherte Tätigkeit).

Lohnsteuer

Dienstreise ist beruflich veranlasste Auswärtstätigkeit

Die gesetzlichen Regelungen des lohnsteuerlichen Reisekostenrechts kennen die Bezeichnung „Dienstreise" seit 2014 nicht mehr. Gleichwohl wird der Begriff weiterhin als Synonym dafür verwendet, dass der Arbeitnehmer für dienstliche Einsätze außerhalb der Firma ⇗ Reisekosten in Anspruch nehmen kann. Während die betrieblichen Reisekostenverordnungen oder die Bundes- oder Landesreisekostenregelungen im öffentlichen Dienst den Begriff der Dienstreise weiterhin für die Frage verwenden, welche Reisekostenerstattungen der Arbeitgeber für seine dienstliche Auswärtstätigkeit erhalten kann, sind die Steuerfreiheit oder der Werbungskostenabzug ausschließlich daran geknüpft, dass der berufliche Auswärtseinsatz die Voraussetzungen einer beruflichen Auswärtstätigkeit erfüllt. Es gibt keine Unterscheidung bei der Art der Auswärtstätigkeit: Unabhängig davon, ob ein Arbeitnehmer bei seiner beruflichen Auswärtstätigkeit

- Kunden, Geschäftspartner oder Fortbildungs- oder Messeveranstaltungen besucht,
- als Berufskraftfahrer auf einem Fahrzeug oder
- als Bau- oder Montagearbeiter auf ständig wechselnden Einsatzstellen tätig ist,

gelten für alle beruflichen Auswärtstätigkeiten einheitliche lohnsteuerliche Reisekostenregelungen.

Wann liegt eine berufliche Auswärtstätigkeit vor?

Eine i. S. d. Lohnsteuerrechts relevante Auswärtstätigkeit liegt vor, wenn der Arbeitnehmer vorübergehend außerhalb seiner Wohnung und der ersten Tätigkeitsstätte beruflich tätig wird. Die berufliche Auswärtstätigkeit gilt im Lohnsteuerrecht als einzige Reisekostenart für sämtliche dienstlichen Tätigkeiten. Eine Auswärtstätigkeit kann auch bei Arbeitnehmern vorliegen, die keine erste Tätigkeitsstätte haben. Ein Arbeitnehmer ohne erste Tätigkeitsstätte übt bei beruflichen Tätigkeiten außerhalb seiner Wohnung immer eine berufliche Auswärtstätigkeit aus.

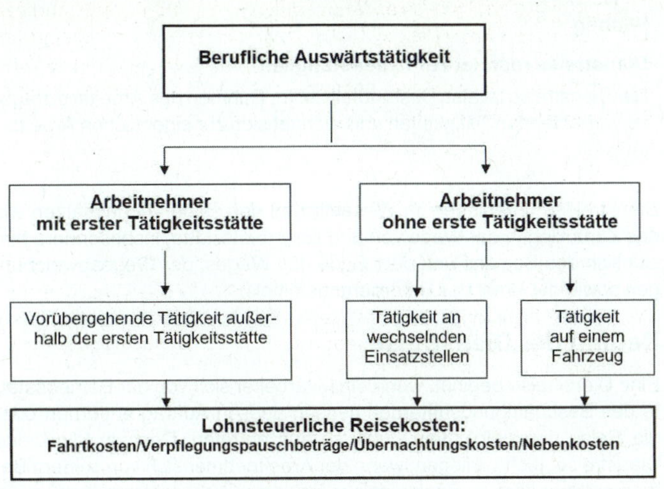

Prüfung der ersten Tätigkeitsstätte

Die Reisekostendefinition ist damit untrennbar mit der Prüfung der ersten Tätigkeitsstätte verbunden. Die erste Tätigkeitsstätte entscheidet darüber, ob der berufliche Einsatz

- eine unter die Reisekosten fallende berufliche Auswärtstätigkeit darstellt, weil der Arbeitnehmer hierbei nicht an seiner ersten Tätigkeitsstätte tätig wird, oder
- unter die Regelung der Entfernungspauschale fällt, weil es sich um die ⇗ Wege zwischen Wohnung und erster Tätigkeitsstätte handelt.

Sozialversicherung

Unfallversicherungsrechtliche Definition von Dienstreisen

Unfälle sind zeitlich begrenzte, von außen auf den Körper einwirkende Ereignisse, die zu einem Gesundheitsschaden oder zum Tod führen.[1]

Die Tätigkeit muss ein zeitlich begrenztes, von außen auf den Körper einwirkendes Ereignis objektiv und rechtlich wesentlich verursacht haben (Unfallkausalität). Diese Einwirkung muss einen Gesundheitserstschaden oder den Tod des Versicherten objektiv und rechtlich wesentlich verursacht haben (haftungsbegründende Kausalität). Die den Versicherungsschutz in der jeweiligen Versicherung begründende Tätigkeit, die Einwirkung und der dadurch verursachte Erstschaden müssen festgestellt sein.[2]

Für die Anerkennung eines Arbeitsunfalls ist danach erforderlich, dass ein Unfallereignis vorliegt, das zur Zeit des Unfalls der Verrichtung des Versicherten

- während der versicherten Tätigkeit zuzurechnen ist (innerer bzw. sachlicher Zusammenhang) und
- zu dem Unfallereignis geführt hat.

Außerdem muss das Unfallereignis einen Gesundheitserstschaden oder den Tod des Versicherten verursacht haben.[3]

Definition der Dienstreise

Unter einer Dienstreise ist ein Weg zu verstehen, der aus dienstlich begründeten Motiven zurückgelegt wird und zu einem Ziel außerhalb des gewöhnlichen Tätigkeitsorts, also zu einem anderen Dienstort führt, um dort vorübergehend tätig zu sein. Entsprechend der versicherten, beruflichen Tätigkeit und dem Auftrag des Arbeitgebers kann eine solche Dienstreise nur einige Stunden, aber auch mehrere Tage, Wochen oder gar Monate dauern.[4]

1 § 8 Abs. 1 Satz 2 SGB VII.
2 BSG, Urteil v. 24.7.2012, B 2 U 9/11 R.
3 Haftungsbegründende Kausalität LSG Bayern, Urteil v. 6.11.2017, L 3 U 52/15.
4 BAG, Beschluss v. 14.11.2006, 1 ABR 5/06; BSG, 12.06.1990, 2 RU 57/59).

Wichtig

Dienstreise rechnet zur Arbeitstätigkeit

Die Dienstreise ist also Bestandteil der im Rahmen des Arbeitsvertrags zu verrichtenden Tätigkeiten und rechnet sich zur eigentlichen Arbeitstätigkeit.

Dienstreisen unterliegen im Wesentlichen den selben Grundsätzen wie das Zurücklegen der Wege von und zur Arbeitsstätte, insbesondere hinsichtlich des Beginns und dem Ende des Weges, der Wegeabweichungen sowie der Wahl des Beförderungsmittels.

Beginn der Dienstreise

Eine Dienstreise beginnt, wenn die Mitarbeiter sich von der Betriebsstätte des Beschäftigungsunternehmens in dessen Auftrag entfernen oder die Reise unmittelbar von Zuhause aus antreten. Deshalb kann eine Dienstreise auch vorliegen, wenn der Arbeitnehmer sich von seinem Betrieb entfernt oder zu Beginn seiner Reise gar nicht aufsucht, weil er die Reise unmittelbar von Zuhause aus antritt. Unerheblich ist auch, ob er während oder außerhalb der gewöhnlichen Geschäftszeit im Auftrag des Unternehmens dienstlich reist. Eine Dienstreise kann über lange Zeit andauern (Tage, Wochen oder Monate) oder auch nur ein paar Stunden. Auch bei langen Dienstreisen beginnt der Versicherungsschutz wie beim Weg gemäß § 8 Abs. 2 SGB VII mit dem Durchschreiten der Außentür des Gebäudes, in dem der Arbeitnehmer wohnt.[1]

Dienstreisegenehmigung

Voraussetzung ist immer, dass der Weg und Tätigkeiten am Zielort in direktem Interesse des Arbeitgebers unternommen werden.

Hinweis

Formen der Dienstreisegenehmigung

Die Dienstreise bedarf daher einer Dienstreisegenehmigung des Arbeitgebers. Die Genehmigung kann nachträglich erfolgen oder dem Beschäftigten pauschal – zum Beispiel im Arbeitsvertrag – erteilt werden. Auch eine jährliche Genehmigung kann am Anfang des Jahres für die Zeit bis Dezember erteilt werden.

In der Praxis verzichten viele Arbeitgeber auf einen Dienstreise-Antrag, wenn es sich um eine Dienstreise handelt, bei der die Abwesenheit vom Dienstort den Zeitraum von 8 Stunden nicht überschreitet und keine Kosten entstehen. Hier bietet sich für diesen Fall eine pauschale Dienstweggenehmigung oder Dienstreisegenehmigung an.

Umfang des Versicherungsschutzes

Zu den versicherten Tätigkeiten auf Dienst- und Geschäftsreisen fallen alle Tätigkeiten, die zwangsläufig im engen Zusammenhang mit der Reise und den mit der Dienstreise verbundenen Aufgaben stehen.

Im Zusammenhang mit der versicherten Tätigkeit

Auf Dienstreisen stehen Arbeitnehmer unter dem Schutz der gesetzlichen Unfallversicherung, wenn sie auf dem Weg, der zur Ausführung einer versicherten Tätigkeit zurückgelegt wird und der im inneren Zusammenhang mit einer versicherten Tätigkeit steht, einen Unfall erleiden.

Dieser Zusammenhang ist immer dann gegeben, wenn die Tätigkeit dem Unternehmen objektiv wesentlich zu dienen bestimmt ist.[2] Bei Betätigungen, die mit der versicherten Tätigkeit und damit dem Zweck der Dienstreise selbst zusammenhängen, liegt damit immer ein sachlicher Zusammenhang vor.

Für den Versicherungsschutz auf einer Dienstreise ist allein ausschlaggebend, dass der Beschäftigte aufgrund des Beschäftigungsverhältnisses im Interesse seiner versicherten Tätigkeit tätig wird oder tätig werden will.

1 BSG, NZS 2001, 432.
2 LSG Hessen, Urteil v. 11.3.2019, L 9 U 118/18.

Beispiele für versicherte Tätigkeiten

Zu den versicherten Tätigkeiten zählen insbesondere

- die Vorbereitung einer Dienstreise, die Gepäckaufgabe und das Besorgen der Fahrkarte,
- das Einchecken im Zimmer im Hotel nach der Ankunft,
- die Besuche bei Firmenkunden,
- mit der Dienstreise zusammenhängende Wege von und zur Unterkunftsstätte (zum Beispiel das Verlassen des Hotelspeisesaals für eine dienstliche Besprechung oder der Weg zum Hotelzimmer nach einer dienstlichen Besprechung),
- die Wege vom Hotel zur dienstlichen Besprechung und zurück,
- die Teilnahme an der dienstlichen Besprechung,
- auch der Weg zu einem nicht unverhältnismäßig weit entfernten Restaurant und zurück ist versichert,
- die aufgrund der Dienstreise erforderlichen Überstunden, selbst wenn die gesetzlich vorgeschriebene Höchstarbeitszeit überschritten wird.

Achtung

Kein Unfallversicherungsschutz bei persönlicher Betätigung

Nach ständiger Rechtsprechung des BSG ist aber auch auf Dienstreisen der Unfallversicherungsschutz nicht schon deshalb ohne Weiteres gegeben, weil sich der Dienstreisende an einem unbekannten Ort aufhalten muss. Auf Dienstreisen entfällt der Versicherungsschutz, wenn der Reisende sich rein persönlichen, von seinen betrieblichen Aufgaben nicht mehr wesentlich beeinflussten Belangen widmet.[3]

Bei Betätigungen, die auch auf der Dienstreise der privaten Sphäre der Versicherten zuzurechnen sind, ist kein sachlicher Zusammenhang gegeben.

Rein persönliche, eigenwirtschaftliche Tätigkeiten wie private Unternehmungen, Essen, Trinken oder Schlafen sind auf Dienstreisen deshalb nicht versichert.

Beispiele für nicht versicherte Tätigkeiten

Zu den nicht versicherten Tätigkeiten zählen insbesondere

- ein privater Besuch,
- ein Spaziergang,
- der Aufenthalt im Hotelzimmer,
- die Einnahme eines Essens,
- das Schlafen.

Gefahrbringende Umstände

Dabei muss die fremde Umgebung, in der sich ein Dienstreisender aufhält, besonders beachtet werden: Ungeachtet des privaten Charakters einer Verrichtung kann während einer Dienst- oder Geschäftsreise innerhalb eines Hotels ein rechtlich wesentlicher innerer Zusammenhang mit der versicherten Tätigkeit des Reisenden gegeben sein. Das gilt auch bei einer dem privaten, nicht versicherten Bereich angehörenden Verrichtung, wenn gefahrbringende Umstände den Unfall wesentlich bedingt haben, die in ihrer besonderen Eigenart dem Beschäftigten während seines normalen Verweilens am Wohn- oder Beschäftigungsort nicht begegnet wären.[4] Versichert ist der Arbeitnehmer wegen dieser besonderen Gefahren, denen er ausgesetzt ist, weil er sich auf der Dienstreise befindet. An einem nicht vertrauten Ort sind die Versicherten anderen, unbekannten Gefahrenbereichen ausgesetzt als zu Hause. In einem inneren Zusammenhang mit der versicherten Tätigkeit stehend sind damit nur solche Unfallgefahren zu bewerten, die sich nach Art und Ausmaß von den vielfältigen alltäglichen Risiken abheben, denen jeder Mensch ausgesetzt ist. Das gilt beispielsweise, wenn besonders gefahrbringende Umstände am Ort der auswärtigen Unterbringung den Unfall verursacht haben.

3 BSG, Urteil v. 18.3.2008, B 2 U 13/07 R.
4 BSG, Urteil v. 4.8.1992, 2 RU 43/91.

Wichtig

Versicherungsschutz trotz persönlicher Bedürfnisbefriedigung

Für unvermeidbare persönliche Verrichtungen am fremden Aufenthaltsort muss berücksichtigt werden, dass Beschäftigte dabei anderen Gefahren ausgesetzt sind, als denen der gewohnten Umgebung zu Hause. Für Unfälle, die der Arbeitnehmer im Hotel wegen Unkenntnis der örtlichen Gegebenheiten des fremden Gefahrenbereichs erleidet, besteht der Unfallversicherungsschutz demnach auch dann, wenn die unfallbringende Tätigkeit unmittelbar nur einer persönlichen Bedürfnisbefriedigung diente. Die Tatsache, dass der Beschäftigte durch die Dienstreise in diesen fremden Gefahrenbereich gekommen ist, wird als entscheidend für die Beurteilung angesehen.

Für den Versicherungsschutz ist darauf abzustellen, ob das Wirksamwerden besonderer Gefahrenmomente im Bereich der Übernachtungsstätte den Unfall wesentlich mitverursacht hat.

Sachlicher Zusammenhang mit der versicherten Tätigkeit

In folgenden Fällen besteht ein sachlicher Zusammenhang mit der versicherten Tätigkeit:

- Wege zum Essen im Restaurant in angemessener Entfernung von der Stelle der dienstlichen Tätigkeit oder der Unterkunft im Hotel,
- Aufsuchen der Toilette im Hotel und Sturz an einer unbeleuchteten Stelle,
- Verletzung an schadhaftem Waschbecken im Hotelzimmer,
- Sturz aus dem Zug infolge Verwechslung der Einstiegstür mit der Toilettentür bei Schlaftrunkenheit.

Unterbrechung des Unfallversicherungsschutzes

Während einer Dienstreise ist ein Versicherter nicht bei allen Verrichtungen ununterbrochen unfallversicherungsrechtlich geschützt. Gerade bei längeren Dienstreisen lassen sich im Ablauf der einzelnen Tage in der Regel Verrichtungen unterscheiden, die mit der Tätigkeit für das Unternehmen wesentlich im Zusammenhang stehen, und solche, bei denen dieser Zusammenhang in den Hintergrund tritt.[1]

Beispiel

Tod im Hotelzimmer

Ein Arbeitnehmer, der auf einer mehrtägigen Dienstreise von einem Hotelangestellten am Morgen tot in seinem Hotelzimmer aufgefunden wird, war zwar als abhängig Beschäftigter gemäß § 2 Abs. 1 Nr. 1 SGB VII auch auf seinen Betriebsreisen und Betriebswegen versichert. Es konnte aber nicht geklärt werden, welche Tätigkeit der Versicherte im Zeitpunkt seines Todes konkret ausübte. Das Vorliegen eines Arbeitsunfalls verlangt jedoch ein auf den Körper einwirkendes Ereignis, das zeitlich auf eine Arbeitsschicht begrenzt ist und den Tod als Folge verursacht hat. Der Versicherungsschutz entfällt, wenn der Arbeitnehmer sich rein persönlichen, von der Betriebstätigkeit nicht mehr beeinflussten Belangen widmet.[2]

Hier konnte der sachliche Zusammenhang des Todes mit seiner beruflichen Tätigkeit nicht im Vollbeweis nachgewiesen werden. Ein Arbeitsunfall ist deshalb abgelehnt worden.

Wiederaufleben des Unfallversicherungsschutzes

Wenn eine private Verrichtung unternommen und in eine Dienstreise eingeschoben wird, kann hinterher der Versicherungsschutz bei Dienstreisen wiederaufleben.

Beispiel

Kurzer Stopp und Wiederaufnahme der Rückfahrt

Auf einer versicherten Dienstreise mit dem Auto macht ein Beschäftigter einen kurzen – nicht versicherten – Stopp von 10 Minuten vor einem Spielwarengeschäft, um für seine Kinder ein Geschenk zu kaufen. Anschließend nimmt er die Fahrt wieder auf und steht dann wieder unter Versicherungsschutz.

Reiseunterbrechung von mehr als 2 Stunden

Der Unfallversicherungsschutz besteht auf einer Rückfahrt nicht mehr, wenn aus der Dauer und der Art der privaten Unternehmung auf eine endgültige Lösung des Zusammenhangs mit der versicherten Tätigkeit geschlossen werden muss. Die Rechtsprechung geht bei einer Unterbrechung von mehr als 2 Stunden von einer Beendigung der Dienstreise aus. Dann ist der Arbeitnehmer auf der späteren Rückfahrt an den Beschäftigungsort nicht mehr unfallversichert.[3]

Beispiel

Versicherungsschutz und Alkohol auf der Dienstreise

Wenn der Beschäftigte auf einer Dienstreise volltrunken ist, ist der innere Zusammenhang zu der zu verrichtenden Tätigkeit zu verneinen. Das ist der Fall, wenn Versicherte so hochgradig betrunken sind, dass sie zu einer ihren Aufgaben entsprechenden Tätigkeit überhaupt nicht mehr in der Lage sind.

Beispiel

Leistungsausfall

Ein Maschinenführer ist auf einer auswärtigen Baustelle eingesetzt. Nach einer durchzechten Nacht im Hotel ist er noch zu Schichtbeginn so betrunken, dass er für den Weg von der Unterkunft nicht mehr Fahrrad fahren kann, mit ihm umfällt und am Arbeitsplatz ständig einnickt und nur gelegentlich hochschreckt. Der Beschäftigte ist hier praktisch arbeitsunfähig und so zu betrachten, als wäre er gar nicht „bei der Arbeit", so als übe er keine versicherte Tätigkeit aus. Der sachliche Zusammenhang zur versicherten Tätigkeit kann hier nicht vorliegen. Durch den volltrunkenen Zustand liegt ein Leistungsausfall vor.

Unfälle im Zustand der Volltrunkenheit sind nicht versichert. Ist der Arbeitnehmer aber nicht bis zu diesem Grad betrunken und hat der Alkoholgenuss nur einen Leistungsabfall bewirkt, bleibt der sachliche Zusammenhang für die unter Alkoholeinfluss verrichtete Arbeit bestehen.

Dienstwagen

Der Begriff „Dienstwagen" (oder auch Firmenwagen) bezeichnet die Überlassung eines PKW durch den Arbeitgeber an den Arbeitnehmer, um damit dienstlich veranlasste Fahrten zu unternehmen. Darf der Arbeitnehmer den Dienstwagen kostenlos oder verbilligt auch für Privatfahrten bzw. für Fahrten zwischen Wohnung und erster Tätigkeitsstätte nutzen, ist der darin liegende Vorteil steuerpflichtiger Arbeitslohn und beitragspflichtiges Arbeitsentgelt. Der geldwerte Vorteil kann nach der sog. 1-%-Regelung (pauschale Nutzungswertermittlung) oder nach der Fahrtenbuchmethode (individuelle Nutzungswertermittlung) berechnet werden.

Die Ausführungen dieses Stichworts beschränken sich auf die allgemeinen, übergreifenden lohnsteuerlichen Regelungen der Dienstwagenüberlassung. Detaillierte Regelungen, z. B. zur Ermittlung des geldwerten Vorteils aus der Überlassung eines Dienstwagens und zur Elektromobilität finden Sie in den Lexikonstichwörtern „↗ Dienstwagen, 1-%-Regelung" bzw. „↗ Dienstwagen, Fahrtenbuch" oder im ausführlichen Fachbeitrag „Dienstwagen in der Entgeltabrechnung".

Gesetze, Vorschriften und Rechtsprechung

Lohnsteuer: Einzelheiten zur Erfassung und Bewertung des geldwerten Vorteils durch einen Dienstwagen regeln § 8 Abs. 2 EStG sowie R 8.1 Abs. 9, 10 LStR, H 8.1 (9–10) LStH. Die 1-%-Regelung ist ge-

1 LSG Bayern, Urteil v. 6.11.2017, L 3 U 52/15.
2 BSG, Urteil v. 22.9.1966, 2 RU 16/65.
3 BSG, Urteil v. 10.10.2006, B 2 U 20/05 R.

setzlich geregelt in § 8 Abs. 2 Sätze 2, 3 EStG i. V. m. § 6 Abs. 1 Nr. 4 Satz 2 EStG, die Fahrtenbuchmethode in § 8 Abs. 2 Satz 4 EStG. Die Finanzverwaltung hat in R 8.1 Abs. 9 LStR zur Überlassung von Dienstwagen an Arbeitnehmer ausführlich Stellung genommen. Ergänzende Ausführungen zum Wechsel der Bewertungsmethode, zur Anwendung bei Überlassung mehrerer betrieblicher Fahrzeuge sowie zur lohnsteuerlichen Behandlung von Nutzungsverboten enthält das BMF, Schreiben v. 3.3.2022, IV C 5 – S 2334/21/10004 :001, BStBl 2022 I S. 232. Die Besonderheiten, die es bei der Überlassung von Elektro- und Hybridelektrofahrzeugen als Dienstwagen zu beachten gilt, sind zusammengefasst im BMF Schreiben v. 5.11.2021, IV C 6 – S 2177/19/10004 :008/VI C 5 – S 2334/19/10009 :003, BStBl 2021 I S. 2205, und zur steuerfreien Überlassung von Ladestrom oder Ladestationen s. das BMF-Schreiben v. 29.9.2020, IV C 5 – S 2334/19/10009 :004, BStBl 2020 I S. 972.

Sozialversicherung: § 14 Abs. 1 Satz 1 SGB IV definiert das zur Beitragspflicht in der Sozialversicherung heranzuziehende Arbeitsentgelt aus einer Beschäftigung. In § 1 Abs. 1 Satz 1 SvEV ist geregelt, unter welchen Bedingungen bestimmte Entgeltbestandteile kein sozialversicherungspflichtiges Arbeitsentgelt darstellen. Die Überlassung eines Firmenwagens stellt einen sonstigen Sachbezug dar, der nach § 3 SvEV zu beurteilen ist.

Entgelt	LSt	SV
Überlassung von Dienstwagen zu Privatfahrten	pflichtig	pflichtig

Lohnsteuer

Geldwerter Vorteil durch Privatnutzung des Dienstwagens

Erhält der Arbeitnehmer einen Dienstwagen zur privaten Nutzung, bleiben ihm entsprechende Aufwendungen erspart, die er ansonsten aus seinem versteuerten Arbeitslohn zu tragen hätte. Zum Ausgleich dieser Vorteilsgewährung stellt die Nutzung zu Privatfahrten einen Sachbezug dar, der als Arbeitslohn zu versteuern ist.

Fahrtenbuch oder 1-%-Regelung

Für die Wertermittlung des geldwerten Vorteils bei der Dienstwagenüberlassung an den Arbeitnehmer stehen 2 Bewertungsverfahren uneingeschränkt zur Verfügung:

1. die pauschale Nutzungswertermittlung nach der 1-%-Methode sowie
2. der Einzelnachweis in Form der Fahrtenbuchmethode.

Diese Bewertungsmethoden stellen die Grundlage für die Dienstwagenbesteuerung beim Arbeitnehmer dar. Die ⇗ 1-%-Regelung wird immer dann angewendet, wenn Arbeitgeber und Arbeitnehmer sich nicht ausdrücklich für die ⇗ Fahrtenbuchmethode entscheiden.

Einheitliche Bewertung für ein Kalenderjahr

Soll die Fahrtenbuchmethode angewandt werden, muss der Arbeitgeber in Abstimmung mit dem Arbeitnehmer für ein Kalenderjahr festlegen, dass die Nutzungswertermittlung durch Fahrtenbuch und Belegnachweis anstelle der 1-%-Regelung treten soll. Während eines Kalenderjahres ist bei demselben Fahrzeug kein Wechsel möglich.[1]

Eine Ausnahme gilt, wenn der Arbeitnehmer den Dienstwagen während des Jahres wechselt.

Ein rückwirkender Wechsel des Berechnungsverfahrens für das gesamte Kalenderjahr ist möglich. Der Arbeitgeber kann im Lohnsteuerverfahren während des Jahres von der pauschalen Nutzungswertmethode zur Fahrtenbuchmethode oder umgekehrt übergehen.[2] Der Lohnsteuerabzug für die bereits vergangenen Monate muss in diesem Fall wegen der verlangten einheitlichen Berechnungsmethode korrigiert werden. Dies ist längstens bis zum 28.2. des Folgejahres bzw. bei vorzeitiger Beendigung des Dienstverhältnisses bis zur Übermittlung oder Ausschreibung der Lohnsteuerbescheinigung möglich. Weitere Voraussetzung ist, dass der Arbeitgeber für das gesamte Kalenderjahr ein ordnungsgemäßes Fahrtenbuch vorlegen und den Einzelnachweis der für den Firmenwagen angefallenen Kosten nachweisen kann.

Tipp

Eigenes Arbeitnehmerwahlrecht im Veranlagungsverfahren

Die Bindungswirkung an die getroffene Wahl beschränkt sich auf das Lohnsteuerverfahren. Unabhängig hiervon ist der Arbeitnehmer bei seiner Einkommensteuer aber nicht an das beim Lohnsteuerabzug gewählte Verfahren gebunden. Nach Ablauf des Kalenderjahres kann der Arbeitnehmer im Rahmen seiner persönlichen Einkommensteuererklärung die für ihn günstigere Methode beantragen, wenn die Voraussetzungen hierfür erfüllt sind.[3]

Der zwingende Ansatz einer der beiden Methoden ist auch für Leasingfahrzeuge zu beachten, die als Dienstwagen überlassen werden.

Gesetzlicher Vorrang der 1-%-Regelung

Der gesetzliche Vorrang der 1-%-Regelung ist im Lohnsteuerverfahren dann von Bedeutung, wenn sich z. B. im Rahmen einer ⇗ Lohnsteuer-Außenprüfung herausstellt, dass die gewählte Einzelnachweismethode rückwirkend versagt werden muss, weil die Aufzeichnungen des Fahrtenbuchs nicht ordnungsgemäß vorgenommen wurden.

1-%-Regelung bei Nichtanerkennung des Fahrtenbuchs

Eine Korrektur des Fahrtenbuchs im Wege der Schätzung ist ausgeschlossen. Der geldwerte Vorteil ist dann im Normalfall zum Nachteil des Arbeitnehmers für das gesamte Kalenderjahr nach der 1-%-Regelung zu berechnen. Dies gilt selbst dann, wenn lediglich in Einzelmonaten die Nachweisführung nicht ausreichend ist.[4] Auch ein Wechsel während des Jahres ist ausgeschlossen, da die Verwaltung für das gesamte Kalenderjahr eine einheitliche Dienstwagenbesteuerung vorsieht.[5]

Der BFH bestätigte in mehreren Urteilen die Verwaltungsauffassung, die im Fall der steuerlichen Nichtanerkennung des Fahrtenbuchs die nachteilige Besteuerung nach der 1-%-Regelung als einzige Alternative zur Folge hat.[6] Eine „dritte Bewertungsmethode“ in Form von Schätzungen ist nicht zulässig.

Wahlrecht bei Überlassung mehrerer Fahrzeuge

Bei gleichzeitiger Überlassung mehrerer Dienstwagen hat der Arbeitnehmer ein Wahlrecht: Er kann für einzelne Fahrzeuge den geldwerten Vorteil aus der Privatnutzung individuell ermitteln, wenn er ein ordnungsgemäßes Fahrtenbuch führt, und für die anderen Fahrzeuge die Nutzungswertbesteuerung nach der 1-%-Regelung durchführen.[7]

Möglichkeit der Privatnutzung führt zu geldwertem Vorteil

Der BFH hat in einer Reihe von Urteilen entschieden, dass bei Anwendung der 1-%-Methode der geldwerte Vorteil bereits in der konkreten Möglichkeit besteht, den Dienstwagen zu Privatfahrten nutzen zu dürfen.[8] Der BFH hat damit seine frühere Rechtsauffassung aufgegeben, nach der bei erlaubter Privatnutzung des Dienstwagens die entsprechende Nutzung nur vermutet wurde (Anscheinsbeweis für eine private Nutzung). Die Widerlegbarkeit der privaten Nutzung ist nicht mehr entscheidend für den Nichtansatz eines geldwerten Vorteils.

1 BFH, Urteil v. 20.3.2014, VI R 35/12, BStBl 2014 II S. 643.
2 R 8.1 Abs. 9 Nr. 3 LStR.
3 R 8.1 Abs. 9 Nr. 3 LStR.
4 BFH, Urteil v. 20.3.2014, VI R 35/12, BStBl 2014 II S. 643.
5 BFH, Beschluss v. 24.2.2000, IV B 83/99, BStBl 2000 II S. 298.
6 BFH, Urteil v. 9.11.2005, VI R 27/05, BStBl 2006 II S. 408; BFH, Urteil v. 16.11.2005, VI R 64/04, BStBl 2006 II S. 410; BFH, Urteil v. 16.3.2006, VI R 87/04,BStBl 2006 II S. 625; BFH, Urteil v. 1.3.2012, VI R 33/10, BStBl 2012 II S. 505.
7 BMF, Schreiben v. 4.4.2018, IV C 5 – S 2334/18/10001, BStBl 2018 I S. 592; BFH, Urteil v. 3.8.2000, III R 2/00, BStBl 2001 II S. 332.
8 BFH, Urteil v. 21.3.2013, VI R 31/10, BStBl 2013 II S. 700; BFH, Urteil v. 21.3.2013, VI R 26/10, BFH/NV 2013 S. 1396; BFH, Urteil v. 21.3.2013, VI R 49/11, BFH/NV 2013 S. 1399.

Erlaubnis des Arbeitgebers entscheidend

Für die Dienstwagenbesteuerung kommt es allein darauf an, dass der Arbeitgeber

- dem Arbeitnehmer erlaubt, das Firmenfahrzeug auch privat nutzen zu dürfen und
- dem Arbeitnehmer die Verfügungsmacht über das Fahrzeug verschafft.

Der geldwerte Vorteil aus der Nutzungsüberlassung umfasst die Übernahme sämtlicher damit verbundenen Kosten, also sowohl den nutzungsabhängigen wie den nutzungsunabhängigen Fahrzeugaufwand. Auch ohne den Einsatz zu Privatfahrten erspart sich der Arbeitnehmer zumindest die Fixkosten, die er für das Vorhalten eines betriebsbereiten Kfz verausgaben müsste.

Zufluss unabhängig von der tatsächlichen Nutzung

Der geldwerte Vorteil fließt dem Arbeitnehmer bereits mit der unentgeltlichen bzw. verbilligten Überlassung des Fahrzeugs zu und nicht erst mit der tatsächlichen Nutzung zu privaten Fahrten, wenn die Privatnutzung arbeitsrechtlich oder durch konkludentes Handeln zugelassen ist. Da die Anwendung der 1-%-Methode unabhängig von tatsächlichen Privatfahrten ist, kommt auch dem Beweis des ersten Anscheins keine Bedeutung zu. Entscheidend ist allein die arbeitsrechtliche Möglichkeit der privaten Fahrzeugnutzung, die unabhängig von Nutzungsart und Nutzungsumfang des Fahrzeugs die Dienstwagenbesteuerung nach der 1-%-Regelung auslöst. Um die zwingende Bewertung nach der 1-%-Regelung auszuschließen, sind Reisekosten- und Spesenabrechnungen, Fahrtaufzeichnungen durch Excel-Tabellen, Werkstattrechnungen oder Terminkalender ungeeignet.

Kein geldwerter Vorteil bei Nutzungsverbot

Der Ansatz eines lohnsteuerrechtlich erheblichen Vorteils rechtfertigt sich nur insoweit, als der Arbeitgeber dem Arbeitnehmer gestattet, den Dienstwagen privat zu nutzen. Da der Arbeitgeber im Falle eines Nutzungsverbots den Dienstwagen nicht für die private Nutzung überlassen will, wendet er dem Arbeitnehmer auch keinen geldwerten Vorteil zu. Voraussetzung für den Nichtansatz eines geldwerten Vorteils ist, dass das Nutzungsverbot durch entsprechende arbeitsvertragliche oder dienstrechtliche Unterlagen als Belege zum Lohnkonto nachgewiesen wird.

Privatnutzung gegen den Willen des Arbeitgebers

Die unbefugte Privatnutzung des betrieblichen Pkw hat keinen Lohncharakter. Ein Vorteil, den sich der Arbeitnehmer gegen den Willen des Arbeitgebers selbst zuteilt, wird nicht „für" eine Beschäftigung gewährt und zählt damit nicht zum Arbeitslohn. Dies gilt selbst dann, wenn seitens der Firma das arbeitsrechtlich vereinbarte Nutzungsverbot nicht überwacht wird. Es gibt keinen Erfahrungsgrundsatz, nach dem sich Arbeitnehmer über ein arbeitsrechtliches Verbot hinwegsetzen bzw. dass solche Verbote nur zum Schein ausgesprochen werden.

Zum Schein ausgesprochenes Nutzungsverbot

Wird bei der Sachverhaltsaufklärung mit der erforderlichen Gewissheit festgestellt, dass das Privatnutzungsverbot nur zum Schein ausgesprochen wurde, ist für die Dienstwagenüberlassung ein lohnsteuerpflichtiger geldwerter Vorteil auf Basis der 1-%-Regelung anzusetzen.

Hiervon ist auszugehen, wenn sich z. B. im Rahmen einer ↗ Lohnsteuer-Außenprüfung aus den für den Dienstwagen geführten Kfz-Konten und dazu aufgezeichneten Belegen ergibt, dass der Dienstwagen regelmäßig für Privatfahrten eingesetzt wird, etwa am Wochenende oder im Urlaub. Nach der wirtschaftlichen Betrachtungsweise wird bei Scheinnutzungsverboten dem Arbeitnehmer entgegen der arbeitsvertraglichen Vereinbarung aufgrund einer konkludent getroffenen Nutzungsvereinbarung tatsächlich die private Nutzung des Dienstwagens erlaubt. Auch in diesem Fall wird bei Anwendung der neuen Rechtsprechung der „Sachbezug Dienstwagen" nach Maßgabe der 1-%-Methode bereits durch die Fahrzeugüberlassung an den Arbeitnehmer begründet.

Wichtig

Geldwerter Vorteil nur durch Nutzungsverbot vermeidbar

Die pauschale Nutzungswertmethode kann ausschließlich durch ein ernsthaftes Nutzungsverbot oder durch ein ordnungsgemäß geführtes Fahrtenbuch vermieden werden. Der Lohnsteuersenat hat damit den sog. Anscheinsbeweis endgültig aufgegeben.

Die ernsthafte Vereinbarung eines privaten Nutzungsverbots reicht aus, um auf die Versteuerung eines Nutzungsvorteils nach der 1-%-Regelung zu verzichten. Dies gilt für einen Dienstwagen, der konkret einem bestimmten Arbeitnehmer zugewiesen worden ist, genauso wie für Poolfahrzeuge.

Nutzungsverzicht statt Nutzungsverbot

Dem Nutzungsverbot gleichgestellt ist ein mit Wirkung für die Zukunft vom Arbeitnehmer schriftlich erklärter Verzicht auf die Privatnutzung des betrieblichen Fahrzeugs. Der Nutzungsverzicht kann auch die Fahrten zwischen Wohnung und erster Tätigkeitsstätte bzw. die Familienheimfahrten im Rahmen einer doppelten Haushaltsführung umfassen. In der Privatwirtschaft kommt dem Nutzungsverzicht nur in Ausnahmefällen praktische Bedeutung zu. Voraussetzung für die steuerliche Anerkennung ist, dass ein Nutzungsverbot des Arbeitgebers aus außersteuerlichen Gründen nicht zulässig ist. Hierunter fallen insbesondere die gesetzlich geregelte Dienstwagenüberlassung im öffentlichen Dienst, etwa in Ministerämtern, oder die tarifvertraglich geregelte Dienstwagenüberlassung, wenn der Arbeitnehmer das Fahrzeug nicht privat nutzen will. Die Verzichtserklärung muss schriftlich dokumentiert und als Beleg zum Lohnkonto aufbewahrt werden.

Sonderfall: Beherrschende Gesellschafter-Geschäftsführer

Ist die private Nutzung eines Dienstwagens durch den Gesellschafter-Geschäftsführer im Anstellungsvertrag mit der GmbH ausdrücklich gestattet, liegt laut Rechtsprechung des BFH Sachlohn vor. Der Ansatz einer verdeckten Gewinnausschüttung (vGA) in Höhe der Vorteilsgewährung kommt nicht in Betracht. Dies gilt auch für Alleingesellschafter-Geschäftsführer, denen die GmbH einen betrieblichen Pkw aufgrund dienstvertraglicher Vereinbarung überlassen hat.[1]

Die vorstehenden Ausführungen zu vertraglich vereinbarten Nutzungsverboten gelten uneingeschränkt auch für die lohnsteuerliche Behandlung der Dienstwagenüberlassung an einen (beherrschenden) Gesellschafter-Geschäftsführer einer GmbH. Ein privates Nutzungsverbot ist aus Sicht der Lohnsteuer auch für die Dienstwagenbesteuerung bei diesem Personenkreis zu beachten.[2] Wird dem (beherrschenden) Gesellschafter-Geschäftsführer (im Anstellungsvertrag) die Privatnutzung des Firmenfahrzeugs ausdrücklich verboten, ist der Ansatz eines als Arbeitslohn zu versteuernden geldwerten Vorteils nach der 1-%-Regelung nicht zulässig.

Verdeckte Gewinnausschüttung durch unbefugte Privatnutzung

Nutzt der Gesellschafter-Geschäftsführer den Dienstwagen unbefugt privat, liegt zwar kein Arbeitslohn, aber eine verdeckte Gewinnausschüttung (vGA) vor. Die Grundsätze der bundeseinheitlichen Verwaltungsanweisung zur Prüfung einer verdeckten Gewinnausschüttung bei der Dienstwagenüberlassung an Gesellschafter-Geschäftsführer gelten weiter.[3]

Weitergeltung des Anscheinsbeweises

Für die Frage einer vGA im Falle der Nutzung eines Dienstwagens ist nach wie vor der Anscheinsbeweis maßgebend.[4] Der BFH geht anders als der Lohnsteuersenat davon aus, dass der Beweis des ersten Anscheins dafür spricht, dass ein Gesellschafter-Geschäftsführer einen ihm überlassenen Dienstwagen ungeachtet eines privaten Nutzungsverbots auch privat nutzt. Insoweit wird eine von den vertraglichen Vereinbarungen abweichende tatsächliche Durchführung der Dienstwagenüberlassung unterstellt, die zu einer „vGA Dienstwagen" führt.

1 BFH, Beschluss v. 16.10.2020, VI B 13/20, BFH/NV 2021 S. 434.
2 BFH, Urteil v. 21.3.2013, VI R 46/11, BStBl 2013 II S. 1044; BFH, Urteil v. 8.8.2013, VI R 72/12, BStBl 2014 II S. 68.
3 BMF, Schreiben v. 3.4.2012, IV C 2 – S 2742/08/10001, BStBl 2012 I S. 478; FG Münster, Urteil v. 11.10.2019, 13 K 172/17 E.
4 BFH, Urteil v. 23.1.2008, I R 8/06, BStBl 2012 II S. 260; FG Münster, Urteil v. 11.10.2019, 13 K 172/17 E; FG Köln, Urteil v. 8.12.2022, 13 K 1001/19.

Widerlegbarkeit des Anscheinsbeweises

Dieser Anscheinsbeweis kann allerdings widerlegt werden. Voraussetzung ist, dass der Gesellschafter-Geschäftsführer ein ordnungsgemäßes Fahrtenbuch führt oder seitens der GmbH organisatorische Maßnahmen ergriffen werden, die eine Privatnutzung des Dienstwagens ausschließen. Beispiele hierfür sind:

- die Überwachung durch Dritte,
- das Abstellen des Dienstwagens auf dem Firmengelände oder
- die Verwahrung des Schlüssels durch Dritte.

Ebenso ausreichend ist es, wenn der Gesellschafter-Geschäftsführer nur beschränkten Zugriff auf den Dienstwagen hat (z. B. bei Poolfahrzeugen). Die Einhaltung des Nutzungsverbots ist durch entsprechende Unterlagen nachzuweisen.

Wichtig

Körperschaftsteuerrecht abweichend vom Lohnsteuerrecht

Während dem Lohnsteuer-Außenprüfer im Normalfall der Ansatz eines geldwerten Vorteils als Arbeitslohn verwehrt ist, wenn er die unbefugte Privatnutzung des Dienstwagens feststellt, bewirkt der im Körperschaftsteuerrecht weiter geltende Anscheinsbeweis eine vGA, sofern die Firma keine geeigneten Kontrollmaßnahmen zur Überwachung des schriftlichen Nutzungsverbots nachweisen kann.

Bei beherrschenden Gesellschafter-Geschäftsführern bleibt es demzufolge im Ergebnis bei der Steuerpflicht der Dienstwagenüberlassung in Fällen eines schriftlichen Nutzungsverbots für Privatfahrten. Die Lohnsteuer-Außenprüfung fertigt zu diesem Zweck Kontrollmitteilungen an die zuständige Körperschaftsteuerstelle, die den geldwerten Vorteil als vGA erfasst.

Nutzungsentgelte

Nutzungsentgelte, die der Arbeitnehmer für die Überlassung eines Dienstwagens an seinen Arbeitgeber zahlt, mindern den geldwerten Vorteil sowohl bei der 1-%-Regelung als auch bei der Fahrtenbuchmethode.[1] Übersteigt das Nutzungsentgelt den geldwerten Vorteil, führt dies weder zu negativem Arbeitslohn noch zu Werbungskosten beim Arbeitnehmer. Die Anrechnung von Nutzungsentgelten kann maximal dazu führen, dass sich der geldwerte Vorteil aus der Firmenwagenüberlassung auf 0 EUR vermindert. Dasselbe gilt mangels tatsächlicher Aufwendungen in Fällen des Gehaltsverzichts.[2] Zu den anrechenbaren Zahlungen des Arbeitnehmers zählen nicht nur pauschale Nutzungsentgelte, sondern auch individuelle Betriebskosten, insbesondere übernommene Treibstoffkosten sind als Nutzungsentgelt bei der 1-%-Methode und der Fahrtenbuchmethode vorteilsmindernd zu berücksichtigen.[3] Dabei kann die Anrechnung von Nutzungsentgelten maximal dazu führen, dass sich der geldwerte Vorteil aus der Dienstwagenüberlassung auf 0 EUR vermindert.

Anrechenbare Zuzahlungen des Arbeitnehmers

Ein Nutzungsentgelt, das den geldwerten Vorteil aus der Nutzung eines Dienstwagens zu Privatfahrten, Fahrten zwischen Wohnung und erster Tätigkeitsstätte sowie Zwischenheimfahrten im Rahmen einer doppelten Haushaltsführung mindert, ist ein arbeitsvertraglich oder dienstrechtlich vereinbarter

- nutzungsunabhängiger pauschaler Betrag, z. B. eine feste Monatspauschale oder eine zeitraumbezogene (Einmal-)Zahlung,
- kilometerabhängiger Pauschbetrag, z. B. eine Kilometerpauschale,
- Betrag in Form der vom Arbeitnehmer übernommenen Leasingraten bzw. Zuzahlung zu Leasingsonderkosten,
- Betriebskostenbetrag in Form der vom Arbeitnehmer vollständig oder teilweise übernommenen einzelnen (laufenden) Fahrzeugkosten des Dienstwagens.

1 BFH, Urteil v. 7.11.2006, VI R 95/04, BStBl 2007 II S. 269.
2 BFH, Urteil v. 18.2.2020, VI B 20/19, BFH/NV 2020 S. 761.
3 BFH, Urteil v. 30.11.2016, VI R 24/14, BFH/NV 2017 S. 448; BFH, Urteil v. 30.11.2016, VI R 2/15, BStBl 2017 II S. 1014, zur 1-%-Methode; BFH, Urteil v. 30.11.2016, VI R 49/14, BStBl 2017 II S. 101; BFH, Urteil v. 15.2.2017, VI R 50/15, BFH/NV 2017 S. 1155, zur Fahrtenbuchmethode.

Anrechenbare, vom Arbeitnehmer selbst getragene individuelle Kraftfahrzeugkosten sind sämtliche Fahrzeugaufwendungen, die bei der Fahrtenbuchmethode in die Gesamtkostenberechnung für die Ermittlung des für den geldwerten Vorteil maßgebenden Kilometersatzes einzubeziehen sind. Dies gilt auch für einzelne Kraftfahrzeugkosten, die zunächst vom Arbeitgeber verauslagt und dem Arbeitnehmer später weiterbelastet werden, oder wenn der Arbeitnehmer zunächst pauschale Abschlagszahlungen leistet, die später am Ende des Jahres anhand der tatsächlich entstandenen Kraftfahrzeugkosten abgerechnet werden.

Lohnbesteuerung

Sachbezug „Dienstwagenüberlassung"

Der ⇗ Sachbezug aus der Überlassung eines Dienstwagens rechnet zu den laufenden Bezügen, da er Monat für Monat anfällt. Die Besteuerung richtet sich also nach den für den laufenden Arbeitslohn geltenden Grundsätzen. Die ⇗ Lohnsteuer ist deshalb im Regelfall zusammen mit dem übrigen Arbeitslohn nach den ELStAM zu berechnen.

Lohnsteuerpauschalierung für Fahrten Wohnung – erste Tätigkeitsstätte

Für den geldwerten Vorteil der Dienstwagennutzung für ⇗ Fahrten zwischen Wohnung und erster Tätigkeitsstätte hat der Arbeitgeber ein Besteuerungswahlrecht: Er kann die Lohnsteuer für diese steuerpflichtigen Sachbezüge anstatt nach den Lohnsteuerabzugsmerkmalen auch mit einem festen Pauschsteuersatz von 15 % erheben. Hinzu kommen die in den einzelnen Bundesländern unterschiedlich hohe pauschale Kirchenlohnsteuer sowie der Solidaritätszuschlag, der sich bei der pauschalen Lohnsteuer unverändert mit 5,5 % berechnet.

Der Vorteil dieser Besteuerungsart liegt darin, dass hierbei keine Sozialversicherungsbeiträge anfallen.

Pauschalierungsfähiger Höchstbetrag

Die pauschale Dienstwagenbesteuerung für Fahrten zwischen Wohnung und erster Tätigkeitsstätte ist betragsmäßig begrenzt. Der Arbeitgeber darf die Lohnsteuer von diesen Bezügen nur insoweit mit einem festen Steuersatz erheben, als sie den Betrag nicht übersteigen, den der Arbeitnehmer als Werbungskosten geltend machen könnte.

15-Tage-Regel für Berechnung der Pauschalierung

Für die Berechnung des höchstmöglichen Pauschalierungsvolumens für die arbeitstäglichen Fahrten zur ersten Tätigkeitsstätte gilt eine Vereinfachungsregelung. Der Arbeitgeber kann im Lohnsteuerabzugsverfahren bei der Besteuerung mit der 0,03-%-Monatspauschale ohne weiteren Nachweis davon ausgehen, dass der Arbeitnehmer mit seinem Dienstwagen 15 Fahrten pro Monat zwischen Wohnung und erster Tätigkeitsstätte durchgeführt hat. Benutzt der Arbeitnehmer sein Fahrzeug aufgrund der arbeitsvertraglichen Festlegungen im Normalfall an weniger als 5 Arbeitstagen pro Woche, etwa bei Arbeitsteilzeit, Homeoffice oder mobilem Arbeiten, ist die Anzahl von 15 Arbeitstagen pro Monat seit 1.1.2022 verhältnismäßig zu kürzen.

Hinweis

Pauschalierungsfähige Obergrenze variiert mit Entfernungspauschale

Durch die Erhöhung der Entfernungspauschale kann sich eine höhere Pauschalierungsobergrenze ergeben. Die Obergrenze für die Lohnsteuerpauschalierung ist seit dem 1.1.2021 die Entfernungspauschale von 0,30 EUR bzw. 0,35 EUR ab dem 21. Entfernungskilometer (sog. Fernpendlerpauschale). Für Lohnzahlungszeiträume seit 1.1.2022 ist die Fernpendlerpauschale rückwirkend auf 0,38 EUR angehoben worden.[4]

Der pauschalierungsfähige Höchstbetrag berechnet sich seither wie folgt:

	15 Arbeitstage[5] × 0,30 EUR × bis zum 20 Entfernungs-km
+	15 Arbeitstage[6] × 0,38 EUR × ab dem 21. Entfernungs-km
=	pauschalierungsfähiger Höchstbetrag (Entfernungspauschale)

4 § 9 Abs. 1 Nr. 4 EStG.
5 Nach der 15-Tage-Regel.
6 Nach der 15-Tage-Regel.

Kein Werbungskostenabzug für pauschalierte Entgeltbestandteile

Entscheidet sich der Arbeitgeber für die Pauschalbesteuerung, scheidet ein Werbungskostenabzug beim Arbeitnehmer aus. Der pauschal versteuerte geldwerte Vorteil mindert den Abzugsbetrag, den der Arbeitnehmer in seiner Einkommensteuererklärung als Werbungskosten geltend machen kann.

Der Arbeitgeber muss pauschal besteuerte Leistungen im Zusammenhang mit Fahrten zwischen Wohnung und erster Tätigkeitsstätte auf der ⇗ Lohnsteuerbescheinigung gesondert bescheinigen.

Umsatzbesteuerung des geldwerten Vorteils

Die umsatzsteuerliche Behandlung der Dienstwagenüberlassung bestimmt sich danach, ob es sich um eine entgeltliche oder eine unentgeltliche Leistung handelt.[1] Wird die private Nutzung arbeitsvertraglich festgelegt, ist umsatzsteuerlich von einer entgeltlichen Dienstwagenüberlassung auszugehen. Die private Nutzung stellt eine umsatzsteuerpflichtige sonstige Leistung dar.[2] Die Gegenleistung des Arbeitnehmers liegt in der anteiligen Arbeitsleistung begründet. Der BFH hat diese Rechtsauslegung für den in der Praxis üblichen Sachverhalt bestätigt, dass die Fahrzeugüberlassung zur Privatnutzung arbeitsvertraglich vereinbart wird.[3] Er erteilt der vorangegangenen Entscheidung des EuGH eine klare Absage, die einen tauschähnlichen Umsatz ausgeschlossen hat, wenn nur die Arbeitsleistung des Arbeitnehmers als Entgelt infrage kommt.[4]

Vereinfachungsregelung für die Umsatzsteuerbesteuerung

Die Umsatzsteuer berechnet sich bei diesen Umsätzen nach dem Wert der nicht durch den Barlohn abgegoltenen Arbeitsleistung. Um diese gesetzlich erforderliche, aber aufwendige Ermittlung der umsatzsteuerlichen Bemessungsgrundlage zu vermeiden, gilt eine Vereinfachungsregelung. Es wird nicht beanstandet, wenn auch für die Umsatzsteuer die lohnsteuerlichen Berechnungsmethoden zugrunde gelegt werden. Bemessungsgrundlage ist der für Zwecke der Lohnsteuer ermittelte geldwerte Vorteil – abzüglich der Umsatzsteuer, da diese in den lohnsteuerlichen Bruttowerten bereits enthalten ist.[5] Allerdings darf anders als bei der Lohnsteuer eine Kürzung der umsatzsteuerlichen Bemessungsgrundlage um etwaige Zuzahlungen (Nutzungsentgelte oder Zuschüsse zum Kaufpreis) des Arbeitnehmers nicht vorgenommen werden.

Hinweis

Keine Kürzung des Bruttolistenpreises bei (Hybrid-)Elektro-Dienstwagen für Umsatzsteuerzwecke

Bemessungsgrundlage für die Umsatzsteuer sind aus Vereinfachungsgründen die lohnsteuerlichen Werte, bei Anwendung der 1-%-Methode der lohnsteuerpflichtige geldwerte Vorteil, der sich aufgrund des jeweils maßgebenden Bruttolistenpreises unter Berücksichtigung des 0,03-%-Zuschlags für die Fahrten zwischen Wohnung und erster Tätigkeitsstätte ergibt.[6] Da es sich hierbei um einen Bruttowert handelt, ist die Umsatzsteuer mit 19/119[7] herauszurechnen. Die pauschalen Abschläge nach Kilowattstunden (kWh) sowie die prozentualen Kürzungen um 50 % bzw. 25 %, die bei der Lohnsteuer vom Bruttolistenpreis von (Hybrid-)Elektrofahrzeugen für die Dienstwagenbesteuerung in den Jahren 2013–2030 vorzunehmen sind, finden bei der Umsatzsteuer keine Anwendung. Für die Berechnung der Umsatzsteuer darf der Bruttolistenpreis nicht gemindert werden.

Die Umsatzsteuer berechnet sich mit 1 % des ungekürzten Bruttolistenpreises zuzüglich der 0,03-%-Pauschale für Fahrten zwischen Wohnung und erster Tätigkeitsstätte durch Anwendung des Umrechnungsfaktors 19/119.[8]

Eine Angleichung der umsatzsteuerlichen Bemessungsgrundlage an die lohnsteuerlichen Werte für E-Dienstwagen lehnt die Finanzverwaltung ab.

Für Erstzulassungen im Zeitraum zwischen 1.7.-31.12.2020, in dem sich der Umsatzsteuersatz vorübergehend von 19 % auf 16 % verringert hat, ergibt sich auch heute noch ein um 3 % niedrigerer Bruttolistenpreis und damit ein entsprechend geringerer geldwerter Vorteil für die Dienstwagenbesteuerung.

Sozialversicherung

Geldwerter Vorteil des privat genutzten Dienstfahrzeugs

Überlässt der Arbeitgeber dem Arbeitnehmer ein Kraftfahrzeug (Kfz) unentgeltlich zur privaten Nutzung, so ist der darin liegende ⇗ Sachbezug als ⇗ geldwerter Vorteil beitragspflichtig.[9] Die Regelungen der Sozialversicherungsentgeltverordnung verweisen ausdrücklich auf die Vorschriften des Steuerrechts. Somit wird der geldwerte Vorteil für die Sozialversicherung nach den gleichen Grundlagen (Listenpreismethode oder Aufzeichnungsmethode) ermittelt wie im Steuerrecht.

Beitragsfreiheit bei pauschaler Besteuerung

Die Möglichkeit der Pauschalbesteuerung in Höhe von 15 % für ⇗ Fahrtkostenzuschüsse bzw. für geldwerte Vorteile aus der Überlassung eines Firmenfahrzeugs[10] führt dazu, dass diese Entgeltbestandteile nicht dem beitragspflichtigen Arbeitsentgelt hinzuzurechnen sind.[11] Sie sind jedoch dann beitragspflichtig, wenn der Arbeitgeber vom Regelbesteuerungsverfahren Gebrauch macht.

Beispiel

Ermittlung des beitragspflichtigen Anteils bei pauschaler Versteuerung

Ein Arbeitnehmer erhält zur Nutzung für Fahrten zwischen Wohnung und Arbeitsstätte ein Firmenfahrzeug, dessen Listenpreis inklusive Sonderausstattung und Umsatzsteuer 28.000 EUR beträgt. Die einfache Entfernung beträgt 25 km. Es werden nachweislich 15 Fahrten im Monat zwischen Wohnung und Arbeitsstätte durchgeführt.

Nutzungswert für Fahrten zwischen Wohnung und Arbeitsstätte

Geldwerter Vorteil für die Privatnutzung (1 % von 28.000 EUR) =	280,00 EUR
Monatlicher geldwerter Vorteil nach § 8 Abs. 2 Satz 3 EStG (0,03 % von 28.000 EUR) × 25 km =	210,00 EUR
Möglicher pauschalbesteuerungsfähiger Abzugsbetrag nach § 9 Abs. 2 EStG bei 15 Fahrten im Monat und damit zu pauschalierender geldwerter Vorteil nach § 40 Abs. 2 Satz 2 EStG; wobei für die ersten 20 km die „reguläre“ und für die darüber hinausgehenden km die erhöhte Entfernungspauschale gem. § 9 Abs. 1 und 2 EStG zur Anwendung gelangt (0,30 EUR × 20 km × 15 + 0,38 EUR × 5 km × 15)	118,50 EUR

Vom geldwerten Vorteil in Höhe von 210 EUR für die Fahrten zwischen Wohnung und Arbeitsstätte können 118,50 EUR pauschal versteuert werden; dieser Betrag ist damit auch beitragsfrei zur Sozialversicherung. Der Restbetrag von (210 EUR – 118,50 EUR =) 91,50 EUR ist individuell nach den ELStAM zu versteuern und damit auch beitragspflichtig zur Sozialversicherung.

1 BMF, Schreiben v. 29.5.2000, IV D 1 – S 7303b – 4/00, BStBl 2000 I S. 819; BFH, Urteil v. 5.6.2014, XI R 2/12, BStBl 2015 II S. 785.
2 § 3 Abs. 12 Satz 2 UStG.
3 BFH, Urteil v. 30.6.2022, V R 25/21, BFH/NV 2022 S. 1258.
4 EuGH, Urteil v. 20.1.2021, C-288/19, BFH/NV 2021 S. 527.
5 Abschn. 15.23 Abs. 11 Nr. 1 UStAE.
6 Abschn. 10.5 Abs. 1 i. V. m. Abschn. 15.23 Abs. 8, 10, 11 UStAE und Abschn. 18 Abs. 8 UStAE.
7 Bzw. für den Zeitraum 1.7.-31.12.2020 mit 16/116 nach § 28 Abs. 1 UStG i. d. F. des Zweiten Corona-Steuerhilfegesetzes v. 29.6.2020, BStBl 2020 I S. 563.
8 Bzw. 16/116 für den Zeitraum 1.7.–31.12.2020.

9 § 3 Abs. 1 Satz 3 SvEV.
10 § 40 Abs. 2 Satz 2 Nr. 1 EStG.
11 § 1 Abs. 1 Satz 1 Nr. 3 SvEV.

Beitragspflicht der Dienstwagennutzung während des Bezugs von Sozialleistungen

Steht der Dienstwagen dem Mitarbeiter auch während des Bezugs von Sozialleistungen zur Verfügung, stellt dies eine arbeitgeberseitige Leistung dar, die grundsätzlich beitragspflichtig zur Sozialversicherung ist.[1] Dies gilt allerdings nicht, wenn die arbeitgeberseitige Leistung zusammen mit der Sozialleistung das vorher erzielte Netto-Arbeitsentgelt um nicht mehr als 50 EUR übersteigt. Das hat zur Folge, dass eine Dienstwagennutzung, die zusätzlich zur Sozialleistung gewährt wird, bis zum maßgeblichen Netto-Arbeitsentgelt keine Beitragspflicht auslöst.

Nutzungsentgelt und Entgeltumwandlung

Einige Arbeitgeber bieten insbesondere ihren außertariflichen Mitarbeitern die Möglichkeit an, einen (geleasten) Pkw zur dienstlichen und privaten Nutzung aus dem Arbeitsentgelt zu unterhalten (Entgeltumwandlung). Nachdem der Arbeitnehmer den Pkw ausgewählt hat, schließt der Arbeitgeber mit einer Leasinggesellschaft einen Leasingvertrag (Finanz-Leasingrate einschließlich Full-Service) ab. Anschließend trifft der Arbeitgeber mit dem Arbeitnehmer eine Vereinbarung über eine Umwandlung des Arbeitsentgelts und über die Regelungen bezüglich der Fahrzeugnutzung. Dabei setzt sich der umzuwandelnde Betrag aus der Full-Service-Leasingrate und der Rate für sonstige laufende Kosten (Benzin, Versicherungen, Steuer usw.) zusammen; die Addition beider Werte ergibt den Gesamtumwandlungsbetrag. Gleichzeitig wird der vom Arbeitnehmer zu versteuernde geldwerte Vorteil für die private Nutzung des Pkw durch Anwendung der 1-%-Regelung und für Fahrten zwischen Wohnung und Arbeitsstätte ermittelt.

Zulässige und wirksame Entgeltumwandlung zur Überlassung von Kraftfahrzeugen

Die Rechtsprechung hat entschieden, dass eine arbeitsrechtlich zulässige und wirksame Entgeltumwandlung zur Überlassung von Kraftfahrzeugen nicht tarifgebundener Arbeitnehmer beitragsrechtlich zu beachten ist.[2] Für die Wirksamkeit einer Entgeltvereinbarung bestehen dabei keine besonderen Formerfordernisse. Die Wirksamkeit der Entgeltumwandlung ist alleine danach zu beurteilen, ob sie arbeitsrechtlich zulässig und wirksam ist, ohne dass im Beitragsrecht der Sozialversicherung besondere zusätzliche Erfordernisse aufgestellt werden dürfen. Somit ist eine arbeitsrechtlich zulässige und wirksame Entgeltumwandlung zur Überlassung von Kraftfahrzeugen sowie der Verzicht auf Arbeitsentgelt im Allgemeinen nicht tarifgebundener Arbeitnehmer beitragsrechtlich zu berücksichtigen. Dies bedeutet, dass sich in diesen Fällen auch das beitragspflichtige Arbeitsentgelt entsprechend mindert.

Beispiel

Ermittlung der Beitragspflicht bei Entgeltumwandlung zugunsten der Pkw-Überlassung

Bruttoarbeitsentgelt: 5.000 EUR, Nutzungsentgelt: 682,82 EUR, geldwerter Vorteil: 450 EUR.

Das Nutzungsentgelt übersteigt den geldwerten Vorteil.

Eine Minderung des Bruttoarbeitsentgelts um den überschießenden Betrag des Nutzungsentgelts – hier in Höhe von (682,82 EUR – 450 EUR =) 232,82 EUR – ist vorzunehmen, sofern die Verminderung des „Barlohns" wirksam und zulässig vereinbart wurde. Das beitragspflichtige Bruttoarbeitsentgelt verringert sich somit auf 4.767,18 EUR. Lediglich in den Sachverhalten, in denen die Entgeltumwandlung zugunsten der Pkw-Überlassung nicht zulässig ist, weil die Tarifbindungen dies nicht vorsehen, würde es im vorstehenden Sachverhalt bei einem beitragspflichtigen Arbeitsentgelt von 5.000 EUR verbleiben.

1 § 23c Abs. 1 SGB IV.
2 BSG, Urteil v. 2.3.2010, B 12 R 5/09 R.

Dienstwagen, 1-%-Regelung

Bekommt ein Arbeitnehmer vom Arbeitgeber ein betriebliches Kraftfahrzeug zur Verfügung gestellt, spricht man von einem Dienst- oder Firmenwagen. Ein Dienstwagen darf häufig nicht nur dienstlich genutzt werden, sondern auch für private Fahrten. Die unentgeltliche Nutzung eines Dienstwagens zu privaten Zwecken führt beim Arbeitnehmer zu einem geldwerten Vorteil und damit zu steuer- und beitragspflichtigem Arbeitsentgelt.

Lohnsteuerlich kann die Privatnutzung nach der 1-%-Regelung oder nach der Fahrtenbuchmethode bewertet werden. In der Praxis wird häufig die 1-%-Regelung bevorzugt, weil dieses Berechnungsverfahren einfacher ist.

Gesetze, Vorschriften und Rechtsprechung

Lohnsteuer: Die 1-%-Regelung ist in § 8 Abs. 2 Sätze 2, 3 EStG i. V. m. § 6 Abs. 1 Nr. 4 Satz 2 EStG geregelt, die Fahrtenbuchmethode in § 8 Abs. 2 Satz 4 EStG. Die Finanzverwaltung hat in R 8.1 Abs. 9, 10 LStR zur Überlassung von Dienstwagen an Arbeitnehmer ausführlich Stellung genommen. Die mögliche tageweise Berechnung des geldwerten Vorteils für Fahrten zwischen Wohnung und erster Tätigkeitsstätte (0,002-%-Regelung) sowie die Anrechnung von Nutzungsentgelten ergibt sich aus dem BMF, Schreiben v. 3.3.2022, IV C 5 – S 2334/21/10004 :001, BStBl 2022 I S. 232. Zur Überlassung von Elektro- und Hybridelektrofahrzeugen als Dienstwagen s. BMF-Schreiben v. 5.11.2021, IV C 6 – S 2177/19/10004 :008/IV C 5 – S 2334/19/10009 :003, BStBl 2021 I S. 2205; zur steuerfreien Überlassung von Ladestrom oder Ladestationen s. BMF-Schreiben v. 29.9.2020, IV C 5 – S 2334/19/10009 :004, BStBl 2020 I S. 972.

Sozialversicherung: § 14 Abs. 1 Satz 1 SGB IV definiert das beitragspflichtige Arbeitsentgelt aus einer Beschäftigung. In § 1 Abs. 1 Satz 1 SvEV ist geregelt, unter welchen Bedingungen bestimmte Entgeltbestandteile kein sozialversicherungspflichtiges Arbeitsentgelt darstellen. Die Überlassung eines Dienstwagens stellt einen sonstigen Sachbezug dar, der nach § 3 SvEV zu beurteilen ist.

Entgelt	LSt	SV
Überlassung für Privatfahrten	pflichtig	pflichtig
Überlassung für Fahrten Whg. – erste Tätigkeitsstätte	pflichtig	pflichtig
Pauschalierung für Fahrten Whg. – erste Tätigkeitsstätte mit 15 %	pauschal	frei

Lohnsteuer

Nutzungswert nach der 1-%-Regelung

Definition des Bruttolistenpreises

Die private Nutzung des Dienstwagens ist monatlich mit 1 % des inländischen Bruttolistenpreises im Zeitpunkt der Erstzulassung anzusetzen. Abzustellen ist auf die an diesem Stichtag maßgebende Preisempfehlung des Herstellers, die für den Endverkauf des tatsächlich genutzten Fahrzeugmodells auf dem inländischen Neuwagenmarkt gilt.[3] Betriebliche Besonderheiten auf der Käuferseite bleiben unberücksichtigt. Es kommt nur ein Bruttolistenpreis infrage, zu dem das Fahrzeug als Privatkunde erworben werden könnte. Dies gilt auch für ein privat genutztes Taxi, für das betriebliche Sonderkonditionen bestehen.[4]

Diese Berechnungsgrundlage gilt sowohl für Neu-, Gebraucht- und Leasingfahrzeuge als auch für reimportierte Fahrzeuge.[5]

3 BFH, Urteil v. 9.11.2017, III R 20/16, BStBl 2018 II S. 278.
4 BFH, Urteil v. 8.11.2018, III R 13/16, BStBl 2019 II S. 229.
5 R 8.1 Abs. 9 Nr. 1 Satz 6 LStR.

Bruttolistenpreis bei reimportiertem Dienstwagen

Existiert für das importierte Firmenfahrzeug kein inländischer Bruttolistenpreis, ist die Bemessungsgrundlage für die 1-%-Regelung zu schätzen. Der Bruttolistenpreis geht von einem empfohlenen Händlerabgabepreis aus, der die Verkaufsmarge umfasst. Als inländischer Bruttolistenpreis ist deshalb der typische Bruttoverkaufspreis anzusetzen, den Importfahrzeughändler von ihren Endkunden verlangen. Als Schätzungsgrundlage können die inländischen Endverkaufspreise der freien Importeure dienen.[1] Die tatsächlichen Anschaffungskosten spielen keine Rolle.

Die 1 % des Bruttolistenpreises sind auch dann anzusetzen, wenn dem Arbeitnehmer für Privatfahrten ein eigener Wagen zur Verfügung steht. Ebenso führt die Beschriftung des Dienstwagens, etwa mit dem Firmenlogo, zu keiner Minderung des lohnsteuerpflichtigen Arbeitslohns für die Privatnutzung.

Bruttolistenpreis auch bei Leasingfahrzeugen

Die 1-%-Regelung mit dem Ansatz des Bruttolistenpreises als Bemessungsgrundlage für die Vorteilsgewährung gilt auch für Fahrzeuge, die nicht im Eigentum der Firma stehen, sondern vom Arbeitgeber geleast werden.[2] Entscheidend ist, dass der Arbeitgeber die Kfz-Kosten inkl. der Leasingraten wirtschaftlich trägt und im Innenverhältnis allein über die Nutzung des Firmenfahrzeugs bestimmt. Für den umgekehrten Sachverhalt, dass Nutzen und Lasten des Leasingvertrags in vollem Umfang auf den Arbeitnehmer übergehen, sodass der Arbeitnehmer im wirtschaftlichen Ergebnis zum Leasingnehmer wird, ist der Dienstwagen dem Arbeitnehmer zuzurechnen.

Der BFH hat für die Fälle des Behördenleasings entschieden, dass keine Dienstwagenüberlassung vorliegt. Bei diesen Verträgen übernimmt der Arbeitnehmer im Innenverhältnis gegenüber seinem Arbeitgeber die wesentlichen Rechte und Pflichten des Leasingnehmers.[3]

Nicht zum Bruttolistenpreis zählen

- die Kfz-Zulassungsgebühren,
- die Überführungskosten für das Fahrzeug und
- der Wert des Autotelefons.

Sonderausstattung ist zusätzlich zu berücksichtigen

Hingegen erhöhen Aufwendungen für Sonderausstattungen die Ausgangsgröße. Für etwaige Sonderausstattungen, die sich im inländischen Bruttolistenpreis nicht niederschlagen, ist eine Zuschätzung vorzunehmen. Die folgende Übersicht gibt einen Überblick, welche Zusatzausstattungen beim Dienstwagen den maßgebenden Bruttolistenpreis bei der 1-%-Regelung erhöhen.

Sonderausstattung	Einzubeziehen
Anhängerkupplung	ja
Autoradio	ja
Autotelefon	nein
Diebstahlsicherung	ja
Freisprecheinrichtung	nein
Klimaanlage	ja
Navigationsgerät	ja
Standheizung	ja
Zusätzlicher Satz Reifen inkl. Felgen	nein

Entsprechendes gilt, wenn für die Dienstwagenbesteuerung der Einzelnachweis der Kosten nach der ↗ Fahrtenbuchmethode gewählt wird.

Bruttolistenpreis umfasst nur werkseitige Fahrzeugbestandteile

Gegenstände der Sonderausstattung sind beim Bruttolistenpreis als Bemessungsgrundlage für die Berechnung des geldwerten Vorteils nur dann zu berücksichtigen, wenn diese bereits bei der Erstzulassung des Dienstwagens eingebaut sind. Nur solche Fahrzeugbestandteile, mit denen der Dienstwagen bereits werkseitig ausgestattet ist, fallen unter den Begriff Sonderausstattung und erhöhen den geldwerten Vorteil aus der Privatnutzung des Fahrzeugs.

Nachträgliche Einbauten nicht zu berücksichtigen

Bei nachträglichem Einbau dürfen die Kosten nicht in die Bemessungsgrundlage einbezogen werden.[4] So erhöht beispielsweise der nachträgliche Einbau einer Anhängerkupplung oder Flüssiggasanlage nicht den Bruttolistenpreis als Bemessungsgrundlage für die 1-%-Regelung.

Ausstattungsmerkmale, deren Nutzung von einer (kostenpflichtigen) Freischaltung abhängt – sog. Functions on Demand –, sind teilweise bereits werkseitig im Fahrzeug berücksichtigt. Ihre Nutzbarkeit ist allerdings erst durch eine zusätzliche Aktivierung gegen Entgelt möglich, die auch nachträglich nach dem Zeitpunkt der Erstzulassung erfolgen kann. Nach derzeitiger Besteuerungspraxis der Finanzämter sind nur die im Zeitpunkt der Erstzulassung bereits installierten und freigeschalteten Ausstattungsmerkmale in den Bruttolistenpreis einzubeziehen. Umgekehrt führt eine ebenfalls mögliche nachträgliche Abschaltung dieser Sonderausstattungsmerkmale zu keiner Minderung des Bruttolistenpreises. Bei nachteiligen Entscheidungen bleibt aktuell nur die Möglichkeit des Rechtsbehelfsverfahren.

Hinweis

Ansatz des Bruttolistenpreises mit 16 % Mehrwertsteuer

Der Regelsteuersatz bei der Umsatzsteuer wurde für Anschaffungen im Zeitraum 1.7.-31.12.2020 von 19 % auf 16 % abgesenkt.[5] Dadurch ergeben sich auch vorteilhafte Auswirkungen für die Dienstwagenbesteuerung über das Jahr 2020 hinaus: Der Bruttolistenpreis im Zeitpunkt der Erstzulassung als Bemessungsgrundlage bei der 1-%-Methode fällt um 3 % geringer aus. Für Erstzulassungen von 1.7.-31.12.2020 bewirkt der verminderte Bruttolistenpreis einen um 3 % niedrigeren geldwerten Vorteil für die Privatfahrten und Fahrten zwischen Wohnung und erster Tätigkeitsstätte mit dem Dienstwagen. Da der Ansatz des Neupreises bei Anwendung der 1-%-Methode auch für Gebrauchtfahrzeuge gilt, bleibt der 3-%-Nachlass für die Gesamtnutzung des betrieblichen Kraftfahrzeugs als Dienstwagen auch bei einem Käuferwechsel erhalten.

Sonderregelung für Elektrofahrzeuge und Hybridelektrofahrzeuge

Kürzung des Bruttolistenpreises

Für Dienstfahrzeuge mit Elektro- oder Hybridelektroantrieb sowie für Brennstoffzellenfahrzeuge gibt es gesetzliche Steuererleichterungen, um diese umweltfreundlichen Motoren zu fördern. Bei der 1-%-Regelung wird der Bruttolistenpreis gemindert, wodurch ein geringerer geldwerter Vorteil aus der Überlassung eines E-Dienstwagens zu versteuern ist.

Hinweis

Keine Kürzung um Kaufprämie

Diese Regelungen sind unabhängig von der sog. Kaufprämie, oder auch Umweltbonus genannt, die es beim Erwerb von E-Fahrzeugen als Neuwagen gibt. Die Kaufprämie begleitet diese steuerlichen Regelungen zusätzlich als umweltfördernde Maßnahme. Der geldwerte Vorteil des Arbeitnehmers aus der Überlassung eines E-Autos wird aber nicht von einer etwaigen Kaufprämie beeinflusst, d. h. der Bruttolistenpreis als Bemessungsgrundlage für die Bewertung des geldwerten Vorteils wird nicht um den Umweltbonus gemindert.

Elektrofahrzeuge und Hybridelektrofahrzeuge sind daran erkennbar, dass das amtliche Fahrzeugkennzeichen mit dem Großbuchstaben E endet. Ansonsten ergibt sich der Nachweis dieser Fahrzeuge aus der Codierung in Teil 1, Feld 10 der Kfz-Zulassungsbescheinigung (Code 004 und 0015 für Elektrofahrzeuge inkl. Brennstoffzellenfahrzeuge und Code 0016-0019 und 0025-0031 für Hybridelektrofahrzeuge).

1 BFH, Urteil v. 9.11.2017, III R 20/16, BStBl 2018 II S. 278.
2 BFH, Urteil v. 6.11.2001, VI R 62/96, BStBl 2002 II S. 370.
3 BFH, Urteil v. 18.12.2014, VI R 75/13, BStBl 2015 II S. 670.
4 BFH, Urteil v. 13.10.2010, VI R 12/09, BStBl 2011 II S. 361.
5 § 28 Abs. 1 UStG i. d. F. des Zweiten Corona-Steuerhilfegesetzes v. 29.6.2020, BStBl 2020 I S. 563.

Überblick: Pauschale und prozentuale Abschläge für E-Dienstwagen

Bei der Dienstwagenbesteuerung in den Jahren 2013 bis 2030 sind unterschiedliche Abschläge und Kürzungen für Elektro- und Hybridelektrofahrzeuge je nach Anschaffungsjahr zu beachten. Diese sind aufgrund ihrer inhaltlichen Unterschiede und ihrer vielseitigen (ökologischen) Anforderungen in der Lohnabrechnungspraxis nur noch mit viel Aufwand zu durchschauen.

Diese Übersicht kann hierbei eine Hilfestellung geben. In den folgenden Abschnitten wird danach im Detail auf die entsprechenden Regelungen eingegangen.

Jahr der Anschaffung	Kürzung des Bruttolisten-preises (BLP)	Höchstbetrag der Kürzung	Reine E-Fahrzeuge mit Anschaffung zwischen 2019 und 2030
2013 und früher	500 EUR pro kWh	10.000 EUR	
2014	450 EUR pro kWh	9.500 EUR	
2015	400 EUR pro kWh	9.000 EUR	
2016	350 EUR pro kWh	8.500 EUR	
2017	300 EUR pro kWh	8.000 EUR	
2018	250 EUR pro kWh	7.500 EUR	
2019	50 % des BLP / 200 EUR pro kWh	kein Höchst-betrag / 7.000 EUR	
2020	50 % des BLP / 150 EUR pro kWh	kein Höchst-betrag / 6.500 EUR	25 % des BLP bei BLP bis 60.000 EUR
2021	50 % des BLP / 100 EUR pro kWh	kein Höchst-betrag / 6.000 EUR	25 % des BLP bei BLP bis 60.000 EUR
2022	50 % des BLP / 50 EUR pro kWh	kein Höchst-betrag / 5.500 EUR	25 % des BLP bei BLP bis 60.000 EUR
2023 bis 2030	50 % des BLP	–[1]	25 % des BLP bei BLP bis 60.000 EUR[2]

E-Dienstwagen: Welches Jahr ist maßgebend?

Der jeweilige pauschale Abschlag nach kWh sowie der Höchstbetrag bestimmen sich immer nach dem Jahr der Anschaffung bzw. bei Gebrauchtwagen nach dem Jahr der Erstzulassung des Dienstwagens. Für den 50-%-Ansatz bzw. 25-%-Ansatz ist dagegen unabhängig davon, ob als Dienstwagen ein Neu- oder Gebrauchtwagen überlassen wird, immer auf das Jahr der Anschaffung abzustellen. Die sich ergebende Kürzung umfasst den gesamten Zeitraum der Überlassung des Firmenwagens an den Arbeitnehmer.

Maßgebender Bruttolistenpreis

Für die Anwendung des 50-%-Ansatzes bzw. 25-%-Ansatzes ist nicht Voraussetzung, dass der Arbeitgeber das Fahrzeug in dem begünstigten Zeitraum als Neufahrzeug erwirbt. Der Ansatz des Bruttolistenpreises mit 50 % bzw. 25 % gilt gleichermaßen für gebrauchte Elektro- und Hybridelektrofahrzeuge, die in diesem Zeitraum als Dienstwagen angeschafft werden.

Für die Berechnung des jeweiligen Kürzungsbetrags ist sowohl für den Ansatz von 50 % und 25 % als auch bei den pauschalen Abschlägen in Abhängigkeit der Batteriekapazität (kWh) stets der Bruttolistenpreis im Zeitpunkt der Erstzulassung maßgebend.

1 Entfällt für Anschaffungen ab 2023.
2 § 6 Abs. 1 Nr. 4 Sätze 2–3 EStG. Das Gesetzgebungsverfahren, das eine Anhebung der Bruttolistenpreisgrenze vorsieht, ist noch nicht abgeschlossen. Ggf. wird eine Änderung im Laufe des Jahres 2024 folgen.

Hybridfahrzeuge: Pauschaler Abschlag nach kWh für 2019–2022

Die pauschalen Abschläge von 200 EUR bis 50 EUR sowie die Höchstgrenzen von 7.000 bis 5.500 EUR im Zeitraum 2019–2022 sind im Wesentlichen für Hybridelektrofahrzeuge von Bedeutung, welche die Voraussetzungen des § 3 Abs. 2 Nr. 1 und 2 des Elektromobilitätsgesetzes nicht erfüllen, z. B. weil sie keine elektrische Mindestfahrleistung von 40 Kilometern bzw. ab 2022 von 60 Kilometern erreichen.

Anwendungszeitraum

Sowohl die pauschale, Batterien abhängige Kürzung als auch die prozentuale Kürzung des Bruttolistenpreises für Elektro- und Hybridelektrofahrzeuge umfasst den gesamten Zeitraum, in dem das begünstigte Elektro- bzw. Hybridelektrodienstfahrzeug dem Arbeitnehmer überlassen worden ist und nicht nur den jeweils begünstigten Anschaffungszeitraum, in dem das betriebliche Kraftfahrzeug neu oder gebraucht gekauft worden ist.

Pauschale Kürzung pro kWh

Für bestimmte E-Dienstwagen wird der Bruttolistenpreis als Bemessungsgrundlage für die 1-%-Regelung um die Aufwendungen gekürzt, die auf das Batteriesystem entfallen. Dabei wird vom Bruttolistenpreis ein Abschlag abhängig von der Batteriekapazität (kWh) vorgenommen. Die Kürzung ist auf einen Höchstbetrag begrenzt. Der jeweilige pauschale Abschlag sowie die Obergrenze bestimmen sich nach dem Jahr der Anschaffung bzw. bei Gebrauchtfahrzeugen nach dem Jahr der Erstzulassung des Dienstwagens.

Die Kürzung nach der Akkukapazität ist zeitlich beschränkt auf den Erwerb von (Hybrid-)Elektrofahrzeugen, die bis 2022 angeschafft bzw. geleast wurden. Sie ist zum 31.12.2022 ausgelaufen. Der jeweilige kWh-Wert (= „Umfang" der Akkukapazität) kann dem Teil 1, Feld 22 der Zulassungsbescheinigung entnommen werden. Weitere Einzelheiten zur Dienstwagenbesteuerung bei Elektro- und Hybridelektrofahrzeugen regelt ein umfassendes BMF-Anwendungsschreiben.

50-%-Ansatz des Bruttolistenpreises

Die Kürzung um die Kosten für das Batterien- und Speichersystem ist für die Jahre 2019 bis 2021 ausgesetzt. Stattdessen wird der Bruttolistenpreis für Anschaffungen ab 2019 halbiert.[3] Im Ergebnis führt dies zu einer Absenkung des Prozentsatzes von 1 % auf 0,5 %. Die Steuererleichterung wird für Elektro- und Hybridelektrofahrzeuge angewendet, die im Zeitraum vom 1.1.2019 bis 31.12.2030[4] angeschafft oder geleast werden. Begünstigt sind zudem Fahrzeuge, die zwar vor 2019 angeschafft, aber erstmals in 2019 als E-Firmenwagen überlassen werden.

Beispiel

„0,5-%-Regelung" für Elektro-Dienstwagen

Der Arbeitnehmer erhält seit 2024 einen Elektro-Dienstwagen, der ihm zur privaten Nutzung zur Verfügung steht. Der Bruttolistenpreis bei Erstzulassung beträgt 80.098 EUR. Der geldwerte Vorteil wird nach der 1-%-Regelung ermittelt. Die Entfernung zwischen Wohnung und erster Tätigkeitsstätte beträgt 20 km.

Ergebnis:

Bruttolistenpreis	80.098 EUR
Bemessungsgrundlage: 50 % des Bruttolistenpreises	40.049 EUR
Abgerundet auf volle 100 EUR	40.000 EUR
Geldwerter Vorteil Privatnutzung: 1 % × 30.000 EUR	400 EUR
Geldwerter Vorteil Fahrten Whg. – 1. Tätigkeitsstätte: 0,03 % × 40.000 EUR x 20 km	5.240 EUR
Geldwerter Vorteil 2024 pro Monat	640 EUR

3 § 6 Abs. 1 Nr. 4 Satz 1 EStG.
4 Verlängerung von 2021 bis 2030 mit § 6 Abs. 1 Nr. 4 i. V. m. § 8 Abs. 2 EStG.

Bei einem Bruttolistenpreis von nicht mehr als 60.000 EUR im Zeitpunkt der Erstzulassung wäre anstelle der Halbierung eine Kürzung der Bemessungsgrundlage für den Elektro-Dienstwagen um 75 % getreten.

Anforderungen an Hybridelektrofahrzeuge

Die Halbierung des Bruttolistenpreises erfolgt für Elektrofahrzeuge und stufenweise für Hybridelektrofahrzeuge (sog. Plug-in-Hybride) in Abhängigkeit vom CO2-Ausstoß bzw. von der Reichweite des Elektromotors.[1] Die Kürzung des Bruttolistenpreises um 50 % für den Anschaffungszeitraum von 2019 bis 2030 ist an folgende Voraussetzungen geknüpft:

Anschaffungszeitraum	Max. C02-Ausstoß	Mindestreichweite des Elektromotors
1.1.2019 – 31.12.2021	50g C02/km	40 km
1.1.2022 – 31.12.2024	50g C02/km	60 km
1.1.2025 – 31.12.2030	50g C02/km	80 km

Ausreichend ist es, wenn das Fahrzeug eine der beiden ökologischen Anforderungen erfüllt.

Da Elektrofahrzeuge keinen CO2-Ausstoß produzieren, fallen sämtliche „reinen" Elektro-Dienstwagen für den Anschaffungszeitraum 2019 bis 2030 unter die Vergünstigung der halbierten Bemessungsgrundlage. Die vorstehende Übersicht ist deshalb ausschließlich bei der Überlassung von Hybridelektrofahrzeugen (sog. Plug-in-Hybriden) als Dienstwagen zu beachten.

Hinweis

Nachweis der ökologischen Anforderungen in der Praxis

Die maximal zulässige CO2-Menge sowie die erforderliche Mindestreichweite des Kfz unter ausschließlicher Nutzung der elektrischen Antriebsmaschine ergibt sich aus der sog. Übereinstimmungsbescheinigung. Für die Feststellung dieser ökologischen Voraussetzungen kann in der Praxis für den Begünstigungszeitraum bis 2021 auf das sog. E-Kennzeichen abgestellt werden.[2] Begünstigte Hybridfahrzeuge sind daran erkennbar, dass das amtliche Fahrzeugkennzeichen mit dem Großbuchstaben E endet. Seit 2022 hat der Gesetzgeber die Anbindung an das Elektromobilitätsgesetz aufgegeben und die in der Übersicht dargestellten Umweltvoraussetzungen für die Begünstigung von Hybridelektrofahrzeugen unmittelbar im Gesetz festgelegt.

Achtung

Nachweis der Mindestreichweite von 60 km durch Übereinstimmungsbescheinigung

Für seit 2022 neu oder gebraucht angeschaffte Plug-in-Hybridfahrzeuge ist für die Halbierung des Bruttolistenpreises bei der Firmenwagenbesteuerung eine elektrische Mindestreichweite von 60 km erforderlich. Dies gilt auch für Elektrohybridfahrzeuge, die 2021 zwar bestellt, aber aufgrund von Lieferengpässen erst 2022 oder 2023 ausgeliefert werden konnten. Das E-Kennzeichen ist kraftfahrzeugrechtlich weiterhin an die Grenze von 40 km geknüpft. Bei seit 2022 (neu-)angeschafften Plug-in-Hybrid-Firmenwagen muss die erforderliche Mindestreichweite des Elektromotors durch die sog. Übereinstimmungsbescheinigung[3] nachgewiesen werden. Sind in der Bescheinigung mehrere Werte ausgewiesen, ist auf die „Elektrische Mindestreichweite innerorts" abzustellen.[4]

25-%-Ansatz des Bruttolistenpreises seit 2020

Bruttolistenpreisgrenze von 60.000 EUR

Eine weitere Vergünstigung ergibt sich für Fahrzeuge ohne CO2-Ausstoß. Hierunter fallen alle reinen Elektrofahrzeuge. Für Elektrofahrzeuge mit einem Bruttolistenpreis bis 60.000 EUR im Zeitpunkt der Neuzulassung, darf die Bemessungsgrundlage für die Berechnung des geldwerten Vorteils um 75 % gekürzt werden. Im Ergebnis führt dies zu einer Absenkung der 1-%-Regelung auf 0,25 % für die Besteuerung von Elektro-Dienstwagen. Die auf 25 % ermäßigte Dienstwagenbesteuerung ist auf Elektrofahrzeuge anzuwenden, die dem Arbeitnehmer seit 2020 als Dienstwagen überlassen werden. Um Nachteile für Fahrzeuge ohne CO2-Emission zu vermeiden, die bereits 2019 angeschafft worden sind, wird die Dienstwagenbesteuerung ab 2020 ebenfalls auf 25 % des Bruttolistenpreises im Zeitpunkt der Erstzulassung ermäßigt.

Hinweis

Anhebung der Bruttolistenpreisgrenze auf 70.000 EUR geplant

Für reine Elektro-Dienstwagen, die ab 1.1.2024 neu oder gebraucht angeschafft werden, sah das Wachstumschancengesetz einen höherer Bruttolistenpreis für die 75-%-Kürzung des geldwerten Vorteils bei der Dienstwagenbesteuerung vor. Die 0,25-%-Methode sollte für E-Fahrzeuge mit einem Bruttolistenpreis im Zeitpunkt der Erstzulassung ab 2024 bis zu 70.000 EUR gelten. Der Gesetzgeber wollte mit der Anhebung der Bruttolistenpreisgrenze auf 70.000 EUR den gestiegenen Kaufpreisen in der Automobilbranche Rechnung tragen.

Da das Gesetzgebungsverfahren noch nicht abgeschlossen ist, kann es im Laufe des Jahres 2024 zu einer Änderung kommen. Bis zur Verabschiedung eines Gesetzes gilt weiterhin die Bruttolistenpreisgrenze von 60.000 EUR.

Beispiel

„0,25-%-Methode" für Elektro-Dienstwagen

Der Arbeitnehmer erhält ab Juni einen neu angeschafften Elektro-Dienstwagen, der ihm auch zur privaten Nutzung zur Verfügung steht. Der Bruttolistenpreis im Zeitpunkt der Erstzulassung hat 38.000 EUR betragen. Der geldwerte Vorteil wird nach der 1-%-Regelung ermittelt. Die Entfernung zwischen Wohnung und erster Tätigkeitsstätte beträgt 20 km.

Ergebnis:

Das Elektrofahrzeug erfüllt die 3 Voraussetzungen für den Ansatz des Bruttolistenpreises mit 25 %.

Der Sachbezug „E-Dienstwagen" berechnet sich mit einem ermäßigten Bruttolistenpreis von 9.500 EUR. Der monatliche geldwerte Vorteil berechnet sich wie folgt:

Bemessungsgrundlage: 25 % des Bruttolistenpreises von 38.000 EUR	9.500 EUR
Geldwerter Vorteil Privatnutzung: 1 % × 9.500 EUR	95 EUR
Geldwerter Vorteil Fahrten Wohnung – erste Tätigkeitsstätte:	
0,03 % × 9.500 EUR x 20 km	57 EUR
Geldwerter Vorteil	152 EUR

Aufladen von Elektro- oder Hybridelektroautos

Die Steuerbefreiung für das Aufladen von Elektro- oder Hybridelektroautos[5, 6] umfasst auch den vom Arbeitgeber überlassenen Dienstwagen. Sie wirkt sich aber bei der Dienstwagenbesteuerung nach der 1-%-Regelung nicht aus. Bei der pauschalen Nutzungswertermittlung ist der geldwerte Vorteil für den vom Arbeitgeber gestellten Ladestrom durch den Ansatz der Monatspauschale abgegolten.

1 § 6 Abs. 1 Nr. 4 i. V. m. § 8 Abs. 2 EStG.
2 § 3 Abs. 2 Nr. 1 oder 2 Elektromobilitätsgesetz; LfSt Rheinland-Pfalz, Verfügung v. 6.8.2020, S 2334 A – St 31 6.
3 Übereinstimmungsbescheinigung nach Anhang IX der EG-Richtlinie 2007/46 bzw. nach Artikel 38 der EU-Verordnung 168/2013.
4 BMF, Schreiben v. 5.11.2021, IV C 6 – S 2177/19/10004:008/IV C 5 – S 2334/19/10009 :003, BStBl 2021 I S. 2205, Rz. 4–5.
5 § 3 Nr. 46 EStG.
6 BMF, Schreiben v. 29.9.2020, IV C 5 – S 2334/19/10009 :004, BStBl 2020 I S. 972.

Hinweis

Kürzung des geldwerten Vorteils oder Auslagenersatz

Eine Kürzung des geldwerten Vorteils ist allerdings dort möglich, wo der Arbeitnehmer die Stromladekosten für die Privatnutzung des E-Dienstwagens trägt. Voraussetzung ist, dass der Arbeitnehmer die Aufwendungen für die Aufladung des Akkumulators trägt. Diese individuellen Kosten des Arbeitnehmers mindern als Nutzungsentgelt den geldwerten Vorteil. Aus Vereinfachungsgründen darf der geldwerte Vorteil seit 2021 um folgende pauschale Nutzungswerte monatlich gekürzt werden[1]:

	Wenn beim Arbeitgeber keine Lademöglichkeit besteht	**Wenn beim Arbeitgeber eine Lademöglichkeit besteht**
Für Elektrofahrzeuge	70 EUR	30 EUR
Für Hybridelektrofahrzeuge	35 EUR	15 EUR

Anstelle der Kürzung des geldwerten Vorteils kann der Arbeitgeber auch die vom Arbeitnehmer getragenen Stromladekosten für den E-Dienstwagen als Auslagenersatz steuerfrei ersetzen. Die Steuerbefreiung für den Auslagenersatz bzw. die Kürzung des geldwerten Vorteils „Dienstwagen" in Höhe der genannten Pauschbeträge ist bis 31.12.2030 verlängert worden.[2]

Durch die Monatspauschalen sind sämtliche Kosten des Arbeitnehmers für den selbst bezogenen Ladestrom abgegolten. Eine zusätzliche Kürzung des geldwerten Vorteils „Firmenwagen" bzw. ein zusätzlicher steuerfreier Auslagenersatz nachgewiesener tatsächlicher Kosten durch Rechnungsbelege von öffentlichen Ladestationen ist nicht möglich. Zulässig ist es aber, für einzelne Monate von den Pauschbeträgen zum Einzelnachweis der selbst getragenen Stromkosten zu wechseln, insbesondere für solche Monate, in denen die Kosten des von Dritten bzw. von der eigenen Ladestation bezogenen Stroms über der jeweils maßgebenden Monatspauschale liegen. Sowohl die Kosten bei der Nutzung öffentlicher Ladestationen als auch beim Stromtanken an der eigenen Wallbox sind detailliert bzgl. der bezogenen Strommenge und des jeweiligen Strompreises pro kWh für die jeweiligen Monate vom Arbeitnehmer zu belegen. Der Arbeitgeber hat die Nachweise als Beleg zum Lohnkonto aufzubewahren.

Abgeltungswirkung der 1-%-Regelung

Unmittelbare Pkw-Kosten

Die pauschale Erfassung der Privatnutzung des Dienstwagens mit 1 % des Bruttolistenpreises beinhaltet sämtliche durch das Kraftfahrzeug insgesamt entstehenden Aufwendungen, die unmittelbar mit dem Halten und dem Betrieb des Fahrzeugs zusammenhängen. Zu den Kraftfahrzeuggesamtkosten zählen deshalb insbesondere

- die Absetzungen für Abnutzung oder
- ersatzweise die Leasing- und Leasingsonderzahlungen,
- die Betriebsstoffkosten,
- Wartungs- und Reparaturkosten,
- Kfz-Steuer,
- Beiträge zu Halterhaftpflicht- und Fahrzeugversicherungen,
- Zinsen für Anschaffungskredite.

Mittelbare Pkw-Kosten

Straßenbenutzungsgebühren

Die arbeitgeberseitige Übernahme der Kosten für eine Vignette und den ADAC-Schutzbrief beim Dienstwagen gilt als zusätzlicher steuerpflichtiger Arbeitslohn.[3]

Park- und Straßenbenutzungsgebühren sind nur mittelbar durch die Fahrzeugnutzung veranlasst und deshalb ebenso wie das Entgelt für einen ADAC-Schutzbrief nicht durch den Ansatz des pauschalen Nutzungswerts abgegolten.

Insassenversicherung und Bußgelder

Ebenso sind Aufwendungen für Insassen- und Unfallversicherungen sowie Verwarnungs-, Ordnungs- und Bußgelder nicht Bestandteil der im Sinne der 1-%-Regelung durch das Fahrzeug insgesamt entstehenden Aufwendungen.

Steuerpflichtige Arbeitgebererstattung

Ersetzt der Arbeitgeber diese Kosten, liegt zusätzlicher steuerpflichtiger Arbeitslohn vor, sofern diese Aufwendungen nicht mit einer beruflichen Reisetätigkeit zusammenhängen und deshalb zu den steuerfreien Reisenebenkosten gehören.[4]

Nutzungsentgelte mindern geldwerten Vorteil

In mehreren Urteilen hat der BFH seine Rechtsauffassung dahingehend geändert, dass nicht nur pauschale Nutzungsentgelte, etwa zeitraumbezogene (Einmal-)Zahlungen, sondern auch individuelle Betriebskosten als Nutzungsentgelt bei der 1-%-Regelung vorteilsmindernd anzurechnen sind, da der Arbeitgeber die Kostenübernahme nur für die Privatnutzung verlangen kann.[5] Die Finanzverwaltung wendet die Rechtsprechung des BFH in allen noch offenen Fällen an.[6]

Vom Arbeitnehmer getragene Benzinkosten bewirken somit eine Kürzung des geldwerten Vorteils bei der 1-%-Regelung. Die Anrechnung ist auf die Höhe des geldwerten Vorteils begrenzt; es darf kein negativer geldwerter Vorteil entstehen. Ein etwaiger übersteigender Betrag darf nicht als Werbungskosten abgezogen werden.

Tipp

Weiterhin pauschale Nutzungsentgelte festlegen

Wegen der für die Anrechnung von laufenden Betriebskosten verbundenen Nachweisanforderungen an den Arbeitnehmer, ist in der Praxis weiterhin zu empfehlen, hierfür pauschale Nutzungsentgelte zu wählen. Diese sind steuerlich in jedem Fall zu berücksichtigen und mindern den lohnsteuerpflichtigen Vorteil.

Die Abgrenzung der anrechenbaren Nutzungsentgelte von den übrigen auf den geldwerten Vorteil „Dienstwagen" nicht anrechenbaren Beteiligungen des Arbeitnehmers an den Betriebskosten hat das BMF in einer umfassenden Verwaltungsanweisung festgelegt.

Bagatellgrenze für Unfallkosten bis 1.000 EUR

Aufwendungen, die nicht unmittelbar dem Halten und dem Betrieb des Fahrzeugs dienen, sind nach der Rechtsprechung außergewöhnliche Kosten, wie die Kosten eines Unfallschadens.[7]

Unfallkosten auf einer Privatfahrt sind danach nicht durch die 1-%-Regelung abgegolten, sondern als zusätzlicher geldwerter Vorteil beim Arbeitnehmer zu erfassen, wenn die Firma die Reparaturrechnung bzw. den Schaden wirtschaftlich trägt.

Reparaturen bis 1.000 EUR netto zählen zu den Gesamtkosten

Reparaturkosten bis zu einem Nettobetrag von 1.000 EUR dürfen weiterhin in die Kraftfahrzeuggesamtkosten einbezogen werden. Sie erhöhen nicht den nach der 1-%-Regelung berechneten geldwerten Vorteil für die Dienstwagenbesteuerung. Dies gilt unabhängig davon, ob sich der Unfall auf einer Dienst- oder Privatfahrt ereignet.[8]

1 BMF, Schreiben v. 29.9.2020, IV C 5 – S 2334/19/10009 :004, BStBl 2020 I S. 972:
2 BMF, Schreiben v. 29.9.2020, IV C 5 – S 2334/19/10009 :004, BStBl 2020 I S. 972.
3 BFH, Urteil v. 14.9.2005, VI R 37/03, BStBl 2006 II S. 72.
4 R 8.1 Abs. 9 LStR.
5 BFH, Urteil v. 30.11.2016, VI R 24/14, BFH/NV 2017 S. 448; BFH, Urteil v. 30.11.2016, VI R 2/15, BStBl 2017 II S. 1014; sowie zur Fahrtenbuchmethode: BFH, Urteil v. 30.11.2016, VI R 49/14, BStBl 2017 II S. 1011; BFH, Urteil v. 15.2.2017, VI R 50/15, BFH/NV 2017 S. 1155.
6 BMF, Schreiben v. 21.9.2017, IV C 5 – S 2334/11/10004 – 02, BStBl 2017 I S. 1336.
7 BFH, Urteil v. 24.5.2007, VI R 73/05, BStBl 2007 II S. 766.
8 R 8.1 Abs. 9 Nr. 2 Satz 12 LStR.

Wichtig

Erstattungen Dritter sind anzurechnen

Bei der Berechnung der 1.000-EUR-Grenze sind Erstattungen durch die Versicherung zu berücksichtigen, auch wenn der Zufluss der Versicherungsleistung in späteren Jahren erfolgt.

Verzicht auf Schadensersatz führt zu geldwertem Vorteil

Verzichtet der Arbeitgeber auf einen ihm zustehenden Schadensersatzanspruch, etwa bei Trunkenheitsfahrt des Arbeitnehmers, ist insoweit ein zusätzlicher geldwerter Vorteil zu erfassen.[1]

Liegt keine Schadensersatzpflicht des Arbeitnehmers vor oder ereignete sich der Unfall auf einer beruflich veranlassten Fahrt (dienstliche Auswärtstätigkeiten oder Fahrten zwischen Wohnung und erster Tätigkeitsstätte), ist – unabhängig von der 1.000-EUR-Grenze – kein zusätzlicher lohnsteuerpflichtiger Sachbezug zu erfassen.

Nutzungswert für Fahrten Wohnung – erste Tätigkeitsstätte

Wahlrecht zwischen 0,03-%-Monatspauschale und 0,002-%-Tagespauschale

Steht dem Arbeitnehmer der Dienstwagen auch für Fahrten zwischen Wohnung und erster Tätigkeitsstätte zur Verfügung, ist dieser geldwerte Vorteil zusätzlich zu berücksichtigen. Der Zuschlag beträgt monatlich 0,03 % des inländischen Bruttolistenpreises für jeden Entfernungskilometer zwischen Wohnung und erster Tätigkeitsstätte. Die 0,03-%-Regelung ist unabhängig von der 1-%-Methode anzuwenden, wenn der Dienstwagen ausschließlich für Fahrten zwischen Wohnung und erster Tätigkeitsstätte überlassen wird.[2]

Es besteht bei der 1-%-Regelung jedoch ein Wahlrecht zwischen dem 0,03-%-Monatszuschlag und der 0,002-%-Tagespauschale, bei der die Firma den geldwerten Vorteil nur noch für die tatsächlich durchgeführten Fahrten zwischen Wohnung und erster Tätigkeitsstätte versteuern muss.

Anzahl der Nutzungstage ist entscheidend

Beim Lohnsteuerverfahren kommt es für die Anwendung des 0,03-%-Zuschlags auf die tatsächliche Anzahl der Nutzungstage nicht an.[3] Bei einem Nutzungsumfang von weniger als 15 Arbeitstagen pro Monat ist eine Einzelbewertung der Fahrten mit 0,002 % des Bruttolistenpreises im Zeitpunkt der Erstzulassung je Entfernungskilometer möglich. Im Lohnsteuerverfahren ist der Arbeitgeber auf Verlangen des Arbeitnehmers verpflichtet, die tageweise Berechnung mit 0,002 % des Bruttolistenpreises durchzuführen, wenn er dem Arbeitgeber monatlich die tatsächlichen Fahrten zur ersten Tätigkeitsstätte schriftlich anzeigt.

Wahlrecht muss einheitlich für ein Jahr ausgeübt werden

Das Wahlrecht zugunsten des Ansatzes der tatsächlich durchgeführten Fahrten zwischen Wohnung und erster Tätigkeitsstätte (0,002-%-Tagespauschale) kann hinsichtlich aller dem Arbeitnehmer überlassenen Dienstwagen für das jeweilige Kalenderjahr nur einheitlich ausgeübt werden. Ein Wechsel zwischen der 0,03-%-Monatspauschale und der 0,002-%-Tagespauschale ist während des Jahres auch beim Austausch des Dienstwagens nicht zulässig.

Hinweis

Rückwirkender Wechsel für gesamtes Kalenderjahr

Die Finanzverwaltung lässt bei entsprechender Nachweisführung einen rückwirkenden Wechsel von der Monats- zur Tagespauschale für das gesamte Kalenderjahr zu. Der Arbeitgeber kann im Lohnsteuerverfahren während des Jahres von der 0,03-%-Regelung zur tagesweisen Einzelbewertung mit 0,002 % und umgekehrt übergehen, sofern der Arbeitnehmer rückwirkend für das gesamte Kalenderjahr dem Arbeitgeber, d. h. auch für die Vormonate, die hierfür erforderlichen Aufzeichnungen vorlegen kann. Der Arbeitgeber muss in diesem Fall die Lohnabrechnungen für die bereits vergangenen Monate des laufenden Kalenderjahres wegen der verlangten einheitlichen Berechnungsmethode korrigieren. Dies ist längstens bis zum 28.2. des Folgejahres bzw. bei vorzeitiger Beendigung des Dienstverhältnisses bis zur Übermittlung oder Ausschreibung der Lohnsteuerbescheinigung möglich.

Pauschalbewertung: 0,03-%-Monatspauschale

Berechnung der 0,03-%-Monatspauschale

Der monatliche Zuschlag berechnet sich für den einzelnen Entfernungskilometer zwischen Wohnung und erster Tätigkeitsstätte mit 0,03 % des inländischen Bruttolistenpreises. Abzustellen ist auf die einfache Entfernung zwischen Wohnung und erster Tätigkeitsstätte; diese ist auf den nächsten vollen Kilometerbetrag abzurunden.

Kalendermonatliche Pauschalbewertung

Es ist unerheblich, wie oft das Fahrzeug tatsächlich für die Fahrten zwischen Wohnung und erster Tätigkeitsstätte genutzt wird. Die Monatspauschale ist bereits dann anzusetzen, wenn der Arbeitnehmer im Jahresdurchschnitt einmal wöchentlich zu seinem Arbeitgeber fährt und im Betrieb, Büro oder in einer sonstigen Arbeitgebereinrichtung seine erste Tätigkeitsstätte hat.

Beispiel

Berechnung des geldwerten Vorteils

Ein Geschäftsführer erhält entsprechend den getroffenen Vereinbarungen einen gebraucht angeschafften Dienstwagen, den er auch privat nutzen darf. Der Bruttolistenpreis im Zeitpunkt der Erstzulassung lag bei 40.080 EUR. Die Entfernung zwischen Wohnung und erster Tätigkeitsstätte beträgt 20 km.

Geldwerter Vorteil für den Monat Januar:

Geldwerter Vorteil für Privatfahrten (1 % von 40.000 EUR)	400 EUR
Zuschlag für Fahrten Wohnung – 1. Tätigkeitsstätte (0,03 % × 40.000 EUR × 20 km)	+ 240 EUR
Lohnsteuerpflichtiger Sachbezug	640 EUR

Ergebnis: Die GmbH hat die Möglichkeit, den geldwerten Vorteil für die Fahrten zur Arbeit bis zur Höhe der Entfernungspauschale mit 15 % pauschal zu versteuern.

Zuschlag auch für Park-and-ride-Nutzer

Der Zuschlag für die Fahrten zur Arbeit muss auch erhoben werden, wenn der Arbeitnehmer seine arbeitstägliche Strecke zum Betrieb im Park-and-ride-System zurücklegt. Wird das überlassene Firmenfahrzeug nur für eine Teilstrecke eingesetzt, weil der Arbeitnehmer für den übrigen Weg zum Arbeitgeber öffentliche Verkehrsmittel benutzt, ist nach bisheriger Besteuerungspraxis der Finanzämter gleichwohl bei der Ermittlung des geldwerten Vorteils die gesamte Entfernung zugrunde zu legen.

Beschränkung des 0,03-%-Zuschlags auf tatsächliche Fahrstrecke

Eine Beschränkung der Zuschlagsberechnung auf die mit dem Dienstwagen zurückgelegte Entfernung ist dann zulässig, wenn der Arbeitgeber das Fahrzeug ausdrücklich nur für diese Teilstrecke zur Verfügung stellt. Ein entsprechendes Nutzungsverbot muss der Arbeitgeber nicht überwachen. Die Begrenzung auf die tatsächliche Fahrstrecke gilt auch, wenn die weitergehende Nutzung zu Fahrten zwischen Wohnung und erster Tätigkeitsstätte dem Arbeitnehmer arbeitsrechtlich nicht untersagt ist. Auch ohne Nutzungsverbot ist die Berechnung des 0,03-%-Zuschlags nach der tatsächlichen Teilstrecke zulässig, wenn der Arbeitnehmer den Dienstwageneinsatz ausschließlich für diese Teilstrecke nachweist. Ergibt sich beispielsweise aus einer auf den Arbeitnehmer ausgestellten, dem Lohnbüro vorgelegten Jahres-Bahnfahrkarte eine tatsächliche Nutzung des Firmenfahrzeugs nur für die Teilstrecke Wohnung – Bahnhof,

1 § 8 Abs. 2 Satz 2 EStG.
2 BFH, Urteil v. 22.9.2010, VI R 54/09, BStBl 2011 II S. 354.
3 BFH, Urteil v. 22.9.2010, VI R 54/09, BStBl 2011 II S. 354; BFH, Urteil v. 22.9.2010, VI R 55/09, BStBl 2011 II S. 358; BFH, Urteil v. 22.9.2010, VI R 57/09, BStBl 2011 II S. 359.

ist der Zuschlag von 0,03 % ausschließlich nach den Entfernungskilometern der Teilstrecke zu berechnen, für die der Dienstwagen tatsächlich eingesetzt wird.

Wegfall der Monatspauschale unzulässig

Der Zuschlag von 0,03 % für die Nutzung des Dienstwagens zu Fahrten zwischen Wohnung und erster Tätigkeitsstätte stellt wie der 1-%-Wert eine feste Monatspauschale dar. Es kommt nicht darauf an, wie oft im Kalendermonat das Fahrzeug tatsächlich zu Fahrten zwischen Wohnung und erster Tätigkeitsstätte genutzt wird. So ist z. B. ein durch Urlaub oder Krankheit bedingter Nutzungsausfall durch die Höhe des prozentualen Nutzungswerts bereits pauschal berücksichtigt. Ebenso verhält es sich am Anfang bzw. am Ende des Nutzungszeitraums, wenn der Dienstwagen nicht während des ganzen Monats überlassen wird. Etwas anderes gilt nur dann, wenn der Dienstwagen den gesamten Monat dem Arbeitnehmer nicht zur Verfügung steht, etwa wegen Fahruntüchtigkeit bei längerer Erkrankung.[1]

Beispiel

Ansatz der Monatspauschale bei teilweiser Nutzung

Ein Arbeitnehmer erhält ab dem 28.2. einen neu angeschafften Dienstwagen zu einem Bruttolistenpreis von 25.080 EUR. Einzelaufzeichnungen über die Fahrten zwischen Wohnung und erster Tätigkeitsstätte liegen nicht vor. Die Entfernung zwischen Wohnung und erster Tätigkeitsstätte beträgt 10 Kilometer.

Geldwerter Vorteil für Februar:

Geldwerter Vorteil Privatnutzung (1 % von abgerundet 25.000 EUR)	250 EUR
Zuschlag für Fahrten Wohnung – 1. Tätigkeitsstätte (0,03 % × 25.000 EUR × 10 km)	+ 75 EUR
Lohnsteuerpflichtiger Sachbezug	325 EUR

Ergebnis: Eine Kürzung des geldwerten Vorteils für Februar ist nicht zulässig. Sowohl der monatliche Betrag von 1 % als auch die monatliche Entfernungspauschale sind für den vollen Kalendermonat anzusetzen.[2]

Hier empfiehlt es sich, den Geschäftswagen nur für volle Kalendermonate zu überlassen, also erst zu Beginn des Folgemonats. Der Ansatz des geldwerten Vorteils für Februar wäre dadurch entfallen.

Wegfall der 0,03-%-Pauschale bei Homeoffice oder Kurzarbeit?

Die 1-%-Monatspauschale für die Privatnutzung sowie die 0,03 % für Fahrten zwischen Wohnung und erster Tätigkeitsstätte müssen unabhängig davon angesetzt werden, wie oft der Arbeitnehmer seinen Dienstwagen für solche Fahrten tatsächlich nutzt. Anders als beim 1-%-Ansatz kann nach der im Schrifttum herrschenden Auffassung auf den 0,03-%-Ansatz für Fahrten zwischen Wohnung und erster Tätigkeitsstätte verzichtet werden, wenn der Arbeitnehmer den Dienstwagen nicht wenigstens an einem Arbeitstag für die Fahrten zum Betrieb, Büro u. a. nutzt.

Die Finanzämter vertreten dagegen eine strengere Auffassung und verlangen den Ansatz der 0,03-%-Monatspauschale auch für solche Kalendermonate, in denen der Dienstwagen wegen Krankheit oder Urlaub an keinem Tag für Fahrten zwischen Wohnung und erster Tätigkeitsstätte genutzt wird. Nach der Rechtsauslegung der Finanzverwaltung begründet allein die rechtliche Nutzungsmöglichkeit den Zuschlag von 0,03 %, unabhängig davon, ob der Arbeitnehmer sein betriebliches Fahrzeug für diese Fahrten im jeweiligen Kalendermonat tatsächlich nutzt. Der mit 0,03 % festgelegte Nutzungswert berücksichtigt bereits pauschal einen durch Urlaub oder Krankheit eintretenden Nutzungsausfall.

Tipp

0,03-%-Pauschale für volle Kalendermonate bei „Kurzarbeit 0" oder Homeoffice

Dasselbe muss für die Kurzarbeit 0 (= Vollausfall) gelten, wenn dem Arbeitnehmer ein Dienstwagen zur Nutzung für Fahrten zwischen Wohnung und erster Tätigkeitsstätte zur Verfügung steht. Unternimmt der Arbeitnehmer keine einzige Fahrt zwischen Wohnung und erster Tätigkeitsstätte in einem Kalendermonat, hat bei der Lohnabrechnung gleichwohl der Ansatz des 0,03-%-Zuschlags bei Anwendung der 1-%-Methode zu erfolgen. Dasselbe Ergebnis gilt, wenn für den Arbeitnehmer die Arbeit im Homeoffice vertraglich vereinbart ist, und er deshalb in einzelnen Monaten seinen Arbeitsplatz beim Arbeitgeber nicht aufsucht.

Achtung

Im Zweifel durch Anrufungsauskunft absichern

Die von den Finanzämtern vertretene strenge Auffassung, die den Ansatz des 0,03-%-Zuschlags auch für solche Monate verlangt, in denen der Arbeitnehmer nachweislich keine Fahrten zwischen Wohnung und erster Tätigkeitsstätte durchgeführt hat, ist nicht frei von rechtlichen Bedenken.[3] Wer eine lohnsteuerliche Behandlung ohne Ansatz des Zuschlags von 0,03 % beansprucht, dem bleibt im Einzelfall nur die Möglichkeit, den Rechtsweg zu beschreiten. Allerdings ist der Ausgang eines Klageverfahrens zu dieser Rechtsfrage ungewiss. Eine sichere, wenn auch etwas aufwendigere Methode, die Monatspauschale zu umgehen, bietet der Übergang zur Einzelbewertung mit der Tagespauschale von 0,002 %, die von der Finanzverwaltung während des laufenden Kalenderjahres auch noch rückwirkend zugelassen wird, wenn der Arbeitgeber wegen der verlangten einheitlichen Berechnungsmethode die bisherigen Lohnabrechnungen korrigiert.

Wechsel zur Tagespauschale nur einheitlich für gesamtes Kalenderjahr

Nutzt der Arbeitnehmer das Fahrzeug an weniger als 180 Arbeitstagen im Kalenderjahr für Arbeitgeberfahrten, etwa weil aufgrund der geänderten Arbeitswelt in Corona-Zeiten die erste Tätigkeitsstätte nur noch an wenigen Arbeitstagen im Kalendermonat aufsucht wird, darf der geldwerte Vorteil von 0,03 % nicht entfallen. Der Arbeitnehmer hat in diesem Fall die Möglichkeit, zur 0,002-%-Tagespauschale zu wechseln. Die tageweise Berechnung des Zuschlag für die Fahrten zur ersten Tätigkeitsstätte ist allerdings an die Voraussetzung geknüpft, dass der Wechsel von der einen zur anderen Berechnungsmethode für alle Fahrzeuge einheitlich für das gesamte Kalenderjahr ausgeübt wird. Der Übergang zur 0,002-%-Tagespauschale ist in diesem Fall nur zulässig, wenn der Arbeitnehmer rückwirkend für das gesamte Kalenderjahr zur tageweisen Berechnung übergeht und dem Arbeitgeber auch für die Vormonate die hierfür erforderlichen Aufzeichnungen vorlegen kann.

Hinweis

Sozialversicherungsrechtliche Folgen

In der Sozialversicherung ist der rückwirkende Wechsel der Berechnungsmethode nicht zulässt. Die Berechnung der Sozialversicherungsbeiträge ist vom sog. Monatsprinzip bestimmt. Anders als im Steuerrecht ist der nachträgliche Methodenwechsel bei der Sozialversicherung ausgeschlossen.

Im Übrigen ist der Arbeitnehmer in seiner Einkommensteuererklärung nicht an die im Lohnsteuerabzugsverfahren gewählte Methode gebunden. Es steht ihm also frei, auch noch nach Ablauf des Kalenderjahres von der 0,03-%-Monatspauschale zur Einzelberechnung mit 0,002 % pro Arbeitgeberfahrt für seine Steuererklärung überzugehen. Der spätere Wechsel bei der Einkommensteuerveranlagung verfehlt allerdings auch hier seine Wirkung bei der Sozialversicherung, da er ohne Auswirkung auf etwaige überhöhte Sozialversicherungsbeiträge des Arbeitnehmers bleibt.

1 FG Düsseldorf, Urteil v. 24.1.2017, 10 K 1932/16 E; E.
2 R 8.1 Abs. 9 Nr. 1 LStR.

3 FG Düsseldorf, Urteil v. 24.1.2017, 10 K 1932/16 E, E.

Einzelbewertung: 0,002-%-Tagespauschale

Anforderungen an die 0,002-%-Tagespauschale

Aufzeichnungen des Arbeitnehmers

Der Arbeitgeber kann zur tageweisen Berechnung der tatsächlich mit dem Dienstwagen durchgeführten Fahrten zwischen Wohnung und erster Tätigkeitsstätte wechseln. Hierzu ist es erforderlich, dass der Arbeitnehmer Aufzeichnungen führt, aus denen sich unter Angabe des Kalenderdatums die Tage ergeben, an denen der Dienstwagen zu Arbeitgeberfahrten tatsächlich genutzt hat. Die Erklärung des Arbeitnehmers ist als Beleg zum Lohnkonto zu nehmen.

Das FG Nürnberg legt für den Nachweis der tatsächlich durchgeführten Fahrten großzügigere Maßstäbe an als die Finanzverwaltung.[1] Für die tageweise Berechnung ist danach die kalendermäßige Angabe nicht erforderlich, wenn an der Anzahl der angesetzten Fahrten keine Zweifel bestehen, etwa weil sie sich aus Eintragungen in einen Taschenkalender entnehmen lässt.

Mehrere Kfz für einen Arbeitnehmer

Stehen dem Arbeitnehmer mehrere Dienstwagen zur Verfügung, sind die Angaben für jedes Fahrzeug getrennt zu führen. Der Wechsel von der 0,03-%-Monatspauschale zur 0,002-%-Tagespauschale kann nur für sämtliche Dienstfahrzeuge des Arbeitnehmers einheitlich erfolgen. Die Erklärung des Arbeitnehmers ist als Beleg zum ⇗ Lohnkonto zu nehmen.

Einheitliches Wahlrecht im Kalenderjahr

Das Wahlrecht zugunsten des Ansatzes der tatsächlich durchgeführten Fahrten zwischen Wohnung und erster Tätigkeitsstätte (0,002-%-Tagespauschale) kann für das jeweilige Kalenderjahr nur einheitlich ausgeübt werden. Ein Wechsel zwischen der 0,03-%-Monatspauschale und der 0,002 %-Tagespauschale ist während des Jahres auch beim Austausch des Dienstwagens nicht zulässig.

Beispiel

Arbeitnehmer führt keine Aufzeichnungen: Bewertung mit Monatspauschale

Einem Kundendienstmonteur steht für seine berufliche Auswärtstätigkeit ein Dienstwagen (Bruttolistenpreis 30.000 EUR) auch zu privaten Zwecken zur Verfügung. Jeweils freitags und montags sucht er ganztags die Firma auf, um seine Aufträge entgegenzunehmen bzw. abzurechnen. Die Entfernung Wohnung – Betrieb beträgt 45 km. Aufzeichnungen des Arbeitnehmers liegen dem Lohnbüro nicht vor.

Ergebnis: Die regelmäßigen Fahrten des Außendienstmitarbeiters an den Betriebssitz sind Fahrten zwischen Wohnung und erster Tätigkeitsstätte. Die Firma stellt auch ohne arbeitsrechtliche Zuordnung eine erste Tätigkeitsstätte dar, da der Kundendienstmonteur die zeitlichen Grenzen für die alternativ geltende quantitative Zuordnungsregelung erfüllt. Bei der Dienstwagenbesteuerung muss deshalb zusätzlich ein geldwerter Vorteil für Fahrten zwischen Wohnung und Betrieb angesetzt werden.

Privatfahrten (1 % v. 30.000 EUR)	300 EUR
Fahrten Wohnung – 1. Tätigkeitsstätte (0,03 % × 30.000 EUR × 45 km)	+ 405 EUR
Lohnsteuerpflichtiger Sachbezug	705 EUR

Beispiel

Arbeitnehmer führt Aufzeichnungen: Bewertung mit Tagespauschale

Einem Kundendienstmonteur steht für seine berufliche Auswärtstätigkeit ein Dienstwagen (Bruttolistenpreis 30.000 EUR) auch zu privaten Zwecken zur Verfügung. Jeweils freitags sucht er für 1 bis 2 Stunden die Firma auf, um seine Aufträge entgegenzunehmen bzw. abzurechnen. Die Entfernung Wohnung – Betrieb beträgt 45 km. Der Arbeitgeber hat den Betrieb als erste Tätigkeitsstätte arbeitsrechtlich bestimmt.

Der Arbeitnehmer legt dem Lohnbüro eine schriftliche Erklärung vor, an welchen Tagen im Monat er den Dienstwagen tatsächlich für Fahrten zwischen Wohnung und erster Tätigkeitsstätte genutzt hat. Für den betreffenden Monat Januar ergeben sich insgesamt 5 Fahrten.

Bei Anwendung der Einzelbewertung (0,002-%-Methode) für die tatsächlichen Arbeitgeberfahrten ergibt sich folgender geldwerter Vorteil für die Dienstwagennutzung in der monatlichen Entgeltabrechnung.

Privatfahrten (1 % v. 30.000 EUR)	300 EUR
Fahrten Wohnung – 1. Tätigkeitsstätte (0,002 % × 30.000 EUR × 45 km × 5 Fahrten)	+ 135 EUR
Lohnsteuerpflichtiger Sachbezug	435 EUR

Durch den Wechsel zur fahrtbezogenen Berechnungsweise ergibt sich gegenüber der bisherigen Monatspauschale von 0,03 % ein deutlich geringerer geldwerter Vorteil. Allein bei der Januar-Abrechnung ist der Sachbezug Dienstwagen beim Arbeitnehmer um 270 EUR niedriger.

Rückwirkender Methodenwechsel beim Lohnsteuerabzug

Das aktualisierte BMF-Schreiben zur Firmenwagenbesteuerung lässt einen Wechsel von der 0,03-%-Monatspauschale zur tageweisen Einzelberechnung mit 0,002 % im laufenden Lohnsteuerabzugsverfahren zu, wenn dabei der Grundsatz der jahresbezogenen einheitlichen Berechnungsmethode beachtet wird. Danach ist eine rückwirkende Änderung des Lohnsteuerabzugs (Wechsel von der 0,03-%-Regelung zur Einzelbewertung oder umgekehrt für das gesamte Kalenderjahr) im laufenden Kalenderjahr und vor Übermittlung oder Ausschreibung der Lohnsteuerbescheinigung möglich, also ohne Arbeitgeberwechsel längstens bis zum 28.2. des Folgejahres. Die Lohnabrechnungen der bereits vergangenen Kalendermonate des laufenden Lohnsteuerverfahrens müssen wegen des verlangten jahresbezogenen einheitlichen Berechnungsverfahrens an die geänderte Bewertungsmethode angepasst und vom Lohnbüro nachträglich korrigiert werden. Grundvoraussetzung hierfür ist, dass der Arbeitnehmer seinem Arbeitgeber die erforderlichen Aufzeichnungen über die tatsächlich durchgeführten Fahrten zur ersten Tätigkeitsstätte vorlegen kann.

Beispiel

Nachträglicher Wechsel zur 0,002-%-Einzelberechnung

Einem Kundendienstmonteur steht ab Januar ein Dienstwagen (Bruttolistenpreis 30.000 EUR) auch zur privaten Nutzung zur Verfügung. Seine erste Tätigkeitsstätte im Betrieb des Arbeitgebers (Entfernung Wohnung – Betrieb 45 km) sucht er im Normalfall einmal pro Woche auf. Aufzeichnungen über die tatsächlich durchgeführten Arbeitgeberfahrten hat der Arbeitnehmer nicht vorgelegt.

Ergebnis: Bei Anwendung der Monatspauschale von 0,03 % berechnet sich nach der 1-%-Methode ab Januar folgender geldwerter Vorteil für die Dienstwagennutzung in der monatlichen Lohnabrechnung:

Privatfahrten (1 % v. 30.000 EUR)	300 EUR
Fahrten Wohnung – 1. Tätigkeitsstätte (0,03 % × 30.000 EUR × 45 km)	+ 405 EUR
Lohnsteuerpflichtiger Sachbezug	705 EUR

Im Monat März legt der Arbeitnehmer Aufzeichnungen über die tatsächlich durchgeführten Fahrten zur ersten Tätigkeitsstätte vor. Das Lohnbüro wechselt daraufhin für das gesamte Jahr zur Einzelberechnung des geldwerten Vorteils für die Arbeitgeberfahrten und korrigiert die bereits durchgeführten Lohnabrechnungen der Monate Januar und Februar entsprechend der arbeitnehmerseitig vorgelegten Einzelaufzeichnungen. Der Arbeitnehmernachweis für den Monat März beinhaltet 6 monatliche Fahrten zur ersten Tätigkeitsstätte.

Bei Anwendung der Einzelbewertung (0,002-%-Methode) für die tatsächlichen Arbeitgeberfahrten ergibt sich in der Entgeltabrechnung des Monats März folgender Sachbezug Firmenwagen:

1 FG Nürnberg, Urteil v. 23.1.2020, 4 K 1789/18.

Privatfahrten (1 % v. 30.000 EUR)	300 EUR
Fahrten Wohnung – 1. Tätigkeitsstätte (0,002 % × 30.000 EUR × 45 km × 6 Fahrten)	+ 162 EUR
Lohnsteuerpflichtiger Sachbezug	462 EUR

Durch den Wechsel zur einzelfahrtbezogenen Berechnungsweise ergibt sich gegenüber der bisherigen Monatspauschale von 0,03 % ein deutlich geringerer geldwerter Vorteil, der durch den Nachweis der tatsächlichen Fahrten für die Lohnabrechnung März beim Arbeitnehmer um 243 EUR geringer ausfällt.

Pflicht zur Anwendung der 0,002-%-Tagespauschale auf Verlangen des Arbeitnehmers

Der Arbeitnehmer entscheidet über die Methodenwahl zwischen der 0,03-%-Regelung und der Berechnung des geldwerten Vorteils nach den tatsächlich durchgeführten Fahrten zwischen Wohnung und erster Tätigkeitsstätte (0,002-%-Tagespauschale). Er muss für jedes Kalenderjahr das Berechnungsverfahren – ggf. für sämtliche ihm zur Verfügung stehenden betrieblichen Fahrzeuge – für die Dienstwagenbesteuerung bei der 1-%-Regelung festlegen. Der Arbeitgeber ist bei entsprechender Nachweisführung des Arbeitnehmers zur Einzelbewertung der tatsächlichen Fahrten zwischen Wohnung und erster Tätigkeitsstätte verpflichtet.

Arbeits- bzw. dienstrechtliche Festlegung der 0,03-%-Monatspauschale möglich

Diese Verpflichtung des Arbeitgebers soll nach der geänderten Verwaltungsanweisung nur dann nicht bestehen, wenn sie ausdrücklich arbeitsvertraglich ausgeschlossen wurde. Will der Arbeitgeber sich nicht darauf einlassen, im Lohnsteuerabzugsverfahren den geldwerten Vorteil für die Fahrten zwischen Wohnung und erster Tätigkeitsstätte auf der Grundlage der 0,002-%-Tagespauschale zu berechnen, muss er dies also durch eine entsprechende schriftliche Regelung im Arbeitsvertrag oder in einer anderweitigen arbeitsrechtlichen Grundlage ausschließen.

Arbeitnehmer kann Methode im Rahmen der Einkommensteuerveranlagung wechseln

Nach Ablauf des Jahres gewährt das BMF dem Arbeitnehmer weiterhin ein eigenständiges Wahlrecht zwischen der 0,03-%-Monatspauschale und der 0,002-%-Tagesberechnung im Rahmen der Einkommensteuerveranlagung. Der Arbeitgeber kann z. B. arbeitsrechtlich die Dienstwagenüberlassung an die Anwendung der 0,03-%-Monatspauschale knüpfen. Der Arbeitnehmer hat es in diesem Fall in der Hand, in seiner Einkommensteuererklärung von der im Lohnsteuerverfahren angewendeten Monatsbesteuerung zur Einzelberechnung mit 0,002 % pro Arbeitgeberfahrt überzugehen.

Vereinfachungsregelungen bei Einzelbewertung

Zur Erleichterung der technischen Abwicklung der Lohnabrechnung gibt es bereits bisher mehrere praxisorientierte Vereinfachungsregelungen. Diese ergeben sich aus dem Erfordernis der schriftlichen Nachweisführung über die Anzahl der ⇗ Fahrten zwischen Wohnung und erster Tätigkeitsstätte durch den Arbeitnehmer:

- Der aktuellen Entgeltabrechnung kann jeweils die schriftliche Erklärung des Vormonats zugrunde gelegt werden. Dadurch ist gewährleistet, dass durch die Nachweisführung des Arbeitnehmers keine Verzögerungen bei der laufenden Entgeltabrechnung eintreten.
- Der Arbeitgeber hat keine eigenen Ermittlungspflichten bei Anwendung der Einzelbewertung mit dem tageweisen 0,002-%-Zuschlag. Er darf die vom Arbeitnehmer erklärten tatsächlich durchgeführten Fahrten zwischen Wohnung und erster Tätigkeitsstätte der Dienstwagenbesteuerung immer dann zugrunde legen, wenn diese nicht offenkundig unrichtig sind.
- Wird im Lohnsteuerverfahren die Einzelbewertung der tatsächlichen Fahrten zwischen Wohnung und erster Tätigkeitsstätte angewendet, muss die Begrenzung auf maximal 180 Fahrten jahresbezogen vorgenommen werden. Eine Begrenzung des geldwerten Vorteils auf 15 Fahrten im einzelnen Monat ist nicht zulässig.

  Damit soll erreicht werden, dass der Einzelnachweis nie zu einem höheren geldwerten Vorteil führt als die Monatspauschale von 0,03 %, für die sich beim Tagessatz von 0,002 % 15 Fahrten zwischen Wohnung und erster Tätigkeitsstätte pro Monat mit dem Dienstwagen berechnen. Die jahresbezogene Begrenzung auf 180 Fahrten bewirkt, dass in einzelnen Monaten beim Lohnsteuerabzug mehr als 15 Fahrten der Dienstwagenbesteuerung unterliegen können und erst ab dem Monat eine Kürzung der tatsächlich geführten Fahrten erfolgt, ab dem die Höchstgrenze von 180 Tagen erreicht ist.
- Die Möglichkeit der Lohnsteuerpauschalierung der Fahrten zwischen Wohnung und erster Tätigkeitsstätte mit 15 % ist bei Einzelbewertung an die Anzahl der tatsächlich durchgeführten Fahrten geknüpft. Die Vereinfachungsregelung, wonach der Arbeitgeber unterstellen kann, dass bei einer 5-Tage-Woche das Fahrzeug an 15 Arbeitstagen monatlich zu Fahrten zwischen Wohnung und erster Tätigkeitsstätte benutzt wird, ist nur bei Anwendung der 0,03-%-Monatspauschale zulässig.

Lohnsteuerpauschalierung des geldwerten Vorteils

Der geldwerte Vorteil, der dem Arbeitnehmer durch die Überlassung eines Dienstwagens durch den Arbeitgeber entsteht, kann für die Fahrten zwischen Wohnung und erster Tätigkeitsstätte vom Arbeitgeber pauschal mit 15 % besteuert werden. Ein weiterer Vorteil dieser Besteuerungsart liegt darin, dass hier keine Sozialabgaben anfallen.

Hinweis

Pauschalierungsfähige Obergrenze variiert mit Änderung der Entfernungspauschale

Die pauschale Dienstwagenbesteuerung für Fahrten zwischen Wohnung und erster Tätigkeitsstätte ist begrenzt auf den Betrag, den der Arbeitnehmer als Werbungskosten geltend machen könnte. Die Obergrenze für die Lohnsteuerpauschalierung ist demnach die Entfernungspauschale von 0,30 EUR bzw. 0,38 EUR ab dem 21. Entfernungskilometer. Mit einer Erhöhung der Entfernungspauschale steigt auch das pauschalierungsfähige Maximalvolumen.

Kostendeckelung des geldwerten Vorteils

Für den Fall, dass der pauschale Nutzungswert für Privatfahrten, Fahrten zwischen Wohnung und erster Tätigkeitsstätte und ggf. Heimfahrten im Rahmen einer ⇗ doppelten Haushaltsführung die insgesamt entstandenen (als Betriebsausgaben beim Unternehmen abzugsfähigen) Kosten übersteigt, sind als geldwerter Vorteil höchstens die Gesamtkosten anzusetzen.

Beispiel

Kraftfahrzeug-Gesamtkosten übersteigen pauschalen Nutzungswert

Der Arbeitgeber weist anhand der Buchhaltung nach, dass die tatsächlichen Betriebsausgaben für den Pkw monatlich 220 EUR betragen.

Ergebnis: Aufgrund der Kostendeckelung ist der geldwerte Vorteil für den Dienstwagen im Rahmen der 1-%-Regelung auf 220 EUR monatlich begrenzt. Zum Nachweis der Gesamtkosten empfiehlt es sich, für die einzelnen Fahrzeuge getrennte Kfz-Konten in der Buchführung einzurichten.

Die Methode der Kostendeckelung ist nicht frei von rechtlichen Zweifeln. Sie orientiert sich an Fahrzeugkosten des Arbeitgebers, die wiederum für die Bewertung des Sachbezugs „Dienstwagen" und damit für die Frage, welcher geldwerte Vorteil dem Arbeitnehmer aus dessen Sicht zufließt, unerheblich sind.[1]

1 FG Düsseldorf, Urteil v. 6.9.2002, 16 K 2797/00; BFH, Urteil v. 14.3.2007, XI R 59/04, BFH/NV 2007 S. 1838; BFH, Urteil v. 17.5.2022, VIII R 11/20, BFH/NV 2022 S. 1047.

Zur Berechnung der Kostendeckelung bei hohen Leasingsonderzahlungen nimmt die Finanzverwaltung eine periodengerechte Verteilung auf den jeweiligen Nutzungszeitraum vor.[1]

Überlassung mehrerer Fahrzeuge

Gleichzeitige Nutzung mehrerer Fahrzeuge

Stehen einem Arbeitnehmer gleichzeitig mehrere Firmenfahrzeuge zur Verfügung, ist zunächst für jedes Fahrzeug die Privatnutzung mit monatlich 1 % des inländischen Bruttolistenpreises anzusetzen. Dies gilt auch bei Einsatz eines Wechselkennzeichens. Der Nutzungswert für Fahrten zwischen Wohnung und erster Tätigkeitsstätte ist dagegen insgesamt nur einmal zu erfassen. Abzustellen ist auf den Bruttolistenpreis desjenigen Fahrzeugs, das der Arbeitnehmer überwiegend für diese Fahrten einsetzt.

Eine andere Berechnung ergibt sich in den Fällen, in denen die gleichzeitige Privatnutzung der verschiedenen Dienstwagen ausgeschlossen ist, weil die Nutzung der Fahrzeuge durch andere zur Privatsphäre des Arbeitnehmers gehörende Personen nicht in Betracht kommt, etwa eine Nutzung durch die Ehefrau oder volljährige Kinder. In diesen Fällen ist auch bezüglich der Privatnutzung ausschließlich das überwiegend genutzte Fahrzeug zu erfassen.

Wichtig

Beibehaltung des Junggesellenprivilegs beim Dienstwagen

Für den Bereich der Gewinneinkünfte hat der BFH entschieden, dass bei Überlassung mehrerer Fahrzeuge der pauschale Nutzungswert für jedes Fahrzeug anzusetzen ist, auch wenn feststeht, dass ausschließlich eine Person die Fahrzeuge privat nutzen kann.[2] Im Lohnsteuerverfahren ist weiterhin ausschließlich das Fahrzeug der überwiegenden Nutzung nach der 1-%-Regelung zu versteuern. Voraussetzung ist, dass die Nutzung der übrigen Fahrzeuge durch andere zur Privatsphäre des Arbeitnehmers gehörende Personen ausgeschlossen ist. Die Finanzverwaltung bejaht die Anwendung der Junggesellenregelung auch im Veranlagungsverfahren des Arbeitnehmers.

Abwechselnde Nutzung mehrerer Fahrzeuge: Fahrzeugpool

Stehen dem Arbeitnehmer die verschiedenen Fahrzeuge nicht gleichzeitig, sondern abwechselnd zur Verfügung, weil sie von mehreren Arbeitnehmern privat genutzt werden (Fahrzeugpool), muss der geldwerte Vorteil zunächst fahrzeugbezogen für jedes einzelne Kfz nach der 1-%-Regelung ermittelt und anschließend den berechtigten Arbeitnehmern durch Pro-Kopf-Aufteilung zugerechnet werden. Dabei ist es ohne Bedeutung, wenn es weniger nutzungsberechtigte Arbeitnehmer als zur Verfügung stehende Autos im Fahrzeugpool gibt. So kann sich ein höherer geldwerter Vorteil als 1 % ergeben, z. B. bei 5 Arbeitnehmern und 6 Fahrzeugen läge der geldwerte Vorteil bei 1,2 %.

Sozialversicherung

Geldwerter Vorteil des privat genutzten Dienstfahrzeugs

Überlässt der Arbeitgeber dem Arbeitnehmer ein Kraftfahrzeug (Kfz) unentgeltlich zur privaten Nutzung, so ist der darin liegende ⇗ Sachbezug als geldwerter Vorteil beitragspflichtig. Die in § 3 Abs. 1 Satz 3 SvEV getroffenen Regelungen verweisen ausdrücklich auf das Steuerrecht. Deswegen wird der ⇗ geldwerte Vorteil nach den Vorschriften des Steuerrechts[3] ermittelt. Dies gilt auch für das im Steuerrecht mögliche Wahlrecht zwischen dem 0,03-%-Monatszuschlag und der 0,002-%-Tagespauschale, wenn der Dienstwagen dem Arbeitnehmer auch für ⇗ Fahrten zwischen Wohnung und erster Tätigkeitsstätte zur Verfügung steht.

Minderung des geldwerten Vorteils

In diesem Zusammenhang ist besonders auf Änderungen bezüglich der Minderung des geldwerten Vorteils bei Übernahme von Kfz-Kosten durch die Arbeitnehmer hinzuweisen. Die Kürzung des geldwerten Vorteils bei der 1-%-Regelung z. B. für vom Arbeitnehmer getragene Benzinkosten schlägt gleichermaßen auf die sozialversicherungsrechtliche Bewertung durch. Dies gilt allerdings nur, wenn die Minderung des geldwerten Vorteils

- entweder in der monatlichen Entgeltabrechnung oder
- spätestens bis zur Erstellung der (elektronischen) ⇗ Lohnsteuerbescheinigung im Februar des Folgejahres vorgenommen wird.

Eine nachträgliche Minderung des geldwerten Vorteils im Rahmen der Einkommensteuererklärung/-festsetzung kann sozialversicherungsrechtlich hingegen nicht (mehr) berücksichtigt werden.

Lohnsteuerpauschalierung des geldwerten Vorteils

Der geldwerte Vorteil, der dem Arbeitnehmer durch Überlassung eines Dienstwagens durch den Arbeitgeber entsteht, kann für die Fahrten zwischen Wohnung und erster Tätigkeitsstätte vom Arbeitgeber pauschal mit 15 % besteuert werden.

Wird von dieser Möglichkeit Gebrauch gemacht, hat dies gleichermaßen Auswirkungen in der Sozialversicherung. In diesem Fall bleibt der von der Pauschalbesteuerung erfasste geldwerte Vorteil beitragsfrei.[4]

Elektro-Dienstwagen/Hybridfahrzeuge

Bewertung der steuerlichen Sondervorteile für privat genutzte Elektro-Dienstwagen

Für privat genutzte Elektro-Dienstwagen gelten steuerliche Sondervorteile. Da die sozialversicherungsrechtliche Behandlung des geldwerten Vorteils an die steuerrechtliche Behandlung geknüpft ist, schlägt sich die beschriebene Bruttolistenpreisminderung für Elektrofahrzeuge gleichermaßen nieder.

Bewertung des elektrischen Aufladens des Elektro-/Hybridfahrzeugs

Im Zusammenhang mit der Nutzung von Elektro- und Hybridfahrzeugen ist die Steuerbefreiungsvorschrift des § 3 Nr. 46 EStG zu beachten. Nach dieser sind die zusätzlich vom Arbeitgeber gewährten Vorteile für das elektrische Aufladen des Elektro- oder Hybridfahrzeuges an einer ortsfesten betrieblichen Ladestation steuerfrei und damit gleichermaßen auch beitragsfrei zur Sozialversicherung. Dies gilt allerdings nur, wenn diese geldwerten Vorteile zusätzlich zum ohnehin geschuldeten Arbeitsentgelt erbracht werden.

Auch diese, zunächst bis Ende 2020 zeitlich befristete Freistellungsregelung wurde auf Zeiträume vor dem 1.1.2031 ausgedehnt.

Überlassung mehrerer Fahrzeuge

Die lohnsteuerrechtlichen Auswirkungen bei Überlassung mehrerer Fahrzeuge schlagen sich gleichermaßen auch in der Sozialversicherung nieder. So kann sich bei abwechselnder Nutzung mehrerer Fahrzeuge durch einen von der Anzahl her geringeren nutzungsberechtigten Arbeitnehmerkreis ein höherer geldwerter Vorteil – und damit ein höheres sozialversicherungspflichtiges Arbeitsentgelt – als 1 % ergeben.

Dienstwagen, Fahrtenbuch

Ein Dienstwagen ist ein Kraftfahrzeug, das ein Arbeitgeber seinem Arbeitnehmer zur persönlichen, alleinigen Nutzung zur Verfügung stellt. Der geldwerte Vorteil aus der Dienstwagenüberlassung kann – anstelle der pauschalen 1-%-Regelung – auch individuell mit den auf die Privatfahrten entfallenden Aufwendungen angesetzt werden, wenn die

1 Finanzbehörde Hamburg, Fachinformation v. 8.11.2018, S 2177-2018/001-52, DStR 2019 S. 1407; ebenso BFH, Urteil v. 17.5.2022, VIII R 26/20, BFH/NV 2022 S. 1117, und BFH, Urteil v. 17.5.2022, VIII R 11/20, BFH/NV 2022 S. 1047.

2 BFH, Urteil v. 9.3.2010, VIII R 24/08, BStBl 2010 II S. 903; BMF, Schreiben v. 18.11.2009, IV C 6 – S 2177/07/10004, BStBl 2009 I S. 1326; BFH, Urteil v. 13.6.2013, VI R 17/12, BStBl 2014 II S. 340.

3 § 8 Abs. 2 Sätze 2 bis 5 und Abs. 3 Satz 1 EStG.

4 § 1 Abs. 1 Satz 1 Nr. 3 SvEV i. V. m. § 40 Abs. 2 Satz 2 Nr. 1b EStG.

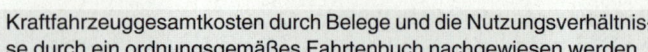

Kraftfahrzeuggesamtkosten durch Belege und die Nutzungsverhältnisse durch ein ordnungsgemäßes Fahrtenbuch nachgewiesen werden.

Die Dienstwagenbesteuerung nach der Fahrtenbuchmethode ist indes sehr streitanfällig und führt insbesondere im Rahmen von Lohnsteuer-Außenprüfungen regelmäßig zu Lohnsteuernachforderungen, weil das Finanzamt häufig die Ordnungsmäßigkeit des Fahrtenbuchs versagt und stattdessen den Sachbezug anhand der meist ungünstigeren pauschalen 1-%-Regelung ermittelt.

Gesetze, Vorschriften und Rechtsprechung

Lohnsteuer: Gesetzliche Regelungen finden sich in § 8 Abs. 2 Sätze 2, 3 EStG i. V. m. § 6 Abs. 1 Nr. 4 Satz 2 EStG (1-%-Regelung); sowie in § 8 Abs. 2 Satz 4 EStG (Fahrtenbuchmethode). Die Finanzverwaltung hat in R 8.1 Abs. 9 LStR zur Überlassung von Dienstwagen an Arbeitnehmer ausführlich Stellung genommen. Ausführungen zum elektronischen Fahrtenbuch, zur Berechnung der Gesamtkosten und der Anrechnung von Nutzungsentgelten ergeben sich aus BMF, Schreiben v. 3.3.2022, IV C 5 – S 2334/21/10004 :001, BStBl 2022 I S. 232. Zur Überlassung von Elektro- und Hybridelektrofahrzeugen als Dienstwagen s. BMF, Schreiben v. 5.11.2021, IV C 6 – S 2177/19/10004:008/IV C 5 – S 2334/19/10009 :003, BStBl 2021 I S. 2205; zur steuerfreien Überlassung von Ladestrom und Ladestationen s. BMF, Schreiben v. 29.9.2020, IV C 5 – S 2334/19/10009 :004, BStBl 2020 II S. 972.

Sozialversicherung: § 14 Abs. 1 SGB IV definiert das zur Beitragspflicht in der Sozialversicherung heranzuziehende Arbeitsentgelt aus einer Beschäftigung. In § 1 Abs. 1 Satz 1 SvEV ist normiert, unter welchen Bedingungen bestimmte Entgeltbestandteile kein sozialversicherungspflichtiges Arbeitsentgelt darstellen. Die Überlassung eines Dienstwagens stellt einen sonstigen Sachbezug dar, der nach § 3 SvEV zu beurteilen ist.

Entgelt	LSt	SV
Geldwerter Vorteil bei Überlassung zu Privatfahrten	pflichtig	pflichtig

Lohnsteuer

Nutzungswertermittlung

Berechnung der Pkw-Gesamtkosten

Die Pkw-Gesamtkosten können nicht einfach aus der betrieblichen Buchführung übernommen werden, sondern müssen in typisierender Weise berechnet werden. Anzusetzen sind nur die vom Arbeitgeber getragenen Kosten. Soweit der Arbeitnehmer laufende Aufwendungen übernimmt, bleiben diese bei der Ermittlung der Gesamtkosten außer Ansatz. Aus der ermittelten Fahrleistung des Pkw und den Gesamtkosten ist der Fahrzeugaufwand je gefahrenem Kilometer zu berechnen. Dieser individuelle Kilometersatz ist Grundlage für die Berechnung des geldwerten Vorteils, der auf die Privatfahrten entfällt.

Art der Nutzung	Berechnung des Arbeitslohns
Privatfahrten	$\frac{\text{Gesamtkosten}}{\text{Jahresfahrleistung}}$ = Kosten pro km × privat gefahrene km
Fahrten Wohnung – erste Tätigkeitsstätte	$\frac{\text{Gesamtkosten}}{\text{Jahresfahrleistung}}$ = Kosten pro km × gefahrene km Wohnung – Tätigkeitsstätte

Die Kosten des Dienstwagens müssen exakt festgehalten werden. Nicht zulässig ist es, einen Durchschnittswert anzusetzen, der sich aus den betrieblichen Kosten aller Betriebsfahrzeuge ergibt, falls für Zwecke der betrieblichen Gewinnermittlung ein Kfz-Sammelkonto geführt wird. Eine Schätzung der Benzinkosten für das einzelne Fahrzeug anhand der Herstellerverbrauchsangaben ist selbst dann nicht zulässig, wenn die Gesamttreibstoffkosten des Betriebs belegt sind. Die Fahrtenbuchmethode verlangt den belegmäßigen Einzelnachweis der durch das überlassene Fahrzeug entstandenen Kosten.[1]

Einzubeziehende Aufwendungen

Jährliche Abschreibung

Die Abschreibung für das Fahrzeug berechnet sich nach den tatsächlichen Anschaffungs- oder Herstellungskosten zuzüglich Umsatzsteuer und nicht etwa auf Basis des inländischen Bruttolistenpreises im Zeitpunkt der Erstzulassung.

Die Nutzungsdauer bei Neuwagen richtet sich nicht nach der AfA-Tabelle, sondern geht von einer 8-jährigen Nutzungsdauer aus; dies entspricht einer Abschreibung von 12,5 % der Anschaffungs- oder Herstellungskosten.[2] Bei Gebrauchtwagen ist sie nach der jeweiligen Restnutzungsdauer zu schätzen; dabei sind Alter, Beschaffenheit und Einsatz des Fahrzeugs zu berücksichtigen.

Sonderabschreibungen gehören nicht zu den Pkw-Gesamtkosten.[3]

Bei Leasingfahrzeugen sind anstelle der Abschreibung die jeweiligen Leasingraten anzusetzen. Leasingsonderzahlungen, die im Normalfall einmalig bei Beginn des Leasingzeitraums zu zahlen sind, erhöhen ausschließlich die Gesamtkosten im Jahr der Zahlung, wenn sie bei der Gewinnermittlung durch Einnahme-/Überschussrechnung im Jahr der Zahlung in voller Höhe als Betriebsausgaben abzugsfähig sind. Sie sind nicht etwa auf die Laufzeit des Vertrags zu verteilen.[4] Etwas anderes gilt für Leasingsonderzahlungen, wenn sie bei der betrieblichen Gewinnermittlung durch Bestandsvergleich bilanzrechtlich periodengerecht zu erfassen sind.[5] Hier ist eine zeitanteilige Verteilung der Sonderzahlung auf den Gesamtleasingzeitraum vorzunehmen.

Übrige Betriebskosten

Zu den Pkw-Gesamtkosten gehört weiterhin die Summe aller übrigen Betriebskosten, z. B.

- Betriebsstoffkosten (Benzin, Öl, Reinigungs- und Pflegekosten),
- Ersatzteile und Zubehör (z. B. Reifen und Eiskratzer),
- Wartungs- und Reparaturkosten,
- Garagenmiete,
- Kfz-Steuer und -versicherung.

In die Berechnung der Gesamtkosten nicht einzubeziehen ist der Ladestrom bei einem Elektro-Dienstwagen, der beim Laden an einer betrieblichen Ladestation steuerfrei bleibt.[6] Dasselbe gilt für den steuerfreien ⇗ Auslagenersatz, wenn der Arbeitgeber die zunächst vom Arbeitnehmer getragenen Stromladekosten steuerfrei ersetzt.[7]

Gesamtkosten zuzüglich Umsatzsteuer

Die in die Ermittlungen der Gesamtkosten einzubeziehenden Aufwendungen sind zuzüglich Umsatzsteuer anzusetzen, soweit aus den Beträgen ein Vorsteuerabzug möglich war. Dies trifft auch für die Abschreibung zu, wenn aus dem Kaufpreis Vorsteuer geltend gemacht wurde.

Nicht mit Vorsteuer belastete Kosten sind z. B. die Kfz-Steuer, die Kfz-Versicherung, Abschreibungsbeträge beim Pkw-Kauf von privat oder die Garagenmiete.

1 BFH, Urteil v. 15.12.2022, VI R 44/20, BStBl 2023 II S. 442.
2 BFH, Beschluss v. 29.3.2005, IX B 174/03, BStBl 2006 II S. 368.
3 BFH, Urteil v. 25.3.1988, III R 96/85, BStBl 1988 II S. 655.
4 BFH, Urteil v. 5.5.1994, VI R 100/93, BStBl 1994 II S. 643.
5 BFH, Urteil v. 3.9.2015, VI R 27/14, BStBl 2016 II S. 174.
6 § 3 Nr. 46 EStG.
7 § 3 Nr. 50 EStG.

Unfallkosten: 1.000-EUR-Bagatellgrenze

Die Kosten eines Unfallschadens sind nicht in die Berechnung des Kilometersatzes für den Dienstwagen einzubeziehen, sondern als zusätzlicher geldwerter Vorteil beim Arbeitnehmer zu erfassen, wenn die Firma die Reparaturrechnung bzw. den Schaden wirtschaftlich trägt.[1]

Reparaturen bis 1.000 EUR netto zählen zu den Gesamtkosten

Aus praktischen Erwägungen dürfen Reparaturkosten bis zu einem Nettobetrag von 1.000 EUR (zuzüglich Mehrwertsteuer) weiterhin in die Gesamtkosten des Dienstwagens einbezogen werden. Im Rahmen dieser Kleinbetragsgrenze erhöhen Unfallkosten damit auch den Kilometersatz des Fahrzeugs, der für die Berechnung des geldwerten Vorteils zugrunde gelegt wird. Dies gilt unabhängig davon, ob sich der Unfall auf einer Dienst- oder Privatfahrt ereignet.[2]

Tipp

Kfz-Kosten getrennt aufzeichnen

Die Fahrtenbuchmethode verlangt keine getrennte Aufzeichnung der Fahrzeugkosten in einem gesonderten Konto.[3] Gleichwohl ist dem Arbeitgeber hier zu empfehlen, in der Buchführung für jedes Fahrzeug Einzelsachkonten anzulegen. Die Ermittlung der Gesamtkosten wird dadurch wesentlich vereinfacht.

Vorläufige Nutzungswertermittlung zulässig

Aus Vereinfachungsgründen kann der monatliche geldwerte Vorteil aus der Dienstwagenüberlassung zunächst mit 1/12 des Vorjahresbetrags angesetzt werden. Zulässig ist es auch, stattdessen bei der monatlichen Erhebung der Lohnsteuer vorläufig die Privatfahrten mit 0,001 % je Fahrkilometer des inländischen Listenpreises für das Fahrzeug anzusetzen.

Tatsächliche Nutzungswertermittlung zum Jahresende

Bei Beendigung des Dienstverhältnisses, spätestens nach Ablauf des Kalenderjahres, ist der tatsächlich zu versteuernde Nutzungswert zu ermitteln und etwaige Differenzen zugunsten oder zulasten des Arbeitnehmers nach Maßgabe der §§ 41c, 42b EStG auszugleichen.[4]

Garagengeld und Garagenmiete

Zahlungen des Arbeitgebers für eine Dienstwagengarage des Arbeitnehmers sind nicht als Arbeitslohn zu versteuern.[5] Sie zählen (anders als die Einnahmen aus der Überlassung von Werbeflächen am eigenen Pkw, die der BFH beim Arbeitnehmer den Arbeitslohneinkünften zurechnet[6]) zu den Vermietungseinkünften, die nicht im Lohnsteuerverfahren, sondern allenfalls im Rahmen der Einkommensteuererklärung der Besteuerung unterliegen.

Garagenmiete erhöht Pkw-Gesamtkosten

Die Kosten der Garagenmiete zählen zu den Pkw-Gesamtkosten des Dienstwagens. Dementsprechend erhöht das Garagengeld bei der Fahrtenbuchmethode – anders als bei der 1-%-Regelung – den Kilometersatz, der bei Ermittlung des geldwerten Vorteils aus der Privatnutzung des Dienstwagens zugrunde zu legen ist.

Nachweis durch ordnungsgemäßes Fahrtenbuch

Aufzeichnungen im Fahrtenbuch

Die Kilometer für dienstliche und private Fahrten müssen durch ein ordnungsgemäßes Fahrtenbuch nachgewiesen werden. Die Eintragungen haben neben den einzelnen Fahrten auch den Kilometerstand zu Beginn und am Ende des jeweiligen Kalenderjahres auszuweisen. An die Stelle eines Fahrtenbuchs kann auch ein Fahrtenschreiber treten oder andere elektronische Geräte, welche die erforderlichen Angaben unverfälschbar aufzeichnen.

1 R 8.1 Abs. 9 Nr. 2 Sätze 12–17 LStR.
2 R 8.1 Abs. 9 Nr. 2 Sätze 12–17 LStR.
3 BFH, Urteil v. 10.4.2008, VI R 38/06, BStBl 2008 II S. 768.
4 R 8.1 Abs. 9 Nr. 3 LStR.
5 BFH, Urteil v. 7.6.2002, VI R 145/99, BStBl 2002 II S. 829; BFH, Urteil v. 7.6.2002, VI R 53/01, BStBl 2002 II S. 878.
6 BFH, Beschluss v. 21.6.2022, VI R 20/20, BFH/NV 2023 S. 77.

Wichtig

Fahrtenbuchführung nicht auf repräsentativen Zeitraum beschränkbar

Entfallen ist die Möglichkeit, das Fahrtenbuch nur für einen repräsentativen Zeitraum von 12 Monaten zu führen. Die Lohnsteuer-Richtlinien verlangen bei Anwendung der Einzelnachweis-Methode ein Fahrtenbuch selbst dann, wenn die Nutzungsverhältnisse des Dienstwagens unverändert bleiben. Die Fahrtenbuchmethode hat zur Voraussetzung, dass der Arbeitnehmer das Fahrtenbuch für den gesamten Veranlagungszeitraum führt. Ein Wechsel während des Jahres ist bei ein und demselben Fahrzeug nicht zulässig.[7]

Ordnungsmäßigkeit des Fahrtenbuchs

Anforderungen

Um die Pauschalmethode zu vermeiden, die im Vergleich zum Fahrtenbuch regelmäßig steuerlich nachteilig ist, müssen folgende Anforderungen im Einzelnen vorliegen:

- Die Aufzeichnungen im Fahrtenbuch müssen vollständig, zeitnah und fortlaufend geführt werden.
- Nachträgliche Veränderungen müssen ausgeschlossen sein.
- Nachträgliche Ergänzungen des Fahrtenbuchs, wie z. B. eine Zusatzliste mit erläuternden Hinweisen, sind nicht zulässig.

Zeitnahe und fortlaufende Eintragungen

Ein ordnungsgemäßes Fahrtenbuch setzt neben vollständigen und fortlaufenden Aufzeichnungen insbesondere voraus, dass es zeitnah und in geschlossener Form geführt wird. Dazu müssen die zu erfassenden Fahrten einschließlich des an ihrem Ende erreichten Gesamtkilometerstands vollständig und in ihrem fortlaufenden Zusammenhang wiedergegeben werden. Aus diesem Grund hat der BFH einem Fahrtenbuch die steuerliche Anerkennung versagt, das erst im Nachhinein anhand von losen Notizzetteln erstellt worden war.[8] Geschlossene Form bedeutet bei einem in Papier geführten Fahrtenbuch, dass eine Sammlung von Einzelblättern nicht ausreicht, sondern eine gebundene Buchform erforderlich ist.[9]

Ein Fahrtenbuch ist nicht ordnungsgemäß, wenn die Fahrten unterwegs mittels eines Diktiergeräts auf Kassetten aufgenommen und anschließend zuhause in Excel-Tabellen übertragen werden.[10] Ein solches auf Kassette diktiertes Fahrtenbuch erfüllt die Anforderungen der Unabänderbarkeit nicht.

Ausschluss nachträglicher Änderungen

Ein ordnungsgemäßes Fahrtenbuch darf geringe Mängel aufweisen[11], muss aber zeitnah erstellt werden. Erfolgen die Aufzeichnungen nachträglich in einem Fahrtenbuch, ist ein „zeitnahes“ Erstellen nicht mehr gegeben.[12] Im Urteilsfall wurde für ein handschriftlich geführtes Fahrtenbuch eine Ausgabe verwendet, die laut Fahrtenbuchhersteller erst 2 Jahre später im Handel verfügbar war. Ebenso geht die Argumentation regelmäßig ins Leere, dass ein vorher geführtes Fahrtenbuch wegen Unleserlichkeit auf ein neues Fahrtenbuch übertragen wurde, sofern das ursprüngliche Fahrtenbuch nicht mehr existiert bzw. nicht vorgelegt wird.

Excel-Fahrtenbuch wird nicht anerkannt

Ein mithilfe eines Tabellenkalkulationsprogramms erstelltes Fahrtenbuch ist nicht ordnungsgemäß. Grund für die steuerliche Aberkennung des Fahrtenbuchs ist, dass an dem bereits eingegebenen Datenbestand Veränderungen vorgenommen werden können, ohne dass deren Reichweite in der Datei selbst dokumentiert oder offengelegt wird.[13]

7 BFH, Urteil v. 20.3.2014, VI R 35/12, BStBl 2014 II S. 643.
8 BFH, Urteil v. 9.11.2005, VI R 27/05, BStBl 2006 II S. 408.
9 BFH, Urteil v. 16.3.2006, VI R 87/04, BStBl 2006 II S. 625; BFH, Beschluss v. 12.7.2011, VI B 12/11, BFH/NV 2011 S. 1863.
10 FG Köln, Urteil v. 18.6.2015, 10 K 33/15.
11 BFH, Urteil v. 10.4.2008, VI R 38/06, BStBl 2008 II S. 768.
12 FG Rheinland-Pfalz, Urteil v. 13.11.2017, 5 K 1391/15, zur Ermittlung des geldwerten Vorteils eines Maseratis als Geschäftswagen.
13 BFH, Urteil v. 16.11.2005, VI R 64/04, BStBl 2006 II S. 410.

Nachbesserungen im Fahrtenbuch sind unzulässig

Die Ergänzung des Fahrtenbuchs um eine weitere, nachträglich erstellte Auflistung ist nicht zulässig, auch wenn die erläuternden Aufzeichnungen aus dem vom Dienstwageninhaber geführten Terminkalender übertragen wurden. Eine Kombination aus handschriftlichem Fahrtenbuch und einer Zusatzliste mit erläuternden Hinweisen schließt die Anwendung der 1-%-Regelung nicht aus.[1]

Inhalt des Fahrtenbuchs

Zu einem ordnungsgemäßen Fahrtenbuch gehört, dass das Fahrtenbuch die nicht als Arbeitslohn zu erfassende anteilige berufliche Verwendung des Dienstwagens in einer schlüssigen Form belegt.[2] Die Aufzeichnungen müssen daher zu den geschäftlichen Reisen Angaben enthalten, anhand derer sich die berufliche Veranlassung der Fahrten plausibel nachvollziehen und ggf. auch nachprüfen lässt.

Angabe von Datum, Reiseziel, Kunden und der jeweiligen Kilometerstände

Um den jeweiligen Zweck der einzelnen Fahrten beurteilen zu können, müssen sich die jeweiligen Anfangs- und Endpunkte der Fahrten unmittelbar aus dem Fahrtenbuch ergeben. Dazu ist neben dem Datum und dem Fahrtziel auch der jeweils aufgesuchte Kunde oder Geschäftspartner im Fahrtenbuch anzugeben bzw., sofern ein solcher nicht vorhanden ist, der konkrete Gegenstand der dienstlichen Verrichtung.[3] Bloße Ortsangaben im Fahrtenbuch reichen allenfalls dann aus, wenn sich der aufgesuchte Kunde oder Geschäftspartner zweifelsfrei ergibt.

Keine Erleichterungen durch Verschwiegenheitspflicht

Es bestehen keine Aufzeichnungserleichterungen im Hinblick auf die berufliche Verschwiegenheitspflicht bestimmter Berufsgruppen, etwa Rechtsanwälte, Notare, Steuerberater oder Wirtschaftsprüfer. Auch sie müssen Reisezweck und Reiseziel, die aufgesuchten Geschäftspartner, Kunden bzw. Mandanten angeben.

Beispiel

Besteuerung nach Fahrtenbuchmethode

Ein Arbeitnehmer erhält einen Dienstwagen auch zur privaten Nutzung. Die Bruttoanschaffungskosten des zu Beginn des Jahres privat gekauften Gebraucht-Pkw betragen 15.000 EUR. Im Laufe des Jahres fielen vorsteuerbelastete Kosten i. H. v. 4.000 EUR an; nicht mit Vorsteuer belastete Kosten wurden i. H. v. 1.000 EUR gebucht.

Die Gesamtfahrleistung beträgt laut Fahrtenbuch 39.000 km. Davon entfallen auf Fahrten zwischen Wohnung und erster Tätigkeitsstätte 4.400 km; auf sonstige Privatfahrten 8.000 km.

Berechnung des Kilometersatzes für die insgesamt gefahrenen Strecken:	
AfA (20 % von 15.000 EUR)	3.000 EUR
Kosten mit Vorsteuerabzug	4.000 EUR
Darauf 19 % Umsatzsteuer	760 EUR
Kosten ohne Vorsteuerabzug	1.000 EUR
Pkw-Gesamtkosten	8.760 EUR
Der individuelle Kilometersatz beträgt (8.760 EUR : 39.000 km)	0,22 EUR

Für den Arbeitnehmer ergeben sich folgende geldwerte Vorteile für die Dienstwagenüberlassung:	
Fahrten Wohnung – erste Tätigkeitsstätte (4.400 km × 0,22 EUR)	968 EUR
Privatfahrten (8.000 km × 0,22 EUR)	1.760 EUR
Gesamt	2.728 EUR

Wichtig

Kein Schadensersatz bei fehlerhaftem Fahrtenbuch

Der Gesetzgeber hat für die Dienstwagenbesteuerung als grundsätzliche Berechnungsmethode die Ermittlung des geldwerten Vorteils nach der 1-%-Regelung festgelegt. Sie kommt immer dann zur Anwendung, wenn kein Fahrtenbuch vorliegt oder wenn dies nicht ordnungsgemäß geführt wird.[4] Ein echter „Steuerschaden" liegt somit nicht vor. Gleichwohl kann der Arbeitnehmer Schadensersatz von seinem Arbeitgeber wegen einer im Vergleich zur Fahrtenbuchmethode überhöhten Steuerfestsetzung verlangen, wenn er nachweisen kann, dass die Anwendung der 1-%-Regelung auf eine Pflichtverletzung oder unerlaubte Handlung des Arbeitgebers zurückzuführen ist, durch die ein tatsächlicher Steuerschaden entstanden ist. Der Schadensersatz führt beim Arbeitnehmer zu keinem Lohnzufluss.[5]

Aus der Urteilsbegründung ist zu entnehmen, dass ein nicht ordnungsgemäß geführtes Fahrtenbuch im Normalfall keinen Schadensersatzanspruch gegenüber dem Arbeitgeber begründet. Die korrekte Führung eines Fahrtenbuchs ist Aufgabe des Arbeitnehmers. Das Lohnbüro muss lediglich die formellen Anforderungen prüfen und den Arbeitnehmer auf objektive Unrichtigkeiten der Fahrtenbuchführung hinweisen.

Elektronisches Fahrtenbuch

Zulässig ist auch die Nachweisführung durch ein elektronisches Fahrtenbuch, das alle Fahrten automatisch mit Datum, Kilometerstand und Fahrtziel erfasst. Der Arbeitnehmer muss den dienstlichen Reisezweck bzw. den besuchten Geschäftspartner persönlich ergänzen. Es gelten dem Grundsatz nach dieselben Regeln wie für handschriftlich geführte Fahrtenbücher.

Auch beim elektronischen Fahrtenbuch müssen die Aufzeichnungen zeitnah erfolgen. Dies gilt insbesondere für die personelle Aufzeichnung des unverzichtbaren geschäftlichen Anlasses des Dienstgeschäfts sowie die Angabe der aufgesuchten Kunden und Geschäftspartner.[6] Es reicht nicht aus, dass die Fahrten mit den per GPS ermittelten Geo-Daten selbst zeitnah aufgezeichnet worden sind.

Ergänzungen innerhalb von 7 Tagen vorzunehmen

Die Finanzverwaltung lässt ausnahmsweise eine nachträgliche elektronische Ergänzung zu: Der Fahrer kann den dienstlichen Fahrtanlass innerhalb eines Zeitraums von bis zu 7 Kalendertagen nach Abschluss der jeweiligen Fahrt in einem Webportal eintragen. Dabei müssen aber auch die Person und der Zeitpunkt der nachträglichen Eintragung im Webportal dokumentiert werden. Beim Ausdrucken von elektronischen Aufzeichnungen müssen nachträgliche Veränderungen der aufgezeichneten Angaben grundsätzlich technisch ausgeschlossen sein – oder zumindest im System dokumentiert werden.

Fahrtenbuch auf Tauglichkeit prüfen (lassen)

Für die Anerkennung einer elektronischen Fahrtenbuch-Software besteht kein Zertifizierungsverfahren. Die Ordnungsmäßigkeit elektronischer Fahrtenbücher bleibt deshalb immer einer Einzelfallprüfung vorbehalten, die regelmäßig im Rahmen der ↗ Lohnsteuer-Außenprüfung vorgenommen wird.

Alternativ kann z. B. auch einen Monat lang das elektronische Fahrtenbuch geführt und dann dem Finanzamt zur Prüfung vorgelegt werden. So kann man sich vergewissern, ob das Finanzamt das (elektronische) Fahrtenbuch anerkennt.

Dokumentation etwaiger GPS-Abweichungen

Bei einem elektronischen Fahrtenbuch sind die GPS-Ermittlung der Fahrtstrecken und die dadurch entstehende Abweichung vom Tachostand des Fahrzeugs grundsätzlich unbedenklich. Die Finanzverwaltung empfiehlt aber, den tatsächlichen Tachostand im Halbjahres- oder Jahresabstand zu dokumentieren.

1 BFH, Urteil v. 1.3.2012, VI R 33/10, BStBl 2012 II S. 505.
2 BFH, Urteil v. 16.3.2006, VI R 87/04, BStBl 2006 II S. 625.
3 Niedersächsisches FG, Urteil v. 23.1.2019, 3 K 107/18, Nichtzulassungsbeschwerde beim BFH unter Az. VI B 25/19; FG Münster, Urteil v. 4.2.2010, 5 K 5046/07 E, U.
4 BFH, Urteil v. 20.3.2014, VI R 35/12, BStBl 2014 II S. 643.
5 BFH, Urteil 25.4.2018, VI R 34/16, BStBl 2018 II S. 600.
6 Niedersächsisches FG, Urteil v. 23.1.2019, 3 K 107/18.

Wichtig

Dokumentationssichere Änderungsmöglichkeit elektronischer Fahrtenbücher

Bei einem elektronisch geführten Fahrtenbuch bedeutet die „geschlossene Form“, dass von der Software die Eintragung in Buchform nachgebildet wird, sodass die Eintragung auf Einzelblättern ausgeschlossen ist. Revisionssicher ist die Software dann, wenn nach der erstmaligen Eingabe die Daten nicht mehr verändert werden können bzw. eine nachträgliche Änderung – ebenso wie beim Fahrtenbuch in Papierform – vom System dokumentiert und nachvollziehbar dargestellt wird. Die Möglichkeit zur Änderung der Daten, ohne dass eine Dokumentation erfolgt, führt zur Nichtanerkennung des Fahrtenbuchs.

Die Daten elektronischer Fahrtenbücher müssen elektronisch von der Finanzverwaltung geprüft werden können.[1] Zu beachten sind außerdem die Grundsätze zur ordnungsmäßigen Führung und Aufbewahrung von Büchern, Aufzeichnungen und Unterlagen in elektronischer Form sowie zum Datenzugriff (GoBD).

Steuerermäßigung für Elektrofahrzeuge und Plug-in-Hybride

Abschläge bei AfA und Leasingbeträgen

Bei einem Elektro- bzw. extern aufladbaren Hybridelektroauto (sog. Plug-in-Hybrid) erhöhen die Kosten für die Batterie in Form der Abschreibung den individuellen Kilometersatz und damit im Ergebnis den lohnsteuerpflichtigen ⇗ geldwerten Vorteil. Zur Förderung der Elektromobilität erfolgt bei der Fahrtenbuchmethode eine Kürzung der abschreibungsfähigen Anschaffungskosten bzw. bei Leasingfahrzeugen eine Kürzung der Leasingraten.[2] Sie bewirkt einen geringeren Kilometersatz und damit einen geringeren geldwerten Vorteil für die Privatnutzung des Elektro-Dienstwagens beim Arbeitnehmer.

Pauschaler Abschlag pro kWh

Für E-Fahrzeuge mit Erstzulassung bis 2018 werden die insgesamt für das Elektro-Dienstfahrzeug entstandenen Kosten um einen pauschalen Abschlag von 500 EUR pro kWh der Batteriekapazität gekürzt. Die Kürzung ist auf max. 10.000 EUR begrenzt. Für Fahrzeuge mit Erstzulassung nach 2013 wird der pauschale Abschlag seit 2014 sukzessive um jährliche 50 EUR abgeschmolzen, der hierbei zu beachtende Höchstbetrag um jährliche 500 EUR. Diese Bonusregelung ist auf Elektrofahrzeuge begrenzt, die bis zum 31.12.2022 angeschafft oder geleast werden.

Die Kürzung umfasst den gesamten Zeitraum der Dienstwagenüberlassung. Der Umfang der Kürzung bestimmt sich nach dem jeweiligen Anschaffungsjahr bzw. bei der Anschaffung von Gebrauchtfahrzeugen bis 31.12.2022 nach dem Jahr der Erstzulassung des Dienstwagens. Die einzelnen Abschläge in Abhängigkeit des Anschaffungsjahres können der folgenden Tabelle entnommen werden:

Jahr der Anschaffung	Kürzung pro kWh Batteriekapazität	Höchstbetrag der Kürzung
2013 und früher	500 EUR pro kWh	10.000 EUR
2014	450 EUR pro kWh	9.500 EUR
2015	400 EUR pro kWh	9.000 EUR
2016	350 EUR pro kWh	8.500 EUR
2017	300 EUR pro kWh	8.000 EUR
2018	250 EUR pro kWh	7.500 EUR
2019	200 EUR pro kWh/ 50-%-Ansatz	7.000 EUR/ keine Obergrenze
2020	150 EUR pro kWh/ 50-%-Ansatz bzw. 25-%-Ansatz	6.500 EUR/ keine Obergrenze
2021	100 EUR pro kWh/ 50-%-Ansatz bzw. 25-%-Ansatz	6.000 EUR/ keine Obergrenze
2022	50 EUR pro kWh/ 50-%-Ansatz bzw. 25-%-Ansatz	5.500 EUR/ keine Obergrenze
2023 bis 2030	50-%-Ansatz bzw. 25-%-Ansatz	keine Obergrenze

Für Anschaffungen seit 2023 kommt keine Kürzung anhand pauschaler Abschläge pro kWh der Batteriekapazität mehr infrage.

50-%-Ansatz der AfA-/Leasingbeträge

Die Kürzung um die Kosten für das Batterie- und Speichersystem ist für die Jahre 2019 bis 2030 ergänzt um die mögliche Kürzung des Bruttolistenpreises auf 50 %. Entsprechend der Regelung bei der 1-%-Methode werden auch bei der Fahrtenbuchmethode die Anschaffungskosten und damit die Abschreibungsbeträge für ab 1.1.2019 angeschaffte Elektro- und Hybridelektro-Dienstwagen nur zur Hälfte angesetzt.[3]

Bei Leasingfahrzeugen treten an die Stelle der AfA-Beträge die monatlichen Leasingraten, die ebenfalls nur zu 50 % bei der Berechnung des für den geldwerten Vorteil maßgebenden Kilometersatzes einbezogen werden. Die Halbierung der Abschreibungs- und Leasingbeträge gilt für Neu- und Gebrauchtfahrzeuge in gleicher Weise.

Steigende Anforderungen an Hybridelektrofahrzeuge

Bei Hybridelektrofahrzeugen (sog. Plug-in-Hybriden) ist die Halbierung der AfA-Beträge bzw. Leasingraten an bestimmte Anforderungen hinsichtlich CO2-Ausstoß bzw. Reichweite des Elektromotors geknüpft. Abhängig vom Anschaffungsjahr steigen die Anforderungen stufenweise an:

Jahr der Anschaffung	Mindestreichweite des Elektromotors	max. CO2-Ausstoß
2019 – 2021	40 km	50g CO2/km
2022 – 2024	60 km	50g CO2/km
2025 – 2030	–[4]	50g CO2/km

Ausreichend ist es, wenn das Fahrzeug eine der beiden ökologischen Anforderungen erfüllt. Sind diese Anforderungen für die Kürzung nicht erfüllt, folgt die Dienstwagenbesteuerung den allgemeinen Regeln, die für Dienstwagen mit Verbrennungsmotoren gelten.

Für ein Hybridfahrzeug, das vor 2023 angeschafft wurde und die Anforderungen laut Tabelle nicht erfüllt hat, kommt eine pauschale Kürzung in Abhängigkeit der kWh-Batteriekapazität weiterhin infrage. Nach jener Regelung kann ein pauschaler Abschlag erfolgen, wenn die Anforderungen nach dem Elektromobilitätsgesetz nicht erfüllt sind.[5] Danach ist z. B. für das Anschaffungsjahr 2022 auch für Lohnzahlungszeiträume ab 2023 ein pauschaler Abschlag von 50 EUR pro kWh (max. 5.500 EUR) möglich. Für Anschaffungen ab 2023 darf die Regelung allerdings nicht mehr angewendet werden.[6] Für ein ab 2023 angeschafftes Hybridfahrzeug mit einer elektrischen Mindestreichweite unter 60 km und einem CO2-Ausstoß von mehr als 50g/km kommt weder die Halbierung des Bruttolistenpreises noch eine pauschale Kürzung in Abhängigkeit der kWh infrage.

1 BFH, Urteil v. 16.11.2005, VI R 64/04, BStBl 2006 II S. 410.
2 § 6 Abs. 1 Nr. 4 Satz 2 EStG.
3 § 6 Abs. 1 Nr. 4 i. V. m. § 8 Abs. 2 EStG.
4 Ab 2025 soll nur noch ein max. CO2-Ausstoß von 50g/km gelten, § 6 Abs. 1 Nr. 4 Sätze 2–3 i. V. m. § 8 Abs. 2 Sätze 2-3 EStG i. d. F. des Entwurfs eines Wachstumschancengesetzes.
5 § 3 Abs. 2 Nrn. 1, 2 EmoG.
6 § 6 Abs. 1 Nr. 4 Satz 2 EStG.

25-%-Ansatz der AfA-/Leasingbeträge für „reine“ E-Dienstwagen

Für Elektro-Dienstwagen mit einem Bruttolistenpreis bis 60.000 EUR im Zeitpunkt der Erstzulassung werden – entsprechend der Kürzung bei der 1-%-Regelung- bei der Fahrtenbuchmethode die Anschaffungskosten und damit die Abschreibungsbeträge seit 2020 nur mit 25 % angesetzt.[1] Voraussetzung ist, dass die Anschaffung des E-Dienstwagens in den Jahren 2019 bis 2030 erfolgt ist.

Bei Leasingfahrzeugen treten an die Stelle der AfA-Beträge die monatlichen Leasingraten, die ebenfalls nur zu 25 % bei der Berechnung des Kilometersatzes einbezogen werden. Der 25-%-Ansatz der Abschreibungs- und Leasingbeträge gilt für Neu- und Gebrauchtfahrzeuge in gleicher Weise.

Wichtig

Anhebung der Obergrenze für 0,25-%-Regelung geplant

Für Elektro-Dienstwagen, die ab 1.1.2024 neu oder gebraucht angeschafft werden, sah das Wachstumschancengesetz eine Erhöhung der Bruttolistenpreis-Obergrenze für den 25-%-Ansatz auf 70.000 EUR vor. Auch für die Fahrtenbuch-Methode sollte der Ansatz der AfA-Beträge bzw. Leasingraten mit 25 % für die Anschaffung von E-Dienstwagen ab 2024 zulässig sein, wenn deren Bruttolistenpreis nicht über 70.000 EUR liegt. Der Gesetzgeber will mit der Anhebung der Bruttolistenpreisgrenze auf 70.000 EUR den gestiegenen Kaufpreisen in der Automobilbranche Rechnung tragen.

Da das Gesetzgebungsverfahren noch nicht abgeschlossen ist, kann es im Laufe des Jahres 2024 zu einer Änderung kommen. Bis zur Verabschiedung eines Gesetzes gilt weiterhin die Bruttolistenpreisgrenze von 60.000 EUR.

Sozialversicherung

Beitragspflicht des geldwerten Vorteils

Überlässt der Arbeitgeber dem Arbeitnehmer ein Kraftfahrzeug (Kfz) unentgeltlich zur privaten Nutzung, so ist der darin liegende ↗ Sachbezug als geldwerter Vorteil beitragspflichtig.

Die in § 3 Abs. 1 Satz 3 SvEV getroffenen Regelungen verweisen ausdrücklich auf die Vorschriften des Steuerrechts.[2] Wird die Aufzeichnungsmethode (Fahrtenbuchmethode) angewendet, ist der so ermittelte steuerpflichtige ↗ geldwerte Vorteil in gleicher Höhe beitragspflichtig zur Sozialversicherung.

Dienstwohnung

Eine Dienstwohnung, auch Werkwohnung genannt, ist eine Wohnung, die nur an Mitarbeiter eines Arbeitgebers vermietet wird. Grundlage für den Abschluss des Mietvertrags ist das Bestehen eines Dienst-, Arbeits- oder Ausbildungsverhältnisses. Dienstwohnungen können

- Werkmietwohnungen oder
- Werkdienstwohnungen sein.

Für beide Arten gelten unterschiedliche arbeitsrechtliche Rechtsfolgen. Aus lohnsteuer- und sozialversicherungsrechtlicher Sicht stellt der geldwerte Vorteil aus der unentgeltlichen oder verbilligten Überlassung einer Dienstwohnung grundsätzlich lohnsteuerpflichtigen Arbeitslohn und sozialversicherungspflichtiges Arbeitsentgelt dar. Damit die Unterbringung durch den Arbeitgeber den lohnsteuer- und sozialversicherungsrechtlichen Wohnungsbegriff erfüllt, müssen bestimmte Anforderungen erfüllt sein.

Gesetze, Vorschriften und Rechtsprechung

Lohnsteuer: Sowohl in der Sozialversicherung als auch im Steuerrecht spielt die Sozialversicherungsentgeltverordnung (SvEV) eine entscheidende Rolle. Daneben ist im Steuerrecht § 2 Abs. 1 EStG relevant. § 2 Abs. 3 und 4 SvEV regeln die Bewertungsgrundsätze, die für die Überlassung einer Dienstwohnung anzusetzen sind. Das Steuerrecht sieht als geldwerten Vorteil für die Überlassung von Wohnraum durch den Arbeitgeber den ortsüblichen Mietpreis am Abgabeort, also die Ortsmiete vor (§ 8 Abs. 2 Satz 1 EStG). Seit 2020 gilt für Wohnungen mit einer ortsüblichen Kaltmiete bis zu 25 EUR pro Quadratmeter eine Art Freibetrag: In Höhe von 1/3 des ortsüblichen Mietwerts wird auf den Ansatz eines Sachbezugs verzichtet (§ 8 Abs. 2 Satz 12 EStG). Überlässt der Arbeitgeber Wohnungen auch an Fremde, kommt die besondere Bewertung für Belegschaftsrabatte infrage, die Mietnachlässe bis zu 1.080 EUR steuerfrei stellt (§ 8 Abs. 3 EStG). Verwaltungsanweisungen zur Bewertung von Dienstwohnungen finden sich in R 8.1 Abs. 5-6a LStR.

Sozialversicherung: Sachbezüge gehören nach § 14 Abs. 1 SGB IV zum Arbeitsentgelt. Die Beitragspflicht von überlassenen Dienstwohnungen ist in § 2 Abs. 4–5 SvEV i. V. m. R 8.1 LStR geregelt.

Entgelt	LSt	SV
Unentgeltlich oder verbilligte Überlassung einer Dienstwohnung	pflichtig	pflichtig
Miete beträgt 2/3 des ortsüblichen Mietpreises und der Mietpreis beträgt max. 25/EUR m^2	frei	frei

Lohnsteuer

Unterscheidung zwischen Wohnung und Unterkunft

Überlässt der Arbeitgeber dem Arbeitnehmer eine Dienstwohnung unentgeltlich oder verbilligt, stellt dies als Sachbezug steuerpflichtigen Arbeitslohn dar. Die Unterscheidung zwischen (Dienst-)Wohnung und Unterkunft ist lohnsteuerlich wichtig: Während der Sachbezug für eine Wohnung in Höhe der ortsüblichen Miete (seit 2020 nach Abzug eines Betrags von 1/3 der ortsüblichen Miete) als geldwerter Vorteil zu erfassen ist, wird der Sachbezug einer Unterkunft mit den amtlichen Sachbezugswerten bewertet, die sowohl für die Lohnsteuer als auch für die Sozialversicherung bindend sind. Der Sachbezugswert beträgt 2024 für eine Unterkunft 278 EUR (2023: 265 EUR).

Wohnung ist eine in sich geschlossene Einheit von Räumen

Unter einer Wohnung ist eine in sich geschlossene Einheit von Räumen zu verstehen, in denen ein selbstständiger Haushalt geführt werden kann. Wesentlich ist, dass eine Wasserversorgung und -entsorgung, zumindest eine einer Küche vergleichbare Kochgelegenheit sowie eine Toilette vorhanden sind. Als Wohnung zählt z. B. bereits ein 1-Zimmerappartement mit Küchenzeile und WC als Nebenraum, nicht dagegen ein Wohnraum mit bloßer Mitbenutzung von Bad, Toilette und Küche; im letzteren Fall spricht man von einer Unterkunft. Zu den Unterkünften zählen auch Baracken, Wohncontainer, Wohnwagen und andere Raumzellen.[3]

Freigrenze von 50 EUR für Luxuswohnungen anwendbar

Für Wohnungen, deren Kaltmiete 25 EUR pro Quadratmeter nicht übersteigt, gilt seit 2020 ein Bewertungsabschlag von 1/3 der ortsüblichen Miete.

Die 1/3-Kürzung schließt die Anwendung der Sachbezugsfreigrenze von 50 EUR nicht aus. Die Finanzverwaltung sieht in dem Bewertungsabschlag keine Spezialregelung für die Bewertung der Wohnungsüberlassung, bei der die Kleinbetragsgrenze ausgeschlossen wäre, sondern einen Freibetrag, der im Rahmen des Bewertungsgrundsatzes „ortsübliche Miete“ nach § 8 Abs. 2 Satz 1 EStG abzuziehen ist. Für einen ver-

1 § 6 Abs. 1 Nr. 4 Satz 1 EStG.
2 § 8 Abs. 2 Sätze 2 bis 5 und Abs. 3 Satz 1 EStG.
3 FG Münster, Urteil v. 25.5.2022, 7 K 3447/18 L.

bleibenden lohnsteuerpflichtigen Mietvorteil ist deshalb im 2. Schritt zusätzlich die monatliche Freigrenze von 50 EUR zu prüfen.

Sofern die Kaltmiete 25 EUR pro Quadratmeter übersteigt, bemisst sich der geldwerte Vorteil einer verbilligt angemieteten Wohnung nach dem Unterschiedsbetrag zwischen dem ortsüblichen Mietwert (Vergleichsmiete) und dem Preis, zu dem die Wohnung überlassen wird. Auch dieser geldwerte Vorteil unterliegt nur dann dem Lohnsteuerabzug, wenn er – ggf. zusammen mit anderen Sachbezügen – die Freigrenze von monatlich 50 EUR übersteigt.

Wichtig

Bewertung mit Sachbezugswert schließt 50-EUR-Freigrenze aus

Wird dem Arbeitnehmer statt einer Wohnung lediglich eine unentgeltliche Unterkunft zur Verfügung gestellt, ist der geldwerte Vorteil mit dem hierfür maßgebenden Sachbezugswert nach der Sozialversicherungsentgeltverordnung (2023: 265 EUR) anzusetzen. Dies schließt die Anwendung der Freigrenze von monatlich 50 EUR immer aus.

Bewertung mit dem ortsüblichen Mietpreis

Mietvorteile aus der Überlassung einer Wohnung sind mit den um übliche Preisnachlässe geminderten üblichen Endpreisen am Abgabeort zu bewerten (ortsüblicher Mietwert). Der ortsübliche Mietwert ist unter Berücksichtigung aller Eigenarten der vom Arbeitgeber überlassenen Wohnung nach dem Preis zu bemessen, der für eine nach Baujahr, Lage, Art, Größe, Ausstattung und Beschaffenheit vergleichbare Wohnung üblicherweise gezahlt wird. Als ortsüblicher Mietwert ist die Kaltmiete zuzüglich der nach der Betriebskostenverordnung umlagefähigen Kosten anzusetzen, die für eine nach Baujahr, Art, Größe, Ausstattung, Beschaffenheit und Lage vergleichbaren Wohnung üblich ist (Vergleichsmiete).

Hinweis

Ortsüblich sind alle Werte innerhalb der Mietpreisspanne des Mietspiegels

Ortsüblich ist auch der niedrigste Mietwert der Mietpreisspanne des Mietspiegels für eine vergleichbare Wohnung zuzüglich der nach der Betriebskostenverordnung umlagefähigen Kosten, die konkret auf die überlassene Wohnung entfallen. Es ist nicht erforderlich, innerhalb der Mietpreisspanne auf den Mittelwert abzustellen. Jeder Mietwert ist als ortsüblich anzusehen, den der Mietspiegel im Rahmen einer Spanne zwischen mehreren Mietwerten ausweist.[1]

Ermittlung anhand des Mietspiegels

Der Mietwert für eine Wohnung kann im Regelfall anhand des örtlichen Mietspiegels ermittelt werden. Ist für die betreffende Gemeinde kein Mietspiegel aufgestellt worden, kann die ortsübliche Miete anhand des Mietspiegels einer vergleichbaren Gemeinde, anhand entsprechender Mieten für 3 vergleichbare Wohnungen Dritter oder durch ein Gutachten eines öffentlich bestellten oder vereidigten Sachverständigen für Mietfragen ermittelt werden. Etwaige örtlich bedingte Abweichungen sind in Form von Zu- oder Abschlägen zu berücksichtigen. Eine vergleichbare Gemeinde ist nicht immer gleichzusetzen mit der Nachbargemeinde.

Kann der ortsübliche Mietpreis nur unter außerordentlichen Schwierigkeiten ermittelt werden, kann die Wohnung mit den festgelegten Quadratmeterpreisen von 4,89 EUR[2] bzw. bei einfacher Ausstattung (ohne Sammelheizung oder ohne Bad bzw. Dusche) von 4,00 EUR[3] angesetzt werden.[4]

Überlässt der Arbeitgeber seinem Arbeitnehmer eine Wohnung zu einem Mietpreis, der innerhalb der Mietpreisspanne des örtlichen Mietspiegels liegt, scheidet die Annahme eines geldwerten Vorteils regelmäßig aus.

1 BFH, Urteil v. 11.5.2011, VI R 65/09, BStBl 2011 II S. 946.
2 2023: 4,66 EUR.
3 2023: 3,81 EUR.
4 § 2 Abs. 4 Satz 2 SvEV.

Niedrigere Vergleichsmiete bei Vermietung an betriebsfremde Dritte

In den Fällen, in denen der Arbeitgeber vergleichbare Wohnungen in nicht unerheblichem Umfang an fremde Dritte zu einer niedrigeren als der üblichen Miete vermietet, kann diese niedrigere Miete als ortsüblicher Mietpreis angesetzt werden.

Beeinträchtigungen nur in Ausnahmefällen wertmindernd zu berücksichtigen

Persönliche Bedürfnisse des Arbeitnehmers (z. B. hinsichtlich der Größe der Wohnung) werden bei der Mietwertermittlung für die Wohnung nicht berücksichtigt. Bei Hausmeisterwohnungen können jedoch die Beeinträchtigungen, die sich durch die Besonderheit der Berufstätigkeit ergeben, wertmindernd berücksichtigt werden. Im Übrigen ist der ortsübliche Mietpreis unabhängig davon anzusetzen, ob die Wohnung (z. B. als Werk- oder Dienstwohnung) im Eigentum des Arbeitgebers oder dem Arbeitgeber aufgrund eines Belegungsrechts zur Verfügung steht oder von ihm angemietet worden ist.

Bewertungsabschlag bei einem Mietpreis bis zu 25 EUR pro Quadratmeter

Infolge der stark steigenden Mietpreise führt die Anknüpfung der Bewertung von Dienst- bzw. Werkwohnungen an die dynamisch steigenden Mietspiegel zu zunehmenden steuerlichen Belastungen bei den Arbeitnehmern. Um dem entgegenzuwirken, wird für Lohnzahlungszeiträume seit dem 1.1.2020 ein Bewertungsabschlag eingeführt, der bei der Ermittlung des für die Vorteilsbesteuerung maßgebenden örtlichen Mietwerts abzuziehen ist, sofern die Nettokaltmiete für die Wohnung 25 EUR pro Quadratmeter nicht übersteigt. Nach den Vorgaben des Gesetzgebers unterbleibt der Ansatz eines Sachbezugs für eine vom Arbeitgeber zu Wohnzwecken überlassene Wohnung, soweit das vom Arbeitnehmer bezahlte Entgelt (tatsächlich erhobene Miete plus tatsächlich abgerechnete Nebenkosten) mindestens 2/3 des ortsüblichen Mietwerts beträgt.[5] Ausgangsgröße für die Ermittlung des geldwerten Vorteils „Wohnungsüberlassung" sind seit 2020 2/3 des ortsüblichen Mietwerts. Zahlt der Arbeitnehmer weniger, wirkt der Abschlag von 1/3 wie ein Freibetrag. Lohnsteuerpflichtig ist nur noch die Differenz zwischen dem vom Arbeitnehmer tatsächlich gezahlten Mietentgelt und der nach Abzug des Bewertungsabschlags sich ergebenden Vergleichsmiete. Um die steuerlich begünstigte Vermietung von Luxuswohnungen auszuschließen, ist die auf 2/3 des ortsüblichen Mietwerts gekürzte Bemessungsgrundlage für Kaltmieten von mehr als 25 EUR pro Quadratmeter nicht anwendbar. Die gesetzlich festgelegte Mietobergrenze bezieht sich auf die ortsübliche Miete ohne Betriebskosten.

Beispiel

Geldwerter Vorteil bei Anwendung des Bewertungsabschlags

Der Arbeitnehmer bewohnt eine von seinem Arbeitgeber für 780 EUR überlassene 3-Zimmer-Wohnung. Die Nebenkosten für die 50-m^2-Wohnung betragen 260 EUR. Nach dem örtlichen Mietspiegel beträgt der niedrigste Wert der Mietpreisspanne für eine vergleichbare Wohnung 14 EUR je Quadratmeter.

Ergebnis: Seit 2020 erhält der Arbeitnehmer für die Betriebswohnung einen Bewertungsabschlag, da der maßgebende Quadratmeterpreis 25 EUR nicht überschreitet. Der ortsübliche Mietwert beträgt 960 EUR (14 EUR × 50 m^2, zuzüglich 260 EUR Nebenkosten). Der Abschlag berechnet sich mit 320 EUR (= 1/3 von 960 EUR). Die für die Vorteilsbesteuerung maßgebende Vergleichsmiete beträgt demzufolge 640 EUR (960 EUR abzüglich Bewertungsabschlag). Da der Arbeitnehmer insgesamt 780 EUR bezahlt, entfällt die Versteuerung eines geldwerten Vorteils aus der vom Arbeitgeber überlassenen Wohnung.

Unbeachtlich für die Kürzung des ortsüblichen Mietwerts um den Bewertungsabschlag im vorigen Beispiel ist, ob die Wohnung im Eigentum des Arbeitgebers steht. Auch vom Arbeitgeber angemietete Wohnungen werden von der gesetzlichen Neuregelung erfasst, wenn sie dem Arbeitnehmer überlassen werden. Begünstigt ist nur die Überlassung einer Wohnung zu eigenen Wohnzwecken des Arbeitnehmers. Für die Bewer-

5 § 8 Abs. 2 Satz 12 EStG.

tung einer Unterkunft, die keine Wohnung ist, ist wie bisher der amtliche Sachbezugswert nach der Sozialversicherungsentgeltverordnung maßgebend.

Hinweis

Bewertungsabschlag bei Wohnungsüberlassung durch Konzernunternehmen

Die Ermittlung des geldwerten Vorteils der Wohnungsüberlassung mit 2/3 der ortsüblichen Miete und damit der als Freibetrag wirkende Bewertungsabschlag gilt auch dann, wenn der Arbeitnehmer die Wohnung nicht vom Arbeitgeber, sondern auf dessen Veranlassung von einem verbundenen Unternehmen im Konzern anmietet. Dies trägt dem Praxiserfordernis Rechnung, dass gerade bei größeren Firmen der Immobilienbesitz und die damit verbundene Wohnungsüberlassung häufig auf rechtlich eigenständige (Tochter-)Unternehmen ausgelagert ist. Weiterhin nicht begünstigt ist die Gewährung von Mietvorteilen auf Veranlassung des Arbeitgebers durch einen Dritten außerhalb verbundener Unternehmen, etwa durch Vermittlung des Arbeitgebers, oder die Gewährung von Geldleistungen in jeglicher Form.[1]

Schönheitsreparaturen können zu Sachbezug führen

Übernimmt der Vermieter einer Werk- oder Dienstwohnung in den Wohnungen der Werkangehörigen die Schönheitsreparaturen, während werkfremde Mieter diese Kosten selbst tragen müssen, so sind die Aufwendungen für die Schönheitsreparaturen bei den Werkangehörigen als steuerpflichtige Sachzuwendungen zu erfassen. Das gilt auch dann, wenn der Vermieter die Reparaturkosten aus einer – nicht als steuerpflichtigen Arbeitslohn behandelten – Rücklage bestreitet.

Achtung

Anwendung des Rabattfreibetrags für die verbilligte Überlassung

Der Rabattfreibetrag i. H. v. 1.080 EUR[2] darf auch für steuerpflichtige geldwerte Vorteile aus einer unentgeltlichen oder verbilligten Überlassung von Wohnungen in Anspruch genommen werden.

Dies ist aber nur dann nach den Vorschriften für Belegschaftsrabatte zu bewerten, wenn

- der Arbeitgeber nicht nur an seine Arbeitnehmer, sondern überwiegend an betriebsfremde Dritte vermietet und
- der Vorteil nicht nach der Vorschrift des § 40 EStG pauschal besteuert wird.

Auf Hausmeisterwohnungen kommt der Rabattfreibetrag von 1.080 EUR zur Anwendung, wenn der Arbeitgeber vergleichbare Wohnungen zumindest in gleichem Umfang an Fremde vermietet.[3]

Berücksichtigung gesetzlicher Mietpreisbeschränkungen

Gesetzliche Mietpreisbeschränkungen sind bei der Ermittlung des steuerlichen Mietwerts einer Wohnung zu beachten. Ergibt sich dadurch ein Mietwert, der unter der ortsüblichen Vergleichsmiete liegt, so entsteht kein lohnsteuerpflichtiger geldwerter Vorteil, wenn der Arbeitnehmer diese geringere Miete zahlt.

Mietvorteile aufgrund öffentlicher Wohnungsbauförderung sind steuerfrei

Außerdem sind vom Arbeitgeber gewährte Mietvorteile steuerfrei, die auf

- der Förderung nach dem Zweiten Wohnungsbaugesetz
- dem Wohnraumförderungsgesetz
- einem Landesgesetz zur Wohnraumförderung oder
- dem Wohnungsbaugesetz für das Saarland

beruhen.[4]

Ebenfalls steuerfrei sind Mietvorteile, die sich aus dem Einsatz von Wohnungsfürsorgemitteln aus öffentlichen Haushalten ergeben.

Bei einer Wohnung, die ohne Inanspruchnahme von Mitteln aus öffentlichen Haushalten errichtet worden ist, sind Mietvorteile im Rahmen eines Dienstverhältnisses steuerfrei, wenn die Wohnung im Zeitpunkt ihres Bezugs durch den Arbeitnehmer für eine Förderung mit Mitteln aus öffentlichen Haushalten in Betracht gekommen wäre. Nicht geprüft wird, ob der Arbeitnehmer nach seinen Einkommens- und Familienverhältnissen eine geförderte Wohnung hätte mieten können. Die Mietvorteile sind insoweit steuerfrei, als die vom Arbeitnehmer tatsächlich gezahlte Miete die Miete nicht unterschreitet, die für die Wohnung im Zeitpunkt ihres Bezugs durch den Arbeitnehmer bei einer Förderung nach den Wohnungsbaugesetzen höchstens verlangt werden könnte.

Unterlassene Mieterhöhungen erhöhen geldwerten Vorteil

Soweit später zulässige Mieterhöhungen z. B. nach Ablauf des Förderzeitraums im Hinblick auf das Dienstverhältnis unterblieben sind, erhöhen sie den steuerpflichtigen Mietvorteil. Im Übrigen ist die Freigrenze von monatlich 50 EUR für steuerfreie ⇗ Sachbezüge auch auf Mietvorteile bei verbilligten Wohnungen anwendbar, unabhängig davon, ob die Kaltmiete 25 EUR pro Quadratmeter übersteigt.

Bei einer Dienstwohnung im Ausland werden ungeachtet des tatsächlichen Mietwerts höchstens 18 % des Arbeitslohns (ohne Kaufkraftzuschlag) zuzüglich 10 % des Mehrbetrags angesetzt.

Besteuerung des Sachbezugswerts

Vereinbart der Arbeitgeber mit dem Arbeitnehmer einen Bruttolohn und lässt er sich dann einen Teilbetrag für die zur Verfügung gestellte Unterkunft zurückzahlen, so berechnet sich der steuerpflichtige Arbeitslohn wie folgt:

	Bruttolohn
–	Entgelt für die Unterkunftsgestellung
+	Sachbezugswert der Unterkunft
=	Steuerpflichtiger Arbeitslohn

Ein aus der verbilligten Überlassung der Wohnung entstehender Sachbezug ist ein laufender Bezug. Die Lohnsteuer ist nach den für laufenden Arbeitslohn geltenden Regeln zu ermitteln.[5]

Werbungskostenabzug für Umzugskosten

Muss ein Arbeitnehmer auf Anweisung des Arbeitgebers eine Dienst- oder Werkwohnung beziehen, können hierdurch entstehende Aufwendungen, soweit sie nicht vom Arbeitgeber steuerfrei ersetzt werden, als Werbungskosten (Umzugskosten) anerkannt werden, auch wenn es sich um einen Umzug am selben Ort handelt.

Mietentschädigung ist steuerpflichtig

Eine Entschädigung, die der Arbeitgeber einem Arbeitnehmer für die vorzeitige Räumung einer Dienstwohnung zahlt, ist grundsätzlich steuerpflichtig, und zwar je nach Einzelfall als Arbeitslohn oder als sonstige Leistung i. S. v. § 22 Nr. 3 EStG (als sonstige Leistung, steuerpflichtig ab jährlichen Einkünften i. H. v. 256 EUR).

Sozialversicherung

Geldwerter Vorteil

Wird einem Arbeitnehmer im Rahmen seiner Beschäftigung vom Arbeitgeber freie Unterkunft oder eine Dienstwohnung zur Verfügung gestellt, so erzielt der Arbeitnehmer durch Einsparung der Miete einen ⇗ geldwerten Vorteil. Dieser geldwerte Vorteil ist laufendes ⇗ Arbeitsentgelt im Sinne der Sozialversicherung und somit beitragspflichtig.

1 § 8 Abs. 2 Satz 12 EStG.
2 § 8 Abs. 3 EStG.
3 BFH, Urteil v. 16.2.2005, VI R 46/03, BStBl 2005 II S. 529.
4 § 3 Nr. 59 EStG.

5 § 39b Abs. 2 EStG.

Die Bewertung des geldwerten Vorteils richtet sich nach der Sozialversicherungsentgeltverordnung (SvEV). Dort sind die Sachbezugswerte unterteilt in die Sachbezüge

- für freie Unterkunft und
- für freie Wohnung.

Dabei wird der Begriff der Wohnung für in sich geschlossene Einheiten von Räumen verwandt, in denen ein selbstständiger Haushalt geführt werden kann. Soweit diese Voraussetzungen nicht erfüllt sind, handelt es sich um eine freie Unterkunft. Die Werte sind von der Bundesregierung jährlich an die Entwicklung der Verbraucherpreise anzupassen.

Werte für freie Unterkunft

Der Wert einer freien Unterkunft beträgt 2024 bundesweit 278 EUR (2023: 265 EUR).[1] Bei der Aufnahme des Beschäftigten in den Haushalt des Arbeitgebers oder bei Unterbringung in einer Gemeinschaftsunterkunft sowie für Jugendliche bis zur Vollendung des 18. Lebensjahres und für Auszubildende gelten niedrigere Werte.

Aufnahme in den Arbeitgeberhaushalt

Eine Aufnahme in den Arbeitgeberhaushalt liegt vor, wenn der Arbeitnehmer sowohl in die Wohnungs- als auch in die Verpflegungsgemeinschaft des Arbeitgebers aufgenommen wird. Bei ausschließlicher Zurverfügungstellung freier Unterkunft liegt keine Aufnahme in den Arbeitgeberhaushalt vor, sodass der ungekürzte Unterkunftswert anzusetzen ist.

Gemeinschaftsunterkünfte

Eine Gemeinschaftsunterkunft stellen z. B. Lehrlingswohnheime oder Schwesternwohnheime dar. Charakteristisch für Gemeinschaftsunterkünfte sind gemeinschaftlich zu nutzende Wasch- oder Duschräume, Toiletten und ggf. Gemeinschaftsküchen oder Kantinen.

Dienstwohnungen

Feststellung des ortsüblichen Mietpreises

Stellt der Arbeitgeber dem Arbeitnehmer eine freie Wohnung zur Verfügung, so ist die ortsübliche Miete unter Berücksichtigung der eventuellen Beeinträchtigungen, die sich aus der Lage der Wohnung zum Betrieb ergeben, anzusetzen.[2] Der Mietwert für eine Wohnung kann i. d. R. anhand des örtlichen Mietspiegels ermittelt werden. Sollte die Feststellung des ortsüblichen Mietpreises mit außergewöhnlichen Schwierigkeiten verbunden sein, kann die Wohnung für 2024 bundesweit mit 4,89 EUR (2023: 4,66 EUR) je Quadratmeter monatlich, bei einfacher Ausstattung mit 4 EUR (2023: 3,81 EUR) je Quadratmeter monatlich bewertet werden. Eine einfache Ausstattung ist anzunehmen, wenn kein Bad, keine Dusche oder keine Sammelheizung vorhanden ist. Diese Ausnahmeregelung ist allerdings eng auszulegen, sodass grundsätzlich der ortsübliche Mietpreis zu berücksichtigen ist. Die Ansetzung des pauschalen Quadratmeterpreises wird hauptsächlich in der Landwirtschaft zur Anwendung kommen, weil hier der vergleichbare Mietpreis oft nur schwer oder nur mit unverhältnismäßigem Aufwand oder gar nicht ermittelt werden kann.

Im Gegensatz zur Überlassung einer freien Wohnung gelten für die Gewährung freier Unterkunft (keine in sich geschlossene Einheit von Räumen) die Sachbezugswerte.

Für die Ermittlung des anzusetzenden Sachbezugswerts für einen ⇗ Teil-Abrechnungszeitraum sind die jeweiligen Tagesbeträge mit der Anzahl der Kalendertage zu multiplizieren.

Verbilligte Überlassung der Wohnung

Der Ansatz eines Sachbezugs für eine dem Arbeitnehmer vom Arbeitgeber zu eigenen Wohnzwecken überlassene Wohnung entfällt im Steuerrecht, soweit das vom Arbeitnehmer gezahlte Entgelt mindestens 2/3 des ortsüblichen Mietwerts und dieser nicht mehr als 25 EUR je Quadratmeter beträgt.[3]

Seit dem 1.1.2021 gilt die entsprechende Regelung auch im Hinblick auf die Entgelteigenschaft in der Sozialversicherung.

Die seit 2020 im Steuerrecht geltende Regelung wurde zunächst nicht für die Sozialversicherung übernommen. Daher stellte bei der verbilligten Überlassung einer Wohnung der Differenzbetrag zwischen dem ortsüblichen Mietpreis und dem vom Arbeitnehmer zu zahlendem Mietpreis im Kalenderjahr 2020 in voller Höhe Arbeitsentgelt dar.

Doppelbesteuerungsabkommen, DBA

Zu einer Doppelbesteuerung kann es kommen, wenn mehrere Staaten aufgrund ihrer nationalen Steuervorschriften für dieselben Einkünfte einen Anspruch auf die Besteuerung erheben. Bei Einkünften aus nichtselbstständiger Arbeit ist dies der Fall, wenn sowohl der Wohnsitzstaat als auch der Tätigkeitsstaat das Besteuerungsrecht für diese Einkünfte beanspruchen. Um dies zu vermeiden, finden vorrangig bilaterale Maßnahmen Anwendung, d. h. Vorschriften eines zwischen 2 Vertragsstaaten geschlossenen Doppelbesteuerungsabkommens. Vorschriften eines Doppelbesteuerungsabkommens regeln abschließend die Zuweisung des Besteuerungsrechts und gehen nationalen Vorschriften grundsätzlich vor.

Gesetze, Vorschriften und Rechtsprechung

Lohnsteuer: Eine Übersicht über den gegenwärtigen Stand der Doppelbesteuerungsabkommen (DBA) und der Abkommensverhandlungen findet sich im BMF, Schreiben v. 18.1.2023, IV B 2 – S 1301/21/10048 :002, BStBl 2023 I S. 195. Zur Auslegung und Anwendung der einzelnen DBA haben die Bundesrepublik Deutschland und der jeweilige Staat häufig Verständigungsvereinbarungen (Konsultationsvereinbarungen) getroffen, die teilweise in innerstaatliche Rechtsverordnungen umgesetzt wurden, an die auch die Gerichte gebunden sind. Zur Nichtanwendung von Konsultationsvereinbarungsverordnungen auf Abfindungen bei Beendigung des Dienstverhältnisses s. BMF-Schreiben v. 31.3.2016, IV B 2 – S 1304/09/10004, BStBl 2016 I S. 474. Allgemeine Ausführungen zur lohnsteuerrechtlichen Behandlung des Arbeitslohns nach den Regelungen des OECD-Musterabkommens sowie eine Auflistung der Staaten mit einem vom Kalenderjahr abweichenden Berechnungszeitraum und die für die Anwendung der 183-Tage-Frist hierbei zu beachtenden Besonderheiten enthält das BMF-Schreiben v. 3.5.2018, IV B 2 – S 1300/08/10027, BStBl 2018 I S. 643. Zur Aufteilung des Arbeitslohns im Lohnsteuerverfahren bei unterjähriger Auslandstätigkeit s. auch BMF-Schreiben v. 14.3.2017, IV C 5 – S 2369/10/10002. Zweifelsfragen zur steuerlichen Behandlung der Einkünfte aus unselbstständiger Arbeit nach dem DBA-Frankreich behandelt das BMF-Schreiben v. 28.12.2021, IV B 3 – S 1301 – FRA/19/10018 :001, BStBl 2022 I S. 92. Bei Staaten ohne DBA richtet sich die Vermeidung der Doppelbesteuerung von ausländischen Einkünften nach der Vorschrift des § 34c EStG.

Lohnsteuer

Besteuerungsrecht bei Arbeitslöhnen

Wird ein Arbeitnehmer für einen inländischen Arbeitgeber im Ausland tätig, stellt sich die Frage, ob und in welchem Umfang der hierauf entfallende Arbeitslohn beim Lohnsteuerabzug und bei der späteren Einkommensteuerveranlagung außer Ansatz bleibt, weil das Besteuerungsrecht hierfür ausschließlich dem ausländischen Staat zusteht. Außerdem kann für die ausländischen Lohnbezüge nach Ablauf des Kalenderjahres i. R. d. Einkommensteuererklärung die Anrechnung oder der Abzug der hiervon im Ausland einbehaltenen Steuer infrage kommen. Hierbei ist zu unterscheiden, ob die Auslandstätigkeit in einem Staat erfolgt, mit dem ein Doppelbesteuerungsabkommen (DBA) be-

1 § 2 Abs. 3 Satz 1 SvEV.
2 § 2 Abs. 4 SvEV.
3 § 8 Abs. 2 Satz 12 EStG.

steht, oder ob die Besteuerung der Auslandsbezüge ausschließlich nach innerstaatlichen Vorschriften vorzunehmen ist.

Bei DBA-Staaten bestimmt sich die Besteuerung des im Ausland erzielten Arbeitslohns im Normalfall nach dem Arbeitsortprinzip, wonach die Steuererhebung dem jeweiligen Tätigkeitsstaat obliegt.

Eine Ausnahme hiervon gilt für Arbeitnehmer, die nur vorübergehend bis zu 183 Tage im Jahr im Ausland eingesetzt werden. Dasselbe gilt für die mit bestimmten Staaten wie Frankreich und Schweiz getroffenen Regelungen für ↗ Grenzgänger, bei denen das Besteuerungsrecht ausnahmsweise dem Wohnsitzstaat erhalten bleibt.

Hinweis

Durchbrechung von Doppelbesteuerungsabkommen

Vorschriften eines DBA regeln abschließend die Zuweisung des Besteuerungsrechts und gehen nationalen Vorschriften stets vor. Dieser Grundsatz wird durch die Regelung in § 50d Abs. 8 und 9 EStG allerdings durchbrochen.

Anrechnung ausländischer Steuer

Finden DBA-Regelungen keine Anwendung, z. B. weil kein DBA mit der Bundesrepublik Deutschland geschlossen wurde, gibt es noch unilaterale Maßnahmen des deutschen Gesetzgebers, die eine Beseitigung oder zumindest die Abmilderung einer eintretenden Doppelbesteuerung zum Ziel haben. Ein Beispiel hierfür ist die Anrechnung der ausländischen Steuer auf die deutsche Einkommensteuer, die auf die Einkünfte aus diesem Staat entfällt.[1]

Auslandstätigkeit in DBA-Staaten

Auseinanderfallen von Tätigkeitsstaat und Wohnsitzstaat

Die Anwendung von DBA ist bei den Einkünften aus nichtselbstständiger Arbeit immer dann zu prüfen, wenn der Tätigkeitsstaat und der Wohnsitzstaat (Ansässigkeitsstaat) auseinanderfallen. Hierbei kann es sich zum einen um Auslandseinsätze von Arbeitnehmern handeln, wenn diese im Inland ihren Wohnsitz haben (Ausstrahlung). In gleicher Weise sind aber auch Inlandstätigkeiten bei Arbeitnehmern mit Wohnsitz im Ausland (Einstrahlung) zu beurteilen. Bei dieser Fallgruppe ist ebenso wie in Wegzugsfällen die beschränkte Steuerpflicht zu prüfen. Eine aktuelle Liste der Staaten, mit denen derzeit gültige DBA bestehen, hat das BMF im Bundessteuerblatt veröffentlicht.

Hinweis

Lohnsteuerliche Behandlung des Arbeitslohns

Allgemeine Ausführungen zur lohnsteuerlichen Behandlung des Arbeitslohns nach den Regelungen des OECD-Musterabkommens enthält ein vom BMF veröffentlichtes Anwendungsschreiben.[2] Rechtliche Bindungswirkung entfalten allerdings nur die im Einzelnen von Deutschland abgeschlossenen DBA, die sich nach Inhalt und Aufbau an diesem Musterabkommen orientieren. Zu berücksichtigen sind zudem die von der BRD mit dem jeweiligen Staat zur Auslegung und Anwendung des konkreten DBA getroffenen Verständigungs- oder Konsultationsvereinbarungen. Wegen der von der Rechtsprechung in Zweifel gezogenen Bindungswirkung solcher bilateralen Abmachungen sind bereits zahlreiche Konsultationsvereinbarungen[3] in Form von Rechtsverordnungen in inländische gesetzliche Rechtsgrundlagen umgewandelt worden. Hiervon abweichende BFH-Rechtsprechung ist seit 2010 nicht mehr anzuwenden.[4]

Besteuerungsrecht des Tätigkeitsstaats

DBA haben immer Vorrang vor innerstaatlichem Recht.[5] Bei Auslandstätigkeiten in DBA-Staaten regelt allein das DBA, ob die Arbeitseinkünfte für die Dauer des Auslandsaufenthalts in der Bundesrepublik oder in dem jeweiligen ausländischen Tätigkeitsstaat zu versteuern sind.

Die Regelungen der einzelnen DBA sind zum Teil unterschiedlich, orientieren sich aber meistens an dem OECD-Musterabkommen. Danach steht das Besteuerungsrecht für den im Ausland erzielten Arbeitslohn grundsätzlich dem Tätigkeitsstaat zu.[6] Der inländische Ansässigkeitsstaat verzichtet dagegen auf sein Besteuerungsrecht. Er hat aber die Möglichkeit, die ausländischen Lohnbezüge zum Zwecke der Steuersatzberechnung in die Einkommensteuerveranlagung einzubeziehen.

Der Ort der Arbeitsausübung und damit der Tätigkeitsstaat bestimmt sich ausschließlich danach, wo sich der Arbeitnehmer zur Ausübung seiner Tätigkeit persönlich aufhält. Unerheblich ist, wo der Arbeitgeber ansässig ist bzw. wohin die Zahlung des Arbeitslohns geleistet wird.[7]

Der Arbeitsort während der Zeit einer Arbeitsfreistellung ist der tatsächliche Aufenthaltsort des Arbeitnehmers. Die Arbeitsleistung besteht in der vertraglich festgelegten Passivität. Die Besteuerung von Lohnfortzahlungen während der Freistellungsphase erfolgt nach dem Ansässigkeitsstaatsprinzip, wenn sich der Arbeitnehmer während der Arbeitsfreistellung dort aufhält.[8]

Auch Organe von Kapitalgesellschaften üben ihre Tätigkeit grundsätzlich an dem Ort aus, an dem sie sich persönlich aufhalten. Abweichende Sonderregelungen beinhalten die DBA mit Belgien, den Niederlanden, Österreich, Polen, Schweden und der Schweiz.[9, 10]

Weitere Sonderregelungen bestehen für die Besteuerung der Vergütungen des Bordpersonals von Seeschiffen und Luftfahrzeugen im internationalen Verkehr und des Bordpersonals von Schiffen im Binnenverkehr.[11] Das Besteuerungsrecht wird hier dem Grundsatz nach dem Staat zugewiesen, in dem sich der Ort der tatsächlichen Geschäftsleitung des Schiff- bzw. Luftfahrtunternehmens befindet.[12]

Wichtig

Sonderregelung für leitende Angestellte einer Schweizer AG

Hinsichtlich des DBA-Schweiz gilt für leitende Angestellte einer Kapitalgesellschaft[13] eine Fiktion des Tätigkeitsorts. Danach steht für den leitenden Angestellten einer Schweizer AG ausschließlich der Schweiz als Ansässigkeitsstaat des Arbeitgebers das Besteuerungsrecht zu, auch wenn die Tätigkeit tatsächlich überwiegend außerhalb der Schweiz verrichtet wird.[14] Der Arbeitslohn ist im Inland unter Anwendung des ↗ Progressionsvorbehalts von der deutschen Besteuerung freizustellen. Als leitende Angestellte i. S. d. Art 15 Abs. 4 DBA-Schweiz kommen im Normalfall Personen in Betracht, die mit Funktion im Handelsregister eingetragen sind.

Eine Besonderheit gilt außerdem für die Besteuerung des Arbeitslohns bei Beschäftigten der Deutschen Bahn bzw. Schweizerischen Bundesbahnen. Sofern diese ausschließlich im Grenzgebiet (30 km Luftlinie) eingesetzt werden, hat der Wohnsitzstaat das Besteuerungsrecht.[15] Ab dem VZ 2020 sind bei nur teilweiser Tätigkeit innerhalb der 30-Kilometer-

1 § 34c EStG.
2 BMF, Schreiben v. 3.5.2018, IV B 2 – S 1300/08/10027, BStBl 2018 I S. 643.
3 Für Frankreich s. z. B. Deutsch-Französische Konsultationsvereinbarungsverordnung v. 20.12.2010, BGBl 2010 I S. 2138.
4 S. aber BFH, Urteil v. 10.6.2015, I R 79/13, BStBl 2016 II S. 326 und BMF, Schreiben v. 31.3.2016, IV B 2 – S 1304/09/10004, BStBl 2016 I S. 474.
5 § 2 AO.
6 Art. 15 OECD-Musterabkommen.
7 Zur Aufteilung des Arbeitslohns bei **Berufskraftfahrern** mit luxemburgischem Arbeitgeber s. BMF, Schreiben v.10.5.2005, IV B 6 – S 1301 Lux – 5/05, BStBl 2005 I S. 696 und FG Rheinland Pfalz, Urteil v 7.10.2020, 1 K 1272/18, Rev. beim BFH unter Az. I R 43/20; bei Berufskraftfahrern mit niederländischem Arbeitgeber s. BFH, Urteil v. 1.6.2022, I R 45/18, BStBl 2022 II S. 646; zur Erweiterung auf Lokomotivführer und Begleitpersonal s. BMF, Schreiben v. 19.9.2011, IV B 3 – S 1301-LUX/07/10002, BStBl 2011 I S. 849; zur Behandlung von Arbeitnehmern im internationalen Transportgewerbe, die bei schweizerischen Arbeitgebern beschäftigt sind, s. BMF, Schreiben v. 29.6.2011, IV B 2 – S 1301 – CHE/07/10015 :005, BStBl 2011 I S. 621.
8 FG Berlin-Brandenburg, Urteil v. 22.4.2021, 9 K 9024/20, Rev. beim BFH unter Az. I R 28/21.
9 BFH, Urteil v. 21.8.2007, I R 17/07, BFH/NV 2008 S. 530; BFH, Urteil v. 14.3.2011, I R 23/10, BFH/NV 2011 S. 1599; FG Münster, Urteil v. 14.2.2008, 2 K 1660/03 E; zu DBA-Belgien s. BFH, Urteil v. 5.3.2008, I R 54, 55/07, BFH/NV 2008 S. 1487.
10 Zur Schweiz s. BMF, Schreiben v. 7.7.1997, IV C 6 – S 1301 Schz – 37/97, BStBl 1997 I S. 723.
11 Art. 15 Abs. 3 OECD-Musterabkommen.
12 FG Hamburg, Urteil v. 12.4.2021, 6 K 179/19, Rev. beim BFH unter Az. I R 22/21, zu eidgenössischen Piloten mit deutschem Arbeitgeber.
13 Zum Personenkreis s. BMF, Schreiben v. 30.9.2008, IV B 2 – S 1301-CHE/07/10015, BStBl 2008 I S. 935.
14 BFH, Urteil v. 25.10.2006, I R 81/04, BStBl 2010 II S. 778; BFH, Urteil v. 11.11.2009, I R 50/08, BFH/NV 2010 S. 647; BFH, Urteil v. 11.11.2009, I R 83/08, BStBl 2010 II S. 781.
15 BMF, Schreiben v. 12.5.2020, IV B 2 – S 1301-CHE/07/10019-03, BStBl 2020 I S. 526.

Grenzzone für die Besteuerung die für Grenzgänger geltenden Regeln zu beachten und erst nachrangig die sog. Kassenklausel.

Besteuerungsrecht des Wohnsitzstaats (vorübergehender Einsatz im Ausland)

Voraussetzungen der 183-Tage-Regelung

Eine Ausnahme von der Besteuerung im Tätigkeitsstaat gilt, wenn der Arbeitnehmer nur vorübergehend im Ausland eingesetzt wird. Arbeitet ein Arbeitnehmer, der im Inland ansässig ist, nicht mehr als 183 Tage pro Jahr in dem anderen ausländischen Staat, bleibt das Besteuerungsrecht dem Wohnsitzstaat (Ansässigkeitsstaat) erhalten. Bei Anwendung der 183-Tage-Regelung müssen folgende Voraussetzungen vorliegen[1]:

- Der Arbeitnehmer hält sich im Tätigkeitsstaat insgesamt nicht länger als 183 Tage während des betreffenden Steuerjahres oder während eines in bestimmten Abkommen festgelegten 12-Monatszeitraums auf.
- Der Arbeitslohn wird von einem Arbeitgeber gezahlt, der nicht im Tätigkeitsstaat ansässig ist.
- Der Arbeitslohn darf nicht von einer Betriebsstätte oder einer festen Einrichtung getragen werden, die der Arbeitgeber im Tätigkeitsstaat unterhält.

Alle 3 Voraussetzungen müssen gleichzeitig erfüllt sein. Werden z. B. die 183 Tage überschritten, steht das Besteuerungsrecht von Anfang an dem Tätigkeitsstaat zu.

Berechnung der 183-Tage-Frist

Die 183-Tage-Frist bezieht sich auf das im jeweiligen ausländischen Staat maßgebende Steuerjahr. Im Regelfall ist dies das Kalenderjahr. Einzelne DBA sehen jedoch andere Zeiträume als das Steuerjahr vor, z. B. Indien vom 1.4. bis 31.3. oder Südafrika vom 1.3. bis 28./29.2. Eine Aufzählung der Staaten mit abweichendem Steuerjahr ab 1.1.2018 hat das BMF veröffentlicht.[2] Eine weitere Besonderheit gilt nach dem Abkommen mit Großbritannien.[3] Hier ist die 183-Tage-Klausel nach einem (variablen) 12-Monatszeitraum zu prüfen, der während des betreffenden Steuerjahres beginnt oder endet.[4] Weitere Beispiele sind Australien, Kanada, Luxemburg, Norwegen, Russland, Spanien und die Türkei. Eine Aufzählung der Staaten, für die nach dem Stand vom 1.1.2018 die 183-Tage-Frist anstelle des Steuerjahres nach einem 12-Monatszeitraum berechnet wird, hat das BMF veröffentlicht.[5]

Die Berechnung der 183-Tage-Frist nach den Aufenthaltstagen innerhalb eines Zeitraums von 12 Monaten seit Beginn der Auslandstätigkeit bewirkt, dass gleichzeitig mehrere Zeiträume in Gang gesetzt werden können, auch wenn sich diese teilweise überschneiden. Wird in einem der in Betracht kommenden 12-Monatszeiträume die Aufenthaltsdauer von 183 Tagen überschritten, steht dem ausländischen Staat für die hierauf entfallenden Lohneinkünfte das Besteuerungsrecht zu.

Beispiel

183-Tage-Frist bei Anwendung des 12-Monatszeitraums

Ein in Deutschland wohnhafter Arbeitnehmer hat mit der inländischen X-AG einen Arbeitsvertrag. Im Jahr 01 wurde er vom 1.-20.4. für 20 Tage sowie vom 1.8.01 bis 31.3.01 für 90 Tage in Norwegen bei einem dortigen Tochterunternehmen zur Einrichtung neuer Softwaresysteme eingesetzt. Zum Abschluss des Projekts war der Arbeitnehmer nochmals vom 25.4. bis 31.7.02 insgesamt 98 Tage bei der norwegischen Tochterfirma.

Ergebnis: Der Lohnaufwand wird für das gesamte Beschäftigungsverhältnis ausschließlich vom inländischen Arbeitgeber getragen. Das Besteuerungsrecht für den Arbeitslohn für April 01 in Norwegen steht Deutschland zu, da in keinem der in Betracht kommenden 12-Monatszeiträume die maximale Aufenthaltsdauer von 183 Tagen überschritten wird. Die für die ausländische Tätigkeit von 1.8.01 bis 31.7.02 bezogenen Lohneinkünfte unterliegen dagegen nicht der inländischen Besteuerung, da sich der Arbeitnehmer in diesem 12-Monatszeitraum an insgesamt 188 (= 90 + 98) Tagen in Norwegen aufgehalten hat.

Daraus ergibt sich, dass die Gesamtdauer des Auslandsaufenthalts ohne Bedeutung ist. Maßgeblich ist allein die Dauer des Aufenthalts im jeweiligen Steuerjahr bzw. 12-Monatszeitraum. So kann z. B. das Besteuerungsrecht für ein Jahr der Bundesrepublik, für das andere Jahr dem ausländischen Tätigkeitsstaat zustehen.

In der Berechnung der 183-Tage-Frist sind sämtliche Tage der Anwesenheit im Tätigkeitsstaat anzusetzen. Die Dauer der Arbeitstätigkeit ist insoweit nicht maßgebend. Als Tage der Anwesenheit zählen auch:

- der Ankunfts- und Abreisetag (Ausnahme: bei Berufskraftfahrern bleiben Tage der Hin- und Rückreise außer Ansatz);
- alle arbeitsfreien Tage unmittelbar vor, während und nach der Tätigkeit; (z. B. Samstage, Sonntage, Feiertage);
- die Tage der Arbeitsunterbrechungen im Tätigkeitsstaat (z. B. bei Streik, Aussperrung, Ausbleiben von Lieferungen, Krankheit). Bei Krankheit gilt die Besonderheit, dass die Tage nicht mitzählen, wenn die Abreise des Arbeitnehmers durch die Krankheit verhindert wurde und er sonst die Voraussetzungen für die Befreiung im Tätigkeitsstaat erfüllt hätte;
- Urlaubstage, die unmittelbar vor, während und nach der Tätigkeit im Tätigkeitsstaat verbracht werden;
- sowie kurze Unterbrechungen im Zusammenhang mit Reisen in den Heimatstaat oder in dritte Länder, soweit sie im Rahmen bestehender Arbeitsverhältnisse anfallen und unter Berücksichtigung der Umstände nicht als Beendigung des vorübergehenden Aufenthalts angesehen werden können.[6]

Beispiel

183-Tage-Frist: Berücksichtigung eines „Anschlussurlaubs"

Ein in Deutschland ansässiger Arbeitnehmer wird für seinen inländischen Arbeitgeber in der Zeit vom 1.1. bis 15.6. in Südfrankreich tätig. Er schließt dort einen 3-wöchigen Jahresurlaub an.

Ergebnis: Die 183-Tage-Frist ist überschritten, das Besteuerungsrecht steht dem Tätigkeitsstaat Frankreich zu.

Lohnzahlung durch nicht im Tätigkeitsstaat ansässige Arbeitgeber

Als weitere Voraussetzung für das Besteuerungsrecht des Ansässigkeitsstaats – auch wenn die 183-Tage-Frist nicht überschritten ist – darf der Arbeitgeber nicht im Tätigkeitsstaat ansässig sein. Der Arbeitgeber muss daher im Ansässigkeitsstaat des Arbeitnehmers oder in einem Drittstaat ansässig sein. Lediglich die DBA mit Norwegen und Österreich fordern für eine Besteuerung im Wohnsitzstaat die Identität des Ansässigkeitsstaats des Arbeitgebers und des Wohnsitzstaats des Arbeitnehmers.

Definition „Arbeitgeber"

Arbeitgeber ist dabei derjenige Unternehmer, der die Vergütungen für die ihm geleistete Arbeit wirtschaftlich trägt. Der Arbeitnehmer muss dem Unternehmen

- seine Arbeitsleistung schulden,
- unter dessen Leitung tätig werden und
- dessen Weisung unterworfen sein.

1 BMF, Schreiben v. 5.1.1994, IV C 5 – S 1300 – 197/93, BStBl 1994 I S. 11, neu gefasst durch BMF, Schreiben v. 3.5.2018, IV B 2 – S 1300/08/10027, BStBl 2018 I S. 643.

2 BMF, Schreiben v. 3.5.2018, IV B 2 – S 1300/08/10027, BStBl 2018 I S. 643, Rz. 109.

3 Art. 14 Abs. 2 DBA-Großbritannien.

4 BMF, Schreiben v. 20.4.2000, IV D 3 – S 1300 – 42/00, BStBl 2000 I S. 483, neu gefasst durch BMF, Schreiben v. 3.5.2018, IV B 2 – S 1300/08/10027, BStBl 2018 I S. 643.

5 BMF, Schreiben v. 3.5.2018, IV B 2 – S 1300/08/10027, BStBl 2018 I S. 643 Rz. 105.

6 BFH, Urteil v. 12.10.2011, I R 15/11, BStBl 2013 II S. 548; OFD Karlsruhe, Verfügung v. 24.9.2013, S 130.1/935-St 216.

Der wirtschaftliche Arbeitgeberbegriff[1] bestimmt sich nicht danach, wer das Arbeitsentgelt zahlt.[2] Entscheidend ist, wer den Aufwand für den auf die Auslandstätigkeit entfallenden Arbeitslohn wirtschaftlich zu tragen hat.[3]

Der ausländische Einsatz muss zudem im Interesse des aufnehmenden Unternehmens erfolgen und der Arbeitnehmer aufgrund der dortigen Weisungen in dessen Arbeitsablauf eingebunden sein.[4]

Wichtig

Vereinfachungsregelung: 3-Monatsfrist bei Entsendung im Konzern

Der wirtschaftliche Arbeitgeberbegriff ist auch für die Anwendung der 183-Tage-Regelung bei der Arbeitnehmerentsendung zwischen konzernrechtlich verbundenen Unternehmen maßgebend. Eine Vereinfachungsregelung soll die Abgrenzung bei internationalen Konzernen erleichtern.[5] Danach besteht für die Arbeitnehmerentsendung zwischen international verbundenen Unternehmen von bis zu 3 Monaten die widerlegbare Vermutung, dass das aufnehmende Unternehmen mangels Eingliederung des Arbeitnehmers nicht als wirtschaftlicher Arbeitgeber anzusehen ist. Die 3-Monatsfrist als Anscheinsvermutung ist für sachlich zusammenhängende Tätigkeiten auch jahresübergreifend anzuwenden.

Auch bei der Arbeitnehmerüberlassung gilt der wirtschaftliche Arbeitgeberbegriff für die Prüfung der 183-Tage-Regelung. Aufgrund der bei DBA gebotenen wirtschaftlichen Betrachtungsweise ist abkommensrechtlich der im Tätigkeitsstaat ansässige Entleiher als Arbeitgeber des Leiharbeitnehmers anzusehen.[6, 7]

Betriebsstättenvorbehalt

Schließlich ist Voraussetzung, damit dem Ansässigkeitsstaat für 183 Tage das Besteuerungsrecht verbleibt, dass der Arbeitslohn nicht zulasten einer Betriebsstätte des Arbeitgebers im Tätigkeitsstaat bezahlt wird (Betriebsstättenvorbehalt). Maßgebend für den Begriff „Betriebsstätte" ist die Begriffsbestimmung im DBA, nicht etwa die nach innerstaatlichen Regelungen.

Der Arbeitslohn wird zulasten einer ausländischen Betriebsstätte gezahlt, wenn die Vergütungen wirtschaftlich gesehen von der Betriebsstätte getragen werden. Eine selbstständige Tochtergesellschaft (z. B. GmbH) ist nicht Betriebsstätte der Muttergesellschaft, kann aber ggf. selbst Arbeitgeber sein.

Höhe des freizustellenden Arbeitslohns

Ist der Arbeitslohn in Deutschland nach dem DBA freizustellen, weil die Voraussetzungen der 183-Tage-Regelung nicht vorliegen, ist zu prüfen, inwieweit die einzelnen Lohnbezüge der Auslands- bzw. Inlandstätigkeit zugeordnet werden können. Ist eine konkrete Zuordnung nicht möglich, wird der Arbeitslohn nach dem Verhältnis der tatsächlichen Arbeitstage im Kalenderjahr aufgeteilt.[8] Zu den tatsächlichen Arbeitstagen zählen nur solche Tage, an denen der Arbeitnehmer tatsächlich gearbeitet hat. Urlaubs- und Krankheitstage bleiben deshalb außer Ansatz. Ebenfalls keine Arbeitstage sind Wochenend- und Feiertage, es sei denn, der Arbeitnehmer hat an diesen Tagen seine Tätigkeit tatsächlich ausgeübt und ist hierfür vom Arbeitgeber auch bezahlt worden. Die Anzahl der vereinbarten Arbeitstage ist ohne Bedeutung.

Achtung

Unzulässiger Aufteilungsmaßstab „vereinbarte Arbeitstage"

Der Aufteilungsmaßstab der tatsächlichen statt vereinbarten Arbeitstage im Lohnsteuerabzugsverfahren ist für den Arbeitgeber wenig praktikabel. Seitens der Finanzverwaltung wurde es deshalb nicht beanstandet, wenn aus Vereinfachungsgründen die tatsächlichen Arbeitstage mit den vereinbarten Arbeitstagen geschätzt wurden. Diese Vereinfachungsregelung ist jedoch zeitlich bis zum Abschluss des Lohnsteuerverfahrens 2018 beschränkt. Der bis dahin (praktikable) Aufteilungsmodus für das Lohnsteuerabzugsverfahren ist ab 1.1.2019 durch den Aufteilungsmodus „tatsächliche Arbeitstage" ersetzt worden.[9]

Ermittlung des Arbeitslohnanteils im Ausland

Im 1. Schritt ist der aufzuteilende Arbeitslohn in Bezug zu den tatsächlichen Arbeitstagen im Kalenderjahr zu setzen (Arbeitslohn / tatsächliche Arbeitstage pro Jahr). Hieraus ergibt sich zunächst der Lohnanteil pro tatsächlichem Arbeitstag.

Im 2. Schritt ist dieser Tagesarbeitslohn mit den Arbeitstagen zu multiplizieren, an denen der Arbeitnehmer seine Tätigkeit tatsächlich im Ausland ausgeübt hat. Zum aufzuteilenden Arbeitslohn gehört neben den laufenden Lohnbezügen insbesondere das Urlaubs- und Weihnachtsgeld, da diese Zusatzvergütungen für die Beschäftigung im ganzen Kalenderjahr gezahlt werden.

Beispiel

Anteilige Besteuerung von Einkünften, die auf arbeitsfreie Tage entfallen

Ein in Deutschland wohnhafter Arbeitnehmer ist vom 1.1.-31.7. (130 Arbeitstage) in Frankreich für einen inländischen Arbeitgeber tätig. Sein Jahresarbeitslohn beträgt inklusive Weihnachtsgeld und Urlaubsgeld 40.000 EUR. Für die Tätigkeit in Frankreich erhält er zusätzlich eine Zulage von 15.000 EUR. Die vereinbarten Arbeitstage betragen 220 Tage (abzüglich arbeitsfreie Samstage, Sonntage und gesetzliche Feiertage sowie Urlaubstage). Tatsächlich hat der nach Frankreich entsandte Arbeitnehmer an insgesamt 240 Tagen gearbeitet, davon 95 Tage im Inland und 145 Tage in Frankreich.

Ergebnis: Die Zulage von 15.000 EUR ist nicht aufzuteilen, sondern der Tätigkeit in Frankreich zuzuordnen. Das Arbeitsentgelt von 40.000 EUR ist auf die tatsächlichen Arbeitstage zu verteilen und entsprechend den in Frankreich tatsächlich gearbeiteten Tagen zuzurechnen:

40.000 EUR : 240 Tage	167 EUR/Tag[10]
166,67 EUR × 95 Tage	15.865 EUR

Dies ergibt einen im Inland lohnsteuerpflichtigen Arbeitslohn von 15.865 EUR. Vorbehaltlich der Rückfallklauseln ist der verbleibende Arbeitslohn von 24.135 EUR zusammen mit der Zulage von 15.000 EUR im Inland steuerfrei. Frankreich steht als dem Tätigkeitsstaat für diese Beträge das Besteuerungsrecht zu, da die 183 Tage überschritten sind.

Abfindungszahlungen

Eine Sonderstellung nehmen Abfindungen ein. Entlassungsentschädigungen werden für den Verlust des Arbeitsplatzes gezahlt und stellen keine Entlohnung für die frühere Tätigkeit dar. Das Besteuerungsrecht für solche Einmalzahlungen steht nach Auslegung des OECD-Musterabkommens durch den BFH dem jeweiligen Ansässigkeitsstaat im Zeitpunkt der Auszahlung zu.[11] Dies gilt auch für Abfindungszahlungen eines deutschen Arbeitgebers an einen in der Schweiz ansässigen Arbeitnehmer für seine inländische Tätigkeit.[12] Die abweichende Zuweisung des Besteuerungsrechts an den ehemaligen Tätigkeitsstaat BRD durch die Konsultationsvereinbarungsverordnung[13] entfaltet für die Gerichte keine Bindungswirkung.[14]

Das Besteuerungsrecht des Ansässigkeitsstaates gilt auch für den Lohn, den ein französischer Arbeitnehmer von seinem deutschen Arbeitgeber für eine Freistellungsphase erhält, die im Rahmen einer Abfindungsverein-

1 BMF, Schreiben v. 9.11.2001, IV B 4 – S 1341-20/01, BStBl 2001 I S. 796.
2 FG München, Urteil v. 11.12.2002, 1 K 1195/99.
3 FG Baden-Württemberg, Urteil v. 11.4.2003, 9 K 53/97.
4 FG Münster, Urteil v. 24.03.2023, 4 K 722/21 L.
5 BMF, Schreiben v. 3.5.2018, IV B 2 – S 1300/08/10027, BStBl 2018 I S. 643, Rz. 145.
6 H 105 LStH „Leiharbeitnehmer".
7 BFH, Urteil v. 4.11.2021, VI R 22/19, BFH/NV 2022 S. 539.
8 BMF, Schreiben v. 3.5.2018, IV B 2 – S 1300/08/10027, BStBl 2018 I S. 643, Tzn. 5.4–5.5.
9 BMF, Schreiben v. 14.3.2017, IV C 5 – S 2369/10/10002, BStBl 2017 I S. 473, Rz. 30.
10 Aufgerundet.
11 Art. 15 Abs. 1 Satz 1 OECD-MA.
12 BFH, Urteil v. 10.6.2015, I R 79/13, BStBl 2016 II S. 326.
13 BMF, Schreiben v. 25.3.2010, IV B 2 – S 1301-CHE/07/10015, BStBl 2010 I S. 268.
14 BMF, Schreiben v. 31.3.2016, IV B 2 – S 1304/09/10004, BStBl 2016 I S. 474.

barung festgelegt wurde.[1] Dies gilt für die Besteuerung der Lohnfortzahlung während der Freistellungsphase, wenn es sich um das Beschäftigungsverhältnis eines Grenzgängers zur Schweiz handelt. Keine regelmäßige Rückkehr und damit keine Grenzgängereigenschaft besteht für den Zeitraum einer Freistellungsphase. Die Lohnbezüge eines von der Arbeit in der Schweiz freigestellten Grenzgängers unterliegen der Besteuerung im inländischen Ansässigkeitsstaat.[2]

Eine Sonderregelung sieht das mit Frankreich getroffene DBA[3] vor. Die zwischen der Abfindung und Tätigkeit bestehende Kausalität ist ausreichend, um die Besteuerung dem ehemaligen Tätigkeitsstaat zuzuweisen.[4]

Dies gilt auch für Abfindungszahlungen bei französischen Grenzgängern. Das FG Baden-Württemberg verneint in seiner Entscheidung die Anwendung der Grenzgängerbesteuerung nach Art. 13 Abs. 5 DBA-Frankreich durch den Wohnsitzstaat.[5]

Regelung der Besteuerung in Wegzugsfällen

Durch Rechtsprechung des BFH geht das Besteuerungsrecht in den sog. Wegzugsfällen entgegen den in Konsultationsvereinbarungen getroffenen Regelungen dem ehemaligen Tätigkeitsstaat verloren, obgleich der neue Ansässigkeitsstaat auf eine Besteuerung der Abfindung ausdrücklich verzichtet hat. Dies hätte eine vollständige Nichtbesteuerung von Abfindungen in Wegzugsfällen zur Folge. Zum 1.1.2017 wurde für Abfindungen, die anlässlich der Beendigung eines Dienstverhältnisses gezahlt werden, im Rahmen der beschränkten Steuerpflicht eine generelle Besteuerung des früheren Tätigkeitsstaats geregelt.[6] § 50d Abs. 12 EStG legt eine gesetzliche Rückfallklausel für die Besteuerung von Abfindungsentschädigungen bei beschränkt steuerpflichtigen Arbeitnehmern fest, die auch im Lohnsteuerverfahren Anwendung findet. Abfindungen aus Anlass der Beendigung einer Beschäftigung gelten als Entgelt für eine früher geleistete Tätigkeit. Damit wird das Besteuerungsrecht in Wegzugsfällen im Rahmen der beschränkten Steuerpflicht dem ehemaligen Tätigkeitsstaat zugewiesen.[7,8] Trifft das jeweilige DBA für Abfindungen in einer gesonderten Vorschrift ausdrücklich eine hiervon abweichende Sonderregelung, wird durch § 50d Abs. 12 Satz 2 EStG sichergestellt, dass diese anzuwenden bleibt.[9] Wurde die Tätigkeit in verschiedenen Staaten ausgeübt, ist eine zeitanteilige Aufteilung des Besteuerungsrechts auf die jeweiligen Tätigkeitsstaaten vorzunehmen.[10]

Nachweispflicht der ausländischen Besteuerung im Veranlagungsverfahren

Arbeitslohn, der nach einem DBA von der inländischen Besteuerung freigestellt ist, weil das Besteuerungsrecht dem ausländischen Staat zusteht, bleibt bei der Einkommensteuerveranlagung nur noch dann außer Ansatz, wenn der Arbeitnehmer seinem Wohnsitzfinanzamt nachweist, dass der ausländische Tätigkeitsstaat auf sein Besteuerungsrecht verzichtet hat oder er die nach den Bestimmungen des jeweiligen DBA auf den Arbeitslohn entfallende Steuer im Ausland tatsächlich entrichtet hat (nationale Rückfallklausel).[11] Wird der Besteuerungsnachweis erst zu einem Zeitpunkt geführt, in dem die ausländischen Einkünfte aus nichtselbstständiger Arbeit bereits in die deutsche Einkommensbesteuerung einbezogen worden sind, ist das Finanzamt zur nachträglichen Steuerfreistellung durch Änderung des bisherigen Einkommensteuerbescheids verpflichtet.[12] Dies gilt auch dann, wenn bei der Einkommensteuerfestsetzung zunächst zu Unrecht vom inländischen Besteuerungsrecht ausgegangen wurde. Die Rückfallklausel beinhaltet insoweit eine eigenständige Korrekturvorschrift.[13]

Eine sonst mögliche Doppelbesteuerung wird dadurch ausgeschlossen.

Die gesetzliche Regelung gilt unabhängig davon, ob nach dem einschlägigen DBA eine Rückfallklausel vorgesehen ist oder nicht.[14] Dadurch wird verhindert, dass der bei einer Auslandstätigkeit bezogene Arbeitslohn in keinem der beiden Staaten der Besteuerung unterliegt.

Die nationale gesetzliche Regelung ist neben der Vorschrift des § 50d Abs. 9 EStG anwendbar, soweit sie die Steuerfreistellung in einem weitergehenden Umfang einschränkt. Die hiervon abweichende Rechtsprechung in den sog. Pilotenfällen[15] ist durch eine gesetzliche Erweiterung der Vorschrift[16] überholt. Die beiden Rückfallklauseln können damit wieder parallel angewendet werden.

Die Anforderungen, die von den Finanzämtern an den Besteuerungsnachweis gestellt werden, sind unter Tz. 2.3.2.1 des BMF-Schreibens vom 3.5.2018 geregelt.[17]

Achtung

Keine Rückfallklausel im Lohnsteuerverfahren

Die Pflicht zum Nachweis der faktischen Besteuerung ausländischer Lohnbezüge betrifft ausschließlich das Veranlagungsverfahren. Nach Auffassung des FG Münster genügt zur Vermeidung der Rückfallklausel auch eine Arbeitgeberbescheinigung als Nachweis der tatsächlichen Besteuerung der im Ausland bezogenen Lohneinkünfte.[18] Im Lohnsteuerabzugsverfahren bleibt es dabei, dass das Betriebsstättenfinanzamt auf Antrag des Arbeitnehmers oder des Arbeitgebers eine Freistellungsbescheinigung erteilt.[19] Der amtliche Vordruck der Freistellungsbescheinigung enthält einen entsprechenden Hinweis auf die Nachweispflicht der ausländischen Besteuerung für das Veranlagungsverfahren.

Auslandstätigkeit in einem Nicht-DBA-Staat

Steuerbefreiung der Auslandsbezüge

Bei Auslandstätigkeiten in Staaten, mit denen kein DBA besteht, kann gleichwohl eine Steuerbefreiung der Auslandsbezüge in Betracht kommen. Unter den Voraussetzungen des Auslandstätigkeitserlasses[20] bleibt der im Ausland bezogene Arbeitslohn bei der inländischen Besteuerung außer Ansatz. Er unterliegt jedoch bei der inländischen Einkommensteuer dem ⇗ Progressionsvorbehalt. Ob der Tätigkeitsstaat eine Steuer erhebt, ist insoweit ohne Bedeutung. Sofern Gehaltsbestandteile nicht gesondert für die begünstigte Auslandstätigkeit geleistet werden, z. B. Weihnachts- und Urlaubsgeld, sind diese aufzuteilen. Auch hier ist der neue Aufteilungsschlüssel „tatsächliche Arbeitstage" anzuwenden.

Voraussetzungen der Steuerbefreiung

Voraussetzung für die Anwendung des Auslandstätigkeitserlasses ist, dass die Auslandstätigkeit für einen inländischen Lieferanten, Hersteller, Auftraggeber oder Inhaber ausländischer Mineralaufsuchungs- oder -gewinnungsrechte im Zusammenhang steht mit

- der Planung, Errichtung, Einrichtung, Inbetriebnahme, Erweiterung, Instandsetzung, Modernisierung, Überwachung oder Wartung von Fabriken, Bauwerken, ortsgebundenen großen Maschinen oder ähnlichen Anlagen sowie dem Einbau, der Aufstellung oder Instandsetzung sonstiger Wirtschaftsgüter; außerdem ist das Betreiben der Anlage bis zur Übergabe an den Auftraggeber begünstigt;
- dem Aufsuchen oder der Gewinnung von Bodenschätzen;
- der Beratung ausländischer Auftraggeber oder Organisationen im Hinblick auf Vorhaben der Nr. 1 oder 2;
- der deutschen öffentlichen Entwicklungshilfe im Rahmen der technischen oder finanziellen Zusammenarbeit.

Die Auslandstätigkeit muss ohne Unterbrechung mindestens 3 Monate umfassen. Die 3-Monatsfrist beginnt mit Antritt der Reise ins Ausland

1 FG Berlin-Brandenburg, Urteil v. 22.4.2021, 9 K 9024/20, Rev. beim BFH unter Az. I R 28/21.
2 Hessisches FG, Urteil v. 15.12.2021, 9 K 133/21, Rev. beim BFH unter Az. I R 1/22. FG Berlin-Brandenburg, Urteil v. 22.4.2021, 9 K 9024/20, Rev. beim BFH unter Az. I R 28/21.
3 § 24 KonsVerCHEV v. 20.12.2010, BGBl 2010 I S. 2187; Art. 13 Abs. 1 DBA/FR.
4 BFH, Urteil v. 24.7.2013, I R 8/13, BStBl 2014 II S. 929; FG Berlin-Brandenburg, Urteil v. 22.4.2021, 9 K 9024/20, Rev. beim BFH unter Az. I R 28/21; FG Rheinland-Pfalz, Urteil v. 17.11.2021, 1 K 2222/18, Rev. beim BFH unter Az. I R 4/22.
5 FG Baden-Württemberg, Urteil v. 11.2.2020, 6 K 1055/18, Rev. beim BFH unter Az. IR 30/20.
6 § 50d Abs. 12 EStG.
7 § 49 Abs. 1 Nr. 4d i. V. m. § 50d Abs. 12 EStG.
8 FG Münster, Urteil v. 23.8.2022, 15 K 791/19 L, Nichtzulassungsbeschwerde beim BFH unter Az. I B 69/22.
9 Einzelheiten zur Besteuerung von Abfindungen s. BMF, Schreiben v. 3.5.2018, IV B 2 – S 1300/08/10027, BStBl 2018 I S. 643, Rzn. 220–233.
10 Hessisches FG, Urteil v. 27.2.2020, 9 K 353/19.
11 § 50d Abs. 8 EStG.
12 § 175 Abs. 1 Satz 2 AO.
13 FG Münster, Urteil v. 28.10.2021, 8 K 939/19 E, Rev. beim BFH unter Az. I R 48/21.

14 BFH, Urteil v. 25.5.2016, I R 64/13, BStBl 2017 II S. 1185.
15 BFH, Urteil v. 11.1.2012, I R 27/11, BFH/NV 2012 S. 862.
16 § 50d Abs. 9 Satz 3 EStG.
17 BMF, Schreiben v. 3.5.2018, IV B 2 – S 1300/08/10027, BStBl 2018 I S. 643.
18 FG Münster, Urteil v. 17.4.2020, 1 K 1035/11 E.
19 § 39b Abs. 6 Satz 1 EStG.
20 BMF, Schreiben v. 10.6.2022, IV C 5 – S 2293/19/10012 :001, BStBl 2022 I S. 997.

und endet mit der endgültigen Rückkehr ins Inland. Kurze Unterbrechungen innerhalb der 3-Monatsfrist sind bis zu insgesamt 10 Kalendertagen unschädlich, wenn sie zur weiteren Durchführung oder Vorbereitung eines begünstigten Vorhabens notwendig sind. Unterbrechungen wegen Urlaubs oder Krankheit sind unschädlich, unabhängig davon, wo sich der Arbeitnehmer in dieser Zeit aufhält. Zeiten der unschädlichen Unterbrechung sind in die 3-Monatsfrist nicht einzurechnen. Unschädlich für die 3-Monatsfrist ist, wenn sich die Tätigkeit auf 2 Kalenderjahre erstreckt. Im Übrigen sind verschiedene Tätigkeiten innerhalb eines Kalenderjahres nicht zusammenzurechnen.

Wichtig

Steuerfreiheit erfordert Freistellungsbescheinigung

In den Fällen des Auslandstätigkeitserlasses darf der Arbeitgeber im Lohnsteuerverfahren auf die Einbehaltung der Lohnsteuer nur dann verzichten, wenn ihm das Betriebsstättenfinanzamt für die in Betracht kommenden Arbeitnehmer eine Freistellungsbescheinigung erteilt hat. Die Freistellungsbescheinigung ist bei dem für den Arbeitgeber zuständigen Betriebsstättenfinanzamt zu beantragen.

Neufassung des Auslandstätigkeitserlasses ab 1.1.2023

Das BMF hat eine überarbeitete Fassung des Auslandstätigkeitserlasses (ATE) veröffentlicht. Die Aktualisierung betrifft im Wesentlichen die Anpassung an EU-rechtliche Vorgaben. Danach legt der neu gefasste ATE eine einheitliche Steuerfreistellung der begünstigten Auslandstätigkeiten für sämtliche EU-/EWR-Arbeitgeber ab 1.1.2023 fest.

Hinweis

Änderungen des ATE ab 2023

1. Ausdehnung auf EU-Arbeitgeber

Die bislang inländischen Arbeitgebern vorbehaltene Steuerfreiheit von Auslandsbezügen wird auf sämtliche Dienstverhältnisse mit Arbeitgebern ausgedehnt, die ihren Sitz, ihre Geschäftsleitung, Betriebsstätte oder einen ständigen Vertreter in einem Mitgliedsstaat der Europäischen Union oder einem Staat, auf den das Abkommen über den Europäischen Wirtschaftsraum Anwendung findet, haben.

2. Nachweis der Besteuerung im Ausland

Neu ist ebenfalls die Einführung einer Mindestbesteuerung in dem ausländischen Staat, in dem die Tätigkeit ausgeübt wird. Die Steuerfreistellung nach dem ATE ist erstmals daran geknüpft, dass der Arbeitnehmer nachweist, dass die Auslandsbezüge im dortigen Staat einer der deutschen Einkommensteuer entsprechenden Steuer von durchschnittlich mindestens 10 % unterliegen.

Die Neufassung ist für das Lohnsteuerverfahren ab 1.1.2023 und bei der Einkommensteuer für Veranlagungszeiträume ab 2023 anzuwenden.[1]

Anrechnung ausländischer Steuer

Besteht im Falle der Auslandstätigkeit mit dem betreffenden Land kein DBA und fällt der Arbeitslohn auch nicht unter den Auslandstätigkeitserlass, steht das Besteuerungsrecht in vollem Umfang der Bundesrepublik Deutschland als Wohnsitzstaat zu. In diesem Fall ist der auf das Ausland entfallende Arbeitslohn bei der Einkommensteuerveranlagung in gleicher Weise wie Inlandsbezüge anzusetzen.

Andererseits enthält das Einkommensteuergesetz Regelungen zur Vermeidung einer Doppelbelastung des Arbeitnehmers. Die Doppelbesteuerung kann durch Anrechnung der auf den ausländischen Arbeitslohn entfallenden im Ausland bezahlten Steuer vermieden werden.[2] Die Anrechnung der ausländischen Steuer nach dem Einkommensteuergesetz setzt voraus, dass es sich hierbei um eine der deutschen Einkommensteuer entsprechende Steuer handelt.[3]

1 BMF, Schreiben v. 10.6.2022, IV C 5 – S 2293/19/10012 :001, BStBl 2022 I S. 997.
2 § 34c Abs. 1 EStG.
3 H 34c (1–2) EStH, Anlage 12.

Berechnung der anrechenbaren ausländischen Steuer

Die ausländische Steuer kann u. U. nicht in vollem Umfang auf die Einkommensteuer angerechnet werden. Bei der Anrechnung ist die ausländische Steuer auf den Betrag zu begrenzen, welcher der deutschen Steuer für die ausländischen Einkünfte entspricht. Zur Ermittlung des maximalen Anrechnungsbetrags wurde die Vorschrift des § 34c Abs. 1 EStG angepasst.[4] Seit 2015 gilt für die Steueranrechnung der durchschnittliche Einkommensteuersatz, der sich für das zu versteuernde Einkommen (inkl. der Auslandseinkünfte) ergibt. Anzurechnen sind die ausländischen Steuerbeträge höchstens bis zur durchschnittlichen tariflichen Einkommensteuer, die sich für die ausländischen Einkünfte ergibt.[5] Die anrechenbare ausländische Steuer kann mit folgender Formel ermittelt werden:

Ausländische Einkünfte × durchschnittlicher Steuersatz = anrechenbarer anteiliger Höchstbetrag

In die Anrechnung darf nur derjenige ausländische Steuerbetrag einbezogen werden, der keinem Ermäßigungsanspruch mehr unterliegt, unabhängig davon, ob dieser bei der ausländischen Steuerbehörde geltend gemacht wurde.

Beispiel

Ermittlung der anrechenbaren ausländischen Steuer

Ein verheirateter Steuerpflichtiger hat ein zu versteuerndes Einkommen von 40.000 EUR. Darin sind ausländische Dividendeneinkünfte aus Frankreich i. H. v. 2.500 EUR enthalten. Der Steuerpflichtige weist nach, dass hiervon – nach Saldierung mit Erstattungsansprüchen – 375 EUR Quellensteuer einbehalten wurde.

Ergebnis: Für ein zu versteuerndes Einkommen von 40.000 EUR ergibt sich nach der Splittingtabelle 2023 eine durchschnittliche Steuerbelastung von 1,976 %. Nach der Anrechnungsformel bestimmt sich die anrechenbare ausländische Steuer wie folgt:

2.500 EUR (ausländische Einkünfte) × 1,976 % = 49,40 EUR

Die ausländische Quellensteuer von 375 EUR ist danach nur i. H. v. 49,40 EUR anrechenbar.

Abzug ausländischer Steuer

Anstelle der Anrechnung der ausländischen Steuer kann auch der Abzug der ausländischen Steuer bei der Ermittlung der Einkünfte beantragt werden.[6] In aller Regel führt die Anrechnung der ausländischen Steuer zu einem günstigeren Ergebnis. Etwas anderes kann dann gelten, wenn die Summe der Einkünfte negativ ist. In diesen Fällen ist dem Abzug der ausländischen Steuer bei der Ermittlung der Einkünfte der Vorzug zu geben, weil in diesen Fällen ein höherer Verlustabzug entsteht.[7]

Grenzgänger

Die sich am OECD-Musterabkommen orientierenden abgeschlossenen Doppelbesteuerungsabkommen (DBA) der einzelnen Länder besagen, dass sich die Besteuerung des Arbeitslohns nach dem Arbeitsortprinzip orientiert, also dem jeweiligen Tätigkeitsstaat obliegt. Dies gilt grundsätzlich auch für ↗ Grenzgänger. Das sind Arbeitnehmer, die im Grenzgebiet des einen Staats arbeiten und im Grenzgebiet des anderen Staats ihren Wohnsitz haben, zu dem sie im Normalfall arbeitstäglich zurückkehren.

Abweichende Sonderregelungen für Grenzgänger enthalten die DBA mit

- Frankreich
- Österreich und
- der Schweiz.

Diese zwischenstaatlichen Grenzgängerregelungen haben das Ziel, abweichend vom Arbeitsortprinzip die Besteuerung des Arbeitslohns dem Wohnsitzstaat zuzuweisen. Unterschiedlich sind aber die Anforderungen, welche die DBA für die Anwendung der sog. Grenzgängerregelungen verlangen.

4 EuGH, Urteil v. 25.1.2007, C-168/1 (Beker/Beker); BFH, Urteil v. 18.12.2013, I R 71/10, BStBl 2013 II S. 361.
5 § 34c Abs. 1 EStG.
6 § 34c Abs. 2 EStG.
7 § 10d EStG.

Das mit Luxemburg bestehende DBA verzichtet trotz der gemeinsamem Grenze auf eine Grenzgängerregelung und weist das Besteuerungsrecht für Lohnbezüge dem jeweiligen Tätigkeitsstaat zu.[1]

Für Grenzgänger wurde stattdessen eine Bagatellgrenze geschaffen, nach der die Besteuerung des Arbeitslohns dem Tätigkeitsstaat zugewiesen wird, sofern die nichtselbstständige Arbeit an max. 19 Arbeitstagen im Kalenderjahr im Ansässigkeitsstaat oder in Drittstaaten ausgeübt wird.

Ab 1.1.2024 soll die Bagatellgrenze auf 34 Arbeitstage erhöht werden.[2] Der Wohnsitzstaat hat im Gegenzug den auf diese Arbeitstage entfallenden anteiligen Arbeitslohn freizustellen.

Auslandssachverhalte und Anwendung von DBA

Ablaufdiagramm

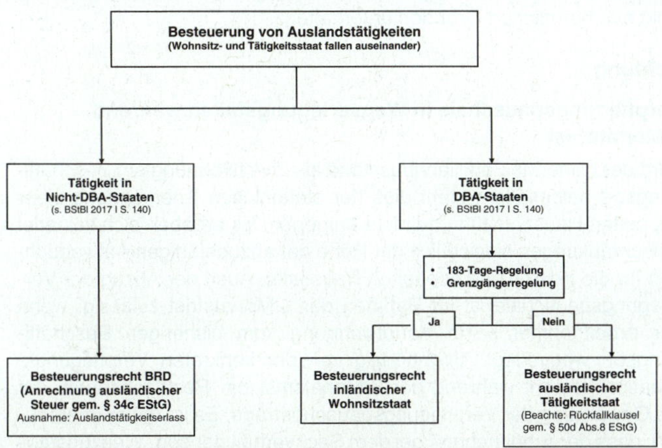

Doppelte Haushaltsführung

Eine doppelte Haushaltsführung liegt vor, wenn der Arbeitnehmer außerhalb des Orts, an dem er einen eigenen Hausstand unterhält, beschäftigt ist und auch am Beschäftigungsort wohnt. Typische Fälle im Berufsalltag, die eine auswärtige Zweitwohnung erforderlich machen, sind

- der erstmalige Antritt eines Dienstverhältnisses,
- der Wechsel des Arbeitgebers,
- die Versetzung an einen anderen Beschäftigungsort oder
- die langfristige Abordnung an eine andere Betriebsstätte, z. B. Filiale oder Zweigbetrieb.

Steuerlich wird der doppelte Haushalt nur anerkannt, wenn die Begründung beruflich veranlasst ist. Notwendige Mehraufwendungen, die durch eine zusätzliche auswärtige Wohnung zwangsläufig entstehen, sind steuerlich nur dann begünstigt, wenn die Berufsausübung der entscheidende Anlass für die Begründung dieses zweiten Haushalts ist.

Gesetze, Vorschriften und Rechtsprechung

Lohnsteuer: Der Werbungskostenabzug im Zusammenhang mit der doppelten Haushaltsführung ist in § 9 Abs. 1 Nr. 5 EStG geregelt. Ein umfangreiches BMF-Schreiben v. 25.11.2020, IV C 5 – S 2353/19/10011 :006, BStBl 2020 I S. 1228, gibt Auslegungshinweise für die doppelte Haushaltsführung. Der steuerfreie Arbeitgeberersatz dieser Aufwendungen ist in § 3 Nr. 16 EStG geregelt; für den öffentlichen Dienst gilt § 3 Nr. 13 EStG. Beide Regelungen sind an den Umfang der abzugsfähigen Werbungskosten geknüpft. Die Rechtsprechung sowie die hierzu ergangenen Verwaltungsanweisungen sind in R 9.11 LStR zusammengefasst.

Lohnsteuer

Voraussetzungen

Kriterien zur Anerkennung

Für die steuerliche Anerkennung einer doppelten Haushaltsführung müssen die folgenden 3 Kriterien erfüllt sein:

1. Unterhalten eines eigenen Hausstands,
2. zusätzliche Wohnung am auswärtigen Beschäftigungsort,
3. berufliche Veranlassung der doppelten Haushaltsführung.

Die steuerliche Anerkennung einer beruflichen doppelten Haushaltsführung ist davon abhängig, dass der Ort des eigenen Hausstands und der Ort der Zweitwohnung am auswärtigen Beschäftigungsort auseinanderfallen.[3]

Vereinfachungen für die Steuerklassen III, IV und V

Wurden dem Arbeitgeber als elektronische Lohnsteuerabzugsmerkmale (ELStAM) die ↗ Steuerklassen III, IV oder V mitgeteilt, kann der Arbeitgeber für den steuerfreien Ersatz aus Vereinfachungsgründen davon ausgehen, dass der Arbeitnehmer

- einen eigenen Hausstand und
- zusätzlich eine Wohnung am Beschäftigungsort unterhält.

Dies gilt nur für das Lohnsteuerverfahren. Für den Werbungskostenabzug im Rahmen der Einkommensteuererklärung des Arbeitnehmers prüft das Finanzamt weiterhin eingehend sämtliche Anforderungen. Ist die Familienwohnung im Ausland gelegen, hat die Finanzverwaltung ungeachtet dieser Vereinfachungsregelung die Möglichkeit, sich die Voraussetzungen für die gemeinsame Haushaltsführung in der ausländischen Wohnung nachweisen zu lassen.[4] Bei einem in Inland tätigen, verheirateten Arbeitnehmer, dessen Ehepartner im Ausland die bisherige Ehegattenwohnung weiter nutzt, kann insbesondere die verlangte finanzielle Beteiligung nicht in jedem Fall unterstellt werden.

Erhöhte Nachweispflichten bei Ledigen mit Steuerklasse I, II und VI

Für die übrigen – insbesondere alleinstehenden – Steuerpflichtigen (Arbeitnehmer mit den Steuerklassen I, II und VI) ist der steuerfreie Arbeitgeberersatz an ein besonderes Bescheinigungsverfahren gebunden, das ebenfalls eine Überprüfung der persönlichen Voraussetzungen des Arbeitnehmers entbehrlich macht.[5]

Aus der schriftlichen Erklärung des Arbeitnehmers muss sich ergeben, dass er neben einer Zweitwohnung am Beschäftigungsort außerhalb des Beschäftigungsorts einen eigenen Hausstand unterhält. Die Richtigkeit dieser Erklärung muss der Arbeitnehmer durch seine Unterschrift bestätigen. Die Bescheinigung ist als Beleg zum Lohnkonto zu nehmen.

Eingehende Prüfung der beruflichen Veranlassung

Keine Erleichterungen im Lohnsteuerverfahren gibt es für die Frage, ob die doppelte Haushaltsführung beruflich veranlasst ist. Der Arbeitgeber muss die berufliche Veranlassung bei Begründung der doppelten Haushaltsführung für jeden Einzelfall nach denselben Kriterien prüfen, wie sie beim Werbungskostenabzug zu beachten sind.

1 Art. 10 DBA-Luxemburg.
2 Entwurf eines Gesetzes zu dem Protokoll v. 6.7.2023 zur Änderung des Abkommens v. 23.4.2012 zwischen der Bundesrepublik Deutschland und dem Großherzogtum Luxemburg zur Vermeidung der Doppelbesteuerung und Verhinderung der Steuerhinterziehung auf dem Gebiet der Steuern vom Einkommen und vom Vermögen – BR-Drucksache 404/23. Zum Zeitpunkt des Redaktionsschlusses ist das Protokoll noch nicht in Kraft getreten.
3 BFH, Urteil v. 16.11.2017, VI R 31/16, BStBl 2018 II S. 404.
4 Niedersächsisches FG, Urteil v. 21.9.2022, 9 K 309/20.
5 R 9.11 Abs. 10 LStR.

Zweitwohnung aus beruflicher Veranlassung

Die steuerliche Anerkennung und damit die Möglichkeit der steuerfreien Vergütung der Mehraufwendungen setzen voraus, dass der zweite (doppelte) Haushalt aus beruflichen Gründen eingerichtet wird.[1] Dies ist das allein entscheidende Kriterium.[2] Der berufliche Anlass der auswärts begründeten Zweitwohnung ist dann gegeben, wenn der Steuerpflichtige den doppelten Haushalt nutzt, um von dort aus seinen Arbeitsplatz (besser) erreichen zu können.

Die Wohnung am auswärtigen Beschäftigungsort ist in diesem Fall wegen der auswärtigen Berufstätigkeit des Arbeitnehmers begründet und qualifiziert damit auch die doppelte Haushaltsführung als beruflich veranlasst. Das gesetzliche Erfordernis der beruflichen Veranlassung der doppelten Haushaltsführung ist mit der beruflichen Begründung der Zweitwohnung gleichzusetzen.

Wichtig

Doppelte Haushaltsführung durch Hotelübernachtung

Für das Vorliegen einer auswärtigen Beschäftigung ist die Anzahl der Übernachtungen in derselben Unterkunft am Beschäftigungsort unerheblich. Eine doppelte Haushaltsführung wird deshalb auch durch gelegentliche Hotelübernachtungen begründet. Das BMF-Schreiben[3] zu den Reisekostenvorschriften beinhaltet einen Nichtanwendungserlass zu der hiervon abweichenden Rechtsprechung, die eine doppelte Haushaltsführung nur anerkennt, wenn der Arbeitnehmer eine Unterkunft i. S. d. Wohnens am auswärtigen Beschäftigungsort innehat, diese ihm also für eine bestimmte Mindestdauer zur Verfügung steht.[4]

Wegverlegungsfälle

Berufliche Veranlassung in Wegverlegungsfällen

Die doppelte Haushaltsführung gilt auch dann als beruflich veranlasst, wenn der Arbeitnehmer seinen Haupthausstand aus privaten Gründen vom Beschäftigungsort weg verlegt und infolgedessen am Beschäftigungsort einen Zweithaushalt begründet, um von dort aus seiner Beschäftigung weiter nachgehen zu können. Für die steuerliche Anerkennung ist nicht zu prüfen, ob der Arbeitnehmer die doppelte Haushaltsführung hätte vermeiden können, wenn er den Familienwohnsitz an den Arbeitsort verlegt hätte. Für die steuerliche Berücksichtigung kommt es nicht darauf an, aus welchen Gründen die doppelte Haushaltsführung beibehalten wird.

Beispiel

Verlegung des Familienwohnsitzes wegen Studium des Ehegatten

Ein Arbeitnehmer wohnt mit seiner Ehefrau und der 3 Jahre alten Tochter in Mannheim, wo er bei einem Pharmaunternehmen beschäftigt ist. Zum 1.10. verlegt er seinen Familienwohnsitz nach Freiburg, damit seine Ehefrau ihr Studium an der Pädagogischen Hochschule Freiburg abschließen kann. Gleichzeitig mietet er ein 1-Zimmer-Appartement in Mannheim an (= auswärtiger Arbeitsort).

Ergebnis: Ab 1.10. liegt eine berufliche doppelte Haushaltsführung vor. Abzustellen ist ausschließlich auf die auswärtige Zweitwohnung, die der Arbeitnehmer deshalb eingerichtet hat, um von dort aus seinen Arbeitsplatz erreichen zu können. Die gleichzeitige Wegverlegung der Familienwohnung aus privaten Gründen nach Freiburg, durch die erst die Einrichtung einer zusätzlichen Wohnung erforderlich wird und damit auch die Aufsplittung der bislang einheitlichen Haushaltsführung am Beschäftigungsort, sind für die berufliche Veranlassung nicht von Bedeutung. Der Arbeitnehmer kann ab Oktober die notwendigen Mehraufwendungen der doppelten Haushaltsführung als Werbungskosten abziehen.

Beibehaltung des bisherigen Haupthausstands als Zweitwohnung

Ein unmittelbarer zeitlicher und sachlicher Zusammenhang zwischen Wegverlegung des eigenen Hausstands vom Arbeitsort und der dortigen Begründung eines zweiten Hausstands ist unerheblich. Eine längere Frist zwischen der Aufgabe des Wohnsitzes und der Neugründung am auswärtigen Beschäftigungsort wird nicht verlangt.

Ebenso ist die steuerliche Anerkennung der doppelten Haushaltsführung in Wegzugsfällen nicht davon abhängig, dass der Zweithaushalt am auswärtigen Beschäftigungsort in einer neuen, vom bisherigen Haupthausstand verschiedenen Wohnung erfolgt. Ein beruflicher Anlass ist auch gegeben, wenn der Arbeitnehmer die Familienwohnung aus privaten Gründen vom Beschäftigungsort wegverlegt und diese gleichzeitig wegen des unveränderten Arbeitsplatzes als Zweithaushalt weiternutzt. Mit der Umwidmung des bisherigen Haupthaushalts in die Zweitwohnung wird die doppelte Haushaltsführung begründet. Der beibehaltene Haushalt am nunmehr auswärtigen Beschäftigungsort wird ab diesem Zeitpunkt aus beruflichen Gründen unterhalten.

Achtung

Verpflegungspauschale in Wegverlegungsfällen während 3-Monatsfrist

Wird der bisherige Familienhausstand als Zweitwohnung am Beschäftigungsort beibehalten, steht dies der steuerlichen Anerkennung einer doppelten Haushaltsführung nicht entgegen. Es ergeben sich keinerlei Einschränkungen hinsichtlich der Höhe der abzugsfähigen Aufwendungen für die Kosten des doppelten Haushalts. Auch der Abzug der Verpflegungspauschale ist im Rahmen der 3-Monatsfrist zulässig, wenn der Arbeitnehmer seine Hauptwohnung vom bisherigen Beschäftigungsort wegverlegt. Unabhängig von der konkreten Verpflegungssituation besteht während der 3-Monatsfrist ein Rechtsanspruch auf die Gewährung der Verpflegungspauschbeträge. Es ist daher unerheblich, dass der Arbeitnehmer bei dem Sachverhalt der sog. Wegzugsfälle die Verpflegungssituation vor Ort kennt. Die 3-Monatsfrist für die Gewährung der Verpflegungspauschale beginnt mit der Umwidmung der bisherigen Wohnung am Beschäftigungsort in den Zweithaushalt. Dasselbe gilt für den ähnlichen Sachverhalt der erneuten Begründung einer doppelten Haushaltsführung am früheren Beschäftigungsort.[5] Die nochmalige Gewährung der Verpflegungsmehraufwendungen für einen Zeitraum von 3 Monaten ist zulässig.[6]

Auswärtige Zweitwohnung im Einzugsgebiet des Arbeitsorts

Die Zweitwohnung oder -unterkunft am auswärtigen Ort der ersten Tätigkeitsstätte muss aus beruflichen Gründen erforderlich sein. Der berufliche Anlass der auswärts begründeten Zweitwohnung ist gegeben, wenn der Steuerpflichtige den doppelten Haushalt nutzt, um von dort aus seinen Arbeitsplatz besser erreichen zu können. Voraussetzung hierfür ist, dass der Arbeitnehmer seine erste Tätigkeitsstätte von der Hauptwohnung nicht in zumutbarer Weise arbeitstäglich erreichen kann. Die Wohnung am auswärtigen Beschäftigungsort ist in diesem Fall wegen der auswärtigen Berufstätigkeit des Arbeitnehmers begründet und qualifiziert damit auch die doppelte Haushaltsführung als beruflich veranlasst.[7]

Entscheidend für die berufliche Veranlassung der Zweitwohnung ist, dass sich durch das Beziehen der auswärtigen Unterkunft die Fahrtstrecke oder die Fahrzeit zur ersten Tätigkeitsstätte wesentlich verkürzt.[8] Eine Wohnung am Beschäftigungsort ist unter diesen Voraussetzungen auch dann gegeben, wenn dieser Zweithaushalt im Einzugsgebiet der Gemeinde begründet wird, in der sich seine auswärtige Arbeitsstätte befindet.

Entfernungsbezogene und fahrzeitabhängige Abgrenzung des Einzugsgebiets

Das Beziehen einer Zweitwohnung oder -unterkunft im Einzugsbereich des Beschäftigungsorts steht einer beruflich veranlassten Zweitwohnung am Ort der ersten Tätigkeitsstätte gleich, wenn der Weg von der Zweitunterkunft oder -wohnung zur ersten Tätigkeitsstätte weniger als die Hälfte

1 BMF, Schreiben v. 10.12.2009, IV C 5 – S 2352/0, BStBl 2009 I S. 1599.
2 BFH, Urteil v. 5.3.2009, VI R 58/06, BStBl 2009 II S. 1012; BFH, Urteil v. 5.3.2009, VI R 23/07, BStBl 2009 II S. 1016; bestätigt durch BFH, Urteil v. 10.3.2010, VI R 47/09, BFH/NV 2010 S. 1269.
3 BMF, Schreiben v. 25.11.2020, IV C 5 – S 2353/19/10011 :006, BStBl 2020 I S. 1228, Rz. 100.
4 BFH, Urteil v. 22.4.1998, XI R 59/97, BFH/NV 1998 S. 1216; BFH, Urteil v. 5.8.2004, VI R 40/03, BStBl 2004 II S. 1074; BFH, Urteil v. 8.10.2014, VI R 95/13, BStBl 2015 II S. 231.
5 BFH, Urteil v. 8.7.2010, VI R 15/09, BStBl 2011 II S. 47.
6 BFH, Urteil v. 8.10.2014, VI R 7/13, BStBl 2015 II S. 336.
7 BFH, Urteil v. 28.3.2012, VI R 25/11, BStBl 2012 II S. 831; BFH, Urteil v. 16.11.2017, VI R 31/16, BStBl 2018 II S. 404.
8 BFH, Urteil v. 16.1.2018, VI R 2/16, BFH/NV 2018 S. 712.

der Entfernung der kürzesten Straßenverbindung zwischen der Hauptwohnung und der ersten Tätigkeitsstätte beträgt. Maßgebend für die Entfernungsberechnung ist jeweils die kürzeste Straßenverbindung. Dasselbe gilt jetzt, wenn die Fahrzeit von der Zweitwohnung zur ersten Tätigkeitsstätte im Vergleich zur Wohnung des Lebensmittelpunkts (= eigener Hausstand) pro Wegstrecke halbiert wird. Die entfernungsbezogene und die fahrzeitbezogene Vereinfachungsregelung sind auch dann anzuwenden, wenn sich der eigene Hausstand und die Zweitwohnung innerhalb derselben politischen Gemeinde oder Stadt befinden.

Die vom BMF aktualisierte Vereinfachungsreglung steht damit im Einklang mit der Rechtsprechung. Die frühere Regelung, die allein entfernungsabhängig war, ist um eine zeitliche Komponente ergänzt worden, die alternativ eine „Halbierung der Fahrzeit pro Weg" als ausreichend für das Vorliegen einer beruflich veranlassten doppelten Haushaltsführung festlegt. Die Neuregelung ist ohne zeitliche Einschränkung auf alle noch offenen Fälle anzuwenden.[1]

Beispiel

Vereinfachungsregel bei Fahrzeitverkürzung

Ein verheirateter Arbeitnehmer wohnt mit seiner 3-köpfigen Familie in Ulm. Seine erste Tätigkeitsstätte befindet sich im 100 km entfernten München. Die tägliche Fahrzeit mit dem ICE und der S-Bahn beträgt 65 Minuten. Im Einzugsbereich bewohnt er ein 1-Zimmer-Appartement, von wo aus er unter der Woche mit dem Pkw zu seinem 28 km entfernten Arbeitsplatz in München (Fahrzeit 25 Minuten) fährt.

Ergebnis: Die Zweitwohnung liegt im Einzugsbereich der ersten Tätigkeitsstätte in München. Da die (kürzeste) Straßenverbindung zwischen Zweitwohnung und erster Tätigkeitsstätte mit 28 km weniger als die Hälfte der (kürzesten) Straßenverbindung zwischen der Familienwohnung und der ersten Tätigkeitsstätte beträgt, liegt eine beruflich veranlasste Zweitwohnung und damit ein beruflich veranlasster doppelter Haushalt vor. Die fahrzeitabhängige Verkürzung braucht nicht zusätzlich geprüft zu werden.

Abwandlung: Die Entfernung zwischen Familienwohnung und erster Tätigkeitsstätte beträgt nur 50 km und die tägliche Fahrzeit zur ersten Tätigkeitsstätte mit dem Pkw 55 Minuten. Obgleich die kürzeste Straßenverbindung zu keiner Halbierung der Entfernung Zweitwohnung – Arbeitgeber führt, liegt eine beruflich veranlasste doppelte Haushaltsführung vor, da der Arbeitnehmer darlegen kann, dass sich durch die Zweitwohnung eine Fahrzeitverkürzung zur ersten Tätigkeitsstätte um mehr als die Hälfte ergibt.

Liegen die Voraussetzungen der Vereinfachungsregelung nicht vor, ist das Vorliegen einer beruflich veranlassten doppelten Haushaltsführung auf andere Weise anhand der konkreten Umstände des Einzelfalls darzulegen.

Notwendige Mehraufwendungen

Fahrtkosten

Als Fahrtkosten, die auch für den Umfang des steuerfreien Arbeitgeberersatzes maßgebend sind, kommen in Betracht:

- Erste und letzte Fahrt: Fahrtkosten aus Anlass des Wohnungswechsels zu Beginn und am Ende der doppelten Haushaltsführung werden wie bei Auswärtstätigkeiten (Reisekosten) berücksichtigt.
- Fahrten zwischen erster Tätigkeitsstätte und Zweitwohnung: Arbeitstägliche Fahrten von der Zweitwohnung zur ersten Tätigkeitsstätte.
- Familienheimfahrten: Wöchentlich eine Familienheimfahrt oder stattdessen die Aufwendungen für ein wöchentliches Familientelefonat von 15 Minuten. Bei Fahrten mit dem Pkw gilt die Entfernungspauschale von 0,30 EUR für jeden vollen Kilometer der Entfernung zwischen der Hauptwohnung und dem Beschäftigungsort bzw. 0,38 EUR ab dem 21. Entfernungskilometer.[2] Begünstigt sind auch Besuchsfahrten (= umgekehrte Familienheimfahrten), wenn ein Arbeitnehmer aus beruflichen Gründen gehindert ist, selbst eine Familienheimfahrt zu unternehmen. Unter diesen Voraussetzungen werden die Fahrtkosten (nicht aber Verpflegungs- und Unterkunftskosten) des Ehe-/Lebenspartners und ggf. der Kinder für eine Besuchsfahrt zum Arbeitsort anerkannt. Die Fahrtkosten werden max. bis zu der Höhe anerkannt, die für die gesetzlich vorgesehenen Familienheimfahrten zulässig gewesen wären.[3]
- Flugkosten: Die Entfernungspauschale gilt hier nicht. Für Flugstrecken werden nur die tatsächlichen Flugkosten anerkannt.

Diese Aufwendungen kann der Arbeitgeber dem Arbeitnehmer steuerfrei erstatten.[4] Soweit sie nicht erstattet werden, können die Aufwendungen vom Arbeitnehmer im Rahmen der Einkommensteuerveranlagung als Werbungskosten geltend gemacht werden. Ersatzleistungen des Arbeitgebers für die wöchentliche Familienheimfahrt sind in Höhe der Entfernungspauschale oder der Flugkosten steuerfrei. Ebenfalls steuerfrei ist die Gestellung eines Pkw zur Benutzung für die wöchentliche Familienheimfahrt.

Hinweis

Auswirkungen einer Erhöhung der Pendlerpauschale

Eine Erhöhung der Entfernungspauschale oder der sog. Fernpendlerpauschale (ab dem 21. Entfernungskilometer) ist auch für die wöchentlichen Familienheimfahrten im Rahmen einer doppelten Haushaltsführung von Bedeutung, da sie beim Arbeitnehmer regelmäßig zu einem höheren steuerfreien Arbeitgeberersatz bzw. Werbungskostenabzug führt.

Verpflegungsmehraufwendungen

Der Ansatz von Verpflegungsmehraufwendungen bei der doppelten Haushaltsführung ist an die gesetzlich geregelten Reisekostensätze geknüpft.[5] Zulässig ist ausschließlich der Ansatz der Verpflegungspauschalen. Als notwendige Mehraufwendungen können für jeden Kalendertag, an dem der Arbeitnehmer von seiner Hauptwohnung abwesend ist, folgende Pauschbeträge angesetzt werden, die auch für Reisekosten gelten:

- Für jeden vollen Kalendertag der Abwesenheit von der Hauptwohnung, kann die Pauschale von 28 EUR angesetzt werden.
- Bei Familienheimfahrten ist für die Tage der Heimfahrt und der Rückreise zum Beschäftigungsort (= An- und Abreisetage) jeweils ein Pauschbetrag von 14 EUR maßgebend; eine Mindestabwesenheitszeit ist nicht erforderlich. Im Übrigen berechnet sich die Abwesenheitsdauer immer in Bezug auf den eigenen Hausstand, also nach der Abwesenheit von der Hauptwohnung des Arbeitnehmers am einzelnen Tag.[6]

3-Monatsfrist bei Verpflegungspauschalen

Die Pauschbeträge für Verpflegungsaufwand können nur für die ersten 3 Monate nach Bezug der Wohnung am neuen Beschäftigungsort steuerfrei angesetzt werden. Die 3-Monatsfrist gilt für die einzelne doppelte Haushaltsführung. Wird während desselben Kalenderjahres ein neuer doppelter Haushalt eingerichtet, können Verpflegungsmehraufwendungen für weitere 3 Monate in Anspruch genommen werden. Eine neue 3-Monatsfrist läuft auch, wenn die neue doppelte Haushaltsführung erneut am früheren Beschäftigungsort begründet wird.[7] Der BFH hat die Anwendung der 3-Monatsfrist sogar für den Sachverhalt bejaht, dass die bisherige Hauptwohnung zur Zweitwohnung wird. Er gewährt die 3-Monatsfrist unabhängig von der Verpflegungssituation am Beschäftigungsort. Die 3-Monatsfrist für die Abzugsfähigkeit von Verpflegungsmehraufwendungen beginnt mit dem Zeitpunkt der Umwidmung des bisherigen Haupthaushalts zur Zweitwohnung.

1 BMF, Schreiben v. 25.11.2020, IV C 5 – S 2353/19/10011 :006, BStBl 2020 I S. 1228, Rz. 136.
2 § 9 Abs. 1 Nrn. 4, 5 EStG.
3 R 9.11 Abs. 6 Nr. 2 LStR 2023.
4 § 3 Nr. 16 EStG.
5 § 9 Abs. 4a EStG.
6 Das Gesetzgebungsverfahren, das eine Änderung der Werte vorsieht, ist noch nicht abgeschlossen. Ggf. wird eine Änderung im Laufe des Jahres 2024 folgen.
7 BFH, Urteil v. 8.7.2010, VI R 15/09, BStBl 2011 II S. 47.

4-wöchige Unterbrechung verlängert 3-Monatsfrist

Wird die Tätigkeit am auswärtigen Beschäftigungsort um mindestens 4 Wochen unterbrochen, beginnt die 3-Monatsfrist auch innerhalb derselben doppelten Haushaltsführung von Neuem. Auf den Grund der Unterbrechung – berufliche oder private Motive – kommt es nicht an. Bei jeder Unterbrechung von mindestens 4 Wochen beginnt für den Ansatz der Verpflegungspauschalen eine neue 3-Monatsfrist. Nicht mehr erforderlich für den Beginn eines neuen 3-Monatszeitraums ist die gleichzeitige Unterbrechung der Nutzung der Zweitwohnung oder gar ein Wohnungswechsel am auswärtigen Beschäftigungsort. Für den Ablauf der 3-Monatsfrist gelten dieselben Grundsätze wie bei Dienstreisen, die sich ausschließlich am Tätigwerden an derselben Tätigkeitsstätte orientieren. Urlaubs- und krankheitsbedingte Unterbrechungen der Tätigkeit am auswärtigen Arbeitsort von weniger als 4 Wochen haben deshalb auf den Ablauf der 3-Monatsfrist keinen Einfluss. Ebenso sind Zeiten einer vorangegangenen Dienstreise auf die Dauer von 3 Monaten anzurechnen.[1]

Übernachtungskosten bzw. Kosten für die Zweitwohnung

Höhe der abzugsfähigen Aufwendungen

Werbungskostenabzug

Übernachtungskosten sind nur auf Einzelnachweis der entstandenen Aufwendungen als Werbungskosten abzugsfähig.[2] Nicht abzugsfähig im Rahmen der doppelten Haushaltsführung ist eine Vorfälligkeitsentschädigung, die im Zusammenhang mit dem vorzeitigen Verkauf der Zweitwohnung anfällt.[3] Begünstigt sind nur die notwendigen Aufwendungen für die Zweitwohnung am auswärtigen Beschäftigungsort. Das sind die tatsächlichen Kosten, soweit diese nicht überhöht sind.

Steuerfreie Arbeitgebererstattung

Der Arbeitgeber kann die Unterkunftskosten alternativ mit folgenden Pauschalen steuerfrei erstatten:

- für die ersten 3 Monate mit einem Pauschbetrag bis zu 20 EUR je Übernachtung und
- für die Folgezeit mit einem Pauschbetrag bis zu 5 EUR je Übernachtung.

Voraussetzung ist, dass der Arbeitnehmer die Zweitwohnung entgeltlich oder teilentgeltlich erhält.

Angemessenheitsprüfung

Es gilt eine unterschiedliche Angemessenheitsprüfung, je nachdem, ob es sich um eine inländische doppelte Haushaltsführung oder eine beruflich veranlasste Zweitwohnung im Ausland handelt.

1.000-EUR-Grenze für inländische doppelte Haushaltsführung

Die angemessenen Unterkunftskosten für die Zweitwohnung am inländischen Beschäftigungsort werden in nachgewiesener Höhe bis max. 1.000 EUR pro Monat als Werbungskosten anerkannt (sog. vereinfachte Angemessenheitsobergrenze).[4] Der Höchstbetrag umfasst sämtliche Aufwendungen, wie:

- Bruttokaltmiete, an deren Stelle beim Wohneigentum die Abschreibungsbeträge und die Finanzierungskosten treten,
- sämtliche (warmen und kalten) Betriebskosten,
- Kosten der laufenden Reinigung und Pflege der Wohnung/Unterkunft,
- Absetzung für Abnutzung für notwendige Einrichtungsgegenstände,
- Rundfunkbeitrag,
- Miet- oder Pachtgebühr für Kfz-Stellplatz,[5]
- Aufwendungen für Sondernutzung (wie Garten) und
- Zweitwohnungssteuer.[6]

Hinweis

Anrechnung der Zweitwohnungssteuer auf 1.000-EUR-Grenze strittig

Eine andere Auffassung zur Abzugsfähigkeit der Zweitwohnungssteuer vertritt das FG München, das die Zweitwohnungssteuer nicht den unter 1.000-EUR-Grenze fallenden Unterkunftskosten, sondern den zusätzlich abzugsfähigen sonstigen notwendigen Mehraufwendungen der doppelten Haushaltsführung zurechnet. Die abschließende Entscheidung des BFH bleibt abzuwarten.[7]

Maklerkosten für die Anmietung der Zweitwohnung sind nicht auf den Höchstbetrag von 1.000 EUR anzurechnen und zusätzlich als Werbungskosten abziehbar.

Wohnungseinrichtung und Hausrat: Keine Anrechnung auf die 1.000-EUR-Grenze

Auf die 1.000-EUR-Monatsgrenze sind alle Aufwendungen anzurechnen, die der Nutzung der Zweitwohnung unmittelbar zugerechnet werden können. Hierzu gehören neben der Miete sämtliche (warmen und kalten) Betriebskosten, da sie durch den Gebrauch der Zweitwohnung entstehen. Dagegen ist die Nutzung der Einrichtung und des Hausrats als eigenständiger (Nutzungs-)Sachverhalt hiervon abzugrenzen. Die Aufwendungen für die Wohnungseinrichtung und den Hausrat zählen daher nicht zu den Unterkunftskosten der Zweitwohnung, sondern zu den sonstigen notwendigen Mehraufwendungen der doppelten Haushaltsführung.[8]

Das FG des Saarlandes sieht darüber hinaus auch für die Kosten eines Fernsehers, PCs sowie eines separat angemieteten Pkw-Stellplatzes für den Dienstwagen die zusätzliche Abzugsfähigkeit.[9] Eine Einbeziehung in die für Unterkunftskosten geltende Monatsgrenze von 1.000 EUR ist danach nicht vorzunehmen.

Wichtig

Zeitpunkt der Zahlungen ist entscheidend

Während das Gesetz lediglich die Begrenzung der Unterkunftskosten auf einen Monatsbetrag von 1.000 EUR festlegt, enthält das BMF-Anwendungsschreiben[10] zusätzliche Regelungen zur Berechnung der Obergrenze in der Besteuerungspraxis. Zunächst gilt das Zufluss- und Abflussprinzip, da das Gesetz mit den 1.000 EUR eine Monatsgrenze festlegt. Es kommt also nur auf den Zahlungszeitpunkt an, nicht darauf, für welchen Zeitraum eine Zahlung erfolgt ist. Alle Zahlungen innerhalb des jeweiligen Monats – unabhängig für welchen Zeitraum – sind auf die 1.000-EUR-Grenze anzurechnen. Das gilt sowohl für Mieterhöhungen als auch für die Nachzahlung von Nebenkosten.

Tipp

Durch Übertragungen auf 12.000-EUR-Jahresgrenze ausweiten

In einzelnen Monaten kann eine nicht ausgeschöpfte 1.000-EUR-Grenze auf andere Monate der doppelten Haushaltsführung innerhalb desselben Kalenderjahres übertragen werden. Im Ergebnis wird die feste Monatsgrenze damit zu einer 12.000-EUR-Jahresgrenze.

1 R 9.11 Abs. 7 Satz 2 LStR.
2 BFH, Urteil v. 12.9.2001, VI R 72/97, BStBl 2001 II S. 775; BFH, Urteil v. 4.4.2006, VI R 44/03, BStBl 2006 II S. 567.
3 BFH, Urteil v. 3.4.2019, VI R 15/17, BStBl 2019 II S. 446.
4 § 9 Abs. 1 Nr. 5 EStG.
5 Anders FG des Saarlandes, Urteil 20.5.2020, 2 K 1251/17, EFG 2020 S. 1408; FG Mecklenburg-Vorpommern, Urteil v. 21.9.2022, 3 K 48/22; Niedersächsisches FG, Urteil v. 16.3.2023, 10 K 202/22, Rev. beim BFH unter Az. VI R 4/23.
6 BMF, Schreiben v. 25.11.2020, IV C 5 – S 2353/19/10011 :006, BStBl 2020 I S. 1228, Rz. 108.
7 FG München, Urteil v. 26.11.2021, 8 K 2143/21, Rev. beim BFH unter Az. VI R 30/21.
8 BMF, Schreiben v. BMF, Schreiben v. 25.11.2020, IV C 5 – S 2353/19/10011 :006, BStBl 2020 I S. 1228, Rz. 108.
9 FG des Saarlandes, Urteil v. 20.5.2020, 2 K 1251/17, rkr; FG Mecklenburg-Vorpommern, Urteil v. 21.9.2022, 3 K 48/22; Niedersächsisches FG, Urteil v. 16.3.2023, 10 K 202/22, Rev. beim BFH unter Az. VI R 4/23.
10 BMF, Schreiben v. 25.11.2020, IV C 5 – S 2353/19/10011 :006, BStBl 2020 I S. 1228, Rzn. 106 ff.

Keine Anrechnung des häuslichen Arbeitszimmers auf die 1.000-EUR-Grenze

Ein häusliches Arbeitszimmer in der Zweitwohnung am auswärtigen Ort der ersten Tätigkeitsstätte ist wie bisher bei der Ermittlung der abzugsfähigen Unterkunftskosten der doppelten Haushaltsführung nicht zu berücksichtigen. Der (zusätzliche) Werbungskostenabzug der hierauf entfallenden Kosten bestimmt sich weiterhin nach den für häusliche Arbeitszimmer geltenden Regeln.[1]

Dementsprechend bleiben die anteiligen Kosten für ein häusliches Arbeitszimmer in der auswärtigen Zweitwohnung bei der Prüfung der 1.000-EUR-Grenze außer Ansatz. Dies gilt auch für die seit 2023 eingeführte Jahrespauschale von 1.260 EUR, die der Arbeitnehmer ohne Nachweis der Kosten anstelle der tatsächlichen Kosten für das häusliche Arbeitszimmer als Werbungskosten berücksichtigen kann, wenn es der Mittelpunkt seiner beruflichen Tätigkeit darstellt.[2]

Keine Werbungskosten für Homeoffice-Tage im doppelten Haushalt

Arbeitnehmer, bei denen die Abzugsvoraussetzungen für ein häusliches Arbeitszimmer nicht vorliegen, etwa weil die räumlichen Voraussetzungen nicht vorliegen oder sich dort nicht der Tätigkeitsmittelpunkt befindet, können für die häusliche Arbeit eine Tagespauschale von 6 EUR in Anspruch nehmen.[3] Die Tagespauschale tritt seit 2023 an die Stelle der bisherigen Homeoffice-Pauschale. Der Jahreshöchstbetrag beträgt 1.260 EUR. Die Tagespauschale kann damit für maximal 210 Homeoffice-Tage pro Jahr als Werbungskosten abgezogen werden. Die Tagespauschale dient der (pauschalen) Abgeltung der Aufwendungen, die durch die berufliche Nutzung der häuslichen Wohnung entstehen. Der Arbeitstag kann deshalb auch im Wohnzimmer oder am Küchentisch erfolgen, ohne dass der Arbeitsplatz den Charakter eines Arbeitszimmers erfüllen muss.

Für die doppelte Haushaltsführung bedeutet dies, dass die Tagespauschale wie die bisherige Homeoffice-Pauschale für häusliche Arbeitstage in der Hauptwohnung am eigenen Hausstand angesetzt werden darf, soweit dort kein häusliches Arbeitszimmer geltend gemacht wird.

Hinweis

Keine Werbungskostenabzug für Homeoffice-Tage in der Zweitwohnung

Anders als bei der bis 2022 geltenden Homeoffice-Pauschale ist der Ansatz der Tagespauschale bezüglich der beruflichen Zweitwohnung im Rahmen einer doppelten Haushaltsführung jetzt aber gesetzlich ausgeschlossen.[4] Für Tage, an denen ein Arbeitnehmer seine berufliche Tätigkeit ausschließlich im Homeoffice seiner Zweitwohnung ausübt, ist der Abzug der neuen Tagespauschale von 6 EUR nicht zulässig. Insoweit kann ausschließlich der Werbungskostenabzug für ein häusliches Arbeitszimmer in der beruflichen Zweitwohnung am auswärtigen Beschäftigungsort infrage kommen, der auch nicht unter die 1.000-EUR-Monatsgrenze fällt. Ein steuerfreier Arbeitgeberersatz ist für die Tagespauschale von 6 EUR gesetzlich nicht vorgesehen.

Doppelter Haushalt im Ausland

Bei einer doppelten Haushaltsführung im Ausland findet die 1.000-EUR-Grenze keine Anwendung. Als angemessene notwendige Unterbringungskosten gelten Aufwendungen, die sich für eine ausländische Zweitwohnung von 60 qm bei einem ortsüblichen Mietzins je qm für eine nach Lage und Ausstattung durchschnittliche Wohnung (Durchschnittsmietzins) ergeben würden.[5]

Nach der Rechtsprechung ist bei einer doppelten Haushaltsführung im Ausland für die Begrenzung auf das notwendige Maß nicht auf den Quadratmeterpreis, sondern auf die tatsächlichen Gesamtkosten der durch die doppelte Haushaltsführung veranlassten ausländischen Zweitwohnung abzustellen. Bei einer doppelten Haushaltsführung ist deshalb im Einzelfall zu prüfen, welche Unterkunftskosten am ausländischen Beschäftigungsort für die berufliche Zweckverfolgung erforderlich sind. Die Kosten einer beamtenrechtlich zugewiesenen Auslandsdienstwohnung sind deshalb unabhängig von ihrer Größe in vollem Umfang als Werbungskosten abzugsfähig, weil sich der Arbeitnehmer im Zweifelsfall der Zuweisung dienstrechtlich nicht entziehen kann.[6]

Etwas anderes gilt allerdings, wenn die doppelte Haushaltsführung zu steuerfreien Auslandsbezügen führt. Dem Werbungskostenabzug steht in diesem Fall das Abzugsverbot[7] entgegen, weil die Unterkunftskosten für den ausländischen Zweithaushalt in unmittelbarem Zusammenhang mit steuerfreiem DBA-Arbeitslohn stehen.

Mehraufwendungen bei Auslandstätigkeit

Bei einer Auslandstätigkeit gelten in den ersten 3 Monaten für Verpflegungsmehraufwendungen und Unterkunftskosten die Auslandspauschalen. Nach Ablauf des 3-Monatszeitraums können Unterkunftskosten ohne Einzelnachweis mit 40 % des Auslandsübernachtungsgelds steuerfrei erstattet werden (aber: der Werbungskostenabzug kann nur mit Einzelnachweis erfolgen).

Kein Werbungskostenabzug bei steuerfreien DBA-Bezügen

Ein Werbungskostenabzug scheidet wegen der Vorschrift des § 3c EStG aus, wenn der im Ausland erzielte Arbeitslohn z. B. nach einem ⇗ Doppelbesteuerungsabkommen im Inland steuerfrei bleibt.

Beispiel

183-Tage-Regelung

Ein verheirateter Arbeitnehmer wird ab 1.4. für ein Jahr bei der ausländischen Tochterfirma in den USA eingesetzt. Die Entlohnung erfolgte weiterhin durch die inländische Muttergesellschaft. Die übrige Familie behält den inländischen Wohnsitz bei.

Ergebnis: Das Besteuerungsrecht steht nach der 183-Tage-Regelung den USA zu. Die Mehraufwendungen aus Anlass des doppelten Haushalts bleiben daher insoweit unberücksichtigt, als die Auslandstätigkeit innerhalb eines Jahres mehr als 183 Tage dauerte.

Sind die Voraussetzungen der 183-Tage-Regelung nicht erfüllt, liegt dagegen das Besteuerungsrecht für den vorübergehend im Ausland erzielten Arbeitslohn im Inland.

Besonderheiten beachten

Für den Umfang des Werbungskostenabzugs bzw. steuerfreien Arbeitgeberersatzes bei Auswärtstätigkeiten gelten – wegen des länderunterschiedlichen Kostenniveaus – folgende Besonderheiten:

- Verpflegungsmehraufwendungen: Im Fall der doppelten Haushaltsführung im Ausland sind die Auslandsreisepauschalen anzusetzen, soweit eine ganztägige Abwesenheit vorliegt. Für die Fälle einer Abwesenheit von weniger als 24 Stunden kürzen sich die Auslandstagegelder wie bei beruflichen Auswärtstätigkeiten.
- Übernachtungskosten: Liegen der Beschäftigungsort und die Zweitwohnung im Ausland, kann im Falle steuerfreien Arbeitgeberersatzes anstelle des Einzelnachweises der Ansatz von Pauschbeträgen gewählt werden. Für die ersten 3 Monate sind das die Übernachtungspauschbeträge, die für das entsprechende Land bei beruflichen Auswärtstätigkeiten gelten. Für die Folgezeit ist der pauschale Abzug auf 40 % dieser Pauschbeträge begrenzt.

  Ein Wechsel des Verfahrens zwischen Einzelnachweis und Pauschbeträgen innerhalb eines Kalenderjahres während derselben doppelten Haushaltsführung ist zulässig. Bei derselben doppelten Haushaltsführung darf der Arbeitgeber wie bei den Reisekosten das Verfahren wechseln.[8]

1 BMF, Schreiben v. 25.11.2020, IV C 5 – S 2353/19/10011 :006, BStBl 2020 I S. 1228, Rz. 111.
2 § 4 Abs. 5 Satz 1 Nr. 6b Satz 3 EStG.
3 § 4 Abs. 5 Satz 1 Nr. 6c Satz 2 EStG.
4 § 4 Abs. 5 Satz 1 Nr. 6c Satz 3 EStG.
5 BFH, Urteil v. 9.8.2007, VI R 10/06, BStBl 2007 II S. 820.
6 BFH, Urteil v. 9.8.2023, VI R 20/21.
7 § 3c Abs. 1 EStG.
8 R 9.11 Abs. 10 LStR.

Wichtig

Auslandsübernachtungspauschalen nur bei steuerfreiem Arbeitgeberersatz

Die unterschiedliche Behandlung zwischen Werbungskosten und steuerfreiem Arbeitgeberersatz ist auch bei einer doppelten Haushaltsführung im Ausland zu beachten. Der Arbeitnehmer darf die notwendigen Unterbringungskosten nur auf Einzelnachweis als Werbungskosten abziehen. Die Auslandsübernachtungsgelder sind nur noch für den Umfang des steuerfrei zulässigen Arbeitgeberersatzes gültig.

Umfang der steuerfreien Arbeitgebererstattung

Der Arbeitgeber kann die notwendigen Mehraufwendungen aus Anlass einer zeitlich unbeschränkten oder beschränkten doppelten Haushaltsführung steuerfrei vergüten, soweit keine höheren Beträge erstattet werden, als vom Arbeitnehmer als Werbungskosten hätten abgezogen werden dürfen.[1]

Dabei ist auf folgende Sonderregelungen zu achten, die ausschließlich für den steuerfreien Ersatz von Mehraufwendungen durch den Arbeitgeber gelten[2]:

- Arbeitgeber muss Wahlrecht des Arbeitnehmers nicht berücksichtigen: Das Wahlrecht des Arbeitnehmers zwischen doppeltem Haushalt und Fahrten zwischen Wohnung und erster Tätigkeitsstätte ist für den Arbeitgeberersatz ohne Bedeutung. Allerdings wird das Finanzamt dann die ursprüngliche Steuerfreiheit korrigieren, indem es diese Arbeitgeberleistungen auf die Werbungskosten anrechnet.
- Keine Übernachtungspauschale bei unentgeltlicher Nutzung: Die notwendigen Aufwendungen für die Zweitwohnung an einem Beschäftigungsort im Inland dürfen anders als bei den Werbungskosten auch ohne Einzelnachweis für die ersten 3 Monate täglich mit einem Pauschbetrag von 20 EUR und für die Folgezeit mit einem Pauschbetrag von 5 EUR steuerfrei ersetzt werden. Diese Möglichkeit entfällt, wenn dem Arbeitnehmer die Zweitwohnung unentgeltlich oder verbilligt vom Arbeitgeber zur Verfügung gestellt wird. Ein Wechsel des Verfahrens ist zulässig. Der Arbeitgeber darf bei ein und derselben doppelten Haushaltsführung das Wahlrecht zwischen Pauschbeträgen und Einzelnachweis unterschiedlich ausüben. Ein Wechsel des Verfahrens kann insbesondere nach Ablauf von 3 Monaten von Bedeutung sein, wenn nur noch der geringere Pauschbetrag von 5 EUR je Übernachtung möglich ist.
- Keine Pauschalbesteuerung für Verpflegungsmehraufwendungen: Für den steuerfreien Ersatz von Verpflegungskosten sind im Rahmen der 3-Monatsfrist die Pauschbeträge zu beachten, die für berufliche Auswärtstätigkeiten gelten. Dies bedeutet, dass für die ersten 3 Monate nach Bezug der Wohnung am neuen Beschäftigungsort an Tagen der An- und Rückreise bei Familienheimfahrten die Verpflegungspauschale von 14 EUR zum Ansatz kommt. Nicht zulässig ist indes die Pauschalbesteuerung mit 25 %, falls der Arbeitgeber einen höheren Verpflegungsersatz gewährt. Diese Möglichkeit ist ausschließlich auf Dienstreisen und Einsatzwechsel- und Fahrtätigkeiten beschränkt.[3]

Dreizehntes Gehalt

Das 13. Gehalt ist eine Sonderzahlung und wird in Höhe eines Monatsarbeitsgehalts ausgezahlt.

Gesetze, Vorschriften und Rechtsprechung

Lohnsteuer: Der Lohnsteuerabzug für das 13. Gehalt ergibt sich aus § 39b Abs. 3 EStG. Die Anforderungen zur möglichen Umwandlung in steuerfreie Kindergartenzuschüsse regelt § 8 Abs. 4 EStG. Diese Anforderungen sind auch auf andere Steuervergünstigungen anzuwenden, die daran geknüpft sind, dass der Arbeitgeber diese Leistungen zusätzlich zum ohnehin geschuldeten Arbeitslohn erbringt.

Sozialversicherung: § 22 Abs. 1 Satz 2 SGB IV regelt die Zuordnung von Einmalzahlungen zu einem bestimmten Entgeltabrechnungszeitraum. Die beitragsrechtlichen Bestimmungen für einmalig gezahltes Arbeitsentgelt enthält für alle Sozialversicherungszweige § 23a SGB IV.

Entgelt	LSt	SV
13. Monatsgehalt (Arbeitslohn) *Aber: Regelungen zur Märzklausel und zu Einmalzahlungen.	pflichtig	pflichtig*

Lohnsteuer

Dreizehntes Gehalt ist steuerpflichtiger sonstiger Bezug

Ein 13. Monatsgehalt gehört zum (steuerpflichtigen) Arbeitslohn. Dies gilt unabhängig davon, ob der Arbeitnehmer einen arbeitsrechtlichen Anspruch auf eine solche Leistung hat, z. B. weil der Tarifvertrag dies vorsieht, oder ob die Zahlung freiwillig erfolgt. Die Lohnsteuer ist nach den für ↗ sonstige Bezüge geltenden Regelungen zu erheben. Der Zeitpunkt der Besteuerung bestimmt sich nach dem Zufluss.

Entgeltumwandlung

Eine Umwandlung des 13. Gehalts in steuerfreie oder pauschal besteuerte Arbeitgeberleistungen ist nur bedingt möglich. Bei der ↗ Barlohnumwandlung ist u. a. darauf zu achten, ob für die Arbeitgeberleistung eine ↗ Zusätzlichkeitsvoraussetzung gilt.

Anrechnung zweckgebundener Leistungen auf 13. Gehalt

Die Anrechnung zweckgebundener Arbeitgeberleistungen auf freiwillige Sonderzahlungen, etwa ein freiwillig gewährtes Weihnachtsgeld, ist jedoch zulässig. Das Erfordernis der Zusätzlichkeit ist nur danach zu prüfen, ob der Arbeitgeber die Sonderzahlung als geschuldet zu erbringen hat. Die Zusätzlichkeitsvoraussetzung kann durch Anrechnung auf freiwillige Sonderleistungen erfüllt werden, z. B. durch Umwandlung einer freiwilligen Weihnachtsgeldzahlung (13. Gehalt). Unerheblich ist, dass den übrigen Arbeitnehmern stattdessen eine zweckbindungsfreie Barleistung zusteht.[4] Eine zusätzliche Leistung liegt bei freiwilligen Sonderzahlungen auch dann vor, wenn diese einem Teil der Arbeitnehmer zweckgebunden und den übrigen Arbeitnehmern verwendungsfrei zufließt.

Sozialversicherung

Berücksichtigung als Einmalzahlung

In der Sozialversicherung ist das 13. Monatsgehalt beitragsrechtlich als Einmalzahlung zu behandeln und dem Entgeltabrechnungszeitraum der Auszahlung zuzuordnen. Wenn durch diese Zuordnung die monatliche Beitragsbemessungsgrenze überschritten wird, werden die vor der Auszahlung liegenden Entgeltabrechnungszeiträume des laufenden Kalenderjahres berücksichtigt. Etwas anderes gilt, wenn die Einmalzahlung in der Zeit vom 1.1. bis zum 31.3. eines Jahres geleistet wird und durch diese Zuordnung im laufenden Kalenderjahr die Zahlung nicht in voller Höhe beitragspflichtig ist. In diesen Fällen ist die Einmalzahlung den Entgeltabrechnungszeiträumen des Vorjahres zuzuordnen.

Beitragsrechtliche Beurteilung bei Entgeltumwandlung

Verlangt allein das Beitragsrecht der Sozialversicherung für bestimmte Tatbestände ein Zusätzlichkeitserfordernis, führt dies im Falle einer Entgeltumwandlung nur unter bestimmten Voraussetzungen zur Beitragsfreiheit der daraus resultierenden Arbeitgeberleistung.

1 § 3 Nr. 16 EStG.
2 R 9.11 Abs. 10 LStR.
3 § 40 Abs. 2 Nr. 4 EStG.
4 § 8 Abs. 4 EStG.

Dualer Student

Duale Studiengänge werden in der Regel von Fachhochschulen in Kooperation mit Unternehmen bzw. Betrieben angeboten. Sie beinhalten anders als herkömmliche Studiengänge neben den theoretischen Lernphasen einen hohen Anteil an Lernphasen in betrieblicher Praxis. Die Studiengänge vereinigen im Grundsatz die Ausbildung an einer Fachhochschule mit einem Fachhochschulabschluss entweder mit einer gleichzeitigen betrieblichen Berufs(aus)bildung mit oder ohne Prüfungsabschluss in einem anerkannten Beruf oder mit einer betrieblichen Fort- oder Weiterbildung.

Es werden 3 verschiedenen Typen dualer Studiengänge unterschieden: Ausbildungsintegrierte Studiengänge, berufsintegrierte und berufsbegleitende Studiengänge und praxisintegrierte Studiengänge.

Gesetze, Vorschriften und Rechtsprechung

Sozialversicherung: Die Versicherungspflicht in einem dualen Studium ergibt sich aus § 5 Abs. 4a Satz 2 SGB V, § 20 Abs. 1 Satz 2 Nr. 10 i. V. m. Satz 1 SGB XI, § 1 Satz 5 i. V. m. Satz 1 Nr. 1 SGB VI, § 25 Abs. 1 Satz 2 SGB III sowie § 2 Abs. 1 Nr. 1 SGB VII.

Lohnsteuer

Übernahme der Studiengebühren

Vom Arbeitgeber getragene Studiengebühren rechnen als Leistung im ganz überwiegend betrieblichen Interesse nicht zum Arbeitslohn, wenn die Ausbildung Gegenstand des Dienstverhältnisses ist (sog. Ausbildungsdienstverhältnis). Steuerrechtlich liegt kein Vorteil mit Arbeitslohncharakter vor.

Ein überwiegend eigenbetriebliches Interesse des Arbeitgebers wird auch unterstellt, wenn der Arbeitnehmer im Rahmen des Ausbildungsdienstverhältnisses Schuldner der Studiengebühren ist und der Arbeitgeber arbeitsvertraglich zur Übernahme der Gebühren verpflichtet ist und eine Rückzahlungsklausel vereinbart wurde.

Reisekosten zur dualen Hochschule

Aufwendungen, die dem Arbeitnehmer durch den Besuch einer auswärtigen Ausbildungs- oder Fortbildungsstätte entstehen, sind nach Reisekostengrundsätzen zu berücksichtigen, wenn die Bildungsmaßnahme Ausfluss des bestehenden Dienstverhältnisses ist. Hierunter fällt insbesondere der Besuch einer dualen Hochschule (z. B. Berufsakademie).

Bei einer Ausbildung an einer dualen Hochschule stellt grundsätzlich der Betrieb die erste Tätigkeitsstätte des Auszubildenden dar, mit dem dieser ein Ausbildungsdienstverhältnis abgeschlossen hat. Die Ausbildung im dualen System erfolgt in mehrmonatigen Abschnitten, die der Studierende im Rahmen seines Ausbildungsdienstverhältnisses ausschließlich im Betrieb und ausschließlich an der dualen Hochschule zubringt. Für den Abschnitt an der dualen Hochschule findet die gesetzliche 3-Monatsfrist für die Gewährung von Verpflegungsmehraufwendungen Anwendung. Die Fahrten zur dualen Hochschule während des jeweiligen Studienabschnitts stellen eine berufliche Auswärtstätigkeit dar.

Sozialversicherung

Versicherungsrechtliche Beurteilung

Die versicherungsrechtliche Beurteilung ist für alle Arten der dualen Studiengänge identisch: Obwohl die betriebliche Ausbildung sehr eng in den Studiengang integriert ist, sind die Teilnehmer als zur Berufsausbildung Beschäftigte anzusehen und demzufolge versicherungspflichtig in der Kranken-, Pflege-, Renten- und Arbeitslosenversicherung.[1]

Die besonderen versicherungsrechtlichen Regelungen für geringfügige Beschäftigungen gelten nicht.[2]

Unfallversicherung

In der Unfallversicherung gelten die Teilnehmer an einem dualen Studium während der Praxisphasen als Beschäftigte[3] des Ausbildungs- bzw. Praktikumsunternehmens. Zuständig ist der Unfallversicherungsträger des jeweiligen Betriebs. Unfallversicherungsbeiträge werden erhoben, soweit in der Unfallversicherung beitragspflichtiges Arbeitsentgelt gezahlt wird. Während der Studien- bzw. Vorlesungsphase sind die Teilnehmer über die Unfallkasse des Bundeslandes unfallversichert; die Länder tragen die Kosten des Versicherungsschutzes. Sofern Unternehmen auch für die Studien- bzw. Vorlesungsphasen ein Arbeitsentgelt zahlen, ist es zur Unfallversicherung nicht beitragspflichtig.

Wichtig

Werkstudentenprivileg ist ausgeschlossen

Die Teilnehmer an dualen Studiengängen sind ihrem Erscheinungsbild nach Arbeitnehmer und keine Studenten. Versicherungsfreiheit in der Kranken-, Pflege- sowie Arbeitslosenversicherung als sog. „beschäftigter Student" bzw. „Werkstudent" ist deshalb ausgeschlossen. Dies gilt sowohl für die Praxisphasen des dualen Studiums als auch für Beschäftigungen, die neben dem dualen Studium bei anderen Arbeitgebern ausgeübt werden.

Beiträge

Da die Teilnehmer an dualen Studiengängen versicherungsrechtlich den Beschäftigten zur Berufsausbildung gleichgestellt sind, bemessen sich ihre Beiträge zur Kranken-, Pflege-, Renten- und Arbeitslosenversicherung nach dem Arbeitsentgelt aus ihrer Beschäftigung.[4]

Die besonderen beitragsrechtlichen Regelungen für Beschäftigungen im Übergangsbereich[5] sind nicht anzuwenden.

Die vom Arbeitgeber getragenen oder übernommenen Studiengebühren für ein Studium des Arbeitnehmers gehören dabei nicht zum beitragspflichtigen Arbeitsentgelt, soweit sie steuerrechtlich kein Arbeitslohn sind.[6]

Wird in einzelnen Phasen des dualen Studiums kein Arbeitsentgelt gezahlt, werden die Beiträge zur Renten- und Arbeitslosenversicherung in dieser Zeit aus einer fiktiven Einnahme in Höhe von 1 % der monatlichen Bezugsgröße berechnet.[7]

Die darauf entfallenden Beiträge zur Renten- und Arbeitslosenversicherung trägt allein der Arbeitgeber.[8]

In der Kranken- und Pflegeversicherung fallen für die versicherungspflichtigen Auszubildenden ohne Arbeitsentgelt[9]

Beiträge an, die auch versicherungspflichtige Studenten zu zahlen haben.[10]

Diese Beiträge trägt der versicherungspflichtige Studienteilnehmer allein und zahlt sie an seine Krankenkasse.[11]

Meldungen

Von den Arbeitgebern (Ausbildungsbetrieben) sind für die Dauer des dualen Studiengangs die üblichen ↗ Meldungen nach der DEÜV gegenüber der zuständigen Krankenkasse zu erstatten. In den Meldungen ist der Personengruppenschlüssel „102" zu verwenden. Dies gilt auch, wenn kein Arbeitsentgelt gezahlt wird. Wird ein Arbeitsentgelt gezahlt, das die Geringverdienergrenze in Höhe von 325 EUR nicht übersteigt,

1 § 5 Abs. 4a Satz 2 SGB V, § 20 Abs. 1 Satz 2 Nr. 10 i. V. m. Satz 1 SGB XI, § 1 Satz 5 i. V. m. Satz 1 Nr. 1 SGB VI, § 25 Abs. 1 Satz 2 SGB III.

2 § 7 Abs. 1 Satz 1 Nr. 1 SGB V, § 5 Abs. 2 Satz 3 i. V. m. Satz 1 Nr. 1 SGB VI, § 27 Abs. 2 Satz 2 Nr. 1 SGB III.
3 § 2 Abs. 1 Nr. 1 SGB VII.
4 § 14 Abs. 1 Satz 1 SGB IV.
5 § 20 Abs. 2a Satz 9 SGB IV.
6 § 1 Abs. 1 Satz 1 Nr. 15 SvEV.
7 § 162 Nr. 1 SGB VI, § 342 SGB III.
8 § 20 Abs. 3 Satz 1 Nr. 1 SGB IV.
9 § 5 Abs. 1 Nr. 10 SGB V, § 20 Abs. 1 Satz 2 Nr. 10 in Verb. mit Satz 1 SGB XI.
10 § 236 Abs. 1 in Verb. mit § 245 Abs. 1 SGB V, § 57 Abs. 1 Satz 1 SGB XI.
11 § 250 Abs. 1 Nr. 3 SGB V, § 252 Abs. 1 Satz 1 SGB V.

ist der Personengruppenschlüssel „121" anzugeben. Das gilt auch für Monate, in denen diese Einkommensgrenze wegen einer Einmalzahlung überschritten wird.

Durchlaufende Gelder

Als durchlaufende Gelder bezeichnet man in der Entgeltabrechnung typischerweise den Auslagenersatz für vom Arbeitnehmer für den Arbeitgeber getätigte Auslagen.

Bei durchlaufenden Geldern wird zwischen tatsächlichem und pauschalem Auslagenersatz unterschieden.

Beim tatsächlichen Auslagenersatz erstattet der Arbeitgeber die Auslagen des Arbeitnehmers gegen Vorlage von Belegen. In diesem Fall handelt es sich um steuerfreien Arbeitslohn und sozialversicherungsfreies Arbeitsentgelt.

Problematischer ist die pauschale Erstattung von Auslagen, denn pauschaler Auslagenersatz ist Arbeitslohn. Ausnahmsweise kann pauschaler Auslagenersatz steuerfrei bleiben, wenn er regelmäßig wiederkehrt. Der Arbeitnehmer muss die entstandenen Aufwendungen für einen repräsentativen Zeitraum von 3 Monaten im Einzelnen nachweisen.

Bei Aufwendungen für Telekommunikation ist auch das Nutzungsentgelt einer Telefonanlage sowie der Grundpreis des Anschlusses steuerfrei. Sie können entsprechend dem beruflichen Anteil der Verbindungsentgelte an den gesamten Verbindungsentgelten (Telefon und Internet) steuerfrei ersetzt werden. Zu den durchlaufenden Geldern gehören z. B. auch regelmäßige pauschale Barablösungen für (nachgewiesene) Reinigungskosten für vom Arbeitgeber gestellte typische Berufskleidung. Im Rahmen einer Gehaltsumwandlung können Telefon- bzw. Reinigungskosten steuerfrei bleiben, sofern die Vereinbarung zur Gehaltsumwandlung vor Entstehen des Vergütungsanspruchs geschlossen wurde.

Gesetze, Vorschriften und Rechtsprechung

Lohnsteuer: Zur Lohnsteuerfreiheit des Auslagenersatzes s. § 3 Nr. 50 EStG i. V. m. R 3.50 LStR. Soweit pauschalierter Auslagenersatz steuerpflichtig wird s. § 19 Abs. 1 EStG i. V. m. R 19.3 LStR. Eine Übersicht zur Nettolohnoptimierung durch steuerfreie und pauschalbesteuerte Arbeitgeberleistungen gibt die OFD NRW durch Kurzinfo v. 9.7.2015, LSt Nr. 05/2015.

Sozialversicherung: Die Beitragspflicht des Arbeitsentgelts in der Sozialversicherung ergibt sich aus § 14 Abs. 1 SGB IV. Die Beitragsfreiheit durchlaufender Gelder als Konsequenz der Steuerfreiheit ergibt sich aus § 1 Abs. 1 Satz 1 Nr. 1 SvEV.

Entgelt	LSt	SV
Auslagenersatz	frei	frei

Durchschnittlicher Zusatzbeitrag

Für bestimmte Personenkreise wird der Zusatzbeitrag anstatt des kassenindividuellen Zusatzbeitragssatzes obligatorisch in Höhe des durchschnittlichen Zusatzbeitragssatzes erhoben. Der durchschnittliche Zusatzbeitragssatz wird jährlich zum 1. 11. mit Wirkung für das gesamte folgende Kalenderjahr vom Bundesministerium für Gesundheit festgelegt.

Gesetze, Vorschriften und Rechtsprechung

Sozialversicherung: Der durchschnittliche Zusatzbeitrag ist in § 242a SGB V geregelt. Die Zahlung des durchschnittlichen Zusatzbeitrags für bestimmte Personenkreise anstelle des tatsächlich erhobenen Zusatzbeitrags regelt § 242 Abs. 3 SGB V.

Sozialversicherung

Höhe

Der durchschnittliche Zusatzbeitragssatz beträgt im Jahr 2024 1,7 % (2023: 1,6 %)[1] und ist damit im Vergleich zum Vorjahr um 0,1 % gestiegen.

Er ergibt sich aus der Differenz zwischen den voraussichtlichen jährlichen Ausgaben der Krankenkassen und den voraussichtlichen jährlichen Einnahmen des Gesundheitsfonds, geteilt durch die voraussichtlichen jährlichen beitragspflichtigen Einnahmen der Mitglieder aller Krankenkassen, multipliziert mit 100. Im Wesentlichen soll der durchschnittliche Zusatzbeitragssatz die beitragsabführenden Stellen verwaltungstechnisch entlasten und der gebotenen Wettbewerbsneutralität Rechnung tragen.[2]

Personenkreis

Der durchschnittliche Zusatzbeitragssatz gilt insbesondere für nachfolgende Personengruppen, deren Beiträge von Dritten getragen werden:

- Versicherungspflichtige Bezieher von Bürgergeld nach § 19 Abs. 1 Satz 1 SGB II und Kurzarbeitergeld;
- Jugendliche, die sich in berufsvorbereitenden Bildungsmaßnahmen in einer Einrichtung der Jugendhilfe auf einen besseren Einstieg in das Berufsleben vorbereiten;
- Teilnehmer an Leistungen zur Teilhabe am Arbeitsleben sowie an beruflichen Eingliederungs- und Erprobungsmaßnahmen;
- Auszubildende, die in einer außerbetrieblichen Einrichtung im Rahmen eines Berufsausbildungsvertrages nach dem Berufsbildungsgesetz (BBiG) ausgebildet werden;
- Menschen mit Behinderungen in anerkannten Werkstätten, Einrichtungen usw., wenn das tatsächliche Arbeitsentgelt den nach § 235 Abs. 3 SGB V maßgeblichen Mindestbetrag (2024: 707 EUR/mtl.; 2023: 679 EUR/mtl.) nicht übersteigt;
- Bezieher von Verletztengeld, Versorgungskrankengeld oder Übergangsgeld während einer medizinischen Rehabilitationsmaßnahme;
- Arbeitnehmer, deren Mitgliedschaft bei einem Wehrdienst fortbesteht;
- Auszubildende, die monatlich nicht mehr als 325 EUR Arbeitsentgelt erhalten, auch dann, soweit die Geringverdienergrenze ausschließlich durch eine Sonderzahlung überschritten wird, sowie
- Teilnehmer an einem gesetzlich geregelten freiwilligen sozialen oder ökologischen Jahr oder am Bundesfreiwilligendienst.

Beitragszuschuss für privat krankenversicherte Arbeitnehmer

Der durchschnittliche Zusatzbeitrag wird auch beim ↗ Beitragszuschuss für privat krankenversicherte Arbeitnehmer berücksichtigt. Für diese ist der Betrag zu zahlen, der sich bei Anwendung der Hälfte des allgemeinen Beitragssatzes zzgl. des durchschnittlichen Zusatzbeitragssatzes ergibt, maximal bis zur Hälfte des tatsächlichen Beitrags.

1 BAnz AT 31.10.2022 B5.
2 § 242 Abs. 1 Satz 3 SGB V.

Ehegatten-Arbeitsverhältnis

Unter einem Ehegatten-Arbeitsverhältnis ist ein Beschäftigungsverhältnis zu sehen, in dem ein Ehegatte als Arbeitgeber und der andere Ehegatte als Arbeitnehmer fungiert. Dies gilt entsprechend für gleichgeschlechtliche Ehepartner sowie Lebenspartner nach dem Lebenspartnerschaftsgesetz. Wegen der besonderen Beziehung der Ehegatten bzw. Lebenspartner untereinander sind die Grenzen zwischen einem abhängigen Beschäftigungsverhältnis und familienhafter Mitarbeit häufig nur schwer zu definieren.

Gesetze, Vorschriften und Rechtsprechung

Lohnsteuer: Einkommensteuerliche Erläuterungen zu den Voraussetzungen und den Besonderheiten eines Ehegatten-Arbeitsverhältnisses enthalten R 4.8 EStR sowie H 4.8 EStH. Sie sind nach H 19.0 LStH für die lohnsteuerliche Behandlung maßgebend. Ferner ist das Verbot der Steuerumgehung nach § 42 AO (Missbrauch von rechtlichen Gestaltungsmöglichkeiten) zu beachten. Die Aufwendungen für das Ehegatten-Arbeitsverhältnis sind als Betriebsausgaben abzugsfähig nach § 4 Abs. 4 EStG.

Sozialversicherung: Was unter einer Beschäftigung im sozialversicherungsrechtlichen Sinne zu verstehen ist, definiert § 7 SGB IV für alle Zweige der Sozialversicherung. Die versicherungsrechtliche Beurteilung in den einzelnen Sozialversicherungszweigen ergibt sich aus § 5 Abs. 1 Nr. 1 SGB V (Krankenversicherung), § 20 Abs. 1 Nr. 1 SGB XI (Pflegeversicherung), § 1 Satz 1 Nr. 1 SGB VI (Rentenversicherung) und § 25 Abs. 1 SGB III (Arbeitslosenversicherung).

Für das obligatorische Statusfeststellungsverfahren gilt § 7a Abs. 1 Satz 2 SGB IV. Zur Kennzeichnung von Familienangehörigen in der Anmeldung zur Sozialversicherung verpflichtet § 28a Abs. 3 Satz 2 Nr. 1d SGB IV die Arbeitgeber. Ergänzend hierzu haben die Spitzenorganisationen der Sozialversicherung in ihrem Gemeinsamen Rundschreiben vom 21.3.2019-II die versicherungsrechtliche Beurteilung von Angehörigen zusammengefasst.

Lohnsteuer

Vorteile eines Arbeitsverhältnisses mit Ehegatten/Lebenspartnern

Besteht mit dem Ehegatten ein Arbeitsverhältnis nicht nur auf dem Papier und wird es tatsächlich gelebt, können sich eine Reihe von steuerlichen Vorteilen ergeben. Weil die Lohnzahlungen des Arbeitgebers an seinen Ehegatten/Lebenspartner für die Mitarbeit im Betrieb als Betriebsausgaben abzugsfähig sind, verringern sie den Gewinn des Unternehmens. Das führt zu einer Minderung der Einkommensteuer- und Gewerbesteuerbelastung. Dabei spielt es keine Rolle, ob es sich um ein Einzelunternehmen oder eine Personen- oder Kapitalgesellschaft handelt.

Im Gegenzug hat der angestellte Ehegatte den erhaltenen Bruttoarbeitslohn zu versteuern. Durch den Abzug von Werbungskosten, wie den Arbeitnehmer-Pauschbetrag oder höhere Abzüge durch die Entfernungspauschale sowie durch Aufwendungen für ein Arbeitszimmer mindert sich jedoch der zu versteuernde Arbeitslohn. Zudem kann die Gestellung eines Firmenwagens zur privaten Nutzung steuerlich attraktiv sein.[1] Im Rahmen eines Arbeitsverhältnisses mit dem Ehegatten oder Lebenspartner kann auch eine ↗ betriebliche Altersversorgung aufgebaut werden, z. B. in Form

- einer Direktversicherung,
- eines Pensionsfonds oder
- einer Pensionskasse sowie
- durch die Überlassung von Vermögensbeteiligungen.[2]

1 § 4 Abs. 4 EStG.
2 § 3 Nrn. 63, 39 EStG.

Ferner können betriebsübliche ↗ vermögenswirksame Leistungen sowie steuerlich begünstigte zusätzliche Lohnteile in Form von steuerfreien oder pauschalbesteuerten Arbeitgeberleistungen gezahlt werden, z. B.

- steuerfreie Jobtickets oder Fahrberechtigungen im öffentlichen Nahverkehr,
- steuerfreie Zuschüsse für die Kinderbetreuung in einem Kindergarten oder Übernahme der Kindergartenbeiträge[3] oder
- Zuschüsse als mit 15 % bzw. 20 % pauschal besteuerte Lohnteile.[4]

Aufgrund der steuerlich günstigen Gestaltungsmöglichkeiten knüpft die Finanzverwaltung strenge Voraussetzungen an die Anerkennung von Arbeitsverhältnissen mit Ehegatten/Lebenspartnern.

Wichtig

Kein Abzug bei Nichtanerkennung des Ehegatten-Arbeitsvertrags

Erkennt das Finanzamt das Arbeitsverhältnis steuerrechtlich nicht an, z. B. im Rahmen einer Lohnsteuer-Außenprüfung, so sind die Lohnzahlungen einschließlich einbehaltener und abgeführter Lohn- und Kirchensteuerbeträge, die für den mitarbeitenden Ehegatten einbehaltenen und abgeführten Sozialversicherungsbeiträge (Arbeitgeber- und Arbeitnehmeranteil) sowie evtl. vermögenswirksame Leistungen, die der Arbeitgeber-Ehegatte erbracht hat, nicht als Betriebsausgaben abziehbar. Dann gelten die Aufwendungen als für betriebsfremde Zwecke entnommen und stellen gewinnerhöhende Entnahmen dar. Wird der Betrieb als GmbH geführt, wird eine verdeckte Gewinnausschüttung unterstellt.

Ebenso wird ein Abzug als Betriebsausgaben verweigert, wenn bestimmte Lohnteile nicht dem entsprechen, was auch fremden Dritten gezahlt werden würde. Dies gilt insbesondere bei einer kostenlosen Gestellung eines Dienstwagens. Zur Frage, ob und inwieweit eine Dienstwagengestellung zur beinahe ausschließlich privaten Nutzung der geringfügig beschäftigten Lebensgefährtin steuerlich möglich ist, siehe BFH, Beschluss v. 21.12.2017.[5] Diese Grundfrage – Dienstwagen für Ehegatten im Minijob? – hat der BFH ablehnend entschieden („Steuerliches Aus für bedingungslose Firmenwagenbenutzung").[6]

Lohnsteuerabzug

Der an den Ehegatten oder Lebenspartner gezahlte Arbeitslohn kann nach den allgemeinen Grundsätzen nach den persönlichen Lohnsteuerabzugsmerkmalen (ELStAM) oder pauschal besteuert werden, z. B. bei ↗ geringfügiger Beschäftigung mit 2 %.

Anforderungen an die steuerliche Anerkennung des Arbeitsverhältnisses

Grundsätzliche Anforderungen

Grundvoraussetzung ist, dass das Arbeitsverhältnis mit Ehegatten/Lebenspartnern

- eindeutig und ernsthaft vereinbart ist und
- entsprechend den bereits zu Beginn des Vergütungszeitraums getroffenen Vereinbarungen auch tatsächlich durchgeführt wird.

Es muss inhaltlich sowohl in der Vereinbarung als auch in der Durchführung dem entsprechen, was bei Arbeitsverträgen unter fremden Dritten üblich ist (sog. Fremdvergleich).

Wird das Arbeitsverhältnis mit dem Ehegatten/Lebenspartner anerkannt, ist der Arbeitnehmer-Ehegatte/-Lebenspartner lohnsteuerlich wie jeder fremde Arbeitnehmer zu behandeln.

3 § 3 Nr. 33 EStG.
4 § 40 Abs. 2 EStG.
5 BFH, Beschluss v. 21.12.2017, III B 27/17, BFH/NV 2018 S. 432 f.
6 BFH, Urteil v. 10.10.2018, X R 44 – 45/17, BStBl 2019 II S. 203.

Fremdvergleich

Eine steuerliche Anerkennung setzt insbesondere voraus, dass die Verträge zivilrechtlich wirksam zustande gekommen sind und inhaltlich den zwischen Fremden üblichen Vereinbarungen entsprechen.[1] Dieser Grundsatz gilt sowohl für Bar- als auch für Sachlohn.

Hinweis

Dienstwagen an Arbeitnehmer-Ehegatten

Nach Auffassung des BFH ist die Überlassung eines Firmen-Pkw zur uneingeschränkten Privatnutzung ohne Selbstbeteiligung bei einem Minijob-Beschäftigungsverhältnis unter Ehegatten fremdunüblich. Folglich ist solch ein Arbeitsvertrag steuerlich nicht anzuerkennen.[2, 3]

Enthält der Arbeitsvertrag z. B. eine Scheidungsklausel, wonach bei einer Ehescheidung das Dienstverhältnis enden soll, hält dieser Vertrag einem Fremdvergleich nicht stand und wird steuerrechtlich nicht anerkannt.[4]

Maßgebend für die Beurteilung ist die Gesamtheit der objektiven Gegebenheiten. Dabei kann einzelnen Beweisanzeichen je nach Lage des Falles im Rahmen der Gesamtbetrachtung eine unterschiedliche Bedeutung zukommen.

Fremdvergleich nicht auf laufenden Arbeitslohn beschränkt

An den Arbeitnehmer-Ehegatten/-Lebenspartner darf nur dann ein sonstiger Bezug, wie z. B. ein Weihnachtsgeld gezahlt werden, wenn auch familienfremde Arbeitnehmer einen solchen Bezug erhalten (würden).[5] Auch kann ein Arbeitsverhältnis mit dem Ehegatten/Lebenspartner steuerlich unwirksam sein, wenn im Arbeitsvertrag keine Vereinbarung über den Urlaubsanspruch und die Urlaubsdauer getroffen wird. Dieser Grundsatz gilt insbesondere für ein geringfügiges Beschäftigungsverhältnis, wenn das Vertragsformular einen besonderen Abschnitt für eine Urlaubsregelung enthält.[6]

Klare Regelungen zur Arbeitszeit

Zunächst sind die zu leistenden Arbeiten vertraglich konkret zu beschreiben. Allein die Formulierung „Mitwirkung bei verwaltungstechnischen Arbeiten im Betrieb, insbesondere die Vorbereitung der Buchhaltung und des Zahlungsverkehrs" reicht nicht aus. Sie lässt den tatsächlichen Umfang der Arbeit nicht erkennen. Wie bei Verträgen zwischen Fremden ist für das Arbeitsverhältnis mit dem Ehegatten/Lebenspartner die Arbeitszeit festzulegen und nachzuweisen; insbesondere, an welchen Tagen und zu welchen Stunden der Arbeitnehmer zu arbeiten hat. So ist es z. B. unter Fremden nicht üblich, dass sich der Arbeitnehmer lediglich zu einer bestimmten wöchentlichen oder gar monatlichen Anzahl von Arbeitsstunden verpflichtet und es ihm alleinig überlassen bleibt, wann er die Arbeit im Einzelnen zu leisten hat.[7] Diese strengen Grundsätze sind auch bei einer Teilzeitbeschäftigung zu beachten.[8]

Dabei hängt die Intensität der Prüfung des Fremdvergleichs auch vom Anlass des Vertragsschlusses ab. Hätte der Steuerpflichtige im Falle der Nichtbeschäftigung seines Angehörigen einen fremden Dritten einstellen müssen, ist der Fremdvergleich weniger strikt durchzuführen. Vor allem aber ist der Umstand, dass ein Ehegatte/Lebenspartner unbezahlte Mehrarbeit leistet, für die steuerrechtliche Beurteilung nicht von wesentlicher Bedeutung.[9] Entscheidend für den Betriebsausgabenabzug ist, dass der Angehörige für die an ihn gezahlte Vergütung die vereinbarte Gegenleistung (Arbeitsleistung) tatsächlich erbringt.

Arbeitslohn gemäß tatsächlicher Leistung

Wesentlich ist die Vereinbarung über die Höhe des an den Ehegatten/Lebenspartner zu zahlenden Arbeitslohns. Regelmäßig wird ein Arbeitslohn gezahlt werden, den ein fremder Arbeitnehmer bei gleichem Umfang und gleicher Art der Tätigkeit erhalten würde.[10]

Abweichend kann aber auch ein niedrigerer Arbeitslohn als üblich vereinbart werden, es sei denn, dass er so unüblich niedrig ist, dass er nicht mehr als Gegenleistung für eine begrenzte Tätigkeit des Arbeitnehmer-Ehegatten/-Lebenspartners angesehen werden kann.

Die vereinbarte Vergütung muss jeweils zum üblichen Zahlungszeitpunkt tatsächlich gezahlt werden; eine Umwandlung des Auszahlungsanspruchs in eine Darlehensforderung ist zulässig.

Überweisung auf „Oder-Konto" unschädlich

Die für das Arbeitsverhältnis mit dem Ehegatten/Lebenspartner gezahlte Vergütung muss nicht nur der tatsächlichen Leistung angemessen sein, sie muss auch aus der wirtschaftlichen Verfügungsmacht des Arbeitgebers in den Einkommens- und Vermögensbereich des Ehegatten/Lebenspartners übergehen.

Allerdings darf das Finanzamt einem Arbeitsverhältnis mit Ehegatten/Lebenspartnern nicht allein deswegen die Anerkennung versagen, weil das Gehalt auf ein Konto des Ehegatten/Lebenspartners überwiesen wird, über das jeder der beiden Ehegatten/Lebenspartner verfügungsberechtigt ist.[11] Unschädlich ist es auch, wenn vermögenswirksame Leistungen nach dem Vermögensbildungsgesetz auf Verlangen des Arbeitnehmer-Ehegatten/-Lebenspartners auf ein Konto des Arbeitgeber-Ehegatten/-Lebenspartners oder auf ein gemeinschaftliches Oder-Konto der beiden Ehegatten/Lebenspartner überwiesen werden.

Nachweis- und Aufzeichnungspflicht

Nachzuweisen ist insbesondere, dass durch die Mitarbeit des Angehörigen eine fremde Arbeitskraft ersetzt wird. An den Nachweis der Ernsthaftigkeit können strengere Anforderungen gestellt werden als bei Verträgen mit Fremden.[12]

Die vom Arbeitnehmer-Ehegatten/-Lebenspartner erbrachte Arbeitsleistung ist – wie üblich – durch Belege, z. B. in Form von Stundenzetteln, nachzuweisen.[13]

Fremdvergleich bei Wertguthabenvereinbarung

Schließen Ehegatten im Rahmen eines Arbeitsverhältnisses zusätzlich eine ⇗ Wertguthabenvereinbarung ab, muss für diese (gesondert) ein Fremdvergleich erfolgen.[14]

Wesentliches Indiz im Rahmen der Gesamtwürdigung ist, ob die Vertragschancen und -risiken fremdüblich verteilt sind. Wenn der Arbeitnehmer-Ehegatte unbegrenzt Wertguthaben ansparen sowie Dauer, Zeitpunkt und Häufigkeit der Freistellungsphase nahezu beliebig wählen kann, ist regelmäßig eine einseitige Verteilung zulasten des Arbeitgeber-Ehegatten anzunehmen.

Bei einer Wertguthabenvereinbarung vereinbaren Arbeitgeber und Arbeitnehmer grundsätzlich, dass künftig fällig werdender Arbeitslohn nicht sofort ausbezahlt, sondern auf ein Wertguthabenkonto einbezahlt wird, um ihn im Zusammenhang mit einer vollen oder teilweisen Freistellung von der Arbeitsleistung während des noch fortbestehenden Arbeitsverhältnisses auszubezahlen. Erst die Auszahlung des Guthabens während der Freistellung löst Zufluss von Arbeitslohn und damit eine Besteuerung aus. Die Einstellung in das Wertguthaben unterliegt hingegen nicht der Lohnsteuer.[15]

---

1 BFH, Urteil v. 17.7.1984, VIII R 69/84, BStBl 1986 II S. 48; BFH, Beschluss v. 21.12.2017, III B 27/17, BFH/NV 2018 S. 432.
2 BFH, Urteil v. 10.10.2018, X R 44 – 45/17, BStBl 2019 II S. 203.
3 H 4.8, H 21.4 EStH.
4 FG Hamburg, Urteil v. 21.1.1998, V 19/95, rkr.
5 BFH, Urteil v. 26.2.1988, III R 103/85, BStBl 1988 II S. 606.
6 FG Hamburg, Urteil v. 21.1.1998, V 19/95, rkr.
7 FG Düsseldorf, Urteil v. 6.11.2012, 9 K 2351/12 E.
8 Anders: BFH, Urteil v. 18.11.2020, VI R 28/18, BStBl 2021 II S. 450.
9 BFH, Urteil v. 17.7.2013, X R 31/12, BStBl 2013 II S. 1015.
10 BFH, Urteil v. 4.11.1986, VIII R 82/85, BStBl II 1987 S. 336.
11 BVerfG, Beschluss v. 7.11.1995, 2 BvR 802/90, BStBl 1996 II S. 34.
12 BFH, Urteil v. 28.1.1997, IX R 27/95, BStBl 1997 II S. 599.
13 FG Baden-Württemberg, Urteil v. 16.3.1995, 14 K 323/91; FG Düsseldorf, Urteil v. 18.4.1996, 15 K 1449/93 E; FG Nürnberg, Urteil v. 3.4.2008, VI 140/2006; anders: BFH, Urteil v. 18.11.2020, VI R 28/18, BStBl 2021 II S. 450.
14 BFH, Urteil v. 28.10.2020, X R 1/19, BStBl II S. 283.
15 BMF, Schreiben v. 17.6.2009, BStBl I 2009 S. 1286, unter A.II.

Vereinbarungen mit Kindern

Kinder im Betrieb der Eltern

Die zuvor genannten Grundsätze für die steuerrechtliche Anerkennung von Arbeitsverhältnissen mit dem Ehegatten/Lebenspartner gelten entsprechend für Ausbildungs- oder Arbeitsverhältnisse mit Kindern, die im elterlichen Betrieb mitarbeiten.[1]

Bei Verträgen über Aushilfstätigkeiten oder gar über eine Berufsausbildung von Kindern im elterlichen Betrieb prüft die Finanzverwaltung, ob die Verträge zivilrechtlich wirksam zustande gekommen sind, sowie ob sie im Einzelfall inhaltlich dem zwischen Fremden Üblichen entsprechen und auch tatsächlich so durchgeführt werden.[2]

Aufwendungen für den Meisterlehrgang eines nicht im Betrieb mitarbeitenden Kindes sind jedoch nicht allein deshalb Betriebsausgaben, weil sie eine spätere Unternehmensnachfolge vorbereiten sollen.[3]

Bei Hilfeleistungen von Kindern im elterlichen Betrieb liegt kein steuerrechtlich anzuerkennendes Arbeitsverhältnis vor, wenn geringfügige oder typischerweise private Arbeiten verrichtet werden.

Eltern im Betrieb der Kinder

Möglich ist auch, dass Eltern im Betrieb ihres Kindes mitarbeiten und dazu mit ihrem Kind einen Arbeitsvertrag abschließen, z. B. über Bürohilfstätigkeiten im Umfang von 10 oder 20 Wochenstunden. Hierbei gelten ebenfalls die o. g. Regelungen.

Sozialversicherung

Beschäftigung gegen Entgelt

Mitarbeitende Ehegatten oder Lebenspartner unterliegen unter den gleichen Voraussetzungen der Sozialversicherungspflicht wie alle anderen Arbeitnehmer auch. Voraussetzung für das Zustandekommen von Sozialversicherungspflicht ist, dass durch den Ehegatten oder Lebenspartner ein abhängiges Beschäftigungsverhältnis gegen Arbeitsentgelt ausgeübt wird. Das Arbeitsentgelt ist beitragspflichtig – wie bei anderen Arbeitnehmern auch. Die allgemein für die Beurteilung geltenden Grundsätze für die versicherungsrechtliche Beurteilung müssen wegen der persönlichen Beziehung der Ehegatten oder Lebenspartner besonders kritisch geprüft werden.

Die Rechtsprechung hat zur Abgrenzung diverse Prinzipien entwickelt. Eine Reihe von daraus entwickelten Merkmalen kennzeichnet ein versicherungspflichtiges Beschäftigungsverhältnis bei ⇗ Familienangehörigen. Es kann sich auch um ein versicherungspflichtiges Beschäftigungsverhältnis handeln, wenn durch die familiäre Bindung das Weisungsrecht eingeschränkt ist.

Gütergemeinschaft

Der gesetzliche Güterstand einer Ehe spielt grundsätzlich keine Rolle für die sozialversicherungsrechtliche Beurteilung. Ehegatten sind nicht versicherungspflichtig, wenn ehevertraglich Gütergemeinschaft vereinbart wurde und der Betrieb zum Gesamtgut der Gütergemeinschaft gehört. In diesen Fällen ist der mitarbeitende Ehegatte oder Lebenspartner Mitunternehmer und nicht Arbeitnehmer. Die Mitunternehmerschaft scheidet allerdings dann aus, wenn die Arbeitsleistung des Ehegatten oder Lebenspartners in dem zum Gesamtgut gehörenden Betrieb im Vordergrund steht. Dies ist der Fall, wenn der Wert des zum Gesamtgut gehörenden Betriebs (einschl. Betriebsgrundstücke) das Sechsfache des vereinbarten Jahresentgelts des Ehegatten oder Lebenspartners nicht übersteigt.

Gesellschaftsrechtliche Beteiligung der Ehegatten am Betrieb

Sind beide Ehegatten an Personen- oder Kapitalgesellschaften (z. B. KG, OHG, GmbH) beteiligt, beurteilt sich ihre Mitarbeit in einem solchen Unternehmen – ungeachtet ihres Güterstands – nach den geltenden Grundsätzen für die versicherungsrechtliche Beurteilung mitarbeitender ⇗ Gesellschafter bzw. ⇗ Geschäftsführer.

Statusfeststellungsverfahren

Arbeitgeber müssen in der Anmeldung zur Sozialversicherung zusätzlich angeben, ob zwischen Arbeitgeber und Arbeitnehmer eine Beziehung als Ehegatte oder Lebenspartner besteht. Dadurch wird das obligatorische ⇗ Statusfeststellungsverfahren ausgelöst.

1 BFH, Urteil v. 29.10.1997, X R 129/94, BStBl 1998 II S. 149.
2 BFH, Urteil v. 9.12.1993, IV R 14/92, BStBl 1994 II S. 298.
3 BFH, Urteil v. 29.10.1997, X R 129/94, BStBl 1998 II S. 149.

Ehrenamt

Ein Ehrenamt ist ein freiwilliges öffentliches Amt, das meist zum Wohl der Allgemeinheit (in Erfüllung staatsbürgerlicher, politischer oder religiöser Pflichten) oder in privaten Vereinen ausgeübt wird und nicht auf Bezahlung ausgerichtet ist. Gelegentlich wird eine Aufwandsentschädigung gezahlt. Die Tätigkeit von Übungsleitern und die damit verbundene lohnsteuer- und beitragsfreie Übungsleiterpauschale wird in gesonderten Beiträgen behandelt.

Gesetze, Vorschriften und Rechtsprechung

Lohnsteuer: Ehrenamtliche Tätigkeiten werden häufig selbstständig ausgeübt. Die Abgrenzung zu einer Arbeitnehmertätigkeit bestimmt sich steuerlich nach den allgemeinen Kriterien des § 1 LStDV. Erhält ein ehrenamtlich Tätiger eine Aufwandsentschädigung, die betragsmäßig den entstehenden Sachaufwand abdeckt, sind diese Einnahmen nicht einkommensteuerpflichtig. Fließen dagegen höhere Einnahmen zu, gibt es verschiedene Steuerbefreiungen für Gemeinderäte und andere Aufwandsentschädigungen aus öffentlichen Kassen nach § 3 Nr. 12 EStG, für nebenberufliche Übungsleitertätigkeit nach § 3 Nr. 26 EStG, für ehrenamtliche Vereinsfunktionäre nach § 3 Nr. 26a EStG oder für ehrenamtliche Betreuer nach § 3 Nr. 26b EStG.

Sozialversicherung: § 7 Abs. 1 SGB IV definiert die Voraussetzungen, unter denen eine abhängige Beschäftigung der Sozialversicherungspflicht unterliegt. Speziell mit der Frage der Sozialversicherungspflicht von ehrenamtlich tätigen Bürgermeistern hat sich die Rechtsprechung beschäftigt (z. B. BSG, Urteil v. 13.6.1984, 11 RA 34/83; BSG, Urteil v. 7.6.1988, 8/5a RKn 2/87; BSG, Urteil v. 25.1.2006, B12 KR 12/05 R sowie zuletzt BSG, Urteil v. 27.4.2021, B 12 R 8/20 R). § 27 Abs. 3 Nr. 4 SGB III stellt klar, dass ehrenamtlich tätige Bürgermeister generell arbeitslosenversicherungsfrei sind. § 1 Abs. 1 Nr. 16 SvEV legt fest, dass ein Betrag von 840 EUR pro Kalenderjahr im Rahmen der für ein Ehrenamt gezahlten Aufwandsentschädigung kein sozialversicherungspflichtiges Arbeitsentgelt darstellt.

Entgelt	LSt	SV
Gesetzliche Aufwandsentschädigungen aus öffentlichen Kassen	frei	frei
Andere Aufwandsentschädigungen aus öffentlichen Kassen bis 250 EUR monatlich	frei	frei
Ehrenamtspauschale bis zu 840 EUR jährlich (Einnahmen aus nebenberuflicher Tätigkeit in gemeinnützigen und mildtätigen Vereinen sowie im kirchlichen Bereich)	frei	frei
Übungsleiterpauschale bis 3.000 EUR jährlich (für nebenberufliche unterrichtende, ausbildende, künstlerische oder pflegerische Tätigkeit für öffentliche und kirchliche Einrichtungen sowie Vereine)	frei	frei
Aufwandsentschädigung nach § 1835a BGB für ehrenamtliche Betreuer bis 3.000 EUR	frei	frei

Lohnsteuer

Bezüge sind grundsätzlich steuerpflichtig

Der für die Dauer der ehrenamtlichen Tätigkeit des Arbeitnehmers vom Arbeitgeber weiter gezahlte Arbeitslohn ist steuerpflichtig. Wird ein Ehrenamt unentgeltlich ausgeübt, so ist i. d. R. weder eine Gewinn-/Überschusserzielungsabsicht noch ein Dienstverhältnis anzunehmen. Anders verhält es sich, wenn der ehrenamtlich Tätige laufende Bezüge erhält und auch die übrigen Merkmale eines Dienstverhältnisses gegeben sind. Die Bezüge sind grundsätzlich auch dann steuerpflichtig, wenn sie als „Aufwandsentschädigung" bezeichnet werden.

Steuerliche Förderung

Aus steuerlicher Sicht sind Ehrenämter danach zu unterscheiden, ob die hierfür gewährten Aufwandsentschädigungen aus öffentlichen Kassen oder aus Kassen der Privatwirtschaft gezahlt werden.

Für ehrenamtliche Tätigkeiten im öffentlichen Dienst bestehen großzügige Steuerbefreiungen, weil öffentliche Kassen nur Aufwandsersatz leisten.

Für nebenberufliche Ehrenämter in der Privatwirtschaft ist die Steuerbefreiung an enge Voraussetzungen und Höchstbeträge geknüpft. In Betracht kommen

- der Übungsleiter-Freibetrag für die nebenberuflich ausgeübte unterrichtende, künstlerische und pflegerische Tätigkeit[1],
- der Ehrenamtsfreibetrag für nebenberufliche Funktionärstätigkeiten[2] sowie
- der Freibetrag für ehrenamtliche Betreuer bzw. Pfleger.[3]

Nebenberufliche Tätigkeiten in der Privatwirtschaft

Zeitliche Abgrenzung der Nebenberuflichkeit

Steuerlich begünstigt sind ausschließlich nebenberufliche Tätigkeiten. Eine Tätigkeit wird nebenberuflich ausgeübt, wenn sie – bezogen auf das Kalenderjahr – nicht mehr als 1/3 der Arbeitszeit eines vergleichbaren Vollzeiterwerbs in Anspruch nimmt. Nebenberuflich können deshalb auch solche Personen tätig sein, die keinen Hauptberuf ausüben, z. B. Hausfrauen, Studenten oder Rentner. Für die Prüfung der 1/3-Grenze ist jeweils der tatsächliche Tätigkeitszeitraum mit der Stundenzahl der Haupttätigkeit zu vergleichen. Aus Vereinfachungsgründen ist davon auszugehen, dass bei einer Wochenarbeitszeit von nicht mehr als 14 Stunden die 1/3-Grenze erfüllt ist. Es bleibt dem Steuerpflichtigen unbenommen eine für seinen Tätigkeitsbereich höhere Stundenzahl für eine Vollzeitbeschäftigung nachzuweisen. Bei zeitlich befristeten unterjährigen Tätigkeiten kann die Nebenberuflichkeit nicht durch die Verteilung der geleisteten Stunden auf das gesamte Kalenderjahr erreicht werden. Eine Ausnahme besteht für ehrenamtliche Ferienbetreuer, die zeitlich begrenzt eingesetzt werden. Bei ehrenamtlichen Einsätzen in Ferien- und Freizeitlagern wird die Nebenberuflichkeit der Tätigkeit unterstellt.

Der zeitliche Umfang ist für die Frage, ob eine Tätigkeit nebenberuflich ausgeübt wird, für jede einzelne Tätigkeit getrennt zu beurteilen.[4] Bei verschiedenartigen Tätigkeiten ist für jede Tätigkeit getrennt zu prüfen, ob die geleistete Stundenzahl 1/3 der Arbeitszeit einer vergleichbaren Vollzeittätigkeit nicht überschreitet.

Gleichartige Tätigkeiten sind dagegen für die Prüfung der 1/3-Grenze zusammenzurechnen. Tätigkeiten gelten als gleichartig, wenn sie sich nach der Verkehrsanschauung als Ausübung eines einheitlichen Hauptberufs darstellen. Bei Lehrkräften im Schulbetrieb kann diese Abgrenzung schwierig sein.[5] Eine weitere Beschäftigung für denselben Arbeitgeber ist als Teil seiner Haupttätigkeit anzusehen, wenn der Steuerpflichtige mit der Nebentätigkeit eine ihm aus seinem Dienstverhältnis – faktisch oder rechtlich – obliegende Nebenpflicht erfüllt, z. B. zusätzliche Schichtdienste im Hauptberuf ableistet.[6]

Übungsleiterfreibetrag

Bei einer ehrenamtlichen, nebenberuflichen Tätigkeit als

- ↗ Übungsleiter,
- Ausbilder,
- Erzieher o. Ä.,
- Pfleger in einer inländischen gemeinnützigen, kirchlichen oder mildtätigen (karitativen) Einrichtung,
- Künstler

bleiben von der hierfür gezahlten Vergütung insgesamt 3.000 EUR jährlich (bis 2020: 2.400 EUR) steuerfrei.[7] Der Betrag gilt auch, wenn gleichzeitig mehrere ehrenamtliche Tätigkeiten ausgeübt werden. Eine Aufteilung des Freibetrags auf mehrere gleichzeitig oder nacheinander ausgeübte begünstigte Nebentätigkeiten ist zulässig.

Die gesetzliche Beschränkung auf im Inland gelegene juristische Personen des öffentlichen Rechts wurde beseitigt und europarechtskonform auf sämtliche Tätigkeiten im Dienst oder Auftrag einer im EU-/EWR-Gebiet liegenden Körperschaft des öffentlichen Rechts ausgeweitet.[8] Der Gesetzgeber hat zwischenzeitlich den Anwendungsbereich der Steuerbefreiung auch auf nebenberufliche Tätigkeiten in der Schweiz ausgedehnt.[9] Die Gesetzeserweiterung gilt rückwirkend in allen noch offenen Fällen, also auch für Veranlagungszeiträume vor 2018, sofern der jeweilige Steuerbescheid noch nicht bestandskräftig ist. Vortragstätigkeiten für Verbände oder Verlage fallen nicht unter die Steuerbefreiung, wenn der Leistungsempfänger weder eine steuerbegünstigte Körperschaft noch eine juristische Person des öffentlichen Rechts ist.[10]

Hinweis

Verluste aus nebenberuflicher Tätigkeit

Nach den gesetzlichen Vorgaben ist der Abzug von Werbungskosten bzw. Betriebsausgaben nur insoweit zulässig, als die Einnahmen aus der nebenberuflichen Tätigkeit den steuerfreien Betrag von 3.000 EUR (↗ Übungsleiterfreibetrag) überschreiten.[11] Liegen die Einnahmen unter dem Freibetrag, hat die Finanzverwaltung bislang den Abzug von Verlusten abgelehnt und die Einkünfte mit 0 EUR angesetzt. Ein darüber hinausgehender Kostenabzug, der zu einem Verlust führen würde, war ausgeschlossen.[12] Gleich in 2 Urteilen lässt der BFH nun aber eine Verlustberücksichtigung auch dann zu, wenn die Einnahmen unterhalb des Freibetrags liegen.[13] In den entschiedenen Fällen konnte deshalb ein als Sporttrainer tätiger Übungsleiter seine Aufwendungen insoweit abziehen, als sie seine (unter dem Übungsleiterfreibetrag liegenden) Einnahmen übersteigen. Voraussetzung ist allerdings, dass sich die nebenberufliche Tätigkeit nicht als Liebhaberei darstellt, sondern mit Einkünfteerzielungsabsicht ausgeübt wird. Die Urteile sind im Bundessteuerblatt veröffentlicht worden und damit allgemein anwendbar. Sämtliche Übungsleiter, Ausbilder, Erzieher u. a. können ihre Aufwendungen auch insoweit abziehen, als sie die unter dem Übungsleiterfreibetrag liegenden Einnahmen übersteigen.[14]

Ehrenamtsfreibetrag

Einnahmen aus nebenberuflichen Tätigkeiten im

- gemeinnützigen,
- mildtätigen oder
- kirchlichen Bereich

1 § 3 Nr. 26 EStG.
2 § 3 Nr. 26a EStG.
3 § 3 Nr. 26b EStG.
4 R 3.26 Abs. 2 LStR.
5 LfSt Bayern, 16.1.2018, S 2121.2.1 – 29/11 St 32 enthält umfangreiche Regelungen und Beispiele.
6 BFH, Urteil v. 11.12.2017, VI B 75/17, BFH/NV 2018 S. 337.
7 § 3 Nr. 26 EStG.
8 § 3 Nr. 26 EStG, § 52 Abs. 4b EStG.
9 § 3 Nr. 26 EStG.
10 FG Köln, Urteil v. 20.1.2022, 15 K 1317/19.
11 § 3 Nr. 26 Satz 2 EStG.
12 R 3.26 Abs. 9 LStR.
13 BFH, Urteil v. 20.12.2017, III R 23/15, BStBl 2019 II S. 469; BFH, Urteil v. 20.11.2018, VIII R 17/16, BStBl 2019 II S. 422.
14 R 3.26 Abs. 9 LStR 2023.

bleiben bis zu einem Freibetrag von jährlich 840 EUR (bis 2020: 720 EUR) steuerfrei.[1] Mit diesem Freibetrag soll den nebenberuflich tätigen Personen, z. B. Vorsitzenden und Platzwarten in Sportvereinen, der durch ihre Beschäftigung entstehende Aufwand pauschal abgegolten werden. Den Ehrenamtsfreibetrag erhalten auch Schiedsrichter im Amateurbereich oder ehrenamtliche Versichertenberater der DRV.[2]

Tipp

Freiwillige Helfer in Impf- oder Testzentren

Engagieren sich freiwillige Helfer in der Verwaltung und der Organisation von Impf- oder Testzentren, kann die ⇗ Ehrenamtspauschale (ab 2021: 840 EUR) in Anspruch genommen werden. Freiwillige Helfer, die hingegen nebenberuflich direkt an der Impfung oder Testung beteiligt sind (in Aufklärungsgesprächen oder beim Impfen bzw. Testen selbst), können die ⇗ Übungsleiterpauschale in Anspruch nehmen (ab 2021: 3.000 EUR).[3] Die Erleichterungen gelten auch, wenn das Impfzentrum von einem privaten Dienstleister betrieben wird oder die Helferinnen und Helfer in den Zentralen Impfzentren und den Kreisimpfzentren über einen privaten Personaldienstleister angestellt sind.[4]

Die Regelungen wurden erneut verlängert und gelten auch für das Kalenderjahr 2022.[5]

Eine Verlängerung der Sonderregelung für Test- und Impfzentren für 2023 ist bislang nicht erfolgt. Allerdings ist davon auszugehen, dass die Finanzverwaltung bei Bedarf eine Weitergeltung auch für Zeiträume nach dem 31.12.2022 zulässt.

Der Freibetrag ist ein Jahresbetrag und wird auch dann in voller Höhe gewährt, wenn die Tätigkeit nur für ein paar Monate ausgeübt wurde. Übersteigen die als Werbungskosten/Betriebsausgaben abziehbaren Aufwendungen den Freibetrag, sind die gesamten Aufwendungen dem Finanzamt nachzuweisen oder glaubhaft zu machen.

Der Freibetrag kann für die jeweilige nebenberufliche Tätigkeit nicht zusätzlich zu den steuerfreien Aufwandsentschädigungen aus öffentlichen Kassen[6] oder zum Übungsleiterfreibetrag von 3.000 EUR gewährt werden.

Wichtig

Kein Zusammenrechnen von Übungsleiter- und Ehrenamtsfreibetrag

Handelt es sich um ein und dieselbe nebenberufliche ehrenamtliche Tätigkeit, die gleichzeitig die Voraussetzungen für

- den Übungsleiterfreibetrag[7],
- eine steuerfreie Aufwandsentschädigung aus öffentlichen Kassen[8] oder
- den Freibetrag für ehrenamtliche Betreuer[9]

erfüllt, darf der Ehrenamtsfreibetrag nicht zusätzlich gewährt werden. Wer diese 3 Steuerbefreiungen für eine begünstigte nebenberufliche Tätigkeit ganz oder teilweise in Anspruch nimmt, ist bezüglich der Einnahmen aus derselben Tätigkeit von dem 840-EUR-Freibetrag ausgeschlossen.[10]

Etwas anderes gilt nach dem Gesetzeswortlaut, wenn es sich hierbei um eine andere ehrenamtliche Tätigkeit handelt, die die Voraussetzungen des Ehrenamtsfreibetrags[11] erfüllt. Ein Beispiel wäre ein Organist einer Kirchengemeinde, der gleichzeitig Schriftführer eines gemeinnützigen Sportvereins ist. Dies gilt sogar dann, wenn es sich um Tätigkeiten im gleichen Verein handelt, z. B. der Jugendtrainer eines gemeinnützigen Sportvereins ist gleichzeitig als Schriftführer in der Vorstandschaft tätig. Honorare aus der nebenberuflichen Übungsleitertätigkeit können ab 2021 bis zu 3.000 EUR, etwaige Aufwandsentschädigungen für die Vereinsvorstandstätigkeit zusätzlich bis zu 840 EUR steuerfrei bleiben.

1 § 3 Nr. 26a EStG.
2 FG Berlin-Brandenburg, Beschluss v. 19.9.2013, 7 V 7231/13; BFH, Urteil v. 3.7.2018, VIII R 28/15, BStBl 2018 II S. 715.
3 BMF, FAQ „Corona" (Steuern).
4 FinMin Baden-Württemberg, Meldung v. 20.8.2021.
5 FinMin Baden-Württemberg, Meldung v. 7.2.2022.
6 § 3 Nr. 12 EStG.
7 § 3 Nr. 26 EStG.
8 § 3 Nr. 12 EStG.
9 § 3 Nr. 26b EStG.
10 BFH, Urteil v. 3.7.2018, VIII R 28/15, BStBl 2018 II S. 715.
11 § 3 Nr. 26a EStG.

Freibetrag für ehrenamtliche Betreuer

Für Personen, die aufgrund einer psychischen Krankheit oder einer Behinderung nicht in der Lage sind, ihre Angelegenheiten zu besorgen, wird ein Betreuer durch das Amtsgericht bestellt.[12] Diese ehrenamtlichen Betreuer erhalten eine pauschale Aufwandsentschädigung von 323 EUR jährlich. Die Aufwandsentschädigung wird für jede einzelne Vormundschaft, Pflegschaft und Betreuung gewährt.[13]

Für diese Aufwandsentschädigungen kommt weder eine Steuerbefreiung nach § 3 Nr. 12 EStG noch nach § 3 Nr. 26 EStG in Betracht.[14] Ehrenamtliche Betreuer handeln wegen der rechtlichen und tatsächlichen Ausgestaltung des Vormundschafts- und Betreuungswesens im Dienst oder Auftrag einer juristischen Person des öffentlichen Rechts.[15]

Für diese Aufwandsentschädigungen gilt die Steuerbefreiung nach § 3 Nr. 26b EStG. Einnahmen sind steuerfrei, soweit sie zusammen mit den steuerfreien Einnahmen i. S. d. § 3 Nr. 26 EStG den Übungsleiterfreibetrag von 3.000 EUR (bis 2020: 2.400 EUR) nicht überschreiten.

Aufwandsentschädigungen aus öffentlichen Kassen

Einnahmen aus der Tätigkeit in Kammern

Bei einer ehrenamtlichen Tätigkeit in Berufs- oder Standesorganisationen als Hilfsgeschäft der i. Ü. selbstständigen oder gewerblichen Tätigkeit sind die Vergütungen als Betriebseinnahmen aus der hauptberuflichen Tätigkeit anzusehen, soweit sie als Ersatz für entgangene Einnahmen gewährt werden; z. B. bei Tätigkeit in Landwirtschafts- oder Handwerkskammer.

Einnahmen als Bürgermeister

Ehrenamtliche Bürgermeister und Gemeinderatsmitglieder sind nicht Arbeitnehmer ihrer Gemeinden, sofern sich aus der Gemeindeverfassung nichts anderes ergibt. Es handelt sich regelmäßig um eine „sonstige selbstständige Arbeit".[16] Charakteristisch für diese nebenberuflichen Ehrenämter ist, dass ihre Ausübung an eine Wahl gebunden ist. Die steuerpflichtigen Einnahmen sind im Rahmen der Einkommensteuerveranlagung zu erfassen.

Einnahmen aus Hilfstätigkeiten in Zweckverbänden sind Arbeitslohn

Etwas anderes gilt, wenn sich das Ehrenamt als Hilfstätigkeit zum Hauptberuf darstellt. Dies trifft häufig auf Bürgermeister und Landräte zu, deren Mitgliedschaft in bestimmten öffentlichen Aufsichtsorganen oder in kommunalen und regionalen Zweckverbänden an ihre hauptberufliche Funktion geknüpft ist. Einnahmen, die aus solchen ehrenamtlichen Tätigkeiten zufließen, sind Ergebnis der Arbeitnehmertätigkeit und damit Arbeitslohn aus der nichtselbstständigen Haupttätigkeit.[17]

Steuerfreie gesetzliche Aufwandsentschädigungen

Bezüge, die aus einer Bundes- oder Landeskasse gezahlt werden, bleiben steuerfrei, wenn sie bundesgesetzlich oder landesgesetzlich als Aufwandsentschädigung festgesetzt und im Haushaltsplan unter einem eigenen Titel aus Aufwandsentschädigung ausgewiesen sind.[18]

Dieser großzügigen Steuerbefreiung liegt der Gedanke zugrunde, dass die öffentliche Hand für das Ehrenamt nur die entstehenden Aufwendungen ersetzt. Beispiele hierfür sind Aufwandsentschädigungen an Abgeordnete und Regierungsmitglieder.

12 § 1896 BGB.
13 LfSt Bayern, Verfügung v. 30.12.2008, S 2337.1.1 – 2/3 St 32/St 33, Tz. 1.
14 FG Baden-Württemberg, Urteil v. 6.3.2019, 2 K 317/17, Rev. beim BFH unter Az. VIII R 20/19.
15 BMF, Schreiben v. 25.11.2008, IV C 4 – S 2121/07/0010, BStBl 2008 I S. 985.
16 § 18 Abs. 1 Nr. 3 EStG.
17 FinMin Baden-Württemberg, Erlass v. 20.3.2014, 3 S 233.7/5; FinMin Schleswig-Holstein, Erlass v. 3.2.2016, VI 3211 – S 2248 – B – 002.
18 § 3 Nr. 12 Satz 1 EStG.

Sozialversicherung

Versicherungsrechtliche Bewertung

Wird eine dem allgemeinen Erwerbsleben zugängliche Tätigkeit ehrenamtlich ausgeübt, kann allein aus der ehrenamtlichen Ausübung nicht von vornherein eine versicherungspflichtige Beschäftigung ausgeschlossen werden. Die arbeitsrechtliche Einstufung und die sozialversicherungsrechtliche Bewertung können sich hier unterscheiden. Sozialversicherungsrechtlich ist im Einzelfall auf die Merkmale der tatsächlichen Ausgestaltung abzustellen.[1] Sofern nämlich

- die Ausübung der Tätigkeit aufgrund von Weisungen,
- eine Eingliederung in die Arbeitsorganisation des Arbeitgebers und
- die Beanspruchung von Arbeitsentgelt

erfüllt sind, sind auch ehrenamtlich ausgeübte Tätigkeiten grundsätzlich sozialversicherungspflichtig.

Hinweis

Beiträge und Meldung soweit das Entgelt den steuerfreien Betrag nicht überschreitet

Sozialversicherungsbeiträge fallen nicht an, soweit das Arbeitsentgelt den steuerfreien Betrag der Aufwandsentschädigung nicht übersteigt. DEÜV-Meldungen sind in diesem Fall nicht abzugeben.

Ehrenamtlich tätige Bürgermeister

Kranken-, Pflege- und Rentenversicherung

Ehrenamtliche Bürgermeister sind versicherungspflichtig, wenn sie gleichzeitig auch Leiter der Gemeindeverwaltung sind.[2] Erfüllen sie im Wesentlichen nur Repräsentationsaufgaben, stehen die ehrenamtlichen Bürgermeister nicht in einem versicherungspflichtigen Beschäftigungsverhältnis.

Arbeitslosenversicherung

In der Arbeitslosenversicherung sind ehrenamtliche Bürgermeister, ehrenamtliche Beigeordnete und ehrenamtliche Vorsitzende kommunaler Zweckverbände versicherungsfrei[3], auch wenn sie in einem abhängigen Beschäftigungsverhältnis stehen.

Rechtsprechung und Besprechungsergebnisse

Für in Rheinland-Pfalz tätige ehrenamtliche Bürgermeister sowie für Ortsbürgermeister hat die Rechtsprechung entschieden, dass sie abhängig beschäftigt und sozialversicherungspflichtig sind.[4]

Die an diese Personen gezahlte Aufwandsentschädigung ist dabei zu $^2/_3$ als Arbeitsentgelt anzusehen. Wesentlich kommt es auch darauf an, dass der ehrenamtlich tätige Bürgermeister über die Repräsentationsaufgaben hinausgehende, dem allgemeinen Erwerbsleben zugängliche Verwaltungsfunktionen ausübt.[5]

Eine gleichlautende Entscheidung hat die Rechtsprechung auch im Falle eines in Sachsen ehrenamtlich tätigen Bürgermeisters getroffen. Ihm oblag neben Repräsentationsaufgaben auch die Durchführung von Verwaltungsaufgaben. Infolgedessen war er sozialversicherungspflichtig tätig.[6]

Auch im Falle eines in Sachsen-Anhalt bei einer Stadt ehrenamtlich tätigen Bürgermeisters hat die Rechtsprechung eine sozialversicherungspflichtige Beschäftigung festgestellt. Die ihm von der Kommune gezahlte monatliche Aufwandsentschädigung i. H. v. 1.200 EUR schließe eine Anerkennung als unentgeltliche Tätigkeit aus. Außerdem war der ehrenamtlich tätige Bürgermeister in funktionsgerecht dienender Weise in die Verwaltungsgemeinschaft der Stadt einbezogen.[7]

Die Spitzenorganisationen der Sozialversicherungsträger haben sich ausführlich mit der sozialversicherungsrechtlichen Beurteilung ehrenamtlicher Organtätigkeiten in einem Besprechungsergebnis befasst und dabei die neuere Rechtsprechung des BSG in ihre Bewertung einfließen lassen. So hat das BSG[8] u. a. folgende Grundsätze zur Beurteilung ehrenamtlicher Organtätigkeiten in der funktionalen Selbstverwaltung aufgestellt:

- Das Bestehen einer abhängigen Beschäftigung i. S. d. § 7 Abs. 1 SGB IV wird weder durch den Umstand der Wahrnehmung eines Ehrenamts noch durch eine öffentlich-rechtliche Organstellung gehindert. So schließt u. a. auch die Zahlung einer pauschalen Aufwandsentschädigung ohne Bezug zu einem konkreten Verdienstausfall die Annahme eines Beschäftigungsverhältnisses nicht aus.
- Aufgaben und Tätigkeiten, die Ausfluss der organschaftlichen Stellung einer ein Ehrenamt ausübenden Person und nicht jedermann frei zugänglich sind, führen regelmäßig nicht zu der in § 7 Abs. 1 SGB IV beschriebenen persönlichen Abhängigkeit.
- Eine ehrenamtliche Tätigkeit ist nicht auf Repräsentationsaufgaben beschränkt, sondern erhält ihr Gepräge durch ideelle Zwecke und Unentgeltlichkeit.
- Tätigkeiten, die rein organschaftlich bestimmte Aufgaben übersteigen (überobligatorische Tätigkeiten), wie z. B. die Erledigung laufender Verwaltungsgeschäfte, können eine Beschäftigung begründen.
- Dem Ausschluss einer Erwerbserzielungsabsicht als wesentliches Merkmal eines außerhalb beruflicher Erwerbstätigkeit ausgeübten Ehrenamts stehen konkrete oder pauschale finanzielle Zuwendungen für Aufwendungsersatz nicht entgegen; selbst dann nicht, wenn diese Zuwendungen für den Ausfall von Zeit oder Verdienst gewährt werden.
- Die Verrichtung von Tätigkeiten zur Verfolgung eines ideellen Zwecks muss ohne Erwerbsabsicht objektiv erkennbar vorliegen und die gewährte Aufwandsentschädigung darf sich nicht als verdeckte Entlohnung einer Erwerbsarbeit darstellen; wobei es auf die subjektive Sicht des Einzelnen nicht ankommt.

Auch hat das BSG[9] zu einem ehrenamtlichen Vorstand einer gemeinnützigen Stiftung bürgerlichen Rechts sowie mit den Urteilen zu ehrenamtlichen Ortsvorstehern und zu einem ehrenamtlichen Bürgermeister[10] entschieden, dass die von ihm aufgestellten – vorstehend erläuterten – Grundsätze auch auf die sozialversicherungsrechtliche Beurteilung ehrenamtlicher Organtätigkeiten für juristische Personen des privaten Rechts und juristische Personen des öffentlichen Rechts, wie z. B. in der kommunalen Selbstverwaltung, Anwendung finden.

Soweit für die Beurteilung nicht die Unterscheidung nach Repräsentations- und Verwaltungsaufgaben maßgeblich ist, sondern die Unterscheidung zwischen den zur Ausübung des Wahlamts erforderlichen und den darüber hinausgehenden Aufgaben, führen Verwaltungsaufgaben auch für den Wahlamtsinhaber zur Weisungsgebundenheit und Eingliederung, wenn sie ihrer Art nach nicht notwendig mit dem Wahlamt verbunden sind, sondern auch von Dritten ausgeübt werden können.

Für die sozialversicherungsrechtliche Einordnung ist somit eine Gesamtwürdigung aller Umstände des Einzelfalls erforderlich; einschließlich des Ausmaßes der finanziellen Zuwendungen. Soweit die Unentgeltlichkeit des Ehrenamts Ausdruck dafür ist, dass keine Erwerbsabsicht im Vordergrund steht, bedarf es einer Klärung, was – abgesehen von Aufwandsentschädigung bzw. Aufwendungsersatz – ohne Entlohnung seiner Arbeitskraft erwartet werden kann.

Bei der hierfür gebotenen Einzelfallbetrachtung besteht keine Möglichkeit, eine für alle Tätigkeiten gleichermaßen gültige Grenze der Unentgeltlichkeit vorzugeben. Die Bestimmung einer festen Grenze der Schutzbedürftigkeit des ehrenamtlich Tätigen ist nach Ansicht des BSG vielmehr vom Gesetzgeber zu treffen. Solange eine solche gesetzlich vorgegebene Grenze nicht existiert, bedarf es unter Einbeziehung des mit der Aufwandsentschädigung berücksichtigten Aufwands, der mit der

1 BSG, Urteil v. 18.5.1983, 12 RK 41/81.
2 BSG, Urteil v. 21.1.1969, 3 RK 81/67.
3 § 27 Abs. 3 Nr. 4 SGB III.
4 BSG, Urteil v. 13.6.1984, 11 RA 34/83, DAngVers. 1985 S. 91.
5 BSG, Urteil v. 7.6.1988, 8/5a RKn 2/87, USK 8894.
6 BSG, Urteil v. 25.1.2006, B12 KR 12/05 R.
7 BSG, Urteil v. 27.4.2021, B 12 R 8/20 R.
8 BSG, Urteil v. 16.8.2017, B 12 KR 14/16 R.
9 BSG, Urteil v. 23.2.2021, B 12 R 15/19 R.
10 BSG, Urteil v. 27.4.2021, B 12 KR 25/19 R; BSG, Urteil v. 27.4.2021, B 12 R 8/20 R.

Tätigkeit ggf. verbundenen Kosten und eines Vergleichs mit normativen Pauschalen für ehrenamtliche Tätigkeit in anderen Bereichen – auch außerhalb des Sozialrechts – einer Gesamtwürdigung der im Einzelfall festzustellenden Umstände.

Ehrenamtlich tätige Pflegepersonen

Für ehrenamtlich tätige Pflegepersonen besteht Renten- und Arbeitslosenversicherungspflicht, wenn sie einen oder mehrere Pflegebedürftige,

- der Ansprüche auf Leistungen aus der sozialen oder privaten Pflegeversicherung hat,
- mindestens mit Pflegegrad 2 eingestuft ist,
- insgesamt mindestens 10 Stunden wöchentlich regelmäßig an mindestens 2 Tagen in der Woche in seiner/ihrer häuslichen Umgebung pflegen.[1]

Für den Eintritt der Renten- und Arbeitslosenversicherungspflicht ist es unerheblich, welche Zeit für den einzelnen Pflegebedürftigen aufgewendet wird. Allerdings muss durch die Pflege mehrerer pflegebedürftiger Personen insgesamt die Mindeststundenzahl von 10 Stunden von der ehrenamtlich tätigen Pflegeperson erreicht werden.

Beitragsrechtliche Behandlung

Für die Beitragsberechnung ist der Teil der ⇗ Aufwandsentschädigung für die Ausübung eines Ehrenamts beitragspflichtiges Entgelt, der den tatsächlich zu entschädigenden Aufwand übersteigt.

Der nach § 3 Nr. 26a EStG steuerfreie „Ehrenamtsfreibetrag" für ehrenamtliche Tätigkeiten, die nebenberuflich

- im Dienst oder für Auftrag einer inländischen juristischen Person des öffentlichen Rechts oder
- einer unter § 5 Abs. 1 Nr. 9 KStG fallenden Einrichtung zur Förderung gemeinnütziger, mildtätiger und kirchlicher Zwecke im Steuerrecht gilt,[2]

ist in der Sozialversicherung entsprechend anzuwenden. Es gelten damit seit dem Jahr 2021 insgesamt 840 EUR/Kalenderjahr nicht als Arbeitsentgelt und sind somit beitragsfrei zur Sozialversicherung.[3]

Achtung

Freibetrag wird nur einmal jährlich gewährt

Der Freibetrag in Höhe von 840 EUR/Kalenderjahr ist personenbezogen und wird damit – wie der Übungsleiterfreibetrag – auch bei mehreren begünstigten Tätigkeiten nur einmal pro Jahr gewährt.

Vermeidung von Renteneinbußen

Das infolge der ehrenamtlichen Tätigkeit geminderte Arbeitsentgelt von ehrenamtlich tätigen Arbeitnehmern, würde unter Umständen zu Renteneinbußen für diese führen. Um das zu vermeiden, gilt auch der Unterschiedsbetrag zwischen dem tatsächlich erzielten Entgelt und dem Entgelt, das ohne die ehrenamtliche Tätigkeit erzielt worden wäre als Arbeitsentgelt. Allerdings gilt dies maximal bis zur Erreichung der ⇗ Beitragsbemessungsgrenze – aber nur dann, wenn der Versicherte dies bei seinem Arbeitgeber beantragt. Dies gilt aber nur für die ehrenamtliche Tätigkeit bei bestimmten Institutionen.[4] Die auf das ausgefallene Entgelt entfallenden Rentenversicherungsbeiträge trägt der Arbeitnehmer selbst.[5]

Ehrenamts- und Übungsleiterfreibetrag

Im Rahmen eines einheitlichen Beschäftigungsverhältnisses kann – anders als im Steuerrecht – in der Sozialversicherung sowohl der Ehrenamtsfreibetrag als auch der Übungsleiterfreibetrag zum Zuge kommen.

Beispiel

Beitrags- und versicherungsrechtliche Wirkung beider Freibeträge

Ein im Sportverein tätiger Trainer ist gleichzeitig ehrenamtlicher Kassenwart des Vereins. Er erhält vom Verein sowohl eine Aufwandsentschädigung für die Trainertätigkeit als auch für seine Tätigkeit als Kassenwart. Bei diesem Sachverhalt können sowohl der Übungsleiterfreibetrag (seit 2021: 3.000 EUR jährlich) als auch der Ehrenamtsfreibetrag (seit 2021: 840 EUR jährlich), also insgesamt 320 EUR monatlich bzw. 3.840 EUR jährlich entgeltmindernd bei der versicherungs- und beitragsrechtlichen Beurteilung in Ansatz gebracht werden.

Unfallversicherung

Personen, die eine ehrenamtliche Tätigkeit ausüben, sind auch gesetzlich unfallversichert. Versichert ist dabei nicht nur die eigentliche Tätigkeit, sondern auch der Weg zu oder von der Tätigkeit.

Der Unfallversicherungsschutz umfasst u. a.

- ehrenamtliche Tätigkeiten in Bürgervereinen oder Fördervereinen (z. B. von Schwimmbädern, Kindergärten oder Schulen), sofern diese mit Zustimmung der Kommune tätig werden (z. B. Renovierung von Klassenräumen),
- freiwillige Helfer einer Müllbeseitigungsaktion, die von der Gemeinde durchgeführt wird,
- Tätigkeiten in Vereinen oder Verbänden von öffentlich-rechtlichen Religionsgemeinschaften, auch Aufsichtstätigkeit in einem Jugendlager der Pfadfinder oder die Beteiligung bei der Planung und Durchführung eines Pfarrfestes.

Tipp

Beantragung einer freiwilligen Versicherung durch gemeinnützige Vereine

Für in Sportvereinen Tätige haben gemeinnützige Vereine die Möglichkeit, für ihre gewählten Ehrenamtsträger (also z. B. für Vorstandsmitglieder) eine freiwillige Versicherung beim zuständigen Unfallversicherungsträger zu beantragen.

Eine freiwillige Versicherung ist auch für Personen möglich, die sich in Gremien (oder Kommissionen) von Arbeitgeber- oder Arbeitnehmerorganisationen (z. B. Gewerkschaften) ehrenamtlich engagieren.

Welche ehrenamtlichen Tätigkeiten darüber hinaus noch dem gesetzlichen Unfallversicherungsschutz unterliegen, ergibt sich aus § 2 Abs. 1 Nr. 9, 10 und 12 SGB VII. Die Möglichkeiten einer freiwilligen Versicherung in der gesetzlichen Unfallversicherung für ehrenamtlich tätige Personen definiert § 6 Abs. 1 Satz 1 Nr. 3 bis 5 SGB VII.

Eignungsübung

Die viermonatige Eignungsübung ist eine besondere Form der Probezeit für Bewerber als Zeitsoldat bei der Bundeswehr. Die Eignungsübung beginnt mit einer Einberufung und führt zum Ruhen eines bereits bestehenden Arbeitsverhältnisses.

Gesetze, Vorschriften und Rechtsprechung

Lohnsteuer: Leistungen nach dem Unterhaltssicherungsgesetz an den Eignungsübenden sind nach § 3 Nr. 48 EStG steuerfrei.

Sozialversicherung: Die sozialversicherungsrechtlichen Auswirkungen regeln die §§ 8, 8a, 9 und 10 EÜG.

1 § 3 Satz 1 Nr. 1a SGB VI und § 26 Abs. 2b SGB III.
2 §§ 52 bis 54 AO.
3 § 1 Abs. 1 Satz 1 Nr. 16 SvEV.
4 § 163 Abs. 3 SGB VI.
5 § 168 Abs. 1 Nr. 5 SGB VI.

Ein-Euro-Job

Bei „Ein-Euro-Jobs" handelt es sich um Arbeitsgelegenheiten für Bezieher von Bürgergeld nach § 19 Abs. 1 Satz 1 SGB II. Für jede Arbeitsstunde wird zum Bürgergeld nach § 19 Abs. 1 Satz 1 SGB II eine Mehraufwandsentschädigung gezahlt. Die Bezeichnung „Ein-Euro-Job" hat sich durchgesetzt, obwohl es sich dabei nicht um die korrekte gesetzliche Bezeichnung handelt. Diese lautet „Arbeitsgelegenheiten mit Mehraufwandsentschädigung".

Gesetze, Vorschriften und Rechtsprechung

Sozialversicherung: Der „Ein-Euro-Job" ist in § 16d SGB II geregelt.

Entgelt	LSt	SV
Mehraufwandsentschädigung (unterliegt nicht dem Progressionsvorbehalt)	frei	frei

Lohnsteuer

Steuerfreie Vergütung für Mehraufwand

Empfänger von Bürgergeld nach § 19 Abs. 1 Satz 1 SGB II[1] erhalten nach dem Sozialgesetzbuch (SGB) für bestimmte Tätigkeiten eine Entschädigung für Mehraufwendungen – regelmäßig 1-2 EUR pro Arbeitsstunde. Die für einen sog. Ein-Euro-Job als Mehraufwandsentschädigung gezahlten Vergütungen sind steuerfrei[2] und unterliegen nicht dem Progressionsvorbehalt.[3] Eine Anrechnung auf das Bürgergeld nach § 19 Abs. 1 Satz 1 SGB II erfolgt nicht. Die Betroffenen tragen die durch den „Ein-Euro-Job" entstandenen Aufwendungen, wie Fahrtkosten, selbst. Das heißt, dass hinsichtlich dieser Tätigkeit keine Werbungskosten abgesetzt werden können.

Die Finanzverwaltung unterstellt, dass der Arbeit- bzw. Auftraggeber lediglich die Zuschüsse der Agentur für Arbeit an den Beschäftigten weiterleitet. Würde er eine höhere Vergütung zahlen, wäre der Gesamtbetrag steuerpflichtig.

Keine Aufzeichnungs- oder Nachweispflichten

Aufgrund der Steuerfreiheit braucht der Arbeit- bzw. Auftraggeber lohnsteuerliche Pflichten grundsätzlich nicht zu beachten; bei enger Gesetzesauslegung wären jedoch Aufzeichnungen über die steuerfreien Zahlungen zu führen.[4] Da keine Lohnsteuer einzubehalten ist, entfällt für den Arbeitgeber die Verpflichtung, bei der Finanzverwaltung Lohnsteuerabzugsmerkmale abzurufen und diese im Lohnkonto aufzuzeichnen.

Sozialversicherung

Funktion

Bei den hier dargestellten „Ein-Euro-Jobs" (Zusatzjobs) handelt es sich um im öffentlichen Interesse liegende zusätzliche Arbeitsgelegenheiten, für die eine angemessene Mehraufwandsentschädigung zum Bürgergeld zu zahlen ist. Sie stellen eine verpflichtende Zusatzleistung der Jobcenter für den Fall der Zuweisung in eine Arbeitsgelegenheit dar. Ein Arbeitsverhältnis im arbeits- und im sozialversicherungsrechtlichen Sinne entsteht hingegen nicht.

Mit der Bezeichnung „Ein-Euro-Job" wird suggeriert, dass die Zuzahlung stets 1 EUR pro Arbeitsstunde betrage. Das ist jedoch falsch. Die Mehraufwandsentschädigung als Zuzahlung zum Bürgergeld muss angemessen sein, darf jedoch nicht so hoch sein, dass sie dem Interesse an der Aufnahme einer regulären Beschäftigung entgegensteht. Die Höhe der Förderung ist gesetzlich nicht festgelegt und soll auch nach regionalen Gesichtspunkten unter Vermeidung von Fehlanreizen bestimmt werden.

1 Bis 2022: Arbeitslosengeld II.
2 § 3 Nr. 2 Buchst. d EStG.
3 OFD Chemnitz, Verfügung v. 16.10.2004, S 2342 – 92/1 St 22.
4 § 4 LStDV.

Auch fördert die Bezeichnung die falsche Ansicht, dass das Arbeiten für 1 EUR in der Stunde nicht zumutbar sei. Bei einer derartigen Betrachtung müssen jedoch die übrigen Leistungen (Bürgergeld, Kosten der übrigen Sozialversicherung) berücksichtigt werden, die die Teilnehmenden ebenfalls erhalten. Es handelt sich nur um eine Entschädigung für Mehraufwand.

Um reguläre Arbeit nicht zu verdrängen, muss es sich um zusätzliche Arbeiten handeln. Dies sind nur Arbeiten, die

- nicht,
- nicht so umfänglich oder
- erheblich später

ausgeführt worden wären. Bei gesetzlich obliegenden Arbeiten oder bei öffentlich-rechtlichen Trägern (z. B. Gemeinde) wird für die Auslegung von „erheblich später" eine 2-Jahresgrenze angesetzt.

Ausgenommen von der 2-Jahresgrenze sind Arbeiten zur Bewältigung von Naturkatastrophen und sonstigen außergewöhnlichen Ereignissen.

Wichtig ist, dass mit der Förderung nicht in den Markt – durch Schaffung von Wettbewerbsnachteilen für reguläre Anbieter – eingegriffen werden darf. Nicht förderungsfähig sind deshalb erwerbswirtschaftlich ausgerichtete Tätigkeiten. Zwischen Marktanbietern und damit Wettbewerbern darf nicht gegen die gebotene Neutralitätspflicht des Staates verstoßen werden, die Arbeitsgelegenheiten müssen also „wettbewerbsneutral" sein. Beispielsweise Arbeiten in Krankenhäusern und Pflegeeinrichtungen, die einem Pflegesatz unterliegen, können nicht als zusätzliche Arbeiten verstanden werden. Auch die Abwesenheitsvertretung regulärer Arbeitnehmer (z. B. Mutterschutz) ist nicht förderungsfähig. Dagegen wäre etwa die Beschäftigung mit krebskranken Kindern mit Spielen und Lernen als zusätzlich und auch im öffentlichen Interesse liegend zu verstehen.

Die konkreten Beispiele dieser Arbeiten sind regional sehr unterschiedlich. Für potenzielle Träger ist es sinnvoll, wenn der Kontakt zu den Trägern der Grundsicherung für Arbeitsuchende (gemeinsame Einrichtung oder zugelassener kommunaler Träger) gesucht wird, bevor die Arbeitsgelegenheit eingerichtet wird.

Weiterhin sollen die Arbeitsgelegenheiten auch zur Verbesserung der beruflichen Kenntnisse und Fertigkeiten beitragen. Dies gilt ganz besonders für Leistungsberechtigte unter 25 Jahren.

Der Träger darf die leistungsberechtigte Person nur für die bewilligten Arbeiten einsetzen, um nicht marktgerechte Verdrängungseffekte zu verhindern.

Ziel

Zielsetzung der Mehraufwandsentschädigung ist insbesondere

- die Heranführung langfristig Arbeitsloser an den Arbeitsmarkt,
- die Förderung ihrer sozialen Integration und
- die Besserung der Beschäftigungsfähigkeit.

Vorrangig ist die Aufnahme einer Erwerbstätigkeit auf dem allgemeinen Arbeitsmarkt. Leistungen, die die Eingliederung direkt unterstützen, haben deshalb Vorrang gegenüber der Zuweisung in Arbeitsgelegenheiten.

Persönliche Voraussetzungen

Förderungsfähig sind nur Berechtigte nach § 7 SGB II, also erwerbsfähige Leistungsberechtigte, im Alter von 15 bis zur Altersgrenze in der gesetzlichen Rentenversicherung. Darunter fallen nicht die nicht erwerbsfähigen Leistungsberechtigten, denen nur Bürgergeld nach § 19 Abs. 1 Satz 2 SGB II für nicht Erwerbsfähige zusteht.

Zuweisung in Arbeitsgelegenheiten

Die Zuweisung in eine Arbeitsgelegenheit kann im Kooperationsplan vereinbart werden.[5] Die Ablehnung oder der Abbruch einer Arbeitsgelegenheit ohne wichtigen Grund kann zum Eintritt einer Leistungsminderung führen.[6]

5 §§ 2, 10 SGB II.
6 § 31 Abs. 1 Nr. 2, § 31a Abs. 1 Satz 2 SGB II.

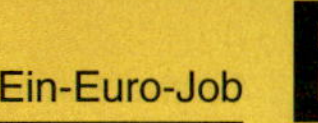

Zumutbarkeitsregelung

Für die Verpflichtung zur Annahme und Fortsetzung der Arbeitsgelegenheiten gilt die normale Zumutbarkeitsregelung in § 10 SGB II wie für andere Beschäftigungen auch. Damit ist an sich jede Arbeitsgelegenheit zumutbar, zu der die leistungsberechtigte Person körperlich, geistig und seelisch in der Lage ist. Nur die eng geregelten Ausnahmen dieser Vorschrift schließen die Zumutbarkeit aus.

Bei der Möglichkeit der Vermittlung einer Ausbildung oder regulären Arbeit kann die teilnehmende Person aus der Arbeitsgelegenheit abberufen werden.

Zuweisungsbegrenzung

Eine erwerbsfähige leistungsberechtigte Person darf nicht zeitlich unbegrenzt in Arbeitsgelegenheiten mit Mehraufwandsentschädigung zugewiesen werden. Innerhalb eines Zeitraums von 5 Jahren darf er nicht länger als 24 Monate zugewiesen werden. Dies ist schon deshalb erforderlich, um die Eingliederung in den Arbeitsmarkt durch Verfestigung der Verhältnisse zu verhindern. Der Zeitraum von 5 Jahren beginnt mit dem Eintritt in die erste Arbeitsgelegenheit. Eine Verlängerung um weitere 12 Monate ist möglich.

Träger

Wer kann zugelassener Träger sein und welche Voraussetzungen muss dieser Träger erfüllen? Eine ausgrenzende Festlegung der infrage kommenden Träger enthält das Gesetz nicht. Infrage kommen neben kommunalen Trägern (Gemeinden, Kreise, Bezirke) auch

- Verbände der freien Wohlfahrtspflege,
- Beschäftigungsgesellschaften,
- soziale und karitative Einrichtungen etc.

Private Träger (z. B. Vereine oder Arbeitgeber) sind sämtlich förderungsfähig. Im Ergebnis muss das Gemeinwohl gefördert werden und nicht individuelle Interessen, beispielsweise wirtschaftliche Interessen.

Die Arbeiten müssen im öffentlichen Interesse liegen, d. h. ihre Ergebnisse müssen unmittelbar der Allgemeinheit zugutekommen. Darunter fallen unter anderem gemeinnützig anerkannte Arbeiten. Die Anerkennung als gemeinnütziger Träger ist zwar hilfreich bei der Anerkennung, aber nicht Voraussetzung.

Mehraufwandsentschädigung

Die zugewiesene leistungsberechtigte Person erhält die Mehraufwandsentschädigung in Form der Zuzahlung zum Bürgergeld für seine Arbeitsstunden von seinem Träger. Sie wird nur für gearbeitete Stunden gezahlt. Kein Anspruch besteht im Sinne einer ⇗ Entgeltfortzahlung (z. B. Urlaub, Krankheit, Feiertage), weil eine derartige Leistung den Förderungszweck nicht erfüllen würde. Die angemessene Mehraufwandsentschädigung wird auf die Ansprüche nach dem SGB II nicht angerechnet.

Die eigentliche Leistung im Sinne des SGB II zahlen die Jobcenter (gemeinsame Einrichtung bzw. zugelassener kommunaler Träger) an den Träger. Sie setzt sich zusammen aus den Kosten

- für die Mehraufwandsentschädigung und unmittelbar im Zusammenhang mit der Verrichtung von Arbeiten nach erforderliche Kosten sowie
- des Trägers für Qualifizierung, Anleitung und sozialpädagogische Betreuung des arbeitenden Leistungsberechtigten.

Für Letzteres kann auch eine Maßnahmepauschale festgesetzt werden.

Umfang der Förderung

Der Umfang der Förderung ist vom Gesetzgeber bewusst nicht festgelegt. Er richtet sich nach den regionalen Besonderheiten des Arbeitsmarkts und den individuellen Verhältnissen des Personenkreises. Mit der Entschädigung soll der mit der Arbeit verbundene Mehraufwand abgegolten werden. So werden beispielsweise die Kosten von ⇗ Arbeitskleidung und ⇗ Fahrtkosten zum Arbeitsplatz abgegolten. Dies gilt sowohl für die angemessene Höhe der Mehraufwandsentschädigung als auch für die Förderungsdauer. Auch die wöchentlichen Arbeitsstunden sind nicht vorgegeben. Sie müssen aber als Größenordnung bei der Frage des Vermeidens von Fehlanreizen berücksichtigt werden. Auch muss der stundenmäßige Einsatz die Möglichkeit zur Suche von regulären Beschäftigungen berücksichtigen (Eigenbemühungen müssen weiter geführt werden).

Beitragsfreiheit der Mehraufwandsentschädigung

Die Mehraufwandsentschädigung steht der oder dem Beschäftigten ohne jeden Abzug zu. Beitragspflicht besteht nicht, es dürfen auch keine Provisionen oder Gebühren abgezogen werden.

Für den Träger unterliegen die Zuschüsse nicht der Umsatzsteuerpflicht.

Öffentlich-rechtlicher Erstattungsanspruch

Wurde einer leistungsberechtigten Person eine Arbeitsgelegenheit mit Mehraufwandsentschädigung zugewiesen, obwohl hierfür die Voraussetzungen nicht erfüllt waren (z. B. die Zusätzlichkeit der Arbeit fehlt), so besteht über die Mehraufwandsentschädigung hinaus ein Anspruch auf einen öffentlich-rechtlichen Erstattungsanspruch als Wertersatz für die geleistete Arbeit.[1]

Sozialversicherungsrechtliche Auswirkungen

Während des „Ein-Euro-Jobs" besteht der Versicherungsschutz in der Kranken- und Pflegeversicherung weiter, da der Bezug des Bürgergeldes für Erwerbsfähige nach § 19 Abs. 1 Satz 1 SGB II andauert. Ebenso stellt der Bezug des Bürgergeldes für Erwerbsfähige nach § 19 Abs. 1 Satz 1 SGB II eine Anrechnungszeit in der gesetzlichen Rentenversicherung dar. Der Ein-Euro-Job ist selbst nicht versicherungspflichtig. Ebenso besteht kein Versicherungsschutz in der Arbeitslosenversicherung, weil es dem dortigen Versicherungsprinzip widerspräche, wenn mit Steuermitteln Versicherungsansprüche erworben und Bezugskreisläufe entstünden.

Die ausübenden Personen werden jedoch gesetzlich unfallversichert, weil sie auch ohne Arbeitnehmerstatus Beschäftigte und in einer Arbeitsorganisation eingegliedert sind.[2] Bei einem ⇗ Arbeits- oder ⇗ Wegeunfall besteht daher Versicherungsschutz in der Unfallversicherung.

Da die Frage der zulässigen Ausübung einer Beschäftigung durch Ausländer schon bei den Zugangsvoraussetzungen des Bürgergeldes für Erwerbsfähige nach § 19 Abs. 1 Satz 1 SGB II eine Rolle spielt, ist die Ausübung einer solchen Arbeitsgelegenheit für Ausländer erlaubnisfrei.

Kostenpauschale für den Maßnahmeträger

Das Jobcenter kann dem Träger der Maßnahme eine Maßnahmekostenpauschale zahlen. Mit ihr sollen die unmittelbaren Maßnahmekosten abgegolten werden. Dazu gehören Kosten der Unfall- und Haftpflichtversicherung, der Betreuung, der Qualifizierung, Kosten der Arbeitskleidung und Personal- und Verwaltungskosten.

An diese Leistung sind besonders strenge Anforderungen zu stellen und eine zweckentsprechende Verwendung der Mittel ist zu überprüfen. Besondere Rechtsvorschriften bestehen für diese Leistung nicht. Das Jobcenter entscheidet hierüber nach den Grundsätzen der Sparsamkeit und Wirtschaftlichkeit.

Antragsverfahren/Kooperationsplan

Leistungsantrag

Seitens des Trägers muss die Gewährung der Leistungen beantragt werden. Eine rückwirkende Leistungsgewährung ist nicht möglich. Die Antragstellung zur Wahrung des Förderbeginns ist formfrei, kann also beispielsweise schriftlich erfolgen. Für Zeitpunkte vor der Antragstellung können keine Leistungen erbracht werden. Allerdings sollte anschließend ein Förderantrag auf dem Vordruck der Arbeitsgemeinschaft (Antrag-Zusatzjobs) mit einer Maßnahmebeschreibung nachgeholt werden. Alternativ ist es möglich, die Gewährung nach vorausgegangenen Pla-

1 BSG, Urteil v. 13.4 2011, B 14 AS 98/10 R; BSG, Urteil v. 13.4.2011, B 14 AS 101/10 R.
2 § 2 Abs. 2 Nr. 1 SGB VII.

nungsgesprächen in einer Leistungsvereinbarung zwischen dem Träger und dem Jobcenter festzulegen. Antragsteller erhalten ggf. einen Bewilligungsbescheid, im Vereinbarungsfall erfolgt eine Kostenübernahmeerklärung.

Die Leistungen werden nach entsprechendem Nachweis (Monatsbericht des Trägers) monatlich nachträglich an den Träger erbracht. Abschlagszahlungen sind möglich.

Kooperationsplan

In dem mit der erwerbsfähigen leistungsberechtigten Person abzuschließenden Kooperationsplan ist bei Eignung die Möglichkeit der Zuweisung in Arbeitsgelegenheiten konkret aufzunehmen. Das Angebot wird dort von der Arbeitsvermittlung bzw. dem Fallmanager unterbreitet. Teilnehmer werden nach individuellen Gesichtspunkten ausgewählt. Dazu gehören die Eignung, die Lebenssituation und die Dauer der Hilfebedürftigkeit genauso wie die Lage am örtlichen Arbeitsmarkt. Ebenso sollte die Integrationsfähigkeit der leistungsberechtigten Person durch die Arbeitsgelegenheit verbessert werden. Vorrangige Ausbildungs- und Vermittlungsmöglichkeiten sind zu berücksichtigen. Die passende Arbeitsgelegenheit wird aus dem Pool potenzieller Träger ausgewählt und dann der leistungsberechtigten Person durch Vermittlungsvorschlag zugewiesen. Die Unterbreitung dieses Vermittlungsvorschlags mit Rechtsfolgenbelehrung ist auch für das Bewirken einer Leistungsminderung im Ablehnungsfall maßgebend.

Arbeitsmarktprogramm Flüchtlingsintegrationsmaßnahmen

Nicht in den Rechtskreis des SGB II gehören die Leistungen nach dem Arbeitsmarktprogramm Flüchtlingsintegrationsmaßnahmen. Diese beruhen auf dem § 5a AsylbLG. Danach können Arbeitsgelegenheiten mit Mehraufwandsentschädigung gefördert werden.

Einfühlungsverhältnis

Vor Abschluss eines Arbeitsvertrages besteht in der betrieblichen Praxis nicht selten das gegenseitige Interesse eines näheren unverbindlichen Kennenlernens. Ein Probearbeitsverhältnis ist hierfür im Hinblick auf die übliche Dauer und das Entstehen von Pflichten – der Verpflichtung zur Arbeitsleistung und zur Lohnzahlung – nicht gewollt. Im Einfühlungsverhältnis wird kein Arbeitsverhältnis begründet, gegenseitige Austauschverpflichtungen bestehen nicht.

Gesetze, Vorschriften und Rechtsprechung

Sozialversicherung: § 7 Abs. 1 SGB IV definiert die Beschäftigung im Sinne der Sozialversicherung. § 2 Abs. 1 Nr. 3 SGB VII regelt für einen Sonderfall des Einfühlungsverhältnisses den Versicherungsschutz in der gesetzlichen Unfallversicherung.

Sozialversicherung

Beschäftigung

Eine ⇗ Beschäftigung im sozialversicherungsrechtlichen Sinne ist die nicht selbstständige Arbeit, insbesondere in einem Arbeitsverhältnis. Nach der ständigen Rechtsprechung des Bundessozialgerichts (BSG) setzt dies die persönliche Abhängigkeit von einem Arbeitgeber voraus.

Bei einem Einfühlungsverhältnis werden von dem Stellenbewerber wirtschaftlich verwertbare Leistungen weder erwartet noch erbracht. Die Arbeitsleistung erfolgt vielmehr auf freiwilliger Basis. Aufgrund dieser weitgehenden Unverbindlichkeit ist der Stellenbewerber nicht zur Einhaltung von Arbeitszeiten verpflichtet und nicht dem Weisungsrecht des Betriebs unterworfen. Auch entsteht unter diesen Umständen kein Entgeltanspruch gegenüber dem Unternehmen, in dem das Einfühlungsverhältnis durchgeführt wird.

Versicherungsrechtliche Beurteilung

Das Einfühlungsverhältnis vollzieht sich angesichts der beschriebenen Eigenschaften nicht im Rahmen einer sozialversicherungsrechtlich relevanten Beschäftigung. Folglich tritt durch die Arbeitsaufnahme keine Versicherungspflicht in der Kranken-, Pflege-, Renten- und Arbeitslosenversicherung ein. Das gilt auch in den Fällen, in denen das Unternehmen Sach- oder Geldleistungen (z. B. Fahrkostenerstattung) zahlt, sofern es sich hierbei eindeutig um keine Vergütung für geleistete Arbeit und damit um Arbeitsentgelt handelt.

Aufgrund der nicht bestehenden Versicherungspflicht als Arbeitnehmer sind von dem Unternehmen weder Sozialversicherungsbeiträge abzuführen noch Meldungen nach der DEÜV abzugeben; auch keine Sofortmeldungen.

Hinweis

Krankenversicherungsschutz

Für ihren Krankenversicherungsschutz während des Einfühlungsverhältnisses haben die Stellenbewerber selber Sorge zu tragen.

Unfallversicherung

Für die Stellenbewerber besteht ein Versicherungsschutz der gesetzlichen Unfallversicherung im Einfühlungsverhältnis grundsätzlich nur, wenn die betreffende Person Bezieher einer Leistung der Bundesagentur für Arbeit ist und dieses Einfühlungsverhältnis auf Veranlassung der Arbeitsverwaltung durchgeführt wird.[1] Der potentielle Arbeitgeber ist weder melde- noch beitragspflichtig.

Allerdings kann auch eine Person im Einfühlungsverhältnis als „Wie-Beschäftigter" nach § 2 Abs. 2 SGB VII versichert sein, wenn sie eine dem Unternehmen dienende Verrichtung erbringt, die dem Willen des Unternehmers entspricht.[2]

Das Eigeninteresse des Bewerbers am Erhalt eines Arbeitsplatzes wird – im Gegensatz zur früheren Rechtsprechung – nicht mehr betont.

Einmalzahlungen

Einmalzahlungen sind Sonderzuwendungen, die aus bestimmten Anlässen zusätzlich zum laufenden Entgelt gezahlt werden. Hierzu gehören insbesondere Weihnachtsgeld, das 13. und 14. Monatsgehalt oder Urlaubsgeld. Gewinnbeteiligungen, Jahresprämien, einmal jährlich gezahlte Anwesenheitsprämien oder Gratifikationen stellen ebenfalls Einmalzahlungen dar.

Einmalzahlungen werden lohnsteuerrechtlich als „sonstige Bezüge" bezeichnet.

Gesetze, Vorschriften und Rechtsprechung

Sozialversicherung: § 22 Abs. 1 Satz 2 SGB IV regelt die Zuordnung von Einmalzahlungen zu einem bestimmten Entgeltabrechnungszeitraum. Die beitragsrechtlichen Bestimmungen für Einmalzahlungen enthält für alle Sozialversicherungszweige § 23a SGB IV.

Entgelt	LSt	SV
Einmalzahlung (z. B. Urlaubs-, Weihnachtsgeld) * Berücksichtigung der (anteiligen) BBG und Regelungen zur Märzklausel.	⇗ pflichtig	pflichtig*

1 LSG NRW, Urteil v. 16.2.2000, L 17 U 290/99.
2 BSG, Urteil vom 20.8.2019, B 2 U 1/18 R.

Sozialversicherung

Zuflussprinzip

Die Beitragspflicht von Arbeitsentgelt richtet sich in der Sozialversicherung grundsätzlich nach dem Entstehungsprinzip. Dies bedeutet, dass Beiträge zur Sozialversicherung bereits dann abzuführen sind, wenn der Anspruch auf das Arbeitsentgelt entstanden ist. Auf die tatsächliche Auszahlung des Arbeitsentgelts kommt es grundsätzlich nicht an.

Als Besonderheit gilt für Einmalzahlungen nicht das ansonsten bei Sozialversicherungsbeiträgen anzuwendende Entstehungsprinzip, sondern das Zuflussprinzip.

Einmalzahlungen sind in der Sozialversicherung nur dann beitragspflichtig, wenn diese auch tatsächlich ausgezahlt werden. Der reine Anspruch auf die Einmalzahlung reicht für die Beitragspflicht in der Sozialversicherung nicht aus.

Zeitpunkt der Zuordnung

Zuordnungsmonat

Eine Einmalzahlung, die dem Arbeitnehmer während der fortbestehenden Beschäftigung gezahlt wird, ist dem Entgeltabrechnungszeitraum zuzuordnen, in dem sie ausgezahlt wird. Dabei kommt es auf den Zeitpunkt der Fälligkeit des einmalig gezahlten Arbeitsentgelts nicht an.

Aus Vereinfachungsgründen kann die Einmalzahlung auch dem vorhergehenden Entgeltabrechnungszeitraum zugerechnet werden, wenn dieser zum Auszahlungszeitpunkt der Einmalzahlung noch nicht abgerechnet ist.

Statuswechsel

Sofern im Kalenderjahr der Zuordnung der Einmalzahlung eine Änderung im Versicherungsstatus des Arbeitnehmers eintritt, sind beitragsrechtliche Besonderheiten zu beachten. Es kommt für die Beitragsberechnung der Einmalzahlungen darauf an, welchem Beschäftigungsabschnitt die Zahlung zuzuordnen ist. Ein Wechsel im Versicherungsstatus liegt u. a. bei einem Übergang von einer versicherungspflichtigen zur versicherungsfreien Beschäftigung vor.

Gegenüberstellung von Entgelt und Beitragsbemessungsgrenzen

Einmalzahlung überschreitet Beitragsbemessungsgrenzen nicht

Übersteigt das einmalig gezahlte Arbeitsentgelt zusammen mit dem laufenden Arbeitsentgelt des Entgeltabrechnungszeitraums die ↗ Beitragsbemessungsgrenze nicht, werden die Beiträge aus dem gesamten (laufenden und einmalig gezahlten) Arbeitsentgelt berechnet.

Einmalzahlung überschreitet Beitragsbemessungsgrenzen

Wird die ↗ Beitragsbemessungsgrenze des ↗ Abrechnungszeitraums durch das laufende Arbeitsentgelt und die Einmalzahlung zusammen überschritten, so ist eine anteilige (Jahres-)Beitragsbemessungsgrenze zu ermitteln. Die anteilige Beitragsbemessungsgrenze ist der Teil der Beitragsbemessungsgrenze, der

- der Dauer aller Beschäftigungszeiten,
- bei demselben Arbeitgeber,
- im laufenden Kalenderjahr,
- bis zum Ablauf des Entgeltzeitraums

entspricht, dem die Einmalzahlung zuzuordnen ist.

Hat die Beschäftigung zu Beginn des Kalenderjahres noch nicht bestanden, ist nicht vom 1.1., sondern vom Beginn des sozialversicherungspflichtigen Beschäftigungsverhältnisses auszugehen. Für den oben beschriebenen Zeitraum ist die Zahl der ↗ Sozialversicherungstage zu ermitteln. Es sind aber auch frühere beitragspflichtige Beschäftigungszeiten bei demselben Arbeitgeber im laufenden Kalenderjahr zu berücksichtigen, und zwar unabhängig davon, ob der Arbeitnehmer zwischenzeitlich

- bei einem anderen Arbeitgeber oder überhaupt nicht gearbeitet oder
- möglicherweise Arbeitslosengeld bezogen hat.

Beitragsberechnung

Berechnung der anteiligen Beitragsbemessungsgrenze

Die anteilige Beitragsbemessungsgrenze errechnet sich, indem die für das Kalenderjahr anzusetzende Beitragsbemessungsgrenze durch 360 geteilt und mit der Anzahl der ermittelten ↗ Sozialversicherungstage multipliziert wird.

Beispiel

Ermittlung der anteiligen Beitragsbemessungsgrenzen

Ein Versicherter ist seit Jahren versicherungspflichtig beschäftigt. Er erhält im Juli 2024 Urlaubsgeld. Das laufende Arbeitsentgelt und die Einmalzahlung zusammen überschreiten die monatliche Beitragsbemessungsgrenze. Der Versicherte hat vom 14.1. bis 7.2.2024 Krankengeld erhalten, vom 12.2. bis 13.2.2024 nahm er unbezahlten Urlaub.

Ergebnis: Für die Ermittlung der anteiligen Beitragsbemessungsgrenze ist der Zeitraum vom 1.1. bis 31.7.2024 maßgebend. Ausgenommen hiervon ist die beitragsfreie Zeit vom 14.1. bis 7.2.2024, die Zeit des unbezahlten Urlaubs ist keine beitragsfreie Zeit. Es ergeben sich also 184 SV-Tage (Januar 13, Februar 21, März bis Juli je 30 Tage = 184 Tage).

Die anteiligen Beitragsbemessungsgrenzen errechnen sich wie folgt:

Kranken-/Pflegeversicherung

$$\frac{62.100 \text{ EUR} \times 184 \text{ SV-Tage}}{360 \text{ SV-Tage}} = 31.740 \text{ EUR}$$

Renten-/Arbeitslosenversicherung

$$\frac{90.600 \text{ EUR} \times 184 \text{ SV-Tage}}{360 \text{ SV-Tage}} = 46.306{,}67 \text{ EUR}$$

Gegenüberstellung des bisher beitragspflichtigen Entgelts

Der anteiligen Beitragsbemessungsgrenze (BBG) ist das beitragspflichtige Arbeitsentgelt für den entsprechenden Zeitraum gegenüberzustellen. Berücksichtigt werden dabei sowohl das beitragspflichtige laufende Arbeitsentgelt als auch die beitragspflichtige Einmalzahlung. Dabei sind alle Beträge zu addieren, von denen bisher (bis einschließlich Ende des Zuordnungsmonats) Sozialversicherungsbeiträge zu zahlen waren. Hierbei ist die aktuell zu beurteilende Einmalzahlung jedoch nicht zu berücksichtigen. Die Differenz zwischen der anteiligen Jahresbeitragsbemessungsgrenze und dem bisher gezahlten, der Beitragspflicht unterworfenen Entgelt ist mit der Einmalzahlung zu vergleichen. Ist die Einmalzahlung geringer oder entspricht sie genau der Differenz, unterliegt sie in voller Höhe der Beitragspflicht. Ist die Einmalzahlung höher als die Differenz, besteht Beitragspflicht aus der Einmalzahlung nur anteilig, d. h. nur in Höhe des Differenzbetrags. Der übersteigende Betrag bleibt im betreffenden Sozialversicherungszweig außer Ansatz. Diese Prüfung ist wegen der unterschiedlichen Beitragsbemessungsgrenzen in den Sozialversicherungszweigen jeweils separat durchzuführen: Einerseits für die Kranken- und Pflegeversicherung, andererseits für die Renten- und Arbeitslosenversicherung.

Beispiel

Berechnung der beitragspflichtigen Einmalzahlung

Ein Versicherter ist seit Jahren versicherungspflichtig beschäftigt. Sein Gehalt betrug bis zum 31.3.2024 monatlich 3.300 EUR und vom 1.4.2024 an monatlich 3.600 EUR. Am 30.11.2024 wird ein Weihnachtsgeld i. H. v. 3.400 EUR gezahlt.

Ergebnis: Das Weihnachtsgeld ist dem Monat November 2024 zuzuordnen.

Anteilige Jahresbeitragsbemessungsgrenze vom 1.1. bis 30.11.2024 = 330 SV-Tage (keine Fehlzeiten).

Kranken-/Pflegeversicherung

$$\frac{62.100 \text{ EUR} \times 330 \text{ SV-Tage}}{360 \text{ SV-Tage}} = 56.925 \text{ EUR}$$

Renten-/Arbeitslosenversicherung

$$\frac{90.600 \text{ EUR} \times 330 \text{ SV-Tage}}{360 \text{ SV-Tage}} = 83.050 \text{ EUR}$$

Bisher gezahltes Entgelt:

3.300 EUR × 3 Monate =	9.900 EUR
3.600 EUR × 8 Monate =	28.800 EUR
Insgesamt:	38.700 EUR

Differenz

Kranken-/Pflegeversicherung

56.925 EUR ./. 38.700 EUR = 18.225 EUR

Renten-/Arbeitslosenversicherung

83.050 EUR ./. 38.700 EUR = 44.350 EUR

Das Weihnachtsgeld i. H. v. 3.400 EUR ist in allen Sozialversicherungszweigen voll beitragspflichtig, da die Differenz sowohl in der Kranken- und Pflegeversicherung (18.225 EUR) als auch in der Renten- und Arbeitslosenversicherung (44.350 EUR) höher ist.

Märzklausel

Werden Einmalzahlungen in der Zeit bis 31.3. eines Jahres gezahlt und können sie in mindestens einem Sozialversicherungszweig weder im Monat der Zahlung, noch aufgrund der anteiligen Jahresbeitragsbemessungsgrenze vom 1.1. bis 31.3. in voller Höhe der Beitragspflicht unterworfen werden, ist die ↗ Märzklausel anzuwenden und eine Zuordnung zum Vorjahr vorzunehmen. In diesen Fällen muss die Einmalzahlung der Einzugsstelle über eine ↗ Sondermeldung gemeldet werden.

Beitragssatz

Für die Einmalzahlung ist jeweils der ↗ Beitragssatz anzuwenden, der in dem Entgeltabrechnungsmonat gilt, dem das einmalig gezahlte Arbeitsentgelt zugeordnet wird.

Meldung

Bei der ↗ Meldung von Einmalzahlungen ist zwischen folgenden Möglichkeiten zu unterscheiden:

Nächste abzugebende Meldung

Sofern die beitragspflichtige Einmalzahlung dem laufenden Kalenderjahr zuzuordnen ist, ist es mit dem laufenden Arbeitsentgelt desselben Kalenderjahres in einer Summe mit der nächsten abzugebenden Meldung zu erstatten. Dabei ist es gleichgültig, ob es sich um eine

- ↗ Abmeldung
- ↗ Unterbrechungsmeldung
- ↗ Jahresmeldung oder
- ↗ sonstige Meldung (z. B. wegen eines Beitragsgruppenwechsels)

handelt.

Beispiel

Einmalzahlung kann mit Jahresmeldung gemeldet werden

Eine Arbeitnehmerin erhält ein laufendes Arbeitsentgelt vom 1.1. bis 31.12.2024 i. H. v. 20.000 EUR. Im Dezember erhält sie ein beitragspflichtiges Weihnachtsgeld von 1.500 EUR.

Ergebnis: Das vom 1.1. bis 31.12.2024 erhaltene Arbeitsentgelt ist um das beitragspflichtige Weihnachtsgeld zu erhöhen.

Jahresmeldung
Beschäftigungszeit: 1.1. bis 31.12.2024
Grund der Abgabe: „50"
Entgelt: 21.500 EUR

Sondermeldung

Im Meldeverfahren nach der DEÜV hat der Arbeitgeber die beitragspflichtige Einmalzahlung gesondert zu melden, wenn

- eine Abmeldung, Unterbrechungsmeldung, Jahresmeldung oder eine sonstige Meldung für das Kalenderjahr, dem das Arbeitsentgelt zuzuordnen ist, nicht mehr erfolgt,
- die folgende Abmeldung, Unterbrechungsmeldung, Jahresmeldung oder sonstige Meldung kein beitragspflichtiges Arbeitsentgelt enthält oder
- für das beitragspflichtige laufend und einmalig gezahlte Arbeitsentgelt unterschiedliche Beitragsgruppen gelten.

Der Arbeitgeber hat die beitragspflichtige Einmalzahlung gesondert zu melden, wenn die Auszahlung während einer bereits gemeldeten Unterbrechung der Beschäftigung (z. B. wegen Krankengeldbezug, Elternzeit) oder während des Bezugs einer Entgeltersatzleistung erfolgt.

Hinweis

Meldegrund/-zeitraum

Als Meldegrund ist die Schlüsselzahl „54" anzugeben. Als Beschäftigungszeitraum sind der erste und letzte Tag des Kalendermonats der Zuordnung der Einmalzahlung und die beitragspflichtige Einmalzahlung einzutragen.

Die sog. Sondermeldung für eine Einmalzahlung hat mit der ersten folgenden Lohn- und Gehaltsabrechnung, spätestens innerhalb von 6 Wochen nach der Zahlung, zu erfolgen.

Beispiel

Einmalzahlung wird mit Sondermeldung gemeldet

Eine Arbeitnehmerin bezieht vom 15.8.2023 bis 29.2.2024 Krankengeld. Im Dezember 2023 erhält sie ein beitragspflichtiges Weihnachtsgeld i. H. v. 1.500 EUR.

Ergebnis: Es war eine Unterbrechungsmeldung zum 14.8.2023 zu erstatten, da die Beschäftigung länger als einen Kalendermonat ohne Entgeltzahlung unterbrochen wurde.

Unterbrechungsmeldung
Beschäftigungszeit: 1.1. bis 14.8.2023
Grund der Abgabe: „51"
Wegen der gemeldeten Unterbrechung der Beschäftigung, ist das Weihnachtsgeld i. H. v. 1.500 EUR als Sondermeldung mit Grund der Abgabe „54" zu erstatten.
Beschäftigungszeit: 1.12. bis 31.12.2023

Berücksichtigung bei der Ermittlung der Jahresarbeitsentgeltgrenze

Die Einmalzahlung ist bei der Prüfung der Jahresarbeitsentgeltgrenze nur dann zu berücksichtigen, wenn sie regelmäßig gezahlt wird. Dies ist der Fall, sofern ein Rechtsanspruch auf die Einmalzahlung besteht oder die Gewährung auf Gewohnheit oder betrieblicher Übung beruht und sie mindestens einmal jährlich gewährt wird.

Einrede der Verjährung

Einrede bedeutet, dass die Verjährung grundsätzlich nicht von Amts oder von Gerichts wegen berücksichtigt wird, sondern vom Schuldner geltend gemacht werden muss.

Das Instrument der Einrede der Verjährung ist im öffentlichen – und damit auch im Sozialversicherungsrecht – grundsätzlich nicht anzuwenden, da die Verjährungsfristen hier von Amts wegen zu berücksichtigen sind. Sie werden nicht erst auf Einrede des Beitragsschuldners wirksam. In Einzelfällen wird – insbesondere bei Anträgen auf Erstattungen von Beiträgen – begehrt, auch bereits verjährte Beitragsansprüche zu erhalten. Über eine zu diesem Zweck eingelegte Einrede der Verjährung wird vom betroffenen Versicherungsträger im Einzelfall entschieden.

Gesetze, Vorschriften und Rechtsprechung

Der Schuldner bekommt ein (dauerndes) Leistungsverweigerungsrecht, die „Einrede der Verjährung" (§ 214 BGB). Die Verjährung von Beitragsansprüchen ist in § 25 SGB IV geregelt; die des Anspruchs auf Sozialleistungen in § 45 SGB I.

Einsatzwechseltätigkeit

Eine reisekostenrechtliche berufliche Auswärtstätigkeit liegt vor, wenn der Arbeitnehmer vorübergehend außerhalb seiner Wohnung und außerhalb seiner ersten Tätigkeitsstätte beruflich tätig wird. Eine Auswärtstätigkeit ist ebenfalls gegeben, wenn der Arbeitnehmer typischerweise nur an wechselnden Einsatzstellen oder auf einem Fahrzeug tätig wird. Ist die berufliche Auswärtstätigkeit dadurch gekennzeichnet, dass der Arbeitnehmer typischerweise an ständig wechselnden Tätigkeitsstätten eingesetzt wird, spricht man von einer Einsatzwechseltätigkeit.

Das entscheidende Merkmal liegt darin, dass die konkrete Arbeitstätigkeit nicht an einer ortsfesten betrieblichen Einrichtung der ersten Tätigkeitsstätte, sondern außerhalb erbracht wird. Dabei kommt dem lohnsteuerlichen Begriff der Einsatzwechseltätigkeit keine rechtsbegründende Bedeutung zu. Er dient nur der Klarstellung, dass auch Arbeitnehmer, die überhaupt keine erste Tätigkeitsstätte haben, weil sie ausschließlich an ständig wechselnden Einsatzstellen eingesetzt sind, eine reisekostenrechtliche berufliche Auswärtstätigkeit ausüben.

Der Arbeitgeber kann im Rahmen einer Einsatzwechseltätigkeit seinen Arbeitnehmern i. d. R. dieselben Beträge steuerfrei erstatten, die der Arbeitnehmer als Werbungskosten geltend machen könnte.

Die vom Arbeitgeber für Fahrten zwischen Wohnung und erster Tätigkeitsstätte gezahlten lohnsteuerpflichtigen Reisekostenzuschüsse sind beitragspflichtig in der Sozialversicherung.

Gesetze, Vorschriften und Rechtsprechung

Lohnsteuer: Seit 2014 ergeben sich die steuerlichen Reisekosten aus dem Einkommensteuergesetz und das frühere Verwaltungsrecht in den Lohnsteuer-Richtlinien wurde abgelöst. Außerdem regeln § 3 Nr. 13 EStG (öffentlicher Dienst) und § 3 Nr. 16 EStG (Privatwirtschaft) den Umfang des steuerfreien Arbeitgeberersatzes. Ein umfangreiches, aktualisiertes BMF-Schreiben zu den gesetzlichen Bestimmungen der Reisekostenreform gibt Auslegungshinweise für die Besonderheiten der Arbeitnehmer mit Einsatzwechseltätigkeit (BMF, Schreiben v. 25.11.2020, IV C 5 – S 2353/19/10011 :006, BStBl 2020 I S. 1228).

Lohnsteuer

Einsatz an wechselnden Tätigkeitsstätten

Arbeitnehmer ohne erste Tätigkeitsstätte

Unter den Reisekostenbegriff fallen auch Arbeitnehmer, die bei ihrer individuellen beruflichen Tätigkeit typischerweise nur an ständig wechselnden Tätigkeitsstätten eingesetzt werden. Hierunter sind Arbeitnehmer ohne erste Tätigkeitsstätte zu verstehen.[1]

Entscheidend für das Vorliegen einer begünstigten Auswärtstätigkeit ist, dass der Arbeitnehmer bei seiner konkreten Arbeitsausübung nicht an einer ersten Tätigkeitsstätte tätig ist. Diese Voraussetzung wird aber gerade auch von Arbeitnehmern erfüllt, die keine ortsfeste betriebliche Arbeitsstätte haben.[2]

Wichtig

Bundesfinanzhof bestätigt Begriffsbestimmung der ersten Tätigkeitsstätte

Die Rechtsprechung des BFH hat die von der Finanzverwaltung festgelegten Abgrenzungskriterien zur Bestimmung der ersten Tätigkeitsstätte[3] in mehreren Urteilen umfassend bestätigt. Insbesondere hinsichtlich der Festlegung des Merkmals der dauerhaften Tätigkeit folgt die Rechtsprechung den Auslegungshinweisen des Bundesfinanzministeriums (BMF).[4]

Bei Arbeitnehmern mit einer ersten Tätigkeitsstätte können ↗ Reisekosten nur dann vorliegen, wenn sie vorübergehend außerhalb ihrer Wohnung und ihrer ersten Tätigkeitsstätte beruflich tätig werden.[5] Ein Arbeitnehmer ohne erste Tätigkeitsstätte ist dagegen außerhalb seiner Wohnung immer auswärts tätig.[6]

Beispiel

Tätigkeit auf Baustellen als berufliche Auswärtstätigkeit

Ein Facharbeiter eines Elektroinstallateurbetriebs ist ausschließlich auf auswärtigen Baustellen eingesetzt, die er täglich von zu Hause aus mit seinem Pkw aufsucht.

Ergebnis: Die Einsätze auf den Baustellen begründen eine berufliche Auswärtstätigkeit, da der Arbeitnehmer insoweit nicht an seiner ersten Tätigkeitsstätte tätig ist. Sämtliche Fahrten fallen unter die lohnsteuerlichen Reisekostenvorschriften.

Für die Gesamtstrecke dürfen 0,30 EUR pro gefahrenen Kilometer dem Werbungskostenabzug beim Arbeitnehmer oder steuerfreien Ersatz durch den Arbeitgeber zugrunde gelegt werden.

Begünstigter Personenkreis

Die Definition der ersten Tätigkeitsstätte lässt die Wesensmerkmale der zur beruflichen Auswärtstätigkeit zählenden Reisekostenart „Einsatzwechseltätigkeit" weitgehend unverändert. Die frühere Rechtsprechung zur Einsatzwechseltätigkeit kann für die Abgrenzung des begünstigten Personenkreises weiterhin herangezogen werden. Typische Beispiele sind

1 BFH, Urteil v. 12.7.2021, VI R 27/19, BStBl 2021 II S. 642; FG Mecklenburg-Vorpommern, Urteil v. 24.11.2021, 3 K 6/20, zu Bauleiter; Revision beim BFH unter Az. VI R 27/21.
2 BMF, Schreiben v. 25.11.2020, IV C 5 – S 2353/19/10011 :006, BStBl 2020 I S. 1228, Rz. 2
3 BMF, Schreiben v. 25.11.2020, IV C 5 – S 2353/19/10011 :006, BStBl 2020 I S. 1228, Rzn. 2–46.
4 BFH, Urteil v. 4.4.2019, VI R 27/17, BStBl 2019 II S. 536; BFH, Urteil v. 11.4.2019, VI R 36/16, BStBl 2019 II S. 543; BFH, Urteil v. 11.4.2019, VI R 12/17, BStBl 2019 II S. 551; BFH, Urteil v. 11.4.2019,VI R 40/16, BStBl 2019 II S. 546; BFH, Urteil v. 30.9.2020, VI R 10/19; BFH, Urteil v. 30.9.2020, VI R 11/19, BStBl 2021 II S. 308; BFH, Urteil v. 30.9.2020, VI R 12/19, BFH/NV 2021 S. 307; BFH, Urteil v. 12.5.2022, VI R 32/20, BStBl 2023 II S. 35; BFH, Urteil v. 26.10.2022; VI R 48/20, BStBl 2023 II S. 582.
5 § 9 Abs. 4 EStG.
6 BMF, Schreiben v. 25.11.2020, IV C 5 – S 2353/19/10011 :006, BStBl 2020 I S. 1228, Rz. 2.

- Bau- oder Montagearbeiter[1]
- Mitglieder einer Betriebsreserve für Filialbetriebe,
- Berufsfeuerwehrmänner,
- Glas- und Gebäudereiniger,
- Krankenpfleger in der häuslichen Krankenpflege,
- Politessen und
- Auszubildende ohne örtlichen Mittelpunkt während ihrer Ausbildung.

Die Anzahl der jährlichen Einsatzstellen ist ohne Bedeutung. Entscheidend ist allein, dass der Arbeitnehmer keine erste Tätigkeitsstätte hat und damit rechnen muss, in mehr oder weniger langen Zeitabständen immer wieder an andere Einsatzstellen wechseln zu müssen.[2]

Beispiel

Langfristige Tätigkeit an einer Einsatzstelle begründet keine erste Tätigkeitsstätte

Ein Bauarbeiter ist das ganze Jahr auf einer Großbaustelle beschäftigt. Da die Entfernung von der Arbeitsstätte nur 40 km beträgt, fährt er täglich mit dem eigenen Pkw nach Hause. Der Arbeitgeber hat für den Arbeitnehmer keine erste Tätigkeitsstätte festgelegt.

Ergebnis: Obwohl der Bauarbeiter das ganze Jahr über nur auf einer Einsatzstelle tätig war, gehört er zum Personenkreis der an ständig wechselnden Einsatzstellen tätigen Arbeitnehmer. Unabhängig von der Dauer des jeweiligen Einsatzes an der Baustelle ergibt sich dies aus der Eigenart seiner beruflichen Tätigkeit, wonach er sich immer wieder auf Fahrten zu anderen Arbeitsstätten einrichten muss.

Steuerfreier Arbeitgeberersatz

Fahrtkosten

Erstattung für Arbeitnehmer ohne erste Tätigkeitsstätte

Bei Arbeitnehmern, die bei ihrer beruflichen Tätigkeit nur an ständig wechselnden Einsatzstellen tätig sind, also beim Arbeitgeber keine erste Tätigkeitsstätte haben, fallen sämtliche Fahrten unter die begünstigten Reisekosten. Fährt der Arbeitnehmer gelegentlich zum Betrieb, werden auch diese Fahrten wie ein auswärtiges Dienstgeschäft behandelt. Erstattungsfähig sind die Aufwendungen in tatsächlicher Höhe oder in Höhe der Kilometerpauschale von 0,30 EUR pro gefahrenem Kilometer. Eine Anhebung des Kilometersatzes bei den Reisekosten ist im Unterschied zur Pendlerpauschale nicht erfolgt.

Beispiel

Fahrten Wohnung – Einsatzstelle

Ein Arbeitnehmer fährt im Jahr folgende Strecken:

- An 80 Arbeitstagen fährt er zur Einsatzstelle A, die 15 km von seiner Wohnung entfernt liegt.
- Die Einsatzstelle B (Entfernung zur Wohnung = 24 km) steuert er an 60 Arbeitstagen an.
- An der Einsatzstelle C (Entfernung = 40 km) und
- an der Einsatzstelle D (Entfernung = 55 km) ist er jeweils an 40 Arbeitstagen tätig.

Ergebnis: Sämtliche Fahrten von der Wohnung zu den jeweiligen Einsatzstellen A, B, C und D stellen Reisekosten dar. Dies gilt unabhängig davon, wie lange der Arbeitnehmer zu den einzelnen Einsatzorten fährt. Ebenso sind gelegentliche Fahrten zum Betrieb mangels erster Tätigkeitsstätte berufliche Auswärtstätigkeiten, die unter die steuerlichen Reisekosten fallen.

Entfernungspauschale für Sammel- oder Treffpunktfahrten

Fährt ein Arbeitnehmer von seiner Wohnung immer zu einem gleichbleibenden Treffpunkt, von wo aus er z. B. im Rahmen einer Fahrgemeinschaft oder Sammelbeförderung zu der jeweiligen Einsatzstelle mitgenommen wird, sind Besonderheiten zu beachten.

Einschränkung bei den Fahrtkosten zu Sammel- bzw. Treffpunkten

Arbeitnehmer, die keine erste Tätigkeitsstätte haben, aufgrund Anweisung des Arbeitgebers aber dauerhaft denselben Ort aufsuchen müssen, um von dort typischerweise die arbeitstägliche berufliche Tätigkeit aufzunehmen, dürfen für diese Fahrten nur die Regelungen der Entfernungspauschale anwenden.[3] Der Gesetzgeber stellt die Fahrten von zu Hause zum arbeitsrechtlich festgelegten Ort der täglichen Berufsaufnahme aufgrund ihres vergleichbaren Typus mit den begrenzt abzugsfähigen Fahrten zwischen Wohnung und erster Tätigkeitsstätte gleich. Unter die nachteilige Rechtsänderung fallen insbesondere Fahrten von Bauarbeitern zum betrieblich festgelegten Treffpunkt, um von dort im Rahmen der angeordneten Sammelbeförderung zur jeweiligen auswärtigen Einsatzstelle zu fahren. Aber auch Außendienstmitarbeiter, wie Kundendienstmonteure oder Handelsvertreter, die ohne (arbeitsrechtliche oder zeitliche) Festlegung einer ersten Tätigkeitsstätte, die Firma arbeitstäglich aufsuchen müssen, sei es zum Abholen des Werkstattwagens oder zur arbeitstäglichen Vorbereitung der Außendienstbesuche, können für die Fahrten zwischen Wohnung und Arbeitgeber nur die Entfernungspauschale in Anspruch nehmen. Die gegenteilige Rechtsprechung ist durch die ausdrückliche gesetzliche Regelung überholt.[4]

Die gesetzliche Fiktion der Entfernungspauschale gilt auch für die arbeitstäglichen Wege zum Sammel- bzw. Treffpunkt, wenn dieser von der weiter entfernt liegenden (Haupt-)Wohnung angetreten wird, sofern sich dort der Lebensmittelpunkt des Arbeitnehmers befindet. Unbeachtlich dabei ist, wenn die Fahrten an einer näher zum Arbeitsplatz liegenden Wohnung des Arbeitnehmers unterbrochen werden.[5]

Arbeitgeberseitige Festlegung des dauerhaften Sammel- bzw. Treffpunktorts

Entscheidend ist, dass der Arbeitnehmer aufgrund der arbeitsrechtlichen Anweisung dauerhaft zu diesem Ort kommen muss. Etwas anderes gilt, wenn sich der Arbeitnehmer aus freien Stücken dort einfindet, um von dort aus seinen Einsatzort zu erreichen. Oder wenn der Arbeitnehmer den Abstellplatz auf einem öffentlichen Parkplatz innerhalb derselben politischen Gemeinde selbst wählen kann.[6]

Die dauerhafte Festlegung desselben (Sammel- bzw. Treffpunkt-) Orts durch den Arbeitgeber kann sich auch aus der jeweiligen Eigenart der betrieblichen Tätigkeit ergeben, z. B. wenn Kundendienstmitarbeiter an jedem Arbeitstag zunächst zum Betrieb fahren, um ihr Werkstattauto abzuholen.

Einschränkung gilt nur für die Fahrtkosten

Die gesetzliche Fiktion beschränkt sich auf die Fahrtkosten, für die der Ansatz der Reisekostensätze ausgeschlossen ist. Da der Gesetzgeber keine erste Tätigkeitsstätte fingiert, stellt die Fahrt dem Grunde nach gleichwohl eine berufliche Auswärtstätigkeit dar. Die übrigen Reisekostenregelungen bleiben daher anwendbar. Insbesondere für den Ansatz von ↗ Verpflegungsmehraufwendungen berechnet sich die berufliche Abwesenheitsdauer bereits ab dem Verlassen der Wohnung.

Beispiel

Reisekostenberechnung bei Sammeltransport

Die Arbeiter einer Baufirma müssen sich arbeitstäglich am Betriebshof treffen, um anschließend mit den betrieblichen Fahrzeugen im Sammeltransport die jeweiligen Baustellen anzufahren. Eine arbeitsrechtliche Festlegung der ersten Tätigkeitsstätte ist nicht erfolgt.

Ergebnis: Der Betriebssitz der Baufirma stellt keine erste Tätigkeitsstätte dar, da der Arbeitnehmer diese ausschließlich zum Abholen des Fahrzeugs aufsucht. Nach dem neu definierten Arbeitsstättenbegriff wird dort auch durch die – mangels arbeitsrechtlicher Fest-

1 FG Nürnberg, Urteil v. 8.7.2016, 4 K 1836/15; BFH, Urteil v. 14.9.2023, VI R 27/21.
2 BFH, Urteil v. 20.11.1987, VI R 6/86, BStBl 1988 II S. 443.
3 § 9 Abs. 1 Nr. 4a Satz 3 EStG.
4 BFH, Urteil v. 9.6.2011, VI R 58/09, BStBl 2012 II S. 34.
5 BFH, Urteil v. 14.9.2020, VI B 64/19, BFH/NV 2021 S. 306.
6 FG Mecklenburg-Vorpommern, Urteil v. 1.9.2022, 2 K 104/19.

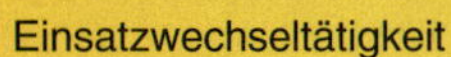

legung maßgebenden – zeitlichen Grenzen keine erste Tätigkeitsstätte begründet. Gleichwohl gelten für die Fahrtkosten keine Reisekostensätze. Die gesetzliche Fiktion bewirkt, dass für die arbeitstäglichen Fahrten zum Betriebshof des Arbeitgebers nur die Entfernungspauschale angesetzt werden darf. Ein steuerfreier Arbeitgeberersatz der Fahrtkosten ist insoweit nicht zulässig.

Da die Fahrten zwischen Wohnung und Abholstätte im Übrigen unter die Reisekostenbestimmungen fallen, beginnt für die Gewährung der Verpflegungspauschalen die berufliche Abwesenheitszeit der Baustellentätigkeit bereits ab dem Verlassen der Wohnung und endet auch dort wieder. Auswirkungen ergeben sich also nur für die Fahrtkosten zum Treffpunkt. Die anschließende Weiterfahrt zur Baustelle im Rahmen einer Sammelbeförderung durch den Arbeitgeber, wie sie bei Baustellenarbeitern häufig anzutreffen ist, fällt uneingeschränkt unter die Reisekosten und bleibt weiterhin lohnsteuerfrei.

Auslegung des Gesetzeswortlauts „typischerweise arbeitstäglich"

Die Frage, ob eine typischerweise arbeitstägliche Anfahrt zu einem Sammelpunkt auch dann anzunehmen ist, wenn zwar die Anfahrt nicht an jedem Arbeitstag stattfindet, jedoch immer dann, wenn der Arbeitnehmer von seinem Wohnort aufbricht, um seine Arbeit mehrtätig auf einer Baustelle zu verrichten, hat der BFH ablehnend entschieden.[1] Die BFH-Rechtsprechung wendet die gesetzliche Fiktion der Entfernungspauschale nur auf solche Sachverhalte an, in denen der Arbeitnehmer ohne erste Tätigkeitsstätte den arbeitgeberseitig bestimmten (Sammel-)Ort „typischerweise" und damit nahezu ausschließlich arbeitstäglich aufsucht. Sie bestätigt damit die bisherige Rechtsauslegung der Finanzverwaltung.[2]

Ein typischerweise fahrtägliches Aufsuchen des vom Arbeitgeber bestimmten Treffpunkts reicht nicht aus. Die gesetzliche Wortwahl lässt zwar an einzelnen Arbeitstagen Ausnahmen zu, z. B. infolge des Besuchs einer Fortbildungsveranstaltung oder eines unvorhersehbaren Arbeitseinsatzes. Die gesetzlich fingierte Entfernungspauschale findet deshalb auf solche Sachverhalte Anwendung, in denen die arbeitstägliche Anfahrt des Arbeitnehmers zum Sammel-/Treffpunkt der Normalfall ist. Arbeitnehmer, die infolge ihres betrieblichen Aufgabenbereichs regelmäßig mehrtägige Auswärtstätigkeiten unternehmen, sind daher von der nachteiligen gesetzlichen Fiktion ausgeschlossen. Bei Bau- und Montagearbeitern mit Auswärtseinsätzen ohne tägliche Rückkehr berechnet sich der Werbungskostenabzug bzw. der steuerfreie Arbeitgeberersatz für die jeweiligen Fahrten zum Sammelort nach den vorteilhafteren Bestimmungen des Reisekostenrechts.

Hinweis

Nachteilige Treffpunktfahrten bei regelmäßig eintägiger Auswärtstätigkeit

Die fiktive Entfernungspauschale betrifft Bau- und Montagearbeiter mit regelmäßig eintägigen Baustelleneinsätzen. Arbeitnehmer, die auf mehrtägigen (Fern-)Baustellen ohne tägliche Rückkehr eingesetzt sind, können dagegen für ihre Fahrten zum Sammelpunkt Reisekosten ansetzen, da sie nicht arbeitstäglich erfolgen.

Verpflegungsmehraufwand

Zeitlich gestaffelte Verpflegungspauschalen

Die steuerliche Berücksichtigung von ↗ Verpflegungsmehraufwendungen erfolgt für alle Arten von Auswärtstätigkeiten nach einheitlichen Regeln. Der steuerfreie Arbeitgeberersatz bzw. Werbungskostenabzug im Rahmen einer Einsatzwechseltätigkeit ist nur in Form von Pauschbeträgen zulässig. Die Einzelabrechnung nach Belegen ist steuerlich ausgeschlossen.

Abwesenheitsdauer	Pauschbetrag je Kalendertag[3]
Bis 8 Stunden	0 EUR
Mehr als 8 Stunden	14 EUR
An- und Abreisetage in Übernachtungsfällen	14 EUR
Mindestens 24 Stunden	28 EUR

Die Höhe der Inlandsverpflegungspauschalen bestimmt sich ausschließlich nach der Abwesenheitszeit am einzelnen Kalendertag. Die Abwesenheitsdauer berechnet sich immer in Bezug auf die Wohnung des Arbeitnehmers. Dies gilt selbst dann, wenn der Arbeitnehmer bei seiner Auswärtstätigkeit stets in derselben auswärtigen Unterkunft übernachtet.[4]

Für berufliche Auslandstätigkeiten sind die vom BMF für die einzelnen Staaten festgesetzten Auslandstagegelder maßgebend.[5]

Berechnung der Abwesenheitsdauer

Anders als bei Arbeitnehmern mit erster Tätigkeitsstätte wird für die Berechnung der maßgeblichen Verpflegungspauschale bei Arbeitnehmern mit wechselnden Einsatzorten auf die Abwesenheit von der Wohnung abgestellt.[6] Die maßgebliche Abwesenheitszeit am jeweiligen Kalendertag beginnt also immer mit dem Verlassen der Wohnung, auch wenn der Arbeitnehmer zunächst in den Betrieb fährt, um dort Arbeiten zu verrichten. Dasselbe gilt für das Ende der Einsatzwechseltätigkeit. Maßgeblich ist immer der Zeitpunkt, in dem der Arbeitnehmer seine Wohnung erreicht.

Die 3-Monatsfrist bei länger andauernder Beschäftigung

Die gesetzliche 3-Monatsfrist, die den Ansatz von Verpflegungsmehraufwendungen bei einer längerfristigen Auswärtstätigkeit am selben auswärtigen Beschäftigungsort auf einen Zeitraum von längstens 3 Monaten begrenzt, hat auch bei Arbeitnehmern an wechselnden Einsatzstellen weiterhin ihre Gültigkeit.[7]

Lohnsteuerpauschalierung steuerpflichtiger Verpflegungskostenzuschüsse

Werden Beträge vom Arbeitgeber ersetzt, die über die steuerfreien Verpflegungspauschbeträge hinausgehen, ist eine Lohnsteuerpauschalierung möglich. Zahlt der Arbeitgeber höhere Verpflegungssätze als die steuerfreien Beträge, dürfen die übersteigenden Beträge bis zur gleichen Höhe wie die steuerfreien Beträge mit einem festen Pauschalsteuersatz von 25 % versteuert werden.

Übernachtungskosten

Werbungskostenabzug nur bei Einzelnachweis

Arbeitnehmer, die im Rahmen ihrer Tätigkeit an wechselnden Einsatzstellen übernachten, können wie bei anderen beruflichen Auswärtstätigkeiten die Unterbringungskosten zeitlich unbegrenzt als Reisekosten geltend machen. Der Werbungskostenabzug für Übernachtungskosten ist nur bei Einzelnachweis durch Vorlage der Hotelrechnung o. Ä. zulässig.

Die früher für Auslandsreisen bestehende Abrechnungsmöglichkeit nach den Pauschbeträgen wird nicht mehr zugelassen.

Steuerfreie Arbeitgebererstattung auch pauschal zulässig

Die Nachweispflicht für die Einkommensteuer gilt nicht für das Lohnsteuerverfahren. Der Arbeitgeber kann für Inlands- und Auslandsreisen weiterhin zwischen dem Kostennachweis und den Übernachtungspauschalen wählen. Übernachtungskosten im Inland darf der Arbeitgeber mit ei-

1 BFH, Urteil v. 19.4.2021, VI R 6/19, BStBl 2021 II S. 727; BFH, Urteil v. 2.9.2021, VI R 14/19, BFH/NV 2022 S. 15.
2 BMF, Schreiben v. 25.11.2020, IV C 5 – S 2353/19/10011 :006, BStBl 2020 I S. 1228, Rz. 38.
3 Das Gesetzgebungsverfahren, das eine Änderung der Werte vorsieht, ist noch nicht abgeschlossen. Ggf. wird eine Änderung im Laufe des Jahres 2024 folgen.
4 BFH, Urteil v. 8.10.2014, VI R 95/13, BStBl 2015 II S. 231.
5 Für Reisetage ab 1.1.2024 s. BMF, Schreiben v. 21.11.2023, IV C 5 – S 2353/19/10010 :005.
6 §§ 4 Abs. 5 Nr. 5 Satz 3, 9 Abs. 5 EStG.
7 § 4 Abs. 5 Nr. 5 Satz 4 EStG i. V. m. § 9 Abs. 5 EStG.

nem Pauschbetrag von 20 EUR[1] pro Übernachtung steuerfrei ersetzen, wenn die tatsächliche Übernachtung feststeht. Bei Übernachtungen im Ausland darf der steuerfreie Arbeitgeberersatz in Höhe der Auslandsübernachtungsgelder erfolgen.

Achtung

Ausnahmen beachten

Die Pauschalen dürfen nicht angesetzt werden, wenn der Arbeitgeber seinem Arbeitnehmer eine Unterkunft unentgeltlich oder verbilligt zur Verfügung stellt. Dasselbe gilt bei Übernachtung in einem Fahrzeug.[2] Höhere Beträge darf der Arbeitgeber nur steuerfrei erstatten, wenn ihm der Arbeitnehmer entsprechende Belege vorlegt. Diese Belege sind als Anlage zum Lohnkonto aufzubewahren.

Wahlrecht zwischen Pauschbeträgen und Einzelnachweis

Der Wechsel des Verfahrens für den steuerfreien Arbeitgeberersatz bei ein und derselben Reise bleibt ebenfalls bestehen und kann bei einer mehrtägigen beruflichen Auswärtstätigkeit für einzelne Reisetage unterschiedlich ausgeübt werden.

Zusammenfassende Übersicht „Steuerfreier Arbeitgeberersatz“

Fahrtkosten	Verpflegungsmehraufwendungen	Übernachtungskosten
• Tatsächlicher Aufwand oder • Kilometerpauschale i. H. v. 0,30 EUR je gefahrenem km – unabhängig von der Entfernung Wohnung – Einsatzstelle	Bei einer Abwesenheit von • 24 Stunden: 28 EUR • mehr als 8 Stunden: 14 EUR • An- und Abreisetage: 14 EUR • bis 8 Stunden: 0 EUR Bei Einsatzstellen im Ausland gelten die vom BMF bekannt gegebenen Auslandstagegelder.	Bei Übernachtung gelten zeitlich unbefristet die Reisekostengrundsätze: Nachweis der tatsächlichen Kosten oder pauschal 20 EUR pro Inlandsübernachtung bzw. pauschales Auslandsübernachtungsgeld.

Dienstwagenbesteuerung

Vorteilhaft stellt sich die Dienstwagenbesteuerung für Arbeitnehmer dar, die bei ihrer beruflichen Tätigkeit nur an ständig wechselnden Einsatzstellen tätig sind, also beim Arbeitgeber keine erste Tätigkeitsstätte haben. Fährt der Arbeitnehmer gelegentlich zum Betrieb, werden auch diese Fahrten als auswärtiges Dienstgeschäft behandelt. Der geldwerte Vorteil für Fahrten zwischen Wohnung und erster Tätigkeitsstätte entfällt. Der 0,03-%-Zuschlag (bzw. die 0,002-%-Tagespauschale) für Fahrten zwischen Wohnung und erster Tätigkeitsstätte ist deshalb in diesen Fällen nicht zu berücksichtigen. Die Dienstwagenbesteuerung beschränkt sich bei diesen Personen auf die Privatfahrten, im Fall der pauschalen Nutzungswertermittlung auf den Ansatz der ↗ 1-%-Regelung.

Beispiel

Dienstwagennutzung bei Einsatzwechseltätigkeit

Ein Bauführer ist das ganze Jahr ausschließlich auf unterschiedlichen Baustellen in einem Großstadtbereich eingesetzt. Da die Entfernungen zwischen Wohnung und Einsatzstelle regelmäßig weniger als 30 km betragen, kehrt er arbeitstäglich nach Hause zurück. Er fährt dabei mit seinem Dienstwagen auf direktem Weg zur Einsatzstelle. Den Betriebssitz sucht er nur gelegentlich etwa einmal pro Monat auf. Der Arbeitgeber hat keine erste Tätigkeitsstätte zugeordnet.

Ergebnis: Der Arbeitnehmer hat keine erste Tätigkeitsstätte. Sämtliche Fahrten sind nach Reisekostengrundsätzen zu behandeln. Ein geldwerter Vorteil für die Fahrten zum Betriebssitz ist nicht zu erfassen, da diese als Dienstfahrt gelten.

Arbeitnehmer mit Einsatzwechseltätigkeit	Privatfahrten	Fahrten Wohnung – Einsatzort oder Betriebssitz[3]
Normalfall – arbeitstägliche Fahrten zum Einsatzort (z. B. Bau- und Montagearbeiter)	1 % des Bruttolistenpreises[4]	kein Ansatz
Sonderfall – täglich mehrfacher Ortswechsel[5] (z. B. Kundendienstmonteur, Reisevertreter)	1 % des Bruttolistenpreises[6]	kein Ansatz

Einstrahlung

Eine Einstrahlung liegt vor, wenn ein Arbeitnehmer während eines im Ausland bestehenden Beschäftigungsverhältnisses für eine im Voraus begrenzte Tätigkeit nach Deutschland entsandt wird. Der Arbeitnehmer unterliegt während dieser vorübergehenden Beschäftigung weiterhin den Rechtsvorschriften des ausländischen Staates. Die deutschen Rechtsvorschriften über die Sozialversicherung werden nicht angewendet.

Gesetze, Vorschriften und Rechtsprechung

Sozialversicherung: Der Begriff der Einstrahlung ist in § 5 SGB IV für alle Sozialversicherungszweige geregelt. Für die Beurteilung der Einstrahlung ist das GR v. 18.3.2020-I heranzuziehen. Sowohl die Einals auch die Ausstrahlung bilden eine Ausnahme vom geltenden Territorialitätsprinzip (§ 3 SGB IV). Die Grundsätze der Einstrahlung sind jedoch nur anwendbar, wenn es keine vorrangigen Regelungen des über- und zwischenstaatlichen Rechts gibt (§ 6 SGB IV). Als überstaatliches Recht sind vom 1.5.2010 an in erster Linie die Verordnung (EG) über soziale Sicherheit Nr. 883/2004 und die Durchführungsverordnung (EG) Nr. 987/2009 anzusehen. Die Verordnung (EWG) Nr. 1408/1971 galt bis zum 1.5.2010 und ist nur noch für einzelne Personenkreise bzw. Länder anzuwenden. Als zwischenstaatliches Recht gelten die von der Bundesrepublik Deutschland mit anderen Staaten abgeschlossenen Abkommen über soziale Sicherheit.

Sozialversicherung

Voraussetzungen für eine Einstrahlung

Wird ein Arbeitnehmer während eines im Ausland bestehenden Beschäftigungsverhältnisses nach Deutschland entsandt, gelten für diesen Arbeitnehmer weiterhin die ausländischen Rechtsvorschriften. Dies gilt jedoch nur, sofern die Voraussetzungen für eine Einstrahlung vorliegen. Bei der vorübergehenden Beschäftigung in Deutschland muss es sich um eine ↗ Entsendung im Rahmen eines ausländischen Beschäftigungsverhältnisses handeln. Zusätzlich muss die Dauer der Beschäftigung im Voraus zeitlich begrenzt sein. Ist eine der 3 Voraussetzungen

1 R 9.3 Abs. 3 LStR.
2 BFH, Urteil v. 28.3.2012, VI R 48/11, BStBl 2012 II S. 926; BMF, Schreiben v. 4.12.2012, IV C 5 – S 2353/12/10009, BStBl 2012 I S. 1249.

3 Hierunter sind Fahrten zu Einsatzstellen zu verstehen, die keine erste Tätigkeitsstätte sind.
4 Bruttolistenpreis ist der auf volle 100 EUR abgerundete inländische Listenpreis einschl. USt im Zeitpunkt der Erstzulassung des Fahrzeugs.
5 Die Abgrenzung bestimmt sich danach, ob die Einsatzwechseltätigkeit durch einen täglich mehrfachen Ortswechsel geprägt ist.
6 Bruttolistenpreis ist der auf volle 100 EUR abgerundete inländische Listenpreis einschl. USt im Zeitpunkt der Erstzulassung des Fahrzeugs.

nicht erfüllt, liegt keine Einstrahlung vor. In einem solchen Fall gelten die deutschen Rechtsvorschriften über die Sozialversicherung.

Achtung

Doppelversicherung ist nicht möglich

Sobald die Voraussetzungen für eine Einstrahlung vorliegen, gelten nicht die deutschen Rechtsvorschriften über die Sozialversicherung.

Vertragsloses Ausland

Auch für einen Arbeitnehmer, der aus dem vertragslosen Ausland nach Deutschland entsandt wird, sind die Voraussetzungen einer Einstrahlung zu prüfen.

Beispiel

Arbeitnehmer wird nach Deutschland entsandt

Ein Arbeitnehmer ist in einem bolivianischen Unternehmen beschäftigt und wird für ein Bauprojekt nach Deutschland entsandt. Da die Voraussetzungen einer Einstrahlung erfüllt sind, gelten für ihn die bolivianischen Rechtsvorschriften in allen Versicherungszweigen, unabhängig von der Tatsache, ob diese alle Versicherungszweige kennen. Der Arbeitnehmer wird in Deutschland in keinem Versicherungszweig versicherungspflichtig.

EU/EWR-Staaten und die Schweiz

Für einen Arbeitnehmer, der aus einem EU/EWR-Staat oder aus der Schweiz nach Deutschland entsandt wird, sind vorrangig die Regelungen der Verordnungen (EG) über soziale Sicherheit zu beachten.[1] Damit eine Entsendung vorliegen kann, muss die entsandte Person vom persönlichen, gebietlichen und sachlichen Geltungsbereich der Verordnung erfasst werden. Zusätzlich muss geprüft werden, ob die Voraussetzungen für eine ↗ Entsendung nach den Verordnungen (EG) über soziale Sicherheit vorliegen.

Abkommensstaaten

Für einen Arbeitnehmer, der aus einem Land entsandt wird, mit dem ein Abkommen über soziale Sicherheit abgeschlossen wurde, gelten vorrangig die jeweiligen Abkommensregelungen. Hierbei ist zu beachten, dass es bei den jeweiligen Abkommen über soziale Sicherheit Einschränkungen beim gebietlichen, persönlichen oder sachlichen Geltungsbereich gibt. Wenn die Voraussetzungen erfüllt sind, muss geprüft werden, ob eine ↗ Entsendung nach dem jeweiligen Abkommen vorliegt.

Ausschlussgründe für eine Einstrahlung

Eine Einstrahlung liegt nicht vor, wenn die Voraussetzungen für eine Entsendung nicht gegeben sind.

Fehlende Anbindung zur deutschen Sozialversicherung

Ein wesentliches Merkmal für eine Entsendung ist die Bewegung aus einem anderen Staat nach Deutschland. Entscheidend für eine Entsendung ist, dass sich der Lebensmittelpunkt der entsandten Person im Ausland befunden hat. Weiterhin muss bereits eine vorherige Beziehung zum Entsendestaat bestanden haben und eine fortbestehende Inlandsintegration bei vorübergehender Beschäftigung in Deutschland bestehen.

Beispiel

Arbeitnehmer wird in Deutschland eingestellt

Ein vietnamesisches Unternehmen möchte eine Niederlassung in Köln eröffnen. Für den Aufbau und für die Organisation der Niederlassung stellt das Unternehmen einen deutschen Arbeitnehmer, der in Köln wohnt, ein. Der deutsche Arbeitnehmer gilt als sog. „Ortskraft". Es handelt sich nicht um eine Entsendung.

Arbeitnehmer ist dauerhaft in Deutschland im Homeoffice tätig

Ein indonesisches Unternehmen möchten seinen Vertrieb in Deutschland stärken. Hierfür wird ein deutscher Arbeitnehmer eingestellt, der die deutschsprachige Homepage dauerhaft in Deutschland im Homeoffice betreuen soll. Auch in diesem Fall wird der Arbeitnehmer als sog. „Ortskraft" angesehen. Es handelt sich nicht um eine Entsendung.

Arbeitnehmer beabsichtigt, in Deutschland zu bleiben

Ein paraguayisches Unternehmen hat einen Arbeitnehmer nach Deutschland entsandt. Die Tätigkeit ist auf 3 Jahre befristet. Der Arbeitnehmer hat sich für diese Tätigkeit gemeldet, weil seine Eltern in Deutschland leben. Er beabsichtigt, nach der Tätigkeit bei seinen Eltern zu bleiben. Es liegt keine Entsendung vor, da der Arbeitnehmer nicht mehr nach Paraguay zurückkehren möchte.

Der Bezug zum vorherigen Entsendestaat kann in Ausnahmefällen auch dann bejaht werden, wenn eine Person eingestellt und unmittelbar nach Deutschland entsandt wird, wenn diese Person vor der Einstellung bereits den Rechtsvorschriften des Entsendestaates unterlegen hat oder bereits eine hinreichende Beziehung zu der Sozialversicherung dieses Staates hat.

Beispiel

Arbeitnehmer wird während seines Aufenthalts in Deutschland eingestellt

Ein moldawisches Unternehmen stellt einen bereits nach Deutschland entsandten Arbeitnehmer ein und möchte diesen in Deutschland unmittelbar weiterbeschäftigen. Es ist nicht beabsichtigt, dass der Arbeitnehmer zur Einarbeitung in das moldawische Unternehmen reist. Nach der Entsendung ist eine Weiterbeschäftigung in Moldau beabsichtigt. Da der Arbeitnehmer bereits den moldawischen Rechtsvorschriften unterliegt, liegt in diesem Fall eine Entsendung im Rahmen einer Einstrahlung vor.

Unzureichendes inländisches Beschäftigungsverhältnis

Eine Entsendung ist gegeben, wenn das bisherige ausländische Beschäftigungsverhältnis während der Entsendung aus dem Ausland nach Deutschland fortbesteht. Bei der ausländischen Beschäftigung muss es sich um eine Beschäftigung im Sinne der Sozialversicherung handeln.[2] Dies bedeutet, dass der Arbeitnehmer weiterhin organisatorisch in dem ausländischen Unternehmen eingegliedert sein muss und das Weisungsrecht des ausländischen Arbeitgebers in gelockerter Form fortbesteht. Auch der Entgeltanspruch muss sich gegen das ausländische Unternehmen richten.

Hinweis

Telearbeit ist möglich

Eine Einstrahlung liegt auch dann vor, wenn der Arbeitnehmer mit Zustimmung des Arbeitgebers seine abhängige Beschäftigung in Deutschland im Homeoffice ausübt. Hierbei spielt es keine Rolle, ob die Initiative für die Tätigkeit in Deutschland vom Arbeitgeber oder Arbeitnehmer ausging.

Beispiel

Reise nach Deutschland

Ein thailändischer Arbeitnehmer arbeitet bereits seit 20 Jahren für ein Unternehmen in Thailand. Er möchte nun für 1 Jahr nach Deutschland reisen und sich Europa anschauen. Anschließend soll er wieder in Thailand weiter beschäftigt werden. Er vereinbart mit seinem Arbeitgeber, dass er in diesem Jahr von Deutschland aus für das Unternehmen in Form von Telearbeit arbeiten wird. Im Ergebnis handelt es sich weiterhin um eine Einstrahlung.

1 § 6 SGB IV.

2 § 7 SGB IV.

Rumpfarbeitsverhältnis

Eine Entsendung liegt nicht vor, wenn während der Entsendung nach Deutschland beim ausländischen Arbeitgeber lediglich ein sog. Rumpfarbeitsverhältnis besteht. Dies bedeutet, dass die Hauptpflichten ruhen, somit kein Arbeitsentgelt gezahlt wird und der Arbeitnehmer keine Arbeitsleistung erbringt, die dem ausländischen Unternehmen zugerechnet werden kann. Hierbei ist zu beachten, dass die Zahlung des Entgelts nur ein Kriterium darstellt. In diesem Zusammenhang muss geprüft werden, ob der ausländische Arbeitgeber das Entgelt des Arbeitnehmers weiterhin in seiner Entgeltabrechnung im Ausland ausweist, die Lohnkosten steuerlich als Betriebsausgaben im Ausland geltend gemacht werden und ob dem ausländischen Unternehmen der wirtschaftliche Erfolg angerechnet wird.

Beteiligungsgesellschaften/Konzerne

Wird ein Arbeitnehmer zu einer Tochtergesellschaft des ausländischen Betriebes nach Deutschland entsandt, gelten grundsätzlich die gleichen Voraussetzungen für eine Entsendung wie bei nicht verbundenen Unternehmen. Es muss geprüft werden, ob die rechtlichen und tatsächlichen Gestaltungsmerkmale bei der Tochtergesellschaft im entsendenden Unternehmen liegen. In der Regel liegt keine Entsendung vor, wenn das bisherige ausländische Arbeitsverhältnis in den Hintergrund tritt. Anhaltspunkte hierfür sind, dass der wirtschaftliche Wert der Arbeit ausschließlich der deutschen Tochtergesellschaft zuzurechnen ist und der Entgeltanspruch sich gegen die deutsche Tochtergesellschaft anstatt gegen den ausländischen Betrieb richtet.

Hinweis

Arbeitsentgelt als Betriebsausgabe

Wird ein ausländischer Arbeitnehmer von einem ausländischen Unternehmen zu einer deutschen Tochtergesellschaft entsandt, kann das Arbeitsentgelt als Betriebsausgabe bei der deutschen Tochtergesellschaft unter engen Voraussetzungen geltend gemacht werden. Dies ist möglich, wenn es sich um eine kurzfristige Entsendung (bis 2 Monate) nach Deutschland handelt, der ausländische Arbeitnehmer keinen anderen Arbeitnehmer ablöst und der arbeitsvertragliche Entgeltanspruch sich ausschließlich gegen das ausländische Unternehmen richtet.

Unbefristete Entsendung

Damit eine Entsendung vorliegen kann, muss bei vorausschauender Betrachtungsweise eine Begrenzung vorliegen. Eine Befristung kann sich aus dem Vertrag oder aus der Eigenart der Beschäftigung ergeben. Es reicht nicht aus, wenn sich die Begrenzung erst im Laufe der Entsendung ergibt.

Beispiel

Befristung im Laufe der Tätigkeit

Ein Arbeitnehmer wird für unbestimmte Zeit nach Deutschland entsandt. Nach einem Jahr stellt sich heraus, dass die Entsendung im Folgejahr enden wird. Es handelt sich um keine Einstrahlung, da die Befristung nicht im Voraus bestanden hat, sondern sich erst im Laufe der Tätigkeit ergeben hat.

Keine zeitliche Begrenzung liegt vor, wenn der Arbeitnehmer jederzeit aus Deutschland zurückgerufen werden kann oder bis zum Beginn seiner ausländischen Regelaltersrente nach Deutschland entsandt wird.

Beispiel

Automatische Vertragsverlängerung ohne Kündigung

Ein Unternehmen entsendet einen Arbeitnehmer nach Deutschland. Es wurde vertraglich vereinbart, dass die Entsendung vorerst auf 2 Jahre begrenzt wird. Der Vertrag verlängert sich jeweils um ein weiteres Jahr, wenn dieser nicht 4 Monate vorher gekündigt wird. Es handelt sich um keine Entsendung, da keine Begrenzung im Sinne der Einstrahlung vorliegt.

Ende der Einstrahlung

Die Einstrahlung endet in der Regel mit Ablauf des Entsendezeitraums. Eine Entsendung endet auch, wenn der in Deutschland beschäftigte Arbeitnehmer seinen Arbeitgeber wechselt. Dies gilt nicht, wenn das ausländische Unternehmen von einem anderen Unternehmen übernommen wird.

Beispiel

Vorübergehende Rückkehr ins Inland

Ein argentinisches Unternehmen hat einen Mitarbeiter nach Deutschland für 4 Jahre entsandt. Nach 2 Jahren soll der Arbeitnehmer für eine Einweisung für 3 Monate nach Argentinien zurückkehren. Die Unterbrechung ist länger als 2 Monate.[1] Somit endet die Entsendung. Mit Rückkehr nach Deutschland muss geprüft werden, ob eine neue Entsendung vorliegt.

Leistungen bei Krankheit

Ein Arbeitnehmer kann auch während seines vorübergehenden Beschäftigungsverhältnisses in Deutschland erkranken und benötigt Leistungen.

Vertragsloses Ausland

Bei einer Entsendung aus dem vertragslosen Ausland nach Deutschland kommt eine Absicherung in der deutschen gesetzlichen Krankenversicherung nicht in Betracht. In der Regel muss der Arbeitnehmer privat krankenversichert werden.

EU/EWR-Staaten und die Schweiz

Bei einer Entsendung aus einem EU/EWR-Staat oder der Schweiz kann der Arbeitnehmer über die ⇗ Europäische Krankenversicherungskarte in Deutschland Leistungen in Anspruch nehmen.

Ansprüche nach Abkommen

Bei einer Entsendung aus einem Abkommensstaat kann der Arbeitnehmer von seinem ausländischen Krankenversicherungsträger eine Bescheinigung für die Leistungsinanspruchnahme in Deutschland erhalten. Voraussetzung ist, dass das Abkommen über soziale Sicherheit sich auf die Krankenversicherung erstreckt.

Eintrittskarten

Übergibt der Arbeitgeber einem Arbeitnehmer eine Eintrittskarte, ist zu unterscheiden, ob die Veranstaltung den privaten oder beruflichen Bereich des Arbeitnehmers betrifft. Wird die Veranstaltung im überwiegend betrieblichen Interesse besucht (z. B. Messen), stellt der Eintrittspreis weder lohnsteuerpflichtigen Arbeitslohn noch sozialversicherungspflichtiges Entgelt dar.

Bekommt der Arbeitnehmer eine Eintrittskarte als Geschenk zu einem besonderen persönlichen Anlass (z. B. Geburtstag), stellt die Eintrittskarte bei einem Wert bis zu 60 EUR keinen Arbeitslohn dar, sondern ist als Aufmerksamkeit zu werten.

Erhält der Arbeitnehmer hingegen eine Eintrittskarte zu einem Ereignis im privaten Bereich ohne persönlichen Anlass (z. B. als Anerkennung für gute Leistungen), stellt die Eintrittskarte eine Sachzuwendung dar. Sachzuwendungen sind steuerpflichtiger Arbeitslohn bzw. sozialversicherungspflichtiges Arbeitsentgelt.

Übersteigt der Wert der Eintrittskarte 50 EUR nicht oder leistet der Arbeitnehmer eine Zuzahlung für den Wert über 50 EUR, kann der Arbeitgeber die 50-EUR-Freigrenze für geringfügige Sachbezüge anwenden, wenn diese nicht schon durch andere Sachbezüge verbraucht wurde.

1 § 8 Abs. 1 Nr. 2 SGB IV.

Beträgt der Wert der Eintrittskarte mehr als 50 EUR, hat der Arbeitgeber folgende Besteuerungsmöglichkeiten:

- Besteuerung nach den individuellen ELStAM,
- Lohnsteuerpauschalierung mit 30 % bei bestimmten Sachzuwendungen nach § 37b EStG.

Gesetze, Vorschriften und Rechtsprechung

Lohnsteuer: Die 50-EUR-Freigrenze für Sachbezüge ist in § 8 Abs. 2 Satz 11 EStG geregelt. Zur Pauschalierung der Lohnsteuer bei bestimmten Sachzuwendungen s. § 37b EStG und BMF, Schreiben v. 19.5.2015, IV C 6 – S 2297-b/14/10001.

Sozialversicherung: Die grundsätzliche Beitragspflicht des Sachbezugs ergibt sich aus der Definition von Arbeitsentgelt in § 14 Abs. 1 SGB IV. Bei Anwendung der 50-EUR-Sachbezugsfreigrenze entsteht keine Sozialversicherungspflicht gem. § 1 Abs. 1 Satz 1 Nr. 1 SvEV.

Entgelt	LSt	SV
Eintrittskarten für Veranstaltungen im persönlichen Bereich	pflichtig	pflichtig
Eintrittskarten für Veranstaltungen im persönlichen Bereich bei Pauschalversteuerung nach § 37b EStG mit 30 %	pauschal	pflichtig
Eintrittskarten im Rahmen der 50-EUR-Freigrenze	frei	frei
Eintrittskarten für Veranstaltungen im überwiegend betrieblichen Interesse des Arbeitgebers	frei	frei

Einzugsstelle

Die Einzugsstelle ist im deutschen Sozialversicherungssystem diejenige Stelle, die die Gesamtsozialversicherungsbeiträge bei den Arbeitgebern einzieht und an die einzelnen Sozialversicherungsträger und den Gesundheitsfonds arbeitstäglich weiterleitet.

Als Einzugsstellen fungieren die gesetzlichen Krankenkassen und der Rentenversicherungsträger Deutsche Rentenversicherung Knappschaft-Bahn-See (in der Funktion als Träger der Minijob-Zentrale).

Gesetze, Vorschriften und Rechtsprechung

Sozialversicherung: Die Aufgaben, Befugnisse und Zuständigkeiten der Einzugsstellen sind in den §§ 28h bis 28n SGB IV geregelt.

Sozialversicherung

Arbeitnehmer

Zuständige Einzugsstelle für den Gesamtsozialversicherungsbeitrag ist die Krankenkasse, von der die Krankenversicherung durchgeführt wird.[1]

Geringfügig Beschäftigte

Zuständige Einzugsstelle sowohl für geringfügig Beschäftigte als auch für geringfügig Beschäftigte in Privathaushalten ist die Deutsche Rentenversicherung Knappschaft-Bahn-See („Minijob-Zentrale“). Sie erhält sowohl die vom Arbeitgeber zu zahlenden Pauschalbeiträge für ↗ geringfügig entlohnt Beschäftigte als auch die Rentenversicherungsbeiträge für geringfügig entlohnt Beschäftigte, die der Rentenversicherungspflicht unterliegen. Auch ↗ Meldungen für geringfügig Beschäftigte sind an die „Minijob-Zentrale“ zu erstatten.

Mehrere Beschäftigungen

Sofern durch Zusammenrechnung

- einer geringfügig entlohnten zweiten oder weiteren Beschäftigung mit
- einer versicherungspflichtigen Hauptbeschäftigung

Versicherungspflicht besteht, sind die entsprechenden Meldungen und Beiträge aus beiden Beschäftigungen an die Krankenkasse zu entrichten, die die Krankenversicherung durchführt. Bei geringfügig Beschäftigten, die privat krankenversichert sind, ist in solchen Fällen die Einzugsstelle zuständig, bei der zuletzt eine Krankenversicherung bestand.

Versicherungspflicht/-freiheit in einer Beschäftigung

Sofern für ein und dieselbe Beschäftigung

- in einem Versicherungszweig Versicherungsfreiheit vorliegt und damit Pauschalbeiträge zu zahlen sind,
- während in (einem) anderen Versicherungszweig Versicherungspflicht (allerdings keine Rentenversicherungspflicht als geringfügig Beschäftigter) besteht und individuelle Beiträge anfallen,

dürfen nur die Pauschalbeiträge an die Deutsche Rentenversicherung Knappschaft-Bahn-See abgeführt werden. Die sog. individuellen Beiträge sind an die zuständige Krankenkasse zu entrichten.

Sachverhalt für Versicherungspflicht/-freiheit in einer Beschäftigung

Die oben dargestellte Konstellation kann nur in wenigen Ausnahmefällen eintreten. Beispielsweise

- wenn in sog. Übergangsfällen ab dem 1.4.2003 in der Kranken- und Pflegeversicherung Versicherungsfreiheit eintrat, weil das Arbeitsentgelt die Geringfügigkeitsgrenze nicht mehr überschritt und in der Renten- und Arbeitslosenversicherung die Versicherungspflicht kraft Gesetzes fortbestand und auch kein Antrag beim Arbeitgeber auf Befreiung von der Versicherungspflicht gestellt worden war oder
- in solchen Fällen, in denen ein freiwillig oder privat krankenversicherter Arbeitnehmer neben seiner krankenversicherungsfreien, aber renten- und arbeitslosenversicherungspflichtigen Hauptbeschäftigung mehr als eine weitere Beschäftigung ausübt, von denen eine Beschäftigung geringfügig entlohnt ist.

Meldungen an Minijob-Zentrale/Krankenkasse

In den beschriebenen Beispielsfällen hat der Arbeitgeber für ein und dieselbe Beschäftigung 2 Meldungen mit unterschiedlichen Beitragsgruppenschlüsseln sowohl an die „Minijob-Zentrale“ als auch an die zuständige Einzugsstelle zu erstatten. In beiden Meldungen ist der gleiche Personengruppenschlüssel zu verwenden, wobei sich die Verschlüsselung an der Rentenversicherung orientiert. Die „Minijob-Zentrale“ erhält eine Meldung hinsichtlich der Pauschalbeiträge, während gegenüber der zuständigen Krankenkasse eine Meldung hinsichtlich der individuellen Beiträge abzugeben ist.

In diesen Ausnahmefällen sind daher die Pauschalbeiträge sowie die individuellen Beiträge für eine solche Beschäftigung gegenüber der „Minijob-Zentrale“ bzw. gegenüber der zuständigen Einzugsstelle in getrennten Beitragsnachweisen nachzuweisen.

Beispiel

Meldungen an die Minijob-Zentrale und zuständige Krankenkasse

Ein Programmierer arbeitet beim Arbeitgeber A gegen ein monatliches Arbeitsentgelt von 6.000 EUR. Er ist wegen Überschreitens der Jahresarbeitsentgeltgrenze krankenversicherungsfrei und in der gesetzlichen Krankenversicherung freiwillig versichert. Am 1.7. nimmt er eine zweite Beschäftigung als Programmierer beim Arbeitgeber B gegen ein monatliches Arbeitsentgelt von 200 EUR und am 1.9. eine weitere Beschäftigung als Programmierer beim Arbeitgeber C gegen ein monatliches Arbeitsentgelt von 150 EUR auf.

1 § 28i Satz 1 SGB IV.

Ergebnis:

Arbeitgeber A: Versicherungspflicht in der Renten- und Arbeitslosenversicherung

Arbeitgeber B: Versicherungsfrei in der Rentenversicherung; Abführung von Pauschalbeiträgen zur Rentenversicherung.

Arbeitgeber C: Versicherungspflicht in der Rentenversicherung aufgrund Zusammenrechnung mit A.

In der Arbeitslosenversicherung besteht in den Beschäftigungen B und C Versicherungsfreiheit. Pauschalbeiträge zur Krankenversicherung sind jeweils abzuführen.

Meldungen:

Arbeitgeber A:	Personengruppenschlüssel:	101
	Beitragsgruppenschlüssel:	0(9) 1 1 1
Arbeitgeber B:	Personengruppenschlüssel:	109
	Beitragsgruppenschlüssel:	6 5 0 0
Arbeitgeber C:	an zuständige Krankenkasse	
	Personengruppenschlüssel:	101
	Beitragsgruppenschlüssel:	0 1 0 0
	an Minijob-Zentrale	
	Personengruppenschlüssel:	101
	Beitragsgruppenschlüssel:	6 0 0 0

Personenkreise

Praktikanten/Auszubildende

Teilnehmer an vorgeschriebenen Vor- oder Nachpraktika und ⇗ Auszubildende, die ohne ⇗ Arbeitsentgelt beschäftigt werden, werden nicht versicherungspflichtig zur Krankenversicherung, wenn bei ihnen eine gesetzliche ⇗ Familienversicherung bei einer Kranken- und Pflegekasse besteht. Die in jedem Fall anfallenden Pflichtbeiträge zur Renten- und Arbeitslosenversicherung sind für diese Personen durch den Arbeitgeber an die Krankenkasse abzuführen, bei der die Familienversicherung besteht.

Ist die Familienversicherung nicht möglich, sind Pflichtbeiträge zur Kranken- und Pflegeversicherung durch den Praktikanten bzw. Auszunildenden an die Krankenkasse zu zahlen, welche dieser gewählt hat. Auch die Pflichtbeiträge zur Renten- und Arbeitslosenversicherung sind durch den Arbeitgeber an die vom Praktikanten bzw. Auszunildenden gewählte Krankenkasse zu entrichten. Die jeweilige Krankenkasse ist dann die zuständige Einzugsstelle.

Beschäftigte in der Landwirtschaft

Für Beschäftigte, die in der Landwirtschaftlichen Krankenkasse pflichtversichert sind, ist diese die Einzugsstelle für die Beiträge zur Pflege-, Renten- und Arbeitslosenversicherung.

Beschäftigte ohne Krankenkasse

Für Beschäftigte, die bei keiner gesetzlichen Krankenkasse versichert sind, z. B. privat Versicherte, hat der Arbeitgeber die Beiträge zur Renten- und Arbeitslosenversicherung an die zuletzt zuständige Einzugsstelle abzuführen, bei der zuletzt eine Versicherung bestand. Bestand vor Eintritt der Beschäftigung keine Versicherung, bestimmt der Arbeitgeber die Einzugsstelle, an die die Beiträge abzuführen sind. Es muss sich dabei um eine Krankenkasse handeln, die für den Versicherten wählbar wäre.[1]

1 § 28i Abs. 1 Satz 2 SGB IV.

Elektronische Arbeitsunfähigkeitsbescheinigung

Die ärztliche Arbeitsunfähigkeitsbescheinigung (AU-Bescheinigung) ist das zentrale Instrument zum Nachweis einer Arbeitsunfähigkeit. Sie wird vom behandelnden Arzt ausgestellt und enthält Angaben zu Beginn der Arbeitsunfähigkeit, deren voraussichtlicher Dauer sowie Angaben dazu, ob es sich um eine Erst- oder Folgebescheinigung handelt. Angaben zur Diagnose enthält die Arbeitsunfähigkeitsbescheinigung nicht.

Die AU-Bescheinigung stellt das (einzige) gesetzlich vorgegebene Nachweismittel dar, mit dem der Arbeitnehmer seinem Arbeitgeber die Arbeitsunfähigkeit sowie deren Dauer nachweist.[2] Aus diesem Grund kommt einer AU-Bescheinigung nach ständiger höchstrichterlicher Rechtsprechung ein hoher Beweiswert zu.

Seit dem 1.10.2021 wird die AU-Bescheinigung in Etappen digitalisiert. Die Meldungen der elektronischen Arbeitsunfähigkeitsbescheinigung (eAU) sind daher zukünftig ausschließlich im Verfahren Datenaustausch Elektronische Arbeitsunfähigkeitsbescheinigung („DTA eAU“) – und nicht mehr in Papierform – zu übermitteln.

Gesetze, Vorschriften und Rechtsprechung

Sozialversicherung: Der DTA eAU setzt sich aus mehreren Einzelverfahren zusammen, für die jeweils unterschiedliche Rechtsgrundlagen einschlägig sind. Die Rechtsgrundlagen waren zudem Bestandteil vielfältiger Gesetzgebungsverfahren, weshalb sich zurzeit ein Nachvollzug aller Änderungen in der Praxis oft schwierig gestaltet.

Die Verpflichtung zur obligatorischen Übermittlung der eAU von den Ärzten an die Krankenkassen ist im § 295 Abs. 1 SGB V festgelegt. Diese Regelung bildet zusammen mit den vertraglichen Regelungen des Bundesmantelvertrags-Ärzte, des Bundesmantelvertrags-Zahnärzte sowie dem Rahmenvertrag mit den Krankenhäusern die Basis des Datenaustauschs zwischen den Ärzten und Krankenkassen.

Die Basis für das Verfahren zwischen den Krankenkassen und den Arbeitgebern findet sich in § 109 SGB IV, während die entsprechend vorgesehene Pilotierung im § 125 SGB IV enthalten ist. Auf Basis dieser gesetzlichen Regelung wurden die Grundsätze für die Meldung der Arbeitsunfähigkeitszeiten im Rahmen des DTA eAU (§ 109 Abs. 1 SGB IV i. V. m. § 125 Abs. 5 SGB IV) erstellt, die die Ausgestaltung des Verfahrens sowie die Datenfelder beinhalten. Zusätzlich gibt es eine ausführliche Verfahrensbeschreibung, die zu den geforderten Inhalten einer ausführliche Kommentierung entnommen werden kann. Die erste Genehmigung des Verfahrens durch das Bundesministerium für Arbeit und Soziales erfolgte bereits am 11.11.2020.

Sozialversicherung

Ausgangslage der elektronischen AU-Bescheinigung (eAU)

Die elektronische Meldung der Arbeitsunfähigkeitszeiten dient analog der bis zum 31.12.2021 auszustellenden AU-Bescheinigung zum Nachweis einer attestierten ⇗ Arbeitsunfähigkeit, insbesondere gegenüber dem Arbeitgeber zur Wahrung von Entgeltfortzahlungsansprüchen, aber auch gegenüber den gesetzlichen Krankenkassen zur Wahrung der Krankengeldansprüche sowie Auszahlung von Verletztengeld. Da die Arbeitsagenturen und Jobcenter bisher noch nicht am eAU-Verfahren teilnehmen, wird von Leistungsempfängern weiterhin ein Aus-

2 BAG, Urteil v. 19.2.1997, 5 AZR 83/96; BAG, Urteil v. 26.2.2003, 5 AZR 112/02; BAG, Urteil v. 8.9.2021, 5 AZR 149/21.

druck der elektronischen Meldung der Arbeitsunfähigkeitszeiten als Nachweis eingefordert.

Diese vielfältigen Einsatzzwecke bedingten es, dass die bis zum 31.12.2021 auszustellende AU-Bescheinigung aus 4 Formularen bestand. Das Formular unterteilte sich daher in die

- Ausfertigung für die Krankenkasse,
- Ausfertigung für den Arbeitgeber,
- Ausfertigung für den Versicherten und
- Ausfertigung für den Vertragsarzt.

Inhaltlich unterschieden sich die Ausfertigungen weitestgehend nur dadurch, dass dem Arbeitgeber die weitergehenden Informationen zur Diagnose nicht weitergegeben werden durften und daher in der verkürzten Ausfertigung entsprechend nicht enthalten waren.

Insbesondere vor dem Hintergrund, dass die AU-Bescheinigung mit ca. 77 Mio. Formularen (demnach 308 Millionen Ausfertigungen) ein absolutes Massenverfahren darstellt, bestand zudem die Notwendigkeit, dass diese Formulare den ca. 3,29 Mio. Arbeitgebern und 97 Krankenkassen übermittelt werden mussten. Dabei wurden die erforderlichen Daten durch den Arzt digital im Praxisverwaltungssystem erfasst, um diese auszudrucken, die Ausfertigungen durch die Versicherten übersandt und letztendlich durch die Empfänger aufwendig digitalisiert. Die hierdurch entstandenen Fehlerpotentiale sollten durch die eAU vermieden und weitere Synergien durch Vermeidung von Medienbrüchen erzielt werden. So sollte durch die Etablierung des Regelverfahrens direkt vom Arzt an die Krankenkasse ein vollständiger Datenbestand bei den Krankenkassen erreicht werden, wodurch die Versicherten entlastet und gleichzeitig bisherige Problemstellungen in Folgeprozessen (z. B. Ruhen des Krankengeldes bei verspäteter Einreichung der AU-Bescheinigung und Anfragen der Arbeitgeber zu anrechenbaren Vorerkrankungen) reduziert oder sogar beseitigt werden.

Die Umsetzung der eAU konnte aufgrund der vielfältigen Prozessbeteiligten und der aufeinander aufbauenden Prozesse nur schrittweise erfolgen:

- Schritt 1: Arzt an Krankenkasse,
- Schritt 2: Krankenkasse an Arbeitgeber und
- Schritt 3: sukzessive Einbindung der weiteren Prozessbeteiligten.

Im Folgenden wird auf die Ausgestaltung und Umsetzung der einzelnen Schritte näher eingegangen.

Schritt 1: eAU von Arzt an Krankenkasse

Mit dem Terminservice- und Versorgungsgesetz wurde der Grundstein für die eAU gelegt. Die Ärzte sind ab dem 1.1.2021 verpflichtet, den Krankenkassen unmittelbar elektronisch die Angaben zur Diagnose unter Nutzung der Telematikinfrastruktur zu übermitteln.[1] Hierbei ist es zusätzlich die Aufgabe des Arztes für den Versicherten einen Ausdruck mit den Diagnosen zu erstellen, der als dessen Information über die übermittelten Daten fungiert.[2] Aufgrund der aktuellen besonderen Belastungen des Gesundheitssystems wurde die obligatorische Umsetzung jedoch bis zum 1.1.2022 aufgeschoben.

Die gesetzlichen Regelungen gelten jedoch nur für die gesetzlich Versicherten und die für sie tätigen Vertragsärzte und Vertragszahnärzte. Am eAU-Verfahren nehmen daher weder Privatversicherte noch Privatärzte und diesen vergleichbaren Ärzte im Ausland teil.

Krankenhäuser sind hingegen an der eAU beteiligt, sofern sie im Entlassmanagement Arbeitsunfähigkeit für max. 7 Tage nach der stationären Aufnahme feststellen. Gleiches gilt grundsätzlich auch für Rehabilitationseinrichtungen, jedoch ist hier gesetzlich ein Entlassmanagement nur im Zusammenhang mit Leistungen der gesetzlichen Krankenkassen vorgesehen. Erfolgt eine Rehabilitationsleistung – wie vorrangig üblich bei Arbeitnehmern – zulasten der Rentenversicherung, gibt es keine gesetzliche Grundlage für eine weitergehende Feststellung der Arbeitsunfähigkeit nach dem Ende der Rehabilitationsleistung im Rahmen eines Entlassmanagements, demnach auch keine Möglichkeit für eine eAU.

Die Umsetzung des eAU-Verfahrens von den Ärzten an die Krankenkassen erfolgt auf Basis der gesetzlichen Regelungen und der weiteren vertraglichen Ausgestaltung. Das Nähere zum Verfahren kann daher dem Bundesmantelvertrags-Ärzte (insbesondere die neue Anlage 2b sowie dem technischen Handbuch) entnommen werden. Der Bundesmantelvertrag-Zahnärzte sowie der Rahmenvertrag mit den Krankenhäusern verweisen entsprechend auf diese Regelungen oder setzen diese analog um, wodurch eine einheitliche Anwendung der eAU bei allen Vertragsärzten gewährleistet wird.

Weitergehende vertragliche Regelungen

Dem Bundesmantelvertrag-Ärzte können insbesondere folgende Besonderheiten entnommen werden:

- Der Datensatz eAU gleicht inhaltlich der bis dahin gültigen AU-Bescheinigung.
- Eine eAU darf analog der bisherigen AU-Bescheinigung weiterhin nur direkt vom Vertragsarzt auf Basis einer Untersuchung festgestellt und attestiert werden. Es bedarf daher aufgrund des hohen Beweiswerts im Zusammenhang mit der Entgeltfortzahlung und dem Krankengeld einer elektronischen Unterschrift, demnach sind eAUs durch den Arzt grundsätzlich mittels elektronischem Heilberufeausweis zu signieren.
- Um den Aufwand der Signatur zu reduzieren, wurde die Möglichkeit einer Stapelsignatur für die Ärzte etabliert. Hierdurch können Ärzte mehrere eAUs zwischenspeichern und dann gesammelt signieren und versenden. Um jedoch eine zeitnahe Übermittlung der Daten im Hinblick auf die Folgeprozesse zu sichern, wurde vereinbart, dass die Ärzte mindestens einmal täglich eAUs signieren und versenden müssen. In Zukunft wird die Komfortsignatur hier eine weitere Beschleunigung bringen, da hier der Arzt sich wie bei einer Flatrate freischaltet und daraufhin vielfach Dokumente signiert werden. Diese Signatur bedarf jedoch der neusten Konnektoren, Heilberufeausweise und Software und ist daher aktuell noch im Aufbau.
- Die Adressierung der eAU erfolgt an die auf der Krankenversichertenkarte hinterlegte Krankenkasse. Bei Wechsel der Krankenkasse ist es daher zukünftig umso wichtiger, dass der Versicherte rechtzeitig die korrekte neue Krankenversichertenkarte nutzt, weil es sonst zu Überschneidungen kommen kann. Die Ärzte sind zwar gesetzlich 1x im Quartal verpflichtet, einen Stammdatenabgleich bei der Krankenkasse durchzuführen, jedoch insbesondere bei Wechseln unterhalb des Quartals können Falschadressierungen nicht ausgeschlossen werden. Wurden Daten von den Ärzten im Zusammenhang mit einem Kassenwechsel falsch adressiert, werden die eAU-Daten zwischen den Krankenkassen im Rahmen eines separaten Datenaustauschs nach Abschluss des Kassenwechselverfahrens weitergeleitet. Arbeitgeber können diese eAU-Daten daher ebenfalls verzögert abrufen. Ist der Kassenwechsel zum Zeitpunkt der Anfrage des Arbeitgebers noch nicht vollständig abgeschlossen und es liegen der neuen Krankenkasse deshalb keine eAU-Daten vor, wird die Anfrage des Arbeitgebers zur Beantwortung von der neuen Krankenkasse an die bisher zuständige Krankenkasse weitergeleitet, die dann entsprechend evtl. dort vorliegende eAU-Daten an den Arbeitgeber übermittelt. In solchen Sachverhalten erhalten daher Arbeitgeber teilweise mehrfache Antworten von unterschiedlichen Krankenkassen.

Umgang mit Störfällen

Im Zusammenhang mit den vorhergehenden Regelungen zur Übermittlung von eAUs können Störfälle auftreten. Wie mit solchen Störfällen einheitlich umgegangen werden soll, ist weitgehend im Bundesmantelvertrag-Ärzte definiert. Hier wird nach folgenden Szenarien unterschieden:

1 § 295 Abs. 1 SGB V.
2 § 73 SGB V.

Signatur mittels elektronischen Heilberufeausweis nicht möglich

Kann der Datensatz nicht mit dem elektronischen Heilberufeausweis signiert werden, weil dieser z. B. verloren gegangen oder beschädigt wurde, so ist dennoch eine Übermittlung der AU-Daten erforderlich. In diesem Fall kann ausnahmsweise die eAU mittels der Praxiskarte (SMCB) signiert werden. Um die klare Zuordnung zum behandelnden Arzt zu erreichen, hat der Arzt gleichzeitig dem Versicherten eine unterschriebene Version der Ausfertigung für den Versicherten sowie auf Wunsch der Versicherten auch für den Arbeitgeber zu übergeben.

Unterbrechung des Datenaustauschs

Ist die Datenübermittlung gestört, sind vom Arzt alle noch nicht versandten eAUs zu puffern und nach Beseitigung der Störung der Krankenkasse zu übermitteln. Dem Versicherten sind in diesem Fall Ausfertigungen für den Versicherten, Arbeitgeber und der Krankenkasse vom Arzt auszuhändigen, damit trotz des zeitlichen Verzugs bei der Übermittlung Verzögerungen bei der ⇗ Entgeltfortzahlung oder Krankengeldgewährung vermieden werden können. Durch die Möglichkeit zur Stapelsignatur kann es jedoch auch sein, dass der Ausfall erst festgestellt wird, nachdem der Versicherte die Arztpraxis verlassen hat. In diesem Fall übermittelt der Arzt direkt der Krankenkasse eine Ausfertigung der AU-Bescheinigung, sofern eine Übermittlung der eAU innerhalb von 24 Stunden nicht möglich ist.

Adressierung falsche Krankenkasse

Wird eine eAU durch den Arzt z. B. aufgrund der Nutzung der falschen Versichertenkarte nach Ablauf eines Quartals an die falsche Krankenkasse übermittelt, wird diese dort gelöscht und dem Arzt gegenüber zurückgemeldet. Eine direkte Weiterleitung zwischen der unzuständigen und der nunmehr gültigen Krankenkasse erfolgt nur in den Fallgestaltungen, in denen durch den Arzt im aktuellen Quartal bereits eine gültige Versichertenkarte genutzt wurde. In allen anderen Fallgestaltungen wird der Datensatz erneut und nunmehr an die korrekte Krankenkasse übermittelt, sobald der Versicherte dem Arzt die korrekten Adressierungsdaten, z. B. durch Vorlage der neuen Krankenversichertenkarte, zur Verfügung stellt.

Schritt 2: eAU von Krankenkasse an den Arbeitgeber

Die Basis für das Verfahren zwischen den Krankenkassen und den Arbeitgebern wurde mit dem Bürokratieentlastungsgesetz III geschaffen und findet sich weitgehend in § 109 SGB IV. Mit dem 7. SGB IV-Änderungsgesetz hatte der Gesetzgeber das Verfahren zwischen den Arbeitgebern und den Krankenkassen ab dem 1.1.2023 als obligatorisch ausgestaltet. Mit dem 8. SGB IV-Änderungsgesetz wird das Verfahren nunmehr mit Ziel der Umsetzung ab 1.1.2025 neben den Arbeitsunfähigkeitszeiten und Zeiten eines stationären Aufenthalts im Krankenhaus auch auf Zeiten einer Reha- oder Vorsorgeleistung erweitert. Die weitere Ausgestaltung des Verfahrens erfolgt in den Grundsätzen für die Meldung der Arbeitsunfähigkeitszeiten im Rahmen des Datenaustauschs (eAU – § 109 Abs. 1 SGB IV und § 109a Abs. 2 SGB IV), die letztmalig am 14.3.2023 in der ab 1.1.2024 gültigen Version 1.2 genehmigt wurden.

Veränderung des bisherigen Rechtsverhältnisses

Mit § 109 SGB IV und der Anpassung des Entgeltfortzahlungsgesetzes veränderte der Gesetzgeber die zukünftige Welt für die Arbeitgeber. So haben die Krankenkassen ab dem 1.1.2023 den Arbeitgebern die eAUs zum Abruf bereitzustellen. Wollen Arbeitgeber einen Nachweis über die vom Arbeitnehmer gemeldete Arbeitsunfähigkeit, können sie diese Daten nur noch im eAU-Verfahren abrufen. Dies bedeutet eine Abkehr von dem bisherigen Verfahren, wonach der Arbeitgeber bisher wartete, dass ihm die AU-Bescheinigung von dem Arbeitnehmer zur Verfügung gestellt wurde, denn der Arbeitnehmer ist seither nicht mehr zur Vorlage verpflichtet. Lediglich eine Informationsverpflichtung ist gesetzlich für gesetzlich Krankenversicherte bestehen geblieben. Der Arbeitnehmer muss daher zu den bisherigen Zeitpunkten der Vorlageverpflichtung den Arzt aufsuchen und den Arbeitgeber weiterhin unverzüglich über die Arbeitsunfähigkeit sowie deren Dauer informieren. Ist der Arbeitnehmer nicht gesetzlich versichert oder findet die ärztliche Untersuchung nicht bei einem Vertragsarzt statt, bleibt hingegen die bisherige Vorlageverpflichtung bestehen.

Auf Basis der Information des Arbeitnehmers kann dann der Arbeitgeber für Zeiträume, für die ein Beschäftigungsverhältnis bei ihm besteht oder bestand und ein Abruf möglich ist, die eAU bei der Krankenkasse abfordern. Ein Abruf ist nach § 109 SGB IV bisher nur auf AU-Zeiten von Vertragsärzten, Vertragszahnärzten, Unfallärzten oder für stationäre Krankenhauszeiten eingeschränkt. Eine Ausweitung auch auf Zeiten einer Reha- oder Vorsorgeleistung ist gesetzlich für den 1.1.2025 vorgesehen. Ein regelmäßiger wie auch automatisierter Abruf von Arbeitgebern ist hingegen nicht zulässig.

Abruf bei der Krankenkasse

Der Arbeitgeber kann erst nach Mitteilung durch den Arbeitnehmer einen Abruf vornehmen, wobei jede einzelne AU-Bescheinigung (Erst- und Folgebescheinigungen) separat von der Krankenkasse abgefordert werden muss. Eine Kumulation der Daten erfolgt hingegen nicht. Die Krankenkasse meldet – analog der bisherigen AU-Bescheinigung – dem Arbeitgeber die ihr jeweils vorliegenden Daten. Um einen Abruf zielgenau vorzunehmen, muss dahingehend unterschieden werden, ob bereits vor dem aktuellen Zeitpunkt eine Arbeitsunfähigkeit bestanden hat oder bisher Arbeitsfähigkeit vorgelegen hatte.

Abruf bei vorheriger Arbeitsfähigkeit

War der Arbeitnehmer vor der aktuellen Arbeitsunfähigkeit – wenn auch nur für kurze Zeiträume – arbeitsfähig, dann ist von einer Neuerkrankung auszugehen und der Arbeitgeber hat im Datensatz als Beginn der Arbeitsunfähigkeit das erstmalige Fehlen des Arbeitnehmers in diesem Krankheitsfall anzugeben. Aufgrund der gesetzlichen Möglichkeit aus dem Entgeltfortzahlungsgesetz – es sei denn, diese ist durch den Arbeitgeber eingeschränkt – bedarf es im Regelfall der Vorlage einer AU erst ab dem 4. Tag der Arbeitsunfähigkeit. Diese Abweichung wird dadurch kompensiert, dass die Krankenkassen bei Eingang der Anforderung der eAU prüfen, ob ein AU-Fall zu dem Beginn-Datum des Arbeitgebers vorliegt. Liegt kein entsprechender Zeitraum einer Arbeitsunfähigkeit vor, wird geprüft, ob ein laufender Arbeitsunfähigkeitsfall vorliegt. Ist dies ebenfalls nicht der Fall, wird letztendlich bis zu 5 Tage in die Zukunft geprüft, ob ein Arbeitsunfähigkeitszeitraum vorliegt. Liegt bei der jeweiligen Prüfung ein entsprechender AU-Zeitraum vor, so wird dieser entsprechend der Anforderung dem Arbeitgeber übermittelt und es erfolgt keine weitergehende Püfung mehr. Liegt hingegen bei keiner Prüfung ein passender AU-Zeitraum vor, antwortet die Krankenkasse im Feld „Kennzeichen_aktuelle_Arbeitsunfähigkeit mit dem Kennzeichen" mit Meldegrund „4 – eAU liegt nicht vor". Damit keine stetigen neuen Anfragen vom Arbeitgeber erfolgen, stellt die Rückmeldung mit dem Meldegrund „4" eine Zwischennachricht der Krankenkasse dar. Die Krankenkassen prüfen weitere 14 Tage regelmäßig, ob ein Eingang der Daten erfolgt und übermitteln diese unaufgefordert an den Arbeitgeber. Fallen Zeiten eines stationären Aufenthalts im Krankenhaus in den Anfragezeitraum, werden diese Zeiten und parallel auch ggf. die vorliegenden eAU-Daten übermittelt.

Abruf bei vorheriger Arbeitsunfähigkeit

War der Arbeitnehmer vor der aktuellen Arbeitsunfähigkeit durchgehend arbeitsunfähig, dann hat der Arbeitgeber als Beginn der Arbeitsunfähigkeit den Tag nach dem Ende der vorherigen eAU anzugeben. Die Prüfung der Krankenkasse erfolgt dann analog zum Abruf einer Erstbescheinigung. Aufgrund eines Wechsels des Arztes oder Mitbehandlung durch einen Facharzt bzw. stationären Aufenthalt in einem Krankenhaus, können mehrere Meldungen für eine Anfrage vorliegen. Damit die Arbeitgeber unverfälschte Daten erhalten, werden alle relevanten Datensätze an den Arbeitgeber weitergegeben.

Geringfügig Beschäftigte

Das eAU-Verfahren für geringfügig Beschäftigte weicht nicht vom normalen eAU-Verfahren ab. Ein Abruf erfolgt auch hier bei der entsprechenden gesetzlichen Krankenkasse. Hierbei ist darauf zu achten, dass die Abfrage nicht bei der Minijob-Zentrale, sondern der tatsächlichen Krankenkasse des Arbeitnehmers erfolgt. Da bis zum obligatorischen Start des eAU-Verfahrens diese Daten von den Arbeitgebern nicht benötigt wurden, müssen diese seither beim Arbeitnehmer erhoben und auch gepflegt werden. Eine Ausnahme gilt für Minijobber in Privathaushalten.

Hier greift zwingend das Haushaltsscheckverfahren. Das eAU-Verfahren findet keine Anwendung, sodass es beim „Papierverfahren" bleibt.

Umgang mit Störfällen

Auch im Verfahren zwischen Arbeitgebern und Krankenkassen können Störfälle auftreten. Hierbei ist durch die Arbeitgeber zu beachten, dass Arbeitnehmer ihrer gesetzlichen Verpflichtung oftmals nachgekommen sein werden und die Information des Arbeitgebers sowie den Arztbesuch durchgeführt haben und damit einer Entgeltfortzahlungsverpflichtung nichts entgegensteht. Ziel muss es daher sein, die Störfälle auf ein Mindestmaß zu reduzieren, damit eventuelle arbeitsrechtliche Konsequenzen nur in tatsächlich gerechtfertigten Fällen erfolgen.

Den umfangreichste Störfall nimmt hierbei Meldegrund „4 – eAU liegt nicht vor" ein, weil jedwedes Nichtvorliegen einer eAU bei der Krankenkasse hiermit abgebildet wird, es aber vielfältige Gründe haben kann. Ziel des eAU-Verfahrens mit den Arbeitgebern ist es daher, möglichst umfangreich Rückmeldungen mit Meldegrund „4" zu vermeiden. Hierzu ist im ersten Schritt immer vom Arbeitgeber zu prüfen, ob es sich um eine abruffähige Fehlzeit handelt und demnach ein Abruf der eAU bei der Krankenkasse wirklich sinnvoll ist. Nur wenn der Arbeitnehmer mitteilt, dass eine AU-Zeit eines Vertragsarztes, Vertragszahnarztes, Unfallarztes oder eine stationäre Krankenhauszeit vorliegt, ist der Abruf zulässig. Durch Verzögerungen, z. B. durch auftretende Störfälle im Verfahren zwischen Ärzten und Krankenkassen, kann zudem aufgrund der zu erwartenden Verzögerung der Übermittlung ein verzögerter Abruf vielfältige Rückmeldungen mit Grund „4" verhindern.

Wurde die Krankenkasse gerade gewechselt, kann dies ein weiterer Anhaltspunkt für den Arbeitgeber sein, warum die eAU noch nicht bei der Krankenkasse vorlag. So wird davon auszugehen sein, dass dem Arzt die falsche Krankenkasse vorgelegt wurde oder dem Arbeitgeber selbst falsche Daten beim Abruf vorlagen. Hier erscheint bei Unterbleiben einer verzögerten erneuten Meldung der neuen, aber auch der bisher zuständigen Krankenkasse eine Prüfung mit dem Arbeitnehmer sinnvoll.

Verändern sich Daten, die bereits durch die Krankenkasse übermittelt wurden, weil z. B. der Arzt bei der Dauer der Arbeitsunfähigkeit einen Erfassungsfehler hatte, werden die dann bei der Krankenkasse aktualisierten Daten dem Arbeitgeber ohne erneute Anforderung übermittelt und der bisherige Datensatz storniert.

Schritt 3: Anbindung der Versicherten

Die Anbindung der Versicherten erfolgt auf freiwilliger Basis parallel zur Einführung der weiteren Datenaustauschverfahren. So soll es möglich sein, zukünftig auch die eAU-Daten in der sich noch in Aufbau befindlichen Patientenakte einzubinden. Eine gesetzliche Möglichkeit zur Befüllung und damit Entfall auch der Versichertenbescheinigung ist bereits normiert, wird aber noch einige Zeit in Anspruch nehmen. Ein Regelprozess ist daher bereits absehbar, lässt aber noch ein wenig auf sich warten.

Elektronische Entgeltersatzleistung

Versicherte sollen die ihnen zustehenden Entgeltersatzleistungen zügig und in korrekter Höhe erhalten. Die Sozialversicherungsträger benötigen daher zeitnah die zur Berechnung erforderlichen Daten, insbesondere Informationen über die Höhe des Arbeitsentgelts.

Für die Übermittlung der Daten ist der „Datenaustausch Entgeltersatzleistungen" (DTA EEL) für die Arbeitgeber und Sozialversicherungsträger verpflichtend vorgeschrieben. Die Meldungen zu den Entgeltersatzleistungen sind daher ausschließlich im Verfahren „DTA EEL" – und nicht mehr in Papierform – zu übermitteln. Ausgenommen sind Einzelfälle, z. B. für die Gewährung von Krankengeld bei Spende von Organen oder Geweben oder von Pflegeunterstützungsgeld, in denen ein elektronisches Meldeverfahren nicht wirtschaftlich durchzuführen ist.

Gesetze, Vorschriften und Rechtsprechung

Sozialversicherung: § 107 SGB IV und die „Gemeinsamen Grundsätze für die Erstattung der Mitteilungen im Rahmen des DTA EEL" erläutern die Erstattung der Mitteilungen im Rahmen des DTA EEL. Der Verfahrensbeschreibung zum DTA EEL sowie der dazugehörigen Anlage 4 können zu den von den Sozialversicherungsträgern geforderten Inhalten eine ausführliche Kommentierung mit entsprechenden Beispielen entnommen werden. Der Anlage 3 kann zudem eine Auflistung der Sachverhalte entnommen werden, die aus wirtschaftlichen Gründen nicht im DTA EEL übermittelt werden sollen. Die Gemeinsamen Grundsätze für die Erstattung der Mitteilungen im Rahmen des DTA EEL vom 14.12.2021 in der ab 1.1.2020 geltenden Fassung lösen die bisherigen Gemeinsamen Grundsätze in der ab 1.1.2020 geltenden Fassung vom 22.1.2019 ab. Am 6.9.2023 wurde zwischenzeitlich ausschließlich die Datensatzbeschreibung (Anlage 1 der Gemeinsamen Grundsätze) in einer zum 1.1.2024 aktualisierten Fassung genehmigt, während die Gemeinsamen Grundsätze, in der seit 1.1.2023 geltenden Fassung (Version 11) ihre Gültigkeit behalten. Die Anlage 1, in der ab 1.1.2024 an geltenden Fassung, stellt eine Unterversion der Gemeinsamen Grundsätze in Version 11 des DTA EEL dar. Auch wenn die Gemeinsamen Grundsätze nunmehr in Version 11 bestehen bleiben, ist dennoch der Datensatz ab dem 1.1.2024 in eine Version 12 zu überführen, weil Unterversionen in dem Versionsnummernfeld aktuell nicht abgebildet werden können.

Sozialversicherung

Elektronische Entgeltersatzleistung

Mit der Einführung der neuen Version des Verfahrens „DTA EEL" (Version 11.0) zum 1.1.2023 wurde das bisherige Datenaustauschverfahren überarbeitet und mit Version 12 zum 1.1.2024 aktualisiert. Der Datensatz ist ab diesem Zeitpunkt ausschließlich in der Version 12 zu verwenden, und zwar auch für Nachweiszeiträume vor dem 1.1.2024. Alle vorherigen Datensatz-Versionen sind grundsätzlich ab 2024 nicht mehr zu verwenden. Für eine Übergangszeit bis zum 29.2.2024 werden die Datenannahmestellen der Sozialversicherungsträger, die Mitteilungen der Arbeitgeber, die in der Version 11 und 12 übermittelt werden, verarbeitet.

Annahmestellen

Die Datenannahmestellen bei den gesetzlichen Krankenkassen fungieren hierbei für alle elektronischen ⇗ Meldungen als Annahme- und Weiterleitungsstellen. Die Daten werden an die Datenannahmestelle übermittelt, bei der der Arbeitnehmer gesetzlich krankenversichert ist. Sofern keine Mitgliedschaft in einer gesetzlichen Krankenkasse besteht, z. B. bei privat versicherten Arbeitnehmern, wird die Meldung nach Wahl des Arbeitgebers an eine Datenannahmestelle einer gesetzlichen Krankenkasse übermittelt.

Inhalte der Meldungen

Neben den persönlichen Daten des Arbeitnehmers sind vielfältige weitere Informationen an die Sozialversicherungsträger zu übermitteln. Dazu zählen z. B. die Rentenversicherungsnummer oder die Betriebsnummer des Arbeitgebers. Alle benötigten Daten können der Anlage 1 der Gemeinsamen Grundsätze zum DTA EEL entnommen werden.

Angabe von Schlüsselzahlen

Zum Befüllen einzelner Datenfelder ist die Angabe von Schlüsselzahlen notwendig, die der Anlage 2 der Gemeinsamen Grundsätze zum DTA EEL entnommen werden können.

Schlüsselzahlen für Entgeltbescheinigungen und Vorerkrankungszeiten

Die Anlage 2 der Gemeinsamen Grundsätze zum DTA EEL sieht folgende Schlüsselzahlen für Entgeltbescheinigungen und Vorerkrankungszeiten vor:

01	Entgeltbescheinigung KV bei Krankengeld
02	Entgeltbescheinigung KV bei Kinderkrankengeld
03	Entgeltbescheinigung KV bei Mutterschaftsgeld
04	Entgeltbescheinigung KV bei Krankengeld bei Mitaufnahme im Krankenhaus
11	Entgeltbescheinigung RV bei Übergangsgeld Leistungen zur medizinischen Rehabilitation
12	Entgeltbescheinigung RV bei Übergangsgeld Leistungen zur Teilhabe am Arbeitsleben
21	Entgeltbescheinigung UV bei Verletztengeld
22	Entgeltbescheinigung UV bei Übergangsgeld
23	Entgeltbescheinigung UV bei Kinderverletztengeld
31	Entgeltbescheinigung BA Übergangsgeld
41	Anforderung Vorerkrankungsmitteilungen
42	Anforderung Ende Entgeltersatzleistung
51	Höhe der beitragspflichtigen Einnahmen[1]
61	Rückmeldung Vorerkrankungmitteilungen
62	Rückmeldung Ende Entgeltersatzleistung
66	Rückmeldung falscher Abgabegrund
71	Höhe der Entgeltersatzleistung
99	Wechsel der meldenden Stelle bzw. Systemwechsel

Schlüsselzahlen für Gründe der Beendigung des Arbeitsverhältnisses

01	Kündigung des Arbeitgebers
02	Kündigung des Arbeitnehmers
03	befristetes Arbeitsverhältnis
04	Aufhebungsvertrag
05	Sonstiges
06	zulässige Auflösung

Schlüsselzahlen für Fehlzeiten vor Beginn der Schutzfrist

00	Keine Fehlzeit
01	Unbezahlter Urlaub
02	Bezug einer Entgeltersatzleistung
03	Unentschuldigtes Fehlen/Arbeitsbummelei
04	Elternzeit
99	Sonstiges

Schlüsselzahlen für Gründe der Beendigung der Entgeltersatzleistung

01	kein Leistungsbezug
02	laufender Leistungsbezug
03	Ende des Leistungsbezugs
04	Ende wegen Bezug einer Erwerbsminderungsrente
05	Ende wegen Ablauf der Leistungsdauer (Aussteuerung)
06	Ende Mutterschaftsgeld bei Vorliegen eines Verlängerungstatbestands
99	Sonstiges Ende (z. B. wegen fehlender Mitwirkung, Wechsel der Krankenkasse)

1 § 23c SGB IV.

Stornierungen

Meldungen des Arbeitgebers, die nicht zu erstatten waren, bei einem unzuständigen Sozialversicherungsträger erstattet wurden oder unzutreffende Angaben enthalten, sind zu stornieren. Fehlerhafte Datensätze und -bausteine sind mit den korrigierten Daten erneut zu übermitteln. Falls eine Korrektur der Datensätze und -bausteine nicht möglich ist, sind die Mitteilungen mittels maschineller Ausfüllhilfen zu erstellen. Hierbei ist zu beachten, dass Mitteilungen nur im Rahmen der Verjährungsfristen gemäß § 45 SGB I zu stornieren sind.

Betrag des Nettoarbeitsentgelts bei Bezug von Sachbezügen

In Fällen, in denen das Bruttoarbeitsentgelt auch ↗ Sachbezüge enthält, ist ein fiktives Nettoarbeitsentgelt aus dem Arbeitsentgelt und den Sachbezügen zu ermitteln. Zu den Sachbezügen zählt z. B. der ↗ geldwerte Vorteil eines privat genutzten ↗ Dienstwagens.

Beispiel

Ermittlung des fiktiven Nettoarbeitsentgelts

Bruttoarbeitsentgelt	3.000,00 EUR
Sachbezug (geldwerter Vorteil des Dienstwagens)	350,00 EUR
Bruttoarbeitsentgelt insgesamt	3.350,00 EUR

Ergebnis:

Fiktives Arbeitsentgelt (ermittelt aus 3.350 EUR)	1.877,76 EUR

In die Verdienstbescheinigung ist das um die gesetzlichen Abzüge verminderte Bruttoarbeitsentgelt einschließlich der Sachbezüge als Nettoarbeitsentgelt zu bescheinigen. Es müssten also 1.877,76 EUR nachgewiesen werden.

Sofern der Dienstwagen während des Krankengeldbezugs weiter genutzt werden kann, ist dieses als während der Entgeltersatzleistung fortgezahltes Arbeitsentgelt im Datensatz zu vermerken. Die weitere Nutzung führt dann ggf. zu einem anteiligen Ruhen des Krankengeldanspruchs.

Meldefristen

Entgeltbescheinigungen für den Bezug von Entgeltersatzleistungen sind von den Arbeitgebern auszulösen, sobald für diesen ersichtlich ist, dass

- der Entgeltfortzahlungsanspruch endet, weil der Anspruchszeitraum durch die aktuelle Arbeitsunfähigkeit überschritten wird,
- eine Freistellung aufgrund der Erkrankung eines Kindes erfolgt und der Freistellungszeitraum abgerechnet wurde,
- die Mutterschutzfrist nach § 3 Abs. 1 MuSchG beginnt oder
- sobald eine Freistellung aufgrund einer aktuellen Mitaufnahme im Krankenhaus im Sinne des § 44b SGB V erfolgt.

Ist der Arbeitnehmer nicht gesetzlich krankenversichert oder ist die Entgeltersatzleistung in besonderen Fällen durch die Unfallversicherungsträger selbst zu erbringen, erhalten die Arbeitgeber vom jeweiligen Träger der Unfallversicherung ein Hinweisschreiben, das alle Angaben beinhaltet, die zur Erstattung des Datensatzes notwendig sind. Dies ist spätestens bis zum 6. Arbeitstag vor dem 42. Tag der Arbeitsunfähigkeit zu übermitteln.

In allen anderen Fällen erfolgt die Auslösung des Datensatzes durch den Arbeitgeber unverzüglich nach Anforderung durch den Sozialversicherungsträger oder den Arbeitnehmer. Eine Anforderung durch den Sozialversicherungsträger im Zusammenhang mit einer Freistellung aufgrund Erkrankung oder Verletzung des Kindes ist frühestens 6 Wochen nach Beginn der Freistellung zulässig. Tritt die Erkrankung eines Kindes am

1. Tag des Beschäftigungsverhältnisses ein, ist eine Mitteilung durch die Krankenkasse zur Übersendung der Bescheinigung außerhalb des DTA EEL erforderlich, weshalb eine Anforderung entsprechend auch früher erfolgen kann.

Aufgaben der Annahmestelle

Die Datenannahmestelle der Krankenkasse bestätigt dem Absender die Datenlieferung und prüft die Daten auf Plausibilität. Der Arbeitgeber erhält eine Verarbeitungsbestätigung mit dem Ergebnis der Plausibilitätsprüfung. Diese Meldungen werden ausschließlich per „Abrufserver" zugestellt.

Verzicht auf Verarbeitungsmitteilung

Der Absender der Datei kann durch entsprechende Kennzeichnung im Datensatz auf positive Verarbeitungsmeldungen verzichten. Auf das Zustellen einer negativen Verarbeitungsbestätigung kann nicht verzichtet werden.

Elektronische Lohnsteuerabzugsmerkmale

Der Lohnsteuerabzug erfolgt anhand der Lohnsteuerabzugsmerkmale des Arbeitnehmers (insbesondere Steuerklasse, Zahl der Kinderfreibeträge, Kirchensteuerabzugsmerkmale und Freibeträge). Diese werden in einer Datenbank der Finanzverwaltung zum elektronischen Abruf durch den Arbeitgeber bereitgestellt. Für die Lohnsteuerberechnung müssen Arbeitgeber die Besteuerungsmerkmale des Arbeitnehmers elektronisch aus der ELStAM-Datenbank abrufen und anwenden. Die der Lohnabrechnung zugrunde liegenden ELStAM müssen in der Lohnabrechnung ausgewiesen werden.

Gesetze, Vorschriften und Rechtsprechung

Lohnsteuer: Die Lohnsteuerabzugsmerkmale sind in § 39 EStG geregelt. Die Regelungen zur Bildung und Anwendung der Lohnsteuerabzugsmerkmale finden sich in § 39e EStG. § 39c EStG enthält Regelungen zur Einbehaltung der Lohnsteuer ohne ELStAM. Weitere Einzelheiten hat die Finanzverwaltung in einem Anwendungsschreiben zum Lohnsteuerabzug im Verfahren der elektronischen Lohnsteuerabzugsmerkmale geregelt (BMF, Schreiben v. 8.11.2018, IV C 5 – S 2363/13/10003-02, BStBl 2018 I S. 1137). Zu Informationen zu beschränkt Steuerpflichtigen siehe BMF, Schreiben v. 7.11.2019, IV C 5 – S 2363/19/10007 :001, BStBl 2019 I S. 1087 und LfSt Rheinland-Pfalz, Verfügung v. 19.12.2019, S 2363 A – St 31 6.

Lohnsteuer

Bildung und Bereitstellung der ELStAM

Lohnsteuerabzugsmerkmale (ELStAM) sind[1]:

- die ⬀ Steuerklassen,
- ein evtl. beim ⬀ Faktorverfahren gebildeter Faktor,
- die Zahl der ⬀ Kinderfreibeträge bei den Steuerklassen I–IV,
- eingetragene ⬀ Freibeträge bzw. Hinzurechnungsbeträge für den Lohnsteuerabzug. Freibeträge können für 2 Jahre gebildet werden.

Das Bundeszentralamt für Steuern (BZSt) bildet für jeden Arbeitnehmer grundsätzlich automatisiert als Lohnsteuermerkmale die Steuerklasse und die Zahl der Kinderfreibeträge für die bei den Steuerklassen I–IV zu berücksichtigenden Kinder. Soweit das Finanzamt Lohnsteuerabzugsmerkmale bildet (insbesondere Freibeträge), teilt es diese dem BZSt zur Bereitstellung für den Abruf durch den Arbeitgeber mit.

1 § 39 Abs. 4 EStG.

Neben den Lohnsteuerabzugsmerkmalen[2] hält das BZSt folgende Daten für den automatisierten Abruf durch den Arbeitgeber bereit:

- die Steueridentifikationsnummer,
- den Tag der Geburt,
- Merkmale für den Abzug der ⬀ Kirchensteuer.

Insgesamt bilden diese Daten zusammen die elektronischen Lohnsteuerabzugsmerkmale.

Hinweis

ELStAM bei Bezügen aus unterschiedlichen Dienstverhältnissen

Bezieht ein Arbeitnehmer nebeneinander von mehreren Arbeitgebern Arbeitslohn, sind für jedes weitere Dienstverhältnis elektronische Lohnsteuerabzugsmerkmale zu bilden.

Zahlt hingegen derselbe Arbeitgeber verschiedenartige Bezüge als Arbeitslohn, kann er die Lohnsteuer für den zweiten und jeden weiteren Bezug ohne Abruf weiterer ELStAM nach der Steuerklasse VI einbehalten.[3] Dies betrifft beispielsweise Arbeitnehmer, die vom Arbeitgeber Hinterbliebenenbezüge und eigene Versorgungsbezüge zusätzlich zum Arbeitslohn für ein aktives Dienstverhältnis erhalten.

Ändern sich die Lohnsteuerabzugsmerkmale des Arbeitnehmers, wird dies dem Arbeitgeber mittels Änderungslisten durch die Finanzverwaltung elektronisch mitgeteilt.

Zuständigkeiten im ELStAM-Verfahren

	Gemeinde	Finanzverwaltung
Änderung der Lohnsteuerabzugsmerkmale		x
Speicherung geänderter Lohnsteuerabzugsmerkmale in der Datenbank		x
Bereitstellung der Lohnsteuerabzugsmerkmale für die Arbeitgeber		x
Bereitstellung von Änderungslisten für die Arbeitgeber		x
Melderechtliche Änderungen (z. B. Eheschließung, Geburt eines Kindes)	x	
Übermittlung melderechtlicher Änderungen an die Finanzverwaltung	x	

Arbeitgeberpflichten im ELStAM-Verfahren

Abruf und Anwendung der ELStAM

Der Arbeitgeber hat bei Beginn des Dienstverhältnisses die ELStAM für den Arbeitnehmer beim Bundeszentralamt für Steuern durch Datenfernübertragung abzurufen und in das ⬀ Lohnkonto des Arbeitnehmers zu übernehmen.[4] Für den Abruf der elektronischen Lohnsteuerabzugsmerkmale muss der Arbeitgeber folgende Angaben mitteilen:

- Authentifizierung durch Steuernummer der lohnsteuerlichen Betriebsstätte,
- Steueridentifikationsnummer des Mitarbeiters,
- Tag der Geburt des Arbeitnehmers,
- Tag des Beginns des Dienstverhältnisses und
- Angabe, ob es sich um das erste oder ein weiteres Dienstverhältnis handelt.

Abruf durch Dritte (z. B. Steuerberater)

Beauftragt der Arbeitgeber einen Dritten mit der Durchführung des Lohnsteuerabzugs, hat sich der Dritte für den Datenabruf zu authentifizieren.

2 § 39 Abs. 4 EStG.
3 § 39e Abs. 5a EStG.
4 § 39e Abs. 4–6 EStG.

Monatlicher Abruf der ELStAM

Der Arbeitgeber ist gesetzlich verpflichtet, die ELStAM monatlich abzurufen.[1] Zur Erfüllung dieser Verpflichtung kann der Arbeitgeber im Elster Online-Portal beantragen, per E-Mail über die Bereitstellung der Änderungen unterrichtet zu werden.

Anwendung der abgerufenen ELStAM

Die abgerufenen Lohnsteuerabzugsmerkmale sind vom Arbeitgeber für die Durchführung des Lohnsteuerabzugs des Arbeitnehmers anzuwenden, bis ihm das BZSt geänderte ELStAM bereitstellt oder der Arbeitgeber dem BZSt die Beendigung des Dienstverhältnisses anzeigt.

Hinweis

Elektronischer Datenaustausch der privaten Kranken- und Pflegeversicherung ab 1.1.2026

Voraussichtlich ab 1.1.2026 sollen die ELStAM auch die Höhe der monatlichen Beiträge für eine private Krankenversicherung und für eine private Pflege-Pflichtversicherung umfassen. Der Start dieses Verfahrens verschiebt sich aufgrund der Komplexität um bis zu 2 Jahre nach hinten. Ursprünglich wurde der 1.1.2024 angestrebt.[2]

Ausweis der ELStAM in der Entgeltabrechnung

Damit auch der Arbeitnehmer zeitnah über die ggf. geänderten Lohnsteuerabzugsmerkmale informiert wird, sind diese in der Entgeltabrechnung auszuweisen.

Tipp

Entgeltabrechnungsprogramme unterstützen ELStAM-Verfahren

Der Abruf der ELStAM durch den Arbeitgeber und die (automatische) Übernahme in das Lohnkonto des Arbeitnehmers werden in der Praxis regelmäßig durch das entgeltabrechnende Softwareunternehmen vorgenommen.

Beendigung des Dienstverhältnisses

Der Arbeitgeber ist verpflichtet, den Arbeitnehmer bei Beschäftigungsende in der ELStAM-Datenbank abzumelden, indem er den Tag der Beendigung des Arbeitsverhältnisses unverzüglich meldet.[3] Hierüber erhält er eine Abmeldebestätigung. Die Abmeldung darf frühestens am Tag des Ausscheidens versendet werden.

Rechte und Pflichten des Arbeitnehmers

Mitteilungspflicht gegenüber Arbeitgeber

Der Arbeitnehmer ist gesetzlich verpflichtet, dem Arbeitgeber zum Abruf der ELStAM bei Eintritt in das Dienstverhältnis Folgendes mitzuteilen[4]:

- Steueridentifikationsnummer,
- Tag der Geburt und
- ob es sich um das erste oder ein weiteres Dienstverhältnis handelt.

Achtung

Steuerklasse VI bei schuldhaftem Verzögern

Wenn der Mitarbeiter bei Beginn des Dienstverhältnisses seinem Arbeitgeber die zum Abruf der ELStAM erforderlichen Angaben schuldhaft nicht mitteilt, ist er nach der Steuerklasse VI zu besteuern.[5]

Anzeigepflicht gegenüber Finanzamt

Die ELStAM sind dem Arbeitnehmer auf Antrag von seinem Wohnsitzfinanzamt mitzuteilen oder elektronisch bereitzustellen. Wird dem Arbeitnehmer bekannt, dass die ELStAM zu seinen Gunsten falsch sind, ist er verpflichtet, dies dem Finanzamt unverzüglich anzuzeigen.[6]

Voll- oder Teilsperrung der ELStAM

Der Arbeitnehmer kann bei seinem Wohnsitzfinanzamt den Arbeitgeber benennen,

- der zum Abruf berechtigt ist (Positivliste = Abrufberechtigung) oder aber
- nicht berechtigt ist (Negativliste = Abrufsperre).

Hierfür muss der Arbeitgeber dem Arbeitnehmer die Steuernummer der lohnsteuerlichen Betriebsstätte mitteilen. Außerdem kann er die Bildung und Bereitstellung der ELStAM allgemein sperren oder freischalten.[7]

Der Arbeitnehmer hat die Positiv- bzw. die Negativliste, die allgemeine Sperrung oder Freischaltung in einem bereitgestellten elektronischen Verfahren oder nach amtlich vorgeschriebenem Vordruck an das Finanzamt zu übermitteln.

Besteuerung nach Steuerklasse VI

Werden wegen einer Sperrung einem abrufenden Arbeitgeber keine ELStAM bereitgestellt, so wird dem Arbeitgeber die Sperrung mitgeteilt. In diesem Fall hat der Arbeitgeber die Lohnsteuer nach der Steuerklasse VI zu ermitteln.

ELStAM bei beschränkt Steuerpflichtigen

Inzwischen können die ELStAM auch für im Inland nicht meldepflichtige Personen (z. B. ausländische Arbeitnehmer) elektronisch über das ELStAM-Verfahren abgerufen werden. Die ⇗ beschränkt einkommensteuerpflichtigen Arbeitnehmer, die im Inland weder einen Wohnsitz noch einen gewöhnlichen Aufenthalt haben, sind in das Verfahren eingebunden worden. Hierzu benötigen die Arbeitgeber die Identifikationsnummer (IdNr) ihrer Arbeitnehmer. Die IdNr ist direkt beim Betriebsstättenfinanzamt des Arbeitgebers zu beantragen. Die Zuteilung einer IdNr kann auch der Arbeitgeber beantragen, wenn ihn der Arbeitnehmer dazu bevollmächtigt hat. Wurde dem beschränkt einkommensteuerpflichtigen Arbeitnehmer bereits eine IdNr zugeteilt, teilt das Betriebsstättenfinanzamt diese auf Anfrage mit.[8]

Sobald dem Arbeitgeber die IdNr vorliegt, muss er den Betroffenen am ELStAM-Verfahren anmelden. Bei den nicht meldepflichtigen Arbeitnehmern werden dem Arbeitgeber allerdings nur die Steuerklassen I (Hauptarbeitsverhältnis) oder VI (Nebenarbeitsverhältnis) bereitgestellt.

Hinweis

Ausnahme unbeschränkte Steuerpflicht

Eine Bereitstellung von ELStAM für ausländische Arbeitnehmende ist aber derzeit noch nicht möglich, wenn Freibeträge berücksichtigt werden sollen sowie für auf Antrag unbeschränkt und erweitert unbeschränkt Steuerpflichtige.

Diese Gruppen sollen programmtechnisch erst noch umgesetzt werden. U.a. für ausländische Arbeitnehmer, die als Grenzpendler im Rahmen der fiktiven unbeschränkten Steuerpflicht Arbeitslohn aus einer inländischen Tätigkeit beziehen, stehen dem Arbeitgeber deshalb keine ELStAM beim BZSt zum Abruf zur Verfügung. Für diesen Personenkreis bleibt es noch bei der Ausstellung einer (papierbasierten) Bescheinigung.

Der Arbeitgeber hat die Möglichkeit, die Bescheinigung für den Lohnsteuerabzug für den Arbeitnehmer zu beantragen. Der Arbeitnehmer muss ihn dazu bevollmächtigen.[9]

Die Bescheinigung ist als Beleg zum ⇗ Lohnkonto zu nehmen und während des Dienstverhältnisses, längstens bis zum Ablauf des jeweiligen Kalenderjahres, aufzubewahren.

---

1 § 39e Abs. 5 EStG.
2 Oberste Finanzbehörde des Bundes und der Länder v. 10.5.2023, IV C 5 – S 2363/20/10002:006.
3 § 39e Abs. 4 Satz 5 EStG.
4 § 39e Abs. 4 Satz 1 EStG.
5 § 39c Abs. 1 EStG.
6 § 39e Abs. 6 Sätze 3, 4 EStG.
7 § 39e Abs. 6 Satz 5 EStG.
8 BMF, Schreiben v. 7.11.2019, IV C 5 – S 2363/19/10007 :001, BStBl 2019 I S. 1087.
9 § 39e Abs. 8 Satz 2 EStG.

Lohnsteuerabzug ohne ELStAM

Steuerklasse VI bei fehlenden ELStAM

Solange der Arbeitnehmer dem Arbeitgeber zum Zweck des Abrufs der ELStAM[1] seine Identifikationsnummer sowie den Tag der Geburt schuldhaft nicht mitteilt oder das BZSt die Mitteilung elektronischer Lohnsteuerabzugsmerkmale ablehnt, muss der Arbeitgeber die Lohnsteuer nach Steuerklasse VI ermitteln.

Ebenso erfolgt ein Abzug nach der Steuerklasse VI, wenn der Arbeitnehmer

- eine Übermittlung der ELStAM an den Arbeitgeber gesperrt hat oder
- beim Finanzamt beantragt hat, für ihn keine ELStAM zu bilden oder
- die gebildeten ELStAM nicht bereitzustellen.[2]

Kulanzregelung bei technischen Störungen

Kann der Arbeitgeber die ELStAM wegen technischer Störungen nicht abrufen oder hat der Arbeitnehmer die fehlende Mitteilung der Identifikationsnummer nicht zu vertreten, kann der Arbeitgeber für die Lohnsteuerberechnung die voraussichtlichen ELStAM längstens für 3 Kalendermonate zugrunde legen. Als „Störungen" kommen technische Schwierigkeiten des Arbeitgebers bei Anforderung und Abruf, Bereitstellung oder Übermittlung der ELStAM in Betracht. Hat nach Ablauf der 3 Kalendermonate der Arbeitnehmer die Identifikationsnummer sowie den Tag der Geburt nicht mitgeteilt, ist rückwirkend Steuerklasse VI anzuwenden.

Sobald dem Arbeitgeber die ELStAM vorliegen, muss er die ermittelte Lohnsteuer für die vorangegangenen Monate prüfen und, falls erforderlich, ändern. Die zu wenig oder zu viel einbehaltene Lohnsteuer ist jeweils bei der nächsten Lohnabrechnung auszugleichen.[3]

Kulanzregelung bei fehlerhaften ELStAM

Die 3-Monatsregelung bei technischen Störungen findet nach Verwaltungsregelung auch in solchen Fällen Anwendung, in denen ohne Änderung der persönlichen Verhältnisse beim Arbeitnehmer dem Arbeitgeber unzutreffende ELStAM bereitgestellt werden, die einen unzutreffenden Lohnsteuerabzug bewirken.[4] Der Arbeitgeber kann unter dieser Voraussetzung den bisher dem Lohnsteuerabzug zugrunde gelegten ELStAM-Datensatz für die Dauer von längstens 3 Monaten weiter anwenden.

Diese Billigkeitsregelung ist im Wesentlichen bei folgenden Sachverhalten von praktischer Bedeutung:

- automatische fehlerhafte Änderung des steuerlichen Familienstands in der ELStAM-Datenbank von „verheiratet" auf „ledig" und damit einhergehend die Änderung der Steuerklassen III, IV oder V auf Steuerklasse I;
- automatische fehlerhafte Änderung der Steuerklasse II auf I;
- durch einen Fehler eines ehemaligen Arbeitgebers wird dem gegenwärtigen Arbeitgeber des ersten Dienstverhältnisses zu Unrecht die Steuerklasse VI mitgeteilt.

Die Weiteranwendung der bisherigen ELStAM ist davon abhängig, dass der Arbeitnehmer dem Arbeitgeber schriftlich versichert, dass sich seine persönlichen Verhältnisse nicht geändert haben und er auch keine Änderung der ELStAM veranlasst hat. In den Fällen der fehlerhaften Mitteilung der Steuerklasse VI ist zusätzlich zu bestätigen, dass keine weitere Beschäftigung im Hauptarbeitsverhältnis bei einem anderen Arbeitgeber vorliegt.

Innerhalb des 3-Monatszeitraums muss der Arbeitnehmer die Korrektur der ELStAM beim zuständigen Wohnsitzfinanzamt beantragen. Andernfalls ist rückwirkend die Besteuerung nach der Steuerklasse VI durchzuführen.

1 § 39e Abs. 4 Satz 1 EStG.
2 § 39e Abs. 6 EStG
3 § 39c Abs. 1 Sätze 2–5 EStG.
4 BMF, Schreiben v. 8.11.2018, IV C 5 – S 2363/13/10003-02, BStBl 2018 I S. 1137, Rz. 34.

Ersatzverfahren bei Nichtteilnahme am ELStAM-Verfahren

Einem Arbeitgeber ohne maschinelle Lohnabrechnung, der nicht in der Lage ist und für den es nicht zumutbar ist, die Lohnsteuerabzugsmerkmale der Arbeitnehmer elektronisch abzurufen, wird in Ausnahmefällen zur Vermeidung unbilliger Härten auf Antrag ein Ersatzverfahren genehmigt. Das Finanzamt stellt hierzu ein Formular zur Verfügung.

In diesen Härtefällen erhält der Arbeitgeber eine Bescheinigung über die Lohnsteuerabzugsmerkmale für jeden seiner beschäftigten Arbeitnehmer. Die Bescheinigungen gelten längstens bis zum Ende des Kalenderjahres, für das der Antrag gestellt wurde. Der Arbeitgeber hat die Bescheinigung über die Lohnsteuerabzugsmerkmale während der Beschäftigung aufzubewahren, längstens bis zum Ablauf ihrer Gültigkeit.

Jährlich neuer Härtefall-Antrag notwendig

Der Antrag auf Nichtteilnahme am Abrufverfahren der ELStAM ist jährlich neu zu stellen. Ein Wechsel zum elektronischen Abrufverfahren kann jederzeit erfolgen und erfordert keine gesonderte Mitteilung des Arbeitgebers.

Bei Ausscheiden eines Arbeitnehmers aus dem Beschäftigungsverhältnis ist dem Betriebsstättenfinanzamt unverzüglich das Datum der Beendigung schriftlich anzuzeigen. Ebenso kann für neu eingestellte Mitarbeiter die Mitteilung der ELStAM beantragt werden. Auch für diese Änderungsmitteilungen stellt das Finanzamt einen Vordruck zur Verfügung.

Ablehnungsgründe beim Abruf der ELStAM

Falsch-Anmeldung als Hauptarbeitgeber

Meldet sich der zweite oder ein weiterer Arbeitgeber als Hauptarbeitgeber in der Datenbank an, obwohl er Nebenarbeitgeber ist, wird der bisherige Hauptarbeitgeber automatisch zum Nebenarbeitgeber. Dieser erhält dann mit der nächsten Änderungsliste die Steuerklasse VI.

Hinweis zur Fehlerbehebung innerhalb der 6-Wochen-Frist

Zunächst muss der tatsächliche Hauptarbeitgeber den Arbeitnehmer unter Berücksichtigung des neu mitgeteilten Referenzdatums rückwirkend als Nebenarbeitgeber abmelden. Frühestens einen Tag nach der Abmeldung ist eine erneute Anmeldung als Hauptarbeitgeber erforderlich. Als Referenzdatum für die erneute Anmeldung ist der Folgetag anzugeben, ab dem die Hauptarbeitgeberschaft zu Unrecht entfallen war. Ob sich der irrtümlich unzutreffend angemeldete Hauptarbeitgeber bereits wieder abgemeldet hat, ist innerhalb der 6-Wochen-Frist irrelevant.

Hinweis zur Fehlerbehebung nach Ablauf der 6-Wochen-Frist

Eine Korrektur nach Ablauf der 6-Wochen-Frist erfolgt nicht bloß durch den tatsächlichen Hauptarbeitgeber. In einem ersten Schritt muss hier der aktuelle Nebenarbeitgeber, der sich unzutreffend als Hauptarbeitgeber angemeldet hat, den Arbeitnehmer mit dem Datum der ursprünglichen Anmeldung abmelden. Frühestens einen Tag danach ist in einem zweiten Schritt eine erneute Anmeldung als Nebenarbeitgeber durchzuführen. Hierbei ist als Referenzdatum der Folgetag der ursprünglichen Anmeldung anzugeben. Erst nachdem die Abmeldung erfolgreich war, kann sich der tatsächliche Hauptarbeitgeber rückwirkend wieder anmelden. Hierfür gilt wieder das Vorgehen innerhalb der Sechs-Wochen-Frist.

Ungültige persönliche Daten

Zum Abruf der ELStAM sind persönliche Angaben notwendig: Vor- und Nachname, Steueridentifikationsnummer und Geburtsdatum. Stimmen diese Angaben nicht mit den Meldedaten überein, können keine ELStAM abgerufen werden.

Hinweis zur Fehlerbehebung

Die Daten sollten vorab mit dem Arbeitnehmer auf Richtigkeit geprüft werden, um sicherzustellen, dass es sich nicht um einen Tippfehler handelt. Handelt es sich um einen Tippfehler oder wurden dem Arbeitgeber versehentlich falsche Daten mitgeteilt, können diese im System korrigiert und die ELStAM erneut abgerufen werden. Hierzu ist ggf. der Folgetag des eigentlichen Referenzdatums anzugeben.

Es kann aber auch vorkommen, dass der Finanzverwaltung fehlerhafte Meldedaten vorliegen. Diese sind dann seitens der Finanzverwaltung zu korrigieren. Erst nach erfolgreicher Korrektur kann ein erneuter ELStAM-Abruf vorgenommen werden. Damit der Lohnsteuerabzug in der Zwischenzeit dennoch korrekt vorgenommen werden kann, stellt das Finanzamt auf Antrag eine Bescheinigung für den Lohnsteuerabzug aus. Liegt solch eine Bescheinigung nicht vor, ist vorerst nach Steuerklasse VI zu versteuern.

Anmeldung vor tatsächlichem Eintrittsdatum

Neben dem Beschäftigungsbeginn ist ein Referenzdatum anzugeben. Das Referenzdatum gibt an, ab wann die ELStAM bereitgestellt werden sollen. Das Referenzdatum darf nicht vor dem Eintrittsdatum liegen.

Hinweis zur Fehlerbehebung

Die Anmeldung ist mit einem korrekten Referenzdatum (Beginn der Beschäftigung) nachzuholen. Die ELStAM können immer erst mit Beginn der Beschäftigung Anwendung finden, insoweit ist ihr Stand in diesem Zeitpunkt maßgeblich.

Abmeldung vor tatsächlichem Austrittsdatum

Der Arbeitgeber hat die Beendigung des Dienstverhältnisses unverzüglich bei der Finanzverwaltung mitzuteilen. Hierzu ist neben dem Austrittsdatum ebenfalls ein Referenzdatum anzugeben. Also der Zeitpunkt, ab wann keine ELStAM mehr gebildet werden sollen. Das Referenzdatum darf nicht vor dem Austrittsdatum liegen.

Hinweis zur Fehlerbehebung

Die Abmeldung ist mit einem korrekten Referenzdatum (Ende der Beschäftigung) nachzuholen. Andernfalls liegen zum Beschäftigungsende keine gültigen ELStAM vor.

Elterngeld

Elterngeld ist eine staatliche Einkommensersatzleistung i. H. v. grundsätzlich 67 % des individuellen Nettoeinkommens des Betreuenden als einkommensabhängiger Ausgleich für die finanziellen Einbußen von Eltern im ersten Jahr nach der Geburt. Zwei „Partnermonate" können sich als zusätzlicher Bonus anschließen, wenn auch der andere Elternteil die Betreuung übernimmt und dafür beruflich aussetzt bzw. kürzertritt. Alleinerziehende bekommen 14 Monate lang Elterngeld. Beratung, Berechnung und Auszahlung des Elterngeldes sind staatliche Aufgaben. Den Arbeitgeber treffen verschiedene Mitwirkungspflichten. Der Anspruch wird ergänzt durch das Elterngeld Plus, wonach Elterngeld bei Teilzeitbeschäftigung auch länger als 14 Monate bezogen werden kann.

Gesetze, Vorschriften und Rechtsprechung

Lohnsteuer: Das Elterngeld ist lohnsteuerfrei nach § 3 Nr. 67 EStG Buchst. b; es unterliegt dem Progressionsvorbehalt nach § 32b Abs. 1 Nr. 1 Buchst. j EStG.

Sozialversicherung: Die Mitgliedschaft zur Kranken- und Pflegeversicherung bleibt erhalten (§ 192 Abs. 1 Nr. 2 SGB V, § 49 Abs. 2 SGB XI). Der Bezug des Elterngeldes ist beitragsfrei (§ 224 Abs. 1 SGB V). Die Anrechnung von Erziehungszeiten zur Rentenversicherung ist in § 56 SGB VI geregelt. § 26 Abs. 2a SGB III bestimmt die gesonderte Versicherungspflicht zur Arbeitslosenversicherung.

Entgelt	LSt	SV
Während Elternzeit * Unterliegt aber dem Progressionsvorbehalt	frei*	pflichtig

Lohnsteuer

Elterngeld ist lohnsteuerfrei

Das Elterngeld i. H. v. maximal 1.800 EUR ist lohnsteuerfrei, es unterliegt jedoch dem ⇗ Progressionsvorbehalt.[1] Dies gilt auch für den sog. Sockelbetrag von 300 EUR monatlich.

Der Bundesfinanzhof hat die Anwendung des Progressionsvorbehaltes für den Sockelbetrag des Elterngeldes ausdrücklich bestätigt. Das Elterngeld bezwecke, die durch die erforderliche Kinderbetreuung entgangenen Einkünfte teilweise auszugleichen. Dieser Grundsatz gelte auch, wenn nur der Sockelbetrag geleistet werde.[2]

Aufzeichnung Großbuchstabe U

Bei Bezug von Elterngeld oder bei Inanspruchnahme der ⇗ Elternzeit ist der Großbuchstabe U im ⇗ Lohnkonto einzutragen. Dies ist in allen Fällen erforderlich, in denen das Beschäftigungsverhältnis weiterbesteht, der Anspruch auf Arbeitslohn aber für mindestens 5 aufeinanderfolgende Arbeitstage im Wesentlichen weggefallen ist. Der Großbuchstabe U steht für „Unterbrechung". Es ist nicht erforderlich, den genauen Zeitraum einzutragen.[3]

Von einem wesentlichen Wegfall des Arbeitslohns ist auszugehen, wenn der Arbeitgeber während der Unterbrechung lediglich die ⇗ vermögenswirksamen Leistungen weiterzahlt. Als „wesentlich" in diesem Sinne sind immer die Grundbezüge des Arbeitnehmers anzusehen. Der Großbuchstabe U ist während der Elternzeit auch dann aufzuzeichnen, wenn in diesem Zeitraum eine Beschäftigung mit reduzierter Arbeitszeit beim selben Arbeitgeber aufgenommen wird.[4] Etwas anderes gilt nur, wenn das Beschäftigungsverhältnis beendet wird.

Steuerklasse beeinflusst Elterngeldhöhe

Das Elterngeld berechnet sich nach dem Bruttoeinkommen der letzten 12 Monate vor dem Monat der Geburt des Kindes, ermäßigt um pauschale Abzüge für Lohnsteuer, Solidaritätszuschlag und Kirchensteuer – wobei berücksichtigt wird, nach welcher Steuerklasse versteuert wurde und ob Kirchensteuerpflicht des Antragstellers bestand.

Optimale Steuerklasse erhöht Elterngeld

Beziehen beide Ehegatten Arbeitslohn, hängt der für das Elterngeld maßgebende Nettolohn entscheidend von der in den ELStAM eingetragenen Steuerklasse ab. Durch einen rechtzeitigen Wechsel von Steuerklasse V in Steuerklasse IV oder III kann die Höhe des Elterngeldes beeinflusst werden. Dabei ist es nicht zwingend erforderlich, dass die günstigere Steuerklasse mindestens 7 Monate gegolten hat. Maßgeblich ist die Steuerklasse, die im Bemessungszeitraum (i. d. R. 12 Monate vor dem Monat der Geburt) relativ am längsten gegolten hat.[5] I. d. R. empfielt es sich, den Wechsel der Steuerklasse mindestens 7 Monate vor der Geburt des Kindes zu beantragen. Es ist zu beachten, dass der Steuerklassenwechsel erst ab dem Folgemonat der Antragstellung wirksam wird.

Eingetragene ⇗ Lohnsteuerfreibeträge wirken sich nicht auf die Höhe des Elterngeldes aus.

Steuerklassenwechsel zum Erhalt höheren Elterngeldes zulässig

Der Wechsel der Steuerklasse ist nicht rechtsmissbräuchlich, auch dann nicht, wenn er während der Schwangerschaft und nur zum Zwecke eines höheren Elterngeldbezugs vorgenommen wird. Dies hat das Bundessozialgericht in 2 Urteilen bereits entschieden.[6] Insoweit sind die steuerrechtlichen Regelungen maßgeblich.

Abzüge für Sozialabgaben

Sowohl bei pflichtversicherten als auch bei nicht pflichtversicherten Arbeitnehmern wird das Nettoeinkommen neben den o. g. Abzügen für Steuern um pauschale Abzüge für Sozialabgaben gemindert.[7]

1 § 3 Nr. 67 Buchst. b EStG; § 32b Abs. 1 Nr. 1 Buchst. j EStG.
2 BFH, Urteil v. 21.9.2009, VI B 31/09, BStBl 2011 II S. 382.
3 § 41 Abs. 1 Satz 5 EStG.
4 R 41.2 Satz 1 LStR.
5 BSG, Urteil v. 28.3.2019, B 10 EG 8/17 R, BFH/NV 2019 S. 1215.
6 BSG, Urteil v. 25.6.2009, B 10 EG 3/08 R, BFH/NV 2009 S. 2128; BSG, Urteil v. 25.6.2009, B 10 EG 4/08 R, FamRZ 2009 S. 1749.
7 § 2f BEEG.

Sozialversicherung

Kranken- und Pflegeversicherung

Mitgliedschaft in der Kranken- und Pflegeversicherung

In der Krankenversicherung bleibt die Mitgliedschaft Versicherungspflichtiger während des Bezugs von Elterngeld erhalten.[1] Dies gilt auch für die Pflegeversicherung.[2] Für freiwillig gesetzlich Krankenversicherte gelten Sonderregelungen.

Befreiung von der Versicherungspflicht auf Antrag

Wer durch die Aufnahme einer nicht vollen Erwerbstätigkeit nach dem Bundeselterngeld- und Elternteilzeitgesetz versicherungspflichtig wird, kann sich innerhalb von 3 Monaten nach Eintritt der Versicherungspflicht davon befreien lassen.[3]

Beitragsrecht in der Kranken- und Pflegeversicherung

Mitglieder sind für die Dauer des Bezugs von Elterngeld in der Krankenversicherung beitragsfrei.[4] Die Beitragsfreiheit bezieht sich allerdings nur auf das Elterngeld selbst.

Beitragspflicht aus Einkünften neben dem Elterngeld

Wird während des Bezugs von Elterngeld bzw. der Inanspruchnahme von ⇗ Elternzeit eine zulässige sozialversicherungspflichtige (Teilzeit-)Beschäftigung ausgeübt, ist das hieraus erzielte Arbeitsentgelt beitragspflichtig. Auch für andere Einkünfte (z. B. Renten, Versorgungsbezüge) besteht während des Bezugs von Elterngeld Beitragspflicht.

Wichtig

Bezug von Elterngeld während des Studiums

Bei einer Pflichtversicherung der Studenten (KVdS) sind während des Bezugs von Elterngeld die Beiträge in vollem Umfang weiterzuzahlen.

Renten- und Arbeitslosenversicherung

Rentenversicherungsbeiträge gelten als gezahlt

Aus dem Elterngeld werden generell keine Rentenversicherungsbeiträge gezahlt. Damit dem betreffenden Elternteil keine Lücke im Versicherungsverlauf entsteht, werden 3 Erziehungsjahre in der gesetzlichen Rentenversicherung anerkannt. Während der Kindererziehungszeiten für die ersten 3 Jahre gelten beim betreffenden Elternteil Pflichtbeiträge zur Rentenversicherung als gezahlt.[5] Bei der Erziehung von mehreren Kindern vervielfacht sich die Anzahl der Jahre, für welche die Pflichtbeiträge als entrichtet gelten.

Die Erziehungszeit wird demjenigen Elternteil zugeordnet, der das Kind erzogen hat, in der Regel automatisch der Mutter. Ein Wechsel der Zuordnung ist aber möglich.

Arbeitslosenversicherung

Bezieher von Elterngeld bzw. Personen während der ⇗ Elternzeit unterliegen der Arbeitslosenversicherungspflicht.[6] Die Beiträge werden für diese Zeit vom Bund getragen.

Haben mehrere Personen ein Kind gemeinsam erzogen, ist nur die Person versicherungspflichtig, die in der gesetzlichen Rentenversicherung die Erziehungszeit zugerechnet bekommt.

Zuschüsse des Arbeitgebers

Werden vom Arbeitgeber während des Bezugs von Elterngeld Zuschüsse oder sonstige Leistungen (z. B. vermögenswirksame Leistungen) weiterhin ausgezahlt, sind beitragsrechtliche Besonderheiten zu beachten.

Zuschüsse des Arbeitgebers bei Teilzeitbeschäftigung

Die Regelung der Freigrenze i. H. v. 50 EUR gilt nicht für Arbeitsentgelt aus einer während des Bezugs von Elterngeld tatsächlich ausgeübten Teilzeitbeschäftigung. Die daneben vom Arbeitgeber laufend gezahlten Leistungen gehören zum tatsächlichen Arbeitsentgelt und sind in vollem Umfang beitragspflichtig.

Meldungen des Arbeitgebers

Aufgrund des Bezugs von Elterngeld ist keine gesonderte Meldung oder Meldegrund nach der DEÜV vorgesehen.

Meldung der Unterbrechung der Beschäftigung

Zeiten der Mutterschutzfristen vor und nach der Entbindung, Zeiten des Elterngeldbezugs bzw. der Inanspruchnahme von ⇗ Elternzeit unterbrechen das Beschäftigungsverhältnis. Daher müssen solche Zeiträume vom Arbeitgeber mit einer ⇗ Unterbrechungsmeldung übermittelt werden. Das bis zum Beginn der Unterbrechung erzielte Arbeitsentgelt ist zu melden. Zusätzlich zu einer Unterbrechungsmeldung ist seit dem 1.1.2024 auch der Beginn (Abgabegrund „17") und das Ende (Abgabegrund „37") der Elternzeit zu melden.

Abmeldung bei Ende der Beschäftigung

Endet die Mitgliedschaft in der Krankenversicherung, bevor die Arbeit wieder aufgenommen wird (z. B. keine Arbeitsaufnahme nach Beendigung des Elterngeldbezugs/der Elternzeit), muss vom Arbeitgeber eine zusätzliche ⇗ Abmeldung erstellt werden. Als Arbeitsentgelt ist in diesem Fall der Betrag „000000" EUR anzugeben. Das bis zum Beginn der Unterbrechung erzielte Arbeitsentgelt wurde den Sozialversicherungsträgern bereits zuvor mit der Unterbrechungsmeldung übermittelt. Zusätzlich ist in diesen Situationen auch eine Ende-Meldung der Elternzeit mit dem Datum des Beschäftigungsendes abzugeben.

Sonderzahlungen in der Elternzeit

Wird während der Unterbrechung der Beschäftigung wegen Elternzeit z. B. Weihnachtsgeld, Urlaubsgeld etc. gezahlt, ist die Unterbrechungsmeldung zu stornieren und eine neue, korrigierte Meldung abzugeben. Das in der Unterbrechungsmeldung angegebene Arbeitsentgelt erhöht sich um die Höhe des einmalig gezahlten Arbeitsentgelts. Die anteilige Jahres-Beitragsbemessungsgrenze ist hierbei zu berücksichtigen. Ersatzweise kann auch eine Sondermeldung mit Abgabegrund „54" (Meldung einer Einmalzahlung außerhalb der Jahresmeldung) abgegeben werden.

Elternzeit

Die maximal 3-jährige Elternzeit nach dem Bundeselterngeld- und Elternzeitgesetz soll die Vereinbarkeit von Familie und Beruf verbessern. Die Elternzeit ist ein Rechtsanspruch auf unbezahlte (Teil-)Freistellung gegenüber dem Arbeitgeber. Die Regelungen dürfen vertraglich nicht zuungunsten des Arbeitnehmers abgeändert werden.

Gesetze, Vorschriften und Rechtsprechung

Lohnsteuer: Bei Inanspruchnahme der Elternzeit ist gemäß § 41 Abs. 1 Satz 5 EStG und R 41.2 Satz 1 LStR der Großbuchstabe U im Lohnkonto einzutragen.

Sozialversicherung: Die Mitgliedschaft zur Kranken- und Pflegeversicherung bleibt erhalten (§ 192 Abs. 1 Nr. 2 SGB V, § 49 Abs. 2 SGB XI). § 26 Abs. 2a SGB III bestimmt die gesonderte Versicherungspflicht zur Arbeitslosenversicherung.

1 § 192 Abs. 1 Nr. 2 SGB V.
2 § 49 Abs. 2 Satz 1 SGB XI.
3 § 8 Abs. 1 Nr. 2 und Abs. 2 SGB V.
4 § 224 Abs. 1 SGB V.
5 § 56 SGB VI.
6 § 26 Abs. 2a SGB III.

Lohnsteuer

Aufzeichnung des Großbuchstabens U

Bei Inanspruchnahme der Elternzeit ist der Großbuchstabe U im ↗ Lohnkonto einzutragen. Dies ist in allen Fällen erforderlich, in denen das Beschäftigungsverhältnis weiterbesteht und der Anspruch auf Arbeitslohn für mindestens 5 aufeinander folgende Arbeitstage im Wesentlichen weggefallen ist. Der Großbuchstabe U steht für „Unterbrechung". Es ist nicht erforderlich, den genauen Zeitraum einzutragen.[1]

Der Unterbrechungszeitraum von 5 Arbeitstagen bezieht sich auf das Kalenderjahr. Erstreckt sich die Unterbrechung über den Jahreswechsel hinaus, ist jedes Kalenderjahr für sich zu betrachten.

Von einem wesentlichen Wegfall des Arbeitslohns ist somit immer dann auszugehen, wenn der Arbeitgeber während der Unterbrechung lediglich die vermögenswirksamen Leistungen weiterzahlt. Als „wesentlich" in diesem Sinne sind immer die Grundbezüge des Arbeitnehmers anzusehen.

Der Großbuchstabe U ist bei Inanspruchnahme der Elternzeit im Lohnkonto zu vermerken und mit der elektronischen Lohnsteuerbescheinigung zu übermitteln, wenn während der Elternzeit eine Beschäftigung mit reduzierter Arbeitszeit beim selben Arbeitgeber aufgenommen wird.[2]

> **Achtung**
>
> **Keine Eintragung, wenn Beschäftigungsverhältnis endet**
>
> Beendet der Arbeitnehmer mit Beginn der Elternzeit das Beschäftigungsverhältnis, ist kein Großbuchstabe U für Unterbrechung zu vermerken, weil das Ende des Beschäftigungsverhältnisses in die elektronische Lohnsteuerbescheinigung eingetragen wird.

Die Bescheinigung des Großbuchstabens U in der ↗ elektronischen Lohnsteuerbescheinigung zeigt dem Finanzamt bei der späteren Einkommensteuerveranlagung des Arbeitnehmers an, dass Lohnunterbrechungszeiträume bestanden haben und der Arbeitnehmer evtl. Lohnersatzleistungen bezogen hat, die dem ↗ Progressionsvorbehalt unterliegen.

Kein Lohnsteuer-Jahresausgleich bei Unterbrechung

Der betriebliche ↗ Lohnsteuer-Jahresausgleich durch den Arbeitgeber ist ausgeschlossen, wenn der Großbuchstabe U im ↗ Lohnkonto aufgezeichnet wurde oder in der elektronischen Lohnsteuerbescheinigung vermerkt ist.[3]

Sozialversicherung

Kranken-/Pflegeversicherung

Versicherungspflichtige

Fortbestehen der Mitgliedschaft

Für jeden Elternteil, der vor Beginn der Elternzeit in der gesetzlichen Kranken- und Pflegeversicherung pflichtversichert war, bleibt die Mitgliedschaft für die Dauer des tatsächlichen Bezugs von ↗ Elterngeld oder der Inanspruchnahme von Elternzeit erhalten.[4]

Ein Anteil der Elternzeit von bis zu 24 Monaten kann ohne Zustimmung des Arbeitgebers zwischen dem 3. und dem vollendeten 8. Lebensjahr des Kindes beansprucht werden.[5] Das Fortbestehen der Mitgliedschaft während der Elternzeit gilt auch für solche später genommenen Phasen der Elternzeit. Einzige Voraussetzung ist, dass ein Anteil von bis zu 24 Monaten angespart worden ist, die Elternzeit also nicht bereits vollständig bis zum 3. Geburtstag in Anspruch genommen wurde.

1 § 41 Abs. 1 Satz 5 EStG.
2 R 41.2 Satz 1 LStR.
3 § 42b Abs. 1 Satz 3 Nr. 4a EStG.
4 § 192 Abs. 1 Nr. 2 SGB V.
5 § 15 Abs. 2 BEEG.

Beitragsfreiheit

Die Mitgliedschaft ist grundsätzlich beitragsfrei, wenn neben dem ↗ Elterngeld keine Einnahmen erzielt werden. Vom Elterngeld selbst sind keine Beiträge zu zahlen. Es ist beitragsfrei.[6] Sofern während der Elternzeit Arbeitsentgelt erzielt wird, ist dieses beitragspflichtig.

Zusatzbeitrag

Für die Dauer des Elterngeldbezugs ist aufgrund der Beitragsfreiheit auch kein Zusatzbeitrag zur gesetzlichen Krankenversicherung von den Mitgliedern zu zahlen. Die sich aus dem Bezug der Entgeltersatzleistung ergebende Beitragsfreiheit gilt auch für den Zusatzbeitrag. Solange aber beitragspflichtige Einnahmen durch den Arbeitgeberzuschuss zu Entgeltersatzleistungen[7] erzielt werden, ist auch der Zusatzbeitrag zu entrichten. Das gilt für versicherungspflichtige und freiwillige Mitglieder gleichermaßen.

Versicherungsfreie Arbeitnehmer wegen Überschreitens der Jahresarbeitsentgeltgrenze

Eine Unterbrechung der Beschäftigung wegen Elternzeit ändert den Versicherungsstatus in der Krankenversicherung nicht. Bestand vor der Elternzeit Versicherungsfreiheit wegen des Überschreitens der Jahresarbeitsentgeltgrenze, so bleibt dieser Status auch für die Dauer der Elternzeit erhalten. Sofern während der Elternzeit keine zulässige versicherungspflichtige Teilzeitbeschäftigung aufgenommen wird, besteht auch nach dem Ende der Elternzeit wieder Versicherungsfreiheit in der Krankenversicherung. Voraussetzung dafür ist, dass nach dem Ende der Elternzeit eine Beschäftigung mit einem regelmäßigen Jahresarbeitsentgelt oberhalb der ↗ Jahresarbeitsentgeltgrenze (JAEG) ausgeübt wird.

> **Beispiel**
>
> **Versicherungspflichtgrenze und Elternzeit**
>
> Frau M ist seit Jahren krankenversicherungsfrei wegen Überschreitens der Jahresarbeitsentgeltgrenze. Im Laufe eines Jahres nimmt sie Elternzeit in Anspruch und möchte im Januar des Folgejahres die Beschäftigung wieder aufnehmen. Das Entgelt überschreitet auch im Jahr der Beschäftigungsaufnahme die Jahresarbeitsentgeltgrenze.
>
> Frau M bleibt während der Elternzeit krankenversicherungsfrei und ist auch ab Aufnahme der Beschäftigung im Januar des Folgejahres wegen Überschreitens der Jahresarbeitsentgeltgrenze weiter versicherungsfrei.

Freiwillige Mitgliedschaft

Bestand vor der Elternzeit eine freiwillige Versicherung in der gesetzlichen Krankenversicherung wegen Überschreitens der Jahresarbeitsentgeltgrenze, bleibt die Mitgliedschaft bestehen.

Beitragsfreiheit

Freiwillige Mitglieder, die vor Beginn der Elternzeit bereits wegen Überschreitens der Jahresarbeitsentgeltgrenze krankenversicherungsfrei waren, sind während der Elternzeit und des Elterngeldbezugs nur dann beitragsfrei, wenn ohne die freiwillige Mitgliedschaft die Voraussetzungen für eine ↗ Familienversicherung vorliegen würden. Ist dies nicht der Fall, so ist auch für die Dauer des Elterngeldbezugs ein Beitrag an die Krankenkasse entsprechend der wirtschaftlichen Leistungsfähigkeit des Mitglieds zu entrichten.

> **Achtung**
>
> **Unterbrechung des Firmenzahlerverfahrens**
>
> Zahlt der Arbeitgeber die freiwilligen Beiträge des Arbeitnehmers im Firmenzahlerverfahren, erfährt die Krankenkasse von der Einstellung der Beitragszahlung durch die Unterbrechungsmeldung. Zu Beginn der Schutzfrist oder der Elternzeit wird die Unterbrechung der Arbeitsentgeltzahlung mit Abgabegrund „51" oder „52" gemeldet. Ist das freiwillige Mitglied während der Elternzeit beitragspflichtig, sind die Beiträge direkt vom Mitglied zu erheben und zu zahlen.

6 § 224 Abs. 1 Satz 1 SGB V.
7 § 23c Abs. 1 SGB IV.

Private Krankenversicherung

Privat krankenversicherte Personen bleiben weiterhin privat versichert, wenn sie vor der Elternzeit und/oder während der Schutzfrist nach dem Mutterschutzgesetz (MuSchG) nicht gesetzlich krankenversichert waren. Sie können sich für die Dauer der Elternzeit auch nicht als Angehöriger eines Mitglieds der gesetzlichen Krankenversicherung familienversichern.[1] In erster Linie sind von dieser Regelung privat krankenversicherte Beamtinnen betroffen.

Privat versicherte Elterngeldberechtigte müssen ihre Beiträge zur privaten Krankenversicherung weiterhin selbst tragen. Während des Bezugs von Elterngeld gilt dies auch für den bisher vom Arbeitgeber übernommenen Anteil.

Beispiel

Private Krankenversicherung und Elternzeit

Bei einer wegen Überschreitens der Jahresarbeitsentgeltgrenze[2] privat krankenversicherten Mitarbeiterin beginnt die Schutzfrist am 22.9. Nach der Entbindung beantragt die Frau Elternzeit für 12 Monate. Der Ehemann ist versicherungspflichtiges Mitglied in einer gesetzlichen Krankenkasse.

Ergebnis: Die Mitarbeiterin hat weder zum Beginn der Schutzfrist noch bei Beginn des Elterngeldanspruchs eine gesetzliche Krankenversicherung. Während der Zeit der Schutzfristen nach dem Mutterschutzgesetz sowie der Elternzeit ist eine Mitgliedschaft in der gesetzlichen Krankenversicherung und eine Familienversicherung nicht möglich.

Befreiung von der Krankenversicherungspflicht

Beitragszuschuss

Oft üben Arbeitnehmer in der Elternzeit eine grundsätzlich versicherungspflichtige (Teilzeit-)Beschäftigung aus. Von der dann eingetretenen Versicherungspflicht können sie sich unter bestimmten Voraussetzungen befreien lassen. Der von der Krankenversicherungspflicht während der Elternzeit Befreite hat Anspruch auf einen Beitragszuschuss des Arbeitgebers für die private Krankenversicherung.

Achtung

Krankengeldanspruch

Wird während der Elternzeit eine krankenversicherungspflichtige (Teilzeit-)Beschäftigung ausgeübt, besteht bei Arbeitsunfähigkeit ein Krankengeldanspruch. In diesem Zusammenhang ist es unerheblich, ob die Beschäftigung nur in einem zeitlichen Ausmaß ausgeübt worden ist, den das Bundeselterngeld- und Elternzeitgesetz zulässt.

Teilzeitbeschäftigung

Die Befreiung von der Krankenversicherungspflicht wegen einer zulässigen Teilzeitbeschäftigung ist auf die Dauer der Elternzeit beschränkt. Wird nach dem Ende der Elternzeit weiterhin eine Teilzeitbeschäftigung bei dem bisherigen Arbeitgeber ausgeübt, würde Krankenversicherungspflicht eintreten. Für diese Teilzeitbeschäftigung kann jedoch weiterhin Versicherungsfreiheit beantragt werden.

Hinweis

Teilzeitbeschäftigung bei anderem Arbeitgeber

Die Teilzeitbeschäftigung muss sich nicht aus einem fortbestehenden Beschäftigungsverhältnis heraus ergeben. Auch im Falle eines Arbeitgeberwechsels kann die Befreiung von der Krankenversicherungspflicht geltend gemacht werden.

Die Befreiung können Teilzeitbeschäftigte beanspruchen, deren wöchentliche Arbeitszeit auf maximal die Hälfte der regelmäßigen Wochenarbeitszeit vergleichbarer vollbeschäftigter Arbeitnehmer des Betriebs herabgesetzt wird und die dadurch krankenversicherungspflichtig werden. Nicht erforderlich ist, dass die individuelle Wochenarbeitszeit des Beschäftigten um die Hälfte reduziert wird.

Beispiel

Befreiung von der Versicherungspflicht nach Ende der Elternzeit

Ein Angestellter erzielt bei einer wöchentlichen Arbeitszeit von 32 Stunden ein monatliches laufendes Arbeitsentgelt von 5.900 EUR und ist seit Jahren wegen Überschreitens der Jahresarbeitsentgeltgrenze krankenversicherungsfrei und privat krankenversichert. Vom 1.6.2023 bis 31.5.2024 reduziert er seine Wochenarbeitszeit während beanspruchter Elternzeit auf 16 Stunden. Das Arbeitsentgelt verringert sich auf 2.950 EUR monatlich. Da er weiter privat krankenversichert bleiben will, beantragt er zunächst bis zum Ende der Elternzeit am 31.5.2024 eine Befreiung von der Versicherungspflicht.

Ab 1.6.2024 arbeitet er an 2 Tagen pro Woche insgesamt 18 Stunden, wofür er monatlich 3.200 EUR vergütet bekommt. Die tarifliche Wochenarbeitszeit einer Vollzeitkraft beträgt 38,5 Stunden.

Obwohl sich seine individuelle Arbeitszeit nicht mindestens halbiert hat, liegt diese jetzt unter der Hälfte der tariflichen Regelwochenstunden. Somit kann der Antrag auf Befreiung von der Versicherungspflicht für die Beschäftigung nach der Elternzeit gestellt werden.

Beitragsrechtliche Regelungen während des Elterngeldbezugs/der Elternzeit

Zuschüsse des Arbeitgebers

Häufig zahlen Arbeitgeber vermögenswirksame Leistungen oder ähnliche Zuschüsse (z. B. Kontoführungsgebühren, Zinsersparnisse aus verbilligten Arbeitgeberdarlehen, Telefonzuschüsse etc.) während des Bezugs von Elterngeld an den Arbeitnehmer weiter. Solche Zuschüsse sind im Regelfall beitragsfrei. Voraussetzung dazu ist, dass der Zuschuss des Arbeitgebers zusammen mit dem Elterngeld das Nettoarbeitsentgelt um nicht mehr als 50 EUR im Monat übersteigt.[3] Vergleichs-Nettoarbeitsentgelt ist das vom Arbeitgeber in der Entgeltbescheinigung zur Berechnung des Elterngelds angegebene Nettoarbeitsentgelt.

In Zeiten des Sozialleistungsbezugs laufend gewährte Arbeitgeberleistungen, die monatlich insgesamt 50 EUR nicht übersteigen, sind generell beitragsfrei.

Einmalzahlung

Erhalten Arbeitnehmer während der Elternzeit eine Sonderzahlung, kann diese Zahlung beitragspflichtig oder -frei sein. Entscheidend ist dabei, ob und wenn ja, in welchem Rahmen eine Erwerbstätigkeit während der Elternzeit weiterhin ausgeübt wird.

Ruhende Beschäftigung

Ruht das Beschäftigungsverhältnis während der Elternzeit und wird während des ruhenden Beschäftigungsverhältnisses eine ⇗ Einmalzahlung ausbezahlt, gilt: Die Einmalzahlung ist dem letzten Entgeltabrechnungszeitraum des laufenden Kalenderjahres zuzuordnen, auch wenn dieser nicht mit Arbeitsentgelt belegt ist. Die Einmalzahlung ist nur dann beitragspflichtig, wenn bereits im laufenden Kalenderjahr vom Arbeitgeber, der die Einmalzahlung zahlt, auch laufendes Arbeitsentgelt gezahlt worden ist. Ansonsten bleibt die Einmalzahlung beitragsfrei.

Hinweis

Urlaubsgeld bei versicherungspflichtiger Beschäftigung in der Elternzeit

Wird während der Elternzeit weiterhin eine versicherungspflichtige Beschäftigung ausgeübt, wird das Urlaubsgeld für die Beitragsberechnung dem Auszahlungsmonat zugeordnet. Für diesen Auszahlungsmonat gelten die normalen Regelungen für die Beitragsberechnung bei Einmalzahlungen.

1 § 10 Abs. 1 Satz 1 Nr. 3 SGB V.
2 § 6 Abs. 6 oder 7 SGB V.
3 § 23c Abs. 1 SGB IV;.

Wechsel von versicherungspflichtiger in versicherungsfreie Beschäftigung

Etwas anders gilt, wenn während der Elternzeit ein Wechsel von einem versicherungspflichtigen in eine geringfügig entlohnte Beschäftigung vorgenommen wurde und die Einmalzahlung während der geringfügig entlohnten Beschäftigung ausbezahlt wird. In diesem Fall ist zunächst zu klären, aus welchem der versicherungsrechtlich unterschiedlich zu beurteilenden Beschäftigungsabschnitte der Anspruch auf die Einmalzahlung entstanden ist, ggf. ist eine Aufteilung der Einmalzahlung auf die jeweiligen Beschäftigungsabschnitte vorzunehmen. Es wird davon ausgegangen, dass die Einmalzahlung in der Regel auf einer klar definierbaren Anspruchsgrundlage basiert, die entweder in dem versicherungspflichtigen oder in dem geringfügigen Beschäftigungsverhältnis liegt. Dies ermöglicht eine entsprechende Zuordnung. Soweit die Einmalzahlung dem Beschäftigungsabschnitt zugeordnet wird, in dem die geringfügige Beschäftigung besteht, gelten für die Berechnung der Beiträge aus der Einmalzahlung die Beitragsgruppen, die in dem Monat gelten, in dem die Einmalzahlung gezahlt wird und somit auch zuzuordnen ist. In diesem Fall sind bei der Ermittlung der anteiligen Beitragsbemessungsgrenze im laufenden Kalenderjahr allein die Zeiten, in denen die Beschäftigung geringfügig ausgeübt wurde, zu berücksichtigen.

Arbeitslosenversicherung

Bezieher von Elterngeld bzw. Personen während der Elternzeit sind arbeitslosenversicherungspflichtig, sofern unmittelbar vor der Kindererziehung bereits Versicherungspflicht bestand.[1] Die Arbeitslosenversicherung wertet den Bezug des Elterngelds wie eine Beitragszeit. Die Beiträge zahlt der Bund.

Die Elternzeit begründet nach dem Recht der Arbeitsförderung in gleicher Weise wie ein Beschäftigungsverhältnis einen Anspruch auf Arbeitslosengeld.

Rentenversicherung

Bei einer Unterbrechung der Erwerbstätigkeit wegen der Erziehung eines Kindes werden aus der Beschäftigung in der Regel keine Beiträge zur Rentenversicherung gezahlt. Damit dem betreffenden Elternteil jedoch keine Lücke im Versicherungsverlauf entsteht, gelten Pflichtbeiträge zur Rentenversicherung als gezahlt.[2] Der Mutter oder/und – bei entsprechender Entscheidung – dem Vater werden die Zeit der – ggf. anteiligen – Elternzeit bis zu insgesamt 3 Jahren für jedes Kind als rentensteigernde Zeit angerechnet. Pflichtbeiträge zur Rentenversicherung werden pauschal vom Bund gezahlt. Die in der Rentenversicherung anzurechnende Elternzeit beginnt im Allgemeinen nach Ablauf des Monats der Geburt und endet nach 36 Kalendermonaten. Wenn die Elternzeit von beiden Elternteilen anteilig genommen wird, werden insgesamt höchstens 36 Kalendermonate als Elternzeit für beide Elternteile zusammen in der Rentenversicherung angerechnet.

Beispiel

Dauer der Erziehungszeit

Geburt des Kindes am 12.4.2024. Die Erziehungszeit der Mutter beginnt am 8.6.2024 und endet – bei Inanspruchnahme nur durch Mutter oder Vater 3 Jahre nach der Geburt des Kindes – am 11.4.2027.

Die Erziehungszeit ist dem Elternteil zuzuordnen, der sein Kind erzogen hat. Haben beide Elternteile das Kind gemeinsam erzogen, wird die Erziehungszeit durch übereinstimmende Erklärung zugeordnet.

Bei der Erziehung von mehreren Kindern vervielfacht sich die Anzahl der Jahre, für die Pflichtbeiträge als entrichtet gelten.

Wird während der Elternzeit eine rentenversicherungspflichtige Teilzeitbeschäftigung ausgeübt, besteht Rentenversicherungspflicht sowohl für die Beschäftigung als auch für die Elternzeit (sog. Mehrfachversicherung).

1 § 26 Abs. 2a SGB III.
2 § 56 SGB VI.

Beschäftigung während der Elternzeit

Teilzeitbeschäftigung

Während der Elternzeit darf in einem bestimmten zeitlichen Umfang eine Teilzeitbeschäftigung ausgeführt werden.[3]

Die versicherungsrechtliche Beurteilung von Beschäftigungen, die während der Elternzeit ausgeübt werden, richtet sich nach den allgemeinen Vorschriften des Sozialversicherungsrechts. Eine solche Teilzeitbeschäftigung ist also grundsätzlich versicherungspflichtig in der Kranken-, Pflege-, Renten- und Arbeitslosenversicherung.

Unter bestimmten Voraussetzungen ist eine Befreiung von der Versicherungspflicht möglich.

Nebentätigkeit als Notarzt im Rettungsdienst

Soweit Ärzte ihre Hauptbeschäftigung während der Elternzeit entweder

- vollständig unterbrechen oder
- an weniger als 15 Stunden wöchentlich ausüben,

sind ihre Einnahmen aus einer Nebentätigkeit als Notarzt nicht (mehr) nach § 23c Abs. 2 Satz 1 Nr. 1 SGB IV beitragsfrei.

Geringfügige Beschäftigung

Geringfügig entlohnte Beschäftigung

Während des Bezugs von Elterngeld oder während der Elternzeit kann eine geringfügig entlohnte Beschäftigung beim bisherigen oder bei anderen Arbeitgebern ausgeübt werden.

Diese geringfügig entlohnte Beschäftigung bleibt versicherungsfrei in der Kranken-, Pflege- und Arbeitslosenversicherung, wenn das monatliche Arbeitsentgelt die Geringfügigkeitsgrenze nicht übersteigt. Unabhängig von der Versicherungsfreiheit sind jedoch Pauschalbeiträge zur Krankenversicherung und zur Rentenversicherung an die Minijob-Zentrale abzuführen. Dies muss entsprechend bei den Meldungen (Beitragsgruppen) berücksichtigt werden.

Werden mehrere geringfügig entlohnte Beschäftigungen ausgeübt, sind die Entgelte zusammenzurechnen. Wird insgesamt ein Arbeitsentgelt oberhalb der Geringfügigkeitsgrenze erzielt, tritt Versicherungspflicht ein. Auch die zeitlich zuerst aufgenommene geringfügige Beschäftigung wird mit den weiteren Minijobs zusammengerechnet. Eine Zusammenrechnung mit der wegen der Elternzeit ruhenden Hauptbeschäftigung ist nicht vorgesehen.

Werden mehrere geringfügig entlohnte Beschäftigung neben einer Hauptbeschäftigung ausgeübt, sind Besonderheiten zu beachten.

Kurzfristige Beschäftigung

Die Spitzenorganisationen der Sozialversicherung sind der Auffassung, dass zulässige Teilzeitbeschäftigungen während des Bezugs von Elterngeld und während der Elternzeit berufsmäßig ausgeübt werden. Daher sind solche Beschäftigungen trotz der Beschränkung auf 3 Monate oder 70 Arbeitstage versicherungspflichtig.

Melderecht

Unterbrechungsmeldung

Nimmt der Vater Elternzeit in Anspruch, ist eine Unterbrechungsmeldung abzugeben. Sie erhält den Abgabegrund „52“. Mit dieser Kennzeichnung wird deutlich, dass es sich hier um Elternzeit und nicht um einen unbezahlten Urlaub handelt.

Nimmt eine Mutter Elternzeit in Anspruch, dürfte häufig eine Unterbrechungsmeldung mit Abgabegrund „52“ nicht erforderlich sein. Die Elternzeit schließt sich in der Regel an den Bezug von ↗ Mutterschaftsgeld an. Dann wurde bereits eine Unterbrechungsmeldung wegen Anspruch auf Mutterschaftsgeld (Abgabegrund „51“) abgegeben.

3 § 15 Abs. 7 BEEG.

Der Abgabegrund „52“ gilt auch dann, wenn die Mutter nach 2 Jahren die Beschäftigung wieder aufnimmt und zu einem späteren Zeitpunkt die letzten 12 Monate der Elternzeit in Anspruch nimmt.

Elternzeit-Meldungen

Seit dem 1.1.2024 sind zusätzlich zur Unterbrechungsmeldung der Beginn und das Ende einer Elternzeit für (freiwillig) gesetzlich krankenversicherte Personen gesondert zu melden.

Hinweis

Privatversicherte und Minijobber

Für Privatversicherte und Minijobber besteht keine Pflicht zur Abgabe der Elternzeit-Meldungen.

Der Beginn ist mit dem Abgabegrund „17“ und das Ende mit dem Abgabegrund „37“ zu melden. Die Ende-Meldung enthält sowohl das Beginnals auch das End-Datum. Dies gilt auch dann, wenn die Elternzeit über den 31.12. eines Jahres hinaus in Anspruch genommen wird.

Die Meldungen sind jeweils mit der nächsten Entgeltabrechnung, spätestens 6 Wochen nach dem Beginn bzw. dem Ende der Elternzeit vorzunehmen. Mehrere aufeinander folgende Elternzeiten sind nicht separat zu melden.

Die Meldepflicht entsteht erstmalig bei Elternzeiten, die ab dem 1.1.2024 beginnen. Elternzeiten, die bereits vorher begonnen haben und über den 31.12.2023 hinaus in Anspruch genommen werden, sind weder für deren Beginn noch für deren Ende meldepflichtig.

Der Beginn und das Ende einer Elternzeit sind immer dann zusätzlich zu melden, wenn die Beschäftigung durch Wegfall des Anspruchs auf Entgelt unterbrochen wird. Die Unterbrechung muss bei pflichtversicherten Personen mindestens einen Kalendermonat umfassen. Bei freiwilligen Mitgliedern einer Krankenkasse sind auch kürzere Zeiträume meldepflichtig.

Meldung bei Beschäftigung während des Elterngeldbezugs/der Elternzeit

Die während des Elterngeldbezugs oder der Elternzeit ausgeübte Teilzeitbeschäftigung ist sozialversicherungsrechtlich nach den allgemeinen Grundsätzen zu beurteilen. Dabei spielt es keine Rolle, ob es sich um eine Beschäftigung bei dem gleichen oder einem anderen Arbeitgeber handelt. Besonderheiten können sich ergeben, wenn es sich bei dieser zulässigen Teilzeitbeschäftigung um eine geringfügig entlohnte oder um eine kurzfristige Beschäftigung handelt.

Versicherungspflichtige Beschäftigung beim gleichen Arbeitgeber

Wird während der Elternzeit eine mehr als geringfügige Beschäftigung beim selben Arbeitgeber aufgenommen, ist eine Ende-Meldung abzugeben. Der anzugebende Meldezeitraum endet mit dem Tag vor Aufnahme der Beschäftigung. Nach Beendigung einer solchen Beschäftigung ist erneut eine Beginn-Meldung abzugeben, sofern weiterhin oder erneut Elternzeit besteht.

Für die beim gleichen Arbeitgeber im Rahmen der zulässigen Beschäftigungsstunden ausgeübte Beschäftigung[1] liegt Versicherungspflicht vor. Diese Beschäftigung ist wie jede andere versicherungspflichtige Beschäftigung zu beurteilen. Bei den abzugebenden Meldungen ist zu beachten, dass nach Wiederaufnahme der Beschäftigung das erzielte Arbeitsentgelt nur in Form der Jahresmeldung zu melden ist. Eine Anmeldung ist bei Aufnahme der Beschäftigung nur erforderlich, wenn sich der Beitrags- oder Personengruppenschlüssel ändert.

Beispiel

Eintreten von Versicherungspflicht durch Teilzeitbeschäftigung

Eine Arbeitnehmerin ist seit Jahren bei Arbeitgeber A gegen ein monatliches Arbeitsentgelt von 3.000 EUR beschäftigt. Die Mutterschutzfrist vor der Geburt beginnt am 5.3.2024. Die Mutterschutzfrist nach der Geburt des Kindes endet am 15.6.2024. Im Anschluss daran beginnt die Elternzeit. Am 1.9.2024 beginnt die Arbeitnehmerin beim bisherigen Arbeitgeber A eine zulässige Teilzeitbeschäftigung (25 Stunden wöchentlich bei einem Arbeitsentgelt von 1.500 EUR monatlich).

Ergebnis: Die Arbeitnehmerin ist aufgrund der Beschäftigung vom 1.9.2024 an wieder versicherungspflichtig in allen Versicherungszweigen. Folgende Meldungen sind abzugeben:

1. Unterbrechungsmeldung, Abgabegrund	51
Beschäftigungszeit	1.1. – 4.3.2024
Personengruppenschlüssel	101
Beitragsgruppenschlüssel	1111
beitragspflichtiges Bruttoarbeitsentgelt	6.400 EUR
2. Beginn-Meldung Elternzeit	17
Beginn Elternzeit	16.6.2024
3. Ende-Meldung Elternzeit	37
Beginn und Ende der Elternzeit	16.6. – 31.8.2024
4. Jahresmeldung, Abgabegrund	50
Beschäftigungszeit	1.9. – 31.12.2024
Personengruppenschlüssel	101
Beitragsgruppenschlüssel	1111
beitragspflichtiges Bruttoarbeitsentgelt	6.000 EUR

Bei Aufnahme der Beschäftigung zum 1.9.2024 ist keine Meldung zu erstatten, weil sich weder die Beitragsgruppe noch der Personengruppenschlüssel ändert. Auch ein anderer meldepflichtiger Tatbestand liegt nicht vor.

Geringfügig entlohnte Beschäftigung

Während des Bezugs von Elterngeld oder während der Elternzeit kann eine geringfügig entlohnte Beschäftigung ausgeübt werden. Bezüglich der melderechtlichen Folgen sind Besonderheiten zu beachten. Speziell auf die Elternzeit-Meldungen wirkt sich ein Minijob während der Elternzeit nicht aus.

Für ausschließlich geringfügig beschäftigte Arbeitnehmer muss der Arbeitgeber keine Elternzeit-Meldung abgeben.

Krankenkassenwechsel und Beendigung der Beschäftigung während der Elternzeit

Bei einem Krankenkassenwechsel ist zum Zeitpunkt des Wechsels gegenüber der abgebenden Krankenkasse eine Ende-Meldung und der aufnehmenden Krankenkasse eine Beginn-Meldung abzugeben. Endet das sozialversicherungsrechtliche Beschäftigungsverhältnis während der Elternzeit, ist zusätzlich zur Abmeldung eine Ende-Meldung mit dem Datum des Beschäftigungsendes abzugeben.

Energiepreispauschale

Zur Abmilderung der drastisch gestiegenen Energiekosten durch die Energiekrise wurde die Energiepreispauschale i. H. v. 300 EUR eingeführt. In erster Linie sollte sie ein Ausgleich für die erhöhten erwerbsbedingten Wegeaufwendungen sein. Die Energiepreispauschale wurde aktiv tätigen Erwerbspersonen für den Veranlagungszeitraum 2022 gewährt. Sie stand jedem Anspruchsberechtigten nur einmal zu. Anspruchsberechtigt waren unbeschränkt Steuerpflichtige, die im Veranlagungszeitraum 2022 Einkünfte aus nichtselbstständiger Arbeit (oder Gewinneinkünfte, wie Einkünfte aus Land- und Forstwirtschaft, gewerbliche Einkünfte, Einkünfte aus selbstständiger Tätigkeit) erzielt haben. Voraussetzung bei Arbeitnehmern war, dass sie Arbeitslohn aus einem gegenwärtig ersten Dienstverhältnis erhalten haben. Sie war i. d. R. steuerpflichtig, aber beitragsfrei in der Sozialversicherung, und wurde mit dem individuellen Steuersatz besteuert. Zusätzlich konnten ggf. Kirchensteuer und auch Solidaritätszuschlag anfallen. Neben der Energiepreispauschale für aktiv tätige Erwerbspersonen (Energiepreispauschale I) wurde Ende 2022 zusätzlich die Energiepreispauschale für Versorgungsbezieher und Rentner (Energiepreispauschale II) eingeführt.

1 § 15 Abs. 7 BEEG.

Gesetze, Vorschriften und Rechtsprechung

Lohnsteuer: Die Energiepreispauschale für aktiv tätige Erwerbspersonen wurde für das Jahr 2022 in einem eigenen Abschnitt XV in §§ 112 bis 122 EStG durch das Steuerentlastungsgesetz 2022 v. 23.5.2022, BGBl 2022 I S. 749, gesetzlich geregelt. Die Energiepreispauschale II für Rentner und Versorgungsbeziehende wurde auch gesetzlich für das Jahr 2022 durch das Gesetz zur Zahlung einer Energiepreispauschale an Renten- und Versorgungsbeziehende v. 7.11.2022, BGBl. 2022 I S. 1985, geregelt.

Sozialversicherung: Die Energiepreispauschale ist keine beitragspflichtige Einnahme.

Entgelt	LSt	SV
Energiepreispauschale von 300 EUR	pflichtig	frei

Lohnsteuer

Allgemeines zur Energiepreispauschale

Ziel der Bundesregierung war es, dass die Entlastungspakete so ausgestaltet sind, dass jeweils verschiedene Gruppen die Energiepreispauschale erhalten. So sollten die Arbeitnehmer durch die „Energiepreispauschale I" und Renten- und Versorgungsbeziehende durch die „Energiepreispauschale II" entlastet werden. Erfüllte beispielsweise ein Empfänger mehrere Voraussetzungen, so konnte dieser auch verschiedene Entlastungsmaßnahmen in Anspruch nehmen.

2 Energiepreispauschalen für unterschiedliche Empfänger-Gruppen

Bei der Energiepreispauschale I (entlastete z. B. Arbeitnehmer nach dem Einkommensteuergesetz) und der Energiepreispauschale II (entlastete Bezieher von Renten nach dem Rentenbeziehende-Energiepreispauschalengesetz) handelt es sich um 2 unterschiedliche Entlastungsmaßnahmen. So konnten Personen für beide Pauschalen anspruchsberechtigt sein und diese auch ausgezahlt bekommen. Wurden die Energiepreispauschale I und die Energiepreispauschale II an einen Empfänger ausgezahlt, waren diese insoweit getrennt zu behandeln. In diesem Fall war die Auszahlungen nicht als Doppelzahlung zu betrachten.

Anders bei zu vermeidender Doppelbegünstigung, die sich z. B. ausschließlich auf Doppelzahlungen der Energiepreispauschale I eines Arbeitnehmers nach dem Einkommensteuergesetz bezogen.

„Energiepreispauschale I" für aktiv tätige Erwerbspersonen

Jedem Anspruchsberechtigten wurde einmalig eine steuerpflichtige Energiepreispauschale I i. H. v. 300 EUR auszuzahlen. Der Anspruch auf die Energiepreispauschale I für den Veranlagungszeitraum 2022 entstand am 1.9.2022.[1] Für die Gewährung musste der Arbeitnehmer keinen Antrag bei seinem Arbeitgeber stellen.

Bei Arbeitnehmern unterlag die Energiepreispauschale I als ⇗ sonstiger Bezug dem Lohnsteuerabzug, d. h. von den 300 EUR waren i. d. R. Lohnsteuer und zusätzlich ggf. Kirchensteuer und Solidaritätszuschlag einzubehalten. In der ⇗ Vorsorgepauschale wurde die Energiepreispauschale I jedoch nicht berücksichtigt, da sie beitragsfrei in der Sozialversicherung blieb.

Wichtig

Auszahlungshöhe der Energiepreispauschale I

Bei dem Betrag von 300 EUR handelte es sich um einen steuerpflichtigen sonstigen Bezug, der bei den Arbeitnehmern die Einkünfte aus nichtselbstständiger Arbeit erhöhte. Die Energiepreispauschale I unterlag i. d. R. mit dem individuellen Steuersatz dem Lohnsteuerabzug. Daher kann der Auszahlungsbetrag geringer ausfallen.

1 §§ 112, 114 EStG.

Ausnahme: Für geringfügig Beschäftigte steuerfrei

Die Energiepreispauschale I stellte jedoch keine steuerpflichtige Einnahme dar, soweit der Arbeitnehmer ausschließlich pauschal besteuerten Arbeitslohn aus einer kurzfristig oder geringfügig entlohnten Beschäftigung oder als Aushilfskraft in der Land- und Forstwirtschaft erzielt hatte, d. h., der Arbeitnehmer hatte im gesamten Jahr 2022 keine weiteren anspruchsberechtigten Einkünfte erzielt, wie Einkünfte aus nichtselbstständiger Arbeit (oder aber Einkünfte aus Land- und Forstwirtschaft, gewerbliche Einkünfte bzw. Einkünfte aus selbstständiger Tätigkeit).[2]

Wichtig

Energiepreispauschale I darf nur einmalig ausgezahlt werden

Die Energiepreispauschale I stand jeder aktiv tätigen Erwerbsperson nur einmal für den Veranlagungszeitraum 2022 zu. Erzielte ein Arbeitnehmer neben seinem Arbeitslohn auch Gewinneinkünfte, erhöhte die Energiepreispauschale I vorrangig die Einkünfte aus nichtselbstständiger Arbeit um 300 EUR.

Per Fiktion wurde die Energiepreispauschale I bei Arbeitnehmern den Einkünften aus nichtselbstständiger Arbeit nach § 19 EStG hinzugerechnet. Sie war dem Bruttoarbeitslohn hinzuzurechnen, weil diese als sonstiger Bezug dem Lohnsteuerabzug unterlag.

Zusätzliche Berücksichtigung steuerlicher Regelungen

Die Auszahlung der Energiepreispauschale I erfolgte neben weiteren geltenden steuerlichen Regelungen, wie z. B. dem Jobticket, der Pendlerpauschale, der Mobilitätsprämie oder steuerfreien Arbeitgebererstattungen.

Anspruch

Anspruchsberechtigte Erwerbstätige

In erster Linie sollte die Energiepreispauschale I ein Ausgleich für die drastisch gestiegenen erwerbsbedingten Wegeaufwendungen sein. Es sollten diejenigen entlastet werden, denen typischerweise Fahrtkosten entstehen, die im Zusammenhang mit ihrer Einkunftserzielung stehen. Der Anspruch auf die Energiepreispauschale I war somit auf Erwerbstätige begrenzt, die ⇗ unbeschränkt einkommensteuerpflichtig waren und im Veranlagungszeitraum 2022

- Einkünfte aus einer aktiven nichtselbstständigen Arbeit[3],
- Einkünfte aus Land- und Forstwirtschaft,
- Einkünfte aus einer selbstständigen Tätigkeit oder
- Einkünfte aus Gewerbebetrieb bezogen haben.

Voraussetzung für die Energiepreispauschale war der Bezug von Einnahmen, die zu den begünstigten Einkünften gehörten. Unerheblich war jedoch, ob die Einnahmen steuerpflichtig oder steuerfrei waren.

Anspruchsberechtigte Arbeitnehmer

Anspruchsberechtigt waren Arbeitnehmer, die

- in Deutschland ⇗ unbeschränkt einkommensteuerpflichtig waren und
- Arbeitslohn aus einem aktiven ersten Dienstverhältnis erzielten,

also z. B. Angestellte, Arbeiter, Bufdis (Freiwillige i. R. d. Bundesfreiwilligendienstes), Menschen mit Behinderungen (die in einer Werkstatt für Menschen mit Behinderungen tätig sind), Beamte, Soldaten, Richter, Vorstände und Geschäftsführer mit Einkünften aus nichtselbstständiger Arbeit oder Minister.

Unerheblich war, ob ein Arbeitnehmer in Voll- oder Teilzeit beschäftigt war oder es sich um kurzfristig oder geringfügig entlohnte Beschäftigte sowie Aushilfskräfte in der Land- und Fortswirtschaft handelte (unabhängig davon, ob der Arbeitgeber die Lohnsteuer pauschal oder individuell nach den Lohnsteuerabzugsmerkmalen erhebt). Anspruchsberechtigt waren z. B. auch Arbeitnehmer die

2 § 119 Abs. 1 Satz 2 EStG.
3 § 19 Abs. 1 Satz 1 Nr. 1 EStG.

- dem ↗ Progressionsvorbehalt unterliegende ↗ Lohnersatzleistungen bezogen haben, wie Kurzarbeitergeld, Insolvenzgeld, Krankengeld, Verdienstausfallgeld nach dem Infektionsschutzgesetz (Voraussetzung ist, die Arbeitnehmer sind in einem aktiven ersten Dienstverhältnis);
- vom Arbeitgeber einen Zuschuss zum Mutterschaftsgeld bekommen haben;
- Elterngeld nach dem Bundeselterngeld- und Elternzeitgesetz bezogen haben;
- Werkstudenten und Studenten im entgeltlichen Praktikum.

Grenzgänger / Grenzpendler

Anspruchsberechtigt waren auch in Deutschland unbeschränkt einkommensteuerpflichtige Grenzgänger und Grenzpendler. Unbeschränkt einkommensteuerpflichtig waren Personen, die im gesamten Jahr 2022 oder auch nur für einen Teil des Jahres 2022 in Deutschland einen Wohnsitz oder gewöhnlichen Aufenthalt hatten. Da diese in Deutschland lebten, hatten sie im Jahr 2022 grundsätzlich einen Anspruch auf die Energiepreispauschale, z. B. wenn sie bei einem inländischen Arbeitgeber beschäftigt waren und als Arbeitnehmer Einkünfte aus einer aktiven nichtselbstständigen Arbeit bezogen haben. I. d. R. zahlte der inländische Arbeitgeber die Energiepreispauschale aus.

Ein Arbeitnehmer (als Grenzgänger und Grenzpendler) konnte auch die Energiepreispauschale erhalten, wenn er bei einem Arbeitgeber im Ausland beschäftigt war. In diesem Fall zahlte aber nicht der ausländische Arbeitgeber die Energiepreispauschale aus. Der Arbeitnehmer kann die Energiepreispauschale über die Abgabe einer Einkommensteuererklärung für den Veranlagungszeitraum 2022 erhalten.

Keinen Anspruch auf die Energiepreispauschale hatten insbesondere beschränkt einkommensteuerpflichtige Grenzpendler, da sie weder einen Wohnsitz noch einen gewöhnlichen Aufenthalt im Inland hatten. Damit wurde ihnen keine Energiepreispauschale ausgezahlt.

GmbH-Gesellschafter-Geschäftsführer

Auch einem GmbH-Gesellschafter-Geschäftsführer war eine Energiepreispauschale I von 300 EUR auszuzahlen, wenn der Gesellschafter-Geschäftsführer

- zum 1. September 2022
- in einem gegenwärtigen ersten Dienstverhältnis stand und
- in eine der Steuerklassen I bis V eingereiht war oder
- als geringfügig Beschäftigter pauschal besteuerten Arbeitslohn (§ 40a Abs. 2 EStG) bezog.

Bei einem Gesellschafter-Geschäftsführer einer GmbH konnte eine Auszahlung einer deklarierten steuerpflichtigen Energiepreispauschale I zu einer verdeckten Gewinnausschüttung führen. Eine verdeckte Gewinnausschüttung kann vorliegen, wenn für die Zahlung keine überzeugenden betrieblichen Gründe vorliegen, sondern eine Veranlassung durch das Gesellschaftsverhältnis gegeben ist. Dies kann sein, wenn ein Vorteil aufgrund eines geschlossenen Vertrags zwischen der GmbH (vertreten durch einen gewissenhaften Geschäftsleiter) und dem Gesellschafter-Geschäftsführer, wie z. B. unangemessen hohe Geschäftsführergehälter, einem Nichtgesellschafter unter sonst gleichen Umständen nicht gewährt worden wäre. D. h., dieser Geschäftsleiter würde gegenüber einer Person, die nicht Gesellschafter-Geschäftsführer ist, eine Vermögensmehrung oder -minderung unter sonst gleichen Umständen zu vergleichbaren Konditionen versagen.

Beispiel

Sonderzahlungen an GmbH-Gesellschafter-Geschäftsführer

Die GmbH zahlt ihrem Gesellschafter-Geschäftsführer im September 2022 eine Energiepreispauschale I von 1.300 EUR zur Abmilderung der drastisch gestiegenen Energiekosten durch die Energiekrise.

Ergebnis: Bei dem Gesellschafter-Geschäftsführer unterliegt die Energiepreispauschale I von lediglich 300 EUR als sonstiger Bezug dem Lohnsteuerabzug. D. h., dass auch nur von max. 300 EUR i. d. R. Lohnsteuer und zusätzlich ggf. Kirchensteuer und Solidaritätszuschlag einzubehalten sind. In der Vorsorgepauschale wird die Energiepreispauschale I von 300 EUR jedoch nicht berücksichtigt, da sie beitragsfrei in der Sozialversicherung bleibt.

Darüber hinaus hat die GmbH dem Gesellschafter-Geschäftsführer weitere 1.000 EUR mit der Begründung „zur Abmilderung der drastisch gestiegenen Energiekosten durch die Energiekrise“ ausgezahlt. Es handelt sich bei den 1.000 EUR um eine verdeckte Gewinnausschüttung, da für diese Zahlung keine vertragliche Vereinbarung oder andere rechtliche Verpflichtung zwischen der GmbH und dem Gesellschafter-Geschäftsführer geschlossen worden ist.

Die zusätzlich gewährten 1.000 EUR unterliegen nicht als sonstiger Bezug dem Lohnsteuerabzug (sowie ggf. Kirchensteuer und Solidaritätszuschlag). Die verdeckte Gewinnausschüttung rechnet zu den Einkünften aus Kapitalvermögen.[1] Damit unterliegt die verdeckte Gewinnausschüttung dem Abgeltungssteuersatz von 25 % oder dem Teileinkünfteverfahren[2] mit teilweiser Steuerbefreiung. Zusätzlich muss die GmbH Gewerbesteuer auf den verdeckt ausgeschütteten Betrag entrichten.

Fließt einer Person, die einem GmbH-Gesellschafter-Geschäftsführer nahesteht, eine verdeckte Gewinnausschüttung zu, ist diese verdeckte Gewinnausschüttung steuerrechtlich stets dem Gesellschafter-Geschäftsführer als Einnahme zuzurechnen. Es sei denn, die nahestehende Person ist selbst Gesellschafter oder Gesellschafter-Geschäftsführer dieser GmbH. Unerheblich ist, ob der betreffende Gesellschafter-Geschäftsführer selbst einen Vermögensvorteil erlangt.

Nicht anspruchsberechtigte Arbeitnehmer

Keinen Anspruch auf eine Energiepreispauschale I hatten

- Rentner und Empfänger von Versorgungsbezügen (wie Pensionäre), soweit diese ausschließlich Einnahmen aus einem vergangenen Dienstverhältnis erzielten,
- beschränkt steuerpflichtige Grenzpendler,
- Bezieher von Sozialleistungen, soweit diese ausschließlich Sozialleistungen im Veranlagungszeitraum 2022 bezogen haben, die nicht im Zusammenhang mit einem aktiven „ersten“ Dienstverhältnis standen, wie das Arbeitslosengeld I, sowie
- Bezieher von Erwerbsminderungsrenten.

Rentner, Pensionäre und Bezieher von Erwerbsminderungsrenten waren nur dann anspruchsberechtigt und konnten eine Energiepreispauschale I erhalten, wenn sie neben den Renten- bzw. Pensionseinnahmen beispielsweise auch Arbeitslohn aus einem gegenwärtig ersten Dienstverhältnis bzw. aus einem geringfügig entlohnten Minijob bezogen.

Beispiel

Auszahlung der Energiepreispauschale I nur bei gegenwärtig aktivem „ersten“ Dienstverhältnis

Arbeitnehmer A (Steuerklasse III) und Rentnerin B sind verheiratet. A ist am 1.9.2022 in einem aktiven ersten Dienstverhältnis bei Arbeitgeber C. Im September 2022 zahlt Arbeitgeber C dem Arbeitnehmer A neben seinem monatlichen Arbeitslohn auch die Energiepreispauschale I von 300 EUR aus.

Ergebnis: Arbeitnehmer A hat Anspruch auf Auszahlung einer Energiepreispauschale I, da er

1. im Zeitpunkt der Entstehung am 1.9.2022 bei Arbeitgeber C angestellt ist und
2. sich in einem aktiven ersten Dienstverhältnis mit Steuerklasse III befindet.

Die Höhe des Lohnsteuerabzugs richtet sich nach den ELStAM.

1 § 20 Abs. 1 Nr. 1 EStG.

2 § 3 Nr. 40 Buchst. d EStG.

Rentnerin B hat keinen Anspruch auf Auszahlung einer Energiepreispauschale I, da diese im Veranlagungszeitraum 2022 weder Arbeitslohn aus einem aktiven ersten Dienstverhältnis noch Gewinneinkünfte erzielt hat.

War im Falle einer Zusammenveranlagung nur ein Ehegatte/Lebenspartner für die Energiepreispauschale I anspruchsberechtigt, wurde die Energiepreispauschale I auch nur einmal gewährt. Unerheblich war, dass bei einer Zusammenveranlagung beide Eheleute/Lebenspartner einen zusammengefassten Einkommensteuer- oder Vorauszahlungsbescheid erhalten. Waren beide Ehegatten/Lebenspartner anspruchsberechtigt, so wurde die Energiepreispauschale I auch beiden gewährt.

Hinweis

Aktuelle Anwendungsfragen im FAQ-Katalog „Energiepreispauschale" des BMF

Nach Verkündung des Steuerentlastungsgesetzes hatten das Bundesministerium der Finanzen und die obersten Finanzbehörden der Länder einen Fragen-/Antwortenkatalog veröffentlicht, welcher zu steuerlichen Fragen im Zusammenhang mit der Energiepreispauschale I Stellung genommen hat. Dieser wurde mehrfach aktualisiert.[1] So war es für Arbeitgeber möglich, zeitnah auf aktuelle Fragestellungen zu reagieren. Die FAQ stellen insofern kein BMF-Schreiben im herkömmlichen Sinne dar. Vielmehr kommen Bund und Länder überein, wie mit einzelnen Problemstellungen umzugehen ist. Da es sich bei den FAQ nicht um ein BMF-Schreiben handelt, ist die Finanzverwaltung nicht an diese Weisungen gebunden. Zu entscheiden haben demnach im Einzelfall die Finanzämter.

Auszahlung durch den Arbeitgeber

Voraussetzungen

Der Anspruch auf die Energiepreispauschale I für den begünstigten Veranlagungszeitraum 2022 entstand am 1.9.2022. Der Entstehungszeitpunkt am 1.9.2022 war von Bedeutung für die Frage, wer die Energiepreispauschale I auszahlt.

Über die Lohnabrechnung des Arbeitgebers bzw. Dienstherrn sollten nur aktiv tätige Arbeitnehmer entlastet werden, die die folgenden Voraussetzungen erfüllten[2]:

1. Das Beschäftigungsverhältnis bestand zum Stichtag 1.9.2022.
2. Der Arbeitnehmer bezog Arbeitslohn aus
   a) einem gegenwärtig ersten Dienstverhältnis mit Lohnsteuerklasse I bis V oder
   b) einer geringfügig entlohnten Beschäftigung und es handelte sich um das erste Dienstverhältnis.

Auch in den Fällen des Bezugs von ⇗ Lohnersatzleistungen, die zum Bezug der Energiepreispauschale I berechtigt haben (z. B. Krankengeld, Elterngeld, Kurzarbeitergeld), musste der Arbeitgeber die Energiepreispauschale I an den Arbeitnehmer auszahlen. Voraussetzung musste in diesem Fall sein, dass die Auszahlung dieser Lohnersatzleistung lediglich den Anspruch auf Auszahlung des Arbeitslohns unterbrochen hatte.

Besteht ein Anspruch auf die Energiepreispauschale I, aber die Auszahlung erfolgte nicht durch den Arbeitgeber, kann der Arbeitnehmer für den Veranlagungszeitraum 2022 die Energiepreispauschale I über die Abgabe der Einkommensteuererklärung erhalten.

Auszahlungspflichtige Arbeitgeber

Bei den Arbeitgebern, die eine Energiepreispauschale I an ihre Arbeitnehmer auszahlen, musste es sich um inländische Arbeitgeber[3] handeln. Nicht unterschieden wurde hingegen, ob die Zahlung von öffentlich-rechtlichen oder privaten Arbeitgebern geleistet wurde. So mussten auch öffentlich-rechtliche Arbeitgeber die Energiepreispauschale I gleichermaßen zahlen wie private Arbeitgeber.

Zweifelsfragen und Klageverfahren

Der Entstehungszeitpunkt am 1.9.2022 war von Bedeutung für die Frage „Wer zahlt die Energiepreispauschale I aus?". Bei einem Arbeitgeberwechsel oder bei Kündigung des Arbeitnehmers kam es also darauf an, ob zum Stichtag 1.9.2022 ein aktives erstes Beschäftigungsverhältnis vorlag.

Ein Arbeitsverhältnis wird steuerlich anerkannt, soweit es ernsthaft vereinbart und entsprechend dieser Vereinbarung tatsächlich durchgeführt wird. Der Vertrag muss zivilrechtlich wirksam abgeschlossen sein. Im Falle eines ⇗ Ehegatten-Arbeitsverhältnisses oder Arbeitsverhältnis unter nahen Angehörigen musste die Gewährung der Energiepreispauschale auch unter Fremden üblich sein (sog. Fremdvergleichsgrundsatz).

Für Klagen betreffend die Energiepreispauschale I sind die Finanzgerichte zuständig und nicht der Arbeitsrechtsweg eröffnet. Allerdings muss das Finanzamt und nicht der Arbeitgeber verklagt werden.[4]

Rückforderung durch den Arbeitgeber

Hat der Arbeitgeber die Energiepreispauschale I ausgezahlt, obwohl der Arbeitnehmer nicht anspruchsberechtigt war oder die Voraussetzungen für die Auszahlung nicht erfüllt waren, muss die zu Unrecht ausgezahlte Energiepreispauschale I zurückgefordert und die Refinanzierung in der betreffenden Lohnsteuer-Anmeldung korrigiert werden.

Die Korrektur einer durch den Arbeitgeber zu Unrecht gewährten Energiepreispauschale I erfolgt auch nach Ausstellung der Lohnsteuerbescheinigung für 2022 unmittelbar durch den Arbeitgeber. Eine Korrektur der Lohnsteuerbescheinigung erfolgt in diesen Fällen aber nicht.

Allerdings wird der vom Arbeitgeber für 2022 bescheinigte Arbeitslohn um die zurückgezahlte Energiepreispauschale I gemindert. Die Minderung des Arbeitslohns erfolgt unabhängig vom Zeitpunkt der Rückzahlung zwingend im Rahmen der Einkommensteuerveranlagung für das Jahr 2022. Dazu müssen betroffene Arbeitnehmer gegenüber dem Finanzamt glaubhaft machen, dass sie die Energiepreispauschale I zurückgezahlt haben, z. B. durch eine Bestätigung des Arbeitgebers.[5]

Minijobs und mehrere Dienstverhältnisse

Die Energiepreispauschale I von 300 EUR konnte nur für das erste Dienstverhältnis ausgezahlt werden. Folglich konnte die Energiepreispauschale I nicht für jedes weitere Dienstverhältnis ausgezahlt werden. Der Arbeitnehmer musste insoweit in eine der Steuerklassen I bis V eingereiht sein.

Energiepreispauschale I für Minijobber

Auch eine geringfügig entlohnte Beschäftigung (Minijob) kann ein erstes Dienstverhältnis sein. Voraussetzung ist, dass der Minijob bei der Minijob-Zentrale angemeldet worden ist und der Arbeitgeber dem Minijobber für seine tatsächlich geleistete Arbeit den Arbeitslohn gezahlt bzw. für eine geringfügig entlohnte Beschäftigung pauschal versteuert[6] hat.

Achtung

Nachweis des ersten Dienstverhältnisses vom Minijobber

Der Minijobber musste seinem Arbeitgeber schriftlich bestätigen, dass es sich bei der geringfügig entlohnten Beschäftigung um ein erstes Dienstverhältnis gehandelt hat. Diese Bestätigung des Minijobbers musste der Arbeitgeber zum ⇗ Lohnkonto nehmen.

Gibt der Minijobber für das Kalenderjahr 2022 eine Einkommensteuererklärung ab, muss dieser in seiner Einkommensteuererklärung auch erklären, dass der Arbeitgeber an ihn die Energiepreispauschale I ausgezahlt hat.

1 BMF, FAQ „Energiepreispauschale", zuletzt aktualisiert am 17.10.2023.
2 § 117 EStG.
3 § 38 Abs. 1 Satz 1 Nr. 1 EStG.
4 FG Münster, Beschluss v. 5.9.2023, 11 K 1588/23 Kg (PKH).
5 BMF, FAQ „Energiepreispauschale", Tz. VI.6.1 und VI.6.2.
6 § 40a Abs. 2 EStG.

Hatte der Minijobber beispielsweise zu seinen gegenwärtigen Dienstverhältnissen keine Angaben gegenüber seinem Arbeitgeber gemacht, erfolgte keine Auszahlung der Energiepreispauschale I durch den Arbeitgeber. Lagen die Anspruchsvoraussetzungen vor und es handelte sich bei dem Minijobber tatsächlich um ein aktives erstes Dienstverhältnis, so bekommt der Minijobber die 300 EUR dann über die Abgabe der Einkommensteuererklärung für das Jahr 2022 im Rahmen der Einkommensteuerveranlagung.

Wichtig

Falschangabe zum Dienstverhältnis ist strafbar

Macht ein Arbeitnehmer falsche Angaben, um die Energiepreispauschale I von 300 EUR mehrfach ausbezahlt zu bekommen, greifen die Straf- und Bußgeldvorschriften der Abgabenordnung.[1] Das wäre z. B. der Fall, wenn ein Minijobber bei verschiedenen Arbeitgebern schriftlich bestätigt hat, dass es sich jeweils um ein gegenwärtig erstes Dienstverhältnis handelte.

Ehrenamtlich Tätige

Ehrenamtlich Tätige können Einkünfte aus nichtselbstständiger Arbeit (oder aus selbstständiger Arbeit oder Gewerbebetrieb) erzielen. Daher ist zunächst nach den allgemeinen steuerlichen Regeln die Frage zu klären, welche Einkunftsart erzielt wird. Ein Übungsleiter unterliegt z. B. den Weisungen des Vereins und ist damit in den Betrieb des Vereins eingebunden, so ist dieser Arbeitnehmer und erzielt Einkünfte aus nichtselbstständiger Arbeit. Es ist insoweit zu beachten, dass es demnach z. B. nicht auf die Höhe und auf die Steuerpflicht des Arbeitslohns ankommt.

Die Frage, ob und wie die Energiepreispauschale I für ehrenamtliche Übungsleiter zu gewähren war, kann den FAQ des BMF zur Energiepreispauschale entnommen werden[2]; siehe hierzu auch unter Abschn. II Nr. 2: „Anspruchsberechtigt sind u. a. nachfolgende Personen: […] Personen, die ausschließlich steuerfreien Arbeitslohn beziehen (z. B. ehrenamtlich tätige Übungsleiter oder Betreuer)".

Auszahlungszeitpunkt

Hat der Arbeitgeber eine Energiepreispauschale I an seine Arbeitnehmer ausgezahlt, so konnte der Arbeitgeber die Energiepreispauschale I gesondert vom Gesamtbetrag der einzubehaltenden Lohnsteuer wie folgt entnehmen:

- Soweit der Arbeitgeber zur monatlichen Abgabe der Lohnsteuer-Anmeldung verpflichtet ist (mit der Lohnsteuer-Anmeldung für August 2022), musste er die Energiepreispauschale I im September 2022 an seine Arbeitnehmer auszahlen.[3]
- Soweit der Arbeitgeber zur vierteljährlichen Abgabe der Lohnsteuer-Anmeldung verpflichtet ist (mit der Lohnsteuer-Anmeldung für das 3. Quartal 2022), konnte er abweichend die Energiepreispauschale I im Oktober 2022 an seine Arbeitnehmer auszahlen.[4]
- Soweit der Arbeitgeber zur jährlichen Abgabe der Lohnsteuer-Anmeldung verpflichtet ist (mit der Lohnsteuer-Anmeldung für das Kalenderjahr 2022), konnte er auf die Auszahlung der Energiepreispauschale I an seine Arbeitnehmer verzichten.[5] Verzichtete der Arbeitgeber auf die Auszahlung der Energiepreispauschale I, erhalten die betroffenen Arbeitnehmer die Energiepreispauschale I über die Abgabe der Einkommensteuererklärung für das Jahr 2022 im Rahmen der Einkommensteuerveranlagung.

Eine tabellarische Übersicht über den Auszahlungs- und Absetzungszeitraum in der Lohnsteuer-Anmeldung ist unter Abschn. 8.1 zu finden.

1 § 121 EStG.
2 FAQ Energiepreispauschale (EPP) des BMF.
3 § 117 Abs. 2 Satz 1 EStG.
4 § 117 Abs. 3 Satz 1 EStG.
5 § 117 Abs. 3 Satz 3 EStG.

Wichtig

Auszahlung der Energiepreispauschale I mit Wahlrecht für Arbeitgeber

Ein Großteil der Anspruchsberechtigten wurde über eine Auszahlung durch den Arbeitgeber im September 2022 entlastet. Abweichend davon konnte ein Arbeitgeber seinen Arbeitnehmern eine Energiepreispauschale I im Oktober 2022 auszahlen, wenn der Arbeitgeber die Lohnsteuer-Anmeldung vierteljährlich abgibt.

Ein Arbeitgeber konnte auf die Auszahlung einer Energiepreispauschale I verzichten, wenn er die Lohnsteuer-Anmeldung jährlich abgibt. In diesem Fall können die Arbeitnehmer die Energiepreispauschale I über die Einkommensteuerveranlagung 2022 beantragen.

Hinweis

Arbeitgeber hat nicht in jedem Fall die Energiepreispauschale I ausgezahlt

In Ausnahmefällen hat der Arbeitgeber an seinen Arbeitnehmer die Energiepreispauschale I nicht ausgezahlt. Dies konnte sein, wenn:

1. ein Arbeitgeber nicht zur Abgabe einer Lohnsteuer-Anmeldung verpflichtet war, weil beispielsweise die Arbeitslöhne an seine Arbeitnehmer so gering waren, dass keine Lohnsteuer einbehalten wurde, oder der Arbeitgeber nur geringfügig Beschäftigte angestellt hatte, bei denen die Lohnsteuer pauschal[6] erhoben wurde);
2. ein Arbeitgeber auf die Auszahlung der Energiepreispauschale I verzichtet hat, weil dieser die Lohnsteuer-Anmeldung für den Anmeldezeitraum „Kalenderjahr" an das Finanzamt abgeben musste;
3. ein Arbeitnehmer seinem Arbeitgeber im Falle der Pauschalbesteuerung seines Minijobs[7] nicht schriftlich bestätigt hatte, dass es sich um sein erstes Dienstverhältnis handelte oder
4. ein Arbeitnehmer kurzfristig beschäftigt oder eine Aushilfskraft in der Land- und Forstwirtschaft war.

Sind Arbeitnehmer anspruchsberechtigt, der Arbeitgeber hat aber beispielsweise aus den vorgenannten Gründen die Energiepreispauschale I nicht ausgezahlt, können die Arbeitnehmer die Energiepreispauschale I über die Abgabe einer Einkommensteuererklärung für das Jahr 2022 erhalten.

Keine Auszahlung in Teilbeträgen oder Ratenzahlung

Der Arbeitgeber musste seinen Arbeitnehmern die Energiepreispauschale I i. H. v. 300 EUR in einem Gesamtbetrag auszahlen. Folglich war eine Auszahlung in Raten oder Teilbeträgen an den Arbeitnehmer nicht zulässig.

Kürzung der Einkommensteuer-Vorauszahlung bei Nicht-Arbeitnehmern

Anspruchsberechtigten, wie Selbstständigen oder Gewerbetreibenden, die keinen Arbeitslohn aus einem aktiven ersten Dienstverhältnis bezogen, wurde die Einkommensteuer-Vorauszahlung für das 3. Quartal 2022 um 300 EUR reduziert (die Kürzung erfolgte von Amts wegen).

Versäumnis der fristgerechten Auszahlung

Arbeitgeber mussten ihren Arbeitnehmern die Energiepreispauschale I grundsätzlich im September 2022 auszahlen. Voraussetzung für die Auszahlung der Energiepreispauschale I war, dass diese Arbeitnehmer beim Arbeitgeber am 1.9.2022 in einem gegenwärtig ersten Dienstverhältnis standen.

Lagen jedoch bei einem Arbeitgeber organisatorische oder abrechnungstechnische Gründe vor, die eine fristgerechte Auszahlung im September 2022 unmöglich machten, bestanden keine Bedenken, wenn der Arbeitgeber die Energiepreispauschale I von 300 EUR mit der Lohn-/Gehalts- oder Bezügemitteilung für einen späteren Abrechnungszeitraum des Jahres 2022 ausgezahlt hat.

6 § 40a Abs. 2 EStG.
7 § 40a Abs. 2 EStG.

Die Auszahlung der Energiepreispauschale I muss spätestens bis zur Erstellung und Übermittlung der Lohnsteuerbescheinigung für den Arbeitnehmer erfolgen, d. h. bis zum 28.2.2023 oder aber entsprechend bei vorzeitiger Beendigung des Dienstverhältnisses. Die Refinanzierung der Energiepreispauschale I durch den Arbeitgeber erfolgt über eine korrigierte Lohnsteuer-Anmeldung, beispielsweise für den Monat August 2022 bei monatlicher Abgabe der Lohnsteuer-Anmeldung.

Abgabe einer Einkommensteuererklärung

I. d. R. sind Arbeitnehmer nicht zur Abgabe einer Einkommensteuererklärung verpflichtet. Erhält ein Arbeitnehmer jedoch zusätzlich zum Arbeitslohn eine Lohnersatzleistung von mindestens 410 EUR, wie Kurzarbeitergeld oder Krankengeld, so ist dieser zur Abgabe einer Einkommensteuererklärung verpflichtet. Zur Abgabe verpflichtet sind aber auch zusammenveranlagte Ehepaare/Lebenspartner mit den Steuerklassenkombinationen III/V oder Steuerklasse IV mit Faktor bzw. wenn einer von beiden die Steuerklasse VI hat.

Hat ein Arbeitgeber die Energiepreispauschale I an seinen Arbeitnehmer ausgezahlt, verpflichtet allein die Auszahlung der Energiepreispauschale I nicht zur Abgabe einer Einkommensteuererklärung.

Auch allein der Anspruch auf die Auszahlung der Energiepreispauschale I verpflichtet nicht zur Abgabe einer Einkommensteuererklärung. So kann der Arbeitnehmer die Energiepreispauschale I mit der Abgabe einer Einkommensteuererklärung für das Jahr 2022 beantragen, wenn sein Arbeitgeber ihm keine Energiepreispauschale I ausgezahlt hat. Gründe dafür können sein, dass der Arbeitnehmer (Minijobber) seinem Arbeitgeber nicht schriftlich bescheinigt hat, dass es sich um sein erstes Dienstverhältnis gehandelt hat oder der Arbeitnehmer lediglich kurzfristig Beschäftigter oder Aushilfskraft in der Land- und Forstwirtschaft war.

Anders, wenn die Einkommensteuer-Vorauszahlung für das 3. Quartal 2022 gemindert wurde, weil die Energiepreispauschale I über die Vorauszahlungen ausgezahlt wurde. In diesem Fall ist der Steuerpflichtige zur Abgabe einer Einkommensteuererklärung für das Jahr 2022 verpflichtet.

Nicht gemindert wurden jedoch die Einkommensteuer-Vorauszahlungen für das 3. Quartal 2022, soweit neben den anspruchsberechtigten Einkünften aus einer aktiven ersten Beschäftigung auch Gewinneinkünfte erzielt wurden. Vermieden werden sollte insoweit eine Doppelzahlung, da der Arbeitgeber die Energiepreispauschale I i. d. R. bereits mit dem Gehalt für September 2022 ausgezahlt hat. (Ab dem 4. Quartal 2022 sind regelmäßig die bisher festgesetzten Einkommensteuer-Vorauszahlungen zu entrichten.)

Korrektur der mehrfachen Auszahlung über Einkommensteuerveranlagung

In Einzelfällen konnte es vorkommen, dass die Einkommensteuer-Vorauszahlungen für das 3. Quartal 2022 doch automatisch gemindert und die Energiepreispauschale I doppelt ausgezahlt worden ist. Zum einen hat der Arbeitgeber diese ausgezahlt und zum anderen sind die Einkommensteuer-Vorauszahlungen automatisch herabgesetzt worden. Durch die verpflichtende Abgabe der Einkommensteuererklärung wird das Finanzamt die mehrfache Auszahlung der Energiepreispauschale I im Rahmen der Einkommensteuerveranlagung für das Jahr 2022 korrigieren. Unerheblich ist, dass der Arbeitnehmer auch Einkünfte aus selbstständiger Tätigkeit erzielt hat.

Härteausgleich

Eine Festsetzung über das Veranlagungsverfahren erfolgt z. B., wenn am 1.9.2022 kein aktives Dienstverhältnis vorlag. Zusammen mit der Auszahlung erhöht das Finanzamt aber im Veranlagungsverfahren den vom Arbeitgeber mit der Lohnsteuerbescheinigung übermittelten Bruttoarbeitslohn um 300 EUR. Fraglich ist aber, ob die nachträgliche Gewährung zu einer steuerlichen Belastung führt. Bei der Veranlagung ist nämlich ein Betrag in Höhe der steuerpflichtigen Einkünfte, von denen der Steuerabzug vom Arbeitslohn nicht vorgenommen worden ist, vom Einkommen abzuziehen, wenn diese Einkünfte insgesamt nicht mehr als 410 EUR betragen (sog. Härteausgleich).[1] Die Finanzverwaltung wendet diese Regelung auf die Energiepreispauschale I an, die damit in einigen Fällen doch steuerunbelastet bleiben kann. Sind die Nebeneinkünfte inklusive Pauschale höher als 410 EUR, wird der Härteausgleich abgeschmolzen. Bei Eheleuten, die gemeinsam eine Steuererklärung einreichen, verdoppelt sich die 410-EUR-Grenze nicht.[2]

Aufzeichnungs- und Nachweispflichten

Die Energiepreispauschale I musste im ↗ Lohnkonto aufgezeichnet werden[3], sodass sie bei einer künftigen Lohnsteuer-Außenprüfung als solche zu erkennen ist und die Rechtsgrundlage für die Zahlung bei Bedarf geprüft werden kann. Darüber hinaus ist die ausgezahlte Energiepreispauschale I in der elektronischen ↗ Lohnsteuerbescheinigung[4] mit dem Großbuchstaben E auszuweisen.[5]

Hat der Arbeitgeber die Energiepreispauschale I nur an geringfügig beschäftigte Arbeitnehmer ausgezahlt, für die er die Lohnsteuer pauschal[6] erhoben hat, musste er keine Lohnsteuerbescheinigung ausstellen.

Wichtig

Bestätigung vom Minijobber notwendig

Ein Arbeitgeber konnte eine Energiepreispauschale I von 300 EUR an seinen geringfügig entlohnten Beschäftigten[7] nur auszahlen, soweit der Arbeitgeber mittels schriftlicher Erklärung seines Arbeitnehmers dokumentieren kann, dass es sich um dessen erstes Dienstverhältnis handelte. Diese Erklärung musste zum Lohnkonto genommen werden.

Abwicklung in Lohnsteuer-Anmeldung

Auszahlung/Einbehalt in Lohnsteuer-Anmeldung

Arbeitgeber konnten sich die gezahlte Energiepreispauschale I über die ↗ Lohnsteuer-Anmeldung zurückholen. Den ausgezahlten Betrag für die Energiepreispauschale I hat der Arbeitgeber vom Gesamtbetrag der einzubehaltenden Lohnsteuer entnommen, die bei

- monatlichem Anmeldezeitraum (Kalendermonat) i. d. R. bis zum 10.9.2022 (Samstag), tatsächlich bis zum 12.9.2022 (Montag),
- vierteljährlichem Anmeldezeitraum (Kalendervierteljahr) bis zum 10.10.2022 und
- jährlichem Anmeldezeitraum (Kalenderjahr) bis zum 10.1.2023

anzumelden und abzuführen war.[8]

Die Energiepreispauschale I ist mit einer zusätzlichen Kennzahl 35 in der Lohnsteuer-Anmeldung aufgenommen worden. Diese Kennzahl 35 galt nur für die Lohnsteuer-Anmeldungszeiträume August 2022, 3. Quartal 2022 und Jahresanmeldung 2022.

Übersicht über Auszahlung und Einbehalt

Anmeldezeitraum der LStA	Auszahlungszeitpunkt	Absetzen in der LStA
Monatlich	September	August (bis zum 12.9.2022)
Vierteljährlich	Wahlrecht September/Oktober	3. Quartal (bis zum 10.10.2022)
Jährlich	Wahlrecht zum Verzicht	Kalenderjahr (bis zum 10.1.2023)

1 § 46 Abs. 3 Satz 1 EStG.
2 Bundesverband Lohnsteuerhilfevereine (BVL), Pressemitteilung v. 17.10.2023.
3 § 4 Abs. 2 Nr. 4 LStDV.
4 BMF, Schreiben v. 18.8.2021, IV C 5 – S 2533/19/10030 :003, BStBl 2021 I S. 1079, geändert durch BMF, Schreiben v. 15.7.2022, IV C 5 – S 2533/19/10030 :003, BStBl 2022 I S. 1203.
5 § 117 Abs. 4 EStG.
6 § 40a Abs. 2 EStG.
7 Mit Pauschalbesteuerung nach § 40a Absatz 2 EStG.
8 § 117 Abs. 2 Satz 2 EStG.

Hinweis

Energiepreispauschale I führt zu sog. „Minus"-Lohnsteuer-Anmeldung

Ein Minus in der Lohnsteuer-Anmeldung konnte sich ergeben, wenn der Betrag der an alle Arbeitnehmer ausgezahlten Energiepreispauschale I größer war als die insgesamt für diesen Zeitraum abzuführende Lohnsteuer. Dem Arbeitgeber wurde der übersteigende Betrag erstattet. Die Erstattung erfolgte von dem Finanzamt, an das die Lohnsteuer abzuführen ist. Das setzt voraus, dass der Arbeitgeber diesem Finanzamt eine Kontoverbindung benannt hat, auf welches die Erstattung zu überweisen ist.

Neben der Lohnsteuer-Anmeldung musste der Arbeitgeber keinen gesonderten Antrag stellen.

Rückforderung

War ein Arbeitnehmer am 1.9.2022 in einem aktiven ersten Dienstverhältnis bei seinem Arbeitgeber angestellt, hat der Arbeitgeber eine Energiepreispauschale I an seinen Arbeitnehmer ausgezahlt. Lagen diese oder eine dieser Voraussetzungen am 1.9.2022 für den Erhalt der Energiepreispauschale I beim Arbeitnehmer nicht mehr vor und der Arbeitgeber erfuhr erst nach Auszahlung der Energiepreispauschale I davon, so muss er die ausgezahlte Energiepreispauschale I von seinem Arbeitnehmer zurückfordern. Da von der Energiepreispauschale I Lohnsteuer einbehalten wurde, musste der Arbeitgeber die auf die Energiepreispauschale I entfallende Lohnsteuer in seiner Lohnsteuer-Anmeldung korrigieren und die bereits erstattete Energiepreispauschale I über die Lohnsteuer-Anmeldung an das Finanzamt zurückzahlen.[1]

Die Korrektur einer durch den Arbeitgeber zu Unrecht gewährten Energiepreispauschale I erfolgt auch nach Ausstellung der Lohnsteuerbescheinigung für 2022 unmittelbar durch den Arbeitgeber. Eine Korrektur der Lohnsteuerbescheinigung erfolgt in diesen Fällen aber nicht.

Allerdings wird der vom Arbeitgeber für 2022 bescheinigte Arbeitslohn um die zurückgezahlte Energiepreispauschale I gemindert. Die Minderung des Arbeitslohns erfolgt unabhängig vom Zeitpunkt der Rückzahlung zwingend im Rahmen der Einkommensteuerveranlagung für das Jahr 2022. Dazu müssen betroffene Arbeitnehmer gegenüber dem Finanzamt glaubhaft machen, dass sie die Energiepreispauschale I zurückgezahlt haben, z. B. durch eine Bestätigung des Arbeitgebers.[2]

Beispiel

Ausgezahlte Energiepreispauschale I zurückfordern

Ein Arbeitnehmer (Steuerklasse I) ist seit 2020 bei Arbeitgeber A Vollzeit angestellt. Zum 1.9.2022 nahm er eine weitere Tätigkeit im Betrieb bei Arbeitgeber B auf und reduzierte entsprechend bei Arbeitgeber A die Wochenarbeitszeit. In diesem Zusammenhang änderte der Arbeitnehmer zum 1.9.2022 die Steuerklassen, sodass er bei Arbeitgeber A Steuerklasse VI hat. Somit handelte es sich bei Arbeitgeber A ab dem 1.9.2022 nicht mehr um sein gegenwärtig erstes Dienstverhältnis. Versehentlich rief Arbeitgeber A bei der Erstellung des September-Gehalts 2022 nicht die Steuerklasse bei der ELStAM-Datenbank ab und zahlte mit dem Gehalt für September 2022 auch die Energiepreispauschale I aus. Arbeitgeber A hat die für die Lohnsteuerberechnung September 2022 erforderlichen bisherigen persönlichen ELStAM der Steuerklasse I zugrunde gelegt.

Ergebnis: Der Arbeitnehmer hatte Anspruch auf Auszahlung der Energiepreispauschale I. Der Anspruch entstand am 1.9.2022. Ab dem 1.9.2022 war der Arbeitnehmer bei Arbeitgeber A und Arbeitgeber B angestellt. Aber nur bei Arbeitgeber B handelte es sich um das gegenwärtig erste Dienstverhältnis. Arbeitgeber B musste dem Arbeitnehmer die Energiepreispauschale I auszahlen. Da Arbeitgeber A versehentlich die Steuerklasse I für das September-Gehalt 2022 zugrunde gelegt hatte, wurde dem Arbeitnehmer die Energiepreispauschale I zu Unrecht ausgezahlt. Arbeitgeber A muss die bereits ausgezahlte Energiepreispauschale I von seinem Arbeitnehmer zurückfordern.

Der Arbeitgeber kann sich die Energiepreispauschale I über die Lohnsteuer-Anmeldung zurückholen, indem er den ausgezahlten Betrag für die Energiepreispauschale I an seinen Arbeitnehmer vom Gesamtbetrag der einzubehaltenden Lohnsteuer entnimmt. Fordert der Arbeitgeber nun die Energiepreispauschale I von seinem Arbeitnehmer zurück, ist ihm die bereits ausgezahlte Energiepreispauschale I zu Unrecht durch das Finanzamt refinanziert worden. Der Arbeitgeber muss die Lohnsteuer-Anmeldung entsprechend korrigieren.

1 § 41c Abs. 1 Satz 1 Nr. 2 EStG.
2 BMF, FAQ „Energiepreispauschale", Tz. VI.6.1 und VI.6.2.

Energiepreispauschale II an Versorgungsbezieher

Steuerpflichtige Energiepreispauschale II

Mit der Energiepreispauschale II an Versorgungsbezieher (Zahlung auch an Rentner), sollten die sprunghaft und drastisch gestiegenen Energie- und Nahrungsmittelpreise, die zu einer Erhöhung der Lebenshaltungskosten führen, kurzfristig und sozial gerecht abgefedert werden.[3]

Versorgungsbezieher nach dem Versorgungsrechtlichen Energiepreispauschalen-Gewährungsgesetz und vergleichbare Leistungen zum Ausgleich gestiegener Energiepreise nach Landesrecht[4] konnte eine einmalige Energiepreispauschale II von 300 EUR gewährt werden.[5] Sie sollte als steuerpflichtige Einnahme vollständig der Lohn- und Einkommenbesteuerung unterliegen.[6] Anspruch auf eine Energiepreispauschale II hatten Empfänger von ⬀ Versorgungsbezügen, die sich nach dem Beamtenversorgungsgesetz, nach Teil 1 und 2 des Soldatenversorgungsgesetzes oder nach dem Gesetz zur Regelung der Rechtsverhältnisse der unter Artikel 131 des Grundgesetzes fallenden Personen bestimmten und die der Bund oder z. B. eine der Aufsicht des Bundes unterliegenden Körperschaft, Anstalt oder Stiftung des öffentlichen Rechts zu tragen hatte. Den Versorgungsbezugsempfängern wurde einmalig eine Energiepreispauschale gewährt, soweit diese am 1.12.2022

1. Anspruch auf diese Versorgungsbezüge hatten und
2. ihren Wohnsitz im Inland hatten.

Lagen die Voraussetzungen von 1. und 2. vor, hatten Versorgungsbezieher auch Anspruch auf eine einmalige Energiepreispauschale II die Empfänger von

- Leistungen nach dem Bundesversorgungsteilungsgesetz, sofern daneben keine anderen Einkünfte i. S. d.§§ 54 und 55 des Beamtenversorgungsgesetzes oder der §§ 55 und 55a des Soldatenversorgungsgesetzes erzielt wurden;
- Leistungen nach dem Altersgeldgesetz;
- Berufsschadensausgleich nach § 80 des Soldatenversorgungsgesetzes i. V. m. § 30 des Bundesversorgungsgesetzes oder von Schadensausgleich nach § 80 des Soldatenversorgungsgesetzes i. V. m. § 40a des Bundesversorgungsgesetzes waren.[7]

Die Energiepreispauschale II war, wie auch die Energiepreispauschale I, einkommen- und lohnsteuerpflichtig und wurde mit dem individuellen Steuersatz des Versorgungsbeziehers versteuert.

Wichtig

Energiepreispauschale II war steuerpflichtig

Sofern vergleichbare Leistungen nach Landesrecht gewährt wurden, betraf die Regelung zur Steuerpflicht der Energiepreispauschale II neben Versorgungsbeziehern des Bundes auch die der Länder.

3 Die mit dem Versorgungsrechtlichen Energiepreispauschalen-Gewährungsgesetz und vergleichbare Leistungen zum Ausgleich gestiegener Energiepreise nach Landesrecht in der Fassung des Artikels 2 des Gesetzes v. 7.11.2022, BGBl. I 2022 S. 1985, geregelte Energiepreispauschale für Versorgungsbeziehende soll als steuerpflichtige Einnahme vollständig der Lohn- und Einkommenbesteuerung unterliegen (s. Bundestags-Drucksache 20/3938 S. 12 unter Pkt. II).
4 BMF, Schreiben v. 16.11.2022, IV C 5 – S 1901/22/10009 :003, BStBl 2022 I S. 1530.
5 Gesetz zur Zahlung einer Energiepreispauschale an Renten- und Versorgungsbeziehende und zur Erweiterung des Übergangsbereichs in der Fassung des Artikels 2 v. 7.11.2022, BGBl. 2022 I S. 1985.
6 BT-Drucks. 20/3938 S. 12 unter Pkt. II.
7 § 1 Abs. 1 des Versorgungsrechtlichen Energiepreispauschalen-Gewährungsgesetzes.

Auszahlung

Die Energiepreispauschale II wurde von der Versorgungsbezügen zahlenden Stelle ausgezahlt. Die Auszahlung an die Versorgungsempfänger sollte im Monat Dezember erfolgen. Die Auszahlung erfolgte automatisch, d. h., bei der auszahlenden Stelle war kein Antrag zu stellen. Bei Versorgungsbeziehern, die im Dezember 2022 erstmals Versorgungsbezüge bezogen, konnte sich die Auszahlung der Energiepreispauschale II auf einen nächsten Abrechnungslauf verschieben.

Die Energiepreispauschale II wurde den Versorgungsbezügen[8] und somit den Einkünften aus nichtselbstständiger Arbeit zugeordnet. Durch ihre Auszahlung ergaben sich keine Auswirkungen auf die Freibeträge für Versorgungsbezüge.

Im Lohnsteuerabzugsverfahren war die Energiepreispauschale II bei der Berechnung der ⇗ Vorsorgepauschale eines gesetzlich kranken- und pflegeversicherten Versorgungsbeziehers nicht zu berücksichtigen. Denn die Energiepreispauschale II war beitragsfrei in der Sozialversicherung.

Die Energiepreispauschale II wurde bei einkommensabhängigen Sozialleistungen nicht angerechnet.

Wichtig

Energiepreispauschale II an GmbH-Gesellschafter-Geschäftsführer

GmbH-Gesellschafter-Geschäftsführer können oftmals von der Beitragspflicht zur gesetzlichen Rentenversicherung befreit sein. Eine betriebliche Altersversorgung durch die GmbH erhält daher eine zentrale Bedeutung für die Versorgung eines GmbH-Gesellschafter-Geschäftsführers.

Die GmbH kann dem GmbH-Gesellschafter-Geschäftsführer eine betriebliche Versorgungsleistung zusagen. So handelt es sich dabei häufig um eine Pensionszusage. Diese Zusage räumt dem GmbH-Gesellschafter-Geschäftsführer einen unmittelbaren Rechtsanspruch gegen die GmbH auf Zahlung der zugesagten Versorgungsleistungen ein.

Liegt eine solche Zusage vor, handelt es sich bei dem GmbH-Gesellschafter-Geschäftsführer um einen Versorgungsbezieher. Dem GmbH-Gesellschafter-Geschäftsführer war insofern einmalig eine Energiepreispauschale zu gewähren, soweit dieser am 1.12.2022 Anspruch auf Versorgungsbezüge hatte und sich seinen Wohnsitz im Inland befand.[9]

Hinweis

Nebeneinander steuerpflichtige Energiepreispauschale II und Inflationsausgleichsprämie

Der Anspruch auf die steuerpflichtige Energiepreispauschale II von 300 EUR für den Veranlagungszeitraum 2022 entstand am 1.12.2022 und war an jeden anspruchsberechtigten Versorgungsbeziehenden einmalig auszuzahlen.

Die ⇗ Inflationsausgleichsprämie als Sonderzahlung von bis zu 3.000 EUR können Arbeitgeber an ihre Beschäftigten in der Zeit vom 26.10.2022 bis zum 31.12.2024 zusätzlich zum ohnehin geschuldeten Arbeitslohn steuer- und beitragsfrei (zur Abmilderung der zusätzlichen Belastungen der weltweit steigenden Energie- und Nahungsmittelpreise) auszahlen.

Lagen die jeweiligen gesetzlichen Voraussetzungen vor, konnte die Energiepreispauschale II und die Inflationsausgleichsprämie beispielsweise im Dezember 2022 nebeneinander ausgezahlt werden.

Versorgungsbezüge und Altersentlastungsbetrag

Die Energiepreispauschale II wurde zusammen mit den regulären Versorgungsbezügen mit dem individuellen Steuersatz versteuert. In Bezug auf die Energiepreispauschale II war der ⇗ Altersentlastungsbetrag nicht anzuwenden.

8 § 19 Abs. 2 EStG.
9 BMF, Schreiben v. 16.11.2022, IV C 5 – S 1901/22/10009 :003, BStBl 2022 I S. 1530.

Rückforderung

Die Energiepreispauschale II an Versorgungsbezieher nach dem Versorgungsrechtlichen Energiepreispauschalen-Gewährungsgesetz sah vor, dass bei Anspruch auf mehrere Versorgungsbezüge nur einmal gezahlt und eine Doppelzahlung vermieden wird. Dabei ging der Anspruch aus dem neueren Versorgungsbezug dem Anspruch aus dem früheren Versorgungsanspruch vor.

Die Rückzahlung der versteuerten Energiepreispauschale II an die Versorgungsbezüge zahlende Stelle war erst im Zeitpunkt des tatsächlichen Abflusses einkünftemindernd zu berücksichtigen.[10]

Aufzeichnungs- und Nachweispflichten

Die Energiepreispauschale II war im ⇗ Lohnkonto aufzuzeichnen[11], sodass sie bei einer künftigen Lohnsteuer-Außenprüfung als solche zu erkennen war und die Rechtsgrundlage für die Zahlung bei Bedarf geprüft werden konnte. Darüber hinaus war die ausgezahlte Energiepreispauschale II in der elektronischen ⇗ Lohnsteuerbescheinigung auszuweisen. Eine gesonderte Bescheinigung der ausgezahlten Energiepreispauschale II in der elektronischen Lohnsteuerbescheinigung[12] durch einen Großbuchstaben war, anders als bei der Energiepreispauschale I, nicht erforderlich.

Die Energiepreispauschale II war im zu bescheinigenden Bruttoarbeitslohn mit 300 EUR enthalten und in der Lohnsteuerbescheinigung auszuweisen; dies galt auch für die darauf entfallenden Lohnsteuerabzugsbeträge, wie Lohnsteuer und ggf. Kirchensteuer und Solidaritätszuschlag.

Wichtig

Energiepreispauschale II an Rentenbezieher

Die Energiepreispauschale II von einmalig 300 EUR erhielten auch Bezieher einer Rente. Auch für Rentner war der Stichtag der 1.12.2022.[13, 14]

Voraussetzung für den Erhalt einer Energiepreispauschale II war, dass der Rentenbezieher am 1.12.2022 Anspruch beispielsweise auf eine Alters-, Erwerbsminderungs- oder Hinterbliebenenrente der gesetzlichen Rentenversicherung hatte. Darüber hinaus musste der Rentenbeziehende seinen Wohnsitz im Inland haben.

Die Energiepreispauschale II für Rentenbezieher war steuerpflichtig. Die Auszahlung an die Rentner erfolgte durch die jeweiligen Rentenzahlstellen bis Mitte Dezember 2022. Die Auszahlung erfolgte automatisch, d. h., es musste kein Antrag bei der auszahlenden Stelle gestellt werden.

Die Energiepreispauschale II wurde bei einkommensabhängigen Sozialleistungen nicht angerechnet und unterlag auch nicht der Beitragspflicht in der Sozialversicherung.

Hinweis: Wurden mehrere Renten bezogen, z. B. eine eigene Altersrente und eine Witwenrente, wurde die Energiepreispauschale II nur einmal ausgezahlt.

Tipp

Automatische Erfassung in Steuererklärung über Rentenbezugsmitteilung

Aufgrund des dafür notwendigen zeitlichen Vorlaufs war es nicht mehr möglich, in den Vordrucken für die Einkommensteuererklärung 2022 eine Eintragungsmöglichkeit für eine an Rentenbezieher ausgezahlte Energiepreispauschale II vorzusehen. Aufgrund der Rentenbezugsmitteilung fließt die ausgezahlte Summe aber automatisch in die Veranlagung ein.

10 S. a. BFH, Urteil v. 4.5.2006, VI R 17/03, BStBl 2006 II S. 830.
11 § 4 Abs. 2 Nr. 4 LStDV.
12 § 41b Abs. 1 Satz 2 EStG.
13 Gesetz zur Zahlung einer Energiepreispauschale an Renten- und Versorgungsbeziehende und zur Erweiterung des Übergangsbereichs in der Fassung des Artikels 1 v. 7.11.2022, BGBl 2022 I S. 1985.
14 Gesetz zur Zahlung einer Energiepreispauschale für Rentnerinnen und Rentner.

Sozialversicherung

Zuordnung zum Arbeitsentgelt

Die Energiepreispauschale zählt nicht zum Arbeitsentgelt, da sie keine Einnahme aus einem Beschäftigungsverhältnis darstellt.[1] Für die Pauschale fallen somit keine Beiträge zur Sozialversicherung an.

Die Energiepreispauschale wird nicht bei der Einkommensanrechnung von Sozialleistungen berücksichtigt und hat keinerlei Auswirkungen auf die versicherungsrechtliche Beurteilung von Beschäftigungen. Dies hat zur Folge, dass bei einem Minijob die geltende Geringfügigkeitsgrenze durch die zusätzliche Zahlung der Energiepreispauschale dennoch eingehalten wird. Eine Überschreitung allein durch die Energiepreispauschale wird bei der Zählung der Monate zulässiger Überschreitungen (z. B. wegen einer Krankheitsvertretung) nach der Geringfügigkeitsrichtlinie nicht gewertet.

Entgelt

Als Entgelt wird die Vergütung des Arbeitnehmers für seine geleistete Arbeit bezeichnet. Hierzu gehören alle laufenden oder einmaligen Zahlungen des Arbeitgebers. Im Lohnsteuerrecht wird anstelle des Begriffs „Entgelt" die Bezeichnung „Arbeitslohn" verwendet. Im Sozialversicherungsrecht spricht man stets von „Arbeitsentgelt".

Gesetze, Vorschriften und Rechtsprechung

Lohnsteuer: Lohnsteuer ist die Einkommensteuer, die bei Einkünften aus nichtselbständiger Arbeit (§ 2 Abs. 1 Satz 1 Nr. 4 EStG) durch Abzug vom Arbeitslohn erhoben wird (§ 38 Abs. 1 Satz 1 EStG). Welche Einkünfte zu den Einkünften aus nichtselbständiger Arbeit gehören, bestimmt § 19 EStG. Der Begriff des Arbeitslohns ist in § 2 LStDV definiert.

Sozialversicherung: Für die Sozialversicherung enthält § 14 SGB IV die Generaldefinition des Begriffs „Arbeitsentgelt". Ergänzend dazu enthält die Sozialversicherungsentgeltverordnung (SvEV) detaillierte Regelungen, welche Vergütungen zum Arbeitsentgelt im Sinne der Sozialversicherung gehören.

Lohnsteuer

Einkünfte aus nichtselbstständiger Arbeit

Einkommensteuerpflichtig sind Einkünfte aus nichtselbstständiger Arbeit.[2] Zu diesen gehören insbesondere Gehälter, Löhne, Gratifikationen, Tantiemen und andere Bezüge und Vorteile für eine Beschäftigung im öffentlichen oder privaten Dienst.[3] Dabei ist es gleichgültig, ob es sich um laufende oder um einmalige Bezüge handelt und ob ein Rechtsanspruch auf sie besteht.[4] Bei den Einkünften aus nichtselbstständiger Arbeit wird die Einkommensteuer durch Abzug vom Arbeitslohn erhoben. Die durch den Abzug vom Arbeitslohn erhobene Einkommensteuer wird als Lohnsteuer bezeichnet.[5]

Steuerlicher Arbeitslohnbegriff

Ob und in welcher Höhe der Arbeitgeber den Lohnsteuerabzug vornehmen muss, richtet sich danach, ob und in welcher Höhe der Arbeitnehmer Arbeitslohn bezieht.[6] Der Begriff des Arbeitslohns ist somit der zentrale Begriff des Lohnsteuerrechts. Er ist ein eigenständiger steuerlicher Begriff und kann von dem in anderen Rechtsgebieten verwendeten Begriff des Arbeitslohns, z. B. im Arbeitsrecht, oder des Arbeitsentgelts, z. B. im Sozialversicherungsrecht, abweichen.[7]

Das Verhältnis der lohnsteuerrechtlichen Behandlung des Arbeitslohns und der sozialversicherungsrechtlichen Behandlung des Arbeitsentgelts ist in der Sozialversicherungsentgeltverordnung (SvEV) geregelt.[8]

Umfang des Arbeitslohns

Arbeitslohn sind alle Einnahmen, die dem Arbeitnehmer aus dem Dienstverhältnis zufließen. Dabei ist unerheblich, unter welcher Bezeichnung die Einnahmen gewährt werden.[9] Für die Eigenschaft als Arbeitslohn spielt es demnach keine Rolle, ob die Einnahmen als „Arbeitslohn" bezeichnet werden oder andere Bezeichnungen tragen. Arbeitslohn kann auch bei ⇗ Lohnzahlungen durch Dritte vorliegen.

Was zählt zum Arbeitslohn?

Zum Arbeitslohn gehören[10]:

- Einnahmen aus dem Dienstverhältnis,
- Einnahmen im Hinblick auf ein künftiges Dienstverhältnis,
- Einnahmen aus einem früheren Dienstverhältnis,
- Ausgaben des Arbeitgebers zur Absicherung des Arbeitnehmers für den Fall der Krankheit, des Unfalls, der Invalidität, des Alters oder des Todes (⇗ Zukunftssicherung),
- ⇗ Entschädigungen, die dem Arbeitnehmer als Ersatz für entgangenen oder entgehenden Arbeitslohn oder für die Aufgabe oder Nichtausübung einer Tätigkeit gewährt werden,
- besondere Zuwendungen aufgrund des jetzigen oder eines früheren Dienstverhältnisses (z. B. Zuschüsse im Krankheitsfall),
- besondere Entlohnungen für Dienste über die regelmäßige Arbeitszeit hinaus (z. B. für ⇗ Überstunden, ⇗ Schichtarbeit, ⇗ Sonntagsarbeit),
- ⇗ Lohnzuschläge, die wegen der Besonderheit der Arbeit gewährt werden,
- Entschädigungen für Nebenämter und Nebenbeschäftigungen im Rahmen eines Dienstverhältnisses.

Dabei ist Arbeitslohn immer die Gegenleistung für das Zurverfügungstellen der individuellen Arbeitskraft.[11] Daher liegt kein Arbeitslohn vor, wenn Einnahmen nicht als Gegenleistung für das Zurverfügungstellen der individuellen Arbeitskraft anzusehen sind.

Was gehört nicht zum Arbeitslohn?

Kein Arbeitslohn können z. B. sein[12]:

- der Wert der unentgeltlich zur beruflichen Nutzung überlassenen ⇗ Arbeitsmittel,
- angemessene Kosten für eine spezielle Sehhilfe (Bildschirmbrille),
- übliche Sachleistungen des Arbeitgebers aus Anlass der Diensteinführung, eines Amts- oder Funktionswechsels, eines runden Arbeitnehmerjubiläums oder der Verabschiedung eines Arbeitnehmers,
- übliche Sachleistungen bei einem Empfang anlässlich eines runden Geburtstags eines Arbeitnehmers, wenn es sich um ein Fest des Arbeitgebers handelt (betriebliche Veranstaltung),
- pauschale Zahlungen des Arbeitgebers an ein Dienstleistungsunternehmen zur kostenlosen Beratung und Betreuung der Arbeitnehmer in persönlichen und sozialen Angelegenheiten.

---

1 § 14 SGB IV.
2 § 2 Abs. 1 Satz 1 Nr. 4 EStG.
3 § 19 Abs. 1 Satz 1 Nr. 1 EStG.
4 § 19 Abs. 1 Satz 2 EStG.
5 § 38 Abs. 1 Satz 1 EStG. Das Lohnsteuerrecht ist in den §§ 38–42g EStG geregelt.
6 Zu den Begriffen des Arbeitgebers und des Arbeitnehmers s. § 1 LStDV; R 19.1 LStR; H 19.0, 19.1 LStH.
7 Ein Sonderfall ist der pauschale Lohnsteuerabzug bei geringfügiger Beschäftigung (sog. Minijob). Hier wird die Lohnsteuer nicht vom Arbeitslohn erhoben, sondern vom sozialversicherungsrechtlichen Arbeitsentgelt, s. § 40a Abs. 2, 2a EStG; R 40a.2 LStR.
8 Verordnung auf Grundlage von § 17 Abs. 1 SGB IV.
9 § 2 Abs. 1 LStDV.
10 § 2 Abs. 1, 2 LStDV.
11 R 19.3 Abs. 1 LStR.
12 R 19.3 Abs. 2 LStR, ggf. unter Beachtung bestimmter Voraussetzungen und/oder Höchstbeträge oder Höchstgrenzen.

Ebenfalls keine Gegenleistung für das Zurverfügungstellen der Arbeitskraft und damit kein Arbeitslohn sind Leistungen des Arbeitgebers, die sich nicht als Entlohnung darstellen, sondern lediglich notwendige Begleiterscheinung betriebsfunktionaler Zielsetzungen sind. Leistungen sind demnach kein Arbeitslohn, wenn sie im ganz überwiegend eigenbetrieblichen Interesse des Arbeitgebers gewährt werden. Das ist der Fall, wenn sich aus den Begleitumständen ergibt, dass diese Zielsetzung ganz im Vordergrund steht und ein damit einhergehendes eigenes Interesse des Arbeitnehmers an den Leistungen vernachlässigt werden kann. Solche Begleitumstände können z. B. sein:

- Anlass, Art und Höhe der Leistungen,
- Auswahl der Begünstigten,
- freie oder nur gebundene Verfügbarkeit,
- Freiwilligkeit oder Zwang zur Annahme der Leistungen,
- besondere Geeignetheit für den jeweils verfolgten betrieblichen Zweck.

Nicht zum Arbeitslohn können danach z. B. gehören[1]:

- Maßnahmen des Arbeitgebers zum Arbeitsschutz,
- Leistungen zur Verbesserung der Arbeitsbedingungen,
- Maßnahmen der ⬀ Fort- und Weiterbildung[2],
- Maßnahmen der ⬀ Gesundheitsförderung,
- ⬀ Aufmerksamkeiten aus persönlichem Anlass (z. B. Geschenk zum Geburtstag oder Jubiläum)[3],
- ⬀ Aufmerksamkeiten im betrieblichen Interesse (z. B. Getränkeautomat, Brotkorb oder Obstkorb).[4]

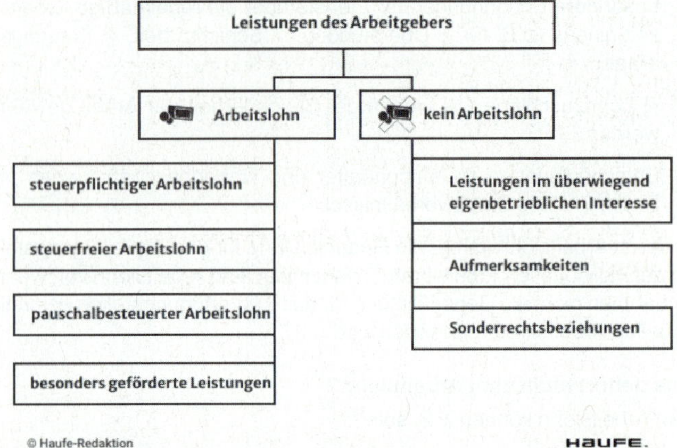

Form des Arbeitslohns

Für die Beurteilung von Einnahmen als Arbeitslohn ist es unerheblich, in welcher Form sie gewährt werden.[5] Zum Arbeitslohn gehören deshalb alle Güter, die in Geld oder Geldeswert bestehen und dem Arbeitnehmer aus dem Dienstverhältnis zufließen.[6] Arbeitslohn ist deshalb nicht nur der Barlohn, sondern z. B. auch Sach- und Dienstleistungen, die dem Arbeitnehmer gewährt werden. Insoweit wird unterschieden zwischen Geldbezügen und Sachbezügen.

- Zu den Geldbezügen gehört in erster Linie der Barlohn. Dazu gehören aber auch zweckgebundene Geldleistungen, nachträgliche Kostenerstattungen, Geldsurrogate und andere Vorteile, die auf einen Geldbetrag lauten.[7]
- Zu den Sachbezügen gehören alle Leistungen, die zwar nicht in Geld, aber in Geldeswert bestehen (= ⬀ geldwerte Vorteile). Dazu gehören z. B. ⬀ Wohnung, ⬀ Mahlzeiten, Waren, Dienstleistungen und sonstige Sachbezüge.[8]

Ein Sonderfall sind ⬀ Gutscheine und Geldkarten. Hier richtet sich die Beurteilung als Geld- oder Sachbezug nach der konkreten Ausgestaltung.[9]

Bewertung des Arbeitslohns

Soweit der Arbeitslohn aus Geldbezügen besteht, ist keine besondere Bewertung erforderlich. Bei Sachbezügen muss dagegen eine Bewertung erfolgen, um den Geldwert und damit die Höhe des Arbeitslohns zu ermitteln. Je nach Art des Sachbezugs und der Bewertung kann es dabei zu einer begünstigten Besteuerung des Arbeitslohns kommen.

Grundsätzlich ist für Sachbezüge eine Einzelbewertung vorzunehmen.[10] Hierfür gibt es 3 Möglichkeiten[11, 12]:

1. Ansatz mit dem um übliche Preisnachlässe geminderten üblichen Endpreis am Abgabeort.[13] Hierfür kann eine Bewertung mit 96 % des Endpreises erfolgen.[14]
2. Ansatz mit dem günstigsten Preis am Markt.[15]
3. Ansatz in Höhe der Aufwendungen des Arbeitgebers.[16]

Für die auf diese Weise bewerteten Sachbezüge gilt eine Freigrenze von 50 EUR.

Dies bedeutet, dass die Sachbezüge außer Ansatz bleiben, wenn die sich ergebenden Vorteile insgesamt 50 EUR im Kalendermonat nicht übersteigen. Dabei sind vom Arbeitnehmer gezahlte Entgelte anzurechnen.[17] Insoweit bleiben die Sachbezüge dann praktisch steuerfrei.[18]

Bei bestimmten Sachbezügen erfolgt eine Bewertung nach besonderen Grundsätzen:

- Bewertung der privaten Nutzung von ⬀ Dienstwagen (⬀ 1-%-Methode oder ⬀ Fahrtenbuchmethode)[19, 20],
- Bewertung mit amtlichen Sachbezugswerten (z. B. für ⬀ Verpflegung, ⬀ Unterkunft und Wohnung)[21],
- Bewertung mit amtlichen Durchschnittswerten (z. B. für ⬀ Dienstfahrräder)[22],
- Bewertung bei Wohnungsüberlassung[23],
- Bewertung von ⬀ Arbeitnehmerrabatten (Rabattfreibetrag i. H. v. 1.080 EUR im Kalenderjahr).[24]

Begünstigte Besteuerung des Arbeitslohns

In bestimmten Fällen kann es zu einer begünstigten Besteuerung des Arbeitslohns kommen. Die Begünstigung kann darin bestehen, dass Bestandteile des Arbeitslohns unter bestimmten Voraussetzungen ganz oder teilweise steuerfrei sind oder pauschal besteuert werden können.

1 H 19.3 LStH, ggf. unter Beachtung bestimmter Voraussetzungen und/oder Höchstbeträge oder Höchstgrenzen.
2 R 19.7 LStR.
3 R 19.6 LStR; H 19.6 LStH.
4 R 19.6 LStR; H 19.6 LStH.
5 § 2 Abs. 1 Satz 2 LStDV.
6 § 2 Abs. 1 Satz 1 LStDV; § 8 Abs. 1 Satz 1 EStG.
7 § 8 Abs. 1 Satz 2 EStG.
8 § 8 Abs. 2 Satz 1 EStG.
9 BMF, Schreiben v. 15.3.2022, IV C 5 – S 2334/19/10007 :007, BStBl 2022 I S. 242.
10 § 8 Abs. 2 Satz 1 EStG.
11 R 8.1 Abs. 1–2 LStR; H 8.1 Abs. 1–4 LStH.
12 BMF, Schreiben v. 16.5.2013, IV C 5 – S 2334/07/0011, BStBl 2013 I S. 729, geändert durch BMF, Schreiben v. 11.2.2021, IV C 5 – S 2334/19/10024 :003, BStBl 2021 I S. 311.
13 § 8 Abs. 2 Satz 1 EStG.
14 R 8.1 Abs. 2 LStR; H 8.1 Abs. 1–4 LStH.
15 BMF, Schreiben v. 16.5.2013, IV C 5 – S 2334/07/0011, BStBl 2013 I S. 729, geändert durch BMF, Schreiben v. 11.2.2021, IV C 5 – S 2334/19/10024 :003, BStBl 2021 I S. 311.
16 BMF, Schreiben v. 16.5.2013, IV C 5 – S 2334/07/0011, BStBl 2013 I S. 729, geändert durch BMF, Schreiben v. 11.2.2021, IV C 5 – S 2334/19/10024 :003, BStBl 2021 I S. 311.
17 § 8 Abs. 2 Satz 11 EStG.
18 R 8.1 Abs. 3 LStR; H 8.1 Abs. 1–4 LStH.
19 § 8 Abs. 2 Satz 2-5 EStG; R 8.1 Abs. 9, 10 LStR; H 8.1 Abs. 9–10 LStH.
20 BMF, Schreiben v. 3.3.2022, IV C 5 – S 2334/21/10004 :001, BStBl 2022 I S. 223.
21 § 8 Abs. 2 Satz 6-9 EStG; R 8.1 Abs. 4, 5, 7 LStR; H 8.1 Abs. 1–4, 7 LStH.
22 § 8 Abs. 2 Satz 10 EStG. Für Dienstfahrräder s. Gleichlautende Ländererlasse v. 9.1.2020, BStBl 2020 I S. 174.
23 § 8 Abs. 2 Satz 12 EStG; R 8.1 Abs. 6, 6a LStR; H 8.1 Abs. 5–6a LStH.
24 § 8 Abs. 3 EStG; R 8.2 LStR; H 8.2 LStH.

Zusätzlichkeitserfordernis

In einigen Fällen ist Voraussetzung für die Steuerfreiheit oder die pauschale Besteuerung, dass die Leistungen zusätzlich zum ohnehin geschuldeten Arbeitslohn erbracht werden.[1] Damit ist die steuerliche Begünstigung ausgeschlossen, wenn die Leistung im Rahmen einer Entgeltumwandlung erbracht wird (z. B. bei Gehaltsumwandlung oder Gehaltsverzicht).

Steuerfreie Leistungen

Steuerfrei können z. B. folgende Leistungen ganz oder teilweise sein[2]:

- ↗ Notstandsbeihilfen bis 600 EUR im Kalenderjahr[3],
- Inflationsausgleichsprämie bis 3.000 EUR in der Zeit vom 26.10.2022 bis zum 31.12.2024[4],
- Vergütungen für ↗ Verpflegungsmehraufwendungen, ↗ Reisekosten, ↗ Umzugskosten, ↗ doppelte Haushaltsführung, Unterkunftskosten, ↗ Trennungsgelder[5],
- ↗ Fahrtkostenzuschüsse und ↗ Jobtickets[6, 7],
- ↗ Weiterbildungsleistungen[8],
- Aufstockungsbeträge für ↗ Altersteilzeit[9],
- ↗ Werkzeuggeld[10],
- typische ↗ Berufskleidung[11],
- ↗ Sammelbeförderung[12],
- ↗ Kindergartenzuschüsse,[13],
- Leistungen zur ↗ Gesundheitsförderung bis 600 EUR im Kalenderjahr[14, 15],
- Beratungs- und Vermittlungsleistungen im Zusammenhang mit Betreuungsleistungen[16],
- Kurzfristige Betreuungsleistungen bis 600 EUR im Jahr[17],
- Privatnutzung von ↗ Dienstfahrrädern[18],
- ↗ Vermögensbeteiligungen bis 2.000 EUR im Kalenderjahr (bis 2023: 1.440 EUR)[19],
- ↗ Stipendien[20],
- Privatnutzung betrieblicher Datenverarbeitungs- und Telekommunikationsgeräte[21],
- Nutzung betrieblicher Ladevorrichtungen für Elektrofahrzeuge[22, 23],
- ↗ Durchlaufende Gelder und ↗ Auslagenersatz[24],
- Mietvorteile[25],
- ↗ Betriebliche Altersversorgung[26],
- ↗ Zukunftssicherungsleistungen[27],
- ↗ Kaufkraftausgleich für Auslandsentsendungen[28],
- Zuschläge für Sonntags-, Feiertags- oder Nachtarbeit.[29]

Pauschal besteuerte Leistungen

Eine pauschale Besteuerung kann z. B. für die folgenden Leistungen möglich sein[30]:

- Verpflegung mit 25 %[31],
- ↗ Betriebsveranstaltungen mit 25 %[32],
- ↗ Erholungsbeihilfen mit 25 %[33],
- Vergütungen für ↗ Verpflegungsmehraufwendungen mit 25 %[34],
- ↗ Übereignung von Datenverarbeitungsgeräten mit 25 %[35],
- Internetzuschuss mit 25 %[36],
- Übereignung von und Zuschüsse zu Ladevorrichtungen für Elektrofahrzeuge mit 25 %[37, 38],
- Übereignung von ↗ Diensträdern mit 25 %[39],
- ↗ Fahrtkostenzuschüsse und ↗ Jobtickets mit 15 % oder mit 25 %[40, 41],
- sonstige Bezüge in besonderen Fällen mit einem durchschnittlichen Steuersatz[42],
- ↗ Sachzuwendungen mit 30 %[43, 44],
- Pauschalierung für Teilzeitbeschäftigte und geringfügig Beschäftigte[45],
- Pauschalierung bei bestimmten ↗ Zukunftssicherungsleistungen[46]

Besonders geförderte Leistungen

Eine besondere Förderung kann z. B. bei den folgenden Leistungen möglich sein, wobei die Förderung jeweils an bestimmte Voraussetzungen, Höchstbeträge oder Höchstgrenzen geknüpft sein kann:

- Vorläufige Nichtbesteuerung bei ↗ Vermögensbeteiligungen am Unternehmen des Arbeitgebers[47, 48],
- ↗ BAV-Förderbetrag bei betrieblicher Altersversorgung[49, 50],
- Arbeitnehmer-Sparzulage bei vermögenswirksamen Leistungen.[51]

---

1 § 8 Abs. 4 EStG.
2 Jeweils unter bestimmten Voraussetzungen, ggf. können bestimmte Höchstbeträge oder Höchstgrenzen gelten.
3 § 3 Nr. 11 EStG; R 3.11 Abs. 2 LStR; H 3.11 LStH.
4 § 3 Nr. 11c EStG.
5 § 3 Nrn. 13, 16 EStG; R 3.13, R 3.16 LStR; H 3.13, H 3.16 LStH.
6 § 3 Nr. 15 EStG; H 3.15 LStH.
7 BMF, Schreiben v. 15.8.2019, IV C 5 – S 2342/19/10007 :001, BStBl 2019 I S. 875, geändert durch BMF, Schreiben v. 7.11.2023, IV C 5 – S 2342/19/10007 :009, BStBl 2023 I S. 1969.
8 § 3 Nr. 19 EStG.
9 § 3 Nr. 28 EStG; R 3.28 LStR; H 3.28 LStH.
10 § 3 Nr. 30 EStG; R 3.30 LStR; H 3.30 LStH.
11 § 3 Nr. 31 EStG; R 3.31 LStR; H 3.31 LStH.
12 § 3 Nr. 32 EStG; R 3.32 LStR; H 3.32 LStH.
13 § 3 Nr. 33 EStG; R 3.33 LStR; H 3.33 LStH.
14 § 3 Nr. 34 EStG; H 3.34 LStH.
15 BMF, Schreiben v. 21.4.2021, IV C 5 – S 2342/20/10003 :003, BStBl 2021 I S. 700.
16 § 3 Nr. 34a Buchst. a EStG; H 3.34a LStH.
17 § 3 Nr. 34a Buchst. b EStG; H 3.34a LStH.
18 § 3 Nr. 37 EStG; H 3.37 LStH.
19 § 3 Nr. 39 i. d. F. des Zukunftsfinanzierungsgesetzes, § 19a EStG; H 3.39 LStH.
20 § 3 Nr. 44 EStG.
21 § 3 Nr. 45 EStG; R 3.45 LStR; H 3.45 LStH.
22 § 3 Nr. 46 EStG; H 3.46 LStH.
23 BMF, Schreiben v. 29.9.2020, IV C 5 – S 2334/19/10009 :004, BStBl 2020 I S. 972.
24 § 3 Nr. 50 EStG; R 3.50 LStR; H 3.50 LStH. Dazu können auch Kosten für Telekommunikation gehören.
25 § 3 Nr. 59 EStG; R 3.59 LStR; H 3.59 LStH.
26 § 3 Nr. 56, 63, § 19 Abs. 1 Satz 1 Nr. 3 EStG; H 3.56, H 3.63 LStH.
27 § 3 Nr. 62 EStG; R 3.62 LStR; H 3.62 LStH.
28 § 3 Nr. 64 EStG; R 3.64 LStR; H 3.64 LStH.
29 § 3b EStG; R 3b LStR; H 3b LStH.
30 Jeweils unter bestimmten Voraussetzungen, ggf. können bestimmte Höchstbeträge oder Höchstgrenzen gelten.
31 § 40 Abs. 2 Satz 1 Nrn. 1, 1a EStG; R 40.2 Abs. 1 Nrn. 1, 1a LStR; H 40.2 LStH.
32 § 40 Abs. 2 Satz 1 Nr. 2, § 19 Abs. 1 Satz 1 Nr. 1a EStG; R 40.2 Abs. 1 Nr. 2 LStR; H 40.2 LStH; H 19.5 LStH.
33 § 40 Abs. 2 Satz 1 Nr. 3 EStG; R 40.2 Abs. 1 Nr. 3, Abs. 3 LStR; H 40.2 LStH.
34 § 40 Abs. 2 Satz 1 Nr. 4 EStG; R 40.2 Abs. 1 Nr. 4, Abs. 4 LStR.
35 § 40 Abs. 2 Satz 1 Nr. 5 Satz 1 EStG; R 40.2 Abs. 1 Nr. 5, Abs. 5 LStR.
36 § 40 Abs. 2 Satz 1 Nr. 5 Satz 2 EStG; R 40.2 Abs. 1 Nr. 5, Abs. 5 LStR.
37 § 40 Abs. 2 Satz 1 Nr. 6 EStG; H 40.2 LStH.
38 BMF, Schreiben v. 29.9.2020, IV C 5 – S 2334/19/10009 :004, BStBl 2020 I S. 972.
39 § 40 Abs. 2 Satz 1 Nr. 7 EStG.
40 § 40 Abs. 2 Satz 2 Nr. 1 (15 %), Abs. 2 Satz 2 Nrn. 2–3 EStG (25 %); R 40.2 Abs. 6 LStR; H 40.2 LStH.
41 BMF, Schreiben v. 15.8.2019, IV C 5 – S 2342/19/10007 :001, BStBl 2019 I S. 875.
42 § 40 Abs. 1 EStG; R 40.1 LStR; H 40.1 LStH.
43 § 37b Abs. 2 EStG; H 37b LStH.
44 BMF, Schreiben v. 19.5.2015, IV C 6 – S 2297 – b/14/10001, BStBl 2015 I S. 468; geändert durch BMF, Schreiben v. 28.6.2018, IV C 6 – S 2297-b/14/10001, BStBl 2018 I S. 814.
45 § 40a Abs. 1–2 EStG; R 40a.1 und R 40a.2 LStR; H 40a.1 und H 40a.2 LStH.
46 § 40b EStG; R 40b LStR, H 40b LStH.
47 § 19a EStG.
48 BMF, Schreiben v. 16.11.2021, IV C 5 – S 2347/21/10001 :006, BStBl 2021 I S. 2308.
49 § 19a EStG.
50 BMF, Schreiben v. 16.11.2021, IV C 5 – S 2347/21/10001 :006, BStBl 2021 I S. 2308.
51 § 13 5. VermBG.

Sozialversicherung

Arbeitsentgeltbegriff

Nach dem Wortlaut des Gesetzes stellen alle laufenden oder einmaligen Einnahmen aus einer Beschäftigung Arbeitsentgelt dar. Dabei ist es gleichgültig,

- ob ein Rechtsanspruch auf die Einnahmen besteht,
- unter welcher Bezeichnung oder in welcher Form sie geleistet werden und
- ob sie unmittelbar aus der Beschäftigung oder im Zusammenhang mit ihr erzielt werden.

Unter dem Begriff Arbeitsentgelt ist immer das Bruttoarbeitsentgelt zu verstehen. Dies bedeutet, dass Werbungskosten und Sonderausgaben nicht vom Arbeitsentgelt abzuziehen sind. Nach der Definition des Begriffes muss außerdem ein inhaltlicher und zeitlicher Zusammenhang mit der Beschäftigung bestehen. Es ist dabei unerheblich, ob die Einnahmen unmittelbar aus der Beschäftigung (als Lohn oder Gehalt) oder nur im Zusammenhang mit ihr (z. B. in Form von Beihilfen) erzielt werden.

Achtung

Bewertung steuerfreier Einnahmen

Einmalige Einnahmen, laufende Zulagen, Zuschläge sowie ähnliche Einnahmen, die zusätzlich zu Löhnen und Gehältern gezahlt werden, sind nicht dem Arbeitsentgelt zuzurechnen, soweit sie lohnsteuerfrei sind.[1] Die Lohnsteuerfreiheit richtet sich dabei nach den Vorschriften des Einkommensteuerrechts.

Laufende und einmalige Einnahmen

Es gibt eine Unterscheidung des Arbeitsentgelts in laufende und einmalige Einnahmen. Diese Unterscheidung ist für die Feststellung notwendig, welchem ⇗ Lohnabrechnungszeitraum das Arbeitsentgelt zugeordnet wird. Ebenso führen leistungsrechtliche Besonderheiten zu dieser Differenzierung.

Laufende Einnahmen sind regelmäßig wiederkehrende Bezüge, auf die der Versicherte in der Regel monatlich einen Anspruch hat. Laufendes Arbeitsentgelt wird für die Arbeitsleistung in einem bestimmten Zeitraum erbracht.

Unter einmalig gezahltem Arbeitsentgelt sind alle Zuwendungen zu verstehen, die dem Arbeitsentgelt zuzurechnen sind und nicht für die Arbeit in einem einzelnen Entgeltabrechnungszeitraum gezahlt werden. Einmalige Einnahmen sind zeitpunktbezogen. Als einmalige Zuwendungen kommen beispielsweise Gewinnanteile (Tantiemen), Gratifikationen, Urlaubsgeld, Weihnachtsgeld oder Zuwendungen aus besonderen Anlässen in Betracht.

Einmalzahlungen sind grundsätzlich dem Entgeltzahlungszeitraum zuzuordnen, in dem sie ausgezahlt werden. Sofern die einmalige Zuwendung in laufende Zahlungen (z.B. in jedem Kalendermonat je ein Zwölftel) umgewandelt wird, verliert sie ihren Charakter als einmalig gezahltes Arbeitsentgelt.

Vereinbarung über Nettoarbeitsentgelt

Wird ein Nettoarbeitsentgelt vereinbart, gelten als Arbeitsentgelt die Einnahmen des Beschäftigten einschließlich der darauf entfallenden Steuern und der seinem gesetzlichen Anteil entsprechenden Beiträge zur Sozialversicherung.[2] Somit zählen auch

- der Beitragszuschlag für Kinderlose in der Pflegeversicherung und
- der Krankenkassen-Zusatzbeitrag nach § 242 SGB V

zum Arbeitsentgelt. Übersteigt das Nettoentgelt allerdings die Grenze von 325 EUR monatlich nicht, werden Sozialversicherungsbeiträge nicht hinzugerechnet.

Bei der Abgrenzung einer Nettolohnvereinbarung zur Beitrags- bzw. Steuerhinterziehung sind besondere Regelungen zu berücksichtigen.

Sachbezüge

Einnahmen aus der Beschäftigung sind neben den Einnahmen in Geld auch alle Güter in Geldeswert, die dem Arbeitnehmer einmalig oder laufend im Zusammenhang mit der Beschäftigung zufließen. Damit zählt auch eine Naturalvergütung (Sachleistung) zum Arbeitsentgelt. Hierzu zählen z. B. Kost, Wohnung, Heizung und Sachgüter aus der Produktion.

Zuschläge für Sonntags-, Feiertags- und Nachtarbeit

⇗ Zuschläge für Sonntags-, Feiertags- und Nachtarbeit („SFN-Zuschläge") gehören zum beitragspflichtigen Entgelt in der Sozialversicherung, wenn das Arbeitsentgelt, auf dessen Basis sie berechnet werden, mehr als 25 EUR je Stunde beträgt.

Entgeltbescheinigung

Die Entgeltbescheinigung, die dem Arbeitnehmer vom Arbeitgeber auszuhändigen ist, enthält Angaben über den Entgeltabrechnungszeitraum, dem Gesamtbruttoentgelt, dem Nettoentgelt und den Auszahlungsbetrag. Diese Angaben sind durch die Entgeltbescheinigungsverordnung normiert und verbindlich vorgeschrieben.

Diese Entgeltbescheinigung ist nicht zu verwechseln mit der (elektronischen) Entgeltbescheinigung, die die Krankenkassen zur Berechnung des Kranken- oder Mutterschaftsgeldes benötigen.

Gesetze, Vorschriften und Rechtsprechung

Sozialversicherung: Aus § 108 Abs. 1 GewO ergibt sich der Anspruch des Arbeitnehmers auf eine Abrechnung des Arbeitsentgelts in Textform. Die Inhalte einer Entgeltbescheinigung sind in der Entgeltbescheinigungsverordnung (EBV) verbindlich vorgegeben.

Sozialversicherung

Zweck der Entgeltbescheinigung

Jeder Arbeitgeber hat die arbeitsrechtliche Verpflichtung, seinen Beschäftigten eine Entgeltabrechnung in Textform zu erteilen, die mindestens Angaben über den ⇗ Abrechnungszeitraum und die Zusammensetzung des Arbeitsentgelts enthält. Diese Entgeltbescheinigung dient nicht allein der Information des Beschäftigten, sondern auch als Nachweis des Arbeitsentgelts gegenüber öffentlichen Stellen oder anderen Dritten. So können beispielsweise Sozialleistungsträger bundesweit einheitliche Angaben der Entgeltbescheinigung entnehmen, z. B. beim Antrag auf ⇗ Elterngeld.

Die Gewerbeordnung gibt hinsichtlich des Inhalts der Bescheinigung lediglich einen weiten Rahmen vor. Daher regelt die Entgeltbescheinigungsverordnung (EBV) die konkret in der Entgeltbescheinigung abzubildenden Inhalte.

Hinweis

Entgeltabrechnung

In den systemgeprüften Entgeltabrechnungsprogrammen sind die Vorgaben der EBV berücksichtigt.

Inhalte der Entgeltbescheinigung

Die Inhalte der Entgeltbescheinigung regelt § 1 EBV. In § 1 Abs. 1 EBV wird bestimmt, welche Angaben zum Arbeitgeber und zum Arbeitnehmer enthalten sein müssen. Die Mindestangaben zu den Entgeltbestandteilen bestimmt § 1 Abs. 2 EBV. Eine konkrete Definition des beschriebenen Begriffs „Gesamtbruttoentgelt" enthält § 1 Abs. 3 EBV.

1 § 1 SvEV.
2 § 14 Abs. 2 SGB IV.

Was in der Entgeltbescheinigung mindestens abzubilden ist

Gesamtbruttoentgelt

Welche Inhalte in die Entgeltbescheinigung mindestens aufzunehmen sind, regelt § 1 Abs. 2 EBV. Darzustellen ist dabei unter anderem das Gesamtbruttoentgelt ohne Trennung nach laufenden und einmaligen Bezügen und Abzügen.

Die Frage, welche Werte sich bei der Angabe des Gesamtbruttoentgelts erhöhend oder mindernd auswirken, lässt sich mit § 1 Abs. 3 EBV beantworten. Beispielsweise wird klargestellt, dass Arbeitgeberzuschüsse zu Entgeltersatzleistungen (u .a. der Zuschuss zum Mutterschaftsgeld) das anzugebende Gesamtbruttoentgelt erhöhen.

Geldwerte Vorteile

Um die in der Praxis auftretenden Auslegungsschwierigkeiten des in § 1 Abs. 3 Nr. 1 Buchst. b EBV enthaltenen Begriffs „Geldwerte Vorteile" zu beseitigen, wurde dieser Begriff zwischenzeitlich in „Nebenbezüge" verändert. Es wurde klargestellt, dass zu den Nebenbezügen geldwerte Vorteile, Sachbezüge, steuerpflichtige Bestandteile von sonstigen Personalnebenkosten – wie z. B. Reisekosten, Umzugskosten und Trennungsgelder – gehören.

Hinweis

Religionszugehörigkeit darf nachträglich geschwärzt werden

Das Religions- oder Kirchensteuermerkmal ist in der Regel nicht notwendig zur Nachweisung gegenüber Dritten. Diese Angabe ist jedoch in der Entgeltbescheinigung enthalten. Arbeitnehmer können das Kirchsteuermerkmal bei der Vorlage gegenüber Dritten bei Bedarf schwärzen.

Kennzeichnung der Entgeltbescheinigung

Die Entgeltbescheinigung ist als „Bescheinigung nach § 108 Abs. 3 GewO" zu kennzeichnen. Dadurch ist für Sozialleistungsträger oder andere Stellen erkennbar, dass die enthaltenen Daten den Anforderungen der EBV entsprechen.

Entsprechend der heutigen betrieblichen Praxis ist geregelt, dass eine Entgeltbescheinigung nur dann auszustellen ist, wenn sich gegenüber dem vorherigen Entgeltabrechnungszeitraum eine Veränderung ergeben hat. Diese Regelung dient der Kostenersparnis. Jedoch ist dann in die folgende Entgeltbescheinigung ein Hinweis aufzunehmen, für welche Entgeltabrechnungszeiträume keine Bescheinigung ausgestellt wurde. Dem Arbeitnehmer muss ein durchgehender Nachweis möglich sein.

Entgeltersatzleistung

Sozialversicherungsrechtlich handelt es sich bei Entgeltersatzleistungen um Sozialleistungen. Sie werden anstelle wegfallender Entgeltansprüche direkt durch die Sozialleistungsträger an den Leistungsberechtigten gezahlt (z. B. Kranken-, Mutterschafts-, Verletzten-, Übergangsgeld).

Im Lohnsteuerrecht ist der Begriff „Entgeltersatzleistungen" nicht eindeutig bestimmt. Darunter sind Lohnersatzleistungen zu verstehen, die aus unterschiedlichen Gründen als Ausgleich für weggefallenes bzw. fehlendes Arbeitseinkommen gezahlt werden. Solche Zahlungen können aus öffentlichen Mitteln oder unmittelbar vom Arbeitgeber geleistet werden. Folglich fallen die nach dem SGB III gezahlten Sozialleistungen als auch vom Arbeitgeber geleistete Aufstockungsbeträge und Altersteilzeitzuschläge nach dem Altersteilzeitgesetz oder beamtenrechtlichen Vorschriften darunter. Für den Arbeitnehmer sind diese Leistungen regelmäßig steuerfrei; sie unterliegen jedoch dem Progressionsvorbehalt.

Gesetze, Vorschriften und Rechtsprechung

Lohnsteuer: Die steuerliche Behandlung von Lohnersatzleistungen ergibt sich aus § 3 EStG sowie § 32b EStG. § 32b Abs. 1 EStG enthält eine abschließende Aufzählung der steuerlich relevanten Lohn-/Entgeltersatzleistungen.

Sozialversicherung: Soweit es im Einzelfall für die Erbringung von Sozialleistungen erforderlich ist, haben die Arbeitgeber nach § 23c Abs. 2 Satz 1 SGB IV und § 98 Abs. 1 SGB X dem Leistungsträger Auskunft über die Art und Dauer der Beschäftigung und das Arbeitsentgelt zu erteilen.

Lohnsteuer

Steuerfreie Lohnersatzleistungen

Folgende vom Arbeitgeber gezahlte steuerfreie Entgeltersatzleistungen unterliegen dem Progressionsvorbehalt und sind deshalb gesondert im ↗ Lohnkonto aufzuzeichnen und in der ↗ Lohnsteuerbescheinigung (Nummer 15)[1] anzugeben:

- das Kurzarbeitergeld,
- das ↗ Saison-Kurzarbeitergeld,
- der Zuschuss zum ↗ Mutterschaftsgeld nach dem Mutterschutzgesetz,
- Zuschüsse bei Beschäftigungsverboten für die Zeit vor oder nach einer Entbindung sowie für den Entbindungstag während einer Elternzeit nach beamtenrechtlichen Vorschriften,
- sog. Altersteilzeitzuschläge,
- die Entschädigung für Verdienstausfall nach dem Infektionsschutzgesetz und
- die Aufstockungsbeträge nach dem Altersteilzeitgesetz.

Hinweis

Negatives Ergebnis bei Verrechnung

Ergibt die Verrechnung von ausgezahlten und zurückgeforderten Beträgen einen negativen Betrag, so ist dieser Betrag mit einem Minuszeichen zu bescheinigen.

Eintragung in der Lohnsteuerbescheinigung

Werden steuerfreie Entgeltersatzleistungen von anderen Stellen und nicht vom Arbeitgeber gezahlt, ist dieser mittelbar nur dann betroffen, wenn er für Zeiten, in denen der Arbeitnehmer solch steuerfreie Leistungen erhält (z. B. Krankengeld) keinen Arbeitslohn zahlt. Damit das Finanzamt Kenntnis von solchen Zeiten erhält, in denen der Arbeitnehmer unter Umständen steuerfreie und dem Progressionsvorbehalt unterliegende Entgeltersatzleistungen bezogen haben könnte, muss der Arbeitgeber in der Lohnsteuerbescheinigung (Nummer 2) und im Lohnkonto den Buchstaben U (= Unterbrechung) eintragen, wenn die Zahlung von Arbeitslohn für mindestens 5 aufeinanderfolgende Arbeitstage weggefallen ist.

1 BMF, Schreiben v. 9.9.2019, IV C 5 – S 2378/19/10002 :001, BStBl 2019 I S. 911, zum Umfang der Ausweispflichten auf der Lohnsteuerbescheinigung 2020; ergänzt durch BMF, Schreiben v. 9.9.2020, IV C 5 – S 2533/19/10030 :002, BStBl 2020 I S. 926, zur Bekanntmachung des Musters für den Ausdruck der elektronischen Lohnsteuerbescheinigung 2021; ergänzt durch BMF, Schreiben v. 15.7.2022, IV C 5 – S 2533/19/10030 :003, BStBl 2022 I S. 1203, zur Bekanntmachung des Musters für den Ausdruck der elektronischen Lohnsteuerbescheinigung 2022; ergänzt durch BMF, Schreiben v. 8.9.2022, IV C 5 – S 2533/19/10030 :004, BStBl 2022 I S. 1397, zur Bekanntmachung des Vordrucksmusters der elektronischen Lohnsteuerbescheinigung 2023; ergänzt durch BMF, Schreiben v. 8.9.2023, IV C 5 – S 2533/19/10030 :005, BStBl 2023 I S. 1653, zur Bekanntmachung des Vordrucksmusters der elektronischen Lohnsteuerbescheinigung 2024.

Sozialversicherung

Arbeitgeberpflichten

Die Arbeitgeber wirken bei der Berechnung der Entgeltersatzleistungen durch die Sozialleistungsträger mit. Der Arbeitgeber muss dem Sozialleistungsträger Auskunft über die Art und Dauer der Beschäftigung geben[1] sowie das erzielte Arbeitsentgelt bescheinigen.[2] Die Entgeltbescheinigungen sind per gesicherter und verschlüsselter Datenübertragung aus systemgeprüften Programmen oder systemgeprüften Ausfüllhilfen zu übermitteln.

Zu den Sozialleistungen, bei denen der Arbeitgeber eine besondere Mitwirkungspflicht hat, gehören Zahlungen nach dem Infektionsschutzgesetz. Diese zahlt der Arbeitgeber sogar aus und rechnet sie dann mit der zuständigen Stelle ab.

Beitragsrechtliche Regelungen

Während des Bezugs einer Entgeltersatzleistung wird in der Regel kein Entgelt gezahlt. Daher sind vom Arbeitgeber keine Gesamtsozialversicherungsbeiträge zu entrichten, solange ein Anspruch auf Entgeltersatzleistungen besteht. Zuschüsse, die Arbeitnehmer während des Bezugs von Entgeltersatzleistungen erhalten, gelten nicht als beitragspflichtiges Arbeitsentgelt, wenn sie zusammen mit der Sozialleistung das Nettoarbeitsentgelt um nicht mehr als 50 EUR im Monat übersteigen. Weitere Besonderheiten sind bei der Gewährung von ⇗ Einmalzahlungen, laufenden arbeitgeberseitigen Leistungen und der Nutzung eines Dienstwagens zu beachten.

Sozialversicherungsbeiträge aus der Entgeltersatzleistung

Aus der Entgeltersatzleistung sind vom Sozialleistungsträger unter bestimmten Bedingungen Beiträge zu den jeweils anderen Sozialversicherungszweigen zu entrichten. Die Beitragserhebung aus der Entgeltersatzleistung unterliegt in den einzelnen Versicherungszweigen unterschiedlichen Regularien.

Versicherungsrechtliche Auswirkungen

Während des Bezugs von Entgeltersatzleistungen bleibt die Mitgliedschaft in der gesetzlichen Kranken- und Pflegeversicherung erhalten.[3] In den anderen Versicherungszweigen besteht teilweise Versicherungspflicht aufgrund des Bezugs der Entgeltersatzleistung.

Meldungen

Beträgt die Unterbrechung der Beschäftigung durch die Entgeltersatzleistung nicht mehr als einen Kalendermonat, ist keine ⇗ Meldung erforderlich. Ansonsten muss der Arbeitgeber eine ⇗ Unterbrechungsmeldung abgeben.

Die für die Berechnung der Entgeltersatzleistungen, insbesondere Kranken-, Verletzten- und Übergangsgeld, erforderlichen Angaben werden von der Krankenkasse elektronisch beim Arbeitgeber angefordert. Dieser meldet die Daten im Rahmen des üblichen Meldeverfahrens (DEÜV) ebenfalls auf elektronischem Weg zurück. Wird die Berechnung und Auszahlung ausnahmsweise nicht von der Krankenkasse, sondern z. B. von der gesetzlichen Unfallversicherung direkt vorgenommen, kann die Anforderung der Daten auf postalischem Weg erfolgen.

Datenaustausch

Elektronische Verfahren zum Datenaustausch bei Entgeltersatzleistungen zwischen Arbeitgebern und Sozialversicherungsträgern sollen auf beiden Seiten Verwaltungskosten einsparen.

rvBEA-Verfahren

Die Rentenversicherung arbeitet mit dem so genannten rvBEA-Verfahren. Beim Datenaustausch zwischen Rentenversicherung und Arbeitgebern gibt es bereits einige Anwendungen.

- Gesonderte Meldung nach § 194 SGB IV

  Hier fordert die Rentenversicherung die Entgeltdaten für Personen kurz vor dem Renteneintritt an. In der Regel für die letzten 3 Monate vor Rentenbeginn. Damit soll ein nahtloser Übergang zwischen Entgeltzahlung und Rentenzahlung sichergestellt werden.

- Entgeltabfrage für Zuzahlungsbefreiungen

  Bei Rehabilitationsmaßnahmen der Rentenversicherung spielt das Einkommen hinsichtlich einer Zuzahlung des Versicherten eine Rolle. Die mögiche Befreiung von der Zuzahlung wird – mit Einwilligung des Betroffenen – von der Rentenversicherung durch Abfrage der Entgelte beim Arbeitgeber geprüft. Anforderung und Rückmeldung der Daten erfolgen elektronisch.

- Bescheinigung zum Antrag auf Elterngeld

  Hier wird die Rentenversicherung im Auftrag der für das Elterngeld zuständigen Behörde tätig. Sie fordert die notwendigen Entgeltdaten beim Arbeitgeber elektronisch an und leitet diese anschließend an die jeweilige Behörde weiter.

Die hier beschriebenen Verfahren sind bereits für die Arbeitgeber obligatorisch. Weitere Anwendungen seitens der Rentenversicherung sind in Vorbereitung.

BA-BEA-Verfahren

Mit diesem Verfahren können die Arbeitgeber einige Bescheinigungen elektronisch an die Bundesagentur für Arbeit übermitteln. Das sind

- Arbeitsbescheinigungen
- EU-Arbeitsbescheinigungen
- Nebeneinkommensbescheinigungen

Das Verfahren ist ab 1.1.2023 für die Arbeitgeber obligatorisch.

Anwendung der Verfahren

Der digitale Datenaustausch funktioniert über 2 mögliche Wege: entweder werden die Daten direkt aus dem Abrechnungsprogramm heraus erzeugt und übermittelt oder der Arbeitgeber nutzt das SV-Meldeportal, die elektronische Ausfüllhilfe der Sozialversicherungsträger.

Tipp

KEA-Verfahren

Über die beschriebenen obligatorischen Verfahren hinaus können Unternehmen das KEA-Verfahren der Bundesagentur für Arbeit für die Beantragung und die Erstattung von Kurzarbeitergeld nutzen. KEA steht für „Kurzarbeitergeld-Dokumente elektronisch annehmen". Dabei werden die Daten direkt aus dem Abrechnungsprogramm erzeugt und an die BA übermittelt. Die Teilnahme an diesem Verfahren ist freiwillig.

Entgeltfortzahlung

Entgeltfortzahlung bezeichnet die vorwiegend gesetzlich geregelten Durchbrechungen des Grundsatzes „Ohne Arbeit kein Lohn". Dies betrifft insbesondere die Entgeltfortzahlung im Krankheitsfall (einschließlich der medizinischen Vorsorge bzw. Rehabilitation) sowie die Feiertagsentgeltfortzahlung durch den Arbeitgeber nach dem Entgeltfortzahlungsgesetz (EFZG) und die Regelungen der Arbeitsverhinderung nach den § 615 und § 616 BGB. Ansprüche auf Entgeltfortzahlung können sich daneben aus Tarifverträgen ergeben; auch der Anspruch auf Urlaubsentgelt ist eine Form der Entgeltfortzahlung im weiteren Sinne. Im Beitrag werden die Entgeltfortzahlung im Krankheitsfall, die Feiertagslohnfortzahlung, der Annahmeverzug, die Arbeitsverhinderung sowie die Entschädigungsregelungen nach dem Infektionsschutzgesetz behandelt.

1 § 98 Abs. 1 Satz 1 SGB X.
2 § 23c Abs. 2 Satz 1 SGB IV.
3 § 192 Abs. 1 Nr. 2 SGB V.

Gesetze, Vorschriften und Rechtsprechung

Lohnsteuer: Einzelheiten zum steuerlichen Arbeitslohnbegriff regeln § 19 Abs. 1 EStG, § 2 LStDV. Da das Einkommensteuergesetz insbesondere eine nur beispielhafte Aufzählung enthält, ergänzen R 19.3–19.8 LStR sowie H 19.3–19.8 LStH die gesetzlichen Bestimmungen.

Sozialversicherung: Rechtsgrundlagen sind das Entgeltfortzahlungsgesetz (EFZG), das SGB IX (zum betrieblichen Eingliederungsmanagement) und das Aufwendungsausgleichsgesetz (AAG – zum Ausgleichsverfahren zwischen Arbeitgebern und Krankenkasse).

Entgelt	LSt	SV
Entgeltfortzahlung im Krankheitsfall	pflichtig	pflichtig

Lohnsteuer

Steuerpflichtige Lohnfortzahlung

Der nach dem Entgeltfortzahlungsgesetz fortgezahlte (Brutto-)Arbeitslohn ist steuerpflichtig und unterliegt dem Lohnsteuerabzug nach den allgemeinen Vorschriften. Fallen in einen Lohnzahlungszeitraum sowohl Arbeitslohn für tatsächlich geleistete Arbeit als auch fortgezahlter Arbeitslohn, so sind diese Beträge für die Ermittlung der Lohnsteuer zusammenzurechnen.

Zahlt der Arbeitgeber nach Ablauf des gesetzlichen Entgeltfortzahlungszeitraums freiwillig weiterhin Arbeitslohn, z. B. weil die Erkrankung noch andauert, oder Zuschüsse zum Krankengeld, sind diese ebenfalls lohnsteuerpflichtig.

Steuerfreie Aufstockungsbeträge

Steuerfrei sind aber anstelle von Krankengeldzuschüssen gezahlte tarifliche Aufstockungsbeträge, die arbeitsunfähig erkrankte Arbeitnehmer im Rahmen ihrer ⇗ Altersteilzeitbeschäftigung erhalten.

Sozialversicherung

Mitteilung von Vorerkrankungszeiten

Die Krankenkassen sind berechtigt den Arbeitgeber zu informieren, ob die Fortdauer einer ⇗ Arbeitsunfähigkeit oder eine erneute Arbeitsunfähigkeit eines Arbeitnehmers auf derselben Krankheit beruht.[1] Allerdings darf dabei nicht die Diagnose mitgeteilt werden. Die Krankenkasse übermittelt lediglich den Fakt einer eventuellen Zusammenrechnung.

Maschinelle Rückmeldung durch Krankenkassen

Da der Arbeitnehmer nicht verpflichtet ist, dem Arbeitgeber Krankheitsdiagnosen mitzuteilen, kann dieser in der Regel nicht beurteilen, welche der bislang vorliegenden Arbeitsunfähigkeitszeiten als Vorerkrankungstage auf die Entgeltfortzahlungsdauer für die aktuelle Arbeitsunfähigkeit anzurechnen sind. In diesen Fällen hilft die Krankenkasse des arbeitsunfähigen Arbeitnehmers. Um den Verwaltungsaufwand möglichst gering zu halten, enthält das Meldeverfahren bei Entgeltersatzleistungen einen Datenbaustein für Vorerkrankungszeiten – DBVO.

Die maschinelle Rückmeldung durch die Krankenkasse ist wie folgt geregelt:

- Der Arbeitgeber fragt mit dem Datenbaustein DBVO bei der Krankenkasse an, ob zu der aktuellen Arbeitsunfähigkeit eines Arbeitnehmers anrechenbare Vorerkrankungszeiten vorliegen.
- Die Krankenkasse meldet dem Arbeitgeber mit dem Datenbaustein DBVO zurück, ob und ggf. welche Arbeitsunfähigkeitstage anzurechnen sind.

1 § 69 Abs. 4 SGB X.

Beitragspflicht zur Sozialversicherung

Für die Dauer der Entgeltfortzahlung im Fall einer Arbeitsunfähigkeit wird die Versicherungspflicht in der Sozialversicherung nicht unterbrochen. Die Tage der Entgeltfortzahlung sind beitragspflichtige ⇗ Sozialversicherungstage und das fortgezahlte Entgelt ist sozialversicherungsrechtliches Arbeitsentgelt.[2] Damit ist es bis zur ⇗ Beitragsbemessungsgrenze beitragspflichtig.

Entlastungsbetrag für Alleinerziehende

Alleinstehende Steuerpflichtige können einen Entlastungsbetrag von der Summe der Einkünfte abziehen, wenn zu ihrem Haushalt mindestens ein Kind gehört, für das ihnen ein Kinderfreibetrag oder Kindergeld zusteht. Dieser Entlastungsbetrag wird für das erste berücksichtigungsfähige Kind zusätzlich zum Kindergeld bzw. den anzusetzenden Freibeträgen für Kinder gewährt und wird beim Lohnsteuerabzug durch die Steuerklasse II berücksichtigt. Für das zweite und jedes weitere zu berücksichtigende Kind steigt der Entlastungsbetrag pro Kind um 240 EUR jährlich, sog. Erhöhungsbetrag. Er kann vom Steuerpflichtigen beim Wohnsitzfinanzamt als Freibetrag im Lohnsteuer-Ermäßigungsverfahren beantragt und als ELStAM gebildet werden.

Gesetze, Vorschriften und Rechtsprechung

Lohnsteuer: Gesetzliche Grundlage für den Ansatz des Entlastungsbetrags für Alleinerziehende ist § 24b EStG. Allgemeine Grundsätze und Erläuterungen zur Gesetzesvorschrift enthält das BMF-Schreiben v. 23.11.2022, IV C 8 – S 2265 – a/22/10001 :001, BStBl 2022 I S. 1634. Die Voraussetzungen zur Berücksichtigung im Lohnsteuerverfahren regeln § 38b Abs. 1 Satz 2 Nr. 2 und § 39 EStG.

Sozialversicherung: Die Beitragspflicht ergibt sich aus den Grundsätzen des Arbeitsentgeltbegriffs in § 14 SGB IV.

Lohnsteuer

Haushaltszugehörigkeit

Die Zugehörigkeit zum Haushalt ist anzunehmen, wenn

- das Kind in der Wohnung des alleinstehenden Steuerpflichtigen gemeldet ist und
- dort dauerhaft lebt oder vorübergehend auswärtig untergebracht ist, z. B. zu Ausbildungszwecken.[3, 4]

Haushaltszugehörigkeit erfordert ferner eine Verantwortlichkeit für das materielle (Versorgung, Unterhaltsgewährung) und immaterielle Wohl (Fürsorge, Betreuung) des Kindes.

Eine Heimunterbringung ist unschädlich, wenn die Wohnverhältnisse die speziellen Bedürfnisse des Kindes berücksichtigen und es sich im Haushalt des Steuerpflichtigen regelmäßig aufhält.

Ist das Kind bei mehreren Steuerpflichtigen gemeldet, steht der Entlastungsbetrag demjenigen Alleinstehenden zu, zu dessen Haushalt das Kind tatsächlich gehört. Dies ist im Regelfall derjenige, der die Voraussetzungen auf Auszahlung des Kindergeldes erfüllt oder erfüllen würde in Fällen, in denen nur ein Anspruch auf einen Kinderfreibetrag besteht.[5] Liegt eine annähernd gleichwertige Aufnahme des Kindes in die Haushalte der getrennt lebenden Eltern vor, bestimmen die Eltern untereinander den Berechtigten.[6, 7] Im Einzelfall kommt eine zeitanteilige Aufteilung der Haushaltszugehörigkeit in Betracht.[8]

2 § 14 Abs. 1 Satz 1 SGB IV.
3 § 24b Abs. 1 Satz 2 EStG.
4 BFH, Urteil v. 5.2.2015, III R 9/13, BStBl 2015 II S. 926.
5 § 24b Abs. 1 Satz 3 EStG.
6 § 64 Abs. 2 Satz 2 EStG.
7 BFH, Urteil v. 28.4.2010, III R 79/08, BStBl 2011 II S. 30.
8 BFH, Urteil v. 18.4.2013, V R 41/11, BStBl 2014 II S. 34.

Alleinstehende Steuerpflichtige

Definition von „alleinstehend"

Als alleinstehend gelten Steuerpflichtige (grundsätzlich ein Elternteil), die nicht die Voraussetzungen für die Anwendung des Splittingverfahrens[1, 2] (Steuerklasse III, IV oder V) erfüllen oder verwitwet sind und keine Haushaltsgemeinschaft mit einer anderen volljährigen Person bilden, es sei denn,

- für diese volljährige Person steht ihnen ein ↗ Kinderfreibetrag oder Kindergeld zu oder
- es handelt sich um ein Kind i. S. v. § 63 Abs. 1 EStG
  - das sich freiwillig für die Dauer von nicht mehr als 3 Jahren zum Wehrdienst verpflichtet hat oder
  - das eine Tätigkeit als Entwicklungshelfer ausübt.[3]

Wahl der Einzelveranlagung im Trennungsjahr

Der Entlastungsbetrag für Alleinerziehende kann bei Wahl der Einzelveranlagung im Trennungsjahr nach dem Monatsprinzip[4] zeitanteilig für die Monate des Alleinstehens gewährt werden.[5]

Heirat und Zusammenzug der Ehegatten

Steuerpflichtige, die seit der (unterjährigen) Eheschließung zusammen wohnen und die Zusammenveranlagung gewählt haben, können gleichwohl jeweils für Zeiträume vor der Heirat bzw. Bildung eines Haushalts den Entlastungsbetrag für Alleinerziehende in Anspruch nehmen.[6]

Eltern praktizieren paritätisches Wechselmodell

Bei Trennung und Scheidung stellt sich die Frage, bei welchem Elternteil die Kinder zukünftig ihren Lebensmittelpunkt haben sollen. Bei Einigkeit der Eltern über das paritätische Wechselmodell übernehmen beide Elternteile die gesamte Betreuungsleistung jeweils hälftig. Folge ist, dass die Kinder ihren Lebensmittelpunkt zu 50 % bei der Mutter und zu 50 % beim Vater haben. Im Ausnahmefall kann das Familiengericht ein paritätisches Wechselmodell auch gegen den Willen eines Elternteils anordnen, soweit es dem Kindeswohl am besten entspricht.

Der BFH muss nun entscheiden, wenn Eltern das paritätische Wechselmodell praktizieren, aber nicht geregelt haben, welcher Elternteil vom Entlastungsbetrag profitieren soll, ob demjenigen Elternteil, der das Kindergeld bezieht, auch der Entlastungsbetrag für Alleinerziehende zusteht. Der Entlastungsbetrag für Alleinerziehende kann nach Auffassung der Finanzgerichte nicht zwischen mehreren Anspruchsberechtigten aufgeteilt werden.[7]

Haushaltsgemeinschaft mit einer anderen Person

Ist die andere Person mit Haupt- oder Nebenwohnsitz in der Wohnung des Steuerpflichtigen gemeldet, wird vermutet, dass sie mit dem Steuerpflichtigen gemeinsam wirtschaftet (Haushaltsgemeinschaft).[8] Eine nachträgliche Ab- bzw. Ummeldung ist unerheblich.

Nach dem Urteil des BFH[9] bestehen keine verfassungsrechtlichen Bedenken gegen den Ausschluss des Entlastungsbetrags für Steuerpflichtige, die eine Haushaltsgemeinschaft mit einem volljährigen Kind bilden, für das ihnen weder ein Kinderfreibetrag noch Kindergeld zusteht.

Diese Vermutung einer Haushaltsgemeinschaft ist widerlegbar, es sei denn, der Steuerpflichtige und die andere Person leben in einer eheähnlichen Gemeinschaft oder in einer eingetragenen Lebenspartnerschaft.[10] Ob eine eheähnliche Gemeinschaft vorliegt, richtet sich nach den sozialhilferechtlichen Kriterien.

Lebt im Haushalt eine andere minderjährige Person, ist dies unbeachtlich.

> **Hinweis**
>
> **Entlastungsbetrag für Alleinerziehende bei Aufnahme von Flüchtlingen**
>
> Lt. FG Berlin-Brandenburg entfällt der Entlastungsbetrag für Alleinerziehende bei Haushaltsaufnahme eines volljährigen syrischen Flüchtlings, mit dem ein Mietvertrag geschlossen wird, nicht. Die gesetzliche Vermutung einer Haushaltsgemeinschaft[11] erfasst lediglich einen Volljährigen, der nicht als Mieter und/oder Flüchtling im Haushalt lebt, sondern aufgrund einer persönlichen Beziehung zum Steuerpflichtigen wie z. B. als Freund dort wohnt und sich typischerweise am Haushalt finanziell oder tatsächlich beteiligen wird.[12]

Höhe des Entlastungsbetrags

Grund-Entlastungsbetrag für das erste Kind

Der Grund-Entlastungsbetrag für Alleinerziehende beträgt seit 2023 4.260 EUR[13] im Kalenderjahr und wird von der Summe der Einkünfte abgezogen.[14] Für jeden vollen Kalendermonat, in dem die Voraussetzungen für den Entlastungsbetrag nicht vorgelegen haben, ermäßigt sich der Entlastungsbetrag um 1/12.[15, 16]

Verwitwete Steuerpflichtige

Verwitwete Steuerpflichtige erhalten den Entlastungsbetrag, wenn sie noch die Voraussetzungen für die Anwendung des Splittingverfahrens zur Einkommensteuer erfüllen; also zeitanteilig im Todesjahr des Ehepartners und im darauffolgenden Kalenderjahr. Der Entlastungsbetrag kann erstmals für den Monat des Todes des Ehegatten gewährt werden. Der Entlastungsbetrag für Alleinerziehende wird in diesem Fall als Freibetrag in der ELStAM-Datenbank eingetragen.[17] Dazu ist ein Antrag auf Lohnsteuer-Ermäßigung beim Finanzamt zu stellen. Der Entlastungsbetrag wird den anderen abziehbaren Beträgen hinzugerechnet, für welche die Antragsgrenze von 600 EUR zu beachten ist.[18]

Entlastungsbetrag kann nicht erhöht werden

Auch wenn der andere Elternteil seine Barunterhaltspflicht gegenüber dem Kind verletzt, ist es verfassungsrechtlich unbedenklich, dass dem Alleinerziehenden kein über die gesetzlich vorgesehene Höhe hinausgehender Entlastungsbetrag für Alleinerziehende gewährt wird.[19]

Erhöhungsbetrag bei 2 und mehr Kindern

Der Entlastungsbetrag für das zweite und jedes weitere zu berücksichtigende Kind beträgt 240 EUR jährlich; sog. Erhöhungsbetrag.[20] Für jeden vollen Kalendermonat, in dem die Voraussetzungen für den Entlastungserhöhungsbetrag nicht vorgelegen haben, ermäßigt sich der Entlastungserhöhungsbetrag um 1/12.[21]

Der Entlastungsbetrag für das zweite und jedes weitere Kind ist nicht in die Steuerklasse II eingearbeitet. Der Erhöhungsbetrag kann vom Steuerpflichtigen beim Wohnsitzfinanzamt als Freibetrag im ↗ Lohnsteuer-Ermäßigungsverfahren beantragt und als elektronisches Lohnsteuerabzugsmerkmal (ELStAM) gebildet werden.

Voraussetzungen für den Entlastungsbetrag

Haushaltsgemeinschaft mit berücksichtigungsfähigem Kind

Der Entlastungsbetrag ist anzusetzen, wenn zum Haushalt des Steuerpflichtigen ein leibliches Kind, Adoptiv-, Pflege-, Stief- oder Enkelkind gehört, für das dem Steuerpflichtigen

1 § 26 Abs. 1 EStG.
2 BFH, Beschluss v. 29.9.2016, III R 62/13, BStBl 2017 II S. 259.
3 § 24b Abs. 3 Satz 1, § 32 Abs. 5 EStG.
4 § 24b Abs. 4 EStG.
5 BFH, Urteil v. 28.10.2021, III R 17/20, BStBl 2022 II S. 797; BMF, Schreiben v. 23.11.2022, IV C 8 – S 2265-a/22/10001:001, BStBl 2022 I S. 1634, Rz. 25.
6 BFH, Urteil v. 28.10.2021, III R 57/20, BStBl 2022 II S. 799; BMF, Schreiben v. 23.11.2022, IV C 8 – S 2265-a/22/10001:001, BStBl 2022 I S. 1634, Rz. 25b.
7 Thüringer FG, Urteil v. 23.11.2021, 3 K 799/18, Rev. beim BFH unter Az. III R 1/22.
8 § 24b Abs. 3 Satz 2 EStG.
9 BFH, Urteil v. 19.10.2006, III R 4/05, BStBl 2007 II S. 637.
10 § 24b Abs. 3 Satz 3 EStG.
11 § 24b Abs. 3 Satz 2 EStG.
12 FG Berlin-Brandenburg, Urteil v. 28.2.2023, 6 K 6205/19.
13 § 24b Abs. 2 Satz 1 EStG.
14 § 24b Abs. 1 Satz 1 EStG.
15 § 24b Abs. 4 EStG.
16 FG Berlin-Brandenburg, Urteil v. 20.7.2011, 1 K 2232/06.
17 § 39a Abs. 1 Nr. 8 EStG.
18 § 39a Abs. 2 Satz 4 EStG.
19 BFH, Urteil v. 17.9.2015, III R 36/14, BFH/NV 2016 S. 545.
20 § 24b Abs. 2 Satz 2 EStG.
21 § 24b Abs. 4 EStG.

- ein Kinderfreibetrag und ein Freibetrag für den Betreuungs- und Erziehungs- oder
- Ausbildungsbedarf des Kindes[1] oder Kindergeld zusteht.

Auf das Lebensalter des Kindes kommt es grundsätzlich nicht an. Nach Abschluss einer erstmaligen Berufsausbildung und weiterer Ausbildung wird ein volljähriges Kind jedoch nur berücksichtigt, wenn es keiner schädlichen Erwerbstätigkeit nachgeht[2], d. h. nur dann kann der Steuerpflichtige auch den Entlastungsbetrag in Anspruch nehmen. Es muss dann im Einzelfall eine mehraktige Erstausbildung mit daneben ausgeübter Erwerbstätigkeit von einer berufsbegleitend durchgeführten Weiterbildung unterschieden werden.[3]

Haushaltszugehörigkeit des Kindes

Weitere Voraussetzung ist, dass der/die Alleinerziehende mit einem berücksichtigungsfähigen Kind in einer Haushaltsgemeinschaft lebt. Bei Meldung des Steuerpflichtigen und seines Kindes mit Haupt- oder Nebenwohnsitz unter einer gemeinsamen Adresse wird gesetzlich fingiert, dass das Kind zum Haushalt gehört. Auf die alleinige Meldung mit Hauptwohnsitz in der Wohnung des Steuerpflichtigen kommt es nicht an.

Bei auswärtiger Unterbringung zur Schul- und Berufsausbildung reicht es aus, dass das volljährige Kind, für das dem Steuerpflichtigen ein Kinderfreibetrag[4] oder Kindergeld zusteht, nur mit Nebenwohnsitz in der Wohnung des Steuerpflichtigen gemeldet ist.

Identifikationsnummer des Kindes/der Kinder

Voraussetzung für die Berücksichtigung des Entlastungsgrundbetrags bzw. der Erhöhungsbeträge ist die Identifizierung des jeweiligen Kindes durch die an das Kind vergebene Identifikationsnummer.[5, 6] Ist das einzelne Kind nicht nach einem Steuergesetz steuerpflichtig[7], ist es in anderer, geeigneter Weise zu identifizieren.[8] Die nachträgliche Vergabe der Identifikationsnummer wirkt auf Monate zurück, in denen die sonstigen Voraussetzungen für den Entlastungsbetrag bzw. den Erhöhungsbetrag vorliegen.[9]

Hinweis

IdNr auch maßgeblich für Kindergeldanspruch

Seit 1.1.2016 sind die an den Berechtigten und an das Kind vergebenen steuerlichen Identifikationsnummern (IdNr) auch gesetzlich vorgeschriebene Anspruchsvoraussetzung für das Kindergeld.[10]

Haushaltsgemeinschaft mit einer anderen volljährigen Person

Der Steuerpflichtige ist nicht alleinstehend, wenn in der gemeinsamen Wohnung des Steuerpflichtigen und des Kindes eine andere nicht begünstigte Person lebt, mit welcher der Steuerpflichtige eine Haushaltsgemeinschaft bildet, z. B. mit Kindern, die einer Beschäftigung nachgehen, oder Großeltern bzw. Geschwistern.

Begriff der Haushaltsgemeinschaft

Der Begriff der Haushaltsgemeinschaft ist im Gesetz definiert. Hiernach kommt es allein auf die gemeinsame Wirtschaftsführung („Wirtschaften aus einem Topf") von Personen in der Wohngemeinschaft und nicht auch auf die Dauer des Zusammenlebens an. Die Annahme einer Haushaltsgemeinschaft setzt hingegen nicht die melderechtliche Meldung der anderen Person in der Wohnung des Steuerpflichtigen voraus.

Handelt es sich bei der anderen Person im Haushalt um eine pflegebedürftige Person, kann diese sich typischerweise nicht an der Haushaltsführung beteiligen. Deshalb kann der Steuerpflichtige den Entlastungsbetrag beanspruchen.

Die Fähigkeit, sich finanziell an der Haushaltsführung zu beteiligen, fehlt bei Personen,

- die in bestimmtem Umfang pflegebedürftig sind (bei Pflegegrad 2, 3, 4 und 5)[11] oder
- die kein oder nur geringes Vermögen besitzen und keine oder nur geringe Einkünfte und Bezüge beziehen.

Das Bestehen einer Haushaltsgemeinschaft knüpft an den objektiven Sachverhalt des Wohnens in einer gemeinsamen Wohnung an. Sie setzt nicht voraus, dass nur eine gemeinsame Kasse besteht. Es genügt eine mehr oder weniger enge Gemeinschaft, bei der jedes Mitglied der Gemeinschaft tatsächlich und finanziell seinen Beitrag zur Haushalts- bzw. Lebensführung leistet und an ihr partizipiert (z. B. gemeinsame Verwendung der Lebensmittel oder des Kochherds).

Abwesenheit von der Wohnung

Eine nicht nur vorübergehende Abwesenheit von der Wohnung spricht gegen das Vorliegen einer Haushaltsgemeinschaft. Der Wille, nicht oder nicht mehr in der Haushaltsgemeinschaft leben zu wollen, muss eindeutig nach außen erkennbar sein. Indes hebt eine kurze Abwesenheit von der gemeinsamen Wohnung (z. B. Krankenhaus-, Auslandsaufenthalt, Montagearbeit, Reise) die Haushaltsgemeinschaft nicht auf.

Steuerklasse II für Alleinerziehende

Der Entlastungsbetrag für Alleinerziehende wird beim Lohnsteuerabzug grundsätzlich mit der Steuerklasse II berücksichtigt.[12]

Wichtig

Wegfall der Anspruchsvoraussetzungen

Der Arbeitnehmer ist gesetzlich verpflichtet, die Steuerklasse II als ELStAM umgehend ändern zu lassen, wenn die Voraussetzungen hierfür wegfallen. Die Steuerklasse wird dann regelmäßig in Steuerklasse I geändert.

Lohnsteuer-Jahresausgleich

Der ⇗ Lohnsteuer-Jahresausgleich durch den Arbeitgeber ist nicht zulässig für Arbeitnehmer mit Steuerklasse II, wenn sie nicht ganzjährig anzuwenden ist.[13] Ansonsten ergäbe sich durch eine ganzjährige Ermittlung der Lohnsteuer nach der Steuerklasse II (oder I) eine unzutreffende Lohnsteuer.

Sozialversicherung

Beitragsrechtliche Bewertung

Der im Lohnsteuerrecht zu beanspruchende Entlastungsfreibetrag für Alleinerziehende wirkt sich in der Sozialversicherung nicht aus. Für ⇗ Arbeitnehmer ist das Bruttoarbeitsentgelt – ohne Berücksichtigung des Entlastungsbetrags – die Bemessungsgrundlage für den Gesamtsozialversicherungsbeitrag.

Auch die Beiträge freiwillig Versicherter werden nach den gesamten Einkünften – ohne Berücksichtigung des Entlastungsbetrags – berechnet.

Hinweis

Gesamteinkommen bei der Prüfung der Familienversicherung

Auch bei der Frage, ob eine Familienversicherung im Hinblick auf die Höhe der Einkünfte noch bestehen kann, werden die Einkünfte nicht um den Entlastungsbetrag für Alleinerziehende reduziert.

1 § 32 Abs. 6 EStG.
2 § 32 Abs. 4 Sätze 2, 3 EStG.
3 BZSt, 26.5.2023, St II 2 – S 2280-DA/22/00001, A 20.3., BStBl 2023 I S. 818.
4 § 32 Abs. 6 EStG.
5 § 139b AO.
6 BMF, Schreiben v. 23.11.2022, IV C 8 – S 2265 – a/22/10001 :001, BStBl 2022 I S. 1634, Rz. 21.
7 § 139a Abs. 2 AO.
8 § 24b Abs. 1 Satz 5 EStG.
9 § 24b Abs. 1 Satz 6 EStG.
10 BZSt, Schreiben v. 9.7.2019, St II 2 – S 2280-DA/19/00002, BStBl 2019 I S. 654.
11 § 14 Abs. 1 und 3 SGB XI.
12 § 38b Abs. 1 Satz 2 Nr. 2 EStG.
13 § 42b Abs. 1 Satz 3 Nr. 3 EStG.

Entschädigungen

Eine Entschädigung ist eine Ersatzleistung für entgangene oder entgehende Einnahmen. Sie ist als Arbeitslohn zu versteuern, wenn die Zahlung des Arbeitgebers unmittelbares Entgelt für geleistete Arbeit ist oder als Ersatz für entgangene oder entgehende Einnahmen gilt und bei regulärem Zufluss steuerpflichtig wäre. Die steuerliche Behandlung richtet sich ausschließlich nach dem tatsächlichen Grund der Zahlung und nicht nach der Bezeichnung. Bestimmte Entschädigungsleistungen des Arbeitgebers können nach der sog. Fünftelregelung ermäßigt besteuert werden. Zu den begünstigten Entschädigungen gehören u. a. Zahlungen des Arbeitgebers für entgangene oder entgehende Einnahmen. Weitere Voraussetzung für die ermäßigte Besteuerung ist, dass es durch die gezahlte Entschädigung zu einer Zusammenballung von Einnahmen kommt. Entschädigungen für Verdienstausfall oder dienstlich verursachten Aufwand sind steuerfrei, soweit dies gesetzlich geregelt ist. Echter Schadensersatz für private Vermögensverluste oder rein persönliche Schäden ist hingegen kein Arbeitslohn.

Gesetze, Vorschriften und Rechtsprechung

Lohnsteuer: Der steuerliche Begriff „Entschädigung" wird in § 24 Nr. 1 EStG beschrieben, die Voraussetzungen für die ermäßigte Besteuerung regelt § 34 EStG. Zweifelsfragen im Zusammenhang mit der ertragsteuerlichen Behandlung von Entlassungsentschädigungen behandelt BMF, Schreiben v. 1.11.2013, IV C 4 – S 2223/07/0018 :005, BStBl 2013 I S. 1326 (sog. Abfindungserlass), ergänzt durch BMF, Schreiben v. 4.3.2016, IV C 4 – S 2290/07/10007 :031, BStBl 2016 I S. 277.

Sozialversicherung: § 14 Abs. 1 SGB IV definiert das zur Beitragspflicht in der Sozialversicherung heranzuziehende Arbeitsentgelt aus einer Beschäftigung. § 1 Abs. 1 Satz 1 SvEV legt fest, unter welchen Bedingungen bestimmte Entgeltbestandteile kein sozialversicherungspflichtiges Arbeitsentgelt darstellen. Staatliche Entschädigungen mit Versorgungscharakter sind in diversen Leistungsgesetzen (z. B. Bundesversorgungsgesetz, Opferentschädigungsgesetz, Soldatenversorgungsgesetz, Verdienstausfallentschädigung nach dem IfSG) geregelt.

Entgelt	LSt	SV
Ersatz für entgangene oder entgehende Einnahmen	pflichtig	pflichtig
Entschädigung als Ausgleich für Aufgabe/Nichtausüben einer Tätigkeit	pflichtig	pflichtig
Abnutzungsentschädigung	frei	frei

Lohnsteuer

Entschädigung als Ersatz für entgangene oder entgehende Einnahmen

Eine Entschädigung i. S. d. § 24 Nr. 1 Buchst. a EStG für entgangene oder entgehende Einnahmen liegt nur vor, wenn ein „Schaden" ersetzt wird. Dazu zählen jedoch nicht Ersatzleistungen für jede beliebige Art von Schadensfolgen, sondern ausschließlich solche zur Abgeltung von erlittenen oder zu erwartenden Einnahmeausfällen. Leistungen, die Ansprüche ersetzen sollen, die bei ihrer Erfüllung zu nicht steuerbaren Einnahmen geführt hätten, fallen daher nicht unter § 24 Nr. 1 Buchst. a EStG. Keine steuerbaren Entschädigungen sind z. B.

- Ausgleichszahlungen für Ausgaben des Steuerpflichtigen[1]
- Ausgleichszahlungen für die Verletzung arbeitsrechtlicher (Fürsorge-)Pflichten bzw. für unerlaubte Handlungen des Arbeitgebers (z. B. an immateriellen Wirtschaftsgütern), weil damit nicht die Dienste des Arbeitnehmers vergütet werden, sondern ein vom Arbeitgeber verursachter Schaden ausgeglichen wird[2]
- Schadensersatzzahlungen wegen der Verletzung anderer Rechtsgüter (Gesundheit),
- Ausgleichszahlungen eines behinderungsbedingten Mehrbedarfs oder
- Schmerzensgeldzahlungen.

Entschädigung aus Anlass der Auflösung des Arbeitsverhältnisses

Der Grundsatz, dass Entschädigungen, die aus Anlass der Auflösung eines Arbeitsverhältnisses gewährt werden, einheitlich zu beurteilen sind, entbindet nicht von der Prüfung, ob die Entschädigung „als Ersatz für entgangene oder entgehende Einnahmen" i. S. d. § 24 Nr. 1 Buchst. a EStG gewährt worden ist.[3] Aus diesem Grund kann eine Aufteilung der Ausgleichszahlung in einen steuerbaren und einen nicht steuerbaren Teil erforderlich sein. Ist eine genaue Zuordnung nicht möglich, ist die Höhe der (nicht) steuerbaren Entschädigungen sachgerecht zu schätzen. Wird neben einer der Höhe nach üblichen Entschädigung für entgangene Einnahmen eine weitere Zahlung vereinbart, die den Rahmen des Üblichen in besonderem Maße überschreitet, spricht dies indiziell dafür, dass die weitere Zahlung keinen „Ersatz für entgangene oder entgehende Einnahmen" i. S. d. § 24 Nr. 1 Buchst. a EStG darstellt und mithin nicht steuerbar ist.[4]

Bei Entschädigungen, die aus Anlass der Auflösung eines Arbeitsverhältnisses gewährt werden, muss es sich also um einen Ausgleich für einen Verlust handeln, den der Arbeitnehmer unfreiwillig erlitten hat. Die Mitwirkung des Arbeitnehmers an einer Vereinbarung zum Ausgleich eines eingetretenen oder drohenden Schadens ist unter der Voraussetzung unschädlich, dass das Handeln unter wirtschaftlichem, rechtlichem oder tatsächlichem Druck erfolgt. Der Arbeitnehmer darf das schädigende Ereignis keinesfalls aus eigenem Antrieb (z. B. durch eigene Kündigung) herbeigeführt haben. Von der für eine ermäßigte Besteuerung nach der Fünftelregelung erforderlichen „Zwangssituation des Arbeitnehmers" ist auch bei einer gütlichen Einigung bei gegensätzlicher Interessenlage von Arbeitgeber und Arbeitnehmer auszugehen.[5] Zahlt der Arbeitgeber im Zuge einer einvernehmlichen Auflösung des Arbeitsverhältnisses eine ↗ Abfindung, sind Feststellungen zur Frage, ob der Arbeitnehmer unter tatsächlichem Druck gestanden hat, regelmäßig entbehrlich. Würde nämlich ein Arbeitnehmer die Auflösung des Arbeitsverhältnisses allein aus eigenem Antrieb herbeiführen, bestünde für den Arbeitgeber keine Veranlassung, eine Abfindung zu zahlen.[6]

Voraussetzung: Zahlung beruht auf neuer Rechtsgrundlage

Es ist erforderlich, dass Ansprüche des Arbeitnehmers weggefallen sind. Eine Entschädigung liegt deshalb nur dann vor, wenn die Zahlung auf einer neuen Rechtsgrundlage beruht. Werden Zahlungen lediglich in Erfüllung eines bereits bestehenden (z. B. arbeitsvertraglichen) Anspruchs geleistet, liegen keine Entschädigungen vor. Eine solche Entschädigung setzt aber nicht die vollständige Beendigung des Arbeitsverhältnisses voraus. Es genügt, wenn im Rahmen eines fortgesetzten Rechtsverhältnisses auf einer neuen Rechtsgrundlage eine Entschädigung für den Verlust (Wegfall) zukünftiger Ansprüche geleistet wird. Widerruft der Arbeitgeber z. B. einseitig die bisherige betriebliche Versorgungszusage und bietet er den Beschäftigten eine neue betriebliche Altersversorgung an, die zu wesentlich niedrigeren Ansprüchen führt, handelt es sich bei der Zahlung des Arbeitgebers, die den zukünftigen Einnahmeverlust teilweise ausgleichen soll, um eine solche Entschädigung. Weggefallen sind die Anwartschaften aus der bisherigen Versorgungszusage. Die Abfindungszahlung, mit der dieser Verlust teilweise ausgeglichen werden soll, beruht insoweit auf einer neuen Rechtsgrundlage.[7] Eine Entschädigung kann aber auch dann vorliegen, wenn bereits bei Beginn des Dienstverhältnisses ein Ersatzanspruch für den Fall der betriebsbedingten Kündigung oder Nichtverlängerung des Dienstverhältnisses vereinbart wird.[8]

1 BFH, Urteil v. 18.10.2011, IX R 58/10, BStBl 2012 II S. 286.

2 BFH, Urteil v. 20.9.1996, VI R 57/95, BStBl 1997 II S. 144.
3 BFH, Urteil v. 11.7.2017, IX R 28/16, BStBl 2018 II S. 86.
4 BFH, Urteil v. 9.1.2018, IX R 34/16, BStBl 2018 II S. 582.
5 BFH, Urteil v. 29.2.2012, IX R 28/11, BStBl 2012 II S. 569; BFH, Urteil v. 13.3.2018, IX R 12/17, BFH/NV 2018 S. 715.
6 BFH, Urteil v. 13.3.2018, IX R 16/17, BFH/NV 2018 S. 1004.
7 BFH, Urteil v. 13.3.2018, IX R 12/17, BFH/NV 2018 S. 715.
8 BFH, Urteil v. 10.9.2003, XI R 9/02, BStBl 2004 II S. 349.

Werden nur die Zahlungsmodalitäten geändert, liegt keine Entschädigung vor. Davon ist auszugehen, wenn z. B. laufende Zahlungen durch eine Nachzahlung, ⇗ Abfindung oder Kapitalisierung ersetzt werden.

Entschädigung als Ausgleich für Aufgabe oder Nichtausüben einer Tätigkeit

Nach § 24 Nr. 1 Buchst. b EStG werden Entschädigungen erfasst, die als Gegenleistung für den Verzicht auf eine mögliche Einkunftserzielung gezahlt werden. Eine Entschädigung in diesem Sinne liegt vor, wenn die Tätigkeit mit Willen oder Zustimmung des Arbeitnehmers aufgegeben wird und der Ersatzanspruch nicht auf einer neuen Rechts- oder Billigkeitsgrundlage beruht.

Der Unterschied zur Entschädigung für entgangene Einnahmen liegt vor allem darin, dass es für die ermäßigte Besteuerung von Entschädigungen für die Aufgabe oder das Nichtausüben einer Tätigkeit unschädlich ist, wenn deren Vereinbarung von vornherein im Tarif- oder Arbeitsvertrag enthalten ist. Ihre Zahlung muss nicht auf einer neuen Rechts- oder Billigkeitsgrundlage beruhen.

Wichtig

Im Voraus vereinbarte Entschädigungen

Entschädigungen, die in Tarif- oder Arbeitsverträgen für die Aufgabe oder das Nichtausüben einer Tätigkeit vereinbart sind, können keine Entlassungsentschädigung sein, da bereits im Voraus festgelegte arbeitsvertragliche Ansprüche erfüllt werden. Bei einer Zusammenballung von Einkünften kommt aber trotzdem die Anwendung der Fünftelregelung infrage.

Verdienstausfallentschädigung

Eine vom Arbeitgeber gezahlte Entschädigung muss als Arbeitslohn versteuert werden, wenn sie Entgelt für Arbeitsleistung darstellt oder als Ersatz für entgangene oder entgehende Einnahmen gezahlt wird und beim Empfänger bei regulärem Zufluss ebenfalls steuerpflichtig wäre. Auch die durch eine Versicherung nach einem Verkehrsunfall geleistete Verdienstausfallentschädigung stellt für den Arbeitnehmer steuerpflichtigen Arbeitslohn dar. Nicht steuerbar sind hingegen Entschädigungsleistungen, die als Ersatz sowohl für Arzt- und Heilungskosten als auch für Mehraufwendungen während der Krankheit sowie als Ausgleich für immaterielle Einbußen in Form von Schmerzensgeld gewährt werden.[1]

Achtung

Infektionsschutzgesetz: Verdienstausfallentschädigung

Wer aufgrund des Infektionsschutzgesetzes (IfSG) einem Tätigkeitsverbot unterliegt und einen Verdienstausfall erleidet, ohne krank zu sein, erhält grundsätzlich eine Entschädigung.

⇗ Verdienstausfallentschädigungen nach dem Infektionsschutzgesetz (IfSG) sind steuerfrei[2]; sie unterliegen aber dem Progressionsvorbehalt.[3]

Entschädigung wegen Diskriminierung

Wird ein Arbeitnehmer diskriminiert, hat er Anspruch auf eine Entschädigung nach dem Allgemeinen Gleichbehandlungsgesetz (AGG). Ob die Entschädigung steuerfrei bleibt oder steuerpflichtigen Arbeitslohn darstellt, richtet sich danach, welche Art von Schaden ausgeglichen wird bzw. welche Rechtsgrundlage vom Gericht zugrunde gelegt wird[4]:

- Bei Schadensersatz nach § 15 Abs. 1 AGG liegt regelmäßig steuerpflichtiger Arbeitslohn vor, da der Ausgleich eines materiellen Schadens der steuerbaren Sphäre zuzurechnen ist.
- Eine Entschädigung nach § 15 Abs. 2 AGG ist nicht Ausfluss aus dem Arbeitsverhältnis und führt nicht zu steuerpflichtigem Arbeitslohn. Die Entschädigung bleibt grundsätzlich steuerfrei.

1 BFH, Urteil v. 11.10.2017, IX R 11/17, BStBl 2018 II S. 706.
2 § 3 Nr. 25 EStG.
3 § 32b Abs. 1 Satz 1 Nr. 1 Buchst. e EStG
4 FG Rheinland-Pfalz, Urteil v. 21.3.2017, 5 K 1594/14.

Abnutzungsentschädigung ist steuerfrei

Regelmäßig wird eine Abnutzungsentschädigung über das nach § 3 Nr. 30 EStG steuerfreie ⇗ Werkzeuggeld geleistet. Die Steuerbefreiung beschränkt sich auf die Erstattung der Aufwendungen, die dem Arbeitnehmer durch die betriebliche Nutzung eigener Werkzeuge entstehen. Eine betriebliche Benutzung der Werkzeuge liegt auch insoweit vor, als der Arbeitnehmer seine Werkzeuge im Rahmen des Arbeitsverhältnisses außerhalb einer Betriebsstätte des Arbeitgebers einsetzt, z. B. auf einer Baustelle.

Ohne Einzelnachweis der tatsächlichen Aufwendungen sind pauschale Entschädigungen steuerfrei, soweit sie Folgendes abgelten:

- die regelmäßigen Absetzungen für Abnutzung der Werkzeuge,
- die üblichen Betriebs-, Instandhaltungs- und Instandsetzungskosten der Werkzeuge sowie
- die Kosten der Beförderung der Werkzeuge zwischen Wohnung und Einsatzstelle.

Achtung

Zeitaufwandsentschädigung ist Arbeitslohn

Entschädigungen für den Zeitaufwand des Arbeitnehmers zur Wartung und Reinigung der Werkzeuge sind steuerpflichtiger Arbeitslohn.

Echter Schadensersatz ist kein Arbeitslohn

Kein Arbeitslohn sind alle Entschädigungen, die zum Ausgleich von privaten Vermögensverlusten oder von rein persönlich verursachten Schäden als ⇗ Schadensersatz gewährt werden. Solche Entschädigungen bleiben grundsätzlich steuerfrei.

Ermäßigte Besteuerung von Entschädigungen

Voraussetzungen

Steuerpflichtige Entschädigungen sind nach der sog. Fünftelregelung ermäßigt zu besteuern.[5] Dies bedeutet, dass die steuerpflichtigen außerordentlichen Einkünfte für die Steuerberechnung mit einem Fünftel als ⇗ sonstiger Bezug versteuert und die auf dieses Fünftel entfallende Lohnsteuer verfünffacht wird.

Voraussetzung für eine ermäßigte Besteuerung nach der Fünftelregelung ist, dass Entschädigungen

1. als Ersatz für entgangene oder entgehende Einnahmen oder für die Aufgabe oder das Nichtausüben einer Tätigkeit gezahlt werden[6] und
2. eine Zusammenballung von Einnahmen vorliegt. Davon ist regelmäßig auszugehen, wenn der Gesamtbetrag der Entschädigung grundsätzlich in einem Kalenderjahr zufließt. Das gilt auch für den Fall, dass der Arbeitgeber bereits vor der wirksamen Abfindungsvereinbarung einen auf die später vereinbarte Abfindungszahlung zu verrechnenden Vorschuss an den Arbeitnehmer auszahlt.[7]

Prüfung der Zusammenballung

Eine Zusammenballung liegt vor, wenn die Einkünfte des Arbeitnehmers im Jahr des Zuflusses der Entschädigung höher sind als bei ungestörter Fortsetzung des Arbeitsvertrags. Hierbei ist grundsätzlich auf die Verhältnisse des Vorjahres abzustellen. Etwas anderes gilt, wenn das Vorjahr durch außergewöhnliche Ereignisse geprägt ist, dann darf ein Durchschnittsbetrag aus den letzten 3 Vorjahren gebildet werden.

Teilauszahlung in mehreren Jahren

Nur unter besonderen Umständen begünstigt die Rechtsprechung einen auf 2 Jahre verteilten Zufluss. Die verteilte Auszahlung ist unschädlich, wenn die Entschädigung ursprünglich in Form einer ⇗ Einmalzahlung geleistet werden sollte und die Gründe für den verteilten Zufluss beim Arbeitgeber liegen. Dies kann z. B. darin begründet sein, dass dem Arbeitgeber die Mittel nicht früher zur Verfügung stehen.

5 § 34 Abs. 1 EStG.
6 § 24 EStG.
7 BFH, Urteil v. 11.10.2017, IX R 11/17, BStBl 2018 II S. 706.

Geringfügige Teilzahlung in späteren Zeiträumen unschädlich

Unabhängig davon, auf wessen Veranlassung ein verteilter Zufluss vorgenommen wird, beanstandet die Finanzverwaltung dies nicht, sofern nur ein geringfügiger Teilbetrag in einem anderen Veranlagungszeitraum erfolgt. Aus Vereinfachungsgründen wird von einer geringfügigen Teilleistung ausgegangen, wenn diese nicht mehr als 10 % der Hauptleistung beträgt.[1]

Wichtig

Geringfügigkeit nicht an starre Prozentgrenze gebunden

Darüber hinaus kann eine Zahlung unter Berücksichtigung der konkreten individuellen Steuerbelastung als geringfügig anzusehen sein, wenn sie niedriger ist als die tarifliche Steuerbegünstigung der Hauptleistung.[2]

Keine Tarifbegünstigung bei geplanter Teilauszahlung

Fließt eine Abfindung dem Arbeitnehmer in nahezu 2 gleich hohen Teilbeträgen zu, wird hierfür mangels Zusammenballung keine ermäßigte Besteuerung nach der Fünftelregelung gewährt. Dies gilt selbst dann, wenn der Grund für diese Teilzahlungen in der Insolvenz des Arbeitgebers liegt.[3]

Bei einem zeitlichen Abstand zweier selbstständiger Entschädigungszahlungen von 6 Jahren fehlt der für die Beurteilung der Einheitlichkeit einer Entschädigungsleistung erforderliche zeitliche Zusammenhang, sodass beide Teilzahlungen für sich genommen zu einer ermäßigten Besteuerung nach der Fünftelregelung führen können.[4]

Aufzeichnungspflichten des Arbeitgebers

Ermäßigt besteuerte Entschädigungen sind stets gesondert im ⇗ Lohnkonto einzutragen und zu bescheinigen. Sie dürfen nicht im Jahresbruttoarbeitslohn enthalten sein.

Steuerpflichtige Entschädigungen, die nicht ermäßigt besteuert wurden, sind ebenfalls gesondert zu bescheinigen, müssen aber im Jahresbruttoarbeitslohn enthalten sein. Durch die gesonderte Bescheinigung der im Lohnsteuerabzugsverfahren nicht ermäßigten Entschädigungen, kann das Finanzamt die Anwendung der Fünftelregelung im Rahmen der Veranlagung zur Einkommensteuer prüfen.

Berücksichtigung beim Lohnsteuer-Jahresausgleich durch Arbeitgeber

Entschädigungen , die ermäßigt besteuert wurden, bleiben beim Lohnsteuer-Jahresausgleich durch den Arbeitgeber außer Ansatz. Auf ausdrücklichen Antrag des Arbeitnehmers muss jedoch eine Einbeziehung in den Lohnsteuer-Jahresausgleich vorgenommen werden.[5] In diesem Fall müssen Entschädigungen mit der vollen Tabellensteuer versteuert werden. Deshalb wird die Einbeziehung in den ⇗ Lohnsteuer-Jahresausgleich nur in seltenen Ausnahmefällen günstiger sein.

Werbungskostenersatz ist steuerpflichtig

Werbungskosten können grundsätzlich nicht steuerfrei ersetzt werden; gezahlte „Entschädigungen" sind steuerpflichtiger Arbeitslohn. Steuerfrei bleiben nur die Arbeitgebererstattungen, die ausdrücklich steuerfrei gestellt sind, z. B. Reisekostenerstattungen.

Sozialversicherung

Verdienstausfallentschädigung nach dem Infektionsschutzgesetz

Während des Bezugs einer Verdienstausfallentschädigung nach dem IfSG besteht eine sozialversicherungsrechtliche Beschäftigung fort, es sind jedoch versicherungs- und beitragsrechtliche Besonderheiten zu beachten.

Ersatz für entgangene oder entgehende Einnahmen

Entschädigungen, die aus einer Beschäftigung heraus gezahlt werden (z. B. als Ersatz für entgangene oder entgehende Einnahmen), sind dem Grunde nach als Arbeitsentgelt zu bewerten.[6] Dabei sind lohnsteuerfreie Entschädigungen auch beitragsfrei in der Sozialversicherung, z. B. ⇗ Aufwandsentschädigungen, ⇗ Mankogeld, ⇗ Werkzeuggeld. Entschädigungen aus Anlass der Beendigung des Arbeitsverhältnisses sind ⇗ Abfindungen und wie diese zu behandeln.

Ausgleich für Aufgabe oder Nichtausüben einer Tätigkeit

Entschädigungen für die Aufgabe oder das Nichtausüben einer Tätigkeit sind als Arbeitsentgelt zu bewerten.[7] Lohnsteuerfreie Entschädigungen dieser Art sind auch beitragsfrei in der Sozialversicherung. Entschädigungen aus Anlass der Beendigung des Arbeitsverhältnisses sind ⇗ Abfindungen und wie diese zu behandeln.

Abnutzungsentschädigung

Lohnsteuerfreie Entschädigungen für die Abnutzung (z. B. von Werkzeugen) sind auch nicht beitragspflichtig in der Sozialversicherung.

Achtung

Zeitaufwandsentschädigung

Entschädigungen für den Zeitaufwand des Arbeitnehmers (z. B. Wartung und Reinigung der Werkzeuge) sind beitragspflichtig.

Entsendebescheinigung

Der Begriff „Entsendebescheinigung" ist der umgangssprachliche Begriff für die „Bescheinigung über die anzuwendenden Rechtsvorschriften". Vielfach wird die Entsendebescheinigung auch nur „A1-Bescheinigung" genannt, obwohl dieser Name nicht für alle Länder gleichermaßen zutrifft. Vielmehr ist die vorgesehene Bescheinigung vom jeweiligen Abkommensstaat abhängig. So werden A1-Bescheinigungen z. B. nur für die Entsendung in einen anderen EU-, EWR-Staat sowie der Schweiz verwendet. Der Begriff Entsendebescheinigung ist insofern nicht eindeutig genug, da die Bescheinigung nicht nur bei Entsendungen, sondern auch bei Ausnahmevereinbarungen, also in den Fällen, in denen die Voraussetzungen für eine Entsendung nicht gegeben sind, ausgestellt wird. Die Bescheinigung über die anzuwendenden Rechtsvorschriften dient als Nachweis, dass die Rechtsvorschriften des Entsendestaates weitergelten.

Gesetze, Vorschriften und Rechtsprechung

Sozialversicherung: Die Voraussetzungen und das Verfahren für die Ausstellung der Bescheinigung über die anzuwendenden Rechtsvorschriften sind in der Verordnung (EG) über soziale Sicherheit Nr. 883/2004 sowie in der dazugehörigen Durchführungsverordnung (EG) Nr. 987/2009 geregelt. In einigen Sachverhalten ist noch die Verordnung (EWG) über soziale Sicherheit Nr. 1408/71 und die dazugehörige Durchführungsverordnung Nr. 574/72 anzuwenden. Des Weiteren sind die „Gemeinsamen Grundsätze für das elektronische Antrags- und Bescheinigungsverfahren A1 nach § 106 SGB IV" zu beachten. Darüber hinaus sind noch die Regelungen in den jeweiligen Abkommen über Soziale Sicherheit zu beachten.

1 BMF, Schreiben v. 4.3.2016, IV C 4 – S 2290/07/10007 :031, BStBl 2016 I S. 277.
2 BMF, Schreiben v. 4.3.2016, IV C 4 – S 2290/07/10007 :031, BStBl 2016 I S. 277.
3 BFH, Urteil v. 14.4.2015, IX R 29/14, BFH/NV 2015 S. 1354.
4 BFH, Urteil v. 11.10.2017, IX R 11/17, BStBl 2018 II S. 706.
5 § 42b Abs. 2 Satz 2 EStG.

6 § 14 Abs. 1 Satz 1 SGB IV.
7 § 14 Abs. 1 Satz 1 SGB IV.

Sozialversicherung

Bescheinigung über die anzuwendenden Rechtsvorschriften

Die Bescheinigung über die anzuwendenden Rechtsvorschriften gilt als Nachweis, dass für eine Person weiterhin die Rechtsvorschriften des Entsendestaates anzuwenden sind. Die Rechtsvorschriften des Beschäftigungsstaates werden somit nicht angewendet. Dies gilt für alle Bereiche, die vom Anwendungsbereich der Verordnung (EG) über Soziale Sicherheit bzw. des jeweiligen Abkommens über Soziale Sicherheit erfasst werden.

Tipp

Mitführung der Bescheinigung

Nach der Beantragung der Bescheinigung über die anzuwendenden Rechtsvorschriften wird zunächst eine Eingangsbestätigung übersandt. Diese Eingangsbestätigung sollte mitgeführt werden, damit bei Kontrollen nachgewiesen werden kann, dass die Bescheinigung beantragt wurde. Solange diese Bescheinigung nicht vorliegt, sollte eine Kopie des ausgefüllten Fragebogens mitgeführt werden. Grundsätzlich soll die Bescheinigung über die anzuwendenden Rechtsvorschriften immer beim Arbeitgeber aufbewahrt werden. Bei Beschäftigungen im Ausland sollte der Arbeitnehmer eine Kopie dieser Bescheinigung mitführen, damit die Sozialversicherungsfreiheit bei Kontrollen nachgewiesen werden kann.

Bescheinigungen im Anwendungsbereich der Verordnungen über Soziale Sicherheit (A1 Bescheinigung)

Gelten die Rechtsvorschriften des Entsendestaates weiter, wird der Vordruck A1 verwendet. In Übergangsfällen, in denen die Rechtsvorschriften des Entsendestaates auf Grundlage der Verordnung (EWG) Nr. 1408/71 gelten, wird der Vordruck E 101 verwendet. Die Bescheinigungen sind in allen EU-Sprachen verfügbar.

Beantragung und Ausstellung der Vordrucke

Der Vordruck wird – je nach versicherungsrechtlicher Situation – von verschiedenen Trägern ausgestellt. Vom 1.1.2019 besteht die Verpflichtung, die Anträge auf Ausstellung der Bescheinigung A1 für Entsendungen in einen anderen EU-, EWR-Staat sowie der Schweiz aus einem systemgeprüften Entgeltabrechnungsprogramm oder mittels einer maschinell erstellten Ausfüllhilfe zu übermitteln. Die annehmende Stelle verarbeitet die Anträge elektronisch. Es ist vorgesehen, dass die Übermittlung der Daten der A1-Bescheinigung an den Arbeitgeber innerhalb von 3 Arbeitstagen nach Feststellung, dass die deutschen Rechtsvorschriften gelten, erfolgt. Der Arbeitgeber hat diese Bescheinigung unverzüglich auszudrucken und seinem Beschäftigten auszuhändigen. Bis zum 30.6.2019 konnte die Ausstellung der A1-Bescheinigung noch per Postweg erfolgen. Die Ausstellung des Vordrucks E 101 erfolgt wie bisher.

Achtung

Dienstreisen

Eine Entsendung ist eine vorübergehende Beschäftigung im Ausland. Hierzu gehören auch Dienstreisen in einen anderen EU-, EWR-Staat oder die Schweiz. Hierbei spielt die Dauer der Dienstreise keine Rolle. Selbst bei eintägigen Dienstreisen muss eine Bescheinigung A1 mitgeführt werden.

Antrag für gesetzlich Krankenversicherte

Ist der entsandte Arbeitnehmer oder der selbstständig Erwerbstätige gesetzlich krankenversichert, wird der Antrag auf die Ausstellung der Bescheinigung über die anzuwendenden Rechtsvorschriften an die zuständige Krankenkasse übermittelt. Diese stellt die Bescheinigung über die anzuwendenden Rechtsvorschriften A1 bzw. den Vordruck E 101 aus.

Antrag für nicht gesetzlich Krankenversicherte

Ist der Arbeitnehmer oder selbstständig Erwerbstätige nicht gesetzlich krankenversichert, wird der Antrag auf die Ausstellung der Bescheinigung über die anzuwendenden Rechtsvorschriften an den zuständigen gesetzlichen Rentenversicherungsträger übermittelt. Dieser stellt die Bescheinigung über die anzuwendenden Rechtsvorschriften A1 bzw. den Vordruck E 101 aus.

Antrag für nicht gesetzlich Krankenversicherte, von der Rentenversicherung befreite

Ist der Arbeitnehmer bzw. selbstständig Erwerbstätige nicht gesetzlich krankenversichert und aufgrund seiner Mitgliedschaft bei einer berufsständischen Einrichtung von der Rentenversicherung befreit, dann wird der Antrag auf die Ausstellung der Bescheinigung über die anzuwendenden Rechtsvorschriften an die Arbeitsgemeinschaft Berufsständischer Versorgungseinrichtungen e. V. übermittelt. Diese stellt die Bescheinigung über die anzuwendenden Rechtsvorschriften A1 bzw. den Vordruck E 101 aus.

Antrag für in mehreren Staaten gewöhnlich erwerbstätige Personen

In Fällen vom 1.5.2010 an, in denen eine Person in mehreren Staaten gewöhnlich erwerbstätig ist und in Deutschland wohnt, stellt der GKV-Spitzenverband, DVKA, den zuständigen EU-Staat fest. Werden die deutschen Rechtsvorschriften weiter angewendet, stellt der GKV-Spitzenverband, DVKA, die Bescheinigung über die anzuwendenden Rechtsvorschriften aus. Vom 1.1.2021 besteht die Verpflichtung, die Anträge auf Ausstellung der Bescheinigung A1 für bestimmte Personen, die gewöhnlich in 2 oder mehr Mitgliedstaaten eingesetzt werden, aus einem systemgeprüften Entgeltabrechnungsprogramm oder mittels einer maschinell erstellten Ausfüllhilfe zu übermitteln. Für die nachfolgenden Personengruppen gibt es besondere Voraussetzungen:

Beschäftigte

- Der Lebensmittelpunkt des Beschäftigten muss sich in Deutschland befinden.
- Der Beschäftigte muss ausschließlich bei einem in Deutschland ansässigen Arbeitgeber beschäftigt sein.
- Der Beschäftigte muss erfahrungsgemäß seine Beschäftigung regelmäßig an mindestens einem Tag im Monat oder an mindestens 5 Tagen im Quartal in 2 oder mehr Mitgliedstaaten ausüben.

Flug- oder Kabinenbesatzungsmitglieder

- Die Heimatbasis befindet sich in Deutschland.
- Die Person über keine weitere Erwerbstätigkeit aus.

Seeleute

- Die Beschäftigung wird an Bord eines unter der Flagge eines anderen Mitgliedstaats fahrenden Schiffes für einen Arbeitgeber mit Sitz in Deutschland ausgeübt.
- Die beschäftigte Person wohnt in Deutschland.

Antrag für Personen, die im Rahmen der Telearbeit tätig sind

Ab dem 1.7.2023 besteht die Möglichkeit, dass eine Person ihre Tätigkeit im Rahmen von Telearbeit ausübt, sofern die Telearbeit im Wohnstaat mit einem Anteil zwischen 25 % und 49,9 % ausgeübt wird. In diesen Fällen unterliegt der Arbeitnehmer weiterhin den Rechtsvorschriften des Staates, in dem der Arbeitgeber seinen Sitz hat. Der Antrag ist bei dem Staat zu stellen, dessen Sozialversicherungsrecht nach dem Rahmenübereinkommen gelten soll. Ist dies Deutschland, wird das übliche elektronische Antragsverfahren für die Ausnahmevereinbarung benutzt. Der GKV-Spitzenverband, DVKA bittet folgende Ausfüllhinweise hierzu zu beachten:

- Das Feld „Begründung besondere Umstände" muss den Text „TW FA: Telearbeit im Wohnstaat unter 50 %" enthalten
- Im Feld „Einsatzorte" sollen alle Orte angegeben werden, an denen die Beschäftigung ausgeübt wird. Aus technischen Gründen ist es

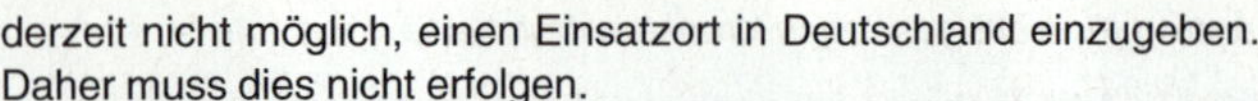

derzeit nicht möglich, einen Einsatzort in Deutschland einzugeben. Daher muss dies nicht erfolgen.

- Die Abfrage „Mehrere Staaten" muss mit „J" ausgefüllt werden, wenn die Beschäftigung regelmäßig nur in Deutschland und im Wohnstaat ausgeübt wird.

Antrag auf Ausnahmevereinbarung

Die Anträge auf Abschluss einer Ausnahmevereinbarung müssen aus einem systemgeprüften Entgeltabrechnungsprogramm oder mittels einer maschinell erstellten Ausfüllhilfe übermittelt werden.

Bindungswirkung der Vordrucke/Dokumentation

Die Bescheinigung über die anzuwendenden Rechtsvorschriften ist für den Träger im anderen Staat so lange verbindlich, bis die Bescheinigung von der deutschen Krankenkasse widerrufen oder für ungültig erklärt wurde.

Tipp

Vermittlungsverfahren

Im Rahmen der Verordnung (EG) über soziale Sicherheit Nr. 883/2004 wurde ein Vermittlungs- und Dialogverfahren für die Sachverhalte eingeführt, in denen ein Träger mit der Entscheidung eines anderen Trägers nicht einverstanden ist. Für die Träger ist es empfehlenswert, neben dem Antrag auf Weitergeltung der deutschen Rechtsvorschriften eine Kopie der Bescheinigung über die anzuwendenden Rechtsvorschriften A1 aufzubewahren. So kann in Zweifelsfällen nachgewiesen werden, warum eine Entscheidung getroffen wurde.

Informationsaustausch

Im Rahmen der Verordnung (EG) über soziale Sicherheit können Mitgliedsstaaten, in denen eine Beschäftigung im Rahmen einer Entsendung ausgeübt wird, verlangen, dass ihnen eine Kopie der Bescheinigung über die anzuwendenden Rechtsvorschriften zugesandt wird. Die Kopie der A1 Bescheinigung muss durch die ausstellende Krankenkasse übersandt werden. Neben Deutschland möchten die nachfolgenden Staaten eine Kopie erhalten:

Belgien	Bulgarien	Estland	Finnland	Frankreich
Island	Italien	Kroatien	Lettland	Niederlande
Norwegen	Österreich	Schweden	Slowakei	

Bescheinigungen im Anwendungsbereich der bilateralen Abkommen

Gelten für einen Arbeitnehmer für die Dauer der Beschäftigung in einem Abkommensstaat die deutschen Rechtsvorschriften, erfolgt der Nachweis über die entsprechende Bescheinigung über die anzuwendenden Rechtsvorschriften. Die vorgesehene Bescheinigung ist abhängig vom jeweiligen Abkommensstaat.

Staat/Land	Anwendung deutsches Recht	Anwendung ausländisches Recht
Albanien	DE/AL 101	AL/DE 101
Australien	AU/DE 101	DE/AU 101
Bosnien-Herzegowina	BH 1	BH 1
Brasilien	BR/DE 101	DE/BR 101
Chile	RCH/D 101	D/RCH 101
China	VRC/D 101	D/VRC 101
Indien	DE/IN 101	IN/DE 101
Japan	J/D 101	D/J 101
Kanada	CAN 1	CAN 1
Korea	K/D 101	D/K 101
Marokko	MA/D 101	D/MA 101
Mazedonien	DE/MD 101	MD/DE 101
Montenegro	MNE//DE 101	DE/MNE 101
Nordmazedonien	RM/D 101	D/RM 101
Philippinen	DE/PH 101	PH/DE 101
Quebec	QU/DE 101	DE/QU 101
Serbien	SRB/DE 101	DE/SRB 101
Türkei	T/A 1	A/T 1
Tunesien	TN/A 1	A/TN 1
Uruguay	DE/UY 101	UR/DE 101
USA	D/USA 101	USA/D 101

Ausstellung der Bescheinigungen

Mit einigen Abkommensstaaten wurde vereinbart, dass von jeder ausgestellten Bescheinigung über die anzuwendenden Rechtsvorschriften eine Kopie an die zuständige Stelle im Beschäftigungsstaat gesandt wird. Dies gilt für Albanien, Australien, Brasilien, Kanada/Quebec, Philippinen, USA und Uruguay. Die Übermittlung der Kopie erfolgt durch die Krankenkasse.

Entsendung nach Deutschland

Gelten für eine nach Deutschland entsandte Person die Rechtsvorschriften des Entsendestaates weiter, erhält die Person als Nachweis eine Bescheinigung über die anzuwendenden Rechtsvorschriften.

Ausstellung

Wird ein Beschäftigter nach Deutschland entsandt, beurteilt und entscheidet der ausländische Träger, ob eine Entsendung vorliegt. Sollte dies bejaht werden, stellt der ausländische Träger für die Person eine Bescheinigung über die anzuwendenden Rechtsvorschriften A1 aus. Mit dieser Bescheinigung kann der Beschäftigte nachweisen, dass für ihn ausschließlich die Rechtsvorschriften des Entsendestaates und nicht die deutschen Rechtsvorschriften gelten.

Dokumentation

Die Deutsche Rentenversicherung Bund erfasst alle in anderen Staaten ausgestellten Bescheinigungen über die anzuwendenden Rechtsvorschriften in einer Datenbank. Die ausstellenden Träger senden jeweils eine Kopie der Bescheinigung A1 an die DRV-Bund.

Entsendung

Eine Entsendung liegt vor, wenn Mitarbeiter eines deutschen Unternehmens für mittelfristige Aufenthalte ins Ausland entsandt werden. Kürzere Aufenthalte werden dabei als Abordnung bzw. Dienstreise, längere Aufenthalte als Versetzung bezeichnet. Möglich ist aber auch eine Entsendung innerhalb der Bundesrepublik im Rahmen einer Konzernbeschäftigung.

Andererseits erfasst der Begriff der Entsendung den zeitlich begrenzten Einsatz von Arbeitnehmern ausländischer Unternehmen im deutschen Inland.

Es gelten die Vorschriften der deutschen Sozialversicherung, sofern die Entsendung infolge der Eigenart der Beschäftigung oder vertraglich im Voraus zeitlich begrenzt ist.

Gesetze, Vorschriften und Rechtsprechung

Lohnsteuer: Allgemeine Ausführungen zur lohnsteuerrechtlichen Behandlung des Arbeitslohns nach den DBA enthält das BMF-Schreiben v. 3.5.2018, IV B 2 – S 1300/08/10027, BStBl 2018 I

S. 643. Zur Aufteilung des Arbeitslohns im Lohnsteuerverfahren bei unterjähriger Auslandstätigkeit s. BMF-Schreiben v. 14.3.2017, IV C 5 – S 2369/10/10002. Besteht kein DBA, kann eine Steuerbefreiung nach dem Auslandstätigkeitserlass v. 31.10.1983, IV B 6 – S 2293 – 50/83, BStBl 1983 I S. 470, zuletzt geändert durch das BMF-Schreiben v. 14.3.2017, IV C 5 – S 2369/10/10002, BStBl 2017 I S. 473, infrage kommen. Zum aktuellen Stand des gültigen Doppelbesteuerungsabkommens s. das BMF-Schreiben v. 18.1.2023, IV B 2 – S 1301/21/10048 :004, BStBl 2023 I S. 195.

Sozialversicherung: § 4 SGB IV regelt für alle Zweige der Sozialversicherung die versicherungsrechtliche Beurteilung von Beschäftigungsverhältnissen bei Entsendung. Zur versicherungsrechtlichen Beurteilung ist außerdem das GR v. 18.3.2020-I anzuwenden. Für die EU-Staaten sowie die EWR-Staaten und die Schweiz gelten die Verordnung (EG) über soziale Sicherheit Nr. 883/2004 sowie die Durchführungsverordnung (EG) Nr. 987/2009. Des Weiteren sind die Regelungen in den Abkommen über Soziale Sicherheit zu berücksichtigen.

Lohnsteuer

Auslandstätigkeit

Im Lohnsteuerrecht wird der Begriff „Entsendung" nicht verwendet. Es handelt sich dabei um eine ⇗ Auslandstätigkeit eines Arbeitnehmers. Hierfür gelten steuerliche Besonderheiten, da der ausländische Tätigkeitsstaat ebenso wie der Wohnsitzstaat (Ansässigkeitsstaat) den Arbeitslohn besteuern will.

Im Falle einer konzerninternen internationalen Arbeitnehmerentsendung wird das aufnehmende inländische Unternehmen zum wirtschaftlichen Arbeitgeber i. S. v. § 38 Abs. 1 Satz 2 EStG (Erhebung der Lohnsteuer), wenn

- es den Arbeitslohn für die ihm geleistete Arbeit wirtschaftlich trägt,
- der Einsatz des Arbeitnehmers bei dem aufnehmenden Unternehmen in dessen Interesse erfolgt,
- der Arbeitnehmer in den Arbeitsablauf des aufnehmenden Unternehmens eingebunden und
- dessen Weisungen unterworfen ist.[1]

Doppelbesteuerungsabkommen

⇗ Doppelbesteuerungsabkommen (DBA) existieren mit allen bedeutenden Industrienationen. Sie regeln die Zuweisung des Besteuerungsrechts von Arbeitslohn, um eine mehrfache Besteuerung zu verhindern.

Die Finanzverwaltung veröffentlicht regelmäßig eine Übersicht über den gegenwärtigen Stand der DBA und anderer Abkommen im Steuerbereich sowie der Abkommensverhandlungen.

Wichtig

Aufenthaltsdauer des Arbeitnehmers im Tätigkeitsstaat ist entscheidend

Einkünfte aus nichtselbstständiger Arbeit sind grundsätzlich im Tätigkeitsstaat zu besteuern. Das Besteuerungsrecht behält aber regelmäßig der Ansässigkeitsstaat, wenn der Aufenthalt des Arbeitnehmers im Tätigkeitsstaat nicht mehr als 183 Tage im Jahr beträgt.

Auch mehrere aufeinanderfolgende Entsendungszeiträume können einen zeitlich zusammenhängenden Aufenthalt i. S. d. § 9 Satz 2 AO bilden, sofern objektive Umstände festgestellt werden, die für einen solchen Zusammenhang und eine Fortdauer des Anlasses sprechen.[2]

1 BFH, Urteil v. 4.11.2021, VI R 22/19, BFH/NV 2022 S. 539; FG Münster, Urteil v. 24.3.2023, 4 K 722/21 L.
2 BFH, Beschluss v. 19.6.2015, III B 143/14, BFH/NV 2015 S. 1386.

Besteht kein DBA mit dem ausländischen Staat, so ist der Auslandstätigkeitserlass anzuwenden.[3]

Progressionsvorbehalt

Bei einer Nichtbesteuerung im Inland führt der gezahlte Arbeitslohn aufgrund des ⇗ Progressionsvorbehalts zu einer höheren inländischen Steuerlast, wenn der Arbeitslohn nach dem anzuwendenden DBA von der Steuer freigestellt ist.[4, 5]

Arbeitslohn, der nach einem DBA von der inländischen Besteuerung befreit ist, muss aufgrund der unilateralen Rückfallklausel[6, 7] dennoch im Inland versteuert werden, wenn der Steuerpflichtige nicht nachweisen kann, dass der ausländische Arbeitgeber die Steuern an die ausländischen Steuerbehörden gezahlt hat.[8] Die Regelung nach § 50d Abs. 8 EStG gilt nicht für Einkünfte aus Staaten, auf die der Auslandstätigkeitserlass anzuwenden ist.

Kaufkraftausgleich

Entsendet der Arbeitgeber einen Arbeitnehmer ins Ausland, hat dieser oft höhere Lebenshaltungskosten am Dienstort. Der Arbeitgeber kann diesen Nachteil durch Zahlung eines steuerfreien ⇗ Kaufkraftausgleichs abgelten. Voraussetzung ist, dass das Gehalt des Arbeitnehmers weiterhin von Deutschland besteuert wird. Das Auswärtige Amt setzt für einige Dienstorte im Ausland die Kaufkraftzuschläge fest. Die Bekanntmachungen über die Steuerbefreiung des Kaufkraftausgleichs erfolgen vierteljährlich durch die Finanzverwaltung.

Sozialversicherung

Entsendung

In Deutschland gilt das ⇗ Territorialitätsprinzip. Grundsätzlich ist das deutsche Recht nur auf deutschem Hoheitsgebiet anwendbar. Abweichende Regelungen gelten im Falle der ⇗ Ausstrahlung und der ⇗ Einstrahlung sowie im Rahmen der Regelungen des über- und zwischenstaatlichen Rechts.[9]

Voraussetzungen für eine Entsendung nach deutschem Recht

Eine Entsendung wird im Rahmen einer Ausstrahlung geprüft und kann bejaht werden, wenn verschiedene Voraussetzungen erfüllt werden. Neben den deutschen Rechtsvorschriften sind auch die Regelungen zur Entsendung in den Verordnungen (EG) über soziale Sicherheit sowie die Regelungen zur Entsendung in verschiedenen bilateralen Abkommen zu beachten.

Anbindung zum deutschen Recht

Eine Entsendung liegt vor, wenn sich ein in Deutschland beschäftigter Arbeitnehmer auf Weisung seines Arbeitgebers in ein anderes Land begibt, um dort eine Beschäftigung für den deutschen Arbeitgeber auszuüben. Wesentlich ist, dass sowohl vor als auch nach der Auslandsbeschäftigung eine Anbindung zum deutschen Recht besteht. Dies bedeutet, dass der Lebensmittelpunkt des Arbeitnehmers vor der Entsendung ins Ausland in Deutschland bestanden hat und eine Perspektive für eine anschließende Weiterbeschäftigung nach der Auslandsbeschäftigung besteht.

Weitere Personenkreise

Auch Schüler, Arbeitslose, Berufsanfänger und Hausfrauen können für eine Entsendung eingestellt werden, wenn sich ihr Lebensmittelpunkt zu-

3 BMF, Schreiben v. 10.6.2022, IV C 5 – S 2293/19/10012:001, BStBl 2022 I S. 997; EuGH, Urteil v. 7.9.2023, C-15/22 (RF/FA G): Zur Ungleichbehandlung von durch Deutschland oder der EU-finanzierten Entwicklungshilfe-Tätigkeiten nach dem Auslandstätigkeitserlass; keine Steuerbefreiung nach dem Auslandstätigkeitserlass bei EU-finanzierten Entwicklungshilfeprojekten.
4 § 32b Abs. 1 Satz 1 Nr. 3 EStG.
5 BFH, Urteil v. 17.12.2020, VI R 22/18, BFH/NV 2021 S. 758.
6 § 50d Abs. 8 EStG.
7 FG Münster, Urteil v. 17.4.2020, 1 K 1035/11 E: § 50d Abs. 8 EStG ist verfassungsgemäß.
8 FG Köln, Urteil v. 16.6.2016, 13 K 3649/13.
9 § 6 SGB IV.

vor in Deutschland befunden hat. Damit in diesen Fällen eine Entsendung vorliegt, muss eine Vereinbarung oder Perspektive bestehen, dass die entsandte Person bei den entsendenden Unternehmen weiterbeschäftigt wird. Es ist auch unschädlich, wenn ein Arbeitnehmer für die Entsendung eingestellt wurde, selbst wenn dieser zuvor für einen anderen Arbeitgeber gearbeitet hat.

Entsendungen ohne vorherige Beschäftigung in Deutschland

Grundsätzlich handelt es sich nicht um eine Entsendung, wenn eine Person ohne vorhergehende Beschäftigung in Deutschland eingestellt wird und unmittelbar in einem Drittstaat entsandt wird. Dies gilt allerdings nicht, wenn die Person vor der Einstellung bereits den deutschen Rechtsvorschriften unterlegen hat oder bereits eine hinreichende Beziehung zur deutschen Sozialversicherung hat. Eine weitere Voraussetzung ist, dass die Person nach der Entsendung in Deutschland weiterbeschäftigt wird.

Beispiel

Entsendung eines Studenten

Ein deutsches Unternehmen stellt einen Studenten ein und entsendet diesen für 2 Jahre nach Kolumbien. Nach der Entsendung soll er in Deutschland weiterbeschäftigt werden. Der Student hat bisher in Deutschland gelebt, war allerdings noch nicht in Deutschland beschäftigt. Die Voraussetzungen für eine Entsendung sind erfüllt.

Arbeitnehmerüberlassungen

Es ist auch möglich einen Arbeitnehmer ins Ausland zu verleihen. Voraussetzung ist, dass der Arbeitgeber die erforderliche Verleiherlaubnis nach dem Arbeitnehmerüberlassungsgesetz hat. Weiterhin muss die organisatorische Eingliederung in das entsendende Verleihunternehmen bestehen bleiben und der arbeitsrechtliche Entgeltanspruch muss sich gegen den entsendenden Arbeitgeber richten.

Fehlt die Verleihererlaubnis nach dem Arbeitnehmerüberlassungsgesetz, ist der Vertrag unwirksam, sodass weder eine Ausstrahlung noch eine Entsendung vorliegt.

Dies gilt nicht, wenn der Arbeitnehmer in ein auf der Grundlage zwischenstaatlicher Vereinbarungen begründetes deutsch-ausländisches Gemeinschaftsunternehmen verliehen wird, an dem der Verleiher beteiligt ist.

Auch bei Überlassungen von Arbeitnehmern innerhalb von Konzernunternehmen i. S. d. § 18 Aktiengesetz ist das AÜG ohne Bedeutung.

Keine Entsendung

Bei fehlender Anbindung zum deutschen Sozialversicherungsrecht liegt keine Entsendung vor.

Hinweis

Ortskräfte und Staatenwechsel

Keine Anbindung zum deutschen Sozialversicherungsrecht wäre z. B. gegeben, wenn ein Unternehmen einen Einheimischen, eine sog. „Ortskraft" für eine Tätigkeit einstellt. Dies gilt auch, wenn ein Unternehmen eine Person im Ausland einstellt und diese Person in einen Drittstaat entsendet. Kehrt ein Arbeitnehmer nicht nach Deutschland zurück, ist die Entsendung ausgeschlossen.

Inländische bestehende Beschäftigung

Voraussetzung für eine Entsendung ist, dass der entsandte Arbeitnehmer weiterhin organisatorisch in den Betrieb eingegliedert ist. Die im Ausland verrichtete Arbeit muss für den in Deutschland ansässigen Betrieb erbracht und der Wert dieser Arbeit dem deutschen Unternehmen zugeordnet werden. Der Arbeitnehmer muss weiterhin dem Direktionsrecht des inländischen Arbeitgebers unterliegen. Ist der inländische Arbeitgeber allein weisungsbefugt, ist von einer weiteren Eingliederung in den Betrieb auszugehen. Dies gilt auch, wenn die Weisungsbefugnis nur in abgeschwächter Form existiert. Weiterhin muss sich der Arbeitsentgeltanspruch während des Auslandseinsatzes weiterhin gegen das deutsche Unternehmen richten. Zusätzlich muss das deutsche Unternehmen das Arbeitsentgelt in der Lohnbuchhaltung ausweisen und steuerlich als Betriebsausgabe geltend machen.

Wichtig

Lohnsteuer im Ausland

Die Zahlung der Lohnsteuer im Ausland ist unschädlich für die Beurteilung, ob eine Entsendung vorliegt.

Des Weiteren steht einer Entsendung nicht entgegen, wenn der Arbeitnehmer mit Zustimmung des Arbeitgebers im Ausland abhängig beschäftigt ist und die Tätigkeit im Ausland in Form von Telearbeit ausübt. Dies gilt auch dann, wenn dies auf Initiative des Arbeitnehmers erfolgt.

Eine Entsendung liegt nicht vor, wenn während des Auslandseinsatzes die Hauptpflichten des Arbeitsvertrags ruhen. Ein Rumpfarbeitsverhältnis liegt vor, wenn während des Auslandseinsatzes eine Vereinbarung über das „Ruhen des Arbeitsentgelts und der Arbeitsleistung" sowie über das automatische Wiederaufleben der Rechte und Pflichten aus dem ursprünglichen Arbeitsvertrag nach Rückkehr getroffen wurden.

Verbundene Unternehmen/Tochtergesellschaften

Eine Entsendung kann auch vorliegen, wenn ein Arbeitnehmer bei einem Tochterunternehmen im Ausland eingesetzt wird. Grundsätzlich sind für eine Entsendung bei verbundenen Unternehmen die gleichen Voraussetzungen – inländische bestehende Beschäftigung sowie Befristung – wie bei jeder anderen Entsendung zu beachten.

Von einem verbundenen Unternehmen ist immer dann auszugehen, wenn ein Unternehmen mittelbar oder unmittelbar an der Geschäftsleitung, der Kontrolle oder dem Kapital des anderen Unternehmens beteiligt ist. Handelt es sich bei dem verbundenen Unternehmen um eine Repräsentanz, eine Zweigniederlassung, eine steuerliche Betriebsstätte oder um einen ähnlichen Unternehmensteil wird davon ausgegangen, dass der Arbeitnehmer im entsendenden Betrieb eingegliedert bleibt. Ist das ausländische verbundene Unternehmen nicht nur wirtschaftlich, sondern auch rechtlich selbstständig, wird von einer stärkeren Eingliederung des entsandten Arbeitnehmers ausgegangen. In diesen Fällen werden die vorab genannten Punkte eingehender geprüft.

Weiterhin muss geprüft werden, ob die rechtlichen und tatsächlichen Gestaltungsmerkmale beim entsendenden Unternehmen liegen. Eine Entsendung liegt vor, wenn

- der wirtschaftliche Wert der Arbeit dem entsendenden Unternehmen zugeordnet wird,
- das Weisungsrecht – ggf. in gelockerter Form – beim entsendenden Unternehmen liegt,
- der Entgeltanspruch sich ganz oder überwiegend gegen das entsendende Unternehmen richtet und
- das Arbeitsentgelt steuerlich als Betriebsausgabe beim entsendenden Unternehmen geltend gemacht wird.

Kurzfristige Entsendungen

Bei kurzfristigen Entsendungen von weniger als 2 Monaten können die deutschen Rechtsvorschriften weiterhin angewendet werden, auch wenn das Arbeitsentgelt von der aufnehmenden Tochtergesellschaft als Betriebsausgabe steuerlich geltend gemacht wird. Weitere Voraussetzungen sind, dass der Arbeitnehmer keinen anderen Arbeitnehmer ablöst und sich der arbeitsvertragliche Entgeltanspruch weiterhin gegen das deutsche Unternehmen richtet. Es muss eine Gesamtbetrachtung der tatsächlichen und rechtlichen Merkmale vorgenommen werden. Für die Prüfung ist es nicht relevant, mit welchem Unternehmen der Arbeitnehmer den Arbeitsvertrag geschlossen hat, ob ein Rückrufrecht besteht und ob in eine Betriebspensionseinrichtung Leistungen gezahlt werden. Ein erneuter kurzfristiger Einsatz ist möglich, wenn seit dem Ende der vorherigen Entsendung ein Zeitraum von mindestens 2 Monaten vergangen ist.

Befristung

Eine Entsendung liegt vor, wenn die Auslandstätigkeit durch die Eigenart der Beschäftigung oder durch eine schriftliche Vereinbarung im Voraus zeitlich befristet ist.

Beispiel

Kraftwerksbau in Bolivien

Ein deutsches Unternehmen errichtet ein Kohlekraftwerk in Bolivien. Ein Mitarbeiter wird zur Überwachung des Projekts nach Bolivien entsandt. Es handelt sich um eine Entsendung, da die Auslandstätigkeit im Voraus begrenzt ist. Sobald der Bau abgeschlossen ist, kehrt der Mitarbeiter nach Deutschland zurück. Auch Verzögerungen wären unproblematisch, da die Entsendung im Voraus begrenzt ist.

Eine Entsendung ist zu bejahen, wenn schriftlich ein Enddatum vereinbart wurde. Sollten bereits von Beginn an mehrere Entsendungen geplant sein, wäre dies unschädlich, sofern die Auslandsbeschäftigung insgesamt im Voraus zeitlich begrenzt ist. Eine Entsendung liegt auch vor, wenn die Option einer Verlängerung besteht.

Beispiel

Entsendung in mehrere Staaten

Ein Unternehmen entsendet einen Arbeitnehmer für 12 Monate nach Paraguay. Anschließend soll der Arbeitnehmer 12 Monate in Bolivien und 12 Monate in Argentinien beschäftigt werden. Es handelt sich um eine Entsendung, da bei Gesamtbetrachtung des Sachverhalts die Entsendedauer begrenzt ist.

Sollte der im Voraus begrenzte Zeitraum um eine weitere zeitlich begrenzte Auslandstätigkeit verlängert werden, ist eine Entsendung dennoch zu bejahen.

Kein Vorliegen einer Befristung

Es liegt keine zeitliche Begrenzung vor, wenn die Entsendung dadurch befristet ist, dass der Arbeitgeber den Arbeitnehmer jederzeit zurückrufen kann oder der Arbeitnehmer die Altersgrenze für eine deutsche Vollrente erreicht. Eine zeitliche Begrenzung liegt auch nicht vor, wenn sich eine Entsendung bis zur Kündigung automatisch fortsetzt.

Vorübergehende Rückkehr ins Inland

Eine Entsendung gilt nicht als unterbrochen, wenn ein Arbeitnehmer für einen befristeten Zeitraum von max. 2 Monaten/50 Arbeitstagen nach Deutschland zurückkehrt. Längere Unterbrechungszeiträume führen zum Ende der Entsendung.

Entsendung auf Seeschiffe

Eine Entsendung ist in der Schifffahrt immer als befristet anzusehen. Die Entsendung kann sich beispielsweise auf die Dauer einer Reise oder die Charter eines Schiffes beschränken. Eine Entsendung kann auch bejaht werden, wenn eine Beschäftigung bei einem Arbeitgeber nacheinander auf verschiedenen Schiffen ausgeübt wird.

Ende einer Entsendung

Eine Entsendung gilt als beendet, wenn der Entsendezeitraum abläuft und der Arbeitnehmer nach Deutschland zurückkehrt. Wechselt der im Ausland tätige Arbeitnehmer seinen Arbeitgeber, so gilt die Entsendung als beendet, da er als „Ortskraft" gilt. Etwas anders gilt, wenn es sich um einen Betriebsübergang handelt.

Erneute Entsendung

Eine erneute Entsendung desselben Arbeitnehmers ist zulässig, wenn zwischen der vorangegangenen und der erneuten Entsendung mindestens 2 Monate vergangen sind. Die erneute Entsendung kann auch für denselben Arbeitgeber in denselben Mitgliedstaat erfolgen.

Selbstständige Personen

Auch selbstständige Personen können sich im Rahmen ihrer Tätigkeit entsenden. Die in den vorherigen Abschnitten dargestellten Kriterien für eine Entsendung gelten auch für selbstständige Personen. Werden die Voraussetzungen für eine Entsendung erfüllt, gelten auch für den Selbstständigen die deutschen Rechtsvorschriften weiter.

Voraussetzungen für eine Entsendung nach dem Abkommensrecht

Die Anwendung eines Abkommens ist grundsätzlich vorrangig vor der Anwendung des deutschen Rechts.[1] Hierbei ist zu beachten, dass es bei den jeweiligen Abkommen über Soziale Sicherheit Einschränkungen beim gebietlichen, persönlichen oder sachlichen Geltungsbereich gibt. Zusätzlich müssen weitere, vom jeweiligen Abkommen abhängige Voraussetzungen beachtet werden. Sollten diese nicht erfüllt werden, wäre eine ⇗ Ausstrahlung nach deutschem Recht zu prüfen.

Voraussetzungen für eine Entsendung nach den Verordnungen (EG) über Soziale Sicherheit

Die Anwendung der Verordnungen (EG) über Soziale Sicherheit ist vorrangig vor der Anwendung des deutschen Rechts. Eine Entsendung im Rahmen der Verordnungen (EG) über Soziale Sicherheit liegt vor, wenn alle Voraussetzungen erfüllt werden. Sollte eine der im Rahmen der Verordnungen (EG) über Soziale Sicherheit erforderlichen Voraussetzungen nicht erfüllt sein, gelten während der Entsendung ausschließlich die Rechtsvorschriften des Beschäftigungsstaates. Dies gilt auch für selbstständige Personen.

Entsendung nach Deutschland

Wird eine im Ausland tätige Person im Rahmen eines bestehenden Beschäftigungsverhältnisses nach Deutschland entsandt, müssen die Voraussetzungen für eine Entsendung nach deutschem Recht erfüllt werden. Sollte eine Entsendung nach Deutschland vorliegen, ist die Anwendung der deutschen Rechtsvorschriften ausgeschlossen.

Beispiel

Entsendung nach Deutschland

Ein kolumbianisches Unternehmen entsendet einen Arbeitnehmer im Rahmen eines bestehenden Beschäftigungsverhältnisses für 8 Monate nach Deutschland. Da eine Entsendung vorliegt, gelten für den Arbeitnehmer ausschließlich die kolumbianischen Rechtsvorschriften.

Doppelversicherung ist nicht möglich

Bei einer Einstrahlung kann es nicht zu einer Doppelversicherung kommen, da eine Versicherung in Deutschland nicht möglich ist.[2]

Entwicklungshelfer

Entwicklungshelfer sind ohne Erwerbsabsicht für eine befristete Zeit zur Aufbauarbeit in Entwicklungsländern tätig.

Gesetze, Vorschriften und Rechtsprechung

Lohnsteuer: Entwicklungshelfer beziehen nach § 19 EStG Arbeitslohn.

Sozialversicherung: Der rechtliche Status von Entwicklungshelfern sowie ihre Leistungsansprüche sind im Entwicklungshelfer-Gesetz (EhfG) verankert. Die Pflichtversicherung in der Rentenversicherung auf Antrag ist im § 4 Abs. 1 Satz 1 Nr. 1 SGB VI geregelt. Die beitragspflichtigen Einnahmen ergeben sich aus § 166 Abs. 1 Nr. 4 SGB VI. Die Beitragsbemessung von freiwillig in der gesetzlichen Krankenversicherung versicherten Entwicklungshelfern richtet sich nach § 240 Abs. 4a Satz 1 SGB V.

1 § 6 SGB IV.
2 § 5 SGB IV.

Lohnsteuer

Lohnsteuerliche Beurteilung der Tätigkeit

Entwicklungshelfer sind grundsätzlich Arbeitnehmer und beziehen Arbeitslohn i. S. v. § 19 EStG.

Besteuerung im Inland oder Freistellung

Ob ein Entwicklungshelfer seinen Arbeitslohn im Inland versteuern muss, hängt von mehreren Voraussetzungen ab. Zu klären ist

- die Frage der Ansässigkeit des Arbeitnehmers und
- welchem Staat das jeweilige DBA das Besteuerungsrecht zuweist.

Unbeschränkte oder beschränkte Steuerpflicht

Hält der Entwicklungshelfer während seines Auslandseinsatzes im Inland weiterhin eine Wohnung vor, ist er in Deutschland unbeschränkt steuerpflichtig.[1] Besteht ein DBA mit dem Tätigkeitsstaat (Entwicklungsland), kann Deutschland zwar das Besteuerungsrecht ganz oder teilweise entzogen sein, dies gilt jedoch grundsätzlich nicht für Leistungen aus öffentlichen Kassen. Die Inlandsvergütung wird in diesen Fällen in Deutschland besteuert. Zur steuerlichen Behandlung des Arbeitslohns nach den DBA hat das BMF in einem gesonderten Schreiben Stellung genommen.[2]

Beschränkte Steuerpflicht

Besitzt Deutschland im Verhältnis zum Aufenthaltsstaat das Besteuerungsrecht und hat der Entwicklungshelfer während seiner Entsendung ins Ausland im Inland weder einen Wohnsitz noch seinen gewöhnlichen Aufenthalt beibehalten, unterliegt sein Arbeitslohn nur dann der beschränkten Steuerpflicht nach § 1 Abs. 4 EStG, wenn er inländische Einkünfte i. S. d. § 49 EStG bezieht. Werden die Bezüge aus einer inländischen öffentlichen Kasse gezahlt, kommt die beschränkte Steuerpflicht in Betracht.[3] Ein Dienstverhältnis zum Träger der Kasse ist dafür nicht Voraussetzung.[4]

Steuerfreie Leistungen

Nach § 3 Nr. 61 EStG sind diverse aufgrund des EhfG gezahlte Leistungen steuerbefreit. Hierzu gehören:

- nach der Beendigung des Entwicklungsdienstes zu zahlende angemessene Wiedereingliederungshilfen[5],
- die vom Bund übernommenen Krankheits-, Entbindungs-, Rückführungs- und Überführungskosten[6],
- Tagegelder bei Arbeitsunfähigkeit[7],
- Leistungen i. S. d. gesetzlichen Unfallversicherung bei Gesundheitsstörungen oder Tod infolge typischer Risiken des Entwicklungslandes[8],
- Lohnersatzleistungen sowie Tagegelder bei Arbeitslosigkeit.[9]

Die nach § 3 Nr. 61 EStG steuerfreien Bezüge unterliegen nicht dem Progressionsvorbehalt. § 32b EStG ist nicht anwendbar.

Steht der Entwicklungshelfer zu einer inländischen Person in einem Dienstverhältnis,

- die zwar keine inländische juristische Person des öffentlichen Rechts ist,
- aber den Arbeitslohn wie eine solche ermittelt,
- und wird der Arbeitslohn aus einer öffentlichen Kasse gezahlt,
- zudem ganz oder im Wesentlichen aus öffentlichen Mitteln aufgebracht,

bleiben die das fiktive Inlandsgehalt übersteigenden Auslandsdienstbezüge, wie z. B. der Auslandskinderzuschlag und der Mietzuschlag, steuerfrei.[10]

Dies gilt auch für beratende Ingenieure, die wie Entwicklungshelfer aus öffentlichen Mitteln bezahlt werden. Wird der Arbeitslohn nicht aus inländischen öffentlichen Kassen bezahlt, verzichtet Deutschland nach dem sog. Auslandstätigkeitserlass[11] darüber hinaus insgesamt auf die Besteuerung von Arbeitnehmern, die für Träger der öffentlichen Entwicklungshilfe im Rahmen der technischen und finanziellen Zusammenarbeit tätig werden. Dies gilt allerdings nur, wenn mit dem Aufenthaltsland kein DBA besteht, in das Einkünfte aus nichtselbstständiger Arbeit einbezogen sind.

Sozialversicherung

Sozialversicherung während des Entwicklungsdienstes

Entwicklungshelfer stehen zum Träger des Entwicklungsdienstes in keinem abhängigen Beschäftigungsverhältnis. Folglich sind sie nicht als Arbeitnehmer sozialversicherungspflichtig, auch nicht im Wege der ⇗ Entsendung bzw. ⇗ Ausstrahlung nach § 4 SGB IV.

Versicherungspflicht auf Antrag in der Rentenversicherung

In der Rentenversicherung können die betroffenen Personen für die Zeit des Entwicklungsdienstes und des Vorbereitungsdienstes der Versicherungspflicht auf Antrag unterliegen.[12] In diesem Fall sind die Beiträge zur Rentenversicherung grundsätzlich aus dem Arbeitsentgelt zu bemessen. Wenn dies aber günstiger ist, wird der Beitragsbemessung auch ein fiktiver Betrag zugrunde gelegt, der sich aus einer Verhältnisberechnung ergibt. Die monatlichen Beiträge sind dabei im Jahr 2024 mindestens aus 5.033,59 EUR/West bzw. 4.966,92 EUR/Ost (2023: 4.866,91 EUR/West bzw. 4.733,57 EUR/Ost) zu bemessen.[13] Die Beiträge sind von dem Träger des Entwicklungsdienstes alleine zu tragen und an die Rentenversicherung zu zahlen.[14]

Beispiel

Ermittlung der Beitragsbemessungsgrundlage (Rechtskreis West)

Herr S. nimmt am 1.5.2024 eine Beschäftigung als Entwicklungshelfer im Afrika auf. Er unterliegt der Rentenversicherungspflicht auf Antrag. Sein Arbeitsentgelt beträgt monatlich 6.500 EUR. Davor war er als versicherungspflichtiger Angestellter beschäftigt, wobei sein Gehalt zuletzt monatlich 6.000 EUR betrug.

Ergebnis: Die Summe der Arbeitsentgelte vom 1.2. bis 30.4.2024 (3 × 6.000 = 18.000 EUR) ist zunächst durch die Summe der Beitragsbemessungsgrenze dieses Zeitraums (3 × 7.550 = 22.650 EUR) zu dividieren; das Ergebnis (Verhältniswert) ist auf 4 Nachkommastellen zu runden: 18.000 EUR : 22.650 EUR = 0,7947.

Daraus ergibt sich eine beitragspflichtige Einnahme in Höhe von 5.999,99 EUR (7.550 EUR × 0,7947). Die Rentenversicherungsbeiträge von Herrn S. sind aus 5.999,99 EUR zu berechnen, da dieser Betrag „günstiger" ist als das tatsächliche Arbeitsentgelt (6.500 EUR).

Wären vom 1.2. bis 30.4.2024 keine voll mit Pflichtbeiträgen belegten Kalendermonate vorhanden, würde der Verhältniswert 0,6667 betragen. Die Rentenversicherungsbeiträge wären in diesem Fall aus der Mindestbemessungsgrundlage 5.033,59 EUR zu berechnen (7.550 EUR × 0,6667).

1 § 1 Abs. 1 EStG.
2 BMF, Schreiben v. 3.5.2018, IV B 2 – S 1300/08/10027, BStBl 2018 I S. 643.
3 § 49 Abs. 1 Nr. 4 b EStG. Zur Frage des Besteuerungsrechts für Einkünfte eines Auslandsmitarbeiters bei kombifinanzierten Entwicklungsprojekten vgl. Hessisches FG, Urteil v. 25.4.2018, 9 K 24/18.rkr.
4 § 50d Abs. 7 EStG.
5 § 4 Abs. 1 Nr. 2 EhfG.
6 § 7 Abs. 3 EhfG.
7 § 9 EhfG.
8 § 10 Abs. 1 EhfG.
9 §§ 13–15 EhfG.
10 § 3 Nr. 64 Satz 2 EStG.
11 BMF, Schreiben v. 10.6.2022, IV C 5 – S 2293/19/10012 :001, BStBl 2022 I S. 997.
12 § 4 Abs. 1 Satz 1 Nr. 1 SGB VI.
13 § 166 Abs. 1 Nr. 4 SGB VI.
14 §§ 170 Abs. 1 Nr. 4 und 173 SGB VI i. V. m. § 11 EhfG.

Freiwillige Krankenversicherung

Sofern sich Entwicklungshelfer in der gesetzlichen Krankenversicherung freiwillig weiterversichern, zahlen sie einen reduzierten Kranken- und Pflegeversicherungsbeitrag. Da ihr Leistungsanspruch gegenüber der gesetzlichen Krankenversicherung während des Auslandsaufenthalts ruht, bemessen sich ihre Krankenversicherungsbeiträge lediglich aus 10 % der monatlichen ⇗ Bezugsgröße (2024: 353,50 EUR; 2023: 339,50 EUR).[1] Entsprechendes gilt für die Pflegeversicherung.[2] In der Krankenversicherung ist der allgemeine ⇗ Beitragssatz anzusetzen.[3] Außerdem muss der Entwicklungshelfer den Zusatzbeitrag der Krankenkasse, bei der er versichert ist, aufbringen. Bei Krankheit ergeben sich die Leistungsansprüche der Entwicklungshelfer aus dem Gruppenversicherungsvertrag, der vom Träger des Entwicklungsdienstes, z. B. bei einem privaten Versicherungsunternehmen, abzuschließen und aufrechtzuerhalten ist.[4]

Erfolgsprämie

Eine Erfolgsprämie ist eine Gegenleistung für eine vorausgegangene Leistung des Arbeitnehmers. Erfolgsprämien haben damit eindeutig Entlohnungscharakter und sind Arbeitsentgelt im lohnsteuer- und sozialversicherungsrechtlichen Sinne.

Lohnsteuerrechtlich stellen Erfolgsprämien sonstige Bezüge dar und sind über die Jahreslohnsteuertabelle zu besteuern.

Sozialversicherungsrechtlich handelt es sich bei den Erfolgsprämien um einmalig gezahltes Arbeitsentgelt (Einmalzahlung).

Gesetze, Vorschriften und Rechtsprechung

Lohnsteuer: Nach § 8 Abs. 1 EStG und § 2 Abs. 1 LStDV gehören zum Arbeitslohn alle Einnahmen, die dem Arbeitnehmer aus dem Dienstverhältnis zufließen. Handelt es sich um Sachprämien, sind diese nach § 8 Abs. 2 und 3 EStG zu bewerten; zum Verhältnis von § 8 Abs. 2 und 3 EStG bei der Bewertung von Sachbezügen s. BMF, Schreiben v. 16.5.2013, IV C 5 – S 2334/07/0011, BStBl 2013 I S. 729, zuletzt geändert durch BMF, Schreiben v. 11.2.2021, IV C 5 – S 2334/19/10024 : 003.

Sozialversicherung: Die Zuordnung zum Arbeitsentgelt definiert § 14 SGB IV. Das Entstehen der Beitragspflicht ist in § 22 SGB IV geregelt. Wie die Beiträge aus Einmalzahlungen berechnet werden zeigt § 23a SGB IV.

Entgelt	LSt	SV
Erfolgsprämien	pflichtig	pflichtig

Erholungsbeihilfe

Erholungsbeihilfen sind Leistungen des Arbeitgebers, die dem Arbeitnehmer und seiner Familie zweckgebunden für einen Erholungsurlaub oder eine Erholungskur zugewendet werden. Neben Barzuschüssen zu einer Urlaubsreise gehört auch die Unterbringung in Ferienheimen des Arbeitgebers zu den typischen Erholungsbeihilfen. Regelmäßig gehören Erholungsbeihilfen zum steuerpflichtigen Arbeitslohn, der jedoch in begrenztem Umfang durch die Möglichkeit der Pauschalversteuerung steuerlich begünstigt ist.

Gesetze, Vorschriften und Rechtsprechung

Lohnsteuer: Die Zuordnung von Erholungsbeihilfen zum Arbeitslohn beruht auf § 19 EStG. Die Pauschalierung der Lohnsteuer mit 25 % ist in § 40 Abs. 2 Satz 1 Nr. 3 EStG geregelt.

Sozialversicherung: § 14 Abs. 1 Satz 1 SGB IV definiert das zur Beitragspflicht in der Sozialversicherung heranzuziehende Arbeitsentgelt aus einer Beschäftigung. § 1 Abs. 1 Sätze 1 und 2 SvEV legen fest, dass lohnsteuerfreie oder pauschal besteuerte Entgeltbestandteile, die zusätzlich zu Löhnen oder Gehältern gewährt werden, unter bestimmten Voraussetzungen kein sozialversicherungspflichtiges Arbeitsentgelt darstellen.

Entgelt	LSt	SV
Erholungsbeihilfen bis 156 EUR / 104 EUR / 52 EUR	pauschal	frei
Erholungsbeihilfen bei typischen Berufskrankheiten	frei	frei
Erholungsurlaub in betrieblichen Erholungsheimen	pauschal	frei

Entgelt

Steuer- und beitragsrechtliche Beurteilung

Erholungsbeihilfen des Arbeitgebers an den Arbeitnehmer und seine Familienangehörigen gehören grundsätzlich zum steuerpflichtigen Arbeitslohn und sind auch als Arbeitsentgelt beitragspflichtig zur Sozialversicherung.[5]

Wichtig

Unterstützungen des Arbeitgebers sind kein sozialversicherungspflichtiges Arbeitsentgelt

Soweit Erholungsbeihilfen ausnahmsweise als Unterstützungen anzuerkennen sind, stellen sie kein sozialversicherungspflichtiges Arbeitsentgelt dar. Unterstützungen, die von privaten Arbeitgebern aus bestimmten Anlässen an einzelne Arbeitnehmer gezahlt werden (z. B. in Krankheits- oder Unglücksfällen) sind steuerfreie Zuschüsse, die demzufolge auch nicht beitragspflichtig zur Sozialversicherung sind.[6]

Lohnsteuerpauschalierung mit 25 %

Steuerpflichtige Erholungsbeihilfen können pauschal mit 25 % versteuert werden[7], wenn die Beihilfen folgende Freigrenzen im Kalenderjahr nicht übersteigen:

- für den Arbeitnehmer 156 EUR,
- für den Ehe-/Lebenspartner 104 EUR und
- für jedes Kind 52 EUR.

Tipp

Erholungsbeihilfe als Urlaubsgeld

Einem verheirateten Arbeitnehmer mit 2 Kindern kann der Arbeitgeber im Jahr 364 EUR (= 156 EUR + 104 EUR + 52 EUR + 52 EUR) als Erholungsbeihilfe auszahlen.

Durch die pauschale Versteuerung kommt der Betrag „brutto für netto“ beim Arbeitnehmer an. Anders verhält es sich bei einer Zahlung von Urlaubsgeld. Hiervon werden dem Arbeitnehmer Lohnsteuer und Sozialversicherung abgezogen, somit kommt „netto“ weniger beim Arbeitnehmer an.

Sind Ehegatten bei demselben Arbeitgeber beschäftigt, werden die Freigrenzen jeweils einzeln geprüft.[8]

1 § 240 Abs. 4b SGB V.
2 § 57 Abs. 4 Satz 1 SGB XI.
3 § 243 Satz 2 i. V. m. Satz 1 SGB V.
4 § 7 EhfG.
5 § 14 Abs. 1 Satz 1 SGB IV.
6 § 1 Abs. 1 Satz 1 Nr. 1 SvEV.
7 § 40 Abs. 2 Satz 1 Nr. 3 EStG.
8 R 40.2 Abs. 3 Satz 2 LStR.

Beispiel

Ehegatten sind bei demselben Arbeitgeber beschäftigt

Das Ehepaar A und B haben 2 Kinder und sind bei demselben Arbeitgeber beschäftigt. Wie hoch ist die pauschale Erholungsbeihilfe, die insgesamt an das Ehepaar ausgezahlt werden kann?

Ergebnis:

Erholungsbeihilfe	Arbeitnehmer A	Arbeitnehmer B
für den Arbeitnehmer	156 EUR	+ 156 EUR
für den Ehepartner	+ 104 EUR	+ 104 EUR
für das 1. Kind	+ 52 EUR	+ 52 EUR
für das 2. Kind	+ 52 EUR	+ 52 EUR
Gesamt	364 EUR	364 EUR

Der Arbeitgeber kann beiden Ehepartnern jeweils 364 EUR zahlen, die jeweils mit 25 % pauschaliert werden können.

Die Pauschalierung ist auch möglich, wenn der Arbeitnehmer keine Urlaubsreise durchführt, sondern seinen Urlaub zu Hause verbringt. Vorgaben zur Länge des Urlaubs gibt es in diesem Zusammenhang nicht.

Nachweispflichten

Die zweckentsprechende Verwendung einer Erholungsbeihilfe gilt als erfüllt, wenn ein zeitlicher Zusammenhang zwischen der Gewährung der Erholungsbeihilfe und dem Urlaub des Arbeitnehmers besteht.[1] Die Finanzverwaltung wendet die wesentlich engere höchstrichterliche Rechtsprechung zur Frage des Nachweises der zweckentsprechenden Verwendung insoweit nicht an.[2]

Die Pauschalierung der Lohnsteuer ist auch bei ⇗ Barlohnumwandlung zulässig. Für höhere Beihilfen kann der Arbeitgeber die Pauschalierung mit einem besonderen betriebsindividuellen Pauschsteuersatz beim Betriebsstättenfinanzamt beantragen.[3]

Sozialversicherungsrechtliche Folgen der Pauschalbesteuerung

In sozialversicherungsrechtlicher Hinsicht hat die Pauschalbesteuerung zur Folge, dass die Erholungsbeihilfe kein sozialversicherungspflichtiges Arbeitsentgelt darstellt und auch nicht beitragspflichtig ist.[4]

Entscheidend für die Beitragsfreiheit ist allerdings, dass die Erholungsbeihilfe vom Arbeitgeber mit der Entgeltabrechnung für den jeweiligen Abrechnungszeitraum tatsächlich pauschal besteuert wird.[5] Für die Beitragsfreiheit kommt es auf die tatsächliche Erhebung der Pauschalsteuer an. Eine nachträglich durchgeführte Pauschalbesteuerung führt somit nicht dazu, dass für steuer- und beitragspflichtig abgerechnete Arbeitsentgeltbestandteile die Sozialversicherungsbeiträge zu erstatten sind, wenn der Arbeitgeber die vorgenommene steuerpflichtige Erhebung nicht mehr ändern kann. Die steuerliche Erhebung kann grundsätzlich dann nicht mehr korrigiert werden, wenn die elektronische Lohnsteuerbescheinigung abgegeben worden ist.

Achtung

Nachträgliche steuerrechtliche Bewertung

Die Regelung des § 1 Abs. 1 Satz 2 SvEV enthält einen Katalog von Fällen, für die es zu der beitragsfreien Bewertung kommt. Es handelt sich bei den genannten Zuwendungen um zu Recht in der jeweiligen Lohnabrechnung steuerfrei belassene oder pauschal besteuerte Zuwendungen. Eine falsche steuerrechtliche Behandlung kann noch so lange korrigiert werden, bis die ⇗ Lohnsteuerbescheinigung für das jeweilige Jahr an das Finanzamt abgeschickt wurde. Das muss bis zum letzten Tag des Februars des Folgejahres erfolgen. Bis zu diesem Zeitpunkt kann auch die beitragsrechtliche Bewertung noch geändert werden.

Übersteigt die Erholungsbeihilfe die o. g. Grenzbeträge, ist eine Pauschalbesteuerung nicht möglich. In diesem Fall ist das Regelbesteuerungsverfahren anzuwenden und die Erholungsbeihilfe ist dann auch in voller Höhe beitragspflichtig zur Sozialversicherung.

Steuerfreie Erholungsbeihilfen bei Berufskrankheiten

Lohnsteuer

Erholungsbeihilfen zur Abwehr oder zur Heilung typischer Berufskrankheiten sind Leistungen im überwiegenden betrieblichen Interesse und unterliegen daher nicht dem Lohnsteuerabzug. Typische Berufskrankheiten sind Erkrankungen, die in unmittelbarem Zusammenhang mit dem Beruf stehen und für die betreffende Berufsgruppe typisch sind, z. B. Bleivergiftung, Silikose, Strahlenpilzerkrankung.[6]

Auch Zuwendungen für einen Kuraufenthalt des erkrankten Arbeitnehmers mit dem Ziel der Wiederherstellung der Arbeitskraft können als Beihilfe bis zu einem Betrag von 600 EUR[7] steuerfrei bleiben.

Nachweispflichten

Der Zusammenhang zwischen Beruf und Erkrankung ist ggf. durch ein Sachverständigengutachten darzulegen.[8]

Die zweckentsprechende Verwendung der Erholungsbeihilfe muss sichergestellt sein, z. B. dadurch, dass der Arbeitgeber den Geldbetrag unmittelbar an eine Kurklinik oder ein Erholungsheim überweist.

Im Übrigen kann eine steuerfreie Zuwendung nur dann vorliegen, wenn der Arbeitgeber auf freiwilliger Basis leistet.

Sozialversicherung

Unterstützungen sind nicht als sozialversicherungspflichtiges Arbeitsentgelt zu betrachten, wenn sie aus einem bestimmten Anlass an einzelne Arbeitnehmer zusätzlich zum laufenden Arbeitsentgelt als steuerfreier Zuschuss gezahlt werden.[9] Entsprechend erfolgt die Bewertung der Erholungsbeihilfen, die als Leistung im überwiegenden betrieblichen Interesse in vollem Umfang steuerfrei sind.

Erholungsurlaub in betrieblichen Erholungsheimen

Lohnsteuer

Beihilfen können auch als Sachzuwendung gewährt werden. Die unentgeltliche oder verbilligte Unterbringung von Arbeitnehmern in Erholungsheimen des Arbeitgebers rechnet daher ebenfalls zu den pauschalierungsfähigen Erholungsbeihilfen.

Bewertung der Sachzuwendung

Der geldwerte Vorteil ist mit dem Pensionspreis eines vergleichbaren Beherbergungsbetriebs am selben Ort zu bewerten, ggf. abzüglich des Preises, den der Arbeitnehmer gezahlt hat. Preisabschläge sind zulässig, wenn der Arbeitnehmer als Gast einschränkende Regelungen zu beachten hat, die für Hotels und Pensionen allgemein nicht gelten.[10] Eine Bewertung der Unterkunft und Verpflegung mit den amtlichen Sachbezugswerten ist dagegen nicht zulässig.

Sozialversicherung

Soweit es sich bei Erholungsurlauben in betrieblichen Erholungsheimen lohnsteuerrechtlich um pauschalierungsfähige Beihilfen handelt, stellen diese kein sozialversicherungspflichtiges Arbeitsentgelt dar. Infolgedessen sind sie auch nicht beitragspflichtig. Ist eine Pauschalbesteuerung hingegen nicht möglich und das Regelbesteuerungsverfahren anzuwenden, ist die Beihilfe dann auch in voller Höhe beitragspflichtig zur Sozialversicherung.

1 R 40.2 Abs. 3 Satz 4 LStR.
2 BFH, Urteil v. 19.9.2012, VI R 55/11, BStBl 2013 II S. 398.
3 § 40 Abs. 1 Satz 1 Nr. 1 EStG.
4 § 1 Abs. 1 Satz 1 Nr. 3 SvEV i. V. m. § 40 Abs. 2 EStG.
5 § 1 Abs. 1 Satz 2 SvEV.
6 BFH, Urteil v. 14.1.1954, IV 303/53 U, BStBl 1954 III S. 86.
7 § 3 Nr. 34 EStG.
8 BFH, Urteil v. 11.7.2013, VI R 37/12, BStBl 2013 II S. 815.
9 § 1 Abs. 1 Satz 1 Nr. 1 SvEV.
10 BFH, Urteil v. 18.3.1960, VI 345/57 U, BStBl 1960 III S. 237.

Erschwerniszuschlag

Arbeitnehmer erhalten eine Erschwerniszulage, wenn die Arbeit selbst, die Arbeitsbedingungen oder die äußeren Umstände durch eine besondere Herausforderung geprägt sind.

Als außergewöhnliche Erschwernisse gelten Arbeiten mit

- besonderer Gefährdung,
- extremer, nicht klimabedingter Hitzeeinwirkung,
- besonders starker Schmutz- oder Staubbelastung,
- besonders starker Strahlenexposition oder
- sonstigen vergleichbaren erschwerten Umständen.

Erschwerniszulagen sind Arbeitsentgelt und unterliegen in voller Höhe der Lohnsteuer und Sozialversicherungspflicht.

Gesetze, Vorschriften und Rechtsprechung

Lohnsteuer: Die Lohnsteuerpflicht der Erschwerniszuslage ergibt sich aus § 19 Abs. 1 EStG i. V. m. R 19.3 LStR.

Sozialversicherung: Die Zuordnung zum Arbeitsentgelt definiert § 14 SGB IV.

Entgelt	LSt	SV
Erschwerniszulage	pflichtig	pflichtig

E-Scooter

E-Scooter, die umgangssprachlich auch als Elektro-Tretroller oder Elektroroller bezeichnet werden, gehören verkehrsrechtlich zu den Elektrokleinstfahrzeugen. Für die mit elektronischem Antrieb ausgestatteten Zweiräder besteht Kennzeichen- und Versicherungspflicht. Außerdem benötigen sie für die Teilnahme am Straßenverkehr eine Betriebszulassung. Zulassungsfähig sind Elektroroller bis max. 20 km/h. Für das Fahren ist keine Prüfung, aber ein Mindestalter von 14 Jahren erforderlich. E-Scooter werden vor allem in Städten bei kurzen Wegen zwischen Wohnung und Arbeitsstätte oder für die Teilstrecke zum/vom Bahnhof eingesetzt. Lohnsteuerlich ist die Frage von Interesse, ob und ggf. wie ein geldwerter Vorteil zu erfassen ist, wenn ein E-Scooter vom Arbeitgeber kostenlos zur Verfügung gestellt wird. Außerdem ist der Werbungskostenabzug von Bedeutung, wenn der E-Scooter auch für Fahrten zwischen Wohnung und erster Tätigkeitsstätte eingesetzt wird.

Gesetze, Vorschriften und Rechtsprechung

Lohnsteuer: E-Scooter sind verkehrsrechtlich Kfz, die ausschließlich durch den elektrischen Motor angetrieben werden. Die rechtlichen Grundlagen für den Betrieb von E-Scootern ergeben sich aus der Elektrokleinstfahrzeuge-Verordnung v. 6.6.2019, BGBl 2019 I S. 756 sowie dem BMF-Schreiben v. 5.11.2021, IV C 6 – S 2177/19/10004 :008/IV C 5 – S 2334/19/10009 :003, BStBl 2021 I S. 2205, Rz. 3. Überlässt der Arbeitgeber dem Arbeitnehmer einen E-Scooter zur privaten Nutzung, sind die gesetzlichen Grundlagen der Firmenwagenbesteuerung anzuwenden, insbesondere die in § 8 Abs. 2 Sätze 2, 3 EStG i. V. m. § 6 Abs. 1 Nr. 4 Satz 2 EStG geregelte 1-%-Regelung. Bei Anschaffung im Zeitraum 1.1.2019 bis 31.12.2030 wird die Besteuerung auf 0,25 % gekürzt. Der Werbungskostenabzug für die Fahrten zwischen Wohnung und erster Tätigkeitsstätte mit dem E-Scooter, der sich nach der Entfernungspauschale bestimmt, ist in § 9 Abs. 1 Satz 3 Nr. 4 EStG und § 9 Abs. 2 EStG geregelt. Weitergehende Regelungen finden sich in R 9.10 LStR und im BMF-Schreiben v. 18.11.2021, IV C 5 – S 2351/20/10001 :002, BStBl 2021 I S. 2315, die auch für E-Scooter sinngemäß anzuwenden sind.

Sozialversicherung: § 14 Abs. 1 Satz 1 SGB IV definiert das beitragspflichtige Arbeitsentgelt aus einer Beschäftigung. In § 1 Abs. 1 Satz 1 SvEV ist geregelt, unter welchen Bedingungen bestimmte Entgeltbestandteile kein sozialversicherungspflichtiges Arbeitsentgelt darstellen. Die Überlassung eines E-Scooters stellt einen sonstigen Sachbezug dar, der nach § 3 SvEV zu beurteilen ist.

Entgelt	LSt	SV
Überlassung von E-Scootern zu Privatfahrten	pflichtig	pflichtig
Überlassung von E-Scootern zu Fahrten Whg. – erste Tätigkeitsstätte	pflichtig	pflichtig
Pauschalierung mit 15 % für Fahrten Whg. – erste Tätigkeitsstätte	pauschal	frei

Entgelt

Geldwerter Vorteil beim E-Scooter

E-Scooter bzw. Elektro-Tretroller sind verkehrsrechtlich Kfz, die ausschließlich durch den elektrischen Motor angetrieben werden. Sie sind daher wie Kraftfahrzeuge zu behandeln und der geldwerte Vorteil ist nach der 1-%-Methode zu ermitteln. Da es sich bei der Überlassung eines E-Scooters um steuerpflichtigen Arbeitslohn handelt, ist der geldwerte Vorteil auch beitragspflichtig in der Sozialversicherung.

Abgrenzung und Definition von E-Scooter, Elektro-Tretroller und Elektroroller

E-Scooter bzw. Elektro-Tretroller zählen zu den sog. Elektrokleinstfahrzeugen ohne Sitz. Sie sind vom Elektroroller zu unterscheiden. Bei E-Rollern handelt es sich um leistungsstarke Elektromotorroller mit Sitzen als klassische Variante des Motorrollers. E-Scooter sind Tretroller mit einem Elektroantrieb – wendig, klein und dank eines Klappmechanismus leicht zu transportieren. Seit der Verordnung für Elektrokleinstfahrzeuge vom 6.6.2019 gibt es eine gesetzliche Grundlage für die Verwendung dieser E-Scooter im Straßenverkehr. Diese Verordnung gilt für Fahrzeuge mit

- Lenk- oder Haltestange,
- einer bauartbedingten Höchstgeschwindigkeit von bis zu 20 km/h und
- einer Straßenzulassung bzw. Betriebserlaubnis.

Bewertung

Überlässt der Arbeitgeber dem Arbeitnehmer einen E-Scooter zur privaten Nutzung, gelten die allgemeinen lohnsteuerlichen Regelungen der ⇨ Dienstwagenbesteuerung. Da E-Scooter die Voraussetzungen der 0,25-%-Regelung erfüllen, d. h.

1. reines E-Fahrzeug ohne C02-Ausstoß,
2. erstmalige Überlassung ab 2019 und
3. Kaufpreis unter 60.000 EUR,

ist der Bruttolistenpreis als Bemessungsgrundlage mit 25 % bei der 1-%-Methode anzusetzen. Dasselbe gilt für den 0,03-%-Zuschlag für die Fahrten zwischen Wohnung und erster Tätigkeitsstätte.

Nutzung für Teilstrecken

Nutzt der Arbeitnehmer seinen betrieblichen E-Scooter im Park-and-Ride-Betrieb, z. B. für Teilstrecken vom oder zum Bahnhof, erfolgt die Berechnung des geldwerten Vorteils für die Fahrten zwischen Wohnung und erster Tätigkeitsstätte nur hinsichtlich der Fahrstrecke, für die der E-Scooter tatsächlich eingesetzt wird. Voraussetzung für den Ansatz der Teilkilometer ist, dass der Arbeitnehmer für die übrige Fahrstrecke die Nutzung eines anderes Verkehrsmittels nachweisen kann, etwa durch die Vorlage von Monats- oder Jahrestickets öffentlicher Verkehrsmittel.

Hinweis

Höhe des geldwerten Vorteils

Mit Blick auf die Anschaffungskosten, die im Normalfall unter 1.000 EUR liegen, kann die hieraus resultierende steuerliche Mehrbelastung vernachlässigt werden. Selbst bei einem Neupreis von 1.000 EUR beträgt der monatliche geldwerte Vorteil nur 2,50 EUR für die Privatnutzung (25 % von 1.000 EUR × 1 %) zzgl. des 0,03-%-Zuschlags bei Nutzung für Fahrten zwischen Wohnung und erster Tätigkeitsstätte, der selbst bei Fahrstrecken bis zu 10 km im Centbereich liegt.

Pauschalbesteuerung für Fahrten zwischen Wohnung und Arbeitsstätte

Den geldwerten Vorteil aus der Gestellung eines E-Scooters, der auf die Fahrten zwischen Wohnung und erster Tätigkeitsstätte entfällt, kann der Arbeitgeber mit 15 % pauschal versteuern.[1] Er bleibt damit beitragsfrei in der Sozialversicherung.

Die Pauschalbesteuerung ist auf den Betrag begrenzt, den der Arbeitgeber als Werbungskosten gelten machen könnte. Obergrenze ist demnach die Entfernungspauschale von 0,30 EUR (bzw. 0,38 EUR ab dem 21. Entfernungskilometer).[2] Bei einem Neupreis von 1.000 EUR für den E-Scooter ergibt sich eine geldwerter Vorteil für die Fahrten zwischen Wohnung und erster Tätigkeitsstätte von 7,5 Cent (= 0,25 % × 1.000 EUR × 0,03 %) pro Entfernungskilometer. Die Obergrenze hat deshalb beim E-Scooter keine (nachteilige) Auswirkung.

Werbungskostenabzug

Die Aufwendungen für Wege zwischen Wohnung und erster Tätigkeitsstätte sind Werbungskosten. Zur Abgeltung dieser beruflichen Aufwendungen wird eine verkehrsmittelunabhängige Pauschale von 0,30 EUR pro Entfernungskilometer für die Gesamtstrecke Wohnung – erste Tätigkeitsstätte gewährt, die sich durch die sog. Fernpendlerpauschale ab dem 21. Entfernungskilometer auf 0,38 EUR[3] (2021: 0,35 EUR) erhöht. Die Entfernungspauschale kommt auch für die (Teil-)Strecke zur Anwendung, für die der Arbeitnehmer einen E-Scooter benutzt. Dabei spielt es keine Rolle, ob der Arbeitnehmer seinen eigenen oder einen vom Arbeitgeber überlassenen E-Scooter benutzt.

Wird der geldwerte Vorteil aus der Gestellung eines E-Scooters pauschal mit 15 % versteuert, ist dies in Nummer 18 der ↗ Lohnsteuerbescheinigung gesondert auszuweisen. Insoweit entfällt der Werbungskostenabzug für die Fahrten zwischen Wohnung und erster Tätigkeitsstätte mit dem E-Scooter.[4] Die Pauschalierung mit 25 % für Fahrten zwischen Wohnung und erster Tätigkeitsstätte, die eine Kürzung der Entfernungspauschale vermeidet, ist ausschließlich auf die Nutzung öffentlicher Verkehrsmittel beschränkt. Sie ist für E-Scooter nicht anwendbar.[5]

Essenmarke

Essenmarken sind Gutscheine oder Restaurantschecks, die der Arbeitnehmer in der betriebseigenen Kantine oder außerhalb des Betriebs einlösen kann. Besteht für den Arbeitnehmer die Möglichkeit, die ausgegebenen Essenmarken in einer Gaststätte oder vergleichbaren Einrichtung für Mahlzeiten einzulösen, ergibt sich ein geldwerter Vorteil zum steuerpflichtigen Arbeitslohn.

Gesetze, Vorschriften und Rechtsprechung

Lohnsteuer: Steuerliche Vorschrift für die Bewertung geldwerter Vorteile ist § 8 Abs. 2 EStG; die Sachbezugswerte der Sozialversicherung sind anzuwenden. Maßgebende Erläuterungen und Verweise enthalten R 8.1 Abs. 7 LStR zu Essenmarken und H 8.1 Abs. 7 LStH zum Begriff der Mahlzeit, zu Essenmarken – auch in Form von „Essenmarken-Apps" – und zur Gehaltsumwandlung sowie zur Sachbezugsbewertung. Unter welchen Voraussetzungen arbeitstägliche Zuschüsse zu Mahlzeiten mit dem amtlichen Sachbezugswert anzusetzen sind, regelt das BMF-Schreiben v. 18.1.2019, IV C 5 – S 2334/08/10006 – 01, BStBl 2019 I S. 66. Für die Besteuerung kann der Arbeitgeber die Lohnsteuerpauschalierung mit 25 % nach § 40 Abs. 2 EStG wählen.

Sozialversicherung: Beitragspflichtiges Arbeitsentgelt ist in § 14 SGB IV geregelt. Um die Arbeitsentgelteigenschaft von Sachbezügen, wie beispielsweise kostenfrei oder verbilligt überlassene Mahlzeiten, beurteilen zu können, ist zusätzlich auf die Sozialversicherungsentgeltverordnung (SvEV) zurückzugreifen. Die Beitragsfreiheit als Folge der Lohnsteuerpauschalierung mit 25 % ergibt sich aus § 1 Abs. 1 Satz 1 Nr. 3 SvEV.

Entgelt	LSt	SV
Geldwerter Vorteil aus dem Bezug von Essenmarken	pflichtig	pflichtig
Geldwerter Vorteil, wenn mit 25 % pauschal besteuert	pauschal	frei

Lohnsteuer

Ansatz des Sachbezugswerts

Die steuerliche Behandlung der vom Arbeitgeber ausgegebenen Essenmarken (Essengutscheine, Restaurantschecks) ist davon abhängig, ob diese für Mahlzeiten innerhalb oder außerhalb des Betriebs zu verwenden sind. Während für die Essenmarken für die vom Arbeitgeber selbst betriebene Kantine der amtliche Sachbezugswert anzusetzen ist, ist diese vorteilhafte Bewertung für außerbetriebliche Kantinen oder Gaststätten an weitere Voraussetzungen geknüpft. Dies gilt insbesondere für Barzuschüsse, die in Form von Restaurantschecks zum Erwerb von Mahlzeiten in einer Gaststätte oder anderen außerbetrieblichen Annahmestellen berechtigen. Restaurantschecks werden von Dienstleitern zur Einlösung als Essenmarke in Papierform angeboten. Gebräuchlicher ist inzwischen der Restaurantscheck als digitale Essenmarke.

Die Sachbezugswerte 2024 betragen

- für ein Frühstück 2,17 EUR (2023: 2,00 EUR),
- für ein Mittag- oder Abendessen jeweils 4,13 EUR (2023: 3,80 EUR).

Achtung

Keine 50-EUR-Freigrenze bei Ansatz des Sachbezugswert „Mahlzeit"

Die 50-EUR-Freigrenze gilt nicht, wenn für den geldwerten Vorteil lohnsteuerlich die amtlichen Sachbezugswerte für Mahlzeiten angesetzt werden.[6]

Mahlzeiten in betriebseigener Kantine

Sind die Essenmarken für den Bezug von Mahlzeiten in einer betriebseigenen Kantine bestimmt, so ist der Wert der Mahlzeit mit dem amtlichen Sachbezugswert anzusetzen. Der Wert der Essenmarken ist für die Besteuerung ohne Bedeutung. Lohnsteuerpflichtig ist stets der Sachbezugswert bzw. der um die Zuzahlung des Arbeitnehmers geminderte Sachbezugswert.

Der Sachbezugswert ist nicht anzusetzen, wenn die ausgegebenen Mahlzeiten nicht überwiegend für die Arbeitnehmer zubereitet werden, z. B. Gerichte, die in einem Restaurant auch den Gästen angeboten werden.

1 § 40 Abs. 2 Satz 2 Nr. 1 EStG.
2 Anhebung von 0,35 EUR auf 0,38 EUR ab dem 21. Entfernungskilometer rückwirkend ab 1.1.2022; § 9 Abs. 1 Nr. 4 EStG i. d. F. des Steuerentlastungsgesetzes 2022.
3 Anhebung von 0,35 EUR auf 0,38 EUR ab dem 21. Entfernungskilometer rückwirkend ab 1.1.2022.
4 § 40 Abs. 2 Satz 3 EStG.
5 § 40 Abs. 2 Satz 2 Nr. 2 EStG.
6 R 8.1 Abs. 3 LStR 2023.

Beispiel

Wert der Essenmarke = Preis der Mahlzeit

Keine Zuzahlung des Arbeitnehmers

Der Arbeitnehmer erhält für die arbeitstägliche Mahlzeit in der betriebseigenen Kantine eine Essenmarke im Wert von 3,50 EUR, die Mahlzeit kostet ebenfalls 3,50 EUR. Der Arbeitnehmer zahlt nichts hinzu.

Sachbezugswert der Mahlzeit	4,13 EUR
Abzgl. Zuzahlung des Arbeitnehmers	– 0,00 EUR
Geldwerter Vorteil	4,13 EUR
Verrechnungswert Essenmarke	3,50 EUR
Anzusetzender geldwerter Vorteil	4,13 EUR

Leistet der Arbeitnehmer nach Verrechnung des Wertes der Essenmarke mindestens einen Eigenanteil in Höhe des amtlichen Sachbezugswertes, ergibt sich kein geldwerter Vorteil; die steuerliche Erfassung entfällt. Wird vom Arbeitnehmer eine Zuzahlung geleistet, die geringer ist als der amtliche Sachbezugswert, so ist der Differenzbetrag lohnsteuer- und beitragspflichtig.

Beispiel

Wert der Essenmarke < Preis der Mahlzeit

Zuzahlung des Arbeitnehmers < amtlicher Sachbezugswert

Der Arbeitnehmer erhält für die arbeitstägliche Mahlzeit in der betriebseigenen Kantine eine Essenmarke im Wert von 3,50 EUR, die Mahlzeit kostet 5 EUR. Der Arbeitnehmer zahlt die Differenz i. H. v. 1,50 EUR hinzu.

Sachbezugswert der Mahlzeit	4,13 EUR
Abzgl. Zuzahlung des Arbeitnehmers	– 1,50 EUR
Geldwerter Vorteil	2,63 EUR
Verrechnungswert der Essenmarke	3,50 EUR
Anzusetzender geldwerter Vorteil	2,63 EUR

Beispiel

Wert der Essenmarke < Preis der Mahlzeit

Zuzahlung des Arbeitnehmers > amtlicher Sachbezugswert

Der Arbeitnehmer erhält für die arbeitstägliche Mahlzeit in der betriebseigenen Kantine eine Essenmarke im Wert von 1,50 EUR, die Mahlzeit kostet 6,00 EUR. Der Arbeitnehmer zahlt die Differenz i. H. v. 4,50 EUR hinzu.

Sachbezugswert der Mahlzeit	4,13 EUR
Abzgl. Zuzahlung des Arbeitnehmers	– 4,50 EUR
Geldwerter Vorteil	0,00 EUR
Verrechnungswert der Essenmarke	1,50 EUR

Es ergibt sich kein geldwerter Vorteil, da die Zuzahlung des Arbeitnehmers höher ist als der amtliche Sachbezugswert

Mahlzeiten in fremdbewirtschafteten Kantinen

Vertragliche Beziehung zwischen Arbeitgeber und Kantinenbetreiber

Gibt der Arbeitgeber Essenmarken für die arbeitstägliche Mahlzeit außerhalb des Betriebs aus, sind die Sachbezugswerte auch dann maßgebend, wenn Arbeitnehmer Mahlzeiten in einer nicht vom Arbeitgeber selbst betriebenen Kantine, Gaststätte oder vergleichbaren Einrichtung erhalten und vertragliche Beziehungen zwischen Arbeitgeber und dem Betreiber der Kantine über die Abgabe von Mahlzeiten bestehen.

Auf unmittelbare vertragliche Beziehungen bei der unentgeltlichen bzw. verbilligten Abgabe von Mahlzeiten außerhalb des Betriebs wird verzichtet, wenn der Arbeitgeber ein Essenbon-Unternehmen einschaltet, das den Verkauf von Essengutscheinen bzw. Restaurantschecks zum Gegenstand hat. Der Ansatz des Sachbezugswerts für arbeitstägliche Mahlzeiten außerhalb des Betriebs ist nur unter engen Voraussetzungen zulässig.[1]

Einlösung nur gegen Mahlzeiten

Die Essenmarken dürfen nur bei Abgabe tatsächlicher Mahlzeiten eingelöst werden.

Lebensmittel erfüllen diese Voraussetzung nur dann, wenn sie unmittelbar zum Verzehr geeignet oder zum Verbrauch während der Essenpausen bestimmt sind. Die Inzahlungnahme bei Metzgereien oder Lebensmittelgeschäften ist also nur dann begünstigt, wenn verzehrfertige Waren abgegeben werden, die keiner besonderen Zubereitung bedürfen. Der Einkauf einzelner Bestandteile einer Mahlzeit bei verschiedenen Akzeptanzstellen ist zulässig. Der Erwerb von Lebensmitteln auf Vorrat für andere Arbeitstage ist nicht zulässig. Für Einkäufe an einem Arbeitstag darf nur eine Essenmarke mit dem amtlichen Sachbezugswert eingelöst und angesetzt werden. Erwirbt der Arbeitnehmer Mahlzeiten oder Bestandteile einer Mahlzeit für andere Tage auf Vorrat, sind hierfür gewährte Essenmarken als Arbeitslohn zu erfassen.[2]

Bei Auswärtstätigkeit gelten Reisekostenregelungen

Der Essengutschein darf nicht an Arbeitnehmer ausgegeben werden, die eine berufliche Auswärtstätigkeit ausüben. Hier sollen ausschließlich die Reisekostenregelungen gelten, insbesondere die Anforderungen für die Annahme einer arbeitgeberveranlassten Mahlzeit[3], die den Ansatz der amtlichen Sachbezugswerte bei der Arbeitnehmerbewirtung anlässlich von Dienstreisen an Voraussetzungen knüpft, die die Gewährung von Essensgutscheinen ausschließen. Eine Ausnahme besteht für Arbeitnehmer, die eine längerfristige berufliche Auswärtstätigkeit an derselben auswärtigen Tätigkeitsstätte ausüben, nach Ablauf der 3-Monatsfrist.

Einlösung nur einer Essenmarke pro Arbeitstag

Für jede Mahlzeit darf lediglich eine Essenmarke arbeitstäglich in Zahlung genommen werden. Deren Verrechnungswert darf den amtlichen Sachbezugswert für Kantinenmahlzeiten um nicht mehr als 3,10 EUR übersteigen, für 2024 also nicht mehr als 7,23 EUR.

Hierzu hat der Arbeitgeber für jeden Arbeitnehmer die Tage der Abwesenheit festzuhalten, z. B. bei Dienstreisen, oder in Urlaubs- und Krankheitsfällen, und die für diese Tage ausgegebenen Essenmarken zurückzufordern. Zulässig ist es, die Zahl der im Folgemonat auszugebenden Essenmarken um die Zahl der festgestellten Abwesenheitstage des Vormonats zu vermindern.

15-Tage-Vereinfachungsregelung

Auf die Rückforderung und die Kontrolle der Abwesenheit des Arbeitnehmers kann verzichtet werden, wenn ein Arbeitnehmer im Kalendermonat nicht mehr als 15 Essenmarken erhält und monatlich im Durchschnitt nicht mehr als 3 Dienstreisetage aufweist. In diesem Fall gilt die arbeitstägliche Inzahlungnahme von einer Essenmarke als erfüllt.

Beispiel

Bewertung bei Unter- und Überschreitung der zulässigen Obergrenze

Der Arbeitnehmer erhält für die arbeitstägliche Mahlzeit außerhalb des Betriebs pro Monat 15 Restaurantschecks, die er bei verschiedenen Akzeptanzstellen einlösen kann.

Der Verrechnungswert beträgt

a) 5,50 EUR,

b) 6,60 EUR,

c) 8,00 EUR.

1 R 8.1 Abs. 7 Nr. 4 LStR.
2 BMF, Schreiben v. 18.1.2019, IV C 5 – S 2334/08/10006-01, BStBl 2019 I S. 66.
3 R 8.1 Abs. 8 Nr. 2 LStR.

Ergebnis:

a) und b) Die Essenmarken unterliegen mit dem amtlichen Sachbezugswert von 4,13 EUR dem Lohnsteuerabzug. Zulässig ist daher die Pauschalbesteuerung mit 25 %.[1] I

c) Die zulässige Obergrenze von 7,23 EUR ist überschritten. Der Verrechnungswert der Essenmarke von 8 EUR erhöht den lohnsteuerpflichtigen Arbeitlohn bei der individuellen Lohnabrechnung des Arbeitnehmers. Die Pauschalbesteuerung ist ausgeschlossen.

Aufbewahrungspflicht der Essenmarken

Der Arbeitgeber hat die von der Gaststätte, dem Restaurant usw. eingelösten Essenmarken zurückzufordern und als Beleg zum Lohnkonto aufzubewahren.

Hiervon kann abgesehen werden, wenn die Mahlzeiten abgebende Einrichtung über die Essenmarken mit dem Arbeitgeber abrechnet und stattdessen die Abrechnungen vom Arbeitgeber aufbewahrt werden. Aus diesen Abrechnungen muss sich ergeben, wie viele Essenmarken mit welchen Verrechnungswerten eingelöst worden sind. Diese Erleichterungen gelten auch bei Essenmarken-Emittenten, wenn der Arbeitgeber von diesen eine entsprechende Abrechnung erhält und aufbewahrt.

Tipp

Ansatz der amtlichen Sachbezugswerte für außerbetriebliche Essenmarke

Sind die genannten Voraussetzungen erfüllt, überschreitet insbesondere der Wert der Essenmarke nicht die maßgebende Obergrenze, ist die Abgabe arbeitstäglicher Mahlzeiten außerhalb des Betriebs in einer Gaststätte oder vergleichbaren Einrichtung den Kantinenessen gleichgestellt. Die Mahlzeit darf dann weiterhin als Sachbezug dem Arbeitslohn zugerechnet werden, der mit dem Ansatz der amtlichen Sachbezugswerte dem Lohnsteuerabzug unterliegt. Liegt der Wert der Essenmarke unter dem amtlichen Sachbezugswert, ist anders als bei Kantinenmahlzeiten maximal der Wert der Essenmarke zu erfassen. Der Ansatz der Essenmarke mit dem Verrechnungswert als Barlohn in allen anderen Fällen führt im Unterschied zu den amtlichen Sachbezugswerten nicht nur regelmäßig zu einem höheren Arbeitslohn, gleichzeitig ist die Lohnsteuerpauschalierung mit dem Pauschsteuersatz von 25 % ausgeschlossen.[2]

Berechnungsbeispiele

Sind die o. g. Voraussetzungen erfüllt, überschreitet insbesondere der Wert der Essenmarke nicht die maßgebende Obergrenze (2024 nicht mehr als 7,23 EUR), ist die Abgabe arbeitstäglicher Mahlzeiten außerhalb des Betriebs in einer Gaststätte oder vergleichbaren Einrichtung den Kantinenessen gleichgestellt. Die Mahlzeit darf dann weiterhin als Sachbezug dem Arbeitslohn zugerechnet werden, der mit dem Ansatz der amtlichen Sachbezugswerte dem Lohnsteuerabzug unterliegt.

Liegt der Wert der Essenmarke unter dem amtlichen Sachbezugswert, ist – anders als bei Mahlzeiten in betriebseigenen Kantinen – maximal der Wert der Essenmarke zu erfassen.

Hinweis

Keine Lohnsteuerpauschalierung in anderen Fällen

Der Ansatz der Essenmarke mit dem Verrechnungswert als Barlohn in allen anderen Fällen führt im Unterschied zu den amtlichen Sachbezugswerten nicht nur regelmäßig zu einem höheren Arbeitslohn, gleichzeitig ist die Lohnsteuerpauschalierung mit dem Pauschsteuersatz von 25 % ausgeschlossen.[3]

Beispiel

Wert der Essenmarke < amtlicher Sachbezugswert

Zuzahlung des Arbeitnehmers < amtlicher Sachbezugswert

Der Arbeitnehmer erhält für die arbeitstägliche Mahlzeit außerhalb des Betriebs eine Essenmarke mit einem Wert von 3,50 EUR, die Mahlzeit kostet 4,00 EUR. Der Arbeitnehmer zahlt 0,50 EUR hinzu.

Sachbezugswert der Mahlzeit	4,13 EUR
Abzgl. Zuzahlung des Arbeitnehmers	– 0,50 EUR
Geldwerter Vorteil	3,63 EUR
Verrechnungswert der Essenmarke	3,50 EUR

Anzusetzen ist der Wert der Essenmarke, da dieser Wert niedriger ist, als der positive Unterschiedsbetrag zwischen Sachbezugswert und Zuzahlung (4,13 EUR – 0,50 EUR = 3,63 EUR).

Beispiel

Wert der Essenmarke > amtlicher Sachbezugswert

Keine Zuzahlung des Arbeitnehmers

Der Arbeitnehmer erhält eine Essenmarke mit einem Wert von 4,50 EUR, die Mahlzeit kostet 4,50 EUR. Er zahlt nichts hinzu.

Sachbezugswert der Mahlzeit	4,13 EUR
Abzgl. Zuzahlung des Arbeitnehmers	– 0,00 EUR
Geldwerter Vorteil	4,13 EUR
Verrechnungswert der Essenmarke	4,50 EUR

Anzusetzen ist höchstens der Sachbezugswert von 4,13 EUR.

Beispiel

Wert der Essenmarke > amtlicher Sachbezugswert

Zuzahlung des Arbeitnehmers < amtlicher Sachbezugswert

Der Arbeitnehmer erhält eine Essenmarke mit einem Wert von 4,50 EUR und zahlt 1,50 EUR hinzu. Die Mahlzeit kostet 6,00 EUR.

Sachbezugswert der Mahlzeit	4,13 EUR
Abzgl. Zuzahlung des Arbeitnehmers	– 1,50 EUR
Geldwerter Vorteil	2,63 EUR
Verrechnungswert der Essenmarke	4,50 EUR

Anzusetzen ist der Unterschiedsbetrag von 2,63 EUR.

Essenmarken bei längerfristiger Auswärtstätigkeit

Nach dem Anwendungsschreiben zum Reisekostenrecht handelt es sich bei der Hingabe von Essenmarken durch den Arbeitgeber im Rahmen einer beruflichen Auswärtstätigkeit nicht um eine vom Arbeitgeber gestellte Mahlzeit.[4] Sie stellen lediglich eine Verbilligung der vom Arbeitnehmer selbst veranlassten und bezahlten Mahlzeit dar. Danach sind die Essenmarken mit ihrem tatsächlichen Wert anzusetzen und wie Barzuschüsse im Rahmen der Spesensätze steuerfrei, wenn diese während der ersten 3 Monate einer beruflichen Auswärtstätigkeit gewährt werden. Nach Ablauf der 3-Monatsfrist wären die Essenmarken in vollem Umfang lohnsteuerpflichtig. Im Unterschied hierzu sind vom Arbeitgeber während einer längerfristigen Auswärtstätigkeit gestellte Mahlzeiten ab dem 4. Monat nur mit dem Sachbezugswert als Arbeitslohn zu erfassen. Erhält der Arbeitnehmer stattdessen Essenmarken, sind diese mit ihrem tatsächlichen Wert anzusetzen. Die Bewertung mit dem niedrigeren Sachbezugswert ist bei Arbeitnehmern mit beruflicher Auswärtstätigkeit nicht zulässig.[5]

Um Nachteile insbesondere bei Leiharbeitnehmern zu vermeiden, hat das BMF seit 2015 eine Vereinfachungsregelung geschaffen, nach der

1 R 40.2 Abs. 1 Satz 2 LStR.
2 § 40 Abs. 2 Nr. 1 EStG.
3 § 40 Abs. 2 Nr. 1 EStG.
4 BMF, Schreiben v. 25.11.2020, IV C 5 – S 2353/19/10011 :006, BStBl 2020 I S. 1228, Rz. 76.
5 R 8.1 Abs. 7 Nr. 4 LStR.

auch bei Arbeitnehmern, die eine längerfristige berufliche Auswärtstätigkeit an derselben Tätigkeitsstätte ausüben, nach Ablauf von 3 Monaten die gewährten Essenmarken (Essensgutscheine, Restaurantschecks) mit dem maßgebenden Sachbezugswert zu bewerten sind.[1]

Die Anwendung der Ausnahmeregelung setzt voraus, dass die übrigen Voraussetzungen für den Ansatz des Sachbezugswerts bei Essenmarken vorliegen. Erforderlich ist, dass

- tatsächlich eine Mahlzeit abgegeben wird,
- für jede Mahlzeit lediglich eine Essenmarke täglich in Zahlung genommen wird und
- der Verrechnungswert der Essenmarke den amtlichen Sachbezugswert einer Mittagsmahlzeit um nicht mehr als 3,10 EUR übersteigt.[2]

Wichtig

Ansatz der Essenmarken als Spesenersatz während der 3-Monatsfrist

Während der ersten 3 Monate der Auswärtstätigkeit sind die Essenmarken in Höhe des Nennwerts wie Barzuschüsse zu den Verpflegungsmehraufwendungen zu behandeln. Sie bleiben demzufolge im Rahmen der Verpflegungspauschalen steuerfrei. Leistet der Arbeitgeber zusätzlichen steuerfreien Spesenersatz, ist dieser mit dem tatsächlichen Wert der Essenmarken zu addieren, um festzustellen, ob der Reisekostenersatz über der steuerfrei zulässigen Spesenpauschale liegt. Der übersteigende Betrag kann ggf. mit 25 % pauschal versteuert werden.[3]

Umwandlung von Barlohn zugunsten von Essenmarken

Verzichtet der Arbeitnehmer zugunsten von Essenmarken auf ihm zustehenden Barlohn, so wird die Minderung des Barlohns steuerlich anerkannt, wenn der Arbeitsvertrag entsprechend geändert wird. In diesem Fall unterliegt der gekürzte Barlohn zuzüglich des Sachbezugswerts dem Lohnsteuerabzug bzw. der anstelle anzusetzende Verrechnungswert der Essenmarken, wenn der Wert der Essenmarke 7,23 EUR in 2024 übersteigt (Sachbezugswert 4,13 EUR + 3,10 EUR).

Verzichtet der Arbeitnehmer ohne Änderung des Arbeitsvertrags zugunsten von Essenmarken auf ihm zustehenden Barlohn, so führt dies zu keiner Minderung des steuerpflichtigen Arbeitslohns. Der Betrag in Höhe des Verzichts (um den sich der ausgezahlte Lohn verringert) ist als Entgelt für die Mahlzeit bzw. Essenmarke anzusehen und deshalb vom steuerpflichtigen Sachbezugswert bzw. Verrechnungswert der Essenmarke abzuziehen.[4]

Beispiel

Barlohnumwandlung kann sich lohnen

Der Arbeitgeber gibt dem Arbeitnehmer monatlich 15 Essenmarken. Aufgrund der Essenmarkengestellung ist im Arbeitsvertrag der Barlohn von 3.600 EUR um 90 EUR auf 3.510 EUR herabgesetzt worden.

Ergebnis: Beträgt der Verrechnungswert der Essenmarken jeweils 6 EUR (Sachbezugswert von 4,13 EUR ist nicht um 3,10 EUR überschritten), ist dem Barlohn von 3.510 EUR der Wert der Mahlzeit mit dem Sachbezugswert von insgesamt 61,95 EUR hinzuzurechnen (15 Essenmarken × 4,13 EUR).

Beträgt der Verrechnungswert der Essenmarken mehr als 7,23 EUR, in diesem Fall 7,50 EUR, ist dem Barlohn von 3.510 EUR der Verrechnungswert der Essenmarken von insgesamt 112,50 EUR hinzuzurechnen (15 Essenmarken × 7,50 EUR).

Arbeitstägliche Essenzuschüsse

Die Regelungen zu Kantinenmahlzeiten und Essenmarken gelten in gleicher Weise, wenn der Arbeitgeber dem Arbeitnehmer an deren Stelle einen arbeitsrechtlichen Anspruch auf arbeitstägliche Zuschüsse zu Mahlzeiten einräumt. Auch in diesem Fall ist als Arbeitslohn nicht der Zuschuss anzusetzen, sondern die Mahlzeit des Arbeitnehmers mit dem amtlichen Sachbezugswert (2024: 4,13 EUR für Mittagessen).[5]

Die Anwendung der amtlichen Sachbezugswerte für arbeitstägliche Essenzuschüsse des Arbeitgebers setzt Folgendes voraus:

- Es wird tatsächlich eine Mahlzeit durch den Arbeitnehmer erworben (Lebensmittel sind nur dann als Mahlzeit anzuerkennen, wenn sie zum unmittelbaren Verzehr geeignet oder zum Verbrauch während der Essenspausen bestimmt sind).
- Für jede Mahlzeit kann lediglich ein Zuschuss arbeitstäglich ohne Krankheitstage, Urlaubstage und berufliche Auswärtstage beansprucht werden.
- An jedem Arbeitstag darf nur ein Zuschuss für die jeweils bezuschusste Mahlzeit mit dem amtlichen Sachbezugswert angesetzt werden. Erwirbt der Arbeitnehmer an einem Tag weitere Mahlzeiten für andere Arbeitstage auf Vorrat, sind die hierfür gewährten Arbeitgeberzuschüsse als Barlohn lohnsteuerpflichtig. Dasselbe gilt für den Einkauf von Bestandteilen einer Mahlzeit auf Vorrat. Ausgeschlossen ist damit die Anwendung des amtlichen Sachbezugswerts für Zuschüsse zum Erwerb mehrerer Mahlzeiten bzw. für den Kauf einzelner Bestandteile einer Mahlzeit beim wöchentlichen Lebensmitteleinkauf.
- Der Zuschuss darf den amtlichen Sachbezugswert einer Mittagsmahlzeit (2024: 4,13 EUR) um nicht mehr als 3,10 EUR übersteigen, also 2024 nicht mehr als 7,23 EUR betragen.
- Der Zuschuss darf den tatsächlichen Wert der Mahlzeit nicht übersteigen.
- Der Zuschuss kann nicht von Arbeitnehmern während der ersten 3 Monate einer beruflichen Auswärtstätigkeit am selben Einsatzort beansprucht werden.

Der Ansatz der amtlichen Sachbezugswerte für arbeitstägliche Essenzuschüsse ist unabhängig davon, ob zwischen dem Arbeitgeber und der Gaststätte oder der entsprechenden Einrichtung, welche die bezuschussten Mahlzeiten ausgibt, vertragliche Beziehungen bestehen. Der Essenszuschuss darf auch bei Arbeitnehmern, die ihre Arbeit im Homeoffice verrichten, mit dem amtlichen Sachbezugswert angesetzt werden, sofern die übrigen Voraussetzungen vorliegen.

Dasselbe gilt bei Teilzeitbeschäftigten, deren tägliche Arbeitszeit nicht mehr als 6 Stunden beträgt. Die Bewertung der arbeitstäglich gewährten Essenszuschüsse mit dem amtlichen Sachbezugswert ist bei diesem Personenkreis sogar dann zulässig, wenn die vereinbarte Arbeitszeitregelung keine Essenspause beinhaltet. Bei Teilzeitbeschäftigten, die keine 5-Tagewoche haben, ist die 15-Tage-Vereinfachungsregelung entsprechend zu kürzen.

Beispiel

Essenmarken bei Teilzeitkräften

Ein Arbeitnehmer arbeitet an 3 Tagen in der Woche.

Ergebnis: Bei Anwendung der 15-Tage-Regelung kann der Arbeitgeber der Teilzeitkraft pro Monat 9 Essenmarken zur Verfügung stellen. In diesem Fall gilt die arbeitstägliche Inzahlungnahme von einer Essenmarke auch ohne Kontrolle der Abwesenheitstage des mit einer 3-Tage-Woche beschäftigten Arbeitnehmers als erfüllt, sofern er monatlich im Durchschnitt nicht mehr als 2 Dienstreisetage aufweist.

Hinweis

Nachweis bei elektronischen Essenmarken

Der Arbeitgeber muss die genannten Voraussetzungen für die Bewertung der Essenszuschüsse mit dem amtlichen Sachbezugswert nachweisen. Dabei kann er die vom Arbeitnehmer vorgelegten Einzelbelege für die Prüfung heranziehen oder sich entsprechender Verfahren zur Digitalisierung von Papier-Essenmarken bedienen. Zulässig ist

1 BMF, Schreiben v. 5.1.2015, IV C 5 – S 2334/08/10006, BStBl 2015 I S. 119.
2 R 8.1 Abs. 7 Nr. 4 Buchst. a LStR.
3 § 40 Abs. 2 Nr. 1a EStG.
4 R 8.1 Abs. 7 Nr. 4c LStR.

5 BMF, Schreiben v. 18.1.2019, IV C 5 – S 2334/08/10006-01, BStBl 2019 I S. 66.

es, wenn durch entsprechende Smartphone-Apps die Belege vollautomatisiert erfasst und geprüft werden und dem Arbeitgeber monatliche Abrechnungen zur Verfügung gestellt werden, aus denen sich – wie bei Einzelbelegnachweisen – die erforderlichen Erkenntnisse für das Vorliegen der steuerlichen Anforderungen ergeben. Der Arbeitgeber hat die Originalrechnungen bzw. Monatsabrechnungen als Beleg zum ⇗ Lohnkonto zu nehmen. Die 15-Essenmarken-Regelung pro Monat gilt auch, wenn der Arbeitgeber für die arbeitstäglichen Essenszuschüsse seiner Arbeitnehmer den Durchführungsweg der elektronischen Essenmarken wählt. Eine Überprüfung der Abwesenheitstage und Anpassung im Folgemonat ist nicht erforderlich, wenn das Lohnbüro für maximal 15 Arbeitstage pro Monat und Arbeitnehmer einen (elektronischen) Essenszuschuss gewährt.[1]

Lohnsteuerpauschalierung mit 25 % möglich

Es ist möglich, den geldwerten Vorteil aus arbeitstäglichen Kantinenmahlzeiten oder bei außerbetrieblichen Essenmarken, die unter den genannten Voraussetzungen als Sachbezug „Mahlzeit" zu erfassen sind, pauschal mit 25 % zu versteuern.[2] Voraussetzung dafür ist allerdings, dass die unentgeltlichen oder verbilligten Mahlzeiten nicht als Lohnbestandteile vereinbart sind.

Nicht zulässig ist die Lohnsteuerpauschalierung mit 25 % für Mahlzeiten, die während einer Auswärtstätigkeit des Arbeitnehmers durch den Arbeitgeber oder auf dessen Veranlassung durch einen Dritten abgegeben werden.[3]

Sozialversicherung

Annahme eines geldwerten Vorteils

Maßgebend für die Beurteilung der Beitragspflicht in der Sozialversicherung ist die Annahme eines geldwerten Vorteils. Ein geldwerter Vorteil liegt vor, wenn der Arbeitnehmer für die Mahlzeit einen Betrag zahlt, der unter dem in der Sozialversicherungsentgeltverordnung (SvEV) für die ⇗ Mahlzeit angegebenen Sachbezugswert liegt. Die Differenz zwischen dem Wert der Mahlzeit nach der SvEV und dem gezahlten Betrag ist beitragspflichtig.

Diese Regelung gilt auch, wenn der Arbeitgeber seinen Arbeitnehmern Essenmarken übergibt, die

- von der eigenen Kantine,
- von einer Gaststätte oder
- einer vergleichbaren Einrichtung

bei der Abgabe von Mahlzeiten in Zahlung genommen wird. Der Wert der Essenmarke führt allerdings nur dann nicht zu einem ⇗ geldwerten Vorteil des Arbeitnehmers, wenn dieser für die auf die Essenmarke verabreichte Mahlzeit mindestens einen Betrag in Höhe des festgesetzten Sachbezugswerts zu zahlen hat.

Amtlicher Sachbezugswert

Verrechnungs- und amtlicher Sachbezugswert

Für das Jahr 2024 beträgt der amtliche Sachbezugswert 4,13 EUR (2023: 3,80 EUR). Als maximaler Verrechnungswert ergeben sich 7,23 EUR (4,13 EUR + 3,10 EUR).

Ansetzung amtlicher Sachbezugswert

Der Wert der Mahlzeit wird nur dann mit dem amtlichen Sachbezugswert und nicht mit dem ausgewiesenen Verrechnungswert angesetzt, wenn

- tatsächlich ⇗ Mahlzeiten abgegeben werden,
- für jede Mahlzeit lediglich eine Essenmarke täglich in Zahlung genommen wird,
- der Verrechnungswert der Essenmarke den Sachbezugswert um nicht mehr als 3,10 EUR übersteigt und
- die Essenmarken nicht an Arbeitnehmer abgegeben werden, die beispielsweise eine Dienstreise durchführen.

Übersteigt der Wert der Essenmarke den Grenzbetrag von 7,23 EUR im Jahr 2024 (2023: 6,90 EUR), ist eine Bewertung mit dem amtlichen Sachbezugswert ausgeschlossen. Beträgt hingegen der Wert der Essenmarke nicht mehr als 7,23 EUR, ist als geldwerter Vorteil der Sachbezugswert anzusetzen.

Kein Arbeitsentgelt bei Pauschalversteuerung

Wird der geldwerte Vorteil in Höhe des Sachbezugswerts durch den Arbeitgeber nach § 40 Abs. 2 EStG pauschal versteuert, handelt es sich nicht um Arbeitsentgelt im Sinne der Sozialversicherung.[4]

Beispiel

Ermittlung der Beitragspflicht

Ein Arbeitnehmer erhält im Januar 2024 zur Einlösung in einer Gaststätte Essenmarken mit einem Verrechnungswert von 8 EUR zum Preis von 4 EUR. Der Verrechnungswert der Essenmarken überschreitet den amtlichen Sachbezugswert um mehr als 3,10 EUR (8 EUR > 7,23 EUR). Die Mahlzeit wird somit mit 8 EUR bewertet.

Ergebnis: Da der Arbeitnehmer nur 4 EUR bezahlt, liegt ein beitragsrechtlich relevanter geldwerter Vorteil i. H. v. 4 EUR (8 EUR – 4 EUR) vor. Eine Pauschalversteuerung ist nicht möglich, weil die Essenmarke nicht mit dem amtlichen Sachbezugswert bewertet wird.

Eigenbeteiligung der Arbeitnehmer

Beteiligen sich Arbeitnehmer an den Kosten für die Essenmarken, werden die anrechenbaren Werte der Essenmarken beitragsrechtlich entsprechend gekürzt.

Beispiel

Kürzung der anrechenbaren Werte

Ein Arbeitgeber gibt Essenmarken i. H. v. 5,50 EUR aus. Der Arbeitnehmer trägt davon 2 EUR.

Ergebnis: Der Wert der Essenmarke übersteigt den Grenzwert von 7,23 EUR nicht (5,50 EUR < 7,23 EUR). Deshalb wird für die beitragsrechtliche Bewertung der Essenmarke der Sachbezugswert i. H. v. 4,13 EUR angesetzt. Beitragspflichtig ist der Differenzbetrag zwischen Sachbezugswert und Arbeitnehmeranteil (4,13 EUR – 2 EUR = 2,13 EUR). Soweit für den verbleibenden Vorteil eine Pauschalversteuerung erfolgt, ist der anzusetzende Wert beitragsfrei.

Gehaltsumwandlung

Wird ein Arbeitsvertrag geändert und erhält der Arbeitnehmer anstelle von Barlohn Essenmarken, so vermindert sich dadurch zwar der Barlohn in entsprechender Höhe. Durch diese Umwandlung wird jedoch aus dem Barlohn ein Sachbezug, der dann beitragspflichtig ist.

Essenszuschuss

Ein Essenszuschuss ist ein Zuschuss des Arbeitgebers in Bargeld zu Mahlzeiten des Arbeitnehmers, die dieser in der betriebseigenen Kantine oder in einer Gaststätte einnehmen kann. Wie die Gewährung von Essenmarken ist dieser Zuschuss ebenfalls lohnsteuer- und sozialversicherungspflichtig. Für die Erfassung und Bewertung dieses Zuschusses sind die für Sachbezugswerte maßgebenden Vorschriften zu beachten.

1 FG des Landes Sachsen-Anhalt, Urteil v. 14.11.2019, 2 K 768/16.
2 § 40 Abs. 2 EStG.
3 R 8.1 Abs. 8 Nr. 2 LStR.
4 § 1 Abs. 1 Satz 1 Nr. 3 SvEV.

Gesetze, Vorschriften und Rechtsprechung

Lohnsteuer: Steuerliche Vorschrift für die Bewertung geldwerter Vorteile ist § 8 Abs. 2 EStG; die Sachbezugswerte der Sozialversicherung sind anzuwenden. Maßgebende Erläuterungen und Verweise enthalten R 8.1 Abs. 4 LStR zu den amtlichen Sachbezugswerten, R 8.1 Abs. 7 LStR zu Essenmarken und H 8.1 Abs. 7 LStH zum Begriff der Mahlzeit, zu Essenmarken und Gehaltsumwandlung sowie zur Sachbezugsbewertung. Für die Besteuerung kann der Arbeitgeber die Lohnsteuerpauschalierung mit 25 % nach § 40 Abs. 2 EStG wählen.

Sozialversicherung: Beitragspflichtiges Arbeitsentgelt ist in § 14 SGB IV geregelt. Essenszuschüsse des Arbeitgebers sind beitragsfrei, wenn sie pauschal versteuert werden (§ 1 Abs. 1 Satz 1 Nr. 3 SvEV i. V. m. § 40 Abs. 2 Satz 1 Nr. 1 EStG).

Entgelt	LSt	SV
Geldwerter Vorteil aufgrund Essenszuschuss	pflichtig	pflichtig
Geldwerter Vorteil, wenn mit 25 % pauschal besteuert	pauschal	frei

Lohnsteuer

Essenszuschuss ist steuerpflichtiger Arbeitslohn

Mahlzeiten in betriebseigener Kantine

Werden arbeitstägliche Mahlzeiten im Betrieb unentgeltlich oder verbilligt gewährt, so handelt es sich um einen lohnsteuerpflichtigen Sachbezug. Hierfür werden amtliche Werte festgesetzt:

- für ein Mittag- oder Abendessen je 4,13 EUR (2023: 3,80 EUR),
- für ein Frühstück 2,17 EUR (2023: 2,00 EUR).

Diese amtlichen Werte gelten auch für Jugendliche unter 18 Jahren und Auszubildende.

Sind die Mahlzeiten für den Arbeitnehmer kostenlos, ist der Sachbezug als geldwerter Vorteil für diese zu erfassen. Leistet der Arbeitnehmer eine Zuzahlung, ist der folgende (positive) Unterschiedsbetrag anzusetzen:

	Sachbezugswert
–	Zuzahlung des Arbeitnehmers zur Mahlzeit (einschließlich Umsatzsteuer)
=	Geldwerter Vorteil (positiver Unterschiedsbetrag)

Zur Ermittlung des steuerpflichtigen Arbeitslohns ist der Tageswert mit der entsprechenden Zahl der Tage des Lohnzahlungszeitraums zu vervielfachen. Für die Erhebung der Lohnsteuer (ggf. einschließlich Solidaritätszuschlag und Kirchensteuer) kann der Arbeitgeber zwischen der Regelbesteuerung nach den ELStAM und der Pauschalbesteuerung wählen.

Mahlzeiten in fremdbewirtschafteten Kantinen

Erbringt der Arbeitgeber gegenüber betriebsfremden Einrichtungen Geldleistungen zur unentgeltlichen bzw. verbilligten Abgabe der Mahlzeiten, gelten für die Erfassung des lohnsteuerpflichtigen Vorteils dieselben Regelungen, die auch bei der Zuschussgewährung in Form von ⇗ Essenmarken zu beachten sind.

Der Ansatz der amtlichen Sachbezugswerte setzt unmittelbare vertragliche Abmachungen zwischen Arbeitgeber und dem Betreiber der die Mahlzeiten gewährenden Einrichtung voraus. Nicht erforderlich ist, dass der Gastwirt unmittelbar mit dem Arbeitgeber abrechnet. Bei der Einschaltung von Essenmarken-Emittenten sind auch mittelbare vertragliche Beziehungen ausreichend. Die Einzelheiten sind unter ⇗ Essenmarken dargestellt.

Beispiel

Kein geldwerter Vorteil, wenn Zuzahlung amtlichen Sachbezugswert übersteigt

Ein Arbeitgeber gewährt seinen Arbeitnehmern die Möglichkeit, arbeitstäglich in einer benachbarten Gaststätte Mittag zu essen. Die Arbeitnehmer können aufgrund der vertraglichen Abmachungen eine Mahlzeit im Wert von 9,50 EUR einnehmen und müssen hierfür nur 4,50 EUR bezahlen. Der Arbeitgeber zahlt pro Mahlzeit einen Zuschuss von 5 EUR, den die Gaststätte am Monatsende direkt mit ihm abrechnet.

Ergebnis: Als geldwerter Vorteil für die Mahlzeit in der Gaststätte ist zunächst der amtliche Sachbezugswert von 4,17 EUR anzusetzen. Hiervon ist der Eigenanteil des Arbeitnehmers von 4,50 EUR abzuziehen.

Sachbezugswert	4,13 EUR
Abzgl. Zuzahlung des Arbeitnehmers zur Mahlzeit (brutto)	– 4,50 EUR
Geldwerter Vorteil	0,00 EUR

Die Zuzahlung des Arbeitnehmers liegt über dem lohnsteuerlich anzusetzenden Sachbezugswert für das arbeitstägliche Essen. Es ist kein geldwerter Vorteil zu versteuern.

Ist die Zuzahlung des Arbeitnehmers niedriger als der amtliche Sachbezugswert, ist die verbleibende Differenz als geldwerter Vorteil zu versteuern. In diesem Fall ist die Lohnsteuerpauschalierung für den Sachbezug „Mahlzeit“ mit dem Pauschsteuersatz von 25 % zulässig.

Beispiel

Steuerpflichtiger Sachbezug, da Zuzahlung niedriger als amtlicher Sachbezugswert

Ein Arbeitgeber gewährt seinen Arbeitnehmern die Möglichkeit, arbeitstäglich in einer benachbarten Gaststätte Mittag zu essen. Die Arbeitnehmer können aufgrund der vertraglichen Abmachungen eine Mahlzeit im Wert von 8 EUR einnehmen und müssen hierfür nur 3 EUR bezahlen. Der Arbeitgeber zahlt also pro Mahlzeit einen Zuschuss von 5 EUR, den die Gaststätte am Monatsende direkt mit dem Arbeitgeber abrechnet.

Ergebnis: Als geldwerter Vorteil für die Mahlzeit in der Gaststätte ist zunächst der amtliche Sachbezugswert von 4,13 EUR anzusetzen. Hiervon ist der Eigenanteil des Arbeitnehmers von 3 EUR abzuziehen.

Sachbezugswert	4,13 EUR
Abzgl. Zuzahlung des Arbeitnehmers zur Mahlzeit (brutto)	– 3,00 EUR
Geldwerter Vorteil	1,13 EUR

Die Zuzahlung des Arbeitnehmers ist niedriger als der lohnsteuerliche Sachbezugswert für das arbeitstägliche Essen. Die Differenz von 1,13 EUR ist als geldwerter Vorteil zu versteuern, der sich bei einem Arbeitgeber mit großer Beschäftigungszahl zu einem nicht zu unterschätzenden lohnsteuerpflichtigen monatlichen Sachbezug addiert. Bei einer Firma mit 100 Mitarbeitern liegt der zu versteuernde Arbeitslohn „Kantinenessen“ im Beispielsfall bei 1.130 EUR pro Monat. Die Lohnsteuer hierfür kann der Arbeitgeber mit 25 % sozialabgabenfrei übernehmen.

Lohnsteuerpauschalierung reduziert Lohnnebenkosten

Pauschalbesteuerung nur bei Ansatz des amtlichen Sachbezugswerts

Gewährt der Arbeitgeber Essenszuschüsse zur Einnahme von arbeitstäglichen Mahlzeiten im Betrieb oder betriebsfremden Einrichtungen, entsteht ein steuerpflichtiger Sachbezug, wenn der Arbeitnehmer für seine Mahlzeit weniger als den anteiligen amtlichen Sachbezugswert bezahlt. Da es sich hierbei um regelmäßig wiederkehrende Bezüge handelt, ist die Lohnsteuer grundsätzlich vom laufenden Arbeitslohn und zusammen mit den anderen laufenden Bezügen einzubehalten.

Alternativ kann der geldwerte Vorteil aus Essenszuschüssen mit 25 % pauschal lohnversteuert werden.[1]

Pauschalbesteuerung unzulässig, wenn vertragliche Grundlagen fehlen

Die Pauschalierung der Lohnsteuer für den durch die verbilligte oder unentgeltliche Abgabe von Mahlzeiten sich ergebenden geldwerten Vorteil setzt einen Sachbezugswert im Sinne der Sozialversicherungsentgeltverordnung (SvEV) voraus. Ist die Bewertung mit dem amtlichen Sachbezugswert nicht zulässig, weil mangels vertraglicher Abmachungen von einer Geldleistung des Arbeitgebers auszugehen ist, muss die Lohnsteuer individuell für den einzelnen Arbeitnehmer ermittelt werden.

Bewertung mit durchschnittlicher Zuzahlung

Werden unterschiedliche Mahlzeiten zu unterschiedlichen Preisen abgegeben, ist eine individuelle Ermittlung des geldwerten Vorteils für den einzelnen Arbeitnehmer sehr arbeitsaufwendig. Entscheidet sich der Arbeitgeber für die pauschale Lohnsteuer, kann ein vereinfachtes Berechnungsverfahren angewendet werden. Der geldwerte Vorteil kann dann auf Grundlage eines Durchschnittswerts aller Mahlzeiten ermittelt werden, die z. B. in einer Kantine an die Arbeitnehmer abgegeben werden. Voraussetzung ist, dass unterschiedliche Mahlzeiten zu unterschiedlichen Preisen abgegeben werden.[2]

Berechnung des Durchschnittswerts	
1.	Zuzahlung der Mitarbeiter (= Gesamterlös aus den ausgegebenen Mahlzeiten einschließlich Getränken)
2.	Anzahl der ausgegebenen Mahlzeiten
3.	Durchschnittliche Zuzahlung (= Gesamterlös : Anzahl der Mahlzeiten)
4.	• Durchschnittliche Zuzahlung < Sachbezugswert: Geldwerter Vorteil = (Sachbezugswert – Durchschnittsbetrag) × Anzahl der Mahlzeiten • Durchschnittliche Zuzahlung > Sachbezugswert: Geldwerter Vorteil = 0 EUR
5.	Pauschalierte Lohnsteuer = Geldwerter Vorteil × 25 % (zuzüglich 5,5 % Solidaritätszuschlag und Kirchensteuer)

Beispiel

Durchschnittsberechnung bei Kantinenmahlzeiten

Eine Firma in Baden-Württemberg beschäftigt 100 Arbeitnehmer, für die in der Betriebskantine arbeitstäglich jeweils eine Mahlzeit ausgegeben wird. Die Arbeitnehmer können unterschiedliche Komponenten wählen, sodass die im Einzelnen bezahlten Entgelte verschieden sind. Im September wurden 3.750 EUR vereinnahmt.

1.	Gesamterlös der ausgegebenen Mahlzeiten	3.750,00 EUR
2.	Anzahl der ausgegebenen Mahlzeiten	1.500 Stück
3.	Durchschnittsbetrag = Gesamterlös : Anzahl der Mahlzeiten	2,50 EUR
4.	Durchschnittsbetrag < Sachbezugswert: Geldwerter Vorteil (4,13 EUR – 2,50 EUR) × 1.500 Stück	2.445,00 EUR
5.	Pauschalierte Lohnsteuer = 2.445 EUR × 25 % (zuzüglich 5,5 % Solidaritätszuschlag und pauschaler Kirchensteuer)	611,25 EUR

Die pauschale Lohnsteuer für den Sachbezug Kantinenmahlzeit für den Monat September beträgt 611,25 EUR zuzüglich 5,5 % Solidaritätszuschlag und Kirchensteuer. Es sind weder Arbeitnehmer- noch Arbeitgeberbeiträge zur Sozialversicherung zu entrichten.

1 § 40 Abs. 2 Nr. 1 EStG.
2 R 8.1 Abs. 7 Nr. 5 LStR.

Durchschnittsbewertung muss monatlich erfolgen

Die Durchschnittsberechnung ist für jeden Lohnzahlungszeitraum gesondert vorzunehmen. Eine jahresbezogene Ermittlung des geldwerten Vorteils ist nicht zulässig. Im Einzelfall ist die Ermittlung des Durchschnittswerts auf der Grundlage eines repräsentativen Zeitraums möglich, wenn die monatliche Berechnung infolge der Menge der zu erfassenden Daten besonders aufwendig wäre.

Hinweis

Mahlzeiten in fremdbewirtschafteten Kantinen

Die zuvor beschriebenen Grundsätze und Ermittlungsvorschriften gelten auch, wenn der Arbeitgeber aufgrund vertraglicher Vereinbarung an eine nicht selbst betriebene Kantine, Gaststätte oder vergleichbare Einrichtung Barzuschüsse oder andere Leistungen zur Verbilligung der Mahlzeiten erbringt und der Arbeitnehmer dort arbeitstägliche Mahlzeiten einnimmt.[3]

Umsatzsteuerliche Beurteilung

Die Umsatzbesteuerung der Abgabe von Kantinenmahlzeiten hängt davon ab, ob die Kantine vom Unternehmen selbst betrieben wird oder aber eine fremdbetriebene Kantine vorliegt. Eine Kantine gilt als selbstbetrieben, wenn der Arbeitgeber die Mahlzeiten für seine Arbeitnehmer nicht nur geringfügig be- oder verarbeitet, aufbereitet oder ergänzt. In allen anderen Fällen liegt grundsätzlich eine nicht vom Unternehmer selbst betriebene Kantine vor.

Selbstbetriebene Kantine

Für die umsatzsteuerliche Behandlung der Abgabe von Mahlzeiten durch unternehmenseigene Kantinen ist zunächst zu unterscheiden, ob der Arbeitgeber die Mahlzeiten unentgeltlich an seine Arbeitnehmer abgibt oder ob diese Entgelt dafür bezahlen müssen.

Bei einer unentgeltlichen Leistung handelt es sich um eine unentgeltliche Wertabgabe i. S. d. § 3 Abs. 9a Nr. 2 UStG. Die Bemessungsgrundlage bestimmt sich grundsätzlich nach hierfür entstandenen Kosten, auch soweit keine Vorsteuerbeträge angefallen sind.[4] Aus Vereinfachungsgründen kann jedoch bei der Ermittlung der Bemessungsgrundlage von den Werten ausgegangen werden, die sich aus der Sozialversicherungsentgeltverordnung (SvEV) ergeben.[5] Werden Eingangsleistungen ausschließlich für die unentgeltliche Abgabe der Mahlzeiten verwendet, ist ein Vorsteuerabzug ausgeschlossen.[6]

Werden die Mahlzeiten entgeltlich an die Arbeitnehmer abgegeben, ist der vom Arbeitnehmer gezahlte Essenspreis anzusetzen, mindestens jedoch die Werte der SvEV[7], die Bruttowerte darstellen, aus denen die Umsatzsteuer herauszurechnen ist. Bei der Abgabe von Speisen zum Verzehr an Ort und Stelle kommt der allgemeine Umsatzsteuersatz zur Anwendung.

Fremdbetriebene Kantine

Bei vom Arbeitgeber nicht selbst betriebenen Kantinen sind ebenfalls mehrere Fallgestaltungen denkbar:

Wird die Kantine in den Räumen des Arbeitgebers betrieben oder erbringt der Kantinenbetreiber die Verpflegungsleistung an die Arbeitnehmer im eigenen Namen und für eigene Rechnung, kommt es zu einem Leistungsaustausch unmittelbar zwischen dem Kantinenbetreiber und den Arbeitnehmern. In diesen Fällen ist das vom Arbeitnehmer gezahlte Entgelt ggf. zuzüglich des vom Arbeitgeber gezahlten Zuschusses (Entgelt von dritter Seite) als Bemessungsgrundlage anzusetzen.[8]

Im Verhältnis Kantinenbetreiber zum Arbeitgeber handelt es sich um einen nicht steuerbaren Vorgang. Der Kantinenbetreiber darf in diesem Fall keine Rechnungen mit gesondertem Umsatzsteuerausweis an den Arbeitgeber ausstellen. Wird gleichwohl Umsatzsteuer in einer Rech-

3 R 8.1 Abs. 7 Nr. 5 Satz 1 LStR.
4 § 10 Abs. 4 Nr. 3 UStG.
5 Abschn. 1.8 Abs. 11 Satz 1 UStAE.
6 Abschn. 15.15 Abs. 1 UStAE; BMF, Schreiben v. 24.4.2012, IV D 2 – S 7300/11/10002, BStBl 2012 I S. 533.
7 Abschn. 1.8 Abs. 11 UStAE.
8 Abschn. 1.8 Abs. 12 Nr. 3 UStAE.

nung gesondert ausgewiesen, schuldet diese der Kantinenbetreiber nach § 14c Abs. 2 UStG. Der Arbeitgeber hat darüber hinaus keinen Vorsteuerabzug aus derartigen Rechnungen des Kantinenbetreibers, da die Steuer nicht gesetzlich für den Umsatz geschuldet wird.[1]

Hat der Kantinenbetreiber für die Essensausgabe einen zivilrechtlichen Zahlungsanspruch gegenüber dem Arbeitgeber, bedient sich der Arbeitgeber des Kantinenbetreibers zur Beköstigung seiner Arbeitnehmer. Es liegen damit 2 getrennt voneinander zu beurteilende Leistungen vor (Kantinenbetreiber an Arbeitgeber; Arbeitgeber an Arbeitnehmer). Der Arbeitgeber erhält vom Kantinenbetreiber eine Rechnung und kann hieraus, soweit die übrigen Voraussetzungen erfüllt sind, den Vorsteuerabzug in Anspruch nehmen.

Im Verhältnis Arbeitgeber zum Arbeitnehmer ist zu prüfen, ob das vom Arbeitnehmer zu zahlende Entgelt kostendeckend oder zumindest marktüblich ist. In diesem Fall bildet das Entgelt die Bemessungsgrundlage. Ist das vom Arbeitnehmer gezahlte Entgelt nicht kostendeckend und geringer als das marktübliche Entgelt, greift die Mindestbemessungsgrundlage ein.[2] Anders als bei der Lohnsteuer, für die auch in diesem Fall die amtlichen Sachbezugswerte maßgebend sind, sind für die Umsatzbesteuerung die gesamten Ausgaben (auch wenn diese nicht vorsteuerbehaftet waren), höchstens jedoch das marktübliche Entgelt anzusetzen. Überlässt der Unternehmer (Arbeitgeber) im Rahmen der Fremdbewirtschaftung Küchen- und Kantinenräume, Einrichtungs- und Ausstattungsgegenstände sowie Koch- und Küchengeräte, ist der Wert dieser Gebrauchsüberlassung bei der Ermittlung der Bemessungsgrundlage für die Mahlzeiten nicht zu berücksichtigen.[3]

Sozialversicherung

Beitragsrechtliche Bewertung

Freie oder verbilligte ↗ Mahlzeiten, die vom Arbeitgeber gewährt werden, und Essenszuschüsse stellen für den Arbeitnehmer einen ↗ geldwerten Vorteil dar und gehören damit zum beitragspflichtigen Arbeitsentgelt. Die Essenszuschüsse des Arbeitgebers oder der Wert der kostenlos überlassenen Mahlzeiten sind nur dann nicht dem Arbeitsentgelt zuzurechnen und damit beitragsfrei, wenn sie nach § 40 Abs. 2 Satz 1 Nr. 1 EStG pauschal versteuert werden.[4]

Tatsächliche Erhebung der pauschalen Lohnsteuer

Für die beitragsrechtliche Behandlung kommt es auf die tatsächliche Erhebung der pauschalen Lohnsteuer an. Eine vom Arbeitgeber erst im Nachhinein vorgenommene Pauschalbesteuerung wirkt sich auf die beitragsrechtliche Behandlung der Arbeitsentgeltbestandteile nach § 1 Abs. 1 Satz 2 SvEV nur bis zur Erstellung der Lohnsteuerbescheinigung aus. Das wäre also längstens bis zum letzten Tag des Monats Februar des Folgejahres.[5] Dies gilt auch, wenn die Entgeltbestandteile vom Arbeitgeber

- zunächst beitragspflichtig behandelt oder unzutreffend als steuer- und beitragsfrei beurteilt wurden und
- er die zulässige, zur Beitragsfreiheit führende, Pauschalbesteuerung noch bis zur Ausstellung der Lohnsteuerbescheinigung, also längstens bis zum letzten Tag des Monats Februar des Folgejahres, vornimmt.

Mit der Regelung ist keine Änderung der bestehenden Aufzeichnungspflichten des Arbeitgebers verbunden.

Beispiel

Pauschalbesteuerung nach dem letzten Tag des Monats Februar des Folgejahres

Der Arbeitgeber stellt seinen Mitarbeitern arbeitstäglich Mahlzeiten kostenlos zur Verfügung. Der Arbeitnehmer A erhält im Mai 2024 insgesamt 10 Mahlzeiten. Unter Berücksichtigung des Sachbezugswerts i. H. v. 4,13 EUR je Mahlzeit ergibt sich daraus ein geldwerter Vorteil i. H. v. 41,30 EUR.

Der Arbeitgeber behandelt diese Zuwendung als steuerfreie Einnahme und entrichtet deswegen auch keine Sozialversicherungsbeiträge. Der Arbeitgeber stellt im Februar 2025 die Lohnsteuerbescheinigung aus und übermittelt die entsprechenden Daten an das Finanzamt. Im Juli 2025 erkennt der Arbeitgeber den Fehler und nutzt nachträglich die Pauschalbesteuerung nach § 40 Abs. 2 Satz 1 Nr. 1 EStG für die Mahlzeiten, die Arbeitnehmer A erhalten hat.

Die Grundlage für die beitragsfreie Behandlung der kostenlosen Mahlzeiten für den Arbeitnehmer A im Mai 2024 war falsch. Zwar ist bei einer Pauschalbesteuerung der Mahlzeiten ebenfalls kein beitragsrechtlich relevantes Arbeitsentgelt anzunehmen, aber diese erfolgt nicht bei der Entgeltabrechnung für Mai 2024. Die richtige Beurteilung erfolgt erst nach der Ausstellung der Lohnsteuerbescheinigung. Daher stellt der geldwerte Vorteil für die kostenlosen Mahlzeiten i. H. v. 41,30 EUR beitragspflichtiges Arbeitsentgelt dar. Der Arbeitgeber hat die Beiträge entsprechend nachzuentrichten.

Europäische Krankenversicherungskarte (EHIC)

Mit der Europäischen Krankenversicherungskarte (European Health Insurance Card – EHIC) können gesetzlich Krankenversicherte aus Deutschland in einem der übrigen 27 EU-Mitgliedstaaten sowie in Island, Liechtenstein, Norwegen, der Schweiz und dem Vereinigten Königreich direkt einen Leistungserbringer (z. B. Arzt, Zahnarzt) aufsuchen, um medizinische Leistungen zu beanspruchen. Die Karte kann außerdem in den Abkommensstaaten Mazedonien, Montenegro und Serbien eingesetzt werden. Das gilt auch für Versicherte aus diesen Staaten in Deutschland. Ein vorheriger Kontakt mit einer Krankenkasse ist nicht erforderlich. Abgedeckt sind dabei u. a. auch Leistungen in Verbindung mit chronischen oder bestehenden Krankheiten oder im Zusammenhang mit Schwangerschaft und Geburt.

Die von den deutschen Krankenkassen kostenfrei ausgegebene elektronische Gesundheitskarte enthält auf ihrer Rückseite die EHIC als Sichtausweis.

Versicherte aus den EU-/EWR-Staaten sowie der Schweiz und dem Vereinigten Königreich wählen in Deutschland die Krankenkasse, die die Leistungen aushilfsweise zur Verfügung stellen soll, unmittelbar beim Leistungserbringer (Arzt). In Deutschland erfolgt die Wahl durch Unterschrift auf einem mehrsprachigen Vordruck („Patientenerklärung Europäische Krankenversicherung" der Kassenärztlichen Bundesvereinigung).

Die Leistungen werden nach den Regeln des Staates erbracht, in dem die Leistung in Anspruch genommen wird (z. B. Kostenerstattung in Belgien oder Frankreich). Der Anspruch umfasst die Leistungen, die unter Berücksichtigung der Aufenthaltsdauer medizinisch notwendig sind.

Die EHIC ist kein Ersatz für eine Reiseversicherung. Inbegriffen sind weder Leistungen der privaten Gesundheitsversorgung noch andere Kosten, die entstehen können (z. B. Rückflug in das Heimatland, Wiedererwerb verlorenen oder gestohlenen Eigentums). Die Karte garantiert keine kostenlose Behandlung. Die Gesundheitssysteme der einzelnen Länder sind unterschiedlich. Leistungen können z. B. kostenpflichtig sein. Wenn der gewöhnliche Aufenthalt in ein anderes Land verlegt wird, sollte der Vordruck S1 und nicht die EHIC verwendet werden, um am neuen Aufenthaltsort ärztliche Dienste in Anspruch zu nehmen.

Gesetze, Vorschriften und Rechtsprechung

Sozialversicherung: Die EHIC ist mit den Beschlüssen 189 bis 191 der Verwaltungskommission der Europäischen Union vom 18.6.2003

1 Abschn. 15.2 Abs. 1 UStAE; anders BFH, Urteil v. 29.1.2014, XI R 4/12, BFH/NV 2014 S. 992, das die Verwaltung nicht anwendet.
2 § 10 Abs. 5 Nr. 2 i. V. m. § 10 Abs. 4 Nr. 3 UStG.
3 Abschn. 1.8 Abs. 10 Satz 4 UStAE.
4 § 1 Abs. 1 Satz 1 Nr. 3 SvEV.
5 § 41b Abs. 1 Satz 2 EStG i. V. m. § 93c Abs. 1 Nr. 1 AO.

eingeführt worden. Nähere Erläuterungen enthalten die Gemeinsamen Empfehlungen der Spitzenverbände der Krankenkassen zur Umsetzung der Einführung der Europäischen Krankenversicherungskarte in der Kassenpraxis vom 26.5.2004. Die Kassenärztliche Bundesvereinigung und der GKV-Spitzenverband haben in der Vereinbarung zur Anwendung der europäischen Krankenversicherungskarte vom 1.7.2004 (Stand: 1.10.2018) geregelt, wie der Anspruch auf Leistungen in Deutschland nachzuweisen ist.

Exterritorialer Arbeitgeber

In erster Linie sind unter exterritorialen Arbeitgebern ausländische Staaten zu verstehen, die Mitarbeiter in ihren Botschaften und Konsulaten beschäftigen. Auch über- und zwischenstaatliche Organisationen gehören zu den exterritorialen Arbeitgebern. Die Arbeitnehmer dieser Organisationen unterliegen in der Regel nicht der deutschen Gerichtsbarkeit und sind im Bereich der Krankenversicherung über den jeweiligen Arbeitgeber geschützt. Des Weiteren gibt es privatrechtliche Unternehmen, die im Ausland ihren Firmensitz haben und in Deutschland Arbeitnehmer beschäftigen. Für Beschäftigungen bei solchen ausländischen Arbeitgebern besteht grundsätzlich Sozialversicherungspflicht (soweit nicht bilaterale oder multilaterale Abkommen etwas anderes regeln). Es gelten aber Besonderheiten im Beitrags- und Meldebereich.

Gesetze, Vorschriften und Rechtsprechung

Lohnsteuer: Die Steuerfreiheit für Gehälter und Bezüge von diplomatischen Vertretern ausländischer Staaten, Berufskonsuln, Konsulatsangehörigen und ihres Personals im Inland ist geregelt in § 3 Nr. 29 EStG.

Sozialversicherung: Grundsätzlich gilt das Territorialitätsprinzip nach § 3 SGB IV. Entsprechend sind grundsätzlich die deutschen Rechtsvorschriften anwendbar, wenn die Beschäftigung in Deutschland ausgeübt wird. Der Grundsatz wird durch das über- und zwischenstaatliche Recht durchbrochen. Bei den exterritorialen Arbeitgebern spielen das „Wiener Übereinkommen über diplomatische Beziehungen", die Verordnung (EG) über soziale Sicherheit Nr. 883/2004, verschiedene Abkommen über Soziale Sicherheit sowie verschiedene Sitzstaatabkommen, die Deutschland mit verschiedenen Organisationen abgeschlossen hat, eine Rolle. Im deutschen Recht regelt § 28m SGB IV die Besonderheiten.

Lohnsteuer

Persönliche Lohnsteuerbefreiungen

Diplomaten, konsularische Vertreter, Gesandte und deren Beauftragte

Soweit es sich um die oben aufgeführten Vertreter eines Landes handelt, sind diese unter bestimmten Voraussetzungen von der Lohnsteuerpflicht befreit; deren Einkünfte stellen also keinen Arbeitslohn dar.

Typischerweise kommen hierbei 2 Personengruppen in Betracht:

1. Vertreter (Diplomaten, konsularische Vertreter, Gesandte und deren Beauftragte), die nicht deutsche Staatsbürger sind, oder
2. Vertreter (Diplomaten, konsularische Vertreter, Gesandte und deren Beauftragte) die sich nicht ständig im Inland aufhalten.

Angehörige ausländischer Streitkräfte mit festem Wohnsitz in Deutschland

In der Regel handelt es sich hierbei um den in Deutschland stationierten Angehörigen einer Streitkraft, der keine deutsche Staatsbürgerschaft besitzt. Dieser Personenkreis ist ebenfalls von der Lohnsteuerpflicht befreit.

Arbeitnehmer von Einrichtungen der EU oder anderer internationalen Organisationen[1]

Auch hier besteht eine vollständige Befreiung von der Lohnsteuerpflicht.

Sozialversicherung

Wer zählt zu den exterritorialen Arbeitgebern?

Zu den exterritorialen Arbeitgebern zählen amtliche Vertretungen ausländischer Staaten auf dem Gebiet der Bundesrepublik Deutschland. Dies sind insbesondere Botschaften, Konsulate und sonstige ausländische Missionen. Weitere exterritoriale Arbeitgeber sind über- und zwischenstaatliche Organisationen. Hierzu gehören die internationalen Organisationen und EU-Institutionen. Die Arbeitgeber unterliegen nicht der deutschen Gerichtsbarkeit. In der Regel wird zwischen dem jeweiligen Arbeitgeber und der Bundesrepublik Deutschland eine Vereinbarung/ein Abkommen geschlossen, welches Regelungen für die Krankenversicherung beinhaltet, sodass der Arbeitgeber den Schutz der Arbeitnehmer sicherstellt.

Ausländische Arbeitgeber

Umgangssprachlich werden zu der Gruppe der exterritorialen Arbeitgeber auch ausländische Arbeitgeber aus einem anderen EU-, EWR-Staat, der Schweiz oder einem Abkommensstaat gezählt. Diese Arbeitgeber haben einen Firmensitz im Ausland und beschäftigten Arbeitnehmer in Deutschland. Im Bereich der Sozialversicherung ist es unerheblich, ob der ausländische Arbeitgeber in Deutschland einen Firmensitz hat, solange für den Arbeitnehmer die deutschen Rechtsvorschriften aufgrund bilateraler oder multilateraler Abkommen gelten. In diesem Fall finden die deutschen Rechtsvorschriften im Bereich der Sozialversicherung Anwendung, sodass der Arbeitnehmer ggf. in allen Bereichen versicherungspflichtig wird. Ausnahmen können sich aus bilateralen oder multilateralen Abkommen ergeben.

Anwendung der deutschen Rechtsvorschriften

Neben den ausländischen Arbeitgebern gibt es exterritoriale Arbeitgeber, bei denen die deutschen Rechtsvorschriften im Bereich der Sozialversicherung angewendet werden. Anderen exterritorialen Arbeitgebern wiederum wurde es ermöglicht, den Schutz der Arbeitnehmer selbst sicherzustellen.

Beschäftigung durch ausländische Arbeitgeber

Unterliegen Personen, die bei einem ausländischen Arbeitgeber beschäftigt sind, der Versicherungspflicht, müssen auch die im Rahmen der DEÜV geforderten Meldungen erstattet werden. Zudem muss auch der Sozialversicherungsbeitrag für die jeweilige Person entrichtet werden. Es besteht die Möglichkeit, dass diese Verpflichtungen vom Arbeitnehmer selbst übernommen werden. In den Fällen, in denen der Arbeitnehmer die Arbeitgeberfunktionen übernimmt, beantragt die deutsche Krankenkasse eine Betriebsnummer bei der Agentur für Arbeit. Zudem reicht in diesen Fällen eine formlose Meldung an die Krankenkasse aus. Hinsichtlich der Beiträge ist zu beachten, dass der Beschäftigte eines ausländischen Arbeitgebers den Gesamtsozialversicherungsbeitrag zu zahlen hat.[2] In diesen Fällen besteht ein Erstattungsanspruch in Höhe des Arbeitgeberanteils gegenüber dem Arbeitgeber.

Hinweis

Umlagebeiträge von ausländischen Arbeitgebern

Ausländische Arbeitgeber sind grundsätzlich verpflichtet, Beiträge zum Umlageverfahren U1 und U2 zu entrichten. Dieser Grundsatz gilt für die Arbeitnehmer, bei denen festgestellt wird, dass nach den Regelungen der Verordnung (EG) über soziale Sicherheit, die deutschen Rechtsvorschriften angewendet werden.

1 Z. B. UNO, UNESCO oder OECD.
2 § 28m SGB IV.

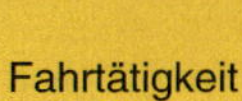

Insolvenzgeldumlage

Ebenso werden Beiträge zur ⇗ Insolvenzgeldumlage entrichtet. Dies gilt in den Fällen, in denen für einen ausländischen Arbeitgeber nach den Regelungen der Verordnung (EG) über soziale Sicherheit deutsches Recht angewendet wird.

EU-Institutionen

Personen sind im Bereich der deutschen Krankenversicherung versicherungsfrei, wenn sie bei einer EU-Institution beschäftigt und nach dem Krankheitsfürsorgesystem der Europäischen Gemeinschaften bei Krankheit geschützt sind.[1] Die im Krankheitsfürsorgesystem zurückgelegten Versicherungszeiten können als Vorversicherungszeiten angerechnet werden, wenn die Person direkt vor Eintritt in das System in Deutschland gesetzlich krankenversichert war. Dies gilt sowohl für die freiwillige Versicherung als auch für die ⇗ Krankenversicherung der Rentner.

Weiterversicherung nach Beschäftigungsende

Sollte eine Person aus einer Beschäftigung bei einer EU-Institution ausscheiden, besteht die Möglichkeit zum Beitritt in die deutsche gesetzliche Krankenversicherung. Hierbei kommt sowohl eine freiwillige Versicherung als auch eine Versicherungspflicht nach § 5 Abs. 1 Nr. 13 SGB V in Betracht.

Internationale Organisationen

Die Bundesrepublik Deutschland hat mit verschiedenen internationalen Organisationen Sitzstaatabkommen geschlossen. Im Rahmen dieser Sitzstaatabkommen gibt es Regelungen, die es den internationalen Organisationen ermöglicht, für die Beschäftigten und Familienangehörigen ein eigenes Krankenfürsorgesystem zu schaffen. In entsprechenden Sachverhalten muss geprüft werden, ob das jeweilige Sitzstaatabkommen eine Formulierung für den Bereich der Krankenversicherung beinhaltet. Ist dies der Fall, ist der Beschäftigte in Deutschland nicht gesetzlich krankenversichert.

Weiterversicherung nach Beschäftigungsende

Scheidet eine Person aus einer Beschäftigung bei einer internationalen Organisation aus, besteht die Möglichkeit zum Beitritt in die gesetzliche Krankenversicherung. Hierbei kommt eine freiwillige Versicherung nach § 9 Abs. 1 Nr. 5 SGB V oder eine Versicherungspflicht als Nichtversicherter in Betracht. Bei der Prüfung der Weiterversicherung werden die bei einer internationalen Organisation zurückgelegten Versicherungszeiten nicht berücksichtigt.

Facharbeiterzulage

Mitarbeiter mit einer besonderen Qualifikation oder fachlichen Ausbildung können unter bestimmten Umständen eine eigene Zulage erhalten, die so genannte Facharbeiterzulage. Da die Facharbeiterzulage im Zusammenhang mit der Bereitstellung der Arbeitsleistung des Arbeitnehmers gewährt wird, handelt es sich hierbei um steuerpflichtigen Arbeitslohn und beitragspflichtiges Arbeitsentgelt.

Da Facharbeiterzulagen regelmäßig monatlich wiederkehrend gewährt werden, handelt es sich hierbei um laufende Einnahmen bzw. regelmäßig gezahltes Arbeitsentgelt.

Gesetze, Vorschriften und Rechtsprechung

Lohnsteuer: Die Lohnsteuerpflicht der Facharbeiterzulage ergibt sich aus § 19 Abs. 1 EStG i. V. m. R 19.3 LStR.

Sozialversicherung: Die Beitragspflicht der Facharbeiterzulage als Bestandteil des Arbeitsentgelts ergibt sich aus § 14 Abs. 1 SGB IV.

Entgelt	LSt	SV
Facharbeiterzulage	pflichtig	pflichtig

1 § 6 Abs. 1 Nr. 8 SGB V.

Fahrradgeld

Wird das private Fahrrad bei der Erzielung von Einkünften aus nichtselbstständiger Arbeit genutzt, entstehen Werbungskosten, die der Arbeitnehmer bei der Einkommensteuererklärung geltend machen kann.

Fahrradkosten, die der Arbeitgeber im Zusammenhang mit der Anschaffung oder Unterhaltung eines Fahrrads für den Arbeitnehmer übernimmt, gelten generell als Barlohn. Sie sind sowohl steuerpflichtiger Arbeitslohn als auch sozialversicherungspflichtiges Arbeitsentgelt.

Wird das Fahrrad für den Weg zwischen Wohnung und erster Tätigkeitsstätte genutzt, kann vom Arbeitnehmer die – verkehrsmittelunabhängige – Entfernungspauschale von 0,30 EUR ab dem ersten Entfernungskilometer bzw. 0,38 EUR ab dem 21. Entfernungskilometer als Werbungskosten angesetzt werden. Die Entfernungspauschale kann täglich nur einmal geltend gemacht werden, auch wenn an einem Tag mehrere Fahrten durchgeführt werden.

Ähnlich wie beim Pkw besteht die Möglichkeit des Arbeitgebers, dem Arbeitnehmer einen Zuschuss zu den Fahrtkosten für Wege zwischen Wohnung und erster Tätigkeitsstätte zu gewähren. Dieser Zuschuss kann insoweit mit 15 % pauschal versteuert werden, wie der Arbeitnehmer die Kosten des Fahrrads als Werbungskosten geltend machen könnte; er ist jedoch auf die Höhe der tatsächlich entstehenden Aufwendungen beschränkt. Der frühere Pauschalsatz von 0,05 EUR je Fahrtkilometer für Fahrräder ist zum 1.1.2014 weggefallen. Die tatsächlichen Aufwendungen sind daher sachgerecht zu schätzen. Wenn der Arbeitgeber von der Pauschalierung des Fahrtkostenzuschusses Gebrauch macht, sind die Zuwendungen sozialversicherungsfreies Arbeitsentgelt.

Wird das Fahrrad für eine Auswärtstätigkeit genutzt, können die Kosten steuer- und beitragsfrei erstattet werden.

Gesetze, Vorschriften und Rechtsprechung

Lohnsteuer: Die Lohnsteuerpflicht des Fahrradzuschusses als Barlohn ergibt sich aus § 19 Abs. 1 EStG i. V. m. R 19.3 LStR. Die Möglichkeit zur Pauschalierung im Rahmen der Fahrtkostenerstattung für Wege zwischen Wohnung und erster Tätigkeitsstätte ergibt sich aus § 40 Abs. 2 EStG.

Sozialversicherung: Zur Beitragspflicht des Fahrradgeldes als Arbeitsentgelt s. § 14 Abs. 1 SGB IV. Die Beitragsfreiheit bei Fahrtkostenpauschalierung ist in § 1 Abs. 1 Satz 1 Nr. 3 SvEV geregelt.

Entgelt	LSt	SV
Fahrradgeld	pflichtig	pflichtig
Fahrradgeld als pauschaler Fahrtkostenzuschuss	pauschal	frei

Fahrtätigkeit

Die gesetzlichen Reisekostenbestimmungen verzichten auf unterschiedliche Reisekostenarten. Sämtliche reisekostenrechtlich relevanten Auswärtssachverhalte (Dienstreise, Einsatzwechseltätigkeit, Fahrtätigkeit) werden unter dem gemeinsamen Reisekostenbegriff „berufliche Auswärtstätigkeit“ zusammengefasst. Eine berufliche Auswärtstätigkeit liegt immer dann vor, wenn der Arbeitnehmer vorübergehend außerhalb seiner Wohnung und außerhalb seiner ersten Tätigkeitsstätte beruflich tätig wird.

Der Reisekostenbegriff umfasst auch Arbeitnehmer, die bei ihrer individuellen beruflichen Tätigkeit typischerweise auf einem Fahrzeug tätig sind. Hauptsächlich davon betroffen sind Berufskraftfahrer, aber auch Zug- oder Lokführer sowie das jeweilige Begleitpersonal. Die Reisekosten, die einem Arbeitnehmer im Zusammenhang mit der Fahrtätigkeit entstehen, kann der Arbeitgeber steuerfrei erstatten.

Gesetze, Vorschriften und Rechtsprechung

Lohnsteuer: § 3 Nr. 13 EStG (öffentlicher Dienst) und § 3 Nr. 16 EStG (Privatwirtschaft) regeln den Umfang des steuerfreien Arbeitgeberersatzes. Das BMF-Schreiben v. 25.11.2020, IV C 5 – S 2353/19/10011 :006, BStBl 2020 I S. 1228, gibt Antworten und Hilfestellung für die in der Lohnsteuerpraxis bedeutsamen Reisekostenfragen.

Sozialversicherung: § 14 Abs. 1 SGB IV definiert das zur Beitragspflicht in der Sozialversicherung heranzuziehende Arbeitsentgelt aus einer Beschäftigung. In § 1 Abs. 1 Satz 1 SvEV ist normiert, unter welchen Bedingungen bestimmte Entgeltbestandteile kein sozialversicherungspflichtiges Arbeitsentgelt darstellen. § 23a Abs. 1 SGB IV legt fest, unter welchen Voraussetzungen und mit welchen Auswirkungen Arbeitsentgelt als einmalig gezahltes Arbeitsentgelt zu betrachten ist.

Entgelt	LSt	SV
Fahrtätigkeit als berufliche Auswärtstätigkeit	frei	frei
Fahrtkostenerstattung für Fahrten zur Fahrzeugübernahme	frei	frei
Erstattung von Verpflegungspauschalen	frei	frei
Übernachtungskosten in tatsächlicher Höhe oder Pauschbetrag von 20 EUR pro Übernachtung	frei	frei

Lohnsteuer

Fahrtätigkeit als berufliche Auswärtstätigkeit

Eine reisekostenrechtliche berufliche Auswärtstätigkeit liegt immer dann vor, wenn ein Arbeitnehmer vorübergehend außerhalb seiner Wohnung und außerhalb seiner ersten Tätigkeitsstätte beruflich tätig wird. Eine berufliche Auswärtstätigkeit liegt deshalb auch dann vor, wenn Arbeitnehmer, im Rahmen ihrer Auswärtstätigkeiten (nahezu) ausschließlich auf Fahrzeugen eingesetzt werden. Weitere Voraussetzung für die Gewährung von ⇗ Reisekosten ist, dass es sich um eine auswärtige Fahrtätigkeit handelt.[1] Eine Fahrtätigkeit des Arbeitnehmers auf dem Betriebsgelände des Arbeitgebers erfolgt an der ersten Tätigkeitsstätte und begründet deshalb keine berufliche Auswärtstätigkeit.[2]

Vorliegen einer ersten Tätigkeitsstätte ist entscheidend

Für die Höhe der steuerfreien Arbeitgebererstattungen bei einer beruflichen Auswärtstätigkeit auf Fahrzeugen ist entscheidend, ob der Arbeitnehmer im Betrieb eine erste Tätigkeitsstätte hat. Auch bei Arbeitnehmern mit typischer Fahrtätigkeit kann der Betrieb des Arbeitgebers eine erste Tätigkeitsstätte begründen, wenn der Arbeitgeber

- dies durch arbeitsrechtliche Zuordnung festlegt oder
- aufgrund des Umfangs der dort dauerhaft verrichteten Arbeiten (mindestens 1/3 der vereinbarten regelmäßigen Arbeitszeit oder 2 volle Arbeitstage wöchentlich oder arbeitstägliches Tätigwerden).[3]

Beispiel

Polizisten, Fahrlehrer und Zusteller üben keine Fahrtätigkeit aus

Keine Fahrtätigkeit im steuerlichen Sinne üben z. B. aus:

- Polizeibeamte im Streifendienst, da sie ihre erste Tätigkeitsstätte am Ort ihrer dauerhaften dienstlichen Zuordnung haben, also an dem vom Dienstherrn bestimmten Polizeirevier, und dort auch zumindest in geringem Umfang arbeits- oder dienstrechtliche Tätigkeiten verrichten müssen, die zu dem ausgeübten Berufsbild gehören[4],
- Fahrlehrer, die auch theoretischen Unterricht erteilen,
- Verkaufsfahrer,
- Kundendienstmonteure,
- Zollbeamte im Grenzaufsichtsdienst,
- Lok- und Triebwagenführer, die auf dem Bahnhofsgelände mit einem Dienstgebäude ihre erste Tätigkeitsstätte haben.[5]

Die Tätigkeit dieser Personen außerhalb des Betriebs rechnet regelmäßig zu den beruflichen Auswärtstätigkeiten.

Typische Auswärtstätigkeiten auf Fahrzeugen

Ist keine erste Tätigkeitsstätte im Betrieb gegeben, gehören die Tätigkeiten folgender Personen zur beruflichen Auswärtstätigkeit auf Fahrzeugen:

- Kraftfahrer im gewerblichen Güternah- und -fernverkehr oder im (Paket-)Zustelldienst[6]
- Beifahrer in Kraftfahrzeugen,
- Fahrer von Linien- und Reisebussen,
- Taxifahrer,
- Fahrer und Begleitpersonal von Müllfahrzeugen[7],
- Beton- und Kiesfahrer,
- Fahrer von Kanalreinigungsfahrzeugen,
- Fahrer und sonstiges Personal auf Schienenfahrzeugen, z. B. Straßenbahnfahrer, Lokführer und Begleitpersonal auf Zügen[8],
- Piloten, Stewardessen u. a. fliegendes und flugbegleitendes Personal[9],
- See- und Binnenschiffer sowie Schiffspersonal, unabhängig davon, ob diese täglich nach Hause zurückkehren oder an Bord eine dauerhafte Unterkunft haben.[10]

Es ist unbeachtlich, dass der Arbeitnehmer auf dem Fahrzeug übernachten kann (z. B. Schiff oder Lkw-Kabine). Die „Fahrtätigkeit" bzw. beruflich veranlasste Auswärtstätigkeit beschränkt sich nicht nur auf das Fahren oder Begleiten des Fahrzeugs; auch die (auswärtige) Übernachtungszeit rechnet dazu. Dies gilt auch für die Zeit des Be- und Entladens des Fahrzeugs, Ruhezeiten und andere Tätigkeiten wie Bereitschaftsdienst usw., wenn sie nicht an einem ortsfesten Arbeitsplatz ausgeführt werden, z. B. im Betrieb oder Zweigbetrieb des Arbeitgebers.

Steuerfreie Arbeitgebererstattung

Fahrtkosten

Arbeitnehmer ohne erste Tätigkeitsstätte

Wechselt der (nicht betriebliche) Übernahme-/Übergabeort des Fahrzeugs oder der Einsatzort des Berufskraftfahrers ständig, z. B. bei einem Beton- und Kiesfahrer, der seinen Lkw an verschiedenen Baustellen übernimmt, und endet die „Fahrtätigkeit" an der Wohnung, so sind die Aufwendungen des Arbeitnehmers und die (steuerfreien) Erstattungsleistungen des Arbeitgebers nach den Regelungen für Fahrten im Rahmen einer ⇗ Einsatzwechseltätigkeit zu berücksichtigen.

Arbeitnehmer mit erster Tätigkeitsstätte

Bei einer Auswärtstätigkeit auf einem Fahrzeug sind die Aufwendungen des Arbeitnehmers für die Fahrten zwischen Wohnung und erster Tätig-

1 BFH, Urteil v. 18.6.2009, VI R 61/06, BStBl 2010 II S. 564.
2 BFH, Urteil v. 1.10.2020, VI R 36/18, BFH/NV 2021 S. 309.
3 § 9 Abs. 4 EStG.
4 BFH, Urteil v. 4.4.2019, VI R 27/17, BStBl 2019 II S. 536.
5 FG des Landes Sachsen-Anhalt, Urteil v. 26.2.2020, 1 K 629/19.
6 FG Nürnberg, Urteil v. 13.5.2016, 4 K 1536/15.
7 BFH, Urteil v. 2.9.2021, VI R 25/19, BFH/NV 2022 S. 18; FG Berlin-Brandenburg, Urteil v. 16.6.2022, 16 K 4259/17.
8 FG des Landes Sachsen-Anhalt, Urteil v. 26.2.2020, 1 K 629/19, anders für Lok- und Triebwagenführer bei arbeitsrechtlicher Festlegung des Bahnhofs als erste Tätigkeitsstätte.
9 Zu Flugzeugführern s. BFH, Urteil v. 26.2.2014, VI R 68/12, BFH/NV 2014 S. 1029 sowie BFH, Urteil v. 11.4.2019, VI R 40/16, BStBl 2019 II S. 546; zu Luftsicherheitskontrollkräften s. BFH, Urteil v. 11.4.2019, VI R 12/17, BStBl 2019 II S. 551.
10 BFH, Urteil v. 16.11.2005, VI R 12/04, BStBl 2006 II S. 267; BFH, Urteil v. 19.12.2005, VI R 30/05, BStBl 2006 II S. 378; BFH, Urteil v. 24.2.2011, VI R 66/10, BStBl 2012 II S. 27; BFH, Urteil v.12.7.2021, VI R 27/19, BStBl 2021 II S. 642.

keitsstätte nach den allgemeinen Regelungen der Entfernungspauschale zu behandeln. Erste Tätigkeitsstätte kann in diesen Fällen z. B. sein:

- ein betriebliches Fahrzeugdepot,
- der Standort des Busses oder Lastkraftwagens,
- ein Betriebsgebäude auf einem Bahnhofsgelände oder
- die Einsatzstelle, wenn der Einsatzort nicht ständig wechselt.

In diesen Fällen sind die vom Arbeitgeber ersetzten Kosten bzw. Zuschüsse für die Benutzung öffentlicher Verkehrsmittel lohnsteuerfrei.[1] Zulässig ist auch die Pauschalbesteuerung mit 25 %, um die Eintragung in die Lohnsteuerbescheinigung sowie die damit verbundene Anrechnung auf den Werbungskostenabzug zu vermeiden.

Für den Arbeitgeberersatz, wenn der Arbeitnehmer für diese Fahrten ein Kraftfahrzeug benutzt, bleibt es bei der bisherigen Lohnsteuerpflicht. Diese Arbeitgebererstattungen können mit 15 % pauschal versteuert werden.[2] In beiden Fällen mindert der vom Arbeitgeber geleistete Fahrtkostenersatz die abzugsfähigen Werbungskosten des Arbeitnehmers. Steuerfreie und pauschal besteuerte Fahrtkostenzuschüsse zu Fahrten zwischen Wohnung und erster Tätigkeitsstätte sind zu diesem Zweck vom Lohnbüro in den Nummern 17 und 18 der ↗ Lohnsteuerbescheinigung auszuweisen.

Fahrten zum Sammelpunkt

Arbeitnehmer, die keine erste Tätigkeitsstätte haben, aufgrund Anweisung des Arbeitgebers aber dauerhaft denselben Ort aufsuchen müssen, um von dort typischerweise die arbeitstägliche berufliche Tätigkeit aufzunehmen, dürfen für diese Fahrten nur die Entfernungspauschale ansetzen.[3] Diese Fahrten von zu Hause zum arbeitsrechtlich festgelegten Ort der täglichen Berufsaufnahme (= Sammelpunkt) werden aufgrund ihres vergleichbaren Typus lohnsteuerlich mit Fahrten zwischen Wohnung und erster Tätigkeitsstätte gleichgestellt. Beispiele für Arbeitnehmer mit Sammelpunkten sind Lkw-Fahrer[4], Vorarbeiter[5] und Bauarbeiter.

Arbeitgeberseitige Festlegung des dauerhaften Sammel- bzw. Treffpunkts

Entscheidend ist, dass aufgrund der arbeitsrechtlichen Direktiven der Arbeitnehmer dauerhaft zu diesem Ort kommen muss. Etwas anderes gilt, wenn sich der Arbeitnehmer aus freien Stücken dort einfindet, um von dort aus seinen Einsatzort zu erreichen, oder den Abstellplatz auf einem öffentlichen Parkplatz innerhalb derselben politischen Gemeinde selbst wählen kann.[6]

Die dauerhafte arbeitgeberseitige Festlegung desselben (Sammel- bzw. Treffpunkt-)Ortes kann sich auch aus der jeweiligen Eigenart der betrieblichen Tätigkeit ergeben, etwa wenn Kundendienstmitarbeiter arbeitstäglich zum Abholen ihres Werkstattwagens zunächst in die Firma fahren oder Fahrer im Zustelldienst am Morgen die auszuliefernden Waren im Paketdepot abholen müssen.

Was bedeutet „typischerweise arbeitstäglich"?

Die Frage, wie der Gesetzeswortlaut typischerweise arbeitstäglich auszulegen ist, wurde bislang unterschiedlich beantwortet, in dem man zum einen ein arbeitstägliches Aufsuchen des Sammelpunkts verlangte, andererseits aber auch ein fahrtägliches Aufsuchen bereits ausreichte, um den nachteiligen Ansatz der fiktiven Entfernungspauschale auszulösen. Die Finanzverwaltung vertritt die Auffassung, dass die Rechtsnorm nur anwendbar ist, wenn der Mitarbeiter an sämtlichen seiner Arbeitstage den vom Arbeitgeber bestimmten Ort aufsuchen soll (arbeitstägliches Aufsuchen). Sie wird darin durch 2 Finanzgerichtsurteile bestätigt.[7]

Hinweis

BFH: Nachteilige (fiktive) Entfernungspauschale bei „arbeitstäglichen Fahrten"

Der BFH macht die gesetzliche Fiktion der Entfernungspauschale davon abhängig, dass der Arbeitnehmer ohne erste Tätigkeitsstätte den arbeitgeberseitig bestimmten (Sammel-)Ort „typischerweise arbeitstäglich" aufsucht. Typischerweise meint dabei „in der Regel üblich", „im Normalfall". Nicht erforderlich ist, dass der Arbeitnehmer den vom Arbeitgeber bestimmten (Sammel-)Ort ausnahmslos aufsuchen muss.[8]

Ein typischerweise fahrtägliches Aufsuchen des vom Arbeitgeber bestimmten Treffpunkts reicht nicht aus. Die gesetzliche Wortwahl lässt zwar an einzelnen Arbeitstagen Ausnahmen zu, z. B. infolge des Besuchs einer Fortbildungsveranstaltung oder eines unvorhersehbaren Arbeitseinsatzes. Die gesetzlich fingierte Entfernungspauschale findet deshalb nur auf solche Sachverhalte Anwendung, in denen eintägige Arbeitseinsätze mit arbeitstäglicher Anfahrt des Arbeitnehmers zum Sammel-/Treffpunkt der Normalfall sind, z. B. insbesondere Bau- und Montagearbeiter mit eintägigen Baustelleneinsätzen.

Arbeitnehmer, die infolge ihres betrieblichen Aufgabenbereichs regelmäßig mehrtägige Auswärtstätigkeiten unternehmen, sind daher von der gesetzlichen Fiktion ausgeschlossen, z. B. Arbeitnehmer mit Einsätzen auf mehrtägigen Fernbaustellen, Lkw-Fahrer im Güterfernverkehr oder Flugpersonal mit Langstreckenflügen.[9] Bei Fahrtätigkeiten ohne (regelmäßige) tägliche Rückkehr berechnet sich der Werbungskostenabzug für die jeweiligen Fahrten zum Sammelort nach den lohnsteuerlichen Reisekosten.

Überholt ist damit die hiervon abweichende Auffassung der Finanzgerichte Sachsen[10] und Thüringen[11], die den Begriff „arbeitstägliche Fahrt" dahingehend auslegten, dass eine typischerweise arbeitstägliche Anfahrt zu einem Sammelpunkt auch dann vorliegt, wenn zwar die Anfahrt von der Firma nicht an jedem Arbeitstag stattfindet, jedoch immer dann, wenn der Mitarbeiter von zu Hause zum Betrieb fährt, um von dort beginnend seine Arbeit binnen eines Tages oder länger während auf einer Baustelle zu verrichten und diese Fahrten einen gewissen Umfang nicht überschreiten. Ein Fernfahrer, der lediglich 2 bis 3 Tage pro Woche seine Fahrtätigkeit am Firmensitz seines Arbeitgebers beginnt oder gar nur an einem Tag in der Woche zur betrieblichen Einrichtung seines Arbeitgebers fährt und die übrige Zeit mehrtägige Fahrten unternimmt, sucht nicht typischerweise arbeitstäglich den Firmensitz auf.[12]

Nachteilige Beschränkung für Sammel-/Treffpunktfahrten

Fährt der Arbeitnehmer aufgrund arbeitsrechtlicher Anweisung zur Aufnahme seiner beruflichen Tätigkeit dauerhaft typischerweise arbeitstäglich zum selben Ort, gilt für diese Sammel- bzw. Treffpunktfahrten die Regelung der Entfernungspauschale. In Betracht kommen Fahrten zum Betrieb bei Kraftfahrern, zum Busdepot oder Bahnhof bei im Fahrdienst beschäftigten Arbeitnehmern oder Fahrten zum Flughafen beim Flugbesatzungen sowie der (Fähr-)Hafen bzw. die Schiffsanlagestelle beim Schiffspersonal.

Beschränkung gilt nur für Fahrtkosten

Die gesetzliche Fiktion beschränkt sich auf die Fahrtkosten, für die der Ansatz der Reisekostensätze ausgeschlossen ist. Da eine erste Tätigkeitsstätte fingiert wird, stellt die Fahrt aber trotzdem eine berufliche Auswärtstätigkeit dar, d. h. es können je nach Abwesenheitsdauer ggf. Verpflegungspauschalen und Übernachtungskosten angesetzt werden. Für den Ansatz von Verpflegungspauschalen berechnet sich die berufliche Abwesenheitsdauer bereits ab dem Verlassen der Wohnung.

1 § 3 Nr. 15 EStG.
2 § 40 Abs. 2 Satz 2 EStG.
3 § 9 Abs. 1 Nr. 4a Satz 3 EStG.
4 FG Nürnberg, Urteil v. 13.5.2016, 4 K 1536/15; Niedersächsisches FG, Urteil v. 15.6.2017, 10 K 139/16, rkr.
5 FG Nürnberg, Urteil v. 8.7.2016, 4 K 1836/15.
6 FG Mecklenburg-Vorpommern, Urteil v. 1.9.2022, 2 K 104/19.
7 BMF, Schreiben v. 25.11.2020, IV C 5 – S 2353/19/10011 :006, BStBl 2020 I S. 1228, Rz. 38; FG Nürnberg, Urteil v. 13.5.2016, 4 K 1536/15; Niedersächsisches FG, Urteil v. 15.6.2017, 10 K 139/16.
8 BFH, Urteil v. 19.4.2021, VI R 6/19, BStBl 2021 II S. 727.
9 BFH, Urteil v. 11.4.2019, VI R 40/16, BStBl 2019 II S. 546; BFH, Urteil v.11.4.2019, VI R 12/17, BStBl 2019 II S. 551.
10 Sächsisches FG, Urteil v. 14.3.2017, 8 K 1870/16.
11 Thüringer FG, Urteil v. 5.12.2018, 1 K 594/16 und Thüringer FG, Urteil v. 28.2.2019, 1 K 498/17; entschieden durch BFH, Urteil v. 2.9.2021, VI R 14/19, BFH/NV 2022 S. 15, und BFH, Urteil v. 19.4.2021, VI R 6/19, BStBl 2021 II S. 727.
12 Ebenso Niedersächsisches FG, Urteil v. 15.6.2017, 10 K 139/16, rkr.; FG Nürnberg, Urteil v. 13.5.2016, 4 K 1536/15, rkr.

Beispiel

Entfernungspauschale für Fahrten zum Busdepot

Ein Linienbusfahrer eines städtischen Verkehrsbetriebs hat nach dem Einsatzplan sein Fahrzeug arbeitstäglich am Busdepot des Arbeitgebers zu übernehmen. Eine erste Tätigkeitsstätte ist arbeitsrechtlich nicht festgelegt.

Ergebnis: Das Busdepot stellt ohne arbeitsrechtliche Zuordnung keine erste Tätigkeitsstätte dar, da der Busfahrer die zeitlichen Grenzen für die alternativ geltende quantitative Zuordnungsregelung nicht erreicht. Da der Busfahrer das Busdepot ausschließlich zum Abholen des Fahrzeugs aufsucht, wird auch nach der zeitlichen Grenze dort keine erste Tätigkeitsstätte begründet. Auswirkungen ergeben sich für die täglichen Fahrten zum Busdepot, die als Fahrten zwischen Wohnung und arbeitsrechtlicher Abholstätte unter die Entfernungspauschale fallen. Die berufliche Abwesenheitszeit für die Gewährung der Verpflegungskosten rechnet bereits ab dem Verlassen der Wohnung und endet auch wieder dort. Dasselbe Ergebnis tritt ein, wenn für die Busübernahme eine Bushaltestelle festgelegt ist. Örtliche Haltestellen können keine erste Tätigkeitsstätte sein, gleichwohl sind die arbeitstäglichen Fahrten nach Maßgabe der Entfernungspauschale nur beschränkt abzugsfähig.

Weitere typische Sachverhalte sind arbeitstägliche Fahrten von Berufskraftfahrern zum Fahrzeugübernahmedepot, insbesondere bei Fahrern im gewerblichen Güterverkehr zum Lkw-Standort[1], für die ebenfalls nur die nachteilige Entfernungspauschale gilt. Die arbeitgeberseitige Festlegung der arbeitstäglichen Fahrten zum Sammelpunkt kann sich auch aus der jeweiligen Eigenart der betrieblichen Tätigkeit ergeben, etwa wenn Fahrer im Zustelldienst jeden Morgen zunächst ihre auszuliefernden Waren im Paketdepot abholen müssen.

Beispiel

Entfernungspauschale für Paketzusteller

Ein Arbeitnehmer ist bei einem Paketzustelldienst als Auslieferungsfahrer beschäftigt. Hierzu fährt er morgens mit seinem eigenen Pkw in den Betrieb des Arbeitgebers, belädt den Zustellkombi, mit dem er seine Auslieferungsfahrten unternimmt und sucht die zu beliefernden Kunden auf. Der Arbeitgeber hat den Betrieb nicht als erste Tätigkeitsstätte festgelegt.

Ergebnis: Obwohl der Arbeitnehmer arbeitstäglich in den Betrieb des Arbeitgebers kommt und das Fahrzeug belädt, hat er dort keine erste Tätigkeitsstätte, denn allein die Übernahme des Zustellfahrzeugs und auch dessen Beladen reichen nicht aus, um das quantitative Kriterium „arbeitstäglich" zu erfüllen. Dennoch kann er für die Fahrten von seiner Wohnung zum Betrieb des Arbeitgebers lediglich 0,30 EUR bzw. 0,38 EUR ab dem 21. Entfernungskilometer[2] pro Entfernungskilometer als Werbungskosten für den jeweiligen Arbeitstag ansetzen, denn bei dem Betrieb des Arbeitgebers handelt es sich um einen Sammelpunkt.

Darf der Paketzusteller sein Zustellfahrzeug mit nach Hause nehmen, ist ein geldwerter Vorteil für die Fahrten zwischen Wohnung und Firma nach den Regeln für einen ⇗ Dienstwagen zu besteuern.

Fährt ein Berufskraftfahrer nicht täglich zum Betriebshof, weil er mehrtägige Fahrten im Fernverkehr fährt, gilt die nachteilige Auslegung der Entfernungspauschale nicht, weil er den Betriebshof nicht typischerweise arbeitstäglich aufsucht. Ein Fernfahrer, der z. B. lediglich 2 bis 3 Tage pro Woche seine Fahrtätigkeit am Firmensitz seines Arbeitgebers beginnt und die übrige Zeit mehrtägige Fahrten unternimmt, sucht nicht typischerweise arbeitstäglich den Firmensitz auf. Ein regelmäßiges Aufsuchen einer betrieblichen Einrichtung des Arbeitgebers an nur wenigen Tagen in der Woche erfüllt gerade nicht die Voraussetzungen eines arbeitstäglichen Sammelpunkts.[3]

1 FG Nürnberg, Urteil v. 13.5.2016, 4 K 1536/15.
2 § 9 Abs. 1 Nr. 4 EStG.
3 BFH, Urteil v. 19.4.2021, VI R 6/19, BStBl 2021 II S. 727; Niedersächsisches FG, Urteil v. 15.6.2017, 10 K 139/16, rkr.

Entfernungspauschale für Flugpersonal mit Heimatflughafen als Sammelpunkt

Bei Piloten und Flugbegleitern stellt der jeweilige Flughafen nur dann einen Sammelpunkt dar, wenn eine arbeitstägliche Rückkehr dorthin erfolgt. Hat der Arbeitnehmer auch mehrtägige Flüge mit Übernachtung, wird der Heimatflughafen nicht arbeitstäglich aufgesucht und ist kein Sammelpunkt. Die Fahrten zwischen Wohnung und Heimatflughafen fallen bei diesem Flugpersonal unter die Reisekostenbestimmungen, sofern nicht durch arbeitsrechtliche Zuordnung der Heimatflughafen („Homebase") als erste Tätigkeitsstätte festgelegt worden ist.[4]

Verpflegungspauschalen

Für jeden Kalendertag, an dem eine Fahrtätigkeit ausgeübt wird, werden für Verpflegungskosten die steuerfreien Pauschalen anerkannt.

Abwesenheitsdauer	Pauschbetrag je Kalendertag[5]
bis 8 Stunden	0 EUR
mehr als 8 Stunden	14 EUR
An- und Abreisetag bei Übernachtung	14 EUR
mindestens 24 Stunden	28 EUR

Dabei kommt es allein auf die Dauer der Abwesenheit von der Wohnung (ggf. der ersten Tätigkeitsstätte) am jeweiligen Kalendertag an. Mehrere Abwesenheitszeiten sind zusammenzurechnen.

Keine 3-Monatsfrist bei Verpflegungspauschalen

Nach der BFH-Rechtsprechung ist die 3-Monatsfrist bei Fahrtätigkeiten nicht anzuwenden.[6] Der BFH knüpft den auf 3 Monate begrenzten Ansatz von Verpflegungskosten an das Vorliegen einer ortsfesten betrieblichen Einrichtung. Fahrtätigkeiten nehmen aus diesem Grund eine Sonderstellung ein. Hier kann sich der Arbeitnehmer auch nicht nach einer Übergangszeit auf die auswärtige Verpflegungssituation einstellen.

Wichtig

3-Monatsfrist bei Lkw-Fahrern ohne praktische Bedeutung

Die eigentliche Auswirkung der Nichtanwendung der 3-Monatsfrist bezieht sich auf Fahrtätigkeiten, die auf einem Schiff ausgeübt werden. Nutznießer ist der Personenkreis der Seeleute und der sonstigen Schiffbesatzungsmitglieder.

Der zeitlich unbeschränkte Ansatz der Verpflegungskosten bei auf anderen Fahrzeugen als auf Schiffen eingesetzten Arbeitnehmern hat keine praktische Bedeutung. So gut wie ausgeschlossen sind beispielsweise Lkw-Fahrten über einen Zeitraum von mehr als 3 Monaten, ohne dass zwischenzeitlich der Fahrzeugstandort des Arbeitgebers aufgesucht wird.

Wenn der Arbeitnehmer während seiner beruflichen Auswärtstätigkeit durch den Arbeitgeber verpflegt wird, werden die Verpflegungspauschalen gekürzt. Diese sind auch dann zu kürzen, wenn der Arbeitnehmer auf eine ihm zur Verfügung gestellte Mahlzeit verzichtet, also aus welchen Gründen auch immer nicht einnimmt.[7] Die Kürzung der Verpflegungspauschalen für arbeitgeberseitig gewährte Mahlzeiten gilt auch bei Fahrtätigkeiten von Arbeitnehmern, die über keine erste Tätigkeitsstätte verfügen. Der BFH hat die Kürzungsregelung für die Bordverpflegung beim Schiffspersonal bestätigt.[8]

Übernachtungskosten

Der Arbeitgeber kann die bei mehrtägigen Fahrten mit dem Fahrzeug entstehenden Übernachtungskosten entweder mit Pauschbeträgen oder in nachgewiesener Höhe steuerfrei ersetzen. Für eine Übernach-

4 BFH, Urteil v. 11.4.2019, VI R 40/16, BStBl 2019 II S. 546; BFH, Urteil v. 10.4.2019, VI R 17/17, BFH/NV 2019 S. 914.
5 Das Gesetzgebungsverfahren, das eine Änderung der Werte vorsieht, ist noch nicht abgeschlossen. Ggf. wird eine Änderung im Laufe des Jahres 2024 folgen.
6 BFH, Urteil v. 24.2.2011, VI R 66/10, BStBl 2012 I S. 27.
7 BFH, Urteil v. 7.7.2020, VI R 16/18, BStBl 2020 II S. 783; BFH, Urteil v. 12.7.2021, VI R 27/19, BStBl 2021 II S. 642.
8 BFH, Urteil v. 12.7.2021, VI R 27/19, BStBl 2021 II S. 642.

tung gilt ein Pauschbetrag von 20 EUR je Übernachtung im Inland, für eine Übernachtung im Ausland das jeweils maßgebende Auslandsübernachtungsgeld.

Wechsel zwischen Pauschbeträgen und tatsächlichen Kosten

Im Übrigen ist es auch zulässig, die bei mehrtägigen Fahrten entstehenden Übernachtungskosten teils mit Pauschbeträgen und teils mit den nachgewiesenen höheren Übernachtungskosten steuerfrei zu ersetzen.

Werbungskostenabzug nur in tatsächlicher Höhe

Die Pauschbeträge können für den Werbungskostenabzug nicht angesetzt werden; Übernachtungskosten sind nur in nachgewiesener tatsächlicher Höhe abziehbar.

Pauschbetrag für Übernachtungen im Kfz

Die Übernachtungspauschbeträge gelten nicht, wenn eine Übernachtung im Fahrzeug (Schlafkoje usw.) stattfindet.[1, 2] Stattdessen kann der Arbeitnehmer die anfallenden Kosten, etwa die Gebühren für die Benutzung von Dusch- und Sanitäreinrichtungen auf Rastplätzen, als Reisenebenkosten in Anspruch nehmen. Voraussetzung ist, dass der Berufskraftfahrer Belege als Nachweis für einen repräsentativen 3-Monatszeitraum führen kann.[3]

Übernachtungspauschale für Berufskraftfahrer

Seit 2020 gibt es als Alternative für den Nachweis der bei einer Übernachtung im Kraftfahrzeug des Arbeitgebers entstehenden Mehraufwendungen eine „Übernachtungspauschale". Diese beträgt 8 EUR. Der Arbeitnehmer erhält für die notwendigen Mehraufwendungen, die bei einer Fahrzeugübernachtung während einer beruflichen Fahrtätigkeit anfallen, pro Kalendertag einen Pauschbetrag von 8 EUR. Die Pauschale ist an die Verpflegungspauschalen für mehrtägige Auswärtstätigkeiten geknüpft. Sie wird nur für solche Kalendertage gewährt, an denen der Arbeitnehmer Anspruch auf die Verpflegungspauschbeträge für

- An- und Abreisetage von 14 EUR bzw.
- sog. Zwischentage von 28 EUR hat.

Der Pauschbetrag gilt für Übernachtungen im arbeitgebereigenen Kraftfahrzeug bei In- und Auslandsreisen in gleicher Weise.

Hauptnutznießer der Pauschale sind Berufskraftfahrer. Sie erspart dem Arbeitnehmer den „lästigen" Nachweis der Gebühren für die Benutzung von sanitären Einrichtungen (Toiletten sowie Dusch- oder Waschgelegenheiten) auf Raststätten und Autohöfen, der Park- und Abstellgebühren auf diesen Anlagen sowie der Reinigungskosten für die Schlafkabine.

Der Pauschbetrag für Übernachtungen in betrieblichen Fahrzeugen gilt sowohl für den steuerfreien Arbeitgeberersatz als auch für den Abzug als Werbungskosten, wenn keine steuerfreie Erstattung seitens der Firma erfolgt.

Hinweis

Anhebung der Übernachtungspauschale für Berufskraftfahrer geplant

Das Wachstumschancengesetz sah zum 1.1.2024 eine Erhöhung der Übernachtungspauschale für Berufskraftfahrer auf 9 EUR vor. Da das Gesetzgebungsverfahren noch nicht abgeschlossen ist, kann es im Laufe des Jahres 2024 zu einer Änderung kommen. Bis zur Verabschiedung eines Gesetzes gilt die Übernachtungspauschale i. H. v. 8 EUR.

Wichtig

Wahl zwischen Kostennachweis und Übernachtungspauschale

Der Nachweis höherer tatsächlicher Kosten für Übernachtungen im Fahrzeug auf Park- und Rastanlagen bleibt möglich. Der Arbeitgeber hat ein Wahlrecht. Entscheidet er sich für die Übernachtungspauschale, ist er daran das gesamte Kalenderjahr gebunden. Er muss sich einheitlich für sämtliche Reisetage eines Kalenderjahres für die Pauschale oder den Einzelnachweis festlegen. Dasselbe gilt für den Arbeitnehmer beim Werbungskostenabzug in seiner Steuererklärung, falls der Arbeitgeber hierfür keine steuerfreien Reisekosten gewährt.

Begünstigte Fahrzeuge

Übernachtungen auf Schiffen oder Schienenfahrzeugen sind von der Übernachtungspauschale ausgeschlossen, da es sich nicht um Kraftfahrzeuge handelt. Als Kraftfahrzeuge gelten Landfahrzeuge, die durch Maschinenkraft bewegt werden, ohne an Bahngleise gebunden zu sein.[4]

Sozialversicherung

Versicherungsrechtliche Beurteilung

Berufskraftfahrer, die eine Fahrtätigkeit im Rahmen eines abhängigen Beschäftigungsverhältnisses ausüben, sind als Arbeitnehmer versicherungspflichtig in der Kranken-, Pflege-, Renten- und Arbeitslosenversicherung.[5] Davon abweichend ist der Berufskraftfahrer in seiner Beschäftigung krankenversicherungsfrei, wenn sein regelmäßiges Jahresarbeitsentgelt die ↗ Jahresarbeitsentgeltgrenze überschreitet.[6]

Sofern die Fahrtätigkeit nicht im Rahmen einer abhängigen Beschäftigung, sondern als freiberufliche, selbstständige Tätigkeit ausgeübt wird, besteht keine Sozialversicherungspflicht. Allerdings ist insbesondere bei Fahrtätigkeiten zu prüfen, ob ggf. ↗ Scheinselbstständigkeit und damit doch eine Arbeitnehmerbeschäftigung vorliegt.

Beitragsrechtliche Beurteilung

Das im Rahmen der sozialversicherungspflichtigen Beschäftigung aus der Fahrtätigkeit erzielte Arbeitsentgelt ist beitragspflichtig.[7]

Die im Rahmen der Fahrtätigkeit vom Arbeitgeber gezahlten Reisekostenvergütungen und Reisekostenentschädigungen sind insoweit nicht dem beitragspflichtigen Arbeitsentgelt in der Sozialversicherung zuzurechnen, als sie lohnsteuerfrei sind.[8] Dabei spielt es keine Rolle, in welcher Form die Reisekostenvergütungen gewährt werden. Zu Reisekosten in diesem Sinne gehören nicht nur die Fahrtkosten, die durch öffentliche Verkehrsmittel oder die Benutzung eines privaten Pkw entstanden sind, sondern auch Verpflegungsmehraufwendungen (Tagegelder) sowie entstandene Übernachtungskosten (Hotelrechnung) und Nebenkosten (z. B. Parkgebühren, Telefonkosten für dienstlich veranlasste Telefonate).

Der steuerfreie Pauschbetrag für Übernachtungen im Kfz in Höhe von 8 EUR/Tag, ist nicht dem beitragspflichtigen Arbeitsentgelt in der Sozialversicherung zuzurechnen.[9] Beiträge fallen daraus nicht an.

Fahrten Wohnung – erste Tätigkeitsstätte

Aufwendungen des Arbeitnehmers für die Fahrten von der Wohnung zur Arbeit gehören zu den abzugsfähigen Werbungskosten, die in Höhe der Entfernungspauschale angesetzt werden können. Unter den Anwendungsbereich der Entfernungspauschale fallen die Fahrten zwischen Wohnung und erster Tätigkeitsstätte. Für den Ansatz der Entfernungspauschale ist es nicht entscheidend, mit welchem Transportmittel der Weg zwischen Wohnung und erster Tätigkeitsstätte zurückgelegt wird. Liegen die tatsächlichen Aufwendungen für die Benutzung öffentlicher Verkehrsmittel über der Entfernungspauschale, kann auch der übersteigende Betrag angesetzt werden. Arbeitgeberleistungen (Zuschüsse und Sachbezüge) zu Jobtickets im Linienverkehr und zu Beförderungsleistungen im öffentlichen Nahverkehr sind lohnsteuerfrei. Für die übrigen Verkehrsmittel besteht Steuerpflicht.

1 BFH, Urteil v. 28.3.2012, VI R 48/11, BStBl 2012 II S. 926.
2 R 9.7 Abs. 3 Satz 6 LStR.
3 BMF, Schreiben v. 4.12.2012, IV C 5 – S 2353/12/10009, BStBl 2012 I S. 1249.
4 § 1 Abs. 2 Straßenverkehrsgesetz.
5 § 5 Abs. 1 Nr. 1 SGB V, § 20 Abs. 1 Satz 1 Nr. 1 SGB XI, § 1 Satz 1 Nr. 1 SGB VI, § 25 Abs. 1 Satz 1 SGB III.
6 § 6 Abs. 1 Nr. 1 SGB V.
7 § 14 Abs. 1 Satz 1 SGB V.
8 § 1 Abs. 1 Satz 1 Nr. 1 SvEV.
9 § 9 Abs. 1 Satz 3 Nr. 5b EStG.

Gesetze, Vorschriften und Rechtsprechung

Lohnsteuer: Rechtsgrundlage für die Entfernungspauschale ist § 9 Abs. 1 Satz 3 Nr. 4 und Abs. 2 EStG. Verwaltungsanweisungen hierzu enthalten R 9.10 LStR und H 9.10 LStH. Allgemeine Grundsätze regelt das BMF-Schreiben v. 18.11.2021, IV C 5 – S 2351/20/10001 :002, BStBl 2021 I S. 2315. Die Steuerfreiheit für Arbeitgeberzuschüsse und geldwerte Vorteile bei Fahrten zwischen Wohnung und erster Tätigkeitsstätte mit öffentlichen Verkehrsmitteln ergibt sich aus § 3 Nr. 15 EStG sowie dem ergänzenden BMF-Schreiben v. 15.8.2019, IV C 5 – S 2342/19/10007 :001, BStBl 2019 S. 875.

Sozialversicherung: Die Zurechnung des vom Arbeitgeber im Rahmen des Arbeitsverhältnisses geleisteten Fahrtkostenersatzes zum beitragspflichtigen Arbeitsentgelt in der Sozialversicherung ergibt sich aus § 14 Abs. 1 Satz 1 SGB IV. Die Ausnahmeregelung für pauschal versteuerten Fahrtkostenersatz ist in § 1 Abs. 1 Satz 1 Nr. 3 i. V. m. Satz 2 SvEV geregelt.

Entgelt	LSt	SV
Zuschuss für Fahrten Whg. – erste Tätigkeitsstätte mit öffentlichen Verkehrsmitteln	frei	frei
Zuschuss für Fahrten Whg. – erste Tätigkeitsstätte mit öffentlichen Verkehrsmitteln, ohne Anrechnung auf die Entfernungspauschale bei Pauschalierung mit 25 %	pauschal	frei
Zuschuss zu anderen Verkehrsmitteln oder Dienstwagen bei Pauschalierung mit 15 %	pauschal	frei

Lohnsteuer

Verkehrsmittelunabhängige Entfernungspauschale

Aufwendungen des Arbeitnehmers für Fahrten zwischen Wohnung und erster Tätigkeitsstätte gehören zu den abzugsfähigen ⇗ Werbungskosten. Steuerlich werden diese Aufwendungen im Rahmen einer verkehrsmittelunabhängigen Entfernungspauschale i. H. v. 0,30 EUR pro Entfernungskilometer bzw. ab dem 21. Entfernungskilometer mit 0,38 EUR pro Entfernungskilometer berücksichtigt.

Die Entfernungspauschale berechnet sich nach der Wegstrecke, die für die Fahrten zwischen Wohnung und erster Tätigkeitsstätte maßgebend ist. Immer dann, wenn die tatsächliche Arbeitsstätte zugleich auch erste Tätigkeitsstätte ist, kann der Arbeitnehmer keine Reisekosten erhalten. Die Wege zwischen Wohnung und erster Tätigkeitsstätte unterliegen in diesem Fall der begrenzten Abzugsfähigkeit der Entfernungspauschale.

Die Entfernungspauschale ist grundsätzlich unabhängig vom Verkehrsmittel zu gewähren. Ebenso wenig kommt es auf die Höhe der tatsächlichen Aufwendungen an. Sie gilt also auch dann, wenn der Arbeitnehmer

- solche Fahrten kostenfrei mit Verkehrsmitteln des Arbeitgebers durchführen könnte, aber seinen eigenen Pkw nutzt;
- für diese Fahrten einen ⇗ Dienstwagen seines Arbeitgebers nutzt und er hierfür einen geldwerten Vorteil versteuert;
- nicht sein eigenes Fahrzeug, sondern z. B. das eines Familienmitglieds nutzt;
- die Strecke als Mitfahrer einer Fahrgemeinschaft zurücklegt, das gilt auch für die Fahrgemeinschaft von Ehe-/Lebenspartnern.

Eine Ausnahme gilt für Flugstrecken. Maßgebend sind hier nur die tatsächlich angefallenen Flugkosten.[1]

1 § 9 Abs. 1 Nr. 4 Satz 3 EStG.

Keine Entfernungspauschale bei steuerfreier Sammelbeförderung

Nutzt der Arbeitnehmer für die Strecke zwischen Wohnung und erster Tätigkeitsstätte eine steuerfreie ⇗ Sammelbeförderung durch den Arbeitgeber[2], kann für diese Fahrten keine Entfernungspauschale angesetzt werden. Eine Ausnahme gilt, wenn der Arbeitnehmer einen Zuschuss für die Beförderung leistet; dieser kann als Werbungskosten angesetzt werden.

Berechnung der Entfernungspauschale

Kürzeste Straßenverbindung maßgebend

Die verkehrsmittelunabhängige Entfernungspauschale beträgt 0,30 EUR für jeden Entfernungskilometer der Wegstrecke zwischen Wohnung und erster Tätigkeitsstätte bzw. ab dem 21. Entfernungskilometer 0,38 EUR.[3] Sie ist durch die folgende Berechnungsformel festgelegt, nach der die abzugsfähige Entfernungspauschale zu ermitteln ist:

	Zahl der Arbeitstage × 0,30 EUR × km (bis zum 20. Entfernungskilometer)
+	Zahl der Arbeitstage × 0,38 EUR × km (ab dem 21. Entfernungskilometer)
=	Entfernungspauschale (grundsätzlich max. 4.500 EUR pro Jahr)

Für die Berechnung der Entfernungspauschale ist auf die kürzeste Straßenverbindung abzustellen. Anzusetzen sind nur volle Kilometer der Entfernung zwischen Wohnung und erster Tätigkeitsstätte. Ein angefangener Kilometer bleibt unberücksichtigt. Die Entfernungsbestimmung richtet sich immer nach der kürzesten Straßenverbindung, die von einem Kfz mit einer Höchstgeschwindigkeit von mehr als 60 km/h benutzt werden darf[4]; sie ist unabhängig vom tatsächlich benutzten Verkehrsmittel. Entsprechend den vorstehenden Ausführungen dürfen dabei Teilstrecken mit steuerfreier Sammelbeförderung nicht in die Entfernungsermittlung einbezogen werden.[5] Für die Entfernungspauschale ist die kürzeste Straßenverbindung auch dann maßgeblich, wenn diese mautpflichtig ist oder mit dem tatsächlich verwendeten Verkehrsmittel aufgrund dessen Geschwindigkeitsbegrenzung verkehrsrechtlich nicht benutzt werden darf.[6] Die kürzeste Straßenverbindung ist für alle Fahrzeuge einheitlich zu bestimmen, unabhängig vom gewählten Verkehrsmittel des Arbeitnehmers.

Beispiel

Kürzeste Straßenverbindung bei öffentlichen Verkehrsmitteln

Ein Arbeitnehmer fährt mit der U-Bahn zu seiner ersten Tätigkeitsstätte. Die Kosten für die Monatstickets belaufen sich auf 840 EUR im Jahr. Einschließlich der Fußwege und der U-Bahnfahrt beträgt die zurückgelegte Entfernung 30 Kilometer. Die kürzeste Straßenverbindung beträgt 20 Kilometer.

Ergebnis: Für die Ermittlung der Entfernungspauschale ist eine Entfernung von 20 Kilometern anzusetzen. Bei 220 Arbeitstagen berechnet sich die abzugsfähige Entfernungspauschale mit 1.320 EUR (220 Tage × 0,30 EUR × 20 km). Anzusetzen ist die Entfernungspauschale, da sie höher ist als die tatsächlichen Kosten für die Fahrscheine.

Familienheimfahrten bei doppelter Haushaltsführung

Die Entfernungspauschale gilt ebenfalls für die wöchentlichen Familienheimfahrten im Rahmen einer ⇗ doppelten Haushaltsführung, die der Arbeitnehmer als Werbungskosten geltend machen kann.[7] Allerdings darf der Arbeitnehmer 0,30 EUR pro Entfernungskilometer bzw. 0,38 EUR ab dem 21. Entfernungskilometer für die Entfernung zwischen dem Ort des eigenen Hausstands und dem auswärtigen Beschäftigungsort ansetzen.

2 § 3 Nr. 32 EStG.
3 § 9 Abs. 1 Nr. 4 EStG.
4 BFH, Urteil v. 24.9.2013, VI R 20/13, BStBl 2014 II S. 259.
5 BMF, Schreiben v. 18.11.2021, IV C 5 – S 2351/20/10001 :002, BStBl 2021 I S. 2315, Tz. 1.4.
6 BFH, Urteil v. 24.9.2013, VI R 20/13, BStBl 2014 II S. 259.
7 § 9 Abs. 1 Nr. 5 EStG.

Verkehrsgünstigere Strecke bei Zeitersparnis

Bei Benutzung eines Kraftfahrzeugs kann eine andere als die kürzeste Straßenverbindung zugrunde gelegt werden, wenn diese offensichtlich verkehrsgünstiger ist und vom Arbeitnehmer regelmäßig für die Wege zwischen Wohnung und erster Tätigkeitsstätte benutzt wird.[1] Dies gilt auch, wenn der Arbeitnehmer ein öffentliches Verkehrsmittel benutzt, dessen Linienführung über die verkehrsgünstigere Straßenverbindung geführt wird.

Eine von der kürzesten Straßenverbindung abweichende (längere) Strecke ist verkehrsgünstiger, wenn der Arbeitnehmer seine erste Tätigkeitsstätte – trotz gelegentlicher Verkehrsstörungen – i. d. R. schneller und pünktlicher erreicht. Für die Prüfung, ob eine weitere Strecke offensichtlich verkehrsgünstiger ist, darf ausschließlich die vom Arbeitnehmer regelmäßig benutzte Streckenführung mit der kürzesten Straßenverbindung verglichen werden.[2] Unerheblich ist, ob die vom Arbeitnehmer gewählte Strecke verkehrsgünstiger ist als jede andere Verbindung. Das Gesetz verlangt für den Werbungskostenabzug nicht, dass es sich hierbei um die verkehrsgünstigste Strecke überhaupt handelt.

Beispiel

Höhere Entfernungspauschale bei Nutzung eines verkehrsgünstigen Umwegs

Arbeitnehmer A fährt im Jahr an 220 Arbeitstagen mit seinem Pkw in den Betrieb. Die kürzeste Straßenverbindung beträgt 45 km. Dasselbe gilt für die Arbeitnehmer B und C. Arbeitnehmer B benutzt für seine Fahrten zwischen Wohnung und erster Tätigkeitsstätte das eigene Motorrad und wählt die unstreitig verkehrsgünstigere Straßenverbindung, die 50 km beträgt.

Arbeitnehmer C fährt dagegen ausschließlich mit öffentlichen Verkehrsmitteln. Durch die Benutzung der Bahn erhöht sich die arbeitstägliche Wegstrecke um 10 km auf 55 km (monatlicher Ticketpreis 200 EUR).

Ergebnis: Für die Berechnung der Entfernungspauschale ist – unabhängig von dem benutzten Verkehrsmittel – grundsätzlich auf die kürzeste Straßenverbindung zwischen Wohnung und erster Tätigkeitsstätte abzustellen. Die Arbeitnehmer A und C erhalten deshalb im Kalenderjahr den Werbungskostenabzug in gleicher Höhe.

Entfernungspauschale Arbeitnehmer A und C

220 Tage × [20 km × 0,30 EUR + 25 km × 0,38 EUR] = 3.410 EUR

Entfernungspauschale Arbeitnehmer B

Arbeitnehmer B kann die Umwegstrecke für den Werbungskostenabzug ansetzen, weil sie verkehrsgünstiger ist.

220 Tage × [20 km × 0,30 EUR + 30 × 0,38 EUR] = 3.828 EUR

Die Entfernungspauschale bewirkt, dass grundsätzlich alle Arbeitnehmer – unabhängig davon, wie sie ihren Weg zur Arbeit zurücklegen – bei gleicher Entfernung denselben Werbungskostenabzug erhalten. Der Fahrpreis für öffentliche Verkehrsmittel ist in diesem Fall ohne Bedeutung, da er niedriger ist als die Entfernungspauschale.

Wichtig

Keine absolute Fahrzeitverkürzung erforderlich

Konkrete zeitliche Vorgaben, die erfüllt sein müssen, um eine Straßenverbindung als „offensichtlich verkehrsgünstiger" als die kürzeste Fahrtroute anzusehen, ergeben sich weder aus dem Gesetz noch aus der bisherigen höchstrichterlichen Rechtsprechung. Zwar ist die zu erwartende Zeitersparnis ein gewichtiges Indiz dafür, dass die längere Umwegstrecke „offensichtlich verkehrsgünstiger" und damit für die Entfernungspauschale maßgebend ist. Eine Straßenverbindung kann ungeachtet einer Zeitersparnis aber auch dann „offensichtlich verkehrsgünstiger" sein als die kürzeste Verbindung, wenn sich dies aus anderen Umständen, wie der Streckenführung (Verkehrsaufkommen, Landstraße, Autobahn u. a.), ergibt.[3]

Werbungskostenabzug nur für eine Fahrt täglich

Die Entfernungspauschale darf für jeden Arbeitstag, an dem der Arbeitnehmer die erste Tätigkeitsstätte aufsucht, nur einmal angesetzt werden. Ein weiterer Kostenabzug für zusätzliche Fahrten ist ausdrücklich ausgeschlossen. Dies gilt auch an Arbeitstagen, an denen der Arbeitnehmer mehr als eine Fahrt zwischen Wohnung und erster Tätigkeitsstätte zurücklegt, z. B. wegen einer längeren Arbeitszeitunterbrechung oder eines zusätzlichen Arbeitseinsatzes außerhalb der regelmäßigen Arbeitszeit.

Nachteile für Arbeitnehmer mit Bereitschaftsdienst

Nachteilig kann sich dies für Arbeitnehmer mit Bereitschaftsdienst auswirken. Die Abgeltungswirkung der Entfernungspauschale gilt auch, wenn der Arbeitnehmer wegen atypischer Arbeitszeiten täglich 2 Fahrten zwischen Wohnung und erster Tätigkeitsstätte durchführt. Auch hier kann die Entfernungspauschale arbeitstäglich nur einmal angesetzt werden.[4]

Hinweis

Entfernungspauschale bei „Einfachfahrten"

Die Abgeltungswirkung der Entfernungspauschale umfasst arbeitstäglich 2 Wege zwischen Wohnung und erster Tätigkeitsstätte, einen Hin- und einen Rückweg. Legt der Arbeitnehmer an einem Arbeitstag nur einen der beiden Wege zurück, ist für diesen Arbeitstag nur die Hälfte der Entfernungspauschale anzusetzen. Typischer Fall ist, dass sich an die Hinfahrt zum Arbeitgeber eine mehrtägige Dienstreise anschließt, sodass die Rückfahrt nach Hause erst an einem späteren Tag erfolgt.[5, 6]

Entfernungspauschale auch bei öffentlichen Verkehrsmitteln

Die Höhe der tatsächlichen Aufwendungen ist für den Ansatz der Pauschale und damit für die Höhe des Werbungskostenabzugs unbeachtlich.[7] Sie gilt unabhängig davon, ob der Weg zwischen Wohnung und erster Tätigkeitsstätte

- mit einem Kraftfahrzeug
- mit einem öffentlichen Verkehrsmittel
- mit einem Fahrrad oder
- zu Fuß zurückgelegt wird.

Die gesetzliche Pauschale von 0,30 EUR bzw. 0,38 EUR ab dem 21. Entfernungskilometer gilt deshalb auch für Benutzer des öffentlichen Personennahverkehrs.[8]

Ein weitergehender Kostenabzug in Höhe der nachgewiesenen tatsächlichen Aufwendungen für die Fahrausweise ist möglich, wenn diese über dem Betrag liegen, der nach den Regeln der Entfernungspauschale als Werbungskosten abzugsfähig ist. Der Werbungskostenabzug höherer tatsächlicher Kosten für öffentliche Verkehrsmittel wird durch den Gesetzgeber ausdrücklich zugelassen.[9]

Abzug der tatsächlichen Aufwendungen

Unabhängig von der Entfernungspauschale kann der Arbeitnehmer in bestimmten Fällen die tatsächlich entstandenen Aufwendungen für die Fahrten zwischen Wohnung und erster Tätigkeitsstätte abziehen.[10] Folgende 4 Fallgruppen sind zu unterscheiden, auf die sich der Ansatz der tatsächlichen Aufwendungen anstelle der Entfernungspauschale für die Wege zwischen Wohnung und erster Tätigkeitsstätte beschränkt:

1 § 9 Abs. 2 Satz 4 EStG.
2 BFH, Urteil v. 16.11.2011, VI R 46/10, BStBl 2012 II S. 470.
3 BFH, Urteil v. 16.11.2011, VI R 19/11, BStBl 2012 II S. 520.
4 BVerfG, Urteil v. 26.10.2005, 2 BvR 2085/03.
5 BMF, Schreiben v. 18.11.2021, IV C 5 – S 2351/20/10001 :002, BStBl 2021 I S. 2315, Rz. 15.
6 H 9.10 LStH, „Fahrtkosten bei einfacher Fahrt"; bestätigt durch BFH, Urteil v. 12.2.2020, VI R 42/17, BStBl 2020 II S. 473.
7 BFH, Urteil v. 15.11.2016, VI R 48/15, BFH/NV 2017 S. 284.
8 BFH, Urteil v. 11.2.2021, VI R 50/18, BStBl 2021 II S. 440.
9 § 9 Abs. 2 Satz 2 EStG.
10 § 9 Abs. 2 EStG.

- Öffentliche Verkehrsmittel

  Aufwendungen für die Benutzung öffentlicher Verkehrsmittel sind aufgrund ausdrücklicher gesetzlicher Regelung in tatsächlicher Höhe als Werbungskosten abzugsfähig, soweit sie den als Entfernungspauschale abziehbaren Betrag übersteigen. Der Abzug der tatsächlichen Kosten anstelle der ungünstigeren Entfernungspauschale stellt keine verfassungswidrige Privilegierung öffentlicher Verkehrsmittel dar.[1]

- Flugstrecken

  Vom Ansatz der Entfernungspauschale ausgenommen sind ausdrücklich Flugstrecken. Insoweit berechnen sich die abzugsfähigen Werbungskosten in Höhe der durch das Ticket nachgewiesenen Flugkosten.

- Steuerfreie Sammelbeförderung

  Die Entfernungspauschale gilt nicht für Strecken mit steuerfreier Sammelbeförderung.[2] Entgeltzahlungen des Arbeitnehmers bei steuerfreier Sammelbeförderung sind als Werbungskosten abzugsfähig.

- Arbeitnehmer mit einer Behinderung

  Sie dürfen unter bestimmten Voraussetzungen für die Wege zwischen Wohnung und erster Tätigkeitsstätte anstelle der Entfernungspauschale die tatsächlichen Aufwendungen als Werbungskosten abziehen.

Taxi ist grundsätzlich kein öffentliches Verkehrsmittel

Nicht zu den öffentlichen Verkehrsmitteln zählen normale, im Gelegenheitsverkehr eingesetzte Taxis. Aufwendungen für Fahrten zwischen Wohnung und erster Tätigkeitsstätte mit einem Taxi können deshalb nur nach Maßgabe der Entfernungspauschale als Werbungskosten berücksichtigt werden. Übernimmt der Arbeitgeber die Taxikosten für diese Fahrten liegt steuerpflichtiger Arbeitslohn vor, für den der Arbeitgeber bis zur Höhe der Entfernungspauschale die Lohnsteuer mit 15 % pauschal übernehmen kann. Der übersteigende Betrag unterliegt dem individuellen Lohnsteuerabzug nach der Steuerklasse. Dies gilt auch für Taxifahrten, die der Arbeitnehmer während der Corona-Pandemie zwischen Wohnung und erster Tätigkeitsstätte unternimmt. Ein ganz überwiegend eigenbetriebliches Interesse wird von der Finanzverwaltung verneint.[3] Anders verhält es sich, wenn Taxis ausnahmsweise im Linienverkehr nach Maßgabe der genehmigten Nahverkehrspläne verkehren und dann auch in den genehmigten Nahverkehrsplänen enthalten sind. Hierunter fallen Taxis, die zur Verdichtung, Ergänzung oder zum Ersatz anderer öffentlicher Verkehrsmittel, insbesondere nachts oder während anderer Zeiten schwacher Nachfrage, als Ruf-, Sammel- oder Nachttaxis im genehmigten Linienverkehr eingesetzt sind. Dies zeigt sich auch an den nach Maßgabe des Personenbeförderungsgesetzes erhobenen Entgelten, die sich nur durch einen geringen Aufschlag gegenüber dem normalen Fahrpreis unterscheiden. Die lohnsteuerliche Behandlung der Kosten für Taxifahrten im genehmigten Linienverkehr bestimmt sich nach den für öffentliche Verkehrsmittel geltenden Regelungen.

Deckelung der Entfernungspauschale

Höchstbetrag von 4.500 EUR pro Kalenderjahr

Die Entfernungspauschale ist für Fahrten zwischen Wohnung und erster Tätigkeitsstätte auf einen Höchstbetrag von 4.500 EUR pro Jahr begrenzt. Dieser Betrag entspricht in etwa dem Preis einer Jahresnetzkarte für die 2. Klasse der Deutschen Bahn AG. Bei der 4.500-EUR-Grenze handelt es sich um einen arbeitnehmerbezogenen Jahresbetrag, der auch dann nicht zu kürzen ist, wenn der Arbeitnehmer während des Jahres nur zeitweise beschäftigt ist. Ebenfalls ist bei einem Arbeitgeberwechsel keine Aufteilung erforderlich.

Die Obergrenze von 4.500 EUR gilt nicht uneingeschränkt für die Wege zwischen Wohnung und erster Tätigkeitsstätte.

Die Beschränkung auf den Höchstbetrag von 4.500 EUR pro Jahr gilt,

- wenn der Weg zwischen Wohnung und erster Tätigkeitsstätte mit einem Motorrad, Motorroller, Fahrrad oder zu Fuß zurückgelegt wird,
- bei Benutzung eines Pkw, für die Teilnehmer an einer Fahrgemeinschaft, und zwar für die Tage, an denen der Arbeitnehmer seinen eigenen oder zur Nutzung überlassenen Pkw nicht einsetzt,
- bei Benutzung öffentlicher Verkehrsmittel.

Beispiel

Deckelung bei Benutzung öffentlicher Verkehrsmittel

Ein Arbeitnehmer mit Wohnsitz in Freiburg ist bei einem Versicherungsunternehmen in Karlsruhe mit erster Tätigkeitsstätte beschäftigt. Die Entfernung zur ersten Tätigkeitsstätte beträgt 110 km. Der Arbeitnehmer fährt arbeitstäglich ausschließlich mit der Bahn zu seinem Arbeitgeber. Für das Jahresabo hat er 3.250 EUR bezahlt.

Ergebnis: Der Arbeitnehmer kann folgende Entfernungspauschale für Fahrten zwischen Wohnung und erster Tätigkeitsstätte in Anspruch nehmen:

220 Arbeitstage × [20 km × 0,30 EUR + 90 × 0,38 EUR] = 8.844 EUR; aber max. 4.500 EUR.

Da der Arbeitnehmer öffentliche Verkehrsmittel benutzt, ist die 4.500-EUR-Grenze als Höchstbetrag für den Werbungskostenabzug zu beachten. Hätte der Arbeitnehmer nachweislich für die Fahrten nach Karlsruhe einen Pkw benutzt, hätte er die Entfernungspauschale in voller Höhe als Werbungskosten abziehen können (= 8.844 EUR).

Keine Deckelung für Fahrten mit dem Pkw

Eine Ausnahme von der Abzugsbeschränkung auf 4.500 EUR besteht, soweit der Arbeitnehmer einen eigenen oder zur Nutzung überlassenen Pkw nutzt. Ergeben sich aufgrund der Entfernungspauschale Werbungskosten von mehr als 4.500 EUR, kann auch der übersteigende Betrag berücksichtigt werden, soweit der Arbeitnehmer hierfür nachweislich einen Pkw benutzt.

Wichtig

Nachweise für die Jahresfahrleistung aufbewahren

Der Werbungskostenabzug über die Grenze von 4.500 EUR hinaus ist an den Nachweis der tatsächlichen Pkw-Nutzung geknüpft. Der Arbeitnehmer hat deshalb im Einzelfall die gesamte Jahresfahrleistung mit dem Pkw durch geeignete Belege zu dokumentieren. Es empfiehlt sich, durch entsprechende Nachweisführung der Tachometerstände in TÜV- oder Inspektionsrechnungen Vorsorge zu treffen.

Der Nachweis der für das Fahrzeug tatsächlich angefallenen Kosten ist dagegen für den Ansatz eines höheren Betrags als 4.500 EUR nicht erforderlich.

Keine Vervielfachung des Höchstbetrags bei mehreren Arbeitsverhältnissen

Bei mehreren Dienstverhältnissen ist die 4.500-EUR-Grenze nicht mehrfach zu gewähren. Für die Prüfung der Freigrenze müssen zunächst die Entfernungspauschalen aus den verschiedenen Beschäftigungsverhältnissen zusammengerechnet werden, anschließend ist die sich ergebende Summe auf den Jahresbetrag von 4.500 EUR anzurechnen.

Anrechnung von Fahrtkostenzuschüssen auf Entfernungspauschale

(Geld-)Zuschüsse und Sachbezüge zur Nutzung von öffentlichen Verkehrsmitteln für die Fahrten zwischen Wohnung und erster Tätigkeitsstätte, die zusätzlich zum ohnehin geschuldeten Arbeitslohn gewährt

1 BVerfG, Beschluss v. 7.7.2017, 2 BvR 308/17; BFH, Urteil v. 15.11.2016, VI R 4/15, BStBl 2017 II S. 228.
2 § 9 Abs. 1 Nr. 4 Satz 3 EStG i. V. m. § 3 Nr. 32 EStG.
3 BMF, Schreiben v. 15.8.2019, IV C 5 – S 2342/19/10007 :001, BStBl 2019 I S. 875; BFH, Urteil v. 9.6.2022, VI R 26/20, BStBl 2023 II S. 43; Niedersächsisches FG, Urteil v. 5.12.2018, 3 K 15/18.

werden, sind steuerfrei. Arbeitgeberzuschüsse zu anderen Verkehrsmitteln oder der geldwerte Vorteil aus der Überlassung eines Dienstwagens für die Fahrten zwischen Wohnung und erster Tätigkeitsstätte können pauschal mit 15 % versteuert werden.

Diese steuerfreien und pauschal besteuerten Arbeitgeberleistungen sind auf die Entfernungspauschale anzurechnen und der Werbungskostenabzug ist entsprechend zu kürzen.[1] Die Kürzung umfasst

- die Steuerfreiheit für Arbeitgeberleistungen (Sachbezüge und Geldzuschüsse) zu Fahrten im Personennahverkehr, auch soweit es sich um Privatfahrten des Arbeitnehmers handelt.
- die mit 15 % pauschal besteuerten Fahrtkostenzuschüsse des Arbeitgebers bei Benutzung anderer Verkehrsmittel, etwa dem eigenen Pkw zu Fahrten zwischen Wohnung und erster Tätigkeitsstätte und
- den mit 15 % pauschal besteuerten geldwerten Vorteil für die Benutzung von Dienstwagen zu den Fahrten zur ersten Tätigkeitsstätte.

Beispiel

Anrechnung von Fahrtkostenzuschüssen auf die Entfernungspauschale

Ein Arbeitnehmer mit einer 5-Tage-Woche benutzt für die Fahrten zwischen Wohnung und erster Tätigkeitsstätte (kürzeste Straßenverbindung 15 km) ausschließlich öffentliche Verkehrsmittel. Das Jahresabo hierfür kostet 1.000 EUR. Der Arbeitgeber leistet einen Zuschuss i. H. v. 500 EUR.

Ergebnis: Der Fahrtkostenzuschuss des Arbeitgebers zu öffentlichen Verkehrsmitteln im Linienverkehr ist steuerfrei. Für die als Werbungskosten abziehbare Entfernungspauschale ergibt sich diese Berechnung:

220 Tage × 15 km × 0,30 EUR	990 EUR
Abzgl. steuerfreier Arbeitgeberzuschuss	– 500 EUR
Abziehbare Werbungskosten	490 EUR

Fahrtkostenzuschuss mindert die auf 4.500 EUR gedeckelte Entfernungspauschale

Ist der Höchstbetrag von 4.500 EUR zu beachten, muss die Anrechnung der steuerfreien Arbeitgeberleistungen bei Jobtickets von dem auf 4.500 EUR gedeckelten Abzugsbetrag vorgenommen werden. In gleicher Weise anzurechnen sind auch die pauschal besteuerten Arbeitgeberleistungen bei Benutzung eines Dienstwagens oder eigenen Pkw für Fahrten zwischen Wohnung und erster Tätigkeitsstätte.[2, 3] Dasselbe gilt für die Sachbezüge, die im Rahmen des Rabattfreibetrags steuerfrei bleiben, wenn ein Verkehrsunternehmen als Arbeitgeber seinen Mitarbeitern kostenlose oder verbilligte Jobtickets gewährt. Durch die Steuerbefreiung beschränkt sich die Anwendung des Rabattfreibetrags auf Jobtickets, die bei Mitarbeitern von Verkehrsunternehmen im Wege der Barlohnumwandlung finanziert werden.

Ausweis in der Lohnsteuerbescheinigung

Damit das Finanzamt bei der Einkommensteuerveranlagung die steuerfreien und pauschal besteuerten Arbeitgeberleistungen auf die Entfernungspauschale zutreffend anrechnen kann, ist eine betragsmäßige Bescheinigungspflicht festgelegt. Der Arbeitgeber muss den Betrag der steuerfreien Bezüge in Nr. 17 der ↗ Lohnsteuerbescheinigung ausweisen, den Betrag der mit 15 % pauschal besteuerten Bezüge in Nr. 18. Eine Bescheinigung der mit 25 % pauschal versteuerten Arbeitgeberleistungen zu den Aufwendungen für die Benutzung öffentlicher Verkehrsmittel ist nicht erforderlich, da eine Anrechnung auf die Entfernungspauschale gesetzlich ausdrücklich ausgeschlossen ist.[4]

Hinweis

Pauschalierung mit 25 % vermeidet Anrechnung

Um die Akzeptanz von Jobtickets zu erhöhen, wurden die Pauschalierungsmöglichkeiten für Arbeitgeberleistungen bei Jobtickets und für Fahrten im öffentlichen Personennahverkehr ab 1.1.2019 um eine alternative Pauschalierungsvorschrift ergänzt, für die eine pauschale Lohnsteuer von 25 % anfällt. Begünstigt sind die Sachverhalte, die unter die Steuerbefreiung des § 3 Nr. 15 EStG fallen. In Betracht kommen Sachbezüge und (Geld-)Zuschüsse

- bei Nutzung von öffentlichen Verkehrsmitteln zu Fahrten zwischen Wohnung und erster Tätigkeitsstätte im Linienverkehr (Personenfernverkehr) sowie
- bei Fahrten im öffentlichen Personennahverkehr.

Der Arbeitgeber kann zwischen der Steuerfreistellung und der Lohnsteuerpauschalierung mit 25 % wählen. Der Vorteil der Pauschalbesteuerung mit dem erhöhten Pauschsteuersatz von 25 % liegt darin, dass im Gegenzug auf eine Kürzung der Entfernungspauschale und damit auch auf einen Ausweis in der Lohnsteuerbescheinigung verzichtet wird. Die alternative Pauschalierungsvorschrift umfasst auch die von der Steuerbefreiung ausgeschlossenen, im Wege der Entgeltumwandlung erbrachten Arbeitgeberleistungen. Auch hier hat der Arbeitgeber die Möglichkeit der Lohnsteuerpauschalierung mit 25 % ohne Minderung der Entfernungspauschale.

Abgeltungswirkung der Entfernungspauschale

Fahrtkosten Wohnung – erste Tätigkeitsstätte

Mit der Entfernungspauschale sind grundsätzlich sämtliche Aufwendungen des Arbeitnehmers für die Benutzung des Fahrzeugs für Fahrten zwischen Wohnung und erster Tätigkeitsstätte abgegolten. Die Abgeltungswirkung erfasst sämtliche fahrzeug- und wegstreckenbezogenen Aufwendungen; hierzu gehören neben den laufenden Kosten z. B.

- Parkgebühren für das Abstellen des Fahrzeugs während der Arbeitszeit,[5]
- Straßenbenutzungsgebühren (Maut),
- Aufwendungen für einen Motorschaden infolge einer Falschbetankung[6]
- Aufwendungen für einen vorzeitig benötigten Austauschmotor,
- Aufwendungen für andere Fahrzeugteile und
- Zinsen für einen Kredit zur Anschaffung des Fahrzeugs.

Leasingsonderzahlung durch Entfernungspauschale abgegolten

Die Abgeltungswirkung der Entfernungspauschale umfasst auch die anteilige Leasingsonderzahlung. Das gilt auch dann, wenn im Jahr des Abflusses der Leasingsonderzahlung noch keine Fahrten zwischen Wohnung und erster Tätigkeitsstätte erfolgen, der Pkw aber in der Zukunft (ab dem folgenden Jahr) für diese Nutzung bestimmt ist. Für die Qualifizierung von Aufwendungen ist die zukünftige Nutzung maßgeblich.[7]

Hinweis

Entfernungspauschale ist verfassungsgemäß

Es ist verfassungsrechtlich nicht zu beanstanden, dass durch die Entfernungspauschale sämtliche gewöhnlichen und außergewöhnlichen Kosten für die Fahrten zwischen Wohnung und erster Tätigkeitsstätte abgegolten sind.[8] Insbesondere liegt keine Ungleichbehandlung gegenüber Benutzern öffentlicher Verkehrsmittel vor, die von der Abzugsbeschränkung der Entfernungspauschale vom Gesetzgeber ausdrücklich ausgenommen worden sind.

1 § 9 Abs. 1 Nr. 4 Satz 5 EStG.
2 § 40 Abs. 2 Satz 2 EStG.
3 BMF, Schreiben v. 15.8.2019, IV C 5 – S 2342/19/10007 :001, BStBl 2019 I S. 875.
4 BMF, Schreiben v. 9.9.2019, IV C 5 – S 2378/19/10002 :001, BStBl 2019 I S. 911, Tz. 11 i. V. m. BMF, Schreiben v. 8.9.2022, IV C 5 – S 2533/19/10030 :004, BStBl 2022 I S. 1397.
5 Niedersächsisches FG, Urteil v. 27.10.2021, 14 K 239/18.
6 BFH, Urteil v. 20.3.2014, VI R 29/13, BStBl 2014 II S. 849.
7 BMF, Schreiben v. 31.8.2009, IV C 5 – S 2351/09/10002, BStBl 2009 I S. 891, Tz. 4; BFH, Urteil v. 15.4.2010, VI R 20/08, BStBl 2010 II S. 805; ebenso FG München, Urteil v. 12.10.2021, 2 K 667/21, Rev. beim BFH unter Az. VI R 9/22.
8 BFH, Urteil v. 15.11.2016, VI R 4/15, BStBl 2017 II S. 228; bestätigt durch BVerfG, Beschluss v. 7.7.2017, 2 BvR 308/17.

Unfallkosten neben Entfernungspauschale abzugsfähig

Nach der Rechtsprechung erstreckt sich die Abgeltungswirkung der Entfernungspauschale auf sämtliche fahrzeug- und wegstreckenbezogenen Mobilitätskosten und damit auch auf Unfallkosten, die durch eine Fahrt zwischen Wohnung und erster Tätigkeitsstätte entstehen.[9] Die Finanzverwaltung vertritt abweichend hiervon eine großzügigere Auffassung. Aufwendungen für Unfallschäden während beruflich bedingter Fahrten können als außergewöhnliche Aufwendungen neben der Entfernungspauschale als allgemeine Werbungskosten angesetzt werden. Dies gilt auch bei Unfällen auf Familienheimfahrten bei doppelter Haushaltsführung. Sämtliche laufenden Aufwendungen für die täglichen Wege zur Firma, ins Büro u. a. werden durch die Entfernungspauschale erfasst, nicht dagegen außergewöhnliche Kosten. Unfallkosten sind außergewöhnliche Aufwendungen und deshalb nicht durch die Entfernungspauschale abgegolten.[10]

Hinweis

Nur Unfallkosten anlässlich beruflich bedingter Fahrt

Unfallkosten werden nur berücksichtigt, wenn sich der Unfall auf einer beruflichen Fahrt ereignet hat. Dazu gehören auch Umwege zum Betanken des Fahrzeugs oder zum Abholen der Mitglieder einer Fahrgemeinschaft.[11] Unerheblich ist grundsätzlich, ob der Arbeitnehmer den Unfall schuldhaft herbeigeführt hat.

Die Kosten sind nur dann nicht abziehbar, wenn der Arbeitnehmer unter Alkoholeinfluss stand und dieser Umstand für den Unfall maßgeblich war.[12]

Unfallbedingter Verlust privater Kleidung kann Werbungskosten sein

Zu den Unfallkosten gehören selbstverständlich die Reparaturrechnung der Werkstatt, daneben Aufwendungen wegen der Beschädigung der privaten Kleidung und eventuell anderer privater Gegenstände, die in dem Pkw mitgeführt wurden.[13]

Wird der Pkw nicht repariert, ist der Wertverlust als Werbungskosten anzusetzen. Der fiktive Restwert des Pkw wird als Werbungskosten anerkannt. Die früheren Anschaffungskosten sind um fiktive Abschreibungen zu mindern. Ggf. ist der Restwert mit 0 EUR anzusetzen. Nicht zulässig ist es, die Abschreibung aufgrund der Differenz der Zeitwerte vor bzw. nach dem Unfall zu berechnen.[14]

Werbungskostenabzug unfallbedingte Krankeits- und Behandlungskosten

Zu den berücksichtigungsfähigen Unfallkosten gehören auch Aufwendungen im Zusammenhang mit der Beseitigung oder Linderung unfallbedingter Körperschäden. Behandlungs- und Krankheitskosten, die durch einen Unfall auf dem Weg zur ersten Tätigkeitsstätte verursacht werden, sind durch die Entfernungspauschale nicht erfasst.[15] Die Besteuerungspraxis der Verwaltungsauffassung und die strengere Rechtsprechung des BFH zu Unfallkosten, nach der die Abgeltungswirkung der Entfernungspauschale sämtliche fahrzeug- und wegstreckenbezogene Mobilitätskosten erfasst, sind damit bzgl. der Behandlung unfallbedingter Krankheitskosten im Einklang.

Sozialversicherung

Fahrtkostenzuschüsse

Die vom Arbeitgeber für Fahrten zwischen Wohnung und erster Tätigkeitsstätte gezahlten lohnsteuerpflichtigen Fahrkostenzuschüsse sind sozialversicherungspflichtiges ⇗ Arbeitsentgelt und damit beitragspflichtig. Die Beitragspflicht des Ersatzes der Aufwendungen für Fahrten zwischen Wohnung und erster Tätigkeitsstätte zur Sozialversicherung gilt unabhängig davon, ob der Arbeitgeber dem Arbeitnehmer

- bei Benutzung eines eigenen Fahrzeugs Kilometergeld zahlt oder
- ein Firmenfahrzeug für derartige Fahrten unentgeltlich oder verbilligt zur Verfügung stellt.

Zusätzlich zum Entgelt geleistete Fahrtkostenzuschüsse

Die seit dem 1.1.2019 wirksam gewordene Veränderung in der steuerlichen Bewertung schlägt sich auch auf die sozialversicherungsrechtliche Bewertung nieder. Danach sind zusätzlich zum Entgelt gewährte, lohnsteuerfreie ⇗ Fahrtkostenzuschüsse für Fahrten zwischen Wohnung und erster Tätigkeitsstätte bei Nutzung öffentlicher Verkehrsmittel beitragsfrei in der Sozialversicherung.[16]

Nicht zusätzlich zum Entgelt geleistete Fahrtkostenzuschüsse

Nach dem „Gesetz zur weiteren steuerrechtlichen Förderung der Elektromobilität und zur Änderung weiterer steuerrechtlicher Regelungen"[17] können Arbeitgeberleistungen zu Aufwendungen der Mitarbeiter für Fahrten zwischen Wohnung und erster Tätigkeitsstätte, auch wenn sie nicht zusätzlich zum ohnehin geschuldeten Arbeitsentgelt erbracht werden, vom Arbeitgeber pauschal mit 25 % besteuert werden.[18] Dies gilt für Fahrten mit öffentlichen Verkehrsmitteln im Linienverkehr (z. B. als ⇗ Jobtickets) sowie für private Fahrten im öffentlichen Personennahverkehr. Die Folgen der Pauschalbesteuerung in der Sozialversicherung werden nachfolgend beschrieben.

Pauschalbesteuerung

Werden die vom Arbeitgeber gewährten Fahrtkostenzuschüsse nach § 40 Abs. 2 Satz 2 Nr. 2 EStG pauschal besteuert, führt dies zur Beitragsfreiheit in der Sozialversicherung.[19]

Entscheidend für die Beitragsfreiheit ist allerdings, dass der Fahrtkostenzuschuss vom Arbeitgeber mit der Entgeltabrechnung für den jeweiligen Abrechnungszeitraum tatsächlich lohnsteuerfrei belassen oder pauschal besteuert wird.[20] Für die Beitragsfreiheit kommt es also auf die tatsächliche Erhebung der Pauschalsteuer an. Eine nachträglich geltend gemachte Steuerfreiheit bzw. eine nachträglich durchgeführte Pauschalbesteuerung führt nicht dazu, dass für steuer- und beitragspflichtig abgerechnete Arbeitsentgeltbestandteile die Sozialversicherungsbeiträge zu erstatten sind, wenn der Arbeitgeber die vorgenommene steuerpflichtige Erhebung nicht mehr ändern kann. Die steuerliche Erhebung kann grundsätzlich dann nicht mehr korrigiert werden, wenn die elektronische Lohnsteuerbescheinigung abgegeben worden ist.

Achtung

Nachträgliche steuerrechtliche Bewertung

Die Regelung des § 1 Abs. 1 Satz 2 SvEV enthält einen Katalog von Fällen, die nicht als Arbeitsentgelt zu bewerten und somit beitragsfrei sind. Es handelt sich bei den in § 1 Abs. 1 Satz 2 SvEV genannten Zuwendungen um zu Recht in der jeweiligen Entgeltabrechnung steuerfrei belassene oder pauschal besteuerte Zuwendungen. Die Korrektur einer falschen steuerrechtlichen Behandlung kann nach Auffassung der Spitzenorganisationen der Sozialversicherungsträger beitragsrechtlich in der Sozialversicherung nur dann berücksichtigt werden, wenn die Korrektur bis zur Erstellung der Lohnsteuerbescheinigung für das jeweilige Jahr im Folgejahr (bis zum 28.2. des Folgejahres) durch den Arbeitgeber erfolgt ist. Eine steuerliche Pauschalierungsmöglichkeit für die in § 40 Abs. 2 Satz 2 Nr. 2 EStG aufgeführten Tatbestände hat vor dem 18.12.2019 nicht bestanden; daher ist auch eine rückwirkende Korrektur der beitragspflichtigen Behandlung der betreffenden Bezüge in 2019 im Rahmen der nachträglichen Pauschalbesteuerung nicht möglich. Wird hingegen aus steuerrechtlichen Gründen eine steuerfrei abgerechnete Arbeitgeberleistung rückwirkend pauschal besteuert, verbleibt es – unter

9 BFH, Urteil v. 19.12.2019, VI R 8/18, BStBl 2020 II S. 291.
10 BMF, Schreiben v. 18.11.2021, IV C 5 – S 2351/20/10001 :002, BStBl 2021 I S. 2315, Rz. 30.
11 BFH, Urteil v. 11.10.1984, VI R 48/81, BStBl 1985 II S. 10.
12 BFH, Urteil v. 6.4.1984, VI R 103/79, BStBl 1984 II S. 434.
13 BFH, Urteil v. 9.2.1962, VI 10/61 U, BStBl 1962 III S. 235.
14 BFH, Urteil v. 24.11.1994, IV R 25/94, BStBl 1995 II S. 318.
15 BFH, Urteil v. 19.12.2019, VI R 8/18, BStBl 2020 II S. 291; anders Sächsisches FG, Urteil v. 18.5.2018, 4 K 194/18; BMF, Schreiben v. 18.11.2021, IV C 5 – S 2351/20/10001 :002, BStBl 2021 I S. 2315, Rz. 30.
16 § 1 Abs. 1 Satz 1 Nr. 1 SvEV.
17 Jahressteuergesetz 2019.
18 § 40 Abs. 2 Satz 2 Nr. 2 EStG.
19 § 1 Abs. 1 Satz 1 Nr. 3 SvEV.
20 § 1 Abs. 1 Satz 2 SvEV.

Zurückstellung rechtlicher Bedenken – bei der zuvor aufgrund der Steuerfreiheit bestandenen Beitragsfreiheit.

Etwas anderes gilt, wenn der Arbeitgeber die Regelbesteuerung nach den ELStAM des Arbeitnehmers individuell durchführt. In diesem Fall ist der vom Arbeitgeber gezahlte Fahrtkostenzuschuss beitragspflichtiges Arbeitsentgelt.

Unfallversicherung

Fahrten zwischen Wohnung und erster Tätigkeitsstätte unterliegen dem Versicherungsschutz in der ↗ Unfallversicherung.

Fahrtkostenzuschuss

Für die lohnsteuerliche Behandlung von Fahrtkostenzuschüssen des Arbeitgebers für die Fahrten des Arbeitnehmers zwischen Wohnung und erster Tätigkeitsstätte ist zu unterscheiden zwischen

- Fahrtkostenersatz bei Benutzung öffentlicher Verkehrsmittel und
- Fahrtkostenersatz für die übrigen Fahrzeuge, insbesondere den eigenen Pkw.

Arbeitgeberleistungen im Zusammenhang mit der Nutzung öffentlicher Verkehrsmittel sind steuerfrei. Für die übrigen Fahrtkostenzuschüsse, insbesondere wenn der Arbeitgeber seinem Arbeitnehmer die Kosten der Fahrten zur ersten Tätigkeitsstätte mit dem eigenen Pkw ersetzt, liegt hingegen weiterhin steuerpflichtiger Arbeitslohn vor.

Anstelle der individuellen Besteuerung nach den ELStAM kann der Arbeitgeber die Fahrtkostenzuschüsse bis zur Höhe der Entfernungspauschale pauschal mit 15 % versteuern. Steuerfreie und pauschal besteuerte Fahrtkostenzuschüsse mindern den Werbungskostenabzug des Arbeitnehmers. Seit 2019 können Arbeitgeberleistungen (Sachbezüge und Zuschüsse) im Zusammenhang mit Jobtickets und Fahrten im öffentlichen Personennahverkehr alternativ mit dem Pauschsteuersatz von 25 % pauschal versteuert werden. Bei dieser Pauschalierung wird auf eine Anrechnung auf die abzugsfähigen Werbungskosten in der persönlichen Steuererklärung verzichtet.

Fahrtkostenzuschüsse anlässlich einer Auswärtstätigkeit oder für Familienheimfahrten sind regelmäßig steuer- und beitragsfrei.

Gesetze, Vorschriften und Rechtsprechung

Lohnsteuer: Für die Lohnsteuerpauschalierung ist § 40 Abs. 2 Satz 2 EStG maßgebend. Durch den Verweis auf § 9 Abs. 1 Satz 3 Nr. 4 und Abs. 2 EStG wird klargestellt, dass nur die als Entfernungspauschale ansatzfähigen Beträge oder die tatsächlich höheren Aufwendungen für öffentliche Verkehrsmittel unter die Pauschalierungsregelung fallen. Nähere Erläuterungen enthält das BMF-Schreiben v. 18.11.2021, IV C 5 – S 2351/20/10001 :002, BStBl 2021 I S. 2315. Die Steuerfreiheit für Arbeitgeberzuschüsse und geldwerte Vorteile bei Fahrten zwischen Wohnung und erster Tätigkeitsstätte mit öffentlichen Verkehrsmitteln ab 2019 ergibt sich aus § 3 Nr. 15 EStG sowie den ergänzenden Verwaltungsanweisungen des BMF-Schreibens v. 15.8.2019, IV C 5 – S 2342/19/10007 : 001, BStBl 2019 I S. 875. Die monatliche Freigrenze von 50 EUR für Sachbezüge, z. B. Fahrkarten, regelt § 8 Abs. 2 Satz 11 EStG. Für verbilligte oder kostenlose Fahrkarten bei Beschäftigten von öffentlichen Verkehrsbetrieben kommt der Rabattfreibetrag von 1.080 EUR nach § 8 Abs. 3 EStG infrage.

Sozialversicherung: Die Zurechnung der vom Arbeitgeber im Rahmen des Arbeitsverhältnisses geleisteten Fahrtkostenzuschüsse zum beitragspflichtigen Arbeitsentgelt in der Sozialversicherung ergibt sich aus § 14 Abs. 1 Satz 1 SGB IV. Die Beitragsfreiheit von lohnsteuerfreien (Sach-)Zuwendungen ergibt sich aus § 1 Abs. 1 Satz 1 SvEV. Die Ausnahmeregelung für pauschal versteuerten Fahrtkostenersatz und deren Beitragsfreiheit zur Sozialversicherung ist in § 1 Satz 1 Nr. 3 SvEV geregelt.

Entgelt	LSt	SV
Jobticket, zusätzlich zum Entgelt gewährt	frei	frei
Fahrtkostenzuschuss für Fahrten Whg. – erste Tätigkeitsstätte mit anderen Verkehrsmitteln oder Dienstwagen	pflichtig	pflichtig
Pauschalierung der Fahrten Whg. – erste Tätigkeitsstätte mit anderen Verkehrsmitteln mit 15 %	pauschal	frei
Pauschalierung der Fahrten Whg. – erste Tätigkeitsstätte mit öffentlichen Verkehrsmitteln mit 25 % ohne Anrechnung auf Entfernungspauschale	pauschal	frei
Fahrtkostenzuschuss bei Dienstreisen	frei	frei
Fahrtkostenzuschuss für Auszubildende zur Berufsschule	frei	frei

Lohnsteuer

Faktoren der steuerlichen Behandlung

Die lohnsteuerliche Behandlung der finanziellen Beteiligung des Arbeitgebers an den beruflichen Fahrtkosten seiner Arbeitnehmer hängt von mehreren Faktoren ab:

- Barlohn oder Sachlohn,
- öffentliche oder sonstige Verkehrsmittel,
- Entgeltumwandlung oder zusätzlich zum ohnehin geschuldeten Arbeitslohn erbrachte Leistung.

Fahrtkostenzuschuss für öffentliche Verkehrsmittel

Steuerfreiheit für öffentliche Verkehrsmittel

Arbeitgeberleistungen (Zuschüsse und Sachbezüge) an Arbeitnehmer, die für die Fahrten zwischen Wohnung und erster Tätigkeitsstätte öffentliche Verkehrsmittel im genehmigten Linienverkehr nutzen, sind lohnsteuerfrei.[1] Begünstigt ist der Linienverkehr, sofern er nicht den Luftverkehr betrifft. Taxis sind dadurch von der Steuerbefreiung ausdrücklich ausgenommen. Die Steuerbegünstigung soll den Steuerbürger zum Umsteigen auf den umweltfreundlichen öffentlichen Personenverkehr für die täglichen Fahrten zu seinem Arbeitgeber bewegen.

Für die Steuerfreiheit werden 3 Fallgruppen unterschieden:

1. Steuerfreie Zuschüsse des Arbeitgebers, d. h. der Ersatz von nachgewiesenen Aufwendungen des Arbeitnehmers.
2. Das Zurverfügungstellen unentgeltlicher oder verbilligter Fahrausweise – sog. ↗ Jobtickets.
3. Das Zuverfügungstellen von Fahrausweisen zur privaten Benutzung des öffentlichen Personennahverkehrs.

Bei allen 3 Fallgruppen ist es erforderlich, dass der Arbeitgeber diese Leistungen zusätzlich zu dem ohnehin geschuldeten Arbeitslohn erbringt. Die Fälle der sog. Barlohnumwandlung sind nicht begünstigt.[2]

Wichtig

Vorlage der Fahrausweise zur Nachweisführung

Steuerfreie Zuschüsse des Arbeitgebers kommen nur in Betracht, wenn der Arbeitnehmer nachweist, dass er für Fahrten zwischen Wohnung und erster Tätigkeitsstätte öffentliche Verkehrsmittel benutzt hat. Auch die Höhe der Aufwendungen ist zu belegen. Der Arbeitnehmer sollte dem Lohnbüro die entsprechenden Fahrausweise vorlegen. Nicht erforderlich ist, dass der Arbeitnehmer regelmäßig öffentliche Verkehrsmittel benutzt. Auch bei nur gelegentlichen Fahrten mit öffent-

1 § 3 Nr. 15 EStG.
2 BMF, Schreiben v. 15.8.2019, IV C 5 – S 2342/19/10007 :001, BStBl 2019 I S. 875, Rz. 5.

lichen Verkehrsmitteln kann der Arbeitgeber die Aufwendungen in voller Höhe steuerfrei ersetzen oder einen Zuschuss leisten.

Die ↗ Jobtickets dürften die in der Praxis bedeutsamste Fallgruppe sein: Der Arbeitgeber stellt seinen Arbeitnehmern unentgeltlich oder verbilligt Fahrkarten für Fahrten zwischen Wohnung und Arbeitsstätte zur Verfügung. Die Steuerfreiheit bleibt auch dann erhalten, wenn es sich um Monats-, Regionalkarten oder ähnliche Fahrausweise handelt, die auch von anderen Personen, z. B. von Familienangehörigen, und vom Arbeitnehmer auf anderen Fahrstrecken benutzt werden können. Der Arbeitgeber muss grundsätzlich nicht prüfen, ob solche Fahrausweise auch für Privatfahrten genutzt werden.

Für die private Nutzung öffentlicher Verkehrsmittel im Personennahverkehr kann der Arbeitgeber steuerfreie Fahrausweise zur Benutzung des öffentlichen Personennahverkehrs zur Verfügung stellen. Die Steuerfreiheit umfasst nicht nur Einzelfahrscheine für Bus und Bahn, sondern auch Monats- und Jahresfahrausweise. Auch hier ist die Steuerfreiheit daran geknüpft, dass der Arbeitgeber seinem Arbeitnehmer diese privaten Bus- und Bahntickets zusätzlich zum ohnehin geschuldeten Arbeitslohn gewährt. Begünstigt sind sowohl zusätzliche Sachbezüge als auch zusätzliche Geldleistungen des Arbeitgebers.

Hinweis

Anrechnung steuerfreier Arbeitgeberleistungen auf den Werbungskostenabzug

Steuerfreie Arbeitgeberzuschüsse zu den Aufwendungen für die Fahrten mit öffentlichen Verkehrsmitteln sowie steuerfreie Sachbezüge in Form von unentgeltlichen oder verbilligten Jobtickets sind von dem sich nach den Regeln der Entfernungspauschale ergebenden Werbungskostenabzug abzuziehen.

Deutschlandticket als steuerfreies Jobticket

Für den öffentlichen Personennahverkehr tritt ab 1.5.2023 das Deutschlandticket, oder auch 49-EUR-Ticket genannt, in Kraft. Der Monatsfahrschein ist nicht übertragbar und berechtigt zur uneingeschränkten bundesweiten Nutzung des öffentlichen Personennahverkehrs (ÖPNV). Dazu zählen neben Straßen-, S- und U-Bahnen bzw. Stadtbussen auch Züge und Busse im Regionalverkehr (z. B. Interregio oder Regional Express). Ausgeschlossen ist das 49-EUR-Ticket für die Benutzung von Fernzügen, etwa den ICE, IC oder EC. Unter den Anwendungsbereich fallen außerdem Fähren, wenn diese zum örtlichen ÖPNV zählen. Deutschlandtickets können auch für die Fahrten zwischen Wohnung und erster Tätigkeitsstätte eingesetzt werden. Arbeitgeberleistungen im Zusammenhang mit dem Deutschlandticket sind lohnsteuerfrei, wenn sie zusätzlich zum ohnehin geschuldeten Arbeitslohn erbracht werden. Die Steuerbefreiung findet auch dann Anwendung, wenn das 49-EUR-Ticket ausschließlich für private Fahrten im ÖPNV eingesetzt wird.[1]

Die Deutsche Bahn hat für bestimmte Strecken die Nutzung von Fernzügen mit Fahrscheinen des öffentlichen Personennahverkehrs freigegeben. Die Freigabe umfasst u. a. einzelne IC-/ICE-Verbindungen für das Deutschlandticket.[2] Die Freigabe für bestimmte Fernverkehrszüge ist nach Verwaltungsauffassung für die Steuerfreiheit von Arbeitgeberleistungen zum 49-EUR-Ticket unschädlich. Die freigegebene Fernverkehrsstrecke gilt als Fahrt im öffentlichen Personennahverkehr, die unter die Steuerbefreiung des Deutschlandtickets fällt.[3]

Verbilligung bei Arbeitgeberbeteiligung von mind. 25 %

Für Lohnzahlungszeiträume bis zum 31.12.2024 gilt ein zusätzlicher Preisabschlag von 5 %, wenn sich der Arbeitgeber an den Kosten seiner Arbeitnehmer für das 49-EUR-Ticket mit mind. 25 % beteiligt, also mind. 12,25 EUR zahlt. Der Preis für die Monatsfahrkarte reduziert sich in Form eines staatlichen Zuschusses des Bundes und der Länder um 5 %. Der Preisnachlass beträgt dann 2,45 EUR (= 5 % von 49 EUR). Das 49-EUR-Ticket verbilligt sich dadurch für den Arbeitnehmer um mind. 30 % und kostet ihn max. 34,30 EUR (49 EUR – 12,25 EUR – 2,45 EUR). Der staatliche Zuschuss gilt unabhängig davon, ob die Arbeitgeberleistung bei dem Deutschlandticket im Wege eines Jobtickets (Sachbezug) oder eines Fahrtkostenzuschusses (Barlohn) erbracht wird.

Der staatliche Zuschuss wird durch die erforderliche Kostenbeteiligung des Arbeitgebers nicht zu Arbeitslohn von dritter Seite. Der vom Staat gewährte Preisnachlass richtet sich an den Arbeitgeber, um eine entsprechende betriebliche Kostenbeteiligung am Deutschlandticket des Arbeitnehmers zu erreichen, und bleibt deshalb bei der Lohnabrechnung insgesamt außer Ansatz. Der von Bund und Ländern gewährte Zuschuss von 5 % ist auf den Werbungskostenabzug in der Steuererklärung nicht anzurechnen. Dadurch entfällt auch die Pflicht, den staatlichen 5-%-Zuschuss in der Lohnsteuerbescheinigung beim Gesamtbetrag der steuerfreien Fahrtkostenzuschüsse ausweisen.[4]

Steuerfreies 49-EUR-Ticket als Jobtickets

Arbeitgeber können ihren Beschäftigten das Deutschlandticket als Jobticket bereitstellen. Bei Jobtickets, also 49-EUR-Monatskarten, die der Arbeitnehmer von seiner Firma erhält, kommt die eintretende Preissenkung dem Arbeitgeber zugute. Auch hier gilt der zusätzliche Abschlag von 5 %, wenn die betriebliche Verbilligung des Jobtickets mindestens 25 % beträgt, der Arbeitgeber also 12,25 EUR oder mehr der Kosten des 49-EUR-Tickets trägt. Nachteilige Auswirkungen auf die Steuerfreiheit ergeben sich nicht, wenn die Arbeitgeberleistungen zusätzlich zum ohnehin geschuldeten Arbeitslohn erfolgen.

Steuerfreie Arbeitgeberzuschüsse zu Deutschlandtickets

Zusätzliche Arbeitgeberzuschüsse zu Fahrten zur ersten Tätigkeitsstätte mit öffentlichen Verkehrsmitteln dürfen nach dem Gesetzeswortlaut max. bis zur Höhe der tatsächlichen Kosten steuerfrei bleiben. Folglich können sich lohnsteuerliche Nachteile ergeben, wenn der Arbeitnehmer das Deutschlandticket erwirbt und vom Arbeitgeber einen höheren Zuschuss bekommt, als das Ticket kostet. Bei der Gewährung des Deutschlandtickets als Jobticket gilt genauso wie beim Arbeitgeberzuschusses zum Ticket der Preisnachlass von 5 %, wenn der Arbeitgeberzuschuss mind. 12,25 EUR (= 25 % von 49 EUR) beträgt. Somit errechnet sich der steuerfreie Höchstbetrag mit monatlich 46,55 EUR (= 49 EUR – 2,45 EUR). Arbeitgeberzuschüsse zum Deutschlandticket von mehr als 46,55 EUR sind in Höhe des übersteigenden Betrags lohnsteuerpflichtig.

Tipp

Fahrtkostenzuschuss auf max. 46,55 EUR deckeln

Zahlt der Arbeitgeber bisher höhere steuerfreie Fahrtkostenzuschüsse, weil für die monatlichen Fahrscheine höhere Beträge angefallen sind, empfiehlt es sich, die Zahlungen auf den Maximalbetrag von 46,55 EUR zu reduzieren. Dadurch kann der Arbeitgeber die Lohnsteuerpflicht für die betriebliche Kostenbeteiligung an den Fahrten zwischen Wohnung und erster Tätigkeitsstätte vermeiden. Eine entsprechende Billigkeitsregelung für das Übergangsjahr 2023, wie sie das BMF für den Gültigkeitszeitraum der 9-EUR-Tickets in 2022 festgelegt hatte[5], ist nicht vorgesehen.

Beispiel

Höhere Arbeitgeberzuschüsse als 49 EUR

Ein Industrieunternehmen trägt für seine Mitarbeiter on top die Hälfte der Kosten für die Monatskarte des städtischen Verkehrsverbunds von 120 EUR. Im Rahmen der monatlichen Lohnabrechnung 2023 erhält der Arbeitnehmer deshalb zusätzlich zum ohnehin geschuldeten Arbeitslohn einen steuerfreien Zuschuss von 60 EUR. Für Lohnzahlungszeiträume ab Mai nutzen die Arbeitnehmer das 49-EUR-Ticket für den arbeitstäglichen Weg zur Arbeit. Die Firma zahlt den Fahrtkostenzuschuss unverändert mit 60 EUR.

Ergebnis: Durch den staatlichen Zuschuss von 2,45 EUR (= 5 % von 49 EUR) liegt der steuerfrei zulässige Arbeitgeberzuschuss bei 46,55 EUR. Damit ist nach den gesetzlichen Vorgaben der Arbeitgeberersatz von 60 EUR ab der Mai-Lohnabrechnung i. H. v. 13,45 EUR lohnsteuerpflichtig.

1 § 3 Nr. 15 EStG.
2 Die für Fernverkehrszüge freigegebenen Strecken sind auf der Internetseite der Deutschen Bahn veröffentlicht.
3 BMF, Schreiben v. 7.11.2023, IV C 5 – S 2342/19/10007 :009, BStBl 2023 I S. 1969.
4 H 8.1 Abs. 1–4 LStH 2024 „Deutschlandticket".
5 BMF, Schreiben v. 30.5.2022, IV C 5 – S 2351/19/10002 :007, BStBl 2022 I S. 922.

Nachweis in Lohnsteuerbescheinigung

Steuerfreie Arbeitgeberleistungen zu Fahrten zwischen Wohnung und erster Tätigkeitsstätte mindern die als Entfernungspauschale abziehbaren Werbungskosten bei der Einkommensteuer des Arbeitnehmers. Der Arbeitgeber ist deshalb verpflichtet, die steuerfreien Leistungen in Zeile 17 der Lohnsteuerbescheinigung auszuweisen.[1] Die Bescheinigung umfasst den Gesamtbetrag der steuerfreien Fahrtkostenzuschüsse des Arbeitgebers. Der 5-%-Zuschuss des Bundes und der Länder führt zu keinem Lohnzufluss und bleibt deswegen sowohl bei der Kürzung der Werbungskosten als auch bei der Eintragung in Zeile 17 der Lohnsteuerbescheinigung außer Ansatz.

Hinweis

Keine Kürzung der Werbungskosten bei 25-%-Pauschalbesteuerung

Eine Kürzung der Entfernungspauschale unterbleibt, wenn der Arbeitgeber von der Pauschalbesteuerung Gebrauch macht und den Sachbezug „Deutschlandticket" bzw. seine Zuschussleistungen für das Deutschlandticket mit dem Pauschsteuersatz von 25 % versteuert. Die pauschal besteuerten Bezüge sind im Lohnkonto des jeweiligen Arbeitnehmers aufzuzeichnen. Ein Ausweis in der Lohnsteuerbescheinigung ist nicht vorzunehmen.

Fahrtkostenzuschuss für den eigenen Pkw

Fahrtkostenzuschüsse des Arbeitgebers für Fahrten des Arbeitnehmers zwischen Wohnung und erster Tätigkeitsstätte mit dem eigenen Pkw sind weiterhin steuerpflichtiger Arbeitslohn. Der Arbeitgeber muss die Zuschüsse versteuern, entweder

- individuell nach den ELStAM des Arbeitnehmers oder
- pauschal mit 15 % oder
- pauschal mit 25 %.

Wählt er die individuelle Besteuerung, sind Zuschusshöhe, Entfernung zwischen Wohnung und erster Tätigkeitsstätte sowie die Begrenzung auf den als Werbungskosten absetzbaren Betrag unbeachtlich.

Lohnsteuerpauschalierung des Fahrtkostenzuschusses

Pauschalierung mit dem Pauschsteuersatz von 15 %

Pauschalierung nur bei Zusätzlichkeit

Voraussetzung für die Lohnsteuerpauschalierung mit 15 % zuzüglich Solidaritätszuschlag i. H. v. 5,5 % der pauschalen Lohnsteuer und ggf. der (pauschalen) Kirchensteuer ist, dass die Fahrtkostenzuschüsse zusätzlich zum ohnehin geschuldeten Arbeitslohn geleistet werden. Zuschüsse zum ohnehin geschuldeten Arbeitslohn können deshalb nur (freiwillige) Zusatzleistungen des Arbeitgebers sein, da nur solche vom Arbeitgeber nicht ohnehin geschuldet werden.

Schädlich sind nur Gehaltsumwandlungen

Die Zusätzlichkeitsvoraussetzung ist erfüllt, wenn die zweckbestimmte Leistung zu dem Arbeitslohn hinzukommt, den der Arbeitgeber arbeitsrechtlich schuldet. Insoweit ist es unerheblich, ob der Arbeitnehmer einen Rechtsanspruch auf die zweckbestimmte Leistung hat. Schädlich sind danach nur Gehaltsumwandlungen.

Pauschalierung begrenzt auf Werbungskostenabzug

Pauschalierungsfähig ist höchstens der Betrag, den der Arbeitnehmer als Werbungskosten geltend machen kann. Nach welchen Grundsätzen der Arbeitgeber die Fahrtkostenzuschüsse zahlt, ist unbeachtlich, solange die Zuschüsse das pauschalierungsfähige Volumen nicht übersteigen.

Die Bemessungsgrundlage für die pauschale Lohnsteuer von 15 % berechnet sich für die gesamte Entfernung zwischen Wohnung und erster Tätigkeitsstätte mit 0,30 EUR pro Entfernungskilometer bzw. 0,38 EUR (2021: 0,35 EUR) ab dem 21. Entfernungskilometer.[2]

Trägt der Arbeitnehmer die Pauschalsteuer, mindert diese nicht die steuerliche Bemessungsgrundlage, es erfolgt kein Abzug vom Arbeitgeberzuschuss.

Hinweis

Höhere Entfernungspauschale beeinflusst Pauschalierungsobergrenze mit 15 %

Bei Benutzung eines Pkw für die arbeitstäglichen Fahrten zum Arbeitgeber ergibt sich ein höheres mögliches Pauschalierungsvolumen, wenn die Entfernungspauschale steigt.

Übersteigende Beträge werden individuell versteuert

Übersteigen die Fahrtkostenzuschüsse den als Werbungskosten absetzbaren Betrag, unterliegt der übersteigende Betrag dem individuellen Lohnsteuerabzug. Obergrenze ist bei Benutzung des eigenen Pkw die Entfernungspauschale.

Pauschalierung bei Sachbezügen

Die Höhe der pauschalierungsfähigen Arbeitgeberzuschüsse ist an die tatsächlichen Aufwendungen des Arbeitnehmers für die Fahrten zwischen Wohnung und erster Tätigkeitsstätte geknüpft.[3] Obergrenze ist der als Werbungskosten abziehbare Betrag.[4] Danach sind hinsichtlich der möglichen Pauschalbesteuerung von Fahrtkostenzuschüssen 4 Fallgruppen zu unterscheiden. Zulässig ist die Lohnsteuerpauschalierung bei der Erstattung von Fahrtkosten durch den Arbeitgeber

- bei Benutzung eines eigenen Kfz in Höhe der Entfernungspauschale[5]
- bei Benutzung öffentlicher Verkehrsmittel in Höhe der tatsächlichen Aufwendungen des Arbeitnehmers,
- bei Benutzung anderer Verkehrsmittel in Höhe der tatsächlichen Aufwendungen des Arbeitnehmers, max. bis zum Höchstbetrag von 4.500 EUR,
- bei Arbeitnehmern mit Behinderung, die für Fahrten zwischen Wohnung und erster Tätigkeitsstätte die tatsächlichen Kosten ansetzen dürfen (Grad der Behinderung mindestens 70 oder mindestens 50 und Merkzeichen „G"), in vollem Umfang bis zur Höhe der tatsächlichen Aufwendungen.

Nutzung eines arbeitnehmereigenen Pkw

Fahrtkostenzuschüsse zu den arbeitstäglichen Fahrten mit dem eigenen Pkw können ab dem ersten Kilometer mit 15 % pauschal versteuert werden. Nur soweit der Arbeitgeberersatz für die Fahrten zwischen Wohnung und erster Tätigkeitsstätte über die Entfernungspauschale hinausgeht, ist er als laufendes Entgelt nach den ELStAM zu versteuern.

Beispiel

Berechnung der pauschalen Lohnsteuer

Ein Arbeitnehmer erhält von seinem Arbeitgeber einen monatlichen Fahrtkostenzuschuss für Fahrten zwischen Wohnung und erster Tätigkeitsstätte mit dem eigenen Pkw i. H. v. 0,30 EUR je Entfernungskilometer. Die Entfernung zwischen Wohnung und erster Tätigkeitsstätte beträgt 30 Kilometer. Für Januar4 (20 Arbeitstage) ergibt sich ein Arbeitgeberzuschuss von 180 EUR (20 Tage × 30 km × 0,30 EUR).

Ergebnis: Der Arbeitgeber kann den Aufwendungsersatz mit 15 % pauschal versteuern bis zu dem Betrag, den der Arbeitnehmer ohne Arbeitgeberersatz als Werbungskosten in seiner Einkommensteuererklärung abziehen dürfte. Die Lohnsteuerpauschalierung ist auf 0,30 EUR bzw. ab dem 21. Entfernungskilometer auf 0,38 EUR pro Kilometer der Entfernung zwischen Wohnung und erster Tätigkeitsstätte begrenzt.

1 § 41b Abs. 1 Satz 2 Nr. 6 EStG.

2 § 40 Abs. 2 Satz 2 EStG.
3 § 40 Abs. 2 Satz 3 EStG.
4 R 40.2 Abs. 6 LStR.
5 § 9 Abs. 1 Nr. 4 EStG.

Bei 20 Arbeitstagen ergibt sich ein pauschalierungsfähiger Fahrtkostenzuschuss von 196 EUR (20 Tage × [20 km × 0,30 EUR + 10 km × 0,38 EUR]). Für den Monat Januar kann damit der Fahrtkostenzuschuss in voller Höhe pauschal versteuert werden.

Nutzung eines Dienstwagens

Die Pauschalbesteuerung mit 15 % ist auch möglich, wenn dem Arbeitnehmer für die Fahrten zwischen Wohnung und erster Tätigkeitsstätte ein ↗ Dienstwagen zur Verfügung steht.

Tipp

Vereinfachungsregel: 15 Arbeitstage pro Monat für die Lohnabrechnung

Benutzt der Arbeitnehmer für die arbeitstäglichen Fahrten zum Arbeitgeber seinen Pkw oder einen Dienstwagen gilt eine Vereinfachungsregelung. Um die Arbeit in der Entgeltabrechnung bei der Pauschalbesteuerung zu vereinfachen, kann im Lohnsteuerabzugsverfahren für die Berechnung der Pauschalsteuer ohne weiteren Nachweis davon ausgegangen werden, dass der Arbeitnehmer pro Monat mit seinem (Dienst-)Fahrzeug an 15 Arbeitstagen Fahrten zwischen Wohnung und erster Tätigkeitsstätte durchgeführt hat. Dasselbe gilt bei Benutzung anderer motorisierter Fahrzeuge, etwa eines Motorrads, Motorrollers oder E-Bikes.[1] Allerdings ist in diesen Fällen bei der Berechnung der Pauschalierungsobergrenze der für die Entfernungspauschale geltende Höchstbetrag von 4.500 EUR zu beachten. Die 15-Tage-Regel gilt allerdings nicht, wenn der Arbeitnehmer einen Dienstwagen nutzt und für die Besteuerung der Fahrten zwischen Wohnung und erster Tätigkeitsstätte anstelle der 0,03-%-Monatspauschale den Ansatz der 0,002-%-Tagespauschale wählt.

Kürzung der 15-Tage-Regel

Die Vereinfachungsregelung geht von einer typischen 5-Tage-Woche des Arbeitnehmers aus. Benutzt der Arbeitnehmer sein Fahrzeug aufgrund der arbeitsvertraglichen Festlegungen im Normalfall an weniger als 5 Arbeitstagen pro Woche, etwa bei Teilzeitarbeit, Homeoffice oder mobilem Arbeiten, ist die Anzahl von 15 Arbeitstagen pro Monat verhältnismäßig zu kürzen. Bei einer 3-Tage-Woche in der Firma darf nach der Vereinfachungsregelung die Pauschalbesteuerung für monatlich 9 Fahrten (3/5 von 15 Tagen) zwischen Wohnung und erster Tätigkeitsstätte durchgeführt werden. Die Kürzung der 15-Tage-Regel ist erstmals für Lohnzahlungszeiträume ab 1.1.2022 anzuwenden.[2]

Die Pauschalbesteuerung durch den Arbeitgeber entfaltet keine Bindungswirkung für das Veranlagungsverfahren. Übersteigen die aufgrund der Vereinfachungsregelung pauschal besteuerten Beträge den Betrag, den der Arbeitnehmer als Werbungskosten geltend machen kann, ergibt sich im Rahmen der nach Ablauf des Kalenderjahres durchzuführenden Einkommensteuerveranlagung eine Nachversteuerung. Betragen die tatsächlich durchgeführten Fahrten zwischen Wohnung und erster Tätigkeitsstätte beispielsweise infolge einer längeren Krankheit weniger als 180 Arbeitstage, stellt der zu viel pauschalbesteuerte Fahrtkostenzuschuss in Höhe des Differenzbetrags steuerpflichtigen Arbeitslohn dar, der das zu versteuernde Einkommen des Arbeitnehmers bei seiner persönlichen Einkommensteuerfestsetzung erhöht.

Nutzung öffentlicher Verkehrsmittel

Die Pauschalierung der Lohnsteuer mit 15 % für Arbeitgeberleistungen (Zuschüsse und Sachbezüge) im Zusammenhang mit der Nutzung öffentlicher Verkehrsmittel zu Fahrten zwischen Wohnung und erster Tätigkeitsstätte kommt nicht mehr in Betracht. Bei zusätzlichen Leistungen ist seit 2019 vorrangig die Steuerbefreiung des § 3 Nr. 15 EStG maßgebend.

Pauschalierung mit dem Pauschsteuersatz von 25 %

Zusätzlich zur Lohnsteuerpauschalierung mit 15 % gibt es seit 2019 eine alternative Pauschalierung mit 25 % für die von der Steuerbefreiung des § 3 Nr. 15 EStG erfassten Fallgruppen der Nutzung öffentlicher Verkehrsmittel. Der Anwendungsbereich dieser Pauschalierungsvorschrift ist mit den unter die Steuerbefreiung fallenden Lohnsachverhalten identisch:

Begünstigt sind Arbeitgeberleistungen (Sachbezüge und Geldzuschüsse)

- bei Nutzung von öffentlichen Verkehrsmitteln zu Fahrten zwischen Wohnung und erster Tätigkeitsstätte im Linienverkehr sowie
- bei Nutzung des öffentlichen Personennahverkehrs, auch soweit es sich um Privatfahrten handelt.[3]

Hinweis

Wahlrecht des Arbeitgebers

Der Arbeitgeber kann insbesondere für Fahrtkostenzuschüsse zur Benutzung öffentlicher Verkehrsmittel zwischen den beiden Möglichkeiten der

- Steuerfreiheit mit Anrechnung auf die Entfernungspauschale oder
- Pauschalbesteuerung mit 25 % ohne Kürzung des Werbungskostenabzugs

wählen. Das Wahlrecht muss der Arbeitgeber einheitlich für sämtliche innerhalb eines Kalenderjahres gewährten Arbeitgeberleistungen i. S. d. § 3 Nr. 15 EStG ausüben.

Der Vorteil der Pauschalbesteuerung mit dem erhöhten Pauschsteuersatz von 25 % liegt darin, dass im Gegenzug auf eine Kürzung der Entfernungspauschale und damit auf einen Ausweis in der Lohnsteuerbescheinigung verzichtet wird. Arbeitgeberleistungen, die mit dem Pauschsteuersatz von 25 % ohne Anrechnung auf die Entfernungspauschale versteuert werden, müssen in der Lohnsteuerbescheinigung nicht ausgewiesen werden.

Zulässig ist die Lohnsteuerpauschalierung mit 25 % bei Fahrtkostenzuschüssen und Sachbezügen des Arbeitgebers bei Benutzung

- öffentlicher Verkehrsmittel im genehmigten Linienverkehr (ohne Luftverkehr) zu Fahrten zwischen Wohnung und erster Tätigkeitsstätte und
- des öffentlichen Personennahverkehrs zu sämtlichen Fahrten, auch Privatfahrten des Arbeitnehmers.

Die Pauschalbesteuerung verlangt im Unterschied zur Steuerbefreiung nicht, dass die Arbeitgeberleistung zusätzlich zum ohnehin geschuldeten Arbeitslohn erbracht wird. Sie umfasst auch die unter den Anwendungsbereich des § 3 Nr. 15 EStG fallenden Arbeitgeberleistungen zu Fahrten im öffentlichen Personennahverkehr, die von der Steuerbefreiung deshalb ausgeschlossen sind, weil sie im Wege der Entgeltumwandlung erbracht werden. Auch hier hat der Arbeitgeber die Möglichkeit der Lohnsteuerpauschalierung mit 25 % ohne Minderung der Entfernungspauschale.

Hinweis

Nachteilige Auswirkungen für Deutschlandtickets?

Entscheidet sich der Arbeitgeber für die Pauschalbesteuerung mit 25 %, um für seinen Arbeitnehmer die Kürzung der Entfernungspauschale zu vermeiden, besteht für den Gültigkeitszeitraum der Deutschlandtickets dieselbe Problematik wie für die Steuerfreiheit. Auch die Höhe der Pauschalbesteuerung ist an die tatsächlichen Aufwendungen des Arbeitnehmers für die Fahrten zwischen Wohnung und erster Tätigkeitsstätte geknüpft. Für 49-EUR-Tickets bedeutet dies, dass der Arbeitgeber den Fahrtkostenzuschuss für das 49-EUR-Ticket nur bis zu 46,55 EUR mit 25 % pauschal versteuern darf. Der staatliche Zuschuss von 2,45 EUR (5 % von 49 EUR) kürzt das pauschalierungs-

1 BMF, Schreiben v. 18.11.2021, IV C 5 – S 2351/20/10001 :002, BStBl 2021 I S. 2315, Rz. 36–39.

2 BMF, Schreiben v. 18.11.2021, IV C 5 – S 2351/20/10001 :002, BStBl 2021 I S. 2315, Rz. 41 und 45.

3 § 40 Abs. 2 Nr. 2 EStG.

fähige Zuschussvolumen des Arbeitgebers. Ob die Finanzverwaltung hier großzügigere Maßstäbe ansetzt und die Pauschalbesteuerung bis zu 49 EUR zulässt, bleibt abzuwarten. Im Einzelfall hat der Arbeitgeber die Möglichkeit der ↗ Anrufungsauskunft.

Jobticket (Sachbezug) statt Fahrtkostenzuschuss (Barlohn)

Anwendung der 50-EUR-Sachbezugsfreigrenze

Die Arbeitgeberleistung kann entweder im Wege eines Fahrtkostenzuschusses in Form von Barlohn oder eines Jobtickets in Form eines Sachbezugs erbracht werden. Ergibt sich aus der Überlassung eines Jobtickets ein geldwerter Vorteil, z. B. weil die Zusätzlichkeitsvoraussetzung für die Anwendung der Steuerbefreiung nicht erfüllt ist, kann die monatliche Freigrenze von 50 EUR angewendet werden. Danach können Sachbezüge außer Ansatz bleiben, wenn sich der nach Anrechnung von Zuzahlungen des Arbeitnehmers ergebende ↗ geldwerte Vorteil insgesamt 50 EUR im Kalendermonat nicht übersteigt. Bei der Prüfung der Freigrenze sind andere Sachbezüge mit zu berücksichtigen. Übersteigt der Sachbezug „Jobticket" monatlich 50 EUR, scheidet die Anwendung der 50-EUR-Freigrenze aus.

Zufluss des geldwerten Vorteils bei Hingabe des Jobtickets

Gelten Jobtickets für einen längeren Zeitraum, fließt der geldwerte Vorteil insgesamt bei Überlassung des Jobtickets zu. Jahresfahrscheine sind deshalb meist lohnsteuerpflichtig. Besteht ein Jahresfahrschein aus monatlichen Fahrberechtigungen, die jeweils auch Monat für Monat ausgehändigt oder freigeschaltet werden, bleibt es lohnsteuerrechtlich beim monatlichen Lohnzufluss. Entscheidend für die Anwendung der 50-EUR-Freigrenze ist die physische Abgabe, die Monat für Monat erfolgen muss.[1, 2]

Beispiel

Zufluss des geldwerten Vorteils einer Jahresfahrkarte im Zeitpunkt der Hingabe

Ein Arbeitgeber überlässt seinen Arbeitnehmern im Januar verbilligte Jahresfahrkarten zur Nutzung öffentlicher Verkehrsmittel für Fahrten zwischen Wohnung und erster Tätigkeitsstätte (Gültigkeit Februar bis Januar des Folgejahres). Der Preis der Jahresfahrkarte beträgt 600 EUR und wird vom Arbeitgeber in monatlichen Raten von je 50 EUR an den Verkehrsträger bezahlt. Die Arbeitnehmer leisten eine monatliche Zuzahlung von 20 EUR.

Ergebnis: Für den Zufluss des geldwerten Vorteils kommt es darauf an, zu welchem Zeitpunkt der Arbeitnehmer das Jobticket erhält. Unmaßgeblich ist der Zeitpunkt, zu dem der Arbeitgeber den Preis des Jobtickets an den Verkehrsträger entrichtet, ebenso für welches Jahr das Ticket gültig ist. Da dem Arbeitnehmer im Januar das für ein ganzes Jahr gültige Jobticket übergeben wird, fließt zu diesem Zeitpunkt auch der komplette geldwerte Vorteil von 360 EUR zu. Die monatliche Freigrenze von 50 EUR ist überschritten, obwohl der rechnerische monatliche Vorteil bei nur 30 EUR liegt (= 600 EUR : 12 Monate – 20 EUR).

Unbedeutend ist die praktische Abwicklung bei der Gewährung des Jobtickets. Die 50-EUR-Freigrenze scheidet im vorigen Beispiel auch dann aus, wenn anstelle der unmittelbaren Ticketgestellung durch den Arbeitgeber der Weg über das Verkehrsunternehmen gewählt wird. Erhält der Arbeitnehmer das verbilligte Bezugsrecht durch entsprechende Vereinbarungen des Arbeitgebers gegenüber dem Verkehrsunternehmen, ist ebenfalls bereits beim Erwerb der Jahreskarte vom Verkehrsbetrieb die volle Jahresvergünstigung als Sachbezug zu erfassen, auch wenn der Arbeitnehmer die monatliche Zuzahlung gegenüber dem Verkehrsunternehmen erbringen muss. Entscheidend ist allein, dass der Arbeitgeber durch entsprechende Geldleistungen zur Verbilligung Fahrscheinabgabe durch den Dritten beigetragen hat.

1.080-EUR-Rabattfreibetrag für Mitarbeiter eines Verkehrsträgers

Bei Jobtickets, die Verkehrsunternehmen an ihre Mitarbeiter kostenlos oder verbilligt abgeben, handelt es sich um Belegschaftsrabatte. Auch hier gilt ab 2019 vorrangig die Steuerbefreiung für zusätzlich zum ohnehin geschuldeten Arbeitslohn gewährte Arbeitgeberleistungen. Für arbeitnehmerfinanzierte Jobtickets gilt der Rabattfreibetrag von 1.080 EUR pro Jahr. Ein übersteigender Betrag ist lohnsteuerpflichtig.[3] Der Freibetrag von 1.080 EUR findet bei der Umsatzsteuer keine Anwendung. Die entgeltliche Überlassung von Jobtickets bei Verkehrsbetrieben bleibt damit im Rahmen des Rabattfreibetrags lohnsteuerfrei, unterliegt aber regelmäßig der Umsatzsteuer.

Arbeitnehmer mit Behinderung

Soweit Menschen mit Behinderung für Fahrten zwischen Wohnung und erster Tätigkeitsstätte die tatsächlichen Kosten ansetzen dürfen, kann der Arbeitgeber im selben Umfang einen Fahrtkostenzuschuss pauschal versteuern. Die Begrenzung auf die Höhe der Entfernungspauschale ist nicht zu beachten.

Weitere steuerfreie Fahrtkostenzuschüsse

Dienstreisen

Bei einer beruflichen Auswärtstätigkeit sind die Fahrtkostenzuschüsse des Arbeitgebers für die Hin- und Rückfahrt zwischen Wohnung und auswärtiger Tätigkeitsstätte einschließlich sämtlicher Zwischenheimfahrten steuerfrei. Bei Kraftfahrzeugbenutzung können die tatsächlichen Aufwendungen oder ohne Einzelnachweis je Fahrtkilometer die für Reisekosten geltenden Kilometersätze von 0,30 EUR bei Pkw-Benutzung und von 0,20 EUR bei Benutzung eines Motorrads oder Motorrollers steuerfrei ersetzt werden.

Das gilt auch für Fahrten des Arbeitnehmers zwischen der auswärtigen Unterkunft und der auswärtigen Tätigkeitsstätte bei einer Tätigkeit mit typischerweise ständig wechselnden Tätigkeitsstätten.

Fahrten zur Berufsschule

Fahrtkostenzuschüsse des Arbeitgebers für die Fahrten von Auszubildenden zur Berufsschule mit öffentlichen Verkehrsmitteln oder dem Kraftfahrzeug sind regelmäßig steuerfrei (falls Fahrten Dienstreisen darstellen).

Familienheimfahrten bei doppelter Haushaltsführung

Führt der Arbeitnehmer einen doppelten Haushalt, kann der Arbeitgeber die Fahrtkosten für die Familienheimfahrten nach den Regelungen der doppelten Haushaltsführung steuerfrei ersetzen. Fahrtkostenzuschüsse für die erste Fahrt des Arbeitnehmers von der Wohnung zum Beschäftigungsort und für die letzte Fahrt zurück sowie für eine Familienheimfahrt wöchentlich sind grundsätzlich steuerfrei.

Fahrtkosten zur Teilnahme an Betriebsversammlungen

Für Fahrtkosten, die durch die Teilnahme von Arbeitnehmern an Betriebsversammlungen entstehen, gilt Folgendes: Der bis zur Höhe des tatsächlich aufgewendeten Betrags geleistete Ersatz ist steuerfrei und somit kein beitragspflichtiges Arbeitsentgelt.[4]

Gesonderter Ausweis in der Lohnsteuerbescheinigung

Weil steuerfreie Sachbezüge und pauschal besteuerte Arbeitgeberleistungen auf die als Werbungskosten anzusetzende Entfernungspauschale angerechnet werden, muss der Arbeitgeber die steuerfreien Bezüge und die pauschal besteuerten Arbeitgeberleistungen in den Nummern 17 und 18 der Lohnsteuerbescheinigung ausweisen.[5]

Ausgenommen von der Bescheinigungspflicht sind Fahrtkostenzuschüsse und Sachbezüge des Arbeitgebers für Fahrten zwischen Wohnung und erster Tätigkeitsstätte bei Benutzung öffentlicher Verkehrsmittel, für die der Arbeitgeber die Lohnsteuerpauschalierung mit 25 % gewählt hat.

1 R 8.1 Abs. 3 LStR.
2 BFH, Urteil v. 14.11.2012, VI R 56/11, BStBl 2013 II S. 382; BFH, Urteil v. 7.7.2020, VI R 14/18, BStBl 2021 II S. 232.
3 § 8 Abs. 3 EStG.
4 § 1 Abs. 1 Satz 1 Nr. 1 SvEV.
5 § 41b Abs. 1 Satz 2 Nrn. 6, 7 EStG.

Sozialversicherung

Beitragsrechtliche Bewertung

Die vom Arbeitgeber gezahlten lohnsteuerpflichtigen Fahrkostenzuschüsse sind sozialversicherungspflichtiges Arbeitsentgelt und damit beitragspflichtig.[1]

Die Beitragspflicht von Fahrtkostenzuschüssen zur Sozialversicherung gilt unabhängig davon, ob der Arbeitgeber dem Arbeitnehmer

- bei Benutzung eines eigenen Fahrzeugs Kilometergeld zahlt oder
- ein Firmenfahrzeug für derartige Fahrten unentgeltlich oder verbilligt zur Verfügung gestellt wird.

Pauschalbesteuerung

Werden die vom Arbeitgeber gewährten Fahrtkostenzuschüsse pauschal besteuert, führt dies zur Beitragsfreiheit in der Sozialversicherung.[2] Etwas anderes gilt, wenn der Arbeitgeber die Regelbesteuerung nach den ELStAM des Arbeitnehmers individuell durchführt. In diesem Fall sind die gewährten Fahrtkostenzuschüsse gleichermaßen beitragspflichtig zur Sozialversicherung.

Jobtickets

Auch bei der Bewertung von überlassenen Jobtickets folgt die beitragsrechtliche Bewertung der lohnsteuerrechtlichen Behandlung.

Berufliche Auswärtstätigkeit

Für die arbeitstäglichen Fahrten zwischen ständig wechselnden Einsatzstellen und der Wohnung des Arbeitnehmers (tägliche Rückkehr) kann der Arbeitgeber die tatsächlichen Fahrtkosten oder die pauschalen Kilometersätze von 0,30 EUR pro gefahrenem Kilometer (bis 20 km Entfernung zwischen Einsatzstelle und Wohnung) bzw. von 0,38 EUR pro gefahrenem Kilometer für jeden vollen, über 20 Entfernungskilometer hinausgehenden Kilometer zeitlich unbegrenzt steuerfrei ersetzen. Maximal können 4.500 EUR im Kalenderjahr in Ansatz gebracht werden; lediglich, wenn der Arbeitnehmer einen eigenen oder ihm zur Nutzung überlassenen PKW benutzt, kann auch ein höherer Betrag in Ansatz gebracht werden.

Steuerfreie Reisekostenzuschüsse bei beruflicher Auswärtstätigkeit sind gleichermaßen auch beitragsfrei zur Sozialversicherung.

Fahrten zur Berufsschule

Ersetzt der Arbeitgeber seinen Auszubildenden die Fahrtkosten zur Berufsschule, gelten die Fahrten zur Berufsschule grundsätzlich als Dienstreise. Dabei spielt es keine Rolle, ob die Fahrt von der Wohnung des Auszubildenden oder vom Ausbildungsbetrieb aus angetreten wird. Der Fahrtkostenersatz/-zuschuss ist somit regelmäßig auch beitragsfrei zur Sozialversicherung.

Faktorverfahren Lohnsteuer

Ehe- oder Lebenspartner, die beide unbeschränkt steuerpflichtig sind und in einem Dienstverhältnis stehen, können die Steuerklassenkombination IV/IV mit Faktor wählen. Das sog. Faktorverfahren ist als zusätzliche Alternative zu den bestehenden Steuerklassenkombinationen IV/IV und III/V vorgesehen.

Gesetzliche Zielsetzung dieser Steuerklassenkombination ist, die hohe Abgabenlast in der Steuerklasse V zu beseitigen. Diese trifft in der Praxis überwiegend Ehefrauen nachteilig und wirkt der Aufnahme einer sozialversicherungspflichtigen Beschäftigung entgegen. Ein beantragter Faktor ist grundsätzlich bis zu 2 Kalenderjahre gültig.

Gesetze, Vorschriften und Rechtsprechung

Lohnsteuer: Die gesetzlichen Regelungen zum Faktorverfahren finden sich in § 39f EStG. Nach § 2 Abs. 8 EStG sind diese Regelungen nicht nur für Ehepartner, sondern auch für Lebenspartner anzuwenden.

Lohnsteuer

Steuerklasse für Doppelverdiener

Ehe- oder Lebenspartner, die beide Lohneinkünfte beziehen und zusammen zur Einkommensteuer veranlagt werden, können zwischen den Steuerklassenkombinationen IV/IV und III/V wählen:

- Die Steuerklassenkombination IV/IV wird vorzugsweise angewendet, wenn beide Ehe-/Lebenspartner Arbeitslohn in etwa gleicher Höhe beziehen.
- Die Steuerklassenkombination III/V wird häufig von Ehe-/Lebenspartnern mit stark unterschiedlichen Einkommen gewählt. Diese Steuerklassenkombination kann zu einer ungerechten Verteilung des Lohnsteuerabzugs führen. Der Grundfreibetrag und die Vorsorgepauschale werden ausschließlich der Steuerklasse III zugerechnet; der Lohnsteuerabzug in Steuerklasse V fällt – im Verhältnis zu den Gesamtbezügen – zu hoch aus.

Durch das Faktorverfahren soll diese Ungleichbehandlung der Ehe-/Lebenspartner beseitigt werden. Der Faktor ist ein steuermindernder Multiplikator, der sich bei unterschiedlich hohen Arbeitslöhnen der Ehe-/Lebenspartner aus der Wirkung des Splittingverfahrens in der Veranlagung errechnet.

Wirkungsweise des Faktorverfahrens

Im Faktorverfahren wird auf den Arbeitslohn jedes einzelnen Ehe-/Lebenspartners die Steuerklasse IV angewandt. Mit der Wahl der Steuerklassenkombination IV-Faktor/IV-Faktor werden die persönlichen Steuerfreibeträge des einzelnen Ehe-/Lebenspartners jeweils bereits beim laufenden Lohnsteuerabzug berücksichtigt.

Durch Anwendung des Faktors auf die Steuerklasse IV wird die Lohnsteuer entsprechend der Wirkung des Splittingverfahrens zusätzlich gemindert. Der Faktor ist aufgrund der gewählten Berechnungsformel immer kleiner als „1“. Die Lohnsteuerbelastung liegt damit zwischen den nach der Steuerklasse III und IV berechneten Steuerabzugsbeträgen.

Hinweis

Auswirkung auf Lohnersatzleistungen möglich

Das Faktorverfahren kann die Höhe von Lohnersatzleistungen beeinflussen, z. B. Arbeitslosengeld, Mutterschaftsgeld oder Elterngeld. Diese Leistungen bemessen sich nach dem zuletzt bezogenen Nettolohn, der hierdurch steigen kann.

Berechnung des Faktors

Auf Basis der voraussichtlichen Jahresarbeitslöhne ermittelt das Finanzamt die voraussichtliche Jahreslohnsteuer in der Steuerklasse IV getrennt für jeden Ehe-/Lebenspartner. Bei jedem Ehe-/Lebenspartner werden die ihm persönlich zustehenden Freibeträge berücksichtigt (Grundfreibetrag, Vorsorgepauschale, Arbeitnehmer-Pauschbetrag). Auf Antrag sind zudem ↗ Lohnsteuerfreibeträge zu beachten, z. B. für erhöhte ↗ Werbungskosten.[3]

Der Faktor ist ein Multiplikator Y : X. Die Summe der Lohnsteuer, die sich für beide Ehepartner nach Steuerklasse IV ergibt, ist die Ausgangsgröße X im Nenner des Faktors. Der Zähler Y ist die voraussichtliche Jahreslohnsteuer, die sich für den voraussichtlichen Gesamtjahresarbeitslohn beider Ehe-/Lebenspartner nach dem Splittingtarif ergibt. Maßgeblich sind die Steuerbeträge des Kalenderjahres, für das der Faktor erstmals gelten soll. Der aus Y : X errechnete Quotient ist der für die Lohnsteuer-

1 § 14 Abs. 1 SGB IV.
2 § 40 Abs. 2 Satz 2 EStG i. V. m. § 1 Abs. 1 Satz 1 Nr. 3 SvEV.
3 § 39a EStG.

berechnung der Ehe-/Lebenspartner maßgebende Faktor. Er ist stets kleiner als 1 und wird vom Finanzamt als 0 mit 3 Nachkommastellen bescheinigt.

Diesen Faktor trägt das Finanzamt als Lohnsteuerabzugsmerkmal in der ELStAM-Datenbank ein. Er wird dem Arbeitgeber zum elektronischen Abruf zur Verfügung gestellt und im Lohnsteuerabzugsverfahren automatisch berücksichtigt.[1]

Beispiel

Lohnsteuerabzug mit Faktorverfahren bei Doppelverdienern

Für den Lebenspartner A ergibt sich in Steuerklasse IV bei einem Bruttoarbeitslohn von 30.000 EUR eine (fiktive) Jahreslohnsteuer von 4.800 EUR und für Lebenspartner B bei einem Bruttoarbeitslohn von 10.000 EUR eine Jahreslohnsteuer von 0 EUR. Die Summe der Jahreslohnsteuer bei der Steuerklassenkombination IV/IV beträgt 4.800 EUR.

Das Finanzamt berechnet die voraussichtliche Einkommensteuer im Splittingverfahren mit 4.000 EUR.

Ergebnis: Der Faktor berechnet sich mit 4.000 : 4.800 = 0,833.

Für Lebenspartner A mit einem Bruttoarbeitslohn von 30.000 EUR beträgt die Lohnsteuer nach Steuerklasse IV mit Faktorverfahren: 4.800 EUR × Faktor 0,833 = 3.998,40 EUR.

Für den Lebenspartner B mit einem Bruttoarbeitslohn von 10.000 EUR beträgt die Lohnsteuer nach Steuerklasse IV mit Faktorverfahren: 0 EUR × Faktor 0,833 = +/- 0 EUR.

Die Summe der Lohnsteuer von 3.998,40 EUR für beide Lebenspartner entspricht fast genau der vom Finanzamt ermittelten Einkommensteuer von 4.000 EUR.

Arbeitslöhne aus zweitem Dienstverhältnis bleiben unberücksichtigt

Für die Berechnung des Faktors sind ausschließlich die Lohnbezüge aus dem ersten Dienstverhältnis einzubeziehen. Arbeitslöhne, die nach der Steuerklasse VI zu besteuern sind, werden beim Faktorverfahren nicht berücksichtigt.

Berücksichtigung von Frei- und Hinzurechnungsbeträgen

Freibeträge i. S. d. § 39a Abs. 1 Nrn. 1–6 EStG werden auf Antrag der Ehe-/Lebenspartner bereits bei der Faktorermittlung berücksichtigt. Die im ⬀ Lohnsteuer-Ermäßigungsverfahren beantragten Freibeträge werden bei der Ermittlung der voraussichtlichen Einkommensteuer nach der Splittingtabelle abgezogen.

Die gleichzeitige Berücksichtigung eines Freibetrags als Lohnsteuerabzugsmerkmal ist ausgeschlossen, da dieser bereits in die Berechnung des Faktors einfließt.[2]

Im Fall eines Steuerklassenwechsels von III/V nach IV-Faktor/IV-Faktor werden deshalb die bisher als Lohnsteuerabzugsmerkmal berücksichtigten Freibeträge gestrichen.

Ein Hinzurechnungsbetrag[3] ist bei der Ermittlung des Faktors zu berücksichtigen und weiterhin als Lohnsteuerabzugsmerkmal für das erste Dienstverhältnis zu bilden.

Beantragung des Faktors

Für das Faktorverfahren ist ein gemeinsamer Antrag beider Ehe-/Lebenspartner erforderlich. Für den Antrag gelten dieselben formellen Anforderungen wie für einen Steuerklassenwechsel. Der Antrag kann längstens bis zum 30.11. des laufenden Kalenderjahres gestellt werden. Zuständig ist das jeweilige Wohnsitzfinanzamt. Die Steuerklassenkombination IV-Faktor/IV-Faktor gilt vom Beginn des auf die Antragstellung folgenden Kalendermonats an.[4]

Die Nutzung des amtlichen Vordrucks „Antrag auf Steuerklassenwechsel bei Ehegatten/Lebenspartner" ist aber im Hinblick auf die notwendigen Angaben empfehlenswert.

1 § 39f Abs. 4 EStG.
2 § 39f Abs. 1 Satz 6 EStG.
3 § 39a Abs. 1 Nr. 7 EStG.
4 § 39f Abs. 3 Satz 1 i. V. m. § 39 Abs. 6 Sätze 3 und 5 EStG.

Sofern bei der Berechnung des Faktors ein Freibetrag berücksichtigt werden soll, ist neben dem Antrag auf Steuerklassenwechsel zusätzlich der entsprechende Abschnitt im Hauptvordruck „Antrag auf Lohnsteuer-Ermäßigung" sowie die entsprechende Anlage des Antrags auf Lohnsteuer-Ermäßigung auszufüllen.

Zeitraum der Gültigkeit des Faktors

Der Faktor gilt für 2 Jahre, d. h. bis zum Ablauf des Kalenderjahres, das auf das Kalenderjahr folgt, in dem der Faktor erstmals gilt oder zuletzt geändert worden ist.[5]

Anders als beim Antrag auf Lohnsteuer-Ermäßigung besteht kein Wahlrecht, ob der Faktor für ein oder 2 Kalenderjahre bestehen soll, der Antrag gilt automatisch für 2 Kalenderjahre. Soll ab dem Folgejahr eine andere Steuerklassenkombination gelten, ist hierfür ein erneuter Antrag auf Steuerklassenwechsel notwendig.

Achtung

Keine Auswirkung geänderter Programmablaufpläne

Im Laufe des Jahres 2023 sind die Programmablaufpläne mehrfach geändert worden[6], teilweise war der LSt-Abzug sogar rückwirkend zu korrigieren. Dasselbe gilt für das Jahr 2024 mit erneuten unterjährigen Änderungen der Programmablaufpläne.[7] Aus diesen Änderungen ergeben sich jedoch keine Auswirkungen bei einem zuvor gebildeten Faktor. Dieser behält weiter seine Gültigkeit.

Änderung des Faktors aufgrund geänderter Jahresarbeitslöhne oder Freibeträge

Ändern sich die maßgeblichen Jahresarbeitslöhne der Ehe-/Lebenspartner, ist eine zwischenzeitliche Anpassung des Faktors möglich, aber nicht zwingend. Ändert sich hingegen im 2-Jahreszeitraum ein eingetragener Freibetrag, müssen sich die Ehe-/Lebenspartner auch bezüglich des Faktors erklären (Anzeigepflicht). Die Änderung des Faktors aufgrund geänderter Jahresarbeitslöhne oder geänderter Freibeträge löst dabei automatisch einen neuen 2-Jahreszeitraum aus.

Notwendige Angaben und Nachweise

Zur Ermittlung des Faktors werden folgende Angaben der Ehe-/Lebenspartner benötigt:

- Höhe der jeweiligen voraussichtlichen Bruttoarbeitslöhne im Kalenderjahr.
- Bei Arbeitnehmern, für die der ⬀ Altersentlastungsbetrag zur Anwendung kommt, ist im Antrag auch das Geburtsdatum anzugeben.
- In den Fällen, in denen Versorgungsbezüge vorliegen, sind zur Berechnung des Versorgungsfreibetrags weitere Angaben erforderlich. Dabei handelt es sich um die Höhe der ⬀ Versorgungsbezüge im Kalenderjahr, das Jahr des Versorgungsbeginns und die Höhe der monatlichen Versorgungsbezüge im ersten vollen Monat nach Versorgungsbeginn.

Weitere Angaben und Nachweise

Zur Berücksichtigung der Vorsorgeaufwendungen, insbesondere für Rente, Krankheit und Pflege sind weitere Angaben erforderlich.[8] Dabei handelt es sich um die Angaben der Versicherung

- in der gesetzlichen Rentenversicherung oder einer berufsständischen Versorgungseinrichtung,
- in der gesetzlichen Krankenversicherung und in der sozialen Pflegeversicherung und
- die Frage, ob der Arbeitgeber dazu steuerfreie Zuschüsse geleistet hat.

Beiträge zur privaten Kranken- und Pflegeversicherung sind in tatsächlicher Höhe anzugeben, soweit es sich um die Basisabsicherung handelt.

5 § 39f Abs. 1 Sätze 9–11 EStG.
6 Zuletzt BMF, Schreiben v. 19.6.2023, IV C 5 – S 2361/19/10008:009, BStBl 2023 I S. 1014.
7 BMF, Schreiben v. 3.11.2023, IV C 5 – S 2361/19/10008 :010, BStBl 2023 I S. 1879.
8 S. Teil F des Lohnsteuer-Ermäßigungsantrags.

Für die Kranken- und Pflegeversicherung wird eine Mindestvorsorgepauschale von 12 % des Arbeitslohns, höchstens 1.900 EUR berücksichtigt, die immer dann zur Anwendung kommt, wenn die Arbeitnehmer-Ehegatten/Lebenspartner entsprechende Angaben nicht vornehmen.

Als Ergebnis der Antragstellung bildet das Finanzamt die Steuerklasse IV und den Faktor als Lohnsteuerabzugsmerkmale für den Lohnsteuerabzug der Ehe-/Lebenspartner.[1]

Kein Faktorverfahren für weitere Dienstverhältnisse

Die Steuerklasse VI kann nicht in das Faktorverfahren einbezogen werden. Arbeitslöhne aus weiteren Dienstverhältnissen, die nach Steuerklasse VI besteuert werden, bleiben bei der Ermittlung des Faktors unberücksichtigt.[2]

Auch bei Anwendung des Faktorverfahrens kann für Arbeitnehmer-Ehegatten/Lebenspartner für ein zweites oder weiteres Dienstverhältnis beim ersten Dienstverhältnis ein Hinzurechnungsbetrag[3] gebildet werden.

Der Hinzurechnungsbetrag wird bei der Ermittlung des Faktors sowohl bei der Berechnung der gemeinsamen Lohnsteuer als auch der Gesamteinkommensteuer nach dem Splittingverfahren berücksichtigt. Er wirkt sich somit nicht über den Faktor aus. Deshalb sind Hinzurechnungsbeträge zusätzlich als ⇗ Lohnsteuerabzugsmerkmal für das erste Dienstverhältnis zu bilden.[4]

Faktorverfahren führt zu Veranlagungspflicht

Das Faktorverfahren ist nach Ablauf des Jahres an eine Pflichtveranlagung zur Einkommensteuer geknüpft.[5] Zwar bewirkt das Faktorverfahren, dass die im Lohnsteuerverfahren für beide Ehe-/Lebenspartner einbehaltenen Steuerabzugsbeträge in etwa der Jahreseinkommensteuer bei einer Zusammenveranlagung entsprechen. Veränderungen hinsichtlich der angenommenen Höhe der Lohnbezüge der Ehe-/Lebenspartner während des Jahres bleiben jedoch zwangsläufig unberücksichtigt.

Deshalb müssen betroffene Arbeitnehmer eine Einkommensteuererklärung abgeben, wenn sie im Lohnsteuerverfahren von der Möglichkeit des Faktorverfahrens Gebrauch machen.

Hinweis

Betrieblicher Lohnsteuer-Jahresausgleich durch Arbeitgeber ausgeschlossen

Als Folge der Pflichtveranlagung ist die Durchführung des betrieblichen Jahresausgleichs durch den Arbeitgeber ausgeschlossen.[6]

Fälligkeit

Im Arbeitsrecht – ebenso wie im übrigen Zivilrecht – ist eine Forderung (Erbringung der Arbeitsleistung/Lohnzahlung) fällig zu dem Zeitpunkt, von dem ab der Gläubiger die Leistung verlangen kann. Davon zu unterscheiden ist der Zeitpunkt, von dem ab der Schuldner leisten darf, der Gläubiger also durch Nichtannahme der Leistung in Annahmeverzug kommt; dies ist die Erfüllbarkeit der Forderung. Arbeitsrechtlich besteht nach dem BGB eine Vorleistungspflicht des Arbeitnehmers. Beiträge in der Sozialversicherung, die nach dem Arbeitsentgelt oder dem Arbeitseinkommen zu bemessen sind, sind spätestens am drittletzten Bankarbeitstag des Monats fällig, in dem das Entgelt erzielt wird. Die lohnsteuerrechtliche Fälligkeit hängt eng mit dem Lohnsteuerabzug zusammen.

1 § 39 Abs. 4 Nr. 1 EStG.
2 § 39f Abs. 1 Satz 7 EStG.
3 § 39a Abs. 1 Nr. 7 EStG.
4 § 39f Abs. 1 Satz 6 EStG.
5 § 46 Abs. 2 Nr. 3a EStG.
6 § 42b Abs. 1 Nr. 3b EStG.

Gesetze, Vorschriften und Rechtsprechung

Sozialversicherung: § 23 Abs. 1 Satz 2 SGB IV bestimmt die Fälligkeit der Beiträge an die ⇗ Einzugsstelle. Die Zahlung des Gesamtsozialversicherungsbeitrags für Beschäftigte ist in § 28e SGB IV i. V. m. der Beitragsverfahrensverordnung (BVV) geregelt.

Sozialversicherung

Fälligkeitstermin

Gesamtsozialversicherungsbeiträge/Umlagen

Gesamtsozialversicherungsbeiträge (GSV-Beiträge) sind spätestens am drittletzten Bankarbeitstag des Monats fällig, in dem die Beschäftigung ausgeübt wurde, mit der das Arbeitsentgelt erzielt wurde. Zu zahlen sind die tatsächlich ermittelten Beiträge oder – falls dies nicht möglich ist – die Beiträge in Höhe des Vormonats. Die tatsächliche Beitragsschuld ist dann am Monatsende zu ermitteln. Eine Differenz zum gezahlten Beitrag wird im Folgemonat verrechnet. Die Regelungen zur Fälligkeit beziehen sich auf die Beiträge zur Kranken-, Pflege-, Renten- und Arbeitslosenversicherung. Sie gelten auch für das Umlageverfahren U1 und U2 (Erstattung der Arbeitgeberaufwendungen bei Krankheit und Mutterschaft) sowie für die ⇗ Insolvenzgeldumlage. Die Fälligkeit gilt auch bei der Zahlung von Pauschalbeiträgen für versicherungsfreie Minijobber (geringfügig entlohnte Beschäftigte) an die Minijob-Zentrale. Zur Unfallversicherung gelten besondere Fälligkeitsregelungen.

Zeitliche Zuordnung

Die Fälligkeit der GSV-Beiträge ist zeitlich daran geknüpft, wann die den Beiträgen zugrunde liegende Arbeitsleistung erbracht wurde und wann der Anspruch entstand. Es besteht keine Abhängigkeit zu der tatsächlichen Entgeltabrechnung, die regelmäßig erst nachträglich durchgeführt wird. Auf die versicherungsrechtliche Zuordnung von Arbeitsentgelt zu den Entgeltabrechnungszeiträumen hat die Fälligkeitsregelung keinen Einfluss. Die Fälligkeit der GSV-Beiträge ist losgelöst von der Zuordnung des zugrunde liegenden Arbeitsentgelts zu einem Entgeltabrechnungszeitraum zu sehen. Das gilt auch für Arbeitsentgelt, das ohne tatsächliche Beschäftigung erzielt wird, z. B. ⇗ Entgeltfortzahlung während einer Arbeitsunfähigkeit.

Drittletzter Bankarbeitstag

Die GSV-Beiträge sind spätestens am drittletzten Bankarbeitstag des Monats der Arbeitsleistung fällig. Maßgeblich für diesen Termin ist der Sitz der jeweiligen Einzugsstelle (Krankenkasse). Deshalb gelten für die Bestimmung des drittletzten Bankarbeitstags die Verhältnisse am Sitz der jeweiligen Einzugsstelle (Hauptverwaltung) und somit die dort geltenden Feiertage. Darauf ist besonders zu achten, wenn der drittletzte Bankarbeitstag auf einen nicht bundeseinheitlichen Feiertag fällt. Sowohl Heiligabend (24.12.) als auch Silvester (31.12.) gelten bundesweit nicht als bankübliche Arbeitstage.

Achtung

Neue Hauptverwaltung durch Kassenfusion

Bei Fusionen von Krankenkassen kann sich der Sitz der Hauptverwaltung verändern. Kommt es dadurch zu einem Wechsel des Bundeslandes, können sich vom Zeitpunkt der Fusion an nach der dort geltenden Feiertagsregelung abweichende Fälligkeitstermine ergeben.

Gezahlte Beiträge

Der Beitrag muss am Fälligkeitstag dem Konto der Einzugsstelle gutgeschrieben sein. Das Risiko des Zahlungswegs trägt somit der Arbeitgeber. Bei Zahlungsanweisung ist der Bankenweg mit einzuplanen. Das gilt auch bei Zahlung durch Scheck. Der Arbeitgeber muss bei Scheckzahlung sicherstellen, dass die Krankenkasse bei ordnungsgemäßer Bearbeitung und Weiterleitung des Schecks an die Bank die Gutschrift spätestens am Fälligkeitstag erhält.

Wichtig

Zahlungsverzug bei Rücklastschrift

Wird bei Vorliegen einer Einzugsermächtigung eine Lastschrift nicht eingelöst und das Konto der Krankenkasse wird rückbelastet, liegt keine rechtzeitige Zahlung der Beiträge vor.

Da die Fälligkeit der Sozialversicherungsbeiträge auf den drittletzten Bankarbeitstag des Monats festgesetzt wurde, gibt es keine Verschiebung des Fälligkeitstermins auf den nächstfolgenden Werktag an Wochenenden oder an Feiertagen.

Höhe der Beitragsschuld

Gleichbleibendes Arbeitsentgelt

Den Arbeitgebern, die ihren Arbeitnehmern monatlich gleichbleibende Arbeitsentgelte zahlen, ist die Höhe des Arbeitsentgelts für den Beitragsmonat bis zum fünftletzten Bankarbeitstag bereits bekannt. Die Höhe der gemeldeten und gezahlten Beiträge entspricht der Höhe der bis Ende des Monats tatsächlich anfallenden Beiträge.

Schwankendes/veränderliches Arbeitsentgelt (vereinfachtes Verfahren)

Arbeitgeber, die monatlich schwankende Arbeitsentgelte oder veränderliche Entgeltbestandteile zahlen und denen die Höhe des Arbeitsentgelts für den Beitragsmonat nicht am fünftletzten Bankarbeitstag bekannt ist, haben die Möglichkeit, die Sozialversicherungsbeiträge für den laufenden Monat vorerst in Höhe des Vormonats zu zahlen. Die Differenz zwischen dem gezahlten und dem aufgrund der Entgeltabrechnung tatsächlich zu zahlenden Beitrag wird mit der Beitragszahlung im Folgemonat verrechnet. Diese Vereinfachungsregelung zur Beitragsfälligkeit wird durch das Bürokratieentlastungsgesetz geregelt.

Einmalzahlungen

Die Beitragsansprüche aus einmalig gezahltem Arbeitsentgelt entstehen, sobald dieses ausgezahlt worden ist.[1] Um die Fälligkeit der Beiträge aus einmalig gezahltem Arbeitsentgelt zu ermitteln, hat der Arbeitgeber für den zu beurteilenden Beitragsmonat festzustellen, ob die ⬀ Einmalzahlung mit hinreichender Sicherheit noch in diesem Beitragsmonat ausgezahlt wird. Dies dürfte dem Arbeitgeber zum Zeitpunkt der Ermittlung der voraussichtlichen Höhe der Beitragsschuld in aller Regel bekannt sein. Deshalb werden die Beiträge aus einmalig gezahltem Arbeitsentgelt bei der Berechnung der Höhe der voraussichtlichen Beitragsschuld im Auszahlungsmonat der Einmalzahlung fällig. Dies gilt selbst dann, wenn die Einmalzahlung zwar noch im laufenden Monat, aber erst nach Fälligkeitstermin, also nach dem drittletzten Bankarbeitstag (z. B. dem Monatsletzten), tatsächlich an den Arbeitnehmer ausgezahlt wird.

Zeitversetzte Auszahlung variabler Entgeltbestandteile

Werden Lohn/Gehalt oder variable Lohn-/Gehaltsbestandteile, z. B. Akkordlohn oder Akkordlohn-Spitzenbeträge zeitversetzt ausgezahlt, haben Arbeitgeber die Möglichkeit, die Sozialversicherungsbeiträge für den laufenden Monat vorerst in Höhe des Vormonats zu zahlen, soweit ihnen die Höhe des Arbeitsentgelts für den Beitragsmonat nicht am fünftletzten Bankarbeitstag bekannt ist. Diese Vereinfachungsregelung zur Beitragsfälligkeit wird durch das Bürokratieentlastungsgesetz geregelt.

Termin für Beitragsnachweis

Der Beitragsnachweis hat spätestens 2 Arbeitstage vor dem Fälligkeitstermin bei der Krankenkasse vorzuliegen.

Wichtig

Fälligkeitstermin Beitragsnachweis

Damit muss der Beitragsnachweis spätestens zu Beginn des fünftletzten Bankarbeitstages des Monats der Einzugsstelle vorliegen. Der Beitragsnachweis ist nur dann rechtzeitig eingereicht, wenn die Krankenkasse am gesamten fünftletzten Bankarbeitstag über den Beitragsnachweis verfügen kann.

1 § 22 Abs. 1 Satz 2 SGB IV.

Haushaltsscheckverfahren

Beiträge im Rahmen des ⬀ Haushaltsscheckverfahrens werden nach § 23 Abs. 2a SGB IV für das in den Monaten Januar bis Juni erzielte Arbeitsentgelt am 31.7. des laufenden Jahres und für das in den Monaten Juli bis Dezember erzielte Arbeitsentgelt am 31.1. des folgenden Jahres fällig.

Unfallversicherung

Obgleich der Beitragsanspruch im Allgemeinen ohne Beitragsbescheid entsteht, werden die Beiträge zur Unfallversicherung erst am 15. des Monats fällig, der dem Monat folgt, in dem der Beitragsbescheid des Unfallversicherungsträgers dem Zahlungspflichtigen bekannt gegeben worden ist. In der Unfallversicherung bedarf es eines Beitragsbescheids, um die Fälligkeit des Beitrags zu bewirken.[2]

Familienangehörige

Als Familienangehörige gelten z. B. Ehegatten, Verlobte, Lebenspartner, geschiedene Ehegatten, Verwandte, Verschwägerte und sonstige Familienangehörige.

Die Qualifizierung der Tätigkeit von Angehörigen erfordert die Zuordnung bzw. Abgrenzung zwischen Familienrecht und Arbeitsrecht, die auch über die Anwendung arbeitsrechtlicher Vorschriften entscheidet.

Für die entgeltliche Beschäftigung von Familienangehörigen gelten grundsätzlich die gleichen Voraussetzungen, wie für andere Arbeitnehmer. Darüber hinaus sind jedoch weitere Merkmale zur Feststellung eines steuerliches Dienstverhältnisses bzw. einer abhängigen Beschäftigung zu prüfen.

Gesetze, Vorschriften und Rechtsprechung

Lohnsteuer: Lohnsteuerlich werden nichtselbständig beschäftigte Familienangehörige nicht anders gestellt als die übrigen Arbeitnehmer. Näheres zur steuerlichen Beurteilung von Arbeitsverhältnissen zwischen Angehörigen regeln R 4.8 EStR und H 4.8 EStH. Der Arbeitnehmerbegriff ist geregelt in § 1 LStDV und mittelbar durch § 19 Abs. 1 EStG. Die Verwaltungsanweisungen R 19.2 LStR sowie H 19.0-19.2 LStH enthalten weitere Informationen.

Sozialversicherung: Was unter einer Beschäftigung im sozialversicherungsrechtlichen Sinne zu verstehen ist, definiert § 7 SGB IV für alle Zweige der Sozialversicherung. Das Anfrageverfahren zur Statusklärung in Zweifelsfällen regelt § 7a SGB IV. Zur Kennzeichnung von Familienangehörigen in der Anmeldung zur Sozialversicherung verpflichtet § 28a Abs. 3 Satz 2 Nr. 1d SGB IV die Arbeitgeber. Grundsätzliche Kriterien zur Abgrenzung der familienhaften Mitarbeit enthalten die Urteile des BSG v. 5.4.1956, 3 RK 65/55, v. 21.4.1993, 11 RAr 67/92 und v. 17.12.2002, B 7 AL 34/02 R sowie der Beschluss des BVerfG v. 14.4.1959, 1 BvL 23, 34/57. Die Spitzenorganisationen der Sozialversicherung haben im Gemeinsamen Rundschreiben vom 13.4.2010 (GR v. 13.4.2010-I) Details zum Statusfeststellungsverfahren geregelt.

Lohnsteuer

Fremdvergleich bei Familienangehörigen

Ein steuerlich wirksames Dienst- bzw. Arbeitsverhältnis mit Familienangehörigen setzt voraus, dass der Arbeitsvertrag inhaltlich „wie unter Fremden Dritten üblich" abgeschlossen wird, das Arbeitsverhältnis tatsächlich so durchgeführt wird und zivilrechtlich wirksam ist. Folglich

2 § 23 Abs. 3 SGB IV.

muss die Arbeitsleistung durch Festlegung der Arbeitszeiten geregelt oder durch Stundenaufzeichnungen nachgewiesen werden können.[1]

Indiz: Angehöriger ersetzt fremde Arbeitskraft

Ein zwischen Eltern und Kindern oder zwischen Geschwistern abgeschlossenes Dienstverhältnis wird steuerlich anerkannt, wenn es

- rechtswirksam vereinbart wurde und
- so gestaltet ist und tatsächlich durchgeführt wird, wie dies zwischen Arbeitgeber und Arbeitnehmer üblich ist.

Ernst gemeinte und tatsächlich durchgeführte Arbeits- bzw. Dienstverhältnisse zwischen Kindern und Eltern werden anerkannt, wenn die Eltern (oder ein Elternteil) eine fremde Arbeitskraft ersetzen und ein angemessenes Gehalt beziehen. Eine geringfügige Mitwirkung nach der Betriebsübergabe reicht nicht aus. Ebenso verhält es sich, wenn die Eltern im Betrieb ihres Kindes angestellt sind und dort arbeiten.

Bloße Mithilfe oder echte Mitarbeit?

Bloße Hilfeleistungen, die üblicherweise auf familienrechtlicher Grundlage erbracht werden, eignen sich nicht als Inhalt eines mit einem Dritten zu begründenden Arbeitsverhältnisses (z. B. geringfügige Telefon- oder Botendienste). Hierüber zwischen Familienangehörigen abgeschlossene Verträge erkennt die Finanzverwaltung nicht an.[2]

Hinweis

Firmenwagen im Minijob kann zur Steuerfalle werden

Die Fahrzeugüberlassung an nahestehende Personen mit Minijob hält einem Fremdvergleich nicht stand – so der BFH in einem Urteil zum Dienstwagen einer geringfügig beschäftigten Lebensgefährtin. Ein Arbeitgeber würde einem familienfremden Minijobber keinen Firmenwagen überlassen; die hierdurch entstehenden Kosten sind – vor allem bei umfangreicher privater Nutzung – nicht kalkulierbar.[3]

Schriftlicher Arbeitsvertrag empfehlenswert

Das Dienst- bzw. Arbeitsverhältnis kann nicht nur schriftlich, sondern auch mündlich oder stillschweigend vereinbart werden. Jedoch müssen die Vereinbarungen zu Beginn des Zeitraums getroffen werden, für den die Vergütungen gezahlt werden sollen. Nachträgliche Gehaltserhöhungen oder nachträgliche Gehaltsvereinbarungen werden nicht ohne Weiteres anerkannt. Allein die Mitarbeit eines Elternteils im Betrieb des Kindes kann noch nicht als Vermutung für das Bestehen eines Dienstverhältnisses und für die Entgeltlichkeit der Arbeitsleistung angesehen werden.

Tipp

Einhaltung der getroffenen Vereinbarungen

Aus Beweisgründen sollte gerade bei Verträgen zwischen nahen Angehörigen nicht auf die Schriftform verzichtet werden. Die getroffenen Vereinbarungen sollten penibel eingehalten werden – nicht zuletzt, um dadurch etwaige Unstimmigkeiten im Rahmen einer Betriebsprüfung von vornherein zu vermeiden.

Sozialversicherung

Abgrenzung einer entgeltlichen Beschäftigung zur familienhaften Mitarbeit

Im Betrieb mitarbeitende Familienangehörige sind grundsätzlich unter den gleichen Voraussetzungen versicherungspflichtig zur Sozialversicherung wie nicht verwandte Arbeitskräfte.[4] Da beim Einsatz von Angehörigen oftmals die Grenzen zwischen familienhafter Unterstützung und einem tatsächlichen Arbeitsverhältnis fließend sind, ist eine besondere Abgrenzung zur familienhaften Mithilfe erforderlich. Entsprechend ist eine Reihe besonderer Kriterien bei der Prüfung der Versicherungspflicht zu beachten, die von der Rechtsprechung entwickelt wurden. Ob jemand beschäftigt oder selbstständig tätig ist, richtet sich danach, welche Umstände das Gesamtbild der Arbeitsleistung prägen. Hierbei hängt es davon ab, welche Merkmale überwiegen. Die Zuordnung einer Tätigkeit nach deren Gesamtbild als Beschäftigung oder selbstständigen Tätigkeit setzt voraus, dass alle nach Lage des Einzelfalls als Indizien in Betracht kommenden Umstände festgestellt und gewichtet und in der Gesamtschau gegeneinander abgewogen werden.[5]

Bei der Beschäftigung von Familienangehörigen im Betrieb gelten also andere Bedingungen und Umstände als bei einem Arbeitsverhältnis unter Fremden. Das gilt für alle Angehörigen im weitesten Sinne, wie z. B. Ehegatten, Lebenspartner, Verlobte, geschiedene Ehegatten, Verwandte und Verschwägerte. Darüber hinaus erfordert die Besonderheit der persönlichen Bindung in diesen Fällen die Prüfung weiterer Merkmale.

Merkmale für eine Beschäftigung zwischen Angehörigen

Ein entgeltliches Beschäftigungsverhältnis im Sinne der Sozialversicherung zwischen Angehörigen kann angenommen werden, wenn

- der Angehörige in den Betrieb des ⇗ Arbeitgebers wie eine fremde Arbeitskraft eingegliedert ist und die Beschäftigung tatsächlich ausübt,
- der Angehörige dem Weisungsrecht des Arbeitgebers unterliegt,
- der Angehörige anstelle einer fremden Arbeitskraft beschäftigt wird,
- ein der Arbeitsleistung angemessenes Arbeitsentgelt vereinbart und regelmäßig gezahlt wird,
- von dem Arbeitsentgelt regelmäßig Lohnsteuer entrichtet wird und
- das Arbeitsentgelt als Betriebsausgabe gebucht wird.

Bei der Beschäftigung von Ehegatten/Lebenspartnern kann sich der eheliche/lebenpartnerschaftliche Güterstand und die gesellschaftsrechtliche Stellung des Ehegatten im Betrieb auswirken.

Achtung

Ausschluss eines Scheinvertrags

Entscheidend sind immer die Gesamtumstände des Einzelfalls. Es muss insgesamt ein von den Angehörigen ernsthaft gewolltes und vereinbarungsgemäß durchgeführtes entgeltliches Beschäftigungsverhältnis nachweisbar sein. Es ist auszuschließen, dass der Arbeitsvertrag nur zum Schein abgeschlossen wurde, denn dann wäre er nach den Regeln des Bürgerlichen Gesetzbuches nichtig.[6]

Weisungsrecht

Das für eine abhängige Beschäftigung typische Direktionsrecht des Arbeitgebers in Bezug auf Zeit, Dauer, Ort und Art der Arbeitsausführung ist bei der Beschäftigung von Familienangehörigen in der Regel durch die persönliche Bindung in abgeschwächter Form vorhanden. Deshalb erfordert die Versicherungspflicht bei mitarbeitenden Familienangehörigen auch nur ein solches eingeschränktes Weisungsrecht. Das Direktionsrecht darf aber nicht vollständig entfallen. Der Angehörige muss in eine vorgegebene Arbeitsorganisation eingegliedert sein. Insbesondere muss eine konkret zugewiesene Aufgabe bei einer vorgegebenen Arbeitszeit tatsächlich erledigt werden.

Angemessenes Entgelt

Das vereinbarte und tatsächlich gezahlte Entgelt muss in einem angemessenen Verhältnis zur tatsächlichen Arbeitsleistung stehen. Zwar muss das Entgelt nicht genau dem tariflichen oder ortsüblichen Arbeitsentgelt entsprechen. Ein Arbeitsentgelt in Höhe lediglich des halben Tariflohns bzw. des halben ortsüblichen Entgelts spricht aber gegen ein angemessenes Verhältnis.[7] Ein gewichtiges Indiz gegen die Annahme eines tatsächlichen Beschäftigungsverhältnisses ist im Übrigen die ⇗ Nichtauszahlung des vereinbarten Entgelts.[8]

1 FG Düsseldorf, Urteil v. 6.11.2012, 9 K 2351/12.
2 BFH, Urteil v. 6.3.1995, VI R 86/94, BStBl 1995 II S. 394.
3 BFH, Urteil v. 21.12.2017, III B 27/17, BFH/NV 2018 S. 432; BFH, Urteil v. 10.10.2018, X R 44 – 45/17, BFH/NV 2019 S. 319..
4 BSG, Urteil v. 5.4.1956, 3 RK 65/55.
5 BSG, Urteil v. 23.5.2017, B 12 KR 9/16 R, BSG, Urteil v. 4.6.2019, B 12 R 22/18 R.
6 § 117 BGB.
7 BSG, Urteil v. 17.12.2002, B 7 AL 34/02 R.
8 BSG, Urteil v. 21.4.1993, 11 RAr 67/92.

Zuständigkeiten/Beurteilungsverfahren

Ehegatten/Lebenspartner/Abkömmlinge

Der Arbeitgeber muss grundsätzlich für jeden Mitarbeiter prüfen, ob es sich um eine abhängige Beschäftigung handelt und ob Sozialversicherungspflicht besteht. Bei der Neueinstellung von Ehegatten/Lebenspartnern oder Abkömmlingen (Kinder, Enkelkinder) muss der Arbeitgeber bei der Anmeldung (Abgabegrund „10") das Schlüsselkennzeichen „1" angeben.

Statusfeststellungsverfahren

Die ⇗ Clearingstelle der Deutschen Rentenversicherung leitet aufgrund des Schlüsselkennzeichens ein ⇗ Statusfeststellungsverfahren ein, mit dem Rechtsklarheit zur Versicherungspflicht geschaffen wird. Das Verfahren endet mit einem entsprechenden Bescheid der Clearingstelle. Insofern ist der Arbeitgeber in diesen Fällen von seiner Alleinverantwortung für die korrekte Beurteilung entbunden.

Bindungswirkung der BA an Statusentscheidung

Die Bundesagentur für Arbeit ist an die Statusentscheidungen der Clearingstelle leistungsrechtlich gebunden.[1] Das gilt hinsichtlich der Zeiten, für die das Bestehen eines versicherungspflichtigen Beschäftigungsverhältnisses festgestellt wurde.

Tipp

Hinzutritt der Angehörigeneigenschaft bei bestehender Beschäftigung

Tritt die Angehörigeneigenschaft (z. B. durch Heirat oder Adoption) im Laufe einer bestehenden Beschäftigung ein, wird kein obligatorisches Statusfeststellungsverfahren ausgelöst. Sofern noch keine Statusentscheidung eines Versicherungsträgers vorliegt, kann ein Statusfeststellungsantrag im Rahmen des freiwilligen Anfrageverfahrens bei der Clearingstelle gestellt werden.

Prüfung anderer Angehöriger durch Arbeitgeber

Andere Angehörige, die von dem Statusfeststellungsverfahren der Clearingstelle nicht erfasst werden, sind vom Arbeitgeber zu beurteilen.

Tipp

Unterstützung durch Einzugsstelle

Wie bei allen anderen Arbeitnehmern besteht die Möglichkeit, eine Entscheidung durch die Einzugsstelle (Krankenkasse) herbeizuführen. Dabei fehlt es allerdings grundsätzlich an der leistungsrechtlichen Bindung der Bundesagentur für Arbeit.

Beiträge/Meldungen/Leistungen für Familienangehörige

Für beschäftigte sozialversicherungspflichtige Familienangehörige und Lebenspartner sind die Gesamtsozialversicherungsbeiträge wie bei nicht verwandten Beschäftigten zu berechnen und abzuführen.

Für die An- und Abmeldungen sowie für die sonstigen Meldungen gelten ebenfalls weitgehend die für sonstige Beschäftigte zu erstattenden ⇗ Meldungen. Soweit es sich bei dem Familienangehörigen jedoch um den Ehegatten oder um einen Abkömmling handelt, ist in der Anmeldung beim Statuskennzeichen anzugeben, ob der Beschäftigte Ehegatte oder Abkömmling des Arbeitgebers ist.

Familienpflegezeit

Eine Familienpflegezeit ist eine Teilzeittätigkeit für bis zu 24 Monate, während der ein pflegebedürftiger naher Angehöriger des Arbeitnehmers gepflegt wird. Finanziert wird die Familienpflegezeit teilweise durch ein staatliches Darlehen, das dem Arbeitnehmer auf Antrag gewährt wird. Gegenüber dem Arbeitgeber hat der Arbeitnehmer einen Anspruch auf Gewährung von Teilzeit.

Gesetze, Vorschriften und Rechtsprechung

Lohnsteuer: Das FPfZG selbst enthält keine steuerlichen Regelungen. Allerdings hat das Bundesfinanzministerium Anweisungen zur steuerlichen Behandlung der Familienpflegezeit herausgegeben: BMF, Schreiben v. 23.5.2012, IV C 5 – S 1901/11/10005, BStBl 2012 I S. 617. Diese Verwaltungsanweisung wurde allerdings nicht an die Änderungen ab 2015 angepasst und für Zeiträume nach 2014 aufgehoben; vgl. BMF, Schreiben v. 14.3.2016, IV A 2 – O 2000/15/10001, BStBl 2016 I S. 290.

Lohnsteuer

Steuerrechtliche Auswirkungen

Das FPfZG enthält keine steuerlichen Regelungen. Das Bundesfinanzministerium hatte Anweisungen zur steuerlichen Behandlung der Familienpflegezeit für sog. Altfälle, bei denen die Familienpflegezeit vor dem 1.1.2015 begann, herausgegeben.[2] Diese Regelungen wurden aber für Zeiträume nach 2014 aufgehoben.[3]

Das im Rahmen einer Familienpflegezeit gezahlte Pflegeunterstützungsgeld gilt als steuerfreie Lohnersatzleistung.[4] Es unterliegt nicht dem Progressionsvorbehalt.[5]

Keine lohnsteuerrechtlichen Besonderheiten

Die ⇗ Lohnsteuer errechnet sich aus dem tatsächlich gezahlten – ggf. verminderten – Arbeitsentgelt. Das lohnsteuerliche Arbeitsverhältnis besteht während der ⇗ Pflegezeit fort, deshalb entsteht kein ⇗ Teillohnzahlungszeitraum.

Fällt der Anspruch auf Arbeitslohn für mindestens 5 aufeinanderfolgende Arbeitstage im Wesentlichen weg, ist der Großbuchstabe U im Lohnkonto aufzuzeichnen.[6]

Sozialversicherung

Sozialversicherung während der Pflegezeit

Wird die Familienpflegezeit aus einer sozialversicherungspflichtigen Beschäftigung angetreten, bleibt der Versicherungsschutz in der Sozialversicherung erhalten. Versicherungsfreiheit in der Kranken-, Pflege- und Arbeitslosenversicherung aufgrund einer ⇗ geringfügig entlohnten Beschäftigung kommt nicht in Betracht. Grund hierfür ist die Höhe des Arbeitsentgelts: Die Teilzeitbeschäftigung während der Familienpflegezeit muss mindestens 15 Stunden in der Woche umfassen. Dies führt unter Berücksichtigung des gesetzlichen ⇗ Mindestlohns dazu, dass das monatliche Arbeitsentgelt die Minijob-Entgeltgrenze von 538 EUR[7] übersteigt.

Ende der Krankenversicherungsfreiheit wegen Unterschreitens der Jahresarbeitsentgeltgrenze

Vor Beginn der Familienpflegezeit krankenversicherungsfreie Arbeitnehmer werden krankenversicherungspflichtig, wenn ihr regelmäßiges ⇗ Jahresarbeitsentgelt wegen einer Reduzierung der Arbeitszeit aus Anlass der Familienpflegezeit die maßgebende Jahresarbeitsentgeltgrenze (Versicherungspflichtgrenze) nicht mehr übersteigt. Das Ende der Versicherungsfreiheit tritt unmittelbar ein, also nicht erst mit dem Ende des Kalenderjahres. Die Arbeitnehmer können sich aber von der eintretenden Krankenversicherungspflicht befreien lassen, um ihre bereits bestehende private Krankenversicherung fortzusetzen. Die Befreiung gilt für die Dauer der Familienpflegezeit einschließlich der Nachpflegephase.

1 § 336 SGB III.

2 BMF, Schreiben v. 23.5.2012, IV C 5 – S 1901/11/10005, BStBl 2012 I S. 617.
3 BMF, Schreiben v. 14.3.2016, IV A 2 – O 2000/15/10001, BStBl 2016 I S. 290.
4 § 3 Nr. 1 Buchst. a EStG.
5 Das Pflegeunterstützungsgeld ist in der abschließenden Aufzählung des § 32b Abs. 1 Nr. 1 EStG nicht aufgeführt.
6 § 41 Abs. 1 Satz 5 EStG i. V. m. § 41b Abs. 1 Nr. 2 EStG.
7 Bis 31.12.2023: 520 EUR.

Bei einer Befreiung von der Krankenversicherungspflicht besteht auch keine Versicherungspflicht in der sozialen Pflegeversicherung.

Beispiel

Meldungen bei Eintritt von Versicherungspflicht eines versicherungsfreien Arbeitnehmers

Herr G. ist krankenversicherungsfreier Arbeitnehmer. Für eine Familienpflegezeit reduziert er vom 1.3. bis 30.9. seine Arbeitszeit auf 20 Stunden/Woche. Weil sein neues Entgelt nicht mehr die Versicherungspflichtgrenze übersteigt, wird Herr G. zum 1.3. krankenversicherungspflichtig. Folgende Meldungen sind von seinem Arbeitgeber abzugeben:

- Ende der Krankenversicherungsfreiheit zum 28.2. mit Abgabegrund „32"
- Eintritt von Krankenversicherungspflicht zum 1.3. mit Abgabegrund „12"

Die Wiederaufnahme der „vollen" Beschäftigung zum 1.10. ist nicht zu melden, da die Krankenversicherungspflicht zunächst fortbesteht, selbst wenn das Entgelt gleich wieder die Versicherungspflichtgrenze übersteigt. Ein Ausscheiden aus der Krankenversicherungspflicht ist erst zum Ende des Kalenderjahres möglich.[1]

Für privat krankenversicherte Arbeitnehmer, die sich für die Dauer der Familienpflegezeit von der eintretenden Krankenversicherungspflicht befreien lassen, sind zu Beginn und Ende der Pflegezeit keine Meldungen abzugeben.

Beitragsrechtliche Regelungen

Die Kranken-, Pflege-, Renten- und Arbeitslosenversicherungsbeiträge werden während der Familienpflegezeit aus dem fälligen Arbeitsentgelt bemessen.[2]

Auswirkungen auf ein Wertguthaben

Zu dem beitragspflichtigen Arbeitsentgelt gehört auch die Entgeltaufstockung, die durch die Entnahme von Arbeitsentgelt aus einem Wertguthaben finanziert wird.

Solange der Arbeitnehmer während der Vor- oder Nachpflegephase das Wertguthaben[3] für die Entgeltaufstockung aufbaut, sind die Beiträge (nur) aus dem gezahlten Arbeitsentgelt zu bemessen; das ins Wertguthabenkonto eingestellte Entgelt ist nicht zu berücksichtigen. Aus dem Wertguthaben sind (erst) bei dessen Auszahlung in der Freistellungsphase die Sozialversicherungsbeiträge zu entrichten. Insoweit ist hier die besondere Fälligkeit der Beiträge aus Wertguthabenvereinbarungen zu berücksichtigen, die sich – abweichend vom üblicherweise anzuwendenden Entstehungsprinzip für Beitragsansprüche – nicht nach der geleisteten Arbeit und dem Anspruch auf das erarbeitete Arbeitsentgelt, sondern nach der Auszahlung bzw. Fälligkeit des Arbeitsentgelts aufgrund der Vereinbarung richtet.

Wichtig

Negatives Wertguthaben

Bei der Verwendung von Wertguthaben zur Entgeltaufstockung ist angesichts dessen, dass in vielen Fällen die Situation der Pflegebedürftigkeit von Angehörigen unerwartet eintritt, davon auszugehen, dass zunächst kein Wertguthaben vorhanden ist. In diesem Fall entwickelt sich das Wertguthaben zu Beginn der Pflegephase zunächst ins Minus (sog. „negatives" Wertguthaben). Es handelt sich also um aus Wertguthaben aufgestocktes Arbeitsentgelt ohne vorherige Ansparphase. Ein Aufschieben der Fälligkeit der Beiträge aus dem Wertguthaben findet in diesem Fall nicht statt.

Anwendung des Übergangsbereichs

Sofern das aufgrund der Reduzierung der Arbeitszeit aus Anlass der Familienpflegezeit fällige Arbeitsentgelt regelmäßig 2.000 EUR im Monat nicht mehr übersteigt und dadurch in den ⇗ Übergangsbereich fällt, sind die besonderen Regelungen zur Ermittlung der Beitragsbemessungsgrundlage und zur Beitragstragung anzuwenden.[4]

Bei Eintritt eines Störfalls

Kann ein angespartes Wertguthaben nicht wie geplant (vereinbarungsgemäß) für die Freistellung von der Arbeit verwendet werden, liegt ein Störfall vor. In Störfällen wird das besondere Verfahren für die Berechnung und Zuordnung der Sozialversicherungsbeiträge angewendet.[5] Dabei wird nachträglich das Wertguthaben der Beitragsbemessung zugrunde gelegt, das ohne die Wertguthabenvereinbarung beitragspflichtig gewesen wäre. Um zu vermeiden, dass die Beiträge nach einem Störfall für den betroffenen Zeitraum aus einem Arbeitsentgelt oberhalb der jeweils maßgebenden ⇗ Beitragsbemessungsgrenze erhoben werden, gilt: Der Arbeitgeber hat vom Beginn der ersten Wertguthabenbildung an die SV-Luft (Differenz zwischen der Beitragsbemessungsgrenze des jeweiligen Versicherungszweiges und des im Kalenderjahr erzielten beitragspflichtigen Arbeitsentgelts) festzustellen. Im Störfall ist das angesparte Wertguthaben höchstens bis zur SV-Luft beitragspflichtig.

Eintritt eines Störfalls bei Aufbau von „negativem" Wertguthaben

Wenn die Entgeltaufstockung in der Familienpflegezeit aus einem „negativen" Wertguthaben geleistet wird, sind daraus bereits Beiträge entrichtet worden. Für den Fall, dass durch eine vorzeitige Beendigung der Beschäftigung das Wertguthaben in der Nachpflegephase durch den Arbeitnehmer nicht mehr ausgeglichen werden kann, ist das für Störfälle vorgesehene besondere Verfahren nicht anzuwenden. Durch den Arbeitgeber ist beim Aufbau eines „negativen" Wertguthabens deshalb auch keine SV-Luft festzustellen. Dennoch kann sich ein Störfall im Zusammenhang mit einem bestehenden negativen Wertguthaben beitragsrechtlich auswirken. Vermindert sich nämlich das beitragspflichtige Arbeitsentgelt des Arbeitnehmers während der Pflegephase aufgrund der Rückforderung der geleisteten Entgeltaufstockung nach § 2 FPfZG, kommt eine Erstattung der zu Unrecht gezahlten Beiträge zur Kranken-, Pflege-, Renten- und Arbeitslosenversicherung in Betracht.

Melderecht

In der ⇗ Meldung des Arbeitgebers über die Höhe des beitragspflichtigen Arbeitsentgelts zur Rentenversicherung ist das fällige beitragspflichtige Arbeitsentgelt zu berücksichtigen. Ein ins Wertguthabenkonto eingestelltes Arbeitsentgelt wird erst bei der Auszahlung (Fälligkeit) gemeldet.

Achtung

Meldung zur Unfallversicherung

In der Meldung zur Unfallversicherung ist das beitragspflichtige Arbeitsentgelt zu melden, das erzielt bzw. entstanden ist, unabhängig davon, ob es ausgezahlt oder in ein Wertguthabenkonto eingestellt wurde.

Familienversicherung

Familienangehörige können unter bestimmten Voraussetzungen in der gesetzlichen Kranken- und Pflegeversicherung kostenfrei bei den Eltern bzw. Großeltern, bei dem Ehegatten oder Lebenspartner mitversichert (familienversichert) werden. Familienversicherte haben gegenüber der Krankenkasse eigene Leistungsansprüche. Eine Familienversicherung ist allerdings stets an die Krankenkassenwahl, d. h. an das bestehende Mitgliedschaftsverhältnis des Mitglieds (Hauptversicherten), gebunden.

1 § 6 Abs. 4 SGB V.
2 § 23b Abs. 1 SGB IV.
3 § 7b SGB IV.
4 BSG, Urteil v. 15.8.2018, B 12 R 4/18 R.
5 § 23b Abs. 2 und 2a SGB IV.

Gesetze, Vorschriften und Rechtsprechung

Sozialversicherung: Die gesetzlich geforderten Voraussetzungen zur Durchführung einer Familienversicherung sowie eventuelle Ausschlusstatbestände, die einer solchen Versicherung im Wege stehen können, ergeben sich aus § 10 SGB V bzw. § 25 SGB XI.

Sozialversicherung

Beitragslose Versicherung

Ehe und Familie stehen unter besonderem Schutz des Staates.[1] Dieser Grundsatz wird im Sozialgesetzbuch übernommen. Wer Kindern Unterhalt zu leisten hat oder leistet, hat ein Recht auf Minderung der dadurch entstehenden wirtschaftlichen Belastungen.[2] Dieses Recht wird u. a. dadurch umgesetzt, dass für versicherte Familienangehörige Beiträge nicht erhoben werden.[3]

Personenkreis

Ehegatte

Versichert ist der Ehegatte von Mitgliedern.[4] Die Ehe wird nur dadurch geschlossen, dass die Eheschließenden vor dem Standesbeamten erklären, die Ehe miteinander eingehen zu wollen.[5] Sie müssen diese Erklärungen persönlich und bei gleichzeitiger Anwesenheit abgeben.[6] Die Familienversicherung beginnt mit dem Tag der Eheschließung.

Eine Ehe kann nur durch richterliche Entscheidung auf Antrag aufgehoben oder geschieden werden. Sie ist mit der Rechtskraft der Entscheidung aufgelöst bzw. geschieden.[7] Die Familienversicherung endet mit Rechtskraft des Urteils.

Lebenspartner

Versichert ist der Lebenspartner von Mitgliedern.[8] 2 Personen gleichen Geschlechts, die gegenüber dem Standesbeamten persönlich und bei gleichzeitiger Anwesenheit erklären, miteinander eine Partnerschaft auf Lebenszeit führen zu wollen, begründen eine Lebenspartnerschaft.[9] Die Familienversicherung beginnt mit dem Tag der Begründung der Lebenspartnerschaft.

Die Lebenspartnerschaft wird auf Antrag eines oder beider Lebenspartner durch richterliche Entscheidung aufgehoben.[10] Mit Rechtskraft des Urteils über die Aufhebung der Lebenspartnerschaft endet auch die Familienversicherung.

Kinder

Versichert sind die Kinder[11] von Mitgliedern.[12] Als Kinder gelten grundsätzlich auch Stiefkinder, Enkelkinder, Pflegekinder und Adoptivkinder.[13] Voraussetzung für die Familienversicherung bei Stief- und Enkelkindern ist entweder, dass diese vom Mitglied überwiegend unterhalten werden oder sie in den Haushalt des Mitglieds aufgenommen wurden.

Kinder familienversicherter Kinder

Der Versicherungsschutz für Kinder familienversicherter Kinder kommt dann in Betracht, wenn z. B. die Mutter des Kindes familienversichert und der Vater nicht bekannt oder selbst familienversichert ist und auch eine Familienversicherung über die Großeltern nicht hergeleitet werden kann. Der Beginn und das Ende der Familienversicherung dieser Kinder ist sowohl von der Mitgliedschaft des Stammversicherten als auch von der Familienversicherung des Elternteils abhängig. Es besteht eine doppelte Anspruchsträgerschaft.

Altersgrenze bei Kindern

Die Familienversicherung für Kinder ist grundsätzlich bis zur Vollendung des 18. Lebensjahres möglich.[14]

Erwerbslosigkeit/Schul-/Berufsausbildung

Ein Anspruch über das 18. Lebensjahr hinaus ist gegeben,

- wenn sie nicht bis zur Vollendung des 23. Lebensjahres erwerbstätig sind,
- wenn sie sich in Schul- oder Berufsausbildung befinden oder ein freiwilliges soziales oder ein freiwilliges ökologisches Jahr i. S. d. JFDG leisten, bis zur Vollendung des 25. Lebensjahres.

Eine ausgeübte versicherungsfreie geringfügige Beschäftigung gilt nicht als Erwerbstätigkeit im Sinne der Altersgrenzen und schließt die Familienversicherung nicht aus.

Unterbrechung der Schul-/Berufsausbildung

Wird die Schul- oder Berufsausbildung unterbrochen, so verlängert sich der Anspruch über das 25. Lebensjahr hinaus, wenn Grund der Unterbrechung einer der folgenden Dienste ist:

- freiwilliger Wehrdienst nach § 58b SG
- Bundesfreiwilligendienst nach dem BFDG
- freiwilliges soziales Jahr nach dem JFDG
- freiwilliges ökologisches Jahr nach dem JFDG
- vergleichbare anerkannte Freiwilligendienste (z. B. Internationaler Jugendfreiwilligendienst – IJFD),
- Tätigkeit als Entwicklungshelfer i. S. d. § 1 Abs. 1 EhfG.

Hinweis

Dauer der Verlängerung des Anspruchs auf Familienversicherung

Die Verlängerung erfolgt um die Dauer des jeweiligen Dienstes, maximal aber um 12 Monate.

Kinder mit Behinderungen

Für Kinder, die wegen körperlicher, geistiger oder seelischer Behinderung dauernd außerstande sind, sich selbst zu unterhalten, gilt keine Altersgrenze, sofern die Behinderung zu einem Zeitpunkt vorlag, zu dem das Kind auch tatsächlich familienversichert war. Der Bezug von Bürgergeld nach § 19 Abs. 1 Satz 1 SGB II schließt in diesem Fall allerdings das Bestehen einer Familienversicherung aus. Durch den Bezug wird impliziert, dass das Kind nicht dauerhaft außerstande ist, sich selbst zu unterhalten. Dafür spricht auch die Tatsache, dass das Bürgergeld nach § 19 Abs. 1 Satz 1 SGB II nur an Personen gewährt wird, die erwerbsfähig sind.

Voraussetzungen

Die Durchführung der Familienversicherung ist an Voraussetzungen geknüpft, die von allen Personenkreisen gleichermaßen erfüllt sein müssen.

Wohnsitz/gewöhnlicher Aufenthalt

Familienangehörige müssen ihren Wohnsitz oder ihren gewöhnlichen Aufenthalt im Inland haben.[15]

Ein vorübergehender Aufenthalt im Ausland wirkt sich nicht schädlich auf die Familienversicherung aus. Er muss zeitlich begrenzt sein (z. B. Urlaubsreise).

1 Art. 6 Abs. 1 GG.
2 § 6 SGB I.
3 § 3 Satz 3 SGB V.
4 § 10 Abs. 1 Satz 1 SGB V.
5 § 1310 Abs. 1 Satz 1 BGB.
6 § 1311 BGB.
7 §§ 1313 Sätze 1 und 2, 1564 Sätze 1 und 2 BGB.
8 § 10 Abs. 1 Satz 1 SGB V.
9 § 1 Abs. 1 LPartG.
10 § 15 Abs. 1 LPartG.
11 §§ 1591 ff. BGB.
12 § 10 Abs. 1 Satz 1 SGB V.
13 § 10 Abs. 4 SGB V.

14 § 10 Abs. 2 Nr. 1 SGB V.
15 § 10 Abs. 1 Satz 1 Nr. 1 SGB V.

Versicherungspflicht/freiwillige Versicherung

Familienangehörige sind nach § 10 SGB V versichert, wenn sie nicht aufgrund eines Versicherungspflichttatbestands nach § 5 Abs. 1 Nrn. 1 bis 8, 11 bis 12 SGB V oder nicht freiwillig nach § 9 SGB V bzw. § 6 KVLG 1989 versichert sind.[1]

Versicherungsfreiheit/Befreiung von der Versicherungspflicht

Familienangehörige sind nach § 10 SGB V versichert, wenn sie nicht versicherungsfrei oder nicht von der Versicherungspflicht befreit sind. Die Versicherungsfreiheit aufgrund einer geringfügigen Beschäftigung nach § 7 SGB V bleibt außer Betracht.[2]

Selbstständige Tätigkeit

Die Familienversicherung nach § 10 SGB V besteht nur dann, wenn der Familienangehörige nicht hauptberuflich selbstständig erwerbstätig ist.

Gesamteinkommen des Familienversicherten

Die Familienversicherung ist an die Voraussetzung geknüpft, dass der Familienangehörige kein ⇗ Gesamteinkommen hat, das regelmäßig $^{1}/_{7}$ der monatlichen Bezugsgröße (2024: 505 EUR) überschreitet.[3]

Im Einkommensteuerrecht sind die relevanten Einkunftsarten in § 2 Abs. 1 EStG definiert. Das GR v. 29.9.2022 enthält in der Anlage eine alphabetische Auflistung und Zuordnung der Einkunftsarten zum Gesamteinkommen.

Zuschläge mit Rücksicht auf den Familienstand werden nicht mit angerechnet. Abfindungen wegen Beendigung des Arbeitsverhältnisses, die in einem einmaligen Betrag oder in einzelnen Teilbeträgen ausgezahlt werden, zählen für einen bestimmten Zeitraum nach ihrer Auszahlung zum Gesamteinkommen.[4] Bei der Feststellung des Gesamteinkommens ist der Sparer-Pauschbetrag nach § 20 Abs. 9 EStG bei den Einkünften aus Kapitalvermögen abzuziehen.

Für ⇗ geringfügig entlohnte Beschäftigte beträgt das zulässige Gesamteinkommen seit 1.10.2024 538 EUR. Diese versicherungsfreien geringfügig Beschäftigten haben dadurch Anspruch auf die beitragsfreie Familienversicherung. Sofern das Arbeitsentgelt aus der geringfügig entlohnten Beschäftigung nicht pauschal besteuert wird, ist bei der Ermittlung des Gesamteinkommens der Werbungskosten-Pauschbetrag in Höhe von 1.200 EUR jährlich bzw. 100 EUR monatlich nach § 9a Satz 1 Nr. 1 EStG vom Arbeitsentgelt abzuziehen.

Schutzfrist/Elternzeit

Ehegatten und Lebenspartner sind für die Dauer der Schutzfristen nach § 3 MuSchG sowie der Elternzeit nicht nach § 10 SGB V familienversichert, wenn sie zuletzt vor diesen Zeiträumen nicht gesetzlich krankenversichert waren.[5]

In erster Linie sind von dieser Regelung Beamtinnen betroffen, die privat krankenversichert sind.

Ausschluss von Kindern

Kinder sind nicht versichert, wenn

- der mit den Kindern verwandte Ehegatte oder Lebenspartner des Mitglieds nicht Mitglied einer Krankenkasse ist, und
- sein Gesamteinkommen regelmäßig im Monat $^{1}/_{12}$ der ⇗ Jahresarbeitsentgeltgrenze übersteigt und
- regelmäßig höher als das Gesamteinkommen des Mitglieds ist.[6]

Hinweis

Prüfung des Gesamteinkommens

Für die Prüfung, ob das monatliche Gesamteinkommen regelmäßig $^{1}/_{12}$ der Jahresarbeitsentgeltgrenze übersteigt, ist auf die Jahresarbeitsentgeltgrenze abzustellen, die auch für die Beurteilung der Versicherungspflicht bzw. Versicherungsfreiheit des nicht in der gesetzlichen Krankenversicherung versicherten Ehegatten bzw. Lebenspartners maßgebend ist.

Dies bedeutet, dass bei Arbeitnehmern,

- die gar nicht krankenversichert sind oder
- die zwar privat krankenversichert sind, aber keinen substitutiven Krankenversicherungsschutz[7] haben,

auf $^{1}/_{12}$ der allgemeinen Jahresarbeitsentgeltgrenze (2024: 5.775 EUR mtl.) abzustellen ist. Auf die Jahresarbeitsentgeltgrenze des § 6 Abs. 6 SGB V ist ebenfalls abzustellen, wenn der mit den Kindern verwandte Ehegatte oder Lebenspartner des Mitglieds nicht Arbeitnehmer oder versicherungsfrei und nicht gesetzlich krankenversichert ist, wie z. B. ⇗ Beamte.

Für Arbeitnehmer, die am 31.12.2002 bei einem privaten Krankenversicherungsunternehmen in einer substitutiven Krankenversicherung versichert sind bzw. waren, gilt $^{1}/_{12}$ der besonderen Jahresarbeitsentgeltgrenze (2024: 5.175 mtl.).

Für den Ausschluss der Familienversicherung in der sozialen Pflegeversicherung gelten die vorstehenden Grenzwerte entsprechend.

Überwiegender Unterhalt/Haushaltsaufnahme

Die Familienversicherung für Stiefkinder und Enkel erfordert entweder die Aufnahme in den Haushalt des Mitglieds oder den überwiegenden Unterhalt durch das Mitglied.[8] Ausgenommen hiervon sind nur Kinder von familienversicherten Kindern.

Haushaltsaufnahme

In den Haushalt ist das Stief-/Enkelkind dann aufgenommen, wenn eine auf längere Dauer angelegte häusliche Gemeinschaft zwischen dem Mitglied und dem Stief-/Enkelkind gegeben ist. Zusätzlich muss das Stief-/Enkelkind innerhalb der Familiengemeinschaft versorgt und betreut werden.

Überwiegender Unterhalt

Ein überwiegender Unterhalt ist nur zu prüfen, wenn das Stief-/Enkelkind mit dem Mitglied nicht in häuslicher Gemeinschaft lebt.

Das Mitglied hat einen Angehörigen dann überwiegend unterhalten, wenn es mehr als die Hälfte von dessen Unterhaltsbedarf aus seinem Einkommen aufgebracht hat.

Unterhaltsbedarf

Der Unterhaltsbedarf für Stief- und Enkelkinder richtet sich nach dem sächlichen Existenzminimum gemäß § 1612a BGB und wird alle 2 Jahre durch die Mindestunterhaltsverordnung neu festgelegt. Seit dem 1.1.2024 beläuft sich der Mindestunterhalt auf folgende Werte:

Altersstufe	Monatlicher Mindestunterhalt
0 bis 5 Jahre	480 EUR
6 bis 11 Jahre	551 EUR
12 bis 17 Jahre	645 EUR
ab 18 Jahre	689 EUR (gem. aktueller Düsseldorfer Tabelle)

Der Unterhalt einer höheren Altersstufe ist ab dem Beginn des Monats maßgebend, in dem das Kind das betreffende Lebensjahr vollendet.

Feststellung des überwiegenden Unterhalts

Das Mitglied hat ein von ihm getrennt lebendes Stief- oder Enkelkind dann überwiegend unterhalten, wenn es mehr als die Hälfte von dessen Mindestunterhalt aus seinem Einkommen zugunsten des Kindes aufgebracht hat. Ob das Stief- oder Enkelkind selbst über Einkünfte verfügt

1 § 10 Abs. 1 Satz 1 Nr. 2 SGB V.
2 § 10 Abs. 1 Satz 1 Nr. 3 SGB V.
3 § 10 Abs. 1 Satz 1 Nr. 5 SGB V.
4 § 10 Abs. 1 Satz 1 Nr. 5 SGB V.
5 § 10 Abs. 1 Satz 4 SGB V.
6 § 10 Abs. 3 SGB V.
7 § 6 Abs. 7 Satz 1 SGB V.
8 § 10 Abs. 4 SGB V.

oder ihm solche einschließlich etwaiger Unterhaltsleistungen von anderer Seite zur Verfügung stehen, ist für die Feststellung des überwiegenden Unterhalts im Sinne der Voraussetzungen der Familienversicherung nicht relevant. Aus diesem Grund bleiben die eigenen Einkünfte des Kindes, Zuwendungen in Form von Bar- oder Naturalunterhalt von anderer Seite als der des Mitglieds und auch der Betreuungsunterhalt, den das Kind innerhalb der Haushaltsgemeinschaft, in der es lebt, erfährt, unberücksichtigt.

Beispiel

Feststellung des überwiegenden Unterhalts

Ein Stiefkind (6 Jahre) lebt nicht im Haushalt des Mitglieds, sondern im Haushalt seiner leiblichen Mutter. Die leibliche Mutter stellt neben der Betreuung auch den Naturalunterhalt zur Verfügung. Das Mitglied leistet Zuwendungen für den Unterhalt des Kindes in Form einer Geldzahlung i. H. v. monatlich 300 EUR.

Ergebnis: Der Mindestunterhalt des Stiefkindes im Jahr 2024 beträgt monatlich 551 EUR. Da das Mitglied mit monatlich 300 EUR mehr als die Hälfte des Mindestunterhalts (275,50 EUR) aufbringt, unterhält es das Stiefkind überwiegend. Sofern die weiteren Voraussetzungen erfüllt sind, ist eine Familienversicherung beim Mitglied möglich.

Durchführung

Beginn/Ende der Versicherung

Die Familienversicherung steht in direkter Abhängigkeit zum Mitgliedschaftsverhältnis. Entsprechend teilt eine Familienversicherung das Schicksal der Mitgliedschaft des „Stammversicherten" und beginnt bzw. endet zu demselben Zeitpunkt.[1]

Die Familienversicherung endet kraft Gesetzes auch rückwirkend, wenn der Wegfall der Voraussetzungen der Krankenkasse erst zu einem späteren Zeitpunkt bekannt wird (z. B. Eintritt von Versicherungspflicht).

Die Familienversicherung kommt nicht zustande, wenn der Familienangehörige selbst ein Mitgliedschaftsverhältnis (Pflicht- oder freiwillige Versicherung) begründet. Dies gilt jedoch nicht für Pflichtversicherungen als ⇗ Student oder ⇗ Praktikant.

Die Familienversicherung wird ebenfalls nicht durchgeführt, wenn der Angehörige versicherungsfrei oder von der Versicherungspflicht befreit ist (z. B. Beamte, höherverdienende Arbeiter/Angestellte).

Versichertenverzeichnis

Die Krankenkassen sind verpflichtet, ein Versichertenverzeichnis mit Angaben zur Feststellung der Familienversicherung zu führen.[2] Die Voraussetzungen der Familienversicherung sind bei Beginn der Mitgliedschaft und anschließend grundsätzlich jährlich zu prüfen. An dieses Verzeichnis werden hohe Anforderungen gestellt, weil dem Versichertenbestand für die Ausgleichsmechanismen des RSA als Datenbasis eine hohe Bedeutung zukommt.

Nachgehender Leistungsanspruch

Eine Familienversicherung ist vorrangig vor dem nachgehenden Leistungsanspruch. Mit dem Beginn einer Familienversicherung bestehen auch innerhalb der Monatsfrist des nachgehenden Leistungsanspruchs nur noch Ansprüche aus der Familienversicherung.

Krankenkassenwahl

Familienversicherte Angehörige verfügen im Hinblick auf die leistungspflichtige Krankenkasse grundsätzlich über kein Wahlrecht. Der familienversicherte Ehegatte/Lebenspartner kann durch die bedingungslose Koppelung an die Mitgliedschaft des Ehegatten/Lebenspartners nur bei dessen Krankenkasse Leistungsansprüche geltend machen; bei Kindern bestimmt das Mitglied die Krankenkasse, sofern ein Wahlrecht nach § 10 Abs. 5 SGB V besteht. Sind die Voraussetzungen einer Familienversicherung mehrfach erfüllt, wählt das Mitglied die Krankenkasse.

1 §§ 186, 190 SGB V.
2 § 288 SGB V.

Feiertagsarbeit

Feiertagsarbeit bezeichnet die an den auf gesetzlicher Grundlage des Landesrechts geregelten Feiertagen tatsächlich erbrachte Arbeitsleistung. Feiertagsarbeit ist nur eingeschränkt zulässig.

Lohnzuschläge, die zur Anerkennung besonderer Leistungen oder mit Rücksicht auf die Besonderheit der Arbeit gezahlt werden, sind lohnsteuerpflichtiger Arbeitslohn.

Abweichend hiervon gilt eine gesetzliche Steuerbefreiung für Zulagen, die der Arbeitgeber als Sonntags-, Feiertags- oder Nachtarbeitszuschläge gewährt. Die Steuerbefreiung ist der Höhe nach begrenzt. Für welche Feiertage steuerfreie Zuschläge zulässig sind, ist im Gesetz abschließend geregelt.

Gesetze, Vorschriften und Rechtsprechung

Lohnsteuer: Die Voraussetzungen sowie die erforderliche Berechnung der Steuerfreiheit sind geregelt in § 3b EStG und R 3b LStR.

Sozialversicherung: § 14 Abs. 1 Satz 1 SGB IV definiert das zur Beitragspflicht in der Sozialversicherung heranzuziehende Arbeitsentgelt aus einer Beschäftigung. § 1 Abs. 1 Satz 1 Nr. 1 SvEV legt fest, unter welchen Bedingungen bestimmte Entgeltbestandteile kein sozialversicherungspflichtiges Arbeitsentgelt darstellen.

Entgelt	LSt	SV
Feiertagszuschläge bis zu 125 % bzw. 150 % des Grundlohns	frei (max. 50 EUR/ Stunde)	frei (max. 25 EUR/ Stunde)

Lohnsteuer

Zuschlag für Feiertagsarbeit

Zuschläge für tatsächlich geleistete Feiertagsarbeit bleiben bei den Einkünften aus nichtselbstständiger Arbeit steuerfrei, soweit sie

- an gesetzlichen Feiertagen sowie Silvester (ab 14 Uhr), auch wenn der Feiertag auf einen Sonntag fällt, 125 %,
- bei Arbeit am 1. Mai, 24. Dezember (ab 14 Uhr) sowie an den Weihnachtsfeiertagen 150 %

des Grundlohns, der auf höchstens 50 EUR begrenzt ist, nicht übersteigen.[3] Der 50 EUR übersteigende Lohnteil kann für die Zuschlagsberechnung nicht angesetzt werden. Feiertagszuschläge, die an arbeitsfreien Tagen gezahlt werden, sind lohnsteuerpflichtig, z. B. weiter gezahlte Zuschläge in Zeiten mit Beschäftigungsverbot.

Begriff der Feiertagsarbeit

Als Feiertagsarbeit gilt die Zeit von 0 Uhr bis 24 Uhr an diesen Tagen. Die Zuschläge für die Arbeit an Silvester und an Heiligabend werden jeweils ab 14 Uhr als Feiertagszuschläge anerkannt.

Welche Tage gesetzliche Feiertage sind, richtet sich nach den am Ort der Arbeitsstätte maßgebenden landesrechtlichen Bestimmungen.[4] Dies bedeutet, dass ein Feiertag nach dem Einsatzort bestimmt wird, an dem der Mitarbeiter an dem jeweiligen Tag seine konkrete Tätigkeit ausübt. Bei einer nur vorübergehenden kurzfristigen Abwesenheit von der ersten Tätigkeitsstätte im Rahmen einer Reisetätigkeit sind die Ver-

3 § 3 b EStG, R 3b LStR.
4 § 3b Abs. 2 Satz 4 EStG; R 3b Abs. 3 Satz 3 LStR.

hältnisse an der ersten Tätigkeitsstätte maßgebend. Relevant ist dies bei nicht bundeseinheitlichen Feiertagen (z. B. Allerheiligen, Reformationstag).

Als Grundlohn können lohnsteuerlich höchstens 50 EUR pro Stunde zugrunde gelegt werden. Für steuerfreie Feiertagszuschläge sind besondere Aufzeichnungspflichten zu beachten. Ein Nachtarbeitszuschlag kann zusätzlich für an Feiertagen geleistete Nachtarbeit neben dem Zuschlag für Feiertagsarbeit beitrags- und steuerfrei gezahlt werden. Die beiden Zuschläge können auch dann zusammengerechnet werden, wenn nur ein Zuschlag gezahlt wird.

Die Steuerfreiheit kommt nur für Zuschläge in Betracht, die im Zusammenhang mit tatsächlich erbrachter Arbeitsleistung gewährt werden. Feiertagszuschläge können nicht pauschal steuerfrei gezahlt werden. Stellt ein Prüfer fest, dass Feiertagszuschläge für Zeiten gewährt wurden, an denen der Arbeitnehmer nicht tatsächlich seine Arbeitsleistung erbracht hat, wird die Steuerfreiheit rückwirkend verworfen.

Sozialversicherung

Beitragsfreiheit abhängig von Höhe des Entgelts

Lohnsteuerfreie Zuschläge für Feiertagsarbeit sind nur insoweit kein Arbeitsentgelt im Sinne der Sozialversicherung und damit beitragsfrei, als das Arbeitsentgelt, auf dem sie berechnet werden (sog. „Grundlohn"), 25 EUR je Stunde nicht übersteigt.[1] Übersteigt das dem Zuschlag für Feiertagsarbeit zugrunde liegende Arbeitsentgelt diesen Grenzbetrag, ist der darüber hinausgehende Anteil sozialversicherungspflichtiges Arbeitsentgelt und damit beitragspflichtig.

Beispiel

Ermittlung des Grundlohns bei Monatsentgelt

Ein Arbeitnehmer erhält ein laufendes monatliches Arbeitsentgelt von 4.145 EUR. Die regelmäßige individuelle Wochenarbeitszeit des Arbeitnehmers beträgt 38,5 Stunden.

Der Stundengrundlohn wird folgendermaßen ermittelt:

Umrechnung der regelmäßigen wöchentlichen Arbeitszeit:	38,5 Stunden × 4,35* = 167,475 Stunden monatlich
Ermittlung des Stundengrundlohns:	4.145 EUR : 167,475 Stunden = 24,75 EUR

Der Grundlohn je Arbeitsstunde ist niedriger als 25 EUR. Deshalb bleibt der Feiertagszuschlag beitragsfrei, soweit er nach § 3b EStG steuerfrei ist.

*Anmerkung: Bei einem Monatsentgelt ist ein Divisor anzusetzen, der sich durch Multiplikation der wöchentlichen Arbeitszeit mit dem Faktor 4,35 ergibt.

Höchstgrenze für die Beitragsfreiheit

Der Betrag, bis zu dem Feiertagszuschläge höchstens beitragsfrei sind, wird wie folgt ermittelt: Anzahl der Zuschlags-Arbeitsstunden des Mitarbeiters multipliziert mit dem Verhältnis des für die entsprechend begünstigte Zuschlags-Arbeit zu berücksichtigenden Wertes nach § 3b EStG zum Betrag von 25 EUR.

Berechnung auf Grundlage des steuerlichen Maximalbetrags von 50 EUR[2]	steuerfrei	beitragsfrei
allg. Feiertag 125 %	62,50 EUR	31,25 EUR
Weihnachten/1. Mai 150 %	75,00 EUR	37,50 EUR

Daraus ergibt sich: Zuschläge für tatsächlich geleistete Feiertagsarbeit, die neben dem Grundlohn gezahlt werden, sind kein Arbeitsentgelt und damit beitragsfrei zur Sozialversicherung, soweit sie 125 % (an Weihnachten und am 1. Mai = 150 %) des Grundlohns nicht übersteigen.

1 § 1 Abs. 1 Satz 1 Nr. 1 2. Halbsatz SvEV.
2 § 3b Abs. 2 EStG.

Firmenfitness-Mitgliedschaft

Es ist zu unterscheiden zwischen 2 Ausgestaltungen für Firmenfitness-Mitgliedschaften:

1. Firmenfitness-Angebote, bei denen der Arbeitgeber eine Vereinbarung mit dem Betreiber eines Fitnessstudios schließt und die Mitarbeiter zur Nutzung der Gesundheits-, Fitness- und Wellnessverbundanlagen berechtigt sind sowie
2. Firmenfitness-Angebote, bei denen der Arbeitgeber eine Vereinbarung mit einem Vermittler von Fitnessangeboten schließt und die Mitarbeiter im Rahmen einer Flatrate täglich zwischen unterschiedlichen Sportangeboten wählen können.

Die Vertragsgestaltung sieht vor, dass der Arbeitgeber durch den Abschluss einer Firmenfitness-Mitgliedschaft, für ein bestimmtes kalkulatorisch ermitteltes Entgelt, für alle Mitarbeiter das Recht erwirbt, sämtliche Sportstätten nutzen zu können. Alternativ werden die Preise pro Mitarbeiter abgerechnet. Die Mitarbeiter haben freie Auswahl, in welcher Einrichtung sie trainieren wollen. Praktisch erfolgt die Abwicklung über Mitgliedsausweise, die der Arbeitnehmer unentgeltlich, häufiger aber gegen Entrichtung eines Beitrags (= Eigenanteil) vom Arbeitgeber erhält und vom Arbeitnehmer bei Nutzung vorzulegen ist. Die unentgeltliche oder verbilligte Einräumung von Fitness-Mitgliedschaften durch den Arbeitgeber führt beim Arbeitnehmer zu einem steuer- und beitragspflichtigen geldwerten Vorteil.

Gesetze, Vorschriften und Rechtsprechung

Lohnsteuer: Einzelheiten zum steuerlichen Arbeitslohnbegriff regeln § 19 Abs. 1 EStG und § 2 LStDV. Die Bewertung von Sachbezügen bestimmt sich nach § 8 Abs. 2 EStG. Die Voraussetzungen für die Pauschalbesteuerung von Sachzuwendungen an den Arbeitnehmer regelt § 37b EStG. Mit BMF-Schreiben v. 11.2.2021, IV C 5 – S 2334/19/10024 :003, BStBl 2021 I S. 311, hat sich das BMF zur Bewertung des geldwerten Vorteils geäußert, falls die Firmenfitness-Mitgliedschaft nicht zu vergleichbaren Bedingungen an Endverbraucher am Markt angeboten wird.

Sozialversicherung: § 14 Abs. 1 Satz 1 SGB IV definiert die vom Arbeitgeber im Rahmen eines Beschäftigungsverhältnisses an den Arbeitnehmer geleisteten Zahlungen als sozialversicherungspflichtiges Arbeitsentgelt.

Entgelt	LSt	SV
Firmenfitness-Mitgliedschaft im Rahmen der Sachbezugsfreigrenze	frei	frei

Entgelt

Lohnsteuerpflichtiger geldwerter Vorteil

Die Nutzung von Sportanlagen und Freizeiteinrichtungen aufgrund Firmenfitness-Mitgliedschaften, die der Arbeitgeber in Form von unentgeltlichen oder verbilligten Mitgliedsausweisen seinen Arbeitnehmern ermöglicht, begründet einen lohnsteuer-und beitragspflichtigen geldwerten Vorteil. Ist der Arbeitgeber Vertragspartner handelt es sich um Sachlohn. Dagegen sind zweckgebundene Geldzuwendungen sowie nachträgliche Kostenerstattungen Barlohn.[3]

Achtung

Keine Steuerbefreiung für Gesundheitsvorsorge

Unter die Steuerbefreiung für ⇗ betriebliche Gesundheitsförderung fallen insbesondere die Leistungen, die im Leitfaden Prävention des GKV-Spitzenverbands zur Umsetzung der §§ 20, 20b SGB V aufgeführt sind.[4] Nicht begünstigt sind grundsätzlich Angebote, die

3 § 8 Abs. 1 Satz 2 EStG.
4 § 3 Nr. 34 EStG.

- an eine bestehende oder zukünftige Mitgliedschaft gebunden sowie
- auf Dauer angelegt sind.

Deshalb sind Mitgliedsbeiträge an Sportvereine und Fitnessstudios von der Steuerbefreiung ausgeschlossen. Die Einweisung in die Gerätenutzung durch Fachkräfte reicht für die Steuerbefreiung nicht aus.

Bewertung des geldwerten Vorteils

Grundsatz: Üblicher Endpreis am Abgabeort

Die Bewertung des Sachbezugs, der dem Arbeitnehmer durch den Erwerb des Mitgliedsausweises zufließt, bestimmt sich nach dem üblichen Endpreis am Abgabeort, vermindert um einen pauschalen Abschlag von 4 % für übliche Preisnachlässe. Die Bewertung des geldwerten Vorteils aus der Nutzung der Sportanlagen bestimmt sich demnach regelmäßig nicht nach den Kosten des Arbeitgebers. Maßgebend ist der Endpreise, den der Arbeitnehmer als Privatkunde beim Abschluss eines vergleichbaren Einzelvertrags für sämtliche Dienstleistungen der jeweiligen Dienstleister bzw. Verbundanlagen aufwenden müsste.[1] Der monatliche Durchschnittswert aufgrund der tatsächlichen Inanspruchnahme der angebotenen Einrichtungen ist für die lohnsteuerliche Wertermittlung ohne Bedeutung.

Kein üblicher Endpreis am Abgabeort vorhanden

Ausnahmsweise kann der Sachbezug auch anhand der Kosten bemessen werden, die der Arbeitgeber seinerseits dafür aufgewendet hat, wenn die Firmenfitness-Mitgliedschaft Letztverbrauchern nicht angeboten wird.[2,3]

Anwendung der 50-EUR-Freigrenze

Es handelt sich um laufenden Arbeitslohn, wenn der Arbeitgeber sein vertragliches Versprechen, den teilnehmenden Arbeitnehmern die Nutzung bestimmter Fitnesseinrichtungen zu ermöglichen, fortlaufend durch Einräumung der tatsächlichen Nutzungsmöglichkeit erfüllt. Der Mitgliedsausweis beinhaltet noch keinen verbrieften Anspruch auf die Nutzung der Anlagen. Es ist auch ohne Bedeutung, wenn eine Kündigung der Vereinbarung durch die Arbeitnehmer nur zum Ende eines Jahres möglich ist.

Auf den sich ergebenden geldwerten Vorteil ist grundsätzlich die 50-EUR-Freigrenze für Sachbezüge (bis 2021: 44 EUR) anwendbar und kann in dessen Rahmen steuer- und beitragsfrei bleiben.[4] Bei der Prüfung der 50-EUR-Freigrenze ist jedoch zu beachten, dass sämtliche in einem Kalendermonat zugeflossenen Sachbezüge zusammenzurechnen sind.

Tipp

Anrufungsauskunft einholen I

Die Ermittlung des geldwerten Vorteils bei Firmenfitness-Mitgliedschaften bereitet aufgrund der Vielseitigkeit des Angebots häufig erhebliche praktische Schwierigkeiten. Da die Finanzämter aber bei der Bewertung des geldwerten Vorteils von Firmenfitness-Mitgliedschaften nicht einheitlich verfahren, sollte der Arbeitgeber eine Anrufungsauskunft einholen. Die Anrufungsauskunft hat haftungsbefreiende Wirkung und vermeidet unliebsame Nachforderungen bei einer späteren Lohnsteuer-Außenprüfung.

Strittige Auslegung zum überwiegend eigenwirtschaftlichen Interesse des Vertragspartners

Ein überwiegend eigenwirtschaftliches Interesse des Dritten schließt die Annahme von Arbeitslohn in der Regel aus.[5] Auch liegt kein Arbeitslohn vor, wenn der Dritte diese Rabatte einem weiteren Personenkreis im normalen Geschäftsverkehr üblicherweise einräumt (sog. „Jedermannrabatt“[6]). Soweit und in der Höhe, als Preisnachlässe auch im normalen Geschäftsverkehr unter fremden Dritten erzielt werden können, spricht nichts dafür, dass diese Rabatte, wenn sie auch Arbeitnehmern eingeräumt werden, als Vorteil für deren Beschäftigung gewährt werden. Denn es fehlt an einem aus dem Arbeitsverhältnis stammenden „Vorteil“ als Grundvoraussetzung für Arbeitslohn.

Hinweis

Eigenwirtschaftliches Interesse von Rabatten auf Firmenfitness übertragbar?

In der Vergangenheit haben die Finanzgerichte entschieden, dass bei Rabatten eines Autohändlers (fremder Dritter) ein überwiegend eigenes wirtschaftliches Interesse besteht, sodass kein Arbeitslohn vorliegt.[7,8]

Die Entscheidungen sind jedoch nicht rechtskräftig und es bleibt abzuwarten, ob die Rechtsprechung auf Firmenfitness-Mitgliedschaften übertragbar sein wird.

Tipp

Anrufungsauskunft einholen II

Im Rahmen einer Anrufungsauskunft sollte geklärt werden, ob überhaupt Arbeitslohn vorliegt. Wenn mit dem Arbeitgeber eine Firmenfitness-Vereinbarung geschlossen wird, die der Anbieter in gleicher Weise und zu gleichen Konditionen anderen Arbeitgebern anbietet, kann hieraus ein eigenwirtschaftliches Interesse des Anbieters abgeleitet werden. Danach würde kein Arbeitslohn vorliegen.[9] Da die Finanzverwaltung hierzu aber häufig eine restriktivere Auffassung vertritt, empfiehlt sich eine Anrufungsauskunft beim Betriebsstättenfinanzamt.

Pauschalbesteuerung nach § 37b EStG

Für Sachleistungen, die der Arbeitgeber seinen Arbeitnehmern zusätzlich zum ohnehin geschuldeten Arbeitslohn gewährt, besteht die Möglichkeit der Pauschalbesteuerung mit 30 % nach § 37b Abs. 2 EStG. Wählt der Arbeitgeber die Steuerübernahme, ergibt sich eine vom individuellen ⇗ Lohnsteuerabzug abweichende Bemessungsgrundlage. Die pauschale Lohnsteuer berechnet sich nach den Kosten – inklusive Umsatzsteuer, die dem Arbeitgeber für die ⇗ Sachzuwendung entstanden sind. Bemessungsgrundlage für die Ermittlung der 30 %igen Pauschalsteuer sind die hierfür vom Arbeitgeber an den Vertragspartner gezahlten Bruttoentgelte, abzüglich vom Arbeitnehmer als Eigenanteil entrichteter Entgelte. Die Pauschalsteuer erhöht sich um den Solidaritätszuschlag sowie ggf. die pauschale Kirchenlohnsteuer.

Auch wenn bei Anwendung der Pauschalversteuerung nach § 37b EStG für die Bemessung der Steuer auf die Höhe der Aufwendungen des Arbeitgebers abgestellt wird, bleibt die 50-EUR-Freigrenze (bis 2021: 44 EUR) bestehen.[10] Liegen die Sachzuwendungen des Arbeitnehmers innerhalb eines Monats unterhalb der 50-EUR-Freigrenze, erhält der Arbeitnehmer keine steuerpflichtigen Zuwendungen und es ist auch keine Grundlage für die Pauschalversteuerung gegeben.

Beispiel

Pauschalbesteuerung der Firmenfitness-Mitgliedschaft

Eine Steuerberatungspraxis hat für ihre 15 Mitarbeiter eine Firmenfitness-Mitgliedschaft bei einem überregional tätigen Anbieter abgeschlossen, die im Jahr 15.000 EUR für den Arbeitgeber kostet. Die Mitgliedschaft ermöglicht die unentgeltliche Nutzung der örtlichen Sportanlagen inkl. des städtischen Hallenbads sowie die kostenlose Nutzung des örtlichen Fitnessstudios. Da die Mitgliedschaft in dieser Form Letztverbrauchern nicht angeboten wird, ist kein üblicher Endpreis am Abgabeort vorhanden. Die Teilnahme am Firmenfitnesspro-

1 FG Bremen, Urteil v. 23.3.2011, 1 K 150/09 (6).
2 BFH, Urteil v. 7.7.2020, VI R 14/18, BFH/NV 2021 S. 374.
3 BMF, Schreiben v. 11.2.2021, IV C 5 – S 2334/19/10024 :003, BStBl 2021 I S. 311.
4 BFH, Urteil v. 7.7.2020, VI R 14/18, BStBl 2021 II, S. 232.
5 BFH, Urteil v. 10.4.2014, VI R 62/11, BStBl 2015 II S. 191.
6 BFH, Urteil v. 10.4.2014, VI R 62/11, BStBl 2015 II S. 191.
7 FG Rheinland-Pfalz, Urteil v. 9.9.2020, 2 K 1690/18.
8 FG Köln, Urteil v. 11.10.2018, 7 K 2053/17, Rev. beim BFH unter Az. VI R 53/18.
9 FG Köln, Urteil v. 11.10.2018, 7 K 2053/17, Rev. beim BFH unter VI R 53/18.
10 BMF, Schreiben v. 19.5.2015, IV C 6 – S 2297 – b/14/10001, BStBl 2015 I S. 468, Rz. 17.

gramm ist dem einzelnen Mitarbeiter freigestellt und kostet bei Inanspruchnahme einen monatlichen Eigenanteil von 25 EUR, der im Rahmen der Lohnabrechnung vom Nettoverdienst einbehalten wird. Insgesamt nehmen 10 Beschäftigte der Steuerkanzlei das Angebot „Firmenfitness-Mitgliedschaft" an. Der Arbeitgeber macht für den geldwerten Vorteil aus der verbilligten Überlassung von der Möglichkeit der Pauschalbesteuerung mit 30 % Gebrauch.

Ergebnis:

Da die 50-EUR-Freigrenze überschritten ist, ist der geldwerte Vorteil zu versteuern. Bemessungsgrundlage für die Berechnung der Pauschalsteuer nach § 37b Abs. 2 EStG sind die Kosten, die dem Arbeitgeber entstehen, abzüglich der von den Mitarbeitern getragenen Eigenanteile. Der jährliche geldwerte Vorteil und die Pauschalsteuer berechnen sich wie folgt:

Gesamtkosten der Firmenmitgliedschaft	15.000 EUR
Abzgl. Arbeitnehmeranteile	– 3.000 EUR
Geldwerter Vorteil im Jahr	12.000 EUR
Davon 30 % Pauschalsteuer	3.600 EUR

Die Pauschalsteuer von 3.600 EUR pro Jahr erhöht sich noch um den Solidaritätszuschlag und die pauschale Kirchenlohnsteuer. Die Lohnbuchhaltung muss den geldwerten Vorteil im Lohnkonto aufzeichnen und die hierfür erforderlichen Unterlagen als Belege zum Lohnkonto nehmen.

Achtung

Beitragspflicht in der Sozialversicherung trotz Pauschalierung

Die im Beispiel vorgenommene Pauschalbesteuerung bewirkt beim eigenen Arbeitnehmer keine Beitragsfreiheit in der Sozialversicherung. Sachzuwendungen an Arbeitnehmer von Dritten (Kunden, Geschäftspartner u. a.) stellen dagegen kein beitragspflichtiges Arbeitsentgelt dar, sofern es sich nicht um Arbeitnehmer eines verbundenen Unternehmens handelt.[1]

Kein Vorsteuerabzug für den Arbeitgeber

Die vom Arbeitgeber eingekauften Mitgliedschaftsrechte sind vom Vorsteuerabzug ausgeschlossen. Die Mitgliedschaftsrechte werden ausschließlich für den Privatbereich der Arbeitnehmer eingekauft und sind daher nicht für den unternehmerischen Bereich des Arbeitgebers bestimmt. Mangels Leistung an das jeweilige Unternehmen entfällt der Vorsteuerabzug. Infolgedessen ist die Weitergabe der Mitgliedschaft an den Arbeitnehmer nicht umsatzsteuerpflichtig.

Fitnessstudio

Übernimmt der Arbeitgeber die Kosten eines Arbeitnehmers für das Fitnessstudio, handelt es sich hierbei grundsätzlich um steuerpflichtigen Arbeitslohn bzw. beitragspflichtiges Arbeitsentgelt i. S. d. Sozialversicherung.

Im Rahmen der betrieblichen Gesundheitsvorsorge kann der Arbeitgeber Kosten zur Erhaltung, Wiederherstellung oder Verbesserung der Gesundheit des Arbeitnehmers bis zu einem Freibetrag von 600 EUR jährlich steuer- und beitragsfrei erstatten.

Steuerbefreit sind nur spezielle Angebote im Rahmen der Gesundheitsförderung, die im „Leitfaden Prävention" gem. §§ 20 und 20b SGB V erfasst sind, z. B. spezielle Rückenkurse und Yogakurse. Da die speziellen Präventionsmaßnahmen in den Fitnessstudios i. d. R. nicht gesondert in Rechnung gestellt werden, sind damit auch die monatlichen Beiträge insgesamt nicht steuerfrei.

Anwendbar ist die 50-EUR-Freigrenze (bis 2021: 44 EUR) für geringfügige Sachbezüge; allerdings nur, wenn der Arbeitgeber Vertragspartner des Fitnessstudios ist oder der Arbeitgeber dem Arbeitnehmer im Vorfeld einen Gutschein über maximal 50 EUR für den Besuch des Fitnessstudios überreicht. Bei der Sachbezugsfreigrenze handelt es sich um eine monatliche Grenze, die alle Sachzuwendungen des jeweiligen Monats einschließt. Kein Sachbezug liegt vor, wenn der Arbeitnehmer Vertragspartner des Fitnessstudios ist und der Arbeitgeber dem Arbeitnehmer die Kosten erstattet.

Die unentgeltliche Bereitstellung eines Fitnessraums bzw. einer Betriebssportanlage durch den Arbeitgeber kann lohnsteuer- und sozialversicherungsfrei behandelt werden. Hierbei ist das betriebliche Interesse des Arbeitgebers gegeben.

Gesetze, Vorschriften und Rechtsprechung

Lohnsteuer: Die Lohnsteuerpflicht der Erstattung von Kosten für Fitnessstudios als Barlohn ergibt sich aus § 19 Abs. 1 EStG i. V. m. R 19.3 LStR. Die Steuerfreiheit im Rahmen der 50-EUR-Sachbezugsfreigrenze ergibt sich aus § 8 Abs. 2 Satz 11 EStG. Die Steuerfreiheit von Gesundheitsförderungsleistungen bis zu 600 EUR pro Jahr und pro Arbeitnehmer ist in § 3 Nr. 34 EStG geregelt.

Sozialversicherung: Die Beitragspflicht der Übernahme der Kosten für ein Fitnessstudio ergibt sich aus dem Arbeitsentgeltbegriff des § 14 Abs. 1 SGB IV. Beitragsfreiheit besteht bei Steuerfreiheit nach § 1 Abs. 1 Satz 1 Nr. 1 SvEV. Die Grundlagen der betrieblichen Gesundheitsförderung sind im „Leitfaden Prävention" des GKV-Spitzenverbands in der Fassung v. 10.12.2014 erläutert.

Entgelt	LSt	SV
Fitnessstudio	pflichtig	pflichtig

Flexi-Rente

Die Flexi-Rente umfasst zahlreiche Regelungen, um ein längeres und flexibleres Weiterarbeiten zu fördern, bezogen auf den Zeitraum bis zum Erreichen der Regelaltersgrenze und für danach.

Seit 1.1.2017 besteht Versicherungsfreiheit bei Bezug einer Altersvollrente erst nach Ablauf des Monats des Erreichens der Regelaltersgrenze. Wer demnach neben einer vorgezogenen Altersvollrente ab 1.1.2017 eine Beschäftigung aufnimmt, bleibt zunächst ganz normal rentenversichert und erwirbt weitere Rentenanwartschaften. Zudem können durch einen Verzicht auf die Versicherungsfreiheit nach Ablauf des Monats des Erreichens der Regelaltersgrenze weitere Rentenanwartschaften hinzukommen, wodurch die Rente noch zusätzlich aufgebessert wird.

Seit 1.7.2017 konnten Teilrente und Hinzuverdienst flexibler und einfacher als bisher miteinander kombiniert werden. Die zuvor bestehenden monatlichen starren Hinzuverdienstgrenzen entfallen zugunsten einer kalenderjährlichen Hinzuverdienstgrenze von 6.300 EUR. Abweichend hiervon galt in den Jahren 2020 bis 2022 eine höhere kalenderjährliche Hinzuverdienstgrenze von 44.590 EUR (2020) und 46.060 EUR (2021 und 2022). Wurde die für eine vorgezogene Altersvollrente maßgebliche Hinzuverdienstgrenze überschritten, kam es zu einer Teilrente mit einer stufenlosen Anrechnung des überschreitenden Hinzuverdienstes. In der Regel wurden aber nur 40 % des die Hinzuverdienstgrenze überschreitenden Betrags auf die Rente angerechnet. Nach Ablauf des Monats des Erreichens der Regelaltersgrenze konnte weiterhin unbeschränkt hinzuverdient werden. Seit dem 1.1.2023 gelten keine Hinzuverdienstbeschränkungen mehr bei einer vorgezogenen Altersrente, denn der Gesetzgeber hat zu diesem Zeitpunkt die Hinzuverdienstgrenzen bei vorgezogenen Altersrenten abgeschafft.

1 § 1 Abs. 1 Nr. 14 SvEV.

Weitere Änderungen des Flexirentengesetzes betrafen darüber hinaus:

- Verbesserte Hinzuverdienstmöglichkeiten auch bei Erwerbsminderungsrenten (abermals zum 1.1.2023 verbessert).
- Frühere Zahlungsmöglichkeit zum Ausgleich einer Rentenminderung aufgrund vorzeitiger Inanspruchnahme einer Altersrente.
- Verbesserung der Informationen in der Rentenauskunft.
- Verbesserungen bei den Leistungen zur Teilhabe in der Rentenversicherung.

Gesetze, Vorschriften und Rechtsprechung

Sozialversicherung: Die gesetzlichen Bestimmungen zum Hinzuverdienst waren bzw. sind in §§ 34, 96a, 302, 313 SGB VI geregelt und zur Altersvollrente und Altersteilrente in § 42 SGB VI. Die längere Versicherungsmöglichkeit in der Rentenversicherung bis zum Erreichen der Regelaltersgrenze und darüber hinaus findet sich in § 5 Abs. 4 und § 230 Abs. 9 SGB VI. Die Möglichkeit des Ausgleichs einer Rentenminderung bei vorzeitiger Altersrente durch eine Beitragszahlung ist in § 187a SGB VI bestimmt und § 109 SGB VI enthält die Regelungen zur erforderlichen Rentenauskunft. Die Regelungen zur Teilhabe befinden sich in §§ 9 ff. SGB VI. Der vorübergehende Wegfall der Beiträge zur Arbeitslosenversicherung vom Jahr 2017 bis zum Jahr 2021 ist in § 346 Abs. 3 SGB III geregelt.

Fliegerzulage

Fliegerzulage erhalten Beamte, Soldaten und andere Mitarbeiter des militärischen Dienstes für ihren Einsatz auf Fluggeräten, aber auch Verkehrspiloten, Jetpiloten, Waffensystemoffiziere und Flugbegleiter. Da die Fliegerzulage im Zusammenhang mit der Erbringung der Arbeitsleistung gewährt wird, handelt es sich hierbei grundsätzlich um steuerpflichtigen Arbeitslohn bzw. beitragspflichtiges Arbeitsentgelt im Sinne der Sozialversicherung.

Gesetze, Vorschriften und Rechtsprechung

Lohnsteuer: Die Lohnsteuerpflicht der Fliegerzulage ergibt sich aus § 19 Abs. 1 EStG i. V. m. R 19.3 LStR.

Sozialversicherung: Die Fliegerzulage zählt nach § 14 Abs. 1 SGB IV zum beitragspflichtigen Arbeitsentgelt, sofern diese an versicherungspflichtig Beschäftigte gezahlt wird.

Entgelt	LSt	SV
Fliegerzulage	pflichtig	pflichtig

Flüchtling

Personen, die als Flüchtlinge in Deutschland eine gute Bleibeperspektive haben, sollen möglichst schnell in die Gesellschaft und in den Arbeitsmarkt eingegliedert werden. Bei der Beschäftigung von Flüchtlingen sind wichtige steuer- und sozialversicherungsrechtliche Regelungen für Arbeitgeber zu beachten. Durch verschiedene Leistungen zur Integration in Gesellschaft und Arbeitsmarkt können die Arbeitgeber bei Ausbildung und Beschäftigung zusätzlich unterstützt werden.

Gesetze, Vorschriften und Rechtsprechung

Lohnsteuer: Die Pflichten des Arbeitgebers regeln § 38 EStG sowie die dazugehörenden R 38.1–R 38.5 LStR und H 38.1 – H 38.5 LStH. Die Lohnsteuerabzugsmerkmale sind in § 39 EStG geregelt. Die Regelungen zur Bildung und Anwendung der Lohnsteuerabzugsmerkmale finden sich in § 39e EStG. Weitere Einzelheiten hat die Finanzverwaltung geregelt im BMF-Schreiben v. 7.8.2013, IV C 5 – S 2363/13/10003, BStBl 2013 I S. 951. Die gesetzlichen Voraussetzungen für die Einreihung in Steuerklassen und die damit verbundenen Pflichten regeln die §§ 38b, 39 und 46 EStG. Das Bundeszentralamt für Steuern hat Hinweise zur Vergabe der steuerlichen Identifikationsnummer für Geflüchtete aus der Ukraine veröffentlicht.

Sozialversicherung: Leistungen zum Lebensunterhalt werden nach dem Asylbewerberleistungsgesetz (AsylbLG), nach dem SGB II für erwerbsfähige Personen bzw. nach dem SGB XII für nicht erwerbsfähige Personen erbracht. Näheres zur Sprachförderung regelt die Verordnung über die berufsbezogene Deutschsprachförderung (DeuFöV). Für die Anerkennung von ausländischen Berufsqualifikationen gelten die „Anerkennungsgesetze" des Bundes und der Länder. Leistungen zur Eingliederung in den Arbeitsmarkt werden nach dem SGB III oder dem SGB II erbracht.

Lohnsteuer

Erfassung in der Lohnbuchhaltung bei Arbeitsaufnahme

Die lohnsteuerliche Behandlung von Asylbewerbern bzw. Flüchtlingen ist unabhängig vom jeweiligen Aufenthaltsstatus und etwaigen damit verbundenen Beschäftigungsverboten. Nach der im Steuerrecht gebotenen wirtschaftlichen Betrachtungsweise gelten für die Durchführung des Lohnsteuerabzugs die üblichen Arbeitgeberpflichten. Wie bei anderen Arbeitnehmern auch, muss das Lohnbüro – unabhängig von arbeitsrechtlichen Besonderheiten – bei der Einstellung von Flüchtlingen und Asylsuchenden für Zwecke des Lohnsteuerverfahrens zunächst ein ↗ Lohnkonto einrichten. Die hierfür erforderlichen persönlichen Besteuerungsmerkmale des Arbeitnehmers kann der Arbeitgeber entweder im elektronischen Abrufverfahren bei der ELStAM-Datenbank abrufen (ELStAM-Datensatz) oder er muss diese einer vom jeweiligen Finanzamt ausgestellten Papier-(Lohnsteuer)bescheinigung entnehmen (ELStAM-Bescheinigung).

IdNr erforderlich für ELStAM-Abruf

Grundvoraussetzung für die Teilnahme eines Arbeitnehmers am elektronischen Lohnsteuerverfahren ist die Vergabe einer persönlichen Identifikationsnummer (IdNr). Diese wird bei Geburt oder bei Zuzug in die Bundesrepublik Deutschland aufgrund der Mitteilung durch die Meldebehörde vom Bundeszentralamt für Steuern (BZSt) gebildet. Entscheidend für die lohnsteuerliche Erfassung von Arbeit aufnehmenden Asylbewerbern oder Flüchtlingen in der Lohnbuchhaltung ist deshalb zunächst die melderechtliche Behandlung dieser Personen.

Vergabe der IdNr durch Meldebehörde

Mit der Einreise und Zuweisung in eine Erstaufnahmeeinrichtung werden Flüchtlinge und Asylsuchende unbeschränkt steuerpflichtig, da sie einen Wohnsitz oder ihren gewöhnlichen Aufenthalt im Inland begründen.[1] Dies gilt bereits für die Zeit der Unterbringung in Behelfsunterkünften.

Die örtlich zuständige Meldebehörde nimmt die eingereiste Person in ihr Melderegister auf. Gleichzeitig werden alle melderechtlichen Daten automatisch an die Datenbank beim BZSt überspielt und stehen ab diesem Zeitpunkt für die Bildung der ELStAM zur Verfügung. Das BZSt vergibt zunächst für jeden melderechtlich erfassten Flüchtling oder Asylbewerber eine steuerliche Identifikationsnummer (IdNr), die als eineindeutiges Ordnungsmerkmal unerlässliches Kriterium für die spätere Speicherung der elektronischen Besteuerungsmerkmale (ELStAM) eines Arbeitnehmers in der ELStAM-Datenbank ist.

Hinweis

Erstmalige Bildung der ELStAM erfordert Veranlassungsgrund

Die ELStAM-Daten werden aufgrund der an das BZSt übermittelten Meldedaten nicht auf Vorrat gebildet. Erst wenn die Lohnsteuer-

1 § 1 Abs. 1 EStG.

abzugsmerkmale für die Durchführung des Lohnsteuerabzugs benötigt werden, erfolgt auf Grundlage der vorhandenen Personenstandsangaben deren automatisierte Bildung und Bereitstellung.[1] Ein gesonderter Antrag ist nicht erforderlich. Die Veranlassung ergibt sich im Normalfall durch die Anfrage des Arbeitgebers beim BZSt zur elektronischen Übermittlung der ELStAM, wenn der Arbeitnehmer bei ihm eine Beschäftigung aufnimmt.

Erneute Mitteilung auf Antrag bei Datenverlust

Die Vergabe der IdNr wird vom BZSt dem Flüchtling bzw. Asylbewerber an die angegebene Adresse, ggf. in der jeweiligen Erstaufnahmeeinrichtung, schriftlich bekannt gegeben. In den Wirren des praktischen Alltags von Not- und Behelfsunterkünften geht das Mitteilungsschreiben und damit die zugeteilte IdNr mitunter verloren. Hat ein Steuerpflichtiger seine IdNr verloren oder vergessen, kann er beim BZSt die Übersendung eines Schreibens mit seiner IdNr erneut veranlassen (Anschrift: BZSt, Steuerliches Info-Center, An der Küppe 1 in 53225 Bonn oder online: https://www.bzst.de/SiteGlobals/Kontaktformulare/DE/Steuerliche_IDNr/Mitteilung_IdNr/mitteilung_IdNr_node.html). Der Arbeitgeber ist hierzu im eigenen Namen nicht berechtigt, kann aber dem Asylbewerber oder Flüchtling selbstverständlich Hilfestellung leisten. Eine telefonische Mitteilung der IdNr ist nicht möglich.

Anmeldung und Abruf der ELStAM-Daten für den Lohnsteuerabzug

Wie jeden neuen Arbeitnehmer muss der Arbeitgeber den von ihm eingestellten Flüchtling oder Asylbewerber bei Beginn der Beschäftigung an der ELStAM-Datenbank anmelden. Damit die ELStAM für einen Arbeitnehmer abgerufen werden können, muss er vom Lohnbüro mit folgenden Daten angemeldet werden[2]:

- IdNr und Geburtsdatum,
- Beginn der Beschäftigung,
- erstes oder weiteres Dienstverhältnis (Merker „Hauptarbeitgeber“),
- Lohnsteuer-Freibetrag beim Nebenarbeitgeber[3]
- Zeitpunkt des Datenabrufs (Referenzdatum).

Datenübernahme mittels Lohnbuchhaltungssoftware

Der Arbeitgeber erhält aufgrund der Anmeldung den ELStAM-Datensatz des Asylbewerbers bzw. Flüchtlings elektronisch übermittelt, der sich aus der maßgebenden Steuerklasse, der Zahl der Kinderfreibeträge in den Steuerklassen I bis IV und ggf. dem Kirchensteuermerkmal des Arbeitnehmers und ggf. dessen Ehegatten zusammensetzt.[4] Der dem Arbeitgeber zur Verfügung gestellte ELStAM-Datensatz wird anschließend mittels der Lohnbuchhaltungssoftware in das jeweilige ⇗ Lohnkonto des Arbeitnehmers eingepflegt.

Steuerklasse und Steuerklassenwechsel

Regelmäßig werden Asylbewerber bzw. Flüchtlinge die Steuerklasse I erhalten. Möglich ist aber auch die familiengerechte Steuerklasse, sofern auch der Ehegatte mit eingereist ist und die erforderliche IdNr-Verknüpfung zutreffend bescheinigt wurde. Verheiratete Flüchtlinge bzw. Asylbewerber werden in diesem Fall zunächst in die Steuerklasse IV eingereiht. Erst auf Antrag beim örtlichen Finanzamt erfolgt unter den gegebenen Voraussetzungen die Einreihung in die Steuerklasse III. Insoweit sind die Regelungen des ⇗ Lohnsteuer-Ermäßigungsverfahrens mit der formellen Antragstellung auf amtlichen Vordruck zu beachten. Dasselbe gilt für die Geltendmachung etwaiger Lohnsteuerfreibeträge für die Wege zwischen Wohnung und erster Tätigkeitsstätte oder für die Aufwendungen einer ⇗ doppelten Haushaltsführung, wenn die Familie im Ausland verblieben ist.

Gültigkeit der abgerufenen ELStAM

Nach erfolgreichem Abruf hat der Arbeitgeber die ELStAM in das Lohnkonto zu übernehmen, um sie gemäß der zeitlichen Gültigkeitsangabe für die nächstfolgende Lohnabrechnung anzuwenden. Er hat die für den angemeldeten Arbeitnehmer mitgeteilte ELStAM für die Durchführung des Lohnsteuerabzugs so lange anzuwenden, bis das BZSt geänderte elektronische Lohnsteuerabzugsmerkmale zur Verfügung stellt oder der Arbeitgeber dem BZSt die Beendigung des Dienstverhältnisses mitteilt.[5] Wie bei der Papierbescheinigung gilt auch bei der virtuellen elektronischen Lohnsteuerkarte der Grundsatz der Maßgeblichkeit der elektronisch bescheinigten Besteuerungsmerkmale.

Einbehaltung der Lohnsteuer ohne ELStAM

Zeitlich befristetes Ausnahmeverfahren

Der Gesetzgeber sieht neben dem elektronischen Lohnsteuerverfahren für solche Fälle ein Ersatzverfahren vor, in denen aus technischen Gründen oder sonstigen nicht vom Steuerpflichtigen zu vertretenden Hinderungsgründen ein unbeschränkt Steuerpflichtiger zunächst keine IdNr erhalten kann oder aufgrund von Fehlern in der Datenbank vom BZSt keine korrekten ELStAM-Daten zur Verfügung gestellt werden können.

Berechnung nach den voraussichtlichen ELStAM

Um die Nachteile der Steuerklasse VI zu vermeiden, bietet das Gesetz dem Arbeitnehmer hier die Möglichkeit, für die Dauer von 3 Monaten die Lohnsteuerabzugsmerkmale „auf Zuruf“ des Arbeitnehmers, also ohne elektronischen Abruf, anzuwenden.[6] Bei Flüchtlingen oder Asylbewerbern kann unterstellt werden, dass die Voraussetzungen für die Anwendung der voraussichtlichen Lohnsteuerabzugsmerkmale vorliegen, insbesondere der Steuerklasse I für die Einbehaltung der Lohnsteuer.

Hinweis

Vorsicht bei Steuerklasse III „auf Zuruf“

Vorsicht ist geboten, wenn der Arbeitnehmer die familiengerechte Steuerklasse III beantragt. Wegen der späteren Korrekturpflicht und der damit verbundenen Arbeitgeberhaftung sollte von der Möglichkeit des Splittingtarifs nur in unstreitigen Fällen im Rahmen der 3-Monatsfrist im Lohnsteuerverfahren von Flüchtlingen und Asylbewerbern Gebrauch gemacht werden.

Rückwirkende Korrektur nach Ablauf von 3 Monaten

Der Gesetzgeber schafft mit der 3-Monatsfrist ein zeitlich befristetes Ersatzverfahren, solange der elektronische Datenabruf nicht möglich ist. Erhält der Arbeitnehmer zwischenzeitlich vom BZSt seine IdNr mitgeteilt, hat er seinen Arbeitgeber hierüber zu unterrichten.[7] Mit dieser Angabe und dem (bereits vorliegenden) Geburtsdatum ist der Arbeitgeber in der Lage, die ELStAM des Arbeitnehmers abzurufen, um so zum elektronischen Verfahren zu wechseln. Kann i. R. d. 3-Monatsfrist keine ELStAM abgerufen werden, ist der Lohnsteuerabzug rückwirkend nach der Steuerklasse VI durchzuführen. Sobald dem Arbeitgeber die zutreffenden ELStAM-Daten für den Arbeitnehmer vorliegen, ist der Lohnsteuerabzug für die vorangegangenen Kalendermonate zu überprüfen und ggf. rückwirkend zu korrigieren. Die zu viel oder zu wenig erhobene Lohnsteuer ist mit der nächsten Lohnabrechnung auszugleichen. Im Übrigen sind die Regelungen des § 41c EStG zu beachten (Anzeigepflicht bei zu wenig einbehaltener Lohnsteuer).

(Ersatz-)Bescheinigung über die maßgebenden Besteuerungsmerkmale

Als weiteres Ersatzverfahren, von dem auch bei Asylbewerbern und Flüchtlingen Gebrauch gemacht werden kann, wenn bei unbeschränkt steuerpflichtigen Arbeitnehmern (noch) keine Identifikationsnummer zugeteilt wurde, sieht der Gesetzgeber eine Bescheinigung für den Lohnsteuerabzug in Papierform vor.[8, 9] Die Bescheinigung kann ab 2021 auch der Arbeitgeber beantragen, wenn ihn der Arbeitnehmer dazu bevollmächtigt hat.[10] Das Finanzamt kann dem Arbeitnehmer eine Bescheinigung für den Lohnsteuerabzug für die Dauer eines Kalenderjahres

1 § 39 Abs. 1 EStG.
2 § 39e Abs. 4 EStG.
3 § 39a Abs. 1 Nr. 7 EStG.
4 § 39 Abs. 4 EStG.
5 § 39e Abs. 5 EStG.
6 § 39c Abs. 1 Satz 2 EStG.
7 § 39e Abs. 4 Satz 1 EStG.
8 § 39 Abs. 1 Satz 2 EStG.
9 BMF, Schreiben v. 8.11.2018, IV C 5 – S 2363/13/10003-02, BStBl 2018 I S. 1137, Rz. 97 ff.
10 § 39e Abs. 8 Satz 2 EStG.

ausstellen (ELStAM-Bescheinigung). Legt der Arbeitnehmer dem Arbeitgeber eine vom Finanzamt ausgestellte ELStAM-Bescheinigung vor, sind die darauf eingetragenen Lohnsteuerabzugsmerkmale maßgebend.

Der Arbeitgeber hat diese in das ⬀ Lohnkonto des Arbeitnehmers zu übernehmen und dem Lohnsteuerabzug während der Gültigkeitsdauer der Papierbescheinigung zugrunde zu legen.

Hat der Arbeitnehmer die Ausstellung einer solchen Bescheinigung für den Lohnsteuerabzug nicht beantragt oder legt er sie nicht vor, hat der Arbeitgeber die Lohnsteuer nach der Steuerklasse VI zu ermitteln.

Geringfügige Beschäftigung von Flüchtlingen bzw. Asylbewerbern

Flüchtlinge und Asylbewerber können auch im Rahmen einer ⬀ geringfügig entlohnten Beschäftigung (sog. Minijob) eingesetzt werden. Unter die Minijob-Regelung fallen sämtliche Dienstverhältnisse, deren monatliches Arbeitsentgelt regelmäßig 538 EUR[1] nicht übersteigt.[2] Eine zeitliche Begrenzung auf eine bestimmte Anzahl von Wochenstunden besteht nicht. Allerdings ist auch für geringfügige Beschäftigungen die Mindestlohngrenze zu beachten. Die Abführung der einheitlichen Pauschalsteuer von 2 % für geringfügige Beschäftigungen hat der Arbeitgeber gemeinsam mit den pauschalen Renten- (15 %) und Krankenversicherungsbeiträgen (13 %) an die Minijob-Zentrale zu entrichten.

Steuerliche Vergünstigungen

Für Flüchtlinge gelten die allgemeinen Regeln des Lohnsteuerabzugs. Daher können ihnen auch sämtliche steuerliche Vergünstigungen gewährt werden. Sonstige Sachbezüge bleiben z. B. bis 50 EUR monatlich steuerfrei. Auch steuerfreie ⬀ betriebliche Gesundheitsförderung oder ⬀ Kindergartenzuschüsse sind ebenso möglich wie die Gewährung des Rabattfreibetrags von 1.080 EUR für Waren und Dienstleistungen aus der Produktpalette des Arbeitgebers.

Deutschkurs für Flüchtlinge

Berufliche Fort- oder Weiterbildungsleistungen des Arbeitgebers führen nicht zu Arbeitslohn, wenn diese Bildungsmaßnahmen im ganz überwiegenden betrieblichen Interesse des Arbeitgebers durchgeführt werden.[3]

Achtung

Frühzeitig Kostenübernahme vereinbaren

Ist der Arbeitnehmer Rechnungsempfänger, liegt ein eigenbetriebliches Interesse nur dann vor, wenn der Arbeitgeber die Kostenübernahme vor Vertragsabschluss schriftlich zugesagt hat.[4]

Das BMF hat anlässlich der Integration von Flüchtlingen und Asylbewerbern eine steuerliche Billigkeitsregelung für das Erlernen der deutschen Sprache geschaffen. Bei Flüchtlingen und anderen Arbeitnehmern, deren Muttersprache nicht Deutsch ist, sind Bildungsmaßnahmen zum Erwerb oder zur Verbesserung der deutschen Sprache dem ganz überwiegenden betrieblichen Interesse des Arbeitgebers zuzuordnen, wenn der Arbeitgeber die Sprachkenntnisse in dem für den Arbeitnehmer vorgesehenen Aufgabengebiet verlangt.[5] Arbeitslohn kann nur dann vorliegen, wenn konkrete Anhaltspunkte für den Belohnungscharakter der Maßnahme vorliegen.

Weiterbildungsmaßnahmen

Weiterbildungsleistungen des Arbeitgebers für Maßnahmen nach § 82 Abs. 1 und 2 SGB III sowie Weiterbildungsleistungen des Arbeitgebers, die der Verbesserung der Beschäftigungsfähigkeit des Arbeitnehmers dienen, sind steuerfrei[6], wenn sie nicht sowieso kein Arbeitslohn sind, weil ein eigenbetriebliches Interesse des Arbeitgebers vorliegt. Die Weiterbildung darf keinen überwiegenden Belohnungscharakter haben. § 82 SGB III umfasst Weiterbildungen, die über arbeitsplatzbezogene Fortbildungen hinausgehende Fertigkeiten, Kenntnisse und Fähigkeiten vermitteln. Dies gilt auch für Weiterbildungsleistungen des Arbeitgebers, die der Verbesserung der Beschäftigungsfähigkeit des Arbeitnehmers dienen (z. B. Computerkurse, die nicht arbeitsplatzbezogen sind). Darunter sind solche Maßnahmen zu verstehen, die eine Anpassung und Fortentwicklung der beruflichen Kompetenzen des Arbeitnehmers ermöglichen und somit zur besseren Begegnung der beruflichen Herausforderungen beitragen. Diese Leistungen dürfen keinen überwiegenden Belohnungscharakter haben.

1 Bis 31.12.2023: 520 EUR.
2 § 8 Abs. 1 Nr. 1 SGB IV.
3 R 19.7 LStR.
4 R 19.7 Abs. 1 Satz 4 LStR
5 BMF, Schreiben v. 4.7.2017, IV C 5 – S 2332/09/10005, BStBl 2017 I S. 882.
6 § 3 Nr. 19 EStG.

Sozialversicherung

Versicherungsrecht

Sozialversicherungspflichtige Beschäftigung

Arbeitnehmer sind sozialversicherungspflichtig, wenn sie in einem Beschäftigungsverhältnis stehen und Anspruch auf Arbeitsentgelt haben. Der Anspruch auf Arbeitsentgelt kann dabei generell unterstellt werden – auch für Flüchtlinge gelten die Regelungen des Mindestlohngesetzes.

Unter dem Begriff des Beschäftigungsverhältnisses wird die Beziehung zwischen Arbeitgeber und Arbeitnehmer zusammengefasst. Wesentliches Merkmal ist, dass der Arbeitnehmer weisungsgebunden vertraglich geschuldete Leistungen zu erbringen hat. Diese sog. persönliche Abhängigkeit ergibt sich im Allgemeinen daraus, dass er den Weisungen seines Arbeitgebers hinsichtlich

- Inhalt,
- Durchführung,
- Zeit und Ort

der ⬀ Beschäftigung folgen muss.

Werden Flüchtlinge mit einem Anspruch auf Arbeitsentgelt beschäftigt, sind sie ebenfalls grundsätzlich sozialversicherungspflichtig. Eine Differenzierung, welcher Personengruppe der Flüchtling konkret zuzuordnen ist, wird dabei nicht vorgenommen. Für den Eintritt der Sozialversicherungspflicht ist es auch ohne Bedeutung, ob diese Beschäftigung gegen eventuelle Beschäftigungsverbote verstößt.

Achtung

Ausländerbeschäftigung ohne Genehmigung

Wird ein Ausländer ohne erforderliche Genehmigung oder ohne die erforderliche Berechtigung zur Erwerbstätigkeit beschäftigt, wird gesetzlich vermutet, dass ein Beschäftigungsverhältnis gegen Arbeitsentgelt für den Zeitraum von 3 Monaten bestanden hat.[7]

Ausbildung/berufliche Eingliederung

Ein Ausbildungsverhältnis mit einem Anspruch auf Ausbildungsvergütung begründet ebenfalls Sozialversicherungspflicht. Dies gilt ohne Besonderheiten auch für Flüchtlinge. Werden Flüchtlingen Leistungen zur Förderung der Integration bzw. der beruflichen Eingliederung gewährt, stellt sich auch hier die Frage nach der Sozialversicherungspflicht dieser Maßnahmen. Beschäftigungsverhältnisse, die im Rahmen dieser Maßnahmen ausgeübt werden, zählen zu den sozialversicherungspflichtigen Beschäftigungen.

Beitragsbemessungsgrundlage ist jeweils das erzielte Arbeitsentgelt. Die Bezuschussung (Förderung) durch die Arbeitsagentur hat keinen Einfluss auf die Beitragsbemessungsgrundlage.

Wichtig

Einstiegsqualifizierung

Personen in der Einstiegsqualifizierung sind den ⬀ Auszubildenden gleichgestellt.

7 § 7 Abs. 4 SGB IV.

Praktika

Für die versicherungsrechtliche Beurteilung ist entscheidend, ob

- es sich um Aktivitäten im Rahmen beruflicher Berufsbildung handelt, oder
- im Zusammenhang mit einer schulischen Ausbildung praktische Kenntnisse in einem Unternehmen vermittelt werden sollen und ob es sich um ein entgeltliches oder unentgeltliches ⇗ Praktikum handelt.

Diese grundsätzliche Bewertung gilt auch uneingeschränkt für Praktika, die von Flüchtlingen ausgeübt werden.

Nachfolgend wird die sozialversicherungsrechtliche Beurteilung vorgeschriebener und nicht vorgeschriebener Praktika tabellarisch dargestellt.

Wichtig

Folge für nicht vorgeschriebene Praktika

Bei nicht vorgeschriebenen Praktika kann ein Anspruch auf Zahlung des ⇗ Mindestlohns entstehen, wodurch sich wiederum eine andere sozialversicherungsrechtliche Beurteilung ergeben kann.

	Vorgeschriebene Praktika		
	Vorpraktika	**Zwischenpraktika**	**Nachpraktika**
Kranken-/Pflege-versicherung	ohne Arbeitsentgelt nicht versicherungspflichtig als Arbeitnehmer; keine Beiträge	ohne/mit Arbeitsentgelt versicherungsfrei; keine Beiträge	ohne Arbeitsentgelt nicht versicherungspflichtig als Arbeitnehmer; keine Beiträge
	mit Arbeitsentgelt versicherungspflichtig als Arbeitnehmer		mit Arbeitsentgelt versicherungspflichtig als Arbeitnehmer
Rentenversicherung	ohne/mit Arbeitsentgelt versicherungspflichtig als Arbeitnehmer (Beiträge: ggf. Entgeltfiktion)	ohne/mit Arbeitsentgelt versicherungsfrei; keine Beiträge	ohne/mit Arbeitsentgelt versicherungspflichtig (Beiträge: ggf. Entgeltfiktion)
Arbeitslosenversicherung	ohne/mit Arbeitsentgelt versicherungspflichtig als Arbeitnehmer (Beiträge: ggf. Entgeltfiktion)	ohne/mit Arbeitsentgelt versicherungsfrei; keine Beiträge	ohne/mit Arbeitsentgelt versicherungspflichtig (Beiträge: ggf. Entgeltfiktion)
	Nicht vorgeschriebene Praktika		
Kranken-/Pflege-versicherung	Arbeitsentgelt ≤ 538 EUR mtl.[1] versicherungsfrei; ggf. pauschaler Beitrag	Arbeitsentgelt ≤ 538 EUR mtl. versicherungsfrei; pauschaler Beitrag	Arbeitsentgelt ≤ 538 EUR mtl. versicherungsfrei; ggf. pauschaler Beitrag
	Arbeitsentgelt > 538 EUR mtl. versicherungspflichtig	Arbeitsentgelt > 538 EUR mtl. Werkstudent (= u. a. ≤ 20 Std. wö. Arbeitszeit) versicherungsfrei; kein Werkstudent (= u. a. > 20 Std. wö. Arbeitszeit) versicherungspflichtig	Arbeitsentgelt > 538 EUR mtl. versicherungspflichtig
Rentenversicherung	Arbeitsentgelt ≤ 538 EUR mtl. versicherungspflichtig; ggf. pauschaler Beitrag	Arbeitsentgelt < 538 EUR mtl. versicherungspflichtig; kein pauschaler Beitrag	Arbeitsentgelt ≤ 538 EUR mtl. versicherungspflichtig; ggf. pauschaler Beitrag
	Arbeitsentgelt > 538 EUR mtl. versicherungspflichtig	Arbeitsentgelt > 538 EUR mtl. versicherungspflichtig	Arbeitsentgelt > 538 EUR mtl. versicherungspflichtig
Arbeitslosenversicherung	Arbeitsentgelt ≤ 538 EUR mtl. versicherungsfrei	Arbeitsentgelt ≤ 538 EUR mtl. versicherungsfrei	Arbeitsentgelt ≤ 538 EUR mtl. versicherungsfrei
	Arbeitsentgelt > 538 EUR mtl. versicherungspflichtig	Arbeitsentgelt > 538 EUR mtl. Werkstudent (= u. a. ≤ 20 Std. wö. Arbeitszeit) versicherungsfrei; kein Werkstudent (= u. a. > 20 Std. wö. Arbeitszeit) versicherungspflichtig	Arbeitsentgelt > 538 EUR mtl. versicherungspflichtig

1 Bis 31.12.2023: 520 EUR.

Hospitation

Die Hospitation ist für Flüchtlinge eine Möglichkeit, einen ersten Schritt in die Arbeitswelt zu unternehmen. Hospitanten gliedern sich nicht in den Betrieb ein, eine persönliche Abhängigkeit besteht nicht. Die persönliche Abhängigkeit wird auch nicht durch die eventuelle Zahlung einer Entschädigungsleistung erreicht. Da die Merkmale einer Beschäftigung im Sinne der Sozialversicherung nicht vorliegen, besteht keine Versicherungspflicht.

Von einem Beschäftigungsverhältnis ist bei einer Hospitation nur in bestimmten Fällen auszugehen: Wenn Betriebe das Studium von Arbeitnehmern durch die Zahlung von monatlichen ⇗ Studienbeihilfen fördern und die Förderbedingungen – wie z. B. die Ableistung von fachpraktischen Hospitationen (unter Fortzahlung der Studienbeihilfe) im Betrieb – durch diesen festgelegt werden.

Ein-Euro-Job

Flüchtlinge haben ggf. Anspruch auf Leistungen nach dem SGB II. Die Arbeitsgelegenheit (sog. ⇗ Ein-Euro-Jobs) nach § 16d SGB II ist eine solche Leistung. Sie erfüllt allerdings nicht die Merkmale einer Beschäftigung im sozialversicherungsrechtlichen Sinne. Ein-Euro-Jobs werden nicht im Rahmen eines Arbeitsverhältnisses, auch nicht eines faktischen Arbeitsverhältnisses, verrichtet. Ein sozialversicherungsrechtlich relevantes Beschäftigungsverhältnis entsteht auch dann nicht, wenn die gesetzlichen Zulässigkeitsschranken nicht eingehalten werden.

Flüchtlingsintegrationsmaßnahmen (FIM)

Arbeitsgelegenheiten für Flüchtlinge im Rahmen des der Bundesagentur für Arbeit übertragenen Arbeitsmarktprogramms „Flüchtlingsintegrationsmaßnahmen (FIM)“[2] werden bei Kommunen, staatlichen oder gemeinnützigen Trägern geschaffen und durch Bundesmittel finanziert.

Ein Arbeits- oder Beschäftigungsverhältnis besteht während der Flüchtlingsintegrationsmaßnahmen nicht. Damit besteht auch kein Beschäftigungsverhältnis im Sinne der gesetzlichen Krankenversicherung. Die Teilnehmenden sind während der Maßnahme weiterhin durch die Gesundheitsleistungen nach dem AsylbLG abgesichert.

Versicherungsfreiheit

Bei einigen Personenkreisen ist – trotz einer entgeltlichen Beschäftigung – die Sozialversicherungspflicht ausdrücklich ausgeschlossen. In diesen Fällen besteht Versicherungsfreiheit in allen oder in einigen Sozialversicherungszweigen. Bezogen auf den Personenkreis der Flüchtlinge gibt es Besonderheiten lediglich bei einer geringfügigen Beschäftigung.

2 § 421a SGB III.

Minijob

Üben Flüchtlinge einen geringfügig entlohnten Minijob aus, gelten für die versicherungsrechtliche Beurteilung keine Besonderheiten. Die ↗ geringfügig entlohnte Beschäftigung ist kranken-, arbeitslosen- und pflegeversicherungsfrei, aber rentenversicherungspflichtig. Eine Befreiung von der Rentenversicherungspflicht ist auf Antrag möglich.

Für Flüchtlinge, die Leistungen nach dem AsylbLG erhalten, sind grundsätzlich keine Pauschalbeiträge zur Krankenversicherung zu entrichten, es fehlt nämlich an der Mitgliedschaft in einer gesetzlichen Krankenversicherung. Flüchtlinge erhalten notwendige Leistungen der Krankenbehandlung im Rahmen des Kostenerstattungsverfahrens, wodurch keine Versicherungspflicht ausgelöst wird. Sobald allerdings eine Mitgliedschaft (z. B. aufgrund des Bezugs von Bürgergeld nach § 19 Abs. 1 Satz 1 SGB II) oder eine ↗ Familienversicherung bei einer gesetzlichen Krankenversicherung besteht, kommt auch die Pauschalbeitragspflicht in der geringfügigen Beschäftigung zum Tragen. Ob eine Versicherung in der gesetzlichen Krankenversicherung vorliegt, ist im Regelfall auf der elektronischen Gesundheitskarte ersichtlich.

Kurzfristige Beschäftigung

Kurzfristig ist eine Beschäftigung dann, wenn sie von vornherein auf nicht mehr als 3 Monate oder insgesamt 70 Arbeitstage im Kalenderjahr begrenzt ist. Die Höhe des Verdienstes ist dabei unerheblich.

Versicherungsfreiheit aufgrund einer kurzfristigen Beschäftigung kann aber nur dann bestehen, wenn diese nicht berufsmäßig ausgeübt wird. Eine Prüfung der Berufsmäßigkeit ist allerdings nur dann erforderlich, wenn das monatliche Arbeitsentgelt 538 EUR[1] übersteigt. Berufsmäßig wird eine Beschäftigung ausgeübt, wenn sie für den Arbeitnehmer nicht von untergeordneter wirtschaftlicher Bedeutung ist. Dies trifft auf geflüchtete Menschen zu. Verdienen sie also mehr als 538 EUR im Monat, sind sie immer berufsmäßig beschäftigt, sodass die Sozialversicherungsfreiheit aufgrund einer ↗ kurzfristigen Beschäftigung ausgeschlossen ist. Wird die Beschäftigung für einen kürzeren Zeitraum als einen Monat ausgeübt, ist im jeweiligen Monat dennoch keine anteilige Entgeltgrenze, sondern der monatliche Grenzbetrag von 538 EUR anzusetzen.

Tipp

Klärung von Zweifelsfragen bei der Beschäftigung von Flüchtlingen

Bei anderen Fragen zur Beschäftigung geflüchteter Menschen (z. B. Anerkennung ausländischer Berufsabschlüsse, Einreise und Aufenthalt usw.) bietet die „Hotline Arbeiten und Leben in Deutschland" Unterstützung. Diese wird gemeinsam vom Bundesamt für Migration und Flüchtlinge (BMAF) und der Bundesagentur für Arbeit (BA) betrieben. Die Hotline ist von Montag bis Donnerstag in der Zeit von 8 bis 16 Uhr (Freitag bis 12 Uhr) unter der Rufnummer +49 30 1815-1111 erreichbar.

Freiwillige Versicherung

Flüchtlinge aus der Ukraine haben ein Beitrittsrecht zur freiwilligen Versicherung in der Kranken- und Pflegeversicherung.[2] Das Beitrittsrecht besteht allerdings nur bei

- Erfüllung der aufenthaltsrechtlichen Voraussetzungen,
- fehlender Hilfebedürftigkeit und
- Antragstellung innerhalb einer 6-monatigen Frist.

Meldungen

Das DEÜV-Meldeverfahren gilt auch bei einer Beschäftigung für Flüchtlinge uneingeschränkt und ohne weitere Besonderheiten. Dies bedeutet u. a., dass der Beginn einer sozialversicherungspflichtigen Beschäftigung mit dem Personengruppenschlüssel 101 und dem Beitragsgruppenschlüssel 1111 zu melden ist.

Liegt die Versicherungsnummer noch nicht vor, müssen zusätzliche Angaben bei der Anmeldung gemacht werden.

1 Bis 31.12.2023: 520 EUR.
2 § 417 SGB V, § 20 Abs. 3 SGB XI.

Hinweis

Meldungen bei unbekanntem Geburtstag

Wenn die für die Anmeldung notwendige Versicherungsnummer noch nicht vergeben und das Geburtsdatum des Arbeitnehmers nicht bekannt ist, kann im Datenbaustein Geburtsangaben entweder XXXX0000 (Geburtstag und Geburtsmonat unbekannt) oder XXXXXX00 (Geburtstag unbekannt) angegeben werden.

Beitragsrecht

Die gesamten Regelungen des Beitragsrechts gelten uneingeschränkt auch bei der Beschäftigung von Flüchtlingen; Besonderheiten ergeben sich hier nicht.

Soziale Sicherung/Integration

Sicherung des Lebensunterhalts

Flüchtlinge haben Anspruch auf existenzsichernde Leistungen zum Lebensunterhalt. Abhängig vom Aufenthaltsstatus und von der Erwerbsfähigkeit werden Leistungen nach dem AsylbLG, SGB II oder SGB XII gezahlt.

Wichtig

Aktuelle Fragen zu Flüchtlingen aus der Ukraine

Rechtskreiswechsel aus dem AsylbLG in die Grundsicherung für Arbeitsuchende

Seit dem 1.6.2022 werden Menschen, die aus der Ukraine geflüchtet sind, grundsätzlich nicht mehr auf die Leistungen des AsylbLG verwiesen, sondern haben im Falle der Erwerbsfähigkeit und Hilfebedürftigkeit grundsätzlich Anspruch auf Leistungen der Grundsicherung für Arbeitsuchende nach dem SGB II (nicht erwerbsfähige Menschen sind bei Hilfebedürftigkeit dem Leistungssystem der Sozialhilfe nach dem SGB XII zugeordnet, sofern sie nicht mit Erwerbsfähigen in einer Bedarfsgemeinschaft leben). Kernziel ist die frühzeitige Integration in den Arbeitsmarkt, die durch den Übergang in das SGB II besser unterstützt werden kann, weil damit Leistungen zur Sicherung des Lebensunterhalts und zur Arbeitsmarktintegration aus einer Hand erbracht werden können.

Grundvoraussetzung für die Leistungsberechtigung nach dem SGB II ist, dass die Betreffenden einen Antrag auf eine Aufenthaltserlaubnis nach § 24 AufenthG stellen und eine sog. Fiktionsbescheinigung erhalten, die bestätigt, dass der Aufenthalt bis zur Entscheidung der Ausländerbehörde als erlaubt gilt. Wird die Aufenthaltserlaubnis nach § 24 AufenthG erteilt, können Leistungen bei Vorliegen der übrigen Voraussetzungen für die Dauer der Laufzeit der Aufenthaltserlaubnis bezogen werden.[3]

Bei Vorliegen aller o. a. Voraussetzungen besteht damit grundsätzlich Anspruch auf Bürgergeld; die in einer Bedarfsgemeinschaft lebenden Kinder unter 15 Jahren erhalten ebenfalls Bürgergeld aus der Grundsicherung für Arbeitsuchende.

Für den Rechtskreiswechsel der Menschen, die seit 24.2.2022 eingereist sind bzw. sich am Stichtag 1.6.2022 in Deutschland aufgehalten haben, gelten Übergangsregelungen, die sicherstellen sollen, dass die Betroffenen bis zur tatsächlichen Bewilligung von Arbeitslosengeld II nicht ohne Leistungen dastehen. Danach werden die Leistungen nach dem AsylbLG bis 31.8.2022 weitergezahlt. Mit der rückwirkenden Bewilligung von Arbeitslosengeld II zum 1.6.2022 erhalten die Betroffenen die entsprechende Differenznachzahlung; die für die Durchführung des AsylbLG zuständigen Behörden erhalten von den Jobcentern eine Erstattung für die Vorleistungen. Deshalb gilt für diese Fälle der SGB II-Antrag mit dem 1.6.2022 als gestellt.

Krankenversicherungsschutz

Mit dem Bezug von Bürgergeld für Erwerbsfähige nach § 19 Abs. 1 Satz 1 SGB II sind die Leistungsberechtigten in die Versicherungs-

3 § 74 SGB II.

pflicht zur gesetzlichen Krankenversicherung und damit in den umfassenden Schutz dieses Leistungssystems einbezogen. Unter 15-jährige Kinder in der Bedarfsgemeinschaft oder erwerbsunfähige Partner sind im Wege der Familienversicherung in den Versicherungsschutz einbezogen.[1] Personen, die Anspruch auf Bürgergeld für Erwerbsfähige nach § 19 Abs. 1 Satz 1 SGB II haben, können sich frei für eine wählbare Krankenkasse entscheiden. Die Versicherungspflicht in der gesetzlichen Krankenversicherung tritt (rückwirkend) ab Beginn des Bezugs von Bürgergeld nach § 19 Abs. 1 Satz 1 SGB II ein. Bis zur Bewilligung von Bürgergeld haben die Betroffenen weiterhin Anspruch auf Leistungen des Gesundheitsschutzes nach dem AsylbLG. Soweit in der Übergangszeit Gesundheitsleistungen nach dem AsylbLG erbracht wurden, erhalten die Leistungsträger eine entsprechende Erstattung aus Mitteln des Bundes.

Personen, die nicht hilfebedürftig nach dem SGB II oder SGB XII sind, haben die Möglichkeit, innerhalb von 6 Monaten nach der Aufenthaltnahme in Deutschland, der gesetzlichen Krankenversicherung als freiwilliges Mitglied beizutreten.[2]

Integration in den Arbeitsmarkt

Durch den Übergang vom AsylbLG in das SGB II können die Jobcenter die Geflüchteten durch die entsprechenden arbeitsmarktpolitischen Leistungen bzw. Leistungen zur Eingliederung nach dem SGB II fördern. Zur Unterstützung der Integration in Gesellschaft und Arbeit besteht damit insbesondere auch ein Zugang

- zu Integrationskursen,
- zu Berufssprachkursen ab dem Zielsprachniveau B2 und
- zu den Leistungen der Beratung und Vermittlung und ggf. zu unterstützenden Eingliederungsleistungen.

Die Grundleistungen nach dem AsylbLG werden für bis zu 18 Monate erbracht; die Bedarfssätze sind dabei deutlich niedriger als in der Sozialhilfe. Ab dem 19. Monat besteht grundsätzlich Anspruch auf Leistungen entsprechend der für die Sozialhilfe maßgeblichen Regelungen.[3] Asylbewerber und Geduldete, die eine nach dem SGB III oder dem BAföG förderfähige Ausbildung oder ein Studium aufnehmen, haben auch während dieser Zeit grundsätzlich durchgängig einen Leistungsanspruch nach dem AsylbLG, ggf. aufstockend zur Ausbildungsvergütung, zur Berufsausbildungsbeihilfe oder zu BAföG-Leistungen.[4] Erwerbsfähige Leistungsberechtigte, die als Flüchtlinge anerkannt sind, erhalten das Arbeitslosengeld II. Auch dieses wird ggf. aufstockend bei Berufsausbildung gezahlt.

Gesellschaftliche/berufliche Integration

Für die Integration, die Deutschsprachförderung, die Anerkennung von ausländischen Berufsqualifikationen und für eine berufliche Eingliederung stehen spezielle Maßnahmen und Instrumente zur Verfügung.

Integrationskurse

Am Beginn des Integrationsprozesses steht vielfach ein Integrationskurs,[5] der vom Bundesamt für Migration und Flüchtlinge (BAMF) im Umfang von bis zu 700 Unterrichtseinheiten gefördert wird. Kernelemente sind ein Deutschsprachkurs und ein erster Orientierungskurs.

Auf die Teilnahme an einem Integrationskurs besteht grundsätzlich ein Anspruch für Ausländer, die sich dauerhaft im Bundesgebiet aufhalten und denen eine Aufenthaltserlaubnis

- zu Erwerbszwecken,
- zum Zweck des Familiennachzugs,
- aus humanitären Gründen, als langfristig Aufenthaltsberechtigter oder
- aus besonderen Gründen[6] erteilt wird. Von einem dauerhaften Aufenthalt ist in der Regel auszugehen, wenn der Ausländer eine Aufenthaltserlaubnis für mindestens ein Jahr erhält oder seit über 18 Monaten eine Aufenthaltserlaubnis besitzt.[7]

Zugang haben auch Asylbewerber mit Aufenthaltsgestattung,

- bei denen ein rechtmäßiger und dauerhafter Aufenthalt (sog. gute Bleibeperspektive) zu erwarten ist oder
- die vor dem 1.8.2019 eingereist sind, sich seit mindestens 3 Monaten gestattet in Deutschland aufhalten, nicht aus einem sicheren Herkunftsstaat[8] stammen und bei der Agentur für Arbeit ausbildungssuchend, arbeitsuchend, arbeitslos gemeldet sind, beschäftigt sind oder in einer Berufsausbildung stehen bzw. in entsprechenden Ausbildungsmaßnahmen gefördert werden (sog. Arbeitsmarktnähe). Auf diese Arbeitsmarktnähe wird verzichtet, wenn eine Erwerbstätigkeit aus Gründen der Kindererziehung nicht zumutbar ist.

Zugang haben zudem Personen, die eine Duldung insbesondere aus dringenden humanitären oder persönlichen Gründen[9] besitzen.

Neben einem Anspruch bzw. der Zugangsberechtigung besteht allerdings auch eine Verpflichtung zur Teilnahme an einem Integrationskurs insbesondere für Personen,

- die Leistungen der Grundsicherung für Arbeitsuchende beziehen und
- bei denen die Teilnahme an dem Kurs in einem Kooperationsplan mit dem Jobcenter vorgesehen ist.

Gleiches gilt für Personen, die von der Ausländerbehörde oder einer Leistungsbehörde nach dem AsylbLG zur Teilnahme aufgefordert werden.[10]

Berufsbezogene Deutschsprachförderung

Die berufsbezogene Deutschsprachförderung ist ein Regelangebot des Bundes[11], das auf der Grundlage der vom BMAS erlassenen Deutschsprachförderverordnung durch das BAMF umgesetzt wird. Die Berufssprachkurse bauen auf dem allgemeinen Sprachangebot der Integrationskurse auf und setzen sich aus verschiedenen Kursen zusammen, die sich untereinander sowie mit Maßnahmen der Agenturen für Arbeit und der Jobcenter kombinieren lassen.

Auch hier besteht eine Teilnahmeverpflichtung für Ausländer, die Leistungen der Grundsicherung für Arbeitsuchende beziehen, wenn die Teilnahme in einer Eingliederungsvereinbarung mit dem Jobcenter vorgesehen ist.[12]

Teilnahmeberechtigt sind grundsätzlich Personen, die arbeitsuchend oder arbeitslos gemeldet sind bzw. Leistungen der Grundsicherung für Arbeitsuchende oder Arbeitslosengeld beziehen, wenn sie durch die Teilnahme ihre Chancen auf dem Arbeitsmarkt verbessern können. Über die Teilnahmeberechtigung entscheidet das Jobcenter bzw. die Agentur für Arbeit.[13]

Der Zugang für Asylbewerber mit Aufenthaltsgestattung ist unter den gleichen Voraussetzungen wie bei Integrationskursen eröffnet.

Geduldete können eine Teilnahmeberechtigung erhalten, wenn eine Duldung insbesondere aus dringenden humanitären oder persönlichen Gründen erteilt ist[14] oder wenn sie die allgemeinen Voraussetzungen der Teilnahmeberechtigung[15] erfüllen und sich seit mindestens 6 Monaten geduldet ihn Deutschland aufhalten.[16] Die Berufssprachkurse sind für Beschäftigte grundsätzlich unter Kostenbeteiligung geöffnet.

1 § 5 Abs. 1 Nr. 2a, § 10 SGB V.
2 § 417 SGB V.
3 § 2 Abs. 1 AsylbLG.
4 § 2 Abs. 1 Satz 2 ff. AsylbLG.
5 §§ 43 ff. AufenthG.
6 § 23 Abs. 2 und Abs. 4 AufenthG.
7 § 44 Abs. 1 Satz 2 AufenthG.
8 § 29a AsylG.
9 § 60a Abs. 2 Satz 3 AufenthG.
10 § 44a Abs. 1 Satz 1 AufenthG.
11 § 45a AufenthG.
12 § 45a Abs. 2 Satz 1 AufenthG.
13 § 4 Abs. 1 DeuFöV.
14 § 60a Abs. 2 Satz 3 AufenthG.
15 § 4 Abs. 1 Satz 1 Nr. 1 Buchst. o oder c oder Nr. 3 DeuFöV.
16 § 4 Abs. 1 Satz 2 DeuFöV.

Anerkennung von Qualifikationen

Für die Anerkennung ausländischer Berufsqualifikationen und -abschlüsse gelten spezielle Regelungen und Verfahren nach den Anerkennungsgesetzen des Bundes und der Länder. Hierzu beraten z. B. die Agenturen für Arbeit, die Jobcenter oder spezielle Stellen des Bundesförderprogramms „Integration durch Qualifizierung – IQ".

Berufliche Eingliederung

Asylberechtigte, die uneingeschränkten Zugang zum deutschen Ausbildungs- und Arbeitsmarkt haben, können im Rahmen der Arbeitsmarktförderung nach dem SGB II und SGB III Leistungen zur beruflichen Eingliederung erhalten. Im Regelfall sind die Agenturen für Arbeit für Asylbewerber und Geduldete und die Jobcenter für Asylberechtigte und anerkannte Flüchtlinge zuständig. Sonderregelungen gelten für Gestattete und Geduldete.

Forderungsübergang

Ein Forderungsübergang bezeichnet die Übertragung einer Forderung von einem Gläubiger auf einen anderen Gläubiger. Dies kann kraft Gesetzes oder rechtsgeschäftlich durch Abtretung erfolgen.

Bei einem Forderungsübergang zahlt der Arbeitgeber Arbeitslohn nicht an den Arbeitnehmer, sondern aufgrund einer Abtretung oder Pfändung unmittelbar an einen Dritten aus. Dies hat jedoch keinen Einfluss auf die Beitragsberechnung aus dem Arbeitsentgelt des Arbeitnehmers.

Gesetze, Vorschriften und Rechtsprechung

Lohnsteuer: Der Arbeitgeber muss gem. § 38 Abs. 2 Satz 2 EStG die Lohnsteuer bei Zufluss des Arbeitslohns einbehalten. Unerheblich ist, wer den Arbeitslohn tatsächlich erhält oder ein etwaiger Rechtsanspruch des Arbeitnehmers, den Arbeitslohn einfordern zu können. Gleichwohl sind für Zahlungen des Insolvenzverwalters an die Bundesagentur für Arbeit aufgrund des gesetzlichen Forderungsübergangs nach § 115 SGB X die Regelungen zur Steuerfreiheit des § 3 Nr. 2 EStG und R 3.2 Abs. 1 LStR zu beachten. Anrechte nach dem Versorgungsausgleichsgesetz sind steuerfrei nach § 3 Nr. 55a bzw. Nr. 55b EStG.

Sozialversicherung: Der gesetzliche Forderungsübergang ist in Fällen, in denen ein Leistungsträger Sozialleistungen erbracht hat, in § 115 SGB X geregelt. Der Forderungsübergang im Zusammenhang mit Ansprüchen auf Insolvenzgeld ist in § 169 SGB III geregelt. Schadensersatzansprüche bei Entgeltfortzahlung gehen nach § 6 EFZG auf den Arbeitgeber über. Die Regelungen zum beitragspflichtigen Arbeitsentgelt sind in § 14 SGB IV erläutert.

Lohnsteuer

Forderungsabtretung durch Arbeitnehmer

Tritt der Arbeitnehmer seine Forderung auf Arbeitslohn an Dritte ab (z. B. bei Vorfinanzierung des Arbeitslohns oder bei ↗ Lohnpfändung), ändert dies grundsätzlich nichts an der Verpflichtung des Arbeitgebers zum Lohnsteuerabzug im Zeitpunkt der Lohnzahlung. Folglich ist die Lohnsteuer auch bei Auszahlung des abgetretenen Arbeitslohns an den Dritten einzubehalten; insoweit gelten die allgemeinen lohnsteuerlichen Regelungen.

Reicht der verbleibende Arbeitslohn nicht aus, um die fällige Lohnsteuer zu entrichten, ist der Arbeitnehmer in der Pflicht. Er muss den zur Einbehaltung der Lohnsteuer erforderlichen Betrag dem Arbeitgeber zur Verfügung stellen. Andernfalls ist der Arbeitgeber verpflichtet, den fehlenden Betrag dem Betriebsstättenfinanzamt zu melden[1]; dieses wird den Betrag vom Arbeitnehmer einfordern.

1 § 38 Abs. 4 EStG.

Forderungsabtretung an Arbeitnehmer

Der Arbeitgeber kann eine Forderung, die er gegen einen Dritten hat, an den Arbeitnehmer abtreten. Auch in diesem Fall liegt in der Abtretung allein noch keine Lohnzahlung; erst in der Tilgung der Forderung durch den Dritten. Zu diesem Zeitpunkt ist die Lohnsteuer einzubehalten. Insoweit bestimmt der Drittschuldner den Zufluss des Arbeitslohnes.

Forderungsübergang kraft Gesetzes

Steuerfrei sind die Leistungen des Arbeitgebers an einen Träger von Sozialleistungen (z. B. Krankenkasse, Agentur für Arbeit), wenn damit aufgrund des gesetzlichen Forderungsüberganges steuerfreie Ansprüche bzw. Sozialleistungen ausgeglichen werden. Dies sind überwiegend das ↗ Insolvenzgeld nach § 169 SGB III oder Leistungen nach § 175 Abs. 2 SGB III.

In der Praxis sind dies insbesondere, die kraft Gesetzes auf die Agentur für Arbeit übergegangenen Lohnansprüche des Arbeitnehmers, wenn die Agentur für Arbeit im Insolvenzfall anstelle von Insolvenzgeld Arbeitslosengeld und Beiträge zur gesetzlichen Kranken-, Pflege- und Rentenversicherung gezahlt hat, weil über das Vermögen des Arbeitgebers ein Insolvenzverfahren eröffnet worden ist. Gleiches gilt bei Abweisung des Insolvenzantrags.

Hat der Arbeitnehmer das Insolvenzgeld durch ein Kreditinstitut vorfinanzieren lassen, sind die Zahlungen ebenso steuerfrei, unterliegen jedoch dem Progressionsvorbehalt.[2]

Sozialversicherung

Insolvenz des Arbeitgebers

Mit dem Antrag auf Insolvenzgeld gehen die Ansprüche des Arbeitnehmers auf Arbeitsentgelt auf die Bundesagentur für Arbeit über.[3] Das sozialversicherungspflichtige Beschäftigungsverhältnis bleibt für den Zeitraum der Insolvenzgeldzahlung bestehen, weil trotz der Zahlung noch ein Anspruch auf das für die bereits geleistete Arbeit zustehende Arbeitsentgelt besteht. Wird der Anspruch des Arbeitnehmers auf Arbeitsentgelt nicht vollständig erfüllt, erhält er von der Agentur für Arbeit Arbeitslosengeld. Der Anspruch des Arbeitnehmers geht bis zur Höhe des Arbeitslosengeldes nach § 115 SGB X auf die Agentur für Arbeit über.

Beitragsansprüche gegenüber der Arbeitsagentur

Die Einzugsstellen (Krankenkassen) haben gegenüber der Agentur für Arbeit bei Zahlungsunfähigkeit des Arbeitgebers Anspruch auf Ausgleich der noch nicht entrichteten Sozialversicherungsbeiträge für die letzten 3 Monate vor dem Insolvenzereignis.[4] Der Anspruch der Einzugsstelle auf die Gesamtsozialversicherungsbeiträge gegenüber dem Arbeitgeber bleibt dennoch bestehen. Soweit vom Arbeitgeber für die letzten 3 Monate vor dem Insolvenzereignis zu einem späteren Zeitpunkt noch Gesamtsozialversicherungsbeiträge gezahlt werden, hat die Krankenkasse der Arbeitsagentur die nach § 175 Abs. 1 SGB III gezahlten Beiträge zu erstatten.

Ersatzansprüche der Leistungsträger

Der Entgeltanspruch des Arbeitnehmers kann auf einen Dritten übergehen durch

- Pfändung,
- Abtretung,
- den gesetzlichen Forderungsübergang nach § 115 Abs. 1 SGB X für den Fall, dass der Arbeitgeber seine Verpflichtung zur Entgeltzahlung nicht erbringt und ein Sozialleistungsträger dadurch leistungspflichtig wird.

Dies hat keinen Einfluss auf die Höhe des beitragspflichtigen Arbeitsentgelts. Auch der direkt an einen Dritten gezahlte Teil des Entgelts stellt beitragspflichtiges Arbeitsentgelt im Sinne der Sozialversicherung dar.

2 § 3 Nrn. 55a, 55b EStG.
3 § 169 SGB III.
4 § 175 Abs. 1 SGB III.

Dritthaftung bei Arbeitsunfähigkeit des Arbeitnehmers

Kann der Arbeitnehmer aufgrund gesetzlicher Vorschriften von einem Dritten Schadensersatz wegen des Verdienstausfalls bei Arbeitsunfähigkeit beanspruchen, geht dieser Anspruch auf den Arbeitgeber über.

Nach § 6 Abs. 1 EFZG geht nicht nur die Forderung für den weitergezahlten Entgeltfortzahlungsbetrag auf den Arbeitgeber über. Auch die darauf entfallenden und vom Arbeitgeber zu tragenden Sozialversicherungsbeiträge und zu Einrichtungen der zusätzlichen Alters- und Hinterbliebenenversorgung werden übertragen.

Auskunftspflicht des Arbeitnehmers

Der Arbeitnehmer hat dem Arbeitgeber unverzüglich die zur Geltendmachung des Schadensersatzanspruchs erforderlichen Angaben zu machen.Besprechungsergebnisse: BE v. 19./20.3.1991 – Gemeinsamer Beitragseinzug / 4 Steuerliche Behandlung von Zahlungen aufgrund des gesetzlichen Forderungsübergangs nach § 141 m Abs. 1 AFG bzw. von Zahlungen aufgrund des § 141 n Abs. 2 ...

Forderungsverzicht

Bei einem Forderungsverzicht verzichtet der Gläubiger auf eine vom Schuldner geschuldete Sache. Verzichtet der Arbeitgeber auf die Rückzahlung eines dem Arbeitnehmer gewährten Arbeitgeberdarlehens, begründet dieser Forderungsverzicht einen Zufluss von Arbeitslohn (keinen Sachbezug), der in voller Höhe als sonstiger Bezug lohnsteuerpflichtig und als Einmalzahlung sozialversicherungspflichtig ist.

Die umgekehrte Variante ist bei der Gewährung eines Darlehens vom Gesellschafter einer GmbH an die GmbH zu beobachten. Verzichtet der Gesellschafter auf die Rückzahlung des Darlehens, entsteht auf der Seite der GmbH ein ertragssteuerlich relevanter Vorgang, der grundsätzlich die Steuerlast der GmbH erhöht.

Gesetze, Vorschriften und Rechtsprechung

Lohnsteuer: Die Steuerpflicht ergibt sich aus § 8 Abs. 1 EStG.

Sozialversicherung: Die Beitragspflicht des Arbeitsentgelts in der Sozialversicherung ergibt sich aus § 14 Abs. 1 SGB IV.

Entgelt	LSt	SV
Forderungsverzicht	pflichtig	pflichtig

Fortbildung/Weiterbildung

Bei einer Fortbildung handelt es sich um eine Bildungsmaßnahme in einem bereits erlernten Beruf. Ziel der Fortbildung ist es, die berufliche Handlungsfähigkeit zu erhalten und die während der Berufsausbildung erworbenen Qualifikationen anzupassen oder zu erweitern und beruflich aufzusteigen. Anzuwenden sind die Grundsätze des Berufsbildungsgesetzes. Von der Fortbildung arbeitsrechtlich abzugrenzen ist die Weiterbildung.

Die Weiterbildung kann aus arbeitsrechtlicher Perspektive als Oberbegriff für die Fortbildung verstanden werden.

Im Lohnsteuer- und Sozialversicherungsrecht wird diese begriffliche Abgrenzung von Fort- und Weiterbildung nicht vorgenommen. Die Unterscheidung liegt vielmehr darin, ob die Maßnahme im überwiegend eigenbetrieblichen Interesse liegt oder stattdessen einen Belohnungscharakter für den Arbeitnehmer darstellt. Im Fall des überwiegend eigenbetrieblichen Interesses führt die Maßnahme nicht zu Arbeitslohn. Es gibt jedoch auch eine ausdrückliche Steuerbefreiung, die für Fort- und Weiterbildungsleistungen gilt, welche der Verbesserung der individuellen Beschäftigungsfähigkeit von Mitarbeitern dienen.

Gesetze, Vorschriften und Rechtsprechung

Lohnsteuer: Für berufliche Fort- und Weiterbildungsleistungen des Arbeitgebers gilt eine gesetzliche Steuerbefreiung nach § 3 Nr. 19 EStG. Weitere Regelungen für berufliche Fort- oder Weiterbildungsleistungen finden sich in R 19.7 LStR. Ausdrücklich steuerbefreit sind auch Weiterbildungsleistungen des Arbeitgebers nach § 82 Abs. 1 und 2 SGB III. Zur Geltendmachung der Fort- oder Weiterbildungskosten als Werbungskosten s. § 9 EStG, R 9.2 LStR.

Sozialversicherung: Die Sozialversicherungspflicht aufgrund einer Beschäftigung ergibt sich aus § 5 Abs. 1 Satz 1 Nr. 1 SGB V, § 1 Satz 1 Nr. 1 SGB VI, § 20 Abs. 1 Satz 1 Nr. 1 SGB XI sowie aus § 25 Abs. 1 SGB III. Die sog. „Werkstudenten-Regelung" (§ 6 Abs. 1 Nr. 3 SGB V) gilt bei Fortbildungen aufgrund der Rechtsprechung (BSG, Urteile v. 18.4.1975, 3/12 RK 10/73, v. 10.12.1998, B 12 KR 22/97 R sowie v. 11.11.2003, B 12 KR 04/03 R) nicht.

Der Unfallversicherungsschutz während Fortbildungsmaßnahmen basiert auf § 2 Abs. 1 Nr. 2 SGB VII.

Entgelt	LSt	SV
Fortbildung im überwiegenden betrieblichen Interesse	frei	frei
Fortbildung zur Verbesserung der (allgemeinen oder individuellen) Beschäftigungsfähigkeit	frei	frei
Durch Bundesagentur für Arbeit geförderte Weiterbildung	frei	frei

Lohnsteuer

Betriebliche Fortbildung/Weiterbildung durch den Arbeitgeber

Als betriebliche Fortbildung/Weiterbildung gelten alle unmittelbaren und mittelbaren Maßnahmen des Arbeitgebers, die den Kenntnisstand, die Fertigkeiten oder allgemein die berufliche Qualifikation der Arbeitnehmer im betrieblichen Kontext weiterentwickeln, z. B.

- Fortbildung,
- Umschulung,
- Erwerben einer Zusatzqualifikation,
- berufsbegleitende Weiterbildung und
- sonstige berufliche Bildungsvorgänge (z. B. am Arbeitsplatz).

Für die steuerrechtliche Beurteilung wird nicht zwischen einer Fortbildung und einer Weiterbildung unterschieden, sondern danach, ob die Maßnahme im ganz überwiegend eigenbetrieblichen Interesse erfolgt oder ob sie für den Arbeitnehmer einen Belohnungscharakter hat.

Eigenbetriebliches Interesse

Für die steuerrechtliche Beurteilung wird nicht zwischen einer Fortbildung und einer Weiterbildung unterschieden, sondern danach, ob die Maßnahme im betrieblichen Interesse erfolgt oder ob sie für den Arbeitnehmer einen Belohnungscharakter hat.

Trägt der Arbeitgeber im ganz überwiegenden eigenbetrieblichen Interesse die Kosten für Fortbildungsmaßnahmen im ausgeübten Beruf (berufliche Fort- oder Weiterbildungsleistung), handelte es sich dabei regelmäßig nicht um Arbeitslohn.[1] Ein ganz überwiegendes betriebliches Interesse des Arbeitgebers wird stets angenommen, wenn die Fortbildungsmaßnahme die Einsatzfähigkeit des Arbeitnehmers im Betrieb des Arbeitgebers er-

1 R 19.7 LStR.

höhen soll. Nicht arbeitsplatzbezogene Weiterbildungsmaßnahmen stellen hingegen einen geldwerten Vorteil und somit Arbeitslohn dar.

Steuerbefreiung für Weiterbildungsleistungen

Verbesserung der Beschäftigungsfähigkeit

Für Weiterbildungsleistungen des Arbeitgebers, die der Verbesserung der individuellen Beschäftigungsfähigkeit von Arbeitnehmern dienen, gilt eine ausdrückliche Steuerbefreiung.[1] Liegt ohnehin kein Arbeitslohn vor, hat die Steuerbefreiung lediglich deklaratorische Bedeutung.

Sie gilt aber ausdrücklich auch für Weiterbildungsleistungen, die der Verbesserung der individuellen Beschäftigungsfähigkeit von Arbeitnehmern dienen (z.B. Sprachkurse oder Computerkurse, die nicht arbeitsplatzbezogen sind). Darunter sind solche Maßnahmen zu verstehen, die eine Anpassung und Fortentwicklung der beruflichen Kompetenzen ermöglichen und somit zur besseren Begegnung der beruflichen Herausforderungen beitragen.

Es kommt nicht darauf an, die Einsatzfähigkeit im konkreten Arbeitgeberbetrieb zu erhöhen. Die steuerfreien Leistungen dürfen aber keinen überwiegenden Belohnungscharakter haben.

> **Hinweis**
>
> **Online-Weiterbildung**
>
> Das Format der Weiterbildungsmaßnahme ist für die Anwendung der Steuerbefreiung unerheblich. Deshalb können sowohl Video-Schulungen als auch E-Learning-Angebote steuerfrei bleiben.[2]

Weiterbildung nach § 82 SGB III

Ausdrücklich steuerbefreit sind auch Weiterbildungsleistungen des Arbeitgebers oder auf dessen Veranlassung von einem Dritten für Maßnahmen nach § 82 Abs. 1 und 2 SGB III. Dort sind die Voraussetzungen für die Weiterbildungsförderung beschäftigter Arbeitnehmer gebündelt. § 82 SGB III umfasst Weiterbildungen, welche Fertigkeiten, Kenntnisse und Fähigkeiten vermitteln, die über eine arbeitsplatzbezogene Fortbildung hinausgehen. Voraussetzung für eine Förderung durch die Bundesagentur für Arbeit ist hier grundsätzlich auch ein angemessener Arbeitgeberbeitrag zu den Lehrgangskosten bei Weiterbildungsmaßnahmen. Die Steuerbefreiung ist für diesen Arbeitgeberanteil anwendbar.

Keine weiteren Voraussetzungen

Die gesetzliche Steuerbefreiung enthält keine weiteren Voraussetzungen. Z.B. ein erfolgreicher Abschluss oder die Zusage der Kostenübernahme im Vorfeld sind nicht erforderlich.

Die Anrechnung auf die Arbeitszeit ist ein starkes Indiz für die Steuerbefreiung, aber keine Voraussetzung.

Fortbildungskosten als Werbungskosten

Fort-/Weiterbildungskosten, die der Arbeitgeber nicht übernimmt, sind regelmäßig im Rahmen einer Einkommensteuererklärung des Arbeitnehmers als ⇗ Werbungskosten abzugsfähig. Voraussetzung ist ein Zusammenhang mit einer gegenwärtigen oder zukünftigen Tätigkeit.

In diesem Zusammenhang ist steuerrechtlich auch die Abgrenzung von Fort-/Weiterbildungskosten und (Erst-)Ausbildungskosten von Bedeutung. Während Fort- bzw. Weiterbildungskosten zu den steuerlich abzugsfähigen Werbungskosten zählen, gehören Ausbildungskosten zu den Kosten der privaten Lebensführung und sind nur beschränkt als Sonderausgaben in der Einkommensteuererklärung abzugsfähig.

Sozialversicherung

Versicherungs- und Beitragspflicht

Werden Mitarbeiter während Fortbildungen unter Fortzahlung der Bezüge ganz oder teilweise von der Arbeitsleistung freigestellt, besteht die Sozialversicherungspflicht in aller Regel fort. Findet die Freistellung zugunsten eines Studiums statt, wird der Mitarbeiter nur in Einzelfällen aufgrund der Werkstudentenregelung versicherungsfrei.

Übernimmt der Arbeitgeber die Kosten für Weiterbildungsmaßnahmen für den Arbeitnehmer, stellt dies kein beitragspflichtiges Arbeitsentgelt dar, sofern die Weiterbildungsleistungen steuerfrei sind. Ob der Arbeitgeber die Weiterbildungsleistungen selbst durchführt oder die Kosten für externe Weiterbildungsträger übernimmt, ist nicht von Belang.

Unfallversicherungsschutz

In der gesetzlichen Unfallversicherung sind viele Personenkreise durch gesetzliche Regelung „automatisch" gegen das Risiko von bestimmten Unfällen oder Erkrankungen pflichtversichert. Hierzu zählen gemäß § 2 Abs. 1 Nr. 2 SGB VII z.B.

- Studenten während der Aus- und Fortbildung an Hochschulen,
- Lernende in beruflicher Aus- oder Fortbildung, z.B. Fachschüler.

Die Unfallversicherungspflicht besteht nur, wenn die Aus- oder Fortbildungsmaßnahme berufsbezogen ist. Dabei kann auch auf einen künftig erst angestrebten Beruf abgestellt werden (Ausbildung, Studium). Nicht versichert sind Aus- und Fortbildungen, die auf eine versicherungsfreie Betätigung ausgerichtet sind (z.B. selbstständige Tätigkeit oder Beamter). Bildungsangebote, die nicht der beruflichen Bildung, sondern z.B. der Allgemeinbildung oder den Bereichen Freizeit und Hobby dienen, sind nicht unfallversicherungspflichtig. So ist z.B. bei Sprachkursen der Versicherungsschutz nur gegeben, wenn der Kurs konkreten beruflichen Zwecken dient. Der Versicherungsschutz erstreckt sich grundsätzlich nicht nur auf die Unterrichtszeit, sondern erfasst auch die damit zusammenhängenden Wege sowie auch Lerngemeinschaften.

Leistungen der Arbeitsförderung

Im Recht der Arbeitsförderung gibt es Leistungen zur Förderung der Aus- und Weiterbildung. Die Fortbildung gehört zum Bereich der Weiterbildung.

Förderung Beschäftigter nach dem SGB III

Weiterbildungsleistungen gemäß § 82 SGB III des Arbeitgebers für seine Arbeitnehmer werden steuerfrei gestellt und stellen somit auch kein beitragspflichtiges Arbeitsentgelt im Sinne der Sozialversicherung dar. Hierbei handelt es sich um Weiterbildungen, die über eine arbeitsplatzbezogene Fortbildung hinausgehen und einer Verbesserung der Beschäftigungsfähigkeit des Arbeitnehmers dienen sollen. Sie umfasst somit auch Weiterbildungsleistungen des Arbeitgebers, wie z.B. Sprach- und Computerkurse, die der allgemeinen beruflichen Fortbildung dienen.

Voraussetzung für eine Förderung durch die Bundesagentur für Arbeit ist ein angemessener Arbeitgeberbeitrag zu den Lehrgangskosten. Zusätzlich dürfen die Weiterbildungsleistungen keinen überwiegenden Belohnungscharakter haben.

Franchisenehmer

Franchisenehmer stehen gegenüber ihren Franchisegebern in einem zivilrechtlichen Vertragsverhältnis, das jedoch in der Regel kein Beschäftigungsverhältnis darstellt. Es kann gleichwohl ein Beschäftigungsverhältnis vorliegen, wenn der entsprechende Vertrag eine weisungsgebundene Ausübung der Tätigkeit vorsieht. Franchisegebühren, die vom Franchisenehmer an den Franchisegeber zu entrichten sind, stellen in keinem Fall Arbeitsentgelt dar. Zuwendungen, die der Franchisenehmer vom Franchisegeber im Rahmen des Franchisevertrags erhält, sind nur dann lohnsteuerpflichtiger Arbeitslohn bzw. beitragspflichtiges Arbeitsentgelt, wenn es sich um ein abhängiges Beschäftigungsverhältnis handelt. In Zweifelsfällen empfiehlt sich die Durchführung eines Statusfeststellungsverfahrens.

1 § 3 Nr. 19 EStG.
2 OFD Frankfurt, Verfügung v. 25.02.2021, S 2342 A – 89 – St 210.

Gesetze, Vorschriften und Rechtsprechung

Lohnsteuer: Nur wenn es sich um ein Beschäftigungsverhältnis handelt, besteht seitens des Franchisegebers die Verpflichtung zur Einbehaltung und Abführung von Lohnsteuer.

Sozialversicherung: Soweit kein Beschäftigungsverhältnis besteht, wird auch kein Arbeitsentgelt nach § 14 Abs. 1 SGB IV gezahlt. Bei einer abhängigen Beschäftigung (weisungsgebunden) handelt es sich um beitragspflichtiges Arbeitsentgelt.

Freianzeige

Freianzeigen erhalten Arbeitnehmer von Unternehmen der Werbe- und Medienindustrie als Variante der Rabattgestaltung. Grundsätzlich handelt es sich hierbei um einen geldwerten Vorteil, der sowohl steuerpflichtigen Arbeitslohn als auch beitragspflichtiges Arbeitsentgelt in der Sozialversicherung darstellt.

Allerdings können im Rahmen des sog. großen Rabattfreibetrags in Höhe von 1.080 EUR Freianzeigen im Wert von bis zu 1.125 EUR (Bewertung mit 96 % = 1.080 EUR) pro Kalenderjahr an den Arbeitnehmer lohnsteuer- und sozialversicherungsfrei abgegeben werden. Voraussetzung hierfür ist, dass es sich bei der dem Arbeitnehmer kostenlos oder vergünstigt überlassenen Freianzeigen um ein Produkt handelt, das der Arbeitgeber typischerweise an fremde Dritte veräußert.

Gesetze, Vorschriften und Rechtsprechung

Lohnsteuer: Zur Lohnsteuerfreiheit im Rahmen des sog. großen Rabattfreibetrags s. § 8 Abs. 3 EStG.

Sozialversicherung: Die Beitragsfreiheit der Freianzeige basiert auf der Lohnsteuerfreiheit im Rahmen des großen Rabattfreibetrags und ist in § 1 Abs. 1 Satz 1 Nr. 1 SvEV geregelt.

Entgelt	LSt	SV
Freianzeige bis 1.080 EUR jährlich	frei	frei

Freibetrag

Für das Lohnsteuerabzugsverfahren lassen sich Freibeträge in 3 Kategorien einteilen: Bestimmte Freibeträge sind bereits in den Lohnsteuertarif eingearbeitet, z. B. der Grundfreibetrag, Arbeitnehmer-Pauschbetrag und Kinderfreibeträge. Andere Freibeträge werden nur personen- oder einkunftsbezogen gewährt, z. B. Altersentlastungsbetrag oder Versorgungsfreibetrag. Wiederum andere Freibeträge müssen beim Finanzamt über den Antrag zur Lohnsteuer-Ermäßigung beantragt werden. Hierfür müssen die Aufwendungen in bestimmten Fällen die Antragsgrenze von 600 EUR überschreiten. Wird ein Freibetrag als Lohnsteuerabzugsmerkmal (ELStAM) gewährt, muss der Arbeitnehmer eine Einkommensteuererklärung abgeben.

Gesetze, Vorschriften und Rechtsprechung

Lohnsteuer: Einzelheiten für das Verfahren zur Eintragung eines Freibetrags oder Hinzurechnungsbetrags in der ELStAM-Datenbank regelt § 39a EStG. Ergänzende Verwaltungsanweisungen und Erläuterungen enthalten R 39a.1–39a.3 LStR und H 39a.1–39a.3 LStH. Gemäß § 46 Abs. 2 Nr. 4 EStG erfolgt eine Pflichtveranlagung zur Einkommensteuer, wenn in den ELStAM ein Freibetrag eingetragen ist.

Sozialversicherung: In § 14 SGB IV und der Sozialversicherungsentgeltverordnung (SvEV) sind keine Ausnahmen für Lohnsteuerfreibeträge festgelegt, sodass diese zum beitragspflichtigen Arbeitsentgelt im Sinne der Sozialversicherung gehören.

Lohnsteuer

Freibeträge in der Einkommensteuer

In den Lohnsteuertabellen sind bereits bestimmte Freibeträge enthalten. Andere Freibeträge werden im Lohnsteuerabzugsverfahren als ELStAM vom Arbeitgeber berücksichtigt. Die Freibeträge in der Einkommensteuer lassen sich in 3 Gruppen einteilen:

1. Freibeträge, die automatisch im Lohnsteuertarif berücksichtigt werden. Hierzu zählen Grundfreibetrag, Arbeitnehmer-Pauschbetrag, Sonderausgaben-Pauschbetrag, Kinderfreibeträge, Entlastungsbetrag für Alleinerziehende und Vorsorgepauschale.
2. Freibeträge, die einkunfts- bzw. personenbezogen gewährt werden. Dazu gehören Altersentlastungsbetrag und Versorgungsfreibetrag und der Zuschlag zum Versorgungsfreibetrag.
3. Freibeträge, die auf Antrag beim Finanzamt gewährt werden und Bestandteil der ELStAM des Arbeitnehmers sind.

Die Freibeträge der Gruppe 2 und 3 sind vor Anwendung der Lohnsteuertabelle vom Arbeitslohn abzuziehen, dagegen sind die Freibeträge der Gruppe 1 bereits in der Lohnsteuertabelle berücksichtigt.

Automatisch berücksichtigte Freibeträge

Grundfreibetrag

Jedem Steuerpflichtigen muss sein Einkommen insoweit steuerfrei belassen werden, als er es zum Bestreiten der lebensnotwendigen Ausgaben benötigt. Die Höhe des steuerlichen Existenzminimums wird als Grundfreibetrag[1] regelmäßig angepasst und orientiert sich am sozialrechtlichen Existenzminimum. In 2024 beträgt der Grundfreibetrag 11.604 EUR (2023: 10.908 EUR).[2]

Arbeitnehmer-Pauschbetrag

Der Arbeitnehmer-Pauschbetrag ist ein Jahresbetrag, der angesetzt werden kann, wenn Einkünfte aus nichtselbstständiger Arbeit erzielt wurden.[3] Er beträgt 1.230 EUR[4] und ist für die Steuerklassen I bis V in den Lohnsteuertarif eingearbeitet.

Sonderausgaben-Pauschbetrag

Der Sonderausgaben-Pauschbetrag beträgt 36 EUR für Ledige bzw. 72 EUR im Fall der Zusammenveranlagung von Ehegatten.[5] Er ist in die Steuerklassen I bis V im Lohnsteuertarif eingearbeitet.

Kinderfreibetrag

Freibeträge für Kinder werden über den Kinderfreibetragszähler berücksichtigt. Sie haben nur Auswirkung auf die Berechnung der Kirchensteuer und des Solidaritätszuschlags, nicht aber auf die Berechnung der Lohnsteuer. Halbe Freibeträge werden mit dem Zähler „0,5", volle Freibeträge mit dem Zähler „1" in den ELStAM vermerkt. In 2024 beträgt der halbe Freibetrag 3.192 EUR (2023: 3.012 EUR) bzw. der volle Freibetrag 6.384 EUR pro Kind (2023: 6.024 EUR).[6] Neben dem Kinderfreibetrag gibt es für jedes Kind den Freibetrag für Betreuungs-, Erziehungs- oder Ausbildungsbedarf (sog. BEA-Freibetrag) von 1.464 EUR bzw. 2.928 EUR bei Zusammenveranlagung. Bei einem halben Freibetrag ergeben sich 2024 somit insgesamt 4.656 EUR (3.192 EUR + 1.464 EUR), und bei einem ganzen Freibetrag insgesamt 9.312 EUR (6.384 EUR + 2.928 EUR).

1 § 32a Abs. 1 EStG.
2 § 32a Abs. 1 Nr. 1 EStG i. d. F. des Inflationsausgleichsgesetzes v. 8.12.2022. Es wurde aber eine Erhöhung für das Jahr 2024 angekündigt, die rückwirkend ab 1.1.2024 gelten soll.
3 § 9a Satz 1 Nr. 1 Buchst. a) EStG.
4 § 9a Satz 1 Nr. 1 Buchst. a) EStG.
5 § 10c EStG.
6 § 32 Abs. 6 EStG i. d. F. des Inflationsausgleichsgesetzes v. 8.12.2022. Es wurde aber eine Erhöhung für das Jahr 2024 angekündigt, die rückwirkend ab 1.1.2024 gelten soll.

Entlastungsbetrag für Alleinerziehende

Alleinerziehenden wird ein ⇗ Entlastungsbetrag von 4.260 EUR[1] im Jahr eingeräumt, wenn mindestens ein Kind zu ihrem Haushalt gehört, für das ihnen ein Kinderfreibetrag oder Kindergeld zusteht.[2, 3] Der Entlastungsbetrag wird bei Arbeitnehmern in der Steuerklasse II nur für ein Kind im Lohnsteuertarif berücksichtigt, auch wenn der Alleinerziehende mehrere berücksichtigungsfähige Kinder hat.

Das Finanzamt darf die Steuerklasse II nur als ELStAM bilden, wenn der Arbeitnehmer dem Finanzamt schriftlich versichert hat, dass die Voraussetzungen für die Berücksichtigung des Entlastungsbetrags für Alleinerziehende vorliegen.[4] Der Arbeitnehmer verpflichtet sich mit der Bildung der Steuerklasse II als ELStAM, die Steuerklasse umgehend ändern zu lassen, wenn die Voraussetzungen wegfallen.

Achtung

Erhöhungsbetrag für jedes weitere Kind muss gesondert beantragt werden

Der Erhöhungsbetrag für das zweite und jedes weitere Kind beträgt 240 EUR jährlich. Er ist nicht in die Steuerklasse II eingearbeitet und muss gesondert beim Finanzamt im ⇗ Lohnsteuer-Ermäßigungsverfahren beantragt werden.

Vorsorgepauschale

Für Vorsorgeaufwendungen (u. a. Renten-, Kranken- und Pflegeversicherungsbeiträge) kann kein Freibetrag als ELStAM gebildet werden. Daher werden diese Aufwendungen mittels einer ⇗ Vorsorgepauschale ausschließlich im Lohnsteuerabzugsverfahren berücksichtigt.[5] Über die Vorsorgepauschale hinaus werden im Lohnsteuerabzugsverfahren keine weiteren Vorsorgeaufwendungen berücksichtigt.[6]

Soweit die Vorsorgeaufwendungen die Vorsorgepauschale übersteigen, können sie nur im Rahmen der maßgeblichen Höchstbeträge bei der Veranlagung zur Einkommensteuer geltend gemacht werden.

Einkunfts- bzw. personenbezogene Freibeträge

Altersentlastungsbetrag

Arbeitnehmer, die vor Beginn des Kalenderjahres das 64. Lebensjahr vollendet haben, erhalten einen ⇗ Altersentlastungsbetrag.[7] Die Höhe des Altersentlastungsbetrags berechnet sich nach einem Prozentsatz, der abhängig ist vom Kalenderjahr, das auf die Vollendung des 64. Lebensjahres folgt. Dieser Betrag wird dann zeitlebens festgeschrieben. Für 2024 beträgt der Altersentlastungsbetrag bei Steuerpflichtigen, die das 64. Lebensjahr vor dem 1.1.2024, aber nach dem 31.12.2022 vollendet haben, 12,8 % der Einkünfte, höchstens 608 EUR.[8]

Sind die Voraussetzungen für den Abzug erfüllt, ist beim Lohnsteuerabzug der voraussichtliche Jahresarbeitslohn um den Altersentlastungsbetrag zu vermindern.[9]

Versorgungsfreibetrag mit Zuschlag

⇗ Versorgungsbezüge sind Bezüge und Vorteile aus einem früheren Dienstverhältnis, z. B. Witwen- und Waisengelder, Ruhegehälter, Unterhaltsbeiträge oder gleichartige Bezüge aufgrund beamtenrechtlicher Vorschriften. Der Prozentsatz für den steuerfreien Teil der Versorgungsbezüge und der Höchstbetrag des Versorgungsfreibetrags sowie der Zuschlag zum Versorgungsfreibetrag bestimmen sich ab 2005 nach dem Jahr des Versorgungsbeginns.[10] Bei Versorgungsbeginn in 2024 beträgt der Freibetrag 12,8 % der Versorgungsbezüge, höchstens 960 EUR. Der Zuschlag zum Versorgungsfreibetrag beträgt 288 EUR.[11]

Der Zuschlag zum Versorgungsfreibetrag ist nur für die Steuerklassen I–V bei der Ermittlung der Lohnsteuer zu berücksichtigen.

Der Versorgungsfreibetrag samt Zuschlag wird nicht vom Finanzamt im Rahmen des ELStAM-Verfahrens mitgeteilt. Der (frühere) Arbeitgeber muss prüfen, ob die Voraussetzungen vorliegen.

Hinweis

Altersentlastungsbetrag zusätzlich zum Versorgungsfreibetrag

Zusätzlich zum Versorgungsfreibetrag kann der Altersentlastungsbetrag gewährt werden, wenn ein Arbeitnehmer mindestens 64 Jahre alt ist und neben Versorgungsbezügen auch Arbeitslohn aus einem aktiven Dienstverhältnis bezieht.

Freibeträge auf Antrag beim Finanzamt

Um einen zu hohen Lohnsteuereinbehalt zu vermeiden, können Arbeitnehmer beim Finanzamt beantragen, dass ein (weiterer) Lohnsteuerfreibetrag als Lohnsteuerabzugsmerkmal anerkannt und an die ELStAM-Datenbank übermittelt wird.[12] Der Arbeitgeber muss die Lohnsteuer inklusive der eingetragenen Freibeträge nach Maßgabe der eingetragenen ELStAM ermitteln.

Freibeträge mit Antragsgrenze von 600 EUR

Bestimmte Aufwendungen können nur dann als Freibetrag eingetragen werden, wenn die Summe dieser Aufwendungen mehr als 600 EUR beträgt.[13] Bei Ehegatten wird die Antragsgrenze nicht verdoppelt. Die 600-EUR-Antragsgrenze gilt für:

- Werbungskosten bei Einkünften aus nichtselbstständiger Tätigkeit,
- Sonderausgaben mit Ausnahme der Vorsorgeaufwendungen:
  - Unterhaltsleistungen an den geschiedenen oder dauernd getrennt lebenden Ehe-/eingetragenen Lebenspartner[14]
  - gezahlte Kirchensteuer (abzgl. erstatteter Kirchensteuer), soweit die Kirchensteuer nicht als Zuschlag zur Kapitalertragsteuer erhoben wurde[15]
  - 2/3 der Kinderbetreuungskosten für Elternteile mit einem Kind bis zur Vollendung des 14. Lebensjahres (z. B. Kindergartenbeiträge), höchstens 4.000 EUR je Kind jährlich (der Ansatz ist unabhängig von einer Erwerbstätigkeit, Behinderung, Krankheit oder Ausbildung der Eltern[16]
  - Aufwendungen für die erstmalige Berufsausbildung oder ein Erststudium bis zu 6.000 EUR im Kalenderjahr[17]
  - 30 % des Schulgeldes, wenn ein Kind, für das ein Kindergeldanspruch besteht, eine Privatschule oder eine andere Einrichtung in einem Staat der EU oder des Europäischen Wirtschaftsraums besucht, höchstens 5.000 EUR pro Jahr[18]
  - außergewöhnliche Belastungen[19] wie der Unterhalt von bedürftigen Angehörigen[20] oder der Ausbildungsfreibetrag von 1.200 EUR ab Veranlagungszeitraum 2023[21]
  - ⇗ Entlastungsbetrag für Alleinerziehende bei Verwitweten, die nicht in die Steuerklasse II gehören (für das erste Kind 4.260 EUR[22], für jedes weitere Kind 240 EUR im Jahr).[23]

1 § 24b EStG.
2 § 24b Abs. 2 Satz 1 EStG.
3 BMF, Schreiben v. 23.11.2022, IV C 8 – S 2265 – a/22/10001:001, BStBl 2022 I S. 1634.
4 BFH, Urteil v. 5.2.2015, III R 9/13, BStBl 2015 II S. 926.
5 § 39b Abs. 2 Satz 5 Nr. 3, Abs. 4 EStG.
6 BMF, Schreiben v. 26.11.2013, IV C 5 – S 2367/13/10001, BStBl 2013 I S. 1532.
7 § 24a EStG.
8 § 24a Abs. 5 EStG. Das Gesetzgebungsverfahren, das eine Änderung des Altersentlastungsbetrags vorsieht, ist noch nicht abgeschlossen. Ggf. wird eine Änderung im Laufe des Jahres 2024 folgen.
9 § 39b Abs. 2 Satz 3, Abs. 3 Satz 3 EStG.
10 BMF, Schreiben v. 10.4.2015, IV C 5 – S 2345/08/10001 :006, BStBl 2015 I S. 256.
11 § 19 Abs. 2 Satz 3 EStG. Das Gesetzgebungsverfahren, das eine Änderung des Versorgungsfreibetrag und des Zuschlags vorsieht, ist noch nicht abgeschlossen. Ggf. wird eine Änderung im Laufe des Jahres 2024 folgen.
12 § 39a Abs. 2 EStG.
13 § 39a Abs. 2 Satz 4 EStG.
14 § 10 Abs. 1a Nr. 1 EStG.
15 § 10 Abs. 1 Nr. 4 EStG.
16 § 10 Abs. 1 Nr. 5 EStG.
17 § 10 Abs. 1 Nr. 7 EStG.
18 § 10 Abs. 1 Nr. 9 EStG.
19 § 39a Abs. 1 Nr. 3, § 33 EStG.
20 § 33a Abs. 1 EStG.
21 § 33a Abs. 2 EStG.
22 § 24b EStG.
23 § 39a Abs. 1 Nr. 8, § 24b Abs. 2 Satz 1 EStG.

Eintragung von Werbungskosten

Ist der Ansatz von Werbungskosten auf bestimmte Pauschalen und Höchstbeträge begrenzt, z. B. bei der Entfernungspauschale oder dem häuslichen ⇗ Arbeitszimmer, werden diese bei der Ermittlung des Freibetrags berücksichtigt. Der Pauschbetrag muss immer überschritten sein.

Eintragung von Sonderausgaben

Bei der Ermittlung der 600-EUR-Antragsgrenze sind Sonderausgaben mit Ausnahme der Vorsorgeaufwendungen nur anzusetzen, soweit sie den Sonderausgaben-Pauschbetrag übersteigen. Für die als Sonderausgaben abzugsfähigen Kosten, wie z. B. Berufsausbildung und Spenden, sind maximal die hierfür gesetzlich festgelegten Höchstbeträge anzusetzen.

Eintragung außergewöhnlicher Belastungen

Bei außergewöhnlichen Belastungen wird von den dem Grunde und der Höhe nach anzuerkennenden Aufwendungen ausgegangen.

Aufwendungen infolge allgemeiner außergewöhnlicher Belastung werden um die zumutbare Belastung gekürzt.[1] Nur der übersteigende Betrag wird als Freibetrag angesetzt.[2]

Bei Aufwendungen für außergewöhnliche Belastungen in besonderen Fällen (Unterhalt von Angehörigen, Pflege-Pauschbetrag) sind maximal die wegen dieser Aufwendungen in Betracht kommenden abziehbaren Höchstbeträge maßgebend. Hier kommt es bei der Ermittlung des einzutragenden Freibetrags nicht auf die tatsächlichen Aufwendungen an.

Bei Aufwendungen für haushaltsnahe Beschäftigungen bzw. haushaltsnahe Dienstleistungen sowie Handwerkerleistungen wird als Freibetrag das 4-fache des Steuerermäßigungsbetrags angesetzt.

Hinweis

Sonderregeln für Spenden, Mitgliedsbeiträge und Zuwendungen an politische Parteien etc.

Spenden, Mitgliedsbeiträge und Zuwendungen an politische Parteien und unabhängige Wählervereinigungen werden sowohl in die Berechnung einbezogen als auch als Freibetrag abgezogen, ohne Rücksicht darauf, dass bei der Veranlagung statt des Sonderausgabenabzugs ein unmittelbarer Abzug von der Steuerschuld erfolgt.[3]

Freibeträge ohne Antragsgrenze

Die Eintragung der unbeschränkt antragsfähigen Freibeträge ist nicht an das Überschreiten einer Antragsgrenze gebunden. Hierunter fallen:

- Pauschbeträge für Menschen mit Behinderungen, Hinterbliebene und Pflegepersonen[4]
- Erhöhungsbetrag für Alleinerziehende[5]
- negative Einkünfte, z. B. aus Vermietung und Verpachtung[6]
- Steuerermäßigung bei Aufwendungen für haushaltsnahe Beschäftigungsverhältnisse sowie die Inanspruchnahme haushaltsnaher Dienstleistungen und Handwerkerleistungen[7]
- Übertragung des Grundfreibetrags (bei mehreren Dienstverhältnissen).[8]

Ermäßigungsantrag

Frist für die Antragstellung

Der Antrag muss mit einem amtlich vorgeschriebenen Vordruck erstellt und vom Arbeitnehmer eigenhändig unterschrieben werden. Die Frist für die Antragstellung beginnt am 1.10. des Vorjahres, für das der Freibetrag gelten soll. Sie endet am 30.11. des Kalenderjahres, in dem der Freibetrag gelten soll.[9]

Je nachdem, in welchem Monat die Lohnsteuerermäßigung beantragt wird, werden die Freibeträge auf die restlichen verfügbaren Kalendermonate verteilt.

Gültigkeitsdauer der Freibeträge

Arbeitnehmer können den Antrag auf Bildung eines Freibetrags für einen Zeitraum von längstens 2 Kalenderjahren beim Wohnsitzfinanzamt beantragen. Eingetragene Freibeträge gelten so mit Wirkung ab dem 1.1.2024 und längstens bis Ende 2025.[10, 11]

Auch bei unveränderten Verhältnissen ist für 2024 ein erneuter Antrag erforderlich. Die Finanzämter senden grundsätzlich keine Bestätigung über die gewährten Freibeträge. Diese können jedoch über eine Abfrage der ELStAM-Daten eingesehen werden.

Freibeträge für Menschen mit Behinderungen und Hinterbliebene

Pauschbeträge für Menschen mit Behinderungen und Hinterbliebene, die bereits über das Jahr 2013 hinaus gewährt werden, behalten weiterhin ihre Gültigkeit.

Änderungen innerhalb der 2-jährigen Gültigkeitsdauer

Der Arbeitnehmer kann eine Änderung des Freibetrags innerhalb dieses Zeitraums beantragen, wenn sich die Verhältnisse zu seinen Gunsten ändern. Ändern sich die Verhältnisse zu seinen Ungunsten, muss er dies dem Finanzamt umgehend anzeigen.

Nachweispflicht/Glaubhaftmachung

Der Arbeitnehmer muss seine Angaben nachweisen bzw. glaubhaft machen, wenn es sich erst um künftig entstehende Aufwendungen handelt. Das Finanzamt wird keinen Nachweis bzw. keine Glaubhaftmachung fordern, wenn der Arbeitnehmer höchstens die Berücksichtigung eines im Vorjahr als ELStAM festgestellten Freibetrags beantragt und versichert, dass sich die Verhältnisse nicht wesentlich geändert haben.[12] Die Berücksichtigung eines Freibetrags bei Bildung der ELStAM ist eine Ermessensentscheidung.[13]

Sozialversicherung

Freibeträge als Lohnsteuerabzugsmerkmal

Alle laufenden oder einmaligen Einnahmen aus einer Beschäftigung sind grundsätzlich beitragspflichtiges Arbeitsentgelt.[14] Ausnahmen werden in der Sozialversicherungsentgeltverordnung (SvEV) geregelt: Danach sind unter bestimmten Voraussetzungen steuerfreie und pauschal versteuerte Bezüge nicht dem beitragspflichtigen Arbeitsentgelt zuzurechnen.

Für steuerrechtliche Freibeträge gibt es in der Sozialversicherung keine Ausnahmen. Sowohl die in den ELStAM eingetragenen einkunfts- oder personenbezogenen Freibeträge (z. B. ⇗ Altersentlastungsbetrag) als auch die automatisch im Lohnsteuertarif berücksichtigten Freibeträge (z. B. Arbeitnehmer-Pauschbetrag) haben deshalb keine Auswirkungen auf das beitragspflichtige Entgelt in der Sozialversicherung. Maßgebend ist hier das ungekürzte Bruttoarbeitsentgelt.

Hinweis

Arbeitnehmer-Pauschbetrag und Familienversicherung

Im Rahmen der Prüfung der Voraussetzungen für eine ⇗ Familienversicherung ist der Arbeitnehmer-Pauschbetrag[15] allerdings in Abzug zu bringen, sofern nicht höhere Werbungskosten nachgewiesen werden.

1 BFH, Urteil v. 19.1.2017, VI R 75/14, BStBl 2017 II S. 684, zur Ermittlung der zumutbaren Belastung nach § 33 Abs. 3 EStG.
2 Zur Berechnung: R 39a.1 Abs. 7 LStR.
3 § 34g Satz 1 Nr. 1 EStG.
4 §§ 39a Abs. 1 Nr. 4, 33b Abs. 1–6 EStG.
5 § 39a Abs. 1 Nr. 4a EStG, § 24b Abs. 2 Satz 2 EStG.
6 § 39a Abs. 1 Nr. 5b EStG.
7 §§ 39a Abs. 1 Nr. 5c, 35a EStG.
8 § 39a Abs. 1 Nr. 7 EStG.
9 § 39a Abs. 2 Sätze 1–3 EStG.
10 § 52 Abs. 37 EStG.
11 BMF, Schreiben v. 21.5.2015, IV C 5 – S 2365/15/10001, BStBl 2015 I S. 488.
12 § 39a Abs. 2 Satz 5 EStG.
13 FG Hamburg, Beschluss v. 18.3.2011, 3 V 15/11, rkr.
14 § 14 Abs. 1 Satz 1 SGB IV.
15 § 9a Satz 1 Nr. 1 EStG.

Freibrot

Freibrot erhalten Arbeitnehmer von Unternehmen der Lebensmittel produzierenden Industrie als Variante der Rabattgestaltung. Grundsätzlich handelt es sich hierbei um einen geldwerten Vorteil der sowohl steuerpflichtigen Arbeitslohn als auch beitragspflichtiges Arbeitsentgelt in der Sozialversicherung darstellt.

Das Freibrot kann im Rahmen des sog. großen Rabattfreibetrags bis zu 1.080 EUR pro Kalenderjahr an Arbeitnehmer lohnsteuer- und sozialversicherungsfrei abgegeben werden. Voraussetzung hierfür ist, dass es sich bei den kostenlos oder vergünstigt überlassenen Waren um ein Produkt handelt, das der Arbeitgeber typischerweise an fremde Dritte veräußert.

Gesetze, Vorschriften und Rechtsprechung

Lohnsteuer: Zur Lohnsteuerfreiheit im Rahmen des sog. großen Rabattfreibetrags s. § 8 Abs. 3 EStG.

Sozialversicherung: Die Beitragsfreiheit des Freibrots basiert auf der Lohnsteuerfreiheit im Rahmen des großen Rabattfreibetrags und ist in § 1 Abs. 1 Satz 1 Nr. 1 SvEV geregelt.

Entgelt	LSt	SV
Freibrot bis 1.080 EUR jährlich	frei	frei

Freie Kost und Logis

Die unentgeltliche Aufnahme im Haushalt des Arbeitgebers (Verpflegung, Wohnung, Heizung und Beleuchtung) wird unter dem Begriff „freie Kost und Logis" oder auch „freie Station" zusammengefasst. Diese Sachbezüge sind als Arbeitslohn zu erfassen. Für die Bewertung von Sachbezügen gelten im Steuerrecht besondere Vorschriften, ggf. sind die sog. Sachbezugswerte anzusetzen.

Gesetze, Vorschriften und Rechtsprechung

Lohnsteuer: Die steuerlichen Bewertungsvorschriften für nicht in Geld bestehende Lohnbestandteile (Einnahmen) enthält § 8 EStG, der im Interesse der einheitlichen Lohnermittlung auf die Sachbezugswerte der Sozialversicherung verweist. Umfangreiche Erläuterungen und Verweise enthalten die Verwaltungsvorschriften R 8.1 Abs. 4–8 LStR und H 8.1 Abs. 5–7 LStH.

Sozialversicherung: Die amtlichen Sachbezugswerte werden jedes Jahr von der Bundesregierung in der Sozialversicherungsentgeltverordnung (§ 2 SvEV) festgelegt.

Lohnsteuer

Bewertung der freien Kost und Logis

Die Sozialversicherungsentgeltverordnung regelt, dass unentgeltlich gewährte ⇗ Kost und ⇗ Unterkunft mit den amtlichen Sachbezugswerten zu bewerten sind. Diese Bewertung ist sowohl für die Lohnsteuer als auch für die Sozialversicherung bindend. Dies führt regelmäßig zu Steuerersparnissen, weil der für den Steuerabzug maßgebende Wertansatz in diesen Fällen fast immer niedriger ist als der tatsächliche Wert des Sachbezugs. Die unentgeltliche Wohnraumüberlassung wird steuer- und beitragsrechtlich unterschiedlich bewertet, je nachdem, ob es sich um eine Wohnung oder eine Unterkunft handelt.

Freie Mitarbeiter

Unter dem gesetzlich nicht definierten Begriff „freie Mitarbeit" versteht man unternehmerische Tätigkeit für ein anderes Unternehmen auf der Grundlage eines Dienstvertrags , seltener auch eines Werkvertrags.

Gesetze, Vorschriften und Rechtsprechung

Lohnsteuer: Für die Entscheidung, ob es sich um ein lohnsteuerpflichtiges Dienstverhältnis oder eine selbstständige Tätigkeit i. S. v. § 18 EStG handelt, sind die in § 19 Abs. 1 EStG und § 1 LStDV genannten Grundsätze und Aufzählungen zu beachten. Abgrenzungskriterien sind in H 19.0 LStH aufgelistet.

Sozialversicherung: § 7 SGB IV bestimmt, wann ein Beschäftigungsverhältnis im Sinne der Sozialversicherung vorliegt. § 2 SGB VI enthält (für die gesetzliche Rentenversicherung) Aussagen, wann eine selbstständige Tätigkeit rentenversicherungspflichtig ist. § 7a SGB IV sieht für Zweifelsfälle zur Klärung des sozialversicherungsrechtlichen Status ein Anfrageverfahren an die Clearingstelle der Deutschen Rentenversicherung Bund vor. Ergänzend hierzu haben die Spitzenorganisationen der Sozialversicherung in ihrem Rundschreiben v. 21.3.2019 weitergehende Erläuterungen zusammengefasst.

Lohnsteuer

Abgrenzung zum Arbeitnehmer

Tatsächliche Verhältnisse entscheidender als Bezeichnung

Für die Frage, ob der beschäftigte Steuerpflichtige ein freier Mitarbeiter ist oder ein lohnsteuerpflichtiges Dienstverhältnis vorliegt, kommt es allein auf die Beurteilung nach steuerrechtlichen Merkmalen an. Entscheidend ist das Gesamtbild der Verhältnisse.[1]

Ergibt sich aus den Merkmalen der Tätigkeit ein lohnsteuerliches Dienstverhältnis, kommt dem Umstand, dass im Dienstvertrag „freie Mitarbeit" oder „selbstständig ausgeübte Tätigkeit" vereinbart worden ist, keine Bedeutung zu. Der diesbezügliche Wille der Vertragsparteien ist nur in Grenzfällen ausschlaggebend.[2]

Sozial- und arbeitsrechtliche Einordnung nicht ausschlaggebend

Für die steuerliche Entscheidung ist die arbeits- und sozialversicherungsrechtliche Beurteilung unmaßgeblich.[3]

Verwaltungsregelung im Künstlererlass

„Freie Mitarbeiter" grundsätzlich nichtselbstständig

Hörfunk und Fernsehen beschäftigen neben dem ständigen Personal häufig Künstler und Angehörige verwandter Berufsgruppen, die i. d. R. aufgrund von Honorarverträgen tätig sind. Sie werden im Allgemeinen als „freie" Mitarbeiter bezeichnet. Entgegen dieser Bezeichnung ist dieser Personenkreis lohnsteuerlich grundsätzlich als Arbeitnehmer nichtselbstständig tätig. Näheres regelt der sog. Künstlererlass.[4]

Einstufung als freier Mitarbeiter aufgrund „Negativkatalog"

Gemäß Tz. 1.3.2 und 1.3.6 des Künstlererlasses (sog. Negativkatalog) ist jedoch eine Einstufung als „freier Mitarbeiter" möglich. Weitere Ausnahmen sind aufgrund besonderer Verhältnisse des Einzelfalls möglich.

In diesen Fällen hat das Wohnsitzfinanzamt dem Steuerpflichtigen eine Bescheinigung als „freier Mitarbeiter" zu erteilen. Ein Muster dieser Bescheinigung ist dem BMF-Schreiben (Künstlererlass) als Anlage beigefügt. Diese Bescheinigung bezieht sich auf die Tätigkeit des freien Mitarbeiters für einen bestimmten Auftraggeber und ist diesem vorzulegen.

1 BFH, Urteil v. 14.6.1985, VI R 150-152/82, BStBl 1985 II S. 661; BFH, Urteil v. 18.1.1991, VI R 122/87, BStBl 1991 II S. 409.
2 BFH, Urteil v. 24.7.1992, VI R 126/88, BStBl 1993 II S. 155.
3 BFH, Urteil v. 2.12.1998, X R 83/96, BStBl 1999 II S. 534; BFH, Urteil v. 8.5.2008, VI R 50/05, BStBl 2008 II S. 868.
4 BMF, Schreiben v. 5.10.1990, IV B 6 – S 2332 – 73/90, BStBl 1990 I S. 638; BMF, Schreiben v. 9.7.2014, IV C 5 – S 2332/0-07, BStBl 2014 I S. 1103.

Sozialversicherung

Abhängige Beschäftigung oder selbstständige Tätigkeit?

In der Sozialversicherung gehört ein Erwerbstätiger entweder zu den abhängig beschäftigten ⇗ Arbeitnehmern oder zu den Selbstständigen.

Für die Beurteilung als Arbeitnehmer ist insbesondere das Vorliegen einer Beschäftigung im Sinne der Sozialversicherung von entscheidender Bedeutung.[1] Eine Legaldefinition des Arbeitnehmerbegriffs enthält § 611 a BGB. Das Beschäftigungsverhältnis unterscheidet sich von einer selbstständigen Tätigkeit vor allem durch den Grad der persönlichen Abhängigkeit des Arbeitnehmers gegenüber seinem Arbeitgeber. Ein wesentliches Merkmal der Selbstständigkeit ist der Einsatz von Eigenkapital, und damit die Übernahme des Unternehmerrisikos.

Tatsächliche Verhältnisse sind entscheidend

Im Rahmen der gesetzlich zugestandenen Vertragsfreiheit kann grundsätzlich jede Arbeit als unselbstständige oder selbstständige Tätigkeit übernommen werden. Allerdings ist es für die versicherungsrechtliche Beurteilung nicht entscheidend, wie ein Vertragsverhältnis bezeichnet ist. Ausschlaggebend sind immer die tatsächlichen Verhältnisse. Wurde ein Werkvertrag abgeschlossen, liegt in der Regel keine abhängige Beschäftigung vor. In Einzelfällen kann es sich aber auch beim Werkvertrag um ein sozialversicherungsrechtliches Beschäftigungsverhältnis handeln. Es kommt auf die gesamten Umstände des Einzelfalles an.

Bei der Prüfung einer ⇗ Scheinselbstständigkeit sind verschiedene maßgebliche Beurteilungskriterien zu beachten.

Indizien für eine freie Mitarbeit

Für eine freie Mitarbeit und damit Selbstständigkeit sprechen im Rahmen einer Einzelfallprüfung insbesondere folgende Merkmale:

- Anmeldung eines Gewerbes,
- eigene Werbung,
- Beschäftigung von Hilfskräften,
- freie Bestimmung von Art, Ort, Zeit und Weise der Arbeit,
- Gewährleistungspflicht einschließlich der Haftung für Erfüllungsgehilfen,
- persönliche und wirtschaftliche Unabhängigkeit,
- unternehmerische Eigenverantwortlichkeit mit absoluter Weisungsfreiheit,
- Tätigkeit für mehrere Geschäftspartner,
- Veranlagung zur Einkommen-, Umsatz- und Gewerbesteuer,
- Beitragspflicht zur ⇗ Berufsgenossenschaft.

Liegen sowohl Merkmale vor, die für eine Beschäftigung sprechen als auch solche, die eher auf die Selbstständigkeit hindeuten, kommt es darauf an, welche Merkmale überwiegen.

Freie Mitarbeiter sind nicht sozialversicherungspflichtig

Personen, die als freie Mitarbeiter tätig werden, üben eine selbstständige Tätigkeit aus und sind nicht versicherungspflichtig in der Kranken-, Pflege- und Arbeitslosenversicherung.

Wichtig

Arbeitnehmerähnliche Selbstständige können rentenversicherungspflichtig sein

Ausnahmen von dem Grundsatz, dass freie Mitarbeiter nicht sozialversicherungspflichtig sind, können in der Rentenversicherung bestehen. Hier sind bestimmte selbstständig Tätige in die Versicherungspflicht einbezogen.

1 § 7 SGB IV.

Statusanfrageverfahren

Bestehen Zweifel darüber, ob ein freies Mitarbeiterverhältnis oder eine abhängige Beschäftigung vorliegt, kann das Statusfeststellungsverfahren auf Antrag Rechtssicherheit verschaffen.

Wird im Rahmen des Statusfeststellungsverfahrens die Arbeitnehmereigenschaft festgestellt, wird der Auftraggeber zum Arbeitgeber. Daraus ergeben sich dann die üblichen Arbeitgeberpflichten, also insbesondere die

- Ermittlung des beitragspflichtigen Arbeitsentgelts,
- Berechnung und Abführung der Sozialversicherungsbeiträge,
- Erstellung und Abgabe der erforderlichen Meldungen nach der DEÜV sowie
- Führung von Entgeltunterlagen.

Freifahrten/-flüge für Arbeitnehmer

Zum Arbeitslohn rechnen sämtliche Vorteile, die dem Arbeitnehmer aus dem Dienstverhältnis zufließen. Folglich können nicht nur Barlohn, sondern auch in Geldeswert bestehende Sachbezüge und Leistungen des Arbeitgebers steuerpflichtig sein, z. B. privat veranlasste Freifahrten und Freiflüge. Für den Lohnsteuereinbehalt hat der Arbeitgeber den anzusetzenden Wert zu ermitteln.

Gesetze, Vorschriften und Rechtsprechung

Lohnsteuer: Ob Freifahrten und Freiflüge zum Arbeitslohn rechnen, hat der Arbeitgeber nach den allgemeinen Vorschriften des § 19 EStG und den ergänzenden Regelungen in § 2 LStDV zu prüfen. Als Steuerbefreiungsvorschriften kommen § 3 Nrn. 16, 32 sowie 38 EStG und § 8 Abs. 2 und 3 EStG in Betracht. Für die Bewertung des Geldwerts sind die Vorschriften des § 8 EStG anzuwenden. Von den Verwaltungsanweisungen sind zu beachten R 3.32, 9.5, 9.11 Abs. 6 und 19.3 LStR sowie H 3.32, 9.5 und 19.3 LStH. Zur steuerlichen Behandlung der von Luftfahrtunternehmen gewährten unentgeltlichen oder verbilligten Flüge s. Gleichlautende Ländererlasse v. 16.10.2018; für die Bewertung von Flugmeilen bei unentgeltlichen oder verbilligten Mitarbeiterflügen, die ab 1.1.2022 bis 31.12.2024 von Luftfahrtunternehmen gewährt werden, gelten die Gleichlautenden Ländererlasse v. 12.5.2021, S 2334, BStBl 2021 I S. 774.

Sozialversicherung: Sozialversicherungsrechtlich sind, soweit der geldwerte Vorteil pauschal versteuert wird, die Regelungen des § 23a Abs. 1 SGB IV und § 1 Abs. 1 Nr. 2 SvEV zu beachten.

Entgelt	LSt	SV
Freifahrten-/flüge aus privaten Gründen	pflichtig	pflichtig
Freifahrten-/flüge aus privaten Gründen im Rahmen der 50-EUR-Freigrenze	frei	frei
Freifahrten zwischen Wohnung und erster Tätigkeitsstätte mit öffentlichen Verkehrsmitteln	frei	frei
Freifahrten/-flüge zwischen Wohnung und erster Tätigkeitsstätte mit anderen Verkehrsmitteln bei Pauschalierung mit 15 %	pauschal	frei
Freifahrten mit der Bahn für Bundeswehrsoldaten bei Pauschalierung mit 25 %	pauschal	frei
Vom Arbeitgeber organisierte unentgeltliche oder verbilligte Sammelbeförderung	frei	frei

Lohnsteuer

Steuerpflichtige Zuwendungen

Erhält der Arbeitnehmer durch den Arbeitgeber oder einen Dritten Freifahrten und Freiflüge, richtet sich die steuerliche Behandlung des daraus entstehenden Vorteils danach, aus welchem Anlass dem Arbeitnehmer die kostenlose Beförderungsmöglichkeit (z. B. durch Firmenfahrzeug, Firmenflugzeug, Fahrkarte oder Flugticket) zur Verfügung gestellt wird. Im Einzelnen gelten folgende Grundsätze:

- Freifahrten zwischen Wohnung und erster Tätigkeitsstätte mit öffentlichen Verkehrsmitteln im Linienverkehr – ohne Luftverkehr – (z. B. Bus, Straßenbahn, Zug) sind steuerfrei, wenn sie der Arbeitnehmer zusätzlich zum ohnehin geschuldeten Arbeitslohn erhält.[1]
- Freifahrten und Freiflüge zwischen Wohnung und erster Tätigkeitsstätte mit anderen Verkehrsmitteln sind grundsätzlich steuerpflichtig. Gleiches gilt, wenn der Arbeitnehmer für solche Fahrten ein Firmenfahrzeug kostenlos oder verbilligt zur Verfügung gestellt bekommt.
- Erhält der Arbeitnehmer aus privaten Gründen kostenlose oder verbilligte Freifahrten oder Freiflüge, ist deren geldwerter Vorteil ebenfalls steuerpflichtig, z. B. Urlaubsflüge für Angehörige einer Fluggesellschaft. Ggf. kann aber der Rabattfreibetrag von 1.080 EUR angesetzt werden.[2] Dasselbe gilt für Freifahrscheine der Deutschen Bahn AG, auch wenn sie an im Ruhestand befindliche Arbeitnehmer gewährt werden.

Hinweis

Steuerfreie Privatfahrten im öffentlichen Personennahverkehr

Anders verhält es sich für „private Freifahrten" im Personennahverkehr. Die unentgeltliche oder verbilligte Nutzung von Verkehrsmitteln des öffentlichen Personennahverkehrs ist lohnsteuerfrei, wenn sie zusätzlich zum ohnehin geschuldeten Arbeitslohn gewährt wird, etwa die Monats- oder Jahreskarte für die örtlichen Verkehrsbetriebe, aber auch ein Wochenend- oder Einzelticket für Regionalzüge. Steuerpflichtig sind kostenlose oder verbilligte Tickets für Fernzüge. Die Begünstigung gilt für alle Arbeitnehmer und nicht nur für Mitarbeiter der jeweiligen Verkehrsbetriebe. Die Anwendung des Rabattfreibetrags von 1.080 EUR entfällt insoweit aufgrund der vorrangig zu gewährenden Steuerbefreiung.

- Steuerpflichtiger Arbeitslohn entsteht immer dann, wenn der Arbeitgeber seinem Arbeitnehmer einen Freiflug oder einen verbilligten Flug zuwendet, z. B. als Belohnung.
- Soweit Luftverkehrsgesellschaften ihren eigenen Arbeitnehmern unentgeltliche oder verbilligte Flüge überlassen, die unter den gleichen Beförderungsbedingungen auch an Fremdkunden erbracht werden, liegt eine Rabattgewährung vor, die im Rahmen des Rabattfreibetrags von 1.080 EUR begünstigt ist.

Steuerfreie Zuwendungen

Freifahrten und Freiflüge zwischen Wohnung und erster Tätigkeitsstätte sind steuerfrei, wenn der Arbeitnehmer sie erhält

- als ⇗ Sammelbeförderung oder
- zu einer so gut wie ausschließlich beruflich veranlassten vorübergehenden Auswärtstätigkeit oder
- im Rahmen einer ⇗ doppelten Haushaltsführung als wöchentliche Familienheimfahrten.

In diesen Fällen ist auch die kostenlose oder verbilligte Gestellung eines ⇗ Dienstwagens steuerfrei.

Freifahrt zum Vorstellungsgespräch steuerfrei

Zur Auswärtstätigkeit rechnet auch der Vorstellungsbesuch als Stellenbewerber, bevor eine Beschäftigung aufgenommen wird. Folglich sind die gestellten Freifahrten und Freiflüge zum Ort des Vorstellungsbesuchs steuerfrei.

Steuerliche Bewertung des Sachbezugs

Für die Bewertung steuerpflichtiger Freifahrten oder Freiflüge gelten die allgemeinen lohnsteuerlichen Bewertungsvorschriften für ⇗ Sachbezüge.[3]

Gewähren Luftverkehrsgesellschaften und Reisebüros ihren Beschäftigten Freiflüge oder verbilligte Flüge (z. B. Stand-by-Flüge ohne feste Reservierungsmöglichkeit), setzt die Finanzverwaltung deren (Durchschnitts-)Werte durch gleichlautende Ländererlasse fest. Für kostenlose oder verbilligte Flüge in den Jahren 2022 bis 2024 siehe Ländererlasse vom 12.5.2021.[4] Für die Jahre 2019 bis 2021 siehe Ländererlasse vom 17.10.2018.[5]

Erhält der Arbeitnehmer die Sachbezüge nicht unentgeltlich, ist der Unterschiedsbetrag zwischen dem Geldwert des Sachbezugs und dem tatsächlichen Entgelt bzw. der Zuzahlung zu versteuern. Löst der Arbeitnehmer beruflich erworbene Bonusmeilen oder Gutschriften (⇗ Kundenbindungsprogramme/⇗ Miles and More) zur privaten Nutzung ein, sind sie als Arbeitslohn steuerpflichtig, wenn das ausschüttende Unternehmen die Versteuerung nicht bereits durchgeführt hat.

Ebenso wie bei Barlohnzahlungen hat der Arbeitgeber für die Ermittlung der Lohnsteuer zu unterscheiden, ob die steuerpflichtigen Freifahrten oder -flüge dem laufenden Arbeitslohn oder den sonstigen Bezügen zuzuordnen sind.

Rabattfreibetrag bis 1.080 EUR jährlich

Erhalten Arbeitnehmer eines Verkehrsunternehmens mit den vom Arbeitgeber betriebenen Verkehrsmitteln Freifahrten oder Freiflüge, sind diese bis zum Rabattfreibetrag von 1.080 EUR jährlich steuerfrei.

Voraussetzung ist, dass diese Sachbezüge vom Arbeitgeber nicht überwiegend für den Bedarf seiner Arbeitnehmer vertrieben oder erbracht werden. Der Rabattfreibetrag kommt regelmäßig zur Anwendung bei unentgeltlicher oder verbilligter Überlassung von Freikarten an Beschäftigte der Beförderungsunternehmen, Bahn[6], Luftverkehrsgesellschaften und Reisebüros.

Sachbezugsfreigrenze bis 50 EUR monatlich

Kommt der Rabattfreibetrag nicht zur Anwendung, können die geldwerten Vorteile innerhalb der Freigrenze des kleinen Rabattfreibetrags von 50 EUR (bis 2021: 44 EUR) steuerfrei bleiben. Für die Feststellung, ob diese Freigrenze überschritten wird, sind die in einem Kalendermonat zufließenden und mit den um übliche Preisnachlässe geminderten üblichen Endpreisen am Abgabeort im Zeitpunkt der Abgabe bewerteten Sachbezüge zusammenzurechnen.

Lohnsteuerpauschalierung möglich

Sind die geldwerten Vorteile der erhaltenen Freifahrten und Freiflüge steuerpflichtig, kann der Arbeitgeber die Besteuerung nach den Lohnsteuerabzugsmerkmalen des Arbeitnehmers individuell, pauschal mit dem betriebsindividuellen pauschalen Lohnsteuersatz oder mit dem festen Pauschsteuersatz von 15 % bei Fahrten bzw. Flügen zwischen Wohnung und erster Tätigkeitsstätte erheben.

Einzelfälle

Bonusprogramme

Mit immer neuen Kundenbindungsprogrammen versuchen Dienstleister und Handelsketten ihre Attraktivität gegenüber dem Verbraucher zu steigern. Der Vielfliegerbonus „⇗ Miles & More" – lange Zeit einziges Modell – wurde durch zahlreiche Bonusprogramme anderer Branchen ergänzt.

Von Interesse ist dabei die steuerliche Behandlung der ausgeschütteten Prämien. Privat erworbene Bonuspunkte sind steuerlich nicht relevant. Ihre Steuerpflicht ist nur zu prüfen, wenn sie im Rahmen einer dienst-

1 § 3 Nr. 15 EStG.
2 § 8 Abs. 3 EStG.

3 § 8 EStG, R 8.1, 8.2 LStR.
4 Gleichlautenden Ländererlasse v. 12.5.2021, S 2334, BStBl 2021 I S. 774.
5 Gleichlautende Ländererlasse v. 16.10.2018, S. 2334, BStBl 2018 I S. 1088.
6 BFH, Urteil v. 26.9.2019, VI R 23/17, BStBl 2020 II S. 162.

lichen Tätigkeit erworben werden. Insoweit entsteht lohnsteuerpflichtiger Arbeitslohn unabhängig von der Art der Prämie nur, sofern die eingelösten Bonuspunkte ihre wirtschaftliche Ursache in einem Dienstverhältnis zum Arbeitgeber haben. Werden solche Prämien privat verwendet, liegt eine besondere Lohnzahlung durch Dritte vor. Die unterschiedlich ausgestalteten Bonusprogramme machen eine differenzierte lohnsteuerliche Betrachtung erforderlich. Die steuerliche Behandlung der in der Praxis gebräuchlichsten Bonusprogramme hat die Finanzverwaltung in Erlassen geregelt.

Vielfliegerbonus

Steuerfreiheit bei dienstlicher Nutzung

Die bekanntesten Prämien aus Kundenbindungsprogrammen sind die Vielfliegerboni der Luftverkehrsgesellschaften. Ab Erreichen einer bestimmten Flugkilometergrenze werden von den Airlines Bonuspunkte gutgeschrieben, mit denen der Arbeitnehmer Freiflüge oder kostenlose Hotelaufenthalte von der Airline erhalten kann. Werden diese Prämien für Dienstreisen verwendet, liegt kein steuerpflichtiger Arbeitslohn vor.

Anwendung des Rabattfreibetrags bei privater Nutzung

Verwendet der Arbeitnehmer diese Bonuspunkte für Privatreisen, entsteht Arbeitslohn in Höhe des Werts der Flugreise bzw. der Hotelunterbringung. Der Lohnzufluss erfolgt erst bei tatsächlicher Inanspruchnahme der Prämien und nicht bereits bei Gutschrift der Bonuspunkte auf dem Prämienkonto. Es handelt sich um eine besondere Lohnzahlung durch Dritte, für die eine eigene Steuerbefreiung bereitsteht.[1] Der Wert des Tickets bleibt bis zur Höhe des Rabattfreibetrags steuerfrei. Die Vorteile aus solchen Bonusprogrammen unterliegen danach bis zu einem Gesamtbetrag von jährlich 1.080 EUR nicht dem Lohnsteuerabzug.

Lohnsteuerpauschalierung durch Dritte

Übersteigt der geldwerte Vorteil den steuerfreien Jahresbetrag, kann der Veranstalter, der die Bonusleistungen erbringt, anstelle des individuellen Lohnsteuerabzugs beim Arbeitnehmer die Besteuerung der Bonusleistungen durch eine vereinfachte Pauschalsteuer sicherstellen.[2] Die Pauschalbesteuerung erfolgt in der Weise, dass die Einkommensteuer auf die steuerpflichtigen Teil-Prämien unmittelbar bei ihrer Ausschüttung vom Prämienanbieter – also nicht durch den Arbeitgeber – mit einem festen Steuersatz von 2,25 % und abgeltender Wirkung erhoben wird. Bemessungsgrundlage der pauschalen Einkommensteuer ist der Gesamtwert der Prämien, die den insgesamt im Inland ansässigen Steuerpflichtigen für den betreffenden Erhebungszeitraum zufließen. Die Pauschalsteuer deckt die Besteuerung beim Arbeitnehmer ab. Pauschalbesteuerte Bonusleistungen bleiben deshalb bei der persönlichen Einkommensteuererklärung des Arbeitnehmers außer Ansatz.

Wichtig

Benachrichtigung der Kunden über Pauschalbesteuerung

Der Prämienanbieter kann entscheiden, ob er von der Pauschalbesteuerung Gebrauch macht. Er hat ggf. einen entsprechenden Antrag bei seinem Betriebsstättenfinanzamt zu stellen und die pauschale Einkommensteuer für die gewährten Prämien zusammen mit der Lohnsteuer in der Lohnsteuer-Anmeldung für den jeweiligen Monat anzumelden und abzuführen.

Wegen der mit der Pauschalbesteuerung verbundenen Abgeltungswirkung muss der Prämienanbieter seine Kunden von der Steuerübernahme unterrichten. Die Deutsche Lufthansa beispielsweise hat ihre Vielflieger über die Pauschalbesteuerung der „Miles & More Boni“ informiert.

„BahnBonus“

„BahnBonus“ ist das Prämienprogramm für Bahnfahrten mit der BahnCard. Für jede mit der BahnCard durchgeführte Zugfahrt werden dem BahnCard-Inhaber auf sein persönliches Kundenkonto Punkte gutgeschrieben, die ab einer bestimmten Punktezahl in Prämien eingetauscht werden können, z. B. für Freifahrten, Genussscheine für das Bord-Restaurant oder First-Class-Upgrades. Da die auf Privatfahrten erworbenen Prämien unter keine Einkunftsart fallen und damit steuerlich nicht zu erfassen sind, ist wie bei dem Vielfliegerbonus von einer Drittlohnzahlung nur auszugehen, wenn die Bonuspunkte auf einer dienstlichen Fahrt erlangt werden und anschließend die Prämien privat verwendet werden. Der Lohnzufluss erfolgt auch hier erst beim Einlösen der Prämien.

Anwendung des Rabattfreibetrags

Der im Rahmen eines Dienstverhältnisses von einem Dritten gezahlte Arbeitslohn unterliegt grundsätzlich dem Lohnsteuerabzug. Allerdings kann der für Kundenbindungsprogramme eingeführte Jahresfreibetrag von 1.080 EUR angewendet werden.

Keine Lohnsteuerpauschalierung durch Deutsche Bahn AG

Mit Blick auf den betragsmäßigen Umfang der Prämien dürfte dem Lohnsteuerabzug – wenn überhaupt – nur in wenigen Fällen praktische Bedeutung zukommen. Da die Deutsche Bahn AG nach ihren Informationen beim BahnBonus-System von der Möglichkeit der Pauschalbesteuerung mit 2,25 % keinen Gebrauch macht, bleibt dem Arbeitgeber in den Fällen der Lohnsteuerpflicht nur der individuelle Lohnsteuerabzug im Rahmen der Entgeltabrechnung des Arbeitnehmers.

Achtung

Anzeigepflicht des Arbeitnehmers

Voraussetzung für den Lohnsteuerabzug bei der Prämiengewährung durch Dritte ist, dass der Arbeitgeber weiß oder zumindest erkennen kann, dass solche Vergütungen erbracht werden. Deshalb besteht für den Arbeitnehmer eine gesetzliche Anzeigeverpflichtung. Er muss dem Arbeitgeber die dienstlich erworbenen und privat verwendeten BahnBonus-Vorteile am Monatsende schriftlich mitteilen.[3]

Kommt der Arbeitnehmer seiner Anzeigepflicht nicht nach und kann der Arbeitgeber wie im Falle einer betrieblichen BahnCard aus seiner Mitwirkung an der Lohnzahlung des Dritten erkennen, dass der Arbeitnehmer zu Unrecht keine Angaben macht oder seine Angaben unzutreffend sind, hat der Arbeitgeber dies dem Betriebsstättenfinanzamt anzuzeigen. Eine Negativmeldung in Form einer Fehlanzeige wird vom Arbeitnehmer nicht verlangt.[4]

Freifahrten für Polizeivollzugsbeamte

Oftmals erhalten uniformierte Polizeivollzugsbeamte oder Beamte des Bundesgrenzschutzes sowohl für Privatfahrten als auch für Fahrten zwischen Wohnung und erster Tätigkeitsstätte in Zügen der Deutschen Bahn AG Freifahrten. Die Freifahrten setzen voraus, dass sich diese Personen verpflichten, bei Bedarf das Fahrpersonal des Beförderungsunternehmens zu unterstützen. Diese geldwerten Vorteile werden nicht als steuerpflichtiger Sachbezug (Arbeitslohn) behandelt.

Entsprechendes gilt für die unentgeltliche Benutzung anderer öffentlicher Verkehrsmittel, wenn der Verkehrsträger und der jeweilige Dienstherr darüber eine vergleichbare Vereinbarung getroffen haben. Solche „Freifahrten“ werden dann nicht vom Arbeitgeber erbracht, sondern beruhen letztlich auf einer eigenen Rechtsbeziehung des Arbeitnehmers zum Verkehrsträger und erfolgen ausschließlich zu dienstlichen Zwecken.

Freifahrten für (ehemalige) Mitarbeiter der Deutschen Bahn

Freifahrscheine, die Mitarbeiter der Deutschen Bahn erhalten, sind grundsätzlich lohnsteuerpflichtig. Sie sind aber als Belegschaftsrabatte im Rahmen des Rabattfreibetrags lohnsteuerfrei. Der Arbeitgeber darf von den gewährten Freifahrscheinen den Freibetrag von 1.080 EUR pro Jahr abziehen.[5] Dabei ist es unerheblich, wenn vergleichbare, streckenunabhängige Tickets an Fremdkunden nicht verkauft werden. Für die Frage, ob Waren oder Dienstleistungen nicht überwiegend für den Bedarf der eigenen Arbeitnehmer erbracht werden, ist nicht auf die Art der Fahrkarte, sondern ausschließlich auf die Beförderungsleistung abzustellen, die unstreitig zu der unter den Rabattfreibetrag fallenden Produktpalette der Deutschen Bahn gehört.[6]

1 § 3 Nr. 38 EStG.
2 § 37a EStG.
3 § 38 Abs. 4 EStG.
4 FinMin Saarland, Erlass v. 24.10.2005, B/2 – 4 – 134/05 – S 2334.
5 § 8 Abs. 3 EStG.
6 BFH, Urteil v. 26.9.2019, VI R 23/17, BStBl 2020 II S. 162.

Freifahrten bei Bundeswehrsoldaten

Seit 2020 dürfen Bundeswehrsoldaten die Züge der Deutschen Bahn nicht nur für Dienstreisen oder Wochenendheimfahrten kostenlos nutzen, sondern auch für sämtliche (privaten) Fahrten im Nah- und Fernverkehr. Voraussetzung ist, dass sie während der Zugfahrten in kompletter Ausgehuniform gekleidet sind. Arbeitgeber dürfen die Freifahrtberechtigungen der Soldaten mit 25 % pauschal versteuern. Eine Minderung der Entfernungspauschale erfolgt nicht. Somit entfällt auch ein betragsmäßiger Ausweis in der elektronischen Lohnsteuerbescheinigung für die pauschal besteuerten Freifahrten des Soldaten.[1] Die Pauschalierungsmöglichkeit ist erstmals auf Freifahrtberechtigungen anzuwenden, die nach dem 31.12.2020 gewährt werden.

Sozialversicherung

Geldwerter Vorteil

Die beitragsrechtliche Beurteilung geldwerter Vorteile wie Freifahrten und Freiflüge oder verbilligter Flüge folgt im Wesentlichen dem Steuerrecht. Dies bedeutet, dass steuerfreie Zuwendungen, wie z. B. ein sog. ↗ Jobticket, das der Arbeitnehmer zusätzlich zum Arbeitsentgelt erhält und für Fahrten zwischen Wohnung und erster Tätigkeitsstätte genutzt wird, steuerfrei und damit auch beitragsfrei sind. Wird der geldwerte Vorteil dieser Vergünstigungen als steuerpflichtiger Arbeitslohn behandelt, sind diese Vergünstigungen auch beitragspflichtig. Eine pauschale Besteuerung kann allerdings zur Beitragsfreiheit führen.

Bei der Beurteilung von ↗ Reisekosten bei beruflichen Auswärtstätigkeiten sind weitere Besonderheiten zu beachten.

Beitragsrechtliche Beurteilung für freie/verbilligte Flüge

Der geldwerte Vorteil für freie oder verbilligte Flüge ist, soweit er steuerpflichtig ist, auch beitragspflichtig. Wird der steuerpflichtige Anteil allerdings im Rahmen des § 40 Abs. 1 Satz 1 Nr. 1 EStG pauschal versteuert, führt dies zur Beitragsfreiheit in der Sozialversicherung.[2]

Freifahrten bei Bundeswehrsoldaten

Sind Bundeswehrsoldaten in der gesetzlichen Krankenversicherung freiwillig versichert, sind für die Beitragsberechnung grundsätzlich alle Einnahmen und Geldmittel heranzuziehen, die für den Lebensunterhalt verbraucht werden oder verbraucht werden könnten; ohne Rücksicht auf die steuerrechtliche Behandlung. Kostenlos mit den Zügen der Deutschen Bundesbahn durchgeführte Fahrten sind für gesetzlich versicherte Bundeswehrsoldaten allerdings beitragsfrei.

Freikarten

Gibt der Arbeitgeber seinem Arbeitnehmer kostenlos oder verbilligt eine Freikarte ab, z. B. für kulturelle oder sportliche Veranstaltungen, handelt es sich grundsätzlich um eine steuer- und sozialversicherungspflichtige Sachzuwendung. Die Besteuerung des geldwerten Vorteils beim Arbeitnehmer kann erfolgen:

- nach den individuellen ELStAM,
- im Rahmen der Sachbezugsfreigrenze von 50 EUR (bis 2021: 44 EUR),
- im Rahmen des sog. Rabattfreibetrags bis zu 1.080 EUR pro Jahr, falls der Arbeitgeber z. B. ein Theater oder Sportverein ist, oder
- pauschal mit 30 % nach § 37b EStG (Pauschalierung bei Sachzuwendungen).

Welche der Möglichkeiten anzuwenden ist, muss individuell geprüft werden.

Wird die Freikarte aus überwiegend eigenbetrieblichem Interesse des Arbeitgebers übergeben, z. B. für den Besuch einer Messe, bleibt der Wert der Freikarte lohnsteuer- und sozialversicherungsfrei.

Gesetze, Vorschriften und Rechtsprechung

Lohnsteuer: Zur Bewertung von Sachbezügen s. § 8 Abs. 2 bzw. 3 EStG und R 8.1, R 8.2 LStR. Zur Pauschalierung der Einkommensteuer bei Sachzuwendungen s. § 37b EStG.

Sozialversicherung: Die Beitragspflicht der Arbeitgeberzuwendung ergibt sich aus § 14 Abs. 1 SGB IV. Die Beitragsfreiheit infolge der Anwendung des Rabattfreibetrags ergibt sich aus § 1 Abs. 1 Satz 1 Nr. 1 SvEV.

Entgelt	LSt	SV
Freikarte bis 50 EUR mtl.	frei	frei
Freikarte unter Anwendung des Rabattfreibetrags bis 1.080 EUR	frei	frei
Freikarte bei Pauschalierung nach § 37b EStG	pauschal	pflichtig
Freikarte für Fachmessenbesuch	frei	frei

Freimilch

Freimilch erhalten Arbeitnehmer von Unternehmen des Milch produzierenden Gewerbes als Variante der Rabattgestaltung. Grundsätzlich handelt es sich um einen steuer- und beitragspflichtigen geldwerten Vorteil. Die Milch kann im Rahmen des sog. großen Rabattfreibetrags im Wert von bis zu 1.080 EUR pro Kalenderjahr an den Arbeitnehmer lohnsteuer- und sozialversicherungsfrei abgegeben werden. Voraussetzung ist, dass es sich bei der kostenlos oder vergünstigt überlassenen Ware um ein Produkt handelt, das der Arbeitgeber typischerweise an fremde Dritte veräußert.

Hiervon zu unterscheiden sind Getränke zum Verzehr im Betrieb, die nicht in den Rabattfreibetrag einbezogen werden müssen. Hier wird ein überwiegend eigenbetriebliches Interesse des Arbeitgebers unterstellt. Diese Getränke gehören als sog. Aufmerksamkeit nicht zum Arbeitslohn.

Gesetze, Vorschriften und Rechtsprechung

Lohnsteuer: Zur Lohnsteuerfreiheit im Rahmen des so genannten großen Rabattfreibetrags s. § 8 Abs. 3 EStG. Zu Getränken und Genussmitteln als steuerfreie Aufmerksamkeit s. R 19.6 Abs. 2 LStR.

Sozialversicherung: Die Beitragsfreiheit der Freimilch basiert auf der Lohnsteuerfreiheit im Rahmen des großen Rabattfreibetrags und ist in § 1 Abs. 1 Satz 1 Nr. 1 SvEV geregelt.

Entgelt	LSt	SV
Freimilch bis 1.080 EUR jährlich	frei	frei

Freistellung von der Arbeit

Freistellung ist die einseitige oder einvernehmliche Befreiung (Suspendierung) von der Pflicht des Arbeitnehmers, seine Arbeitsleistung zu erbringen. Sie kann bezahlt oder unbezahlt, zeitweise oder dauerhaft erfolgen. Die Freistellung stellt eine Durchbrechung des Grundsatzes „Ohne Arbeit kein Lohn“ dar, sodass Lohnansprüche im Freistellungszeitraum einer besonderen vertraglichen oder gesetzlichen Anspruchsgrundlage bedürfen.

1 § 40 Abs. 2 Satz 2 Nr. 3 EStG.
2 § 23a Abs. 1 Satz 1 SGB IV i. V. m. § 1 Abs. 1 Satz 1 Nr. 2 SvEV.

Gesetze, Vorschriften und Rechtsprechung

- § 616 BGB: Enthält ein dem Freistellungsanspruch ähnliches Leistungsverweigerungsrecht des Arbeitnehmers bei fortbestehendem Entgeltanspruch.
- § 45 SGB V: Unbezahlte Freistellung zur Betreuung eines Kindes. Ergänzt den bezahlten Freistellungsanspruch nach § 616 BGB, soweit dieser ausgeschlossen ist.
- § 3 Abs. 1 und 2 MuSchG: Freistellung 6 Wochen vor bis 8 Wochen nach Entbindung bzw. 12 Wochen bei Früh- oder Mehrlingsgeburten oder der Geburt eines Kindes mit Behinderung, jeweils unter Zahlung von Mutterschaftsgeld. Der Arbeitgeber zahlt die Differenz zum Arbeitsentgelt (§ 20 MuSchG).
- §§ 1, 10 ArbPlSchG: Freistellung für freiwilligen Wehrdienst.
- § 15 BEEG: Freistellung als unbezahlte Elternzeit für bis zu 36 Monate.
- Das EFZG (§§ 2, 3, jeweils mit Entgeltfortzahlung), § 3 Abs. 1 EFZG: Bei Arbeitsunfähigkeit für länger als 6 Wochen besteht der krankheitsbedingte Anspruch auf Freistellung fort. Entsprechendes gilt für Rehabilitations- und Vorsorgemaßnahmen gemäß § 9 EFZG (vgl. dazu BAG, Urteil v. 25.5.2016, 5 AZR 298/15, wonach Voraussetzung ist, dass die Behandlung in einer Einrichtung der medizinischen Vorsorge oder Rehabilitation i. S. d. § 107 Abs. 2 SGB V erfolgt).
- § 2 Pflegezeitgesetz: Grundsätzlich unbezahlte kurzzeitige Freistellung für bis zu 10 Arbeitstage bei einem akut auftretenden familiären ⇗ Pflegefall.
- § 3 Pflegezeitgesetz: Unbezahlte Freistellung für bis zu 6 Monate zur Übernahme häuslicher Pflege bei einem familiären ⇗ Pflegefall.
- Freistellungsansprüche ergeben sich auch aus den verschiedenen Arbeitnehmerweiterbildungsgesetzen auf Länderebene (vgl. dazu BAG, Urteil v. 21.7.2015, 9 AZR 418/14).
- Nach § 37 Abs. 3 Satz 1 BetrVG hat ein Betriebsratsmitglied zum Ausgleich für Betriebsratstätigkeit, die aus betriebsbedingten Gründen außerhalb der Arbeitszeit durchzuführen ist, Anspruch auf entsprechende Arbeitsbefreiung unter Fortzahlung des Arbeitsentgelts (vgl. dazu BAG, Urteil v. 15.2.2012, 7 AZR 774/10).
- Gemäß § 56 Infektionsschutzgesetz (IfSG) steht dem Arbeitnehmer ein Entschädigungsanspruch zu, wenn er seuchenbedingt seine Arbeitsleistung nicht erbringen kann bzw. darf und ihm dadurch ein Verdienstausfall entsteht.

Sozialversicherung: Eine Beschäftigung besteht unter bestimmten Voraussetzungen nach § 7 SGB IV auch in Zeiten der Freistellung von der Arbeitsleistung von mehr als einem Monat fort.

Sozialversicherung

Bezahlte Freistellung

Voraussetzungen für die ⇗ Versicherungspflicht in der Kranken-, Pflege-, Renten- und Arbeitslosenversicherung ist die ⇗ Beschäftigung gegen Arbeitsentgelt. Diese Versicherungspflicht tritt auch ein bzw. besteht weiter, wenn der Arbeitnehmer keine Arbeitsleistung erbringt, aber sein Arbeitsentgelt erhält. Dies gilt z. B. bei bezahltem Urlaub, bei krankheitsbedingtem Arbeitsausfall mit Entgeltfortzahlung oder anderer Gründe einer bezahlten Freistellung während der Beschäftigung.

Auch bei einer vorzeitigen Freistellung von der Arbeitsleistung im Zusammenhang mit der Beendigung der Beschäftigung bleibt die Versicherungspflicht bestehen, solange der Arbeitnehmer weiter Arbeitsentgelt erhält.

Beispiel

Freistellung bei Beschäftigungsende

Der Arbeitnehmer ist seit Jahren versicherungspflichtig beschäftigt. Im Januar kündigt der Arbeitgeber das Beschäftigungsverhältnis fristgerecht zum 31.3. Er verzichtet dabei mit sofortiger Wirkung auf die Arbeitsleistung des Arbeitnehmers, zahlt das vereinbarte Arbeitsentgelt aber bis zum Beschäftigungsende.

Das versicherungspflichtige Beschäftigungsverhältnis besteht bis zum 31.3. weiter.

Bis zum Ende der versicherungspflichtigen Beschäftigung sind in diesen Sachverhalten auch weiter Beiträge zu entrichten. Dies betrifft alle Versicherungszweige in denen Versicherungspflicht besteht und für die Umlagebeiträge zu entrichten sind.

Unwiderrufliche Freistellung von der Arbeitsleistung

Für die gesetzliche Kranken-, Pflege-, Renten- und Arbeitslosenversicherung gilt, dass ein versicherungspflichtiges Beschäftigungsverhältnis auch dann fortbesteht, wenn die Arbeitsvertragsparteien im gegenseitigen Einvernehmen unwiderruflich auf die vertragliche Arbeitsleistung verzichten.

In den Fällen, in denen ein Arbeitgeber, z. B. im Rahmen eines Aufhebungsvertrages, endgültig und unwiderruflich bis zum Ende des Arbeitsverhältnisses auf die geschuldete Arbeitsleistung verzichtet, liegt jedoch kein beitragspflichtiges Beschäftigungsverhältnis im Sinne der Unfallversicherung (mehr) vor. Die Voraussetzungen hierfür sind vom Arbeitgeber nachzuweisen. Hiervon unberührt bleiben die Fälle, in denen der Arbeitnehmer aufgrund eines gesetzlichen Anspruchs (z. B. Resturlaub, Mutterschutz, Wertguthaben) freigestellt wird.

Grundlage dieser Beurteilung ist, dass es sich bei der Unfallversicherung nach ihrem Charakter um eine Haftpflichtversicherung handelt. Da bei einer endgültigen unwiderruflichen Freistellung von der Arbeitsleistung die Dispositionsbefugnisse des Arbeitgebers endgültig entfallen sind, liegt insoweit kein zu versicherndes Risiko mehr vor.

Für die Zeiten der unwiderruflichen Freistellung von der Arbeitsleistung zum Ende des Beschäftigungsverhältnisses sind vom Arbeitgeber keine Daten zur Unfallversicherung zu melden.

Umlagebeiträge hingegen sind wegen der jeweiligen Anlehnung an das rentenversicherungspflichtige Arbeitsentgelt zu entrichten.

Bezahlte Freistellung bei flexibler Arbeitszeitregelung/Altersteilzeit

Sozialversicherungspflicht

Für die Dauer einer vereinbarten Freistellung im Rahmen einer flexiblen Arbeitszeitregelung oder bei Altersteilzeit besteht grundsätzlich Sozialversicherungspflicht.

Beiträge während der Freistellungsphase

Aufgrund der bestehenden Versicherungspflicht sind weiterhin Beiträge zur Kranken-, Pflege-, Renten- und Arbeitslosenversicherung und zu den Umlagekassen zu entrichten. Für Arbeitnehmer, die nach der Freistellung von der Arbeitsleistung nicht aus dem Erwerbsleben ausscheiden, gilt der allgemeine Beitragssatz in der Krankenversicherung.

Im Krankheitsfall gilt für Arbeitnehmer, die nach Ende der bezahlten Freistellung nicht aus dem Erwerbsleben ausscheiden, Folgendes: Dauert die Arbeitsunfähigkeit über das Ende der Beschäftigung hinaus an, hat der Arbeitnehmer einen Anspruch auf Krankengeld. Zum Krankengeldbezug kommt es jedoch erst unmittelbar nach Beendigung der Beschäftigung bzw. dem Ende der Freistellungsphase.

Während der Freistellungsphase ist daher für die betreffenden Arbeitnehmer der allgemeine Beitragssatz anzuwenden.

Wichtig

Beitragssatz bei Zeiten der Freistellung aufgrund einer Wertguthabenvereinbarung

Für Zeiten der Freistellung von der Arbeit, die auf einer Wertguthabenvereinbarung beruhen, werden die Krankenversicherungsbeiträge auch nach dem allgemeinen Beitragssatz berechnet. Die Beiträge sind während der Freistellungsphase nur dann nach dem ermäßigten Beitragssatz zu erheben, wenn die Beschäftigung nach der Freistellung nicht wieder aufgenommen wird, weil der Arbeitnehmer aus dem Erwerbsleben ausscheidet.

Besonderheiten in der Unfallversicherung

Die Regelung zur Fälligkeit von beitragspflichtigem Arbeitsentgelt bei flexiblen Arbeitszeitregelungen[1] findet in der Unfallversicherung keine Anwendung. Für die Ermittlung der Unfallversicherungsbeiträge ist das laufende Arbeitsentgelt stets nach dem Entstehungsprinzip[2] heranzuziehen. Das bedeutet, dass in der Unfallversicherung – anders als in übrigen Sozialversicherungszweigen – in den Fällen der Inanspruchnahme eines Wertguthabens für gesetzlich geregelte oder vertragliche vereinbarte vollständige Freistellungen Unfallversicherungsbeiträge ausschließlich in der Ansparphase der flexiblen Arbeitszeitregelung erhoben werden. Diesem Ergebnis liegt der Gedanke zugrunde, dass ein unfallversicherungsrechtlich relevantes Risiko in der Phase der vollständigen Freistellung nicht (mehr) besteht.

Laufendes Arbeitsentgelt, das während der Freistellungsphase monatlich gezahlt und nicht aus dem Wertguthaben entnommen wird (z. B. vermögenswirksame Leistungen, Firmenwagen als geldwerter Vorteil, Jubiläumszahlungen), unterliegt hingegen der Beitragspflicht. Zugleich ist die Möglichkeit ausgeschlossen, dass im Rahmen einer Sonderregelung auf Beiträge verzichtet werden kann. Das bedeutet, dass dieses Arbeitsentgelt auch dann in der Unfallversicherung zu verbeitragen und zu melden ist, wenn es sich im Einzelfall um geringe Beträge handelt.

Das der Beitragspflicht zur Unfallversicherung unterliegende laufende Arbeitsentgelt ist im Rahmen der Meldungen des Arbeitgebers für Zwecke der Unfallversicherung in der Konsequenz auch dann anzugeben, wenn ansonsten kein Arbeitsentgelt zur Unfallversicherung beitragspflichtig ist.

Verdienstausfallentschädigung nach dem Infektionsschutzgesetz

Anordnung einer Quarantäne

Für versicherungspflichtige Arbeitnehmer, denen aufgrund einer Quarantäne eine Entschädigung nach dem ⇗ Infekionsschutzgesetz gewährt wird, besteht die Versicherungspflicht in der Kranken-, Pflege-, Renten- und Arbeitslosenversicherung fort. Beiträge sind zu diesen Versicherungszweigen aus dem Arbeitsentgelt, das der Verdienstausfallentschädigung als Bruttoarbeitsentgelt zugrunde liegt, zu berechnen.

Neben den Beiträgen zur Sozialversicherung sind auch die für die Teilnahme am Ausgleichsverfahren nach dem Aufwendungsausgleichgesetz zu zahlenden Umlagen (U1 und U2) sowie die Insolvenzgeldumlage während des Bezugs einer Entschädigung zu zahlen. Die Umlagen werden vom entschädigungspflichtigen Land getragen und sind daher dem Arbeitgeber im Rahmen der Erfüllung des Entschädigungsanspruchs zu erstatten.[3]

Unfallversicherungsbeiträge sind nicht zu entrichten.

Kita-/Schulschließung

Erwerbstätige Sorgeberechtigte von Kindern haben einen Entschädigungsanspruch, wenn sie ihrer beruflichen Tätigkeit nicht nachgehen können, weil Einrichtungen zur Betreuung von Kindern oder Schulen aufgrund einer durch den Deutschen Bundestag festgestellten epidemischen Lage von nationaler Tragweite oder durch behördliche Anordnung zur Verhinderung der Verbreitung von Infektionen oder übertragbaren Krankheiten vorübergehend geschlossen werden.[4]

Wichtig

Anspruch nur bei epidemischer Lage von nationaler Tragweite

Der Anspruch auf die Entschädigung setzt voraus, dass der Deutsche Bundestag eine epidemische Lage von nationaler Tragweite festgestellt hat. Darüber hinaus bestand bis zum 23.9.2022 unabhängig von einer Feststellung der epidemischen Lage von nationaler Tragweite auch ein entsprechender Anspruch, soweit diese zur Verhinderung der Verbreitung des Coronavirus erfolgte.

Für versicherungspflichtige Arbeitnehmer, denen eine solche Entschädigung gewährt wird, besteht die Versicherungspflicht in der Kranken-, Pflege-, Renten- und Arbeitslosenversicherung fort.

Die Beitragsentrichtung erfolgt analog den Regelungen zur Quarantäne. Hier gelten jedoch nur 80 % des ausgefallenen Bruttoarbeitsentgelts als Berechnungsgrundlage.

Alternativ erhalten krankenversicherungspflichtige Arbeitnehmer in diesen Fällen Krankengeld bei Erkrankung eines Kindes von der gesetzlichen Krankenkasse. Dann bleibt aufgrund des Bezugs dieser Entgeltersatzleistung der Versicherungsschutz bestehen.

Unbezahlte Freistellung

Erfolgt während der Beschäftigung eine unbezahlte Freistellung von der Arbeit, fehlt es an der Entgeltlichkeit als Voraussetzung für die Versicherungspflicht. Allerdings wird auch ohne Entgeltzahlung zunächst für längstens einen Monat eine Beschäftigung gegen Arbeitsentgelt unterstellt, solange das Beschäftigungsverhältnis fortdauert.[5] Entsprechend besteht auch die vorherige Versicherungspflicht in der Kranken-, Pflege-, Renten- und Arbeitslosenversicherung für einen Monat weiter. Diese Regelung betrifft z. B. die Freistellung von der Arbeit im Rahmen eines unbezahlten Urlaubs.

Für die Zeit der Fortdauer der versicherungspflichtigen Beschäftigung ohne Entgeltzahlung sind Sozialversicherungstage anzusetzen. Ein fiktives Entgelt wird jedoch nicht gebildet.

Beispiel

Beitragsregelung während eines unbezahlten Urlaubs

Ein versicherungspflichtiger Arbeitnehmer vereinbart vom 15.6. bis zum 31.7. unbezahlten Urlaub. Er erhält für Juni ein laufendes Arbeitsentgelt i. H. v. 3.000 EUR. Für Juli wird kein Arbeitsentgelt gezahlt.

Das versicherungspflichtige Beschäftigungsverhältnis besteht ohne Entgeltzahlung bis zum 14.7. fort. Für Juni sind 30 SV-Tage, für Juli 14 SV-Tage anzusetzen. Da das für Juni gezahlte Entgelt nicht die Beitragsbemessungsgrenze für einen vollen Kalendermonat überschreitet, besteht für das Entgelt im Juni volle Beitragspflicht in allen Versicherungszweigen. Mangels Entgelt fallen im Juli keine Beiträge an.

Für die folgenden unbezahlten Freistellungen kommt diese Regelung jedoch nicht in Betracht:

- während des Bezugs von ⇗ Entgeltersatzleistungen, z. B. Kranken-, Krankentage-, Verletzten-, Versorgungskranken-, Übergangs-, Pflegeunterstützungs-, Mutterschafts- oder Elterngeld,
- während der ⇗ Elternzeit,
- während einer ⇗ Pflegezeit.

In diesen Sachverhalten endet die Versicherungspflicht aufgrund der Beschäftigung unmittelbar mit dem Ende der Entgeltzahlung. Häufig besteht dann aber aufgrund einer anderen Rechtsgrundlage eine Absicherung in den einzelnen Versicherungszweigen.

Für die Anwendung der Fortdauer der Beschäftigung gegen Arbeitsentgelt für einen Monat wird kein unmittelbarer Übergang von einem entgeltlichen Beschäftigungsverhältnis in ein solches ohne Entgeltansprüche

1 § 23b SGB IV.
2 § 22 Abs. 1 Satz 1 SGB IV.
3 § 57 Abs. 2 IfSG.
4 § 56 Abs. 1a IfSG.
5 § 7 Abs. 3 Satz 1 SGB IV.

zwingend gefordert. Auch die nach Wegfall der Entgeltlichkeit eines Beschäftigungsverhältnisses zwischenzeitlich vorliegenden (mitgliedschaftserhaltenden) Unterbrechungstatbestände, insbesondere der Bezug von Krankengeld, Mutterschaftsgeld oder die Inanspruchnahme von Elternzeit, lassen anschließend ein Fortbestehen der Beschäftigung gegen Arbeitsentgelt im Sinne der genannten Regelungen zu. Das bedeutet, dass in den Fällen, in denen mehrere Unterbrechungstatbestände unterschiedlicher Art im zeitlichen Ablauf aufeinanderfolgen (z. B. unbezahlter Urlaub im Anschluss an den Bezug von Krankengeld, Mutterschaftsgeld, Elterngeld oder an die Elternzeit), die Zeiten der einzelnen Arbeitsunterbrechungen in Bezug auf das Erreichen oder Überschreiten des Monatszeitraums nicht zusammenzurechnen sind.

Beispiel

Unbezahlte Freistellung nach Entgeltersatzleistung

Die versicherungspflichtige Arbeitnehmerin nimmt nach dem Ende der Schutzfristen nach dem MuSchG Elternzeit in Anspruch. Die Elternzeit endet am 15.6. Im unmittelbaren Anschluss vereinbart die Arbeitnehmerin mit dem Arbeitgeber eine weitere unbezahlte Freistellung bis zum 30.6. Die tatsächliche Wiederaufnahme der versicherungspflichtigen Beschäftigung erfolgt am 1.7.

Aufgrund der Schutzfristen nach dem MuSchG und der damit verbundenen Zahlung von Mutterschaftsgeld sowie der anschließenden Elternzeit bleibt die Mitgliedschaft in der Kranken- und Pflegeversicherung bestehen. Für die sich unmittelbar anschließende unbezahlte Freistellung besteht die Beschäftigung gegen Arbeitsentgelt und damit die Versicherungspflicht in allen Zweigen der Sozialversicherung fort, da der Zeitraum einen Monat nicht überschreitet.

Wichtig ist dabei, dass für die Zeit vom 16. bis zum 30.6. Sozialversicherungstage für die Beitragsberechnung zu berücksichtigen sind.

Freitabak

Freitabakwaren erhalten Arbeitnehmer von Unternehmen der Tabakindustrie als Variante der Rabattgestaltung. Grundsätzlich handelt es sich hierbei um einen steuer- und beitragspflichtigen geldwerten Vorteil. Tabakwaren können im Rahmen des sog. großen Rabattfreibetrags im Wert von bis zu 1.080 EUR pro Kalenderjahr an Arbeitnehmer lohnsteuer- und sozialversicherungsfrei abgegeben werden. Voraussetzung ist, dass es sich bei der kostenlos oder vergünstigt überlassenen Ware um ein Produkt handelt, das der Arbeitgeber typischerweise an fremde Dritte veräußert.

Gesetze, Vorschriften und Rechtsprechung

Lohnsteuer: Zur Lohnsteuerfreiheit im Rahmen des großen Rabattfreibetrags s. § 8 Abs. 3 EStG i. V. m. R 8.2 Abs. 1 Satz 3 LStR.

Sozialversicherung: Die Beitragsfreiheit des Freitabaks basiert auf der Lohnsteuerfreiheit im Rahmen des großen Rabattfreibetrags und ist in § 1 Abs. 1 Satz 1 Nr. 1 SvEV geregelt.

Entgelt	LSt	SV
Freitabakwaren bis 1.080 EUR jährlich	frei	frei

Freitrunk

Einen Freitrunk erhalten Arbeitnehmer von Unternehmen der Getränkeindustrie als Variante der Rabattgestaltung. Grundsätzlich handelt es sich um einen steuer- und beitragspflichtigen geldwerten Vorteil.

„Freigetränke", die dem Arbeitnehmer für seinen persönlichen Bedarf kostenlos oder verbilligt überlassen werden, können im Rahmen des großen Rabattfreibetrags im Wert von bis zu 1.080 EUR pro Kalenderjahr an den Arbeitnehmer steuer- und sozialversicherungsfrei abgegeben werden, wenn es sich dabei um ein Produkt handelt, das der Arbeitgeber typischerweise an fremde Dritte veräußert. Hiervon zu unterscheiden sind Getränke zum Verzehr im Betrieb, deren Wert nicht in den Rabattfreibetrag einbezogen werden muss. Diese Getränke gehören als sog. Aufmerksamkeiten nicht zum Arbeitslohn.

Gesetze, Vorschriften und Rechtsprechung

Lohnsteuer: Der sog. Haustrunk im Brauereigewerbe gehört als steuerpflichtiger Sachbezug zum Arbeitslohn. Nach § 8 Abs. 3 EStG i. V. m. R 8.2 Abs. 1 Satz 3 LStR kann der Haustrunk in Höhe des Rabattfreibetrags von jährlich 1.080 EUR steuerfrei bleiben. Zu Getränken und Genussmitteln als steuerfreie Aufmerksamkeiten s. R 19.6 Abs. 2 LStR.

Sozialversicherung: Die Beitragsfreiheit des Freitrunks basiert auf der Lohnsteuerfreiheit im Rahmen des großen Rabattfreibetrags und ist in § 1 Abs. 1 Satz 1 Nr. 1 SvEV geregelt.

Entgelt	LSt	SV
Freitrunk bis 1.080 EUR jährlich	frei	frei

Freiwillige Weiterversicherung

Die freiwillige Weiterversicherung bezeichnet die Möglichkeit, einen beendeten Versicherungsschutz auf freiwilliger Basis fortzusetzen. Im Regelfall sind dazu besondere Voraussetzungen zu erfüllen: Neben der Zugehörigkeit zu bestimmten Personenkreisen hängt das Zustandekommen einer freiwilligen Versicherung vom Willen des Berechtigten ab. Dies stellt einen wesentlichen Unterschied zur Versicherungspflicht dar.

Gesetze, Vorschriften und Rechtsprechung

Sozialversicherung: Für die Krankenversicherung ist der Kreis zur freiwilligen Mitgliedschaft versicherungsberechtigter Personen in § 9 SGB V definiert. Dies gilt entsprechend für die Pflegeversicherung (§ 20 Abs. 3 SGB XI), wobei hier eine Befreiungsoption auf Antrag nach § 22 SGB XI besteht. § 188 Abs. 4 SGB V regelt die obligatorische Anschlussversicherung nach dem Ende einer Pflicht- oder Familienversicherung. Mitgliedschaftsbeginn und -ende regeln § 188 SGB V und § 191 SGB V. Die Beitragsberechnung ist in den §§ 240 ff. SGB V sowie in den Beitragsverfahrensgrundsätzen Selbstzahler des GKV-Spitzenverbands geregelt. Grundlage für eine freiwillige Rentenversicherung ist § 7 SGB VI. Die freiwillige Arbeitslosenversicherung ergibt sich aus § 28a SGB III. § 6 SGB VII regelt die bestehenden Möglichkeiten für eine freiwillige Unfallversicherung.

Sozialversicherung

Freiwillige Krankenversicherung

Personenkreis

Der Krankenversicherung können als freiwilliges Mitglied[1] beitreten:

- Personen, die als Mitglieder aus der Versicherungspflicht ausgeschieden sind und die Vorversicherungszeit erfüllen,
- Personen, deren ⇗ Familienversicherung erlischt oder deshalb nicht besteht, weil die Versicherung nach § 10 Abs. 3 SGB V ausgeschlossen ist, wenn sie oder der Elternteil, aus dessen Versicherung die Familienversicherung abgeleitet wurde, die Vorversicherungszeit erfüllen,

1 § 9 SGB V.

- Personen, die erstmals eine Beschäftigung im Inland aufnehmen und wegen Überschreitens der ⬀ Jahresarbeitsentgeltgrenze vom Beginn dieser Beschäftigung an versicherungsfrei sind,
- schwerbehinderte Menschen im Sinne des SGB IX, wenn sie, ein Elternteil oder ihr Ehegatte bzw. ihr Lebenspartner in den letzten 5 Jahren vor dem Beitritt mindestens 3 Jahre versichert waren, es sei denn, sie konnten wegen ihrer Behinderung diese Voraussetzung nicht erfüllen,[1]
- Arbeitnehmer, deren Mitgliedschaft wegen Beschäftigung im Ausland endet, wenn sie innerhalb von 2 Monaten nach Rückkehr in das Inland wieder eine (krankenversicherungsfreie) Beschäftigung aufnehmen.

Achtung

Keine Vorversicherungszeit mehr notwendig für Versicherte, die aus der Versicherungspflicht ausscheiden

In der Regel müssen Versicherte für eine Weiterversicherung in der gesetzlichen Krankenversicherung (GKV) keine Vorversicherungszeit nachweisen, wenn sie aus der Versicherungspflicht ausscheiden.

Vorversicherungszeit

Versicherte müssen für eine Weiterversicherung keine Vorversicherungszeit nachweisen, soweit sie aus der

- Krankenversicherungspflicht bei Ende einer Beschäftigung oder
- Krankenversicherungspflicht wegen Überschreitens der ⬀ Jahresarbeitsentgeltgrenze zum Jahreswechsel oder
- ⬀ Familienversicherung

ausscheiden. Durch die ⬀ obligatorische Anschlussversicherung wird nach der Beendigung einer Versicherungspflicht oder Familienversicherung auf das Erfordernis einer Vorversicherungszeit verzichtet.

Ausscheiden aus einer Versicherung im EU-Ausland

Die obligatorische Anschlussversicherung gilt nur für Personen, die zuletzt den deutschen Rechtsvorschriften unterlagen. Eine Vorversicherungszeit muss daher nach wie vor erfüllt werden, wenn die freiwillige Mitgliedschaft für eine Person begründet werden soll, die aus der Versicherung bei einem Träger der gesetzlichen Krankenversicherung eines anderen EU-Mitgliedsstaates und der Schweiz ausgeschieden ist. Dem Ausscheiden aus der Versicherungspflicht nach deutschen Rechtsvorschriften wird das Ausscheiden aus einem System der sozialen Sicherheit nach den Rechtsvorschriften eines EU-Staates gleichgestellt.

Die Vorversicherungszeit ist erfüllt, wenn

- unmittelbar vor dem Ausscheiden mindestens 12 Monate ununterbrochen oder
- innerhalb der letzten 5 Jahre vor dem Ausscheiden mindestens 24 Monate

eine Versicherung in einer gesetzlichen Krankenkasse bestanden hat. Unterbrechungen bei der Vorversicherungszeit von 12 Monaten sind unschädlich, wenn kein Arbeitstag dazwischen liegt (z. B. nur ein Wochenende zwischen 2 Versicherungszeiten). Die Vorversicherungszeit von 24 Monaten muss nicht zusammenhängend verlaufen.

Anrechenbare Zeiten

Auf die Vorversicherungszeiten werden alle Versicherungszeiten bei einer gesetzlichen Krankenkasse angerechnet. Dabei spielt es keine Rolle, ob es eigene Pflicht- oder freiwillige Versicherungszeiten oder Zeiten einer ⬀ Familienversicherung sind. Als Vorversicherungszeit können die ausländischen Zeiten aus den in Abschn. 1.2.1 vorgenannten Systemen berücksichtigt werden.

1 Die Satzung der Krankenkasse kann eine Altersgrenze für den Beitritt vorsehen. Von dieser Möglichkeit haben die meisten Krankenkassen Gebrauch gemacht; häufig wurde eine Altersgrenze von 45 Jahren festgeschrieben.

Antragsfrist

Der Beitritt ist der Krankenkasse innerhalb von 3 Monaten anzuzeigen.[2]

Wichtig

Anzeigefrist gilt nicht uneingeschränkt

Diese Anzeigefrist hat jedoch für diejenigen Personen, deren Pflichtversicherung oder ⬀ Familienversicherung endet, keine Bedeutung. Diese Versicherten werden ohne eine schriftliche Beitrittserklärung mit dem Tag nach dem Ausscheiden aus der Versicherungspflicht oder mit dem Tag nach dem Ende der Familienversicherung obligatorisch als freiwilliges Mitglied weiterversichert, sofern sich nahtlos

- kein Tatbestand einer vorrangigen Versicherungspflicht anschließt,
- die Voraussetzungen für eine Familienversicherung nicht erfüllt sind oder
- kein nachgehender Leistungsanspruch[3] mit einer sich anschließenden anderweitigen Absicherung im Krankheitsfall besteht.[4]

Kündigung

Freiwillig Krankenversicherte müssen die freiwillige gesetzliche Krankenversicherung kündigen, wenn sie diese zugunsten einer privaten Krankenversicherung beenden oder zu einer anderen Krankenkasse wechseln möchten.

Wechsel der Krankenkasse innerhalb der gesetzlichen Krankenversicherung

Beim Krankenkassenwechsel in eine andere gesetzliche Krankenversicherung müssen Versicherte bei der Kündigung grundsätzlich die 12-monatige Bindungsfrist berücksichtigen.

Eine Kündigung der Mitgliedschaft ist zum Ablauf des übernächsten Kalendermonats möglich, gerechnet von dem Monat, in dem das Mitglied die Kündigung erklärt.[5]

Wechsel in die private Krankenversicherung

Für den Fall, dass eine weitere Versicherung in der GKV nicht mehr gewünscht wird, können Versicherte innerhalb von 2 Wochen nach dem Hinweis durch die Krankenkasse über die Austrittsmöglichkeit ihren Austritt erklären.[6]

Voraussetzung für einen Austritt ist, dass das bisherige Mitglied der GKV einen anderweitigen Anspruch auf Absicherung im Krankheitsfall nachweist. Wird nicht (rechtzeitig) gekündigt oder bis zum Ende der Kündigungsfrist kein Nachweis über den anderweitigen Versicherungsschutz erbracht, setzt sich die Mitgliedschaft in der GKV im Status einer freiwilligen Versicherung fort.

Beiträge

Die Beiträge für freiwillig Versicherte richten sich grundsätzlich nach ihrer gesamten wirtschaftlichen Leistungsfähigkeit[7] unter Berücksichtigung des maßgebenden ⬀ Beitragssatzes sowie des Zusatzbeitragssatzes[8] der jeweiligen Krankenkasse. Einzelheiten regeln für alle Krankenkassen einheitlich die Beitragsverfahrensgrundsätze Selbstzahler des GKV-Spitzenverbands.

Der Gesetzgeber hat für die freiwillig Versicherten eine einheitliche Mindestbeitragsbemessungsgrundlage definiert.[9] Diese beträgt im Jahr 2024 monatlich 1.178,33 EUR (2023: 1.131,67 EUR), was $^1/_3$ der monatlichen ⬀ Bezugsgröße entspricht. Sie wird auch für die hauptberuflich Selbstständigen angewendet. Ausgenommen sind lediglich Rentner, die eine Vorversicherungszeit wie in der Rentner-Pflichtversicherung erfüllen. Bei ihnen richtet sich die Beitragsbemessung nach den tatsächlichen

2 § 9 Abs. 2 SGB V.
3 § 19 Abs. 2 SGB V.
4 § 188 Abs. 4 Satz 3 SGB V.
5 § 175 Abs. 4 SGB V.
6 § 188 Abs. 4 Sätze 1 und 2 SGB V.
7 § 240 Abs. 1 SGB V.
8 § 242 Abs. 1 SGB V.
9 § 240 Abs. 4 Satz 1 SGB V.

(geringeren) Einnahmen. Der monatliche Höchstbeitrag errechnet sich aus der Beitragsbemessungsgrenze (2024: 5.175 EUR; 2023: 4.987,50 EUR).

Besonderheiten gelten auch für freiwillige Mitglieder, die Arbeitsentgelt und eine Rente aus der gesetzlichen Rentenversicherung beziehen.

Die Beiträge für die Dauer einer ↗ Anwartschaftsversicherung (GKV) bei Auslandsaufenthalten werden aus 10 % der monatlichen Bezugsgröße (2024: 353,50 EUR; 2023: 339,50 EUR) erhoben.

Hinweis

Beiträge aus Arbeitseinkommen von Selbstständigen

Die Bemessung der Kranken- und Pflegeversicherungsbeiträge aus dem Arbeitseinkommen wird wie folgt ermittelt[1]: Zunächst werden die Beiträge von der Krankenkasse in vorläufiger Höhe festgestellt. Mit Vorlage des Einkommensteuerbescheids setzt die Krankenkasse die Beiträge für das Kalenderjahr, für das der Einkommensteuerbescheid erlassen wurde, rückwirkend endgültig fest. Das Arbeitseinkommen – gemäß dem zuletzt erlassenen Einkommensteuerbescheid – bleibt bis zur Erteilung des nächsten Einkommensteuerbescheids – vorläufig – maßgebend.

Beitragszuschüsse durch den Arbeitgeber

Freiwillig krankenversicherte Arbeitnehmer, die wegen Überschreitens der ↗ Jahresarbeitsentgeltgrenze – auch Versicherungspflichtgrenze genannt – versicherungsfrei sind, haben einen Anspruch auf ↗ Beitragszuschuss von ihrem Arbeitgeber.[2] Dieser Arbeitgeberzuschuss ist beitragsfrei, soweit er auf den jeweils maximal bezuschussungsfähigen Betrag begrenzt ist.[3]

Pflegeversicherung

Eine freiwillige Pflegeversicherung gibt es nicht. Freiwillig krankenversicherte Mitglieder sind zur Pflegeversicherung pflichtversichert.[4]

Befreiung von der Pflegeversicherungspflicht

Bei Nachweis eines entsprechenden Pflegeversicherungsschutzes durch eine private Pflegeversicherung besteht die Möglichkeit, sich auf Antrag von der Pflegeversicherungspflicht befreien zu lassen.

Beiträge

Die Beitragsbemessung zur sozialen Pflegeversicherung folgt den entsprechenden Regelungen der Krankenversicherung.[5] Der Beitragssatz beträgt 3,40 %[6]; Kinderlose zahlen zusätzlich 0,6 %.[7] Seit dem 1.7.2023 reduziert sich der Beitragsanteil des Mitglieds um jeweils 0,25 Beitragssatzpunkte für jedes Kind ab dem 2. bis zum 5. Kind unter 25 Jahren (Beitragsabschlag).[8]

Beitragszuschuss

Für krankenversicherungsfreie Arbeitnehmer besteht Anspruch auf einen Arbeitgeberzuschuss[9] zum Pflegeversicherungsbeitrag.

Entschädigungsleistungen nach dem IfSG – Auswirkungen auf die KV und PV

Im Zuge einer Pandemiekönnen Behörden die Quarantäne von Krankheits- und Ansteckungsverdächtigen anordnen. Dadurch bedingte Freistellungen von der Arbeit ohne Entgeltfortzahlung durch den Arbeitgeber, für die Entschädigungsleistungen nach dem IfSG bezogen werden, wirken sich auf das Versicherungsverhältnis von freiwillig krankenversicherten Arbeitnehmern wie folgt aus:[10]

Bei Bezug von Entschädigungsleistungen nach § 56 Abs. 1 Satz 2 IfSG bleibt der krankenversicherungsrechtliche Status versicherungsfreier Arbeitnehmer erhalten. Es sind weiterhin Höchstbeiträge zur Kranken- und Pflegeversicherung zu zahlen. Die anfallenden Beiträge werden entweder von den Arbeitnehmern, die ihre Beiträge selbst an die Krankenkasse zahlen (sog. Selbstzahler) oder von den Arbeitgebern im sog. Firmenzahlerverfahren an die zuständige Krankenkasse abgeführt. Der Arbeitgeber behält dabei keine Beitragsanteile der Arbeitnehmer ein.

Soweit die während der behördlich angeordneten Quarantäne von der Arbeit freigestellten Arbeitnehmer von ihren Arbeitgebern kein Arbeitsentgelt beziehen, haben sie keinen Anspruch auf Beitragszuschüsse nach § 257 Abs. 1 Satz 1 SGB V und § 61 Abs. 1 Satz 1 SGB XI. Finanzielle Nachteile dürften sich aber weder für den Arbeitnehmer noch für den Arbeitgeber ergeben. Auf Antrag erstattet die Entschädigungsbehörde dem Arbeitnehmer (wenn Selbstzahler) oder dem Arbeitgeber (bei Firmenzahlerverfahren) im Nachhinein die verauslagten Kranken- und Pflegeversicherungsbeiträge.[11]

Rentenversicherung

Mit freiwillig gezahlten Rentenbeiträgen kann ein Rentenanspruch erworben oder der spätere Rentenanspruch erhöht werden.

Personenkreis

In der Rentenversicherung sind zur freiwilligen Versicherung für Zeiten nach Vollendung des 16. Lebensjahres berechtigt, sofern sie nicht versicherungspflichtig sind:

- Deutsche mit Wohnsitz im In- oder Ausland,
- Ausländer und Staatenlose, die ihren Wohnsitz oder gewöhnlichen Aufenthalt in der Bundesrepublik haben,
- Ausländer mit Wohnsitz im Ausland, wenn sie durch über- oder zwischenstaatliches Recht deutschen Staatsangehörigen gleichgestellt sind.

Eine freiwillige Versicherung entfällt für Personen, die

- als aktive Beamte versicherungsfrei in der Rentenversicherung sind,
- sich von der Versicherungspflicht in der Rentenversicherung wegen Bezugs ihrer Pension oder wegen ihrer Mitgliedschaft zu einer berufsständischen Versorgungseinrichtung haben befreien lassen,
- auf Antrag des Arbeitgebers von der Versicherungspflicht befreit worden sind, weil ihnen eine lebenslängliche Versorgung nach beamtenrechtlichen Vorschriften oder Grundsätzen oder nach kirchenrechtlichen Regelungen zugesichert ist.

Sie dürfen sich aber dann freiwillig weiterversichern, wenn sie bereits für 60 Kalendermonate Pflicht- oder freiwillige Beiträge im Laufe ihres Versicherungslebens entrichtet haben. Keine Mindestversicherungszeit benötigen Personen, die wegen ↗ geringfügiger Beschäftigung oder Tätigkeit während der Dauer ihres Studiums versicherungsfrei sind.

Erwerbsminderung/Altersrente

Auch bei Bezug einer Rente wegen teilweiser oder voller Erwerbsminderung ist die Entrichtung von freiwilligen Beiträgen möglich. Die während dieser Zeit entrichteten Beiträge werden jedoch erst beim nachfolgenden Versicherungsfall angerechnet. Ausnahme: Ist vor dem Antrag auf Erwerbsminderungsrente die besondere Wartezeit von 240 Kalendermonaten zurückgelegt, können die vor der Antragstellung entrichteten Beiträge auch für diese Rente angerechnet werden.

Nach Erreichen der Altersgrenze für eine ↗ Altersrente ist die freiwillige Versicherung nur zulässig, solange eine Vollrente wegen Alters noch nicht endgültig bewilligt ist. Die zur freiwilligen Versicherung berechtigten Personen, die erstmals der Rentenversicherung beitreten, werden der allgemeinen Rentenversicherung zugeordnet. Wurden schon Beiträge zur allgemeinen oder knappschaftlichen Rentenversicherung entrichtet, ist die Weiterversicherung nur in der allgemeinen Rentenversicherung möglich.

1 § 240 Abs. 4a SGB V.
2 § 257 Abs. 1 SGB V.
3 § 3 Nr. 62 EStG i. V. m. § 1 Abs. 1 SvEV.
4 § 20 Abs. 3 SGB XI.
5 § 57 Abs. 1 Satz 1 SGB XI.
6 Bis 30.6.2023: 3,05 %.
7 Bis 30.6.2023: 0,35 %.
8 § 55 Abs. 1 Satz 1 SGB XI, § 55 Abs. 3 SGB XI.
9 § 61 Abs. 1 SGB XI.
10 Die Aussagen beziehen sich nur auf Freistellungen von bis zu 6 Wochen.

11 § 58 IfSG.

Hinweis

Keine freiwillige Versicherung in der knappschaftlichen Rentenversicherung

In der knappschaftlichen Rentenversicherung gibt es keine freiwillige Versicherung.

Beiträge

Freiwillig Versicherte bestimmen die Anzahl und Höhe der Beiträge selbst. Unter Berücksichtigung des Beitragssatzes in Höhe von 18,6 % errechnet sich der monatliche Mindestbeitrag aus der am 1.1. des jeweiligen Kalenderjahres geltenden Geringfügigkeitsgrenze (2024 aus 538 EUR: 100,07 EUR; 2023 aus 520 EUR: 96,72 EUR), der monatliche Höchstbeitrag aus der Beitragsbemessungsgrenze (2024 aus 7.550 EUR: 1.404,30 EUR/West bzw. aus 7.450 EUR: 1.385,70 EUR/Ost; 2023 aus 7.300 EUR: 1.357,80 EUR/West bzw. aus 7.100 EUR: 1.320,60 EUR/Ost). Zwischen diesen Werten kann der Versicherte frei wählen.

Eine Verpflichtung, jährlich eine bestimmte Mindestzahl von Beiträgen zu entrichten, besteht nicht. Ist ein freiwilliger Beitrag entrichtet, so hat der Versicherte sein Wahlrecht verbraucht. Er kann nicht nachträglich einen hohen Beitrag in mehrere niedrige Beiträge aufspalten oder mehrere niedrige Beiträge zu einem hohen Beitrag zusammenfassen.

Freiwillige Versicherungsbeiträge dürfen jeweils bis zum 31.3. eines jeden Jahres für das vorhergehende Kalenderjahr wirksam gezahlt werden.

Arbeitslosenversicherung

Folgenden Personenkreisen wird in der Arbeitslosenversicherung die Möglichkeit eingeräumt, ein „Versicherungspflichtverhältnis auf Antrag" zu begründen[1], das mit einer freiwilligen Arbeitslosenversicherung vergleichbar ist:

- Selbstständig Tätige, deren Tätigkeit mindestens 15 Stunden wöchentlich umfasst.
- Arbeitnehmer, die eine Beschäftigung im Ausland außerhalb der EU oder assoziierten Staaten ausüben und deren zeitlicher Umfang mindestens 15 Stunden wöchentlich beträgt. Es darf keine ↗ Entsendung vorliegen.
- Personen, die eine Elternzeit nach § 15 BEEG in Anspruch nehmen.
- Personen, die sich beruflich weiterbilden.

Die freiwillige Weiterversicherung in der Arbeitslosenversicherung ist bei der Agentur für Arbeit am (letzten) Wohnort zu beantragen.

Voraussetzungen

Damit ein Versicherungspflichtverhältnis auf Antrag begründet werden kann, muss der Antragsteller[2]:

- innerhalb der letzten 2 Jahre vor Aufnahme der selbstständigen Tätigkeit, Auslandsbeschäftigung, Elternzeit oder beruflichen Weiterbildung mindestens 12 Monate in einem Versicherungspflichtverhältnis gestanden haben oder
- Anspruch auf eine Entgeltersatzleistung nach dem SGB III (z. B. Arbeitslosengeld I) unmittelbar vor der Aufnahme der selbstständigen Tätigkeit, Auslandsbeschäftigung, Elternzeit oder beruflichen Weiterbildung gehabt haben (das Kriterium „unmittelbar" ist erfüllt, wenn der Zeitraum nicht mehr als ein Monat beträgt) und
- den Antrag innerhalb von 3 Monaten nach Aufnahme der selbstständigen Tätigkeit, Auslandsbeschäftigung, Elternzeit oder beruflichen Weiterbildung stellen.

1 § 28a SGB III.
2 § 28a Abs. 2 und 3 SGB III.

Beiträge

Höhe/Beitragstragung

Die Beiträge zur Arbeitslosenversicherung werden in Höhe des Beitragssatzes (2,6 %) von der jeweiligen Beitragsbemessungsgrundlage erhoben.[3] Der Beitrag ist vom Versicherten allein zu tragen. Bestimmte Einnahmen sind beitragspflichtig.[4]

Selbstständig Tätige

Als beitragspflichtige Einnahme gilt ein Arbeitsentgelt in Höhe der monatlichen Bezugsgröße (2024: 3.535 EUR/West bzw. 3.465 EUR/Ost; 2023: 3.395 EUR/West bzw. 3.290 EUR/Ost). Davon abweichend sind im Jahr der Aufnahme der selbstständigen Tätigkeit und im darauffolgenden Kalenderjahr 50 % der monatlichen Bezugsgröße heranzuziehen (2024: 1.767,50 EUR/West bzw. 1.732,50 EUR/Ost; 2023: 1.697,50 EUR/West bzw. 1.645 EUR/Ost).

Beschäftigte im Ausland

Als beitragspflichtige Einnahme gilt ein Arbeitsentgelt in Höhe der monatlichen Bezugsgröße West (2024: 3.535 EUR; 2023: 3.395 EUR).

Personen in Elternzeit/Personen in beruflicher Weiterbildung

Als beitragspflichtige Einnahme gilt ein Arbeitsentgelt in Höhe von 50 % der monatlichen Bezugsgröße (2024: 1.767,50 EUR/West bzw. 1.732,50 EUR/Ost; 2023: 1.697,50 EUR/West bzw. 1.645 EUR/Ost).

Unfallversicherung

Die meisten Menschen sind aufgrund ihrer beruflichen Tätigkeit gesetzlich unfallversichert. Personen, für die in der Unfallversicherung kein gesetzlicher Versicherungsschutz besteht, können eine freiwillige Versicherung in der gesetzlichen Unfallversicherung beantragen. Zu diesen Personen gehören nach § 6 Abs. 1 SGB VII insbesondere Unternehmer und bestimmte bürgerschaftlich Engagierte.

Bei den Voraussetzungen für einen Beitritt, den Leistungen und der Beendigung der Versicherung sind besondere Regelungen zu beachten.

Frostzulage

Arbeitnehmer können für ihre Tätigkeit unter klimatisch besonders schweren Bedingungen eine sog. Erschwerniszulage bekommen, z. B. im Straßenbaugewerbe oder Garten- und Landschaftsbau. Die Frostzulage kann während der Kälteperiode zusätzlich zum ohnehin geschuldeten Arbeitslohn gewährt werden. Da die Frostzulage zu den Bestandteilen des Arbeitslohns für die Erbringung der Arbeitsleistung durch den Arbeitnehmer zählt, handelt es sich um steuerpflichtigen Arbeitslohn bzw. beitragspflichtiges Arbeitsentgelt i. S. d. Sozialversicherung.

Gesetze, Vorschriften und Rechtsprechung

Lohnsteuer: Die Lohnsteuerpflicht der Frostzulage ergibt sich aus § 19 Abs. 1 EStG i. V. m. R 19.3 LStR.

Sozialversicherung: Die Beitragspflicht in der Sozialversicherung ergibt sich aus § 14 Abs. 1 SGB IV.

Entgelt	LSt	SV
Frostzulage	pflichtig	pflichtig

3 § 341 Abs. 1 und 2 SGB III.
4 § 345b SGB III.

Führerschein

Ein Führerschein ist eine amtliche Urkunde, die ein Vorhandensein einer Erlaubnis zum Führen bestimmter Kraftfahrzeuge im öffentlichen Straßenverkehr zum Ausdruck bringt. Die im Führerschein verbriefte Fahrerlaubnis ist ein Dauer-Verwaltungsakt, der die behördliche Erlaubnis zum Führen von Kraftfahrzeugen auf öffentlichen Straßen, Wegen und Plätzen regelt. Die Fahrerlaubnis ist an die Fahrzeugklasse gebunden. Wer die Fahrerlaubnis für eine Klasse besitzt, hat das Recht, ein Kraftfahrzeug dieser Klasse zu führen. Die Fahrerlaubnis wird durch die zuständige Fahrerlaubnisbehörde erteilt. Sie ist an die Fahreignung und den Nachweis der Befähigung in Form einer Fahrprüfung geknüpft, in Deutschland nach dem Straßenverkehrsgesetz[1] und der Fahrerlaubnisverordnung.[2]

Gesetze, Vorschriften und Rechtsprechung

Lohnsteuer: Ob Zuwendungen im überwiegend eigenbetrieblichen Interesse des Arbeitgebers erfolgen und damit nicht als Arbeitslohn zu erfassen sind, ergibt sich aus H 19.3 LStH.

Sozialversicherung: Die beitragsrechtliche Beurteilung der vom Arbeitgeber für seinen Arbeitnehmer übernommenen Kosten für den Erwerb eines Führerscheins richtet sich nach § 1 Abs. 1 Nr. 1 SvEV i. V. m. § 3 Nr. 50 EStG i. V. m. R 3.50 LStR und dem BFH, Urteil v. 21.8.1959, VI 1/59. Beitragspflichtiges Arbeitsentgelt ist in § 14 SGB IV geregelt.

Entgelt	LSt	SV
Kostenübernahme für Klasse B (Pkw)	pflichtig	pflichtig
Kostenübernahme für Klasse C (Lkw)	frei	frei

Lohnsteuer

Übernahme von Führerscheinkosten ist Arbeitslohn

Der Ersatz von Führerscheinkosten durch den Arbeitgeber ist grundsätzlich als steuerpflichtiger Arbeitslohn zu erfassen. Ein steuerfreier Werbungskostenersatz durch den Arbeitgeber ist nur in gesetzlich geregelten Ausnahmefällen zulässig.

Damit Steuerfreiheit eintreten könnte, müsste es sich beim Ersatz der Führerscheinkosten um ⇗ Auslagenersatz i. S. d. handeln.[3] Ein steuerfreier Ersatz von Führerscheinkosten durch den Arbeitgeber kommt in der Praxis aber meist schon deshalb nicht in Betracht, da regelmäßig ein gewisses Eigeninteresse des Arbeitnehmers am Erwerb der Fahrerlaubnis vorhanden ist. Im Regelfall ist somit der Ersatz von Führerscheinkosten durch den Arbeitgeber steuerpflichtiger Arbeitslohn.

Steuerfreier Kostenersatz nur in Ausnahmefällen

Überwiegend eigenbetriebliches Interesse des Arbeitgebers

Geldwerte Vorteile besitzen dann keinen Arbeitslohncharakter, wenn sie im ganz überwiegend eigenbetrieblichen Interesse des Arbeitgebers gewährt werden. In Grenzfällen ist deshalb zu prüfen, ob die Übernahme der Führerscheinkosten durch den Arbeitgeber überhaupt den Arbeitslohnbegriff erfüllt.

Gewährt der Arbeitgeber dem Arbeitnehmer Vorteile, die sich bei objektiver Prüfung aller Umstände nicht als Entlohnung, sondern lediglich als notwendige Begleiterscheinung betriebsfunktionaler Zielsetzung erweisen, liegt nach ständiger Rechtsprechung des BFH kein Arbeitslohn vor. Daher ist kein Arbeitslohn anzunehmen, wenn die seitens des Arbeitgebers überlassenen ⇗ geldwerten Vorteile im ganz überwiegend eigenbetrieblichen Interesse des Arbeitgebers gewährt werden. Dies ist der Fall, wenn sich aus den Begleitumständen wie

- Anlass,
- Art und Auswahl der Begünstigten,
- freie oder nur gebundene Verfügbarkeit,
- Freiwilligkeit oder Zwang zur Annahme des Vorteils und
- seiner besonderen Geeignetheit

für den jeweiligen verfolgten betrieblichen Zweck ergibt, dass diese Zielsetzung ganz im Vordergrund steht. In diesen Fällen kann ein damit einhergehendes eigenes Interesse des Arbeitnehmers, den betreffenden Vorteil zu erlangen, deshalb vernachlässigt werden. Ob ein solches Interesse des Arbeitgebers vorliegt, ist in jedem Einzelfall zu prüfen.

Beispiel

Führerschein Klasse B eines Polizeianwärters

Ein Polizeianwärter erwirbt im Rahmen einer umfassenden Gesamtausbildung den Führerschein der Klasse B.

Ergebnis: In der Übernahme der entstandenen Kosten durch den Dienstherrn liegt kein geldwerter Vorteil vor, der als Arbeitslohn zu erfassen wäre. Das Ausbildungsinteresse des Dienstherrn steht hier im Vordergrund und nicht das Eigeninteresse des Arbeitnehmers.[4]

Führerscheinklasse C (Lkw-Klasse)

Viele Fahrzeuge, die im betrieblichen Bereich eingesetzt werden, haben ein zulässiges Gesamtgewicht von mehr als 3,5 Tonnen. Zum Führen dieser Fahrzeuge ist die Fahrerlaubnis der Führerscheinklasse C erforderlich. Da es in diesen Fällen im überwiegend betrieblichen Interesse des Arbeitgebers liegt, dass die beschäftigten Arbeitnehmer auch diese Betriebsfahrzeuge führen dürfen, liegt in der Übernahme der durch den Erwerb entstandenen Kosten kein ⇗ geldwerter Vorteil.

Privatnutzung nur „Nebensache"

Der Vorteil des Arbeitnehmers, den Führerschein ggf. auch für private Zwecke nutzen zu können, ist lediglich eine Begleiterscheinung und tritt hinter dem vom Arbeitgeber verfolgten Zweck zurück. Gestützt auf diese Sichtweise kann auch ein privater Arbeitgeber lohnsteuerfrei die Kosten für den Erwerb des Lkw-Führerscheins seiner Arbeitnehmer übernehmen.

Fahrzeuge der (freiwilligen) Feuerwehren

Die Fahrzeuge der (freiwilligen) Feuerwehren überschreiten zumeist das Gewicht von 3,5 Tonnen, sodass für das Führen dieser Fahrzeuge eine Fahrerlaubnis der Klasse C erforderlich ist. Viele Gemeinden übernehmen deshalb die Kosten für den Erwerb der Führerscheinklasse C1/C.

Für die Feuerwehren ist es unerlässlich, dass die oft ehrenamtlich tätigen Feuerwehrleute nicht nur für den Einsatz entsprechend ausgebildet werden, sondern auch die im Ernstfall benötigten Gerätschaften bedienen können und dürfen. Dies schließt den Erwerb der Erlaubnis zum Führen der entsprechenden Feuerwehrfahrzeuge mit ein. Da die Erlaubnis zum Führen dieser Fahrzeuge oft nicht vorliegt, müssen die Feuerwehren eine entsprechende Ausbildung anbieten, um überhaupt einsatzfähig zu sein und den betrieblichen Zweck verfolgen zu können.

Der Arbeitgeber hat damit ein ganz wesentliches Interesse an der Führerscheinausbildung einzelner Feuerwehrleute. Der Vorteil des Arbeitnehmers, die Führerscheinklasse ggf. auch für private Zwecke nutzen zu können, ist lediglich eine Begleiterscheinung und tritt hinter dem vom Arbeitgeber verfolgten Zweck zurück.

Straßenwärter-Fahrzeuge

Die Tätigkeit als Straßenwärter erfordert die Fahrerlaubnis Klasse C. Voraussetzung hierfür ist der vorherige Erwerb der Fahrerlaubnis Klasse B.

Da ein Teil der Auszubildenden unter 18 Jahre alt ist, werden sie auf Veranlassung der Ausbildungsstätte sowie auf Kosten des Dienstherrn bei örtlichen Fahrschulen unterrichtet. Das Nichtbestehen der Fahrprüfung

1 StVG.
2 FeV.
3 § 3 Nr. 50 EStG.
4 BFH, Urteil v. 26.6.2003, VI R 112/98, BStBl 2003 II S. 886.

Klasse B führt zur Entlassung aus dem Ausbildungsdienstverhältnis. Der Erwerb der Fahrerlaubnis Klasse B ist somit zwingende Voraussetzung für den weiteren Ausbildungsfortgang.

Die Finanzverwaltung hat daher entschieden, dass der im Rahmen der Berufsausbildung zum Straßenwärter miterlangte Erwerb der Fahrerlaubnis der Klasse B ebenfalls als Leistung im überwiegend eigenbetrieblichen Interesse anzusehen ist, die nicht zu einem steuerpflichtigen Arbeitslohn führt.[1]

Fahrzeuge in Handwerksbetrieben

Auch in Handwerksbetrieben werden oft Transportkapazitäten benötigt, bei denen Fahrzeuge das Gewicht von 3,5 Tonnen überschreiten. Daher übernehmen Handwerksbetriebe häufig die Kosten für den Erwerb der Führerscheinklasse C1/C1E. Die Kosten für den Erwerb einer Fahrerlaubnis für eine Fahrzeugklasse, die im privaten Alltagsleben nicht üblich ist, können vom Handwerksbetrieb als ⇗ Auslagenersatz steuerfrei ersetzt werden.[2] Es kommen hier allerdings nur die Kosten für den Erwerb der Fahrerlaubnis in Klasse C zum Ansatz, wenn der Arbeitnehmer bereits eine Fahrerlaubnis in Klasse B besessen hat, oder – wenn zugleich auch die Fahrerlaubnis der Klasse B erworben wurde – die nachweislich für Klasse C entstandenen Mehrkosten.[3]

Werbungskostenabzug

Führerscheinklasse B (Pkw-Klasse)

Aufwendungen zum Erwerb der Führerscheinklasse B können – wegen der privaten Mitveranlassung – selbst bei den o. g. Berufsgruppen nicht als Werbungskosten abgezogen werden.[4] Sie sind nicht schon deshalb als Werbungskosten anzuerkennen, weil der Arbeitnehmer für Fahrten zwischen Wohnung und Arbeitsstätte auf den Pkw angewiesen ist.[5]

Hinweis

Abzugsverbot für gemischt veranlasste Führerscheinkosten

Voraussetzung für die Aufteilung von Aufwendungen in einen beruflichen und in einen privaten Teil ist, dass diese eindeutig abgrenzbare, beruflich oder betrieblich (mit-)veranlasste Aufwendungen betreffen, die eine Aufteilung nach objektiven und leicht nachprüfbaren Maßstäben gestatten. Davon ist bei Aufwendungen für den Erwerb eines Führerscheins nicht auszugehen.[6] Trotz der Möglichkeit, gemischte Aufwendungen in einen abziehbaren und nichtabziehbaren Teilbetrag aufzuteilen, bleibt es hier beim Abzugsverbot der gesamten Kosten.

Führerscheinklasse C (Lkw-Klasse)

Aufwendungen für den Erwerb des Lkw-Führerscheins sind nur dann als Werbungskosten abziehbar, wenn sie

- Aufwendungen des Arbeitnehmers für eine erstmalige Berufsausbildung sind und
- die Berufsausbildung im Rahmen eines Dienstverhältnisses stattfindet.

Ist dies zu verneinen, können die Aufwendungen bis zu 6.000 EUR jährlich als Sonderausgaben abgezogen werden.[7]

Tipp

Grundqualifikation und Weiterbildung bei Berufskraftfahrern

Nach dem Berufsfahrer-Qualifikationsgesetz und der Berufskraftfahrer-Qualifikationsverordnung sind alle gewerblichen Arbeitnehmer, die als Fahrer im Personenverkehr tätig sind, gesetzlich verpflichtet, als Berufsneueinsteiger neben dem Erwerb des Führerscheins der Klassen C, CE auch eine Grundqualifikation zu durchlaufen (z. B. bei der IHK). Handelt es sich dabei um Aufwendungen des Arbeitnehmers für eine erstmalige Berufsausbildung, sind sie nur dann als Werbungskosten abziehbar, wenn die Bildungsmaßnahme im Rahmen eines Dienstverhältnisses stattfindet.

Andernfalls können die Aufwendungen bis zu 6.000 EUR jährlich als Sonderausgaben abgezogen werden.[8]

Dies gilt sowohl für die Aufwendungen für den Erwerb des Lkw-Führerscheins als auch für den Erwerb der Grundqualifikation.

Fahrzeuglenker, die bereits im Besitz der o. g. Führerscheine sind, haben zwar eine Bestandsgarantie, müssen aber alle 5 Jahre eine berufliche Weiterbildung leisten. Bei den dabei von den Arbeitnehmern getragenen Weiterbildungskosten handelt es sich um Werbungskosten.[9]

Sozialversicherung

Übernimmt der Arbeitgeber für seinen Arbeitnehmer die Kosten für den Erwerb eines Führerscheins, so stellt dies grundsätzlich beitragspflichtiges Arbeitsentgelt im Sinne der Sozialversicherung dar.[10]

Keine Beitragspflicht bei überwiegend dienst- oder betrieblichem Interesse

Erfolgt die Übernahme der Kosten durch den Arbeitgeber jedoch aus überwiegend dienstlichem oder betrieblichem Interesse, handelt es sich um einen steuer- und in der Folge sozialversicherungsfreien ⇗ Auslagenersatz. Ein überwiegend dienstliches oder betriebliches Interesse kann beispielsweise dann vorliegen, wenn ein Arbeitgeber die Kosten für den Erwerb des Lkw-Führerscheins übernimmt, weil der Arbeitnehmer danach auf einem entsprechenden Fahrzeug eingesetzt werden soll.[11] Ist der Arbeitgeber der Rechnungsempfänger, so ist dies ein weiteres Kriterium für ein überwiegend dienstliches oder betriebliches Interesse.

Fünftelregelung

Erhält der Arbeitnehmer eine Vergütung für seine Tätigkeit aus mehreren Jahren zusammengeballt in einem Kalenderjahr, kann diese im Jahr der Zahlung mit der Fünftelregelung ermäßigt besteuert werden. Die Vergütung muss sich auf eine über wenigstens 2 Kalenderjahre erstreckende Tätigkeit beziehen und einen Zeitraum von mehr als 12 Monaten umfassen. Auch nachgezahlte Überstundenvergütungen, die für einen Zeitraum von mehr als 12 Monaten geleistet werden, sind mit dem ermäßigten Steuersatz zu besteuern.

Das Ziel der sog. Fünftelregelung ist es, eine unangemessen hohe Progression bei der Besteuerung dadurch zu vermeiden, dass dieser sonstige Bezug durch 5 dividiert wird. Anschließend wird die darauf entfallende Steuer wiederum mit 5 multipliziert.

Das Wachstumschancengesetz sah zum 1.1.2024 eine Abschaffung der Fünftelregelung im Lohnsteuerabzugsverfahren vor. Die ermäßigte Besteuerung sollte nur noch im Rahmen der Einkommensteuerveranlagung des Arbeitnehmers durchgeführt werden. Da das Gesetzgebungsverfahren noch nicht abgeschlossen ist, kommt es vorerst zu keiner Änderung.

Die Besteuerung nach der Fünftelregelung wirkt sich nicht auf die beitragsrechtliche Behandlung in der Sozialversicherung aus. Das Beitragsrecht und das Steuerrecht stimmen hier nicht überein. Die beitragsrechtliche Zuordnung erfolgt nach den Regelungen bei Einmalzahlungen.

Gesetze, Vorschriften und Rechtsprechung

Lohnsteuer: Rechtsgrundlage für die Anwendung der Fünftelregelung ist § 39b Abs. 3 Satz 9 EStG i. V. m. § 34 Abs. 2 Nr. 4 EStG. Zur ermäßigten Besteuerung von Überstunden s. BFH, Urteil v. 2.12.2021, VI R 23/19, BStBl 2022 II S. 442.

1 FinMin Nordrhein-Westfalen, Erlass v. 13.12.2004, S 2332 – 76 – V B 3.
2 § 3 Nr. 50 EStG.
3 LfSt Bayern, Verfügung v. 26.6.2009, S 2332.1.1 – 3/3 St 32/St 33.
4 § 12 Nr. 1 Satz 2 EStG.
5 BFH, Beschluss v. 15.2.2005, VI B 188/04, BFH/NV 2005 S. 890.
6 BMF, Schreiben v. 6.7.2010, IV C 3 – S 2227/07/10003 :002, BStBl 2010 I S. 614.
7 § 10 Abs. 1 Nr. 7 EStG.
8 § 10 Abs. 1 Nr. 7 EStG.
9 § 9 Abs. 1 Satz 1 EStG.
10 § 14 Abs. 1 SGB IV.
11 BSG, Urteil v. 26.5.2004, B 12 KR 5/04 R.

Sozialversicherung: Die Beitragspflicht in der Sozialversicherung ergibt sich aus § 14 Abs. 1 SGB IV i. V. m. § 23a SGB IV (Ermittlung der beitragspflichtigen Einnahmen bei Einmalzahlungen).

Funktionszulage

Als Ausgleich für die Übernahme zusätzlicher Verantwortung können Arbeitnehmer für das Ausführen einer Sonderfunktion innerhalb des betrieblichen Organisationsprozesses eine Zulage erhalten. Da die Funktionszulage für die Erbringung der Arbeitsleistung durch den Arbeitnehmer gezahlt wird, zählt sie zum steuerpflichtigen Arbeitslohn bzw. beitragspflichtigen Arbeitsentgelt in der Sozialversicherung. Die Funktionszulage wird typischerweise regelmäßig bezahlt und stellt damit laufenden Arbeitslohn bzw. regelmäßiges Arbeitsentgelt in der Sozialversicherung dar.

Gesetze, Vorschriften und Rechtsprechung

Lohnsteuer: Die Lohnsteuerpflicht der Funktionszulage ergibt sich aus § 19 Abs. 1 EStG i. V. m. R 19.3 LStR.

Sozialversicherung: Die Beitragspflicht des Arbeitsentgelts in der Sozialversicherung ergibt sich aus § 14 Abs. 1 SGB IV.

Entgelt	LSt	SV
Funktionszulage	pflichtig	pflichtig

Garagengeld

Im Zusammenhang mit der Dienstwagenüberlassung kommt es in der Praxis häufig vor, dass der Arbeitgeber von seinem Arbeitnehmer für die Fahrzeugunterstellung zu Hause eine Garage verlangt. Unabhängig davon, ob dem Arbeitnehmer eine eigene Garage zur Verfügung steht oder ob die Anmietung bei einem Dritten erforderlich ist, erhält er als Gegenleistung von der Firma ein monatliches Garagengeld erstattet.

Das Garagengeld ist der Zuschuss des Arbeitgebers zu den entstandenen Kosten für die Unterbringung des Dienstwagens in einer Garage. Aufgrund des überwiegend eigenbetrieblichen Interesses im Hinblick auf den Schutz des Fahrzeugs oder der in ihm befindlichen Wertgegenstände des Arbeitgebers ist das Garagengeld weder steuer- noch beitragspflichtig. Werden maximal die entstandenen Kosten erstattet, führt dies zu steuerfreiem Auslagenersatz.

Gesetze, Vorschriften und Rechtsprechung

Lohnsteuer: Die Steuerfreiheit ergibt sich aus § 3 Nr. 50 2. Alternative EStG. Gem. BFH, Urteilen v. 7.6.2002, VI R 145/99, BStBl 2002 II S. 829, und VI R 53/01, BStBl 2002 II S. 878, stellen Zahlungen des Arbeitgebers für die eigene Garage des Arbeitnehmers keinen Arbeitslohn dar.

Sozialversicherung: Garagengeld ist nach § 1 Abs. 1 Satz 1 Nr. 1 SvEV nicht dem Arbeitsentgelt zuzuordnen.

Entgelt	LSt	SV
Garagengeld für Dienstwagen	frei	frei
Garagengeld für Privatfahrzeug	pflichtig	pflichtig

Entgelt

Zahlung für Dienstwagengarage ist kein Arbeitslohn

Zahlungen des Arbeitgebers für eine Dienstwagengarage des Arbeitnehmers sind nicht als Arbeitslohn zu versteuern.[1] Dies gilt unabhängig davon, ob der Arbeitnehmer den Dienstwagen in einer eigenen oder selbst angemieteten Garage unterstellt.

Garagengeld als Mieteinnahme

Eine Zahlung, die sich ihrem wirtschaftlichen Gehalt nach als Nutzungsentgelt darstellt, ist bei den Einkünften aus Vermietung und Verpachtung zu erfassen. Dies ist immer dann der Fall, wenn zwischen Arbeitgeber und Arbeitnehmer ein Mietverhältnis besteht, das neben das Dienstverhältnis tritt, wenn der Beschäftigte seine eigene oder angemietete Garage für den betrieblichen Dienstwagen zur Verfügung stellt. Zahlungen des Arbeitgebers zählen demzufolge zu den Vermietungseinkünften, die nicht im Lohnsteuerverfahren, sondern allenfalls im Rahmen der Einkommensteuererklärung der Besteuerung unterliegen.

Hinweis

Parkplatzmiete an erster Tätigkeitsstätte

Bezahlt der Arbeitnehmer dem Arbeitgeber für die Anmietung eines Parkplatzes an der ersten Tätigkeitsstätte bzw. in deren unmittelbaren Umgebung, stellt sich die Frage nach dem Werbungskostenabzug bzw. nach der Kürzung des geldwerten Vorteils, je nachdem ob der Arbeitnehmer seinen eigenen Pkw oder einen Dienstwagen für die Arbeitgeberfahrten benutzt. Beim privaten Fahrzeug steht die Abgeltungswirkung der Entfernungspauschale von 0,30 EUR pro Entfernungskilometer außer Zweifel, die sämtliche Kosten des Arbeitnehmers für die Fahrten zwischen Wohnung und erster Tätigkeitsstätte steuerlich erfasst. Etwas anderes gilt nach Auffassung des FG Köln, wenn dem Arbeitnehmer ein Dienstwagen zur Verfügung steht: Benutzt der Arbeitnehmer für die Fahrten zur ersten Tätigkeitsstätte einen Dienstwagen, mindern die an den Arbeitgeber für die Anmietung eines Parkplatzes an bzw. in der Nähe der ersten Tätigkeitsstätte geleisteten Zahlungen den geldwerten Vorteil aus der Dienstwagenüberlassung.[2]

Anrechenbare, vom Arbeitnehmer übernommene Betriebskosten für einen Dienstwagen können nach bisheriger Besteuerungspraxis solche Aufwendungen sein, die dem Halten und unmittelbaren Betrieb des Fahrzeugs dienen. Straßenbenutzungs- oder Parkgebühren können deshalb weder bei der 1-%-Regelung noch bei den Gesamtkosten der Fahrtenbuchmethode als steuerminderndes Nutzungsentgelt vereinbart werden.[3]

Die abschließende Entscheidung bleibt abzuwarten. Um evtl. Nachteile zu vermeiden, bleiben der Rechtsweg und die Möglichkeit, ein Ruhen des Verfahrens nach § 363 Abs. 2 AO zu beantragen.

Erstattete Garagenmiete als steuerfreier Auslagenersatz

In den Fällen, in denen der Arbeitnehmer für den Dienstwagen eine angemietete Garage zur Verfügung stellt, ohne dass ein Mietvertrag zwischen Arbeitgeber und Arbeitnehmer besteht, und nach Vorlage des Mietvertrags die konkret an den Dritten gezahlte Miete von seinem Arbeitgeber erstattet bekommt, sind dagegen steuerfreier Arbeitslohn. Der Arbeitnehmer hat jeweils nach Einzelabrechnung Beträge erhalten, durch die der Arbeitgeber Auslagen des Arbeitnehmers ersetzt. Da die Anmietung der Garagen allein zum Schutz und zur Werterhaltung der „betrieblichen Fahrzeuge“ erfolgt, leistet der Arbeitgeber mit der Erstattung des Garagenentgelts steuerfreien ↗ Auslagenersatz.[4]

1 BFH, Urteil v. 7.6.2002, VI R 145/99, BStBl 2002 II S. 829; BFH Urteil v. 7.6.2002, VI R 53/01, BStBl 2002 II S. 878.
2 FG Köln, Urteil v. 20.4.2023, 1 K 1234/22, Rev. beim BFH unter Az. VI R 7/23.
3 BMF, Schreiben v. 3.3.2022, IV C 5 – S 2334/21/10004 :001, BStBl 2022 I S. 232, Tz. 8.
4 § 3 Nr. 50 EStG.

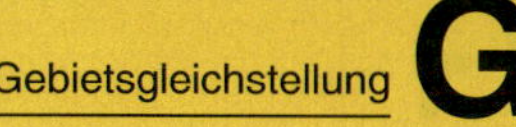

Garagenmiete erhöht Pkw-Gesamtkosten

Schließlich liegt in der tatsächlichen Nutzung der (eigenen oder selbst angemieteten) Dienstwagengarage durch den Arbeitnehmer auch keine Rücküberlassung vor, die zu einem zusätzlichen Sachlohn führen würde. Insoweit gilt nichts anderes, wie wenn der Arbeitgeber selbst eine eigene oder angemietete Garage dem Arbeitnehmer überlässt. Die Kosten hierfür zählen zu den Gesamtkraftfahrzeugkosten des Dienstwagens.

- Bei der Fahrtenbuchmethode erhöht das Garagengeld den individuellen Kilometersatz, welcher der Ermittlung des geldwerten Vorteils aus der Privatnutzung des Dienstwagens zugrunde zu legen ist.
- Bei der 1-%-Methode sind dagegen die tatsächlichen Fahrzeugaufwendungen für den Umfang der Dienstwagenbesteuerung ohne Bedeutung. Der pauschale Nutzungswert von 1 % für die Privatnutzung sowie von 0,03 % für die Fahrten zum Betrieb erfasst auch die dem Arbeitgeber für eine Garage entstehenden Aufwendungen. Für die Übernahme zusätzlicher Fahrzeugkosten ist kein weiterer geldwerter Vorteil anzusetzen.

Garagenkosten als anrechenbares Nutzungsentgelt des Arbeitnehmers

Zu den anrechenbaren Nutzungsentgelten, die sowohl bei der 1-%-Regelung als auch bei Fahrtenbuchmethode den geldwerten Vorteil beim Arbeitnehmer mindern, zählen ausschließlich arbeitsrechtlich oder dienstrechtlich vereinbarte Zahlungen für die außerdienstliche Nutzung des zur Verfügung stehenden Dienstwagens. Neben einer vereinbarten festen Monatspauschale, einer Kilometerpauschale oder der Übernahme von Leasingraten zählen auch vom Arbeitnehmer getragene Betriebskosten zum anrechenbaren Nutzungsentgelt, wenn diese vom Arbeitnehmer selbst getragenen individuellen Kraftfahrzeugkosten eine arbeits- bzw. dienstrechtliche Rechtsgrundlage haben.[1]

Als anrechenbares Nutzungsentgelt können sämtliche Fahrzeugaufwendungen vereinbart werden, die von der Abgeltungswirkung der 1-%-Pauschale erfasst sind bzw. bei der Fahrtenbuchmethode in die Gesamtkostenberechnung für die Ermittlung des für den geldwerten Vorteil maßgebenden Kilometersatzes einfließen. Zu diesen Aufwendungen zählen alle Kosten, die unmittelbar dem Halten und dem Betrieb des Fahrzeugs dienen und im Zusammenhang mit seiner Nutzung zwangsläufig anfallen. Erfasst werden daher neben den von der Fahrleistung abhängigen Aufwendungen für Treib- und Schmierstoffe auch die regelmäßig wiederkehrenden festen Kosten, etwa für Haftpflichtversicherung oder Kraftfahrzeugsteuer. Außerdem können die vom Arbeitnehmer getragenen Absetzungen für Abnutzung und Miete für die Garage oder den Stellplatz des Dienstwagens den geldwerten Vorteil Firmenwagen mindern.[2]

Hinweis

Keine Anrechnung freiwillig gezahlter Kosten

Die anteilig auf die Garage eines Arbeitnehmers entfallenden Grundstückskosten mindern den geldwerten Vorteil für die Überlassung eines Dienstwagens nicht, wenn die Unterbringung in der Garage als freiwillige Leistung des Arbeitnehmers erfolgt. Dasselbe gilt für die vom Arbeitnehmer gezahlte Garagenmiete, wenn die Zahlung weder aus rechtlichen noch tatsächlichen Gründen erforderlich ist. Zahlungen, die arbeitsrechtlich vereinbart oder zur Inbetriebnahme des betrieblichen Fahrzeugs notwendig sind, werden dagegen als zwangsläufige und unmittelbare Kosten der Dienstwagennutzung auf den geldwerten Vorteil angerechnet. Garagenkosten mindern deshalb den Sachbezug „Dienstwagen", wenn sie der Erfüllung einer arbeitsrechtlichen Verpflichtung oder der Inbetriebnahme des Fahrzeugs dienen.[3]

1 BMF, Schreiben v. 4.4.2018, IV C 5 – S 2334/18/10001, BStBl 2018 I S. 592, Rz. 50.
2 BFH, Urteil v. 14.9.2005, VI R 37/03, BStBl 2006 II S. 72.
3 BFH, Urteil v. 4.7.2023, VIII R 29/20, BFH/NV 2023 S. 1264; Vorinstanz Niedersächsisches FG, Urteil v. 9.10.2020, 14 K 21/19; ebenso FG Münster, Urteil v. 14.3.2019, 10 K 2990/17.

Kein steuerfreier Auslagenersatz bei Unterbringung des Privatfahrzeugs

Zahlt der Arbeitgeber dem Arbeitnehmer ein Garagengeld für die Unterbringung seines privaten Fahrzeugs, liegt weiterhin lohnsteuerpflichtiger Arbeitslohn vor.[4]

Gleichzeitig ist der (anteilige) Werbungskostenabzug für die Garagenkosten ausgeschlossen, auch soweit der Arbeitnehmer sein Fahrzeug für die arbeitstäglichen Fahrten zum Betrieb einsetzt. Mit dem Ansatz der Entfernungspauschale sind sämtliche Fahrzeugaufwendungen abgegolten, die durch die Fahrten zwischen Wohnung und erster Tätigkeitsstätte veranlasst sind.[5]

Gebietsgleichstellung

In Deutschland gilt das Territorialitätsprinzip. Nach diesem Prinzip wird bestimmt, welches Recht an welchem Ort anwendbar ist. Für den Bereich der Sozialversicherung gilt dies sowohl für die versicherungsrechtliche Zuordnung als auch für die Leistungsgewährung. Das Territorialitätsprinzip wird durch die in der Verordnung (EG) über soziale Sicherheit Nr. 883/2004 sowie durch die jeweiligen Regelungen in den Abkommen über Soziale Sicherheit geregelte Gebietsgleichstellung durchbrochen. Dies führt beispielsweise dazu, dass der Wohnort in einem anderen Mitgliedsstaat oder in einem Staat, mit dem ein Abkommen über Soziale Sicherheit besteht, gleichgestellt wird.

Gesetze, Vorschriften und Rechtsprechung

Sozialversicherung: Für die versicherungsrechtlichen Regelungen gilt das in § 3 SGB IV geltende Territorialitätsprinzip, welches gem. § 6 SGB IV durch das über- und zwischenstaatliche Recht durchbrochen wird. Einschränkungen gibt es im Bereich der Krankenversicherung nach den §§ 5, 9, 16, 18, 188 SGB V; der Rentenversicherung nach den §§ 110, 270b SGB VI sowie der Pflegeversicherung nach § 34 SGB XI.

Sowohl in der Verordnung (EG) über soziale Sicherheit Nr. 883/2004 als auch in den Abkommen über Soziale Sicherheit gibt es Gebietsgleichstellungsvorschriften.

Sozialversicherung

Krankenversicherung

Durch die Gleichstellungsvorschriften können versicherungs- und leistungsrechtliche Tatbestände, die in anderen Staaten eintreten, gleichgestellt werden.

EU-, EWR-Staaten und die Schweiz

Für die EU-, EWR-Staaten und die Schweiz ist Gleichstellung in den Artikeln 5 und 14 der Verordnung (EG) über soziale Sicherheit Nr. 883/2004 geregelt.

Versicherungsrecht

Ein Ausscheiden aus einer gesetzlichen Versicherung im Ausland wird dem Ausscheiden aus einer deutschen Krankenversicherung gleichgestellt. Die im anderen Staat zurückgelegten Versicherungszeiten werden angerechnet, soweit beispielsweise Vorversicherungszeiten gefordert sind. Zudem spielt es keine Rolle, ob die betreffende Person in Deutschland oder in einem anderen Mitgliedsstaat wohnt.

4 BFH, Urteil v. 7.6.2002, VI R 145/99, BStBl 2002 II S. 829; BFH Urteil v. 7.6.2002, VI R 53/01, BStBl 2002 II S. 878.
5 § 9 Abs. 2 EStG.

Beispiel

Arbeitnehmer verlegt seinen Wohnort nach Deutschland

Ein Arbeitnehmer hat bisher in Frankreich gelebt und gearbeitet und verlegt nun seinen Wohnort nach Deutschland. Bis zu seinem Umzug war er in Frankreich gesetzlich krankenversichert. Seine bisherige Beschäftigung hat er aufgegeben und wird die ersten Monate von seinem Ersparten leben. Er beantragt nun eine freiwillige Versicherung bei einer deutschen gesetzlichen Krankenkasse. Bei der Prüfung wird das Ausscheiden aus der Versicherung gleichgestellt und die in Frankreich zurückgelegten Versicherungszeiten müssen berücksichtigt werden. Sind die für die freiwillige Krankenversicherung geforderten Voraussetzungen erfüllt, wäre die Person freiwillig zu versichern.

Sollten in einem solchen Sachverhalt die Voraussetzungen für die freiwillige Versicherung nicht erfüllt sein, käme eine Versicherungspflicht als Nichtversicherter in Betracht. Bei der Prüfung muss berücksichtigt werden, ob die Person in Frankreich zuletzt gesetzlich krankenversichert war. Momentan ist in diesem Zusammenhang noch streitig, wie der Begriff der ersten Beschäftigungsaufnahme in Deutschland auszulegen ist. Sollte eine Person erstmalig in Deutschland eine Beschäftigung mit einem Entgelt über der ↗ Jahresarbeitsentgeltgrenze aufnehmen und vorher in einem EU-, EWR-Staat oder der Schweiz versichert gewesen sein, könnte dies dazu führen, dass aufgrund der Gebietsgleichstellung die freiwillige Versicherung nicht möglich ist.

Beispiel

Arbeitnehmer arbeitet in Deutschland und möchte sich in Österreich krankenversichern

Ein Arbeitnehmer arbeitet in Deutschland mit einem Entgelt über der Jahresarbeitsentgeltgrenze. Er möchte in Österreich krankenversichert werden. Aufgrund seines Einkommens ist der Arbeitnehmer in Deutschland nicht versicherungspflichtig. Nach den Regelungen der Verordnung (EG) über soziale Sicherheit Nr. 883/2004 kann ein Arbeitnehmer, der in einem Staat pflichtversichert ist, nicht in einem anderen Staat eine freiwillige Versicherung begründen. Da der Arbeitnehmer in Deutschland nicht versicherungspflichtig ist, kann er in Österreich freiwillig versichert werden.

Dies gilt auch für umgekehrte Sachverhalte. Ist eine Person in einem anderen Mitgliedsstaat beschäftigt und unterliegt aufgrund der Beschäftigung nicht der Versicherungspflicht im Beschäftigungsstaat, besteht die Möglichkeit, sich in Deutschland freiwillig zu versichern. Hierfür muss die Person die Voraussetzungen für die freiwillige Versicherung erfüllen.

Krankenversicherung der Rentner

Im Rahmen der Verordnung (EG) über soziale Sicherheit Nr. 883/2004 gibt es auch Koordinierungsregelungen für Personen, die bereits eine Rente erhalten. So sind auf einen Einfachrentner immer die Rechtsvorschriften des rentenzahlenden Staates anzuwenden. Dies bedeutet, dass ein in Spanien lebender Rentner weiterhin in Deutschland krankenversichert werden kann.

Obligatorische Anschlussversicherung

Die Gleichstellungsvorschriften gelten auch für die ↗ obligatorische Anschlussversicherung. Voraussetzung ist, dass für die betreffende Person weiterhin die deutschen Rechtsvorschriften gelten. In Sachverhalten, in denen eine Person bisher nicht in Deutschland krankenversichert war, ist die obligatorische Anschlussversicherung nicht möglich, da es sich hierbei um eine „Weiterversicherung“ handelt. Dies bedeutet, dass die bisherige deutsche Versicherung fortgesetzt wird.

Familienversicherung

Eine bisher in Deutschland familienversicherte Person kann auch familienversichert bleiben, wenn sie ihren Wohnort in einen anderen EU-, EWR-Staat oder in die Schweiz verlegt. Der Kreis der anspruchsberechtigten Familienangehörigen richtet sich nach den Rechtsvorschriften des Wohnstaates. Somit muss die Person im Wohnstaat die Voraussetzung für die ↗ Familienversicherung erfüllen, damit sie familienversichert werden kann.

Versicherungspflicht für Nichtversicherte

Die Gleichstellungsvorschriften gelten auch für die Versicherungspflicht als „Nichtversicherte“ nach § 5 Abs. 1 Nr. 13 SGB V. Voraussetzung ist, dass die betreffende Person zuletzt gesetzlich krankenversichert war. War die Person in einem anderen Staat gesetzlich krankenversichert, wird diese Versicherung gleichgestellt. Der Ausschlusstatbestand für Personen, die die Staatsangehörigkeit eines anderen EU-, EWR-Staates oder der Schweiz haben, gilt nicht, wenn die Person aufgrund der Verordnung (EG) über Soziale Sicherheit Nr. 883/2004 den deutschen Rechtsvorschriften unterliegt.

Leistungsrecht

Die Gleichstellungsvorschriften im Bereich des Leistungsrechts richten sich grundsätzlich nur auf den Leistungsanspruch selbst und auf die Anerkennung von leistungsauslösenden Tatbeständen. Im Rahmen der Verordnung (EG) über soziale Sicherheit Nr. 883/2004 gilt der Grundsatz, dass Sachleistungen immer vom aushelfenden Träger und Geldleistungen immer vom zuständigen Träger erbracht werden. Wohnt eine in Deutschland versicherte Person in einem anderen EU-, EWR-Staat oder in der Schweiz, haben diese Person und die mitversicherten Familienangehörigen Anspruch auf alle Sachleistungen im Aufenthaltsstaat. Der Leistungsanspruch richtet sich dabei nach den Rechtsvorschriften des Aufenthaltsstaates. Sollten Zuzahlungen oder Eigenbeteiligungen vorgesehen sein, sind diese zu entrichten.

Arbeitsunfähigkeit

Wird ein in Deutschland versicherter und in einem anderen Mitgliedsstaat wohnender Arbeitnehmer arbeitsunfähig krank, besteht grundsätzlich ein Anspruch auf ↗ Entgeltfortzahlung und ↗ Krankengeld zulasten der deutschen Krankenkasse. Hierfür kann der Arbeitnehmer vom behandelnden Arzt im Ausland eine Arbeitsunfähigkeitsbescheinigung erhalten. Diese wird einer deutschen Arbeitsunfähigkeitsbescheinigung gleichgestellt. Sowohl der Arbeitgeber als auch die Krankenkasse sind an die im Ausland ausgestellte Arbeitsunfähigkeit gebunden. In einem solchen Sachverhalt besteht ein Anspruch auf Sachleistungen zulasten des Wohnortträgers und ein Anspruch auf Krankengeld zulasten der deutschen Krankenkasse.

Abkommensstaaten

Durch die Gleichstellungsvorschriften in den jeweiligen Abkommen können versicherungs- und leistungsrechtliche Tatbestände, die in anderen Staaten eintreten, gleichgestellt werden.

Versicherungsrecht

Verlegt eine in einem Abkommensstaat beschäftigte Person ihren Wohnsitz nach Deutschland und nimmt sie eine Beschäftigung mit einem Arbeitsentgelt über der Jahresarbeitsentgeltgrenze auf, besteht grundsätzlich die Möglichkeit, dass sie in Deutschland freiwillig versichert werden kann.

Voraussetzung ist immer, dass das Ausscheiden aus der Versicherung gleichgestellt wird und der ausländische Arbeitnehmer bereits einen Bezug zur deutschen Krankenversicherung hat. Das Ausscheiden aus der Versicherung ist in den Abkommen mit Bosnien-Herzegowina, dem Kosovo, Kroatien, Mazedonien, Montenegro, Serbien und dem Vereinigten Königreich geregelt. Zusätzlich muss der ausländische Arbeitnehmer bereits zu irgendeinem Zeitpunkt mindestens einen Tag in Deutschland gesetzlich krankenversichert gewesen sein.

Beispiel

Arbeitnehmer aus der Türkei nimmt in Deutschland eine Beschäftigung auf

Ein türkischer Arbeitnehmer verlegt seinen Wohnort nach Deutschland. Er nimmt eine Beschäftigung mit einem Entgelt über der Jahresarbeitsentgeltgrenze auf. Da das Ausscheiden aus der Versicherung im Hinblick auf die Türkei nicht gleichgestellt wird, muss geprüft werden, ob der Arbeitnehmer erstmalig in Deutschland eine Beschäftigung aufnimmt. Ist dies der Fall, wäre eine freiwillige Versicherung möglich.

War der ausländische Arbeitnehmer bereits in Deutschland krankenversichert und wurde diese Versicherung durch die Beschäftigung in einem Abkommensstaat beendet, besteht ebenso die Möglichkeit zum freiwilligen Beitritt, wenn der ausländische Arbeitnehmer die Beschäftigung innerhalb von 2 Monaten nach Rückkehr aufgenommen hat.

Besonderheiten für die Türkei und Tunesien

Das Ausscheiden aus der Versicherung wird im Verhältnis zu der Türkei und zu Tunesien nicht gleichgestellt. Dies führt dazu, dass eine freiwillige Versicherung nur möglich ist, wenn der ausländische Arbeitnehmer erstmals eine Beschäftigung in Deutschland aufnimmt oder seine bisherige Krankenversicherung durch die Beschäftigung in einem dieser Staaten beendet wurde und er eine Beschäftigung in Deutschland innerhalb von 2 Monaten nach Rückkehr aufnimmt.

Krankenversicherung der Rentner

Im Rahmen der jeweiligen Abkommen über Soziale Sicherheit gibt es auch Koordinierungsregelungen für Personen, die bereits eine oder mehrere Renten erhalten. So sind beispielsweise auf einen Einfachrentner immer die Rechtsvorschriften des rentenzahlenden Staates anzuwenden. Dies bedeutet, dass ein in Serbien lebender Rentner weiterhin in Deutschland krankenversichert werden kann, wenn er ausschließlich eine deutsche Rente bezieht.

Familienversicherung

Eine bisher in Deutschland familienversicherte Person kann auch familienversichert bleiben, wenn sie ihren Wohnort in einen anderen Abkommensstaat verlegt. Der Kreis der anspruchsberechtigten Familienangehörigen richtet sich immer nach dem Recht des zuständigen Staates. Dies bedeutet, dass bei Verlegung des Wohnorts in einen Abkommensstaat die Familienangehörigen nach deutschem Recht bestimmt werden und bei Verlegung des Wohnorts aus einem Abkommensstaat nach Deutschland die Familienangehörigen nach dem Recht des Abkommensstaates bestimmt werden.

Leistungsrecht

Die Gleichstellungvorschriften in den Abkommen für Soziale Sicherheit für den Bereich des Leistungsrechts regeln grundsätzlich nur den Leistungsanspruch und die Anerkennung von leistungsauslösenden Tatbeständen. Hinsichtlich des Leistungsumfanges ist zu beachten, dass nur Leistungen in Anspruch genommen werden, die den in dem Staat lebenden und versicherten Personen zur Verfügung stehen. Ebenso müssen die im Abkommensstaat vorgesehenen Selbstbehalte und Eigenanteile entrichtet werden. Dies gilt ebenso für die Familienangehörigen.

Arbeitsunfähigkeit

Wird ein in einem Abkommensstaat wohnender Arbeitnehmer arbeitsunfähig krank, besteht grundsätzlich ein Anspruch auf Entgeltfortzahlung und auf Krankengeld. Hierbei wird die Arbeitsunfähigkeitsbescheinigung unter bestimmten Voraussetzungen einer deutschen gleichgestellt. In einem solchen Sachverhalt besteht ein Anspruch auf Sachleistungen zulasten des Wohnortträgers und ein Anspruch auf Krankengeld zulasten der deutschen Krankenkasse.

Pflegeversicherung

Auch im Bereich der Pflegeversicherung gilt im Rahmen der Verordnung (EG) über soziale Sicherheit Nr. 883/2004 der Grundsatz, dass Sachleistungen immer vom aushelfenden Träger und Geldleistungen immer vom zuständigen Träger erbracht werden. Wohnt eine in Deutschland versicherte Person in einem anderen EU-, EWR-Staat oder in der Schweiz, besteht aufgrund der Gebietsgleichstellung grundsätzlich ein Anspruch auf Pflegesachleistungen zulasten des Wohnstaates und ein Anspruch auf Geldleistungen zulasten der deutschen Krankenkasse. Da die Abkommen über Soziale Sicherheit keine Pflegeversicherung umfassen, ist eine Gleichstellung in diesem Bereich nicht möglich.

Rentenversicherung

Im Bereich der Rentenversicherung gibt es Gleichstellungsvorschriften sowohl in der Verordnung (EG) über soziale Sicherheit Nr. 883/2004 als auch in den Staaten, mit denen ein Abkommen über Soziale Sicherheit im Bereich der Rentenversicherung besteht. Die Gleichstellung betrifft die gegenseitige Anerkennung von Versicherungszeiten für die Erfüllung von Wartezeiten und die entsprechende Berücksichtigung dieser Zeiten für die Rentenhöhe.

Arbeitslosenförderung

Die Gleichstellung erfolgt auch im Bereich der Arbeitsförderung. Zuständig für Leistungen ist immer der Wohnstaat. Im Bereich der Abkommen über Soziale Sicherheit ist grundsätzlich der Staat zuständig, in dem die Person wohnt.

Unfallversicherung

Auch im Bereich der Unfallversicherung gibt es Gleichstellungsvorschriften. Erleidet eine in Deutschland beschäftigte Person, die in einem anderen Staat wohnt, in dem die Verordnung (EG) über soziale Sicherheit Nr. 883/2004 oder ein Abkommen über Soziale Sicherheit gilt, einen ⇗ Arbeitsunfall, kann sie Sachleistungen infolge des Arbeitsunfalls oder einer ⇗ Berufskrankheit erhalten. Der Leistungsumfang und der Zeitraum richten sich nach den Rechtsvorschriften des Aufenthaltsstaates.

Dies kann dazu führen, dass eine Person Einschränkungen hinsichtlich des Leistungsumfanges hinnehmen muss, wenn in einem Land der Sachleistungsanspruch eingeschränkt ist. Sollten im Aufenthaltsstaat Eigenbeteiligungen vorgesehen sein, muss auch der entsandte Arbeitnehmer diese Eigenbeteiligungen leisten.

Geburtsbeihilfe

Die Geburtsbeihilfe ist eine Sonderleistung des Arbeitgebers im Zusammenhang mit der Geburt oder Adoption eines Kindes des Arbeitnehmers oder seines Lebenspartners. Sie ist in voller Höhe als steuerpflichtiger Arbeitslohn bzw. beitragspflichtiges Arbeitsentgelt zu behandeln.

Die Geburtsbeihilfe kann in Form von Barlohn oder in Form von Sachgeschenken zur Geburt erfolgen. Erfolgt die Geburtsbeihilfe als Sachgeschenk, handelt es sich hierbei um eine steuerpflichtige Sachzuwendung, die als geldwerter Vorteil zu versteuern ist und der Beitragspflicht unterliegt. Geschenke bis 60 EUR anlässlich eines besonderen persönlichen Ereignisses gelten als Aufmerksamkeiten und gehören nicht zum Arbeitslohn. Außerdem könnte der Arbeitgeber ggf. zusätzlich Sachzuwendungen bis 50 EUR monatlich steuerfrei zuwenden.

Wird die Geburtsbeihilfe als einmalige Zahlung geleistet, gilt sie als sonstiger Bezug im Lohnsteuerrecht. In der Sozialversicherung werden die Beiträge aus dem einmalig gezahlten Arbeitsentgelt erhoben.

Gesetze, Vorschriften und Rechtsprechung

Lohnsteuer: Die Lohnsteuerpflicht der Geburtsbeihilfe ergibt sich aus § 19 Abs. 1 Satz 1 Nr. 1 EStG i. V. m. R 19.3 LStR.

Sozialversicherung: Die Beitragspflicht des Arbeitsentgelts in der Sozialversicherung ergibt sich aus § 14 Abs. 1 SGB IV. Die Beitragserhebung aus Einmalzahlungen regelt § 23a SGB IV. Die Beitragsfreiheit als Konsequenz der Anwendung der 50-EUR-Freigrenze ergibt sich aus § 1 Abs. 1 Satz 1 Nr. 1 SvEV.

Entgelt	LSt	SV
Geburtsbeihilfe als Barlohn	pflichtig	pflichtig
Sachgeschenk bis 60 EUR anlässlich eines besonderen persönlichen Ereignisses	frei	frei
Sachbezüge bis 50 EUR monatlich	frei	frei

Geburtstagsfeier

Lädt ein Arbeitgeber anlässlich eines Arbeitnehmergeburtstags Geschäftsfreunde, Repräsentanten, Vertreter von Verbänden und Berufsorganisationen oder auch Arbeitskollegen des Arbeitnehmers zu einem Empfang ein, ist immer unter Berücksichtigung des Einzelfalls zu entscheiden, ob es sich um eine betriebliche Veranstaltung des Arbeitgebers oder im engeren Sinne um eine private Feier des Arbeitnehmers handelt.

Übliche Sachleistungen eines Arbeitgebers für einen Empfang anlässlich eines runden Geburtstags eines Arbeitnehmers gehören nicht zum steuerpflichtigen Arbeitslohn, wenn es sich bei der Veranstaltung unter Berücksichtigung aller Umstände des Einzelfalls um ein Fest des Arbeitgebers (betriebliche Veranstaltung – jedoch keine Betriebsveranstaltung im steuerlichen Sinne) handelt und die Aufwendungen des Arbeitgebers einschließlich Umsatzsteuer 110 EUR je teilnehmende Person nicht übersteigen.

Die beitragsrechtliche Bewertung der Sozialversicherung richtet sich nach der steuerrechtlichen Beurteilung.

Gesetze, Vorschriften und Rechtsprechung

Lohnsteuer: Zur Beurteilung einer Feier anlässlich eines Arbeitnehmergeburtstags s. BFH, Urteil v. 28.1.2003, VI R 48/99, BStBl 2003 II S. 724. R 19.3 Abs. 2 Nr. 4 LStR regelt, wann Sachleistungen anlässlich eines runden Arbeitnehmergeburtstags nicht als Arbeitslohn anzusehen sind. Eine Geburtstagsfeier ist keine Betriebsveranstaltung i. S. d. § 19 Abs. 1 Satz 1 Nr. 1a EStG.

Sozialversicherung: Die Beitragspflicht des Arbeitsentgelts in der Sozialversicherung ergibt sich aus § 14 Abs. 1 SGB IV. Soweit kein Arbeitslohn vorliegt, die Sachleistung des Arbeitgebers also gar nicht steuerbar ist, liegt auch kein Arbeitsentgelt im sozialversicherungsrechtlichen Sinne vor.

Entgelt	LSt	SV
Arbeitgeberfest anlässlich Arbeitnehmergeburtstags als betriebliche Veranstaltung bis 110 EUR je Arbeitnehmer	frei	frei
Arbeitgeberzuwendungen zu einer privat organisierten Geburtstagsfeier	pflichtig	pflichtig
Geldgeschenk zum Geburtstag	pflichtig	pflichtig
Sachzuwendung anlässlich Geburtstag bis 60 EUR brutto	frei	frei

Entgelt

Privates Fest des Arbeitnehmers

Zuwendungen des Arbeitgebers zu einer vom Arbeitnehmer privat organisierten Geburtstagsfeier sind regelmäßig lohnsteuer- und sozialversicherungspflichtig, auch wenn diese in den Firmenräumen stattfindet.

Fest des Arbeitgebers

Richtet der Arbeitgeber eine Geburtstagsfeier für den Arbeitnehmer aus oder übernimmt er die Kosten für dieses Fest, liegt nur dann Arbeitslohn vor, wenn der Arbeitnehmer hierdurch eine objektive Bereicherung erfahren hat. Eine solche ist dann nicht gegeben, wenn die Bewirtung der Gäste anlässlich eines Festes des Arbeitgebers erfolgt. Ob ein Fest des Arbeitgebers oder aber eines des Arbeitnehmers vorliegt, ist nach den Umständen des Einzelfalls zu entscheiden.[1]

Ein Fest des Arbeitgebers liegt grundsätzlich vor, wenn

- der Arbeitgeber als Gastgeber auftritt,
- die Gästeliste nach beruflichen Gesichtspunkten bestimmt wird,
- die Feier in den Geschäftsräumen ausgerichtet wird und
- das Fest insgesamt den Charakter einer betrieblichen Veranstaltung hat.

110-EUR-Freigrenze

Aufwendungen, die auf den Arbeitnehmer selbst, seine Familienangehörigen oder private Gäste des Arbeitnehmers entfallen, sind grundsätzlich steuerpflichtiger Arbeitslohn. Allerdings kann dieser im Rahmen der 110-EUR-Freigrenze nicht steuerbar und damit und beitragsfrei bleiben.[2] Betragen danach die Aufwendungen des Arbeitgebers je teilnehmender Person pro Veranstaltung nicht mehr als 110 EUR (einschließlich Umsatzsteuer), führen sie nicht zu Arbeitslohn.

Achtung

Freigrenze beachten

Es handelt sich hier um eine Freigrenze. Im Gegensatz zu einem Freibetrag wird bei Überschreiten der 110 EUR um nur 0,01 EUR der gesamte Betrag steuer- und beitragspflichtig und nicht nur der übersteigende Teil.

Die anteiligen Aufwendungen des Arbeitgebers, die auf den Arbeitnehmer selbst, seine Familienangehörigen sowie private Gäste des Arbeitnehmers entfallen, gehören jedoch zum steuerpflichtigen Arbeitslohn, wenn die Aufwendungen des Arbeitgebers mehr als 110 EUR je teilnehmende Person betragen. Der Teil der Aufwendungen, der auf eingeladene Kollegen, Geschäftspartner u. ä. Personen entfällt, gehört nicht zum steuerpflichtigen Arbeitslohn des Arbeitnehmers, da es sich um eine betriebliche Veranstaltung des Arbeitgebers handelt. Geschenke bis zu einem Gesamtwert von 60 EUR sind in die 110-EUR-Grenze einzubeziehen.[3]

Beispiel

Arbeitgeberfest anlässlich runden Geburtstags eines Außendienstmitarbeiters

Anlässlich des 50. Geburtstags des Außendienstleiters lädt der Arbeitgeber die wichtigsten Kunden, die Mitarbeiter der Vertriebsabteilung und die von der Ehefrau gemeldeten privaten Freunde ein. Das Fest findet auf einem vom Arbeitgeber angemieteten Party-Schiff statt. Die Gesamtkosten pro Gast betragen 90 EUR brutto.

Ergebnis: Der betriebliche Veranstaltungscharakter steht hier im Vordergrund. Der Arbeitgeber lädt ein und es kommen überwiegend Kunden und Arbeitskollegen. Das heißt, die Gästeliste ist weitgehend beruflich angelegt. Auch die eingeladenen Freunde und Verwandten sind aus steuerlicher Sicht unproblematisch, weil die 110-EUR-Freigrenze pro Person grundsätzlich eingehalten wird.

Hinweis

Geburtstagsfeier = Betriebsveranstaltung?

In einem BMF-Schreiben[4] wird ausdrücklich darauf hingewiesen, dass Ehrungen einzelner Arbeitnehmer keine Betriebsveranstaltungen sind. R 19.3 Abs. 2 Nr. 3 und 4 LStR sind weiterhin anzuwenden, d. h. im Falle der Geburtstags- bzw. Jubiläumsfeier gilt die 110-EUR-Freigrenze weiterhin.

Gefahrenzulage

Arbeitnehmer erhalten von ihren Arbeitgebern eine Gefahrenzulage für Tätigkeiten, die mit einer erhöhten Gefahr verbunden sind. Gefahrenzulagen werden im Zusammenhang mit der Arbeitsleistung gewährt und sind sowohl steuer- als auch beitragspflichtig.

1 BFH, Urteil v. 29.1.2003, VI R 48/99, BStBl 2003 II S. 724.

2 R 19.3 Abs. 2 Nr. 4 LStR.
3 R 19.3 Abs. 2 Nr. 4 LStR.
4 BMF, Schreiben v. 14.10.2015, IV C 5 – S 2332/15/10001.

Gefahrenzulagen werden in der Praxis regelmäßig für einen längeren Zeitraum bezahlt und als laufender Arbeitslohn bzw. regelmäßiges Arbeitsentgelt ausgezahlt. Die Gefahrenzulage wird bei der Berechnung der monatlichen Beitragsbemessungsgrenzen sowie der Jahresarbeitsentgeltgrenze berücksichtigt.

Gesetze, Vorschriften und Rechtsprechung

Lohnsteuer: Die Lohnsteuerpflicht der Gefahrenzulage ergibt sich aus § 19 Abs. 1 EStG i. V. m. R 19.3 LStR.

Sozialversicherung: Die Beitragspflicht des Arbeitsentgelts in der Sozialversicherung ergibt sich aus § 14 Abs. 1 SGB IV.

Entgelt	LSt	SV
Gefahrenzulage	pflichtig	pflichtig

Gehaltsverzicht

Verzichtet ein Arbeitnehmer endgültig auf einen Teil seines Arbeitslohns oder seines Gehalts, spricht man von einem Gehaltsverzicht. Erlischt der arbeitsrechtliche Anspruch des Arbeitnehmers auf das Gehalt, ist nur der geminderte Arbeitslohn steuerpflichtig. Für einen wirksamen Gehaltsverzicht ist sozialversicherungsrechtlich zwischen einmalig und laufend gezahltem Entgelt zu unterscheiden.

Gesetze, Vorschriften und Rechtsprechung

Lohnsteuer: Das Zuflussprinzip ergibt sich aus § 38 Abs. 1 Satz 1 EStG.

Sozialversicherung: Ganz konkret haben sich die Spitzenorganisationen der Sozialversicherungsträger per BE v. 28./29.3.2001, Top 8 mit dem Entgeltverzicht beschäftigt. Es setzt auf den Vorschriften des § 22 Abs. 1 Satz 1 SGB IV (sog. Entstehungsprinzip für laufende Bezüge) auf. Einmalzahlungen werden abweichend davon nach dem sogenannten Zuflussprinzip erst dann beitragspflichtig, wenn sie tatsächlich gezahlt werden (§ 22 Abs. 1 Satz 2 SGB IV). Eine Voraussetzung dafür, dass der Verzicht auf Entgeltbestandteile sich beitragsmindernd auswirken kann ist die schriftliche Vereinbarung (§ 2 Abs. 1 Satz 2 Nr. 6 NachwG).

Lohnsteuer

Zuflussprinzip

Während in der Sozialversicherung die Beiträge aus dem rechtlich zustehenden laufenden Arbeitsentgelt berechnet werden, gilt in der Lohnsteuer das sog. Zuflussprinzip. Maßgeblich für die Berechnung der Lohnsteuer ist nur derjenige Teil des Arbeitslohns, der dem Arbeitnehmer im Zeitraum tatsächlich ausgezahlt wird (zufließt).

Kommt es im Zusammenhang mit dem Arbeitsverhältnis zu einem arbeitsrechtlich wirksamen Gehaltsverzicht, so ist die Lohnsteuer aus dem infolge des Gehaltsverzichts zufließenden (neuen) Arbeitslohn zu berechnen. Weitere Besonderheiten sind aus lohnsteuerrechtlicher Sicht nicht zu beachten.

Sozialversicherung

Voraussetzungen für einen wirksamen Entgeltverzicht

Die Beitragspflicht zur Sozialversicherung entsteht bei laufendem Entgelt, anders als im Steuerrecht, mit der Lohnzahlungspflicht und knüpft damit an das rechtlich zustehende ⇗ Entgelt an. Das gilt entsprechend bei der Beurteilung der Versicherungspflicht. Es spielt grundsätzlich keine Rolle, ob das Entgelt tatsächlich an den Arbeitnehmer gezahlt wurde. Nur wenn ein Verzicht auf laufendes Entgelt die nachfolgend genannten 3 Kriterien vollständig erfüllt, ist er beitrags- und versicherungsrechtlich wirksam. Für die Prüfung der Versicherungspflicht und die Beitragsberechnung ist dann nur noch das verbleibende Arbeitsentgelt maßgebend.

Achtung

Verzicht auf Einmalzahlung ist einfacher umzusetzen

Bei einmalig gezahltem Entgelt gilt dagegen das Zuflussprinzip.[1] Die Beitragspflicht entsteht erst, wenn einmaliges Entgelt tatsächlich ausgezahlt wird. Ist ein Verzicht auf einmaliges Entgelt vor der Auszahlung erfolgt, wird es versicherungs- und beitragsrechtlich nicht berücksichtigt. Ein für die Sozialversicherung wirksamer Gehaltsverzicht ist bei Einmalzahlungen damit leichter zu realisieren als bei laufenden Entgeltzahlungen.

Verzicht muss arbeitsrechtlich zulässig sein

Ein Verzicht auf laufend gezahltes Entgelt ist nur dann in der Sozialversicherung wirksam, wenn er arbeitsrechtlich zulässig ist. Damit wird der Rechtsanspruch auf das Entgelt aufgehoben. Der Verzicht kann arbeitsrechtlich wirksam im Rahmen einer Einzelvereinbarung erfolgen, wenn kein bindender Tarifvertrag vorliegt. Außerdem darf mit der Vereinbarung nicht gegen das Teilzeit- und Befristungsgesetz (TzBfG) verstoßen werden.

Achtung

Öffnungsklausel bei Tarifverträgen

Ist ein bindender Tarifvertrag vorhanden, ist der Gehaltsverzicht nur zulässig, soweit eine Öffnungsklausel besteht und diese Öffnungsklausel nicht gegen das Teilzeit- und Befristungsgesetz verstößt.

Verzicht schriftlich vereinbaren

Ein Gehaltsverzicht gehört zu den schriftlich zu vereinbarenden Arbeitsvertragsinhalten.[2] Das gilt nicht bei Arbeitnehmern, die nur zur vorübergehenden Aushilfe von höchstens einem Monat tätig sind.

Nur für zukünftig zustehendes Entgelt

Ein rückwirkender Verzicht der Arbeitnehmer auf Arbeitsentgeltanspruch führt nicht zu einer entsprechend verminderten Beitragsforderung. Der Beitragsanspruch ist bereits entstanden und wird durch den Verzicht auf das Arbeitsentgelt nicht mehr beseitigt. Wirksam ist daher nur ein in die Zukunft gerichteter Verzicht auf laufende Entgeltansprüche.

Geldstrafen

Geldstrafen und Bußgelder sind den Einzelnen persönlich treffende öffentlich-rechtliche Sanktionen. Vor diesem Hintergrund besteht grundsätzlich kein diesbezüglicher Aufwendungsersatzanspruch des davon im Zusammenhang mit der Erbringung der Arbeitsleistung betroffenen Arbeitnehmers gegenüber dem Arbeitgeber.

Ersetzt der Arbeitgeber dem Arbeitnehmer eine Geldstrafe, eine Geldbuße oder ein Ordnungs- oder Verwarnungsgeld, stellt dies steuerpflichtigen Arbeitslohn dar. Ein Arbeitnehmer hat grundsätzlich keinen arbeitsrechtlichen Anspruch gegen seinen Arbeitgeber auf Ersatz von Geld- oder Ordnungsstrafen, die wegen rechtswidriger Handlungen während der Arbeitszeit verhängt worden sind.

Gesetze, Vorschriften und Rechtsprechung

Lohnsteuer: Geldstrafen gehören nach § 12 Nr. 4 EStG zu den nicht abziehbaren Kosten der privaten Lebensführung. Übernimmt der Ar-

1 § 22 Abs. 1 Satz 2 SGB IV.
2 § 2 Abs. 1 Satz 2 Nr. 6 NachwG.

beitgeber Geldstrafen, Geldbußen, Verwarnungsgelder o. Ä. für seine Arbeitnehmer, liegt nach geänderter Rechtsprechung des BFH, Urteil v. 14.11.2013, VI R 36/12, BStBl 2014 II S. 278, steuerpflichtiger Arbeitslohn in Höhe des Zahlbetrags vor. S. auch OFD Frankfurt, Verfügung v. 28.7.2015, S 2332 A – 094 – St 222. Verwarngelder, die der Arbeitgeber als Fahrzeughalter wegen Falschparkens seiner Arbeitnehmer übernommen hat, sind kein steuerpflichtiger Lohn des Arbeitnehmers (BFH, Urteil v. 13.8.2020, VI R 1/17).

Entgelt	LSt	SV
Arbeitgeber ersetzt dem Arbeitnehmer Geldstrafe, Geldbuße, Ordnungsgeld oder Verwarnungsgeld	pflichtig	pflichtig

Lohnsteuer

Übernahme von Bußgeldern ist Arbeitslohn

Ersetzt der Arbeitgeber dem Arbeitnehmer eine Geldstrafe, eine Geldbuße oder ein Ordnungs- oder Verwarnungsgeld, stellt dies steuerpflichtigen Arbeitslohn dar.

Beispiel

Vergehen während der Arbeitszeit

Der Chauffeur einer Firma fährt ein Vorstandsmitglied zu einer wichtigen Sitzung. Um rechtzeitig anzukommen, überschreitet er die Geschwindigkeitsbegrenzung, gerät in eine Radarkontrolle und muss 50 EUR Bußgeld bezahlen. Der Arbeitgeber ersetzt dem Chauffeur die 50 EUR.

Ergebnis: Der Arbeitgeberersatz ist steuer- und beitragspflichtiger Arbeitslohn. Es handelt sich nicht um steuerfreien Ersatz von Reisenebenkosten.

Lohnsteuerpflicht auch bei eigenbetrieblichem Interesse

Der BFH hat seine bisherige Rechtsprechung[1] geändert und hält nun nicht mehr daran fest, dass vom Arbeitgeber aus ganz überwiegend eigenbetrieblichem Interesse übernommene Zahlungen von gegen seine Arbeitnehmer verhängten Verwarnungsgeldern nicht lohnzuversteuern sind. Übernimmt der Arbeitgeber Geldauflagen, Bußgelder o. Ä., die gegen seine Arbeitnehmer verhängt werden, führt dies zu steuerpflichtigem Arbeitslohn in Höhe des Zahlbetrags. Steuerpflichtiger Arbeitslohn liegt unabhängig davon vor, ob der Arbeitgeber das rechtswidrige Verhalten angeordnet hat.[2]

In Abgrenzung dazu führt die Zahlung eines Verwarnungsgelds durch den Arbeitgeber als Halter eines Fahrzeugs nicht zu Arbeitslohn bei dem Arbeitnehmer, der die Ordnungswidrigkeit (z. B. Parkverstoß) begangen hat. In diesen Fällen ist jedoch zu prüfen, ob der Arbeitgeber gegenüber dem Arbeitnehmer, der die Ordnungswidrigkeit begangen hat, einen Regressanspruch hat. Verzichtet der Arbeitgeber gegenüber dem Arbeitnehmer endgültig auf einen solchen Regressanspruch, fließt dem Arbeitnehmer hierdurch ein geldwerter Vorteil und damit Arbeitslohn zu.[3]

Hinweis

Betriebsausgabenabzug des Arbeitgebers

Geldbußen, Ordnungsgelder und Verwarnungsgelder, die von einem Gericht oder einer Behörde in der Bundesrepublik Deutschland oder von einem Mitgliedstaat oder von Organen der Europäischen Union festgesetzt werden, sowie damit zusammenhängende Aufwendungen unterliegen beim Arbeitgeber dem Betriebsausgabenabzugsverbot.[4]

Sind derartige Zahlungen nach der geänderten Rechtsprechung des BFH beim Arbeitnehmer als Arbeitslohn zu qualifizieren, ist der Lohnaufwand beim Arbeitgeber als Betriebsausgabe berücksichtigungsfähig.

Kein Werbungskostenabzug für Geldstrafen

Geldstrafen, Ordnungsstrafen, Bußgelder, Verwarnungsgelder sowie damit zusammenhängende Aufwendungen gehören stets zu den steuerlich nicht berücksichtigungsfähigen Ausgaben, auch wenn das bestrafte Vergehen im Rahmen der dienstlichen oder beruflichen Tätigkeit verübt wurde.

Achtung

Aufwendungen für Strafverteidigung können Werbungskosten sein

Die mit einem beruflich veranlassten Vergehen zusammenhängenden Prozess- und Anwaltskosten können als ⇗ Werbungskosten berücksichtigungsfähig sein.[5]

Beruht der strafrechtliche Schuldvorwurf auf dem beruflichen Verhalten des Arbeitnehmers, kann dieser die Kosten des Strafverfahrens als ⇗ Werbungskosten in seiner Einkommensteuererklärung geltend machen. Es kommt nicht darauf an, ob der Arbeitnehmer vorsätzlich oder fahrlässig gehandelt hat. Unerheblich ist auch, ob der Vorwurf zurecht erhoben wurde. Betrifft der Tatvorwurf aber Verstöße, durch die der Arbeitgeber geschädigt wurde (z. B. Unterschlagung, Diebstahl), ist ein Werbungskostenabzug ausgeschlossen.

Schadenersatzzahlung als Werbungskosten

Geldauflagen können in den Fällen als Werbungskosten abgezogen werden, in denen sie der Wiedergutmachung des durch die Tat verursachten Schadens dienen.

Vertragsstrafen sind Werbungskosten

Von den Geldstrafen, Geldbußen, Ordnungs- und Verwarnungsgeldern in diesem Sinne sind die gelegentlich in Tarifverträgen, Betriebsvereinbarungen oder Arbeitsverträgen festgelegten Vertragsstrafen zu unterscheiden.

Vertragsstrafen wegen dienstlicher Verfehlungen des Arbeitnehmers, die vom Arbeitgeber gefordert und vom Arbeitslohn einbehalten werden, mindern den steuerpflichtigen Arbeitslohn nicht. Die Lohnsteuer ist in diesem Fall vom ungekürzten Betrag zu berechnen. Diese Vertragsstrafen sind beim Arbeitnehmer als Werbungskosten abziehbar.

Vertragsstrafe wegen Verstoß gegen Wettbewerbsverbot

Hat der Arbeitnehmer aufgrund einer Verletzung des Wettbewerbsverbots oder aus ähnlichen Anlässen eine Vertrags-(Konventional-)strafe zu zahlen, rechnen die Zahlungen zu den abzugsfähigen Werbungskosten.

Sozialversicherung

Erstattung einer Geldstrafe

Vom Arbeitgeber ersetzte Geldstrafen oder Geldbußen sind beitragspflichtiges ⇗ Entgelt. Sie sind wie ⇗ Einmalzahlungen zu behandeln und in dem Monat der Auszahlung beitragsrechtlich zuzuordnen.

Lohnabzug einer Vertragsstrafe

Wird der Arbeitslohn durch eine vom Arbeitgeber verhängte Vertragsstrafe im Wege der Aufrechnung gemindert, ist der Strafbetrag bei der Beitragsbemessung nicht abzugsfähig. In einem solchen Fall gilt der volle Entgeltbetrag als zugeflossen. Die Beiträge zur Sozialversicherung sind aus dem vollen Entgelt zu berechnen.

1 BFH, Urteil v. 7.7.2004, VI R 29/00, BStBl 2005 II S. 367.
2 BFH, Urteil v. 14.11.2013, VI R 36/12, BStBl 2014 II S. 278.
3 BFH, Urteil v. 13.8.2020, VI R 1/17, BFH/NV 2021 S. 75.
4 § 4 Abs. 5 Nr. 8 Satz 1 EStG; R 4.13 Abs. 1 Satz 1 EStR.
5 BFH, Urteil v. 19.2.1982, VI R 31/78, BStBl 1982 II S. 467.

Geldwerter Vorteil

Zum Arbeitslohn gehören nicht nur Geldleistungen, die dem Arbeitnehmer im Rahmen seines Dienstverhältnisses zufließen, sondern auch Einnahmen in Geldeswert wie z. B. freie Unterkunft, freie Verpflegung und andere unentgeltlich oder verbilligt überlassene Waren- und Dienstleistungen. In Abgrenzung zum Barlohn bezeichnet man diese Form des Arbeitslohns auch als Sachbezug bzw. Sachlohn oder geldwerten Vorteil.

Gesetze, Vorschriften und Rechtsprechung

Lohnsteuer: Arbeitslohn ist in § 2 Abs. 1 LStDV normiert. Rechtsgrundlage für die lohnsteuerliche Erfassung von Sachbezügen als Arbeitslohn ist § 8 Abs. 1 EStG. Die Bewertungsregeln einschließlich der möglichen Steuerbefreiung (Rabattfreibetrag von 1.080 EUR) sind für Belegschaftsrabatte in § 8 Abs. 3 EStG festgelegt. Liegen die gesetzlichen Voraussetzungen für den Rabattfreibetrag nicht vor, ist die 50-EUR-Freigrenze des § 8 Abs. 2 EStG (kleiner Rabattfreibetrag) zu prüfen. Verwaltungsregelungen zur Anwendung des kleinen Rabattfreibetrags finden sich in R 8.1 LStR. 8.2 LStR enthält Anweisungen des Richtliniengebers zum großen Rabattfreibetrag.

Sozialversicherung: Die beitragsrechtlichen Regelungen zu einem geldwerten Vorteil ergeben sich sozialversicherungsrechtlich aus den § 14 Abs. 1 Satz 1 SGB IV i. V. m. § 1 Abs. 1 Satz 1 Nr. 1 SvEV. Steuerpflichtige geldwerte Vorteile sind grundsätzlich auch beitragspflichtig.

Entgelt	LSt	SV
Arbeitslohn, der nicht in Geld besteht	pflichtig	pflichtig

Lohnsteuer

Abrechnung von Sachbezügen und Dienstleistungen

Geldwerter Vorteil ist ein lohnsteuerlicher Begriff, der in den Fällen verwendet wird, in denen ein Arbeitnehmer Arbeitslohn in Form unentgeltlicher oder verbilligter Überlassung von Sachwerten oder Dienstleistungen erhält. Als geldwerter Vorteil wird der Geldbetrag bezeichnet, den der Arbeitnehmer ausgeben müsste oder zusätzlich ausgeben müsste, wenn er sich die Sache oder die Dienstleistung nach dem üblichen Endpreis am Abgabeort (Kleinhandelspreis einschließlich Umsatzsteuer) selbst beschaffen würde. Dieser Geldbetrag ist i. d. R. als steuerpflichtiger Arbeitslohn anzusetzen.

Bewertung des geldwerten Vorteils

Für die Besteuerung von geldwerten Vorteilen gelten die allgemeinen Grundsätze, wie sie bei Einbehaltung und Abführung der Lohnsteuer von Barlohnzahlungen zu beachten sind. Insbesondere sind die gesetzlichen Steuerbefreiungsvorschriften auch auf ⇗ Sachbezüge anwendbar. Die Besonderheiten bei den Sachbezügen liegen in der zutreffenden Ermittlung des Wertansatzes, mit dem die Vorteilsgewährung dem Lohnsteuerabzug zugrunde zu legen ist. Außerdem ist der Lohnsteuerabzug bei Lohnzahlungen durch Dritte gesetzlich vorgeschrieben, der sog. Drittrabatte einschließt.[1, 2]

Sozialversicherung

Beitragsrechtliche Bewertung

Zur Sozialversicherung gilt für die Beitragsberechnung ein umfassender und weitgehender Entgeltbegriff. Nicht nur Einnahmen und Zuwendungen in Geld sind beitragspflichtige Einnahmen, sondern auch Zuwendungen in Geldeswert.[3] Am häufigsten wird ein geldwerter Vorteil in Form der ⇗ Sachbezüge gewährt.

Grundsätzlich gilt, dass ein geldwerter Vorteil, soweit er steuerpflichtig ist, auch beitragspflichtig ist. Sind für bestimmte geldwerte Vorteile, wie z. B. für freie Verpflegung und Unterkunft oder für die Bewertung von Freiflügen bei Luftfahrtunternehmen, Sachbezugswerte festgesetzt worden, gelten sie in dieser Höhe als beitragspflichtiges Arbeitsentgelt.

Zu den geldwerten Vorteilen gehören beispielsweise auch

- ⇗ Aufmerksamkeiten,
- ⇗ Arbeitgeberdarlehen,
- ⇗ Belegschaftsrabatte,
- Beiträge zu Direktversicherungen,
- Computer,
- ⇗ Dienstwagen,
- ⇗ Gelegenheitsgeschenke,
- ⇗ Gruppenunfallversicherung,
- Kfz-Überlassung,
- ⇗ Incentive,
- Mahlzeiten,
- Nutzung von Telekommunikationsanlagen und
- Sachzuwendungen bei Betriebsveranstaltungen.

Geldzuwendungen

Geldzuwendungen des Arbeitgebers an den Arbeitnehmer, die im Zusammenhang mit der geleisteten Arbeit stehen, sind als Arbeitslohn i. d. R. lohnsteuerpflichtig und als Arbeitsentgelt beitragspflichtig zur Sozialversicherung.

Eine Ausnahme von diesem Grundsatz besteht, wenn dem Arbeitnehmer entstandene Auslagen ersetzt werden. Kauft der Arbeitnehmer im Auftrag des Arbeitgebers z. B. Briefmarken, kann der Arbeitgeber diese Auslagen ohne lohnsteuer- oder sozialversicherungsrechtliche Konsequenzen erstatten.

Als Geldzuwendungen sind auch Zuwendungen an Arbeitnehmer in Form von Geldkarten – wie z. B. Visacard – oder seit 2020 auch bestimmte Guthabenkarten einzustufen. Im Gegensatz zu Geldzuwendungen gehören Warengutscheine und Gutscheinkarten, die nur bei einem ausgewählten Kreis von Akzeptanzstellen im Inland eingelöst werden können, zu den Sachbezügen.

Gesetze, Vorschriften und Rechtsprechung

Lohnsteuer: Die Einstufung von Geldzuwendungen als Arbeitslohn regelt § 19 EStG bzw. R 19 Abs. 1 LStR. Auslagenersatz bzw. durchlaufende Gelder sind geregelt in § 3 Nr. 50 EStG bzw. R 3 Nr. 50 LStR.

Sozialversicherung: Die Beitragspflicht der Arbeitgeberzuwendung ergibt sich aus § 14 Absatz 1 SGB IV.

Entgelt	LSt	SV
Geldzuwendungen	pflichtig	pflichtig
Auslagenersatz	frei	frei

1 § 38 Abs. 1, 4 EStG.
2 BMF, Schreiben v. 20.1.2015, IV C 5 – S 2360/12/10002, BStBl 2015 I S 143.
3 § 14 Abs. 1 Satz 1 SGB IV i. V. m. § 1 Abs. 1 Satz 1 Nr. 1 SvEV.

Gemeinschaftsverpflegung

Verpflegt der Arbeitgeber seine Arbeitnehmer gemeinschaftlich, so handelt es sich hierbei grundsätzlich um eine lohnsteuerpflichtige Zuwendung. Hierfür können unter bestimmten Voraussetzungen die amtlichen Sachbezugswerte angesetzt werden.

Alternativ zur individuellen Besteuerung kann der Arbeitgeber die Sachbezugswerte pauschal versteuern. Hier ist ein Pauschalsteuersatz von 25 % anzuwenden.

Eine andere Form der Gemeinschaftsverpflegung ist die Verpflegung im Rahmen von Betriebsveranstaltungen. Diese Verpflegung stellt bei üblichen Betriebsveranstaltungen keinen Arbeitslohn und damit auch kein sozialversicherungspflichtiges Arbeitsentgelt dar.

Ebenso stellt gemeinschaftliche Verpflegung keinen steuerpflichtigen Arbeitslohn dar, wenn sie im überwiegend betrieblichen Interesse des Arbeitgebers, z. B. bei außergewöhnlichen Arbeitseinsätzen, gewährt wird. Dies gilt jedoch nur für Arbeitsessen im Betrieb bis zu 60 EUR durchschnittlich je Arbeitnehmer.

Gesetze, Vorschriften und Rechtsprechung

Lohnsteuer: Zur Besteuerung der Kantinenmahlzeiten s. R 8.1 Nr. 7 LStR. Zur Lohnsteuerpauschalierung bei kostenlosen oder verbilligten Mahlzeiten im Betrieb s. § 40 Abs. 2 Satz 1 Nr. 1 EStG.

Sozialversicherung: Die Beitragspflicht des Arbeitsentgelts in der Sozialversicherung ergibt sich aus § 14 Abs. 1 SGB IV. Die Beitragsfreiheit als Konsequenz der Anwendung der Pauschalversteuerung ergibt sich aus § 1 Abs. 1 Satz 1 Nr. 3 SvEV.

Entgelt	LSt	SV
Gemeinschaftsverpflegung generell	pflichtig	pflichtig
Gemeinschaftsverpflegung (Kantine) bei Bewertung mit Sachbezugswert	pauschal	frei
Gemeinschaftsverpflegung (außergewöhnliche Arbeitseinsätze)	frei	frei
Gemeinschaftsverpflegung (übliche Betriebsveranstaltungen)	frei	frei

Geringfügige Beschäftigung

Beschäftigungen mit einem Arbeitsentgelt von nicht mehr als 538 EUR im Monat gelten als geringfügig entlohnte Beschäftigungen. Häufig werden geringfügig entlohnte Beschäftigungen auch als Minijob oder Aushilfsjob bezeichnet. Diese Beschäftigungen sind in der Kranken-, Pflege- und Arbeitslosenversicherung versicherungsfrei. In der Rentenversicherung besteht grundsätzlich Versicherungspflicht, von der sich der Arbeitnehmer auf Antrag befreien lassen kann.

Arbeitsrechtlich gelten grundsätzlich dieselben Vorschriften wie für Arbeitnehmer mit normaler Wochenarbeitszeit.

Die Bezüge aus einem Minijob können auf 3 Arten versteuert werden: Entweder mit dem Pauschsteuersatz von 2 % oder die Lohnsteuer wird mit 20 % pauschaliert oder der Arbeitslohn wird individuell nach den ELStAM des Arbeitnehmers versteuert.

Gesetze, Vorschriften und Rechtsprechung

Lohnsteuer: Einzelheiten zur Pauschalierung der Lohnsteuer für den Arbeitslohn regeln § 40a EStG, R 40a.1 LStR, H 40a.1 LStH und R 40a.2 LStR sowie H 40a.2 LStH.

Sozialversicherung: Die Voraussetzungen für eine geringfügig entlohnte Beschäftigung sind in § 8 Abs. 1 Nr. 1 SGB IV geregelt. Die Versicherungsfreiheit in der Kranken-, Pflege- und Arbeitslosenversicherung ergibt sich aus § 7 SGB V, § 20 Abs. 1 SGB XI (im Umkehrschluss) und § 27 Abs. 2 SGB III. Die Rentenversicherungspflicht sowie die Möglichkeit zur Befreiung ist in § 6 Abs. 1b SGB VI geregelt. Beitragsrechtliche Regelungen enthalten § 249b SGB V und die §§ 163 Abs. 8, 168 Abs. 1 sowie 172 Abs. 3 SGB VI.

Die Satzungen der Berufsgenossenschaften bestimmen Einzelheiten zur Beitragsberechnung aus dem beitragspflichtigen Entgelt (§§ 153 ff. SGB VII). Die Insolvenzgeldumlage ist nach § 358 SGB III zu zahlen. Die Spitzenorganisationen der Sozialversicherung befassen sich in den Geringfügigkeits-Richtlinien mit der detaillierten Auslegung geltenden Rechts. Zusätzliche Informationen enthält die Verlautbarung vom 30.3.2020, die sich in die Gliederung der Geringfügigkeits-Richtlinien einreihen.

Lohnsteuer

Individuelle oder pauschale Besteuerung

Arbeitsentgelt aus einem geringfügigen Beschäftigungsverhältnis ist lohnsteuerpflichtig. Der Arbeitgeber muss den Lohnsteuerabzug grundsätzlich nach den ↗ elektronischen Lohnsteuerabzugsmerkmalen vornehmen. Alternativ kann er auf den Abruf verzichten. In diesem Fall muss er die Lohnsteuer einschließlich ↗ Solidaritätszuschlag und ↗ Kirchensteuer mit einem einheitlichen Pauschsteuersatz erheben.[1] Bemessungsgrundlage für die Lohnsteuerpauschalierung ist das Arbeitsentgelt.

Pauschsteuer von 2 %

Voraussetzung für die Anwendung des einheitlichen Pauschsteuersatzes ist, dass eine abhängige Beschäftigung vorliegt, der Arbeitgeber im jeweiligen Lohnzahlungszeitraum pauschale Beiträge zur Rentenversicherung entrichtet (5 % bei Beschäftigungen in Privathaushalten, 15 % bei anderen Beschäftigungen) und dass das regelmäßige Arbeitsentgelt im Sinne der Sozialversicherung die dortige Geringfügigkeitsgrenze nicht übersteigt.

Abführung der Pauschsteuer an die Minijob-Zentrale

Die einheitliche Pauschsteuer von 2 % wird beim Arbeitgeber zusammen mit den Sozialversicherungsbeiträgen von der Minijob-Zentrale eingezogen.

Hinweis

Meldepflichten

Arbeitgeber sind verpflichtet, in Meldungen zur Minijob-Zentrale anzugeben, ob die Lohnsteuer pauschal oder nach individuellen Steuermerkmalen abgerechnet worden ist.[2] Zusätzlich sind steuerrechtliche Ordnungsmerkmale des Arbeitgebers und Arbeitnehmers anzugeben.

Lohnsteuerpauschalierung mit 20 %

Der Arbeitgeber kann die Lohnsteuer mit einem Pauschalsteuersatz von 20 % des Arbeitsentgelts erheben, wenn er auf den Abruf der Lohnsteuerabzugsmerkmale verzichtet, für ein geringfügiges Beschäftigungsverhältnis keine pauschalen Rentenversicherungsbeiträge entrichtet[3] und das Arbeitsentgelt die sv-rechtliche Geringfügigkeitsgrenze nicht übersteigt.

Der ↗ Solidaritätszuschlag und ggf. die ↗ Kirchensteuer werden zusätzlich zur Lohnsteuer erhoben. Bemessungsgrundlage für diese ist die pauschale Lohnsteuer.

Abführung der Lohnsteuer ans Finanzamt

Die pauschale Lohnsteuer von 20 % ist beim Finanzamt anzumelden und an dieses abzuführen.

1 § 40a Abs. 2, 2a EStG.
2 § 28a Abs. 3 Nr. 2 Buchst. f SGB IV.
3 § 40a Abs. 2a EStG.

Wichtig

Kein eigenes steuerliches Prüfungsrecht

Für die Möglichkeit der Pauschalversteuerung ist allein die sozialversicherungsrechtliche Beurteilung maßgeblich. Ein eigenes lohnsteuerliches Prüfungsrecht besteht nicht.

Besteuerung bei Überschreiten der Geringfügigkeitsgrenze

Ab einem monatlichen regelmäßigen Arbeitsentgelt von mehr als 538 EUR (2023: 520 EUR) ist die Lohnsteuerpauschalierung mit 2 % oder 20 % nicht mehr möglich. Der Arbeitgeber muss das Arbeitsentgelt dann nach den ⇗ elektronischen Lohnsteuerabzugsmerkmalen individuell besteuern. Kriterium für die Einstufung als Minijob ist das zu erwartende bzw. vom Arbeitgeber prognostizierte Entgelt des Minijobbers.

Achtung

Unvorhersehbares Überschreiten und Jahresgrenze

Ein unvorhersehbares Überschreiten der Geringfügigkeitsgrenze steht dem Fortbestand einer geringfügig entlohnten Beschäftigung nicht entgegen, wenn die Geringfügigkeitsgrenze innerhalb des für den jeweiligen Entgeltabrechnungszeitraum zu bildenden Zeitjahres in nicht mehr als 2 Kalendermonaten um jeweils einen Betrag bis zur Höhe der Geringfügigkeitsgrenze überschritten wird.

Sozialversicherung

Versicherungsfreiheit

Kranken-/Pflege-/Arbeitslosenversicherung

Geringfügige Beschäftigungen sind in der Kranken-, Pflege- und Arbeitslosenversicherung versicherungsfrei.[1] Zu den geringfügigen Beschäftigungen gehören die geringfügig entlohnten und die ⇗ kurzfristigen Beschäftigungen.

Ausnahmen

Versicherungsfreiheit wegen Geringfügigkeit kommt generell nicht in Betracht für Personen, die

- in einer betrieblichen Berufsbildung (z. B. ⇗ Auszubildende, ⇗ Praktikanten und Teilnehmer an ⇗ dualen Studiengängen),
- bei einem ⇗ Freiwilligendienst in Form eines freiwilligen sozialen oder ökologischen Jahres,
- als Teilnehmer des ⇗ Bundesfreiwilligendienstes,
- als ⇗ Menschen mit Behinderungen in geschützten Einrichtungen,
- in Einrichtungen der Jugendhilfe oder in Berufsbildungswerken oder ähnlichen Einrichtungen für Menschen mit Behinderungen,
- während der individuellen betrieblichen Qualifizierung bei unterstützter Beschäftigung[2],
- aufgrund einer stufenweisen Wiedereingliederung oder
- wegen ⇗ Kurzarbeit oder witterungsbedingtem Arbeitsausfall

geringfügig entlohnt oder kurzfristig beschäftigt sind.

Versicherungspflicht in der Rentenversicherung

In der Rentenversicherung sind geringfügig entlohnte Beschäftigte versicherungspflichtig. Sie können sich aber von der Versicherungspflicht befreien lassen.

1 § 7 Abs. 1 SGB V, § 20 SGB XI, § 27 Abs. 2 SGB III.
2 § 55 SGB IX.

Mehrere Beschäftigungen bei einem Arbeitgeber

Übt ein Arbeitnehmer bei demselben Arbeitgeber gleichzeitig mehrere Beschäftigungen aus, ist ohne Rücksicht auf die arbeitsvertragliche Gestaltung stets von einem einheitlichen Beschäftigungsverhältnis auszugehen.[3] Entsprechendes gilt für Beschäftigungen, die während der Freistellungsphasen mit flexibler Arbeitszeitregelung bei demselben Arbeitgeber ausgeübt werden.

Auch wenn die Beschäftigung in verschiedenen Betrieben oder Betriebsteilen eines Arbeitgebers ausgeübt wird, handelt es sich um ein einheitliches Beschäftigungsverhältnis. Dabei ist unerheblich, ob es sich um organisatorisch selbstständige (z. B. Zweigniederlassungen) oder um unselbstständige Betriebe (z. B. Betriebsstätte) oder Betriebsteile handelt.

Wichtig

Formalrechtlich unterschiedliche Arbeitgeber

Eine getrennte versicherungsrechtliche Beurteilung ist vorzunehmen, wenn – bei formalrechtlich unterschiedlichen Arbeitgebern – diese organisatorisch und wirtschaftlich eng verflochten sind. Diese getrennte Betrachtung gilt sogar dann, wenn die Weisungsbefugnis über die Arbeitsleistung des Arbeitnehmers in allen Beschäftigungen ein und derselben Person oder einer einheitlichen Leitung obliegt. In solchen Konstellationen ist die rechtliche Arbeitgebereigenschaft entscheidend.

Beschäftigung während der Elternzeit

Während der ⇗ Elternzeit sind geringfügig entlohnte Beschäftigungen auch beim bisherigen Arbeitgeber stets versicherungsfrei.

Berufsausbildung und Minijob

Seit dem 1.10.2022 gilt: Wenn ein Auszubildender beim gleichen Arbeitgeber einen Minijob aufnimmt, liegt kein einheitliches Beschäftigungsverhältnis vor.[4] Dabei kommt es für die Beurteilung darauf an, ob ein Ausbildungsverhältnis mit Ausbildungsvertrag vorliegt. Die Eigenart des Berufsausbildungsverhältnisses lässt es nicht zu, dass eine geringfügige Beschäftigung neben der Berufsausbildung als einheitliches Beschäftigungsverhältnis angesehen wird.

Das gilt ebenso für in der Ausbildungs-, Studien- oder Prüfungsordnung vorgeschriebene Praktika von Studenten und Schülern sowie die Teilnahme an einem dualen Studiengang.

Entgeltgrenze in Höhe von 538 EUR

Eine geringfügig entlohnte Beschäftigung liegt vor, wenn das Arbeitsentgelt regelmäßig im Monat 538 EUR[5] (West und Ost) nicht übersteigt.

Berechnung der Geringfügigkeitsgrenze

Die Geringfügigkeitsgrenze orientiert sich seit dem 1.10.2022 am gesetzlichen Mindestlohn und ist mit folgender Formel (auf volle EUR aufgerundet) zu ermitteln:[6]

$$\frac{130 \times \text{Mindestlohn (12,41 EUR)}}{3} = 538 \text{ EUR}$$

Bei der Formel wird auf eine wöchentliche Arbeitszeit von 10 Stunden bei einer Beschäftigung zu Mindestlohnbedingungen abgestellt. Bei einer Beschäftigung von 13 Wochen (= 3 Monate) ergeben sich dann insgesamt 130 Stunden. Somit beträgt die Geringfügigkeitsgrenze seit dem 1.1.2024 monatlich 538 EUR.[7] Die Geringfügigkeitsgrenze wird vom Bundesministerium für Arbeit und Soziales im Bundesanzeiger bekannt gegeben.

3 BSG, Urteil v. 16.2.1983, 12 RK 26/81.
4 GeringfügRL v. 16.8.2022, B.2.1.1.
5 Bis 31.12.2023: 520 EUR, bis 30.9.2022: 450 EUR.
6 § 8 Abs. 1a SGB IV.
7 Vom 1.10.2022 bis 31.12.2023: 520 EUR.

Achtung

Unterscheidung von Geringfügigkeits- und Geringverdienergrenze

Von der monatlichen Geringfügigkeitsgrenze ist die ⬀ Geringverdienergrenze i. H. v. 325 EUR monatlich zu unterscheiden. Die Geringverdienergrenze regelt, dass der Arbeitgeber den Gesamtsozialversicherungsbeitrag für Auszubildende oder Praktikanten alleine trägt, wenn das erzielte Arbeitsentgelt monatlich 325 EUR nicht übersteigt.[1]

Ermittlung des Entgelts

Regelmäßiges monatliches Arbeitsentgelt

Für die Prüfung der Geringfügigkeitsgrenze ist das regelmäßige monatliche Arbeitsentgelt maßgebend. Das regelmäßige monatliche Arbeitsentgelt darf im Durchschnitt einer Jahresbetrachtung 538 EUR[2] monatlich nicht übersteigen (bei durchgehender, mehr als 12 Monate dauernder Beschäftigung max. 6.456 EUR[3] pro Jahr).

Die Ermittlung des regelmäßigen Arbeitsentgelts ist vorausschauend bei Beginn der Beschäftigung bzw. erneut bei jeder dauerhaften Veränderung in den Verhältnissen der Beschäftigung vorzunehmen.

Einmalige und laufende Vergütungen

Bei der Prüfung der Entgeltgrenze sind zunächst alle dem Arbeitnehmer voraussichtlich im Jahreszeitraum zufließenden einmaligen und laufenden Vergütungen zu berücksichtigen, soweit sie Arbeitsentgelt im Sinne der Sozialversicherung darstellen. Darüber hinaus sind auch solche Entgeltbestandteile zu berücksichtigen, die der Arbeitgeber dem Arbeitnehmer monatlich zwar nicht auszahlt, auf die er jedoch einen gesetzlichen oder arbeitsvertraglichen Anspruch hat. Bedeutung hat dies im Hinblick auf den gesetzlichen ⬀ Mindestlohn und bei der Arbeit auf Abruf.

Bedeutung des Mindestlohns

Soweit für den Arbeitnehmer der gesetzliche Mindestlohn zur Anwendung kommt, ergibt sich durch die Umrechnung der Entgeltgrenze auf den Mindestlohn seit dem 1.10.2022 eine maximal zulässige Arbeitszeit von 10 Stunden wöchentlich. Sollte diese Zeitgrenze überschritten werden, liegt von Anfang an kein Minijob, sondern eine sozialversicherungspflichtige Beschäftigung vor. Dasselbe gilt, wenn zwischen dem Arbeitgeber und dem Arbeitnehmer die Erbringung von Arbeitsleistung entsprechend dem Arbeitsanfall vereinbart ist, jedoch keine vertragliche Vereinbarung zur wöchentlichen Arbeitszeit existiert. Bei derartigen „Arbeitsverhältnissen auf Abruf" gilt, dass dem Arbeitnehmer mind. 20 Wochenarbeitsstunden zu vergüten sind. Der sich hierdurch ergebende monatliche Entgeltanspruch liegt erheblich über der Entgeltgrenze, sodass von Anfang an kein Minijob vorliegt.

Achtung

Phantomlohn – Arbeitsverträge auf Regelungen des Tarifvertrags überprüfen

Nicht ausgezahltes Entgelt, auf das der Arbeitnehmer aber einen gesetzlichen, tarif- oder arbeitsvertraglichen Anspruch hat, ist bei der ab 1.1.2024 maßgeblichen Entgeltgrenze von 538 EUR grundsätzlich zu berücksichtigen. Arbeitgeber sollten die Arbeitsverträge für Aushilfen ggf. den tariflichen Bestimmungen angleichen. Es sollte sicher nachgewiesen werden, dass ein Tarifvertrag nicht anzuwenden ist. Dem kann der Arbeitgeber nachkommen, indem er festhält, ob die Aushilfskraft ihren Angaben nach Mitglied der zutreffenden Gewerkschaft ist. Diese Möglichkeit entfällt, wenn es sich um allgemeinverbindliche Tarifverträge handelt, die für alle Arbeitnehmer – egal ob sie gewerkschaftlich organisiert und in Vollzeit oder in Teilzeit beschäftigt sind – gleichermaßen gelten.

Schwankende Entgelthöhe

Das regelmäßige Arbeitsentgelt ist nach denselben Grundsätzen zu ermitteln, die für die Schätzung des Jahresarbeitsentgelts in der Krankenversicherung bei schwankenden Bezügen gelten, und zwar bei

- schwankender Höhe des Arbeitsentgelts und
- in den Fällen, in denen bei Dauerarbeitsverhältnissen saisonbedingt unterschiedliche Arbeitsentgelte erzielt werden.

Beispiel

Unterschiedliche Arbeitsentgelte

Ein Aushilfskellner erzielt in den Monaten April bis Juni 2023 ein monatliches Arbeitsentgelt i. H. v. 600 EUR und in den Monaten Juli 2023 bis März 2024 480 EUR.

Berechnung:

3 × 600 EUR =	1.800 EUR
9 × 480 EUR =	4.320 EUR
Gesamt:	6.120 EUR

Ergebnis: Da das vorausschauend ermittelte Jahresarbeitsentgelt in dieser ganzjährig ausgeübten Tätigkeit den maßgeblichen Grenzwert von (12 Monate × 538 EUR =) 6.456 EUR nicht überschreitet, liegt hier eine geringfügig entlohnte Beschäftigung vor. Es besteht Versicherungsfreiheit zur Kranken-, Pflege- und Arbeitslosenversicherung. In der Rentenversicherung besteht grundsätzlich Versicherungspflicht, sofern kein Befreiungsantrag gestellt wurde.

Folgen fehlender Übereinstimmung mit der Schätzung

Eine aufgrund der Schätzung getroffene Feststellung bleibt für die Vergangenheit auch dann maßgebend, wenn sie infolge nicht sicher voraussehbarer Umstände mit den tatsächlichen Arbeitsentgelten aus der Beschäftigung später nicht übereinstimmt.[4]

Sobald sich abzeichnet, dass die Schätzung den tatsächlichen Verhältnissen nicht entspricht, ist diese für die Zukunft zu korrigieren.

Vorsicht bei erheblichen Schwankungen

Eine regelmäßige geringfügig entlohnte Beschäftigung liegt nicht (mehr) vor, wenn der Umfang erheblichen Schwankungen unterliegt. Nicht als geringfügig entlohnt gilt z. B. eine in wenigen Monaten eines Jahres ausgeübte Vollzeitbeschäftigung, die nur deshalb geringfügig entlohnt ausgeübt würde, weil die Arbeitszeit und das Arbeitsentgelt in den übrigen Monaten des Jahres lediglich soweit reduziert werden, dass das maßgebliche Jahresarbeitsentgelt 6.456 EUR nicht übersteigt. Dies gilt selbst dann, wenn unverhältnismäßige Schwankungen saisonbedingt begründet werden. In diesen Fällen liegt in den Monaten des Überschreitens der Entgeltgrenze keine geringfügig entlohnte Beschäftigung vor. Eine exakte Definition, ab welcher Entgelthöhe eine Schwankung erheblich ist und zum Wegfall des Status eines Minijobs führt, existiert nicht. Schwankende Entgelte, bei denen die Geringfügigkeitsgrenze aus saisonalen Gründen in bis zu 6 Monaten um bis zu 25 % überschritten werden, gelten als unschädlich. Dies gilt jedoch nur, wenn im Jahreszeitraum für die Beurteilung eines Minijobs ab 1.1.2024 ein Entgelt von insgesamt nicht mehr als 6.456 EUR[5] erzielt wird.

Beispiel

Erhebliche Schwankungen des Entgelts

Eine Aushilfe verdient in den Monaten Januar und Februar 2024 ein monatliches Arbeitsentgelt i. H. v. 2.000 EUR und in den Monaten März bis Dezember 2024 200 EUR monatlich.

2 × 2.000 EUR =	4.000 EUR
10 × 200 EUR =	2.000 EUR
Gesamt:	6.000 EUR

1 § 20 Abs. 3 SGB IV.
2 Bis 31.12.2023: 520 EUR, bis 30.9.2022: 450 EUR.
3 Bis 31.12.2023: 6.240 EUR, bis 30.9.2022: 5.400 EUR.
4 BSG, Urteile v. 23.11.1966, 3 RK 12/57, 3 RK 56/64 und BSG, Urteil v. 23.4.1974, 4 RJ 335/72.
5 Bis 31.12.2023: 6.240 EUR.

Ergebnis: Das Jahresarbeitsentgelt i. H. v. 6.456 EUR wird nicht überschritten. Die Verdienste in den Monaten Januar und Februar gelten als unverhältnismäßige Schwankungen. Eine regelmäßige geringfügig entlohnte Beschäftigung kann nicht mehr angenommen werden. In diesen beiden Monaten liegt Versicherungspflicht in allen Zweigen der Sozialversicherung vor. Für die Monate März bis Dezember liegt eine geringfügig entlohnte Beschäftigung vor. Es besteht Versicherungsfreiheit zur Kranken-, Pflege- und Arbeitslosenversicherung. In der Rentenversicherung besteht grundsätzlich Versicherungspflicht, sofern kein Befreiungsantrag gestellt wurde.

Einmalzahlungen

Bei der Ermittlung des regelmäßigen monatlichen Arbeitsentgelts werden einmalige Einnahmen (z. B. Urlaubsgeld, Weihnachtsgeld) berücksichtigt, wenn die Zahlung mit hinreichender Sicherheit einmal jährlich zu erwarten ist.

Steuerfreie Aufwandsentschädigungen

Der steuerfreie Teil der Aufwandsentschädigung für ⇗ Übungsleiter bzw. die Ehrenamtspauschale gehören nicht zum Arbeitsentgelt in der Sozialversicherung. Steuerfreie Entschädigungen sind bei der Prüfung der Geringfügigkeitsgrenze grundsätzlich nicht zu berücksichtigen. Die Freibeträge sind bei der Beurteilung eines Minijobs insgesamt bezogen auf das jeweilige Kalenderjahr zu berücksichtigen. Arbeitgeber können den Beginn einer Beschäftigung im sozialversicherungsrechtlichen Sinne damit nicht durch die Aufzehrung eines Übungsleiterfreibetrags oder der Ehrenamtspauschale zu Beginn einer Beschäftigung bzw. zu Beginn eines Kalenderjahres beeinflussen.

Überschreiten der Entgeltgrenze

Wird die Arbeitsentgeltgrenze überschritten, tritt vom Zeitpunkt des Überschreitens an Versicherungspflicht in allen Zweigen der Sozialversicherung ein. Für die zurückliegende Zeit bleibt es bei der Versicherungsfreiheit in der Kranken-, Pflege- und Arbeitslosenversicherung. In der Rentenversicherung besteht grundsätzlich Versicherungspflicht, sofern kein Befreiungsantrag gestellt wurde. Übersteigt jedoch das Arbeitsentgelt nur gelegentlich und unvorhergesehen die Geringfügigkeitsgrenze (z. B. aufgrund einer nicht eingeplanten Krankheitsvertretung), bleibt es weiterhin bei der Versicherungsfreiheit in der Kranken-, Pflege- und Arbeitslosenversicherung. Als gelegentlich ist seit dem 1.10.2022 ein Zeitraum von bis zu 2 Monaten innerhalb eines Zeitjahres anzusehen. Das Überschreiten ist nur bis zum Doppelten der monatlichen Geringfügigkeitsgrenze (= 1.076 EUR[1]) möglich. In der Rentenversicherung besteht grundsätzlich Versicherungspflicht, sofern kein Befreiungsantrag gestellt wurde.

Wichtig

Überschreiten der Entgeltgrenze aufgrund von Urlaubsvertretungen

Urlaubsvertretungen sind planbar und gelten nicht als „gelegentlich und unvorhersehbar“.

Zusammenrechnung von Beschäftigungen

Werden – jeweils für sich allein gesehen – mehrere geringfügig entlohnte Beschäftigungen ausgeübt, sind die Arbeitsentgelte aus allen Beschäftigungen zu addieren. Wird die Geringfügigkeitsgrenze dadurch überschritten, liegt in keiner dieser Beschäftigungen Geringfügigkeit vor. Dann sind alle Beschäftigungen versicherungspflichtig. Wenn eine geringfügig entlohnte Beschäftigung mit einer ⇗ kurzfristigen Beschäftigung zusammentrifft, werden die Beschäftigungen ausdrücklich nicht zusammengerechnet.

Wird neben einer bereits versicherungspflichtigen Hauptbeschäftigung nur eine geringfügig entlohnte Nebenbeschäftigung ausgeübt, sind diese beiden Beschäftigungen nicht zu addieren. Der zweite sowie jeder weitere Minijob wird mit der Hauptbeschäftigung zusammengerechnet und ist versicherungspflichtig in der Kranken-, Pflege- und Rentenversicherung. Eine Ausnahme bildet die Arbeitslosenversicherung. Pflichtbeiträge sind in diesem Fall nicht zu zahlen.

Hinweis

Minijob in der Freistellungsphase der Altersteilzeit

Als Hauptbeschäftigung ist auch die Freistellungsphase während der Altersteilzeit anzusehen.

Befreiung von der Rentenversicherungspflicht

In der Rentenversicherung können sich geringfügig entlohnt Beschäftigte auf Antrag von der Rentenversicherungspflicht befreien lassen.

Beiträge für Minijobs

Pauschalbeiträge zur Krankenversicherung

Arbeitgeber müssen für geringfügig entlohnt Beschäftigte, die gesetzlich krankenversichert sind (versicherungspflichtig, freiwillig- bzw. familienversichert), einen Pauschalbeitrag in Höhe von 13 % des Arbeitsentgelts an die gesetzliche Krankenversicherung zahlen.

Tipp

Dokumentation des Versicherungsschutzes

Ein Nachweis über das Bestehen eines Krankenversicherungsschutzes außerhalb der gesetzlichen Krankenversicherung sollte zu den Entgeltunterlagen genommen werden. Dies gilt insbesondere für geringfügig entlohnt Beschäftigte, die privat krankenversichert sind.

Pauschalbeiträge zur Rentenversicherung

In der Rentenversicherung zahlt der Arbeitgeber für einen geringfügig entlohnten Beschäftigten einen Beitragsanteil von 15 % des Arbeitsentgelts. Dies gilt bei Versicherungspflicht und bei Befreiung von der Rentenversicherungspflicht auf Antrag.

Aufstockungsbeiträge bei Rentenversicherungspflicht

Hat sich der geringfügig entlohnt Beschäftigte nicht auf Antrag von der Versicherungspflicht in der Rentenversicherung befreien lassen, entrichtet der Arbeitgeber einen Pauschalbeitrag zur Rentenversicherung in Höhe von 15 %. Der geringfügig entlohnt Beschäftigte entrichtet einen Eigenanteil (2024: 3,6 %). Der Eigenanteil errechnet sich aus der Differenz zwischen dem

- aktuellen allgemeinen ⇗ Beitragssatz der gesetzlichen Rentenversicherung und
- dem Pauschalbeitrag des Arbeitgebers.

Achtung

Mindestbeitragsbemessungsgrundlage

Für die Berechnung der Pflichtbeiträge für die Rentenversicherung ist als Mindestbeitragsbemessungsgrundlage ein Betrag in Höhe von 175 EUR zugrunde zu legen. Bei Arbeitnehmern, die mehrere Minijobs ausüben, sind die Arbeitsentgelte für die Prüfung der Mindestbeitragsbemessungsgrundlage aus allen Beschäftigungen zusammenzurechnen. Die Regelungen zur Mindestbeitragsbemessungsgrundlage sind nicht zu beachten, wenn der Beschäftigte bereits wegen eines anderen Tatbestands der Rentenversicherungspflicht unterliegt. Dies kann beispielsweise wegen einer sozialversicherungspflichtigen Beschäftigung bei einem anderen Arbeitgeber, wegen der Pflege eines anerkannt Pflegebedürftigen oder wegen Kindererziehung der Fall sein.

1 Bis 31.12.2023: 1.040 EUR.

Unfallversicherung

Das Entgelt aus geringfügig entlohnten Beschäftigungen ist beitragspflichtig zur gesetzlichen Unfallversicherung. Die Beitragshöhe ist von der Branche des Betriebs abhängig. Die Zahlung erfolgt an die zuständige Berufsgenossenschaft.

Umlagen zur Erstattung der Arbeitgeberaufwendungen

Das Arbeitsentgelt der geringfügig entlohnt Beschäftigten ist zu beiden Umlagekassen beitragspflichtig. Für die Umlage des Ausgleichsverfahrens der Arbeitgeberaufwendungen bei Arbeitsunfähigkeit (U1) und Mutterschaftsleistungen (U2) ist das Arbeitsentgelt maßgebend, nach dem die Beiträge zur gesetzlichen Rentenversicherung bei Versicherungspflicht zu bemessen wären. Die Mindestbeitragsbemessungsgrundlage für die Berechnung der Pflichtbeiträge zur Rentenversicherung ist bei der U1 und U2 nicht zu berücksichtigen, ebenso unterliegen einmalig gezahlte Arbeitsentgelte nicht der Umlagepflicht.

Die U1 für den Ausgleich der Arbeitgeberaufwendungen bei Krankheit beträgt bei der Minijob-Zentrale ab 1.1.2023 1,1 % (2022: 0,9 %) des Bruttoarbeitsentgelts. Die U2 für den Ausgleich der Arbeitgeberaufwendungen bei Schwangerschaft und Mutterschaft beträgt bei der Minijob-Zentrale ab 1.1.2023 0,24 % (2022: 0,29 %) des Bruttoarbeitsentgelts. Die entsprechenden Erstattungsanträge für die Aufwendungen zur Entgeltfortzahlung bzw. bei Mutterschaftsleistungen für geringfügig entlohnte Beschäftigte sind maschinell an die Minijob-Zentrale zu übermitteln.

Insolvenzgeldumlage

Für geringfügig entlohnte Beschäftigungen ist die ⇗ Insolvenzgeldumlage zu entrichten. Ausgenommen hiervon sind Beschäftigungsverhältnisse bei Arbeitgebern, die nicht der Umlagepflicht unterliegen. Hierzu gehören insbesondere Wohnungseigentümergemeinschaften. Der Umlagesatz beträgt in 2024 (wie auch schon in 2023) 0,06 %.[1] Maßgebend ist das tatsächliche Arbeitsentgelt, und zwar unabhängig davon, ob es sich um laufendes oder einmalig gezahltes Arbeitsentgelt handelt. Bei schwankendem Arbeitsentgelt ist auch der die Geringfügigkeitsgrenze überschreitende Betrag umlagepflichtig. Die Mindestbeitragsbemessungsgrundlage für die Berechnung der Pflichtbeiträge zur Rentenversicherung ist bei der Insolvenzgeldumlage nicht zu berücksichtigen. Die Beitragszahlung erfolgt an die Minijob-Zentrale.

Dokumentation und Meldungen

Meldesachverhalte, -schlüssel und Arbeitszeit

Personengruppen- und Beitragsgruppenschlüssel

Für geringfügig entlohnte Beschäftigte gilt grundsätzlich das Meldeverfahren, das auch für versicherungspflichtig Beschäftigte gilt. Dies bedeutet, dass nicht nur An- und Abmeldungen, sondern grundsätzlich auch alle anderen ⇗ Meldungen zu erstatten sind. Minijobber in einer geringfügig entlohnten Beschäftigung sind mit dem Personengruppenschlüssel „109" zu kennzeichnen. Daneben ist für geringfügig Beschäftigte seit dem 1.1.2022 bei allen Entgeltmeldungen die Steuernummer des Arbeitgebers, die Steuer-ID des Arbeitnehmers und die Art der Besteuerung anzugeben.[2]

Für den pauschalen Beitrag zur Krankenversicherung gilt der Beitragsgruppenschlüssel „6000".

In der gesetzlichen Rentenversicherung gilt:

- „0100" voller Beitrag zur Rentenversicherung bei Rentenversicherungspflicht
- „0500" nur Arbeitgeber-Pauschalbeitrag für geringfügig Beschäftigte

Als beitragspflichtiges Arbeitsentgelt ist in den Meldungen das Arbeitsentgelt einzutragen, von dem Pauschalbeiträge oder – bei Rentenversicherungspflicht – Rentenversicherungsbeiträge gezahlt worden sind. Bei Rentenversicherungspflicht ist die Mindestbeitragsbemessungsgrundlage von monatlich 175 EUR zu beachten.

1 § 360 SGB III.
2 § 28a Abs. 3 Satz 2 Nr. 2 Buchst. f SGB IV ist bereits am 1.1.2021 in Kraft getreten; die erweiterte Meldepflicht musste jedoch erst ab dem 1.1.2022 angewandt werden.

Achtung

Neue Dokumentationspflicht aufgrund des Mindestlohns

Mit der Einführung des Mindestlohns sind auch Arbeitgeber von Minijobbern verpflichtet, den Aufzeichnungspflichten nach dem Mindestlohngesetz nachzukommen.

Beispiel

Meldegrund und Personengruppenschlüssel

Ein Arbeitnehmer nimmt am 1.7. eine geringfügig entlohnte Beschäftigung auf.

Ergebnis: Der Arbeitgeber hat mit der ersten folgenden Entgeltabrechnung, spätestens innerhalb von 6 Wochen nach Aufnahme der Beschäftigung, eine Anmeldung mit dem Meldegrund „10" und dem Personengruppenschlüssel „109" an die Minijob-Zentrale bei der Deutschen Rentenversicherung Knappschaft-Bahn-See zu erstatten.

Anzeige des Antrags auf Befreiung von der Rentenversicherungspflicht

Anträge auf Befreiung von der Versicherungspflicht zur Rentenversicherung müssen im elektronischen Meldeverfahren vom Arbeitgeber an die Minijob-Zentrale übermittelt werden. Damit informiert der Arbeitgeber die Minijob-Zentrale über die Antragstellung des Minijobbers. Die Meldung muss mit der ersten folgenden Lohn- und Gehaltsabrechnung übermittelt werden, spätestens innerhalb von 6 Wochen nach Eingang des Antrags beim Arbeitgeber. Die Übermittlung kann auch in Verbindung mit einer anderen zum gleichen Zeitpunkt anstehenden Meldung erfolgen.

Meldungen zur Unfallversicherung

Die Angaben zur Unfallversicherung sind im Meldeverfahren zur Sozialversicherung in Form einer gesonderten ⇗ Jahresmeldung zur Unfallversicherung (UV-Jahresmeldung, Abgabegrund „92") für jeden Arbeitnehmer zu übermitteln. Abgabefrist ist der 16.2. des Folgejahres der Versicherungspflicht zur Unfallversicherung.

Minijob-Zentrale als Empfänger

Die Meldungen für geringfügig entlohnt Beschäftigte sind mittels gesicherter und verschlüsselter Datenübertragung (maschinelles Meldeverfahren) an die Minijob-Zentrale bei der Deutschen Rentenversicherung Knappschaft-Bahn-See in 45115 Essen zu übermitteln.

Wichtig

Daten zur Unfallversicherung an die zuständigen Berufsgenossenschaften übermitteln

Die Meldung der Entgelte zur Unfallversicherung wird nicht über die Minijob-Zentrale abgedeckt.

Ausnahmen vom maschinellen Meldeverfahren

Arbeitgeber, die im privaten Bereich nichtgewerbliche Zwecke oder kirchliche, mildtätige, religiöse, wissenschaftliche oder gemeinnützige Zwecke verfolgen, können die Meldungen für einen geringfügig entlohnt Beschäftigten auch auf Vordrucken erstatten. Voraussetzung dafür ist allerdings, dass sie glaubhaft machen, dass ihnen die maschinelle Meldung nicht möglich ist. Die Abgabe der Meldungen auf Vordrucken ist vorher bei der Minijob-Zentrale gesondert zu beantragen.

Geringverdiener

Der Begriff „Geringverdiener" stammt aus dem Sozialversicherungsrecht. Darunter fallen Auszubildende, deren monatliches Arbeitsentgelt 325 EUR nicht übersteigt. Für diesen Personenkreis trägt der Arbeitgeber den Gesamtsozialversicherungsbeitrag alleine.

Gesetze, Vorschriften und Rechtsprechung

Sozialversicherung: Für alle Zweige der Sozialversicherung gilt einheitlich § 20 Abs. 3 SGB IV. Alle arbeitsrechtlichen Vorschriften werden angewendet. Der Allgemeine Gleichbehandlungsgrundsatz ist zu beachten.

Entgelt	LSt	SV
Berufsausbildungsvergütung bis 325 EUR	pflichtig	pflichtig

Lohnsteuer

Steuerrechtlich kommt für die Versteuerung des Arbeitslohns nur die individuelle Versteuerung nach den ↗ ELStAM infrage. Aufgrund des niedrigen Arbeitslohns kann der Geringverdiener aber die Lohnsteuer im Rahmen seiner Einkommensteuererklärung zurückerstattet bekommen – sofern dies das einzige Einkommen ist, das er bezieht. Es kommt praktisch zu keinem Lohnsteuerabzug, da das Einkommen eines Geringverdieners unterhalb des Grundfreibetrags liegt.

Im Gegensatz zum geringfügig entlohnten Beschäftigungsverhältnis kann der Arbeitslohn eines Geringverdieners nicht pauschal besteuert werden.

Sozialversicherung

Geringverdienergrenze

Als Geringverdiener gelten Auszubildende mit einem geringen Entgelt bis zu 325 EUR. Die Geringverdienergrenze gilt bundeseinheitlich in allen Sozialversicherungszweigen. Seit dem Jahr 2020 wurde für alle neu abgeschlossenen Berufsausbildungsverhältnisse eine Mindestvergütung für Auszubildende eingeführt. Für diese neuen Berufsausbildungsverhältnisse kommt die Geringverdienergrenze nicht mehr zur Anwendung. Somit hat die Geringverdienergrenze keine praktische Bedeutung mehr.

Achtung

Geringverdienergrenze nicht verwechseln mit Entgeltgrenze bei Minijobs

Die Geringverdienergrenze ist nicht zu verwechseln mit der Geringfügigkeitsgrenze, die für ↗ geringfügig entlohnte Beschäftigungen gilt.

Die Geringverdienergrenze ist nur für die Dauer der Berufsausbildung von Bedeutung. Beträgt das monatliche beitragspflichtige Arbeitsentgelt nicht mehr als 325 EUR, trägt der Arbeitgeber den Beitrag allein.[1] Der Arbeitgeber muss auch die ↗ Arbeitnehmeranteile übernehmen und darf sie nicht vom Entgelt des Auszubildenden einbehalten.

Bei allen anderen versicherungspflichtigen Arbeitnehmern, die nicht zu ihrer Berufsausbildung beschäftigt sind, werden die Beiträge vom Arbeitnehmer und Arbeitgeber grundsätzlich je zur Hälfte getragen. Das gilt dann auch bei einem Entgelt von nicht mehr als 325 EUR monatlich. Allerdings sind bei einem regelmäßigen monatlichen Arbeitsentgelt im Übergangsbereich zwischen 538,01 EUR und 2.000 EUR Besonderheiten bei der Beitragstragung zu beachten. Diese führen zu einer verminderten Beitragsbelastung der Arbeitnehmer.

Durchschnittlicher Zusatzbeitrag

Für den Personenkreis der Geringverdiener ist in der Krankenversicherung nicht der kassenindividuelle Zusatzbeitragssatz[2], sondern der ↗ durchschnittliche Zusatzbeitragssatz[3] maßgebend. Der Arbeitgeber ist auch hier verpflichtet, diesen alleine zu tragen.

1 § 20 Abs. 3 Satz 1 Nr. 1 SGB IV.
2 § 242 SGB V.
3 § 242a SGB V.

Achtung

Durchschnittlicher Zusatzbeitrag fällt immer an

Der durchschnittliche Zusatzbeitragssatz muss auch dann entrichtet werden, wenn die Krankenkasse des Auszubildenden keinen kassenindividuellen Zusatzbeitragssatz erhebt.

Beitragszuschlag für Kinderlose in der Pflegeversicherung

Bei Geringverdienern ist der Arbeitgeber verpflichtet, auch den Beitragszuschlag für Kinderlose zur Pflegeversicherung i. H. v. 0,6 % alleine zu tragen.

Ermittlung der Geringverdienergrenze für Teilmonate

Wird das Arbeitsentgelt nur für Teilmonate gezahlt, z. B. bei Beginn oder Ende der Beschäftigung im Laufe eines Monats, ist eine entsprechende anteilige Geringverdienergrenze nach folgender Formel zu ermitteln:

$$325 \text{ EUR} \times \frac{\text{Tage des Teilmonatszeitraums}}{30}$$

Einmalzahlung

Der Grenzwert von 325 EUR kann durch eine ↗ Einmalzahlung in einzelnen Monaten überschritten werden. In diesem Fall tragen Auszubildender und Arbeitgeber den Beitrag von dem 325 EUR übersteigenden Teil des Arbeitsentgelts grundsätzlich jeweils zur Hälfte.[4] Der Arbeitgeberbeitrag zur gesetzlichen Krankenversicherung beträgt dabei die Hälfte des allgemeinen Beitragssatzes (seit 2015: 7,3 %) zuzüglich der Hälfte des durchschnittlichen Zusatzbeitragssatzes in der Krankenversicherung. Der Arbeitnehmeranteil zur gesetzlichen Krankenversicherung beträgt ebenfalls 7,3 % zzgl. der Hälfte des durchschnittlichen Zusatzbeitragssatzes (2024: 0,85 %). Der Auszubildende trägt darüber hinaus den Beitragszuschlag für Kinderlose in der Pflegeversicherung i. H. v. 0,6 % (bis 30.6.2023: 0,35 %) allein, soweit dieser auf den Anteil des Entgelts fällig ist, der den Betrag von 325 EUR übersteigt. Die auf das Arbeitsentgelt bis zum Grenzwert von 325 EUR entfallenden Beiträge, einschließlich des Beitragszuschlags zur Pflegeversicherung und des durchschnittlichen Zusatzbeitragssatzes zur Krankenversicherung, trägt der Arbeitgeber allein.

Beispiel

Überschreiten durch Einmalzahlung

Eine kinderlose Auszubildende (23 Jahre) erhält monatlich ein laufendes Arbeitsentgelt i. H. v. 300 EUR. Im Dezember erhält sie zusätzlich ein Weihnachtsgeld i. H. v. 200 EUR.

Ergebnis: Zunächst trägt der Arbeitgeber aus dem Grenzwert von 325 EUR den Gesamtsozialversicherungsbeitrag – inklusive Beitragszuschlag zur Pflegeversicherung und des durchschnittlichen Zusatzbeitragssatzes in der Krankenversicherung – alleine. Aus den verbleibenden 175 EUR werden die Beiträge im Dezember zur Kranken-, Pflege-, Renten- und Arbeitslosenversicherung jeweils hälftig zulasten der Auszubildenden und des Arbeitgebers berechnet. Zusätzlich hat die Auszubildende den Beitragszuschlag für Kinderlose in der Pflegeversicherung i. H. v. 0,6 % berechnet aus 175 EUR alleine zu tragen.

Diese Regelung gilt jedoch nur, wenn der Grenzwert durch einmalig gezahltes Arbeitsentgelt überschritten wird. Hat während des Monats, dem die Einmalzahlung zuzuordnen ist, teilweise oder vollständig Beitragsfreiheit vorgelegen (z. B. wegen Krankengeldbezug), kann die Einmalzahlung nicht für sich allein betrachtet werden. Vielmehr ist in diesen Fällen für die ausgefallene laufende Ausbildungsvergütung eine fiktive Vergütung anzusetzen. Das bedeutet, dass für die beitragsfreie Zeit fiktiv

4 § 20 Abs. 3 Satz 2 SGB IV.

die laufende Ausbildungsvergütung anzusetzen ist. Überschreitet die Einmalzahlung zusammen mit der fiktiven Ausbildungsvergütung die Geringverdienergrenze, hat der Auszubildende lediglich von dem die Geringverdienergrenze übersteigenden Betrag seinen Betragsanteil zu tragen, im Übrigen der Arbeitgeber.

Überschreiten der Geringverdienergrenze durch laufendes Arbeitsentgelt

Tritt die Überschreitung aus anderen Gründen ein – z. B. Vergütung für geleistete Mehrarbeit –, ist der Arbeitgeber nicht mehr verpflichtet, den Arbeitnehmeranteil an den Beiträgen zur Sozialversicherung bis zur Geringverdienergrenze alleine zu tragen. In diesem Fall tragen Auszubildender und Arbeitgeber vom gesamten Entgelt jeweils zur Hälfte die Beiträge. Auch in diesem Fall muss der Auszubildende den Beitragszuschlag in der Pflegeversicherung alleine tragen.

Freiwilligendienste

Für Versicherte, die

- im Rahmen des Jugendfreiwilligendienstes ein freiwilliges soziales Jahr oder
- ein freiwilliges ökologisches Jahr leisten oder
- am Bundesfreiwilligendienst teilnehmen,

trägt der Arbeitgeber die Sozialversicherungsbeiträge alleine.[1] Diese Personen sind – ohne Rücksicht auf die Höhe des Entgelts – den Geringverdienern gleichgestellt. Dies gilt selbst dann, wenn sie eine Einmalzahlung erhalten.

Hinsichtlich des Zusatzbeitragssatzes in der Krankenversicherung wird auch hier der durchschnittliche Zusatzbeitragssatz angewendet.

Gesamteinkommen

Gesamteinkommen ist die Summe der Einkünfte im Sinne des Einkommensteuerrechts. Dazu gehören insbesondere das Arbeitsentgelt und das Arbeitseinkommen. Die Vorschrift erfasst neben den ausdrücklich genannten Einkunftsarten alle Einkünfte, die der Steuerpflicht unterliegen. Die Krankenkasse prüft das Gesamteinkommen u. a., wenn sie über eine Familienversicherung entscheidet.

Gesetze, Vorschriften und Rechtsprechung

Sozialversicherung: Die Definition des Begriffs Gesamteinkommen enthält § 16 SGB IV. Die wesentlichen Vorschriften des Einkommensteuerrechts ergeben sich aus §§ 1 ff. EStG, die verschiedenen Einkunftsarten sind in den §§ 2, 13 bis 24b EStG geregelt. Der Gewinn im steuerrechtlichen Sinn wird nach §§ 4 ff. EStG ermittelt.

Es ist verfassungsmäßig, die beitragsfreie Familienversicherung von einer Einkommensgrenze abhängig zu machen (BVerfG, Beschluss v. 9.6.1978, 1 BvR 53/78). Das Bundessozialgericht hat in ständiger Rechtsprechung Anwendungs- und Auslegungsregeln zum Gesamteinkommen entwickelt (BSG, Urteil v. 9.10.2007, B 5b/8 KN 1/06 KR R). Die Berücksichtigung sonstiger Einkünfte ist verfassungskonform und verstößt nicht gegen den Gleichheitssatz (BSG, Urteil v. 29.6.2016, B 12 KR 1/15 R). Zum berücksichtigungsfähigen Gesamteinkommen bei der Beurteilung der Familienversicherung zählt auch ausländisches Einkommen, das im Inland nicht zu versteuern ist (BSG, Urteil v. 29.6.2021, B 12 KR 2/20 R). Dabei werden die ausländischen Einkünfte so behandelt, als wären sie in Deutschland erzielt worden.

Der GKV-Spitzenverband hat Grundsätzliche Hinweise zum Gesamteinkommen im Sinne der Regelungen über die Familienversicherung herausgegeben (GR v. 29.9.2022).

1 § 20 Abs. 3 Satz 1 Nr. 2 SGB IV.

Einkunftsarten

Einkünfte sind die in § 2 Abs. 1 Satz 1 EStG genannten Einkunftsarten. Die Einkünfte werden durch 2 unterschiedliche Verfahren ermittelt.[2]

Die Ermittlung des Überschusses der Einnahmen über die Werbungskosten (Überschuss-Einkünfte) bei

- Einkünften aus nichtselbstständiger Arbeit (vorrangig das Arbeitsentgelt),
- Einkünften aus Kapitalvermögen,
- Einkünften aus Vermietung und Verpachtung und
- sonstigen Einkünften oder

die Gewinnermittlung bei Einkünften aus

- Land- und Forstwirtschaft,
- Gewerbebetrieb und
- selbstständiger Arbeit.

Achtung

Einnahmen zum Lebensunterhalt und Gesamteinkommen unterscheiden

Im Recht der gesetzlichen Krankenversicherung sind die Begriffe „Einnahmen zum Lebensunterhalt" und „Gesamteinkommen" zu unterscheiden, da sie jeweils eine eigenständige und unterschiedliche Bedeutung haben.

Überschuss der Einnahmen über die Werbungskosten

Einkünfte aus nichtselbstständiger Arbeit

Zu den Einkünften aus nichtselbstständiger Arbeit i. S. d. § 2 Abs. 1 Satz 1 Nr. 4 EStG gehört vor allem das ⇗ Arbeitsentgelt. Zu beachten sind § 14 SGB IV sowie die Sozialversicherungsentgeltverordnung (SvEV). Pfändungen sowie Abtretungen, die das erzielte Arbeitsentgelt mindern, sind bei der Ermittlung des Gesamteinkommens nicht vom Arbeitsentgelt abzusetzen.

⇗ Einmalige Einnahmen, deren Gewährung mit hinreichender Sicherheit mindestens 1x jährlich zu erwarten ist, müssen beim Gesamteinkommen berücksichtigt werden. Sie sind gleichmäßig auf die Monate des Bezugszeitraums zu verteilen.

Einkünfte aus Kapitalvermögen, Vermietung und Verpachtung sowie sonstige Einkünfte

Zu den Überschuss-Einkünften gehören neben den Einkünften aus nichtselbstständiger Arbeit folgende Einkunftsarten:

- Einkünfte aus Kapitalvermögen,
- Einkünfte aus Vermietung und Verpachtung und
- sonstige Einkünfte (z. B. Rentenleistungen, Übergangsgelder).

Einkünfte aus Kapitalvermögen

Bei den Einkünften aus Kapitalvermögen (z. B. Zinsen, Dividenden) kann nur der Sparer-Pauschbetrag nach § 20 Abs. 9 EStG als Werbungskosten abgesetzt werden (ab 2023: 1.000 EUR für Alleinstehende bzw. 2.000 EUR für zusammen veranlagte Ehegatten oder Lebenspartner). Der Abzug der tatsächlichen Werbungskosten ist ausgeschlossen.

Beziehen Ehegatten gemeinsam Einkünfte aus Kapitalvermögen (z. B. Zinsen aufgrund eines auf den Namen beider Ehegatten ausgestellten Sparbuchs) oder aus Vermietung und Verpachtung, sollte es der Entscheidung der Ehegatten überlassen bleiben, wem die Einkünfte aus diesen Erwerbsquellen zuzurechnen sind. Bei solchen Einkünften bleibt es den Ehegatten überlassen, die Eigentumsanteile je nach Interessenlage ganz oder teilweise umzuschichten, ohne dass daraus negative steuerliche oder sonstige Konsequenzen eintreten.

2 § 2 Abs. 2 Satz 1 EStG.

Die Regelung bezüglich der Zurechnung der Einkünfte gilt allerdings nur im Fall der Zugewinngemeinschaft sowie für den Güterstand der Gütertrennung, soweit Einkünfte nach den o. g. Voraussetzungen aus einem gemeinschaftlichen Vermögensgegenstand erzielt werden.

Hinweis

Lebenspartnerschaft

Der Sparer-Pauschbetrag kann auch von zusammen veranlagten Lebenspartnern (eingetragene Lebenspartnerschaft) beansprucht werden.[1]

Bei einer vereinbarten Gütergemeinschaft sind diese Einkünfte ausschließlich beiden Ehegatten je zur Hälfte zuzurechnen, da es sich um Einkünfte aus einem ins Gesamtgut fallenden Vermögensgegenstand handelt.

Einkünfte aus Vermietung und Verpachtung

Bei den Einkünften aus Vermietung und Verpachtung können sämtliche Aufwendungen abgesetzt werden, die durch diese Einkunftsart entstanden oder veranlasst worden sind. Dazu gehören insbesondere

- Betriebskosten aller Art,
- Geldbeschaffungskosten,
- Versicherungsbeiträge und
- der Erhaltungsaufwand,

soweit sich diese Ausgaben auf das Gebäude beziehen und der Einkommenserzielung in dieser Einkunftsart dienen.

Sonstige Einkünfte

Zu den sonstigen Einkünften i. S. d. § 22 EStG gehören u. a.

- Renten aus einem privaten Lebensversicherungsvertrag,
- Renten aus einem privaten Unfallversicherungsvertrag,
- Renten aus der gesetzlichen Rentenversicherung und aus der Alterssicherung der Landwirte sowie
- Bezüge aus betrieblichen Pensionskassen, die zumindest teilweise auf früheren Beiträgen des Arbeitnehmers beruhen.

Renten werden mit ihrem Ertragsanteil berücksichtigt.[2]

Hinweis

Familienversicherung

Renten werden mit dem Zahlbetrag berücksichtigt.[3] Die Verweisung auf das Steuerrecht ist für diese Einkünfte außer Kraft gesetzt.[4] Das gilt auch für die Halbwaisenrente einer berufsständischen Versorgungseinrichtung.

Absetzbare bzw. nicht absetzbare Beträge

Bei den Überschuss-Einkünften sind die Einnahmen[5] um die Werbungskosten zu vermindern.[6] ⬀ Werbungskosten sind die Aufwendungen, die zur Erwerbung, Sicherung und Erhaltung der Einnahmen notwendig sind. Sie können nur bei der Einkunftsart geltend gemacht werden, bei der sie erwachsen sind.[7]

Die in § 9a EStG genannten Pauschbeträge für Werbungskosten sind dann zugrunde zu legen, wenn nicht höhere Aufwendungen nachgewiesen werden. Bei Einkünften aus Kapitalvermögen wird nur der Sparer-Pauschbetrag[8] abgezogen. Höhere Werbungskosten können nicht geltend gemacht werden.

1 § 2 Abs. 8 EStG.
2 § 22 EStG.
3 § 10 Abs. 1 Satz 1 Nr. 5 SGB V.
4 BSG, Urteil v. 29.6.2016, B 12 KR 1/15 R.
5 § 8 EStG.
6 § 2 Abs. 2 Satz 1 Nr. 2 EStG.
7 § 9 Abs. 1 Satz 1 und 2 EStG.
8 § 20 Abs. 9 EStG.

Einkünfte aus nichtselbstständiger Arbeit

Einkünfte aus nichtselbstständiger Arbeit sind nach § 2 Abs. 2 Nr. 2 EStG der Überschuss der Einnahmen über die Werbungskosten.[9] Bei der Ermittlung des Gesamteinkommens sind daher die Werbungskosten von den Einkünften aus nichtselbstständiger Arbeit abzuziehen. Hierbei ist der Pauschbetrag nach § 9a Satz 1 Nr. 1 Buchst. a EStG i. H. v. 1.230 EUR zu berücksichtigen, sofern nicht höhere Werbungskosten nachgewiesen werden.

Berücksichtigung des Arbeitnehmer-Pauschbetrags pro rata

Zu den Einkünften aus nichtselbstständiger Arbeit gehören auch

- Betriebs- und Werksrenten, wenn sie auf Leistungen des Arbeitgebers beruhen sowie
- ⬀ Versorgungsbezüge aus früheren Dienstleistungen.

Der Versorgungsfreibetrag kann von den Versorgungsbezügen nicht abgezogen werden.

Bei der Feststellung, ob das Arbeitsentgelt dem Gesamteinkommen hinzugerechnet wird, kann der Arbeitnehmer-Pauschbetrag in Höhe von jährlich 1.230 EUR entweder pro rata (d. h. mit monatlich 102,50 EUR) oder en bloc berücksichtigt werden.

Bei Beschäftigungen, die nicht befristet sind und voraussichtlich das ganze Kalenderjahr über andauern, ist der Arbeitnehmer-Pauschbetrag mit einem monatlich gleich bleibenden Betrag in Höhe von 102,50 EUR abzuziehen. Damit wird eine kontinuierliche versicherungsrechtliche Beurteilung ermöglicht.

Beispiel

Arbeitnehmer-Pauschbetrag – pro rata

Die Ehefrau eines Mitglieds übt eine auf Dauer angelegte ⬀ Beschäftigung aus. Das Arbeitsentgelt aus dieser Beschäftigung – keine Pauschalbesteuerung – beträgt monatlich 585 EUR (jährlich 7.020 EUR).

Das anrechenbare regelmäßige Gesamteinkommen beträgt monatlich 482,50 EUR (7.020 EUR – 1.230 EUR : 12).

Das regelmäßige Gesamteinkommen übersteigt die maßgebende Einkommensgrenze nach § 10 Abs. 1 Satz 1 Nr. 5 Halbsatz 3 SGB V in Höhe von 505 EUR (2024) nicht. Die ⬀ Familienversicherung ist möglich. Die besondere Einkommensgrenze für geringfügig entlohnte Beschäftigte ist nicht anzuwenden.

Eine andere Art der Berücksichtigung des Arbeitnehmer-Pauschbetrags (z. B. durch sofortige Ausschöpfung zu Beginn des Kalenderjahres) würde dazu führen, dass für die ersten Monate eines Kalenderjahres kein auf das Gesamteinkommen anrechenbares Arbeitsentgelt vorliegt.

Bei Aufnahme oder Beendigung einer Beschäftigung im Laufe eines Kalenderjahres kann monatlich ein entsprechend höherer Betrag als 102,50 EUR als Arbeitnehmer-Pauschbetrag berücksichtigt werden. Dies gilt bei Beendigung der Beschäftigung im Laufe eines Kalenderjahres jedoch nur dann, wenn das Ende der Beschäftigung (von vornherein) feststeht. Bei Beginn einer Beschäftigung im Laufe eines Kalenderjahres ist es nur insoweit, als der Arbeitnehmer-Pauschbetrag noch nicht ausgeschöpft ist.

Beispiel

Arbeitnehmer-Pauschbetrag pro rata bei Beschäftigungsbeginn im laufenden Jahr

Die Ehefrau eines Mitglieds übt erstmals seit dem 1.4. eine auf Dauer angelegte Beschäftigung aus. Das Arbeitsentgelt aus dieser Beschäftigung – keine Pauschalbesteuerung – beträgt monatlich 580 EUR.

Das anrechenbare regelmäßige Gesamteinkommen beträgt monatlich 443,33 EUR (5.220 EUR – 1.230 EUR : 9).

9 §§ 8 bis 9a EStG.

Das regelmäßige Gesamteinkommen übersteigt die maßgebende Einkommensgrenze nach § 10 Abs. 1 Satz 1 Nr. 5 Halbsatz 3 SGB V in Höhe von 505 EUR (2024) nicht. Die Familienversicherung ist möglich. Die besondere Einkommensgrenze für geringfügig entlohnte Beschäftigte ist nicht anzuwenden.

Sofern eine auf Dauer angelegte Beschäftigung im Laufe des Kalenderjahres beendet wird und der Arbeitnehmer-Pauschbetrag noch nicht verbraucht ist, wird durch eine (rückwirkende) volle Ausschöpfung des Arbeitnehmer-Pauschbetrags die einkommensrechtliche Beurteilung in der ⇗ Familienversicherung hierdurch nicht berührt.

Einkommensgrenze bei Studenten

Bei der Feststellung des Gesamteinkommens im Rahmen der Prüfung der Voraussetzungen der Familienversicherung von Studenten, die eine mehr als geringfügige, aber nach § 6 Abs. 1 Nr. 3 SGB V versicherungsfreie Beschäftigung ausüben (Werkstudenten), ist ebenfalls die allgemeine Einkommensgrenze des § 10 Abs. 1 Satz 1 Nr. 5 Halbsatz 1 SGB V zu beachten. Bei einer auf Dauer angelegten Beschäftigung dürfte die maßgebende Einkommensgrenze regelmäßig überschritten sein. Ein anderes Ergebnis kann erzielt werden, wenn unter Abzug des Arbeitnehmer-Pauschbetrags oder höherer Werbungskosten das Gesamteinkommen die allgemeine Einkommensgrenze für die Familienversicherung nicht übersteigt.

Beispiel

Einkommensgrenze bei familienversicherten Studenten

Ein Student (20-jähriges Kind eines Mitglieds) übt eine auf Dauer angelegte mehr als geringfügige, aber nach § 6 Abs. 1 Nr. 3 SGB V versicherungsfreie Beschäftigung aus. Das Arbeitsentgelt aus dieser Beschäftigung beträgt monatlich 640 EUR (jährlich 7.680 EUR).

Das anrechenbare regelmäßige Gesamteinkommen beträgt monatlich 537,50 EUR (7.680 EUR – 1.230 EUR : 12).

Das regelmäßige Gesamteinkommen übersteigt die maßgebende allgemeine Einkommensgrenze nach § 10 Abs. 1 Satz 1 Nr. 5 Halbsatz 1 SGB V (2024: 505 EUR). Die Familienversicherung ist ausgeschlossen.

Beispiel

Einkommensgrenze bei befristeter Beschäftigung

Ein Student (20-jähriges Kind eines Mitglieds) übt in der Zeit vom 1.6. bis zum 31.8. eine befristete und nach § 6 Abs. 1 Nr. 3 SGB V versicherungsfreie Beschäftigung aus. Das Arbeitsentgelt aus dieser Beschäftigung beträgt monatlich 1000 EUR (jährlich 3.000 EUR). Der Arbeitnehmer-Pauschbetrag ist noch nicht durch eine Vorbeschäftigung im Kalenderjahr „verbraucht".

Das anrechenbare regelmäßige Gesamteinkommen beträgt monatlich 590 EUR (3.000 EUR – 1.230 EUR : 3).

Das regelmäßige Gesamteinkommen übersteigt die maßgebende allgemeine Einkommensgrenze nach § 10 Abs. 1 Satz 1 Nr. 5 Halbsatz 1 SGB V (2024: 505 EUR). Die Familienversicherung ist ausgeschlossen.

Beispiel

Einkommensgrenze (schwankendes Arbeitsentgelt)

Ein Student (20-jähriges Kind eines Mitglieds) übt in der Zeit vom 1.6. bis zum 31.8. eine befristete und nach § 6 Abs. 1 Nr. 3 SGB V versicherungsfreie Beschäftigung aus. Das Arbeitsentgelt aus dieser Beschäftigung schwankt von Monat zu Monat. Es beträgt nach einer gewissenhaften Schätzung im Durchschnitt eines Monats 650 EUR (jährlich 1.950 EUR). Der Arbeitnehmer-Pauschbetrag ist noch nicht durch eine Vorbeschäftigung im Kalenderjahr „verbraucht".

Das anrechenbare regelmäßige Gesamteinkommen beträgt monatlich 240 EUR (1.950 EUR – 1.230 EUR : 3).

Das regelmäßige Gesamteinkommen übersteigt die maßgebende allgemeine Einkommensgrenze nach § 10 Abs. 1 Satz 1 Nr. 5 Halbsatz 1 SGB V (2024: 505 EUR) nicht. Die Familienversicherung ist möglich. Die im Wege der vorausschauenden Betrachtung vorgenommene versicherungsrechtliche Beurteilung bleibt für die Vergangenheit auch dann maßgebend, wenn die als solche richtige Schätzung rückwirkend betrachtet mit den tatsächlichen Verhältnissen nicht übereinstimmt.

Gewinnermittlung bei Einkunftsarten aus selbstständiger Tätigkeit

Einkünfte aus selbstständiger Tätigkeit i. S. d. EStG sind Einkunftsarten aus

- Land- und Forstwirtschaft,
- Gewerbebetrieb und
- selbstständiger Arbeit.

Hinweis

Unterschiedliche Begriffe mit gleichem Inhalt

Während das Steuerrecht bei diesen Einkunftsarten von Gewinn spricht, verwendet § 15 Abs. 1 SGB IV bei den Einkünften aus selbstständiger Tätigkeit den Begriff „Arbeitseinkommen". Inhaltlich sind diese Begriffe aber identisch.

Als Gewinn bezeichnet das EStG bei Bilanzpflichtigen den Unterschiedsbetrag zwischen dem Betriebsvermögen am Schluss des Wirtschaftsjahres und dem Betriebsvermögen am Schluss des vorangegangenen Wirtschaftsjahres, vermehrt um den Wert der Entnahmen und vermindert um den Wert der Einlagen.[1] Steuerpflichtige, die nicht bilanzpflichtig sind, können als Gewinn den Überschuss der Betriebseinnahmen über die Betriebsausgaben ansetzen.

Saldierung von Einkünften

Bei mehreren Einkommensquellen unterschiedlicher Einkunftsarten (z. B. Einkünfte aus nichtselbstständiger Arbeit und Einkünfte aus Kapitalvermögen), sind die Summen der Einkünfte der einzelnen Einkunftsquellen zu ermitteln. Die Summe der jeweiligen positiven Einkünfte ist danach durch negative Summen der Einkünfte aus anderen Einkunftsarten zu mindern.

Steuerfreie Einnahmen und bei der Einkommensteuer abzuziehende Beträge

Die nach den §§ 3 und 3b EStG steuerfreien Einnahmen gehören auch dann nicht zum Gesamteinkommen, wenn sie Entgeltersatzfunktion haben. Dies gilt erst recht für solche Einkünfte, die zur Abgeltung eines krankheits- oder behinderungsbedingten Mehrbedarfs dienen.

Leistungen, die nicht zum Gesamteinkommen gehören

Leistungen bei Pflegebedürftigkeit

Die Leistungen der Pflegeversicherung bleiben als Einkommen bei Sozialleistungen unberücksichtigt.[2] Dies hat zur Folge, dass die Leistungen nach den §§ 36 ff. SGB XI weder zum Gesamteinkommen zählen, noch als Einnahme zum Lebensunterhalt zu berücksichtigen sind. Entsprechendes gilt auch für Leistungen aus einer privaten Pflegeversicherung sowie für Geldleistungen bei Pflegebedürftigkeit nach § 44 SGB VII, §§ 68, 61 ff. SGB XII und § 35 BVG.

Pflegegeld für Kinderbetreuung

Pflegegeld gehört nicht zum Gesamteinkommen, wenn es an Personen gezahlt wird, die ein fremdes Kind im Rahmen der Vollzeitpflege nach

1 § 4 Abs. 1 EStG.
2 § 13 Abs. 5 SGB XI.

§ 33 SGB VIII versorgen und erziehen. Das Pflegegeld wird aus öffentlichen Mitteln gezahlt[1] und deckt die materiellen Aufwendungen und die Kosten der Erziehung ab. Es handelt sich um eine steuerfreie Beihilfe i. S. d. § 3 Nr. 11 EStG, wenn die Pflege nicht erwerbsmäßig betrieben wird.

Hinweis

Eigenverantwortliche Kindertagespflege

Die eigenverantwortlich ausgeübte Kindertagespflege ist regelmäßig eine selbstständige Tätigkeit. Die hieraus erzielten Einkünfte (Geldleistungen) sind Einkünfte aus selbstständiger Arbeit i. S. d. § 2 Abs. 1 Satz 1 Nr. 3 i. V. m. § 18 EStG und zählen zum Gesamteinkommen.

Bedeutung für die Familienversicherung

Einkommensabhängiger Versicherungsschutz

Die beitragsfreie Familienversicherung[2] ist neben weiteren Voraussetzungen an eine Einkommensgrenze gebunden.[3] Das Gesamteinkommen eines familienversicherten Angehörigen darf regelmäßig im Monat $^{1}/_{7}$ der monatlichen Bezugsgröße (2024: 505 EUR; 2023: 485 EUR)[4] nicht überschreiten (allgemeine Einkommensgrenze). Die Einkommensgrenze galt bis zum 30.9.2022 auch für beschäftigte Familienangehörige, die geringfügig entlohnt wurden.[5] Die monatliche Einkommensgrenze entspricht seit dem 1.10.2022 der Geringfügigkeitsgrenze nach § 8 Abs. 1 Nr. 1, Abs. 1a SGB IV (2024: 538 EUR; 2023: 520 EUR; besondere Einkommensgrenze). Die Geringfügigkeitsgrenze ist dynamisch und orientiert sich am jeweiligen Mindestlohn.

Zahlbetrag der Rente

Renten werden abweichend von der steuerrechtlichen Behandlung ohne den auf Entgeltpunkte für Kindererziehungszeiten entfallenden Teil mit dem Zahlbetrag (Bruttorente) als Gesamteinkommen berücksichtigt.[6] Die Vorschrift ist nicht auf Renten der gesetzlichen Rentenversicherung beschränkt und erfasst sowohl Versorgungsbezüge als auch andere private Renten (z. B. private Lebensversicherung).[7]

Hinweis

Zahlbetrag der Rente

Die Verweisung auf das Steuerrecht ist für diese Einkünfte außer Kraft gesetzt.[8] Das gilt auch für die Halbwaisenrente einer berufsständischen Versorgungseinrichtung.

Regelmäßiges Gesamteinkommen

Für die Familienversicherung ist das regelmäßige voraussichtliche Gesamteinkommen entscheidend. Die anzurechnenden Einkünfte beziehen sich auf den Zeitraum, für den die Familienversicherung beurteilt wird. Darüber ist in der Regel vorausschauend zu entscheiden.[9]

Die prognostische Entscheidung der Krankenkasse berücksichtigt dabei das in der Vergangenheit erzielte Einkommen und dessen absehbare Änderungen.[10] Dazu gehören bis zum Abschluss des Verwaltungsverfahrens (Zeitpunkt der Entscheidung) erkennbare Umstände. Die Prognose bleibt auch für abgelaufene Zeiträume verbindlich, wenn die Entwicklung anders verläuft als prognostiziert.

Neben monatlich zufließenden Einkünften sind auch die auf den Monat bezogenen regelmäßigen Einkünfte zu berücksichtigen, die in größeren Zeitabständen erzielt werden. Einmalige Einnahmen, deren Gewährung mit hinreichender Sicherheit mindestens 1x jährlich zu erwarten ist, werden bei der Ermittlung des regelmäßigen Gesamteinkommens anteilmäßig mit dem auf den Monat bezogenen Betrag berücksichtigt.

Die von den Spitzenverbänden der Sozialleistungsträger entwickelten Geringfügigkeitsrichtlinien zu § 7 SGB V i. V. m. § 8 SGB IV können entsprechend herangezogen werden. Dies bedeutet unter anderem, dass Einkünfte, die bis zu 3 Monate im Jahr (nicht Kalenderjahr) bezogen werden, unabhängig von ihrer Höhe als unregelmäßig anzusehen sind.

Achtung

Unterschiedliche Bewertung von Abfindungen

Die monatlich regelmäßig gezahlten Beträge einer Abfindung wegen einer Beendigung des Arbeitsverhältnisses zählen – soweit sie steuerpflichtig sind – zum regelmäßigen Gesamteinkommen.[11] Abfindungen wegen Beendigung des Arbeitsverhältnisses, die in Form einer Einmalzahlung gewährt werden, zählen dagegen nicht zum regelmäßigen Gesamteinkommen. Dies gilt auch im Auszahlungsmonat und für einmalig gezahlte Abfindungen, die in mehreren Raten gezahlt werden.

Ausschluss der Familienversicherung

Kinder sind nicht versichert, wenn

- der mit den Kindern verwandte Ehegatte oder Lebenspartner des Mitglieds nicht Mitglied einer Krankenkasse ist,
- sein Gesamteinkommen regelmäßig im Monat $^{1}/_{12}$ der Jahresarbeitsentgeltgrenze übersteigt und
- regelmäßig höher als das Gesamteinkommen des Mitglieds ist.[12]

Dabei ist auf die Jahresarbeitsentgeltgrenze nach § 6 Abs. 6 oder 7 SGB V abzustellen (allgemeine oder besondere Jahresarbeitsentgeltgrenze; 2024: 5.775 EUR/5.175 EUR; 2023: 5.550 EUR/4.987,50 EUR), nach der auch die Versicherungspflicht bzw. -freiheit des nicht gesetzlich versicherten Ehegatten oder Lebenspartners beurteilt wird. Zuschläge, die mit Rücksicht auf den Familienstand gezahlt werden, bleiben bei der Feststellung der Jahresarbeitsentgeltgrenze unberücksichtigt. Sie wirken somit einkommensmindernd.[13]

Beispiel

Ausgeschlossene Familienversicherung

Ein Ehepaar hat ein gemeinsames Kind, dessen Familienversicherung bei einer gesetzlichen Krankenkasse zu prüfen ist. Dabei wird festgestellt, dass die Ehefrau versicherungspflichtig beschäftigt und Mitglied einer gesetzlichen Krankenkasse ist. Ihr monatliches Gesamteinkommen beträgt 4.000 EUR. Der Ehemann ist Beamter und nicht gesetzlich krankenversichert. Er erzielt ein Gesamteinkommen von 6.300 EUR.

Zwischen dem nicht gesetzlich krankenversicherten Kindsvater besteht ein Verwandtschaftsverhältnis 1. Grades (leibliches Kind). Sein Gesamteinkommen überschreitet die Jahresarbeitsentgeltgrenze und ist höher als das Gesamteinkommen der gesetzlich krankenversicherten Ehefrau.

Die Familienversicherung für das gemeinsame Kind ist deswegen ausgeschlossen.

Die Familienversicherung ist auch in der Zeit ausgeschlossen, in der das zum Gesamteinkommen gehörende Arbeitsentgelt des nicht gesetzlich krankenversicherten Elternteils wegen einer Entgeltminderung während des Bezugs von Kurzarbeitergeld das Gesamteinkommen des Ehegatten unterschreitet. Dies gilt auch bei vorübergehenden Entgeltminderungen für die Zeit des Bezugs von anderen Entgeltersatzleistungen (z. B. Verletztengeld, Übergangsgeld), in denen der Versicherungsstatus trotz des Arbeitsentgeltausfalls für die Dauer des Leistungsbezugs unverändert bleibt.

---

1 § 39 Abs. 1 bis 3 SGB VIII.
2 § 3 Satz 3 SGB V.
3 § 10 Abs. 1 Satz 1 Nr. 5 SGB V.
4 § 18 SGB IV.
5 § 10 Abs. 1 Satz 1 Nr. 5 SGB V, § 25 Abs. 1 Satz 1 Nr. 5 SGB XI i. d. F. bis 30.9.2022.
6 § 10 Abs. 1 Satz 1 Nr. 5 SGB V.
7 BSG, Urteil v. 25.1.2006, B 12 KR 10/04 R.
8 BSG, Urteil v. 29.6.2016, B 12 KR 1/15 R.
9 BSG, Urteil v. 7.12.2000, B 10 KR 3/99 R.
10 BSG, Urteil v. 18.10.2022, B 12 KR 2/21 R.
11 BSG, Urteil v. 25.1.2006, B 12 KR 2/05 R.
12 § 10 Abs. 3 SGB V, § 25 Abs. 3 SGB XI.
13 BSG, Urteil v. 29.7.2003, B 12 KR 16/02 R.

Gesamtsozialversicherungsbeitrag

Unter Gesamtsozialversicherungsbeitrag versteht man die Summe der Pflichtbeiträge von Arbeitnehmern und Arbeitgebern zur gesetzlichen Kranken-, Renten-, Arbeitslosen- und sozialen Pflegeversicherung.

Gesetze, Vorschriften und Rechtsprechung

Sozialversicherung: Der Gesamtsozialversicherungsbeitrag ist in § 28d SGB IV definiert.

Vorliegen eines Gesamtsozialversicherungsbeitrags

Neben der Pflichtabführung der Sozialversicherungsbeiträge liegt auch bei folgenden Sachverhalten ein Gesamtsozialversicherungsbeitrag vor,

- wenn der ↗ Arbeitnehmer nur in einem Versicherungszweig versicherungspflichtig ist oder
- ein älterer Arbeitnehmer seinen Beitragsanteil zur Arbeitslosenversicherung zu zahlen hat, der Arbeitgeber von der Tragung des Arbeitgeberanteils aber nach § 418 SGB III befreit ist (Arbeitgeberbeitrag), oder
- der ↗ Arbeitgeber lediglich den halben Beitrag zur Rentenversicherung zu zahlen hat oder
- der Arbeitgeber Pauschalbeiträge zur Kranken- und Rentenversicherung, die für geringfügig entlohnte Beschäftigungen zu zahlen hat oder
- wenn der Arbeitnehmer in der Pflegeversicherung den Beitragszuschlag bei Kinderlosigkeit zu tragen hat.

Der seit 1.1.2015 geltende einkommensabhängige Zusatzbeitrag ist originärer Bestandteil des Krankenversicherungsbeitrags.[1] Wird er im Arbeitgeberverfahren abgeführt, so gilt er als Teil des Gesamtsozialversicherungsbeitrags.

Als Gesamtsozialversicherungsbeitrag werden ferner auch die Beiträge für ↗ Heimarbeiter und in der Rentenversicherung für ↗ Hausgewerbetreibende und Seelotsen abgeführt. Den Arbeitnehmern stehen Vorruhestandsgeldbezieher gleich.

Landwirtschaftliche Krankenversicherung, freiwillig und Nichtversicherte

Mitarbeitende Familienangehörige in der landwirtschaftlichen Krankenversicherung

Ein zur landwirtschaftlichen Krankenversicherung zu zahlender Beitrag für einen mitarbeitenden Familienangehörigen gilt allerdings nur dann als Gesamtsozialversicherungsbeitrag, wenn zugleich ein Beitrag zur Renten- bzw. Arbeitslosenversicherung zu entrichten ist. Andererseits gilt ein nach § 39 Abs. 4 KVLG 1989 an die LKK zu zahlender Arbeitgeberanteil zur Krankenversicherung auch als Gesamtsozialversicherungsbeitrag. Der Arbeitgeberanteil nach § 39 Abs. 4 KVLG 1989 ist immer dann zu entrichten, wenn ein als landwirtschaftlicher Unternehmer zu Versichernder außerhalb der Landwirtschaft ein versicherungspflichtiges Beschäftigungsverhältnis ausübt und die Versicherung als Landwirt vorrangig ist, weil die Beschäftigung von vornherein auf nicht mehr als 26 Wochen im Jahr befristet ist.

Wegen Überschreitens der Jahresarbeitsentgeltgrenze versicherungsfreie Arbeitnehmer

Wegen Überschreitens der allgemeinen ↗ Jahresarbeitsentgeltgrenze versicherungsfreie Arbeitnehmer, die als freiwillige Mitglieder der gesetzlichen Krankenversicherung angehören, sind vom Gesetz her stets Beitragsschuldner und auch Beitragszahler ihrer vollständigen Krankenversicherungs- und Pflegeversicherungsbeiträge.[2] Somit ist zu beachten: Freiwillige Beiträge zur Krankenversicherung sowie die Pflichtbeiträge zur Pflegeversicherung dieser Personen gehören kraft Gesetzes **nicht** zum Gesamtsozialversicherungsbeitrag.[3] Trotzdem übernimmt häufig auf freiwilliger Basis der Arbeitgeber auch diese Beitragszahlung an die Krankenkasse („Firmenzahlerverfahren"): Diese von den gesetzlichen Regelungen abweichende Verfahrensweise wird in der Praxis mit (stillschweigender) Zustimmung aller Beteiligten praktiziert. Dies bietet zunächst sicher allen Beteiligten eine gewisse Arbeitserleichterung. Als sehr problematisch erweist sich diese Lösung jedoch, sobald es zu Unregelmäßigkeiten oder Streitigkeiten bezüglich der Beitragszahlung an die Kasse kommt. Entscheidend ist hierbei die Tatsache, dass der Versicherte in jedem Fall der gesetzliche Schuldner der freiwilligen Krankenversicherungs- sowie der Pflegeversicherungsbeiträge bleibt (vgl. o. g. Rechtsgrundlagen). Leitet der Arbeitgeber (u. U. sogar ohne Wissen des Arbeitnehmers) die Beiträge nicht pünktlich an die Krankenkasse weiter, so wird die Krankenkasse den Rückstand trotzdem in voller Höhe vom Versicherten einfordern.

Hinweis

Abgrenzung zum Vergleichsnetto

An der Tatsache, dass die Beiträge freiwillig versicherter Arbeitnehmer nicht zum Gesamtsozialversicherungsbeitrag gehören, ändert auch die Regelung des § 23c Abs. 1 Satz 2 SGB IV nichts. Nach dieser Vorschrift sind bei der Ermittlung des Nettoarbeitsentgelts die freiwilligen Beiträge zu berücksichtigen und um den Beitragszuschuss für die freiwillige Versicherung zu kürzen. Hierbei handelt es sich ausschließlich um eine Regelung zur Ermittlung des sog. „Vergleichsnettos", um festzustellen, ob während des Bezugs von Entgeltersatzleistungen weitergewährte arbeitgeberseitige Leistungen (z. B. Krankengeldzuschüsse) i. S. v. § 23c Abs. 1 SGB IV nicht beitragspflichtig sind.

Nichtversicherte

Nicht zum Gesamtsozialversicherungsbeitrag gehören die Kranken- und Pflegeversicherungsbeiträge für Arbeitnehmer, die nur aufgrund der Sonderregelung des § 5 Abs. 1 Nr. 13 SGB V der Versicherungspflicht in diesen Versicherungszweigen unterliegen (Versicherungspflicht der Personen, ohne anderweitigen Anspruch auf Absicherung im Krankheitsfall). Der Arbeitgeber hat zwar bei diesen Personen die Hälfte des Beitrags (ohne Beitragszuschlag bei Kinderlosigkeit in der Pflegeversicherung) zu tragen, der Arbeitnehmer ist jedoch allein für die Beitragsabführung an die Krankenkasse zuständig. Die Renten- und Arbeitslosenversicherungsbeiträge für solche Beschäftigte gehören dagegen zum Gesamtsozialversicherungsbeitrag.

Der Arbeitgeber (bzw. der für die Zahlung des Gesamtsozialversicherungsbeitrags diesem Gleichgestellte) ist Beitragsschuldner bezüglich des Gesamtsozialversicherungsbeitrags[4] gegenüber der Einzugsstelle. Sofern die Vorschriften über die Beitragstragung eine Beteiligung des Arbeitnehmers oder des diesem Gleichgestellten vorsehen (↗ Arbeitnehmeranteil), so muss der Beitragsschuldner die Beiträge vom ↗ Arbeitsentgelt oder Arbeitseinkommen einbehalten.[5]

Geschäftsführer

Der Geschäftsführer ist Organ einer juristischen Person. Er ist im Innenverhältnis den Mitgesellschaftern gegenüber berechtigt, organisatorische Maßnahmen durchzuführen und dazu den Mitarbeitern Weisungen zu erteilen. Meist vertritt er die Gesellschaft im Geschäftsverkehr nach außen. Der Geschäftsführer einer GmbH ist steuerlich als Arbeitnehmer anzusehen; er bezieht daher Arbeitslohn. Das gilt auch für einen an einer GmbH beteiligten Geschäftsführer (Gesellschafter-Geschäftsführer). Auch hier ist die auf der Grundlage des Anstellungsvertrags gezahlte Tätigkeitsvergütung Arbeitslohn.

1 § 220 Abs. 1 Satz 1 zweiter Halbsatz SGB V.
2 § 252 Satz 1 SGB V i. V. m. § 250 Abs. 2 SGB V.
3 § 28d Sätze 1 und 2 SGB IV und § 28g Satz 1 SGB IV.
4 § 28d SGB IV i. V. m. § 28e Abs. 1 Satz 1 SGB IV.
5 § 28g Sätze 1 und 2 SGB IV.

Gesetze, Vorschriften und Rechtsprechung

Lohnsteuer: Nach dem BFH-Urteil v. 23.4.2009, VI R 81/06, BStBl 2012 II S. 262 gelten Geschäftsführer steuerrechtlich als Arbeitnehmer i. S. d. § 1 Abs. 2 Sätze 1 und 2 LStDV. Zur Einordnung eines GmbH-Geschäftsführers als nichtselbstständiger Arbeitnehmer aufgrund einer Würdigung des Gesamtbilds der Verhältnisse vgl. FG Berlin, Urteil v. 6.3.2006, 9 K 2574/03, EFG 2006 S. 1425, rkr.

Sozialversicherung: § 7 SGB IV definiert die Beschäftigung im sozialversicherungsrechtlichen Sinne für alle Zweige der Sozialversicherung. Die Spitzenorganisationen der Sozialversicherung informieren detailliert im Gemeinsamen Rundschreiben zur Statusfeststellung von Erwerbstätigen (GR v. 1.4.2022: Anlage 3).

Lohnsteuer

Gesellschafter-Geschäftsführer einer GmbH

GmbH-Geschäftsführer ohne Mehrheitsanteile

Der Gesellschafter-Geschäftsführer einer GmbH ist regelmäßig Arbeitnehmer i. S. d. Lohnsteuerrechts.[1] Die von ihm bezogenen Vergütungen sind steuerpflichtiger ↗ Arbeitslohn, soweit sie der Bedeutung seiner Arbeitsleistung angemessen sind, d. h., im Zweifel für die gleiche Leistung auch einem Fremden gezahlt würden. Ist dies nicht der Fall, ist eine verdeckte Gewinnausschüttung an den Gesellschafter anzunehmen, z. B. bei ↗ Überstundenvergütungen, die der Gesellschafter-Geschäftsführer von der GmbH erhält[2], und bei steuerfreien Zuschlägen für ↗ Sonntags-, Feiertags- oder Nachtarbeit.[3]

Angemessenheit der Vergütung

Gleiches gilt für ein überhöhtes Gehalt. Im Ergebnis kommt es darauf an, ob der Vergütungsbestandteil, den der Gesellschafter-Geschäftsführer erhält, auf einer steuerlich anzuerkennenden vertraglichen Rechtsgrundlage oder auf dem Gesellschaftsverhältnis beruht.

Verdeckte Gewinnausschüttung

Eine verdeckte Gewinnausschüttung[4] führt bei Gesellschafter-Geschäftsführern zu Einkünften aus Kapitalvermögen.[5]

Beherrschende GmbH-Geschäftsführer

Bei beherrschenden Gesellschafter-Geschäftsführern (mehr als 50 % der Anteile bzw. umfassender Sperrminorität)[6] muss darüber hinaus beachtet werden, dass die Gewährung eines Vorteils stets einer klaren, zivilrechtlich wirksamen und vorab getroffenen Vereinbarung bedarf (Rückwirkungsverbot), um eine verdeckte Gewinnausschüttung zu vermeiden.[7,8]

So wird z. B. dem GmbH-Geschäftsführer für die Privatnutzung eines Pkw aufgrund fremdüblicher Vereinbarung im Anstellungsvertrag keine verdeckte Gewinnausschüttung zugerechnet. Der Wert der Privatnutzung ist stattdessen Gehaltsbestandteil bei den Einkünften gemäß § § 19 EStG.[9]

Eine mit einer Gehaltserhöhung verbundene Umwandlung von Barlohnansprüchen des beherrschenden Gesellschafter-Geschäftsführers in Ansprüche aus einem Zeitwertkonten-Modell ist eine verdeckte Gewinnausschüttung der Kapitalgesellschaft.[10]

1 BFH, Urteil v. 23.4.2009, VI R 81/06, BStBl 2012 II S. 262; BFH, Urteil v. 29.3.2017, I R 48/16, BFH/NV 2017 S. 1316.
2 BFH, Urteil v. 19.3.1997, I R 75/96, BStBl 1997 II S. 577; BFH, Urteil v. 27.3.2001, I R 40/00, BStBl 2001 II S. 655.
3 BFH, Urteil v. 14.7.2004, I R 111/03, BStBl 2005 II S. 307; BFH, Urteil v. 3.8.2005, I R 7/05, BFH/NV 2006 S. 131; BFH, Urteil v. 13.12.2006, VIII R 31/05, BStBl 2007 II S. 393; FG Münster, Urteil v. 14.4.2015, 1 K 3431/13 E.
4 R 8.5 KStR 2022.
5 § 20 Abs. 1 Nr. 1 EStG.
6 BFH, Urteil v. 15.3.2000, I R 40/99, BStBl 2000 II S. 504; BFH, Beschluss v. 29.7.2009, I B 12/09, BFH/NV 2010 S. 66.
7 R 8.5 Abs. 2 KStR 2022.
8 FG Münster, Urteil v. 17.12.2020, 9 V 3073/20 E: Monatlich stark schwankende Vergütung an den Gesellschafter-Geschäftsführer.
9 FG Münster, Urteil v. 11.10.2019, 13 K 172/17 E.
10 BFH, Urteil v. 11.11.2015, I R 26/15, BStBl 2016 II S. 489; FG Rheinland-Pfalz v. 21.12.2016, 1 K 1381/14.

Informiert der Alleingesellschafter-Geschäftsführer einer GmbH seinen Steuerberater zum Zwecke der Fertigung der Lohnsteueranmeldung über die Höhe seines Arbeitslohns, ist das eine Tatsachenmitteilung. Es ist kein konkludenter Verzicht des Geschäftsführers auf die ihm nach seinem Anstellungsvertrag zustehenden Sondervergütungen. Die fehlende Verbuchung der Sondervergütungen kann ebenfalls nicht als Verzicht beurteilt werden.[11]

Faktischer Geschäftsführer

Jemand, der formell nicht als Geschäftsführer einer GmbH bestellt ist, kann gleichwohl als sog. faktischer Geschäftsführer anzusehen sein.[12] Hat der Betreffende die Geschicke der Gesellschaft maßgeblich in der Hand und führt Geschäfte wie ein Geschäftsführer, dann sind auch Sonntags-, Feiertags- und Nachtzuschläge als verdeckte Gewinnausschüttung zu beurteilen. Erforderlich ist dazu ein eigenes Handeln des Betreffenden im Außenverhältnis.[13]

Fremdgeschäftsführer

Fremdgeschäftsführer von Kapitalgesellschaften sind ↗ Arbeitnehmer im lohnsteuerlichen Sinn und unterliegen mit ihren Bezügen dem Lohnsteuerabzug.

Kein Lohnzufluss durch Einzahlung auf Arbeitszeitkonto

Einzahlungen auf einem Zeitwertkonto zugunsten des Fremdgeschäftsführers einer GmbH führen dann nicht zum Zufluss von Arbeitslohn, wenn die Beträge in die von der GmbH abgeschlossene Rückdeckungsversicherung eingezahlt werden und der Geschäftsführer bis zur Freistellungsphase keinen Anspruch auf Auszahlung der Versicherungssumme hat (Gutschriften auf dem Wertguthabenkonto).[14]

Die Überlassung eines Motorrads an den Geschäftsführer einer GmbH, deren Alleingesellschafter sein Sohn ist, führt zu einer verdeckten Gewinnausschüttung.[15]

Besonderheiten bei Geschäftsführern

Geschäftsführerhaftung für Lohnsteuer

Geschäftsführer haften für die ordnungsgemäße Einbehaltung und Abführung der Lohnsteuer (zu 100 %) von den Arbeitslöhnen, inkl. der pauschalen Nachbesteuerung von Sachbezügen der im Betrieb beschäftigten Arbeitnehmer.[16]

Sind in einer Gesellschaft mehrere Geschäftsführer bestellt, trifft grundsätzlich jeden von ihnen die Verantwortung für die Erfüllung der steuerlichen Pflichten. Die zivilrechtliche Übernahme der Haftung für die Steuerschulden der Gesellschaft durch einen Gesellschafter ist unbeachtlich.

Bei Verteilung der Tätigkeiten einer GmbH auf mehrere Geschäftsführer kann die Verantwortlichkeit eines Geschäftsführers für die Erfüllung der steuerlichen Pflichten der GmbH begrenzt werden. Hierfür ist eine vorweg getroffene eindeutige, d. h. schriftliche Vereinbarung nötig, die regelt, welcher Geschäftsführer für welchen Bereich zuständig ist.[17]

Wird der (ehemalige) angestellte Geschäftsführer einer Kapitalgesellschaft auch für die ihn selbst betreffende Lohnsteuer in Haftung genommen, kann er diese Aufwendungen im Jahr der Zahlung als Werbungskosten bei seinen Einkünften aus nichtselbstständiger Arbeit steuermindernd berücksichtigen. Das Abzugsverbot gemäß § 12 Nr. 3 EStG steht dem nicht entgegen.[18]

11 FG Mecklenburg-Vorpommern, Urteil v. 20.7.2022, 3 K 149/20.
12 FG Hamburg, Urteil v. 29.3.2017, 3 K 183/15.
13 FG Münster, Urteil v. 27.1.2016, 10 K 1167/13 K G F.
14 BFH, Urteil v. 22.2.2018, VI R 17/16, BStBl 2019 II S. 496.
15 FG Münster, Beschluss v. 3.6.2022, 9 V 1001/22 E.
16 §§ 34, 69 AO; BFH, Urteil v. 16.5.2017, VII R 25/16, BStBl 2017 II S. 934: Einwendungsausschluss im Haftungsverfahren durch unterlassenen Widerspruch des Geschäftsführers im insolvenzrechtlichen Prüfungstermin; BFH, Urteil v. 14.12.2021, VII R 32/20, BFH/NV 2022 S. 692; BFH, Beschluss v. 15.11.2022, VII R 23/19, BStBl 2023 II S. 549: Wer den Anforderungen an einen gewissenhaften Geschäftsführer nicht entsprechen kann, muss von der Übernahme der Geschäftsführung absehen bzw. das Amt niederlegen.
17 FG Münster, Urteil v. 17.2.2021, 7 K 63/19 L.
18 BFH, Urteil v. 8.3.2022, VI R 19/20, BFH/NV 2022 S. 1111.

Die Finanzbehörde übt ihr Auswahlermessen fehlerhaft aus, wenn sie ohne nähere Begründung nur den Arbeitgeber (GmbH) für die Lohnsteuer in Haftung nimmt, obwohl nach den im Streitfall gegebenen Umständen eine Haftung des Geschäftsführers i. S. d. §§ 34, 35, 69 AO in Betracht kommt.[1]

Die Haftung des GmbH-Geschäftsführers kommt für fällige Lohnsteuer auch in Betracht, wenn die Nichtzahlung der fälligen Steuern in die 3-wöchige Schonfrist nach Eintritt der Zahlungsunfähigkeit gem. § 15a Abs. 1 Satz 2 InsO fällt.[2]

Die Geschäftsführerhaftung besteht auch nach Bestellung eines vorläufigen Insolvenzverwalters, weil die Verwaltungs- und Verfügungsbefugnis beim gesetzlichen Vertreter der GmbH verbleibt.[3]

Erstattung von Arbeitgeber- bzw. Arbeitnehmeranteilen

Ob der Gesellschafter-Geschäftsführer ein sozialversicherungspflichtiges Beschäftigungsverhältnis ausübt, ist für steuerliche Zwecke grundsätzlich nicht maßgebend.

Ist der Arbeitgeber von der Versicherungspflicht des Geschäftsführers ausgegangen und hat er seinen Anteil am Gesamtsozialversicherungsbeitrag steuerfrei gezahlt[4], sind die an den Arbeitgeber zurückgezahlten Arbeitgeberanteile für den Geschäftsführer kein Arbeitslohn, wenn nachträglich festgestellt wird, dass keine Versicherungspflicht bestand. Voraussetzung hierfür ist, dass der Arbeitgeber die erstatteten Beträge nicht an den Geschäftsführer weitergibt und dass der Geschäftsführer keine Versicherungsleistungen erhalten hat.[5]

An den Geschäftsführer zurückgezahlte Arbeitnehmeranteile am Gesamtsozialversicherungsbeitrag sind für den Lohnsteuerabzug ebenfalls ohne Bedeutung. Allerdings werden im Jahr der Erstattung gleichartige Sonderausgaben des Arbeitnehmers (hier: des Geschäftsführers) mit den erstatteten Beträgen verrechnet.

Lohnzufluss bei Geschäftsführern

Reguläre Lohnzahlung

Arbeitslohn fließt dem Arbeitnehmer zu, wenn er bar ausgezahlt oder einem Bankkonto des Empfängers gutgeschrieben wird. Ohne Zufluss kann es nicht zu einer Besteuerung von Arbeitslohn kommen. Durch die Zahlung des Arbeitslohns wird die Pflicht des Geschäftsführers zum Lohnsteuerabzug ausgelöst.

Eine Ausnahme gilt bei beherrschenden Gesellschafter-Geschäftsführern einer GmbH (über 50 % Beteiligung). Dem beherrschenden Gesellschafter-Geschäftsführer fließt eine eindeutige und unbestrittene Forderung gegen „seine" GmbH bereits mit deren Fälligkeit zu.[6]

Zufluss auch bei versehentlicher Zahlung

Zum Arbeitslohn gehören auch versehentliche Überweisungen des Arbeitgebers, die dieser zurückfordern kann. Zurückgezahlte Beträge sind erst im Zeitpunkt der tatsächlichen Rückzahlung als negative Einnahmen zu berücksichtigen. Die bloße Verbuchung von Rückzahlungsforderungen der GmbH ist noch kein Abfluss beim Geschäftsführer. Aus der Stellung eines beherrschenden Gesellschafter-Geschäftsführers einer GmbH ergibt sich nichts anderes.[7]

Lohnzufluss bei Gehaltsverzicht

Für die Frage, ob ein Gehaltsverzicht eines Gesellschafter-Geschäftsführers zu einem Zufluss von Arbeitslohn führt, kommt es maßgeblich darauf an, wann der Verzicht erklärt wurde.

Der BFH hat geklärt, wann bei einem Gehaltsverzicht eines Gesellschafter-Geschäftsführers eine verdeckte Einlage und damit der Zufluss des Gehalts bei diesem von einer gewinnmindernden Buchung in der Bilanz der Gesellschaft vorliegt.[8] Für den Zufluss beim Gesellschafter-Geschäftsführer durch eine verdeckte Einlage in die GmbH kommt es vor allem darauf an, ob der Gesellschafter-Geschäftsführer vor oder nach Entstehen seines Anspruchs darauf verzichtet hat.[9]

Gutschrift auf Zeitwertkonto

Die Gutschrift künftig fällig werdenden Arbeitslohns auf einem Zeitwertkonto führt bei einem Geschäftsführer einer Körperschaft zum Zufluss von Arbeitslohn.[10]

Eine Vereinbarung, in welcher im Rahmen eines sog. Arbeitszeitkontos oder Zeitwertkontos auf die unmittelbare Entlohnung zugunsten von späterer (vergüteter) Freizeit verzichtet wird, verträgt sich nicht mit dem Aufgabenbild des Gesellschafter-Geschäftsführers einer GmbH und führt zu einer verdeckten Gewinnausschüttung.[11]

Gutschriften auf einem Wertguthabenkonto zur Finanzierung eines vorzeitigen Ruhestands sind bei einem Fremd-Geschäftsführer einer GmbH kein gegenwärtig zufließender Arbeitslohn.[12]

Minderheitsgesellschafter-Geschäftsführer: Kein Zufluss von Arbeitslohn bei Wertgutschrift

Auf einer wirksamen schriftlichen Vereinbarung beruhende Wertgutschriften auf einem Zeitwertkonto zugunsten des Minderheitsgesellschafter-Geschäftsführers einer GmbH führen noch nicht zum Zufluss von Arbeitslohn, wenn die Beträge aus der Entgeltumwandlung bei einem Dritten angelegt werden und der Gesellschafter-Geschäftsführer zunächst keinen Anspruch auf die Auszahlung der Versicherungssumme hat.[13]

Gutschrift auf Verrechnungskonto

Wird der mit einem beherrschenden Gesellschafter-Geschäftsführer einer GmbH abgeschlossene Geschäftsführer-Anstellungsvertrag nicht wie vereinbart durchgeführt, kann eine verdeckte Gewinnausschüttung in Höhe der als Betriebsausgaben geltend gemachten Geschäftsführervergütungen vorliegen. Dies ist der Fall, wenn die vereinbarten monatlichen Vergütungen nicht bei Fälligkeit geleistet, sondern nach Ablauf des jeweiligen Wirtschaftsjahres auf einem Verrechnungskonto als Verbindlichkeit der GmbH ausgewiesen werden.[14]

Pkw-Überlassung ohne/mit Privatnutzungsverbot

Die ohne eine Vereinbarung erfolgende oder unbefugte Nutzung des betrieblichen Pkw durch den beherrschenden Gesellschafter-Geschäftsführer einer Kapitalgesellschaft hat keinen Lohncharakter und führt zu einer verdeckten Gewinnausschüttung.[15]

Die unentgeltliche oder verbilligte Überlassung eines ⬀ Dienstwagens durch die GmbH an den Geschäftsführer für dessen Privatnutzung führt zu einem lohnsteuerlichen Vorteil, unabhängig davon, ob und in welchem Umfang der Arbeitnehmer den betrieblichen Pkw tatsächlich privat nutzt.[16]

Überlässt eine GmbH ihrem Alleingesellschafter-Geschäftsführer einen betrieblichen Pkw zur Privatnutzung, führt dies zu seiner Bereicherung und damit zum Zufluss von Arbeitslohn. Die belastbare Behauptung des Alleingesellschafter-Geschäftsführers, das betriebliche Fahrzeug nicht für Privatfahrten genutzt oder Privatfahrten ausschließlich mit anderen

1 BFH, Urteil v. 2.9.2021, VI R 47/18, BFH/NV 2022 S. 99.
2 FG Berlin-Brandenburg, Urteil v. 28.9.2021, 4 K 4006/21.
3 BFH, Urteil v. 22.10.2019, VII R 30/18, BFH/NV 2020 S. 711.
4 § 3 Nr. 62 Satz 1 EStG.
5 BFH, Urteil v. 27.3.1992, VI R 35/89, BStBl 1992 II S. 663.
6 BMF, Schreiben v. 12.5.2014, IV C 2 – S 2743/12/10001, BStBl 2013 I S. 860; FG München, Urteil v. 2.1.2015, 15 K 3748/13; FG Rheinland-Pfalz, Urteil v. 11.5.2022, 2 K 1811/17.
7 BFH, Urteil v. 14.4.2016, VI R 13/14, BStBl 2016 II S. 778.
8 BFH, Urteil v. 15.6.2016, VI R 6/13, BStBl 2016 II S. 778.
9 BFH, Urteil v. 15.5.2013, VI R 24/12, BStBl 2014 II S. 495; BMF, Schreiben v. 12.5.2014, IV C 2 – S 2743/12/10001, BStBl 2013 I S. 860.
10 BFH, Urteil v. 27.2.2014, VI R 19/12, BFH/NV 2014 S. 1370.
11 BFH, Urteil v. 11.11.2015, I R 26/15, BStBl 2016 II S. 489; FG Münster, Urteil v. 5.9.2018, 7 K 3531/16 L, rkr.; s. auch FG Rheinland-Pfalz, Urteil v. 21.12.2016, 1 K 1381/14, rkr.: Zur steuerlichen Anerkennung von Vereinbarungen über Arbeitszeitkonten bei mehreren Gesellschafter-Geschäftsführern; BMF, Schreiben v. 8.8.2019, IV C 5 – S 2332/07/0004 :004, BStBl 2019 I S. 874.
12 BFH, Urteil v. 4.9.2019, VI R 39/17, BFH/NV 2020 S. 85; BFH, Urteil v. 22.2.2018, VI R 17/16, BStBl 2019 II S. 496; BMF, Schreiben v. 8.8.2019, IV C 5 – S 2332/07/0004:004, BStBl 2019 I S. 874.
13 FG Berlin-Brandenburg, Urteil v. 14.11.2017, 9 K 9235/15, rkr.
14 FG München, Urteil v. 5.5.2011, 7 K 1349/09.
15 FG Berlin-Brandenburg, Urteil v. 3.9.2013, 6 K 6154/10; BFH, Urteil v. 18.4.2013, VI R 23/12, BStBl 2013 II S. 920.
16 FG Münster, Urteil v. 11.10.2019, 13 K 172/17, rkr.; BFH, Urteil v. 21.3.2013, VI R 31/10, BStBl 2013 II S. 700; FG Hamburg, Urteil v. 20.10.2017, 2 K 4/17.

Fahrzeugen durchgeführt zu haben, genügt nicht, um die Besteuerung des Nutzungsvorteils auszuschließen.[1]

Auf Gesellschaftsebene gilt der Anscheinsbeweis für die private Kfz-Nutzung eines an den Alleingesellschafter-Geschäftsführer überlassenen betrieblichen Pkw, auch wenn mit diesem ein Privatnutzungsverbot vereinbart worden ist.[2]

Umwandlung von Barlohnansprüchen

Die Bildung von Rückstellungen für Umwandlungen von Barlohnansprüchen eines Gesellschafter-Geschäftsführers in Ansprüche aus einem Zeitwertkonten-Modell ist eine verdeckte Gewinnausschüttung.[3]

Werden bestehende Gehaltsansprüche des Gesellschafter-Geschäftsführers in eine Anwartschaft auf Leistungen der betrieblichen Altersversorgung umgewandelt, dann scheitert die steuerrechtliche Anerkennung der Versorgungszusage regelmäßig nicht an der fehlenden Erdienbarkeit.[4]

Verbilligte Übertragung von GmbH-Anteilen als Arbeitslohn

Eine verbilligte Anteilsübertragung an eine, dem Geschäftsführer als Alleingesellschafter gehörende GmbH ist Arbeitslohn des Geschäftsführers.[5]

Der verbilligte Erwerb einer GmbH-Beteiligung durch einen leitenden Arbeitnehmer des Arbeitgebers kann auch dann zu Arbeitslohn führen, wenn nicht der Arbeitgeber selbst, sondern ein Gesellschafter des Arbeitgebers die Beteiligung veräußert.[6]

Die unentgeltliche und bedingungslose Übertragung von GmbH-Anteilen an 5 leitende Angestellte (jeweils 5 % der Anteile) der GmbH führt laut einem FG-Beschluss nicht zu Arbeitslohn bei den Angestellten. Hintergrund im Verfahren wegen Aussetzung der Vollziehung des Einkommensteuerbescheids des Angestellten war, dass die übertragenden Gesellschafter, die auch ihrem Sohn die übrigen wesentlichen Anteile übertragen haben, das Fortbestehen des Unternehmens absichern wollten.[7]

Zufluss von Tantiemen bei beherrschenden Gesellschafter-Geschäftsführern

Einnahmen aus Tantieme-Forderungen, die die Kapitalgesellschaft ihrem beherrschenden Gesellschafter-Geschäftsführer schuldet und die sich bei der Ermittlung des Einkommens der Kapitalgesellschaft ausgewirkt haben, fließen dem Gesellschafter-Geschäftsführer bereits bei Fälligkeit zu.

Der Grundsatz des Zuflusses bei Fälligkeit entfällt, wenn die GmbH zahlungsunfähig ist.[8]

Der Tantiemeanspruch wird mit der Feststellung des Jahresabschlusses fällig, sofern die Vertragsparteien nicht zivilrechtlich wirksam und fremdüblich eine andere Fälligkeit im Anstellungsvertrag vereinbart haben.[9]

Eine verspätete Feststellung des Jahresabschlusses nach § 42a Abs. 2 GmbHG führt auch im Falle eines beherrschenden Gesellschafter-Geschäftsführers nicht per se zu einer Vorverlegung des Zuflusses einer Tantieme auf den Zeitpunkt, zu dem die Fälligkeit bei fristgerechter Aufstellung des Jahresabschlusses eingetreten wäre.[10]

Der BFH muss klären, ob aufgrund der vom BFH entwickelten Zuflussfiktion einer Tantieme beim beherrschenden Gesellschafter-Geschäftsführer zum Zeitpunkt der Feststellung des Jahresabschlusses ein Zufluss von Einkünften beim Gesellschafter-Geschäftsführer auch dann vorliegt, wenn die zwischen der GmbH und ihrem beherrschenden Gesellschafter-Geschäftsführer vertraglich vereinbarten Tantiemen nicht ausgezahlt wurden und auch keine Passivierung einer sich auf die Tantiemen beziehenden Verbindlichkeit bei der GmbH erfolgt ist.[11]

Altersversorgung

Überversorgung prüfen

Für die betriebliche Altersvorsorge von Gesellschafter-Geschäftsführern stehen grundsätzlich alle Durchführungswege zur Verfügung (Direktversicherung, Pensionskasse, Pensionsfonds, Unterstützungskasse und Pensionszusage). Das gilt unabhängig davon, ob der Geschäftsführer in der gesetzlichen Rentenversicherung pflichtversichert ist oder nicht.[12] § 3 Nrn. 63 und 66 EStG sind anzuwenden. Voraussetzung ist, dass die Bezüge des Geschäftsführers, einschließlich der Zukunftssicherungsleistungen, insgesamt angemessen sind, also nicht zu einer Überversorgung führen. Bei Unangemessenheit besteht ggf. eine verdeckte Gewinnausschüttung.[13]

Die Überversorgungsgrundsätze kommen bei vom Endgehalt abhängigen Versorgungszusagen nicht zur Anwendung.[14]

Gesellschafter-Geschäftsführer mit Mehrheitsanteil

Die betriebliche Altersversorgung von Geschäftsführern, die allein oder mit anderen über die Mehrheit bzw. genau die Hälfte der Kapitalanteile verfügen, wird vom Pensions-Sicherungs-Verein nicht gegen Insolvenz der Kapitalgesellschaft gesichert.[15]

Rückgedeckte Pensionszusage

Eine Möglichkeit für eine abgesicherte Altersversorgung dieser Geschäftsführer besteht darin, dass der Arbeitgeber selbst dem Arbeitnehmer eine Versorgung zusagt, hierzu eine Rückdeckungsversicherung abschließt und dem Arbeitnehmer die sich hieraus gegen den Versicherer ergebenden Ansprüche verpfändet. Die Beiträge des Arbeitgebers zur Rückdeckungsversicherung gehören in diesen Fällen nicht zum steuerpflichtigen Arbeitslohn.[16] Leistet die GmbH statt – wie vereinbart – der Gesellschafter die Beiträge für eine Rückdeckungsversicherung zugunsten der Gesellschafter, ist eine verdeckte Gewinnausschüttung anzunehmen.[17]

Finanzierung der Pensionszusage durch Entgeltumwandlung

Lt. FG Düsseldorf sind die Kriterien der Erdienbarkeit bei einer Pensionszusage, die durch monatliche Gehaltsumwandlung beim Gesellschafter-Geschäftsführer „finanziert" wird, nicht anzuwenden. Im Streitfall wurde dem bei Gründung der GmbH 60 Jahre und 4 Monate alten (alleinigen) Gesellschafter-Geschäftsführer einer GmbH in 2012 eine Pensionszusage erteilt, die durch monatliche Gehaltsumwandlung finanziert wurde (bei garantierter Verzinsung der umgewandelten Beträge von 3 % pro Jahr). Die Leistungen aus der Pensionszusage sollten ab der Vollendung des 71. Lebensjahres erfolgen. Das Finanzamt behandelte die zur Pensionsrückstellung zugeführten Beträge als verdeckte Gewinnausschüttungen, weil die Pension angesichts des Alters des Gesellschafter-Geschäftsführers bei Zusage nicht mehr erdient werden könne. Das FG hat der Klage der GmbH stattgegeben.[18]

Übertragung einer Pensionszusage auf Pensionsfonds

Die Übertragung einer Versorgungsverpflichtung zugunsten des beherrschenden Gesellschafter-Geschäftsführers von der zusagenden GmbH auf einen Pensionsfonds führt in Höhe der zur Übernahme der bestehenden Versorgungsverpflichtung erforderlichen und getätigten Leistungen zum Zufluss von steuerbarem Arbeitslohn.[19]

---

1 BFH, Beschluss v. 16.10.2020, VI B 13/20, BFH/NV 2021 S. 434.
2 FG Köln, Urteil v. 8.12.2022, 13 K 1001/19, rkr.
3 BFH, Urteil v. 11.11.2015, I R 26/15, BStBl II 2016 S. 489.
4 BFH, Urteil v. 7.3.2018, I R 89/15, BStBl 2019 II S. 70; Hessisches FG, Urteil v. 29.9.2021, 4 K 1476/20, Nichtzulassungsbeschwerde beim BFH unter Az. I B 87/21: Entgeltumwandlung, wenn der Gesellschafter-Geschäftsführer durch Rücklage bereits erdiente Aktivbezüge auf Zeitwertkonto (Investmentkonto der GmbH) zugunsten künftiger Altersbezüge über sein eigenes Vermögen verfügt.
5 BFH, Urteil v. 1.9.2016, VI R 67/14, BStBl II 2017 S. 69.
6 BFH, Urteil v. 15.3.2018, VI R 8/16, BStBl 2018 II S. 550.
7 FG des Landes Sachsen-Anhalt, Beschluss v. 14.6.2021, 3 V 276/21; FG des Landes Sachsen-Anhalt Urteil v. 27.4.2022, 3 K 161/21, Rev. beim BFH unter Az. VI R 21/22: Unentgeltliche Übertragung von Anteilen an der Arbeitgeber-GmbH kein Arbeitslohn.
8 FG Münster, Urteil v. 4.9.2019, 4 K 1538/16 E G, Rev. beim BFH unter Az. III R 58/19.
9 BFH, Urteil v. 12.7.2021, VI R 3/19, BFH/NV 2022 S. 9.
10 BFH, Urteil v. 28.4.2020, VI R 44/17, BStBl 2021 II S. 392.

11 FG Baden-Württemberg, Urteil v. 30.6.2022, 12 K 58/20, Rev. beim BFH unter Az. VI R 20/22.
12 BSG, Urteil v. 24.11.2005, B 12 RA 1/04 R; LSG Saarland, Urteil v. 15.2.2012, L 2 KR 73/11, rkr.; BSG, Urteil v. 17.12.2014, B 12 KR 23/12 R; FG Köln, Urteil v. 29.4.2015, 13 K 2435/09.
13 Sächsisches FG, Urteil v. 28.3.2012, 8 K 1159/11, rkr.; BFH, Urteil v. 20.12.2016, I R 4/15, BStBl 2017 II S. 678.
14 BFH, Urteil v. 31.5.2017, I R 91/15, BFH/NV 2018 S. 16.
15 BGH, Urteil v. 1.10.2019, II ZR 387/17; BGH, Urteil v. 1.10.2019, II ZR 386/17.
16 R 40b.1 Abs. 3 Nr. 3 LStR.
17 FG Berlin-Brandenburg, Urteil v. 9.3.2011, 12 K 12267/07.
18 FG Düsseldorf, Urteil v. 16.11.2021, 6 K 2196/17 K, G, F, Rev. beim BFH unter Az. I R 50/22; BFH, Urteil v. 7.3.2018, I R 89/15, BStBl 2019 II S. 70.
19 BFH, Urteil v. 19.4.2021, VI R 45/18, BFH/NV 2021 S. 1411.

Weiterbeschäftigung nach Eintritt des Versorgungsfalls

Es ist aus steuerrechtlicher Sicht nicht zu beanstanden, wenn die Versorgungszusage nicht von dem Ausscheiden des Begünstigten aus dem Dienstverhältnis als Geschäftsführer mit Eintritt des Versorgungsfalls abhängig gemacht wird. In diesem Fall muss der Geschäftsführer zur Vermeidung einer verdeckten Gewinnausschüttung allerdings regeln, dass

- das Einkommen aus der fortbestehenden Tätigkeit als Geschäftsführer auf die Versorgungsleistung angerechnet wird oder
- der vereinbarte Eintritt der Versorgungsfälligkeit aufgeschoben wird, bis seine Geschäftsführerfunktion beendet ist.

Es reicht nicht, dass der Gesellschafter-Geschäftsführer seine Arbeitszeit und sein Gehalt nach Eintritt des Versorgungsfalls reduziert.[1]

Weiterbeschäftigung mit neuem Anstellungsvertrag

Hat ein Gesellschafter-Geschäftsführer die ihm zugesagte Pension mit Vollendung seines 65. Lebensjahres erdient und arbeitet er anschließend mit einem neuen Geschäftsführer-Anstellungsvertrag in Teilzeit und mit reduzierten Bezügen weiter, so ist sein Pensionsanspruch nicht gemäß der in der Pensionszusage enthaltenen Obergrenze auf 75 % der reduzierten (Teilzeit-)Bezüge gedeckelt.[2]

Es liegt keine verdeckte Gewinnausschüttung vor, wenn der bereits pensionierte Geschäftsführer (Alleingesellschafter) im Interesse der Gesellschaft später wieder eingestellt wird und die weiter gewährte Pension zusammen mit den zusätzlich gewährten Geschäftsführerbezügen sehr deutlich unter den früheren Aktivbezügen bleiben.[3]

Ablösung einer erteilten Pensionszusage

Laut BFH führt im Fall eines beherrschenden Gesellschafter-Geschäftsführers die Ablösung einer vom Arbeitgeber erteilten Pensionszusage beim Arbeitnehmer dann zum Zufluss von Arbeitslohn, wenn der Ablösungsbetrag auf Verlangen des Arbeitnehmers zur Übernahme der Pensionsverpflichtung an einen Dritten gezahlt wird. Anders ist es, wenn der Arbeitnehmer kein Wahlrecht hat, den Ablösungsbetrag alternativ an sich auszahlen zu lassen.[4]

Verzicht auf Pensionsansprüche

Verzichtet ein Gesellschafter-Geschäftsführer gegenüber der GmbH auf eine bereits erdiente (werthaltige) Pensionsanwartschaft, ist darin nur dann keine verdeckte Einlage zu sehen, wenn auch ein fremder Geschäftsführer unter sonst gleichen Umständen die Pensionsanwartschaft aufgegeben hätte. War die Zusage der Altersversorgung im Anstellungsvertrag geregelt, führt der Verzicht auf die erdiente und werthaltige Anwartschaft zu einem Lohnzufluss in Höhe des Teilwerts. Dabei kommt die Fünftelregelung[5] zur Anwendung.[6]

Bei einem vor dem Ende des Bilanzzeitraums erklärten Verzicht des Gesellschafter-Geschäftsführers auf einen Pensionsanspruch unter der aufschiebenden Bedingung der Zahlung einer „Abfindung i. H. d. Wertes der Pensionsrückstellung“ zum Ende des Bilanzzeitraums, liegt keine verdeckte Gewinnausschüttung vor, wenn

- die Abfindungszahlung erst nach dem Bilanzzeitraum erfolgte,
- zum Ende des Bilanzzeitraums die Pensionsrückstellung weder aufgelöst noch gemindert war und
- auch keine Verbindlichkeit der Gesellschaft gegenüber dem Gesellschafter aufwandswirksam erfasst worden ist.[7]

Widerruf einer Pensionszusage als Arbeitslohn

Vereinbart eine GmbH mit ihrem alleinigen Gesellschafter-Geschäftsführer einen Widerrufsvorbehalt zu einer Pensionszusage und wird der Widerruf im Folgejahr ausgeübt, kann kein fiktiver Zufluss von Arbeitslohn im Veranlagungszeitraum des Widerrufs angenommen werden.[8]

Grundsätze zur Pensionsrückstellung

§ 6a EStG regelt detailliert die Voraussetzungen der Pensionsrückstellung. In der Praxis ist u. a. wichtig, dass die schriftliche Pensionszusage eindeutige Angaben zu Art, Form, Voraussetzungen und Höhe der in Aussicht gestellten künftigen Leistungen enthalten muss.[9]

Bei der Rückstellungsbildung bestehen das Gebot der Eindeutigkeit und der Schriftlichkeit, beide zum Zweck der Beweissicherung. Die Anforderungen beziehen sich auf den jeweiligen Bilanzstichtag und betreffen damit nicht lediglich die ursprüngliche Zusage, sondern auch deren spätere Änderung.[10]

Lt. FG Münster ist die Bildung einer Pensionsrückstellung dem Grunde nach auch bei Versorgungszusagen möglich, die unter einer aufschiebenden Bedingung (im Streitfall: der spätere Wert von Fondsanteilen oder einer Rückdeckungslebensversicherung) erteilt werden.[11]

Der Ansatz einer Pensionsrückstellung nach § 6a Abs. 3 Satz 2 Nr. 1 Satz 1 Halbsatz 2 EStG setzt eine Entgeltumwandlung i. S. v. § 1 Abs. 2 BetrAVG voraus.[12] Diese Voraussetzung ist nicht erfüllt, wenn eine GmbH ihrem Alleingesellschafter-Geschäftsführer eine Versorgungszusage aus Entgeltumwandlungen gewährt, da der Alleingesellschafter-Geschäftsführer der GmbH kein Arbeitnehmer i. S. d. § 17 Abs. 1 Satz 1 oder 2 BetrAVG ist.[13]

Sozialversicherung

Geschäftsführer, die nicht Gesellschafter sind (Fremdgeschäftsführer)

Geschäftsführer, die nicht Gesellschafter sind, werden aufgrund eines mit der GmbH abgeschlossenen Dienstvertrags in einem fremden Betrieb tätig. Sie erhalten teilweise eine gewinn- und verlustunabhängige Vergütung. Solche Fremdgeschäftsführer gehören als leitende Angestellte zu den Beschäftigten. Das gilt selbst, wenn

- die Geschäftsführer in ihrer Tätigkeit weitgehend weisungsfrei sind oder
- dem Direktionsrecht der Gesellschafter nur eingeschränkt unterliegen.

Die nach dem Gesellschaftsrecht durch die Gesellschafter ausgeübte Überwachung führt bereits grundsätzlich zu einer abhängigen Beschäftigung im Sinne der Sozialversicherung.[14] Fremdgeschäftsführer üben daher ganz regelmäßig eine sozialversicherungspflichtige Beschäftigung aus[15], auch wenn sie Arbeitgeberfunktionen wahrnehmen.[16] Dem stehen eventuell neben der Vergütung vereinbarte Tantiemen bzw. Gewinnbeteiligungen nicht entgegen. Versicherungspflicht zur Kranken- und Pflegeversicherung besteht wie bei allen Arbeitnehmern u. a. nur, wenn das regelmäßige Arbeitsentgelt die ⬀ Jahresarbeitsentgeltgrenze nicht übersteigt.[17]

Gesellschafter-Geschäftsführer

Mitunternehmer sind in ihrer Eigenschaft als ⬀ Gesellschafter keine ⬀ Arbeitnehmer im Sinne des Arbeitsrechts und keine Beschäftigten im Sinne der Sozialversicherung. Insoweit besteht also keine Sozialversicherungspflicht.

1 BFH, Urteil v. 23.10.2013, I R 60/12, BStBl 2015 II S. 413.
2 Schleswig-Holsteinisches FG, Urteil v. 4.7.2017, 1 K 201/14, rkr.
3 BFH, Urteil v. 15.3.2023, I R 41/19, BFH/NV 2023 S. 1035.
4 BFH, Urteil v. 18.8.2016, VI R 18/13, BStBl 2017 II S. 730; BMF, Schreiben v. 4.7.2017, IV C 5 – S 2333/16/10002, BStBl 2017 I S. 883; FG Düsseldorf, Urteil v. 13.7.2017, 9 K 1804/16 E, Zurückverweisung durch BFH, Urteil v. 15.5.2018, X R 42/17, BFH/NV 2018 S. 1275.
5 § 34 Abs. 1 und 2 Nr. 4 EStG.
6 BFH, Urteil v. 23.8.2017, VI R 4/16, BStBl 2018 II S. 208.
7 FG Münster, Urteil v. 15.2.2023, 13 K 391/20 K G.
8 FG Köln, Urteil v. 11.10.2017, 9 K 3518/14, rkr.
9 § 6a Abs. 1 Nr. 3 EStG.
10 FG Düsseldorf, Urteil v. 9.6.2021, 7 K 3034/15 K, G, F, Rev. beim BFH unter Az. I R 29/21: Rechtsfolgen eines Verstoßes gegen das Eindeutigkeitsgebot.
11 FG Münster, Urteil v. 18.3.2021, 10 K 4131/15 F, Rev. beim BFH unter Az. XI R 25/21: Zum Ansatz und zur Berechnung einer Pensionsrückstellung für wertpapiergebundene Pensionszusagen.
12 FG Düsseldorf, Urteil v. 16.11.2021, 6 K 2196/17 K, G, F, Rev. beim BFH unter Az. I R 50/22: Fehlende Erdienbarkeit einer auf Entgeltumwandlung beruhenden Pensionszusage bei über 60 Jahre altem Geschäftsführer (Alleingesellschafter der GmbH) rechtfertigt keinen Ansatz einer verdeckten Gewinnausschüttung.
13 BFH, Urteil v. 27.5.2020, XI R 9/19, BStBl 2020 S. 802.
14 BSG, Urteil v. 22.8.1973, 12 RK 24/72.
15 BSG, Urteile v. 29.8.2012, B 12 R 14/10 R und v. 29.7.2015, B 12 R 1/15 R.
16 BSG, Urteil v. 18.12.2001, B 12 KR 10/01 R.
17 § 6 Abs. 6, 7 SGB V.

Ist ein Gesellschafter jedoch gleichzeitig im Unternehmen als Arbeitnehmer gegen Arbeitsentgelt beschäftigt, müssen die Kriterien eines Beschäftigungsverhältnisses im Einzelfall überprüft werden, d. h., ob nach dem Gesamtbild der Arbeitsleistung eher die Merkmale der Arbeitgeberfunktion (als Gesellschafter) oder als Arbeitnehmer (leitender Angestellter) überwiegen.

Selbstständig Tätige können rentenversicherungspflichtig sein

In der Rentenversicherung gelten für Gesellschafter-Geschäftsführer hinsichtlich der Versicherungspflicht besondere Regelungen. Selbst wenn ein abhängiges Beschäftigungsverhältnis und damit die Rentenversicherungspflicht als Arbeitnehmer verneint werden, kann es dennoch zur Rentenversicherungspflicht als ⇗ selbstständig Tätiger kommen.

GmbH-Gesellschafter-Geschäftsführer

Gesellschafter-Geschäftsführer einer GmbH können in einem abhängigen und sozialversicherungspflichtigen Beschäftigungsverhältnis zur GmbH stehen. Bei Gesellschafter-Geschäftsführern kann ein abhängiges Beschäftigungsverhältnis zur GmbH aufgrund deren Beteiligung am Stammkapital oder besonderer Vereinbarungen im Gesellschaftsvertrag und der sich daraus ergebenden Rechtsmacht von vornherein ausgeschlossen sein.

Mindestens 50 % Anteil am Stammkapital

Verfügen Geschäftsführer einer GmbH als Gesellschafter über mindestens die Hälfte des Stammkapitals, können sie dadurch die Entscheidungen der Gesellschaft maßgeblich beeinflussen. Die Beschlüsse werden in der Gesellschafterversammlung grundsätzlich mit einfacher Mehrheit der abgegebenen Stimmen gefasst. Gegen ihren Willen können dann keine Beschlüsse getroffen werden. Diese Gesellschafter-Geschäftsführer sind daher aufgrund ihrer Rechtsmacht nicht sozialversicherungspflichtig beschäftigt.

Sperrminorität

Gesellschaftsverträge können auch andere Möglichkeiten der Stimmverteilung und Beschlussfassung als allein nach der Kapitalbeteiligung vorsehen. Auch wenn der Anteil von Gesellschafter-Geschäftsführern am Stammkapital einer GmbH weniger als die Hälfte beträgt, kann daher ein abhängiges Beschäftigungsverhältnis im Sinne der Sozialversicherung von vornherein ausgeschlossen sein. Solche Gesellschafter-Geschäftsführer sind nicht sozialversicherungspflichtig beschäftigt, wenn sie z. B. aufgrund besonderer Vereinbarungen im Gesellschaftsvertrag sämtliche Beschlüsse der anderen Gesellschafter verhindern können (sog. umfassende Sperrminorität). Auch sie haben die Rechtsmacht, Beschlüsse zu verhindern.[1]

Achtung

Wirkung der eingeschränkten Sperrminorität

Eine nur eingeschränkte Sperrminorität, die nicht auf alle Angelegenheiten der GmbH Anwendung findet, schließt ein sozialversicherungspflichtiges Beschäftigungsverhältnis nicht aus.[2]

Übrige Gesellschafter-Geschäftsführer

Ist bei Gesellschafter-Geschäftsführern einer GmbH ein abhängiges Beschäftigungsverhältnis von vornherein weder aufgrund deren Beteiligung am Stammkapital noch aufgrund besonderer Vereinbarungen im Gesellschaftsvertrag ausgeschlossen, stehen sie aufgrund der insoweit fehlenden Rechtsmacht und der daraus resultierenden persönlichen Abhängigkeit grundsätzlich in einem sozialversicherungspflichtigen Beschäftigungsverhältnis zur GmbH.

Ob in gänzlich atypischen Sonderfällen trotz fehlender Rechtsmacht eine abhängige Beschäftigung ausnahmsweise ausgeschlossen sein kann, wenn die tatsächlichen Verhältnisse die rechtlichen überlagern, ist im Einzelfall nach dem Gesamtbild der Arbeitsleistung zu beurteilen.

1 BSG, Urteil v. 6.2.1992, 7 RAr 134/90.
2 BSG, Urteil v. 24.9.1992, 7 RAr 12/92.

Statusfeststellungsverfahren

Arbeitgeber müssen grundsätzlich für jeden Mitarbeiter prüfen, ob es sich um eine abhängige Beschäftigung handelt und ob Sozialversicherungspflicht besteht. Bei der Neueinstellung von GmbH-Gesellschafter-Geschäftsführern müssen Arbeitgeber bei der Anmeldung (Meldegrund „10") das Statuskennzeichen „2" angeben. Die ⇗ Clearingstelle der Deutschen Rentenversicherung Bund leitet daraufhin ein obligatorisches Statusfeststellungsverfahren ein. Das obligatorische Anfrageverfahren ist im Rahmen der sog. Elementenfeststellung seit dem 1.4.2022 auf die Feststellung einer abhängigen Beschäftigung oder selbstständigen Tätigkeit beschränkt. Eine Entscheidung über die Versicherungspflicht in der Kranken-, Pflege-, Renten- und Arbeitslosenversicherung aufgrund einer Beschäftigung erfolgt nicht. Die Entscheidung über die Versicherungspflicht oder Versicherungsfreiheit (z. B. in der Krankenversicherung wegen Überschreitung der Jahresarbeitsentgeltgrenze) trifft die zuständige Einzugsstelle für den Gesamtsozialversicherungsbeitrag. Sie ist bei der Beurteilung an die Entscheidung der Deutschen Rentenversicherung Bund gebunden. Das Statusfeststellungsverfahren ist auch dann nach § 7a SGB IV durch die Deutsche Rentenversicherung Bund durchzuführen, wenn die Einzugsstelle auf andere Weise als aus der entsprechenden Kennzeichnung einer förmlichen Meldung des Arbeitgebers über den Beschäftigungsbeginn aufgrund objektiver Umstände Kenntnis davon erlangt, dass der Erwerbstätige geschäftsführender Gesellschafter einer GmbH ist. Das Fehlen einer Anmeldung des Arbeitgebers oder das Nichtsetzen des entsprechenden Kennzeichens in der Anmeldung ist für die Durchführung des Statusfeststellungsverfahrens durch die Deutschen Rentenversicherung Bund unschädlich.

Tipp

Bei Zweifeln am Personenstatus optionales Anfrageverfahren

Bestehen Zweifel, ob ein abhängiges Beschäftigungsverhältnis oder eine selbstständige Tätigkeit vorliegt, wird empfohlen, ein optionales Anfrageverfahren bei der Clearingstelle der Deutschen Rentenversicherung Bund einzuleiten.[3] Alternativ kann auch eine Statusfeststellung bei der zuständigen Einzugsstelle beantragt werden.[4]

Gesellschafter-Geschäftsführer einer KG

Kommanditisten einer KG

Kommanditisten, die als Arbeitnehmer in einer KG gegen Entgelt beschäftigt werden, sind grundsätzlich sozialversicherungspflichtig. Durch den Gesellschaftsvertrag können allerdings auch Kommanditisten zur Geschäftsführung bestellt werden. Sind solche Kommanditisten-Geschäftsführer nicht vom Komplementär oder von den Beschlüssen der Gesellschaft abhängig, verfügen sie über maßgeblichen Einfluss auf die Geschicke der Gesellschaft. Dann liegt kein abhängiges versicherungspflichtiges Beschäftigungsverhältnis vor.

Komplementäre

Die Komplementäre tragen das Unternehmerrisiko, was eine persönliche Abhängigkeit und Weisungsgebundenheit als Arbeitnehmer ausschließt. Damit liegen die wesentlichen Merkmale einer abhängigen Beschäftigung im Sinne der Sozialversicherung nie vor. Sozialversicherungspflicht durch die Mitarbeit in ihrer Gesellschaft ist für Komplementäre einer KG damit ausgeschlossen. Das gilt ebenfalls, wenn ihnen die Geschäftsführung übertragen wurde.

GmbH & Co. KG

Weisungsgebundene Geschäftsführer einer GmbH und Co. KG stehen grundsätzlich in einem sozialversicherungsrechtlichen ⇗ Beschäftigungsverhältnis. Sie sind jedoch nicht versicherungspflichtig, wenn sie innerhalb der GmbH einen maßgeblichen Einfluss haben (z. B. durch eine 50 %ige Beteiligung) und die GmbH ebenfalls die Geschicke der KG maßgeblich bestimmen kann.

3 § 7a Abs. 1 Satz 1 SGB IV.
4 § 28h Abs. 2 SGB IV.

OHG und GbR

Gesellschafter einer OHG oder einer GbR haften mit ihrem Privatvermögen unbeschränkt. Diese Gesellschafter tragen das Unternehmerrisiko, was eine persönliche Abhängigkeit und Weisungsgebundenheit als Arbeitnehmer ausschließt. Damit liegen die wesentlichen Merkmale einer abhängigen Beschäftigung im Sinne der Sozialversicherung nie vor. Sozialversicherungspflicht durch die Mitarbeit in ihrer Gesellschaft ist für OHG- und GbR-Gesellschafter damit ausgeschlossen. Das gilt ebenfalls, wenn ihnen als Gesellschafter auch die Geschäftsführung übertragen wurde.

Geschenke

Nach den Bestimmungen des BGB wird eine Zuwendung als Geschenk bezeichnet, wenn sie eine Person aus ihrem Vermögen einem Dritten zuwendet und beide Parteien sich einig darüber sind, dass diese Zuwendung unentgeltlich erfolgt. Diese Grundsätze gelten auch im Steuerrecht, wobei insbesondere der Beweggrund für die Zuwendung kritisch geprüft wird. Ob die Arbeitgeberzuwendung als Geschenk bezeichnet wird oder nicht, ist nicht entscheidend für die Zurechnung zum steuerpflichtigen Arbeitslohn. Schmiergelder und ähnliche Zahlungen sind keine Geschenke, sie können beim Empfänger zu Einnahmen führen.

Gesetze, Vorschriften und Rechtsprechung

Lohnsteuer: Für die Frage der Zurechnung zum Arbeitslohn gelten die allgemeinen Regelungen des § 19 EStG. Die Abgrenzung zu den nicht steuerbaren Aufmerksamkeiten ergibt sich aus R 19.6 LStR. Für (Sach-)Geschenke kommt die Steuerbefreiung im Rahmen der 50-EUR-Grenze des § 8 Abs. 2 Satz 11 EStG zur Anwendung. Dem Arbeitslohn zuzurechnende Geschenke sind als Betriebsausgaben abzugsfähig; ansonsten ist die 35-EUR-Grenze für Geschenke an Nicht-Arbeitnehmer in § 4 Abs. 5 Satz 1 Nr. 1 EStG zu beachten (Abzugsverbot).

Sozialversicherung: Für die Frage der Zurechnung zum beitragspflichtigen Arbeitsentgelt gilt § 14 Abs. 1 Satz 1 SGB IV sowie §§ 1 und 3 SvEV.

Entgelt	LSt	SV
Geldgeschenk	pflichtig	pflichtig
Sachgeschenk aus persönlichem Anlass bis 60 EUR brutto	frei	frei
Sachgeschenk zum Einlösen beim Arbeitgeber bis 1.080 EUR jährlich	frei	frei
Sachgeschenk bis 50 EUR monatlich	frei	frei

Entgelt

Steuerpflichtige Sachbezüge

Lohnsteuer

Geschenke des Arbeitgebers an den Arbeitnehmer gehören zum steuerpflichtigen Arbeitslohn, weil Geschenke aufgrund des Dienstverhältnisses gegeben werden, selbst wenn Auslöser für das Geschenk der Eintritt eines persönlichen Ereignisses des Arbeitnehmers sein sollte. Deshalb unterliegt der Wert des Geschenks dem Lohnsteuerabzug nach den Vorschriften, die für sonstige Bezüge gelten. Jubiläumsgeschenke sind steuerpflichtig; regelmäßig kommt die Besteuerung nach der Fünftelregelung in Betracht.

Für die Besteuerung unentgeltlicher Sachgeschenke (/-bezüge) ist deren Geldwert maßgebend und nicht etwa der Wert, den der Beschenkte dem Geschenk beimisst. Dieser objektive Wert ist auch dann anzusetzen, wenn der subjektive Wert geringer scheint, z. B. weil der Beschenkte für das Geschenk keine Verwendungsmöglichkeit hat oder weil es seinem Geschmack nicht entspricht.

Sozialversicherung

Nach § 14 Abs. 1 Satz 1 SGB IV ist es unerheblich, unter welcher Bezeichnung oder in welcher Form die Leistungen des Arbeitgebers erbracht werden. Sachbezüge, die einem Arbeitnehmer aus einer Beschäftigung zufließen, gehören somit grundsätzlich zum Arbeitsentgelt und sind beitragspflichtig in der Sozialversicherung.

Für die Berechnung der Beiträge aus unentgeltlich zur Verfügung gestellten ⇗ Sachbezügen ist deren Geldwert maßgebend. Erhält der Arbeitnehmer die Sachbezüge nicht unentgeltlich, sondern nur verbilligt, so ist die Differenz zwischen dem Geldwert des Sachbezugs und dem vom Arbeitnehmer zu zahlenden Betrag zur Beitragsberechnung heranzuziehen. Der Geldwert ist entweder durch Einzelberechnung zu ermitteln oder, wie z. B. bei Verpflegung und Unterkunft, mit dem amtlichen Sachbezugswert anzusetzen.

Steuerfreie Aufmerksamkeiten

Lohnsteuer

Ein Sachgeschenk ist steuerfrei, wenn es sich um eine Aufmerksamkeit aus Anlass eines besonderen persönlichen Ereignisses des Arbeitnehmers handelt. Hierzu gehören Geschenke, die im gesellschaftlichen Verkehr üblicherweise ausgetauscht werden[1], z. B. Blumen, Pralinen oder Bücher aus Anlass des Geburtstags eines Arbeitnehmers, der Konfirmation sowie Kommunion seiner Kinder oder gelegentlich der Silberhochzeit.

60-EUR-Freigrenze für Sachgeschenke

Weitere Voraussetzung für die Anerkennung von Geschenken als steuerfreie Aufmerksamkeit ist es, dass ihr Wert je Ereignis den Betrag von 60 EUR (einschließlich Umsatzsteuer) nicht überschreitet.[2] Die 60-EUR-Freigrenze kann für jeden Arbeitnehmer mehrfach in Anspruch genommen werden, je nachdem, ob der Arbeitgeber mehrere begünstigte Anlässe zu Geschenken nutzt. Ein solcher Anlass wird ausschließlich durch ein persönliches Ereignis, wie einem Geburtstag, begründet. Einen Jahreshöchstbetrag, bis zu dem lohnsteuerfreie Arbeitgeberleistungen vorliegen, gibt es nicht. Geschenke über 60 EUR sind lohnsteuerpflichtig, auch wenn der persönliche Arbeitnehmeranlass hierfür unstreitig feststeht.

Tipp

Weihnachtspäckchen zur betrieblichen Weihnachtsfeier

Aus Vereinfachungsgründen beanstandet es die Finanzverwaltung nicht, wenn Geschenke, deren Wert je Mitarbeiter 60 EUR nicht übersteigt, als Zuwendungen anlässlich einer Betriebsveranstaltung in die Gesamtkosten einbezogen werden (z. B. als „Weihnachtspäckchen").

Sachzuwendungen, die im ganz überwiegend betrieblichen Interesse erbracht werden, so z. B. Weihnachtspäckchen bei einer betrieblichen Weihnachtsfeier, zählen nicht zum Arbeitslohn, wenn der Wert des Weihnachtspäckchens 60 EUR nicht übersteigt und der Freibetrag für ⇗ Betriebsveranstaltung pro Person nicht überschritten wird.

Achtung

Geldzuwendungen sind steuerpflichtig

Geldzuwendungen, auch wenn sie gering sind, gehören stets zum Arbeitslohn. Geburtsbeihilfen und Heiratsbeihilfen sind stets lohnsteuerpflichtig.

Sozialversicherung

Sachgeschenke oder Aufmerksamkeiten des Arbeitgebers, die auch im gesellschaftlichen Verkehr üblich sind und zu keiner ins Gewicht fallenden Bereicherung des Arbeitnehmers führen, gehören als bloße Auf-

1 R 19.6 LStR.
2 R 19.6 Abs. 1 LStR.

merksamkeiten nicht zum Arbeitsentgelt im Sinne der Sozialversicherung. Infolgedessen sind diese auch nicht beitragspflichtig. Zu den Aufmerksamkeiten zählen vor allem Sachzuwendungen aus Anlass eines persönlichen Ereignisses wie z. B. Geburtstag, Hochzeit oder Abschied, wenn deren Wert 60 EUR nicht übersteigt.

Zu den Aufmerksamkeiten zählen auch Getränke und Genussmittel, die der Arbeitgeber den Arbeitnehmern zum Verzehr im Betrieb unentgeltlich oder teilentgeltlich überlässt. Dasselbe gilt für Speisen, die der Arbeitgeber den Arbeitnehmern anlässlich und während eines außergewöhnlichen Arbeitseinsatzes, z. B. während einer außergewöhnlichen betrieblichen Besprechung oder Sitzung, im ganz überwiegenden betrieblichen Interesse an einer günstigen Gestaltung des Arbeitsablaufs unentgeltlich oder teilentgeltlich überlässt und deren Wert 60 EUR nicht übersteigt.

Achtung

Beitragspflicht von Geldzuwendungen

Geldzuwendungen gehören stets zum beitragspflichtigen Arbeitsentgelt, auch wenn ihr Wert geringer ist.

Warengutscheine

Ob ein Warengutschein zum Arbeitslohn des Arbeitnehmers zählt, ist davon abhängig, ob der Warengutschein zum Einkauf beim Arbeitgeber berechtigt oder zum Einkauf bei einem Dritten, etwa in Kaufhäusern oder Ladengeschäften.

Einlösung beim Arbeitgeber

Lohnsteuer

Warengutscheine, die beim Arbeitgeber einzulösen sind, also die Produkte der eigenen Firma betreffen, stellen stets einen Sachbezug dar. Diese arbeitgeberbezogenen Gutscheine sind deshalb als Belegschaftsrabatt bis zu 1.080 EUR je Kalenderjahr steuerfrei, wenn Waren oder Dienstleistungen erworben werden, die nicht überwiegend für den Bedarf der Arbeitnehmer hergestellt, vertrieben oder erbracht werden. Dies gilt auch dann, wenn der Gutschein nicht auf eine konkrete Sache, sondern nur auf einen Eurobetrag ausgestellt ist, der beim Einkauf von Waren und Dienstleistungen des Arbeitgebers angerechnet wird.

Bei arbeitgeberbezogenen Gutscheinen fließt dem Arbeitnehmer mit der Aushändigung des Gutscheins noch kein Arbeitslohn zu. Dem Lohnsteuerabzug unterliegt erst der Sachbezug, den der Arbeitgeber in Form der unentgeltlichen oder verbilligten Waren bzw. Dienstleistungen im Zeitpunkt der Einlösung des Gutscheins gewährt.[1]

Sozialversicherung

Da Belegschaftsrabatte bis 1.080 EUR steuerfrei sind, bleiben sie auch beitragsfrei in der Sozialversicherung.[2] Arbeitsentgelt im Sinne der Sozialversicherung liegt also nur insoweit vor, als der geldwerte Vorteil den Rabatt-Freibetrag von 1.080 EUR im Jahr übersteigt.

Einlösung bei Dritten

Lohnsteuer

Einkaufsgutscheine, die ein Arbeitnehmer kostenlos oder verbilligt erhält und die zum Einkauf bei einem Dritten, z. B. einem Kaufhaus berechtigen, können einen Sachbezug darstellen. Die Frage, ob Arbeitslohn in Form einer Sachleistung vorliegt, bestimmt sich ausschließlich nach der für Gutscheine und Geldkarten gesetzlich festgelegten Bestimmung des Begriffs „Sachbezug" in Abgrenzung zu Geldleistungen. Bei Gutscheinen liegt weiterhin ein Sachbezug vor, wenn diese ausschließlich zum Bezug von Waren oder Dienstleistungen berechtigen und zudem die Kriterien des § 2 Abs. 1 Nr. 10 des Zahlungsdiensteaufsichtsgesetzes (ZAG) erfüllen.[3] Der geldwerte Vorteil unterliegt nicht dem Lohnsteuerabzug, wenn der Wert des Gutscheins den Betrag von 50 EUR pro Kalendermonat nicht übersteigt und er die Voraussetzungen für einen Sachbezug erfüllt. Weitere Voraussetzung für die Anwendung der Sachbezugsfreigrenze ist, dass der Gutschein dem Arbeitnehmer zusätzlich zum ohnehin geschuldeten Arbeitslohn gewährt wird.[4] Bei Warengutscheinen mit Betragsangabe ist kein Bewertungsabschlag von 4 % für übliche Preisnachlässe vorzunehmen; der Ansatz mit 96 % ist nicht zulässig.[5] Die Lohnsteuer ist bereits im Zeitpunkt der Übergabe des Gutscheins an den Arbeitnehmer einzubehalten, weil der Arbeitnehmer zu diesem Zeitpunkt einen Rechtsanspruch gegenüber dem Dritten erhält.[6] Bei Gutscheinkarten erfolgt der Zufluss mit dem Aufladen der Karte.

Wichtig

Kein Vorsteuerabzug aus Gutscheinen an Arbeitnehmer

Die Hingabe des Gutscheins an den Arbeitnehmer stellt einen Sachbezug dar, der mangels unentgeltlicher Wertabgabe nicht umsatzsteuerpflichtig ist, auch wenn er nach der gesetzlichen Neuregelung weiterhin die Voraussetzungen eines Sachbezugs erfüllt.[7] Andererseits hat der Arbeitgeber keinen Anspruch auf Vorsteuerabzug durch die Gutscheineinlösung des Mitarbeiters. Die Lieferung oder sonstige Leistung durch den Dritten erfolgt nicht an das Unternehmen des Arbeitgebers; Leistungsempfänger des dem Gutschein zugrunde liegenden Rechtsgeschäfts ist der Arbeitnehmer. Dies gilt auch bei Ausgabe von Guthaben für den Erwerb von Waren- und Dienstleistungen durch den Arbeitnehmer.

Sozialversicherung

Aufgrund der Steuerfreiheit liegt bei Sachgutscheinen bis 50 EUR kein Arbeitsentgelt im Sinne der Sozialversicherung vor. Bis 50 EUR bleiben diese Gutscheine somit beitragsfrei.[8]

Geschenke eines leitenden Angestellten

Geschenke eines (leitenden) Angestellten an Arbeitnehmer desselben Betriebs/Arbeitgebers, also an Kollegen und Mitarbeiter, sind grundsätzlich nicht als Werbungskosten abzugsfähig. Anders kann es sich verhalten, wenn der schenkende Arbeitnehmer eine erfolgsabhängige Entlohnung erhält oder andere Umstände den beruflichen Anlass belegen.

Gesellschafter

Gesellschafter sind als Inhaber/Teilhaber eines Unternehmens grundsätzlich keine Arbeitnehmer im Sinne der Sozialversicherung, weil es an den wesentlichen Merkmalen einer Beschäftigung fehlt. Eine andere Beurteilung kann sich ergeben, wenn ein Gesellschafter gleichzeitig im Unternehmen mitarbeitet. Es ist daher zu prüfen, ob er im Unternehmen nicht beschäftigt ist wie ein gewöhnlicher Arbeitnehmer. Letzteres kann selbst bei Geschäftsführern der Fall sein.

Gesetze, Vorschriften und Rechtsprechung

Lohnsteuer: Vergütungen für die Mitarbeit von Gesellschaftern **sind kein Arbeitslohn**, sondern werden nach § 15 Abs. 1 EStG den Gewinnanteilen zugerechnet. Maßgeblich für den Arbeitnehmerbegriff ist § 611a BGB, der auch die Weisungsgebundenheit beschreibt.

Sozialversicherung: Der Beschäftigungsbegriff i. S. d. Sozialversicherung wird in § 7 SGB IV definiert. Die Spitzenorganisationen der Sozialversicherung informieren detailliert im Gemeinsamen Rundschreiben zur Statusfeststellung von Erwerbstätigen (GR v. 1.4.2022: Anlage 3).

1 R 38.2 Abs. 3 Satz 2 LStR.
2 § 1 Abs. 1 Nr. 1 SvEV.
3 § 8 Abs. 1 EStG.
4 § 8 Abs. 2 Satz 11 EStG.
5 R 8.1 Abs. 2 Satz 4 LStR.
6 R 38.2 Abs. 3 LStR.
7 § 8 Abs. 1, 2 EStG.
8 § 3 Abs. 1 Satz 3 SvEV.

Entgelt

Merkmale einer Beschäftigung

Sozialversicherung

Merkmale für eine Beschäftigung i. S. d. Sozialversicherung sind insbesondere

- eine Tätigkeit nach Weisungen und
- eine Eingliederung in die Arbeitsorganisation des Weisungsgebers.[1]

In der Sozialversicherung wird in § 7 Abs. 1 SGB IV der Begriff der Beschäftigung charakterisiert, der in der Regel mit dem in anderen Rechtsbereichen genutzten Begriff „Arbeitnehmer" einhergeht. Gesellschafter, die ausschließlich in ihrer Eigenschaft als Gesellschafter tätig sind, stehen nicht in einem Beschäftigungsverhältnis.

Anders ist es, wenn Gesellschafter im Unternehmen mitarbeiten, GmbH-Geschäftsführer oder Vorstandsmitglied sind. Dann ist im Einzelfall zu prüfen, ob ein abhängiges Beschäftigungsverhältnis gegen Entgelt tatsächlich vorliegt.

Die Zuordnung einer Tätigkeit zum rechtlichen Typus der Beschäftigung oder selbstständigen Tätigkeit richtet sich hierbei nach dem Gesamtbild der Tätigkeit.[2]

Ist ein Gesellschafter gleichzeitig im Unternehmen als Arbeitnehmer gegen Arbeitsentgelt beschäftigt, so handelt es sich in aller Regel um ein sozialversicherungspflichtiges Beschäftigungsverhältnis, wenn er

- in einem weisungsgebundenen Beschäftigungsverhältnis zur Gesellschaft steht und
- nur mit seiner Einlage haftet und
- sein Stimmrecht in der Gesellschaft weniger als 50 % beträgt.

Lohnsteuerliche Besonderheiten

Bei Gesellschaftern von Personenhandelsgesellschaften liegt lohnsteuerrechtlich grundsätzlich kein Dienstverhältnis vor; sie sind aufgrund ihrer persönlichen Haftung als Mitunternehmer anzusehen, die Mitunternehmerinitiative entfalten können und Mitunternehmerrisiko tragen. Sie erzielen gewerbliche Einkünfte i. S. d. § 15 EStG.

Auch bei einer grundsätzlich freiberuflich tätigen Ärzte-GbR können gewerbliche Einkünfte vorliegen.[3]

Wird ein Gesellschafter einer GmbH für diese als Geschäftsführer auf Grundlage eines Anstellungsvertrags tätig, ist lohnsteuerlich immer von einem Dienstverhältnis gem. § 611 BGB auszugehen. Beschränkungen der Geschäftsführerbefugnis können keine persönliche Abhängigkeit des Geschäftsführers begründen.

Der Arbeitnehmerbegriff ist u. a. in § 611a BGB definiert, der auch die Weisungsgebundenheit beschreibt.[4] § 611a BGB soll nach dem Willen des Gesetzgebers missbräuchliche Gestaltungen des Fremdpersonaleinsatzes durch vermeintlich selbstständige Tätigkeiten verhindern.[5]

Durch Parteivereinbarung kann die Bewertung einer Rechtsbeziehung als Arbeitsverhältnis nicht abbedungen und der Geltungsbereich des Arbeitnehmerschutzrechts nicht eingeschränkt werden.[6]

Vorstandsmitglieder einer AG

Sozialversicherung

In der Renten- und Arbeitslosenversicherung sind Vorstandsmitglieder einer Aktiengesellschaft (AG) in Beschäftigungen für das Unternehmen, dessen Vorstand sie angehören, nicht rentenversicherungspflichtig und arbeitslosenversicherungsfrei.[7] Konzernunternehmen i. S. d. § 18 AktG gelten dabei als ein Unternehmen. Vorstandsmitglieder einer AG sind jedoch in Beschäftigungen außerhalb von Unternehmen der AG wie alle anderen Arbeitnehmer zu beurteilen. Sie sind dann grundsätzlich renten- und arbeitslosenversicherungspflichtig. Die vorstehenden Regelungen gelten sowohl für die ordentlichen als auch für die stellvertretenden Vorstandsmitglieder einer AG.[8] Zur Kranken- und Pflegeversicherung besteht zwar grundsätzlich Versicherungspflicht. Allerdings wird im Regelfall die ⇗ Jahresarbeitsentgeltgrenze überschritten sein. Daraus resultiert ein Anspruch auf einen ⇗ Beitragszuschuss zur Kranken- und Pflegeversicherung.

Achtung

Keine Rentenversicherungspflicht

Vorstandsmitglieder einer AG, die am Stichtag 6.11.2003 in einer weiteren Beschäftigung oder selbstständigen Tätigkeit nicht rentenversicherungspflichtig waren, bleiben in dieser Beschäftigung oder selbstständigen Tätigkeit auch weiterhin nicht rentenversicherungspflichtig.[9]

Keine Anwendung der Vertrauensschutzregelung

Vorstandsmitglieder einer Aktiengesellschaft fallen nicht unter diese Vertrauensschutzregelung, wenn die Aktiengesellschaft zwar bis zum 6.11.2003 durch notarielle Beurkundung gegründet worden (sog. Vor-Aktiengesellschaft), aber noch nicht in das Handelsregister eingetragen war.[10] Diese Personen sind daher in Beschäftigungen bei anderen Arbeitgebern grundsätzlich rentenversicherungspflichtig.

Lohnsteuerliche Beurteilung

Vorstandsmitglieder einer Aktiengesellschaft sind als gesetzliche Vertreter (Organ) der Kapitalgesellschaft ⇗ Arbeitnehmer.[11] Besonderheiten können sich ergeben, wenn das Vorstandsmitglied auch gesellschaftsrechtlich an der Aktiengesellschaft beteiligt ist, also Aktionär ist. Hier ist immer anhand eines Fremdvergleichs zu prüfen, ob die Leistungen, die das Vorstandsmitglied für seine Tätigkeit erhält, auf dem Arbeitsverhältnis oder auf dem Gesellschaftsverhältnis beruhen. Sind sie durch das Gesellschaftsverhältnis veranlasst, dann führen sie nicht zu Arbeitslohn, sondern zu Einkünften aus Kapitalvermögen (Ausschüttungen), die der Abgeltungsteuer unterliegen.

GbR-Gesellschafter

Sozialversicherung

Die Gesellschafter einer Gesellschaft bürgerlichen Rechts (GbR) können zu der Gesellschaft niemals in einem versicherungspflichtigen Beschäftigungsverhältnis stehen, da sie für die Verbindlichkeiten der Gesellschaft unbeschränkt persönlich haften. Bei einer so weitgehenden Haftung ist eine Beschäftigteneigenschaft ausgeschlossen.

Lohnsteuerliche Beurteilung

Gesellschafter einer GbR sind keine Arbeitnehmer. Ist die GbR gewerblich tätig, erzielen deren Gesellschafter Einkünfte aus Gewerbebetrieb.[12]

Arbeitnehmer sind hingegen die angestellten Rechtsanwälte einer Rechtsanwalts-GbR. Die Beiträge zur eigenen Berufshaftpflichtversicherung der Rechtsanwalts-GbR führen allerdings bei angestellten Rechtsanwälten der GbR nicht zu Arbeitslohn.[13]

1 § 7 Abs. 1 SGB IV.
2 BSG, Urteil v. 23.5.2017, B 12 KR 9/16 R, BSG, Urteil v. 4.6.2019, B 12 R 22/18 R.
3 FG Münster, Urteil v. 29.4.2022, 12 K 168/17 G,F: Lagerung tiefgekühlter Samen- und Eizellen als gewerbliche Tätigkeit.
4 § 611a BGB.
5 BAG, Urteil v. 21.5.2019, 9 AZR 295/18, zur Abgrenzung eines Arbeitsverhältnisses vom Rechtsverhältnis eines Selbstständigen.
6 LAG Hessen, Beschluss v. 1.2.2022, 19 Ta 507/21.
7 § 1 Satz 3 SGB VI, § 27 Abs. 1 Nr. 5 SGB III.
8 BSG, Urteil v. 18.9.1973, 12 RK 5/73.
9 § 229 Abs. 1a SGB VI.
10 BSG, Urteil v. 25.4.2007, B 12 KR 30/06 R.
11 BGH, Urteil v. 24.9.2019, II ZR 192/18, Vereinbarung von Sonderleistungen im Dienstvertrag des Vorstands einer AG; EuGH, Urteil v. 5.5.2022, C-101/21, Kumulation von Arbeitsvertrag und Organmitglied einer Handelsgesellschaft; FG Bremen, Urteil v. 27.4.2022, 1 K 259/18: Verbilligter Erwerb neuer Aktien der Arbeitgeberin als Arbeitslohn des Vorstandsmitglieds einer AG.
12 § 15 Abs. 1 Nr. 2 EStG; BFH, Urteil v. 21.2.2017, VIII R 45/13, BStBl 2018 II S. 4; Niedersächsisches FG, Urteil v. 23.2.2022, 7 K 118/19.
13 BFH, Urteil v. 10.3.2016, VI R 58/14, BStBl 2016 II S. 621; siehe aber FG Rheinland-Pfalz, Urteil v. 9.9.2020, 2 K 1486/17, Erledigung der Hauptsache durch BFH, Beschluss v. 23.7.2021, VI R 42/20; BFH, Urteil v. 1.10.2020, VI R 12/18, BStBl 2021 II S. 356.

Offene Handelsgesellschaft

Sozialversicherung

Die Ausführungen zu den Gesellschaftern einer GbR gelten entsprechend. Gesellschafter einer offenen Handelsgesellschaft (OHG) stehen also ebenfalls niemals in einem versicherungspflichtigen Beschäftigungsverhältnis zu der Gesellschaft.

Lohnsteuerliche Beurteilung

Gesellschafter einer OHG sind steuerlich nur unter bestimmten Voraussetzungen Arbeitnehmer[1] . Sie sind Mitunternehmer, die Einkünfte aus Gewerbebetrieb[2, 3] erzielen. Für diese Einkünfte fällt bei den Gesellschaftern Einkommensteuer an. Auf Ebene der OHG werden die Einkünfte mit Gewerbesteuer belastet.

Kommanditgesellschaft bzw. KG auf Aktien

Sozialversicherung

Bei Kommanditgesellschaften (KG) ist zwischen Komplementären und Kommanditisten zu unterscheiden.

Komplementäre sind Vollhafter und stehen in keinem Fall in einem abhängigen Beschäftigungsverhältnis zur Gesellschaft. Die Beschäftigung ist daher niemals versicherungspflichtig.

Kommanditisten, die als Angestellte (auch als Geschäftsführer) oder Arbeiter im Betrieb einer KG gegen Entgelt beschäftigt werden, sind grundsätzlich versicherungspflichtig. Nur bei sehr ausgeprägter Unabhängigkeit kann die Versicherungspflicht ausgeschlossen sein.

Lohnsteuerliche Beurteilung

Unabhängig davon, ob der Gesellschafter einer KG persönlich haftet (Komplementär) oder nur beschränkt (Kommanditist), ist er als Mitunternehmer anzusehen.[4] Er erzielt Einkünfte aus Gewerbebetrieb, die nicht dem Lohnsteuerabzug unterliegen.[5, 6]

GmbH-Gesellschafter

Sozialversicherung

Die Kranken-, Pflege-, Renten- und Arbeitslosenversicherungspflicht wird nicht dadurch ausgeschlossen, dass eine in einer Gesellschaft mit beschränkter Haftung (GmbH) beschäftigte Person zugleich Mitunternehmer der GmbH ist. Mitarbeitende Gesellschafter einer GmbH können daher durchaus in einem abhängigen und damit sozialversicherungspflichtigen Beschäftigungsverhältnis zur GmbH stehen. Dabei ist zu unterscheiden zwischen Gesellschafter-Geschäftsführer und mitarbeitenden Gesellschaftern ohne Geschäftsführerfunktion.

Lohnsteuerliche Beurteilung

Gesellschafter-Geschäftsführer einer GmbH können steuerrechtlich ⇗ Arbeitnehmer sein, wenn mit der GmbH ein rechtswirksamer Anstellungsvertrag abgeschlossen wurde. Handelt es sich bei dem Gesellschafter-Geschäftsführer um einen beherrschenden GmbH-Gesellschafter, muss unbedingt das Rückwirkungsverbot beachtet werden, wonach im Vorfeld der Tätigkeit die vertraglichen Vereinbarungen abgeschlossen worden sein müssen. Eine monatlich stark schwankende Vergütung an den Gesellschafter-Geschäftsführer stellt ohne vorherige schriftliche Vereinbarung eine verdeckte Gewinnausschüttung dar.[7] Eine Steuerfreiheit von Zukunftssicherungsleistungen[8] ist nur möglich, wenn insoweit auch ein sozialversicherungspflichtiges Beschäftigungsverhältnis anerkannt wird. Bei einer ⇗ betrieblichen Altersversorgung muss zusätzlich darauf geachtet werden, dass es nicht zu einer Überversorgung kommt.

1 Hessisches LSG, Urteil v. 15.5.2014, L 1 KR 400/12, rkr.
2 § 15 Abs. 1 Nr. 2 EStG.
3 FG Köln, Urteil v. 20.3.2019, 4 K 3252/13.
4 FG Hamburg, Urteil v. 20.4.2009, 1 K 48/09.
5 § 15 Abs. 1 Nr. 2 EStG.
6 BFH, Urteil v. 28.5.2020, IV R 11/18, BStBl 2020 II S. 641.
7 FG Münster, Beschluss v. 17.12.2020, 9 V 3073/20 E.
8 § 3 Nr. 62 EStG.

Unangemessene Leistungen an einen Gesellschafter-Geschäftsführer, führen zu einer verdeckten Gewinnausschüttung und damit zu Einkünften aus Kapitalvermögen, unabhängig davon, ob es sich um ein überhöhtes Gehalt oder sonstige Leistungen handelt, die auf dem Gesellschaftsverhältnis beruhen.[9, 10]

GmbH-Gesellschafter-Geschäftsführer

Ein Beschäftigungsverhältnis kann bei Gesellschafter-Geschäftsführern einer GmbH aufgrund deren Rechtsmacht (Mehrheitsanteil oder Sperrminorität) u. U. ausgeschlossen sein.

Mitarbeitende Gesellschafter ohne Geschäftsführerfunktion

Für mitarbeitende Gesellschafter ohne Geschäftsführerfunktion ist ein Beschäftigungsverhältnis von vornherein grundsätzlich ausgeschlossen, wenn sie über mehr als die Hälfte des Stammkapitals verfügen.[11] Die Beschlussfassung erfolgt in der Gesellschafterversammlung grundsätzlich mit einfacher Mehrheit der abgegebenen Stimmen. Zwar obliegt das Weisungsrecht gegenüber den Beschäftigten der GmbH der Geschäftsführung und nicht der Gesellschafterversammlung. Ein derartiger mitarbeitender Gesellschafter hat aufgrund seiner gesellschaftsrechtlichen Position schließlich auch die Leitungsmacht gegenüber der Geschäftsführung und unterliegt daher nicht deren Weisungsrecht. Indem er einen ändernden Mehrheitsbeschluss herbeiführt, kann er seine Abhängigkeit als Arbeitnehmer aufgrund seiner Rechtsmacht jederzeit beenden. Ein Beschäftigungsverhältnis ist auch dann ausgeschlossen, wenn der mitarbeitende Gesellschafter diese ihm zustehende Rechtsmacht tatsächlich nicht wahrnimmt.[12]

Achtung

Bedeutung der Beteiligung am Stammkapital und der Sperrminorität

Eine Beteiligung bis zu 50 % am Stammkapital bzw. eine Sperrminorität schließen ein abhängiges Beschäftigungsverhältnis eines mitarbeitenden GmbH-Gesellschafters ohne Geschäftsführerfunktion nicht aus.[13]

Ein GmbH-Gesellschafter, der in der Gesellschaft angestellt und nicht zum Geschäftsführer bestellt ist („mitarbeitender Gesellschafter“), ist regelmäßig abhängig beschäftigt. Er besitzt allein aufgrund seiner gesetzlichen Gesellschafterrechte grundsätzlich nicht die Rechtsmacht, seine Weisungsgebundenheit als Angestellter der Gesellschaft nach Belieben aufzuheben oder abzuschwächen. Seine Rechtsmacht erschöpft sich vielmehr allein darin, Beschlüsse der Gesellschafterversammlung verhindern zu können.[14]

Weisungsgebundene Geschäftsführer einer GmbH und Co. KG

Der weisungsgebundene Geschäftsführer einer GmbH und Co. KG steht grundsätzlich in einem sozialversicherungsrechtlichen Beschäftigungsverhältnis. Er ist jedoch nicht versicherungspflichtig, wenn er innerhalb der GmbH einen maßgeblichen Einfluss hat (z. B. durch eine 50 %ige Beteiligung) und die GmbH ebenfalls die Geschicke der KG maßgeblich bestimmen kann.

Der Gesetzgeber hat für geschäftsführende Gesellschafter einer GmbH ein obligatorisches Statusfeststellungsverfahren vorgeschrieben.[15]

Seit 1.4.2022 wird von der DRV Bund nur noch eine Entscheidung über den Erwerbsstatus (abhängig oder selbstständig) getroffen. Die Feststellung bezieht sich auf ein konkretes Auftragsverhältnis. Eine gesonderte Feststellung der Versicherungspflicht erfolgt nicht.

9 FinMin Schleswig-Holstein, Verfügung v. 1.11.2010, VI 3011-S 2742-121; BMF, Schreiben v. 3.4.2012, IV C 2 – S 2742/08/10001, BStBl 2012 I S. 478; BFH, Urteil v. 23.1.2008, I R 8/06, BStBl 2012 II S. 260; FG Münster, Urteil v. 12.4.2019, 13 K 3923/16 K, G.
10 § 20 Abs. 1 EStG.
11 BSG, Urteil v. 25.1.2006, B 12 KR 30/04 R.
12 BSG, Urteil v. 9.11.1989, 11 RAr 39/89.
13 BSG, Urteil v. 19.8.2015, B 12 KR 9/14 R.
14 LSG Nordrhein-Westfalen, Beschluss v. 4.4.2022, L 8 BA 107/21 B ER; LSG Nordrhein-Westfalen, Urteil v. 26.2.2020, L 8 BA 126/19.
15 § 7a Abs. 1 Satz 2 SGB IV.

Selbstständige mit einem Auftraggeber

Rentenversicherungspflicht

Eine Besonderheit ist in der Rentenversicherung zu beachten. Sofern für einen Gesellschafter-Geschäftsführer zwar keine Versicherungspflicht als abhängig Beschäftigter eintritt, kann es dennoch zur Versicherungspflicht als Selbstständiger mit einem Auftraggeber[1, 2] kommen.

Lohnsteuerliche Beurteilung

Den Begriff des Selbstständigen mit einem Auftraggeber gibt es im Lohnsteuerrecht nicht. ⬀ Arbeitnehmer ist vielmehr derjenige, der in den Betrieb des ⬀ Arbeitgebers eingegliedert und dessen Weisungen unterworfen ist.[3] Die Abgrenzung zwischen einer freien Mitarbeit und einem Arbeitsverhältnis kann mitunter schwierig sein. § 611a BGB enthält die gleichen Kriterien, die seitens der Deutschen Rentenversicherung Bund zur Scheinselbstständigkeit aufgestellt worden sind.

Ein wichtiges Abgrenzungskriterium ist auch hier das Unternehmerrisiko, das der freie Mitarbeiter zu tragen hat, also insbesondere, ob ihm z. B. durch Absicherung im Krankheitsfall das Risiko der Erwerbstätigkeit abgenommen ist. Weiter kann von Bedeutung sein, ob die Arbeitsleistung höchstpersönlich erfüllt werden muss oder ob sich der Mitarbeiter dabei auch Dritter bedienen kann. Es spielt auch eine Rolle, ob die Tätigkeit besondere Vorbildung und Qualifikationen erfordert oder es sich um einfache Tätigkeiten handelt, bei denen die Annahme eines abhängigen Beschäftigungsverhältnisses eher naheliegt.[4]

Vereine und Genossenschaften

Sozialversicherung

Für Vorstandsmitglieder von Vereinen und Genossenschaften, die von diesen gegen Arbeitsentgelt beschäftigt werden, gelten die allgemeinen Grundsätze. Soweit sie für ihre Tätigkeit Arbeitsentgelt erhalten, sind sie versicherungspflichtig. Die für Vorstandsmitglieder von Aktiengesellschaften geltenden besonderen Regelungen können nicht auf andere Gesellschaftsformen übertragen werden.

Vorstandsmitglieder einer eingetragenen Genossenschaft mit beschränkter Haftung (eGmbH) sind versicherungspflichtig, weil sie aufgrund der beschränkten Haftung kein echtes Unternehmerrisiko tragen. Das gilt auch dann, wenn das Vorstandsmitglied bei funktionsgerechter Eingliederung in die Ordnung der Genossenschaft und gleichbleibender Zahlung von Arbeitsentgelt als leitender Angestellter mit weitgehender Weisungsfreiheit tätig ist.

Lohnsteuerliche Beurteilung

Vorstandsmitglieder von Vereinen und Genossenschaften, die eine regelmäßige Vergütung erhalten, sind grundsätzlich als ⬀ Arbeitnehmer anzusehen.[5] Steuerpflichtiger Arbeitslohn liegt aber nicht vor, soweit Vorstandsmitglieder bei gemeinnützigen Vereinen ehrenamtlich tätig werden und hierfür nur Ersatz ihrer Auslagen erhalten. Darüber hinaus ist noch der ⬀ Ehrenamtsfreibetrag i. H. v. 840 EUR im Kalenderjahr zu berücksichtigen.[6, 7]

Vorstandsmitglieder eines VVaG

Sozialversicherung

Vorstandsmitglieder eines „Großen" Versicherungsvereins auf Gegenseitigkeit (VVaG) sind wie die Vorstandsmitglieder einer AG nicht rentenversicherungspflichtig und arbeitslosenversicherungsfrei.[8] Diese Entscheidung des Bundessozialgerichts gilt auch für die stellvertretenden Vorstandsmitglieder von „Großen" Versicherungsvereinen auf Gegenseitigkeit. Ob eine VVaG zu den „Großen" VVaG gehört, entscheidet die zuständige Aufsichtsbehörde. Ihre Entscheidung ist für Gerichte und Verwaltungsbehörden bindend. Liegt eine Entscheidung der Aufsichtsbehörde nach § 53 Abs. 4 VAG nicht vor, handelt es sich um einen „Großen" VVaG.

Lohnsteuerliche Beurteilung

Vorstandsmitglieder eines VVaG sind i. d. R. ⬀ Arbeitnehmer, deren Arbeitslohn dem Lohnsteuerabzug unterliegt.

Getränke und Genussmittel

Getränke und Genussmittel, die der Arbeitgeber den Arbeitnehmern zum Verzehr während der Arbeitszeit kostenlos oder verbilligt zur Verfügung stellt, gehören nicht zum Arbeitslohn und sind damit steuer- und beitragsfrei. Die Abgabe erfolgt in überwiegend betrieblichem Interesse des Arbeitgebers.

Gleiches gilt für Speisen und Getränke, die Arbeitnehmern vom Arbeitgeber bei einem außergewöhnlichen Arbeitseinsatz zur Verfügung gestellt werden, z. B. während einer besonderen betrieblichen Besprechung oder der Inventur, wenn der Wert der Mahlzeit durchschnittlich je Arbeitnehmer 60 EUR nicht übersteigt. Auch hier liegt ein ganz überwiegend betriebliches Interesse vor.

Wird der Betrag von 60 EUR (brutto) überschritten, sind die Mahlzeiten in voller Höhe lohnsteuer- und sozialversicherungspflichtig, da es sich um eine Freigrenze handelt.

Gesetze, Vorschriften und Rechtsprechung

Lohnsteuer: Zur Gewährung von Aufmerksamkeiten s. R 19.6 Abs. 2 LStR.

Sozialversicherung: Leistungen, die nicht steuerbar sind, gehören nicht zum Arbeitsentgelt. Haustrunk im Brauereigewerbe ist gem. § 1 Abs. 1 S. 1 Nr. 1 SvEV im Rahmen des Rabattfreibetrags beitragsfrei.

Entgelt	LSt	SV
Getränke und/oder Genussmittel zum Verzehr im Betrieb bis 60 EUR	frei	frei
Mahlzeiten anlässlich eines außergewöhnlichen Arbeitseinsatzes bis 60 EUR	frei	frei

Gewinnbeteiligung

Eine Gewinnbeteiligung (Tantieme) ist als besonderer Entgeltbestandteil eine Beteiligung der Arbeitnehmer am Markterfolg des Unternehmens. Sie kann, je nach Vereinbarung, an dem in der Steuer- oder Handelsbilanz ausgewiesenen Gewinn, am ausgeschütteten Gewinn (Dividende), am Umsatz, an Kostenersparnissen oder am Produktionsergebnis anknüpfen.

Gesetze, Vorschriften und Rechtsprechung

Lohnsteuer: Die Lohnsteuerpflicht von Gewinnbeteiligungen bzw. Tantiemen als Arbeitslohn ergibt sich aus § 19 Abs. 1 Nr. 1 EStG. Zur Abgrenzung sonstiger Bezüge von laufendem Arbeitslohn enthält R 39b.2 LStR beispielhafte Aufzählungen.

Sozialversicherung: Die Beitragspflicht des Arbeitsentgelts in der Sozialversicherung ergibt sich aus § 14 Abs. 1 SGB IV. Die Beitragserhebung aus Einmalzahlungen regelt § 23a SGB IV.

---

1 § 2 Satz 1 Nr. 9 SGB VI.
2 LSG Nordrhein-Westfalen, Beschluss v. 6.7.2020, L 8 BA 194/19 B.
3 BSG, Urteil v. 19.10.2021, B 12 R 1/21; BSG, Urteil v. 19.10.2021, B 12 R 17/19 R.
4 LAG Düsseldorf, Beschluss v. 4.6.2020, 3 Ta 155/20; LAG Baden-Württemberg, Urteil v. 25.3.2021, 17 Sa 45/20, das Urteil enthält Argumente, die für und wider ein Arbeitsverhältnis bzw. freien Mitarbeiter sprechen; BGH, Urteil v. 8.3.2023, 1 StR 188/22: Zur Abgrenzung von sog. scheinselbstständigen Rechtsanwälten und freien Mitarbeitern einer Rechtsanwaltskanzlei.
5 LSG Baden-Württemberg, Urteil v. 21.1.2020, L 11 BA 1596/19.
6 § 3 Nr. 26a EStG.
7 LfSt Bayern, Verfügung v. 18.9.2019, S 2121.2.1-29/25 St36.
8 BSG, Urteil v. 27.3.1980, 12 RAr 1/79.

Entgelt	LSt	SV
Gewinnbeteiligung	pflichtig	pflichtig

Lohnsteuer

Steuerrechtliche Beurteilung

Erhält der Arbeitnehmer vom Gewinn oder Umsatz abhängige Vergütungen, die aufgrund seines Arbeitsverhältnisses gewährt werden, handelt es sich um ⇗ Tantiemen. Solche sind als ⇗ sonstige Bezüge nach der Jahrestabelle zu versteuern. Die Lohnsteuer ist bei sonstigen Bezügen zum Zuflusszeitpunkt einzubehalten. Eine Versteuerung als sonstiger Bezug unterbleibt hingegen, wenn die Gewinnbeteiligung als Teil des laufenden Arbeitslohns gezahlt wird.

Wird der Gewinnanteil dem Arbeitnehmer lediglich gutgeschrieben auf einem Konto, hängt die Steuerpflicht davon ab, in wessen Interesse auf eine sofortige Auszahlung verzichtet wird. Ein Zufluss von Arbeitslohn liegt nicht vor, wenn der Arbeitnehmer

- zunächst keine Verfügungsmöglichkeit hat,
- die Gutschrift dulden muss und
- nicht wahlweise eine Auszahlung verlangen kann.

Dies gilt selbst dann, wenn die Gutschrift verzinst wird.

Wird der gutgeschriebene Betrag förmlich als Arbeitnehmerdarlehen behandelt, ist der Arbeitslohn regelmäßig mit der Gutschrift zugeflossen.

Hinweis

Versehentliche Überweisung ist auch Arbeitslohn

Zum Arbeitslohn gehören auch irrtümliche Überweisungen des Arbeitgebers, z. B. überhöht gezahlte Tantieme, die er zurückfordern kann. Die Rückzahlung von Arbeitslohn ist erst im Zeitpunkt des tatsächlichen Abflusses einkünftemindernd zu berücksichtigen. Dies gilt auch bei beherrschenden Gesellschaftern. Der Abfluss einer Arbeitslohnrückzahlung ist erst im Zeitpunkt der Leistung und nicht bereits im Zeitpunkt der Fälligkeit der Rückforderung anzunehmen.[1]

Gewerbliche Einkünfte

Ob es sich bei einer Gewinnbeteiligung um Einkünfte aus einer Mitunternehmerschaft (Einkünfte aus Gewerbebetrieb, ⇗ Gesellschafter) oder um Einkünfte aus nichtselbstständiger Arbeit handelt, richtet sich nach den jeweiligen Umständen. Wer neben einem Festgehalt eine Gewinnbeteiligung erhält, gilt als stiller Gesellschafter, wenn sich aus den Vereinbarungen ergibt, dass sich der Arbeitnehmer mit dem Unternehmer zur Erreichung eines gemeinsamen Zwecks zusammengeschlossen hat.

Auch wenn aufgrund einer ungewöhnlich hohen Gewinnbeteiligung von einer Mitunternehmerinitiative auszugehen ist, kann ein Arbeitsverhältnis nicht mehr angenommen werden. In solchen Fällen kann die Finanzverwaltung prüfen, ob der Arbeitsvertrag nicht als verdeckter Gesellschaftsvertrag anzusehen ist. Wäre dies der Fall, würde die Gewinnbeteiligung (und ein etwa daneben gezahltes „Gehalt") nicht lohnsteuerpflichtig sein, sondern ein Teil der Einkünfte aus Gewerbebetrieb und müsste dann durch Veranlagung zur Einkommensteuer steuerlich erfasst werden.

Sozialversicherung

Zuordnung zum Arbeitsentgelt

Vom Arbeitgeber an den Arbeitnehmer gezahlte Gewinn-, Erfolgs- und Ertragsbeteiligungen gehören zum beitragspflichtigen Entgelt.

Bei Ermittlung des regelmäßigen Jahresarbeitsentgelts zur Feststellung der Krankenversicherungspflicht bleiben Gewinnbeteiligungen als unregelmäßige Bezüge grundsätzlich außer Betracht.

Wichtig

Gewinnbeteiligung als Darlehen für den Arbeitgeber

Die beitragsrechtliche Behandlung der Gewinnbeteiligung gilt auch, wenn sie dem Arbeitnehmer nicht ausgezahlt, sondern dem Arbeitgeber als Darlehen zur Verfügung gestellt werden.

Beitragsrechtliche Zuordnung

Gewinnbeteiligungen sind für die Berechnung der Beiträge dem ⇗ Lohnabrechnungszeitraum zuzuordnen, in dem sie ausgezahlt werden. Auf den Zeitpunkt der ⇗ Fälligkeit kommt es nicht an.

Unregelmäßige Auszahlung der Gewinnbeteiligung

Sofern die Gewinnbeteiligungen nicht als monatliche Abschlagszahlung gezahlt werden, sind sie beitragsrechtlich als ⇗ Einmalzahlung zu behandeln. Dies hat zur Folge, dass die monatlichen ⇗ Beitragsbemessungsgrenzen außer Kraft gesetzt werden.

Beitragsberechnung für Geringverdiener

Wird die ⇗ Geringverdienergrenze bei Azubis nur dadurch überschritten, dass neben dem laufenden Arbeitsentgelt eine Gewinnbeteiligung (Einmalzahlung) gewährt wird, gilt eine besondere Regelung. In diesem Fall hat der Arbeitgeber die Beiträge bis zur Geringverdienergrenze allein zu tragen, unabhängig davon, wie hoch das laufende Arbeitsentgelt ist. Nur aus dem Anteil, welcher die Geringverdienergrenze übersteigt, sind die Beiträge jeweils vom Arbeitnehmer und dem Arbeitgeber gemeinsam zu tragen.

Gewöhnliche Erwerbstätigkeit in mehreren Ländern

Eine Person, die in mehreren Mitgliedsstaaten eine Beschäftigung bzw. eine selbstständige Tätigkeit ausübt, unterliegt im Rahmen der Verordnungen (EG) über soziale Sicherheit ausschließlich den Rechtsvorschriften eines Mitgliedsstaates.

Gesetze, Vorschriften und Rechtsprechung

Sozialversicherung: Grundsätzlich gilt das Territorialitätsprinzip nach § 3 SGB IV für alle Sozialversicherungszweige. Die Grundsätze sind jedoch nur anwendbar, wenn es keine vorrangigen Regelungen des über- und zwischenstaatlichen Rechts gibt (§ 6 SGB IV). Als zwischenstaatliches Recht gelten die Verordnung (EG) Nr. 883/2004 über soziale Sicherheit sowie die dazugehörige Durchführungsverordnung (EG) Nr. 987/2009. Diese sind am 1.5.2010 an die Stelle der Verordnungen (EWG) Nr. 1408/71 sowie (EWG) Nr. 574/72 getreten. Beide Verordnungen sind noch in einigen Einzelfällen gültig. Welche Verordnung konkret anzuwenden ist, richtet sich nach dem gebietlichen und persönlichen Geltungsbereich. Zusätzlich ist der „Praktische Leitfaden zum anwendbaren Recht in der Europäischen Union (EU), im Europäischen Wirtschaftsraum (EWR) und in der Schweiz" zu beachten. Nach diesen Regelungen wird bestimmt, welchen Rechtsvorschriften eine mehrfach beschäftigte Person unterliegt.

Für das Vereinigte Königreich findet das Abkommen über den Austritt des Vereinigten Königreichs Großbritannien und Nordirland aus der Europäischen Union und der Europäischen Atomgemeinschaft (2019/C384I/01) Anwendung. Für Sachverhalte, die nach dem Austrittsabkommen erfasst werden, gelten die Regelungen der Verordnungen (EG) über soziale Sicherheit Nr. 883/2004 und 987/2009 uneingeschränkt weiter. Für Sachverhalte, die nach dem 31.12.2020 beginnen und keinen vorherigen Bezug zwischen der EU und dem Vereinigten Königreich hatten, gelten vom 1.1.2021 an die Regelungen des Abkommens über Handel und Zusammenarbeit.

1 BFH, Urteil v. 14.4.2016, VI R 13/14, BStBl 2016 II S. 778.

Sozialversicherung

Erwerbstätigkeit in mehreren Staaten

Für eine Person, die in mehreren Mitgliedsstaaten erwerbstätig bzw. selbstständig tätig ist, werden die Verordnungen (EG) über soziale Sicherheit angewandt. Hierbei ist zu beachten, dass es bei der Anwendung der Verordnungen (EG) über soziale Sicherheit Einschränkungen beim gebietlichen, persönlichen und sachlichen Geltungsbereich gibt. Bei der Erwerbstätigkeit in mehreren Mitgliedsstaaten wird zwischen verschiedenen Fallkonstellationen unterschieden:

-
- Personen, die gewöhnlich in 2 oder mehr Mitgliedsstaaten eine Beschäftigung ausüben,
- Personen, die gewöhnlich in 2 oder mehr Mitgliedsstaaten eine selbstständige Erwerbstätigkeit ausüben,
- Personen, die gewöhnlich in verschiedenen Mitgliedsstaaten eine Beschäftigung und eine selbstständige Erwerbstätigkeit ausüben,
- Personen, die als Beamte in einem Mitgliedsstaat beschäftigt sind und in einem anderen Mitgliedsstaat eine Beschäftigung und/oder eine selbstständige Tätigkeit ausüben.

Gebietlicher Geltungsbereich

Einschränkungen beim gebietlichen Geltungsbereich gibt es bei Dänemark, Finnland, Frankreich, Italien, Malta, Niederlande, Portugal, Spanien, Zypern und beim Vereinigten Königreich.

Persönlicher Geltungsbereich

Grundsätzlich erfasst die Verordnung (EG) über soziale Sicherheit alle Personen unabhängig von ihrer Staatsangehörigkeit. Bei Dänemark, dem Vereinigten Königreich, den EWR-Staaten Island, Norwegen, Liechtenstein und bei der Schweiz ist der persönliche Geltungsbereich eingeschränkt. Bei diesen Staaten muss geprüft werden, ob die Anwendung eines bilateralen Abkommens oder der vorherigen Verordnung (EWG) über soziale Sicherheit möglich ist.

Sachlicher Geltungsbereich

Der sachliche Geltungsbereich umfasst aus deutscher Sicht alle Versicherungszweige der Sozialversicherung.

Personen, die gewöhnlich in 2 oder mehr Mitgliedsstaaten eine Beschäftigung ausüben

In der Verordnung (EG) über soziale Sicherheit Nr. 883/2004 wurde festgelegt, welchen Rechtsvorschriften eine Person unterliegt, die gewöhnlich in 2 oder mehr Mitgliedsstaaten eine Beschäftigung ausübt.

Gewöhnliche Beschäftigung in mehreren Mitgliedsstaaten

Nach Art. 13 der Verordnung (EG) über soziale Sicherheit Nr. 883/2004 muss zunächst festgestellt werden, ob eine Person gewöhnlich in 2 oder mehr Mitgliedsstaaten beschäftigt ist. Eine Person gilt insbesondere dann als gewöhnlich in 2 oder mehr Mitgliedsstaaten tätig, wenn die Person unter Beibehaltung ihrer ursprünglichen Beschäftigung gleichzeitig eine weitere Beschäftigung in einem anderen Staat ausübt oder eine Person seine Tätigkeit regelmäßig in mehreren anderen Staaten ausübt.

> **Beispiel**
>
> **Gewöhnliche Beschäftigung in mehreren Staaten liegt vor**
>
> Ein deutscher Arbeitnehmer übt eine Beschäftigung in Stuttgart aus. Jeden Monat wird der Arbeitnehmer für jeweils eine Arbeitswoche in der Filiale in Österreich eingesetzt. Der Arbeitnehmer übt eine gewöhnliche Beschäftigung in 2 Staaten aus.

Aus Sicht des GKV-Spitzenverbands, DVKA ist eine regelmäßige Tätigkeit in 2 oder mehr Staaten gegeben, wenn der Arbeitnehmer die Beschäftigung regelmäßig an einem Tag im Monat oder 5 Tagen im Quartal in einem anderen Staat ausübt. Hierbei ist zu beachten, dass es sich immer um denselben Staat handeln muss. Ansonsten wäre zu prüfen, ob es sich bei den Auslandseinsätzen um ⇗ Entsendungen handelt.

> **Beispiel**
>
> **Unbedeutende Tätigkeiten**
>
> Ein Arbeitnehmer arbeitet für ein französisches Unternehmen in Deutschland. Jede Woche nimmt der Arbeitnehmer an einer Besprechung am Hauptsitz des Unternehmens in Frankreich teil. Unstreitig ist auch in diesem Fall, dass der Arbeitnehmer gewöhnlich in 2 Mitgliedsstaaten beschäftigt ist. Allerdings ist der Umfang der Auslandstätigkeit so gering, dass diese Tätigkeit als unbedeutend angesehen wird.

Eine unbedeutende Tätigkeit liegt immer dann vor, wenn der Arbeitnehmer während eines Zeitraums von 3 Monaten nicht mehr als 2 Stunden in der Woche im anderen Mitgliedsstaat arbeitet oder weniger als 5 % der Tätigkeit im anderen Staat ausgeübt wird.

> **Tipp**
>
> **Beurteilung der Gesamtumstände**
>
> In der Praxis kommt es bei der Beurteilung, ob die Beschäftigung in 2 oder mehreren Staaten gegeben ist, immer wieder zu Schwierigkeiten. Entscheidend bei der Beurteilung ist die Frage, ob die Beschäftigung üblicherweise in mehreren Staaten ausgeübt wird. Wenn es sich bei der Auslandstätigkeit um ein einmaliges Ereignis handelt, ist eher davon auszugehen, dass es sich um eine Entsendung handelt.

Wesentlicher Teil der Beschäftigung

Nach Art. 13 Abs. 1 Buchstabe a der Verordnung (EG) über soziale Sicherheit Nr. 883/2004 muss ein wesentlicher Teil der Beschäftigung im Wohnstaat ausgeübt werden. Für die Prüfung werden die Arbeitszeit und das Arbeitsentgelt des Arbeitnehmers berücksichtigt. Dann wird eine Gesamtbewertung vorgenommen. Ergibt sich aus der Gesamtbewertung ein Anteil von weniger als 25 % der Beschäftigung im Wohnstaat, wird kein wesentlicher Teil der Beschäftigung im Wohnstaat ausgeübt.

> **Tipp**
>
> **Beurteilung des „wesentlichen Teils einer Beschäftigung"**
>
> Bei der Beurteilung des wesentlichen Teils werden vorausschauend die folgenden 12 Kalendermonate berücksichtigt.

Sitz des Arbeitgebers

Ein Kriterium für die Bestimmung der anzuwendenden Rechtsvorschriften ist der Sitz des Arbeitgebers. In der Durchführungsverordnung (EG) Nr. 987/2009 wurde dieser definiert und klargestellt. Der Sitz des Arbeitgebers ist der satzungsmäßige Sitz oder die Niederlassung, an dem die wesentlichen Entscheidungen des Unternehmens getroffen und die Handlungen zu dessen zentraler Verwaltung vorgenommen werden.

Anwendbare Rechtsvorschriften

Ist ein Arbeitnehmer u. a. in seinem Wohnstaat tätig und übt dort den wesentlichen Teil seiner Beschäftigung aus, so gelten für den Arbeitnehmer die Rechtsvorschriften des Wohnstaates. Übt ein gewöhnlich in 2 oder mehreren Mitgliedsstaaten beschäftigter Arbeitnehmer nicht den wesentlichen Teil seiner Tätigkeit im Wohnstaat aus, gelten folgende Zuständigkeitsregelungen:

- Übt der Arbeitnehmer die Tätigkeiten bei einem Arbeitgeber aus, gelten die Rechtsvorschriften des Staates, in dem der Arbeitgeber seinen Sitz hat.
- Übt der Arbeitnehmer die Tätigkeiten bei verschiedenen Arbeitgebern aus, die ihren Sitz in einem Mitgliedsstaat haben, gelten die Rechtsvorschriften des Staates, in dem die Arbeitgeber ihren Sitz haben.
- Übt der Arbeitnehmer die Tätigkeiten bei verschiedenen Arbeitgebern aus, die ihren Sitz im Wohnstaat und in einem anderen Mit-

gliedsstaat haben, gelten die Rechtsvorschriften des Mitgliedsstaates, in dem der Arbeitnehmer nicht seinen Wohnsitz hat.

- Übt der Arbeitnehmer die Tätigkeiten bei verschiedenen Arbeitgebern aus, die ihren Sitz im Wohnstaat und in verschiedenen anderen Mitgliedsstaaten haben, gelten die Rechtsvorschriften des Wohnstaates.

Flug- und Kabinenbesatzungsmitglieder

Für Personen, die eine Tätigkeit als Flug- oder Kabinenbesatzungsmitglied ausüben, ist die Feststellung der zeitlichen Ausübung der Tätigkeit in den einzelnen Mitgliedsstaaten sehr zeitaufwendig. Die Verordnung (EG) über soziale Sicherheit Nr. 883/2004 sowie die Durchführungsverordnung (EG) Nr. 987/2009 wurden aus diesem Grunde ergänzt. Für Mitglieder des Flug- und Kabinenpersonals gelten nunmehr ausschließlich die Rechtsvorschriften des Staates, in dem sich die Heimatbasis befindet. Dies ist der Ort, an dem in der Regel die Arbeit aufgenommen und beendet wird.

Anzuwendende Rechtsvorschriften

Feststellung der anzuwendenden Rechtsvorschriften

Die Feststellung der anzuwendenden Rechtsvorschriften erfolgt seit dem Inkrafttreten der Verordnung (EG) über soziale Sicherheit Nr. 883/2004 durch zum Teil neu bestimmte Stellen. Es gilt folgende Zuordnung:

1. Wohnt ein in mehreren Staaten beschäftigter Arbeitnehmer in einem anderen Mitgliedsstaat, stellt der zuständige Träger im Wohnstaat den für die Person zuständigen Staat fest.
   1 a) Gilt deutsches Recht, erhält die deutsche Krankenkasse über den Rentenversicherungsträger eine Information und stellt die Bescheinigung A1 aus. Zudem informiert die Krankenkasse alle beteiligten Stellen und Personen.
   1 b) Gilt nicht deutsches Recht, wird darüber die Deutsche Rentenversicherung Bund mit der Bescheinigung A1 vom ausländischen zuständigen Träger informiert.
2. Wohnt ein in mehreren Staaten beschäftigter Arbeitnehmer in Deutschland und handelt es sich um einen Sachverhalt ab dem 1.5.2010 nach dem Inkrafttreten der Verordnung (EG) über soziale Sicherheit Nr. 883/2004, gilt Folgendes:
   2 a) Gilt deutsches Recht, stellt der GKV-Spitzenverband, DVKA, die deutschen Rechtsvorschriften fest sowie die Bescheinigung über die anzuwendenden Rechtsvorschriften A 1 aus und informiert die beteiligten Stellen und Personen.
   2 b) Gilt nicht deutsches Recht, informiert der GKV-Spitzenverband, DVKA, darüber alle Personen und beteiligten Stellen.
3. Wohnt ein in mehreren Staaten beschäftigter Arbeitnehmer in Deutschland und handelt es sich um einen Sachverhalt vor dem 1.5.2010, in dem nach der Verordnung (EWG) Nr. 1408/1971 die deutschen Rechtsvorschriften galten, prüft als Erstes die deutsche Krankenkasse, ob die deutschen Rechtsvorschriften nach der Verordnung (EG) über soziale Sicherheit Nr. 883/2004 gelten.
   3 a) Ist dies der Fall, sind alle vollständigen Unterlagen an den GKV-Spitzenverband, DVKA, weiterzuleiten. Der GKV-Spitzenverband, DVKA, stellt die Bescheinigung über die anzuwendenden Rechtsvorschriften A 1 aus und informiert die beteiligten Stellen und Personen.
   3 b) Ist dies nicht der Fall, prüft die Krankenkasse, ob sich der vorherrschende Sachverhalt geändert hat.
   3 ba) Hat sich der vorherrschende Sachverhalt nicht geändert, gelten die deutschen Rechtsvorschriften bis spätestens 30.4.2020 weiter und die deutsche Krankenkasse stellt die Bescheinigung über die anzuwendenden Rechtsvorschriften aus. Dies gilt nicht, wenn die Person beantragt, dass die Rechtsvorschriften des Mitgliedsstaates gelten, dessen Rechtsvorschriften nach der Verordnung (EG) über soziale Sicherheit Nr. 883/2004 Anwendung finden.
   3 bb) Hat sich der vorherrschende Sachverhalt geändert, sind alle vollständigen Unterlagen an den GKV-Spitzenverband, DVKA, weiterzuleiten. Der GKV-Spitzenverband, DVKA, legt die anzuwendenden Rechtsvorschriften fest und stellt die Bescheinigung über die anzuwendenden Rechtsvorschriften A 1 aus und informiert die beteiligten Stellen und Personen.

Vorherrschender Sachverhalt

Für die Feststellung der anzuwendenden Rechtsvorschriften muss in einigen Fallkonstellationen geprüft werden, ob sich Änderungen beim vorherrschenden Sachverhalt ergeben haben. Von einer Änderung im vorherrschenden Sachverhalt ist bei folgenden Tatbeständen auszugehen:

- Wechsel des Arbeitgebers
- Aufnahme einer oder mehrerer zusätzlicher Beschäftigungen
- Verlegung des Wohnsitzes in einen anderen Staat
- Beendigung der Beschäftigung oder Beendigung einer Beschäftigung bei Mehrfachbeschäftigten
- Änderungen der Art der selbstständigen Tätigkeit
- Verlegung des Firmensitzes des Arbeitgebers bzw. Selbstständigen in einen anderen Staat
- Verlegung des Tätigkeitsschwerpunktes des Selbstständigen
- Änderung der Verteilung der Beschäftigungs-/Tätigkeitszeiten in den einzelnen Staaten

Anwendung der Verordnung (EWG) 1408/1971

Ist im Einzelfall die Verordnung (EWG) über soziale Sicherheit Nr. 1408/1971 anzuwenden, bestimmt die deutsche Krankenkasse die anzuwendenden Rechtsvorschriften. Sind die deutschen Rechtsvorschriften maßgeblich, stellt die Krankenkasse die Bescheinigung über die anzuwendenden Rechtsvorschriften E 101 aus.

Dialogverfahren

Die Festlegung der anzuwendenden Rechtsvorschriften erfolgt immer vorläufig. Der vom Träger getroffenen Festlegung können die ausländischen Behörden innerhalb von 2 Monaten widersprechen. Der Informationsaustausch erfolgt nach einem festgelegten Verfahren. In umgekehrten Sachverhalten kann auch die deutsche Krankenkasse der von einem ausländischen Träger getroffenen Festlegung widersprechen.

Achtung

Uneinigkeit über die anzuwendenden Rechtsvorschriften

Bei Uneinigkeit über die anzuwendenden Rechtsvorschriften gelten bis zur Klärung immer die Rechtsvorschriften des Wohnstaates.

Personen, die gewöhnlich in 2 oder mehr Mitgliedsstaaten eine selbstständige Erwerbstätigkeit ausüben

In der Verordnung (EG) über soziale Sicherheit Nr. 883/2004 wurde festgelegt, welchen Rechtsvorschriften eine Person unterliegt, die gewöhnlich in 2 oder mehr Mitgliedsstaaten eine selbstständige Erwerbstätigkeit ausübt.

Gewöhnliche selbstständige Erwerbstätigkeit in mehreren Mitgliedsstaaten

Art. 13 Abs. 2 der Verordnung (EG) über soziale Sicherheit wird angewandt, wenn eine Person in mehreren Staaten selbstständig erwerbstätig ist. Sollte eine der selbstständigen Tätigkeiten nur vorübergehend ausgeübt werden, ist eine Entsendung nach Art. 12 Abs. 2 der Verordnung (EG) über soziale Sicherheit Nr. 883/2004 zu prüfen.

Beispiel

Selbstständig in Deutschland und in Frankreich

Ein selbstständiger Metzger besitzt in Frankreich eine Metzgerei, die er von seinem Bruder übernommen hat. Der Metzger arbeitet in der Woche an 2 Tagen in Deutschland und an 3 Tagen in Frankreich. Es liegt eine gewöhnliche selbstständige Erwerbstätigkeit in mehreren Staaten vor.

Bei der Beurteilung, ob eine Person in mehreren Staaten selbstständig erwerbstätig ist, spielt es keine Rolle, ob die selbstständigen Tätigkeiten gleichzeitig oder abwechselnd in verschiedenen Mitgliedsstaaten ausgeübt werden. Ebenso ist es unerheblich, ob es sich bei den selbstständigen Tätigkeiten um branchengleiche Tätigkeiten handelt.

Wesentlicher Teil der Tätigkeit

Ist eine Person gewöhnlich in mehreren Mitgliedsstaaten selbstständig erwerbstätig, unterliegt sie den Rechtsvorschriften des Wohnstaates, wenn ein wesentlicher Teil der Tätigkeit, mindestens 25 %, im Wohnstaat ausgeübt wird. Für die Prüfung werden aus den erbrachten Dienstleistungen

- der Umsatz,
- die Arbeitszeit,
- das Einkommen und
- die Anzahl der Leistungen

herangezogen.

Anwendbare Rechtsvorschriften

Übt ein selbstständig Erwerbstätiger einen wesentlichen Teil seiner Tätigkeit in seinem Wohnstaat aus, unterliegt er den Rechtsvorschriften des Wohnstaates. Ist dies nicht der Fall, muss geprüft werden, in welchem Staat sich der Mittelpunkt der selbstständigen Erwerbstätigkeit befindet. Die Prüfung erfolgt nach festgelegten genannten Kriterien.

Beispiel

Selbstständige Tätigkeit in mehreren Staaten

Ein in den Niederlanden wohnender Zimmermann übt in Deutschland eine selbstständige Tätigkeit aus. Der selbstständige Zimmermann übernimmt eine weitere Schreinerei in Belgien. In dieser Schreinerei übt er ab sofort 45 % seiner Tätigkeit aus. Da er nicht in seinem Wohnstaat tätig ist, muss geprüft werden, in welchem Staat sich der Mittelpunkt seiner Tätigkeit befindet. Im vorliegenden Sachverhalt ist dies Deutschland. Somit gelten für den Zimmermann die deutschen Rechtsvorschriften. Der niederländische Träger legt die anzuwendenden Rechtsvorschriften fest.

Feststellung der anzuwendenden Rechtsvorschriften und Dialogverfahren

Die Feststellung der anzuwendenden Rechtsvorschriften bei gewöhnlich in mehreren Staaten selbstständigen Personen erfolgt nach den gleichen Grundsätzen wie bei gewöhnlich in 2 oder mehr Staaten beschäftigten Personen. Das Dialogverfahren ist ebenfalls gleich geregelt.

Gewöhnliche Beschäftigung und selbstständige Erwerbstätigkeit in verschiedenen Mitgliedsstaaten

In der Verordnung (EG) über soziale Sicherheit Nr. 883/2004 wurde festgelegt, welchen Rechtsvorschriften eine Person unterliegt, die gewöhnlich in 2 oder mehr Mitgliedsstaaten eine Beschäftigung und eine selbstständige Erwerbstätigkeit ausübt.

Anwendbare Rechtsvorschriften

Gemäß Art. 13 Abs. 3 der Verordnung (EG) über soziale Sicherheit Nr. 883/2004 unterliegt eine Person, die gewöhnlich in verschiedenen Staaten eine Beschäftigung und eine selbstständige Tätigkeit ausübt, den Rechtsvorschriften des Staates, in dem die Beschäftigung ausgeübt wird. Übt eine Person mehrere selbstständige Tätigkeiten und mehrere Beschäftigungen aus, erfolgt die Beurteilung der anzuwendenden Rechtsvorschriften nach festgelegten Grundsätzen.

Beispiel

Person übt mehrere abhängige und selbstständige Beschäftigungen aus

Eine Person wohnt in Deutschland und ist in Deutschland, Frankreich und Belgien abhängig beschäftigt. Zusätzlich übt sie in Luxemburg und den Niederlanden eine selbstständige Tätigkeit aus. Der Mittelpunkt der selbstständigen Tätigkeit liegt in den Niederlanden. Bei der Beurteilung der anwendbaren Rechtsvorschriften werden die selbstständigen Erwerbstätigkeiten nicht berücksichtigt. Der Arbeitnehmer übt die Tätigkeiten bei verschiedenen Arbeitgebern aus, die ihren Sitz im Wohnstaat und in verschiedenen anderen Mitgliedsstaaten haben. Daher gelten die Rechtsvorschriften des Wohnstaates, also im vorliegenden Sachverhalt die deutschen Rechtsvorschriften.

Feststellung der anzuwendenden Rechtsvorschriften und Dialogverfahren

Die Feststellung der anzuwendenden Rechtsvorschriften erfolgt nach den gleichen Grundsätzen wie bei gewöhnlich in 2 oder mehr Staaten beschäftigten Personen. Das Dialogverfahren ist ebenfalls gleich.

Beamtentätigkeit in einem Mitgliedsstaat und Beschäftigung und/oder selbstständige Tätigkeit in einem anderen Mitgliedsstaat

In der Verordnung (EG) über soziale Sicherheit Nr. 883/2004 wurde festgelegt, welchen Rechtsvorschriften eine Person unterliegt, die neben einer Beamtentätigkeit ein abhängiges Beschäftigungsverhältnis oder eine selbstständige Erwerbstätigkeit in einem anderen Staat ausübt.

Beamte im Sinne der Verordnung

Nach der Verordnung (EG) über soziale Sicherheit Nr. 883/2004 gelten für ⇗ Beamte die Rechtsvorschriften des Staates, dem die ihn beschäftigte Verwaltungseinheit angehört.

Anwendbare Rechtsvorschriften

Eine Person, die in einem Staat als Beamter beschäftigt ist und in einem oder mehreren anderen Staaten beschäftigt und/oder selbstständig tätig ist, unterliegt den Rechtsvorschriften des Mitgliedsstaates, dem die Verwaltungseinheit, die den Beamten beschäftigt, angehört. Von dieser Zuordnung gibt es keine Ausnahmen.

Feststellung der anzuwendenden Rechtsvorschriften und Dialogverfahren

Die Feststellung der anzuwendenden Rechtsvorschriften erfolgt nach den gleichen Grundsätzen wie bei gewöhnlich in 2 oder mehreren Staaten beschäftigten Personen. Das Dialogverfahren ist ebenfalls gleich.

Vereinigtes Königreich

Bei der Bewertung einer gewöhnlich in mehreren Staaten erwerbstätigen Person muss zwischen Sachverhalten nach dem Austrittsabkommen und nach dem Abkommen über Handel und Zusammenarbeit unterschieden werden.

Vom Austrittsabkommen erfasste Sachverhalte

Vom Austrittsabkommen sind Sachverhalte erfasst, die ohne Unterbrechung über den 31.12.2020 hinaus gehen. Dies ist der Fall, wenn

- eine Person bereits vor dem 1.1.2021 eine Erwerbstätigkeit im Vereinigten Königreich und in Deutschland ausübt und diese weiter ausgeübt wird,
- ein britischer Staatsangehöriger bereits vor dem 1.1.2021 sowohl in Deutschland wohnt, als auch arbeitet und zu einem späteren Zeitpunkt im Vereinigten Königreich eine weitere Erwerbstätigkeit aufnimmt,
- ein Unionsbürger bereits vor dem 1.1.2021 sowohl im Vereinigten Königreich wohnt, als auch arbeitet und zu einem späteren Zeitpunkt in Deutschland bzw. einem anderen Mitgliedstaats eine weitere Erwerbstätigkeit aufnimmt.

Ist eine Person bereits vor dem 1.1.2021 im Vereinigten Königreich und in Deutschland gewöhnlich erwerbstätig, unterliegt sie nach dem 31.12.2020 weiterhin den Verordnungen (EG) über soziale Sicherheit. Voraussetzung dafür ist, dass keine Änderungen in den der Beurteilung zugrundeliegenden Verhältnissen eintritt.

In diesen Fällen bleibt die ⇗ Entsendebescheinigung bis zu ihrem Ablauf gültig. Sie kann verlängert werden.

Unterbrechung

Eine Unterbrechung der gewöhnlichen Erwerbstätigkeit liegt vor, wenn

- die gewöhnlich in mehreren Staaten erwerbstätige Person für einen nicht nur kurzfristigen Zeitraum die Beschäftigung im Vereinigten Königreich beendet,
- die Voraussetzungen für eine gewöhnliche Erwerbstätigkeit in mehreren Staaten nicht mehr vorliegen,
- die Person zwar weiterhin in mehreren Staaten gewöhnlich erwerbstätig ist, aber nicht mehr im Vereinigten Königreich.

Liegt eine Unterbrechung vor, muss die gewöhnlich erwerbstätige Person die Stelle, die die Entsendebescheinigung ausgestellt hat, über die Unterbrechung informieren. Diese prüft und beendet die Entsendebescheinigung mit dem Beginn der Unterbrechung.

Wiederaufnahme der Tätigkeit

Bei der Wiederaufnahme der Tätigkeit nach dem 31.12.2020 nach einer Unterbrechung handelt es sich in der Regel um einen Neu-Sachverhalt. Dieser muss nach dem Abkommen über Handel und Zusammenarbeit beurteilt werden.

Vom Abkommen über Handel und Zusammenarbeit erfasste Sachverhalte

Sachverhalte nach dem 31.12.2020

Vom Abkommen über Handel und Zusammenarbeit werden Sachverhalte erfasst, in denen eine Person gewöhnlich in mehreren Staaten erwerbstätig ist und diese Beschäftigung zu irgendeinem Zeitpunkt nach dem 31.12.2020 beginnt.

Die Regelungen nach dem Abkommen über Handel und Zusammenarbeit sind mit den Regelungen nach den Verordnungen (EG) über Soziale Sicherheit inhaltsgleich.

Persönlicher Geltungsbereich

Die Regelungen des Abkommens über Handel und Zusammenarbeit gelten unabhängig von der Staatsangehörigkeit für Personen, für die das Sozialversicherungsrecht mindestens eines Mitgliedstaates oder des Vereinigten Königreichs gilt oder gegolten hat. Es gilt auch für deren Familienangehörige und Hinterbliebene. Voraussetzung ist, dass diese Personen rechtmäßig in einem Mitgliedstaat oder dem Vereinigten Königreich wohnen.

Sachlicher Geltungsbereich

Das Abkommen umfasst die Kranken-, Renten-, Unfallversicherung sowie den Bereich der Arbeitsförderung.

GKV-Monatsmeldung

Bei Vorliegen einer versicherungspflichtigen Mehrfachbeschäftigung prüft die Einzugsstelle auf Grundlage der eingegangenen Entgeltmeldungen, ob die in dem sich überschneidenden Meldezeitraum erzielten Arbeitsentgelte in der Summe die Beitragsbemessungsgrenze in der gesetzlichen Krankenversicherung (BBG KV) überschreiten. Soweit die Einzugsstelle bei dieser Prüfung nicht ausschließen kann, dass aufgrund der versicherungspflichtigen Mehrfachbeschäftigung die BBG KV überschritten wurde, fordert sie bei den betroffenen Arbeitgebern die GKV-Monatsmeldungen für den zu beurteilenden Zeitraum an.

Mit der GKV-Monatsmeldung müssen die betroffenen Arbeitgeber dann die monatlichen Entgeltdaten an die Einzugsstelle melden.

Gesetze, Vorschriften und Rechtsprechung

Sozialversicherung: Die Verpflichtung zur Übermittlung der GKV-Monatsmeldung ergibt sich aus § 28a Abs. 1 Satz 1 Nr. 10 SGB IV und § 11b DEÜV. In § 26 Abs. 4 SGB IV ist die Überprüfung von Amts wegen durch die Krankenkassen geregelt. Die Mitwirkungspflicht der Arbeitnehmer ergibt sich aus § 28o SGB IV und das Nähere zum Verfahren wird in den gemeinsamen Grundsätzen nach § 28b Abs. 4 SGB IV geregelt. Die Spitzenorganisationen der Sozialversicherung haben in ihrem Rundschreiben zum Gemeinsamen Meldeverfahren zur Sozialversicherung vom 29.6.2016 in der jeweils gültigen Fassung die Regelungen zur Monatsmeldung konkretisiert.

Sozialversicherung

Meldegründe

Die GKV-Monatsmeldung ist erst nach Aufforderung durch die Einzugsstelle von den Arbeitgebern abzugeben. Anhand der GKV-Monatsmeldungen ist es möglich, bei mehrfachbeschäftigten Arbeitnehmern mit einem Gesamtentgelt über der ⇗ Beitragsbemessungsgrenze der Krankenversicherung, einen zutreffenden Ausgangswert zur Beitragsberechnung zu ermitteln. Beitragskorrekturen werden infolge des Überschreitens der Beitragsbemessungsgrenze bei versicherungspflichtigen Mehrfachbeschäftigten im Rahmen einer Rückschau vorgenommen. Ausgenommen von diesem Verfahren sind Mehrfachbeschäftigungen von Arbeitnehmern, die Mitglied der landwirtschaftlichen Krankenkasse sind sowie geringfügig entlohnte Beschäftigungen neben einer versicherungspflichtigen Beschäftigung. Dies gilt auch dann, wenn in der geringfügig entlohnten Beschäftigung Versicherungspflicht in der Rentenversicherung besteht.

Wichtig

Meldung des laufenden beitragspflichtigen Arbeitsentgelts

Arbeitgeber haben mit der ersten folgenden Entgeltabrechnung nach Aufforderung der Einzugsstelle, spätestens innerhalb von 6 Wochen, für den von der Einzugsstelle angeforderten Zeitraum GKV-Monatsmeldungen zu erstatten. Die Höhe des laufenden beitragspflichtigen Arbeitsentgeltes muss getrennt zur Kranken-, Pflege-, Renten- und Arbeitslosenversicherung gemeldet werden. Die Meldung erfolgt mit dem Datenbaustein Krankenversicherung (DBKV) aus dem Entgeltabrechnungsprogramm.

Inhalt der Meldung

In der GKV-Monatsmeldung sind

- die Versicherungsnummer,
- Familien- und Vorname bei einer Namensänderung,
- die Beschäftigungszeit,
- die ⇗ Betriebsnummer des Beschäftigungsbetriebs,
- Personen- und Beitragsgruppenschlüssel,
- das Kennzeichen für den Rechtskreis,
- die SV-Tage des zu meldenden Abrechnungsmonats,
- Midijob-Kennzeichen,
- das monatliche laufende Arbeitsentgelt, von dem Beiträge zur Renten-, Arbeitslosen-, Kranken- und Pflegeversicherung bzw. der Beitragszuschuss zur Krankenversicherung berechnet wurden,
- das im Abrechnungsmonat einmalig gezahlte Arbeitsentgelt bis zur Höhe der anteiligen Jahres-BBG der Rentenversicherung

anzugeben. Dabei sind die jeweiligen Beitragsbemessungsgrenzen der verschiedenen Versicherungszweige zu beachten.

Die GKV-Monatsmeldung ist mit dem Abgabegrund „58“ zu erstellen.

Wichtig

Angabe des beitragspflichtigen Entgelts

In der GKV-Monatsmeldung sind das laufende und das einmalig gezahlte Arbeitsentgelt getrennt anzugeben. Die Beträge sind ungerundet in Eurocent zu beziffern.

Dauer der Meldepflicht

Die GKV-Monatsmeldungen sind für den von der Einzugsstelle angeforderten Zeitraum zu erstatten. Die Meldungen müssen mit der ersten folgenden Entgeltabrechnung nach Aufforderung der Einzugsstelle, spätestens innerhalb von 6 Wochen, übermittelt werden.

Beispiel

Erstmalige Abgabe der Monatsmeldung

Der Arbeitgeber erhält am 15.1. die Aufforderung der Einzugsstelle zur Abgabe der GKV-Monatsmeldungen für die Zeit vom 1.10. bis 30.11. des Vorjahres. Die Monatsmeldung muss mit der nächstfolgenden Entgeltabrechnung (Mitte Februar) abgegeben werden, spätestens innerhalb von 6 Wochen nach Kenntnisnahme (26.2.).

Mitwirkungspflichten der Arbeitnehmer

Arbeitnehmer sind verpflichtet, ihren Arbeitgebern die zur Durchführung des Meldeverfahrens und der Beitragszahlung erforderlichen Angaben zu machen und ggf. entsprechende Unterlagen vorzulegen. Dazu gehört auch die Information, dass neben dem Arbeitsentgelt aus der Beschäftigung weitere beitragspflichtige Einnahmen erzielt werden. Das umfasst auch ⇗ Mehrfachbeschäftigungen bei anderen Arbeitgebern, soweit diese nicht schon arbeitsrechtlich mit dem Arbeitgeber abzustimmen und von daher bereits bekannt sind. Weitere beitragspflichtige Einnahmen sind insbesondere

- Renten der gesetzlichen Rentenversicherung,
- ⇗ Versorgungsbezüge (z. B. Betriebsrenten),
- Arbeitseinkommen aus einer selbstständigen Tätigkeit, soweit dies neben einer Rente oder Versorgungsbezügen erzielt wird.

Umfang der Mitwirkungspflicht

Die Arbeitnehmer müssen den Arbeitgebern nicht die jeweilige Art und Höhe der beitragspflichtigen Einnahmen mitteilen. Die Informationspflichten der Arbeitnehmer sind mit dem abstrakten Hinweis auf weitere beitragspflichtige Einnahmen und deren Beginn bzw. Ende erfüllt.

Achtung

Weitergehende Informationen dürfen nicht eingefordert werden

Arbeitgeber sind nicht berechtigt, über die abstrakte Information zu beitragspflichtigen Einnahmen hinaus weitere Auskünfte einzuholen, etwa zu Art und Höhe der weiteren Einnahmen.

Rückmeldungen durch die Krankenkassen

Aufgabe der Einzugsstelle

Die Einzugsstelle stellt auf Grundlage der übermittelten GKV-Monatsmeldungen innerhalb von 2 Monaten fest, ob und inwieweit die laufenden und einmaligen Arbeitsentgelte die Beitragsbemessungsgrenzen in den einzelnen Sozialversicherungszweigen überschreiten. Das Prüfergebnis teilt sie den beteiligten Arbeitgebern für jeden Kalendermonat der versicherungspflichtigen Mehrfachbeschäftigung mit. Die Rückmeldung des Prüfergebnisses durch die Einzugsstelle erfolgt mit dem DSKK und dem Datenbaustein Meldesachverhalt Beitragsbemessungsgrenze (DBBG).

Zeitraum und Inhalt der Krankenkassenmeldung

Der Arbeitgeber erhält zu jeder für den Zeitraum der Mehrfachbeschäftigung abgegebenen GKV-Monatsmeldung von der Einzugsstelle eine Information, ob das erzielte Gesamtentgelt die Beitragsbemessungsgrenze in den einzelnen Sozialversicherungszweigen überschritten hat. Bei einer Überschreitung der Beitragsbemessungsgrenze erhalten die beteiligten Arbeitgeber zusätzlich das monatliche Gesamtentgelt je Sozialversicherungszweig für jeden einzelnen Abrechnungszeitraum.

Meldung von Einmalzahlungen

Zusätzlich erhalten die Arbeitgeber von der Einzugsstelle die Information, ob das in der GKV-Monatsmeldung angegebene einmalig gezahlte Arbeitsentgelt aufgrund der versicherungspflichtigen Mehrfachbeschäftigung in voller Höhe der Beitragspflicht unterliegt. Sofern das einmalig gezahlte Arbeitsentgelt nicht in voller Höhe beitragspflichtig ist, wird getrennt nach den einzelnen Sozialversicherungszweigen der beitragspflichtige Anteil gemeldet. Mit diesen Informationen kann jeder beteiligte Arbeitgeber die notwendige Verhältnisberechnung zur Ermittlung seines beitragspflichtigen Anteils durchführen.

Hinweis

Unständig Beschäftigte

Für ⇗ unständig Beschäftigte gibt die Krankenkasse keine Meldung an den Arbeitgeber ab.

Entgeltunterlagen

Die Arbeitgeber müssen im Rahmen der GKV-Monatsmeldung umfangreiche Dokumentationspflichten erfüllen. Soweit sie sich auf die Beitragsberechnung des Arbeitgebers auswirken, müssen zu den Entgeltunterlagen die Daten

- der an die Krankenkassen erstatteten Meldungen sowie
- der von den Krankenkassen übermittelten Meldungen

genommen werden.[1]

Achtung

Unterlagen wichtig für Betriebsprüfungen

Da sich infolge der GKV-Monatsmeldung und der Rückmeldungen durch die Krankenkassen Auswirkungen auf die Beitragsberechnung beim Gesamtsozialversicherungsbeitrag ergeben, werden die Betriebsprüfer der Rentenversicherung die entsprechenden Unterlagen bei ihren ⇗ Betriebsprüfungen einsehen wollen.

Gratifikation

Die Gratifikation ist eine Sondervergütung mit Entgeltcharakter, die der Arbeitgeber seinen Arbeitnehmern aus bestimmten Anlässen zusätzlich zu dem regulären Entgelt zahlt. Sie ist eine Anerkennung z. B. für Betriebstreue, Anwesenheit oder besondere Arbeitsleistungen und drückt die Verbundenheit des Arbeitgebers aus.

Beispiele sind etwa Weihnachtsgeld, Urlaubsgeld, Jubiläumszuwendungen.

Gesetze, Vorschriften und Rechtsprechung

Wichtige Entscheidungen: BAG, Urteil v. 18.1.1978, 5 AZR 56/77; BAG, Urteil v. 23.10.2002, 10 AZR 48/02; BAG, Urteil v. 1.4.2009, 10 AZR 353/08; BAG, Urteil v. 5.8.2009, 10 AZR 666/08; BAG, Urteil v. 20.2.2013, 10 AZR 177/12; BAG, Urteil v. 13.5.2015, 10 AZR 266/14; BAG, Urteil v. 23.3.2017, 6 AZR 264/16, Rz. 18–23; BAG, Urteil v. 23.8.2017, 10 AZR 376/16; BAG, Urteil v. 24.10.2018, 10 AZR 285/16; BAG, Urteil v. 27.2.2019, 10 AZR 341/18.

Lohnsteuer: Die Steuerpflicht von Gratifikationen ergibt sich aus § 19 Abs. 1 Nr. 1 EStG sowie R 39b.2 Abs. 2 Nr. 3 LStR.

1 § 8 Abs. 2 Nr. 3, 3a BVV.

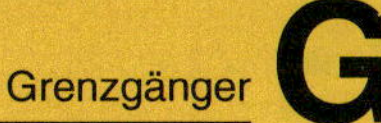

Sozialversicherung: Die Beitragspflicht des Arbeitsentgelts in der Sozialversicherung ergibt sich aus § 14 Abs. 1 SGB IV. Die Beitragserhebung aus Einmalzahlungen regelt § 23a SGB IV.

Entgelt	LSt	SV
Gratifikation, z. B. Weihnachtsgeld, Jubiläumszuwendungen	pflichtig	pflichtig

Lohnsteuer

Steuerpflichtiger Arbeitslohn

Gratifikationen, die aufgrund eines Arbeitsverhältnisses gewährt werden, gehören nach ausdrücklicher gesetzlicher Regelung zum steuerpflichtigen Arbeitslohn.[1]

Werden sie laufend gezahlt, sind sie dem übrigen Arbeitslohn des laufenden ⇗ Lohnzahlungszeitraums zuzurechnen. Handelt es sich um einmalige oder gelegentliche Gratifikationen, so gelten die Vorschriften für ⇗ sonstige Bezüge.

Gratifikationen, auf die der Arbeitnehmer einen (vertraglichen) Anspruch hat, können grundsätzlich nicht in steuerfreie oder günstig pauschal besteuerte Arbeitgeberleistungen umgewandelt werden.

Sozialversicherung

Beitragspflicht

Gratifikationen eines Arbeitgebers an seine Arbeitnehmer sind grundsätzlich beitragspflichtiges Arbeitsentgelt im Sinne der Sozialversicherung. Dies gilt insoweit, als sie auch zum lohnsteuerpflichtigen Arbeitslohn gehören.

Gratifikationen unterliegen in der Sozialversicherung als ⇗ Einmalzahlungen der Beitragspflicht. In der ⇗ Unfallversicherung sind Gratifikationen ebenfalls beitragspflichtig.

Beitragsrechtliche Zuordnung

Sie sind grundsätzlich dem ⇗ Lohnabrechnungszeitraum zuzuordnen, in dem sie ausgezahlt werden. Hierbei sind die Regelungen zur Beitragsberechnung bei Einmalzahlungen zu berücksichtigen.

Auszahlung bei Ruhen oder nach Ende des Beschäftigungsverhältnisses

Zahlt der Arbeitgeber Gratifikationen während eines ruhenden Beschäftigungsverhältnisses oder nach seinem Ende, wird die Gratifikation dem letzten Lohnabrechnungszeitraum des laufenden Kalenderjahres zugeordnet.

Wichtig

Ohne laufendes Arbeitsentgelt im Kalenderjahr besteht Beitragsfreiheit

Ist eine Zuordnung zum letzten Lohnabrechnungszeitraum des laufenden Kalenderjahres nicht möglich, weil von dem Arbeitgeber, der die Gratifikation zahlt, laufendes Arbeitsentgelt nicht bezogen worden ist, bleibt die Gratifikation beitragsfrei.

Rückzahlung von Weihnachtsgratifikationen

Zahlt der Arbeitnehmer bei einer vorzeitigen Beendigung des Arbeitsverhältnisses die Weihnachtsgratifikation ganz oder teilweise zurück, so sind die Beiträge für den betreffenden Monat, in dem die Weihnachtsgratifikation gezahlt wurde, neu zu berechnen.

Berücksichtigung bei der versicherungsrechtlichen Beurteilung

Zur Beurteilung der Krankenversicherungspflicht werden Gratifikationen – ohne Familienzuschläge – grundsätzlich auf das regelmäßige Jahresarbeitsentgelt angerechnet. Der Anspruch muss schriftlich festgelegt oder die Zahlung mit hinreichender Sicherheit mindestens einmal jährlich zu erwarten sein.

Gratifikationen werden auch bei der Frage berücksichtigt, ob eine Beschäftigung die Geringfügigkeitsgrenze übersteigt oder ob die Regelung des Übergangsbereichs anzuwenden ist.

Grenzgänger

Grenzgänger sind Arbeitnehmer, die ihren Wohnsitz und ihren Arbeitsort in 2 verschiedenen Staaten haben und arbeitstäglich oder in anderen regelmäßig kurzen Abständen zwischen Wohn- und Arbeitsort pendeln. Weiter wird zwischen Ein- und Auspendlern unterschieden. Bezüglich Frankreich und Österreich gilt für Grenzgänger, dass Wohn- und Arbeitsort innerhalb einer bestimmten Grenzzone liegen müssen.

Grundsätzlich gilt auch für Grenzgänger: Liegen Wohnsitz und Arbeitsort in unterschiedlichen Staaten, regeln die von Deutschland mit den einzelnen Ländern abgeschlossenen Doppelbesteuerungsabkommen (DBA), dass die Besteuerung des Arbeitslohns dem jeweiligen Tätigkeitsstaat obliegt (sog. Arbeitsortprinzip).

Abweichend hiervon enthalten die DBA mit Frankreich, Österreich und der Schweiz Sonderregelungen. Diese zwischenstaatlichen Grenzgängerregelungen haben das Ziel, die Besteuerung des Arbeitslohns dem Wohnsitzstaat zuzuweisen.

Gesetze, Vorschriften und Rechtsprechung

Lohnsteuer: Grundlage für die Grenzgängerbesteuerung sind die jeweiligen Doppelbesteuerungsabkommen (DBA). DBA haben immer Vorrang vor innerstaatlichem Recht (§ 2 AO). Das Bundesfinanzministerium (BMF) veröffentlicht jährlich eine aktualisierte Übersicht über sämtliche Staaten, mit denen DBA bestehen (BMF, Schreiben v. 18.1.2023, IV B 2 – S 1301/21/10048 :002, BStBl 2023 I S. 195). Zweifelsfragen zur steuerlichen Behandlung der Einkünfte aus unselbstständiger Arbeit nach dem DBA-Frankreich, insbesondere zur Besteuerung von Grenzgängern der beiden Staaten, behandelt das BMF-Schreiben v. 28.12.2021, IV B 3 – S 1301 – FRA/19/10018 :001, BStBl 2022 I S. 92.

Zur Auslegung und Anwendung der einzelnen DBA haben die BRD und der jeweilige Staat häufig Konsultationsvereinbarungen getroffen. Eine Auflistung darüber, für welche Staaten Umsetzungsverordnungen durch den Gesetzgeber verabschiedet wurden, haben die jeweiligen Landesfinanzministerien bekannt gegeben (FinMin Saarland, 3.5.2011, B/3 – S 1301 – 9/007). Die entgegenstehende Rechtsprechung, die im Widerspruch zu den Regelungen der Konsultationsvereinbarungen steht, ist durch die gesetzliche Absicherung nicht mehr anzuwenden. Eine andere Auffassung vertritt der Bundesfinanzhof (BFH), BFH, Urteil v. 10.6.2015, I R 79/13, BStBl 2016 II S. 326. Die Finanzverwaltung beschränkt die Anwendung dieser Rechtsprechung auf die Besteuerung von Abfindungszahlungen. Zur Nichtanwendung von Konsultationsvereinbarungsverordnungen auf Abfindungen bei Beendigung des Dienstverhältnisses s. BMF-Schreiben v. 31.3.2016, IV B 2 – S 1304/09/10004, BStBl 2016 I S. 474. Im Übrigen behalten die Regelungen der Konsultationsvereinbarungsverordnungen ihre Gültigkeit.

Sozialversicherung: Für den Grenzgänger ist die Verordnung (EG) über soziale Sicherheit Nr. 883/2004 und die Durchführungsverordnung (EG) Nr. 987/2009 anzuwenden. Bei gewöhnlicher grenzüberschreitender Telearbeit gilt das Rahmenübereinkommen zur Anwendung des Artikels 16 Abs. 1 der Verordnung (EG) 883/2004 bei gewöhnlicher grenzüberschreitender Tätigkeit.

1 § 19 Abs. 1 Nr. 1 EStG.

Lohnsteuer

Besteuerungsrecht des Tätigkeitsstaates

Liegen Wohnsitz und Arbeitsort in unterschiedlichen Staaten, regeln zwischenstaatliche Abmachungen (Doppelbesteuerungsabkommen – DBA) oder innerstaatliche Regelungen (Auslandstätigkeitserlass), wem die Besteuerung für die Lohnbezüge zusteht, um damit eine gleichzeitige Doppelbesteuerung beim Arbeitnehmer zu vermeiden. Die Bundesrepublik Deutschland hat mit fast allen Ländern zwischenstaatliche Vereinbarungen getroffen. Auslandstätigkeiten in Nicht-DBA-Staaten sind deshalb nicht häufig anzutreffen.

Besteuerungsrecht liegt meist beim Tätigkeitsstaat

Bei Auslandstätigkeiten in DBA-Staaten regelt allein das DBA, ob die Arbeitseinkünfte für die Dauer des Auslandsaufenthalts in Deutschland oder in dem jeweiligen ausländischen Tätigkeitsstaat zu versteuern sind. Die Regelungen der einzelnen DBA sind zum Teil unterschiedlich. Die meisten zwischenstaatlichen Abkommen orientieren sich allerdings an dem OECD-Musterabkommen, dessen Grundzüge an dieser Stelle dargestellt werden. Danach steht das Besteuerungsrecht für den im Ausland erzielten Arbeitslohn grundsätzlich dem Tätigkeitsstaat zu.[1] Der Wohnsitzstaat verzichtet dagegen auf sein Besteuerungsrecht; der im Ausland erzielte und versteuerte Arbeitslohn bleibt im Inland steuerfrei. In Deutschland werden die steuerfreien ausländischen Lohnbezüge zum Zwecke der Steuersatzberechnung in den ⇗ Progressionsvorbehalt einbezogen.

Besteuerungsrecht des Wohnsitzstaates

Vorübergehender Auslandseinsatz

Das Besteuerungsrecht bleibt beim Wohnsitzstaat (Ansässigkeitsstaat), wenn der Arbeitnehmer nur vorübergehend im Ausland eingesetzt wird. Arbeitet ein Arbeitnehmer, der im Inland ansässig ist, nicht mehr als 183 Tage in dem anderen ausländischen Staat, bleibt das Besteuerungsrecht dem Wohnsitzstaat (Ansässigkeitsstaat) erhalten. Bei Anwendung der 183 Tage-Regelung müssen bestimmte Voraussetzungen vorliegen.[2]

DBA-Sonderregelungen

Eine weitere Ausnahme gilt nach den mit bestimmten Ländern getroffenen Vereinbarungen für Grenzgänger. Sonderregelungen für Grenzgänger enthalten die DBA mit Frankreich, Österreich und der Schweiz. Diese zwischenstaatlichen Grenzgängerregelungen haben das Ziel, abweichend vom Arbeitsortprinzip die Besteuerung des Arbeitslohns dem Wohnsitzstaat zuzuweisen. Unterschiedlich sind aber die Anforderungen, welche die betreffenden DBA für die Anwendung der Grenzgängerregelungen verlangen.

Wichtig

Wegfall der Grenzgängerregelung mit Belgien

Die frühere Grenzgängerregelung mit Belgien wurde aufgehoben. Arbeitseinkünfte, die ein belgischer Pendler im Inland erzielt, sind in der Bundesrepublik Deutschland steuerpflichtig.

An die Stelle der bisherigen Grenzgängerregelung[3] ist ein modifizierter Fiskalausgleich getreten, den die deutsche Staatskasse an die belgische Steuerbehörde zu leisten hat. Der Grenzgänger ist verpflichtet, neben der deutschen Lohnsteuer die belgische Gemeindesteuer zu entrichten, die von der jeweiligen Wohnsitzgemeinde in Belgien erhoben wird.[4] Gleichzeitig kann Belgien die deutschen Einkünfte bei der Festsetzung der dortigen Gemeindesteuer berücksichtigen. Zum Ausgleich gewährt der deutsche Fiskus einen Steuerabzugsbetrag von 8 %[5], der bereits beim Lohnsteuerabzug berücksichtigt wird. Bemessungsgrundlage für den Solidaritätszuschlag im Lohnsteuerverfahren ist in diesem Fall die geminderte Lohnsteuer.

Der Vordruck der Bescheinigung für beschränkt einkommensteuerpflichtige Arbeitnehmer, der dem Arbeitgeber anstelle der ELStAM vorzulegen ist, enthält entsprechende Eintragungsfelder.

Grenzgängerregelung mit Frankreich

Grenzzone durch Verwaltungsanweisung geregelt

Die Grenzgängerregelung mit Frankreich ist nach Art. 13 Abs. 5a DBA-Frankreich auf Arbeitnehmer anzuwenden, die in der Grenzzone des einen Staates ihre Tätigkeit ausüben und in der Grenzzone des anderen Staates ihre Wohnstätte haben, zu der sie regelmäßig arbeitstäglich zurückkehren. Danach steht das Besteuerungsrecht dem jeweiligen Wohnsitzstaat zu.

Für deutsche Grenzgänger, die in Frankreich beschäftigt sind, ist die Grenzzone durch BMF-Schreiben festgelegt, das sämtliche deutschen und französischen Städte bzw. Gemeinden abschließend nennt, die zum Grenzgebiet der beiden Staaten zählen.[6] Für in Frankreich wohnhafte Arbeitnehmer, die als französische Grenzgänger im Inland beschäftigt sind, gilt als begünstigte Wohnzone das gesamte Gebiet der Departements Haute-Rhin, Bas-Rhin und Moselle. Zum deutschen Arbeitsgebiet im Sinne der Grenzgängerregelung zählen alle deutschen Städte und Gemeinden, deren Gebiet ganz oder teilweise maximal 30 km von der französischen Grenze entfernt liegt.[7]

Hinweis

Einheitliche Liste für Grenzgänger-Grenzgebiete des DBA-Frankreich

Die Finanzverwaltung hat die Städte und Gemeinden, die für deutsche Grenzgänger (20-Km-Zone auf deutscher und französischer Seite) und für französische Grenzgänger (Wohngrenzgebiet der 3 Departements und 30-Km-Tätigkeitszone in Deutschland) zum Grenzgebiet zählen, in einer einheitlichen Liste zusammengefasst. Die Aufstellung vereint die bisherigen 3 Listen zum Grenzgebiet. Neue Städte und Gemeinden sind nicht hinzugekommen.[8]

Beschäftigt ein inländischer Arbeitgeber französische Grenzgänger, hat er eine Aufstellung über die Tätigkeitsorte des Arbeitnehmers im betreffenden Kalenderjahr als Beleg zum ⇗ Lohnkonto zu nehmen, damit eine spätere Überprüfung der Grenzgängereigenschaft durch die Lohnsteuer-Außenprüfung möglich ist.[9]

Hinweis

Bescheinigung Großbuchstaben FR

Zum 1.1.2016 ist das Zusatzabkommen zum DBA-Frankreich in Kraft getreten, wonach der Ansässigkeitsstaat verpflichtet ist, dem Tätigkeitsstaat einen Fiskalausgleich zu leisten.[10] Der deutsche Ausgleichsanspruch berechnet sich mit 1,5 % des Arbeitslohns, den französische Grenzgänger laut Lohnsteuerbescheinigung aus ihrem inländischen Beschäftigungsverhältnis verdienen.

Zur Feststellung des Ausgleichsanspruchs sind deutsche Arbeitgeber verpflichtet, in der Lohnsteuerbescheinigung unter Nr. 2 die Großbuchstaben FR einzutragen. Diese sind um die Ziffern 1, 2 oder 3 zu ergänzen, je nachdem ob der Grenzgänger zuletzt in Baden-Württemberg (FR1), Rheinland-Pfalz (FR2) oder im Saarland (FR3) tätig war.[11]

Nichtrückkehr zum Wohnort

Das Besteuerungsrecht des jeweiligen Wohnsitzstaates setzt voraus, dass der Arbeitnehmer täglich zwischen den beiden Staaten vom Wohn-

1 Art. 15 OECD-Musterabkommen.
2 BMF, Schreiben v. 3.5.2018, IV B 2 – S 1300/08/10027, BStBl 2018 I S. 643.
3 Art. 15 Abs. 3 DBA-Belgien.
4 Art. 3 des Zusatzabkommens v. 5.11.2002, Gesetz v. 12.11.2003, BGBl. 2003 II S. 1615.
5 Art. 2 Nr. 2 des Zusatzabkommens v. 5.11.2002, Gesetz v. 12.11.2003, BGBl. 2003 II S. 1617.
6 BMF, Schreiben v. 1.7.1985, IV C5 – S 1301 Fra – 108/85, BStBl 1985 I S. 310.
7 Eine Aufzählung der innerhalb der 30-km-Zone liegenden deutschen Städte enthält das BMF, Schreiben v. 11.6.1996, IV C 5 – S 1301 Fra – 16/96, BStBl 1996 I S. 645 bzw. die Anlage 1 der KonsVerFRAV v. 20.12.2010, BGBl. 2010 I S. 2138.
8 BMF, Schreiben v. 16.11.2021, IV B 3 – S 1301-FRA/19/10019 :005, BStBl 2021 I S. 2230.
9 BMF, Schreiben v. 30.3.2017, IV B 3 – S 1301-FRA/16/10001 :001, BStBl 2017 I S. 753.
10 Art 13a DBA-Frankreich.
11 Art. 2 Abs. 6 des Zusatzabkommens zum DBA-Frankreich v. 31.3.2015, BStBl 2016 I S. 515.

sitz zum Arbeitsort pendelt. Kehrt ein Arbeitnehmer nicht arbeitstäglich an seinen Wohnsitz zurück oder ist er ausnahmsweise an Arbeitsorten außerhalb der Grenzzone beschäftigt, bleibt die Grenzgängereigenschaft erhalten, wenn er im Kalenderjahr an höchstens 45 Tagen im jeweiligen Kalenderjahr nicht zum Wohnsitz zurückkehrt oder/und zeitweise außerhalb der Grenzzone für seinen Arbeitgeber tätig ist.[1]

Als schädliche Karenztage kommen nur die vertraglich vereinbarten Arbeitstage sowie alle weiteren Tage infrage, an denen der Grenzgänger seine Tätigkeit tatsächlich ausübt.[2] Krankheits- und Urlaubstage sowie arbeitsfreie Sonn- und Feiertage sind nicht auf die 45 Tage anzurechnen. Der Bundesfinanzhof (BFH) ist hiervon zwischenzeitlich bezüglich der Beurteilung von Rückkehrtagen bei mehrtägigen Reisetätigkeiten abgewichen und behandelt diese als unschädlich, wenn der Arbeitnehmer im Anschluss an die Reisetätigkeit an diesem Tag noch innerhalb der Grenzzone Arbeiten verrichtet hat.[3] Wegen der von Rechtsprechung in Zweifel gezogenen Bindungswirkung von bilateralen Verständigungs- bzw. Konsultationsvereinbarungen, ist der Inhalt des BMF-Schreibens v. 3.4.2006 durch Rechtsverordnung in nationales Recht transformiert worden.[4] Die abweichende BFH-Rechtsprechung ist damit seit dem Veranlagungszeitraum 2010 nicht mehr anzuwenden.[5] Die Berechnungsgrundsätze zur 45-Tage-Grenze sind in der zu § 7 KonsVerFRAV[6] gesetzlich festgelegten Verständigungsvereinbarung dargestellt, die von den Finanzämtern im aktuellen Besteuerungsverfahren weiter angewendet werden.[7]

Wichtig

Verlust der Grenzgängereigenschaft bei Überschreiten der 45-Tage-Grenze

Überschreiten die Tage der Nichtrückkehr bzw. der Tätigkeit außerhalb der Grenzzone insgesamt 45 Tage bzw. bei nicht ganzjähriger Grenzgängertätigkeit die 20-%-Grenze der gesamten Arbeitstage pro Kalenderjahr, steht das Besteuerungsrecht dem Tätigkeitsstaat zu. Dies gilt allerdings nur für den auf die Inlandstätigkeit entfallenden Arbeitslohn.

Der auf den Wohnsitzstaat oder auf Drittstaaten entfallende Arbeitslohn obliegt dagegen immer der Besteuerung durch den Ansässigkeitsstaat. Der vom deutschen Arbeitgeber bezogene Grenzgängerlohn ist ggf. im Verhältnis der Arbeitstage in Deutschland zu den Arbeitstagen in Frankreich bzw. Drittstaaten aufzuteilen.

Homeoffice

Französische Grenzgänger arbeiten zum Teil im Homeoffice. Durch die Arbeit zu Hause geht die Grenzgängereigenschaft nicht verloren. Die DBA-rechtliche Behandlung der Arbeitstage, die der französische Grenzgänger aufgrund seiner beruflichen Tätigkeit im Wohnsitzstaat verbringt, bleibt unverändert. Kraft Fiktion gelten Tätigkeiten in der Grenzzone des Ansässigkeitsstaats des Arbeitnehmers als innerhalb der Grenzzone des Tätigkeitsstaats ausgeübt.[8]

Arbeiten im Homeoffice des Grenzgängers sind damit keine für den Grenzgängerstatus schädlichen Tage, die auf die 45-Tage-Grenze anzurechnen sind und zur Aberkennung der Grenzgängereigenschaft führen. Arbeitstage, die ein französischer Grenzgänger aufgrund seiner beruflichen Tätigkeit in seinem Wohnsitzstaat Frankreich verbringt, sind nur dann in die Berechnung der Karenztage einzubeziehen, wenn er an diesen Tagen ausschließlich außerhalb der französischen Grenzzone tätig wird.

Steuerpflicht einer Abfindung bei Wegzug

Fraglich ist, ob die Zahlung einer ↗ Abfindung nach Beendigung der Grenzgängerbeschäftigung unter die Steuerfreistellung des Art. 13 Abs. 5 DBA-Frankreich fällt. Die Finanzverwaltung weist das Besteuerungsrecht dem ehemaligen Ansässigkeitsstaat zu, soweit die laufenden Grenzgängereinkünfte während des aktiven Beschäftigungsverhältnisses dem Besteuerungsrecht im Ansässigkeitsstaat unterlagen. Ggf. ist eine Aufteilung der Abfindung vorzunehmen, indem das Verhältnis der lohnsteuerpflichtigen zu den DBA-steuerfeien Monate für den Beschäftigungszeitraum ermittelt wird.[9]

Das Finanzgericht Baden-Württemberg weist abweichend hiervon das Besteuerungsrecht bei Abfindungszahlungen an Grenzgänger in vollem Umfang dem ehemaligen Tätigkeitsstaat des ehemaligen Grenzgängers zu. Die zwischen Abfindung und Tätigkeit bestehende Kausalität ist ausreichend, um die Besteuerung dem ehemaligen Tätigkeitsstaat zuzuweisen.[10] Dies gilt auch für Abfindungszahlungen bei französischen Grenzgängern. Das FG Baden-Württemberg verneint in seiner Entscheidung die Anwendung der Grenzgängerbesteuerung nach Art. 13 Abs. 5 DBA-Frankreich durch den Wohnsitzstaat.[11] Das Finanzgericht wendet die Regelungen der Grenzgängerbesteuerung[12] nur für Lohnbezüge während der aktiven Tätigkeit an. Das inländische Besteuerungsrecht des Tätigkeitsstaates für die Abfindungszahlung ergibt sich aus den Bestimmungen der beschränkten Steuerpflicht, nach der die gesamte Abfindung dem inländischen Lohnsteuerabzug unterliegt.[13]

Die Grenzgängerbesteuerung findet ebenfalls keine Anwendung für den Lohn, den ein französischer Grenzgänger von seinem deutschen Arbeitgeber für eine Freistellungsphase erhält, die im Rahmen einer Abfindungsvereinbarung festgelegt wurde.[14] Arbeitsort während der Zeit einer Arbeitsfreistellung ist der tatsächliche Aufenthaltsort des Arbeitnehmers, da die Arbeitsleistung in der vertraglich vereinbarten Passivität besteht. Die Besteuerung von Lohnfortzahlungen während der Freistellungsphase erfolgt nach dem für Lohnbezüge allgemein geltenden Tätigkeitsstaatsprinzip. Das Besteuerungsrecht steht deshalb dem Wohnsitzstaat als gleichzeitigem Tätigkeitsstaat zu, wenn sich der Arbeitnehmer während der Arbeitsfreistellung dort aufhält.

Grenzgängerregelung mit Österreich

Eine Auslegungshilfe zu Zweifelsfragen hinsichtlich der Anwendung der Grenzgängerregelung haben Deutschland und Österreich in einer Konsultationsvereinbarung zu Art. 15 Abs. 6 DBA-Österreich getroffen. Anwendungsbeispiele erläutern die bilaterale Abmachung.[15] Die Eigenschaft als Grenzgänger, die das Besteuerungsrecht abweichend vom Tätigkeitslandprinzip dem Staat zuweist, in dem der Arbeitnehmer ansässig ist, erfordert eine tägliche Rückkehr von der Grenzzone des Tätigkeitsstaates in die Grenzzone des Ansässigkeitsstaates. Eine Unschädlichkeitsgrenze von 45 Nichtrückkehrtagen und Arbeitstagen mit Einsätzen außerhalb der Grenzzone bzw. eine 20-%-Grenze von schädlichen Arbeitstagen pro Kalenderjahr regelt, dass die Wohnsitzstaatbesteuerung des Grenzgängers bei „geringfügigen Störungen" der Grenzpendlereinsätze nicht verloren geht.

Grenzzone von 30 km

Die Grenzgängerregelungen des DBA-Österreich entsprechen im Wesentlichen den zu Frankreich dargestellten Grundsätzen. Abweichungen bestehen bezüglich der Grenzzonen. Die Abkommensbestimmungen mit Österreich legen die deutsche bzw. österreichische Grenzzone durch eine 30-km-Grenze fest. Als Grenzzone zu Österreich gilt ein Gebiet von je 30 km (Luftlinie) beiderseits der Grenze. Die Zahl der Straßenkilometer ist für die Entfernungsberechnung nicht maßgeblich. Zur begüns-

1 BMF, Schreiben v. 3.4.2006, IV B 6 – S 1301 FRA – 26/06, BStBl 2006 I S. 304; BMF, Schreiben v. 20.2.1980, IV C 5 – S 1301 – Fra – 2/80, BStBl 1980 I S. 88; bestätigt durch BFH, Urteil v. 11.11.2009, I R 84/08, BStBl 2010 II S. 390.
2 BMF, Schreiben v. 28.12.2021, IV B 3 – S 1301 – FRA/19/10018 :001, BStBl 2022 I S. 92, Rzn. 16-23.
3 BFH, Urteil v. 11.11.2009, I R 84/08, BStBl 2010 II S. 390.
4 § 2 Abs. 2 AO i. V. m. § 7 KonsVerFRAV.
5 S. aber BFH, Urteil v. 10.6.2015, I R 79/13, BStBl 2016 II S. 326; BMF, Schreiben v. 31.3.2016, IV B 2 – S 1304/09/10004, BStBl 2016 I S. 474.
6 KonsVerFRAV v. 20.12.2010, BGBl. 2010 I S. 2138.
7 OFD Karlsruhe, Verfügung v. 30.9.2013, S 130.1/704 – St 216.
8 § 7 Abs. 2 KonsVerFRAV.
9 BMF, Schreiben v. 3.5.2018, IV B 2 – S 1300/08/10027, BStBl 2018 I S. 643, Rz. 233.
10 FG Baden-Württemberg, Urteil v. 16.1.2018, 6 K 1405/15; FG Baden-Württemberg, Urteil v. 11.2.2020, 6 K 1055/18, Rev. beim BFH unter Az. I R 30/20; FG Berlin-Brandenburg, Urteil v. 22.4.2021, 9 K 9024/20, Rev. beim BFH unter Az. I R 28/21.
11 FG Baden-Württemberg, Urteil v. 11.2.2020, 6 K 1055/18; Rev. beim BFH unter Az. I R 30/20.
12 Art. 13 Abs. 5 DBA-Frankreich.
13 § 49 Abs. 1 Nr. 4d EStG.
14 FG Berlin-Brandenburg, Urteil v. 22.4.2021, 9 K 9024/20, Rev. beim BFH unter Az. I R 28/21.
15 BMF, Schreiben v. 26.11.2021, IV B 3 – S 1301 – AUT/19/10006 :003, BStBl 2021 I S. 2456, i. V. m. BMF, Schreiben v. 18.4.2019, IV B 3 – S 1301 – AUT/07/10015 – 02, BStBl 2019 I S. 456.

tigten Grenzzone zählen ab 2024 auch Gemeinden, deren Gebiet wenigstens teilweise in die 30-Km-Grenze fällt.

Nichtrückkehr zum Wohnort

Die Grenzgängereigenschaft bleibt erhalten, wenn ein ganzjährig beschäftigter Arbeitnehmer an höchstens 45 Tagen nicht an seinen Wohnort zurückkehrt oder außerhalb der Grenzzone arbeitet.

Besteht die Grenzgängereigenschaft nicht das ganze Kalenderjahr, berechnet sich die Unschädlichkeitsgrenze bei dem nicht ganzjährig als Grenzgänger beschäftigten Arbeitnehmer mit 20 % der tatsächlichen Arbeits- bzw. Werktage des Grenzgänger-Beschäftigungsverhältnisses, jedoch höchstens mit 45 Tagen.

Bei teilzeitbeschäftigten Grenzgängern ist die Berechnung der Nichtrückkehrtage ebenfalls nach der 20-%-Grenze vorzunehmen. Ist bei Teilzeitbeschäftigungen lediglich die tägliche Arbeitszeit reduziert, erfolgt keine Kürzung der 45-Tage-Grenze.

Krankheits- und Urlaubstage sowie Tage der Elternzeit bzw. Elternkarenz zählen nicht als Nichtrückkehrtage. Ebenso sind Tage des Schicht- oder Bereitschaftsdienstes, die sich über 2 Kalendertage erstrecken, keine schädlichen Karenztage.

Abgesehen von diesen Sonderfällen ist es für die Anrechnung auf die 45-Tage-Grenze unerheblich, weshalb der Grenzgänger an einzelnen Arbeitstagen keinen Grenzübertritt vornimmt. Anders als beim DBA-Frankreich sind deshalb auch Homeoffice-Tage bis zum 31.12.2023 als schädliche Nichtrückkehrtage zu erfassen.

Hat der Arbeitnehmer im Kalenderjahr nacheinander mehrere Beschäftigungsverhältnisse als Grenzgänger bei verschiedenen Arbeitgebern ausgeübt, ist die 45-Tage- bzw. 20-%-Grenze arbeitnehmerbezogen zu berechnen. Die angefallenen schädlichen Nichtrückkehrtage bzw. Arbeitstage außerhalb der Grenzzone sind zusammenzurechnen. Es ist eine einheitliche Jahresberechnung vorzunehmen.

Vereinfachte Grenzgängerregelung ab 2024

Ab 1.1.2024 erfährt die Grenzgängerregelung des DBA-Österreich eine deutliche Vereinfachung. Für die im Grenzgebiet wohnhaften Arbeitnehmer ist es unerheblich, ob die Arbeit im Grenzgebiet des Ansässigkeitsstaats oder im Grenzgebiet des Tätigkeitsstaats ausgeübt wird.[1] Nach der Neuregelung ist die Grenzgängereigenschaft nur noch an die Arbeitstätigkeit innerhalb der Grenzzone eines der beiden Staaten geknüpft. Auf welcher Seite der Grenzzone die Tätigkeit ausgeübt wird, ist für die Anwendung der Grenzgängerbesteuerung nicht mehr entscheidend. Auch eine Mindestanzahl an Grenzüberquerungen wird nicht mehr verlangt. Die Grenzgängereigenschaft geht nur noch dann verloren, wenn der Arbeitnehmer an mehr als 45 Arbeitstagen oder an mehr als 20 % der Arbeitstage außerhalb der Grenzzone tätig wird. Von besonderer Bedeutung ist dies für die Arbeit im Homeoffice. Auch bei mehr als 45 Homeoffice-Tagen bleibt die Grenzgängereigenschaft nach dem DBA-Österreich erhalten, wenn die Wohnung des Grenzgängers in der Grenzzone gelegen ist.

Wichtig

Homeoffice-Tage unschädlich für Grenzgängerregelung ab 2024

Tage, an denen der Arbeitnehmer die Grenze deshalb nicht passiert, weil er seine Arbeit zu Hause im häuslichen Arbeitszimmer bzw. im Homeoffice innerhalb der Grenzzone ausübt, sind keine schädlichen Nichtrückkehrtage, die im Rahmen der 45-Tage-Grenze zu berücksichtigen sind. Die ab 2024 geltende Grenzgängerregelung stellt ausschließlich darauf ab, dass die Arbeitsausübung innerhalb der 30-km-Grenzzone erfolgt, unabhängig davon, ob dies im Inland oder in Österreich geschieht.

1 Protokoll v. 21.8.2023 zur Änderung des Abkommens vom 24.8.2000 zwischen der Bundesrepublik Deutschland und der Republik Österreich zur Vermeidung der Doppelbesteuerung auf dem Gebiet der Steuern vom Einkommen und vom Vermögen – BR-Drucks. 405/23. Zum Zeitpunkt des Redaktionsschlusses wurde das Protokoll noch nicht ratifiziert. Die angepasste Grenzgängerregelung ist aber ungeachtet dessen zum 1.1.2024 anzuwenden, auch wenn das Inkrafttreten des Protokolls später erfolgt.

Besonderheiten für bestimmte Berufsgruppen

Mit Österreich wurden Sonderregelungen für die Anwendung der 45-Tage-Grenze bei Berufskraftfahrern und Ärzten getroffen.[2]

Formelle Anforderung für die Anwendung der Grenzgängerregelung bei nach Deutschland einwandernden Grenzgängern ist eine Grenzgängerbescheinigung der österreichischen Steuerbehörde. Seit 2022 kann die für die Lohnsteuerfreistellung erforderliche Bescheinigung elektronisch beantragt und erstellt werden.

Grenzgängerregelung mit der Schweiz

Anrechnungsverfahren statt Freistellungsverfahren

Eine Sonderstellung nimmt die mit der Schweiz getroffene Grenzgängerregelung ein. Deutliche Unterschiede gegenüber den bereits dargestellten Abkommen bestehen hinsichtlich der Definition der Grenzgängereigenschaft. Dasselbe trifft auf das von der Schweiz und Deutschland gewählte System zur Vermeidung der Doppelbesteuerung von Grenzgängern zu. Das Freistellungsverfahren ist hier durch ein modifiziertes Anrechnungsverfahren ersetzt.

Die Grenzgängerregelung des DBA-Schweiz weist das Besteuerungsrecht für Lohneinkünfte nicht allein dem Wohnsitzstaat zu. Der Tätigkeitsstaat kann daneben eine Abzugsteuer von 4,5 % erheben. Demzufolge sind Grenzgänger aus der Schweiz nicht vom Lohnsteuerabzug durch den deutschen Arbeitgeber befreit. Ebenso wird von den deutschen Grenzgängern von ihrem Arbeitgeber in der Schweiz eine 4,5-%-Abzugsteuer vom Arbeitslohn einbehalten. Diese wird nach Ablauf des Kalenderjahres bei der Wohnsitzstaatbesteuerung im Rahmen der abschließenden Einkommensteuerveranlagung als Vorauszahlung auf die sich ergebende Einkommensteuer angerechnet.

Schweizerische Arbeitnehmer, die die Grenzgängereigenschaft erfüllen, unterliegen dem Lohnsteuerabzug beim inländischen Arbeitgeber. Abweichend von den ansonsten maßgeblichen lohnsteuerlichen Bestimmungen legen die zwischenstaatlichen Abmachungen hier ein eigenständiges Lohnsteuerabzugsverfahren fest, das zu einer ermäßigten Abzugsteuer führt. Die Lohnsteuer des schweizerischen Grenzgängers darf max. 4,5 % des im jeweiligen Monat bezogenen Arbeitsentgelts betragen. Bemessungsgrundlage für die ermäßigte Lohnsteuer ist der steuerpflichtige Bruttoarbeitslohn. Persönliche Abzüge, wie Werbungskosten, Sonderausgaben u. a. werden nicht berücksichtigt.[3]

Die Begrenzung des Lohnsteuerabzugs auf 4,5 % des steuerpflichtigen Bruttoarbeitslohns gilt auch im Fall der pauschalen Lohnsteuer bei Aushilfs- und Teilzeitkräften. Für den Arbeitgeber ermäßigt sich dadurch die pauschale Lohnsteuer von 20 % bzw. 25 % auf 4,5 %.

Aufgabe der Grenzzone

Entscheidendes Merkmal für die Grenzgängereigenschaft ist die regelmäßige Rückkehr an den Wohnort im Wohnsitzstaat. Pendelt z. B. ein deutscher Grenzgänger arbeitstäglich an seinen in der Schweiz gelegenen Beschäftigungsort, fällt er unabhängig von der Entfernung seines Wohnorts in der Bundesrepublik Deutschland unter die Grenzgängerbesteuerung.

Arbeitstägliches Pendeln

Eine regelmäßige Rückkehr wird auch angenommen, wenn sich die Arbeitszeit über mehrere Tage erstreckt. So sind z. B. deutsche Arbeitnehmer, die im Schichtdienst in der Schweiz ihre Arbeit verrichten, nach Arbeitsende aber regelmäßig in ihre Wohnung im Inland zurückkehren, auch dann als Grenzgänger anzusehen, wenn Schichtbeginn und Schichtende auf verschiedene Kalendertage entfallen. Weitere Beispiele sind Arbeitnehmer, die im Hotel- oder Überwachungsgewerbe Nachtdienst verrichten, oder das Krankenhauspersonal mit Bereitschaftsdienst.[4]

Die Rechtsprechung hat diese Rechtsauslegung allerdings zwischenzeitlich davon abhängig gemacht, dass der Arbeitnehmer im Anschluss

2 BMF, Schreiben v. 18.4.2019, IV B 3 – S 1301 – AUT/07/10015 – 02, BStBl 2019 I S. 456.
3 § 13 KonsVerCHEV.
4 BFH, Urteil v. 16.5.2001, I R 100/00, BStBl 2001 II S. 633.

an seine kalendertagübergreifende aktive Tätigkeit tatsächlich in seine Wohnung am Ansässigkeitsstaat zurückkehrt. Ist der Arbeitnehmer dagegen nicht in den Wohnsitzstaat zurückgefahren, muss eine Anrechnung auf die 60-Tage-Grenze vorgenommen werden, wenn die Nichtrückkehr auf beruflichen Gründen beruhte.[1]

Wichtig

Wegfall der 30-km-Grenzzone

Die früher maßgebende 30-km-Grenzzone, in der jeweils Wohnsitz und Arbeitsort liegen mussten, ist entfallen.

Weiterhin unerlässlich ist es, dass der Arbeitnehmer in einem der beiden Staaten seinen Wohnsitz oder gewöhnlichen Aufenthalt hat. Die Ansässigkeit ist durch eine amtliche Bescheinigung des für ihn zuständigen Wohnsitzfinanzamtes nachzuweisen. Ohne diesen formellen Nachweis finden – auch bei Vorliegen der übrigen Voraussetzungen – die Bestimmungen der Grenzgängerregelung keine Anwendung.

Nichtrückkehr zum Wohnsitz

Berufliche Nichtrückkehrtage

Die Grenzgängereigenschaft geht nicht dadurch verloren, dass der Arbeitnehmer an einzelnen Arbeitstagen an seinem Arbeitsort verbleibt. Das Abkommen sieht eine 60-Tage-Grenze vor. Danach ist es unschädlich, wenn der Arbeitnehmer an bis zu 60 Arbeitstagen im Jahr nicht an seinen Wohnsitz zurückkehrt. In die Berechnung sind nur solche Tage einzubeziehen, deren Nichtrückkehr auf berufliche Gründe zurückzuführen ist.[2]

Bei Rufbereitschaft kann eine durch die Arbeitsausübung bedingte Nichtrückkehr vorliegen, und zwar unabhängig davon, ob die Zeit der Rufbereitschaft arbeitsrechtlich oder steuerrechtlich als Arbeitszeit zu werten ist oder nicht. Dabei kommt es nicht darauf an, ob das Ende der Arbeitszeit oder der Zeitpunkt der Ankunft am Wohnort auf den Tag des Arbeitsantritts oder auf einen nachfolgenden Tag fällt.[3]

Kehrt der Arbeitnehmer im Anschluss an eine normale Tagesschicht nicht an seinen Wohnsitz zurück, weil er eine Rufbereitschaft abzuleisten hat, sind die Tage der Wochenendbereitschaft als Einheit zu behandeln, auch wenn sich die Arbeitsausübung tatsächlich über eine oder sogar mehrere Tagesgrenzen hinaus erstreckt.[4] Die Zusammenfassung eines mehrtägigen Arbeitseinsatzes hat zur Folge, dass insgesamt nur ein anzurechnender Nichtrückkehrtag vorliegt, wenn der Arbeitnehmer nach Abschluss seiner Arbeitseinheit aus beruflichen Gründen am Tätigkeitsort verbleibt, z. B. weil sich ein regulärer Tagesdienst anschließt. Dies gilt unabhängig davon, ob die Rufbereitschaft wie beim Pikettdienst im Betrieb als Arbeitszeit anzusehen ist oder nicht (Pikettdienst außerhalb des Betriebs). Entscheidend ist allein, dass der Dienst aufgrund arbeitsrechtlicher Verpflichtung erbracht wird. Diese Auslegung deckt sich auch mit der zwischenzeitlich in der Konsultationsvereinbarungsverordnung getroffenen Regelung für Bereitschaftsdienste.[5]

Zumutbarkeit der Rückkehr an den Wohnsitz

Ein beruflicher Anlass wird von den Finanzämtern auch in solchen Fällen anerkannt, in denen ein arbeitstägliches Pendeln von der Arbeitsstätte in der Schweiz an den deutschen Wohnsitz aufgrund der weiten Entfernung oder der langen Arbeitszeit unzumutbar wäre. Die beiden Staaten haben hierzu eine Konsultationsvereinbarung für Veranlagungszeiträume ab 2019 getroffen, die anhand der zeitlichen Wegstrecke zwischen Wohnsitz und Arbeitsort festlegt, wann eine Nichtrückkehr aufgrund der Arbeitsausübung vorliegt. Die Finanzverwaltung zieht die Grenze für eine berufliche Unzumutbarkeit der Rückkehr bei

- einer einfachen Strecke von mehr als 100 km, falls der Arbeitnehmer für die Fahrten ein Kfz benutzt,
- einer Pendelzeit von mehr als 1,5 Stunden für die einfache Wegstrecke, falls der Arbeitnehmer öffentliche Verkehrsmittel benutzt.[6]

Beträgt die Entfernung Wohnung – Arbeitsstätte z. B. ca. 80 km, wie dies zwischen Freiburg und Basel der Fall ist, liegt in der Entfernung kein beruflicher Grund, der zu einer Berücksichtigung von Übernachtungen in der Schweiz im Rahmen der 60-Tage-Grenze führen könnte, da die arbeitstägliche Rückkehr dem Arbeitnehmer zugemutet werden kann.

60-Tage-Grenze

Die Zählweise für die Einbeziehung von Dienstreisetagen in die 60-Tage-Grenze ist in gleicher Weise wie bei der Grenzgängerregelung des DBA-Frankreich durch eine gesetzliche Regelung festgelegt worden. Nachdem durch eine Ergänzung der Abgabenordnung[7] die Möglichkeit geschaffen wurde, Verständigungsvereinbarungen (Konsultationsvereinbarungen) in inländische Gesetzesvorschriften umzuwandeln, ist der Inhalt des Einführungsschreibens zur Grenzgängerbesteuerung[8] durch die Deutsch-Schweizerische Konsultationsvereinbarungsverordnung[9] zu einer gesetzlichen Regelung geworden, die auch die Gerichte bindet. Die abweichende BFH-Rechtsprechung ist damit seit dem Veranlagungszeitraum 2010 nicht mehr anzuwenden. Die Berechnung der 60-Tage-Grenze bestimmt sich nach § 8 KonsVerCHEV, die von den Finanzämtern der aktuellen Besteuerungspraxis zugrunde gelegt werden.[10]

Als Folge der gesetzlichen Festlegung ergibt sich eine im Vergleich zur früheren Rechtsprechung geänderte Zählweise für beruflich bedingte Nichtrückkehrtage im Rahmen der 60-Tage-Regelung. Zu unterscheiden ist zwischen eintägigen und mehrtägigen beruflichen Auswärtstätigkeiten.

Eintägige Dienstreisetage

Eintägige Dienstreisen in Drittstaaten sind schädliche Nichtrückkehrtage.[11]

Dagegen bleiben eintägige Dienstreisen im Ansässigkeits- oder Tätigkeitsstaat Schweiz bzw. BRD bei der Prüfung der Höchstgrenze von 60 Tagen außer Ansatz. Nur eintägige Reisetätigkeiten in Drittstaaten begründen einen zum Wegfall der Grenzgängereigenschaft führenden Tag.

Homeoffice-Tage

Ebenfalls unschädlich sind Arbeitstage, an denen der Grenzgänger ganztägig am Wohnsitz im Ansässigkeitsstaat arbeitet. Ganztägige Arbeitstage am Wohnsitz des Ansässigkeitsstaates gelten nicht als Nichtrückkehrtage, die auf die 60-Tage-Grenze anzurechnen sind.[12]

Zu beachten ist allerdings, dass eine regelmäßige Rückkehr und damit die Grenzgängereigenschaft im Sinne des DBA-Schweiz nur dann vorliegt, wenn sich der Arbeitnehmer aufgrund eines Arbeitsvertrags oder mehrerer Arbeitsverträge mindestens an einem Tag pro Woche oder mindestens an 5 Tagen pro Monat von seinem Wohnsitz an seinen Arbeitsort und zurück begibt.[13]

Werden die verlangten Mindestarbeitstage am Arbeitsort des Tätigkeitsstaats nicht erreicht, sind die Voraussetzungen der Grenzgängerbesteuerung nach Verwaltungsauffassung nicht erfüllt. Das Besteuerungsrecht bestimmt sich nach dem allgemeinen Tätigkeitsstaatsprinzip des Art 15 DBA-Schweiz. Der Arbeitslohn ist hierzu nach den Arbeitstagen im Wohnsitzstaat und den Arbeitstagen im Ansässigkeitsstaat des Arbeitgebers zwischen Deutschland und der Schweiz aufzuteilen.

1 BFH, Urteil v. 20.10.2004, I R 31/04, BFH/NV 2005 S. 840.
2 BFH, Urteil v. 16.5.2001, I R 100/00, BStBl 2001 II S. 633.
3 BFH, Urteil v. 15.9.2004, I R 67/03, BFH/NV 2005 S. 267.
4 BFH, Urteil v. 13.11.2013, I R 23/12, BStBl 2014 II S. 508; BFH, Urteil v. 1.6.2022, I R 32/19, BFH/NV 2023 S. 54.
5 § 8 Abs. 1 der KonsVerCHEV v. 20.12.2010, BGBl 2010 I S. 2187.
6 BMF, Schreiben v. 25.10.2018, IV B 2 – S 1301 – CHE/07/10015 -09, BStBl 2018 I S. 1103; FG München, Urteil v. 12.9.2018, 15 K 1010/18; Beispiele zur Ermittlung der Zumutbarkeit s. OFD Karlsruhe, Verfügung v. 16.9.2019, S 130.1/1429 – St 217.
7 § 2 Abs. 2 AO.
8 BMF, Schreiben v. 19.9.1994, IV C 6 – S 1301 Schz – 60/94, BStBl 1994 I S. 683.
9 KonsVerCHEV.
10 BMF, Schreiben v. 31.3.2016, IV B 2 – S 1304/09/10004, BStBl 2016 I S. 474. Anderer Ansicht: FG Baden-Württemberg, Urteil v. 6.4.2017, 3 K 3729/16, Rev. beim BFH unter Az. I R 37/17.
11 § 8 Abs. 5 KonsVerCHEV.
12 BMF, Schreiben v. 26.7.2022, IV B 2 – S 1301-CHE/21/10019 :016, BStBl 2022 I S. 1227.
13 § 7 KonsVerCHEV.

Eine andere Auffassung vertritt das FG Baden-Württemberg, das die Grenzgängereigenschaft bei einem in Deutschland ansässigen leitenden Angestellten bejaht, der im Rahmen eines geringfügigen Beschäftigungsverhältnisses bei einer arbeitsvertraglichen Festlegung von 3 Arbeitstagen pro Monat an mindestens einem Tag davon im Tätigkeitsstaat Schweiz seine Arbeitsleistung zu erbringen hat und zu einem Drittel seines geringfügigen Beschäftigungsverhältnisses pendelt. Nach den Entscheidungsgründen entfaltet die mit der Schweiz getroffene Konsultationsvereinbarung für die Gerichte keine Bindungswirkung.[1]

Der BFH hat im Revisionsverfahren zwischenzeitlich die Rechtsauffassung des Finanzgerichts bestätigt.[2]

Die Grenzgängereigenschaft nach dem DBA-Schweiz setzt keine Mindestanzahl an Pendlerbewegungen pro Woche oder Monat voraus. Für das Tatbestandsmerkmal regelmäßige Rückkehr findet sich in Art 15a Abs. 2 DBA-Schweiz keine Mindestanzahl von einem Tag pro Woche oder 5 Tagen pro Monat für Arbeitseinsatzzeiten, die der Arbeitnehmer im anderen Staat tätig sein muss.[3]

Wichtig

Grenzgängereigenschaft verlangt keine Mindestzahl an Grenzübertritten

Die Rechtsprechung steht im Widerspruch zur bisherigen Besteuerungspraxis der Finanzämter, die eine regelmäßige Rückkehr und damit die Grenzgängereigenschaft i. S. d. DBA-Schweiz nur dann bejahen, wenn sich der Arbeitnehmer entsprechend der in § 7 KonsVerCHEV geregelten Mindestzahl an Grenzübertritten an einem Tag pro Woche oder mindestens an 5 Tagen pro Monat von seinem Wohnsitz an seinen Arbeitsort und zurück begibt. Es bleibt abzuwarten, ob die Urteile von der Finanzverwaltung angewendet werden. Eine Veröffentlichung im BStBl ist bis zum Redaktionsschluss nicht erfolgt. Bei nachteiligen Entscheidungen ist Einspruch einzulegen und Ruhen des Verfahrens nach § 363 Abs. 2 AO bis zur abschließenden Entscheidung durch das BMF zu beantragen.

Mehrtägige Dienstreisen als Nichtrückkehrtage

Die Finanzverwaltung rechnet bei mehrtägigen Dienstreisen Tage mit auswärtiger Übernachtung auf die 60-Tage-Grenze an. Unterschiedlich ist aber die Zählweise, je nachdem ob der Grenzgänger die Dienstreisen in Drittstaaten oder im Ansässigkeits- bzw. Tätigkeitsstaat unternommen hat. Während bei Drittstaatendienstreisen sämtliche Reisetage als schädliche Nichtrückkehrtage zu berücksichtigen sind, werden bei beruflichen Auswärtstätigkeiten innerhalb des Tätigkeits- oder Ansässigkeitsstaats lediglich die Tage der Übernachtung auf die 60 Tage angerechnet. Bei einer 2-tägigen Dienstreise in der Schweiz oder in Deutschland ist deshalb nur 1 Tag auf die 60-Tage-Grenze anzurechnen. Bei einer 2 Tage dauernden Dienstreise in einen anderen Staat sind dagegen 2 schädliche Nichtrückkehrtage anzusetzen. Die unterschiedliche Zählweise resultiert daraus, dass auch eintägige Einsätze in Drittstaaten stets einen schädlichen Nichtrückkehrtag begründen. Infolgedessen muss auch der Rückreisetag bei mehrtägigen Reisen in Drittstaaten in die 60-Tage-Grenze einbezogen werden.

Eine Besonderheit gilt in solchen Fällen, in denen sich die Rückreise über mehr als einen Tag erstreckt.[4]

Beginnt der Arbeitnehmer die Rückreise aus dem Drittstaat z. B. am Freitag, erreicht seinen Wohnsitz aber erst am Samstag, begründet der Reisetag Freitag und Samstag einen schädlichen Nichtrückkehrtag. Die Rechtsprechung zu den sog. Arbeitsbereitschaften im Betrieb, wonach ein mehrtägiger Einsatz am Arbeitsort als Einheit und damit als ein Arbeitstag zu behandeln ist,[5]

findet auf Reisetätigkeiten keine Anwendung.

1 FG Baden-Württemberg, Urteil v. 22.4.2021, 3 K 2357/19, Rev. beim BFH unter Az. I R 24/21.
2 BFH, Urteil v. 1.6.2022, I R 32/19, BFH/NV 2023 S. 54.
3 Ebenso BFH, Urteil v. 28.6.2022, I R 24/21, BFH/NV 2023 S. 57.
4 BFH, Urteil v. 17.11.2010, I R 76/09, BFH/NV 2011 S. 674.
5 BFH, Urteil v. 27.8.2008, I R 64/07, BFH/NV 2008 S. 2126, BStBl 2009 II S. 97.

Wichtig

BFH: Unschädliche Rückreisetage aus Drittstaaten

Nach der Rechtsprechung des BFH sind Tage, an denen ein Grenzgänger von einer Dienstreise aus Drittstaaten an seinen Wohnsitz zurückkehrt nicht auf die 60-Tage-Grenze anzurechnen.[6] Die tatsächliche Rückkehr an den Wohnsitz schließt einen schädlichen Nichtrückkehrtag aus.

Das BMF hat das Urteil bislang noch nicht veröffentlicht. Es bleibt abzuwarten, ob die Finanzämter die für die Grenzgängereigenschaft vorteilhafte Entscheidung über den betreffenden Einzelfall hinaus anwenden.

Kürzung der 60-Tage-Grenze bei unterjähriger Beschäftigung

Beginnt oder endet die inländische Beschäftigung des Grenzgängers während des Kalenderjahres, ist die 60-Tage-Grenze entsprechend zu kürzen. Die Grenzgängereigenschaft entfällt bei unterjähriger Beschäftigung also bereits bei weniger als 60 Nichtrückkehrtagen. Nach dem Abkommen sind für die Berechnung der Unschädlichkeitsgrenze für jeden vollen Monat der Beschäftigung in Deutschland 5 Tage und für jede volle Woche 1 Tag anzusetzen.

Beispiel

Kürzung der 60-Tage-Grenze bei unterjähriger Beschäftigung

Eine in Basel wohnhafte Chemielaborantin tritt am 1.3. ihre Arbeit bei einem Pharmakonzern in Lörrach an. Während der Einarbeitungszeit muss die Arbeitnehmerin mehrere Schulungsveranstaltungen besuchen, die alle am Hauptsitz der Firma in Leverkusen stattfinden. In diesem Jahr konnte sie deshalb an 30 Arbeitstagen nicht an ihren schweizerischen Wohnort zurückkehren.

Ergebnis: Die Unschädlichkeitsgrenze ist entsprechend der Dauer der inländischen Beschäftigung zeitanteilig zu berechnen. Da die Arbeitnehmerin in diesem Jahr für insgesamt 10 volle Monate beschäftigt war, ist von einer regelmäßigen Rückkehr und daran anknüpfend der Grenzgängereigenschaft auszugehen, wenn nicht mehr als 50 Schädlichkeitstage vorliegen. Der im Inland erzielte Arbeitslohn unterliegt damit nur im Rahmen der begrenzten Abzugssteuer dem inländischen Lohnsteuerverfahren, falls die schweizerische Grenzgängerin dem Arbeitgeber eine Ansässigkeitsbescheinigung vorlegt.

Jahresbezogene Berechnung der 60-Tage-Grenze

Seit 1.1.2015 ist aufgrund einer mit der Schweizerischen Eidgenossenschaft zu Art. 15a DBA-Schweiz getroffenen Verständigungsvereinbarung für die Berechnung der 60-Tage-Regelung auf das jeweilige Kalenderjahr abzustellen und demzufolge die Grenze arbeitnehmerbezogen auszulegen.[7] Hat ein Grenzgänger mehrere Arbeitsverhältnisse während eines Kalenderjahres (gleichzeitig oder hintereinander), bedeutet dies, dass sich die 60 Tage auf das gesamte Kalenderjahr beziehen, unabhängig davon, ob die Grenzen beim einzelnen Arbeitgeber eingehalten sind.

Die jahresbezogene Betrachtung findet aber nur Anwendung, wenn die Grenzgängertätigkeit das gesamte Kalenderjahr über besteht. Hat die Beschäftigung als Grenzgänger im Kalenderjahr nicht ganzjährig bestanden, gehören Arbeitstage vor Aufnahme bzw. nach Wegfall des Grenzgängerbeschäftigungsverhältnisses nicht zu den schädlichen Arbeitstagen. Stattdessen verringert sich bei diesen Sachverhalten die 60-Tage-Grenze entsprechend der für unterjährige Beschäftigungen dargestellten Kürzungsregelung (pro volle Woche um einen Tag bzw. pro vollen Monat um 5 Tage der Nichtbeschäftigung).

Nachweis der Nichtrückkehrtage

Die objektive Beweislast liegt sowohl hinsichtlich der Anzahl schädlicher Übernachtungen als auch hinsichtlich der beruflichen Veranlassung beim Arbeitnehmer, der die Grenzgängerbesteuerung im Wohnsitzstaat bestreitet. Der Arbeitnehmer hat nicht nur die schädlichen Nichtrückkehr-

6 BFH, Urteil v. 30.9.2020, I R 37/17, BFH/NV 2021 S. 698.
7 BMF, Schreiben v. 18.12.2014, IV B 2 – S 1301-CHE/07/10015-02, BStBl 2015 I S. 22.

tage, sondern für jeden einzelnen Nichtrückkehrtag den hierfür bestehenden beruflichen Grund nachzuweisen.[1]

Der Gesetzgeber geht beim Personenkreis der Grenzgänger von der Vermutung der täglichen Rückkehr aus. Demzufolge muss der Arbeitgeber die Anzahl der Nichtrückkehrtage bescheinigen, wenn die Grenzgängereigenschaft dadurch wegfällt. Diese Bescheinigung schließt allerdings eine eigenständige Prüfung durch die Finanzbehörden nicht aus.[2]

Keine regelmäßige Rückkehr und damit keine Grenzgängereigenschaft besteht für den Zeitraum einer Freistellungsphase. Die Lohnbezüge eines von der Arbeit in der Schweiz freigestellten Grenzgängers unterliegen der Besteuerung im inländischen Ansässigkeitsstaat.[3]

Das Besteuerungsrecht des Ansässigkeitsstaates gilt auch für den Lohn, den ein Arbeitnehmer für eine Freistellungsphase erhält, die im Rahmen einer Abfindungsvereinbarung festgelegt wurde, auch wenn es sich um das Beschäftigungsverhältnis eines Grenzgängers zur Schweiz handelt.

Luxemburg: Verzicht auf Grenzgängerregelung

Das mit Luxemburg bestehende DBA weist das Besteuerungsrecht für Lohnbezüge dem jeweiligen Tätigkeitsstaat zu und verzichtet trotz der gemeinsamen Grenze auf eine Grenzgängerregelung.[4] Für Grenzgänger wurde durch eine Verständigungsvereinbarung eine Bagatellgrenze geschaffen, nach der die Besteuerung des Arbeitslohns dem Tätigkeitsstaat zugewiesen wird, sofern die nichtselbstständige Arbeit an nicht mehr als 20 Arbeitstagen im Kalenderjahr im Ansässigkeitsstaat oder in Drittstaaten ausgeübt wird.[5] Der Wohnsitzstaat hat den hierauf entfallenden Teil des Arbeitslohns freizustellen.

Ab 1.1.2024 soll die Bagatellgrenze auf 34 Tage erhöht werden.[6] Für Tätigkeiten im Homeoffice bedeutet dies, dass erst ab 35 häuslichen Arbeitstagen das Besteuerungsrecht hierfür auf den Wohnsitzstaat wechselt. Bis zu 34 Heimarbeitstagen steht die Besteuerung des gesamten Arbeitslohns dem Tätigkeitsstaat zu, sofern keine sonstigen Arbeitstage im Wohnsitzstaat auf die Bagatellgrenze anzurechnen sind.

Weitere Nachbarstaaten ohne besondere Grenzgängerregelung

Weitere Nachbarstaaten ohne besondere Grenzgängerregelung sind

- Belgien
- Niederlande
- Dänemark
- Polen und
- Tschechien.

Hier gilt das allgemeine Besteuerungsrecht des Tätigkeitsstaates nach dem jeweiligen DBA.

Rückfallklausel des § 50d Abs. 8 EStG

Ungeachtet des jeweiligen DBA, das den Arbeitslohn von der inländischen Besteuerung steuerfrei stellt und das Besteuerungsrecht dem ausländischen Staat zuweist, bleiben die betreffenden ausländischen Lohnbezüge bei der Einkommensteuerveranlagung nur noch dann außer Ansatz, wenn der Arbeitnehmer seinem Wohnsitzfinanzamt nachweist, dass der ausländische Tätigkeitsstaat auf sein Besteuerungsrecht verzichtet oder die nach den Bestimmungen des jeweiligen DBA hierauf entfallende Steuer im Ausland tatsächlich entrichtet hat (sog. nationale Rückfallklausel). Dies gilt auch dann, wenn bei der Einkommensteuerfestsetzung zunächst zu Unrecht vom inländischen Besteuerungsrecht ausgegangen wurde. Die Rückfallklausel beinhaltet insoweit eine eigenständige Korrekturvorschrift.[7]

Sozialversicherung

Wohn- und Tätigkeitsort

Grenzgänger können sowohl in Deutschland beschäftigt bzw. selbstständig tätig sein und in einem anderen Mitgliedsstaat der EU/EWR-Staat oder der Schweiz wohnen, als auch in Deutschland wohnen und in einem anderen Mitgliedsstaat beschäftigt bzw. selbstständig tätig sein.

Anwendbare Rechtsvorschriften

Ein Grenzgänger, der in Deutschland beschäftigt ist und in einem anderen EU/EWR-Staat oder der Schweiz wohnt, unterliegt den deutschen Rechtsvorschriften. Er ist versicherungspflichtig in der Kranken-, Pflege-, Renten- und Unfallversicherung sowie im Bereich der Arbeitsförderung. In umgekehrten Sachverhalten unterliegt der Grenzgänger den Rechtsvorschriften des Beschäftigungsstaates.

Rahmenübereinkommen für gewöhnliche grenzüberschreitende Telearbeit

Am 30.6.2023 ist die pandemiebedingte Sonderregelung zum Homeoffice ausgelaufen. Mit der Corona-Pandemie hat sich die Arbeitsweise der Beschäftigten verändert. Die Tätigkeiten werden immer häufiger im Rahmen von Telearbeit ausgeübt. Mit dem neuen Rahmenübereinkommen soll den geänderten Arbeitsmustern Rechnung getragen werden. Das Rahmenübereinkommen ermöglicht es den Beschäftigten unter bestimmten Voraussetzungen, dass sie bis zu 49,99 % ihrer Arbeitszeit in Form von Telearbeit erbringen können und dennoch die Rechtsvorschriften des Mitgliedstaates Anwendung finden, in dem der Arbeitgeber seinen Sitz hat.

Telearbeit

Das Rahmenübereinkommen definiert die „grenzüberschreitende Telearbeit" als eine Tätigkeit, die ortsunabhängig erbracht werden kann und in den Räumlichkeiten des Arbeitgebers bzw. am Sitz des Arbeitgebers erbracht werden könnte, jedoch

- in einem anderen Mitgliedstaat ausgeübt wird, als dem, in dem der Arbeitgeber sitzt und
- sich die Tätigkeit auf Informationstechnologie stützt um mit der Arbeitsumgebung des Arbeitgebers sowie zu Kunden in Verbindung zu bleiben, um die vom Arbeitgeber übertragenen Aufgaben zu erfüllen.

Hinweis

IT-Verbindung muss nicht dauerhaft bestehen

Die IT-Verbindung ist eine zwingende Voraussetzung für die Telearbeit. Allerdings ist es nicht notwendig, dass diese IT-Verbindung dauerhaft während der Arbeitszeit besteht. Es steht der Telearbeit nicht entgegen, wenn man sich die Arbeitsaufgaben herunterlädt und diese offline erledigt.

Voraussetzungen

Das Rahmenübereinkommen gilt für Personen, sofern die nachfolgenden Anforderungen/Voraussetzungen erfüllt sind:

- Die Person übt ausschließlich abhängige Beschäftigungen für einen oder mehrere Arbeitgeber aus, die in einem Staat ansässig sind.
- Die abhängige Beschäftigung befindet sich sowohl in dem Staat, in dem sich der Sitz/Wohnsitz des Arbeitgebers befindet, als auch im Wohnstaat, in dem sie in Form von Telearbeit unter Einsatz von Informationstechnologie ausgeübt wird.

1 BFH, Urteil v. 3.11.2010, I R 4/10, BFH/NV 2010 S. 800.
2 § 10 KonsVerCHEV.
3 Hessisches FG, Urteil v. 15.12.2021, 9 K 133/21, Rev. beim BFH unter Az. I R 1/22.
4 Art. 10 DBA-Luxemburg.
5 BMF, Schreiben v. 14.6.2011, IV B 3 – S 1301-LUX/10/10003, BStBl 2011 I S. 576.
6 Entwurf eines Gesetzes zu dem Protokoll zur Änderung des Abkommens vom 23.4.2012 zwischen der Bundesrepublik Deutschland und dem Großherzogtum Luxemburg zur Vermeidung der Doppelbesteuerung und Verhinderung der Steuerhinterziehung auf dem Gebiet der Steuern vom Einkommen und vom Vermögen – BR-Drucksache 404/23. Zum Redaktionsschluss ist das Gesetz noch nicht in Kraft getreten.
7 FG Münster, Urteil v. 28.10.2021, 8 K 939/19 E, Rev. beim BFH unter Az. I R 48/21.

- Die Vereinbarung liegt im Interesse der Person.
- Die Vereinbarung wurde bei der zuständigen Stelle in dem Staat beantragt, in dem der Arbeitgeber sitzt.
- Es ist kein dritter Staat involviert.
- Die Telearbeit im Wohnstaat wird in einem Umfang zwischen 25 % und weniger als 50 % der gesamten Beschäftigung ausgeübt.

Staaten

Voraussetzung für die Anwendung des Rahmenübereinkommen ist, dass der Wohnstaat der beschäftigten Person und der Staat, in dem der Arbeitgeber seinen Sitz hat, die Vereinbarung unterzeichnet haben. Das Rahmenübereinkommen gilt derzeit für die nachfolgenden Staaten:

Belgien	Deutschland	Finnland	Luxemburg	Niederlande
Norwegen	Malta	Polen	Portugal	Schweden
Schweiz	Slowakei	Spanien		

Weitere Staaten können auch nach dem 1.7.2023 das Rahmenübereinkommen unterzeichnen. Dieses findet dann ab dem darauf folgenden Monat Anwendung.

Tipp

Weitere Informationen

Der belgische Föderale Öffentliche Dienst Soziale Sicherheit sammelt und veröffentlicht die Informationen zur Telearbeit. Weitere Informationen können dieser Seite entnommen werden.

Berechnungsweise

Die Berechnung für die Festlegung des Sozialversicherungsrechts erfolgt nach den gleichen Grundsätzen wie bei Personen, die gewöhnlich in 2 oder mehr Staaten arbeiten. Hierbei ist folgendes zu beachten:

„Gewöhnlich" bedeutet, dass eine Person gleichzeitig oder abwechselnd eine oder mehrere Tätigkeiten in 2 Mitgliedstaaten für den gleichen Arbeitgeber ausübt. Hierbei ist es relevant, ob damit zu rechnen ist, dass die betreffende Person im Laufe der kommenden 12 Kalendermonate Arbeitsperioden in 2 Mitgliedstaaten hat und diese mit einer Regelmäßigkeit aufeinander folgen.

Der maximal mögliche Anteil an der Telearbeit beträgt 49,99 %. Für die Berechnung wird die voraussichtliche Sachlage der nachfolgenden 12 Kalendermonate berücksichtigt. Bei der Berechnung werden planbare Zeiträume, z. B. Urlaub berücksichtigt. Ungeplante Ausfallzeiten (z. B. Krankheit) bleiben unberücksichtigt.

Gelegentliche Dienstreisen sind hierbei unschädlich. Für diese wäre eine A1-Bescheinigung im Rahmen einer ⬀ Entsendung zu beantragen. Sollte es sich allerdings um regelmäßige Dienstreisen handeln, dann gilt das Rahmenübereinkommen nicht.

Wichtig

Arbeiten in Blöcken

Grundsätzlich ist das Arbeiten in Blöcken (4 Monate am Stück im Wohnstaat, 8 Monate im Büro des Arbeitgebers) möglich. Allerdings muss auch bei einer blockweisen Aufteilung die Arbeit dem Charakter der gewöhnlichen Tätigkeit in mehreren Staaten entsprechen. Zusätzlich muss von Beginn an feststehen, dass auch im Folgejahr eine Arbeit in Blöcken erfolgen wird.

Zeitliche Befristung

Für eine Person kann eine Vereinbarung für max. 3 Jahre geschlossen werden. Eine Verlängerung ist möglich.

Das Rahmenübereinkommen ist zum 1.7.2023 in Kraft getreten. Dies ist das früheste Datum, ab dem es Anwendung finden kann. Es wurde vereinbart, dass die Regelung für alle Anträge, die bis zum 30.6.2024 eingehen, rückwirkend vom 1.7.2023 an gilt. Voraussetzung hierfür ist aus deutscher Sicht, dass für die gesamte Zeit in Deutschland Sozialversicherungsbeiträge entrichtet wurden.

Anträge, die ab dem 1.7.2024 eingehen, können auch rückwirkend für bis zu 3 Monate gestellt werden. Auch hier unter der Voraussetzung, dass in diesem Zeitraum in Deutschland Sozialversicherungsbeiträge entrichtet wurden.

Antragstellung

Der Antrag stellt eine ⬀ Ausnahmevereinbarung da und ist in dem Staat zu stellen, deren Rechtsvorschriften angewandt werden sollen. Sollen die deutschen Rechtsvorschriften Anwendung finden, dann ist der Antrag beim GKV-Spitzenverband (DVKA) zu stellen. Nähere Hinweise zur Antragstellung können Sie der Homepage der DVKA entnehmen.

Sollten die Voraussetzungen nicht erfüllt sein, dann wird der Antrag als gewöhnlicher Antrag auf Ausnahmevereinbarung bearbeitet.

Hinweis

Unbegrenzte Telearbeit möglich

Zwischen den Unterzeichnern des Rahmenabkommens besteht Einvernehmen, dass der Antrag auf Telearbeit nicht allein deshalb abgelehnt werden kann, weil die Tätigkeit von unbeschränkter Dauer sein soll.

Abgrenzung zu anderen Sachverhalten

Das Rahmenübereinkommen soll die Personen erfassen, die vor der Pandemie im Regelfall im Büro des Arbeitgebers gearbeitet haben. Die gilt nicht für

- Personen, die im Wohnstaat gewöhnlich eine andere Tätigkeit als grenzüberschreitende Telearbeit ausüben,
- Personen, die gewöhnlich einer Tätigkeit außerhalb des Wohnstaates bzw. des Staates, in dem der Arbeitgeber seinen Sitz hat, nachgehen,
- Personen, die selbständig tätig sind,
- Beamte bzw. Personen, die bei in Deutschland ansässigen öffentlichen Arbeitgebern tätig sind,
- Personen, die im Rahmen einer Entsendung im anderen Staat tätig sind (hierzu zählt auch eine Tätigkeit im Rahmen der Workation).

Krankenversicherung

Unterliegt ein Grenzgänger den deutschen Rechtsvorschriften, ist er in Deutschland krankenversicherungspflichtig.

Sachleistungen im Beschäftigungsstaat

Aufgrund seiner Beschäftigung hat der Grenzgänger in Deutschland Anspruch auf alle Leistungen der Krankenversicherung. Für die Leistungsinanspruchnahme erhält er von seiner deutschen Krankenkasse eine Krankenversichertenkarte. Auch die Familienangehörigen des Grenzgängers haben bei vorübergehendem Aufenthalt in Deutschland Anspruch auf alle Leistungen. Die Familienangehörigen erhalten ebenfalls eine Krankenversichertenkarte von der deutschen Krankenkasse.

Sachleistungen im Wohnstaat

Die deutsche Krankenkasse stellt dem Grenzgänger eine Anspruchsbescheinigung E 106 aus. Mit dieser Bescheinigung kann der Grenzgänger in seinem Wohnstaat zulasten der deutschen Krankenkasse eingeschrieben werden. Der Grenzgänger und seine Familienangehörigen werden im Wohnstaat den Versicherten des Wohnstaates gleichgestellt. Dies bedeutet, dass der Grenzgänger und seine Familienangehörigen im Wohnstaat alle Sachleistungen in Anspruch nehmen können. Der Umfang der Leistungen richtet sich nach dem Recht des Wohnstaates.

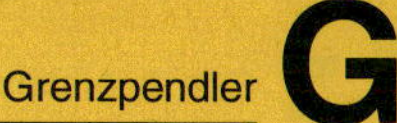

Wichtig

Familienversicherung im Wohnstaat

Bei Grenzgängern richtet sich der Kreis der anspruchsberechtigten Familienangehörigen nach dem Recht des Wohnstaates. Dies bedeutet, dass der Träger im Wohnstaat prüft, wer nach seinen Rechtsvorschriften familienversichert werden kann.

Geldleistungen

Ist der Grenzgänger in Deutschland beschäftigt, richtet sich der Anspruch auf Geldleistungen nach deutschem Recht. Bei Arbeitnehmern handelt es sich dabei in der Regel um die Entgeltfortzahlung im Krankheitsfall und das Krankengeld. Bei Arbeitnehmerinnen können es darüber hinaus auch noch Leistungen bei Schwangerschaft sein (z. B. das Mutterschaftsgeld).

Urlaubsaufenthalt in einem anderen Staat

Bei Urlaubsaufenthalt in einem anderen EU/EWR-Staat oder der Schweiz verwenden der Grenzgänger und seine Familienangehörigen für die Inanspruchnahme von Sachleistungen die ⇗ Europäische Krankenversicherungskarte.

Arbeitsunfähigkeit

Sollte der im Ausland wohnende Grenzgänger arbeitsunfähig sein, kann er vom behandelnden Arzt im Ausland eine Arbeitsunfähigkeitsbescheinigung erhalten. Es wird empfohlen, dass der Grenzgänger die Arbeitsunfähigkeitsbescheinigung innerhalb einer Woche an seine deutsche Krankenkasse sendet. Sowohl der Arbeitgeber als auch die Krankenkasse sind an die im Ausland ausgestellte Arbeitsunfähigkeit gebunden. Sollten Zweifel an der Arbeitsunfähigkeit bestehen, ist eine Überprüfung dieser Arbeitsunfähigkeit grundsätzlich möglich.

Hinweis

Arbeitsunfähigkeit bei Wohnort in den Niederlanden

In den Niederlanden dürfen die Ärzte keine Arbeitsunfähigkeitsbescheinigung ausstellen. Bei Arbeitsunfähigkeit muss sich der Arbeitnehmer telefonisch an das Kundenkontaktzentrum (KCC) der Uitvoeringsinstituut Werknemersverzekeringen (UWV) wenden. Das Kundenkontaktzentrum vereinbart mit der UWV einen Termin für den Arbeitnehmer. Wird eine Arbeitsunfähigkeit festgestellt, wird die deutsche Krankenkasse mit den Vordrucken E 115 und E116 über die Arbeitsunfähigkeit informiert. Sollten Zweifel an der Arbeitsunfähigkeit bestehen, ist eine Überprüfung dieser Arbeitsunfähigkeit grundsätzlich möglich.

Pflegeversicherung

Besteht für den in Deutschland beschäftigten Grenzgänger Versicherungspflicht im Bereich der Krankenversicherung, ist er auch versicherungspflichtig im Bereich der Pflegeversicherung.

Rentenversicherung

Im Bereich der Rentenversicherung gibt es keine Besonderheiten. Ist der Grenzgänger in Deutschland beschäftigt, ist er versicherungspflichtig in der Rentenversicherung.

Unfallversicherung

Unterliegt der Grenzgänger den deutschen Rechtsvorschriften, ist er versicherungspflichtig in der Unfallversicherung. Sollte ein Grenzgänger einen Unfall erleiden, kann sich der Grenzgänger sowohl im Beschäftigungsstaat als auch im Wohnstaat behandeln lassen. Für die Leistungsinanspruchnahme im Wohnstaat erhält der Grenzgänger vom deutschen Träger der Unfallversicherung eine Bescheinigung E 123. Mit dieser Bescheinigung kann der Grenzgänger Sachleistungen zulasten der deutschen Unfallversicherung erhalten.

Arbeitsförderung

Ist ein Grenzgänger in Deutschland beschäftigt und verliert er seinen Arbeitsplatz, erhält der Grenzgänger Leistungen bei Arbeitslosigkeit aus dem Wohnstaat.

Grenzpendler

Grenzpendler sind ausländische Arbeitnehmer, die im Inland weder einen Wohnsitz noch ihren gewöhnlichen Aufenthalt haben, aber ihr wesentliches Einkommen in Deutschland erzielen. Grenzpendler fallen auf Antrag unter die unbeschränkte Steuerpflicht (= fiktive unbeschränkte Steuerpflicht). Soweit sie inländische Einkünfte i. S. d. § 49 EStG beziehen, sind sie den inländischen Staatsangehörigen hinsichtlich der Einkommensbesteuerung in vollem Umfang gleichgestellt. Die Besteuerung der Welteinkünfte ist ausgeschlossen. Von dem Begriff „Grenzpendler" zu unterscheiden ist die „Grenzgängereigenschaft", die ihre Rechtsgrundlage in Doppelbesteuerungsabkommen (DBA) hat und der Vermeidung der Doppelbesteuerung der im Inland erzielten Arbeitseinkünfte dient. Die folgenden Ausführungen sind deshalb ohne Bedeutung, wenn ein Grenzpendler gleichzeitig die Grenzgängereigenschaft eines DBA erfüllt.

Bei der Begrifflichkeit des Grenzpendlers handelt es sich um eine steuerrechtliche Definition, die sowohl in der Sozialversicherung als auch im Arbeitsrecht nicht existiert. Sozialversicherungs- sowie arbeitsrechtlich entspricht ein Grenzpendler dem Begriff des Grenzgängers.

Gesetze, Vorschriften und Rechtsprechung

Lohnsteuer: Die gesetzlichen Regelungen finden sich in §§ 1 Abs. 3, 1a EStG; zuletzt geändert durch das Zollkodexanpassungsgesetz v. 22.12.2014, BStBl 2015 I S. 58. Verwaltungsanweisungen zur Grenzpendlereigenschaft enthält R 1a EStR. Die Ländergruppeneinteilung ergibt sich für Zeiträume ab 1.1.2021 aus dem BMF, Schreiben v. 11.11.2020, IV C 8 -S 2285/19/10001 :002, BStBl 2020 I S. 1212. Die Besonderheiten bei der stufenweisen Einführung des ELStAM-Verfahrens für beschränkt steuerpflichtige ausländische Arbeitnehmer regelt das BMF-Schreiben v. 7.11.2019, IV C 5 – S 2363/19/100017 :001, BStBl 2019 I S. 1087.

Sozialversicherung: Für die Sozialversicherung gelten innerhalb der EU bzw. für EWR-Staaten die Sonderregelungen der Verordnung (EG) über soziale Sicherheit Nr. 883/2004 sowie die dazu ergangenen Durchführungsverordnungen.

Lohnsteuer

Fiktive unbeschränkte Steuerpflicht

Ziel der Regelung ist es, beschränkt Steuerpflichtige, die ihr wesentliches Einkommen im Inland erzielen, wie unbeschränkt einkommensteuerpflichtige Inländer zu behandeln (z. B. beim Abzug von Werbungskosten, Sonderausgaben oder außergewöhnlichen Belastungen). Die Abgrenzung der Grenzpendlereigenschaft orientiert sich deshalb ausschließlich an den Einkommensverhältnissen. Es kommt nicht darauf an, dass der Steuerpflichtige arbeitstäglich zwischen ausländischem Wohnort und inländischem Arbeitsort pendelt.

Maßgebliche Einkommensschwelle

Für die fiktive unbeschränkte Steuerpflicht gelten folgende Grenzen[1]:

- Begünstigt sind Steuerpflichtige, deren Summe der Einkünfte im Kalenderjahr mindestens zu 90 % der deutschen Einkommensteuer unterliegt (relative Wesentlichkeitsgrenze); oder, falls diese Grenze nicht erreicht ist,

1 § 1 Abs. 3 EStG.

- deren nicht der deutschen Einkommensteuer unterliegenden Einkünfte den Grundfreibetrag von 11.604 EUR[1] im Kalenderjahr 2024 (2023: 10.908 EUR) nicht übersteigen (absolute Wesentlichkeitsgrenze).

Unbeschränkte Steuerpflicht nur auf Antrag

Die fiktive unbeschränkte Steuerpflicht wird nicht von Amts wegen gewährt. Der Grenzpendler hat sie auf amtlichem Vordruck unter Vorlage der ausländischen Einkommensbescheinigung beim jeweiligen Betriebsstättenfinanzamt zu beantragen. Auf die Vorlage der Bescheinigung kann für die Steuerklassenänderung verzichtet werden, wenn eine Bestätigung der ausländischen Steuerbehörde bereits in einem der beiden vorangegangenen Jahre erfolgte.[2]

Das Betriebsstättenfinanzamt trägt die beantragte Steuerklasse, bei EU-/EWR-Arbeitnehmern unter den gegebenen Voraussetzungen die Steuerklasse III, in eine inhaltlich der früheren Lohnsteuerkarte entsprechende Bescheinigung ein, die bei Arbeitsaufnahme bzw. jeweils zu Beginn des Kalenderjahres dem inländischen Arbeitgeber zur Durchführung des Lohnsteuerabzugs vorzulegen ist.[3]

Hinweis

Grenzpendler weiterhin vom ELStAM-Verfahren ausgeschlossen

Der elektronische Abruf der Lohnsteuerabzugsmerkmale ist ab dem Lohnsteuerverfahren 2020 auch für beschränkt Steuerpflichtige möglich.[4] Der Personenkreis der Grenzpendler bleibt allerdings aus technischen Gründen weiterhin vom ELStAM-Verfahren ausgeschlossen. Mit einer Einbeziehung von Grenzpendlern in die elektronische Vergabe der Steuerabzugsmerkmale ist ab 2023 zu rechnen.[5] Für die Vergabe der Steuerklasse, von Kinderfreibeträgen und die Eintragung eines Freibetrags im Lohnsteuerverfahren 2023 ist nach wie vor das Papierverfahren maßgebend.

Das Betriebsstättenfinanzamt stellt auf Antrag dem ausländischen Grenzpendler eine Papier-Bescheinigung mit den maßgebenden Besteuerungsmerkmalen (Lohnsteuerklasse, Kinderfreibetragszähler, Freibeträge) aus, die dem Lohnbüro bei Beginn der Beschäftigung für die Vornahme des Lohnsteuerabzugs vorzulegen ist. In allen anderen Fällen ist die Steuerklasse VI anzuwenden. Der elektronische Abruf in der ELStAM-Datenbank ist gesperrt.

Ermittlung der Einkommensgrenze

Nach DBA beschränkt steuerpflichtige Einkünfte

Bei der Berechnung der Einkommensgrenze von 90 % bleiben Einkünfte außer Ansatz, die nach den Bestimmungen eines DBA im Inland der Höhe nach nur beschränkt besteuert werden dürfen.[6]

Andere ausländische Einkünfte

Ebenfalls außer Ansatz bleiben im Ausland nicht steuerpflichtige Einkünfte, wenn vergleichbare Einkünfte auch im Inland steuerfrei sind.

Ausländische Bezüge, die, wie z. B. das niederländische Arbeitslosengeld, im jeweiligen Mitgliedstaat steuerpflichtig sind, müssen dagegen weiterhin in die Ermittlung der Einkommensgrenzen einbezogen werden.[7] Diese Regelung ergibt sich durch eine geänderte Fassung des § 1 Abs. 3 EStG im JStG 2008 als Ergebnis der EuGH-Rechtsprechung.[8] Der BFH hat diese Rechtsauslegung bestätigt. Niederländische Arbeitslosengeldzahlungen sind als ausländische, nicht der deutschen Einkommensteuer unterliegende Einkünfte in die Berechnung der Einkunftsgrenzen einzubeziehen.[9]

Kapitalerträge, die dem Kapitalertragssteuerabzug von 25 % unterliegen, bleiben bei der Berechnung der Einkunftsgrenzen wegen § 2 Abs. 5b EStG außer Ansatz. Dagegen sind die der Abgeltungssteuer unterliegenden (inländischen und ausländischen) Kapitaleinkünfte in die Berechnung der für die fiktive unbeschränkte Steuerpflicht maßgebenden Einkunftsgrenzen einzubeziehen.[10]

Wichtig

Einkommensteuerveranlagung: Berücksichtigung ermäßigt zu besteuernder Auslandseinkünfte

Erfüllt der Steuerpflichtige die Voraussetzungen der fiktiven unbeschränkten Steuerpflicht, sind die ermäßigt zu besteuernden Auslandseinkünfte dennoch in dessen Einkommensteuerveranlagung einzubeziehen.

Bei der Einkommensgrenze bleiben auch ⇗ Lohnersatzleistungen außer Ansatz, die der Ehe-/Lebenspartner im Ausland steuerfrei bezieht, sofern diese bei Bezug im Inland ebenfalls steuerfrei wären.[11]

Berücksichtigung Grundfreibetrag nach Ländergruppeneinteilung

Für bestimmte Wohnsitze gelten je nach Ländergruppeneinteilung[12] niedrigere Grundfreibeträge. Der Grundfreibetrag 2024 von 11.604 EUR[13] (2023: 10.908 EUR) ist in bestimmten Ländern entsprechend der für Unterhaltszahlungen geltenden Ländergruppeneinteilung zu kürzen.[14]

Einteilung in 4 Ländergruppen

Die meisten größeren EU-Länder, aber auch andere wichtige Staaten wie die USA, Kanada oder Norwegen sind in die 1. Ländergruppe eingestuft – der Grundfreibetrag ist hier also in voller Höhe zu berücksichtigen. Je nach Ländergruppeneinteilung ist der Grundfreibetrag dann nur mit 3/4 (z. B. Portugal), 1/2 (z. B. Albanien) oder 1/4 (z. B. Kosovo) zu berücksichtigen. Bei der Einkommensteuerveranlagung 2024 betragen die gekürzten Einkunftsgrenzen 8.703 EUR (3/4), 5.802 EUR (1/2) bzw. 2.901 EUR (1/4) (2023: 8.181 EUR, 5.454 EUR bzw. 2.727 EUR), je nachdem, in welchem ausländischen Staat der Grenzpendler seinen Wohnsitz hat.[15]

Kalenderjahrbezogene Berechnung

Ermittlungszeitraum bzgl. der 90-%- bzw. der 11.604-EUR-Grenze[16] (2023: 10.908-EUR-Grenze) ist das Kalenderjahr. Beginnt oder endet die Einkommensteuerpflicht im Laufe des Kalenderjahres, sind deshalb auch die Einkünfte in die Berechnung einzubeziehen, die der Steuerpflichtige vor Beginn bzw. nach Beendigung der inländischen Tätigkeit erzielt hat. Die Einkünfte sind – auch soweit sie auf das Ausland entfallen – nach inländischem Steuerrecht zu ermitteln.[17]

Nachweis der ausländischen Einkünfte

Aus Vereinfachungsgründen können in Fällen außerhalb der EU/EWR ausnahmsweise die von der ausländischen Steuerverwaltung bescheinigten Beträge übernommen werden.[18] Auch bei einkommenslosen Ehe-/Lebenspartnern ist eine Nichtveranlagungsbescheinigung der jeweiligen Finanzbehörde im Ausland nicht ausreichend.[19]

1 § 32a Abs. 1 EStG i. d. F. des Inflationsausgleichsgesetzes. Es wurde aber eine Erhöhung für das Jahr 2024 angekündigt, die rückwirkend ab 1.1.2024 gelten soll.
2 BMF, Schreiben v. 25.11.1999, IV C 1 – S 2102 – 31/99, BStBl 1999 I S. 990.
3 § 39 Abs. 2 Satz 2 i. V. m. Abs. 3 EStG.
4 § 39 Abs. 3 EStG.
5 BMF, Schreiben v. 7.11.2019, IV C 5 – S 2363/19/10007 :001, BStBl 2019 I S. 1087.
6 BFH, Urteil v. 13.11.2002, I R 67/01, BStBl 2003 II S. 587.
7 BFH, Urteil v. 1.10.2014, I R 18/13, BStBl 2015 II S. 474.
8 EuGH, Urteil v. 25.1.2007, C-329/05 (Meindl), BFH/NV Beilage 2007 S. 153.
9 BFH, Urteil v. 1.10.2014, I R 18/13, BStBl 2015 II S. 474.
10 BFH, Urteil v. 12.8.2015, I R 18/14, BStBl 2016 II S. 201, Vorinstanz FG Köln, Urteil v. 22.1.2014, 4 K 2001/13.
11 § 1 Abs. 3 EStG.
12 Um eine Überförderung zu vermeiden, können bestimmte steuerliche Frei-, Pausch- und Höchstbeträge, die ausländische Sachverhalte betreffen, nur entsprechend der wirtschaftlichen Leistungsfähigkeit des ausländischen Staates berücksichtigt werden. Aus Vereinfachungsgründen veröffentlicht das BMF regelmäßig eine sog. Ländergruppeneinteilung – dort werden die einzelnen Länder anhand ihrer wirtschaftlichen Leistungsfähigkeit eingestuft.
13 § 32a Abs. 1 EStG i. d. F. des Inflationsausgleichsgesetzes. Es wurde aber eine Erhöhung für das Jahr 2024 angekündigt, die rückwirkend ab 1.1.2024 gelten soll.
14 Zur Ländergruppeneinteilung für Zeiträume ab 2021 s. BMF, Schreiben v. 11.11.2020, IV C 8 -S 2285/19/10001 :002, BStBl 2020 I S. 1212.
15 § 32a Abs. 1 EStG i. d. F. des Inflationsausgleichsgesetzes. Es wurde aber eine Erhöhung für das Jahr 2024 angekündigt, die rückwirkend ab 1.1.2024 gelten soll.
16 § 32a Abs. 1 EStG i. d. F. des Inflationsausgleichsgesetzes. Es wurde aber eine Erhöhung für das Jahr 2024 angekündigt, die rückwirkend ab 1.1.2024 gelten soll.
17 BFH, Urteil v. 20.8.2008, I R 78/07, BStBl 2009 II S. 708.
18 BMF, Schreiben v. 30.12.1996, IV B 4 – S 2303 – 266/96, BStBl 1996 I S. 1506.
19 BFH, Urteil v. 8.9.2010, I R 80/09, BStBl 2011 II S. 447.

Für die Inanspruchnahme der Vorteile der unbeschränkten Steuerpflicht hat der Ausländer seine ausländischen Einkünfte durch eine amtliche Bescheinigung der ausländischen Steuerbehörde zu belegen. Die Finanzverwaltung hat hierzu für die einzelnen Staaten amtliche Vordrucke jeweils in zweisprachiger Fassung aufgelegt (Anlage Grenzpendler EU/EWR bzw. Anlage Grenzpendler außerhalb EU/EWR).

Der formelle Nachweis ist materiell-rechtliche Voraussetzung für die Anerkennung der fiktiven unbeschränkten Einkommensteuerpflicht.[1] Zulässig ist auch eine Ersatzbescheinigung anstelle des amtlichen Vordrucks, wenn diese die erforderlichen Angaben zur Höhe der nicht der deutschen Steuer unterliegenden Einkünfte enthält und zudem die Angaben von der ausländischen Steuerbehörde bestätigt sind. Dies gilt auch in den Nullfällen, wenn der Steuerpflichtige überhaupt keine ausländischen Einkünfte erzielt.[2] Für das FG Münster ist in anderem Zusammenhang der Nachweis in Form einer Arbeitgeberbescheinigung über die im Ausland bezogenen und versteuerten Lohneinkünfte ausreichend.[3]

Besonderheit bei Arbeitnehmern aus EU-/EWR-Mitgliedstaaten

Einbeziehung von Ehe-/Lebenspartnern und Kindern

Während die Grenzpendlereigenschaft nicht an eine bestimmte Staatsangehörigkeit geknüpft ist, kommt für Arbeitnehmer eines EU-Mitgliedstaates oder der Staaten Island, Norwegen oder Liechtenstein (EWR-Staaten) eine weitere Vergünstigung in Betracht. Hier kann die fiktive unbeschränkte Steuerpflicht unter bestimmten Voraussetzungen auch für den im EU-/EWR-Ausland bzw. in der Schweiz[4] lebenden Ehe-/Lebenspartner beantragt werden. Seit. 1.10.2017 ist der Begriff Ehegatte auch für gleichgeschlechtliche Ehen anzuwenden.[5] Gleichgeschlechtliche Ehegatten sind steuerlich den verschiedengeschlechtlichen Ehen gleichgestellt und können die fiktive unbeschränkte Steuerpflicht beantragen.[6] Dies hat die Anwendung des Splittingtarifs bzw. bei einem in einem EU-/EWR-Mitgliedstaat oder in der Schweiz lebenden geschiedenen oder dauernd getrennt lebenden Ehe-/Lebenspartner den Abzug von Unterhaltsleistungen als Sonderausgaben[7] zur Folge. Ohne die fiktive unbeschränkte Steuerpflicht des (gleich- oder verschiedengeschlechtlichen) Ehe-/Lebenspartners kommt nur der eingeschränkte Abzug der Unterhaltszahlungen als außergewöhnliche Belastung gem. § 33a EStG infrage.[8]

Wichtig

Fiktive unbeschränkte Steuerpflicht bei eingetragener Lebenspartnerschaft

Die steuerlichen Vergünstigungen der fiktiven unbeschränkten Steuerpflicht sind aus verfassungsrechtlichen Gründen auch für eingetragene Lebenspartnerschaften zu gewähren. Danach ist die Anwendung des Splittingtarifs im Rahmen der fiktiven unbeschränkten Steuerpflicht auch bei einem in einem EU-/EWR-Mitgliedstaat lebenden Partner einer eingetragenen Lebenspartnerschaft zulässig. Die gesetzliche Gleichstellung gilt rückwirkend zum Zeitpunkt der Einführung des Rechtsinstituts der eingetragenen Lebenspartnerschaft für alle noch nicht bestandskräftigen Einkommensteuerveranlagungen.[9] Das Lebenspartnerschaftsgesetz hat ab 1.10.2017 aufgrund des Gesetzes zur Einführung des Rechts auf Eheschließung für Personen gleichen Geschlechts nur noch für bereits bestehende eingetragene Lebenspartnerschaften Gültigkeit, sofern keine Umwandlung der Partnerschaft in eine (gleichgeschlechtliche) Ehe beantragt wird.

Voraussetzungen

Die Ausdehnung der (fiktiven) unbeschränkten Steuerpflicht auf den Ehe-/Lebenspartner ist an folgende Voraussetzungen geknüpft:

- Staatsangehörigkeit: Der Arbeitnehmer muss die Staatsangehörigkeit eines EU- bzw. EWR-Staates besitzen.
- Familienwohnsitz: Der Familienwohnsitz, an dem der in intakter Ehe lebende Ehegatte bzw. der Partner einer eingetragenen Lebenspartnerschaft wohnt, muss sich im EU- bzw. EWR-Ausland oder in der Schweiz[10] befinden. Die Finanzverwaltung hat die Erweiterung der fiktiven unbeschränkten Steuerpflicht auf die Schweiz für Ehegatten bzw. Lebenspartner entsprechend dem EuGH-Urteil „Ettwein" ausdrücklich auf den Sachverhalt beschränkt, dass sich deren Wohnsitz oder gewöhnlicher Aufenthalt in der Schweiz befindet.[11]

Wichtig

Ausdehnung des Wohnsitzkriteriums auf die Schweiz

Die Finanzverwaltung folgt der Rechtsprechung des EuGH, der mit Blick auf das zwischen EG und Schweizerischer Eidgenossenschaft abgeschlossene Freizügigkeitsabkommen eine Einbeziehung von in der Schweiz lebenden Ehe-/Lebenspartnern für EU-rechtlich geboten hält. Allerdings wird ausschließlich das Wohnsitzkriterium des Ehe-/Lebenspartners auf die Schweiz ausgedehnt. Eine weitergehende Begünstigung von Arbeitnehmern mit Staatsangehörigkeit der Schweizerischen Eidgenossenschaft ist nicht vorgesehen.

Die fiktive unbeschränkte Steuerpflicht für den Ehe-/Lebenspartner ist danach weiterhin auf Arbeitnehmer beschränkt, welche die Staatsangehörigkeit eines EU- bzw. EWR-Staates besitzen. Für schweizerische Staatsangehörige, deren Ehe-/Lebenspartner ihren Wohnsitz in der Schweiz haben, ist der Splittingtarif bzw. die Steuerklasse III nach wie vor ausgeschlossen.

- Anders als beim Arbeitnehmer ist die Staatsangehörigkeit des Ehe-/Lebenspartners ohne Bedeutung. Es ist ausschließlich auf den Wohnsitz im EU-/EWR-Gebiet bzw. in der Schweiz abzustellen.

  Voraussetzung für den Abzug von Unterhaltsleistungen an im EU-/EWR-Ausland bzw. in der Schweiz lebende Ehe-/Lebenspartner ist neben dem dortigen Wohnsitz des geschiedenen bzw. dauernd getrennt lebenden Ehe-/Lebenspartners, dass der Arbeitnehmer die Besteuerung der Unterhaltsleistungen beim Empfänger durch eine Bescheinigung der zuständigen ausländischen Steuerbehörde nachweisen kann. Der EuGH hat bestätigt, dass diese Regelung auch dann mit EU-Recht zu vereinbaren ist, wenn im EU-/EWR-Wohnsitz des Unterhaltsempfängers die Unterhaltsleistungen mangels gesetzlicher Regelung gar nicht besteuert werden können.[12] Der Nachweis der Empfängerbesteuerung ist als Voraussetzung für den inländischen Sonderausgabenabzug von Unterhaltsleistungen ausdrücklich im Gesetz festgelegt.[13]

- Einkommensvoraussetzungen: Die Gesamteinkünfte müssen mindestens zu 90 % der deutschen Einkommensteuer unterliegen. Dasselbe gilt, falls die nicht der deutschen Einkommensteuer unterliegenden Einkünfte nicht mehr als 11.604 EUR (2023: 10.908 EUR), bei Ehe-/Lebenspartnern nicht mehr als 23.208 EUR (2023: 21.816 EUR) im Kalenderjahr betragen.[14] Für die Prüfung dieser Grenzen ist auf das gemeinsame Einkommen der Ehe-/Lebenspartner abzustellen.

  Für das Wahlrecht zur Zusammenveranlagung in Fällen der fiktiven unbeschränkten Steuerpflicht sind die Einkünfte beider Ehegatten heranzuziehen und der Grundfreibetrag ist zu verdoppeln.[15] Abweichend von der bisherigen Verwaltungsauffassung ist die Zusammenveranlagung allein nach der verdoppelten Einkunftsgrenze der gemeinsamen Ehegatten-/Lebenspartner-Einkünfte zu prüfen, auch

1 BMF, Schreiben v. 30.12.1996, IV B 4 – S 2303 – 266/96, BStBl 1996 I S. 1506.
2 BFH, Urteil v. 8.9.2010, I R 80/09, BStBl 2011 II S. 447.
3 FG Münster, Urteil v. 17.4.2020, 1 K 1035/11 E.
4 BMF, Schreiben v. 16.9.2013, IV C 3 – S 1325/11710014, BStBl 2013 I S. 1325.
5 Gesetz zur Einführung des Rechts auf Eheschließung für Personen gleichen Geschlechts v. 20.7.2017, BGBl 2017 I S. 2787.
6 § 1a EStG.
7 §§ 1, 1a Abs. 1 Nr. 1 EStG.
8 BFH, Urteil v. 22.2.2006, I R 60/05, BStBl 2007 II S. 106.
9 § 52 Abs. 2a EStG i. d. F. des Gesetzes zur Änderung des EStG in Umsetzung der Entscheidung des BVerfG, Beschluss v. 7.5.2013, 2 BvR 909/06, 2 BvR 1981/06, 2 BvR 288/07.
10 EuGH, Urteil v. 28.2.2013, C – 425/11, Verfahren „Ettwein", das auch Ehe-/Lebenspartner mit Wohnsitz in der Schweiz begünstigt; BMF, Schreiben v. 16.9.2013, IV C 3 – S 1325/11710014, BStBl 2013 I S. 1325.
11 BMF, Schreiben v. 16.9.2013, IV C 3 – S 1325/11710014, BStBl 2013 I S. 1325.
12 EuGH, Urteil v. 12.7.2005, C-403/03, BFH/NV Beilage 2005 S. 294.
13 § 1a Abs. 1 Nr. 1 EStG
14 § 32a Abs. 1 EStG i. d. F. des Inflationsausgleichsgesetzes. Es wurde aber eine Erhöhung für das Jahr 2024 angekündigt, die rückwirkend ab 1.1.2024 gelten soll.
15 BFH, Urteil v. 6.5.2015, I R 16/14, BStBl 2015 II S. 957.

wenn der antragstellende Arbeitnehmer für sich betrachtet die Einkunftsgrenze des § 1 Abs. 3 EStG nicht erfüllt. Für 2023 beträgt diese Einkunftsgrenze 21.816 EUR.

Bei Arbeitnehmern mit Wohnsitzen in unterschiedlichen ausländischen Staaten ist bzgl. der Verdoppelung der Einkunftsgrenze auf den Familienwohnsitz abzustellen. Ansonsten ist die Summe der beiden Grundfreibeträge für die jeweiligen Ansässigkeitsstaaten zugrunde zu legen. Beim zwischenstaatlichen Wohnsitzwechsel während des Jahres ist eine zeitanteilige Berücksichtigung der nach der jeweiligen Ländergruppeneinteilung[1] maßgebenden Grenzen vorzunehmen.

Die Einkommensvoraussetzungen hat der Arbeitnehmer durch eine Bescheinigung der ausländischen Steuerbehörde nachzuweisen, die auf amtlichem Vordruck (Anlage Grenzpendler EU/EWR) ausgestellt sein muss.

Der EuGH hat die für die Gewährung des Splittingtarifs vom Gesetzgeber aufgestellten Einkommensgrenzen bestätigt.[2]

Splittingtarif auch für EU- bzw. EWR-Gastarbeiter

Den Splittingtarif können neben den EU- bzw. EWR-Einpendlern auch die im Inland wohnhaften EU- bzw. EWR-Gastarbeiter erhalten, die den Familienwohnsitz am Wohnort des Ehe-/Lebenspartners in einem EU- oder EWR-Staat oder der Schweiz haben. Für den Personenkreis der unbeschränkt steuerpflichtigen EU-/EWR-Staatsangehörigen mit inländischem Wohnsitz oder gewöhnlichem Aufenthalt[3] ist die Einkunftsgrenze abgeschafft worden.[4] Für die Zusammenveranlagung mit im EU-/EWR-Ausland bzw. in der Schweiz lebenden Ehe-/Lebenspartnern müssen folgende Voraussetzungen erfüllt sein:

- EU-/EWR-Staatsangehörigkeit des Arbeitnehmers und
- EU-/EWR-Wohnsitz des Ehe-/Lebenspartners.

Hinweis

Fiktive unbeschränkte Steuerpflicht des Ehegatten/Lebenspartners?

Das Finanzgericht Düsseldorf beschränkt die Ausdehnung der unbeschränkten Steuerpflicht auf den Ehegatten bzw. den eingetragenen Lebenspartner auf die Anwendung des Splittingtarifs mit der Folge, dass etwaige persönliche Höchst- und Pauschbeträge verdoppelt werden.[5]

Die Einbeziehung der Einkünfte des Ehegatten ist bei der vom Gericht eingeschränkten, ausschließlich tarifbezogenen Zusammenveranlagung auf die Anwendung des Progressionsvorbehalts begrenzt. Zudem hat das Finanzgericht den Abzug der im Ausland angefallenen Sonderausgaben abgelehnt. Die abschließende Entscheidung durch den BFH bleibt abzuwarten.

ELStAM nicht für Grenzpendler

Die Zuteilung einer persönlichen Identifikationsnummer kann ab 2020 auch bei beschränkt Steuerpflichtigen erfolgen, die nicht der inländischen Meldepflicht unterliegen. Der Personenkreis der Grenzpendler ist wegen der hierbei zu beachtenden Einkommensgrenzen aus technischen Gründen weiterhin ausgeschlossen.[6] Mit einer Realisierung des ELStAM-Verfahrens für Grenzpendler ist frühestens ab 2025 zu rechnen.

Besondere Bescheinigung auf Antrag

Für ausländische Arbeitnehmer, die als Grenzpendler im Rahmen der fiktiven unbeschränkten Steuerpflicht Arbeitslohn aus einer inländischen Tätigkeit beziehen[7], steht dem Arbeitgeber deshalb keine ELStAM beim BZSt zum Abruf zur Verfügung. Hier gilt für das Lohnsteuerabzugsverfahren das bisherige Papierverfahren fort. Das Betriebsstättenfinanzamt stellt auf Antrag dem ausländischen Grenzpendler eine Bescheinigung mit den Besteuerungsmerkmalen aus (Steuerklasse, Kinderfreibeträge, Freibeträge), die dem Lohnbüro bei Beginn der Beschäftigung für den Lohnsteuerabzug vorzulegen ist.[8] In allen anderen Fällen ist die Steuerklasse VI anzuwenden.[9] Die Bescheinigung über den Lohnsteuerabzug kann auch der Arbeitgeber für den Arbeitnehmer beantragen, wenn ihn der Arbeitnehmer entsprechend bevollmächtigt.[10]

Für die elektronische Lohnsteuerbescheinigung, die nach Ablauf des Jahres bzw. bei Beendigung des Dienstverhältnisses zu übermitteln ist, darf seit 2023 als Ordnungsmerkmal nur noch die Identifikationsnummer verwendet werden, die sowohl in der Bescheinigung für den Lohnsteuerabzug 2024[11] als auch in der elektronischen Lohnsteuerbescheinigung 2024[12] anzugeben ist. Die Verwendung der eTin ist nicht mehr zulässig.

Einkommensteuerveranlagung

Pflichtveranlagung bei Steuerklasse III

Eine Pflichtveranlagung besteht für im Inland wohnhafte verheiratete EU-/EWR-Arbeitnehmer, bei denen der Steuerabzug nach der Steuerklasse III erfolgt, wenn der Ehe-/Lebenspartner im EU-/EWR-Ausland lebt.[13]

Dasselbe gilt für Grenzpendler, die im Ausland wohnhaft sind und für die durch das Betriebsstättenfinanzamt eine Papierbescheinigung mit den Besteuerungsmerkmalen für den Lohnsteuerabzug ausgestellt worden ist.[14] Der Antrag auf Veranlagung als unbeschränkt steuerpflichtiger Grenzpendler kann auch erst im Veranlagungsverfahren gestellt werden. Zuständig für die Erteilung des Einkommensteuerbescheids ist auch hier das lohnsteuerliche Betriebsstättenfinanzamt des Arbeitgebers.[15]

Antragsveranlagung in übrigen Fällen

Wie für sämtliche inländischen Arbeitnehmer besteht für EU-/EWR-Arbeitnehmer die Möglichkeit der Rückerstattung der Lohnsteuer in Form einer Antragsveranlagung.[16]

Gruppenunfallversicherung

Versicherungsbeiträge des Arbeitgebers zu einer freiwilligen Gruppenunfallversicherung gehören zum lohnsteuerpflichtigen Arbeitslohn der begünstigten Arbeitnehmer. Sie sind in begrenztem Umfang steuerfrei, wenn auch das Unfallrisiko bei Auswärtstätigkeiten abgesichert ist. Unter bestimmten Voraussetzungen können steuerpflichtige Versicherungsbeiträge im Zeitpunkt der Zahlung vom Arbeitgeber mit 20 % pauschal lohnversteuert werden. Abhängig von der Vertragsgestaltung liegt Arbeitslohnzufluss bereits im Zeitpunkt der Entrichtung der Beiträge durch den Arbeitgeber vor oder erst bei Eintritt des Versicherungsfalls.

Gesetze, Vorschriften und Rechtsprechung

Lohnsteuer: Die Lohnsteuerpauschalierung bei Gruppenunfallversicherungen regelt § 40b Abs. 3 EStG. Gemäß § 3 Nr. 13 bzw. 16 EStG kann der Teil der Versicherungsbeiträge, der auf die Absicherung des Unfallrisikos bei Auswärtstätigkeiten entfällt, vom Arbeitgeber als Reisenebenkosten steuerfrei belassen werden. Die lohnsteuerrechtliche Behandlung freiwilliger Unfallversicherungen ist geregelt durch das BMF-Schreiben v. 28.10.2009, IV C 5 – S 2332/09/10004, BStBl 2009 I S. 1275.

1 Zur Ländergruppeneinteilung für Zeiträume ab 2021 s. BMF, Schreiben v. 11.11.2020, IV C 8 – S 2285/19/10001 :002, BStBl 2020 I S. 1212.
2 EuGH, Urteil v. 14.9.1999, C – 391/97 (Gschwind), BStBl 1999 II S. 841.
3 § 1 Abs. 1 EStG.
4 § 1a Abs. 1 Nr. 2 EStG.
5 FG Düsseldorf, Urteil v. 20.5.2021, 9 K 3063/19 E; Rev. beim BFH unter Az. I R 26/21.
6 BMF, Schreiben v. 7.11.2019, IV C 5 – S 2363/19/10007 :001, BStBl 2019 I S. 1087.
7 § 1 Abs. 3 EStG.
8 § 39e Abs. 8 EStG i. V. m. § 39 Abs. 3 Satz 5 EStG.
9 § 39c Abs. 2 EStG.
10 § 39e Abs. 8 Satz 2 EStG.
11 § 39 Abs. 3 EStG.
12 § 41b Abs. 2 EStG.
13 § 46 Abs. 2 Nr. 7a EStG.
14 § 39c Abs. 4 EStG i. V. m. § 46 Abs. 2 Nr. 7b EStG.
15 § 46 Abs. 2 Nr. 9 Halbsatz 2 EStG.
16 § 50 Abs. 2 Nr. 4b i. V. m. § 50 Abs. 2 Satz 7 EStG.

Sozialversicherung: Die Beitragspflicht des Arbeitsentgelts in der Sozialversicherung ergibt sich aus § 14 Abs. 1 SGB IV. Die Beitragsfreiheit als Konsequenz der Pauschalbesteuerung ergibt sich aus § 1 Abs. 1 Satz 1 SvEV.

Entgelt	LSt	SV
Versicherungsbeiträge bis durchschnittlich 100 EUR je Arbeitnehmer.	pauschal	frei

Lohnsteuer

Beitragszahlungen sind Arbeitslohn

Beiträge des Arbeitgebers zu Gruppenunfallversicherungen, die er zugunsten seiner Arbeitnehmer abgeschlossen hat, führen im Zeitpunkt der Beitragsleistung zu Arbeitslohnzufluss, wenn die Ausübung der Rechte unmittelbar dem Arbeitnehmer zusteht.

Feststellung der Steuerfreiheit

Wichtig

Anwendung der Sachbezugsfreigrenze

Die Gewährung von Unfallversicherungsschutz stellt einen Sachbezug dar, soweit bei Abschluss einer freiwilligen ⇗ Unfallversicherung durch den Arbeitgeber der Arbeitnehmer den Versicherungsanspruch unmittelbar gegenüber dem Versicherungsunternehmen geltend machen kann.[1] Die Sachbezugsfreigrenze ist demnach anzuwenden.

Nach Ansicht der Finanzverwaltung ist die Anwendung der Sachbezugsfreigrenze jedoch stets ausgeschlossen, wenn die Beiträge des Arbeitgebers dem Grunde nach die Voraussetzungen für die Pauschalierung nach § 40b Abs. 3 EStG erfüllen. Es kommt nicht darauf an, ob der Arbeitgeber sein Pauschalierungswahlrecht tatsächlich ausübt.[2]

Lohnsteuerpauschalierung der Beiträge

Steuerpflichtige Beiträge sind grundsätzlich individuell nach den ELStAM des Arbeitnehmers zu versteuern. Handelt es sich jedoch um einen Gruppenunfallversicherung, in der mindestens 2 Arbeitnehmer gemeinsam versichert sind, kann die Lohnsteuer für steuerpflichtige Beiträge vom Arbeitgeber mit 20 % pauschaliert werden.[3]

Wichtig

Betragsgrenze soll entfallen

Das Wachstumschancengesetz sah zum 1.1.2024 eine Entgrenzung des Höchstbetrags vor. Da das Gesetzgebungsverfahren noch nicht abgeschlossen ist, kann es im Laufe des Jahres 2024 zu einer Änderung kommen. Bis zur Verabschiedung eines Gesetzes gilt weiterhin der Höchstbetrag von 100 EUR. Voraussetzung für die Pauschalierung der Beiträge für eine Gruppenunfallversicherung ist bis auf Weiteres, dass der steuerpflichtige Durchschnittsbeitrag je Arbeitnehmer 100 EUR jährlich nicht übersteigt. Für die Prüfung des Höchstbetrags darf aus dem Beitrag die Versicherungssteuer von 19 % herausgerechnet werden. Eine Vervielfältigung des Betrags, z.B. in Anlehnung an die Dauer des Beschäftigungsverhältnisses, ist allerdings nicht zulässig.

Wird der Durchschnittsbetrag von 100 EUR überschritten, ist der Beitrag bei den versicherten Arbeitnehmern dem individuellen Lohnsteuerabzug nach deren ELStAM zu unterwerfen. Der Arbeitgeber muss also bei einer Beitragsänderung oder einer Änderung der Anzahl der begünstigten Arbeitnehmer stets prüfen, ob die Pauschalbesteuerung noch zulässig ist und ggf. zur individuellen Lohnbesteuerung übergehen.

Achtung

Pauschalierung auch bei nachgelagerter Besteuerung?

Fraglich ist, ob im Falle der nachgelagerten Besteuerung die Pauschalierung für Gruppenunfallversicherungsbeiträge mit 20 %[4] möglich ist.

Für die Pauschalierung gilt eine jährliche Betragrenze von 100 EUR je Arbeitnehmer. Da eine Vervielfältigung des Grenzbetrags mit der Anzahl der Beitrags- oder Beschäftigungsjahre nicht zulässig ist, liegen die Voraussetzungen für die Pauschalierung i. d. R. nicht vor.

Sollte der Grenzbetrag künftig entfallen, wäre die Pauschalierung für Gruppenunfallversicherungsbeiträge mit 20 % auch im Zeitpunkt der Versicherungsleistung denkbar. Arbeitgeber sollten dann eine ⇗ Anrufungsauskunft[5] bei ihrem Betriebsstättenfinanzamt stellen. Sofern die Finanzverwaltung zum Datum der Aufhebung der Grenze keine Klarstellung veröffentlicht.

Nach Ansicht der Finanzverwaltung ist die Anwendung der Sachbezugsfreigrenze jedoch stets ausgeschlossen, wenn die Beiträge des Arbeitgebers dem Grunde nach die Voraussetzungen für die Pauschalierung nach § 40b Abs. 3 EStG erfüllen.

Beispiel

Gruppenunfallversicherung

Der Arbeitgeber hat für 10 Arbeitnehmer eine Gruppenunfallversicherung abgeschlossen. Der Beitrag je Arbeitnehmer beträgt monatlich 30 EUR. Die Voraussetzungen der Pauschalierung nach § 40b Abs. 3 EStG sind erfüllt.

Die monatlichen Beiträge des Arbeitgebers sind nach Ansicht der Finanzverwaltung nicht im Rahmen der 50-EUR-Freigrenze begünstigt, da die Voraussetzungen für die Pauschalierung mit 20 % dem Grunde nach erfüllt sind. Hierfür ist unbedeutend, ob der Arbeitgeber die Beiträge tatsächlich pauschaliert oder individuell nach den ELStAM des jeweiligen Arbeitnehmers versteuert.

Zuflusszeitpunkt

Arbeitnehmer ohne unmittelbaren Versicherungsanspruch

Handelt es sich um eine Versicherung für fremde Rechnung[6], bei der die Ausübung der Rechte ausschließlich dem Arbeitgeber zusteht, fließen die Beiträge nicht bereits im Zeitpunkt der Zahlung zu, sondern kumuliert bei Gewährung der Versicherungsleistung im Schadensfall. Dies gilt unabhängig davon, ob der Unfall im beruflichen oder im privaten Umfeld eingetreten ist.

Ermittlung der nachzuversteuernden Beitragszahlungen

Erhält ein Arbeitnehmer Leistungen aus einem entsprechenden Vertrag, führen die bis dahin entrichteten, auf den Versicherungsschutz des Arbeitnehmers entfallenden Beiträge im Zeitpunkt der Auszahlung zu Arbeitslohn in Form von Barlohn. Die Zuflusshöhe ist begrenzt auf die dem Arbeitnehmer ausgezahlte Versicherungsleistung. Zur Ermittlung des Arbeitslohns sind alle seit Beginn des Arbeitsverhältnisses entrichteten und noch nicht versteuerten Beiträge zu berücksichtigen. Bei einem Wechsel des Arbeitgebers sind ausschließlich die seit Beginn des neuen Dienstverhältnisses entrichteten Beiträge zu erfassen.

Aus Vereinfachungsgründen können die auf den Versicherungsschutz des Arbeitnehmers entfallenden Beiträge unter Berücksichtigung der Beschäftigungsdauer auf Basis des zuletzt vor Eintritt des Versicherungsfalls geleisteten Versicherungsbeitrags hochgerechnet werden.[7]

1 BMF, Schreiben v. 15.3.2022, IV C 5 – S 2334/19/10007 :007, BStBl 2022 I S. 242, Rz. 7.
2 BMF, Schreiben v. 15.3.2022, IV C 5 – S 2334/19/10007 :007, BStBl 2022 I S. 242, Rz. 29.
3 § 40b Abs. 3 EStG.
4 § 40b Abs. 3 EStG.
5 § 42e EStG.
6 § 179 Abs. 1 Satz 2 VVG i. V. m. §§ 43–48 VVG.
7 BMF, Schreiben v. 28.10.2009, IV C 5 – S 2332/09/10004, BStBl 2009 I S. 1275, Tz. 2.1.2.

Tipp

Anwendung der Fünftelregelung prüfen

Bei den im Zeitpunkt der Versicherungsleistung zu besteuernden Beiträgen kann es sich um eine Vergütung für eine ↗ mehrjährige Tätigkeit handeln, die nach der Fünftelregelung ermäßigt besteuert werden kann.[1]

Beispiel

Arbeitslohnzufluss ohne unmittelbaren Rechtsanspruch

Ein Arbeitgeber schließt im Januar für 10 Arbeitnehmer eine Gruppenunfallversicherung ab. Er zahlt monatlich Versicherungsbeiträge von 20 EUR je Arbeitnehmer. Ein Mitarbeiter erleidet im Juni einen Unfall auf dem Weg zwischen Wohnung und erster Tätigkeitsstätte und erhält eine Versicherungsleistung von 1.000 EUR.

Ergebnis: Haben die Arbeitnehmer keinen unmittelbaren Versicherungsanspruch, fließt nur dem verunglückten Mitarbeiter bei Eintritt des Versicherungsfalls Arbeitslohn i. H. v. 120 EUR zu (6 Monatsprämien zu 20 EUR). Den übrigen Arbeitnehmern fließt kein Arbeitslohn zu.

Arbeitnehmer mit unmittelbarem Versicherungsanspruch

Zu einem fortlaufenden Zufluss bereits im Zeitpunkt der Entrichtung der Versicherungsbeiträge kommt es, wenn der Arbeitnehmer den Versicherungsanspruch selbst unmittelbar gegenüber dem Versicherungsunternehmen geltend machen kann.[2]

Beispiel

Arbeitslohnzufluss bei unmittelbarem Versicherungsanspruch

Ein Arbeitgeber schließt im Januar für 10 Arbeitnehmer eine Gruppenunfallversicherung ab. Er zahlt monatlich Versicherungsbeiträge von 10 EUR je Arbeitnehmer. Die Arbeitnehmer haben im Schadensfall einen unmittelbaren Anspruch gegenüber dem Versicherungsunternehmen.

Ergebnis: Jedem Mitarbeiter fließt monatlich Arbeitslohn in Höhe der Versicherungsbeiträge von 10 EUR zu. Der Arbeitgeber kann diese steuerpflichtigen Beiträge mit 20 % pauschal versteuern.[3] Die pauschal versteuerten Beiträge sind nicht auf die 50-EUR-Sachbezugsfreigrenze anzurechnen.[4] Eine etwaige Versicherungsleistung im Schadensfall ist nicht als Arbeitslohn zu versteuern.

Beitragsaufteilung

Unfallversicherungen sehen sowohl Leistungen bei Unfällen im privaten Bereich als auch im beruflichen Bereich vor.

- Soweit mit den anteiligen Beiträgen das Unfallrisiko im Rahmen einer beruflich veranlassten Auswärtstätigkeit abgedeckt wird, sind die anteiligen Beitragsanteile steuerfreier ↗ Reisekostenersatz.[5]
- Beiträge, die auf das übrige berufliche Unfallrisiko entfallen (insbesondere auf den Wegen zwischen Wohnung und erster Tätigkeitsstätte), sowie Beitragsanteile, die dem privaten Unfallrisiko zuzurechnen sind, sind steuerpflichtiger Arbeitslohn. Der Arbeitnehmer kann in seiner Einkommensteuererklärung die auf das übrige berufliche Unfallrisiko entfallenden Aufwendungen als Werbungskosten zum Ansatz bringen, wenn der Arbeitgeber die entsprechenden Beiträge nicht pauschal versteuert hat.

Aufteilung steuerpflichtiger Gesamtbeiträge

Die Beiträge für eine Unfallversicherung, die sowohl berufliche als auch private Risiken abdeckt, sind nach den Angaben des Versicherungsunternehmens aufzuteilen. Fehlen Angaben des Versicherungsunternehmens, müssen die steuerpflichtigen Beiträge zu einer Gesamtunfallversicherung wie folgt aufgeteilt werden[6]:

1. Sofern von der Versicherungsgesellschaft kein anderer Aufteilungsmaßstab mitgeteilt wird, kann der Gesamtbeitrag jeweils zu 50 % dem privaten und zu 50 % dem beruflichen Bereich zugerechnet werden.
2. Vom beruflichen Risiko kann der Arbeitgeber 40 % als Reisekostenersatz steuerfrei belassen. Die verbleibenden 60 % entfallen auf das übrige berufliche Unfallrisiko und sind steuerpflichtiger Arbeitslohn. Diesen verbleibenden Beitragsanteil kann der Arbeitnehmer in seiner Einkommensteuererklärung als Werbungskosten abziehen, wenn der Arbeitgeber die entsprechenden Beiträge nicht pauschal versteuert hat.

Damit bleiben 20 % des Gesamtbeitrags für eine gemischte Unfallversicherung als Reisekostenersatz steuerfrei. 30 % des Gesamtbeitrags sind als Werbungskosten abziehbar.

Dies gilt sowohl in den Fällen, in denen der Zufluss der Beiträge fortlaufend bei ihrer Entrichtung anzunehmen ist, als auch in den Fällen, in denen erst bei Eintritt des Versicherungsfalls die Beiträge kumuliert zufließen. Für die Steuerfreistellung i. H. v. 20 % ist nicht erforderlich, dass im Jahr der Versicherungsleistung bzw. im Zeitpunkt der Beitragszahlung eine beruflich veranlasste Auswärtstätigkeit anfällt.

In den Fällen, in denen erst bei Eintritt des Versicherungsfalls die Beiträge nachzuversteuern sind, ist vor der Aufteilung der nachzuversteuernden Beiträge in einen steuerfreien und einen steuerpflichtigen Teil die Begrenzung des Arbeitslohns auf die ausgezahlte Versicherungsleistung vorzunehmen.

Sozialversicherung

Zuordnung der Beiträge zum Arbeitsentgelt

Beiträge des Arbeitgebers für eine Unfallversicherung des Arbeitnehmers sind grundsätzlich beitragspflichtig. Allerdings ist bei der sozialversicherungsrechtlichen Beurteilung der Arbeitgeberbeiträge für eine Gruppenunfallversicherung danach zu differenzieren, ob aufgrund des Versicherungsvertrags der Arbeitgeber oder der Arbeitnehmer anspruchsberechtigt ist.

Anspruchsberechtigung regelt Beitragspflicht

Sofern ausschließlich dem Arbeitgeber die Rechte aus dem Versicherungsvertrag zustehen, liegt im Zeitpunkt der Beitragsleistung durch den Arbeitgeber kein beitragspflichtiges Arbeitsentgelt vor.

Kann der Arbeitnehmer dagegen die Ansprüche aus dem Versicherungsvertrag gegen den Versicherer selbst geltend machen, stellen die Beitragsleistungen des Arbeitgebers beitragspflichtiges Arbeitsentgelt dar.

Pauschale Versteuerung führt zur Beitragsfreiheit

Die Beitragsleistungen des Arbeitgebers für eine Gruppenunfallversicherung können pauschal versteuert werden. Die Beiträge sind dann kein ↗ Arbeitsentgelt.[7] Eine Hinzurechnung der Beitragsleistungen des Arbeitgebers zum Arbeitsentgelt unterbleibt allerdings nur dann, wenn der Teilbetrag 100 EUR im Kalenderjahr nicht übersteigt. Der Gesamtbeitrag des Arbeitgebers muss – nach Abzug der Versicherungssteuer – auf die Zahl der begünstigten Arbeitnehmer aufgeteilt werden.

Beitragspflicht im Leistungsfall

Die Anspruchsberechtigung regelt nicht nur die Beitragspflicht zum Zeitpunkt der Beitragsleistung, sondern auch dann, wenn der Leistungsfall eingetreten ist. Das bedeutet zunächst, dass keine Beitragspflicht entsteht, wenn die Beitragspflicht bereits im Zeitpunkt der Beitragszahlung vorlag (Arbeitgeber stehen die Rechte aus dem Versicherungsvertrag zu).

1 § 34 EStG.
2 BFH, Urteil v. 16.4.1999, VI R 60/96, BStBl 2000 II S. 406; BFH, Urteil v. 16.4.1999, VI R 66/97, BStBl 2000 II S. 408.
3 § 40b Abs. 3 EStG.
4 R 8.1 Abs. 3 Satz 1 LStR.
5 § 3 Nr. 13 oder 16 EStG.
6 BMF, Schreiben v. 28.10.2009, IV C 5 – S 2332/09/10004, Tz. 1.4, BStBl 2009 I S. 1275.
7 § 1 Abs. 1 Satz 1 Nr. 4 SvEV.

Wurden im Zeitpunkt der Beitragszahlung bisher keine Beiträge gezahlt, weil ausschließlich dem Arbeitgeber die Rechte aus dem Versicherungsvertrag zustehen, entsteht die Beitragspflicht zum Zeitpunkt der Leistungsgewährung. Beitragspflichtig sind dann allerdings nicht die Versicherungsleistungen, sondern – wie im Steuerrecht – sämtliche vom Arbeitgeber bis zum Zeitpunkt der ersten Leistungserbringung für den Arbeitnehmer entrichteten Beiträge. Die Beitragspflicht ist allerdings begrenzt auf die Höhe der Versicherungsleistungen.

Beispiel

Beitragspflicht im Leistungsfall

Arbeitgeber zahlt für seinen Arbeitnehmer seit 3 Jahren Beiträge zur Unfallversicherung i. H. v. 70 EUR jährlich. Eine Beitragspflicht der Beiträge entstand nicht, weil dem Arbeitgeber die Rechte aus dem Versicherungsvertrag zustehen. Aufgrund eines Arbeitsunfalls zahlt der Versicherer eine Leistung i. H. v. 40.000 EUR an den Arbeitgeber, die dieser an den Arbeitnehmer weiterleitet.

Beitragspflichtig sind (70 EUR × 3 Jahre) = 210 EUR

Gutscheine

Ein Gutschein ist ein Dokument, das einen Anspruch auf eine Leistung repräsentiert bzw. dokumentiert. In der Praxis sind Warengutscheine ein beliebtes Mittel, um die Freigrenze von 50 EUR für die steuerfreie Zuwendung von Sachgeschenken auszuschöpfen.

Von entscheidender Bedeutung ist, ob es sich bei dem Gutschein um einen echten Sachbezug oder um Barlohn handelt. Während Barlohn immer lohnsteuer- und sozialversicherungspflichtig ist, können Sachbezüge unter bestimmten Voraussetzungen steuer- und beitragsfrei bleiben. Außerdem besteht die Möglichkeit, Sachbezüge pauschal mit 30 % zu versteuern.

Gesetze, Vorschriften und Rechtsprechung

Lohnsteuer: Für die Abgrenzung zwischen Bar- und Sachlohn bei Gutscheinen ist § 8 Abs. 1 und 2 EStG anzuwenden, in dem auch die Sachbezugsfreigrenze geregelt ist. Hinweise und Antworten auf Auslegungsfragen zu der ab 1.1.2020 für (digitale) Gutscheine gesetzlich festgelegten Unterscheidung zwischen Geldleistung und Sachbezug enthält das BMF-Schreiben v. 15.3.2022, IV C 5 – S 2334/19/10007 :007, BStBl 2022 I S. 242. Gutscheine können auch nach den für Aufmerksamkeiten geltenden Kriterien in R 19.6 Abs. 1 LStR steuerfrei sein. Handelt es sich um einen Sachbezug, kann der steuerpflichtige Geschenkgutschein nach § 37b EStG pauschaliert werden.

Sozialversicherung: Die steuerrechtliche Bewertung gilt gleichfalls für die Sozialversicherung, da Einnahmen nicht als Arbeitsentgelt gelten, die zusätzlich zu Löhnen oder Gehältern steuerfrei gewährt werden (§ 14 SGB IV, § 1 Abs. 1 Satz 1 Nr. 1 SvEV). Außerdem kann Beitragsfreiheit dann bestehen, wenn eine Pauschalbesteuerung nach § 40 Abs. 2 EStG erfolgt (§ 1 Abs. 1 Satz 1 Nr. 3 SvEV).

Entgelt	LSt	SV
Gutscheine als Sachbezug bis 60 EUR brutto aus persönlichem Anlass	frei	frei
Gutscheine als Sachbezug bis 50 EUR monatlich	frei	frei
Gutscheine zum Einlösen beim Arbeitgeber bis 1.080 EUR jährlich	frei	frei

Lohnsteuer

Steuerliche Beurteilung abhängig von der Gutscheingewährung

Warengutschein aus persönlichem Anlass

In der betrieblichen Praxis wird für Geschenke, die der Arbeitnehmer aus besonderem persönlichem Anlass (Geburtstage, Ehrungen) von seinem Arbeitgeber erhält, häufig die Form von Waren- bzw. Einkaufsgutscheinen gewählt. Solche Warengutscheine bleiben als bloße ⇗ Aufmerksamkeiten steuerfrei, wenn der Wert 60 EUR (brutto) nicht übersteigt. Entscheidend ist, dass der Gutschein als ⇗ Sachbezug und nicht als Barzuwendung zu behandeln ist.

Wird der Betrag von 60 EUR überschritten, ist der gesamte Betrag steuer- und damit beitragspflichtig.

Für die Behandlung von Gutscheinen als ⇗ Sachbezug, der im Rahmen der 60-EUR-Grenze als Aufmerksamkeit steuerfrei bleibt, kommt es nicht darauf an, ob er über einen Höchstbetrag in EUR lautet bzw. die Ware darauf genau bezeichnet ist, wenn der arbeitsrechtliche Anspruch nicht auf eine Geldleistung gerichtet ist.

Achtung

Geldleistung ist immer steuerpflichtig

Geldzuwendungen gehören – unabhängig von der Höhe – stets zum steuerpflichtigen Arbeitslohn.[1]

Warengutschein zur Einlösung beim Arbeitgeber

Warengutscheine, die beim Arbeitgeber einzulösen sind, stellen ohne weitere formale Anforderungen immer einen ⇗ Sachbezug dar. Diese arbeitgeberbezogenen Gutscheine sind deshalb als ⇗ Belegschaftsrabatt bis zu einem Jahresbetrag von 1.080 EUR steuerfrei.

Warengutschein zur Einlösung bei einem Dritten

Für Warengutscheine, die der Arbeitnehmer bei einem Dritten einzulösen hat, kann dieSachbezugsfreigrenze i. H. v. 50 EUR[2] angewendet werden, wenn der Gutschein die Voraussetzungen für das Vorliegen eines ⇗ Sachbezugs erfüllt. Die Abgrenzung von Sach- und Barlohn bei Gutscheinen ist gesetzlich festgelegt. Weitere Voraussetzung für die Anwendung der Sachbezugsfreigrenze ist, dass der Gutschein dem Arbeitnehmer zusätzlich zum ohnehin geschuldeten Arbeitslohn gewährt wird.[3] Übersteigt der Wert der Sachzuwendung den Betrag von 50 EUR um nur 1 Cent, ist der komplette Betrag steuerpflichtig. Die Grenze gilt als kumulative Grenze. Das bedeutet, dass alle Sachzuwendungen innerhalb eines Kalendermonats zusammenzurechnen sind.

Beispiel

Zusammenrechnung mehrerer Sachbezüge

Ein Arbeitgeber überreicht seinem Arbeitnehmer im Mai 2 Gutscheine im Wert von jeweils 30 EUR.

Ergebnis: Die Werte sind zu addieren. Danach ergibt sich eine Summe von 60 EUR. Die Sachbezugsfreigrenze ist überschritten und beide Gutscheine werden steuer- und sozialversicherungspflichtig.

Gebühren bei elektronischen Gutscheinen oder Gutschein-Apps

Trägt der Arbeitgeber die Gebühren für die Bereitstellung und Aufladung von elektronischen Gutscheinen oder Gutschein-Apps (z. B. Setup-Gebühr), handelt es sich nicht um einen zusätzlichen geldwerten Vorteil, sondern um eine notwendige Begleiterscheinung betriebsfunktionaler Zielsetzungen des Arbeitgebers und damit nicht um Arbeitslohn des Arbeitnehmers. Die vom Arbeitgeber getragenen Kosten sind deshalb auf die Sachbezugsfreigrenze von 50 EUR nicht anzurechnen.[4]

1 R 19.6 Abs. 1 LStR, H 19.6 LStH „Warengutschein".
2 Bis 2021: 44 EUR.
3 § 8 Abs. 1 Sätze 2, 3 und Abs. 2 Satz 11 EStG.
4 BMF, Schreiben v. 15.3.2022, IV C 5 – S 2334/19/10007 :007, BStBl 2022 I S. 242, Rz. 3.

Voraussetzungen für die Steuerfreiheit

Vorliegen eines Sachbezugs

Die Frage, ob der Arbeitnehmer Arbeitslohn in Form einer Sachleistung erhält, bestimmt sich ausschließlich nach der gesetzlichen Begriffsbestimmung. Entscheidend ist u. a., was der Arbeitnehmer aufgrund des Gutscheins arbeitsrechtlich beanspruchen kann.[1, 2] Ein Sachbezug liegt bei Gutscheinen (Gutscheinkarten, digitalen Gutscheinen, Gutscheincodes oder Gutschein-Apps) weiterhin vor, wenn diese

1. ausschließlich zum Bezug von Waren oder Dienstleistungen beim Arbeitgeber oder einem Dritten berechtigen
2. und ab 1.1.2022[3] zudem die Kriterien des § 2 Abs. 1 Nr. 10 des Zahlungsdiensteaufsichtsgesetzes (ZAG) erfüllen. Hierunter fallen Gutscheine, die zum Bezug von Waren oder Dienstleistungen vom Aussteller des Gutscheins oder einem begrenzten Kreis von Akzeptanzstellen berechtigen. Ebenso als Sachbezug weiterhin anzuerkennen sind Gutscheine, die Waren und Dienstleistungen aus einer sehr begrenzten Waren- und Dienstleistungspalette zum Gegenstand haben. Die Anzahl der Akzeptanzstellen ist in diesem Fall ohne Bedeutung.

Unerheblich ist, ob der Arbeitnehmer die Sache unmittelbar vom Arbeitgeber erhält oder ob er diese von einem Dritten auf Kosten des Arbeitgebers bezieht. Nicht mehr begünstigt sind zweckgebundene Geldleistungen und nachträgliche Kostenerstattungen des Arbeitgebers. Der Gesetzgeber rechnet grundsätzlich alle Lohnvorteile, die auf einen Geldbetrag lauten, zu den Einnahmen in Geld. Ausgenommen sind nur noch Gutscheine und Geldkarten unter den genannten Voraussetzungen des § 2 Abs. 1 Nr. 10 ZAG.

Zusätzlichkeitsvoraussetzung

Voraussetzung für die Anwendung der Sachbezugsfreigrenze ist allerdings, dass die Gutscheine dem Arbeitnehmer zusätzlich zum ohnehin geschuldeten Arbeitslohn gewährt werden.[4]

Vertragsgestaltung bei vom Arbeitgeber selbst ausgestelltem Gutschein

Für die Frage, ob vom Arbeitgeber selbst ausgestellte Gutscheine, die zum Erwerb von Waren und Dienstleistungen bei Dritten berechtigen, als Sachlohn einzuordnen sind, ist seit 2020 die vom Arbeitgeber vereinbarte Gutscheinabwicklung bzw. die seitens der Firma gewählte vertragliche Gestaltung zu unterscheiden.

- Erfolgt die Gutscheinabwicklung in der Weise, dass der Arbeitnehmer den Gutschein bei einem beliebigen Geschäft einlösen kann und anschließend der Arbeitgeber die verauslagten Kosten dem Arbeitnehmer als Vertragspartner des Dritten (Warenhaus etc.) ersetzt, liegt eine lohnsteuerpflichtige Barlohnzahlung vor.[5]
- Ist dagegen der Arbeitgeber Vertragspartner des Dritten und erfolgt die Zahlungsabwicklung des vom Arbeitnehmer eingelösten Gutscheins unmittelbar zwischen Betrieb und Warenhaus etc. liegt wie bisher eine im Rahmen der Sachbezugsfreigrenze steuerfreie Sachleistung vor, wenn der Gutschein zusätzlich zum ohnehin geschuldeten Arbeitslohn gewährt wird. Dies gilt auch dann, wenn der Warengutschein auf einen Geldbetrag ausgestellt ist. Diese zusätzlich verlangten Voraussetzungen des § 2 Abs. 1 Nr. 10 ZAG sind für Lohnzahlungszeiträume seit 1.1.2022 zu prüfen.

1 § 8 Abs. 1 EStG.
2 BMF, Schreiben v. 15.3.2022, IV C 5 – S 2334/19/10007 :007, BStBl 2022 I S. 242.
3 Tz. 6 des BMF-Schreibens v. 15.3.2022, IV C 5 – S 2334/19/10007 :007, BStBl 2022 I S. 242, legt abweichend von den gesetzlichen Anwendungsbestimmungen für Lohnzahlungszeiträume bis zum 31.12.2021 eine Übergangsregelung fest.
4 BMF, Schreiben v. 15.3.2022, IV C 5 – S 2334/19/10007 :007, BStBl 2022 I S. 242, Rz 30.
5 § 8 Abs. 1 Sätze 2, 3 EStG.

Achtung

Anwendungsschreiben zur Abgrenzung von Bar- und Sachlohn bei Gutscheinen

Das BMF hat zur gesetzlich geänderten Abgrenzung zwischen Bar- und Sachlohn bei der Gutscheingewährung an Arbeitnehmer ein Anwendungsschreiben veröffentlicht, das Auslegungshinweise zu den Abgrenzungskriterien bei (digitalen) Gutscheinen gibt.[6] Nach den im BMF-Schreiben aufgeführten Kriterien ist beim Einsatz von Warengutscheinen bei den nachfolgend dargestellten Gutscheinmodellen weiterhin von einem begünstigten Sachbezug auszugehen, der unter die Sachbezugsfreigrenze fällt, wenn der Arbeitgeber den Gutschein zusätzlich zum ohnehin geschuldeten Arbeitslohn zuwendet.

Beispiele für als Sachbezug begünstigte Gutscheine

Ab 1.1.2022 weiterhin begünstigt sind Gutscheine, die zum Erwerb von Waren und Dienstleistungen berechtigen, sofern sie an folgenden Stellen eingelöst werden:

- in den örtlichen Geschäftsräumen oder im Internetshop des Ausstellers,
- in den einzelnen Geschäften einer ausstellenden Ladenkette oder im Internetshop dieser Ladenkette mit einheitlichem Marktauftritt (z. B. eine Marke oder ein Logo),
- in örtlichen (inländischen) Shoppingcentern oder Outlet-Villages (Ist die Einlösung des Gutscheins nicht nur auf ein Shoppingcenter begrenzt, sondern bundesweit in mehreren Shoppingcentern möglich [= Gutschein einer Shoppingcenter-Kette], stellt die Gutscheingewährung keinen Sachbezug dar, weil es an der Voraussetzung des eng begrenzten Kreises der Akzeptanzstellen fehlt. Ob der Gutschein nur in einem oder ggf. in mehreren [inländischen] Shoppingcenter einlösbar ist, kann oftmals der jeweiligen Homepage entnommen werden. Alternativ sollten sich entsprechende Informationen aus den Allgemeinen Geschäftsbedingungen des Unternehmens ergeben.),
- in Einkaufsgeschäften von städtischen Einkaufsringen und Dienstleistungsverbünden (sog. City-Karten), regionalen Einkaufsverbünden oder im Internetshop der jeweiligen Akzeptanzstelle,
- im Online-Handel, sofern sie sich auf die eigene Produktpalette des Online-Händlers beschränken und nicht auch für Produkte von Fremdanbietern (z. B. Marketplace) einlösbar sind.

Achtung

PLZ-Vereinfachungsregelung für regionale Einkaufs- und Dienstleistungsverbünde richtig anwenden

Für die Abgrenzung der Anforderungen an einen eng begrenzten Kreis von Akzeptanzstellen bei städtischen und regionalen Einkaufs- und Dienstleistungsverbünden haben die Finanzämter eine an der Postleitzahl orientierte Vereinfachungsregelung festgelegt. Gutscheine für Einkaufs- und Dienstleistungsverbünde, die sich in unmittelbar angrenzenden 2-stelligen Postleitzahlbezirken befinden, erfüllen die verlangten Voraussetzungen des § 2 Abs. 1 Nr. 10 ZAG. Damit ist eine Begrenzung der möglichen Akzeptanzstellen auf die unmittelbar angrenzenden 2-stelligen Postleitzahlbezirke (z. B. 30XXX mit Bezirk 29XXX und 31XXX) – auch Bundesländer übergreifend – ausreichend, um die „Gutschein-Voraussetzungen" für einen Sachbezug bei Einkaufs- und Dienstleistungsverbünden zu erfüllen. Es ist unerheblich, wenn der Arbeitnehmer die beiden Postleitzahlbezirke monatlich frei wählen kann.[7]

Beispiel

Steuerfreier Wareneinkaufsgutschein

Ein Unternehmen gewährt seinen Mitarbeitern zusätzlich zum ohnehin geschuldeten Arbeitslohn monatliche City-Karten über 50 EUR, die bei

6 BMF, Schreiben v. 15.3.2022, IV C 5 – S 2334/19/10007 :007, BStBl 2022 I S. 242.
7 BMF, Schreiben v. 15.3.2022, IV C 5 – S 2334/19/10007 :007, BStBl 2022 I S. 242, Rz. 10.

sämtlichen im städtischen Einkaufsring zusammengeschlossenen Einzelhandelsgeschäften eingelöst werden können. Die Barauszahlung ist technisch ausgeschlossen. Die Abrechnung erfolgt unmittelbar zwischen Arbeitgeber und dem städtischen Einkaufsring.

Ergebnis: Es handelt sich um Arbeitslohn in Form von Sachbezügen. Bei der Frage, ob es sich um einen Sachbezug handelt, ist es unerheblich, dass der Gutschein die „Sache" nicht konkret bezeichnet, der Einkauf bei verschiedenen, auf die Stadt begrenzten Ladengeschäften vorgenommen werden kann und der Gutschein eine betragsmäßige Grenze enthält. Entscheidend für die Steuerfreiheit im Rahmen der Sachbezugsfreigrenze ist, dass dem Arbeitnehmer von der Firma über die City-Karte eine Sache gewährt wird, die er zusätzlich zum ohnehin geschuldeten Arbeitslohn erhält.

Wäre im vorigen Beispielsfall die Kostentragung im Wege der ⇗ Barlohnumwandlung erfolgt, würde es sich bei der City-Karte ebenfalls um einen ⇗ Sachbezug handeln, der jedoch lohnsteuerpflichtig ist. Die 50-EUR-Freigrenze findet keine Anwendung, da die Guthabenkarte vom Arbeitgeber nicht zusätzlich gewährt wird.

Gutscheinportale

Auf sog. Gutscheinportalen können u. a. Gutscheine und Geldkarten erworben und eingelöst werden, die ausschließlich dazu berechtigen, sie gegen andere Gutscheine oder Geldkarten (Zielgutscheine) einzutauschen. Der erste Gutschein, für den auch die Bezeichnung Wunsch- oder Universalgutschein gebräuchlich ist, bzw. die erste Geldkarte ist lediglich als technisches Mittel zum Erwerb des Zielgutscheins zu verstehen. Ein Sachbezug kann bei solchen Gutschein-Modellen erst bei der Einlösung des Gutscheins gegen den Zielgutschein vorliegen. Die Sachbezugsfreigrenze ist deshalb erst beim Erwerb des Zielgutscheins zu prüfen. Nachteilig kann sich dies auf das Sammeln von monatlichen Gutscheinen auswirken, wenn diese zu einem späteren Zeitpunkt innerhalb eines Monats gegen Zielgutscheine eingetauscht werden.

Voraussetzungen für die Anerkennung als Sachleistung

Die Finanzverwaltung verlangt, dass der eingelöste Gutschein bzw. die eingelöste Geldkarte die Voraussetzungen für die Anerkennung als Sachleistung erfüllt. Hierzu muss durch vertragliche und technische Vorkehrungen gewährleistet sein, dass die Einlösung nur gegen andere Gutscheine oder Geldkarten erfolgen kann, die ausschließlich zum Bezug von Waren oder Dienstleistungen im lohnsteuerlichen Sinne des § 2 Abs. 1 Nr. 10 ZAG berechtigen.

Zuflusszeitpunkt

Da der Lohnzufluss erst im Zeitpunkt der Hingabe des zweiten Gutscheins bzw. mit dem Aufladen der zweiten Geldkarte erfolgt, darf dem Arbeitnehmer das Guthaben erst nach der Auswahl seines (Ziel-)Gutscheins bzw. dieser (zweiten) Geldkarte zur Verfügung stehen. Auch hier muss durch technische Vorkehrungen sichergestellt sein, etwa durch die Freischaltung des Gutscheincodes oder die Aufladung des Guthabens auf der Geldkarte, dass der Arbeitnehmer erst zu diesem späteren Zeitpunkt das jeweilige Guthaben verwenden kann.[1]

Achtung

Einlösung von gesammelten Gutscheinen kann zur Lohnsteuerpflicht führen

Die Sachbezugsfreigrenze ist im Monat des Lohnzuflusses und damit erst beim Erwerb des Zielgutscheins zu prüfen. Daher kann es sich nachteilig auswirken, wenn über mehrere Monate gesammelte Gutscheine zu einem späteren Zeitpunkt innerhalb eines Monats gegen (mehrere) Zielgutscheine eingetauscht werden und dabei die Sachbezugsfreigrenze von 50 EUR überschritten wird.

Gutscheinmodelle mit sog. Universalgutscheinen, die zum Bezug von Zielgutscheinen berechtigen, sind bei der Umsetzung in die Lohnsteuerpraxis mit zusätzlichen Arbeiten verbunden. Der spätere Sachbezugszufluss beim Zielgutschein, der an die zeitgleiche spätere Verfügbarkeit des jeweiligen Guthabens geknüpft ist,[2] führt nicht nur wegen der hierfür erforderlichen technischen Vorkehrungen, sondern auch wegen der vom Lohnbüro vorzunehmenden Überwachung der Sachbezugsfreigrenze für den Lohnsteuerbereich zu Mehraufwand. Dem auf Gutscheinportalen angebotenen „Direkt-Gutschein" (Gutscheine, die zum Direktbezug von Waren und Dienstleistungen berechtigen), kann aus lohnsteuerlicher Sicht im Einzelfall der Vorzug zu geben sein. Eine ⇗ ⇗ Anrufungsauskunft beim zuständigen ⇗ Betriebsstättenfinanzamt kann Unsicherheiten zum gewählten Gutscheinmodell klären.

Wahlrecht führt zu steuerpflichtigem Barlohn

Die Freigrenze ist nicht anwendbar, wenn dem Arbeitnehmer ein Wahlrecht zwischen dem Bezug von Geld oder Sachen eingeräumt wird. Hat er einen arbeitsrechtlichen Anspruch darauf, dass ihm die Firma anstelle der Sache deren Wert in Geld ausbezahlt, liegt eine Geldleistung vor.

Die 60-EUR-Grenze für Aufmerksamkeiten findet auf solche Sachverhalte selbst dann keine Anwendung, wenn sich z. B. bei mehreren Arbeitnehmern einzelne Arbeitnehmer für die Sache oder Dienstleistung entscheiden.

Unschädlich ist, dass der Gutschein einen anzurechnenden Geldbetrag oder Höchstbetrag enthält oder die abzugebende Ware oder Dienstleistung nicht konkret bezeichnet werden.

Bewertungsabschlag von 4 %

Einnahmen, die nicht in Geld bestehen (Wohnung, Kost, Waren, Dienstleistungen und sonstige ⇗ Sachbezüge), sind mit den um übliche Preisnachlässe geminderten üblichen Endpreisen am Abgabeort anzusetzen.[3] Das ist der Preis, der im allgemeinen Geschäftsverkehr von Letztverbrauchern in der Mehrzahl der Verkaufsfälle am Abgabeort für gleichartige Waren oder Dienstleistungen tatsächlich gezahlt wird. Er schließt die Umsatzsteuer und sonstige Preisbestandteile ein.

Wichtig

Kein Bewertungsabschlag bei Gutscheinen mit Betragsangabe

Bei Gutscheinen mit Betragsangaben oder bei Geldkarten ist die Bewertung des ⇗ Sachlohns mit dem vollen Betrag erforderlich. Der ansonsten zu gewährende Abschlag von 4 % für übliche Preisnachlässe[4] darf aufgrund des fehlenden Bewertungserfordernisses nicht mehr abgezogen werden.[5] Die Gutscheine sind mit dem angegebenen Wert für die Prüfung der 50-EUR-Grenze und ggf. beim Lohnsteuerabzug anzusetzen.[6]

Zuflusszeitpunkt bei Gutscheinen

Einlösung beim Arbeitgeber

Ist der Gutschein beim Arbeitgeber einzulösen, fließt Arbeitslohn erst bei Einlösung des Gutscheins zu.[7, 8]

Einlösung bei Dritten

Bei Abgabe eines Warengutscheins, der bei einem Dritten einzulösen ist, fließt der Arbeitslohn dem Arbeitnehmer mit der Gutscheinhingabe zu, weil der Arbeitnehmer ab diesem Zeitpunkt einen nicht entziehbaren Rechtsanspruch gegenüber dem Dritten erwirbt.[9, 10]

1 BMF, Schreiben v. 15.3.2022, IV C 5 – S 2334/19/10007 :007, BStBl 2022 I S. 242, Rz. 24 Buchst. f.

2 BMF, Schreiben v. 15.3.2022, IV C 5 – S 2334/19/10007 :007, BStBl 2022 I S. 242, Rz. 24 Buchst. f.
3 § 8 Abs. 2 EStG.
4 R 8.1 Abs. 2 Satz 9 LStR.
5 R 8.1 Abs. 2 Satz 4 LStR.
6 BMF, Schreiben v. 15.3.2022, IV C 5 – S 2334/19/10007 :007, BStBl 2022 I S. 242, Rz. 17.
7 R 38.2 Abs. 3 Satz 2 LStR.
8 BMF, Schreiben v. 13.4.2021, IV C 5 – S 2334/19/10007 :002, BStBl 2021 I S. 624, Rz. 26.
9 R 38.2 Abs. 3 Satz 1 LStR.
10 BMF, Schreiben v. 15.3.2022, IV C 5 – S 2334/19/10007 :007, BStBl 2022 I S. 242, Rz. 26; BFH, Urteil v. 23.7.1999, VI B 116/99, BStBl 1999 II S. 684; Sächsisches FG, Urteil v. 9.1.2018, 3 K 511/17, rkr.

Die Bewertung des Gutscheins ist ebenfalls nach den Verhältnissen zu diesem Zeitpunkt vorzunehmen. Wie sich die Wertverhältnisse bis zu seiner Einlösung entwickeln, ist für den Lohnsteuerabzug ohne Bedeutung.

Beispiel

Zufluss von Tankgutscheinen bereits mit Hingabe

Ein Arbeitgeber gewährt seinen Mitarbeitern monatliche Tankgutscheine im Wert von 50 EUR, die aufgrund einer Rahmenvereinbarung bei der Tankstelle einzulösen sind. Diese rechnet monatlich unter Vorlage der eingereichten Gutscheine direkt mit dem Arbeitgeber ab. Im ⇗ Lohnkonto der einzelnen Arbeitnehmer werden die eingelösten Gutscheine abgelegt. Aufgrund der Abrechnung der Tankstelle ergibt sich, dass der Arbeitnehmer die Tankgutscheine März und April erst im Mai eingelöst hat.

Ergebnis: Maßgebend für den Lohnzufluss ist die Gutscheinhingabe durch den Arbeitgeber. Der Sachbezug „Kraftstoff" ist zu diesem Zeitpunkt mit dem aufgedruckten Gutscheinwert zu erfassen ist. Die für März und April ausgegebenen Tankgutscheine bleiben deshalb auch beim Arbeitnehmer im Rahmen der 50-EUR-Grenze steuerfrei. Auf die gemeinsame Einlösung bei der Tankstelle kommt es nicht an.

Achtung

Kein Sachlohn und Sachbezugsfreigrenze bei zweckgebundenen Geldleistungen

Während ein Sachbezug bei Gutscheinen und Geldkarten weiterhin vorliegt, wenn diese ausschließlich zum Bezug von Waren oder Dienstleistungen berechtigen und die Kriterien des § 2 Abs. 1 Nr. 10 ZAG erfüllen, zählen zweckgebundene Geldleistungen und nachträgliche Kostenerstattungen zu den Lohnbezügen in Geld. Die Anwendung der Sachbezugsfreigrenze ist bei dieser Verfahrensweise auch bei arbeitsrechtlicher Zusage von Waren und Dienstleistungen ausgeschlossen.

Aufzeichnungspflichten

Aufzeichnung im Lohnkonto

Die Auslegung des Begriffs „⇗ Sachbezug" macht detaillierte Aufzeichnungen im ⇗ Lohnkonto erforderlich. Für die Anwendung der Sachbezugsfreigrenze muss der Arbeitgeber jeden einzeln gewährten Sachbezug im Lohnkonto des Arbeitnehmers unter Angabe des Werts und des Zuflusszeitpunkts festhalten.[1]

Erleichterte Aufzeichnungspflichten auf Antrag

Unter bestimmten Voraussetzungen sind für Sachbezüge, die unter die 50-EUR-Grenze fallen, Aufzeichnungserleichterungen vorgesehen. Der Arbeitgeber muss hierzu einen Antrag beim Betriebsstättenfinanzamt stellen. Das Finanzamt kann zulassen, dass keine Aufzeichnungen zu führen sind, wenn durch betriebliche Regelungen und entsprechende Überwachungsmaßnahmen gewährleistet ist, dass die monatliche Freigrenze von 50 EUR nicht überschritten wird.[2]

Nach den Lohnsteuerrichtlinien hat das Finanzamt dem Antrag auch ohne Überwachungsmaßnahmen des Arbeitgebers zu entsprechen, wenn nach der Lebenserfahrung unter den betrieblichen Gegebenheiten so gut wie ausgeschlossen ist, dass der Betrag von 50 EUR überschritten wird.[3]

Sozialversicherung

Warengutschein aus persönlichem Anlass

Die beitragsrechtliche Beurteilung in der Sozialversicherung richtet sich nach den steuerrechtlichen Kriterien. Daher sind Warengutscheine als bloße Aufmerksamkeit beitragsfrei, wenn ein Sachbezug vorliegt und der Wert den Betrag von 60 EUR nicht übersteigt. Wird der Betrag von 60 EUR überschritten, ist der gesamte Betrag beitragspflichtig. Beitragspflicht entsteht immer, wenn es sich um eine Zuwendung in Geld handelt.

Warengutschein zur Einlösung beim Arbeitgeber

Die arbeitgeberbezogenen Gutscheine sind als Belegschaftsrabatt bis zu einem Jahresbetrag von 1.080 EUR beitragsfrei. Die beitragsrechtliche Beurteilung in der Sozialversicherung richtet sich auch in diesem Fall nach den steuerrechtlichen Kriterien.

Warengutscheine zur Einlösung bei Dritten

Kann der Arbeitnehmer Warengutscheine bei einem Dritten einlösen, darf die 50-EUR-Sachbezugsfreigrenze angewendet werden. Soweit der Wert der Sachzuwendung den Betrag von 50 EUR um nur 1 Cent übersteigt, ist allerdings der komplette Betrag beitragspflichtig. Erhält der Arbeitnehmer mehrere Warengutscheine dieser Art, sind die Werte daraus zusammenzurechnen. Die Sozialversicherung folgt also der steuerlichen Bewertung.

Sachbezug oder Geldzuwendung

Steuerfreiheit und daraus folgend Beitragsfreiheit kann nur bestehen, wenn ein Sachbezug vorliegt. Bei einer Geldzuwendung handelt es sich immer um grundsätzlich beitragspflichtiges Arbeitsentgelt. Ein Sachbezug liegt nur vor, wenn die Kriterien des § 8 Abs. 1 Satz 3 EStG erfüllt sind. Insofern kann hier auf die Ausführungen zum Steuerrecht verwiesen werden. Handelt es sich also nach steuerrechtlichen Kriterien um einen – steuerfreien – Sachbezug, besteht Beitragsfreiheit.

Hinweis

Ende der Übergangsregelung zum 31.12.2021

Ob Bar- oder Sachlohn im Einzelfall vorliegt, war seit dem 1.1.2020 durch Änderung des § 8 Abs. 1 EStG steuerrechtlich und damit auch beitragsrechtlich umstritten. Dies gilt insbesondere für Geldkarten in Gestalt von sog. Open-Loop-Karten. Ein BMF-Schreiben enthält dazu Auslegungshinweise. Außerdem enthält das BMF-Schreiben eine bis zum 31.12.2021 geltende Nichtbeanstandungsregelung für Gutscheine und Geldkarten, die die eigentlich seit 2020 geltenden geänderten Voraussetzungen eines Sachbezugs – und damit der Steuerfreiheit – nicht mehr erfüllen. Dadurch konnte die Steuerfreiheit noch bis zum 31.12.2021 begründet werden. Da in der Sozialversicherung keine eigenständige Abgrenzung zwischen Geld- und Sachbezügen existiert, wurde die steuerrechtliche Beurteilung auch in der Sozialversicherung beitragsrechtlich akzeptiert.

Diese Übergangsregelung ist seit dem 1.1.2022 nicht mehr anwendbar.

Zeitliche Zuordnung

Hinsichtlich der zeitlichen Zuordnung bei der Beitragsberechnung in der Sozialversicherung gelten die steuerlichen Regelungen entsprechend: Bei Abgabe eines Warengutscheins in Form eines Sachbezugs, der bei einem Dritten einzulösen ist, fließt der Arbeitslohn dem Arbeitnehmer mit der Gutscheinhingabe zu. Der Arbeitnehmer erwirbt ab diesem Zeitpunkt einen nicht entziehbaren Rechtsanspruch gegenüber dem Dritten.

1 § 4 Abs. 2 Nr. 3 LStDV.
2 § 4 Abs. 3 Satz 2 LStDV.
3 R 41.1 Abs. 3 LStR.

Haftentlassener

Haftentlassene sind Personen, die nach Verbüßung einer Untersuchungshaft, einer Freiheitsstrafe oder von freiheitsentziehenden Maßnahmen der Besserung und Sicherung wieder in das „normale" gesellschaftliche Leben sowie in das Arbeitsleben integriert werden müssen. Die Sozialversicherungspflicht dieser Personen ist davon abhängig, welcher Tatbestand im Anschluss an die Haftentlassung zum Tragen kommt (z. B. Beschäftigungsaufnahme oder Arbeitslosengeldbezug).

Gesetze, Vorschriften und Rechtsprechung

Sozialversicherung: Sofern der Haftentlassene nach seiner Entlassung unmittelbar aufgrund eines Arbeitsvertrags für einen Arbeitgeber eine Beschäftigung ausübt, ist er in dieser nach § 5 Abs. 1 Nr. 1 SGB V, § 20 Abs. 1 Satz 1 Nr. 1 SGB XI, § 1 Satz 1 Nr. 1 SGB VI und § 25 Abs. 1 SGB III versicherungspflichtig in der Kranken-, Pflege-, Renten- und Arbeitslosenversicherung. Bezieht der Haftentlassene unmittelbar nach seiner Entlassung Arbeitslosengeld oder Bürgergeld, ist er nach § 5 Abs. 1 Nr. 2 bzw. 2a SGB V, § 20 Abs. 1 Satz 1 Nr. 2 bzw. 2a SGB XI, § 3 Satz 1 Nr. 3 SGB VI versicherungspflichtig in der Kranken-, Pflege- und Rentenversicherung.

Für den Fall, dass sich im Anschluss an die Haftentlassung kein Tatbestand anschließt, der für sich gesehen zum Eintritt von Sozialversicherungspflicht führt, kommt für den Bereich der gesetzlichen Krankenversicherung § 5 Abs. 1 Satz 1 Nr. 13 SGB V zum Zuge.

Besteht nach der Haftentlassung Anspruch auf Leistungen der Grundsicherung nach dem SGB XII, erfolgt je nach vorherigem Krankenversicherungsschutz eine Zuordnung zur gesetzlichen oder privaten Krankenversicherung. Bei einer Versicherung in der gesetzlichen Krankenversicherung und der sozialen Pflegeversicherung erfolgt die Beitragsübernahme durch den Träger der Sozialhilfe im Rahmen des § 32 Abs. 2 und 5 SGB XII. Bei einer Absicherung in der privaten Krankenversicherung erfolgt die Beitragsübernahme durch den Träger der Sozialhilfe für den Basistarif im Rahmen des § 32 Abs. 4 SGB XII.

Sozialversicherung

Beschäftigung nach der Haftentlassung

Sofern der Haftentlassene nach seiner Entlassung unmittelbar aufgrund eines Arbeitsvertrags für einen Arbeitgeber eine Beschäftigung ausübt, ist er in dieser kranken-, pflege-, renten- und arbeitslosenversicherungspflichtig. Sofern in der nach Haftentlassung aufgenommenen Beschäftigung unmittelbar ein Arbeitsentgelt oberhalb der ⇗ Jahresarbeitsentgeltgrenze bezogen wird, besteht Krankenversicherungsfreiheit.

Die aus dem Beschäftigungsverhältnis heraus anfallenden Sozialversicherungsbeiträge werden vom Arbeitgeber im üblichen Verfahren abgeführt. Der Arbeitgeber ist für die Abgabe der erforderlichen ⇗ Anmeldung nach der DEÜV verantwortlich.

Wenn der Haftentlassene nicht innerhalb von 14 Tagen nach Aufnahme der Beschäftigung von seinem ⇗ Krankenkassenwahlrecht Gebrauch macht, ist für ihn die Krankenkasse zuständig, bei der er zuletzt vor Antritt seiner Haftstrafe versichert gewesen ist.[1]

Bezug von Arbeitslosengeld/Bürgergeld nach der Haftentlassung

Bezieht der Haftentlassene unmittelbar nach seiner Entlassung Arbeitslosengeld, ist Versicherungsschutz in der Sozialversicherung durch den Bezug dieser Leistungen ebenfalls gewährleistet. Er ist in diesem Fall kranken-, pflege- und rentenversicherungspflichtig.

Erhält der Haftentlassene unmittelbar nach seiner Entlassung Bürgergeld nach § 19 Abs. 1 Satz 1 SGB II, ist der Versicherungsschutz in der Sozialversicherung auch durch dessen Bezug sichergestellt. Er ist in diesem Fall kranken- und pflegeversicherungspflichtig.

Hinweis

Keine Rentenversicherungspflicht

Hinsichtlich des Versicherungsschutzes gilt die Besonderheit, dass der Bezug von Bürgergeld nach § 19 Abs. 1 Satz 1 SGB II in der Rentenversicherung keine Versicherungspflicht mehr auslöst; vielmehr gilt der Leistungsbezug als Anrechnungszeit.[2]

Beitragszahlung/Meldungen

Die Beiträge für die sozialversicherungsrechtliche Absicherung in der Kranken-, Pflege- und Rentenversicherung werden von der Bundesagentur für Arbeit bzw. vom jeweiligen Job-Center gezahlt. Diese haben auch die erforderliche Anmeldung gegenüber der zuständigen Krankenkasse vorzunehmen.

Krankenkassenzuständigkeit/-wahl

Zuständig für die Durchführung der gesetzlichen Krankenversicherung ist in diesen Fällen jeweils die Krankenkasse, bei der zuletzt vor Hafteintritt die Mitgliedschaft bestanden hat. Bestand vorher keine Mitgliedschaft in einer gesetzlichen Krankenkasse, kann sich der Haftentlassene eine der für seinen Wohnort wählbaren Krankenkassen aussuchen.

Versicherungsschutz ohne Vorliegen einer anderweitigen Absicherung

In einigen Fällen tritt im Anschluss an die Haftentlassung kein Tatbestand ein, der für sich gesehen zum Eintritt von Sozialversicherungspflicht führt. Hier kommt für den Bereich der gesetzlichen Krankenversicherung die Auffangregelung des § 5 Abs. 1 Satz 1 Nr. 13 SGB V zum Zuge.

Danach tritt automatisch Krankenversicherungspflicht ein, wenn kein anderweitiger Anspruch auf Absicherung im Krankheitsfall vorhanden ist. Dies gilt insbesondere in den Fällen, in denen der Haftentlassene

- keine ⇗ Familienversicherung bei einem als Mitglied in der gesetzlichen Krankenversicherung versicherten Angehörigen beanspruchen kann oder
- weder Anspruch auf Bürgergeld nach § 19 Abs. 1 Satz 1 SGB II noch Anspruch auf Leistungen der Grundsicherung nach dem SGB XII geltend machen kann oder will.

Krankenkassenwahl/-zuständigkeit

Der Haftentlassene muss sich in diesem Fall selbst bei der für ihn zuletzt zuständigen Krankenkasse oder bei seinem zuletzt für ihn zuständigen privaten Krankenversicherungsunternehmen anmelden.

Sofern der Haftentlassene zuvor weder gesetzlich noch privat krankenversichert war, ist die Zuständigkeit der gesetzlichen Krankenversicherung gegeben. In diesem Fall kann sich der Haftentlassene eine der für seinen Wohnort wählbaren Krankenkassen aussuchen.

Beitragstragung

Bei dieser „nachrangigen" Absicherung hat der Haftentlassene die Beiträge für seinen Krankenversicherungsschutz selbst aufzubringen. Die Beitragsbemessung richtet sich für einen in der gesetzlichen Krankenversicherung als Rückkehrer versicherten Haftentlassenen nach den für freiwillige Versicherte maßgeblichen Grundsätzen. Dies hat zur Konsequenz, dass auch dann, wenn der Haftentlassene über keine oder nur geringe Einkünfte verfügt, Beiträge nach der Mindestbeitragsbemessungsgrundlage in Höhe von $^1/_3$ der ⇗ Bezugsgröße entrichtet werden müssen. Dies entspricht im Jahr 2024 einem Wert von mtl. 1.178,33 EUR (2023: 1.131,67 EUR).

1 § 175 Abs. 3 Satz 2 SGB V.

2 § 58 Abs. 1 Satz 1 Nr. 6 SGB VI.

Versicherungsschutz beim Bezug von Leistungen der Grundsicherung nach dem SGB XII

Sofern der Haftentlassene nicht die Voraussetzungen für den Anspruch auf Bürgergeld nach § 19 Abs. 1 Satz 1 SGB II erfüllt und nach der Haftentlassung Sozialhilfe bezieht, wird der Versicherungsschutz entweder über eine Pflichtversicherung nach § 5 Abs. 1 Satz 1 Nr. 13 SGB V in der gesetzlichen Krankenversicherung unter den o. g. Voraussetzungen sichergestellt oder es kommt eine Versicherung in der privaten Krankenversicherung zum Tragen, wenn der Haftentlassene zuvor privat versichert war. Insbesondere dann, wenn der Haftentlassene eine vorrangige Familienversicherung bei einem in der gesetzlichen Krankenversicherung als Mitglied versicherten Angehörigen beanspruchen kann, kommt weder die nachrangige Pflichtversicherung nach § 5 Abs. 1 Satz 1 Nr. 13 SGB V noch der Schutz der privaten Krankenversicherung während des Sozialhilfebezugs zum Tragen. Sofern aufgrund des Sozialhilfebezugs eine Pflichtversicherung in der gesetzlichen Krankenversicherung nach § 5 Abs. 1 Satz 1 Nr. 13 SGB V zum Zuge kommen sollte, werden die Beiträge zur Krankenversicherung hierfür durch den zuständigen Träger der Sozialhilfe als angemessener Bedarf übernommen. Gleiches gilt für die in diesem Zusammenhang ebenfalls zu entrichtenden Beiträge zur privaten Krankenversicherung.[1] Sofern eine Zuordnung zur privaten Krankenversicherung vorzunehmen ist, werden die Beiträge für die Absicherung im Basistarif der privaten Krankenversicherung ebenfalls durch den zuständigen Träger der Sozialhilfe als angemessener Bedarf übernommen.[2]

Haftpflichtversicherung

Übernimmt der Arbeitgeber die Beiträge zur privaten Haftpflichtversicherung des Arbeitnehmers, handelt es sich hierbei um lohnsteuer- und sozialversicherungspflichtiges Entgelt.

Eine Ausnahme besteht, wenn die Übernahme der Haftpflichtbeiträge im überwiegend betrieblichen Interesse des Arbeitgebers liegt, z. B. bei der Berufshaftpflichtversicherung. In diesem Fall kann sowohl Lohnsteuer- als auch Sozialversicherungsfreiheit vorliegen.

Laut einem Urteil des Bundesfinanzhofs stellt selbst die Übernahme von Beiträgen zur Berufshaftpflichtversicherung einer angestellten Rechtsanwältin sowohl steuerpflichtigen Arbeitslohn als auch sozialversicherungspflichtiges Arbeitsentgelt dar. Die Urteilsbegründung kann auf die meisten Fälle von durch den Arbeitgeber übernommenen Haftpflichtversicherungsbeiträgen angewendet werden. Der Bundesfinanzhof sieht es als überwiegend beim Arbeitnehmer liegendes Interesse, dass ein Schaden durch eine Haftpflichtversicherung abgewendet wird.

Gesetze, Vorschriften und Rechtsprechung

Lohnsteuer: Einkünfte aus nichtselbstständiger Arbeit sind in § 19 EStG definiert. Zur Übernahme von Beiträgen zur Berufshaftpflichtversicherung s. BFH, Urteil v. 26.7.2007, VI R 64/06, BStBl 2007 II S. 892.

Sozialversicherung: Der Begriff Arbeitsentgelt ist in § 14 SGB IV geregelt.

Entgelt	LSt	SV
Haftpflichtversicherung	pflichtig	pflichtig

1 § 32 Abs. 2 und 5 SGB XII.
2 § 32 Abs. 4 SGB XII.

Handelsvertreter

Der Handelsvertreter ist ein Vermittler von Rechtsgeschäften zwischen dem Kaufmann und Dritten im Sinne des Handelsgesetzbuches (HGB). Nach dem Verständnis des HGB ist er regelmäßig Selbstständiger und unterliegt damit nicht dem Arbeitsrecht. Allerdings besteht eine weite Grauzone mit erheblichen Abgrenzungsschwierigkeiten zum unselbstständigen Handelsvertreter als Arbeitnehmer oder arbeitnehmerähnlicher Person.

Gesetze, Vorschriften und Rechtsprechung

Lohnsteuer: Vertreter, die die typische Tätigkeit eines Handelsvertreters i. S. d. § 84 HGB ausüben sind i. d. R. selbstständig tätig, vgl. BFH, Urteil v. 20.12.2007, V R 62/06, BStBl 2008 II S. 641. Steuerrechtlich sind für die Abgrenzung zwischen selbstständiger und nichtselbstständiger Tätigkeit die §§ 18 und 19 EStG sowie die einschlägigen Verwaltungsregelungen in den LStR und LStH maßgebend.

Sozialversicherung: Die sozialversicherungsrechtliche Behandlung richtet sich danach, ob eine abhängige Beschäftigung nach § 7 Abs. 1 Satz 1 SGB IV besteht. Die Spitzenorganisationen der Sozialversicherung gehen auf Handelsvertreter in ihrem Rundschreiben vom 21.3.2019 ein (GR v. 21.3.2019 – II).

Lohnsteuer

Handelsvertreter als Arbeitnehmer

Handelsvertreter können steuerlich ⇗ Arbeitnehmer, aber auch selbstständige Gewerbetreibende sein. Für die Beurteilung sind die allgemeinen Abgrenzungsmerkmale[3] maßgebend. Dabei kommt es auf das Gesamtbild der tatsächlichen Verhältnisse an. Für eine Arbeitnehmereigenschaft sprechen Eingliederung in das Unternehmen mit Weisungsbefugnis des Arbeitgebers sowie das Fehlen eines unternehmerischen Risikos. Eine Entlohnung nach dem Erfolg der Tätigkeit schließt Unselbstständigkeit nicht aus.

Nicht entscheidend für die Einordnung der Tätigkeit ist die sozialversicherungsrechtliche Beurteilung.[4]

Rechtssicherheit durch Anrufungsauskunft

Ob der Handelsvertreter im Einzelfall selbstständig oder nichtselbstständig tätig ist, kann je nach Sachverhalt schwierige Abgrenzungsfragen auslösen. Um hier eine rechtssichere Entscheidung zu treffen, empfiehlt es sich im Einzelfall die Zuordnung im Rahmen einer kostenfreien ⇗ Anrufungsauskunft durch das zuständige Betriebsstättenfinanzamt klären zu lassen. Das Finanzamt ist dann im Lohnsteuerabzugsverfahren an diese Auskunft gebunden.[5] Für den Arbeitgeber tritt insoweit Rechtssicherheit ein. Eine Haftungsinanspruchnahme droht dem Arbeitgeber selbst bei einer fehlerhaften Entscheidung des Betriebsstättenfinanzamts nicht.

Reisekosten bei Auswärtstätigkeit

Für die lohnsteuerliche Behandlung der Mehraufwendungen von Handelsvertretern bei Auswärtstätigkeiten gelten die allgemeinen Vorschriften.

Sozialversicherung

Versicherungsrechtliche Beurteilung

Für die versicherungsrechtliche Behandlung eines Handelsvertreters ist danach zu unterscheiden, ob der Handelsvertreter als ⇗ selbstständig Erwerbstätiger oder als abhängig Beschäftigter (⇗ Arbeitnehmer) gilt.

3 § 1 LStDV.
4 H 19.0 LStH: „Allgemeines".
5 BFH, Urteil v. 16.11.2005, VI R 23/02, BStBl 2006 II S. 210.

Sowohl das Bundesarbeitsgericht (BAG) als auch das Bundessozialgericht (BSG) haben in ständiger Rechtsprechung Kriterien entwickelt, die eine Abgrenzung des abhängigen Beschäftigungsverhältnisses von der selbstständigen Tätigkeit ermöglichen.

Ob ein Handelsvertreter dem beauftragenden Unternehmer gegenüber die Rechtsstellung eines selbstständigen Gewerbetreibenden einnimmt, kommt auf die Gesamtumstände des Einzelfalls an. Dabei ist festzustellen, ob die Merkmale für eine abhängige Beschäftigung oder die Merkmale für eine selbstständige Tätigkeit überwiegen.

Tipp

Im Zweifelsfall Statusfeststellungsverfahren

Im Zweifelsfall kann von den Beteiligten ein ⇗ Statusfeststellungsverfahren durch die Clearingstelle der Deutschen Rentenversicherung Bund eingeleitet werden. Alternativ kann eine Klärung des Status des Erwerbstätigen bei der zuständigen ⇗ Einzugsstelle beantragt oder vom Rentenversicherungsträger im Rahmen einer ⇗ Betriebsprüfung durchgeführt werden.

Beschäftigungsverhältnis

Eine Beschäftigung im Sinne der Sozialversicherung[1] setzt voraus, dass der Arbeitnehmer vom Arbeitgeber persönlich abhängig ist. Bei einer Beschäftigung in einem fremden Betrieb ist dies der Fall, wenn der Beschäftigte in den Betrieb eingegliedert ist und dabei einem Zeit, Dauer, Ort und Art der Ausführung umfassenden Weisungsrecht des Arbeitgebers unterliegt.

Merkmale einer abhängigen Beschäftigung

Den folgenden Merkmalen misst die Rechtsprechung ein sehr großes Gewicht für die Annahme eines abhängigen Beschäftigungsverhältnisses bei. Sie führen zu Beschränkungen, die in den Kerngehalt der Selbstständigkeit eingreifen. Dazu gehören folgende Verpflichtungen:

- uneingeschränkt allen Weisungen des Auftraggebers Folge zu leisten,
- dem Auftraggeber regelmäßig in kurzen Abständen detaillierte Berichte zukommen zu lassen,
- in Räumen des Auftraggebers zu arbeiten,
- bestimmte EDV-Hard- und -Software zu benutzen, sofern damit insbesondere Kontrollmöglichkeiten des Auftraggebers verbunden sind.

Zwingende Merkmale für ein Beschäftigungsverhältnis sind:

- die Arbeit nach bestimmten Tourenplänen oder
- das Abarbeiten von Adresslisten,

jeweils insbesondere in Verbindung mit dem Verbot der Kundenwerbung aus eigener Initiative. Derartige Verpflichtungen eröffnen dem Auftraggeber Steuerungs- und Kontrollmöglichkeiten, denen sich ein Selbstständiger nicht unterwerfen muss.

Feststellung der Arbeitnehmereigenschaft

Handelsvertreter, die als abhängig Beschäftigte anzusehen sind, sind versicherungspflichtig in der Kranken-, Pflege-, Renten- und Arbeitslosenversicherung.[2] In der Krankenversicherung besteht Krankenversicherungsfreiheit, sofern das regelmäßige Jahresarbeitsentgelt des Handelsvertreters die maßgebliche ⇗ Jahresarbeitsentgeltgrenze übersteigt.[3]

Selbstständige Tätigkeit

Die selbstständige Tätigkeit kennzeichnet vornehmlich das eigene Unternehmerrisiko, das Vorhandensein einer eigenen ⇗ Betriebsstätte, die Verfügungsmöglichkeit über die eigene Arbeitskraft und die im Wesentlichen frei gestaltete Tätigkeit und Arbeitszeit.

1 § 7 Abs. 1 Satz 1 SGB IV.
2 § 5 Abs. 1 Nr. 1 SGB V, § 20 Abs. 1 Satz 2 Nr. 1 i. V. m. Satz 1 SGB XI, § 1 Satz 1 Nr. 1 SGB VI und § 25 Abs. 1 SGB III.
3 § 6 Abs. 1 Nr. 1 SGB V.

Merkmal für die Selbstständigkeit eines Handelsvertreters

Dem folgenden Merkmal kommt bei der Abwägung ein sehr starkes Gewicht zu: Die Beschäftigung von „eigenen" versicherungspflichtigen Arbeitnehmern, gegenüber denen Weisungsbefugnis hinsichtlich Zeit, Ort und Art der Arbeitsleistung besteht, die das Gesamtbild der Tätigkeit des Handelsvertreters prägt.

Feststellung einer selbstständigen Tätigkeit

Selbstständige Handelsvertreter unterliegen nicht der Versicherungspflicht. Allerdings sind Handelsvertreter, die regelmäßig keinen versicherungspflichtigen Arbeitnehmer beschäftigen und auf Dauer und im Wesentlichen nur für einen Auftraggeber tätig sind, als sogenannte arbeitnehmerähnliche Personen rentenversicherungspflichtig.[4] Unter bestimmten Voraussetzungen ist nach § 6 Abs. 1a SGB VI eine Befreiung von der Rentenversicherungspflicht möglich.

Handgeld

Unter Handgeld ist ein Geldbetrag zu verstehen, der einem zukünftigen Mitarbeiter bei Abschluss des Arbeitsvertrags gezahlt wird oder um betriebsangehörige Mitarbeiter zu einer Vertragsverlängerung zu motivieren. Bei einer mündlichen Zusage kann bereits ein Handgeld fließen.

Insbesondere im Profifußball wird zum Vertragsabschluss oder dessen Verlängerung ein Handgeld gezahlt.

Handgelder sind durch das einzugehende bzw. bestehende Arbeitsverhältnis veranlasst. Die Einnahme erfolgt im Hinblick auf das Arbeitsverhältnis und ist eine Gegenleistung für das Zurverfügungstellen der Arbeitskraft des jeweiligen Mitarbeiters. Deshalb handelt es sich bei den Handgeldern um steuerpflichtigen Arbeitslohn.

Gesetze, Vorschriften und Rechtsprechung

Lohnsteuer: Die Lohnsteuerpflicht ergibt sich aus § 19 Abs. 1 Satz 1 Nr. 1 EStG in Zusammenhang mit § 8 Abs. 1 Satz 1 EStG sowie § 2 LStDV und R 19.3 LStR.

Sozialversicherung: Die Beitragspflicht in der Sozialversicherung ergibt sich aus § 14 Abs. 1 Satz 1 SGB IV, die Verbeitragung als einmalig gezahltes Arbeitsentgelt aus § 23a SGB IV. Soweit die Beitragsbemessungsgrenzen in der Sozialversicherung überschritten werden, fallen keine SV-Beiträge an.

Entgelt	LSt	SV
Handgeld	pflichtig	pflichtig

Handwerker

Handwerker betreiben einen Gewerbebetrieb als Betrieb eines zulassungspflichtigen Handwerks gemäß Anlage A zur Handwerksordnung (HandwO). Der Betrieb muss handwerksmäßig betrieben werden und das Gewerbe vollständig umfassen bzw. in der Ausübung von Tätigkeiten bestehen, die für dieses Gewerbe wesentlich sind. Die Inhaber von Betrieben zulassungspflichtiger Handwerke sind in der bei der Handwerkskammer geführten Handwerksrolle eingetragen. Die Handwerker sind in einzelnen Innungen organisiert.

Das Auftreten als vermeintlich selbstständiger Handwerker darf nicht zur Umgehung zwingender arbeitsrechtlicher und sozialversicherungsrechtlicher Vorschriften missbraucht werden.

4 § 2 Satz 1 Nr. 9 SGB VI.

Selbstständig tätige Gewerbetreibende in Handwerksbetrieben sind nur in der Rentenversicherung kraft Gesetzes versicherungspflichtig. Erfasst von der Rentenversicherungspflicht werden Gewerbetreibende, die mit ihrem Gewerbe in der Handwerksrolle eingetragen sind (zulassungspflichtiges Handwerk). Dafür müssen sie die für die Eintragung nötigen Qualifikationsanforderungen selbst erfüllen. Bis 31.12.2003 lief dieser Personenkreis unter der Bezeichnung „selbstständig tätige Handwerker". Alleinhandwerker, die im Jahr 1991 von den bis dahin geltenden besonderen beitragsrechtlichen Regelungen für Kleinhandwerker nach dem Handwerkerversicherungsgesetz (HwVG) Gebrauch gemacht haben, können seit 1992 Rentenversicherungsbeiträge in geringerer Höhe zahlen (Bestandsschutz).

Gesetze, Vorschriften und Rechtsprechung

Sozialversicherung: Die Versicherungspflicht in der Rentenversicherung von selbstständig tätigen Gewerbetreibenden in Handwerksbetrieben ist in § 2 Satz 1 Nr. 8 SGB VI geregelt. Die Möglichkeit der Befreiung von der Versicherungspflicht bei Vorhandensein von 18 Jahren mit Pflichtbeiträgen regelt § 6 Abs. 1 Satz 1 Nr. 4 und Abs. 4 SGB VI. Übergangsregelungen im Hinblick auf Änderungen in der Handwerkerversicherung befinden sich in den §§ 229, 230 und 231 SGB VI.

Die besondere beitragsrechtliche Sonderregelung für Alleinhandwerker (vor 1992 Begriff der Kleinhandwerker) gegenüber § 165 SGB VI mit ihrer Anknüpfung an geringere beitragspflichtige Einnahmen ergibt sich aus § 279 Abs. 2 SGB VI.

Sozialversicherung

Kranken-/Pflege-/Arbeitslosen-/Unfallversicherung der Gewerbetreibenden in Handwerksbetrieben

In der gesetzlichen Krankenversicherung können Gewerbetreibende in Handwerksbetrieben im Rahmen der Weiterversicherung im Anschluss an eine Pflichtversicherung freiwillig versichert werden. In der Arbeitslosenversicherung besteht keine Versicherungspflicht kraft Gesetzes, dafür ist sie auf Antrag möglich.[1] Pflegeversicherungspflicht besteht

- in der sozialen Pflegeversicherung, wenn der Handwerker freiwilliges Mitglied der gesetzlichen Krankenversicherung[2] oder
- in einer privaten Pflegeversicherung, wenn der Handwerker gegen das Risiko der Krankheit bei einem privaten Krankenversicherungsunternehmen mit Anspruch auf allgemeine Krankenhausleistungen versichert[3]

ist.

Kraft Gesetzes besteht keine Versicherungspflicht in der Unfallversicherung. Allerdings ist die Versicherungspflicht kraft Satzung der zuständigen Berufsgenossenschaft nach § 3 Abs. 1 Nr. 1 SGB VII möglich. Darüber hinaus ist der Beitritt zur freiwilligen Unfallversicherung möglich, wenn keine Versicherung kraft Satzung besteht.[4]

Rentenversicherungspflicht

Versicherungspflichtig in der Rentenversicherung sind selbstständige Gewerbetreibende, die ein zulassungspflichtiges Handwerk nach der Anlage A der Handwerksordnung (HwO) betreiben und in die Handwerksrolle eingetragen sind.

Eine Eintragung in das Verzeichnis zulassungsfreier Handwerker oder handwerksähnlicher Gewerbe (Anlage B HwO) führt grundsätzlich nicht zur Versicherungspflicht.

1 § 28a SGB III.
2 § 20 Abs. 3 SGB XI.
3 § 23 SGB XI.
4 § 6 Abs. 1 Nr. 6 SGB VII.

Hinweis

Ausnahmen

a) Fortbestand der Versicherungspflicht

Im Zusammenhang mit Änderungen in der Handwerkerversicherung und in § 2 Abs. 1 Satz 1 Nr. 8 SGB VI zum 1.1.2004 regelt § 229 Abs. 2a SGB VI, dass selbstständige Gewerbetreibende, die am Stichtag 31.12.2003 (dem Grunde nach) versicherungspflichtig waren, in dieser Tätigkeit versicherungspflichtig bleiben; eine Befreiung von der Rentenversicherungspflicht ist nach mindestens 18 Jahren mit Pflichtbeiträgen möglich. Erfasst vom Fortbestand der Versicherungspflicht werden selbstständig tätige Gewerbetreibende, die aufgrund dieser Tätigkeit am 31.12.2003 versicherungspflichtig waren und ihr Handwerk zum 1.1.2004 von den zulassungspflichtigen in das Verzeichnis für zulassungsfreie Handwerke überführt wurde.

b) Kein Eintritt von Versicherungspflicht

Mit Wirkung vom 14.2.2020 wurden zahlreiche zulassungsfreie Handwerke wieder zulassungspflichtig und von der Anlage B HwO in die Anlage A HwO überführt. Wer allerdings bisher nicht versicherungspflichtig war und dies durch die handwerksrechtliche Änderung würde, bleibt in der ausgeübten Tätigkeit nach § 229 Abs. 8 SGB VI nicht versicherungspflichtig.

Voraussetzungen

Gewerbetreibende müssen für die Rentenversicherungspflicht

- die handwerkliche selbstständige Tätigkeit tatsächlich ausüben und
- in ihrer Person die für die Eintragung in die Handwerksrolle nötigen Voraussetzungen erfüllen.[5] Dazu zählt z. B. eine Meisterprüfung im betreibenden oder in einem mit diesem verwandten zulassungspflichtigen Handwerk (ggf. auch eine als gleichwertig anerkannte Prüfung).

Wichtig

Handwerksrechtliche Befähigung

Inhaber eines Handwerksbetriebs müssen selbst die handwerksrechtliche Befähigung besitzen, es ist nicht ausreichend, wenn der Betriebsleiter des eingetragenen Betriebs diese Befähigung besitzt.

Eingetragene Betriebsleiter, die nicht Inhaber des Handwerksbetriebs sind, sind meist als Beschäftigte nach § 1 Satz 1 Nr. 1 SGB VI rentenversicherungspflichtig. Erfahrene Gesellen können sich unter bestimmten Voraussetzungen mit einem zulassungspflichtigen Handwerk selbstständig machen und sind mit der Eintragung in die Handwerksrolle versicherungspflichtig.[6]

Ausgeschlossene Personen

Eintragungen in die Handwerksrolle von Handwerksbetrieben und Betriebsfortführungen nach den §§ 2 bis 4 HwO bewirken nicht die Versicherungspflicht des zur Führung des Handwerksbetriebs Berechtigten. Daher sind von der Rentenversicherungspflicht ausgeschlossen:

- Inhaber handwerklicher Nebenbetriebe,
- Nachlassverwalter, Nachlasspfleger, Nachlasskonkursverwalter,
- Testamentsvollstrecker sowie
- Witwen oder Witwer, die nach dem Tode des Ehegatten dessen Handwerksbetrieb weiterführen.

5 §§ 7, 7a HwO.
6 § 7b Abs. 1a HwO.

Meldepflicht/Mitteilung versicherungsrelevanter Tatsachen

Der selbstständig tätige Gewerbetreibende muss den zuständigen Rentenversicherungsträger ohne Aufforderung über alle Tatsachen unterrichten, die für die Feststellung seiner Versicherungs- und Beitragspflicht erheblich sind.[1]

Die Meldepflicht des Gewerbetreibenden schließt auch die Meldung über die Aufnahme der selbstständigen Tätigkeit im Handwerk ein.

Wichtig

Meldung durch die Handwerkskammer

Auch die Handwerkskammer, bei der die Anmeldung in die Handwerksrolle erfolgt ist, muss den örtlich zuständigen Regionalträger über die Anmeldung unterrichten.[2] Die Pflicht der Handwerkskammer, die Eintragung in die Handwerksrolle zu melden, ersetzt nicht die Meldepflicht des Gewerbetreibenden.

Meldet der Gewerbetreibende die Aufnahme der selbstständigen Tätigkeit kurz vor oder in unmittelbarem Zusammenhang mit der Betriebseröffnung, kann er mit der Meldung sein Gestaltungsrecht hinsichtlich der Beitragshöhe ausüben.

Der Gewerbetreibende erhält nach Eingang der Meldung beim Regionalträger einen Fragebogen zur Feststellung der Versicherungspflicht. Er muss darin über alle Tatsachen, die für die Feststellung der Versicherungs- und Beitragspflicht erheblich sind, auf Verlangen unverzüglich Auskunft erteilen. Wirkt der Gewerbetreibende an diesem Verfahren nicht mit, kann das eine Ordnungswidrigkeit darstellen, die mit einer Geldbuße von bis zu 2.500 EUR geahndet werden kann.[3] Nachteile aus einer nicht feststellbaren Versicherungspflicht trägt ggf. der Gewerbetreibende.

Personen-/Kapitalgesellschaften

Bei Personengesellschaften (BGB-Gesellschaft, KG, GmbH & Co. KG, OHG), die in die Handwerksrolle eingetragen sind, gilt als Gewerbetreibender der Gesellschafter. Dieser ist bei tatsächlicher Ausübung der handwerklichen selbstständigen Tätigkeit somit rentenversicherungspflichtig, wenn er in seiner Person die Voraussetzungen für die Eintragung in die Handwerksrolle erfüllt.

Gesellschafter einer in die Handwerksrolle eingetragenen Kapitalgesellschaft (GmbH, AG, KGaA) werden wegen ausdrücklicher Bezugnahme auf Personengesellschaften in § 2 Satz 1 Nr. 8 SGB VI nicht von der Versicherungspflicht erfasst; ggf. aber nach anderen Vorschriften. Besteht im Einzelfall zur Kapitalgesellschaft ein abhängiges Beschäftigungsverhältnis, liegt Rentenversicherungspflicht als Arbeitnehmer vor.

Zuständigkeit

Zuständiger Rentenversicherungsträger für die Durchführung der Versicherung bei Gewerbetreibenden ist grundsätzlich der zuständige Regionalträger.[4]

Beginn

Die Rentenversicherungspflicht beginnt mit dem Tag der Eintragung in die Handwerksrolle, frühestens mit dem Tag der Aufnahme der selbstständigen Tätigkeit als Gewerbetreibender.

Ende

Die Versicherungspflicht endet, wenn die selbstständige Tätigkeit als Gewerbetreibender nicht mehr ausgeübt wird, spätestens jedoch am Tage der Löschung der Eintragung in die Handwerksrolle.

Tatbestände, die zum Ende der Versicherungspflicht führen, hat der selbstständig tätige Gewerbetreibende dem zuständigen Regionalträger unverzüglich mitzuteilen. Die Handwerkskammer unterrichtet den zuständigen Regionalträger über Änderungen oder Löschungen in der Handwerksrolle.[5]

1 § 196 Abs. 1 Satz 1 Nr. 2 SGB VI.
2 § 196 Abs. 3 SGB VI.
3 § 320 SGB VI.
4 § 128 Abs. 1 SGB VI.
5 § 196 Abs. 3 SGB VI.

Unterbrechung

Die Versicherungspflicht wird bei fortlaufendem Betrieb unterbrochen, wenn der selbstständige Gewerbetreibende infolge von Arbeitsunfähigkeit, wegen Teilnahme an einer Rehabilitationsmaßnahme oder bei Schwangerschaft und Mutterschaft die persönliche (Mit-)Arbeit im Handwerksbetrieb einstellt. Kann die selbstständige Tätigkeit ohne Mitarbeit des Gewerbetreibenden nicht mehr ausgeübt werden, d. h. „ruht" der Handwerksbetrieb, können bei Vorliegen weiterer Voraussetzungen Anrechnungszeiten anerkannt werden.

Damit Unterbrechungstatbestände bei der Beitragsberechnung berücksichtigt werden können, sollte der Gewerbetreibende diese unverzüglich dem zuständigen Regionalträger mitteilen. Er ist hierzu sogar verpflichtet.[6] Das setzt in aller Regel 2 Mitteilungen an die Regionalträger voraus:

- Mitteilung über den Beginn der Unterbrechung mit Nachweis des Unterbrechungstatbestands (z. B. Arbeitsunfähigkeitszeugnis),
- Mitteilung über das Ende der Unterbrechung.

Befreiung

Wenn der selbstständige Gewerbetreibende für mindestens 18 Jahre, d. h. für 216 Monate Pflichtbeiträge zur gesetzlichen Rentenversicherung gezahlt hat, wird er auf Antrag von der Rentenversicherungspflicht befreit. Er kann unter Einschätzung seiner persönlichen Situation entscheiden, ob die Sicherung, die er in der gesetzlichen Rentenversicherung erreicht hat, ausreicht.

Für die mindestens 18 Jahre Pflichtbeiträge zählen Zeiten

- als Arbeitnehmer,
- als selbstständig Tätiger, auch wenn die Pflichtbeiträge nicht als selbstständiger Handwerker/Gewerbetreibender gezahlt wurden,
- wegen Kindererziehung,
- mit ausländischen Pflichtbeitragszeiten, soweit zwischenstaatliche oder überstaatliche Regelungen eine Gleichstellung der ausländischen Beiträge mit den nach Bundesrecht für eine rentenversicherungspflichtige Beschäftigung oder Tätigkeit zu zahlenden Beiträge vorsehen.

Die Befreiung erstreckt sich auf die jeweilige Handwerkertätigkeit, für die sie ausgesprochen wurde, nicht hingegen auf eine daneben ausgeübte Versicherungspflicht, z. B. aufgrund einer zeitgleichen abhängigen Beschäftigung.

Auf Antrag

Die Befreiung wird vom Vorliegen der Voraussetzungen an wirksam, wenn der Befreiungsantrag innerhalb von 3 Monaten nach dem Vorliegen der Befreiungsvoraussetzungen gestellt wird. Fällt das Ende der 3-Monatsfrist auf einen Sonnabend, Sonntag oder gesetzlichen Feiertag, endet sie erst mit dem folgenden Werktag. Wird der Antrag nach Ablauf der Frist gestellt, wird die Befreiung erst vom Zeitpunkt der Antragstellung an wirksam.

Hinweis auf die Befreiungsmöglichkeit

Auf die Möglichkeit der Befreiung von der Versicherungspflicht wird der selbstständige Gewerbetreibende von dem für ihn zuständigen Regionalträger hingewiesen. Dies geschieht mit dem Bescheid, mit dem seine Versicherungspflicht festgestellt wird, und noch einmal vor Erreichen des 216. Pflichtbeitrags. Gewerbetreibende, die sich von der Rentenversicherungspflicht haben befreien lassen, können als selbstständig tätige Gewerbetreibende nicht mehr rentenversicherungspflichtig in dieser Tätigkeit werden, solange sie jene Tätigkeit ausüben. Wird die selbstständige Tätigkeit hingegen aufgegeben (ggf. mit Löschung in der Handwerksrolle), endet die Versicherungspflicht dem Grunde nach. Soweit ggf. eine anschließende neue Tätigkeit als selbstständiger Gewerbetreibender von der Versicherungspflicht erfasst wird, würde eine abermalige Befreiung grundsätzlich einen neuen Befreiungsantrag erfordern.

6 § 196 Abs. 1 Satz 1 Nr. 2 SGB VI.

Beitragsrecht in der Rentenversicherung

Solange Versicherungspflicht besteht, ergibt sich die Beitragspflicht für Gewerbetreibende in Handwerksbetrieben nach Maßgabe der Bestimmungen des § 165 SGB VI.

Regelbeitrag/halber Regelbeitrag/einkommensgerechte Beiträge

Pflichtbeiträge sind grundsätzlich in Höhe des Regelbeitrags (2024: mtl. 657,51 EUR/West bzw. 644,49 EUR/Ost; 2023: mtl. 631,47 EUR/West bzw. 611,94 EUR/Ost) aufgrund eines fiktiven Arbeitseinkommens in Höhe der ⇗ Bezugsgröße zu zahlen. Bis zum Ablauf der ersten 3 Kalenderjahre nach dem Jahr der Aufnahme der selbstständigen Tätigkeit sind Beiträge nur in Höhe des halben Regelbeitrags (2024: mtl. 328,76 EUR/West bzw. 322,25 EUR/Ost; 2023: mtl. 315,74 EUR/West bzw. 305,97 EUR/Ost) zu zahlen, soweit in dieser Zeit nicht auch der Regelbeitrag gewählt wird. Auf Antrag ist es auch möglich, Beiträge auf der Grundlage des tatsächlich erzielten Arbeitseinkommens zu zahlen. Das Arbeitseinkommen ergibt sich grundsätzlich aus dem letzten Einkommensteuerbescheid (steuerrechtlicher Gewinn).

Alleinhandwerker

Alleinhandwerker sind Handwerker, die in ihrem Gewerbebetrieb keine wegen dieser Beschäftigung versicherungspflichtigen Personen mehr als geringfügig beschäftigen. Nicht berücksichtigt werden dabei jedoch Lehrlinge und Ehegatten oder Verwandte 1. Grades. Wird z. B. im Handwerksbetrieb ein Arbeitnehmer geringfügig beschäftigt und ist dieser Arbeitnehmer noch in einer anderen Beschäftigung mehr als geringfügig beschäftigt, steht dies der Eigenschaft als Alleinhandwerker nicht entgegen.

Versicherte, die

- am 31.12.1991 Alleinhandwerker waren und
- im Jahr 1991 Beiträge nur alle 2 Monate oder/und in niedrigerer Höhe gezahlt haben (bei Arbeitseinkünften unterhalb der Hälfte des Durchschnittsentgelts aller Versicherten der Angestellten- und Arbeiterrentenversicherung),

können seit 1992 so lange niedrigere Pflichtbeiträge zahlen, soweit die Eigenschaft als Alleinhandwerker besteht. Hierfür war ein entsprechender Antrag bis zum 30.6.1992 erforderlich.

Beiträge auf Basis von 50 % der Bezugsgröße

Der niedrigere Beitrag nach einem Arbeitseinkommen unterhalb der ⇗ Bezugsgröße gilt für Alleinhandwerker, die vor dem 1.1.1992 von der 2-monatlichen Beitragszahlung Gebrauch gemacht haben. Die Beitragsvergünstigung steht unabhängig vom erzielten Arbeitseinkommen und dessen Nachweis zu. Beitragsbemessungsgrundlage ist mindestens die Hälfte der monatlichen Bezugsgröße (2024: mtl. 1.767,50 EUR/West bzw. 1.732,50 EUR/Ost; 2023: mtl. 1.697,50 EUR/West bzw. 1.645,00 EUR/Ost). Hieraus resultieren im Jahr 2024 Beiträge i. H. v. 328,76 EUR/West und 322,25 EUR/Ost (2023: 315,74 EUR/West bzw. 305,97 EUR/Ost).

Beiträge auf Basis von 40 % der Bezugsgröße

Der niedrigere Beitrag in Höhe von 40 % des Regelbeitrags gilt für Alleinhandwerker, die ihre Beiträge bis 1991 zwar monatlich, jedoch in geringerer Höhe gezahlt haben. Beitragsbemessungsgrundlage sind mindestens 40 % der monatlichen Bezugsgröße (2024: mtl. 1.414 EUR/West bzw. 1.386 EUR/Ost; 2023: mtl. 1.358 EUR/West bzw. 1.316 EUR/Ost). Hieraus resultieren im Jahr 2024 Beiträge i. H. v. 263 EUR/West und 257,80 EUR/Ost (2023: 252,59 EUR/West bzw. 244,78 EUR/Ost).

Die Beitragsvergünstigung kann nur in Anspruch genommen werden, wenn die im letzten Einkommensteuerbescheid ausgewiesenen Jahreseinkünfte vor Abzug der Sonderausgaben und von Freibeträgen weniger als 50 % der Bezugsgröße (2024: mtl. 1.767,50 EUR/West bzw. 1.732,50 EUR/Ost; 2023: mtl. 1.697,50 EUR/West bzw. 1.645,00 EUR/Ost) betragen.

Beiträge auf Basis von 20 % der Bezugsgröße

Der Beitrag in Höhe von 20 % des Regelbeitrags gilt für Alleinhandwerker, die 1991 sowohl von der 2-monatlichen als auch von der niedrigeren Beitragszahlung Gebrauch gemacht haben. Beitragsbemessungsgrundlage sind mindestens 20 % der monatlichen Bezugsgröße (2024: mtl. 707 EUR/West bzw. 693 EUR/Ost; 2023: mtl. 679 EUR/West bzw. 658 EUR/Ost). Hieraus resultieren im Jahr 2024 Beiträge i. H. v. 131,50 EUR/West und 128,90 EUR/Ost (2023: 126,29 EUR/West bzw. 122,39 EUR/Ost).

Voraussetzung für die Beitragsvergünstigung ist, dass das Jahreseinkommen des Alleinhandwerkers nach dem letzten Einkommensteuerbescheid weniger als 50 % der Bezugsgröße beträgt.

Mindestbeiträge schließen höhere Beiträge nicht aus

Die Mindestbeitragsregelungen legen den Alleinhandwerker nicht fest, Beiträge in Höhe von 50 %, 40 % bzw. 20 % des Regelbeitrags zahlen zu müssen. Er kann jeden den für ihn maßgebenden Mindestbeitrag übersteigenden Beitrag bis zum Regelbeitrag zahlen. Solange die Berechtigung zur Zahlung ermäßigter Beiträge besteht, ist dies ohne Weiteres und ohne besonderen – weiteren – Einkommensnachweis möglich. Bei Nachweis des Arbeitseinkommens ist es dem Alleinhandwerker auch nicht verwehrt, einkommensgerechte Beiträge auf Basis der Beitragsbemessungsgrenze zu zahlen.

Rentenversicherungsfreiheit

In bestimmten Fällen sind Handwerker versicherungsfrei und somit von einer Beitragspflicht zur Rentenversicherung entbunden.

Vorrangversicherung bis 31.12.1991

Handwerker, die am 31.12.1991 nach § 2 Abs. 1 Nr. 5 HwVG in der Handwerkerversicherung wegen einer versicherungspflichtigen Beschäftigung als Arbeitnehmer versicherungsfrei waren, bleiben auch nach dem 31.12.1991 als selbstständig tätige Handwerker versicherungsfrei, solange sie diese Beschäftigung ausüben.

Lebensversicherungsvertrag

Handwerker, die bis 31.12.1961 aufgrund eines Lebensversicherungsvertrags versicherungsfrei waren und dies auch am 31.12.1991 nach § 6 Abs. 1, 3 und 6 HwVG waren, bleiben ab 1.1.1992 in jeder Beschäftigung und selbstständigen Tätigkeit versicherungsfrei.

Hauptberuflich Selbstständige

Als hauptberuflich Selbstständige gelten Personen, deren selbstständige Tätigkeit den Mittelpunkt ihres Erwerbslebens darstellt. Wird neben einer hauptberuflich selbstständigen Tätigkeit eine Beschäftigung ausgeübt, ist diese kranken- und pflegeversicherungsfrei. In der hauptberuflichen Selbstständigkeit selbst kann nur Rentenversicherungspflicht eintreten, in allen anderen Versicherungszweigen kann keine Versicherungspflicht entstehen. In der Rentenversicherung sind nur bestimmte selbstständig Tätige in die Versicherungspflicht einbezogen.

Gesetze, Vorschriften und Rechtsprechung

Lohnsteuer: Hauptberuflich Selbstständige erfüllen nicht den Arbeitnehmerbegriff des § 1 Abs. 1 LStDV. Nach § 1 Abs. 3 LStDV sind selbstständig tätige Personen keine Arbeitnehmer.

Sozialversicherung: Den Ausschluss von der Krankenversicherungspflicht für hauptberuflich selbstständig Tätige in der Krankenversicherung regelt § 5 Abs. 5 SGB V. Für die Pflegeversicherung gilt das analog durch § 20 SGB XI. Die Spitzenorganisationen der Sozialversicherung haben mit Rundschreiben v. 20.3.2019 (GR v. 20.3.2019-II) grundsätzliche Hinweise zum Begriff der hauptberuflich selbstständigen Erwerbstätigkeit aufgestellt. Die Einbeziehung bestimmter Selbstständiger in die Rentenversicherungspflicht regelt § 2 SGB VI. Der Begriff des Arbeitseinkommens ist in § 15 SGB IV definiert.

Lohnsteuer

Kein Lohnsteuerabzug vorzunehmen

Hauptberuflich Selbstständige erfüllen nicht den Arbeitnehmerbegriff des § 1 Abs. 2 LStDV; sie erzielen keine Einkünfte aus nichtselbstständiger Tätigkeit.[1] Für die an diese Personen gezahlten Entgelte für Leistungen im Rahmen ihrer selbstständig ausgeübten gewerblichen oder beruflichen Tätigkeit ist kein Lohnsteuerabzug vorzunehmen.[2]

Selbstständig tätige Personen üben ihre Tätigkeit grundsätzlich in eigenem Namen und für eigene Rechnung aus; sie können Unternehmerinitiative entfalten und tragen selbst das Unternehmensrisiko.

Achtung

Aufpassen bei Scheinselbstständigkeit

Häufig treten freie Mitarbeiter als selbstständige Unternehmer auf, obwohl sie steuer- und/oder sozialversicherungsrechtlich als Arbeitnehmer einzustufen wären. Von den Zahlungen an solche Mitarbeiter müssten folglich auch Lohnsteuer und Sozialversicherungsbeiträge einbehalten und abgeführt werden.

Sozialversicherung

Zuordnung zum Personenkreis

Mittelpunkt der Erwerbstätigkeit

Eine selbstständige Tätigkeit wird hauptberuflich ausgeübt, wenn sie von der wirtschaftlichen Bedeutung und dem zeitlichen Aufwand her alle anderen Erwerbstätigkeiten zusammen deutlich übersteigt. Die selbstständige Tätigkeit stellt dann den „Mittelpunkt der Erwerbstätigkeit" dar. Bei der Prüfung, ob eine selbstständige Tätigkeit hauptberuflich ausgeübt wird, sind der Zeit- und der Geldfaktor gleich stark zu gewichten. In diese Beurteilung sind selbstständige Tätigkeiten als land- oder forstwirtschaftlicher Unternehmer oder als Künstler oder Publizist mit einzubeziehen.

Zeitliche und wirtschaftliche Bedeutung

Vom zeitlichen Umfang her ist eine selbstständige Tätigkeit dann als hauptberuflich anzusehen, wenn sie mehr als halbtags ausgeübt wird.[3] Dabei ist auch der zeitliche Umfang für eventuell erforderliche Vor- und Nacharbeiten zu berücksichtigen. Mit zu berücksichtigen ist ebenfalls die für die kaufmännische und organisatorische Führung des Betriebs erforderliche Zeit. Die wirtschaftliche Bedeutung der selbstständigen Tätigkeit wird anhand der Höhe des Arbeitseinkommens bemessen.[4] Maßgeblich ist der nach den Gewinnermittlungsvorschriften des Einkommensteuerrechts ermittelte Gewinn.

Beschäftigung von Arbeitnehmern

Hauptberuflichkeit ist auch ohne Prüfung der wirtschaftlichen Bedeutung anzunehmen, wenn der Selbstständige als Arbeitgeber von mindestens einem versicherungspflichtigen Arbeitnehmer auftritt.[5] Das Gleiche gilt auch, wenn mehrere Minijobber beschäftigt werden, deren Arbeitsentgelt aber insgesamt mehr als die Geringfügigkeitsgrenze beträgt. Diese gesetzliche Vermutung ist jedoch widerlegbar, wenn der Selbstständige nachweist, dass – obwohl er Arbeitgeber ist – die selbstständige Tätigkeit von der wirtschaftlichen Bedeutung und vom zeitlichen Umfang her nicht seine Lebensführung prägt und insofern nicht hauptberuflich ausgeübt wird.

1 § 19 EStG.
2 § 1 Abs. 3 LStDV.
3 BSG, Urteile v. 10.3.1994, 12 RK 1/94 und 12 RK 3/94.
4 § 15 SGB IV.
5 § 5 Abs. 5 Satz 2 SGB V.

Hinweis

Feststellung der Hauptberuflichkeit bei Arbeitnehmerbeschäftigung in der Vergangenheit

In der Vergangenheit war die Beschäftigung von Arbeitnehmern lediglich ein Indiz für eine hauptberufliche selbstständige Tätigkeit, ausschlaggebend war aber die wirtschaftliche Bedeutung und der zeitliche Umfang der Tätigkeiten.

Arbeitnehmer bei Gesellschaftern

Bei Gesellschaftern gelten auch die Arbeitnehmer der Gesellschaft als Arbeitnehmer des einzelnen Gesellschafters. Verfügt eine Gesellschaft über mehrere Gesellschafter, kann ein dort beschäftigter Arbeitnehmer dem einzelnen Gesellschafter nur dann als Arbeitnehmer zugerechnet werden, wenn sich bei einer Aufteilung des Arbeitsentgelts des Arbeitnehmers gemäß der Kapitalbeteiligung auf die einzelnen Gesellschafter ergibt, dass der selbstständig Tätige (als einer der Gesellschafter) den Arbeitnehmer mit mehr als die Geringfügigkeitsgrenze „beschäftigt". Entsprechendes gilt, wenn die Gesellschaft mehrere Minijobber beschäftigt. Nicht zu berücksichtigen sind hierbei stille Gesellschafter, da diese nicht als selbstständig Erwerbstätige gelten.

Selbstständige Tätigkeit neben anderer Erwerbstätigkeit

Wird eine selbstständige Tätigkeit neben einer vollschichtig ausgeübten Beschäftigung als Arbeitnehmer betrieben, spricht das gegen die Hauptberuflichkeit der selbstständigen Tätigkeit. Dabei spielt die Höhe des Entgelts keine Rolle. In diesen Fällen ist davon auszugehen, dass neben der vollschichtigen Beschäftigung für eine als hauptberuflich geltende Selbstständigkeit kein Raum mehr bleibt. Das gilt gleichfalls bei Arbeitnehmern, die mehr als 20 Stunden wöchentlich arbeiten und deren monatliches Arbeitsentgelt mehr als die Hälfte der monatlichen ↗ Bezugsgröße[6] beträgt (2024: 1.767,50 EUR; 2023: 1.697,50 EUR).

Beispiel

Abhängige Beschäftigung und gleichzeitige Selbstständigkeit

Frau F. betreibt einen Geschenke-Shop, den sie nur in den frühen Abendstunden für jeweils 3 Stunden geöffnet hat (17 bis 20 Uhr). Damit erzielt sie ein Arbeitseinkommen von durchschnittlich 1.200 EUR monatlich. Außerdem arbeitet sie als Arbeitnehmerin in der Entgeltabrechnung eines Baugeschäfts wöchentlich 25 Stunden gegen ein monatliches Entgelt von 1.800 EUR. Frau F. gilt nicht als hauptberuflich selbstständig, weil sie mehr als 20 Stunden wöchentlich in eine Beschäftigung investiert und ihr Entgelt mehr als die Hälfte der monatlichen Bezugsgröße ausmacht.

Selbstständige Tätigkeit ohne andere Erwerbstätigkeit

Wird neben der selbstständigen Tätigkeit keine andere Erwerbstätigkeit ausgeübt, gilt die selbstständige Tätigkeit trotzdem nicht automatisch als hauptberuflich ausgeübt. Entscheidend ist die Bedeutung für die Lebensführung des Betroffenen. Dabei ist auf den wirtschaftlichen Erfolg und den zeitlichen Aufwand abzustellen:

Kriterien für die Hauptberuflichkeit

- Zeitaufwand von mehr als 30 Stunden wöchentlich.
- Zeitaufwand zwischen mehr als 20 und höchstens 30 Stunden wöchentlich, wenn das Arbeitseinkommen aus der selbstständigen Tätigkeit die Hauptquelle zur Bestreitung des Lebensunterhalts darstellt. Das kann nur dann der Fall sein, wenn das Arbeitseinkommen mindestens 50 % der monatlichen Bezugsgröße ausmacht (2024: 1.767,50 EUR; 2023: 1.697,50 EUR).
- Zeitaufwand von nicht mehr als 20 Stunden wöchentlich, wenn das Arbeitseinkommen die Hauptquelle zur Bestreitung des Lebensunterhalts darstellt. Hiervon ist ohne weitere Prüfung auszugehen, wenn das Arbeitseinkommen 75 % der monatlichen Bezugsgröße übersteigt (2024: 2.651,25 EUR; 2023: 2.546,25 EUR).

6 2024: 3.535 EUR; 2023: 3.395 EUR.

Versicherung bei parallel ausgeübter Beschäftigung

Kranken- und Pflegeversicherung

Hauptberuflich Selbstständige sind in einer daneben ausgeübten Beschäftigung nicht kranken- und pflegeversicherungspflichtig. Beschäftigungen bleiben auch dann versicherungsfrei, wenn sie für sich gesehen grundsätzlich die Voraussetzungen für die Kranken- und Pflegeversicherungspflicht erfüllen.[1] Diese Regelung erfüllt einen Schutzzweck für die Kranken- und Pflegeversicherung. Es wird vermieden, dass hauptberuflich Selbstständige durch Aufnahme einer mehr als geringfügigen Beschäftigung krankenversicherungspflichtig werden und damit den umfassenden Schutz der gesetzlichen Krankenversicherung erhalten können.

Beispiel

Fortsetzung des Beispiels

Arbeitnehmerbeschäftigung und gleichzeitige Selbstständigkeit

Da sich der Geschenke-Shop zunehmend eines treuen Kundenkreises erfreut, weitet Frau F. ab 1.3. das Sortiment aus und erweitert die Öffnungszeiten. Nun erzielt sie ein Arbeitseinkommen von durchschnittlich 2.000 EUR monatlich. In der Beschäftigung beim Baugeschäft arbeitet sie ab 1.3. nur noch 15 Stunden wöchentlich gegen ein monatliches Entgelt von 1.100 EUR. Frau F. ist nun hauptberuflich selbstständig, weil sie weniger als 20 Stunden wöchentlich beschäftigt ist und ihr Entgelt nicht länger die Hälfte der monatlichen Bezugsgröße übersteigt. Die Beschäftigung gegen Entgelt im Baugeschäft erfüllt zwar grundsätzlich für sich gesehen die Voraussetzungen zur Kranken- und Pflegeversicherungspflicht. Infolge des Ausschlussgrunds der hauptberuflichen Selbstständigkeit ist die Beschäftigung jedoch ab 1.3. kranken- und pflegeversicherungsfrei.

Renten- und Arbeitslosenversicherung

Zur gesetzlichen Rentenversicherung sowie zur Arbeitslosenversicherung besteht keine Ausschlussregelung. Hauptberuflich Selbstständige sind in einer daneben ausgeübten und mehr als geringfügigen Beschäftigung grundsätzlich renten- und arbeitslosenversicherungspflichtig als Arbeitnehmer. Das gilt selbst dann, wenn keine Kranken- und Pflegeversicherungspflicht vorliegt.

Versicherung aufgrund der hauptberuflichen Selbstständigkeit

Rentenversicherung

Hauptberuflich Selbstständige sind aufgrund dieser Tätigkeit für sich gesehen grundsätzlich nicht sozialversicherungspflichtig. Zur Rentenversicherung sind allerdings selbstständig Tätige bestimmter Berufsgruppen in die Versicherungspflicht einbezogen. Dies erfolgt allein aufgrund der Ausübung der selbstständigen Tätigkeit und ist nicht an das Merkmal der Hauptberuflichkeit gekoppelt.[2]

Kranken- und Arbeitslosenversicherung

Für die Krankenversicherung bestehen Möglichkeiten zum Abschluss einer ⇗ freiwilligen Versicherung in der gesetzlichen Krankenversicherung bzw. alternativ zu einer ⇗ privaten Krankenversicherung. In der Arbeitslosenversicherung besteht für Existenzgründer innerhalb von 3 Monaten nach Beginn der Selbstständigkeit ein Antragsrecht zu einer Pflichtversicherung.[3] Auch die Regelungen zur Arbeitslosenversicherung setzen nicht das Merkmal der Hauptberuflichkeit voraus.

Beiträge

Kranken- und Pflegeversicherung

Bei freiwillig versicherten hauptberuflich Selbstständigen sind bei der Beitragsberechnung wie bei allen Selbstständigen sämtliche Einkünfte zu berücksichtigen, die der Selbstständige zum Lebensunterhalt erzielt.[4] Aufgrund des Merkmals der Hauptberuflichkeit gilt allerdings regelmäßig ein Mindesteinkommen. Bei freiwillig in der gesetzlichen Krankenversicherung versicherten Selbstständigen wird pro Tag von einer Mindestbemessungsgrundlage in Höhe des 90. Teils der Bezugsgröße ausgegangen (mtl. Bezugsgröße 2024: 3.535 EUR, mtl. Mindesteinkommen 2024: 1.178,33 EUR; 2023: mtl. Bezugsgröße 3.395 EUR, mtl. Mindesteinkommen 1.131,67 EUR). Auf Grundlage dieses Mindesteinkommens berechnen sich die Kranken- und Pflegeversicherungsbeiträge unter Berücksichtigung des kassenindividuellen Zusatzbeitrags und evtl. zu zahlenden Beitragszuschlags für Kinderlose in der Pflegeversicherung.

Rentenversicherung

Für die in der Rentenversicherung Selbstständigen gilt als Ausgangswert für die Beitragsberechnung ein Arbeitseinkommen in Höhe der Bezugsgröße 2024: 3.535 EUR/West bzw. 3.465 EUR/Ost mtl. (2023: 3.395 EUR/West bzw. 3.290 EUR/Ost mtl.). Das gilt auch, wenn keine Hauptberuflichkeit vorliegt. Bei Nachweis eines niedrigeren oder höheren Arbeitseinkommens gilt das nachgewiesene Einkommen, mindestens jedoch die am 1. Januar des jeweiligen Jahres geltende monatliche Geringfügigkeitsgrenze.[5]

Für bestimmte Gruppen von Selbstständigen (z. B. Künstler/Publizisten, Seelotsen, Küstenfischer und -schiffer etc.) sind weitere abweichende Regelungen zu beachten.

Arbeitslosenversicherung

Der monatliche Beitrag im Rahmen der Antragspflichtversicherung bemisst sich an der vollen Bezugsgröße.[6] Der Ausgangswert beläuft sich für 2024 auf 3.535 EUR/West bzw. 3.465 EUR/Ost (2023: 3.2395 EUR/West bzw. 3.290 EUR/Ost).

1 § 5 Abs. 5 SGB V.
2 § 2 SGB VI.
3 § 28a Abs. 1 Nr. 2 SGB III.
4 § 240 SGB V.
5 § 165 SGB VI.
6 § 345b SGB III.

Hausgewerbetreibende

Hausgewerbetreibende zählen nicht zu den Arbeitnehmern. Sie gehören zu den gewerblich tätigen Selbstständigen. Sie können weitgehend selbst über die Art, den Umfang, den Beginn und das Ende der Arbeit sowie über die Beschäftigung von bis zu 2 fremden Hilfskräften oder Heimarbeitern entscheiden. Hausgewerbetreibende arbeiten wesentlich mit und überlassen die Verwertung des Arbeitsergebnisses dem unmittelbar oder mittelbar (Zwischenmeister) Auftraggebenden. Sie unterscheiden sich von anderen Selbstständigen durch ihre wirtschaftliche Gebundenheit an einen Arbeitgeber bzw. Auftraggeber. Von Arbeitnehmern unterscheiden sie sich durch ihre persönliche Unabhängigkeit.

Gesetze, Vorschriften und Rechtsprechung

Sozialversicherung: Die Rentenversicherungspflicht ist in § 2 Satz 1 Nr. 6 SGB VI geregelt, die Betrachtung des Auftraggebers als Arbeitgeber in § 12 Abs. 3 SGB IV. Der Anspruch auf den Beitragszuschuss zu den Beiträgen ist in § 28m Abs. 4 SGB IV normiert.

Lohnsteuer

Hausgewerbetreibende sind im Gegensatz zu den als Arbeitnehmer geltenden ⇗ Heimarbeitern selbstständige Gewerbetreibende, deren Gewinne durch eine Veranlagung zur Einkommensteuer besteuert werden. Für die steuerrechtliche Beurteilung sind eigenständige Beurteilungsmaßstäbe nach dem Gesamtbild der Verhältnisse und nicht die sozialversicherungsrechtliche Behandlung entscheidend.

Hausgewerbetreibende unterscheiden sich von den Heimarbeitern insbesondere dadurch, dass sie fremde Arbeitskräfte beschäftigen, ein unternehmerisches Risiko tragen, für eine größere Zahl von Auftraggebern tätig sind und ggf. ein größeres Betriebsvermögen besitzen.

Sozialversicherung

Sozialversicherungsrechtlicher Personenstatus

In der Sozialversicherung gelten Hausgewerbetreibende als selbstständig Tätige.

Rentenversicherung

Hausgewerbetreibende sind in der Rentenversicherung versicherungspflichtig.[1] Die Auftraggeber des Hausgewerbetreibenden gelten für die Sozialversicherung als Arbeitgeber.[2] Sie werden trotz ihrer Selbstständigkeit wie Arbeitnehmer behandelt, weil sie von ihrem Arbeitgeber oder Auftraggeber relativ abhängig sind. Wie Arbeitnehmer tragen sie im Grundsatz die Hälfte der Beiträge.

Beitragsberechnung und -abführung

Als beitragspflichtige Einnahme gilt das Arbeitseinkommen.[3] Nicht zum Arbeitseinkommen zählt der Heimarbeiterzuschlag nach § 10 EFZG[4]; er ist beitragsfrei. Für die Beitragszahlung zur Rentenversicherung und die ⇗ Meldungen gelten die für Beschäftigte anzuwendenden Vorschriften.[5] Die ⇗ Geringverdienergrenze gilt auch für Hausgewerbetreibende.

Hinweis

Beitragsrecht bei ehrenamtlicher Tätigkeit

Bei ehrenamtlicher Tätigkeit des Hausgewerbetreibenden besteht die Möglichkeit, aus dem Unterschiedsbetrag zwischen dem erzielten Arbeitseinkommen und dem Fiktiveinkommen Beiträge zu entrichten.[6] Diese sind durch die Hausgewerbetreibenden selbst zu tragen.[7]

Den Beitrag können Hausgewerbetreibende selbst an die Krankenkasse zahlen, wenn der Arbeitgeber dieser Aufgabe nicht nachkommt. Soweit sie den Gesamtsozialversicherungsbeitrag selbst zahlen, entfallen die Pflichten des Arbeitgebers.[8] Außerdem haben Hausgewerbetreibende gegen ihren Arbeitgeber einen Anspruch auf den von ihm zu tragenden Teil des Gesamtsozialversicherungsbeitrags.[9]

Kranken-, Pflege- und Arbeitslosenversicherung

Als Selbstständige sind Hausgewerbetreibende in der Kranken- und Arbeitslosenversicherung nicht versicherungspflichtig.

Hausgewerbetreibende sind in aller Regel freiwilliges Mitglied einer gesetzlichen Krankenkasse oder bei einem privaten Krankenversicherungsunternehmen versichert. Die Pflegeversicherung wird von der jeweiligen Krankenversicherung durchgeführt. In der Pflegeversicherung besteht Versicherungspflicht.[10]

In der Arbeitslosenversicherung können sich Hausgewerbetreibende unter bestimmten Voraussetzungen weiterversichern.[11] Diese Weiterversicherung ist innerhalb von 3 Monaten nach Aufnahme der Tätigkeit zu beantragen.

Meldungen zur Sozialversicherung

Für die Meldungen zur Sozialversicherung sind bei den Angaben zur Tätigkeit und der Personengruppe Besonderheiten zu berücksichtigen.

Angaben zur Tätigkeit

Es ist der 9-stellige Tätigkeitsschlüssel zu berücksichtigen. Ein eigener Tätigkeitsschlüssel für Hausgewerbetreibende ist nicht vorgesehen, sodass die Schlüsselzahl für die jeweils ausgeübte Tätigkeit anzugeben ist.

Personengruppe

Als Personengruppenschlüssel ist der Schlüssel „104“ zu verwenden.

1 § 2 Satz 1 Nr. 6 SGB VI.
2 § 12 Abs. 3 SGB IV.
3 § 165 Abs. 1 Satz 1 Nr. 4 SGB VI.
4 § 1 Abs. 1 Nr. 5 SvEV.
5 §§ 174 Abs. 1, 190 SGB VI.
6 § 163 Abs. 3 i. V. m. § 165 Abs. 2 SGB VI.
7 § 169 Nr. 4 SGB VI.
8 § 28m Abs. 2 SGB IV.
9 § 28m Abs. 4 SGB IV.
10 §§ 20 Abs. 3 und 23 Abs. 1 SGB XI.
11 § 28a Abs. 1 Satz 1 Nr. 2 i. V. m. Abs. 2 SGB III.

Haushaltshilfe

Dem Begriff „Haushaltshilfe“ kommt arbeits-, lohnsteuer- und sozialversicherungsrechtlich eine unterschiedliche Bedeutung zu. Arbeits- und lohnsteuerrechtlich handelt es sich bei Haushaltshilfen um Arbeitnehmer, die eine Beschäftigung für einen fremden Privathaushalt ausüben. Häufig werden sie auch als Hausgehilfen, Hausangestellte, Putzhilfen oder Zugehfrauen bezeichnet. Haushaltshilfen im engeren Sinne sind nur diejenigen, die in die häusliche Gemeinschaft aufgenommen sind.

Sozialversicherungsrechtlich ergibt sich bei der Haushaltshilfe eine Zweiteilung. Einerseits handelt es sich um eine Leistung für gesetzlich Krankenversicherte, die wegen einer Krankenhausbehandlung oder einer medizinischen Rehabilitationsmaßnahme ihren Haushalt nicht mehr weiterführen können. Darüber hinaus gibt es aber auch geringfügig entlohnte Haushaltshilfen, welche in einem fremden Privathaushalt beschäftigt werden. Diese Beschäftigungen werden im Haushaltsscheckverfahren abgewickelt und sind Thema des gleichnamigen Stichworts.

Gesetze, Vorschriften und Rechtsprechung

Lohnsteuer: Die Vergütung an eine Haushaltshilfe führt bei dieser zu Arbeitslohn nach § 19 Abs. 1 Nr. 1 EStG. Auf der Seite des Leistungsempfängers regelt § 35a EStG umfangreiche Möglichkeiten, die Aufwendungen an die Haushaltshilfe steuerlich geltend zu machen. Zu weiteren Einzelheiten s. BMF-Schreiben v. 9.11.2016, IV C 8 – S 2296-b/07/10003 :008, BStBl 2016 I S. 1213, zuletzt geändert durch BMF-Schreiben v. 1.9.2021, IV C 8 – S 2296-b/21/10002 :001, BStBl 2021 I S. 1494.

Sozialversicherung: In Privathaushalten beschäftigte Arbeitnehmer sind grundsätzlich als abhängig Beschäftigte (§ 7 SGB IV) sozialversicherungspflichtig. Vielfach ergibt sich aber durch den geringen Tätigkeitsumfang und der damit verbundenen Vergütung Versicherungsfreiheit in der Kranken-, Arbeitslosen- und Pflegeversicherung nach § 7 Abs. 1 SGB V, § 27 Abs. 3 SGB III und § 20 SGB XI jeweils i. V. m. § 8a SGB IV sowie die vielfach genutzte Option, die grundsätzlich nach § 1 SGB VI bestehende Rentenversicherungspflicht abzuwählen. Solche Tätigkeiten werden per Haushaltsscheck-Verfahren vereinfacht abgewickelt; entsprechend des Gemeinsamen Rundschreibens „Haushaltsscheck-Verfahren“ der SV-Spitzenorganisationen (GR v. 8.11.2022).

Lohnsteuer

Haushaltshilfe ist Arbeitnehmer

Haushaltshilfen sind Arbeitnehmer im lohnsteuerlichen Sinne. Die Vergütung an eine Haushaltshilfe ist regelmäßig als Arbeitslohn steuerpflichtig, weshalb der Arbeitgeber zum Lohnsteuereinbehalt verpflichtet ist. Hierfür gelten die allgemeinen Vorschriften, d. h.

- individuelle Besteuerung des Arbeitslohns nach den vom Arbeitgeber abgerufenen ELStAM oder
- Pauschalbesteuerung unter Verzicht auf den Abruf der ELStAM bei ⇗ geringfügig entlohnter Beschäftigung.[12]

Erhält eine Haushaltshilfe neben oder anstelle eines Barlohns freie Unterkunft und Verpflegung, ist dies ein steuerpflichtiger ⇗ Sachbezug, der mit den amtlichen Sachbezugswerten anzusetzen ist.

12 § 40a Abs. 2, 2a EStG.

Förderung des Arbeitgebers

Steuerermäßigung für haushaltsnahe Dienst- und Handwerkerleistungen

Bestimmte Tätigkeiten einer Haushaltshilfe werden auf der Seite des Leistungsempfängers (= Arbeitgeber) steuerlich gefördert. In diesem Zusammenhang kommt insbesondere die Steuerermäßigung für haushaltsnahe Dienstleistungen oder Beschäftigungsverhältnisse nach § 35a EStG in Betracht.

In besonderen Fällen kann darüber hinaus auf Antrag auch eine Steuerermäßigung für Handwerkerleistungen, Renovierungs-, Erhaltungs- und Modernisierungsmaßnahmen in Betracht kommen.[1] Diese Arbeiten werden jedoch nicht typischerweise von einer Haushaltshilfe verrichtet, sodass diese Steuerermäßigung hier nicht vertieft weiter betrachtet wird.

Nachrangigkeit der Steuerermäßigung

Aufwendungen für haushaltsnahe Beschäftigungsverhältnisse und für die Inanspruchnahme haushaltsnaher Dienstleistungen sind im Rahmen einer Steuerermäßigung von der Einkommensteuerschuld abzugsfähig.[2] Voraussetzung ist, dass die Aufwendungen

- nicht als außergewöhnliche Belastung berücksichtigt wurden,
- nicht als Betriebsausgaben bzw. als Werbungskosten zu behandeln und
- nicht als Sonderausgaben ansatzfähig sind.[3]

Diese Steuerermäßigung greift daher u. a. nicht, wenn die Haushaltshilfe Kinder des Steuerpflichtigen betreut und die Aufwendungen dem Grunde nach als Kinderbetreuungskosten bei den Sonderausgaben abzugsfähig sind. In diesem Fall kann der Steuerpflichtige (Arbeitgeber) die Aufwendungen nur als Sonderausgaben steuerlich ansetzen.

Ein Abzug der Aufwendungen für die Haushaltshilfe als Betriebsausgabe, Werbungskosten, Sonderausgabe oder außergewöhnliche Belastung ist vorrangig zu prüfen. Die Steuerermäßigung für haushaltsnahe Dienstleistungen kommt nur nachrangig in Betracht. Der abzugsberechtigte Steuerpflichtige hat insoweit kein Wahlrecht.

Ist jedoch ein Teil der Aufwendungen durch den Ansatz der zumutbaren Belastung[4] nicht als außergewöhnliche Belastung berücksichtigt worden, kann die Steuerermäßigung in Anspruch genommen werden.[5]

Haushaltsnahe Dienstleistungen

Zu den haushaltsnahen Dienstleistungen gehören alle Dienstleistungen, die eine hinreichende Nähe zur Haushaltsführung aufweisen oder damit in Zusammenhang stehen.[6] Das sind Tätigkeiten, die gewöhnlich durch Mitglieder des privaten Haushalts erledigt werden und in regelmäßigen (kürzeren) Abständen anfallen, u. a.

- Reinigung der Wohnung, z. B. Tätigkeit eines selbstständigen Fensterputzers,
- Pflege von Angehörigen, z. B. durch Inanspruchnahme eines Pflegedienstes,
- Gartenpflegearbeiten, z. B. Rasenmähen, Heckenschneiden.

Auch die von Umzugsspeditionen durchgeführten Umzüge für Privatpersonen gehören zu den haushaltsnahen Dienstleistungen. Begünstigt ist auch die Inanspruchnahme haushaltsnaher Tätigkeiten über eine Dienstleistungsagentur.

Nicht darunter fallen:

- handwerkliche Tätigkeiten, die im Regelfall nur von Fachkräften durchgeführt werden, wie z. B. Reparatur und Wartung an Heizungsanlagen, an Elektro-, Gas- und Wasserinstallationen,
- Arbeiten im Sanitärbereich,
- Schornsteinfeger- und Dacharbeiten,
- die Reparatur von Haushaltsgeräten wie Waschmaschinen, Fernsehern usw.

Sie rechnen zu den Handwerkerleistungen.[7]

Grundstücksgrenze entscheidet über Begünstigung

Die Dienstleistungen müssen im Haushalt des Steuerpflichtigen ausgeübt oder erbracht werden. Der räumliche Bereich, in dem sich der Haushalt entfaltet, wird regelmäßig durch die Grundstücksgrenze abgesteckt. Ausnahmsweise sind aber auch Leistungen außerhalb der Grundstücksgrenze begünstigt, wenn die Leistungen im unmittelbaren räumlichen Zusammenhang zum Haushalt durchgeführt werden und diesem dienen. Ein solcher unmittelbarer Zusammenhang liegt vor, wenn

- beide Grundstücke eine gemeinsame Grenze haben oder
- dieser durch eine Grunddienstbarkeit vermittelt wird (z. B. Schneeräumung von Gehwegen -nicht der Fahrbahn-, wozu der Steuerpflichtige verpflichtet ist).

  Eine Begünstigung nach § 35a EStG für Handwerkerleistungen der öffentlichen Hand, die nicht nur einzelnen Haushalten, sondern allen an den Maßnahmen beteiligten Haushalten zugute kommt, ist ausgeschlossen. Hierzu gehören z. B. der Ausbau des allgemeinen Versorgungsnetzes oder die Erschließung einer Straße.

Höhe der Steuerermäßigung

Für haushaltsnahe Beschäftigungsverhältnisse, die in einem im EU/EWR-Bereich liegenden Privathaushalt des Steuerpflichtigen ausgeübt werden, ermäßigt sich die Einkommensteuer auf Antrag

- bei einer geringfügigen Beschäftigung i. S. v. § 8a SGB IV, für die der pauschale Rentenversicherungsbeitrag von 5 % zu entrichten ist, um 20 % der Aufwendungen des Steuerpflichtigen, höchstens 510 EUR im Jahr[8] oder
- bei einem anderen haushaltsnahen Beschäftigungsverhältnis, für das Pflichtbeiträge zur gesetzlichen Sozialversicherung entrichtet werden (keine geringfügige Beschäftigung), um 20 % der Aufwendungen des Steuerpflichtigen, höchstens 4.000 EUR im Jahr. Dieser Fördersatz gilt einheitlich für die haushaltsnahen sozialversicherungspflichtigen Tätigkeiten und die haushaltsnahen Dienstleistungen.[9]

Berücksichtigungsfähige Aufwendungen

Zu den begünstigten Aufwendungen für die haushaltsnahe Beschäftigung gehören:

- der Bruttoarbeitslohn oder das Arbeitsentgelt (bei Anwendung des ↗ Haushaltsscheckverfahrens und geringfügiger Beschäftigung i. S. d. § 8a SGB IV),
- vom Steuerpflichtigen getragene Sozialversicherungsbeiträge,
- die Lohnsteuer, zuzüglich Solidaritätszuschlag und ggf. Kirchensteuer,
- die ↗ Umlagen nach dem Aufwendungsausgleichsgesetz (U1 und U2) und
- die Unfallversicherungsbeiträge, die an den Gemeindeunfallversicherungsverband abzuführen sind.[10]

Für die Inanspruchnahme der haushaltsnahen Tätigkeit kommt der Zahlbetrag einschließlich der in Rechnung gestellten Fahrtkosten in Betracht. Materialkosten oder sonstige im Zusammenhang mit der Dienstleistung gelieferte Waren bleiben außer Ansatz.

Sind diese nicht gesondert ausgewiesen, ist der Rechnungsendbetrag im Schätzungsweg aufzuteilen.

1 § 35a Abs. 3 EStG.
2 § 35a EStG.
3 § 35a Abs. 5 Satz 1 EStG.
4 § 33 Abs. 3 EStG.
5 BMF, Schreiben v. 9.11.2016, IV C 8 – S 2296-b/07/10003 :008, BStBl 2016 I S. 1213, Rz. 32.
6 BMF, Schreiben v. 9.11.2016, IV C 8 – S 2296-b/07/10003 :008, BStBl 2016 I S. 1213, Rz. 11.
7 § 35a Abs. 3 EStG.
8 § 35a Abs. 1 EStG.
9 § 35a Abs. 2 EStG.
10 BMF, Schreiben v. 9.11.2016, IV C 8 – S 2296-b/07/10003 :008, BStBl 2016 I S. 1213, Rz. 36.

Voraussetzung für die Steuerermäßigung ist stets, dass die Zahlung auf das Konto des Erbringers der haushaltsnahen Dienstleistung, Pflege- und Betreuungsleistung erfolgte und der Steuerpflichtige dies und seine Aufwendungen durch Vorlage einer Rechnung nachweisen kann.[1] Bei geringfügigen Beschäftigungsverhältnissen, für die das Haushaltsscheckverfahren angewendet wird, dient als Nachweis die dem Arbeitgeber von der Einzugsstelle (Minijob-Zentrale) zum Jahresende erteilte Bescheinigung nach § 28h Abs. 4 SGB IV.[2]

Hinweis

Haushaltsnahe Minijobs dürfen bar bezahlt werden

Das Barzahlungsverbot für haushaltsnahe Dienst- und Handwerkerleistungen nach § 35a Abs. 5 Satz 3 EStG gilt nicht für Minijobs im Privathaushalt.[3]

Antrag auf Lohnsteuerermäßigung

Der Arbeitnehmer kann den Steuervorteil nach § 35a EStG bereits im Lohnsteuerabzugsverfahren erhalten. Hierzu kann auf seinen Antrag beim Finanzamt ein entsprechender Freibetrag als Lohnsteuerabzugsmerkmal berücksichtigt werden.[4]

Sozialversicherung

Sozialversicherungspflicht als Arbeitnehmer

Beschäftigte in Privathaushalten werden grundsätzlich sozialversicherungsrechtlich wie alle anderen ⇗ Arbeitnehmer behandelt. Grundsätzlich sind Beschäftigte im Haushalt bei einer entgeltlichen Beschäftigung versicherungspflichtig. Bei familiären Bindungen gelten besondere Anforderungen an ein sozialversicherungspflichtiges Beschäftigungsverhältnis.

Sozialversicherungsrechtliche Besonderheiten bei geringfügig beschäftigten Haushaltshilfen

Haushaltshilfen mit einem geringen Umfang der Tätigkeit oder kurzer Dauer der Beschäftigung sind von vornherein versicherungsfrei bzw. nicht versicherungspflichtig in der Kranken-, Arbeitslosen und Pflegeversicherung und können sich von der Versicherungspflicht in der Rentenversicherung befreien lassen. Übersteigt das monatliche Entgelt für eine Haushaltshilfe im Privathaushalt nicht die Geringfügigkeitsgrenze, gelten besondere Regelungen. Die vom Arbeitgeber zu tragenden Pauschalabgaben sind erheblich geringer als bei sozialversicherungspflichtigen Arbeitnehmern und es gilt ein stark vereinfachtes Meldeverfahren. Zur Anwendung kommt in diesen Fällen das ⇗ Haushaltsscheck-Verfahren. Das Haushaltsscheck-Verfahren kommt auch zur Anwendung, wenn neben dem monatlichen Arbeitsentgelt von bis zur Höhe der Geringfügigkeitsgrenze Sachzuwendungen wie Arbeitskleidung oder freie Verpflegung gewährt werden. Die Sachzuwendungen werden bei Anwendung des Haushaltsscheck-Verfahrens nicht in entgeltwerte Vorteile umgerechnet und bleiben beitrags- bzw. abgabenfrei.

Haushaltsscheck

Beim Haushaltsscheckverfahren handelt es sich um ein vereinfachtes Melde- und Beitragsverfahren zur Sozialversicherung. Es darf ausschließlich von Privathaushalten genutzt werden, die Haushaltshilfen in geringfügig entlohntem Umfang beschäftigen. Als Kommunikationsmittel zwischen dem Privathaushalt als Arbeitgeber und der Einzugsstelle, der Minijob-Zentrale, dient der Haushaltsscheck. Folgende Voraussetzungen müssen erfüllt sein: Es liegt eine durch einen privaten Haushalt begründete geringfügige Beschäftigung vor und die Tätigkeit beinhaltet haushaltsnahe Arbeiten, die gewöhnlich durch Haushaltsangehörige erledigt werden. Der Arbeitgeber erteilt ein Lastschriftmandat zum Einzug der fälligen Abgaben.

Das Steuerrecht fördert Arbeitgeber dieser Beschäftigungsverhältnisse im Privathaushalt durch die Möglichkeit einer 2 %igen pauschalen Lohnsteuer und einer 20 %igen Einkommensteuerermäßigung. Zudem fallen im Vergleich zu gewerblichen Beschäftigungen deutlich geringere Abgaben an.

Gesetze, Vorschriften und Rechtsprechung

Lohnsteuer: Die einheitliche Pauschsteuer von 2 % für geringfügig Beschäftigte in Privathaushalten ist in § 40a Abs. 2 EStG geregelt, die pauschale Lohnsteuer mit einem Steuersatz von 20 % in § 40a Abs. 2a EStG.

Sozialversicherung: Die versicherungsrechtliche Beurteilung von Beschäftigungen im Privathaushalt richtet sich nach § 8a SGB IV. Das eigentliche Haushaltsscheckverfahren ist in § 28a Abs. 7–8 SGB IV definiert. Nicht in Geld gewährte Zuwendungen des Arbeitgebers zählen nach § 14 Abs. 3 SGB IV nicht zum Arbeitsentgelt. § 249b SGB V (Krankenversicherung) sowie § 172 Abs. 3a SGB VI (Rentenversicherung) regeln die Pauschalbeitragspflicht des Arbeitgebers. § 168 Abs. 1 Nr. 1c SGB VI normiert die Verteilung der Beitragslast bei geringfügig beschäftigten Arbeitnehmern im Privathaushalt, die rentenversicherungspflichtig sind (keine Befreiung beantragt). § 23 Abs. 2a SGB IV enthält Sonderregelungen zur Beitragsfälligkeit. § 185 Abs. 4 SGB VII bestimmt den Beitragssatz zur Unfallversicherung. Darüber hinaus haben die Spitzenorganisationen der Sozialversicherung die relevanten Besonderheiten bei geringfügig Beschäftigten in Privathaushalten einem Rundschreiben veröffentlicht (GR v. 17.10.2022). Die rechtliche Grundlage bildet § 28b Abs. 2 SGB IV. Darin ist normiert, dass die genannten Spitzenorganisationen durch „Gemeinsame Grundsätze" bundeseinheitlich die Gestaltung des Haushaltsschecks und das der Minijob-Zentrale im Haushaltsscheckverfahren zu erteilende Lastschriftmandat bestimmen. Die Grundsätze müssen vom Bundesministerium für Arbeit und Soziales (BMAS) genehmigt werden. Das BMAS hat zuvor das Bundesministerium der Finanzen (BMF) in Bezug auf die steuerlichen Angaben anzuhören.

Lohnsteuer

Pauschale Lohnsteuer

Für die geringfügig Beschäftigten müssen Steuern gezahlt werden. Der Arbeitgeber hat die Wahl zwischen

- der einheitlichen Pauschsteuer von 2 %,
- der pauschalen Lohnsteuer von 20 % oder
- der Besteuerung nach individuellen Lohnsteuerabzugsmerkmalen.

Voraussetzung für die einheitliche Pauschsteuer von 2 % ist, dass für den geringfügig Beschäftigten im Privathaushalt Pauschalbeiträge zur gesetzlichen Rentenversicherung in Höhe von 5 % gezahlt werden oder – bei Rentenversicherungspflicht – Aufstockungsbeiträge zur Rentenversicherung. Die einheitliche Pauschsteuer umfasst auch den Solidaritätszuschlag sowie ggf. die Kirchensteuer. Sie beträgt immer 2 %, unabhängig davon, ob der betreffende Arbeitnehmer kirchensteuerpflichtig ist oder nicht.[5]

Muss der Arbeitgeber den Pauschalbetrag zur Rentenversicherung von 5 % nicht entrichten, kann er die pauschale Lohnsteuer mit einem Steuersatz von 20 % erheben. Hinzu kommen Solidaritätszuschlag und ggf. Kirchensteuer nach dem jeweiligen Landesrecht.[6]

Bemessungsgrundlage ist jeweils das sozialversicherungsrechtliche Arbeitsentgelt. Hieraus folgt, dass für Lohnbestandteile, die nicht zum sozialversicherungsrechtlichen Arbeitsentgelt gehören, eine Lohnsteuerpauschalierung nicht zulässig ist. Diese Lohnbestandteile unterliegen der

1 § 35a Abs. 5 Satz 3 EStG.
2 BMF, Schreiben v. 9.11.2016, IV C 8 – S 2296-b/07/10003 :008, BStBl 2016 I S. 1213, Rz. 37.
3 BMF, Schreiben v. 9.11.2016, IV C 8 – S 2296-b/07/10003 :008, BStBl 2016 I S. 1213, Rz. 37.
4 § 39a Abs. 1 Nr. 5c EStG.
5 § 40a Abs. 2 EStG.
6 § 40a Abs. 2a EStG.

Lohnbesteuerung nach den allgemeinen Regelungen.[1] Betroffen von dieser Regelung sind z. B. die Beiträge des Arbeitgebers an einen Pensionsfonds, eine Pensionskasse oder für eine Direktversicherung zum Aufbau einer kapitalgedeckten betrieblichen Altersversorgung.[2] Auch Reisekostenerstattungen oder Kindergartenzuschüsse gehören bei Vorliegen der jeweiligen gesetzlichen Voraussetzungen nicht zum sozialversicherungsrechtlichen Arbeitsentgelt.[3] Im Ergebnis wird es hiermit möglich, neben dem Arbeitsentgelt von 520 EUR[4] weitere steuerfreie Beiträge zur betrieblichen Altersvorsorge zu leisten, ohne dass die Pauschalierung und die Steuerbefreiung für die bAV-Beiträge in Gefahr geraten.

Wird die Lohnsteuer nicht pauschaliert, muss sie vom Arbeitgeber nach den individuellen ELStAM des Arbeitnehmers erhoben werden.

Anmeldung und Abführung der Lohnsteuer

Die einheitliche Pauschsteuer von 2 % wird zusammen mit den pauschalen Beiträgen zur gesetzlichen Renten- und Krankenversicherung an die Minijob-Zentrale gemeldet und abgeführt. Wird die Lohnsteuer mit 20 % pauschaliert oder nach den individuellen ELStAM berechnet, ist diese mit der Lohnsteuer-Anmeldung an das Betriebsstättenfinanzamt zu melden.

Steuerermäßigung für Arbeitgeber

Arbeitgeber erhalten für ein haushaltsnahes Beschäftigungsverhältnis eine Einkommensteuerermäßigung in Höhe von 20 % der im Kalenderjahr geleisteten Löhne und Beiträge, maximal bis zu 510 EUR pro Jahr.[5] Bei haushaltsnahen Minijobs erhalten Arbeitgeber nach Ablauf des Kalenderjahres automatisch von der Minijob-Zentrale eine Bescheinigung über die im abgelaufenen Jahr geleisteten Aufwendungen. Mit dieser Bescheinigung können die Aufwendungen in der Einkommensteuererklärung gegenüber dem Finanzamt nachgewiesen werden.[6]

Sozialversicherung

Beschäftigung im Privathaushalt

Eine Beschäftigung im Privathaushalt liegt vor, wenn

- diese durch einen privaten Haushalt begründet ist und
- die Tätigkeiten sonst gewöhnlich durch Mitglieder des privaten Haushalts erledigt werden.

Bei den ausgeübten Tätigkeiten muss es sich um haushaltsnahe Dienstleistungen handeln. Hierzu gehören u. a. Tätigkeiten wie Zubereitung von Mahlzeiten im Haushalt, Reinigung der Wohnung, Waschen und Bügeln von Wäsche, Einkaufen oder Gartenpflege. Auch die Pflege, Betreuung und Versorgung von Kindern, kranken, älteren pflegebedürftigen Menschen gehören dazu. Handwerkliche Leistungen, die üblicherweise durch Fachleute ausgeführt werden, z. B. Maurer- oder Elektrikerarbeiten, fallen nicht darunter.

Achtung

Zulässige Anwendung des Haushaltsscheckverfahrens

Erbringen Dienstleistungsagenturen, Wohnungseigentümergemeinschaften und Unternehmen, pflegende Personen im Privathaushalt, beschäftigte Familienangehörige oder andere besondere Personen haushaltsnahe Dienstleistungen, ist die Anwendung des Haushaltsschecks nicht in jedem Fall zulässig.

Erbringung weiterer Dienstleistungen für einen Arbeitgeber

Eine Beschäftigung wird ausschließlich im Privathaushalt ausgeübt, wenn der Arbeitnehmer für denselben Arbeitgeber ausschließlich haushaltsnahe Dienstleistungen erbringt. Erledigt er daneben für diesen Arbeitgeber andere Aufgaben in Form einer Beschäftigung, beispielsweise in dem Privathaushalt angeschlossenen Geschäftsräumen, wird in der Sozialversicherung ungeachtet der arbeitsvertraglichen Gestaltung von einem einheitlichen Beschäftigungsverhältnis ausgegangen. Das Haushaltsscheckverfahren kann in solchen Fällen nicht angewendet werden.[7]

Unterschiede zum Meldeverfahren

Der vom privaten Haushalt abzugebende Haushaltsscheck beinhaltet gegenüber dem gewöhnlichen DEÜV-Meldeverfahren reduzierte Angaben zum Beschäftigungsverhältnis. Dabei muss der Arbeitgeber (Privathaushalt) die Sozialversicherungsbeiträge nicht selbst berechnen. Dies übernimmt aufgrund der Entgeltangaben im Haushaltsscheck die Minijob-Zentrale. Sie zieht die errechneten Beiträge im Wege des Lastschriftverfahrens von dem Bankkonto ein, das der Arbeitgeber im Haushaltsscheck angegeben hat.

Wichtig

Haushaltsscheckverfahren gilt nur für Privathaushalte

Das Haushaltsscheckverfahren ist für geringfügige Beschäftigungen, die ausschließlich im Privathaushalt ausgeübt werden, zwingend vorgeschrieben. Es wird für alle geringfügig Beschäftigten zentral von der Minijob-Zentrale der Deutschen Rentenversicherung Knappschaft-Bahn-See durchgeführt.

Versicherungsrechtliche Beurteilung

Für geringfügige Beschäftigungen, die ausschließlich im Privathaushalt ausgeübt werden, gelten die gleichen Voraussetzungen wie für geringfügige Beschäftigungen außerhalb von privaten Haushalten.

Mehrere Beschäftigungen

Üben Personen mehrere Beschäftigungen bei verschiedenen Arbeitgebern aus, muss geprüft werden, ob die einzelnen Beschäftigungen sozialversicherungsrechtlich zusammenzurechnen sind. Infolge von Zusammenrechnung kann auch für geringfügige Beschäftigungen in Privathaushalten Versicherungspflicht eintreten.

Wichtig

Keine Zusammenrechnung einer geringfügigen mit einer mehr als geringfügigen Beschäftigung

Wird nur eine geringfügige Beschäftigung ausgeübt, wird diese nicht mit einer mehr als geringfügigen Beschäftigung zusammengerechnet.

Kommt es bei der geringfügigen Beschäftigung im Privathaushalt aufgrund der Zusammenrechnung mit anderen geringfügigen Beschäftigungen zur Versicherungspflicht, ist die Anwendung des Haushaltsscheckverfahrens nicht möglich. Dann hat der Privathaushalt das übliche Beitrags- und Meldeverfahren anzuwenden. Die Meldung zur Sozialversicherung und die Beitragszahlung müssen dann an die Krankenkasse des Beschäftigten erfolgen. Außerdem muss der Arbeitgeber (Privathaushalt) die Beschäftigung in seinem Haushalt bei dem zuständigen kommunalen Unfallversicherer melden, weil individuelle Beiträge zur gesetzlichen Unfallversicherung zu zahlen sind.

Die Geringfügigkeitsgrenze

Das Haushaltsscheckverfahren darf nur angewendet werden, wenn das Arbeitsentgelt die monatliche Geringfügigkeitsgrenze i. H. v. 538 EUR nicht übersteigt. Dabei ist zu beachten, dass als Arbeitsentgelt im Haushaltsscheckverfahren solche Zuwendungen unberücksichtigt bleiben, die nicht in Geld gewährt worden sind. ↗ Sachbezüge, wie z. B. kostenlose Verpflegung oder Unterkunft, sind deshalb nicht dem Arbeitsentgelt zuzurechnen. Als Arbeitsentgelt ist das vereinbarte Bruttoentgelt anzusetzen. Das ist der an den Arbeitnehmer ausgezahlte Geldbetrag (Nettolohn) zuzüglich der evtl. durch Abzug vom Arbeitslohn einbehaltenen Steuern (Lohnsteuer, ggf. Kirchensteuer) und des vom Arbeitsentgelt einbehaltenen Beitragsanteils des Arbeitnehmers zur Rentenversicherung bei Versicherungspflicht.[8]

1 R 40a.2 LStR.
2 § 3 Nr. 63 Sätze 1 und 2 EStG, § 1 Abs. 1 Satz 1 Nr. 9 SvEV.
3 § 3 Nr. 16 EStG, § 3 Nr. 33 EStG, § 1 Abs. 1 Satz 1 Nr. 1 SvEV.
4 Bis 30.9.2022: 450 EUR.
5 § 35a Abs. 1 EStG.
6 BMF, Schreiben v. 9.11.2016, IV C 8 – S 2296 – b/07/10003 :008, BStBl 2016 I S. 1213.
7 BSG, Urteil v. 16.2.1983, 12 RK 26/81.
8 § 14 Abs. 3 SGB IV.

Abwälzung der Pauschsteuer

Auch die 2 %ige Pauschsteuer, die ein Arbeitgeber (als Steuerschuldner) eventuell im Innenverhältnis – arbeitsrechtlich zulässig – auf den Arbeitnehmer abwälzt, ist zum ausgezahlten Nettolohn zu addieren. Sie gilt als zugeflossener Arbeitslohn und mindert nicht das Arbeitsentgelt im Haushaltsscheckverfahren.[1]

Beitragspflicht

Kranken- und Rentenversicherung

Für geringfügig entlohnte Beschäftigte im Privathaushalt, die in dieser Beschäftigung versicherungsfrei oder nicht versicherungspflichtig sind, hat der Arbeitgeber pauschale Krankenversicherungsbeiträge i. H. v. 5 % zu zahlen, wenn der Beschäftigte gesetzlich krankenversichert ist. Der Pauschalbeitrag zur Rentenversicherung beträgt ebenfalls 5 % und ist zu zahlen, sofern der Beschäftigte eine geringfügig entlohnte Beschäftigung ausübt. Selbst wenn sich der Beschäftigte nicht von der Rentenversicherungspflicht befreien lässt und rentenversicherungspflichtig bleibt, muss der Arbeitgeber die 5 % als Beitragsanteil zur Rentenversicherung tragen. Den Rest zum vollen Beitrag trägt der Beschäftigte selbst (2024: 13,6 %).

Unfallversicherung

Für Minijobber im Haushaltsscheckverfahren zahlt der Arbeitgeber auch den Beitrag für den gesetzlichen Unfallversicherungsschutz an die Minijob-Zentrale. Der pauschale Beitragssatz zur Unfallversicherung beträgt bundeseinheitlich 1,6 %.[2]

Umlagen nach dem AAG

Die Umlagen nach dem Aufwendungsausgleichsgesetz (AAG), für die auch vom privaten Arbeitgeber zu leistende ⇗ Entgeltfortzahlung im Krankheitsfall sowie die Aufwendungen des Arbeitgebers bei Mutterschaft berechnen sich nach den bei der Minijob-Zentrale geltenden Umlagesätzen. Der Umlagebeitrag als Ausgleich für Aufwendungen bei Krankheit/U1 beträgt in 2024 1,1 % und für Aufwendungen bei Mutterschaft/U2 0,24 % – unverändert zu 2023.

Insolvenzgeldumlage

Die Insolvenzgeldumlage muss von Privathaushalten nicht gezahlt werden.[3]

Pflichtbeitrag zur Rentenversicherung – Aufstockung durch Arbeitnehmer

Ist der im Privathaushalt Beschäftigte rentenversicherungspflichtig, muss der volle Rentenversicherungsbeitrag gezahlt werden. Dies gilt gleichermaßen für Beschäftigte, die kraft Gesetzes rentenversicherungspflichtig sind, als auch bei Rentenversicherungspflicht durch Ausübung des Wahlrechts in bestandsgeschützten Fällen. Die Rentenversicherungsbeiträge sind mindestens von 175 EUR monatlich zu berechnen. Daraus ergibt sich im Jahr 2024 ein Mindestbeitrag zur Rentenversicherung von monatlich 32,55 EUR (18,6 % von 175 EUR).[4] Der Arbeitgeber zahlt in diesen Fällen weiterhin nur 5 % vom tatsächlichen Arbeitsentgelt. Den Unterschiedsbetrag zum vollen Beitrag – auch Aufstockungsbetrag genannt – trägt der Beschäftigte selbst (2024: 13,6 %).

Den Beitragsanteil der Haushaltshilfe behält der Arbeitgeber direkt vom Arbeitsentgelt ein. Den vollen Rentenversicherungsbeitrag zieht die Minijob-Zentrale mit den übrigen Abgaben vom Konto des Arbeitgebers ein.

Achtung

Keine Berechnung des Mindestbeitrags

Die Berechnung des Mindestbeitrags entfällt, wenn

- das Arbeitsentgelt mehr als 175 EUR beträgt oder
- neben der geringfügig entlohnten Beschäftigung im Privathaushalt eine rentenversicherungspflichtige Beschäftigung besteht oder
- die Person bereits anderweitig rentenversicherungspflichtig ist, beispielsweise als Bezieher von Arbeitslosengeld.

In diesen Fällen wird der Rentenversicherungsbeitrag vom tatsächlichen Arbeitsentgelt berechnet.

Übergangsregelungen zum 1.1.2013

Bis 31.12.2012 versicherungsfreie Beschäftigungen

Beschäftige, die vor dem 1.1.2013 bereits ein Arbeitsverhältnis hatten und in diesem sozialversicherungsfrei waren, behalten diesen Status in allen Versicherungszweigen weiterhin bei, solange die alte Entgeltgrenze von 400 EUR nicht überschritten wird. Sie können jederzeit den Verzicht auf die Rentenversicherungsfreiheit erklären und fortan Beiträge zur Rentenversicherung entrichten.[5] In diesen Fällen ist der Aufstockungsbetrag als Arbeitnehmeranteil zu zahlen. Die Aufstockung ist jedoch nicht rückwirkend ab Beschäftigungsbeginn möglich, sondern wirkt sich nur für die Zukunft aus. Sie gilt einheitlich für alle zum Zeitpunkt der Erklärung ausgeübten geringfügigen Beschäftigungen und erstreckt sich ebenfalls auf später hinzutretende geringfügige Beschäftigungen. Sie ist für die gesamte Dauer dieser Beschäftigungen bindend. Der Beitrag ist mindestens aus einem Entgelt i. H. v. 175 EUR zu berechnen. Eine Aufstockung ist allerdings unzulässig, wenn sich die Haushaltshilfe in einer weiteren – nach dem 31.12.2012 aufgenommenen – geringfügigen Beschäftigung von der Rentenversicherungspflicht befreien lässt.

Wichtig

Dauer der Übergangsregelungen

Die Übergangsregelungen gelten zeitlich unbegrenzt fort. Eine Aufstockung ist also auch noch in ferner Zukunft möglich. Da diese Sachverhalte durch Zeitablauf kontinuierlich weniger werden, sieht der Haushaltsscheck kein Feld mehr vor, um in Übergangsfällen den Verzicht auf die Rentenversicherungsfreiheit zu erklären. Der Privathaushalt kann diese Willenserklärung der Minijob-Zentrale formfrei auf schriftlichem Wege mitteilen. Ein neuer Haushaltsscheck ist nicht erforderlich.

Minijob-Zentrale

Beitragseinzug durch die Minijob-Zentrale

Alle vom Privathaushalt ausgestellten Haushaltsschecks sind zentral an die Minijob-Zentrale zu senden. Bei welcher Krankenkasse der im Privathaushalt Beschäftigte versichert ist, spielt hierbei keine Rolle. Die Minijob-Zentrale berechnet die Abgaben für den Privathaushalt (Arbeitgeber) und zieht diese im Wege des Lastschriftverfahrens ein. Dazu zählen:

- die Pauschalbeiträge zur Krankenversicherung,
- pauschale Beiträge oder Pflichtbeiträge zur Rentenversicherung,
- Beiträge zur Unfallversicherung,
- Umlagen zum Ausgleich der Arbeitgeberaufwendungen bei Krankheit (U1) und Mutterschaft (U2) sowie
- die einheitliche Pauschsteuer.

Prüfungen durch die Minijob-Zentrale

Die Minijob-Zentrale prüft, ob die Arbeitsentgeltgrenze für eine geringfügige Beschäftigung im Privathaushalt eingehalten wird. Stellt sie fest, dass das Haushaltsscheckverfahren nicht mehr angewendet werden kann, informiert sie den Arbeitgeber und bittet ihn, sich umgehend mit der für den Beschäftigten zuständigen Krankenkasse in Verbindung zu setzen.

Die Minijob-Zentrale vergibt auch die Betriebsnummer im Auftrag der Bundesagentur für Arbeit, sofern eine solche für den Privathaushalt noch nicht existiert. Sie übernimmt die Meldung an die gesetzliche Unfallversicherung und leitet die eingezogenen Beiträge an den zuständigen Träger der Unfallversicherung weiter.

1 § 40 Abs. 3 Sätze 1 und 2 EStG.
2 § 185 Abs. 4 Satz 3 SGB VII.
3 § 358 Abs. 1 Satz 2 SGB III.
4 § 163 Abs. 8 SGB VI.
5 § 230 Abs. 8 Satz 2 SGB VI.

Das Haushaltsscheckverfahren

Form und Inhalt des Haushaltsschecks

Der Haushaltsscheck ist der Vordruck zur An- und Abmeldung des im Privathaushalt Beschäftigten bei der Minijob-Zentrale. Er umfasst auch das SEPA-Basislastschriftmandat für die Gesamtsozialversicherungsbeiträge, Umlagen nach dem AAG, die Beiträge zur Unfallversicherung und die einheitliche Pauschsteuer. Der Haushaltsscheck wird von der Minijob-Zentrale in Papierform und als ausfüllbare PDF-Datei zur Verfügung gestellt. Alternativ kann die Anmeldung der Haushaltshilfe auch online unter www.minijob-zentrale.de durchgeführt werden.

Seit dem 1.1.2019 können die Meldungen im Haushaltsscheckverfahren durch elektronische Datenübertragung übermittelt werden. Hierbei handelt es sich erstmals um ein voll automatisiertes Meldeverfahren, das optional zum bisherigen manuellen Verfahren besteht.

Manuelles Verfahren

Der Haushaltsscheck im manuellen Meldeverfahren besteht aus 3 Belegen bzw. Seiten, einem Originalbeleg für die Minijob-Zentrale und jeweils einer Durchschrift für den Arbeitgeber und die Haushaltshilfe. Folgende Angaben sind auf dem Formular enthalten:

- Familienname, Vorname und Kontaktdaten des Arbeitgebers,
- Betriebsnummer und Steuernummer des Arbeitgebers,
- Familienname, Vorname, Kontaktdaten und Versicherungsnummer oder Geburtsdaten des Arbeitnehmers,
- Kennzeichnung über die Zahlung von Pauschsteuer,
- Kennzeichnung über eine versicherungspflichtige (Haupt-)Beschäftigung des Arbeitnehmers,
- Kennzeichnung, falls der Arbeitnehmer nicht gesetzlich krankenversichert ist,
- Kennzeichnung, ob der Arbeitnehmer Pflichtbeiträge zur Rentenversicherung zahlen möchte.

Ist die Versicherungsnummer des Arbeitnehmers nicht bekannt, sind dessen Geburtsdatum, -name und -ort sowie das Geschlecht des Arbeitnehmers anzugeben.

Darüber hinaus ist anzugeben:

- Beginn und/oder Ende der Beschäftigung,
- das Arbeitsentgelt in Euro ohne Cent. Dabei ist zu unterscheiden, ob ein monatlich gleichbleibendes Arbeitsentgelt oder monatlich schwankende Arbeitsentgelte gezahlt werden.

Der untere Teil des Haushaltsschecks beinhaltet das der Minijob-Zentrale zu erteilende SEPA-Basislastschriftmandat.

Automatisiertes Verfahren

Die Meldungen im Haushaltsscheckverfahren können mittels systemgeprüfter Programme oder programmierter Ausfüllhilfen erstellt und übermittelt werden. Dieses Verfahren setzt voraus, dass die geltenden Regelungen der Beitragsverfahrensverordnung eingehalten werden. Es sind die fachlichen Datensätze „Elektronischer Haushaltsscheck" (DSHA) mit den zugehörenden Datenbausteinen zu verwenden.

SEPA-Basislastschriftmandat

Wenn die Voraussetzungen für die Anwendung des Haushaltsscheckverfahrens erfüllt sind, muss der Privathaushalt der Minijob-Zentrale ein Lastschriftmandat für die Abbuchung der

- Gesamtsozialversicherungsbeiträge (einschließlich der Aufstockungsbeiträge bei Rentenversicherungspflicht),
- Umlagen nach dem Aufwendungsausgleichsgesetz (AAG) sowie
- Beiträge zur gesetzlichen Unfallversicherung

erteilen.[1] Eine alternative Zahlung der Abgaben, etwa auf dem Überweisungsweg, ist vom Gesetz nicht gedeckt und daher nicht zulässig.

Im automatisierten Verfahren steht hierfür der Datenbaustein „SEPA-Basislastschriftmandat" (DBSM) zur Verfügung.

Wichtig

SEPA-Lastschriftmandat umfasst auch einheitliche Pauschsteuer

Das erteilte SEPA-Basislastschriftmandat gilt zugleich für die einheitliche Pauschsteuer, weil auch diese von der Minijob-Zentrale eingezogen wird.

Es ist nicht erforderlich, das SEPA-Basislastschriftmandat bei jeder Lohn- oder Gehaltszahlung zu erteilen, sondern nur bei der erstmaligen Verwendung des Haushaltsschecks oder bei einer grundlegenden Änderung der Bankverbindung. Will ein Arbeitgeber der Minijob-Zentrale die Änderung seines bereits vorliegenden Lastschriftmandats, beispielsweise der IBAN, mitteilen, dann ist eine Information per Telefon oder mittels einer E-Mail nicht zulässig. Für ein „autorisiertes" Lastschriftverfahren muss deshalb mindestens eine formlose schriftliche Mitteilung erfolgen, die auf jeden Fall zu unterschreiben ist.

Im automatisierten Verfahren ist hierfür der Datenbaustein „SEPA-Basislastschriftmandat" (DBSM) zu nutzen.

Verfahren beim Arbeitgeber (Privathaushalt)

Monatliches Verfahren oder Dauerscheck

Der Haushaltsscheck ist bei jeder Lohn- oder Gehaltszahlung auszufüllen. Abweichend hiervon reicht es aus, wenn bei gleichbleibender Lohn- oder Gehaltszahlung der erstmalige Beginn und das monatliche Arbeitsentgelt angegeben werden (Dauerscheck). Ein neuer Haushaltsscheck ist erst bei einer Änderung im Beschäftigungsverhältnis, beispielsweise des Arbeitsentgelts oder bei Ende der Beschäftigung, notwendig.

Der ausgefüllte Haushaltsscheck ist bei der Minijob-Zentrale einzureichen. Alternativ kann das Online-Verfahren unter www.minijob-zentrale.de genutzt werden.

Halbjahresscheck

Meldet ein Privathaushalt der Minijob-Zentrale auf dem Haushaltsscheck, dass er seinem Arbeitnehmer monatlich schwankende Arbeitsentgelte zahlt, stellt die Minijob-Zentrale dem meldenden Privathaushalt automatisch einen sog. Halbjahresscheck mit einem entsprechenden Merkblatt zur Verfügung. In diesem sind bereits die Personalien und die Betriebsnummer des Arbeitgebers sowie die Personalien und die Versicherungsnummer des Arbeitnehmers eingedruckt. Der Halbjahresscheck umfasst einen Beschäftigungszeitraum von einem Kalenderhalbjahr. Der Meldezeitraum darf immer nur das erste oder zweite Kalenderhalbjahr umfassen, beispielsweise April bis Juni oder Juli bis September, aber nicht April bis September (hier wären 2 Halbjahresschecks erforderlich).

Die vorbereiteten Halbjahresschecks sind vom Privathaushalt nur noch um die zutreffenden Monate und die jeweiligen monatlichen Arbeitsentgelte zu ergänzen. Der Vordruck ist rechtzeitig vor den Beitragsfälligkeitsterminen vom Arbeitgeber und Arbeitnehmer unterschrieben an die Minijob-Zentrale zu senden. Alternativ kann der Online-Halbjahresscheck unter www.minijob-zentrale.de genutzt werden.

Der Halbjahresscheck ist ein zusätzliches Angebot, das alternativ zu der Übermittlung von monatlichen Haushaltsschecks (Einzelschecks) für die jeweiligen Beschäftigungsmonate genutzt werden kann. Die Teilnahme an diesem Verfahren ist freiwillig.

Änderungsscheck

Falls im Laufe eines Beschäftigungsverhältnisses Änderungen an den ursprünglich auf dem Haushaltsscheck gemachten Angaben eintreten, kann hierfür der von der Minijob-Zentrale angebotene Änderungsscheck genutzt werden. Außer den standardmäßig einzutragenden Personalien

1 § 28a Abs. 7 Satz 3 SGB IV.

des Arbeitgebers sowie der Haushaltshilfe und der Betriebsnummer, sind die zu ändernden Daten einzutragen. Der Änderungsscheck ist ein zusätzliches Angebot, das alternativ zu der Übermittlung des normalen Haushaltsschecks genutzt werden kann, um vereinfacht Änderungen im Beschäftigungsverhältnis mitzuteilen.

Der Änderungsscheck eignet sich speziell für folgende Sachverhalte:

- Änderungen in den Arbeitgeberdaten/Arbeitnehmerdaten (z. B. Adressänderung),
- Änderungen im Beschäftigungsverhältnis (z. B. Höhe des Arbeitsentgelts),
- längere Unterbrechungen bei fortbestehendem Arbeitsverhältnis (z. B. bei einer Babypause),
- Ende des Beschäftigungsverhältnisses (Arbeitgeber kann aus mehreren Möglichkeiten den passenden Grund auswählen),
- Änderung der Bankverbindung.

Unter www.minijob-zentrale.de kann alternativ der Online-Änderungsscheck genutzt werden.

Weniger Verwaltungsaufwand für den Arbeitgeber

Der Arbeitgeber muss im Haushaltsscheckverfahren keine Lohnunterlagen führen oder einen Beitragsnachweis einreichen.[1] Privathaushalte, die ausschließlich geringfügig Beschäftigte im Haushaltsscheckverfahren beschäftigen, werden von den Trägern der Rentenversicherung nicht geprüft.

Beitragsfälligkeit

Abgaben und Beiträge im Haushaltsscheckverfahren werden zu 2 Zeitpunkten im Kalenderjahr fällig:

- Für das in den Monaten Januar bis Juni erzielte Arbeitsentgelt sind die Beiträge am 31.7. des laufenden Jahres und
- für das in den Monaten Juli bis Dezember erzielte Arbeitsentgelt am 31.1. des folgenden Jahres

zu zahlen.[2]

Das gilt ebenfalls für die Umlagen nach dem AAG sowie die Beiträge zur gesetzlichen Unfallversicherung. Darüber hinaus ist die Minijob-Zentrale auch für die Erhebung und den Einzug der einheitlichen Pauschsteuer nach § 40a Abs. 2 EStG zuständig. Dies gilt, wenn der Privathaushalt im Haushaltsscheckverfahren anstelle einer Besteuerung des Arbeitnehmers nach dessen individuellen Lohnsteuerabzugsmerkmalen (elektronische Lohnsteuerkarte) die 2 %ige einheitliche Pauschsteuer zahlen möchte. Die einheitliche Pauschsteuer wird zusammen mit den übrigen Abgaben fällig.

Bescheinigungen

Bescheinigung für den Arbeitgeber

Der Privathaushalt erhält von der Minijob-Zentrale jeweils vor den Fälligkeitsterminen einen Bescheid der Minijob-Zentrale über die Höhe der im Haushaltsscheckverfahren zu zahlenden Abgaben und Beiträge.

Jeweils nach Ablauf eines Kalenderjahres erhält der Privathaushalt eine Bescheinigung der Minijob-Zentrale über den Zeitraum, für den Beiträge zur Rentenversicherung gezahlt wurden, die Höhe des Arbeitsentgelts sowie der von ihm getragenen Gesamtsozialversicherungsbeiträge und Beiträge zur gesetzlichen Unfallversicherung sowie Umlagen nach dem AAG. Zusätzlich wird in der Bescheinigung die Höhe der einbehaltenen einheitlichen Pauschsteuer beziffert. Die Bescheinigung dient dem Privathaushalt als Nachweis seiner Aufwendungen für das Finanzamt.[3]

Bescheinigungen für Arbeitnehmer

Der Arbeitnehmer erhält von der Minijob-Zentrale eine Bescheinigung über die an die Rentenversicherung gemeldeten Zeiten und Arbeitsentgelte. Die Bescheinigung wird mindestens einmal jährlich bis zum 30.4. eines jeden Jahres für alle im Vorjahr gemeldeten Daten ausgestellt. Der Arbeitnehmer erhält diese Bescheinigung ebenfalls nach Beschäftigungsende.[4]

1 § 28f Abs. 1 Satz 2 und Abs. 3 Satz 1 2. Halbsatz SGB IV.
2 § 23 Abs. 2a SGB IV.
3 § 28h Abs. 4 SGB IV.

Hausmeisterzulage

Hausmeister und Arbeitnehmer mit hausmeisterähnlichen Tätigkeiten können von ihrem Arbeitgeber zusätzlich zum Arbeitslohn eine Zulage erhalten. Diese Hausmeisterzulage soll die besonderen Anforderungen an die Hausmeistertätigkeiten materiell kompensieren.

Hausmeisterzulagen werden laufend und im Zusammenhang mit der Erbringung der Arbeitsleistung gewährt und sind steuerpflichtiger Arbeitslohn und beitragspflichtiges Arbeitsentgelt im Sinne der Sozialversicherung.

Erhält ein Hausmeister weitere Zulagen, z. B. für außergewöhnliche Arbeitszeiten wie Sonntags-, Nacht- oder Feiertagsarbeit, können diese nach den entsprechenden rechtlichen Grundlagen steuerfrei gewährt werden.

Gesetze, Vorschriften und Rechtsprechung

Lohnsteuer: Die Lohnsteuerpflicht der Hausmeisterzulage ergibt sich aus § 19 Abs. 1 EStG i. V. m. R 19.3 LStR.

Sozialversicherung: Die Beitragspflicht des Arbeitsentgelts in der Sozialversicherung ergibt sich aus § 14 Abs. 1 SGB IV. Die Beitragsfreiheit als Konsequenz der Anwendung des Steuerfreibetrags ergibt sich aus § 1 Abs. 1 Satz 1 SvEV.

Entgelt	LSt	SV
Hausmeisterzulage	pflichtig	pflichtig

Haustrunk

Arbeitnehmer des Brauereigewerbes erhalten von ihren Arbeitgebern regelmäßig kostenlos oder verbilligt eine bestimmte Menge Bier pro Monat. Die Zuwendungen des Haustrunks sind ein Sachbezug, der sowohl lohnsteuerpflichtigen Arbeitslohn als auch beitragspflichtiges Arbeitsentgelt in der Sozialversicherung darstellt.

Zur Vermeidung der Versteuerung und Beitragserhebung besteht jedoch die Möglichkeit den sogenannten großen Rabattfreibetrag zu nutzen. Produkte des Arbeitgebers, die er typischerweise an fremde Dritte verkauft, können bis zu einem Freibetrag von 1.080 EUR pro Kalenderjahr lohnsteuer- und damit auch sozialversicherungsfrei behandelt werden.

Der Haustrunk ist klar abzugrenzen von alkoholfreien Getränken, die der Arbeitgeber dem Arbeitnehmer im überwiegend betrieblichen Interesse zur Verfügung stellt. Hierzu gehören typischerweise die Bereitstellung von kostenfreiem Wasser oder Kaffee.

Gesetze, Vorschriften und Rechtsprechung

Lohnsteuer: Der Haustrunk im Brauereigewerbe (Überlassung zum häuslichen Verzehr) gehört nach BFH, Urteil v. 27.3.1991, VI R 126/87, BStBl 1991 II S. 720, als steuerpflichtiger Sachbezug zum Arbeitslohn; nach R 8.2 Abs. 1 Satz 3 LStR kann der Haustrunk in Höhe des Rabattfreibetrags von jährlich 1.080 EUR steuerfrei bleiben.

Sozialversicherung: Die Beitragspflicht in der Sozialversicherung ergibt sich aus § 14 Abs. 1 SGB IV. Die Beitragsfreiheit als Konsequenz der Anwendung des Rabattfreibetrags ergibt sich aus § 1 Abs. 1 Satz 1 Nr. 1 SvEV.

4 § 28h Abs. 3 Satz 3 SGB IV.

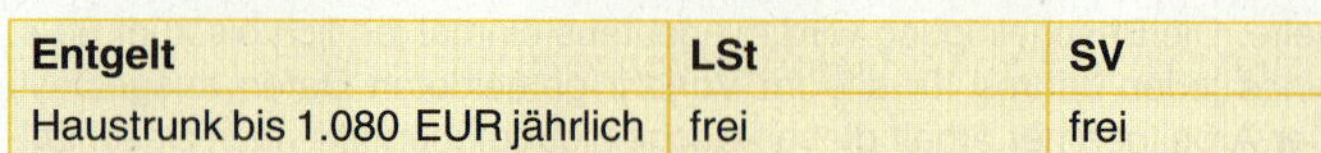

Entgelt	LSt	SV
Haustrunk bis 1.080 EUR jährlich	frei	frei

Heimarbeit

Heimarbeiter sind Erwerbstätige mit selbst gewählter Arbeitsstätte, die keinen Weisungen unterworfen sind und keiner organisatorischen Einbindung eines Arbeitgebers unterliegen. Aufgrund ihrer wirtschaftlichen Abhängigkeit von ihrem Auftraggeber sind Heimarbeiter jedoch ähnlich den Arbeitnehmern sozial schutzbedürftig.

Heimarbeiter ist, wer in selbst gewählter Arbeitsstätte (eigene Wohnung oder selbst gewählter Betriebsstätte), allein oder mit seinen Familienangehörigen, im Auftrag von Gewerbetreibenden oder Zwischenmeistern erwerbsmäßig arbeitet und die Verwertung der Arbeitsergebnisse jedoch unmittelbar oder mittelbar auftraggebenden Gewerbetreibenden überlässt.

Bei Heimarbeitern handelt es sich nicht um Personen, die im Homeoffice tätig sind. Die Unterscheidung ist wichtig, auch wenn beide Personenkreise umgangssprachlich oft im selben Zusammenhang genannt werden. Heimarbeiter sind ebenfalls zu unterscheiden von Hausgewerbetreibenden.

Gesetze, Vorschriften und Rechtsprechung

Lohnsteuer: Rechtliche Grundlage bildet das Heimarbeitsgesetz. Die Steuerfreiheit des Heimarbeiterzuschlags ist geregelt in § 3 Nr. 50 EStG und R 9.13 Abs. 2 LStR.

Sozialversicherung: In § 12 Abs. 2 SGB IV ist der Personenkreis der Heimarbeiter definiert.

Entgelt	LSt	SV
Arbeitsentgelt des Heimarbeiters	pflichtig	pflichtig
Zuschläge für Heimarbeit	frei	frei

Lohnsteuer

Heimarbeiter ist Arbeitnehmer

Die grundsätzlich als Arbeitnehmer anzusehenden Heimarbeiter erhalten die Entlohnung i. d. R. nach der Stückzahl der hergestellten Gegenstände. In diesem Fall hat der Arbeitgeber die Lohnsteuer nach dem üblichen Lohnsteuertarif von dem Betrag zu erheben, den er für die Arbeitsleistung im festgelegten ⇗ Lohnzahlungszeitraum zahlt.

Erhält ein Heimarbeiter im Krankheitsfall statt der Entgeltfortzahlung einen laufenden Zuschlag zum Entgelt, ist dieser lohnsteuerpflichtiger Arbeitslohn.

Steuerfreier Heimarbeiterzuschlag

Heimarbeiterzuschläge, die neben dem Grundlohn zur Abgeltung der durch die Heimarbeit entstehenden Mehraufwendungen (z. B. für die Bereitstellung von Heizung und Beleuchtung in den Arbeitsräumen) gezahlt werden, gehören nicht zum steuerpflichtigen Arbeitslohn, soweit sie 10 % des Grundlohns nicht übersteigen.[5] Der Arbeitgeber hat diese Heimarbeiterzuschläge im Lohnkonto gesondert auszuweisen.[6]

Übersteigen die unmittelbar durch die Heimarbeit veranlassten Aufwendungen, z. B. Miete und Aufwendungen für Heizung, Beleuchtung der Arbeitsräume, Arbeitsmittel, Zutaten sowie für den Transport des Materials und der fertig gestellten Waren, die steuerfreien Heimarbeiterzuschläge, so ist der Unterschiedsbetrag als Werbungskosten berücksichtigungsfähig.

5 § 3 Nr. 50 EStG; R 9.13 Abs. 2 LStR.
6 § 4 Abs. 2 Nr. 4 LStDV.

Sozialversicherung

Versicherungsrechtliche Beurteilung

Heimarbeiter gehören zu den abhängig Beschäftigten. Sie sind versicherungspflichtig in der Kranken-, Pflege-, Unfall- und Rentenversicherung sowie in der Arbeitslosenversicherung.[7]

Übersteigt das regelmäßige Jahresarbeitsentgelt des Heimarbeiters die maßgebliche ⇗ Jahresarbeitsentgeltgrenze besteht Krankenversicherungsfreiheit.

Dadurch, dass die Heimarbeiter als Arbeitnehmer gelten, sind auf deren Beschäftigungsverhältnisse auch die Vorschriften über die Versicherungsfreiheit ⇗ geringfügiger Beschäftigungen anzuwenden.

Heimarbeiter, die gleichzeitig eine Tätigkeit als Zwischenmeister ausüben, sind arbeitslosenversicherungsfrei, sofern sie den überwiegenden Teil ihres Verdienstes aus ihrer Tätigkeit als Zwischenmeister beziehen.[8]

Sozialversicherungsbeitrag

Beitragspflicht

Das Arbeitsentgelt des Heimarbeiters ist beitragspflichtig. Die Regelungen des ⇗ Übergangsbereichs gelten auch für Heimarbeiter mit einem regelmäßigen Arbeitsentgelt von 538,01 EUR bis 2.000 EUR.[9]

Heimarbeiterzuschlag

Nicht zum Arbeitsentgelt zählt der Heimarbeiterzuschlag.[10] Dieser ist damit beitragsfrei.

Beitragsabführung

Als Arbeitgeber der Heimarbeiter gilt, wer die Arbeit unmittelbar an sie vergibt.[11] Der Auftraggeber ist auch grundsätzlich für die Abführung der Gesamtsozialversicherungsbeiträge zuständig.

Heimarbeiter können den Gesamtsozialversicherungsbeitrag jedoch selbst an die Krankenkasse zahlen, wenn der Arbeitgeber dieser Aufgabe nicht nachkommt. Zahlen Heimarbeiter den Gesamtsozialversicherungsbeitrag selbst, entfällt insoweit die Verpflichtung des Arbeitgebers.[12] Die Heimarbeiter haben in diesen Fällen gegen ihren Arbeitgeber einen Anspruch auf den vom Arbeitgeber zu tragendem Anteil am Gesamtsozialversicherungsbeitrag.[13]

Meldeverfahren

Heimarbeiter ohne Anspruch auf Entgeltfortzahlungsanspruch im Krankheitsfall sind mit dem Personengruppenschlüssel (PGR) 124 zu melden. Bei Heimarbeitern mit Entgeltfortzahlung ist nicht der PGR 124, sondern einer der übrigen PGR (z. B. 101) anzugeben. Sofern Heimarbeiter eine geringfügig entlohnte Beschäftigung ausüben, ist der PGR 109 zu verwenden.

Heiratsbeihilfe

Die Heiratsbeihilfe ist eine Zahlung des Arbeitgebers an den Arbeitnehmer im Zusammenhang mit dessen Hochzeit. Die Heiratsbeihilfe ist steuerpflichtiger Arbeitslohn und somit auch sozialversicherungspflichtiges Arbeitsentgelt.

7 § 5 Abs. 1 Nr. 1 SGB V, § 2 Abs. 1 Nr. 1 SGB VII, § 20 Abs. 1 Satz 2 Nr. 1 i. V. m. Satz 1 SGB XI, § 1 Satz 1 Nr. 1 SGB VI und § 25 Abs. 1 SGB III.
8 § 27 Abs. 3 Nr. 2 SGB III.
9 Bis 31.12.2023: 520,01 EUR bis 2.000 EUR.
10 § 1 Abs. 1 Satz 1 Nr. 5 SvEV.
11 § 12 Abs. 3 SGB IV.
12 § 28m Abs. 2 SGB IV.
13 § 28m Abs. 4 SGB IV.

Gesetze, Vorschriften und Rechtsprechung

Lohnsteuer: Zu steuerpflichtigem Arbeitslohn s. § 19 EStG.

Sozialversicherung: Der Begriff des Arbeitsentgelts in der Sozialversicherung ist in § 14 SGB IV beschrieben.

Entgelt	LSt	SV
Heiratsbeihilfe	pflichtig	pflichtig

Heizmaterial

Heizmaterial sind Brennstoffe, die der Arbeitgeber dem Arbeitnehmer zur Beheizung seiner Wohnung zur Verfügung stellt. Da es sich im weiteren Sinn um Arbeitslohn handelt, besteht grundsätzlich Lohnsteuer- und Sozialversicherungspflicht.

Heizmaterial, das im Zusammenhang mit einer Werkswohnung bereitgestellt wird, ist grundsätzlich steuerpflichtig.

Für die lohnsteuer- und sozialversicherungsrechtliche Behandlung stehen folgende Möglichkeiten zur Verfügung:

- Sachbezugswert bis 50 EUR pro Monat;
- Rabattfreibetrag bis 1.080 EUR pro Jahr (falls der Arbeitgeber mit Heizmaterial handelt);
- Pauschalbesteuerung nach § 37b EStG;
- individuelle Versteuerung nach den elektronischen Lohnsteuerabzugsmerkmalen.

Welche der Möglichkeiten anzuwenden ist, muss für den Einzelfall geprüft werden.

Gesetze, Vorschriften und Rechtsprechung

Lohnsteuer: Zur Steuerpflicht von Sachbezügen vgl. § 8 Abs. 2 und 3 EStG. Die Bewertung von Heizmaterial als Sachbezug erfolgt nach R 8.1 und R 8.2 LStR.

Sozialversicherung: Die Beitragspflicht des Arbeitsentgelts in der Sozialversicherung ergibt sich aus § 14 Abs. 1 SGB IV. Die Beitragsfreiheit als Konsequenz der Anwendung des Rabattfreibetrags ergibt sich aus § 1 Abs. 1 Satz 1 Nr. 1 SvEV.

Entgelt	LSt	SV
Heizmaterial	pflichtig	pflichtig
Heizmaterial bis 1.080 EUR jährlich (Personalrabatt)	frei	frei

Hinzuverdienst

Rentner, die neben dem Bezug einer Rente weitere Einkünfte erzielen, müssen ggf. Kürzungen ihrer Rente hinnehmen. Der zulässige Hinzuverdienst ist u. a. von der Rentenart abhängig. In den Jahren 2020 bis 2022 gilt für vorgezogene Altersrenten eine erhöhte Hinzuverdienstgrenze. Seit dem Jahr 2023 gelten bei vorgezogenen Altersrenten keine Hinzuverdienstbeschränkungen mehr, denn der Gesetzgeber hat zu diesem Zeitpunkt die Hinzuverdienstgrenzen bei vorgezogenen Altersrenten abgeschafft. Hinzuverdienstgrenzen sind auch bei Renten wegen verminderter Erwerbsfähigkeit einschlägig. Ab dem Jahr 2023 gelten hier verbesserte Hinzuverdienstmöglichkeiten.

Gesetze, Vorschriften und Rechtsprechung

Lohnsteuer: Einzelheiten zum steuerlichen Arbeitslohnbegriff regeln § 19 Abs. 1 EStG, § 2 LStDV, R 19.3–19.8 LStR sowie H 19.3–19.8 LStH. Der Altersentlastungsbetrag ist geregelt in § 24a EStG. Ergänzende Bestimmungen für den Altersentlastungsbetrag beim Lohnsteuerabzug enthält R 39b.4 LStR.

Sozialversicherung: Die §§ 34, 96a, 302 und 313 SGB VI enthalten die Regelungen zum Hinzuverdienst.

Lohnsteuer

Pensionsbezug

Der als Hinzuverdienst aus einem Dienstverhältnis bezogene Arbeitslohn eines Pensionärs ist – wie bei einem Arbeitnehmer mit 2 Arbeitsverhältnissen – grundsätzlich steuerpflichtig. Der Arbeitgeber hat den Lohnsteuerabzug nach den Lohnsteuerabzugsmerkmalen (ELStAM) des Arbeitnehmers vorzunehmen.

Berücksichtigung von Frei- und Hinzurechnungsbeträgen

Wenn für den Arbeitslohn im ersten Dienstverhältnis keine Lohnsteuer anfällt und der Arbeitnehmer für das Arbeitsverhältnis neben der Pension (Nebenarbeitgeber) als ELStAM die Steuerklasse VI hat, kann durch die Eintragung eines ⇗ Freibetrags in der Steuerklasse VI und eines Hinzurechnungsbetrags für das Arbeitsverhältnis beim Hauptarbeitgeber in den Steuerklassen I–V der Lohnsteuerabzug[1] verringert oder vermieden werden. Dies ist der Fall, wenn der Arbeitslohn aus dem ersten Arbeitsverhältnis unter dem Eingangsbetrag der entsprechenden Jahreslohnsteuertabelle liegt.

Minijob-Regelung und Lohnsteuerpauschalierung

Eine ⇗ geringfügig entlohnte Beschäftigung sowie eine ⇗ kurzfristige Beschäftigung mit Lohnsteuerpauschalierung ist zulässig.

Weiterbeschäftigte Rentner

Der als Hinzuverdienst aus einem Dienstverhältnis bezogene Arbeitslohn eines Rentners ist steuerpflichtig. Der Arbeitgeber hat den Lohnsteuerabzug nach den für den Arbeitnehmer gültigen ELStAM vorzunehmen.

Minijob-Regelung und Lohnsteuerpauschalierung

Eine ⇗ geringfügig entlohnte Beschäftigung sowie eine ⇗ kurzfristige Beschäftigung mit Lohnsteuerpauschalierung ist zulässig. Die bei bestimmten Rentenarten zu beachtenden Hinzuverdienstgrenzen sind lohnsteuerlich ohne Bedeutung.

Erhält der Rentner zusätzlich zu seiner Altersrente aus der gesetzlichen Rentenversicherung eine Betriebsrente von seinem Arbeitgeber, ist diese nach den ELStAM zu versteuern. Wenn der Rentner – und gleichzeitige Betriebsrentner – weiterarbeitet und Arbeitslohn vom selben Arbeitgeber für eine aktive Beschäftigung erhält, liegt ein einheitliches Arbeitsverhältnis vor.

Die Abrechnung kann jedoch nicht über eine einheitliche Personalnummer erfolgen, da Betriebsrente und aktive Tätigkeit sozialversicherungsrechtlich unterschiedlich behandelt werden. Der Lohnsteuerabzug kann insgesamt programmtechnisch über eine der beiden Personalnummern durchgeführt werden. Der Lohnsteuerabzug kann aber auch ohne Abruf der ELStAM nach Steuerklasse VI für den zweiten Bezug erfolgen.[2]

Steuerklasse VI für weitere Nebenbeschäftigungen

Erhält ein Altersrentner

- eine Rente von der gesetzlichen Rentenversicherung sowie
- eine Betriebsrente von einem früheren Arbeitgeber und
- nimmt dann bei einem neuen Arbeitgeber eine Beschäftigung auf,

gilt diese ebenso als Nebenbeschäftigung und ist mit Steuerklasse VI abzurechnen.

1 § 39b Abs. 4 EStG.
2 BMF, Schreiben v. 8.11.2018, IV C 5 – S 2363/13/10003 – 02, BStBl I 2018 S. 1137, Rzn. 113–114.

Anwendung der besonderen Lohnsteuertabelle

Für die korrekte Berechnung der Lohnsteuer muss der Arbeitgeber stets prüfen, ob die allgemeine oder die besondere ⇗ Lohnsteuertabelle anzuwenden ist. Die besondere Lohnsteuertabelle ist grundsätzlich bei Pensionären, bei nicht rentenversicherungspflichtigen Arbeitnehmern und damit auch bei weiterarbeitenden Pensionären anzuwenden. Die Berücksichtigung der Vorsorgepauschale erfolgt ohne Teilbetrag für die Rentenversicherung. Bei maschineller Abrechnung erfolgt die Anwendung automatisch im Rahmen der Berücksichtigung der Vorsorgepauschale. Nur bei weiterbeschäftigten Rentnern, die weiterhin rentenversicherungspflichtig sind, z. B. Regelaltersrentner, die zur Rentenversicherungspflicht optiert haben, ist die allgemeine Lohnsteuertabelle anzuwenden.

Berücksichtigung Altersentlastungsbetrag

Der ⇗ Altersentlastungsbetrag wird älteren Steuerpflichtigen gewährt, die vor Beginn des Kalenderjahres, in dem sie Einkommen beziehen, das 64. Lebensjahr vollendet hatten (2024: vor dem 2.1.1960 geborene Personen).

Die Höhe des Altersentlastungsbetrags berechnet sich nach einem Prozentsatz, der abhängig ist vom Kalenderjahr, das auf die Vollendung des 64. Lebensjahres folgt.[1] Bemessungsgrundlage ist der Bruttoarbeitslohn zuzüglich der positiven Summe anderer Einkünfte. Nicht anzusetzen sind Einkünfte aus Leibrenten sowie Versorgungsbezüge (⇗ Pensionen und ⇗ betriebliche Altersversorgung). Der Altersentlastungsbetrag ist der Höhe nach begrenzt.

Der maßgebende Prozentsatz und der Höchstbetrag können der Tabelle zu § 24a EStG entnommen werden. Prozentsatz und Höchstbetrag werden stufenweise bis 2040 abgebaut.

Beispielhaft für 2024

Bei Steuerpflichtigen, die das 64. Lebensjahr zwischen dem 31.12.2022 und dem 1.1.2024 vollendet haben (Geburtsdatum vom 2.1.1959 bis 1.1.1960), beträgt der Altersentlastungsbetrag 13,6 % der Bemessungsgrundlage und der Höchstbetrag 646 EUR.[2,3]

Sozialversicherung

Rente und Hinzuverdienst

Bei vorgezogenen Altersrenten waren bis zum Jahr 2022 Hinzuverdienstgrenzen zu beachten. Wurden diese überschritten, wurde die Rente nicht mehr als volle Rente, sondern nur noch als Teilrente gezahlt. Zu einer Altersrente konnte erst nach Ablauf des Monats des Erreichens der Regelaltersgrenze unbeschränkt hinzuverdient werden. Seit dem Jahr 2023 gelten bei vorgezogenen Altersrenten keine Hinzuverdienstbeschränkungen mehr, denn der Gesetzgeber hat zu diesem Zeitpunkt die Hinzuverdienstgrenzen bei vorgezogenen Altersrenten abgeschafft.

Hinzuverdienstgrenzen sind auch bei Renten wegen verminderter Erwerbsfähigkeit einschlägig. Ab dem Jahr 2023 gelten hier verbesserte Hinzuverdienstmöglichkeiten.

Hinweis

Einkommensanrechnung bei Renten wegen Todes

Bei Hinterbliebenenrenten und Erziehungsrenten wirkt sich ein Hinzuverdienst ggf. im Rahmen der sog. Einkommensanrechnung aus. Hier gelten bestimmte Freibeträge. Wird der Freibetrag überschritten, so werden 40 % des den Freibetrag überschreitenden Einkommens auf die Rente wegen Todes angerechnet. Waisenrentner können unbeschränkt hinzuverdienen.

Zu berücksichtigender Hinzuverdienst

Als Hinzuverdienst sind bei einer Erwerbsminderungsrente und bis zum Jahr 2022 auch bei einer vorgezogenen Altersrente folgende Einkünfte zu berücksichtigen:

- Arbeitsentgelt nach § 14 SGB IV,
- Arbeitseinkommen nach § 15 SGB IV,
- vergleichbares Einkommen (z. B. Vorruhestandsgeld).

Bei Erwerbsminderungsrenten sind auch bestimmte Sozialleistungen als Hinzuverdienst zu berücksichtigen.

Hinzuverdienstprüfung im Allgemeinen

Wird die maßgebende kalenderjährliche Hinzuverdienstgrenze überschritten, erfolgt seit Juli 2017 eine stufenlose Anrechnung des diese Grenze übersteigenden Hinzuverdienstes auf die Rente, allerdings nur zu 40 %. Durch diese Anrechnungsregelung wird verhindert, dass ein geringfügiges Überschreiten der Hinzuverdienstgrenze zu einem unverhältnismäßig großen Rentenverlust führt. Zudem werden unterjährige Schwankungen beim Hinzuverdienst durch die jährliche Hinzuverdienstgrenze besser ausgeglichen als nach dem bisherigen Recht. Folglich gibt es – anders als nach dem Recht bis Juni 2017 – keine Alters-Teilrenten oder in teilweiser Höhe zu leistenden Erwerbsminderungsrenten in festen Stufen mehr, sondern jeden beliebigen Anteil, der sich aus der Hinzuverdienstberücksichtigung ergibt.

Keine Hinzuverdienstgrenze mehr bei vorgezogenen Altersrenten

Zum 1.1.2023 sind die Hinzuverdienstgrenzen bei vorgezogenen Altersrenten entfallen. D.h. ab diesem Zeitpunkt kann neben einer solchen Altersrente unbeschränkt hinzuverdient werden, ohne dass es aufgrund des Hinzuverdienstes zu einer Rentenkürzung in Form einer Teilrente oder – bei sehr hohen Hinzuverdiensten – zu einem Verlust es Rentenanspruchs kommt.

Beispiel

Keine Hinzuverdienstbeschränkungen

Ein Versicherter möchte ab 1.5.2024 eine Altersrente für langjährig Versicherte nach Vollendung des 63. Lebensjahres in Anspruch nehmen. Er will daneben seine bisherige Beschäftigung unverändert ausüben, sowohl hinsichtlich des zeitlichen Umfangs als auch hinsichtlich des erzielten Arbeitsentgelts.

Ergebnis: Der Versicherte kann die Altersrente als Vollrente in Anspruch nehmen, da Hinzuverdienstbeschränkungen nicht mehr bestehen.

Hinzuverdienstrecht bei Erwerbsminderungsrenten

Neben einer Erwerbsminderungsrente darf im Rahmen des festgestellten Leistungsvermögens hinzuverdient werden. Zum 1.1.2023 wurden die Hinzuverdienstmöglichkeiten verbessert, da die Hinzuverdienstgrenzen deutlich angehoben wurden. Durch diese höheren Hinzuverdienstmöglichkeiten wird es erwerbsgeminderten Personen im Rentenbezug ermöglicht, innerhalb ihres verbliebenen Leistungsvermögens anrechnungsfrei einen höheren Verdienst als bisher zu erzielen.

Übersteigt der Hinzuverdienst die geltende Hinzuverdienstgrenze, wird die Erwerbsminderungsrente nicht mehr in voller Höhe, sondern nur noch in anteiliger Höhe gezahlt. Der die maßgebende Hinzuverdienstgrenze überschreitende Betrag wird stufenlos zu 40 % auf die Rente angerechnet.

Hinweis

Hinzuverdienstdeckel galt nur bis zum Jahr 2022

Bei Hinzuverdiensten bis zum Jahr 2022 war zudem der sog. Hinzuverdienstdeckel zu prüfen. Überstieg die anteilige Erwerbsminderungsrente nach dem ersten Schritt (40 % Anrechnung) zusammen mit $^1/_{12}$ des kalenderjährlichen Hinzuverdienstes den monatlichen Hinzuverdienstdeckel, kam es zu einer weiteren Anrechnung. Der Betrag über dem Deckel wurde zu 100 % auf die verbliebene anteilige Erwerbsminderungsrente angerechnet.

1 § 24a Satz 5 EStG.
2 § 24a Satz 5 EStG.
3 Mi dem Wachstumschancengesetz war eine Änderung des Altersentlastungsbetrags vorgesehen. Das Gesetzgebungsverfahren ist noch nicht abgeschlossen. Ggf. wird eine Änderung im Laufe des Jahres 2024 folgen.

Verbleibt nach Abzug der Anrechnungsbeträge kein Rentenbetrag mehr, dann ruht der Zahlungsanspruch gänzlich (der Anspruch dem Grunde nach besteht weiter).

Achtung

Tätigkeiten im verbliebenen Restleistungsvermögen

Eine Erwerbsminderungsrente ist nur unter folgenden Voraussetzungen zu leisten: Aufgrund der Einschränkung der Leistungsfähigkeit liegt weiterhin verminderte Erwerbsfähigkeit vor. Der Hinzuverdienst muss daher grundsätzlich innerhalb des verbliebenen Restleistungsvermögens erzielt werden. Das bedeutet bei einer Rente

- wegen voller Erwerbsminderung in einer Beschäftigung oder Tätigkeit von unter 3 Stunden täglich und
- wegen teilweiser Erwerbsminderung von unter 6 Stunden täglich.

Werden diese zeitlichen Grenzen überschritten, liegt verminderte Erwerbsfähigkeit grundsätzlich nicht mehr vor und der Rentenanspruch dem Grunde nach kann wegfallen.

Rente wegen voller Erwerbsminderung

Die Hinzuverdienstgrenze bei einer Rente wegen voller Erwerbsminderung beträgt $^3/_8$ der 14-fachen monatlichen ⇗ Bezugsgröße. Dies ergibt im Kalenderjahr 2024 eine kalenderjährliche Hinzuverdienstgrenze von 18.558,75 EUR ($^3/_8 \times 14 \times 3.535$ EUR [Bezugsgröße im Jahr 2024]). Im Jahr 2023 betrug die Mindest-Hinzuverdienstgrenze bei einer Rente wegen voller Erwerbsminderung 17.823,75 EUR ($^3/_8 \times 14 \times 3.395$ EUR).

Rente wegen teilweiser Erwerbsminderung

Bei teilweisen Erwerbsminderungsrenten ist die jährliche Hinzuverdienstgrenze höher als bei der vollen Erwerbsminderungsrente. Dies gilt sowohl vor als auch nach der Reform des Hinzuverdienstrechts zum 1.1.2023. Diese Renten sind auf einen höheren Hinzuverdienst ausgerichtet. Die jährliche Hinzuverdienstgrenze wird jeweils individuell berechnet, wobei auch eine Mindest-Hinzuverdienstgrenze gilt:

9,72 × monatliche Bezugsgröße × höchste Jahres-Entgeltpunkte (aus 15-Jahreszeitraum)

Die Mindest-Hinzuverdienstgrenze umfasst einen Betrag i. H. v. $^6/_8$ der 14-fachen monatlichen ⇗ Bezugsgröße. Die Mindest-Hinzuverdienstgrenze liegt im Kalenderjahr 2024 bei 37.117,50 EUR ($^6/_8 \times 14 \times 3.535$ EUR [Bezugsgröße im Jahr 2024]). Im Jahr 2023 betrug die Mindest-Hinzuverdienstgrenze 35.647,50 EUR ($^6/_8 \times 14 \times 3.395$ EUR).

Sozialleistungen als Hinzuverdienst

Bei Renten wegen Erwerbsminderung werden nach § 96a Abs. 3 SGB VI auch bestimmte Sozialleistungen, gerade wenn sie ein Arbeitsentgelt/Arbeitseinkommen ersetzen, als Hinzuverdienst berücksichtigt. Dabei ist zwischen der teilweisen und der vollen Erwerbsminderungsrente zu unterscheiden.

So ist z. B. bei einer Rente wegen teilweiser Erwerbsminderung ein Arbeitslosengeld als Hinzuverdienst zu berücksichtigen. Zu berücksichtigen ist auch ein Krankengeld, wenn es aufgrund einer Arbeitsunfähigkeit geleistet wird, die nach dem Beginn der Rente eingetreten ist.

Bei einer Rente wegen voller Erwerbsminderung ist z. B. ein Verletztengeld aus der Unfallversicherung als Hinzuverdienst zu berücksichtigen.

Maßgebender Hinzuverdienst

Als Hinzuverdienst ist dabei nicht der Zahlbetrag der Sozialleistung maßgebend, sondern für Zeiten bis zum Jahr 2022 das der jeweiligen Sozialleistung zugrunde liegende Arbeitsentgelt/Arbeitseinkommen (sog. Bemessungsgrundlage). Ab dem Jahr 2023 ist die Sozialleistung nur dann und auch nur in der Höhe zu berücksichtigen, soweit sie in der Rentenversicherung beitragspflichtig ist. Dies ist i. d. R. bei Kranken-, Arbeitslosen- und Verletztengeld gegeben mit einem Betrag von 80 % der Bemessungsgrundlage.

Verfahren

Prognose/Spitzabrechnung

Der Hinzuverdienst neben einer Erwerbsminderungsrente ist zum Zeitpunkt seiner Berücksichtigung (z. B. Rentenbeginn oder – auf Antrag – bei späterem Hinzutritt) i. d. R. noch nicht abschließend bekannt und ist daher zunächst zu prognostizieren. Die Prognose erfolgt durch den Rentenversicherungsträger, der den voraussichtlichen kalenderjährlichen Hinzuverdienst bestimmt. Grundlage dafür sind grundsätzlich die Angaben des Versicherten. Basierend darauf wird eine Erwerbsminderungsrente in voller Höhe oder in anteiliger Höhe gezahlt.

Neue Prognose und Spitzabrechnung im Folgejahr

Ein neuer kalenderjährlicher Hinzuverdienst wird jeweils im Folgejahr neu prognostiziert. Entsprechend wird auch die Rente ggf. in geänderter Höhe gezahlt. Außerdem wird – i. d. R. zum gleichen Zeitpunkt wie die neue Prognose – nun der tatsächliche Hinzuverdienst des vorangegangenen Kalenderjahres ermittelt. Es wird geprüft, ob die Prognose den tatsächlichen Verhältnissen entsprochen hat (Spitzabrechnung). Die Rente wird rückwirkend für das vorangegangene Kalenderjahr neu berechnet und die bisherigen Bescheide werden aufgehoben, wenn die Prognose nicht zutreffend war. Das kann der Fall sein, wenn z. B. entweder mehr oder weniger als prognostiziert hinzuverdient wurde. Der Versicherte muss zu viel erbrachte Renten erstatten, wenn tatsächlich ein höherer Hinzuverdienst erzielt wurde. Wurden im Vergleich zur Prognose niedrigere Verdienste erzielt, erhalten die Versicherten eine Nachzahlung.

Beispiel

Prognose und Spitzabrechnung

Rentenbeginn einer vollen Erwerbsminderungsrente am 1.1.2024. Daneben wird eine Beschäftigung mit einem prognostizierten Monatsverdienst von 1.800 EUR (21.600 EUR für 12 Monate) ausgeübt. Die monatliche Bruttorente beträgt 1.500 EUR. Im Jahr 2025 erfolgt die Spitzabrechnung für 2024 und es lag ein tatsächlicher Monatsverdienst von 1.900 EUR (22.800 EUR für 12 Monate) vor.

Ergebnis:

a) Prognose am 1.1.2024: Der prognostizierte Hinzuverdienst im Kalenderjahr 2024 überschreitet die Hinzuverdienstgrenze für die Vollrente um 3.041,25 EUR (21.600 EUR – 18.558,75 EUR). Dieser überschießende Betrag ist auf Monatsbasis umzurechnen, indem er durch 12 geteilt wird (3.041,25 EUR : 12 = 253,44 EUR). Davon werden 40 % auf die Vollrente angerechnet, d. h. 101,38 EUR. Das Ergebnis ist eine monatliche Teilrente von 1.398,62 EUR (1.500 EUR – 101,38 EUR).

b) Spitzabrechnung im Folgejahr 2025: Der tatsächliche Hinzuverdienst im Kalenderjahr 2024 überschreitet die Hinzuverdienstgrenze um 4.241,25 EUR (22.800 EUR – 18.558,75 EUR). Dieser überschießende Betrag ist auf Monatsbasis umzurechnen, indem er durch 12 geteilt wird (4.241,25 EUR : 12 = 353,44 EUR). Davon werden 40 % auf die Vollrente angerechnet, d. h. 141,38 EUR. Das Ergebnis ist eine monatliche Teilrente von 1.358,62 EUR (1.500 EUR – 141,38 EUR).

Es ergibt sich eine Überzahlung von 480 EUR für das Jahr 2024 (12 Monate × –40 EUR [1.358,62 EUR – 1.398,62 EUR]).

c) Neue Prognose im Folgejahr 2025: Der Rentenversicherungsträger wird – i. d. R. zum gleichen Zeitpunkt wie die Spitzabrechnung – den voraussichtlichen kalenderjährlichen Hinzuverdienst neu bestimmen, wenn sich dadurch eine Änderung ergibt, die die Höhe des Rentenanspruchs betrifft.

Spitzabrechnung im Jahr des Erreichens der Regelaltersgrenze

Wird in einem Kalenderjahr die Regelaltersgrenze erreicht, ist die Spitzabrechnung immer erst im Folgemonat danach vorzunehmen. Einbezogen in die Spitzabrechnung wird dann nicht nur das Vorjahr, sondern auch alle Monate des laufenden Jahres bis zum Erreichen der Regelaltersgrenze.

Eine neue Prognose zum Hinzuverdienst erfolgt nicht. Nach Erreichen der Regelaltersgrenze wird vielmehr von Amts wegen die Erwerbsminderungsrente in eine Regelaltersrente umgewandelt.[1]

Bei einer Regelaltersrente sind keine Hinzuverdienstgrenzen zu beachten.

Verrechnung möglich

Kommt es bei der Spitzabrechnung dazu, dass Versicherte Beträge zu erstatten haben, werden Beträge bis 300 EUR mit der laufenden Rente verrechnet. Voraussetzung dafür ist, dass sich der Rentenbezieher damit einverstanden erklärt bzw. im Vorfeld (z. B. im Zuge der Rentenantragstellung) erklärt hat.

Einkommensänderungen

Ändert sich der kalenderjährliche Hinzuverdienst um mehr als 10 % (+/–), hierzu zählt auch ein Hinzutritt eines Hinzuverdienstes nach Rentenbeginn oder der Wegfall eines Hinzuverdienstes, kann unterjährig auf Antrag eine neue Prognose erstellt und die Rente angepasst werden. Die Rente kann dadurch flexibel an die persönliche Situation angepasst werden. Zudem wird verhindert, dass erst bei der späteren Spitzabrechnung eine umfassende Korrektur erfolgt. Das gilt entsprechend, wenn der Hinzuverdienst wegfällt.

Beispiel

Wegfall von Hinzuverdienst

Prognostizierter Jahresverdienst bei 48.000 EUR (4.000 EUR/Monat). Rente wegen teilweiser Erwerbsminderung beträgt 1.000 EUR. Ab 1.1.2024 wird eine anteilige Rente von 637,25 EUR gezahlt. Ab 1.6.2024 fällt der Hinzuverdienst weg.

Ergebnis: Der Jahreshinzuverdienst vermindert sich um mind. 10 %, da er von 48.000 EUR auf 20.000 EUR sinkt (4.000 EUR × 5 Monate). Ab 1.6.2024 wird die Rente wegen teilweiser Erwerbsminderung in voller Höhe gezahlt, da die Hinzuverdienstgrenze von 37.117,50 EUR nicht überschritten ist. Im Jahr 2025 erfolgt die Spitzabrechnung für das Jahr 2024 und es kommt zu einer Nachzahlung für die Monate Januar bis Mai 2024 von 1.813,75 EUR (5 Monate × 362,75 EUR [1.000 EUR – 637,25 EUR]).

Hitzezuschlag

Hitzezuschlag wird gezahlt, wenn Arbeitnehmer die Arbeitsleistung unter erschwerten Arbeitsbedingungen erbringen müssen. Der Zuschlag steht im engen Zusammenhang mit der Erbringung der Arbeitsleistung. Daher handelt es sich sowohl um steuerpflichtigen Arbeitslohn als auch um sozialversicherungspflichtiges Arbeitsentgelt.

Hitzezuschläge werden meist im Zusammenhang mit der Arbeit in erhitzten Räumen, bei besonders hoher Außentemperatur und an Maschinen mit deutlich überdurchschnittlicher Wärmeemission gezahlt.

Gesetze, Vorschriften und Rechtsprechung

Lohnsteuer: Zu steuerpflichtigem Arbeitslohn s. § 19 EStG.

Sozialversicherung: Die Beitragspflicht in der Sozialversicherung ergibt sich aus § 14 Abs. 1 SGB IV.

Entgelt	LSt	SV
Hitzezuschlag	pflichtig	pflichtig

1 § 115 Abs. 3 Satz 1 SGB VI.

Hochschulassistent

Ein Hochschulassistent ist ein wissenschaftlicher Mitarbeiter eines Professors, der nach Abschluss seiner Promotion die Habilitation anstrebt. Während er seine wissenschaftliche Arbeit anfertigt, ist er am Lehrstuhl der Universität in den Bereichen Lehre, Forschung oder universitäre Selbstverwaltung beschäftigt. Die Beschäftigung ist i. d. R. zeitlich auf 1 bis 4 Jahre befristet.

Der Hochschulassistent ist ein Arbeitnehmer, sein Arbeitsentgelt lohnsteuer- und sozialversicherungspflichtig.

In seltenen Fällen wird ein Hochschulassistent als Beamter beschäftigt und ist dann sozialversicherungsfrei.

Gesetze, Vorschriften und Rechtsprechung

Lohnsteuer: § 19 EStG.

Sozialversicherung: Die Beitragspflicht des Arbeitsentgelts ergibt sich aus § 14 SGB IV und der Sozialversicherungsentgeltverordnung (SvEV).

Holzabgabe an Forstbedienstete

Arbeitnehmer des Forstgewerbes erhalten von ihren Arbeitgebern regelmäßig kostenlos oder verbilligt monatlich eine bestimmte Menge Holz. Bei der Holzabgabe handelt es sich grundsätzlich um einen Sachbezug, der als solcher sowohl lohnsteuerpflichtigen Arbeitslohn als auch beitragspflichtiges Arbeitsentgelt in der Sozialversicherung darstellt.

Zur Vermeidung der Versteuerung bzw. Verbeitragung besteht jedoch die Möglichkeit den sogenannten großen Rabattfreibetrag zu nutzen. Produkte des Arbeitgebers, die er typischerweise an fremde Dritte verkauft, können bis zu einem Freibetrag von 1.080 EUR pro Kalenderjahr lohnsteuer- und damit auch sozialversicherungsfrei behandelt werden.

Gesetze, Vorschriften und Rechtsprechung

Lohnsteuer: Die Lohnsteuerfreiheit der Holzabgabe im Rahmen des großen Rabattfreibetrags ergibt sich aus § 8 Abs. 3 EStG.

Sozialversicherung: Die Beitragspflicht des Arbeitsentgelts in der Sozialversicherung ergibt sich aus § 14 Abs. 1 SGB IV. Die Beitragsfreiheit als Konsequenz der Anwendung des Rabattfreibetrags ergibt sich aus § 1 Abs. 1 SvEV.

Entgelt	LSt	SV
Holzabgabe an Forstbedienstete bis 1.080 EUR jährlich	frei	frei

Homeoffice

Das Homeoffice ist im Rahmen eines Arbeitsverhältnisses ein vom Arbeitgeber fest eingerichteter Bildschirmarbeitsplatz im Privatbereich des Beschäftigten, für den der Arbeitgeber eine mit dem Beschäftigten vereinbarte wöchentliche Arbeitszeit und die Dauer der Einrichtung festgelegt hat. Das Gesetz verwendet statt dieser in der Praxis gebräuchlichen Bezeichnung den Begriff Telearbeitsplatz. Für die Einrichtung und Durchführung des Homeoffice muss eine individualvertragliche oder kollektivrechtliche Vereinbarung zwischen Arbeitnehmer und Arbeitgeber bestehen.

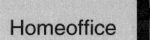

Das Homeoffice ist abzugrenzen von mobiler Arbeit, Bildschirmarbeit und Heimarbeit.

Gesetze, Vorschriften und Rechtsprechung

Lohnsteuer: Zum steuerpflichtigen Arbeitslohn siehe § 19 Abs. 1 EStG. Die erste Tätigkeitsstätte ist gesetzlich definiert in § 9 Abs. 4 EStG. Die Überlassung von Telekommunikationsgeräten findet sich in § 3 Nr. 45 EStG; zur Dienstwagenbesteuerung siehe § 8 Abs. 2 Satz 3 EStG. Für den pauschalen Kostenersatz ist § 40 Abs. 2 EStG maßgebend. Ob die Vermietung einer als Homeoffice genutzten Wohnung an den Arbeitgeber Arbeitslohn oder Einnahmen aus Vermietung und Verpachtung sind, wird abgegrenzt im BMF-Schreiben v. 18.4.2019, IV C 1 – S 2211/16/10003 :005, BStBl 2019 I S. 461. Grundlage für das Arbeitszimmer ist § 4 Abs. 5 Satz 1 Nr. 6b, § 9 Abs. 5 EStG.

Sozialversicherung: Eine Beschäftigung unterliegt auch dann der Sozialversicherungspflicht, wenn sie nicht in der Betriebsstätte des Arbeitgebers, sondern von zu Hause ausgeübt wird. Entscheidend für das Vorliegen einer abhängigen Beschäftigung ist gemäß § 7 SGB IV die Weisungsgebundenheit des Arbeitnehmers und die Eingliederung in die Arbeitsorganisation des Arbeitgebers. Die Beitragspflicht des Arbeitsentgelts in der Sozialversicherung ergibt sich aus § 14 Abs. 1 SGB IV.

Entgelt	LSt	SV
Pauschale Zuwendung des Arbeitgebers zum Homeoffice	pflichtig	pflichtig
Privatnutzung betrieblicher Kommunikationsmittel	frei	frei
Zuschuss zur Internetnutzung, soweit mit 25 % pauschal besteuert	pauschal	frei
Auslagenersatz für nachgewiesene Telefonkosten	frei	frei

Lohnsteuer

Homeoffice ist keine erste Tätigkeitsstätte

Erbringt der Arbeitnehmer seine betrieblichen Arbeiten ausschließlich oder überwiegend in seinem häuslichen Bereich, so spricht man von Homeoffice. Da das Homeoffice keine betriebliche Einrichtung des Arbeitgebers ist, kann es auch nicht die erste Tätigkeitsstätte des Arbeitnehmers sein.[1] Bei Arbeitnehmern, die teils im Homeoffice, teils im Betrieb arbeiten, kommt es auf die dauerhafte Zuordnung (d. h. über einen Zeitraum von 48 Monaten hinaus) der ersten Tätigkeitsstätte durch den Arbeitgeber an. Hat der Arbeitgeber keine arbeitsvertragliche Zuordnung getroffen, entscheiden quantitative Kriterien.[2]

Beispiel

Homeoffice an 3 Tagen in der Woche

Frau Müller ist bei einer Firma als Programmiererin beschäftigt. Von montags bis mittwochs arbeitet sie von zu Hause aus, donnerstags und freitags übt sie die Tätigkeit im Betrieb ihres Arbeitgebers aus.

Ergebnis: Wenn der Arbeitgeber keine arbeitsvertragliche Zuordnung getroffen hat, entscheiden die quantitativen Kriterien. Da die Arbeitnehmerin an 2 vollen Tagen je Woche im Betrieb des Arbeitgebers tätig wird, ist der Betrieb des Arbeitgebers die erste Tätigkeitsstätte.

Beispiel

Homeoffice und gelegentliche Termine im Betrieb

Frau Meyer arbeitet im Homeoffice und kommt nur ab und zu für Termine und Absprachen in den Betrieb.

Ergebnis: Da die Arbeitnehmerin dem Betrieb des Arbeitgebers nicht zugeordnet ist, hat sie keine erste Tätigkeitsstätte.

Beispiel

Homeoffice und täglich wechselnde betriebliche Einrichtungen

Frau Schulze arbeitet im Homeoffice, soll aber jeden Tag jeweils ca. eine Stunde in einer anderen betrieblichen Einrichtung ihres Arbeitgebers beruflich tätig werden. Diese Zeit beansprucht jedoch jeweils weniger als 1/3 ihrer gesamten Arbeitszeit.

Ergebnis: Auch, wenn Frau Schulze arbeitstäglich für eine Stunde oder mehr in verschiedenen Einrichtungen des Arbeitgebers beruflich tätig werden soll, entscheidet zunächst die arbeitsvertragliche Zuordnung. Nur wenn sie einer Einrichtung dauerhaft zugeordnet wird, entsteht dort ihre erste Tätigkeitsstätte. Die quantitativen Kriterien (Verbringung von mindestens 1/3 der Arbeitszeit an diesem Ort) sind nur heranzuziehen, wenn keine Zuordnung seitens des Arbeitgebers getroffen wurde.

Besteuerung Dienstwagen

Der Arbeitgeber sollte auch in Bezug auf die Dienstwagenbesteuerung prüfen, ob es sinnvoll ist, dem Homeoffice-Mitarbeiter eine erste Tätigkeitsstätte zuzuordnen. Sofern keine erste Tätigkeitsstätte vorliegt, entfällt die Anwendung der 0,03-%-Regelung.

Sofern eine erste Tätigkeitsstätte vorliegt, die aber nicht arbeitstäglich angefahren wird, kann der Arbeitnehmer anhand von Aufzeichnungen die 0,002-%-Regel für die Arbeitstage anwenden, an denen er die erste Tätigkeitsstätte angefahren hat.

Beispiel

Geldwerter Vorteil bei Arbeitnehmern im Homeoffice ohne erste Tätigkeitsstätte

Ein Arbeitgeber überlässt seinem Außendienst-Mitarbeiter Herrn Loose einen Dienstwagen, den dieser auch für private Fahrten nutzt. Der Arbeitsort von Herrn Loose ist nicht im 20 km von seiner Wohnung entfernten Betrieb des Arbeitgebers, sondern jeweils direkt bei den Kunden vor Ort bzw. im Homeoffice. Damit hat Herr Loose keine erste Tätigkeitsstätte. Die Bewertung für die Privatnutzung soll nach der 1-%-Regelung erfolgen. Der Bruttolistenpreis beträgt 41.850 EUR.

Ergebnis: Der geldwerte Vorteil für die Privatnutzung beträgt monatlich 1 % von 41.800 EUR = 418 EUR. Der geldwerte Vorteil für die Fahrten zwischen Wohnung und erster Tätigkeitsstätte entfällt.

Beispiel

Geldwerter Vorteil bei Arbeitnehmern im Homeoffice mit erster Tätigkeitsstätte

Frau Müller ist bei ihrem Arbeitgeber als Programmiererin beschäftigt. Von montags bis mittwochs arbeitet sie von zu Hause aus, donnerstags und freitags übt sie die Tätigkeit im 25 km entfernten Betrieb ihres Arbeitgebers aus. Der Arbeitgeber überlässt Frau Müller einen Firmenwagen, den diese auch für private Fahrten nutzt. Entsprechend der quantitativen Kriterien hat Frau Müller ihre erste Tätigkeitsstätte im Betrieb des Arbeitgebers. Die Bewertung für die Privatnutzung soll nach der 1-%-Regelung erfolgen. Der Bruttolistenpreis beträgt 41.850 EUR.

Ergebnis: Der geldwerte Vorteil für die Privatnutzung beträgt monatlich 1 % von 41.800 EUR = 418 EUR. Der geldwerte Vorteil für die Fahrten zwischen Wohnung und erster Tätigkeitsstätte beträgt grundsätzlich 0,03 % von 41.800 EUR × 25 km = 313,50 EUR. Es wäre hier aber auch eine auf das Kalenderjahr bezogene tageweise Einzelbewertung mit 0,002 % je Entfernungskilometer möglich.[3]

1 § 9 Abs. 4 EStG.
2 § 9 Abs. 4 Satz 4 EStG.

3 BMF, Schreiben v. 3.3.2022, IV C 5 – S 2334/21/10004:001 – 2022/0200755.

Sonderfall: Homeoffice während des gesamten Kalendermonats

Bei Arbeitnehmern, die tageweise oder vollständig im Homeoffice arbeiten stellt sich die Frage, inwieweit der ↗ geldwerte Vorteil für die Privatnutzung des Firmenwagens gemindert werden oder ganz wegfallen könnte. Solange der Dienstwagen dem Arbeitnehmer zur Nutzung zur Verfügung steht, ist auch der geldwerte Vorteil nach der 1-%-Regel zu versteuern, denn die Privatnutzung ist weiterhin möglich. Auch die Versteuerung des geldwerten Vorteils mit 0,03 % für die Fahrten zwischen Wohnung und erster Tätigkeitsstätte bleibt bestehen, da auch hier die Nutzung grundsätzlich möglich ist. Ein unterjähriger Umstieg auf die 0,002-%-Regel (tageweise Einzelbewertung) ist nicht zulässig.

Erstattungen des Arbeitgebers

Fahrtkostenerstattung

Erste Tätigkeitsstätte ist nicht vorhanden

Erstattet der Arbeitgeber Fahrtkosten an den Arbeitnehmer, der seinen eigenen Pkw nutzt, sind sämtliche Fahrten ↗ Reisekosten und können als solche steuerfrei erstattet werden. Erfolgt keine oder nur eine teilweise Erstattung durch den Arbeitgeber, kann der Arbeitnehmer über den nicht erstatteten Betrag ↗ Werbungskosten geltend machen.

Erste Tätigkeitsstätte ist vorhanden

Für die Fahrten zur ersten Tätigkeitsstätte können nur die Entfernungskilometer mit der Entfernungspauschale erstattet werden. Dieser Betrag ist steuerpflichtig, kann aber mit 15 % pauschal versteuert werden.

Pauschaler Kostenersatz

Pauschaler Kostenersatz für die dem Arbeitnehmer durch das Homeoffice entstehenden Kosten (z. B. anteilige Miete, Strom, Telefon) ist immer steuerpflichtiger Arbeitslohn. Nutzt der Arbeitnehmer seine eigene Hardware und Software und trägt er seine Telefon- und Internetkosten selbst, kann der Arbeitgeber Barzuschüsse zu den Aufwendungen des Arbeitnehmers für dessen privaten Internetanschluss pauschal mit 25 % versteuern. Für einen privaten Telefonanschluss kommt die Zahlung eines steuerfreien ↗ Auslagenersatzes in Betracht.

Betriebs- und Anschlusskosten

Die nachgewiesenen laufenden Betriebskosten (z. B. Stromkosten) kann der Arbeitgeber steuerfrei ersetzen. Auch ein steuerfreier pauschaler Auslagenersatz ist möglich, wenn der Arbeitnehmer die entstandenen laufenden Betriebskosten für einen repräsentativen Zeitraum von 3 Monaten nachweist. Der zur Verbindung an das Datennetz des Unternehmens vom Arbeitgeber eingerichtete Telefonanschluss und die übernommenen Verbindungskosten stellen keinen lohnsteuerpflichtigen geldwerten Vorteil dar, wenn der Telefonanschluss auf den Namen des Unternehmens lautet.

Ausstattungsgegenstände

Arbeitgeber ist Eigentümer

Trägt der Arbeitgeber die Kosten für die Ausstattung des Homeoffice-Arbeitsplatzes mit PC, Drucker, EDV-Möbeln usw., führt die Überlassung der Ausstattungsgegenstände nicht zu einem steuerpflichtigen geldwerten Vorteil, wenn sie im Eigentum des Arbeitgebers bleiben.

Dies gilt selbst dann, wenn der Arbeitnehmer die vom Arbeitgeber zur Verfügung gestellten Geräte auch privat nutzt. Vorteile des Arbeitnehmers aus der privaten Nutzung von betrieblichen PCs und Telekommunikationsgeräten werden steuerfrei belassen.[1] Der Begriff „Personalcomputer" wurde durch den allgemeineren Begriff „Datenverarbeitungsgerät" ausgetauscht, um begrifflich auch neuere Geräte wie Smartphones oder Tablets zu umfassen und den heutigen Stand der Technik wiederzugeben.

Arbeitgeber verschafft dem Arbeitnehmer Eigentum

Übereignet der Arbeitgeber Computer-Hardware einschließlich technischen Zubehörs und Software als Erstausstattung oder als Ergänzung, Aktualisierung und Austausch vorhandener Bestandteile an den Arbeitnehmer, gehört der Wert dieser Sachbezüge zum steuerpflichtigen Arbeitslohn. Die Lohnsteuer kann mit 25 % pauschaliert werden.[2] Die Pauschalierung mit 25 % ist auch möglich, wenn der Arbeitgeber ausschließlich technisches Zubehör oder Software übereignet.[3]

Arbeitnehmer ist Eigentümer

Steht die Computer-Hardware im Eigentum des Arbeitnehmers und zahlt der Arbeitgeber für die betriebliche Verwendung eine pauschale Vergütung, gehört diese zum steuerpflichtigen Arbeitslohn. Der Arbeitnehmer kann in diesem Fall seine beruflich veranlassten Aufwendungen für den Computer als Werbungskosten bei seiner Einkommensteuerveranlagung geltend machen.

Home-Use-Programme

Schließt der Arbeitgeber mit einem Softwareanbieter eine sog. Volumenlizenzvereinbarung für Software ab, die auch für den Arbeitnehmer eine private Nutzung der Software auf dessen privaten Telekommunikationsgeräten ermöglicht, handelt es sich bei den vom Arbeitgeber oder aufgrund des Dienstverhältnisses von einem Dritten unentgeltlich oder verbilligt überlassenen Systemprogrammen (z. B. Betriebssystem, Virenscanner, Browser) und Anwendungsprogrammen um sog. Home-Use-Programme. Die auf diese Weise vom Arbeitgeber auch zur privaten Nutzung überlassenen Home-Use-Programme sind als geldwerter Vorteil steuerfrei.

Vermietung an Arbeitgeber

Wenn der Arbeitgeber mit dem Arbeitnehmer ein Mietverhältnis über die Nutzung dessen Arbeitszimmers schließt, welches der Wohnung zuzurechnen ist, und dem Arbeitnehmer dafür Miete zahlt, können diese Einnahmen beim Arbeitnehmer Arbeitslohn oder Einnahmen aus Vermietung und Verpachtung sein. Die Beurteilung der Leistung hängt davon ab, in wessen vorrangigem Interesse die Nutzung erfolgt.[4]

Arbeitslohn liegt vor, wenn in erster Linie die Interessen des Arbeitnehmers im Vordergrund stehen. Das ist z. B. der Fall, wenn der Arbeitnehmer im Betrieb des Arbeitgebers über einen weiteren Arbeitsplatz verfügt und die Nutzung des Arbeitszimmers oder der als Homeoffice genutzten Wohnung vom Arbeitgeber lediglich gestattet oder geduldet wird.

Einkünfte aus Vermietung und Verpachtung liegen vor, wenn das Arbeitszimmer oder die als Homeoffice genutzte Wohnung vorrangig im betrieblichen Interesse des Arbeitgebers genutzt wird und dieses Interesse über die Entlohnung sowie über die Erbringung der jeweiligen Arbeitsleistung des Arbeitnehmers hinausgeht. Wenn dies der Fall ist, kann der Arbeitnehmer wiederum Werbungskosten aus Vermietung und Verpachtung geltend machen.[5]

Wann wird das Homeoffice zur betrieblichen Einrichtung des Arbeitgebers?

Damit das Homeoffice zur betrieblichen Einrichtung des Arbeitgebers wird, ist es notwendig, dass der Arbeitgeber aus betrieblichen Gründen eine von den privaten Wohnräumen des Arbeitnehmers getrennte Räumlichkeit von seinem Arbeitnehmer anmietet und ihm anschließend zur Ausübung beruflicher Tätigkeit wieder überlässt.

Homeoffice im Ausland

Bei ↗ beschränkt steuerpflichtigen Arbeitnehmern, die von ihrem Homeoffice im Ausland aus arbeiten, können seit dem 1.1.2020 auch die ELStAM abgerufen werden. Nur in Ausnahmefällen ist beim Betriebsstättenfinanzamt des Arbeitgebers eine amtliche Bescheinigung für den Lohnsteuerabzug anzufordern. Beschränkt steuerpflichtige Arbeitnehmer sind mangels Wohnsitz im Inland grundsätzlich nicht kirchensteuerpflichtig.

1 § 3 Nr. 45 EStG.

2 § 40 Abs. 2 Satz 1 Nr. 5 EStG.

3 R 40.2 Abs. 5 Satz 3 LStR.

4 BMF, Schreiben v. 18.4.2019, IV C 1 – S 2211/16/10003 :005, BStBl 2019 I S. 461.

5 Zur Vermietung an den Auftraggeber eines Gewerbetreibenden s. BFH, Urteil v. 13.12.2016, X R 18/12, BStBl 2017 II S. 450.

Werbungskosten

Der Arbeitnehmer kann die Anschaffungskosten für die Ausstattungsgegenstände des Homeoffice-Arbeitsplatzes, die Betriebs- und Anschlusskosten für die beruflich genutzten Geräte sowie die Kosten des ⇗ Arbeitszimmers (hier ggf. Abzugsverbot oder nur begrenzt) als Werbungskosten geltend machen. Für Computerhardware und Software zur Dateneingabe und -verarbeitung kann seit 2021 eine betriebsgewöhnliche Nutzungsdauer von einem Jahr angesetzt werden.[1] Diese Regelung gilt unabhängig von den bereits geltenden Regelungen für geringwertige Wirtschaftsgüter (GWG): Hardware und Software bis zu einem Wert von 800 EUR netto[2] darf sofort im Jahr der Anschaffung voll abgeschrieben werden. Betragen die Anschaffungskosten mehr als 800 EUR, kann die Absetzung für Abnutzung (AfA) auf 12 Monate verteilt werden, d. h., bei einer Anschaffung im Dezember 2023 kann die AfA von Dezember 2023 bis November 2024 angesetzt werden.

Homeoffice-Pauschale

Arbeitnehmer können für jeden Kalendertag, an dem sie ausschließlich zu Hause betrieblich oder beruflich arbeiten, eine sog. „Homeoffice-Pauschale" i. H. v. 6 EUR pro Arbeitstag, an 210 Arbeitstagen bis 1.260 EUR[3] im Jahr geltend machen.[4]

Ein Abzug von Fahrtkosten (z. B. Entfernungspauschale, ⇗ Reisekosten) ist für diese Tage nicht zulässig. Der Nachweis eines separaten ⇗ Arbeitszimmers ist nicht erforderlich. Die Homeoffice-Pauschale wird in den Arbeitnehmer-Pauschbetrag i. H. v. 1.230 EUR eingerechnet und nicht zusätzlich gewährt. Daher kann es sein, dass der Arbeitnehmer wegen der Verringerung der Kosten für die Entfernungspauschale den Arbeitnehmer-Pauschbetrag trotz Homeoffice-Pauschale gar nicht überschreitet.

Erstattet der Arbeitgeber dem Arbeitnehmer die Homeoffice-Pauschale, so ist dieser Betrag steuerpflichtig.

Allerdings sind die Aufwendungen für eine Zeitfahrkarte (Monats- oder Jahreskarte) für öffentliche Verkehrsmittel, die der Arbeitnehmer in Erwartung der regelmäßigen Benutzung für den Weg zur ersten Tätigkeitsstätte erworben hat und die er dann aufgrund der (unerwarteten) Tätigkeit im Homeoffice nicht im geplanten Umfang nutzen konnte, in voller Höhe als Werbungskosten neben der Homeoffice-Pauschale absetzbar.[5]

Aufwendungen für ⇗ Arbeitsmittel und Telefon-/Internetkosten sind durch die Homeoffice-Pauschale nicht abgegolten und können daher zusätzlich als Werbungskosten berücksichtigt werden.[6]

Sozialversicherung

Sozialversicherung bei Homeoffice

Mittlerweile übt ein großer Teil der Arbeitnehmer regelmäßig die Beschäftigung von zu Hause aus. Dies ist insbesondere in den Branchen der Fall, in denen die Arbeit am Bildschirm ausgeübt werden kann (Telearbeit oder mobile Arbeit) oder als Außendiensttätigkeit gestaltet ist. Dabei sind unterschiedliche Fallkonstellationen denkbar: Von einer ausschließlichen Tätigkeit im Rahmen eines Homeoffice bis hin zu einer mehrtägigen Anwesenheit pro Woche im Unternehmen.

Eingliederung in die Arbeitsorganisation

Der Ort, an dem die Beschäftigung tatsächlich ausgeübt wird, ist für die sozialversicherungsrechtliche Beurteilung nicht von entscheidender Bedeutung. Wenn eine Beschäftigung zu Hause ausgeübt wird, ist dies keinerlei Indiz dafür, dass es sich um eine selbstständige Tätigkeit handeln könnte. Entscheidend ist vielmehr, ob der Arbeitnehmer den Weisungen des Arbeitgebers unterliegt und er in dessen Arbeitsorganisation eingegliedert ist.[7]

Wenn diese Voraussetzungen erfüllt sind – also eine weisungsgebundene Beschäftigung im Rahmen von „Telearbeit", „Mobilarbeit" oder „Homeoffice" ausgeübt wird –, handelt es sich hierbei lediglich um einen „ausgelagerten" Arbeitsplatz. Der Arbeitnehmer ist gleichwohl in die Arbeitsorganisation des Arbeitgebers eingegliedert, auch wenn sich sein Arbeitsplatz nicht oder nur teilweise in der Betriebsstätte des Arbeitgebers befindet. Somit liegt in diesen Fallgestaltungen – auch nach den von der Rechtsprechung aufgestellten Grundsätzen – eindeutig ein abhängiges Beschäftigungsverhältnis vor.[8] Damit gelten auch die üblichen, vom Arbeitgeber wahrzunehmenden beitrags- und melderechtlichen Verpflichtungen.

Ausübung der Tätigkeit außerhalb der Betriebsstätte des Arbeitgebers

Durchaus bedeutsam ist die Frage, wie sich der Unfallversicherungsschutz gestaltet, wenn der Arbeitnehmer im Homeoffice tätig ist. Dabei ist zu unterscheiden zwischen Unfällen, die auf dem Weg vom/zum Homeoffice oder innerhalb des Homeoffice eintreten.

Unfallversicherungsschutz im häuslichen Bereich

Wege im Homeoffice sind in gleichem Umfang wie auf der Unternehmens-/Betriebsstätte versichert.[9] Dies gilt auch, wenn der Unfall sich auf dem Weg von den privaten Wohnräumen des Arbeitnehmers in sein häusliches Arbeitszimmer ereignet.[10] In dem vom Bundessozialgericht (BSG) entschiedenen Sachverhalt rutschte der Arbeitnehmer auf dem Weg vom Schlafzimmer in das eine Etage tiefer gelegene häusliche Büro aus und brach sich dabei den Brustwirbel. Mit der Begründung des Arbeitnehmers, dass er üblicherweise nach dem Aufstehen mit der Arbeit beginnen würde, ohne zu frühstücken, handelte es sich nach Ansicht des BSG um den Weg zur erstmaligen Arbeitsaufnahme und war danach als Betriebsweg unfallversichert.

Auch wurde von der Rechtsprechung entschieden, dass ausnahmsweise ein Betriebsweg auch im häuslichen Bereich denkbar ist, wenn Wohnung und Arbeitsstätte sich im selben Gebäude befinden.[11]

Ob ein Weg als Betriebsweg im unmittelbaren Unternehmensinteresse zurückgelegt wird und deswegen im sachlichen Zusammenhang mit der versicherten Tätigkeit steht, bestimmt sich nach Ansicht des BSG auch im Homeoffice nach der objektivierten Handlungstendenz. Dazu zählen auch besondere Tätigkeiten wie die Teilnahme an einer virtuellen Weihnachtsfeier als betriebliche Gemeinschaftsveranstaltung, am virtuellen Betriebssport, vorausgesetzt, die dafür von der Rechtssprechung aufgestellten Kriterien sind unter Beachtung der Besonderheiten dieser Art der Dürchführung erfüllt.[12] Auch unmittelbare Wege, um Kinder in den Kindergarten zu bringen oder abzuholen, sind ab 18.6.2021 versichert.[13]

Wege zum Holen eines Getränks, zur Nahrungsaufnahme oder zum Toilettengang sind im Homeoffice oder an einem anderen Ort in gleichem Umfang, in dem Versicherte ihre Tätigkeit ausüben, wie auf der Unternehmens-/Betriebsstätte, versichert. Darüber hinaus wird der Versicherungsschutz nunmehr auch auf unmittelbare Wege nach und von dem Ort ausgedehnt, an dem Versicherte wegen ihrer beruflichen Tätigkeit ihre Kinder zur Betreuung fremder Obhut anvertrauen (z. B. auf Wege zum/vom Kindergarten), wenn die versicherte Tätigkeit an dem Ort des gemeinsamen Haushalts ausgeübt wird.

Verlassen des Hauses zur Besorgung eines Nahrungsmittels

Anders sieht es aus, wenn ein im Homeoffice Beschäftigter das Haus verlässt, um sich an einem anderen Ort Nahrungsmittel zu besorgen oder sie einzunehmen. Dieser Weg ist nach der ständigen Rechtsprechung des BSG grundsätzlich versichert, wenn die geplante/getätigte Nahrungsaufnahme zur Erhaltung der Arbeitskraft/Fortsetzung der versicherten Tätigkeit erforderlich war. Die eigentliche Nahrungsaufnahme selbst ist aber trotzdem unversichert.[14] Noch ungeklärt ist die Frage, ob – wie bei den Wegen von und zur regulären Arbeitsstätte – das Homeoffice ebenso als „Ort der Tätigkeit" nach § 8 Abs. 2 Nr. 2 SGB VII wie die

1 BMF, Schreiben v. 22.2.2022, IV C 3 – S 2190/21/10002 :025, BStBl 2022 I S. 187.
2 § 9 Abs. 1 Satz 3 Nr. 7 EStG i. V. m. § 6 Abs. 2 Satz 1 EStG.
3 Bis 31.12.2022 bis 600 EUR.
4 § 4 Abs. 5 Satz 1 Nr. 6b Satz 4 EStG.
5 BMF, FAQ „Corona" (Steuern).
6 BMF, Schreiben v. 9.7.2021, IV C 6 – S 2145/19/10006 :013.
7 § 7 Abs. 1 SGB IV.

8 BSG, Urteil v. 27.9.1972, 12 RK 11/72.
9 Betriebsrätemodernisierungsgesetz.
10 BSG, Urteil v. 8.12.2021, B 2 U 4/21 R.
11 BSG, Urteil v. 5.7.2016, B 2 U 5/15 R.
12 BSG, Urteil v. 08.12.2021, B 2 U 4/21 R.
13 § 8 Abs. 1 und 2 SGB VII.
14 BSG, Urteil v. 08.12.2021, B 2 U 4/21 R.

Arbeitsstätte beim Arbeitgeber anzusehen ist. Davon zu unterscheiden ist die Frage, welcher Ort beitragsrechtlich und für den Rechtskreis als Beschäftigungsort gilt.

Beschäftigungsort bei Homeoffice/Telearbeit

Sowohl bei der ausschließlichen Tätigkeit im Rahmen eines Homeoffice als auch bei einer mehrtägigen Anwesenheit pro Woche im Unternehmen kommt es zu der Frage, welcher Ort in solchen Fallgestaltungen in sozialversicherungsrechtlicher Sicht als Beschäftigungsort anzusehen ist. Dies ist einerseits wichtig für die korrekte Anwendung der Beitragsbemessungsgrenzen zur Renten- und Arbeitslosenversicherung, wenn Wohnort und Ort der Betriebsstätte sowohl im Rechtskreis West und im Rechtskreis Ost liegen. Andererseits hat die Festlegung, welcher Ort als Beschäftigungsort gilt, Bedeutung bei grenzüberschreitenden Arbeitsverhältnissen. Hier stellt sich die Frage, welches Sozialversicherungsrecht anzuwenden ist.

Die Bewertung, welcher Ort bei Homeoffice-Arbeitsplätzen als Beschäftigungsort gilt, ist – entsprechend der Vorgaben des § 9 SGB IV – grundsätzlich danach auszurichten, wo die Beschäftigung überwiegend ausgeübt wird.

Beispiel

Beschäftigung zu Hause und im Betrieb

Frau X ist bei Firma Z als Programmiererin beschäftigt. Von montags bis mittwochs arbeitet sie in ihrem Büro zu Hause, donnerstags und freitags übt sie die Tätigkeit in der Betriebsstätte ihres Arbeitgebers aus.

Ergebnis: Da Frau X überwiegend von zu Hause aus arbeitet, ist als Beschäftigungsort ihr Wohnort anzusehen.

Grenz-/rechtskreisüberschreitende Tätigkeit

Insbesondere bei grenzüberschreitenden Homeoffice- bzw. Telearbeitsplätzen vertreten die Spitzenorganisationen der Sozialversicherungsträger folgende Auffassung: Wenn ein Arbeitnehmer seinen Telearbeitsplatz im Ausland hat, das ihn beschäftigende Unternehmen aber im Inland ansässig ist, wird als Beschäftigungsort der Ort der ausländischen Arbeitsstätte (= Wohnort) angesehen. Dementsprechend unterliegt der Arbeitnehmer dem Sozialversicherungsrecht des Staates, in dem er seinen Heimarbeitsplatz hat. Entsprechendes gilt im umgekehrten Fall, wenn die Arbeitsstätte (Heimarbeitsplatz) in Deutschland liegt, das Unternehmen aber seinen Sitz im Ausland hat, sodass das deutsche Sozialversicherungsrecht anzuwenden ist.

Hinweis

Vorübergehende Änderung des Tätigkeitsorts bei grenzüberschreitenden Tätigkeiten wirkt sich nicht aus

Im Zuge der Maßnahmen zur Bekämpfung der Coronavirus-Pandemie hat die Deutsche Verbindungsstelle Krankenversicherung – Ausland (DVKA) beim GKV Spitzenverband klargestellt, dass sich für Grenzgänger, die in Deutschland beschäftigt und in einem anderen Mitgliedsstaat der EU wohnhaft sind, keine Änderungen hinsichtlich des anwendbaren Sozialversicherungsrechts ergeben, wenn diese Personen vorübergehend – ganz oder teilweise – ihre Tätigkeit von zu Hause aus erbringen.

Sollte im Wohnstaat im Einzelfall ein Nachweis über die Anwendung der deutschen Rechtsvorschriften gefordert werden, kommt die Ausstellung einer ⇗ Entsendebescheinigung („A1-Bescheinigung")[1] in Betracht, wenn die Tätigkeit lediglich vorübergehend auch im Wohnmitgliedsstaat ausgeübt werden soll.

Dies gilt gleichermaßen auch für Personen, die in Deutschland wohnen und als ⇗ Grenzgänger in einem anderen EG-Mitgliedsstaat tätig sind.

1 Unter Hinweis auf Art. 12 Abs. 1 VO (EG) 883/04.

Multilaterales Rahmenübereinkommen über die Anwendung von Art. 16 Abs. 1 VO (EG) 883/04

Seit dem 1.7.2023 ist das multilaterale Rahmenübereinkommen über die Anwendung von Art. 16 Abs. 1 VO (EG) 883/04 bei gewöhnlicher grenzüberschreitender Telearbeit heranzuziehen, wenn es um die Beurteilung des anzuwendenden Sozialversicherungsrechts bei mobilen Arbeiten im europäischen Raum geht.

Das Übereinkommen wurde zunächst für die Dauer von 5 Jahren geschlossen (mit einmaliger automatischer Verlängerung um weitere 5 Jahre). Diese Zeit soll zur Prüfung, ob die VO (EG) 883/04 um eine neue Bestimmung für die Telearbeit erweitert wird, genutzt werden.

Ab 1.7.2023 können Beschäftigte bis zu 49,99 % der Gesamtarbeitszeit in Form von grenzüberschreitender Telearbeit im Wohnstaat erbringen, ohne dass dies Auswirkungen auf die Anwendbarkeit des Sozialversicherungsrechts hat.

Unter Telearbeit i. S. d. Übereinkommens fallen dabei Tätigkeiten, die ortsunabhängig erbracht werden und in den Räumlichkeiten des Arbeitgebers oder an seinem Sitz ausgeübt werden könnten, jedoch

- in einem anderen Mitgliedsstaat ausgeübt werden als der, in dem sich der Sitz des Arbeitgebers befindet und
- sich auf Informationstechnologie stützen, um mit der Arbeitsumgebung des Arbeitgebers sowie zu Beteiligten/Kunden in Verbindung zu bleiben, um die vom Arbeitgeber übertragenen Aufgaben zu erfüllen.

Hinsichtlich der Berechnung des im Wohnstaat ausgeübten max. möglichen Anteils der Beschäftigung von 49,99 % ist die voraussichtliche Entwicklung in den folgenden 12 Kalendermonaten zu berücksichtigen. Dazu zählen u. a. planbare Zeiten wie Urlaub, an denen die Beschäftigung nicht ausgeübt wird. Unplanbare Ausfallzeiten wie z. B. Arbeitsunfähigkeit sind hingegen nicht zu berücksichtigen.

Das Rahmenübereinkommen kann nur dann in Anspruch genommen werden, wenn es sowohl vom Wohnstaat der beschäftigten Person, als auch vom Staat des Arbeitgebersitzes unterzeichnet wurde. Aktuellen Informationen zufolge sind bislang folgende Staaten (Stand: Sept. 2023) dem Rahmenübereinkommen beigetreten: Belgien, Deutschland, Finnland, Frankreich, Kroatien, Liechtenstein, Luxemburg, Malta, Niederlande, Norwegen, Österreich Polen, Portugal, Schweden, Schweiz, Slowakei, Slowenien, Spanien, Tschechien.

Für Antragstellungen ab 1.1.2024 ist im A1-Verfahren der elektronische Antrag „Ausnahmevereinbarung" zu nutzen. Unter „Einsatzorte" sind sämtliche Orte anzugeben, an den die Beschäftigung im Wohnstaat ausgeübt wird.

Eingehende Anträge gelten rückwirkend ab dem 1.7.2023, sofern diese bis zum 30.6.2024 gestellt werden und in diesem Zeitraum durchgängig in Deutschland Sozialversicherungsbeiträge gezahlt wurden/werden. Nach Ablauf dieser Frist kann ein Antrag nur noch für 3 Monate rückwirkend gestellt werden.

Eine Vereinbarung kann jeweils für max. 3 Jahre geschlossen werden. Verlängerungen sind möglich. Somit kann eine A1-Bescheinigung für die betroffene Person auch nur für diesen Zeitraum ausgestellt werden.

Tätigkeit in Rechtskreisen West und Ost

Die gleichen Grundsätze sind sinngemäß ebenfalls anzuwenden, wenn der Heimarbeitsplatz einerseits und der Sitz der Betriebsstätte des Unternehmens andererseits sowohl im Rechtskreis West als auch im Rechtskreis Ost liegen.

Hinweis

Rechtskreistrennung West/Ost entfällt ab 2025

Mit dem Rentenüberleitungs-Abschlussgesetz[2] wurde die Festlegung getroffen, dass – beginnend ab 2018 – schrittweise bis Mitte 2024 die vollständige Angleichung der Ost-Renten an die West-Renten erfolgt und zum 1.1.2025 die Einführung einheitlicher gesamtdeutscher Rechengrößen normiert wird. Damit wird dann ein wichtiger Schritt zur Vollendung der Deutschen Einheit vollzogen.

2 Rentenüberleitungs-Abschlussgesetz v. 17.7.2017, BGBl 2017 I S. 2575.

Dies hat zur Folge, dass vom 1.1.2025 an die derzeit noch bestehende Rechtskreistrennung zwischen West- und Ost-Deutschland entfällt und damit auch die Regularien zur innerdeutschen Ein-/Ausstrahlungstheorie obsolet werden.

Beispiel

Beschäftigungsort bei Betriebsübernahme

Herr A ist bei Firma C als Außendienstberater beschäftigt. Firma C, die ihren Firmensitz in Sachsen hat, wird ab Beginn des neuen Jahres von Firma D, die ihren Firmensitz in Bayern hat, übernommen. Herr A vereinbart mit Firma D, dass er seine Außendiensttätigkeit grundsätzlich von zu Hause aus wahrnimmt und lediglich an 2 Tagen pro Monat zur Berichterstattung die Firmenzentrale aufsuchen wird.

Ergebnis: Durch die Betriebsübernahme erfolgt zwar ein Rechtskreiswechsel von Ost nach West. Für Herrn A bleibt es aufgrund seiner weit überwiegenden Beschäftigung im Rahmen einer Homeoffice-Tätigkeit jedoch beim Beschäftigungsort Ost (= Wohnort).

Der Kirchensteuerabzug erfolgt nach dem Betriebsstättenprinzip. In diesem Fall beträgt die Kirchensteuer 8 %. Bei der Veranlagung zur Einkommensteuer wird dann eine Kirchensteuer von 9 % erhoben.

Honorare

Die Vergütung für Leistungen freiberuflicher Mitarbeiter wird als Honorar bezeichnet. Hierzu zählen beispielsweise u. a. Journalisten, Musiker, Künstler, Steuerberater oder auch Dozenten.

Das Honorar unterliegt weder der Lohnsteuer- noch der Sozialversicherungspflicht. Der Honorar-Bezieher ist selbst verantwortlich für die Abführung der Einkommensteuer und evtl. der Sozialabgaben, z. B. zur freiwilligen Krankenversicherung.

Allerdings müssen Unternehmen, die freiberufliche Künstler und Publizisten beauftragen, die sogenannte Künstlersozialabgabe an die Künstlersozialkasse abführen.

Gesetze, Vorschriften und Rechtsprechung

Lohnsteuer: Die Besteuerung von Honoraren ergibt sich aus § 18 EStG oder § 19 Abs. 1 EStG.

Sozialversicherung: Als Arbeitseinkommen nach § 15 SGB IV bzw. Gesamteinkommen nach § 16 SGB IV können Honorare nach § 240 SGB V beitragspflichtig im Rahmen einer freiwilligen Krankenversicherung bzw. schädlich für den Anspruch auf eine beitragsfreie Familienversicherung nach § 10 SGB V sein.

Entgelt	LSt	SV
Bei Selbstständigen und Freiberuflern * Leistungen, die nicht im Rahmen eines Dienstverhältnisses erbracht werden.	frei*	frei

Lohnsteuer

Steuerliche Beurteilung

Die Einkunftsart ist von der Bezeichnung unabhängig. Arbeitslohn liegt vor, wenn die zugrunde liegenden Leistungen im Rahmen eines Dienstverhältnisses ausgeführt werden, wie etwa das Gutachten eines bei einer Universitätsklinik angestellten Assistenzarztes, das als Klinikgutachten ergeht.[1]

Gesamtbild der Verhältnisse ist entscheidend

Es kommt auf die tatsächlichen Verhältnisse im Einzelfall an. So können Einnahmen, die ein angestellter Schriftleiter aus freiwilliger schriftstellerischer Nebentätigkeit für seinen Arbeitgeber erzielt, Einnahmen aus selbstständiger Tätigkeit sein, die zwar einkommensteuerpflichtig sind, jedoch nicht dem Lohnsteuerabzug unterliegen.[2] Andererseits behandelte der BFH Einnahmen einer Bankangestellten als Hostess bei Veranstaltungen ihres Arbeitgebers als Arbeitslohn, obwohl diese Tätigkeit mit dem eigentlichen Beruf nicht zu tun hatte.[3]

Sozialversicherung

Versicherungsstatus des Honorarempfängers

Empfänger von Honoraren sind als ⇗ freie Mitarbeiter tätig oder üben ihren Beruf als ⇗ Selbstständige aus, wie z. B. Künstler, Ärzte, Steuerberater, Autoren und Dozenten.

Der Honorarempfänger steht in keiner abhängigen ⇗ Beschäftigung im Sinne von § 7 SGB IV. Bei den Honoraren handelt es sich daher regelmäßig nicht um Arbeitsentgelt im sozialversicherungsrechtlichen Sinne. Der Honorarempfänger ist daher in der Kranken-, Pflege- und Arbeitslosenversicherung nicht als Arbeitnehmer versicherungspflichtig.

Allerdings ist in manchen Fällen die Abgrenzung nicht ganz einfach. In diesen Fällen besteht die Möglichkeit, den zutreffenden Status im Rahmen eines ⇗ Statusfeststellungsverfahrens durch den Rentenversicherungsträger verbindlich feststellen zu lassen.

Hinweis

Besonderheiten in der Rentenversicherung

Diese Grundsätze gelten auch für die Rentenversicherung, ein Honorarempfänger ist nicht rentenversicherungspflichtig. Allerdings besteht für bestimmte selbstständig Tätige und Angehörige der freien Berufe (z. B. ⇗ Lehrer und Erzieher, Hebammen und Entbindungspfleger oder ⇗ Künstler und Publizisten) Rentenversicherungspflicht.

Künstlersozialabgabe

Unternehmen, die Aufträge an freiberufliche Künstler oder Publizisten erteilen, unterliegen einer Melde- und Abgabepflicht gegenüber der Künstlersozialkasse. Mit diesen Einnahmen werden die Ausgaben der Kasse teilweise finanziert und die Künstler selbst von Beiträgen entlastet.

Beitragspflicht in der freiwilligen Krankenversicherung

Ist der Empfänger eines Honorars freiwilliges Mitglied in der gesetzlichen Krankenversicherung, gelten die Honorare als beitragspflichtiges Einkommen und werden bei der Beitragsbemessung entsprechend berücksichtigt.

Familienversicherung

Honorare gelten für die Feststellung der Familienversicherung als zu berücksichtigendes Einkommen. Wird dadurch die Einkommensgrenze für die kostenfreie Familienversicherung überschritten, ist eine eigene freiwillige Krankenversicherung erforderlich.

Hospitant

Der Begriff „hospitieren“ stammt vom lateinischen Verb „hospitare“, welches man beispielsweise mit „als Gast einkehren“ übersetzen kann. Diese Formulierung trifft den Kern des arbeitsrechtlichen Hospitierens. Ein Hospitant ist ein Außenstehender, der sich in einem anderen Unternehmen als Besucher aufhält, um bestimmte Vorgänge, Berufsgruppen oder Branchen zu beobachten und näher kennenzulernen.

1 BFH, Urteil v. 19.4.1956, IV 88/56 U, BStBl 1956 III S. 187.

2 BFH, Urteil v. 3.3.1955, IV 181/54 U, BStBl 1955 III S. 153.

3 BFH, Urteil v. 7.11.2006, VI R 81/02, BFH/NV 2007 S. 426.

Gesetze, Vorschriften und Rechtsprechung

Lohnsteuer: Der gezahlte Arbeitslohn gehört i. S. v. § 19 EStG zum steuerpflichtigen Arbeitslohn.

Sozialversicherung: § 7 Abs. 1 SGB IV definiert die Beschäftigung im Sinne der Sozialversicherung.

Lohnsteuer

Arbeitnehmereigenschaft

Der Hospitant ist im Rahmen eines Dienstverhältnisses tätig, da er insbesondere hinsichtlich Art, Ort und Zeit in den Betrieb eingegliedert ist. Erhält er für seine Tätigkeit eine Vergütung, stellt diese Arbeitslohn dar.

Lohnsteuerabzug

Soweit der Hospitant für seine Tätigkeit entlohnt wird, richtet sich dessen Besteuerung nach den allgemeinen Vorschriften. Der Arbeitgeber muss für Zwecke des Lohnsteuerabzugs beim Abruf der elektronischen Lohnsteuerabzugsmerkmale (ELStAM) ein erstes Dienstverhältnis annehmen, sofern der Hospitant dieses erklärt. Bei fehlenden Lohnsteuerabzugsmerkmalen hat der Arbeitgeber die Lohnsteuer nach der Steuerklasse VI einzubehalten.

Für den Fall, dass eine ⇗ geringfügige oder eine ⇗ kurzfristige Beschäftigung vorliegt, kann auch eine Pauschalversteuerung erfolgen.

Der Arbeitgeber darf den Lohnsteuerabzug nicht unterlassen, weil der Hospitant für den Arbeitslohn auf das Jahr gesehen voraussichtlich keine Lohnsteuer zu zahlen hat.

Erstattung in der Einkommensteuererklärung

Der Hospitant kann einen Antrag auf Durchführung einer Einkommensteuerveranlagung stellen, wenn er nicht ohnehin zur Abgabe einer Steuererklärung verpflichtet ist. Für den Fall, dass die Jahresarbeitslohngrenze nicht überschritten wird, fällt bei einer Veranlagung nach Ablauf des Kalenderjahres keine Einkommensteuer an. Die Jahresarbeitslohngrenze 2024 beträgt 12.870 EUR.[4]

Sozialversicherung

Für die sozialversicherungsrechtliche Beurteilung ist maßgeblich, ob eine Beschäftigung besteht. Eine Beschäftigung im sozialversicherungsrechtlichen Sinne ist die nicht selbstständige Arbeit, insbesondere in einem Arbeitsverhältnis.[5] Nach der ständigen Rechtsprechung des Bundessozialgerichts setzt eine Beschäftigung voraus, dass der Beschäftigte vom Arbeitgeber persönlich abhängig ist.

Hospitanten verrichten für das Unternehmen keine Arbeit von wirtschaftlichem Wert und gliedern sich nicht in den Betrieb ein. Eine persönliche Abhängigkeit besteht daher nicht, selbst wenn das Unternehmen Sach- oder Geldleistungen (z. B. Fahrkostenerstattung) zahlt. Hospitanten üben demnach kein sozialversicherungsrechtlich relevantes entgeltliches Beschäftigungsverhältnis aus.[6]

Somit besteht keine Versicherungspflicht in der Kranken-, Pflege-, Renten- und Arbeitslosenversicherung als Arbeitnehmer. Die Hospitanten müssen für ihren Krankenversicherungsschutz insofern selbst sorgen.

Wichtig

Arbeitsentgelt ist entscheidend

Ein abhängiges Beschäftigungsverhältnis würde jedoch dann vorliegen, wenn das Unternehmen der betreffenden Person eine Vergütung für geleistete Arbeit (Arbeitsentgelt) zahlen würde. In diesem Fall läge allerdings keine gewöhnliche Hospitation vor.

Aufgrund der nicht bestehenden Versicherungspflicht als Arbeitnehmer sind von dem Unternehmen weder Sozialversicherungsbeiträge und Umlagen abzuführen noch Meldungen nach der DEÜV abzugeben.

Hund am Arbeitsplatz

Ein **Bürohund** wird vom Arbeitnehmer zum Arbeitsplatz mitgebracht (alltäglich, an einzelnen Tagen, stundenweise, regel- oder unregelmäßig) – ausschließlich aus Gründen, die in der **Sphäre des Arbeitnehmers** liegen: Entweder benötigt er einen Assistenzhund als Hilfsmittel oder es wird ein rein privater Hund (sog. Luxustier) mitgeführt, damit dieser nicht zu lange allein ist o. Ä. Der Begriff Bürohund verdeutlicht, dass der Arbeitnehmer den Hund meist nur ins Büro mitbringen möchte, nicht aber in die Produktion etc.

In Abgrenzung zum Bürohund erfüllt ein **Diensthund** am Arbeitsplatz eine Aufgabe. Er wird etwa als Therapiehund eingesetzt, begleitet den Sicherheitsdienst bei seinem Rundgang oder bewacht ein Lager und ist daher nicht allein der privaten Sphäre des Arbeitnehmers zuzuordnen; ebenso, wenn im öffentlichen Dienst im Rahmen der Erfüllung hoheitlicher Aufgaben Hunde eingesetzt werden (etwa Diensthunde des Bundes, insbesondere der Bundeswehr, der Bundespolizei oder der Zollverwaltung, Diensthunde der Länder, insbesondere der Polizei/ Diensthunde der Städte und Gemeinden, Diensthunde fremder Streitkräfte, vgl. § 2 Abs. 1 HundVerbrEinfVO).

Gesetze, Vorschriften und Rechtsprechung

Lohnsteuer: Die Steuerfreiheit von durch den Arbeitgeber gewährtem Futter- oder Hundegeld ergibt sich aus § 3 Nr. 50 EStG. Weitere Erläuterungen zum Auslagenersatz sind R 3.50 LStR zu entnehmen.

Entgelt

Steuerliche Abgrenzung zwischen Bürohund und Diensthund

Ein Bürohund oder Assistenzhund wird – im Gegensatz zu bestimmten beruflich genutzten Hunden – der privaten Sphäre zugerechnet, d. h. die Aufwendungen gelten als privat veranlasste Ausgaben und betreffen die private Lebensführung. Werden Hunde nahezu ausschließlich beruflich eingesetzt, können sie als ⇗ Arbeitsmittel von den Werbungskosten abgesetzt werden, z. B. Hunde der Polizei, des Zolls oder von Forstbeamten. Die Aufwendungen für einen Diensthund können vom Arbeitgeber nur steuerfrei übernommen werden, wenn der Hund sich im Eigentum des Arbeitgebers befindet.

Hinweis

Beruflich genutzte Tiere

Die hier aufgeführten Regelungen gelten analog auch für weitere beruflich genutzte Tiere wie z. B. Pferde im Polizeidienst.

Hunde im Eigentum des Arbeitnehmers

Kein Auslagenersatz

Ersetzt der Arbeitgeber seinem Arbeitnehmer die Aufwendungen für einen beruflich genutzten Hund, der sich im Eigentum des Arbeitnehmers befindet (z. B. Wachhund des Arbeitnehmers), stellt diese Ersatzleistung steuer- und beitragspflichtigen Arbeitslohn dar. Es handelt sich nicht um steuer- oder beitragsfreien ⇗ Auslagenersatz. Da es sich bei einem Hund nicht um ein Werkzeug handelt, kann für die Versorgung des Hundes auch kein steuerfreies ⇗ Werkzeuggeld gewährt werden.

4 11.604 EUR Grundfreibetrag (i. d. F. des Inflationsausgleichsgesetzes) + 1.230 EUR Arbeitnehmer-Pauschbetrag + 36 EUR Sonderausgaben-Pauschbetrag. Für den Grundfreibetrag wurde eine Erhöhung für das Jahr 2024 angekündigt, die rückwirkend ab 1.1.2024 gelten soll.
5 § 7 Abs. 1 SGB IV.
6 GR v. 23.11.2016; Abschnitt A 4.3.

Werbungskostenabzug

Dient ein Hund überwiegend privaten Zwecken, ist ein Werbungskostenabzug generell ausgeschlossen.

Hunde, die nahezu ausschließlich zur beruflichen Nutzung eingesetzt werden, werden steuerrechtlich als ⇗ Arbeitsmittel behandelt. So z. B. Hunde von Hundeführern der Polizei und des Zolls sowie die Jagdhunde bei Forstbeamten.[1] Eine geringfügige private Mitnutzung ist unschädlich.[2] Aufwendungen für die Anschaffung sowie laufende Unterhaltsaufwendungen (z. B. Futter, Pflege, Tierhalterhaftpflichtversicherung, Tierarzt, Besuch einer Hundeschule etc.) sind somit in vollem Umfang abzugsfähig.

Dient ein Hund neben beruflichen in nicht unerheblichem Umfang auch privaten Zwecken (z. B. der Wachhund beim Hausmeister einer Schule), handelt es sich weder um ein Arbeitsmittel noch um ein Werkzeug. Dies gilt auch, falls der Anlass für die Anschaffung im beruflichen Bereich gelegen haben sollte und er nicht angeschafft worden wäre, wenn nur eine private Nutzung beabsichtigt gewesen wäre. Liegt keine ausschließliche oder weitaus überwiegende berufliche Nutzung vor, ist auch unbeachtlich, ob die berufliche Nutzung besonders erfolgreich ist.[3] In diesen Fällen kann eine Aufteilung und ein Abzug des beruflich veranlassten Teils der Aufwendungen in Betracht kommen, sofern sich der den Beruf fördernde Teil der Aufwendungen nach objektiven Maßstäben zutreffend und in leicht nachprüfbarer Weise abgrenzen lässt. Andernfalls ist ein Werbungskostenabzug ausgeschlossen.[4]

So können etwa Aufwendungen für einen sog. Schulhund bis zu 50 % als Werbungskosten bei den Einkünften einer Lehrerin aus nichtselbstständiger Arbeit abgezogen werden, wenn der Hund innerhalb einer regelmäßig 5-tägigen Unterrichtswoche arbeitstäglich in der Schule eingesetzt wird.[5] Aufwendungen für eine Spezialausbildung eines beruflich eingesetzten Hundes können – anders als z. B. der Besuch einer allgemeinen Hundeschule – stets in vollem Umfang als Werbungskosten abgezogen werden, wenn ein privater Nutzen der Ausbildung des Tieres ausgeschlossen ist.

Hund im Eigentum des Arbeitgebers

Auslagenersatz regelmäßig wiederkehrender Aufwendungen

Gehört der Hund nicht dem Arbeitnehmer, sondern dem Arbeitgeber (z. B. einem Bewachungsunternehmen), ist ein pauschaler Auslagenersatz für die Aufwendungen in Form von z. B. Futterkosten möglich, wenn sie regelmäßig wiederkehren und der Arbeitnehmer über einen repräsentativen Zeitraum von 3 Monaten nachgewiesen hat, dass das Futter für den Wachhund z. B. 3 EUR täglich kostet.[6] Eine pauschale Erstattung in Höhe des so ermittelten Betrags ist solange möglich, bis sich die Verhältnisse wesentlich ändern.

Achtung

Pauschaler Auslagenersatz ist immer steuerpflichtig

Ersetzt der Arbeitgeber die entstandenen Futter- und Pflegekosten ohne Einzelnachweis pauschal in Höhe eines monatlichen Festbetrags, so gehört der pauschale Auslagenersatz immer zum steuerpflichtigen Arbeitslohn.[7]

Werbungskostenabzug für landeseigenen Diensthund

Werden Hunde nahezu ausschließlich aus beruflichen Gründen gehalten, sind die Aufwendungen für die Haltung und Pflege in vollem Umfang abziehbare Werbungskosten; es sind keine nicht abziehbaren Kosten der privaten Lebensführung. So z. B. auch bei einem Polizeihundeführer für den ihm anvertrauten landeseigenen Diensthund. Der Hund ist als ⇗ Arbeitsmittel des Polizisten anzusehen, sodass die Kosten seiner Pflege in voller Höhe als Werbungskosten zu berücksichtigen sind.[8]

1 BFH, Urteil v. 29.1.1960, VI 9/59 U, BStBl 1960 III S. 473.
2 BFH, Urteil v. 21.10.1988, VI R 18/86, BStBl 1989 II S. 356.
3 BFH, Urteil v. 29.1.1960, VI 9/59 U, BStBl 1969 III S. 163.
4 BFH, Beschluss v. 21.9.2009, GrS 1/06, BStBl 2010 II S. 672.
5 BFH, Urteil v. 14.1.2021, VI R 15/19, BFH/NV 2021 S. 721.
6 R 3.50 Abs. 2 Satz 2 LStR.
7 R 3.50 Abs. 2 Satz 1 LStR.
8 BFH, Beschluss v. 30.6.2010, VI R 45/09, BStBl 2011 II S. 45.

Futtergeld

Unter Futtergeld ist die Aufwandsentschädigung eines Arbeitgebers an einen bei ihm beschäftigten Arbeitnehmer für den Kostenersatz angefallener Futter- und Pflegekosten für ein aus dienstlichen Gründen zu versorgendes Tier zu verstehen. Wird ein derartiger Kostenersatz für die Versorgung eines Diensthundes gewährt, wird diese spezielle Aufwandsentschädigung als Hundegeld bezeichnet.

Hypotax-Zahlungen

Die Hypotax ist eine fiktive Steuer vom Einkommen eines ins Ausland entsandten Arbeitnehmers, die der Arbeitgeber von dessen Lohn einbehält. Sie stellt ein rechnerisches Element der Gehaltsberechnung dar. Ziel ist, einen ins Ausland entsandten Arbeitnehmer so zu stellen, als wäre er weiterhin im Entsendestaat tätig (Ausgleich des Besteuerungsunterschieds durch Nettolohnvereinbarung). Der im Heimatland vereinbarte Bruttolohn abzüglich der vom Arbeitgeber ermittelten Hypotax beziffert den vereinbarten Nettolohn.

Gesetze, Vorschriften und Rechtsprechung

Lohnsteuer: Es sind die allgemeinen lohnsteuerlichen Regelungen zu beachten, z. B. Lohnzufluss nach § 38 EStG und Lohnsteuererhebung nach § 39b EStG. Zur Besteuerung des Nettolohns und zu Nettolohnvereinbarungen s. R 39b.9 LStR, H 39b.9 LStH 2023, BMF, Schreiben v. 3.5.2018, IV B 2 – S 1300/08/10027, BStBl 2018 I S. 664, Tz. 5.5.9, geändert durch BMF, Schreiben v. 22.4.2020, IV B 2 – S 1300/08/10027 – 01, BStBl 2020 I S. 483, und OFD Nordrhein-Westfalen, Erlass v. 15.8.2018, S 2367 – 2017/0004 – St 213/S 1301 – 2017/0058 – St 126/St 127, Tz. 13.

Lohnsteuer

Lohnsteuerberechnung bei Nettolohnvereinbarungen

Unter einer Nettolohnvereinbarung ist die Abrede zu verstehen, dass der Arbeitgeber an den Arbeitnehmer das Arbeitsentgelt ungekürzt durch sämtliche oder bestimmte gesetzliche Abgaben als Nettolohn zahlt und sich zugleich verpflichtet, die Beträge – grundsätzlich unabhängig von ihrer Höhe – für den Arbeitnehmer zu tragen. Der Abschluss einer Nettolohnvereinbarung soll klar und einwandfrei feststellbar sein. Grundsätzlich ist bei Hypotax-Gestaltungen von einer Nettolohnvereinbarung bzw. einer partiellen Nettolohnvereinbarung, bezogen auf die im Einsatzstaat anfallende Steuer, auszugehen.[9]

Soweit vom Arbeitgeber eine Hypotax berücksichtigt wird, fließt kein Arbeitslohn zu. Sie ist – da die entsprechenden Beträge nicht tatsächlich zufließen – auch nicht der Besteuerung zuzuführen. Der Betrag der Minderung des Bruttoarbeitslohns wegen der Hypotax wird nicht an das Finanzamt abgeführt. Maßgebend sind allein die tatsächlich anfallenden und vom Arbeitgeber gezahlten Steuern.[10]

Für die Lohnsteuerberechnung ergeben sich durch eine Hypotax ansonsten keine von den allgemeinen Regelungen abweichenden steuerlichen Auswirkungen. Der Arbeitnehmer hat den tatsächlich gezahlten Arbeitslohn zu versteuern. Trägt der Arbeitgeber Steuerbeträge des Arbeitnehmers im Ausland, z. B. den Unterschiedsbetrag zwischen den tatsächlichen höheren (Steuer-)Abgaben des Arbeitnehmers im Ausland, erhöht die Differenz zwischen ausländischen Abgaben und der Hypotax insoweit den Arbeitslohn. Im umgekehrten Fall ist die dem Arbeitgeber zu erstattende Differenz eine negative Einnahme des Arbeitnehmers.

9 BMF, Schreiben v. 3.5.2018, IV B 2 – S 1300/08/10027, BStBl 2018 I S. 664, Rz. 283; geändert durch BMF, Schreiben v. 22.4.2020, IV B 2 – S 1300/08/10027 – 01, BStBl 2020 I S. 483.
10 BMF, Schreiben v. 3.5.2018, IV B 2 – S 1300/08/10027, BStBl 2018 I S. 664, Rz. 279; geändert durch BMF, Schreiben v. 22.4.2020, IV B 2 – S 1300/08/10027 – 01, BStBl 2020 I S. 483.

Regelmäßig kann der endgültige Betrag der Hypotax jedoch erst nach Ablauf des Kalenderjahres ermittelt werden. Hat der Arbeitnehmer Hypotax-Beträge zurückzuzahlen, können sie als Werbungskosten bzw. negative Einnahmen im Veranlagungsverfahren zur Einkommensteuer geltend gemacht werden (ggf. schon als negative Einnahmen im Lohnsteuerabzugsverfahren).

Leistet der Arbeitgeber bei einer Nettolohnvereinbarung für den Arbeitnehmer eine Einkommensteuernachzahlung für einen vorangegangenen Veranlagungszeitraum, wendet er dem Arbeitnehmer Arbeitslohn zu. Dieser fließt dem Arbeitnehmer als sonstiger Bezug im Zeitpunkt der Zahlung zu. Der in der Tilgung der persönlichen Einkommensteuerschuld des Arbeitnehmers durch den Arbeitgeber liegende Vorteil unterliegt der Einkommensteuer. Er ist deshalb auf einen Bruttobetrag hochzurechnen.[1]

Achtung

Übernahme von Steuerberatungskosten durch den Arbeitgeber kann Arbeitslohn sein

Übernimmt der Arbeitgeber, der mit dem Arbeitnehmer unter Abtretung der Steuererstattungsansprüche eine Nettolohnvereinbarung abgeschlossen hat, die Steuerberatungskosten für die Erstellung der Einkommensteuererklärung des Arbeitnehmers, wendet er damit regelmäßig keinen Arbeitslohn zu.[2] Arbeitslohn liegt dagegen regelmäßig vor, soweit die Steuerberatungskosten anderen Einkunftsarten (z. B. Kapitalvermögen oder Vermietung und Verpachtung) als den aus dem Dienstverhältnis zum Arbeitgeber oder verbundenen Unternehmen erzielten Einkünften aus nichtselbstständiger Arbeit zuzuordnen sind.[3]

Berichtigung bei zu hohem Bruttoarbeitslohn

Sollte der Arbeitgeber den Bruttoarbeitslohn zu hoch ausgewiesen haben, weil er die negative Einnahme bei der Berechnung des laufenden Arbeitslohns nicht mindernd berücksichtigt hat, ist Folgendes zu beachten:

- Wurde dem Arbeitnehmer versehentlich ein zu hoher Betrag ausgezahlt, den er zurückerstatten muss, ist die Rückzahlung im Jahr des Abflusses als negative Einnahme zu berücksichtigen. Der Bruttoarbeitslohn ist für dieses Jahr zu korrigieren. Eine daraus resultierende Erstattung von Einkommensteuern, die der Arbeitnehmer an den Arbeitgeber abführen muss, ist im Jahr des Abflusses beim Arbeitnehmer als negative Einnahme zu berücksichtigen.
- Wurde dem Arbeitnehmer jedoch tatsächlich weniger ausgezahlt, ist im Veranlagungsverfahren zur Einkommensteuer der Bruttolohn zu korrigieren. Die daraus resultierende Erstattung zur Einkommensteuer, die der Arbeitnehmer an den Arbeitgeber abführen muss, ist im Jahr des Abflusses beim Arbeitnehmer als negative Einnahme zu berücksichtigen. Sollte der Arbeitnehmer den Bruttoarbeitslohn zu niedrig ausgewiesen haben, weil er im Lohnsteuerabzugsverfahren des Vorjahres eine zu hohe Hypotax als negative Einnahme ausgerechnet hatte, ist entsprechend zu verfahren.

Incentive

Incentives werden als Mittel eingesetzt, um die Motivation im Beruf zu fördern. Meist sind es Sachgeschenke in Form von Reisen, Eintrittskarten zur Teilnahme an besonderen Sport-, Konzert-, Freizeit- oder kulturellen Veranstaltungen. Dienen solche Sachgeschenke zur Entlohnung der Arbeitnehmer für erbrachte Arbeitsleistungen, persönlichen Einsatz oder als Anreiz für zukünftige Erfolge, rechnen sie zum Arbeitslohn.

1 BFH, Urteil v. 3.9.2015, VI R 1/14, BStBl 2016 II S. 31.
2 BFH, Urteil v. 9.5.2019, VI R 28/17, BStBl 2019 II S. 785.
3 BMF, Schreiben v. 22.4.2020, IV B 2 – S 1300/08/10027 – 01, BStBl 2020 I S. 483, Rz. 303a.

Gesetze, Vorschriften und Rechtsprechung

Lohnsteuer: Die Zurechnung zum Arbeitslohn als geldwerter Vorteil richtet sich nach den Regelungen des § 19 Abs. 1 EStG. Weitere Einzelheiten zur steuerlichen Behandlung sind in Verwaltungsanweisungen geregelt: R 19.3, R 19.6, 19.7 LStR und H 19.3, H 19.6, 19.7 LStH sowie im BMF-Schreiben v. 14.10.1996, IV B 2 – S 2143 – 23/96, BStBl 1996 I S. 1192. Zum Begriff der Incentivereise s. BMF, Schreiben 14.10.1996, IV B 2 – S 2143 – 23/96, BStBl 1996 I S. 1192, und BMF, Schreiben v. 19.5.2015, IV C 6 – S 2297-b/14/10001, BStBl 2015 I S. 468.

Für die Bestimmung des Wertansatzes der Sachgeschenke sind § 8 Abs. 2 oder ggf. Abs. 3 EStG sowie R 8.1, 8.2 LStR und H 8.1, 8.2 LStH maßgebend.

Sozialversicherung: In der Sozialversicherung gelten die für die Bestimmung des Arbeitsentgelts grundsätzlichen Regelungen des § 14 SGB IV und der Sozialversicherungsentgeltverordnung (SvEV).

Entgelt	LSt	SV
Gegenwert des Incentive wie z. B. Reisen, Eintrittskarten, sonstige Geschenke mit Entlohnungscharakter	pflichtig	pflichtig
Incentive an eigenen Arbeitnehmer, wenn nach § 37b Abs. 2 EStG pauschal versteuert	pauschal	pflichtig
Incentive an Arbeitnehmer eines Dritten, wenn nach § 37b Abs. 1 EStG pauschal versteuert	pauschal	frei

Lohnsteuer

Behandlung beim Empfänger

Steuerpflichtiger geldwerter Vorteil

Ein steuerpflichtiger geldwerter Vorteil liegt vor, wenn ein Arbeitnehmer ein Incentive als Entlohnung im weitesten Sinne vom Arbeitgeber oder einem Dritten erhält. Solche Geschenke und insbesondere Reisen genügen nicht betriebsfunktionalen Anforderungen, wie z. B. die Geschäftsreise für einen Vertragsabschluss. Dies gilt insbesondere für Reisen mit touristischem Besichtigungsprogramm, das einschlägigen Touristikreisen entspricht, wenn der Erfahrungsaustausch zwischen den Arbeitnehmern demgegenüber zurücktritt.[4]

Es bleibt auch dann bei dieser Einschätzung, wenn der Arbeitnehmer bei einer vom Arbeitgeber veranstalteten Händler-Incentivereise Betreuungsaufgaben übernimmt, falls er auf der Reise von seinem Ehegatten begleitet wird – was auf einen gesellschaftlichen Charakter der Reise hinweist.[5]

Weitere lohnsteuerpflichtige Incentives sind Eintrittskarten oder Dauerkarten zu sportlichen und kulturellen Veranstaltungen, wie Bundesliga-, Theater- und Musicalkarten, oder sog. VIP-Logen zur Formel 1 oder Grand-Slam-Turniere. Ebenso unterliegen sog. Belohnungsessen dem Lohnsteuerabzug, insbesondere Einladungen in die Edelgastronomie.

Wichtig

Incentives als Lohnzahlungen von dritter Seite

Steuerpflichtiger Arbeitslohn ist auch dann anzunehmen, wenn die als Incentive gedachten Geschenke von Dritten gewährt werden. Es handelt sich hierbei um Lohnzahlungen von dritter Seite, von denen der Arbeitgeber Lohnsteuer einbehalten muss, wenn er hiervon Kenntnis hat. Die Steuerübernahme durch den Dritten mit 30 % ist ebenfalls zulässig, welche Abgeltungswirkung beim Incentive-Empfänger hat. Typische Beispiele sind VIP-Logen im Rahmen des Sport- oder Kultursponsoring oder Incentivereisen.

4 BFH, Urteil v. 9.3.1990, VI R 48/87, BStBl 1990 II S. 711.
5 BFH, Urteil v. 25.3.1993, VI R 58/92, BStBl 1993 II S. 639.

Bewertung mit dem tatsächlichen Preis

Lohnsteuerpflichtig ist der Wert des Sachgeschenks. Darunter ist der übliche Endpreis am Abgabeort zu verstehen, den ein Dritter für dieses Geschenk aufzuwenden hätte. Dies wird regelmäßig der tatsächliche Aufwand des Arbeitgebers für den Kauf sein, z. B. der an den Reiseveranstalter gezahlte Betrag (einschließlich Umsatzsteuer). Für Unterkunft und Verpflegung dürfen die amtlichen ↗ Sachbezüge nicht angesetzt werden.

Der geldwerte Vorteil (z. B. die Reise) ist im Rahmen der Gesamtwürdigung einheitlich zu beurteilen. Eine Aufteilung in Arbeitslohn und Zuwendung im betrieblichen Interesse ist grundsätzlich nicht zulässig. Ausnahmsweise kann eine solche Aufteilung jedoch in Betracht kommen, wenn die Aufwendungen rein betriebsfunktionaler Elemente sich leicht und eindeutig von den sonstigen Zuwendungen mit Entlohnungscharakter abgrenzen lassen.[1]

Achtung

Pauschale Aufteilung der Aufwendungen für VIP-Logen

Die Aufteilungssätze in steuerfreie Werbe- und Bewirtungsleistungen und steuerpflichtige Geschenke (Eintrittskarten) nach dem sog. VIP-Logenerlass für Sportveranstaltungen haben weiterhin Gültigkeit.[2] Das Entsprechende gilt für die bundeseinheitlich festgelegten Aufteilungsschlüssel für sog. Hospitality-Leistungen bei Fußballweltmeisterschaften[3] und für sog. Business-Seats in der Fußball-Bundesliga bzw. VIP-Logen bei kulturellen und ähnlichen Veranstaltungen.[4]

Sofern im Einzelfall eine Nachweisführung möglich ist, sind die Vereinfachungsregelungen nicht anzuwenden. Dasselbe gilt, wenn für den Werbe-, den Bewirtungs- und den Ticketanteil ein andere Bemessungsgrundlage gilt. Hier ist ein angemessener Aufteilungsmaßstab im Sinne einer sachgerechten Schätzung zu finden.[5]

Zufluss bei Erhalt

Der geldwerte Vorteil fließt dem Arbeitnehmer erst dann zu, wenn er das Sachgeschenk tatsächlich erhält, nutzt oder in Anspruch nimmt, z. B. bei Antritt der Incentivereise. Nicht entscheidend ist der Zeitpunkt des Versprechens.

Wendet ein Dritter das Sachgeschenk zu, gilt die Verpflichtung des Arbeitgebers zum Lohnsteuerabzug ebenso, wenn er den Zufluss kennt oder erkennen kann. Entsprechende Angaben muss der Arbeitnehmer mitteilen.[6]

Besteuerung als sonstiger Bezug

Incentives zählen zu den sonstigen Bezügen. Der Lohnsteuerabzug ist deshalb nach der Jahreslohnsteuertabelle nach den für sonstige Bezüge geltenden Regeln durchzuführen.

Pauschalbesteuerung der Sachzuwendung

Für Geschenke und andere betriebliche Zuwendungen, die zusätzlich zur ohnehin vereinbarten Leistung gewährt werden, kann der Zuwendende die Steuer mit Abgeltungswirkung für den Empfänger mit dem Pauschsteuersatz von 30 % übernehmen.

Lohnsteuerpauschalierung bei Betriebsveranstaltungen

Erfüllt die vom Arbeitgeber gewährte Incentivemaßnahme die Voraussetzungen einer ↗ Betriebsveranstaltung, ist stattdessen die pauschale Lohnsteuer mit 25 % zu erheben.[7]

Aufwendungen für VIP-Logen

Aufwendungen für VIP-Logen sind Leistungen des Steuerpflichtigen, mit denen er bestimmte sportliche Veranstaltungen „sponsert" und für die er vom Empfänger dieser Leistungen bestimmte Gegenleistungen mit Werbecharakter erhält. Neben den üblichen Werbeleistungen werden häufig auch Eintrittskarten für VIP-Logen überlassen, die mit weiteren Vorteilen wie persönlicher Betreuung, Bewirtung und Erinnerungsgeschenken verbunden sind.

Die zur Besteuerung von VIP-Logen in Sportstätten und ähnlicher Veranstaltungen ergangenen BMF-Schreiben wurden aufgehoben und haben nur noch Gültigkeit bezüglich der Aufteilung der Aufwendungen für das Gesamtpaket auf die einzelnen Bestandteile der Incentivemaßnahme.[8]

Behandlung beim Empfänger

Wie bei allen Incentives handelt es sich im Normalfall um Bezüge, die nicht laufend gewährt werden. Der Lohnsteuerabzug ist deshalb nach der Jahreslohnsteuertabelle nach den für ↗ sonstige Bezüge geltenden Regeln durchzuführen.

Pauschalbesteuerung als Sachzuwendung

Außerdem besteht die Möglichkeit, den Zuwendungsempfänger von der Besteuerung freizustellen. Der Arbeitgeber bzw. Dritte, der die Eintrittskarten bzw. VIP-Logen verschenkt, hat die Möglichkeit, die Steuer für den Zuwendungsempfänger mit einem Pauschsteuersatz von 30 % zu übernehmen.[9, 10] Die Steuerübernahme hat Abgeltungswirkung für den Zuwendungsempfänger.

Pauschale Aufteilung des Gesamtbetrags

Sportliche Veranstaltungen

Aus Vereinfachungsgründen können die betrieblich veranlassten Aufwendungen für VIP-Logen bei sportlichen Veranstaltungen für das Gesamtpaket (Werbeleistungen, Bewirtung, Eintrittskarten usw.) wie folgt pauschal aufgeteilt werden[11]:

- 40 % des Gesamtbetrags anteilig für Werbung;
- 30 % des Gesamtbetrags anteilig für Bewirtung;
- 30 % des Gesamtbetrags anteilig für Geschenke.

Sofern nicht eine andere Zuordnung nachgewiesen wird, ist davon auszugehen, dass die Aufwendungen für Geschenke je zur Hälfte auf Geschäftsfreunde und auf eigene Arbeitnehmer entfallen.

Hospitality-Leistungen

Im Rahmen von Fußballwelt- oder Fußballeuropameisterschaften werden Hospitality-Leistungen angeboten. Diese umfassen den Eintritt ins Stadion (verbunden mit Logen- oder bevorzugten Sitzplätzen), bevorzugte Parkmöglichkeiten, gesonderten Zugang zum Stadion, Bewirtung, persönliche Betreuung, Erinnerungsgeschenke und ein Unterhaltungsangebot. Da in Hospitality-Leistungen keine Werbeleistungen enthalten sind, ist für die pauschale Aufteilung der einzelnen Leistungselemente folgender Aufteilungsmaßstab anzuwenden[12]:

- 30 %-Anteil für Bewirtung – begrenzt auf 1.000 EUR pro Teilnehmer je Veranstaltung;
- der Anteil für Geschenke wird mit dem Restbetrag angenommen.

Business-Seats

Für Business-Seats, bei denen im Gesamtbetrag der Aufwendungen nur die Leistungen Eintrittskarten und Rahmenprogramm (steuerlich zu beurteilen als Zuwendung) und (steuerfreie) Bewirtung enthalten sind, ist dieser sachgerecht aufzuteilen, soweit für diese ein Gesamtbetrag vereinbart wurde. Zulässig ist auch die pauschale Aufteilung mit

- 50 % für Geschenke und
- 50 % für Bewirtung.[13]

1 BFH, Urteil v. 9.8.1996, VI R 88/93, BStBl 1997 II S. 97; BFH, Urteil v. 18.8.2005, VI R 32/03, BStBl 2006 II S. 30.
2 BMF, Schreiben v. 22.8.2005, IV B 2 – S 2144 – 41/05, BStBl 2005 I S. 845.
3 BMF, Schreiben v. 30.3.2006, IV B 2 – S 2144 – 26/06, BStBl 2006 I S. 307.
4 BMF, Schreiben v. 11.7.2006, IV B 2 – S 2144 – 53/06, BStBl 2006 I S. 447.
5 FG Berlin-Brandenburg, Urteil v. 22.6.2021, 8 K 8232/18; Rev. beim BFH unter Az. BFH VI 15/21.
6 § 38 Abs. 4 Satz 3 EStG.
7 § 40 Abs. 2 Nr. 2 EStG.
8 BMF, Schreiben v. 19.5.2015, IV C6 – S 2297-b/14/10001, BStBl 2015 I S. 468, Rz. 15.
9 § 37b EStG.
10 FG Bremen, Urteil v. 21.9.2017, 1 K 20/17 (5), rkr.
11 BMF, Schreiben v. 22.8.2005, IV B 2 – S 2144 – 41/05, BStBl 2005 I S. 845.
12 BMF, Schreiben v. 30.3.2006, IV B 2 – S 2144 – 26/06, BStBl 2006 I S. 307.
13 BMF, Schreiben v. 11.7.2006, IV B 2 – S 2144 – 53/06, BStBl 2006 I S. 447.

Weist der Arbeitgeber nach, dass im Rahmen der vertraglich vereinbarten Gesamtleistungen auch Werbeleistungen erbracht werden, kann für die Aufteilung des Gesamtbetrags der 40:30:30-Aufteilungsmaßstab angewendet werden.

Kulturelle und ähnliche Veranstaltungen

Beinhaltet die VIP-Maßnahme eine andere, z. B. kulturelle, Veranstaltung, die in einer Sportstätte stattfindet, können die getroffenen Aufteilungsregelungen zu Sportveranstaltungen angewendet werden, sofern die Einzelfallprüfung einen gleichartigen Sachverhalt ergibt.[1]

Soweit außerhalb einer Sportstätte in einem Gesamtpaket Leistungen angeboten werden, die Eintritt, Bewirtung und Werbung enthalten (z. B. Operngala), ist eine pauschale Aufteilung möglich. Der Aufteilungsmaßstab muss sich an den Umständen des Einzelfalls orientieren.

Incentivereisen

Reisen mit Entlohnungscharakter

Neben der kostenlosen Gewährung von Eintrittskarten sind Incentivereisen eine häufig vorkommende Form der Mitarbeitermotivation. Werden Prämien in Form kostenloser Reisen gewährt, sind diese steuerpflichtiger Arbeitslohn.[2] Von einem lohnsteuerpflichtigen geldwerten Vorteil ist immer dann auszugehen, wenn das Reiseprogramm einen touristischen Charakter hat. Geldwerte Vorteile aus Bewirtungen im Rahmen von Incentivereisen sind steuerpflichtig. Die Regelung für geschäftliche Bewirtungen findet keine Anwendung. Die Aufteilungsgrundsätze der VIP-Logenregelung findet keine Anwendung. Die Incentivereise ist als Gesamtleistung zu erfassen.[3] Eine Kürzung der lohnsteuerpflichtigen Gesamtleistung um den Anteil der Aufwendungen für die geschäftliche Bewirtung entfällt.

Schwierig ist die Beurteilung, wenn Incentivereisen an Fachseminare geknüpft sind. Bei der Beurteilung und Entgeltabrechnung von Incentivereisen sind zahlreiche Besonderheiten zu beachten.

Hinweis

Keine Kürzung um geschäftliche Bewirtung bei Event mit Übernachtung

Die Abgrenzung zwischen einer Incentivereise und einer Incentivemaßnahme, bei der ggf. ein steuerfreier geschäftlicher Bewirtungsanteil herausgerechnet werden kann, nimmt die Finanzverwaltung danach vor, ob die Veranstaltung eine vom Zuwendenden bezahlte Übernachtung beinhaltet.[4] Nicht erforderlich ist, dass sich der Programmteil der Reise über 2 Tage erstreckt. Ausreichend für die Annahme einer Incentivereise ist die bloße Übernachtung im Anschluss einer Abendveranstaltung, etwa um den Teilnehmern die nächtliche Rückreise zu ersparen.

Incentivereise als steuerpflichtiger Arbeitslohn

Incentivereisen mit privatem, touristischem Charakter stellen Arbeitslohn dar. Von einem steuerpflichtigen ⇗ geldwerten Vorteil ist auszugehen, wenn auf den Reisen

- ein Besichtigungsprogramm angeboten wird, das einschlägigen Touristikreisen entspricht und
- der berufliche Erfahrungsaustausch zwischen den Arbeitnehmern demgegenüber zurücktritt.

Pauschalbesteuerung der Sachzuwendungen

Der Wert einer Incentivereise kann pauschal mit 30 % versteuert werden, wenn die Pauschalierungsgrenze von 10.000 EUR nicht überschritten wird. Der Wert ergibt sich aus dem Bruttoaufwand des Arbeitgebers; bei einer Incentivereise einschließlich der Bewirtungsaufwendungen.[5]

Erfüllt die vom Arbeitgeber gewährte Incentivereise die Voraussetzungen einer Betriebsveranstaltung, kann stattdessen die Lohnsteuer pauschal mit 25 % erhoben werden.[6] Im Zusammenhang mit der pauschalen Besteuerung des geldwerten Vorteils mit 25 % ist jedoch zu beachten, dass diese Möglichkeit nur bei einer echten Betriebsveranstaltung besteht, die nicht nur bestimmten Hierarchieebenen offensteht.

Lohnzahlung durch Dritte

Erfolgt die Zuwendung durch einen Dritten, liegt ebenfalls steuerpflichtiger Arbeitslohn vor. Finanziert z. B. ein Automobilhersteller dem Autoverkäufer eines Autohauses als Belohnung für Vertragsabschlüsse eine Incentivereise, muss das Autohaus als Arbeitgeber den Wert der Reise dem Lohnsteuerabzug unterwerfen.

Arbeitnehmer als Organisator und Betreuer

Arbeitslohn ist auch dann beim Arbeitnehmer anzusetzen, wenn er für die Betreuung der Gäste verantwortlich ist und auf der Reise von seinem Ehe-/Lebenspartner begleitet wird. Ein geldwerter Vorteil entsteht ausnahmsweise dann nicht, wenn der Arbeitnehmer für die organisatorische Durchführung der Reise verantwortlich ist und diese Betreuungsaufgaben das Eigeninteresse des Arbeitnehmers an der Teilnahme des touristischen Programms in den Hintergrund treten lassen.

Reisen im überwiegend betrieblichen Interesse

Es liegt kein Arbeitslohn vor, soweit die Reise im ganz überwiegenden eigenbetrieblichen Interesse des Arbeitgebers durchgeführt wird.

Bei einer Bildungsmaßnahme ist ein ganz überwiegendes betriebliches Interesse des Arbeitgebers anzunehmen, wenn sie die Einsatzfähigkeit des Arbeitnehmers im Betrieb des Arbeitgebers erhöhen soll. Insoweit ist es jedoch keine Voraussetzung, dass der Arbeitgeber die Teilnahme an der Bildungsmaßnahme zumindest teilweise auf die Arbeitszeit anrechnet. Rechnet der Arbeitgeber die Teilnahme an der Bildungsmaßnahme zumindest teilweise auf die Arbeitszeit an, ist die Prüfung weiterer Voraussetzungen eines ganz überwiegenden betrieblichen Interesses des Arbeitgebers grundsätzlich entbehrlich. Etwas anderes gilt nur in den Fällen, in denen konkrete Anhaltspunkte für den Belohnungscharakter der Maßnahme vorliegen. Ist die Reise nach diesen Grundsätzen gemischt veranlasst, ist eine Aufteilung der Kosten anhand der beruflichen und privaten Zeitanteile vorzunehmen.

Bewertung und Arbeitgebererstattung

Die Bewertung des Reisewerts zur Erfassung des steuerpflichtigen geldwerten Vorteils erfolgt nach § 8 Abs. 2 Satz 1 EStG. Eine Erstattung der ⇗ Reisekosten wie bei Auswärtstätigkeiten nach § 3 Nr. 16 EStG kommt grundsätzlich nicht in Betracht.

Sozialversicherung

Steuerrecht ist maßgebend

Steuerfreie Incentives

Den Ausgangswert für die Beitragsberechnung in der Sozialversicherung bilden die beitragspflichtigen Einnahmen, also grundsätzlich das ⇗ Arbeitsentgelt gemäß § 14 SGB IV. Nach der auf Grundlage des § 17 SGB IV erlassenen Sozialversicherungsentgeltverordnung (SvEV) gehören Zuwendungen nicht zum Arbeitsentgelt, soweit sie lohnsteuerfrei sind.

Die Beurteilung der Beitragspflicht von Incentives orientiert sich – dem allgemeinen Grundsatz folgend – an der steuerlichen Behandlung. Können Incentives steuerfrei gewährt werden, sind sie auch beitragsfrei.

Pauschale Versteuerung und die Konsequenzen

Werden ⇗ Sachprämien und Sachzuwendungen nach § 37a EStG pauschal versteuert, sind sie kein beitragspflichtiges Arbeitsentgelt.[7] Erfolgt dagegen die pauschale Versteuerung nach § 37b EStG, gilt eine Ein-

1 BMF, Schreiben v. 11.7.2006, IV B 2 – S 2144 – 53/05, BStBl 2006 I S. 447.
2 BFH, Urteil v. 9.3.1990, VI R 48/87, BStBl 1990 II S. 711.
3 BMF, Schreiben v. 14.10.1996, IV B 2 – S 2143 – 23/96, BStBl 1996 I S. 1192.
4 BMF, Schreiben v. 19.5.2015, IV C 6 – S 2297-b/14/10001, BStBl 2015 I S. 468, Rz. 10.
5 § 37b Abs. 2 i. V. m. Abs. 1 EStG.

6 § 40 Abs. 2 Satz 1 Nr. 2 EStG.
7 § 1 Abs. 1 Nr. 13 SvEV.

schränkung: Die Zuwendung wird nur dann nicht dem Arbeitsentgelt zugerechnet, wenn sie an Arbeitnehmer eines Dritten gezahlt wird.

Pauschal versteuerte Zuwendungen nach § 37b EStG an eigene oder Arbeitnehmer verbundener Unternehmen[1] sind dagegen beitragspflichtig.

Zuordnung zum beitragspflichtigen Arbeitsentgelt

Beitragspflichtig sind alle nicht nach § 37a EStG pauschalversteuerten oder nicht steuerfreien Incentives. Diese steuer- und damit beitragspflichtigen Incentives zählen zum ↗ einmalig gezahlten Arbeitsentgelt im Sinne des § 23a SGB IV.

Keine Anrechnung auf die Jahresarbeitsentgeltgrenze

Für die Prüfung, ob das regelmäßige Jahresarbeitsentgelt die ↗ Jahresarbeitsentgeltgrenze überschreitet und somit Krankenversicherungsfreiheit besteht[2], bleiben selbst steuer- und beitragspflichtige Incentives unberücksichtigt. Es fehlt an der Regelmäßigkeit, da sie nicht mit hinreichender Sicherheit einmal jährlich gewährt werden. Gruppe 4/227: Lohnsteuer-/Einkommensteuer-Pauschalierung

Incoming-Freiwilligendienst

Im Rahmen des Projekts „Internationale Freiwilligendienste für unterschiedliche Lebensphasen" (IFL) soll Menschen aller Altersgruppen die Möglichkeit bereitet werden, sich weltweit gemeinnützig zu engagieren. Kommen ausländische Freiwillige nach Deutschland, um an den Incoming-Angeboten teilzunehmen, spricht man bei diesen von „Incoming-Freiwilligendiensten".

Die Freiwilligen können in politischen, sozialen, kulturellen oder ökologischen Einrichtungen für einen Zeitraum zwischen 3 und 24 Monaten mitarbeiten. Sie erbringen meist in Vollzeit Arbeitsleistungen, die in Vereinbarungen mit den jeweiligen Einsatzstellen geregelt werden. Den Freiwilligendienstleistenden wird ein Taschengeld zwischen 150 EUR und 250 EUR monatlich gezahlt. Außerdem erhalten sie freie Unterkunft und Verpflegung. Für die Beitragsberechnung werden im Jahr 2024 bis zu insgesamt 841 EUR (2023: 803 EUR) (Taschengeld zzgl. Wert der freien Unterkunft und Verpflegung) angesetzt.

Die Incoming-Freiwilligendienste sind als Beschäftigung im Sinne der Sozialversicherung zu werten. Sie sind kranken-, renten-, arbeitslosen- und pflegeversicherungspflichtig.

Gesetze, Vorschriften und Rechtsprechung

Sozialversicherung: Personen, die Incoming-Freiwilligendienst leisten, gelten als Beschäftigte nach § 7 SGB IV. Sie sind kranken-, renten-, arbeitslosen- und pflegeversicherungspflichtig nach § 5 Abs. 1 Nr. 1 SGB V, § 1 Satz 1 Nr. 1 SGB VI, § 25 Abs. 1 Satz 1 SGB III und § 20 Abs. 1 Satz 2 Nr. 1 SGB XI. Das Taschengeld und die Sachbezüge sind Arbeitsentgelt im Sinne des § 14 SGB IV.

Infektionsschutzgesetz

Im Infektionsschutzgesetz (IfSG) sind die gesetzlichen Pflichten zur Verhütung und Bekämpfung von Infektionskrankheiten beim Menschen geregelt. Es sollen übertragbaren Krankheiten vorgebeugt, Infektionen rechtzeitig erkannt und die Weiterverbreitung verhindert werden. Um dies zu erreichen, kann für Personen, die Krankheitserreger in oder an sich tragen und damit die Gefahr einer Weiterverbreitung besteht, ein behördliches Beschäftigungsverbot ausgesprochen bzw. eine Quarantäne angeordnet werden. Aktuell ist dies beim Coronavirus der Fall. Während des Beschäftigungsverbots oder der Quarantäne steht dem Arbeitnehmer eine Verdienstausfallentschädigung zu.

Gesetze, Vorschriften und Rechtsprechung

Lohnsteuer: Rechtsgrundlage für die Steuerfreiheit des Verdienstausfalls nach dem Infektionsschutzgesetz ist § 3 Nr. 25 EStG; die Regelungen zum Progressionsvorbehalt finden sich in § 32b Abs. 1 Satz 1 Nr. 1 Buchst. e EStG. Die zu beachtende Aufzeichnungsverpflichtung im Lohnkonto ergibt sich aus § 41 Abs. 1 Satz 4 EStG. § 41b Abs. 1 Satz 2 Nr. 5 EStG regelt den Ausweis des steuerfrei gezahlten Verdienstausfalls nach dem Infektionsschutzgesetz in der elektronischen Lohnsteuerbescheinigung. Den Ausschluss vom Lohnsteuer-Jahresausgleich bestimmt § 42b Abs. 1 Satz 3 Nr. 4 EStG. Einzelheiten zu steuerlichen Fragen der lohnsteuerlichen Abrechnung behördlicher Erstattungsbeträge für Verdienstausfallentschädigungen nach § 56 IfSG enthält das BMF-Schreiben v. 25.1.2023, IV C 5 – S 2342/20/10008 :003, BStBl 2023 I S. 207.

Sozialversicherung: Die versicherungs- und beitragsrechtlichen Regelungen für Personen, die einen Verdienstausfall wegen einer angeordneten Quarantäne oder eines Beschäftigungsverbots nach dem Infektionsschutzgesetz (IfSG) erhalten, enthält § 57 IfSG. Melderechtliche Regelungen ergeben sich aus den allgemein gültigen Vorschriften des § 28a SGB IV und der DEÜV.

Entgelt

Entschädigung

Ausscheider, Ansteckungsverdächtige u. a.

Wer als Ausscheider, Ansteckungsverdächtiger, Krankheitsverdächtiger oder als sonstiger Träger von Krankheitserregern einem Beschäftigungsverbot nach dem Infektionsschutzgesetz (IfSG) unterliegt und dadurch einen Verdienstausfall erleidet, erhält eine Entschädigung. Dies gilt auch für Personen, die sich als Ausscheider oder Ansteckungsverdächtige in Quarantäne befinden. Ausscheider erhalten jedoch nur dann eine Entschädigung, wenn sie andere Schutzmaßnahmen nicht befolgen können. Zu diesem Personenkreis gehörten zuletzt Personen, die sich mit dem Coronavirus infiziert hatten.[3] Stehen diese Personen in einem Beschäftigungsverhältnis, haben sie gegen ihren Arbeitgeber grundsätzlich einen Anspruch auf Ersatz des Verdienstausfalls. Allerdings besteht dieser Anspruch nur für eine verhältnismäßig kurze Zeit von 5 bis max. 10 Tagen.[4] Arbeitet der Arbeitnehmer im ↗ Homeoffice, bleibt sein Anspruch auf Arbeitsentgelt unverändert erhalten. In diesen Fällen besteht das sozialversicherungsrechtliche Beschäftigungsverhältnis – ohne Beachtung von Besonderheiten – fort.

Ist der Anspruch auf Ersatz des Verdienstausfalls nicht gegeben, weil dieser z. B. aufgrund arbeitsvertraglicher Regelungen vollständig ausgeschlossen wurde, besteht der grundsätzliche Anspruch auf Entschädigung nach dem IfSG. In diesen Fällen ergeben sich versicherungs- und beitragsrechtliche Besonderheiten.

Wichtig

Ausschluss des Entschädigungsanspruchs

Arbeitnehmer, die – vermeidbar – in ein Risikogebiet reisen, nehmen eine Ansteckung billigend in Kauf und haben daher keinen Anspruch auf Entschädigung. Risikogebiet ist ein Gebiet außerhalb der BRD, in dem ein erhebliches Risiko für eine Infektion besteht. Der Entschädigungsanspruch ist ebenso ausgeschlossen, wenn eine Absonderung durch Inanspruchnahme einer Schutzimpfung oder einer anderen Maßnahme der medizinischen Prophylaxe hätte vermieden werden können.[5]

1 §§ 15 ff. AktG; § 271 HGB; Verordnungsbegründung zu § 1 Abs. 1 Satz 1 Nr. 14 SvEV in BT-Drucks. 652/08.
2 § 6 Abs. 1 Nr. 1 SGB V.
3 § 56 Abs. 1 IfSG.
4 § 616 BGB, § 19 BBiG.
5 § 56 Abs. 1 Satz 4 IfSG.

Schließung von Einrichtungen zur Kinderbetreuung, für Menschen mit Behinderung und Schulen

Im Infektionsschutzgesetz wurde mit Wirkung vom 30.3.2020[1] an eine weitere Regelung zur Entschädigung bei Verdienstausfällen aufgenommen, die durch die Schließung von Einrichtungen zur Kinderbetreuung, für Menschen mit Behinderung und von Schulen entstehen. Eine Entschädigung wird u. a. auch gezahlt, wenn das Betreten dieser Einrichtungen untersagt wird, von der zuständigen Behörde Schul- oder Betriebsferien angeordnet oder verlängert werden, die Präsenzpflicht in der Schule aufgehoben oder der Zugang zum Betreuungsangebot eingeschränkt wird. Dieser Entschädigungsanspruch besteht seit dem 24.9.2022 allerdings nur, sofern der Deutsche Bundestag eine epidemische Lage von nationaler Tragweite festgestellt hat. Dies ist aktuell nicht der Fall.[2]

Quarantäne während der Kurzarbeit

Arbeitnehmer, die sich möglicherweise mit dem Virus infiziert haben, können vom Gesundheitsamt dazu verpflichtet werden, in Quarantäne zu bleiben. Sie erhalten in dieser Zeit entweder ihr Arbeitsentgelt fortgezahlt oder sie haben Anspruch auf Entschädigung. Diese Regelung gilt auch für Arbeitnehmer, die sich während einer ↗ Kurzarbeit in Quarantäne begeben müssen.

Besteht kein Anspruch auf Arbeitsentgelt, richtet sich die Höhe der Entschädigungszahlung nach dem Verdienstausfall (reduziertes Nettoarbeitsentgelt). In Fällen der Kurzarbeit erhöht sich der Anspruch auf den Verdienstausfall um das Kurzarbeitergeld. Damit werden Arbeitnehmer, die in Fällen der Kurzarbeit unter Quarantäne gestellt werden, den übrigen Arbeitnehmern gleichgestellt.

Der Arbeitgeber ist verpflichtet, die gesamte Auszahlung (Verdienstausfall zzgl. Kurzarbeitergeld) zu übernehmen. Seine Aufwendungen werden ihm auf Antrag von der Entschädigungsbehörde erstattet.

Bemessungsgrundlage der Entschädigung

Die Entschädigung bemisst sich nach dem Verdienstausfall. Als Verdienstausfall gilt bei Arbeitnehmern das Nettoarbeitsentgelt. Das Nettoarbeitsentgelt wird dabei entsprechend den Regelungen berechnet, die für die Ermittlung des Arbeitsentgelts bei der Entgeltfortzahlung im Krankheitsfall anzuwenden sind.[3] Dies gilt für die ersten 6 Wochen. Vom Beginn der 7. Woche an wird die Entschädigung in Höhe von 67 % des Verdienstausfalls gewährt. Für einen vollen Monat wird ein Betrag von max. 2.016 EUR gezahlt.

Ermittlung des Verdienstausfalls

Als Verdienstausfall gilt das Nettoarbeitsentgelt, das den Arbeitnehmern für ihre regelmäßige Arbeitszeit zusteht. Während des Verdienstausfalls eintretende Änderungen im Arbeitsverhältnis werden berücksichtigt. Leistungen des Arbeitgebers zur Abgeltung von Aufwendungen, die während des Verdienstausfalls nicht entstehen, bleiben unberücksichtigt (z. B. Überstundenvergütungen, Schmutzzulagen). Einmalig gezahltes Arbeitsentgelt zählt nicht zum Verdienstausfall.

Beispiel

Verdienstausfall bei Reduzierung der Arbeitszeit

Ein Mitarbeiter hat im Zeitraum 15.8.–14.9. Anspruch auf Entschädigung nach dem IfSG.

tägliches Nettoarbeitsentgelt bis 31.8.	85 EUR
tägliches Nettoarbeitsentgelt aufgrund einer Reduzierung der Arbeitszeit ab 1.9.	70 EUR

Ergebnis:

tägliche Entschädigung 15.8.–31.8.	85 EUR
tägliche Entschädigung 1.9.–14.9.	70 EUR

Wichtig

Auszahlung der Verdienstausfallentschädigung durch den Arbeitgeber

Bei Arbeitnehmern hat der Arbeitgeber für die Dauer des Arbeitsverhältnisses, längstens für 6 Wochen, die Entschädigung für die zuständige Behörde auszuzahlen.[4]

Die ausgezahlten Beträge werden dem Arbeitgeber auf Antrag von der zuständigen Behörde erstattet. Die Erstattung umfasst auch Beiträge, die vom Arbeitgeber allein zu entrichten sind (Arbeitgeberanteil bei rentenversicherungsfreier Beschäftigung,[5] Pauschalbeitrag für geringfügig entlohnt Beschäftigte[6]).

Steuerfreie Entschädigung mit Progressionsvorbehalt

Für Ausscheider, Ausscheidungsverdächtige, Ansteckungsverdächtige oder Krankheitsverdächtige, wie während der Corona-Pandemie, die aufgrund des Infektionsschutzgesetzes (IfSG) dem Verbot in der Ausübung ihrer bisherigen Erwerbstätigkeit unterliegen und dadurch einen Verdienstausfall erleiden, zahlt das Land auf Antrag eine Entschädigung. Das Gleiche gilt für Personen, die als Ausscheider oder Ansteckungsverdächtige abgesondert wurden oder werden, bei Ausscheidern jedoch nur, wenn sie andere Schutzmaßnahmen nicht befolgen können.

Verdienstausfallentschädigungen nach dem Infektionsschutzgesetz sind steuerfrei, sie unterliegen jedoch dem ↗ Progressionsvorbehalt. Ist der Progressionsvorbehalt anzuwenden, führt dies regelmäßig zu einer höheren Steuerbelastung des zu versteuernden Arbeitslohns (sowie evtl. weiterer Einkünfte), wodurch sich u. U. Steuernachforderungen ergeben können. Den anzusetzenden Progressionsvorbehalt prüft das Finanzamt (nicht der Arbeitgeber) im Rahmen einer Einkommensteuerveranlagung.

Aufzeichnungspflichten

Die Entschädigungen für Verdienstausfall nach dem Infektionsschutzgesetz sind im ↗ Lohnkonto aufzuzeichnen.[7] Zudem muss der Arbeitgeber in der ↗ Lohnsteuerbescheinigung unter Nr. 15 die gezahlten steuerfreien Verdienstausfallentschädigungen nach dem Infektionsschutzgesetz (Lohnersatzleistungen) bescheinigen.

Kein Lohnsteuer-Jahresausgleich bei Bezug von Entschädigungen

Sofern der Arbeitnehmer zu irgendeinem Zeitpunkt im Kalenderjahr Entschädigungen für Verdienstausfall nach dem IfSG erhalten hat, darf der Arbeitgeber für diesen Arbeitnehmer keinen ↗ Lohnsteuer-Jahresausgleich durchführen. Auch der sog. permanente Lohnsteuer-Jahresausgleich ist bei Arbeitnehmern, die derartige Entschädigungen bezogen haben, unzulässig.

Anzeigepflicht der Arbeitgeber bei behördlichen Erstattungsbeträgen

Das Bundesministerium der Finanzen und die obersten Finanzbehörden der Länder haben ein Schreiben

veröffentlicht, das zu steuerlichen Fragen der lohnsteuerlichen Abrechnung behördlicher Erstattungsbeträge für Verdienstausfallentschädigungen nach § 56 IfSG Stellung nimmt. Im Hinblick darauf sind die Grundsätze dieses Schreibens anzuwenden, soweit eine für die Kalenderjahre 2020 bis 2023 vorzunehmende Änderung des Lohnsteuerabzugs nicht mehr möglich ist.

1 Gesetz zum Schutz der Bevölkerung bei einer epidemischen Lage von nationaler Tragweite.
2 § 56 Abs. 1a IfSG.
3 § 4 EFZG.
4 § 56 Abs. 5 IfSG.
5 § 172 SGB VI.
6 § 249b SGB V.
7 § 4 Abs. 2 LStDV.

Arbeitgeber zahlen ihren Arbeitnehmern eine steuerfreie Verdienstausfallentschädigung für die Entschädigungsbehörde. Diese Verdienstausfallentschädigung wird dann dem Arbeitgeber auf Antrag von der Entschädigungsbehörde[1] erstattet. Die sich daraus ergebenden Abweichungen können immer wieder zu Änderungen des Lohnsteuerabzugs im Hinblick auf die lohnsteuerliche Abrechnung durch die Arbeitgeber führen.

Änderung des Lohnsteuerabzugs

Stellt der Arbeitgeber zu einem späteren Zeitpunkt fest, dass seine ursprüngliche Behandlung der Lohnzahlung bzw. Verdienstausfallentschädigung unzutreffend war, ist er verpflichtet, zu viel erhobene Lohnsteuer bei der nächsten Lohnzahlung zu erstatten bzw. noch nicht erhobene Lohnsteuer bei der nächsten Lohnzahlung einzubehalten.[2]

Eine Änderung des Lohnsteuerabzugs ist noch bis zur Übermittlung der elektronischen ⇗ Lohnsteuerbescheinigung an die jeweils zuständige Finanzbehörde für jeden Arbeitnehmer zulässig.[3] Dies hat i. d. R. spätestens bis zum letzten Tag des Monats Februar des Folgejahres zu erfolgen.

Abweichungen zwischen Antrags- und Erstattungsvolumen

Weichen die Zahlungen einer steuerfreien Verdienstausfallentschädigung an den Arbeitnehmer für die Entschädigungsbehörde (Antragsvolumen) von der behördlichen Erstattung nach § 56 IfSG ab, welche der Arbeitgeber auf Antrag von der Entschädigungsbehörde erstattet bekommt (Erstattungsvolumen), so handelt es sich um eine „unzutreffende Lohnversteuerung" bzw. „unzutreffende Steuerfreistellung".

Unzutreffende Lohnversteuerung

Eine unzutreffende Lohnversteuerung liegt in den Fällen vor, soweit die Entschädigungsbehörde dem Arbeitgeber auf Antrag mehr erstattet, als der Arbeitgeber bisher an seinen Arbeitnehmer steuerfrei ausgezahlt hat.

Der Arbeitgeber unterliegt in diesem Fall i. d. R. keiner lohnsteuerlichen Mitteilungspflicht gegenüber seinem Betriebsstättenfinanzamt, da er bisher zu viel Lohnsteuer einbehalten hat. Insoweit liegt auch kein Fall der haftungsbefreienden Anzeige des Arbeitgebers[4] vor. Der Arbeitnehmer kann die zu Unrecht einbehaltene Lohnsteuer für den jeweiligen Veranlagungszeitraum über die Abgabe der Einkommensteuererklärung geltend machen.

Unzutreffende Steuerfreistellung

Anders gestalten sich die Zahlungen einer steuerfreien Verdienstausfallentschädigung durch den Arbeitgeber an seinen Arbeitnehmer, bei der die Entschädigungsbehörde den behördlichen Erstattungsantrag nach § 56 IfSG eines Arbeitgebers ablehnt oder einen niedrigeren Betrag als beantragt erstattet. Insoweit beschränkt sich der Umfang der Steuerfreiheit der Verdienstausfallentschädigung auf den Betrag, den die Entschädigungsbehörde erstattet.

Beispiel

Verdienstausfallentschädigung teilweise zurückgefordert

Arbeitgeber zahlt seinem Arbeitnehmer neben dem zu versteuernden Arbeitslohn im März 2023 aufgrund der ⇗ Corona-Pandemie eine steuerfreie Verdienstausfallentschädigung nach § 56 IfSG[5] i. H. v. 1.800 EUR. Die Entschädigungsbehörde erstattet dem Arbeitgeber im August 2023 lediglich 1.000 EUR, also weniger als beantragt. Der Umfang der Steuerfreiheit beschränkt sich insoweit auf lediglich 1.000 EUR.

Ergebnis: Der Arbeitgeber hat in der Folge die Lohnsteuer nicht vorschriftsmäßig einbehalten. Denn die bisher durch den Arbeitgeber als steuerfrei ausgezahlte Verdienstausfallentschädigung in Höhe des Differenzbetrags von 800 EUR stellt steuerpflichtigen Arbeitslohn dar. Da die Steuerfreistellung insoweit unzutreffend war, ist der Arbeitgeber verpflichtet, die noch nicht erhobene Lohnsteuer bei der nächsten Lohnzahlung einzubehalten.

1 Behördlicher Erstattungsbetrag nach § 56 IfSG.
2 § 41c Abs. 1 EStG.
3 § 41c Abs. 3 EStG.
4 § 41c Abs. 4 EStG.
5 § 3 Nr. 56 EStG.

Beispiel

Verdienstausfallentschädigung jahresübergreifend zurückgefordert

Der Arbeitgeber zahlt seinem Arbeitnehmer im Jahr 2022 aufgrund der Corona-Pandemie neben seinem Arbeitslohn auch eine steuerfreie Verdienstausfallentschädigung von 4.900 EUR. Im Kalenderjahr 2023 fordert der Arbeitgeber die zu viel gezahlte Verdienstausfallentschädigung von 2.400 EUR von seinem Arbeitnehmer zurück. Der Arbeitnehmer bezieht im Jahr 2023

a) Kurzarbeitergeld i. H. v. 2.900 EUR,

b) keine Lohnersatzleistungen.

Ergebnis: Der Arbeitgeber hat unter der Nummer 15 der elektronischen Lohnsteuerbescheinigung für 2022 dem Arbeitnehmer die steuerfrei ausgezahlte Verdienstausfallentschädigung von 4.900 EUR zu bescheinigen.

Für das Kalenderjahr 2023 muss der Arbeitgeber die unter Nummer 15 der elektronischen Lohnsteuerbescheinigung zu bescheinigenden Leistungen in Höhe des Rückforderungsbetrags von 2.400 EUR mindern. Insoweit sind dem Arbeitnehmer unter Nummer 15 der elektronischen Lohnsteuerbescheinigung die ggf. saldierten Beträge zu bescheinigen:

a) 500 EUR,

b) – 2.400 EUR.[6]

Beispiel

Verdienstausfallentschädigung nicht zurückgefordert

Der Arbeitgeber verzichtet für das Kalenderjahr 2023 auf die Rückforderung einer an den Arbeitnehmer zu viel gezahlten Verdienstausfallentschädigung und begründet dies z. B. damit, dass tarifliche oder andere innerbetriebliche Gründe, wie die Erhaltung des Betriebsfriedens, eine entscheidende Rolle spielen. Eine Steuerbefreiung der überzahlten Verdienstausfallentschädigung nach § 3 Nr. 11a (⇗ Corona-Sonderzahlung), Nr. 11b (Corona-Pflegebonus) oder Nr. 11c (⇗ Inflationsausgleichsprämie) EStG kommt nicht zur Anwendung.

Ergebnis: Eine Korrektur der einzubehaltenden Lohnsteuer beim Arbeitnehmer für das Kalenderjahr 2023 erfolgt über die Abgabe einer Einkommensteuererklärung oder aber durch eine Lohnsteuer-Nachforderung.[7]

Der Arbeitgeber hat seinem Betriebsstättenfinanzamt[8] beispielsweise unter Angabe von Namen, Anschrift, Geburtsdatum und der steuerlichen Identifikationsnummer der betroffenen Arbeitnehmer sowie dem Anzeigegrund und der für die Berechnung einer Lohnsteuer-Nachforderung erforderlichen Mitteilungen über die Höhe und die Art des Arbeitslohns[9] unverzüglich schriftlich anzuzeigen.

Hinweis

Anzeige über nicht durchgeführten Lohnsteuerabzug

Für die Anzeige kann der eingestellte Vordruck „Anzeige über nicht durchgeführten Lohnsteuerabzug" genutzt werden. Dieser ist abrufbar im Formular-Management-System (FMS) der Bundesfinanzverwaltung (http://www.formulare-bfinv.de).

Arbeitgeber von der Anzeigepflicht befreien

Sofern die Differenz zwischen der dem Arbeitnehmer gezahlten Verdienstausfallentschädigung und der dem Arbeitgeber bewilligten Erstattung 200 EUR pro Quarantänefall nicht übersteigt, beanstandet die Finanzverwaltung in Fällen unzutreffender Steuerfreistellung nicht, wenn der Arbeitgeber von einer Anzeigepflicht[10] absieht.

6 BMF, Schreiben v. 9.9.2019, IV C 5 – S 2378/19/10002 :001, BStBl 2019 I S. 911, Abschn. I. Nr. 8.
7 R 41c.2 Abs. 3 LStR.
8 § 41c Abs. 4 EStG.
9 R 41c.2 und 3 LStR.
10 Nach § 41c Abs. 4 EStG.

Insoweit haftet der Arbeitgeber auch nicht für die nicht vorschriftsmäßig einbehaltene Lohnsteuer.[1] Auch wird in diesen Fällen von einer Nachforderung der zu wenig erhobenen Lohnsteuer beim Arbeitnehmer abgesehen. Darüber hinaus unterbleibt auch eine Korrektur der unzutreffenden Steuerfreistellung im Rahmen der Einkommensteuerveranlagung bei dem Arbeitnehmer.

Rentenversicherung

Erhalten versicherungspflichtige Arbeitnehmer eine Entschädigung, besteht die Versicherungspflicht in der Rentenversicherung fort.[2] Unbedeutend ist, ob die Entschädigung auf das Verbot der Ausübung der bisherigen Erwerbstätigkeit i. S. v. § 56 Abs. 1 Satz 1 IfSG oder auf die Absonderung i. S. v. § 56 Abs. 1 Satz 2 IfSG zurückgeht.

Wird die Entschädigungszahlung für die Dauer der Schulferien unterbrochen, soweit kein Anspruch auf Arbeitsentgelt besteht, wird ein Beschäftigungsverhältnis fiktiv angenommen.[3]

Beitragsbemessungsgrundlage

Die Bemessungsgrundlage für die Beiträge ist für die ersten 6 Wochen eine andere als vom Beginn der 7. Woche an.[4] Für die ersten 6 Wochen der Entschädigungszahlung ist das Arbeitsentgelt beitragspflichtig, das der Verdienstausfallentschädigung vor Abzug von Steuern und Beitragsanteilen zur Sozialversicherung oder entsprechender Aufwendungen zur sozialen Sicherung zugrunde liegt. Von Beginn der 7. Woche der Entschädigungszahlung an gilt ein Beitrag in Höhe von 80 % des der Entschädigung zugrunde liegenden (Brutto-)Arbeitsentgelts als Bemessungsgrundlage.

Kranken-, Pflege- und Arbeitslosenversicherung für versicherungspflichtige Arbeitnehmer

Erhalten versicherungspflichtige Arbeitnehmer eine Entschädigung, besteht die Versicherungspflicht in der Kranken-, Pflege- und Arbeitslosenversicherung nur dann fort, wenn es sich um eine Entschädigung i. S. v. § 56 Abs. 1 Satz 2 IfSG für Ausscheider oder Ansteckungsverdächtige handelt, die in Quarantäne genommen wurden oder werden.[5]

In den anderen Fällen der Entschädigungszahlung[6] endet das versicherungspflichtige Beschäftigungsverhältnis mit dem letzten Tag vor Beginn des Beschäftigungsverbots.

Hinweis

Beitragsgruppenänderung zu Beginn des Beschäftigungsverbots

Bei fortbestehender Rentenversicherungspflicht ist der Wegfall der Versicherungspflicht in der Kranken-, Pflege- und Arbeitslosenversicherung als Beitragsgruppenwechsel zu melden.

Ansprüche auf Entgeltzahlung bei gleichzeitig bestehender oder eintretender ⇗ Arbeitsunfähigkeit sowie die hieran geknüpften versicherungsrechtlichen Folgen ändern sich dadurch nicht.

Beitragsbemessungsgrundlage

Die Beiträge zur Kranken-, Pflege- und Arbeitslosenversicherung werden bei Anordnung einer Quarantäne auf der gleichen Grundlage wie in der Rentenversicherung bemessen.[7]

Beitragstragung

Die Entschädigungsbehörde trägt die Beiträge zur Rentenversicherung allein.[8] Gleiches gilt für die Beiträge zur Kranken-, Pflege- und Arbeitslosenversicherung.[9]

Hinweis

Keine Beitragsbelastung von Arbeitnehmer und Arbeitgeber

Ein Abzug von Arbeitnehmerbeitragsanteilen kommt nicht in Betracht. Auch der Arbeitgeber wird insofern nicht mit Beiträgen belastet.

Umlagebeiträge U1, U2 und Insolvenzgeldumlage

Neben den Beiträgen zur Sozialversicherung sind auch die für die Teilnahme am Ausgleichsverfahren nach dem Aufwendungsausgleichgesetz zu zahlenden Umlagen (U1 und U2) sowie die Insolvenzgeldumlage während des Bezugs einer Entschädigung nach § 56 Abs. 1 Satz 2 IfSG zu zahlen. Die Umlagen werden vom entschädigungspflichtigen Land getragen und sind daher dem Arbeitgeber im Rahmen der Erfüllung des Entschädigungsanspruchs zu erstatten.

Melde- und Beitragsverfahren

Der Arbeitgeber hat die Entschädigung für die Entschädigungsbehörde auszuzahlen. Die ausgezahlten Beträge werden dem Arbeitgeber auf Antrag von der Entschädigungsbehörde erstattet.

Zahlt der Arbeitgeber auftragsweise die Entschädigung aus, übernimmt er auch die üblichen Melde- und Beitragspflichten, insbesondere die Zahlung der Beiträge und ⇗ Umlagen (unter der bisherigen Betriebsnummer) an die Einzugsstelle.[10]

Meldungen des Arbeitgebers

Der Arbeitgeber hat den Arbeitnehmer mit dem letzten Tag, für den er auftragsweise die Entschädigung zahlt, mit dem Meldegrund „30" abzumelden. Bei Wiederaufnahme der versicherungspflichtigen Beschäftigung hat der Arbeitgeber eine Anmeldung mit dem Meldegrund „10" zu erstatten.

Entschädigungsbehörde übernimmt Arbeitgeberpflichten

Ansonsten nimmt die Entschädigungsbehörde hinsichtlich der Melde- und Beitragspflichten die Stelle des Arbeitgebers ein. Die Entschädigungsbehörde hat den Arbeitnehmer im Anschluss an das Ende der vom Arbeitgeber gemeldeten versicherungspflichtigen Beschäftigung nach den Bestimmungen der §§ 28a ff. SGB IV anzumelden.

Für die Meldung der Entschädigungsbehörde ist eine eigenständige ⇗ Betriebsnummer zu verwenden. Diese ist beim Betriebsnummer-Service der Bundesagentur für Arbeit zu beantragen. Die Entschädigungsstelle zahlt die von ihr zu tragenden Beiträge zu den jeweils in Betracht kommenden Versicherungszweigen, für die Versicherungspflicht besteht, an die Einzugsstelle und weist diese unter der Betriebsnummer nach.

Freiwillig Krankenversicherte

Freiwillig krankenversicherte Arbeitnehmer

Bei Arbeitnehmern, die wegen Überschreitens der ⇗ Jahresarbeitsentgeltgrenze krankenversicherungsfrei sind, ergeben sich durch den Bezug einer Entschädigung nach § 56 Abs. 1 IfSG (Ausscheider, Ansteckungsverdächtige u. a.) keine versicherungsrechtlichen Änderungen. Der Status der Krankenversicherungsfreiheit bleibt ebenso wie die freiwillige Versicherung unverändert bestehen.

Arbeitnehmer erhalten ihre Entschädigungsleistung für die Dauer von 6 Wochen in Höhe des Verdienstausfalls. Daraus ergibt sich, dass für diese Zeit – unverändert – der Höchstbeitrag zur Kranken- und Pflegeversicherung zu entrichten ist. Allerdings besteht in dieser Zeit kein Anspruch auf Beitragszuschuss gegen den Arbeitgeber. Freiwillig versicherten Arbeitnehmern werden die von ihnen getragenen Beiträge durch die Entschädigungsbehörde erstattet.

1 § 42d Abs. 2 EStG analog.
2 § 1 Satz 1 Nr. 1 SGB VI i. V. m. § 57 Abs. 1 Satz 1 IfSG.
3 § 7 Abs. 3 S. 1 SGB IV.
4 § 57 Abs. 1 Satz 2 IfSG.
5 § 57 Abs. 2 IfSG.
6 § 56 Abs. 1 Satz 1 IfSG.
7 § 57 Abs. 2 Satz 2 i. V. m. Abs. 1 Sätze 2 und 3 IfSG.
8 § 57 Abs. 1 Satz 3 IfSG.
9 § 57 Abs. 2 Satz 2 i. V. m. Abs. 1 Satz 3 IfSG.
10 § 56 Abs. 5 Satz 1 IfSG.

Hinweis

Firmenzahlerverfahren

Werden die Krankenversicherungsbeiträge im sog. Firmenzahlerverfahren entrichtet, werden die Höchstbeiträge – weiterhin – vom Arbeitgeber gezahlt. Ein Anspruch auf Beitragszuschuss besteht jedoch nicht und Beitragsanteile des Arbeitnehmers dürfen nicht einbehalten werden. Auf Antrag des Arbeitgebers werden seine Arbeitgeberbeitragsanteile von der Entschädigungsbehörde erstattet.

Freiwillig versicherte Selbstständige

Auch selbstständig Tätige, die einen Verdienstausfall erleiden, können eine Entschädigung nach § 56 Abs. 1 IfSG erhalten. Selbstständig Tätige können auch Corona-Soforthilfen erhalten, die nicht zurückgezahlt werden müssen. Diese Einnahmen sind im Rahmen der freiwilligen Versicherung beitragspflichtig.

Inflationsausgleichsprämie

Zur Abmilderung weltweit steigender Verbraucherpreise erhalten alle Arbeitgeber die Möglichkeit, ihren Arbeitnehmern steuer- sowie beitragsfrei in der Sozialversicherung eine Sonderzahlung von bis zu 3.000 EUR zukommen zu lassen. Dies betrifft alle Berufsgruppen, nicht nur z. B. die sog. „systemrelevanten Berufsgruppen". Bei der Gewährung der Sonderzahlungen sind jedoch bestimmte Kriterien zu beachten, wie z. B. die Zusätzlichkeitsvoraussetzung oder arbeitsrechtliche Gesichtspunkte in Bezug auf das Gleichbehandlungsgebot.

Gesetze, Vorschriften und Rechtsprechung

Lohnsteuer: Grundlage der neuen Steuerfreiheit ist der neue § 3 Nr. 11c EStG, der die Inflationsausgleichsprämie für alle Arbeitnehmer steuerfrei stellt.

Sozialversicherung: Die steuerfreien Beihilfen und Unterstützungen sind nach § 1 Abs. 1 Satz 1 Nr. 1 SvEV beitragsfrei in der Sozialversicherung.

Entgelt	LSt	SV
Inflationsausgleichsprämie bis zu 3.000 EUR	frei	grds. frei

Entgelt

Steuerfreie Prämien und Unterstützungen infolge der anhaltenden hohen Inflation

Zur Abmilderung der zusätzlichen Belastungen durch die weltweit steigenden Verbraucherpreise (z. B. Energie- und Nahrungsmittelpreise) können Arbeitgeber ihren Beschäftigten Sonderzahlungen oder Unterstützungen steuerfrei sowie beitragsfrei in der Sozialversicherung gewähren. Begünstigt sind Leistungen von bis zu 3.000 EUR, die dem Arbeitnehmer befristet vom 26.10.2022 bis zum 31.12.2024 zufließen. Folglich können Arbeitgeber ihren Beschäftigten aufgrund der Inflation Beihilfen oder Unterstützungen bis zu einem Betrag von insgesamt 3.000 EUR

- entweder steuerfrei auszahlen oder
- als Sachlohn steuerfrei gewähren.

Die Steuerfreiheit setzt voraus, dass es sich um eine zweckgebundene Leistung des Arbeitgebers zur Abmilderung der zusätzlichen Belastung der gestiegenen Verbraucherpreise handelt, die zusätzlich zum ohnehin geschuldeten Arbeitslohn gewährt wird.

Es gilt dabei das lohnsteuerliche Zuflussprinzip.[1] Für den Zufluss beim Arbeitnehmer kommt es daher insbesondere darauf an, dass er wirtschaftlich über das Geld bzw. die Sachleistung verfügen kann.

Den Betrag von bis zu 3.000 EUR können Arbeitgeber in Form von Zuschüssen und Sachbezügen gewähren.[2]

Achtung

Steuerfreie Inflationsausgleichsprämie von bis zu 3.000 EUR ist kein Jahresbetrag

Die 3.000 EUR Inflationsausgleichsprämie ist insgesamt in der Zeit vom 26.10.2022 bis zum 31.12.2024 steuerfrei. Die Tatsache, dass sich der Zahlungszeitraum über 3 Jahre erstreckt (2022, 2023 und 2024), führt nicht dazu, dass der Arbeitgeber demselben Arbeitnehmer in jedem Jahr 3.000 EUR als Inflationsausgleichsprämie steuerfrei zuwenden kann. Gewährt z. B. der Arbeitgeber einem Arbeitnehmer im Jahr 2023 eine steuerfreie Inflationsausgleichsprämie i. H. v. 3.000 EUR, kann er demselben Arbeitnehmer im Jahr 2024 keine weitere Inflationsausgleichsprämie steuerfrei ausbezahlen.

Steuerbefreiung

Voraussetzung ist, dass die Beihilfen oder Unterstützungen infolge der anhaltend hohen Inflation

1. im begünstigten Zeitraum,
2. zusätzlich zum ohnehin geschuldeten Arbeitslohn,
3. zweckgebunden zur Abmilderung der zusätzlichen Belastung durch die Inflation gezahlt werden.

Hinweis

Steuerlicher Freibetrag

Bei dem Betrag von 3.000 EUR handelt es sich um einen steuerlichen Freibetrag (Höchstbetrag). Überschreiten die zweckgebundenen Leistungen des Arbeitgebers den Betrag von 3.000 EUR, bleibt der Betrag von 3.000 EUR steuerfrei. Nur der darüber hinausgehende Betrag ist steuerpflichtig.

Die Steuerfreiheit beinhaltet sämtliche Beihilfen oder Unterstützungen zur Abmilderung der gestiegenen Verbraucherpreise, die Beschäftigte von ihrem Arbeitgeber erhalten.

Durch die Inflationsausgleichsprämie sollen nur Leistungen des Arbeitgebers zur Abmilderung der zusätzlichen Belastungen im Zusammenhang mit den aktuell hohen Verbraucherpreisen begünstigt werden.[3, 4] Dementsprechend sollte aus den vertraglichen Vereinbarungen zwischen Arbeitgeber und Arbeitnehmer (z. B. in Form eines Tarifvertrags, durch Betriebsvereinbarung oder durch eine einzelvertragliche Vereinbarung) hervorgehen, dass es sich um zweckgebundene Beihilfen oder Unterstützungen zur Abmilderung der zusätzlichen Belastung durch die Inflation handelt, die zusätzlich zum ohnehin geschuldeten Arbeitslohn gewährt werden.

Achtung

Gehaltsumwandlung nicht begünstigt

Voraussetzung für die Steuerfreiheit ist, dass der Arbeitgeber die zweckgebundene Leistung zusätzlich zum ohnehin geschuldeten Arbeitslohn gewährt.[5]

Eine vom Arbeitgeber geschuldete Vergütung (z. B. Weihnachtsgeld), die auf einer (bestehenden) arbeitsvertraglichen Vereinbarung mit dem Arbeitnehmer oder auf einer anderen rechtlichen Verpflichtung beruht, kann daher nicht nachträglich in eine steuerfreie Inflationsausgleichsprämie umgewandelt werden.

1 § 11 EStG i. V. m. § 38a EStG.
2 § 3 Nr. 11c EStG.
3 Gesetz zur temporären Senkung des Umsatzsteuersatzes aus Gaslieferungen über das Erdgas v. 19.10.2022, BGBl. 2022 I S. 1743.
4 § 3 Nr. 11c EStG.
5 § 8 Abs. 4 EStG.

Sofern jedoch keine vertraglichen Vereinbarungen oder andere rechtliche Verpflichtungen des Arbeitgebers zur Gewährung einer Sonderzahlung bestehen, kann nach Ansicht der Finanzverwaltung der Arbeitgeber unter Einhaltung der weiteren gesetzlichen Voraussetzungen[1] eine Inflationsausgleichsprämie steuerfrei ausbezahlen. Entsprechendes gilt für Arbeitgeber, die bisher bereits aufgrund bestehender arbeitsvertraglicher oder dienstrechtlicher Vereinbarung (steuerpflichtige) Sonderzahlungen gewähren, wenn diese nun weitere (zusätzliche) zweckgebundene Sonderzahlungen zur Abmilderung der gestiegenen Verbraucherpreise gewähren.

Achtung

Umwandlung bestehender Leistungsprämien nicht begünstigt

Eine Leistungsprämie, welche auf einer bestehenden arbeitsvertraglichen oder dienstrechtlichen Vereinbarung beruht, kann nicht in eine steuerfreie Beihilfe oder Unterstützung zur Abmilderung der gestiegenen Verbraucherpreise umgewandelt oder umqualifiziert werden. Im Falle der Umwandlung handelt es sich gerade nicht um eine zusätzliche Leistung.[2] Zudem entspricht der Zweck der Leistungsprämie, die besondere Arbeitsleistung des Arbeitnehmers zu honorieren, nicht dem gesetzlichen Ziel einer Beihilfe zur Abmilderung der gestiegenen Verbraucherpreise.

Auch Leistungen des Arbeitgebers, wie eine Abfindung, die auf einer vertraglichen Vereinbarung mit dem Arbeitnehmer beruhen, können nachträglich nicht in eine steuerfreie Inflationsausgleichsprämie umgewandelt werden.

Hinweis

Aktuelle Anwendungsfragen im FAQ-Katalog „Inflationsausgleichsprämie nach § 3 Nummer 11c Einkommensteuergesetz" des BMF

Das Bundesministerium der Finanzen und die obersten Finanzbehörden der Länder haben einen Fragen-/Antwortkatalog veröffentlicht, welcher in erster Linie zu steuerlichen Fragen zur persönlichen und sachlichen Anspruchsberechtigung Stellung nimmt.[3]

Arbeitgebern ist es so möglich, zeitnah auf aktuelle Fragestellungen zu reagieren. Die FAQ stellen insofern kein BMF-Schreiben im herkömmlichen Sinne dar. Vielmehr sind Bund und Länder übereingekommen, wie mit einzelnen Problemstellungen umzugehen ist. Die FAQ werden regelmäßig um weitere Aspekte erweitert und so der aktuellen Situation angepasst. Bei den Ausführungen in den FAQ handelt es sich zwar nicht um ein BMF-Schreiben, sondern lediglich um allgemeine Hinweise im Umgang mit den sich aufdrängenden Fragen in diesem Zusammenhang. Es ist jedoch davon auszugehen, dass sich die Finanzämter bei ihren Entscheidungen i. d. R. an die Ausführungen in den bundeseinheitlichen FAQ halten sollten.

Beispiel

Steuerbefreite Auszahlung der Inflationsausgleichsprämie

Arbeitnehmer A erhält von seinem Arbeitgeber B aufgrund einer einzelvertraglichen Vereinbarung aus Januar 2024 im August 2024 eine Sonderzahlung von 3.000 EUR aufgrund der gestiegenen Verbraucherpreise.

Ergebnis: Es handelt sich um eine steuerfreie Beihilfe von B an A i. H. v. 3.000 EUR. Die Auszahlung an A wird

- zusätzlich zum ohnehin geschuldeten Arbeitslohn von B in der begünstigten Zeit,
- in Form von Zuschüssen geleistet und
- die gewährte Leistung erfolgt zur Abmilderung der zusätzlichen Belastungen aufgrund der weltweit gestiegenen Verbraucherpreise bis zu einem Betrag von 3.000 EUR.

1 § 3 Nr. 11c EStG.
2 § 3 Nr. 11c EStG i. V. m. § 8 Abs. 4 EStG.
3 BMF. FAQ „Inflationsausgleichsprämie nach § 3 Nummer 11c EStG".

Begünstigte Arbeitgeber

In Bezug auf die Arbeitgeber wird nicht zwischen Leistungen von öffentlich-rechtlichen und privaten Arbeitgebern unterschieden.[4]

Auch öffentlich-rechtliche Arbeitgeber können bei Einhaltung der übrigen Voraussetzungen gleichermaßen steuerfreie Beihilfen und Unterstützungen zur Abmilderung der zusätzlichen Belastung durch die gestiegenen Verbraucherpreise gewähren wie private Arbeitgeber.

Die Steuerbefreiung gilt nur für Leistungen, die der Arbeitnehmer von seinem Arbeitgeber erhält. Aus Vereinfachungsgründen beanstandet es die Finanzverwaltung jedoch nicht, wenn die Sonderzahlung als Arbeitslohn von dritter Seite, z. B. durch ein verbundenes Unternehmen im Konzern, steuerfrei geleistet wird.

Die Steuerbefreiung gilt auch für Arbeitnehmer, die bei einem im Ausland ansässigen Arbeitgeber beschäftigt sind. Dies gilt auch dann, wenn der von dem ausländischen Arbeitgeber gezahlte Arbeitslohn nicht dem deutschen Lohnsteuerabzug unterliegt, jedoch im Rahmen der Einkommensteuerveranlagung des Arbeitnehmers anzusetzen ist (z. B. Grenzgänger). Erforderlich ist jedoch, dass die weiteren Voraussetzungen der Steuerbefreiung[5] erfüllt sind. Dies bedeutet, dass der ausländische Arbeitgeber die Sonderleistung im begünstigten Zeitraum zusätzlich zum ohnehin geschuldeten Arbeitslohn zur Abmilderung der zusätzlichen Belastungen aufgrund der gestiegenen Verbraucherpreise gewähren muss.

Ob es sich bei dem Arbeitgeber um den sog. Hauptarbeiter des Arbeitnehmers (Steuerklasse I bis V) oder um einen sog. Nebenarbeitgeber (Steuerklasse VI oder Minijob) handelt, ist für die Steuerbefreiung ebenso ohne Bedeutung.

Begünstigte Arbeitnehmer

Als Höchstbetrag für eine steuerfreie Beihilfe oder Unterstützung[6] gilt je Arbeitnehmer der Betrag von 3.000 EUR. Unerheblich ist, ob der Arbeitnehmer in Voll- oder Teilzeit beschäftigt ist oder ob es sich um eine ⇗ geringfügig entlohnte Beschäftigung[7] handelt. Begünstigt sind z. B. auch

- Aushilfskräfte in der Land- und Forstwirtschaft,
- Auszubildende,
- Arbeitnehmer in Kurzarbeit,
- Arbeitnehmer in Elternzeit,
- Arbeitnehmer mit Bezug von Krankengeld,
- ehrenamtlich Tätige, sofern der steuerliche Arbeitnehmerbegriff erfüllt ist,
- Versorgungsbeziehende.

Im Falle eines ⇗ Ehegatten-Arbeitsverhältnisses muss die Gewährung einer solchen Beihilfe oder Unterstützung jedoch auch unter Fremden üblich sein. Voraussetzung für die steuerliche Anerkennung eines solchen Dienstverhältnisses ist, dass es ernsthaft vereinbart und entsprechend der Vereinbarung tatsächlich durchgeführt wird.[8]

Gesellschafter-Geschäftsführer

Auch einem Gesellschafter-Geschäftsführer können von der GmbH zweckgebundene Beihilfen und Unterstützungen bis zu 3.000 EUR[9] steuerfrei in Form von Zuschüssen und Sachbezügen zur Abmilderung der gestiegenen Verbraucherpreise gewährt werden, sofern keine verdeckte Gewinnausschüttung vorliegt. Aus den vertraglichen Vereinbarungen oder einer anderen rechtlichen Verpflichtung zwischen der GmbH und dem Gesellschafter-Geschäftsführer muss erkennbar sein, dass es sich als rechtfertigender Anlass um eine (angemessene und fremdübliche) steuerfreie Beihilfe oder Unterstützung zur Abmilderung der zusätzlichen Belastung durch die gestiegenen Verbraucherpreise handelt.

4 § 3 Nr. 11c EStG.
5 § 3 Nr. 11c EStG.
6 I. S. d. § 3 Nr. 11c EStG.
7 § 40a Abs. 2 EStG.
8 Sog. Fremdvergleichsgrundsatz.
9 § 3 Nr. 11c EStG.

Es ist auch erforderlich, dass die übrigen Voraussetzungen eingehalten werden, d. h.

- die Sonderzahlung muss zusätzlich zum ohnehin geschuldeten Arbeitslohn zufließen und
- darüber hinaus ist darzulegen (wie auch bei Arbeitnehmern ohne Gesellschafterstellung), dass vor Gewährung der Leistung eine Vereinbarung über die zweckgebundene Sonderzahlung getroffen wurde. Insbesondere die (nachträgliche) Umwandlung einer von der GmbH geschuldeten Leistung in eine steuerfreie Inflationsausgleichsprämie ist nicht möglich.

Hinweis

Steuerbefreiung gilt für unbeschränkt und beschränkt steuerpflichtige Arbeitnehmer

Die Steuerbefreiung gilt sowohl für unbeschränkt, als auch für beschränkt steuerpflichtige Arbeitnehmer. Voraussetzung ist jedoch, dass die Leistung zum Ausgleich der gestiegenen Verbraucherpreise gewährt wird (Inflationsbezug) und die weiteren Voraussetzungen der Steuerfreiheit[1] erfüllt sind. Die Zahlung muss in einem sachlichen Zusammenhang mit der Preisentwicklung stehen und dieser Zusammenhang muss sich aus den Vereinbarungen zwischen Arbeitnehmer und Arbeitgeber ergeben. Der Arbeitgeber braucht allerdings die tatsächliche Betroffenheit des Arbeitnehmers von der Inflation nicht zu prüfen. Dies bedeutet, dass der Arbeitgeber bei einem Arbeitnehmer, der seinen Wohnsitz oder gewöhnlichen Aufenthalt im Ausland hat, die tatsächliche Betroffenheit des Arbeitnehmers von der Inflation in seinem Heimatland nicht prüfen muss.

Zu beachten ist allerdings, dass die vom inländischen Arbeitgeber gewährte Inflationsausgleichsprämie ggf. im ausländischen Wohnsitzstaat des Arbeitnehmers – in Abhängigkeit von den dortigen steuerlichen Regelungen – der Besteuerung unterliegt.

Mehrere Dienstverhältnisse

Arbeitnehmer können eine steuerfreie Sonderzahlung für jedes Dienstverhältnis gesondert erhalten. Folglich darf der steuerfreie Höchstbetrag von 3.000 EUR bei einem Arbeitnehmer, der im begünstigten Zeitraum bei mehreren Arbeitgebern (Haupt- und Nebenarbeitgeber) beschäftigt ist, von jedem Arbeitgeber ausgeschöpft werden. Dies gilt auch dann, wenn es sich bei der weiteren Beschäftigung um einen Minijob handelt. Unbeachtlich ist ebenso, ob die verschiedenen Dienstverhältnisse nacheinander oder parallel zueinander bestehen. Bei einem Arbeitgeberwechsel müssen Arbeitgeber somit auch nicht prüfen, ob ein Arbeitnehmer eine steuerfreie Prämie bereits aus einem anderen Dienstverhältnis zu einem anderen Arbeitgeber erhalten hat.

Dies gilt allerdings nicht, wenn der Arbeitnehmer im begünstigten Zeitraum bei demselben Arbeitgeber mehrere Dienstverhältnisse ausgeübt hat. In diesem Fall kann der steuerfreie Höchstbetrag nicht mehrfach in Anspruch genommen werden, sondern es gilt insgesamt die Betragsgrenze von 3.000 EUR. Entsprechendes gilt nach Ansicht der Finanzverwaltung in den Fällen der zivilrechtlichen Gesamtrechtsnachfolge und bei Betriebsübergängen[2] z. B. bei Einbringung eines Einzelunternehmens in eine Kapitalgesellschaft, da auch insoweit nicht von einem weiteren Dienstverhältnis auszugehen ist.

Nicht von Bedeutung für die Möglichkeit der Gewährung einer steuerfreien Inflationsausgleichsprämie ist der Beginn und die Dauer eines Arbeitsverhältnisses. Die Auszahlung der Prämie muss jedoch im Begünstigungszeitraum erfolgen.

Auszahlung

Auszahlung in Teilbeträgen oder Ratenzahlung

Hinsichtlich der Zahlungsart darf der Arbeitgeber eine beliebige Verteilung des begünstigten Betrags (max. insgesamt 3.000 EUR im Zeitraum vom 26.10.2022 bis 31.12.2024) wählen. Folglich kann die Sonderzahlung bis zum Höchstbetrag auch in Teilbeträgen steuerfrei an den Arbeitnehmer geleistet werden. Die Teilleistungen müssen auch nicht auf einer einheitlichen Entscheidung über die Gewährung der Sonderleistung beruhen, sondern können jeweils eigenständig beschlossen oder vereinbart werden.

Beispiel

Steuerfreie Sonderzahlung in beliebigen Raten

Arbeitnehmer A erhält von seinem Arbeitgeber B aufgrund einer einzelvertraglichen Vereinbarung aus Januar 2024 eine Sonderzahlung von 3.600 EUR zur Abmilderung der gestiegenen Verbraucherpreise. Diese Zahlung wird in 6 gleichen Raten von je 600 EUR ab Februar 2024 bis Juli 2024 gezahlt.

Ergebnis: Da es sich um eine zweckgebundene Beihilfe von B an A zur Abmilderung der zusätzlichen Belastung infolge der gestiegenen Verbraucherpreise handelt, sind die zusätzlich zum ohnehin geschuldeten Arbeitslohn geleisteten Raten von je 600 EUR für die Monate Februar 2024 bis Juni 2024 lohnsteuer- und sozialversicherungsfrei. Die Zahlung für den Monat Juli 2024 i. H. v. 600 EUR ist hingegen lohnsteuer- und sozialversicherungspflichtig, da diese den Höchstbetrag von 3.000 EUR übersteigt.

Auszahlung in Kombination mit einer dauerhaften Lohnerhöhung

Die Steuerfreiheit der Inflationsausgleichsprämie ist bei Zahlung in Teilbeträgen getrennt zu prüfen. Wird die Inflationsausgleichsprämie über einen bestimmten Zeitraum in Teilbeträgen ausbezahlt und erfolgt anschließend eine dauerhafte Lohnerhöhung, so kann nach Ansicht der Finanzverwaltung diese dauerhafte Lohnerhöhung nicht als Inflationsausgleichsprämie steuer- und beitragsfrei gewährt werden, auch wenn der steuerfreie Höchstbetrag der Inflationsausgleichsprämie i. H. v. 3.000 EUR insgesamt noch nicht ausgeschöpft ist. Für die Steuer- und Beitragsfreiheit einer zweckgebundenen Sonderzahlung, die ggf. auch in mehreren Teilbeträgen geleistet wird, ist es jedoch unschädlich, wenn sie im Zusammenhang mit einer dauerhaften Lohnerhöhung zusätzlich zum ohnehin geschuldeten Arbeitslohn gezahlt wird.

Beispiel

Dauerhafte Lohnerhöhungen sind nicht begünstigt[3]

Der Arbeitgeber A gewährt seinem Arbeitnehmer B eine Geldleistung zur Abmilderung der gestiegenen Verbraucherpreise i. H. v. insgesamt 2.000 EUR. Diese Sonderzahlung wird im Juni 2024 i. H. v. 1.000 EUR und in den Monaten Juli 2024 bis November 2024 i. H. v. jeweils 200 EUR ausgezahlt. Ab Dezember 2024 wird der Lohn ebenfalls aufgrund der Inflation dauerhaft um 300 EUR monatlich erhöht.

Ergebnis: Die in Teilbeträgen erbrachte Sonderzahlung und die dauerhafte Lohnerhöhung sind getrennt voneinander zu beurteilen. Die in mehreren Teilbeträgen erbrachte Sonderzahlung ist als Inflationsausgleichsprämie i. H. v. insgesamt 2.000 EUR steuer- und sozialversicherungsfrei. Die im Anschluss hieran einsetzende dauerhafte Lohnerhöhung i. H. v. 300 EUR monatlich ist nach Ansicht der Finanzverwaltung steuer- und sozialversicherungspflichtig. Zumal sich die Frage einer möglichen steuer- und beitragsfreien Inflationsausgleichsprämie aufgrund der Befristung bis zum 31.12.2024 auch nur noch für den Monat Dezember 2024 stellen würde. Der noch nicht ausgeschöpfte Höchstbetrag der Inflationsausgleichsprämie i. H. v. 1.000 EUR (3000 EUR abzüglich 2.000 EUR) kann hierfür nicht ausgenutzt werden.

Auszahlung in Kombination mit einem steuerfreien Corona-Pflegebonus

Sofern die jeweiligen gesetzlichen Voraussetzungen vorlagen, konnten die Inflationsausgleichsprämie und der Corona-Pflegebonus im November und Dezember 2022 nebeneinander ausgezahlt werden.

Die Steuerbefreiung für den Corona-Pflegebonus[4] galt für Zahlungen des Arbeitgebers bis zum 31.12.2022. So sollten Arbeitnehmer in bestimmten Einrichtungen, z. B. Pflegekräfte, für ihre herausragenden Leistungen

1 § 3 Nr. 11c EStG.
2 § 613a BGB.
3 BMF. FAQ „Inflationsausgleichsprämie nach § 3 Nummer 11c EStG".
4 § 3 Nr. 11b EStG.

während der Corona-Krise durch einen steuerfreien Corona-Pflegebonus bis zu einem Betrag von 4.500 EUR gewürdigt und finanziell honoriert werden.

Aufzeichnung- und Nachweispflichten

Die steuerfreie Leistung muss vom Arbeitgeber zweckgebunden zum Ausgleich der gestiegenen Verbraucherpreise gewährt werden (Inflationsbezug). Der Zusammenhang mit der Inflation kann sich ergeben aus

- einzelvertraglichen Vereinbarungen zwischen Arbeitgeber und Arbeitnehmer,
- ähnlichen Vereinbarungen (z. B. Tarifverträge oder gesonderte Betriebsvereinbarungen),
- Erklärungen des Arbeitgebers (z. B. individuelle Lohnabrechnungen oder Überweisungsbelege), in denen die Inflationsausgleichsprämie als solche ausgewiesen ist,
- oder aus einer gesetzlichen Regelung (z. B. Besoldungsgesetz für Beamte).

Hinweis

Auf schriftliche Vereinbarung kann verzichtet werden

Eine entsprechende (schriftliche) Vereinbarung zwischen Arbeitgeber und Arbeitnehmer ist nach Ansicht der Finanzverwaltung für die Steuerfreiheit nicht zwingend erforderlich. Es soll genügen, dass die Inflationsausgleichsprämie in einem sachlichen Zusammenhang mit der Preisentwicklung steht und sich der Zusammenhang z. B. in Form der Bezeichnung „Inflationsausgleichsprämie" aus der Gehaltsabrechnung oder aus dem Überweisungsträger ergibt.

Der Arbeitgeber braucht die tatsächliche Betroffenheit des Arbeitnehmers von der Inflation nicht zu prüfen.

Die steuerfreie Sonderzahlung ist im Lohnkonto aufzuzeichnen[1], sodass sie bei der ⇗ Lohnsteuer-Außenprüfung als solche erkennbar ist und die Rechtsgrundlage für die Zahlung bei Bedarf geprüft werden kann.

Soweit ausnahmsweise keine Verpflichtung zur Führung eines ⇗ Lohnkontos bestünde (z. B. beim ⇗ Haushaltsscheck), genügt ein einfacher Zahlungsnachweis.

Die Sonderzahlung ist nicht auf der ⇗ Lohnsteuerbescheinigung auszuweisen und muss auch nicht in der Einkommensteuererklärung angegeben werden.[2]

Die Inflationsausgleichsprämie unterliegt nicht dem Progressionsvorbehalt.[3]

Weitere Vergünstigungen neben der Sonderzahlung möglich

Darüber hinaus können neben der steuerfreien Inflationsausgleichsprämie z. B. auch andere Steuerbefreiungen, Bewertungsvergünstigungen oder Pauschalbesteuerungsmöglichkeiten, z. B. Sachbezüge im Rahmen der 50-EUR-Sachbezugsfreigrenze[4], in Anspruch genommen werden. Die Übergabe und insbesondere der Zeitpunkt der Übergabe des Sachbezugs sollten vom Arbeitnehmer quittiert werden. Dies dient dem Nachweis, dass der Sachbezug in den begünstigten Zeitraum fällt und beugt Nachzahlungen bei der Lohnsteuerprüfung vor.

1 § 4 Abs. 2 Nr. 4 LStDV.
2 Zum Umfang der Ausweispflichten auf der Lohnsteuerbescheinigung 2020 s. BMF, Schreiben v. 9.9.2019, IV C 5 – S 2378/19/10030 :001, BStBl 2019 I S. 919, ergänzt durch BMF, Schreiben v. 9.9.2020, IV C 5 – S 2533/19/10030 :002, BStBl 2020 I S. 926, zur Bekanntmachung des Vordruckmusters der elektronischen Lohnsteuerbescheinigung 2021 sowie ergänzt durch BMF, Schreiben v. 18.8.2021, IV C 5 – S 2533/19/10030 :003, BStBl 2021 I S. 1079, und geändert durch BMF, Schreiben v. 15.7.2022, IV C 5 – S 2533/19/10030 :003, BStBl 2022 I S. 1203 zur Bekanntmachung des Vordruckmusters der elektronischen Lohnsteuerbescheinigung 2022, ergänzt durch BMF, Schreiben v. 8.9.2022, IV C 5 – S 2533/19/10030 :004, BStBl 2022 I S. 1397 zur Bekanntmachung des Vordrucksmusters der elektronischen Lohnsteuerbescheinigung 2023.
3 § 32b EStG.
4 § 8 Abs. 2 Satz 11 EStG.

Insolvenz des Arbeitgebers

Die Insolvenz bezeichnet zum einen den Eintritt von Zahlungsunfähigkeit oder Überschuldung beim Schuldner und löst die Insolvenzantragspflicht der zuständigen Organe aus. Zum anderen wird der Begriff als Beginn des Insolvenzverfahrens verwendet. In diesem letzteren Sinne dient die Insolvenz als Insolvenzverfahren der gemeinsamen und gleichmäßigen Befriedigung aller Gläubiger des Schuldners. Die Insolvenz erfolgt in einem gesetzlich geordneten (Gesamt-)Vollstreckungsverfahren unter der Leitung des Insolvenzverwalters und unter Aufsicht des Insolvenzgerichts. In Betracht kommt die Insolvenz des Arbeitgebers, aber auch des Arbeitnehmers. Die Insolvenzordnung (InsO) enthält verschiedene arbeitsrechtliche Modifikationen, wobei der Insolvenzverwalter die Arbeitgeberstellung übernimmt. Wichtiger arbeitsrechtlicher Bestandteil des Insolvenzverfahrens sind die Sicherung der Entgeltansprüche der Arbeitnehmer durch das Insolvenzgeld, aber auch bestimmte arbeitsrechtliche Erleichterungen zugunsten des Insolvenzverwalters.

Gesetze, Vorschriften und Rechtsprechung

Lohnsteuer: Die Steuerfreiheit des Insolvenzgeldes ergibt sich aus § 3 Nr. 2 EStG, der auf die entsprechenden Vorschriften des Sozialrechts Bezug nimmt (SGB III und X, AFG u. a.). Als Lohnersatzleistung unterliegt das Insolvenzgeld dem Progressionsvorbehalt nach § 32b Abs. 1 Satz 1 Buchst. a EStG. Die Aufzeichnungs- und Bescheinigungspflichten des Insolvenzverwalters, insbesondere die Eintragung des Großbuchstabens U während des Bezugs von Insolvenzgeld, sind in § 41 Abs. 1, § 41b Abs. 1 EStG festgelegt. Grundsätzliche Regelungen zur Behandlung von Ansprüchen aus dem Steuerschuldverhältnis im Insolvenzverfahren enthält das BMF-Schreiben v. 17.12.1998, IV A 4 – S 0550 – 28/98, BStBl 1998 I S. 1500.

Sozialversicherung: Das Insolvenzgeld ist in den §§ 165–172 SGB III geregelt. Für den Fall des Insolvenzereignisses existieren – bis auf das Meldeverfahren – keine besonderen Regelungen. Es gelten die allgemeinen Regelungen des Versicherungs- und Beitragsrechts.

Lohnsteuer

Nicht abgeführte Lohnsteuer zählt zu Insolvenzforderungen

Im Insolvenzverfahren geht die Verwaltungs- und Verfügungsbefugnis über das Vermögen des Schuldners auf den Insolvenzverwalter/Treuhänder über. Dies hat auch Auswirkungen auf die Steuererklärungspflichten. Der Insolvenzverwalter als Vermögensverwalter des Schuldners muss auch dessen steuerliche Pflichten erfüllen.[5] Zu diesen steuerlichen Pflichten gehört auch die Abgabe von Steuererklärungen, z. B. die Lohnsteuer-Anmeldung.

Mit der Eröffnung des Verfahrens können zu diesem Zeitpunkt begründete Ansprüche aus dem Steuerschuldverhältnis nur noch nach Maßgabe der Insolvenzordnung geltend gemacht werden. Die ab Verfahrenseröffnung entstehenden Steuerverbindlichkeiten gelten als Neuverbindlichkeiten. Sie sind nicht Bestandteil des Insolvenzverfahrens und deshalb termingerecht zu bezahlen. Mit der Eröffnung des Insolvenzverfahrens entsteht ein neues Steuerschuldverhältnis gegenüber dem zuständigen Finanzamt. Dies zeigt sich daran, dass für den Betrieb regelmäßig eine neue Steuernummer vergeben wird.

Hat der Arbeitgeber die auf vor der Insolvenzeröffnung ausgezahlten Arbeitslohn entfallende Lohnsteuer nicht abgeführt, gehört sie zu den Insolvenzforderungen. In diesem Fall muss das Finanzamt als Massegläubiger die Lohnsteueransprüche beim Insolvenzverwalter anmelden. Doch selbst wenn das Finanzamt im Insolvenzverfahren eine Haftungsschuld für nicht einbehaltene Lohnsteuer als Insolvenzforderung angemeldet hat, kann es den Arbeitnehmer als Gesamtschuldner für diese ⇗ Lohnsteuer in Anspruch nehmen, solange die Haftungsschuld

5 § 34 Abs. 3 i. V. m. Abs. 1 AO.

nicht aus der Insolvenzmasse getilgt wird. Die Forderungen des Finanzamts werden nicht vorab ausgekehrt.

Insolvenzverwalter muss steuerliche Arbeitgeberpflichten erfüllen

Beschäftigt der Insolvenzverwalter die Arbeitnehmer weiterhin, musser von den während des Insolvenzverfahrens gezahlten Arbeitslöhnen die Lohnsteuer ermitteln, einbehalten und abführen. Dabei muss der Insolvenzverwalter alle Pflichten erfüllen, die ohne Insolvenzeröffnung dem Arbeitgeber obliegen würden.

Gibt der Insolvenzverwalter jedoch das Unternehmen frei und der bisherige Unternehmer führt diesen Betrieb fort – darunter fällt auch die Lohnzahlung an seine Arbeitnehmer sowie der Abschluss von Arbeitsverträgen – ist dieser Unternehmer auch verpflichtet, die Lohnsteuer-Anmeldungen an das Betriebsstätten-Finanzamt abzugeben.[1]

Geschäftsführer-Lohnsteuerhaftung bei Insolvenz

Bei Insolvenz einer GmbH versucht das Finanzamt oftmals, die bestehenden Lohnsteuerschulden durch Haftungsbescheid bei den Geschäftsführern der GmbH geltend zu machen, weil diese steuerlich zur Abführung der einbehaltenen Lohnsteuer verpflichtet sind. Nach Auffassung des Bundesfinanzhofs kann die steuerrechtlich und die insolvenzrechtlich unterschiedliche Bewertung der Lohnsteuerabführungspflicht des Arbeitgebers in insolvenzreifer Zeit zu einer Pflichtenkollision führen. Die gesellschaftsrechtliche Pflicht des Geschäftsführers zur Sicherung der Masse i. S. d. § 64 Abs. 2 GmbHG kann die Verpflichtung zur Vollabführung der Lohnsteuer jedoch allenfalls in den 3 Wochen suspendieren, die dem Geschäftsführer ab Kenntnis der Überschuldung bzw. Zahlungsunfähigkeit der GmbH nach § 64 Abs. 1 GmbHG eingeräumt sind, um die Sanierungsfähigkeit der GmbH zu prüfen und Sanierungsversuche durchzuführen. Nur in diesem Zeitraum kann das die Haftung nach § 69 AO begründende Verschulden ausgeschlossen sein.[2]

Beim Erwerb eines Unternehmens aus einer Insolvenzmasse haftet der Erwerber nicht für rückständige Lohnsteuer.

Sozialversicherung

Wirkungen der Eröffnung des Insolvenzverfahrens

Bei Insolvenz eines Arbeitgebers hat der Rentenversicherungsträger die Betriebsprüfung einzuleiten, sobald die Mitteilung einer Einzugsstelle oder eines Unfallversicherungsträgers vorliegt, dass

- das Insolvenzverfahren eröffnet wurde,
- das Insolvenzverfahren mangels Masse nicht eröffnet wurde oder
- die Betriebstätigkeit vollständig beendet wurde.

Zu diesem Zweck informiert die Einzugsstelle den Rentenversicherungsträger – soweit bekannt –, wo sich die Entgeltunterlagen und die Person befinden, die die Geschäfte leitet oder geleitet hat.

Vollstreckungen einzelner Insolvenzgläubiger sind für die Zeit der Verfahrensdauer weder in die Masse noch in das sonstige Vermögen des Schuldners möglich. Vollstreckungen durch die Massegläubiger sind für einen Zeitraum von 6 Monaten, gerechnet ab Verfahrenseröffnung, unzulässig. Das gilt auch für Sozialversicherungsbeiträge, die ab Verfahrenseröffnung für die freigestellten ⇗ Arbeitnehmer für die Dauer der Kündigungsschutzfristen entstehen, nicht aber für Beiträge solcher Arbeitnehmer, die bis zum Ablauf der Kündigungsfrist tatsächlich beschäftigt werden. Ferner sind Vollstreckungsmaßnahmen auch für Beiträge weiterbeschäftigter Arbeitnehmer zulässig. Insolvenzverwalter sind gesetzlich zur Übermittlung der erforderlichen Meldungen zur Sozialversicherung verpflichtet. Sie treten insoweit in die Pflichten des Arbeitgebers ein.

Forderungsanmeldung

Forderungen sind nicht beim Gericht, sondern unmittelbar beim Insolvenzverwalter anzumelden. Dies gilt ebenso für Absonderungsrechte. Die Vorrechte der Sozialversicherungsträger bezüglich der Insolvenzforderungen sind weggefallen. Die Sozialversicherungsträger müssen sich deshalb dem Ziel einer gemeinschaftlichen Befriedigung aller Gläubiger unterordnen. Soweit die Beitragsforderungen erst nach Verfahrenseröffnung – z. B. durch die Weiterbeschäftigung von Arbeitnehmern – entstehen, handelt es sich auch weiterhin um Masseverbindlichkeiten, die vorweg aus der Insolvenzmasse zu entrichten sind. Beiträge, die vor der Insolvenzeröffnung in einer Zeit entstanden sind, in der noch kein vorläufiger Insolvenzverwalter eingesetzt wurde, gelten als Insolvenzforderungen nach § 38 InsO. Diese Forderungen können erst dann befriedigt werden, wenn die Masseforderungen voll ausgeglichen wurden.

Berichtstermin

Die Möglichkeiten der Einzugsstellen, die Annahme eines Plans (ggf. mit Plannachlass) oder die Ablehnung eines solchen durch die Stimmabgabe im Abstimmungstermin in ihrem Sinne wirksam zu beeinflussen, sind beschränkt. Erforderlich ist nämlich eine Kopf- und Summenmehrheit (absolute Mehrheit) der abstimmenden Gläubiger. Die Sozialversicherungsträger sind nach der gerichtlichen Bestätigung des Insolvenzplans an diesen gebunden und müssen deshalb ggf. zwangsläufig einen Plannachlass hinnehmen. Ein solcher Plannachlass hat immer eine Niederschlagung von Ansprüchen zur Folge.[3] Die Zustimmung der beteiligten Träger der Rentenversicherung und der Bundesagentur für Arbeit gilt in diesen Fällen als erteilt. Alle Sozialversicherungsträger müssen den bestätigten Insolvenzplan gegen sich gelten lassen, der im Übrigen die Verpflichtungen der Mithaftenden (z. B. Bürgen) gegenüber den Gläubigern unberührt lässt.

Restschuldbefreiung

Eine Restschuldbefreiung wirkt gegenüber allen (möglichen) Gläubigern, also auch den Sozialversicherungsträgern. Ausgenommen von der Restschuldbefreiung sind Verbindlichkeiten aus vorsätzlich begangener unerlaubter Handlung[4], z. B. Schadensersatzansprüche aus Beitragsvorenthaltungen. Diese Ansprüche können nach Verfahrensabschluss weiterverfolgt werden.

Säumniszuschläge

⇗ Säumniszuschläge[5] sind im Insolvenzverfahren nicht mit Zinsen gleichzusetzen, die als nachrangig eingestuft werden. Säumniszuschläge teilen das Schicksal der Hauptforderung und sind deshalb also Masseforderungen oder Insolvenzforderungen.

Auch nach der Insolvenzeröffnung sind Säumniszuschläge zu erheben. Diese Säumniszuschläge sind allerdings keine Insolvenzforderungen.

Niederschlagung

Ist nach einem Insolvenzverfahren der Beitragsanspruch der Sozialversicherungsträger nicht vollständig getilgt, werden die restlichen Beiträge unbefristet niedergeschlagen, soweit keine anderen Einziehungsmöglichkeiten mehr bestehen. Hierzu ist ggf. die Zustimmung der beteiligten Versicherungsträger einzuholen.

Arbeitnehmeranteile am Gesamtsozialversicherungsbeitrag

Der Arbeitgeber hat den Gesamtsozialversicherungsbeitrag (GSV-Beitrag) an die Einzugsstelle zu zahlen.[6] Der GSV-Beitrag umfasst auch den Arbeitnehmeranteil. Der Arbeitgeber hat gegen den Beschäftigten einen Anspruch auf den vom Beschäftigten zu tragenden Teil des GSV-Beitrags. Dieser Anspruch kann nur durch Abzug vom Arbeitsentgelt geltend gemacht werden. Der Arbeitnehmeranteil am GSV-Beitrag ist dem Vermögen des Beschäftigten zugeordnet. Der Abzug und die Abführung des Arbeitnehmeranteils berühren nur die Frage, wie der Arbeitgeber seine Zahlungspflicht gegenüber der Einzugsstelle erfüllt. Der Arbeitnehmerbeitragsanteil gehört somit nicht zum Vermögen des Arbeitgebers.

1 Niedersächsisches FG, Urteil v. 8.3.2007, 11 K 565/06.
2 BFH, Urteil v. 27.2.2007, VII R 60/05, BStBl 2008 II S. 508.

3 § 76 SGB IV.
4 § 302 Nr. 1 InsO.
5 § 24 SGB IV.
6 § 28e Abs. 1 SGB IV.

Wertguthaben

Bei Beendigung des Beschäftigungsverhältnisses wegen Insolvenz des Arbeitgebers stellt der im Störfall beitragspflichtige Teil des Wertguthabens nur insoweit beitragspflichtiges Arbeitsentgelt dar, als hiervon tatsächlich Beiträge entrichtet werden. Ist das Arbeitsentgelt also für den Fall der Insolvenz nicht oder nicht vollständig gesichert, stellt es kein oder nur teilweise beitragspflichtiges Arbeitsentgelt dar. Daher ist im Falle der Insolvenz auch nur das Arbeitsentgelt zu melden, von dem tatsächlich Beiträge zur Rentenversicherung gezahlt wurden.

Insolvenzgeld

Das Insolvenzgeld sichert die Entgeltansprüche der Arbeitnehmer des zahlungsunfähigen Arbeitgebers für (zumeist) die letzten 3 Monate vor Eröffnung des Insolvenzverfahrens, ab dem Zeitpunkt der Ablehnung der Eröffnung des Insolvenzverfahrens mangels Masse oder der vollständigen Betriebseinstellung. Erforderlich ist ein Antrag des Arbeitnehmers innerhalb von 2 Monaten ab Insolvenzeröffnung (auch bei Antrag im Ausland); Anspruchsgegner ist die Bundesagentur für Arbeit. Die Finanzierung erfolgt durch die Insolvenzgeldumlage, deren Höhe jährlich durch Verordnung festgesetzt wird.

Gesetze, Vorschriften und Rechtsprechung

Lohnsteuer: Die Steuerfreiheit des Insolvenzgeldes ergibt sich aus § 3 Nr. 2 Buchst. b EStG. Die Aufzeichnungs- und Bescheinigungspflichten des Insolvenzverwalters, insbesondere die Eintragung des Großbuchstabens U während des Bezugs von Insolvenzgeld, sind in §§ 41 Abs. 1, 41b Abs. 1 EStG festgelegt.

Sozialversicherung: Die Voraussetzungen der Insolvenzgeldzahlung regeln die §§ 165 ff. SGB III, der Insolvenzverwalter hat der AA eine Insolvenzgeldbescheinigung nach § 314 SGB III zu erteilen; der 2-Monatszeitraum der Antragstellung (§ 324 Abs. 3 SGB III) berechnet sich nach den §§ 187 ff. BGB. Die §§ 358 ff. SGB III regeln die Insolvenzgeldumlage. Instruktiv: Merkblatt 10 der Arbeitsagentur „Insolvenzgeld für Arbeitnehmer".

Die Regelungen zum Insolvenzgeld setzen die EU-Richtlinie RL 2008/94/EG über den Schutz der Arbeitnehmer bei Zahlungsunfähigkeit des Arbeitgebers (ABl. 2008 L 283, S. 36) vom 22.10.2008 um. Auslegungsfragen fallen damit (auch) in die Zuständigkeit des EuGH (s. dazu etwa EuGH, Urteil v. 25.7.2018, C-338/17 „Giugo").

Zur Verfassungs- und Gemeinschaftsrechtskonformität der Insolvenzgeldumlage vgl. BSG, Urteil v. 29.5.2008, B 11a AL 61/06 R.

Entgelt	LSt	SV
Insolvenzgeld	pflichtig	pflichtig

Lohnsteuer

Insolvenzgeld ist steuerfrei

Das Insolvenzgeld, welches die Agentur für Arbeit anstelle des Arbeitslohnanspruchs für die letzten 3 Monate vor Konkurseröffnung nach dem Arbeitsförderungsgesetz zu zahlen hat, ist lohnsteuerfrei.[1] Außerdem sind Leistungen des Insolvenzverwalters aufgrund des gesetzlichen Forderungsübergangs[2] steuerfrei.

Das Insolvenzgeld wird i. H. d. Nettoarbeitsentgelts ausgezahlt, gemindert um die gesetzlichen Abzüge. Hat der Arbeitnehmer von seinem Arbeitgeber geldwerte Vorteile erhalten, wie Sachbezüge, greift die Steuerbefreiung nicht. Bei geldwerten Vorteilen handelt es sich nicht um rückständigen Arbeitslohn und damit auch nicht um Insolvenzgeldzahlungen durch die Agentur für Arbeit.

1 § 3 Nr. 2 Buchst. b EStG.
2 § 115 Abs. 1 SGB X.

Insolvenzgeld unterliegt dem Progressionsvorbehalt

Die Auszahlung des Insolvenzgeldes obliegt der Bundesagentur für Arbeit und wird von den Arbeitsagenturen und nicht etwa vom Arbeitgeber bescheinigt. Die steuerfreien Lohnersatzleistungen unterliegen dem sog. ⇗ Progressionsvorbehalt. Um Lohnersatzleistungen im Rahmen einer Einkommensteuerveranlagung zutreffend berücksichtigen zu können, übermittelt die Bundesagentur für Arbeit das ausgezahlte Insolvenzgeld elektronisch an die Finanzverwaltung.

Bescheinigung des Großbuchstabens U

Damit den Finanzämtern bei einer späteren Einkommensteuerfestsetzung eine zutreffende Steuersatzberechnung möglich ist, hat der Arbeitgeber im Lohnkonto und daran anknüpfend in der elektronischen ⇗ Lohnsteuerbescheinigung die Zahlung von Insolvenzgeld durch Eintragung des Großbuchstabens U kenntlich zu machen. In diesen Fällen ist deshalb die Durchführung des ⇗ Lohnsteuer-Jahresausgleichs durch den Arbeitgeber ausgeschlossen.

Weitere steuerfreie Lohnersatzleistungen

Wird der Arbeitnehmer nach Insolvenzeröffnung weiterbeschäftigt, kann der Insolvenzverwalter aber mangels Leistungsfähigkeit der Insolvenzfirma den Anspruch auf Arbeitsentgelt nicht erfüllen, steht dem Arbeitnehmer für diese Zeit Arbeitslosengeld zu.[3] Auch diese Lohnersatzleistungen sind steuerfrei.[4] Dasselbe gilt für etwaige spätere Zahlungen des Arbeitgebers an die Agentur für Arbeit aufgrund des gesetzlichen Forderungsübergangs.[5] Der Insolvenzverwalter hat also von der Zahlung an die Bundesagentur für Arbeit keine Lohnsteuer einzubehalten.

Wichtig

Steuerfreier Forderungsübergang nur bei gesetzlicher Regelung

Die o. g. Rechtsauslegung ist durch die BFH-Rechtsprechung bestätigt worden.[6] Allerdings macht die Entscheidung deutlich, dass andere Fälle des gesetzlichen ⇗ Forderungsübergangs auf die Bundesagentur für Arbeit nur dann steuerfrei bleiben, wenn hierfür in § 3 EStG eine ausdrückliche gesetzliche Regelung besteht.

Sozialversicherung

Fortbestehen des Beschäftigungsverhältnisses

Das sozialversicherungspflichtige Beschäftigungsverhältnis bleibt für den Zeitraum der Insolvenzgeldzahlung bestehen, weil trotz der Zahlung noch ein Anspruch auf das für die bereits geleistete Arbeit zustehende Arbeitsentgelt besteht. Die Tatsache, dass der Entgeltanspruch mit der Zahlung des Insolvenzgeldes auf die Bundesanstalt für Arbeit übergeht, spielt also keine Rolle.[7]

Höhe

Das Insolvenzgeld wird in Höhe des Nettoarbeitsentgelts gezahlt, das sich ergibt, wenn das auf die monatliche Beitragsbemessungsgrenze der Arbeitslosenversicherung begrenzte Bruttoarbeitsentgelt um die gesetzlichen Abzüge vermindert wird.[8] Bei der Ermittlung des Nettoarbeitsentgelts ist in erster Linie das laufende Arbeitsentgelt zu berücksichtigen. Neben dem laufenden Arbeitsentgelt ist auch einmalig gezahltes Arbeitsentgelt zu berücksichtigen, wenn es dem Insolvenzgeldzeitraum zuzuordnen ist.

Gesamtsozialversicherungsbeiträge

Die Einzugsstellen (Krankenkassen) haben gegenüber der Agentur für Arbeit bei Zahlungsunfähigkeit des Arbeitgebers Anspruch auf Ausgleich der noch nicht entrichteten Sozialversicherungsbeiträge für die letzten

3 §§ 156, 157 SGB III.
4 § 3 Nr. 2 Buchst. a EStG.
5 § 115 SGB X.
6 BFH, Urteil v. 15.11.2007, VI R 66/03, BStBl 2008 II S. 375, Tz. 3 der Entscheidungsgründe.
7 § 169 SGB III.
8 § 167 Abs. 1 SGB III.

3 Monate vor dem Insolvenzereignis.[1] Der Anspruch der Einzugsstelle auf die Gesamtsozialversicherungsbeiträge gegenüber dem Arbeitgeber bleibt dennoch bestehen. Soweit vom Arbeitgeber für die letzten 3 Monate vor dem Insolvenzereignis zu einem späteren Zeitpunkt noch Gesamtsozialversicherungsbeiträge gezahlt werden, hat die Krankenkasse der Agentur für Arbeit die nach § 175 Abs. 1 SGB III gezahlten Beiträge zu erstatten.

Bescheinigung

Das Insolvenzgeld wird von der Arbeitsverwaltung (Agentur für Arbeit) ausgezahlt. Außerdem hat sie das steuerfreie Insolvenzgeld zu bescheinigen. Das gilt auch für das nach Eröffnung des Insolvenzverfahrens anstelle des Insolvenzgeldes zu zahlende Arbeitslosengeld. Bei einer späteren Einkommensteuerveranlagung unterliegen die steuerfreien Entgeltersatzleistungen dem ⇗ Progressionsvorbehalt. Deshalb hat der Arbeitgeber im ⇗ Lohnkonto und in Zeile 2 der Lohnsteuerbescheinigung des Arbeitnehmers die Zahlung von Insolvenzgeld durch die Eintragung des Großbuchstabens „U" kenntlich zu machen.

Insolvenzgeldumlage

Die Mittel für die Zahlung des Insolvenzgeldes werden durch die Insolvenzgeldumlage von den Arbeitgebern aufgebracht. Die Insolvenzgeldumlage errechnet sich nach einem festgelegten Prozentsatz aus dem Arbeitsentgelt der Beschäftigten. Sie ist von allen Arbeitgebern zu entrichten und mit den übrigen Gesamtsozialversicherungsbeiträgen an die Einzugsstellen abzuführen. Die Einzugsstelle leitet die eingezogene Umlage wie den Anteil des Gesamtsozialversicherungsbeitrags an die Bundesagentur für Arbeit weiter. Im Beitragsnachweisdatensatz ist die Insolvenzgeldumlage mit der Beitragsgruppe „0050" zu berücksichtigen.

Gesetze, Vorschriften und Rechtsprechung

Sozialversicherung: Die Spitzenorganisationen der Sozialversicherung haben zum Thema der Insolvenzgeldumlage am 3.11.2010 eine gemeinsame Verlautbarung (GR v. 3.11.2010-I) herausgegeben. Die Rechtsvorschriften zur Insolvenzgeldumlage sind in den §§ 358 bis 361 SGB III geregelt.

Sozialversicherung

Umlagepflicht des Arbeitgebers

Die Mittel für die Zahlung des Insolvenzgeldes werden durch eine monatliche Umlage von den Arbeitgebern aufgebracht. Diese alleinige Aufbringung der Umlage durch die Arbeitgeber ist verfassungsgemäß.[2]

Über die Teilnahme an der Umlagepflicht entscheidet grundsätzlich der Arbeitgeber. In Zweifelsfällen wird die Entscheidung von der Einzugsstelle getroffen. Bestimmte Arbeitgeber sind grundsätzlich von der Insolvenzgeldumlage ausgenommen.

Die Umlagepflicht ist unabhängig von Größe, Branche und Ertragslage des Betriebs. Bei Fortführung eines Betriebs durch den Insolvenzverwalter nach Eröffnung des Insolvenzverfahrens kann der Betrieb jedoch nicht mehr zur Umlage herangezogen werden.[3]

Wichtig

Insolvenzgeldumlagepflicht für ausländische Arbeitgeber ohne Sitz im Inland

Ausländische Arbeitgeber ohne Sitz im Inland sind insolvenzgeldumlagepflichtig, wenn sie dem deutschen Sozialversicherungsrecht unterliegen.

1 § 175 Abs. 1 SGB III.
2 BVerfG, Urteil v. 18.9.1978, 1 BvR 638/78.
3 BSG, Urteil v. 31.5.1978, 12 RAr 57/77.

Bemessungsgrundlage

Umlagesatz

Die Umlage ist nach einem Prozentsatz des ⇗ Arbeitsentgelts zu erheben. Der Umlagesatz beträgt für das Kalenderjahr 2024 0,06 % (2023: 0,06 %).[4]

Umlagepflichtiges Arbeitsentgelt

Für die Insolvenzgeldumlage gilt das ⇗ Arbeitsentgelt, nach dem die Beiträge zur gesetzlichen Rentenversicherung der im Betrieb beschäftigten Arbeitnehmer und Auszubildenden bemessen wird. Für die Berechnung der Umlage werden nur Bezüge herangezogen, die laufendes oder einmalig gezahltes Arbeitsentgelt im sozialversicherungsrechtlichen Sinne darstellen.

Achtung

Berücksichtigung von einmalig gezahltem Arbeitsentgelt

Umlagebeiträge sind nicht nur vom laufenden Arbeitsentgelt, sondern – anders als bei der Berechnung der Beiträge beim Ausgleichsverfahren U1 und U2 – auch vom einmalig gezahlten Arbeitsentgelt zu berechnen.

Nicht zum Arbeitsentgelt gehörende Vergütungsbestandteile bleiben unberücksichtigt.

Für nicht in der gesetzlichen Rentenversicherung versicherte Arbeitnehmer ist für die Berechnung der Insolvenzgeldumlage das Arbeitsentgelt maßgebend, nach dem die Rentenversicherungsbeiträge im Falle des Bestehens von Rentenversicherungspflicht zu berechnen wären.

Beamte

Die Bezüge der in § 5 Abs. 1 Nr. 1 SGB VI genannten Personen, u. a. ⇗ Beamte, Richter, Soldaten auf Zeit und Berufssoldaten, werden bei der Berechnung der Umlage nicht berücksichtigt, sofern die Entgelte aus der zur Rentenversicherungsfreiheit führenden Beschäftigung erzielt werden. Dagegen ist beispielsweise das Arbeitsentgelt umlagepflichtig, das ein Beamter in einer Nebentätigkeit in der Privatwirtschaft erhält.

Arbeitnehmer im Krankheitsfall

Das nach dem Entgeltfortzahlungsgesetz (EFZG) sowie das aufgrund arbeitsvertraglichen oder tarifvertraglichen Regelungen an arbeitsunfähige Arbeitnehmer im Krankheitsfall fortgezahlte Arbeitsentgelt ist umlagepflichtig.

Mitarbeitende Familienangehörige/Heimarbeiter

Das Arbeitsentgelt der rentenversicherungspflichtigen mitarbeitenden ⇗ Familienangehörigen von landwirtschaftlichen Unternehmen und die Vergütung von Heimarbeitern werden für die Berechnung der Umlage herangezogen.

Rentner/Hausgewerbetreibende/Vorruhestand/Elternzeit

Von der Umlagepflicht wird auch das Arbeitsentgelt von beschäftigten

- Erwerbsminderungsrentnern und
- Altersrentnern

erfasst. Arbeitsentgelt, das von Personen während der Elternzeit erzielt wird, ist ebenfalls umlagepflichtig.

Insolvenzgeldumlage ist demgegenüber nicht von Vorruhestandsgeld und Vergütungen für Hausgewerbetreibende zu berechnen.

Freiwilligendienstleistende

Das Arbeitsentgelt (Wert der Sachbezüge sowie ein eventuell anfallendes Taschengeld) von Teilnehmern an einem freiwilligen sozialen oder freiwilligen ökologischen Jahr sowie am ⇗ Bundesfreiwilligendienst ist umlagepflichtig, wenn der Maßnahmeträger für seine eigenen Mitarbeiter zur Umlage herangezogen wird.

4 § 360 SGB III.

Bezieher von Kurzarbeitergeld/Saisonkurzarbeitergeld/ Transferkurzarbeitergeld

Für die Berechnung der Umlage ist nur das tatsächlich erzielte Arbeitsentgelt bis zur Beitragsbemessungsgrenze in der gesetzlichen Rentenversicherung zugrunde zu legen. Das fiktive Arbeitsentgelt wird für die Umlageberechnung nicht herangezogen. Bei Mehrarbeitsvergütungen oder Einmalzahlungen während des Bezugs von Kurzarbeitergeld sind Besonderheiten bei der Umlageberechnung zu beachten.

Ehrenamtlich Tätige

Bei den in § 163 Abs. 3 und 4 SGB VI genannten Arbeitnehmern, die ehrenamtlich tätig sind, ist die Umlage nur aus dem tatsächlich erzielten Arbeitsentgelt und nicht aus dem fiktiven Arbeitsentgelt zu berechnen.

Teilnehmer an dualen Studiengängen

Teilnehmer an dualen Studiengängen gelten als zur Berufsausbildung Beschäftigte. Die Insolvenzgeldumlage ist für diesen Personenkreis aus dem Arbeitsentgelt zu berechnen. Sofern in einzelnen Phasen des ⬀ dualen Studiums keine Vergütung gezahlt wird, besteht auch keine Insolvenzgeldumlagepflicht.

Achtung

Keine Umlagepflicht von fiktiven Arbeitsentgelten

Für ⬀ Menschen mit Behinderung und ⬀ Praktikanten oder Auszubildende ohne Arbeitsentgelt, deren Sozialversicherungsbeiträge aus einer fiktiven Bemessungsgrundlage errechnet werden, sind bei der Berechnung der Insolvenzgeldumlage Besonderheiten zu beachten.

Mehrfachbeschäftigte

Übt ein Arbeitnehmer mehrere Beschäftigungen aus, sind bei der Ermittlung der Insolvenzgeldumlage auch die Regelungen bei ⬀ Mehrfachbeschäftigten bezüglich der anteiligen Berücksichtigung mehrerer beitragspflichtiger Einnahmen entsprechend anzuwenden. Dies gilt unabhängig davon, ob für alle Arbeitgeber Umlagepflicht besteht.

Geringfügig Beschäftigte

Geringfügig entlohnt Beschäftigte sind grundsätzlich rentenversicherungspflichtig; das Arbeitsentgelt ist demnach auch Bemessungsgrundlage der Insolvenzgeldumlage. Maßgebend ist das tatsächliche Arbeitsentgelt i. S. v. § 14 SGB IV. Die in der Rentenversicherung zu beachtende Mindestbemessungsgrundlage von zurzeit 175 EUR monatlich wird hier nicht herangezogen. Bei schwankendem Arbeitsentgelt im Rahmen einer ⬀ geringfügig entlohnten Beschäftigung ist ebenfalls das tatsächliche Arbeitsentgelt – ggf. also auch das den die Geringfügigkeitsgrenze überschreitenden Betrag – maßgebend.

Befreiung von der Rentenversicherungspflicht/ kurzfristige Beschäftigung

Ist der ⬀ geringfügig entlohnte Beschäftigte von der Rentenversicherungspflicht befreit oder aber ⬀ kurzfristig beschäftigt, ist für die Berechnung der Insolvenzgeldumlage das Arbeitsentgelt maßgebend, nach dem die Rentenversicherungsbeiträge im Fall des Bestehens von Rentenversicherungspflicht zu berechnen wären.

Bemessungsgrundlage bei Verzicht auf Rentenversicherungsfreiheit

Bei geringfügig entlohnt Beschäftigten, die auf die Rentenversicherungsfreiheit verzichtet haben und den vom Arbeitgeber zu zahlenden Pauschalbeitrag durch einen Eigenanteil aufstocken, gilt: Für die Berechnung der Umlage wird der Aufstockungsbeitrag zur Rentenversicherung nicht berücksichtigt. Bemessungsgrundlage ist das tatsächliche Entgelt.

Beschäftigte im Übergangsbereich

Für Arbeitnehmer, die eine versicherungspflichtige Beschäftigung mit einem Arbeitsentgelt innerhalb des ⬀ Übergangsbereichs ausüben, gelten die für die gesetzliche Rentenversicherung maßgebenden Regelungen für die Ermittlung der Beitragsbemessungsgrundlage. In der Rentenversicherung ist bei Beschäftigungen im Übergangsbereich der nach § 163 Abs. 7 SGB VI errechnete Betrag – das sog. Übergangsbereichsentgelt – Beitragsbemessungsgrundlage. Dieser Betrag ist zugleich als umlagepflichtiges Arbeitsentgelt zu berücksichtigen.

Arbeitnehmer in Altersteilzeit/sonstigen flexiblen Arbeitszeitverhältnissen

Bei der Berechnung der Umlage ist das Arbeitsentgelt der Arbeitnehmer in der ⬀ Altersteilzeit oder sonstigen flexiblen Arbeitszeitverhältnissen nach § 7 Abs. 1a SGB IV zu berücksichtigen. Dies gilt unabhängig davon, ob sie sich in der Arbeits- oder in der Freistellungsphase befinden. Als umlagepflichtiges Arbeitsentgelt ist in der Arbeitsphase das tatsächlich erzielte (ausgezahlte) Arbeitsentgelt maßgebend, in der Freistellungsphase das ausgezahlte Wertguthaben.

Bei der Vergütung von Mehrarbeit oder Eintritt eines Störfalles in der Altersteilzeit sind Besonderheiten zu beachten.

Sonntags-/Feiertags-/Nachtarbeitszuschläge

⬀ Steuerfreie Zuschläge für Sonntags-, Feiertags- oder Nachtarbeit sind dem Arbeitsentgelt nur hinzuzurechnen, soweit sie auf einem Grundlohn von mehr als 25 EUR je Stunde beruhen. Ergibt sich danach beitragspflichtiges Arbeitsentgelt zur Rentenversicherung, ist dieses auch bei der Umlageberechnung zu berücksichtigen.

Hinweis

Seemännische Beschäftigungsverhältnisse

Sonn-, Feiertags- und Nachtarbeitszuschläge in seemännischen Beschäftigungsverhältnissen werden abweichend beurteilt.[1] Hier sind die Zuschläge in allen Zweigen der Sozialversicherung und somit auch für die Insolvenzgeldumlage in voller Höhe umlagepflichtig.

Beitragsfreie Zeiten

Für beitragsfreie Zeiten in der Sozialversicherung (z. B. bei Bezug von Kranken-, Mutterschafts- oder Übergangsgeld) wird grundsätzlich keine Umlage erhoben. Hier fehlt es mangels eines Arbeitsentgelts an einer Bemessungsgrundlage.

Nicht als beitragspflichtiges Arbeitsentgelt gelten Zuschüsse des Arbeitgebers zum Kranken-, Verletzten-, Übergangs- und Krankentagegeld sowie Einnahmen aus einer Beschäftigung, die während des Bezugs von einer der genannten Sozialleistungen, Mutterschafts-, Erziehungs- oder Elterngeld weiter erzielt werden.

Voraussetzung dafür ist, dass die Einnahmen zusammen mit den genannten Sozialleistungen das Nettoarbeitsentgelt nicht um mehr als 50 EUR monatlich übersteigen. Liegen aufgrund der Höhe beitragspflichtige Einnahmen vor, sind diese umlagepflichtig.

Beitragsbemessungsgrenze der Rentenversicherung

Das für die Berechnung des Insolvenzgeldes zu berücksichtigende Arbeitsentgelt ist auf die ⬀ Beitragsbemessungsgrenze der allgemeinen Rentenversicherung begrenzt.[2] Die Umlage wird deshalb höchstens von einem Arbeitsentgelt bis zu den in der allgemeinen Rentenversicherung geltenden Beitragsbemessungsgrenzen in der jeweils gültigen Höhe berechnet. Das gilt auch für Beschäftigte, die Beiträge zur knappschaftlichen Rentenversicherung zahlen. Im Jahr 2024 beträgt die für die Insolvenzgeldumlage maßgebende Beitragsbemessungsgrenze der allgemeinen Rentenversicherung 7.550 EUR/West (2023: 7.300 EUR/West) bzw. 7.450 EUR/Ost (2023: 7.100 EUR/Ost).

Märzklausel

Bei Einmalzahlungen im ersten Quartal eines Kalenderjahres ist die ⬀ Märzklausel anzuwenden. Die Zuordnung des einmalig gezahlten Arbeitsentgeltes zum letzten Entgeltabrechnungszeitraum des Vorjahres richtet sich auch bei der Bemessung der Insolvenzgeldumlage nach den für die Märzklausel geltenden allgemeinen Grundsätzen.

1 § 1 Abs. 2 SvEV.
2 §§ 185 Abs. 1 i. V. m. 341 Abs. 4 SGB III.

Nachweis

Die Umlagebeträge sind im Beitragsnachweisdatensatz unter dem Beitragsgruppenschlüssel „0050" anzugeben. Ist der Arbeitgeber umlagepflichtig und wird die Insolvenzgeldumlage nicht im Beitragsnachweis nachgewiesen, muss die Umlage durch die Krankenkasse geschätzt werden.

Einzug/Entrichtung

Die für den Einzug und die Weiterleitung des Gesamtsozialversicherungsbeitrags geltenden Vorschriften des SGB IV und die dazu erlassenen Vorschriften werden auf die Umlage entsprechend angewendet, soweit das SGB III nichts anderes bestimmt.[1]

Betriebsprüfung durch die Rentenversicherungsträger

Die Rentenversicherungsträger überprüfen im Rahmen der ↗ Betriebsprüfung auch die ordnungsgemäße Entrichtung der Insolvenzgeldumlage. Der Arbeitgeber hat zur Prüfung der Vollständigkeit der Umlageabrechnung das umlagepflichtige Arbeitsentgelt und die Umlage zu erfassen und zur Verfügung zu stellen. § 9 BVV gilt für die Insolvenzgeldumlage entsprechend. Der Arbeitgeber hat hiernach die Entgeltunterlagen zu Prüfzwecken nach bestimmten Merkmalen aufzubereiten.

Einzugsstelle

Zuständig für den Einzug der Umlage sind die Einzugsstellen für den Gesamtsozialversicherungsbeitrag. Hierbei ist als Einzugsstelle die Krankenkasse zuständig,

a) bei der der Arbeitnehmer versichert ist,

b) sofern eine Mitgliedschaft bei einer Krankenkasse nicht besteht, die zuständige Einzugsstelle für die Beiträge zur Rentenversicherung und/oder zur Bundesagentur für Arbeit und

c) sofern sich eine Zuständigkeit nach den Buchst. a) oder b) nicht ergibt, die Krankenkasse, die der Arbeitgeber gewählt hat.

Für alle geringfügig Beschäftigten nach dem SGB IV ist die zuständige Einzugsstelle immer die Deutsche Rentenversicherung Knappschaft-Bahn-See (Minijob-Zentrale). Sofern Arbeitnehmer bei der landwirtschaftlichen Sozialversicherung versichert sind, ist die Umlage an die Sozialversicherung für Landwirtschaft, Forsten und Gartenbau als Einzugsstelle zu zahlen.

Hinweis

Zu Unrecht entrichtete Insolvenzgeldumlage

Die Einzugsstellen sind für die Erstattung zu Unrecht gezahlter Umlagen zuständig. Die Entscheidung der Einzugsstelle ist verbindlich für alle Beteiligten.

Feststellung der Teilnahme am Umlageverfahren

Die Umlagepflicht des Arbeitgebers ergibt sich kraft Gesetzes und ist nicht von einem rechtsbegründenden Verwaltungsakt der Einzugsstelle abhängig. Die Einzugsstellen treffen in Zweifelsfällen die Entscheidung über die Umlagepflicht der Arbeitgeber.[2]

Instrumentenversicherung

Eine Instrumentenversicherung wird abgeschlossen, um den Verlust oder die Beschädigung eines Instruments zu versichern.

Gehört das Instrument einem Arbeitnehmer, der das Instrument im Rahmen seiner beruflichen Tätigkeit (z. B. Orchestermusiker) einsetzt, kann der Arbeitgeber ein überwiegend betriebliches Interesse an der Versicherung des Instruments haben. Übernimmt oder subventioniert der Arbeitgeber in einem solchen Fall die Beiträge zur Instrumentenversicherung, stellt dies keinen steuerpflichtigen Arbeitslohn und kein sozialversicherungspflichtiges Arbeitsentgelt dar.

Gesetze, Vorschriften und Rechtsprechung

Lohnsteuer: Zum Arbeitslohnbegriff siehe § 19 Abs. 1 Satz 1 Nr. 1 EStG. Das FG Thüringen, Urteil v. 15.10.2003, IV 272/00, rkr., sieht in der anteiligen Übernahme einer Instrumentenversicherungsprämie keinen Arbeitslohn.

Sozialversicherung: Sofern kein Arbeitslohn im steuerlichen Sinne vorliegt, kann auch keine Beitragspflicht entstehen, s. § 1 Abs. 1 Satz 1 SvEV.

Entgelt	LSt	SV
Übernahme/Subventionierung von Versicherungsbeiträgen	frei	frei

Internetzugang

Die Erstattung der Gebühren für den privaten Internetanschluss durch den Arbeitgeber stellt grundsätzlich steuerpflichtigen Arbeitslohn und sozialversicherungspflichtiges Arbeitsentgelt dar.

Allerdings kann der Arbeitgeber die erstatteten Gebühren mit 25 % pauschal versteuern. Voraussetzung für die Pauschalierungsmöglichkeit ist, dass die Gebühren zusätzlich zum ohnehin geschuldeten Arbeitslohn gewährt werden. Eine Entgeltumwandlung, z. B. wie bei der betrieblichen Altersvorsorge, ist nicht möglich.

Gesetze, Vorschriften und Rechtsprechung

Lohnsteuer: Zur Pauschalierung der Lohnsteuer mit 25 % s. § 40 Abs. 2 S. 1 Nr. 5 EStG.

Sozialversicherung: Die Beitragspflicht des Arbeitsentgelts in der Sozialversicherung ergibt sich aus § 14 Abs. 1 SGB IV. Die Beitragsfreiheit als Konsequenz der Pauschalbesteuerung durch den Arbeitgeber ergibt sich aus § 1 Abs. 1 Satz 1 Nr. 3 SvEV.

Entgelt	LSt	SV
Zuschuss zum Internetzugang	pflichtig	pflichtig
Zuschuss zum Internetzugang bei Pauschalierung mit 25 %	pauschal	frei

Jahresabschlussprämie

Jahresabschlussprämien werden an Arbeitnehmer zum Ende eines Kalenderjahres oder zu Beginn des darauf folgenden Kalenderjahres in Abhängigkeit von der Erzielung eines Ergebnisses bezahlt.

Lohnsteuerrechtlich handelt es sich bei der Jahresabschlussprämie um steuerpflichtigen Arbeitslohn, der als sonstiger Bezug mit der Jahreslohnsteuertabelle zu versteuern ist.

Sozialversicherungsrechtlich ist die Jahresabschlussprämie eine Einmalzahlung. Bei der Beitragsberechnung ist die entsprechende Bemessungsgrenze zu berücksichtigen. Wird die Jahresabschlussprämie im ersten Quartal des folgenden Kalenderjahres gezahlt, muss die Märzklausel beachtet werden.

Gesetze, Vorschriften und Rechtsprechung

Lohnsteuer: Die Ermittlung der Lohnsteuer von sonstigen Bezügen nach der Jahreslohnsteuer-Tabelle wird in § 38a Abs. 3 EStG erläutert.

1 § 359 Abs. 1 Satz 2 SGB III.
2 § 28h SGB IV.

Sozialversicherung: Die Beitragspflicht des Arbeitsentgelts in der Sozialversicherung ergibt sich aus § 14 Abs. 1 SGB IV. Die Beitragserhebung aus Einmalzahlungen regelt § 23 a SGB IV.

Entgelt	LSt	SV
Jahresabschlussprämien	pflichtig	pflichtig

Jahresarbeitsentgeltgrenze

Die Jahresarbeitsentgeltgrenze wird auch als Versicherungspflichtgrenze in der gesetzlichen Krankenversicherung bezeichnet. Arbeitnehmer sind krankenversicherungsfrei, wenn ihr regelmäßiges Jahresarbeitsentgelt (JAE) die aktuelle Jahresarbeitsentgeltgrenze (JAEG) übersteigt. Seit dem 1.1.2003 gibt es die allgemeine und die besondere Jahresarbeitsentgeltgrenze. Der Betrag der Jahresarbeitsentgeltgrenze ändert sich grundsätzlich jährlich.

Gesetze, Vorschriften und Rechtsprechung

Sozialversicherung: In § 6 Abs. 1 Nr. 1 und Abs. 4 SGB V wird geregelt, dass Arbeitnehmer beim Überschreiten der geforderten Grenzwerte krankenversicherungsfrei sind bzw. werden. Die Höhe der jeweils zum 1.1. eines Jahres maßgebenden Jahresarbeitsentgeltgrenze wird in § 6 Abs. 6–8 SGB V i. V. m. der jeweiligen Verordnung über maßgebende Rechengrößen der Sozialversicherung bestimmt. Der GKV-Spitzenverband behandelt die Jahresarbeitsentgeltgrenze mit Rundschreiben vom 20.3.2019 (GR v. 20.3.2019-I).

Sozialversicherung

Maßgebende Jahresarbeitsentgeltgrenze

In der gesetzlichen Krankenversicherung muss die seit dem 1.1.2003 geltende Differenzierung nach der allgemeinen Jahresarbeitsentgeltgrenze und der besonderen Jahresarbeitsentgeltgrenze beachtet werden. Die besondere Jahresarbeitsentgeltgrenze gilt nur für Arbeitnehmer, die am 31.12.2002

- wegen Überschreitens der Jahresarbeitsentgeltgrenze des Jahres 2002 (40.500 EUR) versicherungsfrei und
- bei einer privaten Krankenversicherung in einer substitutiven Krankenversicherung versichert waren.

Die nachstehende Tabelle gibt einen Überblick über die seit dem Jahr 2019 geltenden Jahresarbeitsentgeltgrenzen:

Zeitraum	Allgemeine JAEG[1]	Besondere JAEG[2]
2024	69.300 EUR	62.100 EUR
2023	66.600 EUR	59.850 EUR
2022	64.350 EUR	58.050 EUR
2021	64.350 EUR	58.050 EUR
2020	62.550 EUR	56.250 EUR

Wirkung der Jahresarbeitsentgeltgrenze

Arbeitnehmer sind vom Beginn ihrer Beschäftigung an krankenversicherungsfrei, wenn ihr regelmäßiges Jahresarbeitsentgelt die Jahresarbeitsentgeltgrenze übersteigt. Wird die Jahresarbeitsentgeltgrenze in einer bestehenden Beschäftigung erst im Laufe eines Kalenderjahres überschritten, endet die Krankenversicherungspflicht nicht sofort, sondern erst mit Ablauf dieses Jahres. In diesem Fall wird jedoch zusätzlich gefordert, dass auch die relevante Grenze des neuen Jahres (Folgejahres) überschritten wird.

1 § 6 Abs. 6 SGB V.
2 § 6 Abs. 7 SGB V.

Regelmäßigkeit und Anrechenbarkeit des Arbeitsentgelts

Auf die Jahresarbeitsentgeltgrenze sind alle Bezüge anzurechnen, die Arbeitsentgelt sind und regelmäßig gewährt werden. Zum Arbeitsentgelt zählen sowohl laufendes Arbeitsentgelt als auch einmalige Einnahmen. Nicht auf die Jahresarbeitsentgeltgrenze anzurechnen sind alle diejenigen Einnahmen, die kein Arbeitsentgelt i. S. d. § 14 SGB IV oder der Sozialversicherungsentgeltverordnung sind. Entgeltbestandteile, die mit Rücksicht auf den Familienstand gezahlt werden, gehören nicht zum regelmäßigen Jahresarbeitsentgelt.

Einmalzahlungen (z. B. Urlaubs- oder Weihnachtsgeld) sind als regelmäßig anzusehen, wenn auf ihre Zahlung ein Rechtsanspruch besteht (schriftliche oder mündliche vertragliche Zusicherung) oder die Gewährung auf Gewohnheit oder betrieblicher Übung beruht und sie mit an Sicherheit grenzender Wahrscheinlichkeit mindestens einmal jährlich gezahlt werden.

Unregelmäßige Bezüge, die nicht mit hinreichender Sicherheit erwartet werden können, dürfen nicht bei der Berechnung des Jahresarbeitsentgelts berücksichtigt werden. Dazu zählen beispielsweise Überstundenvergütungen, es sei denn, sie werden pauschal abgegolten. Pauschale Überstundenvergütungen werden auch gewährt, wenn keine Überstunden anfallen und zählen somit zum regelmäßigen Jahresarbeitsentgelt.

Achtung

Variable Entgeltbestandteile

Variable Bestandteile, die individuell leistungsbezogen oder unternehmenserfolgsbezogen als einmalige Zahlungen gewährt werden, gehören grundsätzlich nicht zum regelmäßigen Arbeitsentgelt. Sie sind allerdings dann zu berücksichtigen, wenn ein Anspruch auf einen Mindestbetrag oder einen garantierten Anteil besteht. Werden variable Arbeitsentgeltbestandteile monatlich gezahlt, sind sie beim regelmäßigen Jahresarbeitsentgelt zu berücksichtigen, wenn sie üblicherweise Bestandteil des monatlichen Arbeitsentgelts sind. Dies ist regelmäßig der Fall, wenn das monatliche Arbeitsentgelt aus einem vertraglich fest vereinbarten Fixum und einem erfolgsabhängigen, variablen Arbeitsentgelt besteht.

Berechnung des regelmäßigen Jahresarbeitsentgelts

Für die Feststellung, ob das regelmäßige Jahresarbeitsentgelt die Jahresarbeitsentgeltgrenze übersteigt, ist das regelmäßige Jahresarbeitsentgelt in vorausschauender Betrachtungsweise nach den mit hinreichender Wahrscheinlichkeit zu erwartenden Einnahmen zu bestimmen. Das regelmäßige Jahresarbeitsentgelt wird durch Multiplikation der aktuellen Monatsbezüge mit 12 unter Berücksichtigung der regelmäßig gewährten Sonderzuwendungen bzw. Einmalzahlungen ermittelt. Dies gilt selbst dann, wenn die Beschäftigungsdauer aufgrund einer Befristung des Arbeitsverhältnisses weniger als 12 Monate beträgt.

Erhöhungen des Arbeitsentgelts dürfen dabei erst von dem Zeitpunkt an berücksichtigt werden, von dem an der Anspruch auf das erhöhte Entgelt besteht.[3]

Hinweis

Zukünftig feststehende Änderungen des Jahresarbeitsentgelts

Das BSG hat in einem Urteil[4] ausgeführt, dass es sich bei der Bestimmung des regelmäßigen Jahresarbeitsentgelts um eine Prognose handelt, die möglichst nahe an der Realität der für das folgende Jahr zu erwartenden Einnahmen stehen muss. Im konkreten Fall hätte bei der Berechnung des Jahresarbeitsentgelts berücksichtigt werden müssen, dass die Arbeitnehmerin infolge Schwangerschaft und der Geburt eines Kindes in den folgenden 12 Monaten ein vermindertes Arbeitsentgelt erzielen wird.

Die Entscheidung des BSG wirkt sich allerdings nur in Fällen aus, in denen bei versicherungspflichtigen Arbeitnehmern zum Ende eines Kalenderjahres das zu erwartende Jahresarbeitsentgelt des Folgejahres zu ermitteln ist.

3 BSG, Urteil v. 7.12.1989, 12 RK 19/87.
4 BSG, Urteil v. 7.6.2018, B 12 KR 8/16 R.

Für die konkrete Berechnung des Jahresarbeitsentgelts hat sich folgende Vorgehensweise bewährt:

Alle Einnahmen aus der Beschäftigung innerhalb eines Jahres	
–	Einnahmen, die kein Entgelt sind
=	Jährliches Arbeitsentgelt
–	Unregelmäßiges Arbeitsentgelt
=	Regelmäßiges jährliches Arbeitsentgelt
–	Familienzuschläge
=	Regelmäßiges Jahresarbeitsentgelt

Jahresarbeitsentgelt bei schwankendem Arbeitsentgelt

Bei schwankendem Arbeitsentgelt ist das voraussichtliche Jahresarbeitsentgelt im Wege der Schätzung zu ermitteln.[1] Dabei ist den bekannten Bezügen des laufenden Beitragsmonats das für die jeweils folgenden 11 Monate zu erwartende Einkommen hinzuzurechnen.

Bei schwankender Höhe variabler Arbeitsentgeltbestandteile (z. B. bei Provisionen oder sonstigen Erfolgszulagen) sind alle Umstände des Einzelfalls zu berücksichtigen und eine gewissenhafte Schätzung bzw. Prognose des regelmäßigen Jahresarbeitsentgelts vorzunehmen.

Wenn der Arbeitgeber zu dem Ergebnis kommt, dass die neue Jahresarbeitsentgeltgrenze nicht überschritten wird, liegt Krankenversicherungspflicht vor. Diese gilt so lange fort, bis die Schätzungsgrundlage sich ändert, auch wenn sich im Einzelfall nachträglich ergibt, dass das tatsächliche Jahresarbeitsentgelt die Jahresarbeitsentgeltgrenze überstieg oder – bei Freistellung von der Krankenversicherungspflicht – das tatsächliche Jahresarbeitsentgelt die Jahresarbeitsentgeltgrenze nicht erreichte.

Achtung

Schätzung des Jahresarbeitsentgelts ist bindend

Das von der Schätzung abweichende tatsächliche Einkommen kann die Beurteilung des Versicherungsverhältnisses nur für die Zukunft beeinflussen.[2] Durch das tatsächliche von der Schätzung abweichende Einkommen wird eine bisher krankenversicherungspflichtige Beschäftigung nicht rückwirkend krankenversicherungsfrei oder eine bisher krankenversicherungsfreie Beschäftigung nicht rückwirkend krankenversicherungspflichtig.

Entgelt bei Mehrfachbeschäftigungen

Übt der Arbeitnehmer mehrere Beschäftigungen aus, sind für die Ermittlung des regelmäßigen Jahresarbeitsentgelts die Arbeitsentgelte aus allen versicherungspflichtigen Beschäftigungen zusammenzurechnen.

Hinweis

Keine Anrechnung des Entgelts aus einer geringfügig entlohnten Beschäftigung

Wird neben einer versicherungspflichtigen Hauptbeschäftigung eine ⇗ geringfügig entlohnte Beschäftigung ausgeübt, erfolgt keine Zusammenrechnung der Arbeitsentgelte.[3] Werden neben einer versicherungspflichtigen Hauptbeschäftigung mehrere geringfügig entlohnte Beschäftigungen ausgeübt, sind alle Arbeitsentgelte, mit Ausnahme des ⇗ Arbeitsentgelts aus der zeitlich zuerst aufgenommenen geringfügig entlohnten Beschäftigung, zusammenzurechnen.

Hinzutritt einer Beschäftigung unterhalb der Jahresarbeitsentgeltgrenze

Besteht in einer Beschäftigung wegen Überschreitens der Jahresarbeitsentgeltgrenze Krankenversicherungsfreiheit und erfolgt die Aufnahme einer weiteren Beschäftigung, die für sich alleine betrachtet die Jahresarbeitsentgeltgrenze nicht erreicht, so besteht auch für die Zweitbeschäftigung von Beginn an Versicherungsfreiheit.

1 BSG, Urteil v. 20.12.1957, 3 RK 61/57.
2 RVA-Entscheidung Nr. 1518, Amtl. Nachr. 1919 S. 289.
3 § 8 Abs. 2 Satz 1 SGB IV.

Versicherungsfreiheit zunächst versicherungspflichtiger Beschäftigungen

Nimmt ein Arbeitnehmer neben einer Beschäftigung, die der Versicherungspflicht unterliegt, eine weitere versicherungspflichtige Beschäftigung auf und überschreitet das Entgelt erst aus beiden Beschäftigungen die Jahresarbeitsentgeltgrenze, wird er zunächst auch in der Zweitbeschäftigung versicherungspflichtig. Die Versicherungspflicht in beiden Beschäftigungen endet erst mit Ablauf des Kalenderjahres, sofern das Entgelt aus beiden Beschäftigungen auch die vom Beginn des nächsten Jahres an geltende Jahresarbeitsentgeltgrenze überschreitet.

Hinzutritt einer Beschäftigung oberhalb der Jahresarbeitsentgeltgrenze

Wird im Laufe eines Jahres neben einer krankenversicherungspflichtigen Beschäftigung eine Zweitbeschäftigung aufgenommen, aus der ein Entgelt erzielt wird, das – bereits für sich betrachtet – über der Jahresarbeitsentgeltgrenze liegt, so besteht in der Zweitbeschäftigung ab ihrem Beginn Krankenversicherungsfreiheit. In der ersten Beschäftigung endet die Krankenversicherungspflicht mit Aufnahme der Zweitbeschäftigung.

Ablauf der Versicherungspflicht

Wer die Jahresarbeitsentgeltgrenze überschreitet, scheidet mit Ablauf des Kalenderjahres aus der Versicherungspflicht aus; er scheidet jedoch nicht aus, wenn das Entgelt die vom Beginn des nächsten Kalenderjahres an geltende Jahresarbeitsentgeltgrenze nicht übersteigt. Mit dieser Regelung wird der Versicherungspflicht der Arbeitnehmer eine gewisse Stabilität verliehen. Die im Laufe des Arbeitslebens mehrfach eintretenden Entgelterhöhungen wirken sich dadurch nicht unmittelbar in einer Unterbrechung der Versicherungspflicht aus.

Ende der Mitgliedschaft bei der gewählten Krankenkasse

Die Mitgliedschaft endet bei Arbeitnehmern, die wegen Überschreitens der Jahresarbeitsentgeltgrenze aus der Krankenversicherungspflicht ausscheiden, nur dann zum Ablauf des Kalenderjahres, wenn der Arbeitnehmer innerhalb von 2 Wochen nach Hinweis der Krankenkasse über die Austrittsmöglichkeit seinen Austritt erklärt. Der Austritt wird nur wirksam, wenn das Mitglied das Bestehen eines anderweitigen Anspruchs auf Absicherung im Krankheitsfall nachweist. Anderenfalls setzt sich die bisherige Pflichtmitgliedschaft als ⇗ freiwillige Mitgliedschaft fort.

Wichtig

Hinweis der Krankenkasse zum Nachweis einer anderen Versicherung

Die Krankenkasse muss den Versicherten bei Ausscheiden aus der Versicherungspflicht auf die Austrittsmöglichkeit hinweisen.

Meldepflichten des Arbeitgebers

Da die Krankenversicherungspflicht mit dem Ablauf des Kalenderjahres endet, muss der Arbeitgeber zum Jahreswechsel keine Jahresmeldung, sondern eine Änderungsmeldung erstatten. Der Arbeitnehmer muss (mit Abgabegrund „32") zur Kranken-, Pflege-, Renten- und Arbeitslosenversicherung zum 31.12. abgemeldet werden. Zum 1.1. erfolgt eine Anmeldung mit Abgabegrund „12" zur Renten- und Arbeitslosenversicherung. Für die Unfallversicherung ist allerdings eine Jahresmeldung zu erstatten.

Beispiel

Trotz Überschreitens der Jahresarbeitsentgeltgrenze weiterhin Krankenversicherungspflicht

JAEG 2023: 66.600 EUR; JAEG 2024: 69.300 EUR

Arbeitnehmer war am 31.12.2002 gesetzlich krankenversichert

Beginn der Beschäftigung: 1.2.2023

Regelm. JAE vom 1.2. bis 31.12.2023	66.000 EUR
Regelm. JAE aufgrund einer Vereinbarung im Dezember 2023 vom 1.1.2024 an	70.000 EUR

Ergebnis: Die am 1.2.2023 aufgenommene Beschäftigung ist krankenversicherungspflichtig. Kalenderjahr des Überschreitens der Jahresarbeitsentgeltgrenze ist das Jahr 2024. Deshalb endet die Krankenversicherungspflicht frühestens am 31.12.2024, obwohl das Jahresarbeitsentgelt während des gesamten Jahres 2024 die Jahresarbeitsentgeltgrenze übersteigt.

Beispiel

Überschreiten der Jahresarbeitsentgeltgrenze und Ende der Krankenversicherungspflicht

JAEG 2023: 66.600 EUR; JAEG 2024: 69.300 EUR

Arbeitnehmer war am 31.12.2002 gesetzlich krankenversichert

Beginn der Beschäftigung: 1.2.2023

Regelm. JAE vom 1.2. bis 31.7.2023	66.000 EUR
Regelm. JAE aufgrund einer Vereinbarung	
im Juni 2023 vom 1.8.2023 an	70.000 EUR

Ergebnis: Kalenderjahr des Überschreitens der Jahresarbeitsentgeltgrenze ist das Jahr 2023. Da das Jahresarbeitsentgelt auch die im Jahr 2024 geltende Jahresarbeitsentgeltgrenze übersteigt, endet die Krankenversicherungspflicht am 31.12.2023.

Entgelterhöhung zum Jahresbeginn

Ein krankenversicherungsfreier Arbeitnehmer, dessen Entgelt die Jahresarbeitsentgeltgrenze des laufenden und infolge einer Entgelterhöhung zu Beginn des nächsten Kalenderjahres auch die im nächsten Kalenderjahr geltende Jahresarbeitsentgeltgrenze überschreitet, bleibt von der Krankenversicherungspflicht ausgenommen. Dies gilt auch dann, wenn das Entgelt erst im Laufe des Monats Januar des nächsten Jahres mit Wirkung vom 1. dieses Monats an erhöht wird und der Anspruch hierauf spätestens am tarif- oder arbeitsvertraglich festgelegten Fälligkeitstag des Monatsentgeltes entstanden ist.

Beispiel

Rückwirkende Entgelterhöhung

JAEG 2023: 66.600 EUR; JAEG 2024: 69.300 EUR

Arbeitnehmer war am 31.12.2002 gesetzlich krankenversichert

Beginn der Beschäftigung: 1.2.2023

Regelm. JAE vom 1.2.2023 an	67.000 EUR
Regelm. JAE aufgrund einer Vereinbarung vom 11.1.2024	
vom 1.1.2024 an	70.000 EUR

Fälligkeit des Gehalts am 15. des Monats

Ergebnis: Die Versicherungsfreiheit des Arbeitnehmers bleibt auch ab 1.1.2024 weiterhin bestehen, da die Erhöhung des Entgelts vor der Fälligkeit des ersten Gehalts vereinbart wurde.

Versicherungspflicht bei Unterschreiten der Jahresarbeitsentgeltgrenze

Ist der Arbeitnehmer bisher krankenversicherungsfrei und unterschreitet das regelmäßige Jahresarbeitsentgelt die Jahresarbeitsentgeltgrenze, setzt die Versicherungspflicht sofort ein und nicht erst zum Ende des Kalenderjahres. Privat krankenversicherte Arbeitnehmer können unter bestimmten Voraussetzungen eine ⇗ Befreiung von der Versicherungspflicht beantragen. Die Versicherungspflicht tritt in bestimmten Fällen bei über 55-Jährigen privat krankenversicherten Arbeitnehmern nicht ein.

Unterschreiten durch Entgeltminderung

Ein häufiger Grund für ein Unterschreiten der Jahresarbeitsentgeltgrenze ist die Herabsetzung der Arbeitszeit und die daraus folgende Reduzierung des Arbeitsentgelts.

Der Eintritt von Krankenversicherungspflicht ist jedoch ausgeschlossen, wenn

- die Entgeltminderung nur von kurzer Dauer ist oder
- die Jahresarbeitsentgeltgrenze nur vorübergehend unterschritten wird.

Für eine Entgeltminderung von nur kurzer Dauer kann nicht auf starre Zeitgrenzen zurückgegriffen werden. Sie ist in aller Regel anzunehmen, wenn die Minderung des Arbeitsentgelts nicht mehr als 3 Monate andauert.

Bei einer befristeten Entgeltminderung infolge einer Teilzeitbeschäftigung während der Elternzeit oder im Rahmen einer teilweisen Freistellung nach dem Pflegezeitgesetz endet die Krankenversicherungsfreiheit.

Beispiel

Vorübergehende Entgeltminderung

Ein höherverdienender Arbeitnehmer (Jahresgehalt 70.000 EUR), renten- und arbeitslosenversicherungspflichtig, befand sich vom 1.8. bis 30.9.2023 in Elternzeit. Während der Elternzeit übte er eine zulässige Teilzeitbeschäftigung aus. Das monatliche Gehalt betrug 2.500 EUR. Nach der Elternzeit führte er die Beschäftigung unter den bis zum 31.7. geltenden Bedingungen fort.

Ergebnis: Obwohl die Unterschreitung der Jahresarbeitsentgeltgrenze zeitlich befristet ist, besteht ab 1.8.2023 Krankenversicherungspflicht. Die Krankenversicherungspflicht bleibt bis zum 31.12.2023 bestehen, obwohl ab 1.10.2023 die Jahresarbeitsentgeltgrenze für 2023 erneut überschritten wird. Da das regelmäßige Jahresarbeitsentgelt des Arbeitnehmers sowohl die für 2023 als auch die für 2024 geltende Jahresarbeitsentgeltgrenze überschreitet, ist er ab 1.1.2024 wieder krankenversicherungsfrei.

Ein Unterschreiten der Jahresarbeitsentgeltgrenze führt nur in wenigen Ausnahmefällen nicht zur Versicherungspflicht. Dies gilt im Wesentlichen für Fälle der ⇗ Kurzarbeit und der ⇗ stufenweisen Wiedereingliederung.

Unterschreiten durch Erhöhung der Jahresarbeitsentgeltgrenze

Krankenversicherungspflicht tritt auch ein, wenn das Jahresarbeitsentgelt des Arbeitnehmers die vom 1.1. an geltende neue Jahresarbeitsentgeltgrenze nicht mehr überschreitet.

Jahresarbeitsverdienst (Unfallversicherung)

Der Jahresarbeitsverdienst (JAV) ist der Gesamtbetrag aller Arbeitsentgelte (aus abhängiger Beschäftigung) und Arbeitseinkommen (aus selbstständiger Tätigkeit) eines Versicherten in den letzten 12 Kalendermonaten vor dem Arbeitsunfall oder der Berufskrankheit. Der Jahresarbeitsverdienst spiegelt die wirtschaftlichen Verhältnisse des Versicherten vor dem Versicherungsfall wieder.

Gesetze, Vorschriften und Rechtsprechung

Sozialversicherung: Die Festsetzung des Jahresarbeitsverdienstes ist in §§ 81 bis 93 SGB VII geregelt.

Sozialversicherung

Mindest- und Höchstsätze des Jahresarbeitsverdienstes

Der Mindestsatz des Jahresarbeitsverdienstes beträgt bei Personen, die das 18. Lebensjahr noch nicht vollendet haben, 40 % der ↗ Bezugsgröße, im Übrigen 60 % der Bezugsgröße.[1] Der Höchstsatz des Jahresarbeitsverdienstes beträgt das Doppelte der Bezugsgröße. Die Satzung der Berufsgenossenschaft kann aber einen höheren Betrag bestimmen. Das ist bei den meisten Berufsgenossenschaften der Fall. Der Höchstbetrag des Jahresarbeitsverdienstes im Beitrittsgebiet beträgt das Doppelte der Bezugsgröße (Ost). Die Satzung der Berufsgenossenschaft kann auch hier einen höheren Betrag festsetzen.

Der Jahresarbeitsverdienst ist für die kraft Satzung[2] oder freiwillig versicherten[3] Unternehmer sowie für deren im Betrieb tätige Ehegatten hinsichtlich des Höchstbetrags durch die Satzung der Berufsgenossenschaft festzulegen. Innerhalb der Grenzen können die Unternehmer den Jahresarbeitsverdienst frei wählen.[4] Die Mindestversicherungssumme entspricht in der Regel der Bezugsgröße, die Höchstversicherungssumme dem Höchstsatz des Jahresarbeitsverdienstes. Der freiwillig Versicherte kann die Versicherung auf eine andere Versicherungssumme umstellen. Je nach zuständiger Berufsgenossenschaft ist das binnen eines Monats oder erst nach einem Jahr möglich.

Höhe des Jahresarbeitsverdienstes bei Leistungsansprüchen

Leistungen im Rahmen der Heilbehandlung (medizinische Rehabilitation), zur Teilhabe am Arbeitsleben (berufliche Rehabilitation), zum Leben in der Gemeinschaft (soziale Rehabilitation) und bei Pflegebedürftigkeit werden unabhängig von der Höhe des Jahresarbeitsverdienstes gezahlt. Nur die Höhe der Geldleistungen ist von der Höhe des Jahresarbeitsverdienstes abhängig.

Jahresarbeitsverdienst bei Geldleistungen

Was wird berücksichtigt?	In welchem Zeitraum?
• Maßgebend sind alle vom Versicherten erzielten Arbeitsentgelte oder Arbeitseinkommen, nicht nur die aus dem Betrieb, dem der Arbeitsunfall zuzurechnen ist. • Besondere Regelungen gelten für kraft Satzung versicherte Selbstständige und freiwillig versicherte Unternehmer. Für die Unternehmer gilt deren gewählte Versicherungssumme.	• In den letzten 12 Kalendermonaten vor dem Monat, in dem der Arbeitsunfall eingetreten ist.[5] Auch nachträgliche Tariferhöhungen für den zurückliegenden Zeitraum werden berücksichtigt.

Hat der Verletzte in den letzten 12 Monaten teilweise kein Arbeitsentgelt oder Arbeitseinkommen erzielt, wird das zugrunde gelegt, das der vor der Lücke ausgeübten Beschäftigung oder Tätigkeit entspricht. Ist der so berechnete Jahresarbeitsverdienst in grobem Maße unbillig, so ist er unter Beachtung des Mindest- und Höchstbetrags nach billigem Ermessen festzusetzen.[6]

In bestimmten Fällen sind Sonderregelungen zu berücksichtigen. Diese gelten beispielsweise

- für die Feststellung des Jahresarbeitsverdienstes bei ↗ Berufskrankheiten,
- bei Versicherungsfällen, die innerhalb eines Jahres nach Beendigung einer Schul- oder Berufsausbildung eintreten,
- für ↗ Beamte,
- für Berufssoldaten und Wehrpflichtige, denen aus dem Dienstverhältnis keine Unfallfürsorge bzw. Beschädigtenversorgung zusteht,
- für Gefangene und
- für Personen, die einen freiwilligen Dienst im Sinne des Jugend- oder Bundesfreiwilligendienstgesetzes leisten.[7]

1 § 85 SGB VII.
2 § 3 SGB VII.
3 § 6 Abs. 1 Nr. 1 und 2 SGB VII.
4 § 83 Satz 1 SGB VII.
5 § 82 SGB VII.
6 § 87 SGB VII.

Jahresmeldung

Nach Ablauf eines Kalenderjahres muss der Arbeitgeber für alle Beschäftigten sowohl für die Kranken-, Pflege-, Renten- und Arbeitslosenversicherung als auch für die Unfallversicherung jeweils eine Jahresmeldung erstellen. Gemeldet wird das im vergangenen Kalenderjahr beitragspflichtige Arbeitsentgelt. Mit der Jahresmeldung werden einerseits die zur Rentenberechnung kalenderjährlich zu berücksichtigenden und andererseits die zur Unfallversicherung beitragspflichtigen Arbeitsentgelte an die Einzugsstelle gemeldet.

Gesetze, Vorschriften und Rechtsprechung

Sozialversicherung: Gesetzliche Grundlage der Meldungen ist § 28a Abs. 2 und 2a SGB IV. In § 10 DEÜV sind weitergehende Regelungen für die Abgabe der Jahresmeldung enthalten. Relevant sind außerdem das Gemeinsame Rundschreiben „Meldeverfahren zur Sozialversicherung" vom 29.6.2016 in der jeweils aktuellen Fassung sowie die Gemeinsamen Grundsätze für die Datenerfassung und Datenübermittlung nach § 28b Abs. 1 Satz 1 Nr. 1 bis 3 SGB IV vom 28.6.2023 (GR v. 28.6.2023) in der jeweils aktuellen Fassung.

Sozialversicherung

Kranken-, Pflege-, Renten- und Arbeitslosenversicherung

Für jeden am 31.12. eines Jahres laufend Beschäftigten hat der ↗ Arbeitgeber eine Jahresmeldung mit dem Abgabegrund „50" zu erstatten.

Wann die Jahresmeldung entfällt

Endet das Beschäftigungsverhältnis am 31.12., so ist keine Jahresmeldung, sondern eine ↗ Abmeldung zu erstellen. Die Jahresmeldung entfällt auch, wenn zum 31.12. ein Wechsel der ↗ Beitragsgruppe oder der zuständigen Krankenkasse zu melden ist. Es fällt keine Jahresmeldung an, wenn bereits zuvor eine ↗ Unterbrechungsmeldung erfolgt ist und die Unterbrechung über den 31.12. hinaus andauert.

Inhalt der Jahresmeldung

Meldezeitraum

Zu melden ist der Zeitraum der laufenden Beschäftigung bis zum 31.12. eines Jahres. Wurden unterjährig bereits Zeiten gemeldet (z. B. wegen Unterbrechung oder Beitragsgruppenwechsel), dürfen diese nicht noch einmal bescheinigt werden.

Meldepflichtiges Entgelt

In die Jahresmeldung ist das Arbeitsentgelt einzutragen, von dem Beiträge oder Beitragsanteile zur Sozialversicherung zu entrichten waren. Sind die Regelungen des Übergangsbereichs anzuwenden, ist seit dem 1.7.2019 zusätzlich das tatsächlich erzielte Arbeitsentgelt anzugeben.

Meldepflichtig ist das beitragspflichtige Entgelt. Dies ist maximal ein Betrag bis zur ↗ Beitragsbemessungsgrenze der Rentenversicherung (2024: 90.600 EUR/West bzw. 89.400 EUR/Ost; 2023: 87.600 EUR/West bzw. 85.200 EUR/Ost).

7 § 82 Abs. 2 Sätze 2 und 3 SGB VII.

Unfallversicherung

Für jeden im vergangenen Kalenderjahr in der Unfallversicherung versicherungspflichtig Beschäftigten ist eine Jahresmeldung mit dem Abgabegrund „92" zu erstatten.

Wichtig

Keine UV-Jahresmeldung für bestimmte Personengruppen

Für Bezieher von Vorruhestandsgeld (Personengruppe „108"), Personen in Einrichtungen der Jugendhilfe, Berufsbildungswerken oder ähnlichen Einrichtungen für Menschen mit Behinderungen (Personengruppe „111") und Seelotsen (Personengruppe „143") sind keine UV-Jahresmeldungen zu erstatten.

Arbeitgeber, die Mitglied einer landwirtschaftlichen Berufsgenossenschaft sind und für deren Beitragsberechnung der Arbeitswert nicht angewendet wird, müssen keine UV-Jahresmeldung abgeben.

Inhalt der Jahresmeldung

Unabhängig vom Zeitraum der tatsächlichen Beschäftigung ist der Meldezeitraum immer der 1.1. bis 31.12. des vergangenen Kalenderjahres. In die Jahresmeldung ist das Arbeitsentgelt einzutragen, von dem die Beiträge zur Unfallversicherung zu zahlen waren.

Beispiel

Jahresmeldung zur Unfallversicherung

Ein Arbeitnehmer war vom 1.1. bis zum 31.5.2023 bei der Firma Schmidt beschäftigt.

Ergebnis: Unabhängig von der bereits erfolgten Abmeldung zum 31.5.2023 mit Abgabegrund „30" ist für das Kalenderjahr 2023 eine UV-Jahresmeldung mit dem Abgabegrund „92" und dem Meldezeitraum 1.1. bis 31.12.2023 bis zum 16.2.2024 abzugeben. In dieser Meldung ist das vom 1.1. bis zum 31.5.2023 erzielte Arbeitsentgelt anzugeben.

Die UV-Jahresmeldung ist mit dem Datensatz „Meldung" (DSME), dem Datenbaustein „Meldesachverhalt" (DBME) und dem Datenbaustein „Unfallversicherung" (DBUV) zu melden. Anzugeben sind insbesondere

- das Kalenderjahr der Versicherungspflicht zur Unfallversicherung (Meldezeitraum),
- die Unternehmensnummer des Unternehmers (für Meldezeiträume ab 1.1.2023),
- die Mitgliedsnummer des Unternehmers (für Meldezeiträume ab 1.1.2023 nur noch zulässig, sofern keine Unternehmensnummer existiert),
- die Betriebsnummer des zuständigen Unfallversicherungsträgers,
- das in der Unfallversicherung beitragspflichtige Arbeitsentgelt und
- seine Zuordnung zur jeweilig anzuwendenden Gefahrtarifstelle.

Meldefristen

Die Jahresmeldung für die Kranken-, Pflege-, Renten- und Arbeitslosenversicherung ist mit der ersten folgenden Entgeltabrechnung, spätestens bis zum 15.2. des Folgejahres an die zuständige Krankenkasse zu erstatten.

Die für die Unfallversicherung abzugebende Jahresmeldung ist bis zum 16.2. des Folgejahres abzugeben.

Hinweis

Verlängerung der Meldefrist

Fallen die Meldefristen auf einen Samstag und/oder Sonntag, enden diese am nächsten Werktag.

Sofern Arbeitgeber die Jahresmeldungen nicht fristgerecht übermitteln, können Krankenkassen diese seit dem 1.1.2021 elektronisch anfordern. Die weitere Korrespondenz, z. B. bei Nichtübermittlung der fehlenden Meldung, erfolgt außerhalb des elektronischen Verfahrens.

Die fehlenden Jahresmeldungen für geringfügig entlohnte Beschäftigte sowie fehlende UV-Jahresmeldungen werden weiterhin nicht elektronisch angefordert.

Zuständige Meldestelle

Jahresmeldungen sind an die Datenannahmestelle der zuständigen Krankenkasse zu übermitteln. Ist der Beschäftigte nicht bei einer gesetzlichen Krankenkasse versichert, ist die Jahresmeldung an die Krankenkasse zu erstatten, an die der Arbeitgeber die Beiträge zur Renten- und Arbeitslosenversicherung zahlt. Die UV-Jahresmeldung erhält die Krankenkasse, die zum Zeitpunkt der Abgabe für den Arbeitnehmer zuständig ist.

Geringfügig Beschäftigte

Geringfügig entlohnt Beschäftigte

Für ↗ geringfügig entlohnte Beschäftigte sind Jahresmeldungen zu erstellen (Personengruppenschlüssel „109"). In dieser ist sowohl in der Jahresmeldungals auch in der UV-Jahresmeldung das beitragspflichtige Bruttoarbeitsentgelt aufzunehmen, von dem Pauschal- oder Pflichtbeiträge zur Rentenversicherung entrichtet worden sind. Empfänger der Meldungen ist die Deutsche Rentenversicherung Knappschaft-Bahn-See (Minijob-Zentrale).

Wichtig

Angaben zur Besteuerung

In den Jahresmeldungen für geringfügig entlohnt Beschäftigte sind seit dem 1.1.2022 die Steuernummer des Arbeitgebers sowie die steuerliche Identifikationsnummer nach § 139b Abgabenordnung (Steuer-ID) des Arbeitnehmers anzugeben. Weiterhin ist die Art der Besteuerung mit dem Kennzeichen „1" zu übermitteln, wenn die Pauschsteuer abgeführt wird. In allen anderen Fällen, in denen die Pauschalbesteuerung nicht angewendet wird, ist das Kennzeichen „0" zu verwenden.

Verzicht auf die Rentenversicherungsfreiheit

Bei geringfügig entlohnt Beschäftigten mit Verzicht auf die Rentenversicherungsfreiheit ist die Mindestbeitragsbemessungsgrundlage zu bescheinigen, soweit deren Entgelt die Mindestbeitragsbemessungsgrundlage (175 EUR) monatlich nicht erreicht hat.

Kurzfristig Beschäftigte

Für Arbeitnehmer in einer ↗ kurzfristigen Beschäftigung (Personengruppenschlüssel „110") ist lediglich eine UV-Jahresmeldung zu erstellen. Dabei ist das Kalenderjahr (1.1. bis 31.12.) und das beitragspflichtige Bruttoarbeitsentgelt zu bescheinigen. Eine Jahresmeldung ist nicht erforderlich.

Übergangsbereich

Jahresmeldungen für Beschäftigungen im Übergangsbereich sind im Feld „Kennzeichen Midijob" besonders zu kennzeichnen. Zugelassen sind folgende Kennzeichen:

0 = kein Arbeitsentgelt innerhalb des Übergangsbereichs

1 = Arbeitsentgelt innerhalb des Übergangsbereichs

2 = Arbeitsentgelt sowohl innerhalb als auch außerhalb des Übergangsbereichs

Als beitragspflichtiges Bruttoarbeitsentgelt ist die reduzierte beitragspflichtige Einnahme (Übergangsbereichsentgelt) anzugeben. Zusätzlich ist in der Jahresmeldung das tatsächliche Arbeitsentgelt, das ohne die Anwendung der Regelungen des Übergangsbereichs zu berücksichtigen wäre, als „Entgelt Rentenberechnung" zu melden. Sofern eine Beschäftigung auch Beschäftigungszeiten außerhalb des Übergangsbereichs umfasst, sind aus diesen Beschäftigungszeiten die beitragspflichtigen Arbeitsentgelte im Feld „Entgelt Rentenberechnung" zu melden.

Job-Sharing

Job-Sharing ist eine besondere Form der Arbeitsplatzteilung im Rahmen eines Teilzeitarbeitsverhältnisses. Dabei teilen sich mehrere Arbeitnehmer die Arbeitszeit eines Arbeitsplatzes, an dem sie meist abwechselnd anwesend sind.

Gesetze, Vorschriften und Rechtsprechung

Lohnsteuer: Einzelheiten zum steuerlichen Arbeitslohnbegriff regeln § 19 Abs. 1 EStG, § 2 LStDV. Da das Einkommensteuergesetz insbesondere eine nur beispielhafte Aufzählung enthält, ergänzen R 19.3–19.8 LStR sowie H 19.3-19.8 LStH die gesetzlichen Bestimmungen.

Sozialversicherung: Der Arbeitnehmerbegriff ergibt sich vorrangig aus §§ 7 Abs. 1 und 14 Abs. 1 SGB IV.

Lohnsteuer

Im Rahmen des Jobsharing wird aus lohnsteuerrechtlicher Sicht der Arbeitslohn aus dem Beschäftigungsverhältnis für jeden Arbeitnehmer isoliert betrachtet. Der Arbeitgeber hat den Lohnsteuerabzug für die jeweiligen Arbeitnehmer entsprechend der elektronischen Lohnsteuerabzugsmerkmale (ELStAM) zu erheben und abzuführen.

Weitere Besonderheiten für den Arbeitslohn aus einem Jobsharing-Arbeitsverhältnis sind bei der Berechnung der Lohnsteuer nicht zu beachten.

Sozialversicherung

Versicherungs- und Beitragsrecht

Solange ein Arbeitsplatz im täglichen oder wöchentlichen Wechsel zwischen Arbeitnehmern aufgeteilt wird, ergeben sich keine sozialversicherungsrechtlichen Besonderheiten. Die Arbeitnehmer unterliegen in ihrer jeweiligen Beschäftigung der Sozialversicherungspflicht. Es sei denn, es liegt z. B. eine ↗ geringfügige Beschäftigung oder eine wegen Überschreiten der ↗ Jahresarbeitsentgeltgrenze versicherungsfreie Beschäftigung vor.

Wechsel von Arbeits- und Freizeitphasen

Bei Job-Sharing können sich zwei oder mehrere Arbeitnehmer einen vollen Arbeitsplatz so aufteilen, dass sie sich in längeren Arbeits- und Freizeitperioden wechselseitig ablösen. Von einem durchgehenden Beschäftigungsverhältnis (gegen Arbeitsentgelt) ist auszugehen, wenn

- der Arbeitsvertrag,
- die Dienstbereitschaft des Arbeitnehmers und
- die Verfügungsbefugnis des Arbeitgebers während der Freizeitperioden grundsätzlich fortbestehen und
- das Arbeitsentgelt gleichmäßig auf alle Entgeltzeiträume (mit und ohne Arbeitsleistung) aufgeteilt und kontinuierlich ausgezahlt wird.

Satzungsregelung zur Krankengeldberechnung

Bei nicht kontinuierlicher Arbeitsverrichtung kann die Satzung der gesetzlichen Krankenkasse abweichende Bestimmungen zur Berechnung des Krankengeldes vorsehen.[1] Die Satzungen der Krankenkassen sollen solche Fälle regeln, die sich gesetzlich nicht erfassen lassen, da sie nicht der üblichen Arbeitsgestaltung entsprechen (z. B. neue Arbeitsformen wie das Job-Sharing oder Sonderformen der Teilzeitarbeit). Die Satzungen müssen sicherstellen, dass das Krankengeld auch in diesen Fällen seine Entgeltersatzfunktion erfüllt.

1 § 47 Abs. 3 SGB V.

Jobticket

Als Jobtickets werden Monats- oder Jahresfahrkarten bezeichnet, die Unternehmen bei einem Verkehrsbetrieb erwerben und entgeltlich oder unentgeltlich an ihre Arbeitnehmer ausgeben. Das Jobticket berechtigt den Eigentümer dazu, öffentliche Verkehrsmittel innerhalb einer bestimmten Region oder Verkehrszone zu nutzen. Oft erhalten die Unternehmen besondere Konditionen vom Verkehrsbetrieb für ihre Arbeitnehmer. Auch ein Deutschlandticket kann ein Jobticket sein.

Überlässt der Arbeitgeber dem Arbeitnehmer ein Jobticket, handelt es sich grundsätzlich um einen Sachbezug und damit um steuerpflichtigen Arbeitslohn bzw. sozialversicherungspflichtiges Arbeitsentgelt. Arbeitgeberleistungen (Zuschüsse und Sachbezüge) an Arbeitnehmer, die für ihre Fahrten zwischen Wohnung und erster Tätigkeitsstätte öffentliche Verkehrsmittel nutzen, sind jedoch steuerfrei, wenn die Leistungen zusätzlich zum ohnehin geschuldeten Arbeitslohn erbracht werden.

Zur Steuerfreiheit von (Bar-)Zuschüssen des Arbeitgebers bei Nutzung öffentlicher Verkehrsmittel, d. h. der Ersatz von nachgewiesenen Aufwendungen des Arbeitnehmers, siehe „Fahrtkostenzuschuss“.

Gesetze, Vorschriften und Rechtsprechung

Lohnsteuer: Die zusätzlich zum ohnehin geschuldeten Arbeitslohn erbrachte unentgeltliche oder verbilligte Gestellung eines Jobtickets nach § 3 Nr. 15 EStG ist steuerfrei. Die Finanzverwaltung hat Einzelheiten mit BMF, Schreiben v. 15.8.2019, IV C 5 – S 2342/19/10007 :001, BStBl 2019 I S. 875 geregelt. Jobtickets sind grundsätzlich Sachzuwendungen, die nach den Vorschriften des § 8 Abs. 2 EStG (Sachbezugsfreigrenze) oder § 8 Abs. 3 EStG (Belegschaftsrabatt) zu bewerten sind. Zusätzliche Regelungen und Beispiele zur Bewertung des Sachbezugs Jobticket finden sich in H 8.1 LStH. Bei Verzicht auf die Steuerbefreiung und bei Barlohnumwandlung kann die Lohnsteuer mit einem Pauschsteuersatz von 15 % nach § 40 Abs. 2 Satz 2 Nr. 1 EStG mit Anrechnung auf die Entfernungspauschale oder von 25 % § 40 Abs. 2 Satz 2 Nr. 2 EStG ohne Anrechnung auf die Entfernungspauschale erhoben werden.

Sozialversicherung: Die Beitragspflicht des Arbeitsentgelts in der Sozialversicherung ergibt sich aus § 14 Abs. 1 SGB IV. Die Beitragsfreiheit von lohnsteuerfreien (Sach-)Zuwendungen ergibt sich aus § 1 Abs. 1 Satz 1 SvEV. Pauschalversteuerte Sachzuwendungen sind nach § 1 Abs. 1 Satz 1 Nr. 3 SvEV beitragsfrei. Die Beitragsfreiheit geldwerter Vorteile im Rahmen der Rabattregelungen für Mitarbeiter von Verkehrsunternehmen orientiert sich an den Regelungen des § 3 Abs. 1 Satz 4 SvEV. Zur Umwandlung laufender Lohnvereinbarungen enthält das BSG-Urteil v. 2.3.2010, B 12 R 5/09 R, entsprechende Hinweise.

Entgelt	LSt	SV
Jobticket als zusätzliche Leistung zum ohnehin geschuldeten Arbeitslohn	frei	frei
Jobticket mit 25 %	pauschal	frei
Jobticket mit 15 %	pauschal	frei
Jobticket, falls Barlohnumwandlung bis 50 EUR monatlich	frei	frei
Jobticket bei Arbeitnehmern eines Verkehrsträgers, falls Barlohnumwandlung bis 1.080 EUR monatlich	frei	frei

Lohnsteuer

Faktoren der steuerlichen Bewertung

Es gibt mehrere Faktoren, die über die steuerliche Bewertung eines Jobtickets entscheiden:

- Barlohn oder Sachlohn,
- öffentliche oder sonstige Verkehrsmittel,
- Entgeltumwandlung oder zusätzlich zum ohnehin geschuldeten Arbeitslohn erbrachte Leistung.

Mit der Einführung des Deutschlandtickets (sog. 49-EUR-Ticket) ist es der Regelfall geworden, dass Arbeitnehmer ein Deutschlandticket als Jobticket nutzen.

Steuerfreies Jobticket

Unterscheidung nach Personenfern- und Personennahverkehr

Arbeitgeberleistungen für Fahrten des Arbeitnehmers mit öffentlichen Verkehrsmitteln

- im Linienverkehr (ohne Luftverkehr) – Personenfernverkehr – zwischen Wohnung und erster Tätigkeitsstätte und für Fahrten zum Sammelpunkt oder in einem weiträumigen Tätigkeitsgebiet[1] (1. Alternative)
- sowie Arbeitgeberleistungen für alle Fahrten des Arbeitnehmers im öffentlichen Personennahverkehr (2. Alternative)

sind steuerfrei.[2]

Für die Steuerbefreiung der Jobtickets wird danach unterschieden, ob eine Arbeitgeberleistung zugunsten des Personennah- oder Personenfernverkehr erbracht wird. Die Nutzung des öffentlichen Personennahverkehrs ist unabhängig von der Art der Fahrten begünstigt. Daraus folgt, dass die Steuerbefreiung hier auch bei Privatfahrten des Arbeitnehmers greift. Damit ist – anders als im Personenfernverkehr – bei Fahrberechtigungen, die nur eine Nutzung des Personennahverkehrs ermöglichen, keine weitere Prüfung zur Art der Nutzung erforderlich.[3]

Begriffe Personenfern- bzw. Personennahverkehr:

Zum Personenfernverkehr gehören:

- Fernzüge der Deutschen Bahn (ICE, IC, EC),
- Fernbusse auf festgelegten Linien oder Routen und mit festgelegten Haltepunkten sowie
- vergleichbare Hochgeschwindigkeitszüge und schnellfahrende Fernzüge anderer Anbieter (z. B. TGV, Thalys).[4]

Zum öffentlichen Personennahverkehr gehört hingegen die allgemein zugängliche Beförderung von Personen im Linienverkehr, die überwiegend dazu bestimmt ist, die Verkehrsnachfrage im Stadt-, Vorort- oder Regionalverkehr zu befriedigen. Als Personennahverkehr gelten alle öffentlichen Verkehrsmittel, die nicht Personenfernverkehr sind und nicht zu den generell nicht begünstigten Verkehrsmitteln gehören.[5]

Hinweis

Bestimmte IC-/ICE-Verbindung zählen auch zum Nahverkehr

Wird allerdings eine Fahrberechtigung für den öffentlichen Personennahverkehr auch für die Nutzung bestimmter Fernzüge freigegeben, liegt weiterhin eine Fahrt im öffentlichen Personennahverkehr i. S. d. § 3 Nr. 15 EStG vor. Hierunter fällt insbesondere die Freigabe des Deutschlandtickets für bestimmte IC- oder ICE-Verbindung.[6]

Begünstigte Fahrberechtigungen

Unter die Steuerbefreiung fallen Arbeitgeberleistungen in Form von

1. unentgeltlichen oder verbilligt überlassenen Fahrberechtigungen (Sachbezüge in Form von Jobtickets) und
2. Zuschüssen (Barlohn) des Arbeitgebers zu den vom Arbeitnehmer selbst erworbenen Fahrberechtigungen.

Begünstigt sind insbesondere Fahrberechtigungen als

- Deutschlandticket,
- Einzel-/Mehrfahrtenfahrscheinen,
- Zeitkarten (z. B. Monats-, Jahrestickets, BahnCard 100),
- allgemeine Freifahrtberechtigungen, Freifahrtberechtigungen für bestimmte Tage (z. B. bei Smogalarm) oder
- Ermäßigungskarten (z. B. BahnCard 25).

In die Steuerbefreiung werden auch die Fälle einbezogen, in denen der Arbeitgeber nur mittelbar (z. B. durch Abschluss eines Rahmenabkommens mit dem Verkehrsträger) an der Vorteilsgewährung beteiligt ist.[7]

Zusätzlichkeitserfordernis

Die Steuerbefreiung greift nur für Arbeitgeberleistungen, die zusätzlich zum ohnehin geschuldeten Arbeitslohn erbracht werden. Barlohnumwandlungen sind für die Steuerbefreiung schädlich.

Begünstigter Personenkreis

Die Steuerfreiheit für Fahrberechtigungen für den Personenfernverkehr kommt infolge der Begrenzung auf Fahrten zwischen Wohnung und erster Tätigkeitsstätte sowie für Fahrten zum Sammelpunkt oder in einem weiträumigen Tätigkeitsgebiet[8] nur in Betracht für Arbeitnehmer in einem aktiven Beschäftigungsverhältnis sowie für die beim Entleiher beschäftigten Leiharbeitnehmer.[9] Die Steuerfreiheit für Fahrberechtigungen für den öffentlichen Personennahverkehr gilt hingegen für alle (ehemaligen) Arbeitnehmer oder Leiharbeitnehmer.[10, 11]

Nicht begünstigte Verkehrsmittel

Nicht begünstigte Verkehrsmittel sind insbesondere

- für konkrete Anlässe speziell gemietete bzw. gecharterte Busse oder Bahnen,
- Taxen im Gelegenheitsverkehr, die nicht auf konzessionierten Linien oder Routen fahren und
- Luftverkehr.[12]

Gemischte Nutzung von Fahrberechtigungen für Personenfernverkehr

Zu den steuerfreien Arbeitgeberleistungen, die zur Nutzung des Personenfernverkehrs berechtigen, gehören Fahrten

- zwischen Wohnung und erster Tätigkeitsstätte sowie
- zu einem Sammelpunkt oder
- zu einem weiträumigen Tätigkeitsgebiet.[13]

Privatfahrten im Personenfernverkehr sind indes nicht begünstigt. Im Falle einer (möglichen) gemischten Nutzung der Fahrberechtigung (Auswärtstätigkeit, Familienheimfahrt im Rahmen der doppelten Haushaltsführung, Fahrten zwischen Wohnung und erster Tätigkeitsstätte sowie Privatfahrten) ist daher sicherzustellen, dass Arbeitgeberleistungen für Privatfahrten im Personenfernverkehr nicht durch die Steuerbefreiung begünstigt werden.

---

1 § 9 Abs. 1 Satz 3 Nr. 4a Satz 3 EStG.
2 § 3 Nr. 15 Sätze 1, 2 EStG.
3 BMF, Schreiben v. 15.8.2019, IV C 5 – S 2342/19/10007 :001, BStBl 2019 I S. 875, Rz. 4, 8.
4 BMF, Schreiben v. 15.8.2019, IV C 5 – S 2342/19/10007 :001, BStBl 2019 I S. 875, Rz. 7.
5 BMF, Schreiben v. 15.8.2019, IV C 5 – S 2342/19/10007 :001, BStBl 2019 I S. 875, Rz. 8.
6 BMF, Schreiben v. 7.11.2023, IV C 5 – S 2342/19/10007 :009, BStBl 2023 I S. 1969.
7 BMF, Schreiben v. 15.8.2019, IV C 5 – S 2342/19/10007 :001, BStBl 2019 I S. 875, Rz. 26.
8 § 9 Abs. 1 Satz 3 Nr. 4a Satz 3 EStG.
9 § 3 Nr. 15 EStG, 1. Alternative.
10 § 3 Nr. 15 EStG, 2. Alternative.
11 BMF, Schreiben v. 15.8.2019, IV C 5 – S 2342/19/10007 :001, BStBl 2019 I S. 875, Rz. 4
12 BMF, Schreiben v. 15.8.2019, IV C 5 – S 2342/19/10007 :001, BStBl 2019 I S. 875, Rz. 3.
13 § 9 Abs. 1 Satz 3 Nr. 4a Satz 3 EStG.

Bewertung bei begrenzter Nutzung der Fahrberechtigung

Vor diesem Hintergrund hat die Finanzverwaltung aber Vereinfachungsregelungen getroffen. Eine Fahrberechtigung für den Personenfernverkehr für Fahrten

- zwischen Wohnung und erster Tätigkeitsstätte,
- zu einem Sammelpunkt oder
- zu einem weiträumigen Tätigkeitsgebiet,

ist steuerbefreit, wenn sie lediglich zur Nutzung für diese Strecke berechtigt. Die tatsächliche Nutzung der Fahrberechtigung auch zu privaten Fahrten ist in diesen Fällen unbeachtlich.[1]

Bewertung bei erweiterter Nutzung der Fahrberechtigung

Für den Fall, dass die Fahrberechtigung über diese Strecke hinausgeht, geht die Finanzverwaltung aus Vereinfachungsgründen davon aus, dass die Fahrberechtigung insoweit auf Fahrten zwischen Wohnung und erster Tätigkeitsstätte, zu einem Sammelpunkt oder zu einem weiträumigen Tätigkeitsgebiet entfällt, als die Arbeitgeberleistung den regulären Verkaufspreis einer Fahrberechtigung nur für diese Strecke für den Gültigkeitszeitraum nicht überschreitet.[2]

Im Falle des Überschreitens liegt für den überschießenden Betrag steuerpflichtiger Arbeitslohn vor, dessen Versteuerung unter Beachtung der 50-EUR-Freigrenze[3] oder des sog. Rabattfreibetrags i. H. v. 1.080 EUR[4] erfolgt.

Nutzung auch für Dienstreisen oder Familienheimfahrten: Prognoseberechnung

Besonderheiten gelten für Fahrberechtigungen für den Personenfernverkehr, die ganz oder teilweise die Voraussetzungen für die Steuerbefreiung der Fahrkostenzuschüsse nach § 3 Nr. 15 EStG erfüllen, aber auch für Fahrten im Rahmen von Auswärtstätigkeiten oder für eine Familienheimfahrt pro Woche im Rahmen der doppelten Haushaltsführung (z. B. bei einer ⇗ BahnCard). Die Arbeitgeberleistung ist dann vorrangig steuerfrei, soweit sie auf Dienstreise-Fahrten entfällt.

Wichtig

Vorrangige Steuerfreiheit für Reisekosten und doppelte Haushaltsführung

Die Steuerfreistellungen für Fahrten im Rahmen einer ⇗ Auswärtstätigkeit (nach § 3 Nr. 13 oder 16 EStG) bzw. Familienheimfahrten im Rahmen einer ⇗ doppelten Haushaltsführung haben Vorrang vor der Steuerfreistellung als Jobticket (nach § 3 Nr. 15 EStG).

Für diesen Fall kann der Arbeitgeber im Rahmen einer Prognoseberechnung prüfen, ob die Fahrberechtigung bereits bei Hingabe insgesamt steuerfrei belassen werden kann.[5] Die sog. Amortisationsprognose vergleicht die Kosten der vom Arbeitgeber bezahlten Fahrberechtigung mit der Summe aus

- den ersparten Kosten für Einzelfahrscheine, die ohne Nutzung der Fahrberechtigung während deren Gültigkeitsdauer für die steuerlich begünstigten Fahrten im Rahmen einer Auswärtstätigkeit oder eine Familienheimfahrt pro Woche im Rahmen der doppelten Haushaltsführung anfallen würden und
- je nach Fallgestaltung dem regulären Verkaufspreis eines Jobtickets für die Strecke zwischen Wohnung und erster Tätigkeitsstätte, zu einem Sammelpunkt oder zu einem weiträumigen Tätigkeitsgebiet für den entsprechenden Gültigkeitszeitraum.

Je nachdem, ob die Summe der Einzelkomponenten die Kosten der vom Arbeitgeber ausgegebenen Fahrberechtigung erreicht oder überschreitet, ergeben sich die unterschiedlichen lohnsteuerlichen Konsequenzen. Möglich ist

- eine sog. Vollamortisation allein durch Reisekosten[6]
- eine sog. Vollamortisation mit Jobticket[7]
- eine sog. Teilamortisation, weil eine Vollamortisation nicht erreicht wird[8], oder
- der Verzicht auf eine Amortisationsprognose.

Detaillierte Ausführungen und Praxis-Beispiele zu den unterschiedlichen Fallgestaltungen und der sich ergebenden steuerlichen Beurteilung sind im Stichwort „⇗ BahnCard" zu finden.

Anrechnung auf die abziehbaren Werbungskosten

Die steuerfreien Arbeitgeberleistungen für das Jobticket mindern den als Entfernungspauschale abziehbaren Betrag.[9]

Der (Werbungskosten-)Minderungsbetrag entspricht dem Wert der überlassenen Fahrberechtigung, der ohne die Steuerbefreiung für das Jobticket als Arbeitslohn zu besteuern gewesen wäre. Aus Vereinfachungsgründen können als Wert der überlassenen Fahrberechtigung die Aufwendungen des Arbeitgebers einschließlich Umsatzsteuer angesetzt werden.[10] Im Falle des Deutschlandtickets kann als Wert auch der um den staatlichen Zuschuss von 5 % geminderte Preis herangezogen werden.

Für den Fall, dass die Fahrberechtigung einen Gültigkeitszeitraum besitzt, der sich über 2 oder mehr Kalenderjahre erstreckt, gilt das Jobticket in dem Kalenderjahr als zugeflossen, in dem die Arbeitgeberleistung erbracht wird. Für die Anrechnung auf die Entfernungspauschale ist allerdings der Wert der Fahrberechtigung auf den Gültigkeitszeitraum des Jobtickets zu verteilen und entsprechend zu bescheinigen.[11]

Hinweis

Vorrangige Steuerbefreiung für Reisekosten

Bei einer arbeitgeberseitigen Überlassung einer Fahrberechtigung (z. B. Monatskarte oder Deutschlandticket) oder Zuschüssen zu einer vom Arbeitnehmer selbst erworbenen Fahrberechtigung ist allerdings die Steuerbefreiung für berufliche Auswärtstätigkeiten nach § 3 Nr. 13 oder Nr. 16 EStG vorrangig zu berücksichtigen.[12] Dies hat zur Folge, dass nach den Umständen des Einzelfalls keine Anrechnung auf die Entfernungspauschale erfolgen kann, sofern eine Vollamortisation aus der Nutzung für Dienstreisen vorliegt.[13]

Verzicht auf Nutzung des Jobtickets

Erklärt ein Arbeitnehmer gegenüber dem Arbeitgeber, auf das Jobticket gänzlich zu verzichten (Jobticket wird nicht angenommen oder zurückgegeben), ist von einer Kürzung der Entfernungspauschale abzusehen. Ein Nachweis des Nutzungsverzichts ist zum Lohnkonto aufzubewahren.

Steuerpflicht bei Barlohnumwandlung

Geldwerter Vorteil durch Jobticket

Überlässt der Arbeitgeber dem Arbeitnehmer das Jobticket verbilligt oder unentgeltlich im Wege einer ⇗ Barlohnumwandlung, liegt grundsätzlich ein steuerpflichtiger geldwerter Vorteil vor (Sachbezug). Ein geldwerter Vorteil ist allerdings dann nicht anzunehmen, wenn der Arbeitgeber dem Arbeitnehmer das Jobticket zu dem mit dem Verkehrsträger vereinbarten Preis überlässt. Erhält der Arbeitnehmer darüber hinaus das Ticket verbilligt, entsteht insoweit ein geldwerter Vorteil.[14]

1 BMF, Schreiben v. 15.8.2019, IV C 5 – S 2342/19/10007 :001, BStBl 2019 I S. 875, Rz. 12.
2 BMF, Schreiben v. 15.8.2019, IV C 5 – S 2342/19/10007 :001, BStBl 2019 I S. 875, Rz. 13.
3 § 8 Abs. 2 Satz 11 EStG.
4 § 8 Abs. 3 EStG.
5 BMF, Schreiben v. 15.8.2019, IV C 5 – S 2342/19/10007 :001, BStBl 2019 I S. 875, Rz. 14.
6 § 3 Nrn. 13, 16 EStG.
7 § 3 Nr. 15 EStG.
8 § 3 Nrn. 13, 16 und 15 EStG.
9 § 3 Nr. 15 Satz 3 EStG.
10 BMF, Schreiben v. 15.8.2019, IV C 5 – S 2342/19/10007 :001, BStBl 2019 I S. 875, Rz. 28.
11 BMF, Schreiben v. 15.8.2019, IV C 5 – S 2342/19/10007 :001, BStBl 2019 I S. 875, Rz. 29.
12 BMF, Schreiben v. 15.8.2019, IV C 5 – S 2342/19/10007:001, BStBl 2019 I S. 875, Rz. 14, 16, 22 und 27.
13 BMF, Schreiben v. 15.8.2019, IV C 5 – S 2342/19/10007:001, BStBl 2019 I S. 875, Rz. 27.
14 H 8.1 (1–4) LStH „Job-Ticket", unter Hinweis auf BMF, Schreiben v. 27.1.2004, IV C 5 – S 2000 – 2/04, BStBl 2004 I S. 173.

Hinweis

Keine Steuerbefreiung für Barlohnumwandlung

Die Steuerbefreiung greift nur für Arbeitgeberleistungen, die zusätzlich zum ohnehin geschuldeten Arbeitslohn erbracht werden.

Ermittlung des geldwerten Vorteils

Der Sachbezug ist grundsätzlich mit seinem geldwerten Vorteil zu erfassen. Zur Ermittlung des geldwerten Vorteils ist zunächst die Differenz zwischen dem üblichen Endpreis (Verkaufspreis) mit einem vergleichbaren Ticket und den tatsächlichen Aufwendungen des Arbeitnehmers für das Ticket zu bilden. Von diesem Betrag sind noch übliche Preisnachlässe abzuziehen, die der Verkehrsbetrieb im Rahmen des Jobticket-Programms den Arbeitnehmern gewährt. Diese Nachlässe stellen keinen geldwerten Vorteil dar.[1]

Beispiel

Geldwerter Vorteil bei Tarifermäßigung des Verkehrsbetriebs

Der Arbeitgeber schließt mit einem Verkehrsbetrieb einen Rahmenvertrag ab, nach dem seine Mitarbeiter verbilligte Jobtickets unmittelbar vom Verkehrsbetrieb erwerben können. Der vom Verkehrsbetrieb eingeräumte Rabatt beträgt 10 %. Die Mitarbeiter leisten eine Zuzahlung von 20 EUR, die ihnen vom Nettolohn abgezogen wird.

Ergebnis: Der übliche Preisnachlass des Verkehrsbetriebs an den Arbeitnehmer stellt keinen Arbeitslohn von dritter Seite dar. Ein geldwerter Vorteil entsteht jedoch, soweit der Arbeitnehmer darüber hinaus das Ticket verbilligt erhält.

Üblicher Preis für eine Monatskarte	80,00 EUR
Abzgl. Jobticket-Ermäßigung (10 %)	– 8,00 EUR
Differenz	72,00 EUR
Davon 96 % (4 % Bewertungsabschlag)	69,12 EUR
Abzgl. Zuzahlung Arbeitnehmer	– 20,00 EUR
Geldwerter Vorteil	49,12 EUR

Unter der Voraussetzung, dass keine weiteren Sachbezüge im Monat gewährt werden, die zu einer Überschreitung der 50-EUR-Freigrenze führen, bleibt der Vorteil von 49,12 EUR steuerfrei.

Freigrenze von 50 EUR

Sachbezüge bleiben steuerfrei, wenn die verbleibenden Vorteile insgesamt 50 EUR im Kalendermonat nicht übersteigen.[2] Diese Freigrenze findet auf die unentgeltliche oder verbilligte Überlassung eines Jobtickets vom Arbeitgeber an den Arbeitnehmer Anwendung.[3] Bei Anwendung der 50-EUR-Grenze sind alle in einem Monat zugeflossenen Sachbezüge zusammenzurechnen. Für die Bewertung ist dabei auf den Zeitpunkt des Zuflusses abzustellen.

Hinweis

50-EUR-Freigrenze gilt nicht für Barzuschüsse

Die 50-EUR-Freigrenze gilt nur bei einem Sachbezug und nicht bei einem Barzuschuss. Der Arbeitgeber muss daher das Jobticket vom Verkehrsbetrieb erwerben und verbilligt an seinen Arbeitnehmer abgeben.

Zuzahlung der Arbeitnehmer zur Ausnutzung der 50-EUR-Freigrenze

Die Kosten für ein Monatsticket liegen im Nahverkehr meist über 50 EUR. Um die 50-EUR-Freigrenze optimal auszunutzen, kann der Arbeitnehmer eine Zuzahlung leisten. Der Arbeitgeber sollte aber bei diesem Modell die Preisentwicklung beim Verkehrsbetrieb beobachten. Steigt der Preis für das Monatsticket, muss gegebenenfalls die Zuzahlung des Arbeitnehmers erhöht werden, damit die 50-EUR-Freigrenze noch angewendet werden kann.

Zufluss des geldwerten Vorteils

Gilt das Jobticket für einen längeren Zeitraum (z. B. Jahresticket), fließt der geldwerte Vorteil insgesamt im Zeitpunkt der Überlassung des Jobtickets zu, wenn dem Arbeitnehmer mit der Aushändigung des Tickets ein uneingeschränktes Nutzungsrecht eingeräumt wurde.[4] Für den Zufluss des geldwerten Vorteils ist es unerheblich, ob das Jobticket vom Arbeitnehmer gekündigt werden kann oder ob der Leistungsempfänger eine Gegenleistung erbringt. Ohne Belang sind auch Einzelheiten der Zahlung. In diesen Fällen bewirken monatliche Zahlungen an den Verkehrsbetrieb keinen anteiligen Zufluss des Bezugsrechts.[5]

Besonderheiten bei Tickets für einen längeren Zeitraum

Bei der Überlassung einer Monatskarte oder einer monatlichen Fahrberechtigung für ein Jobticket ist die 50-EUR-Freigrenze in bestimmten Fällen anwendbar, auch wenn das Ticket für einen längeren Zeitraum gilt. Hierbei handelt es sich um Fälle, in denen tatsächlich monatliche Tickets (Monatsmarken) ausgehändigt werden oder Tickets, welche an sich für einen längeren Zeitraum gelten, aber jeden Monat aktiviert bzw. freigeschaltet werden. Sehen die Tarif- und Nutzungsbestimmungen für ein Jobticket vor, dass die monatliche Fahrberechtigung durch die rechtzeitige monatliche Zahlung erworben wird, fließt der geldwerte Vorteil aus dem Sachbezug Jobticket monatlich und nicht bei Kauf- bzw. Teilnahmeerklärung für den Gültigkeitszeitraum zu.[6, 7]

Beispiel

Geldwerter Vorteil bei Jobticket für einen längeren Zeitraum

Der Arbeitnehmer erhält von seinem Arbeitgeber ab 1.1.2023 unentgeltlich ein Jobticket. Die Karte hat den Aufdruck „gültig bis 31.12.2024“. Nach den Tarifbestimmungen des Verkehrsanbieters wird während der Gültigkeitsdauer 1.1.2023–31.12.2023 die monatliche Fahrberechtigung durch die rechtzeitige monatliche Zahlung erworben. Nach der Berechnung des Arbeitgebers beträgt der geldwerte Vorteil aus dem Jobticket monatlich 42 EUR. Weitere Sachbezüge liegen nicht vor.

Ergebnis: Die 50-EUR-Freigrenze für Sachbezüge ist anwendbar. Da es sich um die monatliche Fahrberechtigung eines Jobtickets handelt, das für einen längeren Zeitraum gilt, fließt der geldwerte Vorteil aus dem Sachbezug monatlich zu. Weil der geldwerte Vorteil von monatlich 42 EUR die 50-EUR-Freigrenze nicht übersteigt, ist er steuerfrei.

Rabattfreibetrag für Mitarbeiter von Verkehrsbetrieben

Der geldwerte Vorteil aus dem Jobticket kann bei Arbeitnehmern eines Verkehrsträgers im Rahmen des Rabattfreibetrags von 1.080 EUR steuerfrei bleiben.[8]

Alternativ kann der geldwerte Vorteil ohne Bewertungsabschlag von 4 % und ohne Rabattfreibetrag bewertet werden.[9] Dieses Wahlrecht ist sowohl im Lohnsteuerabzugsverfahren als auch im Rahmen der Einkommensteuerveranlagung anwendbar.[10]

Die Ausübung des Wahlrechts kann je nach Lage des Einzelfalls zu einem niedrigeren Arbeitslohn führen. Das gilt vor allem deshalb, weil bei der Anwendung des § 8 Abs. 2 EStG der Vergleichspreis grundsätzlich der günstigste Preis am Markt ist. Der Endpreis ist dagegen der Preis, der am Ende von Verkaufsverhandlungen als letztes Angebot stehende Preis, der auch Rabatte umfasst.[11]

1 BFH, Urteil v. 14.11.2012, VI R 56/11, BFH/NV 2013 S. 628, BStBl 2013 II S. 382; BMF, Schreiben v. 27.1.2004, IV C 5 – S 2000-2/04, BStBl 2004 I S. 173.
2 § 8 Abs. 2 Satz 11 EStG.
3 H 8.1 LStH „Job-Ticket“.
4 BMF, Schreiben v. 27.1.2004, IV C 5 – S 2000 – 2/04, BStBl 2004 I S. 173.
5 BFH, Urteil v. 14.11.2012, VI R 56/11, BFH/NV 2013 S. 628, BStBl 2013 II S. 382, Tz. 22.
6 LfSt Bayern, Verfügung v. 12.8.2015, S 2334.2.1 – 98/5 St 32.
7 R 8.1 Abs. 3 Satz 4 LStR.
8 § 8 Abs. 3 EStG.
9 § 8 Abs. 2 Satz 1 EStG.
10 BMF, Schreiben v. 16.5.2013, IV C 5 – S 2334/07/0011, BStBl 2013 I S. 729.
11 § 8 Abs. 3 EStG.

Deutschlandticket als Jobticket

Anwendungsbereich

Deutschlandtickets können erstmals seit dem 1.5.2023 erworben werden; sie sind auch als Jobticket erhältlich. Der Ausgabepreis beträgt monatlich 49 EUR. Die Tickets werden im Abo ausgegeben, welches monatlich kündbar ist. Der Geltungsbereich dieses Fahrausweises ist auf den Regionalverkehr beschränkt, also z. B. Straßen-, S- und U-Bahnen, Züge und Busse im Regionalverkehr (z. B. Interregio oder Regional Express). Ausgeschlossen ist die Benutzung von Fernzügen, z. B. ICE, IC oder EC.

Deutschlandticket als vorherrschende Tarifvariante

I. d. R. wurden mit der Einführung des Deutschlandtickets die bereits bestehenden Monats-Tickets nach Vorankündigung durch die Verkehrsverbünde zum 1.5.2023 auf das Deutschlandticket umgestellt, da dessen monatlicher Preis von 49 EUR vielfach günstiger ist als die bisherigen Tickets der Verkehrsverbünde. War diese Umstellung nicht im Sinne des Abonnenten, musste er der Umstellung aktiv widersprechen, um die bisherigen Abo-Konditionen beizubehalten. Ab Mai 2023 dürfte also das Deutschlandticket bei den Abonnenten der Verkehrsverbünde wohl die vorherrschende Tarifvariante sein. In Einzelfällen halten jedoch Abonnenten an den bisherigen Tarifen fest und nehmen das Deutschlandticket nicht ab, z. B. wenn nach den bisherigen Tarifen z. B. die Mitnahme von Fahrrädern oder weiteren Personen ab bestimmten Uhrzeiten oder am Wochenende kostenlos möglich ist.

5-%-Rabatt bei Arbeitgeber-Zuschuss

Beteiligt sich der Arbeitgeber am Deutschlandticket mit einem Mindestzuschuss i. H. v. 25 % auf den Ausgabepreis von 49 EUR (= 12,25 EUR), reduziert sich der Ausgabepreis um 5 % (= 2,45 EUR). Dieser sog. Übergangsabschlag gilt befristet bis zum 31.12.2024. Unter den gegenwärtigen Bedingungen kostet den Arbeitnehmer das Deutschlandticket als Jobticket max. 34,30 EUR. Der Arbeitgeber kann natürlich auch den gesamten (reduzierten) Ticketpreis i. H. v. 46,55 EUR übernehmen. Der Zuschuss des Arbeitgebers zum Deutschlandticket als Jobticket ist bis zur Höhe der tatsächlichen Kosten des Tickets dem Grunde nach steuerfrei.[1] Zahlt der Arbeitgeber allerdings höhere Zuschüsse als die tatsächlich anfallenden Kosten, führt dieses insoweit zu steuerpflichtigem Arbeitslohn.

Anstelle der Steuerbefreiung können die Zuschüsse pauschal mit 25 % lohnversteuert werden. Die Pauschalierung führt nicht zu einer Minderung der beim Arbeitnehmer als Werbungskosten abziehbaren Entfernungspauschale.[2]

Lohnsteuerliche Einordnung mit unterschiedlichen Konsequenzen

Vor dem Hintergrund der Steuerbefreiungsmöglichkeit der Fahrten zur erster Tätigkeitsstätte bzw. aufgrund der Sachbezugsfreigrenze von 50 EUR könnte man die Auffassung vertreten, dass die arbeitgeberseitige Gestellung oder Bezuschussung des Deutschlandtickets grundsätzlich nicht zu lohnsteuerpflichtigem Arbeitslohn führt. Entweder greift die hierfür bestehende Steuerbefreiung für Fahrten zur erster Tätigkeitsstätte. Und wenn diese nicht zur Anwendung kommt, greift womöglich die Sachbezugsgrenze bzw. der sog. Rabattfreibetrag i. H. v. 1.080 EUR. Das Ergebnis ist immer, dass die Gestellung oder Bezuschussung nicht zu einer Lohnsteuererhebung führt. Diese Überlegung ist aber nicht richtig. Es muss zwingend geprüft werden, ob die Steuerbefreiungsvorschrift für die Fahrten zur erster Tätigkeitsstätte nach § 3 Nr. 15 EStG greift.

Achtung

Unterschied der Steuerfreiheiten nicht vernachlässigen

Die arbeitgeberseitige Gestellung oder Bezuschussung des Deutschlandtickets ist lohnsteuerlich nicht unbeachtlich, denn je nachdem welche Steuerbefreiungsmöglichkeit für das Deutschlandticket angewendet wird, ergeben sich unterschiedliche Konsequenzen für die Abrechnung und den Arbeitnehmer. Die genaue Prüfung ist außerdem im Hinblick auf die Aufzeichnungspflichten im Lohnsteuerkonto erforderlich.[3]

Die folgenden Steuerbefreiungsmöglichkeit sind für weitere Überlegungen im Zusammenhang mit der Abrechnung und der Konsequenz für Arbeitnehmer wichtig:

- Steuerfreiheit für die Fahrten zwischen Wohnung und erster Tätigkeitsstätte nach § 3 Nr. 15 EStG.
- Steuerfreiheit aufgrund der Sachbezugsfreigrenze von 50 EUR nach § 8 Abs. 2 Satz 11 EStG.
- Steuerfreiheit aufgrund des sog. Rabattfreibetrags von 1.080 EUR.
- Steuerfreiheit für Fahrten im Rahmen einer beruflichen Auswärtstätigkeit (= Dienstreisefahrten) nach § 3 Nr. 13 bzw. Nr. 16 EStG.

Konsequenzen unterschiedlicher Steuerfreiheiten

Der Arbeitgeber muss immer prüfen, ob für den geldwerten Vorteil durch die Überlassung oder Bezuschussung des Deutschlandtickets zunächst die Steuerbefreiung für Fahrten zur ersten Tätigkeitsstätte nach § 3 Nr. 15 EStG Anwendung findet. Ist der geldwerte Vorteil aus der Gestellung des Deutschlandtickets nach dieser Vorschrift steuerfrei, wird er z. B. nicht auf die monatliche Sachbezugsfreigrenze von 50 EUR angerechnet. Im Ergebnis können damit andere geldwerte Vorteile bis zum Höchstbetrag von 50 EUR zusätzlich von der Besteuerung ausgenommen werden.

Unbeachtlich ist auch nicht, ob der Arbeitgeber das Deutschlandticket unentgeltlich bzw. gegen Zuschuss des Arbeitnehmers als Sachbezug zur Verfügung stellt. Auch hierdurch ergeben sich geldwerte Vorteile in unterschiedlicher Höhe. Das hat insbesondere dann steuerliche Konsequenzen, wenn die Steuerbefreiung nach § 3 Nr. 15 EStG nicht in Betracht kommt und im Ergebnis die Anwendung der Sachbezugsfreigrenze i. H. v. 50 EUR zu prüfen ist.

Beispiel

Verbilligte Überlassung eines Deutschlandtickets

Ein Arbeitgeber überlässt seinem Arbeitnehmer ein Deutschlandticket als Jobticket. Der Arbeitnehmer muss hierfür dem Arbeitgeber eine Zuzahlung i. H. v. 60 % auf den Ausgabepreis von 49 EUR leisten. Der Arbeitgeber bekommt aufgrund der Jobticket-Vereinbarung einen Rabatt von 5 % auf den Ausgabepreis.

Ergebnis: Der geldwerte Vorteil ermittelt sich wie folgt:

Ausgabepreis des Deutschlandtickets	49,00 EUR
Abzgl. staatlich finanzierter Nachlass (5 % v. 49 EUR)	– 2,45 EUR
Zwischensumme	46,55 EUR
Davon 96 % (nach Abzug des Bewertungsabschlags von 4 %)	44,68 EUR
Abzgl. Zuzahlung des Arbeitnehmers (60 % v. 49 EUR)	– 29,40 EUR
Monatlicher geldwerter Vorteil	15,28 EUR

Abwandlung:

Der Arbeitnehmer muss keine Zuzahlung leisten. Er bekommt das Deutschlandticket unentgeltlich.

Ergebnis: In diesem Fall beträgt der geldwerte Vorteil monatlich 44,68 EUR.

Werden die geldwerten Vorteile des Deutschlandtickets als Jobticket dem Arbeitnehmer im Wege einer Barlohnumwandlung gewährt, unterliegen diese der Sachbezugsfreigrenze i. H. v. 50 EUR und führen, soweit keine weiteren Sachbezüge gewährt werden, nicht zu steuerpflichtigem Arbeitslohn. Bei Mitarbeitern von Verkehrsbetrieben findet der sog. Rabattfreibetrag i. H. v. 1.080 EUR Anwendung. Auch in diesem Fall entsteht hinsichtlich des Deutschlandtickets i. d. R. kein steuerpflichtiger Arbeitslohn.

1 § 3 Nr. 15 EStG.
2 § 40 Abs. 2 Satz 2 Nr. 2 EStG i. V. m. § 9 Abs. 1 Satz 3 Nr. 4 Satz 2, Abs. 2 EStG.
3 Z. B. § 3 Abs. 2 Nr. 4 LStDV.

Ist der geldwerte Vorteil aus der Gestellung des Deutschlandtickets im Rahmen von Reisekosten nach § 3 Nr. 13 bzw. 16 EStG steuerfrei, weil eine Vollamortisation vorliegt, so erfolgt keine Anrechnung auf die Entfernungspauschale.

Lohnsteuerpauschalierung

15-%-Pauschalierung

Für die nicht steuerbefreiten Sachbezüge[1] in Form unentgeltlicher oder verbilligter Beförderung eines Arbeitnehmers zwischen Wohnung und erster Tätigkeitsstätte sowie bei Arbeitnehmern ohne erste Tätigkeitsstätte für Fahrten zu einem Sammelpunkt oder in ein weiträumiges Tätigkeitsgebiet, kann die Lohnsteuer mit einem Pauschalsteuersatz von 15 % erhoben werden.[2]

Wichtig

Steuerbefreiung vor Anwendung der Lohnsteuerpauschalierung prüfen

Bevor sich der Arbeitgeber zugunsten der Lohnsteuerpauschalierung entscheidet, sollte er prüfen, ob die Sachbezüge nicht nach § 3 Nr. 15 EStG steuerfrei sind. Auf die Steuerbefreiung kann allerdings zugunsten der 15-%-Pauschalierung verzichtet werden.

Obergrenze für die Pauschalierung

Die Pauschalierung ist nur bis zu dem Betrag zulässig, den der Arbeitnehmer für diese Aufwendungen als Werbungskosten[3] geltend machen könnte, wenn die Lohnsteuerpauschalierung nicht erfolgt. Aufwendungen für die Benutzung öffentlicher Verkehrsmittel sind allerdings in tatsächlicher Höhe als Werbungskosten abzugsfähig, sofern sie den als Entfernungspauschale abziehbaren Betrag übersteigen.

Im Falle der Lohnsteuerpauschalierung mindern die so besteuerten Bezüge jedoch den Werbungskostenabzug für die entsprechenden Aufwendungen. Wird von der Pauschalierung Gebrauch gemacht, muss der Arbeitgeber deshalb die pauschal besteuerten Leistungen in der elektronischen ⇗ Lohnsteuerbescheinigung unter Nr. 18 angeben.[4]

Hinweis

Lohnsteuerpauschalierung und Entfernungspauschale

Mit einer Anhebung der Entfernungspauschale steigt der pauschalierungsfähige Höchstbetrag. Die Entfernungspauschale beträgt seit 1.1.2022 ab dem 21. Entfernungskilometer 0,38 EUR.[5]

Der max. Pauschalierungsbetrag bei Anwendung der 15-Tage-Regelung ergibt sich somit wie folgt:

15 Tage × 0,30 EUR × km (bis zum 20. Entfernungs-km)
+ 15 Tage × 0,38 EUR × km (ab dem 21. Entfernungs-km)
= pauschalierungsfähiger Höchstbetrag

25-%-Pauschalierung

Anstelle der Steuerbefreiung nach § 3 Nr. 15 EStG kann die Lohnsteuer mit einem Pauschsteuersatz von 25 % erhoben werden.[6] Dies gilt für Fahrten mit öffentlichen Verkehrsmitteln im Linienverkehr zwischen Wohnung und erster Tätigkeitsstätte sowie für private Fahrten im öffentlichen Personennahverkehr. Die Regelung gilt auch dann, wenn die Bezüge dem Arbeitnehmer im Wege der Barlohnumwandlung gewährt werden.

Wählt der Arbeitgeber diese Pauschalierungsmöglichkeit, gilt sie einheitlich für alle in § 3 Nr. 15 EStG genannten Bezüge, die der Arbeitgeber innerhalb eines Kalenderjahres gewährt, auch wenn die Bezüge nicht zusätzlich zum ohnehin geschuldeten Arbeitslohn gewährt werden.

Für die so pauschal besteuerten Bezüge unterbleibt eine Minderung der Entfernungspauschale.[7] Sie muss daher nicht vom Arbeitgeber in die Lohnsteuerbescheinigung eingetragen werden.

Aufzeichnungs- und Nachweispflicht

Lohnsteuerbescheinigung

Der Arbeitgeber hat die steuerfreien Jobtickets in der ⇗ Lohnsteuerbescheinigung unter Nr. 17 zu bescheinigen.[8] Die mit 15 % pauschal besteuerten Jobtickets sind in der Lohnsteuerbescheinigung unter Nr. 18 zu bescheinigen.

Lohnkonto

Die (steuerfreien) Sachbezüge sind im ⇗ Lohnkonto einzeln zu bezeichnen und bei laufenden Sachbezügen unter Angabe des Abgabezeitraums, des Abgabeorts und des Entgelts mit dem um die Zuzahlung des Arbeitnehmers geminderten Wert zu erfassen.[9]

Sachbezüge i. S. d. § 8 Abs. 3 EStG sind als solche kenntlich zu machen und ohne Kürzung um Freibeträge in das Lohnkonto einzutragen.[10]

Es empfiehlt sich, die zum Jobticket gehörenden Unterlagen (Vereinbarungen mit dem Verkehrsträger, Tarifbestimmungen usw.) ebenfalls als Nachweis für spätere Lohnsteuer-Außenprüfungen zum Lohnkonto zu nehmen.

Überlässt der Arbeitgeber seinem Arbeitnehmer eine Fahrberechtigung für den Personennahverkehr, muss er zum Nachweis für das Vorliegen der Voraussetzungen der Steuerbefreiung mit Jobticket den Beleg für die erworbenen Fahrberechtigungen zum Lohnkonto aufbewahren. Dies gilt auch, wenn der Arbeitgeber dem Arbeitnehmer eine Fahrberechtigung für den Personenfernverkehr überlässt, die lediglich zur Nutzung für die Strecke zwischen Wohnung und erster Tätigkeitsstätte sowie zu einem Sammelpunkt oder einem weiträumigen Tätigkeitsgebiet berechtigt.[11]

Hat der Arbeitgeber eine Amortisationsprognose aufgestellt oder einen Korrekturbetrag verrechnet, muss er diese Berechnung ebenfalls zum Lohnkonto des Arbeitnehmers nehmen.[12]

Sozialversicherung

Beitragsfreiheit

Zusätzlich zum Arbeitsentgelt gewährte Jobtickets

Sachzuwendungen in Form der unentgeltlichen oder verbilligten Zurverfügungstellung von Fahrausweisen (Jobtickets), die im Rahmen des Arbeitsverhältnisses zusätzlich zum ohnehin geschuldeten Arbeitsentgelt gewährt werden unterliegen seit 1.1.2019 der Steuerfreiheit[13] und sind ebenfalls beitragsfrei zur Sozialversicherung.[14]

Pauschalbesteuerte Jobtickets

Arbeitgeberleistungen zu Aufwendungen der Mitarbeiter für ⇗ Fahrten zwischen Wohnung und erster Tätigkeitsstätte können pauschal mit 15 % oder 25 % besteuert werden.

Die Inanspruchnahme der Pauschalversteuerung nach § 40 Abs. 2 EStG hat zur Konsequenz, dass die vom Arbeitgeber übernommenen Leistungen auch beitragsfrei zur Sozialversicherung sind.[15]

---

1 § 3 Nr. 15 EStG.
2 § 40 Abs. 2 Satz 2 Nr. 1 Buchst. a) EStG.
3 § 9 Abs. 1 Satz 3 Nr. 4, Abs. 2 EStG.
4 § 41b Abs. 1 Satz 2 Nr. 7 EStG.
5 § 9 Abs. 1 Nr. 4 EStG.
6 § 40 Abs. 2 Satz 2 Nr. 2 EStG.
7 § 40 Abs. 2 Satz 2 Nr. 2 EStG i. V. m. § 9 Abs. 1 Satz 3 Nr. 4 Satz 2, Abs. 2 EStG.
8 § 41b Abs. 1 Satz 2 Nr. 6 EStG.
9 § 4 Abs. 2 Nr. 4 LStDV.
10 § 4 Abs. 2 Nr. 3 LStDV.
11 BMF, Schreiben v. 15.8.2019, IV C 5 – S 2342/19/10007:001, BStBl 2019 I S. 875, Rz. 40.
12 BMF, Schreiben v. 15.8.2019, IV C 5 – S 2342/19/10007 :001, BStBl 2019 I S. 875, Rz. 41.
13 § 3 Nr. 15 EStG.
14 § 1 Abs. 1 Satz 1 Nr. 1 SvEV.
15 § 1 Abs. 1 Satz 1 Nr. 3 SvEV.

Wichtig

Einordnung des „Deutschland-Tickets" (49 EUR-Ticket)

Zum 1.5.2023 wurde das sog. „Deutschland-Ticket" (49 EUR-Ticket) eingeführt. Die in diesem und den nachfolgenden Abschnitten beschriebenen sozialversicherungsrechtlichen Regularien zum Jobticket gelten uneingeschränkt auch für das 49 EUR-Ticket.

Geldwerter Vorteil unter Berücksichtigung der Freigrenze von 50 EUR bei Barlohnumwandlung

Barlohnzuwendung aus geschuldetem Arbeitsentgelt

Ein geldwerter Vorteil aus einem Jobticket ist dem Grunde nach als beitragspflichtiges Arbeitsentgelt anzusehen, wenn es sich um eine Barlohnzuwendung aus ohnehin geschuldetem Arbeitsentgelt handelt.

Allerdings ist – anknüpfend an das Steuerrecht – der geldwerte Vorteil aus dem Jobticket beitragsfrei in der Sozialversicherung, wenn er nicht mehr als 50 EUR im Kalendermonat beträgt und die steuerrechtliche Freigrenze somit nicht überschreitet.[1]

Bei der Berechnung des geldwerten Vorteils, insbesondere bei Tarifermäßigung des Verkehrsunternehmens, sind die lohnsteuerrechtlichen Regelungen zu berücksichtigen.

Barlohnzuwendung und Pauschalbesteuerung

Auch hier gelten die vorstehendend getroffenen Ausführungen zu den mit dem Jahressteuergesetz 2019 geregelten Änderungen und der Möglichkeit der Pauschalbesteuerung in Höhe von 25 %. Bei Inanspruchnahme der Pauschalbesteuerung der Barlohnzuwendung – auch aus ohnehin geschuldetem Arbeitsentgelt – ist diese beitragsfrei zur Sozialversicherung.

Zufluss des geldwerten Vorteils

Bei Jobtickets, die für einen längeren Zeitraum – z. B. als Jahresticket – gelten, ist für die Anwendung der 50-EUR-Freigrenze allerdings eines entscheidend: Wird mit der Aushändigung ein uneingeschränktes Nutzungsrecht eingeräumt oder muss es monatlich abgegeben/ausgehändigt bzw. monatlich freigeschaltet werden?

Zufluss bei uneingeschränktem Nutzungsrecht

Steuerlich wird von einem vollen Zufluss des geldwerten Vorteils im Zeitpunkt der Aushändigung ausgegangen, soweit dem Arbeitnehmer mit der Aushändigung des für einen längeren Zeitraum geltenden Jobtickets ein uneingeschränktes Nutzungsrecht eingeräumt wurde. Das bedeutet, dass der auf den Ausgabezeitraum (z. B. Jahresticket) bezogene Gesamtwert des geldwerten Vorteils des Jobtickets

- sofort in vollem Umfang bewertet und
- beitragspflichtig zur Sozialversicherung wird.

Da ein derartiges, für einen längeren Zeitraum ausgegebenes Jobticket keinen laufenden monatlichen geldwerten Vorteil darstellt, ist dieser Bezug sozialversicherungsrechtlich als Einmalzahlung zu berücksichtigen. Somit kommt eine Zuordnung zum laufenden Arbeitsentgelt i. S. d. § 23a Abs. 1 Satz 2 Nr. 3 SGB IV hier nicht in Betracht.

Zufluss bei monatlicher Abgabe bzw. Freischaltung

Anders hingegen verhält es sich, wenn das Jobticket tatsächlich monatlich ausgegeben wird (z. B. Monatsticket oder Monatsmarke) oder – bei elektronischem Fahrausweis – jeweils monatlich neu freigeschaltet oder aktiviert wird. In diesem Falle ist die Freigrenze von monatlich 50 EUR anwendbar. Das gilt auch dann, wenn die Tarif- und Nutzungsbestimmungen für das Jobticket eine Regelung enthalten, nach der die monatliche Fahrberechtigung durch die rechtzeitige monatliche Zahlung erworben wird.

1 § 3 Abs. 1 Satz 4 SvEV i. V. m. § 8 Abs. 2 Satz 11 EStG.

Rabattregelung für Mitarbeiter von Verkehrsunternehmen

Erhalten Mitarbeiter von Verkehrsunternehmen einen geldwerten Vorteil aus dem ihnen zur Verfügung gestellten Jobticket, kann dieser im Rahmen der Rabattregelung bis zur Höhe von 1.080 EUR beitragsfrei bleiben.[2]

Jubiläumszuwendung

Jubiläumszuwendungen sind Sonderzuwendungen des Arbeitgebers, die aus Anlass eines Firmen- oder Arbeitnehmer-/Dienstjubiläums gezahlt werden. Jubiläumszuwendungen als Gratifikation gehören regelmäßig zum steuerpflichtigen Arbeitslohn und damit auch zum beitragspflichtigen Arbeitsentgelt, ebenso Sachzuwendungen aufgrund eines Jubiläums. Auch die Aufwendungen des Arbeitgebers zur Ausrichtung einer Feier anlässlich eines Arbeitnehmer- oder Firmenjubiläums gehören grundsätzlich zum steuerpflichtigen Arbeitslohn und zum beitragspflichtigen Arbeitsentgelt der teilnehmenden (begünstigten) Arbeitnehmer.

Es gelten die Vorschriften für sonstige Bezüge bzw. Einmalzahlungen; die Lohnsteuer wird nach der Jahrestabelle berechnet. Bestimmte Zuwendungen können lohnsteuerfrei bleiben. Hierunter fallen Sachzuwendungen anlässlich eines Arbeitnehmerjubiläums, wenn sie als Aufmerksamkeiten aus persönlichem Anlass bis zu 60 EUR keinen Arbeitslohn darstellen. Dasselbe gilt im Rahmen des 110-EUR-Freibetrags für Betriebsveranstaltungen, die steuerfrei und insoweit beitragsfrei bleiben, bzw. nach der sog. Fünftelregelung ermäßigt besteuert werden.

Gesetze, Vorschriften und Rechtsprechung

Lohnsteuer: Jubiläumszuwendungen gehören nach § 19 Abs. 1 Nr. 1 EStG zum Arbeitslohn. Die Lohnsteuer für den sonstigen Bezug ist nach dem in § 39b Abs. 3 EStG festgelegten Berechnungsschema zu ermitteln. Handelt es sich um eine Vergütung für eine mehrjährige Tätigkeit, ist die ermäßigte Besteuerung nach § 34 Abs. 2 Nr. 4 EStG, der sog. Fünftelregelung, zu prüfen.

Sozialversicherung: Bei Jubiläumszuwendungen handelt es sich um Arbeitsentgelt nach § 14 Abs. 1 SGB IV. Die Beitragsfreiheit für lohnsteuerfreie Zuwendungen ergibt sich aus § 1 Abs. 1 Satz 1 Nr. 1 SvEV.

Entgelt	LSt	SV
Jubiläumszuwendung als Geldleistung	pflichtig	pflichtig
Jubiläumszuwendung als Sachgeschenk bis 60 EUR brutto	frei	frei
Firmenjubiläum (Zuwendungen bis 110 EUR) im Rahmen einer Betriebsveranstaltung	frei	frei
Firmenjubiläum (Zuwendungen über 110 EUR) im Rahmen einer Betriebsveranstaltung	pauschal	pflichtig

Lohnsteuer

Steuerpflichtige oder steuerfreie Zuwendung?

Zahlungen aufgrund eines Firmen- oder Dienst-/Arbeitnehmerjubiläums und damit verbundene Jubiläumsgeschenke sind steuerpflichtig. Damit gehören auch die Aufwendungen des Arbeitgebers zur Ausrichtung einer Jubiläumsfeier (Arbeitnehmer- oder Firmenjubiläum) grundsätzlich zum steuerpflichtigen Arbeitslohn der teilnehmenden (begünstigten) Arbeitnehmer.

2 § 8 Abs. 3 Sätze 1 und 2 EStG i. V. m. § 3 Abs. 1 Satz 3 SvEV.

Allerdings bestehen steuerliche Vergünstigungen für die Gewährung von Geld- und Sachzuwendungen sowie für die Durchführung von Feiern, die aus Anlass eines Firmen- oder Arbeitnehmerjubiläums erfolgen.

Hinweis

Sachgeschenke als steuerfreie Aufmerksamkeiten bei Arbeitnehmerjubiläen

Sachgeschenke, die der Arbeitnehmer aus persönlichem Anlass erhält und deren Wert 60 EUR (brutto) pro Anlass nicht übersteigt, können aber als sog. ⇗ Aufmerksamkeiten lohnsteuerfrei bleiben, wenn sie aus Anlass eines besonderen persönlichen Ereignisses des Arbeitnehmers gegeben werden.[1] Ein besonderes persönliches Ereignis kann dabei nicht nur in der privaten, sondern auch in der beruflichen Sphäre des Arbeitnehmers liegen. Ein in der Person des Mitarbeiters begründetes persönliches Ereignis ist insbesondere ein rundes Dienstjubiläum.[2] Steuerfreie Aufmerksamkeiten anlässlich eines runden Arbeitnehmerjubiläums sind danach ab einer Betriebszugehörigkeit von mindestens 10 Jahren möglich. Ein besonderer persönlicher Anlass, der die Möglichkeit einer steuerfreien Aufmerksamkeit eröffnet, ist m. E. auch bei einer 5- oder 15-jährigen Beschäftigung möglich. Zwar sind steuerfreie betriebliche Feiern an bestimmte runde Arbeitnehmerjubiläen geknüpft und damit erst ab einer Betriebszugehörigkeit von mindestens 10 Jahren möglich. Für die Steuerfreiheit von Aufmerksamkeiten genügt dagegen ein besonderer persönlicher Anlass, der in einer betrieblichen Jubiläumsverordnung auch großzügiger festgeschrieben worden sein kann. Geldgeschenke sind dagegen immer lohnsteuerpflichtiger Arbeitslohn, auch wenn sie weniger als 60 EUR betragen.

Besteuerung von Jubiläumszuwendungen

Lohnsteuerabzug nach der Jahrestabelle

Steuerpflichtige Jubiläumszahlungen und Jubiläumsgeschenke sind als sonstiger Bezug nach der Jahreslohnsteuertabelle zu besteuern. Die Lohnsteuer kann nicht unmittelbar aus den Lohnsteuertabelle abgelesen werden, sie muss nach einem festgelegten Berechnungsschema ermittelt werden.[3]

Besteuerung nach der Fünftelregelung

Gelten Jubiläumszuwendungen als Vergütung für eine mehr als 12 Monate dauernde Tätigkeit, sind sie als Bezüge für mehrere Kalenderjahre zu behandeln; der ermäßigte Steuersatz für außerordentliche Einkünfte kommt in Betracht.[4]

Weitere Voraussetzung für die ermäßigte Besteuerung nach der Fünftelregelung ist, dass die Jubiläumszuwendung zu einer Zusammenballung von Einkünften (= außerordentliche Einkünfte) beim Arbeitnehmer führt. In anderen Fällen muss die Zusammenballung von Einkünften nach denselben Grundsätzen geprüft werden, die auch für die ermäßigte Besteuerung von ⇗ Abfindungen gelten.

Tipp

Unterstellung der Zusammenballung im Lohnsteuerabzugsverfahren

Der Arbeitgeber darf eine Zusammenballung im Lohnsteuerverfahren unterstellen, wenn die Jubiläumszahlung innerhalb eines Kalenderjahres an den Arbeitnehmer ausgezahlt wird und dieser voraussichtlich bis zum Ende des Kalenderjahres nicht aus dem Dienstverhältnis ausscheidet oder er Versorgungsbezüge erhält.[5]

Fünftelregelung nur bei Abgeltung für mehrjährige Tätigkeit

Erfolgen die Zuwendungen lediglich aus Anlass des Firmenjubiläums – ohne Rücksicht auf die Dauer der Betriebszugehörigkeit –, stellen sie keine sonstigen Bezüge für mehrere Kalenderjahre dar. Nur soweit sich aus den Zahlungsmodalitäten ergibt, dass eine mehrjährige Tätigkeit abgegolten werden soll (Anknüpfung der Zahlung an die Dauer der Betriebszugehörigkeit), kann bei Geld- und Sachgeschenken anlässlich eines Firmenjubiläums die Lohnsteuer nach der Fünftelregelung abgerechnet werden.[6]

Berechnungsschema zur ermäßigten Besteuerung im Lohnsteuerabzugsverfahren

Für die Berechnung der ermäßigten Lohnsteuer sind die ⇗ sonstigen Bezüge bei der Ermittlung des maßgebenden Jahresarbeitslohnes mit ⅕ anzusetzen. Die sich ergebende Lohnsteuer für den Teilbetrag des sonstigen Bezugs ist sodann mit dem 5-fachen Betrag zu erheben.

Beispiel

Jubiläumszuwendung und Anwendung der Fünftelregelung

Ein 50-jähriger Arbeitnehmer (Steuerklasse III, keine Kinderfreibeträge) erhält anlässlich seines 25. Dienstjubiläums zusätzlich zu seinem Jahresgehalt von 61.500 EUR im Dezember eine Jubiläumszuwendung von 8.500 EUR.

Ergebnis: Die einzubehaltende Lohnsteuer ist nach der Fünftelregelung zu berechnen.

Jahresarbeitslohn ohne sonstigen Bezug	61.500 EUR	
Lohnsteuer nach der Jahrestabelle		5.792 EUR
Jahresarbeitslohn zzgl. 1/5 der Jubiläumszuwendung (1.700 EUR)	63.200 EUR	
Lohnsteuer nach der Jahrestabelle		6.190 EUR
Differenzbetrag		398 EUR
Lohnsteuer für die Jubiläumszuwendung (398 EUR × 5)		1.990 EUR
Einzubehaltende Lohnsteuer nach der Fünftelregelung (5.792 EUR + 1.990 EUR)		7.782 EUR

Einzubehaltende Lohnsteuer ohne Fünftelregelung

Jahresarbeitslohn zzgl. Jubiläumszuwendung	70.000 EUR	
Lohnsteuer nach der Jahrestabelle		7.884 EUR
Steuerersparnis durch Fünftelregelung (7.884 EUR – 7.782 EUR)		102 EUR

Die Anwendung der Fünftelregelung kann im Einzelfall auch zu einer höheren Lohnsteuer führen als die reguläre Besteuerung. Der Arbeitgeber ist gesetzlich verpflichtet, eine Günstigerprüfung durchzuführen.

Jubiläumszuwendungen bei betrieblichen Feiern

Veranstaltung anlässlich Firmenjubiläum

Bei einer Betriebsfeier anlässlich eines Firmenjubiläums (Jubiläumsfeier) können die Zuwendungen des Arbeitgebers als Leistungen im ganz überwiegend betrieblichen Interesse steuerfrei bleiben, wenn die für ⇗ Betriebsveranstaltungen geltenden Regelungen erfüllt sind. Dies kann z. B. dann gelten, wenn alle Betriebsangehörigen an der Jubiläumsfeier teilnehmen dürfen und der Freibetrag von 110 EUR pro teilnehmendem Arbeitnehmer nicht überschritten wird.[7]

Hinweis

Jubiläumsgeschenke sind auf den 110-EUR-Freibetrag anzurechnen

Sachgeschenke sind – unabhängig von ihrem Wert – auf den 110-EUR-Freibetrag anzurechnen und können damit steuerfrei bleiben, wenn die gesamten Zuwendungen den Betrag von 110 EUR nicht überschreiten.

1 R 19.6 Abs. 1 LStR.
2 BMF, Schreiben v. 14.10.2015, IV C 5 – S 2332/15/10001, BStBl 2015 I S. 832, Tz. 4b i. V. m. R 19.3 Abs. 2 Nr. 3 LStR.
3 § 39b Abs. 3 EStG.
4 Ursprünglich war eine Abschaffung der Fünftelregelung im Lohnsteuerabzugsverfahren ab 2024 geplant. Da das Gesetzgebungsverfahren noch nicht abgeschlossen ist, kommt es vorerst zu keiner Änderung.
5 BMF, Schreiben v. 10.1.2000, IV C 5 – S 2330 – 2/00, BStBl 2000 I S. 138.
6 BFH, Urteil v. 3.7.1987, VI R 43/86, BStBl 1987 II S. 820.
7 Das Gesetzgebungsverfahren, das eine Änderung des Werts vorsieht, ist noch nicht abgeschlossen. Ggf. wird eine Änderung im Laufe des Jahres 2024 folgen.

Steuerpflichtige Zuwendungen können pauschal versteuert werden

Betragen die dem einzelnen Arbeitnehmer zurechenbaren Aufwendungen mehr als 110 EUR, können die übersteigenden Aufwendungen pauschal mit 25 % versteuert werden.

Voraussetzung für die Lohnsteuerpauschalierung ist, dass die Sachzuwendung aus Anlass des Betriebsjubiläums erfolgt. Zur Abgrenzung muss geprüft werden, ob die Zuwendung auch ohne Durchführung der Betriebsveranstaltung gewährt worden wäre.

Beispiel

Geld- und Sachzuwendungen ohne Jubiläumsfeier

Anlässlich eines 50-jährigen Firmenjubiläums erhält jeder Arbeitnehmer neben einer Geldzuwendung von 500 EUR ein Weinpräsent im Wert von 35 EUR. Eine Jubiläumsfeier wird nicht durchgeführt.

Ergebnis: Sowohl Geldzuwendung als auch Weingeschenk rechnen zum steuerpflichtigen Arbeitslohn. Es wird keine Feier veranstaltet, deshalb kann auch keine Betriebsveranstaltung vorliegen. Der Wert des Sachgeschenks kann nach § 37b EStG mit 30 % pauschal versteuert werden. Die Geldzuwendung ist als sonstiger Bezug nach den ELStAM des Arbeitnehmers zu versteuern.

Für Arbeitnehmer, die länger als 12 Monate in der Firma beschäftigt sind, kommt die ermäßigte Besteuerung nach der Fünftelregelung in Betracht, da die Sonderzahlung insoweit eine Vergütung für eine mehrjährige Tätigkeit darstellt.

Gemeinschaftsveranstaltung zur Ehrung mehrerer Jubilare

Gemeinschaftsveranstaltungen zur Ehrung mehrerer Jubilare werden wie ⇗ Betriebsveranstaltungen behandelt. Stellt die Jubiläumsfeier eine übliche Betriebsveranstaltung[1] dar, liegt insoweit kein Arbeitslohn vor. In Betracht kommen Jubilarfeiern für Arbeitnehmer anlässlich eines runden Arbeitnehmerjubiläums (10-, 20-, 25-, 30-, 40-, 50- oder 60-jähriges Jubiläum). Es ist unschädlich, wenn neben den Jubilaren auch ein begrenzter Kreis anderer Arbeitnehmer eingeladen wird, z. B. die engeren Mitarbeiter des Jubilars.

Ein 40-, 50- oder 60-jähriges Arbeitnehmerjubiläum kann – steuerunschädlich – bis zu 5 Jahre vor der Jubiläumsdienstzeit gefeiert werden.

Nicht mehr als 2 Betriebsveranstaltungen jährlich

Pro Jahr und Arbeitnehmer kann der 110-EUR-Freibetrag max. für 2 Betriebsfeiern in Anspruch genommen werden. Hierzu zählen auch die Gemeinschaftsveranstaltungen für Jubilare und Pensionäre.[2] Eine Ausnahme besteht nur für Arbeitnehmer, die aufgrund ihrer dienstlichen Funktion an mehreren Betriebsfeiern teilnehmen, etwa Betriebsratsmitglieder oder Arbeitnehmer der Firmenleitung.

Veranstaltung zur Ehrung eines einzelnen Jubilars

Eine Feier zur Ehrung eines einzelnen Jubilars stellt keine Betriebsveranstaltung dar.

Dennoch gehören Zuwendungen des Arbeitgebers aus Anlass eines 10-, 20-, 25-, 30-, 40-, 50- oder 60-jährigen Arbeitnehmerjubiläums nicht zum steuerpflichtigen Arbeitslohn, wenn die Aufwendungen pro teilnehmender Person nicht mehr als 110 EUR brutto betragen.

Anwendung der 110-EUR-Freigrenze für betriebliche Veranstaltungen

Übersteigen die vom Arbeitgeber übernommenen Kosten je teilnehmender Person 110 EUR brutto (Freigrenze), erhöhen sie in vollem Umfang den steuerpflichtigen Arbeitslohn des geehrten Arbeitnehmers.[3]

Wichtig

Weiterhin 110-EUR-Freigrenze für betriebliche Feier für einzelne Arbeitnehmer

Für Feiern zur Ehrung oder Verabschiedung eines einzelnen Arbeitnehmers sowie anlässlich eines runden Arbeitnehmergeburtstags kann der für Betriebsveranstaltungen geltende 110-EUR-Freibetrag nicht in Anspruch genommen werden. Für solche den Betriebsveranstaltungen ähnlichen Feiern fehlt es an einer entsprechenden gesetzlichen Regelung. Insoweit bleibt es bei der bisherigen 110-EUR-Freigrenze, nach der übliche Sachzuwendungen bis zu diesem Betrag steuerfrei bleiben können.

Die Regelungen der Lohnsteuer-Richtlinien[4] sind auch für Zeiträume ab 2015 weiterhin anzuwenden. Bei Überschreiten der 110-EUR-Freigrenze pro Teilnehmer ist der gesamte Betrag lohnsteuerpflichtiger Arbeitslohn – und nicht nur der übersteigende Betrag.

Aufzeichnungs- und Bescheinigungspflichten

Die ermäßigte Besteuerung im Lohnsteuerabzugsverfahren führt zu einer Veranlagungspflicht des Arbeitnehmers, er muss eine Steuererklärung abgeben.[5] Aus diesem Grund besteht eine Bescheinigungspflicht für ermäßigt besteuerte Bezüge.

Ausweis in der Lohnsteuerbescheinigung

Der Arbeitgeber muss ermäßigt besteuerte Jubiläumszuwendungen und ggf. weiteren ermäßigt besteuerten Arbeitslohn für mehrere Kalenderjahre in Nr. 10 der Lohnsteuerbescheinigung gesondert bescheinigen.

Arbeitslohn für mehrere Kalenderjahre, z. B. Jubiläumszuwendungen, die nicht ermäßigt besteuert wurden, sind in Nr. 19 einzutragen; diese Beträge müssen in dem in Nr. 3 bescheinigten Bruttoarbeitslohn enthalten sein.[6]

Sozialversicherung

Zuordnung zum Arbeitsentgelt

Jubiläumszuwendungen – sowohl aufgrund von Arbeitnehmerjubiläen als auch aus Anlass von Geschäftsjubiläen des Arbeitgebers – zählen zum beitragspflichtigen Arbeitsentgelt. Die Jubiläumszuwendungen sind dem beitragspflichtigen Arbeitsentgelt jedoch nur zuzurechnen, soweit sie auch der Lohnsteuerpflicht unterliegen.[7] Lohnsteuerfreie Jubiläumszuwendungen sind folglich beitragsfrei.

Jubiläumszuwendungen im Rahmen einer Betriebsfeier

Die im Rahmen einer Betriebsfeier gewährten Jubiläumszuwendungen können steuerfrei sein, wenn der Freibetrag von 110 EUR pro teilnehmendem Arbeitnehmer nicht überschritten wird. Die steuerfreien Beträge sind beitragsfrei.

Soweit die dem einzelnen Arbeitnehmer zurechenbaren Aufwendungen mehr als 110 EUR betragen, können die übersteigenden Jubiläumszuwendungen pauschal mit 25 % versteuert werden. Die pauschal besteuerten Beträge sind dem beitragspflichtigen Arbeitsentgelt zuzurechnen, da es sich bei den Jubiläumszuwendungen um einmalig gezahltes Arbeitsentgelt handelt.[8]

Beitragspflicht als Einmalzahlung

Jubiläumszuwendungen sind als ⇗ Einmalzahlungen im Falle der Beitragspflicht beitragsrechtlich dem Monat der Auszahlung zuzuordnen.[9] Die Regelungen zur Beitragsberechnung aus ⇗ Einmalzahlungen sind insofern zu berücksichtigen. Eine Beitragsvergünstigung für Jubiläums-

1 Die Kosten führen nicht zum Lohnzufluss, soweit der 110-EUR-Freibetrag pro Veranstaltung nicht überschritten wird und nicht mehr als 2 begünstigte Veranstaltungen pro Jahr durchgeführt werden.
2 Die gesonderte Zählweise für Jubiläumsfeiern und Pensionärstreffen ist aufgehoben; vgl. BFH, Urteil v. 16.11.2005, VI R 68/00, BStBl 2006 II S. 440.
3 R 19.3 Abs. 2 Nr. 3 LStR.
4 R 19.3 Abs. 2 Nrn. 3, 4 LStR.
5 § 46 Abs. 2 Nr. 5 EStG.
6 BMF, Schreiben v. 27.9.2017, IV C 5 – S 2378/17/10001, BStBl 2017 I S. 1339.
7 Umkehrschluss zu § 1 Abs. 1 Satz 1 Nr. 1 SvEV.
8 § 1 Abs. 1 Satz 1 Nr. 2 SvEV.
9 § 23a Abs. 1 SGB IV.

zuwendungen entsprechend der Fünftelregelung im Lohnsteuerrecht sieht das Sozialversicherungsrecht nicht vor.

Jugendfreiwilligendienst (JFD)

Der „Jugendfreiwilligendienst" (JFD) ersetzt das frühere „Freiwillige Soziale Jahr" (FSJ) bzw. „Freiwillige Ökologische Jahr" (FÖJ). Der JFD kann als sozialer oder ökologischer Dienst in gemeinwohlorientierten Einrichtungen geleistet werden. Es besteht auch die Möglichkeit eines Internationalen Jugendfreiwilligendienstes (IJFD).

Gesetze, Vorschriften und Rechtsprechung

Lohnsteuer: Einzelheiten zum steuerlichen Arbeitslohnbegriff regeln § 19 Abs. 1 EStG, § 2 LStDV. Da das Einkommensteuergesetz insbesondere eine nur beispielhafte Aufzählung enthält, ergänzen R 19.3–19.8 LStR sowie H 19.3–19.8 LStH die gesetzlichen Bestimmungen.

Sozialversicherung: Jugendfreiwilligendienstleistende sind sozialversicherungspflichtig Beschäftigte nach § 5 Abs. 1 Nr. 1 SGB V (KV), § 1 Satz 1 Nr. 1 SGB VI (RV), § 25 Abs. 1 Satz 1 SGB III (AV) und § 20 Abs. 1 Satz 2 Nr. 1 SGB XI. In der Regel ist das maximal nach § 2 Abs. 1 Nr. 3 JFDG bemessene Taschengeld beitragspflichtig. In der Arbeitslosenversicherung kann nach § 344 Abs. 2 SGB III abweichend die Bezugsgröße beitragspflichtig sein.

Entgelt	LSt	SV
Taschengeld (mtl. bis 453 EUR)	frei	pflichtig
Verpflegung, Unterkunft in Höhe der Sachbezugswerte (§ 2 SvEV)	pflichtig	pflichtig

Lohnsteuer

Lohnzahlung ist steuerfreier Arbeitslohn

Nach der steuerlichen Einordnung sind Lohnzahlungen an Helfer in einem Jugendfreiwilligendienst steuerfreier Arbeitslohn.[1] Hingegen sind die erhaltenen ⇗ Sachbezüge sowie die unentgeltliche oder verbilligte Unterkunft oder Mahlzeiten steuerpflichtig. Soweit die Helfer der Freiwilligendienste nicht als Arbeitnehmer eingestuft werden, haben sie keinen Anspruch auf Arbeitnehmer-Sparzulage; das VermBG ist nicht anzuwenden.

Eltern haben Anspruch auf Kindergeld und Kinderfreibetrag

Für ein Kind zwischen 18 und 25 Jahren, das einen Freiwilligendienst, z. B. Freiwilliges soziales Jahr, Freiwilliges ökologisches Jahr, Bundesfreiwilligendienst oder Jugendfreiwilligendienst leistet, erhalten die Eltern Kindergeld bzw. den ⇗ Kinderfreibetrag. Die Eltern können eine Berücksichtigung des Kindes für die Ermittlung der Kirchensteuer und des Solidaritätszuschlags vom Arbeitslohn durch die auf den ELStAM vermerkten Kinderfreibetragszahl erreichen. Zuständig ist das Wohnsitzfinanzamt der Eltern.

Sozialversicherung

Regelungen für Teilnehmer

Die nachstehenden Regelungen gelten für alle Teilnehmer am Jugendfreiwilligendienst (JFD). Der JFD umfasst u. a. alle Tätigkeiten des früheren freiwilligen sozialen Jahres bzw. freiwilligen ökologischen Jahres.

1 § 3 Nr. 5 Buchstabe f EStG.

Die Teilnehmer am JFD erhalten nur unentgeltliche Unterkunft, Verpflegung und Arbeitskleidung sowie ein angemessenes Taschengeld. Dieses soll 6 % der allgemeinen in der Rentenversicherung geltenden ⇗ Beitragsbemessungsgrenze West (2024: 453 EUR)[2] nicht übersteigen. Anstelle von Unterkunft, Verpflegung und Arbeitskleidung kann auch eine entsprechende Geldersatzleistung gezahlt werden.

Versicherungsrechtliche Stellung

Während der Zeit eines JFD besteht Versicherungspflicht in der Kranken-, Pflege-, Renten- und Arbeitslosenversicherung. Die Teilnehmer an einem JFD zählen zu den Beschäftigten gegen Arbeitsentgelt. Wird kein Entgelt gezahlt, so tritt keine Versicherungspflicht zur Sozialversicherung ein. Allerdings greift in der Kranken- und Pflegeversicherung bis zur Vollendung des 25. Lebensjahres ggf. ein Anspruch auf kostenfreie Familienversicherung.

Geringfügige Beschäftigungen

Für Teilnehmer an einem JFD kommt Sozialversicherungsfreiheit wegen geringfügiger Entlohnung (Minijob) nicht in Betracht. ⇗ Kurzfristige Beschäftigungen zwischen Schulentlassung und Ableistung eines freiwilligen sozialen oder ökologischen Jahres werden immer berufsmäßig ausgeübt und sind daher sozialversicherungspflichtig. Dies gilt auch, wenn nach der Ableistung des freiwilligen sozialen oder ökologischen Jahres voraussichtlich ein Studium aufgenommen wird. Während des freiwilligen Dienstes ist sowohl eine geringfügig entlohnte als auch eine kurzfristige Beschäftigung möglich.

Beitragsrecht

Weder im Jugendfreiwilligendienstgesetz noch im SGB finden sich hinsichtlich des in der Krankenversicherung anzuwendenden Beitragssatzes besondere Regelungen. In schriftlichen Vereinbarungen, die zwischen den Trägern des Jugendfreiwilligendienstes und dem Freiwilligen geschlossen werden, ist die Fortzahlung des Taschengeldes innerhalb der ersten 6 Wochen einer Arbeitsunfähigkeit garantiert. Daher ist für die Berechnung der Krankenversicherungsbeiträge der allgemeine Beitragssatz anzuwenden.

Die Beiträge zur Kranken-, Pflege- und Rentenversicherung während des JFD werden aus der Summe des Taschengeldes und dem Wert der ⇗ Sachbezüge bemessen. Die Teilnehmer an einem JFD gelten nicht als Auszubildende. Deshalb ist bei Volljährigen der ungekürzte Sachbezugswert maßgebend.

Achtung

Ausnahmeregelung in der Arbeitslosenversicherung

Für die Arbeitslosenversicherung gelten die Ausführungen für die anderen Sozialversicherungszweige nur dann, wenn der JFD nicht unmittelbar im Anschluss an ein versicherungspflichtiges Beschäftigungsverhältnis ausgeübt wird. Schließt sich der JFD unmittelbar an ein versicherungspflichtiges Beschäftigungsverhältnis an, so gilt als Bemessungsgrundlage ein Arbeitsentgelt in Höhe der monatlichen ⇗ Bezugsgröße (2024: 3.535 EUR/West, 3.465 EUR/Ost).[3] Ein unmittelbarer Anschluss liegt auch dann noch vor, wenn zwischen dem Ende der Beschäftigung und dem Beginn des JFD ein Zeitraum von nicht mehr als einem Monat liegt.

Tragung der Beiträge

Sozialversicherungsbeitrag

Die für die Teilnehmer am JFD zu zahlenden Beiträge zur Kranken-, Pflege-, Renten- und ggf. Arbeitslosenversicherung einschließlich des durchschnittlichen Zusatzbeitrags zur Krankenversicherung hat der Arbeitgeber als Träger des JFD zu übernehmen. Die Teilnehmer haben somit keine eigenen Beitragsanteile aufzubringen.[4] Die Regelungen des ⇗ Übergangsbereichs gelten selbst bei einem Arbeitsentgelt von 538,01 EUR bis 2.000 EUR pro Monat nicht für Teilnehmer am freiwilligen sozialen bzw. ökologischen Jahr.

2 § 2 Abs. 1 Nr. 3 JFDG i. V. m. § 159 SGB VI.
3 § 344 Abs. 2 SGB III.
4 § 20 Abs. 3 Nr. 2 SGB IV.

Umlagen U1, U2

Teilnehmer am JFD sind keine Arbeitnehmer i. S. d. Aufwendungsausgleichsgesetzes. Sie sind daher bei der Ermittlung der Gesamtzahl der Beschäftigten nicht zu berücksichtigen. Umlagebeiträge sind im U1-Verfahren nicht zu zahlen. Eine Erstattung etwaiger Arbeitgeberaufwendungen aus Anlass einer ⇗ Arbeitsunfähigkeit ist daher ausgeschlossen.

In den Ausgleich der Arbeitgeberaufwendungen bei Mutterschaft (U2-Verfahren) sind die Teilnehmer am JFD einbezogen. Die Aufwendungen des Trägers oder der Einsatzstelle aus Anlass der Mutterschaft (Arbeitsentgelt bei Beschäftigungsverboten, Zuschuss zum Mutterschaftsgeld) sind daher im U2-Verfahren erstattungsfähig. Mit der Einbeziehung in das Erstattungsverfahren geht die Verpflichtung einher, die Umlagen U2 zu zahlen.

Insolvenzgeldumlage

Hinsichtlich der ⇗ Insolvenzgeldumlage ist bei diesem Personenkreis das tatsächlich erzielte Arbeitsentgelt (Taschengeld und Sachbezüge) zu berücksichtigen, sofern der Arbeitgeber nicht zu den von der Zahlung befreiten Arbeitgebern gehört.[1]

Besonderheiten im Meldeverfahren

Grundsätzlich gelten für Teilnehmer am JFD die Regelungen des DEÜV-Meldeverfahrens. Teilnehmer am JFD sind mit dem Personengruppenschlüssel 123 zu melden.

Kapitalabfindung und Kapitalleistung

Einnahmen, die an die frühere Erwerbstätigkeit anknüpfen, können sowohl zu lohnsteuer- als auch zu beitragspflichtigen Einnahmen führen. Zu unterscheiden ist zwischen Rentenbezügen einerseits und einmaligen Kapitalzahlungen andererseits. Die Grundsätze für die Lohnbesteuerung und die Beitragserhebung gehen hierbei getrennte Wege. Nachfolgend wird erläutert, unter welchen Voraussetzungen Versorgungsleistungen bzw. Versorgungsbezüge, die als Kapitalleistung oder Kapitalabfindung erbracht werden, der Lohnbesteuerung bzw. der Beitragspflicht unterliegen. Der steuerliche Begriff „Versorgungsbezug" deckt sich nicht mit der beitragsrechtlichen Definition, was sich insbesondere aus dem Wortlaut der jeweiligen Rechtsquellen ergibt.

Seit dem 1.1.2004 sind aufgrund der Neuregelungen des GKV-Modernisierungsgesetzes jegliche Kapitalleistungen im Rahmen der Versorgungsbezüge beitragspflichtig. Lediglich die Art, wie in diesen Fällen die Beiträge zu bemessen sind, wird hiervon berührt.

Gesetze, Vorschriften und Rechtsprechung

Lohnsteuer: Kapitalabfindungen und Kapitalleistungen können zu sonstigen Einkünften nach § 22 Nr. 5 EStG oder zu Einkünften aus nichtselbstständiger Tätigkeit nach § 19 EStG führen. Die lohnsteuerliche Definition des Begriffs „Versorgungsbezug" sowie die Berechnung der Freibeträge für Versorgungsbezüge sind in § 19 Abs. 2 EStG geregelt und haben nur bei den Einkünften aus nichtselbstständiger Tätigkeit Bedeutung. Einzelheiten zur Besteuerung von Alterseinkünften aus der betrieblichen Altersversorgung enthält das BMF-Schreiben v. 12.8.2021, IV C 5 – S 2333/19/10008 :017, BStBl 2021 I S. 1050, geändert durch das BMF-Schreiben v. 18.3.2022, IV C 5 – S 2333/19/10008 :026, BStBl 2022 I S. 333.

Sozialversicherung: Die Beitragspflicht der Versorgungsbezüge im Allgemeinen sowie die Heranziehung von Kapitalleistungen ist in § 229 SGB V geregelt. Sie unterscheidet sich deutlich von der lohnsteuerrechtlichen Definition des § 19 Abs. 2 EStG. Darüber hinaus haben sowohl das Bundessozialgericht wie auch das Bundesverfassungsgericht die rechtliche Zulässigkeit der Einbeziehung von Kapitalleistungen in die Beitragspflicht bestätigt. Das Bundessozialgericht hat hierzu mehrere Urteile gesprochen (u. a. BSG, Urteil v. 13.9.2006, B 12 KR 1/06 R; BSG, Urteil v. 25.4.2007, B 12 KR 25/05 R und BSG, Urteil v. 12.12.2007, B 12 KR 6/06 R). Das Bundesverfassungsgericht hat in einem Beschluss (BVerfG, Beschluss v. 7.4.2008, 1 BvR 1924/07) eine diesbezügliche Normenkontrollklage der Sozialverbände nicht zur Entscheidung angenommen. Allerdings hat das Bundesverfassungsgericht in weiteren Beschlüssen (BVerfG, Beschluss v. 6.9.2010, 1 BvR 739/08 sowie BVerfG, Beschluss v. 28.9.2010, 1 BvR 1660/08) unter bestimmten Voraussetzungen die teilweise Beitragspflicht von Kapitalleistungen relativiert.

Entgelt	LSt	SV
Kapitalzahlungen aus Pensions-/Direktzusage oder Unterstützungskasse	pflichtig	pflichtig
Kapitalzahlungen aus Direktversicherung, Pensionskasse oder Pensionsfonds	frei	pflichtig
Kapitalzahlungen aus befreiender Lebensversicherung	frei	frei

Lohnsteuer

Abgrenzung zum Beitragsrecht

⇗ Versorgungsbezüge im steuerlichen Sinne liegen vor, wenn der Arbeitnehmer Leistungen

- wegen Erreichens der Altersgrenze,
- wegen verminderter Erwerbsfähigkeit oder
- als Hinterbliebenenbezüge

aufgrund einer Pensions-/Direktzusage oder vergleichbare Bezüge aus einer Unterstützungskasse erhält. Versorgungsbezüge können dem Arbeitnehmer in Form laufender Bezüge (Rente) oder als Einmalbezug (z. B. als Kapitalleistung oder Kapitalabfindung) zufließen und gehören zu den Einkünften aus nichtselbstständiger Tätigkeit.[2]

Zuwendungen, die wegen Erreichens einer Altersgrenze geleistet werden, gelten steuerlich erst dann als Versorgungsbezüge, wenn der Steuerpflichtige das 63. Lebensjahr bzw. wenn er schwerbehindert ist, das 60. Lebensjahr vollendet hat. Außerdem zählen auch Ruhegelder, Witwen- und Waisengelder und ähnliche Zuwendungen an Beamte und deren Hinterbliebene zu den Versorgungsbezügen.

Für Empfänger von Versorgungsbezügen ist vom Arbeitgeber weiterhin ein ⇗ Lohnkonto zu führen sowie der Lohnsteuerabzug nach den persönlichen Besteuerungsmerkmalen (⇗ ELStAM) vorzunehmen. Eine steuerliche Begünstigung der Versorgungsbezüge erfolgt durch die Gewährung der Freibeträge für Versorgungsbezüge (Versorgungsfreibetrag und Zuschlag zum Versorgungsfreibetrag).[3]

Wichtig

Lohnsteuerabzug bei Leistungen aus einer Unterstützungskasse

Auch bei Leistungen aus einer Unterstützungskasse bleibt der Arbeitgeber weiterhin zum Lohnsteuerabzug verpflichtet. Zahlt die Unterstützungskasse die Versorgungsbezüge aus, kann die Unterstützungskasse unter bestimmten Voraussetzungen mit Zustimmung des Finanzamts die lohnsteuerlichen Arbeitgeberpflichten übernehmen.[4]

Einmalige oder laufende Altersbezüge und andere Leistungen aus einer Direktversicherung, einer Pensionskasse oder einem Pensionsfonds zählen nicht zu den steuerlichen Versorgungsbezügen. Vielmehr erfolgt eine Besteuerung als sonstige Einkünfte[5] ausschließlich im Rahmen der Einkommensteuerveranlagung des ehemaligen Arbeitnehmers (Anlage R-AV/bAV).

1 § 358 Abs. 1 Satz 2 SGB III.

2 § 19 Abs. 2 EStG.
3 § 19 Abs. 2 EStG.
4 § 38 Abs. 3a Satz 2 EStG.
5 § 22 Nr. 5 EStG.

Auch die Leistungen aus der gesetzlichen Rentenversicherung oder aus einer sog. „befreienden Lebensversicherung" sind kein Arbeitslohn und gehören deshalb lohnsteuerlich ebenfalls nicht zu den Versorgungsbezügen.

Kapitalzahlungen aus einer Pensions-/Direktzusage oder Unterstützungskasse

Erteilt der Arbeitgeber eine Pensions-/Direktzusage bzw. entscheidet er sich zur Durchführung der ⇗ betrieblichen Altersversorgung über eine Unterstützungskasse, fließt in der Ansparphase kein Arbeitslohn (auch kein steuerfreier Arbeitslohn) zu. Dies gilt auch in den Fällen der ⇗ Entgeltumwandlung („Deferred Compensation"). Erst die späteren Altersbezüge sind vom Arbeitgeber als Arbeitslohn zu versteuern. Dies gilt unabhängig von der Zahlungsweise der Versorgungsleistung. Rentenbezüge sind als laufender Arbeitslohn zu erfassen. Einmalige Kapitalzahlungen sind im Zeitpunkt des Zuflusses als sonstiger Bezug der Lohnbesteuerung zu unterwerfen.

Anwendung der Fünftelregelung

Versorgungsleistungen, die nicht fortlaufend, sondern in einer Summe kapitalisiert gezahlt werden, stellen eine Vergütung für eine mehrjährige Tätigkeit[1] dar. Bei einem zusammengeballten Zufluss in nur einem Veranlagungszeitraum kommt nach Verwaltungsauffassung eine ermäßigte Besteuerung als außerordentliche Einkünfte unter Anwendung der Fünftelregelung[2] in Betracht.[3]

Die Gründe für eine Kapitalisierung von Versorgungsbezügen sind für die Anwendung der Fünftelregelung ohne Bedeutung. Werden mehrere Raten in verschiedenen Kalenderjahren geleistet (Teilkapitalzahlungen), liegt kein zusammengeballter Zufluss vor. Eine Anwendung der Fünftelregelung scheidet in diesem Fall aus.

Beispiel

Ablösung einer Betriebsrente

Arbeitnehmer A erhält aus einer Unterstützungskasse eine monatliche Betriebsrente von 300 EUR. Auf Wunsch des Mitarbeiters werden die künftigen Pensionsansprüche durch einen Einmalbetrag im Kalenderjahr 2024 abgefunden.

Ergebnis: Der Einmalbetrag stellt eine Vergütung für eine ⇗ mehrjährige Tätigkeit dar, von der der Arbeitgeber den Lohnsteuerabzug vornehmen muss. Die ermäßigte Besteuerung nach der Fünftelregelung ist grundsätzlich möglich.

Beispiel

Einmaliges Versorgungskapital als Versorgungsleistung

Arbeitnehmer B erhielt vor 10 Jahren eine Pensionszusage, die als Versorgungsleistung ein einmaliges Versorgungskapital vorsieht. Im aktuellen Kalenderjahr wird ein Einmalbetrag von 50.000 EUR ausbezahlt.

Ergebnis: Die Einmalzahlung stellt eine Vergütung für eine mehrjährige Tätigkeit dar und kann daher grundsätzlich nach der Fünftelregelung versteuert werden. Entscheidend ist, dass zwischen der Erteilung der Versorgungszusage und der Auszahlung ein Zeitraum von mehr als 12 Monaten liegt.[4]

Der BFH hat für eine vertraglich vereinbarte Kapitalauszahlung aus einer Pensionskasse die Anwendung der Fünftelregelung abgelehnt.[5]

Die steuerliche Behandlung von Einmalzahlungen des Arbeitgebers aus einer Direktzusage bleibt jedoch von dieser Rechtsprechung unberührt.

1 § 34 Abs. 2 Nr. 4 EStG.
2 Ursprünglich war eine Abschaffung der Fünftelregelung im Lohnsteuerabzugsverfahren ab 2024 geplant. Da das Gesetzgebungsverfahren noch nicht abgeschlossen ist, kommt es vorerst zu keiner Änderung.
3 BMF, Schreiben v. 12.8.2021, IV C 5 – S 2333/19/10008 :017, BStBl 2021 I S. 1050, Rz. 147.
4 BFH, Urteil v. 12.4.2007, VI R 6/02, BStBl 2007 II S. 581.
5 BFH, Urteil v. 20.9.2016, X R 23/15, BStBl 2017 II S. 347.

Lohnabrechnung

Erhält ein Arbeitnehmer neben der Einmalzahlung noch weitere Bezüge aus dem Dienstverhältnis (z. B. Arbeitslohn aus einem aktiven Dienstverhältnis bei einem weiterbeschäftigten Rentner), sind die Bezüge für die Lohnabrechnung grundsätzlich zusammenzuführen und nach denselben Besteuerungsmerkmalen zu versteuern, da ein einheitliches Dienstverhältnis vorliegt. Zulässig ist jedoch bei verschiedenartigen Bezügen, dass die Lohnsteuer nur für einen Bezug nach den Besteuerungsmerkmalen für das erste Dienstverhältnis erhoben wird und für jeden weiteren Bezug die Lohnsteuer ohne Abruf von ELStAM nach der Steuerklasse VI einbehalten wird. Wird der ⇗ Versorgungsbezug nach Steuerklasse VI abgerechnet, darf kein Zuschlag zum Versorgungsfreibetrag angesetzt werden.[6] Die getrennt abgerechneten Bezüge sind am Ende des Kalenderjahrs vom Arbeitgeber nicht zusammenzuführen. Für jeden der abgerechneten Bezüge ist gesondert eine elektronische Lohnsteuerbescheinigung unter Verwendung der steuerlichen Identifikationsnummer als Ordnungsmerkmal elektronisch an die Finanzverwaltung zu übermitteln. Außerdem muss der Arbeitnehmer nach Ablauf des Kalenderjahres eine Einkommensteuererklärung bei seinem Wohnsitzfinanzamt einreichen.[7]

Hinweis

Verschiedenartige Bezüge

Verschiedenartige Bezüge liegen vor, wenn der Arbeitnehmer vom Arbeitgeber

- neben dem Arbeitslohn für ein aktives Dienstverhältnis auch Versorgungsbezüge erhält oder
- neben (Versorgungs-)Bezügen und Vorteilen aus dem früheren Dienstverhältnis auch andere Versorgungsbezüge bezieht.

Beispiel

Verschiedenartige Bezüge

Ehemann M und Ehefrau F sind beim gleichen Arbeitgeber beschäftigt. M verstirbt im aktuellen Kalenderjahr. F erhält neben den Bezügen aus ihrem aktiven Dienstverhältnis eine Einmalzahlung als Hinterbliebenenleistung aus der Pensionszusage, die dem Ehemann M vom Arbeitgeber erteilt worden war.

Ergebnis: Der Arbeitgeber kann den Arbeitslohn der F aus ihrer eigenen Beschäftigung und die Hinterbliebenenleistung zusammenfassen und nach einheitlichen ELStAM lohnversteuern. Zulässig ist auch, dass die Hinterbliebenenleistung ohne Abruf von elektronischen Besteuerungsmerkmalen nach der Steuerklasse VI abgerechnet wird.

Abfindung durch Übertragung einer Rückdeckungsversicherung

Wird eine Pensionszusage durch Übertragung eines Anspruchs aus einer Rückdeckungsversicherung ohne Entgelt auf den Arbeitnehmer abgelöst oder wird eine bestehende Rückdeckungsversicherung in eine Direktversicherung umgewandelt, fließt dem Arbeitnehmer im Zeitpunkt der Übertragung bzw. Umwandlung steuerpflichtiger Arbeitslohn zu. Die Bewertung erfolgt in der Regel mit dem geschäftsplanmäßigen Deckungskapital zuzüglich einer bis zu diesem Zeitpunkt zugeteilten Überschussbeteiligung.[8] Der bei Fälligkeit zur Auszahlung kommende Betrag unterliegt nicht (mehr) der Lohnbesteuerung. Es ist jedoch zu prüfen, ob und in welchem Umfang die Auszahlung im Rahmen der Einkommensteuerveranlagung des früheren Arbeitnehmers als steuerpflichtiger Versicherungsertrag zu erklären ist. Entsprechendes gilt im Falle von rückgedeckten Zusagen auf Leistungen aus Unterstützungskassen.

6 § 39b Abs. 2 Satz 5 Nr. 1 EStG.
7 § 39e Abs. 5a EStG, § 46 Abs. 2 Nr. 2 EStG.
8 § 153 VVG; R 40b.1 Abs. 3 Satz 3 LStR.

Hinweis

Rückdeckungsversicherung und Insolvenz

Bei Insolvenz des Arbeitgebers besteht für den Arbeitnehmer betriebsrentenrechtlich[1] die Möglichkeit, in eine für ihn abgeschlossene Rückdeckungsversicherung als Versicherungsnehmer einzutreten und die Versicherung mit eigenen Beiträgen fortzusetzen. Macht der Arbeitnehmer von diesem Recht Gebrauch, ist der Erwerb der Ansprüche aus der Rückdeckungsversicherung steuerfrei.[2] Die Altersbezüge aus der Rückdeckungsversicherung unterliegen in vollem Umfang als sonstige Einkünfte der Besteuerung im Rahmen der Einkommensteuerveranlagung[3], soweit die Versorgungsleistungen auf die vom Arbeitgeber steuerfrei übernommenen Ansprüche entfallen.[4] Eine Besteuerung in vollem Umfang erfolgt auch für Versorgungsleistungen, die auf eigenen und geförderten Beiträgen (z. B. im Rahmen der Riester-Förderung) des Arbeitnehmers beruhen.[5] Soweit die Versicherung mit eigenen und nicht geförderten Beiträgen des Arbeitnehmers fortgesetzt wird, ist für Zwecke der Besteuerung der Versorgungsleistungen zwischen Rentenleistungen und Kapitalzahlungen zu unterscheiden. Lebenslange Altersrenten, Berufsunfähigkeits-, Erwerbsminderungs- und Hinterbliebenenrenten rechnen lediglich in Höhe des Ertragsanteils zu den sonstigen Einkünften. Auch Kapitalzahlungen werden den sonstigen Einkünften zugerechnet. Allerdings richtet sich der Umfang der steuerpflichtigen Erträge nach den Vorschriften, die auch für die Erfassung von Lebensversicherungserträgen gelten.[6]

Kapitalzahlungen aus einer Direktversicherung, einer Pensionskasse oder einem Pensionsfonds

Planmäßige Durchführung der bAV

Wird die betriebliche Altersversorgung über die Durchführungswege Direktversicherung, Pensionskasse und Pensionsfonds durchgeführt, fließen bereits die Beiträge des Arbeitgebers als steuerfreier[7] oder steuerpflichtiger Arbeitslohn in der Ansparphase zu. Hierfür ist entscheidend, dass die Versorgungseinrichtung dem Arbeitnehmer einen Rechtsanspruch auf die späteren Versorgungsleistungen einräumt.[8] Leistungen aus einer Direktversicherung, einem Pensionsfonds oder einer Pensionskasse müssen daher im Versorgungsfall nicht mehr der Lohnbesteuerung unterworfen werden. Versorgungsbezüge im steuerlichen Sinne liegen nicht vor. Daher entfällt eine Begünstigung durch die Freibeträge für Versorgungsbezüge (Versorgungsfreibetrag und Zuschlag zum Versorgungsfreibetrag).

Renten, Raten oder Einmalzahlungen werden von der Versorgungseinrichtung elektronisch als sonstige Einkünfte an die Finanzverwaltung gemeldet.[9]

Daten, die das Finanzamt im elektronischen Austausch direkt vom Versorgungsträger übermittelt bekommt, müssen vom ehemaligen Arbeitnehmer nicht mehr in die Anlage R-AV/bAV der Einkommensteuererklärung eingetragen werden. Möchte der Arbeitnehmer von den elektronischen Daten abweichen, sind Eintragungen in der Anlage R-AV/bAV weiterhin vorzunehmen. Die Versorgungseinrichtung erteilt dem ehemaligen Arbeitnehmer zu Beginn der Leistung und bei Änderung der Leistungshöhe eine Leistungsmitteilung über die bezogenen Einkünfte.[10]

Der Umfang der steuerpflichtigen Alterseinkünfte in der Leistungsphase ist von der Behandlung der Beiträge in der Ansparphase als steuerlich gefördert (Steuerbefreiung oder „Riester-Förderung") oder nicht steuerlich gefördert (Pauschalierung oder Lohnsteuerabzug nach den ELStAM) abhängig. Der Arbeitgeber ist in die Besteuerung der Alterseinkünfte bei Direktversicherungen, Pensionskassen und Pensionsfonds nicht eingebunden.

1 § 8 Abs. 2 BetrAVG.
2 § 3 Nr. 65 Satz 1 Buchst. d EStG.
3 § 3 Nr. 65 Satz 5 2. Halbsatz EStG.
4 § 22 Nr. 5 Satz 1 EStG.
5 § 22 Nr. 5 Satz 1 EStG.
6 §§ 22 Nr. 5 Satz 2, 20 Abs. 1 Nr. 6 EStG.
7 § 3 Nrn. 56, 63, § 100 Abs. 6 EStG.
8 § 19 Abs. 1 Satz 1 Nr. 3 EStG.
9 Rentenbezugsmitteilungsverfahren nach § 22a EStG.
10 § 22 Nr. 5 Satz 7 EStG.

Keine ermäßigte Besteuerung als außerordentliche Einkünfte

Die ermäßigte Besteuerung unter Anwendung der Fünftelregelung scheidet für Kapitalleistungen auch bei einem zusammengeballten Zufluss in einem Kalenderjahr regelmäßig aus, weil keine außerordentlichen Einkünfte[11] vorliegen. Die Rechtsprechung hat die Rechtsauffassung der Finanzverwaltung[12] wiederholt bestätigt. Außerordentliche Einkünfte im Sinne der Fünftelregelung setzen einen atypischen Geschehensablauf voraus, der ausnahmsweise angenommen werden kann, wenn es nur im Einzelfall und deshalb atypisch zu einer auf eine Kapitalisierung gerichteten Vertragsänderung kommt.

Tipp

Kleinbetragsrentenabfindung bei „Riester-Verträgen" durch Fünftelregelung begünstigt

Kleinbetragsrenten können bei Riester-Verträgen zu Beginn der Auszahlungsphase oder im Folgejahr förderunschädlich abgefunden werden.[13] Altersvorsorgezulagen bzw. die Steuerermäßigung aus dem zusätzlichen Sonderausgabenabzug müssen nicht zurückgezahlt werden. Die Abfindung ist jedoch in vollem Umfang im Rahmen der Einkommensteuerveranlagung steuerpflichtig (sonstige Einkünfte). Die Fünftelregelung ist kraft ausdrücklicher gesetzlicher Regelung entsprechend anwendbar.[14]

Vorzeitige Beendigung der bAV

Sonstige Einkünfte liegen auch vor, wenn die betriebliche Altersversorgung vorzeitig mit Wirkung für die Zukunft beendet wird (z. B. durch eine Abfindung oder ggf. auch in Form der Beitragserstattung). Lediglich im Fall der kompletten Rückabwicklung eines Vertragsverhältnisses mit Wirkung für die Vergangenheit handelt es sich bei der Zahlung der Versorgungseinrichtung an den Arbeitnehmer um Arbeitslohn, der im Zeitpunkt des Zuflusses dem Lohnsteuerabzug zu unterwerfen ist.

Beispiel

Kündigung einer Direktversicherung und Auszahlung des Rückkaufswerts an den Arbeitnehmer

Arbeitnehmer A (56 Jahre) scheidet aus dem Dienstverhältnis aus. Sein Arbeitgeber hat für ihn seit 2003 Beiträge in eine Direktversicherung eingezahlt, die mit 20 % pauschaliert wurden.[15] Nach dem Ausscheiden aus dem Dienstverhältnis wird die Direktversicherung gekündigt und der Rückkaufswert an den Arbeitnehmer ausgezahlt.

Ergebnis: Die betriebliche Altersversorgung wird mit Wirkung für die Zukunft beendet. Die Pauschalierung der Beiträge in der Vergangenheit wird durch die Kündigung der Direktversicherung nicht berührt. Die Auszahlung an den Arbeitnehmer unterliegt nicht der Lohnbesteuerung und bleibt in vollem Umfang steuerfrei.[16]

Kapitalleistungen aus einer „befreienden Lebensversicherung"

Bis 1968 konnten sich Arbeitnehmer in den alten Bundesländern unter bestimmten Voraussetzungen von der Rentenversicherungspflicht auf Antrag befreien lassen und die Altersvorsorge durch den Abschluss einer „befreienden Lebensversicherung" aufbauen. Die Befreiung von der Rentenversicherungspflicht gilt auch für Beschäftigungen eines abgegrenzten Personenkreises von ehemals selbstständig Tätigen im Beitrittsgebiet.[17]

Zuschüsse des Arbeitgebers zu den Beiträgen für eine befreiende Lebensversicherung gehören in diesen Fällen zum Arbeitslohn des Arbeitnehmers, sind jedoch steuerfrei.[18] Leistungen aus der befreienden Lebensversicherung sind nicht als Arbeitslohn zu beurteilen.

11 § 34 Abs. 2 EStG.
12 BMF, Schreiben v. 12.8.2021, IV C 5 – S 2333/19/10008 :017, BStBl 2021 I S. 1050, Rz. 149.
13 § 93 Abs. 3 Satz 1 EStG.
14 § 22 Nr. 5 Satz 13 EStG.
15 § 40b EStG a. F.
16 § 22 Nr. 5 Satz 2 Buchst. b EStG i. V. m. § 52 Abs. 28 Satz 5 EStG.
17 § 231a SGB VI.
18 § 3 Nr. 62 Satz 2 EStG.

Sozialversicherung

Beitragspflicht nicht regelmäßig wiederkehrender Leistungen

⇗ Versorgungsbezüge können nicht nur als laufende Bezüge gewährt werden. Die Zahlung eines Versorgungsbezugs kann auch als Kapitalleistung oder Kapitalabfindung erfolgen. Diese nicht regelmäßig wiederkehrenden Leistungen sind ebenfalls beitragspflichtig zur Kranken- und Pflegeversicherung.

Unterschied zwischen Kapitalleistung und Kapitalabfindung

Eine Kapitalleistung liegt vor, wenn der Versicherungsvertrag bereits die Auszahlung der Versorgungsleistung in einer Summe vorsah. Bei einer Kapitalabfindung wird die eigentlich laufend zugesagte Leistung durch eine ⇗ Einmalzahlung ersetzt. Dies geschieht meist dann, wenn Versorgungsbezüge nur in monatlich geringer Höhe zu erwarten sind.

Kapitalleistungen

Sozialversicherungsbeiträge aus Kapitalleistung

In einigen Fällen wird bereits vor Eintritt des Versicherungsfalls vereinbart oder zugesagt, dass anstelle der Versorgungsbezüge eine Kapitalleistung geleistet wird. Es handelt sich dabei – anders als bei den monatlich gezahlten Versorgungsbezügen – um eine nicht regelmäßig wiederkehrende Leistung. Doch auch bei dieser „Auszahlung der Versorgungsbezüge in einer Summe" fallen Sozialversicherungsbeiträge an.

Damit sind alle Kapitalleistungen, die der Alters- und Hinterbliebenenversorgung oder der Versorgung bei verminderter Erwerbsfähigkeit dienen, beitragspflichtig. Voraussetzung ist weiterhin, dass ein Bezug zum früheren Erwerbsleben besteht. Dabei macht es auch keinen Unterschied, ob die Versorgungsleistung

- als originäre Kapitalzahlung ohne Wahlrecht zugunsten einer Rentenzahlung oder
- als Kapitalleistung mit Option zugunsten einer Rentenzahlung

zugesagt wird.

10-Jahresfrist

Als Berechnungsgrundlage für die Beiträge gilt $^1/_{120}$ der Leistung als monatlicher Zahlbetrag der Versorgungsbezüge, längstens jedoch für 120 Monate (= 10 Jahre). Die Frist von 10 Jahren beginnt mit dem 1. des auf die Auszahlung der Kapitalleistung folgenden Kalendermonats.[1]

Beispiel

Einmalige Kapitalleistung als beitragspflichtige Einnahme

Herr A bezieht eine Altersrente und ist als Rentner krankenversicherungspflichtiges Mitglied der Krankenkasse A. Am 25.4.2024 wird ihm eine Kapitalleistung i. H. v. 60.000 EUR in einer Summe ausgezahlt.

Ergebnis: Die Kapitalleistung ist monatlich i. H. v. ($^1/_{120}$ von 60.000 EUR =) 500 EUR beitragspflichtig. Die Beitragspflicht beginnt am 1.5.2024 und endet am 30.4.2034.

Es handelt sich dabei um eine starre Frist. Zwischenzeitlich relevante versicherungs- und beitragsrechtliche Änderungen verändern den Verlauf der Frist nicht.

So verlängert sich z. B. die Frist nicht, wenn

- zwischenzeitlich eine ⇗ Familienversicherung besteht oder der Versicherungsschutz in der gesetzlichen Krankenversicherung gänzlich unterbrochen ist,
- eine Zeit lang keine Beiträge aus der fiktiven monatlichen Einnahme anfallen, weil durch andere vorrangig zu berücksichtigende beitragspflichtige Einnahmen bereits die Beitragsbemessungsgrenze überschritten wird.

1 § 229 Abs. 1 Satz 3 SGB V.

10-Jahresfrist auch bei Ratenzahlungen

Wird die Kapitalabfindung in Raten ausgezahlt, ist als beitragspflichtige Einnahme dennoch der Gesamtbetrag der Kapitalabfindung monatlich mit $^1/_{120}$ zu berücksichtigen. Eventuelle Verzinsungen der einzelnen Raten, auf die ein Anspruch nach Eintritt des Versorgungsfalls entsteht, bleiben hierbei unberücksichtigt. Maßgeblich für die Ermittlung der beitragspflichtigen Einnahmen ist die mit Eintritt des Leistungsfalls insgesamt zustehende Kapitalabfindung.

Wichtig

Kürzerer Zeitraum möglich

Werden Versorgungsbezüge für einen Zeitraum von weniger als 10 Jahren abgefunden und anschließend laufend gezahlt, kann die Abfindung abweichend von der grundsätzlich starren Frist von 120 Monaten nur auf den entsprechenden kürzeren Zeitraum verteilt werden.

Arbeitnehmer als Versicherungsnehmer

Leistungen, die der Versicherte nach dem Ende des Arbeitsverhältnisses als alleiniger Versicherungsnehmer aus nicht durch den Arbeitgeber finanzierten Beiträgen erworben hat, gehören nicht zu den Versorgungsbezügen.[2]

Dies gilt ebenso für Kapitalleistungen, die aus einer ⇗ betrieblichen Altersversorgung in den Durchführungswegen Direktversicherung, Pensionskasse und Pensionsfonds stammen. In diesen Sachverhalten wird die Kapitalleistung in einen betrieblichen und einen privaten Teil aufgeteilt.

Beitragsentrichtung durch den Versicherten

Die Beiträge aus einer Kapitalleistung sind vom Versicherten unmittelbar an die Krankenkasse zu zahlen. Ein Beitragseinbehalt durch die Zahlstelle ist in diesen Fällen nicht vorgesehen. Allerdings hat die Zahlstelle die Höhe der Kapitalleistung der Krankenkasse zu melden.

Versorgungsempfänger verstirbt vor Ablauf von 10 Jahren

Sollte der Versorgungsempfänger vor Ablauf von 10 Jahren versterben, endet damit auch die Beitragspflicht. Die Erben zahlen keine Beiträge für den Zeitraum zwischen Tod und Ablauf der 10-Jahresfrist; es handelt sich nämlich nicht um einen eigenen Versorgungsbezug. Für die Hinterbliebenen kann eine Beitragspflicht nur dann entstehen, wenn diese als Hinterbliebenenversorgung einen eigenen Kapitalbetrag beanspruchen können.

Beitragspflichtige Untergrenze

Beiträge aus Kapitalleistungen sind nicht zu entrichten, wenn der auf den Kalendermonat umgelegte Anteil $^1/_{20}$ der monatlichen ⇗ Bezugsgröße nicht übersteigt (2024: 176,75 EUR; 2023: 169,75 EUR). Bei einer Kapitalleistung ergibt sich durch die Umverteilung auf 120 Monate im Jahr 2024 ein Grenzwert i. H. v. 21.210 EUR (2023: 20.370 EUR).

Wird diese Mindesteinnahmegrenze überschritten, werden die Krankenversicherungsbeiträge seit dem 1.1.2022 nur von dem den Freibetrag übersteigenden Betrag berechnet. Der Freibetrag findet ebenso auf Kapitalabfindungen und Kapitalleistungen aus einer betrieblichen Altersversorgung Anwendung.

Dies gilt auch für Kapitalleistungen, deren 10-Jahresfrist bereits vor diesem Zeitpunkt begonnen hat. Für die Pflegeversicherungsbeiträge ist jedoch weiterhin der Gesamtbetrag von $^1/_{120}$ der Kapitalleistung monatlich beitragspflichtig, wenn der o. g. Grenzwert überschritten wird. Für freiwillig Versicherte gilt der Freibetrag auch in der Krankenversicherung nicht.

Achtung

Mehrere Versorgungsbezüge oder zusätzliches Arbeitseinkommen

Die Mindesthöhe gilt bei mehreren Versorgungsbezügen für den Gesamtbetrag aller Versorgungsbezüge. Wird daneben noch Arbeitseinkommen aus einer selbstständigen Tätigkeit erzielt, ist auch dies

2 § 229 Abs. 1 Satz 1 Nr. 5 SGB V.

beim Vergleich mit der Mindesthöhe zu berücksichtigen. Durch die spätere Zubilligung eines weiteren Versorgungsbezugs kann eine bisher unter der Mindesthöhe liegende Kapitalleistung beitragspflichtig werden.

Beispiel

Kapitalleistung und Untergrenze

Die beiden Rentner A und B vollenden jeweils am 26.3.2024 ihr Lebensjahr für den Anspruch auf Regelaltersrente und sind seit dem 1.4.2024 wegen Bezugs von Altersrente bei Krankenkasse B pflichtversichert.

Neben der Altersrente von der Deutschen Rentenversicherung Bund i. H. v. monatlich 1.500 EUR erhält Rentner A aus einer während seines Erwerbslebens abgeschlossenen Direktversicherung eine Kapitalleistung der Versicherungsgesellschaft i. H. v. 18.000 EUR. Der Versicherungsfall (Versorgungsfall) ist am 1.4.2024 eingetreten. Die Auszahlung der Leistung erfolgt am 15.4.2024.

Bei Rentner B liegt derselbe Sachverhalt vor. Allerdings beträgt seine Kapitalleistung 36.000 EUR.

Ergebnis: Da der Versicherungsfall am 1.4.2024 eingetreten ist, ist die Kapitalleistung jeweils beitragspflichtig zur Kranken- und Pflegeversicherung und demzufolge auf einen 10-Jahres-Zeitraum umzulegen:

Rentner A: 18.000 EUR : 120 = 150 EUR mtl. Anteil der Kapitalleistung

Rentner B: 36.000 EUR : 120 = 300 EUR mtl. Anteil der Kapitalleistung

Ab dem 1.5.2024 (= erster auf die Auszahlung der Kapitalleistung folgender Monat) wären von den Rentnern dem Grunde nach Krankenversicherungsbeiträge von dem jeweiligen Betrag zu entrichten.

Allerdings überschreitet der monatliche Anteil bei Rentner A die Beitragsuntergrenze (2024: 176,75 EUR) nicht. Daher entfällt die Beitragsentrichtung für Rentner A zur Kranken- und Pflegeversicherung.

Bei Rentner B überschreitet der monatliche Anteil die Beitragsuntergrenze. Für die Berechnung der Krankenversicherungsbeiträge ist der Freibetrag zu berücksichtigen. Hier werden die Beiträge vom 1.5.2024 an von (300 EUR – 176,75 EUR =) 123,25 EUR berechnet. Die Pflegeversicherungsbeiträge werden vom 1.5.2024 an vom vollen Betrag, also von 300 EUR berechnet.

Bei Kapitalleistungen, die pro rata (z. B. in 4 oder 5 Raten) ausgezahlt werden, ist auf den Gesamtbetrag des zustehenden Kapitalbetrags abzustellen.

Kapitalleistung wird bei noch fortdauernder Beschäftigung gezahlt

Gerade bei Direktversicherungen kann es vorkommen, dass wegen der im Versicherungsvertrag genannten Altersgrenze die Kapitalleistung schon fließt, der Versicherte aber noch weiter arbeitet. Auch in diesen Fällen beginnt die 10-Jahresfrist mit dem 1. des auf die Auszahlung des Kapitalbetrags folgenden Monats. Soweit in dieser Zeit ein Beschäftigungsverhältnis ausgeübt wird, in dem der Versicherte mit seinem Arbeitsentgelt über der Beitragsbemessungsgrenze liegt, fallen aus der Kapitalleistung zunächst keine Beiträge an. Die 10-Jahresfrist wird dadurch aber nicht in ihrem zeitlichen Verlauf verändert. Die Beitragspflicht wirkt in solchen Fällen erst dann, sobald der Versicherte die Arbeit, die mit einem Entgelt über der Beitragsbemessungsgrenze verbunden ist, einstellt. Die Beitragspflicht endet stets mit regulärem Ablauf der o. g. 10-Jahresfrist.

Beispiel

Kapitalleistung bei fortdauernder Beschäftigung

Herr A ist als Arbeitnehmer krankenversicherungspflichtiges Mitglied der Krankenkasse A. Sein monatliches Arbeitsentgelt überschreitet in jedem Monat die monatliche Beitragsbemessungsgrenze. Im Dezember 2020 erhält er eine Kapitalleistung i. H. v. 90.000 EUR. Vom 1.4.2024 an reduziert er seine Arbeitszeit. Sein monatliches Arbeitsentgelt beträgt dann gleichbleibend 5.000 EUR. Die Beschäftigung endet am 30.9.2024. Vom 1.10.2024 erhält er eine Vollrente wegen Alters i. H v 1.800 EUR monatlich und ist als Rentner krankenversicherungspflichtiges Mitglied der Krankenkasse A.

Ergebnis: Die Kapitalleistung ist grundsätzlich monatlich i. H. v. ($^1/_{120}$ von 90.000 EUR =) 750 EUR beitragspflichtig. Sie wird in dieser Höhe vom 1.1.2021 bis zum 31.12.2030 angesetzt. Da zunächst das Arbeitsentgelt aus der Beschäftigung bis zum 31.3.2024 allein die monatliche Beitragsbemessungsgrenze übersteigt, sind bis zu diesem Zeitpunkt keine Beiträge aus dem Versorgungsbezug zu entrichten. Vom 1.4.2024 ist das monatliche Arbeitsentgelt i. H. v. 5.000 EUR voll beitragspflichtig. Unter Berücksichtigung des Freibetrags werden für die Berechnung der Krankenversicherungsbeiträge von dem Versorgungsbezug grundsätzlich (750 EUR – 176,75 EUR =) 573,25 EUR beitragspflichtig. Die Pflegeversicherungsbeiträge sind grundsätzlich von 750 EUR zu berechnen. Da zusammen mit dem Versorgungsbezug die monatliche Beitragsbemessungsgrenze (2024: 5.175 EUR) überschritten wird, ist der Versorgungsbezug vom 1.4.2024 monatlich in der Kranken- und Pflegeversicherung nur i. H. v. 175 EUR beitragspflichtig. Der Freibetrag in der Krankenversicherung i. H. v. 176,75 EUR geht verloren. Vom 1.10.2024 an ist der Versorgungsbezug für die Berechnung der Krankenversicherungsbeiträge i. H. v. 573,25 EUR und für die Berechnung der Pflegeversicherungsbeiträge in voller Höhe beitragspflichtig. Die Beitragspflicht des Versorgungsbezugs endet am 31.12.2030.

Kapitalleistungen aus befreienden Lebensversicherungen

Kapitalzahlungen aus befreienden Lebensversicherungen gehören grundsätzlich nicht zu den beitragspflichtigen Versorgungsbezügen.[1] Danach ist die gesetzliche Definition des Begriffs „Versorgungsbezug", als abschließend zu betrachten. Da eine befreiende Lebensversicherung nicht zu den in § 229 Abs. 1 SGB V aufgeführten Bezügen gehört, kann sie weder als Rente noch als Versorgungsbezug beitragspflichtig sein. Dies gilt selbst dann, wenn die insoweit erzielte Einnahme wirtschaftlich betrachtet die Funktion eines Alterseinkommens hätte. Eine andere Beurteilung könnte sich nur dann ergeben, wenn zwischen dem Abschluss der Lebensversicherung und der früheren Berufstätigkeit ein Zusammenhang bestünde. Dieser läge nur dann vor, wenn der Vertrag über die befreiende Lebensversicherung vom Arbeitgeber des Versicherten abgeschlossen oder vom Zweck darauf gerichtet gewesen wäre, diesem eine zusätzliche, dem Arbeitgeber zurechenbare Altersversorgung zu verschaffen.

Hinweis

Beitragspflicht bei freiwilliger Krankenversicherung

Besteht eine freiwillige Krankenversicherung in der gesetzlichen Krankenversicherung, zählt die Kapitalauszahlung zu den beitragspflichtigen Einnahmen. Dabei gilt die Mindesteinnahmegrenze für Versorgungsbezüge nicht.

Kapitalleistungen aus betrieblichen Riester-Verträgen

Seit dem 1.1.2018 gehören Leistungen aus Altersvermögen im Sinne des § 92 EStG (= betriebliche Riester-Renten) in der Auszahlungsphase nicht mehr zu den Versorgungsbezügen.[2] In der Folge sind Kapitalleistungen aus Altersvorsorgeverträgen im Sinne des § 92 EStG nicht mehr beitragspflichtig. Dies gilt unabhängig davon, ob die steuerliche Förderung aufgrund der Auszahlung als Einmalkapitalbetrag zurückzuzahlen ist oder diesbezüglich einer der in § 93 EStG aufgeführten Ausnahmefälle zur Anwendung kommt. Hintergrund ist dabei, dass es für die beitragsrechtliche Beurteilung nur auf die grundsätzliche Förderfähigkeit ankommt.

Tatsächliche Förderung unerheblich

Altersvorsorgevermögen im Sinne dieser Regelung liegt immer vor, wenn sich die steuerpflichtige Person bewusst für die Riester-Förderung entschieden hat. Dies ist der Fall, wenn die Versorgungseinrichtung die Mitteilung erhalten hat, dass diese Förderung in Anspruch genommen werden möchte.

1 BSG, Urteil v. 27.1.2000, B 12 KR 17/99 R.
2 § 229 Abs. 1 Satz 1 Nr. 5 SGB V.

Unerheblich ist, ob

- die Förderung tatsächlich erfolgt ist,
- im Zeitpunkt der Beitragszahlung eine Förderberechtigung bestand,
- der Höchstbetrag des Sonderausgabenabzugs nach § 10a EStG für geförderte Beiträge überschritten wurde oder
- ein Zulagenantrag gestellt wurde.

Mischverträge

In der Ansparphase der Kapitalleistung kann es vorkommen, dass für den Vertrag teilweise keine Riester-Förderfähigkeit vorlag (z. B. Beitragsabführung vor der aktiven Entscheidung des Steuerpflichtigen für die Inanspruchnahme einer Riester-Förderung). Der bei Auszahlung ohne Riester-Förderfähigkeit angesparte Anteil der Kapitalleistung stellt weiterhin einen beitragspflichtigen Versorgungsbezug dar. Die Kapitalleistung ist also aufzuteilen in

- einen Teil, der auf Altersvorsorgevermögen nach § 92 EStG beruht (kein Versorgungsbezug), und
- einen Teil, der nicht auf Altersvorsorgevermögen nach § 92 EStG beruht (Versorgungsbezug).

Meldepflichtig im Rahmen des Zahlstellen-Meldeverfahrens ist nur der Teil der Leistung, der Versorgungsbezüge nach § 229 SGB V darstellt.

Bereits ausgezahlte Kapitalleistungen aus einem betrieblichen Riester-Vertrag

Kapitalleistungen werden zum Zwecke der Beitragsberechnung für die Kranken- und Pflegeversicherungsbeiträge auf 120 Monate aufgeteilt. Soweit es sich dabei um Kapitalleistungen aus Altersvorsorgevermögen mit ausschließlicher Riester-Förderung handelt, endete die Beitragspflicht am 31.12.2017. Sofern die Kapitalleistung nur zum Teil die Eigenschaft als Versorgungsbezug verloren hat, ist eine Aufteilung in einen Versorgungsbezugs- und einen Nichtversorgungsbezugs-Anteil erforderlich. Der Versorgungsbezugsanteil ist für die Zeit ab 1.1.2018 für die Restdauer des 120-Monate-Zeitraums die neue monatliche beitragspflichtige Einnahme. Der Verlauf des 120-Monate-Zeitraums wird hierdurch nicht berührt. In diesen Fällen ist die Ausstellung einer Bescheinigung durch die Zahlstelle erforderlich, aus der hervorgeht, in welcher Höhe die ursprünglich ausgezahlte Kapitalleistung auf Altersvorsorgevermögen nach § 92 EStG beruht.

Hinweis

Mindestgrenze beachten

Für die reduzierte beitragspflichtige Einnahme ist die monatliche Mindesteinnahmegrenze (2024: 176,75 EUR; 2023: 169,75 EUR) zu beachten. Überschreitet die reduzierte beitragspflichtige Einnahme – zusammen mit ggf. weiteren Versorgungsbezügen – die monatliche Mindestgrenze nicht, sind von den versicherungspflichtigen Mitgliedern keine Beiträge mehr zu entrichten.

Einzahlung der Kapitalleistung in eine Direktversicherung zur Finanzierung einer Sofortrente

Bei einer Sofortrente handelt es sich um eine laufende Rentenleistung aus einem privaten Versicherungsvertrag, die durch eine Einmalzahlung finanziert wird. Wird diese Einmalzahlung aus einer Kapitalleistung aus einer Direktversicherung finanziert, gilt für diese Kapitalleistung die $^{1}/_{120}$-Regelung. Dies gilt sowohl für versicherungspflichtige Mitglieder als auch für freiwillige Mitglieder in der gesetzlichen Krankenversicherung.

Die Sofortrente stellt jedoch, obwohl sie aus einem Versorgungsbezug finanziert worden ist, selbst keinen Versorgungsbezug dar. Da die monatlichen Sofortrentenzahlungen aus einem privaten Versicherungsvertrag stammen, können sie nur im Rahmen einer freiwilligen Krankenversicherung der Beitragspflicht unterliegen. Während der Zeit der Verbeitragung der Kapitalleistung ist die Sofortrente nicht beitragspflichtig, soweit zwischen der Kapitalleistung und der Sofortrente eine „wirtschaftliche Identität" besteht.

Hinweis

Definition der „wirtschaftlichen Identität"

Eine solche wirtschaftliche Identität liegt vor, wenn die einmalige Kapitalleistung bzw. ihr Großteil dem Anspruchsberechtigten nicht ausgezahlt wird. Stattdessen erfolgt in einem engen zeitlichen Zusammenhang eine Übertragung auf einen Sofortrentenvertrag. Dabei ist ein Zeitfenster von einem Vierteljahr zwischen Eintritt der Fälligkeit der Kapitalleistung und Beginn des Sofortrentenvertrags unschädlich. Ein weiteres Indiz für die wirtschaftliche Identität liegt vor, wenn sowohl die Direktversicherung als auch die Sofortrentenversicherung bei demselben Versicherungsunternehmen abgeschlossen wird.

Abfindungen von Versorgungsbezügen

Wird nach dem Eintritt des Versicherungsfalls an die Stelle eines sonst laufend zu zahlenden Versorgungsbezugs eine Kapitalabfindung gezahlt, ist diese ebenfalls beitragspflichtig.[1] Dabei gilt ein $^{1}/_{120}$ der Abfindung als monatlicher Zahlbetrag, d. h. der Betrag der Kapitalabfindung wird auf 10 Jahre umgelegt. Die Frist von 10 Jahren beginnt mit dem 1. des auf die Auszahlung der Kapitalabfindung folgenden Kalendermonats. Werden Versorgungsbezüge für einen Zeitraum von weniger als 10 Jahren abgefunden und anschließend laufend gezahlt, dann kann die Abfindung nur auf den entsprechenden kürzeren Zeitraum verteilt werden. Die Beitragsentrichtung unterbleibt jedoch, wenn der monatliche Betrag $^{1}/_{20}$ der ⇗ Bezugsgröße nicht übersteigt (2024: 176,75 EUR; 2023: 169,75 EUR).

Versorgungsbezüge, die aus Anlass der Wiederverheiratung einer Witwe oder eines Witwers kapitalisiert werden, sind nicht beitragspflichtig.[2]

Wichtig

Beiträge aus Abfindungen müssen vom Versicherten getragen werden

Die Beiträge aus Abfindungen sind unmittelbar vom Versicherten selbst an seine Krankenkasse zu zahlen.

Abfindung von Anwartschaften aus der betrieblichen Altersversorgung

Die Auflösung von Anwartschaften aus der betrieblichen Altersversorgung kann in vielfältigen Konstellationen auftreten. Für die beitragsrechtliche Beurteilung dieser Abfindungszahlungen sind die Beweggründe – insbesondere die arbeits- oder betriebsrentenrechtliche Zulässigkeit – ohne Bedeutung. Wesentlich ist, dass durch die Auflösung einer derartigen Anwartschaft die in der Vergangenheit vorgenommene beitragsrechtliche Beurteilung der Einzahlungen nicht verändert wird. Waren die Arbeitgeber- und/oder Arbeitnehmerleistungen zum Aufbau einer Anwartschaft ganz oder teilweise beitragsfrei, wird diese Beurteilung durch die Auflösung nicht verändert.

Nach einem Urteil des Bundessozialgerichts[3] und des Landessozialgericht Baden-Württemberg[4] sind vor dem Eintritt des Versicherungsfalls ausgezahlte Abfindungen von Anwartschaften auf betriebliche Altersversorgung als Versorgungsbezüge zu bewerten. Dies gilt sowohl für Abfindungen nach beendeter als auch bei bestehender Beschäftigung. Vor diesem Hintergrund bewerten die Spitzenorganisationen der Sozialversicherung die beitragsrechtliche Zuordnung jetzt anders.

Keine Verbeitragung im Rahmen der Beschäftigung

Abfindungen von gesetzlich oder vertraglich unverfallbaren und verfallbaren Anwartschaften auf eine betriebliche Altersversorgung, die vor Eintritt des Versorgungsfalls gezahlt werden, stellen kein Arbeitsentgelt dar.

1 § 229 Abs. 1 Satz 3 SGB V.
2 BSG, Urteil v. 22.5.2003, B 12 KR 12/02 R.
3 BSG, Urteil v. 25.4.2012, B 12 KR 26/10 R.
4 LSG Baden-Württemberg, Urteil v. 24.3.2015, L 11 R 1130/14.

Bei den im Rahmen einer betrieblichen Altersversorgung vereinbarten oder zugesagten Leistungen, die bei Eintritt des Versorgungsfalls

- vom Arbeitgeber selbst (Direktzusage),
- von einer Institution im Sinne des Betriebsrentenrechts (Unterstützungskasse, Pensionskasse, Pensionsfonds) oder
- im Rahmen einer Direktversicherung zu gewähren sind,

handelt es sich um ↗ Versorgungsbezüge.

Meldepflicht der Zahlstelle

Die Eigenschaft der Abfindungszahlung als Versorgungsbezug geht durch eine Auszahlung noch vor Eintritt des vertraglich vereinbarten Versicherungs- bzw. Versorgungsfalls nicht verloren. Dies gilt unabhängig von dem Alter der betreffenden Person zum Zeitpunkt der Auszahlung. Entscheidend für die Zuordnung als Versorgungsbezug ist allein der ursprünglich vereinbarte Versorgungszweck. Daraus resultiert auch eine Meldepflicht der Zahlstelle der Versorgungsbezüge. Sie hat der zuständigen Krankenkasse die Höhe der ausgezahlten Abfindung mitzuteilen.

Wichtig

Regelung gilt auch für Renten- und Arbeitslosenversicherung

Obwohl die Zuordnung der Abfindungen von Versorgungsanwartschaften zu den Versorgungsbezügen allein auf einer Rechtsvorschrift der gesetzlichen Krankenversicherung gründet, gilt der Ausschluss der Arbeitsentgelteigenschaft nicht nur für die Beiträge zur Kranken- und Pflegeversicherung, sondern auch für die Beiträge zur Renten- und Arbeitslosenversicherung. Für die Zuordnung als Versorgungsbezug ist es unerheblich, ob von der Abfindung Kranken- und Pflegeversicherungsbeiträge tatsächlich erhoben werden (können). Entsprechende Abfindungszahlungen an nicht gesetzlich krankenversicherte Arbeitnehmer zählen deshalb ebenso nicht zum beitragspflichtigen Arbeitsentgelt.

Kaskoversicherung für Dienstfahrten

Häufig ersetzt der Arbeitgeber die Prämien für eine private oder dienstliche Kaskoversicherung, wenn der Arbeitnehmer sein Fahrzeug zu beruflichen Auswärtstätigkeiten einsetzt. Gewährt die Firma steuerfreien Reisekostenersatz in Höhe des pauschalen Kilometersatzes von 0,30 EUR, ist zu prüfen, ob die Übernahme der Versicherungsbeiträge lohnsteuerpflichtig ist.

Die beitragsrechtliche Bewertung für die Sozialversicherung richtet sich nach der steuerlichen Beurteilung.

Gesetze, Vorschriften und Rechtsprechung

Lohnsteuer: Die steuerliche Behandlung ergibt sich aus § 3 Nr. 16 EStG (steuerfreie Reisekosten), § 19 Abs. 1 EStG (lohnsteuerpflichtiger Arbeitslohn) sowie dem BMF-Schreiben v. 9.9.2015, IV C 5 – S 2353/11/10003, BStBl 2015 I S. 734.

Sozialversicherung: Für die beitragsrechtliche Bewertung ist den für das Steuerrecht entwickelten Grundsätzen zu folgen (§§ 14, 17 SGB IV, § 1 SvEV).

Entgelt	LSt	SV
Arbeitgeberersatz für private Kaskoversicherung	pflichtig	pflichtig
Arbeitgeberersatz für Dienstreise-Kaskoversicherung	frei	frei

Lohnsteuer

Versicherungsabschluss durch Arbeitnehmer

Benutzt der Arbeitnehmer seinen Privatwagen für Dienstfahrten, kann ihm der Arbeitgeber einen Unfallschaden am Privatwagen steuerfrei ersetzen, der durch einen Verkehrsunfall auf der Dienstfahrt entstanden ist. Hat der Arbeitnehmer zur Absicherung von Unfallschäden am Privatwagen eine Kaskoversicherung abgeschlossen, ist für die steuerliche Behandlung der vom Arbeitgeber ersetzten Versicherungsprämien zu unterscheiden, ob der Arbeitnehmer

- eine private Kaskoversicherung abgeschlossen hat, die Unfälle auf Privat- und Dienstfahrten beinhaltet, oder
- eine reine Dienstreise-Kaskoversicherung abgeschlossen hat, die nur dienstliche Reisetätigkeiten umfasst.

Private Kaskoversicherung

Ersetzt der Arbeitgeber dem Arbeitnehmer die Prämien für eine Kaskoversicherung, die Schäden sowohl auf dienstlichen als auch auf privaten Fahrten abdeckt, zusätzlich zu dem für die Benutzung des Privatwagens zu Dienstfahrten geltenden Kilometersatz von 0,30 EUR, stellen die ersetzten Prämien steuerpflichtigen Arbeitslohn dar; denn die Versicherungsprämien sind mit dem steuerfreien Kilometersatz von 0,30 EUR abgegolten.[1] Beim Einzelnachweis der tatsächlichen Fahrzeugkosten sind die vom Arbeitgeber steuerpflichtig erstatteten Kaskoprämien bei der Ermittlung des individuellen Kilometersatzes für den Pkw des Arbeitnehmers anzusetzen.

Dienstreise-Kaskoversicherung

Übernimmt der Arbeitgeber für den Arbeitnehmer die Prämien für eine sog. Reise-Kaskoversicherung, die nur Schäden auf dienstlichen Fahrten abdeckt, sind die ersetzten Versicherungsprämien steuerfrei, und zwar zusätzlich zu dem Kilometersatz von 0,30 EUR.[2]

Versicherungsabschluss durch Arbeitgeber

In der Praxis empfiehlt sich der Abschluss einer auf dienstliche Reisen beschränkten Kaskoversicherung durch den Arbeitgeber. Die vom Arbeitgeber als Versicherungsnehmer gezahlten Prämien bleiben als Leistungen im ganz überwiegend eigenbetrieblichen Interesse steuerfrei. Außerdem kann der Arbeitgeber zusätzlich für die mit eigenen Pkw des Arbeitnehmers unternommenen beruflichen Auswärtstätigkeiten 0,30 EUR pro gefahrenen Kilometer steuerfrei ersetzen. Die hiervon abweichende Rechtsprechung[3] wird von den Finanzämtern nicht angewendet.[4]

Sozialversicherung

Beitragsrechtliche Beurteilung

Kommt der Arbeitgeber als Versicherungsnehmer selbst für die Kosten einer Kaskoversicherung auf, folgt aus der Steuerfreiheit, dass auch Sozialversicherungsfreiheit besteht. Beitragsfreiheit besteht darüber hinaus auch, sofern dem Arbeitnehmer als Versicherungsnehmer Kosten einer reinen Dienstreise-Kaskoversicherung ersetzt werden. In allen anders gelagerten Fällen – insbesondere, wenn es sich um keine reine Dienstreise-Kaskoversicherung handelt und der Kilometersatz von 0,30 EUR gewährt wird –, muss von Beitragspflicht ausgegangen werden.

1 BFH, Urteil v. 21.6.1991, VI R 178/88, BStBl 1991 II S. 814.
2 BMF, Schreiben v. 31.3.1992, IV B 6 – S 2012 – 12/92, BStBl I S. 270.
3 BFH, Urteil v. 27.6.1991, VI R 3/87, BStBl 1992 II S. 365.
4 BMF, Schreiben v. 9.9.2015, IV C 5 – S 2353/11/10003, BStBl 2015 I S. 734; BFH, Urteil v. 21.6.1991, VI R 178/88, BStBl 1991 II S. 814.

Kaufkraftausgleich

Sind unbeschränkt einkommensteuerpflichtige Arbeitnehmer für einen begrenzten Zeitraum im Ausland tätig und haben dort ihren dienstlichen Wohnsitz, kann ihnen der Arbeitgeber einen Kaufkraftausgleich als Lohnzuschlag zahlen. Hierdurch sollen die höheren Lebenshaltungskosten am ausländischen Dienstort ausgeglichen werden. Der Kaufkraftausgleich als Lohnzuschlag ist steuerfrei. Bis zu welcher Höhe diese Arbeitgeberzuwendungen steuerfrei gezahlt werden können, wird von der Finanzverwaltung festgelegt und regelmäßig vierteljährlich angepasst.

Gesetze, Vorschriften und Rechtsprechung

Lohnsteuer: Einzelheiten zur Steuerfreiheit regeln § 3 Nr. 64 EStG, R 3.64 LStR, H 3.64 LStH sowie die vierteljährlich aktualisierte Gesamtübersicht der Kaufkraftzuschläge des BMF; zuletzt: BMF, Schreiben v. 4.1.2024, IV C 5 – S 2341/23/10001 :004. Für die von Organen der EU gezahlten Tagegelder siehe BMF, Schreiben v. 12.4.2006, IV B 3 – S 1311 – 75/06, BStBl 2006 I S. 340.

Entgelt	LSt	SV
Kaufkraftausgleich bis zur Höhe der Zuschlagsätze	frei	frei

Lohnsteuer

Zeitlich begrenzte Auslandstätigkeit

Voraussetzung für die Zahlung eines steuerfreien Kaufkraftausgleichs durch den inländischen Arbeitgeber ist, dass der Arbeitnehmer für einen begrenzten Zeitraum im Ausland eingesetzt ist und dort einen Wohnsitz oder gewöhnlichen Aufenthalt hat. Im Wege der Prognoseentscheidung wird eine Begrenzung der ausländischen Tätigkeit unterstellt, wenn eine Rückkehr des Arbeitnehmers nach Beendigung der Tätigkeit vorgesehen ist. Ob eine spätere Rückkehr tatsächlich erfolgt, ist insoweit unerheblich.[1]

Gehaltsumwandlung unzulässig

Maßgeblich ist, dass der Kaufkraftausgleich tatsächlich gewährt wird. Es ist nicht zulässig, einen Teil des geschuldeten Gehalts in einen Kaufkraftausgleich umzudeuten. Eine Steuerbefreiung wird für auf diese Weise umgedeutete Teile des Gehalts nicht gewährt.

Achtung

Kein Kaufkraftausgleich bei Auslandsdienstreise

Bei Dienstreisen ins Ausland kommt ein steuerfreier Kaufkraftausgleich regelmäßig nicht in Betracht, da der Arbeitnehmer in diesen Fällen steuerlich weder einen Wohnsitz noch einen gewöhnlichen Aufenthalt im Ausland hat.

Arbeitnehmer im öffentlichen Dienst

Arbeitnehmer im öffentlichen Dienst erhalten Gehaltszuschläge, wenn sich ihr dienstlicher Wohnsitz im Ausland befindet. Hierzu gehört ein Ausgleich für den Fall, dass die Kaufkraft ihrer Bezüge niedriger ist als die Lebenshaltungskosten am ausländischen Dienstort. Es wird zwischen 2 Fällen unterschieden:

1. Arbeitnehmer im öffentlichen Dienst[2]
2. Personen, die mit Arbeitnehmern im öffentlichen Dienst vergleichbar sind.[3]

Zu Gruppe 1 gehören Arbeitnehmer, die zu einer inländischen juristischen Person des öffentlichen Rechts unmittelbar in einem Dienstverhältnis stehen.

Zu Gruppe 2 gehören Arbeitnehmer, die zu einer anderen Person in einem Dienstverhältnis stehen, deren Arbeitslohn aber wie im öffentlichen Dienst ermittelt, aus einer öffentlichen Kasse gezahlt und ganz oder im Wesentlichen aus öffentlichen Mitteln aufgebracht wird. Zur Gruppe 2 gehören insbesondere Arbeitnehmer

- des Goethe-Instituts e. V.,
- der Max-Planck-Gesellschaft zur Förderung der Wissenschaften e. V.,
- des Deutschen Zentrums für Luft- und Raumfahrt e. V.,
- des Deutschen akademischen Austauschdienstes e. V. und
- der Deutschen Gesellschaft für Internationale Zusammenarbeit (GIZ) GmbH.

Die steuerfreien Auslandsdienstbezüge umfassen

- den Auslandszuschlag[4]
- den Mietzuschuss[5] und
- den Kaufkraftausgleich.[6]

Achtung

Nicht begünstigter Arbeitslohn

Die Steuerbefreiungsvorschrift des § 3 Nr. 64 EStG ist nicht anwendbar auf Arbeitslohn, der nach anderen (besoldungsrechtlichen) Vorschriften gezahlt wird (z. B. Zahlung von Reisekosten).

Der Kaufkraftausgleich nach § 55 Bundesbesoldungsgesetz soll den Kaufkraftverlust ausgleichen, der dem Empfänger der Bezüge aufgrund der Lebenshaltungskosten am ausländischen Dienstort entsteht. Der nach § 3 Nr. 64 EStG steuerfreie Kaufkraftausgleich zu den Auslandsdienstbezügen im öffentlichen Dienst wird vom Auswärtigen Amt im Einvernehmen mit dem Bundesministerium des Inneren und dem Bundesministerium der Finanzen festgesetzt.

Steuerliche Behandlung von EU-Tagegeldern

Beamte, die z. B. als nationale Sachverständige bei der Europäischen Union (EU) tätig werden, erhalten von der EU zusätzlich zu ihren Dienstbezügen sog. EU-Tagegelder. Diese EU-Tagegelder sind nur insoweit nach § 3 Nr. 64 EStG steuerfrei, wie sie auf steuerfreie Auslandsdienstbezüge angerechnet werden. Der übersteigende Teil des EU-Tagegeldes gehört zum steuerpflichtigen Arbeitslohn.[7]

Arbeitnehmer in der Privatwirtschaft

Bei privaten Arbeitgebern bestimmt sich der Umfang der Steuerfreiheit des Kaufkraftausgleichs nach den Sätzen des Kaufkraftausgleichs im öffentlichen Dienst. Diese für die einzelnen Länder in Betracht kommenden Kaufkraftzuschläge und ihre jeweilige Geltungsdauer werden ca. vierteljährlich im Bundessteuerblatt Teil I veröffentlicht.[8]

Wird einem Arbeitnehmer von einem privaten inländischen Arbeitgeber ein Kaufkraftausgleich gewährt, bleibt er im Rahmen der in der nachfolgenden Tabelle aufgeführten Abschlagssätze steuerfrei, wenn der Arbeitnehmer

- aus dienstlichen Gründen ins Ausland entsandt wird und
- dort für einen begrenzten Zeitraum
- einen Wohnsitz oder gewöhnlichen Aufenthalt hat.[9]

1 R 3.64 Abs. 1 Satz 3 LStR.
2 § 3 Nr. 64 Satz 1 EStG.
3 § 3 Nr. 64 Satz 2 EStG.
4 § 53 Bundesbesoldungsgesetz.
5 § 54 Bundesbesoldungsgesetz.
6 § 55 Bundesbesoldungsgesetz.
7 BMF, Schreiben v. 12.4.2006, IV B 3 – S 1311 – 75/06, BStBl 2006 I S. 340, Tz. 2.
8 Zuletzt: BMF, Schreiben v. 4.1.2024, IV C 5 – S 2341/23/10001 :004.
9 § 3 Nr. 64 Satz 3 EStG.

Allerdings haben die Regelungen zum Kaufkraftausgleich bei Arbeitnehmern in der Privatwirtschaft nur geringe Bedeutung, da bei diesen i. d. R. schon eine generelle Steuerbefreiung aufgrund eines ↗ Doppelbesteuerungsabkommens (DBA) oder des Auslandstätigkeitserlasses (ATE) gegeben ist.

Tipp

Steuerfreier Kaufkraftausgleich ohne Progressionsvorbehalt

Im Gegensatz zur Steuerfreiheit nach einem Doppelbesteuerungsabkommen oder dem Auslandstätigkeitserlass unterliegt der steuerfreie Kaufkraftausgleich nicht dem Progressionsvorbehalt.

6-monatiger Mindestaufenthalt

Ein steuerfreier Kaufkraftausgleich kommt nur in Betracht, wenn der geplante Auslandsaufenthalt 6 Monate überschreitet.[1] Bei einer kürzeren Aufenthaltsdauer im Ausland liegt weder ein gewöhnlicher Aufenthalt i. S. v. § 9 AO vor noch kann von der Begründung eines Wohnsitzes ausgegangen werden.

Auf Basis einer Prognoseentscheidung ist eine Entsendung für einen begrenzten Zeitraum anzunehmen, wenn eine Rückkehr des Arbeitnehmers nach Beendigung der Tätigkeit vorgesehen ist. Auf die tatsächliche Rückkehr des Arbeitnehmers kommt es nicht an.

Kaufkraftzuschlag bestimmt sich nach Dienstort

Der Umfang der Steuerfreiheit bestimmt sich nach den Sätzen des Kaufkraftzuschlags zu den Auslandsdienstbezügen der Bundesbeamten. Übersichten und Änderungen zu den für die einzelnen Länder geltenden Kaufkraftzuschlägen werden jeweils im Bundessteuerblatt Teil I bekannt gemacht.[2]

Maßgebender Dienstort

Die Zuschlagssätze beziehen sich jeweils auf den Auslandsdienstort einer Vertretung der Bundesrepublik Deutschland und gelten – soweit nicht im Einzelnen andere Zuschläge festgesetzt sind – jeweils für den gesamten konsularischen Amtsbezirk der Vertretung. Die konsularischen Amtsbezirke der Vertretungen ergeben sich aus dem Verzeichnis der Vertretungen der Bundesrepublik Deutschland im Ausland.[3]

Die regionale Begrenzung der Zuschlagssätze gilt auch für die Steuerbefreiung nach § 3 Nr. 64 EStG.

Für ein Land, das von einer Vertretung der Bundesrepublik Deutschland nicht erfasst wird, darf der Zuschlagssatz angesetzt werden, der für einen vergleichbaren konsularischen Amtsbezirk eines Nachbarlandes festgesetzt worden ist.

Höhe des steuerfreien Kaufkraftzuschlags

Die Zuschlagssätze werden im öffentlichen Dienst auf 60 % des Grundgehalts und der Auslandsdienstbezüge angewendet.[4]

Außerhalb des öffentlichen Dienstes ist eine vergleichbare Bemessungsgrundlage regelmäßig nicht vorhanden, sodass der steuerfreie Teil des Kaufkraftausgleichs durch Anwendung eines entsprechenden Abschlagssatzes nach den Gesamtbezügen einschließlich des Kaufkraftausgleichs zu bestimmen ist. Bei der Bemessung der Abschlagssätze ist bereits berücksichtigt, dass sie sich nur auf 60 % des maßgebenden Arbeitslohns beziehen. So wird auch bei Arbeitnehmern in der Privatwirtschaft erreicht, dass sich die Steuerfreiheit des Zuschlags im Wesentlichen von einer möglichst einheitlichen Bemessungsgrundlage errechnet. Unmaßgeblich ist, ob die Bezüge im Inland oder im Ausland ausgezahlt werden.

1 § 9 Satz 2 AO.
2 Zuletzt: BMF, Schreiben v. 4.1.2024, IV C 5 – S 2341/23/10001 :004.
3 www.auswaertiges-amt.de/de/ReiseUndSicherheit/deutsche-auslandsvertretungen.
4 R 3.64 Abs. 5 LStR.

Einem Zuschlagssatz in % von	5	10	15	20	25	30	35	40	45	50
entspricht ein Abschlagssatz in % von[5]	2,91	5,66	8,26	10,71	13,04	15,25	17,36	19,35	21,26	23,08
Einem Zuschlagssatz in % von	55	60	65	70	75	80	85	90	95	100
entspricht ein Abschlagssatz in % von	24,81	26,47	28,06	29,58	31,03	32,43	33,77	35,06	36,31	37,50

Für andere Zuschlagssätze errechnet sich der Abschlagssatz nach folgender Formel:

$$\frac{\text{Zuschlagssatz} \times 600}{1.000 + 6 \times \text{Zuschlagssatz}}$$

Ergibt sich nach Anwendung des Abschlagssatzes ein höherer Betrag als der tatsächlich gewährte Kaufkraftausgleich, ist nur der tatsächlich gewährte Kaufkraftausgleich steuerfrei. Zu den Gesamtbezügen, auf die der Abschlagssatz anzuwenden ist, gehören nicht steuerfreie Reisekostenvergütungen und Vergütungen für Mehraufwendungen bei doppelter Haushaltsführung.

Beispiel

Ermittlung Abschlagssatz und Kaufkraftausgleich

Ein lediger Arbeitnehmer mit einem Monatslohn von 3.600 EUR wird für 2 Jahre nach Japan entsandt und begründet dort seinen zweiten Wohnsitz. Der inländische Arbeitgeber erstattet die Unterkunftskosten mit 40 % des Auslandsübernachtungsgeldes (40 % von 190 EUR = 76 EUR) und zahlt monatlich einen Kaufkraftausgleich von 1.400 EUR.

Ergebnis: Für Bundesbeamte gilt ein Kaufkraftzuschlag von 20 % (ab 1.6.2023), der nach vorstehender Tabelle einem Abschlagssatz von 10,71 % entspricht. Dieser Abschlagssatz ist auf den Monatslohn zuzüglich des Kaufkraftausgleichs anzuwenden (3.600 EUR + 1.400 EUR = 5.000 EUR). Der steuerfreie Kaufkraftausgleich beträgt hiernach 535,50 EUR (= 10,71 % von 5.000 EUR). Der lohnsteuerpflichtige Monatslohn ist wie folgt zu berechnen:

Monatslohn	3.600 EUR
Kaufkraftausgleich	+ 1.400 EUR
Erstattete Unterkunftskosten (76 EUR für 30 Tage)	+ 2.280 EUR
	7.280 EUR
Steuerfreie Unterkunftskosten	– 2.280 EUR
Steuerfreier Kaufkraftausgleich	– 535,50 EUR
Lohnsteuerpflichtiger Monatslohn	4.464,50 EUR

Rückwirkende Änderung des Zuschlagssatzes

Wird ein Zuschlagssatz rückwirkend erhöht, ist der Arbeitgeber berechtigt, die bereits abgeschlossenen Lohnabrechnungen insoweit wieder aufzurollen und bei der jeweils nächstfolgenden Lohnzahlung die ggf. zu viel einbehaltene Lohnsteuer zu erstatten. Dabei sind § 41c Abs. 2 und 3 EStG anzuwenden.

Die Herabsetzung eines Zuschlagssatzes ist hingegen erstmals bei der Lohnabrechnung zu berücksichtigen, die für einen nach der Veröffentlichung der Herabsetzung beginnenden Lohnzahlungszeitraum gezahlt wird.[6]

5 H 3.64 LStH „Kaufkraftausgleich".
6 R 3.64 Abs. 6 LStR.

Beispiel

Auslandseinsatz

Ein verheirateter Arbeitnehmer mit einem Monatslohn von 5.000 EUR wird für ein Jahr nach Neuseeland zu einem Zweigbetrieb der Firma entsandt. Er begründet in Neuseeland seinen zweiten Wohnsitz. Zuzüglich zu seinem Monatslohn erhält er Auslösungen und einen monatlichen Kaufkraftausgleich von 2.000 EUR. Die Auslösungen werden i. H. v. 40 % des Auslandsübernachtungsgeldes gezahlt (40 % von 153 EUR = 61,20 EUR).

Ergebnis: Für Bundesbeamte gilt ein Kaufkraftzuschlag von 5 % (ab 1.6.2023). Dies entspricht laut Tabelle einem Abschlagssatz von 2,91 %. Dieser Abschlagssatz ist auf den Monatslohn zuzüglich tatsächlich gezahltem Kaufkraftausgleich anzuwenden (= 7.000 EUR). Die steuerfreien Auslösungen bleiben außer Ansatz. Als steuerfreier Kaufkraftausgleich ergibt sich hiernach ein Betrag von 203,70 EUR (2,91 % aus 7.000 EUR).

Der lohnsteuerpflichtige Monatslohn berechnet sich folgendermaßen:

Monatslohn	5.000,00 EUR
Kaufkraftausgleich	+ 2.000,00 EUR
Auslösungen (30 Tage × 61,20 EUR)	+ 1.836,00 EUR
Bruttolohn	8.836,00 EUR
Vom Bruttolohn sind steuerfrei:	
Auslösungen i. H. v.	1.836,00 EUR
Kaufkraftausgleich i. H. v.	+ 203,70 EUR
Insgesamt	2.039,70 EUR

Lohnsteuerpflichtig ist demnach ein Monatslohn i. H. v. 6.796,30 EUR (8.836,00 EUR – 2.039,70 EUR).

Steuerfreier Mietzuschuss

Befindet sich der dienstliche Wohnsitz im Ausland, erhalten Arbeitnehmer im öffentlichen Dienst einen ⇗ Mietzuschuss.[1] Der Mietzuschuss wird gewährt, wenn die für die Wohnung im Ausland bezahlte Miete 18 % des Gehalts übersteigt, das dem Bediensteten bei einer Verwendung im Inland zustünde. Der steuerfreie Mietzuschuss gemäß § 3 Nr. 64 EStG beträgt regelmäßig 90 % des Mehrbetrags.

Mietzuschuss in der Privatwirtschaft

Bei privaten Arbeitnehmern, denen der Arbeitgeber eine Wohnung im Ausland zur Verfügung stellt, ist der geldwerte Vorteil aus der verbilligten Überlassung bis zu der Höhe steuerfrei, bis zu der ein steuerfreier Mietzuschuss nach den Vorschriften des Bundesbesoldungsgesetzes[2] gezahlt werden kann. Die Steuerfreiheit wird durch eine entsprechende Begrenzung des bei unentgeltlicher oder verbilligter Überlassung der Wohnung anzusetzenden geldwerten Vorteils realisiert.

Wichtig

DBA und Auslandstätigkeitserlass beachten

Es ist jedoch zu beachten, dass es sich regelmäßig um steuerfreien Arbeitslohn nach dem Auslandstätigkeitserlass oder einem Doppelbesteuerungsabkommen (⇗ DBA) oder gar ganz oder teilweise um nicht dem Progressionsvorbehalt unterliegende steuerfreie Auslösungen handelt.

Kinder

Kinder werden beim Elternteil durch die unterschiedlichsten Frei- und Abzugsbeträge berücksichtigt. Kindergeld wird im Normalfall nach den Vorschriften des Einkommensteuergesetzes gewährt. Der dort geregelte Kinderbegriff gilt für leibliche Kinder, Adoptivkinder und Pflegekinder sowohl für den Kinderfreibetrag, den Freibetrag für Betreuungs- und Erziehungs- oder Ausbildungsbedarf als auch für das Kindergeld.

Stiefkinder und Enkelkinder werden bei der Gewährung dieser kindbedingten Freibeträge nicht berücksichtigt. Um die Unterschiede zwischen Steuerrecht und Kindergeldrecht bei den Stief- und Enkelkindern abzumildern, gibt es für diese Kinder die Möglichkeit, den Kinderfreibetrag und den Freibetrag für Betreuungs- und Erziehungs- oder Ausbildungsbedarf zu übertragen.

Bezieht ein Kind steuerliches Einkommen, sind regelmäßig die jeweils allgemeinen steuerlichen Grundsätze anzuwenden.

Gesetze, Vorschriften und Rechtsprechung

Lohnsteuer: Kindbedingte Aufwendungen können in Form von Betreuungskosten (§ 10 Abs. 1 Nr. 5 EStG) oder Schulgeld (§ 10 Abs. 1 Nr. 9 EStG) als Sonderausgaben, durch den Entlastungsbetrag für Alleinerziehende (§ 24b EStG), bei der Ermittlung der zumutbaren Belastung (§ 33 Abs. 3 EStG) sowie als außergewöhnliche Belastung nach § 33a EStG berücksichtigt werden. Im Rahmen der Altersvorsorgezulage (Riester-Rente) kommt eine Kinderzulage in Betracht. Ist ein Kind als Arbeitnehmer tätig, gilt § 19 EStG.

Sozialversicherung: In der Sozialversicherung sind Kinder bis zu bestimmten Altersgrenzen familienversichert (§ 10 SGB V). Die Entgelteigenschaft von Kinderzulagen und Kindergartenzuschüssen folgt der lohnsteuerrechtlichen Beurteilung (§ 1 SvEV).

Entgelt	LSt	SV
Kinderzulagen	pflichtig	pflichtig
Kindergartenzuschüsse	frei	frei

Lohnsteuer

Berücksichtigung von Kindern

Aufwendungen für den Unterhalt, die Betreuung, Erziehung oder Ausbildung eines Kindes werden grundsätzlich durch das ⇗ Kindergeld oder ggf. den ⇗ Kinderfreibetrag und den Freibetrag für den Betreuungs- und Erziehungs- oder Ausbildungsbedarf berücksichtigt.

Kinderzuschläge beim Elternteil

Zahlt der Arbeitgeber Kinderzuschläge und ⇗ Beihilfen (z. B. nach den Besoldungsgesetzen des Bundes und der Länder oder Arbeitsvertrag), gehören diese zum steuerpflichtigen Arbeitslohn. Hingegen können z. B. ⇗ Kindergartenzuschüsse steuerfrei gezahlt werden.

Kinderbetreuungskosten

Aufwendungen zur Betreuung eines zum Haushalt des Arbeitnehmers gehörenden Kindes, welches das 14. Lebensjahr noch nicht vollendet hat, können als Sonderausgaben abgezogen werden. Der Abzug dieser Kinderbetreuungskosten setzt stets voraus, dass der Arbeitnehmer (Steuerpflichtige) die Aufwendungen durch die

- Vorlage einer Rechnung und
- die Zahlung auf das Konto des Erbringers der Betreuungsleistung

nachweisen kann.

Als Kinderbetreuungskosten sind Ausgaben in Geld oder Geldeswert für Dienstleistungen zur Betreuung eines Kindes einschließlich der Erstattungen an die Betreuungsperson (z. B. Fahrtkosten) zu berücksichtigen, wenn die Leistungen im Einzelnen in der Rechnung oder im Vertrag aufgeführt werden. Wird bei einer ansonsten unentgeltlich erbrachten Betreuung (z. B. durch die Großeltern) ein Fahrtkostenersatz geleistet, so ist dieser zu berücksichtigen, wenn hierüber eine Rechnung erstellt wird. Aufwendungen für die Fahrten des Steuerpflichtigen mit dem Kind zur Betreuungsperson sind dagegen nicht zu berücksichtigen.[3]

1 §§ 52 Abs. 1, 54 Abs. 1 Bundesbesoldungsgesetz.
2 §§ 52 Abs. 1, 54 Abs. 1 Bundesbesoldungsgesetz.

3 BFH, Urteil v. 29.8.1986, III R 209/82, BStBl II 1987 S. 167.

Wichtig

Kinder mit Behinderungen

Die Regelung gilt auch für Kinder, die zwar das 14. Lebensjahr vollendet haben, jedoch wegen einer vor Vollendung des 25. Lebensjahres eingetretenen körperlichen, geistigen oder seelischen Behinderung außer Stande sind, sich selbst zu unterhalten.

Kinderzulage

Kinderzulagen oder Kinderzuschläge, die der Arbeitgeber zahlt, gehören ebenso wie Familienzuschläge zum steuer- und beitragspflichtigen Arbeitslohn. Dies gilt auch für Kinderzuschläge und Kinderbeihilfen, die aufgrund der Besoldungsgesetze, besonderer Tarife oder ähnlicher Vorschriften gewährt werden.[1]

Bei der Feststellung der Krankenversicherungspflicht bleiben Zuschläge, die mit Rücksicht auf den Familienstand gezahlt werden, unberücksichtigt, d. h. bei der Ermittlung des regelmäßigen Jahresarbeitsentgelts werden diese Zuschläge nicht berücksichtigt.

Arbeitgeberleistungen zur Kinderbetreuung

Steuerfreie Arbeitgeberleistungen

Kindergartenzuschuss

Steuerfrei sind Arbeitgeberleistungen

- zur Unterbringung (einschließlich Unterkunft und Verpflegung) und
- zur Betreuung von nicht schulpflichtigen Kindern des Arbeitnehmers in Kindergärten oder vergleichbaren Einrichtungen (z. B. bei einer Tagesmutter),
- die der Arbeitgeber zusätzlich zum ohnehin geschuldeten Arbeitslohn erbringt.

Dabei ist gleichgültig, ob die Unterbringung und Betreuung in betrieblichen oder außerbetrieblichen Kindergärten erfolgt. Als nicht schulpflichtig gilt ein Kind bis zur tatsächlichen Einschulung.[2]

Auch Barzuschüsse, die der Arbeitgeber zu den Aufwendungen des Arbeitnehmers für einen Kindergartenplatz erbringt, sind steuer- und beitragsfrei, wenn der Arbeitnehmer dem Arbeitgeber die zweckentsprechende Verwendung nachgewiesen hat. Der Arbeitgeber hat die Nachweise im Original als Belege zum ⇗ Lohnkonto aufzubewahren.[3]

Wichtig

Auswirkung auf Kinderbetreuungskosten

Die steuerfreien Arbeitgeberleistungen mindern die als Sonderausgaben abziehbaren Kinderbetreuungskosten.[4]

Die Steuerbefreiung kann auch dann in Anspruch genommen werden, wenn der nicht bei dem Arbeitgeber beschäftigte Elternteil die vom Arbeitgeber erstatteten Aufwendungen getragen hat. Es ist also unerheblich, welcher Elternteil die Kosten trägt.[5]

Zahlung an beratende und betreuende Dienstleistungsunternehmen

Pauschale Arbeitgeberzahlungen an Dienstleistungsunternehmen, die Arbeitnehmer kostenlos in solchen Angelegenheiten beraten und betreuen (z. B. durch die Übernahme der Vermittlung von Betreuungspersonen für Familienangehörige), gehören nicht zum Arbeitslohn.[6] Gleiches gilt für individuelle Zahlungen des Arbeitgebers an Dienstleistungsunternehmen, die Arbeitnehmer hinsichtlich der Betreuung von Kindern oder pflegebedürftigen Angehörigen beraten oder Betreuungspersonen vermitteln. Voraussetzung ist, dass die Arbeitgeberleistung zusätzlich zum ohnehin geschuldeten Arbeitslohn erbracht wird.[7] Auch Zuwendungen des Arbeitgebers an eine Einrichtung, durch die der Arbeitgeber für seine Arbeitnehmer ein Belegungsrecht ohne Bewerbungsverfahren und Wartezeit erwirkt, führen nicht zu einem geldwerten Vorteil.[8]

Gebühren für Kindertagesstätte, Vorschule oder Vorklasse

Gebühren für den Besuch einer Vorschule oder Vorklasse gehören zu den begünstigten Betreuungsleistungen. In diesen Fällen findet eine spielerische Vorbereitung auf die Grundschule statt, die pädagogisch und erzieherisch ausgerichtet ist. Letztlich erhalten Kinder, die eine Kindertagesstätte, eine Vorschule oder Vorklasse besuchen, die gleichen Betreuungsleistungen, sodass nicht von einem (schädlichen) Unterricht des Kindes auszugehen ist.

Kurzfristige Betreuung von Kindern

Aufwendungen für die kurzfristige Betreuung des Kindes im eigenen Haushalt, z. B. durch Kinderpflegerinnen, Hausgehilfinnen oder Familienangehörige, können steuerfrei vom Arbeitgeber ersetzt werden, wenn die Betreuung aus zwingenden und beruflich veranlassten Gründen notwendig ist. Die Leistungen sind steuerfrei, soweit sie 600 EUR im Kalenderjahr nicht übersteigen.[9] Bei Barleistungen des Arbeitgebers müssen dem Arbeitnehmer entsprechende Aufwendungen entstanden sein. Die steuerfreien Leistungen sind im Lohnkonto aufzuzeichnen.

Das Vorliegen eines zusätzlichen Betreuungsbedarfs wird aktuell unterstellt, wenn der Arbeitnehmer aufgrund der Corona-Krise zu außergewöhnlichen Dienstzeiten arbeitet oder die Regelbetreuung der Kinder infolge der zur Eindämmung der Corona-Krise angeordneten Schließung von Schulen und Betreuungseinrichtungen (z. B. Kindertagesstätten, Betriebskindergärten, Schulhorte) weggefallen ist.

Eine Begünstigung nach § 3 Nr. 33 EStG scheidet insoweit jedoch aus, da der eigene Haushalt des Arbeitnehmers keine einem Kindergarten vergleichbare Einrichtung zur Unterbringung und Betreuung von Kindern ist.

Steuerpflichtige Leistungen

Die Lohnsteuerbefreiung gilt nicht für Leistungen, die nicht unmittelbar der Betreuung eines Kindes dienen, z. B. die Beförderung zwischen Wohnung und Kindergarten. Ebenfalls steuerpflichtig sind Arbeitgeberleistungen, die auf den Unterricht eines Kindes entfallen.

Arbeitnehmertätigkeit von Kindern

Eine Arbeitnehmertätigkeit von Kindern ist in folgenden Fällen anzunehmen:

- Das Kind steht in einem Dienstverhältnis zu einem Arbeitgeber.
- Dem Kind fließen Bezüge aus eigenem Recht zu, die ihren Ursprung in einem früheren Dienstverhältnis eines Rechtsvorgängers haben (z. B. Waisengelder wegen Tod eines Elternteils). Die Besteuerung ist nach den für das Kind maßgebenden Besteuerungsmerkmalen (nicht etwa nach der Steuerklasse des Rechtsvorgängers) vorzunehmen.
- Dem Kind fließen Bezüge als Rechtsnachfolger eines Verstorbenen zu, z. B. Gehaltszahlungen, die dem Rechtsvorgänger nicht mehr ausgehändigt werden konnten. In diesem Fall darf die Lohnsteuer nach den ELStAM des Verstorbenen berechnet werden.

Achtung

Kinder vor Vollendung des 15. Lebensjahres

Arbeitsverhältnisse mit Kindern unter 15 Jahren verstoßen nach Auffassung der Finanzverwaltung im Allgemeinen gegen das Jugendarbeitsschutzgesetz, weshalb sie nicht anerkannt werden.

Ein Arbeitsverhältnis mit volljährigen oder minderjährigen Kindern im elterlichen Betrieb oder im Betrieb von Geschwistern wird anerkannt, wenn es rechtswirksam vereinbart wurde, inhaltlich dem zwischen Frem-

1 § 3 Nr. 11 Satz 2 EStG.
2 R 3.33 Abs. 3 Satz 4 LStR.
3 R 3.33 Abs. 4 Sätze 2, 3 LStR.
4 BFH, Beschluss v. 14.4.2021, III R 30/20, BFH/NV 2021 S. 1238; FG Köln, Urteil v. 14.8.2020, 14 K 139/20, Rev. beim BFH unter Az. III R 54/20.
5 R 3.33 Abs. 1 Satz 2 LStR.
6 R 19.3 Abs. 2 Nr. 5 LStR.
7 § 3 Nr. 34a Buchst. a EStG.
8 R 3.33 Abs. 1 Satz 4 LStR.
9 § 3 Nr. 34a Buchst. b EStG

den Üblichen entspricht und so gestaltet und abgewickelt wird, wie dies sonst zwischen Arbeitgeber und Arbeitnehmer üblich ist. Werden von dem Kind jedoch bloße Hilfeleistungen übernommen, die üblicherweise auf familienrechtlicher Grundlage erbracht werden, wird insoweit ein Arbeitsverhältnis steuerlich nicht anerkannt.[1] Für die bürgerlich-rechtliche Wirksamkeit eines Arbeits- oder Ausbildungsvertrags mit einem minderjährigen Kind ist die Bestellung eines Ergänzungspflegers nicht erforderlich.

Sozialversicherung

Familienversicherung

Kinder sind in der gesetzlichen Kranken- und Pflegeversicherung unter bestimmten Voraussetzungen beitragsfrei bei einem „Stammversicherten" mitversichert.[2] Dabei sind verschiedene Altersgrenzen und Ausschlusstatbestände zu beachten. Der Anspruch auf eine Familienversicherung wird von der zuständigen Krankenkasse (Kasse des Stammversicherten) geprüft.

Achtung

Keine Meldepflichten für Arbeitgeber

Die Anmeldung von Familienangehörigen zur Sozialversicherung ist nicht Aufgabe des Arbeitgebers. Arbeitnehmer müssen bei der Krankenkasse selbst eine Erklärung zu den mitversicherten Angehörigen abgeben und entsprechende Nachweise vorlegen.

Für die Beitragsberechnung zu allen Zweigen der Sozialversicherung spielt es keine Rolle, ob und ggf. wie viele Kinder bei einem Arbeitnehmer mitversichert sind.

Die ⇗ Familienversicherung ist gegenüber einer Pflichtversicherung grundsätzlich nachrangig. Nimmt ein bisher familienversichertes Kind eine Beschäftigung auf (z. B. im Rahmen eines Ausbildungsverhältnisses), endet die Familienversicherung ohne weiteres Zutun durch die Anmeldung zur Sozialversicherung durch den Arbeitgeber.

Weiterversicherung nach Ende der Familienversicherung

Die Kasse muss den Versicherten über das Ende der Familienversicherung informieren. Für Kinder, deren Familienversicherung z. B. wegen Erreichen einer Altersgrenze endet, setzt sich die Versicherung mit dem Tag nach dem Ende der Familienversicherung als freiwillige Mitgliedschaft fort (obligatorische Anschlussversicherung). Dies gilt nicht, wenn innerhalb von 2 Wochen nach Hinweis der Krankenkasse über das Ende der Familienversicherung und die Austrittsmöglichkeit der Austritt erklärt wird. Die freiwillige Weiterversicherung ist an keine Vorversicherungszeit gebunden.

Der Austritt wird nur wirksam, wenn das Bestehen eines anderweitigen Anspruchs auf Absicherung im Krankheitsfall nachgewiesen wird. Wird dieser Nachweis nicht erbracht, erfolgt die obligatorische Anschlussversicherung.

Werden bislang familienversicherte Kinder z. B. als Auszubildende krankenversicherungspflichtig, so ist eine o. g. freiwillige Versicherung nicht erforderlich und wegen der vorrangigen Pflichtversicherung nicht möglich.

Neugeborene ohne Anspruch auf Familienversicherung

Neugeborene, die keinen Anspruch auf Familienversicherung haben, weil ein Elternteil nicht Mitglied einer Krankenkasse ist und sein ⇗ Gesamteinkommen regelmäßig im Monat ein Zwölftel der ⇗ Jahresarbeitsentgeltgrenze übersteigt und regelmäßig höher als das Gesamteinkommen des anderen Elternteils ist[3], können der Versicherung freiwillig beitreten.

Vorversicherungszeit für freiwilligen Beitritt

Für die freiwillige Versicherung ist erforderlich, dass ein Elternteil

- in den letzten 5 Jahren vor der Geburt mindestens 24 Monate oder
- unmittelbar vor der Geburt mindestens 12 Monate

gesetzlich krankenversichert war. Um diese Vorversicherungszeit zu erfüllen, können Zeiten der Pflichtversicherung, einer freiwilligen Versicherung und Zeiten einer Familienversicherung berücksichtigt werden.

Antragsfrist für freiwillige Versicherung

Der Beitritt ist innerhalb einer Frist von 3 Monaten nach der Geburt des Kindes schriftlich anzuzeigen. Die Frist von 3 Monaten ist eine Ausschlussfrist, d. h. wird diese versäumt, ist ein freiwilliger Beitritt nicht mehr möglich.

Kinderzuschläge und -zuschüsse

Zahlt der Arbeitgeber an seine Arbeitnehmer als Bestandteil des Entgelts Kinderzuschläge, sind diese entsprechend der lohnsteuerrechtlichen Beurteilung Entgelt im Sinne der Sozialversicherung und beitragspflichtig. Solche Entgeltbestandteile sind bei der Ermittlung des regelmäßigen Jahresarbeitsentgelts nicht zu berücksichtigen, da Zuschläge mit Rücksicht auf den Familienstand davon ausdrücklich ausgenommen sind.[4]

⇗ Kindergartenzuschüsse des Arbeitgebers zur Unterbringung und Betreuung in einem Kindergarten sind beitragsfrei zur Sozialversicherung. Das gilt auch, wenn es sich um einen betriebseigenen Kindergarten handelt.

Kinder als Angehörige des Arbeitgebers

Arbeitgeber müssen in den Anmeldungen zur Sozialversicherung (Abgabegrund „10") das besondere Statuskennzeichen „1" angeben, wenn es sich um die Beschäftigung eines Kindes („Abkömmling") des Arbeitgebers handelt. Als Kinder in diesem Sinne gelten

- eheliche und nichteheliche Kinder,
- adoptierte Kinder sowie auch
- Enkel und Urenkel.

Mit der ⇗ Statusfeststellung wird durch die Deutsche Rentenversicherung geklärt, ob trotz der familiären Bindungen ein versicherungspflichtiges Beschäftigungsverhältnis vorliegt.

Unfallversicherung

In der ⇗ Unfallversicherung sind Kinder während des Besuchs von Tageseinrichtungen (Kindergärten, -horte, -krippen) kraft Gesetzes unfallversichert.[5] Versichert sind auch die Wege zu diesen Tageseinrichtungen und zurück. Der Unfallversicherungsschutz besteht auch bei Betreuung des Kindes durch eine geeignete Tagespflegeperson.[6]

Kinderfreibetrag

Aufwendungen der Elternteile für den Unterhalt, die Betreuung, Erziehung oder die Ausbildung eines Kindes werden durch das Kindergeld oder die Steuerermäßigung durch den Kinderfreibetrag und den zusätzlichen Freibetrag für den Betreuungs- und Erziehungs- oder Ausbildungsbedarf eines Kindes berücksichtigt. Im laufenden Kalenderjahr wird vorrangig das Kindergeld gezahlt.

Da Kinderfreibeträge bei der Lohnsteuerberechnung nicht mehr berücksichtigt werden, wirken sich die steuerrechtlichen Kinderfreibeträge auch für die Sozialversicherung nicht aus. Das beitragspflichtige Entgelt wird nicht durch die Kinderfreibeträge vermindert.

1 BFH, Urteil v. 9.12.1993, IV R 14/92, BStBl 1994 II S. 298; BFH, Urteil v. 6.3.1995, VI R 86/94, BStBl 1995 II S. 394.
2 § 10 SGB V, § 25 SGB XI.
3 § 10 Abs. 3 SGB V.
4 § 6 Abs. 1 Nr. 1 SGB V.
5 § 2 Abs. 1 Nr. 8a SGB VII.
6 § 23 SGB VIII.

Gesetze, Vorschriften und Rechtsprechung

Lohnsteuer: Die Grundnorm zur Berücksichtigung der Freibeträge für Kinder ist § 32 EStG; weitere Regelungen beinhalten die dazugehörenden R 32.2–R 32.13 EStR sowie H 32.1–H 32.13 EStH. Die Berücksichtigung beim Lohnsteuerabzug regeln § 39 Abs. 4 ff. EStG und R 39.2 Abs. 3 LStR; § 3 Abs. 2 SolZG 1995 bestimmt den Ansatz für die Ermittlung des Solidaritätszuschlags. In den jeweiligen Landeskirchensteuergesetzen wird der Ansatz für die Ermittlung der Kirchensteuer bestimmt.

Lohnsteuer

Keine Berücksichtigung im Lohnsteuerabzugsverfahren

Auf den Lohnsteuerabzug haben in den ELStAM eingetragene Kinder grundsätzlich keine Auswirkung; lediglich für die Ermittlung des Solidaritätszuschlags und der Kirchensteuer werden Kinderfreibeträge berücksichtigt. Stattdessen wird unterjährig das einkommensunabhängige Kindergeld gezahlt; i. d. R. an den Erziehungsberechtigten, bei Familien an einen Elternteil.

Erst bei einer Veranlagung zur Einkommensteuer prüft das Finanzamt, ob ein Ansatz der Freibeträge für Kinder zu einer höheren Steuerentlastung führt, als das gezahlte (bzw. zustehende) Kindergeld.

Höhe der Freibeträge

Dem Elternteil wird für jedes steuerlich zu berücksichtigende Kind ein Kinderfreibetrag jährlich gewährt. Zusätzlich zum Kinderfreibetrag wird für jedes Kind ein einheitlicher Freibetrag für den Betreuungs- und Erziehungs- oder Ausbildungsbedarf jährlich berücksichtigt, unabhängig von den tatsächlich entstandenen Aufwendungen (sog. BEA-Freibetrag oder Betreuungsfreibetrag). Die Freibeträge liegen im Jahr 2024 bei[1]:

	Je Kind	Je Kind bei Zusammenveranlagung
Kinderfreibetrag	3.192 EUR	6.384 EUR
Freibetrag für den Betreuungs- und Erziehungs- oder Ausbildungsbedarf	1.464 EUR	2.928 EUR
Summe der Kinderfreibeträge	4.656 EUR	9.312 EUR

Für jedes steuerlich zu berücksichtigende Kind werden also insgesamt 4.656 EUR jährlich gewährt. Eltern, die in ehelicher Gemeinschaft zusammenleben, und Verwitwete mit einem Kind aus der Ehe mit dem verstorbenen Ehegatten erhalten die verdoppelten Freibeträge von insgesamt 9.312 EUR für ein leibliches Kind oder Pflegekind.

Freibetrag in Abhängigkeit vom Wohnsitz

Für Kinder mit Wohnsitz in Ländern mit einem niedrigen Lebensstandard werden je nach Land nur ¾ bis zu ¼ der Freibeträge für Kinder gewährt, allerdings erst bei der Veranlagung zur Einkommensteuer (Ländergruppeneinteilung).[2] Die für Eheleute maßgebenden erhöhten Freibeträge für Kinder erhalten auch alleinstehende Elternteile, wenn der andere Elternteil im Ausland lebt oder seiner Unterhaltsverpflichtung gegenüber dem Kind nicht im Wesentlichen nachkommt oder wenn der Aufenthaltsort des anderen Elternteils nicht zu ermitteln ist oder wenn der Vater des Kindes amtlich nicht bekannt ist.

1 Beträge nach § 32 Abs. 6 EStG i. d. F. des Inflationsausgleichsgesetzes v. 8.12.2022.
2 Zur Ländergruppeneinteilung für Zeiträume ab 2021 s. BMF, Schreiben v. 11.11.2020, IV C 8 – S 2285/19/10001 :002, BStBl 2020 I S. 1212.

Anspruchsvoraussetzung

Steuerlich werden Kinder berücksichtigt, die im ersten Grad mit dem Steuerpflichtigen verwandt sind. Dazu zählen

- eheliche Kinder,
- für ehelich erklärte Kinder,
- Adoptivkinder und nichteheliche Kinder (im Verhältnis zu beiden leiblichen Elternteilen).

Erlischt infolge einer Adoption das Verwandtschaftsverhältnis zu den leiblichen Eltern, kann das Kind bei ihnen nicht mehr steuerlich berücksichtigt werden.

Zudem werden Pflegekinder steuerlich berücksichtigt, wenn das Pflegekind

- im Haushalt der Pflegeeltern sein Zuhause hat und
- wie ein leibliches Kind
- auf längere Dauer angelegt betreut wird,
- nicht zu Erwerbszwecken aufgenommen wurde und
- das Obhuts- und Pflegeverhältnis zu den Eltern nicht mehr besteht.[3]

Hinweis

Besondere Voraussetzungen für volljährige Pflegekinder

Bei einer bereits volljährigen Person lässt sich die für die Annahme eines Pflegekindschaftsverhältnisses erforderliche Voraussetzung, dass der Steuerpflichtige mit der Person „durch ein familienähnliches, auf längere Dauer berechnetes Band verbunden ist“, nur unter engen Voraussetzungen und bei Vorliegen ganz besonderer Umstände begründen.

Pflegekinder mit Behinderungen

Handelt es sich um eine Person mit geistiger oder seelischer Behinderung, muss die Behinderung so schwer sein, dass der geistige Zustand des Menschen mit Behinderung dem typischen Entwicklungsstand einer noch minderjährigen Person entspricht. Die Wohn- und Lebensverhältnisse der Person mit Behinderung müssen den Verhältnissen leiblicher Kinder vergleichbar sein. Das Pflegekind mit Behinderung muss durch ein „auf längere Dauer berechnetes Band“ mit der Pflegefamilie verbunden sein.[4]

Wohnort im Ausland

Unerheblich ist, ob das Kind im Inland oder Ausland wohnt. Wenn jedoch der Elternteil im Inland keinen Wohnsitz hat, wird bei ihm ein Kind nur berücksichtigt, wenn er auf Antrag unbeschränkt einkommensteuerpflichtig ist. Voraussetzung ist, dass mindestens 90 % des Gesamteinkommens im Bundesgebiet einkommensteuerpflichtig sind oder die Auslandseinkünfte nicht mehr als 9.744 EUR (2020: 9.408 EUR) jährlich betragen.

Entlastungsbetrag für Alleinerziehende

Alleinstehende Elternteile erhalten einen Entlastungsfreibetrag, der durch die Steuerklasse II im Lohnsteuerabzugsverfahren berücksichtigt wird.

Der Entlastungsbetrag für echte Alleinerziehende i. H. v. jährlich 4.260 EUR (2022: 4.008 EUR) für das erste Kind sowie der Erhöhungsbetrag i. H. v. 240 EUR für jedes weitere Kind stellen allein auf die Haushaltszugehörigkeit des Kindes ab. Die Gewährung setzt voraus, dass die alleinstehende Person und das Kind in einer gemeinsamen Wohnung mit Hauptwohnsitz gemeldet sind, in der keine weitere erwachsene Person lebt, die sich an der Haushaltsführung beteiligt.

3 § 32 Abs. 1 Nr. 2 EStG.
4 BFH, Urteil v. 9.2.2012, III R 15/09, BStBl 2012 II S. 739.

Achtung

Lebensgemeinschaft

Ist eine weitere erwachsene Person mit Haupt- oder Nebenwohnsitz in der Wohnung des Steuerpflichtigen (Alleinerziehenden) gemeldet, spricht nach Auffassung der Finanzverwaltung eine widerlegbare Vermutung für das Vorliegen einer Haushaltsgemeinschaft des Steuerpflichtigen mit dieser erwachsenen Person. Ein gemeinsames Wirtschaften kann sowohl darin bestehen, dass die andere volljährige Person zu den Kosten des gemeinsamen Haushalts beiträgt als auch in einer Entlastung durch tatsächliche Hilfe und Zusammenarbeit.[1]

Anspruch auf Entlastungsbetrag in Sonderfällen

Der BFH hat abweichend von der bisherigen Verwaltungsauffassung entschieden, dass Steuerpflichtige, die als Ehegatten/Lebenspartner zusammen zur Einkommensteuer veranlagt werden, den Entlastungsbetrag für Alleinerziehende im Jahr der Eheschließung (zeitanteilig) in Anspruch nehmen können, sofern sie die übrigen Voraussetzungen des § 24b EStG erfüllen, insbesondere nicht in einer schädlichen Haushaltsgemeinschaft leben.[2] Das Gleiche gilt für Steuerpflichtige, die als Ehegatten einzeln zur Einkommensteuer veranlagt werden, im Jahr der Trennung, sofern sie die übrigen Voraussetzungen des § 24b EStG erfüllen.[3]

Beispiel

Anspruch im Jahr der Eheschließung

Die alleinerziehende A und B heiraten am 10.1. Einen gemeinsamen Haushalt begründeten A und B erst am 1.8.

Ergebnis: A steht unter den weiteren Voraussetzungen des § 24b EStG der Entlastungsbetrag für Alleinerziehende im Jahr 01 zeitanteilig für die ersten 7 Monate zu, da in dieser Zeit (noch) keine schädliche Haushaltsgemeinschaft mit B vorlag.

Beispiel

Anspruch im Jahr der Scheidung

Die Eheleute C und D trennen sich am 10.7; B zieht zu diesem Zeitpunkt aus dem gemeinsamen Haushalt aus. C ist fortan alleinerziehend und erfüllt die weiteren Voraussetzungen des § 24b EStG.

Ergebnis: C steht der Entlastungsbetrag für Alleinerziehende im Jahr zeitanteilig für die letzten 6 Monate zu, da in diesem Zeitraum insbesondere keine schädliche Haushaltsgemeinschaft (mehr) mit D besteht.

Erstmaliges Entstehen oder Wegfall der Voraussetzungen

Weil die Voraussetzungen für die Berücksichtigung des Entlastungsbetrags im Laufe des Kalenderjahres erstmals vorliegen oder wegfallen können, ist der Entlastungsbetrag ggf. nur zeitanteilig anzusetzen. Er ermäßigt sich für jeden vollen Kalendermonat, in dem die Voraussetzungen nicht vorgelegen haben, um 1/12 (355 EUR für das erste Kind bzw. 20 EUR für jedes weitere Kind).

Entfallen die Voraussetzungen, ist der Arbeitnehmer verpflichtet, die erforderliche Änderung der Lohnsteuerklasse durch das Finanzamt zu veranlassen. Kommt er dieser Verpflichtung nicht nach, kann sich eine Lohnsteuernachforderung oder, wenn die Änderung der Verhältnisse erst im Veranlagungsverfahren bekannt wird, eine Einkommensteuernachforderung ergeben.

Kinder bis zum 18. Lebensjahr

Die Freibeträge für Kinder, die am 1.1. des Kalenderjahres das 18. Lebensjahr noch nicht vollendet haben, werden bei den ELStAM in Form von Kinderfreibetragszählern berücksichtigt. Für deren Berücksichtigung ist grundsätzlich das Wohnsitzfinanzamt des Steuerpflichtigen zuständig. Für Kinder aus geschiedenen oder dauernd getrennten Ehen sowie für nichteheliche Kinder erhält jeder Elternteil je Kind einen halben Freibetrag.

Geburt im Laufe des Jahres

Wird ein Kind im Laufe des Kalenderjahres geboren, kann der Arbeitnehmer die Änderung seiner ELStAM in Bezug auf die Kinderfreibetragszahl beim Wohnsitzfinanzamt beantragen. Beim Lohnsteuer-Jahresausgleich des Arbeitgebers wird das im Laufe des Kalenderjahres in die ELStAM aufgenommene Kind für das ganze Jahr berücksichtigt.

Geburtenregister maßgebend

Bestehen Zweifel, ob ein Kind lebend zur Welt gekommen ist, ist die Eintragung im Geburtenregister maßgebend.

Ab dem 18. Lebensjahr nur auf Antrag

Ein Kind, das zu Beginn des Kalenderjahres, für das die Lohnsteuerabzugsmerkmale gelten, das 18. Lebensjahr vollendet hat, wird nur auf Antrag steuerlich berücksichtigt, solange es das 25. Lebensjahr noch nicht vollendet hat und

- sich in Schul- oder Berufsausbildung befindet[4]
- sich in einer Übergangszeit zwischen 2 Ausbildungsabschnitten von höchstens 4 Monaten befindet,
- eine Berufsausbildung mangels Ausbildungsplatzes nicht beginnen oder fortsetzen kann[5]
- einen freiwilligen sozialen oder ökologischen Dienst oder einen bestimmten Freiwilligendienst leistet,
- wegen körperlicher, geistiger oder seelischer Behinderung außerstande ist, sich selbst zu unterhalten.

Berücksichtigung über das Höchstalter hinaus möglich

Das Kind wird über das Höchstalter (21., 25. Lebensjahr oder nach Übergangsregelung) hinaus berücksichtigt für die Dauer des abgeleisteten inländischen Grundwehrdienstes oder des bis zu 3-jährigen Wehrdienstes, Zivildienstes oder einer davon befreiten Tätigkeit. Gleiches gilt für vergleichbare Dienste im EU- oder EWR-Ausland.

Verpflichtet sich ein Kind zu einem mehrjährigen Dienst im Katastrophenschutz (z. B. Dienst bei der freiwilligen Feuerwehr), erwächst daraus keine Verlängerung der kindergeldrechtlichen Berücksichtigungsfähigkeit über das 25. Lebensjahr hinaus.[6]

Befindet sich ein Kind, das die altersmäßigen Voraussetzungen erfüllt, in einer weiteren Ausbildung, kann es weiterhin steuerlich berücksichtigt werden, wenn das Kind arbeitet und

- die regelmäßige wöchentliche Arbeitszeit nicht mehr als 20 Stunden beträgt oder
- sich in einem geringfügigen Beschäftigungsverhältnis befindet oder
- die Tätigkeit im Rahmen eines Ausbildungsverhältnisses verrichtet wird.

Hinweis

Mehraktige Ausbildungen als Teil einer einheitlichen Erstausbildung

Der BFH qualifiziert mehraktige Ausbildungsmaßnahmen als Teil einer einheitlichen Erstausbildung, wenn sie zeitlich und inhaltlich so aufeinander abgestimmt sind, dass die Ausbildung nach Erreichen des ersten Abschlusses fortgesetzt werden soll und das angestrebte Berufsziel erst über den weiterführenden Abschluss erreicht werden kann.[7]

Voraussetzung ist, dass sich der erste Abschluss als integrativer Bestandteil eines einheitlichen Ausbildungsgangs darstellt.[8] Insoweit ist vor allem darauf abzustellen, ob die Ausbildungsabschnitte in einem engen sachlichen Zusammenhang (z. B. dieselbe Berufssparte oder derselbe fachliche Bereich) zueinander stehen und in engem zeitlichen Zusammenhang durchgeführt werden. Hierfür ist auch erforderlich, dass aufgrund objektiver Beweisanzeichen erkennbar wird, dass das

1 BFH, Urteil v. 28.6.2012, III R 26/10, BStBl 2012 II S. 815; BMF, Schreiben v. 23.10.2017, IV C 8 – S 2265-a/14/10005, BStBl 2017 I S. 1432, Rz. 8.
2 BFH, Urteil v. 28.10.2021, III R 57/20, BStBl 2022 II S. 799.
3 BFH, Urteil v. 28.10.2021, III R 17/20, BStBl 2022 II S. 797.
4 BFH, Urteil v. 14.9.2017, III R 19/16, BStBl 2018 II S. 131.
5 BFH, Urteil v. 18.1.2018, III R 16/17, BStBl 2018 II S. 402.
6 BFH, Urteil v. 19.10.2017, III R 8/17, BStBl 2018 II S. 399.
7 BFH, Urteil v. 3.7.2014, III R 52/13, BStBl 2015 II S. 152.
8 BFH, Urteil v. 4.2.2016, III R 14/15, BStBl 2016 II S. 615.

Kind die für sein angestrebtes Berufsziel erforderliche Ausbildung nicht bereits mit dem ersten erlangten Abschluss beendet hat.[1]

Enger sachlicher Zusammenhang

Wird ein Masterstudiengang besucht, der zeitlich und inhaltlich auf den vorangegangenen Bachelorstudiengang abgestimmt ist, ist er Teil der Erstausbildung.[2] Bei diesen sog. konsekutiven Masterstudiengängen an einer inländischen Hochschule ist von einem engen sachlichen Zusammenhang auszugehen.[3]

Dagegen ist eine einheitliche Erstausbildung nicht mehr anzunehmen, wenn die von dem Kind aufgenommene Erwerbstätigkeit bei einer Gesamtwürdigung der Verhältnisse bereits die hauptsächliche Tätigkeit bildet und sich die weiteren Ausbildungsmaßnahmen als eine auf Weiterbildung und/oder Aufstieg in dem bereits aufgenommenen Berufszweig gerichtete Nebensache darstellen. Im Rahmen einer Gesamtwürdigung der Verhältnisse kommt es insbesondere darauf an

- auf welche Dauer das Kind das Beschäftigungsverhältnis vereinbart hat,
- in welchem Umfang die vereinbarte Arbeitszeit die 20-Stundengrenze überschreitet[4],
- in welchem zeitlichen Verhältnis die Arbeitstätigkeit und die Ausbildungsmaßnahmen zueinander stehen,
- ob die ausgeübte Berufstätigkeit die durch den ersten Abschluss erlangte Qualifikation erfordert und
- inwieweit die Ausbildungsmaßnahmen und die Berufstätigkeit im Hinblick auf den Zeitpunkt ihrer Durchführung und auf ihren Inhalt aufeinander abgestimmt sind.[5]

Enger zeitlicher Zusammenhang

Am erforderlichen zeitlichen Zusammenhang fehlt es u. a. dann, wenn das Kind nach Erlangung eines ersten – objektiv berufsqualifizierenden – Abschlusses den weiteren Ausbildungsabschnitt nicht mit der gebotenen Zielstrebigkeit aufnimmt, obwohl es diesen früher hätte beginnen können.[6]

Unschädlich sind lediglich Erwerbstätigkeiten, die der zeitlichen Überbrückung bis zum nächstmöglichen Ausbildungsbeginn dienen.[7] Setzt ein Kind daher nach Beendigung des ersten Ausbildungsabschnitts seine Berufsausbildung mit den weiterführenden Berufszielen nicht zum nächstmöglichen Zeitpunkt fort, handelt es sich bei der nachfolgenden Ausbildung um eine Zweitausbildung i. S. d. § 32 Abs. 4 Satz 2 EStG.[8]

Arbeitslose Kinder bis zum 21. Lebensjahr

Ein arbeitsloses Kind wird bis zur Vollendung des 21. Lebensjahres berücksichtigt, wenn es

- nicht in einem Beschäftigungsverhältnis steht und
- bei einer Agentur für Arbeit im Inland als Arbeitssuchender gemeldet ist.

Kinder mit Behinderungen

Kinder, die wegen geistiger, körperlicher oder seelischer Behinderung außer Stande sind, sich selbst zu unterhalten, werden über das 18. Lebensjahr hinaus ohne Altersbegrenzung berücksichtigt, wenn die Behinderung vor Vollendung des 25. Lebensjahres eingetreten ist.

Achtung

Sonderregelung vor dem 1.1.2007

Menschen mit Behinderungen werden als Kinder berücksichtigt, wenn sie vor dem 1.1.2007 in der Zeit ab ihrem 25. und vor ihrem 27. Geburtstag eine Behinderung erlitten haben, aufgrund derer sie außerstande sind, sich selbst zu unterhalten.[9]

Erwerbstätigkeit schließt Kinderfreibetrag nicht aus

Die Berücksichtigung als Kind ist nicht in jedem Fall deshalb ausgeschlossen, weil das Kind mit Behinderung einer Erwerbstätigkeit nachgeht. Ist das Kind mit Behinderung trotz seiner Erwerbstätigkeit nicht in der Lage, seinen gesamten Lebensbedarf selbst zu erwirtschaften, ist unter Würdigung aller Umstände des einzelnen Falles zu entscheiden, ob die Behinderung für die mangelnde Fähigkeit zum Selbstunterhalt in erheblichem Maße (mit-)ursächlich ist.[10]

Liegen die Voraussetzungen bei einem Kind vor, erfolgt die Berücksichtigung über eine entsprechende Anpassung der ELStAM. Bei der Veranlagung zur Einkommensteuer müssen die Voraussetzungen für die Freibeträge für Kinder in jedem Monat des Kalenderjahres erfüllt werden, andernfalls erfolgt eine Zwölftelung der Freibeträge.

Freibetragszähler in den ELStAM

Die Freibeträge für Kinder werden bei Bildung der ELStAM mit den Steuerklassen I bis IV in Form eines Zählers berücksichtigt. Bei verheirateten Arbeitnehmern erfolgt dies unabhängig davon, ob das Kindschaftsverhältnis zu beiden Ehegatten oder nur zu einem von ihnen besteht.

Soweit für ein steuerlich zu berücksichtigendes Kind kein Anspruch auf Kindergeld besteht, können der Kinderfreibetrag und der Betreuungsfreibetrag in Form eines Freibetrags bei den ELStAM berücksichtigt werden. Der für dieses Kind ggf. gespeicherte Kinderzähler wird dann gestrichen.[11]

Arbeitnehmer, deren Kind bei dem anderen Elternteil gemeldet ist, müssen für die Eintragung der ihnen zustehenden Freibetragshälfte die Existenz des Kindes einmalig durch die Geburtsurkunde des Kindes nachweisen.

Verringerter Kinderfreibetrag

Auf Antrag des Arbeitnehmers kann das Wohnsitzfinanzamt bei den ELStAM auch eine ungünstigere Steuerklasse oder eine geringere Kinderfreibetragszahl berücksichtigen, z. B. wenn der Arbeitnehmer vermeiden will, dass der Arbeitgeber aus den Daten Rückschlüsse auf seine persönlichen Verhältnisse zieht. Soweit dadurch zu viel Solidaritätszuschlag oder Kirchensteuer erhoben wird, werden die überzahlten Beträge durch eine ggf. eigens zu diesem Zweck zu beantragende Einkommensteuerveranlagung erstattet.

Übertragung von Freibeträgen für Kinder

Grundsätzlich stehen der Kinderfreibetrag und der Freibetrag für Betreuungs- und Erziehungs- oder Ausbildungsbedarf (sog. BEA-Freibetrag) den Eltern je zur Hälfte zu. Abweichend von diesem Halbteilungsgrundsatz wird bei einem unbeschränkt einkommensteuerpflichtigen Elternpaar, bei dem die Voraussetzungen zur Zusammenveranlagung nicht (mehr) vorliegen, auf Antrag eines Elternteils der dem anderen Elternteil zustehende Kinderfreibetrag auf ihn übertragen, wenn er

- seiner Unterhaltspflicht gegenüber dem Kind für das Kalenderjahr im Wesentlichen nachkommt oder
- der andere Elternteil mangels Leistungsfähigkeit nicht unterhaltspflichtig ist.[12]

1 BFH, Urteil v. 3.7.2014, III R 52/13, BStBl 2015 II S. 152.
2 BFH, Urteil v. 3.9.2015, VI R 9/15, BStBl 2016 II S. 166.
3 BMF, Schreiben v. 8.2.2016, IV C 4 – S 2282/07/0001-01, BStBl 2016 I S. 226, Rz. 19.
4 Z. B. BFH, Urteil v. 7.4.2022, III R 22/21, BStBl 2022 II S. 678.
5 BFH, Urteil v. 11.12.2018, III R 26/18, BStBl 2019 II S. 765.
6 BFH, Urteil v. 15.4.2015, V R 27/14, BStBl 2016 II S. 163.
7 BFH, Urteil v. 4.2.2016, III R 14/15, BStBl 2016 II S. 615.
8 BFH, Urteil v. 11.4.2018, III R 18/17, BStBl 2018 II S. 548.
9 § 52 Abs. 32 Satz 1 EStG.
10 BFH, Urteil v. 15.3.2012, III R 29/09, BStBl 2012 II S. 892.
11 § 39a Abs. 1 Nr. 6 EStG.
12 § 32 Abs. 6 Satz 6 EStG.

Eine Übertragung des Kinderfreibetrags ist jedoch für Zeiträume ausgeschlossen, für die dem beantragenden Elternteil Unterhaltsleistungen nach dem Unterhaltsvorschussgesetz gezahlt werden. Ein Elternteil erfüllt seine Unterhaltspflicht gegenüber einem Minderjährigen i. d. R. durch die Pflege und die Erziehung des Kindes. Eine Übertragung des Kinderfreibetrags auf den anderen Elternteil ist in diesen Fällen ausgeschlossen.[1]

Der Freibetrag für den Betreuungs- und Erziehungs- oder Ausbildungsbedarf kann bei minderjährigen Kindern auf Antrag eines Elternteils auf diesen übertragen werden, wenn die Eltern getrennt leben und das Kind bei dem anderen Elternteil nicht gemeldet ist.[2]

Eine Übertragung des Freibetrags für den Betreuungs- und Erziehungs- oder Ausbildungsbedarf scheidet aus, wenn der Übertragung durch den anderen Elternteil widersprochen wird, weil dieser Kinderbetreuungskosten trägt oder das Kind regelmäßig in einem nicht unwesentlichen Umfang betreut. Hierfür ist ausreichend, wenn er das Kind nach einem – üblicherweise für einen längeren Zeitraum im Voraus festgelegten – weitgehend gleichmäßigen Betreuungsrhythmus tatsächlich in der vereinbarten Abfolge mit einem zeitlichen Betreuungsanteil von jährlich durchschnittlich 10 % betreut.[3]

Die Übertragung des Kinderfreibetrags auf einen Elternteil führt stets auch zur Übertragung des Freibetrags für Betreuungs- und Erziehungs- oder Ausbildungsbedarf. Ab dem Veranlagungszeitraum 2021 gilt dies unabhängig davon, ob das Kind bereits volljährig ist.[4]

Nach der bis zum Veranlagungszeitraum 2020 geltenden Rechtslage galt dies nur für minderjährige Kinder.[5]

Der Kinderfreibetrag und der Freibetrag für Betreuungs- und Erziehungs- oder Ausbildungsbedarf können auf Antrag auf einen Stiefelternteil oder Großelternteil übertragen werden, wenn

- dieser das Kind in seinen Haushalt aufgenommen hat oder
- dieser einer Unterhaltspflicht gegenüber dem Kind unterliegt oder
- die Eltern der Übertragung zugestimmt haben.[6]

Familienleistungsausgleich

Im Rahmen des Familienleistungsausgleichs wird die Steuerfreistellung eines Einkommensbetrags in Höhe des Existenzminimums des Kindes entweder durch die steuerlichen Freibeträge (Kinderfreibetrag und Freibetrag für den Betreuungs- und Erziehungs- oder Ausbildungsbedarf[7]) oder durch das Kindergeld bewirkt.[8] Hierfür wird zunächst – soweit die Anspruchsvoraussetzungen vorliegen – das Kindergeld laufend monatlich als Steuervergütung gezahlt.[9]

Günstigerprüfung

Das Finanzamt prüft von Amts wegen bei der Einkommensteuerveranlagung, ob das Kindergeld die steuerliche Freistellung bewirkt oder die Freibeträge für Kinder abzuziehen sind. Ist der Abzug der Freibeträge für Kinder günstiger als das Kindergeld, weil die hierdurch eintretende Steuerentlastung höher ist als das Kindergeld, erhöht sich die unter Berücksichtigung der Freibeträge für Kinder ermittelte Einkommensteuer um den Anspruch auf Kindergeld.[10]

Unerheblich ist, ob das Kindergeld überhaupt beantragt worden ist.[11]

Der Anspruch auf Kindergeld ist bei der Vergleichsrechnung selbst dann zu berücksichtigen, wenn er aus verfahrensrechtlichen Gründen nicht festgesetzt worden ist[12] oder ein Kindergeldantrag trotz des materiell rechtlichen Bestehens des Anspruchs bestandskräftig abgelehnt worden ist.[13]

Bei der Prüfung der Steuerfreistellung des Existenzminimums eines Kindes bleibt der Anspruch auf Kindergeld jedoch für die Kalendermonate unberücksichtigt, in denen durch Bescheid der Familienkasse ein Anspruch auf Kindergeld zwar festgesetzt, jedoch wegen verspäteter Antragstellung[14] nicht ausgezahlt wurde.[15]

Wichtig

Angabe der Identifikationsnummer des Kindes

Seit dem Veranlagungszeitraum 2023 ist Voraussetzung für die Berücksichtigung der Freibeträge für Kinder, dass die Identifikationsnummer des Kindes in der Einkommensteuererklärung angeben wird. Wenn für das Kind (noch) keine Identifikationsnummer vorliegt, kann die Identifizierung durch andere geeignete Nachweise (z. B. durch Ausweisdokumente) nachgewiesen werden.[16]

Kindergartenzuschuss

Zusätzlich zum ohnehin geschuldeten Arbeitslohn erbrachte Leistungen des Arbeitgebers (Sach- oder Barleistungen) zur Unterbringung und Betreuung nicht schulpflichtiger Kinder des Arbeitnehmers im Betriebskindergarten, einem privat betriebenen Kindergarten oder einer vergleichbaren Einrichtung sind lohnsteuerfrei.

Gesetze, Vorschriften und Rechtsprechung

Lohnsteuer: Die Steuerfreiheit regelt § 3 Nr. 33 EStG, R 3.33 LStR legt ergänzende Einzelheiten fest. Nach dem BMF-Schreiben v. 5.2.2020, IV C 5 – S 2334/19/10017 :002 ist die Steuerbefreiung nach § 3 Nr. 33 EStG in den Fällen schädlicher Gehaltsumwandlungen ausgeschlossen.

Entgelt	LSt	SV
Zuschuss zur Unterbringung und Betreuung nicht schulpflichtiger Kinder, zusätzlich geleistet	frei	frei
Zuschuss zur Unterbringung und Betreuung nicht schulpflichtiger Kinder im Rahmen einer Entgeltumwandlung	pflichtig	pflichtig

Lohnsteuer

Begünstigte Arbeitgeberleistungen

Lohnsteuerfrei sind alle zusätzlich zum ohnehin geschuldeten Arbeitslohn erbrachten Leistungen des Arbeitgebers zur Unterbringung – einschließlich Unterkunft und Verpflegung – und Betreuung nicht schulpflichtiger Kinder des Arbeitnehmers in (Betriebs)Kindergärten oder vergleichbaren Einrichtungen.[17] Die steuerfreien Arbeitgeberleistungen mindern die als Sonderausgaben abziehbaren Kinderbetreuungskosten des Arbeitnehmers.

Für die Steuerbefreiung ist es unbeachtlich, ob der beim Arbeitgeber beschäftigte Elternteil die Unterbringungs- und Betreuungsaufwendungen selbst trägt. Sie wird daher auch gewährt, wenn der nicht bei dem Arbeitgeber beschäftigte Elternteil die vom Arbeitgeber erstatteten Aufwendungen tatsächlich getragen hat. Es können höchstens die tatsächlichen Aufwendungen des Arbeitnehmers lohnsteuerfrei gezahlt werden. Sind beide Elternteile beim Arbeitgeber beschäftigt, darf der Arbeitgeber die tatsächlichen Aufwendungen nur einmal lohnsteuerfrei zahlen. Eine betragsmäßige Begrenzung der Steuerfreiheit, z. B. bei Internatskosten, besteht nicht.

1 BFH, Urteil v. 14.4.2021, III R 34/19, BStBl 2021 II S. 848.
2 § 32 Abs. 6 Satz 8 EStG.
3 BFH, Urteil v. 8.11.2017, III R 2/16, BStBl 2018 II S. 266.
4 § 32 Abs. 6 Satz 6 EStG.
5 BFH, Urteil v. 22.4.2020, III R 25/19, BStBl 2022 II S. 63.
6 § 32 Abs. 6 Satz 10 f. EStG
7 § 32 Abs. 6 EStG.
8 § 31 Satz 1 EStG.
9 § 31 Satz 3 EStG.
10 § 31 Satz 4 EStG.
11 BFH, Urteil v. 13.9.2012, V R 59/10, BStBl 2013 II S. 228.
12 R 31 Abs. 2 Satz 3 EStR.
13 BFH, Urteil v. 15.3.2012, III R 82/09, BStBl 2013 II S. 226.
14 § 70 Abs. 1 Satz 2 EStG.
15 § 31 Satz 5 EStG.
16 § 32 Abs. 6 Satz 12–13 EStG.
17 § 3 Nr. 33 EStG.

Hinweis

Weitere steuerfreie Familienserviceleistungen

Lohnsteuerfrei sind auch die zusätzlichen Leistungen des Arbeitgebers für die kurzfristige berufsbedingt erforderliche Betreuung von Kindern[1], die das 14. Lebensjahr noch nicht vollendet haben, sowie für die in diesem Zusammenhang anfallenden Vermittlungsleistungen.[2]

Begünstigte Einrichtungen

Kindergarten

Steuerfrei sind zusätzlich zum ohnehin geschuldeten Arbeitslohn erbrachten Arbeitgeberleistungen zur kostenlosen oder verbilligten Unterbringung und Betreuung von nicht schulpflichtigen Kindern des Arbeitnehmers in betrieblichen oder außerbetrieblichen Kindergärten oder vergleichbaren Einrichtungen einschließlich Unterkunft und Verpflegung.

Arbeitgeberleistungen für den Unterricht eines Kindes sowie für Leistungen, die nicht unmittelbar der Betreuung eines Kindes dienen, z. B. für die Beförderung zwischen Wohnung und Kindergarten, sind lohnsteuerpflichtig.

Zahlungen des Arbeitgebers an einen Kindergarten oder eine vergleichbare Einrichtung, wodurch er für die Kinder seiner Arbeitnehmer ein Belegungsrecht ohne Bewerbungsverfahren und Wartezeit erwirbt, sind den Arbeitnehmern nicht als Arbeitslohn (geldwerter Vorteil) zuzurechnen. Übernimmt der Arbeitgeber jedoch die Kosten für die Vermittlung einer Unterbringungs- und Betreuungsmöglichkeit eines (bestimmten) Kindes durch Dritte, handelt es sich um steuerpflichtigen Arbeitslohn. Dagegen liegt kein steuerpflichtiger Arbeitslohn vor, wenn solch ein Vorteil der Belegschaft als Gesamtheit zugewendet wird, z. B. durch pauschale Zahlungen an ein Familienbüro, an das sich sämtliche Arbeitnehmer wenden können.

Beispiel

Betreuung durch Dienstleister

Ein Unternehmen schließt mit einem Dienstleister einen Vertrag ab, in dem dieser sich verpflichtet, den interessierten Arbeitnehmern Tagesmütter, Babysitter und andere geeignete Betreuungspersonen zu vermitteln und deren Zuverlässigkeit zu überwachen. Die Firma vergütet diese Leistung mit einem Pauschalbetrag, der sich zwar an der Größe des Unternehmens orientiert, nicht aber an den Leistungen, die der einzelne Arbeitnehmer tatsächlich in Anspruch nimmt.

Ergebnis: Die „reine" Vermittlung von Unterbringungs- und Betreuungsmöglichkeiten der Kinder durch Dritte ist nicht steuerfrei. Hier liegt aber schon deshalb kein Arbeitslohn vor, weil ein geldwerter Vorteil nicht individuell einem einzelnen Arbeitnehmer zugeordnet werden könnte. Die Leistung des Dienstleisters dient der Belegschaft als Gesamtheit.

Vergleichbare Einrichtungen

Vergleichbare Einrichtungen sind z. B.

- Schulkindergärten,
- Kindertagesstätten,
- Kinderkrippen,
- Tagesmütter,
- Wochenmütter,
- Ganztagspflegestellen und
- Internate, wenn diese auch nicht schulpflichtige Kinder aufnehmen.

Die Einrichtung muss gleichzeitig zur Unterbringung und Betreuung von Kindern geeignet sein.

Betreuung im Haushalt nicht ausreichend

Aufwendungen für die Betreuung des Kindes, z. B. durch Haushaltshilfen oder Familienangehörige im eigenen Haushalt sind vom Arbeitgeber nicht steuerfrei ersetzbar, da der eigene Haushalt keine einem Kindergarten vergleichbare Einrichtung zur Unterbringung und Betreuung von Kindern ist.

Noch nicht eingeschulte Kinder

Lohnsteuerfrei sind nur die zusätzlich zum ohnehin geschuldeten Arbeitslohn erbrachten Leistungen für die Unterbringung und Betreuung von nicht schulpflichtigen Kindern. Ob ein Kind schulpflichtig ist, richtet sich nach dem jeweiligen landesrechtlichen Schulgesetz.

Die Finanzämter haben die Schulpflicht nicht zu prüfen bei Kindern, die

- das 6. Lebensjahr noch nicht vollendet haben oder
- im laufenden Kalenderjahr das 6. Lebensjahr nach dem 30.6. vollendet haben, es sei denn, sie werden vorzeitig eingeschult,
- im laufenden Kalenderjahr das 6. Lebensjahr vor dem 1.7. vollendet haben, in den Monaten Januar bis Juli dieses Jahres.

Vereinfachungsregelung

Da Kinder bis zur tatsächlichen Einschulung als nicht schulpflichtig gelten, erübrigen sich die vorstehenden Prüfkriterien aufgrund dieser weiteren Vereinfachungsregelung. In Ländern mit „späten Sommerferien" können die Kindergartenzuschüsse somit bis zum Tag der Einschulung steuerfrei gezahlt werden.[3]

Vorschulunterricht steuerbegünstigt

Arbeitgeberleistungen sind lohnsteuerpflichtig, soweit sie auf den Unterricht des Kindes entfallen. Hingegen gehören Gebühren für den Besuch einer Vorschule oder Vorklasse zu den begünstigten Betreuungsleistungen. In diesen Fällen findet lediglich eine spielerische Vorbereitung auf die Grundschule statt, die pädagogisch und erzieherisch ausgerichtet ist. Die Kinder, die eine Kindertagesstätte, eine Vorschule oder Vorklasse besuchen, erhalten letztlich die gleichen Betreuungsleistungen, weshalb nicht von einem (schädlichen) Unterricht des Kindes auszugehen ist.

Gehaltsumwandlung nicht möglich

Voraussetzung für die Steuerfreiheit ist, dass die Arbeitgeberleistung zusätzlich zum ohnehin geschuldeten Arbeitslohn erbracht wird.[4]

Nach § 8 Abs. 4 EStG werden Leistungen des Arbeitgebers nur dann „zusätzlich zum ohnehin geschuldeten Arbeitslohn" erbracht, wenn

1. die Leistung nicht auf den Anspruch auf Arbeitslohn angerechnet
2. der Anspruch auf Arbeitslohn nicht zugunsten der Leistung herabgesetzt
3. die verwendungs- oder zweckgebundene Leistung nicht anstelle einer bereits vereinbarten künftigen Erhöhung des Arbeitslohns gewährt wird und
4. bei Wegfall der Leistung der Arbeitslohn nicht erhöht

   wird.

Nachweis- und Aufzeichnungspflicht

Barzuwendungen an den Arbeitnehmer sind nur lohnsteuerfrei, soweit der Arbeitnehmer dem Arbeitgeber die zweckentsprechende Verwendung nachgewiesen hat. Der Arbeitgeber muss die Nachweise im Original als Belege zum Lohnkonto aufbewahren.[5] Der gezahlte Kindergartenzuschuss muss nicht in der Lohnsteuerbescheinigung ausgewiesen werden.

1 Kinder i. S. v. § 32 Abs. 1 EStG.
2 § 3 Nr. 34a EStG.

3 R 3.33 Abs. 3 Satz 4 LStR.
4 R 33.3 Abs. 5 LStR.
5 R 3.33 Abs. 4 Sätze 2 und 3 LStR.

Sozialversicherung

Beitragsrechtliche Bewertung

Die beitragsrechtliche Bewertung zur Sozialversicherung folgt der steuerrechtlichen Bewertung. Kindergartenzuschüsse gehören nicht zum ↗ Gesamteinkommen.[1] Allerdings zählen sie zu den Einnahmen zum Lebensunterhalt.

Achtung

Originalbeleg bei Barzuwendungen

Bei Barzuwendungen muss der Arbeitnehmer dem Arbeitgeber die zweckentsprechende Verwendung nachweisen. Die Originalbelege müssen als Nachweis für die zweckgebundene Verwendung zu den Lohnunterlagen genommen werden.

Meldung nach der Entgeltbescheinigungsverordnung

Ein Kindergartenschuss zählt zu den Entgeltbestandteilen, die sich auf die Höhe des Brutto- und Nettoentgelts auswirken. Er ist deshalb im Rahmen der Entgeltbescheinigungsverordnung zu melden. Es ist anzugeben, ob der Kindergartenzuschuss sich auf

- den steuerpflichtigen Arbeitslohn,
- das Sozialversicherungsbruttoentgelt und
- das Gesamtbruttoentgelt

auswirkt.

Kindergeld

Das Kindergeld wird zur Steuerfreistellung des elterlichen Einkommens in Höhe des Existenzminimums eines Kindes gezahlt (einschließlich des Bedarfs für seine Betreuung und Erziehung oder Ausbildung). Soweit das Kindergeld darüber hinausgeht, dient es der Förderung der Familie. Im laufenden Kalenderjahr wird das Kindergeld zunächst als Steuervergütung gezahlt.

Kindergeld wird für alle Kinder bis zum 18. Lebensjahr gewährt, in einigen Fällen auch darüber hinaus. Für ein über 18 Jahre altes Kind kann bis zur Vollendung des 25. Lebensjahres Kindergeld weiter gezahlt werden, solange es sich in einer Berufsausbildung oder einer Übergangszeit von höchstens 4 Monaten zwischen 2 Ausbildungsabschnitten befindet oder eine Berufsausbildung mangels Ausbildungsplatz nicht beginnen oder fortsetzen kann.

Die Anträge auf Kindergeld werden von den zuständigen Familienkassen entgegengenommen.

Anstelle des Kindergeldes können im Rahmen einer Einkommensteuerveranlagung für das Kind steuerliche Freibeträge angesetzt werden (Prüfung durch das Finanzamt von Amts wegen).

Gesetze, Vorschriften und Rechtsprechung

Lohnsteuer: Einzelheiten zum Kindergeldanspruch, zu den anspruchsberechtigten Kindern, der Kindergeldhöhe sowie zum Festsetzungs- und Zahlungsverfahren regeln §§ 62 bis 78 EStG. Die steuerlichen Voraussetzungen zur Berücksichtigung von Kindern sowie die Höhe der Freibeträge für Kinder regelt § 32 EStG.

Sozialversicherung: Kindergeld ist eine Geldleistung, die zur Sozialversicherung beitragsfrei ist (§ 1 SvEV).

1 § 16 SGB IV.

Lohnsteuer

Höhe des Kindergeldes

Das Kindergeld beträgt seit dem 1.1.2023 einheitlich für alle Kinder 250 EUR monatlich.

Die Familienkassen zahlen das Kindergeld monatlich an den Kindergeldberechtigten aus.

Kindergeld wird für Kinder unabhängig von ihrer Staatsangehörigkeit gezahlt, wenn sie in Deutschland einen Wohnsitz oder gewöhnlichen Aufenthalt haben, oder wenn sie in einem EU/EWR-Mitgliedstaat leben und ein Elternteil in Deutschland lebt. Maßgebend sind die Regelungen zur steuerlichen Berücksichtigung.

Weil das Kindergeld für die Eltern bestimmt ist, kann es grundsätzlich nicht an einen Dritten abgetreten oder gepfändet werden. Dies ist nur zulässig, wenn gesetzliche Unterhaltsansprüche des Kindes vorliegen, die bei der Festsetzung des Kindergeldes berücksichtigt wurden.

Begünstigte Kinder

Kindergeld wird grundsätzlich bis zum vollendeten 18. Lebensjahr des Kindes gezahlt.

Kindergeld für volljährige Kinder

Volljährige Kinder, die für einen Beruf ausgebildet werden und das 25. Lebensjahr noch nicht vollendet haben, werden bis zum Abschluss einer erstmaligen berufsqualifizierenden Ausbildungsmaßnahme ohne weitere Voraussetzungen berücksichtigt. Der Besuch allgemein bildender Schulen gilt nicht als Ausbildungsmaßnahme und wird daher nicht berücksichtigt.

Durch die generelle Berücksichtigung von Kindern bis zum erstmaligen Abschluss einer Berufsausbildung bzw. eines Erststudiums werden die bislang schon begünstigten Fälle ohne weitere Prüfungen auch künftig berücksichtigt. Begünstigt sind auch Ausbildungsgänge (z. B. Besuch von Abendschulen, Fernstudium), die neben einer (Vollzeit-)Erwerbstätigkeit ohne eine vorhergehende Berufsausbildung durchgeführt werden.

Abgeschlossene Berufsausbildung/abgeschlossenes Studium

Nach erfolgreichem Abschluss einer erstmaligen Berufsausbildung besteht die widerlegbare Vermutung, dass das Kind in der Lage ist, sich selbst finanziell zu unterhalten. Diese Vermutung gilt als widerlegt, wenn das Kind sich in einer weiteren Berufsausbildung befindet und tatsächlich keiner (hier schädlichen) Erwerbstätigkeit nachgeht, die Zeit und Arbeitskraft des Kindes überwiegend in Anspruch nimmt.

Unschädliche Erwerbstätigkeit

Eine Erwerbstätigkeit des Kindes ist unschädlich, wenn

- die regelmäßige wöchentliche Arbeitszeit nicht mehr als 20 Stunden beträgt,
- es sich bei der Erwerbstätigkeit um eine geringfügige Beschäftigung handelt oder
- die Erwerbstätigkeit im Rahmen eines Ausbildungsverhältnisses ausgeübt wird.

Beispiel

Berufstätigkeit neben einer weiteren Ausbildungsmaßnahme

1. Eine 22-Jährige nimmt nach ihrer abgeschlossenen Berufsausbildung ein Fernstudium auf. Ihren erlernten Beruf übt sie während des Fernstudiums in vollem Umfang aus.

   Die Eltern haben keinen Anspruch auf kindbedingte Steuervergünstigungen, da die Tochter nach Abschluss ihrer erstmaligen Berufsausbildung einer Erwerbstätigkeit nachgeht.

2. Wie 1., sie übt jedoch ihren erlernten Beruf während des Fernstudiums nur zu 40 % (16 Stunden wöchentlich) aus.

   Die Eltern haben einen Anspruch auf kindbedingte Steuervergünstigungen, da eine Erwerbstätigkeit von nicht mehr als 20 Stunden wöchentlich unschädlich ist.

3. Wie 2., die Tochter ist jedoch 26 Jahre alt.

Die Eltern haben keinen Anspruch auf kindbedingte Steuervergünstigungen, da die Tochter das 25. Lebensjahr vollendet hat.

Übergangszeit nach dem Schulabschluss

Auch wenn sich ein volljähriges Kind in einer Übergangszeit von höchstens 4 Monaten zwischen 2 Ausbildungsabschnitten befindet oder eine Berufsausbildung mangels Ausbildungsplatzes nicht begonnen oder fortgesetzt werden kann, ist das Kind nach Abschluss einer Berufsausbildung nur zu berücksichtigen, wenn es nicht überwiegend erwerbstätig ist.

Im Zusammenhang mit der Abschaffung der Wehrpflicht wurde zum 1.7.2011 als Nachfolgedienst für den Zivildienst der Bundesfreiwilligendienst eingeführt. Eltern haben für den Zeitraum des Bundesfreiwilligendienstes ihres Kindes einen Anspruch auf Kindergeld, da der Bundesfreiwilligendienst in den Katalog der begünstigten Dienste für die Kindergeldberechtigung aufgenommen wurde.

Das für den Bundesfreiwilligendienst gezahlte Taschengeld wird bis zu max. 438 EUR (2022: 423 EUR)[1] monatlich – einheitlich für Ost und West – steuerfrei gestellt. Weitere Bezüge (z. B. unentgeltliche Verpflegung, Kleidung) sind steuerpflichtig, werden aber in der Praxis häufig keine Steuer auslösen.

Freibeträge für Kinder

Der Kinderfreibetrag beträgt seit 1.1.2023 für jeden Elternteil 3.012 EUR (2022: 2.810 EUR).

Der Betreuungsfreibetrag[2] beträgt für jeden Elternteil 1.464 EUR. Bei verheirateten Eltern verdoppeln sich die beiden Beträge auf insgesamt 8.952 EUR (2022: 8.548 EUR).[3]

Bei im Ausland ansässigen Kindern kommen für bestimmte Staaten geringere Beträge in Betracht (nach Ländergruppeneinteilung).[4]

Günstigerprüfung: Kinderfreibeträge oder Kindergeld

Für die Berechnung der Lohnsteuer werden die steuerlichen Freibeträge für Kinder (Kinderfreibetrag und Betreuungsfreibetrag) nicht berücksichtigt, sie mindern jedoch die Bemessungsgrundlage für den Solidaritätszuschlag und die Kirchensteuer.

Erst im Rahmen einer Einkommensteuerveranlagung prüft das Finanzamt, ob der Ansatz der beiden Freibeträge günstiger ist als das gezahlte Kindergeld. Ist dies der Fall, werden die Freibeträge abgezogen (geringere Einkommensteuerschuld) und das zustehende Kindergeld der Steuerschuld des Kindergeldberechtigten hinzugerechnet bzw. von dessen Steuerüberzahlung abgezogen. Die Vergleichsrechnung zwischen Kindergeld und Freibeträgen für Kinder ist für jedes einzelne Kind – beginnend mit dem ältesten Kind – durchzuführen.[5] Diese Einzelbetrachtungsweise ist selbst dann anzuwenden, wenn eine Zusammenfassung der Freibeträge für mehrere Kinder wegen der Besteuerung von Einkünften nach der Fünftelregelung für den Steuerpflichtigen günstiger wäre.

Achtung

Verrechnung des Kindergeldes

Die Verrechnung des Kindergeldanspruchs im Rahmen der Einkommensteuerveranlagung erfolgt selbst dann, wenn tatsächlich kein Kindergeld beantragt wurde.

Wichtig

Angabe der Identifikationsnummer des Kindes

Ab dem Veranlagungszeitraum 2023 ist Voraussetzung für die Berücksichtigung der Freibeträge für Kinder, dass die Identifikationsnummer des Kindes in der Einkommensteuererklärung angeben wird. Wenn für das Kind (noch) keine Identifikationsnummer vorliegt, kann die Identifizierung durch andere geeignete Nachweise (z. B. durch Ausweisdokumente) nachgewiesen werden.[6]

Kindergeldberechtigter

Wer Kindergeld erhält, regelt das Einkommensteuergesetz.[7]

Eltern erhalten Kindergeld, wenn sie

- in Deutschland ihren Wohnsitz oder gewöhnlichen Aufenthalt haben oder
- im Ausland wohnen, aber in Deutschland unbeschränkt einkommensteuerpflichtig sind oder entsprechend behandelt werden.

Nicht freizügigkeitsberechtigte Ausländer können Kindergeld nur dann erhalten, wenn sie eine gültige Niederlassungserlaubnis oder eine andere im Einkommensteuergesetz[8] definierte Aufenthaltserlaubnis besitzen.

Wichtig

Kindergeldberechtigung ohne Niederlassungserlaubnis

EU- und EWR-Staatsangehörige sowie Staatsangehörige der Schweiz können Kindergeld unabhängig davon erhalten, ob sie eine Niederlassungserlaubnis oder Aufenthaltserlaubnis besitzen.

Das Gleiche gilt nach dem jeweiligen zwischenstaatlichen Abkommen auch für bestimmte andere Staatsangehörige, z. B. aus Bosnien und Herzegowina und der Türkei, wenn sie in Deutschland als Arbeitnehmer arbeitslosenversicherungspflichtig beschäftigt sind oder z. B. Arbeitslosengeld bzw. Krankengeld beziehen. Anerkannte Flüchtlinge und Asylberechtigte können ebenfalls Kindergeld erhalten.

Wer im Ausland wohnt und in Deutschland nicht unbeschränkt steuerpflichtig ist, kann Kindergeld als Sozialleistung nach dem Bundeskindergeldgesetz erhalten, wenn er in einem Versicherungspflichtverhältnis zur Bundesagentur für Arbeit steht oder als Entwicklungshelfer oder Missionar tätig ist oder Rente nach deutschen Rechtsvorschriften bezieht. Hat ein Elternteil Anspruch auf Kindergeld nach dem Einkommensteuergesetz und der andere nach dem Bundeskindergeldgesetz, geht der Anspruch nach dem Einkommensteuergesetz vor.

Eltern türkischer Abstammung, welche die deutsche Staatsangehörigkeit erworben haben, steht für ihre in der Türkei lebenden Kinder kein deutsches Kindergeld zu. Ein Anspruch in Höhe des einkommensteuerrechtlichen Kindergeldes ergibt sich auch nicht aus dem Assoziierungsabkommen EWG/Türkei und den Assoziationsratsbeschlüssen Nr. 1/80 und Nr. 3/80 sowie aus dem Vorläufigen Europäischen Abkommen über soziale Sicherheit unter Ausschluss der Systeme für den Fall des Alters, der Invalidität und zugunsten der Hinterbliebenen.[9]

Das Kindergeld wird rückwirkend nur noch für die letzten 6 Monate vor Beginn des Monats gezahlt, in dem der Antrag auf Kindergeld eingegangen ist.[10]

Auszahlende Stellen

Der Antrag auf Kindergeld ist schriftlich bei der zuständigen Familienkasse der Bundesagentur für Arbeit zu stellen (auch durch Bevollmächtigte möglich, z. B. durch Angehörige der steuerberatenden Berufe); maßgebend ist der Wohnbezirk des anspruchsberechtigten Elternteils. Bei einem Wohnsitz im Ausland (und Erwerbstätigkeit in Deutschland) ist die Familienkasse zuständig, in deren Bezirk sich der Sitz der Lohnstelle des Arbeitgebers befindet.

Anspruch auf Kinderzuschlag

Zusätzlich haben Eltern einen Anspruch auf Kinderzuschlag für ein zu ihrem Haushalt gehörendes Kind, das unverheiratet und unter 25 Jahre alt ist, wenn sie für dieses Kind

1 6 % der Beitragsbemessungsgrenze in der allgemeinen Rentenversicherung West.
2 § 32 Abs. 6 EStG.
3 § 32 Abs. 6 EStG; mit dem Inflationsausgleichsgesetz v. 25.11.2022 wurde auch der Kinderfreibetrag 2022 rückwirkend zum 1.1.2022 erhöht.
4 Zur Ländergruppeneinteilung für Zeiträume seit 2021 s. BMF, Schreiben v. 11.11.2020, IV C 8 – S 2285/19/10001 :002, BStBl 2020 I S. 1212.
5 BFH, Urteil v. 28.4.2010, III R 86/07, BStBl 2011 II S. 259.
6 § 32 Abs. 6 Sätze 12–13 EStG.
7 §§ 62 ff. EStG.
8 § 62 Abs. 2 Nrn. 2 und 3 EStG.
9 BFH, Urteil v. 15.7.2010, III R 6/08, BStBl 2012 II S. 883.
10 § 70 Abs. 1 Satz 2 EStG.

- Kindergeld oder eine das Kindergeld ausschließende Leistung beziehen und
- das Einkommen bzw. das Vermögen der Eltern die gesetzlichen Höchstbeträge nicht übersteigt.

Eigenes Einkommen und Vermögen des Kindes können den Zuschlag mindern. Der Kinderzuschlag beträgt max. 250 EUR pro Monat (2022: 229 EUR).[1] Zuständig für die Auszahlung sind die Familienkassen der Bundesanstalt für Arbeit.

Sozialversicherung

Beitragsrechtliche Bewertung

Kindergeld gehört nicht zum beitragspflichtigen Arbeitsentgelt im Sinne der Sozialversicherung.[2] Ebenso gehört Kindergeld nicht zum Gesamteinkommen und nicht zu den Einnahmen zum Lebensunterhalt. ⇗ Kinder

Kinderpflegekrankengeld

Versicherte einer gesetzlichen Krankenkasse haben Anspruch auf Kinderpflegekrankengeld, häufig auch als Kinderkrankengeld bezeichnet, wenn sie nach ärztlicher Feststellung zur Beaufsichtigung, Betreuung oder Pflege ihres erkrankten und versicherten Kindes der Arbeit fernbleiben oder bei einer stationären Behandlung des Kindes als Begleitperson mitaufgenommen werden. Voraussetzung ist ferner, dass eine andere im Haushalt lebende Person das Kind nicht beaufsichtigen, betreuen oder pflegen kann (außer bei Mitaufnahme). Außerdem darf das Kind das 12. Lebensjahr noch nicht vollendet haben oder muss eine Behinderung haben und auf Hilfe angewiesen sein. Die Leistungsdauer ist außer bei einer Mitaufnahme begrenzt. Im Falle eines schwerstkranken Kindes unterliegt der Anspruch keiner zeitlichen Begrenzung. Bei einem Arbeitsunfall des Kindes zahlt der Unfallversicherungsträger unter denselben Voraussetzungen Kinderpflegeverletztengeld.

Gesetze, Vorschriften und Rechtsprechung

Lohnsteuer: Das Kinderpflegekrankengeld ist lohnsteuerfrei nach § 3 Nr. 1 Buchst. a EStG. Es unterliegt dem Progressionsvorbehalt nach § 32b Abs. 1 Satz 1 Nr. 1 Buchst. b EStG.

Sozialversicherung: Anspruchsgrundlage für die Leistung der Krankenkasse ist § 45 SGB V. Wenn ein Arbeitsunfall des Kindes die Ursache ist, richtet sich der Anspruch nach § 45 Abs. 4 SGB VII. Das Bundessozialgericht hat zum Leistungsanspruch von Alleinerziehenden im Urteil vom 26.6.2007 (B 1 KR 33/06 R) entschieden. Kinderpflegekrankengeld ruht nicht, wenn es bereits vor der Elternzeit bezogen wurde (BSG, Urteil v. 18.2.2016, B 3 KR 10/15 R). Der GKV-Spitzenverband und die Spitzenorganisationen der Kranken- und Unfallversicherung kommentieren das Kinderpflegekrankengeld umfassend im Gemeinsamen Rundschreiben vom 6.12.2017-III i. d. F. v. 22.3.2022.

Lohnsteuer

Steuerfreie Lohnersatzleistung

Kinderpflegekrankengeld ist als Lohnersatzleistung der gesetzlichen Krankenversicherung lohnsteuerfrei.[3]

Kinderpflegekrankengeld in der Steuererklärung angeben

Das steuerfreie Kinderpflegekrankengeld unterliegt dem sog. ⇗ Progressionsvorbehalt[4] und muss in der Einkommensteuererklärung des Arbeitnehmers angegeben werden. Der entsprechende Betrag wird von der Krankenkasse elektronisch an das Wohnsitzfinanzamt des Arbeitnehmers übermittelt; der Leistungsempfänger (hier: der Arbeitnehmer) muss über die Höhe und die steuerliche Behandlung der Lohnersatzleistung informiert werden.[5]

Kein Teillohnzahlungszeitraum

Lohnsteuerrechtlich wird der Lohnzahlungszeitraum durch ausfallende (unbezahlte) Arbeitstage nicht unterbrochen.

In dem Monat, in dem die Entgeltfortzahlung endet und die beitragsfreie Zeit der Krankengeldzahlung beginnt, entsteht beitragsrechtlich ein ⇗ Teillohnzahlungszeitraum.

Aufzeichnungspflicht bei Krankengeldbezug

Bezieht ein Arbeitnehmer (Kinderpflege-)Krankengeld für 5 oder mehr Arbeitstage (nach Ende der Lohnfortzahlung), muss im ⇗ Lohnkonto und in der ⇗ elektronischen Lohnsteuerbescheinigung der Großbuchstabe U aufgezeichnet werden. Es spielt keine Rolle, ob der Arbeitgeber im Rahmen der Entgeltfortzahlung noch einen eigenen Zuschuss gewährt hat.

Sozialversicherung

Beaufsichtigung/Betreuung/Pflege (§ 45 Abs. 1 SGB V)

Versicherte haben Anspruch auf Krankengeld, wenn

- es nach ärztlichem Zeugnis erforderlich ist, dass sie wegen Beaufsichtigung, Betreuung oder Pflege ihres erkrankten und versicherten Kindes der Arbeit fernbleiben,
- eine Versicherung mit Anspruch auf Krankengeld besteht,
- eine andere im Haushalt lebende Person das Kind nicht beaufsichtigen, betreuen oder pflegen kann und
- das Kind das 12. Lebensjahr noch nicht vollendet hat oder eine Behinderung hat und auf Hilfe angewiesen ist.

Hinweis

Übertragung des Anspruchs

Berufstätige Eltern entscheiden selbst, wer von ihnen die Beaufsichtigung, Betreuung oder Pflege des erkrankten Kindes übernimmt.[6] Der Anspruch auf Kinderpflegekrankengeld kann auf den anderen Ehegatten/Lebenspartner übertragen werden. Dabei werden nicht die Leistungen erweitert sondern auf einen Elternteil konzentriert. Die Übertragung ist möglich, wenn

- beide Elternteile gesetzlich krankenversichert sind,
- beide Elternteile einen Anspruch auf Krankengeld haben,
- der andere Elternteil das erkrankte Kind aus beruflichen Gründen nicht betreuen kann oder
- der andere Elternteil seinen Anspruch bereits ausgeschöpft hat.

Der Arbeitgeber muss mit der erneuten Freistellung einverstanden sein. Zweifelsfragen werden zwischen den beteiligten Krankenkassen einvernehmlich geklärt.

Neben dem Anspruch auf Kinderpflegekrankengeld nach § 45 Abs. 1 SGB V (Beaufsichtigung, Betreuung oder Pflege) kann alternativ ein Anspruch auf Krankengeld nach § 44b SGB V (Mitaufnahme einer Begleitperson bei Krankenhausbehandlung) bestehen.[7] Wenn die Begleitperson gleichzeitig die Voraussetzungen des § 45 SGB V und des § 44b SGB V erfüllt, kann sie zwischen beiden Leistungsansprüchen wählen und das unter Umständen höhere Kinderpflegekrankengeld in Anspruch nehmen. Tage, für die Krankengeld nach § 44b SGB V in Anspruch genommen wird, werden nicht auf die Anzahl der Leistungstage nach § 45 Abs. 1, 2 und 2a SGB V angerechnet.

1 § 20 Abs. 3a BKGG.
2 § 1 SvEV.
3 § 3 Nr. 1 Buchst. a EStG.
4 § 32b Abs. 1 Nr. 1 Buchst. b EStG.
5 § 32b Abs. 3 EStG.
6 BSG, Urteil v. 20.6.1979, 5 AZR 361/78.
7 § 44b Abs. 3 SGB V.

Arbeitnehmer

Der Anspruch steht Mitgliedern einer gesetzlichen Krankenkasse zu, die mit einem Anspruch auf Krankengeld versichert sind. Die Art des Versicherungsverhältnisses (z. B. aufgrund einer versicherungspflichtigen Beschäftigung oder einer freiwilligen Mitgliedschaft) ist unerheblich. § 44 Abs. 2 SGB V (Ausschluss des Anspruchs auf Krankengeld) ist zu beachten. Der Anspruch ist ausgeschlossen, wenn der versicherte Arbeitnehmer bestimmte Rentenleistungen bezieht (z. B. Rente wegen voller Erwerbsminderung oder Vollrente wegen Alters).[1]

Bezieher von Kurzarbeitergeld haben einen Anspruch auf Kinderpflegekrankengeld, weil die Arbeit aus anderen als den in § 96 SGB III genannten Gründen ausfällt. Der Anspruch auf Kurzarbeitergeld ist deswegen ausgeschlossen.

Hinweis

Kurzarbeit „Null“

Beginnt die Betreuung des Kindes während der Kurzarbeit „Null“ (100 %ige Kurzarbeit), besteht kein Anspruch auf Kinderpflegekrankengeld. Wird die Betreuung des Kindes bereits vor der Kurzarbeit „Null“ notwendig, ist für den gesamten Freistellungszeitraum Kinderpflegekrankengeld zu zahlen. Kurzarbeitergeld wird erst nach dem Freistellungszeitraum für die Kinderbetreuung gezahlt.

Hinweis

Unständig oder kurzzeitig Beschäftigte

Unständig oder kurzzeitig Beschäftigte ohne einen Anspruch auf Entgeltfortzahlung für mindestens 6 Wochen können eine Wahlerklärung abgeben, um den gesetzlichen Anspruch auf Krankengeld zu erhalten.[2] Der Anspruch auf Kinderpflegekrankengeld ist darin eingeschlossen.

Hauptberuflich selbstständig Tätige

Hauptberuflich selbstständig Erwerbstätige haben einen Anspruch auf Krankengeld, wenn sie eine Wahlerklärung abgegeben haben.[3] Der gesetzliche Krankengeldanspruch schließt den Anspruch auf Kinderpflegekrankengeld ein. Es ist vom Beginn des Pflegezeitraums an zu zahlen. Für Versicherte, die eine Wahlerklärung abgegeben haben, entsteht der Anspruch grundsätzlich von der siebten Woche der Arbeitsunfähigkeit an.[4] Diese Regelung ist auf das Kinderpflegekrankengeld nicht anzuwenden.

Hinweis

Kein Anspruch auf Krankengeld

Wenn aus dem Arbeitseinkommen keine positiven Einkünfte bezogen werden, scheidet ein Krankengeldanspruch aus.[5]

Versicherungsverhältnis des Kindes

Das erkrankte Kind des Arbeitnehmers muss bei einer gesetzlichen Krankenkasse versichert sein. Dabei kann es sich um eine Versicherung aufgrund

- einer Familienversicherung nach § 10 SGB V
- der Beantragung einer Waisenrente nach § 189 SGB V
- des Bezugs einer Waisenrente nach § 5 Abs. 1 Nr. 11 SGB V
- einer freiwilligen Versicherung nach § 9 Abs. 1 Satz 1 Nr. 2 SGB V oder
- einer obligatorischen Anschlussversicherung nach § 188 Abs. 4 SGB V

handeln.

1 § 50 Abs. 1 SGB V.
2 § 44 Abs. 2 Satz 1 Nr. 3 SGB V.
3 § 44 Abs. 2 Satz 1 Nr. 2 SGB V.
4 § 46 Satz 4 SGB V.
5 BSG, Urteil v. 12.3.2013, B 1 KR 4/12 R.

Hinweis

Gesetzliche Krankenversicherung

Kinderpflegekrankengeld kann nicht beansprucht werden, wenn das Kind nicht gesetzlich krankenversichert ist.[6]

Kinder

Versicherte haben einen Anspruch auf Krankengeld, wenn sie in einem Kindschaftsverhältnis zum zu betreuenden Kind stehen. Zu den Kindern in diesem Sinne gehören leibliche oder adoptierte (angenommene) Kinder des Versicherten. Außerdem sind

- Stiefkinder,
- Enkel,
- Pflegekinder[7] und
- Kinder, die mit dem Ziel der Annahme als Kind in die Obhut des Annehmenden aufgenommen sind,

zu berücksichtigen.[8]

Hinweis

Stiefkinder und Enkel

Stiefkinder oder Enkel des Arbeitnehmers werden nur berücksichtigt, wenn diese im Haushalt des Versicherten leben oder von ihm überwiegend unterhalten werden. Stiefkinder sind auch die Kinder des Lebenspartners eines Mitglieds.

Ärztliches Zeugnis

Über die Notwendigkeit, das Kind wegen seiner Erkrankung zu beaufsichtigen, zu betreuen oder zu pflegen und deswegen der Arbeit fernzubleiben, ist ein ärztliches Zeugnis auszustellen und der Krankenkasse vorzulegen. Das ärztliche Zeugnis ist nicht an eine bestimmte Form gebunden. In der Praxis wird der zwischen Krankenkassen und Vertragsärzten vereinbarte Vordruck genutzt (Muster 21). Das ärztliche Zeugnis enthält mindestens Angaben über die Krankheit, einen möglichen Unfall und die Notwendigkeit und die Dauer, das Kind deswegen zu beaufsichtigen, zu betreuen oder zu pflegen.

Die Pflegebedürftigkeit eines Kindes kann auch im Rahmen einer Videosprechstunde festgestellt werden. Obwohl es dafür an einer gesetzlichen Grundlage fehlt, kann sich der Arzt an den Voraussetzungen orientieren, die bei einer Arbeitsunfähigkeit zu beachten sind.[9]

Die Pflegebedürftigkeit wird in einer Videosprechstunde im berufsrechtlich zulässigen Rahmen und unter Wahrung des ärztlichen Sorgfaltsmaßstabs festgestellt. Die Nutzung des digitalen Mediums muss ärztlich vertretbar sein und die Befunderhebung, Beratung, Behandlung sowie Dokumentation müssen ärztlichen Standards entsprechen.

Eine ärztliche Bescheinigung über die Pflegebedürftigkeit eines Kindes (Muster 21) kann seit dem 18.12.2023 auch nach einer telefonischen Anamnese für bis zu 5 Kalendertage ausgestellt werden, wenn

- das Kind dem Vertragsarzt aufgrund früherer Behandlung unmittelbar persönlich bekannt ist und
- der Vertragsarzt die telefonische Ausstellung als medizinisch vertretbar ansieht.

Die Regelung ist zunächst bis zum 30.6.2024 befristet.

Hinweis

Leistungsantrag

Das Kinderpflegekrankengeld ist zu beantragen. Dazu kann der zwischen Krankenkassen und Vertragsärzten vereinbarte Vordruck (Rückseite) genutzt oder ein formloser Antrag gestellt werden.

6 BSG, Urteil v. 31.3.1998, B 1 KR 9/96 R.
7 § 56 Abs. 2 Nr. 2 SGB I.
8 § 45 Abs. 1 Satz 2 i. V. m. § 10 Abs. 4 Satz 2 SGB V.
9 § 4 Abs. 5 AUR.

Die Krankenkasse kann die Voraussetzungen für den Anspruch auf Krankengeld durch den Medizinischen Dienst (MD) prüfen lassen.[1]

Beaufsichtigung/Betreuung/Pflege des Kindes

Krankengeld wird gezahlt, wenn der Versicherte ein in seinem Haushalt lebendes erkranktes Kind beaufsichtigt, betreut oder pflegt und deswegen der Arbeit fernbleibt. Der Anspruch ist ausgeschlossen, wenn im Haushalt des versicherten Arbeitnehmers andere Personen leben, die die Beaufsichtigung, Betreuung oder Pflege übernehmen können. Der Versicherte gibt darüber eine entsprechende Erklärung gegenüber seiner Krankenkasse ab.

Hinweis

Kita- oder Schulschließung

Kinderpflegekrankengeld wird in der Zeit vom 5.1.2021 bis zum 7.4.2023 auch gezahlt, wenn das Kind nicht krank ist, sondern zu Hause betreut wird, weil aus Gründen des Infektionsschutzes

- Einrichtungen zur Betreuung von Kindern, Schulen oder Einrichtungen für Menschen mit Behinderungen vorübergehend geschlossen werden oder deren Betreten (z. B. aufgrund einer Absonderung) untersagt wird,
- von der zuständigen Behörde Schul- oder Betriebsferien angeordnet oder verlängert werden,
- die Präsenzpflicht in einer Schule aufgehoben wird,
- der Zugang zum Kinderbetreuungsangebot eingeschränkt wird,
- das Kind aufgrund einer behördlichen Empfehlung die Einrichtung nicht besucht.[2]

Anspruchsberechtigt sind auch Eltern, die im Homeoffice arbeiten. Der Betreuungsfall muss in der Zeit ab 5.1.2021 eingetreten sein. Ein Anspruch auf Entschädigung nach dem Infektionsschutzgesetz[3] besteht während dieser Zeit nicht.[4]

Andere im Haushalt lebende Person

Eine andere Person kann die Beaufsichtigung, Betreuung oder Pflege übernehmen, wenn diese mit dem Arbeitnehmer in einer Haushaltsgemeinschaft lebt, nicht selbst berufstätig und pflegefähig ist. Es muss sich dabei nicht um den Ehe- oder Lebenspartner des Arbeitnehmers oder eine mit dem Kind verwandte oder verschwägerte Person handeln. Der Arbeitnehmer muss sich nicht auf eine andere Person verweisen lassen, die außerhalb des Haushalts lebt.

Hinweis

Haushalt

Unter Haushalt ist nach allgemeinem Sprachgebrauch die häusliche, wohnungsmäßige, familienhafte Wirtschaftsführung zu verstehen.[5]

Altersgrenze

Vollendung des 12. Lebensjahres

Der Anspruch auf Kinderpflegekrankengeld besteht für Kinder, die das 12. Lebensjahr noch nicht vollendet haben. Wenn das 12. Lebensjahr während des Bezugs von Kinderpflegekrankengeld vollendet wird, endet der Anspruch mit diesem Zeitpunkt. Krankengeld wird bis zum Tag vor dem 12. Geburtstag gezahlt.[6]

Beispiel

Erreichen der Altersgrenze

Ein Arbeitnehmer bezieht seit dem 27.3.2023 Krankengeld wegen der Pflege seines erkrankten Kindes. Das Kind ist am 30.3.2011 geboren und vollendet mit Ablauf des 29.3.2023 (24:00 Uhr) das 12. Lebensjahr. Das Krankengeld wird bis zum 29.3.2023 gezahlt, obwohl das Kind weiterhin krank und pflegebedürftig ist.

Kinder mit Behinderungen

Für Kinder, die eine Behinderung haben und auf Hilfe angewiesen sind, gilt keine Altersgrenze. Kinder haben Behinderungen, die

- körperliche,
- geistige,
- seelische oder
- Sinnesbeeinträchtigungen

haben, die mit hoher Wahrscheinlichkeit länger als 6 Monate von dem für das Lebensalter typischen Zustand abweichen und sie an der gleichberechtigten Teilhabe am Leben in der Gesellschaft hindern.[7] Sie sind auf Hilfe angewiesen, wenn sie dauerhaft und regelmäßig über das altersübliche Maß hinausgehende Hilfe bei einzelnen Verrichtungen des täglichen Lebens benötigen.

Hinweis

Behinderung

- Unkonzentriertheit, Nervosität, Labilität sowie ein Rückstand der geistigen Entwicklung stellen für sich allein keine Behinderung dar.[8]
- Behinderungen können angeboren oder erworben sein. Dem Gesetz lässt sich nicht entnehmen, ob der Anspruch auf Krankengeld davon abhängig ist, dass die Behinderung zu einem bestimmten Zeitpunkt eingetreten ist. Deswegen ist der in der Praxis vertretenen Auffassung nicht zuzustimmen, die Behinderung müsse innerhalb der Altersgrenzen des § 10 Abs. 2 Nrn. 1 bis 3 SGB V eingetreten sein. Entscheidend ist vielmehr, dass das Kind mit Behinderung bei einer Krankenkasse versichert ist und mit dem Arbeitnehmer im selben Haushalt lebt.

Mitaufnahme als Begleitperson (§ 45 Abs. 1a SGB V)

Versicherte haben seit dem 1.1.2024 einen Anspruch auf Kinderpflegekrankengeld, wenn ein Elternteil bei stationärer Behandlung des versicherten Kindes aus medizinischen Gründen[9] mitaufgenommen wird.[10] Die Mitaufnahme ist ohne Ausnahme medizinisch notwendig, wenn das behandlungsbedürftige Kind das 9. Lebensjahr noch nicht vollendet hat. Bis zu diesem Alter ist davon auszugehen, dass der Bindungsverlust durch die stationäre Behandlung zu erheblichen psychischen Beeinträchtigungen führen und damit den Behandlungsablauf und den Heilungsprozess des Kindes gefährden kann.[11]

Anspruchsvoraussetzungen

Der Anspruch ist wie nach § 45 Abs. 1 SGB V auf gesetzlich krankenversicherte Kinder beschränkt, die das 12. Lebensjahr noch nicht vollendet haben oder behindert und auf Hilfe angewiesen sind.

Mitaufgenommene Elternteile haben keinen Anspruch auf Kinderpflegekrankengeld, wenn der Anspruch auf Krankengeld ausgeschlossen ist (z. B. aufgrund einer selbstständigen Tätigkeit).[12]

Als Kinder gelten auch Stiefkinder, Enkel oder Pflegekinder.[13]

Dauer

Der Anspruch ist zeitlich nicht begrenzt.

1 § 275 Abs. 1 SGB V.
2 § 45 Abs. 2a SGB V.
3 § 56 Abs. 1a IfSG.
4 § 45 Abs. 2b SGB V.
5 BSG, Urteil v. 30.3.2000, B 3 KR 23/99 R.
6 § 26 Abs. 1 SGB X i. V. m. § 187 Abs. 2 Satz 2 und § 188 Abs. 2 BGB.
7 § 2 Abs. 1 Sätze 1 und 2 SGB IX.
8 BSG, Urteil v. 31.1.1979, 11 RA 19/78.
9 § 11 Abs. 3 SGB V.
10 § 45 Abs. 1a SGB V.
11 § 11 Abs. 3 Satz 2 SGB V.
12 § 45 Abs. 1a Satz 4 i. V. m. § 44 Abs. 2 SGB V.
13 § 45 Abs. 1a Satz 4 i. V. m. § 10 Abs. 4 SGB V.

Zuständigkeit

Das Kinderpflegekrankengeld zahlt die Krankenkasse des begleitenden Elternteils.

Stationäre Behandlung

Zu einer stationären Behandlung gehören vollstationäre und teilstationäre Krankenhausbehandlungen[1], stationäre Vorsorgeleistungen[2], die stationäre Rehabilitation nach § 40 Abs. 2 SGB V[3] sowie eine tagesstationäre Behandlung.[4] Die medizinischen Gründe sowie die Dauer der stationären Mitaufnahme bescheinigt die stationäre Einrichtung. Damit wird der Anspruch gegenüber der Krankenkasse nachgewiesen und das Kinderpflegekrankengeld beantragt. Bei Kindern, die das 9. Lebensjahr noch nicht vollendet haben, wird nur die Dauer der Mitaufnahme bescheinigt.

Alternativer Anspruch

Kinderpflegekrankengeld kann sowohl nach § 45 Abs. 1 SGB V als auch nach § 45 Abs. 1a SGB V beansprucht werden.[5] Die Ansprüche schließen sich nicht aus. Insbesondere werden die im Rahmen des unbegrenzten Anspruchs nach § 45 Abs. 1a SGB V verwendeten Anspruchstage nicht auf den zeitlich begrenzten Anspruch nach § 45 Abs. 1 SGB V angerechnet.

Begleitende Eltern können zwischen den Ansprüchen nach § 45 Abs. 1a SGB V, § 45 Abs. 4 SGB V (Beaufsichtigung, Betreuung und Pflege schwerstkranker Kinder) oder § 44b SGB V (mitaufgenommene Begleitperson) wählen.[6] Der Anspruch nach § 45 Abs. 1a SGB V erlischt, wenn der Anspruch nach § 45 Abs. 4 SGB V oder § 44b SGB V gewählt wird.

Schwerstkranke Kinder (§ 45 Abs. 4 SGB V)

Versicherte haben Anspruch auf Krankengeld, sofern das Kind das 12. Lebensjahr noch nicht vollendet hat oder eine Behinderung hat und nach ärztlichem Zeugnis an einer Erkrankung leidet,

- die fortschreitend progredient verläuft und bereits ein weit fortgeschrittenes Stadium erreicht hat,
- bei der eine Heilung ausgeschlossen und eine palliativ-medizinische Behandlung notwendig oder von einem Elternteil erwünscht ist und
- die lediglich eine begrenzte Lebenserwartung von Wochen oder wenigen Monaten erwarten lässt.

Der Anspruch besteht nur für ein Elternteil. Ein Betreuungswechsel auf Wunsch der Eltern wird in der Praxis akzeptiert. Die medizinischen Voraussetzungen sind ggf. durch den Medizinischen Dienst zu prüfen.[7]

Hinweis

Besonderheiten des Leistungsanspruchs

- Der Anspruch besteht, soweit und solange die medizinischen und versicherungsrechtlichen Voraussetzungen gegeben sind.
- Der Anspruch besteht ohne zeitliche Befristung.
- Der GKV-Spitzenverband empfiehlt wegen der besonderen psychischen Belastung der Eltern, die Leistung auch über die Vollendung des 12. Lebensjahres hinaus zu zahlen.
- Der Anspruch ist nicht ausgeschlossen, wenn eine andere im Haushalt lebende Person das Kind beaufsichtigen, betreuen oder pflegen könnte.
- Der Anspruch endet mit dem Tod des Kindes.
- Das Kinderpflegekrankengeld wird in entsprechender Anwendung des § 47 SGB V für Kalendertage berechnet und gezahlt.
- Der Anspruch auf Kinderpflegekrankengeld besteht auch, wenn das schwerstkranke Kind
  - stationär in einem Kinderhospiz versorgt wird,
  - ambulante Leistungen eines Hospizdienstes erhält oder
  - sich in einer palliativ-medizinischen Behandlung in einem Krankenhaus befindet.

Berechnung/Höhe/Zahlung

Berechnung/Höhe

Das Krankengeld wird nach dem während der Freistellung ausgefallenen Nettoarbeitsentgelt berechnet. Ähnlich wird auch die Entgeltfortzahlung im Krankheitsfall berechnet. Das Nettoarbeitsentgelt wird aus dem Bruttoarbeitsentgelt ermittelt, soweit davon Beiträge zur Krankenversicherung berechnet wurden. Bruttoarbeitsentgelt wird somit nur bis zur Beitragsbemessungsgrenze der Krankenversicherung berücksichtigt (2024: 5.175 EUR mtl.; 2023: 4.987,50 EUR mtl.). Das Nettoarbeitsentgelt ist wegen der Begrenzung ggf. fiktiv zu ermitteln.

- Das Brutto-Krankengeld beträgt 90 % des Nettoarbeitsentgelts.
- ⇗ Einmalzahlungen werden berücksichtigt, wenn sie in den letzten 12 Kalendermonaten vor der Freistellung gezahlt und davon Beiträge zur Krankenversicherung entrichtet wurden. Das Brutto-Krankengeld beträgt dann unabhängig von der Höhe der Einmalzahlung 100 % des ausgefallenen Nettoarbeitsentgelts.
- Das kalendertägliche Krankengeld darf 70 % der kalendertäglichen Beitragsbemessungsgrenze in der Krankenversicherung nicht übersteigen (2024: 120,75 EUR; 2023: 116,38 EUR).

Hinweis

Arbeitseinkommen

Bei hauptberuflich selbstständig Tätigen beträgt das Kinderpflegekrankengeld 70 % des kalendertäglichen Arbeitseinkommens, von dem zuletzt vor dem Bezug des Kinderpflegekrankengeldes der Krankenversicherungsbeitrag berechnet wurde.

Liegt das tatsächlich erzielte Arbeitseinkommen unter der Mindestbeitragsbemessungsgrundlage nach § 240 SGB V, ist nur das tatsächlich erzielte Arbeitseinkommen zu berücksichtigen.[8]

Zahlung

Das Kinderpflegekrankengeld ist von dem Tag an zu zahlen, an dem die Voraussetzungen vorliegen. Während des Anspruchszeitraums wird das Krankengeld kalendertäglich gezahlt. Ein vollständig mit Kinderpflegekrankengeld belegter Kalendermonat wird mit 30 Tagen berücksichtigt. Ansonsten wird für die tatsächlichen Kalendertage des Anspruchszeitraums gezahlt.

Dauer

Der Zahlungszeitraum umfasst in jedem Kalenderjahr für jedes Kind höchstens 10 Arbeitstage. Der Anspruch ist bei mehreren Kindern auf 25 Arbeitstage im Kalenderjahr begrenzt. Der Anspruch steht jedem Elternteil zu.

Hinweis

Corona-Pandemie/Anschlussregelung

- Wegen der Corona-Pandemie war die gesetzlich geregelte Anspruchsdauer nicht ausreichend. Sie war deswegen ab 1.1.2020 für jedes Kind auf höchstens 15 Arbeitstage (insgesamt nicht mehr als 35 Arbeitstage) und für alleinerziehende Versicherte auf längstens 30 Arbeitstage (insgesamt nicht mehr als 70 Arbeitstage) erweitert worden.[9] Die Regelung war bis zum 31.12.2020 befristet.

1 § 39 SGB V.
2 § 23 SGB V.
3 § 40 Abs. 2 SGB V.
4 § 115e Abs. 1 Satz 1 SGB V.
5 § 45 Abs. 1a Satz 5 SGB V.
6 § 45 Abs. 1a Satz 6 SGB V.
7 § 275 Abs. 1 SGB V.
8 BSG, Urteil v. 30.3.2004, B1 KR 31/02, B 1 KR 32/02 R, 7.12.2004, B 1 KR 17/04 R.
9 § 45 Abs. 2a SGB V.

- Für die Zeit vom 5.1.2021 bis zum 31.12.2023 wurde die Anspruchsdauer erneut verlängert.[1] Der Betreuungsfall musste dafür in der Zeit ab 5.1.2021 eingetreten sein. Kinderpflegekrankengeld konnte für längstens 30 bzw. bei mehreren Kindern für 65 Arbeitstage bezogen werden. Für alleinerziehende Versicherte wurde der Anspruch auf 60 bzw. 130 Arbeitstage verlängert worden.
- Mit der zum 31.12.2023 abgelaufenen Regelung zur Anspruchsdauer wäre zum 1.1.2024 der reguläre Leistungszeitraum für Kinderpflegekrankengeld heranzuziehen.[2] Davon abweichend wird der Anspruch zunächst für die Jahre 2024 und 2025 jeweils auf 15 Arbeitstage pro Kind und Elternteil (insgesamt nicht mehr als 35 Arbeitstage) bzw. 30 Arbeitstage für Alleinerziehende (insgesamt nicht mehr als 70 Arbeitstage) erhöht.[3]

Alleinerziehende Versicherte

Bei alleinerziehenden Versicherten beträgt die Höchstanspruchsdauer je Kind im Kalenderjahr 20 Arbeitstage bzw. für mehrere Kinder insgesamt 50 Arbeitstage. Eine verlängerte Anspruchsdauer ergibt sich für die Kalenderjahre 2020 bis 2025.

Alleinerziehend ist ein Elternteil, dem das alleinige Personensorgerecht für das mit ihm in einem gemeinsamen Haushalt lebende Kind zusteht.

Hinweis

Gemeinsames Personensorgerecht

Erhalten die Eltern im Fall des nicht nur vorübergehenden Getrenntlebens das gemeinsame Personensorgerecht aufrecht, hat jeder Elternteil einen Anspruch auf Kinderpflegekrankengeld. Dieser ist begrenzt auf maximal 10 Arbeitstage bzw. für mehrere Kinder auf insgesamt 25 Arbeitstage innerhalb eines Kalenderjahres. Das nicht nur vorübergehende Getrenntleben muss nach bürgerlich-rechtlichen Vorschriften bestimmt worden sein.

Alleinerziehend kann darüber hinaus auch ein Elternteil sein, dem nicht das alleinige Personensorgerecht zusteht. Als alleinerziehend i. S. d. § 45 Abs. 2 Satz 1 SGB V gelten daher auch Versicherte, die als erziehender Elternteil faktisch alleinstehend sind. Für den erweiterten Anspruch auf Kinderpflegekrankengeld von 20 Arbeitstagen ist nicht das alleinige Sorgerecht entscheidend. Vielmehr ist auf das tatsächliche Alleinstehen bei der Erziehung abzustellen. Dies liegt z. B. vor, wenn das Kind grundsätzlich im gemeinsamen Haushalt mit einem Elternteil lebt und sich nur alle 2 Wochen am Wochenende beim anderen Elternteil aufhält.[4] Bei dem Begriff „alleinerziehend" ist nur noch auf Elternteile abzustellen, die

- faktisch alleinstehend sind,
- mit dem Kind in einem Haushalt zusammenleben und
- mindestens gemeinsam mit einem anderen das Sorgerecht für das Kind haben (Ausnahme: Stief-, Enkel- sowie Pflegekinder).

Hinweis

Faktisch alleinerziehend

- Alleinerziehend kann auch ein Elternteil sein, dem kein alleiniges Personensorgerecht zusteht.
- Ein Elternteil kann faktisch alleinerziehend sein, wenn das andere Elternteil für einen längeren Zeitraum nicht im gemeinsamen Haushalt lebt (z. B. durch einen Krankenhausaufenthalt, eine Leistung zur Rehabilitation, eine berufliche Tätigkeit in weiter Entfernung vom Wohnort oder im Ausland).[5]

Ist der betroffene Elternteil als faktisch bei der Erziehung alleinstehend zu betrachten, wird ihm der Anspruch auf Kinderpflegekrankengeld für 20 Arbeitstage eingeräumt. Bei der Entscheidung über die Dauer des Anspruchs auf Kinderpflegekrankengeld sollten die Wünsche der getrennt lebenden und gemeinsam sorgeberechtigten Eltern berücksichtigt werden. Den Eltern kommt insofern – wie im Fall des Zusammenlebens – ein Wahlrecht mit der Besonderheit zu, dass sich der individuell zustehende Anspruch verdoppeln kann. Für den anderen Elternteil ist der Anspruch auf Kinderpflegekrankengeld in solchen Fällen ausgeschlossen. Eine entsprechende Erklärung der Eltern gegenüber der Krankenkasse wird als ausreichend angesehen. Der Arbeitgeber muss damit einverstanden sein und den verlängerten Freistellungsanspruch zugestehen.

Hinweis

Nachweis

Sind die Elternteile bei verschiedenen Krankenkassen versichert, sollte durch eine Bescheinigung der Krankenkasse des nicht betreuenden Elternteils nachgewiesen werden, ob und ggf. in welchem Umfang bereits Kinderpflegekrankengeld für diesen Elternteil gewährt wurde.

Nichteheliche Lebensgemeinschaft

Die Ansprüche auf das Kinderpflegekrankengeld sind so zu beurteilen, als stünde beiden Elternteilen das Personensorgerecht gemeinsam zu, wenn

- der allein personensorgeberechtigte Elternteil in nichtehelicher Lebensgemeinschaft lebt und
- das erkrankte Kind auch in einem Kindschaftsverhältnis zu dem nichtehelichen Lebenspartner steht.

Soweit das erkrankte Kind in keinem Kindschaftsverhältnis zu dem nichtehelichen Lebenspartner steht, ist nur der allein personensorgeberechtigte Elternteil anspruchsberechtigt. Das Kinderpflegekrankengeld ist ausgeschlossen, soweit

- nichteheliche Partner oder andere Personen im Haushalt des allein personensorgeberechtigten Elternteils leben und
- in der Lage sind, das Kind im Krankheitsfall zu beaufsichtigen, zu betreuen oder zu pflegen.

Tipp

Elternteil längere Zeit nicht im gemeinsamen Haushalt

Ist ein Elternteil an der Ausübung des Sorgerechts dadurch gehindert, dass er für einen längeren Zeitraum nicht im gemeinsamen Haushalt lebt (z. B. durch einen Krankenhausaufenthalt), wird empfohlen, dem anderen Elternteil den verlängerten Anspruch eines Alleinerziehenden einzuräumen. Hierzu reicht eine Erklärung des Versicherten aus.

Voraussetzung für die Übertragung des Anspruchs auf Kinderpflegekrankengeld ist, dass der Arbeitgeber den Freistellungsanspruch nach § 45 Abs. 3 SGB V nochmals gegen sich gelten lässt, den sein Arbeitnehmer bereits ausgeschöpft hat.

Übertragung des Anspruchs auf den anderen Elternteil

Im Interesse einer familienorientierten Handhabung des § 45 SGB V ist eine Übertragung von Ansprüchen möglich. Wenn der Anspruch eines Elternteils auf Kinderpflegekrankengeld und Freistellung von der Arbeit bereits erschöpft ist, soll er nochmals freigestellt werden, wenn der andere Elternteil, dessen Anspruch noch nicht erschöpft ist, die Betreuung des erkrankten Kindes nicht übernehmen kann. Die Krankenkassen sollen in diesem Fall eine eventuelle Verständigung zwischen Arbeitnehmer und Arbeitgeber akzeptieren.

Anspruch/Berechnung/Höchstbezugsdauer

Der Arbeitgeber lässt den Freistellungsanspruch nochmals gegen sich gelten, den sein Arbeitnehmer nach § 45 Abs. 3 SGB V bereits ausgeschöpft hat.

Die Krankenkasse des Arbeitnehmers, dessen Arbeitgeber einer weiteren Freistellung zustimmt, berechnet und zahlt das Krankengeld an ihren Versicherten auf der Grundlage seines Arbeitsentgelts aus. Außerdem führt sie die damit in Zusammenhang stehenden Beiträge zur Renten- und Arbeitslosenversicherung ab (einschließlich Meldever-

1 § 45 Abs. 2a SGB V.
2 § 45 Abs. 2 SGB V.
3 § 45 Abs. 2a Satz 1 und 2 SGB V.
4 BSG, Urteil v. 26.6.2007, B 1 KR 33/06.
5 BSG, Urteil v. 26.6.2007, B 1 KR 33/06 R.

fahren). Die Krankenkasse des anderen Elternteils bestätigt zuvor der auszahlenden Krankenkasse den Grundanspruch und die Dauer des Anspruchs auf Kinderpflegekrankengeld.

Erstattung

Die Krankenkassen akzeptieren gegenseitig die Berechnung, Höhe und Auszahlung des Kinderpflegekrankengeldes. Die Aufwendungen der das Kinderpflegekrankengeld auszahlenden Krankenkasse werden dieser von der Krankenkasse in tatsächlicher Höhe ersetzt, deren Versicherter die Betreuung des erkrankten Kindes nicht wahrnehmen konnte. Dabei werden auch die abgeführten Beiträge zur Renten- und Arbeitslosenversicherung berücksichtigt. Auf den Nachweis zahlungsbegründender Unterlagen wird verzichtet. Verwaltungskosten werden gegenseitig nicht erstattet.

Klärung von Zweifelsfragen

Zweifelsfragen im Zusammenhang mit der Berechnung und Zahlung des Kinderpflegekrankengeldes müssen zwischen den beteiligten Krankenkassen geklärt werden.

> **Hinweis**
>
> **Übertragung eines Anspruchs**
>
> Die in der Praxis empfohlene Verfahrensweise setzt Freiwilligkeit und eine Vereinbarung zwischen den beteiligten Krankenkassen, Elternteilen und Arbeitgebern voraus.

Ruhen des Anspruchs auf Krankengeld

Der Anspruch auf Krankengeld besteht auch neben einem Anspruch auf Entgeltfortzahlung oder Fortzahlung der Ausbildungsvergütung durch den Arbeitgeber. Allerdings kommt es nicht zur Auszahlung durch die Krankenkasse für die Dauer der Entgeltfortzahlung, da der Anspruch auf Krankengeld ruht.[1] Ein Zuschuss des Arbeitgebers zum Krankengeld ist unschädlich für die Auszahlung, wenn der Zuschuss zusammen mit dem Krankengeld das Netto-Arbeitsentgelt nicht um mehr als 50 EUR im Monat überschreitet.[2]

> **Beispiel**
>
> **Ruhen des Krankengeldes wegen Entgeltfortzahlung**
>
> Ein Arbeitnehmer pflegt in der Zeit vom 27.3. bis zum 23.4.2023 sein erkranktes Kind und bleibt der Arbeit fern. Vertraglich ist in diesem Fall die Entgeltfortzahlung für 5 Arbeitstage vorgesehen. Der Arbeitnehmer arbeitet von montags bis freitags. Gegen die Krankenkasse besteht ein Anspruch auf Krankengeld für 10 Arbeitstage.
>
> **Ergebnis:** Der Arbeitnehmer hat einen Anspruch auf Krankengeld für die Zeit vom 27.3. bis zum 9.4.2023. Dieses ruht während der Entgeltfortzahlung durch den Arbeitgeber bis zum 2.4.2023 und wird für die Zeit vom 3.4. bis zum 9.4.2023 gezahlt.
>
> Während des Anspruchs auf Krankengeld hat der Arbeitnehmer einen Anspruch auf Freistellung von der Arbeitsleistung. Für die restliche Zeit der Pflege des erkrankten Kindes ist der Arbeitnehmer auf andere Lösungen angewiesen (z. B. bezahlter oder unbezahlter Urlaub).

Der Anspruch auf Entgeltfortzahlung richtet sich nach § 616 BGB oder nach arbeits- oder tarifvertraglichen Regelungen. Der Anspruch kann vertraglich ausgeschlossen werden. Auszubildenden wird während der Kinderpflege für längstens 6 Wochen die Ausbildungsvergütung fortgezahlt.[3] Der Anspruch kann nicht vertraglich ausgeschlossen werden.[4]

Bezieher von Arbeitslosengeld haben während der Kinderpflege einen Anspruch auf Leistungsfortzahlung.[5] Während dieser Zeit ruht ebenfalls der Anspruch auf Krankengeld.

1 § 49 Abs. 1 Nr. 1 SGB V.
2 § 23c Abs. 1 Satz 1 SGB IV.
3 § 19 Abs. 1 Nr. 2 BBiG.
4 § 25 BBiG.
5 § 146 Abs. 2 SGB III.

Erstattungsanspruch der Krankenkasse gegenüber dem Arbeitgeber

Die Krankenkasse prüft im Zusammenhang mit dem Anspruch auf Krankengeld auch, ob sich aus dem Inhalt des Arbeitsverhältnisses ein Anspruch auf Entgeltfortzahlung gegen den Arbeitgeber ergibt. Wenn der Arbeitgeber die Entgeltfortzahlung berechtigt oder unberechtigt verweigert, zahlt die Krankenkasse Krankengeld.

Der Anspruch auf Entgeltfortzahlung geht auf die Krankenkasse über, wenn der Arbeitgeber die Entgeltfortzahlung zu Unrecht verweigert.[6] Die Krankenkasse kann den übergegangenen Anspruch durch eine Klage vor dem Arbeitsgericht geltend machen.

Leistungsbezieher nach dem SGB III

Bezieher von Bürgergeld haben keinen Anspruch auf Krankengeld.[7]

Bezieher von Leistungen nach dem SGB III haben einen Anspruch auf Leistungsfortzahlung für den Fall einer nach ärztlichem Zeugnis erforderlichen Beaufsichtigung, Betreuung und Pflege eines erkrankten Kindes oder einer Mitaufnahme bei dessen stationärer Behandlung.[8] Die Voraussetzungen hierfür sind identisch mit denen für das Kinderpflegekrankengeld. Für die Zeit der Leistungsfortzahlung ruht der Anspruch auf Krankengeld bei Erkrankung des Kindes.[9]

Arbeitsunfall

Ist ein Arbeitsunfall (hauptsächlich Schul- oder Kindergartenunfälle) die Ursache für die Pflege des erkrankten Kindes, zahlt die gesetzliche Unfallversicherung Verletztengeld.[10] Es gelten entsprechende Voraussetzungen wie in der Krankenversicherung. Der Anspruch gegen die Krankenkasse ist ausgeschlossen.[11]

Abweichend davon beträgt das Verletztengeld 100 % des ausgefallenen Nettoarbeitsentgelts aus dem in der Unfallversicherung beitragspflichtigen Arbeitsentgelt. Das Arbeitsentgelt wird bis zu einem Betrag in Höhe des 450. Teils des Höchstjahresarbeitsverdienstes des jeweiligen Unfallversicherungsträgers berücksichtigt. Wird das Verletztengeld aus Arbeitseinkommen berechnet, beträgt dieses 80 % des erzielten regelmäßigen Arbeitseinkommens. Das Arbeitseinkommen wird ebenfalls höchstens bis zum 450. Teil des Höchstjahresarbeitsverdienstes berücksichtigt.

Bei einem schwerstkranken Kind wird das Verletztengeld wie das Krankengeld[12] berechnet. Dabei sind die höheren Bemessungsgrenzen der Unfallversicherung zu beachten.[13]

> **Hinweis**
>
> **Auszahlung der Leistung**
>
> Die Krankenkassen zahlen das Verletztengeld für die gesetzliche Unfallversicherung aus.

Nachweis gegenüber dem Arbeitgeber

Versicherte Arbeitnehmer belegen ihren Anspruch auf Kinderpflegekrankengeld gegenüber der Krankenkasse mit einer ärztlichen Bescheinigung. Sie erklären ggf. zusätzlich, dass im Haushalt keine andere Person lebt, die die Pflege des Kindes übernehmen kann. Die Freistellung ist beim Arbeitgeber zu beantragen. Eine Kopie der ärztlichen Bescheinigung ist für den Arbeitgeber vorgesehen.

> **Hinweis**
>
> **Kita- oder Schulschließung**
>
> Die Bescheinigung für die Krankenkasse über die Schließung wird von der Kita oder der Schule ausgestellt. Einen Mustervordruck stellt das Bundesministerium für Familie, Senioren, Frauen und Jugend (BMFSFJ) im Internet zur Verfügung. Der zugrunde liegende Anspruch ist mit dem 7.4.2023 abgelaufen.

6 § 115 SGB X.
7 § 44 Abs. 2 Satz 1 Nr. 1 SGB V.
8 § 146 Abs. 2 SGB III.
9 § 49 Abs. 1 Nr. 3a SGB V.
10 § 45 Abs. 4 SGB VII.
11 § 11 Abs. 5 SGB V.
12 § 47 SGB V.
13 § 47 SGB VII.

Kirchensteuer

Der Arbeitgeber hat für Arbeitnehmer, die einer steuerberechtigten Religionsgemeinschaft angehören, auch die Kirchensteuer als Steuerabzug einzubehalten (Kirchenlohnsteuer). Bemessungsgrundlage ist die Lohnsteuer, unabhängig davon, ob die Lohnsteuer nach den übermittelten elektronischen Lohnsteuerabzugsmerkmalen (ELStAM) oder pauschal erhoben wird.

Gesetze, Vorschriften und Rechtsprechung

Lohnsteuer: Die steuererhebenden Kirchen regeln die Höhe der Kirchensteuersätze aufgrund eigener Zuständigkeit in Landesgesetzen. Regelmäßig gilt ein einheitlicher Satz von 9 %; ausgenommen Baden-Württemberg und Bayern mit 8 %. Bei der Berechnung der Kirchensteuer als Zuschlagsteuer sind die Vorschriften des § 51a EStG zu beachten. Weist der Arbeitgeber die Nichtkirchenzugehörigkeit einzelner Arbeitnehmer nach, kann er im sog. Nachweisverfahren die Kirchensteuer nur für die übrigen Arbeitnehmer je nach Bundesland mit 8 % bzw. 9 % berechnen. Zu beachten ist auch der gleichlautende Ländererlass v. 8.8.2016, BStBl 2016 I S. 773.

Lohnsteuer

Religionszugehörigkeit als ELStAM

Im Lohnsteuerabzugsverfahren ist ggf. auch Kirchensteuer vom Arbeitgeber einzubehalten und abzuführen. Um das zu gewährleisten, liefern die Gemeinden an das Bundeszentralamt für Steuern (BZSt)

- die rechtliche Zugehörigkeit eines Arbeitnehmers zu einer steuererhebenden Religionsgemeinschaft sowie
- das Datum des Ein- und Austritts aus der Kirche.[1]

Das BZSt bildet für jeden Arbeitnehmer grundsätzlich automatisiert die ⇗ ELStAM.[2] Der Arbeitgeber hat dann zu Beginn des Dienstverhältnisses und in der Folge monatlich laufend die ELStAM beim BZSt abzurufen[3] und erkennt so, ob und welcher steuerberechtigten Religionsgemeinschaft der Arbeitnehmer oder sein Ehegatte angehören.

Abgerufene ELStAM sind für Arbeitgeber verbindlich

An diese Daten ist der Arbeitgeber bis zu ihrer Änderung gebunden. Das gilt selbst dann, wenn die Daten fehlerhaft sind. In diesem Fall ist der Arbeitnehmer gehalten, die Änderung der Daten über die zuständigen Meldebehörden zu veranlassen.[4] In der Folge bekommt der Arbeitgeber die berichtigten ELStAM in einer Änderungsliste zum Abruf für den Steuerabzug übermittelt.

Betriebsstättenprinzip

Welcher Kirchensteuersatz anzuwenden ist, richtet sich nach der Betriebsstätte des Arbeitgebers. Die Kirchensteuer ist in der Lohnsteuer-Anmeldung neben der Lohnsteuer anzumelden und an das Finanzamt der Betriebsstätte abzuführen, auch wenn die Arbeitnehmer im Bezirk eines anderen Finanzamtes wohnen.

Kirchensteuer-Jahresausgleich durch Arbeitgeber

Für die Durchführung des Kirchenlohnsteuer-Ausgleichsverfahrens gelten dieselben Regelungen wie für den Lohnsteuer-Jahresausgleich[5] Zusammen mit einem etwaigen ⇗ Lohnsteuer-Jahresausgleich ist auch ein Kirchensteuer-Jahresausgleich vom Arbeitgeber vorzunehmen. Erstattungen oder Nachforderungen können sich dadurch ergeben, dass für den Ort der Betriebsstätte ein anderer Kirchensteuersatz gilt als für den Wohnort.

1 § 39e Abs. 2 Satz 1 Nr. 1 i. V. m. Satz 2 EStG.
2 § 39e Abs. 1 Satz 1 EStG.
3 § 39e Abs. 4 Satz 2 und Abs. 5 Satz 3 EStG.
4 § 39e Abs. 5 Satz 1 EStG; § 39e Abs. 2 Satz 2 EStG.
5 § 42b EStG.

Für die Führung des Lohnkontos[6] und für die Ausschreibung der (Kirchen-)Lohnsteuerbescheinigung[7] usw. gelten die gleichen Grundsätze wie bei der Lohnsteuer.

Arbeitnehmer mit Kindern

Bei Arbeitnehmern mit Kindern werden für die Kirchensteuerermittlung die Freibeträge für Kinder berücksichtigt. Da sich Kinderfreibeträge nicht mehr auf den Lohnsteuerabzug auswirken, kann der tatsächliche Lohnsteuerbetrag nicht als Bemessungsgrundlage herangezogen werden. Wird als ELStAM ein Kinderfreibetrag übermittelt, erfolgt eine „fiktive Lohnsteuerberechnung" unter Berücksichtigung der Freibeträge für Kinder und der Freibeträge für Betreuungs-, Erziehungs- oder Ausbildungsbedarf.

Abweichende Berechnung bei sonstigen Bezügen

Freibeträge für ⇗ Kinder werden nur beim Kirchensteuerabzug vom laufenden Arbeitslohn berücksichtigt. Bei der Besteuerung eines sonstigen Bezugs unter Anwendung der Jahreslohnsteuertabelle ist die Kirchensteuer daher stets von der Lohnsteuer zu berechnen, die auf den sonstigen Bezug entfällt.[8] Überzahlungen werden im ⇗ Lohnsteuer-Jahresausgleich durch den Arbeitgeber oder bei der Veranlagung zur Einkommensteuer erstattet.

Verheiratete Arbeitnehmer

Bei verheirateten Arbeitnehmern, deren Ehegatte im Inland wohnt und die von ihren Ehegatten nicht dauernd getrennt leben (Steuerklassen III, IV oder V), gilt für den Kirchensteuerabzug Folgendes:

- Gehören beide Ehegatten derselben steuererhebenden Religionsgemeinschaft an, ist die Kirchensteuer in voller Höhe für diese Religionsgemeinschaft zu erheben. Das gilt auch dann, wenn nur der Arbeitnehmer einer steuererhebenden Religionsgemeinschaft angehört.
- Gehören die Ehegatten verschiedenen steuererhebenden Religionsgemeinschaften an, ist die Kirchensteuer zur Hälfte auf jede der beiden Religionsgemeinschaften aufzuteilen (Halbteilungsgrundsatz).
- Gehört der Arbeitnehmer selbst keiner steuererhebenden Religionsgemeinschaft an, ist keine Kirchensteuer vom Arbeitslohn einzubehalten. Das gilt auch dann, wenn der Ehegatte des Arbeitnehmers einer steuererhebenden Religionsgemeinschaft angehört.

Kirchensteuer-Pauschalierung

Lohnsteuerpauschalierung als Voraussetzung

Erhebt der Arbeitgeber die Lohnsteuer zu seinen Lasten mit Pauschsteuersätzen, muss er auch die Kirchensteuer pauschalieren. Hierzu stehen ihm das vereinfachte Verfahren und das Nachweisverfahren zur Auswahl.

Vereinfachtes Verfahren

Im vereinfachten Verfahren muss der Arbeitgeber für sämtliche Arbeitnehmer Kirchensteuer entrichten. Bemessungsgrundlage für die pauschale Kirchensteuer ist die pauschale Lohnsteuer. Die pauschalen Kirchensteuersätze sind in den einzelnen Bundesländern unterschiedlich hoch.

Nachweisverfahren

Weist der Arbeitgeber für einzelne Arbeitnehmer nach, dass sie keiner steuererhebenden Religionsgemeinschaft angehören, kann er für diese Arbeitnehmer auf die Entrichtung der pauschalen Kirchenlohnsteuer verzichten. Für die übrigen Arbeitnehmer muss die Kirchensteuer dann nach dem allgemeinen Kirchensteuersatz (8 % oder 9 %) von der pauschalen Lohnsteuer erhoben werden.

Zur Ermittlung der Bemessungsgrundlage für die Kirchensteuer sind die Aufzeichnungen im Lohnkonto über das Religionsbekenntnis derjenigen Arbeitnehmer maßgebend, denen die pauschal besteuerten Bezüge zu-

6 § 41 Abs. 1 EStG und § 4 LStDV.
7 § 41b Abs. 1 Satz 3 EStG.
8 Vgl. § 39b Abs. 3 EStG.

geflossen sind. Lässt sich der auf die einzelnen kirchensteuerpflichtigen Arbeitnehmer entfallende Anteil der pauschalen Lohnsteuer nicht ermitteln, kann aus Vereinfachungsgründen die gesamte pauschale Lohnsteuer im Verhältnis der kirchensteuerpflichtigen zu den kirchensteuerfreien Arbeitnehmern aufgeteilt werden.[1]

Nachweis der Nichtkirchensteuerpflicht

Als Nachweis der fehlenden Kirchenzugehörigkeit gelten

- die vom Arbeitgeber beim BZSt abgerufenen elektronischen Lohnsteuerabzugsmerkmale (ELStAM) oder
- ein Vermerk des Arbeitgebers, dass der Arbeitnehmer seine Nichtzugehörigkeit zu einer steuererhebenden Religionsgemeinschaft mit der vom Finanzamt ersatzweise ausgestellten Bescheinigung für den Lohnsteuerabzug nachgewiesen hat.[2]

Liegen dem Arbeitgeber diese amtlichen Nachweise nicht vor, bedarf es zumindest einer schriftlichen Erklärung des Arbeitnehmers, dass dieser bereits zu Beginn seiner Beschäftigung oder seit einem konkreten Austrittsdatum keiner steuererhebenden Religionsgemeinschaft angehört. Der Nachweis über die fehlende Kirchensteuerpflicht des Arbeitnehmers muss vom Arbeitgeber als Beleg zum ⇗ Lohnkonto aufbewahrt werden.

Wichtig

Nachweisverfahren bei Aushilfen und Teilzeitkräften

Pauschal besteuerte ⇗ Aushilfskräfte oder Teilzeitbeschäftigte, die ohne Abruf der ELStAM beschäftigt werden, müssen über die Kirchensteuerfreiheit eine Erklärung auf amtlich vorgeschriebenem Vordruck abgeben.[3] Diese Erklärung muss vom Arbeitgeber als Beleg zum ⇗ Lohnkonto aufbewahrt werden.

Umfang des Arbeitgeberwahlrechts

Die Wahl zwischen dem vereinfachten oder Nachweisverfahren kann der Arbeitgeber unterschiedlich treffen

- für jeden Lohnsteuer-Anmeldungszeitraum und
- für die jeweils angewandte Pauschalierungsvorschrift.

Es ist deshalb zulässig, dass der Arbeitgeber z. B. bei der Pauschalbesteuerung von Direktversicherungsbeiträgen das Nachweisverfahren anwendet, bei der Pauschalbesteuerung von Zuwendungen einer ⇗ Betriebsveranstaltung dagegen von der Vereinfachungsregelung Gebrauch macht.

Beispiel

Pauschalbesteuerung einer Belohnungsreise

Zwei ausgewählte Arbeitnehmer einer Versicherungsgesellschaft erhalten als Anerkennung für sehr gute Leistungen eine Belohnungsreise (Incentivereise). Der Arbeitgeber bezahlt für die Reise je 2.500 EUR und entscheidet sich für die Pauschalbesteuerung gemäß § 37b EStG. Wie sind die Kosten der Incentivereise zu versteuern?

Ergebnis:

Gesamtkosten	5.000,00 EUR
Pauschale ESt gemäß § 37b EStG 30 %	1.500,00 EUR
Pauschaler Solidaritätszuschlag 5,5 % von 1.500 EUR	82,50 EUR
Pauschale Kirchensteuer im vereinfachten Verfahren, angenommen 5 % von 1.500 EUR	75,00 EUR

Gehören beide Arbeitnehmer laut ELStAM keiner kirchensteuererhebenden Religionsgemeinschaft an, wäre es in diesem Fall günstiger, das Nachweisverfahren zu wählen. Dann entfällt die Kirchensteuer. Wenn allerdings die Zuwendung für einen Geschäftspartner oder Mitarbeiter eines anderen Unternehmens pauschal versteuert werden soll, muss man sich notgedrungen für das vereinfachte Verfahren entscheiden, sonst müsste man sich von den Begünstigten ausdrücklich die Nichtkirchenzugehörigkeit bestätigen lassen.

Haftung des Arbeitgebers

Der Arbeitgeber haftet für die richtige Einbehaltung und Abführung der Kirchensteuer. In Zweifelsfällen über das Bestehen einer Kirchensteuerpflicht oder über die Berechnung der Kirchensteuer kann der Arbeitgeber eine ⇗ Anrufungsauskunft beim Betriebsstättenfinanzamt einholen.

Sonderausgabenabzug des Arbeitnehmers

Die Kirchenlohnsteuer, abzüglich etwaiger in demselben Kalenderjahr erstatteter Beträge, ist als ⇗ Sonderausgabe abzugsfähig. Dasselbe gilt für Abschlusszahlungen und Vorauszahlungen, die aufgrund einer Veranlagung zur Einkommensteuer erhoben werden. Zahlungen an nicht steuerberechtigte Religionsgemeinschaften werden ggf. als ⇗ Spenden berücksichtigt.

Kontoführungsgebühr

Übernimmt der Arbeitgeber die Kontoführungsgebühr des Arbeitnehmers, so stellt dies grundsätzlich steuerpflichtigen Arbeitslohn bzw. beitragspflichtiges Arbeitsentgelt i. S. d. Sozialversicherung dar. Arbeitnehmer des Banken- und Versicherungsgewerbes erhalten häufig von ihren Arbeitgebern Girokonten verbilligt oder kostenlos. Da es sich bei dieser Form von Sachzuwendung um die Überlassung eines Produktes handelt, das der Arbeitgeber üblicherweise an fremde Dritte veräußert, besteht die Möglichkeit den großen Rabattfreibetrag anzuwenden. Entsprechend der Regelungen des großen Rabattfreibetrags kann der Arbeitgeber dem Arbeitnehmer pro Kalenderjahr Produkte kostenlos oder verbilligt bis zu einem Wert von 1.080 EUR steuerfrei überlassen. Sind die Kontoführungsgebühren in Anwendung des Rabattfreibetrags steuerfrei, kann der Arbeitnehmer keine Werbungskosten bei seiner Veranlagung zur Einkommensteuer geltend machen.

Gesetze, Vorschriften und Rechtsprechung

Lohnsteuer: Die Lohnsteuerpflicht ergibt sich aus § 19 Abs. 1 Satz 1 Nr. 1 EStG i. V. m. R 19.3 Abs. 3 Satz 2 Nr. 1 LStR. Die Lohnsteuerfreiheit des großen Rabattfreibetrags ergibt sich aus § 8 Abs. 3 EStG.

Sozialversicherung: Die Beitragspflicht in der Sozialversicherung ergibt sich aus § 14 Abs. 1 Satz 1 SGB IV. Die Beitragsfreiheit in der Sozialversicherung als Konsequenz der Anwendung des Rabattfreibetrags ergibt sich aus § 1 Abs. 1 Satz 1 Nr. 1 SvEV.

Entgelt	LSt	SV
Kontoführungsgebühr	pflichtig	pflichtig
Kontoführungsgebühr für Arbeitnehmer des Banken- und Versicherungsgewerbes bis 1.080 EUR jährlich	frei	frei

Kopfschlächter

Kopfschlächter schlachten und zerlegen Nutztiere (z. B. Rinder, Schweine). Sie sind in Schlachthöfen und Schlachtereien meist gegen Stücklohn beschäftigt.

Gesetze, Vorschriften und Rechtsprechung

Sozialversicherung: Die Versicherungspflicht für abhängig Beschäftigte in der Kranken-, Pflege- und Rentenversicherung ergibt sich aus § 5 Abs. 1 Nr. 1 SGB V, § 20 Abs. 1 Satz 2 Nr. 1 i. V. m. Satz 1

1 Gleichlautender Ländererlass v. 8.8.2016, BStBl 2016 I S. 773.
2 Gleichlautender Ländererlass v. 8.8.2016, BStBl 2016 I S. 773.
3 Gleichlautender Ländererlass v. 8.8.2016, BStBl 2016 I S. 773.

SGB XI und § 1 Satz 1 Nr. 1 SGB VI und die Versicherungsfreiheit in der Arbeitslosenversicherung aus § 27 Abs. 3 Nr. 1 SGB III.

Sozialversicherung

Vorliegen der Arbeitnehmereigenschaft

Kopfschlächter sind als ↗ Arbeitnehmer anzusehen[1], obwohl ihre persönliche Abhängigkeit vom jeweiligen Auftraggeber eingeschränkt ist. Für die Arbeitnehmereigenschaft sprechen insbesondere das Fehlen einer eigenen Betriebsstätte und eines eigenen Betriebskapitals. Die wirtschaftliche und persönliche Abhängigkeit ergibt sich daraus, dass Arbeitsleistungen nur für die den Schlachthof benutzenden Schlachtereien erbracht werden können und damit keine Möglichkeit besteht, den Kreis der Auftraggeber durch eigene Bemühungen zu erweitern, wie es einem Unternehmer möglich wäre.

Auftraggeber gilt als Arbeitgeber

↗ Arbeitgeber ist die jeweils auftraggebende Schlachterei.[2,3]

Versicherungsrechtliche Beurteilung

Als Arbeitnehmer unterliegen Kopfschlächter der Versicherungspflicht in der Kranken-, Pflege- und Rentenversicherung.[4]

Sonderregelung in der Arbeitslosenversicherung

Hinsichtlich der versicherungsrechtlichen Behandlung in der Arbeitslosenversicherung ist zu berücksichtigen, dass Kopfschlächter wegen der ständig wechselnden Auftraggeber in der Regel als ↗ unständig Beschäftigte gelten[5] und als solche arbeitslosenversicherungsfrei sind.[6] Haben die Kopfschlächter sich hingegen einem Arbeitgeber vertraglich verpflichtet, regelmäßig an 3 bis 4 Tagen für diesen Schlachtungen durchzuführen, sind sie nicht unständig beschäftigt und demzufolge nach § 25 Abs. 1 Satz 1 SGB III auch versicherungspflichtig in der Arbeitslosenversicherung.[7]

Kostenerstattung, Auslandsaufenthalt

Eine Krankenkasse erstattet nur in gesetzlich geregelten Ausnahmefällen die Kosten anstelle einer Sach- oder Dienstleistung. Dazu gehören die Kosten für Leistungen, die im Ausland in Anspruch genommen werden.

Gesetze, Vorschriften und Rechtsprechung

Sozialversicherung: Kosten für Leistungen in einem anderen Mitgliedsstaat der Europäischen Union, einem anderen Vertragsstaat des Abkommens über den Europäischen Wirtschaftsraum oder der Schweiz werden nach § 13 Abs. 4 bis 6 SGB V erstattet. Die Kostenerstattung an Arbeitgeber für die Behandlung von Mitarbeitern während eines berufsbedingten Auslandsaufenthalts richtet sich nach § 17 SGB V. Wenn eine dem allgemein anerkannten Stand der medizinischen Erkenntnisse entsprechende Behandlung einer Krankheit nur außerhalb des Geltungsbereichs des Vertrages zur Gründung der Europäischen Gemeinschaft und des Abkommens über den Europäischen Wirtschaftsraum möglich ist oder eine Krankheit akut behandelt werden muss, werden die Kosten nach § 18 SGB V erstattet.

Unter welchen Voraussetzungen von einem Systemversagen im Abkommensstaat auszugehen ist, hat die Rechtsprechung entschieden (BSG, Urteil v. 24.5.2007, B 1 KR 18/06 R). Darüber hinaus ist über- oder zwischenstaatliches Recht zu beachten.

Die ehemaligen Spitzenverbände der Krankenkassen und die Deutsche Verbindungsstelle Krankenversicherung-Ausland äußern sich in „Gemeinsamen Empfehlungen vom 18.3.2008 zur Kostenerstattung nach § 13 Abs. 4 bis 6 SGB V und Kostenübernahme bei Behandlung außerhalb des Geltungsbereichs des Vertrags zur Gründung der EG und des Abkommens über den EWR nach § 18 SGB V".

Sozialversicherung

Leistungen innerhalb der EU/des EWR

Ambulante Behandlung

Leistungen der Krankenbehandlung können in

- anderen Staaten der Europäischen Union (EU),
- den anderen Vertragsstaaten des Abkommens über den Europäischen Wirtschaftsraum (EWR) (Island, Liechtenstein und Norwegen) oder
- der Schweiz

in Anspruch genommen werden.

Sach-/Dienstleistung/Kostenerstattung

Anstelle der Sach- oder Dienstleistung kann eine Kostenerstattung in Anspruch genommen werden.[8] Ausgeschlossen sind sog. Residenten, für deren medizinische Versorgung die deutschen Krankenkassen an die Leistungsträger der Gastländer nach Durchführungsverordnungsrecht einen Pauschbetrag bezahlen sowie Versicherte, für deren Behandlung zwischen dem deutschen und dem ausländischen Versicherungsträger ein Verzicht auf die Erstattung der Kosten vereinbart ist. Der Erstattungsanspruch setzt voraus, dass ein Primäranspruch gegen eine deutsche Krankenkasse besteht. Dessen sachlich-rechtliche und sonstige Leistungsvoraussetzungen müssen erfüllt sein.

Hinweis

Sach-/Dienstleistungen im Ausland

- Eine Kostenerstattung ist möglich, wenn innerhalb der EU/des EWR oder der Schweiz die ↗ Europäische Krankenversicherungskarte nicht akzeptiert wurde.
- Kosten für Dienst- und Sachleistungen außerhalb der EU/EWR-Staaten oder der Schweiz werden erstattet, wenn ein bilaterales Abkommen über soziale Sicherheit abgeschlossen wurde und ein Anspruchsvordruck nicht vorgelegt bzw. nicht akzeptiert wurde.
- Die Kostenerstattung ist ausgeschlossen, wenn mit dem ausländischen Träger eine pauschalierte Abrechnung der Leistungsaushilfekosten oder mit dem Land ein Erstattungsverzicht vereinbart wurde.
- Kosten für einen Rücktransport ins Inland werden nicht übernommen.

Inländischer Leistungskatalog

Für den Anspruch sind die Voraussetzungen nach deutschem Recht zu erfüllen.[9] Kosten für Leistungen, die in Staaten der EU, des EWR oder der Schweiz angeboten werden, aber nicht zum inländischen Leistungskatalog gehören, werden nicht erstattet. Entspricht die in diesen Staaten durchgeführte Maßnahme einer medizinischen Vorsorgeleistung[10] oder einer Leistung zur medizinischen Rehabilitation,[11] ist die Erstattung von Kosten für Heilmittel nur zulässig, wenn darauf nach deutschem Recht ein Anspruch besteht. Es fehlt an einer gesetzlichen Grundlage für ein „Herauslösen" der Heilmittel, um eine Kostenerstattung nur für diesen Teilbereich der Gesamtmaßnahme zu erhalten.

1 § 7 Abs. 1 SGB IV.
2 BSG, Urteil v. 15.10.1970, 11/12 RJ 412/67.
3 SozR Nr. 15 zu § 1227 RVO.
4 §§ 5 Abs. 1 Nr. 1 SGB V, 20 Abs. 1 Satz 2 Nr. 1 i. V. m. Satz 1 SGB XI und 1 Satz 1 Nr. 1SGB VI.
5 BSG, Urteil v. 31.1.1973, 12/3 RVG 16/70 USK 7311.
6 § 27 Abs. 3 Nr. 1 SGB III.
7 LSG Baden-Württemberg, Urteil v. 28.4.1978, L 4 Kr 970/75.
8 § 13 Abs. 4 Satz 1 SGB V.
9 BSG, Urteil v. 27.9.2005, B 1 KR 28/03 R.
10 § 23 SGB V.
11 § 40 SGB V.

Qualifizierte Leistungserbringer

Es dürfen nur qualifizierte Leistungserbringer in Anspruch genommen werden.[1] Die erforderliche Qualifikation ist gegeben, wenn der Leistungserbringer im Aufenthaltsstaat zugelassen ist oder wenn für den Leistungserbringer die Bedingungen des Zugangs und der Ausübung des Berufs Gegenstand einer Richtlinie der EG/EU sind. Ohne diese Voraussetzungen besteht keine Leistungspflicht der deutschen Krankenkasse. Mit qualifizierten Leistungserbringern dürfen die deutschen Krankenkassen Verträge zur (Sachleistungs-)Versorgung ihrer Versicherten abschließen.[2]

Erstattungshöhe

Der Anspruch auf Erstattung besteht höchstens in Höhe der Vergütung, die die Krankenkasse im Inland zu tragen hätte.[3] Das Verfahren regelt die Satzung. Sie hat dabei ausreichende Abschläge vom Erstattungsbetrag für Verwaltungskosten von höchstens 5 % vorzusehen sowie vorgesehene Zuzahlungen abzuziehen.

Ermessensentscheidung

Ist eine dem allgemein anerkannten Stand der medizinischen Erkenntnisse entsprechende Behandlung einer Krankheit nur in einem anderen Mitgliedstaat der EU, des EWR oder der Schweiz möglich, kann die Krankenkasse im Rahmen einer Ermessensentscheidung die Kosten der erforderlichen Behandlung auch ganz übernehmen.[4] Die Kostenübernahme ist nicht begrenzt, Verwaltungskosten oder Zuzahlungen werden nicht abgezogen.

Hinweis

Systemversagen

Kosten einer privatärztlichen Behandlung in einem Staat der EU, des EWR oder einem Abkommenstaat sind zu übernehmen, wenn der ausländische Abkommensstaat in entsprechenden Fällen wegen fehlender gesetzlicher Leistungen die Behandlungskosten übernimmt.[5]

Krankenhausbehandlung

Krankenhausleistungen können nur nach vorhergehender Zustimmung der Krankenkasse beansprucht werden.[6]

Bei unvorhergesehenen Erkrankungen kann die Krankenkasse auch nachträglich genehmigen.[7]

Die Vorschrift umfasst alle Formen der Krankenhausbehandlung (vollstationäre, stationsäquivalent, teilstationäre, vor- und nachstationäre sowie ambulante Krankenhausbehandlung).

Die Zustimmung darf nur versagt werden, wenn die gleiche oder eine für den Versicherten ebenso wirksame, dem allgemein anerkannten Stand der medizinischen Erkenntnisse entsprechende Behandlung einer Krankheit rechtzeitig bei einem Vertragspartner der Krankenkasse im Inland erlangt werden kann.[8]

Inländische Leistungserbringer sind vorrangig in Anspruch zu nehmen.

Hinweis

Krankenhausleistungen nach § 39 SGB V

Die Krankenhausbehandlung wird vollstationär, stationsäquivalent, teilstationär, vor- und nachstationär sowie ambulant erbracht.

Neben den versicherungsrechtlichen und medizinischen Voraussetzungen ist die Zustimmung ein materiell-rechtliches Tatbestandsmerkmal. Auf die vorherige Zustimmung kann nur im Ausnahmefall (akute Erkrankung) verzichtet werden.

1 § 13 Abs. 4 Satz 2 SGB V.
2 § 140e SGB V.
3 § 13 Abs. 4 Satz 3 bis 5 SGB V.
4 § 13 Abs. 4 Satz 6 SGB V.
5 BSG, Urteil v. 11.9.2012, B 1 KR 21/11 R.
6 § 13 Abs. 5 Satz 1 SGB V.
7 BSG, Urteil v. 30.6.2009, B 1 KR 22/08 R.
8 § 13 Abs. 5 Satz 2 SGB V.

Krankengeld/weitere Kosten

Neben ambulanten oder stationären Leistungen kann der Versicherte Krankengeld beanspruchen, wenn die entsprechenden Voraussetzungen (u. a. Arbeitsunfähigkeit) gegeben sind.[9]

Der Anspruch darauf ruht nicht. Im Rahmen einer Ermessensentscheidung kann die Krankenkasse weitere Kosten für den Versicherten und eine erforderliche Begleitperson ganz oder teilweise übernehmen (z. B. die Kosten des Gepäcktransports oder der Unterbringung und Verpflegung).

Leistungen außerhalb der EU/des EWR

Fehlende Behandlungsmöglichkeit

Ist eine dem allgemein anerkannten Stand der medizinischen Erkenntnisse entsprechende Behandlung einer Krankheit nur außerhalb eines Staates der EU oder des EWR möglich, kann die Krankenkasse die Kosten der Behandlung ganz oder teilweise übernehmen.[10] Die Krankenkasse trifft eine Ermessensentscheidung über die Kostenübernahme. Dabei kann sie auch über die Behandlung hinausgehende Kosten (z. B. für einen Hotelaufenthalt) und die Kosten für eine Begleitperson ganz oder teilweise übernehmen.[11]

Der Versicherte wird ganz oder teilweise von seiner Zahlungsverpflichtung gegenüber dem Leistungserbringer freigestellt. Alternativ können die Kosten nach der Behandlung erstattet werden.

Unter den allgemeinen Voraussetzungen[12] besteht ein Anspruch auf Krankengeld.[13]

Hinweis

Voraussetzungen

- Für die Kostenübernahme sind eine ärztliche Verordnung der Behandlung außerhalb eines Staates der EU oder des EWR[14] und ein Leistungsantrag des Versicherten[15] erforderlich.
- Der Krankenkasse muss es möglich sein, den Antrag zu prüfen und darüber zu entscheiden.
- Bei der Behandlung sind die Regeln der ärztlichen Kunst einzuhalten.[16]
- Die Krankenkassen sind verpflichtet, den MD prüfen zu lassen, ob die Behandlung einer Krankheit nur im Ausland möglich ist.[17]

Akute Erkrankung

Bei einer akuten Erkrankung in einem Staat außerhalb der EU oder des EWR hat die Krankenkasse die Kosten zu übernehmen (ohne Ermessen).[18] Voraussetzung dafür ist, dass

- die Behandlung auch im Inland möglich wäre,
- der Versicherte sich hierfür wegen einer Vorerkrankung oder seines Lebensalters nachweislich nicht versichern kann und
- die Krankenkasse dies vor dem Beginn des Auslandsaufenthalts festgestellt hat.

Der Anspruch setzt einen vorübergehenden Aufenthalt in einem Staat außerhalb der EU oder des EWR voraus (längstens 6 Wochen). Es werden je Kalenderjahr längstens für diesen Zeitraum höchstens die Kosten erstattet, die auch im Inland entstanden wären.[19]

9 § 13 Abs. 6 SGB V.
10 § 18 Abs. 1 Satz 1 SGB V.
11 § 18 Abs. 2 SGB V.
12 §§ 44 ff. SGB V.
13 § 18 Abs. 1 Satz 2 SGB V.
14 BSG, Urteil v. 13.12.2005, B 1 KR 21/04 R.
15 § 19 Satz 1 SGB IV.
16 BSG, Urteil v. 20.4.2010, B 1/3 KR 22/08 R.
17 § 275 Abs. 2 Nr. 2 SGB V.
18 § 18 Abs. 3 Satz 1 SGB V.
19 § 18 Abs. 3 Satz 2 SGB V.

Beispiel

Urlaubsreise

Für eine 4-wöchige Urlaubsreise nach Südamerika schließt ein Versicherter eine Versicherung über einen Auslands-Reiseschutz ab. Wegen einer bereits bestehenden Erkrankung sind Leistungen wegen Diabetes ausgeschlossen. Die Krankenkasse hat entsprechende Kosten während der Urlaubsreise zu übernehmen, wenn sie den Anspruch vor Reisebeginn festgestellt hat.

Beschäftigung im Ausland

Mitglieder, die im Ausland beschäftigt[1] sind und während dieser Beschäftigung erkranken oder bei denen Leistungen bei Schwangerschaft oder Mutterschaft erforderlich sind, erhalten die ihnen zustehenden Leistungen von ihrem Arbeitgeber.[2]

Hinweis

Arbeitsverhältnis

- Erfasst werden nur Arbeitsverhältnisse nach deutschem Recht mit inländischen Arbeitgebern.
- Die Voraussetzungen für eine Entsendung und die Ausstrahlung des inländischen Sozialrechts müssen erfüllt sein.
- Erfasst werden nur Entsendungen in das „vertragslose" Ausland außerhalb der Europäischen Gemeinschaften oder des Europäischen Wirtschaftsraums.
- Ein Erstattungsanspruch besteht auch für Kosten, die auf Auslandsdienstreisen entstehen.
- Selbstständig Tätige, die sich selbst ins Ausland entsenden, können keine Kostenerstattung beanspruchen.

Die Krankenkasse hat dem Arbeitgeber die Kosten bis zu der Höhe zu erstatten, die im Inland entstanden wären.[3] Erstattungsfähig sind die Kosten des Arbeitgebers für alle Leistungen, die der Krankenkasse nach dem 3. Kapitel des SGB V inkl. der Leistungen bei Schwangerschaft und Mutterschaft[4] im Inland nach deutschem Recht entstanden wären. Erstattungsberechtigt ist nur der Arbeitgeber. Versicherte sind nicht erstattungsberechtigt. Diese Regelung gilt auch für die versicherten Familienangehörigen, soweit sie das Mitglied für die Zeit der Beschäftigung im Ausland begleiten oder besuchen.[5]

Kraftfahrerzulage

Kraftfahrer erhalten häufig von ihren Arbeitgebern für die durch die Kraftfahrtätigkeit entstehenden Mehraufwendungen eine eigens hierfür vorgesehene Kraftfahrerzulage. Da die Kraftfahrerzulage im Zusammenhang mit der Erbringung der Arbeitsleistung steht, stellt sie sowohl steuerpflichtigen Arbeitslohn als auch beitragspflichtiges Arbeitsentgelt i. S. d. Sozialversicherung dar.

Kraftfahrerzulagen sind nicht zu verwechseln mit den Zulagen für erhöhte Verpflegungsmehraufwendungen, die Arbeitnehmer des Kraftfahrergewerbes infolge der beruflichen Auswärtstätigkeiten erhalten.

Gesetze, Vorschriften und Rechtsprechung

Lohnsteuer: Die Lohnsteuerpflicht der Kraftfahrerzulage ergibt sich aus § 19 Abs. 1 EStG i. V. m. R 19.3 LStR.

Sozialversicherung: Die Beitragspflicht der Kraftfahrerzulage als Arbeitsentgelt in der Sozialversicherung ergibt sich aus § 14 Abs. 1 SGB IV.

Entgelt	LSt	SV
Kraftfahrerzulage	pflichtig	pflichtig

Krankengeld

Das Krankengeld ist eine Entgeltersatzleistung. Hauptsächlich wird entfallenes Arbeitsentgelt während einer Arbeitsunfähigkeit oder einer stationären Behandlung nach Ablauf der Entgeltfortzahlung ersetzt. Die Leistung wird von der Krankenkasse gezahlt. Zuschüsse des Arbeitgebers sowie während des Leistungsbezugs gewährte Einmalzahlungen können beitragspflichtig sein und bei der Berechnung berücksichtigt werden. Wird die Beschäftigung durch die Arbeitsunfähigkeit länger als einen Kalendermonat ohne Entgelt unterbrochen, ist eine Unterbrechungsmeldung abzugeben.

Gesetze, Vorschriften und Rechtsprechung

Sozialversicherung: Der Anspruch auf das Krankengeld ergibt sich im Wesentlichen aus den §§ 44 ff. SGB V. Die Beschäftigung gilt während des Leistungsbezugs nicht als fortbestehend (§ 7 Abs. 3 Satz 3 SGB IV). In der Kranken- und Pflegeversicherung bleibt die Mitgliedschaft Versicherungspflichtiger erhalten (§ 192 Abs. 1 Nr. 2 SGB V, § 49 Abs. 2 SGB XI). In der Renten- und Arbeitslosenversicherung besteht Versicherungspflicht (§ 3 Satz 1 Nr. 3 SGB VI, § 26 Abs. 2 Nr. 1 SGB III). Gemäß § 9 DEÜV ist eine Unterbrechungsmeldung abzugeben. Der GKV-Spitzenverband und die Spitzenorganisationen der Kranken- und Unfallversicherung haben zum Krankengeld das GR v. 7.9.2022 verfasst.

Sozialversicherung

Anspruch

Versicherte erhalten Krankengeld, wenn die Krankheit sie arbeitsunfähig macht oder sie auf Kosten der Krankenkasse stationär in einem Krankenhaus, einer Vorsorge- oder einer Rehabilitationseinrichtung behandelt werden.

Hinweis

Krankengeld

Versicherte erhalten in weiteren Fällen Krankengeld, wenn sie

- wegen einer durch Krankheit erforderlichen Sterilisation oder wegen eines nicht rechtswidrigen Abbruchs der Schwangerschaft durch einen Arzt arbeitsunfähig werden,
- Organe, Gewebe oder Blut spenden und deswegen arbeitsunfähig sind,
- als Begleitperson von Menschen mit Behinderungen aus dem engsten persönlichen Umfeld bei stationärer Krankenhausbehandlung mitaufgenommen werden oder
- zur Beaufsichtigung, Betreuung oder Pflege ihres erkrankten Kindes der Arbeit fernbleiben.

Ausschluss

Hauptberuflich selbstständig Erwerbstätige

Der Anspruch auf Krankengeld für hauptberuflich selbstständig Erwerbstätige ist ausgeschlossen.

Entgeltfortzahlung von nicht mindestens 6 Wochen

Für Arbeitnehmer, die bei Arbeitsunfähigkeit nicht mindestens 6 Wochen Anspruch auf Entgeltfortzahlung haben, ist der Anspruch auf Kranken-

1 § 7 SGB IV.
2 § 17 Abs. 1 Satz 1 SGB V.
3 § 17 Abs. 2 SGB V.
4 §§ 24c ff. SGB V.
5 § 17 Abs. 1 Satz 2 SGB V.

geld ausgeschlossen. Hierzu zählen ↗ unständig Beschäftigte und Personen, deren Beschäftigungsverhältnis im Voraus auf weniger als 10 Wochen befristet ist.

Ältere Arbeitnehmer

Personen, die das 55. Lebensjahr vollendet haben und eine Beschäftigung aufnehmen, sind versicherungsfrei. Ihr Versicherungsverhältnis kann sich nach § 5 Abs. 1 Nr. 13 SGB V richten (Personen ohne anderweitige Absicherung im Krankheitsfall). Der Anspruch auf Krankengeld ist nicht ausgeschlossen, wenn die Beschäftigung mehr als geringfügig[1] ist.

Wahlerklärung

Die unter Abschn. 1.1.1 bis 1.1.3 genannten Personen, bei denen der Krankengeldanspruch ausgeschlossen ist, können eine Wahlerklärung gegenüber der Krankenkasse abgeben, dass die Mitgliedschaft den Anspruch auf Krankengeld umfassen soll (Optionskrankengeld). In diesem Fall wird der Krankenversicherungsbeitrag nach dem allgemeinen ↗ Beitragssatz berechnet. Krankengeld wird von der 7. Woche der Arbeitsunfähigkeit an gezahlt.[2]

Hinweis

Wahlerklärung

Die Wahlerklärung kann auch von hauptberuflich selbstständig Erwerbstätigen abgegeben werden, die nach § 5 Abs. 1 Nr. 13 SGB V (Personen ohne anderweitige Absicherung im Krankheitsfall) versichert sind.[3]

Wahltarife

Jede Krankenkasse muss in ihrer Satzung Tarife anbieten, die einen Anspruch auf Krankengeld entstehen lassen.[4] Für diese Tarife haben die Versicherten gesonderte Prämienzahlungen direkt an die Krankenkasse zu entrichten. Vom Arbeitgeber ist in solchen Fällen der Beitrag aufgrund des ermäßigten Beitragssatzes abzuführen, weil kein gesetzlicher Anspruch auf Krankengeld besteht.

Hinweis

Kombinierbare Ansprüche

Das gesetzliche Krankengeld aufgrund einer Wahlerklärung und das Krankengeld aus einem Wahltarif können kombiniert werden.

Mitgliedschaft in der Kranken-/Pflegeversicherung

Versicherungspflichtige

Die Mitgliedschaft Versicherungspflichtiger in der Kranken- und Pflegeversicherung bleibt erhalten, solange Anspruch auf Krankengeld besteht. Das gilt auch bei einer Fortsetzungserkrankung, wenn die ärztliche Feststellung darüber spätestens am nächsten Werktag nach dem Ende des vorhergehenden Bewilligungsabschnitts erfolgt.[5]

Dazu ist es erforderlich, dass sich die Arbeitsunfähigkeit zeitlich unmittelbar an ein zuvor bestehendes Beschäftigungsverhältnis oder einen vorangegangenen Krankengeld-Bewilligungsabschnitt anschließt und die Arbeitsunfähigkeit spätestens am nächsten Kalendertag nach dem Ende des Beschäftigungsverhältnisses ärztlich festgestellt wird (Nahtlosigkeitserfordernis).[6]

1 §§ 8, 8a SGB IV.
2 §§ 46 Satz 4, 49 Abs. 1 Nr. 7 SGB V.
3 § 44 Abs. 2 Satz 1 Nr. 1 SGB V.
4 § 53 Abs. 6 Satz 1 SGB V.
5 § 46 Satz 2 SGB V.
6 BSG, Urteil v. 7.4.2022, B 3 KR 4/21 R.

Beispiel

Nahtlosigkeitsregelung

Der Arbeitgeber beendet ein Beschäftigungsverhältnis zum 30.9.2022. Mit Ablauf desselben Tages endet die Mitgliedschaft bei der Krankenkasse.[7]

Am 1.10.2022 wird ärztlich festgestellt, dass der Arbeitnehmer arbeitsunfähig krank ist. Der Anspruch entsteht von dem Tag der ärztlichen Feststellung[8] und schließt sich somit nahtlos an die vorhergehende Beschäftigtenversicherung an. Damit bleibt die Mitgliedschaft erhalten.[9] Krankengeld kann für die Dauer der Arbeitsunfähigkeit längstens bis zum gesetzlichen Höchstanspruch[10] beansprucht werden.

Hinweis

Verspätete Feststellung einer Fortsetzungserkrankung

Wenn die fortgesetzte Arbeitsunfähigkeit verspätet festgestellt wird, bleibt der Anspruch auf Krankengeld auch dann bestehen, wenn die weitere Arbeitsunfähigkeit wegen derselben Krankheit spätestens innerhalb eines Monats nach dem zuletzt bescheinigten Ende der Arbeitsunfähigkeit ärztlich festgestellt wird.[11] Die Regelung gilt nur für versicherungspflichtige Mitglieder. Damit bleibt auch die Mitgliedschaft des Versicherungspflichtigen erhalten. Krankengeld wird nicht gezahlt, weil der Anspruch darauf wegen der verspäteten Feststellung ruht.[12]

Freiwillig Krankenversicherte

Das Versicherungsverhältnis freiwillig versicherter Krankengeldbezieher wird durch die Arbeitsunfähigkeit nicht berührt. Die Versicherung wird mit einem Anspruch auf Krankengeld geführt, solange die Arbeitsunfähigkeit fristgerecht ärztlich festgestellt wird.[13] Das gilt auch, wenn das Arbeitsverhältnis während des Krankengeldbezugs endet.[14] Nach beendeter Arbeitsunfähigkeit wird die Versicherung in diesem Fall umgestellt und ohne Anspruch auf Krankengeld geführt.

Hinweis

Verspätete Feststellung

Die Regelung über die verspätete Feststellung der Arbeitsunfähigkeit[15] ist nicht anzuwenden, weil davon nur versicherungspflichtige Mitglieder erfasst werden.

Versicherungspflicht in der Renten-/ Arbeitslosenversicherung

Aufgrund des Bezugs von Krankengeld besteht grundsätzlich auch Renten- und Arbeitslosenversicherungspflicht. Dies hat für den Arbeitgeber allerdings keine unmittelbare Bedeutung, da die Beiträge aus dem Krankengeld berechnet und vom Versicherten und seiner Krankenkasse getragen werden.

Beiträge

Beitragsfreiheit

Arbeitgeber haben für die Zeit des Anspruchs auf Krankengeld ihres Arbeitnehmers grundsätzlich keine Beiträge zu entrichten. Allerdings gilt dies nur, wenn kein Arbeitsentgelt gezahlt wird oder nicht zur Beitragsbemessung herangezogen werden darf. Während des Krankengeldbezugs gezahltes Entgelt kann also ggf. beitragspflichtig sein, wie z. B. ↗ Einmalzahlungen oder Zuschüsse des Arbeitgebers zum Krankengeld.

7 § 190 Abs. 2 SGB V.
8 § 46 Satz 1 Nr. 2 SGB V.
9 § 192 Abs. 1 Nr. 2 SGB V.
10 § 48 SGB V.
11 § 46 Satz 3 SGB V.
12 § 49 Abs. 1 Nr. 8 SGB V.
13 § 46 Satz 2 SGB V.
14 BSG, Urteil v. 7.6.2021, B 3 KR 2/19 R.
15 § 46 Satz 3 SGB V.

Teillohnzahlungszeitraum

Endet die Zahlung des Arbeitsentgelts bzw. der Entgeltfortzahlung bei Arbeitsunfähigkeit, sind die Beiträge nur für einen Teil des Abrechnungszeitraums zu berechnen und abzuführen. Dabei ist die anteilige ⇗ Beitragsbemessungsgrenze zu berücksichtigen.

Meldungen

Dauert eine krankheitsbedingte Arbeitsunterbrechung weniger als einen Kalendermonat, ist keine Meldung zur Sozialversicherung erforderlich. Maßgeblich ist dabei die Zeit, für die vom Arbeitgeber kein Entgelt gezahlt wird. Bei Arbeitsunfähigkeit entsteht eine Meldepflicht erst, wenn nach Ablauf des ggf. bestehenden Entgeltfortzahlungsanspruchs mindestens für einen Kalendermonat kein Entgelt gezahlt wird.

Unterbrechungsmeldung

Wird die versicherungspflichtige Beschäftigung für mindestens einen Kalendermonat unterbrochen, ohne dass Entgelt gezahlt wird, ist für den Zeitraum bis zum Wegfall des Arbeitsentgeltanspruchs eine ⇗ Unterbrechungsmeldung mit dem Abgabegrund „51" zu übermitteln.

Meldefrist

Diese Unterbrechungsmeldung muss innerhalb von 2 Wochen nach Ablauf des ersten vollen Kalendermonats ohne Arbeitsentgelt erfolgen.

Achtung

Keine Wiederanmeldung erforderlich

Eine Anmeldung zum Tag der Wiederaufnahme der Beschäftigung ist nicht erforderlich.

Abmeldung

Endet die Beschäftigung während einer solchen Unterbrechung z. B. wegen Ablauf der Befristung, ist außerdem innerhalb von 6 Wochen eine Abmeldung mit dem Meldegrund „30" vorzunehmen.

Leistungsanspruch

Beginn

Der Anspruch auf Krankengeld entsteht bei einer stationären Behandlung in einem Krankenhaus oder einer Vorsorge- oder Rehabilitationseinrichtung von ihrem Beginn an.[1] Bei Arbeitsunfähigkeit wegen Krankheit entsteht der Krankengeldanspruch vom Tag der ärztlichen Feststellung an.[2]

Hauptberuflich selbstständig Erwerbstätige, die eine Wahlerklärung[3] abgegeben haben, können Krankengeld von der 7. Woche der Arbeitsunfähigkeit an beanspruchen.[4]

Fortsetzungserkrankung

Über den Anspruch auf Krankengeld wird durch die Krankenkasse jeweils für die Dauer der ärztlich festgestellten Arbeitsunfähigkeit entschieden (Bewilligungsabschnitt).[5]

Das gilt auch für Fortsetzungserkrankungen, wenn diese spätestens am nächsten Werktag nach dem zuletzt bescheinigten Ende der Arbeitsunfähigkeit ärztlich festgestellt werden. Samstage gelten insoweit nicht als Werktage.

Hinweis

Fortsetzungserkrankung

- Ob ein Anspruch auf Krankengeld besteht, richtet sich nach dem Versicherungsverhältnis am Tag der ärztlichen Feststellung der Arbeitsunfähigkeit und nicht nach ihrem Beginn (z. B. wenn die Arbeitsunfähigkeit rückwirkend festgestellt wird). Das gilt auch für Fortsetzungserkrankungen, die nicht fristgerecht ärztlich festgestellt werden.
- Die Fortsetzungserkrankung eines Versicherungspflichtigen kann auch verspätet ärztlich festgestellt werden, ohne dass die Verspätung für den Anspruch schädlich ist. Die Arbeitsunfähigkeit ist innerhalb eines Monats nach dem zuletzt bescheinigten Ende der Arbeitsunfähigkeit ärztlich festzustellen. Krankengeld wird während der Verspätung nicht gezahlt.[6]

Ruhen des Anspruchs

Beitragspflichtiges Arbeitsentgelt

Der Anspruch auf Krankengeld ruht, soweit und solange Versicherte u. a. beitragspflichtiges Arbeitsentgelt erhalten. Dies ist bei Arbeitnehmern regelmäßig für die Zeit der Entgeltfortzahlung durch den Arbeitgeber der Fall. Für Versicherte, die eine Wahlerklärung nach § 44 Abs. 2 Satz 1 Nr. 3 SGB V abgegeben haben, ruht der Anspruch während der ersten 6 Wochen der Arbeitsunfähigkeit.

Taschengeld während Bundesfreiwilligendienstes

Auch Teilnehmer am Bundesfreiwilligendienst haben Anspruch auf Krankengeld. Das von der Einsatzstelle bei Arbeitsunfähigkeit fortgezahlte Taschengeld führt ebenfalls zum Ruhen des Krankengeldanspruchs.

Meldung der Arbeitsunfähigkeit

Die Arbeitsunfähigkeit ist der zuständigen Krankenkasse innerhalb einer Woche nach ihrem Beginn zu melden.[7]

Wird sie verspätet gemeldet, ruht das Krankengeld bis zum Eingang der Meldung. Die Meldefrist ist auch bei einer Fortsetzungserkrankung zu beachten.

Ab 1.1.2021 übermittelt der Vertragsarzt die Daten über eine Arbeitsunfähigkeit und ihre Fortsetzung elektronisch an die Krankenkasse.[8] Während einer Übergangsphase bis zum 31.12.2021 wird zusätzlich der 4-teilige Formularsatz in Papier ausgefertigt. Die Regelung gilt auch für Krankenhäuser und stationäre Reha-Einrichtungen.[9]

Der Versicherte ist aufgrund der elektronischen Übermittlung davon befreit, der Krankenkasse die Arbeitsunfähigkeit zu melden (Ausnahme: Eine elektronische Übermittlung ist wegen fehlender Technik nicht möglich).

Höhe/Berechnung des Krankengeldes

Regelentgelt

Das Krankengeld beträgt 70 % des entgangenen regelmäßigen Arbeitsentgelts, soweit es der Beitragsberechnung unterliegt (Regelentgelt). Das Regelentgelt wird bis zur kalendertäglichen Beitragsbemessungsgrenze berücksichtigt (Höchstregelentgelt 2024: 172,50 EUR; 2023: 166,25 EUR). Das aus dem Arbeitsentgelt berechnete Krankengeld darf 90 % des Netto-Arbeitsentgelts nicht übersteigen. Krankenversicherungsbeitragspflichtige ⇗ Einmalzahlungen erhöhen das Krankengeld.

Hinweis

Einmalig gezahltes Arbeitsentgelt

Wenn einmalig gezahltes Arbeitsentgelt berücksichtigt wird, ist das Krankengeld auf 100 % des laufenden Netto-Arbeitsentgelts begrenzt.

Entgeltabrechnungszeitraum

Für die Berechnung des Regelentgelts ist das im letzten vor dem Beginn der Arbeitsunfähigkeit abgerechneten Entgeltabrechnungszeitraum,

1 § 46 Satz 1 Nr. 1 SGB V.
2 § 46 Satz 1 Nr. 2 SGB V.
3 § 44 Abs. 2 Satz 1 Nr. 2 SGB V.
4 § 46 Satz 4 SGB V.
5 § 46 Satz 2 SGB V.
6 § 49 Abs. 1 Nr. 8 SGB V.
7 § 49 Abs. 1 Nr. 5 SGB V.
8 § 295 Abs. 1 Satz 1 Nr. 1 Satz 10 SGB V.
9 § 39 Abs. 1a Satz 6 2. Halbsatz SGB V.

mindestens das während der letzten 4 Wochen (Bemessungszeitraum) erzielte und um einmalig gezahlte Arbeitsentgelt verminderte Arbeitsentgelt heranzuziehen.

Das während des letzten Bemessungszeitraums gezahlte Entgelt ist durch die Zahl der Stunden zu teilen, für die es gezahlt wurde. Das Ergebnis ist mit der Zahl der sich aus dem Inhalt des Arbeitsverhältnisses ergebenden regelmäßigen wöchentlichen Arbeitsstunden zu vervielfachen und durch 7 zu teilen. Wird das Entgelt nach Monaten bemessen oder ist eine Berechnung des Regelentgelts nach Stunden nicht möglich, gilt der 30. Teil des im letzten vor dem Beginn der Arbeitsunfähigkeit abgerechneten Kalendermonats erzielten und um einmalig gezahltes Arbeitsentgelt verminderten Entgelts als Regelentgelt.

Einmalzahlungen

Das in dieser Weise ermittelte Regelentgelt wird um den 360. Teil des einmalig gezahlten Arbeitsentgelts erhöht, sofern es in den letzten 12 Kalendermonaten vor Beginn der Arbeitsunfähigkeit der Beitragsberechnung zugrunde gelegen hat (Hinzurechnungsbetrag). Berücksichtigt werden auch Einmalzahlungen früherer Arbeitgeber, wenn sie in den 12-Monatszeitraum fallen. Der 12-Monatszeitraum endet mit dem letzten abgerechneten Kalendermonat, also mit dem Monat, der für die Berechnung des Krankengeldes aus dem laufenden Arbeitsentgelt maßgebend ist. Eine Verlängerung des 12-Monatszeitraums erfolgt generell nicht, auch wenn das Beschäftigungsverhältnis zwischenzeitlich unterbrochen war.

Beispiel

Ermittlung des Bemessungszeitraums bei Einmalzahlungen

Bemessungszeitraum	12-Monatszeitraum
Februar 2023	1.3.2022 bis 28.2.2023
Oktober 2023	1.11.2022 bis 31.10.2023
Dezember 2022 bis Februar 2023	1.3.2022 bis 28.2.2023
30.1.2023 bis 27.2.2023	1.3.2022 bis 28.2.2023

Aus der Kombination von laufendem Arbeitsentgelt im Bemessungszeitraum und den im letzten Jahr vor der Erkrankung beitragspflichtigen Einmalzahlungen wird ein kumuliertes kalendertägliches Regelentgelt ermittelt. Dieses Regelentgelt wird bis zur Höhe der kalendertäglichen Beitragsbemessungsgrenze zur Krankenversicherung berücksichtigt (Höchstregelentgelt).

Hinweis

Märzklausel

Die Märzklausel nach § 23a Abs. 4 SGB IV wird nicht angewendet.

Vergleich mit Nettoarbeitsentgelt

Das Netto-Arbeitsentgelt ist das um die gesetzlichen Abzüge verminderte Brutto-Arbeitsentgelt. Es wird aus dem laufenden Arbeitsentgelt nach den gleichen Grundsätzen berechnet wie das Regelentgelt. Zu den gesetzlichen Abzügen zählen die Lohn- und Kirchensteuer, der Solidaritätszuschlag sowie die Sozialversicherungsbeiträge. Bei freiwillig Versicherten sind davon die Arbeitgeberzuschüsse zur Kranken- und Pflegeversicherung abzuziehen.

Das auf die Einmalzahlung entfallende Netto-Arbeitsentgelt wird anteilmäßig mit dem Prozentsatz angesetzt, der sich aus dem Verhältnis des kalendertäglichen Regelentgeltbetrags zu dem sich aus diesem Regelentgeltbetrag ergebenden Netto-Arbeitsentgelt ergibt.

Das Krankengeld beträgt einschließlich anteiliger Einmalzahlungen 90 % des Netto-Arbeitsentgelts. Es darf jedoch das im Bemessungszeitraum erzielte (laufende) Netto-Arbeitsentgelt ohne Berücksichtigung der Einmalzahlungen nicht übersteigen.

Beispiel

Berechnung des Krankengeldes

Bruttoberechnung	
mtl. Brutto-Arbeitsentgelt	3.000,00 EUR
davon 1/30	100,00 EUR
Einmalzahlungen	3.600,00 EUR
davon $^1/_{360}$	10,00 EUR
kumuliertes tgl. Regelentgelt, ggf. gekürzt auf tgl. Höchstregelentgelt (2024: 172,50 EUR)	110,00 EUR
davon 70 %	77,00 EUR
Nettoberechnung	
mtl. Netto-Arbeitsentgelt	2.100,00 EUR
davon $^1/_{30}$	70,00 EUR
anteiliges tgl. Netto aus Einmalzahlungen (= 70 EUR : 100 EUR × 10 EUR)	7,00 EUR
kumuliertes tgl. Netto-Arbeitsentgelt	77,00 EUR
davon 90 %	69,30 EUR
Vergleichsberechnungen	
70 % kumuliertes Regelentgelt	77,00 EUR
90 % kumuliertes Netto-Arbeitsentgelt	69,30 EUR
100 % Netto-Arbeitsentgelt ohne Einmalzahlungen	70,00 EUR
Krankengeldanspruch	69,30 EUR

Tipp

Erhöhung des Krankengeldes nach einem Jahr

Das Krankengeld wird nach Ablauf eines Jahres nach dem Bemessungszeitraum angepasst (Dynamisierung; Anpassungsfaktor seit 1.7.2023 1,0469; 1.7.2022: 1,0348). Die Anpassung berücksichtigt die Veränderung der Bruttolöhne und -gehälter je Arbeitnehmer vom vorvergangenen zum vergangenen Kalenderjahr.[1] Bei einer negativen Entwicklung der Entgelte wird das Krankengeld nicht erhöht aber auch nicht abgesenkt. Das angepasste Krankengeld ist auf 70 % des Höchstregelentgelts begrenzt, das zum Anpassungszeitpunkt gilt.

Zuschüsse des Arbeitgebers zum Krankengeld

Zuschüsse des Arbeitgebers zum Krankengeld gelten nicht als beitragspflichtiges Arbeitsentgelt, wenn die Einnahmen zusammen mit dem Krankengeld das letzte Netto-Arbeitsentgelt (Vergleichs-Nettoarbeitsentgelt) um nicht mehr als 50 EUR monatlich übersteigen.

Zahlungsweise

Das Krankengeld wird für Kalendertage gezahlt. Wird das Krankengeld für einen ganzen Kalendermonat gezahlt, wird dieser mit 30 Tagen angesetzt. Kalendermonate sind auch dann mit 30 Zahltagen zu berücksichtigen, wenn sich das Krankengeld an eine andere Entgeltersatzleistung (z. B. Übergangsgeld) anschließt und der gesamte Kalendermonat mit Entgeltersatzleistungen belegt ist.[2]

Dauer

Das Krankengeld wird ohne zeitliche Begrenzung gewährt, bei Arbeitsunfähigkeit wegen derselben Krankheit jedoch höchstens für 78 Wochen innerhalb von 3 Jahren. Tritt während der Arbeitsunfähigkeit eine weitere Krankheit hinzu, verlängert sich die Leistungsdauer nicht.

Bei der Feststellung der Leistungsdauer des Krankengeldes wird die Zeit der Entgeltfortzahlung angerechnet.[3]

Beiträge aus dem Krankengeld

Vom Krankengeld sind Beiträge zur Pflege-, Renten- und Arbeitslosenversicherung zu zahlen. Soweit der Beitrag auf den Zahlbetrag des Krankengeldes (Brutto-Krankengeld) entfällt, ist er jeweils zur Hälfte vom Versicherten und der Krankenkasse zu tragen. Den Beitragszuschlag für Kinderlose in der Pflegeversicherung trägt der Versicherte allein.

1 § 70 SGB IX.
2 § 65 Abs. 7 SGB IX.
3 § 48 Abs. 3 SGB V.

Kinderpflegekrankengeld

↗ Kinderpflegekrankengeld erhalten gesetzlich Versicherte, die wegen Beaufsichtigung, Betreuung oder Pflege ihres erkrankten Kindes der Arbeit fernbleiben müssen. Anspruch besteht für Kinder, die das 12. Lebensjahr noch nicht vollendet haben oder eine Behinderung haben und auf Hilfe angewiesen sind.

Versicherte haben seit dem 1.1.2024 einen Anspruch auf Kinderpflegekrankengeld für Kinder bis zum 12. Lebensjahr oder mit einer Behinderung, wenn ein Elternteil bei stationärer Behandlung des versicherten Kindes aus medizinischen Gründen[1] mitaufgenommen wird.[2] Die Mitaufnahme ist ohne Ausnahme medizinisch notwendig, wenn das behandlungsbedürftige Kind das 9. Lebensjahr noch nicht vollendet hat.[3]

Beim Anspruch und der Berechnung von Krankengeld bei Erkrankung eines Kindes sind Besonderheiten zu beachten.

Krankengeldzuschuss

Der Krankengeldzuschuss ist eine lohnsteuerpflichtige Zahlung des Arbeitgebers während des Bezugs von Krankengeld. Er soll finanzielle Nachteile ausgleichen. Der Anspruch, die Höhe und die Dauer sind oft in Tarifverträgen oder in Betriebsvereinbarungen geregelt. Eine gesetzliche Zahlungsverpflichtung besteht nicht.

Gesetze, Vorschriften und Rechtsprechung

Lohnsteuer: Die Lohnsteuerpflicht ergibt sich aus § 8 Abs. 1 EStG i. V. m. § 2 LStDV; weitere Einzelheiten zum steuerlichen Arbeitslohnbegriff regelt § 19 Abs. 1 EStG. Die R 19.3 – 19.8 LStR sowie H 19.3 – 19.8 LStH ergänzen die beispielhafte Aufzählung der nichtselbstständigen Einkünfte im Einkommensteuergesetz.

Sozialversicherung: Die beitragsrechtliche Beurteilung ist in § 23c SGB IV geregelt. Die Spitzenorganisationen der Kranken- und Rentenversicherung und die Bundesagentur für Arbeit haben am 13.11.2007 ein Gemeinsames Rundschreiben zur Thematik der sonstigen nicht beitragspflichtigen Einnahmen nach § 23c SGB IV (GR v. 13.11.2007-I) herausgegeben. Der GKV-Spitzenverband und die Spitzenorganisationen der Kranken- und Unfallversicherung erläutern die Auswirkungen auf das Krankengeld im Gemeinsamen Rundschreiben vom 7.9.2022 (GR v. 7.9.2022).

Entgelt	LSt	SV
Arbeitgeberzuschuss zum Krankengeld * Soweit der Zuschuss zusammen mit dem Krankengeld das Nettoarbeitsentgelt um nicht mehr als 50 EUR monatlich übersteigt.	pflichtig	frei*

Lohnsteuer

Krankengeldzuschuss ist lohnsteuerpflichtig

Erkrankt ein Arbeitnehmer, ist nach dem Entgeltfortzahlungsgesetz der Arbeitslohn für 6 Wochen weiterzuzahlen. Viele Arbeitgeber gewähren ihren Arbeitnehmern nach Ablauf des Entgeltfortzahlungszeitraums einen Zuschuss zum von der Krankenkasse gezahlten Krankengeld bis zum vorher erzielten Nettoarbeitsentgelt. Das kann im Tarifvertrag, der Betriebsvereinbarung oder im Einzelarbeitsvertrag geregelt sein. Dieser Zuschuss, den der Arbeitnehmer zusätzlich zum Krankengeld oder Krankentagegeld aus der gesetzlichen oder privaten Krankenversicherung erhält, ist lohnsteuerpflichtig. Fällt wegen der geringen Höhe der Zuschüsse bei der Anwendung der Monatslohnsteuertabelle keine Lohnsteuer an, müssen die Zuschüsse trotzdem im Lohnkonto und in der Lohnsteuerbescheinigung als steuerpflichtiger Arbeitslohn erfasst werden.

1 § 11 Abs. 3 SGB V.
2 § 45 Abs. 1a SGB V.
3 § 11 Abs. 3 Satz 2 SGB V.

Krankengeld ist lohnsteuerfrei

Besteht die Krankheit nach Beendigung des 6-wöchigen Lohnfortzahlungszeitraums weiter, erhält der Arbeitnehmer Krankengeld von seiner Krankenkasse. Dieses Krankengeld gehört weder zum steuerpflichtigen Arbeitslohn noch zu einer anderen Einkunftsart – auch dann nicht, wenn es an Hinterbliebene gezahlt wird.[4]

Das Krankengeld unterliegt dem ↗ Progressionsvorbehalt.[5] Deshalb muss der Arbeitnehmer die Bescheinigung, die er über die Höhe des Krankengelds von seiner Krankenkasse erhält (sog. Leistungsnachweis), bei seiner Veranlagung zur Einkommensteuer dem Finanzamt vorlegen.

Nachweis- und Aufzeichnungspflichten des Arbeitgebers

Damit das Finanzamt diese Fälle erkennen kann, muss der Arbeitgeber bei Zahlung von Krankengeld für mindestens 5 aufeinanderfolgende Arbeitstage sowohl im Lohnkonto als auch in der ↗ Lohnsteuerbescheinigung den Buchstaben U (Unterbrechung) bescheinigen. Ist im Lohnkonto des Arbeitnehmers ein U bescheinigt, darf der Arbeitgeber für diesen Arbeitnehmer keinen ↗ Lohnsteuer-Jahresausgleich durchführen.

Sozialversicherung

Zuschüsse während des Krankengeldbezugs

Verschiedene Arbeitgeber zahlen freiwillig oder aufgrund vertraglicher Verpflichtung während des Bezugs von Krankengeld an den Arbeitnehmer Zuschüsse oder gewähren weiterhin bestimmte Leistungen (z. B. vermögenswirksame Leistungen, Werkswohnung). Die beitragsrechtliche Behandlung dieser Bezüge richtet sich nach § 23c Abs. 1 SGB IV.

Beitragspflicht

Werden während des Krankengeldbezugs Zuschüsse des Arbeitgebers und sonstige Einnahmen aus einer Beschäftigung gewährt, gelten diese nicht als beitragspflichtiges Arbeitsentgelt. Die Einnahmen dürfen zusammen mit dem Krankengeld das Nettoarbeitsentgelt um nicht mehr als 50 EUR monatlich übersteigen. Dies hat zur Folge, dass entsprechende Leistungen, die für die Zeit des Bezugs von Krankengeld laufend gezahlt werden, bis zum maßgeblichen Nettoarbeitsentgelt nicht beitragspflichtig sind.

Hinweis

Lohnsteuer- und beitragsrechtliche Behandlung

Zuschüsse zum Krankengeld unterliegen als Arbeitsentgelt der Steuerpflicht. Beiträge zur Sozialversicherung sind zu entrichten, wenn die Freigrenze überschritten wird.

Die vom Arbeitgeber darüber hinaus gezahlten Beträge sind erst dann als beitragspflichtiges Arbeitsentgelt zu berücksichtigen, wenn sie die Freigrenze in Höhe von 50 EUR übersteigen. Der Krankengeldzuschuss wird in dem Umfang beitragspflichtig, in dem er das Vergleichs-Nettoarbeitsentgelt überschreitet.

Wichtig

Regelung gilt auch für PKV-Versicherte

Dies gilt sowohl für Mitglieder der gesetzlichen als auch für Versicherte der privaten Krankenversicherung.

Ruhen des Krankengeldes

Bei dem Betrag von 50 EUR handelt es sich um eine Freigrenze, nicht jedoch um einen Freibetrag. Demzufolge scheidet ein Ruhen des Krankengeldes aus, wenn bei arbeitgeberseitigen Leistungen mit dem Krankengeld das Vergleichs-Nettoarbeitsentgelt (nur) bis 50 EUR monatlich überschritten wird.

4 § 3 Nr. 1a EStG.
5 § 32b EStG.

Beispiel

Kein Ruhen des Krankengeldes

Monatliches Vergleichs-Nettoarbeitsentgelt	2.100,00 EUR
Weiter gezahltes Teilentgelt monatlich	490,00 EUR
Netto-Krankengeld täglich	55,15 EUR
Netto-Krankengeld monatlich	1.654,50 EUR
SV-Freibetrag (2.100 EUR abzüglich 1.654,50 EUR)	445,50 EUR

Ergebnis: Der SV-Freibetrag wird durch die monatlich weiter gezahlte Bruttoleistung des Arbeitgebers (490 EUR) um 44,50 EUR überschritten. Dieser Betrag übersteigt jedoch nicht die Freigrenze von 50 EUR, sodass kein Ruhen des Krankengeldes eintritt.

Beispiel

Ruhen des Krankengeldes

Monatliches Vergleichs-Nettoarbeitsentgelt	2.100,00 EUR
Weiter gezahltes Teilentgelt monatlich	500,00 EUR
Netto-Krankengeld täglich	55,15 EUR
Netto-Krankengeld monatlich	1.654,50 EUR
SV-Freibetrag (2.100 EUR abzüglich 1.654,50 EUR) =	445,50 EUR

Ergebnis: Der SV-Freibetrag wird durch die Bruttozahlung des Arbeitgebers (500 EUR) monatlich um 54,50 EUR überschritten. Dieser Betrag übersteigt die Freigrenze von 50 EUR, sodass das Krankengeld um täglich (54,50 EUR : 30) = 1,82 EUR gekürzt wird.

Krankenkassenwahl

Versicherungspflichtige und freiwillig versicherte Mitglieder der gesetzlichen Krankenkasse entscheiden selbst, bei welcher Kasse sie versichert sein wollen. Hierbei müssen Arbeitnehmer unverzüglich den Arbeitgeber formlos über die von Ihnen gewählte Krankenkasse informieren. Seit dem 1.1.2021 wurde die elektronische Mitgliedsbescheinigung eingeführt. Nachdem der Arbeitgeber den Arbeitnehmer bei einer Krankenkasse angemeldet hat, erhält dieser von der Krankenkasse eine elektronische Mitgliedsbescheinigung als Bestätigung für das Bestehen einer Mitgliedschaft bei der jeweiligen Krankenkasse. Nur wenn ein Arbeitnehmer sein Kassenwahlrecht nicht nutzt, wählt der Arbeitgeber eine Kasse. Ein Wechsel der Krankenkasse kann auch während der Beschäftigung bei einem Arbeitgeber mehrfach erfolgen. Verschiedene Bindungsfristen verhindern dabei, dass die Krankenkasse zu häufig gewechselt wird.

Gesetze, Vorschriften und Rechtsprechung

Sozialversicherung: Die Kassenwahl- und Kündigungsrechte sind in den §§ 173 bis 175 SGB V geregelt. Der GKV-Spitzenverband hat Grundsätzliche Hinweise zum Krankenkassenwahlrecht bekannt gegeben (GR v. 2.12.2022). Zum Sonderkündigungsrecht sind Regelungen in den grundsätzlichen Hinweisen zu den mitgliedschafts- und beitragsrechtlichen Regelungen zum Zusatzbeitrag des GKV-Spitzenverbandes (GR v. 19.6.2014) enthalten.

Sozialversicherung

Freie Kassenwahl

Die Mitglieder der Krankenversicherung können selbst entscheiden, bei welcher Krankenkasse sie versichert sein möchten. Das Recht auf freie Krankenkassenwahl steht grundsätzlich allen versicherungspflichtigen und freiwillig versicherten Personen zu, also beispielsweise:

- Arbeitnehmern,
- Auszubildenden,
- Beziehern von Arbeitslosengeld
- Studenten,
- Praktikanten,
- Rentnern und allen
- freiwilligen Mitgliedern.

Für ganz spezielle Personenkreise erfolgt eine Zwangszuweisung an eine bestimmte Krankenkasse.

Das ⇗ Krankenkassenwahlrecht wird durch eine schriftliche Erklärung gegenüber der neuen Kasse ausgeübt. Die Krankenkassen halten dazu Mitgliedsanträge bereit, die alle erforderlichen Angaben abfragen. Die neu gewählte Krankenkasse muss prüfen, ob alle Voraussetzungen für die Kassenwahl erfüllt sind.

Zeitpunkt/Kündigungsfrist

Arbeitnehmer können die Kasse grundsätzlich zu jeder Zeit wählen. Auch während eines laufenden Beschäftigungsverhältnisses ist ein Kassenwechsel möglich. In jedem Fall darf aber keine Bindungsfrist mehr an eine vorherige Krankenkasse laufen. An die Wahlentscheidung sind die Mitglieder in der Regel 12 Monate gebunden.

Beispiel

Verlauf der Bindungsfrist

Ein Arbeitnehmer ist seit dem 1.1.2024 Mitglied der Krankenkasse A.

Ergebnis: Die 12-monatige Bindungsfrist endet am 31.12.2024.

Die Bindung kann aber auch länger oder kürzer bestehen. Eine Kündigung bei der Krankenkasse ist zum Ablauf des übernächsten Kalendermonats, gerechnet ab dem Zeitpunkt der Kündigung, möglich. Voraussetzung bei einem laufenden Beschäftigungsverhältnis ist allerdings, dass zum Ablauf der Kündigungsfrist auch die Bindungsfrist abgelaufen ist.

Beispiel

Fortsetzung des Beispiels:

Kündigungsfrist und Ende der Mitgliedschaft bei laufender Beschäftigung

Ein Arbeitnehmer ist seit dem 1.1.2024 Mitglied der Krankenkasse A. Am 10.11.204 wählt er die Krankenkasse B zum nächstmöglichen Termin. Die Krankenkasse B informiert die Krankenkasse A mit der Initialmeldung am 12.11.2024 über die getroffene Wahl.

Ergebnis: Die 12-monatige Bindungsfrist endet am 31.12.2024. Die Mitgliedschaft bei der Krankenkasse A endet aufgrund der Kündigungsfrist[1], aber erst zum 31.1.2025.

Wählbare Krankenkassen

Versicherungspflichtige und freiwillige Mitglieder können wählen:

- die AOK des Beschäftigungs- oder Wohnorts,
- eine Ersatzkasse, wenn sie sich nach ihrer Satzung auf den Beschäftigungs- oder Wohnort erstreckt,
- die Betriebs- oder Innungskrankenkasse, wenn sie in einem Betrieb beschäftigt sind, für den eine Betriebs- oder Innungskrankenkasse besteht,
- eine Betriebs- oder Innungskrankenkasse, wenn sie für alle Personen geöffnet ist,
- die Deutsche Rentenversicherung Knappschaft-Bahn-See,

1 Zum Ablauf des übernächsten Kalendermonats, gerechnet ab dem Zeitpunkt der Wahlerklärung gegenüber der neu gewählten Krankenkasse.

- die Krankenkasse, bei der vor Beginn der Versicherungspflicht oder Versicherungsberechtigung zuletzt eine Mitgliedschaft oder eine ↗ Familienversicherung bestanden hat,
- die Krankenkasse, bei der der Ehegatte oder Lebenspartner versichert ist.

Die gewählte Krankenkasse darf die Mitgliedschaft nicht ablehnen. Nur wenn eine Kasse rechtlich nicht gewählt werden kann, darf die Kasse die Mitgliedschaft verweigern. Das kann der Fall sein, wenn es noch Bindungsfristen zu einer vorherigen Krankenkasse gibt oder beispielsweise eine AOK gewählt wird, die für den Beschäftigungs- oder Wohnort nicht zuständig ist.

Landwirtschaftliche Krankenversicherung

Wer als Beschäftigter oder Selbstständiger im Rahmen der landwirtschaftlichen Krankenversicherung versicherungspflichtig ist[1], wird automatisch der landwirtschaftlichen Sozialversicherung zugeordnet. Für diesen Personenkreis besteht kein Kassenwahlrecht. Tritt eine vorrangige Pflichtversicherung zur landwirtschaftlichen Krankenversicherung ein, führt dies zu einem Kassenwechsel in die Sozialversicherung für Landwirtschaft, Forsten und Gartenbau. Dabei spielt eine ggf. noch laufende Bindungsfrist aufgrund eines zuvor ausgeübten Wahlrechts in der allgemeinen Krankenversicherung keine Rolle. Die Sozialversicherung für Landwirtschaft, Forsten und Gartenbau unterrichtet den Versicherten über Beginn und Ende einer Pflichtversicherung bei ihr. Das Ausstellen einer Kündigungsbestätigung oder einer Mitgliedsbescheinigung durch die landwirtschaftliche Sozialversicherung kommt für Pflichtversicherte nicht in Betracht.

Wichtig

LKK-Pflichtversicherung wird verdrängt

Übt ein in der landwirtschaftlichen Sozialversicherung Pflichtversicherter zeitgleich eine weitere versicherungspflichtige Beschäftigung nach § 5 Abs. 1 Nr. 1 SGB V aus oder ist er nach anderen Bestimmungen als dem KVLG 1989 versicherungspflichtig, so wird die Pflichtversicherung in der landwirtschaftlichen Sozialversicherung im Regelfall verdrängt. Der Betreffende kann ab Beschäftigungsbeginn eine Krankenkasse wählen.

Im Umkehrschluss kann die Sozialversicherung für Landwirtschaft, Forsten und Gartenbau grundsätzlich nicht im Rahmen des § 173 SGB V gewählt werden. Für die bei der landwirtschaftlichen Sozialversicherung freiwillig Versicherten gelten die allgemeinen Regelungen des Krankenkassenwahlrechts.

Elektronische Mitgliedsbescheinigung

Das Wahlrecht wird nur noch gegenüber der zukünftigen Krankenkasse ausgeübt. Der Arbeitnehmer informiert unverzüglich, spätestens jedoch innerhalb von 2 Wochen nach Beginn der Versicherungspflicht, den Arbeitgeber formlos über die von ihm gewählte Krankenkasse. Nachdem die Anmeldung des Arbeitgebers bei der gewählten Krankenkasse eingegangen ist, veranlasst diese eine elektronische Mitgliedsbescheinigung.

Erfolgt der Kassenwechsel im Kündigungsverfahren, bestätigt die bisherige Krankenkasse der neu gewählten Krankenkasse unverzüglich das verbindliche Datum für den Krankenkassenwechsel. Die Bestätigung muss jedoch spätestens innerhalb von 2 Wochen nach Eingang der Initialmeldung erfolgen. Im Falle eines sofortigen Wahlrechts bestätigt die bisherige Krankenkasse der neu gewählten Krankenkasse unverzüglich das Ende der Mitgliedschaft. Diese Bestätigung muss jedoch spätestens innerhalb von 2 Wochen nach Eingang der Abmeldung des bisherigen Arbeitgebers erfolgt sein. Die Meldungen zwischen den Krankenkassen ersetzen die bisher erforderlichen Kündigungsbestätigungen.[2]

Ausübung des Krankenkassenwahlrechts durch den Arbeitnehmer

Bei der Ausübung des Krankenkassenwahlrechts durch den Arbeitnehmer ist zwischen folgenden 2 Möglichkeiten zu unterscheiden:

- sofortiges Wahlrecht bei erstmaligem Eintritt von Versicherungspflicht/Versicherungsberechtigung und bei Arbeitgeberwechsel und
- Krankenkassenwahlrecht im Kündigungsverfahren.

Sofortiges Krankenkassenwahlrecht

Bei Aufnahme einer neuen Beschäftigung bzw. bei Arbeitgeberwechsel haben Arbeitnehmer ein sofortiges Krankenkassenwahlrecht ohne Rücksicht auf Bindungsfristen und ohne Kündigung bei der bisherigen Krankenkasse.

Erforderliche Schritte beim sofortigen Krankenkassenwechsel

Nachfolgend werden die Schritte bei einem sofortigen Kassenwechsel aufgezeigt:

1. Der Arbeitnehmer wählt eine neue Krankenkasse innerhalb von 2 Wochen nach Eintritt der Versicherungspflicht.
2. Die gewählte Krankenkasse prüft die Rechtmäßigkeit des Krankenkassenwechsels und informiert den Arbeitnehmer hierüber unverzüglich.
3. Der Arbeitnehmer informiert innerhalb von 2 Wochen nach Beschäftigungsbeginn den Arbeitgeber formlos über die gewählte Krankenkasse.
4. Die neu gewählte Krankenkasse informiert unverzüglich elektronisch die bisherige Krankenkasse über den Krankenkassenwechsel.
5. Die bisherige Krankenkasse bestätigt unverzüglich der neu gewählten Krankenkasse das Ende der Mitgliedschaft (jedoch spätestens innerhalb von 2 Wochen nach Eingang der Abmeldung des Arbeitgebers).
6. Auf der Grundlage der Anmeldung des neuen Arbeitgebers und der Rückmeldung der bisherigen Krankenkasse übermittelt die neu gewählte Krankenkasse dem Arbeitgeber die elektronische Mitgliedsbescheinigung.

Krankenkassenwechsel im Kündigungsverfahren

Sofern kein sofortiges Wahlrecht besteht, haben Arbeitnehmer die Möglichkeit, ihre Krankenkasse im Kündigungsverfahren zu wechseln. Dies bedeutet, dass ein Krankenkassenwechsel unter Beachtung der 12-monatigen Bindungsfrist und der Kündigungsfrist möglich ist.

Erforderliche Schritte beim Krankenkassenwechsel im Kündigungsverfahren

Die folgende Übersicht zeigt die Schritte bei einem Kassenwechsel im Kündigungsverfahren:

1. Der Arbeitnehmer wählt eine neue Krankenkasse. Das Datum des Eingangs der Wahlerklärung bei der neu gewählten Krankenkasse ist maßgebend für die Berechung der Kündigungsfrist.
2. Die gewählte Krankenkasse prüft vorläufig, ob die Bindungsfrist bei der bisherigen Krankenkasse erfüllt ist.
3. Die neu gewählte Krankenkasse informiert unverzüglich elektronisch die bisherige Krankenkasse über den Krankenkassenwechsel (Initialmeldung).
4. Die bisherige Krankenkasse bestätigt innerhalb von 2 Wochen nach Eingang der Initialmeldung das verbindliche Datum des Krankenkassenwechsels an die neu gewählte Krankenkasse.
5. Die neu gewählte Krankenkasse informiert den Arbeitnehmer unverzüglich nach der Rückmeldung der bisherigen Krankenkasse über den vollzogenen Krankenkassenwechsel.
6. Der Arbeitnehmer informiert unverzüglich formlos die zur Meldung verpflichtete Stelle (z. B. den Arbeitgeber oder die Arbeitsagentur) über die gewählte Krankenkasse.

1 KVLG 1989.
2 § 175 Abs. 2 und Abs. 3 SGB V.

7. Der Arbeitgeber meldet den Arbeitnehmer bei der bisherigen Krankenkasse ab und bei der neu gewählten Krankenkasse an.
8. Die neu gewählte Krankenkasse bestätigt die Anmeldung mit einer elektronischen Mitgliedsbescheinigung.

Ausübung des Kassenwahlrechts durch den Arbeitgeber

Wird das Wahlrecht vom Versicherten nicht ausgeübt oder wird der Arbeitgeber nicht innerhalb von 2 Wochen vom Arbeitnehmer über die gewählte Krankenkasse informiert, ist der Arbeitgeber verpflichtet, den Arbeitnehmer bei der Krankenkasse anzumelden, bei der dieser zuletzt versichert war.

Dazu muss er ermitteln, bei welcher Kasse für den Arbeitnehmer zuletzt eine Mitgliedschaft oder eine Familienversicherung bestand.

In der seltenen Situation, dass der Arbeitnehmer bisher noch bei keiner Krankenkasse versichert gewesen ist, wählt der Arbeitgeber die Krankenkasse aus den wählbaren Kassen aus. Die Wahl der Krankenkasse trifft dann der Arbeitgeber anstelle des Arbeitnehmers. Der Arbeitgeber muss seinen Arbeitnehmer über die gewählte Krankenkasse informieren.

Der Arbeitgeber muss auch bei einer Kassenschließung für den Arbeitnehmer tätig werden, wenn dieser sein Wahlrecht nicht rechtzeitig ausgeübt hat.

12-monatige Bindungswirkung

Die 12-monatige Bindungsfrist ist ein Zeitraum von 12 zusammenhängenden Monaten. Nur ein tatsächlicher Wechsel der zuständigen Krankenkasse durch eine gegenüber der gewählten Krankenkasse kommunizierten Wahlentscheidung des Arbeitnehmers löst eine neue 12-monatige Bindungsfrist aus. Sie beginnt in diesen Fällen mit dem Beginn der Mitgliedschaft bei der gewählten Krankenkasse. Wird das Kassenwahlrecht durch den Arbeitgeber ausgeübt, löst dies keine neue Bindungsfrist aus. Dies gilt auch für die Situationen, in denen ein Wahlrecht grundsätzlich besteht, aber durch den Arbeitnehmer nicht ausgeübt wurde.

Die 12-monatige Bindungsfrist erlischt bei der Beendigung der Mitgliedschaft kraft Gesetzes.[1]

Arbeitgeberwechsel

Bei einem Arbeitgeberwechsel besteht seit dem 1.1.2021 ein sofortiges Kassenwahlrecht ohne Rücksicht auf die Bindungsfrist und ohne Kündigungsfrist und bei der Inanspruchnahme von Wahltarifen.

Beispiel

Sofortiger Krankenkassenwechsel ohne Kündigung

Beginn der Mitgliedschaft bei der Krankenkasse A aufgrund einer Beschäftigung am 1.5.2024. Die Beschäftigung endet am 30.9.2024, die Mitgliedschaft bei der Krankenkasse A endet zu diesem Zeitpunkt kraft Gesetzes. Am 1.10.2024 nimmt der Arbeitnehmer eine neue Beschäftigung auf und beantragt die Mitgliedschaft bei der Krankenkasse B.

Ergebnis: Die am 1.10.2024 beginnende Mitgliedschaft kann von der Krankenkasse B durchgeführt werden. Durch den Arbeitgeberwechsel besteht ein sofortiges Kassenwahlrecht ohne Rücksicht auf die Bindungsfrist und ohne Kündigungsfrist.

Keine Bindungsfrist bei fristgerechter Austrittserklärung aus GKV

Endet eine Pflichtmitgliedschaft in der gesetzlichen Krankenversicherung und wird innerhalb von 14 Tagen nach Hinweis auf die Austrittsmöglichkeit durch die Krankenkasse eine fristgerechte Austrittserklärung abgegeben[2], endet die Versicherung in der gesetzlichen Krankenversicherung mit dem Wegfall der vorangegangenen Versicherungspflicht. In diesem Fall ist es unerheblich, ob die allgemeine Bindungsfrist oder die besondere Bindungsfrist bei Teilnahme an einem Wahltarif erfüllt ist. Voraussetzung dafür ist jedoch, dass das Mitglied zusammen mit der Kündigung einen anderweitigen Krankenversicherungsschutz nachweist.

1 § 175 Abs. 4 Satz 1 und Satz 2 SGB V bzw. § 53 Abs. 8 SGB V.
2 § 188 Abs. 4 Satz 1 2. Halbsatz SGB V.

Bindungsfrist durch Wahltarife

Bindungsfrist für Wahltarif innerhalb der allgemeinen Bindungsfrist

Nehmen Mitglieder an einem Wahltarif ihrer Krankenkasse teil, gelten zusätzliche Bindungsfristen. Die Mindestbindungsfrist beträgt ein Jahr bei Wahltarifen zur Nichtinanspruchnahme von Leistungen[3], Kostenerstattung und Arzneimitteln der besonderen Therapierichtungen. Bei den Selbstbehalt- und Krankengeldtarifen gilt eine 3-jährige Bindungsfrist. Die besondere Bindungsfrist berechnet sich bei allen Wahltarifen immer ab Beginn des Wahltarifs. Wahltarife zu den besonderen Versorgungsformen lösen keine eigenständige Bindungsfrist aus.

Die besonderen Bindungsfristen bei Wahltarifen sind bei Kassenwechsel im Kündigungsverfahren einzuhalten. Sie erlöschen jedoch bei der Beendigung der Mitgliedschaft kraft Gesetzes.

Beispiel

Mindestbindungsfrist von 12 Monaten und zusätzlich einjährige Bindungsfrist für Wahltarif bei laufender Mitgliedschaft

Ein Arbeitnehmer ist seit dem 1.2.2024 Mitglied der Krankenkasse A. Die 12-monatige Bindungsfrist endet am 31.1.2025. Ab dem 1.5.2024 nimmt der Arbeitnehmer an dem Kostenerstattungs-Wahltarif der Krankenkasse A teil. Die dadurch ausgelöste einjährige Bindungsfrist läuft vom 1.5.2024 bis zum 30.4.2025.

Ergebnis: Die Bindungsfrist an die Krankenkasse A endet am 30.4.2025. Der Arbeitnehmer kann seine Mitgliedschaft unter Einhaltung der Kündigungsfrist frühestens zum 30.4.2025 bei der Krankenkasse A beenden und zum 1.5.2025 in die Krankenkasse B wechseln.

Beispiel

Mindestbindungsfrist von 12 Monaten und zusätzlich einjährige Bindungsfrist für Wahltarif bei Arbeitgeberwechsel

Ein Arbeitnehmer ist seit dem 1.2.2024 Mitglied der Krankenkasse A. Die 12-monatige Bindungsfrist endet am 31.1.2025. Ab dem 1.5.2024 nimmt der Arbeitnehmer an dem Kostenerstattungs-Wahltarif der Krankenkasse A teil. Die dadurch ausgelöste einjährige Bindungsfrist läuft vom 1.5.2024 bis zum 30.4.2025. Die Bindungsfrist an die Krankenkasse A endet am 30.4.2025.

Am 30.11.2024 endet seine Beschäftigung und damit endet seine Mitgliedschaft bei der Krankenkasse A kraft Gesetz. Dadurch erlöscht neben der allgemeinen auch die besondere Bindungsfrist aufgrund des Wahltarifs. Der Arbeitnehmer nimmt zum 1.12.2024 eine neue Beschäftigung auf. Es besteht zum 1.12.2024 ein sofortiges Kassenwahlrecht.

Bindungsfrist für Wahltarif außerhalb der allgemeinen Bindungsfrist

Die Mitgliedschaft im Kündigungsverfahren kann bei einer Krankenkasse frühestens nach Ablauf der Mindestbindungsfrist gekündigt werden. Das ist bei Wahltarifen mit 3-jähriger Bindungsfrist generell zu beachten. Hier kann die Bindungsfrist für einen Krankenkassenwechsel (12 Monate) schon abgelaufen sein, während die Mindestbindungsfrist für den Wahltarif noch läuft. Auch bei der einjährigen Bindungsfrist kann diese Situation eintreten, wenn der Wahltarif nach Beginn der Mitgliedschaft abgeschlossen wurde.

Beispiel

Bindungsfrist der Wahltarife

Ein Arbeitnehmer ist seit dem 1.2.2024 Mitglied der Krankenkasse B. Die allgemeine Bindungsfrist von 12 Monaten endet am 31.1.2025. Am 1.5.2024 beginnt ein neu abgeschlossener Wahltarif des Arbeitnehmers, der eine 3-jährige Bindungsfrist auslöst. Die besondere Bindungsfrist des Wahltarifs verläuft vom 1.5.2024 bis 30.4.2027.

3 § 53 Abs. 2 SGB V.

Ergebnis: Die Bindung an die Krankenkasse B endet am 30.4.2027. Die Krankenkasse kann frühestens zum 1.5.2027 gewechselt werden.

Sofern jedoch die Mitgliedschaft z. B. durch einen Arbeitgeberwechsel kraft Gesetzes endet, erlischt neben der 12-monatigen Bindungsfrist auch die Bindungsfrist für den Wahltarif. Es würde ein sofortiges Kassenwahlrecht bestehen.

Für besondere Härtefälle muss die Satzung der Krankenkasse für Wahltarife ein Sonderkündigungsrecht regeln. Ein solcher besonderer Härtefall liegt beispielsweise vor, wenn eine freiwillige Mitgliedschaft zugunsten einer Familienversicherung gekündigt werden kann.

Sonderkündigungsrecht

Den Mitgliedern einer Krankenkasse steht ein Sonderkündigungsrecht zu, wenn die Krankenkasse einen Zusatzbeitrag erstmalig erhebt oder diesen erhöht.

Die Kündigung muss bis zum Ablauf des Monats erklärt werden, für den der Zusatzbeitrag erstmals erhoben oder für den der Zusatzbeitragssatz erhöht wird. Auf das Sonderkündigungsrecht hat die Krankenkasse ihre Mitglieder in einem gesonderten Schreiben spätestens einen Monat vor Ablauf des Monats, für den der Zusatzbeitrag erstmals erhoben oder für den der Zusatzbeitragssatz erhöht wird, hinzuweisen.

Beispiel

Kündigungsfrist beim Zusatzbeitrag

Erhöhung des Zusatzbeitrags einer Krankenkasse zum	1.1.2024
Hinweispflicht auf das Sonderkündigungsrecht bis zum	31.12.2023
(maßgebend ist der Zugang des Schreibens beim Mitglied)	
Hinweis auf das Sonderkündigungsrecht durch die Krankenkasse fristgerecht am	18.12.2023
Wahl der neuen Krankenkasse am	11.1.2024
Ende der Mitgliedschaft am	31.3.2024
Beginn der neuen Mitgliedschaft bei der gewählten Krankenkasse am	1.4.2024

Der erstmalig erhobene oder der erhöhte Zusatzbeitragssatz ist auch bei der Ausübung des Sonderkündigungsrechts durch das Mitglied zu bezahlen.

Das Sonderkündigungsrecht hebt die Bindung an die 12-monatige allgemeine Bindungsfrist auf. Nach ausdrücklicher Bestimmung gilt das Sonderkündigungsrecht auch für Mitglieder, die einen Wahltarif in Anspruch nehmen.[1] Im Ergebnis führt das Sonderkündigungsrecht damit zur Aufhebung aller bestehenden Bindungsfristen. Für die Teilnehmer an einem Krankengeldwahltarif gilt das Sonderkündigungsrecht allerdings nicht.

Krankentagegeld

Das Krankentagegeld ist das privatversicherungsrechtliche Pendant zum Krankengeld der gesetzlichen Krankenversicherung. Es wird von privaten Versicherungsunternehmen direkt an den Bezugsberechtigten ausgezahlt. Es handelt sich dabei nicht um Arbeitsentgelt.

Krankentagegeld wird begrifflich gelegentlich mit dem Krankengeldzuschuss des Arbeitgebers verwechselt.

Zahlt ein Arbeitgeber seinem Arbeitnehmer auf freiwilliger Basis ein Krankentagegeld zusätzlich zur Entgeltfortzahlung (nicht zum Krankengeld der gesetzlichen Krankenversicherung), ist das Krankentagegeld in voller Höhe lohnsteuer- und sozialversicherungspflichtig.

Anders verhält es sich bei einem Zuschuss zum Krankengeld der gesetzlichen Krankenkasse. Hier gilt der Zuschuss nicht als beitragspflichtiges Arbeitsentgelt. Voraussetzung: Die Einnahmen dürfen zusammen mit dem Krankengeld das letzte Netto-Arbeitsentgelt nicht um mehr als 50 EUR monatlich übersteigen.

Gesetze, Vorschriften und Rechtsprechung

Sozialversicherung: Die Zuordnung zum Arbeitsentgelt regelt § 14 Abs. 1 Satz 1 SGB IV.

Entgelt	LSt	SV
Zusätzliches Krankentagegeld vom Arbeitgeber	pflichtig	pflichtig
Zuschuss des Arbeitgebers zum gesetzlichen Krankengeld	pflichtig	frei

Kreditkarte

Eine Kreditkarte ist eine Karte zur Zahlung von Waren und Dienstleistungen und wird daher als kartenbasiertes Zahlungsmittel angesehen. Oftmals gewähren Kreditkarten dem Karteninhaber einen Kredit. Die meisten Kreditkarten sind weltweit einsetzbar, sowohl im realen täglichen Geschäfts- wie Privatleben als auch bei Online-Geldtransaktionen. Sie wird im Fall von MasterCard oder Visa von Banken in Zusammenarbeit mit den Kreditkartenorganisationen ausgegeben, oder – im Fall von Diners und American Express – direkt von der Kartengesellschaft. Diese 4 Gesellschaften teilen sich nahezu den gesamten europäischen Kreditkartenmarkt.

Entgelt	LSt	SV
Überlassung überwiegend für dienstliche Zwecke	frei	frei
Überlassung überwiegend für private Zwecke	pflichtig	pflichtig

Lohnsteuer

Firmenkreditkarte

Zur Bestreitung der Ausgaben bei beruflich veranlassten Auswärtstätigkeiten stellen Arbeitgeber ihren Arbeitnehmern häufig Kreditkarten zur Verfügung, die über das Firmenkonto abgerechnet werden (sog. Firmenkreditkarte oder auch „Corporate Card"). Hierzu vereinbart der Arbeitgeber mit einem Kreditkartenunternehmen einen Rahmenvertrag, nach dem auf den Namen des Arbeitgebers und den Namen der jeweiligen Arbeitnehmer beliebig viele Corporate Cards ausgestellt werden. Die Gebühren für die Kreditkarten trägt i. d. R. der Arbeitgeber. In der Praxis stellt sich die Frage, wie die Übernahme der Kreditkartengebühren steuerlich zu würdigen ist.

Abrechnung über das Konto des Arbeitgebers

Wird die Firmenkreditkarte vom Arbeitnehmer überwiegend für beruflich veranlasste Auswärtstätigkeiten eingesetzt, liegt in der Übernahme der Kosten für die Firmenkreditkarte durch den Arbeitgeber kein steuerpflichtiger geldwerter Vorteil, weil die Übernahme der Kosten im ganz überwiegenden betrieblichen Interesse des Arbeitgebers liegt.

Die Möglichkeit, eine Firmenkreditkarte auch für Privatkäufe verwenden zu können, wird von der Finanzverwaltung nicht als geldwerter Vorteil angesehen, wenn die Privatkäufe im Verhältnis zu den gesamten Benutzungsfällen nur von untergeordneter Bedeutung sind.

Liegt dagegen im Einzelfall eine private Nutzung der Firmenkreditkarte von nicht nur untergeordneter Bedeutung vor, bleibt nur der Teil des Vorteils unbesteuert, der dem Anteil der Reisekostenumsätze am Gesamt-

1 § 53 Abs. 8 Satz 2 SGB V.

umsatz der Kreditkarte entspricht. Im Übrigen liegen Sachbezüge vor, die steuerfrei sind, wenn der geldwerte Vorteil zusammen mit anderen Sachbezügen 50 EUR (bis 2021: 44 EUR) im Kalendermonat nicht übersteigt.[1]

Abrechnung über das Konto des Arbeitnehmers

Wird die vom Arbeitgeber für dienstliche Zwecke überlassene Kreditkarte nicht über das Firmenkonto, sondern über das private Bankkonto des Arbeitnehmers abgerechnet, handelt es sich bei der Erstattung der Kreditkartengebühren an den Arbeitnehmer um eine Barzuwendung und nicht um einen Sachbezug.[2] Wird die Karte bei Arbeitnehmern mit umfangreicher Reisetätigkeit zur Abrechnung der Reisekosten und von Auslagen für den Betrieb eingesetzt, ist die Übernahme der Gebühr durch den Arbeitgeber steuerfrei.[3] Hierfür ist es erforderlich, dass der Arbeitgeber auf den monatlich vorgelegten Kreditkartenabrechnungen sämtliche dort ausgewiesenen Transaktionen im Rahmen der Reisekostenabrechnung kontrolliert und die Kreditkartenabrechnung zum Lohnkonto nimmt.

Wird die Kreditkarte jedoch in mehr als nur geringfügigem Umfang auch für andere Umsätze eingesetzt, bleibt lediglich der Teil der Kreditkartengebühr steuerfrei, der dem Anteil der Reisekosten und Auslagen an den gesamten Umsätzen entspricht.

Übernahme der Kreditkartengebühr

Überlässt der Arbeitgeber seinem Arbeitnehmer eine Kreditkarte unentgeltlich oder verbilligt überwiegend zur privaten Nutzung, entsteht ein steuerpflichtiger geldwerter Vorteil, soweit der Arbeitgeber die Kreditkartengebühr übernimmt. Ein weiterer ⬀ Sachbezug kann sich dadurch ergeben, dass aufgrund eines zwischen dem Arbeitgeber und der Kreditkartenorganisation abgeschlossenen Rahmenabkommens ggf. eine Kreditkartengebühr zu entrichten ist, die unter dem üblichen Endpreis liegt. Eine Hinzurechnung zum lohnsteuerpflichtigen Arbeitslohn entfällt, wenn der geldwerte Vorteil zusammen mit anderen Sachbezügen 50 EUR (bis 2021: 44 EUR) monatlich nicht übersteigt. In der Erstattung der vom Arbeitnehmer gegenüber einem Kreditinstitut geschuldeten Kreditkartengebühr für eine überwiegend privat genutzte Kreditkarte liegt dagegen stets steuerpflichtiger Barlohn vor.[4, 5]

Sozialversicherung

Bewertung als beitragspflichtiges Arbeitsentgelt

Für Arbeitnehmer mit umfangreicher Reisetätigkeit können Kreditkarten auf den Namen und für Rechnung des Arbeitgebers ausgegeben werden. Ob die Ausgabe der Kreditkarte beitragspflichtiges ⬀ Arbeitsentgelt darstellt, ist abhängig vom Verhältnis zwischen dienstlicher und privater Nutzung.

Überwiegend dienstliche Kreditkartennutzung

Ist die private gegenüber der dienstlichen Nutzung von untergeordneter Bedeutung, so liegt kein beitragspflichtiges Arbeitsentgelt im Sinne der Sozialversicherung vor.[6]

Privat genutzte Kreditkarte

Wird hingegen die Firmenkreditkarte in einem erheblichen Umfang auch privat genutzt, so stellt die Kreditkarte einen ⬀ geldwerten Vorteil und daher beitragspflichtiges Arbeitsentgelt im Sinne der Sozialversicherung dar.[7] Die gilt auch, wenn der Arbeitgeber die Gebühren einer privaten Kreditkarte an einen Arbeitnehmer erstattet und dieser die Karte in erheblichem Umfang privat nutzt.

Beitragsrechtliche Zuordnung

Die beitragsrechtliche Zuordnung erfolgt zu dem Entgeltabrechnungsmonat, für den die Firmenkreditkarte überlassen wird bzw. in dem der Arbeitgeber dem Arbeitnehmer die Gebühren erstattet.

1 § 8 Abs. 2 Satz 11 EStG.
2 § 8 Abs. 1 Satz 2 EStG.
3 § 3 Nr. 16 EStG.
4 § 8 Abs. 1 Satz 2 EStG.
5 BMF, Schreiben v. 13.4.2021, IV C 5 – S 2334/19/10007 :002, BStBl 2021 I S. 624.
6 § 1 SvEV.
7 § 14 Abs. 1 Satz 1 SGB V.

Kundenbewirtung

Erhält der Arbeitnehmer vom Arbeitgeber eine Mahlzeit, so stellt die Gewährung der Mahlzeit grundsätzlich einen geldwerten Vorteil dar. Von dieser Grundregel wird im Lohnsteuerrecht immer dann abgewichen, wenn die Gestellung der Mahlzeit im überwiegend betrieblichen Interesse liegt.

Die Beteiligung von Arbeitnehmern an einer geschäftlich veranlassten Bewirtung ist eine solche Mahlzeit. Dabei ist unerheblich, wer zu dieser geschäftlichen Bewirtung eingeladen hat. Maßgebend ist alleine die Tatsache, dass ein betrieblicher Anlass die Grundlage für die Bewirtung ist. Liegt ein betrieblicher Anlass vor, ist die Mahlzeit kein Arbeitslohn und damit auch kein Arbeitsentgelt.

Der Bewirtungsbeleg muss den Nachweis des betrieblichen Anlasses sowie in jedem Fall den Ort, das Datum, die beteiligten Personen sowie den Rechnungsbetrag enthalten.

Gesetze, Vorschriften und Rechtsprechung

Lohnsteuer: Zur steuerlichen Erfassung und Bewertung von Mahlzeiten, die der Arbeitgeber oder auf dessen Veranlassung ein Dritter aus besonderem Anlass an Arbeitnehmer abgibt s. R 8.1 Abs. 8 Nr. 1 LStR.

Sozialversicherung: Da in diesem Fall kein Arbeitslohn vorliegt, ist die Mahlzeit beitragsfrei.

Entgelt	LSt	SV
Kundenbewirtung aus betrieblichem Anlass	frei	frei

Kundenbindungsprogramme

Viele Unternehmen haben inzwischen Kundenbindungsprogramme eingeführt, bei denen der Kunde für die Inanspruchnahme einer Leistung Bonuspunkte erhält. Die Bonuspunkte können unter bestimmten Voraussetzungen in Sachprämien umgewandelt werden. Haben die eingelösten Bonuspunkte ihre wirtschaftliche Ursache in einem Dienstverhältnis zum Arbeitgeber, entsteht lohnsteuerpflichtiger Arbeitslohn, unabhängig von der Art der Prämie. Werden solche Prämien privat verwendet, liegt eine besondere Lohnzahlung durch Dritte vor.

Die in ihrer Art völlig unterschiedlich ausgestalteten Bonusprogramme machen eine differenzierte lohnsteuerliche Betrachtung erforderlich. Die steuerliche Behandlung der in der Praxis gebräuchlichsten Bonusprogramme hat die Finanzverwaltung in Erlassen geregelt. Sachprämien aus Kundenbindungsprogrammen sind bis zu 1.080 EUR jährlich lohnsteuerfrei. Sachprämien sind grundsätzlich beitragspflichtig; beitragsfrei sind sie nur, wenn sie steuerfrei gewährt oder durch den Prämienanbieter pauschal lohnversteuert werden.

Gesetze, Vorschriften und Rechtsprechung

Lohnsteuer: Der Steuerfreibetrag für Sachprämien aus Kundenbindungsprogrammen ist geregelt in § 3 Nr. 38 EStG. Die Pauschalbesteuerung durch den Prämienanbieter regelt § 37a EStG.

Sozialversicherung: Die Zuordnung von Sachprämien zum beitragspflichtigen Arbeitsentgelt ist in § 14 SGB IV und § 23a SGB IV geregelt. Die Beitragsfreiheit ist in § 1 SvEV i. V. m. § 3 Nr. 38 EStG begründet.

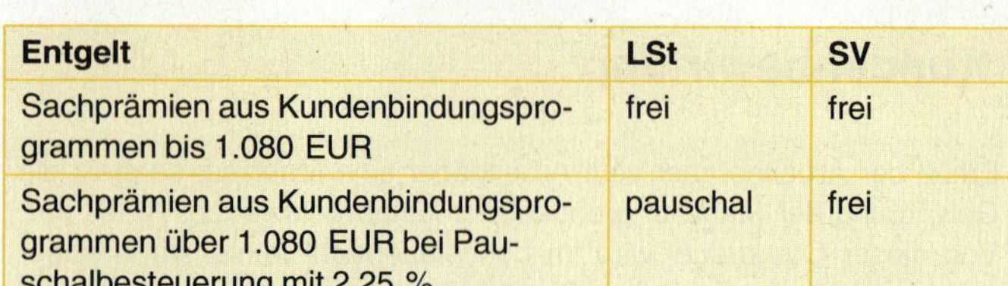

Entgelt	LSt	SV
Sachprämien aus Kundenbindungsprogrammen bis 1.080 EUR	frei	frei
Sachprämien aus Kundenbindungsprogrammen über 1.080 EUR bei Pauschalbesteuerung mit 2,25 %	pauschal	frei

Lohnsteuer

Steuerpflichtige Sachprämien

Verzichtet der Arbeitgeber auf die Herausgabe der vom Arbeitnehmer dienstlich erworbenen Prämien, und verwendet der Arbeitnehmer diese privat, liegt ein lohnsteuerpflichtiger ↗ geldwerter Vorteil vor. Privat verwendete Prämien des Arbeitnehmers müssen von diesem daher für Zwecke des Lohnsteuerabzugs dem Arbeitgeber mitgeteilt werden.

Hat der Arbeitgeber den Arbeitnehmer verpflichtet, die erworbenen Prämien nur für dienstliche Zwecke einzusetzen, liegt insoweit – mangels privater Verwendung – kein lohnsteuerpflichtiger geldwerter Vorteil vor.

Privat erworbene Bonuspunkte gehören immer zur steuerlich nicht relevanten privaten Lebensführung.

Steuervergünstigungen

Steuerfreibetrag von 1.080 EUR

Sachprämien, die aufgrund der Umwandlung von Prämienpunkten aus Kundenbindungsprogrammen im allgemeinen Geschäftsverkehr in einem planmäßigen Verfahren ausgeschüttet werden, sind bis zu 1.080 EUR jährlich steuerfrei.[1] Nicht begünstigt nach der Ausgestaltung der gesetzlichen Befreiungsvorschrift sind z. B. Preisnachlässe, Skonti und Rückvergütungen.

Pauschalbesteuerung durch Prämienanbieter

Übersteigt der geldwerte Vorteil den steuerfreien Jahresbetrag von 1.080 EUR, kann der Veranstalter, der die Bonusleistungen erbringt, anstelle des individuellen Lohnsteuerabzugs beim Arbeitnehmer die Besteuerung über Bonusleistungen durch eine vereinfachte Pauschalsteuer sicherstellen.[2] Die Besonderheit besteht darin, dass die Pauschalbesteuerung nicht durch den Arbeitgeber, sondern von dem jeweiligen Prämienanbieter vorgenommen wird.

Bemessungsgrundlage ist der Prämien-Gesamtwert

Die pauschale Einkommensteuer auf die steuerpflichtigen Teil-Prämien wird unmittelbar bei Ausschüttung mit einem festen Steuersatz von 2,25 % und abgeltender Wirkung erhoben. Bemessungsgrundlage der pauschalen Einkommensteuer ist der Gesamtwert der Prämien, die den insgesamt im Inland ansässigen Steuerpflichtigen für den betreffenden Erhebungszeitraum zufließen. Die Pauschalsteuer deckt die Besteuerung beim Arbeitnehmer ab. Pauschalbesteuerte Bonusleistungen bleiben deshalb bei der Einkommensteuererklärung des Arbeitnehmers außer Ansatz.

Wichtig

Information der Empfänger bei Pauschalbesteuerung

Der Prämienanbieter entscheidet, ob er von der Pauschalbesteuerung Gebrauch macht; dies erfolgt durch einen entsprechenden Antrag beim ↗ Betriebsstättenfinanzamt. Die pauschale Einkommensteuer für die gewährten Prämien muss zusammen mit der übrigen Lohnsteuer angemeldet und an das Betriebsstättenfinanzamt abgeführt werden. Aufgrund der Abgeltungswirkung der Pauschalbesteuerung muss der Prämienanbieter seine Kunden über die Steuerübernahme informieren. Die Deutsche Lufthansa beispielsweise informiert ihre Vielflieger über die Pauschalbesteuerung der „Miles & More“-Boni.

Antrag beim Betriebsstättenfinanzamt

Die Pauschalierung der Einkommensteuer ist vom Prämienanbieter bei seinem Betriebsstättenfinanzamt zu beantragen; dieses genehmigt die Pauschalierung mit Wirkung für die Zukunft. Die Genehmigung kann zeitlich befristet werden. Innerhalb des Genehmigungszeitraums gilt sie für sämtliche an einen inländischen Prämienempfänger ausgeschütteten Prämien.

Die pauschale Einkommensteuer, die vom Prämienanbieter zu übernehmen ist, gilt als Lohnsteuer. Sie ist deshalb in der ↗ Lohnsteuer-Anmeldung für die Betriebsstätte des Prämienanbieters anzumelden und an das Betriebsstättenfinanzamt abzuführen.

Im Gegenzug bleiben die pauschal besteuerten Prämien bei der Veranlagung der Prämienempfänger zur Einkommensteuer außer Ansatz. Aus diesem Grund ist das pauschalierende Unternehmen verpflichtet, die Prämienempfänger von der abgeltenden Pauschalbesteuerung zu unterrichten.

Kundenbindungsprogramme im Detail

Vielflieger-Programm Miles & More

Das bekannteste Prämienprogramm zur Kundenbindung ist das Vielflieger-Programm „Miles & More“ der Lufthansa. Aber auch viele andere Fluggesellschaften nutzen inzwischen vergleichbare Prämienmodelle. Der Wert der Prämie richtet sich hierbei im Wesentlichen nach der Anzahl der zurückgelegten Flugkilometer. Die Bonuspunkte werden auch Fluggästen gutgeschrieben, die im Auftrag und für Rechnung ihres Arbeitgebers fliegen. Mit den gutgeschriebenen Bonuspunkten können Freiflüge oder kostenlose Hotelaufenthalte in Anspruch genommen werden. Soweit diese Prämien für Dienstreisen verwendet werden, liegt kein lohnsteuerpflichtiger Arbeitslohn vor.

Verwendet der Arbeitnehmer diese Bonuspunkte für Privatreisen, entsteht Arbeitslohn in Höhe des Werts der Flugreise bzw. der Hotelunterbringung. Der Lohnzufluss erfolgt bei der tatsächlichen Inanspruchnahme der Prämien und nicht bereits bei Gutschrift der Bonuspunkte auf dem Prämienkonto. Es handelt sich um eine besondere ↗ Lohnzahlung durch Dritte, für die eine eigene Steuerbefreiung geschaffen wurde.[3]

Wichtig

Steuerfreibetrag von 1.080 EUR

Sachprämien aus Kundenbindungsprogrammen (z. B. Freiflüge oder freie Hotelübernachtungen) bleiben bis zur Höhe des Rabattfreibetrags steuerfrei. Die Vorteile aus solchen Bonusprogrammen unterliegen bis zu einem Gesamtbetrag von 1.080 EUR im Jahr nicht dem Lohnsteuerabzug.

Soweit Luftverkehrsgesellschaften ihren eigenen Arbeitnehmern unentgeltlich oder verbilligt Flüge überlassen, die unter den gleichen Beförderungsbedingungen auch an Fremdkunden erbracht werden, liegt eine Rabattgewährung vor, die über den Rabattfreibetrag von 1.080 EUR begünstigt ist.

Bonusprogramm Payback

Das Payback-Prämienprogramm umfasst einen Zusammenschluss verschiedener Unternehmen, die beim Einkauf gegen Vorlage der Payback-Karte Bonuspunkte auf dem persönlichen Punkte-Konto des Kunden gutschreiben.

Die Einlösung der Prämien erfolgt in Form von

- Sachprämien,
- Einkaufsgutscheinen oder
- Bargutschriften.

Das Angebot der meisten angeschlossenen Unternehmen richtet sich an Privatkunden, sodass die Einlösung privat erworbener Bonuspunkte steuerlich irrelevant ist.

1 § 3 Nr. 38 EStG.
2 § 37a EStG.
3 § 3 Nr. 38 EStG.

Dienstlich erworbene Payback-Punkte steuerpflichtig

Bei Tankstellenketten besteht jedoch die Möglichkeit, dass der Arbeitgeber für die Betankung der Firmenwagen den Arbeitnehmern eine Tankkarte zur Verfügung stellt. Soweit der Arbeitnehmer hierbei auf seinem privaten Payback-Punktekonto Bonuspunkte erwirbt, sind diese dienstlich erworbenen Bonuspunkte allerdings lohnsteuerpflichtiger Arbeitslohn. Für die Lohnversteuerung ist die Gutschrift der Bonuspunkte im Wege der Schätzung aufzuteilen.

Der Lohnzufluss erfolgt bereits bei Gutschrift der Bonuspunkte auf dem privaten Payback-Punktekonto. Dabei ist jeder Payback-Punkt grundsätzlich mit 1 Cent zu erfassen.

Payback-Karte und Dienstwagen

Für Firmenwageninhaber, deren geldwerter Vorteil für die Privatnutzung nach der 1-%-Methode berechnet wird, sind sämtliche Prämienvorteile mangels Aufteilungsmöglichkeit als Arbeitslohn zu erfassen. Dies gilt unabhängig davon, ob die Bonuspunkte auf die dienstliche oder private Fahrzeugnutzung entfallen. Wird die Firmenwagenbesteuerung nach der Fahrtenbuchmethode vorgenommen, ist nur der Anteil der Payback-Punkte als Arbeitslohn zu erfassen, die der Arbeitnehmer aufgrund der dienstlich gefahrenen Kilometer erhält. Die Gesamtfahrleistung ist entsprechend den Aufzeichnungen im Fahrtenbuch aufzuteilen.

Achtung

Keine Steuervergünstigung für Payback-Prämien

Das Kundenbindungsprogramm Payback begünstigt die Lieferung von Waren (im Wesentlichen von Treibstoff) und nicht die Inanspruchnahme von Dienstleistungen. Daher findet weder die Steuerbefreiungsvorschrift des § 3 Nr. 38 EStG noch die Pauschalierungsmöglichkeit des § 37a EStG Anwendung.

Die 50-EUR-Freigrenze (bis 2021: 44 EUR) findet auf das Payback-Punktesystem keine Anwendung, weil aufgrund der stets möglichen Bareinlösung im Zeitpunkt der Gutschrift kein Sachlohn vorliegt, sondern eine Geldleistung.

Beispiel

Lohnsteuerabzug bei betrieblichen Payback-Prämien

Ein Arbeitnehmer fährt mit seinem Firmenwagen jährlich 50.000 Kilometer. Die Firmenwagenbesteuerung erfolgt nach der 1-%-Methode. Soweit Payback-Punkte aus der Nutzung der Tankkarte gutgeschrieben werden, führt dies zu einem weiteren Lohnzufluss.

Bei einem Durchschnittsverbrauch von 6 Litern pro 100 Kilometer darf der Arbeitgeber den geldwerten Vorteil im Wege der Schätzung wie folgt ermitteln: 50.000 km × 0,06 Liter × 0,5 Cent = 15 EUR. Der Lohnsteuerabzug kann einmal jährlich mit der Dezemberabrechnung vorgenommen werden.

Bahnfahrer-Prämienprogramm „bahn.bonus“

Bahn.bonus ist das Prämienprogramm für Bahnfahrten mit der BahnCard der Deutschen Bahn. Für jede mit der BahnCard durchgeführte Zugfahrt werden dem BahnCard-Inhaber auf sein persönliches Kundenkonto Punkte gutgeschrieben. Ab einer bestimmten Punktezahl können die gesammelten Bonuspunkte in Sachprämien umgewandelt werden. Eine Umwandlung der Prämienpunkte ist beispielsweise in DB-Freifahrten, Genussscheine für das Bord-Restaurant oder First-Class-Upgrades möglich. Erfolgt eine private Verwendung von Bonuspunkten, die vom Arbeitnehmer auf dienstlichen Fahrten erworben wurden, liegt eine Drittlohnzahlung der Deutschen Bahn vor. Der Lohnzufluss ist jedoch erst bei der Prämieneinlösung anzunehmen.

Wichtig

Steuerfreibetrag von 1.080 EUR

Solche Sachprämien aus Kundenbindungsprogrammen (z.B. Bord-Restaurantgutscheine oder Freifahrten) bleiben bis zur Höhe des Rabattfreibetrags steuerfrei. Die Vorteile aus solchen Bonusprogrammen unterliegen danach bis zu einem Gesamtbetrag von 1.080 EUR im Jahr nicht dem Lohnsteuerabzug.

Die Deutsche Bahn AG macht nach ihren Informationen über das bahn.bonus-System von der Möglichkeit der Pauschalbesteuerung mit 2,25 % keinen Gebrauch. Gleichwohl wird dem Lohnsteuerabzug aufgrund des nur geringen betragsmäßigen Umfangs der Prämiengewährung nur in wenigen Fällen praktische Bedeutung zukommen. In diesen Fällen ist jedoch der Arbeitgeber zum individuellen Lohnsteuerabzug im Rahmen der Entgeltabrechnung des Arbeitnehmers verpflichtet.

Anzeigepflicht des Arbeitnehmers

Voraussetzung für den Lohnsteuerabzug bei der Prämiengewährung durch Dritte ist, dass der Arbeitgeber weiß oder zumindest erkennen kann, dass solche Vergütungen erbracht werden. Deshalb besteht für den Arbeitnehmer eine gesetzliche Anzeigepflicht. Er hat dem Arbeitgeber die dienstlich erworbenen und privat verwendeten Vorteile am Monatsende schriftlich mitzuteilen. Kommt der Arbeitnehmer seiner Anzeigepflicht nicht nach und kann der Arbeitgeber wie im Falle einer betrieblichen BahnCard aus seiner Mitwirkung an der Lohnzahlung des Dritten erkennen, dass der Arbeitnehmer zu Unrecht keine Angaben macht oder seine Angaben unzutreffend sind, hat der ⇗ Arbeitgeber dies dem ⇗ Betriebsstättenfinanzamt anzuzeigen.[1]

Eine Negativmeldung in Form einer Fehlanzeige wird vom Arbeitnehmer nicht verlangt.

Sozialversicherung

Erhalten Arbeitnehmer im Rahmen ihres Beschäftigungsverhältnisses ⇗ Sachprämien, gehören diese grundsätzlich zum beitragspflichtigen ⇗ Arbeitsentgelt im Sinne der Sozialversicherung.[2] Dies gilt auch für Prämien, die von einem Unternehmen im Rahmen der Kundenwerbung geleistet werden. Hierunter fallen z.B. die gewährten Bonusmeilen oder Prämiengeschenke aus dem „Miles & More“-Programm, wenn Arbeitnehmer die Ansprüche durch Flüge anlässlich von beruflich veranlassten Auswärtstätigkeiten erworben haben. Der Wert der Prämien richtet sich im Wesentlichen nach der Zahl der bei der jeweiligen Fluggesellschaft geflogenen Meilen.

Steuerfreie Prämien sind sozialversicherungsfrei

Diese Prämien bleiben nach § 3 Nr. 38 EStG allerdings bis zu einem Betrag in Höhe von 1.080 EUR steuerfrei und damit auch beitragsfrei.[3]

Ergänzend zu der Steuerfreiheit nach § 3 Nr. 38 EStG hat das Unternehmen, welches die Prämien gewährt, die Möglichkeit, den 1.080 EUR übersteigenden Betrag nach § 37a EStG pauschal zu versteuern. Die Pauschalbesteuerung von Sachzuwendungen nach § 37a EStG führt ebenfalls zur Beitragsfreiheit in der Sozialversicherung.[4] Die nach § 37a EStG pauschal besteuerten Prämien, die den Betrag von 1.080 EUR übersteigen, gehören daher nicht zum beitragspflichtigen Arbeitsentgelt in der Sozialversicherung.

Beitragspflichtige Prämien

Keine Beitragsfreiheit besteht allerdings in den Fällen, in denen die gutgeschriebenen Bonuspunkte als Barprämie eingelöst werden können oder keine Dienstleistungen in Anspruch genommen werden (z.B. Payback).

Künstler

Künstler und Publizisten im Sinne der Künstlersozialversicherung sind alle Personen, die nicht nur vorübergehend selbstständig erwerbstätig Musik, darstellende oder bildende Kunst schaffen, ausüben oder lehren oder als Schriftsteller, Journalist oder in ähnlicher Weise publizistisch tätig sind oder Publizistik lehren.

1 § 38 Abs. 4 Satz 2 EStG.
2 § 14 SGB IV.
3 § 1 Abs. 1 Nr. 1 SvEV.
4 § 1 Abs. 1 Nr. 13 SvEV.

Für bestimmte, im KSVG genannte Unternehmen, besteht Abgabepflicht auf alle an selbstständige Künstler/Publizisten geleistete Zahlungen für künstlerische/publizistische Leistungen/Werke. Das gilt für Zahlungsempfänger, die natürliche Personen sind. Dabei handelt es sich um eine Umlage, die keinen Personenbezug zum Auftrag nehmenden Künstler/Publizisten herstellt.

Gesetze, Vorschriften und Rechtsprechung

Der Einsatz von Künstlern kann aufgrund der spezifischen Anforderungen eine geschlechtsbezogene Differenzierung als wesentliche Anforderung nach § 8 AGG rechtfertigen.

Lohnsteuer: Die für den Berufszweig wichtige Abgrenzung zwischen selbstständiger und nichtselbstständiger Arbeit und die damit verbundenen Fragen zum Lohnsteuerabzug sind geregelt im sog. Künstlererlass des BMF, Schreiben v. 5.10.1990, IV B 6 – S 2332-73/90, BStBl 1990 I S. 638 ergänzt durch BMF, Schreiben v. 9.7.2014, IV C 5 – S 2332/0-07, BStBl 2014 I S. 1103. Bei der Besteuerung der Einkünfte aus nichtselbstständiger Arbeit beschränkt steuerpflichtiger Künstler ist das BMF-Schreiben v. 31.7.2002, IV C 5 – S 2369 – 5/02, BStBl 2002 I S. 707, mit Änderungen durch das BMF-Schreiben v. 28.3.2013, IV C 5 – S 2332/09/10002, BStBl 2013 I S. 443 zu beachten.

Sozialversicherung: Das Recht der Künstlersozialversicherung ist im Künstlersozialversicherungsgesetz (KSVG) geregelt. Ergänzend gelten die Entgeltverordnung (KSVG-EVO), die (jährliche) Abgabesatzverordnung und die Beitragsüberwachungsverordnung (KSVG-BÜVO). Bestimmte Vorschriften des Sozialgesetzbuches (SGB) finden Anwendung. Zur Abgrenzung selbstständiger Tätigkeit/abhängiger Beschäftigung gibt der Abgrenzungskatalog (GR v. 1.4.2022: Anlage 1) Orientierung. Die Spitzenverbände der Sozialversicherungsträger haben ein Gemeinsames Rundschreiben zur Durchführung des KSVG (GR v. 16.1.1996) veröffentlicht.

Lohnsteuer

Künstler als Arbeitnehmer

Arbeitnehmereigenschaft

Künstler können je nach Ausgestaltung der Verhältnisse selbstständig Tätige[1] oder Arbeitnehmer[2] sein. Typische Fälle der Arbeitnehmereigenschaft bei künstlerischer Tätigkeit sind die in einem festen Vertragsverhältnis stehenden Schauspieler, Sänger und Musiker an Theatern, ebenso die hauptberuflichen Dirigenten, das Chorpersonal, Ballettpersonal, Regisseure.

Tätigkeit bei Hörfunk und Fernsehen

Ob das bei den Fernsehanstalten beschäftigte künstlerische Personal selbstständig oder unselbstständig tätig ist, hängt neben den vertraglichen Vereinbarungen weitgehend von der tatsächlichen Gestaltung der Tätigkeit ab; hier gelten bundeseinheitliche Abgrenzungen.[3] Freie Mitarbeiter im Hörfunk und Fernsehen (sog. Fernsehkünstler) sind grundsätzlich nichtselbstständig beschäftigt, außer es handelt sich um die im sog. Negativkatalog des Künstlererlasses bezeichneten Mitarbeiter, soweit sie nur für einzelne Produktionen tätig werden.[4]

Tätigkeit bei Film- und Fernsehproduktionen

Handelt es sich um eine Tätigkeit bei Film- und Fernsehfilmproduzenten (sog. Filmkünstler), sind Filmautoren, Filmkomponisten und Fachberater im Allgemeinen nicht in den Organismus des Unternehmens eingegliedert, sodass ihre Tätigkeit i. d. R. selbstständig ist. Schauspieler, Regisseure, Kameraleute, Regieassistenten und sonstige Mitarbeiter in der Film- und Fernsehfilmproduktion sind dagegen im Allgemeinen nichtselbstständig.[5]

Gastspielverpflichtete Künstler

Gastspielverpflichtete Dirigenten üben regelmäßig eine nichtselbstständige Tätigkeit aus. Sie sind ausnahmsweise selbstständig tätig, wenn sie nur für kurze Zeit einspringen. Gastspielverpflichtete Schauspieler, Sänger, Tänzer und andere Künstler sind als Arbeitnehmer tätig, wenn sie eine Rolle in einer Aufführung übernehmen und gleichzeitig eine Probenverpflichtung zur Einarbeitung in die Rolle oder eine künstlerische Konzeption eingehen. Stell- oder Verständigungsproben reichen nicht aus. Voraussetzung ist außerdem, dass die Probenverpflichtung tatsächlich erfüllt wird. Die Zahl der Aufführungen ist nicht entscheidend.[6] Die gegenläufige Rechtsprechung des BFH[7], nach der für die Frage, ob eine gastspielverpflichtete Opernsängerin in einem Theaterbetrieb nichtselbstständig oder selbstständig tätig ist, auf das Gesamtbild der Verhältnisse und nicht auf die Verpflichtung zur Teilnahme an Proben abgestellt werden kann, wendet die Finanzverwaltung nicht an.[8]

Gastspielverpflichtete Regisseure, Choreographen, Bühnenbildner und Kostümbildner sind selbstständig tätige Steuerpflichtige.

Aushilfen für Chor und Orchester sind selbstständig tätig, wenn sie nur für kurze Zeit einspringen. Gastspielverpflichtete Künstler einschließlich der Instrumentalsolisten sind ebenso selbstständig, wenn sie an einer konzertanten Opernaufführung, einem Oratorium, Liederabend oder dergleichen mitwirken.[9]

Zahlt ein Musiktheater einem angestellten Orchestermusiker Vergütungen für die Übertragung von Leistungsschutzrechten für Fernsehausstrahlungen, handelt es sich nicht um Arbeitslohn, sondern um Einnahmen aus selbstständiger Arbeit. Voraussetzung ist, dass die Leistungsschutzrechte nicht bereits aufgrund des Arbeitsvertrags auf den Arbeitgeber übergegangen sind und die Höhe der jeweiligen Vergütungen in gesonderten Vereinbarungen festgelegt wurden.[10]

Kirchenmusiker

Organisten und Kirchenchorleiter sind grundsätzlich selbstständig, können aber nach den Umständen des Einzelfalles auch nichtselbstständig tätig sein, z. B. im Falle der Weisungsgebundenheit.

Beschränkt steuerpflichtige Künstler

Arbeitslohn inländischer Arbeitgeber

Für den Steuerabzug von Bezügen beschränkt einkommensteuerpflichtiger ausländischer Künstler ist entscheidend, ob die Bezüge als Arbeitslohn von einem inländischen Arbeitgeber gezahlt werden.

Übt der Künstler eine nichtselbstständige Tätigkeit für einen inländischen Arbeitgeber aus, unterliegen die Vergütungen dem Lohnsteuerabzug. Grundlage für den Lohnsteuerabzug ist die vom Betriebsstättenfinanzamt ausgestellte Bescheinigung über die persönlichen Besteuerungsmerkmale.[11] Danach kann der Arbeitgeber die Lohnsteuer auch pauschal erheben bei beschränkt einkommensteuerpflichtigen Künstlern, die als

- gastspielverpflichtete Künstler bei Theaterbetrieben,
- freie Mitarbeiter für den Hörfunk und Fernsehfunk oder
- Mitarbeiter in der Film- und Fernsehproduktion

nichtselbstständig tätig sind und vom Arbeitgeber nur kurzfristig, höchstens für 6 zusammenhängende Monate, beschäftigt werden.

1 § 18 Abs. 1 Nr. 1 EStG.
2 § 19 EStG.
3 BMF, Schreiben v. 5.10.1990, IV B 6 – S 2332 – 73/90, BStBl 1990 I S. 638 ergänzt durch BMF, Schreiben v. 9.7.2014, IV C 5 – S 2332/0-07, BStBl 2014 I S. 1103, sog. Künstlererlass.
4 BMF, Schreiben v. 5.10.1990, IV B 6 – S 2332 – 73/90, BStBl 1990 I S. 638, Rzn. 1.3.1 und 1.3.2.
5 BMF, Schreiben v. 5.10.1990, IV B6 – S 2332 – 73/90, BStBl 1990 I S. 638, Rz. 1.4.
6 BMF, Schreiben v. 5.10.1990, IV B 6 – S 2332 – 73/90, BStBl 1990 I S. 638, Rz. 1.1.2.
7 BFH, Urteil v. 30.5.1996, V R 2/95, BStBl 1996 II S. 493.
8 FinMin Sachsen v. 5.3.1997, 34 – S 2332 – 51/14 – 11504.
9 BMF, Schreiben v. 5.10.1990, IV B 6 – S 2332 – 73/90, BStBl 1990 I S. 638, Rz. 1.1.2.
10 BFH, Urteil v. 6.3.1995, VI R 63/94, BStBl 1995 II S. 471.
11 BMF, Schreiben v. 31.7.2002, IV C 5 – S 2369 – 5/02, BStBl 2002 I S. 707, teilweise überholt durch BMF, Schreiben v. 28.3.2013, IV C 5 – S 2332/09/10002, BStBl 2013 I S. 443.

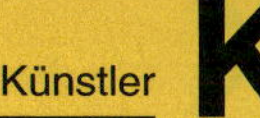

Höhe der Pauschalbesteuerung

Die pauschale Lohnsteuer beträgt 20 % der Einnahmen, wenn der Künstler die Lohnsteuer trägt. Übernimmt der Arbeitgeber die Lohnsteuer und den Solidaritätszuschlag von 5,5 % der Lohnsteuer, so beträgt die Lohnsteuer 25,35 % der Einnahmen; sie beträgt 20,22 % der Einnahmen, wenn der Arbeitgeber nur den Solidaritätszuschlag übernimmt. Der Solidaritätszuschlag beträgt zusätzlich jeweils 5,5 % der Lohnsteuer.[1]

Arbeitslohn ausländischer Arbeitgeber

Werden die Vergütungen nicht von einem inländischen Arbeitgeber gezahlt, unterliegen die Einnahmen aus inländischer Tätigkeit einem pauschalen Steuerabzug von 15 %. Bei Einnahmen bis zu 250 EUR je Darbietung wird auf einen Steuerabzug verzichtet.[2]

Sozialversicherung

Versicherungspflicht

Versicherungspflicht tritt ein, wenn der selbstständige Künstler/Publizist

- überwiegend im Inland tätig ist,
- seine künstlerische/publizistische Tätigkeit erwerbsmäßig und nicht nur vorübergehend ausübt[3] und
- im Zusammenhang mit der künstlerischen/publizistischen Tätigkeit nicht mehr als einen ⇗ Arbeitnehmer beschäftigt, es sei denn, die Beschäftigung dient der Berufsausbildung oder ist eine ⇗ geringfügig entlohnte oder ⇗ kurzfristige Beschäftigung i. S. d. § 8 SGB IV.[4]

Ausnahmen von der Versicherungspflicht

Einkommensgrenze

Der Renten-, Kranken- und Pflegeversicherungspflicht unterliegt nicht, wer nur ein geringes Einkommen aus einer selbstständigen künstlerischen/publizistischen Tätigkeit erzielt. Als geringfügig in diesem Sinne gilt ein jährliches Arbeitseinkommen, das 3.900 EUR nicht übersteigt.[5]

Hinweis

Keine Sonderregelungen mehr durch die Corona-Pandemie

Die Mindesteinkommensgrenze nach dem KSVG in Höhe von 3.900 EUR jährlich wurde in den Jahren 2020 bis 2022 ausgesetzt. Musste die Einkommenserwartung eines über die KSK Versicherten aufgrund der Corona-Pandemie herabgesetzt werden, wurde die Versicherungspflicht also auch dann fortgesetzt, wenn das Mindesteinkommen nach erfolgter Einschätzung nicht erreicht werden konnte. Für Künstler oder Publizisten, die durch die Minderung des Einkommens die Voraussetzungen für die Versicherungspflicht nicht mehr erfüllten, wurde trotzdem die Versicherung nicht beendet. Der bestehende Versicherungsschutz ging durch eine solche Einkommenskorrektur bis auf Weiteres nicht verloren.

Die entsprechende Sonderregelung wurde vom Gesetzgeber nicht verlängert und lief zum 31.12.2022 aus.

Die Geringfügigkeitsgrenze gilt nicht innerhalb der ersten 3 Jahre nach der erstmaligen Aufnahme der Tätigkeit für sog. Berufsanfänger.[6] Versicherungspflicht tritt in dieser Zeit also auch bei einem Arbeitseinkommen unterhalb der Geringfügigkeitsgrenze ein. Die Frist von 3 Jahren verlängert sich um Zeiträume, in denen eine Versicherung nach dem KSVG nicht bestanden hat. Diese Regelung kommt neben Wehr- oder Zivildienstleistenden vor allem Frauen in Mutterschutz und ⇗ Elternzeit sowie Künstlern und Publizisten, die zeitweise eine Arbeitnehmertätigkeit ausüben, zugute. Außerdem werden Zeiten, in denen Studierende eine selbstständige künstlerische oder publizistische Tätigkeit ausüben, nicht auf die Berufsanfängerfrist angerechnet.

Krankenversicherung

Für Berufsanfänger besteht die Möglichkeit, sich innerhalb von 3 Monaten von der Krankenversicherungspflicht nach dem KSVG befreien zu lassen, wenn eine Versicherung bei einem privaten Krankenversicherungsunternehmen nachgewiesen wird.[7]

Die Befreiung von der Krankenversicherungspflicht endet dabei 3 Jahre nach der erstmaligen Aufnahme der Tätigkeit für sog. Berufsanfänger mit Ablauf des nächstfolgenden 31.3.[8]

Wer als Berufsanfänger am 1.1.2023 von der Versicherungspflicht in der gesetzlichen Krankenversicherung dauerhaft befreit ist, bleibt befreit, sofern er nicht schriftlich gegenüber der Künstlersozialkasse erklärt, dass seine Befreiung von der Versicherungspflicht enden soll.[9]

In der Kranken- und Pflegeversicherung sind diejenigen Künstler und Publizisten, die bereits als ⇗ Arbeitnehmer der Versicherungspflicht unterliegen, nicht auch noch nach dem KSVG versicherungspflichtig. Arbeitnehmer, die nur wegen Überschreitens der ⇗ Jahresarbeitsentgeltgrenze nicht der Krankenversicherungspflicht unterliegen, werden auch nicht nach dem KSVG versichert. Ebenso werden Arbeitslosengeldbezieher, ⇗ freiwillige Mitglieder der gesetzlichen Krankenversicherung und ⇗ Beamte nicht von dem Gesetz erfasst.

Befreiung von der Versicherungspflicht in der Krankenversicherung

Künstler/Publizisten, die in 3 aufeinanderfolgenden Kalenderjahren ein Einkommen erzielen, das über der Jahresarbeitsentgeltgrenze liegt, werden auf ihren Antrag von der Krankenversicherungspflicht befreit.[10] Berufsanfänger, die bisher begrenzt auf 3 Jahre von der Versicherungspflicht in der Krankenversicherung befreit waren, können sich bei Vorliegen der Voraussetzungen somit nahtlos weiter befreien lassen.[11]

Die Befreiung ist aber zu widerrufen, wenn das Arbeitseinkommen einen bestimmten Betrag unterschreitet. Darüber hinaus ist auf Antrag eine Befreiung von der gesetzlichen Krankenversicherung möglich, wenn eine ausreichende private Krankenversicherung besteht. Wer von der Krankenversicherung befreit worden ist, erhält einen Beitragszuschuss, wenn eine private Krankenversicherung besteht.[12] Eine private Krankenversicherung kann vorzeitig gekündigt werden, wenn nach dem KSVG Krankenversicherungspflicht eintritt.[13]

Rentenversicherung

In der Rentenversicherung sind im Wesentlichen dieselben Personen von der Versicherungspflicht nach dem KSVG ausgenommen wie in der Krankenversicherung. Das gilt auch für Künstler/Publizisten, die bereits aus einer Beschäftigung ein beitragspflichtiges Arbeitsentgelt beziehen, wenn dieses während des Kalenderjahres voraussichtlich mindestens die Hälfte der für dieses Jahr geltenden ⇗ Beitragsbemessungsgrenze in der Rentenversicherung beträgt. Ausgenommen von der Rentenversicherungspflicht sind ferner

- Personen, die als ⇗ Handwerker rentenversichert sind,
- Bezieher einer Vollrente wegen Alters,
- Personen, die nach Ablauf des Monats, in dem die Regelaltersgrenze erreicht wurde, eine Vollrente wegen Alters aus der gesetzlichen Rentenversicherung bezieht; das gilt nicht, wenn durch schriftliche Erklärung gegenüber der Künstlersozialkasse auf die Versicherungsfreiheit verzichtet wird; der Verzicht kann nur mit Wirkung für die Zukunft erklärt werden und ist für die Dauer der selbstständigen künstlerischen oder publizistischen Tätigkeit bindend,

1 BMF, Schreiben v. 28.3.2013, IV C 5 S 2332/09/10002, BStBl 2013 I S. 443.
2 § 50a Abs. 2 EStG.
3 § 1 Nr. 1 KSVG.
4 § 1 Nr. 2 KSVG.
5 § 3 Abs. 1 KSVG.
6 § 3 Abs. 2 KSVG.
7 § 6 Abs. 1 KSVG.
8 § 6 Abs. 2 Satz 1 KSVG.
9 § 56a Abs. 3 KSVG.
10 § 7 KSVG.
11 § 6 Abs. 2 Satz 1 KSVG.
12 § 10a KSVG.
13 § 9 KSVG.

- Personen, die Landwirte i. S. d. § 1 ALG sind,
- Personen, die als Wehr- oder Zivildienstleistender in der gesetzlichen Rentenversicherung versichert sind.

Arbeitslosenversicherung

In der Arbeitslosenversicherung sind selbstständige Künstler/Publizisten nicht versicherungspflichtig, da es sich nicht um unselbstständig Beschäftigte handelt.

Beiträge zur Künstlersozialversicherung

Die Künstlersozialkasse (KSK) in Wilhelmshaven führt den Beitragseinzug durch. Sie ist organisatorisch bei der Unfallversicherung Bund und Bahn angesiedelt. Leistungen aus den Sozialversicherungen werden durch deren jeweilige Träger erbracht.

Kranken-/Pflegeversicherung

Die Künstlersozialversicherung wird zur Hälfte durch Beitragsanteile der selbstständigen Künstler/Publizisten (50 %) und zur anderen Hälfte durch die Künstlersozialabgabe der abgabepflichtigen Unternehmen (30 %) sowie durch einen Zuschuss des Bundes finanziert (20 %).

Der Beitragsanteil des Versicherten bemisst sich für die Krankenversicherung nach dem Arbeitseinkommen, und zwar bis zur Höhe der ⬀ Beitragsbemessungsgrenze (2023: 4.987,50 EUR mtl.; 2022: 4.837,50 EUR mtl.). In der Krankenversicherung werden die Beiträge für die versicherungspflichtigen Künstler nach dem Versichertenanteil des allgemeinen Beitragssatzes berechnet.[1] Erhebt die Kasse einen kassenindividuellen Zusatzbeitrag, ist dieser ebenfalls zu entrichten.[2]

Die Beitragsbemessungsgrenze (BBG) für die Krankenversicherung gilt auch für die Pflegeversicherung. Als Beitragssatz ist die Hälfte des gesetzlich festgelegten Beitragssatzes der Pflegeversicherung zugrunde zu legen (seit 1.7.2023: 3,4 %; halber Beitragssatz: 1,7 %). Für kinderlose Künstler gilt darüber hinaus der Beitragszuschlag in Höhe von 0,6 %.

Bei Personen mit mehreren Kindern unter 25 Jahren reduziert sich der Beitragssatz darüber hinaus ab dem 2. bis zum 5. Kind um einen Abschlag in Höhe von 0,25 Beitragssatzpunkten je Kind.

Dieser kinderbezogene Abschlag gilt bis zum Ablauf des Monats, in dem das jeweilige Kind das 25. Lebensjahr vollendet hat.

Rentenversicherung

Zur Rentenversicherung haben die Versicherten ebenfalls grundsätzlich Beiträge bis zur ⬀ Beitragsbemessungsgrenze (BBG) in der Rentenversicherung zu entrichten (2024: 7.550 EUR/West bzw. 7.450 EUR/Ost mtl.; 2023: 7.300 EUR/West bzw. 7.100 EUR/Ost mtl.). Übersteigt das Arbeitseinkommen die BBG, so bemisst sich der Beitragsanteil auch nach dem höheren Einkommen, jedoch höchstens bis zum 2-fachen der Beitragsbemessungsgrenze. Dieser erhöhte Beitrag wird dem Versicherten gutgeschrieben. Den gutgeschriebenen Betrag verwendet die Künstlersozialkasse dazu, in den Jahren, in denen das Jahresarbeitseinkommen des Versicherten die BBG nicht erreicht, den vom Versicherten nach dem tatsächlichen Arbeitseinkommen zu entrichtenden Beitrag entsprechend zu erhöhen.

Als Beitragssatz für die Berechnung der Rentenversicherungsbeiträge ist die Hälfte des jeweils festgesetzten Beitragssatzes der Rentenversicherung zugrunde zu legen.

Meldeverfahren

Wer als selbstständiger Künstler/Publizist der Versicherungspflicht nach dem KSVG unterliegt, hat sich selbst bei der Künstlersozialkasse zu melden und alle erforderlichen Angaben zu machen. Das Arbeitseinkommen ist der Künstlersozialkasse jährlich vorausschauend innerhalb bestimmter Fristen zu melden. Die Künstlersozialkasse übersendet entsprechende Vordrucke. Bei Verstößen können bis zu 5.000 EUR Bußgeld erhoben werden.

1 § 241 i. V. m. § 250 Abs. 1 SGB V.
2 § 242 SGB V.

Künstlersozialabgabe der Unternehmen/Auftraggeber

Die Künstlersozialabgabe (KSA) stellt den Umlagebeitrag der abgabepflichtigen Unternehmen (Auftraggeber) dar, der an die KSK zu zahlen ist.

> **Achtung**
>
> **Zahlungspflicht kraft Gesetzes**
>
> Die Zahlungspflicht zur KSA wird kraft Gesetzes und aufgrund der Art und Häufigkeit der vom Unternehmen beauftragten künstlerischen bzw. publizistischen Leistungen ausgelöst. Dies gilt ausnahmslos für alle Wirtschaftszweige.

Abgabepflichtige Unternehmen

Abgabepflichtig nach dem KSVG sind

- Unternehmen, die typischerweise künstlerische oder publizistische Werke oder Leistungen selbstständiger Künstler/Publizisten in Anspruch nehmen[3]
- Unternehmen, die für Zwecke des eigenen Unternehmens Werbung oder Öffentlichkeitsarbeit betreiben und dabei Aufträge an selbstständige Künstler/Publizisten erteilen (sog. Eigenwerber)[4] und
- Unternehmen, die unter die sog. Generalklausel fallen, wenn sie Aufträge an selbstständige Künstler/Publizisten erteilen, um deren Werke/Leistungen für Zwecke ihres Unternehmens zu nutzen und im Zusammenhang damit Einnahmen erzielt werden sollen.[5]

Ausschluss der Abgabepflicht (Geringfügigkeitsregelungen)

Die Abgabepflicht setzt voraus, dass die Summe der Entgelte für einen in einem Kalenderjahr erteilten Auftrag oder mehrere in einem Kalenderjahr erteilte Aufträge 450 EUR übersteigt. Bleiben die Entgelte unter der 450-EUR-Grenze, besteht keine Abgabepflicht.[6] Diese Regelung gilt nur für Eigenwerbung/Öffentlichkeitsarbeit treibende Unternehmen und solche, die unter die sog. Generalklausel fallen. Unternehmen, die typischerweise künstlerische/publizistische Leistungen/Werke selbstständiger Künstler/Publizisten in Anspruch nehmen, sind davon nicht betroffen.

Für die sog. Generalklausel besteht eine Abgabepflicht auch nicht für Entgelte, die im Rahmen der Durchführung von Veranstaltungen gezahlt werden, wenn in einem Kalenderjahr nicht mehr als 3 Veranstaltungen durchgeführt werden, in denen künstlerische oder publizistische Werke oder Leistungen aufgeführt oder dargeboten werden.[7] Für Musikvereine besteht dem Grunde nach keine Abgabepflicht.[8]

Die Entscheidung des Bundessozialgerichts vom 1.6.2022, dass eine einmalige Auftragserteilung mit einem Entgelt in Höhe von mehr als 450 EUR innerhalb eines mehrjährigen Erfassungszeitraums ebenfalls nicht zur Abgabepflicht führt, beruht auf einer alten Fassung des § 24 KSVG, in der „gelegentliche" Aufträge von der Abgabepflicht ausgeschlossen waren.[9] Durch die Gesetzesänderung wurde dem Urteil entgegengewirkt.

Bemessungsgrundlage

Bemessungsgrundlage für die von den Unternehmen zu zahlende Künstlersozialabgabe sind alle in einem Kalenderjahr an selbstständige Künstler und Publizisten gezahlten Entgelte.[10] Entgelt ist alles, was der Unternehmer aufwendet, um das künstlerische bzw. publizistische Werk bzw. die Leistung zu erhalten oder zu nutzen.

3 § 24 Abs. 1 KSVG.
4 § 24 Abs. 2 Satz 1 Nr. 1 KSVG.
5 § 24 Abs. 2 Satz 1 Nr. 2 KSVG.
6 § 24 Abs. 2 Satz 2 KSVG.
7 § 24 Abs. 2 Satz 3 Nr. 1 KSVG.
8 § 24 Abs. 2 Satz 3 Nr. 2 KSVG.
9 BSG, Urteil v. 1.6.2022, B 3 KS 3/21 R.
10 § 25 KSVG.

Dazu gehören auch sämtliche Auslagen und Nebenkosten, die einem Künstler oder Publizisten erstattet werden, z. B. für Material, Transport, Telefon sowie nicht künstlerische Nebenleistungen.

Nicht zur Bemessungsgrundlage gehören die gesondert ausgewiesene Umsatzsteuer, steuerfreie Aufwandsentschädigungen im Rahmen der steuerlichen Grenzen, die Übungsleiterpauschale nach § 3 Nr. 26 Einkommensteuergesetz und Zahlungen an urheberrechtliche Verwertungsgesellschaften (z. B. GEMA). Diese Zahlungen müssen aber erkennbar gesondert in der Rechnung aufgeführt werden.Gesondert ausgewiesene Kosten der Vervielfältigung (z. B. Druckkosten) werden ebenfalls nicht zur Bemessungsgrundlage herangezogen.

Aufgrund des Wortlautes des § 25 KSVG bleiben folgende Zahlungen außen vor:

1. Zahlungen an eine offene Handelsgesellschaft (OHG)
2. Zahlungen an eine Kommanditgesellschaft (KG)
3. Zahlungen an juristische Personen des privaten und öffentlichen Rechts (GmbH, AG, e. V., Körperschaften des öffentlichen Rechts etc.)

Achtung

Versicherungspflicht des Auftragnehmers ist unerheblich

Die Abgabepflicht der Unternehmen besteht, sobald die gesetzlichen Voraussetzungen vorliegen. Das heißt, sind die Tatbestandsmerkmale des § 24 KSVG – Betreiben eines der dort genannten Unternehmen unter den dort beschriebenen Bedingungen – erfüllt, vergleichbar der Versicherungspflicht in der „klassischen" Sozialversicherung, tritt die Abgabepflicht nach dem KSVG ein. Der sozialversicherungsrechtliche oder steuerrechtliche Status des Auftragnehmers (Künstlers/Publizisten) spielen keine Rolle.

Abgabesatz

Die Künstlersozialabgabe wird in Höhe eines für alle abgabepflichtigen Unternehmen geltenden einheitlichen Prozentsatzes von den Entgeltzahlungen an selbstständige Künstler und Publizisten erhoben. Er beträgt im Jahr 2024 5,0 % (2023: 5,0 %).

Jahresmeldung zu gezahlten Nettoentgelten

Abgabepflichtige Unternehmen sind verpflichtet, sich selbst bei der KSK zu melden. Nach Feststellung der Abgabepflicht durch die KSK oder die Deutsche Rentenversicherung haben sie jeweils bis zum 31.3. des Folgejahres der KSK sämtliche an selbstständige Künstler/Publizisten gezahlten Nettoentgelte des Vorjahres mitzuteilen (Jahresmeldung). Für die Mitteilung der Entgelte stellt die KSK besondere Vordrucke zur Verfügung; elektronische Meldungen sind bei Vorliegen bestimmter Voraussetzungen möglich.

Achtung

Keine Meldung nach der DEÜV erforderlich

Das DEÜV-Meldeverfahren ist im Zusammenhang mit selbstständig tätigen Künstlern/Publizisten bzw. der KSA nicht anzuwenden. Für die tatsächlich über die KSK versicherten Künstler/Publizisten wird das Meldeverfahren durch die KSK durchgeführt.

Pflichten der Unternehmen

Meldepflichten

Aufgrund der Jahresmeldung ermittelt die KSK den zu zahlenden Betrag der KSA und teilt diesen dem abgabepflichtigen Unternehmen per Abrechnungsbescheid mit.

Für das jeweils laufende Kalenderjahr hat das abgabepflichtige Unternehmen monatliche Vorauszahlungen zu leisten (vergleichbar dem Umsatzsteuerrecht). Grundlagen sind die Entgelte des vorangegangenen Kalenderjahres sowie der Abgabesatz des laufenden Kalenderjahres. Die monatlichen Vorauszahlungen stellt die KSK fest und teilt diese dem abgabepflichtigen Unternehmen mit. Sie gelten immer für die Zeit vom 1.3. des laufenden Jahres bis zum 28./29.2. des Folgejahres.

Kommen Unternehmen ihren Meldepflichten nicht nach, wird die Höhe der Entgelte von der KSK oder dem für die ⇗ Betriebsprüfung zuständigen Rentenversicherungsträger geschätzt oder ein Bußgeld von bis zu 50.000 EUR festgesetzt.

Aufzeichnungspflichten

Abgabepflichtige Unternehmen sind verpflichtet, alle an selbstständige Künstler oder Publizisten gezahlten Entgelte aufzuzeichnen. Bei Verletzung kann ein Bußgeld bis zu 50.000 EUR festgesetzt werden.

Auskunfts-/Vorlagepflichten

Abgabepflichtige Unternehmen haben der KSK oder der DRV auf Verlangen alle notwendigen Angaben zu machen und die erforderlichen Unterlagen vorzulegen. Bei Zuwiderhandlungen kann ein Bußgeld bis zu 50.000 EUR festgesetzt werden.

Kurzarbeit

Kurzarbeit bezeichnet die vorübergehende Verkürzung der betriebsüblichen normalen Arbeitszeit. Sie ist regelmäßig verbunden mit einer entsprechenden Minderung des Arbeitsentgelts der betroffenen Arbeitnehmer.

Kurzarbeit ist ein Mittel, um vorübergehende Auftrags- oder Produktionsschwankungen durch eine spezifische Arbeitszeitregelung zu überbrücken. Betroffenen Arbeitnehmern sollen damit die Arbeitsplätze und den Arbeitgebern die eingearbeiteten Arbeitskräfte erhalten bleiben. Bei Vorliegen der gesetzlich bestimmten Voraussetzungen haben die Arbeitnehmer Anspruch auf Kurzarbeitergeld in Höhe von 60 % bzw. 67 % des ausfallenden Nettoentgelts.

Gesetze, Vorschriften und Rechtsprechung

Sozialversicherung: Das Kurzarbeitergeld ist in den §§ 95 ff. SGB III geregelt. Für die Berechnung des Kurzarbeitergeldes ist der vom Bundesministerium für Arbeit und Soziales (BMAS) im Bundesanzeiger bekannt gegebene Programmablaufplan maßgebend (§ 106 Abs. 1 Satz 5 SGB III, BAnz v. 16.1.2023).

Entgelt	LSt	SV
Kurzlohn/-entgelt (= vermindertes Entgelt wg. Kurzarbeit)	pflichtig	pflichtig
Kurzarbeitergeld (Sozialleistung) * Zur KV, PV und RV.	frei	pflichtig*

Lohnsteuer

Kurzarbeitergeld

Das Kurzarbeitergeld (einschließlich dessen Sonderformen) ist steuerfrei.[1] Es unterliegt jedoch dem ⇗ Progressionsvorbehalt.[2] Dies gilt auch, wenn der Arbeitgeber das Kurzarbeitergeld der Arbeitsagentur auszahlt. Beim Ausfall voller Arbeitstage entsteht kein Teillohnzahlungszeitraum. Daher ist stets die Monatstabelle anzuwenden.

Achtung

Eintragungen in der elektronischen Lohnsteuerbescheinigung

Da das Kurzarbeitergeld dem Progressionsvorbehalt unterliegt, muss es in Nr. 15 der ⇗ Lohnsteuerbescheinigung gesondert eingetragen werden.

1 § 3 Nr. 2 Buchst. a EStG.
2 § 32b Abs. 1 Satz 1 Nr. 1 Buchst. a EStG.

Fallen mehr als 5 aufeinanderfolgende Arbeitstage aus, ist kein Eintrag des Buchstabens U im Lohnkonto erforderlich, da die Höhe des Kurzarbeitergeldes gesondert in Nr. 15 der Lohnsteuerbescheinigung zu bescheinigen ist.[1]

Sobald Kurzarbeitergeld gezahlt worden ist, darf der Arbeitgeber für diesen Arbeitnehmer keinen ⇗ Lohnsteuer-Jahresausgleich durchführen; auch der sog. permanente Jahresausgleich ist nicht zulässig.

Für die Berücksichtigung der Vorsorgeaufwendungen als Sonderausgaben i. R. d. Höchstbeträge oder der Vorsorgepauschale rechnet das Kurzarbeitergeld nicht zum Arbeitslohn bzw. der Bemessungsgrundlage.

Zuschuss zum Kurzarbeitergeld

Um die für den Arbeitnehmer finanziell nachteiligen Auswirkungen der Kurzarbeit abzumildern, gewähren manche Arbeitgeber einen Zuschuss zum Kurzarbeitergeld. Der Zuschuss zum Kurzarbeitergeld gehört zum steuerpflichtigen Arbeitslohn.

Die steuerfreien Arbeitgeberzuschüsse unterliegen dem Progressionsvorbehalt und müssen in Nr. 15 der Lohnsteuerbescheinigung gesondert eingetragen werden.

Freiwillige Arbeitgeberzahlungen

Freiwillige Zahlungen des Arbeitgebers sind steuerpflichtiger Arbeitslohn. Fallen in einen Lohnzahlungszeitraum sowohl Tage, an denen gearbeitet wurde und für die der übliche Arbeitslohn gezahlt wird, als auch Ausfalltage mit Kurzarbeitergeld, so ist auf den Arbeitslohn die Lohnsteuertabelle anzuwenden, die auch anzuwenden gewesen wäre, wenn während des gesamten Lohnzahlungszeitraums gearbeitet worden wäre. Da insoweit kein Teillohnzahlungszeitraum entsteht, ist die günstigere Monatstabelle – und nicht etwa die Tagestabelle – anzuwenden.

Sozialversicherung

Das Leistungssystem des Kurzarbeitergeldes

Das Kurzarbeitergeld ist ein Leistungssystem der Arbeitslosenversicherung. Kernleistung ist das konjunkturelle oder allgemeine Kurzarbeitergeld, das bei vorübergehenden Arbeitsausfällen gezahlt wird. Eine Sonderform ist das ⇗ Saison-Kurzarbeitergeld, das in der Schlechtwetterzeit vom 1.12. bis 31.3. bei witterungsbedingten oder wirtschaftlich begründeten Arbeitsausfällen im Baugewerbe gezahlt wird. Das Leistungssystem wird durch das Transfer-Kurzarbeitergeld ergänzt. Dieses dient – im Gegensatz zu den beiden anderen Leistungsformen – nicht dem Erhalt von Arbeitsplätzen, sondern soll bei Betriebsänderungen einen sozialverträglichen Personalabbau ermöglichen.

Anspruchsvoraussetzungen

Arbeitnehmer haben Anspruch auf Kurzarbeitergeld, wenn

- ein erheblicher Arbeits- und Entgeltausfall vorliegt, d. h. im jeweiligen Kalendermonat mindestens $^1/_3$ der im Betrieb Beschäftigten von einem Entgeltausfall von jeweils mehr als 10 % ihres monatlichen Bruttoentgelts betroffen sind.[2]
- betriebliche und persönliche Voraussetzungen erfüllt sind und
- der Arbeitsausfall der Agentur für Arbeit angezeigt worden ist.

Der Arbeitsausfall darf nur vorübergehend sein, d. h. es muss mit einer gewissen Wahrscheinlichkeit in absehbarer Zeit wieder mit einem Übergang zur Vollarbeit zu rechnen sein.

Weitere Voraussetzung ist, dass der Arbeitsausfall unvermeidbar ist, d. h. unter Ausschöpfung aller zumutbaren Maßnahmen nicht verhindert oder beendet werden kann. Als vermeidbar gilt ein Arbeitsausfall, der überwiegend branchenüblich, betriebsüblich oder saisonbedingt ist oder ausschließlich auf betriebsorganisatorischen Gründen beruht.[3]

1 R 41.2 Satz 3 LStR.
2 § 96 Abs. 1 Satz 1 Nr. 4 SGB III.
3 § 96 Abs. 4 Satz 2 Nr. 1 SGB III.

Zu prüfen ist auch, ob Kurzarbeit durch die Gewährung von bezahltem Erholungsurlaub oder durch die Nutzung flexibler Arbeitszeitregelungen vermieden werden kann.[4]

Bei Auszubildenden sind Sonderregelungen zu beachten. Sofern Kurzarbeit trotz Ausschöpfung aller zumutbaren Maßnahmen nicht vermeidbar ist, haben Auszubildende zunächst Anspruch auf Fortzahlung der Ausbildungsvergütung bis zu einer Dauer von 6 Wochen. Erst danach kann ein Anspruch auf Kurzarbeitergeld bestehen.[5]

Hinweis

Beteiligung der zuständigen Kammer bei Auszubildenden

Zu der Frage, ob auch bei Auszubildenden die Notwendigkeit besteht, Kurzarbeit einzuführen bzw. wie eine entsprechende Maßnahme vermieden werden kann, bietet sich die Beteiligung der nach dem Berufsbildungsgesetz (BBiG) zuständigen Stellen, z. B. der Industrie- und Handelskammer oder die Handwerkskammer, an.

Höhe

Die Höhe des Kurzarbeitergeldes richtet sich nach dem pauschalierten Nettoentgeltausfall im jeweiligen Kalendermonat (Anspruchsmonat). Das Kurzarbeitergeld beträgt danach für Arbeitnehmer

- mit mindestens einem Kind im Sinne des Steuerrechts 67 %,
- für die übrigen Berechtigten 60 %

der sog. Nettoentgeltdifferenz.[6]

Die Nettoentgeltdifferenz errechnet sich als Unterschiedsbetrag aus

- dem Arbeitsentgelt, das ohne den Arbeitsausfall im Anspruchszeitraum erzielt worden wäre (dem Sollentgelt) und
- dem Arbeitsentgelt, das bei Kurzarbeit tatsächlich erzielt worden ist (dem Istentgelt).

Hinweis

Keine Nachteile bei Beschäftigungssicherungsvereinbarungen

Bei der Berechnung der Nettoentgeltdifferenz bleiben aufgrund kollektivrechtlicher Beschäftigungsvereinbarungen durchgeführte vorübergehende Minderungen der vertraglich vereinbarten Arbeitszeit (und damit des Entgelts) außer Betracht.[7] Sie führen damit nicht zu einer Minderung des Sollentgelts. Dieses ist vielmehr nach dem (fiktiven) Entgelt zu bestimmen, das dem Arbeitnehmer ohne die Beschäftigungssicherungsvereinbarung zugestanden hätte. Das Istentgelt ist anhand des tatsächlich, d. h. auf der Grundlage der Beschäftigungssicherungsvereinbarung erzielten Entgelts zu bestimmen. Nach Auslegung der Bundesagentur für Arbeit sind die Arbeitszeitverminderungen nur dann vorübergehend im o. a. Sinne, wenn sie innerhalb eines Jahres vor Einführung der Kurzarbeit vereinbart worden sind.

Hinzuverdienst

Bei Kurzarbeitern, die für Zeiten eines Arbeitsausfalls Entgelt aus einer Beschäftigung bei einem anderen Arbeitgeber oder aus einer selbstständigen Tätigkeit erzielen, sind besondere Regelungen zu beachten:

Wurde die anderweitige Beschäftigung oder die selbstständige Tätigkeit während des Bezugs von Kurzarbeitergeld aufgenommen, wird das daraus erzielte Bruttoeinkommen bei der Berechnung des Kurzarbeitergeldes als tatsächlich erzieltes Entgelt (Istentgelt) in voller Höhe anspruchsmindernd berücksichtigt.[8] Während des Bezugs bedeutet hier die Aufnahme der Tätigkeit ab dem ersten Anspruchsmonat auf Kurzarbeitergeld. Dabei spielt es keine Rolle, ob es sich bei einer anderweitigen Beschäftigung um eine geringfügige oder sozialversicherungspflichtige Beschäftigung handelt. Unbeachtlich ist auch, ob das Entgelt an Arbeitstagen oder an Ausfalltagen erzielt worden ist.

4 § 96 Abs. 4 Satz 2 Nr. 2 und Nr. 3 SGB III.
5 § 19 Abs. 1 Nr. 2 BBiG.
6 § 105 SGB III.
7 § 106 Abs. 2 Satz 3 SGB III.
8 § 106 Abs. 3 SGB III.

Der Arbeitnehmer ist verpflichtet, eine Nebeneinkommensbescheinigung[1] vorzulegen. Diese ist durch den Betrieb bei der Beantragung des Kurzarbeitergeldes der Abrechnungsliste beizufügen.

Beispiel

Berücksichtigung des Einkommens bei neu aufgenommenem Minijob

Ein Arbeitnehmer verdient wegen Kurzarbeit in seiner Hauptbeschäftigung statt 3.600 EUR brutto aktuell nur 2.000 EUR brutto monatlich. Er nimmt zur Einkommensaufbesserung nach Beginn der Kurzarbeit einen Minijob bei einem anderen Arbeitgeber auf und verdient dort 538 EUR monatlich.

Im Anspruchsmonat wird damit als Istentgelt (tatsächlich erzieltes Entgelt) das in der Hauptbeschäftigung erzielte Entgelt von 2.000 EUR brutto zzgl. des Entgelts aus dem Minijob von 538 EUR zugrunde gelegt. Für die Berechnung des Kurzarbeitergeldes ergibt sich damit in dem Monat ein Entgeltausfall von 1.062 EUR (3.600 EUR ./. 2.538 EUR).

Wurde die anderweitige Beschäftigung oder die selbstständige Tätigkeit bereits vor Beginn der Kurzarbeit aufgenommen und wird sie insoweit lediglich fortgesetzt, bleibt das daraus erzielte Entgelt bei der Berechnung des Kurzarbeitergeldes zugunsten des Kurzarbeiters gänzlich unberücksichtigt. Dies gilt auch dann, wenn sich das Entgelt während der Kurzarbeit erhöht. Für die Frage, ob es sich um eine „fortgesetzte" Erwerbstätigkeit handelt, gilt keine vorherige Mindestdauer. Entscheidend ist, dass die Beschäftigung oder Tätigkeit vor Kurzarbeitsbeginn aufgenommen worden ist.

Bezugsdauer

Die gesetzliche Bezugsdauer des Kurzarbeitergeldes beträgt einheitlich 12 Monate. Die Bundesregierung kann diese Bezugsdauer durch Rechtsverordnung bis zur Dauer von 24 Monaten verlängern, wenn außergewöhnliche Verhältnisse auf dem Arbeitsmarkt vorliegen.[2]

Die Bezugsdauer beginnt mit dem ersten Kalendermonat, für den in einem Betrieb Kurzarbeitergeld vom Arbeitgeber gezahlt wird. Sie läuft kalendermäßig ab. Sie verlängert sich, wenn innerhalb der Frist für einen zusammenhängenden Zeitraum von mindestens einem Monat kein Kurzarbeitergeld gezahlt worden ist, um diesen Zeitraum. Bei einer Unterbrechung von 3 oder mehr Kalendermonaten beginnt grundsätzlich eine neue Bezugsdauer[3], d. h. der Arbeitsausfall ist auch erneut anzuzeigen. Die gesetzlichen Regelungen eröffnen dabei Gestaltungsmöglichkeiten für eine vollumfängliche Nutzung der Bezugsdauer.

Sozialversicherungsschutz

Versicherungspflicht

Für die Dauer des Bezugs von Kurzarbeitergeld bleibt die Versicherungspflicht in der gesetzlichen Renten- und Krankenversicherung sowie in der sozialen Pflegeversicherung erhalten.[4]

In der Arbeitslosenversicherung ist das Fortbestehen eines Versicherungspflichtverhältnisses nicht an den Bezug des Kurzarbeitergeldes, sondern an das Vorliegen eines Arbeitsausfalls geknüpft.[5]

Beitragsberechnung

Bemessungsgrundlage für die Beiträge aus Kurzarbeitergeld sind 80 % des (Brutto-)Unterschiedsbetrags zwischen dem Sollentgelt und dem Istentgelt.[6]

Tragung der Beiträge

Soweit bei Kurzarbeit Arbeitsentgelt (sog. Kurzentgelt) gezahlt wird, tragen Arbeitgeber und Arbeitnehmer die Beiträge zur Sozialversicherung grundsätzlich zur Hälfte.

Soweit Kurzarbeitergeld gezahlt wird, sind die Beiträge zur Kranken-, Pflege- und Rentenversicherung allein vom Arbeitgeber zu tragen.[7] Beiträge zur Arbeitslosenversicherung sind nicht zu entrichten.

Beitragserstattung bei beruflicher Weiterbildung

Als Anreiz, Zeiten der Kurzarbeit für eine Qualifizierung zu nutzen, erstattet die Bundesagentur für Arbeit Arbeitgebern 50 % der Beiträge zur Sozialversicherung, wenn die Beschäftigten an einer während der Kurzarbeit begonnenen beruflichen Weiterbildungsmaßnahme teilnehmen (hat die Weiterbildung vor dem individuellen Eintritt in die Kurzarbeit begonnen, besteht ggf. Anspruch auf eine Förderung für Beschäftigte unter den allgemeinen Bedingungen). Voraussetzung ist, dass die Arbeitnehmer

- Kurzarbeitergeld vor dem 31.7.2024 beziehen und
- an einer Weiterbildungsmaßnahme teilnehmen, die
  - insgesamt mehr als 120 Stunden (Unterrichtseinheiten) dauert, nach dem Recht der Arbeitsförderung zugelassen ist und von einem zugelassenen (nach dem Recht der Arbeitsförderung zertifizierten) Träger durchgeführt wird oder
  - auf ein nach § 2 Abs. 1 AFBG förderfähiges Ziel vorbereitet und von einem dafür geeigneten Träger[8] durchgeführt wird.

Die Erstattung der Sozialversicherungsbeiträge erfolgt nur für die Zeit, in der der Arbeitnehmer vom vorübergehenden Arbeitsausfall betroffen ist; für die Höhe wird eine Pauschale von 20 % abzüglich des (hälftigen) Beitrags zur Arbeitsförderung zugrunde gelegt.

Bei Erfüllung dieser Voraussetzungen erfolgt im Falle einer vorzeitigen Beendigung der Maßnahme keine Rückforderung von erstatteten Beiträgen; für die Erstattung kommt es zudem nicht darauf an, ob die Maßnahme erfolgreich abgeschlossen wurde.[9]

Über die Teilerstattung der Sozialversicherungsbeiträge hinaus werden Arbeitgebern bis zum 31.7.2024 ggf. auch die Lehrgangskosten für berufliche Qualifizierungen erstattet, wenn die Weiterbildung mehr als 120 Stunden dauert und die Maßnahme und der Träger nach dem SGB III zertifiziert sind (für Maßnahmen nach dem Aufstiegsfortbildungsförderungsgesetz kommt eine Lehrgangskostenerstattung nicht in Betracht). Die Erstattung der Lehrgangskosten ist gesondert zu beantragen, sie ist pauschaliert und richtet sich nach der Betriebsgröße. Sie beträgt bei Betrieben mit weniger als 10 Beschäftigten 100 %, bei Betrieben von 10 bis unter 250 Beschäftigten 50 %, bei Betrieben von 250 bis unter 2.500 Beschäftigten 25 %, darüber hinaus 15 % der Kosten. Eine Erstattung der Lehrgangskosten erfolgt für die gesamte Dauer der Qualifizierung, d. h. auch über die Kurzarbeit hinaus.

Arbeitgeberpflichten

Der Arbeitgeber hat das Kurzarbeitergeld kostenlos zu errechnen, an den Arbeitnehmer auszuzahlen und unter Vorlage einer Abrechnungsliste bei der Agentur für Arbeit zu beantragen.[10] Der Antrag ist für den jeweiligen Anspruchszeitraum innerhalb einer Ausschlussfrist von 3 Monaten zu stellen.[11]

Wichtig

3-stufiges Verfahren

Der Betrieb oder die Betriebsvertretung zeigt gegenüber der Agentur für Arbeit die Kurzarbeit an; zuständig ist die Agentur, in deren Bezirk der Betrieb seinen Sitz hat. Die Agentur für Arbeit prüft die Anzeige, entscheidet dann unverzüglich, ob die Voraussetzungen der Kurzarbeit vorliegen und erteilt ggf. einen Anerkennungsbescheid. Dieser kann dann vom Arbeitgeber auch gegenüber Dritten, z. B. finanzierenden Kreditinstituten, als Nachweis vorlegt werden. Der Arbeitgeber berechnet das Kurzarbeitergeld und zahlt es an die Beschäftigten aus und stellt dann einen Erstattungsantrag bei der Agentur für Arbeit, in deren Bezirk die für den Arbeitgeber zuständige Lohnabrechnungsstelle liegt. Die Agentur für Arbeit entscheidet vorläufig über den Erstat-

1 § 313 SGB III.
2 § 109 Abs. 4 SGB III.
3 § 104 Abs. 2, 3 SGB III.
4 § 1 Nr. 1 SGB VI; § 192 Abs. 1 Nr. 4 SGB V; § 49 Abs. 2 SGB XI.
5 § 24 Abs. 3 SGB III.
6 § 232a SGB V; § 163 Abs. 6 SGB VI.
7 § 249 Abs. 2 Nr. 3 SGB V; § 58 Abs. 5 SGB XI; § 168 Abs. 1 Nr. 1a SGB VI.
8 § 2a AFBG.
9 § 106a Abs. 1 SGB III.
10 § 320 Abs. 1 SGB III.
11 § 325 SGB III.

tungsantrag. Nach Beendigung des Kurzarbeitergeldbezugs werden die Kurzarbeitergeldansprüche im Rahmen von Abschlussprüfungen endgültig und abschließend geprüft.

Arbeitgeber, die Beratungsbedarf zur Beantragung oder zu Modalitäten der Abrechnung des Kurzarbeitergeldes haben, können sich an die zuständige Agentur für Arbeit oder an den Arbeitgeberservice der Bundesagentur für Arbeit unter der Rufnummer 0800 4555520 wenden.

Die notwendigen Formulare und eine Tabelle zur Berechnung des Kurzarbeitergeldes stehen auf der Internetseite der Bundesagentur für Arbeit unter www.arbeitsagentur.de zur Verfügung.

Elektronisches Verfahren – „KEA"

Vielfach erstellen Betriebe und Lohnabrechnungsstellen die Anträge auf Kurzarbeitergeld und die Abrechnungslisten mithilfe einer Lohnabrechnungssoftware und übermitteln diese unterschrieben an die Agentur für Arbeit, bei der diese manuell erfasst werden. Im Portal „eServices Geldleistungen" stellt die Bundesagentur für Arbeit auch Online-Angebote für die Beantragung und Abrechnung des Kurzarbeitergeldes zur Verfügung. Zum 1.7.2021 sind Regelungen für ein weiteres optionales Verfahren bzw. einen weiteren digitalen Zugangskanal unter dem Kürzel „KEA" (Kurzarbeitergeld-Dokumente elektronisch annehmen) in Kraft getreten.[1] Das Verfahren KEA ermöglicht es Betrieben und Lohnabrechnungsstellen Anträge und Abrechnungslisten direkt aus der Lohnabrechnungssoftware an die Bundesagentur für Arbeit zu übergeben. Seit 1.1.2022 entfällt auch die Abgabe ergänzender Erklärungen in Papierform. Damit ist eine vollständige und medienbruchfreie Übertragung aus systemgeprüften Programmen oder systemgeprüften Ausfüllhilfen verschlüsselt und über einen gesicherten Datenkanal direkt an die Agenturen für Arbeit möglich.

Näheres zum KEA-Verfahren regeln dazu erlassene Grundsätze der Bundesagentur für Arbeit.

Kurzfristig Beschäftigte

Sozialversicherungsrechtlich ist eine Beschäftigung kurzfristig, wenn sie

- von vornherein auf nicht mehr als 3 Monate oder insgesamt 70 Arbeitstage nach ihrer Eigenart begrenzt zu sein pflegt oder
- im Voraus vertraglich begrenzt ist.

Diese Beschäftigungen sind sozialversicherungsfrei.

Der lohnsteuerliche Begriff einer kurzfristigen Beschäftigung unterscheidet sich vom sozialversicherungsrechtlichen Begriff. Der Arbeitslohn aus einer kurzfristigen Beschäftigung ist regulär lohnsteuerpflichtig. Unter gewissen Voraussetzungen besteht jedoch die Möglichkeit, die Lohnsteuer mit 25 % zu pauschalieren. Zu den Voraussetzungen gehören u. a. die Arbeitslohngrenze und die Stundenlohngrenze.

Gesetze, Vorschriften und Rechtsprechung

Lohnsteuer: Der Arbeitslohn ist nach den allgemeinen Grundsätzen lohnsteuerpflichtig. Die Pauschalierung der Lohnsteuer für den Arbeitslohn kurzfristig Beschäftigter im steuerlichen Sinne regeln § 40a EStG, R 40a.1 LStR sowie H 40a.1 LStH.

Sozialversicherung: Die Voraussetzungen für eine kurzfristige Beschäftigung im Sinne der Sozialversicherung beschreibt § 8 Abs. 1 Nr. 2 SGB IV. Die Versicherungsfreiheit ist in § 7 Abs. 1 SGB V (Krankenversicherung), § 5 Abs. 2 SGB VI (Rentenversicherung) und § 27 Abs. 2 SGB III (Arbeitslosenversicherung) geregelt. Die Umlagen zum Ausgleich der Arbeitgeberaufwendungen sind nach dem AAG zu zahlen. Die Satzungen der Berufsgenossenschaften legen die Beitragsberechnung zur Unfallversicherung fest (§§ 153 ff. SGB VII). Insolvenzgeldumlage ist nach § 358 SGB III zu zahlen. Detailliert setzen sich die Geringfügigkeits-Richtlinien mit versicherungs-, beitrags- und melderechtlichen Fragestellungen auseinander.

Lohnsteuer

Besteuerung nach den ELStAM

Der an kurzfristig beschäftigte Arbeitnehmer (Aushilfskräfte, Gelegenheitsarbeiter) gezahlte Arbeitslohn ist nach den allgemeinen Vorschriften lohnsteuerpflichtig. Die Lohnsteuererhebung richtet sich grundsätzlich nach den ⇗ ELStAM des Arbeitnehmers.

Tipp

Weniger Lohnsteuerabzug durch permanenten Lohnsteuer-Jahresausgleich

Arbeitgeber dürfen bei kurzfristig beschäftigten Arbeitnehmern mit der Steuerklasse VI einen sog. permanenten ⇗ Lohnsteuer-Jahresausgleich durchführen.[2] Die Regelung gilt für Arbeitnehmer, die beim Arbeitgeber gelegentlich, nicht regelmäßig wiederkehrend beschäftigt werden und deren Dauer der Beschäftigung 24 zusammenhängende Arbeitstage nicht übersteigt.

Voraussetzung für die Anwendung des Verfahrens ist, dass der Arbeitnehmer vor Aufnahme der Beschäftigung

- unter Angabe seiner Identifikationsnummer gegenüber dem Arbeitgeber schriftlich zustimmt,
- mit der Zustimmung den aus vorangegangenen Arbeitsverhältnissen im Kalenderjahr einzubeziehenden Arbeitslohn und die darauf erhobene Lohnsteuer erklärt und
- mit der Zustimmung versichert, dass ihm der Pflichtveranlagungstatbestand (Steuererklärung) bekannt ist.

Die Zustimmungserklärung ist zum ⇗ Lohnkonto zu nehmen.

Pauschalbesteuerung mit 25 %

Unter bestimmten Voraussetzungen kann der Arbeitgeber den Arbeitslohn für eine kurzfristige Beschäftigung mit 25 % pauschal besteuern und auf den Abruf der ⇗ ELStAM verzichten.[3] Hinzu kommt der ⇗ Solidaritätszuschlag mit 5,5 % und ggf. die ⇗ Kirchensteuer.

Beschäftigungen, die nur gelegentlich ausgeübt werden

Lohnsteuerrechtlich liegt eine kurzfristige Beschäftigung vor, wenn der Arbeitnehmer bei dem Arbeitgeber gelegentlich, nicht regelmäßig wiederkehrend beschäftigt wird und

- die Dauer der Beschäftigung über 18 zusammenhängende Arbeitstage nicht hinausgeht,
- die Höhe des Arbeitslohns während der Beschäftigungsdauer durchschnittlich je Arbeitstag 150 EUR (bis 2022: 120 EUR) nicht übersteigt und
- der auf einen Stundenlohn umgerechnete Arbeitslohn durchschnittlich 19 EUR (bis 2022: 15 EUR) nicht übersteigt.[4]

Die Möglichkeit des pauschalen Lohnsteuerabzugs entfällt, wenn von Anfang an ein wiederholter Einsatz geplant ist. Die Lohnsteuerpauschalierung bleibt aber möglich, solange nur keine – anfängliche – Wiederholungsabsicht besteht.

1 § 323 Abs. 2 Satz 6 SGB III, §§ 95b, 108 SGB IV.

2 § 39b Abs. 2 Sätze 13 ff. EStG.
3 § 40a EStG.
4 § 40a Abs. 1, 4 Nr. 1 EStG.

Achtung

Pauschalierung unabhängig von sozialversicherungsrechtlicher Beurteilung

Treffen die oben genannten Vorgaben auf eine kurzfristige Beschäftigung zu, kann die Lohnsteuer mit 25 % pauschal erhoben werden. Ob sozialversicherungsrechtlich eine kurzfristige Beschäftigung vorliegt oder nicht, ist für die Pauschalbesteuerung mit 25 % ohne Bedeutung.

Pauschalierung trotz Überschreiten der Tageslohngrenze

Wird der Einsatz einer Aushilfskraft zu einem unvorhersehbaren Zeitpunkt sofort erforderlich, kann der Arbeitgeber die Lohnsteuer ebenfalls mit 25 % pauschal erheben. In diesen Fällen ist die Tageslohngrenze unbeachtlich. Daneben sind aber die genannten Pauschalierungsvoraussetzungen zu beachten.

Weitere Pauschalierungsmöglichkeiten

Handelt es sich nicht um eine kurzfristige Beschäftigung im steuerlichen Sinne, aber um eine ⇗ geringfügige Beschäftigung i. S. d. Sozialversicherung, kommen die Pauschsteuersätze von 2 % oder 20 % in Betracht.[1]

Scheiden auch diese Pauschalierungsmöglichkeiten aus, kann der Arbeitgeber ggf. die Pauschalierung für Aushilfskräfte in der Land- und Forstwirtschaft mit 5 % wählen.[2] Sie gilt insbesondere für Saisonarbeitskräfte und Erntehelfer.

Sozialversicherung

Versicherungsfreiheit

Kurzfristige Beschäftigungen sind versicherungsfrei in der Kranken-, Renten- und Arbeitslosenversicherung sowie nicht versicherungspflichtig in der Pflegeversicherung.[3] Bestimmte Personenkreise sind allerdings auch versicherungspflichtig in einer kurzfristigen Beschäftigung (Ausnahmen von der Versicherungsfreiheit).

Hinweis

Kurzfristige Beschäftigung nur gelegentlich ausüben

Eine kurzfristige Beschäftigung liegt nur dann vor, wenn sie nicht regelmäßig, sondern gelegentlich ausgeübt wird.

Mehrere Beschäftigungen bei demselben Arbeitgeber

Übt ein Arbeitnehmer bei demselben Arbeitgeber gleichzeitig mehrere Beschäftigungen aus, ist ohne Rücksicht auf die arbeitsvertragliche Gestaltung stets von einem einheitlichen Beschäftigungsverhältnis auszugehen.

Befristung der Beschäftigung

Generelle Regelung

Eine kurzfristige Beschäftigung liegt dann vor, wenn sie auf höchstens 3 Monate oder 70 Arbeitstage innerhalb eines Kalenderjahres nach ihrer Eigenart oder im Voraus vertraglich begrenzt ist. Um eine zeitliche Begrenzung nach der Eigenart einer Beschäftigung handelt es sich, wenn sie sich aus der Art, dem Wesen oder dem Umfang der zu verrichtenden Arbeit ergibt (z. B. Aushilfe im Schlussverkauf).

Eine kurzfristige Beschäftigung liegt auch vor, wenn die Beschäftigung im Voraus vertraglich auf einen Arbeitseinsatz von 70 Arbeitstagen innerhalb eines Jahres durch eine Rahmenvereinbarung begrenzt ist.

1 § 40a Abs. 2, 2a EStG.
2 § 40a Abs. 3 EStG.
3 § 7 Abs. 1 SGB V; § 20 SGB XI; § 5 Abs. 2 SGB VI; § 27 Abs. 2 SGB III.

Frei wählbar: 3-Monatszeitraum oder 70 Arbeitstage

Die bisherige Rechtsauffassung, nach der

- von einem 3-Monatszeitraum auszugehen war, wenn die Beschäftigung an mindestens 5 Tagen in der Woche ausgeübt wurde und
- der Zeitraum von 70 Arbeitstagen maßgebend war, wenn die regelmäßige wöchentliche Arbeitszeit unter 5 Tagen lag,

ist spätestens seit dem 1.6.2021 nicht mehr anzuwenden.

Stattdessen handelt es sich bei den maßgeblichen Zeitgrenzen um gleichwertige Alternativen. Auf die Anzahl der Wochenarbeitstage kommt es bei der Bestimmung der Zeitgrenzen nicht mehr an.[4]

Zusammenrechnung

Bei der Prüfung, ob die Zeitgrenzen[5] überschritten werden, sind die Zeiten mehrerer aufeinanderfolgender kurzfristiger Beschäftigungen zusammenzurechnen. Dies gilt auch, wenn die Beschäftigungen bei verschiedenen Arbeitgebern ausgeübt wurden.

Die versicherungsrechtliche Beurteilung wird immer vorausschauend für die gesamte Beschäftigungsdauer vorgenommen. Das gilt auch dann, wenn diese über den Jahreswechsel hinaus andauert.

Bei der Zusammenrechnung treten an die Stelle des 3-Monatszeitraums 90 Kalendertage. Volle Kalendermonate werden dabei mit 30 Kalendertagen und Teilmonate mit den tatsächlichen Kalendertagen berücksichtigt. Für einen Zeitmonat, der aber keinen kompletten Kalendermonat umfasst, sind ebenfalls 30 Tage anzusetzen. Kalendermonate sind immer vorrangig vor Zeitmonaten zu berücksichtigen.

Wichtig

Keine Zusammenrechnung

Kurzfristige und geringfügig entlohnte Beschäftigungen dürfen nicht zusammengerechnet werden.

Maßgeblicher Prüfzeitraum

Bei der Prüfung von Vorbeschäftigungen wird auf das Kalenderjahr abgestellt. Der Jahreszeitraum beginnt immer am 1.1. des Kalenderjahres, in dem die Beschäftigung ausgeübt wird. Er endet mit dem voraussichtlichen Ende der zu beurteilenden Beschäftigung. Jeweils bei Beginn einer neuen Beschäftigung ist zu prüfen, ob diese zusammen mit den im Laufe eines Kalenderjahres bereits ausgeübten Beschäftigungen die Zeitgrenze von 3 Monaten oder 70 Arbeitstagen überschreiten wird.

Angerechnet werden alle kurzfristig ausgeübten Beschäftigungen innerhalb dieses Zeitraums. Dabei spielt es keine Rolle, ob es sich um geringfügig entlohnte oder mehr als geringfügig entlohnte Beschäftigungen handelt. Entscheidend ist, dass es sich um – für sich betrachtet – kurzfristige Beschäftigungen handelt.

Überschreiten der Zeitgrenze

Überschreitet eine zunächst kurzfristige Beschäftigung entgegen den ursprünglichen Erwartungen die vorgesehene Zeitdauer, so tritt ab Kenntnisnahme des Überschreitens Versicherungspflicht in allen Zweigen der Sozialversicherung ein. Das gilt nicht, wenn es sich um eine geringfügig entlohnte Beschäftigung handelt.

Achtung

Versicherungspflicht beginnt bereits bei erkennbarer Überschreitung der Zeitgrenze

Stellt sich schon im Laufe der Beschäftigung heraus, dass sie länger als 3 Monate oder 70 Arbeitstage dauern wird, tritt Versicherungspflicht in allen Sozialversicherungszweigen ein. Die Versicherungspflicht beginnt bereits mit dem Tag, an dem die Überschreitung erkennbar wird. Die Beschäftigung bleibt nicht die restliche Zeit bis zum Ablauf der Zeitgrenze versicherungsfrei. Für die zurückliegende Zeit bleibt es aber bei der Versicherungsfreiheit.

4 BSG, Urteil v. 24.11.2020, B 12 KR 34/19 R; Verlautbarung zur vorübergehenden Erhöhung der Zeitgrenzen bei kurzfristigen Beschäftigungen vom 31.5.2021.
5 3 Monate oder 70 Arbeitstage.

Prüfung der Berufsmäßigkeit

Eine versicherungsfreie kurzfristige Beschäftigung liegt selbst bei Einhaltung der Zeitdauer von 3 Monaten oder 70 Arbeitstagen nicht vor, wenn Berufsmäßigkeit gegeben ist und das monatliche Arbeitsentgelt mehr als die Geringfügigkeitsgrenze beträgt.

Hinweis

Geringfügigkeitsgrenze gilt auch für kürzere Beschäftigungszeiträume

Wird die Beschäftigung für einen kürzeren Zeitraum als einen Monat ausgeübt, ist zur Prüfung der Berufsmäßigkeit im jeweiligen Monat dennoch keine anteilige Entgeltgrenze, sondern der monatliche Grenzbetrag der Geringfügigkeitsgrenze anzusetzen.[6]

Wirtschaftliche Bedeutung der Beschäftigung

Berufsmäßig wird eine Beschäftigung dann ausgeübt, wenn sie für die in Betracht kommende Person von nicht untergeordneter wirtschaftlicher Bedeutung ist. Ohne weitere Prüfung ist Berufsmäßigkeit immer dann anzunehmen, wenn die Beschäftigungszeiten im Laufe eines Kalenderjahres insgesamt mehr als 3 Monate oder 70 Arbeitstage betragen.

Anrechenbare Beschäftigungen

Angerechnet werden bei der Prüfung der Berufsmäßigkeit alle Beschäftigungen mit einem monatlichen Arbeitsentgelt oberhalb der Geringfügigkeitsgrenze. Dabei spielt es keine Rolle, ob es sich um befristete oder unbefristete Beschäftigungsverhältnisse handelt.

Wird durch die Zusammenrechnung die Grenze von 3 Monaten oder 70 Arbeitstagen überschritten, so ist die an sich kurzfristige Beschäftigung berufsmäßig und somit versicherungspflichtig.

Bei besonderen Tatbeständen und einigen Personenkreisen sind Besonderheiten zu beachten.

Meldungen

Inhalte der Meldungen

Für kurzfristig Beschäftigte gilt das DEÜV-Meldeverfahren.

Folgende Meldungen und Abgabegründe müssen für kurzfristig Beschäftigte erstattet werden:

- Anmeldungen (Meldegrund „10“)
- Abmeldungen (Meldegrund „30“) und
- UV-Jahresmeldungen (Meldegrund „92“).

Liegt der Beginn einer Beschäftigung nicht länger als 6 Wochen zurück, können die An- und die Abmeldung gleichzeitig vorgenommen werden (Meldegrund „40“). Darüber hinaus ist in den Meldungen für kurzfristig Beschäftigte der Personengruppenschlüssel „110“ anzugeben.

Hinweis

Besonderheiten bei Rahmenvereinbarungen

Bei Rahmenvereinbarungen sind Anmeldungen mit dem Tag der Aufnahme der Beschäftigung und Abmeldungen mit dem letzten Tag der Beschäftigung abzugeben. Wird eine kurzfristige Beschäftigung auf Basis einer Rahmenvereinbarung für länger als einen Monat unterbrochen, ist nach Ablauf dieses Monats eine Abmeldung mit Abgabegrund „34“ und bei Wiederaufnahme der Beschäftigung eine Anmeldung mit Abgabegrund „13“ zu erstatten.

Empfänger der Meldungen

Die DEÜV-Meldungen für kurzfristig Beschäftigte müssen an die Minijob-Zentrale bei der Deutschen Rentenversicherung Knappschaft-Bahn-See übermittelt werden.

Wichtig

Daten zur Unfallversicherung

Arbeitgeber müssen die kurzfristig Beschäftigten bei ihrem Unfallversicherungsträger und bei der Minijob-Zentrale anmelden. Auch wenn die Übermittlung der Meldedaten der Unfallversicherung in den DEÜV-Meldungen auch für kurzfristig Beschäftigte erfolgt, wird die Meldung der Entgelte zur Unfallversicherung nicht über die Minijob-Zentrale abgedeckt (Ausnahme: private Haushalte). Die Entgelte der kurzfristig Beschäftigten müssen in der Meldung zur Sozialversicherung (DEÜV) und im jährlichen Lohnnachweis für die Unfallversicherung gemeldet werden.

Beiträge bei kurzfristiger Beschäftigung

Für versicherungsfreie kurzfristige Beschäftigungen brauchen keine Beiträge zur Kranken-, Pflege-, Renten- und Arbeitslosenversicherung gezahlt zu werden.

Unfallversicherung

Das Entgelt aus kurzfristigen Beschäftigungen ist beitragspflichtig zur gesetzlichen Unfallversicherung. Die Beitragshöhe ist von der Branche des Betriebs abhängig. Die Zahlung erfolgt an die zuständige Berufsgenossenschaft.

Umlagen zur Erstattung der Arbeitgeberaufwendungen

Das Arbeitsentgelt ist bei kurzfristig Beschäftigten zu beiden Umlagekassen beitragspflichtig. Für die Umlage des Ausgleichsverfahrens der Arbeitgeberaufwendungen bei Arbeitsunfähigkeit (U1) und Mutterschaftsleistungen (U2) ist das Arbeitsentgelt maßgebend, nach dem die Beiträge zur gesetzlichen Rentenversicherung bei Versicherungspflicht zu bemessen wären.

Die Umlage 1 für den Ausgleich der Arbeitgeberaufwendungen bei Krankheit beträgt bei der Minijob-Zentrale in 2024 1,1 % des Bruttoarbeitsentgelts, zur Umlage 2 sind 0,24 % des Bruttoarbeitsentgelts zu zahlen.

Achtung

Keine U1-Pflicht bei Beschäftigungsdauer bis zu 4 Wochen

Weil der gesetzliche Anspruch auf Entgeltfortzahlung im Krankheitsfall erst nach 4-wöchiger ununterbrochener Dauer des Arbeitsverhältnisses entsteht, ist diese Umlage nur dann zu entrichten, wenn die Beschäftigung auf mehr als 4 Wochen angelegt ist. Für Arbeitnehmer, deren Beschäftigung bei einem Arbeitgeber von vornherein auf bis zu 4 Wochen befristet ist, entfällt die Umlagepflicht U1. Zur U2 (Ausgleichsverfahren bei Mutterschaft) ist das Arbeitsentgelt der kurzfristig Beschäftigten auch bei Beschäftigungsdauer von bis zu 4 Wochen umlagepflichtig.

Die entsprechenden Erstattungsanträge für die Aufwendungen zur Entgeltfortzahlung bzw. bei Mutterschaftsleistungen für kurzfristig Beschäftigte sind maschinell an die Minijob-Zentrale zu übermitteln.

Insolvenzgeldumlage

Für kurzfristige Beschäftigungen ist die Insolvenzgeldumlage zu entrichten (2024: 0,06 %; 2023: 0,06 %). Die Beitragszahlung erfolgt an die Minijob-Zentrale.

Kurzzeitfreiwilligendienst

Kurzzeitfreiwilligendienste werden häufig von karitativen Einrichtungen (z. B. Caritasverbänden, Bistümern, Hilfsorganisationen, Fördervereinen etc.) angeboten. Jugendliche und junge Erwachsene im Alter zwischen 16 und 27 Jahren können sich für die Dauer von wenigen Wochen bis zu 6 Monaten in sozialen Diensten betätigen. Junge Menschen können sich im sozialen Berufsfeld orientieren und gesell-

6 BSG, Urteil v. 5.12.2017, B 12 R 10/15 R.

schaftlich engagieren. Kurzzeitfreiwilligendienste werden insbesondere in Behinderten- und Altenpflegeeinrichtungen, Krankenhäusern, Kindergärten, Bildungseinrichtungen, aber auch in Naturprojekten durchgeführt.

Kurzzeitfreiwilligendienste begründen ein Beschäftigungsverhältnis im sozialversicherungsrechtlichen Sinne. Es handelt sich aber weder um ein (vorgeschriebenes) Praktikum, noch ist der Kurzzeitfreiwilligendienst vergleichbar mit einem freiwilligen sozialen/ökologischen Jahr im Sinne des Jugendfreiwilligendienstgesetzes.

Gesetze, Vorschriften und Rechtsprechung

Lohnsteuer: Die lohnsteuerliche Behandlung des Arbeitslohns für einen Kurzzeitfreiwilligendienst richtet sich nach den allgemeinen Regelungen. Einzelheiten zum steuerlichen Arbeitslohnbegriff regeln § 19 Abs. 1 EStG, § 2 LStDV. Da das Einkommensteuergesetz insbesondere eine nur beispielhafte Aufzählung enthält, ergänzen R 19.0–19.3 LStR sowie H 19.0–19.3 LStH die gesetzlichen Bestimmungen.

Sozialversicherung: Eine versicherungspflichtige Beschäftigung ist in § 5 Abs. 1 SGB V, § 1 Satz 1 SGB VI, § 25 Abs. 1 SGB III und § 20 Abs. 1 SGB XI definiert. Eine Beschäftigung im Rahmen des Kurzzeitfreiwilligendienstes ist aufgrund ihrer Ausgestaltung einem berufsvorbereitenden Sozialen Jahr (BSJ) oder einem Sozialpraktikum vergleichbar. Bei Kurzzeitfreiwilligendiensten sind die Regelungen zur geringfügig entlohnten Beschäftigung gemäß § 8 SGB IV zu beachten; ergänzend ist hierzu auf die Richtlinien für die versicherungsrechtliche Beurteilung von geringfügigen Beschäftigungen (Geringfügigkeits-Richtlinien) in der aktuellen Fassung hinzuweisen.

Entgelt	LSt	SV
Vergütung für die Dienstleistung	pflichtig	pflichtig

Lohnsteuer

Lohnzahlungen sind steuerpflichtig

Steuerlich wird der Kurzzeitfreiwilligendienst wie vergleichbare Freiwilligendienste behandelt. Weil dieser Freiwilligendienst nicht die besonderen Anspruchsvoraussetzungen des § 32 Abs. 4 Satz 1 Nr. 2 Buchst. d EStG erfüllt, scheidet die Steuerfreiheit der Bezüge nach § 3 Nr. 5 Buchst. f EStG aus. Danach sind die Zahlungen und sonstigen Zuwendungen des Arbeitgebers steuerpflichtig. Den beschäftigenden Stellen obliegen die üblichen Arbeitgeberpflichten.

Arbeitnehmerpflichten: Vorlage der Arbeitspapiere

Personen, die den Kurzzeitfreiwilligendienst ableisten, sind regelmäßig als Arbeitnehmer einzustufen. Deshalb haben sie dem Arbeitgeber ihr Geburtsdatum sowie ihre Steuer-Identifikationsnummer vorzulegen. Damit kann der Arbeitgeber die elektronischen Lohnsteuerabzugsmerkmale (ELStAM) abrufen und anwenden.

Sozialversicherung

Versicherungsrechtliche Auswirkungen

Die Teilnehmer am Kurzzeitfreiwilligendienst sind grundsätzlich in der Kranken-, Pflege-, Renten- und Arbeitslosenversicherung versicherungspflichtig, da die an ein sozialversicherungsrechtlich relevantes Beschäftigungsverhältnis geknüpften Voraussetzungen erfüllt sind.[1]

Sozialversicherungsfreie geringfügige Beschäftigung

Sofern der Teilnehmer am Kurzzeitfreiwilligendienst ein regelmäßiges Arbeitsentgelt von bis zu 538 EUR[2] im Monat erhält, liegt eine versicherungsfreie ⬀ geringfügig entlohnte Beschäftigung vor.[3]

Achtung

Keine geringfügige Beschäftigung bei Maßnahmen zur Berufsausbildungsvorbereitung

Wird der Kurzzeitfreiwilligendienst im Einzelfall zur Berufsausbildungsvorbereitung für eine im Anschluss beginnende ⬀ Berufsausbildung durchgeführt, ist die Höhe des gezahlten Arbeitsentgelts unerheblich. Die Teilnehmer sind generell als zur Berufsausbildung Beschäftigte in der Kranken-, Pflege-, Renten- und Arbeitslosenversicherung versicherungspflichtig.

Beitragsrechtliche Auswirkungen

Sofern der Teilnehmer am Kurzzeitfreiwilligendienst der Sozialversicherungspflicht unterliegt, ist das tatsächlich erzielte ⬀ Arbeitsentgelt zur ⬀ Beitragsberechnung heranzuziehen. Üblicherweise wird das Entgelt sich in einem Rahmen bewegen, der nicht über 2.000 EUR monatlich hinausgeht. Hinsichtlich der Beitragsbemessung ist dann die Regelung des ⬀ Übergangsbereichs[4] anzuwenden, wenn das Bruttoarbeitsentgelt zwischen 538,01 EUR und 2.000 EUR[5] liegt.

Ist der Teilnehmer am Kurzzeitfreiwilligendienst aufgrund der geringen Höhe des Arbeitsentgelts (bis 538 EUR monatlich) sozialversicherungsfrei, sind durch den Arbeitgeber pauschale Beiträge zur Kranken- und Rentenversicherung zu zahlen.[6]

Hinweis

Bei Maßnahme zur Berufsausbildungsvorbereitung ggf. volle Beitragstragung durch den Arbeitgeber

Wird der Kurzzeitfreiwilligendienst im Einzelfall zur Berufsausbildungsvorbereitung für eine im Anschluss beginnende Berufsausbildung durchgeführt, gilt der Teilnehmer als zur Berufsausbildung Beschäftigter. Dies führt zur vollen Tragung der Sozialversicherungsbeiträge durch den Arbeitgeber, wenn das monatlich erzielte Arbeitsentgelt 325 EUR nicht überschreitet.

Landwirtschaftliche Arbeitnehmer

Arbeitnehmer, die in Betrieben der Land- und Forstwirtschaft beschäftigt sind, werden regelmäßig als landwirtschaftliche Arbeitnehmer bezeichnet.

Gesetze, Vorschriften und Rechtsprechung

Lohnsteuer: Grundlage für die Erhebung der besonderen Lohnsteuer in Höhe von 5 % ist § 40a Abs. 3 EStG. Dort sind die Begriffe einer Aushilfskraft sowie die typischen land- oder forstwirtschaftlichen Arbeiten beschrieben. Näheres regeln R 40a.1 LStR sowie H 40a.1 LStH. Einzelheiten zur Abgrenzung eines Gewerbebetriebs gegenüber einem land- und forstwirtschaftlichen Betrieb regeln R 15.5 EStR und H 15.5 EStH.

Sozialversicherung: Die Versicherungspflicht in der Kranken-, Pflege-, Renten- und Arbeitslosenversicherung ist in § 5 Abs. 1 Nr. 1 SGB V, § 20 Abs. 1 SGB XI, § 1 Abs. 1 Nr. 1 SGB VI, § 25 Abs. 1 SGB III geregelt. Die Voraussetzungen für die Versicherungspflicht in der landwirtschaftlichen Krankenkasse (§§ 2 Abs. 1 und 3 Abs. 2 KVLG) und damit in der landwirtschaftlichen Pflegekasse (§ 20 Abs. 1 Satz 1 Nr. 3 SGB XI) sowie in der landwirtschaftlichen Alterskasse (§ 1 ALG) ist gesondert zu prüfen.

1 § 5 Abs. 1 Nr. 1 SGB V, § 20 Abs. 1 Satz 1 Nr. 1 SGB XI, § 1 Satz 1 Nr. 1 SGB VI und § 25 Abs. 1 Satz 1 SGB III.
2 Bis 31.12.2023: 520 EUR.
3 § 8 Abs. 1 Nr. 1 SGB IV.
4 § 20 Abs. 2 SGB IV.
5 Bis 31.12.2023: 520,01 EUR bis 2.000 EUR.
6 § 249b SGB V bzw. § 172 Abs. 3 SGB VI.

Lohnsteuer

Arbeitnehmer in Betrieben der Land- und Forstwirtschaft

Beschäftigt ein selbstständiger Land- und Forstwirt Mitarbeiter, sind dies regelmäßig Arbeitnehmer, deren Arbeitslohn dem Lohnsteuerabzug unterliegt. Solche Arbeitsverhältnisse können auch zwischen Familienangehörigen abgeschlossen werden.

Für den Arbeitslohn landwirtschaftlicher Arbeitnehmer ist die Lohnsteuer grundsätzlich nach den allgemeinen Regelungen und nach den vom Arbeitgeber abzurufenden ELStAM einzubehalten.

Handelt es sich um eine Aushilfskraft, eine ↗ Teilzeitarbeit oder eine ↗ geringfügig entlohnte Beschäftigung ist eine ↗ Pauschalierung der Lohnsteuer mit 25 %, 20 % oder 2 % möglich. Besonders steuerlich begünstigt ist der Arbeitslohn von Aushilfskräften in Betrieben der Land- und Forstwirtschaft, die (ausschließlich) mit typisch land- oder forstwirtschaftlichen Arbeiten beschäftigt werden. In diesem Fall kann die Lohnsteuer pauschal mit 5 % erhoben werden. Diese Lohnsteuerpauschalierung ist frei wählbar, sie muss nicht für alle Arbeitnehmer einheitlich angewandt werden. Ob die Aushilfskraft unbeschränkt oder beschränkt einkommensteuerpflichtig ist, spielt für die Pauschalierung keine Rolle. Ein Wechsel zwischen der Pauschalierung der Lohnsteuer und dem Regelverfahren während des Kalenderjahres ist zulässig.

Betrieb der Land- und Forstwirtschaft

Die Pauschalierung mit 5 % setzt voraus, dass die Aushilfskraft in einem land- und forstwirtschaftlichen Betrieb i. S. d. Einkommensteuergesetzes[1] beschäftigt ist. Sie ist auch dann zulässig, wenn ein Land- oder Forstwirtschaft betreibender Betrieb nur wegen seiner Rechtsform als Gewerbebetrieb eingestuft wird.[2, 3] In diesem Fall reicht es aus, wenn nach den Abgrenzungskriterien von R 15.5 EStR ein Betrieb der Land- und Forstwirtschaft anzunehmen wäre. Denn die Pauschalierung setzt nicht voraus, dass der land- und forstwirtschaftliche Betrieb ertragssteuerrechtlich auch Einkünfte aus Land- und Forstwirtschaft erzielt. Ist ein Betrieb infolge erheblichen Zukaufs fremder Erzeugnisse aus dem Tätigkeitsbereich des landwirtschaftlichen Betriebes ausgeschieden und als Gewerbebetrieb zu beurteilen, liegt diese Voraussetzung nicht vor. Dies gilt auch für Neben- oder Teilbetriebe, die für sich allein die Merkmale eines land- und forstwirtschaftlichen Betriebs erfüllen.

Scheidet ein Betrieb kraft Tätigkeit aus dem Kreis der Betriebe der Land- und Forstwirtschaft aus und erzielt er deshalb gewerbliche Einkünfte, scheidet die Pauschalierungsmöglichkeit mit 5 % ebenso aus. Dieser Ausschluss gilt auch dann, wenn die Aushilfskraft typische land- und forstwirtschaftliche Arbeiten verrichtet.[4]

Für Beschäftigte bei den landwirtschaftlichen Betriebshilfsdiensten, die in Notfällen Aushilfskräfte zur Verfügung stellen, z. B. bei Erkrankung des Landwirts, ist eine Pauschalierung mit 5 % nicht zulässig. Diese Vereine sind keine land- und forstwirtschaftlichen Betriebe i. S. v. § 13 EStG; ferner sind die beschäftigten Aushilfskräfte regelmäßig landwirtschaftliche Fachkräfte.

Voraussetzungen für Pauschalbesteuerung

Pauschalierungsvoraussetzungen

Voraussetzung für die Anwendung des Pauschalsteuersatzes ist, dass der Arbeitgeber (Betrieb der Land- und Forstwirtschaft) eine Aushilfskraft beschäftigt,

- die ausschließlich typisch land- oder forstwirtschaftliche Arbeiten verrichtet,
- die nicht zu den land- und forstwirtschaftlichen Fachkräften gehört,
- die nicht länger als 180 Tage im Kalenderjahr beschäftigt wird,
- deren durchschnittlicher Stundenlohn höchstens 15 EUR beträgt und
- der Arbeitgeber gegenüber dem Finanzamt die Pauschalsteuer zu seinen eigenen Lasten übernimmt.

Aushilfskraft

Nach der Pauschalierungsvorschrift sind Aushilfskräfte begünstigt,

- die für die Ausführung von nicht ganzjährig anfallenden Arbeiten beschäftigt werden und
- deren Beschäftigungsdauer längstens 180 Tage im Kalenderjahr beträgt.

Eine Dauerbeschäftigung ist nicht begünstigt. Deshalb sollte mit dem Arbeitnehmer ein Dienstverhältnis für eine im Voraus bestimmte Arbeit von vorübergehender Dauer abgeschlossen werden.

Saisonbedingte Arbeiten

Insbesondere in der Land- und Forstwirtschaft fallen saisonbedingte Arbeiten an, die durch die Art der Arbeiten und auch vom zeitlichen Ablauf her vorübergehend sind, z. B. beim Pflanzen und Ernten. Solche Arbeiten sind begünstigt, nicht aber Arbeiten, die – ebenso wie Arbeiten in anderen Bereichen – während des ganzen Kalenderjahres anfallen, z. B. Viehfütterung oder saisonunabhängige Kellereiarbeiten. Es ist nicht entscheidend, dass etwa eine Aushilfskraft nur für eine vorübergehende Dauer tätig wird, sondern vielmehr, dass die Tätigkeit als solche von ihrer Art her von vorübergehender Dauer ist. Dies trifft nicht zu für Arbeiten, die keinen erkennbaren Abschluss in sich tragen, sondern regelmäßig das ganze Jahr über im Betrieb anfallen.[5]

Begünstigte Tätigkeiten

Zu den begünstigten Tätigkeiten rechnen grundsätzlich sämtliche Arbeiten bis zur Fertigstellung der land- und forstwirtschaftlichen Erzeugnisse, wenn sie nicht ganzjährig im land- und forstwirtschaftlichen Betrieb anfallen. Land- und forstwirtschaftliche Arbeiten fallen nicht ganzjährig an, wenn sie wegen der Abhängigkeit vom Lebensrhythmus der produzierten Pflanzen oder Tiere einen erkennbaren Abschluss in sich tragen. Dementsprechend können darunter auch Arbeiten fallen, die im Zusammenhang mit der Viehhaltung stehen, z. B. Almabtrieb.

Wird die Aushilfskraft zwar in einem land- und forstwirtschaftlichen Betrieb beschäftigt, übt sie jedoch keine solche Tätigkeiten aus (z. B. als Verkäuferin in einer Verkaufsstelle), ist eine Pauschalierung mit 5 % nicht zulässig. Ebenso zählt das Schälen von Spargeln durch Aushilfskräfte eines landwirtschaftlichen Betriebs nicht zu den typisch land- und forstwirtschaftlichen Arbeiten. Sobald sich land- und forstwirtschaftliche Arbeiten und andere Arbeiten mischen, ist die Unschädlichkeitsgrenze von 25 % zu prüfen.

Tipp

Aushilfe mit aufeinanderfolgenden Beschäftigungen

Wird eine Aushilfskraft für nicht ganzjährig anfallende Arbeiten beschäftigt, sind aufeinanderfolgende Beschäftigungen denkbar, die bei zutreffender Gestaltung nicht zu einem Dauerarbeitsverhältnis führen müssen. So können z. B. in einem Weinbaubetrieb das „Schneiden“ und „Binden“ der Reben im Weinberg zeitlich hintereinander liegen. In diesem Fall wäre die Aushilfskraft zunächst für das „Schneiden“ einzustellen und danach für das „Binden“. Dieses „Binden“ wäre dann eine neue „Fall-Beschäftigung“, die sich aus dem notwendigen Betriebsablauf ergibt.

Unschädlichkeitsgrenze

Eine Beschäftigung mit anderen, ganzjährig anfallenden land- und forstwirtschaftlichen Arbeiten ist unschädlich, wenn diese nicht mehr als 25 % der Gesamtbeschäftigungsdauer betragen.[6] Diese Unschädlichkeitsgrenze bezieht sich auf ganzjährig anfallende land- und forstwirtschaftliche Arbeiten. Für andere land- und forstwirtschaftliche Arbeiten gilt sie nicht.

1 § 13 Abs. 1 Nrn. 1–4 EStG.
2 BFH, Urteil v. 5.9.1980, VI R 183/77, BStBl 1981 II S. 76; BFH, Urteil v. 14.9.2005, VI R 89/98, BStBl 2006 II S. 92 (Abfärbetheorie).
3 R 40a.1 Abs. 6 Satz 2 LStR.
4 R 40a.1 Abs. 6 Satz 2 LStR.
5 BFH, Urteil v 25.10.2005, VI R 60/03, BStBl 2006 II S. 206.
6 § 40 a Abs. 3 Satz 2 EStG.

Keine landwirtschaftliche Fachkraft

Wird ein Arbeitnehmer lediglich unter Anleitung eines als Fachkraft zu beurteilenden anderen Arbeitnehmers tätig, oder verrichtet er Handlangerdienste bzw. einfache Tätigkeiten, die kein Anlernen erfordern, so ist er regelmäßig keine land- und forstwirtschaftliche Fachkraft. Grundsätzlich muss die Aushilfskraft zur Bewältigung einer Arbeitsspitze beschäftigt werden, die auf land- oder forstwirtschaftliche Besonderheiten und nicht allein auf die betriebliche Arbeitseinteilung zurückzuführen ist.[1]

Einstufung als Fachkraft

Ob ein Arbeitnehmer als Fachkraft anzusehen ist, hängt von der Art der Tätigkeit und von den Kenntnissen ab, die er zur Verrichtung dieser Tätigkeit erworben hat. Wenn der Arbeitnehmer die Fertigkeiten für die zu beurteilende Tätigkeit im Rahmen einer Berufsausbildung erlernt hat, ist die Frage eindeutig zu beantworten. Ein solcher Arbeitnehmer gehört zu den Fachkräften.[2] Denn in einem derartigen Fall lässt sich die fachliche Qualifikation aus dem objektiv feststellbaren beruflichen Abschluss ableiten. Auf die Anforderungen der konkret wahrgenommenen Tätigkeit kommt es nicht an.

Auch ein Arbeitnehmer, der nicht über eine einschlägige Berufsausbildung verfügt, kann zu den Fachkräften gehören, wenn er in der Lage ist, eine solche Kraft zu ersetzen.[3] Allerdings fehlt es i. d. R. an einem eindeutigen Nachweis der Qualifikation, wenn der Arbeitnehmer die erforderlichen Fertigkeiten nicht im Rahmen einer Berufsausbildung erworben hat. Deshalb ist ein Arbeitnehmer ohne Berufsausbildung nur dann als Fachkraft i. S. d. § 40 a Abs. 3 Satz 3 EStG anzusehen, wenn er anstelle einer Fachkraft eingesetzt ist.[4] Das ist der Fall, wenn mehr als 25 % der Tätigkeit eines Arbeitnehmers Fachkraft-Kenntnisse erfordern.[5]

Land- und forstwirtschaftliche Fachkräfte sind z. B. Melker, Landwirtschaftsgehilfen sowie Traktorführer, wenn sie den Traktor als Zugfahrzeug mit landwirtschaftlichen Maschinen führen.

Beschäftigungsdauer

Weiter ist eine Gesamtbeschäftigungsdauer von 180 Arbeitstagen pro Kalenderjahr zu beachten. Sobald diese Grenze überschritten ist, scheidet die Pauschalierungsmöglichkeit mit 5 % aus.[6]

Arbeitslohngrenze

Während des Abrechnungszeitraums, z. B. Monat, ist lediglich ein durchschnittlicher Stundenlohn von höchstens 15 EUR zu beachten.[7] Für den Arbeitslohn im Beschäftigungs- bzw. Abrechnungszeitraum gilt kein Höchstbetrag. Im Übrigen sind die Steuerbefreiungsvorschriften, z. B. für Reisekosten und Zuschläge für Nachtarbeit, zu beachten.

Sachlohn

Die in der Land- und Forstwirtschaft hauptberuflich tätigen Arbeitnehmer erhalten neben einem Barlohn üblicherweise auch sog. ⇗ Deputate. Diese Deputate sind lohnsteuerpflichtige Sachbezüge, die mit den (um übliche Preisnachlässe geminderten) üblichen Endpreisen am Abgabeort zu versteuern sind; mitunter sind amtliche Sachbezugswerte festgelegt. Reicht bei einer Deputatsgewährung der Barlohn zur Deckung der Lohnsteuer nicht aus, muss der Arbeitnehmer dem Arbeitgeber den fehlenden Betrag zuschießen. Weigert sich der Arbeitnehmer, den Fehlbetrag auszugleichen, ist der Arbeitgeber verpflichtet, die Deputate in entsprechend geringerem Umfang zu gewähren. Ist dies nicht möglich, so hat der Arbeitgeber den Sachverhalt dem Betriebsstättenfinanzamt anzuzeigen, das dann die zu wenig erhobene Lohnsteuer vom Arbeitnehmer nachfordern wird.[8]

Sozialversicherung

Personenkreis

Sozialversicherungsrechtlich werden unter dem Begriff „Landwirtschaftliche Arbeitnehmer" mehrere Personengruppen zusammengefasst:

- Personen, die in der Land- und Forstwirtschaft als Arbeitnehmer hauptberuflich tätig sind.
- Aushilfskräfte, deren Beschäftigung auf nicht mehr als 26 Wochen befristet ist.
- Mitarbeitende ⇗ Familienangehörige in der Land- und Forstwirtschaft.

Voraussetzung für die Versicherungspflicht

Für landwirtschaftliche Arbeitnehmer gelten grundsätzlich die selben Regelungen wie für andere ⇗ Arbeitnehmer auch. Sie unterliegen der Versicherungspflicht in der Kranken-, Pflege-, Renten- und Arbeitslosenversicherung. Allerdings ist zu prüfen, ob sie der Pflichtversicherung in der landwirtschaftlichen Sozialversicherung unterliegen.

Versicherungspflicht in der landwirtschaftlichen Sozialversicherung

Die Voraussetzungen für die besondere Versicherungspflicht in der landwirtschaftlichen Krankenversicherung sind in § 2 KVLG aufgeführt. In der Krankenversicherung der Landwirte sind versicherungspflichtig:

- Unternehmer der Land- und Forstwirtschaft einschließlich des Wein- und Gartenbaus sowie der Teichwirtschaft und der Fischzucht sowie
- mitarbeitende ⇗ Familienangehörige eines landwirtschaftlichen Unternehmers, wenn sie das 15. Lebensjahr vollendet haben oder
- wenn sie als Auszubildende in dem landwirtschaftlichen Unternehmen beschäftigt sind.

Daraus ergibt sich zugleich die Versicherungspflicht in der landwirtschaftlichen Pflegekasse.[9]

Ferner kann sich für Haupt-, Zuerwerbs- und Nebenerwerbslandwirte sowie deren Ehegatten und mitarbeitende Familienangehörige eine Versicherungspflicht nach dem Gesetz über die Alterssicherung der Landwirte ergeben.

Kassenzuständigkeit

Die Sozialversicherung für Landwirtschaft, Forsten und Gartenbau (SVLFG) ist zuständig für die Durchführung der landwirtschaftlichen Unfallversicherung, der Alterssicherung der Landwirte sowie der landwirtschaftlichen Kranken- und Pflegeversicherung. Regionale Träger der landwirtschaftlichen Sozialversicherung (LSV) sind in die SVLFG eingegliedert.[10] In Angelegenheiten der Krankenversicherung führt die SVLFG die Bezeichnung „landwirtschaftliche Krankenkasse".[11]

Die nach dem KVLG versicherungspflichtigen Beschäftigten bzw. selbstständig Tätigen werden kraft Gesetzes bei der landwirtschaftlichen Krankenkasse versichert. Sie haben kein Wahlrecht zu einer anderen Krankenkasse.

Sind sowohl die Voraussetzungen für eine Mitgliedschaft in der allgemeinen Krankenversicherung als auch die Voraussetzungen für eine Mitgliedschaft in der landwirtschaftlichen Krankenversicherung erfüllt, wird das zuständige Krankenversicherungssystem durch § 3 Abs. 2 KVLG geregelt.

1 BFH, Urteil v. 25.10.2005, VI R 60/03, BStBl 2006 II S. 206.
2 BFH, Urteil v. 12.6.1986, VI R 167/83, BStBl 1986 II S. 681; BHF, Urteil v. 25.10.2005, VI R 77/02, BStBl 2006 II S. 208.
3 BFH, Urteil v. 12.6.1986, VI R 167/83, BStBl 1986 II S. 681; BFH, Urteil v. 25.10.2005, VI R 77/02, BStBl 2006 II S. 208.
4 BFH, Urteil v. 12.6.1986, VI R 167/83, BStBl 1986 II S. 681.
5 BFH, Urteil v. 25.10.2005, VI R 77/02, BStBl 2006 II S. 208.
6 § 40 a Abs. 3 Satz 3 EStG.
7 § 40 a Abs. 4 Nr. 1 EStG
8 § 38 Abs. 4 EStG.
9 § 20 Abs. 1 Satz 1 Nr. 3 SGB XI.
10 LSV-Neuordnungsgesetz – LSV-NOG vom 12.4.2012 (BGBl I S. 579).
11 § 166 SGB V.

Beispiel

Vorrangige Versicherung nach dem KVLG

Ein nach § 2 KVLG versicherungspflichtiger selbstständiger Landwirt übt nebenbei bei einem benachbarten Betrieb für maximal 26 Wochen eine befristete Beschäftigung als landwirtschaftlicher Arbeitnehmer gegen Entgelt aus.

Ergebnis: Eigentlich würde der Landwirt gem. § 5 Abs. 1 Nr. 1 SGB V versicherungspflichtig. Allerdings wird diese „allgemeine" Versicherungspflicht durch die vorrangige Versicherungspflicht nach dem KVLG verdrängt.

Vorrangversicherung in der landwirtschaftlichen Krankenversicherung

Für mitarbeitende Familienangehörige, die

- das 15. Lebensjahr vollendet haben bzw.
- als Auszubildende im elterlichen Landwirtschaftsbetrieb[1] mitarbeiten,

ist die Versicherungspflicht nach dem KVLG selbst dann vorrangig, wenn keine Befristung auf höchstens ein halbes Jahr in einer parallel ausgeübten Beschäftigung als landwirtschaftlicher Arbeitnehmer vorgesehen ist.[2]

Laptop

Zu unterscheiden ist, ob der Arbeitgeber dem Arbeitnehmer den Laptop, das Notebook oder das Tablet überlässt oder übereignet (= schenkt). Überlässt der Arbeitgeber dem Arbeitnehmer das Gerät, bleibt es im Eigentum des Arbeitgebers. Diese Gestellung führt nicht zu einem steuer- und beitragspflichtigen geldwerten Vorteil. Es entsteht weder Lohnsteuer- noch Sozialversicherungspflicht.

Schenkt der Arbeitgeber dem Arbeitnehmer den Laptop, das Notebook oder das Tablet, entsteht ein geldwerter Vorteil. Die Besteuerung dieses geldwerten Vorteils kann aufgrund der Pauschalierungsmöglichkeit mit 25 % vom Arbeitgeber übernommen werden.

Wie bei vielen anderen Pauschalierungsmöglichkeiten ist auch hier Voraussetzung, dass der Laptop, das Notebook oder das Tablet nicht im Rahmen einer Entgeltumwandlung, sondern zusätzlich zum ohnehin geschuldeten Arbeitslohn gewährt wird.

Gesetze, Vorschriften und Rechtsprechung

Lohnsteuer: Die Lohnsteuerfreiheit bei Nutzungsüberlassung ergibt sich aus § 3 Nr. 45 EStG, bzw. R 3.45 LStR. Die Möglichkeit zur Anwendung des Pauschalsteuersatz von 25 % ergibt sich aus § 40 Abs. 2 EStG.

Sozialversicherung: Die Beitragspflicht des Arbeitsentgelts in der Sozialversicherung ergibt sich aus § 14 Abs. 1 SGB IV. Die Beitragsfreiheit als Konsequenz der Steuerfreiheit ergibt sich aus § 1 Abs. 1 Satz 1 Nr. 1 SvEV.

Entgelt	LSt	SV
Laptop/Notebook/Tablet, Überlassung zur vorübergehenden Nutzung	frei	frei
Laptop/Notebook/Tablet, Übereignung bzw.Schenkung	pflichtig	pflichtig
Laptop/Notebook/Tablet, Schenkung (Pauschalierung mit 25 %)	pauschal	frei

Lehrabschlussprämie

Manche Arbeitgeber bezahlen ihren Auszubildenden aus Anlass der erfolgreichen Beendigung der Ausbildung eine Lehrabschlussprämie. Diese Lehrabschlussprämie wird im Zusammenhang mit der Erbringung der Arbeitsleistung gewährt und stellt damit sowohl steuerpflichtigen Arbeitslohn als auch beitragspflichtiges Arbeitsentgelt i. S. d. Sozialversicherung dar.

Bei der Lehrabschlussprämie handelt es sich um einmalig gezahltes Arbeitsentgelt. Die Sozialversicherungsbeiträge sind aus der Einmalzahlung zu berechnen. Ebenso ist die Lehrabschlussprämie als sonstiger Bezug nach dem Lohnsteuerrecht zu versteuern.

Gesetze, Vorschriften und Rechtsprechung

Lohnsteuer: Die Lohnsteuerpflicht der Lehrabschlussprämie ergibt sich aus § 19 Abs. 1 EStG i. V. m. R 19.3 LStR.

Sozialversicherung: Die Beitragspflicht in der Sozialversicherung ergibt sich aus § 14 Abs. 1 SGB IV i. V. m. § 23a SGB IV.

Entgelt	LSt	SV
Lehrabschlussprämie	pflichtig	pflichtig

Lehrer und Erzieher

Lehrer und Erzieher können in einem abhängigen Beschäftigungsverhältnis stehen und als Arbeitnehmer versicherungspflichtig in der Kranken-, Pflege-, Renten-, Arbeitslosen- und Unfallversicherung sein. Andererseits kann dieser Personenkreis seinen Beruf aber auch in einer selbstständigen Tätigkeit ausüben. In diesem wird das Versicherungsverhältnis anders bewertet. Die Beitragspflicht für Lehrer und Erzieher besteht, solange für sie eine Versicherungspflicht zur gesetzlichen Rentenversicherung vorliegt.

Gesetze, Vorschriften und Rechtsprechung

Sozialversicherung: Versicherungsfreiheit besteht für beamtete oder vergleichbare Dienstverhältnisse nach § 6 Abs. 1 SGB V, § 5 SGB VI und § 27 SGB III, § 4 SGB VII.

Selbstständig tätige Lehrer und Erzieher können sich unter den in § 9 SGB V genannten Voraussetzungen freiwillig in der gesetzlichen Krankenversicherung versichern. Für den Fall der freiwilligen Krankenversicherung sind diese Lehrer in der Pflegeversicherung nach § 20 Abs. 3 SGB XI pflichtversichert. Für Versicherte der privaten Krankenversicherungsunternehmen besteht die Versicherungspflicht in der Pflegeversicherung nach § 23 SGB XI. § 2 SGB VI bestimmt, dass in der Rentenversicherung selbstständig tätige Lehrer und Erzieher unter bestimmten Voraussetzungen versicherungspflichtig sind. In der Unfallversicherung bestimmt § 3 SGB VII über die Möglichkeit, die Versicherungspflicht kraft Satzung vorzuschreiben. Im Übrigen ist nach § 6 SGB VII eine freiwillige Versicherung möglich. In der Arbeitslosenversicherung besteht die Möglichkeit, die Versicherungspflicht zu beantragen (§ 28a SGB III).

Lehrer und Erzieher in einem abhängigen Beschäftigungsverhältnis sind in der Sozialversicherung nach § 5 SGB V, § 20 SGB XI, § 1 SGB VI, § 25 SGB III und § 2 SGB VII versicherungspflichtig. Insbesondere ist hier § 7 Abs. 1 SGB IV zu beachten.

Auf der Grundlage des BSG-Urteils v. 28.6.2022 (B 12 R 3/20 R, USK 2022-25) haben die Spitzenorganisationen der Sozialversicherung die Beurteilungsmaßstäbe für das Vorliegen eines Beschäftigungsverhältnisses für Lehrer konkretisiert (BE v. 4.5.2023: TOP 1).

1 § 2 Abs. 1 Nr. 3 KVLG.
2 § 3 Abs. 2 Nr. 1a KVLG.

Die Ermittlung der beitragspflichtigen Einnahmen Selbstständiger zur Rentenversicherung ist in § 165 SGB VI geregelt. Die Beitragstragung ergibt sich aus § 169 SGB VI. Die Auskunfts- und Mitteilungspflichten Selbstständiger werden in § 196 SGB VI bestimmt.

Sozialversicherung

Lehrer und Erzieher in einem öffentlich-rechtlichen Dienstverhältnis

Lehrer und Erzieher, die in einem öffentlich-rechtlichen Dienstverhältnis (Beamtenverhältnis oder vergleichbares Dienstverhältnis) stehen, sind in der Regel in der Kranken-, Renten-, Arbeitslosen- und Unfallversicherung versicherungsfrei.

Sie sind in der Pflegeversicherung versicherungspflichtig, wenn eine freiwillige Krankenversicherung[1] oder eine Versicherung bei einem privaten Krankenversicherungsunternehmen gegen das Risiko der Krankheit mit Anspruch auf allgemeine Krankenhausleistungen[2] besteht.

Lehrer sind in der Krankenversicherung versicherungsfrei und in der Arbeitslosenversicherung beitragsfrei, wenn sie nach beamtenrechtlichen Vorschriften oder Grundsätzen bei Krankheit Anspruch auf Fortzahlung der Bezüge und auf Beihilfe haben. Diese Regelung gilt ausschließlich für Lehrer und nicht für Erzieher. In der Pflegeversicherung besteht für krankenversicherungsfreie Lehrer unter denselben Voraussetzungen wie für beamtete Lehrer Versicherungspflicht.

Selbstständige Lehrer und Erzieher in der KV, PV und ALV

In der Unfallversicherung können selbstständige Lehrer und Erzieher kraft Satzung oder freiwillig versichert sein. Auch in der Krankenversicherung können sich selbstständig tätige Lehrer und Erzieher freiwillig versichern.

In der Pflegeversicherung liegt Versicherungspflicht vor, wenn

- eine freiwillige Krankenversicherung bei einer Krankenkasse oder
- eine Versicherung bei einem privaten Krankenversicherungsunternehmen gegen das Risiko der Krankheit mit Anspruch auf allgemeine Krankenhausleistungen

besteht.

Versicherungspflicht in der Arbeitslosenversicherung besteht nicht. Selbstständige Lehrer und Erzieher können in der Arbeitslosenversicherung auf Antrag versicherungspflichtig sein.[3] Diese freiwillige Versicherung ist nicht daran gebunden, dass der selbstständige Lehrer als arbeitnehmerähnlicher Selbstständiger rentenversicherungspflichtig ist.

Selbstständige Lehrer und Erzieher in der Rentenversicherung

Bei selbstständiger Tätigkeit sind die Lehrer und Erzieher in der allgemeinen Rentenversicherung versicherungspflichtig, sofern sie in ihrem Betrieb keinen versicherungspflichtigen Arbeitnehmer beschäftigen.

Hinweis

Befreiung von der Rentenversicherungspflicht

Lehrer und Erzieher an privaten Ersatzschulen können von der Versicherungspflicht in der Rentenversicherung befreit werden.

Von der Rentenversicherungspflicht wird nach dieser Vorschrift u. a. folgende Tätigkeit erfasst:

- die freiberufliche Lehrtätigkeit,
- das Erteilen von Unterricht an Schulen, Hochschulen oder anderen Bildungseinrichtungen sowie
- Privat- oder Nachhilfeunterricht.

Auch eine Tätigkeit, die auf die Bildung des Charakters und Gemüts gerichtet ist, zählt dazu. Eine Lehrtätigkeit, die der Vermittlung ganz praktischer Fertigkeiten dient, fällt ebenfalls unter § 2 Satz 1 Nr. 1 SGB VI. Somit sind z. B. auch Tennis-, Golf-, Ski- und Handarbeitslehrer, aber auch Trainer (z. B. Aerobic-Trainer) versicherungspflichtig.

Inhaber einer Fahrschule

Inhaber einer Fahrschule sind als Lehrer versicherungspflichtig, wenn sie selbst Fahrschüler ausbilden.

Krankengymnasten

Krankengymnasten, die nicht überwiegend auf ärztliche Anweisung tätig werden, sondern z. B. im Rahmen von Volkshochschulkursen Übungen leiten, sind als Lehrer versicherungspflichtig.

Lehrtätigkeit in einem künstlerischen Fach

Die Lehrtätigkeit in einem künstlerischen Fach (Gesangs-, Instrumental- oder Ballettunterricht) ist nach § 2 KSVG versicherungspflichtig. Nach diesem Gesetz ist versicherungspflichtig, wer als Selbstständiger Musik, darstellende Kunst oder bildende Kunst lehrt.

Inhaber von privaten Kindergärten, Tagesmütter und Betreiber von Großpflegestellen

Inhaber von privaten Kindergärten und Tagesmütter sowie Betreiber von sog. Großpflegestellen werden als Erzieher von § 2 Satz 1 Nr. 1 SGB VI[4] erfasst. Sie sind aber nicht nach § 2 Satz 1 Nr. 2 SGB VI versicherungspflichtig. Diese Vorschrift betrifft – soweit sie „in der Kinderpflege tätige Pflegepersonen" in die Rentenversicherungspflicht einbezieht – nur Angehörige der sog. Heilhilfsberufe, die grundsätzlich im Tätigkeitsbereich des Arztes auf dessen Anordnung bzw. Verordnung tätig werden.[5]

Beschäftigung von Arbeitnehmern

Voraussetzung für die Versicherungspflicht in der Rentenversicherung ist, dass Lehrer und Erzieher keinen versicherungspflichtigen Arbeitnehmer in ihrem Betrieb beschäftigen. Wird ein Arbeitnehmer im Betrieb beschäftigt, entfällt also die Versicherungspflicht. Bei der Feststellung, ob versicherungspflichtige Arbeitnehmer beschäftigt werden, sind Besonderheiten zu berücksichtigen.

Geringfügig entlohnte Beschäftigung

↗ Geringfügig entlohnte Beschäftigte gelten nicht als Arbeitnehmer.[6]

Die Regelung, dass kein versicherungspflichtiger Arbeitnehmer beschäftigt werden darf, ist nach der Rechtsprechung[7] so auszulegen, dass nicht auf einen einzelnen Arbeitnehmer abzustellen ist. Vielmehr ist die Beurteilung unabhängig von deren konkretem Versicherungsstatus vorzunehmen. D. h., sollte der selbstständige Lehrer oder Erzieher mehrere geringfügig entlohnte Arbeitnehmer beschäftigen, sind die Entgelte aller Beschäftigten zu addieren. Übersteigen diese Entgelte zusammen die Geringfügigkeitsgrenze ist der Lehrer/Erzieher nicht rentenversicherungspflichtig.

Beschäftigung von Auszubildenden

Zu den versicherungspflichtigen Arbeitnehmern, durch deren Beschäftigung die Versicherungspflicht als selbstständiger Lehrer oder Erzieher entfallen kann, gehören auch ↗ Auszubildende und ↗ Praktikanten.[8] Die Beschäftigung freier Mitarbeiter, die ggf. als ↗ arbeitnehmerähnliche Selbstständige versicherungspflichtig sind, im Betrieb und von Arbeitnehmern im Haushalt steht der Versicherungspflicht nicht entgegen.

Beitragsberechnung

Pflichtbeiträge zur Rentenversicherung sind für die ersten 3 Kalenderjahre nach der Aufnahme der selbstständigen Tätigkeit nach dem halben Regelbeitrag zu zahlen. Nach Ablauf dieses Zeitraums ist der Regelbei-

1 § 20 Abs. 3 SGB XI.
2 § 23 SGB XI.
3 § 28a SGB III.
4 Im Zusammenhang mit der selbstständigen Tätigkeit werden regelmäßig keine versicherungspflichtigen Arbeitnehmer beschäftigt.
5 BSG, Urteil v. 22.6.2005, B 12 RA 12/04 R.
6 § 2 Satz 2 Nr. 2 SGB VI.
7 BSG, Urteil v. 23. 11. 2005, B 12 RA 5/03 R.
8 § 2 Satz 2 Nr. 1 SGB VI.

trag maßgebend. Der Lehrer/Erzieher kann auch beantragen, einkommensgerechte Beiträge zu zahlen.

In der 3-jährigen Existenzgründungsphase kann der selbstständige Lehrer/Erzieher jedoch beantragen, anstelle des halben Regelbeitrags die Beiträge nach dem Regelbeitrag zu zahlen.

Halber Regelbeitrag für die ersten 3 Jahre

Der Lehrer/Erzieher zahlt ohne Nachweis des tatsächlich erzielten Arbeitseinkommens in den ersten 3 Jahren der versicherungspflichtigen selbstständigen Tätigkeit den halben Regelbeitrag.

Beitragsbemessungsgrundlage für den halben Regelbeitrag ist ein fiktives Arbeitseinkommen in Höhe der halben monatlichen ↗ Bezugsgröße. Wird die selbstständige Tätigkeit im Rechtskreis Ost einschließlich Berlin ausgeübt, ist die halbe monatliche Bezugsgröße Ost Beitragsbemessungsgrundlage. Damit sind im Jahr 2024 1.767,50 EUR/West bzw. 1.732,50 EUR/Ost (2023: 1.697,50 EUR/West bzw. 1.645 EUR/Ost) für die Beitragsberechnung maßgebend.

Hinweis

Beitragsmäßige Entlastung des Selbstständigen

Die Vorgabe, nur den halben Regelbeitrag zu zahlen, soll die Aufnahme einer selbstständigen Tätigkeit erleichtern, indem der Selbstständige beitragsmäßig entlastet wird. Deshalb ist die Zahlung des halben Regelbeitrags anstelle des vollen Regelbeitrags nur befristet möglich.

Die Möglichkeit, den halben Regelbeitrag zu zahlen, besteht nicht nur bei erstmaliger Aufnahme einer selbstständigen Tätigkeit. Bei Aufnahme einer anderen Tätigkeit ist der Grundsatz des halben Regelbeitrags bei Existenzgründung ebenfalls zu berücksichtigen.

Regelbeitrag nach Ablauf von 3 Jahren

Regelbeitrag ist der Beitrag, den der Lehrer/Erzieher kraft Gesetzes nach Ablauf der 3-jährigen Existenzgründungsphase zu zahlen hat, sofern er nicht beantragt, dass die Beiträge einkommensgerecht erhoben werden.

Der Regelbeitrag wird aus der jeweiligen Bezugsgröße mit dem allgemeinen Beitragssatz der Rentenversicherung berechnet. Im Jahr 2024 betragen die Beiträge daher 657,51 EUR/West (18,6 % von 3.535 EUR/West; 2023: 631,47 EUR/West) bzw. 644,49 EUR/Ost (18,6 % von 3.465 EUR/Ost; 2023: 611,94 EUR/Ost).

Bei Zahlung des Regelbeitrags beschränkt sich die Beitragsüberwachung darauf, dass die Beiträge gezahlt werden. Eine Vorlage des Einkommensteuerbescheids zur Feststellung oder Überprüfung der Beitragsbemessungsgrundlage entfällt.

Regelbeitrag in der Existenzgründungsphase

Der Regelbeitrag kann auf Antrag des Selbstständigen anstelle des halben Regelbeitrags auch in der 3-jährigen Existenzgründungsphase gezahlt werden. Die Zahlung des Regelbeitrags ist erst vom Tag des Eingangs des Antrags beim zuständigen Rentenversicherungsträger an zulässig.

Unabhängig vom Tag der Antragstellung bestimmt sich der Zeitraum, für den die Zahlung des halben Regelbeitrags zulässig ist. Er beginnt mit dem Tag der Aufnahme der selbstständigen Erwerbstätigkeit und endet nach Ablauf von 3 Kalenderjahren.

Einkommensbezogene Beitragsberechnung

Lehrer und Erzieher können bestimmen, dass der Beitragsberechnung das tatsächlich erzielte Arbeitseinkommen zugrunde gelegt wird.

Beiträge für Teilmonate

Bei Aufnahme oder Beendigung der selbstständigen Tätigkeit oder bei einem Wechsel der Beitragsbemessungsgrundlage im Laufe eines Kalendermonats sind die zu zahlenden Beiträge für den jeweiligen Teilmonat zu leisten. Der Beitrag für den Teilmonat wird ermittelt, indem der jeweils zu zahlende Monatsbeitrag durch die Anzahl der Kalendertage zu teilen ist, auf den er entfällt. Samstage, Sonntage und Feiertage sind mitzuzählen.

Beitragszahlung bei nachträglich festgestellter Versicherungspflicht

Wird die Versicherungspflicht nachträglich festgestellt, sind rückwirkend ab Aufnahme der versicherungspflichtigen selbstständigen Tätigkeit die Beiträge nachzuzahlen.[1]

Selbst wenn strittig gewesen ist, ob es sich bei der Tätigkeit als Lehrer/Erzieher um eine abhängige Beschäftigung oder um eine selbstständige Tätigkeit handelt, sind die Rentenversicherungsbeiträge vom Beginn der selbstständigen Tätigkeit an zu zahlen, wenn die Prüfung ergibt, dass kein abhängiges Beschäftigungsverhältnis vorliegt.

Beitragstragung

Lehrer und Erzieher tragen die Pflichtbeiträge zur Rentenversicherung in voller Höhe allein. Die Beitragszahlung ist in der Rentenversicherungs-Beitragszahlungsverordnung (RV-BZV) geregelt. Obwohl Versicherungspflicht kraft Gesetzes besteht, müssen Lehrer und Erzieher den Rentenversicherungsträger über alle Tatsachen unterrichten, die zur Feststellung der Versicherungspflicht und Durchführung der Versicherung erheblich sind.[2]

Meldepflichten

Rentenversicherungspflichtige Lehrer und Erzieher sind verpflichtet, sich innerhalb von 3 Monaten nach der Aufnahme ihrer selbstständigen Tätigkeit beim Rentenversicherungsträger zu melden. Damit dieser die Versicherungspflicht ordnungsgemäß feststellen kann, sind die entsprechenden Vordrucke auszufüllen. Diese Verpflichtungen ergeben sich unmittelbar aus § 190a SGB VI. Im weiteren Verlauf der Versicherung ergeben sich die Meldeverpflichtungen des Lehrers oder Erziehers aus § 196 Abs. 1 Nr. 2 SGB VI. Danach ist der Rentenversicherungsträger über alle Tatsachen zu unterrichten, die zur Feststellung der Versicherungspflicht und Durchführung der Versicherung erheblich sind. Da keine andere Stelle diese Meldepflichten erfüllt, obliegen diese dem Lehrer oder Erzieher.

Selbstständige Lehrer und Erzieher in der Arbeitslosenversicherung

Bei Aufnahme einer selbstständigen Tätigkeit als selbstständiger Lehrer oder Erzieher kann in der Arbeitslosenversicherung unter bestimmten Voraussetzungen eine Versicherungspflicht auf Antrag begründet werden.

Wichtig

Ausschluss der Antragspflichtversicherung

Die Antragspflichtversicherung in der Arbeitslosenversicherung ist ausgeschlossen, wenn

- die antragstellende Person bereits auf Antrag versicherungspflichtig als Selbstständiger war,
- die zu dieser Versicherungspflicht führenden Tätigkeit aber zweimal unterbrochen hat und
- die Person in den Unterbrechungszeiten einen Anspruch auf Arbeitslosengeld geltend gemacht hat.

Auslandslehrer

Deutsche Lehrer an ausländischen Schulen

Lehrer, die an deutschen oder an ausländischen Schulen im Ausland beschäftigt sind, sind nicht versicherungspflichtig in der deutschen Sozialversicherung. Vereinbarungen über die Entsendung von deutschen Lehrern bestehen mit Estland, Rumänien und der Ukraine.[3]

1 BSG, Urteil v. 12.10.2000, B 12 RA 2/99 R.
2 § 196 Abs. 1 Satz 1 Nr. 2 SGB VI.
3 Estland: vgl. Art. 4 Abs. 2 des Abkommens vom 29.4.1993, BGBl. II 1994 S. 1144; Lettland: Abkommen vom 18.12.1993, BGBl. II 1995 S. 206; Rumänien: Vereinbarung vom 4.10.1992, BGBl. II 1993 S. 48; Ukraine: Abkommen vom 10.6.1993, BGBl. II 1994 S. 2431.

Auslandsschullehrer können auf Antrag in der Rentenversicherung pflichtversichert werden (Antragspflichtversicherung). Entsendungen im sozialversicherungsrechtlichen Sinne liegen nicht vor, weil die Lehrer Arbeitnehmer der Schule im Ausland sind. In den Mitgliedstaaten der EG oder in Abkommensstaaten (Sozialversicherungsabkommen) eingesetzte deutsche Lehrer können durch Abschluss einer Ausnahmevereinbarung (weiterhin) der deutschen Sozialversicherungspflicht unterstellt werden.

Ausländische Lehrer an deutschen Schulen

Ausländische Lehrer, die an Schulen in der Bundesrepublik Deutschland Unterricht erteilen, unterliegen der inländischen Versicherungspflicht. Aufgrund von Ausnahmevereinbarungen nach der EG-Verordnung 883/2004 oder einem ⇗ Sozialversicherungsabkommen können diese Lehrer den Rechtsvorschriften über die Versicherungspflicht ihres Heimatlands unterstellt werden (Ausnahmevereinbarungen bestehen für Lehrer aus Frankreich, Griechenland und der Türkei).

Lehrgangskosten

Lehrgangskosten werden vom Arbeitgeber übernommen und beziehen sich regelmäßig auf Lehrgänge im Rahmen der Fortbildung. Fortbildungskosten können vom Arbeitgeber steuerfrei erstattet oder übernommen werden, wenn es sich um Aufwendungen für Maßnahmen auf der Grundlage des bereits ausgeübten Berufes handelt. Fortbildungskosten sind typischerweise Aufwendungen für:

- Meisterkurse und Meisterprüfungen,
- Besuche von Fachvorträgen einer Wirtschaftsakademie,
- Besuche einer Volkshochschule zum Zweck der Berufsfortbildung,
- Sprachkurse von Dolmetschern, Auslandskorrespondenten und Angestellten, die Fremdsprachenkenntnisse benötigen.

Voraussetzung für die Lohnsteuerfreiheit ist das überwiegend betriebliche Interesse des Arbeitgebers. Kann von einem solchen ausgegangen werden, sind die Lehrgangskosten im Lohnsteuerrecht kein Arbeitslohn und kein sozialversicherungspflichtiges Arbeitsentgelt.

Seit 2019 sind auch solche Leistungen des Arbeitgebers steuerfrei, die der allgemeinen Verbesserung der Beschäftigungsfähigkeit des Arbeitnehmers dienen.

Arbeitnehmer genießen während einer beruflichen Fortbildung den vollen Unfallversicherungsschutz auch auf dem Weg von und zu einem Lehrgang.

Gesetze, Vorschriften und Rechtsprechung

Lohnsteuer: § 3 Nr. 19 EStG regelt die Steuerfreiheit für berufliche Weiterbildungsleistungen im Rahmen eines bestehenden Arbeitsverhältnisses, die durch die Bundesagentur für Arbeit gefördert werden oder der allgemeinen Beschäftigungsfähigkeit des Arbeitnehmers dienen. Gemäß R 19.7 LStR führen berufliche Fort- und Weiterbildungsleistungen des Arbeitgebers im ganz überwiegend eigenbetrieblichen Interesse des Arbeitgebers nicht zu Arbeitslohn. Zur Abgrenzung von beruflicher zu privater Fortbildung s. BFH, Urteil v. 11.1.2007, VI R 8/05, BStBl 2007 II S. 457.

Sozialversicherung: Sofern kein Arbeitslohn im steuerlichen Sinne vorliegt, kann auch keine Beitragspflicht entstehen, für steuerfreie Zuwendungen gilt § 1 Abs. 1 Satz 1 Nr. 1 SvEV. Im Rahmen der Unfallversicherung ergibt sich der Versicherungsschutz aus § 2 Abs. 1 Nr. 2 SGB VII.

Entgelt	LSt	SV
Lehrgangskosten zur beruflichen Weiterbildung der Arbeitnehmer	frei	frei
Lehrgangskosten zur allgemeinen Verbesserung der Beschäftigungsfähigkeit des Arbeitnehmers	frei	frei

Lehrzulage

Als Lehrzulage bezeichnet man Zuwendungen des Arbeitgebers an seine in Ausbildung befindlichen Arbeitnehmer zum Ausgleich der Mehraufwendungen, die diesen durch die Ausbildung entstehen. Da die Lehrzulage im Zusammenhang mit der Erbringung der Arbeitsleistung erfolgt, handelt es sich dabei um steuerpflichtigen Arbeitslohn bzw. beitragspflichtiges Arbeitsentgelt i. S. d. Sozialversicherung. Da die Lehrzulage üblicherweise regelmäßig gewährt wird, handelt es sich sowohl um laufenden Arbeitslohn im Lohnsteuerrecht als auch um laufendes Arbeitsentgelt in der Sozialversicherung.

Gesetze, Vorschriften und Rechtsprechung

Lohnsteuer: Die Lohnsteuerpflicht der Lehrzulage ergibt sich aus § 19 Abs. 1 EStG i. V. m. R 19.3 LStR.

Sozialversicherung: Die Beitragspflicht des Arbeitsentgelts in der Sozialversicherung ergibt sich aus § 14 Abs. 1 SGB IV.

Entgelt	LSt	SV
Lehrzulage	pflichtig	pflichtig

Leistungsprämien

Leistungsprämien werden dem Arbeitnehmer i. d. R. für das Erreichen eines bestimmten unternehmerischen Ziels gewährt. Sie können für individuelle Ziele genauso wie für Gruppenziele oder Unternehmensziele ausgeschüttet werden. Leistungsprämien werden im Zusammenhang mit der Erbringung der Arbeitsleistung gewährt und stellen somit steuerpflichtigen Arbeitslohn und sozialversicherungspflichtiges Arbeitsentgelt dar.

Die Besteuerung der Leistungsprämie erfolgt regelmäßig als sonstiger Bezug nach der Jahreslohnsteuertabelle. Sozialversicherungsrechtlich gilt die Leistungsprämie als einmalig gezahltes Arbeitsentgelt (Einmalzahlung).

Gesetze, Vorschriften und Rechtsprechung

Lohnsteuer: Die Regeln der Besteuerung nach der Jahreslohn-Steuertabelle ergeben sich aus § 38a Abs. 3 EStG.

Sozialversicherung: Die Beitragspflicht des Arbeitsentgelts in der Sozialversicherung ergibt sich aus § 14 Abs. 1 SGB IV. Die Beitragserhebung aus Einmalzahlungen regelt § 23a SGB IV.

Entgelt	LSt	SV
Leistungsprämien	pflichtig	pflichtig

Leistungszulage

Für bestimmte Tätigkeiten innerhalb eines betrieblichen Organisationsprozesses kann der Arbeitgeber dem Arbeitnehmer eine Leistungszulage gewähren. Da die Leistungszulage im Zusammenhang mit der Erbringung der Arbeitsleistung gewährt wird, handelt es sich hierbei um steuerpflichtigen Arbeitslohn bzw. beitragspflichtiges Arbeitsentgelt im Sinne der Sozialversicherung.

Leistungszulagen werden typischerweise regelmäßig gewährt und sind damit lohnsteuerrechtlich nach der Monatslohnsteuertabelle als laufende Bezüge zu versteuern. Die Sozialversicherungsbeiträge sind monatlich aus dem laufenden Arbeitsentgelt zu erheben.

Sofern der Arbeitnehmer auf die Leistungszulage einen arbeitsvertraglichen Anspruch hat, wird sie bei der Berechnung des regelmäßigen Arbeitsentgelts zur Ermittlung der Jahresarbeitsentgeltgrenze in der Krankenversicherung mit berücksichtigt.

Gesetze, Vorschriften und Rechtsprechung

Lohnsteuer: Die Lohnsteuerpflicht der Leistungszulage ergibt sich aus § 19 Abs. 1 Satz 1 Nr. 1 EStG i. V. m. R 19.3 Abs. 1 LStR.

Sozialversicherung: Die Beitragspflicht des Arbeitsentgelts in der Sozialversicherung ergibt sich aus § 14 Abs. 1 SGB IV. Die Jahresarbeitsentgeltgrenze ist in § 6 Abs. 1 Nr. 1 SGB V geregelt.

Entgelt	LSt	SV
Leistungszulage	pflichtig	pflichtig

Liquidationspool

Der Begriff des Liquidationspools wird überwiegend für Arbeitnehmer in Kranken- und Pflegeheimen, Krankenhäusern sowie Universitätskliniken angewendet. Streng genommen handelt es sich um eine Lohnzahlung durch Dritte, wenn Arbeitnehmer an den Liquidationseinnahmen der behandelnden Chefärzte beteiligt werden. Da die Arbeitnehmer diese Einnahmen im Rahmen ihrer Beschäftigung erhalten, handelt es sich dabei grundsätzlich um steuerpflichtigen Arbeitslohn aus nichtselbstständiger Tätigkeit sowie beitragspflichtiges Arbeitsentgelt in der Sozialversicherung.

Gesetze, Vorschriften und Rechtsprechung

Lohnsteuer: Die steuerliche Behandlung von Vergütungen aus Liquidationspools ergibt sich aus dem BMF-Schreiben v. 27.4.1982, IV B 6 – S 2332 – 16/82, BStBl 1982 I S. 530 sowie der hierzu ergangenen Rechtsprechung. Grundsätzliche Regelungen zum steuerlichen Arbeitslohnbegriff finden sich in § 19 Abs. 1 EStG, § 2 LStDV. Das Einkommensteuergesetz enthält hier eine nur beispielhafte Aufzählung, deshalb ergänzen R 19.3–19.8 LStR sowie H 19.3–19.8 LStH die gesetzlichen Bestimmungen.

Sozialversicherung: Einnahmen aus einem Liquidationspool werden beitragsrechtlich nach § 14 Abs. 1 Satz 1 SGB IV, § 17 SGB IV und § 28h Abs. 2 SGB IV bewertet. Die Rechtsprechung hat die Beitragspflicht der Einnahmen aus einem Liquidationspool bestätigt (Bayerisches LSG, Urteil v. 25.4.2006, L 5 KR 4/05 und v. 10.12.2009, L 4 KR 331/09).

Entgelt	LSt	SV
Vergütungen aus dem Liquidationspool	pflichtig	pflichtig

Lohnsteuer

Einkünfte aus nichtselbstständiger Arbeit

Vergütungen, die Assistenz-, Stations- und Oberärzte für die Mitarbeit im Bereich der Privatstation liquidationsberechtigter Krankenhausärzte (Chefärzte) erhalten, gehören zu den Einkünften aus nichtselbstständiger Arbeit.[1]

Abgrenzung zur selbstständigen Tätigkeit

Ob der Chefarzt eines Krankenhauses wahlärztliche Leistungen selbstständig oder nichtselbstständig erbringt, beurteilt sich nach dem Gesamtbild der Verhältnisse. Bei einem angestellten Chefarzt geht der BFH bezüglich der Einnahmen aus dem ihm eingeräumten Liquidationsrecht für die gesondert berechenbaren wahlärztlichen Leistungen regelmäßig von lohnsteuerpflichtigem ⇗ Arbeitslohn aus, wenn die wahlärztlichen Leistungen innerhalb des Dienstverhältnisses erbracht werden.[2] Als maßgebliches Abgrenzungskriterium für eine selbstständige oder nichtselbstständige Tätigkeit sieht die Verwaltung insbesondere an, mit wem der Behandlungsvertrag über die wahlärztlichen Leistungen abgeschlossen wird und wer die Liquidation vornimmt.

Einkünfte aus selbstständiger Tätigkeit

Wird der Behandlungsvertrag über die wahlärztlichen Leistungen unmittelbar zwischen dem Chefarzt und dem Patienten geschlossen und der Chefarzt liquidiert selbst aus diesem Vertrag, liegen selbstständige (nicht lohnsteuerpflichtige) Einkünfte vor.

Einkünfte aus nichtselbstständiger Tätigkeit

In allen anderen Fällen ist regelmäßig von lohnsteuerpflichtigem Arbeitslohn auszugehen:

- Abschluss und Liquidation durch das Krankenhaus,
- Abschluss durch das Krankenhaus und Liquidation durch den Chefarzt,
- Abschluss durch den Chefarzt und Liquidation durch das Krankenhaus.

Eine andere Entscheidung zugunsten von Einnahmen aus selbstständiger Arbeit ist aber denkbar, wenn der Chefarzt ein Unternehmerrisiko trägt. Dies kann der Fall sein, wenn Leistungen mit eigenen Einrichtungen und Geräten des Arztes ausgeführt werden und daher von einem bedeutenden Kapitaleinsatz des Chefarztes auszugehen ist.

Lohnsteuerabzug

Arbeitnehmer zur Mitarbeit im Liquidationsbereich verpflichtet

Die Finanzverwaltung geht i. d. R. von einem Dienstverhältnis zum Krankenhausträger aus und bejaht nur in Ausnahmefällen eine ⇗ Arbeitgebereigenschaft des Chefarztes.[3] Sie misst der Einrichtung eines Liquidationspools, in den die Chefärzte Beträge zur Weiterleitung an ihre Mitarbeiter einzahlen, steuerlich keine Bedeutung zu und nimmt insoweit Lohnzahlungen Dritter an, die dem Lohnsteuerabzug durch den Krankenhausträger unterliegen.

Keine Verpflichtung zur Mitarbeit im Liquidationsbereich

Nur wenn ausnahmsweise gegenüber dem Krankenhausträger keine Verpflichtung des Krankenhauspersonals zur Mitarbeit im Liquidationsbereich des Chefarztes besteht, entfällt für den Krankenhausträger die Verpflichtung zum Lohnsteuerabzug. Hier ist dann der Chefarzt selbst Arbeitgeber und hat demzufolge die lohnsteuerlichen Arbeitgeberpflichten zu erfüllen.

1 BFH, Urteil v. 11.11.1971, IV R 241/70, BStBl 1972 S. 213.
2 BFH, Urteil v. 5.10.2005, VI R 152/01, BStBl 2006 II S. 94.
3 BMF, Schreiben v. 27.4.1982, IV B 6 – S 2332 – 16/82, BStBl 1982 I S. 530.

Lohnsteuerabzug von den Nettoeinnahmen

Sofern die wahlärztlichen Leistungen nach den vorstehenden Grundsätzen zu lohnsteuerpflichtigem Arbeitslohn führen, ist der Lohnsteuerabzug nur von den Einnahmen vorzunehmen, die um die an das Krankenhaus abzuführenden Anteile (z. B. Nutzungsentgelte, Einzugsgebühren) und um die an die nachgeordneten Ärzte zu zahlenden Beträge vermindert sind (Lohnsteuerabzug von den Nettoeinnahmen).

Sozialversicherung

Zuordnung zum Arbeitsentgelt

Einnahmen aus einem Liquidationspool gehören nach Auffassung der Spitzenorganisationen der Sozialversicherung zum beitragspflichtigen Arbeitsentgelt, weil sie im Sinne des § 14 Abs. 1 Satz 1 SGB IV im Zusammenhang mit einem Beschäftigungsverhältnis erzielt werden. Werden die Vergütungen nicht monatlich, sondern in größeren Zeitabständen ausgezahlt, sind sie für die Berechnung der Sozialversicherungsbeiträge auf die entsprechenden Monate zu verteilen. Einnahmen aus einem Liquidationspool zählen zum laufenden ⇗ Arbeitsentgelt.

Übernahme der Arbeitgeberpflichten

Krankenhaus oder Krankenhausträger als Arbeitgeber

Die Mitarbeit im Liquidationsbereich wird im Rahmen des Arbeitsverhältnisses zum Krankenhaus bzw. Krankenhausträger geschuldet. Selbst wenn dies der Arbeitsvertrag nicht ausdrücklich vorsieht, kann die Erfüllung dieser Aufgabe vom Krankenhaus oder Krankenhausträger nach der tatsächlichen Gestaltung des Dienstverhältnisses und nach der Verkehrsanschauung erwartet werden. Deshalb sind auch die Arbeitgeberpflichten vom Krankenhaus oder Krankenhausträger zu erfüllen.

Hinweis

Beteiligung am Liquidationspool gilt auch für Mitglieder des Personalrats

Sofern ein ärztlicher Mitarbeiter zum Personalratsmitglied bestellt wird, sind die Beträge aus dem Liquidationspool weiter zu zahlen. Die Bestellung zum Personalratsmitglied schließt den Arbeitnehmer nicht aus dem Liquidationspool aus. Insofern sind auch für die an ein Personalratsmitglied aus dem Liquidationspool geleisteten Zahlungen beitragspflichtig.[1]

Chefarzt als Arbeitgeber

Besteht gegenüber dem Krankenhausträger keine Verpflichtung zur Mitarbeit im Liquidationsbereich, weil der Arbeitnehmer ausschließlich aufgrund einer Vereinbarung mit dem Chefarzt tätig wird, ist der liquidationsberechtigte Arzt als ⇗ Arbeitgeber anzusehen.

Beitragsabführung

Nicht vom oder unter Beteiligung des Krankenhauses oder Krankenhausträgers gezahlte Vergütungen aus dem Liquidationspool sind eine ⇗ Entgeltzahlung eines Dritten. Aber auch dafür hat das Krankenhaus die Arbeitgeberpflichten zu erfüllen. Die auf das eigentliche Arbeitsentgelt entfallenden Beiträge und die Beiträge aus den Liquidationseinnahmen werden einbehalten und an die zuständige ⇗ Einzugsstelle abgeführt. Dabei ist es unerheblich, ob die Vergütung vom liquidationsberechtigten Arzt aufgrund einer besonderen Verpflichtung oder freiwillig erbracht oder sie direkt aus dem Liquidationspool gewährt werden.

1 BAG, Urteil v. 17.2.1993, 7 AZR 373/92.

Mitteilungspflicht des Arbeitnehmers für Vergütungen aus dem Liquidationspool

Der Arbeitnehmer ist gegenüber dem Krankenhausträger zur Angabe der Vergütung verpflichtet, wenn

- der Krankenhausträger die Vergütungen nicht selbst ermitteln kann und
- sie auch nicht vom liquidationsberechtigten Arzt mitgeteilt werden.[2]

Entnahme der Sozialversicherungsbeiträge aus dem Liquidationspool

Das Krankenhaus oder der liquidationsberechtigte Arzt kann die ⇗ Arbeitgeberanteile für die aus den Liquidationseinnahmen anfallenden Sozialversicherungsbeiträge dem Liquidationspool entnehmen. Dies gilt auch dann, wenn keine Vereinbarung getroffen ist, die ausdrücklich eine gesonderte Entnahme der Arbeitgeberanteile aus dem Liquidationspool vorsieht. Dies ergibt sich aus der Wechselwirkung von Arbeitsrecht und dem Beitragsrecht der Sozialversicherung.[3] Insoweit unterscheidet sich der Liquidationspool von einzel- oder tarifvertraglich vereinbartem Bruttoarbeitsentgelt, zu dem der Arbeitgeber seinen Arbeitgeberanteil wirtschaftlich zusätzlich aufzubringen hat.

BAG Rechtsprechung wirkt auf Beitragszahlung und -tragung

Nach Ansicht des BAG ist die arbeitsrechtliche Bestimmung der Bruttovergütung vorrangig zu den sozialversicherungsrechtlichen Vorschriften zur Beitragszahlung und Beitragstragung.[4] Die sozialversicherungsrechtliche Definition von Arbeitsentgelt[5] und die daraus entstehende Konsequenz der Abzüge in einer bestimmten Höhe knüpft an die arbeitsvertraglich festgelegte Vergütung an. Welche Leistungen als Arbeitsvergütung zählen, ist durch Auslegung zu ermitteln. Nur weil ein Dritter Zahlungen erbringt, gelten diese nicht automatisch in genau dieser Höhe als Arbeitsentgelt. Maßgebend ist, was die Beteiligten vereinbaren und was der Arbeitnehmer nach Treu und Glauben als Bruttoentgelt annehmen durfte.[6] Aus diesen Gründen können die Arbeitgeberanteile dem Liquidationspool entnommen werden und müssen nicht zusätzlich aufgebracht werden.

Achtung

Sozialgerichtliche Rechtsprechung weicht von der Auffassung des BAG ab

Abweichend von der BAG-Rechtsprechung hat das Bayerische Landessozialgericht in einem rechtskräftig gewordenen Urteil festgestellt, dass aus hinterlegtem Arbeitsentgelt nicht gleichzeitig die Arbeitgeberanteile finanziert werden können. Denn durch die Entnahme der Arbeitgeberanteile wird der beitragspflichtige Anteil eines hinterlegten Arbeitsentgelts gemindert. Um ein höheres Beitragsaufkommen generieren zu können, dürfen Arbeitgeberanteile nicht aus dem Liquidationspool finanziert werden. Eine höchstrichterliche Entscheidung des Bundessozialgerichts ist in diesem Zusammenhang bislang nicht getroffen worden.[7]

Lohn- und Gehaltsabrechnung

Im Rahmen der Lohnabrechnung bzw. der Gehaltsabrechnung wird der Lohn bzw. das Gehalt aufgrund der erbrachten Arbeitsleistung eines Arbeitnehmers berechnet. Hierzu gehört nicht nur die Berechnung des korrekten Bruttoentgelts auf Basis der relevanten Tarifverträge, Arbeitsverträge oder gesetzlichen Mindestlöhne. Die aufgrund rechtlicher Vorschriften vom Arbeitgeber zu berechnenden Steuern und Sozialabgaben (Beiträge zur Sozialversicherung) sind ebenfalls in korrekter Höhe zu berechnen und an die zuständigen Institutionen zu

2 § 28 o Abs. 2 SGB IV.
3 BAG, Urteil v. 28.9.2005, 5 AZR 408/04.
4 §§ 28 d ff. SGB IV, §§ 611, 612 BGB.
5 § 14 Abs. 1 Satz 1 SGB IV.
6 §§ 133, 157 BGB.
7 Bayerisches LSG, Urteil v. 10.12.2009, L 4 KR 331/09.

zahlen. Über die erfolgte Abrechnung sind in vorgeschriebener Form Dokumentationen, Bescheinigungen für den Arbeitnehmer sowie diverse Meldungen an Dritte zu erstellen.

Gesetze, Vorschriften und Rechtsprechung

Lohnsteuer: Die Regelungen zum Bruttolohn sind enthalten in §§ 8 (Einnahmen i. S. der Überschusseinkünfte) und 19 EStG (Einkünfte aus nichtselbstständiger Arbeit). Die §§ 38–42g EStG regeln den Lohnsteuerabzug. Definitionen zum Arbeitgeber, Arbeitnehmer, Arbeitslohn, Lohnkonto findet man in der LStDV (Lohnsteuer-Durchführungsverordnung), ergänzende Erläuterungen in den LStR (Lohnsteuer-Richtlinien). Außerdem zu beachten sind das Solidaritätszuschlaggesetz und die Kirchensteuergesetze der Bundesländer.

Sozialversicherung: Das SGB IV regelt viele grundlegende Details zur Entgeltabrechnung. Die SGB V, VI, III, XI und VII regeln den Beitragsabzug in den jeweiligen Zweigen. Formvorschriften für die Führung von Entgeltunterlagen enthält die Beitragsverfahrensverordnung (BVV).

Entgelt

Grundlagen der Lohnbesteuerung

Lohnsteuer als Vorauszahlung der Einkommensteuer

Bei der Lohnsteuer handelt es sich nicht um eine eigene Steuerart, sondern um eine besondere Erhebungsform der Einkommensteuer (sog. Quellensteuer). D. h., die Steuer wird bereits an der Quelle – dem Arbeitslohn – erhoben. Der Arbeitgeber ist gesetzlich verpflichtet, bei jeder Lohn- und Gehaltsabrechnung Lohnsteuer zu berechnen, abzuziehen und an das für ihn zuständige Betriebsstättenfinanzamt zu überweisen. Die Lohnsteuer wird nur für ⇗ Arbeitnehmer erhoben und hat die Wirkung einer Einkommensteuervorauszahlung.

Persönliche Steuerpflicht

Die persönliche Steuerpflicht ergibt sich aus den §§ 1 und 1a EStG und betrifft den Arbeitnehmer als natürliche Person. Grundsätzlich ist also bei allen Arbeitnehmern Lohnsteuer zu erheben. Diese kann ggf. 0 EUR betragen oder auch pauschal erhoben und vom ⇗ Arbeitgeber getragen werden.

Arbeitnehmer können unbeschränkt oder beschränkt steuerpflichtig sein. ⇗ Unbeschränkt Steuerpflichtige haben ihren Wohnsitz oder gewöhnlichen Aufenthalt im Inland. Diese Arbeitnehmer müssen ihrem Arbeitgeber ihre steuerliche Identifikationsnummer (IdNr) zum Abruf der ⇗ elektronischen Lohnsteuerabzugsmerkmale (ELStAM) vorlegen. ⇗ Beschränkt steuerpflichtige Arbeitnehmer, die ihren Wohnsitz oder gewöhnlichen Aufenthalt nicht im Inland haben, wurden ab 1.1.2020 auch in das ELStAM-Verfahren einbezogen; nur in Ausnahmefällen erhalten sie auf Antrag eine besondere Bescheinigung für den Lohnsteuerabzug, welche vom Betriebsstättenfinanzamt des Arbeitgebers ausgestellt wird.

Sachliche Steuerpflicht

Die sachliche Steuerpflicht ergibt sich aus § 2 Abs. 1 Nr. 4 EStG und betrifft die Einnahmen des Arbeitnehmers in Form des Arbeitslohns. Arbeitslohn wird definiert in § 2 LStDV. Arbeitslohn kann steuerpflichtig oder steuerfrei sein. Steuerpflichtiger Arbeitslohn wiederum kann individuell nach den ELStAM oder pauschal versteuert werden; das ist jeweils gesondert zu prüfen. Vorrangig ist immer die individuelle Besteuerung nach den Lohnsteuerabzugsmerkmalen.

Lohnsteuerabzugsmerkmale

Die ⇗ Lohnsteuerabzugsmerkmale werden in einer zentralen Datenbank beim Bundeszentralamt für Steuern (BZSt) eingepflegt und gespeichert. Der Arbeitgeber ruft diese Daten elektronisch aus dieser Datenbank ab. Der Arbeitnehmer muss beim Arbeitgeber seine steuerliche Identifikationsnummer und sein Geburtsdatum angeben, damit der Arbeitgeber diesen Abruf vornehmen kann. Zurückgemeldet werden die „ELStAM" des Arbeitnehmers, die sog. elektronischen Lohnsteuerabzugsmerkmale. Diese beinhalten:

- die ⇗ Lohnsteuerklasse,
- ggf. den ⇗ Faktor bei Steuerklasse IV,
- ggf. die Zahl der ⇗ Kinderfreibeträge,
- ggf. die Kirchensteuerabzugsmerkmale,
- ggf. den vom Arbeitgeber abzuziehenden Freibetrag oder
- ggf. den vom Arbeitgeber zu berücksichtigenden Hinzurechnungsbetrag.

Wenn der Arbeitnehmer dem Arbeitgeber seine steuerliche Id-Nummer nicht mitteilt, kann der Arbeitgeber die ELStAM nicht abrufen. In diesen Fällen muss der Arbeitgeber die Steuerklasse VI anwenden.

Solidaritätszuschlag

Das Solidaritätszuschlaggesetz verpflichtet den Arbeitgeber, bei jeder Lohnzahlung neben der Lohnsteuer den Solidaritätszuschlag zu erheben, einzubehalten und an das Finanzamt abzuführen. Der ⇗ Solidaritätszuschlag beträgt grundsätzlich 5,5 % der Lohnsteuer. Seit dem Jahr 2021 ist der Solidaritätszuschlag jedoch für ca. 90 % der Steuerpflichtigen entfallen. Die sog. Nullzone, in der kein Solidaritätszuschlag anfällt, und der Überleitungsbereich, in dem der Solidaritätszuschlag ermäßigt ist, sind umfangreich erweitert worden: Die Nullzone stieg von 972 EUR im Jahr 2020 auf 16.956 EUR im Jahr 2021; im Jahr 2023 steigt sie auf 17.543 EUR. In der Steuerklasse III verdoppelt sich der Betrag. D. h., bei einer monatlichen Lohnsteuer bis zu 1.461,92 EUR (bzw. 2.923,83 EUR in der Steuerklasse III) ist im Jahr 2023 kein Solidaritätszuschlag zu zahlen. Außerdem mindern Kinderfreibeträge die Bemessungsgrundlage für den Solidaritätszuschlag.

Kirchensteuer

Die als Körperschaften des öffentlichen Rechts anerkannten Religionsgemeinschaften dürfen von ihren Mitgliedern Steuern erheben. Rechtsgrundlage sind die landesrechtlichen Kirchensteuergesetze. Es gibt keine bundeseinheitliche Rechtsgrundlage. Bei Arbeitnehmern, die der Kirchensteuerpflicht unterliegen, ist neben der Lohnsteuer Kirchensteuer einzubehalten, abzuziehen und an das Finanzamt abzuführen. Die Kirchensteuer wird prozentual von der Lohnsteuer erhoben. Der Prozentsatz der Kirchensteuer ist in den Bundesländern unterschiedlich, in Bayern und Baden-Württemberg beträgt der Kirchensteuersatz 8 %, in allen anderen Bundesländern 9 % der Lohnsteuer. Auch hier mindern die Kinderfreibeträge die Bemessungsgrundlage für die Erhebung der Kirchensteuer.

Abgrenzung Arbeitslohn/Arbeitsentgelt

Während im Steuerrecht grundsätzlich der Begriff „Arbeitslohn" verwendet wird, definiert das Sozialversicherungsrecht den Begriff „⇗ Arbeitsentgelt" in § 14 Abs. 1 SGB IV. Beides sind eigenständige Begriffe, die unabhängig voneinander zu prüfen sind und nicht immer übereinstimmen. So sind z. B. lohnsteuerfreie und pauschalversteuerte Lohnbestandteile i. d. R. kein Arbeitsentgelt i. S. d. Sozialversicherungsentgeltverordnung (SvEV), während z. B. Lohnzahlungen wie Abfindungen oder Versorgungsbezüge nicht als Arbeitsentgelt definiert werden, da sie nicht für die tatsächlich erbrachte Arbeitsleistung gezahlt werden.

Berechnung der Sozialversicherungsbeiträge

Sozialversicherungsbeiträge sind grundsätzlich für jeden Kalendertag der Mitgliedschaft in den einzelnen Zweigen Kranken-, Renten-, Arbeitslosen- und Pflegeversicherung zu zahlen. I. d. R. werden die Beiträge von Arbeitnehmer und Arbeitgeber gemeinsam getragen. Es gibt allerdings diverse Ausnahmen, z. B. ⇗ Geringverdiener (zur Berufsausbildung Beschäftigte mit bis zu 325 EUR Arbeitsentgelt im Monat), ⇗ Minijobs und weiterbeschäftigte ⇗ Rentner. Beiträge zur gesetzlichen ⇗ Unfallversicherung sind unabhängig davon nur vom Arbeitgeber zu zahlen. Für beitragsfreie Zeiten der Mitgliedschaft sind keine Beiträge zu bezahlen.

Für die ⇗ Beitragsberechnung relevant sind

- die Beschäftigungsdauer (⇗ Sozialversicherungstage),
- das erzielte Arbeitsentgelt, höchstens jedoch die jeweilige ⇗ Beitragsbemessungsgrenze, und
- die maßgebenden ⇗ Beitragssätze der einzelnen Sozialversicherungszweige.

Für ⇗ Einmalzahlungen gelten besondere Berechnungsvorgaben.

Nachweis- und Bescheinigungspflichten des Arbeitgebers

Bescheinigungen für den Lohnsteuerabzug

Der Arbeitgeber musss dem Finanzamt monatlich, vierteljährlich oder jährlich, jeweils bis zum 10. des Folgemonats, eine ⇗ Lohnsteuer-Anmeldung elektronisch übermitteln, aus der die einbehaltenen Lohnsteuerabzugsbeträge, pauschal erhobene Lohnsteuer, Solidaritätszuschlag und Kirchensteuer von allen abgerechneten Arbeitnehmern insgesamt hervorgehen.

Scheidet ein Arbeitnehmer aus dem Dienstverhältnis aus, ist er zu diesem Zeitpunkt in der ELStAM-Datenbank abzumelden. Der Arbeitgeber muss die ⇗ Lohnsteuerbescheinigung elektronisch an das Finanzamt übermitteln und dem Arbeitnehmer eine Kopie aushändigen. In der Lohnsteuerbescheinigung wird der Arbeitslohn bescheinigt, welcher individuell versteuert wurde, sowie die darauf entrichtete Lohnsteuer, ggf. Solidaritätszuschlag und ggf. Kirchensteuer. Pauschal versteuerter Arbeitslohn wird nicht bescheinigt; pauschale Lohnsteuer kann auch nicht im Rahmen der Einkommensteuerveranlagung angerechnet werden.

Nachweise und Meldungen an die Krankenkassen

Die Krankenkassen erhalten monatlich einen Beitragsnachweis, aus dem die abzuführenden Beiträge (⇗ Arbeitnehmer- und ⇗ Arbeitgeberanteil) und die Umlagen des Arbeitgebers hervorgehen. Dieser Beitragsnachweis ist jeweils bis zum fünftletzten Bankarbeitstag des laufenden Monats an die entsprechende ⇗ Einzugsstelle der gesetzlichen Krankenkasse, in welcher der Arbeitnehmer versichert ist, war (bei Privatversicherten) oder an die Bundesknappschaft (bei Minijobs) elektronisch zu übermitteln.

Der Arbeitnehmer ist bei Beginn der Beschäftigung bei seiner zuständigen Krankenkasse anzumelden. Bei Ausscheiden des Arbeitnehmers aus dem versicherungspflichtigen Beschäftigungsverhältnis ist eine Abmeldung, bei Unterbrechung des Arbeitsverhältnises von mehr als einem Monat eine Unterbrechungsmeldung an die jeweilige Krankenkasse zu übermitteln. In der Meldung wird das beitragspflichtige Bruttoentgelt, höchstens bis zur Beitragsbemessungsgrenze in der Rentenversicherung, ausgewiesen.

Lohnabrechnungszeitraum

Als Lohn- oder Entgeltabrechnungszeitraum wird der Zeitraum bezeichnet, in dem das Arbeitsentgelt verdient und für den es dann abgerechnet und dem Arbeitnehmer ausgezahlt wird.

Gesetze, Vorschriften und Rechtsprechung

Lohnsteuer: Die Regelungen zum Lohnabrechnungszeitraum enthalten § 39b Abs. 5 EStG sowie R 39b.5 LStR und H 39b.5 LStH.

Sozialversicherung: Das Sozialgesetzbuch regelt für den Bereich der Sozialversicherung nicht ausdrücklich die Zeitspannen für Entgeltabrechnungszeiträume. Lediglich § 23 SGB IV legt eine monatliche Fälligkeit der Beiträge fest, sodass von einem monatlichen Lohnabrechnungszeitraum auszugehen ist. Die sog. Märzklausel ist in § 23a Abs. 4 SGB IV definiert.

Lohnsteuer

Abgrenzung zum Lohnzahlungszeitraum

Für die Ermittlung, Einbehaltung und Abführung der Lohnsteuer ist der Lohnzahlungszeitraum entscheidend, nicht der Lohnabrechnungszeitraum. Der Arbeitgeber muss die Lohnsteuer grundsätzlich bei jeder Zahlung vom Arbeitslohn einbehalten.

Für welchen Zeitraum jeweils der laufende Arbeitslohn gezahlt wird, bestimmt sich regelmäßig aus arbeitsrechtlichen Vereinbarungen. Im Allgemeinen wird der Lohnzahlungszeitraum ebenfalls einen Monat, eine Woche oder einen Tag umfassen. Regelmäßig wird der Arbeitgeber für diesen Zeitraum auch die Abrechnung vornehmen, sodass Lohnzahlungs- und Abrechnungszeitraum übereinstimmen.

Achtung

Aufschlüsselung nach Bezugsjahren

Die angemeldeten Lohnsteuerbeträge sind seit 2021 zusätzlich nach dem Kalenderjahr des Bezugs aufzuschlüsseln. Hierdurch soll eine zielgenaue Zuordnung zu den in der Lohnsteuerbescheinigung des Kalenderjahres bescheinigten Lohnsteuerbeträgen ermöglicht werden. Die Lohnsteuer ist getrennt nach den Kalenderjahren, in denen der Arbeitslohn bezogen wird oder als bezogen gilt, anzugeben.[1, 2]

Teillohnzahlungszeitraum

Insbesondere bei Neueinstellung, Arbeitsunterbrechung sowie ausscheidenden Mitarbeitern können ⇗ Teillohnzahlungszeiträume entstehen. Besteht ein Lohnanspruch nur für einen Teil des Monats, weil der Mitarbeiter erst zur Monatsmitte angefangen hat, wird der Lohnzahlungszeitraum ebenfalls nur einen Teil des Monats umfassen. Die Abrechnung wird regelmäßig ebenfalls für diesen Zeitraum vorgenommen, sodass auch hier keine Abweichungen zu erwarten sind.

Besonderheiten bei Abschlagszahlungen

Abweichungen zwischen Lohnzahlungs- und -abrechnungszeitraum können sich insbesondere bei ⇗ Abschlagszahlungen ergeben. Zahlt der Arbeitgeber den Arbeitslohn für den üblichen Lohnzahlungszeitraum (z. B. Monat oder Woche) nur in ungefährer Höhe und erfolgt die eigentliche genaue Lohnabrechnung erst später, muss er die Lohnsteuer erst bei der Lohnabrechnung einbehalten.

Dies gilt aber nur, wenn der Lohnabrechnungszeitraum 5 Wochen nicht übersteigt und die Lohnabrechnung innerhalb von 3 Wochen nach dessen Ablauf erfolgt. Die Lohnabrechnung gilt als abgeschlossen, wenn die Zahlungsbelege den Bereich des Arbeitgebers verlassen haben; auf den zeitlichen Zufluss der Zahlung beim Arbeitnehmer kommt es nicht an.

Besonderheit zum Kalenderjahresende

Wird die Lohnabrechnung für den letzten Abrechnungszeitraum des abgelaufenen Kalenderjahres erst im nachfolgenden Kalenderjahr, aber noch innerhalb von 3 Wochen vorgenommen, handelt es sich um Arbeitslohn und einbehaltene Lohnsteuer des Lohnabrechnungszeitraums des Vorjahres. Dies gilt unabhängig davon, ob Abschlagszahlungen geleistet worden sind. Der Arbeitslohn und die Lohnsteuer sind im Lohnkonto und in den Lohnsteuerbelegen des abgelaufenen Kalenderjahres zu erfassen.

Lohnsteuer-Anmeldung im laufenden Kalenderjahr

Die einbehaltene Lohnsteuer ist aber für die Anmeldung und Abführung als Lohnsteuer des Kalendermonats bzw. Kalendervierteljahres zu erfassen, in dem die Abrechnung tatsächlich vorgenommen wird. Seit 2021 ist in der elektronischen Lohnsteuer-Anmeldung die Lohnsteuer getrennt nach den Kalenderjahren, in denen der Arbeitslohn bezogen wird oder als bezogen gilt, anzugeben. Bei vorstehenden Nachzahlungen gehört die Lohnsteuer in die Spalte Vorjahr.[3]

1 § 41a Abs. 1 Satz 1 Nr. 1 EStG i. V. m. § 52 Abs. 40a EStG.
2 Die hierfür erforderlichen Kennzahlen und weitere Informationen sind unter www.elster.de veröffentlicht bzw. ergeben sich aus dem jeweiligen Lohnprogramm.
3 § 41a Abs. 1 Satz 1 Nr. 1 EStG.

Sozialversicherung

Kalendermonat

Sozialversicherungsrechtlich einerseits sowie arbeits- als auch steuerrechtlich andererseits müssen die Entgeltabrechnungszeiträume nicht immer übereinstimmen. Der Entgeltabrechnungszeitraum ist ein wichtiger Faktor für die ↗ Beitragsberechnung.

Sozialversicherungsrechtlich ist grundsätzlich der Kalendermonat als Beitragsperiode anzusehen.[1] Der Gesamtsozialversicherungsbeitrag und die Beitragsbemessungsgrenze werden je Kalendermonat für die Kalendertage berechnet, an denen eine versicherungspflichtige Beschäftigung besteht. Ein voller Kalendermonat wird mit 30 Kalendertagen angesetzt.

Abrechnungszeitraum ist nicht Kalendermonat

Das Arbeitsentgelt ist höchstens bis zu den ↗ Beitragsbemessungsgrenzen in der Kranken-, Pflege-, Renten- und Arbeitslosenversicherung zu berücksichtigen.

Beispiel

Berücksichtigung der Beitragsbemessungsgrenze

Abrechnungszeitraum	**Januar 2024**
Arbeitsentgelt	7.600 EUR
Beiträge zur Kranken- und Pflegeversicherung aus	5.175 EUR
Beiträge zur allgemeinen Renten- und Arbeitslosenversicherung aus	7.550 EUR

Stimmen die Entgeltabrechnungszeiträume nicht mit den Kalendermonaten überein (z. B. 16.12.2023 bis 15.1.2024), dann ist dieser Zeitraum in 2 Abrechnungszeiträume aufzuteilen. In diesen Zeiträumen sind die jeweils maßgebenden Teil-Beitragsbemessungsgrenzen (16.12. bis 31.12.2023 und 1.1. bis 15.1.2024) zu berücksichtigen.

Dies gilt gleichermaßen, wenn sich während eines Entgeltabrechnungszeitraums der ↗ Beitragssatz ändert.

Beispiel

Änderung Beitragssatz/-bemessungsgrenzen

Abrechnungszeitraum	16.12.2023 bis 15.1.2024
Arbeitsentgelt	7.600,00 EUR
Beitragsbemessungsgrenzen	16.12. bis 31.12.2023
Kranken-/Pflegeversicherung (59.850 EUR × 15 : 360)	2.493,75 EUR
Renten-/Arbeitslosenversicherung (87.600 EUR × 15 : 360)	3.650,00 EUR
Beitragsbemessungsgrenzen	1.1. bis 15.1.2024
Kranken-/Pflegeversicherung (62.100 EUR × 15 : 360)	2.587,50 EUR
Renten-/Arbeitslosenversicherung (90.600 EUR × 15 : 360)	3.775,00 EUR

Zuordnung von Einmalzahlung

Die Zuordnung zum richtigen Entgeltabrechnungszeitraum ist z. B. entscheidend für die Höhe der Beitragspflicht von ↗ Einmalzahlungen.

Einmalzahlungen sind einem bestimmten Entgeltabrechnungszeitraum zuzuordnen, bei

- bestehendem Beschäftigungsverhältnis
  - dem Entgeltabrechnungszeitraum der Zahlung,
- beendetem oder ruhendem Beschäftigungsverhältnis
  - dem letzten Entgeltabrechnungszeitraum des laufenden Kalenderjahres,
- Zahlung in der Zeit vom 1.1. bis 31.3. und Überschreiten der anteiligen Beitragsbemessungsgrenze, sofern das Beschäftigungsverhältnis bereits im Vorjahr bestanden hat
  - dem letzten Entgeltabrechnungszeitraum des vergangenen Kalenderjahres. Sonderregelung existiert nach § 23a Abs. 4 SGB IV.

1 § 1 BVV.

Lohnausgleich

Lohnausgleich bezieht sich meist auf den tarifvertraglichen Prozess bei einer Arbeitszeitverkürzung. Die wöchentliche Arbeitsstundenzahl wird z. B. von 40 auf 35 Stunden gesenkt und der Monatslohn bleibt gleich (= voller Lohnausgleich).

Die monatliche Vergütungshöhe insgesamt bleibt von diesem Prozess meist unberührt. Lediglich der Lohn im Verhältnis zur Summe der geleisteten Arbeitsstunden steigt an. Die Steuer- und Sozialversicherungspflicht bleibt unverändert.

Gesetze, Vorschriften und Rechtsprechung

Lohnsteuer: Zur Besteuerung des laufenden Arbeitslohns s. § 38a EStG. BFH Urteil v. 11.2.1993, VI R 66/91, BStBl 1993 II S. 450.

Sozialversicherung: Die Definition zu laufendem Arbeitsentgelt im Sozialgesetzbuch findet sich in § 14 SGB IV.

Entgelt	LSt	SV
Lohnausgleich	pflichtig	pflichtig

Lohnkonto

Eine wesentliche Grundlage für die Lohnsteuererhebung und die Lohnsteuer-Außenprüfung ist das Lohnkonto. Es weist die für den Lohnsteuerabzug erforderlichen Merkmale eines Arbeitnehmers, die in bar oder als Sachbezug gezahlten Löhne (Bezüge) sowie die Höhe der einbehaltenen Steuerbeträge aus. Deshalb ist der Arbeitgeber gesetzlich verpflichtet, am Ort der Betriebsstätte für jeden Arbeitnehmer und jedes Kalenderjahr ein Lohnkonto zu führen.

Sozialversicherungsrechtlich wird nicht die Begrifflichkeit des „Lohnkontos" verwendet, sondern die der „Entgeltunterlagen". Auch hier bestehen Mindestanforderungen bezüglich des Inhalts und der Unterlagen, die den Entgeltunterlagen beizufügen sind.

Gesetze, Vorschriften und Rechtsprechung

Lohnsteuer: Die wichtigsten Regelungen für das Lohnkonto enthalten § 41 EStG sowie § 4 und § 5 LStDV. Weitere Vorschriften ergeben sich aus § 39b Abs. 6 EStG (Freistellungsbescheinigung DBA) und § 42b Abs. 4 EStG (Lohnsteuer-Jahresausgleich). Besondere Aufzeichnungspflichten, die im Rahmen der betrieblichen Altersversorgung zu beachten sind, ergeben sich aus der Lohnsteuer-Durchführungsverordnung (§ 5 Abs. 1 LStDV), die ergänzend zu den bisherigen Anforderungen (§ 4 Abs. 2 Nr. 4 und Nr. 8 LStDV) in einer eigenen Vorschrift zusammengefasst worden sind. Die zur Führung eines Lohnkontos ergangenen Verwaltungsregelungen enthalten R 41.1, R 41.2, und R 39b.9 Abs. 4 LStR.

Sozialversicherung: Die Verpflichtung zur Führung der Entgeltunterlagen ist in § 28f Abs. 1 SGB IV geregelt. Aus § 8 und 9 BVV ergibt sich, welche Unterlagen im Einzelnen aufzunehmen sind.

Lohnsteuer

Verpflichtung zur Führung eines Lohnkontos

Lohnkonto für jeden Arbeitnehmer

Der Arbeitgeber hat am (inländischen) Ort der ↗ Betriebsstätte für jeden Arbeitnehmer und jedes Kalenderjahr ein eigenes Lohnkonto zu führen.[1] Dazu spielt es keine Rolle, ob der Arbeitnehmer ↗ unbeschränkt oder ↗ beschränkt steuerpflichtig ist. Ein Lohnkonto ist selbst dann zu führen, wenn keine (Lohn-)Steuer einzubehalten ist, weil z. B. für den Arbeitslohn keine Lohnsteuer anfällt. Auch für Arbeitnehmer, die von einem ausländischen Mutter-/Konzernunternehmen ins Inland entsandt worden sind, ist im Inland ein Lohnkonto zu führen. Gleiches gilt, wenn ein Dritter die Pflichten des Arbeitgebers für den Lohnsteuerabzug übernommen hat.[2]

Das Lohnkonto ist Grundlage für die ↗ Lohnsteuerbescheinigung. Es ist für jeden Arbeitnehmer jeweils zu Jahresbeginn oder bei Beginn des Dienstverhältnisses im Laufe des Kalenderjahres anzulegen.

Lohnkonto bei mehreren Betriebsstätten

Hat ein Arbeitgeber mehrere Betriebsstätten, so ist für jeden Arbeitnehmer insgesamt nur ein Lohnkonto in nur einer Betriebsstätte zu führen. Es ist nicht zulässig, die Lohnkonten für bestimmte Beschäftigte, z. B. leitende Angestellte der Außenstellen, in der Zentrale des Unternehmens und die Konten der übrigen Beschäftigten in den jeweiligen Betriebsstätten (Außenstellen) zu führen. Es steht hingegen dem Arbeitgeber frei, die Lohnteile, wie z. B. laufende Bezüge, sonstige Bezüge und Reisekostenvergütungen, in einer Betriebsstätte getrennt aufzuzeichnen, wenn deren Zusammenführung sichergestellt ist.

Führung des Lohnkontos durch Dritte

Ein Lohnkonto ist auch von dem zum Lohnsteuerabzug verpflichteten Dritten zu führen, wenn er nicht der Arbeitgeber ist, aber Lohn zahlt.[3]

Form des Lohnkontos

In welcher Form das Lohnkonto zu führen ist, schreiben weder das Einkommensteuergesetz noch Verwaltungsanweisungen vor. Die Auswahl ist dem Arbeitgeber überlassen. Üblicherweise wird das Lohnkonto in elektronischer Form oder in Papierform (z. B. als Akte, Kartei) geführt. Belege wie Stundenzettel zur Ermittlung des Arbeitslohns sind als steuerliche Belege zum Lohnkonto zu nehmen und aufzubewahren.

Abrechnung und Aufbewahrung des Lohnkontos

Das Lohnkonto ist bei Ausscheiden des Arbeitnehmers, spätestens aber am Ende des Kalenderjahres, abzurechnen und zu schließen. Nachträgliche Änderungen im Konto sind nicht zulässig.

6-jährige Aufbewahrungsfrist

Das Lohnkonto ist bis zum Ablauf des 6. auf die zuletzt eingetragene Lohnzahlung folgenden Kalenderjahres aufzubewahren.[4] Hierunter ist nicht das Jahr der letzten Eintragung im Lohnkonto zu verstehen. Diese Aufbewahrungsfrist gilt auch für die zum Lohnkonto zu nehmenden Belege. Sofern es sich weder um Buchungsbelege noch Bilanzunterlagen handelt, beträgt die Aufbewahrungsfrist 6 Jahre; sie läuft jedoch nicht ab, soweit und solange die Unterlagen für Steuern von Bedeutung sind, für welche die Festsetzungsfrist noch nicht abgelaufen ist.[5]

10-jährige Aufbewahrungsfrist

Die Aufbewahrungsfrist verlängert sich auf 10 Jahre, wenn und soweit Lohnunterlagen auch für die betriebliche Gewinnermittlung von Bedeutung sind.[6]

1 § 4 LStDV.
2 § 38 Abs. 3a EStG.
3 § 38 Abs. 3a EStG; § 4 Abs. 4 LStDV.
4 § 41 Abs. 1 Satz 9 EStG.
5 § 147 Abs. 3 AO.
6 § 257 Abs. 1, 4, 5 HGB und § 147 Abs. 1, 3, 4 AO.

Aufzuzeichnende Daten

Eintragungen bei Beschäftigungsbeginn

Übernahme der ELStAM-Daten

Der Arbeitgeber hat bei Beginn des Dienstverhältnisses die vom Bundeszentralamt für Steuern (BZSt) abgerufenen ↗ ELStAM-Daten in das für den Arbeitnehmer zu führende Lohnkonto zu übernehmen.[7] Dasselbe gilt für die vom Arbeitnehmer ersatzweise vorgelegte Papierbescheinigung in Fällen, in denen eine elektronische Datenübermittlung (noch) nicht möglich ist.[8] Es handelt sich hierbei zunächst um die persönlichen Daten des Arbeitnehmers, die im Lohnkonto aufzuzeichnen sind:

- Name,
- Geburtstag,
- Anschrift sowie
- ggf. die persönliche Identifikationsnummer.

Ferner sind die (elektronischen) Besteuerungsmerkmale in das Lohnkonto zu übernehmen:

- Steuerklasse,
- Zahl der Kinder,
- Religionszugehörigkeit,
- etwaige Steuerfreibeträge, die als ELStAM vom Finanzamt festgestellt worden sind, sowie
- ein Hinzurechnungsbetrag, wenn der Arbeitnehmer die Übertragung des Grundfreibetrags auf ein 2. Dienstverhältnis geltend gemacht hat.[9]

Arbeitnehmer ohne Inlandswohnsitz

Auch für ↗ unbeschränkt steuerpflichtige Arbeitnehmer ohne Wohnsitz im Inland oder für ↗ beschränkt steuerpflichtige Arbeitnehmer ist ein Lohnkonto zu führen. Sie erhalten weiterhin in bestimmten Fällen (Grenzpendler nach § 1 Abs. 3 EStG oder bei Berücksichtigung von Lohnsteuer-Freibeträgen) eine besondere Bescheinigung für den Lohnsteuerabzug in Papierform.[10] Für die dort eingetragenen Merkmale gilt das Entsprechende. Bei diesem Personenkreis sind ausschließlich folgende Merkmale in das Lohnkonto zu übertragen:

- die Steuerklasse (zulässig sind nur die Steuerklassen I und VI) sowie ggf.
- ein gewährter Freibetrag für Werbungskosten und
- bestimmte Sonderausgaben.[11]

Mangels Kirchensteuerpflicht ausländischer Arbeitnehmer entfällt die Angabe der Religionszugehörigkeit.

Laufende Eintragungen im Lohnkonto

Im Lohnkonto hat der Arbeitgeber folgende Angaben bei jeder Lohnabrechnung fortlaufend aufzuzeichnen:

- den Tag jeder Lohnzahlung,
- den ↗ Lohnzahlungszeitraum,
- den (Brutto-)Arbeitslohn ohne Abzug von Freibeträgen usw., getrennt nach Barlohn und Sachbezügen,
- die einbehaltene ↗ Lohnsteuer,
- den ↗ Solidaritätszuschlag und
- ggf. die ↗ Kirchensteuer.

Bei ↗ Nettolohnvereinbarungen ist der steuerpflichtige Bruttobetrag zu bescheinigen.

7 § 41 Abs. 1 Satz 2 EStG i. V. m. § 39e Abs. 4 Satz EStG.
8 §§ 39 Abs. 3, 39e Abs. 7, 8 EStG.
9 § 39a Abs. 1 Nr. 7 EStG.
10 § 39 Abs. 3 EStG.
11 § 39a Abs. 4 EStG.

Aufzeichnungen außerhalb des Lohnkontos

Wurde – ohne Zustimmung des Finanzamts – auf Aufzeichnungen verzichtet, ist diese Zustimmung zu gegebener Zeit nachträglich zu beantragen, z. B. im Rahmen einer ⇗ Lohnsteuer-Außenprüfung. Die Zustimmung gilt als erteilt, wenn die Aufzeichnungen außerhalb des Lohnkontos erfolgen und der Außenprüfer diese Verfahrensweise im Rahmen der Prüfung festgestellt und nicht beanstandet hat.

Aufzeichnungspflichten bei Sachbezügen

⇗ Sachbezüge sind einzeln zu bezeichnen und unter Angabe des Abgabetags oder bei laufenden Bezügen des Abgabezeitraums, des Abgabeorts und des Entgelts mit den steuerlich maßgebenden Werten anzusetzen. Dieser Wert ist um eine Zuzahlung des Arbeitnehmers zu kürzen.

Achtung

Sachbezüge unter 50 EUR auch eintragen

Der Arbeitgeber muss auch Sachbezüge im Lohnkonto eintragen, die aufgrund der Freigrenze von monatlich 50 EUR steuerfrei bleiben.

Steuerpflichtige Rabatte von Dritten

Bei lohnsteuerpflichtigen Rabatten, die der Arbeitnehmer von Dritten, z. B. verbundenen Unternehmen, erhält und die der Arbeitgeber nicht selbst ermitteln kann, besteht eine gesetzliche Anzeigepflicht. In diesen Fällen muss der Arbeitnehmer die Höhe der Bezüge für jeden Lohnzahlungszeitraum dem Arbeitgeber am Monatsende angeben.[1] Die Anzeige ist als Beleg zum Lohnkonto zu nehmen.

Steuerpflichtige Personalrabatte

Die Einzelangaben gelten auch für die steuerliche Erfassung von Belegschaftsrabatten. Dabei ist die Eintragung als Personalrabatt kenntlich zu machen und ohne Kürzung um den Rabattfreibetrag von 1.080 EUR (Sachbezug) im Lohnkonto aufzuzeichnen. Dadurch wird sichergestellt, dass geldwerte Vorteile aufgrund wiederholter Rabatte dem Lohnsteuerabzug unterliegen, soweit sie im Laufe des Kalenderjahres den Rabattfreibetrag von 1.080 EUR übersteigen.

Aufzeichnungserleichterungen

Unter bestimmten Voraussetzungen sind für Belegschaftsrabatte Erleichterungen für die Aufzeichnung vorgesehen. Ist durch betriebliche Regelungen und Überwachungsmaßnahmen gewährleistet, dass die jährlichen Personalrabatte den Freibetrag von 1.080 EUR nicht übersteigen, kann das Finanzamt auf Antrag eine Befreiung von Aufzeichnungen zulassen.[2] Dasselbe gilt für den kleinen Rabattfreibetrag von 50 EUR monatlich.

Befreiung von der Aufzeichnungspflicht

Noch großzügigere Maßstäbe gelten, wenn nach der Lebenserfahrung und den betrieblichen Gegebenheiten so gut wie ausgeschlossen ist, dass die jährlichen Rabatte im Einzelfall den Betrag von 50 EUR bzw. 1.080 EUR übersteigen. Hier wird das Finanzamt dem Befreiungsantrag auch ohne Überwachungsmaßnahmen entsprechen.[3] Zusätzlicher Überwachungsmaßnahmen durch den Arbeitgeber bedarf es in diesen Fällen nicht. Der Gesetzgeber räumt die Möglichkeit ein, den Arbeitgeber von der Eintragung bestimmter steuerfeier Bezüge im Lohnkonto zu befreien.

Eintragung der Großbuchstaben

Im Lohnkonto sind die folgenden Großbuchstaben einzutragen:

- Großbuchstabe S, wenn der Arbeitgeber die Lohnsteuer im ersten Dienstverhältnis für einen ⇗ sonstigen Bezug berechnet und dabei der Arbeitslohn aus früheren Dienstverhältnissen im Kalenderjahr nicht berücksichtigt hat (Hochrechnung des aktuellen Arbeitslohns). Voraussetzung hierfür ist somit ein Wechsel des Arbeitgebers innerhalb des Kalenderjahres.
- Großbuchstabe F, wenn der Arbeitnehmer zumindest in einem Lohnzahlungszeitraum eine vom Arbeitgeber angebotene steuerfreie ⇗ Sammelbeförderung (kostenlose oder verbilligte Beförderung zwischen Wohnung und erster Tätigkeitsstätte) genutzt hat.
- Großbuchstabe U, wenn bei fortbestehendem Arbeitsverhältnis für mindestens 5 aufeinanderfolgende Arbeitstage kein Anspruch auf Arbeitslohn besteht. Der Buchstabe ist jedes Mal im Lohnkonto einzutragen, wenn die Voraussetzungen dafür vorliegen. Unbedeutend ist der Anlass für die Unterbrechung des Lohnzahlungsanspruchs. Hingegen ist kein U einzutragen, wenn eine der nachfolgenden steuerfreien Lohnersatzleistungen gezahlt wird.
- Großbuchstabe M, wenn der Arbeitnehmer während seiner beruflichen Auswärtstätigkeit unentgeltliche Verpflegung von seinem Arbeitgeber erhält. Dieser ist in Zeile 2 der Lohnsteuerbescheinigung einzutragen.[4]

Steuerfreie Lohnersatzleistungen und andere steuerfreie Bezüge

Bestimmte staatliche Leistungen hat der Arbeitgeber an den Arbeitnehmer als Lohnersatzleistungen (Bezüge) auszuzahlen. Sie sind zwar steuerfrei[5], unterliegen aber dem sog. ⇗ Progressionsvorbehalt im Rahmen einer Einkommensteuerveranlagung. Deshalb hat der Arbeitgeber solche Leistungen im Lohnkonto aufzuzeichnen:

- ⇗ Kurzarbeitergeld, einschließlich des ⇗ Saison-Kurzarbeitergeldes – auch Schlechtwettergeld genannt –, Aufstockungsbeträge und Altersteilzeitzuschläge nach dem Altersteilzeitgesetz, Verdienstausfallentschädigungen nach dem Infektionsschutzgesetz und Zuschüsse zum ⇗ Mutterschaftsgeld sowie entsprechende Zahlungen im öffentlichen Dienst mit dem tatsächlichen Zahlbetrag im Kalenderjahr.
- Andere steuerfreie Bezüge, z. B. Reisekostenerstattungen, ⇗ Auslösungen.
- Bezüge, die nach einem Abkommen zur Vermeidung der ⇗ Doppelbesteuerung – DBA oder dem Auslandstätigkeitserlass in Deutschland steuerfrei sind.

Eine Befreiung von der Aufzeichnungspflicht besteht für bestimmte steuerfreie Bezüge.[6] Freiwillige Trinkgelder sowie Vorteile aus der Privatnutzung betrieblicher Telefone und Internetzugang bzw. -nutzung müssen nicht in das Lohnkonto eingetragen werden. Seit 2020 ebenfalls ausgenommen von der Eintragungspflicht sind steuerfreie geldwerte Vorteile aus der Überlassung eines betrieblichen Fahrrads oder E-Bikes[7] sowie für zusätzlich zum ohnehin geschuldeten Arbeitslohn gewährte steuerfreie Vorteile, die für das elektrische Aufladen eines Elektrofahrzeugs und für die zur privaten Nutzung überlassene betriebliche Ladevorrichtung gelten.[8]

Basistarif in der Krankenversicherung

Die vom Arbeitnehmer nachgewiesenen privaten Basiskranken- und Pflege-Pflichtversicherungsbeiträge sind aufzuzeichnen.[9]

Versorgungsbezüge

⇗ Versorgungsbezüge (z. B. ⇗ Werksrente, Beamtenpension) sind als solche zu bezeichnen. Ihr Zahlbetrag ist aufzuzeichnen (getrennt nach laufender Zahlung und Einmalzahlung), ebenso die zur zutreffenden Berechnung des Versorgungsfreibetrags und des Zuschlags zum Versorgungsfreibetrag erforderlichen Angaben; dies sind regelmäßig die Bemessungsgrundlage für den Versorgungsfreibetrag sowie der Monat und das Kalenderjahr des Versorgungsbeginns.

1 § 38 Abs. 4 Satz 3 EStG.
2 § 4 Abs. 3 Satz 2 LStDV.
3 R 41.1 Abs. 3 LStR.

4 BMF, Schreiben v. 25.11.2020, IV C 5 – S 2353/19/10011 :006, BStBl 2020 I S. 1228, Rz. 92–93.
5 § 3 Nr. 2 EStG.
6 § 4 Abs. 2 Nr. 4 LStDV.
7 § 3 Nr. 37 EStG.
8 § 3 Nr. 46 EStG.
9 BMF, Schreiben v. 14.12.2009, IV C 5 – S 2367/09/10002, BStBl 2009 I S. 1516, Tz. 6.3.

Tarifbegünstigte Bezüge

Gesondert aufzuzeichnen sind nach der ⇗ Fünftelregelung

- ermäßigt besteuerte ⇗ sonstige Bezüge,
- ermäßigt besteuerte ⇗ Entschädigungen sowie
- Vergütungen für mehrere Kalenderjahre

nebst den einbehaltenen Steuerbeträgen.[1]

Pauschalbesteuerter Arbeitslohn

Pauschal besteuerte Bezüge und die darauf entfallenden Steuerabzugsbeträge sind ebenfalls im Lohnkonto aufzuzeichnen. Anhand der Aufzeichnungen im Lohnkonto hat z. B. der Arbeitgeber bei der ⇗ Lohnsteuerpauschalierung nach § 40 Abs. 1 Nr. 1 EStG zu prüfen, ob die dort festgelegte jährliche 1.000-EUR-Grenze für die Pauschalbesteuerung von sonstigen Bezügen bereits überschritten ist. In den übrigen Fällen des § 40 EStG ist es zulässig, auf diese Angaben in den Einzelkonten der Arbeitnehmer zu verzichten, wenn stattdessen ein Sammelkonto geführt wird.

Tipp

Befreiung von der Pflicht zur Führung eines Lohnkontos

Bei der Lohnsteuerpauschalierung für Aushilfs- und Teilzeitbeschäftigte kann ganz auf die Führung von Lohnkonten verzichtet werden.

Sammellohnkonto

In einem Sammellohnkonto können bestimmte Teile des Arbeitslohns für mehrere Arbeitnehmer gemeinsam – außerhalb des für sie geführten individuellen Lohnkontos – aufgezeichnet werden. Dies ist dann vorteilhaft bzw. erforderlich, wenn der auf den einzelnen Arbeitnehmer entfallende Teil des Bezugs nur schwer zu ermitteln ist. Dafür kommen z. B. in Betracht

- die pauschale Nacherhebung der Lohnsteuer in einer größeren Zahl von Fällen,
- die Abgabe unentgeltlicher oder verbilligter Mahlzeiten im Betrieb,
- Vorteile durch eine ⇗ Betriebsveranstaltung,
- Zuschüsse zur privaten Internetnutzung sowie
- ⇗ Fahrtkostenzuschüsse.

Aufzuzeichnen sind

- der Tag der Zahlung,
- die Zahl der bedachten Arbeitnehmer,
- die Summe der insgesamt gezahlten Bezüge,
- die Höhe der Lohnsteuer, des Solidaritätszuschlags und ggf. der Kirchensteuer sowie
- Hinweise auf die als Belege zum Sammellohnkonto aufzubewahrenden Unterlagen (z. B. Zahlungsnachweise, Bestätigung des Finanzamts über die Zulassung der Lohnsteuerpauschalierung mit besonderen (betriebsindividuellen) Pauschsteuersätzen).

Vereinfachte Aufzeichnungen bei Aushilfskräften und Teilzeitbeschäftigten

Für Aushilfskräfte und ⇗ Teilzeitbeschäftigte, bei denen die Lohnsteuer pauschal zulasten des Arbeitgebers mit 2 %, 20 % bzw. 25 % erhoben wird, kann der Arbeitgeber vereinfachte Aufzeichnungen führen. Er muss für den einzelnen Arbeitnehmer Aufzeichnungen machen, aus denen sich folgende Daten ergeben:

- Name und Anschrift,
- Dauer der Beschäftigung,
- Tag der Zahlung,
- Höhe des Arbeitslohns und
- bei landwirtschaftlichen Aushilfskräften zudem die Art der Beschäftigung.

Bei Ansatz des ermäßigten Kirchensteuersatzes sind Unterlagen zum Nachweis der fehlenden Religionszugehörigkeit des Arbeitnehmers aufzubewahren.

Besondere Aufzeichnungen bei betrieblicher Altersversorgung

Besondere Aufzeichnungspflichten hat der Arbeitgeber bei ⇗ betrieblicher Altersversorgung zu beachten. Seine Leistungen für eine Direktversicherung müssen auch für die zutreffende Besteuerung der späteren Versorgungsleistungen beim Arbeitnehmer aufgezeichnet werden. Somit muss anders als beim üblichen Lohnkonto letztlich die gesamte berufliche Biografie eines Arbeitnehmers mit betrieblicher Altersversorgung dokumentiert werden.[2] Bei Direktversicherungen oder Pensionskassen, für die weiter die Lohnsteuerpauschalierung nach § 40b EStG in der bis zum 31.12.2004 geltenden Fassung angewendet wird, ist aufzuzeichnen, dass vor dem 1.1.2018 mindestens ein Beitrag nach § 40b EStG in einer vor 2005 geltenden Fassung pauschal versteuert worden ist. Der Nachweis ist als Beleg zum Lohnkonto zu nehmen.[3]

Aufzeichnungserleichterungen in bestimmten Fällen

Arbeitgeber, die ein maschinelles Lohnabrechnungsverfahren anwenden, können bei der für sie zuständigen Oberfinanzdirektion oder der ggf. anderen vorgesetzten Behörde Erleichterungen für die Führung von Lohnkonten beantragen, wenn die Möglichkeit zur Nachprüfung in anderer Weise sichergestellt ist. Insbesondere soll das ⇗ Betriebsstättenfinanzamt zulassen, dass ⇗ Sachbezüge oder ⇗ Firmenrabatte für solche Arbeitnehmer nicht aufzuzeichnen sind, bei denen durch betriebliche Regelungen und entsprechende Überwachungsmaßnahmen gewährleistet ist, dass die monatliche 50-EUR-Freigrenze oder der jährliche Rabattfreibetrag von 1.080 EUR überschritten werden.

Sozialversicherung

Entgeltunterlagen

Arbeitnehmer

Für jeden Beschäftigten sind Entgeltunterlagen zu führen, unabhängig davon, ob er versicherungspflichtig ist. Die Führung der Entgeltunterlagen betrifft also auch versicherungsfreie Beschäftigte (u. a. Minijobber). Die Entgeltunterlagen sind in deutscher Sprache zu führen. Alle Angaben sind vollständig, richtig, in zeitlicher Folge und geordnet vorzunehmen. Die Entgeltunterlagen sind innerhalb der Aufbewahrungsfrist jederzeit verfügbar und unverzüglich lesbar vorzuhalten.

In Fällen, in denen ein Arbeitgeber keinen Sitz in der Bundesrepublik Deutschland hat, hat er zur Erfüllung der Aufzeichnungspflichten einen Bevollmächtigten mit Sitz im Inland zu bestellen.[4]

Achtung

Konsequenz bei nicht ordnungsgemäßer Aufzeichnungspflicht

Wenn die Aufzeichnungspflicht nicht ordnungsgemäß erfüllt ist und dadurch die Versicherungs- oder Beitragspflicht nicht eindeutig festgestellt werden kann, ist bei einer ⇗ Betriebsprüfung durch die Rentenversicherung der Beitrag ggf. von der Summe der Arbeitsentgelte zu ermitteln.

1 Ursprünglich war eine Abschaffung der Fünftelregelung im Lohnsteuerabzugsverfahren ab 2024 geplant. Da das Gesetzgebungsverfahren noch nicht abgeschlossen ist, kommt es vorerst zu keiner Änderung.

2 § 5 LStDV.
3 § 5 Abs. 1 LStDV.
4 § 28f Abs. 1b SGB IV.

Haushaltsscheckverfahren

Arbeitgeber, die das ↗ Haushaltsscheckverfahren anwenden, sind für die von ihnen im Privathaushalt beschäftigten Arbeitnehmer von der Führung der Entgeltunterlagen freigestellt. Dies gilt auch für die erweiterte Aufzeichnungspflicht nach § 17 MiLoG.[1]

Bestandteile

Die Entgeltunterlagen umfassen alle Unterlagen, die Aufschluss geben über

- die Entgeltabrechnungsdaten des Arbeitgebers,
- die individuellen Entgeltabrechnungsdaten der Arbeitnehmer,
- die Zusammensetzung der monatlichen Arbeitsentgelte,
- die ordnungsgemäße Erstattung der Meldungen sowie
- die Krankenkassenzugehörigkeit.

Die Daten der einzelnen Abrechnungsergebnisse der jeweiligen Arbeitnehmer sind je Kalenderjahr als Jahreslohnkonto oder Sammlung von Lohn-/Gehaltsabrechnungen elektronisch in zeitlicher Folge und geordnet zusammenzufassen.

Wichtig

Dienst-/Werkvertrag im Baugewerbe oder im Speditions-, Transport- oder Logistikgewerbe

Wird ein Unternehmen im Baugewerbe oder im Speditions-, Transport- oder damit verbundenen Logistikgewerbe im Auftrag eines anderen Unternehmens im Rahmen eines Dienst- oder Werkvertrags tätig, müssen die Entgeltunterlagen und die Beitragsabrechnung so gestaltet sein, dass zum jeweiligen Dienst- oder Werkvertrag eine eindeutige Zuordnung der Arbeitnehmer, des Arbeitsentgelts und des darauf entfallenden Gesamtsozialversicherungsbeitrags möglich ist.

Inhalte

Mindestanforderungen

Die Verordnung über die Berechnung, Zahlung, Weiterleitung, Abrechnung und Prüfung des Gesamtsozialversicherungsbeitrags[2] stellt folgende Mindestanforderungen an den Inhalt der Entgeltunterlagen:

- den Familiennamen, Vornamen und ggf. das betriebliche Ordnungsmerkmal,
- das Geburtsdatum,
- die Anschrift,
- bei Ausländern aus Staaten außerhalb des Europäischen Wirtschaftsraums die Staatsangehörigkeit und den Aufenthaltstitel,
- den Beginn und das Ende der Beschäftigung,
- den Beginn und das Ende der ↗ Altersteilzeit,
- das Wertguthaben aus flexibler Arbeitszeit einschließlich der Änderungen (Zu- und Abgänge), den Abrechnungsmonat der ersten Gutschrift sowie den Abrechnungsmonat für jede Änderung und einen Nachweis über die getroffenen Vorkehrungen zum Insolvenzschutz; bei auf Dritte übertragenen Wertguthaben sind diese beim Dritten zu kennzeichnen,
- die Beschäftigungsart, also die Bezeichnung der tatsächlich ausgeübten Beschäftigung,
- maßgebende Angaben über die Versicherungsfreiheit bzw. Befreiung von der Versicherungspflicht,
- das Arbeitsentgelt nach § 14 SGB IV (Zusammensetzung, zeitliche Zuordnung, ausgenommen sind Sachbezüge und Belegschaftsrabatte, soweit für sie keine Aufzeichnungspflicht nach dem Einkommensteuergesetz besteht),
- das beitragspflichtige Arbeitsentgelt bis zur ↗ Beitragsbemessungsgrenze der Rentenversicherung (Zusammensetzung, zeitliche Zuordnung),
- das in der Unfallversicherung beitragspflichtige Arbeitsentgelt, die anzuwendende Gefahrtarifstelle und die jeweilige zeitliche Zuordnung,
- den Unterschiedsbetrag zwischen dem Arbeitsentgelt für ↗ Altersteilzeit und 80 % des Regelarbeitsentgelts, begrenzt auf den Unterschiedsbetrag zwischen 90 % der monatlichen Beitragsbemessungsgrenze der Rentenversicherung und dem Regelarbeitsentgelt,
- den Beitragsgruppenschlüssel,
- die Einzugsstelle für den Gesamtsozialversicherungsbeitrag,
- die nach Beitragsgruppen getrennten Beitragsanteile des Arbeitnehmers,
- bei ↗ Entsendung Eigenart und zeitliche Begrenzung der Beschäftigung,
- Wertguthaben aus flexibler Arbeitszeit bis zum 31.12.2009, für die noch Beiträge zur gesetzlichen Unfallversicherung zu entrichten sind,
- das gezahlte ↗ Kurzarbeitergeld und die hierauf entfallenden beitragspflichtigen Einnahmen.

Wichtig

Erweiterte Aufzeichnungspflicht nach dem Mindestlohngesetz (MiLoG)

Für Arbeitgeber in bestimmten Wirtschaftsbereichen und für Minijobber sind detaillierte Stundenaufzeichnungen zu führen.[3] Als Nachweis im Sinne des § 17 MiLoG kommen die maschinelle Zeiterfassung oder entsprechende manuelle Aufzeichnungen in Betracht. Die Aufzeichnungen sind mindestens wöchentlich zu führen. Der Arbeitgeber ist verpflichtet,

- Beginn, Ende und Dauer der täglichen Arbeitszeit dieser Arbeitnehmer spätestens bis zum Ablauf des 7. auf den Tag der Arbeitsleistung folgenden Kalendertages aufzuzeichnen und
- diese Aufzeichnungen mindestens 2 Jahre beginnend ab dem für die Aufzeichnung maßgeblichen Zeitpunkt aufzubewahren.

Beizufügende Unterlagen

Zusätzlich zu den in den Entgeltunterlagen erforderlichen Angaben sind die Entgeltabrechnung begleitende und erläuternde Unterlagen nach § 8 Abs. 2 BVV beizufügen. Diese Unterlagen sind dem Arbeitgeber – soweit möglich – elektronisch zur Verfügung zu stellen.

Wichtig

Rahmenbedingungen zur elektronischen Führung der Entgeltunterlagen

Die Spitzenorganisationen der Sozialversicherung haben in Gemeinsamen Grundsätzen bundeseinheitlich die Art und den Umfang der Speicherung, die Datensätze und das weitere Verfahren für die Entgeltunterlagen nach § 8 BVV und die Beitragsabrechnung nach § 9 BVV bestimmt.[4]

Bei den Unterlagen, die grundsätzlich elektronisch zu führen sind, handelt es sich um:

- Unterlagen, aus denen die Staatsangehörigkeit von Ausländern außerhalb des europäischen Wirtschaftsraums hervorgeht,
- Unterlagen, aus denen die für die Versicherungsfreiheit oder die Befreiung von der Versicherungspflicht maßgebenden Angaben hervorgehen (z.B. Immatrikulationsbescheinigung bei Beschäftigung von ↗ Studenten),

1 § 28f Abs. 1 Satz 2 SGB IV.
2 Beitragsverfahrensverordnung – BVV.
3 § 17 MiLoG.
4 GR v. 18.3.2022.

- Unterlagen, aus denen bei ⇗ Entsendung die Eigenart und zeitliche Begrenzung der Beschäftigung hervorgehen,
- die Daten der erstatteten ⇗ Meldungen,
- die Daten der von den Krankenkassen übermittelten Meldungen, die Auswirkungen auf die Beitragsberechnung des Arbeitgebers haben,
- den Nachweis über die Elterneigenschaft für Beschäftigte, die den Beitragszuschlag für Kinderlose in der sozialen Pflegeversicherung nicht zu zahlen haben, sofern dies nicht aus bereits vorhandenen Unterlagen hervorgeht,
- den Nachweis zu Kindern von Beschäftigten unter dem 25. Lebensjahr, für die der Beitragsabschlag in der sozialen Pflegeversicherung zum Tragen kommt, sofern dies nicht aus bereits vorhandenen Unterlagen hervorgeht,
- die Erklärung des geringfügig Beschäftigten gegenüber dem Arbeitgeber, dass auf Versicherungsfreiheit in der Rentenversicherung verzichtet wird,
- den Antrag auf Befreiung von der Versicherungspflicht nach § 6 Abs. 1b SGB VI, auf dem der Tag des Eingangs beim Arbeitgeber dokumentiert ist,
- die Erklärung des ⇗ kurzfristig Beschäftigten über weitere kurzfristige Beschäftigungen im Kalenderjahr oder die Erklärung des ⇗ geringfügig entlohnten Beschäftigten über weitere Beschäftigungen sowie in beiden Fällen die Bestätigung, dass die Aufnahme weiterer Beschäftigungen dem Arbeitgeber anzuzeigen ist,
- der Nachweis des Krankenversicherungsschutzes bei kurzfristig Beschäftigten,
- eine Kopie des Antrags auf ⇗ Statusfeststellung mit den von der Deutschen Rentenversicherung Bund (DRV Bund) für ihre Entscheidung benötigten Unterlagen, die Statusentscheidung der DRV Bund gutachterliche Äußerungen nach § 7a Abs. 4b SGB IV sowie eine Dokumentation welchen Auftragnehmern eine Kopie der gutachterlichen Äußerung nach § 7a Abs. 4b Satz 4 SGB IV ausgehändigt wurde,
- ggf. vorliegende Bescheide der Einzugsstelle zur Versicherungspflicht und Beitragshöhe in der Kranken-, Pflege-, Renten- und Arbeitslosenversicherung,
- die Niederschrift nach § 2 NachwG,
- die steuerrechtliche Entscheidung der Finanzbehörden zur Entgelteigenschaft von vom Arbeitgeber getragenen oder übernommenen Studiengebühren für ein Studium des Beschäftigten,
- die Erklärung über den Auszahlungsverzicht von zustehenden Entgeltansprüchen,
- die Aufzeichnungen nach § 10 Abs. 1 AEntG und § 17 Abs. 1 MiLoG.
- die Bescheinigung nach § 44a Abs. 5 SGB XI, wenn die Beschäftigung wegen Bezugs von Pflegeunterstützungsgeld unterbrochen wird,
- die Erklärung des Beschäftigten zur Inanspruchnahme einer ⇗ Pflegezeit i. S. d. § 3 Pflegezeitgesetzes.
- die Daten der übermittelten A1-Bescheinigungen[1],
- bei einem Antrag auf Abschluss einer Ausnahmevereinbarung eine Erklärung, in der der Beschäftigte bestätigt, dass der Abschluss einer Ausnahmevereinbarung zur Geltung der deutschen Rechtsvorschriften nach Art. 16 der VO (EG) Nr. 883/2004 des Europäischen Parlaments und des Rates vom 29.4.2004 in seinem Interesse liegt sowie
- die Erklärung des Verzichts auf die Versicherungsfreiheit nach § 5 Abs. 4 Satz 2 oder § 230 Abs. 9 Satz 2 SGB VI, auf der der Tag des Eingangs beim Arbeitgeber dokumentiert ist.

1 §§ 106–106c SGB IV.

Für bestimmte Erklärungen oder Anträge der Beschäftigten wird aufgrund gesetzlicher Regelungen die Schriftform verlangt. Dies ist konkret der Fall bei:

- Erklärungen über den Verzicht auf Entgeltansprüche (Entgeltumwandlungen),
- Erklärungen zur Inanspruchnahme einer Pflegezeit nach § 3 PflegeZG,
- Erklärungen von Altersvollrentnern über den Verzicht auf die Rentenversicherungsfreiheit.

In diesen Fällen ist das elektronische Dokument mit einer qualifizierten elektronischen Signatur zu versehen. Stellt der Beschäftigte die Unterlagen nicht mit einer qualifizierten elektronischen Signatur zur Verfügung, muss der Arbeitgeber das Originaldokument in Papierform entgegennehmen. Überführt der Arbeitgeber schriftliche Entgeltunterlagen mit Unterschriftserfordernis in elektronische Form, hat er diese mit einer fortgeschrittenen Signatur zu versehen. Nach vollständiger Übernahme in die elektronische Form können die schriftlichen Entgeltunterlagen vernichtet werden.

Hinweis

Elektronische Führung der Entgeltunterlagen

Dass Entgeltunterlagen in elektronischer Form zu führen sind, hat u. a. seinen Grund in der Verpflichtung zur ⇗ elektronisch unterstützten Betriebsprüfung (euBP) seit dem Jahr 2023.

Arbeitgeber können die Befreiung von der elektronischen Führung der Entgeltunterlagen bei dem für sie zuständigen Prüfdienst der Deutschen Rentenversicherung formlos beantragen. Solange ein Arbeitgeber von der Verpflichtung befreit ist, Unterlagen zur elektronisch unterstützten Betriebsprüfung zu übermitteln (gilt bis längstens 31.12.2026), können auch die Entgeltunterlagen noch in Papierform geführt werden. In diesen Fällen wird auf die elektronische Übermittlung der Daten verzichtet.[2]

Beitragsabrechnung

Krankenkassen-Liste

Zur Prüfung der Vollständigkeit der Entgeltabrechnung ist für jeden Abrechnungszeitraum getrennt nach ⇗ Einzugsstellen eine Beitragsabrechnung elektronisch zu erfassen und lesbar zur Verfügung zu stellen (Krankenkassen-Liste). Für die Beitragsgrundlage der Unfallversicherung erfolgt diese Erfassung nach Mitgliedsnummern.[3] In der Krankenkassen-Liste müssen folgende Angaben enthalten sein:

- der Familienname, Vorname und ggf. das betriebliche Ordnungsmerkmal,
- das beitragspflichtige Arbeitsentgelt bis zur ⇗ Beitragsbemessungsgrenze der Rentenversicherung,
- dem in der Unfallversicherung beitragspflichtigen Arbeitsentgelt mit Arbeitsstunden in der angewendeten Gefahrtarifstelle bis zum gültigen Höchstjahresarbeitsverdienst des zuständigen Unfallversicherungsträgers,
- der Beitragsgruppenschlüssel,
- die ⇗ Sozialversicherungstage,
- den Unterschiedsbetrag zwischen 90 % des bisherigen Arbeitsentgelts und dem Arbeitsentgelt für die ⇗ Altersteilzeit,
- der Gesamtsozialversicherungsbeitrag, getrennt nach ⇗ Arbeitnehmeranteil und ⇗ Arbeitgeberanteil nach Beitragsgruppen getrennt und summiert,
- die Summe der in der gesetzlichen Unfallversicherung beitragspflichtigen Arbeitsentgelte mit Angabe der Arbeitsstunden getrennt je Gefahrtarifstelle und Anzahl der Versicherten,

2 § 126 SGB IV.
3 § 9 BVV.

- das gezahlte Kurzarbeitergeld, die hierauf entfallenden beitragspflichtigen Einnahmen (diese sind zu summieren) und die hierauf entfallenden Beiträge zur Kranken-, Pflege- und Rentenversicherung,
- die beitragspflichtigen Sonn-, Feiertags- und Nachtzuschläge,
- die Umlagesätze nach dem Aufwendungsausgleichsgesetz und die umlagepflichtigen Arbeitsentgelte sowie
- die Parameter zur Berechnung der voraussichtlichen Höhe der Beitragsschuld einschließlich der Differenzbeträge zwischen voraussichtlicher Beitragsschuld und der Entgeltabrechnung.

In der Krankenkassen-Liste sind Beschäftigte (Name, Vorname, ggf. betriebliches Ordnungsmerkmal) mit dem erzielten Arbeitsentgelt[1] gesondert zu erfassen, für die Beiträge nicht oder nach den Vorschriften des ⇗ Übergangsbereichs[2] gezahlt werden.

Besondere Beitragsabrechnung

Sind aus der Beitragsabrechnung die Korrekturen oder Stornierungen, die das vorherige Kalenderjahr betreffen, bzw. die Fälle, in denen ⇗ Einmalzahlungen dem Vorjahr zugeordnet wurden, nicht besonders gekennzeichnet und besonders summiert, ist eine besondere Beitragsabrechnung zu erstellen.

Aufzeichnungspflichtverletzung

Die Aufzeichnungspflicht wird verletzt, wenn aus den geführten Entgeltunterlagen die Beschäftigten und/oder deren Arbeitsentgelt nicht mehr hervorgehen oder nur mit unverhältnismäßig großem Verwaltungsaufwand feststellbar sind. Die Sozialversicherungsbeiträge können dann ohne namentliche Benennung der einzelnen Arbeitnehmer auf der Basis der Summe der insgesamt gezahlten Arbeitsentgelte durch ⇗ Summenbeitragsbescheid festgesetzt werden.

Die Verletzung der Aufzeichnungspflicht stellt einen Ordnungswidrigkeitstatbestand nach § 111 Abs. 1 Nr. 3 SGB IV dar. Diese kann mit einer Geldbuße von bis zu 50.000 EUR geahndet werden.

Lohnsteuer

Die Lohnsteuer ist eine Erhebungsform der Einkommensteuer. Sie wird als Quellensteuer auf den von einem inländischen Arbeitgeber gezahlten Arbeitslohn erhoben. Der Arbeitgeber behält sie vom Lohn und Gehalt seiner Arbeitnehmer ein und führt sie an das örtliche Finanzamt ab. Er ist insoweit für die korrekte Einbehaltung und Abführung an die Finanzbehörden verantwortlich und haftet für zu wenig einbehaltene und abgeführte Lohnsteuer. Steuerschuldner der Lohnsteuer ist der Arbeitnehmer.

Gesetze, Vorschriften und Rechtsprechung

Lohnsteuer: Die zentrale lohnsteuerliche Vorschrift ist § 38 EStG, dort wird das Lohnsteuererhebungsverfahren beschrieben. Weitere wesentliche Regelungen enthalten §§ 39b (Durchführung des Lohnsteuerabzugs), 41 (Aufzeichnungsverpflichtung im Lohnkonto), 41a (Anmeldung der Lohnsteuer) und 41b EStG (Abschluss des Lohnsteuerabzugs).

Lohnsteuer

Berechnung der Lohnsteuer

Für die Lohnsteuerberechnung hat der Arbeitgeber den steuerpflichtigen Teil des Arbeitslohns festzustellen. Dabei ist zwischen laufendem Arbeitslohn und sonstigen Bezügen zu unterscheiden:

- Laufender Arbeitslohn sind die regelmäßigen Zahlungen, die der Arbeitgeber für die üblichen Entgeltzahlungszeiträume leistet, wie den Monats-, Wochen- oder Tageslohn.
- Um einen ⇗ sonstigen Bezug handelt es sich bei Arbeitslohn, der zusätzlich zum laufenden Arbeitslohn nur einmalig gezahlt wird.

Von dem so berechneten Arbeitslohn sind zunächst ggf. die vom Wohnsitzfinanzamt für den Lohnsteuerabzug festgesetzten Freibeträge, der ⇗ Altersentlastungsbetrag, der Versorgungsfreibetrag und der Zuschlag zum Versorgungsfreibetrag abzuziehen sowie etwaige Hinzurechnungsbeträge hinzuzurechnen. Anschließend ist die Lohnsteuer unter Berücksichtigung der ⇗ elektronischen Lohnsteuerabzugsmerkmale (ELStAM, z. B. Steuerklasse, Zahl der Kinderfreibeträge) zu berechnen. Die Bildung der ELStAM erfolgt automatisiert durch das Bundeszentralamt für Steuern (BZSt). Arbeitgeber müssen die ELStAM für ihre Arbeitnehmer regelmäßig abrufen und anwenden.

Lohnsteuerabzug und -anmeldung

Der Arbeitgeber ist verpflichtet, die Lohnsteuer im Zeitpunkt der Lohnzahlung zu ermitteln, einzubehalten und zu bestimmten Terminen an das Finanzamt abzuführen.

Anmeldezeitraum ist grundsätzlich der Kalendermonat. Sofern die vom Arbeitgeber abzuführende Lohnsteuer für das Vorjahr mehr als 1.080 EUR und nicht mehr als 5.000 EUR beträgt, ist der Anmeldungszeitraum das Kalendervierteljahr. Bis zur Höhe von 1.080 EUR abzuführender Lohnsteuer für das Vorjahr ist der Anmeldezeitraum das Kalenderjahr.

Das Lohnsteuerabzugsverfahren verpflichtet im Grundsatz nur den (inländischen) Arbeitgeber zur Vornahme des Lohnsteuerabzugs. Für diese auferlegten gesetzlichen Verpflichtungen kann er kein Entgelt verlangen.

Mit dem Steuerabzug (Quellensteuer) ist für den Arbeitnehmer das Besteuerungsverfahren im Allgemeinen abgeschlossen, es sei denn, er beantragt nach Ablauf des Kalenderjahres eine Veranlagung zur Einkommensteuer oder diese ist von Amts wegen durchzuführen.

Lohnsteuer-Jahresausgleich durch den Arbeitgeber

Weil die Jahreslohnsteuer für den Arbeitnehmer grundsätzlich die endgültige Steuerschuld darstellt, muss diese nach Ablauf des Kalenderjahres für den Jahresarbeitslohn ermittelt werden. Das geschieht im Wege des ⇗ Lohnsteuer-Jahresausgleichs, soweit ihn der Arbeitgeber durchzuführen hat oder freiwillig durchführt, oder durch die Veranlagung zur Einkommensteuer.Gruppe 4/12: Altersentlastungsbetrag. Gruppe 4/61: Betriebsstätte. Gruppe 4/329: Veranlagung

Lohnsteuerabzug

Von dem Arbeitslohn, der dem Mitarbeiter zufließt, muss der Arbeitgeber kraft gesetzlicher Verpflichtung einen bestimmten Teil zugunsten des Staates einbehalten und als Lohnsteuer an das Finanzamt abführen (Lohnsteuerabzug). Das gilt für jeden Arbeitnehmer, unabhängig davon, ob er nach Ablauf des Veranlagungszeitraums veranlagt wird oder nicht. Der Arbeitnehmer muss den Steuerabzug dulden – ähnlich wie beim Abzug seines Anteils am Gesamtbeitrag zur Sozialversicherung.

Gesetze, Vorschriften und Rechtsprechung

Lohnsteuer: Rechtsgrundlage für den Lohnsteuerabzug sind die §§ 38–42f EStG. Weitere Regelungen enthalten R 38.1–R 42f LStR sowie H 38.2–H 42f LStH. Das BMF-Schreiben v. 8.11.2018, IV C 5 – S 2363/13/10003 – 02, BStBl 2018 I S. 1137, enthält die Regelungen für die Anwendung des Verfahrens der elektronischen Lohnsteuerabzugsmerkmale.

1 § 14 SGB IV.
2 § 20 Abs. 2 SGB IV.

Lohnsteuer

Einbehaltung und Abführung der Lohnsteuer

Lohnsteuerabzug als Arbeitgeberpflicht

Die Lohnsteuer ist keine eigene Steuerart, sondern eine besondere Erhebungsform der Einkommensteuer. Die Besonderheit der Lohnsteuer ist, dass der Arbeitgeber sie bei jeder Lohnzahlung für Rechnung des Arbeitnehmers vom Arbeitslohn einbehält[1], dem ⇗ Betriebsstättenfinanzamt anmeldet und an dieses abführt. Der Arbeitnehmer hat keine rechtliche Möglichkeit, die ungekürzte Zahlung des Arbeitslohns zu verlangen.

Der Lohnsteuerabzug darf nur unterbleiben, wenn nach einem ⇗ Doppelbesteuerungsabkommen oder nach dem Auslandstätigkeitserlass der von einem inländischen ⇗ Arbeitgeber gezahlte Arbeitslohn von der Lohnsteuer freizustellen ist.

Lohnsteuerabzug als öffentlich-rechtliche Arbeitgeberpflicht

Die öffentlich-rechtliche Verpflichtung des Arbeitgebers zur Einbehaltung der ⇗ Lohnsteuer hat Vorrang vor allen anderen bürgerlich-rechtlichen Verpflichtungen des Arbeitgebers. Dies zeigt sich z. B. in den Fällen, in denen der Arbeitgeber nicht in der Lage ist, den vollen vereinbarten Arbeitslohn auszuzahlen. Die Lohnsteuer muss dann von dem ausgezahlten Teilbetrag berechnet und einbehalten werden, die Auszahlung des Bruttobetrags ist unzulässig.

Erhebungszeitraum ist das Kalenderjahr

Erhebungszeitraum für die Lohnsteuer ist grundsätzlich das Kalenderjahr. Die Jahreslohnsteuer stellt die endgültige Steuerschuld des Arbeitnehmers dar. Die in den einzelnen Lohnabrechnungszeiträumen einbehaltene Lohnsteuer kann als Vorauszahlung auf die endgültige Steuerschuld angesehen werden. Ist die Summe der im Laufe des Kalenderjahrs einbehaltenen Lohnsteuerbeträge höher als die Jahreslohnsteuer, hat der Arbeitnehmer Anspruch auf Erstattung des Unterschiedsbetrags. Die zu viel gezahlte Lohnsteuer wird durch einen ⇗ Lohnsteuer-Jahresausgleich vom Arbeitgeber oder durch Veranlagung zur Einkommensteuer vom Finanzamt erstattet.

Hinweis

Verfassungsmäßigkeit der Arbeitgeberpflichten

Dem Arbeitgeber werden im Zusammenhang mit dem Steuerabzug vom Arbeitslohn zahlreiche Pflichten auferlegt, die unentgeltlich erfüllt werden müssen. Verfassungsmäßige Bedenken gegen diese Inanspruchnahme des Arbeitgebers hat die Rechtsprechung zurückgewiesen.[2]

Kontrolle durch Außenprüfung

Die ordnungsgemäße Einbehaltung oder Übernahme und die Abführung der Lohnsteuer durch den Arbeitgeber wird vom Finanzamt durch die ⇗ Lohnsteuer-Außenprüfung überwacht. Für die einzubehaltende und abzuführende Lohnsteuer haftet der Arbeitgeber.[3]

Betroffene Arbeitgeber

Bei Einkünften aus nichtselbständiger Arbeit wird die Einkommensteuer durch Abzug vom Arbeitslohn erhoben (Lohnsteuer), soweit der Arbeitslohn von einem Arbeitgeber gezahlt wird, der

- im Inland einen Wohnsitz, seinen gewöhnlichen Aufenthalt, seine Geschäftsleitung, seinen Sitz, eine Betriebsstätte oder einen ständigen Vertreter[4] hat (inländischer Arbeitgeber) oder
- einem Dritten (Entleiher), der Arbeitnehmer gewerbsmäßig zur Arbeitsleistung im Inland überlässt, ohne inländischer Arbeitgeber zu sein (ausländischer Verleiher).

1 §§ 38 Abs. 3, 41a EStG.
2 BFH, Urteil v. 5.7.1963, VI 270/62, BStBl 1963 III S. 468.
3 § 42d EStG.
4 §§ 8–13 AO.

Lohnsteuerabzug durch Dritte

Die Lohnsteuerabzugsverpflichtung kann vom Arbeitgeber auf einen Dritten übertragen werden, wenn der Dritte sich hierzu gegenüber dem Arbeitgeber verpflichtet hat, er den Lohn auszahlt oder er die Arbeitgeberpflichten für von ihm vermittelte Arbeitnehmer übernimmt und die Steuererhebung nicht beeinträchtigt wird.[5]

Betroffene Lohnzahlungen

Dem Lohnsteuerabzug unterliegt jeder von einem inländischen Arbeitgeber gezahlte Arbeitslohn. Es ist gleichgültig, ob es sich um laufende oder einmalige Bezüge handelt und in welcher Form sie gewährt werden.

Hinweis

Arbeitslohn von Dritten

Auch der im Rahmen des Dienstverhältnisses von einem Dritten gewährte Arbeitslohn unterliegt dem Lohnsteuerabzug durch den Arbeitgeber, wenn der Arbeitgeber weiß oder erkennen kann, dass derartige Vergütungen erbracht werden. Hiervon wird insbesondere ausgegangen, wenn Arbeitgeber und Dritter verbundene Unternehmen i. S. v. § 15 AktG sind.[6]

Lohnsteuerabzugsverfahren

Lohnsteuerberechnung

Die Jahreslohnsteuer bemisst sich nach dem Arbeitslohn, den der Arbeitnehmer im Kalenderjahr bezieht. Laufender Arbeitslohn gilt in dem Kalenderjahr als bezogen, in dem der Lohnzahlungszeitraum (i. d. R. ein Monat) endet.

Laufender Arbeitslohn sind die regelmäßigen Zahlungen, die der Arbeitgeber für die üblichen Lohnzahlungszeiträume leistet, wie der Monats-, Wochen- oder Tageslohn. Für den Steuerabzug vom laufenden Arbeitslohn ist die ⇗ Lohnsteuertabelle (bzw. der Lohnsteuertarif) zugrunde zu legen, die nach dem für den einzelnen Arbeitnehmer maßgebenden Lohnzahlungszeitraum jeweils in Betracht kommt. Die Lohnsteuer für den laufenden Arbeitslohn kann auch nach dem voraussichtlichen Jahresarbeitslohn berechnet werden.

Arbeitslohn, der nicht als laufender Arbeitslohn gezahlt wird, wird in dem Kalenderjahr bezogen, in dem er dem Arbeitnehmer zufließt. Um einen ⇗ sonstigen Bezug handelt es sich bei Arbeitslohn, der zusätzlich zum laufenden Arbeitslohn nur einmalig gezahlt wird. Die Besteuerung des sonstigen Bezugs richtet sich nach der Jahreslohnsteuertabelle. Die Lohnsteuer auf einen sonstigen Bezug ist der Differenzbetrag zwischen der Jahreslohnsteuer mit und ohne den sonstigen Bezug. Jahresarbeitslohn ist der Arbeitslohn, den der Arbeitnehmer im Kalenderjahr (voraussichtlich) bezieht.

Elektronische Lohnsteuerabzugsmerkmale

Der Lohnsteuerabzug durch den Arbeitgeber erfolgt anhand der dem Arbeitgeber übermittelten ⇗ elektronischen Lohnsteuerabzugsmerkmale (ELStAM). Insbesondere werden unbeschränkt einkommensteuerpflichtige Arbeitnehmer in sog. ⇗ Steuerklassen eingereiht.

In Ausnahme- und Problemfällen können die Merkmale auch durch eine „Besondere Bescheinigung für den Lohnsteuerabzug", die vom Finanzamt auf Papier ausgestellt wird, vom Mitarbeiter nachgewiesen werden.

Weichen die beim Lohnsteuerabzug berücksichtigten Merkmale zu Ungunsten des Arbeitnehmers von seinen persönlichen Verhältnissen ab und wird hierdurch zu viel Lohnsteuer einbehalten, hat der Arbeitnehmer die Möglichkeit, die Erstattung der zu viel einbehaltenen Beträge im Wege einer Änderung oder nach Ablauf des Kalenderjahres durch Einkommensteuerveranlagung zu erreichen.

5 § 38 Abs. 3a Sätze 2, 3 EStG.
6 § 38 Abs. 1 Satz 3 EStG.

Stundung und Erlass der Lohnsteuer

Die Pflicht des Arbeitgebers, bei der Lohnzahlung Lohnsteuer einzubehalten, kann nicht durch eine Stundung aufgehoben werden.[1] Lohnsteuer, die dem Arbeitnehmer vom Arbeitgeber einbehalten worden ist, darf auch nicht zugunsten des Arbeitgebers erlassen werden, weil es sich nicht um eigene Mittel des Arbeitgebers, sondern um Mittel des Arbeitnehmers handelt.

Eine gleichwohl unterlassene Abführung von einbehaltener Lohnsteuer berührt die Rechte des Arbeitnehmers grundsätzlich nicht, insbesondere nicht etwaige Erstattungsansprüche aus einer Einkommensteuer-Veranlagung.

Berichtigung des Lohnsteuerabzugs

Erkennt der Arbeitgeber, dass er die Lohnsteuer bisher nicht vorschriftsmäßig einbehalten hat, ist er berechtigt, die Lohnsteuer neu zu berechnen. Dies gilt auch, wenn die Lohnbesteuerung durch unterjährige Gesetzesänderungen rückwirkend unrichtig geworden ist.[2]

Eine Änderung des Lohnsteuerabzugs ist ebenfalls zulässig, wenn die ⇗ elektronischen Lohnsteuerabzugsmerkmale auf einen vorherigen Zeitpunkt zurückwirken.[3]

Berichtigungszeitpunkt

Die Änderung des Lohnsteuerabzugs ist bei der nächsten Lohnzahlung vorzunehmen, die auf die Vorlage der geänderten Merkmale oder auf das Erkennen des falschen Lohnsteuerabzugs folgt. Der Arbeitgeber darf in Fällen nachträglicher Einbehaltung von Lohnsteuer die Einbehaltung nicht auf mehrere Lohnzahlungen verteilen.

Im Fall der Erstattung von Lohnsteuer hat der Arbeitgeber die zu erstattende Lohnsteuer dem Gesamtbetrag der von ihm abzuführenden Lohnsteuer zu entnehmen. Reicht dieser Betrag nicht aus, so wird das Betriebsstättenfinanzamt dem Arbeitgeber auf Antrag den Fehlbetrag ersetzen.[4]

Keine rückwirkende Änderung nach Datenübermittlung

Der Arbeitgeber darf den Lohnsteuerabzug nicht mehr rückwirkend ändern, wenn der Lohnsteuerabzug bereits abgeschlossen ist, d. h. wenn der Arbeitgeber bereits eine ⇗ Lohnsteuerbescheinigung elektronisch übermittelt oder ausgeschrieben hat.[5]

Lohnsteuer-Anmeldung

Der Arbeitgeber muss für jede lohnsteuerliche Betriebsstätte beim Betriebsstättenfinanzamt sowohl die von ihm einbehaltene als auch die zu seinen Lasten pauschal erhobene Lohnsteuer anmelden.

Dies muss unabhängig davon geschehen, ob Lohnsteuer anfiel oder ob die Lohnsteuer auch tatsächlich abgeführt wird. Die Verpflichtung zur Abgabe weiterer Lohnsteuer-Anmeldungen entfällt erst, wenn Arbeitnehmer, für die Lohnsteuer einzubehalten oder zu übernehmen ist, nicht mehr beschäftigt werden und das dem Finanzamt mitgeteilt wird.

Der Arbeitgeber kann von der Verpflichtung zur Abgabe von Lohnsteuer-Anmeldungen befreit werden, wenn er nur Arbeitnehmer beschäftigt, für die er lediglich die einheitliche Pauschsteuer von 2 % an die Minijob-Zentrale entrichtet.

Gesetze, Vorschriften und Rechtsprechung

Lohnsteuer: Die Anmeldung und Abführung der Lohnsteuer ist geregelt in § 41a EStG i. V. m. § 149 AO. Näheres regeln R 41a.1 bis R 41a.2 LStR sowie H 41a.1 LStH. Das Vordruckmuster der Lohnsteuer-Anmeldung 2024 hat die Verwaltung veröffentlicht mit BMF, Schreiben v. 6.9.2023, IV C 5 – S 2533/19/10026 :004, BStBl 2023 I S. 1649.

1 § 222 AO.
2 § 41c Abs. 1 Nr. 2 EStG.
3 § 41c Abs. 1 Nr. 1 EStG.
4 § 41c Abs. 2 EStG.
5 § 41c Abs. 3 EStG.

Lohnsteuer

Anmeldung der Steuerabzugsbeträge

Für jede ⇗ Betriebsstätte und jeden Anmeldezeitraum ist eine einheitliche Lohnsteuer-Anmeldung einzureichen. Die Abgabe mehrerer Lohnsteuer-Anmeldungen für dieselbe Betriebsstätte und denselben Lohnsteuer-Anmeldezeitraum (z. B. getrennt nach den verschiedenen Bereichen der Lohnabrechnung) ist nicht zulässig. Den Vordruck für die Lohnsteuer-Anmeldung gibt die Finanzverwaltung jährlich neu bekannt.[6]

Lohnsteuer-Anmeldung auch bei „Nullmeldung"

In der Lohnsteuer-Anmeldung ist insbesondere anzugeben, wie viel Lohnsteuer im Anmeldezeitraum einzubehalten bzw. zu übernehmen ist. War im Anmeldezeitraum Lohnsteuer vom Arbeitgeber weder einzubehalten noch zu übernehmen, so besteht der Inhalt der Lohnsteuer-Anmeldung in der Mitteilung dieser Tatsache.

Aufschlüsselung nach Bezugsjahren

Die angemeldeten Lohnsteuerbeträge sind nach dem Kalenderjahr des Bezugs aufzuschlüsseln. Hierdurch wird eine zielgenaue Zuordnung zu den in der ⇗ Lohnsteuerbescheinigung des Kalenderjahres bescheinigten Lohnsteuerbeträgen ermöglicht.[7]

Die hierfür erforderlichen Kennzahlen sind unter www.elster.de veröffentlicht bzw. ergeben sich aus dem jeweiligen Lohnprogramm. Sie sind im Vordruckmuster nicht enthalten.

Pauschale Lohnsteuer anmelden und abführen

Die anzumeldende pauschale Lohnsteuer ist gesondert einzutragen.

Bei der Pauschalbesteuerung von Aushilfskräften und Teilzeitbeschäftigten ist nur die pauschale Lohnsteuer anzumelden und abzuführen, die der Arbeitgeber mit dem Steuersatz von 5 %, 20 % oder 25 % des Arbeitslohns berechnet hat.

Achtung

Keine Lohnsteuer-Anmeldung für 2-%-Pauschalabgabe

Die Lohnsteuer für Minijobber, die mit dem einheitlichen Pauschsteuersatz von 2 % des Arbeitslohns erhoben wird, ist bei der Minijob-Zentrale anzumelden und an diese abzuführen.

Darüber hinaus ist in einer weiteren Zeile die Pauschalsteuer für Geschenke und Incentives i. H. v. 30 % nach § 37b EStG gesondert einzutragen.

Abzuziehende Beträge

Von der angemeldeten Lohnsteuer kann der Arbeitgeber in bestimmten Fällen Beträge absetzen. Nach Abzug dieser gesondert einzutragenden Beträge ergibt sich die abzuführende Lohnsteuer.

Besatzung von Handelsschiffen

Von der angemeldeten Lohnsteuer kann der Arbeitgeber die gesamte Lohnsteuer der Besatzungsmitglieder eigener oder gecharterter Handelsschiffe abziehen.[8] Der vollständige Einbehalt wurde verlängert und gilt bis zum 31.5.2027.[9] Der Lohnsteuereinbehalt durch den Reeder gilt für den Kapitän und alle Besatzungsmitglieder (einschließlich des Servicepersonals), die ein Seefahrtsbuch besitzen und die in einem zusammenhängenden Dienstverhältnis von mehr als 183 Tagen beschäftigt sind.

6 Für 2024: BMF, Schreiben v. 6.9.2023, IV C 5 – S 2533/19/10026 :004, BStBl 2023 I S. 1649.
7 § 41a Abs. 1 Satz 1 Nr. 1 EStG.
8 Gesetz zur Verlängerung des erhöhten Lohnsteuereinbehalts in der Seeschifffahrt v. 12.5.2021, BGBl 2021 I S. 989; Bekanntmachung über die Anwendung des Gesetzes zur Verlängerung des erhöhten Lohnsteuereinbehalts in der Seeschifffahrt v. 29.6.2021, BGBl 2021 I S. 2247.
9 § 52 Abs. 40a Satz 3 EStG.

Die Handelsschiffe müssen in einem inländischen Seeschiffsregister eingetragen sein, die Flagge eines EU-/EWR-Mitgliedstaates führen und zur Beförderung von Personen oder Gütern im Verkehr mit oder zwischen ausländischen Häfen, innerhalb eines ausländischen Hafens oder zwischen einem ausländischen Hafen und der Hohen See betrieben werden.[1]

BAV-Förderbetrag

Leisten Arbeitgeber zusätzliche Beiträge zur ⇗ betrieblichen Altersvorsorge für Beschäftigte mit geringem Einkommen wird ihnen ein sog. ⇗ BAV-Förderbetrag gewährt.[2]

Arbeitgeber dürfen vom Gesamtbetrag der einzubehaltenden Lohnsteuer diese Förderbeträge entnehmen und gesondert absetzen. Der Kürzungsbetrag sowie die Anzahl der Arbeitnehmer für die der Förderbetrag beantragt wird, sind in der Lohnsteuer-Anmeldung unter den Kennziffern 45 und 90 einzutragen.

Abgabefrist und Anmeldezeitraum

Die Lohnsteuer-Anmeldung muss spätestens am 10. Tag nach Ablauf des Lohnsteuer-Anmeldezeitraums abgegeben werden. Dieser Zeitraum richtet sich nach der Höhe der für das Vorjahr abzuführenden Lohnsteuer. Anmeldezeitraum ist:

- der Kalendermonat, wenn die abzuführende Lohnsteuer für das vorangegangene Kalenderjahr mehr als 5.000 EUR betragen hat;
- das Kalendervierteljahr, wenn die abzuführende Lohnsteuer für das vorangegangene Kalenderjahr mehr als 1.080 EUR, aber höchstens 5.000 EUR betragen hat;
- das Kalenderjahr, wenn die abzuführende Lohnsteuer für das vorangegangene Kalenderjahr nicht mehr als 1.080 EUR betragen hat.[3]

Maßgebend für die Bestimmung des Anmeldezeitraums ist die Summe der einbehaltenen und übernommenen Lohnsteuer aller Mitarbeiter ohne Kürzung um den Lohnsteuereinbehalt durch den Reeder.

Abführung der Lohnsteuer

Der Arbeitgeber muss zu den gleichen Terminen, zu denen die Lohnsteuer anzumelden ist, die angemeldete Lohnsteuer in einem Betrag an das ⇗ Betriebsstättenfinanzamt abführen. Die Abführung der Lohnsteuer in mehreren Teilbeträgen ist ohne Genehmigung des Finanzamts nicht zulässig. Eine Stundung ist nicht zulässig, weil der Arbeitgeber eine treuhänderische Stellung einnimmt. Deshalb ist auch eine generelle Einräumung einer längeren Abführungsfrist, z. B. vierteljährlich statt monatlich, nicht möglich.

Säumniszuschlag bei verspäteter Zahlung

Bei verspäteter Abführung der Lohnsteuer wird für jeden angefangenen Monat der Säumnis ein ⇗ Säumniszuschlag von 1 % des rückständigen, auf 50 EUR nach unten abgerundeten Steuerbetrags erhoben.[4]

3-tägige Säumnisschonfrist

Von der Erhebung von Säumniszuschlägen wird abgesehen, wenn der durch Banküberweisung gezahlte Betrag der Finanzkasse bis zu 3 Tage verspätet gutgeschrieben wird.

Die 3-tägige Zahlungsschonfrist gilt nicht für Scheck- oder Barzahlungen. Scheck- oder Barzahlungen müssen spätestens zum Fälligkeitstag entrichtet werden. Die abzuführende Lohnsteuer wird jedoch erst mit der Anmeldung beim Finanzamt fällig, selbst wenn die Anmeldung verspätet erfolgt.

1 § 41a Abs. 4 EStG.
2 § 100 EStG.
3 § 41a Abs. 2 EStG.
4 § 240 AO.

Lohnsteuer-Außenprüfung

Das Finanzamt überwacht die ordnungsmäßige Einbehaltung und Abführung der Lohnsteuer durch regelmäßige Lohnsteuer-Außenprüfungen, sowohl bei privaten als auch bei öffentlich-rechtlichen Arbeitgebern. Die Außenprüfung ist gesetzlich festgelegt und folgt den besonderen Verfahrensregeln der Lohnsteuer-Außenprüfung. Dabei ist nicht nur zuungunsten, sondern auch zugunsten des Arbeitnehmers oder des Arbeitgebers zu prüfen. Die Lohnsteuer-Außenprüfung erstreckt sich hauptsächlich darauf, ob der Lohnsteuerabzug für sämtliche Personen durchgeführt worden ist, die als Arbeitnehmer anzusehen sind, der Geld- oder Sachlohn vollständig dem Lohnsteuerabzug unterworfen worden ist und die Voraussetzungen für Lohnsteuer-Pauschalierungen vorgelegen haben.

Gesetze, Vorschriften und Rechtsprechung

Lohnsteuer: § 42f EStG sowie R 42f LStR und H 42f LStH regeln Einzelheiten zu den Rechten und Pflichten der Beteiligten anlässlich einer Lohnsteuer-Außenprüfung. Ergänzend sind die Vorschriften der §§ 193–207 AO anzuwenden. § 42g EStG und das BMF-Schreiben v. 16.10.2014, IV C 5 – S 2386/09/10002 :001, BStBl 2014 I S. 1378, regeln die Durchführung einer Lohnsteuer-Nachschau durch das Betriebsstättenfinanzamt sowie die Rechte und Pflichten des Arbeitgebers in diesem besonderen Prüfungsverfahren.

Lohnsteuer

Schriftliche Prüfungsanordnung

Die Lohnsteuer-Außenprüfung muss schriftlich oder elektronisch angeordnet werden.[5] Hierzu übersendet das ⇗ Betriebsstättenfinanzamt dem Arbeitgeber eine Prüfungsanordnung.

Inhalt der Prüfungsanordnung

In der Prüfungsanordnung sind der Prüfungszeitraum (i. d. R. die letzten 3 Jahre) und der Umfang der Prüfung (die zu prüfenden Steuern) genannt. Außerdem sind dem Arbeitgeber zusammen mit der Prüfungsanordnung der voraussichtliche Prüfungsbeginn und die Namen der Prüfer eine angemessene Zeit vor Beginn der Prüfung bekannt zu geben, wenn der Prüfungszweck dadurch nicht gefährdet wird.[6] Welche Frist angemessen ist, hängt im Einzelfall davon ab, innerhalb welcher Zeit dem Arbeitgeber zuzumuten ist, sich auf die Prüfung einzustellen und die notwendigen Vorbereitungsmaßnahmen zu treffen. In der Regel ist eine Frist von 14 Tagen vorgesehen. Der Arbeitgeber kann auf die Einhaltung der Frist verzichten.

Vorabanforderung von Unterlagen – Mitteilung von Prüfungsschwerpunkten

Um eine effektivere und schnellere Prüfung zu gewährleisten, kann das Finanzamt seit 2023 bereits mit der Bekanntgabe der Prüfungsanordnung die Vorlage von aufzeichnungs- oder aufbewahrungspflichtigen Unterlagen anfordern.[7] Nach Vorlage der Unterlagen soll das Finanzamt dem Arbeitgeber beabsichtigte Prüfungsschwerpunkte der angekündigten Lohnsteuer-Außenprüfung mitteilen (Ermessensentscheidung), damit sich dieser auf die Prüfung vorbereiten kann. Die Angabe von Prüfungsschwerpunkten ist nicht mit einer sachlichen Einschränkung der Lohnsteuer-Außenprüfung verbunden. Auch wenn Prüfungsschwerpunkte mitgeteilt werden, ist der Prüfer nicht gehindert, andere Sachverhalte zum Gegenstand der Lohnsteuerprüfung zu machen.[8]

Prüfungsbeginn kann verschoben werden

Auf Antrag des Arbeitgebers wird der Prüfungsbeginn auf einen anderen Zeitpunkt verlegt, wenn dafür wichtige Gründe glaubhaft gemacht werden, z. B. Erkrankung des Arbeitgebers, seines für Auskünfte erforderlichen Steuerberaters oder maßgeblichen Mitarbeiters, beträchtliche

5 § 196 AO.
6 § 197 AO.
7 § 197 Abs. 3 AO.
8 § 197 Abs. 4 AO.

Betriebsstörungen durch Umbau oder höhere Gewalt. In der Praxis wird der Prüfungsbeginn formlos (z. B. telefonisch) zwischen dem Prüfer und dem Arbeitgeber abgestimmt.

Pflichten des Außenprüfers

Der Außenprüfer muss sich gegenüber dem Arbeitgeber oder dessen Beauftragten durch seinen Dienstausweis ausweisen; anderenfalls kann ihm der Arbeitgeber das Betreten des Betriebs verwehren. Der Prüfungsbeginn muss vom Außenprüfer unter Angabe von Datum und Uhrzeit aktenkundig gemacht werden.

Über die festgestellten Sachverhalte und die möglichen steuerlichen Auswirkungen muss der Außenprüfer den Arbeitgeber bereits während der Prüfung unterrichten, wenn dadurch Zweck und Ablauf der Prüfung nicht beeinträchtigt werden.[1] Die Unterrichtung soll den Arbeitgeber vor Überraschungen in der Schlussbesprechung schützen.

Mitwirkungspflicht des Arbeitgebers

Einsichtnahme und Auskunftserteilung

Der Arbeitgeber ist verpflichtet, dem Außenprüfer das Betreten der Geschäftsräume in den üblichen Geschäftsstunden zu gestatten und ihm die erforderlichen Hilfsmittel (Geräte, Beleuchtung) und einen angemessenen Raum oder Arbeitsplatz zur Erledigung seiner Aufgaben zur Verfügung zu stellen.[2]

Außerdem müssen der Arbeitgeber und seine Angestellten dem Prüfer Einsicht in die Geschäftsbücher und in die Unterlagen gewähren und jede zum Verständnis der Buchaufzeichnungen vom Außenprüfer verlangte Erläuterung geben. Dabei sind mündliche Erläuterungen in der Regel ausreichend.

Datenzugriff bei maschineller Lohnabrechnung

Bei der Ausübung des Rechts auf Datenzugriff stehen der Finanzbehörde grundsätzlich 3 gleichberechtigte Möglichkeiten zur Verfügung. Die Entscheidung, von welcher Möglichkeit des Datenzugriffs die Finanzbehörde Gebrauch macht, steht in ihrem pflichtgemäßen Ermessen; falls erforderlich, kann sie auch kumulativ mehrere Möglichkeiten in Anspruch nehmen.

Unmittelbarer Zugriff (Z1)

Die Finanzbehörde hat das Recht, selbst unmittelbar auf das Datenverarbeitungssystem in der Weise zuzugreifen, dass sie in Form des Nur-Lesezugriffs Einsicht in die aufzeichnungs- und aufbewahrungspflichtigen Daten nimmt. Dabei darf sie nur mithilfe dieser Hard- und Software auf die elektronisch gespeicherten Daten zugreifen. Dies schließt eine Fernabfrage (Online-Zugriff) der Finanzbehörde aus.

Mittelbarer Zugriff (Z2)

Die Finanzbehörde kann auch verlangen, dass die aufzeichnungs- und aufbewahrungspflichtigen Daten nach ihren Vorgaben maschinell ausgewertet werden, um anschließend einen Nur-Lesezugriff durchführen zu können.

Datenträgerüberlassung (Z3)

Die Finanzbehörde kann die Datenüberlassung auf einem maschinell lesbaren und auswertbaren Datenträger zur Auswertung verlangen. Die Finanzbehörde ist nicht berechtigt, selbst Daten aus dem Datenverarbeitungssystem herunterzuladen oder Kopien vorhandener Datensicherungen vorzunehmen. Die Datenträgerüberlassung umfasst die Mitnahme der Daten – im Regelfall nur in Abstimmung mit dem Steuerpflichtigen. Der zur Auswertung überlassene Datenträger ist spätestens nach Bestandskraft der aufgrund der Außenprüfung ergangenen Bescheide an den Steuerpflichtigen zurückzugeben und die Daten sind zu löschen.

Außenprüfer können seit 2023 verlangen, dass die Daten auch nach ihren Vorgaben in einem anderen maschinell auswertbaren Format an sie übertragen werden.[3]

1 § 199 Abs. 2 AO.
2 § 200 Abs. 2 AO.
3 § 147 Abs. 6 AO.

Als Folge der fortschreitenden Digitalisierung schafft der Gesetzgeber damit die rechtliche Grundlage, dass die aufzeichnungspflichtigen Daten nicht nur auf einem Datenträger, sondern auch auf anderen Wegen, wie z. B. durch eine von der Finanzverwaltung bereit gestellte Cloud, übertragen werden können. Durch die Erweiterung des Z3-Zugriffs wird der Datenaustausch zukünftig vermehrt über Online-Speicher und Cloud-Dienste erfolgen.

Digitale Lohnschnittstelle

Um die elektronische Lohnsteuer-Außenprüfung zu erleichtern, hat die Finanzverwaltung einen Standarddatensatz für die Einrichtung einer digitalen Lohnschnittstelle erarbeitet und beschrieben (Digitale LohnSchnittstelle – DLS). Die Anwendung des einheitlichen Datensatzes als Schnittstelle für die Lohnsteuer-Außenprüfung erleichtert den Datenexport, insbesondere der Lohnkonten, unabhängig davon, welches Entgeltabrechnungsprogramm der Arbeitgeber verwendet.

Hinweis

Verbindliche Anwendung der digitalen Lohnschnittstelle seit 2018

Seit dem 1.1.2018 ist für die aufzuzeichnenden Lohndaten ein einheitlicher Standarddatensatz als Schnittstelle zum elektronischen Lohnkonto gesetzlich vorgeschrieben. Die zuvor ausgesprochene bloße Empfehlung zur Anwendung der DLS ist damit überholt.[4]

Die jeweils aktuelle Version der DLS steht auf der Internetseite des Bundeszentralamts[5] zum Download bereit und ist von allen Softwareherstellern bei der Erstellung der jeweiligen Lohnabrechnungsprogramme zu beachten.[6]

Die Arbeitgeber müssen sämtliche aufzuzeichnenden lohnsteuerrelevanten Daten nach dieser einheitlichen digitalen Schnittstelle elektronisch zur Verfügung stellen. Zur Vermeidung von Härten können insbesondere von kleineren Arbeitgebern ohne maschinelles Lohnabrechnungsprogramm die lohnsteuerlichen Daten auch in einer anderen auswertbaren Form bereitgestellt werden.[7] Die DLS wird von den Softwareherstellern umgesetzt. Weitere Maßnahmen durch den Arbeitgeber sind im Regelfall nicht erforderlich.

Unberührt hiervon bleiben die weiterhin bestehenden digitalen Datenzugriffsmöglichkeiten auf prüfungsrelevante steuerliche Daten, insbesondere auf die elektronischen Daten der Finanzbuchhaltung.[8]

Im Übrigen liegt es im pflichtgemäßen Ermessen des Prüfers, in welchem Umfang er den Arbeitgeber zur Mitwirkung heranzieht; wie weit der Arbeitgeber dem zu folgen hat, hängt von den Umständen des Einzelfalles ab, wobei auf die Zumutbarkeit, Notwendigkeit und Verhältnismäßigkeit abzustellen ist.

Bereitstellung der Buchhaltung

Gegenstand der Prüfung sind die nach außersteuerlichen und steuerlichen Vorschriften aufzeichnungspflichtigen und die nach § 147 Abs. 1 AO aufbewahrungspflichtigen Unterlagen. Hierfür sind insbesondere die Daten

- der Finanzbuchhaltung,
- der Anlagenbuchhaltung,
- der Lohnbuchhaltung und
- aller Vor- und Nebensysteme, die aufzeichnungs- und aufbewahrungspflichtige Unterlagen enthalten,

für den Datenzugriff bereitzustellen. Die Art der Außenprüfung ist hierbei unerheblich, sodass z. B. die Daten der Finanzbuchhaltung auch Gegenstand der Lohnsteuer-Außenprüfung sein können.[9]

4 BMF, Schreiben v. 29.6.2011, IV C 5 – S 2386/07/0005, BStBl 2011 I S. 675.
5 www.bzst.bund.de.
6 BMF, Schreiben v. 26.5.2017, IV C 5 – S 2386/07/0005 :001, BStBl 2017 I S. 789.
7 § 4 Abs. 2a LStDV.
8 § 147 Abs. 6 Satz 2 AO.
9 BMF, Schreiben v. 28.11.2019, IV A 4 – S 0316/19/10003 :001, BStBl 2019 I S. 1269.

Mitwirkungspflicht der Arbeitnehmer

Die Arbeitnehmer des Arbeitgebers sind verpflichtet, dem Prüfer auf Verlangen Auskünfte über Art und Höhe ihrer Einnahmen zu geben und ggf. in ihrem Besitz befindliche Bescheinigungen und Belege über entrichtete Lohnsteuer vorzulegen.

Ergebnis der Außenprüfung

Schlussbesprechung

Haben sich Änderungen der Besteuerungsgrundlagen ergeben, muss eine Schlussbesprechung abgehalten werden. Der Arbeitgeber hat das Recht, auf die Schlussbesprechung zu verzichten.[1] Eine Schlussbesprechung kann mit Zustimmung des Steuerpflichtigen auch fernmündlich oder elektronisch[2] durchgeführt werden.

Bei der Schlussbesprechung muss das Ergebnis der Außenprüfung umfassend erörtert werden – insbesondere

- strittige Sachverhalte,
- rechtliche Beurteilung der Prüfungsfeststellungen sowie
- steuerliche Auswirkungen.

Prüfungsbericht

Führt die Prüfung zu keinen Änderungen der Besteuerungsgrundlagen, ist dies dem Arbeitgeber schriftlich oder elektronisch mitzuteilen; andernfalls sind die für die Besteuerung erheblichen Prüfungsfeststellungen und die Änderungen der Besteuerungsgrundlagen in einem schriftlichen Prüfungsbericht darzustellen. Für Lohnsteuer-Außenprüfungen kann der Prüfungsbericht seit 2023 auch elektronisch ergehen.[3]

Der Prüfungsbericht muss dem Arbeitgeber auf Antrag vor der Auswertung übersandt werden; ihm ist Gelegenheit zu geben, in angemessener Frist dazu Stellung zu nehmen.

Recht auf Anrufungsauskunft

Um das Haftungsrisiko im Lohnsteuerverfahren so gering wie möglich zu halten, empfiehlt es sich, bei Zweifelsfragen im Anschluss an eine Lohnsteuer-Außenprüfung beim Betriebsstättenfinanzamt eine ⬀ Anrufungsauskunft einzuholen. Wird dem Arbeitgeber vom Finanzamt eine falsche Auskunft erteilt, kann das Finanzamt später den Lohnsteuerabzug nicht beanstanden. Eine Haftung des Arbeitgebers scheidet aus.

Rechtswirkungen auf Antragsteller beschränkt

Die Rechtsprechung beschränkt die Rechtswirkungen der Anrufungsauskunft durch das Betriebsstättenfinanzamt auf denjenigen, der sie stellt, und auf das Lohnsteuer-Abzugsverfahren. Wer also gleichzeitig eine Steuernachforderung beim Arbeitnehmer vermeiden will, hat darauf zu achten, dass er die verbindliche Auskunft auch

- im Namen des Arbeitnehmers beim Betriebsstättenfinanzamt stellt und darüber hinaus
- bei dem für die Veranlagung zuständigen Wohnsitzfinanzamt.[4]

Lohnsteuer-Nachschau

Wie bei der Umsatzsteuer wurde auch für die Überprüfung der ordnungsgemäßen Einbehaltung und Abführung der Lohnsteuer die ⬀ Lohnsteuer-Nachschau eingeführt.[5] Sie bedarf keiner vorherigen Ankündigung und dient als eigenständiges Prüfungsverfahren zur Ergänzung der Lohnsteuer-Außenprüfung. Im Unterschied zur Lohnsteuer-Außenprüfung dient die Nachschau der unangekündigten Überwachung einzelner lohnsteuerlich relevanter Sachverhalte.

Die Lohnsteuer-Nachschau ist eine gesicherte Rechtsgrundlage für ein besonderes Prüfungsverfahren zur zeitnahen Aufklärung lohnsteuererheblicher Sachverhalte, insbesondere zur Aufdeckung von Fällen illegaler Beschäftigung sowie von Scheinarbeitsverhältnissen. Die allgemeinen Verfahrensvorschriften für Außenprüfungen finden keine Anwendung.[6]

Wenn die bei der Lohnsteuer-Nachschau getroffenen Feststellungen hierzu Anlass geben, kann ohne vorherige Prüfungsanordnung zu einer Lohnsteuer-Außenprüfung übergegangen werden. Auf einen Übergang zur Außenprüfung wird durch den Prüfer schriftlich hingewiesen.

Hinweis

Gemeinsame Prüfung mit der Finanzkontrolle Schwarzarbeit

Die Lohnsteuer-Nachschau bietet insbesondere die Möglichkeit der Beteiligung von Lohnsteuer-Außenprüfern an Einsätzen der Finanzkontrolle Schwarzarbeit (FKS), die organisatorisch dem Zoll angegliedert ist. Die FKS führt ihre Einsätze ohne schriftliche Vorankündigung durch. Da die Lohnsteuer-Außenprüfung 14 Tage vor ihrem Beginn schriftlich den Beteiligten mitzuteilen ist, war eine Beteiligung der Lohnsteuer-Außenprüfer an Prüfungen der FKS bislang regelmäßig ausgeschlossen.

Lohnsteuerbescheinigung

Die Lohnsteuerbescheinigung ist bei Beendigung des Dienstverhältnisses oder nach Ablauf des Kalenderjahres vom Arbeitgeber zu erteilen. Mit der Ausschreibung der Lohnsteuerbescheinigung schließt der Arbeitgeber den Lohnsteuerabzug ab. Die Daten aus der Lohnsteuerbescheinigung müssen elektronisch an das Finanzamt übermittelt werden; sie bilden die Grundlage für die Durchführung der Einkommensteuerveranlagung des Arbeitnehmers durch das Wohnsitzfinanzamt. Dem Arbeitnehmer ist ein entsprechender Ausdruck auszuhändigen oder elektronisch bereitzustellen.

Gesetze, Vorschriften und Rechtsprechung

Lohnsteuer: § 41b Abs. 1 EStG i. V. m. § 93c Abs. 1 Nr. 1 AO regelt, welche Daten in der elektronischen Lohnsteuerbescheinigung zu übermitteln sind. Einzelheiten zur Ausstellung der elektronischen Lohnsteuerbescheinigung und zur Besonderen Lohnsteuerbescheinigung (in Härtefällen) für Kalenderjahre ab 2020 enthält das BMF-Schreiben v. 9.9.2019, IV C 5 – S 2378/19/10002 :001, BStBl 2019 I S. 911, ergänzt durch das BMF-Schreiben v. 18.8.2021, IV C 5 – S 2533/19/10030 :003, BStBl 2021 I S. 1079, sowie durch das BMF-Schreiben v. 15.7.2022, IV C 5 – S 2533/19/10030 :003, BStBl 2022 I S. 1203, geändert durch das BMF-Schreiben v. 8.9.2022, IV C 5 – S 2533/19/10030 :004, BStBl 2022 I S. 1397, und geändert durch das BMF-Schreiben v. 8.9.2023, IV C 5 – S 2533/19/10030 :005, BStBl 2023 I S. 1653, zur Bekanntgabe des Musters für den Ausdruck der elektronischen Lohnsteuerbescheinigung für das Kalenderjahr 2024.

Lohnsteuer

Bescheinigung erstellen

Persönliche Angaben des Arbeitnehmers

Die Eintragungen im ⬀ Lohnkonto sind die Ausgangsbasis für die Ausschreibung der Lohnsteuerbescheinigung durch den Arbeitgeber. Neben den persönlichen Daten des Arbeitnehmers (Name, Anschrift und Geburtsdatum) sind die vom Arbeitgeber im Lohnsteuerabzugsverfahren berücksichtigten Besteuerungsmerkmale (ELStAM) mit Merker „gültig ab“ in die Lohnsteuerbescheinigung aufzunehmen:

1 § 201 Abs. 1 AO.
2 § 87a Abs. 1a AO.
3 § 202 Abs. 1 Satz 1 AO.
4 BFH, Urteil v. 9.10.1992, VI R 97/90, BStBl 1993 II S. 166.
5 § 42g EStG.
6 BMF, Schreiben v. 16.10.2014, IV C 5 – S 2386/09/10002 :001, BStBl 2014 II S. 1378.

- ↗ Steuerklasse des ↗ Arbeitnehmers, ggf. einschließlich eines Faktors
- Zahl der ↗ Kinderfreibeträge in den Steuerklassen I–IV,
- ggf. eingetragener Jahresfrei- oder Jahreshinzurechnungsbetrag und
- Kirchensteuermerkmal.

Für jede elektronische Lohnsteuerbescheinigung ist eine eindeutige ID (KmID) zu erstellen, um so eine eindeutige Zuordnung, z. B. für ein neues Korrektur- und Stornierungsverfahren, zu ermöglichen.

Lohnsteuerbescheinigungen sind sowohl für ↗ unbeschränkt als auch für ↗ beschränkt einkommensteuerpflichtige Arbeitnehmer zu erstellen. Dies gilt nicht für Arbeitnehmer, für die der Arbeitgeber die Lohnsteuer ausschließlich pauschal erhoben hat.[1]

Dauer des Arbeitsverhältnisses, Großbuchstaben

Des Weiteren sind folgende Eintragungen erforderlich:

- Nummer 1: Dauer des Dienstverhältnisses während des Kalenderjahres beim Arbeitgeber.
- Nummer 2: In dem Feld „Anzahl U" ist die Anzahl der Unterbrechungszeiträume zu bescheinigen, in denen an mindestens 5 aufeinanderfolgenden Arbeitstagen der Anspruch auf Arbeitslohn im Wesentlichen entfallen ist, z. B. wegen Krankheit. Dies gilt jedoch nicht für Zeiträume, für die der Arbeitnehmer steuerfreie Zahlungen erhalten hat, die dem Progressionsvorbehalt unterliegen (z. B. Mutterschaftsgeld, Kurzarbeiter- oder Schlechtwettergeld).
- Nummer 2: „S" ist bei den Steuerklassen I–V zu bescheinigen. Die Eintragung muss bei Arbeitnehmern erfolgen, die im Laufe des Kalenderjahres den Arbeitgeber gewechselt haben, und wenn die Lohnsteuer von einem ↗ sonstigen Bezug im ersten Dienstverhältnis berechnet wurde und dabei der Arbeitslohn aus dem vorherigen Dienstverhältnis geschätzt wurde.
- Nummer 2: „M" ist unabhängig von der Anzahl der Mahlzeiten zu bescheinigen, wenn dem Arbeitnehmer eine Mahlzeit bis 60 EUR entweder vom Arbeitgeber oder auf dessen Veranlassung von einem Dritten[2] im Rahmen einer beruflichen Auswärtstätigkeit oder anlässlich einer beruflich veranlassten ↗ doppelten Haushaltsführung zugewendet wurde. Nimmt der Arbeitnehmer an einer geschäftlich veranlassten Bewirtung teil, ist kein M zu bescheinigen.
- Nummer 2: „F" dokumentiert eine steuerfreie Sammelbeförderung des Arbeitnehmers für Fahrten zwischen Wohnung und erster Tätigkeitsstätte (insoweit kann ein Arbeitnehmer für diese Strecken mit steuerfreier Sammelbeförderung keinen Werbungskostenabzug geltend machen). Entsprechendes gilt bei einer steuerfreien Sammelbeförderung eines Arbeitnehmers bei Fahrten zwischen Wohnung und einem vom Arbeitgeber festgelegten Sammel- oder Treffpunkt bzw. einem weiträumigen Arbeitsgebiet.
- Nummer 2: „FR" gilt für französische Grenzgänger mit Wohnsitz in Frankreich und Arbeitsort in Deutschland, jeweils in der Grenzzone. Anzugeben ist bei den Arbeitgebern mit Sitz in Baden-Württemberg FR1, Rheinland-Pfalz FR2 und im Saarland FR3.

Arbeitslohn und andere Arbeitgeberleistungen

Die Lohnsteuerbescheinigung enthält im Übrigen folgende Angaben:

- In Nummer 3 ist der steuerpflichtige Bruttoarbeitslohn einschließlich des Werts der Sachbezüge zu bescheinigen. Soweit der Arbeitslohn netto gezahlt wird, ist der hochgerechnete Bruttoarbeitslohn auszuweisen. Steuerfreie Bezüge, wie Zuschläge für Sonntags-, Feiertags- oder Nachtarbeit oder die steuerfreien Beiträge des Arbeitgebers an einen Pensionsfonds, eine Pensionskasse oder für eine Direktversicherung[3], sowie Bezüge, für welche die Lohnsteuer pauschal erhoben wird, sind nicht in den steuerpflichtigen Bruttoarbeitslohn einzubeziehen. Hat der Arbeitnehmer ausschließlich pauschal versteuerten Arbeitslohn bezogen, muss keine Lohnsteuerbescheinigung erteilt werden.
- Nummern 4–7 sind die einbehaltenen Steuerabzugsbeträge vom Bruttoarbeitslohn (Lohnsteuer, Kirchensteuer, Solidaritätszuschlag), welche bei der Einkommensteuerveranlagung des Arbeitnehmers angerechnet werden.
- Nummern 8 und 9 sind im Bruttoarbeitslohn enthaltene ↗ Versorgungsbezüge und in den Nummern 29–32 die dazugehörigen Grundlagen für die Ermittlung der Freibeträge für Versorgungsbezüge.
- Nummern 10–14: Dabei handelt es sich um den ermäßigt besteuerten Arbeitslohn, der nach der Fünftelregelung besteuert wurde, z. B. Jubiläumszuwendungen, Entschädigungen und Arbeitslohn oder Versorgungsbezüge für mehrere Kalenderjahre. Gesondert zu bescheinigen sind die im ermäßigt besteuerten Arbeitslohn enthaltene Lohnsteuer, der Solidaritätszuschlag sowie die Kirchensteuer.[4]
- Nummer 15: Steuerfreie Leistungen, die in die Berechnung des Steuersatzes im Rahmen der Einkommensteuerveranlagung einfließen, wie ↗ Kurzarbeitergeld, ↗ Saison-Kurzarbeitergeld, Zuschuss zum ↗ Mutterschaftsgeld, ↗ Verdienstausfallentschädigungen nach dem Infektionsschutzgesetz, Aufstockungsbeträge nach dem Altersteilzeitgesetz, vergleichbare Zuschläge an Beamte, Richter bzw. Arbeitnehmer mit beamtenähnlichem Status sowie Zuschüsse während der Zeit von Beschäftigungsverboten wegen einer Entbindung bzw. während der Elternzeit an Arbeitnehmerinnen im öffentlichen Dienst. Jedoch ist gezahltes Krankengeld in Höhe des Kurzarbeitergeldes[5] in Nummer 15 nicht zu erfassen.
- Nummer 16a und b: Zu erfassen ist der steuerfreie Arbeitslohn bei ↗ Auslandstätigkeit nach den Vorschriften eines ↗ Doppelbesteuerungsabkommens (Nummer 16a) oder des Auslandstätigkeitserlasses (Nummer 16b).
- Unter Nummer 17 sind die auf die Entfernungspauschale anzurechnenden steuerfreien Bezüge (Zuschüsse und Sachbezüge) betragsmäßig zu bescheinigen:
  - für Zuschüsse des Arbeitgebers zu den Aufwendungen des Arbeitnehmers, die ihm zusätzlich zum Arbeitslohn gezahlt werden, für Fahrten mit öffentlichen Verkehrsmitteln im Linienverkehr sowie im öffentlichen Personennahverkehr;
  - für Sachbezüge, die der Arbeitnehmer aufgrund seines Dienstverhältnisses zusätzlich erhält, für die unentgeltliche oder verbilligte Nutzung öffentlicher Verkehrsmittel im Linienverkehr sowie für Fahrten im öffentlichen Personennahverkehr und auch für Sachbezüge, wie ↗ Jobtickets, welche steuerfrei bleiben.
- Nummer 18: Zu erfassen sind pauschal besteuerte Arbeitgeberleistungen mit 15 % für Bezüge (Sachbezüge und Zuschüsse), z. B. für die Überlassung eines betrieblichen Kraftfahrzeugs für Fahrten zwischen Wohnung und erster Tätigkeitsstätte, die auf die als Werbungskosten abzugsfähige Entfernungspauschale anzurechnen sind.
- Nummer 19: Zu erfassen sind die steuerpflichtigen Entschädigungen und Arbeitslohn für mehrere Kalenderjahre, die im Lohnsteuerabzugsverfahrennicht ermäßigt besteuert wurden; diese sind jedoch im Bruttoarbeitslohn zu erfassen.
- Nummern 20 und 21: Zu bescheinigen sind steuerfrei gezahlte Verpflegungszuschüsse bei beruflich veranlasster Auswärtstätigkeit sowie steuerfreie Vergütungen bei ↗ doppelter Haushaltsführung, wenn diese Leistungen grundsätzlich im Lohnkonto aufgezeichnet wurden.
- Nummern 22 und 23: Beiträge und Zuschüsse zur Alterssicherung, der Arbeitgeberanteil und der entsprechende Arbeitnehmeranteil zur gesetzlichen Rentenversicherung und an berufsständischen Versorgungseinrichtungen, sind jeweils getrennt unter a und b aufzuführen.

1 §§ 40–40b EStG.
2 Nach § 8 Abs. 2 Satz 8 EStG mit dem amtlichen Sachbezugswert zu bewertende Mahlzeit.
3 § 3 Nrn. 56, 63 sowie § 100 Abs. 6 EStG.
4 Ursprünglich war eine Abschaffung der Fünftelregelung im Lohnsteuerabzugsverfahren ab 2024 geplant. Da das Gesetzgebungsverfahren noch nicht abgeschlossen ist, kommt es vorerst zu keiner Änderung.
5 § 47b Abs. 4 SGB V.

- Nummern 24–26: Zu bescheinigen sind steuerfreie Zuschüsse zur gesetzlichen Kranken- und sozialen Pflegeversicherung. Eine Eintragung in den Nummern 25 und 26 erfolgt i. H. d. gesamten Beitrags bei freiwillig in der gesetzlichen Krankenversicherung versicherten Arbeitnehmern, wenn der Arbeitgeber die Beiträge an die Krankenkasse abführt (sog. Firmenzahler). Arbeitgeberzuschüsse sind nicht von den Arbeitnehmerbeiträgen abzuziehen, sondern gesondert in Nummer 24 zu bescheinigen.
- Nummer 27: Hier sind die Arbeitnehmerbeiträge zur Arbeitslosenversicherung einzutragen.

Achtung

Sozialversicherungsbeiträge für Unternehmensbeteiligung

Die auf einen nicht besteuerten Vorteil nach § 19a EStG entfallenden Sozialversicherungsbeiträge, sind in den Nummern 22–27 zu bescheinigen, da diese als Sonderausgaben abziehbar sind.

- Nummer 33: Das ⇗ Kindergeld bei Arbeitgebern des öffentlichen Dienstes, die als Familienkassen den Mitarbeitern Kindergeld auszahlen. Dies gilt jedoch nur bis einschließlich 2023. Die Angabe des vom Arbeitgeber ausgezahlten Kindergelds ist ab dem Jahr 2024 nicht mehr zulässig.

Angaben zum Arbeitgeber

Im Übrigen sind folgende Eintragungen des Arbeitgebers erforderlich:

- Anschrift des Arbeitgebers,
- Steuernummer der lohnsteuerlichen Betriebsstätte des Arbeitgebers bzw. des Dritten, wenn dieser für den Arbeitgeber die lohnsteuerlichen Arbeitgeberpflichten übernommen hat,
- Name und die 4-stellige Nummer des Finanzamts, an das die Lohnsteuer abgeführt wurde.

Richten sich tarifvertragliche Ansprüche des Arbeitnehmers auf Arbeitslohn aufgrund eines Dienstverhältnisses oder eines früheren Dienstverhältnisses gegenüber einen (inländischen) Dritten und werden diese durch die Zahlung von Geld erfüllt, so ist der (inländische) Dritte zum Lohnsteuerabzug[1] verpflichtet und hat der zuständigen Finanzbehörde für jeden Arbeitnehmer eine elektronische Lohnsteuerbescheinigung zu übermitteln.[2]

Bescheinigung übermitteln

Abgabeverpflichtung und Abgabefrist

Die Lohnsteuerbescheinigung ist grundsätzlich bis zum letzten Tag des Februars des Folgejahres (28.2. bzw. 29.2.) vom Arbeitgeber an die Finanzverwaltung elektronisch zu übermitteln. Die Lohnsteuerbescheinigung 2023 muss spätestens bis zum 29.2.2024 übermittelt werden. Die Lohnsteuerbescheinigung 2024 ist spätestens bis zum 28.2.2025 zu übermitteln.

Die elektronische Datenübermittlung ist regelmäßig Bestandteil der vom Arbeitgeber verwendeten Lohnbuchhaltungssoftware. Die Finanzverwaltung stellt alternativ mit „Elster-Formular" ein kostenloses Programm zur Datenübermittlung bereit. Ganz ohne Programm geht es über das Elster-Portal (zuvor: ElsterOnline-Portal).[3] Eine Authentifizierung über das Elster-Portal ist zwingend vorzunehmen.

Die Abgabeverpflichtung gilt als erfüllt, wenn die Datenlieferung von der Übermittlungsstelle fehlerfrei angenommen wurde. Dies ist durch den Abruf eines Verarbeitungsprotokolls feststellbar.

Datenübermittlung nur authentifiziert möglich

Die Datenübermittlung darf nur authentifiziert erfolgen. Eine einmalige Registrierung im Elster-Portal[4] ist ausreichend.

1 § 38 Abs. 3a Satz 1 EStG.
2 § 41b Abs. 1 Satz 2 EStG.
3 www.elster.de.
4 https://www.elster.de/eportal/registrierung.

Achtung

Zwingende Verwendung der steuerlichen Identifikationsnummer

Ab dem Jahr 2023 ist ausschließlich die steuerliche Identifikationsnummer (IdNr) als Ordnungsmerkmal anzugeben bzw. zu verwenden. Bei dem Ordnungsmerkmal handelt es sich um eine 11-stellige IdNr des Arbeitnehmers.

Verfügte der Arbeitnehmer in der Vergangenheit über keine IdNr bzw. hat der Arbeitnehmer die IdNr dem Arbeitgeber nicht mitgeteilt, konnte die Übermittlung bis Ende des Jahres 2022 auch unter der eTIN (elektronische Transfer-Identifikations-Nummer) des Arbeitnehmers erfolgen.

Hat der Arbeitnehmer trotz Aufforderung des Arbeitgebers seine Identifikationsnummer nicht mitgeteilt, kann der Arbeitgeber diese beim Finanzamt anfordern, um die Lohnsteuerbescheinigung übermitteln zu können. Unter der Voraussetzung, dass der Arbeitgeber für das Jahr 2022 eine Lohnsteuerbescheinigung übermittelt und das Dienstverhältnis auch noch nach Ablauf des Jahres 2022 fortbestanden hat, teilt das Finanzamt die Identifikationsnummer dem Arbeitgeber mit.[5]

Mit der Übermittlung der Lohnsteuerbescheinigung ist der Lohnsteuerabzug abgeschlossen. Dies hat zur Folge, dass der Arbeitgeber grundsätzlich keine Änderungen mehr vornehmen darf.

Korrektur einer übermittelten Lohnsteuerbescheinigung

Korrektur bei fehlerhaftem Lohnsteuerabzug

Die Korrektur eines fehlerhaften Lohnsteuerabzugs darf nach Übermittlung der Lohnsteuerbescheinigung grundsätzlich nicht mehr erfolgen. Dies gilt auch dann, wenn der Arbeitgeber zu wenig Lohnsteuer einbehalten hat. Allerdings muss der Arbeitgeber in diesen Fällen zur Vermeidung der ⇗ Haftung eine entsprechende Anzeige an das ⇗ Betriebsstättenfinanzamt richten, damit die Nachforderung des unterbliebenen Steuerabzugs beim Arbeitnehmer durch Einkommensteuerveranlagung oder durch Nachforderungsbescheid veranlasst werden kann. Eine Erstattung zu hoher Steuerabzugsbeträge an den Arbeitnehmer ist nur durch Abgabe einer Einkommensteuererklärung möglich.

Beispiel

Nachträgliche Änderung eines falschen Lohnsteuerabzugs

Im steuerpflichtigen Bruttoarbeitslohn in Nummer 3 der Lohnsteuerbescheinigung sind Beiträge an eine Direktversicherung i. H. v. 1.500 EUR enthalten, die der Arbeitgeber der Lohnbesteuerung unterworfen hat; die einbehaltenen Steuerabzugsbeträge betragen 400 EUR. Die Versicherungsbeiträge sind jedoch in vollem Umfang steuerfrei.[6] Der Arbeitgeber erkennt den Fehler erst nach Übermittlung der Lohnsteuerbescheinigung und reicht beim Finanzamt eine berichtigte Lohnsteuer-Anmeldung ein.

Ergebnis: Eine Berichtigung der Lohnsteuer-Anmeldung ist nicht zulässig. Die Korrektur kann ausschließlich im Rahmen der Einkommensteuerveranlagung erfolgen. In diesem Fall bescheinigt der Arbeitgeber dem Arbeitnehmer formlos, dass der mit der Lohnsteuerbescheinigung übermittelte steuerpflichtige Bruttoarbeitslohn um 1.500 EUR überhöht ist. Im Rahmen der Einkommensteuerveranlagung kürzt das Finanzamt den Bruttoarbeitslohn um diesen Betrag, wodurch es zu einer Erstattung der vom Arbeitgeber zu Unrecht einbehaltenen Steuerbeträge kommt.

Korrekturpflicht seit 2017

Seit 2017 besteht eine gesetzliche Verpflichtung zur Korrektur von fehlerhaft übermittelten Daten.[7] Diese Korrekturnorm gilt nur für die bislang bereits geregelten Korrektur- bzw. Stornierungsgründe. Es ergibt sich keine weitergehende Korrekturmöglichkeit. Dies verhindert die unverändert gebliebene Vorschrift des § 41c Abs. 3 EStG, nach welcher der Lohnsteuerabzug nicht mehr geändert werden darf. Somit ist der Arbeit-

5 § 39 Abs. 3 EStG.
6 § 3 Nr. 63 EStG.
7 § 93c AO.

geber dann zu einer Korrektur verpflichtet, wenn der Lohnsteuerabzug unverändert bleibt. Es erfolgt also nur eine Korrektur, wenn es sich um eine bloße Berichtigung eines zunächst unrichtig übermittelten Datensatzes handelt.

Beispiel

Falsche Eintragung des Zuschusses zum Mutterschaftsgeld

Der vom Arbeitgeber gezahlte Zuschuss zum Mutterschaftsgeld wurde unrichtig in Nummer 15 bescheinigt.

Ergebnis: Da dies keine Auswirkung auf den Lohnsteuerabzug hat, ist die Lohnsteuerbescheinigung zu korrigieren.

Beispiel

Fehler in der Eintragung von steuerfreiem Zuschuss

Der Arbeitgeber hat, z. B. aufgrund eines Wechsels des Lohnabrechnungsprogramms, den steuerfreien Zuschuss zur Krankenversicherung in Nummer 24 zu niedrig bescheinigt. Nach Übermittlung der Lohnsteuerbescheinigung fällt dieser Fehler auf. Kann der Fehler korrigiert werden?

Ergebnis: Da die Bescheinigung des zutreffenden steuerfreien Zuschusses keine Auswirkungen auf den Lohnsteuerabzug oder den gezahlten Bruttoarbeitslohn hat, ist eine Korrektur der Lohnsteuerbescheinigung zwingend vorzunehmen.[1]

Korrektur bei Übernahmefehlern

Die Übermittlung einer korrigierten Lohnsteuerbescheinigung ist zulässig, wenn die Daten aus dem ⇗ Lohnkonto nicht zutreffend in die Lohnsteuerbescheinigung übernommen wurden, also z. B. der steuerpflichtige Bruttoarbeitslohn mit 15.000 EUR übermittelt wurde, laut Lohnkonto dem Arbeitnehmer tatsächlich jedoch ein Bruttoarbeitslohn von 51.000 EUR zugeflossen ist. Die Korrekturlieferung muss immer unter dem gleichen Ordnungsmerkmal (IdNr) wie die ursprünglich übersandte Lohnsteuerbescheinigung erfolgen und mit dem Merker „Korrektur" versehen sein. In einigen Fällen besteht neben der Korrektur- auch eine Stornierungsmöglichkeit, z. B. bei fehlerhaften persönlichen Daten des Arbeitnehmers oder falschem Jahr.

Arbeitnehmer informieren

Dem Arbeitnehmer ist ein Ausdruck der elektronischen Lohnsteuerbescheinigung auszuhändigen oder die übermittelten Daten sind ihm elektronisch zum Abruf bereitzustellen. Der Arbeitnehmer braucht den Ausdruck nicht seiner Einkommensteuererklärung beizufügen. Er dient lediglich zur Information. Das amtliche Muster für den Ausdruck der Lohnsteuerbescheinigung gibt die Finanzverwaltung jährlich durch BMF-Schreiben bekannt.[2]

Besondere Lohnsteuerbescheinigung

Die Ausschreibung einer „Besonderen Lohnsteuerbescheinigung" auf Papier ist nur in wenigen Ausnahmefällen zulässig. Dieses Muster ist nur zu verwenden, wenn ein sog. Härtefall vorliegt, also bei Ausnahmen von der elektronischen Übermittlungspflicht. Betroffen sind insbesondere Arbeitgeber ohne maschinelle Lohnabrechnung, die ausschließlich Arbeitnehmer im Rahmen einer geringfügigen Beschäftigung[3] in Privathaushalten beschäftigen.

Seit dem Kalenderjahr 2020 ist der Arbeitgeber verpflichtet, die Besondere Lohnsteuerbescheinigung an das Betriebsstättenfinanzamt bis zum letzten Tag des Monats Februar des auf den Abschluss des Lohnkontos folgenden Kalenderjahres zu übersenden. Der Arbeitnehmer erhält eine Zweitausfertigung dieser Lohnsteuerbescheinigung.

1 § 93c AO.
2 BMF, Schreiben v. 18.8.2021, IV C 5 – S 2533/19/10030 :003, BStBl 2021 I S. 1079, geändert durch BMF, Schreiben v. 8.9.2022, IV C 5 – S 2533/19/10030 :004, BStBl 2022 I S. 1397, für das Kalenderjahr 2023, und durch BMF, Schreiben v. 8.9.2023, IV C 5 – S 2533/19/10030 :005, BStBl 2023 I S. 1653, für das Kalenderjahr 2024. Bei der Ausstellung des Ausdrucks der elektronischen Lohnsteuerbescheinigung sind die Vorgaben im BMF-Schreiben v. 9.9.2019, IV C 5 – S 2378/19/10002 :001, BStBl 2019 I S. 911 zu beachten.
3 § 8a SGB IV.

Lohnsteuer-Ermäßigungsverfahren

Zur Vermeidung eines zu hohen Lohnsteuereinbehalts, können Arbeitnehmer beim Finanzamt einen Freibetrag für zu erwartende, erhöhte Aufwendungen beantragen. Dieser Lohnsteuerfreibetrag wird als Lohnsteuerabzugsmerkmal an die ELStAM-Datenbank übermittelt. Der Arbeitgeber muss die Lohnsteuer nach Maßgabe der eingetragenen ELStAM ermitteln – inklusive der eingetragenen Freibeträge.

Für bestimmte Aufwendungen gilt eine 600-EUR-Antragsgrenze, z. B. für Werbungskosten aus nichtselbstständiger Arbeit, Sonderausgaben oder Krankheitskosten (außergewöhnliche Belastungen). Andere Aufwendungen bzw. Freibeträge sind unbeschränkt eintragungsfähig; z. B. der Behinderten- und Hinterbliebenenpauschbetrag oder der Erhöhungsbetrag, den Alleinerziehende für das zweite und jedes weitere Kind erhalten können.

Gesetze, Vorschriften und Rechtsprechung

Lohnsteuer: Die Anforderungen zur Berücksichtigung eines Frei- oder Hinzurechnungsbetrags beim Lohnsteuerabzug regelt § 39a EStG, sowohl für unbeschränkt als auch für beschränkt lohnsteuerpflichtige Arbeitnehmer. Verwaltungsanweisungen für das Verfahren zur Berücksichtigung eines Frei- oder Hinzurechnungsbetrags enthält R 39a LStR. Das BMF hat aufgrund der zum flächendeckenden Einsatz des elektronischen Abrufverfahrens bestehenden Besonderheiten ein umfangreiches Schreiben herausgegeben, siehe BMF-Schreiben v. 8.11.2018, IV C 5 – S 2363/13/10003-02, BStBl 2018 I S. 1137, ergänzt durch BMF-Schreiben v. 7.11.2019, IV C 5 – S 2363/19/10007 :001 für die Einbeziehung von beschränkt steuerpflichtigen Arbeitnehmern in das ELStAM-Verfahren. Praktische Anwendungshinweise zum Entlastungsbetrag für Alleinerziehende hat die Finanzverwaltung mit BMF-Schreiben v. 23.11.2022, IV C 8 – S 2265-a/22/10001 :001, BStBl 2022 I S. 1634 veröffentlicht. Die Anwendung der 2-jährigen Gültigkeitsdauer von Freibeträgen ergibt sich aus dem BMF-Schreiben v. 21.5.2015, IV C 5 – S 2365/15/10001, BStBl 2015 I S. 488; die 2-jährige Gültigkeit des Faktorverfahrens aus § 52 Abs. 37a EStG.

Lohnsteuer

ELStAM-Verfahren

Bei der Lohnsteuerberechnung darf der Arbeitgeber nur die vom Bundeszentralamt für Steuern (BZfSt) mitgeteilten ELStAM-Daten anwenden. Im elektronischen Lohnsteuerverfahren meldet der Arbeitgeber seinen neuen Mitarbeiter mit den erforderlichen Angaben bei der ELStAM-Datenbank an, die ihm die Steuerabzugsmerkmale des Mitarbeiters zum elektronischen Abruf zur Verfügung stellt.

Die früheren Regelungen hinsichtlich der materiellen Voraussetzungen für die Berücksichtigung von Freibeträgen beim Lohnsteuerabzug sind unverändert. Der Wegfall der Papierlohnsteuerkarte hat jedoch zwangsläufig Änderungen im formellen Antragsverfahren bewirkt.

Hinweis

ELStAM-Verfahren für beschränkt Steuerpflichtige

Seit 2020 ist der elektronische Abruf der ELStAM-Daten für beschränkt Steuerpflichtige möglich.[4] Die hierfür erforderliche Vergabe der persönlichen Identifikationsnummer (IdNr) erfolgt auf Antrag durch das Betriebsstättenfinanzamt. Der Abruf der ELStAM ist bis auf Weiteres aber nur für solche Arbeitnehmer ohne Wohnsitz oder gewöhnlichen Aufenthalt im Inland möglich, bei denen keine Lohnsteuerfreibeträge zu berücksichtigen sind. Ebenfalls aus technischen Gründen vom ELStAM-Verfahren ausgeschlossen bleiben ausländische Arbeitnehmer, die als sog. ⇗ Grenzpendler auf Antrag unbeschränkt steuerpflichtig sind.[5]

4 BMF, Schreiben v. 7.11.2019, IV C 5 S 2363/19/10007 :001, BStBl 2019 I S. 1087.
5 § 1 Abs. 3 EStG.

Gültigkeitsdauer der ELStAM

Die ELStAM der Steuerklassen und Kinderfreibeträge gelten so lange, bis sich die tatsächlichen Verhältnisse ändern. Nur für das Faktorverfahren bzw. für die Lohnsteuerfreibeträge gilt das Kalenderjahrprinzip, d. h. die auf den Veranlagungszeitraum bezogene Gültigkeit liegt bei einem Zeitraum von 2 Jahren.

Änderungen der ELStAM

Änderungsanträge durch den Arbeitnehmer sind nur erforderlich, soweit diese nicht auf die Änderung von Personenstandsdaten zurückzuführen sind. Die Steuerklasse und Zahl der Kinderfreibeträge werden vom Bundeszentralamt für Steuern automatisch geändert, wenn diese durch Mitteilungen wie Heirat oder Geburt durch die Meldebehörde ausgelöst werden.

Eine Antragstellung ist nur noch erforderlich, wenn die Änderung nicht auf melderechtliche Daten zurückzuführen ist, die im ELStAM-Verfahren zu einer automatischen Korrektur der Steuerklasse bzw. Kinderfreibetragszahl führen. Für das Lohnsteuerverfahren 2024 bedeutet dies, dass zum 1.1.20243 diejenigen ELStAM-Daten weitergelten, die antragsunabhängig Dauergültigkeit haben. Für die antragsgebundenen Lohnsteuerabzugsmerkmale „Faktorverfahren“ und „Lohnsteuerfreibetrag“ gilt dasselbe, wenn diese wegen ihrer 2-jährigen Gültigkeitsdauer für 2024 weiterhin wirksam sind. Alle anderen antragsgebundenen Lohnsteuerabzugsmerkmale werden dagegen nur dann weiter berücksichtigt, wenn der Arbeitnehmer für das Kalenderjahr 20243 einen entsprechenden (neuen) Lohnsteuer-Ermäßigungsantrag stellt. Für die Kinderfreibetragszähler bzw. Steuerklasse II bei volljährigen Kindern sowie für die Lohnsteuerfreibeträge gilt dies immer dann, wenn diese nicht in der ELStAM-Datenbank mit Gültigkeitsdauer für 2024 bescheinigt sind.

Wichtig

Freibeträge können für 2 Jahre beantragt werden

Arbeitnehmer haben die Möglichkeit, eine 2-jährige Gültigkeitsdauer für die Bescheinigung der Lohnsteuerfreibeträge geltend zu machen. Eine Ausnahme gilt für Behinderten- und Hinterbliebenen-Pauschbeträge, für die in der ELStAM-Datenbank eine mehrjährige Gültigkeitsdauer bescheinigt werden kann. Arbeitnehmer haben die Wahl, Freibeträge mit 1- oder 2-jähriger Gültigkeitsdauer zu beantragen. In den amtlichen Hauptvordruck des Antrags auf Lohnsteuer-Ermäßigung wurde hierzu ein Ankreuzfeld aufgenommen. Eine erneute Antragstellung ist für den Lohnsteuerabzug 2024 nicht erforderlich, wenn Freibeträge für das Lohnsteuerverfahren 2023 in der ELStAM-Datenbank bis zum 31.12.2024 bescheinigt worden sind. Freibeträge sind im Lohnsteuer-Ermäßigungsverfahren 2024 nur dann zu beantragen, wenn sie erstmals bei der Lohnabrechnung ab 1.1.2024 zum Abzug kommen sollen oder wenn sie nur bis zum 31.12.2023 gültig sind.

Steuerklassenwahl: Faktor gilt für 2 Jahre

Die Gültigkeitsdauer des vom Wohnsitzfinanzamt berechneten Faktors für einen Zeitraum von 2 Kalenderjahren gilt auch für die Steuerklassenkombination IV/IV „Faktorverfahren“ bei Arbeitnehmer-Ehegatten.[1] Der Faktor gilt bis zum Ablauf des Kalenderjahres, das auf das Antragsjahr folgt. Eine Antragstellung für das Lohnsteuerabzugsverfahren 2024 ist nur erforderlich, wenn der Faktor in der ELStAM-Datenbank nicht mit Gültigkeit bis zum 31.12.2024 bescheinigt ist oder eine erneute Antragstellung erforderlich wird, weil sich die für die Ermittlung des Faktors maßgebenden Jahresarbeitslöhne gegenüber dem Vorjahr 2023 geändert haben. Im Unterschied zu den Lohnsteuerfreibeträgen ist die 2-jährige Gültigkeit des Faktorverfahrens vom Gesetzgeber verbindlich vorgeschrieben. Der Arbeitnehmer hat kein Wahlrecht, die Geltungsdauer auf ein Jahr zu begrenzen. Der Antrag ist nach amtlich vorgeschriebenem Vordruck „Antrag auf Steuerklassenwechsel bei Ehegatten/Lebenspartnern“ zu stellen. Werden für die Ermittlung des Faktors Lohnsteuerfreibeträge beantragt, ist für die Antragstellung das Formular „Antrag auf Lohnsteuer-Ermäßigung“ zu verwenden. Anders als bei der Gültigkeit des ELStAM-Freibetrags hat der Arbeitnehmer nicht die Wahl zwischen 1- und 2-jähriger Geltungsdauer. Die 2-jährige Gültigkeit ist beim Faktorverfahren zwingend. Der vom Finanzamt zum 1.1.2024 errechnete Faktor für Doppelverdiener-Ehegatten wird im ELStAM-Datenpool mit einer Gültigkeit bis zum 31.12.2025 bescheinigt.[2] Das Faktorverfahren ist nach Ablauf des Jahres an eine Pflichtveranlagung bei der Einkommensteuer geknüpft.[3]

Hinweis

Gesonderter Feststellungsbescheid

Die Bildung und die Änderung von Lohnsteuerabzugsmerkmalen ist eine gesonderte Feststellung von Besteuerungsmerkmalen, die unter dem Vorbehalt der Nachprüfung steht. Sie ist dem Arbeitnehmer bekannt zu geben. Eine Rechtsbehelfsbelehrung mit gesondertem schriftlichen Bescheid ist nur erforderlich, wenn dem Lohnsteuer-Ermäßigungsantrag des Arbeitnehmers nicht oder nur teilweise entsprochen wird. Im Übrigen erfolgt die Bekanntgabe beim Arbeitnehmer über die Lohnabrechnung, in der die Mitteilung der ELStAM gesetzlich vorgeschrieben ist.[4] Die Bekanntgabe gegenüber dem Arbeitgeber gilt mit dem elektronischen Abruf beim BZSt als erteilt.[5]

Eintragungsfähige Aufwendungen

Welche Aufwendungen bei der Ermittlung des Freibetrags eingetragen werden dürfen, ist im Gesetz geregelt.[6] Andere Ermäßigungsgründe sind nicht zulässig, sondern können erst nach Ablauf des Kalenderjahres durch Abgabe einer Einkommensteuererklärung geltend gemacht werden.

Steuerlich abziehbare Aufwendungen werden auf Antrag des Arbeitnehmers vom Finanzamt ermittelt und an den ELStAM-Datenpool beim Bundeszentralamt für Steuern mitgeteilt. Das Bundeszentralamt für Steuern stellt die festgestellten Freibeträge als Lohnsteuerabzugsmerkmal dem Arbeitgeber zum elektronischen Abruf bereit. Der Arbeitgeber muss die elektronisch mitgeteilten Freibeträge vom Arbeitslohn abziehen, bevor er aus der Lohnsteuertabelle die Lohnsteuer ermittelt. Durch die zu berücksichtigenden Freibeträge ermäßigt sich die im Laufe des Jahres einzubehaltende Lohnsteuer.

Werbungskosten aus Arbeitnehmertätigkeit

Werbungskosten bei den Einkünften aus nichtselbstständiger Arbeit können als Freibetrag eingetragen werden, soweit sie den Arbeitnehmer-Pauschbetrag von 1.230 EUR übersteigen.[7] In Betracht kommen z. B.

- Aufwendungen für ↗ Fahrten zwischen Wohnung und Tätigkeitsstätte,
- ↗ Reisekosten und
- ↗ Mehraufwendungen bei doppeltem Haushalt,

falls der Arbeitgeber diese Aufwendungen nicht steuerfrei ersetzt oder die Lohnsteuer hierfür pauschal mit 15 % übernimmt. Keine Anrechnung auf den Werbungskostenabzug erfolgt bei der Pauschalbesteuerung mit dem Pauschsteuersatz von 25 %, die für den Arbeitgeberersatz bei der Benutzung öffentlicher Verkehrsmittel alternativ möglich ist.[8]

Tagespauschale für Arbeit im Homeoffice

Für die Fälle, in denen das häusliche Arbeitszimmer nicht den Mittelpunkt der beruflichen Tätigkeit darstellt, kann die Tagespauschale von 6 EUR seit 2023 für max. 210 Arbeitstage gewährt werden. Die Tagespauschale (sog. Homeoffice-Pauschale) beträgt seit dem Veranlagungszeitraum 2023 max. 1.260 EUR.[9]

Absetzen eines Arbeitszimmers

Arbeitnehmer, bei denen die Voraussetzungen eines häuslichen ↗ Arbeitszimmers erfüllt sind und bei denen das häusliche Arbeitszimmer der Mittelpunkt der gesamten beruflichen Tätigkeit bildet, können die

1 § 39f Abs. 1 Satz 9 EStG; § 52 Abs. 37a EStG.

2 § 39f Abs. 3 EStG.
3 § 46 Abs. 2 Nr. 3a EStG.
4 § 39e Abs. 5 EStG.
5 § 39e Abs. 6 EStG.
6 § 39a Abs. 1 EStG.
7 § 9a Satz 1 Nr. 1 EStG.
8 § 40 Abs. 2 Satz 2 Nr. 2 EStG.
9 § 4 Abs. 5 Satz 1 Nr. 6c EStG i. V. m. § 9 Abs. 5 EStG.

Kosten für das Arbeitszimmer beschränkt auf 1.260 EUR als Werbungskosten abziehen. Durch die Einführung der Jahrespauschale von 1.260 EUR entfällt der Kostennachweis für das häusliche Arbeitszimmer.[1]

Alternativ ist der volle Kostenabzug ohne betragsmäßige Begrenzung weiterhin zulässig, wenn das häusliche Arbeitszimmer den Mittelpunkt der gesamten beruflichen Tätigkeit darstellt und die hierfür angefallenen Aufwendungen nachgewiesen werden. Die Nachweisführung obliegt dem Arbeitnehmer.

Hinweis

Getrennte Freibetragsermittlung bei Ehegatten

Bei Ehe-/Lebenspartnern, die beide Arbeitnehmer sind, werden die Werbungskosten für jeden Ehe-/Lebenspartner gesondert ermittelt und jeweils der Arbeitnehmer-Pauschbetrag abgezogen.[2] Die übersteigenden Werbungskosten dürfen auch nur bei demjenigen Ehe-/Lebenspartnern berücksichtigt werden, bei dem sie voraussichtlich entstehen.[3]

Sonderausgaben ohne Vorsorgeaufwendungen

Für ↗ Sonderausgaben[4] – ohne Vorsorgeaufwendungen – kann ein Freibetrag eingetragen werden, soweit sie den Pauschbetrag von 36 EUR (bzw. 72 EUR bei Zusammenveranlagung) übersteigen. Ein Freibetrag für erhöhte Sonderausgaben kommt insbesondere in Betracht bei

- Mitgliedsbeiträgen und ↗ Spenden an politische Parteien, wenn eine Steuerermäßigung in Betracht kommt[5], nicht hingegen bei Mitgliedsbeiträgen und Spenden an unabhängige Wählervereinigungen.[6] Für Spenden und Mitgliedsbeiträge gilt eine einheitliche Höchstgrenze von 20 % des Gesamtbetrags der Einkünfte für alle förderungswürdigen Zwecke.
- Schulgeldzahlungen für den Besuch einer privaten Bildungseinrichtung i. H. v. 30 % des Schulgelds, maximal ein Freibetrag von 5.000 EUR pro Kind.[7]
- Kinderbetreuungskosten können bis zur Höhe von 2/3 der Aufwendungen berücksichtigt werden, maximal jedoch ein Freibetrag von 4.000 EUR pro Kind. Für Kinder mit Wohnsitz im Ausland muss der Freibetrag nach Maßgabe der Ländergruppeneinteilung[8] auf 1/4, 2/4 bzw. 3/4 gekürzt werden.

Wichtig

Abzug von Vorsorgeaufwendungen unzulässig

Vorsorgeaufwendungen können im Lohnsteuer-Ermäßigungsverfahren nicht abgezogen werden. Ebenso wenig die gesetzlichen oder freiwilligen Beiträge zur Pflegeversicherung. Diese Aufwendungen werden durch die Vorsorgepauschale beim Lohnsteuerabzug berücksichtigt.

Entlastungsbetrag für verwitwete Alleinerziehende

Der ↗ Entlastungsbetrag für Alleinerziehende von 4.260 EUR[9] kann als Freibetrag eingetragen werden, wenn den Steuerpflichtigen die Steuerklasse II wegen der zu Recht bescheinigten Steuerklasse III nicht gewährt werden kann. In Betracht kommen verwitwete Arbeitnehmer (Ehegatten oder Lebenspartner), denen im Jahr des Todes und im Folgejahr der Splittingtarif zusteht.[10]

1 § 4 Abs. 5 Satz 1 Nr. 6b Satz 2 Halbsatz 2 EStG.
2 R 39a.3 Abs. 1 LStR.
3 R 39a.3 Abs. 5 Satz 2 LStR.
4 § 10 Abs. 1 Nrn. 1, 1a, 1b, 4, 5, 7, 9, Abs. 1a und § 10b EStG.
5 § 34g Nr. 1 EStG.
6 § 34g Nr. 2 EStG.
7 § 10 Abs. 1 Nr. 9 EStG.
8 BMF, Schreiben v. 11.11.2020, IV C 8 – S 2285/19/10001 :002, BStBl 2020 I S. 1212.
9 § 24b Abs. 2 EStG.
10 § 39a Abs. 1 Nr. 8 EStG.

Entlastungsbetrag bei Alleinerziehenden

Alleinerziehende können für die Besteuerung nicht den Splittingtarif wählen und haben deshalb auch nicht die Möglichkeit des Lohnsteuerabzugs nach Steuerklasse III.[11] „Echten" Alleinerziehenden wird zum Ausgleich der erziehungsbedingten Mehraufwendungen ein Steuerentlastungsbetrag von 4.260 EUR[12] gewährt, wenn zu ihrem Haushalt mindestens ein Kind gehört, für das dem Arbeitnehmer der Kinderfreibetrag oder Kindergeld zusteht.[13, 14]

Zeitanteilige Berücksichtigung im Jahr der Heirat oder Trennung

Nach bisheriger Besteuerungspraxis scheitert im Jahr der Eheschließung bzw. Trennung bei dauernd getrennt lebenden Ehegatten bzw. Lebenspartnern eine zeitanteilige Berücksichtigung des Entlastungsbetrags für Alleinerziehende daran, dass die Anwendung des Splittingtarifs und damit Steuerklasse III für das gesamte Kalenderjahr Vorrang hat.[15] Der BFH hat sich dieser Rechtsauffassung nicht angeschlossen und verlangt bei Vorliegen der übrigen Voraussetzungen des § 24b EStG eine zeitanteilige Berücksichtigung des Steuerentlastungsbetrags.[16] Die Finanzverwaltung folgt dieser Rechtsauslegung.[17]

Während die Gewährung der Steuerklasse III und damit die zeitanteilige Kürzung des Steuerentlastungsbetrags durch den Wegfall der Steuerklasse II im Jahr der Eheschließung in der Lohnsteuerpraxis problemlos umgesetzt werden konnte, bereitet die technische Abwicklung im Trennungsjahr Schwierigkeiten, da die Steuerklasse II wegen der zu Recht ganzjährig bescheinigten Steuerklasse III (Jahresprinzip) nicht gewährt werden kann. Als Lösungsweg bietet die Finanzverwaltung im aktualisierten Anwendungsschreiben[18] die zeitanteilige Berücksichtigung des ↗ Entlastungsbetrags für Alleinerziehende von 4.260 EUR als Freibetrag im Lohnsteuerverfahren an, wie sie der Gesetzgeber bei verwitweten Arbeitnehmern (Ehegatten oder Lebenspartner) bereits für das Todes- und das Folgejahr vorsieht.

Entlastungsbetrag bei Alleinerziehenden mit mehr als einem Kind

Der ↗ Entlastungsbetrag für Alleinerziehende wird in Abhängigkeit der Kinderzahl gestaffelt. Für das zweite und jedes weitere Kind, das im Haushalt des Alleinerziehenden lebt, wird ein zusätzlicher Freibetrag von 240 EUR gewährt.[19]

Beantragung des Entlastungsbetrags für Alleinerziehende

Im Lohnsteuerverfahren wird der Grund-Entlastungsbetrag von 4.260 EUR für das erste Kind über die Steuerklasse II berücksichtigt. Die erstmalige Gewährung der Steuerklasse II ist im Lohnsteuer-Ermäßigungsverfahren beim Wohnsitzfinanzamt zu beantragen. Über die Steuerklasse II kann nur der Grund-Entlastungsbetrag berücksichtigt werden.

Der Zusatz-Entlastungsbetrag von 240 EUR für jedes weitere haushaltszugehörige Kind wird dem alleinerziehenden Arbeitnehmer neben der Steuerklasse II als zusätzlicher Freibetrag im Lohnsteuer-Ermäßigungsverfahren gewährt.[20] Steht dem Arbeitnehmer ein erhöhter Entlastungsbetrag für Alleinerziehende zu, kann er bei seinem Wohnsitzfinanzamt die Bescheinigung eines Freibetrags von jeweils 240 EUR für das zweite und jedes weitere Kind in der ELStAM-Datenbank beantragen. Die Antragsgrenze von 600 EUR findet keine Anwendung. Die Bescheinigung des Erhöhungsbetrags von 240 EUR für das zweite und jedes weitere Kind im Lohnsteuer-Ermäßigungsverfahren bewirkt nicht, dass der Arbeitnehmer eine Einkommensteuererklärung nach Ablauf des Jahres abgeben muss.[21] Der Erhöhungsbetrag ab dem zweiten Kind wird auf die verbleibenden Lohnzahlungszeiträume verteilt, die auf den Monat der Antragsstellung folgen. Die ELStAM-Bescheinigung des Freibetrags erfolgt auf Antrag für 2 Jahre.

11 BFH, Beschluss v. 29.9.2016, III R 62/13, BStBl 2017 II S. 259.
12 § 24b Abs. 2 EStG.
13 § 24b Abs. 1 EStG..
14 BMF, Schreiben v. 23.11.2022, IV C 8 – S 2265-a/22/10001 :001, BStBl 2022 I S. 1634.
15 BMF, Schreiben v. 23.10.2017, IV C 8 – S 2265 – a/14/10005, BStBl 2017 I S. 1432.
16 BFH, Urteil v. 28.10.2022, III R 17/20, BStBl 2022 II S. 797, BFH, Urteil v. 28.10.2022, III R 57/20, BStBl 2022 II S. 799.
17 BMF, Schreiben v. 23.11.2022, IV C 8 – S 2265-a/22/10001 :001, BStBl 2022 I S. 1634, Rz. 25–25b.
18 BMF, Schreiben v. 23.11.2022, IV C 8 – S 2265-a/22/10001 :001, BStBl 2022 I S. 1634, Rz. 25a.
19 § 24b Abs. 2 EStG.
20 § 39a Abs. 1 Satz 1 Nr. 4a EStG.
21 § 39a Abs. 1 Nr. 4a EStG i. V. m. § 46 Abs. 2 Nr. 4 EStG.

Außergewöhnliche Belastungen

Zu den außergewöhnlichen Belastungen gehören z. B. Unterstützungsleistungen für bedürftige Angehörige. Der abzugsfähige Höchstbetrag für Unterhaltsleistungen beträgt 2024 11.604 EUR.[1]

Für den Sonderbedarf eines sich in Berufsausbildung befindlichen, auswärtig untergebrachten volljährigen Kindes, für das Anspruch auf Kindergeld besteht, erhält der Arbeitnehmer einen als außergewöhnliche Belastung abziehbaren Ausbildungsfreibetrag von 1.200 EUR.[2]

Außerdem kann der Arbeitnehmer die Steuerermäßigung nach § 35a EStG für Aufwendungen für haushaltsnahe Beschäftigungsverhältnisse als Freibetrag eintragen lassen.[3]

Die Pauschbeträge für Menschen mit Behinderung, Hinterbliebene und Pflegepersonen können für mehrere Jahre eingetragen werden.[4] Sie werden bereits ab einer Behinderung von 20 % mit 384 EUR gewährt und erhöhen sich gestaffelt entsprechend der Pflegegrade bis zu 1.800 EUR (Pflegegrad 4 und 5). Außerdem gibt es eine Pauschale für behinderungsbedingte Fahrtkosten von 900 EUR (Grad der Behinderung von mind. 80 % oder mind. 70 % plus Merkzeichen „G") bzw. 4.500 EUR (Merkzeichen „aG", „Bl", „TBl" oder „H").[5]

Außergewöhnliche Belastungen sind nur zu berücksichtigen, soweit sie die zumutbare Belastung übersteigen.[6] Für die Berechnung der 600-EUR-Antragsgrenze bleibt die zumutbare Belastung allerdings unberücksichtigt.

Berechnung der zumutbaren Belastung

Für den Abzug von außergewöhnlichen Belastungen, zu denen insbesondere Krankheitskosten zählen, gilt eine Zumutbarkeitsgrenze. Dadurch werden diese Aufwendungen steuerlich nur berücksichtigt, wenn sie überdurchschnittlich hoch sind. Die gesetzlich vorgegebenen Prozentgrenzen sind nicht auf den Gesamtbetrag aller Einkünfte anzuwenden, sondern es ist eine stufenweise Berechnung durchzuführen.[7, 8] Die zumutbare Belastung berechnet sich in 3 Stufen[9]:

Beispiel

Stufenweise Berechnung der zumutbaren Belastung

Für einen ledigen Arbeitnehmer mit einem Gesamtbetrag der Einkünfte von 60.000 EUR ergibt sich durch die stufenweise Berechnung folgende zumutbare Belastung.

Gesamtbetrag der Einkünfte		Zumutbare Belastung
Bis 15.340 EUR	5 %	767 EUR
Bis 51.130 EUR (hier: 35.790 EUR)	6 %	2.147 EUR
Über 51.130 EUR (hier: 8.870 EUR)	7 %	620 EUR
Gesamt		3.534 EUR

Für die Berücksichtigung bei der laufenden Lohnabrechnung ist eine Antragstellung beim Wohnsitzfinanzamt erforderlich.

Sonstige Steuerermäßigungsgründe

Die folgenden Beträge können in gleichem Umfang als Freibeträge übernommen werden, wie sie bei der Festsetzung von Einkommensteuer-Vorauszahlungen zu berücksichtigen sind:

- Abzugsbeträge bei eigengenutztem Grundbesitz[10]
- Verlustvortragsbeträge[11]
- negative Summen der Einkünfte aus anderen Einkunftsarten (z. B. aus Vermietung und Verpachtung) und negative Einkünfte aus Kapitalvermögen,
- das 4-fache der Steuerermäßigung bei Aufwendungen für haushaltsnahe Beschäftigungsverhältnisse und haushaltsnahe Dienstleistungen.[12]
- das 4-fache der Steuerermäßigung bei Aufwendungen für energetische Sanierungsmaßnahmen an zu eigenen Wohnzwecken genutzten Eigentumswohnungen bzw. Eigenheimen, z. B. für die Wärmedämmung von Wänden, Dächern oder die Erneuerung von Heizungsanlagen.[13]

Freibeträge für Kinder

⇗ Kinderfreibeträge für Kinder, für die der Arbeitnehmer mangels inländischer Aufenthaltsgenehmigung oder wegen Wohnsitzes außerhalb eines EU/EWR-Staates kein Kindergeld erhält, müssen speziell beantragt werden.[14] Dasselbe gilt für den zu gewährenden Freibetrag für Betreuung, Erziehung und Ausbildung. Die Gewährung der Freibeträge wird seit 2023 von der Identifikation des zu berücksichtigen Kindes durch die steuerliche ID-Nummer abhängig gemacht.[15] Dies gilt bereits bisher für das Kindergeldverfahren bei den Familienkassen. Ist für ein Kind noch keine Identifikationsnummer vergeben worden, z. B. weil es sich dauerhaft außerhalb Deutschlands aufhält und keiner inländischen Steuerpflicht unterliegt, hat die Identifizierung durch Ausweisdokumente oder andere geeignete Nachweis für den Abzug der Kinderfreibeträge zu erfolgen.

Hinweis

Anhebung der Kinderfreibeträge 2024

Während das Kindergeld zum 1.1.2024 unverändert bleibt, wird zum 1.1.2024 der Kinderfreibetrag erneut erhöht. Der Kinderfreibetrag steigt auf 3.192 EUR bzw. auf 6.384 EUR im Falle der Zusammenveranlagung. Zusammen mit dem unveränderten Freibetrag für Betreuungs-, Erziehungs- und Ausbildungsbedarf von 1.464 EUR je Elternteil betragen die Freibeträge für Kinder für das Jahr 2024 insgesamt 4.656 EUR bzw. 9.312 EUR für zusammenveranlagte Eltern.[16] Das monatliche Kindergeld beträgt seit 2023 für sämtliche Kinder einheitlich 250 EUR.[17]

Der Kinderfreibetrag wird sich voraussichtlich im Laufe des Jahr 2024 (ggf. rückwirkend zum 1.1.2024) nochmals erhöhen.

Prüfung der 600-EUR-Antragsgrenze

Nur mit Mindestbetrag eintragungsfähige Ermäßigungsgründe

Man unterscheidet Ermäßigungsgründe, die nur betragsmäßig begrenzt zu einem Freibetrag führen können, von solchen, die uneingeschränkt zum Ansatz kommen.[18]

Unzulässig ist ein Antrag auf Gewährung eines Freibetrags wegen

- erhöhter Werbungskosten,
- erhöhter Sonderausgaben oder
- außergewöhnlicher Belastungen sowie
- des Steuerentlastungsbetrags für alleinerziehende verwitwete Personen,

wenn die Aufwendungen bzw. die abziehbaren Beträge insgesamt eine Antragsgrenze von 600 EUR nicht überschreiten.

1 § 33a Abs. 1 EStG i. d. F. des Inflationsausgleichsgesetzes v. 8.12.2022.
2 § 33a Abs. 2 EStG.
3 § 39a Abs. 1 Nr. 5c EStG.
4 § 33b Abs. 1–5 EStG.
5 §§ 33 Abs. 2a, 33b EStG.
6 §§ 33–33b Abs. 6 EStG.
7 § 33 Abs. 3 EStG.
8 BFH, Urteil v. 19.1.2017, VI R 75/14, BStBl 2017 II S. 684.
9 Zur Ermittlung der zumutbaren Belastung stellt das Bayerische Landesamt für Steuern einen Rechner zur Verfügung.
10 §§ 10f, 10g EStG, nach § 15b des BerlinFG.
11 § 10d Abs. 2 EStG.
12 § 35a EStG.
13 § 35c EStG.
14 § 39a Abs. 1 Nr. 6 EStG.
15 § 32 Abs. 6 Satz 12–14 EStG.
16 § 32 EStG i. d. F. des Inflationsausgleichsgesetzes v. 8.12.2022.
17 § 66 EStG.
18 § 39a Abs. 2 Satz 4 EStG.

Berechnung der Antragsgrenze

Bei der Feststellung, ob die 600-EUR-Antragsgrenze überschritten wird, ist wie folgt zu verfahren[1]:

- Werbungskosten sind in die Berechnung der Antragsgrenze nur nach Kürzung um den Arbeitnehmer-Pauschbetrag von 1.230 EUR einzubeziehen (bei Empfängern von Versorgungsbezügen 102 EUR). Dasselbe gilt für die Entfernungspauschale.
- Sonderausgaben sind um den Sonderausgaben-Pauschbetrag von 36 EUR (bzw. 72 EUR) zu kürzen. Allerdings sind die gesetzlichen Obergrenzen[2] auch bei der Feststellung der 600-EUR-Grenze zu beachten.
- Außergewöhnliche Belastungen sind nicht um die zumutbare Belastung zu mindern. Ein Abzug über die vorgesehenen Höchstbeträge[3] hinaus ist nicht möglich.

Beispiel

Berechnung der Antragsgrenze von 600 EUR

Ein Arbeitnehmer mit Steuerklasse I fährt täglich mit seinem Pkw zur ersten Tätigkeitsstätte. Die kürzeste Straßenverbindung zwischen Wohnung und erster Tätigkeitsstätte beträgt 20 Kilometer. Der Pkw wird an 220 Arbeitstagen benutzt; daraus ergeben sich abzugsfähige Werbungskosten von 1.320 EUR (20 km × 0,30 EUR × 220 Tage). Außerdem zahlt der Arbeitnehmer jährlich 530 EUR Kirchensteuer.

Ergebnis: Von den Werbungskosten werden für die Berechnung der Antragsgrenze nur 90 EUR berücksichtigt (1.320 EUR ./. 1.230 EUR Arbeitnehmer-Pauschbetrag). Zusammen mit der Kirchensteuer-Zahlung ergeben sich 620 EUR (90 EUR + 530 EUR); der Arbeitnehmer kann also einen Antrag auf Lohnsteuer-Ermäßigung stellen. Das Finanzamt bescheinigt als Lohnsteuerabzugsmerkmal jedoch nur einen Freibetrag von 584 EUR, da die Kirchensteuer von jährlich 530 EUR um den Sonderausgaben-Pauschbetrag von 36 EUR zu kürzen ist, der in der Lohnsteuertabelle bereits berücksichtigt wird.

Keine Verdopplung der Antragsgrenze bei Ehe-/Lebenspartnern

Stellen Ehegatten oder Partner einer eingetragenen Lebensgemeinschaft, die beide im Inland wohnen und nicht dauernd getrennt leben, einen Antrag auf Eintragung eines Freibetrags, werden die Aufwendungen und die abziehbaren Beträge beider Ehe-/Lebenspartner für die Prüfung der Antragsgrenze zusammengerechnet. Die Antragsgrenze von 600 EUR wird bei Ehe-/Lebenspartnern nicht verdoppelt.

Beispiel

Überschreiten der Antragsgrenze durch Werbungskosten des Ehepartners

Ein Arbeitnehmer fährt an 220 Arbeitstagen mit seinem Pkw zu seiner 12 Kilometer entfernten ersten Tätigkeitsstätte; die abzugsfähige Entfernungspauschale beträgt demnach 792 EUR (12 km × 0,30 EUR × 220 Tage). An Kirchensteuer zahlt der Arbeitnehmer 280 EUR jährlich. Außerdem hat er aus einer Zahnarztrechnung einen Kostenanteil von 300 EUR selbst bezahlt.

Ergebnis: Die Werbungskosten (Entfernungspauschale) bleiben in diesem Fall außer Betracht, da sie unter dem Arbeitnehmer-Pauschbetrag von 1.230 EUR liegen. Die für die Antragsgrenze maßgebenden Aufwendungen betragen deshalb nur 580 EUR (280 EUR + 300 EUR). Ein Antrag auf Lohnsteuer-Ermäßigung kann nicht gestellt werden.

Wäre der Ehegatte des Arbeitnehmers berufstätig und könnte für die Fahrten Wohnung – erste Tätigkeitsstätte eine Entfernungspauschale von 1.300 EUR geltend machen, würden sich die abzugsfähigen Werbungskosten um 70 EUR (1.300 EUR – 1.230 EUR) auf insgesamt 650 EUR erhöhen. In diesem Fall könnten die Ehepartner einen gemeinsamen Antrag auf Lohnsteuer-Ermäßigung stellen.

1 R 39a.1 Abs. 3 Nrn. 1–7 LStR.
2 § 10 Abs. 1 Nrn. 1, 5, 7, 9 EStG, § 10b EStG.
3 §§ 33a, 33b Abs. 6 EStG.

Ohne Mindestbetrag eintragungsfähige Ermäßigungsgründe

Ohne Beachtung eines Mindestbetrags kann ein Freibetrag in den ELStAM eingetragen werden wegen

- eines Pauschbetrags für Behinderte und Hinterbliebene,
- eines Freibetrags für Grundbesitz,
- voraussichtlicher Verluste aus anderen Einkunftsarten,
- der Steuerermäßigung für haushaltsnahe Beschäftigungen und Dienstleistungen sowie für energetische Sanierungskosten am eigengenutzten Wohneigentum,
- des Erhöhungsbetrags von 240 EUR, den ein Alleinerziehender für das zweite und jedes weitere in seinem Haushalt lebende Kind neben dem Grund-Entlastungsbetrag von 4.260 EUR erhalten kann.[4]

Feststellung des Freibetrags

Umrechnung in einen Monatsfreibetrag

Die Summe der nach den vorstehenden Grundsätzen ermittelten Aufwendungen ist als Freibetrag bei den Lohnsteuerabzugsmerkmalen des Arbeitnehmers zu bescheinigen. Der Jahresfreibetrag ist auf die noch verbleibenden Entgeltzahlungszeiträume des Kalenderjahres gleichmäßig zu verteilen; jeweils mit Wirkung vom Beginn des Kalendermonats an, der auf die Antragstellung folgt.

Davon abweichend muss das Finanzamt einen Freibetrag, der vor Beginn des jeweiligen Kalenderjahres oder noch im Januar beantragt wird, mit Wirkung vom 1.1. des laufenden Kalenderjahres eintragen. Diesen Jahresfreibetrag teilt das Finanzamt in Monatsfreibeträge, erforderlichenfalls Wochen- und Tagesfreibeträge auf. Der Jahresbetrag wird hierzu durch die Zahl der im Ermäßigungsjahr in Betracht kommenden Monate (bzw. gegebenenfalls Wochen oder Tage) dividiert.

Hälftige Aufteilung des Freibetrags bei Ehe-/Lebenspartnern

Bei unbeschränkt einkommensteuerpflichtigen Ehe-/Lebenspartnern, die nicht dauernd getrennt leben, ist der Freibetrag je zur Hälfte auf die Ehe-/Lebenspartner aufzuteilen, wenn für beide ELStAM gebildet worden sind und sie keine andere Aufteilung beantragen.[5] Dieses Wahlrecht besteht unabhängig davon, wer die Aufwendungen trägt.

Abweichend davon kann ein Freibetrag wegen erhöhter Werbungskosten immer nur bei den ELStAM des Ehe-/Lebenspartners angesetzt werden, durch dessen Dienstverhältnis diese Aufwendungen voraussichtlich verursacht werden.

Verfahrensablauf

Antragstellung

Ein Freibetrag in den ELStAM setzt einen formellen Antrag voraus.

Wichtig

Amtlichen Vordruck „Antrag auf Lohnsteuer-Ermäßigung“ verwenden

Für die Antragstellung im Lohnsteuer-Ermäßigungsverfahren ist der 2-seitige Hauptvordruck zu verwenden, der bei Bedarf um die Anlagen „Kind“, „Werbungskosten“ oder „Sonderausgaben/außergewöhnliche Belastungen“ und um die Anlage „Haushaltsnahe Aufwendungen/Energetische Maßnahmen“ ergänzt werden muss.

Der 2-seitige Hauptvordruck umfasst neben den persönlichen Angaben des Arbeitnehmers das vereinfachte Antragsverfahren, wenn der Arbeitnehmer keine höheren Freibeträge oder höheren Kinderfreibetragszähler als im Vorjahr geltend macht.

Vereinfachter Antrag

Für die Bescheinigung von Kindern sowie die Gewährung eines Freibetrags gilt das vereinfachte Antragsverfahren, falls der Arbeitnehmer keine höhere Kinderzahl bzw. keinen höheren Freibetrag als für das Vor-

4 § 39a Abs. 2 Satz 4 EStG.
5 § 39a Abs. 3 Satz 3 EStG.

jahr in Anspruch nimmt. Das Finanzamt verzichtet in diesem Fall auf nähere Angaben für die Eintragung des Freibetrags.[1] Für die vereinfachte Antragstellung ist der 2-seitige Hauptvordruck zu verwenden. Der Vordruck „Vereinfachter Antrag auf Lohnsteuer-Ermäßigung" ist entfallen.

Wichtig

Ausblick: Anhebung der Freibeträge erwartet

Der Grundfreibetrag, der Kinderfreibetrag und der Unterhaltshöchstbetrag sowie die Veranlagungspflichtgrenzen sollen im Laufe des Jahres 2024 ggf. rückwirkend zum 1.1.2024 angehoben werden.

Antragsfrist

Den Antrag für die Gewährung eines Steuerfreibetrags in den ELStAM kann der Arbeitnehmer ab 1.10. des Vorjahres bis zum 30.11. des Kalenderjahres stellen, für das der Freibetrag gelten soll. Er ist auf amtlich vorgeschriebenem Vordruck oder online über ELSTER beim Wohnsitzfinanzamt einzureichen.

Schriftlicher Ablehnungsbescheid

Kann das Finanzamt dem Antrag des Arbeitnehmers nicht oder nicht in vollem Umfang entsprechen, muss es einen schriftlichen Ablehnungsbescheid erteilen. Der Arbeitnehmer kann hiergegen innerhalb eines Monats Einspruch einlegen. Im Übrigen ist der für die Steuerbescheide geltende gerichtliche Finanzrechtsweg gegeben. Allerdings ist zu beachten, dass nach Ablauf des Kalenderjahres Rechtsbehelfe ohne Erfolg bleiben werden, weil der Arbeitnehmer seine Ermäßigungsgründe im Rahmen einer Antragsveranlagung zur Einkommensteuer geltend machen kann.[2]

Wichtig

ELStAM als gesonderte Feststellung

Die Bildung und die Änderung von Lohnsteuerabzugsmerkmalen ist eine gesonderte Feststellung von Besteuerungsmerkmalen, die unter dem Vorbehalt der Nachprüfung steht. Sie ist dem Arbeitnehmer bekannt zu geben. Eine Rechtsbehelfsbelehrung mit gesondertem schriftlichem Bescheid ist nur erforderlich, wenn dem Lohnsteuer-Ermäßigungsantrag des Arbeitnehmers nicht oder nur teilweise entsprochen wird. Im Übrigen erfolgt die Bekanntgabe beim Arbeitnehmer über die Entgeltabrechnung, in der die Mitteilung der Lohnsteuerabzugsmerkmale gesetzlich vorgeschrieben ist.[3] Die Bekanntgabe gilt mit dem elektronischen Abruf beim Bundeszentralamt für Steuern gegenüber dem Arbeitgeber als erteilt.[4]

Folgeantrag

Ist auf Antrag eines Arbeitnehmers vom Finanzamt ein Freibetrag als Lohnsteuerabzugsmerkmal gebildet und der Datenbank beim Bundeszentralamt für Steuern zum elektronischen Abruf mitgeteilt worden, schließt dies nicht aus, dass der Arbeitnehmer einen weiteren, zweiten oder dritten Antrag stellen kann, um den bisherigen Freibetrag neu zu berechnen und einen höheren steuerfreien Jahresbetrag zu bescheinigen.

600-EUR-Antragsgrenze bei Folgeanträgen beachten

Bei einem weiteren Antrag ist die Antragsgrenze von 600 EUR zu beachten, wenn sich der bisherige Antrag auf die Pauschbeträge für Behinderte und Hinterbliebene und/oder den Freibetrag wegen Förderung des Wohneigentums bzw. auf Verluste aus anderen Einkunftsarten beschränkte. Die Antragsgrenze ist dagegen bei einem zweiten Antrag unbeachtlich, wenn diese beim Erstantrag überschritten wurde und zu einem Freibetrag führte.

Korrektur des Antrags

Verringern sich die vorläufigen Kosten im Laufe des Kalenderjahres gegenüber dem ersten Antrag, ist der Arbeitnehmer nicht verpflichtet, einen korrigierten Lohnsteuer-Ermäßigungsantrag beim Finanzamt einzureichen. Die zu wenig erhobene Lohnsteuer wird im Wege einer Pflichtveranlagung nacherhoben. Arbeitnehmer, für die ein Freibetrag für voraussichtliche Aufwendungen als ELStAM bescheinigt ist, sind zur Abgabe einer Einkommensteuererklärung gesetzlich verpflichtet.[5]

Besonderheiten

Pflicht zur Abgabe der Steuererklärung

Der Abzug bzw. die Eintragung eines Freibetrags im Lohnsteuerverfahren hat zur Folge, dass der Arbeitnehmer zur Einkommensteuer zu veranlagen und deshalb nach Ablauf des Kalenderjahres grundsätzlich zur Abgabe einer Einkommensteuererklärung verpflichtet ist.[6] Nur falls das Finanzamt lediglich einen Erhöhungsbetrag zum Steuerentlastungsbetrag für Alleinerziehende mit Kindern, den Behinderten-Pauschbetrag und/oder den Hinterbliebenen-Pauschbetrag eingetragen hat, besteht wegen des eingetragenen Freibetrags allein keine Pflicht zur Abgabe einer Einkommensteuererklärung (ggf. aber aufgrund anderer Umstände).

Wichtig

Einkommensteuer-Veranlagungspflicht nur bei Überschreiten der Arbeitslohngrenze

Für 2024 besteht nur eine Veranlagungspflicht für unbeschränkt und beschränkt steuerpflichtige Arbeitnehmer, wenn der im Kalenderjahr erzielte Arbeitslohn des Arbeitnehmers 12.870 EUR (2023: 12.174 EUR) übersteigt bzw. 24.510 EUR (2023: 23.118 EUR) bei Ehe-/Lebenspartnern, welche die Voraussetzungen für eine Zusammenveranlagung zur Einkommensteuer erfüllen.[7]

Die Veranlagungspflichtgrenze wird sich voraussichtlich im Laufe des Jahr 2024 (ggf. rückwirkend zum 1.1.2024) nochmals erhöhen.

Freibetragseintragung für Geringverdiener

Für gering verdienende Arbeitnehmer besteht eine besondere Freibetragsmöglichkeit im Rahmen des Lohnsteuer-Ermäßigungsverfahrens, wenn sie gleichzeitig mehrere Beschäftigungsverhältnisse ausüben.[8] Der Freibetrag wird beim Dienstverhältnis mit der Steuerklasse VI und in gleicher Höhe ein Hinzurechnungsfreibetrag als Lohnsteuerabzugsmerkmal beim ersten Dienstverhältnis (Steuerklasse I–V) eingetragen.

Besonderes Verfahren bei mehreren Dienstverhältnissen

Werden für einen Steuerpflichtigen ELStAM-Daten mehrfach abgerufen, weil er von mehreren Arbeitgebern nebeneinander Arbeitslohn bezieht, kann der Freibetrag beliebig auf die verschiedenen Beschäftigungen verteilt werden. Wird dem Arbeitgeber beim elektronischen Abruf für ein zweites oder weiteres Dienstverhältnis von der ELStAM-Datenbank die Steuerklasse VI mitgeteilt, fällt für den Arbeitslohn vom ersten Euro an Lohnsteuer an.

Für Arbeitnehmer mit mehreren Beschäftigungsverhältnissen hat dies zur Folge, dass der Lohnsteuerabzug auch dann vorzunehmen ist, wenn das zu versteuernde Einkommen innerhalb des steuerlichen Grundfreibetrags liegt und die einbehaltene Lohnsteuer nach Ablauf des Kalenderjahres durch Abgabe einer Einkommensteuererklärung vom Finanzamt wieder erstattet wird.

Beliebige Aufteilung bei mehreren Dienstverhältnissen

Der Arbeitnehmer kann sich für das zweite oder weitere Beschäftigungsverhältnis (Steuerklasse VI) einen Freibetrag bis zur Höhe der Eingangsstufe der nach der Steuerklasse für das erste Dienstverhältnis maßgebenden Jahreslohnsteuertabelle als ELStAM bescheinigen lassen. Das Finanzamt wird dann in gleicher Höhe einen Hinzurechnungsfreibetrag bei den für das erste Dienstverhältnis maßgebenden ELStAM des Arbeitnehmers ausweisen. Dadurch können die nach den persönlichen Verhältnissen des Arbeitnehmers für das erste Dienstverhältnis zu gewährenden Freibeträge (Grundfreibetrag, Arbeitnehmer-Pauschbetrag,

1 § 39a Abs. 2 Satz 5 EStG.
2 BFH, Beschluss v. 12.4.1994, X S 20/93, BFH/NV 1994 S. 783; BFH, Beschluss v. 30.12.2010, III R 50/09, BFH/NV 2011 S. 786.
3 § 39e Abs. 5 EStG.
4 § 39e Abs. 6 EStG.
5 § 46 Abs. 2 Nr. 4 EStG.
6 § 46 Abs. 2 Nr. 4 EStG.
7 § 46 Abs. 2 Nr. 4 EStG i. d. F. des Inflationsausgleichsgesetzes v. 8.12.2022.
8 § 39a Abs. 1 Nr. 7 EStG.

Sonderausgaben-Pauschbetrag, Vorsorgepauschale) bei mehreren Arbeitsverhältnissen beliebig verteilt werden.

Anzeigepflicht bei Eintritt der beschränkten Steuerpflicht

Der Arbeitnehmer muss dem Finanzamt den Eintritt der beschränkten Einkommensteuerpflicht anzeigen.[1] Betroffen sind Arbeitnehmer, die ihren Wohnsitz im Inland aufgeben und in einem ausländischen Staat einen neuen Wohnsitz begründen, weiterhin aber noch von einem inländischen Arbeitgeber Arbeitslohn beziehen. Mit der Mitteilung der Meldebehörde über den Wegzug ins Ausland werden die ELStAM des Arbeitnehmers zum Abruf durch den Arbeitgeber gesperrt. Der Arbeitnehmer benötigt ab dem Zeitpunkt des Wegzugs ersatzweise eine Bescheinigung für beschränkt einkommensteuerpflichtige Arbeitnehmer, die er dem Arbeitgeber zur Durchführung des Lohnsteuerabzugs vorlegen muss. Der Arbeitgeber muss den Lohnsteuerabzug anhand der Besteuerungsmerkmale dieser Bescheinigung vornehmen. Das Verfahren bleibt für 2024 unverändert, obgleich beschränkt Steuerpflichtige in den ELStAM-Abruf für Lohnzahlungszeiträume einbezogen werden. Allerdings gilt dies nicht für beschränkt steuerpflichtige Arbeitnehmer, bei denen im Lohnsteuer-Ermäßigungsverfahren ein Freibetrag für den Abzug vom Arbeitslohn berücksichtigt wird.[2] In diesen Fällen hat das Betriebsstättenfinanzamt des Arbeitgebers wie bisher auf Antrag eine Papierbescheinigung mit dem Freibetrag und den übrigen Lohnsteuerabzugsmerkmalen auszustellen, die der Arbeitnehmer dem Lohnbüro für den Lohnsteuerabzug vorzulegen hat. Gleichzeitig wird der elektronische Abruf der ELStAM-Daten des Arbeitnehmers beim Bundeszentralamt gesperrt.

Zweck der Anzeigepflicht

Die Anzeigepflicht verhindert die für ⬀ beschränkt einkommensteuerpflichtige Arbeitnehmer i. d. R. günstigere Besteuerung nach den Merkmalen der unbeschränkten Steuerpflicht. Deshalb ist der Anzeige die Lohnsteuerabzugsbescheinigung beizufügen. Unterbleibt die Anzeige, muss das Finanzamt zu wenig erhobene Lohnsteuer vom Arbeitnehmer nachfordern, wenn diese 10 EUR übersteigt.

Lohnsteuererstattung

Die Lohnsteuer ist eine Erhebungsform der Einkommensteuer, die als Quellensteuer von den Einnahmen aus nichtselbstständiger Arbeit einbehalten wird. Gründe für zu viel einbehaltene Lohnsteuer können z. B. fehlerhafte ELStAM oder eine falsche Lohnabrechnung sein. Eine Lohnsteuererstattung durch den Arbeitgeber kann durch eine Änderung des Lohnsteuerabzugs erfolgen oder im Rahmen des Lohnsteuer-Jahresausgleichs. Alternativ bzw. ergänzend kann zu viel gezahlte Lohnsteuer im Rahmen der persönlichen Einkommensteuererklärung des Arbeitnehmers erstattet werden.

Gesetze, Vorschriften und Rechtsprechung

Lohnsteuer: Der Arbeitgeber ist nach § 41c Abs. 1 Nr. 2 EStG berechtigt, den Lohnsteuerabzug zu ändern und zu viel erhobene Lohnsteuer zu erstatten. Der Lohnsteuer-Jahresausgleich durch den Arbeitgeber ist in § 42b EStG geregelt. Das Recht jedes Arbeitnehmers, eine Einkommensteuerveranlagung zu beantragen, ergibt sich aus § 46 Abs. 2 Nr. 8 EStG (sog. Antragsveranlagung).

Sozialversicherung: Gesetzliche Grundlagen zum beitragspflichtigen Arbeitsentgelt sind in § 14 Abs. 1 Satz 1 SGB IV geregelt. Die beitragsrechtliche Behandlung von Lohnsteuerrückerstattungen aufgrund einer nachträglichen Pauschalversteuerung ist im Besprechungsergebnis vom 20.4.2016 der Spitzenorganisationen der Sozialversicherung geregelt.

1 § 39 Abs. 5a EStG.
2 BMF, Schreiben v. 7.11.2019, IV C 5 – S 2363/19/10007 :001, BStBl 2019 I S. 1087.

Lohnsteuer

Erstattung durch Arbeitgeber an Arbeitnehmer

Der Arbeitgeber ist berechtigt – aber nicht verpflichtet – für bereits abgelaufene Lohnzahlungszeiträume dem Arbeitnehmer die zu viel erhobene Lohnsteuer zu erstatten.

Dies gilt, wenn ihm

- elektronische Lohnsteuerabzugsmerkmale (ELStAM) zum Abruf zur Verfügung gestellt werden oder
- der Mitarbeiter ihm eine Bescheinigung für den Lohnsteuerabzug mit Eintragungen vorlegt, die auf einen Zeitpunkt vor Abruf der ELStAM oder vor Vorlage der Bescheinigung zurückwirken.[3]

Der Arbeitgeber ist außerdem zur Erstattung zu viel erhobener Lohnsteuer berechtigt, wenn er erkennt, dass er die Lohnsteuer bisher nicht vorschriftsmäßig einbehalten hat. Dies gilt auch bei rückwirkender Gesetzesänderung.[4]

In diesem Fall ist der Arbeitgeber sogar zur Korrektur verpflichtet, wenn ihm dies wirtschaftlich zumutbar ist.[5]

Im Jahr 2023 waren aufgrund von Gesetzesänderungen und in der Folge mehrfach geänderter Programmablaufpläne rückwirkende Änderungen des LSt-Abzugs erforderlich.

Die Art und Weise der Neuberechnung ist nicht zwingend festgelegt. Sie kann

- durch eine Neuberechnung zurückliegender Lohnzahlungszeiträume,
- durch eine Differenzberechnung für diese Lohnzahlungszeiträume oder
- durch eine Erstattung im Rahmen der Berechnung der Lohnsteuer für einen demnächst fälligen sonstigen Bezug erfolgen.

Die zu erstattende Lohnsteuer ist mit dem Betrag zu verrechnen, den der Arbeitgeber insgesamt für seine Mitarbeiter an Lohnsteuer einbehält oder übernimmt.

Kann die Lohnsteuererstattung aus diesem Betrag nicht gedeckt werden, wird der Fehlbetrag dem Arbeitgeber auf Antrag vom ⬀ Betriebsstättenfinanzamt ersetzt.[6]

Eine Verpflichtung zur Neuberechnung scheidet aus, wenn der Mitarbeiter keinen Arbeitslohn mehr bezieht oder wenn die ⬀ Lohnsteuerbescheinigung bereits übermittelt oder ausgeschrieben worden ist.[7]

Änderungen nach Ablauf des Kalenderjahres

Nach Ablauf des Kalenderjahres ist eine Lohnsteuererstattung durch den Arbeitgeber nur noch im Wege des ⬀ Lohnsteuer-Jahresausgleichs zulässig. Den Erstattungsbetrag ermittelt der Arbeitgeber durch Vergleich der Jahreslohnsteuer mit der Summe der einbehaltenen Steuerabzugsbeträge.[8]

Die Lohnsteuererstattung durch den Arbeitgeber selbst bleibt unbesteuert.

Lohnsteuerbescheinigung wurde bereits ans Finanzamt übermittelt

Der Lohnsteuerabzug kann zugunsten des Arbeitgebers nicht mehr geändert werden, wenn die Lohnsteuerbescheinigung bereits ans Finanzamt übermittelt wurde. Trotzdem gehören die zu Unrecht abgeführten Lohnsteuerbeträge beim Arbeitnehmer zum Bruttolohn, weil es sich um einen vom Arbeitgeber gewährten Vorteil handelt, der versehentlich an das Finanzamt statt an den Arbeitnehmer gezahlt worden ist. Die (zu Unrecht) von diesem Bruttolohn einbehaltene Lohnsteuer wird jedoch bei der Einkommensteuer-Veranlagung des Arbeitnehmers auf dessen Einkommensteuer angerechnet.[9]

3 § 41c Abs. 1 Nr. 1 EStG.
4 § 41c Abs. 1 Nr. 2 EStG.
5 § 41c Abs. 1 Satz 2 EStG.
6 § 41c Abs. 2 EStG.
7 § 41c Abs. 3 EStG.
8 § 42b EStG.
9 BFH, Urteil v. 17.6.2009, VI R 46/07, BStBl 2010 II S. 72.

Erstattung durch Finanzamt an Arbeitnehmer

Wird zu viel erhobene Lohnsteuer vom Arbeitgeber nicht erstattet, weil

- der Arbeitgeber von seiner Berechtigung zur Änderung des Lohnsteuerabzugs keinen Gebrauch macht und/oder
- der Arbeitgeber keinen Lohnsteuer-Jahresausgleich durchgeführt hat oder
- eine Lohnsteuererstattung durch ihn nicht mehr möglich ist,

kann die Erstattung nur noch vom Arbeitnehmer im Rahmen einer Einkommensteuer-Veranlagung geltend gemacht werden. Ist der Arbeitnehmer nicht zur Abgabe einer Einkommensteuererklärung verpflichtet, kann er die Veranlagung zur Einkommensteuer beantragen.

Nach Ablauf des Kalenderjahres können Erstattungsansprüche wegen zu Unrecht einbehaltener Lohnsteuer nur noch im Rahmen einer Veranlagung zur Einkommensteuer geltend gemacht werden.[1]

Erstattung aus Billigkeitsgründen

Die Erstattung von Lohnsteuer aus Billigkeitsgründen ist auf seltene Ausnahmefälle beschränkt. Eine Erstattung von Lohnsteuer an den Arbeitnehmer aus Billigkeitsgründen ist möglich[2], wenn

- der Arbeitnehmer sich in einer unverschuldeten existenzbedrohenden wirtschaftlichen Notlage befindet oder
- die Erhebung der Lohnsteuer aus anderen Gründen eine unbillige Härte darstellt.

Erstattung durch Finanzamt an Arbeitgeber

Eine Lohnsteuererstattung an den Arbeitgeber ist bei pauschaler Lohnsteuer denkbar, z. B. wenn der Arbeitgeber eine Lohnsteuerpauschalierung rückgängig macht. Der Erstattungsanspruch steht dem Arbeitgeber zu, weil dieser Steuerschuldner der pauschalen Lohnsteuer ist.

Ein Lohnsteuer-Erstattungsanspruch des Arbeitgebers kann auch entstehen, wenn er einbehaltene Lohnsteuer irrtümlich zweimal an das Finanzamt abführt.

Sozialversicherung

Erstattung durch den Arbeitgeber

Für die Sozialversicherung ist von Bedeutung, aus welchem Grund die Lohnsteuererstattung durch den Arbeitgeber erfolgt. Bleibt die Bemessungsgrundlage der Lohnsteuer unverändert (z. B. bei Änderung der Lohnsteuerklasse) ergeben sich keine Auswirkungen auf die Sozialversicherung.

Reduziert sich die Bemessungsgrundlage für die Entrichtung der Lohnsteuer (z. B. steuerfreier Arbeitslohn wurde ursprünglich als steuerpflichtiger Arbeitslohn abgerechnet), kann regelmäßig auch eine Erstattung der daraus entrichteten Sozialversicherungsbeiträge erfolgen.

Dies gilt entsprechend, wenn der Arbeitgeber eine bisher vorgenommene individuelle Versteuerung eines Bezuges durch eine zulässige Pauschalversteuerung ersetzt, sofern es sich im Falle der Pauschalversteuerung nicht um beitragspflichtiges Arbeitsentgelt in der Sozialversicherung handelt (z. B. bei einer Pauschalversteuerung nach § 40 Abs. 2 EStG).

Auswirkungen auf die Beitragsberechnung

Die Nichtzurechnung zum Arbeitsentgelt setzt grundsätzlich voraus, dass die lohnsteuerfreie Behandlung oder die Pauschalbesteuerung mit der Entgeltabrechnung für den jeweiligen Abrechnungszeitraum erfolgt.[3] Wird erst im Nachhinein Steuerfreiheit bzw. Pauschalbesteuerung geltend gemacht, werden die Sozialversicherungsbeiträge für diese Entgeltbestandteile wegen Wegfalls der Arbeitsentgelteigenschaft nicht erstattet, wenn der Arbeitgeber die vorgenommene steuerpflichtige Erhebung nicht mehr ändern kann. Die Änderung der lohnsteuerpflichtigen Behandlung von Arbeitsentgeltbestandteilen durch den Arbeitgeber ist bis zur Erstellung der Lohnsteuerbescheinigung möglich, also längstens bis zum letzten Tag des Monats Februar des Folgejahres.[4] Bis zu diesem Zeitpunkt vorgenommene Änderungen wirken sich auch auf die Beitragsberechnung für die Sozialversicherung aus. Dies gilt analog, wenn der Arbeitgeber eine unzutreffende steuer- und beitragsfreie Behandlung von Arbeitsentgeltbestandteilen durch eine nachträgliche Pauschalbesteuerung korrigiert.

Die Erstattung der gezahlten Sozialversicherungsbeiträge ist jedoch ausgeschlossen, wenn der Arbeitnehmer aufgrund der zuviel gezahlten Beiträge Leistungen bzw. höhere Leistungen aus der Sozialversicherung erhalten hat. Dies ist zum Beispiel der Fall, wenn aus der bisherigen (zu hohen) Berechnungsgrundlage für die Lohnsteuer auch Sozialversicherungsbeiträge entrichtet wurden und diese Berechnungsgrundlage auch für die Ermittlung einer Geldleistung (z. B. Krankengeld) berücksichtigt wurde.

Beispiel

Beitragsrechtliche Folgen der nachträglichen Pauschalierung der Lohnsteuer

Unternehmen führen für Überstundenvergütungen zunächst Lohnsteuer nach der individuellen Lohnsteuerklasse ab. Nachträglich wird mit Zustimmung des Betriebsstättenfinanzamts eine Pauschalierung der Lohnsteuer nach § 40 Abs. 1 Satz 1 Nr. 1 EStG vorgenommen. Die Unternehmen tragen die Lohnsteuer und erstatten ihren Mitarbeitern jeweils zum Quartalsende die ursprünglich einbehaltene Lohnsteuer.

Ergebnis: Die Rückerstattung der ursprünglich einbehaltenen Lohnsteuer stellt keine Einnahme aus der Beschäftigung und damit kein Arbeitsentgelt i. S. d. § 14 Abs. 1 Satz 1 SGB IV dar. Bei einer sofortigen Pauschalversteuerung hätten die Überstundenvergütungen kein beitragspflichtiges Arbeitsentgelt dargestellt.[5] Die von der Überstundenvergütung abgeführten Sozialversicherungsbeiträge können daher zurückgerechnet werden, sofern für den entsprechenden Zeitraum noch keine Lohnsteuerbescheinigung ausgestellt worden ist.

Hätte der Arbeitnehmer in dem Quartal Krankengeld erhalten und die Überstundenvergütung wäre bei der Berechnung des Krankengeldes berücksichtigt worden, entfällt die Erstattung der gezahlten Krankenversicherungsbeiträge bis zum Ende der Krankengeldzahlung.

Korrektur der Besteuerung nach Lohnsteuer-Außenprüfung

Wird die Besteuerung im Rahmen einer ↗ Lohnsteuer-Außenprüfung nachträglich korrigiert, führt dies nicht zu einer geänderten Beurteilung der Beitragspflicht.

Etwas anderes gilt lediglich in den seltenen Fällen, in denen der Arbeitgeber bis zum letzten Tag des Monats Februar des Folgejahres aufgrund der Beanstandung durch den Lohnsteuer-Außenprüfer für das vorherige Kalenderjahr

- das Lohnkonto des Arbeitnehmers ändert und/oder
- eine nachträgliche Pauschalbesteuerung vornimmt oder
- einer Erhebung der Pauschalsteuer für das vorherige Kalenderjahr im Rahmen der Lohnsteuer-Außenprüfung durch die Finanzverwaltung zustimmt.

Erstattung durch das Finanzamt

Eine Lohnsteuererstattung durch das Finanzamt hat keine Auswirkung auf die bisherige Verbeitragung in der Sozialversicherung. Das beitragspflichtige Arbeitsentgelt wird dadurch nicht verändert.

---

1 BFH, Urteil v. 20.5.1983, VI R 111/81, BStBl 1983 II S. 584.
2 § 227 AO.
3 § 1 Abs. 1 Satz 2 SvEV.
4 § 41b EStG.
5 § 1 Abs. 1 Satz 1 Nr. 2 SvEV.

Lohnsteuer-Jahresausgleich

Mit dem Lohnsteuer-Jahresausgleich schließt der Arbeitgeber die Lohnsteuererhebung des jeweiligen Kalenderjahres ab. Hierzu vergleicht er die auf den Arbeitslohn des Arbeitnehmers entfallende Jahreslohnsteuer mit der Summe der im laufenden Kalenderjahr insgesamt einbehaltenen Lohnsteuer und erstattet zu hohe Steuerabzugsbeträge. Unter bestimmten Voraussetzungen ist der Arbeitgeber gesetzlich verpflichtet, den Lohnsteuer-Jahresausgleich durchzuführen. Liegen dagegen Ausschlussgründe vor, darf er den Lohnsteuer-Jahresausgleich für den betroffenen Arbeitnehmer nicht durchführen – auch nicht auf Antrag des Arbeitnehmers.

Gesetze, Vorschriften und Rechtsprechung

Lohnsteuer: § 42b EStG regelt, was der Arbeitgeber beim Lohnsteuer-Jahresausgleich beachten muss. Ergänzende Anweisungen enthält R 42b LStR.

Lohnsteuer

Berechtigung vs. Verpflichtung zur Durchführung

Ein Lohnsteuer-Jahresausgleich kommt für ↗ unbeschränkt oder ↗ beschränkt steuerpflichtige Arbeitnehmer in Betracht, die während des gesamten Kalenderjahres beim gleichen Arbeitgeber beschäftigt sind.

Zu den begünstigten Personen gehören auch Arbeitnehmer, die Bezüge aus dem früheren Arbeitsverhältnis erhalten, z. B. Bezieher von ↗ Werksrenten (Werkspensionen) und von ↗ Vorruhestandsgeld. Vom Lohnsteuer-Jahresausgleich ausgeschlossen sind Arbeitnehmer, die ganzjährig in einem Dienstverhältnis stehen, jedoch nicht beim gleichen Arbeitgeber.

Berechtigung zum Lohnsteuer-Jahresausgleich

Der Arbeitgeber darf den betrieblichen Lohnsteuer-Jahresausgleich auf freiwilliger Basis durchführen, wenn kein gesetzlicher Ausschlussgrund vorliegt.[1]

Verpflichtung zum Lohnsteuer-Jahresausgleich

Der Arbeitgeber ist zur Durchführung des Ausgleichs verpflichtet, wenn er am 31.12. des Ausgleichsjahres mindestens 10 Arbeitnehmer beschäftigt.

Ausschluss einzelner Arbeitnehmer vom Lohnsteuer-Jahresausgleich

In bestimmten Fällen darf der Arbeitgeber den Lohnsteuer-Jahresausgleich nicht durchführen, z. B. wenn

- der Arbeitnehmer es beantragt,
- für einen Teil des Ausgleichsjahres nach den Steuerklassen II, III oder IV zu besteuern war,
- der Arbeitslohn der Steuerklasse V oder VI unterlag,
- ein Freibetrag oder Hinzurechnungsbetrag bei der Lohnsteuerberechnung zu berücksichtigen war,
- das Faktorverfahren angewandt wurde,
- der Arbeitnehmer Kurzarbeitergeld, Entschädigungen für Verdienstausfall nach dem Infektionsschutzgesetz, Zuschüsse zum Mutterschaftsgeld oder vergleichbare Lohnersatzleistungen, die dem Progressionsvorbehalt unterliegen, bezogen hat oder
- der Arbeitnehmer an mindestens 5 aufeinanderfolgenden Tagen kein Entgelt erhalten hat (Großbuchstabe U).[2]

1 § 42b Abs. 1 Satz 1 EStG.
2 § 42b Abs. 1 Satz 3 EStG.

Der Arbeitgeber muss für jeden einzelnen Arbeitnehmer prüfen, ob alle Voraussetzungen zur Durchführung des Lohnsteuer-Jahresausgleichs vorliegen.

Wichtig

Ausgleich für 2023 trotz unterjährlicher Beitragsanpassung der Pflegeversicherung

Der Arbeitgeber darf einen Lohnsteuer-Jahresausgleich nicht durchführen, wenn für die Berechnung des Teilbetrags der Vorsorgepauschale für die Rentenversicherung oder die gesetzliche Kranken- und soziale Pflegeversicherung innerhalb des Kalenderjahres nicht durchgängig ein Beitragssatz anzuwenden war.[3]

Durch das Pflegeunterstützungs- und Entlastungsgesetz (PUEG) wurde der Beitragssatz zur Pflegeversicherung zum 1.7.2023 erhöht. Somit wäre ein Lohnsteuer-Jahresausgleich durch den Arbeitgeber für das Jahr 2023 grundsätzlich ausgeschlossen. In dem Bekanntmachungsschreiben zu den geänderten Programmablaufplänen für den Lohnsteuerabzug ab dem 1.7.2023 weist die Finanzverwaltung aber darauf hin, dass der Arbeitgeber für die betroffenen Arbeitnehmer trotz der Beitragsanpassung im laufenden Jahr einen Lohnsteuer-Jahresausgleich für das Jahr 2023 durchführen kann. Hierbei dürfen Arbeitgeber die Erhöhung des allgemeinen Beitragssatzes zur Pflegeversicherung sowie des Kinderlosenzuschlags jedoch nur zur Hälfte berücksichtigen.

Frist für den Lohnsteuer-Jahresausgleich

Der Arbeitgeber darf den Lohnsteuer-Jahresausgleich frühestens bei der Lohnabrechnung für den letzten im Ausgleichsjahr endenden Lohnzahlungszeitraum und spätestens bis zum letzten Tag des Februars des Folgejahres durchführen, also spätestens am 28.2. (in Schaltjahren zum 29.2.). Die Frist entspricht der Frist für die Übermittlung der elektronischen ↗ Lohnsteuerbescheinigung.[4] Bei monatlicher Lohnzahlung ist der betriebliche Lohnsteuer-Jahresausgleich daher frühestens mit der Abrechnung für Dezember bzw. spätestens mit der Lohnabrechnung für Februar des Folgejahres möglich.

Durchführung des Lohnsteuer-Jahresausgleichs

Ermittlung des Jahresarbeitslohns

Zunächst ist der im ↗ Lohnkonto aufgezeichnete Jahresarbeitslohn zu ermitteln. Dazu gehören alle laufenden und ↗ sonstigen Bezüge, die dem Arbeitnehmer im Laufe des Ausgleichsjahres zugeflossen sind. Steuerfreie Bezüge und pauschal versteuerte Bezüge bleiben außer Betracht.

Wichtig

Ermäßigt besteuerter Arbeitslohn

Nach der Fünftelregelung ermäßigt besteuerte Entschädigungen und Bezüge für mehrere Jahresowie hierauf entfallende Steuerabzugsbeträge bleiben im Rahmen des betrieblichen Lohnsteuer-Jahresausgleichs grundsätzlich unberücksichtigt. Der Arbeitnehmer kann jedoch die Einbeziehung dieser Bezüge ausdrücklich beantragen. Dies hat allerdings zur Folge, dass die entsprechenden Bezüge in vollem Umfang, also ohne ermäßigte Besteuerung, in die Berechnung einfließen. Bis auf wenige Ausnahmen dürfte dies für den Arbeitnehmer unvorteilhaft sein.[5, 6]

Gehören zum Jahresarbeitslohn steuerbegünstigte ↗ Versorgungsbezüge, sind diese um den ↗ Versorgungsfreibetrag sowie den Zuschlag zum Versorgungsfreibetrag zu kürzen.[7]

3 BMF, Schreiben v. 26.11.2013, IV C 5 – S 2367/13/10001, BStBl 2013 I S. 1532.
4 § 41b EStG.
5 § 42b Abs. 2 Satz 2 EStG; R 42b Abs. 2 LStR.
6 Ursprünglich war eine Abschaffung der Fünftelregelung im Lohnsteuerabzugsverfahren ab 2024 geplant. Da das Gesetzgebungsverfahren noch nicht abgeschlossen ist, kommt es vorerst zu keiner Änderung.
7 § 42b Abs. 2 Satz 3 EStG.

Bei Arbeitnehmern, die vor Beginn des Ausgleichsjahres das 64. Lebensjahr vollendet haben und noch in einem aktiven Beschäftigungsverhältnis stehen, sind die für die aktive Tätigkeit gezahlten Arbeitslöhne um den ⇗ Altersentlastungsbetrag zu kürzen.[1]

Ermittlung der Jahreslohnsteuer

Die Jahreslohnsteuer ist nach der am 31.12. gültigen Steuerklasse zu ermitteln und den insgesamt laut Lohnkonto im Kalenderjahr einbehaltenen Steuerbeträgen gegenüberzustellen.

- Wurde im Laufe des Kalenderjahres mehr Lohnsteuer einbehalten als Jahreslohnsteuer berechnet wurde, hat der Arbeitgeber dem Arbeitnehmer den Unterschiedsbetrag zu erstatten.
- Ein aus Jahressicht zu geringer Lohnsteuereinbehalt muss nicht korrigiert werden, wenn der Lohnsteuerabzug während des Kalenderjahres zutreffend erfolgte.
- Wurde zu wenig Lohnsteuer einbehalten, weil dem Arbeitgeber bei der laufenden Lohnabrechnung ein Fehler unterlaufen ist, ist der Lohnsteuerabzug zu korrigieren oder eine Anzeige an das ⇗ Betriebsstättenfinanzamt zu richten, damit das Finanzamt den Lohnsteuerfehlbetrag nachfordern kann.

Solidaritätszuschlag und Kirchensteuer

Neben dem Lohnsteuer-Jahresausgleich hat der Arbeitgeber auch für den ⇗ Solidaritätszuschlag und die ⇗ Kirchensteuer einen Jahresausgleich vorzunehmen. Maßgebend sind auch insoweit die Steuerklasse und die Zahl der Kinderfreibeträge, die für den letzten Lohnzahlungszeitraum im Kalenderjahr als Lohnsteuerabzugsmerkmale abgerufen wurden.

Hinweis

Freigrenze für den Solidaritätszuschlag seit 2021

Seit dem Jahr 2021 ist beim Lohnsteuer-Jahresausgleich der Solidaritätszuschlag nur zu ermitteln, wenn für das betreffende Jahr die Bemessungsgrundlage für den Solidaritätszuschlag (= Lohnsteuer) in Steuerklasse III mehr als 33.912 EUR und in den Steuerklassen I, II oder IV mehr als 16.956 EUR beträgt. In den Jahren 2023 und 2024 gelten höhere Freigrenzen.[2]

Freigrenzen	Steuerklassen I, II oder IV	Steuerklasse III
Seit 2021	16.956 EUR	33.912 EUR
Ab 2023	17.543 EUR	35.086 EUR
Ab 2024	18.130 EUR	36.260 EUR

Beim Kirchensteuer-Jahresausgleich ist die Jahreskirchensteuer mit dem Prozentsatz zu berechnen, der am Ort der lohnsteuerlichen Betriebsstätte gilt (8 % oder 9 %).

Der Ausgleich von Solidaritätszuschlag und Kirchensteuer ist jeweils ein eigenständiges Ausgleichsverfahren. Erstattungsbeträge sind an den Arbeitnehmer weiterzuleiten. Fehlbeträge sind bei zutreffendem Abzug während des Kalenderjahres nicht nachzufordern, auch nicht durch Verrechnung.

Aufzeichnungspflichten

Die Durchführung des Lohnsteuer-Jahresausgleichs, die Berechnungen, das Ergebnis sowie die erstatteten Steuerbeträge sind im ⇗ Lohnkonto aufzuzeichnen. In der ⇗ Lohnsteuerbescheinigung sind nur die um den Erstattungsbetrag verminderten Beträge auszuweisen.[3]

1 § 24a EStG.
2 § 3 Abs. 5 SolzG.
3 § 42b Abs. 4 EStG.

Achtung

Arbeitgeberhaftung

Der Arbeitgeber haftet für die ordnungsmäßige Durchführung des Lohnsteuer-Jahresausgleichs in gleicher Weise wie für die zutreffende Einbehaltung und Abführung der Lohnsteuer.[4] Erstattet er dem Arbeitnehmer einen höheren Betrag als diesem zusteht, kann er wegen des zu Unrecht erstatteten Betrags in Haftung genommen werden.

Veranlagung zur Einkommensteuer

Hat der Arbeitgeber den Lohnsteuer-Jahresausgleich nicht durchgeführt, sollte der Arbeitnehmer beim Finanzamt eine Veranlagung zur Einkommensteuer beantragen, sofern er nicht bereits von Amts wegen zu veranlagen ist. Diese Antragsveranlagung[5] ist insbesondere dann vorteilhaft, wenn beim Arbeitnehmer Änderungen der persönlichen Verhältnisse (z.B. Heirat) oder Steuerermäßigungsgründe (z.B. höhere Werbungskosten) zum Tragen kommen, die beim Lohnsteuerabzug nicht oder nicht vollständig berücksichtigt wurden.

Permanenter Lohnsteuer-Jahresausgleich

Der permanente Lohnsteuer-Jahresausgleich ist ein besonderes Verfahren zur Ermittlung des Lohnsteuerabzugs vom laufenden Arbeitslohn[6] bereits während des Kalenderjahres und ist nicht mit dem betrieblichen Lohnsteuer-Jahresausgleich am Ende des Kalenderjahres zu verwechseln.

Lohnsteuerkarte

Die Gemeinden stellten Arbeitnehmern letztmals für das Kalenderjahr 2010 eine Lohnsteuerkarte aus. Die Lohnsteuerkarte wurde durch das ELStAM-Verfahren ersetzt, das grundsätzlich seit Januar 2013 gilt. Bis zur erstmaligen Teilnahme des Arbeitgebers am ELStAM-Verfahren galt die Lohnsteuerkarte 2010 fort; sog. Übergangs- und Einführungszeitraum bis Ende 2013. Arbeitnehmer ohne Lohnsteuerkarte 2010 konnten beim Finanzamt eine sog. Ersatzbescheinigung beantragen bzw. die besondere Bescheinigung für den Lohnsteuerabzug bei abweichenden Meldedaten.

Gesetze, Vorschriften und Rechtsprechung

Lohnsteuer: Die Lohnsteuerabzugsmerkmale sind seit 2012 in § 39 EStG, R 39.1–39.2 LStR und H 39.1–39.2 LStH geregelt. Die Regelungen zur Einführung des ELStAM-Verfahrens, insbesondere zur Bildung und Anwendung der Lohnsteuerabzugsmerkmale, finden sich in § 39e EStG.

Lohnsteuer

Abschaffung des Papierverfahrens

Bis zum Umstieg auf das ELStAM-Verfahren in 2013 konnten Arbeitgeber die Lohnabrechnung nach dem „Papierverfahren“ durchführen. Für die Dauer des Papierverfahrens in 2013 galten die ⇗ Lohnsteuerabzugsmerkmale weiter, z.B. ⇗ Steuerklasse, Zahl der Kinderfreibeträge, Religionsmerkmal oder der ⇗ Faktor bei Steuerklasse IV. Die Lohnsteuerabzugsmerkmale ergaben sich aus

- der Lohnsteuerkarte 2010 bzw.
- der Ersatzbescheinigung 2011/2012/2013 oder
- sonstigen Papierbescheinigungen des Arbeitnehmers (u.a. Mitteilungsschreiben, ELStAM-Ausdruck).

4 § 42d Abs. 1 Nr. 2 EStG.
5 § 46 Abs. 2 Nr. 8 EStG.
6 R 39b.8 LStR.

Zuständigkeit für Lohnsteuerabzugsmerkmale

Seit 2011 ist die Finanzverwaltung für sämtliche Eintragungen auf der Lohnsteuerkarte 2010 zuständig. Dies ist i. d. R. das Wohnsitzfinanzamt des Arbeitnehmers. Lohnsteuerrechtlich relevante Meldedaten liefert die Stadt oder Gemeinde, z. B. Geburt eines Kindes, Religion, Heirat. Steuerliche Daten kommen vom Finanzamt, z. B. Freibeträge, Steuerklassenwechsel, Kinder über 18 Jahre in Ausbildung.

Dies galt seit 2011 für die Eintragungen auf der Lohnsteuerkarte etc. und gilt weiterhin auch im ⇗ ELStAM-Verfahren. Das Bundeszentralamt für Steuern bildet aus diesen Daten die ELStAM, die vom Arbeitgeber elektronisch abgerufen werden können.

Aufbewahrungspflicht des Arbeitgebers

Nach dem Einstieg in das ELStAM-Verfahren muss der Arbeitgeber den Lohnsteuerabzug stets nach den individuellen elektronischen ⇗ Lohnsteuerabzugsmerkmalen des jeweiligen Arbeitnehmers vornehmen. Die dem Arbeitgeber für den jeweiligen Arbeitnehmer vorliegenden Lohnsteuerabzugsmerkmale der Papierbescheinigungen dürfen nicht mehr beachtet werden. Nach dem erstmaligen Einstieg in das ELStAM-Verfahren ist eine Rückkehr zum Papierverfahren grundsätzlich nicht möglich.

Lohnsteuernachforderung

Der Arbeitgeber oder das Finanzamt fordern Lohnsteuer nach, wenn beim Lohnsteuerabzug zu wenig Lohnsteuer einbehalten wurde. Nachforderungen können ihre Ursache im Verhalten des Arbeitgebers oder des Arbeitnehmers haben. Bei der Lohnsteuernachforderung ist zwischen der Haftung des Arbeitgebers und der Rückforderung von Lohnsteuer beim Arbeitnehmer zu trennen. Die Nachforderung kann während oder nach Ablauf des betreffenden Kalenderjahres erfolgen.

Gesetze, Vorschriften und Rechtsprechung

Lohnsteuer: Der Arbeitgeber ist nach § 41c EStG zur Änderung des Lohnsteuerabzugs und zur Nacherhebung zu wenig einbehaltener Lohnsteuer beim Arbeitnehmer berechtigt. Weitere Einzelheiten regeln R 41c.1 bis R 41c.3 LStR sowie H 41c.1 bis H 41c.3 LStH.

Die Haftung des Arbeitgebers ergibt sich aus § 42d Abs. 3 EStG.

Sozialversicherung: Beitragspflichtiges Arbeitsentgelt ist in § 14 SGB IV geregelt. Eine mögliche Nachforderung von Sozialversicherungsbeiträgen ist in § 28g SGB IV erläutert. Hierbei gelten die zu berücksichtigenden Verjährungsvorschriften nach § 25 Abs. 1 SGB IV i. V. m. der Rechtsprechung des BSG, Urteil v. 30.3.2000, B 12 KR 14/99 R.

Lohnsteuer

Nachforderung durch Arbeitgeber

Reicht der vom Arbeitgeber geschuldete Barlohn zur Deckung der Lohnsteuer nicht aus, hat der Arbeitnehmer dem Arbeitgeber den Fehlbetrag zur Verfügung zu stellen. Alternativ kann der Arbeitgeber einen entsprechenden Teil der anderen Bezüge des Arbeitnehmers zurückbehalten. Soweit beides nicht möglich ist bzw. nicht gelingt, hat der Arbeitgeber dies dem ⇗ Betriebsstättenfinanzamt anzuzeigen. Das Finanzamt muss die zu wenig erhobene Lohnsteuer dann vom Arbeitnehmer nachfordern.[1]

1 § 38 Abs. 4 EStG.

Verpflichtung zum nachträglichen Einbehalt

Der Arbeitgeber ist berechtigt für bereits abgelaufene Lohnzahlungszeiträume noch nicht erhobene Lohnsteuer nachträglich einzubehalten. Dies gilt, wenn

- ihm ⇗ ELStAM zum Abruf zur Verfügung gestellt werden oder
- der Mitarbeiter eine Bescheinigung für den Lohnsteuerabzug mit Eintragungen vorlegt, die auf einen vorherigen Zeitpunkt zurückwirken.[2]

Der Arbeitgeber ist zur nachträglichen Einbehaltung verpflichtet, wenn er erkennt, dass er die Lohnsteuer bisher nicht vorschriftsmäßig einbehalten hat.[3] Diese Verpflichtung gilt nur, wenn dies wirtschaftlich zumutbar ist. Bei Arbeitgebern mit maschineller Lohnabrechnung gilt diese Voraussetzung regelmäßig als erfüllt.

Wichtig

Nachforderung wegen Gesetzesänderung

Eine Nachforderungspflicht (Änderungsverpflichtung der Lohnabrechnung) des Arbeitgebers besteht insbesondere auch bei nachträglichen Gesetzesänderungen.

Nachträglicher Einbehalt nach Ablauf des Kalenderjahres

Nach Ablauf des Kalenderjahres kann die Lohnsteuer nur einbehalten werden, solange die elektronische ⇗ Lohnsteuerbescheinigung noch nicht an das Finanzamt übermittelt wurde. Ändert der Arbeitgeber die Lohnabrechnung, muss er den nachzufordernden Steuerbetrag bei der nächsten Lohnzahlung in einer Summe einbehalten.

Wichtig

Pfändungsfreigrenzen unbeachtlich

Die nachträgliche Einbehaltung ist auch insoweit zulässig, als dadurch die Pfändungsfreigrenzen unterschritten werden.

Abzuführende Lohnsteuer übersteigt Nettolohn

Übersteigt der nachträgliche Lohnsteuerabzug den auszuzahlenden Barlohn, ist dieser bis zur Höhe des auszuzahlenden Barlohns vorzunehmen und dem Finanzamt für den übersteigenden Betrag eine Anzeige zu erstatten.

Nachforderung durch Finanzamt

Eine Lohnsteuernachforderung durch das Finanzamt kommt in folgenden Fällen in Betracht:

- Der Arbeitgeber will die zu wenig einbehaltene Lohnsteuer nicht selbst nacherheben,
- die nachträgliche Einbehaltung ist dem Arbeitgeber nicht möglich, weil der Arbeitnehmer von ihm keinen Arbeitslohn mehr bezieht,
- der Arbeitgeber hat bereits eine Lohnsteuerbescheinigung übermittelt oder
- die nachträglich abzuführende Lohnsteuer übersteigt den Nettolohn.

Der Arbeitgeber hat dies dem Betriebsstättenfinanzamt unverzüglich anzuzeigen, um sich von seiner ⇗ Arbeitgeberhaftung zu befreien. Das Finanzamt wird die zu wenig erhobene Lohnsteuer dann unmittelbar vom Arbeitnehmer einfordern, wenn der nachzufordernde Betrag 10 EUR übersteigt.

Nachforderung ausschließlich beim Arbeitnehmer

Darüber hinaus wird Lohnsteuer vom Finanzamt ausschließlich beim Arbeitnehmer nachgefordert, wenn

- als Lohnsteuerabzugsmerkmal eine zu günstige ⇗ Steuerklasse gebildet worden ist,
- als Lohnsteuerabzugsmerkmal eine zu hohe Kinderzahl gebildet worden ist,

2 § 41c Abs. 1 Nr. 1 EStG.
3 § 41c Abs. 1 Nr. 2 EStG.

- die Voraussetzungen für die Steuerklasse II nicht vorlagen und der Arbeitnehmer die falschen Merkmale nicht hat berichtigen lassen[1],
- als Lohnsteuerabzugsmerkmal ein Freibetrag unzutreffend ermittelt worden ist.[2]

In diesen Fällen haftet der Arbeitgeber insoweit nicht für die (nicht einbehaltenen) Lohnsteuerbeträge.[3]

Ebenso kann es zu Nachzahlungen und damit faktisch zu einer Nachforderung von Lohnsteuer im Rahmen der Einkommensteuerveranlagung des Arbeitnehmers kommen.

Haftung des Arbeitgebers

Der Arbeitgeber haftet für die Lohnsteuer, die er einzubehalten und abzuführen hat. Dies gilt grundsätzlich auch für die Nachforderung von Lohnsteuer.

Haftungsausschluss des Arbeitgebers

Der Arbeitgeber haftet jedoch nicht, soweit Lohnsteuer nachzufordern ist, wegen

- falscher Steuerklassen,
- falscher Kinderzahl,
- falscher Freibeträge und
- in den vom Arbeitgeber angezeigten Fällen.

Hinweis

Nachforderungsverzicht führt zu Arbeitslohn

Insbesondere im Rahmen einer ⇗ Lohnsteuer-Außenprüfung kann zu gering einbehaltene Lohnsteuer vom Arbeitnehmer nachgefordert werden oder im Wege der Haftung vom Arbeitgeber.

Wird der Arbeitgeber für die beim Arbeitnehmer zu gering einbehaltene Lohnsteuer haftbar gemacht und fordert er den Betrag vom Arbeitnehmer nicht zurück, führt der Verzicht zu zusätzlichem Arbeitslohn, der im Zeitpunkt des Verzichts lohnsteuerpflichtig ist.

Berechnung der Haftungsschuld mit durchschnittlichem Steuersatz

Alternativ kann der nachzufordernde Steuerbetrag auch mit einem pauschalen Steuersatz ermittelt und zulasten des Arbeitgebers erhoben werden, wenn die Nachforderung eine größere Zahl von Arbeitnehmern betrifft und der Arbeitgeber dies beantragt.[4] In diesem Fall muss grundsätzlich der Arbeitgeber die pauschale Lohnsteuer tragen; er wird zum unmittelbaren Steuerschuldner. Zulässig ist aber, die Pauschalsteuer auf den Arbeitnehmer abzuwälzen.

Sozialversicherung

Lohnsteuer als beitragspflichtiges Arbeitsentgelt

Lohnsteuer, die der Arbeitgeber

- auf vertraglicher Grundlage übernimmt, z. B. bei einer Nettolohnvereinbarung,
- nachträglich für zunächst steuerfrei gestellten Arbeitslohn abführt,
- aufgrund Haftbarkeit, z. B. ⇗ Lohnsteuer-Außenprüfung nachzuentrichten hat sowie
- bei Hinterziehung von Steuern und Sozialversicherungsbeiträgen zu zahlen hat

stellt beitragspflichtiges Arbeitsentgelt dar.

Auswertung von Lohnsteuer-Außenprüfungen

Betriebe werden regelmäßig in Abständen vom Finanzamt geprüft. Werden bei einer ⇗ Lohnsteuer-Außenprüfung Differenzen festgestellt, kommt es häufig zu Lohnsteuernachforderungen. Das kann bei falscher Bewertung von Dienstwagen, Sachbezügen oder anderen Sachverhalten der Fall sein.

Hinweis

Pflicht des Arbeitgebers

Der Arbeitgeber ist verpflichtet, den Lohnsteuerbescheid auch in sozialversicherungsrechtlicher Hinsicht auszuwerten. In den meisten Fällen sind steuerpflichtige Entgeltbestandteile auch sozialversicherungspflichtig. Daraus folgt, dass der von der Lohnsteuer-Außenprüfung steuerpflichtige Betrag mit dem Zeitpunkt der Feststellung auch beitragspflichtig in der Sozialversicherung ist. Unterlässt der Arbeitgeber die beitragsrechtliche Auswertung des Lohnsteuerbescheids, werden für die fälligen Beiträge zusätzlich Säumniszuschläge erhoben. Die Verjährungsvorschriften sind zu beachten.[5]

Tragung der nachzuzahlenden Beiträge

Wichtig

Einforderung beim Arbeitnehmer

Die nachzuzahlenden Sozialversicherungsbeiträge trägt in der Regel der Arbeitgeber allein. ⇗ Arbeitnehmeranteile dürfen höchstens für 3 zurückliegende Monate vom Lohn einbehalten werden. Nur wenn den Arbeitgeber keinerlei Verschulden trifft, dürfen Arbeitnehmeranteile für weiter zurückliegende Zeiträume eingefordert werden.[6]

Lohnsteuer-Nachschau

Die Lohnsteuer-Nachschau dient der Sicherstellung einer ordnungsgemäßen Einbehaltung und Abführung der Lohnsteuer. Sie ist ein eigenständiges Prüfungsverfahren zur zeitnahen Aufklärung steuererheblicher Sachverhalte. Die Lohnsteuer-Nachschau ist keine Lohnsteuer-Außenprüfung i. S. d. § 42f AO. Die besonderen Vorschriften der Abgabenordnung gelten deshalb nur für die Außenprüfung und nicht für die Lohnsteuer-Nachschau.

Gesetze, Vorschriften und Rechtsprechung

Lohnsteuer: § 42g EStG und das BMF-Schreiben v. 16.10.2014, IV C 5 – S 2386/09/10002 :001, BStBl 2014 I S. 1408, regeln den Ablauf und die Rechte und Pflichten des Arbeitgebers und des Betriebsstättenfinanzamts anlässlich einer Lohnsteuer-Nachschau.

Lohnsteuer

Sinn und Zweck der Lohnsteuer-Nachschau

Die Lohnsteuer-Nachschau dient der Sicherstellung einer ordnungsgemäßen Einbehaltung und Abführung der Lohnsteuer.[7] Sie soll dem ⇗ Betriebsstättenfinanzamt einen Eindruck von den räumlichen Verhältnissen, dem tatsächlich eingesetzten Personal und dem üblichen Geschäftsbetrieb vermitteln.

Die Lohnsteuer-Nachschau ist ein besonderes Verfahren zur zeitlichen Aufklärung steuererheblicher Sachverhalte und ist keine ⇗ Lohnsteuer-Außenprüfung.[8] Deshalb gelten die besonderen Vorschriften der Abgabenordnung für die Außenprüfung hier nicht. Insbesondere gelten die

1 § 39 Abs. 5 EStG.
2 § 39a Abs. 5 EStG.
3 § 42d Abs. 2 EStG.
4 BFH, Urteil v. 17.3.1994, VI R 120/92, BStBl 1994 II S. 536.
5 § 25 Abs. 1 SGB IV i. V. m. BSG, Urteil v. 30.3.2000, B 12 KR 14/99 R.
6 § 28g SGB IV.
7 § 42g Abs. 1 Satz 1 EStG.
8 Argument aus § 42g Abs. 4 EStG.

§§ 146 Abs. 2b, 147 Abs. 6, 201, 202 AO und § 42d Abs. 4 Satz 1 Nr. 2 EStG nicht.[1]

Im Übrigen hemmt der Beginn der Lohnsteuer-Nachschau nicht den Ablauf der Festsetzungsfrist.[2] Soweit eine Steuer unter dem Vorbehalt der Nachprüfung[3] festgesetzt worden ist, muss der Vorbehalt nach Durchführung der Lohnsteuer-Nachschau nicht aufgehoben werden.[4]

Lohnsteuer-Nachschau in besonderen Fällen

Eine Lohnsteuer-Nachschau kommt insbesondere in Betracht[5]:

- bei Beteiligung an Einsätzen der Finanzkontrolle Schwarzarbeit,
- zur Feststellung der Arbeitgeber- oder Arbeitnehmereigenschaft,
- zur Feststellung der Anzahl der insgesamt beschäftigten Arbeitnehmer,
- bei Aufnahme eines neuen Betriebs,
- zur Feststellung, ob der Arbeitgeber eine lohnsteuerliche ⇗ Betriebsstätte unterhält,
- zur Feststellung, ob eine Person selbstständig oder als Arbeitnehmer tätig ist,
- zur Prüfung der steuerlichen Behandlung von sog. ⇗ Minijobs[6], ausgenommen Beschäftigungen in Privathaushalten,
- zur Prüfung des Abrufs und der Anwendung der elektronischen ⇗ Lohnsteuerabzugsmerkmale (ELStAM) und
- zur Prüfung der Anwendung von Pauschalierungsvorschriften.[7]

Ablauf einer Lohnsteuer-Nachschau

Zur Durchführung einer Lohnsteuer-Nachschau bedarf es keiner Prüfungsanordnung i. S. d. § 196 AO.

Prüfung vor Ort während der Geschäftszeiten

Die Nachschau findet während der üblichen Geschäfts- und Arbeitszeiten statt.[8] Zur Durchführung der Nachschau können die mit der Durchführung beauftragten Bediensteten der Finanzverwaltung ohne vorherige Ankündigung Grundstücke und Räume der Personen betreten, die eine gewerbliche oder berufliche Tätigkeit ausüben.[9]

Prüfer muss über Rechte, Pflichten, Umfang und Anlass aufklären

Dem Arbeitgeber soll zu Beginn der Lohnsteuer-Nachschau der Vordruck „Durchführung einer Lohnsteuer-Nachschau" übergeben werden. Im Übrigen hat sich der Bedienstete der Finanzverwaltung auszuweisen.

Weil die Lohnsteuer-Nachschau keine Außenprüfung i. S. d. § 42f EStG ist, bedarf es bei Beendigung der Nachschau weder einer Schlussbesprechung noch eines Prüfungsberichts. Im Anschluss an eine Lohnsteuer-Nachschau ist deshalb auch ein Antrag auf verbindliche Zusage[10] nicht zulässig.

Rechte und Pflichten der Finanzverwaltung

Während der Lohnsteuer-Nachschau dürfen die beauftragten Bediensteten der Finanzverwaltung die Grundstücke und Räume der Personen betreten, die eine gewerbliche oder berufliche Tätigkeit ausüben. Die Grundstücke und Räume müssen aber nicht im Eigentum der gewerblich oder beruflich tätigen Personen stehen. Die Nachschau kann sich auch auf gemietete oder gepachtete Grundstücke oder Räume sowie auf andere Orte erstrecken, z. B. eine Baustelle.[11]

1 BMF, Schreiben v. 16.10.2014, IV C 5 – S 2386/09/10002 :001, BStBl 2014 I S. 1408, Rz. 2.
2 § 171 Abs. 4 AO.
3 § 164 AO.
4 BMF, Schreiben v. 16.10.2014, IV C 5 – S 2386/09/10002 :001, BStBl 2014 I S. 1408, Rz. 20.
5 BMF, Schreiben v. 16.10.2014, IV C 5 – S 2386/09/10002 :001, BStBl 2014 I S. 1408, Rz. 4.
6 Vgl. § 8 Abs. 1 und 2 SGB IV.
7 Z. B. § 37b Abs. 2 EStG.
8 § 42g Abs. 2 Satz 1 EStG.
9 § 42g Abs. 2 Satz 2 EStG.
10 § 204 AO.
11 BMF, Schreiben v. 16.10.2014, IV C 5 – S 2386/09/10002 :001, BStBl 2014 I S. 1408, Rz. 7.

Zutritt zu Privaträumen absolute Ausnahme

Wohnräume dürfen allerdings gegen den Willen des Inhabers nur zur Verhütung dringender Gefahren für die öffentliche Sicherheit und Ordnung betreten werden.[12] Ein häusliches ⇗ Arbeitszimmer oder Büro, welches innerhalb einer ansonsten privat genutzten Wohnung gelegen ist, darf aber auch dann betreten bzw. besichtigt werden, wenn es nur durch die ausschließlich privat genutzten Wohnräume erreichbar ist.[13]

Kein Recht auf elektronischen Datenzugriff

Weil die Lohnsteuer-Nachschau keine ⇗ Lohnsteuer-Außenprüfung ist[14], kann der mit der Lohnsteuer-Nachschau beauftragte Amtsträger nur dann auf elektronische Daten des durch die Nachschau Betroffenen zugreifen, wenn dieser zustimmt. Stimmt er dem Datenzugriff nicht zu, kann der mit der Lohnsteuer-Nachschau beauftragte Amtsträger verlangen, dass ihm die erforderlichen Unterlagen in Papierform vorgelegt werden. Sollten diese nur in elektronischer Form existieren, kann er verlangen, dass diese unverzüglich ausgedruckt werden.[15, 16]

Mitwirkungspflichten der Betroffenen

Die von der Nachschau betroffenen Personen haben dem Beauftragten der Finanzverwaltung auf Verlangen Lohn- und Gehaltsunterlagen, Aufzeichnungen, Bücher, Geschäftspapiere und andere Urkunden über die der Lohnsteuer-Nachschau unterliegenden Unterlagen vorzulegen und entsprechend Auskünfte zu erteilen.[17]

Im Ergebnis bedeutet dies, dass der von der Nachschau Betroffene Auskünfte über Art und Höhe seiner Einnahmen zu geben und auf Verlangen in seinem Besitz befindliche Bescheinigungen über den Lohnsteuerabzug sowie Belege über bereits entrichtete Lohnsteuer vorzulegen hat.[18]

Übergang zur Lohnsteuer-Außenprüfung

Geben die bei der Lohnsteuer-Nachschau getroffenen Feststellungen hierzu Anlass, kann ohne vorherige Prüfungsanordnung[19] zu einer Lohnsteuer-Außenprüfung nach § 42f EStG übergegangen werden.[20] Auf diesen Übergang muss allerdings schriftlich hingewiesen werden. Dabei gelten die allgemeinen Grundsätze über den notwendigen Inhalt von Prüfungsanordnungen entsprechend. Das bedeutet, dass insbesondere der Prüfungszeitraum und der Prüfungsumfang festzulegen sind. Für die Durchführung der nachfolgenden Lohnsteuer-Außenprüfung gelten die §§ 199 ff. AO.[21]

Anlass für eine nachfolgende Außenprüfung

Die Entscheidung, wann zu einer ⇗ Lohnsteuer-Außenprüfung überzugehen ist, liegt im Ermessen der Finanzverwaltung. Die Verwaltung zählt jedoch in ihrem BMF-Schreiben Fallgestaltungen auf, bei deren Vorliegen ein Übergang angezeigt sein kann. Zu einer Außenprüfung soll danach übergegangen werden, wenn:

- bei der Lohnsteuer-Nachschau erhebliche Fehler beim Steuerabzug vom Arbeitslohn festgestellt wurden,
- der für die Besteuerung maßgebliche Sachverhalt im Rahmen der Lohnsteuer-Nachschau nicht abschließend geprüft werden kann und weitere Ermittlungen erforderlich sind,
- der Arbeitgeber seinen Mitwirkungspflichten im Rahmen der Lohnsteuer-Nachschau nicht nachkommt oder
- die Ermittlung von Sachverhalten aufgrund des fehlenden Datenzugriffs nicht oder nur erschwert möglich ist.

12 § 42g Abs. 2 Satz 3 EStG.
13 BMF, Schreiben v. 16.10.2014, IV C 5 – S 2386/09/10002 :001, BStBl 2014 I S. 1408, Rz. 8 und 9.
14 § 42f EStG.
15 Vgl. § 147 Abs. 5 2. Halbsatz AO.
16 BMF, Schreiben v. 16.10.2014, IV C 5 – S 2386/09/10002 :001, BStBl 2014 I S. 1408, Rz. 14.
17 § 42g Abs. 3 EStG.
18 § 42g Abs. 3 Satz 2 i. V. m. § 42f Abs. 2 Satz 2 EStG.
19 § 196 AO.
20 § 42g Abs. 4 Satz 1 EStG.
21 BMF, Schreiben v. 16.10.2014, IV C 5 – S 2386/09/10002 :001, BStBl 2014 I S. 1408, Rz. 15.

Einspruch gegen die Lohnsteuer-Nachschau

Grundsätzlich sind gegen schlichtes Verwaltungshandeln keine Rechtsmittel gegeben.[1]

Allerdings können im Rahmen der Lohnsteuer-Nachschau ergangene Verwaltungsakte mit Einspruch angefochten werden, z. B. mit einem Einspruch[2]

- gegen die Aufforderung das Betreten der nicht öffentlichen Geschäftsräume zu dulden,
- gegen die Vorlage von Aufzeichnungen, Büchern, Geschäftspapieren und anderer lohnsteuerlich relevanter Unterlagen und
- gegen die Erteilung von Auskünften.[3] Über den Einspruch entscheidet der Prüfer sofort bzw. später das Finanzamt.

Lohnsteuertabelle

Der Arbeitgeber kann die für den Arbeitslohn zu erhebende Lohnsteuer maschinell oder manuell berechnen. Für die manuelle Berechnung werden Lohnsteuertabellen veröffentlicht. Um diese einheitlich erstellen zu können, gibt das Bundesministerium der Finanzen jährlich amtliche Programmablaufpläne zur Erstellung von Lohnsteuertabellen heraus. Diese enthalten bundeseinheitliche Vorgaben für die benötigten Berechnungsschritte. Der Programmablaufplan berücksichtigt die gesetzlichen Änderungen beim Einkommensteuertarif, u. a. die Anhebung des steuerfreien Grundfreibetrags und des Kinderfreibetrags.

Gesetze, Vorschriften und Rechtsprechung

Lohnsteuer: § 51 Abs. 4 Nr. 1a EStG ist Rechtsgrundlage für den amtlichen Programmablaufplan zur Erstellung der Lohnsteuertabellen. Für das jeweilige Kalenderjahr wird der amtliche Programmablaufplan durch BMF-Schreiben veröffentlicht.

Das BMF hat den Programmablaufplan für die maschinelle Berechnung der vom Arbeitslohn einzubehaltenden Lohnsteuer, des Solidaritätszuschlags und der Maßstabsteuer für die Kirchenlohnsteuer für 2024 bekannt gemacht mit dem BMF-Schreiben v. 3.11.2023, IV C 5 – S 2361/19/10008 :010, BStBl 2023 I S. 1879, aber gleichzeitig eine nochmalige Änderung für Anfang 2024 angekündigt und eine Übergangsregelung für die manuelle Berechnung getroffen. Arbeitgeber, die die Lohnsteuer manuell ermitteln, können für einen Übergangszeitraum die Lohnsteuer auch auf Grundlage der Lohnsteuertabellen ab Juli für 2023 (sog. Juli-Tabellen 2023, s. BMF, Bekanntmachung v. 19.6.2023, IV C 5 – S 2361/19/10008 :009, BStBl 2023 I S. 1014, Anlage 2) ermitteln, wenn der Arbeitnehmer nicht ausdrücklich widerspricht.

Lohnsteuer

Unterschied zwischen Lohn- und Einkommensteuertarif

Die Lohnsteuertabellen sind aus dem Einkommensteuertarif abgeleitet. Wesentlicher Unterschied zwischen Lohnsteuer- und Einkommensteuertarif ist die Berücksichtigung gesetzlicher Frei- und Pauschbeträge. Damit der Lohnsteuerabzug der endgültigen Einkommensteuer möglichst nahekommt, wird die Lohnsteuer nach 6 unterschiedlichen ↗ Steuerklassen berechnet, in die verschiedene Frei- und Pauschbeträge eingearbeitet sind, z. B. in

- Steuerklasse I–V der Arbeitnehmer-Pauschbetrag von 1.230 EUR[4];
- Steuerklasse I, II und IV der ↗ Sonderausgaben-Pauschbetrag von 36 EUR (72 EUR in Steuerklasse III);
- Steuerklasse I–VI die ↗ Vorsorgepauschale;
- Steuerklasse II der ↗ Entlastungsbetrag für Alleinerziehende von 4.260 EUR.[5]

Das für das Jahr 2024 steuerfreie Existenzminimum von 11.604 EUR für Alleinstehende (2023: 10.908) und 23.208 EUR für Verheiratete mit Steuerklasse III (2023: 21.816 EUR) wird als Grundfreibetrag bereits in der Tabelle berücksichtigt.[6]

Korrektur bei Änderung der Lohnsteuertabellen

Im Jahr 2023 ist es aufgrund von Gesetzesänderungen zu einer mehrfachen Änderung der Lohnsteuertabellen gekommen. Auch für 2024 sind Änderungen zu erwarten. Der bekannt gegebene Programmablaufplan für 2024 berücksichtigt ausdrücklich noch nicht die geplanten Änderungen durch das sog. Wachstumschancengesetz. Das Bundesfinanzministerium hat angekündigt, dass Anfang 2024 – nach Abschluss des Gesetzgebungsverfahrens – ein nochmals geänderter Programmablaufplan für die maschinelle Lohnsteuerberechnung mit weiteren Einzelheiten zur Korrektur des Lohnsteuerabzugs bekannt gemacht wird.[7]

Der in den Monaten bis zur Anwendung der endgültigen Programmablaufpläne vorgenommene Lohnsteuerabzug ist vom Arbeitgeber nach Inkrafttreten neuer Tabellen i. d. R. zu korrigieren.[8] Die Art und Weise wird dabei nicht zwingend festgelegt. Sie kann erfolgen

- durch eine Neuberechnung zurückliegender Lohnzahlungszeiträume,
- durch eine Differenzberechnung für diese Lohnzahlungszeiträume oder
- durch eine Erstattung im Rahmen der Berechnung der Lohnsteuer für einen demnächst fälligen sonstigen Bezug .

Eine Verpflichtung zur Neuberechnung allerdings scheidet aus, wenn z. B. der Arbeitnehmer vom Arbeitgeber keinen Arbeitslohn mehr bezieht oder wenn die Lohnsteuerbescheinigung bereits übermittelt oder ausgeschrieben worden ist.[9]

Manuelle Berechnung der Lohnsteuer

Maschinelle Lohnabrechnungsprogramme errechnen die Lohnsteuer für jeden Arbeitslohn stufenlos nach einer Tarifformel. Lohnsteuertabellen werden nur noch bei manueller Lohnsteuerberechnung angewendet, wobei folgende Besonderheiten zu beachten sind:

- In den Tabellen wird die Lohnsteuer jeweils nur für bestimmte Beträge ausgewiesen („von ... bis ..."), sog. Tabellenstufen; diese Tabellenstufen betragen jeweils 36 EUR, in der Steuerklasse III 72 EUR.
- Die Lohnsteuer wird jeweils an der Obergrenze der Tabellenstufe berechnet.
- Aus Vereinfachungsgründen wird bei der Erstellung der Lohnsteuertabellen für die Ermittlung der Vorsorgepauschale kein Beitragszuschlag für Kinderlose[10] berücksichtigt.

Die manuell berechnete Lohnsteuer ist damit in den meisten Fällen geringfügig höher als bei maschineller Berechnung. Der Unterschiedsbetrag wird regelmäßig durch den vom Arbeitgeber durchgeführten ↗ Lohnsteuer-Jahresausgleich ausgeglichen. Alternativ kann der Ausgleich durch eine Veranlagung zur Einkommensteuer erfolgen.

1 BMF, Schreiben v. 16.10.2014, IV C 5 – S 2386/09/10002 :001, BStBl 2014 I S. 1408, Rz. 22.
2 § 347 AO.
3 BMF, Schreiben v. 16.10.2014, IV C 5 – S 2386/09/10002 :001, BStBl 2014 I S. 1408, Rz. 22.
4 § 9a Nr. 1a EStG.
5 § 24b EStG.
6 Freibeträge nach § 32a EStG i. d. F. des Inflationsausgleichsgesetzes v. 8.12.2022.
7 BMF, Schreiben v. 3.11.2023, IV C 5 – S 2361/19/10008 :010, BStBl 2023 I S. 1879.
8 § 41c Abs. 1 Satz 1 Nr. 2 und Satz 2 EStG.
9 § 41c Abs. 3 EStG.
10 § 55 Abs. 3 SGB XI.

Wichtig

Übergangsregelung für 2024

Bis zur Bekanntmachung eines Programmablaufplans für die Erstellung von Lohnsteuertabellen für 2024 zur manuellen Berechnung gilt folgende Übergangsregelung[1]: Arbeitgeber, die die Lohnsteuer manuell über die Lohnsteuertabellen ermitteln, können für den Übergangszeitraum die Lohnsteuer auch auf Grundlage der Lohnsteuertabellen ab 1.7.2023 ermitteln, wenn der Arbeitnehmer nicht ausdrücklich widerspricht.

Bemessungsgrundlage ist der Bruttoarbeitslohn

Bemessungsgrundlage für die manuelle Lohnsteuerberechnung ist der steuerpflichtige Bruttoarbeitslohn, der dem jeweiligen Lohnzahlungszeitraum zuzuordnen ist. Hiervon abzuziehen sind etwaige auf den Lohnzahlungszeitraum entfallende Freibeträge für ↗ Versorgungsbezüge und/oder der ↗ Altersentlastungsbetrag. Ferner sind ↗ Freibeträge abzuziehen bzw. ein Hinzurechnungsbetrag hinzuzurechnen.

Die Lohnsteuer wird entsprechend dem Lohnzahlungszeitraum nach amtlichen Lohnsteuertabellen berechnet:

- Monatssteuertabelle für den laufenden Steuerabzug;
- Tageslohnsteuertabelle bei Teillohnzahlungszeiträumen;
- Jahreslohnsteuertabelle für ↗ sonstige Bezüge.

Der ermittelte Arbeitslohn ist einer Tabellenstufe zuzuordnen. Die Lohnsteuer für den steuerpflichtigen Arbeitslohn ist aus der für die Steuerklasse maßgebenden Spalte der Lohnsteuertabelle abzulesen.

Achtung

Berücksichtigung von Kindern beim Lohnsteuerabzug

Die als Lohnsteuerabzugsmerkmal gebildete Zahl der Kinderfreibeträge wird bei der Lohnsteuerberechnung nicht berücksichtigt. Eine Berücksichtigung erfolgt lediglich bei der Ermittlung des ↗ Solidaritätszuschlags und der ↗ Kirchensteuer.

Solidaritätszuschlag und Kirchensteuer

Die Lohnsteuertabellen enthalten auch den ↗ Solidaritätszuschlag und die Kirchenlohnsteuer. Inzwischen ist der Solidaritätszuschlag für einen Großteil der Lohnsteuerzahler weggefallen. Bis zu folgenden Grenzbeträgen an zu zahlender Lohnsteuer wird im Jahr 2024 kein Zuschlag erhoben:

- für Ehegatten bzw. in der Steuerklasse III bis zu 36.260 EUR Lohnsteuer im Jahr (bis 2023: 35.086 EUR),
- in allen übrigen Fällen bis zu 18.130 EUR Lohnsteuer im Jahr (bis 2023: 17.543 EUR).

Die Freigrenzen sind ebenfalls in den Tabellen berücksichtigt.

Allgemeine und besondere Lohnsteuertabelle

Der Arbeitgeber muss entscheiden, ob die allgemeine Lohnsteuertabelle oder die besondere Lohnsteuertabelle anzuwenden ist. Dabei sind folgende Grundsätze maßgebend:

Allgemeine Tabelle für rentenversicherungspflichtige Arbeitnehmer

Die allgemeine Lohnsteuertabelle ist zu verwenden für Arbeitnehmer, die in allen Sozialversicherungszweigen versichert sind (also Beiträge zur gesetzlichen Renten-, Kranken- und Pflegeversicherung entrichten). Dazu gehören auch Arbeitnehmer, die in der gesetzlichen Rentenversicherung pflichtversichert und in der gesetzlichen Kranken- und Pflegeversicherung freiwillig versichert sind.

Besondere Tabelle für nicht Rentenversicherungspflichtige

Die besondere Lohnsteuertabelle wird grundsätzlich angewendet, wenn der Arbeitnehmer in der gesetzlichen Rentenversicherung nicht versicherungspflichtig ist; quasi obligatorisch ist auch eine private Kranken- und Pflegeversicherung. Diesen Personen steht eine geringere Vorsorgepauschale zu als anderen Arbeitnehmern. Die besondere Lohnsteuertabelle ist anzuwenden für

- ↗ Beamte
- Richter,
- Berufssoldaten,
- nicht rentenversicherungspflichtige (beherrschende) GmbH-Gesellschafter-Geschäftsführer sowie
- Vorstandsmitglieder von Aktiengesellschaften.

Die besondere Tabelle gilt auch, wenn der Arbeitgeber den Gesamtsozialversicherungsbeitrag allein tragen muss.[2] Betroffene Fälle sind u. a.

- Arbeitnehmer in Berufsausbildung mit einem Arbeitsentgelt von bis zu monatlich 325 EUR,
- ↗ geringfügig entlohnte Beschäftigungen (versicherungsfreie kurzfristige Beschäftigung), bei denen die Lohnsteuer nach den individuellen Lohnsteuerabzugsmerkmalen erhoben wird,
- weiterbeschäftigte ↗ Rentner, selbst wenn ein Arbeitgeberanteil zur gesetzlichen Rentenversicherung zu entrichten ist,
- andere Arbeitnehmer, die nicht in der gesetzlichen Rentenversicherung pflichtversichert sind und deshalb auch keinen Arbeitnehmerbeitrag zur gesetzlichen Rentenversicherung zu leisten haben, z. B. ↗ Praktikanten
- Arbeitnehmer, wenn ihnen eine ↗ betriebliche Altersversorgung zugesagt wurde.

Näheres regelt ein Verwaltungserlass.[3]

Allgemeine Tabelle für ausländische Arbeitnehmer

Für im Inland beschäftigte ausländische Arbeitnehmer kann die allgemeine Lohnsteuertabelle angewendet werden, wenn diese Arbeitnehmer im Inland sozialversicherungspflichtig sind.

Tipp

Ausnahme bei Beitragsabführung an ausländische Sozialversicherungsträger

Werden Beiträge zur Alterssicherung an ausländische Sozialversicherungsträger abgeführt, kann die allgemeine Lohnsteuertabelle nach dem vorgenannten Verwaltungserlass nur angewendet werden, wenn der abzuführende Beitrag – zumindest teilweise – einen Arbeitnehmeranteil enthält und dem Grunde nach zu einem Sonderausgabenabzug[4] führen kann. Es ist nicht erforderlich, dass ein Sozialversicherungsabkommen mit dem anderen Staat besteht.

Lohnzahlung durch Dritte

Einnahmen eines Arbeitnehmers, die ihren Leistungsgrund im Dienstverhältnis zum eigenen Arbeitgeber haben, jedoch von einem Dritten gezahlt werden, gehören als Lohnzahlung durch Dritte zum steuerpflichtigen Arbeitslohn. Die Lohnsteuerabzugsverpflichtung trifft hierbei grundsätzlich den Arbeitgeber. In Ausnahmefällen gehen die lohnsteuerlichen Abzugspflichten auf den Dritten über. Voraussetzung ist, dass die lohnsteuerlichen Arbeitgeberpflichten mit Zustimmung des Betriebsstätten-Finanzamts einvernehmlich vom Arbeitgeber auf einen Dritten übertragen werden.

1 BMF, Schreiben v. 3.11.2023, IV C 5 – S 2361/19/10008 :010, BStBl 2023 I S. 1879.

2 § 20 Abs. 3 Satz 1 SGB IV.
3 BMF, Schreiben v. 26.11.2013, IV C 5 – S 2367/13/10001, BStBl 2013 I S. 1532.
4 § 10 Abs. 1 Nr. 2 Buchst. a EStG.

Gesetze, Vorschriften und Rechtsprechung

Lohnsteuer: Rechtsgrundlage für den Lohnsteuerabzug bei Lohnzahlung durch Dritte ist § 38 Abs. 1 Satz 3 EStG. Die Finanzverwaltung hat in R 38.4 LStR und H 38.4 LStH Stellung genommen.

Sozialversicherung: Die Beurteilung, in welchen Fällen es sich bei Zahlungen Dritter an Arbeitnehmer um Arbeitsentgelt im sozialversicherungsrechtlichen Sinne handelt, hat auf der Grundlage von § 14 SGB IV in Verbindung mit der Sozialversicherungsentgeltverordnung zu erfolgen.

Entgelt	LSt	SV
Lohnzahlung durch Dritte	pflichtig	pflichtig

Lohnsteuer

Lohnzahlung Dritter als Arbeitslohn

Einnahmen, die dem Arbeitnehmer nicht von seinem Arbeitgeber, sondern von dritter Seite zufließen, können ebenfalls Arbeitslohn sein. Voraussetzung ist, dass zwischen der Zuwendung des Dritten und der vom Arbeitnehmer im Rahmen seines Dienstverhältnisses für den Arbeitgeber zu erbringenden Arbeit ein Zusammenhang besteht. Von einem solchen Zusammenhang ist auszugehen, wenn der Dritte mit der Zuwendung anstelle des Arbeitgebers die Arbeitsleistung des Arbeitnehmers entlohnt, indem der Arbeitgeber etwa einen ihm zustehenden Vorteil im abgekürzten Weg an seine Mitarbeiter weitergibt.

„Schenkung" Dritter als Arbeitslohn

Davon ist auch auszugehen, wenn eine Konzernmutter die für sie erbrachten Leistungen des Arbeitnehmers an dessen Arbeitgeber vergütet, der eine Tochtergesellschaft ist. An dieser Wertung ändert sich auch nichts dadurch, dass der Zuwendende die Leistung als Schenkung ansieht.[1]

Rabattgewährung Dritter

Wirkt der eigene Arbeitgeber an einer Rabattgewährung von dritter Seite mit, ist grundsätzlich von einer unmittelbaren Zuwendung des eigentlichen Arbeitgebers an seine Arbeitnehmer auszugehen und nicht von einer Lohnzahlung durch Dritte. Der Dritte darf mit seiner Zuwendung an den Arbeitnehmer jedoch nicht gegen den Willen und die Interessen des Arbeitgebers handeln.

Beruht allerdings der Vorteil auf eigenen, unmittelbaren rechtlichen oder wirtschaftlichen Beziehungen zwischen dem Arbeitnehmer und dem Dritten, kommt die Annahme einer Lohnzahlung von dritter Seite nicht in Betracht. Arbeitslohn liegt auch dann nicht vor, wenn und soweit der Preisvorteil auch fremden Dritten üblicherweise im normalen Geschäftsverkehr eingeräumt wird (z. B. Mengenrabatte).[2]

Mitwirkung des Arbeitgebers ist entscheidend

Wenn ein Dritter z. B. im Rahmen eines Mitarbeiter-Vorteilsprogramms Rabatte für eigene Produkte gewährt und der eigene Arbeitgeber hieran nicht selbst mitgewirkt hat, liegt kein Arbeitslohn von dritter Seite vor, da die Vorteilsgewährung hier nicht für eine Leistung an den eigenen Arbeitgeber gewährt wird. Die Kenntnis des eigenen Arbeitgebers von der Vorteilsgewährung des Dritten ist unschädlich.[3] Gegen die Annahme von Arbeitslohn spricht, wenn der Dritte den Rabatt aus eigenwirtschaftlichen Gründen gewährt.[4]

Ein eigenwirtschaftliches Interesse des Dritten kann auch dann vorliegen, wenn ein Autohersteller den Arbeitnehmern eines verbundenen Unternehmens dieselben Rabatte beim Autokauf gewährt wie seinen eigenen Mitarbeitern.[5]

Arbeitslohn von dritter Seite ist ebenfalls ausgeschlossen, wenn der Arbeitgeber mit den die Vorteile gewährenden Unternehmen keine Vereinbarungen über die Rabattgewährung getroffen hat und die gewährten Vorteile weiteren Personenkreisen als nur diesen Arbeitnehmern angeboten wurden. In diesem Fall ist es auch unschädlich, wenn der Arbeitgeber an der Vorteilsgewährung des Dritten durch die Bereitstellung von Besprechungsräumen und Bekanntgabe von Ansprechpartnern und Sprechzeiten des Dritten mitwirkt.[6] Arbeitslohn von dritter Seite liegt nicht allein deshalb vor, weil der Arbeitgeber an der Verschaffung der Rabatte mitgewirkt hat. In Fällen ohne Mitwirkung des Arbeitgebers ist es unschädlich, wenn der Arbeitgeber von der Rabattgewährung nur Kenntnis hätte haben müssen.[7]

Kriterien für aktive Mitwirkung des Arbeitgebers

Hat der Arbeitgeber an der Verschaffung von Preisvorteilen aktiv mitgewirkt, gehören diese Preisvorteile zum Arbeitslohn. Eine aktive Mitwirkung des Arbeitgebers in diesem Sinne liegt vor, wenn

- aus dem Handeln des Arbeitgebers ein Anspruch des Arbeitnehmers auf den Preisvorteil entstanden ist oder
- der Arbeitgeber für den Dritten Verpflichtungen übernommen hat, z. B. Inkassotätigkeit oder Haftung.

Von einer aktiven Mitwirkung des Arbeitgebers in diesem Sinne wird ausgegangen, wenn

- zwischen Arbeitgeber und Drittem eine enge wirtschaftliche oder tatsächliche Verflechtung oder enge Beziehung sonstiger Art besteht, z. B. Organschaftsverhältnis, oder
- dem Arbeitnehmer Preisvorteile von einem Unternehmen eingeräumt werden, dessen Arbeitnehmer ihrerseits Preisvorteile vom Arbeitgeber erhalten.[8]

Kriterien für keine Mitwirkung des Arbeitgebers

Eine aktive Mitwirkung des Arbeitgebers an der Verschaffung von Preisvorteilen liegt nicht vor, wenn sich seine Beteiligung darauf beschränkt:

- Angebote Dritter in seinem Betrieb z. B. am „schwarzen Brett", im betriebseigenen Intranet oder in einem Personalhandbuch bekannt zu machen;
- Angebote Dritter an die Arbeitnehmer seines Betriebs und eventuell damit verbundene Störungen des Betriebsablaufs zu dulden;
- die Betriebszugehörigkeit der Arbeitnehmer zu bescheinigen;
- Räumlichkeiten für Treffen der Arbeitnehmer mit Ansprechpartnern des Dritten zur Verfügung zu stellen.

An einer Mitwirkung des Arbeitgebers fehlt es auch, wenn bei der Verschaffung von Preisvorteilen allein eine vom Arbeitgeber unabhängige Selbsthilfeeinrichtung der Arbeitnehmer mitwirkt. Auch die Mitwirkung des Betriebsrats oder Personalrats an der Verschaffung von Preisvorteilen durch Dritte führt allein nicht zur Annahme von Arbeitslohn.[9]

Verpflichtung zum Lohnsteuerabzug

Verpflichtung des Arbeitgebers zum Lohnsteuerabzug

Grundsätzlich ist der Arbeitgeber bei einer Lohnzahlung durch Dritte zum Lohnsteuerabzug verpflichtet.

Ausnahmsweise gehen die lohnsteuerlichen Abzugspflichten auf den Dritten über. Dies ist der Fall, wenn die lohnsteuerlichen Arbeitgeberpflichten mit Zustimmung des Betriebsstättenfinanzamts einvernehmlich vom Arbeitgeber auf einen Dritten übertragen werden. Die Besteuerung von Arbeitslohnzahlungen durch Dritte, die nicht dem Lohnsteuerabzug durch den Arbeitgeber unterliegen, wird im Rahmen einer Veranlagung zur Einkommensteuer nach § 25 EStG verwirklicht.

Arbeitgeberpflichten bei Lohnzahlungen Dritter

Der Arbeitgeber hat Lohnsteuer für den von dritter Seite gezahlten Arbeitslohn dann einzubehalten, wenn der Dritte in der praktischen Auswirkung nur als Zahlstelle des Arbeitgebers in die Auszahlung des

1 BFH, Urteil v. 28.2.2013, VI R 58/11, BStBl 2013 II S. 642.
2 BMF, Schreiben v. 20.1.2015, IV C 5 – S 2360/12/10002, BStBl 2015 I S. 143.
3 BFH, Urteil v. 18.10.2012, VI R 64/11, BStBl 2015 II S. 184.
4 FG Hamburg, Urteil v. 29.11.2017, 1 K 111/16.
5 BFH, Urteil v. 16.2.2022, VI R 53/18, BFH/NV 2022, 587.
6 BFH, Urteil v. 10.4.2014, VI R 62/11, BStBl 2015 II S. 191.
7 BFH, Urteil v. 18.10.2012, BStBl 2015 II S. 184.
8 BMF, Schreiben v. 20.1.2015, IV C 5 – S 2360/12/10002, BStBl 2015 I S. 143.
9 BMF, Schreiben v. 20.1.2015, IV C 5 – S 2360/12/10002, BStBl 2015 I S. 143.

Arbeitslohns eingeschaltet ist. In diesem Fall sind die Arbeitgeberpflichten uneingeschränkt allein durch den Arbeitgeber, nicht hingegen von der Zahlstelle zu erfüllen.[1] Gleiches gilt, wenn zwischen dem Arbeitgeber und dem Dritten eine enge wirtschaftliche oder tatsächliche Verflechtung oder enge Beziehung sonstiger Art besteht.

Unechte und echte Lohnzahlungen

Die Lohnsteuer-Richtlinien unterscheiden zwischen sog. unechten und echten Lohnzahlungen durch Dritte.

Die unechte Lohnzahlung von dritter Seite löst stets eine Lohnsteuerabzugsverpflichtung beim Arbeitgeber aus. Von einer echten Lohnzahlung durch Dritte muss der Arbeitgeber den Lohnabzug hingegen nur dann vornehmen, wenn er über die Tatsache und Höhe der Leistung Kenntnis erlangt bzw. bei der gebotenen Sorgfalt hätte erlangen können.

Unechte Lohnzahlung eines Dritten

Handelt der Dritte lediglich als Leistungsmittler des Arbeitgebers, liegt eine unechte Lohnzahlung eines Dritten vor. Das ist z. B. der Fall, wenn der Dritte im Auftrag des Arbeitgebers leistet oder die Stellung einer Kasse des Arbeitgebers innehat.

Sind der Arbeitgeber und der Dritte konzernmäßig verbunden, verschafft diese Situation dem Arbeitgeber die Möglichkeit, auf Entscheidungen des Dritten Einfluss zu nehmen. Gleiches gilt, wenn der Dritte Zahlungen aufgrund konkreter Vereinbarungen mit dem Arbeitgeber leistet, wie z. B. eine selbstständige Kasse Zahlungen von Unterstützungsleistungen oder von Erholungsbeihilfen.

Die Lohnsteuerabzugsverpflichtung trifft daher den Arbeitgeber.

Echte Lohnzahlung eines Dritten

Werden dem Arbeitnehmer Vorteile als Barzuwendung von einem Dritten eingeräumt und tatsächlich erbracht, mit denen der Dritte wirtschaftlich belastet ist, liegt eine echte Lohnzahlung eines Dritten vor. Die vom Arbeitnehmer erbrachte Leistung muss folgende Merkmale aufweisen:

- im Rahmen des Arbeitsverhältnisses,
- für den Arbeitgeber erbracht,
- Arbeitgeber hat von der Vorteilsgewährung Kenntnis oder müsste sie haben.
- Der Arbeitgeber hat hier die Lohnsteuer einzubehalten und abzuführen.

Hierzu gehören z. B. geldwerte Vorteile, die der Leiharbeitnehmer aufgrund des Zugangs zu Gemeinschaftseinrichtungen oder -diensten des Entleihers erhält.[2]

Verfahrensmäßige Voraussetzungen

Mitteilungspflicht des Arbeitnehmers

Der Arbeitgeber ist bei einer Lohnzahlung durch Dritte verpflichtet, den Lohnsteuerabzug durchzuführen, wenn der Arbeitgeber weiß oder erkennen kann, dass von einem Dritten derartige Vergütungen erbracht werden.

Aus Gründen der Rechtssicherheit ist in § 38 Abs. 4 Satz 3 EStG eine Anzeigeverpflichtung des Arbeitnehmers gesetzlich festgeschrieben worden. Der Arbeitnehmer hat dem Arbeitgeber die von einem Dritten gewährten Bezüge am Monatsende schriftlich mitzuteilen.[3] Eine Negativmeldung in Form einer Fehlanzeige wird vom Arbeitnehmer nicht verlangt.

Hinweispflicht des Arbeitgebers

Damit die Lohnsteuerabzugspflicht bei Lohnzahlungen Dritter in der Praxis auch tatsächlich vollzogen werden kann, verlangt die Finanzverwaltung, dass der Arbeitgeber seine Mitarbeiter – am besten schriftlich – auf ihre gesetzliche Verpflichtung hinweist, die von Dritten gewährten Bezüge für Zwecke des Lohnsteuerabzugs dem Lohnbüro am Ende des jeweiligen Monats mitzuteilen. Eine Abschrift dieses Hinweises ist als Beleg zum Lohnkonto zu nehmen.

Anzeigepflicht des Arbeitgebers

Die gesetzliche Abzugsverpflichtung bei Lohnzahlungen durch Dritte funktioniert unproblematisch, wenn der Arbeitnehmer seiner Mitteilungspflicht nachkommt oder der Arbeitgeber in die Vorteilsgewährung eingeschaltet ist. Eine schriftliche Mitteilung des Arbeitnehmers ist als Beleg zum Lohnkonto zu nehmen.

Anzeigepflicht setzt Kenntnis voraus

Macht jedoch der Arbeitnehmer keine Angabe – obwohl er eine solche machen müsste – oder eine erkennbar unrichtige Angabe, trifft den Arbeitgeber die Pflicht, dies unverzüglich gegenüber dem Betriebsstättenfinanzamt anzuzeigen.[4]

Eine Anzeigepflicht setzt jedoch eine Kenntnis(möglichkeit) des Arbeitgebers voraus. Die Anzeigepflicht des Arbeitgebers besteht daher, wenn der Arbeitgeber bei der gebotenen Sorgfalt aus seiner Mitwirkung an der Lohnzahlung des Dritten oder aus der Unternehmensverbundenheit mit dem Dritten erkennen kann, dass der Arbeitnehmer zu Unrecht keine Angaben macht oder seine Angaben unzutreffend sind.

Der Arbeitgeber hat die ihm bekannten Tatsachen zur Lohnzahlung von dritter Seite dem Betriebsstättenfinanzamt unverzüglich anzuzeigen.[5]

Dies ist z. B. bei Rahmenabkommen mit Pkw-Händlern der Fall, bei denen der Arbeitgeber in Form der Ausstellung eines Berechtigungsscheines vor Kauf des verbilligten Neufahrzeuges eingeschaltet ist. In anderen Fällen besteht keine Anzeigepflicht, wenn der Arbeitgeber nicht weiß, ob der Arbeitnehmer das Angebot eines Verbundpartners überhaupt angenommen hat.

Lohnsteuerabzug durch einen Dritten

Grundsätzlich ist nur der inländische Arbeitgeber berechtigt und zugleich verpflichtet, vom Arbeitslohn seiner Arbeitnehmer Lohnsteuer bei jeder Lohnzahlung einzubehalten und die Summe der für sämtliche Arbeitnehmer einzubehaltenden oder zu übernehmenden Lohnsteuer an das Betriebsstättenfinanzamt anzumelden und dorthin abzuführen.

Die Pflicht zum Lohnsteuerabzug geht jedoch unmittelbar auf einen Dritten über, wenn der Dritte tarifvertraglich zur Zahlung von Barlohn verpflichtet ist.[6]

Freiwillige Übernahme durch Dritten

Darüber hinaus ist es auch möglich, die lohnsteuerlichen Arbeitgeberpflichten auf einen Dritten zu übertragen, wenn sich der Dritte

- gegenüber dem (eigentlichen) Arbeitgeber verpflichtet,
- den Arbeitslohn selbst auszahlt oder
- den Lohnsteuerabzug für von ihm vermittelte Arbeitnehmer übernimmt und
- die Steuererhebung hierdurch nicht beeinträchtigt wird.

Diese Übertragung bedarf der Zustimmung durch das Betriebsstättenfinanzamt des Dritten, der hierdurch zwar Arbeitgeberpflichten übernimmt, jedoch nicht zum Arbeitgeber wird. Zur Sicherung des Lohnsteuerabzuges bleibt in diesen Fällen auch der Arbeitgeber in der ⇗ Haftung für die ordnungsgemäße Erhebung. Der Arbeitgeber haftet neben dem Dritten als Gesamtschuldner für die Lohnsteuerabzugsbeträge des Arbeitnehmers.

Sozialversicherung

Arbeitslohn bzw. Sachzuwendungen durch Dritte

Zum Arbeitsentgelt gehören nach § 14 Abs. 1 Satz 1 SGB IV alle laufenden und einmaligen Einnahmen aus einem Beschäftigungsverhältnis, gleichgültig

1 R 38.4 Abs. 1 LStR.
2 § 13b AÜG.
3 § 38 Abs. 4 EStG.
4 R 38.4 Abs. 2 Sätze 4, 5 LStR.
5 R 38.4 Abs. 2 Sätze 3–5 LStR.
6 § 38 Abs. 3a Satz 1 EStG.

- ob ein Rechtsanspruch auf die Einnahmen besteht,
- unter welcher Bezeichnung oder
- in welcher Form sie geleistet werden oder
- ob sie unmittelbar aus der Beschäftigung oder im Zusammenhang mit ihr erzielt werden.

Dies bedeutet, dass ähnlich wie im Steuerrecht auch Zuwendungen Dritter dem sozialversicherungspflichtigen Arbeitsentgelt zuzurechnen sind.[1] Die Arbeitgeber haben die beitragspflichtigen Zuwendungen Dritter bei der ⇗ Beitragsberechnung zu berücksichtigen.

Auch Sachzuwendungen Dritter können in unterschiedlicher Form, z. B. ⇗ Trinkgeld, ⇗ Rabatt, ⇗ Preisnachlass, gewährt werden.

Lösegeld

Werden Arbeitnehmer im Rahmen ihrer beruflichen Tätigkeit (meist berufliche Auswärtstätigkeit) entführt und verlangen die Entführer ein Lösegeld, so wird dies häufig vom Arbeitgeber bezahlt.

Da die Lösegeld-Zahlungen nicht dem Arbeitnehmer zukommen, sondern dem Erpresser eines Lösegelds, handelt es sich damit nicht um einen lohnsteuerrechtlich relevanten Vorgang. Gleiches gilt für die Sozialversicherung.

Gesetze, Vorschriften und Rechtsprechung

Sozialversicherung: Die Beitragsfreiheit in der Sozialversicherung ergibt sich aus dem Umkehrschluss des § 14 Abs. 1 SGB IV, da Lösegeld kein Arbeitsentgelt ist.

Entgelt	LSt	SV
Lösegeld	frei	frei

Losgewinn

Ein Losgewinn in Form von Bargeld oder Sachzuwendungen bei einer betrieblichen Tombola stellt grundsätzlich lohnsteuerpflichtigen Arbeitslohn bzw. sozialversicherungspflichtiges Entgelt dar.

Geldgewinne sind immer lohnsteuer- und beitragspflichtig.

Bei Sachgewinnen liegt kein Arbeitslohn vor, wenn ein Losgewinn bei einer Verlosung aus überwiegendem eigenbetrieblichem Interesse des Arbeitgebers erfolgt. Dies kann der Fall sein, wenn bei einer Betriebsveranstaltung unter allen teilnehmenden Arbeitnehmern **Sachpreise von geringem Wert bis 60 EUR** brutto verlost werden.

Grundsätzlich führen Gewinne aus Verlosungen, Preisausschreiben und sonstigen Gewinnspielen beim Empfänger **nicht zu steuerbaren und steuerpflichtigen Einnahmen** und fallen dann nicht in den Anwendungsbereich des § 37b Abs. 1 EStG (Pauschalbesteuerung bei Sachzuwendung an Dritte).

Eine Ausnahme gilt, wenn an der Verlosung nur Arbeitnehmer teilnehmen dürfen, die bestimmte Voraussetzungen erfüllen. Dann stellen die Losgewinne die Gegenleistung für ein bestimmtes Verhalten des Arbeitnehmers dar und sind damit steuerpflichtiger Arbeitslohn. Diese Sachzuwendungen dürfen dann nach § 37b Abs. 2 EStG mit 30 % pauschal versteuert werden.

In den folgenden Fällen stellt der Losgewinn **keinen Arbeitslohn** dar:

- Das Los wird vom Teilnehmer freiwillig erworben.
- Für die Teilnahme an der Losveranstaltung wird vom Teilnehmer ein Entgelt aus versteuertem Arbeitslohn gezahlt. Das ist auch dann der Fall, wenn die Lose aus bereits erwirtschafteten Einnahmen erworben werden.
- Nicht jedem Los steht ein Sachgewinn gegenüber, d. h. es gibt „Nieten".
- Das Entgelt stellt nicht nur einen symbolischen Preis dar. Die für die jeweilige Losveranstaltung vereinnahmten Entgelte decken die Aufwendungen für die bereitgestellten Sachgewinne sowie die sonstigen dem Veranstalter durch die Durchführung der betrieblichen Losveranstaltung entstehenden Aufwendungen ab.
- Die Gewinner werden entsprechend ihres Loseinsatzes in einem Zufallsverfahren ausgewählt.

Gesetze, Vorschriften und Rechtsprechung

Lohnsteuer: Die Lohnsteuerpflicht ergibt sich aus § 19 Abs. 1 EStG i. V. m. R 19.3 LStR. Zu den Voraussetzungen, wann Sachpreise aus betrieblichen Losveranstaltungen zu Arbeitslohn führen, s. auch FinMin Berlin, Erlass v. 19.7.2010, III B – S 2143 – 1/2009. Zur Pauschbesteuerung von Tombolagewinnen im Rahmen einer Betriebsveranstaltung, wenn es keine „Nieten" gibt s. FG München, Urteil v. 17.2.2012, 8 K 3916/08, EFG 2012 S. 2313, rkr. Das BMF-Schreiben v. 28.6.2018, IV C 6 – S 22977-b/14/10001, Rz 9e, stellt klar, dass die Pauschalierung nach § 37b Abs. 1 EStG die Steuerpflicht der Sachzuwendungen beim Empfänger voraussetzt.

Sozialversicherung: Die Beitragspflicht des Arbeitsentgelts in der Sozialversicherung ergibt sich aus § 14 Abs. 1 SGB IV. Sofern kein Arbeitsentgelt vorliegt, entsteht auch keine Sozialversicherungspflicht.

Entgelt	LSt	SV
Bargeldpreis aus betrieblicher Tombola	pflichtig	pflichtig
Sachpreis bis 60 EUR brutto im Rahmen einer Betriebsveranstaltung	frei	frei
Losgewinn als Gegenleistung für Arbeitsleistung	pflichtig	pflichtig
Losgewinn aus dem Kauf von Losen aus bereits versteuertem Entgelt	frei	frei

Mahlzeiten

Einnahmen, die dem Arbeitnehmer in Form von Sachbezügen zufließen, rechnen neben den Barbezügen zum Arbeitslohn. Gewährt ein Arbeitgeber unentgeltliche oder verbilligte Mahlzeiten, liegt darin ein geldwerter Vorteil, der zu versteuern ist. Dabei ist zu unterscheiden zwischen Mahlzeiten, die zur arbeitstäglichen Verköstigung an Arbeitnehmer in Betriebskantinen oder in Vertragsgaststätten abgegeben werden und der Arbeitnehmerbewirtung, also Mahlzeiten, die der Arbeitgeber aus besonderem Anlass abgibt.

Bei arbeitstäglichen Mahlzeiten ist stets Arbeitslohn gegeben, der im Normalfall mit den amtlichen Sachbezugswerten anzusetzen ist.

Mahlzeiten aus besonderem Anlass sind zu unterteilen in lohnsteuerfreie und lohnsteuerpflichtige Bewirtungsleistungen.

Die Sozialversicherungsentgeltverordnung sieht hier entsprechende, i. d. R. jährlich aktualisierte Werte vor.

Gesetze, Vorschriften und Rechtsprechung

Lohnsteuer: Rechtsgrundlage für die Besteuerung von Mahlzeiten ist § 8 Abs. 2, 3 EStG. Regelungen zu den amtlichen Sachbezugswerten enthält R 8.1 Abs. 4 LStR. Kantinenmahlzeiten und Essenmarken sind in R 8.1 Abs. 7 LStR geregelt. R 8.1 Abs. 8 LStR regelt die steuerliche Erfassung und Bewertung von Mahlzeiten aus besonderem Anlass. Weitere Erläuterungen und Berechnungsbeispiele finden sich in H 8.1 (1–4) und (7–8) LStH. Die Steuerfreiheit für Mahlzeiten bei Betriebsver-

1 BSG, Urteil v. 26.3.1998, B 12 KR 17/97 R.

anstaltungen regelt R 19.5 LStR und bei außergewöhnlichen Arbeitseinsätzen R 19.6 Abs. 2 LStR.

Sozialversicherung: Um die Arbeitsentgelteigenschaft von Sachbezügen, wie beispielsweise kostenfrei oder verbilligt überlassene Mahlzeiten, beurteilen zu können, ist auf § 14 SGB IV i. V. m. § 2 SvEV zurückzugreifen.

Entgelt	LSt	SV
Kostenlose oder verbilligte arbeitstägliche Mahlzeiten	pflichtig	pflichtig
Kostenlose oder verbilligte arbeitstägliche Mahlzeiten, wenn mit 25 % pauschal besteuert	pauschal	frei
Mahlzeiten bei beruflicher Auswärtstätigkeit	pflichtig	pflichtig
Mahlzeiten bei außergewöhnlichen Arbeitseinsätzen bis 60 EUR	frei	frei

Lohnsteuer

Definition der „Mahlzeit“

Mahlzeiten sind alle Speisen und Lebensmittel, die üblicherweise der Ernährung dienen und zum Verzehr während der Arbeitszeit oder im unmittelbaren Anschluss daran geeignet sind. Mahlzeiten sind deshalb auch Vor- oder Nachspeisen sowie Snacks. Getränke gehören zu den Mahlzeiten, wenn sie zusammen mit der Mahlzeit eingenommen werden. Getränke, die der Arbeitgeber seinen Arbeitnehmern außerhalb von Mahlzeiten zum Verzehr im Betrieb kostenlos oder verbilligt überlässt, z. B. über Getränkeautomaten oder in der Werkskantine, gehören als steuerfreie Aufmerksamkeiten nicht zum Arbeitslohn.

Ebenso erfüllt die Bereitstellung von trockenen Brötchen und Heißgetränken durch den Arbeitgeber, die den Arbeitnehmern in Brotkörben und Getränkeautomaten in einem Pausen- oder Kantinenraum zur Verfügung gestellt werden, nicht die Voraussetzungen eines Frühstücks, das mit dem amtlichen Sachbezugswert zu bewerten ist.[1] Für die Annahme eines (einfachen) Frühstücks muss ein Aufstrich oder Belag hinzutreten. Heißgetränke und unbelegte Brötchen sind einzelne Lebensmittel, die erst in Kombination mit weiteren Lebensmitteln wie Butter, Marmelade, Käse oder Aufschnitt zu einem Frühstück werden. Die Überlassung von Brötchen samt Heißgetränken sind Aufwendungen des Arbeitgebers zur verbesserten Ausgestaltung des Arbeitsplatzes und damit lohnsteuerfreie Aufmerksamkeiten, denen kein Entlohnungscharakter zukommt.[2]

Mahlzeiten in betriebseigener Kantine

Kostenlose Kantinenmahlzeiten, die der Arbeitgeber arbeitstäglich in der von ihm selbst betriebenen Kantine oder Gaststätte an die Arbeitnehmer abgibt, sind mit dem amtlichen Sachbezugswert lohnsteuerpflichtig. Bei verbilligten Mahlzeiten ist ebenfalls der amtliche Sachbezugswert der Besteuerung zugrunde zu legen, aber vermindert um den vom Arbeitnehmer gezahlten Essenspreis. Ein lohnsteuerpflichtiger geldwerter Vorteil entsteht bei einer verbilligten Mahlzeit arbeitstäglich nicht, wenn der Arbeitnehmer einen Essenspreis mindestens in Höhe des amtlichen Sachbezugswerts bezahlt.

Beispiel

Preis der Kantinenmahlzeit ist höher als der amtliche Sachbezugswert

Der Arbeitnehmer zahlt in 2024 in der Kantine seines Arbeitgebers für ein Mittagessen 4,20 EUR.

Ergebnis: Da dieser Betrag oberhalb des amtlichen Sachbezugswerts (2024: 4,13 EUR) liegt, entsteht kein steuerpflichtiger geldwerter Vorteil. Dies gilt selbst dann, wenn das Essen einen Wert von 10 EUR hat.

1 BFH, Urteil v. 3.7.2019, VI R 36/17, BStBl 2020 II S. 788.
2 R 19.6 Abs. 2 LStR.

Lohnsteuerpflicht liegt auch dann vor, wenn der Arbeitnehmer an der Verpflegung teilnehmen muss.[3] Die Sachbezugswerte gelten auch für Jugendliche unter 18 Jahren und Auszubildende. Auf den entstehenden geldwerten Vorteil kann die 50-EUR-Freigrenze nicht angewendet werden. Der Ansatz der amtlichen Sachbezugswerte ist zwingend.[4]

Die Sachbezugswerte betragen für alle Bundesländer einheitlich:

	Frühstück	Mittag- oder Abendessen
2024	2,17 EUR	4,13 EUR
2023	2,00 EUR	3,80 EUR
2022	1,87 EUR	3,57 EUR

Mahlzeiten in fremdbewirtschafteter Kantine

Der amtliche Sachbezugswert gilt auch für arbeitstägliche Mahlzeiten, die Arbeitnehmer außerhalb des Betriebs in einer nicht vom Arbeitgeber selbst betriebenen Kantine, Gaststätte oder vergleichbaren Einrichtung erhalten. Allerdings nur, wenn der Arbeitgeber aufgrund vertraglicher Vereinbarungen mit dem Betreiber der Kantine oder Gaststätte Barzuschüsse oder Sachleistungen (z. B. in Form der verbilligten Überlassung von Räumen, Energie oder Einrichtungsgegenständen) zur Verbilligung der Mahlzeiten erbringt.

Diese Regelung führt dazu, dass die kostenlose arbeitstägliche Mahlzeit außerhalb des Betriebs mit dem amtlichen Sachbezugswert lohnsteuerpflichtig ist. Bei verbilligten Mahlzeiten ist der amtliche Sachbezugswert anzusetzen – gemindert um den vom Arbeitnehmer gezahlten Essenspreis. Es entsteht kein lohnsteuerpflichtiger geldwerter Vorteil, wenn der Arbeitnehmer einen Essenspreis mindestens in Höhe des amtlichen Sachbezugswerts bezahlt.

Essenmarken

Gelten die ⇗ Essenmarken (Essensgutschein, Restaurantschecks) für den Bezug von Mahlzeiten in einer betriebseigenen Kantine, ist der Wert der Mahlzeit mit dem amtlichen Sachbezugswert anzusetzen. Gibt der Arbeitgeber Essenmarken für die arbeitstägliche Mahlzeit außerhalb des Betriebs aus, z. B. in einer vom Arbeitgeber nicht selbst betriebenen Kantine oder in einer fremden Gaststätte, ist der Besteuerung der Wert der Essenmarke zugrunde zu legen, höchstens aber der amtliche Sachbezugswert.

Arbeitnehmer im Hotel- und Gaststättengewerbe

Die amtlichen Sachbezugswerte sind nicht anzuwenden, wenn Arbeitnehmer im Hotel- und Gaststättengewerbe die gleichen Mahlzeiten erhalten, die auch den Gaststättenbesuchern angeboten werden. In diesem Fall sind die Mahlzeiten mit dem Preis zu bewerten, der auch von den Gaststättenbesuchern verlangt wird. Es ist jedoch der Rabattfreibetrag von 1.080 EUR anwendbar.

Die amtlichen Sachbezugswerte können hingegen angesetzt werden, wenn die Arbeitnehmer nicht die gleichen Mahlzeiten erhalten, die auch den Gaststättenbesuchern angeboten werden. Die Speisen müssen also für die Arbeitnehmer besonders zubereitet werden.

Nach Auffassung des BFH ist demgegenüber nicht entscheidend, ob die fremden Dritten gereichten Speisen in gleicher Weise auch den Arbeitnehmern zur Verfügung gestellt wurden. Nach seiner Auffassung kommt es darauf an, dass die Leistung der streitigen Art (hier: die Zubereitung von Speisen) überhaupt zur Produktpalette des Arbeitgebers gehört. Das sah die Finanzverwaltung bisher enger und verlangte für die Berücksichtigung des Rabattfreibetrags „Produktidentität“.[5]

Beispiel

Rabattfreibetrag bei Arbeitnehmer-Mahlzeiten im Gastronomiegewerbe

Die Mitarbeiter in einer Gaststätte erhalten jährlich 100 Mahlzeiten im Wert von 10 EUR (Preis laut Speisekarte), ohne hierfür ein Entgelt entrichten zu müssen.

3 BFH, Beschluss v. 11.3.2004, VI B 26/03, BFH/NV 2004 S. 957.
4 BFH, Urteil v. 23.8.2007, VI R 74/04, BStBl 2008 II S. 248.
5 BFH, Urteil v. 21.1.2010, VI R 51/08, BStBl 2010 II S. 700.

Ergebnis: Der geldwerte Vorteil beträgt jährlich 1.000 EUR und ist niedriger als der Rabattfreibetrag i. H. v. 1.080 EUR. Daher bleibt er steuerfrei.

Lohnsteuerpauschalierung mit 25 % möglich

Der Arbeitgeber kann die Lohnsteuer mit einem Pauschalsteuersatz von 25 % erheben, soweit er arbeitstäglich Mahlzeiten im Betrieb an die Arbeitnehmer unentgeltlich oder verbilligt abgibt. Aber auch dann, wenn er Barzuschüsse an ein anderes Unternehmen leistet, das arbeitstäglich Mahlzeiten an die Arbeitnehmer unentgeltlich oder verbilligt abgibt. Voraussetzung ist, dass die Mahlzeiten nicht als Entgeltbestandteile vereinbart sind.

Beispiel

Pauschalbesteuerung von Mahlzeiten

Ein Arbeitnehmer nimmt in der Kantine seines Arbeitgebers arbeitstäglich ein Mittagessen ein, ohne hierfür ein Entgelt zahlen zu müssen.

Ergebnis: Der geldwerte Vorteil ist mit dem für 2024 geltenden Sachbezugswert von 4,13 EUR für ein Mittagessen zu bewerten. Dieser Betrag kann pauschal mit 25 % Lohnsteuer versteuert werden.

Mahlzeit aus besonderem Anlass

Mahlzeiten aus besonderem Anlass sind gegeben, wenn sie unmittelbar durch den Arbeitgeber unentgeltlich oder verbilligt eingeräumt werden. Dazu zählt auch die besondere Arbeitgeberbewirtung im weiteren Sinne, die auf Veranlassung des Arbeitgebers durch einen Dritten erfolgt.[1]

Für die lohnsteuerliche Erfassung und Bewertung solcher Bewirtungsleistungen sind 3 Fallgruppen zu unterscheiden:

1. Steuerfreie Arbeitnehmerbewirtung bei überwiegend eigenbetrieblichem Interesse

   Mahlzeiten, die im ganz überwiegend eigenbetrieblichen Interesse des Arbeitgebers an die Arbeitnehmer abgegeben werden, sind nicht als Arbeitslohn zu erfassen. Hierzu gehören z. B. Speisen und Getränke anlässlich herkömmlicher Betriebsveranstaltungen, einer geschäftlichen Bewirtung oder anlässlich außergewöhnlicher Arbeitseinsätze. Bei Letzteren dürfen die Kosten für die Mahlzeit inklusive Getränke maximal 60 EUR betragen.[2]

2. Bewirtungen im Rahmen beruflicher Auswärtstätigkeiten und doppelter Haushaltsführung

   Mahlzeiten, die der Arbeitnehmer zur üblichen Beköstigung von seinem Arbeitgeber anlässlich oder während einer beruflich veranlassten Auswärtstätigkeit erhält, oder welche die Voraussetzungen einer ⇗ doppelten Haushaltsführung erfüllen, sind steuerpflichtiger Arbeitslohn, wenn der Arbeitnehmer für diesen Reisetag keine Verpflegungspauschale beanspruchen kann. Dies ist bei eintägigen Reisen dann der Fall, wenn die Abwesenheitsdauer die 8-Stundengrenze nicht erreicht oder bei einer längerfristigen Auswärtstätigkeit am selben Einsatzort die 3-Monatsfrist abgelaufen ist. Der Arbeitgeber muss für die Erfassung als lohnsteuerpflichtigen Arbeitslohn den amtlichen Sachbezugswert ansetzen, sofern es sich um eine übliche Beköstigung bis zu einem Gesamtwert von 60 EUR handelt. Übersteigt der Preis der zur Verfügung gestellten Mahlzeit die 60-EUR-Grenze, ist der lohnsteuerpflichtige Vorteil mit dem tatsächlichen Verkaufswert der Mahlzeit anzusetzen.[3]

3. Arbeitnehmerbewirtung aus besonderem Anlass

   Die Bewertung der Überlassung von Mahlzeiten mit den amtlichen Sachbezugswerten ist davon abhängig, dass sie der Arbeitgeber zur arbeitstäglichen Beköstigung seiner Arbeitnehmer abgibt. Erfolgt die Verpflegung nur ausnahmsweise, kann gleichwohl auch bei besonderen Anlässen eine Entlohnung damit beabsichtigt sein. Beispiele sind steuerpflichtige ⇗ Betriebsveranstaltungen (110-EUR-Freibetrag[4]), aufwendige Mahlzeiten bei Arbeitseinsätzen (60-EUR-Freigrenze) oder Arbeitsessen anlässlich regelmäßig stattfindender Geschäftsleitungssitzungen.[5] Als Arbeitslohn ist der übliche Endpreis am Abgabeort zu erfassen, also der Wert laut Speisekarte.

Sozialversicherung

Wert der Sachbezüge

Die Sozialversicherungsentgeltverordnung (SvEV) sieht für die Gewährung von freier Verpflegung für das Jahr 2024 einen Wert von monatlich 313 EUR (10,43 EUR täglich; 2023: 288 EUR bzw. 9,60 EUR täglich) als Arbeitsentgelt für die Beitragsberechnung zur Sozialversicherung vor.[6] Unter freie Verpflegung fallen die Mahlzeiten

- Frühstück,
- Mittagessen und
- Abendessen.

Soweit keine volle Verpflegung gewährt wird, sind die ⇗ Sachbezugswerte für die einzelnen Mahlzeiten als beitragspflichtiges Arbeitsentgelt anzusetzen. Dabei ist es unerheblich, ob der Arbeitnehmer in die Haus- und Verpflegungsgemeinschaft des Arbeitgebers aufgenommen wurde oder daneben der Sachbezugswert für Unterkunft bzw. Wohnung anzusetzen ist.

Der Wert des Sachbezugs für volle freie Verpflegung ist unabhängig davon anzusetzen, wie aufwendig der Arbeitgeber die Mahlzeiten ausgestaltet. Das gilt auch dann, wenn der Arbeitgeber noch ein zweites Frühstück oder einen Nachmittagskaffee anbietet. Die 3 Mahlzeiten am Morgen, am Mittag und am Abend stellen eine volle Verpflegung dar.

Teilweise Gewährung von Kost und Verpflegung

Werden nicht alle, sondern nur einzelne Mahlzeiten vom Arbeitgeber zur Verfügung gestellt, so liegt eine teilweise Gewährung freier Verpflegung vor. Dies führt dazu, dass für jede Mahlzeit der nach § 2 Abs. 1 SvEV maßgebende Teilsachbezugswert anzusetzen ist.

Eine verbilligte Mahlzeit liegt dann vor, wenn der Arbeitnehmer noch einen eigenen Anteil an den Arbeitgeber zu zahlen hat. Der geldwerte und zur Sozialversicherung heranzuziehende Vorteil tritt jedoch nur ein, soweit der Arbeitnehmer die Mahlzeit kostenlos erhält oder lediglich einen Betrag zahlt, der unter dem Sachbezugswert liegt.

Beispiel

Ermittlung des beitragspflichtigen Teils der Verpflegung

Wert des Mittagessens	4,50 EUR
Sachbezugswert für Mittagessen	4,13 EUR
Wert der vom Arbeitgeber zur Verfügung gestellten Essenmarke	2,00 EUR
Vom Arbeitnehmer für das Mittagessen selbst zu zahlen	2,50 EUR

Ergebnis: Die Differenz von 1,63 EUR (4,13 EUR – 2,50 EUR) zwischen dem vom Arbeitnehmer gezahlten Betrag für das Mittagessen und dem Sachbezugswert des Mittagessens ist steuer- und sozialversicherungspflichtig. Zahlt der Arbeitnehmer einen Betrag für das Mittagessen mindestens in Höhe des Sachbezugswerts, tritt keine Steuer- und Sozialversicherungspflicht ein.

Bedeutung des Zeitpunkts der Pauschalversteuerung für die Sozialversicherung

Der Wert der kostenlos überlassenen Mahlzeiten bzw. die Essenzuschüsse des Arbeitgebers sind nach § 1 Abs. 1 Satz 1 Nr. 3 i. V. m.

1 R 8.1 Abs. 8 LStR.
2 R 8.1 Abs. 8 Nr. 1 LStR i .V. m. R 19.6 Abs. 2 LStR.
3 § 8 Abs. 2 Satz 8 EStG; R 8.1 Abs. 8 Nr. 2 LStR.
4 Das Gesetzgebungsverfahren, das eine Änderung des Werts vorsieht, ist noch nicht abgeschlossen. Ggf. wird eine Änderung im Laufe des Jahres 2024 folgen.
5 BFH, Urteil v. 4.8.1994, VI R 61/92, BStBl 1995 II S. 59.
6 § 2 Abs. 1 SvEV.

Satz 2 SvEV nicht dem sozialversicherungspflichtigen Arbeitsentgelt hinzuzurechnen und bleiben somit beitragsfrei, wenn folgende Voraussetzungen erfüllt sind:

- Der Arbeitgeber macht nicht vom Regelbesteuerungsverfahren nach den §§ 39b bis 39d EStG Gebrauch.
- Stattdessen werden die Bezüge nach § 40 Abs. 2 Satz 1 Nr. 1 EStG pauschal versteuert.
- Die Pauschalversteuerung erfolgt mit der Entgeltabrechnung für den jeweiligen Abrechnungszeitraum.

Es genügt für die Beitragsfreiheit einer Einnahme nicht, dass lediglich die Möglichkeit der pauschalbesteuerten Erhebung der Lohnsteuer besteht. Maßgeblich ist die tatsächliche Pauschalversteuerung.

Wichtig

Bedeutung des Zeitpunkts der Pauschalversteuerung
Eine bisher mit der Entgeltabrechnung vorgenommene anderweitige lohnsteuerliche Behandlung von Arbeitsentgeltbestandteilen kann vom Arbeitgeber grundsätzlich nur bis zur Erstellung der Lohnsteuerbescheinigung geändert werden. Für die Ausstellung der Lohnsteuerbescheinigung und der Übermittlung an das Finanzamt ist der letzte Tag des Monats Februar des Folgejahres als spätester Termin vorgesehen.[1]

Dies gilt auch, wenn die Entgeltbestandteile vom Arbeitgeber unzutreffend als steuer- und beitragsfrei beurteilt wurden und er die zulässige, ebenfalls zur Beitragsfreiheit führende Pauschalbesteuerung noch vornimmt.

Beispiel

Nachträgliche Pauschalbesteuerung bewirkt keine Beitragsfreiheit
Ein Arbeitgeber stellt seinen Mitarbeitern arbeitstäglich Mahlzeiten kostenlos zur Verfügung. Der Arbeitnehmer A erhält im Mai 2024 insgesamt 10 Mahlzeiten. Unter Berücksichtigung des Sachbezugswerts i. H. v. 4,13 EUR je Mahlzeit ergibt sich daraus ein geldwerter Vorteil i. H. v. 41,30 EUR.

Der Arbeitgeber entrichtet von diesem geldwerten Vorteil Sozialversicherungsbeiträge. Im Juli 2025 möchte der Arbeitgeber nachträglich die Möglichkeit der Pauschalversteuerung nutzen.

Die Pauschalversteuerung erfolgt erst nach dem 28.2.2025. Daher bleibt es bei der Beitragspflicht des geldwerten Vorteils für die kostenlosen Mahlzeiten i. H. v. 41,30 EUR. Hätte der Arbeitgeber die Pauschalversteuerung für den geldwerten Vorteil bis zur Erstellung der Lohnsteuerbescheinigung, also spätestens bis zum 28.2.2025 vorgenommen, wäre auch eine Erstattung der entrichteten Sozialversicherungsbeiträge möglich gewesen.

Berücksichtigung von Anlässen

Zur Beurteilung der Beitragspflicht in der Sozialversicherung sind die unterschiedlichen Anlässe der Gewährung von Mahlzeiten zu berücksichtigen. Mahlzeiten, die der Arbeitgeber oder auf dessen Veranlassung ein Dritter aus besonderem Anlass an Arbeitnehmer abgibt, bleiben beitragsfrei, wenn sie im ganz überwiegenden betrieblichen Interesse des Arbeitgebers abgegeben werden. Dies gilt insbesondere bei der Gewährung einer Mahlzeit

- bei Teilnahme an sog. Arbeitsessen oder
- bei Teilnahme des Arbeitnehmers an einer geschäftlich veranlassten Bewirtung.

1 § 41b Abs. 1 Satz 2 EStG i. V. m. § 93c Abs. 1 Nr. 1 AO.

Maigeld

Maigeld ist eine Einmalzahlung des Arbeitgebers anlässlich des Feiertags am 1. Mai (Tag der Arbeit).

Das Maigeld ist lohnsteuerrechtlich ein sonstiger Bezug und damit voll lohnsteuerpflichtig. Auch sozialversicherungsrechtlich besteht Beitragspflicht. Es handelt sich beim Maigeld um einmalig gezahltes Arbeitsentgelt, das nach den Regeln der Beitragsberechnung für Einmalzahlungen zu behandeln ist.

Das Maigeld ist nicht Gegenstand der Berechnungsgrundlage für die Ermittlung der Entgeltfortzahlung.

Gesetze, Vorschriften und Rechtsprechung

Lohnsteuer: Zu Arbeitslohn s. § 19 Abs. 1 EStG. Zur Abgrenzung zwischen laufendem Arbeitslohn und sonstigen Bezügen s. R 39b.2 LStR.

Sozialversicherung: Die Beitragspflicht des Arbeitsentgelts in der Sozialversicherung ergibt sich aus § 14 Abs. 1 SGB IV. Die Beitragsberechnung aus Einmalzahlungen regelt § 23a SGB IV.

Entgelt	LSt	SV
Maigeld	pflichtig	pflichtig

Mankohaftung

Mankohaftung ist die Haftung des Arbeitnehmers für Waren- und/oder Kassenfehlbestände. Zu unterscheiden ist zwischen der allgemeinen Mankohaftung und der Mankohaftung aufgrund vertraglicher Mankoabrede. Ist ein Arbeitnehmer für einen Fehlbestand verantwortlich, soll dies nach der umstrittenen Rechtsprechung ein gesondertes Auftrags- oder Verwahrungsverhältnis neben dem Arbeitsverhältnis begründen. Die allgemeine Haftung für Verluste am Vermögen oder Eigentum des Arbeitgebers wird nicht von der Mankohaftung erfasst.

Gesetze, Vorschriften und Rechtsprechung

Sozialversicherung: Die Beitragsfreiheit als Konsequenz der Steuerfreiheit ergibt sich aus § 1 Abs. 1 Satz 1 SvEV.

Entgelt	LSt	SV
Pauschale Zahlung bis 16 EUR monatlich	frei	frei

Lohnsteuer

Zahlungen des Arbeitnehmers aufgrund der Mankohaftung gehören zu den Werbungskosten. Vor allem Arbeitnehmer, die im Kassen- und Zähldienst beschäftigt sind, erhalten von ihren Arbeitgebern vielfach eine besondere Entschädigung zum Ausgleich von Kassenverlusten, die auch bei Anwendung der gebotenen Sorgfalt auftreten können (Fehlgeldentschädigungen, Zählgelder, Mankogelder, Kassenverlustentschädigungen).

Derartige Fehlgeldentschädigungen, die der Arbeitgeber zum Ausgleich der Mankohaftung an Arbeitnehmer im Kassen- oder im Zähldienst als pauschale Zahlungen leistet, sind bis zu 16 EUR im Monat steuerfrei.[2]

Die Steuerbefreiung ist nicht auf Arbeitnehmer beschränkt, die ausschließlich oder im Wesentlichen im Kassen- oder Zähldienst beschäftigt werden; sie gilt auch für Arbeitnehmer, die nur in geringem Umfang im Kassen- und Zähldienst tätig sind. Erhält ein Arbeitnehmer höhere

2 R 19.3 Abs. 1 Satz 2 Nr. 4 LStR.

Pauschbeträge als Fehlgeldentschädigung als 16 EUR monatlich, ist der übersteigende Betrag steuer- und beitragspflichtiger Arbeitslohn.

Tipp

Mankogeld als Nettolohnoptimierung

Die Zahlung einer steuerfreien Fehlgeldentschädigung von 16 EUR monatlich eignet sich in der Praxis auch zur Gehaltsumwandlung im Rahmen einer Nettolohnoptimierung, da für die Steuerbefreiung nicht erforderlich ist, dass die Leistung zusätzlich zum ohnehin geschuldeten Arbeitslohn hinzutritt.

Das Mankogeld kann allen Arbeitnehmern steuerfrei ausgezahlt werden, die eine „Kasse" verwalten. Der Begriff „Kasse" umfasst dabei auch bereits die Verwahrung kleinster Geldmengen für den Arbeitgeber (z. B. Portokasse, Freud- und Leidkasse, Handkasse im Sekretariat etc.). Die steuerfreie Fehlgeldentschädigung ist z. B. wegen der in Arztpraxen bar vereinnahmten Entgelte für die sog. IGEL-Leistungen und der sich daraus ergebenden Kassenführung auch an Arzthelfer möglich. Unter IGEL-Leistungen (Individuelle Gesundheitsleistungen) versteht man alle Leistungen der Vorsorge- und Service-Medizin, die von der gesetzlichen Krankenversicherung nicht bezahlt werden, weil sie nicht zu deren Leistungskatalog gehören.

Sozialversicherung

Arbeitgeber können an Arbeitnehmer im Kassen- und Zähldienst eine Fehlgeldentschädigung (Manko- oder Zählgeld) zahlen. Der Pauschalbetrag wird als Ausgleich für die Mankohaftung gezahlt. Soweit die pauschale Entschädigung monatlich 16 EUR nicht übersteigt, ist sie steuer- und damit auch beitragsfrei in der Sozialversicherung.

Märzklausel

Einmalige Zuwendungen, die in der Zeit vom 1.1. bis 31.3. eines Jahres gezahlt werden, sind unter bestimmten Umständen dem letzten Entgeltabrechnungszeitraum des vorangegangenen Kalenderjahres zuzurechnen. Ausschlaggebend hierfür ist die sog. Märzklausel.

Gesetze, Vorschriften und Rechtsprechung

Sozialversicherung: Die Märzklausel ist in § 23a Abs. 4 SGB IV geregelt.

Sozialversicherung

Zeitliche Zuordnung von Einmalzahlungen

Die vom Arbeitgeber neben dem laufenden Arbeitslohn gewährten ⇗ Einmalzahlungen werden bei der ⇗ Beitragsberechnung grundsätzlich in dem Monat berücksichtigt, in dem sie ausgezahlt werden. Abweichend von diesem Grundsatz sind Einmalzahlungen jedoch dem letzten Entgeltabrechnungszeitraum des Vorjahres zuzuordnen, wenn

- die Einmalzahlung vom 1.1. bis 31.3. eines Jahres gezahlt wird und
- die versicherungspflichtige Beschäftigung bereits im Vorjahr bestanden hat und
- die Einmalzahlung zusammen mit dem bisher beitragspflichtigen Arbeitsentgelt die anteilige Jahres-⇗ Beitragsbemessungsgrenze übersteigt.

Für bestehende Beschäftigungsverhältnisse kommt als Entgeltabrechnungszeitraum in diesen Fällen in der Regel der Dezember in Betracht. Dabei ist es unerheblich, ob für diesen Monat laufendes Arbeitsentgelt erzielt worden ist oder nicht. Hat die Beschäftigung bereits im Verlauf des Vorjahres geendet, wird das einmalig gezahlte Arbeitsentgelt dem letzten Entgeltabrechnungszeitraum des Beschäftigungsverhältnisses zugeordnet.

Achtung

Besonderheit in der Unfallversicherung

Eine Einmalzahlung ist für die Unfallversicherung stets dem Kalenderjahr zuzuordnen, in dem sie gezahlt wurde. Hier gilt ausschließlich das Zuflussprinzip.

Anteilige Jahres-Beitragsbemessungsgrenze der Krankenversicherung

Für die Beurteilung der Anwendung der Märzklausel ist bei krankenversicherungspflichtigen Arbeitnehmern stets von der anteiligen Jahres-Beitragsbemessungsgrenze der Krankenversicherung auszugehen. Wird diese überschritten, ist für das einmalig gezahlte Arbeitsentgelt auch für die Berechnung der Renten- und Arbeitslosenversicherungsbeiträge die Märzklausel anzuwenden. Das gilt selbst dann, wenn das einmalig gezahlte Arbeitsentgelt im laufenden Jahr in voller Höhe der Beitragspflicht zur Renten- und Arbeitslosenversicherung unterliegen würde. Dadurch soll eine Trennung bei der Berechnung der Beiträge vermieden werden. Bei krankenversicherungsfreien Arbeitnehmern ist für die Beurteilung, ob die Märzklausel anzuwenden ist, von der anteiligen Jahres-Beitragsbemessungsgrenze der Rentenversicherung auszugehen.

Zur Verdeutlichung, wie bei der Anwendung der Märzklausel vorzugehen ist, folgendes Beispiel:

Beispiel

Auszahlung einer Gewinnbeteiligung im Monat März

Der Versicherte ist seit mehreren Jahren bei der Firma beschäftigt und versicherungspflichtig in allen Zweigen der Sozialversicherung.

Laufendes monatliches Arbeitsentgelt	1.1.2021 bis 31.12.2023	3.750 EUR
	seit 1.1.2024	4.350 EUR
Gewinnbeteiligung im März 2024	2.500 EUR	

Im Jahr 2023 hat der Versicherte keine beitragsfreien Zeiten und auch keine Einmalzahlungen erhalten.

Ergebnis: Das einmalig gezahlte Arbeitsentgelt ist zunächst dem Monat März 2024 zuzuordnen.

Es überschreitet zusammen mit dem laufenden Arbeitsentgelt die monatliche Beitragsbemessungsgrenze von 5.175 EUR in der Kranken- und Pflegeversicherung.

Vergleichsberechnung für die Zeit vom 1.1. bis 31.3.2024:

	KV/PV	RV/AlV
Anteilige Jahres-BBG bis März 2024	15.525 EUR[1]	22.650 EUR[2]
Beitragspflichtiges Arbeitsentgelt bis März 2024 (3 × 4.350,00 EUR)	13.050 EUR	13.050 EUR
Differenz	2.475 EUR	9.600 EUR

Die Gewinnbeteiligung von 2.500 EUR ist höher als die Differenz (2.475 EUR). Die Gewinnbeteiligung ist in der Kranken- und Pflegeversicherung somit nicht voll beitragspflichtig. Die Märzklausel ist anzuwenden.

Fiktiver Zuordnungszeitraum ist nun der Dezember 2023 (auch für die Renten- und Arbeitslosenversicherungsbeiträge).

Das einmalig gezahlte Arbeitsentgelt überschreitet zusammen mit dem laufenden Arbeitsentgelt (3.750,00 EUR + 2.500,00 EUR = 6.250,00 EUR) die monatliche Beitragsbemessungsgrenze von 4.987,50 EUR in der Kranken- und Pflegeversicherung, nicht jedoch die von 7.300,00 EUR in der Renten- und Arbeitslosenversicherung.

Für die Zeit vom 1.1. bis 31.12.2023 ist in der Kranken- und Pflegeversicherung eine Vergleichsberechnung vorzunehmen.

---

1 62.100 EUR × 90 / 360 = 15.525 EUR.
2 90.600,00 EUR × 90 / 360 = 22.650 EUR.

In der Renten- und Arbeitslosenversicherung ist die Gewinnbeteiligung in voller Höhe beitragspflichtig.

Vergleichsberechnung für die Zeit vom 1.1. bis 31.12.2023:

	KV/PV
Anteilige Jahres-BBG 2023[1]	59.850 EUR
Beitragspflichtiges Arbeitsentgelt im Jahr 2023 (12 × 3.750,00 EUR)	45.000,00 EUR
Differenz:	14.850 EUR

Die Gewinnbeteiligung von 2.500,00 EUR ist geringer als die Differenz i. H. v. 14.850 EUR. Sie ist daher in voller Höhe beitragspflichtig zu allen Versicherungszweigen.

Keine Günstigkeitsberechnung

Diese Vorgehensweise ist auch dann maßgebend, wenn sich herausstellen sollte, dass die Einmalzahlung in geringerem Umfang (oder überhaupt nicht) der Beitragspflicht unterliegt als bei einer Zuordnung im laufenden Jahr. Eine Günstigkeitsberechnung ist nicht zulässig. Es ist immer der Beitragssatz anzuwenden, der zum Zeitpunkt der Zuordnung gilt bzw. galt.

Netto-Sonderzuwendungen

Bei vereinbartem Nettoarbeitsentgelt gelten als Arbeitsentgelt die Einnahmen des Beschäftigten einschließlich der darauf entfallenden Steuern und der seinem gesetzlichen Anteil entsprechenden Beiträge zur Sozialversicherung.[2]

Werden Netto-Zuwendungen im ersten Quartal eines Kalenderjahres gezahlt und durch die Hochrechnung des Nettobetrags die anteilige Jahresbeitragsbemessungsgrenze des laufenden Kalenderjahres überschritten, sind die Sonderzuwendungen aufgrund der Märzklausel dem Vorjahr zuzuordnen.

Sondermeldung bei Anwendung der Märzklausel

Erfolgt die Zuordnung ins Vorjahr durch Anwendung der Märzklausel, muss die Einmalzahlung in jedem Fall separat in einer Sondermeldung gemeldet werden.

Massage

Grundsätzlich handelt es sich bei einer Massage, die dem Arbeitnehmer auf Veranlassung des Arbeitgebers gewährt wird, um eine Sachzuwendung und damit um steuerpflichtigen Arbeitslohn bzw. sozialversicherungspflichtiges Entgelt.

Maßnahmen zur Förderung und Erhaltung der Gesundheit sind bis zu einem jährlichen Höchstbetrag von 600 EUR steuer- und sozialversicherungsfrei. Eine steuerfreie Gesundheitsleistung kommt hier aber nicht in Betracht, da Massagen am Arbeitsplatz laut Rechtsgutachten der Berufsgenossenschaften keine vorbeugenden Maßnahmen sind und damit steuerpflichtige und beitragspflichtige geldwerte Vorteile darstellen.

Die Anwendung der monatlichen 50-EUR-Freigrenze (bis 2021: 44 EUR) kann in Betracht kommen.

Sofern der Arbeitnehmer die Massage selbst bezahlt hat und dann beim Arbeitgeber die Kosten erstattet bekommt, liegt in jedem Fall eine steuer- und beitragspflichtige Geldleistung vor.

Gesetze, Vorschriften und Rechtsprechung

Lohnsteuer: Die Lohnsteuerpflicht ergibt sich aus § 19 Abs. 1 Satz 1 Nr. 1 EStG.

Sozialversicherung: Die Beitragspflicht des Arbeitsentgelts in der Sozialversicherung ergibt sich aus § 14 Abs. 1 SGB IV. Sofern kein Arbeitsentgelt vorliegt, entsteht auch keine Sozialversicherungspflicht.

Entgelt	LSt	SV
Massage	pflichtig	pflichtig
Massage bis 50 EUR monatlich	frei	frei

Mautgebühr

Mautgebühren sind Gebühren für die Nutzung von Straßen oder öffentlichen Verkehrsabschnitten.

In der Entgeltabrechnung spielen Mautgebühren eine Rolle, wenn diese als Reisenebenkosten im Zusammenhang mit einer beruflichen Auswärtstätigkeit vom Arbeitgeber übernommen werden.

Mautgebühren bei einer beruflichen Auswärtstätigkeit sind Reisenebenkosten und in unbegrenzter Höhe lohnsteuerfrei und beitragsfrei in der Sozialversicherung.

Übernimmt der Arbeitgeber die Mautgebühren für Reisen des Arbeitnehmers im privaten Bereich (z. B. Urlaubsreise), stellen die Mautgebühren lohnsteuerpflichtigen Arbeitslohn bzw. sozialversicherungspflichtiges Arbeitsentgelt dar.

Gesetze, Vorschriften und Rechtsprechung

Lohnsteuer: Die Steuerfreiheit als Reisekostenersatz ist geregelt in § 3 Nr. 16 EStG i. V. m. R 9.4 LStR und R 9.8 LStR.

Sozialversicherung: Die Beitragsfreiheit basiert auf der Lohnsteuerfreiheit. Dies gilt für die meisten sozialversicherungsfreien Vergütungsbestandteile und ist geregelt in § 1 Abs. 1 Satz 1 Nr. 1 SvEV.

Entgelt	LSt	SV
Mautgebühr bei Auswärtstätigkeit	frei	frei
Mautgebühr bei Privatreisen des Arbeitnehmers	pflichtig	pflichtig

Mehrarbeit

Mehrarbeit ist die Arbeit, die über die allgemeine vereinbarte Arbeitszeitgrenze (regelmäßig 8 Stunden werktäglich) hinausgeht. Die maßgebliche Regelarbeitszeit kann sich aus dem Arbeitsvertrag, einem Tarifvertrag, einer Betriebsvereinbarung oder einem Gesetz ergeben.

Gesetze, Vorschriften und Rechtsprechung

Lohnsteuer: Einzelheiten zum steuerlichen Arbeitslohnbegriff regeln § 19 Abs. 1 EStG und § 2 LStDV. Da das Einkommensteuergesetz nur eine beispielhafte Aufzählung enthält, ergänzen R 19.3–19.8 LStR sowie H 19.3–19.8 LStH die gesetzlichen Bestimmungen.

Sozialversicherung: § 14 Abs. 1 Satz 1 SGB IV definiert die vom Arbeitgeber im Rahmen eines Beschäftigungsverhältnisses an den Arbeitnehmer geleisteten Zahlungen als sozialversicherungspflichtiges Arbeitsentgelt. Hierunter fallen auch die für Mehrarbeit vom Arbeitnehmer ggf. zu beanspruchenden Zuschläge.

Entgelt	LSt	SV
Mehrarbeitsvergütung	pflichtig	pflichtig
Mehrarbeitszuschlag	pflichtig	pflichtig

1 Da es sich um ein volles Jahr handelt, kann auch sofort von der Beitragsbemessungsgrenze ausgegangen werden.
2 § 14 Abs. 2 SGB IV.

Lohnsteuer

Steuerpflichtige Überstundenzuschläge

Zuschläge für Mehrarbeit (Überstunden) gehören zum steuerpflichtigen Arbeitslohn. Mehrarbeitszuschläge zählen zu den laufenden Bezügen, die zusammen mit den übrigen Monatsbezügen nach der Monatstabelle abzurechnen sind. Nur Zuschläge für ↗ Sonntags-, ↗ Feiertags- oder ↗ Nachtarbeit sind innerhalb der Grenzen des § 3b EStG steuerbefreit.

Werden Zuschläge für Mehrarbeit arbeitsrechtlich zusammen mit Zuschlägen für Sonntags-, Feiertags- und Nachtarbeit als einheitlicher Zuschlag gezahlt, so ist dieser sog. Mischzuschlag im Verhältnis der in Betracht kommenden Einzelzuschläge in einen nach § 3b EStG begünstigten Anteil und einen nicht begünstigten Anteil aufzuteilen.

Zusammentreffen mit Spätarbeitszuschlägen

Erhält der Arbeitnehmer bei einem Zusammentreffen von Sonntags-, Feiertags- oder Nachtarbeit mit Mehrarbeit nur Zuschläge für Sonntags-, Feiertags- oder Nachtarbeit ausgezahlt, z. B. weil sie ebenso hoch oder höher sind als die Mehrarbeitszuschläge, so gilt der Betrag als Sonntags-, Feiertags- oder Nachtarbeitszuschlag, der dem arbeitsrechtlich jeweils in Betracht kommenden Zuschlag entspricht.[1] Werden dagegen nur Zuschläge für Mehrarbeit gezahlt, z. B. weil diese höher sind, so ist der Mehrarbeitszuschlag in voller Höhe lohnsteuerpflichtig.[2]

Bei der Ermittlung des Stundengrundlohnes, auf den die steuerlich maßgebenden Prozentsätze für ↗ Sonntags-, ↗ Feiertags- oder ↗ Nachtarbeitszuschläge anzuwenden sind, bleiben Mehrarbeitsvergütungen und -zuschläge außer Betracht.

Steuerpflichtige Entschädigung bei (rechtswidriger) Mehrarbeit

Eine Entschädigung, die ein Arbeitnehmer für geleistete Mehrarbeitsstunden erhält, ist lohnsteuerpflichtiger Arbeitslohn. Dies gilt auch dann, wenn die Ausgleichszahlung für über die zulässige Arbeitszeit hinaus, also für rechtwidrige Mehrarbeit, geleistet wird. Entscheidend ist, dass die Zahlung durch das individuelle Dienstverhältnis, insbesondere durch die Erbringung der Arbeitsleistung, veranlasst ist. Ob dabei die Arbeitszeiten in rechtswidriger Weise überschritten sind, spielt für die Zuordnung zu den Einnahmen aus nichtselbständiger Arbeit keine Rolle. Ebenso unerheblich ist es, ob die angefallenen Überstunden auch durch Freizeitausgleich hätten abgegolten werden können.

In Abgrenzung hierzu sind ↗ Schadensersatzleistungen steuerfrei. Sie dienen dem Schadensausgleich aus einer schuldhaften Verletzung der Arbeitspflichten. Verzichtet dagegen der Arbeitgeber gegenüber dem Arbeitnehmer auf eine Schadensersatzforderung, etwa wegen eines verschuldeten Motorschadens an einem Dienstfahrzeug, begründet der aus dem Rückgriffverzicht resultierte Vermögensvorteil lohnsteuerpflichtigen Arbeitslohn.

Sozialversicherung

Zuordnung zum Arbeitsentgelt

Mehrarbeitsvergütung

Mehrarbeitsvergütungen (Überstundenvergütungen) stellen als unmittelbare Zahlungen aus dem Arbeitsverhältnis sozialversicherungspflichtiges ↗ Arbeitsentgelt dar.[3]

Zuschläge für Mehrarbeit

↗ Zuschläge, die vom Arbeitgeber für die geleistete Mehrarbeit gezahlt werden (insbesondere aufgrund tarifvertraglicher Vereinbarungen), gehören ebenfalls zum beitragspflichtigen Arbeitsentgelt. Dies gilt auch für teilzeitbeschäftigte Arbeitnehmer.

Steuerfreie Mehrarbeitszuschläge sind beitragsfrei zur Sozialversicherung.[4] In der ↗ Unfallversicherung werden sie allerdings als ↗ Entgelt behandelt.

Beitragsrechtliche Behandlung von Mehrarbeitsvergütungen

Unterliegen Überstundenvergütungen der Sozialversicherungspflicht, so sind sie als laufendes Arbeitsentgelt anzusehen. Die Beitragsberechnung erfolgt in dem Monat, in dem die ↗ Überstunden geleistet wurden.[5]

Zeitversetzte Auszahlung der Mehrarbeitsvergütung

Werden die Überstunden regelmäßig erst im nächsten oder übernächsten Lohnzahlungszeitraum abgerechnet, so können sie dem Entgelt dieses ↗ Abrechnungszeitraums hinzugerechnet werden. Das gilt nur für die Betriebe, die Mehrarbeitsvergütung regelmäßig erst im nächsten oder übernächsten Monat abrechnen. Diese Vereinfachungsregelung beruht auf einem Besprechungsergebnis der Spitzenverbände der Sozialversicherungsträger zur beitragsrechtlichen Behandlung zeitversetzt gezahlter Arbeitsentgeltbestandteile.

Anrechnung von Mehrarbeitsvergütungen auf die Jahresarbeitsentgeltgrenze

↗ Arbeitnehmer sind krankenversicherungsfrei, wenn ihr regelmäßiges Jahresarbeitsentgelt die ↗ Jahresarbeitsentgeltgrenze überschreitet.[6] Bei der Ermittlung des regelmäßigen Jahresarbeitsentgelts bleiben Mehrarbeitsvergütungen außer Ansatz, weil es sich bei diesen nicht um regelmäßig erwartbare Zahlungen handelt. Etwas anderes gilt, wenn regelmäßig eine Überstundenpauschale gezahlt wird. Diese Pauschale wird im Allgemeinen in jedem Monat ohne Rücksicht darauf gewährt, ob überhaupt oder in welchem Umfang ↗ Überstunden angefallen sind. Insofern liegt hier Regelmäßigkeit vor.

Mehrfachbeschäftigung

Mehrfachbeschäftigung ist die zeitgleiche Begründung bzw. Erfüllung mehrerer Arbeitsverhältnisse durch den Arbeitnehmer mit demselben oder verschiedenen Arbeitgebern. Dabei sind oftmals aufgrund der unterschiedlichen Arbeitszeitverpflichtungen in den verschiedenen Arbeitsverhältnissen ein Haupt- und ein Nebenarbeitsverhältnis (Nebenbeschäftigung) bestimmbar.

Grundsätzlich kann jeder Arbeitnehmer mehrere Arbeitsverhältnisse nebeneinander eingehen, auch wenn dies in Einzelarbeitsverträgen oder Tarifverträgen verboten oder an die Zustimmung des Arbeitgebers im Einzelfall gebunden ist. Entsprechende Verbotsklauseln sind nur bei besonderem, berechtigtem Arbeitgeberinteresse zulässig.

Der Lohnsteuerabzug bei einer Zweitbeschäftigung erfolgt meist nach der steuerlich ungünstigen Lohnsteuerklasse VI. Die parallel ausgeübten Beschäftigungen wirken sich – abhängig von der konkreten Konstellation – auf die Versicherungspflicht und auf die ggf. individuell anzupassende Beitragsberechnung aus.

Gesetze, Vorschriften und Rechtsprechung

Lohnsteuer: Nach § 38b Abs. 1 Satz 2 Nr. 6 EStG gilt für Zweitbeschäftigungen die Lohnsteuerklasse VI. Zahlt ein und derselbe Arbeitgeber verschiedenartige Bezüge als Arbeitslohn, kann er diese gemäß § 39e Abs. 5a EStG in bestimmten Fällen getrennt abrechnen. § 39b Abs. 2 Satz 8 und Abs. 3 Satz 7 EStG bestimmen, dass in diesen Fällen nicht nach den mitgeteilten ELStAM einheitlich abzurechnen ist.

1 R 3b Abs. 5 und 7 LStR.
2 R 3b Abs. 5 LStR.
3 § 14 Abs. 1 Satz 1 SGB IV.
4 § 1 Abs. 1 Satz 1 Nr. 1 SvEV.
5 § 22 Abs. 1 Satz 1 SGB IV i. V. m. § 612 Abs. 1 BGB und BAG, Urteil v. 22.2.2012, 5 AZR 765/10.
6 § 6 Abs. 1 Nr. 1 SGB V.

Sozialversicherung: Die Arbeitsentgelte sind nach § 22 Abs. 2 SGB IV anteilig auf die jeweilige Beitragsbemessungsgrenze zu begrenzen, wenn die Arbeitsentgelte aus mehreren versicherungspflichtigen Beschäftigungen zusammen in demselben Zeitraum eine Beitragsbemessungsgrenze überschreiten.

Die Regelungen für die Beitragsaufteilung bei Mehrfachbeschäftigten gelten auch für Arbeitnehmer, die wegen Zusammenrechnung einer versicherungspflichtigen Hauptbeschäftigung mit einer geringfügig entlohnten Beschäftigung in der Kranken-, Pflege- und Rentenversicherung auch in dieser Nebenbeschäftigung versicherungspflichtig sind (§ 7 SGB V; § 5 Abs. 2 SGB VI).

Lohnsteuer

Mehrere Jobs, mehrere Arbeitgeber

Bezieht ein Arbeitnehmer nebeneinander von mehreren Arbeitgebern Arbeitslohn, sind für jedes Dienstverhältnis elektronische Lohnsteuerabzugsmerkmale (ELStAM) zu bilden.[1] Aus diesem Grund muss der Arbeitnehmer jedem seiner Arbeitgeber bei Eintritt in das Dienstverhältnis zum Zweck des Abrufs der ELStAM mitteilen, ob es sich um das erste oder ein weiteres Dienstverhältnis handelt.[2] Bei der Lohnabrechnung für das zweite und jedes weitere Dienstverhältnis muss die Steuerklasse VI zugrunde gelegt werden.[3]

Mehrere Dienstverhältnisse liegen auch vor, wenn der Arbeitnehmer in einem aktiven Dienstverhältnis steht und gleichzeitig aus einem früheren Dienstverhältnis ⇗ Versorgungsbezüge erhält oder wenn ihm neben eigenem Arbeitslohn, z. B. als Erbe, Bezüge aus der früheren Tätigkeit des Erblassers zufließen.

Lohnabrechnung muss getrennt erfolgen

Ist der Arbeitnehmer bei mehreren Arbeitgebern nebeneinander beschäftigt, hat jeder Arbeitgeber die Lohnsteuer zu ermitteln und einzubehalten. Eine Zusammenrechnung des Arbeitslohns ist selbst dann nicht zulässig, wenn für den Gesamtbetrag im Lohnzahlungszeitraum keine Lohnsteuer anfällt.

Folgen beim selben Arbeitgeber mehrere Beschäftigungen nacheinander, ist der jeweilige Lohnzahlungszeitraum für den Lohnsteuereinbehalt auch dann maßgebend, wenn vom Jahresarbeitslohn keine Lohnsteuer zu erheben wäre. Z. B. wenn nach der Tages- oder Monatstabelle jeweils Lohnsteuer einzubehalten ist, für den gesamten Arbeitslohn des Kalenderjahres nach der Jahrestabelle keine Lohnsteuer anfällt. Eine Erstattung ist ggf. im betrieblichen⇗ Lohnsteuer-Jahresausgleich möglich.

Sonderfall: Mehrere Jobs, ein Arbeitgeber

Bestehen mehrere Dienstverhältnisse bei einem Arbeitgeber und zahlt dieser oder ein von diesem beauftragter Dritter[4] verschiedenartige Bezüge als Arbeitslohn, kann der Arbeitgeber bzw. der Dritte die Lohnsteuer für den zweiten und jeden weiteren Bezug ohne Abruf weiterer ELStAM nach der Steuerklasse VI einbehalten.[5]

Verschiedenartige Bezüge in diesem Sinne liegen vor, wenn der Arbeitnehmer vom Arbeitgeber folgenden Arbeitslohn bezieht:

- neben dem Arbeitslohn für ein aktives Dienstverhältnis auch ⇗ Versorgungsbezüge;
- neben (Versorgungs-)Bezügen und Vorteilen aus seinem früheren Dienstverhältnis andere Versorgungsbezüge;
- neben Bezügen und Vorteilen während der ⇗ Elternzeit oder vergleichbaren Unterbrechungszeiten des aktiven Dienstverhältnisses Arbeitslohn für ein weiteres befristetes aktives Dienstverhältnis.

Die Lohnsteuerbescheinigung ist jeweils für den getrennt abgerechneten Bezug auszustellen und an die Finanzverwaltung zu übermitteln.

1 § 39e Abs. 3 Satz 2 EStG.
2 § 39e Abs. 4 Satz 1 Nr. 2 EStG.
3 § 38b Satz 1 Nr. 6 EStG.
4 § 38 Abs. 3a EStG.
5 § 39e Abs. 5a Satz 1 EStG.

Ruhegehalt neben Teilzeitbeschäftigung

Bei Bezug von Arbeitslohn für mehrere Tätigkeiten von einem Arbeitgeber ist die Pauschalbesteuerung des einen und die normale Lohnbesteuerung des anderen Arbeitslohns grundsätzlich nicht ausgeschlossen. Versorgungsbezüge und der Lohn aus einer Teilzeitbeschäftigung fließen nicht aus einem einheitlichen Beschäftigungsverhältnis zu. Die Versorgungsbezüge werden für eine frühere, nicht mehr tatsächlich ausgeübte Beschäftigung gezahlt; der pauschal besteuerte Lohn hingegen fließt aus der gegenwärtigen geringfügigen Beschäftigung zu.[6, 7]

Nebenbeschäftigung für denselben Arbeitgeber

Ein einheitliches Beschäftigungsverhältnis eines Arbeitnehmers zu einem Arbeitgeber kann allerdings nicht in ein Pauschalierungsarbeitsverhältnis einerseits und ein dem normalen Lohnsteuerabzug zu unterwerfendes Arbeitsverhältnis andererseits aufgespalten werden. Der Lohn aus einem einheitlichen Beschäftigungsverhältnis ist grundsätzlich entweder dem normalen Lohnsteuerabzug oder der pauschalen Besteuerung zu unterwerfen.[8, 9]

Achtung

Problem der verdeckten Gewinnausschüttung bei Weiterbeschäftigung eines Gesellschafter-Geschäftsführers nach Pensionseintritt

In der Praxis tritt regelmäßig der Fall ein, dass der Gesellschafter-Geschäftsführer einer GmbH nach Erreichen des in der Versorgungszusage vereinbarten Rentenalters weiterbeschäftigt werden möchte. Die gleichzeitige Auszahlung von Pension und Aktivgehalt kann gesellschaftsrechtlich veranlasst sein und eine verdeckte Gewinnausschüttung nach sich ziehen. Vor diesem Hintergrund sind die Vereinbarungen in der Versorgungszusage von maßgebender Bedeutung. Insoweit sind folgende Fallgestaltungen zu unterscheiden:

- Eintritt des Versorgungsfalls mit Erreichen einer Altersgrenze und Ausscheiden des Versorgungsberechtigten,
- Eintritt des Versorgungsfalls nur mit Erreichen der Altersgrenze.

Wurde in der Versorgungszusage vereinbart, dass der Versorgungsfall mit dem Erreichen einer bestimmten Altersgrenze und dem Ausscheiden aus dem Dienst der GmbH eintritt, besteht zivilrechtlich kein Anspruch auf die Pension – solange der Gesellschafter-Geschäftsführer nicht aus dem Dienst der GmbH ausgeschieden ist. In der Auszahlungsphase der Pension führt die parallele Zahlung von Geschäftsführergehalt und Pension sowohl bei einem beherrschenden als auch bei einem nicht beherrschenden Gesellschafter-Geschäftsführer zu einer verdeckten Gewinnausschüttung, soweit das Aktivgehalt nicht auf die Pensionsleistung angerechnet wird.

Für den Fall, dass der Versorgungsfall nur mit dem Erreichen einer bestimmten Altersgrenze eintritt, spricht dieses grundsätzlich nicht gegen die zivilrechtliche und körperschaftsteuerrechtliche Anerkennung der Pensionszusage.[10] In der Auszahlungsphase der Pension führt aber auch bei dieser Fallgestaltung die parallele Zahlung von Geschäftsführergehalt und Pension sowohl bei einem beherrschenden als auch bei einem nicht beherrschenden Gesellschafter-Geschäftsführer zu einer verdeckten Gewinnausschüttung, soweit das Aktivgehalt nicht auf die Pensionsleistung angerechnet wird.[11]

In der Praxis wird den negativen Folgen einer Weiterbeschäftigung des Gesellschafter-Geschäftsführers bei gleichzeitigem Bezug der Pension vielfach durch Abschluss eines Beratervertrags mit dem Gesellschafter-Geschäftsführer entgegengewirkt.

Zusammengefasste Lohnzahlung durch Dritte

Einnahmen eines Arbeitnehmers, die ihren Leistungsgrund im Dienstverhältnis zum eigenen Arbeitgeber haben, jedoch von einem Dritten ge-

6 BFH, Urteil v. 27.7.1990, VI R 20/89, BStBl 1990 II S. 931.
7 H 40a.1 LStH, „Ruhegehalt neben kurzfristiger Beschäftigung“.
8 BFH, Urteil v. 27.7.1990, VI R 20/89, BStBl 1990 II S. 931.
9 H 40a.1 LStH, „Nebenbeschäftigung für denselben Arbeitgeber“.
10 BMF, Schreiben v. 18.9.2017, IV C 6 – S 2176/07/10006, BStBl 2017 I S. 1293, Rz. 10.
11 BMF, Schreiben v. 18.9.2017, IV C 6 – S 2176/07/10006, BStBl 2017 I S. 1293.

zahlt werden, gehören als Lohnzahlung durch Dritte zum steuerpflichtigen Arbeitslohn.

Nach Zustimmung durch das Finanzamt kann ein Dritter als Dienstleister die Pflichten des Arbeitgebers im eigenen Namen erfüllen und die Lohnsteuerabzugsverpflichtung von einem oder mehreren Arbeitgebern übernehmen. Die Zustimmung zur Abrechnung durch einen Dritten kann seitens der Finanzverwaltung nur erteilt werden, wenn dieser für den gesamten Arbeitslohn des Arbeitnehmers die Lohnsteuerabzugsverpflichtung übernimmt.[1]

Weil dieser Dritte den Lohn auszuzahlen hat und wie der Arbeitgeber haftet, kann er für Arbeitnehmer mit Mehrfacharbeitsverhältnissen die Arbeitslöhne zusammenfassen und vom Gesamtbetrag den Lohnsteuerabzug vornehmen.[2]

Zusammengefasste Lohnabrechnungen von Mehrfacharbeitsverhältnissen werden regelmäßig durchgeführt

- für im Konzernverbund beschäftigte Arbeitnehmer oder
- von studentischen Arbeitsvermittlungen oder
- von den zentralen Abrechnungsstellen bei den Kirchen sowie
- für Arbeitnehmer von Wohnungseigentümergemeinschaften (durch den Verwalter).

Freibeträge beim Lohnsteuerabzug

Berücksichtigung eines individuellen Lohnsteuerfreibetrags

Der Arbeitnehmer kann entscheiden, ob bzw. in welcher Höhe der Arbeitgeber einen beantragten und vom Finanzamt ermittelten Freibetrag[3] im ELStAM-Verfahren abrufen soll. Hierfür ist kein Antrag beim Finanzamt erforderlich.

Der Arbeitgeber muss den vom Arbeitnehmer genannten Lohnsteuerfreibetrag im Rahmen einer üblichen Anfrage von ELStAM an die Finanzverwaltung übermitteln. Nach Prüfung des übermittelten Freibetrags stellt die Finanzverwaltung dem Arbeitgeber den tatsächlich zu berücksichtigenden Freibetrag als ELStAM zum Abruf bereit. Dieser Freibetrag ist für den Arbeitgeber maßgebend und für den Lohnsteuerabzug anzuwenden sowie in der Lohn- und Gehaltsabrechnung des Arbeitnehmers als ELStAM auszuweisen.[4]

Gesetzliche Frei- und Pauschbeträge

In der Steuerklasse VI werden tarifliche Freibeträge wie der Grundfreibetrag und gesetzliche Pauschbeträge wie der Sonderausgaben-Pauschbetrag nicht berücksichtigt.

Der ⇗ Altersentlastungsbetrag ist – soweit die Voraussetzungen dafür vorliegen – für den Lohnsteuerabzug bei jedem Dienstverhältnis zu berücksichtigen, aus dem der Arbeitnehmer Bezüge für aktive Tätigkeit bezieht.

Erhält ein Arbeitnehmer mehrere ⇗ Versorgungsbezüge von unterschiedlichen Arbeitgebern, ist im Lohnsteuerabzugsverfahren der Versorgungsfreibetrag ebenso bei jedem ⇗ Versorgungsbezug zu berücksichtigen.

Weil die Beiträge des Arbeitgebers an Pensionsfonds oder Pensionskassen nur im ersten Dienstverhältnis steuerfrei sind, rechnen sie zum steuerpflichtigen Arbeitslohn, wenn dem Arbeitgeber als Lohnsteuerabzugsmerkmal die Steuerklasse VI mitgeteilt wurde.

Lohnsteuerpauschalierung bei mehreren Nebenjobs

Das vereinfachte Lohnsteuerpauschalierungsverfahren für Aushilfskräfte und geringfügig Beschäftigte ist für jede Aushilfstätigkeit bzw. geringfügige Beschäftigung zulässig. Dabei hat jeder Arbeitgeber die Voraussetzungen für die Lohnsteuerpauschalierung – bezogen auf das einzelne Dienstverhältnis – selbstständig zu prüfen.

1 R 38.5 Satz 2 LStR.
2 § 38 Abs. 3a EStG.
3 § 39a Abs. 1 Satz 1 Nr. 7 EStG.
4 BMF, Schreiben v. 8.11.2018, IV C 5 – S 2363/13/10003 – 02, BStBl 2018 I S. 1137, Tz. 138 und 139.

Pflichtveranlagung bei mehreren Beschäftigungsverhältnissen

Die Verpflichtung zur Abgabe der Einkommensteuererklärung besteht immer dann, wenn ein Arbeitnehmer Arbeitslohn von mehreren Arbeitgebern bezogen hat, also ein Beschäftigungsverhältnis nach Steuerklasse VI abgerechnet wurde.[5] Bei einer zusammengefassten Lohnabrechnung durch Dritte[6] ist der Arbeitnehmer nicht zur Abgabe einer Einkommensteuererklärung verpflichtet.

Die Pflichtveranlagung ist auch zu beachten, wenn aus mehreren früheren Dienstverhältnissen ⇗ Versorgungsbezüge bezogen werden.

Betrieblicher Lohnsteuer-Jahresausgleich unzulässig

Für Arbeitnehmer mit der Steuerklasse VI darf der Arbeitgeber den ⇗ Lohnsteuer-Jahresausgleich nicht durchführen.[7]

Übungsleiterfreibetrag von 3.000 EUR

Handelt es sich bei dem zweiten oder weiteren Dienstverhältnis um eine Nebentätigkeit als

- Übungsleiter (z. B. Sporttrainer),
- Ausbilder,
- Betreuer,
- Erzieher oder um eine vergleichbare Tätigkeit,
- um eine künstlerische Nebentätigkeit oder
- um eine nebenberufliche Pflege alter, kranker Menschen oder Menschen mit Behinderungen,

so bleiben von den hierfür erhaltenen Vergütungen 3.000 EUR jährlich steuerfrei.[8] Voraussetzung für die Steuerfreiheit ist, dass die Nebentätigkeit für eine gemeinnützige, karitative oder kirchliche Einrichtung oder für eine öffentlich-rechtliche Körperschaft ausgeübt wird. Die Steuerfreiheit ist bei Einnahmen aus mehreren Nebentätigkeiten für verschiedene Arbeitgeber auf einen einmaligen Jahresbetrag von 3.000 EUR begrenzt.[9]

Berücksichtigung im Lohnsteuerverfahren

Beim Lohnsteuerabzug kann der steuerfreie Höchstbetrag mit einem Mal in voller Höhe berücksichtigt werden. Eine dem ⇗ Lohnzahlungszeitraum entsprechende anteilige Aufteilung ist nicht erforderlich. Dies gilt selbst dann, wenn feststeht, dass das Dienstverhältnis nicht bis zum Ende des Kalenderjahres besteht.[10] Der Arbeitnehmer muss dem Arbeitgeber jedoch schriftlich versichern, dass die Steuerbefreiung nicht bereits in einem anderen Arbeits- oder Auftragsverhältnis berücksichtigt wird.[11]

Liegen diese Voraussetzungen nicht vor, kommt ggf. der Ehrenamtsfreibetrag i. H. v. 840 EUR in Betracht.[12]

Den Übungsleiterfreibetrag übersteigende Einnahmen

Grundsätzlich unterliegt der den steuerfreien Höchstbetrag von 3.000 EUR übersteigende Arbeitslohn den allgemeinen Regelungen des Lohnsteuerabzugs nach den ELStAM.

Den steuerfreien Höchstbetrag übersteigende Einnahmen können vom Arbeitgeber – unter Verzicht auf den Abruf der elektronischen Lohnsteuerabzugsmerkmale[13] oder die Vorlage einer Bescheinigung für den Lohnsteuerabzug[14] – als Arbeitslohn aus ⇗ geringfügiger Beschäftigung mit dem einheitlichen Pauschsteuersatz von 2 % besteuert werden[15], wenn der übersteigende Betrag nicht höher als 538 EUR[16] monatlich ist und der Arbeitgeber die pauschalen Beiträge zur Rentenversicherung von 5 % oder 15 % zu entrichten hat. Sind für das geringfügige Beschäf-

5 § 46 Abs. 2 Nr. 2 EStG.
6 § 38 Abs. 3a Satz 7 EStG.
7 § 42b Abs. 1 Satz 3 Nr. 2 EStG.
8 § 3 Nr. 26 EStG.
9 H 3.26 LStH, „Begrenzung der Steuerbefreiung".
10 R 3.26 Abs. 10 Satz 1 LStR.
11 R 3.26 Abs. 10 Satz 2 LStR.
12 § 3 Nr. 26a EStG.
13 § 39e Abs. 4 Satz 2 EStG.
14 § 39 Abs. 3, § 39e Abs. 7, 8 EStG.
15 § 40a Abs. 2 EStG.
16 Bis 31.12.2023: 520 EUR, bis 30.9.2022: 450 EUR.

tigungsverhältnis keine pauschalen Rentenversicherungsbeiträge zu entrichten, kann der Arbeitgeber die Lohnsteuer mit dem Pauschsteuersatz von 20 % des Arbeitslohns erheben.[1] Handelt es sich um eine kurzfristige Aushilfstätigkeit, kann auch eine Lohnsteuerpauschalierung mit dem Steuersatz von 25 % in Betracht kommen.

Sozialversicherung

Fallkonstellationen

Übt ein Arbeitnehmer mehrere Beschäftigungen aus, so sind für die Sozialversicherung im Wesentlichen folgende Fallkonstellationen von Bedeutung:

- Neben einer Hauptbeschäftigung wird eine oder werden mehrere ⇗ geringfügig entlohnte Beschäftigungen ausgeübt.
- Es werden nur geringfügig entlohnte Beschäftigungen verrichtet.
- Neben einer Hauptbeschäftigung und/oder einer geringfügig entlohnten Beschäftigung wird eine ⇗ kurzfristige Beschäftigung aufgenommen.
- Es werden mehrere Hauptbeschäftigungen ausgeübt.

Hauptbeschäftigung und eine oder mehrere Nebenbeschäftigungen

Versicherungspflichtige Hauptbeschäftigung und ein Minijob

Wird neben einer bereits versicherungspflichtigen Hauptbeschäftigung nur ein Minijob ausgeübt, sind diese beiden Beschäftigungen nicht zu addieren. Der ⇗ Minijob bleibt versicherungsfrei.[2] Dies gilt nicht hinsichtlich der Rentenversicherung, da hier generell Versicherungspflicht besteht. Von der Rentenversicherungspflicht im Minijob können sich Arbeitnehmer allerdings auf Antrag befreien lassen.[3]

Achtung

Überschreiten der Jahresarbeitsentgeltgrenze durch Zusammenrechnung von Hauptbeschäftigung und Minijob

Wird durch die Zusammenrechnung einer versicherungspflichtigen Hauptbeschäftigung mit einer geringfügig entlohnten Nebenbeschäftigung die ⇗ Jahresarbeitsentgeltgrenze (JAEG) in der Krankenversicherung überschritten, tritt mit Aufnahme der Nebenbeschäftigung in beiden Beschäftigungen zunächst Kranken- und Pflegeversicherungspflicht ein. Die Versicherungspflicht endet mit Ablauf des Kalenderjahres, in dem die Jahresarbeitsentgeltgrenze überschritten wird, vorausgesetzt, dass das regelmäßige Jahresarbeitsentgelt auch die Jahresarbeitsentgeltgrenze des Folgejahres übersteigt.[4]

Versicherungspflichtige Hauptbeschäftigung und mehrere Minijobs

Etwas anderes gilt, wenn neben einer versicherungspflichtigen Hauptbeschäftigung mehrere Minijobs ausgeübt werden. In der Kranken- und Pflegeversicherung scheidet die Zusammenrechnung für eine geringfügig entlohnte Beschäftigung aus, und zwar immer für die Beschäftigung, die zeitlich zuerst aufgenommen wurde. Die anderen Nebenbeschäftigungen werden mit der versicherungspflichtigen Hauptbeschäftigung zusammengerechnet, mit der Folge, dass für diese Minijobs Kranken- und Pflegeversicherungspflicht eintritt.

Beispiel

Mehrere Nebenbeschäftigungen neben einer Hauptbeschäftigung

Ein Arbeitnehmer übt bei Arbeitgeber A für ein monatliches Arbeitsentgelt in Höhe von 2.200 EUR eine versicherungspflichtige Beschäftigung aus. Am 1.3. nimmt er zusätzlich eine Nebenbeschäftigung bei Arbeitgeber B auf. Das monatliche Arbeitsentgelt beträgt hier 340 EUR. Darüber hinaus nimmt er am 1.5. noch eine Nebenbeschäftigung bei Arbeitgeber C für ein monatliches Arbeitsentgelt in Höhe von 240 EUR auf.

Ergebnis: Die bei Arbeitgeber B ausgeübte Nebenbeschäftigung darf in der Kranken- und Pflegeversicherung nicht mit der versicherungspflichtigen Hauptbeschäftigung addiert werden. Diese Nebenbeschäftigung bleibt in diesen Versicherungszweigen versicherungsfrei. Es sind aber Pauschalbeiträge zur Krankenversicherung zu zahlen. Die Beschäftigung bei Arbeitgeber C muss mit der versicherungspflichtigen Hauptbeschäftigung zusammengerechnet werden. Dadurch entsteht für diese Beschäftigung Kranken- und Pflegeversicherungspflicht. In beiden Nebenbeschäftigungen besteht Rentenversicherungspflicht. Für Beschäftigung B kann sich der Beschäftigte davon befreien lassen. Beschäftigung C wird durch die Zusammenrechnung mit der Hauptbeschäftigung versicherungspflichtig – ohne Befreiungsoption.

In der Arbeitslosenversicherung darf weder die Beschäftigung bei Arbeitgeber B noch die Beschäftigung bei Arbeitgeber C mit der versicherungspflichtigen Hauptbeschäftigung zusammengerechnet werden. Selbst eine Zusammenrechnung der beiden Nebenbeschäftigungen untereinander ist nicht zulässig. Somit gelten beide Beschäftigungen weiterhin als geringfügig entlohnt und bleiben arbeitslosenversicherungsfrei.

Versicherungsfreie Hauptbeschäftigung mit Minijob

Sofern ein in der Hauptbeschäftigung wegen Überschreitens der Jahresarbeitsentgeltgrenze in der Krankenversicherung bereits versicherungsfreier Arbeitnehmer eine geringfügig entlohnte Nebentätigkeit aufnimmt, bleibt diese Nebenbeschäftigung in der Kranken- und Pflegeversicherung versicherungsfrei, weil eine Zusammenrechnung mit der versicherungsfreien Hauptbeschäftigung nicht zulässig ist. Allerdings muss der Arbeitgeber den Pauschalbeitrag zur Krankenversicherung für den Minijob entrichten.

Ist die Hauptbeschäftigung aufgrund der Tätigkeit als ⇗ Beamter versicherungsfrei und werden daneben eine oder mehrere geringfügig entlohnte Beschäftigungen ausgeübt, sind Besonderheiten zu beachten.

Keine Zusammenrechnung in der Arbeitslosenversicherung

In der Arbeitslosenversicherung dürfen sämtliche (= eine oder mehrere) Minijobs nicht mit einer versicherungspflichtigen Hauptbeschäftigung zusammengerechnet werden.[5] Hier bleiben also alle ausgeübten Nebenbeschäftigungen versicherungsfrei. Selbst eine Zusammenrechnung der für sich betrachtet geringfügig entlohnten Beschäftigungen untereinander ist nicht möglich, wenn diese neben einer versicherungspflichtigen Hauptbeschäftigung ausgeübt werden.

Ausschließlich Minijobs

Werden ausschließlich ⇗ geringfügig entlohnte Beschäftigungen ausgeübt, sind die Arbeitsentgelte zu addieren. Ergibt die Zusammenrechnung einen höheren Betrag als 538 EUR[6] monatlich, unterliegen alle für sich betrachtet geringfügig entlohnten Beschäftigungen der Versicherungspflicht zur Kranken-, Pflege-, Renten- und Arbeitslosenversicherung.

Beispiel

Mehrere geringfügig entlohnte Beschäftigungen

Eine Raumpflegerin arbeitet bei Arbeitgeber A für ein monatliches Arbeitsentgelt von 400 EUR. Gleichzeitig arbeitet sie bei Arbeitgeber B für ein monatliches Arbeitsentgelt von 200 EUR.

Ergebnis: Beide Beschäftigungen sind zwar für sich betrachtet geringfügig entlohnt, jedoch ergibt die Zusammenrechnung ein Arbeitsentgelt von monatlich 600 EUR. Da der Grenzwert von 538 EUR (bis 31.12.2023: 520 EUR; bis 30.9.2022: 450 EUR) überschritten wird, sind beide Beschäftigungen sozialversicherungspflichtig.

1 § 40a Abs. 2a EStG.
2 § 8 Abs. 2 SGB IV.
3 § 6 Abs. 1b SGB VI.
4 § 6 Abs. 4 SGB V.
5 § 27 Abs. 2 SGB III.
6 Bis 31.12.2023: 520 EUR; bis 30.9.2022: 450 EUR.

Überschreitet das monatliche Entgelt aus allen Beschäftigungen 538 EUR nicht, besteht in allen geringfügig entlohnten Beschäftigungen Versicherungsfreiheit zur Kranken-, Pflege- und Arbeitslosenversicherung. Der jeweilige Arbeitgeber zahlt den Pauschalbeitrag in Höhe von 13 % zur Krankenversicherung, sofern es sich um einen gesetzlich krankenversicherten Arbeitnehmer handelt. In der Rentenversicherung besteht generell Versicherungspflicht – mit der Option, sich davon befreien zu lassen. Die Befreiungsmöglichkeit besteht nur einheitlich für alle geringfügigen Beschäftigungen.

Hauptbeschäftigung mit kurzfristiger Nebenbeschäftigung

↗ Kurzfristige Beschäftigungen, die nicht berufsmäßig ausgeübt werden, bleiben unabhängig vom Umfang der wöchentlichen Arbeitszeit und der Höhe des Verdienstes versicherungsfrei zur Kranken-, Pflege-, Renten- und Arbeitslosenversicherung. Das gilt auch dann, wenn die kurzfristige Beschäftigung zusätzlich zum Hauptberuf ausgeübt wird, weil eine Zusammenrechnung der beiden Beschäftigungen nicht zulässig ist. In diesen Fällen sind vom Arbeitgeber auch keine Pauschalbeiträge zur Renten- und Krankenversicherung zu zahlen.

Mehrere Hauptbeschäftigungen

Werden nebeneinander mehrere Hauptbeschäftigungen – also mehr als geringfügig entlohnte Beschäftigungen – ausgeübt, so besteht in allen Beschäftigungen Versicherungspflicht. Für die Versicherungspflichtgrenze in der Krankenversicherung werden alle Entgelte zusammengerechnet. Die Beiträge werden insgesamt nur bis zur Höhe der Beitragsbemessungsgrenze (BBG) erhoben. Liegen die Entgelte zusammen über der Beitragsbemessungsgrenze, ist eine Verteilung im Verhältnis der Entgelte zueinander vorzunehmen.

Übergangsbereich

Für die Beurteilung der Frage, ob das regelmäßige Entgelt innerhalb des ↗ Übergangsbereichs zwischen 538,01 EUR und 2.000 EUR[1] liegt, werden mehrere versicherungspflichtige Beschäftigungen zusammengerechnet. Nur wenn das Gesamtentgelt innerhalb des Übergangsbereichs liegt, kann das Entgelt mithilfe des Faktors „F" umgerechnet und die besondere Beitragsverteilung zwischen Arbeitgeber und Arbeitnehmer angewandt werden.

Krankenkassenzuständigkeit

Die Krankenkassenzuständigkeit im Fall der Krankenversicherungspflicht bei mehreren Beschäftigungen hängt von der Wahl des Arbeitnehmers ab. Für alle Beschäftigungen ist nur die vom Arbeitnehmer gewählte Krankenkasse zuständig. Diese Zuständigkeit bleibt auch dann bestehen, wenn eine oder mehrere Beschäftigungen aufgegeben werden oder neben einer bereits bestehenden Beschäftigung eine weitere Beschäftigung aufgenommen wird.

Die Aufnahme einer weiteren Beschäftigung begründet kein neues ↗ Krankenkassenwahlrecht.

Auskunfts- und Mitwirkungspflichten

Das BSG[2] hat eine Entscheidung hinsichtlich des Datenschutzes getroffen. Danach kann ein Arbeitgeber bei einem Mehrfachbeschäftigten nicht mit Hinweis auf datenschutzrechtliche Gründe die Vornahme der Beitragsberechnung verweigern. Aufgrund des § 28o Abs. 1 SGB IV sind Arbeitnehmer kraft Gesetzes verpflichtet, gegenüber allen Arbeitgebern die erforderlichen Angaben zu machen, damit diese das Beitrags- und Meldeverfahren durchführen können.

Beitragstragung

Für die Beitragszahlung bei mehreren versicherungspflichtigen Beschäftigungen gilt für alle Beschäftigungen zusammen die jeweilige Beitragsbemessungsgrenze. Übersteigt das Entgelt aus allen versicherungspflichtigen Beschäftigungen die Beitragsbemessungsgrenze(n), zahlt der einzelne Arbeitgeber nur anteilige Beiträge. Für die Ermittlung des beitragspflichtigen Entgelts aus der jeweiligen Beschäftigung gilt folgende Formel:

$$\frac{\text{Jeweilige BBG} \times \text{Entgelt aus einer Beschäftigung}}{\text{Gesamtentgelt aus allen Beschäftigungen}}$$

Ist in einem bzw. mehreren der Beschäftigungen für sich gesehen bereits die Beitragsbemessungsgrenze überschritten, sind die beitragspflichtigen Einnahmen aus dem jeweiligen Versicherungsverhältnis vor der Verhältnisberechnung nach der o. g. Formel auf die maßgebliche Beitragsbemessungsgrenze zu reduzieren.

Beispiel

Anteilige Beitragsbemessungsgrenze

Es werden 2 Beschäftigungsverhältnisse nebeneinander ausgeübt. Bei Arbeitgeber A beträgt das monatliche Entgelt 8.000 EUR, bei Arbeitgeber B 2.000 EUR. Damit wird schon durch das Entgelt von Firma A die Beitragsbemessungsgrenze in der Rentenversicherung überschritten.

Ergebnis:

Arbeitgeber A:

$$\frac{7.550 \text{ EUR} \times 7.550 \text{ EUR}}{9.550 \text{ EUR}} = 5.968{,}85 \text{ EUR}$$

Arbeitgeber B:

$$\frac{7.550 \text{ EUR} \times 2.000 \text{ EUR}}{9.550 \text{ EUR}} = 1.581{,}15 \text{ EUR}$$

Ergeben die beiden Teilbeträge zusammen wieder die Beitragsbemessungsgrenze, ist die Berechnung richtig.[3]

Meldungen

Sozialversicherungsträger benötigen zur Feststellung bzw. Berechnung von Sozialleistungen zahlreiche Daten und Informationen (z. B. Beschäftigungszeit, Entgelthöhe). Um diese Daten abrufbereit zu haben, wurde das einheitliche Meldeverfahren zur Sozialversicherung geschaffen. Arbeitgeber, ggf. deren Beauftragte oder auch die Insolvenzverwalter, melden den Einzugsstellen alle versicherungsrechtlich relevanten Tatbestände. Die Einzugsstellen leiten die Meldeinhalte an die übrigen Sozialversicherungsträger (Pflege-, Renten- und Arbeitslosenversicherung) weiter. Für die Unfallversicherungsträger gelten separate Meldeverfahren.

Gesetze, Vorschriften und Rechtsprechung

Sozialversicherung: Die gesetzliche Grundlage für die Meldungen zur Sozialversicherung bildet § 28a SGB IV i. V. m. § 198 SGB V. Zur weiteren Spezifikation des Meldeverfahrens hat der Gesetzgeber die Datenerfassungs- und -übermittlungsverordnung (DEÜV) erlassen. Die Spitzenorganisationen der Sozialversicherung haben die „Gemeinsamen Grundsätze für die Datenerfassung und -übermittlung zur Sozialversicherung nach § 28b Abs. 1 Nrn. 1–3 SGB IV" sowie die „Gemeinsamen Grundsätze für die Systemprüfung nach § 22 Datenerfassungs- und übermittlungsverordnung (DEÜV)" erarbeitet. Außerdem sind die „Gemeinsamen Grundsätze für die Kommunikationsdaten nach § 28b Abs. 1 Nr. 4 SGB IV" in der jeweils gültigen Fassung zu beachten. Das Bundesministerium für Arbeit und Soziales ist zum Erlass entsprechender Rechtsverordnungen ermächtigt (§ 28c SGB IV). Grundlage für die elektronische Übermittlung der Entgeltbescheinigungen ist § 107 SGB IV.

1 Bis 31.12.2023: 520,01 EUR und 2.000 EUR; bis 31.12.2022: 520,01 EUR und 1.600 EUR; Bis 30.9.2022: 450,01 EUR und 1.300 EUR.
2 BSG, Urteil v. 27.11.1984, 12 RK 31/82.

3 § 22 Abs. 2 Satz 2 SGB IV.

Sozialversicherung

Grundzüge des Meldeverfahrens

Der Arbeitgeber ist verpflichtet, der zuständigen Annahmestelle der Krankenkasse bestimmte Informationen über die bei ihm beschäftigten Arbeitnehmer zu melden.[1] Diese Meldepflicht und die im Verlauf einer Beschäftigung meldepflichtigen Tatbestände ergeben sich aus § 28a SGB IV sowie den Bestimmungen der Datenerfassungs- und -übermittlungsverordnung.[2]

Abfrage der zuständigen Krankenkasse

Ab 1.1.2024 können Arbeitgeber die für den Beschäftigten zuständige Krankenkasse beim GKV-Spitzenverband elektronisch vor Erstellung einer ⬀ Anmeldung abfragen, sofern hierzu trotz vorheriger Aufforderung des Beschäftigten keine oder nur unvollständige Angaben vorliegen.[3]

Die Abfrage erfolgt über das Entgeltabrechnungsprogramm oder eine maschinelle Ausfüllhilfe mit der Versicherungsnummer des Arbeitnehmers. Ist auch die Versicherungsnummer unbekannt, haben Arbeitgeber zunächst den Abruf der Versicherungsnummer bei der Datenstelle der Rentenversicherung durchzuführen.

Anlage eines Arbeitgeberkontos

Die Krankenkasse muss bei eingehenden Anmeldungen erkennen können, ob ein neues Arbeitgeberkonto anzulegen oder die in der Anmeldung angegebene ⬀ Betriebsnummer einem bestehenden Arbeitgeberkonto zuzuordnen ist. Diese Unterscheidung ist nur möglich, sofern in der Anmeldung neben der Angabe der Betriebsnummer des Beschäftigungsbetriebes zusätzlich der Arbeitgeber angegeben wird. Der Arbeitgeber wird im Beitragseinzugsverfahren durch die im Beitragsnachweis angegebene Betriebsnummer identifiziert (Hauptbetriebsnummer). Zur Umsetzung des Verfahrens ist in der Anmeldung die Hauptbetriebsnummer anzugeben. Ergibt sich daraus, dass ein neues Arbeitgeberkonto anzulegen ist und fehlen der Krankenkasse dabei notwendige Angaben zur Errichtung eines Arbeitgeberkontos, haben Arbeitgeber auf elektronische Anforderung der Einzugsstelle mit der nächsten Entgeltabrechnung die notwendigen Angaben elektronisch zu übermitteln.[4]

Maschinelles Meldeverfahren

Der Datenaustausch ist nur vollautomatisch per Datenübertragung zugelassen. Der Arbeitgeber hat jedoch verschiedene Möglichkeiten, den Anforderungen des maschinellen Meldeverfahrens gerecht zu werden.

Die erforderlichen Meldungen müssen ausschließlich durch gesicherte und verschlüsselte Datenübertragung über den Kommunikationsserver an die zuständige Annahmestelle mit dem Datensatz Meldung (DSME) erstattet werden.

Die Übertragung hat dabei ausschließlich im Standard XML zu erfolgen. Dafür können systemgeprüfte Entgeltabrechnungsprogramme oder maschinelle Ausfüllhilfen genutzt werden. Dies ist grundsätzlich unabhängig von der Größe des Unternehmens. Auch wer nur einen Arbeitnehmer beschäftigt, muss sich dieser Technik bedienen.

Für bestimmte Arbeitgeber gilt auf Antrag eine Ausnahmeregelung vom maschinellen Meldeverfahren.

Maschinelle Entgeltabrechnungsprogramme

Bei maschinellen Entgeltabrechnungsprogrammen werden die Meldungen von der genutzten Software automatisch erzeugt und im Standard XML über den Kommunikationsserver an die Annahmestellen der Krankenkassen übermittelt. Programme zur maschinellen Entgeltabrechnung müssen systemgeprüft sein, d. h. die gesetzlichen Vorgaben zur Entgeltermittlung, Beitragsberechnung, Erstellung und Übermittlung von Beitragsnachweisen und Sozialversicherungsmeldungen erfüllen.

Maschinelle Ausfüllhilfen

Alternativ stehen den Arbeitgebern für die elektronische Datenübermittlung an die Krankenkassen bzw. deren Annahmestellen EDV-gestützte Ausfüllhilfen (z. B. das SV-Meldeportal) zur Verfügung.

Hierbei handelt es sich um Programme, mit denen Meldungen am Bildschirm manuell eingegeben werden und anschließend auf elektronischem Wege an die Annahmestellen der Krankenkassen sicher und verschlüsselt übermittelt werden.

Rückmeldungen an den Arbeitgeber

Die Annahmestelle der Einzugsstelle hat nach der Entschlüsselung der Daten und der technischen Prüfung folgende Aufgabe: Die technisch fehlerfreien Daten leitet sie innerhalb eines Arbeitstages an den Adressaten der Datenübermittlung – also die zuständige Einzugsstelle – weiter. Der Arbeitgeber erhält mit der Weiterleitung eine Weiterleitungsbestätigung. Die Meldungen gelten damit als dem Adressaten zugegangen.[5]

Weiterleitungsbestätigung für eingegangene Meldungen

Die Einzugsstelle bestätigt dem Arbeitgeber die Datenannahme in Form einer Weiterleitungsbestätigung. Wurden von den Annahmestellen in den Meldedaten keine Fehler festgestellt, erhält der Arbeitgeber eine positive Weiterleitungsbestätigung. Diese erfolgt ausschließlich über den Kommunikationsserver.

Tipp

Zugangsfiktion der Meldung

Mit Weiterleitung einer Meldung an den Adressaten gilt die Meldung als dem Adressaten zugegangen. Der Arbeitgeber kann auf den weiteren Bearbeitungsablauf ab diesem Zeitpunkt keinen Einfluss mehr nehmen.

Rückmeldung bei fehlerhaften Datensätzen

Technisch fehlerhafte Meldungen werden innerhalb eines Arbeitstages mit einer Fehlermeldung durch Datenübertragung zurückgewiesen. Rückmeldungen zu abgegebenen Daten erfolgen über den GKV-Kommunikationsserver.

Der Arbeitgeber hat Meldungen der Sozialversicherungsträger mindestens einmal wöchentlich von den Kommunikationsservern abzurufen und zu verarbeiten. Der Abruf ist durch den Arbeitgeber zu quittieren. Mit dem Empfang gelten die Meldungen als dem Arbeitgeber zugegangen. 42 Tage nach Eingang der Quittung sind diese Meldungen durch den Sozialversicherungsträger zu löschen. Erfolgt keine Quittierung, werden Meldungen 42 Tage nach der Bereitstellung zum Abruf gelöscht.[6]

Hinweis

Abruf der Informationen vom Kommunikationsserver

Die Arbeitgeber müssen intern sicherstellen, dass die Meldungen rechtzeitig vom Kommunikationsserver abgerufen werden. Lücken im Meldeverlauf sollen vermieden werden. Andernfalls kann es passieren, dass Folgemeldungen von den Krankenkassen nicht verarbeitet werden können.

Bestandsprüfungen

Die vom Arbeitgeber übermittelten Meldedaten werden von der Einzugsstelle einem automatisierten Abgleich mit ihren Bestandsdaten (Bestandsprüfungen) unterzogen. Stellt sie in einer Meldung einen Fehler fest, hat sie die festgestellten Abweichungen mit dem Meldepflichtigen aufzuklären.

1 § 198 SGB V.
2 §§ 6, 8 bis 12 DEÜV.
3 § 28a Abs. 3c bis 3e SGB IV.
4 § 28a Abs. 3b SGB IV.
5 § 97 Abs. 3 SGB IV.
6 § 96 Abs. 2 SGB IV.

Ausnahmen vom maschinellen Meldeverfahren

Eine Ausnahmeregelung vom maschinellen Meldeverfahren gilt für Arbeitgeber,

- die im privaten Bereich für nicht gewerbliche Zwecke geringfügig Beschäftigte versicherungsfrei beschäftigen oder
- wenn der Arbeitgeber mildtätige, kirchliche, religiöse, wissenschaftliche oder gemeinnützige Zwecke i. S. d. § 10b EStG verfolgt.

Diese Arbeitgeber dürfen Meldungen an die Minijob-Zentrale auf Vordrucken erstatten. Das Meldeverfahren auf Papier muss im Vorfeld beantragt werden. Der Arbeitgeber muss glaubhaft machen, dass eine Meldung auf maschinell verwertbaren Datenträgern oder durch Datenübertragung nicht möglich ist.

Annahmestellen

Zur Annahme der Daten vom oder zur Meldung zum Arbeitgeber, zu ihrer technischen Prüfung und zur Weiterleitung innerhalb eines Sozialversicherungszweiges oder an andere Sozialversicherungsträger werden Annahmestellen durch die Krankenkassen errichtet.[1] Die Meldedaten für versicherungspflichtig Beschäftigte sind an die Datenannahmestelle der zuständigen Krankenkasse zu übermitteln. Seit dem 1.1.2023 soll es nur noch eine Annahmestelle je Kassenart geben. Alle Annahmestellen, die am 1.1.2023 bestanden, bleiben aber bis zu einer anderweitigen Entscheidung des jeweiligen Trägers erhalten. Perspektivisch sollen durch die Verschmelzung von Annahmestellen die Kosten und der Verwaltungsaufwand reduziert werden.

Die UV-Jahresmeldungen sind an die Datenannahmestelle der Einzugsstelle zu melden, die zum Zeitpunkt der Abgabe der Meldungen für den Arbeitnehmer zuständig ist. Die Meldungen für ⇗ geringfügig entlohnte Beschäftigte sind bei der Deutschen Rentenversicherung Knappschaft-Bahn-See als Minijob-Zentrale einzureichen. Sofern für ein und dieselbe (für sich allein gesehen geringfügige) Beschäftigung in einem Versicherungszweig Versicherungsfreiheit vorliegt und damit Pauschalbeiträge zu zahlen sind, während in (einem) anderen Versicherungszweig(en) Versicherungspflicht besteht und individuelle Beiträge anfallen, sind Meldungen sowohl gegenüber der Minijob-Zentrale (mit den Beitragsgruppen „6000" oder „0500") als auch gegenüber der für die Durchführung der Pflichtversicherung zuständigen Krankenkasse (mit den Beitragsgruppen für die individuellen Beiträge) zu erstatten. In beiden Meldungen ist der gleiche Personengruppenschlüssel zu verwenden, wobei sich die Verschlüsselung am Recht der Rentenversicherung orientiert.

Meldetatbestände/-fristen

Meldepflichtig sind u. a. folgende Tatbestände:

- Beginn und Ende einer Beschäftigung,
- Änderung der Beitragspflicht,
- Wechsel der Krankenkasse,
- Unterbrechung der Entgeltzahlung,
- Beginn und Ende der ⇗ Elternzeit,
- Auflösung des Arbeitsverhältnisses,
- Jahresentgelt für jeden über den Jahreswechsel beschäftigten Arbeitnehmer,
- ⇗ Einmalzahlungen,
- beitragspflichtige Einnahmen im Rahmen des Rentenantragsverfahrens,
- Beginn und Ende der Berufsausbildung,
- Wechsel von einer Betriebsstätte im Beitrittsgebiet zu einer Betriebsstätte im übrigen Bundesgebiet oder umgekehrt,
- Beginn und Ende der ⇗ Altersteilzeitarbeit,
- Wechsel von einer geringfügigen in eine versicherungspflichtige Beschäftigung oder umgekehrt,
- Antrag eines geringfügig Beschäftigten auf Befreiung von der Rentenversicherungspflicht,
- nicht ordnungsgemäße Verwendung von Wertguthaben (Störfall).

Achtung

Sofortmeldung in bestimmten Wirtschaftszweigen

Als wichtige Maßnahme zur Bekämpfung der Schwarzarbeit sind Arbeitgeber bestimmter Wirtschaftsbranchen spätestens am Tag der Beschäftigungsaufnahme zu einer Sofortmeldung verpflichtet. Die ⇗ Sofortmeldung ersetzt jedoch nicht die reguläre Anmeldung bei Beginn der Beschäftigung.

Für die Abgabe der Meldungen sind je nach Anlass der Meldung bestimmte Fristen zu beachten.

Meldeinhalte

Erforderliche Meldedaten

Jede für den Beschäftigten zu erstellende Meldung enthält insbesondere

- die Versicherungsnummer oder die für die Vergabe der Versicherungsnummer erforderlichen Angaben,
- den Familien- und Vornamen,
- Geburtsangaben,
- die Staatsangehörigkeit,
- Angaben über die Tätigkeit nach dem Schlüsselverzeichnis der Bundesagentur für Arbeit,
- die Betriebsnummer des Beschäftigungsbetriebs,
- die Beitragsgruppe,
- die zuständige Einzugsstelle,
- den Arbeitgeber,
- die Angabe, ob zum Arbeitgeber eine Beziehung als Ehegatte/Lebenspartner besteht, und
- die Angabe, ob es eine Tätigkeit als geschäftsführender Gesellschafter einer GmbH ist.

Je nach Art der Meldung sind ggf. zusätzlich weitere Angaben erforderlich.

Abfrage der Versicherungsnummer

Arbeitgeber haben seit dem 1.1.2023 vor Erstellung einer Anmeldung das elektronische Verfahren zur Abfrage der Versicherungsnummer zu nutzen. Die Abfrage erfolgt mit dem Datensatz Versicherungsnummernabfrage bei der Datenstelle der Rentenversicherung (DSRV) über das verwendete Entgeltabrechnungsprogramm oder über die maschinelle Ausfüllhilfe.[2] Mit der Abfrage wird sichergestellt, dass die Meldungen unter der richtigen Versicherungsnummer erfolgen und dem richtigen Beschäftigten zugeordnet werden.

Nutzung der Meldeinhalte

Die Meldeinhalte sind durch vorgegebene Datensatzbeschreibungen so gestaltet, dass die notwendigen Informationen für alle beteiligten Versicherungsträger enthalten sind. Auf der Grundlage der Meldungen führt die Krankenkasse ihr Versichertenverzeichnis. Die Daten werden automatisiert an den Rentenversicherungsträger übermittelt und dort dem Versichertenkonto des Beschäftigten zugeordnet. Die Bundesagentur für Arbeit nutzt bestimmte Angaben aus den Meldungen für ihre arbeitsmarktsteuernden Aufgaben.

Bescheinigung für den Arbeitnehmer

Der Arbeitgeber hat dem Beschäftigten den Inhalt der Meldung mindestens einmal jährlich in Textform mitzuteilen.

1 § 97 Abs. 1 SGB IV.

2 § 28a Abs. 3a Satz 1 SGB IV.

Die Bescheinigung muss inhaltlich getrennt alle im Kalenderjahr gemeldeten Daten enthalten. Sie muss spätestens bis zum 30.4. des Folgejahres oder bei Ende der Beschäftigung nach Abgabe der letzten Meldung ausgestellt werden. Der Meldenachweis ist zu den Entgeltunterlagen zu nehmen und bis zum Ablauf des auf die letzte ⇗ Betriebsprüfung folgenden Kalenderjahres aufzubewahren.

Geringfügige Beschäftigung

Für geringfügig Beschäftigte – unabhängig davon, ob in einer ⇗ geringfügig entlohnten Beschäftigung oder in einer ⇗ kurzfristigen Beschäftigung – sind grundsätzlich die gleichen Meldungen zu erstatten wie für versicherungspflichtig Beschäftigte.

Geringfügig entlohnte Beschäftigung

In allen Entgeltmeldungen für geringfügig entlohnt Beschäftigte sind seit dem 1.1.2022 Angaben zur Art der Besteuerung aufzunehmen. Anzugeben sind

- die Steuernummer des Arbeitgebers,
- die Steueridentifikationsnummer des Beschäftigten und
- die Art der Besteuerung mittels Kennzeichen.

Zur Art der Besteuerung sind folgende Kennzeichen zu verwenden:

- 1 = Pauschalsteuer in Höhe von 2 %
- 2 = alle anderen Möglichkeiten der Besteuerung

Kurzfristige Beschäftigungen

Für kurzfristig Beschäftigte sind keine Jahresmeldungen zu erstellen, da kurzfristig Beschäftigte – mit Ausnahme der gesetzlichen Unfallversicherung – sozialversicherungsfrei sind. Die Jahresmeldung zur Unfallversicherung ist allerdings zu erstatten.

Seit dem 1.1.2022 hat der Arbeitgeber bei der Anmeldung eines kurzfristig Beschäftigten zusätzlich anzugeben, wie dieser für die Dauer der Beschäftigung krankenversichert ist. Dabei ist für eine gesetzliche Krankenversicherung das Merkmal „1" und für eine private bzw. anderweitige Absicherung das Merkmal „2" anzugeben.

Wichtig

Meldungen bei Rahmenvereinbarungen

Wird bei kurzfristig Beschäftigten eine Rahmenvereinbarung geschlossen, erfolgt die Anmeldung mit dem Tag der Aufnahme der Beschäftigung und eine Abmeldung mit dem letzten Tag der Beschäftigung. Wird eine kurzfristige Beschäftigung mit Rahmenvereinbarung für länger als einen Monat unterbrochen, ist nach Ablauf dieses Monats eine Abmeldung mit Abgabegrund „34" und bei Wiederaufnahme der Beschäftigung eine Anmeldung mit Abgabegrund „13" zu erstatten.

Erstattung der Meldung an Minijob-Zentrale

Sämtliche Meldungen für geringfügig entlohnte und kurzfristig Beschäftigte sind ausschließlich an die Minijob-Zentrale bei der Deutschen Rentenversicherung Knappschaft-Bahn-See zu erstatten.

Wichtig

Versicherungspflicht bei mehreren geringfügigen Beschäftigungen

Soweit infolge der Zusammenrechnung von geringfügig entlohnten Beschäftigungen untereinander oder mit nicht geringfügig entlohnten Beschäftigungen Versicherungspflicht eintritt, sind die Meldungen an die für den Arbeitnehmer zuständige Krankenkasse abzugeben.

Die Übermittlung der Meldungen für geringfügig Beschäftigte an die Minijob-Zentrale muss im maschinellen Meldeverfahren erfolgen. Bestimmte Arbeitgeber geringfügig Beschäftigter sind auf Antrag vom maschinellen Meldeverfahren befreit.

Einmalzahlungen

Grundsätzlich hat der Arbeitgeber einmalig gezahltes Entgelt zusammen mit dem laufend gezahlten Entgelt zu melden. In den Fällen, in denen z. B.

- für das laufende Kalenderjahr keine weitere Meldung zu erstellen ist,
- die folgende Meldung innerhalb des Kalenderjahres kein laufendes beitragspflichtiges Arbeitsentgelt enthält,
- eine Einmalzahlung wegen Anwendung der ⇗ Märzklausel dem Vorjahr zugerechnet wird oder
- zwischenzeitlich Veränderungen in den Beitragsgruppen eingetreten sind,

ist die Einmalzahlung mit einer ⇗ Sondermeldung zu melden.

Insolvenz

Durch eine ⇗ Insolvenz des Arbeitgebers endet die versicherungspflichtige Beschäftigung nicht. Die Versicherungspflicht in der Kranken-, Pflege-, Renten- und Arbeitslosenversicherung besteht auch nach Eröffnung des Insolvenzverfahrens bis zur rechtlichen Beendigung der Beschäftigung fort, längstens aber bis eine Beschäftigung bei einem anderen Arbeitgeber aufgenommen wird.[1] Dabei ist es unerheblich, ob

- der Insolvenzverwalter die Beschäftigungsverhältnisse vor oder nach der Betriebsstilllegung kündigt und die Arbeitnehmer bis zum Ablauf der Kündigungsfrist von der Arbeit freistellt, oder
- die Arbeitnehmer sich bei der Agentur für Arbeit arbeitslos melden und ggf. Arbeitslosengeld erhalten.

Weiterbeschäftigung nach dem Insolvenztag

Sofern Arbeitnehmer über den Insolvenztag hinaus weiter beschäftigt werden, ist zunächst eine Abmeldung bis zum Tag der Insolvenz mit dem Abgabegrund „30" abzugeben. Gemeldet wird das tatsächlich erzielte Entgelt bzw. das Entgelt, auf das Anspruch besteht. Die erneute Anmeldung vom Insolvenztag an wird mit dem Abgabegrund „10" erstattet.

Wichtig

Betriebsnummer des insolventen Unternehmens

Im Rahmen einer Insolvenz kommt es vor, dass Insolvenzverwalter für das insolvente Unternehmen eine zeitlich befristete ⇗ Betriebsnummer beim Betriebsnummernservice der Bundesagentur für Arbeit (BA) beantragen. Für die Meldungen ist zwingend die Betriebsnummer des insolventen Unternehmens zu verwenden.

Freistellung nach dem Insolvenztag

Wird der Arbeitnehmer infolge der Insolvenz von der Arbeitsleistung freigestellt, ist zum Tag der Insolvenz eine Abmeldung mit dem Abgabegrund „71" vorzunehmen. Ohne eine erneute Anmeldung ist eine weitere Entgeltmeldung mit dem Abgabegrund „72" zum Tag des rechtlichen Endes der Beschäftigung zu erstellen. Sofern das arbeitsrechtliche Ende der Beschäftigung im Folgejahr liegt, ist außerdem für das laufende Jahr eine Jahresmeldung mit dem Abgabegrund „70" zu erstatten.

Beitragspflichtiges Arbeitsentgelt

In den Entgeltmeldungen ist zunächst das beitragspflichtige Entgelt zu bescheinigen, außerdem ist zusätzlich das Entgelt anzugeben, auf das der Arbeitnehmer im jeweils angegebenen Zeitraum Anspruch hat. Die Meldungen sind unabhängig davon zu erstatten, ob ggf. die Entgelte oder Beiträge noch zur Zahlung offen stehen.

Unfallversicherung

Die Unfallversicherungsdaten werden getrennt vom „normalen" Meldeverfahren durch eine separate Jahresmeldung für die Unfallversicherung gemeldet. Der Arbeitgeber hat für jeden in einem Kalenderjahr Beschäftigten, der in der Unfallversicherung versichert ist, bis zum 16.2. des Folgejahres eine UV-Jahresmeldung mit dem Abgabegrund „92" zu erstatten.

1 BSG, Urteile v. 26.11.1985, 12 RK 51/83 und 12 RK 16/85.

Bei der UV-Jahresmeldung ist für den Meldezeitraum seit dem 1.1.2023 die neue Unternehmensnummer (UNRS) zu verwenden. Die UNRS setzt sich aus der 12-stelligen Unternehmernummer und einem dreistelligen Unternehmenskennzeichen zusammen. Die UNRS ist 15-stellig und verbindet die Einträge der Unternehmer mit ihren Unternehmen.

Ausschließlich unfallversicherungspflichtige Personen

Arbeitgeber müssen auch für ausschließlich in der gesetzlichen Unfallversicherung pflichtversichert Beschäftigte Meldungen abgeben.

Zu den nur unfallversicherten Beschäftigten zählen u. a.:

- sozialversicherungsfreie beurlaubte Beamte in einer (Neben-)Beschäftigung (z. B. ein beurlaubter verbeamteter Lehrer, der in einer Privatschule tätig ist),
- Studenten in einem sozialversicherungsfreien Praktikum,
- privat Krankenversicherte in einer geringfügig entlohnten Beschäftigung, die zugunsten einer Mitgliedschaft in einer berufsständischen Versorgungseinrichtung von der Rentenversicherungspflicht befreit sind (z. B. eine Apothekerin in einer geringfügig entlohnten Nebentätigkeit),
- privat krankenversicherte Beschäftigte, die aufgrund zwischenstaatlicher Abkommen nur in der Unfallversicherung der Versicherungspflicht nach deutschen Rechtsvorschriften unterworfen sind.[1]

Inhalt der Meldungen

Voraussetzung für eine ordnungsgemäße Durchführung des Meldeverfahrens ist die Anmeldung dieser sozialversicherungsfreien Arbeitnehmer mit dem Personengruppenschlüssel „190“ und der Beitragsgruppe „0000“ an die zuständige Einzugsstelle. In der UV-Jahresmeldung sind das unfallversicherungspflichtige Entgelt (erzieltes Bruttoentgelt bis zum Höchstjahresverdienst des zuständigen Unfallversicherungsträgers) und die weiteren unfallversicherungsspezifischen Daten anzugeben.

Gesonderte Entgeltmeldung bei Rentenantrag

Arbeitgeber sind verpflichtet, auf Verlangen ihres Arbeitnehmers, der einen Rentenantrag gestellt hat, eine „Gesonderte Meldung“ über die beitragspflichtigen Einnahmen frühestens 3 Monate vor Rentenbeginn zu erstatten. Die Aufforderung zur Meldung erfolgt elektronisch durch den Rentenversicherungsträger. Aus den Angaben in der „Gesonderten Meldung“ errechnet der Rentenversicherungsträger bei Anträgen auf Altersrente die voraussichtlichen beitragspflichtigen Einnahmen für den verbleibenden Beschäftigungszeitraum bis zum Rentenbeginn für bis zu 3 Monate nach den in den letzten 12 Kalendermonaten gemeldeten beitragspflichtigen Einnahmen. Die Entgeltmeldung (Abgabegrund „57“) ist vom Arbeitgeber mit der nächsten Entgeltabrechnung zu erstatten. Ist zu diesem Zeitpunkt eine Jahresmeldung noch nicht erfolgt, ist diese zum gleichen Zeitpunkt zu erstatten.

Statuskennzeichen

Familienangehörige/geschäftsführende Gesellschafter einer GmbH

Arbeitgeber haben in den Anmeldungen zur Sozialversicherung zusätzlich ein Statuskennzeichen anzugeben, wenn

- zwischen Arbeitgeber und Arbeitnehmer eine Beziehung als Ehegatte, Lebenspartner oder Abkömmling besteht (Kennzeichen „1“) oder
- der Beschäftigte geschäftsführender Gesellschafter einer GmbH (Kennzeichen „2“) ist.[2]

Durch das Statuskennzeichen wird ein Verfahren zur ⇗ Statusfeststellung angestoßen, in dem festgestellt wird, ob es sich um ein versicherungspflichtiges Beschäftigungsverhältnis handelt.

1 § 6 SGB IV.
2 § 7a Abs. 1 Satz 2 SGB IV.

Saisonarbeitnehmer

Mit einer Kennzeichnung in der Anmeldung hat der Arbeitgeber mitzuteilen, ob es sich bei diesem Beschäftigten um eine ⇗ Saisonarbeitskraft handelt. Wird die Kennzeichnung gesetzt, kann unterstellt werden, dass die Voraussetzungen einer obligatorischen Anschlussversicherung nicht gegeben sind.

Übergangsbereich

Der Beginn oder das Ende der Anwendung der Regelungen des ⇗ Übergangsbereichs ist nicht gesondert zu melden. In allen Entgeltmeldungen (Abmeldungen, Unterbrechungsmeldungen, Jahresmeldungen) ist jedoch anzugeben, ob es sich um einen Fall im Übergangsbereich handelt.

Kennziffern im Feld Übergangsbereich

Für Beschäftigungen im Übergangsbereich sind im Feld „Kennzeichen Midijob“ folgende Kennzeichen zulässig:

0	Kein Arbeitsentgelt innerhalb des Übergangsbereichs
1	Arbeitsentgelt innerhalb des Übergangsbereichs
2	Arbeitsentgelt sowohl innerhalb als auch außerhalb des Übergangsbereichs

Beitragspflichtiges Arbeitsentgelt

Beim Kennzeichen „Midijob 1 oder 2“ ist in den Entgelt-Meldungen (Abmeldungen, Unterbrechungsmeldungen, Jahresmeldungen) das beitragspflichtige (reduzierte) Arbeitsentgelt anzugeben, das als beitragspflichtige Einnahme für den Gesamtsozialversicherungsbeitrag zugrunde gelegt wird.[3] Zusätzlich ist das tatsächlich erzielte Bruttoarbeitsentgelt im Datenfeld „Entgelt Rentenberechnung“ anzugeben. Sofern eine Entgeltmeldung auch Beschäftigungszeiten außerhalb des Übergangsbereichs umfasst, sind aus diesen Beschäftigungszeiten die beitragspflichtigen Arbeitsentgelte im Datenfeld „Entgelt Rentenberechnung“ zusätzlich zu berücksichtigen. Dies ist erforderlich, damit die spätere Rentenberechnung aus dem tatsächlich erzielten Arbeitsentgelt erfolgen kann.

Stornierung

Stellt sich nach Abgabe einer Meldung heraus, dass sie

- nicht abzugeben war,
- unzutreffende Angaben enthält (z. B. über die Beschäftigungszeit, Beitragsgruppen, Personengruppenschlüssel, Grund der Abgabe) oder
- an eine unzuständige Krankenkasse abgegeben wurde,

ist die Meldung unverzüglich zu stornieren. Die Meldung ist anschließend mit den korrekten Angaben neu zu erstatten.

GKV-Monatsmeldung

Eine ⇗ GKV-Monatsmeldung ist durch den Arbeitgeber nur dann abzugeben, wenn er von der Einzugsstelle eine entsprechende Aufforderung erhält. Diese Aufforderung erfolgt elektronisch mit dem Datensatz Krankenkassenmeldung (DSKK) und dem Datenbaustein Meldesachverhalt GKV-Monatsmeldung (DBMM). Diese Aufforderung zur Abgabe der GKV-Monatsmeldung erfolgt nur, soweit bei einer versicherungspflichtigen ⇗ Mehrfachbeschäftigung die Einzugsstelle auf Grundlage eingegangener Entgeltmeldungen nicht ausschließen kann, dass die in dem sich überschneidenden Meldezeitraum erzielten Arbeitsentgelte die Beitragsbemessungsgrenze zur gesetzlichen Krankenversicherung überschreiten. Arbeitgeber haben für den von der Einzugsstelle benannten Zeitraum GKV-Monatsmeldungen mit dem Datensatz Meldung (DSME) und dem Datenbaustein Krankenversicherung (DBKV) zu erstatten.

Die Einzugsstelle stellt innerhalb von 2 Monaten nach Eingang der angeforderten GKV-Monatsmeldungen fest, ob und inwieweit die laufenden und einmalig erzielten Arbeitsentgelte die Beitragsbemessungsgrenzen in den einzelnen Sozialversicherungszweigen überschreiten und meldet das Prüfergebnis den beteiligten Arbeitgebern.

3 § 20 Abs. 2a Satz 1 SGB IV.

Entgeltersatzleistungen

Arbeitgeber müssen die Bescheinigungen für Entgeltersatzleistungen wie Kranken- oder Mutterschaftsgeld ihrer Beschäftigten auf elektronischem Weg über den Datenaustausch „Entgeltersatzleistungen" an die Krankenkasse des Arbeitnehmers übermitteln. Für Entgeltersatzleistungen anderer Sozialversicherungsträger bestimmte Daten werden ebenfalls an die Krankenkasse gemeldet. Diese berechnet die Entgeltersatzleistung ggf. im Auftrag oder leitet die Daten an den zuständigen Sozialversicherungsträger weiter.

Hinweis

Unfallversicherungsträger fordert notwendige Angaben an

Sofern die Unfallversicherungsträger selbst Leistungen (Übergangsgeld, Verletztengeld und Kinderpflege-Verletztengeld) berechnen, erhalten die Arbeitgeber vom jeweiligen Träger der Unfallversicherung ein Hinweisschreiben, welche Angaben zur Erstattung des Datensatzes notwendig sind.

Menschen mit Behinderung

Als Behinderung bezeichnet man die dauerhafte Beeinträchtigung der gesellschaftlichen Teilhabe einer Person, verursacht durch Abweichungen der körperlichen Funktion, geistigen Fähigkeit oder seelischen Gesundheit. Die Abweichung muss dabei mit hoher Wahrscheinlichkeit länger als 6 Monate von dem für das Lebensalter typischen Zustand abweichen.

Arbeitgeber haben für Menschen mit Behinderung den Lohnsteuerabzug auf Grundlage der jeweils vorliegenden individuellen Lohnsteuerabzugsmerkmale durchzuführen.

Sozialversicherungsrechtlich geht es hier um Menschen mit Behinderung, die in anerkannten Werkstätten für Menschen mit Behinderung oder in Blindenwerkstätten für diese Einrichtungen in Heimarbeit oder bei einem anderen Leistungsanbieter tätig sind sowie um solche, die in Anstalten, Heimen oder gleichartigen Einrichtungen in gewisser Regelmäßigkeit eine Leistung erbringen, die einem Fünftel der Leistung eines voll erwerbsfähigen Beschäftigten in gleichartiger Beschäftigung entspricht. Es geht also nicht um Arbeitnehmer außerhalb der genannten Einrichtung, die als Menschen mit Schwerbehinderung gelten und bei denen ein Grad der Behinderung festgestellt wurde.

Gesetze, Vorschriften und Rechtsprechung

Lohnsteuer: Der steuerfreie Pauschbetrag, der entsprechend dem Grad der Behinderung gestaffelt ist, ist in § 33b Abs. 3 EStG geregelt. Weitere Regelungen sind in R 33b EStR enthalten.

Sozialversicherung: Hauptrechtsquelle ist das SGB IX (Rehabilitation und Teilhabe Menschen mit Behinderung). Die Versicherungspflicht Menschen mit Behinderung ist in § 5 Abs. 1 Nr. 7 und 8 SGB V (Krankenversicherung), § 20 Abs. 1 Satz 2 Nr. 7 und 8 i. V. m. Satz 1 SGB XI (Pflegeversicherung) sowie in § 1 Satz 1 Nr. 2 SGB VI (Rentenversicherung) normiert. In der Arbeitslosenversicherung besteht keine Versicherungspflicht, sofern der Mensch mit Behinderung nicht im Rahmen eines Arbeitsvertrags gegen Arbeitsentgelt beschäftigt ist.

Lohnsteuer

Behinderten-Pauschbetrag

Personen, bei denen eine körperliche, geistige oder seelische Behinderung vorliegt, können wegen der Aufwendungen, die unmittelbar mit der Behinderung zusammenhängen, auf Antrag einen Pauschbetrag geltend machen, der entsprechend dem Grad der Behinderung gestaffelt ist, anstelle einer Steuerermäßigung aufgrund außergewöhnlicher Belastungen.[1] Ohne dass der Behinderten-Pauschbetrag als Lohnsteuerabzugsmerkmal mitgeteilt wurde, darf der Arbeitgeber den Pauschbetrag nicht berücksichtigen. Dies gilt selbst dann, wenn der Arbeitgeber den Grad der Behinderung bei dem betreffenden Arbeitnehmer definitiv kennt.

Wichtig

Keine Zwölftelung des Pauschbetrags

Der Behinderten-Pauschbetrag wird nicht gekürzt, auch wenn die Voraussetzungen für die Gewährung nur während eines Teils des Kalenderjahres vorgelegen haben. Bei einer Änderung des Grades der Behinderung im Laufe des Kalenderjahres wird für das ganze Jahr der höchste in Betracht kommende Pauschbetrag gewährt.

Die Höhe des Behinderten-Pauschbetrags hängt vom Grad der Behinderung ab. Mit dem Gesetz zur Erhöhung der Behinderten-Pauschbeträge und zur Anpassung weiterer steuerlicher Regelungen[2] wurden die Behinderten-Pauschbeträge ab dem Veranlagungszeitraum 2021[3] verdoppelt und wie folgt neu geregelt:

Grad der Behinderung	Pauschbetrag
20	384 EUR
30	620 EUR
40	860 EUR
50	1.140 EUR
60	1.440 EUR
70	1.780 EUR
80	2.120 EUR
90	2.460 EUR
100	2.840 EUR

Blinde, Taubblinde und hilflose Menschen erhalten einen Pauschbetrag von 7.400 EUR. Hilflos ist eine Person, wenn sie für eine Reihe von häufig und regelmäßig wiederkehrenden Verrichtungen zur Sicherung ihrer persönlichen Existenz im Ablauf eines jeden Tages fremder Hilfe dauernd bedarf.[4]

Der jeweils in Betracht kommende Behinderten-Pauschbetrag wird auf Antrag in Form eines Freibetrags in den ⇗ ELStAM bereitgestellt. Der Behinderten-Pauschbetrag kann auch bei der Einkommensteuerveranlagung geltend gemacht werden.

Anstelle der steuerfreien Pauschbeträge kann der Arbeitnehmer tatsächliche höhere Aufwendungen, die mit der Behinderung zusammenhängen, als außergewöhnliche Belastung geltend machen. Hierbei ist jedoch zu beachten, dass auf die Summe der Aufwendungen die zumutbare Belastung angerechnet wird.

Krankheitskosten

Außerordentliche Krankheitskosten können neben den Pauschbeträgen als außergewöhnliche Belastung in der Einkommensteuererklärung berücksichtigt werden, wie z. B. die Kosten einer Heilkur, wenn die Zwangsläufigkeit der Kur durch ein vor Kurantritt eingestelltes amtsärztliches Zeugnis nachgewiesen wird.

Behinderungsbedingte Fahrtkostenpauschale

Für Aufwendungen für durch eine Behinderung veranlasste Fahrten wird eine behinderungsbedingte Fahrtkostenpauschale anstelle der außergewöhnlichen Belastungen nach § 33 Abs. 1 EStG berücksichtigt.

---

1 § 33b Abs. 2 EStG.
2 Gesetz zur Erhöhung der Behinderten-Pauschbeträge und zur Anpassung weiterer steuerlicher Regelungen, BGBl. 2020 I S. 2770.
3 § 52 Abs. 33c EStG.
4 § 33b Abs. 3 Satz 4 EStG.

Für Menschen mit einem Grad der Behinderung von mindestens 80 oder mit einem Grad der Behinderung von mindestens 70 und dem Merkzeichen „G" beträgt die behinderungsbedingte Fahrtkostenpauschale 900 EUR.[1]

Bei Menschen mit den Merkzeichen „aG", „Bl", "TBl" oder „H" beträgt die behinderungsbedingte Fahrtkostenpauschale 4.500 EUR.[2]

In diesem Fall kann die Pauschale von 900 EUR nicht zusätzlich in Anspruch genommen werden.[3]

Über die behinderungsbedingte Fahrtkostenpauschale hinaus sind keine weiteren behinderungsbedingten Fahrtkosten als außergewöhnliche Belastungen berücksichtigungsfähig.[4]

Die behinderungsbedingte Fahrtkostenpauschale ist bei der Ermittlung des Teils der außergewöhnlichen Belastungen, der die zumutbare Belastung übersteigt, einzubeziehen.[5]

Beispiel

Ermittlung der außergewöhnlichen Belastungen

A hat einen Grad der Behinderung von 80. Im laufenden Jahr sind bei ihm krankheitsbedingte Aufwendungen i. H. v. 2.000 EUR entstanden. Die zumutbare Belastung nach § 33 Abs. 3 EStG beträgt für A 1.800 EUR.

Ergebnis: Dem A steht aufgrund seiner Behinderung eine behinderungsbedingte Fahrtkostenpauschale i. H. v. 900 EUR zu.

Die krankheitsbedingten Aufwendungen sind nur mit dem Teil der Aufwendungen abzugsfähig, der die zumutbare Belastung (1.800 EUR) übersteigt. Hierbei sind die krankeitsbedingten Aufwendungen (2.000 EUR) um die behinderungsbedingte Fahrtkostenpauschale (900 EUR) zu erhöhen, sodass die Gesamtaufwendungen (2.900 EUR) die zumutbare Belastung (1.800 EUR) um 1.100 EUR übersteigen.

Neben den als außergewöhnliche Belastungen abzugsfähigen Aufwendungen i. H. v. 1.100 EUR wird bei A auch noch der Behinderten-Pauschbetrag i. H. v. 2.120 EUR berücksichtigt.

Nachweis der Behinderung

Bei einer Behinderung, deren Grad auf mindestens 50 festgestellt ist, ist der Nachweis einer Behinderung durch einen amtlichen Ausweis (Schwerbehindertenausweis) oder durch einen Bescheid zur Feststellung einer Behinderung des zuständigen Versorgungsamts nachzuweisen.[6]

Bei einer Behinderung, deren Grad auf weniger als 50, aber mindestens 20 festgestellt ist, erfolgt der Nachweis durch Vorlage des Bescheids zur Feststellung einer Behinderung des zuständigen Versorgungsamts bzw. durch Vorlage einer entsprechenden Bescheinigung.[7] Sofern wegen der Behinderung ein gesetzlicher Anspruch auf Renten oder andere laufende Bezüge besteht, kann bei einem Grad der Behinderung von weniger als 50, aber mindestens 20, der Nachweis einer Behinderung alternativ durch den Rentenbescheid oder den die anderen laufenden Bezüge nachweisenden Bescheid erbracht werden.[8, 9]

Bei blinden und hilflosen Menschen muss das Merkzeichen „Bl" oder „H" in den Schwerbehindertenausweis eingetragen sein; eine bloße amtsärztliche Bescheinigung reicht nicht aus.[10] Dem Merkzeichen „H" steht die Einstufung in die Pflegegrade 4 und 5 gleich.[11]

Hinweis

Elektronisches Nachweisverfahren

In Zukunft soll das bisherige Nachweisverfahren (Vorlage des Schwerbehindertenausweises oder anderer Nachweise durch den Steuerpflichtigen) durch ein elektronisches Meldeverfahren ersetzt werden. Hierbei melden die für die Feststellung einer Behinderung zuständigen Stellen (i. d. R. Versorgungsämter) die Feststellungen zur Behinderung nach amtlich vorgeschriebenem Datensatz an das zuständige Finanzamt.[12]

Das BMF wird den Zeitpunkt der erstmaligen Anwendung des elektronischen Meldeverfahrens durch BMF-Schreiben im Bundessteuerblatt bekannt geben, sobald die hierzu erforderlichen Programmierarbeiten abgeschlossen sind.[13]

Übertragung des Behinderten-Pauschbetrags

Für den Arbeitnehmer kann in den ELStAM auch der Behinderten-Pauschbetrag berücksichtigt werden, der an sich seinem Ehe-/Lebenspartner zusteht.

Handelt es sich um ein Kind mit Behinderung, das bei dem Arbeitnehmer steuerlich zu berücksichtigen ist, so kann der steuerfreie Pauschbetrag auf den Arbeitnehmer übertragen werden, wenn er vom Kind nicht in Anspruch genommen wird. Dabei ist der Pauschbetrag grundsätzlich auf beide Elternteile je zur Hälfte aufzuteilen, es sei denn, der Kinderfreibetrag wurde auf den anderen Elternteil übertragen.

Die Eltern können jedoch bei der Einkommensteuerveranlagung gemeinsam eine anderweitige Aufteilung beantragen.

Die Regelungen zur Übertragung eines Behinderten-Pauschbetrags eines Kindes[14] gelten auch für die behinderungsbedingte Fahrtkostenpauschale.[15]

Pflege-Pauschbetrag

Für Aufwendungen, die durch die Pflege einer Person entstehen, wird der Pflege-Pauschbetrag in Abhängigkeit vom Pflegegrad wie folgt gewährt:

Pflegegrad	Pflege-Pauschbetrag
2	600 EUR
3	1.100 EUR
4 oder 5	1.800 EUR

Voraussetzung ist, dass der Steuerpflichtige keine Einnahmen für die Pflege erhält und die Pflege persönlich in seinem oder im Haushalt der pflegebedürftigen Person durchführt.[16] Weitere Voraussetzung für die Gewährung des Pflege-Pauschbetrags ist die Angabe der erteilten Identifikationsnummer der gepflegten Person in der Einkommensteuererklärung der Pflegeperson.[17]

Wird die pflegebedürftige Person von mehreren Personen gepflegt, ist der Pauschbetrag auf die Zahl der begünstigten Pflegepersonen, bei denen die o. g. Voraussetzungen vorliegen, aufzuteilen.[18]

Wichtig

Nachweisvoraussetzungen

Der Nachweis über die Einstufung in einen Pflegegrad hat der Steuerpflichtige durch Vorlage eines entsprechenden Bescheids zu erbringen.[19]

1 § 33 Abs. 2a Satz 3 EStG.
2 § 33 Abs. 2a Satz 4 EStG.
3 § 33 Abs. 2a Satz 5 EStG.
4 § 33 Abs. 2a Satz 6 EStG.
5 § 33 Abs. 2a Satz 7 EStG.
6 § 65 Abs. 1 Nr. 1 EStDV.
7 § 65 Abs. 1 Nr. 2 Buchst. a EStDV.
8 § 65 Abs. 1 Nr. 2 Buchst. b EStDV.
9 BMF, Schreiben v. 1.3.2021, IV C 8 – S 2286/19/10002 :006, BStBl 2021 I S. 300
10 § 65 Abs. 2 Satz 1 EStDV.
11 § 65 Abs. 2 Satz 2 EStDV.

12 § 65 Abs. 3a EStDV.
13 § 84 Abs. 3g Satz 2f EStDV
14 § 33 Abs. 5 EStG.
15 § 33 Abs. 2a Satz 8 EStG.
16 § 33b Abs. 6 Satz 1 EStG.
17 § 33b Abs. 6 Satz 8 EStG.
18 § 33b Abs. 6 Satz 9 EStG.
19 § 65 Abs. 2a EStDV.

Unschädlich ist, wenn sich die Pflegeperson zeitweise von einer ambulanten Pflegekraft helfen lässt. Es können auch tatsächlich höhere Aufwendungen als außergewöhnliche Belastung allgemeiner Art geltend gemacht werden. Auch hier ist zu beachten, dass auf die nachgewiesenen Aufwendungen die zumutbare Belastung angerechnet wird.

Behindertenwerkstätten

Menschen mit Behinderung, die in Werkstätten für Behinderte beschäftigt sind, stehen zu der Behinderteneinrichtung grundsätzlich in einem Arbeitsverhältnis. Die gezahlten Vergütungen unterliegen deshalb dem Lohnsteuerabzug. Nur in den Fällen, in denen die Tätigkeit in der Behindertenwerkstatt überwiegend der Rehabilitation und somit mehr therapeutischen und sozialen Zwecken und weniger der Erzielung eines produktiven Arbeitsergebnisses dient, liegt kein steuerliches Arbeitsverhältnis vor. Das gilt besonders, wenn lediglich die Anwesenheit des Menschen mit Behinderung entlohnt wird, die Höhe des Entgelts aber durch die Arbeitsleistung nicht beeinflusst wird.

Sozialversicherung

Personenkreis

Die nachfolgenden Ausführungen beziehen sich auf die Beschäftigung von Menschen mit Behinderungen in geschützten Einrichtungen (Werkstätten für Menschen mit Behinderungen, Blindenwerkstätten i. S. d. § 226 SGB IX, Anstalten und Heimen sowie Heimarbeit für diese Einrichtungen). Auf Arbeitnehmer in Beschäftigungen außerhalb dieser geschützten Einrichtungen, bei denen ein Grad der Behinderung (GdB) festgestellt worden ist und die als Menschen mit Schwerbehinderung gelten, sind die besonderen versicherungs- und beitragsrechtlichen Regelungen für Menschen mit Behinderungen nicht anzuwenden. Für sie sind die allgemeinen Vorschriften zur Sozialversicherung maßgebend.

Kranken-/Pflege-/Rentenversicherung

In der Kranken-, Pflege- und Rentenversicherung sind Menschen mit körperlicher, geistiger oder seelischer Behinderung pflichtversichert, wenn sie in anerkannten Werkstätten für Menschen mit Behinderungen oder Blindenwerkstätten beschäftigt werden.[1] Das gilt auch für diejenigen, die von diesen Einrichtungen als ⇗ Heimarbeiter beschäftigt werden.

Darüber hinaus unterliegen auch die in Heimen, Anstalten oder gleichartigen Einrichtungen beschäftigten Menschen mit Behinderungen der Kranken-, Pflege- und Rentenversicherungspflicht.[2]

Für den Eintritt von Versicherungspflicht von Menschen mit Behinderungen ist es unbedeutend, ob und in welcher Höhe sie für ihre Tätigkeit ⇗ Entgelt erhalten. Die versicherungsrechtlichen Regelungen für geringfügige Beschäftigungen sind nicht anzuwenden.

Voraussetzung der Versicherungspflicht

Voraussetzung für die Versicherungspflicht der Menschen in diesen Einrichtungen ist aber, dass sie in gewisser Regelmäßigkeit eine Leistung erbringen, die mindestens $^1/_5$ der Leistung eines voll erwerbstätigen Beschäftigten in gleichartiger Beschäftigung entspricht, und dass die Behinderung nicht nur vorübergehend ist (länger als 6 Monate).

Eingangsverfahren/Stabilisierungsphase

Versicherungspflicht besteht auch während der Dauer des „Eingangsverfahrens" bzw. der „Stabilisierungsphase", die dem Arbeitstraining vorgeschaltet ist.

Kranken-/Pflegeversicherung

Vorrangversicherung

Die Kranken- und Pflegeversicherungspflicht aufgrund der Tätigkeit in einer Einrichtung für Menschen mit Behinderungen tritt nicht ein, wenn die betreffende Person krankenversicherungspflichtig als ⇗ Arbeitnehmer, ⇗ hauptberuflich selbstständig tätig oder krankenversicherungsfrei ist.[3]

Befreiung von der Versicherungspflicht

Tritt durch die Aufnahme einer Tätigkeit in einer Einrichtung für Menschen mit Behinderungen Versicherungspflicht in der gesetzlichen Krankenversicherung ein, können sich die Menschen mit Behinderungen von der Versicherungspflicht befreien lassen. Der Antrag ist innerhalb von 3 Monaten nach Beginn der Versicherungspflicht zu beantragen.[4] Diese Befreiungsmöglichkeit kommt in erster Linie für Personen in Betracht, die einen bereits bestehenden privaten Krankenversicherungsschutz fortführen möchten.

Freiwillige Krankenversicherung

Menschen mit Schwerbehinderung i. S. d. SGB XI können der gesetzlichen Krankenversicherung beitreten, wenn sie, ein Elternteil, ihr Ehegatte oder ihr Lebenspartner in den letzten 5 Jahren vorher mindestens 3 Jahre gesetzlich krankenversichert waren, es sei denn, sie konnten wegen ihrer Behinderung diese Voraussetzung nicht erfüllen.[5]

Achtung

Satzungsregelung der Krankenkasse gilt

Die Satzung der Krankenkasse kann das Beitrittsrecht von einer Altersgrenze abhängig machen. Von dieser Möglichkeit hat eine Vielzahl von Krankenkassen Gebrauch gemacht. Häufig wird der Beitritt nur bis zur Vollendung des 45. Lebensjahres zugelassen.

Familienversicherung

Die beitragsfreie ⇗ Familienversicherung bleibt für Menschen mit Behinderungen über die für Kinder vorgesehenen Altersgrenzen hinaus bestehen.[6] Für die zeitlich unbegrenzte Familienversicherung wird vorausgesetzt, dass die Behinderung zu einem Zeitpunkt vorlag, in dem das Kind im Rahmen der allgemeinen Altersgrenzen familienversichert war. Tritt die Behinderung also erst zu einer Zeit ein, in der eine Familienversicherung nicht mehr besteht, so führt dies nicht mehr zu einer altersunabhängigen Familienversicherung.[7]

Durchführung der Versicherung

Die Versicherung der in Einrichtungen für Menschen mit Behinderungen Tätigen wird grundsätzlich nach den gleichen Vorschriften durchgeführt, die auch für die versicherungspflichtig Beschäftigten gelten. Menschen mit Behinderungen haben grundsätzlich Anspruch auf die gleichen Leistungen wie die übrigen Versicherten. Die Arbeitgeberpflichten – insbesondere die Abführung der Beiträge und die Abgabe der Meldungen an die Einzugsstelle – haben die Träger der Einrichtungen, Werkstätten, Anstalten usw. zu erfüllen.

Arbeitslosenversicherung

Für Menschen mit Behinderungen, die nicht im Rahmen eines Arbeitsvertrags gegen Arbeitsentgelt beschäftigt sind, ist keine Versicherungspflicht vorgesehen. Die Versicherungsfreiheit wegen fehlender Vermittelbarkeit bzw. dauerhafter Verfügbarkeit ist zu beachten.[8]

1 § 5 Abs. 1 Nr. 7 SGB V, § 20 Abs. 1 Satz 2 Nr. 7 i. V. m. Satz 1 SGB XI, § 1 Satz 1 Nr. 2 Buchst. a SGB VI.
2 § 5 Abs. 1 Nr. 8 SGB V, § 20 Abs. 1 Satz 2 Nr. 8 SGB XI, § 1 Satz 1 Nr. 2 Buchst. b SGB VI.
3 § 5 Abs. 5 und 6 Satz 1 SGB V, § 6 Abs. 3 Satz 1 SGB V.
4 § 8 Abs. 1 Satz 1 Nr. 7 i. V. m. Abs. 2 SGB V.
5 § 9 Abs. 1 Satz 1 Nr. 4 SGB V.
6 § 10 Abs. 2 Nr. 4 SGB V, § 25 Abs. 2 Nr. 4 SGB XI.
7 BSG, Urteil v. 30.8.1994, 12 RK 14/93.
8 § 28 Abs. 1 Nr. 2 SGB III.

Beiträge

Kranken-/Pflegeversicherung

Berechnung

Die Beiträge der in Einrichtungen für Menschen mit Behinderungen tätigen Personen werden aus dem tatsächlich erzieltem Arbeitsentgelt, mindestens aber von einem Mindestarbeitsentgelt in Höhe von 20 % der monatlichen ⇗ Bezugsgröße nach § 18 Abs. 1 SGB IV berechnet (2024: 707 EUR; 2023: 679 EUR).[1]

In der Krankenversicherung ist der allgemeine Beitragssatz anzuwenden.[2]

Da der Beitragsberechnung fiktive Arbeitsentgelte zugrunde gelegt werden, finden die besonderen beitragsrechtlichen Regelungen des ⇗ Übergangsbereichs[3] keine Anwendung.

Verteilung der Beitragslast

Die Beiträge sind vom Träger der Einrichtung und vom Versicherten je zur Hälfte zu tragen, wenn das tatsächliche Arbeitsentgelt dieses Mindestentgelt erreicht oder übersteigt. Liegt das tatsächlich erzielte Arbeitsentgelt unter diesen Werten, hat der Arbeitgeber die Beiträge vom Mindestarbeitsentgelt in voller Höhe allein zu tragen.[4]

Sonderfall Einmalzahlung

Liegt das tatsächliche Arbeitsentgelt unter dem Mindestbetrag und wird dieser durch eine ⇗ Einmalzahlung überschritten, sind die Beiträge vom Träger der Einrichtung aus dem Mindestarbeitsentgelt allein und für den darüber hinausgehenden Betrag vom Arbeitgeber und vom Versicherten je zur Hälfte aufzubringen. Entsprechendes gilt für die Beiträge zur Pflegeversicherung.

Zusatzbeitrag

Für die nach § 5 Abs. 1 Nr. 7 oder § 8 SGB V versicherungspflichtigen Menschen mit Behinderungen tragen und zahlen deren Arbeitgeber (Träger der Werkstätten oder Einrichtungen) den Zusatzbeitrag in der Krankenversicherung in Höhe des ⇗ durchschnittlichen Zusatzbeitragssatzes.[5]

Voraussetzung für die Übernahme des Zusatzbeitrags durch die Einrichtung ist, dass das tatsächliche Arbeitsentgelt den nach § 235 Abs. 3 SGB V maßgeblichen monatlichen Mindestbetrag (2024: 707 EUR; 2023: 679 EUR) nicht übersteigt. Wird der Mindestbetrag ausschließlich durch eine Einmalzahlung (z. B. Weihnachtsgeld) überschritten, bleibt weiter der durchschnittliche Zusatzbeitragssatz maßgebend; den Zusatzbeitrag aus dem Teil des Arbeitsentgelts, der den Mindestbetrag übersteigt, bringen der Arbeitnehmer und Arbeitgeber jeweils zur Hälfte auf.

Anders verhält es sich, wenn das laufende Arbeitsentgelt den Mindestbetrag überschreitet. Dann wird der Zusatzbeitrag in Höhe des Zusatzbeitragssatzes der Krankenkasse erhoben, bei der der Arbeitnehmer versichert ist (= kassenindividueller Zusatzbeitragssatz). Dieser Zusatzbeitrag wird vom Versicherten und dem Arbeitgeber jeweils zur Hälfte aufgebracht. Der Arbeitgeber führt den Zusatzbeitrag zusammen mit den anderen Sozialversicherungsbeiträgen an die Krankenkasse ab.

Rentenversicherung

Berechnung

Das Mindestarbeitsentgelt für die Berechnung der Rentenversicherungsbeiträge beträgt 80 % der maßgeblichen ⇗ Bezugsgröße (2024: 2.828 EUR/West bzw. 2.772 EUR/Ost; 2023: 2.716 EUR/West bzw. 2.632 EUR/Ost).[6]

Da der Beitragsberechnung fiktive Arbeitsentgelte zugrunde gelegt werden, finden die besonderen beitragsrechtlichen Regelungen des ⇗ Übergangsbereichs[7] keine Anwendung.

Verteilung der Beitragslast

Für die Beitragslastverteilung in der Rentenversicherung gilt, dass bei einem tatsächlichen Arbeitsentgelt des Versicherten von mehr als 20 % der Bezugsgröße (2024: 707 EUR/West bzw. 693 EUR/Ost; 2023: 679 EUR/West bzw. 658 EUR/Ost) die Beiträge aus dem tatsächlichen Arbeitsentgelt vom Arbeitgeber und vom Versicherten je zur Hälfte aufzubringen sind. Die Beiträge für einen eventuellen Differenzbetrag zum Mindestarbeitsentgelt sind vom Arbeitgeber allein zu tragen.[8]

Sonderfall Einmalzahlung

Liegt das tatsächliche Arbeitsentgelt des Versicherten unter dem Mindestentgelt von 20 % der Bezugsgröße und wird diese Grenze infolge einer Einmalzahlung überschritten, sind die Beiträge vom Arbeitgeber aus dem Mindestentgelt (20 %) alleine, für den überschreitenden Teil des Arbeitsentgelts bis zur Höhe des tatsächlichen Arbeitsentgelts vom Träger der Einrichtung und vom Versicherten je zur Hälfte zu tragen. Für den Differenzbetrag zum Mindestarbeitsentgelt (80 % der Bezugsgröße; 2024: 2.828 EUR/West bzw. 2.772 EUR/Ost; 2023: 2.716 EUR/West bzw. 2.632 EUR/Ost) trägt der Arbeitgeber alleine den Beitrag.

Verteilung der Beitragslast in der Kranken-, Pflege- und Rentenversicherung

Beispiel	Tatsächl. Arbeitsentgelt EUR	Versicherungszweig	Für die Berechnung maßgebend (West) EUR	Für die Berechnung maßgebend (Ost) EUR	Verteilung der Beiträge	
					Versicherter Prozent	Arbeitgeber Prozent
1	520	KV/PV	707	707	–	100 (durchschnittlicher Zusatzbeitrag)
		RV	2.828	2.772	–	100
2	800	KV/PV	800	800	50 (kassenindividueller Zusatzbeitrag)	50 (kassenindividueller Zusatzbeitrag)
		RV	800	800	50	50
		RV	2.028	1.972	–	100
3	3.250	KV/PV	3.250	3.250	50 (kassenindividueller Zusatzbeitrag)	50 (kassenindividueller Zusatzbeitrag)
		RV	3.250	3.250	50	50

1 § 235 Abs. 3 SGB V, § 57 Abs. 1 Satz 1 SGB XI.
2 § 241 SGB V.
3 § 20 Abs. 2 SGB IV.
4 § 251 Abs. 2 Satz 1 Nr. 2 SGB V, § 59 Abs. 1 Satz 1 SGB XI.

6 § 162 Nr. 2 SGB VI.
7 § 20 Abs. 2 SGB IV.
8 § 168 Abs. 1 Nr. 2 SGB VI.
5 § 242 Abs. 3 Nr. 3 SGB V.

Beispiel	Tatsächl. Arbeitsentgelt EUR	Versicherungs-zweig	Für die Berechnung maßgebend (West) EUR	Für die Berechnung maßgebend (Ost) EUR	Verteilung der Beiträge	
					Versicherter Prozent	Arbeitgeber Prozent
4	600 (lfd. Entgelt)	KV/PV[1]	707[2]	707[3]	–	100 (durchschnittlicher Zusatzbeitrag)
	+ 300 (Einmalz.)	KV/PV[4]	193[5]	193[6]	50 (durchschnittlicher Zusatzbeitrag)	50 (durchschnittlicher Zusatzbeitrag)
		RV[7]	707[8]	693[9]	–	100
		RV[10]	193[11]	207[12]	50	50
		RV[13]	1.928[14]	1.872[15]	–	100

Fehlzeiten bei der Beitragsberechnung

Die Spitzenorganisationen der Sozialversicherung empfehlen, nach dem Urteil des BSG[16] zu verfahren und für unbezahlte Fehltage keine Mindestbeitragsbemessungsgrenze anzusetzen. Das bedeutet, dass die Mindestbeitragsbemessungsgrenze um die Fehltage zu kürzen ist. Fallen unentschuldigte Fehltage an, sind danach die tatsächlichen Kalendertage des jeweiligen Monats um die unentschuldigten Fehltage zu vermindern.

Beispiel

Beitragsberechnung bei unbezahltem Urlaub

Der in einer Werkstätte in München tätige Arbeitnehmer mit Behinderung hat vom 10.4. bis 20.4.2024 unbezahlten Urlaub. Das Mindestarbeitsentgelt beträgt in der Kranken-/Pflegeversicherung $^{19}/_{30}$ von 707 EUR = 447,77 EUR sowie in der Rentenversicherung (West) $^{19}/_{30}$ von 2.828 EUR = 1.791,07 EUR.

Keine Umlagen nach dem AAG

Menschen mit Behinderungen im Arbeitsbereich anerkannter Werkstätten haben gegenüber ihren Arbeitgebern einen arbeitsrechtlichen Anspruch auf Entgeltfortzahlung im Krankheitsfall, auf Mutterschutzlohn sowie auf einen Zuschuss zum Mutterschaftsgeld.

Im Hinblick darauf, dass diese Personen in einem besonderen arbeitnehmerähnlichen Rechtsverhältnis stehen und statt eines Arbeitsvertrags einen Werkstattvertrag haben sowie statt eines Arbeitsentgelts ein Werkstattentgelt erhalten, hält der Gesetzgeber ihre Teilnahme am Ausgleichsverfahren der Arbeitgeberaufwendungen bei Arbeitsunfähigkeit (U1-Verfahren) und Mutterschaftsleistungen (U2-Verfahren) nicht für erforderlich.[17] Die Menschen mit Behinderungen im Arbeitsbereich anerkannter Werkstätten sind deshalb vom U1- und U2-Verfahren ausgenommen.[18] Folglich haben die Arbeitgeber für diese Personen keine U1- und U2-Umlagen abzuführen. Die erbrachten Arbeitgeberaufwendungen sind im Gegenzug nicht erstattungsfähig.

Mietzuschuss

Erhält der Arbeitnehmer von seinem Arbeitgeber im Rahmen des bestehenden Beschäftigungsverhältnisses einen Zuschuss zur Zahlung der Miete (Mietbeihilfe, Mietzuschuss usw.), handelt es sich um eine Leistung die der Arbeitgeber im Zusammenhang mit dem Beschäftigungsverhältnis gewährt.

Mietzuschüsse stellen als Barlohn steuerpflichtigen Arbeitslohn bzw. beitragspflichtiges Arbeitsentgelt im Sinne der Sozialversicherung dar. Sofern der Mietzuschuss regelmäßig bezahlt wird, gilt er steuerrechtlich als laufender Bezug und sozialversicherungsrechtlich als regelmäßiges Arbeitsentgelt.

Gesetze, Vorschriften und Rechtsprechung

Lohnsteuer: Die Lohnsteuerpflicht des Mietzuschusses ergibt sich aus § 19 Abs. 1 EStG i. v. M. R 19.3 LStR.

Sozialversicherung: Die Beitragspflicht des Arbeitsentgelts in der Sozialversicherung ergibt sich aus § 14 Abs. 1 SGB IV.

Entgelt	LSt	SV
Mietzuschuss	pflichtig	pflichtig

Miles & More

Miles & More ist ein Vielflieger- und Prämienprogramm von Fluggesellschaften und Airline-Partnern. Die Teilnehmer sammeln Flugmeilen und erhalten je nach Höhe der gesammelten Meilen einen Rabatt in Form von Bonusmeilen, Freiflügen oder kostenlosen Hotelaufenthalten.

Soweit der Arbeitnehmer diese Bonusmeilen im Zusammenhang mit beruflichen Auswärtstätigkeiten nutzt, handelt es sich aufgrund des überwiegend betrieblichen Interesses nicht um einen geldwerten Vorteil.

Nutzt der Arbeitnehmer die Bonusmeilen für private Reisen, entsteht Arbeitslohn in Höhe des Wertes der Flugreise bzw. der Hotelunterbringung. Dieser grundsätzlich lohnsteuerpflichtige geldwerte Vorteil aus sog. Kundenbindungsprogrammen bleibt jedoch steuer- und beitragsfrei, soweit der Wert der Prämien 1.080 EUR im Kalenderjahr nicht übersteigt.

Übersteigt der geldwerte Vorteil den Rabattfreibetrag, kann die Fluggesellschaft die Pauschalbesteuerung mit 2,25 % übernehmen.

Der Lohnzufluss erfolgt erst bei tatsächlicher Inanspruchnahme der Prämien und nicht bereits bei Gutschrift der Bonuspunkte auf dem Prämienkonto.

Gesetze, Vorschriften und Rechtsprechung

Lohnsteuer: Prämien aus Kundenbindungsprogrammen sind bis 1.080 EUR jährlich nach § 3 Nr. 38 EStG steuerfrei. Die Pauschalierung des darüberhinausgehenden Betrags durch die Airline ist in § 37a EStG geregelt.

Sozialversicherung: Die Beitragsfreiheit als Konsequenz der Anwendung des Steuerfreibetrags ergibt sich aus § 1 Abs. 1 Satz 1 Nr. 1

1 Mindestentgelt: 20 % der Bezugsgröße.
2 3.535 EUR × 20 %.
3 3.535 EUR × 20 %.
4 Arbeitsentgelt abzgl. Mindestentgelt.
5 900 EUR – 707 EUR.
6 900 EUR – 707 EUR.
7 Mindestentgelt: 20 % der Bezugsgröße.
8 3.535 EUR × 20 %.
9 3.465 EUR × 20 %.
10 Arbeitsentgelt abzgl. Mindestentgelt.
11 900 EUR – 707 EUR.
12 900 EUR – 693 EUR.
13 Mindestentgelt i. H. v. 80 % der Bezugsgröße abzgl. Arbeitsentgelt.
14 2.828 EUR – 900 EUR.
15 2.772 EUR – 900 EUR.
16 BSG, Urteil v. 10.5.1990,12 RK 38/87.
17 BT-Drucks. 19/6337 S. 148.
18 § 11 Abs. 2 Nr. 4 AAG.

SvEV. Die Beitragsfreiheit für pauschal versteuerte Flugmeilen ergibt sich aus § 1 Abs. 1 Satz 1 Nr. 13 SvEV.

Entgelt	LSt	SV
Bonusmeilen bzw. Sachprämien bis 1.080 EUR jährlich	frei	frei
Bonusmeilen bzw. Sachprämien über 1.080 EUR bei Pauschalbesteuerung des steuerpflichtigen Teils durch den Anbieter	pauschal	frei
Bonusmeilen bei dienstlicher Nutzung	frei	frei

Mindestlohn

Der Begriff Mindestlohn bezeichnet die durch (allgemeinverbindliche) Tarifverträge oder gesetzlich festgelegte Lohnuntergrenze. Das „Gesetz zur Regelung eines allgemeinen Mindestlohns" (Mindestlohngesetz – MiLoG) begründet einen umfassenden gesetzlichen Anspruch für jeden Arbeitnehmer auf Zahlung eines Mindestlohns. Seit dem 1.1.2024 gilt ein Mindestlohn in Höhe von 12,41 EUR. Daneben gelten weiterhin branchenbezogene tarifliche Mindestlöhne, die über dem allgemeinen gesetzlichen Mindestlohn liegen.

Durch das Arbeitnehmer-Entsendegesetz (AEntG) können mit dem Instrument der Allgemeinverbindlichkeitserklärung branchenabhängige Mindestlöhne festgelegt werden.

Sind für bestimmte Berufsgruppen Mindestlöhne vorgeschrieben oder vereinbart, so ergeben sich hieraus in sozialversicherungsrechtlicher Hinsicht keine Besonderheiten.

Gesetze, Vorschriften und Rechtsprechung

Sozialversicherung: Die Definition des sozialversicherungsrechtlich relevanten Arbeitsentgelts ergibt sich aus § 14 SGB IV. Die hieraus resultierenden Beitragsansprüche zur Sozialversicherung regelt § 22 Abs. 1 SGB IV.

Sozialversicherung

Bezahlung unter Mindestlohn

Sofern dem Arbeitnehmer trotz des nach dem Mindestlohngesetz vorgesehenen Mindestlohns (ab 1.1.2024: 12,41 EUR je Arbeitsstunde; vom 1.10.2022 bis 31.12.2023: 12 EUR je Arbeitsstunde) von seinem Arbeitgeber tatsächlich nur ein geringeres Bruttoarbeitsentgelt ausgezahlt wird, gilt Folgendes: Der Entgeltbestandteil, der nicht an den Arbeitnehmer ausgezahlt wird, aber arbeitsrechtlich beansprucht werden kann, ist gleichwohl beitragspflichtig zur Sozialversicherung, soweit es sich um laufendes Arbeitsentgelt handelt.

Entstehen der Beitragsansprüche

Der Beitragsanspruch entsteht mit Bestehen bzw. Entstehen des Anspruchs auf das volle Arbeitsentgelt.[1] Es spielt deshalb keine Rolle, wann es gezahlt wird bzw. ob es evtl. nur zum Teil tatsächlich an den Arbeitnehmer zur Auszahlung gelangt.

Ausschließlich bei Einmalzahlungen (Sonderzahlungen) gilt im SV-Recht das „Zuflussprinzip". Das heißt, der Anspruch auf die zu zahlenden Beiträge entsteht hier erst mit dem tatsächlichen Zufluss des einmalig gezahlten Arbeitsentgelts.[2]

1 § 22 Abs. 1 Satz 1 SGB IV.
2 § 22 Abs. 1 Satz 2 SGB IV.

Mitarbeiterkapitalbeteiligung

Überlässt der Arbeitgeber dem Arbeitnehmer unentgeltlich oder verbilligt Teile seines betrieblichen Vermögens (Aktien, Wertpapiere, Anleihen etc.), stellt diese Sachzuwendung grundsätzlich einen geldwerten Vorteil dar.

Zur Förderung solcher Vermögensbeteiligungen gilt allerdings pro Arbeitnehmer ab 1.1.2024 ein jährlicher Freibetrag von 2.000 EUR (bis 31.12.2023: 1.440 EUR). Aus der Steuerfreiheit folgt die Sozialversicherungsfreiheit in gleicher Höhe. Voraussetzung ist, dass die Beteiligung allen Arbeitnehmern offensteht, die im Zeitpunkt der Bekanntgabe des Angebots ein Jahr oder länger ununterbrochen in einem gegenwärtigen Dienstverhältnis zum Unternehmen stehen. Der Freibetrag ist einmalig abzuziehen, wenn diese Voraussetzungen vorliegen.

Keine steuerliche Voraussetzung ist die Gewährung zusätzlich zum ohnehin geschuldeten Arbeitslohn. Somit wäre die Steuerbefreiung bis 2.000 EUR grds. auch anwendbar, wenn die Beteiligung im Rahmen der Entgeltumwandlung überlassen würde. Die Sozialversicherungsfreiheit würde dann allerdings entfallen.

Zudem gilt seit 1.7.2021 speziell für Start-up-Unternehmen eine neue Regelung: Die Einkünfte aus der unentgeltlichen oder verbilligten Übertragung von Vermögensbeteiligungen (ohne betragsmäßige Begrenzung) am Unternehmen des Arbeitgebers (Aktien, GmbH-Anteile etc.) müssen zunächst nicht besteuert werden (kein Lohnsteuerabzug). Die Besteuerung erfolgt erst zu einem späteren Zeitpunkt, i. d. R. im Zeitpunkt der Veräußerung, zunächst galt: spätestens nach 12 Jahren oder bei Arbeitgeberwechsel. Dieser Zeitraum wurde ab 1.1.2024 auf 20 Jahre heraufgesetzt. Auch bei der Veranlagung zur Einkommensteuer für das Jahr der Übertragung bleibt der freigestellte Arbeitslohn außer Ansatz.

Das nicht besteuerte Arbeitsentgelt aus der Übertragung einer Vermögensbeteiligung unterliegt gleichwohl der Sozialversicherungspflicht. Die Sozialversicherungsbeiträge werden in die Vorsorgepauschale einbezogen. In den Fällen des § 19a Abs. 4 Satz 1 EStG (z. B. Veräußerung oder Ablauf von 12 Jahren oder Beendigung des Dienstverhältnisses zum Arbeitgeber) wird die Besteuerung als Arbeitslohn nachgeholt. Sozialversicherungsbeiträge fallen dann nicht mehr an.

Gesetze, Vorschriften und Rechtsprechung

Lohnsteuer: Die Steuerfreiheit von Vermögensbeteiligungen ist in § 3 Nr. 39 Satz 1 EStG geregelt. Eine Auflistung steuerbegünstigter Beteiligungsformen findet sich in § 2 Abs. 1 Nr. 1 Buchst. a, b und d-l und Abs. 2–5 des 5. VermBG. Die Neuregelung speziell für Start-ups wurde in § 19a EStG aufgenommen.

Sozialversicherung: Die Beitragsfreiheit in der Sozialversicherung bei der Überlassung von Vermögensbeteiligungen an alle Arbeitnehmer ergibt sich auf der Grundlage der Lohnsteuerfreiheit aus § 1 Abs. 1 Satz 1 Nr. 1 SvEV. Dagegen unterliegt das nicht besteuerte Arbeitsentgelt aus der Übertragung einer Vermögensbeteiligung gleichwohl der Sozialversicherungspflicht; hierzu wurde § 1 Abs. 1 Satz 1 Nr. 1 2.Halbsatz SvEV durch das Fondsstandortgesetz geändert (Art. 7 Abs. FoStG). Die Sozialversicherungsbeiträge werden nach § 19a Abs. 1 Satz 3 EStG in die Vorsorgepauschale einbezogen.

Entgelt	LSt	SV
Überlassung von Vermögensbeteiligungen an alle Arbeitnehmer bis 2.000 EUR	frei	frei
Übertragung von Beteiligungen an Start-Ups (ohne Betragsbeschränkung)		
• im Zeitpunkt der Übertragung	frei	pflichtig
• bei Veräußerung, Ablauf von 20 Jahren oder Ende des Arbeitsverhältnisses	pflichtig	frei

Mobiles Arbeiten

Beim mobilen Arbeiten ist der Mitarbeiter nicht an ein festgelegtes häusliches Büro gebunden. Er erbringt seine Arbeitsleistung mobil an selbstbestimmten, typischerweise wechselnden Orten außerhalb des Betriebs (z. B. beim Kunden vor Ort, während der Zugfahrt ...). Für das mobile Arbeiten ist ausschlaggebend, dass die Verbindung zum Betrieb per Informations- und Kommunikationstechnik – also über mobile Endgeräte (z. B. Laptop, Tablet, Smartphone) hergestellt wird.

Abzugrenzen ist die mobile Arbeit vom Homeoffice/Telearbeit, zur Bildschirmarbeit und Heimarbeit.

Lohnsteuer- und sozialversicherungsrechtlich gelten für die Bewertung des mobilen Arbeitens die gleich Vorgaben, wie für das Homeoffice. Lediglich in der Unfallversicherung gilt beim mobilen Arbeiten eine abweichende Regelung.

Gesetze, Vorschriften und Rechtsprechung

Zum Aufwendungsersatzanspruch und zur Kostentragung BAG, Urteil v. 12.3.2013, 9 AZR 455/11; zum kollektiven Bezug von Arbeit BAG, Beschluss v. 22.8.2017, 1 ABR 5/16, Rz. 21; zur Mitbestimmung bei Einsatz mobiler Arbeitsmittel in der Freizeit BAG, Beschluss v. 22.8.2017, 1 ABR 52/14; zur Zuständigkeit der Einigungsstelle bei mobiler Arbeit LAG Mecklenburg-Vorpommern, Beschluss v. 25.2.2020, 5 TaBV 1/20.

Sozialversicherung: Die Beschäftigung im Sinne der Sozialversicherung definiert § 7 Abs. 1 SGB IV. Für die gesetzliche Unfallversicherung definiert § 8 Abs. 1 SGB VII die versicherte Tätigkeit.

Sozialversicherung

Kranken-, Pflege-, Renten- und Arbeitslosenversicherung

Für die sozialversicherungsrechtliche Beurteilung ist es nicht von entscheidender Bedeutung, an welchem Ort die Beschäftigung tatsächlich ausgeübt wird. Wenn eine Beschäftigung an wechselnden Orten außerhalb des Betriebs ausgeübt wird, ist dies kein Indiz dafür, dass es sich um eine selbstständige Tätigkeit handeln könnte. Entscheidend ist, ob der Arbeitnehmer den Weisungen des Arbeitgebers unterliegt und in dessen Arbeitsorganisation eingegliedert ist. Sofern es sich um eine weisungsgebundene Beschäftigung im Rahmen von mobiler Arbeit handelt und der Arbeitnehmer gleichwohl in die Arbeitsorganisation des Arbeitgebers eingegliedert ist, liegt ein abhängiges Beschäftigungsverhältnis vor. Damit gelten für den Arbeitgeber bezüglich der Kranken-, Pflege-, Renten- und Arbeitslosenversicherung die üblichen beitrags- und melderechtlichen Verpflichtungen.

Unfallversicherung

§ 8 Abs. 1 SGB VII definiert die versicherte Tätigkeit als „die den Versicherungsschutz ... begründende Tätigkeit". Was eine solche Tätigkeit ist, wird durch das jeweilige Arbeitsverhältnis bzw. den Arbeitsvertrag, auf dem es beruht, vorgegeben. Dabei ist nicht nur der schriftliche Arbeitsvertrag relevant, sondern auch mündliche Absprachen und praktizierte Arbeitsabläufe prägen das Arbeitsverhältnis. Bezogen auf mobile Arbeit begründet das die Rechtsauffassung, dass grundsätzlich alles, was ein Beschäftigter im Interesse seines Arbeitgebers tut und was dieser akzeptiert bzw. nicht ausdrücklich untersagt hat, versicherte Tätigkeit ist. Wo und wann diese Tätigkeit verrichtet wird, ist dabei nachrangig. Damit steht mobile Arbeit unter dem Schutz der gesetzlichen Unfallversicherung. Zunächst beschränkte sich dieser Versicherungsschutz nur sehr eng auf die Tätigkeit selbst (z. B. auf den Sturz über die Schreibtischschublade), nicht aber auf das Umfeld, in dem sie verrichtet wird (z. B. den Sturz im Wohnungsflur). Während also ein Sturz in der Küche beim Kaffee holen in den Betriebsräumen des Arbeitgebers versichert war, war es derselbe Unfall Zuhause regelhaft nicht. Während der Corona-Pandemie 2020 bis 2023 hat der Gesetzgeber festgestellt, dass diese Rechtspraxis der aktuellen Situation der Arbeitswelt nicht mehr entspricht. Tätigkeiten „im Haushalt der Versicherten oder an einem anderen Ort" sind jetzt „in gleichem Umfang wie bei Ausübung der Tätigkeit auf der Unternehmensstätte" versichert (§ 8 SGB VII). Es ist aber davon auszugehen, dass in solchen Fällen eine Einzelfallprüfung erfolgt, die berücksichtigt, in wie weit Umstände, die vom Beschäftigten selbst zu vertreten sind (z. B. der Sturz über den eigenen Hund oder Zusammenbruch einer stark schadhaften Gartenbank) zu dem Unfall beigetragen haben. Einschlägige Urteile zu solchen Fällen werden das zeigen.

Beispiel

Schnittstelle eigenwirtschaftlicher Bereich

Ein Beschäftigter entscheidet sich dafür, an einem Tag, an dem für ihn keine Präsenzpflicht im Unternehmen besteht, anstehende Arbeiten am Notebook in einem Café auszuführen. Stürzt er dabei mit dem Stuhl um, ist eher nicht von einem Arbeitsunfall auszugehen. Wenn aber das Café für ihn die einzige Möglichkeit war, unverzichtbare Recherchen zwischen 2 dienstlichen Terminen in einem beheizten Raum auszuführen, kann doch Unfallversicherungsschutz bestehen, weil in dem Fall der Aufenthalt im Café durch einen dienstlichen Zusammenhang begründet war.

Da bei mobiler Arbeit betriebliche und eigenwirtschaftliche Interessen und Tätigkeiten zeitlich und räumlich besonders eng miteinander verwoben sind, kann es insbesondere bei Fahrten schwierig nachzuvollziehen sein, ob es sich tatsächlich um eine Dienstfahrt oder den Arbeitsweg handelt oder ob eigenwirtschaftliche Interessen überwogen haben. Im Falle eines Wegeunfalls wird diese Frage im Zweifel gerichtlich zu klären sein.

Wichtig

Unfälle im Zusammenhang mit mobiler Arbeit melden!

Da es zurzeit nur wenige konkreten Arbeitsschutzregeln für mobile Arbeit gibt und noch wenig Rechtsurteile vorliegen, ist es im Interesse der Beschäftigten, Unfälle im Zusammenhang mit mobiler Arbeit umfassend zu melden, um der Entscheidung des zuständigen Unfallversicherungsträgers zum Versicherungsschutz (und möglicher zukünftiger Rechtsprechung) nicht vorzugreifen. Damit besteht dann auch die Möglichkeit, gegen eine solche Entscheidung Widerspruch einzulegen und eine sozialgerichtliche Klärung anzustreben.

Mobilitätsprämie

Berufspendler, die mit ihrem zu versteuernden Einkommen den Grundfreibetrag nicht überschreiten, haben für die Jahre 2021 bis 2026 die Möglichkeit, als Alternative zum Werbungskostenabzug, der sog. Fernpendlerpauschale (erhöhte Entfernungspauschale ab dem 21. Entfernungskilometer), eine Mobilitätsprämie i. H. v. 14 % zu erhalten. Der Prozentsatz entspricht dem Eingangssteuersatz im Einkommensteuertarif. Hierdurch werden auch diejenigen Arbeitnehmer entlastet, bei denen der höhere Werbungskostenabzug als Folge der angehobenen Entfernungspauschale zu keiner entsprechenden steuerlichen Entlastung führt. Die Mobilitätsprämie können auch Selbstständige für die Fahrten zwischen Wohnung und Betriebsstätte in Anspruch nehmen, wenn entsprechend der Regelungen für die Werbungskosten in gleicher Weise der Betriebsausgabenabzug beim Selbstständigen ohne steuerliche Auswirkung bleibt.

Gesetze, Vorschriften und Rechtsprechung

Lohnsteuer: Die Mobilitätsprämie ist geregelt in §§ 101–109 EStG.

Lohnsteuer

Anspruchsvoraussetzungen der Mobilitätsprämie

Die Mobilitätsprämie wird für die Wege zwischen Wohnung und erster Tätigkeitsstätte sowie für die wöchentliche Familienheimfahrt im Rahmen einer doppelten Haushaltsführung gewährt. Seit 2022 beträgt die erhöhte Entfernungspauschale 0,38 EUR. Der Arbeitnehmer-Pauschbetrag wurde 2023 auf 1.230 EUR erhöht. Zum 1.1.2024 wurde zudem der Grundfreibetrag auf 11.604 EUR (2023: 10.908 EUR) angehoben.[1] Diese 3 Faktoren haben Auswirkungen auf die Berechnung der Mobilitätsprämie.

In die Bemessungsgrundlage der Mobilitätsprämie werden die vollen 0,38 EUR ab dem 21. Entfernungskilometer einbezogen und nicht nur der Erhöhungsbetrag von 8 Cent. Eine Begünstigung ergibt sich für Arbeitnehmer sowohl bei den Werbungskosten als auch bei der Mobilitätsprämie allerdings nur, soweit die 0,38 EUR ab dem 21. Entfernungskilometer zu einer Überschreitung des Arbeitnehmer-Pauschbetrags führen (Prüfungsschritt 1).

Darüber hinaus besteht ein Anspruch auf die Prämie nur, soweit das zu versteuernde Einkommen, welches sich unter Berücksichtigung der erhöhten Entfernungspauschalen ergibt, unterhalb des Grundfreibetrags liegt. Hierdurch soll eine doppelte Begünstigung durch die erhöhte Entfernungspauschale und die Gewährung der Mobilitätsprämie vermieden werden (Prüfungsschritt 2) .

Beispiel

Berechnung der Mobilitätsprämie

Ein Arbeitnehmer (Steuerklasse I) fährt im Kalenderjahr 2024 an 220 Tagen von seiner Wohnung zur ersten Tätigkeitsstätte, die 40 km entfernt liegt. Weitere Werbungskosten hat er nicht. Einkommensteuer fällt aufgrund des geringen, unter dem Grundfreibetrag liegenden Einkommens von 10.600 EUR nicht an.

Ergebnis: Es ergibt sich folgende Entfernungspauschale:

220 Tage × 20 km × 0,30 EUR	1.320 EUR
220 Tage × 20 km × 0,38 EUR	+ 1.672 EUR
Entfernungspauschale gesamt	2.992 EUR

Prüfschritt 1: Die Entfernungspauschale übersteigt den Arbeitnehmer-Pauschbetrag von 1.230 EUR um 1.762 EUR. Diese Aufwendungen entfallen i. H. v. 1.672 EUR auf die erhöhte Entfernungspauschale ab dem 21. Entfernungskilometer als Bemessungsgrundlage für die Mobilitätsprämie.

Prüfschritt 2: Das zu versteuernde Einkommen von 10.600 EUR liegt 1.004 EUR unterhalb des Grundfreibetrags, der 2024 bei 11.604 EUR[2] liegt.

Von der erhöhten Entfernungspauschale bleiben damit 1.004 EUR ohne steuerliche Auswirkung, sodass sich für 2023 eine Mobilitätsprämie von 140,56 EUR (= 14 % von 1.004 EUR) errechnet.

Ein Anspruch auf die Mobilitätsprämie besteht nur insoweit, als das zu versteuernde Einkommen, welches sich unter Berücksichtigung der erhöhten Entfernungspauschalen ergibt, unterhalb des Grundfreibetrags liegt. Bezieht der Arbeitnehmer neben den Lohnbezügen auch noch andere steuerpflichtige Einkünfte, durch die das zu versteuernde Einkommen den Grundfreibetrag übersteigt, entfällt der Anspruch auf die Prämie. Die erhöhte Entfernungspauschale als Bemessungsgrundlage für die Mobilitätsprämie darf deshalb maximal so hoch sein wie der durch das zu versteuernde Einkommen des Arbeitnehmers nicht ausgeschöpfte Grundfreibetrag.

Antragsverfahren

Die Mobilitätsprämie wird im Rahmen des Einkommensteuerveranlagungsverfahren festgesetzt. Sie wird auf Antrag des Arbeitnehmers nach Ablauf des Kalenderjahres durch Einkommensteuerbescheid festgesetzt.[3]

Eine Antragstellung für 2023 ist damit mit dem Beginn des Veranlagungsverfahren für die Einkommensteuer 2023 im ersten Quartal 2024 möglich. Die Antragsfrist beträgt 4 Jahre.[4]

Die im Einkommensteuerbescheid festgestellten Besteuerungsgrundlagen sind für die Berechnung der Mobilitätsprämie bindend, auch wenn es sich insoweit um keinen Grundlagenbescheid handelt. Macht der Arbeitnehmer abweichend von seinem bestandskräftigen Steuerbescheid nachträglich eine höhere Entfernungspauschale geltend, kann dies nur dann zu Erhöhung der Mobilitätsprämie führen, sofern die Korrekturvorschriften der Abgabenordnung eine gleichzeitige Änderung des Einkommensteuerbescheides zulassen.[5]

Eine Festsetzung erfolgt nur, wenn die Mobilitätsprämie mindestens 10 EUR beträgt. Bei Arbeitnehmern gilt der Antrag auf Mobilitätsprämie zugleich als Antrag auf Einkommensteuerveranlagung. Allerdings wird die Einkommensteuer mit 0 EUR festgesetzt, sofern keine Veranlagungspflicht besteht und kein Antrag auf Erstattung zu viel bezahlter Lohnsteuer gestellt wird. Dadurch ist sichergestellt, dass der Einkommensteuerbescheid nur die Erstattung der Mobilitätsprämie zum Inhalt hat.[6]

Das Verfahren zur Gewährung einer Mobilitätsprämie ist Bestandteil des Einkommensteuer-Veranlagungsverfahrens. Es gelten insoweit die Vorschriften der Abgabenordnung, die für die Festsetzung der Einkommensteuer zu beachten sind. Für den Bescheid über die Festsetzung der Mobilitätsprämie ist deshalb als Rechtsbehelfsmöglichkeit der Einspruch gegeben, ebenso sind die Korrekturvorschriften der §§ 172 AO anzuwenden.

Montagezulage

Eine Montagezulage wird vom Arbeitgeber i. d. R, dann gewährt, wenn der Arbeitnehmer im Rahmen einer beruflichen Auswärtstätigkeit an einer Baustelle oder Maschine tätig wird. Die Montagezulage stellt grundsätzlich lohnsteuerpflichtigen Arbeitslohn sowie beitragspflichtiges Arbeitsentgelt dar. Montagezulagen sind nicht gleichbedeutend mit Verpflegungsmehraufwand.

Verpflegungsmehraufwendungen, die innerhalb des gesetzlich vorgeschriebenen Rahmens gewährt werden, sind lohnsteuerfrei sowie beitragsfrei in der Sozialversicherung.

Gesetze, Vorschriften und Rechtsprechung

Lohnsteuer: Zur Lohnsteuerfreiheit der Verpflegungsmehraufwendungen s. § 9 Abs. 4a EStG. Die Lohnsteuerpflicht der Montagezulage ergibt sich aus § 19 Abs. 1 EStG.

Sozialversicherung: Die Beitragspflicht der Montagezulage als Bestandteil des Arbeitsentgelts resultiert aus § 14 Abs. 1 SGB IV.

Entgelt	LSt	SV
Montagezulage	pflichtig	pflichtig

Mutterschaftsgeld

Schwangere und Mütter erhalten für den Zeitraum der Schutzfristen nach § 3 Abs. 1 und 2 MuSchG, unmittelbar vor und nach der Geburt eines Kindes Mutterschaftsgeld gemäß § 19 MuSchG, um den betroffenen Frauen eine wirtschaftliche Absicherung zu garantieren und ihnen so den Anreiz zu nehmen, während dieser Schutzfristen einer Erwerbstätigkeit nachzugehen.

Mutterschaftsgeld wird an weibliche Mitglieder durch die gesetzliche Krankenkasse gezahlt, wenn ein Anspruch auf Krankengeld bei Arbeitsunfähigkeit besteht oder wegen der Schutzfristen nach dem Mutterschutzgesetz kein Arbeitsentgelt gezahlt wird. Arbeitgeber zahlen als Zuschuss zum Mutterschaftsgeld den Unterschiedsbetrag zum

1 § 32a Abs. 1 EStG i. d. F. des Inflationsausgleichsgesetzes v. 8.12.2022.
2 § 32a Abs. 1 EStG i. d. F. des Inflationsausgleichsgesetzes v. 8.12.2022.
3 § 105 Abs. 1 EStG.
4 § 104 Abs. 2 Satz 1 EStG.
5 §§ 101, 105 EStG.
6 § 46 EStG.

Nettoarbeitsentgelt. Dieser Zuschuss wird im Rahmen der Umlagekasse U2 zu 100 % von der Krankenkasse erstattet.

Gesetze, Vorschriften und Rechtsprechung

Lohnsteuer: Mutterschaftsgeld sowie der Zuschuss des Arbeitgebers zum Mutterschaftsgeld nach dem Mutterschutzgesetz sind steuerfrei nach § 3 Nr. 1 Buchst. d EStG. Beide Zahlungen unterliegen aber dem Progressionsvorbehalt nach § 32b Abs. 1 Nr. 1 Buchst. b und c EStG. Ein vom Arbeitgeber freiwillig gezahlter Zuschuss zum Mutterschaftsgeld ist lohnsteuerpflichtiger Arbeitslohn gemäß § 2 LStDV i. V. m. § 19 Abs. 1 Satz 1 EStG.

Sozialversicherung: Der Anspruch auf Mutterschaftsgeld gegenüber der gesetzlichen Krankenkasse ergibt sich aus § 24i SGB V i. V. m. § 19 MuSchG. Bezüglich eines eventuellen Anspruchs auf Mutterschaftsgeld des Bundesversicherungsamtes ist § 19 Abs. 2 MuSchG relevant. Der GKV-Spitzenverband hat im Gemeinsamen Rundschreiben der Sozialversicherungsträger (GR v. 6.12.2017-II i. d. F. v. 23.3.2022) Aussagen zu den Leistungen bei Schwangerschaft und Mutterschaft getroffen.

Die Mitgliedschaft während des Leistungsbezugs ergibt sich aus § 7 Abs. 3 SGB IV. In der Kranken- und Pflegeversicherung setzt sich die Mitgliedschaft fort (§ 192 Abs. 1 Nr. 2 SGB V, § 49 Abs. 2 Satz 1 SGB XI). In der Rentenversicherung werden Zeiten der Schutzfristen als Anrechnungszeit berücksichtigt (§ 58 SGB VI). Zur Arbeitslosenversicherung gründet sich die Versicherungspflicht auf § 26 Abs. 2 SGB III, § 9 DEÜV regelt die Unterbrechungsmeldung.

Entgelt	LSt	SV
Zuschuss zum Mutterschaftsgeld	frei	frei
Freiwilliger Zuschuss zum Mutterschaftsgeld * Soweit der Zuschuss zusammen mit dem Mutterschaftsgeld das Nettoarbeitsentgelt nicht um mehr als 50 EUR übersteigt.	pflichtig	frei*

Lohnsteuer

Zuschuss zum Mutterschaftsgeld ist steuerfrei

Steuerfrei ist das Mutterschaftsgeld nach dem Mutterschutzgesetz oder dem Gesetz über die Krankenversicherung der Landwirte, die Sonderunterstützung für im Familienhaushalt beschäftigte Frauen sowie der Zuschuss zum Mutterschaftsgeld nach dem Mutterschutzgesetz und bestimmte Zuschüsse für Beschäftigungsverbote bei Entbindung nach beamtenrechtlichen Vorschriften.[1] Die genannten Leistungen unterliegen mit den ausgezahlten Beträgen dem ⇗ Progressionsvorbehalt. Das von der Krankenkasse gezahlte Mutterschaftsgeld wird dem zuständigen Finanzamt elektronisch übermittelt.

Der Zuschuss zum Mutterschaftsgeld wird gemäß § 20 MuSchG wie folgt errechnet: Der Unterschiedsbetrag zwischen 13 EUR und dem um die gesetzlichen Abzüge verminderten durchschnittlichen kalendertäglichen Arbeitsentgelt der letzten 3 abgerechneten Kalendermonate vor Beginn der Schutzfrist vor der Entbindung. D. h., es ist die Steuerklasse maßgebend, die die Arbeitnehmerin in diesem Zeitraum hatte. Ein Wechsel der Steuerklasse in diesem Zeitraum wirkt sich anteilig aus. Ein Wechsel der Steuerklasse während der Schutzfrist ist für die Abrechnung unerheblich.

1 § 3 Nr. 1 Buchst. d EStG.

Hinweis

Dienstwagen während des Mutterschutzes

Erhält eine Arbeitnehmerin über das Mutterschaftsgeld und den Arbeitgeberzuschuss zum Mutterschaftsgeld hinaus weitere (Sach-)Zuwendungen vom Arbeitgeber (z. B. einen Firmenwagen zur kostenlosen privaten Nutzung), so handelt es sich insoweit um lohnsteuerpflichtige Bezüge.

Freiwilliger Zuschuss ist steuerpflichtig

Ein freiwillig gezahlter Zuschuss zum Mutterschaftsgeld ist lohnsteuerpflichtig. Freiwillig kann der Arbeitgeber einen Zuschuss zahlen, wenn er nicht gesetzlich dazu verpflichtet ist, z. B. bei einer nicht sozialversicherungspflichtigen Gesellschafter-Geschäftsführerin.

Wird der steuerpflichtige Zuschuss an eine Arbeitnehmerin gezahlt, die zu dem Arbeitgeber in einem pauschal besteuerten Dienstverhältnis steht, so kann der als freiwilliger Zuschuss zum Mutterschaftsgeld weiter gezahlte Arbeitslohn ebenfalls mit dem pauschalen Steuersatz besteuert werden (z. B. 2 % bei einer geringfügig entlohnten Beschäftigung oder 25 % bei einer kurzfristigen Beschäftigung).

Auch ein Zuschuss an eine freie, in einem arbeitnehmerähnlichen Verhältnis stehende Beschäftigte aufgrund einer an das Mutterschaftsgeld angelehnten tarifvertraglichen Regelung ist steuerpflichtig (im Rahmen der Einkunftsart „Einkünfte aus selbstständiger Tätigkeit").[2]

Aufzeichnungs- und Nachweispflichten des Arbeitgebers

Der vom Arbeitgeber als Zuschuss zum Mutterschaftsgeld steuerfrei gezahlte Betrag muss im Lohnkonto aufgezeichnet und in die ⇗ Lohnsteuerbescheinigung gesondert eingetragen werden.

Die Eintragung des Großbuchstabens U (Unterbrechung) ins Lohnkonto entfällt, wenn der Arbeitgeber den steuerfreien Zuschuss zum Mutterschaftsgeld gemäß Mutterschutzgesetz zahlt.[3]

Sozialversicherung

Beschäftigungsverhältnis/Entgeltabrechnung

Mitgliedschaft während Leistungsbezug

Die Mitgliedschaft in der Kranken- und Pflegeversicherung bleibt erhalten, solange Anspruch auf Mutterschaftsgeld besteht.[4] Aufgrund des Bezugs von Mutterschaftsgeld besteht grundsätzlich auch Arbeitslosenversicherungspflicht.[5] Dies hat für den Arbeitgeber allerdings keine unmittelbare Bedeutung, da die Beiträge durch die Krankenkasse getragen werden. Zur Rentenversicherung werden Zeiten der Mutterschutzfristen als Anrechnungszeiten berücksichtigt.[6] Weiterhin werden bis zu 3 Jahre als Erziehungszeit anerkannt.[7] Pro Jahr Erziehungszeit erhöht sich die gesetzliche Bruttorente später durchschnittlich um ungefähr 34 EUR pro Monat. Eine gesonderte Meldung des Arbeitgebers ist dazu nicht erforderlich, da die Rentenversicherung durch die Krankenkasse entsprechend informiert wird.

Beitragsfreiheit

Arbeitgeber haben für die Zeit des Anspruchs auf Mutterschaftsgeld ihrer Arbeitnehmerin grundsätzlich keine Beiträge zu entrichten.[8] Das Mutterschaftsgeld und der Arbeitgeberzuschuss sind steuer- und sozialabgabenfrei. Während des Mutterschaftsgeldbezugs gezahltes Entgelt kann ggf. beitragspflichtig sein (z. B. Einmalzahlungen oder über den Arbeitgeberzuschuss hinausgehende Zuschüsse des Arbeitgebers).

2 BFH, Urteil, v. 28.9.2022, VIII R 39/19, BFH/NV 2023 S 303.
3 R 41.2 LStR.
4 § 192 Abs. 1 Nr. 2 SGB V, § 49 Abs. 2 SGB XI.
5 § 26 Abs. 2 Nr. 1 SGB III.
6 § 58 Abs. 1 Satz 1 Nr. 2 SGB VI.
7 § 56 SGB VI.
8 § 224 Abs. 1 SGB V.

Teillohnzahlungszeitraum

Endet die Zahlung des Arbeitsentgelts bei Beginn der Schutzfrist, sind die Beiträge nur für den bis dahin verstrichenen Teil des Abrechnungszeitraums zu berechnen und abzuführen. Dabei ist auch nur eine entsprechende anteilige ⇗ Beitragsbemessungsgrenze zu berücksichtigen.

Meldungen

Bei Mutterschaftsgeldbezug entsteht die Meldepflicht, sobald mindestens einen Kalendermonat lang kein Entgelt gezahlt wird.[1]

Für den Zeitraum bis zum Ende des Arbeitsentgeltanspruchs ist eine ⇗ Unterbrechungsmeldung mit dem Abgabegrund „51" zu übermitteln.

Achtung

Keine Unterbrechungsmeldung bei Elternzeit erforderlich

Die Inanspruchnahme von Elternzeit im Anschluss an den Bezug von Mutterschaftsgeld löst keine zusätzliche Meldung aus. Die durch den Bezug von Mutterschaftsgeld bereits gemeldete Unterbrechung wirkt fort.

Leistungsanspruch

Voraussetzungen

Weibliche Mitglieder erhalten von ihrer Krankenkasse Mutterschaftsgeld.[2]

Voraussetzung ist, dass sie

- bei Arbeitsunfähigkeit Anspruch auf Krankengeld haben oder
- wegen der Schutzfristen nach § 3 Abs. 1 und 2 MuSchG kein Arbeitsentgelt erhalten.

Anspruchsberechtigt sind demnach auch

- Bezieherinnen von Bürgergeld,
- Studentinnen,
- Rentnerinnen oder
- freiwillig Versicherte,

die in einem Arbeitsverhältnis stehen, das wegen Geringfügigkeit keine Krankenversicherungspflicht auslöst.

Teilnehmerinnen am Bundesfreiwilligendienst haben Anspruch auf Mutterschaftsgeld, wenn sie im Rahmen ihres Freiwilligendienstes Arbeitsentgelt erhalten.

Auch Frauen, deren Arbeitsverhältnis unmittelbar am Tag vor Beginn der Schutzfrist endet, haben Anspruch auf Mutterschaftsgeld. Allerdings müssen diese am letzten Tag der Beschäftigung Mitglied einer Krankenkasse gewesen sein.

Beispiel

Mutterschaftsgeldanspruch

1. Arbeitnehmerin
   Arbeitnehmerin ist Mitglied einer gesetzlichen Krankenkasse und mit Anspruch auf Krankengeld versichert. Die Schutzfrist beginnt am 25.1.
   Sie hat Anspruch auf Mutterschaftsgeld ab 25.1. bis zum Ende der Schutzfrist.
2. Studentin mit geringfügiger Beschäftigung und in der Krankenversicherung der Studenten versichert
   Studentin (28 Jahre) ist aufgrund ihres Studiums Mitglied einer gesetzlichen Krankenkasse (Krankenversicherung der Studenten) und übt neben ihrem Studium noch einen Nebenjob i. H. v. 400 EUR monatlich aus. Die Schutzfrist beginnt am 15.3.
   Sie hat Anspruch auf Mutterschaftsgeld ab 15.3. bis zum Ende der Schutzfrist.
3. Studentin mit geringfügiger Beschäftigung und familienversichert
   Studentin (22 Jahre) ist über ihren Vater familienversichert und übt neben ihrem Studium noch einen Nebenjob i. H. v. 400 EUR monatlich aus. Die Schutzfrist beginnt am 15.3.
   Sie hat keinen Anspruch auf Mutterschaftsgeld von der gesetzlichen Krankenkasse, kann aber einen Antrag auf Mutterschaftsgeld beim Bundesamt für Soziale Sicherung (BAS) stellen.

Zulässige Auflösung des Arbeitsverhältnisses

Ein Anspruch auf Mutterschaftsgeld besteht auch, wenn das Arbeitsverhältnis während der Schwangerschaft vom Arbeitgeber zulässig aufgelöst worden ist.

Von einer zulässigen Auflösung des Arbeitsverhältnisses wird allerdings nur dann ausgegangen, wenn sie während der Schwangerschaft erfolgte.[3] Bei einer Kündigung des Arbeitsverhältnisses durch den Arbeitgeber vor Beginn der Schwangerschaft ist diese Voraussetzung nicht erfüllt, auch wenn das Arbeitsverhältnis erst während der Schwangerschaft endet. Gleiches gilt, wenn die Arbeitnehmerin selbst das Arbeitsverhältnis kündigt.

Leistungsbezieherinnen nach dem SGB III/SGB II

Ferner erhalten Leistungsbezieherinnen nach dem SGB III (Bezug von Arbeitslosengeld) Mutterschaftsgeld. Der Anspruch besteht auch, wenn der Anspruch auf Arbeitslosengeld wegen einer Urlaubsabgeltung, Anspruch auf Arbeitsentgelt oder wegen einer Sperrzeit ruht.

Frauen, die Leistungen nach dem SGB II beziehen (Bürgergeld), erhalten diese Leistungen von dem bisherigen Träger auch während der Schutzfristen weitergezahlt.

Beamtinnen

Ein Beamten- oder Dienstverhältnis als Dienstordnungsangestellte ist einem Arbeitsverhältnis nach § 1 MuSchG nicht gleichzusetzen. Frauen, die in einem öffentlich-rechtlichen Dienstverhältnis stehen (z. B. Beamtinnen), haben daher keinen Anspruch auf Mutterschaftsgeld. Für sie ist vielmehr die „Verordnung über den Mutterschutz für Beamtinnen" maßgebend, die eine Weiterzahlung der Dienstbezüge während der Schutzfristen vorsieht.

Höhe

Mutterschaftsgeld in Höhe des Nettoarbeitsentgelts

Voraussetzung

Frauen, die bei Beginn der Schutzfrist

- in einem Arbeitsverhältnis stehen oder
- in ⇗ Heimarbeit beschäftigt sind oder
- deshalb nicht mehr in einem Arbeitsverhältnis stehen, weil dieses während der Schwangerschaft vom Arbeitgeber zulässig aufgelöst worden ist,

erhalten Mutterschaftsgeld.

Berechnung

Als Mutterschaftsgeld wird das um die gesetzlichen Abzüge verminderte durchschnittliche kalendertägliche Arbeitsentgelt der letzten 3 Kalendermonate vor Beginn der Schutzfrist gezahlt. Höchstens jedoch 13 EUR für den Kalendertag. Einmalig gezahltes Arbeitsentgelt sowie Tage, an denen infolge von Kurzarbeit, Arbeitsausfällen oder unverschuldeter Arbeitsversäumnis kein oder ein vermindertes Arbeitsentgelt erzielt wurde, werden nicht berücksichtigt.

1 § 7 Abs. 3 Satz 3 SGB IV.
2 § 24i Abs. 1 Satz 1 SGB V.
3 § 17 Abs. 2 MuSchG.

Gleichbleibendes Monatsgehalt

Bei Versicherten mit gleichbleibendem Monatsarbeitsentgelt bzw. nach Monaten bemessenem Arbeitsentgelt, ist jeder Monat mit 30 Tagen anzusetzen. Das Nettoarbeitsentgelt aller 3 Monate des Bemessungszeitraums ist durch 90 zu teilen (Formel 1). Die Höhe des Entgelts ist nicht abhängig von der Zahl der Arbeitstage bzw. der Arbeitsstunden.

Formel 1: $\frac{\text{Nettoarbeitsentgelt im Ausgangszeitraum}}{90}$

Beispiel

Berechnung bei gleichbleibendem Monatsarbeitsentgelt

mtl. Nettoarbeitsentgelt April	1.300 EUR
mtl. Nettoarbeitsentgelt Mai	1.300 EUR
mtl. Nettoarbeitsentgelt Juni	1.300 EUR

Berechnung:

$\frac{\text{3.900 EUR}}{90}$ = 43,33 EUR kalendertägliches Nettoarbeitsentgelt
→ 13 EUR Mutterschaftsgeld von der Krankenkasse
→ 30,33 EUR Zuschuss zum Mutterschaftsgeld vom Arbeitgeber

Schwankendes Arbeitsentgelt

Erhalten Versicherte ein schwankendes Arbeitsentgelt, sind die tatsächlichen Kalendertage des jeweiligen Ausgangszeitraums zu berücksichtigen (Formel 2). Ändert sich die Entlohnungsart während des Ausgangszeitraums, so ist der Monat mit 30 Tagen anzusetzen, wenn die Frau ein festes Monatsgehalt bezieht. Für die übrige Zeit sind die tatsächlichen Kalendertage anzusetzen (Kombination der Formeln 1 und 2).

Formel 2: $\frac{\text{Nettoarbeitsentgelt im Ausgangszeitraum}}{\text{89, 90, 91 oder 92}}$

Beispiel

Berechnung bei schwankendem Monatsarbeitsentgelt

mtl. Nettoarbeitsentgelt Februar	(28 Kalendertage)	1.280 EUR
mtl. Nettoarbeitsentgelt März	(31 Kalendertage)	1.310 EUR
mtl. Nettoarbeitsentgelt April	(30 Kalendertage)	1.300 EUR

Berechnung:

$\frac{\text{3.890 EUR}}{89}$ = 43,71 EUR kalendertägliches Nettoarbeitsentgelt
→ 13 EUR Mutterschaftsgeld von der Krankenkasse
→ 30,71 EUR Zuschuss zum Mutterschaftsgeld vom Arbeitgeber

Stundenlohn

Bei Versicherten, deren Nettoarbeitsentgelt nach Stundenlohn gezahlt wird, ist das Nettoarbeitsentgelt im Berechnungszeitraum mit der regelmäßigen wöchentlichen Arbeitszeit zu multiplizieren und durch die bezahlten Arbeitsstunden multipliziert mit sieben zu teilen (Formel 3).

Formel 3: $\frac{\text{„Nettoarbeitsentgelt im Berechnungszeitraum} \times \text{wöchentliche Arbeitszeit (zzgl. Ø Mehrarbeitsstunden)“}}{\text{Arbeitsstunden} \times 7}$

Die regelmäßige wöchentliche Arbeitszeit ist um die durchschnittlichen Mehrarbeitsstunden im Berechnungszeitraum zu erhöhen.

Beispiel

Berechnung bei Stundenlohn

mtl. Nettoarbeitsentgelt Mai	insgesamt 168 Arbeitsstunden	1.596 EUR
mtl. Nettoarbeitsentgelt Juni	insgesamt 160 Arbeitsstunden	1.520 EUR
mtl. Nettoarbeitsentgelt Juli	insgesamt 176 Arbeitsstunden	1.672 EUR

wöchentliche Arbeitszeit 40 Stunden

Berechnung:

$\frac{\text{4.788 EUR} \times 40}{504 \times 7}$ = 54,29 EUR kalendertägliches Nettoarbeitsentgelt
→ 13 EUR Mutterschaftsgeld von der Krankenkasse
→ 41,29 EUR Zuschuss zum Mutterschaftsgeld vom Arbeitgeber

Tipp

Mutterschaftsgeld/Arbeitgeberzuschuss bei Arbeitsausfällen

Die Berechnung des Mutterschaftsgeldes und der Arbeitgeberzuschuss bei Arbeitsausfällen im Bemessungszeitraum, die zulasten bzw. nicht zulasten der Versicherten gehen, werden im GR v. 6.12.2017-II i. d. F. v. 23.3.2022: Abschn. 9.2.4.7.3 und 9.2.4.7.4 dargestellt.

Mutterschaftsgeld in Höhe des Krankengeldes

Mutterschaftsgeld in Höhe des ⇗ Krankengeldes erhalten Frauen, die

- zwar nicht bei Beginn der Schutzfrist in einem Arbeitsverhältnis standen, bei Arbeitsunfähigkeit jedoch aus ihrem Versicherungsverhältnis einen Anspruch auf Krankengeld haben (Nicht-Arbeitnehmerinnen);
- zwar bei Beginn der Schutzfrist in einem befristeten Arbeitsverhältnis standen und Mutterschaftsgeld in Höhe des Höchstbetrags von 13 EUR erhalten, der Anspruch auf den Zuschuss vom Arbeitgeber jedoch während der Schutzfristen wegfällt (Arbeitnehmerinnen ohne Arbeitgeberzuschuss);
- zwar in einem Arbeitsverhältnis standen, dieses aber unmittelbar am Tag vor Beginn der Mutterschutzfrist endet.

Nicht-Arbeitnehmerin

Zu den anspruchsberechtigten Nicht-Arbeitnehmerinnen gehören u. a.:

- Leistungsbezieherinnen nach dem SGB III; sie erhalten Mutterschaftsgeld in Höhe der Leistung der Agentur für Arbeit.

  Auch Frauen, deren Arbeitslosengeld wegen Sperrzeit oder Urlaubsabgeltung ruht, haben ab Beginn der Schutzfrist Anspruch auf Mutterschaftsgeld. Der Anspruch auf Mutterschaftsgeld ruht, solange Anspruch auf Urlaubsabgeltung besteht.
- Selbstständig tätige Frauen, die bei Arbeitsunfähigkeit einen Anspruch auf Krankengeld haben; sie erhalten Mutterschaftsgeld in Höhe des Krankengeldes, das ihnen bei Arbeitsunfähigkeit zustehen würde. Eine Begrenzung auf 13 EUR kalendertäglich erfolgt in diesen Fällen nicht.

Arbeitnehmerin ohne Arbeitgeberzuschuss

Bei Arbeitnehmerinnen ohne Arbeitgeberzuschuss ist das bisher gezahlte Mutterschaftsgeld i. H. v. 13 EUR vom Tag des Wegfalls des Zuschusses an auf das Krankengeld umzustellen. Damit ist eine Neuberechnung des Mutterschaftsgeldes nach den für das Krankengeld geltenden Rechtsvorschriften durchzuführen. Der Arbeitergeberzuschuss zum Mutterschaftsgeld entfällt z. B. mit Ablauf eines befristeten Arbeitsverhältnisses, das während der Schutzfristen endet.

Beispiel

Beschäftigungsende während der Schutzfrist

Bei einer Arbeitnehmerin endet das befristete Beschäftigungsverhältnis während der Schutzfrist (11.7. bis 17.10.) zum 30.9. Im April, Mai und Juni hat sie jeweils ein gleichbleibendes Arbeitsentgelt i. H. v. 2.000 EUR brutto bzw. 1.332 EUR netto erhalten.

Leistungsansprüche:

- 11.7. bis 30.9.
  Mutterschaftsgeld i. H. v. 13 EUR kalendertäglich
  Arbeitgeberzuschuss zum Mutterschaftsgeld i. H. v. 31,40 EUR kalendertäglich
- 1.10. bis 17.10.
  Mutterschaftsgeld in Höhe vom Krankengeld 39,96 EUR kalendertäglich

Mutterschaftsgeld in Höhe vom Krankengeld wird kalendertäglich gezahlt; ein voller Kalendermonat ist wie die Krankengeldzahlung mit 30 Tagen anzusetzen.

Zuschüsse

Vom Arbeitgeber

Versicherte, deren durchschnittliches kalendertägliches Nettoarbeitsentgelt 13 EUR übersteigt, erhalten für die Dauer der Mutterschaftsgeldzahlung den 13 EUR übersteigenden Betrag als Zuschuss zum Mutterschaftsgeld von ihrem Arbeitgeber.[1] Für Teilnehmerinnen am Bundesfreiwilligendienst wird der Zuschuss von der Dienststelle bzw. vom Bund gezahlt. Für Teilnehmerinnen am Jugendfreiwilligendienst wird der Zuschuss von dem Träger des freiwilligen sozialen oder des freiwilligen ökologischen Jahres gezahlt.

Insolvenzverfahren

Kann der Arbeitgeber seine Verpflichtung zur Zahlung des Zuschusses für die Zeit nach Eröffnung des Insolvenzverfahrens oder nach rechtskräftiger Abweisung des Antrags auf Eröffnung des Insolvenzverfahrens mangels Masse bis zur zulässigen Auflösung des Arbeitsverhältnisses wegen Zahlungsunfähigkeit nicht erfüllen, erhält die Frau den Zuschuss durch die Krankenkasse.[2] Gleiches gilt bei vollständiger Beendigung der Betriebstätigkeit im Inland, wenn ein Antrag auf Eröffnung des Insolvenzverfahrens nicht gestellt worden ist und ein solches offensichtlich mangels Masse nicht in Betracht kommt. Die Zahlung des Insolvenzgeldes durch die Agentur für Arbeit rechtfertigt die Annahme der Voraussetzungen.[3]

Zulässig aufgelöste Beschäftigung

Ist das Arbeitsverhältnis zulässig aufgelöst, dann zahlt die Krankenkasse neben dem Mutterschaftsgeld i. H. v. 13 EUR auch den Arbeitgeberzuschuss in Höhe der Differenz zum Nettoverdienstausfall.

Mutterschaftsleistungen während Kurzarbeit

Mutterschaftsgeld und Arbeitgeberzuschuss werden während Kurzarbeit im Betrieb in vollem Umfang gezahlt, d. h. Kurzarbeit wirkt sich für Frauen im Mutterschutz nicht leistungsmindernd aus. Die Kurzarbeit wird sowohl beim Anspruch als auch bei der Höhe nicht berücksichtigt. Schwangere Frauen erhalten in diesen Phasen jeweils volle mutterschutzrechtliche Leistungen, sodass ihr Einkommen auch während Zeiten der Kurzarbeit im Betrieb gesichert ist. Die Krankenkassen zahlen das Mutterschaftsgeld aus, der Arbeitgeber zahlt den Arbeitgeberzuschuss.[4] Der Arbeitgeber kann über das U2-Verfahren die Erstattung des Zuschusses durch die Krankenkasse erreichen.[5] Die Höhe der Leistungen bemisst sich nach dem kalendertäglichen Entgelt der letzten 3 abgerechneten Kalendermonate vor Beginn der Schutzfrist. Kürzungen, z. B. durch Kurzarbeit, bleiben unberücksichtigt.[6]

Dauer der Zahlung

Das Mutterschaftsgeld wird für

- die letzten 6 Wochen vor der Entbindung,
- den Entbindungstag und
- für die ersten 8 Wochen bzw. 12 Wochen bei Früh-/Mehrlingsgeburten oder bei Kindern mit Behinderung nach der Entbindung

gezahlt.

Bei Frühgeburten und sonstigen vorzeitigen Entbindungen verlängert sich die Bezugsdauer um den Zeitraum der Schutzfrist, der vor der Entbindung nicht in Anspruch genommen werden konnte.[7]

Beispiel

Frühere Entbindung

Mutmaßlicher Entbindungstag	24.6.
Beginn der Schutzfrist	13.5.
Letzter Arbeitstag	12.5.
Tatsächliche Entbindung	14.6.
Nicht in Anspruch genommene Tage vor der Entbindung (14.6. bis 23.6.)	10 Tage
8-Wochenfrist nach der Entbindung	14.6. bis 9.8.
Verlängerung um 10 Tage	10.8. bis 19.8.

Tipp

Vereinfachte Berechnung

Der Gesamtanspruch auf Mutterschaftsgeld beträgt immer 99 Tage, bei Früh- und Mehrlingsgeburten oder Kinder mit Behinderung 127 Tage.

Das vorstehende Beispiel vereinfacht dargestellt:

Beginn der Schutzfrist	13.5.
zzgl. 99 Tage	13.5. bis 19.8.
bei Früh-/Mehrlingsgeburten oder Kindern mit Behinderung	
zzgl. 127 Tage	13.5. bis 16.9.

Als Frühgeburten gelten Säuglinge

- mit einem Geburtsgewicht von unter 2.500 Gramm oder
- die aufgrund noch nicht voll ausgebildeter Reifezeichen bzw. wegen verfrühter Beendigung der Schwangerschaft einer wesentlich erweiterten Pflege bedürfen.

Hinweis

Verlängerung der Schutzfrist für Mütter von Kindern mit Behinderung

Wird bei Kindern vor Ablauf von 8 Wochen nach der Entbindung eine Behinderung ärztlich festgestellt, verlängert sich die nachgeburtliche Schutzfrist auf 12 Wochen. Daher verlängert sich ebenfalls der Anspruch auf die mutterschutzrechtlichen Leistungen. Mit der verlängerten Schutzfrist soll den besonderen körperlichen und psychischen Belastungen der Mutter Rechnung getragen werden.

Die Schutzfrist verlängert sich nur, wenn die Frau diese beantragt. Für die Antragstellung besteht keine Frist, es genügt die Vorlage der fristgerecht erstellten ärztlichen Bescheinigung der Behinderung bzw. der drohenden Behinderung. Es wird auch bei Vorliegen der Voraussetzungen der Frau überlassen, die Behinderung ihres Kindes ihrem Arbeitgeber bekannt zu geben und die verlängerte Schutzfrist in Anspruch zu nehmen.

1 § 20 Abs. 1 MuSchG.
2 § 20 Abs. 3 Satz 2 MuSchG.
3 § 165 Abs. 1 Satz 1 Nr. 3 SGB III.
4 Orientierungspapier des BMFSFJ sowie des BMG und BMAS „Mutterschaftsleistungen bei Kurzarbeit".
5 § 1 Abs. 2 Nr. 1 AAG.
6 § 21 Abs. 2 Nr. 2 MuSchG.
7 § 24i Abs. 3 Sätze 1 bis 3 SGB V.

Behinderungen, die erst nach Ablauf von 8 Wochen nach der Entbindung festgestellt werden, können nicht nachträglich eine verlängerte Schutzfrist auslösen.

Tipp

Zeitlich auseinanderliegende Mehrlingsgeburten

In seltenen Mehrlingsgeburten kommt es vor, dass aufgrund von Komplikationen zwischen den Geburten der Kinder mehrere Tage oder sogar Wochen liegen. Grundsätzlich löst jeder Entbindungstag eine Schutzfrist aus. Die Konstellationen der Geburt des ersten Mehrlings vor Beginn der Schutzfrist oder innerhalb der Schutzfrist und der weiteren Geburt(en) werden im GR v. 6.12.2017-II i. d. F. v. 23.3.2022: Abschn. 9.4.5 dargestellt.

Damit bereits vor der Entbindung Mutterschaftsgeld ausgezahlt werden kann, müssen die werdenden Mütter der Krankenkasse eine ärztliche Bescheinigung über den voraussichtlichen Entbindungstermin vorlegen. Eine von einer Hebamme ausgestellte Bescheinigung reicht auch aus.

Tritt die Entbindung früher als erwartet ein, kann Mutterschaftsgeld auf jeden Fall für die letzten 6 Wochen vor der tatsächlichen Niederkunft beansprucht werden. Allerdings kommt dann das Mutterschaftsgeld für den Zeitraum nicht zur Auszahlung, in der die Frau aufgrund ihrer Arbeitsleistung oder zu beanspruchender ↗ Entgeltfortzahlung tatsächlich Arbeitsentgelt erzielt hat.[1]

↗ Einmalzahlungen, wie z. B. Weihnachts- oder Urlaubsgeld, die der Arbeitgeber während der Schutzfristen zahlt, mindern nicht die Höhe des Mutterschaftsgeldes.

Aus beitragsrechtlicher Sicht ist jedoch zu beachten, dass von diesen einmalig gezahlten Bezügen Beiträge zur Kranken-, Renten-, Pflege- und Arbeitslosenversicherung zu entrichten sind. Die Beitragsfreiheit[2] erstreckt sich nämlich nur auf das Mutterschaftsgeld als solches, nicht dagegen auf das neben dem Mutterschaftsgeld gezahlte Arbeitsentgelt (Einmalzahlungen).

Mutterschaftsgeld bei erneuter Schutzfrist während Elternzeit

Frauen, deren Mitgliedschaft während der Elternzeit fortbesteht, haben Anspruch auf Mutterschaftsgeld, wenn die neue Schutzfrist während dieser Zeit beginnt. Der Anspruch besteht, solange das Arbeitsverhältnis besteht.

Tipp

Unterbrechung der Elternzeit wegen erneuter Schutzfrist

Arbeitnehmerinnen können ihre bereits angemeldete Elternzeit zur Inanspruchnahme der Mutterschutzfristen vorzeitig und ohne Zustimmung des Arbeitgebers beenden.[3]

Frauen, die alleine aufgrund des Elterngeldbezugs versichert sind, haben keinen Anspruch auf Mutterschaftsgeld. Die Versicherung nach § 192 Abs. 1 Nr. 2 SGB V beinhaltet keinen Krankengeldanspruch.

Mutterschaftsgeld zulasten des Bundes

Frauen, die nicht Mitglied einer gesetzlichen Krankenkasse sind, erhalten Mutterschaftsgeld zulasten des Bundes.[4] Voraussetzung ist, dass sie

- bei Beginn der Schutzfrist in einem Arbeitsverhältnis stehen oder
- in Heimarbeit beschäftigt sind oder
- ihr Arbeitsverhältnis während der Schwangerschaft vom Arbeitgeber zulässig aufgelöst worden ist.

Betroffen sind nicht nur privat versicherte Frauen, sondern auch geringfügig beschäftigte Frauen, die trotz eines Arbeitsverhältnisses noch einen Anspruch auf Familienversicherung bei ihrem Ehemann/Lebenspartnerin bzw. einem Elternteil haben.[5]

Dieses spezielle Mutterschaftsgeld ist jedoch auf insgesamt 210 EUR begrenzt. Es wird vom Bundesamt für Soziale Sicherung (BAS) – Mutterschaftsgeldstelle – auf Antrag gezahlt. Dieser kann online[6] oder in Papierform gestellt werden. Der Arbeitgeber hat eine Verpflichtung, auch in diesen Fällen einen Arbeitgeberzuschuss leisten zu müssen, und die Möglichkeit einer Erstattung dieser Aufwendungen.

Nachbarschaftshilfe

Nachbarschaftshilfe ist eine Hilfsleistung aus Gefälligkeit oder auf Gegenseitigkeit. Sie beruht auf persönlicher Bekanntschaft oder gesellschaftlicher Verpflichtung. Nachbarschaftliche Hilfe führt in der Regel nicht zur Sozialversicherungspflicht. Zur Nachbarschaftshilfe zählen im weiteren Sinne auch Freundschaftsdienste sowie Unterstützung innerhalb der Familie. Wird bei Gefälligkeitsdiensten der Rahmen der Nachbarschaftshilfe überschritten, besteht die Gefahr des Verdachts auf Schwarzarbeit.

Gesetze, Vorschriften und Rechtsprechung

Sozialversicherung: Die Merkmale für eine Beschäftigung im Sinne der Sozialversicherung definiert § 7 Abs. 1 SGB IV für alle Zweige der Sozialversicherung. § 2 Abs. 2 SGB VII trifft die Bestimmungen zur Versicherungspflicht in der Unfallversicherung, die durch die Rechtsprechung des Bundessozialgerichts konkretisiert wurden (BSG, Urteil v. 5.7.2005, B 2 U 22/04 R).

Entgelt	LSt	SV
Leistungen und Gegenleistungen im Rahmen echter Nachbarschaftshilfe als Gefälligkeitsdienst	frei	frei

Lohnsteuer

Echte Nachbarschaftshilfe

Nachbarschaftshilfe im eigentlichen Sinn führt zu keinen steuerlichen Verpflichtungen, wenn sie ohne Gegenleistung erbracht wird (z. B. Gefälligkeiten).

Steuerlich ist es regelmäßig schwierig, Nachbarschaftshilfe von Schwarzarbeit abzugrenzen. Richtig verstanden ist Nachbarschaftshilfe eine ohne Gegenleistung unter Nachbarn gewährte Hilfe in Sachleistungen oder Unterstützungen. Erfolgt diese in persönlichen Notlagen oder Krisen, ergeben sich meist keine steuerlichen Folgen; solche Nachbarschaftshilfe wird oft einmalig geleistet. Fehlende Einkunftserzielungsabsicht und das Prinzip der Liebhaberei stehen steuerlichen Folgerungen entgegen.

Vorgebliche Formen der Nachbarschaftshilfe

Anders verhält es sich beim Hausbau, in der Landwirtschaft oder bei einer Kinderbetreuung, wenn die Nachbarschaftshilfe „nachhaltig" ist, also in größerem Umfang geleistet wird. Erhält solch eine Hilfe eine Gegenleistung, sind steuerliche Folgerungen zu beachten. Dabei ist es unbeachtlich, wie diese Gegenleistung aussieht. Hilft der begünstigte Nachbar z. B. im Gegenzug ebenso beim Hausbau mit oder wartet/repariert er das Kfz seines leistenden Nachbarn, erzielt dieser Nachbar steuerpflichtige Einkünfte. Die Einordnung zu den Einkunftsarten erfolgt nach den üblichen Kriterien, wobei eine nachhaltige Nachbarschaftshilfe für mehrere Nachbarn zu gewerblichen Einkünften führen kann.

1 § 24i Abs. 4 SGB V.
2 § 224 SGB V.
3 § 16 Abs. 3 BEEG.
4 § 19 Abs. 2 MuSchG.
5 § 10 SGB V.
6 https://www.bundesamtsozialesicherung.de/de/mutterschaftsgeld/antrag-stellen/.

Sozialversicherung

Merkmale der Nachbarschaftshilfe

Die Versicherungspflicht in der Sozialversicherung tritt ein, wenn eine entgeltliche Beschäftigung vorliegt. Diese muss immer die Merkmale einer persönlichen Abhängigkeit und Weisungsgebundenheit des Arbeitnehmers aufweisen.[1] Die Arbeitsleistung muss einen bestimmten wirtschaftlichen Wert für den Auftraggeber (↗ Arbeitgeber) erbringen. Dies ist bei der Nachbarschaftshilfe nicht der Fall, hier steht vielmehr die persönliche Bekanntschaft oder gesellschaftliche Verpflichtung zur Unterstützung im Vordergrund.

Abgrenzung zur Beschäftigung

Durch die persönliche Bindung fehlt es an der persönlichen Weisungsgebundenheit des Helfenden. Er ist nicht rechtlich verpflichtet, seine Unterstützung nach vom Auftraggeber bestimmten Regeln zu erbringen (Art und Weise, Arbeitszeit und Arbeitsort der Tätigkeit). Er ist bezogen auf die Unterstützungsleistung nicht vom Auftraggeber persönlich abhängig. Außerdem werden in der Regel solche Hilfsdienste unentgeltlich erbracht. Kleinere (übliche) Aufwandsentschädigungen sind dabei nicht als Entgelt zu werten und daher unschädlich. Derartige Nachbarschaftshilfe ist keine versicherungspflichtige Beschäftigung und somit beitragsfrei. Meldungen zur Sozialversicherung sind nicht zu erstatten. Das gilt grundsätzlich auch für die Unfallversicherung.

Unfallversicherung

Zur gesetzlichen Unfallversicherung sind auch Personen versicherungspflichtig, die „wie ein Beschäftigter" tätig sind, ohne dabei jedoch eine Beschäftigung im sozialversicherungsrechtlichen Sinne auszuüben.[2] Durch die Rechtsprechung wurden die Kriterien konkretisiert.[3] Versicherungspflicht tritt nur ein, wenn eine Tätigkeit

- ernsthaft ausgeübt wird und der wirtschaftliche Wert gegeben ist,
- einem fremden Unternehmen dienen soll und dem wirklichen oder mutmaßlichen Willen des Unternehmers entspricht oder
- unter solchen Umständen ausgeübt wird, die einer Tätigkeit aufgrund eines Beschäftigungsverhältnisses ähnlich ist und nicht auf einer Sonderbeziehung, z. B. als Familienangehöriger oder Vereinsmitglied, beruht.

Damit ist Nachbarschaftshilfe grundsätzlich nicht unfallversicherungspflichtig, da sie meistens keines der 3 Kriterien erfüllt.

Achtung

Enge Grenzen für Gefälligkeitsdienste

Jedoch sind die Grenzen eng gesteckt, was noch als Nachbarschaftshilfe oder Gefälligkeitsdienst gilt. So ist nach der Rechtsprechung etwa das unentgeltliche Baumausästen in 2 bis 3 Metern Höhe unfallversicherungspflichtig, weil eine so riskante Arbeit wie das Ausästen eines hohen Baums weit über eine Gefälligkeit für Nachbarn hinausgeht.[4]

Gefahr der Schwarzarbeit

Nach dem Schwarzarbeitsbekämpfungsgesetz handelt es sich u. a. um Schwarzarbeit, wenn Arbeitnehmer unter Missachtung steuerlicher und/oder sozialversicherungsrechtlicher Pflichten beschäftigt werden. Schwarzarbeit liegt immer dann vor, wenn Dienst- oder Werkleistungen in erheblichem Umfang erbracht werden, ohne die Meldepflichten zur Sozialversicherung zu erfüllen oder ohne der Verpflichtung zur Gewerbeanmeldung nachzukommen. Dienst- und Werkleistungen, die aus Gefälligkeit erbracht werden, gelten nach dem Gesetz zur Bekämpfung gegen Schwarzarbeit grundsätzlich nicht als Schwarzarbeit. Nachbarschaftshilfe läuft daher nur dann Gefahr als Schwarzarbeit zu gelten, wenn sie die Grenzen der Gefälligkeit überschreitet. Erst wenn die Unterstützung des Nachbarn auf die Erzielung von Gewinn angelegt ist, kann Schwarzarbeit vorliegen.[5]

1 § 7 Abs. 1 SGB IV.
2 § 2 Abs. 2 SGB VII.
3 BSG, Urteil v. 5.7.2005, B 2 U 22/04 R.
4 LSG Niedersachsen/Bremen, Urteil v. 14.12.2007, L 9 U 5/05.

Nachgelagerte Besteuerung

Nachgelagerte Besteuerung bezeichnet das Prinzip, Altersvorsorgeaufwendungen in der Ansparphase steuerfrei zu stellen, um die späteren Leistungen in der Auszahlungsphase (in voller Höhe) besteuern zu können.

Gesetze, Vorschriften und Rechtsprechung

Lohnsteuer: Typische Fälle der nachgelagerten Besteuerung sind § 19 Abs. 2 EStG sowie § 22 Nr. 5 EStG. Auch das BMF-Schreiben v. 17.6.2009, IV C 5 S 2332/07/004, BStBl 2009 I S. 1286, geändert durch BMF-Schreiben v. 8.8.2019, IV C 5 – S 2332/07/0004 :004, BStBl 2019 I S. 874, zu den Zeitwertkonten regelt die nachgelagerte Besteuerung.

Lohnsteuer

Grundprinzip

Durch das Alterseinkünftegesetz wurde die steuerliche Behandlung von Altersvorsorgeaufwendungen und Altersbezügen seit 2005 schrittweise bis zum Jahr 2040 auf die nachgelagerte Besteuerung umgestellt. Dies hat zur Folge, dass Altersvorsorgeaufwendungen in der Ansparphase von steuerlichen Belastungen freigestellt werden und die späteren Leistungen daraus erst in der Auszahlungsphase besteuert werden. Betroffen sind regelmäßig:

- Renten aus Altersvorsorgeverträgen i. S. d. § 82 Abs. 1 EStG,
- Renten aus Pensionsfonds und Pensionskassen,
- Renten aus Direktversicherungen sowie
- Renten aus der gesetzlichen Rentenversicherung.

Hinweis

Streckung der jährlichen Erhöhung des Besteuerungsanteils

Im Rahmen des Gesetzes zur Stärkung von Wachstumschancen, Investitionen und Innovation sowie Steuervereinfachung und Steuerfairness (Wachstumschancengesetz) soll die jährliche Erhöhung des Besteuerungsanteils für Renten aus der gesetzlichen Rentenversicherung bis 2058 gestreckt werden. Danach soll der Besteuerungsanteil rückwirkend ab dem Jahr 2023 jährlich nur noch um einen halben Prozentpunkt steigen. Das Gesetzgebungsverfahren ist jedoch noch nicht abgeschlossen. Ggf. wird die Änderung im Laufe des Jahres 2024 folgen.

Werden Renten nachgelagert besteuert, findet die Abgeltungsteuer in diesen Fällen keine Anwendung.

Beispiel

Typische Beispiele für die nachgelagerte Besteuerung

- Die Direktzusage und die Unterstützungskasse, bei denen ein Zufluss und die Besteuerung von Arbeitslohn erst zum Zeitpunkt der Auszahlung der Versorgungsleistung erfolgt.
- Die Versorgung über eine Pensionskasse, einen Pensionsfonds oder eine Direktversicherung, soweit sie durch steuerfreie Beiträge aufgebaut wurden und die späteren Versorgungsleistungen dann vollständig gem. § 22 Nr. 5 Satz 1 EStG besteuert werden.
- Zeitwertkonten, bei denen ein Zufluss und damit die Besteuerung von Arbeitslohn nicht bei Gutschrift des künftigen Arbeitslohns auf

5 § 1 Abs. 3 SchwarzArbG.

dem Zeitwertkonto, sondern erst bei Auszahlung des Guthabens in Zeiten der Arbeitsfreistellung bzw. im Störfall erfolgt.

Schrittweiser Übergang zur nachgelagerten Besteuerung

Leibrenten und andere Leistungen aus den gesetzlichen Rentenversicherungen, den landwirtschaftlichen Alterskassen, den berufsständischen Versorgungseinrichtungen und aus bestimmten Leibrentenversicherungen werden innerhalb des bis in das Jahr 2039 reichenden Übergangszeitraums in die vollständige nachgelagerte Besteuerung überführt.[1] Diese Regelung gilt sowohl für Leistungen von inländischen als auch von ausländischen Versorgungsträgern.

Rentenfreibetrag in der Übergangsphase

Der Umfang der Besteuerung der Leistungen in der Auszahlungsphase richtet sich danach, inwieweit die Beiträge

- in der Ansparphase steuerfrei gestellt wurden[2] oder
- durch Sonderausgabenabzug oder eine Altersvorsorgezulage gefördert wurden oder
- durch steuerfreie Zuwendungen nach § 3 Nr. 56 EStG erworben wurden oder
- durch die nach § 3 Nr. 55b Satz 1 EStG steuerfreien Leistungen aus einem im Versorgungsausgleich begründeten Anrecht erworben wurden.

Dies gilt auch für Leistungen aus einer ergänzenden Absicherung der verminderten Erwerbsfähigkeit oder Dienstunfähigkeit und einer zusätzlichen Absicherung der Hinterbliebenen. Dabei ist von einer einheitlichen Behandlung der Beitragskomponenten für Alter und Zusatzrisiken auszugehen.

Der steuerpflichtige Rentenanteil richtet sich nach dem Jahr des Rentenbeginns:

- Für sog. Bestandsrentner, deren Rente bereits vor dem Jahr 2005 begonnen hat, beträgt der Rentenfreibetrag 50 % der Jahresbruttorente. Dabei handelt es sich um einen festen EUR-Betrag, der für die gesamte Laufzeit gilt.
- Seit 2005 entscheidet das Jahr des Rentenbeginns über die Höhe des Besteuerungsanteils. Je später die Rente beginnt, desto höher ist der Besteuerungsanteil der Rente. So beträgt der Besteuerungsanteil z. B. 84 % bei Rentenbeginn im Jahr 2024. Mit Rentenbeginn im Jahr 2040 beträgt der Besteuerungsanteil dann 100 %.

Verlängerung der Übergangszeitraums bei Renten

Die Umstellung auf das neue Besteuerungssystem erfolgt sukzessive, in dem sich der Sonderausgabenabzug für Altersvorsorgeaufwendungen sowie der prozentuale Besteuerungsanteil der Rente jährlich erhöht.

Wichtig

Rechtsprechung lässt mögliche Doppelbesteuerung offen

Das Bundesverfassungsgericht hat die Verfassungsmäßigkeit der Rentenbesteuerung ab dem Jahr 2005 dem Grunde nach bestätigt.[3] Danach sind sowohl der mit dem Alterseinkünftegesetz eingeleitete Systemwechsel als auch die gesetzlichen Übergangsregelungen im Grundsatz verfassungskonform. Voraussetzung für die Verfassungsmäßigkeit ist aber, dass es im konkreten Einzelfall nicht zu einer doppelten Besteuerung von Renten kommt.

Eine solche doppelte Besteuerung wird vermieden, wenn die Summe der voraussichtlich steuerfrei bleibenden Rentenzuflüsse mindestens ebenso hoch ist wie die Summe der aus dem bereits versteuerten Einkommen aufgebrachten Altersvorsorgeaufwendungen.[4]

In diversen Urteilen hat der BFH erneut entschieden, dass der Systemwechsel zur nachgelagerten Besteuerung von Altersbezügen und die Grundsystematik der Übergangsregelung verfassungsgemäß ist.[5] Zudem hat er erstmalig höchstrichterlich über die konkrete Ausgestaltung der Berechnungsparameter für die Ermittlung einer etwaigen doppelten Besteuerung von Renten entschieden.

Um – in Anlehnung an die Rechtsprechung – einer möglichen Doppelbesteuerung bei Renteneinkünften entgegenzuwirken, wurden die gesetzlichen Regelungen angepasst:

- Durch das Jahressteuergesetz 2022 wurde der vollständige Sonderausgabenabzug für Altersvorsorgeaufwendungen auf das Jahr 2023 vorgezogen. Die vollständige Abzugsfähigkeit ab dem Jahr 2023 hat zur Folge, dass sich die als Sonderausgaben abzugsfähigen Altersvorsorgeaufwendungen im Vergleich zur bisherigen Rechtslage im Jahr 2023 um 4 Prozentpunkte und im Jahr 2024 um 2 Prozentpunkte erhöhen.[6]

Hinweis

Direkte Auswirkung auf das Lohnsteuerabzugsverfahren

Die als Sonderausgaben abziehbaren Beiträge des Arbeitnehmers werden im Rahmen des Lohnsteuerabzugsverfahrens über die sog. Vorsorgepauschale berücksichtigt.[7] Auf Grundlage des steuerlichen Arbeitslohns wird unabhängig von der Berechnung der tatsächlich abzuführenden Rentenversicherungsbeiträge typisierend ein Arbeitnehmeranteil für die Rentenversicherung eines pflichtversicherten Arbeitnehmers berechnet, wenn der Arbeitnehmer in der gesetzlichen Rentenversicherung pflichtversichert und ein Arbeitnehmeranteil zu entrichten ist.[8] Entsprechend dem vollständigen Sonderausgabenabzug für Altersvorsorgeaufwendungen ist ab dem Jahr 2023 auch die Übergangsregelung im Rahmen der Vorsorgepauschale entfallen.

Folgeänderung für Versorgungsbezüge

Bei ⇗ Versorgungsbezügen ist ein steuermindernder Versorgungsfreibetrag und der Zuschlag zum Versorgungsfreibetrag zu berücksichtigen. Die Höhe des Versorgungsfreibetrags und des Zuschlags zum Versorgungsfreibetrag sind abhängig vom Jahr des Versorgungsbeginns.

Entsprechend der schrittweisen Anhebung des Besteuerungsanteils von Leistungen aus der gesetzlichen Rentenversicherung verringern sich die Freibeträge seit dem Jahr 2005 ratierlich.

Nachtarbeit

Nachtarbeit im Sinne des Arbeitszeitgesetzes ist jede Arbeit, die mehr als 2 Stunden der Nachtzeit umfasst; Nachtzeit im Sinne des Arbeitszeitgesetzes ist die Zeit von 23 bis 6 Uhr, in Bäckereien und Konditoreien die Zeit von 22 bis 5 Uhr. Nachtarbeitnehmer i. S. d. Arbeitszeitgesetzes sind Arbeitnehmer, die aufgrund ihrer Arbeitszeitgestaltung normalerweise Nachtarbeit in Wechselschicht zu leisten haben oder Nachtarbeit an mindestens 48 Tagen im Kalenderjahr leisten.

Gesetze, Vorschriften und Rechtsprechung

Lohnsteuer: Zur Lohnsteuerfreiheit der Nachtzuschläge s. § 3b EStG, R 3b LStR und H 3b LStH. Zur Steuerfreiheit von pauschalen Zuschlägen s. BFH, Urteil v. 8.12.2011, VI R 18/11, BStBl 2012 II S. 291.

1 § 22 Nr. 1 Satz 3 Buchst. a Doppelbuchstabe aa Satz 3 EStG.
2 § 3 Nrn. 63, 66 EStG.
3 BVerfG, Urteil v. 29.9.2015, 2 BvR 2683/11, BStBl 2016 II S. 310.
4 BFH, Urteil v. 21.6.2016, X R 44/14, BFH/NV 2016 S. 1791.
5 BFH, Urteil v. 19.5.2021, X R 33/19, BFH/NV 2021 S. 992; BFH, Urteil v. 19.5.2021, X R 20/19, BFH/NV 2021 S. 980.
6 § 10 Abs. 3 Satz 6 EStG.
7 § 39b Abs. 2 Satz 5 Nr. 3 Buchst. a EStG.
8 BMF, Schreiben v. 26.11.2013, IV C 5 – S 2367/13/10001, BStBl 2013 I S. 1532.

Sozialversicherung: Die Beitragsfreiheit der Nachtzuschläge basiert auf der Lohnsteuerfreiheit und ergibt sich aus § 1 Abs. 1 Satz 1 Nr. 1 SvEV. Gemäß BSG, Urteil v. 7.5.2014, B 12 R 18/11 R, sind auf den Grundlohn bezogene Sonntags-, Feiertags- und Nachtzuschläge, die als Bestandteil des Arbeitsentgelts so gewährt werden, dass sich ein jeweils gleich hoher Auszahlungsbetrag pro geleisteter Arbeitsstunde ergeben soll, sozialversicherungsfrei.

Entgelt	LSt	SV
Nachtarbeitszuschlag bis 25 % bzw. 40 % des Grundlohns	frei (bis 50 EUR/ Stunde)	frei (bis 25 EUR/ Stunde)

Entgelt

Zuschlag für Nachtarbeit

Nachtarbeitszuschläge werden vom Arbeitgeber an den Arbeitnehmer gewährt, wenn die tatsächliche Arbeitsleistung in der Nacht erfolgt. Das Lohnsteuerrecht unterscheidet 2 Nachtarbeitszuschlagssätze:

- 25 % steuerfreier Zuschlag für Nachtarbeit von 20 Uhr bis 6 Uhr und
- 40 % steuerfreier Zuschlag für Nachtarbeit von 0 Uhr bis 4 Uhr, wenn der Arbeitsbeginn vor 0 Uhr lag.

Als Grundlohn können lohnsteuerlich höchstens 50 EUR pro Stunde zugrunde gelegt werden. Für steuerfreie Nachtzuschläge sind besondere Aufzeichnungspflichten zu beachten.

Die Steuerfreiheit kommt nur für Zuschläge in Betracht, die im Zusammenhang mit tatsächlich erbrachter Arbeitsleistung gewährt werden. Nachtzuschläge können nicht pauschal steuerfrei gezahlt werden. Stellt ein Prüfer fest, dass Nachtzuschläge für Zeiten gewährt wurden, an denen der Arbeitnehmer nicht tatsächlich seine Arbeitsleistung erbracht hat, wird die Steuerfreiheit rückwirkend verworfen.

Wird der Stundengrundlohn von 25 EUR überschritten, sind die auf den übersteigenden Betrag entfallenden Nachtarbeitszuschläge dem Arbeitsentgelt hinzuzurechnen und damit beitragspflichtig.

Nachtarbeitszuschlag

Nachtarbeitszuschläge werden vom Arbeitgeber an den Arbeitnehmer gewährt, wenn die tatsächliche Arbeitsleistung in der Nacht erfolgt. Das Lohnsteuerrecht unterscheidet 2 Nachtarbeitszuschlagssätze:

- **25 %** steuerfreier Zuschlag für Nachtarbeit **von 20 Uhr bis 6 Uhr** und
- **40 %** steuerfreier Zuschlag für Nachtarbeit **von 0 Uhr bis 4 Uhr**, wenn der Arbeitsbeginn vor 0 Uhr lag.

Als Grundlohn können lohnsteuerlich höchstens 50 EUR pro Stunde zugrunde gelegt werden.

Für steuerfreie Nachtzuschläge sind besondere Aufzeichnungspflichten zu beachten. Die Steuerfreiheit kommt nur für Zuschläge in Betracht, die im Zusammenhang mit tatsächlich erbrachter Arbeitsleistung gewährt werden.

Nachtzuschläge können nicht pauschal steuerfrei gezahlt werden. Stellt ein Prüfer fest, dass Nachtzuschläge für Zeiten gewährt wurden, an denen der Arbeitnehmer nicht tatsächlich seine Arbeitsleistung erbracht hat, wird die Steuerfreiheit rückwirkend verworfen.

Der Nachtarbeitszuschlag ist nicht sozialversicherungsfrei, wenn das Entgelt, aus dem er berechnet wird, mehr als 25 EUR pro Stunde beträgt.

Gesetze, Vorschriften und Rechtsprechung

Lohnsteuer: Zur Lohnsteuerfreiheit der Nachtzuschläge s. § 3b EStG, R 3b LStR und H 3b LStH. Zur Steuerfreiheit von pauschalen Zuschlägen s. BFH, Urteil v. 8.12.2011, VI R 18/11, BStBl 2012 II S. 291.

Sozialversicherung: Die Beitragsfreiheit der Nachtzuschläge basiert auf der Lohnsteuerfreiheit und ergibt sich aus § 1 Abs. 1 Satz 1 Nr. 1 SvEV. Gem. BSG, Urteil v. 7.5.2014, B 12 R 18/11 R, sind auf den Grundlohn bezogene Sonntags-, Feiertags- und Nachtzuschläge, die als Bestandteil des Arbeitsentgelts so gewährt werden, dass sich ein jeweils gleich hoher Auszahlungsbetrag pro geleisteter Arbeitsstunde ergeben soll, sozialversicherungsfrei.

Entgelt	LSt	SV
Nachtarbeitszuschlag bis 25 % bzw. 40 % des Grundlohns	frei (bis 50 EUR/ Stunde)	frei (bis 25 EUR/ Stunde)

Nachtdienstzulage

Die Nachtdienstzulage ist begrifflich eng verwandt mit dem Nachtzuschlag. Beide Vergütungsformen werden als Kompensation für den Einsatz des Arbeitnehmers in den Nachtstunden gewährt.

Die Nachtdienstzulage ermittelt sich i. d. R. als Zulage auf einen bestehenden Grundlohn. Als Grundlohn gilt der auf die Stunde entfallende steuerpflichtige Monatslohn.

Im Rahmen bestimmter Grenzen kann die Nachtdienstzulage steuer- bzw. beitragsfrei bleiben.

Für tatsächlich ausgeführte Arbeiten kann von 20:00 Uhr bis 6:00 Uhr eine Zulage von 25 % steuerfrei gewährt werden. Hat der Arbeitnehmer die Arbeit vor 0:00 Uhr begonnen, kann zwischen 0:00 Uhr und 4:00 Uhr eine steuerfreie Nachtdienstzulage von 40 % gewährt werden.

Für die Steuerfreiheit ist zu beachten, dass die Nachtdienstzulage maximal aus einem Grundlohn von 50 EUR pro Stunde berechnet werden darf. Analog gilt für die Sozialversicherungfreiheit ein Höchstbetrag von 25 EUR pro Stunde.

Gesetze, Vorschriften und Rechtsprechung

Lohnsteuer: Die Steuerfreiheit ergibt sich aus § 3b EStG.

Sozialversicherung: Die Beitragsfreiheit bis zur Höhe von 25 EUR je Stunde als Konsequenz der Anwendung des Steuerfreibetrags ergibt sich aus § 1 Abs. 1 Satz 1 Nr. 1 SvEV.

Entgelt	LSt	SV
Nachtdienstzulage (bis zu einer bestimmten Höhe)	frei	frei

Nachzahlung von Lohn und Gehalt

Lohn- und Gehaltsnachzahlungen sind grundsätzlich lohnsteuer- und beitragspflichtig. Für die Berechnung der Lohnsteuer und der Sozialversicherungsbeiträge ist zu unterscheiden, ob die Nachzahlung laufenden Arbeitslohn oder einen ⇗ sonstigen Bezug bzw. eine ⇗ Einmalzahlung in der Sozialversicherung darstellt.

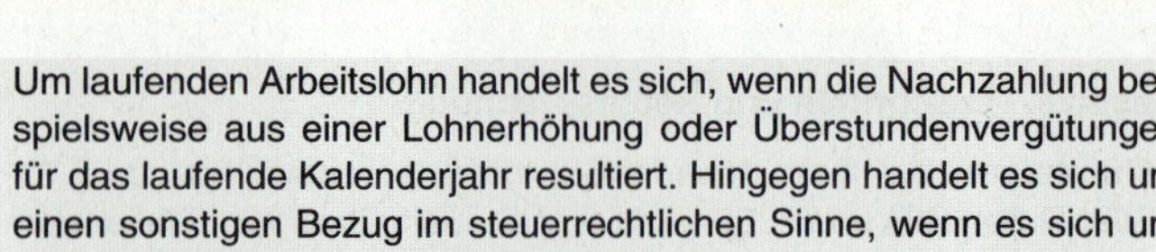

Um laufenden Arbeitslohn handelt es sich, wenn die Nachzahlung beispielsweise aus einer Lohnerhöhung oder Überstundenvergütungen für das laufende Kalenderjahr resultiert. Hingegen handelt es sich um einen sonstigen Bezug im steuerrechtlichen Sinne, wenn es sich um eine Nachzahlung für das Vorjahr handelt.

Bei Nachzahlungen für mehr als ein Jahr ist zu prüfen, ob die Fünftelregelung anzuwenden ist.[1]

In der Sozialversicherung sind Nachzahlungen aufgrund rückwirkender Entgelterhöhungen sowie Überstundenvergütungen kein einmalig gezahltes Arbeitsentgelt. Sie sind auf die jeweiligen Entgeltzahlungszeiträume zu verteilen, für die sie bestimmt sind. Aus Vereinfachungsgründen können Nachzahlungen (z. B. bei rückwirkender Tariferhöhung) wie einmalig gezahltes Arbeitsentgelt behandelt werden. Bei der Beitragsberechnung ist die (anteilige) Beitragsbemessungsgrenze des Nachzahlungszeitraums zu berücksichtigen. Eine nachgezahlte Einmalzahlung ist dem Entgeltabrechnungszeitraum zuzuordnen, in dem die Nachzahlung geleistet wird.

Gesetze, Vorschriften und Rechtsprechung

Lohnsteuer: Zu Arbeitslohn s. § 19 Abs. 1 EStG. Zur Abgrenzung zwischen laufendem Arbeitslohn und sonstigen Bezügen s. R 39b.2 LStR.

Sozialversicherung: Die Beitragspflicht des Arbeitsentgelts in der Sozialversicherung ergibt sich aus § 14 Abs. 1 SGB IV. Die Beitragserhebung aus einmalig gezahltem Arbeitsentgelt regelt § 23a SGB IV. Zur Vereinfachungsregelung für Nachzahlungen bei rückwirkender Tariferhöhung s. GR v. 18.11.1983: Haushaltsbegleitgesetz 1984, hier: Versicherungs-, Beitrags- und Melderecht erklärt.

Entgelt	LSt	SV
Nachzahlung von Lohn und Gehalt	pflichtig	pflichtig

Nettoabzüge, Nettobezüge

Abzüge vom oder Zuzahlungen zum Nettolohn werden nach der Zwischensumme „Nettoverdienst" auf der Gehaltsabrechnung aufgeführt. Nettobezüge werden dem Nettolohn hinzugerechnet, Nettoabzüge vom Nettolohn abgezogen – es verbleibt der Auszahlungsbetrag. Nettobezüge und Nettoabzüge haben keine Auswirkung auf die Bemessungsgrundlage für die Berechnung der Lohnsteuer und Sozialversicherung, sie sind weder steuer- noch sozialversicherungspflichtig. Es kann sich um die verschiedensten Be- und Abzüge handeln, z. B. den Abzug bereits gezahlter Vorschüsse oder die Erstattung von Reisekosten mit der Lohnabrechnung. Mittels Nettobezügen und Nettoabzügen werden auch Vorgänge korrigiert, die über Hinzurechnungen beim Bruttolohn berücksichtigt und bei der Auszahlung wieder korrigiert werden müssen, z. B. der geldwerte Vorteil beim Dienstwagen.

Entgelt

Nettoabzug

Nettoabzüge werden nach der Ermittlung des gesetzlichen Nettolohns abgezogen. Zu den Nettoabzügen auf der Gehaltsabrechnung gehören:

- Beiträge von freiwillig Versicherten in der gesetzlichen Krankenversicherung;
- ↗ Vermögenswirksame Leistungen, die an Bausparkassen oder andere Kreditinstitute abgeführt werden;
- ↗ Sachbezüge, die bei der Ermittlung des Steuerbrutto als Fiktivlohn berücksichtigt werden, müssen bei der Ermittlung des Auszahlungsbetrags vom Nettolohn oder -gehalt als verrechnete Sachbezüge abgezogen werden;
- ↗ Personalrabatte, wenn die Verkäufe an das Personal direkt bei der monatlichen Abrechnung berücksichtigt werden (nicht erst nach Monatsende getrennt z. B. per Einzugsermächtigung erhoben werden), ist der Betrag aus den Personalverkäufen ebenfalls vom Nettolohn abzuziehen;
- Tilgungszahlungen oder Zinsen für ↗ Arbeitgeberdarlehen;
- Miete für eine Dienst- oder ↗ Werkswohnung;
- Prämien für eine Direktversicherung, eine Pensionskasse oder einen Pensionsfonds, die der Arbeitnehmer durch Gehaltsumwandlung finanziert;
- Pfändungsbeträge, ↗ Lohn- und Gehaltspfändung wird immer vom Nettoverdienst abgezogen und wirkt sich daher weder steuer- noch beitragsrechtlich aus;
- sonstige Aufwendungen, die der Arbeitgeber dem Arbeitnehmer vom Lohn abzieht, wie
  - Bußgelder, die der Arbeitnehmer verschuldet hat,
  - Pfändungsgebühren des Gläubigers oder ggf. des Arbeitgebers oder
  - Telefongebühren für die private Telefonbenutzung;
- Gewerkschaftsbeiträge, sofern sie direkt beim Arbeitgeber erhoben werden.

Beispiel

Nettoabzug

Ein Mitarbeiter, Bruttogehalt 3.500 EUR, Steuerklasse I, keine Kinder, ev. (8 %), KV-Zusatzbeitrag 1,3 %, nutzt im Juli 2024 einen Dienstwagen für private Fahrten. Der geldwerte Vorteil beträgt monatlich 210 EUR.

Bruttogehalt	3.500,00 EUR
Sachbezug „Dienstwagen"	+ 210,00 EUR
Gesamtbrutto	3.710,00 EUR
Steuerrechtliche Abzüge (LSt, KiSt)	– 524,61 EUR
Sozialversicherungsrechtliche Abzüge (KV, PV, RV, ALV)	– 773,54 EUR
Nettoverdienst	2.411,85 EUR
Nettoabzug verrechneter Sachbezug „Dienstwagen"	– 210,00 EUR
Auszahlungsbetrag	2.201,85 EUR

Nettobezug

Nettobezüge sind oft Zahlungen an den Arbeitnehmer, die nicht Teil der eigentlichen Entlohnung sind. Zu den Nettobezügen auf der Gehaltsabrechnung gehören:

- Zuschüsse des Arbeitgebers zur ↗ privaten Kranken- und Pflegeversicherung, sofern sie die steuer- und sozialversicherungsfreien Höchstbeträge nicht überschreiten,
- Beiträge des Arbeitgebers an die Mitarbeiter, die trotz Versicherungsfreiheit weiterhin in der gesetzlichen Krankenversicherung versichert bleiben,
- Auszahlung von ↗ Arbeitgeberdarlehen,
- ↗ Saison-Kurzarbeitergeld,
- steuerfreier ↗ Auslagenersatz, wenn die Auszahlung über die Lohnabrechnung erfolgt,
- steuerfreier Reisekostenersatz, wenn die Auszahlung über die Lohnabrechnung erfolgt,
- das ↗ Kindergeld, das nur im öffentlichen Dienst vom Arbeitgeber ausgezahlt wird.

1 Ursprünglich war eine Abschaffung der Fünftelregelung im Lohnsteuerabzugsverfahren ab 2024 geplant. Da das Gesetzgebungsverfahren noch nicht abgeschlossen ist, kommt es vorerst zu keiner Änderung.

Beispiel

Nettobezug

Ein privat kranken- und pflegeversicherter Arbeitnehmer, Steuerklasse I, keine Kinder, ev. (8 %), erhält im Juli 2024 neben dem monatlichen Bruttogehalt von 6.500 EUR von seinem Arbeitgeber einen steuerfreien Zuschuss von insgesamt 350 EUR für die private Kranken- und Pflegeversicherung. Der Arbeitgeber ist verpflichtet die Zuschüsse zu zahlen, sofern der Arbeitnehmer eine entsprechende Zuschussbescheinigung vorlegt. Die gezahlten Zuschüsse sind steuerfrei. Der Zuschuss wird als Nettobezug in die Lohnabrechnung übernommen. Außerdem hat der Arbeitnehmer noch einen Dienstwagen, der monatliche geldwerte Vorteil beträgt 400 EUR.

Bruttogehalt	6.500,00 EUR
Sachbezug „Dienstwagen“	+ 400,00 EUR
Gesamt Brutto	6.900,00 EUR
Steuerrechtliche Abzüge (LSt, Soli, KiSt)	– 1.779,46 EUR
Sozialversicherungsrechtliche Abzüge (RV, ALV)	– 731,40 EUR
Nettoverdienst	4.389,14 EUR
Nettobezug Beitragszuschuss PKV	+ 350,00 EUR
Nettoabzug Sachbezug „Dienstwagen“	– 400,00 EUR
Auszahlungsbetrag	4.339,14 EUR

Beitragszuschüsse für privat krankenversicherte Arbeitnehmer betragen max. die Hälfte des zuschussfähigen Beitrags in der Kranken- und in der Pflegeversicherung; sie sind jeweils auf die Hälfte des tatsächlichen Beitrags begrenzt.

Bezüge und Abzüge vom Nettolohn

Beispiel

Nettobe- und -abzüge

Ein Arbeitnehmer, Steuerklasse I, keine Kinder, konfessionslos, gesetzlich krankenversichert, Zusatzbeitrag 1,7 %, erhält 2024 neben einem monatlichen Bruttolohn von 2.500 EUR vom Arbeitgeber einen Zuschuss zu den vermögenswirksamen Leistungen (VWL) i. H. v. 39 EUR (steuer- und sozialversicherungspflichtig). Er nutzt einen Dienstwagen für private Fahrten, geldwerter Vorteil monatlich 210 EUR (steuer- und sozialversicherungspflichtig).

Für den Monat Juli werden dem Arbeitnehmer mit der monatlichen Lohnabrechnung 100 EUR Reisekosten steuer- und sozialversicherungsfrei ausbezahlt. Außerdem wird mit der laufenden Lohnabrechnung ein Bußgeldbescheid über 80 EUR verrechnet, den der Mitarbeiter mit dem Dienstwagen verursacht hat (ohne Auswirkung auf die Steuer und Sozialversicherung).

Ergebnis: Zahlungen, die steuer- und sozialversicherungsfrei bleiben (z. B. Reisekosten) oder bei denen sich keine Auswirkungen auf die Steuer oder Sozialversicherung ergeben (z. B. Bußgeld), werden als Nettoabzüge bzw. Nettobezüge abgerechnet.

Außerdem werden Korrekturen des Auszahlungsbetrags (direkte Überweisung der VWL an das Anlageinstitut) sowie die Verrechnung des geldwerten Vorteils über Nettoabzüge durchgeführt.

Schematische Darstellung der Lohnabrechnung:

Bruttogehalt	2.500,00 EUR
Vermögenswirksame Leistungen	+ 39,00 EUR
Sachbezug „Dienstwagen“	+ 210,00 EUR
Gesamtbrutto	2.749,00 EUR
Steuerrechtliche Abzüge (LSt)	– 261,58 EUR
Sozialversicherungsrechtliche Abzüge (KV, PV, RV, ALV)	– 578,67 EUR
Nettoverdienst	1.908,75 EUR
Nettobezug „Reisekosten“	+ 100,00 EUR
Nettoabzug „Sachbezug Dienstwagen“	– 210,00 EUR
Nettoabzug „Überweisung VWL“	– 39,00 EUR
Nettoabzug „Bußgeld“	– 80,00 EUR
Auszahlungsbetrag	1.679,75 EUR

Nettolohnvereinbarung

Nettoentgelt bezeichnet das um die gesetzlich vorgeschriebenen Abzüge verminderte Arbeitsentgelt, das an den Arbeitnehmer ausgezahlt wird. Vereinbaren Arbeitgeber und Arbeitnehmer die Vergütung in Höhe eines Nettoentgelts, so liegt eine Nettolohnvereinbarung vor. Regelmäßig übernimmt in diesen Fällen der Arbeitgeber Steuern und ggf. Sozialversicherungsbeiträge. Bei Nettolohnvereinbarungen gelten die Einnahmen des Beschäftigten einschließlich der darauf entfallenden Steuern und gesetzlichen Arbeitnehmeranteile der Sozialversicherungsbeiträge als steuer- und beitragspflichtiges Arbeitsentgelt.

Gesetze, Vorschriften und Rechtsprechung

Lohnsteuer: Steuerrechtliche Regelungen zur Anerkennung und Behandlung einer Nettolohnabrede enthalten R 39b.9 LStR und H 39b.9 LStH. Allgemeine Ausführungen zu steuerlichen Fragen im Zusammenhang mit Nettolohnvereinbarungen sind enthalten in OFD Nordrhein-Westfalen, Verfügung v. 15.8.2018, S 2367 – 2017/0004 – St 213/S 1301 – 2017/0058 – St 126/St 127.

Sozialversicherung: § 14 Abs. 2 SGB IV definiert das sozialversicherungsrechtlich zu berücksichtigende Entgelt bei Nettolohnvereinbarungen.

Entgelt	LSt	SV
Steuer- und Beitragsübernahme	pflichtig	pflichtig

Lohnsteuer

Steuerrechtliche Anerkennung

Steuerrechtlich setzt eine Nettolohnvereinbarung voraus, dass der Nettobetrag fest vereinbart und der Bruttobetrag bei gleich bleibender Höhe des Nettobetrags veränderlich ist. Eine Nettolohnvereinbarung wird nur bei unzweifelhaft nachgewiesener Gestaltung anerkannt.

Abrechnung einer Nettolohnvereinbarung

Bei einer Nettolohnvereinbarung muss die Lohnsteuer vom Bruttoarbeitslohn ermittelt werden: Der vereinbarte Nettolohn muss auf einen fiktiven Bruttolohn hochgerechnet werden. Die vom Arbeitgeber übernommene Lohnsteuer stellt zusätzlichen Arbeitslohn dar, auch dann, wenn die einbehaltene Lohnsteuer höher ist als die später festgesetzte Einkommensteuer. Dies gilt sogar, wenn der Arbeitnehmer den künftigen Steuererstattungsanspruch an den Arbeitgeber abgetreten hat.[1] Der fiktive Bruttolohn wird entweder maschinell oder durch „Abtasten“ der ⇗ Lohnsteuertabelle berechnet.[2] Im ⇗ Lohnkonto und in den Lohnsteuerbelegen ist der (fiktive) Bruttolohn und nicht der (ausgezahlte) Nettolohn anzugeben.

Steuerschuldner

Auch bei einer Nettolohnvereinbarung bleibt der Arbeitnehmer Steuerschuldner. Deshalb steht ihm ein etwaiger Lohnsteuererstattungsanspruch aus dem ⇗ Lohnsteuer-Jahresausgleich oder einer Veranlagung zur Einkommensteuer zu.

Im Innenverhältnis zwischen Arbeitgeber und Arbeitnehmer getroffene Vereinbarungen über die Abführung des Erstattungsbetrags an den Arbeitgeber sind steuerlich ohne Bedeutung. Will der Arbeitnehmer eine gegen ihn gerichtete Nachforderung von Lohnsteuer vermeiden, muss

1 BFH, Urteil v. 16.8.1979, VI R 13/77, BStBl 1979 II S. 771.
2 S. Erläuterungen und Beispiele in R 39b.9 LStR und H 39b.9 LStH.

er die Nettolohnvereinbarung eindeutig nachweisen können. Diese Nachweispflicht trifft den Arbeitnehmer und nicht den Arbeitgeber.

Hinweis

Steuerberatungskosten

Die Übernahme von Steuerberatungskosten durch den Arbeitgeber führt nach geänderter Rechtsprechung nicht zu Arbeitslohn, wenn eine Nettolohnvereinbarung abgeschlossen worden ist und der Arbeitnehmer die Steuererstattungsansprüche an den Arbeitgeber abgetreten hat.[1]

Aufgrund des vorstehenden Urteils hat die Finanzverwaltung ihren Erlass zur steuerlichen Behandlung des Arbeitslohns nach den Doppelbesteuerungsabkommen entsprechend angepasst.[2] Aussagen zum reinen Inlandssachverhalt trifft der Verwaltungserlass nicht. Nach der vorstehenden Rechtsprechung erscheint jedoch eine analoge Anwendung möglich.

Geringfügig entlohnte Beschäftigungen

Bei ⇗ geringfügig entlohnten Beschäftigten bestimmt der Arbeitgeber, ob das Arbeitsentgelt pauschal mit 2 % oder individuell nach der Lohnsteuerklasse des betroffenen Arbeitnehmers versteuert wird. Im Falle der Pauschalversteuerung ist die vom Arbeitgeber übernommene Pauschalsteuer kein beitragspflichtiges Arbeitsentgelt.

Im Falle der individuellen Versteuerung nach den ELStAM ist die Lohnsteuerpflicht von der Steuerklasse des Arbeitnehmers abhängig. Aufgrund des Grundfreibetrags fallen in den Steuerklassen I–IV für die geringfügig entlohnte Beschäftigung keine Lohnsteuer an. In der Steuerklasse V oder VI sind hingegen Steuern zu entrichten.

Eine Nettolohnvereinbarung im Rahmen der Geringfügigkeitsgrenze kann daher durch einen Steuerklassenwechsel des Arbeitnehmers zur Versicherungspflicht führen.

Sozialversicherung

Arbeitsentgelt bei einer Nettolohnvereinbarung

Wenn der Arbeitgeber dem Arbeitnehmer im Rahmen einer Nettolohnvereinbarung zusätzliches Arbeitsentgelt (geldwerte Vorteile) zuwendet, gelten als Arbeitsentgelt die Einnahmen des Beschäftigten aus dem Arbeitsverhältnis einschließlich der darauf entfallenden Steuern und gesetzlichen ⇗ Arbeitnehmeranteile zur Kranken-, Pflege-, Renten- und Arbeitslosenversicherung.[3]

Hochrechnung auf das Bruttoarbeitsentgelt

Im Fall einer Nettolohnvereinbarung ist für die Berechnung der Sozialversicherungsbeiträge der maßgebende Bruttolohn zu ermitteln. Die Hochrechnung von einem Nettolohn auf ein Bruttoarbeitsentgelt wird im sogenannten Abtastverfahren vorgenommen. Änderungen bei den Steuersätzen, auch des Solidaritätszuschlags, aber auch Änderungen der ⇗ Beitragssätze in der Sozialversicherung und ggf. auch der ⇗ Beitragsbemessungsgrenzen wirken sich auf eine Nettolohnvereinbarung aus, sodass in diesen Fällen stets ein neuer Bruttolohn zu ermitteln ist.

Bei der Hochrechnung auf den Bruttolohn ist zu beachten, dass die vom Arbeitgeber nach § 40a Abs. 1 EStG übernommene pauschale Lohn- und Kirchensteuer kein beitragspflichtiges Arbeitsentgelt ist und bei der Ermittlung des Bruttolohns daher nicht berücksichtigt wird. Außerdem dürfen Arbeitnehmeranteile zur Sozialversicherung erst dann hochgerechnet werden, wenn das Nettoentgelt zuzüglich der Lohn- und Kirchensteuer die ⇗ Geringverdienergrenze übersteigt.

Geringfügig entlohnte Beschäftigung

Im Rahmen einer ⇗ geringfügig entlohnten Beschäftigung besteht für den Arbeitnehmer Rentenversicherungspflicht. Er ist dabei i. H. v. 3,6 % seines Arbeitsentgelts an der Beitragsaufbringung beteiligt. Bei einer Nettolohnvereinbarung stellen die insoweit vom Arbeitgeber übernommenen Beiträge sozialversicherungsrechtliches Arbeitsentgelt dar. Das vereinbarte Nettoarbeitsentgelt darf daher unter Berücksichtigung dieser übernommenen Beitragsanteile nicht die Grenze von 538 EUR[4] überschreiten.

Lässt sich der Arbeitnehmer von der Rentenversicherungspflicht im Rahmen der geringfügigen Beschäftigung befreien[5], entfällt diese Anrechnung.

Höherverdienende Arbeitnehmer

Bei Ermittlung des regelmäßigen Jahresarbeitsentgelts zur Beurteilung der Krankenversicherungspflicht ist zu beachten, dass eine Überschreitung der ⇗ Jahresarbeitsentgeltgrenze allein durch die Übernahme der Arbeitnehmeranteile zur Kranken- und Pflegeversicherung nicht zur Beendigung der Krankenversicherungspflicht führt.[6]

Berechnung des Nettolohns bei sonstigen Bezügen

Bruttobezug bei sonstigen Bezügen (z. B. Nettogratifikationen) ist der Nettobetrag zuzüglich der tatsächlich abgeführten Beträge an

- Lohnsteuer,
- ggf. Solidaritätszuschlag,
- ggf. Kirchensteuer und
- übernommenen Arbeitnehmeranteile zur Sozialversicherung.

Der hiernach ermittelte Bruttobetrag ist auch bei späterer Zahlung sonstiger Bezüge im selben Kalenderjahr bei der Ermittlung des maßgebenden Jahresarbeitslohns zugrunde zu legen.

Geldwerter Vorteil bei illegaler Beschäftigung

Sind bei illegalen Beschäftigungsverhältnissen Beiträge zur Sozialversicherung nicht gezahlt worden, so bestimmt § 14 Abs. 2 Satz 2 SGB IV, dass ein Nettoarbeitsentgelt als vereinbart gilt. Das sozialversicherungsrechtliche Arbeitsentgelt des Beschäftigten ist so zu ermitteln, indem das Nettoarbeitsentgelt um die darauf entfallenden Steuern und den Gesamtsozialversicherungsbeitrag zu einem Bruttolohn hochgerechnet werden. Bei ⇗ Nachentrichtung entzogener Arbeitnehmeranteile zur Sozialversicherung führt somit erst die Nachzahlung zum Zufluss eines zusätzlich ⇗ geldwerten Vorteils.

Beispiel

Illegales Beschäftigungsverhältnis

Ein Arbeitgeber hatte eine Mitarbeiterin mehrere Jahre beschäftigt, ein schriftlicher Arbeitsvertrag bestand nicht. Offiziell war die Mitarbeiterin als geringfügig entlohnt Beschäftigte gemeldet. Tatsächlich arbeitete sie erheblich mehr und erhielt eine Vergütung von mehr als 20.000 EUR im Jahr. Als das Arbeitsverhältnis endete, verklagte die Mitarbeiterin den Arbeitgeber auf Zahlung restlicher Vergütung und Urlaubsabgeltung. Sie behauptete, der Arbeitgeber schulde die Beträge als Nettovergütung.

Ergebnis: In diesem Fall hat ein Arbeitnehmer einen Anspruch darauf, dass der Arbeitgeber bezüglich des dem Arbeitnehmer bezahlten Entgelts die Lohnsteuer und die gesamten Sozialversicherungsbeiträge übernimmt.

Neujahrszuwendung

Die Neujahrszuwendung erhalten Arbeitnehmer im Zusammenhang mit dem Wechsel des Kalenderjahres.

Hierbei handelt es sich sowohl um lohnsteuerpflichtigen Arbeitslohn als auch um beitragspflichtiges Arbeitsentgelt. Für die Ermittlung der Lohnsteuer sind die Regeln für die Besteuerung sonstiger Bezüge an-

1 BFH, Urteil v. 9.5.2019, VI R 28/17, BStBl 2019 II S. 785.
2 BMF, Schreiben v. 22.4.2020, IV B 2 – S 1300/08/10027-01, BStBl 2020 I S. 483.
3 § 14 Abs. 2 SGB IV.
4 Bis 31.12.2023. 520 EUR.
5 § 6 Abs. 1b SGB VI.
6 BSG, Urteil v. 19.12.1995, 12 RK 39/94.

zuwenden. Analog gelten in der Sozialversicherung die Regeln zur Verbeitragung von einmalig gezahltem Arbeitsentgelt.

Gesetze, Vorschriften und Rechtsprechung

Lohnsteuer: Zum Arbeitslohn s. § 19 Abs. 1 EStG. Zur Abgrenzung zwischen laufendem Arbeitslohn und sonstigem Bezug s. R 39b.2 LStR.

Sozialversicherung: Die Beitragspflicht des Arbeitsentgelts ist in § 14 Abs. 1 SGB IV und die Beitragspflicht für einmalig gezahltes Arbeitsentgelt in § 23a SGB IV geregelt.

Entgelt	LSt	SV
Neujahrszuwendung	pflichtig	pflichtig

Nicht ausgezahltes Arbeitsentgelt

Die Sozialversicherungsbeiträge werden aus dem beitragspflichtigen Arbeitsentgelt berechnet. Bei laufenden Einnahmen ist das Entgelt maßgebend, das der Arbeitnehmer erwirtschaftet hat und das ihm rechtlich zusteht (Entstehungsprinzip). Ob das Entgelt tatsächlich gezahlt wird (Zuflussprinzip), spielt keine Rolle. Verzichtet der Arbeitnehmer rechtswirksam auf Teile des Arbeitsentgelts, vermindert sich das beitragspflichtige Entgelt.

Einmalzahlungen gehören hingegen nur dann zum beitragspflichtigen Entgelt, wenn sie auch tatsächlich gezahlt wurden (Zuflussprinzip). Aus steuerlicher Sicht kommt nicht ausgezahltes Arbeitsentgelt insbesondere im Zusammenhang mit einer Gehaltsumwandlung in Betracht.

Gesetze, Vorschriften und Rechtsprechung

Lohnsteuer: Fließt dem Arbeitnehmer nicht ausgezahlter Arbeitslohn durch eine Lohnverwendungsabrede zu, handelt es sich um Arbeitslohn nach § 19 Abs. 1 Nr. 1 EStG, der den allgemeinen Regeln des Lohnsteuerabzugs nach §§ 38 ff. EStG unterliegt. Kommt es nicht zu einem Zufluss nach § 11 Abs. 1 EStG, liegt kein steuerlich relevanter Tatbestand vor.

Sozialversicherung: Der Entgeltbegriff wird in § 14 SGB IV für alle Zweige der Sozialversicherung definiert. Konkrete Regelungen zur Entgelteigenschaft enthält die Sozialversicherungsentgeltverordnung (SvEV). § 22 SGB IV bestimmt den Zeitpunkt des Entstehens der Beitragsansprüche.

Entgelt	LSt	SV
Nicht ausgezahlte Einmalzahlung	frei	frei
Nicht ausgezahltes laufendes Arbeitsentgelt	frei	pflichtig

Lohnsteuer

Nur ausgezahlter Arbeitslohn unterliegt dem Lohnsteuerabzug

Arbeitslohn führt zu Einkünften aus nichtselbstständiger Arbeit. Für diese gilt das einkommensteuerliche Zuflussprinzip. Die Lohnsteuer entsteht in dem Zeitpunkt, in dem der Arbeitslohn dem Arbeitnehmer zufließt.

Unterschiede bei laufendem Arbeitslohn und sonstigen Bezügen

Laufender Arbeitslohn gilt grundsätzlich in dem Kalenderjahr als bezogen, in dem der Lohnzahlungszeitraum endet. Nur für ↗ sonstige Bezüge gilt das reine Zuflussprinzip, sie gelten als in dem Kalenderjahr bezogen, in dem sie dem Arbeitnehmer zufließen.

Lohnverwendungsabrede löst Zufluss aus

Aufgrund des Zuflussprinzips wird nicht ausgezahlter Arbeitslohn grundsätzlich nicht besteuert. Dies gilt allerdings uneingeschränkt nur für Arbeitslohn, der noch nicht erdient ist.

Ein Zufluss von Arbeitslohn liegt steuerlich nicht nur dann vor, wenn der Mitarbeiter über die Einnahme wirtschaftlich verfügen kann, d. h. sein Vermögen durch eine durch das Arbeitsverhältnis veranlasste Zuwendung tatsächlich vermehrt worden ist, sondern auch, wenn das Arbeitsentgelt nicht ausgezahlt wird und der Arbeitgeber eine mit dem Arbeitnehmer getroffene Lohnverwendungsabrede erfüllt.

Zufluss bei Barlohnumwandlung

Die Frage der Behandlung nicht ausgezahlten Arbeitslohns kann sich insbesondere im Zusammenhang mit einer ↗ Gehaltsumwandlung ergeben. Sie kommt insbesondere zugunsten von ↗ Sachbezügen, wie z. B. ↗ Dienstwagen sowie zugunsten einer betriebliche Altersversorgung in Betracht.

Kein Zufluss bei Gutschrift auf Zeitwertkonto

Grundsätzlich führen weder die Vereinbarung eines Zeitwertkontos noch die Wertgutschrift auf einem ↗ Arbeitszeitkonto zum Zufluss von Arbeitslohn. Erst die Auszahlung des Guthabens während der Freistellung löst Zufluss von Arbeitslohn und damit eine Besteuerung aus.

Beispiel

Gehaltsumwandlung in Zeitguthaben

Der Mitarbeiter vereinbart mit seinem Arbeitgeber, vor Fälligkeit des bereits bestehenden Anspruchs auf Weihnachtsgeld für einen Betrag von 1.000 EUR eine entsprechende Wertgutschrift auf seinem Arbeitszeitkonto vorzunehmen.

Ergebnis: Die ↗ Gehaltsumwandlung ist steuerlich anzuerkennen, da sie vor Fälligkeit des Weihnachtsgelds vereinbart worden ist. Unmaßgeblich ist, dass der Mitarbeiter den gutgeschriebenen Betrag im Zeitpunkt der Vereinbarung der Gehaltsumwandlung bereits „erdient“ hatte.

Umwandlung zugunsten betrieblicher Altersversorgung

Außerdem wird bei Arbeitszeitkonten eine Gehaltsumwandlung steuerlich anerkannt, wenn das Wertguthaben des Arbeitszeitkontos vor Fälligkeit ganz oder teilweise zugunsten ↗ betrieblicher Altersversorgung verwendet wird.

Gehaltsverzicht bei Gesellschafter-Geschäftsführern

Bei beherrschenden Gesellschafter-Geschäftsführern einer GmbH (über 50 % Beteiligung) wird ein Zufluss von Arbeitslohn bereits dann angenommen, wenn sie über eine von der Gesellschaft geschuldete Vergütung verfügen können. Allerdings ist zu beachten, dass von einer solchen Zuflussfiktion nur Gehaltsbeträge und sonstige Vergütungen erfasst werden,

- die die GmbH den beherrschenden Gesellschaftern schuldet und
- die sich bei der Ermittlung ihres Einkommens mindernd ausgewirkt haben.

BFH: Erleichterungen beim Gehaltsverzicht

Der Bundesfinanzhof verneint daher einen Zufluss von Arbeitslohn, wenn der Gesellschafter-Geschäftsführer gegenüber der GmbH auf bestehende oder künftige Entgeltansprüche ersatzlos verzichtet.[1] Er hat sogar einen Zufluss bei vertraglich zustehendem Urlaubs- und Weihnachtsgeld bei jahrelanger, einvernehmlicher Nichtauszahlung abgelehnt.[2]

Die Verwaltung will in Anlehnung an die Rechtsprechung nur noch dann von einem Zufluss bei Fälligkeit ausgehen, wenn die Forderung eindeutig und unbestritten ist. Unerheblich ist, ob die Gesellschaft eine Verbind-

1 BFH, Urteil v. 3.2.2011, VI R 4/10, BStBl 2014 II S. 493.
2 BFH, Urteil v. 15.5.2013, VI R 24/12, BStBl 2014 II S. 495.

lichkeit tatsächlich gebildet hat, sofern diese nach den Grundsätzen ordnungsmäßiger Buchführung hätte gebildet werden müssen.[1]

Achtung

Zufluss aufgrund verdeckter Einlage

Ist der Anspruch bereits wirtschaftlich entstanden, führt der Verzicht hierauf zu einer verdeckten Einlage und damit zu einem lohnsteuerlichen Zufluss.

Dabei kommt es nach der Rechtsprechung maßgeblich darauf an, wann der Verzicht erklärt wurde. Eine zum Zufluss von Arbeitslohn führende verdeckte Einlage kann nur gegeben sein, soweit der Gesellschafter-Geschäftsführer nach Entstehung seines Gehaltsanspruchs aus gesellschaftsrechtlichen Gründen darauf verzichtet. In diesem Fall hätte nämlich eine Gehaltsverbindlichkeit in die Bilanz der GmbH eingestellt werden müssen. Verzichtet der Gesellschafter-Geschäftsführer dagegen bereits vor Entstehung seines Gehaltsanspruchs, wird er unentgeltlich tätig und es kommt nicht zum (fiktiven) Zufluss von Arbeitslohn.[2]

Sozialversicherung

Nicht ausgezahltes laufendes Entgelt

Die Beitragsansprüche der Versicherungsträger entstehen bei laufend gezahltem Entgelt, sobald der Arbeitnehmer es rechtlich beanspruchen kann.[3] Der Arbeitgeber ist zur Beitragsberechnung aus dem Entgelt verpflichtet, sobald der Arbeitnehmer Anspruch auf das Arbeitsentgelt hat. Für dieses „Entstehungsprinzip" ist unerheblich, ob der Arbeitgeber das Entgelt tatsächlich auszahlt. Eine verspätete oder unterbliebene Zahlung des Arbeitsentgelts durch den Arbeitgeber hat grundsätzlich keinen Einfluss auf die sozialversicherungsrechtliche Beurteilung einer Beschäftigung und auf den Beitragsanspruch der Versicherungsträger.

Festlegung der Wochenarbeitszeit bei Arbeit auf Abruf

Von „Arbeit auf Abruf" spricht man, wenn Arbeitgeber und Arbeitnehmer vereinbart haben, dass der Arbeitnehmer seine Arbeitsleistung nur zu erbringen hat, wenn Arbeit tatsächlich anfällt. In derartigen Vereinbarungen ist u. a. eine wöchentliche Arbeitszeit festzulegen. Unterbleibt dies, wird eine Wochenarbeitszeit von 20 Stunden angenommen.

Dies hat zur Folge, dass bei einer fehlenden Vereinbarung die versicherungs- und beitragsrechtliche Beurteilung der Beschäftigung einen Arbeitsentgeltanspruch auf der Basis von 20 Wochenstunden unterstellt.

Wichtig

Fehlende Vereinbarung einer Wochenarbeitszeit

Wenn die Arbeit auf Abruf ein Minijob bleiben soll, müssen Arbeitgeber mit dem Minijobber die Dauer der wöchentlichen Arbeitszeit festlegen. Ist dies nicht der Fall, entsteht ein sog. „Phantomlohn".

Mindestlohn

Arbeitnehmer haben grundsätzlich einen gesetzlichen Anspruch auf einen Mindestlohn. Seit dem 1.1.2024 beträgt der Mindestlohn 12,41 EUR[4] brutto pro Arbeitsstunde. Dieser Anspruch ist bei der sozialversicherungsrechtlichen Beurteilung mindestens zu berücksichtigen. Zu den Arbeitnehmern zählen u. a. auch geringfügig Beschäftigte.

Tarifliche Ansprüche

Wann tariflich rechtswirksame Ansprüche bestehen, richtet sich nach den arbeitsrechtlichen Bestimmungen. Ein für allgemeinverbindlich erklärter Tarifvertrag kann nie rechtswirksam unterschritten werden. Das gilt selbst dann, wenn sich beide Parteien (Arbeitgeber und Arbeitnehmer) darüber einig sind. Die Regelungen des Tarifvertrags gelten im Übrigen zwischen den Arbeitgebern und den Gewerkschaftsangehörigen, die unter den Geltungsbereich des Tarifvertrags fallen. Auch dies gilt selbst dann, wenn die Arbeitsvertragsparteien andere Bedingungen vereinbaren.

Achtung

Die Phantomlohnfalle

Zahlt der Arbeitgeber nicht den gesetzlich festgelegten Mindestlohn oder untertariflich, richtet sich der Beitragsanspruch zur Sozialversicherung nach dem rechtmäßig zustehenden höheren Entgeltanspruch. Die Differenz wird als „Phantomlohn" bezeichnet. Nicht ausgezahltes Entgelt ist beitragspflichtig, wenn der Arbeitnehmer einen gesetzlichen oder tarifvertraglichen Anspruch hat. Wird dies bei Betriebsprüfungen der Rentenversicherungsträger festgestellt, können hohe Nachforderungen drohen. Der Phantomlohn kann sich auch bei der versicherungsrechtlichen Beurteilung auswirken. Das ist insbesondere bei ⇗ geringfügig entlohnten Beschäftigungen möglich, wenn die Geringfügigkeitsgrenze (ab 1.1.2024: 538 EUR[5]) durch den Phantomlohn überschritten wird.

Verzicht auf laufendes Entgelt

Das Entstehungsprinzip gilt grundsätzlich selbst dann, wenn der Arbeitnehmer das Arbeitsentgelt schlicht nicht einfordert. Nur unter bestimmten, eng gesetzten Bedingungen wirkt sich der Verzicht auf Entgelt in der Sozialversicherung aus. Häufig tritt dieser Fall bei Gehaltsverzicht zur wirtschaftlichen Gesundung des Unternehmens auf („Sanierungsbeitrag der Arbeitnehmer").

Der Verzicht auf Teile des laufenden Arbeitsentgelts muss die nachfolgend beschriebenen Kriterien insgesamt vollständig erfüllen. Nur dann mindert sich das beitragspflichtige Entgelt. Wird ein Kriterium nicht erfüllt, ist ein Verzicht nicht rechtswirksam. Sozialversicherungsrechtlich ist dann das volle Arbeitsentgelt ohne Verzicht maßgebend.

Voraussetzungen für einen rechtswirksamen Entgeltverzicht

- Der Verzicht muss arbeitsrechtlich zulässig sein. Bei einem bindenden Tarifvertrag ist dazu eine entsprechende Öffnungsklausel erforderlich. Bei Teilzeitkräften ist zu prüfen, ob der Verzicht gegen das Teilzeit- und Befristungsgesetz verstößt.
- Der Verzicht darf nur auf künftig fällig werdende Arbeitsentgeltbestandteile gerichtet sein. Ein rückwirkender Verzicht der Arbeitnehmer auf Arbeitsentgeltanspruch reduziert die Beitragsforderung nicht.

Das Bundessozialgericht hat festgestellt, dass auch die Wirksamkeit einer Entgeltumwandlung allein nach den oben beschriebenen Kriterien zu beurteilen ist.[6] Besondere zusätzliche Erfordernisse im Beitragsrecht der Sozialversicherung dürfen nicht aufgestellt werden. In der Vergangenheit haben die Sozialversicherungsträger die beitragsrechtliche Beachtung eines Barlohnverzichts zugunsten einer Sachbezugszuwendung auch davon abhängig gemacht, dass die Entgeltumwandlung schriftlich niedergelegt war.

Achtung

Entgeltunterlagen

Unbeschadet der beitragsrechtlichen Bewertung sind schriftliche Aufzeichnungen zur Zusammensetzung und zur Höhe des Arbeitsentgelts elektronisch zu führen.[7] Wenn demzufolge bei vereinbarten Entgeltumwandlungen keine schriftlichen Arbeitsvertragsänderungen erfolgt sind, ist die Entgeltumwandlung in anderer Weise hinreichend zu dokumentieren.

Auswirkungen auf die versicherungsrechtliche Beurteilung

Das Zuflussprinzip ist nicht nur bei der Beitragsberechnung, sondern auch bei der Beurteilung der Versicherungspflicht zu beachten. Das gilt z. B.

1 BMF, Schreiben v. 12.05.2014, IV C 2 – S 2743/12/10001, BStBl 2014 II S. 860.
2 BFH, Urteil v. 15.6.2016, VI R 6/13, BStBl 2016 II S. 903.
3 § 22 SGB IV.
4 Bis 31.12.2023: 12 EUR.
5 Bis 31.12.2023: 520 EUR.
6 BSG, Urteil v. 2.3.2010, B 12 R 5/09 R.
7 § 8 BVV i. V. m. § 2 NachwG.

- beim ⇗ Jahresarbeitsentgelt in der Krankenversicherung,
- bei der ⇗ Geringfügigkeitsgrenze,
- bei Fällen im ⇗ Übergangsbereich – Midijob.

Nicht ausgezahltes einmaliges Entgelt

Einmalige Einnahmen wie z. B. Urlaubs- oder Weihnachtsgeld sind nur dann beitragspflichtig, wenn sie auch tatsächlich gezahlt wurden.[1] Damit unterscheidet sich die sozialversicherungsrechtliche Beurteilung bei ⇗ Einmalzahlungen wesentlich von derjenigen bei laufenden Entgeltansprüchen. Maßgebend für die Beitragspflicht von einmalig gezahltem Arbeitsentgelt ist, ob und wann die Einmalzahlung zugeflossen ist. Wird einmaliges Entgelt nicht ausgezahlt, entsteht auch keine Beitragspflicht.

Keine Beitragspflicht bei Verzicht auf Einmalzahlung

Unabhängig von der arbeitsrechtlichen Beurteilung wirkt sich ein Verzicht auf Entgelt in Form von Einmalzahlungen direkt auf die Beitragspflicht aus. Verzichtet ein Arbeitnehmer ganz oder teilweise auf die Auszahlung eines einmaligen Entgelts, ist die Einmalzahlung bzw. der verzichtete Teil kein Arbeitsentgelt im Sinne der Sozialversicherung.

Versicherungsrechtliche Auswirkung

Verzichtet ein Arbeitnehmer im Voraus schriftlich ganz oder teilweise auf eine Einmalzahlung, hat das auch versicherungsrechtliche Konsequenzen. Eine nicht ausgezahlte Einmalzahlung wird bei der Ermittlung des regelmäßigen Jahresarbeitsentgelts nicht berücksichtigt.

Insolvenz des Arbeitgebers

Wird eine Einmalzahlung nur wegen eines Insolvenzereignisses vom Arbeitgeber nicht ausgezahlt, gilt das Zuflussprinzip nicht.[2] Als einmalig gezahltes Arbeitsentgelt gilt nur dieses, für das im Rahmen des Insolvenzanspruchs Pflichtbeiträge geltend gemacht werden können. Beitragspflichtig sind daher nur Einmalzahlungen, die in den letzten 3 Monaten vor Eintritt des Insolvenzereignisses fällig geworden aber nicht ausgezahlt worden sind.

Nichtraucherprämie

Im Wege der Gesundheitsförderung bezahlen Unternehmen ihren Arbeitnehmern eine Prämie dafür, dass diese keine Tabakwaren konsumieren bzw. den Konsum von Tabakwaren einstellen. Nichtraucherprämien stellen steuerpflichtigen Arbeitslohn bzw. beitragspflichtiges Arbeitsentgelt i. S. d. Sozialversicherung dar. Lohnsteuerrechtlich sind sie als sonstige Bezüge zu berücksichtigen, beitragsrechtlich als einmalig gezahltes Arbeitsentgelt.

Sofern der Arbeitgeber keine Nichtraucherprämie gewährt, sondern den Arbeitnehmer durch die Übernahme der Kosten für eine gem. §§ 20 und 20b SGB V zertifizierte Raucherentwöhnungskur unterstützt, besteht die Möglichkeit im Rahmen der betrieblichen Gesundheitsförderung einen Zuschuss bis zu jährlich 600 EUR steuerfrei und sozialversicherungsfrei zu gewähren.

Gesetze, Vorschriften und Rechtsprechung

Lohnsteuer: Zur Lohnsteuerpflicht der Nichtraucherprämie s. § 19 Abs. 1 EStG i. V. m. R 19.3 LStR. Zur Lohnsteuerfreiheit der Gewährung von Nichtraucherkursen s. § 3 Nr. 34 EStG.

Sozialversicherung: Die Beitragspflicht der Nichtraucherprämie als Arbeitsentgelt ergibt sich aus § 14 Abs. 1 SGB IV. Die Beitragsfreiheit als Konsequenz der Anwendung des Steuerfreibetrags ergibt sich aus § 1 Abs. 1 Satz 1 Nr. 1 SvEV.

1 § 22 Abs. 1 Satz 2 SGB IV.
2 § 22 Abs. 1 Satz 3 SGB IV.

Entgelt	LSt	SV
Nichtraucherprämie	pflichtig	pflichtig
Zuschuss zu zertifizierten Gesundheitsleistungen bis 600 EUR jährlich	frei	frei

Nichtversicherte GKV

Personen ohne Krankenversicherungsschutz, die zuletzt gesetzlich krankenversichert waren, werden kraft Gesetzes wieder Mitglied der gesetzlichen Krankenversicherung (GKV). Diese Versicherungspflicht umfasst auch Personen ohne anderweitigen Versicherungsschutz, die in Deutschland bisher weder gesetzlich noch privat versichert waren, aber dem Grunde nach dem System der GKV zuzuordnen sind. Mitglieder der GKV können ihren bereits bestehenden Krankenversicherungsschutz nicht mehr verlieren.

Für Personen, die dem System der privaten Krankenversicherung (PKV) zuzuordnen sind, besteht eine entsprechende Versicherungspflicht in der PKV.

Gesetze, Vorschriften und Rechtsprechung

Sozialversicherung: Die Versicherungspflicht in der GKV von bislang Nichtversicherten ist für die Krankenversicherung in § 5 Abs. 1 Nr. 13 SGB V und für die Pflegeversicherung in § 20 Abs. 1 Satz 2 Nr. 12 SGB XI geregelt.

Sozialversicherung

Beginn der Versicherungspflicht in der GKV

Die Versicherungspflicht bislang Nichtversicherter beginnt grundsätzlich mit dem ersten Tag ohne einen anderweitigen Anspruch auf Absicherung im Krankheitsfall.[3] Für Personen, die zum Zeitpunkt des Inkrafttretens der Regelung keinen anderweitigen Anspruch auf Absicherung im Krankheitsfall hatten, begann die Mitgliedschaft in der GKV am 1.4.2007.

Feststellung der Versicherungspflicht durch die Krankenkasse

Da die Krankenkassen von den bislang Nichtversicherten nicht ohne Weiteres Kenntnis erhalten, haben die Betroffenen sich bei der zuständigen Krankenkasse selbst zu melden.[4]

Die Versicherungspflicht entsteht kraft Gesetzes, sodass es für den Beginn der Mitgliedschaft unerheblich ist, ob und wann sich die Betroffenen zur Feststellung und Durchführung der Mitgliedschaft bei der zuständigen Krankenkasse melden. Die Versicherungspflicht beginnt bei einer verspäteten Anzeige grundsätzlich rückwirkend.

Ende der Versicherungspflicht

Die Versicherungspflicht endet grundsätzlich, wenn ein anderweitiger Anspruch auf Absicherung im Krankheitsfall begründet wird oder der Wohnsitz oder gewöhnliche Aufenthalt in einen anderen Staat verlegt wird.[5] Zu den anderweitigen Absicherungen im Krankheitsfall gehören z. B.

- die Pflichtmitgliedschaft in der GKV als Arbeitnehmer, Arbeitslosengeldbezieher oder Rentner,
- die ⇗ freiwillige Krankenversicherung in der GKV,
- die ⇗ Familienversicherung und
- die ⇗ private Krankenversicherung (Vollversicherung und bestimmte Auslandskrankenversicherungen).

3 § 186 Abs. 11 SGB V.
4 § 186 Abs. 11 Satz 4 SGB V.
5 § 190 Abs. 13 SGB V.

Eine Auslandskrankenversicherung, die ein Mitglied für die Dauer eines längeren privaten Auslandsaufenthalts von mindestens 6 Wochen bei einem privaten Krankenversicherungsunternehmen abschließt, gilt dann als anderweitige Absicherung im Krankheitsfall, wenn die Leistungen der Auslandskrankenversicherung nach ihrer Art mindestens denen der GKV entsprechen. Sie muss also unter anderem die ambulante ärztliche und zahnärztliche Behandlung, stationäre Krankenhausbehandlungen sowie die Arzneimittelversorgung einschließen.

Zuständige Kranken- und Pflegekasse

Bei Eintritt der Versicherungspflicht werden die bislang Nichtversicherten wieder Mitglied der Krankenkasse oder des Rechtsnachfolgers der Krankenkasse, der sie vor dem Verlust ihres Versicherungsschutzes zuletzt angehörten.[1] Keine Rolle spielt, wie lange diese Versicherung (eigene Mitgliedschaft oder eine Familienversicherung) bereits zurückliegt.

Nachdem die bisher Nichtversicherten wieder Mitglied ihrer „letzten" Krankenkasse geworden sind, können sie unter Berücksichtigung der einzuhaltenden Bindungs- und Kündigungsfristen zu einer anderen Krankenkasse wechseln.

Arbeitnehmer

Auch Arbeitnehmer können dem versicherungspflichtigen Personenkreis der bislang Nichtversicherten angehören. Hierbei handelt es sich z. B. um geringfügig beschäftigte Arbeitnehmer, die weder aufgrund einer Hauptbeschäftigung noch im Rahmen einer Familienversicherung krankenversichert sind.

Arbeitnehmer mit Entgelt oberhalb der Jahresarbeitsentgeltgrenze

Versicherungsfreie Arbeitnehmer mit einem regelmäßigen Jahresarbeitsentgelt oberhalb der Versicherungspflichtgrenze, die vor dem 1.4.2007 entweder bewusst auf einen Krankenversicherungsschutz verzichtet hatten oder deren freiwillige Krankenversicherung zuvor wegen Zahlungsverzugs beendet worden war, wurden zum 1.4.2007 versicherungspflichtig als bisher Nichtversicherte nach § 5 Abs. 1 Nr. 13 SGB V. Diese Versicherung endete allerdings zum 31.12.2008 wieder.

Seit dem 1.1.2009 sind versicherungsfreie Arbeitnehmer – wie andere versicherungsfreie Personen auch (u. a. Beamte und Pensionäre) – von der Versicherungspflicht als bisher Nichtversicherte ausgeschlossen.[2] Versicherte, die deshalb zum 31.12.2008 aus der Versicherungspflicht ausschieden, konnten sich bei ihrer Krankenkasse freiwillig weiterversichern.[3] Besteht kein anderweitiger Krankenversicherungsschutz, unterliegen diese Personen der Versicherungspflicht in der PKV.

Haftentlassene

Personen, die nach einer Haftentlassung ohne anderweitigen Anspruch auf Absicherung im Krankheitsfall sind, unterliegen der Versicherungspflicht und werden Mitglied der GKV, wenn sie vor ihrer Inhaftierung zuletzt gesetzlich krankenversichert waren.[4] Andere Regelungen gelten für ⇗ Haftentlassene ohne anderweitigen Krankenversicherungsschutz, wenn sie bereits vom Tag der Haftentlassung an Sozialhilfeleistungen im Sinne von § 5 Abs. 8a Satz 2 SGB V erhalten. Versicherungspflicht tritt in diesem Fall nicht ein.

Beitragsbemessung in der Kranken- und Pflegeversicherung

Für die Berechnung der Beiträge zur Kranken- und Pflegeversicherung sind die Grundsätze der Beitragsbemessung für ⇗ freiwillig versicherte Mitglieder der gesetzlichen Krankenversicherung anzuwenden.[5] Die Beitragsbelastung berücksichtigt die gesamte wirtschaftliche Leistungsfähigkeit des Mitglieds. Insbesondere werden folgende Einkunftsarten der Beitragsbemessung zugrunde gelegt: Arbeitsentgelt, Renten, Versorgungsbezüge (z. B. Betriebsrenten), Arbeitseinkommen aus selbstständiger Erwerbstätigkeit, sonstige Einkünfte (z. B. Kapitalvermögen, Mieteinnahmen).

1 § 174 Abs. 3 SGB V.
2 § 6 Abs. 3 SGB V.
3 § 9 Abs. 1 Satz 1 Nr. 1 SGB V.
4 § 5 Abs. 1 Nr. 13 Buchst. a SGB V.
5 § 227 SGB V, § 57 Abs. 1 SGB XI.

Die Beiträge werden im Jahr 2024 mindestens aus 1.178,33 EUR (2023: 1.131,67 EUR)[6] und höchstens aus 5.175,00 EUR (2023: 4.987,50 EUR)[7] berechnet.

Beitragstragung und Beitragszahlung in der Kranken- und Pflegeversicherung

Arbeitsentgelt aus nicht geringfügiger Beschäftigung

Soweit bei Arbeitsunfähigkeit für mindestens 6 Wochen ein Anspruch auf Entgeltfortzahlung besteht, sind die Krankenversicherungsbeiträge nach dem allgemeinen ⇗ Beitragssatz (14,6 %) und dem Zusatzbeitragssatz der jeweiligen Krankenkasse zu erheben. Die Kranken- und Pflegeversicherungsbeiträge bringen Arbeitnehmer und Arbeitgeber jeweils zur Hälfte auf.

In der Pflegeversicherung beläuft sich der Beitragsanteil jeweils auf 1,7 %[8], in Sachsen beträgt der Beitragsanteil des Arbeitgebers 1,20 %[9] und der des Arbeitnehmers 2,20 %.[10]

Der zum 1.7.2023 eingeführte Beitragsabschlag für jedes Kind ab dem 2. bis zum 5. Kind unter 25 Jahren reduziert den Beitragsanteil des Mitglieds um jeweils 0,25 Beitragssatzpunkte.[11] Den ggf. anfallenden Beitragszuschlag zur Pflegeversicherung für Kinderlose i. H. v. 0,6 %[12] trägt der Arbeitnehmer alleine.[13] Die Beiträge zur Kranken- und Pflegeversicherung – einschließlich des Arbeitgeberanteils – zahlt der Arbeitnehmer selbst an seine Krankenkasse.

Arbeitsentgelt aus geringfügiger Beschäftigung

Die Pauschalbeiträge für geringfügig Beschäftigte zur Krankenversicherung in Höhe von 13 % des Arbeitsentgelts trägt allein der Arbeitgeber. Sie werden von ihm an die Minijob-Zentrale abgeführt. In der Pflegeversicherung fallen keine Pauschalbeiträge an. Die Pflegeversicherungsbeiträge aus dem Arbeitsentgelt sind deshalb vom Mitglied an seine Krankenkasse zu zahlen.

Rente

Die Krankenversicherungsbeiträge aus der Rente werden aus dem allgemeinen Beitragssatz (14,6 %) und dem kassenindividuellen Zusatzbeitragssatz erhoben und von dem Rentner und dem Rentenversicherungsträger jeweils zur Hälfte aufgebracht. Den gesamten Beitrag zur Pflegeversicherung trägt der Rentner alleine. Der Beitragssatz beträgt 3,4 %, ggf. zzgl. 0,60 % Beitragszuschlag zur Pflegeversicherung für Kinderlose, seit dem 1.7.2023 ggf. abzgl. 0,25 % Beitragsabschlag für jedes Kind ab dem 2. bis zum 5. Kind unter 25 Jahren. Der Rentenversicherungsträger behält den Beitragsanteil des Versicherten einschließlich des KV-Zusatzbeitrags und ggf. des Beitragszuschlags in der Pflegeversicherung von der Rente ein und führt ihn zusammen mit seinem Beitragsanteil ab.[14]

Versorgungsbezüge

Die Beiträge zur Krankenversicherung und zur Pflegeversicherung trägt der Versorgungsempfänger ohne Beteiligung der Versorgungseinrichtung (Zahlstelle). Der Freibetrag[15] findet keine Anwendung. Der maßgebende Beitragssatz in der Krankenversicherung beträgt 14,6 %.[16] Hinzu kommt der kassenindividuelle Zusatzbeitragssatz. In der Pflegeversicherung beträgt

- der Beitragssatz 3,4 %[17],
- ggf. zzgl. 0,60 % Beitragszuschlag zur Pflegeversicherung für Kinderlose[18],

6 § 240 Abs. 4 Satz 1 SGB V.
7 § 223 Abs. 3 Satz 1 SGB V.
8 Bis 30.6.2023: 1,525 %.
9 Bis 30.6.2023: 1,025 %.
10 Bis 30.6.2023: 2,025 %.
11 § 55 Abs. 3 Satz 4 und 5 SGB XI, § 59a Satz 1 SGB XI.
12 Bis 30.6.2023: 0,35 %.
13 § 58 Abs. 1 Satz 3 i. V. m. § 55 Abs. 3 Satz 1 SGB XI.
14 § 255 Abs. 1 SGB V.
15 § 226 Abs. 2 Satz 2 SGB V.
16 § 248 Satz 1 SGB V i. V. m. § 241 SGB V.
17 Bis 30.6.2023: 3,05 %.
18 Bis 30.6.2023: 0,35 %.

- ggf. abzgl. 0,25 % Beitragsabschlag für jedes Kind ab dem 2. bis zum 5. Kind unter 25 Jahren.

Der Versicherte zahlt die Beiträge aus den Versorgungsbezügen selbst an seine Krankenkasse.

Arbeitseinkommen aus selbstständiger Erwerbstätigkeit und sonstigen Einkünften

Die Beiträge zur Kranken- und Pflegeversicherung trägt der Versicherte alleine und führt sie an seine Krankenkasse ab. Zu den sonstigen Einkünften zählen z. B. Kapitalvermögen oder Mieteinnahmen.

Verspätete Anzeige der Versicherungspflicht

Für die bislang Nichtversicherten führte ein verspätetes Anzeigen der Versicherungspflicht sehr häufig zu erheblichen Beitragsschulden, die von diesen nicht beglichen werden konnten. Nichtversicherte vermieden es aus diesem Grund von vornherein, sich bei den Krankenkassen zu melden.

Wird die Mitgliedschaft verspätet durch den bislang Nichtversicherten angezeigt, ermäßigt die Krankenkasse die für die Zeit seit dem Eintritt der Versicherungspflicht nachzuzahlenden Beiträge auf den Beitrag, der sich unter Zugrundelegung einer beitragspflichtigen Einnahme in Höhe von 10 % der monatlichen Bezugsgröße (2024: 353,50 EUR; 2023: 339,50 EUR) und des ermäßigten Beitragssatzes in der Krankenversicherung für den Kalendermonat ergibt. Voraussetzung ist, dass das Mitglied schriftlich erklärt, während des Nacherhebungszeitraums Leistungen für sich nicht in Anspruch genommen zu haben oder andernfalls auf eine Kostenübernahme oder Kostenerstattung zu verzichten. Eine Ermäßigung der Beiträge scheidet aus, wenn der Nacherhebungszeitraum nicht mehr als 3 Monate umfasst. Darauf entfallende Säumniszuschläge sind vollständig zu erlassen.

Achtung

Erlass der aufgelaufenen Beiträge

Die näheren Voraussetzungen für den Erlass von Beiträgen beziehungsweise den Umfang der Beitragsermäßigung hat der GKV-Spitzenverband in seinen „Einheitliche(n) Grundsätze(n) zur Beseitigung finanzieller Überforderung bei Beitragsschulden" vom 4.9.2013 beschrieben.[1]

Folgen bei Nichtzahlung der Beiträge

Durch die Versicherungspflicht für nichtversicherte Personen führen ausstehende Beiträge nicht zu einem Verlust des gesetzlichen Krankenversicherungsschutzes. Folgenlos bleibt die Nichtzahlung von Beiträgen für den Versicherten allerdings nicht. Zum einen fallen Säumniszuschläge an. Sie betragen für den ersten als auch für alle weiteren Monate 1 % des rückständigen, auf 50 EUR nach unten abgerundeten Beitrags.[2] Zum anderen ordnet die Krankenkasse ein Ruhen des Leistungsanspruchs an (mit Ausnahme von Untersuchungen zur Früherkennung von Krankheiten und Leistungen, die zur Behandlung akuter Erkrankungen und Schmerzzuständen sowie bei Schwangerschaft und Mutterschaft erforderlich sind), wenn Versicherte mit einem Betrag in Höhe von Beitragsanteilen für 2 Monate im Rückstand sind und trotz Mahnung nicht zahlen.[3] Daneben kann die Krankenkasse Vollstreckungsmaßnahmen zum Einzug der säumigen Beiträge einleiten, wodurch für das Mitglied zusätzliche Kosten entstehen.

Beitragsübernahme durch Sozialhilfeträger

Die Sozialhilfeträger übernehmen für Hilfebedürftige die Beiträge und zahlen diese direkt an die Krankenkasse.[4] Eine Beitragsübernahme ist auch dann möglich, wenn erst durch die Beitragszahlung Hilfebedürftigkeit entsteht.

1 § 256a Abs. 4 SGB V.
2 § 24 Abs. 1 SGB IV.
3 § 16 Abs. 3a Satz 2 SGB V.
4 § 32 Abs. 1 SGB XII; § 32a Abs. 2 SGB XII.

Nichtversicherte PKV

Allen Personen mit Wohnsitz in Deutschland soll ein ausreichender Krankenversicherungsschutz gesichert werden. Daher wurde zum 1.1.2009 die Versicherungspflicht für bislang nichtversicherte Personen eingeführt, die dem System der privaten Krankenversicherung (PKV) zuzuordnen sind. Die betroffenen Personen müssen sich seither (wieder) bei einem privaten Krankenversicherungsunternehmen versichern. Die Versicherungsunternehmen müssen die beitrittsberechtigten Personen aufnehmen (Kontrahierungszwang) und Leistungen zur Verfügung stellen, die im Wesentlichen denen der gesetzlichen Krankenversicherung (GKV) entsprechen.

Bislang nichtversicherte Personen, die dem GKV-System zuzuordnen sind, unterliegen der Versicherungspflicht in der GKV.

Gesetze, Vorschriften und Rechtsprechung

Sozialversicherung: Die Versicherungspflicht für die Rückkehrer in der privaten Krankenversicherung ergibt sich aus § 193 Abs. 3 VVG. In § 152 Abs. 1 VAG ist vorgeschrieben, dass die privaten Versicherungsunternehmen bestimmten Personengruppen einen Basistarif anzubieten haben.

Sozialversicherung

Personengruppen

Nicht krankenversicherte Personen mit Wohnsitz in Deutschland sind verpflichtet, sich bei einem privaten Krankenversicherungsunternehmen zu versichern, soweit sie

- vor dem Verlust ihres Krankenversicherungsschutzes zuletzt privat krankenversichert waren oder
- niemals in Deutschland krankenversichert waren, aber (z. B. als Selbstständiger) dem System der PKV zuzuordnen sind.[5]

Für welches Unternehmen sie sich entscheiden, steht ihnen frei.

Die privaten Versicherungsunternehmen sind ihrerseits verpflichtet, diese Personen in ihre Versicherung aufzunehmen und ihnen den Basistarif anzubieten.[6]

Art und Umfang des Versicherungsschutzes

Soweit auf die Vertragsleistungen des Basistarifs Anspruch besteht, haben diese in Art, Umfang und Höhe den Leistungen der GKV jeweils vergleichbar zu sein.

PKV-Basistarif

Der Basistarif muss Varianten für Personen vorsehen, die nach beamtenrechtlichen Vorschriften oder Grundsätzen bei Krankheit Anspruch auf Beihilfe haben. Dies gilt gleichermaßen für deren berücksichtigungsfähige Angehörige. Bei den Beamten und ihren Angehörigen sind die Vertragsleistungen auf die Ergänzung der Beihilfe beschränkt.

Außerdem muss der Basistarif Varianten für Kinder und Jugendliche vorsehen. Bei dieser Variante werden bis zum 21. Lebensjahr keine Alterungsrückstellungen gebildet.

Den Versicherten muss die Möglichkeit eingeräumt werden, Selbstbehalte von 300, 600, 900 oder 1.200 EUR zu vereinbaren. Außerdem müssen sie berechtigt sein, die Änderung der Selbstbehaltsstufe zum Ende des vertraglich vereinbarten Zeitraums unter Einhaltung einer Frist von 3 Monaten zu verlangen.

Mindestbindungsfrist für Verträge mit Selbstbehalt

Die vertragliche Mindestbindungsfrist für Verträge mit Selbstbehalt im Basistarif beträgt 3 Jahre. Für Beihilfeberechtigte ergeben sich die möglichen Selbstbehalte aus der Anwendung des durch den Beihilfesatz

5 § 193 Abs. 3 VVG.
6 § 152 Abs. 1 VAG.

nicht gedeckelten Prozentanteils auf die Werte 300, 600, 900 oder 1.200 EUR. Der Abschluss ergänzender Krankheitskostenversicherungen ist zulässig.

Höhe des Beitrags

Der Beitrag für den Basistarif ohne Selbstbehalt in allen Selbstbehaltsstufen ist zwar abhängig u. a. von Alter und Geschlecht des Versicherten. Jedoch spielen Vorerkrankungen bei Versicherungsbeginn keine Rolle; individuelle Risikozuschläge werden nicht erhoben. Er darf den Höchstbeitrag der gesetzlichen Krankenversicherung nicht übersteigen. Zur Berechnung des Höchstbeitrags werden die ⇗ Beitragsbemessungsgrenze und der allgemeine ⇗ Beitragssatz der Krankenkassen zugrunde gelegt. Der ⇗ durchschnittliche Zusatzbeitragsatz der GKV ist hinzuzurechnen.[1]

Bei Anspruchsberechtigten auf Beihilfe nach beamtenrechtlichen Grundsätzen gilt Vorstehendes. Allerdings tritt an die Stelle des Höchstbeitrags der gesetzlichen Krankenversicherung ein Höchstbeitrag, der dem prozentualen Anteil des die Beihilfe ergänzenden Leistungsanspruchs entspricht.

Regelungen, wenn Beitragszahlung zu Hilfebedürftigkeit führt

Entsteht allein durch die Zahlung der Beiträge Hilfebedürftigkeit im Sinne der Sozialhilfe, vermindert sich der Beitrag auf die Hälfte.[2] Das Bestehen der Hilfebedürftigkeit ist vom zuständigen Leistungsträger auf Antrag des Versicherten zu prüfen und zu bescheinigen. Die Bescheinigung ist dem privaten Krankenversicherungsunternehmen vorzulegen.

Besteht trotz des verminderten Beitrags Hilfebedürftigkeit, hat sich der zuständige Leistungsträger auf Antrag des Versicherten im erforderlichen Umfang an dem Beitrag zu beteiligen. Voraussetzung ist allerdings, dass dadurch Hilfebedürftigkeit vermieden wird. Besteht trotzdem Hilfebedürftigkeit nach dem SGB II oder dem SGB XII, übernimmt der zuständige Träger (z. B. das Jobcenter) den Beitrag bis zur Höhe des halbierten Basistarifs in vollem Umfang.[3,4]

Niederschlagung von Beitragsforderungen

Die Krankenkasse hat als Einzugsstelle des Gesamtsozialversicherungsbeitrags die Einnahmen in voller Höhe zu erheben. Sie darf grundsätzlich nicht auf die Einziehung rückständiger Beiträge verzichten. Beitragsansprüche können nur dann niedergeschlagen werden, wenn feststeht, dass die Einziehung entweder keinen Erfolg haben wird oder wenn die Kosten des Einzugs in keinem Verhältnis zur Höhe des niederzuschlagenden Anspruchs stehen. Unter bestimmten Voraussetzungen können Krankenkassen über rückständige Beitragsansprüche einen Vergleich schließen.

Gesetze, Vorschriften und Rechtsprechung

Sozialversicherung: Die Niederschlagung von Beitragsansprüchen ist in § 76 Abs. 2 SGB IV und in den §§ 6 bis 8 der Beitragserhebungsgrundsätze. Der Vergleich über rückständige Beitragsansprüche ist in § 76 Abs. 4 SGB IV normiert.

Sozialversicherung

Voraussetzungen

Die ⇗ Einzugsstellen haben die Beiträge der Versicherten und Arbeitgeber rechtzeitig und vollständig zu erheben. Sie dürfen Beitragsansprüche nur niederschlagen, wenn feststeht, dass die Einziehung keinen Erfolg haben wird, oder wenn die Kosten der Einziehung außer Verhältnis zur Höhe des Beitragsanspruchs stehen.

Die Niederschlagung führt nicht zur Vernichtung des Anspruchs; sie ist vielmehr als zeitweise (befristete) oder dauernde (unbefristete) Unterlassung der Weiterverfolgung des fälligen, aber nicht einziehbaren Beitragsanspruchs anzusehen.

Die Versuche, die Beiträge einzuziehen, werden durch die Krankenkasse eingestellt, wenn

- auf absehbare Zeit oder gar nicht mehr damit zu rechnen ist, dass sie zu einem Erfolg führen oder
- die Kosten der Einziehung außer Verhältnis zur Höhe des Anspruchs stehen.

Solche Beiträge können niedergeschlagen werden. Die Voraussetzungen orientieren sich daran, ob Beitragsansprüche befristet oder unbefristet niedergeschlagen werden sollen.

Hinweis

Schuldner wirkt nicht mit

Für die Niederschlagung von Beitragsforderungen ist ein Antrag des Schuldners nicht erforderlich. Es handelt sich dabei um eine verwaltungsinterne Maßnahme der Einzugsstelle. Der Schuldner erhält keine Mitteilung über die Niederschlagung.

Befristete Niederschlagung

Ist damit zu rechnen, dass in Zukunft vielleicht noch eine Möglichkeit besteht, die Beitragsforderung einzuziehen, wird die Einzugsstelle diese Forderungen zunächst befristet niederschlagen. Bei der befristeten Niederschlagung sind in angemessenen Zeitabständen die wirtschaftlichen Verhältnisse des Schuldners zu prüfen; zumindest sind verjährungsunterbrechende Maßnahmen durchzuführen.

Die Spitzenorganisationen der Sozialversicherung vertreten den Standpunkt, dass über die befristete Niederschlagung

- im Einzelfall zu entscheiden ist,
- sie grundsätzlich nur bei geschlossenen Arbeitgeberkonten zulässig ist und
- die Zwangsvollstreckung mindestens einmal erfolglos verlaufen ist, oder
- der Schuldner bereits eine Vermögensauskunft abgegeben hat oder
- ein Insolvenzverfahren eröffnet, mangels Masse abgewiesen oder
- die Betriebstätigkeit vollständig eingestellt wurde und ein Antrag auf Eröffnung des Insolvenzverfahrens nicht gestellt worden ist und ein entsprechendes Verfahren mangels Masse nicht in Betracht kommt oder
- weitere Einziehungsmaßnahmen voraussichtlich keinen Erfolg haben werden.

Unbefristete Niederschlagung

Die unbefristete Niederschlagung kommt einem Verzicht auf die Beiträge gleich. Der Eintritt der ⇗ Verjährung wird dabei bewusst in Kauf genommen. Die unbefristete Niederschlagung von Ansprüchen auf Gesamtsozialversicherungsbeiträge, deren Höhe insgesamt die ⇗ Bezugsgröße übersteigt (2024: 42.420 EUR/West; 2023: 40.740 EUR/West), darf nur im Einvernehmen mit den beteiligten Trägern der Rentenversicherung und der Bundesagentur für Arbeit vorgenommen werden. Der Erlass stellt ein endgültiges Erlöschen des Beitragsanspruchs dar.[5] Voraussetzung ist,

- dass die Einziehung wegen der wirtschaftlichen Situation des Schuldners auf Dauer ohne Erfolg sein wird (ergebnislose Vollstreckung) oder
- dass Einziehungsmöglichkeiten nicht mehr bestehen (Tod des Schuldners, keine Erben, keine Gesamt-/Haftungsschuldner).

1 § 152 Abs. 3 VAG.
2 § 152 Abs. 4 Satz 1 VAG.
3 § 152 Abs. 4 Satz 2 VAG
4 BSG, Urteil v. 18.1.2011, B 4 AS 108/10 R

5 § 76 Abs. 2 Satz 1 Nr. 3 SGB IV.

Wegen der hohen Ansprüche einer unbefristeten Niederschlagung kommt in der Praxis der Erlass von Gesamtsozialversicherungsbeiträgen so gut wie nie in Betracht.

Kleinbetragsregelung

Fehlen meldepflichtiger Beschäftigter

Beitragsansprüche dürfen auch niedergeschlagen werden, wenn der Arbeitgeber mehr als 6 Monate keine meldepflichtigen Beschäftigten mehr gemeldet hat (sog. Geschlossene Konten) und die Ansprüche die von den Spitzenorganisationen der Sozialversicherung gemeinsam und einheitlich festgelegten Beträge nicht überschreiten.[1] Die Grenzbeträge sollen an eine vorherige Vollstreckungsmaßnahme gebunden werden, wenn die Kosten der Maßnahme in einem wirtschaftlich vertretbaren Verhältnis zur Höhe der Forderung stehen. Die vereinbarten Grenzbeträge bedürfen der Genehmigung des Bundesministeriums für Arbeit und Soziales (BMAS).

Grenzbeträge

Die Spitzenorganisationen der Sozialversicherung haben folgende vom Bundesministerium für Arbeit und Soziales[2] genehmigte Kleinbetragsregelung vereinbart:

- bei Beitragsansprüchen unter 4 % der monatlichen Bezugsgröße West (auf 10 EUR nach oben aufgerundet; 2024: 4 % von 3.535 EUR = 141,40 EUR, gerundet 150 EUR; 2023: 4 % von 3.395 EUR = 135,80 EUR, gerundet 140 EUR) wird auf Vollstreckungsmaßnahmen verzichtet. Die Beiträge können ohne Weiteres niedergeschlagen werden,
- bei Beitragsansprüchen zwischen 4 % der monatlichen Bezugsgröße West und unter 12 % der monatlichen Bezugsgröße West (auf 10 EUR nach oben aufgerundet; 2024: 12 % von 3.535 EUR = 424,20 EUR, gerundet 430 EUR; 2023: 12 % von 3.395 EUR = 407,40 EUR, gerundet 410 EUR) wird auf weitere Vollstreckungsmaßnahmen verzichtet. Sie können niedergeschlagen werden.

Die Kleinbetragsregelung ist auch von dem Gedanken getragen, dass bei Beitragsansprüchen unter 4 % der monatlichen ↗ Bezugsgröße West die Kosten einer Vollstreckungsmaßnahme in der Regel in keinem wirtschaftlichen Verhältnis zur Höhe des Anspruchs stehen.[3] Deshalb wird ohne nähere Prüfung bei Ansprüchen unter 4 % der monatlichen Bezugsgröße West auf Vollstreckungsmaßnahmen verzichtet.

Vergleichsverfahren

Die Krankenkasse kann nach § 76 Abs. 4 SGB IV einen Vergleich über rückständige Beitragsansprüche schließen.

Beim Zustandekommen eines Vergleichs wird bei Zahlung eines vereinbarten Betrags auf die weitere Geltendmachung eines noch bestehenden Anspruchs verzichtet. Dieser Verzicht auf Beitragsforderungen ist weder ein Erlass noch eine Niederschlagung.

Die Krankenkasse darf den Vergleich über rückständige Beitragsansprüche, deren Höhe die jährliche Bezugsgröße insgesamt übersteigt, nur schließen

- im Einvernehmen mit den beteiligten Trägern der Renten- und der Arbeitslosenversicherung und
- wenn dies für die Krankenkasse, die beteiligten Rentenversicherungsträger und die Arbeitslosenversicherung wirtschaftlich und zweckmäßig ist.

Außerdem kann die Bundesagentur für Arbeit auch allein einen Vergleich abschließen, wenn dies wirtschaftlich und zweckmäßig ist.

1 § 76 Abs. 2 Satz 3 SGB IV.
2 BMAS, Schreiben v. 1.8.2007, IV a2 – 41645 -76/12.
3 § 76 Abs. 2 Satz 3 2. Halbsatz SGB IV.

Notstandsbeihilfe

Der Arbeitgeber kann seinen Arbeitnehmern aus Anlass außergewöhnlicher Lebenssituationen eine Beihilfe gewähren. Klassischerweise kommen hier Krankheit und Unfall in Betracht. Diese Notstandsbeihilfe ist bis zu einem Betrag von 600 EUR je Kalenderjahr für den Arbeitnehmer lohnsteuerfrei, wenn sie wegen Krankheit, Tod oder anderer Unglücksfälle gewährt wird. Höhere Zahlungen sind nur steuerfrei, wenn sichergestellt ist, dass der Arbeitnehmer durch die Zahlungen nicht bereichert wird. Es empfiehlt sich, die steuerliche Beurteilung vorher mit dem zuständigen Betriebsstättenfinanzamt abzustimmen.

Notstandsbeihilfen können auch Bezüge aus öffentlichen Mitteln oder aus Mitteln einer öffentlichen Stiftung sein, die wegen Hilfsbedürftigkeit bewilligt werden oder die Erziehung, Ausbildung, Wissenschaft oder Kunst unmittelbar fördern. Nicht darunter fallen Kinderzuschläge und Kinderbeihilfen, die aufgrund der Besoldungsgesetze, besonderer Tarife oder ähnlicher Vorschriften gewährt werden. Voraussetzung für die Steuerfreiheit ist, dass der Empfänger mit den Bezügen nicht zu einer bestimmten wissenschaftlichen oder künstlerischen Gegenleistung oder zu einer bestimmten Arbeitnehmertätigkeit verpflichtet wird.

Gesetze, Vorschriften und Rechtsprechung

Lohnsteuer: Zur Steuerfreiheit der Notstandsbeihilfe s. § 3 Nr. 11 EStG i. V. m. R 3.11 LStR.

Sozialversicherung: Die Beitragsfreiheit der Notstandshilfe basiert auf der Lohnsteuerfreiheit und ist in § 1 Abs. 1 Satz 1 Nr. 1 SvEV geregelt.

Entgelt	LSt	SV
Notstandsbeihilfe bis 600 EUR jährlich	frei	frei

Nutzungsentschädigung

Eine Nutzungsentschädigung tritt in der Entgeltabrechnung typischerweise auf, wenn der Arbeitnehmer dem Arbeitgeber zur Durchführung seiner beruflichen Tätigkeit eine in seinem Eigentum befindliche Sache zur Verfügung stellt.

Eine häufige Form der Nutzungsentschädigung ist die Fahrtkostenerstattung im Rahmen einer beruflichen Auswärtstätigkeit. Der Arbeitgeber kann dem Arbeitnehmer für die Bereitstellung des privaten Pkw eine Nutzungsentschädigung zahlen; die steuerfreie Erstattung kann pro Kilometer maximal 0,30 EUR betragen. Alternativ kann für einen repräsentativen Zeitraum von einem Jahr der Nachweis über die tatsächlichen Kosten des Fahrzeugs pro Kilometer geführt werden.

Pauschale Nutzungsentschädigungen ohne Einzelnachweis sind steuerpflichtiger Arbeitslohn und beitragspflichtiges Arbeitsentgelt.

Gesetze, Vorschriften und Rechtsprechung

Lohnsteuer: Zur Nutzungsentschädigung für den privat eingesetzten Pkw siehe R 9.5 LStR.

Sozialversicherung: Die Beitragsfreiheit der Nutzungsentschädigung in der Sozialversicherung basiert auf der Steuerfreiheit und ergibt sich aus § 1 Abs. 1 Satz 1 Nr. 1 SvEV.

Entgelt	LSt	SV
Nutzungsentschädigung entspr. Einzelnachweis	frei	frei
Pauschale Nutzungsentschädigung ohne Nachweis	pflichtig	pflichtig

Obligatorische Anschlussversicherung

Mit der obligatorischen Anschlussversicherung wird sichergestellt, dass für Personen, die aus einer Mitgliedschaft bei einer gesetzlichen Krankenkasse ausgeschieden sind, kraft Gesetzes ein weiterer ununterbrochener Versicherungsschutz begründet wird – und zwar als freiwillige Versicherung. Nach der Bewertung des Bundessozialgerichts handelt es sich hierbei um eine Pflichtkrankenversicherung in Form der freiwilligen Versicherung, nicht aber um eine Versicherung „aus freien Stücken".[1] Die Anschlussversicherung kommt kraft Gesetzes zustande. Eine Erklärung des Versicherten ist nicht erforderlich. Dieser Versicherungsschutz tritt nur dann nicht ein, wenn das bisherige Mitglied der Anschlussversicherung nach entsprechender Mitteilung der Krankenkasse widerspricht und einen anderweitigen Versicherungsschutz nachweist.

Gesetze, Vorschriften und Rechtsprechung

Sozialversicherung: Durch § 188 Abs. 4 SGB V wird die obligatorische Anschlussversicherung im Status einer freiwilligen Mitgliedschaft begründet. Es gelten die für freiwillig Versicherte geltenden beitragsrechtlichen Regelungen des § 240 SGB V i. V. m. den Beitragsverfahrensgrundsätzen Selbstzahler.

Vom GKV-Spitzenverband sind am 24.7.2023 „Grundsätzliche Hinweise zur Umsetzung der obligatorischen Anschlussversicherung nach § 188 Abs. 4 SGB V" (GR v. 24.7.2023) verabschiedet worden.

Sozialversicherung

Personenkreis

Für Personen, die aus der Krankenversicherungspflicht ausscheiden, besteht die Möglichkeit, ihren Versicherungsschutz entweder als freiwillige Versicherung von Gesetzes wegen (obligatorische Anschlussversicherung) oder aufgrund eines freiwilligen Beitritts infolge einer Erklärung fortzusetzen. Dabei ist die obligatorische Anschlussversicherung vorrangig anzuwenden.

Von der Anschlussversicherung werden diejenigen Personen erfasst, für die in der Vergangenheit bereits ein Versicherungsverhältnis bei einer gesetzlichen Krankenkasse bestand und nun – gleich aus welchem Grund – beendet wurde. Mit dieser Regelung ist sichergestellt, dass nahezu alle in Deutschland wohnenden Personen eine lückenlose Absicherung für den Fall der Krankheit besitzen.

Hinweis

„Bisher Nichtversicherte"

Nicht erfasst werden diejenigen, die bisher über keine gesetzliche Krankenversicherung verfügten. Für diesen Personenkreis wird ein Versicherungsschutz als „bisher Nichtversicherter" begründet.

Voraussetzungen

Das Zustandekommen einer obligatorischen Anschlussversicherung nach § 188 Abs. 4 SGB V setzt eine kumulative Erfüllung folgender Tatbestände voraus:

- Ende der Versicherungspflicht oder der Familienversicherung kraft Gesetzes
- keine Ausschlusstatbestände
- keine Austrittserklärung.

Ende der Versicherungspflicht

Bei dem Personenkreis, für den eine Anschlussversicherung in Form einer ⬀ freiwilligen Versicherung begründet wird, handelt es sich um die Personen, deren ursprünglich nach § 5 SGB V, einschließlich des Fortbestehens der Mitgliedschaft nach §§ 192 und 193 SGB V, bestehende Versicherungspflicht geendet hat. Das könnten u. a.

- Beschäftigte,
- Auszubildende ohne Arbeitsentgelt/Auszubildende des zweiten Bildungsweges,
- Arbeitslosengeldbezieher (bei Arbeitslosigkeit oder beruflicher Weiterbildung),
- Landwirte/mitarbeitende Familienangehörige/Altenteiler,
- Künstler/Publizisten,
- Menschen mit Behinderungen in geschützten Einrichtungen,
- Studenten/Praktikanten,
- Rentner oder
- Vorruhestandsgeldbezieher

sein.

Personen, die aus der Mitgliedschaft als Rentenantragsteller ausscheiden, gehören ebenfalls zum berechtigten Personenkreis.

Der Grund des Ausscheidens aus der bisherigen Versicherungspflicht ist unbedeutend. So kann das Ende der Beschäftigung genauso wie das Ende der Versicherungspflicht in einem laufenden Beschäftigungsverhältnis (z. B. wegen Überschreitung der ⬀ Jahresarbeitsentgeltgrenze oder Eintritt von Geringfügigkeit) ursächlich sein. Das gilt auch für Personen, die ausscheiden, um eine selbstständige Tätigkeit auszuüben, oder bei Antritt einer Freiheitsstrafe. Auch Erwerbslosigkeit oder Arbeitsunfähigkeit steht der Anschlussversicherung nicht entgegen. Gleiches gilt in der Krankenversicherung der Landwirte.

Ein Ausscheiden aus der Versicherungspflicht muss grundsätzlich aus einem in der Bundesrepublik Deutschland bestandenem Versicherungsverhältnis erfolgt sein. Diesem Ausscheiden aus der Versicherungspflicht wird das Ausscheiden aus der Versicherung bei einem Träger der gesetzlichen Krankenversicherung in einem EU-/EWR-Mitgliedstaat und der Schweiz bzw. ein Ausscheiden aus der Versicherung in einem Mitgliedstaat mit Nationalem Gesundheitsdienst gleichgestellt. Dies gilt auch für Sachverhalte mit dem Vereinigten Königreich. Auch das Ausscheiden Beschäftigter aus einer Institution der EU (z. B. Europäisches Parlament), die in einem Sondersystem versichert waren, ist einem Ausscheiden aus der deutschen gesetzlichen Versicherung gleichgestellt. Dies allerdings nur dann, wenn vor dem Eintritt in das Sondersystem innerhalb der EU eine gesetzliche Krankenversicherung bestand.

Ende der Familienversicherung

Die obligatorische Anschlussversicherung tritt auch ein, wenn eine Familienversicherung aus Gründen, die in der Person des – bisher familienversicherten – Familienangehörigen liegen (z. B. rechtskräftige Ehescheidung), geendet hat. Die Gründe für das Erlöschen der Familienversicherung sind grundsätzlich unerheblich. Eine obligatorische Anschlussversicherung nach dem Ende der Familienversicherung ist allerdings ausgeschlossen, wenn die Familienversicherung nur wegen der beendeten Mitgliedschaft des Stammversicherten nicht mehr besteht. Dies ist typischerweise dann der Fall, wenn die Mitgliedschaft des Stammversicherten in der GKV aufgrund seines Wechsels zu einem anderen Absicherungssystem im Krankheitsfall in Deutschland endet (zum Beispiel substitutive Krankenversicherung bei einem privaten Krankenversicherungsunternehmen).

Hinweis

Anschlussversicherung für Familienversicherte

Endet die Familienversicherung nur wegen der Beendigung der Mitgliedschaft des Stammversicherten und wird für den Stammversicherten die Anschlussversicherung durchgeführt, besteht die Familienversicherung aufgrund dessen weiter.

1 BSG, Urteil v. 13.12.2022, B 12 KR13/20 R.

Ausschlusstatbestände

Versicherungspflicht

Eine obligatorische Anschlussversicherung ist ausgeschlossen, wenn sich an das Ausscheiden aus der Familienversicherung oder Versicherungspflicht nahtlos der Tatbestand einer anderen Versicherungspflicht nach § 5 Abs. 1 Nr. 1 bis 12 SGB V anschließt. Der Nachweis dieses Ausschlusstatbestands vollzieht sich im Regelfall durch die Anmeldung der zur Meldung verpflichteten Stelle. Die Versicherungspflicht nach § 5 Abs. 1 Nr. 13 SGB V ist nachrangig gegenüber der obligatorischen Anschlussversicherung.[1]

Familienversicherung

Eine obligatorische Anschlussversicherung ist für Personen, deren Versicherungspflicht endet ausgeschlossen, wenn sich lückenlos daran eine Familienversicherung anschließt.[2] Dies gilt auch in atypischen Fällen, in denen eine kraft Gesetzes beendete Familienversicherung durch eine aus der anderen Stammversicherung abgeleitete Familienversicherung abgelöst wird (z. B. Ende der Familienversicherung wegen des Erreichens der Altersgrenze für Kinder, anschließend Familienversicherung als Ehegatte).

Freiwillige Krankenversicherung bei einer anderen Krankenkasse

Für Personen, deren Familienversicherung kraft Gesetzes endet, bestehen im Hinblick auf die Fortführung der Versicherung im Rahmen einer freiwilligen Mitgliedschaft 2 Optionen. Einerseits können sie unter den Voraussetzungen des § 9 Abs. 1 Satz 1 Nr. 2 SGB V jeder nach § 173 SGB V wählbaren Krankenkasse beitreten. Andererseits unterliegen sie grundsätzlich den Regelungen der obligatorischen Anschlussversicherung nach § 188 Abs. 4 SGB V, die dazu führen, dass die Versicherung als freiwillige Mitgliedschaft bei der bisherigen Krankenkasse, bei der die Familienversicherung bestand, fortgeführt wird. Entscheidet sich der Betroffene für den Beitritt zu einer wählbaren Krankenkasse, bedarf es für den Ausschluss der obligatorischen Anschlussversicherung keiner Austrittserklärung innerhalb von 2 Wochen nach Hinweis der bisherigen Krankenkasse. Stattdessen ist hierfür die an keine Fristen gebundene Nachweisführung der anderweitigen Absicherung im Krankheitsfall ausreichend.

Nachgehender Leistungsanspruch

Der nachgehende Leistungsanspruch nach dem Ende der Mitgliedschaft Versicherungspflichtiger[3] schließt die Anschlussversicherung aus. Der Ausschluss gilt allerdings nur, sofern im Anschluss an den nachgehenden Leistungsanspruch eine anderweitige Absicherung im Krankheitsfall nachgewiesen werden kann. Dies gilt für nachgehende Leistungsansprüche aufgrund des Endes der Mitgliedschaft bei Tod[4] gleichermaßen.

Absicherung im Krankheitsfall außerhalb der GKV

Eine anderweitige Absicherung im Krankheitsfall außerhalb der GKV schließt die obligatorische Anschlussversicherung aus, wenn die betroffene Person die Voraussetzungen für einen nachgehenden Leistungsanspruch[5] erfüllt und der anderweitige Anspruch auf Absicherung im Krankheitsfall nahtlos oder innerhalb der Monatsfrist beginnt.[6] Um welche Form der Absicherung es sich handelt, ist hierbei irrelevant, solange diese den qualitativen Anforderungen an die anderweitige Absicherung genügt. Die obligatorische Anschlussversicherung kommt nicht zustande, unabhängig davon, zu welchem Zeitpunkt die betroffene Person die anderweitige Absicherung im Krankheitsfall nachweist. Der 2-wöchigen Frist für die Austrittserklärung kommt in diesem Zusammenhang keine Bedeutung zu.

1 § 5 Abs. 8a Satz 1 SGB V.
2 § 188 Abs. 4 Satz 3 1. Alternative SGB V.
3 § 19 Abs. 2 SGB V.
4 § 19 Abs. 3 SGB V.
5 § 19 Abs. 2, 3 SGB V.
6 § 188 Abs. 4 Satz 3 2. Alternative SGB V.

Achtung

Versicherungsschutz wird rückwirkend nachgewiesen

Wenn die Krankenkasse zunächst – weil sie keine Kenntnis von einem anderweitigen Versicherungsschutz hatte – die obligatorische Anschlussversicherung durchführt, muss diese rückwirkend aufgehoben werden, wenn nachträglich ein anderweitiger Versicherungsschutz nachgewiesen wird.

Austrittserklärung

Beim Fehlen eines Ausschlusstatbestands setzt sich die bisherige Versicherung mit dem Tag nach dem Ausscheiden aus der Versicherungspflicht oder dem Tag nach dem Ende der Familienversicherung als obligatorischen Anschlussversicherung fort, es sei denn, das Mitglied erklärt innerhalb von 2 Wochen nach Hinweis der Krankenkasse über die Austrittsmöglichkeiten seinen Austritt.[7] Die Erklärung ist gegenüber der zuständigen Krankenkasse abzugeben. Maßgeblich für die Einhaltung der Frist ist der Eingang der Austrittserklärung bei der Krankenkasse.[8]

Der Austritt wird allerdings nur wirksam, wenn das Mitglied das Bestehen eines anderweitigen Anspruchs auf Absicherung im Krankheitsfall nachweist.[9] Voraussetzung ist ferner, dass sich der anderweitige Anspruch auf Absicherung im Krankheitsfall lückenlos (evtl. unter Berücksichtigung der nachgehenden Leistungsansprüche) an die vorangegangene Versicherung anschließt. Das Vorliegen eines anderweitigen Anspruchs auf Absicherung im Krankheitsfall ist grundsätzlich gegenüber der zuständigen Krankenkasse nachzuweisen.

Saisonarbeitskräfte

Für Saisonarbeitnehmer gilt eine Sonderregelung nach der Beendigung der Saisonarbeitnehmertätigkeit.[10]

Die Anschlussversicherung kommt in diesen Fällen, im Gegensatz zum Regelfall, nur unter der Voraussetzung einer ausdrücklichen schriftlichen Beitrittserklärung des Betroffenen zustande. Für die Abgabe dieser Erklärung ist eine 3-monatige Frist nach dem Ende der Beschäftigung vorgesehen. Darüber hinaus wird ein Nachweis des Wohnsitzes oder des ständigen Aufenthalts im Geltungsbereich des SGB, z. B. mithilfe einer aktuellen Bescheinigung der Meldebehörde, verlangt.

Das Arbeitgeber-Meldeverfahren wurde um ein entsprechendes Kennzeichen „Saisonarbeitnehmer“ erweitert. Die Angabe zu diesem Kennzeichen ist nur in Anmeldungen aufgrund des Beginns eines Beschäftigungsverhältnisses sowie der gleichzeitigen An- und Abmeldung (Abgabegründe 10 und 40) erforderlich.

Vorversicherungszeit

Die obligatorische Anschlussversicherung wird unabhängig davon begründet, wie lange das vorher bestandene Versicherungsverhältnis dauerte. So können z. B. auch Personen, die wegen Überschreitens der ↗ Jahresarbeitsentgeltgrenze krankenversicherungsfrei werden, ihre Versicherung ohne Erfüllung einer Vorversicherungszeit freiwillig fortsetzen.

Beginn

Die obligatorische Anschlussversicherung entsteht, im Gegensatz zur freiwilligen Versicherung nach § 9 SGB V, ohne Antragstellung. Für das Zustandekommen wird also keine Willenserklärung des Betroffenen gefordert. Die obligatorische Anschlussversicherung entsteht, wenn die gesetzlichen Voraussetzungen dafür erfüllt sind. Sie schließt sich immer nahtlos an die vorangegangene Versicherungspflicht oder Familienversicherung an.

7 § 188 Abs. 4 Satz 1 SGB V.
8 § 130 BGB.
9 § 188 Abs. 4 Satz 2 SGB V.
10 § 188 Abs. 4 Sätze 5 bis 8 SGB V.

Ende

Da es sich bei der obligatorischen Anschlussversicherung um eine freiwillige Mitgliedschaft handelt, gelten die Regelungen über das Ende der freiwilligen Mitgliedschaft nach § 191 SGB V.

Eine freiwillige Mitgliedschaft in der gesetzlichen Krankenversicherung endet nach § 191 Nr. 4 SGB V kraft Gesetzes, wenn anzunehmen ist, dass ein Wohnsitz oder gewöhnlicher Aufenthalt des Mitglieds im Geltungsbereich des SGB nicht mehr besteht. Davon ist auszugehen, wenn innerhalb eines Zeitraums von mindestens 6 Monaten folgende Voraussetzungen kumulativ erfüllt sind:

- Für die Mitgliedschaft wurden keine Beiträge geleistet.
- Weder das Mitglied noch seine familienversicherten Angehörigen haben Leistungen in Anspruch genommen.
- Die Krankenkasse konnte trotz Ausschöpfung der ihr zur Verfügung stehenden Ermittlungsmöglichkeiten weder einen Wohnsitz noch einen gewöhnlichen Aufenthalt des Mitglieds im Geltungsbereich des SGB ermitteln.

Sind diese Voraussetzungen erfüllt, ist die freiwillige Mitgliedschaft einschließlich der Versicherung von familienversicherten Angehörigen rückwirkend ab Beginn des 6-monatigen Zeitraums zu beenden.

Rückabwicklung

Die obligatorische Anschlussversicherung ist beim Vorliegen eines Ausschlusstatbestands ausgeschlossen. Sofern die Krankenkasse in Unkenntnis eines Ausschlusstatbestands zunächst von einer obligatorischen Anschlussversicherung ausgeht und erst nachträglich Kenntnis über die Unrichtigkeit der angenommenen Sachlage erlangt (z. B. weil der Versicherte seine Mitwirkung nachholt oder die zur Meldung verpflichtete Stelle eine Anmeldung verspätet abgibt), ist die Anschlussversicherung (evtl. mit einer bereits erfolgten Beitragsfestsetzung) rückwirkend abzuwickeln. Hierbei ist es unerheblich, zu welchem Zeitpunkt die Krankenkasse Kenntnis über das Vorliegen eines Ausschlusstatbestands erlangt.

Beiträge

Für die Beitragsgestaltung gelten die für freiwillige Mitglieder maßgebenden Regelungen uneingeschränkt. Daher werden die Beiträge nach den beitragspflichtigen Einnahmen, die vom Mitglied nachzuweisen sind, bemessen.

Achtung

Ohne Nachweis Höchstbeitrag

Sofern und solange Nachweise nicht vorgelegt werden, sind für die weitere Beitragsbemessung beitragspflichtige Einnahmen in Höhe der monatlichen Beitragsbemessungsgrenze zugrunde zu legen.

Öffentliche Kassen

Inländische öffentliche Kassen sind Kassen der inländischen juristischen Personen des öffentlichen Rechts. Inländische öffentliche Kassen können auch Kassen von inländischen juristischen Personen des Privatrechts und von sonstigen inländischen öffentlich-rechtlichen oder privatrechtlichen Institutionen sein, wenn die juristische Person des Privatrechts oder eine Institution auch zu mehr als 50 %, also überwiegend, aus inländischen (öffentlichen) Mitteln des Haushalts finanziert werden. Ferner wird unter den Begriff der inländischen öffentlichen Kasse jede Kasse gefasst, die einer Institution angehört. Dazu zählen die Kassen der öffentlichen Behörden wie z. B. Kassen des Bundes und der Länder, Gemeindekassen, öffentlich-rechtliche Rundfunkanstalten, Orts-, Innungs- und Ersatzkrankenkassen und die Träger der gesetzlichen Rentenversicherungen.

Gesetze, Vorschriften und Rechtsprechung

Lohnsteuer: Der Begriff der öffentlichen Kassen ist in H 3.11 LStH sowie geränzend im BMF-Schreiben v. 13.11.2019, IV C 5 – S 2300/19/10009 :003, BStBl 2019 I S. 1082 geregelt.

Sozialversicherung: Aufwandsentschädigungen aus öffentlichen Kassen an im öffentlich Dienst ehrenamtlich tätige Personen sind unter den Bestimmungen in § 3 Nr. 12 EStG i. V. m. R 3.12 LStR beitragsfrei. Sie sind somit kein beitragspflichtiges Arbeitsentgelt nach § 14 SGB IV.

Lohnsteuer

Zu den öffentlichen Kassen gehören neben den Kassen des Bundes, der Länder und der Gemeinden insbesondere auch

- Kassen der öffentlich-rechtlichen Religionsgemeinschaften,
- Ortskrankenkassen,
- Landwirtschaftliche Krankenkassen,
- Innungskrankenkassen und Ersatzkassen,
- Kassen des Bundeseisenbahnvermögens,
- Kassen der Deutschen Bundesbank,
- Kassen der öffentlich-rechtlichen Rundfunkanstalten,
- Kassen der Berufsgenossenschaften,
- Kassen der Gemeindeunfallversicherungsverbände,
- Kassen der Träger der gesetzlichen Rentenversicherungen,
- Kassen der Knappschaften und
- die Unterstützungskassen der Postunternehmen.

Somit sind Kassen privatrechtlicher Unternehmen sonstiger nichtstaatlicher und kirchlicher Organisationen keine inländischen öffentlichen Kassen, auch wenn deren überwiegenden Einnahmen aus öffentlichen Mitteln stammen. Dies gilt auch für staatsnahe Unternehmen, die sich ggf. wirtschaftlich in öffentlicher Hand befinden. Eine öffentliche Kasse darf nicht mit dem Begriff der „öffentlichen Mittel" gleichgesetzt werden.

Das Vorliegen einer öffentlichen Kasse ist im Lohnsteuerrecht Voraussetzung für die Steuerfreiheit verschiedener Arbeitgeberleistungen, so z. B. bei Aufwandsentschädigungen, Reisekostenvergütungen, Trennungsentschädigungen, Umzugskostenvergütungen sowie Unterstützungen wegen Hilfsbedürftigkeit und Beihilfen im Krankheitsfall.

Ferner obliegen einer öffentlichen Kasse Arbeitgeberpflichten, falls sie aus Gründen der Rationalisierung und Vereinfachung für die Beschäftigten einer oder mehrerer anderen juristischen Personen des öffentlichen Rechts Arbeitslohn auszahlt.

Sozialversicherung

Öffentliche Kassen als Arbeitgeber

Soweit öffentliche Kassen oder Behörden gegenüber den Sozialversicherungsträgern als ⇗ Arbeitgeber auftreten, gelten grundsätzlich die Regelungen für private Arbeitgeber. Auch für die bei den Behörden bzw. öffentlichen Kassen beschäftigten ⇗ Arbeitnehmer gelten hinsichtlich des Versicherungs- und Beitragsrechts die allgemeinen sozialversicherungsrechtlichen Regelungen.

Besondere lohnsteuerfreie Zahlungen aus öffentlichen Kassen

Werden Zahlungen aus öffentlichen Kassen aufgrund besonderer steuerrechtlicher Vorschriften lohnsteuerfrei gezahlt, besteht keine Beitragspflicht. Werden Aufwandsentschädigungen aus öffentlichen Kassen gezahlt, so sind diese nach § 3 Nr. 12 EStG steuer- und in der Folge beitragsfrei. Dies gilt auch für aus öffentlichen Kassen gezahlte ⇗ Reisekosten, ⇗ Umzugskosten und Trennungsgelder.[1] Durch die Lohnsteuerfreiheit dieser Leistungen aus einer öffentlichen Kasse, stellen die Zahlungen kein ⇗ Arbeitsentgelt im Sinne der Sozialversicherung dar.

Ortszuschlag

Der Begriff „Ortszuschlag" kommt aus dem öffentlichen Dienst und entspricht dem Familienzuschlag in der Beamtenbesoldung. Der Ortszuschlag wird also – entgegen seines Namens – nicht auf der Grundlage des Wohnorts, sondern auf Grundlage des Familienstands gewährt.

Grundsätzlich gibt es 3 Arten von Ortszuschlägen: für Ledige, für Verheiratete und in Abhängigkeit der Anzahl der Kinder.

Ortszuschläge sind steuer- und beitragspflichtiger Arbeitslohn; sie gelten als laufende Bezüge bzw. laufendes Arbeitsentgelt.

Gesetze, Vorschriften und Rechtsprechung

Lohnsteuer: Die Lohnsteuerpflicht des Ortszuschlags ergibt sich aus § 19 Abs. 1 EStG.

Sozialversicherung: Die Beitragspflicht in der Sozialversicherung ergibt sich aus § 14 Abs. 1 SGB IV.

Entgelt	LSt	SV
Ortszuschlag	pflichtig	pflichtig

Outplacement

Der Begriff Outplacement bezeichnet eine von Unternehmen finanzierte Dienstleistung für ausscheidende Mitarbeiter, die als professionelle Hilfe zur beruflichen Neuorientierung angeboten wird, bis hin zum Abschluss eines neuen Vertrags oder einer Existenzgründung.

Ursachen dafür, dass Firmen ihr Personal reduzieren und Mitarbeiter entlassen, sind Firmenübernahmen, Insolvenzen, Verlagerungen von Arbeitsplätzen an andere Standorte, Absatzschwierigkeiten und Rationalisierung. In der Öffentlichkeit und auch innerbetrieblich macht das Unternehmen mit dem Angebot der Outplacement-Beratung deutlich, dass es an fairen Trennungsprozessen interessiert ist. Gelingt dies, wirkt es sich zum einen positiv auf die Motivation der im Unternehmen verbleibenden Mitarbeiter und zum anderen auf das Erscheinungsbild des Unternehmens in der Öffentlichkeit aus. Die Attraktivität im Wettbewerb um Arbeitskräfte soll durch diese Maßnahme erhalten bleiben. Ein weiteres Ziel ist die Vermeidung von langfristigen und teuren Rechtsstreitigkeiten durch den Einsatz des Beraters. Zudem verringert sich die Restlaufzeit der Verträge, wenn der entlassene Arbeitnehmer mit Hilfe des Beraters schneller eine neue Anstellung findet. Hierdurch können Kosten gesenkt werden.

Gesetze, Vorschriften und Rechtsprechung

Lohnsteuer: Die Frage der Steuerpflicht einer Outplacement-Beratung beantwortet sich aus § 3 Nr. 19 EStG bzw. R 19.3 Abs. 2 Nr. 5 LStR und R 19.7 Abs. 2 Satz 5 LStR.

Sozialversicherung: Gesetzliche Grundlagen finden sich in § 14 SGB IV i. V. m. § 3 Nr. 9 EStG und R 19.7 Abs. 2 LStR.

1 § 3 Nr. 13 EStG.

Lohnsteuer

Dienstleistung Outplacement-Beratung

Die Outplacement-Beratung dient der Beratung und Unterstützung des Arbeitnehmers bei der beruflichen Neuorientierung. Arbeitgeber richten im Zusammenhang mit der Entlassung von Arbeitnehmern häufig sog. Outplacement-Beratungsunternehmen ein, um ihre aus dem Dienstverhältnis ausscheidenden Arbeitnehmer durch individuelle Betreuung, fachliche Beratung und organisatorische Hilfeleistungen bei der Suche nach einem neuen Arbeitsplatz zu unterstützen. Die Beratung kann, wenn mehrere Arbeitnehmer eines Arbeitgebers betroffen sind, auch als Gruppenberatung stattfinden.

Die Art und Weise, wie die Outplacement-Beratung betrieben wird, ist in der Praxis sehr unterschiedlich. Zum Teil werden Lehrgänge bereits vor Aufhebung des Dienstverhältnisses innerhalb des Unternehmens und während der Arbeitszeit durchgeführt, teilweise wird die Beratung aber auch über den Zeitpunkt der Beendigung des Dienstverhältnisses hinaus weitergeführt und besteht in der gezielten beratenden Begleitung einzelner Arbeitnehmer sowie der Zurverfügungstellung von Bürokapazitäten für einen begrenzten Zeitraum.

Individuelles Outplacement – steuerfreie Leistung

Übernimmt der Arbeitgeber die Aufwendungen für die Beratung der ausscheidenden Arbeitnehmer durch ein Outplacement-Unternehmen, handelt es sich unter bestimmten Voraussetzungen um steuerfreien Arbeitslohn.

Zwar erfolgt die Beratung nicht im ganz überwiegenden betrieblichen Interesse, da der Arbeitgeber bei ausscheidenden Arbeitnehmern im Regelfall nur an einer sozialverträglichen Beendigung des Arbeitsverhältnisses interessiert ist. Vielmehr ist die Outplacement-Beratung ganz gezielt auf die Interessen des einzelnen Arbeitnehmers bzw. auf dessen künftige berufliche Entwicklung zugeschnitten. Allerdings kommt es auf dieses betriebliche Interesse gar nicht (mehr) an, da Outplacement-Beratungen grundsätzlich steuerfrei gestellt sind. Dies gilt ausdrücklich auch für ausscheidende Arbeitnehmer.[2]

Outplacement-Maßnahmen und Steuerbefreiung für Weiterbildungsleistungen

Weiterbildungsleistungen des Arbeitgebers, die der Verbesserung der individuellen Beschäftigungsfähigkeit von Mitarbeitern dienen, sind steuerfrei.[3] Diese Steuerbefreiung gilt auch bei Outplacement-Maßnahmen.

Das sind die Voraussetzungen für die Steuerbefreiung:

- Es handelt sich um Maßnahmen, die eine Anpassung und Fortentwicklung der beruflichen Kompetenzen i. S. d. § 82 Abs. 1 und 2 SGB III ermöglichen, oder
- die Maßnahme dient der Verbesserung der Beschäftigungsfähigkeit des Arbeitnehmers und
- die steuerfreien Leistungen dürfen darüber hinaus keinen überwiegenden Belohnungscharakter haben.

Steuerfrei sind ausdrücklich auch Beratungsleistungen des Arbeitgebers zur beruflichen Neuorientierung bei Beendigung des Dienstverhältnisses, also für ausscheidende Arbeitnehmer. Dies gilt ebenfalls für Beratungsleistungen, die ein Dritter auf Veranlassung des Arbeitgebers erbringt.[4]

Die Leistung bleibt selbst dann steuerfrei, wenn der Arbeitnehmer das ihm zugedachte Beratungsangebot nicht in Anspruch nimmt.

Steuerpflichtig sind damit im Prinzip nur noch Leistungen, die überwiegenden Belohnungscharakter haben[5] oder die nicht unter § 82 Abs. 1 und 2 SGB III fallen bzw. nicht der Verbesserung der Beschäftigungsfähigkeit des Arbeitnehmers dienen. Da der Arbeitgeber schon im eigenen Interesse darauf achten wird, dass die Maßnahmen die Vorausset-

2 § 3 Nr. 19 EStG.
3 § 3 Nr. 19 EStG.
4 § 3 Nr. 19 Satz 2 EStG.
5 § 3 Nr. 19 Satz 3 EStG.

zungen der Steuerfreiheit erfüllen, muss sich der Arbeitnehmer im Normalfall keine Gedanken um die Steuerpflicht machen.

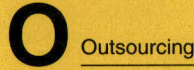

Wichtig

Änderung zuvor veröffentlicher Verwaltungsbeschlüsse

Die Beschlüsse der Finanzverwaltung zur Steuerpflicht bestimmter Outplacement-Maßnahmen[1] sind aufgrund der Änderungen des § 3 Nr. 19 EStG durch das Jahressteuergesetz 2020 überholt. Die von der Finanzverwaltung genannten und als steuerpflichtig eingeordneten Leistungen (Perspektivberatung, steuer- und sozialversicherungsrechtliche Beratung, Marktvorbereitung, Vermarktung/Neuplatzierung) fallen nun unter die Steuerbefreiung des § 3 Nr. 19 EStG.

Sollte ausnahmsweise doch eine steuerpflichtige Leistung vorliegen, richtet sich der Zuflusszeitpunkt der Arbeitgeberleistung nach der vertraglichen Gestaltung:

- Wird der Beratungsvertrag zwischen dem Outplacement-Unternehmen und dem Arbeitnehmer geschlossen, fließt der Arbeitslohn in dem Zeitpunkt zu, in dem der Arbeitgeber eine Zahlung leistet.
- Besteht der Beratungsvertrag zwischen dem Outplacement-Unternehmen und dem Arbeitgeber, erbringt dieser einen Sachbezug. Dieser fließt in dem Zeitraum zu, in dem der Arbeitnehmer die Beratungsleistung in Anspruch nimmt.

Anrufungsauskunft kaum noch erforderlich

Mit dem Jahressteuergesetz 2020 hat der Gesetzgeber für eine umfassende Steuerbefreiung für Weiterbildungsleistungen und damit auch für Outplacement-Beratungen gesorgt. Nur in Ausnahmefällen dürften steuerpflichtige Leistungen vorliegen, sodass eine Anrufungsauskunft kaum noch nötig sein sollte.

Besteht trotzdem Unsicherheit darüber, ob für eine Outplacement-Leistung die Steuerbefreiung nach § 3 Nr. 19 EStG in Anspruch genommen werden kann, sollte der Arbeitgeber eine Anrufungsauskunft beim Finanzamt einholen, um sich lohnsteuerlich abzusichern.

Pauschales Outplacement-Angebot – kein Arbeitslohn

Pauschale Zahlungen des Arbeitgebers an ein Dienstleistungsunternehmen, das alle Arbeitnehmer kostenlos in persönlichen und sozialen Angelegenheiten beraten und betreuen soll, stellten schon vor der Änderung durch das Jahressteuergesetz 2020 keinen Arbeitslohn dar. Insoweit sind nämlich die Zahlungen des Arbeitgebers keine Gegenleistung für das Zurverfügungstellen der individuellen Arbeitskraft, da dem einzelnen Arbeitnehmer der individuell verursachte Beratungsaufwand nicht zugeordnet werden kann.[2]

Von einem ganz überwiegenden betrieblichen Interesse ist bei dem SBG III entsprechenden Qualifikations- und Trainingsmaßnahmen auszugehen, die der Arbeitgeber oder eine zwischengeschaltete Beschäftigungsgesellschaft im Zusammenhang mit Auflösungsvereinbarungen erbringt. Diese Maßnahmen sind steuerfrei.[3]

Hinweis

Vorsteuerabzug für Outplacement-Leistungen

Nimmt ein Arbeitgeber Leistungen von sog. Outplacement-Beratern in Anspruch, um sich von unkündbarem Personal zu trennen, ist er zum Vorsteuerabzug berechtigt.[4]

Nach Ansicht des BFH überwiegt in diesem Fall das unternehmerische Interesse am Personalabbau den Vorteil, der sich für die Beschäftigten aus der Begründung eines neuen Arbeitsverhältnisses ergibt.

In dem entschiedenen Fall wurde den Beschäftigten mit der Outplacement-Beratung ein Vorteil aus unternehmerischen Gründen nahegelegt, auch wenn diese keine neuen Arbeitsverhältnisse begründen wollten. Die Outplacement-Beratung entstand ausschließlich aufgrund des unternehmerischen Ziels des Personalabbaus, nicht aus einem Zuwendungswillen gegenüber den Beschäftigten. Denn nicht allen standen die Qualifizierungsleistungen offen; der Arbeitgeber entschied, wer diese in Anspruch nehmen durfte. Arbeitnehmer, die der Arbeitgeber in seinem Unternehmen halten wollte, waren von der Outplacement-Beratung ausgeschlossen, selbst wenn sie sich selbst für einen Beschäftigungswechsel interessierten.

1 OFD Nordrhein-Westfalen, 4.8.2020, Kurzinformation LSt Nr. 02/2020.
2 R 19.3 Abs. 2 Nr. 5 LStR.
3 R 19.7 Abs. 2 Satz 5 LStR.
4 BFH, Urteil v. 30.6.2022, V R 32/20, BStBl 2023 I S. 20.

Sozialversicherung

Zuordnung zum beitragspflichtigen Arbeitsentgelt

Die vom Arbeitgeber getragenen Kosten für eine Outplacement-Beratung des ausscheidenden Arbeitnehmers sind grundsätzlich beitragspflichtiges ⇗ Arbeitsentgelt. Die Beratung erfolgt nicht im ganz überwiegenden betrieblichen Interesse. Sie ist ganz gezielt auf die Interessen des einzelnen Arbeitnehmers bzw. auf dessen künftige berufliche Entwicklung zugeschnitten.

Beitragsfreiheit der Arbeitgeberleistung

Outplacement-Beratung im Zusammenhang mit Abfindungszahlungen

Da eine Outplacement-Beratung häufig mit der vom Arbeitgeber veranlassten Auflösung des Arbeitsverhältnisses verbunden wird, können diese Leistungen Teil des Abfindungsbetrags sein. Sie können wie die eigentliche Hauptentschädigung für den Verlust des Arbeitsplatzes ermäßigt nach § 34 EStG besteuert werden. Damit unterliegen sie als Teil einer steuerlich anzuerkennenden ⇗ Entlassungsabfindung nicht dem Sozialversicherungsabzug.

Leistung über mehrere Jahre

Darüber hinaus kann die Outplacement-Beratung auch dann tarifbegünstigt besteuert werden und bleibt beitragsfrei, wenn diese Zusatzleistung über mehrere Jahre gewährt wird.[5]

Beitragsfreiheit bei Leistungen nach dem SGB III

Bei Trainings- und Qualifikationsmaßnahmen im Sinne des SGB III liegt kein beitragspflichtiges Arbeitsentgelt vor. Der Arbeitgeber oder eine zwischengeschaltete Beschäftigungsgesellschaft erbringen die Leistungen im Zusammenhang mit Auflösungsvereinbarungen. Hierbei handelt es sich regelmäßig um von staatlicher Seite geförderte Maßnahmen zur Verbesserung der Eingliederung in das Arbeitsleben .

Outsourcing

Durch das Outsourcing werden bestimmte Dienstleistungen oder bestimmte Produkte nicht mehr von dem Unternehmen selbst hergestellt, sondern bei einem anderen Unternehmen in Auftrag gegeben, das diese Leistung kostengünstiger anbietet.

Gesetze, Vorschriften und Rechtsprechung

Sozialversicherung: Für einen versicherungspflichtigen Arbeitnehmer, dessen Arbeitsplatz ausgelagert wird, endet die Beschäftigung im Ursprungsunternehmen. Die gesetzlichen Grundlagen einer Beschäftigung sind in § 7 SGB IV definiert.

Lohnsteuer

Erste Tätigkeitsstätte bei Outsourcing

Mitarbeiter, die im Rahmen eines Outsourcings arbeitsrechtlich den Arbeitgeber wechseln, in der Praxis aber am gleichen Ort die gleiche Arbeit wie bisher verrichten, behalten ihre erste Tätigkeitsstätte. Eine dauerhaf-

5 BFH, Urteil v. 14.8.2001, XI R 22/00.

te Zuordnung ist in solchen Outsourcing-Fällen weiterhin gegeben, wenn das Dienstverhältnis auf einen anderen Arbeitgeber ausgelagert wird und der Arbeitnehmer unbefristet für die gesamte Dauer des neuen Beschäftigungsverhältnisses oder länger als 48 Monate weiterhin an der Tätigkeitsstätte des bisherigen Arbeitgebers tätig werden soll.[1]

Beispiel

Outsourcing der Entgeltabrechnung

Die Entgeltabrechnung der B-Tec AG wird im Rahmen eines Outsourcings auf ein selbstständiges Unternehmen übertragen. Die Mitarbeiter bleiben bis 30.6. bei der Firma B-Tec AG angestellt, ab 1.7. bei der B-Payroll-Services GmbH. Die Arbeitsverträge werden unverändert übernommen. Die Firma bleibt in den bisherigen Räumen, die nun von der Firma B-Tec AG angemietet werden. Weiterhin wird für die B-Tec AG die Entgeltabrechnung durchgeführt.

Ergebnis: Ab 1.7. sind die Mitarbeiter Arbeitnehmer der B-Payroll-Services-GmbH in einer ortsfesten Einrichtung des Kunden B-Tec AG tätig. Diese wird zur ersten Tätigkeitsstätte, da eine unbefristete und damit dauerhafte Zuordnung an eine Arbeitgebereinrichtung durch die B-Payroll-Services GmbH vorliegt.

Wechsel des örtlichen Arbeitsplatzes bei Outsourcing-Fällen im Konzern

Häufig erfolgt die Verlagerung bestimmter Arbeiten innerhalb eines Konzerns. Übernimmt beispielsweise eine rechtlich selbstständige Tochtergesellschaft im Rahmen einer Umstrukturierung ein Aufgabengebiet zentral für die anderen Konzernunternehmen, etwa die IT-Betreuung oder Logistikarbeiten, ist die Arbeitsverlagerung regelmäßig mit einem örtlichen Wechsel des Arbeitsplatzes verbunden, unabhängig davon ob gleichzeitig ein zusätzlicher Arbeitgeberwechsel im Konzern stattfindet. Wird die outgesourcte Tätigkeit an einem anderen Arbeitsort verrichtet, sind die Voraussetzungen für das Vorliegen einer ersten Tätigkeitsstätte in gleicher Weise für das neue oder fortbestehende (alte) Dienstverhältnis zu prüfen.

Sozialversicherung

Versicherungsrechtliche Folge des Outsourcing

In Deutschland wird mit dem Begriff Outsourcing oft auch die Auslagerung von Arbeitsplätzen an kostengünstigere Tochtergesellschaften verstanden.

Für einen versicherungspflichtigen Arbeitnehmer, dessen Arbeitsplatz ausgelagert wird, endet die Beschäftigung und damit auch die Versicherungspflicht im Ursprungsunternehmen. An die zuständige ↗ Einzugsstelle ist eine ↗ Abmeldung zur Sozialversicherung zu übermitteln.

Im Tochterunternehmen werden die Beschäftigung und damit die Versicherungspflicht neu begründet. Zu Beschäftigungsbeginn ist eine ↗ Anmeldung zur Sozialversicherung zu erstellen.

Versicherungsrecht bei Beschäftigung im Mutterkonzern und Tochterunternehmen

Eine abhängige ↗ Beschäftigung ist durch die persönliche Abhängigkeit des Arbeitnehmers vom Arbeitgeber gekennzeichnet. Arbeitgeber ist demnach derjenige, von dem der Arbeitnehmer seine Weisungen hinsichtlich des Inhalts, der Durchführung, der Zeit, der Dauer und/oder des Ortes der Ausführungen erhält.

Übt ein Arbeitnehmer gleichzeitig mehrere Beschäftigungen bei unterschiedlichen natürlichen oder juristischen Personen aus, ist grundsätzlich eine getrennte versicherungsrechtliche Beurteilung vorzunehmen. Dies gilt auch dann, wenn das Weisungsrecht über den Arbeitnehmer bei beiden Arbeitgebern von ein und derselben Person oder einer einheitlichen Leitung ausgeübt wird. Ein einheitliches Beschäftigungsverhältnis liegt in diesem Fall nicht vor.

Handelt es sich bei dem Arbeitgeber um ein und dieselbe natürliche oder juristische Person, liegt also Personengleichheit vor, ist von einem einheitlichen Beschäftigungsverhältnis auszugehen.

Konzernunternehmen gelten nicht als ein Arbeitgeber

Sind ein herrschendes Unternehmen (= Mutterkonzern) und ein oder mehrere abhängige Unternehmen (= Tochterunternehmen) unter der einheitlichen Leitung des Mutterunternehmens zusammengefasst, so bilden sie einen Konzern. Die einzelnen Unternehmen werden als Konzernunternehmen bezeichnet.[2]

Beispiel

Versicherungsrechtliche Beurteilung bei der Beschäftigung in Konzernunternehmen

Die versicherungspflichtige Hauptbeschäftigung eines Arbeitnehmers wurde durch Outsourcing in ein Tochterunternehmen ausgelagert. Neben dieser Hauptbeschäftigung übt der Arbeitnehmer eine ↗ geringfügig entlohnte Beschäftigung bei einem weiteren Tochterunternehmen des gleichen Konzerns aus. Zusätzlich nimmt er im Verlaufe der Zeit noch eine weitere geringfügig entlohnte Beschäftigung bei dem Mutterkonzern auf.

Wie sind die Beschäftigungen sozialversicherungsrechtlich zu beurteilen?

Ergebnis: Da die Konzernunternehmen nicht als ein Arbeitgeber gelten, ist grundsätzlich jede Beschäftigung für sich zu beurteilen. Die gesetzlichen Vorgaben für sozialversicherungspflichtige und geringfügige Beschäftigungen sind dabei zu beachten.

Bei der zuerst aufgenommenen geringfügig entlohnten Beschäftigung in dem weiteren Tochterunternehmen handelt es sich um die erste Nebenbeschäftigung. Eine Zusammenrechnung mit der Hauptbeschäftigung erfolgt nicht. Diese Beschäftigung ist somit versicherungsfrei in der Kranken- und Arbeitslosenversicherung. Versicherungspflicht in der Pflegeversicherung besteht nicht. In der Rentenversicherung liegt Versicherungspflicht vor, von der sich der Arbeitnehmer auf Antrag befreien lassen kann.

Die zweite Nebentätigkeit im Mutterkonzern ist mit der Hauptbeschäftigung zusammenzurechnen. Diese Beschäftigung unterliegt insoweit der Versicherungspflicht in der Kranken-, Renten-, Arbeitslosen- und Pflegeversicherung.

Parkplatz

Überlässt der Arbeitgeber dem Arbeitnehmer einen Parkplatz verbilligt oder kostenlos, ist dieser Vorteil grundsätzlich kein Arbeitslohn, wenn von einem überwiegend betrieblichen Interesse des Arbeitgebers auszugehen ist. Gleiches gilt für die unentgeltliche Überlassung eines vom Arbeitgeber für seinen Arbeitnehmer angemieteten Stellplatzes in einem Parkhaus in unmittelbarer Nähe zur ersten Tätigkeitsstätte.

Liegt der Parkplatz nicht in unmittelbarer Nähe zur ersten Tätigkeitsstätte des Arbeitgebers, ist das überwiegend betriebliche Interesse des Arbeitgebers nicht mehr nachvollziehbar und es entsteht ein steuer- und beitragspflichtiger geldwerter Vorteil.

Auch wenn die Erstattung von Parkkosten bei fehlenden kostenlosen Parkmöglichkeiten ein pünktliches Erscheinen der Beschäftigten am Arbeitsplatz und damit einen reibungslosen Betriebsablauf begünstigen, so erfolgt die Übernahme der Parkkosten dennoch nicht im überwiegend eigenbetrieblichen Interesse des Arbeitgebers, sondern immer auch im Interesse der Arbeitnehmer, die diese Kosten anderenfalls zu tragen hätten.

Erstattet der Arbeitgeber dem Arbeitnehmer die Kosten für einen Parkplatz, den der Arbeitnehmer selbst angemietet hat, so ist regelmäßig von steuerpflichtigem Arbeitslohn bzw. beitragspflichtigem Arbeitsentgelt auszugehen.

1 BMF, Schreiben v. 25.11.2020, IV C 5 – S 2353/19/10011: 006, BStBl 2020 I S. 1228, Rz. 21.

2 § 18 AktG.

Gesetze, Vorschriften und Rechtsprechung

Lohnsteuer: Bei überwiegendem eigenbetrieblichen Interesse des Arbeitgebers liegt kein Arbeitslohn vor, s. FinMin Nordrhein-Westfalen, Erlass v. 29.8.2006, S 2334 – 61 – V B 3. Die Erstattung von Parkgebühren an Arbeitnehmer führt aber zu Arbeitslohn, wenn die Kosten bereits mit der gesetzlichen Entfernungspauschale nach § 9 Abs. 1 Satz 2 Nr. 4 Satz 2 EStG abgegolten sind; s.Niedersächsisches FG, Urteil v. 27.10.2021, 14 k 239/18, rkr.

Sozialversicherung: Die Beitragspflicht des Arbeitsentgelts regelt § 14 Abs. 1 SGB IV. Sofern kein Arbeitslohn im steuerlichen Sinne vorliegt, kann auch keine Beitragspflicht entstehen.

Entgelt	LSt	SV
Kostenfreie Überlassung eines Parkplatzes an Mitarbeiter	frei	frei
Erstattung von Parkgebühren durch Arbeitgeber	pflichtig	pflichtig

Pauschalbesteuerung von Sachzuwendungen nach § 37b EStG

Zur Vereinfachung des Besteuerungsverfahrens besteht durch die spezielle Regelung im EStG eine Pauschalierungsmöglichkeit, die es dem zuwendenden Steuerpflichtigen ermöglicht, die Lohn- bzw. Einkommensteuer auf Sachzuwendungen an Arbeitnehmer und Nichtarbeitnehmer pauschal mit 30 % zu erheben. Durch diese Pauschalsteuer ist die steuerliche Erfassung des geldwerten Vorteils beim Zuwendungsempfänger abgegolten. Der Zuwendende übernimmt die Steuer und unterrichtet den Zuwendungsempfänger darüber. Diese Möglichkeit der abgeltenden Besteuerung ist beschränkt auf Geschenke und betriebliche Sachzuwendungen. Zuwendungen an Steuerausländer und Privatkunden sind nicht in die Bemessungsgrundlage einzubeziehen.

Gesetze, Vorschriften und Rechtsprechung

Lohnsteuer: Rechtsgrundlage für die Pauschalierung der Einkommensteuer bei Sachzuwendungen ist § 37b EStG. Einzelheiten regelt vor allem das BMF-Schreiben v. 19.5.2015, IV C 6 – S 2297 – b/14/10001, BStBl 2015 I S. 468, das ergänzt und geändert wurde durch das BMF-Schreiben v. 28.6.2018, IV C 6 – S 2297 – b/14/10001, BStBl 2018 I S. 814.

Sozialversicherung: Die beitragsrechtliche Behandlung der nach § 37b EStG pauschalversteuerten Sachzuwendungen ist in § 1 Abs. 1 Satz 1 Nr. 14 SvEV i. V. m. § 14 Abs. 1 Satz 1 SGB IV geregelt.

Entgelt	LSt	SV
Sachgeschenke an Arbeitnehmer, wenn nach § 37b Abs. 2 EStG pauschal versteuert	pauschal	pflichtig
Sachgeschenke an Dritte (Nichtarbeitnehmer), wenn nach § 37b Abs. 1 EStG pauschal versteuert	pauschal	frei

Lohnsteuer

Pauschalierung unabhängig von der Rechtsform

Die Pauschalierung kann unabhängig von der Rechtsform von allen Steuerpflichtigen (natürliche Personen, Personengesellschaften, Kapitalgesellschaften, Betriebe gewerblicher Art) durchgeführt werden. Sie kann nur vom Zuwendenden selbst vorgenommen werden. Dagegen ist bei juristischen Personen des öffentlichen Rechts jeder Betrieb gewerblicher Art ein eigenes Steuersubjekt, sodass bei Städten und Gemeinden insoweit eine unterschiedliche Ausübung des Pauschalierungswahlrechts für das einzelne Steuersubjekt „Zuwendender" möglich ist.[1]

Sie gilt auf Antrag auch für ausländische Betriebsstätten inländischer Unternehmen, die nach den Grundsätzen des Doppelbesteuerungsabkommens ertragssteuerlich nicht der deutschen Steuerhoheit unterliegen, jedoch Sachzuwendungen an Arbeitnehmer und Geschäftsfreunde im Inland pauschalieren wollen.

Gemeinnützige Körperschaften, etwa eingetragene Vereine, sind ein Steuersubjekt, sodass die Anwendung der Pauschalierungsvorschrift für alle Tätigkeitsbereiche, insbesondere für den wirtschaftlichen Geschäftsbetrieb und Zweckbetrieb, nur einheitlich gewählt werden kann.

Juristische Personen des öffentlichen Rechts sind sowohl mit ihrem hoheitlichen Bereich und dem Bereich der Vermögensverwaltung als auch mit ihren einzelnen Betrieben gewerblicher Art jeweils Zuwendende i. S. d. § 37b EStG. Bei Städten und Gemeinden ist insoweit eine unterschiedliche Ausübung des Pauschalierungswahlrechts für das einzelne Steuersubjekt „Zuwendender" möglich.[2]

Einheitliches Pauschalierungswahlrecht

Die Übernahme der Einkommensteuer für betrieblich veranlasste Zuwendungen und Sachgeschenke mit dem Pauschsteuersatz von 30 % ist eine Kann-Vorschrift. Entscheidet sich das zuwendende Unternehmen für die pauschale Steuerübernahme, muss dieses Wahlrecht grundsätzlich für sämtliche Sachleistungen und für alle Zuwendungsempfänger innerhalb eines Wirtschaftsjahres einheitlich ausgeübt werden.

2 getrennte, selbstständige Pauschalierungskreise zulässig

Es ist zulässig, das Wahlrecht getrennt auszuüben für

1. Zuwendungen an Dritte (Nichtarbeitnehmer) nach § 37b Abs. 1 EStG und
2. Sachleistungen an eigene Arbeitnehmer nach § 37b Abs. 2 EStG.

Es ist deshalb zulässig, dass der Arbeitgeber die Pauschalsteuer von 30 % für die eigene Belegschaft für das ganze Wirtschaftsjahr anwendet, jedoch bei den Nichtarbeitnehmern für die Geschenke und Incentives des entsprechenden Wirtschaftsjahres keine Steuerübernahme vornimmt.[3]

Einheitliche Wahlrechtsausübung innerhalb des Pauschalierungskreises

Innerhalb des jeweiligen Pauschalierungskreises muss aber nach wie vor für das ganze Wirtschaftsjahr einheitlich verfahren werden.

Beispiel

Geschenke an Arbeitnehmer und Geschäftspartner

Sämtliche Mitarbeiter erhalten bei 5-jähriger Betriebszugehörigkeit jeweils eine Uhr im Wert von 300 EUR. Der Arbeitgeber macht von der Pauschalierungsvorschrift Gebrauch und übernimmt die Steuer mit 30 %. Im Dezember erhalten die 10 wichtigsten Geschäftspartner einen Geschenkkarton. Die Kosten für die Firma betragen brutto 250 EUR.

Ergebnis: Mit der Anmeldung der pauschalen Lohnsteuer nach § 37b EStG für die erste Jubiläumsuhr ist der Arbeitgeber hinsichtlich des Personenkreises seiner Arbeitnehmer für das ganze Jahr an die 30-%-Pauschalsteuer gebunden.

Für die Weihnachtsgeschenke, die Nichtarbeitnehmern gewährt werden, steht dem Arbeitgeber hierfür ein eigenes Wahlrecht zur Verfügung. Es besteht keine Verpflichtung der zuwendenden Firma auch die pauschale Einkommensteuer mit 30 % für die Geschenke an die Geschäftspartner zu übernehmen.

1 BMF, Schreiben v. 19.5.2015, IV C 6 – S 2297 – b/14/10001, BStBl 2015 I S. 468, Rz. 1.
2 BMF, Schreiben v. 19.5.2015, IV C 6 – S 2297 – b/14/10001, BStBl 2015 I S. 468, Rz. 1.
3 BFH, Urteil v. 15.6.2016, VI R 54/15, BStBl 2016 II S. 1010.

Steuervorteil durch Unterteilung in 2 Pauschalierungskreise

Die Einführung von 2 eigenständigen Pauschalierungsvorschriften[1] für Sachzuwendungen an eigene Arbeitnehmer und für Sachzuwendungen an Dritte bietet dem zuwendenden Unternehmen die Möglichkeit, für Sachgeschenke und ⇗ Incentives bei der Lohnsteuer den abgabengünstigen Pauschsteuersatz von 30 % anstelle der kostspieligen Nettobesteuerung zu wählen, ohne gleichzeitig auch die Abgabenlast für Sachleistungen an Kunden, Geschäftsfreunde und andere fremde Dritte tragen zu müssen.

Zuwendungen an Konzernmitarbeiter

Gleichbehandlung von Konzernmitarbeitern

Konzernmitarbeiter nehmen eine Sonderstellung ein. Arbeitnehmer verbundener Unternehmen zählen als Dritte und gehören daher zum Pauschalierungskreis der Nichtarbeitnehmer.[2] Um bei Konzernrabatten eine einheitliche Besteuerung bei den eigenen und den im Konzern Beschäftigten zu erreichen, ist es aus Vereinfachungsgründen zulässig, Belegschaftsrabatte und andere Sachleistungen im Konzern individuell zu versteuern, auch wenn das zuwendende Unternehmen für die übrigen fremden Zuwendungsempfänger die Pauschalbesteuerung mit 30 % wählt.

Bemessungsgrundlage bei Konzernmitarbeitern

Bei Zuwendungen an Mitarbeiter verbundener Unternehmen ist jedoch mindestens der um 4 % verminderte Endpreis am Markt anzusetzen.[3] Durch die Ausnahmeregelung wird sichergestellt, dass Arbeitnehmer eines verbundenen Unternehmens nicht bessergestellt werden als Arbeitnehmer des „Herstellerunternehmens“, bei denen die Besteuerung nach der sog. Rabattregelung für Belegschaftsrabatte durchzuführen ist. Dies führt hinsichtlich der Bewertung von Sachzuwendungen zu einer Gleichbehandlung aller konzernzugehörigen Arbeitnehmer.[4]

Pauschalbesteuerung durch Konzernarbeitgeber

Zuwendungen, die ein Arbeitnehmer von einem Dritten erhält, können nicht vom Arbeitgeber des Konzernmitarbeiters pauschal besteuert werden.[5] Das Pauschalierungswahlrecht sowie die Pauschalierung nach § 37b EStG kann nur der Zuwendende selbst ausüben.

Für die Zuwendungen an Konzernmitarbeiter wird es jedoch nicht beanstandet, wenn anstelle des zuwendenden Unternehmens der Arbeitgeber des Konzernmitarbeiters die Pauschalierung nach § 37b Abs. 1 EStG vornimmt.[6] In diesem Fall hat der Arbeitgeber in die Bemessungsgrundlage seiner an Nichtarbeitnehmer gewährten Sachzuwendungen (Zusatzleistungen, Geschenke) die vom konzernzugehörigen Unternehmen an seine Arbeitnehmer gewährten Sachzuwendungen einzubeziehen.

Hierfür ist eine Mitteilung der dem Zuwendenden entstandenen Aufwendungen erforderlich.

Wichtig

Mitteilung an Konzernunternehmen

Entsprechende Angaben über die Höhe der Sachzuwendungen sind bereits bislang für Zwecke der Sozialversicherung erforderlich. Nach der SvEV besteht für pauschal besteuerte Sachleistungen an Arbeitnehmer konzernverbundener Unternehmen eine Beitragspflicht. Übernimmt der Arbeitgeber den anfallenden Sozialversicherungsbeitrag dieser Arbeitnehmer, stellt dies eine nach § 37b EStG nicht pauschal besteuerbare Geldleistung dar.

1 § 37b Abs. 1, 2 EStG.
2 § 37b Abs. 1 EStG.
3 § 37b Abs. 1 Satz 2 EStG i. V. m. § 8 Abs. 3 EStG.
4 BMF, Schreiben v. 19.5.2015, IV C 6 – S 2297 – b/14/10001, BStBl 2015 I S. 468, Rz. 5.
5 Verpflichtung zum Lohnsteuerabzug bei Lohnzahlung durch Dritte nach § 38 Abs. 1 Satz 3 EStG.
6 BMF, Schreiben v. 19.5.2015, IV C 6 – S 2297 – b/14/10001, BStBl 2015 I S. 468, Rz. 11.

Sachzuwendungen an Arbeitnehmer

Umfang der pauschal zu besteuernden Sachzuwendungen

Für die Besteuerung von betrieblich veranlassten Sachzuwendungen an eigene Arbeitnehmer des Steuerpflichtigen übernimmt § 37b Abs. 2 EStG die Pauschalierungsgrundsätze des Absatzes 1 (für Nichtarbeitnehmer). Rabatte an Arbeitnehmer verbundener Unternehmen fallen unter § 37b Abs. 1 EStG, da diese aus der Sicht des Zuwendenden Nichtarbeitnehmer sind. Nicht von der Vorschrift erfasst werden somit Sachzuwendungen Dritter an Arbeitnehmer des Steuerpflichtigen, selbst wenn insoweit lohnsteuerpflichtiger Arbeitslohn von dritter Seite i. S. d. § 38 Abs. 1 Satz 3 EStG vorliegt. Die Pauschalierung solcher Zuwendungen wird bereits von § 37b Abs. 1 EStG erfasst. Schließlich kann der Dritte Sachzuwendungen an Arbeitnehmer des Geschäftspartners (= Nichtarbeitnehmer aus seiner Sicht) pauschal besteuern, sofern es sich begrifflich um Sachzuwendungen i. S. d. § 37b Abs. 1 EStG handelt.

Beispiel

Pauschalierungsmöglichkeiten in Konzernunternehmen

Die Konzernmutter erbringt Sachzuwendungen an sämtliche konzernzugehörigen Arbeitnehmer und Geschäftsfreunde. Sie entscheidet sich gegen eine Pauschalierung nach § 37b EStG.

Ergebnis: Die Konzerntöchter haben die den eigenen Arbeitnehmern von der Muttergesellschaft gewährten Sachzuwendungen als Arbeitslohn von dritter Seite i. S. d. § 38 Abs. 1 Satz 3 EStG zu versteuern. Eine Pauschalierung dieser Sachzuwendungen nach § 37b EStG durch die Konzerntöchter ist nicht möglich.

Auffangvorschrift für lohnsteuerpflichtige Vorteile

Im Arbeitnehmerbereich werden Zuwendungen nicht erfasst, die den Arbeitslohnbegriff nicht erfüllen. Dabei handelt es sich um

- Leistungen im ganz überwiegend betrieblichen Interesse,
- Aufmerksamkeiten oder
- steuerfreie Sachbezüge nach § 37b Abs. 2 EStG.

Damit fällt insbesondere keine Pauschalsteuer an bei:

- Geschenken bis zu 60 EUR, die der Arbeitnehmer aus persönlichem Anlass erhält;
- außergewöhnlichen Arbeitsessen bis zu 60 EUR;
- Getränken und Genussmitteln, die zum Verzehr im Betrieb unentgeltlich überlassen werden[7], sowie
- Arbeitnehmerbeteiligung an einer geschäftlichen Bewirtung.[8]

Wird die betragsmäßige Grenze im Einzelfall überschritten und findet außerdem die 50-EUR-Sachbezugsgrenze keine Anwendung, stellt der Sachbezug steuerpflichtigen Arbeitslohn dar. Dieser ist bei der Bemessung der pauschalen Einkommensteuer zu berücksichtigen.

Beispiel

Keine Pauschalsteuer bei steuerfreien Sachleistungen

Ein Autohändler schenkt den Käufern eines Neuwagens bei der Fahrzeugübergabe einen Blumenstrauß im Wert von

a) 10 EUR, b) 30 EUR.

Bei 200 verkauften Fahrzeugen ergibt sich auf dem Aufwandskonto in der Finanzbuchhaltung ein Jahresbetrag von 2.000 EUR bzw. 6.000 EUR, den die Firma zu Recht als Betriebsausgaben abzieht. Unter den Neuwagenkäufern sind auch 4 eigene Mitarbeiter.

Ergebnis: Das Blumenstraußgeschenk erhalten alle Neuwagenkäufer, auch Privatkunden. Der Rechtsgrund für das Sachgeschenk ist damit nicht im Dienstverhältnis begründet. Die Blumensträuße sind damit auch bei den eigenen Arbeitnehmern kein Arbeitslohn und bis zu 60 EUR als Aufmerksamkeit lohnsteuerfrei.

7 R 19.6 LStR.
8 R 8.1 Abs. 8 Nr. 1 LStR.

Ebenso ist die Pauschalierung ausgeschlossen für Sondertatbestände, für die bereits in der Praxis bewährte einfache Bewertungsregelungen bestehen, etwa

- die Firmenwagenbesteuerung,
- die amtlichen Sachbezugswerte,
- der Rabattfreibetrag von 1.080 EUR für Belegschaftsrabatte,
- die Überlassung von Vermögensbeteiligungen an Arbeitnehmer und
- Sachprämien im Rahmen von Kundenbindungsprogrammen.

Dasselbe gilt für die Sachverhalte, in denen die gesetzliche Pauschalbesteuerung mit festen Pauschsteuersätzen zulässig ist.[1] Hierunter fällt insbesondere die Anwendung des festen Steuersatzes von 25 %

- bei steuerpflichtigen Betriebsveranstaltungen,
- bei arbeitstäglichen Mahlzeiten,
- bei Erholungsbeihilfen,
- bei steuerpflichtigen Verpflegungsmehraufwendungen bei beruflichen Auswärtstätigkeiten,

sowie die Lohnsteuerpauschalierung mit 15 % bei Arbeitgeberleistungen zu Fahrten zwischen Wohnung und erster Tätigkeitsstätte.

Beispiel

Pauschalierung von Mitarbeitergeschenken

Eine Firma hat folgende betriebliche Regelung für Mitarbeitergeschenke: Sämtliche Mitarbeiter erhalten bei 10-jähriger Betriebszugehörigkeit jeweils eine Uhr im Wert von 300 EUR. Außerdem gewährt die Firma ihren Mitarbeitern anlässlich eines runden Geburtstags einen Geschenkkorb im Wert von 40 EUR. Im Dezember führt die Firma für die gesamte Belegschaft eine Weihnachtsfeier durch. Die Zuwendungen betragen hierfür 160 EUR pro Arbeitnehmer.

Ergebnis: Das Jubiläumsgeschenk ist lohnsteuerpflichtiger Arbeitslohn. Der Arbeitgeber kann für die betriebliche Sachleistung von der Pauschalierung nach § 37b EStG Gebrauch machen und die Steuer mit 30 % übernehmen. Mit der Anmeldung der pauschalen Lohnsteuer für die erste Jubiläumsuhr ist der Arbeitgeber hinsichtlich des Pauschalierungskreises Arbeitnehmer für sämtliche unter den Anwendungsbereich des § 37b Abs. 2 EStG fallenden Geschenke und Sachzuwendungen des gesamten Jahres an die 30-%-Pauschalsteuer gebunden.

Die Geschenkkörbe sind Aufmerksamkeiten und bleiben lohnsteuerfrei. In die Pauschalbesteuerung sind nur steuerpflichtige Sachbezüge einzubeziehen.

Für die steuerpflichtige ⬀ Betriebsveranstaltung hat der Arbeitgeber die Möglichkeit der Lohnsteuerpauschalierung mit 25 %, falls der Freibetrag von 110 EUR[2] überschritten ist. Sachverhalte, für die feste lohnsteuerliche Pauschsteuersätze bestehen, sind von der Pauschalierung mit 30 % ausgenommen.

Pauschalbesteuerung mit betriebsindividuellen Nettosteuersätzen kein Ausschlussgrund

Anders als die Lohnsteuerpauschalierung mit festen Steuersätzen ist die im Kalenderjahr bereits vorgenommene Pauschalbesteuerung mit den betriebsindividuellen Nettosteuersätzen[3] kein Ausschlussgrund für die Anwendung des § 37b Abs. 2 EStG. Zum Zeitpunkt der Ausübung des Wahlrechts nach § 37b Abs. 2 EStG bereits durchgeführte Pauschalierungen müssen insoweit nicht rückgängig gemacht werden. Will der Arbeitgeber allerdings rückwirkend für die bereits abgelaufenen Kalendermonate die neue Pauschalsteuer anwenden, bleibt die Möglichkeit der Rückabwicklung aller mit dem betriebsindividuellen Pauschsteuersatz bereits versteuerten Zuwendungsfälle dieses Jahres.

1 § 40 Abs. 2 EStG.
2 § 19 Abs. 1 Nr. 1a EStG.
3 § 40 Abs. 1 EStG.

Pauschalierungswahlrecht kann nicht widerrufen werden

Nach der Entscheidung zur Anwendung der 30-%-Pauschalsteuer ist für den Rest des Wirtschaftsjahres eine Pauschalierung nach der Vorschrift des § 40 Abs. 1 EStG nicht mehr möglich.

Anwendung der Sachbezugsfreigrenze

Sachleistungen an Arbeitnehmer bleiben im Rahmen der 50-EUR-Freigrenze steuerfrei.[4] Soweit kein lohnsteuerpflichtiger Sachbezug vorliegt, unterbleibt auch die Besteuerung mit dem Pauschsteuersatz von 30 %. Bei der Prüfung der Freigrenze bleiben pauschal besteuerte Sachbezüge nach § 40 EStG außer Ansatz. Auch betrieblich veranlasste Sachzuwendungen sind nicht in die Sachbezugsfreigrenze einzubeziehen, für die der Arbeitgeber die Pauschalbesteuerung mit dem Pauschsteuersatz von 30 % wählt.[5] Die Entscheidung zugunsten der Pauschalsteuer für Sachzuwendungen ist ausdrücklich ein Ausschlussgrund für die Anwendung des kleinen Rabattfreibetrags. Die Anwendung der Sachbezugsfreigrenze ist deshalb aber nicht ausgeschlossen, wenn der Arbeitgeber andere betrieblich veranlasste Sachzuwendungen seiner Arbeitnehmer nach § 37b Abs. 2 EStG versteuert.[6]

Tipp

Steuergestaltungsmöglichkeiten

Der Arbeitgeber kann daher bei mehreren Sachleistungen, deren Gesamtwert über der Sachbezugsfreigrenze liegt, in bestimmten Fällen den kleinen Rabattfreibetrag in Anspruch nehmen. Indem er sich für einzelne Sachbezüge für die Pauschalsteuer nach § 37b EStG entscheidet, können andere geldwerte Vorteile im Rahmen der Freigrenze steuerfrei bleiben. Da mehrere Sachbezüge für die Prüfung der Monatsfreigrenze zusammengerechnet werden müssen, lässt sich durch geschickte Wahl der Besteuerungsart ein Überschreiten der Freigrenze – und damit der Lohnsteuerabzug für sämtliche Sachbezüge eines Monats – vermeiden. Im Ergebnis kann dadurch beispielsweise ein steuerfreier Monatsbeitrag für das Fitnessstudio gewährt werden, wenn die weiteren Sachzuwendungen des Arbeitnehmers im Monat nach § 37b EStG pauschal versteuert werden.

Wichtig

Pauschalierungswahlrecht für Streuwerbeartikel

Diese Gestaltungsmöglichkeit hat der Arbeitgeber auch, wenn er aufgrund geringwertiger Sachzuwendungen (bis zu 10 EUR) die monatliche Freigrenze überschreitet. Zwar sind derartige Sachzuwendungen bei der Anwendung des § 37b EStG ohne weitere Prüfung als Streuwerbeartikel anzusehen und können somit bei der pauschalen Versteuerung außer Betracht bleiben. Um andere Sachbezüge bis 50 EUR steuerfrei belassen zu können, kann der Arbeitgeber diese Streuwerbeartikel jedoch in die Bemessungsgrundlage des § 37b Abs. 2 EStG einbeziehen und versteuern. Das Anwendungsschreiben räumt dem Arbeitgeber für Sachleistungen bis zu 10 EUR ein Pauschalierungswahlrecht ein.[7]

Begünstigte Zuwendungen

Sachzuwendungen

Die Pauschalierungsmöglichkeit bei Sachzuwendungen kann für Zuwendungen angewandt werden, die nicht in Geld bestehen. Begünstigt sind sämtliche Sachwendungen,

- die als betrieblich veranlasste Zuwendungen zusätzlich zur ohnehin vereinbarten Leistung oder Gegenleistung erbracht werden,
- die als Geschenk i. S. d. § 4 Abs. 5 Satz 1 Nr. 1 Satz 1 EStG zu beurteilen sind.

Während zunächst nur Sachzuwendungen in die Pauschalierung einbezogen werden sollten, die einkommensteuerlich als Geschenk i. S. d.

4 § 8 Abs. 2 Satz 11 EStG.
5 § 37b Abs. 2 EStG.
6 R 8.1 Abs. 3 LStR; BFH, Urteil v. 7.7.2020, VI R 14/18, BStBl 2021 II S. 232.
7 BMF, Schreiben v. 19.5.2015, IV C 6 – S 2297 – b/14/10001, BStBl 2015 I S. 468, Rz. 10.

§ 4 Abs. 5 Satz 1 Nr. 1 Satz 1 EStG[1] zu beurteilen sind, wurde die Pauschalierungsmöglichkeit auf betrieblich veranlasste Sachzuwendungen ausgedehnt, die zusätzlich zur ohnehin vereinbarten Leistung oder Gegenleistung erbracht werden.[2]

Pauschalierung bei zusätzlichen Sachzuwendungen

Die Zusätzlichkeitsvoraussetzung des § 37b Abs. 1 Nr. 1 EStG erfordert, dass zwischen dem Zuwendenden und dem Leistungsempfänger eine geschäftliche oder wirtschaftliche Beziehung und ein Leistungsaustausch besteht, durch den die Zuwendung veranlasst ist. Nicht ausreichend ist, dass eine Zuwendung zu einer Leistung eines Dritten hinzutritt, wenn beispielsweise ein Arbeitnehmer eines Kunden Zuwendungsempfänger ist.[3] Zwischen dem Beschenkten und dem Zuwendenden muss ein Grundgeschäft vereinbart sein, zu dem die Leistung freiwillig hinzukommt. Die Pauschalierungsnorm des § 37b Abs. 1 Nr. 1 EStG beschränkt sich auf Zusatzleistungen, die neben der im Grundgeschäft vereinbarten Leistung bzw. Gegenleistung ohne rechtliche Verpflichtung gewährt wird. Keine zusätzliche Leistung begründen Prämien oder Bonusprogramme, die an bestimmte Verkaufserfolge geknüpft sind. Die Erfolgsprämie wird nicht zusätzlich für die Abnahme von Waren oder Dienstleistungen und damit nicht zusätzlich zur vereinbarten Leistung oder Gegenleistung erbracht, sondern ist alleiniger Bestandteil des Grundgeschäftes „personenbezogener Verkaufserfolg“. Voraussetzung für die Einbeziehung in die Pauschalierungsvorschrift ist, dass die Geschenke beim Empfänger einkommensteuerbare und einkommensteuerpflichtige Einnahmen begründen.

Pauschalierung nur bei steuerpflichtigen Empfängereinnahmen

Der BFH hat mit mehreren Urteilen entschieden, dass die Pauschalierungsvorschrift des § 37b EStG nur Geschenke und betriebliche Zuwendungen erfasst, die beim Empfänger zu einkommensteuerbaren und einkommensteuerpflichtigen Einkünften führen.[4] Die Urteile stehen im Widerspruch zu der bis dahin geltenden Verwaltungsauffassung, wonach auch Zuwendungen und Geschenke an Steuerausländer oder Privatkunden in die Bemessungsgrundlage einzubeziehen sind.[5] Nach den Entscheidungsgründen stellt § 37b EStG keinen eigenständigen (originären) Einkommensteuertatbestand dar, sondern lediglich eine besondere pauschalierende Erhebungsform der Einkommensteuer. Nach der Rechtssystematik des Einkommensteuergesetzes ist unverzichtbares Tatbestandsmerkmal für die Besteuerung einer Zuwendung, dass diese zu den steuerpflichtigen Einnahmen einer der 7 Einkunftsarten des § 2 Abs. 1 EStG zählt. § 37b EStG begründet keine achte Einkunftsart.

Mit Blick auf die Urteilsgründe wendet die Finanzverwaltung die Rechtsprechung an. Das Einführungsschreiben zur Pauschalierung der Einkommensteuer nach § 37b EStG ist entsprechend überarbeitet und angepasst: Danach müssen die Geschenke u. a. beim Empfänger zu einer steuerbaren und steuerpflichtigen Einnahme i. S. d. EStG führen, etwa eine Betriebseinnahme oder Arbeitslohn darstellen.[6] Demzufolge sind Zuwendungen an Empfänger auszuscheiden, die nicht der inländischen Besteuerung unterliegen oder dem Empfänger nicht im Rahmen einer Einkunftsart zuzurechnen sind. Geschenke an Privatpersonen (Privatkunden) oder an Steuerpflichtige, die nach den Bestimmungen eines Doppelbesteuerungsabkommens (DBA) unter das Besteuerungsrecht eines ausländischen Staates fallen (Steuerausländer), sind bei der Bemessungsgrundlage für die Pauschalsteuer nach § 37b EStG auszuschließen.

Beispiel

Pauschalierung nur bei steuerpflichtigen Geschenken

Ein Autohändler schenkt den Käufern eines Neuwagens bei der Fahrzeugübergabe einen Rucksack im Wert von 30 EUR.

Bei 200 verkauften Fahrzeugen ergibt sich auf dem Aufwandskonto in der Finanzbuchhaltung ein Jahresbetrag von 6.000 EUR, den die Firma zu Recht als Betriebsausgaben abzieht. Auf Geschäftskunden fallen 120, auf Privatkunden 80 Fahrzeuge.

Ergebnis: Die pauschale Einkommensteuer ist mit 30 % von 3.600 EUR (= 30 EUR × 120 Geschäftskunden) zu erheben, wenn sich die Firma für die Steuerübernahme nach § 37b Abs. 1 EStG entscheidet. Die Aufwendungen i. H. v. 2.400 EUR unterliegen nicht der pauschalen Einkommensteuer, auch wenn die Firma für andere Sachzuwendungen von dieser Möglichkeit Gebrauch macht, etwa für VIP-Logen oder Incentives an Geschäftspartner. Die Rucksäcke für Privatkunden sind nicht in die Pauschalbesteuerung einzubeziehen, da sie keine steuerpflichtige Einnahme begründen.

Neu aufgenommen in das Anwendungsschreiben sind Ausführungen zum Ausscheiden von Geschenken und betrieblichen Sachzuwendungen, die beim Empfänger nicht im Rahmen einer Einkunftsart zufließen bzw. aufgrund eines DBA oder des Auslandstätigkeitserlasses beim Empfänger nicht der inländischen Besteuerung unterliegen. Hierzu muss der Zuwendende geeignete Aufzeichnungen für diese Personen führen, um die Nichtbesteuerung nachzuweisen. Die Empfänger der Zuwendungen müssen auf Verlangen der Finanzbehörde genau benannt werden.[7]

Abweichend von einer Aufstellung lässt die Finanzverwaltung im Einzelfall vereinfachend einen den unternehmensspezifischen Gegebenheiten angepassten Prozentsatz zur Aufteilung aller Zuwendungen an Dritte zu. Dieser Prozentsatz ist anhand geeigneter Unterlagen und Aufzeichnungen glaubhaft zu machen. Die o. g. weitergehenden Aufzeichnungspflichten über die Empfänger sind dann entbehrlich.

Beispiel

Aufteilung der Bemessungsgrundlage bei Steuerausländern

Eine Firma erwirtschaftet 50 % ihres Umsatzes im Ausland. Um entsprechende Aufträge zu erhalten, versendet sie Weinpräsente im Wert von jeweils 50 EUR in gleichem Umfang an potenzielle Kunden im In- und Ausland. Insgesamt hat die Firma einen betrieblichen Aufwand von 10.000 EUR im Jahr.

Ergebnis: Wenn das Unternehmen das Wahlrecht zur Pauschalierung nach § 37b EStG ausübt, kann es entsprechende Unterlagen vorlegen, dass 50 % des Umsatzes im Ausland getätigt werden. Die Geschenke an potenzielle Kunden im Ausland sind nicht einkommensteuerbar und einkommensteuerpflichtig. Daher beträgt die Bemessungsgrundlage für die Pauschalierung nach § 37b EStG 5.000 EUR. Die pauschale Einkommensteuer für die Kundengeschenke berechnet sich mit 1.500 EUR für die Inlandskunden.

Pauschalierung unabhängig vom Betriebsausgabenabzug

Während zunächst nur Sachzuwendungen in die Pauschalierung einbezogen werden sollten, die einkommensteuerlich als Geschenk i. S. d. § 4 Abs. 5 Satz 1 Nr. 1 Satz 1 EStG zu beurteilen sind, wurde die Pauschalierungsmöglichkeit auf betrieblich veranlasste Sachzuwendungen ausgedehnt, die zusätzlich zur ohnehin vereinbarten Leistung oder Gegenleistung erbracht werden. Die Pauschalierung ist somit unabhängig davon zulässig, ob der Zuwendende die Aufwendungen als Betriebsausgaben abziehen darf.[8] Der Wortlaut des § 37b Abs. 1 Nr. 2 EStG bezieht sich auf alle Geschenke. Eine Differenzierung zwischen nichtabziehbaren Geschenken über 35 EUR[9, 10] und abziehbaren Geschenken bis 35 EUR nach § 4 Abs. 5 Nr. 1 EStG ist der Vorschrift nicht zu entnehmen. Von der Pauschalierungsmöglichkeit werden deshalb auch über dem 10-EUR-Kleinbetrag liegende Geschenke bis zur Freigrenze von 50 EUR erfasst. Die bisherige Verwaltungspraxis ist durch die genannte BFH-Rechtsprechung bestätigt worden[11] und in der Neufassung des Anwendungsschreibens weiterhin enthalten. Die Pauschalierung nach § 37b EStG ist damit unabhängig von einem etwaigen Betriebsausgabenabzug des Zuwendenden vorzunehmen. Bei der Prüfung der

1 § 37b Abs. 1 Nr. 1 EStG.
2 § 37b Abs. 1 Nr. 2 EStG.
3 BFH, Urteil v. 21.2.2018, VI R 25/16, BStBl 2018 II S. 389.
4 BFH, Urteil v. 16.10.2013, VI R 52/11, BStBl 2015 II S. 455; BFH, Urteil v. 16.10.2013, VI R 57/11, BStBl 2015 II S. 457; BFH, Urteil v. 16.10.2013, VI R 78/12, BStBl 2015 II S. 495; BFH, Urteil v. 12.12.2013, VI R 47/12, BStBl 2015 II S. 490; BFH, Urteil v. 21.2.2018, VI R 25/16, BStBl 2018 II S. 389.
5 BMF, Schreiben v. 29.4.2008, IV B 2 – S 2297 – b/07/0001, BStBl 2008 I S. 566.
6 BMF, Schreiben v. 19.5.2015, IV C 6 – S 2297 – b/14/10001, BStBl 2015 I S. 468, Rz. 3.
7 BMF, Schreiben v. 19.5.2015, IV C 6 – S 2297 – b/14/10001, BStBl 2015 I S. 468, Rzn. 13, 13a.
8 BFH, Urteil v. 30.3.2017, IV R 13/14, BStBl 2017 II S. 892.
9 § 4 Abs. 5 Nr. 1 Satz 2 EStG.
10 Das Gesetzgebungsverfahren, das eine Änderung des Werts vorsieht, ist noch nicht abgeschlossen. Ggf. wird eine Änderung im Laufe des Jahres 2024 folgen.
11 BFH, Urteil v. 16.10.2013, VI R 52/11, BStBl 2015 I S. 468.

50-EUR-Grenze für das Abzugsverbot von Geschenken bleibt die vom Zuwendenden übernommene Pauschalsteuer außer Ansatz.[1] Voraussetzung für die Einbeziehung in die Pauschalierungsvorschrift ist jedoch, dass die Geschenke beim Empfänger einkommensteuerbare und einkommensteuerpflichtige Einnahmen begründen.

Incentive-Reisen

Auch ⇗ Incentive-Reisen werden durch die Pauschalierungsvorschrift erfasst. Incentive-Reisen sind nur unter bestimmten Voraussetzungen als Geschenk zu behandeln. In anderen Fällen werden sie als Belohnung zusätzlich zum vereinbarten Entgelt gewährt und sind damit beim zuwendenden Steuerpflichtigen in vollem Umfang als Betriebsausgaben abzugsfähig.[2]

Unterschied zwischen Incentive-Reise und Incentive-Maßnahme

Die Abgrenzung zwischen einer Incentive-Reise und einer Incentive-Maßnahme, bei der ggf. ein geschäftlicher Bewirtungsanteil herausgerechnet werden kann, nimmt die Finanzverwaltung danach vor, ob die Veranstaltung eine vom Zuwendenden bezahlte Übernachtung beinhaltet.[3] Ausreichend für die Annahme einer Incentive-Reise ist die bloße Übernachtung im Anschluss an eine Abendveranstaltung, etwa um den Teilnehmern die nächtliche Rückreise zu ersparen.

Beispiel

Steuerpflichtige Bewirtung bei Incentive-Reisen

Ein Automobilhersteller lädt ausgewählte Fahrzeughändler zum gemeinsamen Oktoberfestbesuch in München ein. Die Gesamtkosten inkl. der Anreise sowie eine Übernachtung im Anschluss an den Wiesn-Besuch betragen 33.000 EUR, davon entfallen auf den Abend im Festzelt 6.000 EUR. Der Fahrzeughersteller wählt die Pauschalbesteuerung nach § 37b EStG und übernimmt die Steuer aus der Vorteilsgewährung für seine Kunden.

Ergebnis: Die Vorteilsgewährung „Oktoberfest" stellt eine Incentive-Reise dar; sie ist eine Sachleistung mit Belohnungscharakter und die Veranstaltung beinhaltet eine Übernachtung. Die im Rahmen der Reise angefallenen geschäftlichen Bewirtungsaufwendungen sind als Betriebseinnahme bzw. Arbeitslohn zu erfassen und demzufolge bei der Bemessungsgrundlage des § 37b EStG anzusetzen. Der geldwerte Vorteil bei Teilnahme an einer Incentive-Reise ist – abweichend zu einer Veranstaltung mit Incentive-Charakter ohne Übernachtung – steuerlich in seiner Gesamtheit zu beurteilen. Der auf die Verpflegung entfallende Anteil der Gesamtaufwendungen teilt das Schicksal der Hauptleistung und unterliegt der 30-%-Pauschalsteuer, die sich für die Incentive-Reise mit 9.900 EUR (= 33.000 EUR × 30 %) berechnet.

Findet eine Bewirtung im Rahmen von Repräsentationsveranstaltungen i. S. d. § 4 Abs. 5 Satz 1 Nr. 4 EStG statt (z. B. Einladung zu einem Golfturnier, Segeltörn oder zu einer Jagdgesellschaft), sind die hierfür entstehenden Aufwendungen ebenfalls stets in die Bemessungsgrundlage des § 37b EStG einzubeziehen; in diesen Fällen kann ein Bewirtungsanteil – unabhängig von einer Übernachtung – nicht herausgerechnet werden.[4]

VIP-Logen

Als pauschalierungsfähige Sachzuwendungen kommen auch die dem Empfänger gewährten Vorteile anlässlich des Besuchs von sportlichen, kulturellen oder musikalischen Veranstaltungen in Betracht, etwa die Überlassung von Bundesliga-Dauerkarten an Mitarbeiter oder Geschäftspartner im Sponsoring. Die pauschale Aufteilung der Gesamtkosten bei VIP-Logen, Buisiness-Seats und Hospitilty-Leistungen regelt der sog. VIP-Logenerlass. Die vereinfachte Aufteilung nach dem sog. VIP-Logenerlass ist nur dann vorzunehmen, wenn das Sponsorenpaket auch Bewirtung und Werbung umfasst. Beinhaltet die VIP-Karte z. B. nur den Eintritt und den Parkplatz für Bundesligaspiele, unterliegt der Gesamtaufwand für die Eintrittskarten dem Pauschsteuersatz von 30 %.[5]

Ebenso sind die Vereinfachungsregelungen nicht anzuwenden, sofern im Einzelfall für die Bestandteile eines VIP-Sponsorenpakts eine Nachweisführung möglich ist. Gilt für den Werbe-, Bewirtungs- und Ticketanteil eine andere Bemessungsgrundlage, ist ein angemessener Aufteilungsmaßstab im Sinne einer sachgerechten Schätzung zu finden.[6]

Die Vorschrift kann auch dann angewendet werden, wenn die Aufwendungen beim Zuwendenden ganz oder teilweise unter das Abzugsverbot des § 160 AO fallen.

Nicht begünstigte Zuwendungen

Barlohn, vGA und Barlohnumwandlung

Keine Sachleistung, sondern einen Barlohnbezug stellt die Übernahme des Arbeitnehmeranteils zur Sozialversicherung dar. Die Einbeziehung in die pauschale Steuerübernahme mit 30 % ist daher nicht zulässig. Dasselbe gilt für verdeckte Gewinnausschüttungen; diese Zuwendungen sind nicht betrieblich, sondern gesellschaftsrechtlich veranlasst.

Barlohnumwandlung ist unzulässig

Beim Personenkreis der Arbeitnehmer müssen die pauschalierungsfähigen Zuwendungen außerdem zusätzlich zum ohnehin geschuldeten Arbeitslohn vom Arbeitgeber gewährt werden. Die Umwandlung von regulär zu besteuernden Barvergütungen in pauschal besteuerte Sachzuwendungen wird damit ausgeschlossen. Die Vorschrift des § 37b Abs. 2 EStG ist daher in Fällen der Gehaltsumwandlung nicht zulässig.

Streuwerbeartikel, Warenproben, Geschäftsfreundebewirtung

Die Pauschalierungsmöglichkeit lässt die bestehenden Vereinfachungsregelungen zu Bewirtungsaufwendungen, also keine Besteuerung der Geschäftsfreundebewirtung[7], unberührt. Nicht besteuert werden weiterhin Streuwerbeartikel und geringwertige Warenproben. Zur Vereinfachung der Besteuerungspraxis gelten sämtliche Sachzuwendungen, deren Anschaffungs- und Herstellungskosten nicht mehr als 10 EUR betragen, als nicht pauschalierungspflichtige Streuwerbeartikel. Nichtabzugsfähige Vorsteuerbeträge sind bei der 10-EUR-Grenze zu berücksichtigen. Diese Bagatellgrenze vermeidet sowohl beim zuwendenden Unternehmen als auch beim Empfänger die Besteuerung.[8]

Wichtig

Berechnung der 10-EUR-Grenze nach den Nettokosten

Die 10-EUR-Grenze berechnet sich nach den betrieblichen Anschaffungs- bzw. Herstellungskosten, also im Normalfall nach den betrieblichen Nettokosten. Vorsteuerbeträge sind deshalb bei der 10-EUR-Grenze nur zu berücksichtigen, sofern sie nicht abzugsfähig sind.[9] Beträgt der Wert der Zuwendung mehr als 10 EUR, sind die Aufwendungen des Steuerpflichtigen einschließlich Umsatzsteuer in die Bemessungsgrundlage einzubeziehen, und zwar unabhängig von der Vorsteuerberechtigung des Unternehmens.[10]

Im Rahmen des Vertriebs der eigenen Produkte und Erzeugnisse laden Firmen ihre Kunden zu entsprechenden Informations- oder Werbeveranstaltungen ein, die häufig mit einem entsprechenden Rahmenprogramm (Künstlerauftritt und Bewirtung) verbunden sind. Bei Veranstaltungen mit Rahmenprogramm bleiben die Aufwendungen für die geschäftlich veranlasste Bewirtung steuerfrei und damit bei der Pauschalversteuerung außer Ansatz.[11] Anders verhält es sich mit der Sachzuwendung „künstlerische Darbietung". Sie ist mit den hierfür entstandenen Aufwendungen in die Bemessungsgrundlage des § 37b

1 BMF, Schreiben v. 19.5.2015, IV C 6 – S 2297 – b/14/10001, BStBl 2015 I S. 468, Rz. 25; anders BFH, Urteil v. 30.3.2017, IV R 13/14, BStBl 2017 II S. 892.
2 Zur Abgrenzung s. BMF, Schreiben v. 14.10.1996, IV B 2 – S 2143 – 23/96, BStBl 1996 I S. 1192.
3 BMF, Schreiben v. 19.5.2015, IV C 6 – S 2297 – b/14/10001, BStBl 2015 I S. 468, Rz. 10.
4 BMF, Schreiben v. 19.5.2015, IV C 6 – S 2297 – b/14/10001, BStBl 2015 I S. 468, Rz. 10.
5 FG Bremen, Urteil v. 21.9.2017, 1 K 20/17.
6 FG Berlin-Brandenburg, Urteil v. 22.6.2021, 8 K 8232/18; Rev. beim BFH Az VI 15/21.
7 R 4.7 Abs. 3 EStR, R 31 Abs. 8 Nr. 1 LStR.
8 BMF, Schreiben v. 19.5.2015, IV C 6 – S 2297 – b/14/10001, BStBl 2015 I S. 468, Rz. 10.
9 § 9b Abs. 1 EStG.
10 BMF, Schreiben v. 19.5.2015, IV C 6 – S 2297 – b/14/10001, BStBl 2015 I S. 468, Rz. 14.
11 BMF, Schreiben v. 19.5.2015, IV C 6 – S 2297-b/14/10001, BStBl 2015 I S. 468, Rz. 10.

EStG einzubeziehen. Obwohl die Veranstaltung insgesamt ausschließlich betriebliche Zwecke verfolgt, ist die künstlerische Darbietung getrennt zu beurteilen, wenn sie auch ohne die Werbeveranstaltung einen eigenständigen, objektiven, marktgängigen Wert hat. Dies gilt auch für Sachzuwendungen in Form von Vorträgen über allgemein interessierende Themen.

Aufmerksamkeiten aus persönlichem Anlass

Geschenke, die der Arbeitnehmer aus persönlichem Anlass erhält und deren Wert 60 EUR pro Anlass nicht übersteigt, bleiben als ⇗ Aufmerksamkeiten lohnsteuerfrei, weil es am Entlohnungscharakter fehlt. Dementsprechend bleiben sie auch bei der Pauschalbesteuerung von Sachzuwendungen an Arbeitnehmer außer Ansatz. Diese ausschließlich für die Lohnsteuerfreiheit von Sachzuwendungen getroffene Regelung[1] wird auch für Aufmerksamkeiten an Dritte angewendet.[2]

Geschenke an Nichtarbeitnehmer sind nicht in die Pauschalierung einzubeziehen, wenn sie im Übrigen die Voraussetzungen einer lohnsteuerlichen Aufmerksamkeit erfüllen.[3]

Beispiel

Geschäftsfreund erhält zum Geburtstag Geschenkkorb im Wert von 60 EUR

Ein Unternehmen überreicht einem Geschäftsfreund zu dessen 50. Geburtstag einen Geschenkkorb im Wert von 60 EUR.

Ergebnis: Die Sachzuwendung erfüllt die für die Lohnsteuerfreiheit von Aufmerksamkeiten verlangten Kriterien. Das Sachgeschenk erfolgt aus persönlichem Anlass und übersteigt nicht die 60-EUR-Grenze. Für den Geschenkkorb ist als „Aufmerksamkeit an den Geschäftsfreund" keine pauschale Lohnsteuer von 30 % einzubehalten, auch wenn das Unternehmen vom Wahlrecht der Pauschalierungsvorschrift beim Personenkreis der Nichtarbeitnehmer für andere Geschenke Gebrauch macht.

Aufmerksamkeiten ohne persönlichen Anlass

Erhält der Geschäftsfreund aus vorigem Beispiel den Geschenkkorb zu Weihnachten, sind die 60 EUR in die Bemessungsgrundlage für die Pauschalbesteuerung nach § 37b Abs. 1 EStG einzubeziehen. Das Geschenk stellt mangels persönlichen Anlasses keine Aufmerksamkeit dar.

Verlosungsgewinne, Bonusprogramme

Gewinne aus Verlosungen, Preisausschreiben und sonstigen Gewinnspielen sowie Prämien aus Kundenwerbungsprogrammen und Vertragsneuabschlüssen fallen im Normalfall nicht in den Anwendungsbereich der Pauschalbesteuerung nach § 37b Abs. 1 EStG.[4] Bei diesen Sachverhalten stellen die Sachzuwendungen regelmäßig die eigentlich geschuldete Leistung des Zuwendenden für eine Gegenleistung dar. Es fehlt deshalb an der für die Pauschalbesteuerung erforderlichen Zusätzlichkeitsvoraussetzung, etwa bei Geschenken und Zuwendungen an Arbeitnehmer von Dritten.[5] In Einzelfällen kann aber der Anwendungsbereich des § 37b Abs. 1 EStG eröffnet sein, wenn die Sachzuwendungen beim Empfänger zu steuerpflichtigen Einnahmen führen. Dies kann insbesondere für ohne vorherige Zusage gewährte Prämien an Geschäftskunden zutreffen. Im Übrigen kann die Einkommensteuer bei Vorliegen der weiteren Voraussetzungen – Sachprämie wird für die persönliche Inanspruchnahme von Dienstleistungen in einem jedermann zugänglichen planmäßigen Verfahren gewährt – auf Antrag nach § 37a EStG pauschaliert werden. Bei der Teilnahme eines Kunden an einem Bonusprogramm wird die Ausgabe der Bonuspunkte zum Bestandteil der Gegenleistung des leistenden Unternehmens. Damit liegt weder in der Gutschrift der Punkte noch in der Hingabe der Prämie eine zusätzliche Leistung vor, sodass eine Pauschalierung nach § 37b EStG in derartigen Fällen ausgeschlossen ist.

1 R 19.6 LStR.
2 BMF, Schreiben v. 28.6.2018, IV C 6 – S 2297 – b/14/10001, BStBl 2018 I S. 814, Rz. 9c.
3 OFD Rheinland, Verfügung v. 28.3.2012, o. Az.
4 BMF, Schreiben v. 19.5.2015, IV C 6 – S 2297-b/14/10001, BStBl 2015 I S. 468, Rz. 9e.
5 BMF, Schreiben v. 19.5.2015, IV C 6 – S 2297 – b/14/10001, BStBl 2015 I S. 468, Rz. 9d, bestätigt durch BFH, Urteil v. 21.2.2018, VI R 25/16, BStBl 2018 II S. 389.

Bemessungsgrundlage

Tatsächliche Aufwendungen einschließlich Umsatzsteuer

Die Pauschalierungsvorschrift enthält für die Bewertung von Sachzuwendungen eine eigenständige Bemessungsgrundlage, die in ihrem Anwendungsbereich die allgemeinen Bewertungsgrundsätze für Sachbezüge verdrängt.[6]

Als Bemessungsgrundlage für die Besteuerung der geldwerten Vorteile wird statt auf den üblichen Endpreis auf die tatsächlichen Kosten des Zuwendenden einschließlich Umsatzsteuer abgestellt.[7]

Dies gilt auch in den Fällen, in denen der Unternehmer die Zuwendung selbst herstellt und deshalb die Herstellungskosten der Zuwendung möglicherweise deutlich von dem ansonsten anzusetzenden üblichen Endpreis am Abgabeort nach unten, aber auch nach oben abweichen.

Bei Incentive-Reisen ist die Gesamtleistung zu erfassen, auch soweit darin Bewirtungsleistungen enthalten sind.

Betriebliche (Incentive-)Veranstaltung: Einbeziehen der Kosten für den äußeren Rahmen und Begleitpersonen

Dasselbe gilt für die Aufwendungen für den äußeren Rahmen, die der Arbeitgeber bei betrieblichen (Incentive-)Veranstaltungen gegenüber Dritten verauslagt. Kosten für die Organisation und Durchführung der Veranstaltung sind in die Bemessungsgrundlage für die 30-%-Pauschalsteuer auch dann einzubeziehen, wenn sie für den Empfänger keinen marktgängigen Wert haben.[8]

Zu den Aufwendungen im Rahmen von betrieblichen (Event-)Veranstaltungen gehören neben den Aufwendungen für Musik, künstlerische und artistische Darbietungen auch die Aufwendungen für den äußeren Rahmen wie z. B. die Raummiete, Fahrtkosten und ggf. die Zahlungen für einen Eventmanager. Die Pauschalierungsvorschrift enthält für die Bewertung der pauschalierungsfähigen Zuwendungen eine eigene Bewertungsvorschrift.[9]

Die Ermittlung der nach § 37b EStG pauschalierungsfähigen Aufwendungen für betriebliche Incentive- bzw. Eventveranstaltungen, die den Betriebsveranstaltungsbegriff nicht erfüllen, führt damit zum selben Ergebnis wie die Berechnung der geldwerten Sachzuwendungen für eine lohnsteuerliche Betriebsveranstaltung.

Durch die ausdrücklichen gesetzlichen Bestimmungen der lohnsteuerlichen Bewertung von Betriebsveranstaltungen im Einkommensteuergesetz ab 2015 ist die Ungleichbehandlung insbesondere hinsichtlich der Aufwendungen für den äußeren Rahmen und Begleitpersonen beseitigt worden.[10] Seitdem besteht zwischen der Bewertung von Betriebsveranstaltungen und der Pauschalbesteuerung von Incentive- bzw. Eventveranstaltungen nach § 37b EStG insoweit Übereinstimmung, dass sämtliche dem Arbeitgeber durch die Veranstaltung entstehenden Aufwendungen und damit die (Brutto-)Gesamtkosten als Bemessungsgrundlage anzusetzen sind, auch wenn sie beim Arbeitnehmer keinen Vorteilszufluss begründen.[11]

Kosten für die Organisation und Durchführung der betrieblichen Veranstaltung sind in die Bemessungsgrundlage für die Berechnung der 30-%-Pauschalsteuer auch dann einzubeziehen, wenn sie für den Empfänger keinen marktgängigen Wert haben oder dem Arbeitnehmer nicht direkt zurechenbar sind.[12] Typische Beispiele sind Aufwendungen für

- Anmietung,
- Ausstattung und Dekoration der Veranstaltungsräume,
- Technik,
- Konzertagentur,
- Eventveranstalter oder
- Bustransfer.

6 BFH, Urteil v. 13.5.2020, VI R 13/18, BStBl 2021 II S. 395.
7 BFH, Urteil v. 18.8.2005, VI R 32/03, BStBl 2006 II S. 30; BFH, Urteil v. 13.5.2020, VI R 13/18, BStBl 2021 II S. 395.
8 BFH, Urteil v. 13.5.2020, VI R 13/18, BStBl 2021 II S. 395; BFH, Urteil v. 7.7.2020, VI R 4/19, BFH/NV 2021 S. 302.
9 § 37b Abs. 1 Satz 2 EStG.
10 § 19 Abs. 1 Nr. 1a EStG.
11 BFH, Urteil v. 29.4.2021, VI R 31/18, BStBl 2021 II S. 606.
12 BFH, Urteil v. 7.7.2020, VI R 4/19, BFH/NV 2021 S. 302.

Ebenso sind die Aufwendungen für Begleitpersonen in die Bemessungsgrundlage für die Pauschalbesteuerung nach § 37b EStG anzusetzen. Die anderslautende, zur lohnsteuerlichen Behandlung von Betriebsveranstaltungen ergangene Rechtsprechung findet für die Ermittlung der Bemessungsgrundlage der Pauschalsteuer nach § 37b EStG keine entsprechende Anwendung.[1] Die vom BFH aufgestellten Rechtsgrundsätze betreffen die Rechtslage von Betriebsveranstaltungen bis 2014 und sind auf die Pauschalierung nach § 37b EStG nicht übertragbar. Im Rahmen des § 37b EStG bilden laut ausdrücklicher gesetzlicher Regelung die Aufwendungen des Zuwendenden und damit der Gesamtaufwand die Bemessungsgrundlage für die Berechnung der Pauschalsteuer. Einzubeziehen sind deshalb alle Kosten, die der jeweiligen Veranstaltung unmittelbar oder anteilig, ggf. im Wege der Schätzung zugerechnet werden können.[2]

Bemessungsgrundlage in Herstellungsfällen

Dies gilt auch in den Fällen, in denen der Unternehmer die Zuwendung selbst herstellt und deshalb die Herstellungskosten der Zuwendung möglicherweise deutlich von dem ansonsten anzusetzenden üblichen Endpreis am Abgabeort nach unten, aber auch nach oben abweichen. In Herstellungsfällen kann diese Bemessungsgrundlage allerdings von dem allgemeinen Bewertungsgrundsatz in § 8 Abs. 2 Satz 1 EStG (dem um übliche Preisnachlässe geminderten üblichen Endpreis am Abgabeort) erheblich „nach unten" abweichen. Dies wird aus Vereinfachungsgründen und im Hinblick auf die Höhe des Steuersatzes von 30 % hingenommen. Die Bewertung mit den Herstellungskosten kann z. B. bei Eintrittskarten für eine selbst ausgerichtete Veranstaltung infrage kommen. Der Zuwendende kann anstelle der Herstellungskosten auch den gemeinen Wert in Höhe des Kartenpreises ansetzen.[3] Die Bewertung mit dem tatsächlichen Preis der Eintrittskarte ist insbesondere für Dauerkarten und VIP-Karten von Bundesligavereinen zulässig, da die Herstellungskosten hier immer über den tatsächlichen Eintrittspreisen liegen.[4]

Einbeziehung der Umsatzsteuer

Die gezahlte Umsatzsteuer ist stets in die Bemessungsgrundlage einzubeziehen, unabhängig davon, ob das Unternehmen diese wieder als Vorsteuer abziehen kann. Zuzahlungen des Zuwendungsempfängers mindern die Bemessungsgrundlage für die Pauschalbesteuerung der Sachleistung.

Gleichbehandlung aller konzernzugehörigen Arbeitnehmer

Bei Zuwendungen an Mitarbeiter verbundener Unternehmen ist jedoch mindestens der um 4 % verminderte Endpreis am Markt anzusetzen.[5] Durch die Ausnahmeregelung wird sichergestellt, dass Arbeitnehmer eines verbundenen Unternehmens nicht bessergestellt werden als Arbeitnehmer des „Herstellerunternehmens", bei denen die Besteuerung nach der sog. Rabattregelung für Belegschaftsrabatte durchzuführen ist. Dies führt hinsichtlich der Bewertung von Sachzuwendungen zu einer Gleichbehandlung aller konzernzugehörigen Arbeitnehmer.

Sonderfall: Ansatz des gemeinen Werts

Fiktive Kosten sind als Bemessungsgrundlage anzusetzen, wenn dem Zuwendenden für die Sachleistung keine bzw. nur geringe Aufwendungen entstehen. Hierunter fallen im Wesentlichen Wirtschaftsgüter des Betriebsvermögens, die im Betrieb nicht mehr benötigt und deshalb an Arbeitnehmer verschenkt oder verbilligt überlassen werden.

Hauptanwendungsfall dürfte die Überlassung des Firmenwagens beim Ausscheiden aus dem Betrieb sein. In diesen Fällen werden fiktive tatsächliche Kosten i. H. d. gemeinen Werts unterstellt, die als Bemessungsgrundlage für die Pauschalbesteuerung nach § 37b EStG anzusetzen sind. Maßgebende Besteuerungsgrundlage ist also der (Brutto-)Verkehrswert der Sachzuwendung.

1 BFH, Urteil v. 16.5.2013, VI R 94/10, BStBl 2015 II S. 186; BFH, Urteil v. 16.5.2013, VI R 7/11, BStBl 2015 II S. 189.
2 BMF, Schreiben v. 19.5.2015, IV C 6 – S 229 7- b/14/10001, BStBl 2015 I S. 468, Rz. 14.
3 BMF, Schreiben v. 19.5.2015, IV C 6 – S 2297 – b/14/10001, BStBl 2015 I S. 468, Rz. 14.
4 FG Bremen, Urteil v. 21.9.2017, 1 K 20/17 (5), rkr.
5 § 8 Abs. 3 EStG.

Zuzahlungen mindern die Bemessungsgrundlage

Zuzahlungen des Zuwendungsempfängers ändern nicht den Charakter der Zuwendung. Sie mindern allerdings die Bemessungsgrundlage. Zuzahlungen Dritter (z. B. Beteiligung eines anderen Unternehmers an den Kosten der Durchführung einer Incentive-Reise) mindern die Bemessungsgrundlage hingegen nicht.

Pauschalierungsgrenze von 10.000 EUR

Höchstbetrag bzw. Freigrenze

Um bei hohen Sachzuwendungen eine Besteuerung mit dem individuellen Steuersatz des Empfängers der Zuwendung zu gewährleisten, wird die Pauschalierungsmöglichkeit ausgeschlossen

1. soweit die Aufwendungen je Empfänger und Wirtschaftsjahr den Betrag von 10.000 EUR übersteigen (Höchstbetrag) oder
2. wenn die Einzelzuwendung 10.000 EUR (Freigrenze) übersteigt.

Während bei der ersten Fallgruppe nur der übersteigende Betrag von der Pauschalierungsmöglichkeit ausgenommen ist, handelt es sich bei der zweiten Fallgruppe um eine Freigrenze. Damit sind „Luxusgeschenke" von der Pauschalbesteuerung ausgenommen und unterliegen beim Empfänger weiterhin mit dessen persönlichem Steuersatz der Einkommen- bzw. Lohnsteuer.

Beispiel

Zusammenrechnung mehrerer Sachzuwendungen

Der Zuwendungsempfänger erhält eine Sachzuwendung im Wert von 20.000 EUR sowie weitere 3 Sachzuwendungen im Wert von jeweils 4.000 EUR.

Ergebnis: Eine Pauschalierung der Einzelzuwendung von 20.000 EUR scheidet von vornherein aus.

Die übrigen Zuwendungen über je 4.000 EUR können bis zu 10.000 EUR pauschaliert werden. Der übersteigende Betrag von 2.000 EUR kann nicht pauschaliert werden.

Bemessungsgrundlage: Tatsächliche Aufwendungen einschließlich Umsatzsteuer

Die Umsatzsteuer wird in die Prüfung der 10.000-EUR-Grenze einbezogen. Soweit auf die Aufwendungen je Empfänger und Wirtschaftsjahr abgestellt wird, ist entscheidend, wer steuerlich als Empfänger der Zuwendung anzusehen ist. Dies ist bei betrieblich veranlassten Sachzuwendungen an Familienangehörige des Geschäftsfreundes oder des Arbeitnehmers der Geschäftsfreund bzw. der Arbeitnehmer selbst.

Zuwendungen an Ehe-/Lebenspartner

Für die Berechnung der beiden 10.000-EUR-Beträge (Höchstbetrag und Freigrenze) ist der Ehe-/Lebenspartner eines Kunden, Geschäftspartners oder anderen Dritten ebenso wie der Ehe-/Lebenspartner des Arbeitnehmers nicht als eigener Zuwendungsempfänger anzusehen. Diese Personen werden zusammen mit dem Dritten bzw. Arbeitnehmer als ein Empfänger behandelt. Daher werden die insgesamt bezogenen Zuwendungen für die Prüfung betragsmäßiger Pauschalierungsgrenzen dem Dritten bzw. dem Arbeitnehmer zugerechnet.

Beispiel

Prüfung der Pauschalierungsgrenze

Der Arbeitgeber schenkt seinem Arbeitnehmer eine Reise für 2 Personen im Wert von 18.000 EUR. Der Arbeitnehmer führt die Reise gemeinsam mit seinem Ehegatten durch.

Ergebnis: Es liegt eine Zuwendung in Form einer Reise für 2 Personen vor. Der Wert der Reise ist steuerlich ausschließlich dem Arbeitnehmer zuzurechnen. Eine Pauschalierung nach § 37b EStG scheidet aus, da der Wert der Zuwendung die Pauschalierungsgrenze von 10.000 EUR übersteigt.

Zuwendungen an Personengesellschaften

Bei Zuwendungen an Personengesellschaften oder Gemeinschaften ist für die Prüfung der Pauschalierungshöchstgrenzen auf die einzelnen Gesellschafter abzustellen. Dies führt bei Sachzuwendungen an die Gesamtheit der Gesellschafter zu einer entsprechenden Vervielfältigung der Pauschalierungsgrenzen.

Aufzeichnungspflichten

Besondere Aufzeichnungspflichten für die Ermittlung der Zuwendungen bestehen nicht. Die Einhaltung der betragsmäßigen Pauschalierungsgrenze kann anhand der Aufzeichnungen, die der Unternehmer gesondert von den Betriebsausgaben bei Geschenken an Dritte zu führen hat[1], im Übrigen anhand des Lohnkontos und der hierzu aufzubewahrenden Unterlagen, überprüft werden.[2] Aus der Buchführung oder den Aufzeichnungen muss sich ablesen lassen, dass bei Wahlrechtsausübung alle Zuwendungen erfasst und die Höchstbeträge nicht überschritten wurden.

Vereinfachungsregelung für Zuwendungen bis 60 EUR

Aus Vereinfachungsgründen kann bei Zuwendungen bis zu jeweils 60 EUR davon ausgegangen werden, dass der Höchstbetrag nach § 37b Abs. 1 Satz 3 Nr. 1 EStG auch beim Zusammentreffen mit weiteren Zuwendungen im Wirtschaftsjahr nicht überschritten wird. Eine Aufzeichnung der Empfänger kann insoweit unterbleiben. Diese Vereinfachungsregelung ist auf jede einzelne Zuwendung anzuwenden, unabhängig davon, ob der Empfänger zuvor bereits weitere Zuwendungen bis 60 EUR erhalten hat.

Form und Verfahren

Abgeltungswirkung der Pauschalsteuer

Der zuwendende Steuerpflichtige hat die Pauschalsteuer zu übernehmen; er wird insoweit Steuerschuldner. Auf die Pauschalsteuer sind Solidaritätszuschlag und Kirchensteuer zu erheben. Die Zuwendungen und die Pauschalsteuer bleiben bei der Ermittlung der Einkünfte des Zuwendungsempfängers außer Ansatz. Eine zusätzliche Besteuerung bei der persönlichen Einkommensteuer ist durch die Abgeltungswirkung der Pauschalsteuer ausgeschlossen.[3] Die Abgeltungswirkung umfasst auch die Gewerbesteuer und ggf. Körperschaftsteuer, wenn der Zuwendungsempfänger körperschaftsteuerpflichtig ist.

Unterrichtung des Zuwendungsempfängers

Damit der Zuwendungsempfänger seine eigenen steuerlichen Pflichten zutreffend erfüllen kann, ist der zuwendende Steuerpflichtige verpflichtet, den Empfänger über die Pauschalierung zu unterrichten. Die Unterrichtung kann formlos in einfachster, sachgerechter Weise erfolgen. Bei eigenen Arbeitnehmern wird etwa ein Aushang am „Schwarzen Brett" oder ein Hinweis in der Lohnabrechnung genügen.

Bei Nichtarbeitnehmern, etwa bei Geschäftsfreunden oder Arbeitnehmern von anderen Firmen, ist aus Gründen der Rechtssicherheit dagegen eine schriftliche Mitteilung als Beleg erforderlich.

Eintragung in der Lohnsteuer-Anmeldung

Die pauschale Einkommensteuer gilt als Lohnsteuer und wird im Rahmen des Lohnsteuer-Anmeldungsverfahrens erfasst. Sie ist von dem die Sachzuwendung gewährenden Steuerpflichtigen in der Lohnsteuer-Anmeldung der Betriebsstätte anzumelden und abzuführen. Die Lohnsteuer-Anmeldungen sehen dafür eine gesonderte Eintragungspflicht vor; die pauschale Lohnsteuer nach § 37b EStG ist in Zeile 20 anzugeben.

Pauschalierungswahlrecht und Widerruf

Der Antrag auf Pauschalierung wird formlos durch die Abgabe der ⇗ Lohnsteuer-Anmeldung gestellt. Mit der Einreichung der Lohnsteuer-Anmeldung gilt das Wahlrecht des Steuerpflichtigen zur Steuerübernahme als ausgeübt. Zum Rechtsschutz des Empfängers ist der Antrag unwiderruflich. Der Arbeitgeber ist an die einmal ausgeübte Entscheidung zur Anwendung der 30-%-Pauschalsteuer für das Kalenderjahr gebunden. Nach der gesetzlichen Zielsetzung[4] soll der Zuwendungsempfänger darauf vertrauen können, dass durch die pauschale Besteuerung eine nachträgliche persönliche Inanspruchnahme durch das Finanzamt ausgeschlossen ist. Eine andere Auffassung vertritt die Rechtsprechung: Sie knüpft den wirksamen Widerruf an eine gleichzeitige Unterrichtung des Zuwendungsempfängers.[5]

Wichtig

Wirksamer Widerruf bei Unterrichtung des Zuwendungsempfängers

Die Finanzverwaltung folgt der Rechtsauslegung des Bundesfinanzhofes. Der Widerruf des ausgeübten Wahlrechts, der durch Abgabe einer geänderten Lohnsteuer-Anmeldung gegenüber dem Betriebsstättenfinanzamt zu erklären ist, wird allerdings nur dann wirksam, wenn der Zuwendungsempfänger hiervon schriftlich unterrichtet wird. Die gesetzgeberische Zielsetzung, die steuerliche Erfassung der Geschenke durch die Unwiderruflichkeit des Wahlrechts zu gewährleisten, wird im Ergebnis auch auf diese Weise erreicht. Der wirksame Widerruf bewirkt beim Zuwendungsempfänger ein steuerliches Ereignis mit Wirkung für die Vergangenheit, das die Änderung seines hiervon betroffenen (bestandskräftigen) Steuerbescheids zulässt.[6]

Betriebsausgabenabzug

Zuwendung an Arbeitnehmer

Die Übernahme der Pauschalsteuer ist aus Sicht des pauschalierenden Steuerpflichtigen Teil der Zuwendung an den Zuwendungsempfänger. Sie teilt damit im Hinblick auf den Betriebsausgabenabzug das steuerliche Schicksal der Sachzuwendung. Die Pauschalsteuer ist folglich als Betriebsausgabe abziehbar, wenn der Empfänger der Zuwendung Arbeitnehmer des Steuerpflichtigen ist.

Zuwendung an Nichtarbeitnehmer

Handelt es sich beim Empfänger der Zuwendung hingegen um einen Nichtarbeitnehmer, hängt die steuermindernde Berücksichtigung der Pauschalsteuer davon ab, ob der zuwendende Steuerpflichtige die Sachzuwendung in vollem Umfang als Betriebsausgabe abziehen kann oder ob diese als Geschenk zu den nicht abziehbaren Betriebsausgaben zählt.[7] Im erstgenannten Fall ist die Pauschalsteuer abziehbar, im letztgenannten scheidet ein Betriebsausgabenabzug aus.

Frist zur Wahlrechtsausübung

Für die Ausübung des Wahlrechts in beiden Pauschalierungskreisen gelten unterschiedliche zeitliche Fristen.[8]

Zuwendung an Arbeitnehmer

Für den Personenkreis der Arbeitnehmer als Zuwendungsempfänger kann die Entscheidung zur Pauschalbesteuerung längstens bis zur Ausstellung der Lohnsteuerbescheinigung erfolgen, also längstens bis zum 28.2. des Folgejahres.[9]

Zuwendung an Nichtarbeitnehmer

Das unwiderrufliche Wahlrecht muss für den Anwendungsbereich der Nichtarbeitnehmer spätestens in der letzten Lohnsteuer-Anmeldung des Wirtschaftsjahres der Zuwendung getroffen werden. Eine Berichtigung der vorangegangenen Lohnsteuer-Anmeldungen zur zeitgerechten Erfassung der pauschal zu versteuernden Sachleistung ist nicht erforderlich.

1 § 4 Abs. 7 EStG.
2 § 4 LStDV.
3 § 37b Abs. 3 i. V. m. § 40 Abs. 3 EStG.
4 BT-Drucks. 16/2712 S. 55.
5 BFH, Urteil v. 15.6.2016, VI R 54/15, BStBl 2016 II S. 1010.
6 § 175 Abs. 1 Nr. 2 AO.
7 BMF, Schreiben v. 19.5.2015, IV C 6 – S 2297 – b/14/10001, BStBl 2015 I S. 468, Rz. 26.
8 BMF, Schreiben v. 19.5.2015, IV C 6 – S 2297 – b/14/10001, BStBl 2015 I S. 468, Rzn. 7–8a.
9 § 41b Abs. 1 EStG.

Nachträgliche Pauschalbesteuerung bei Außenprüfung

Häufig werden pauschalierungsfähige Sachzuwendungen erstmals im Rahmen einer Außenprüfung aufgedeckt. Die Besteuerung und die damit verbundene Wahlmöglichkeit sind für solche Pauschalierungsfälle erst nach den von der Verwaltung festgelegten Endterminen von Bedeutung. Für den Arbeitnehmerbereich ist es deshalb auch noch nach Ablauf des maßgeblichen Wahlrechtszeitpunkts zulässig, dass der Arbeitgeber für lohnsteuerpflichtige Sachzuwendungen die Steuer pauschal mit 30 % übernimmt.

Beispiel

Nachträgliche Pauschalbesteuerung bei Lohnsteuer-Außenprüfung

Nach den Feststellungen einer Lohnsteuer-Außenprüfung für die Jahre 2020 bis 2023 hat die Firma ihren Außendienst-Mitarbeitern ab Erreichen einer bestimmten Umsatzsumme jährliche Incentive-Reisen bis zu 500 EUR gewährt.

Ergebnis: Die Sachpreise sind lohnsteuerpflichtiger Arbeitslohn. Der Arbeitgeber möchte seine Arbeitnehmer von der Besteuerung freistellen und beantragt beim Prüfer die Steuerübernahme im Wege der Lohnsteuerpauschalierung. Für steuerpflichtige Sachzuwendungen an Arbeitnehmer ist die Pauschalbesteuerung mit dem Pauschsteuersatz von 30 % möglich. Die vom BMF hierfür festgelegte Pauschalierungsfrist bis 28.2. des Folgejahres steht dem nicht entgegen, sofern der Arbeitgeber für andere pauschalierungsfähige Sachleistungen i. S. d. § 37b Abs. 2 EStG das Wahlrecht durch Vornahme des Lohnsteuerabzugs nach den individuellen Lohnsteuerabzugsmerkmalen in den Jahren 2020 bis 2023 nicht bereits anderweitig ausgeübt hat.

Pauschalsteuer erhöht den Gesamtaufwand

Unabhängig davon, ob es sich um Sachgeschenke an Geschäftsfreunde, Kunden u. a. handelt, also um Zuwendungen an Dritte, oder ob der Zuwendungsempfänger der eigene Mitarbeiter ist, sollte die gesamte Abgabenlast, die sich durch die Übernahme der Pauschalsteuer ergibt, in das für betriebliche Geschenke zur Verfügung stehende Budget mit eingerechnet werden. Neben der pauschalen Lohnsteuer von 30 % ist der bei der pauschalen Lohnsteuer weiterhin bestehende Solidaritätszuschlag sowie die vom jeweiligen Bundesland abhängige pauschale Kirchenlohnsteuer zu berücksichtigen.

Gesamtaufwand für Geschenke an Dritte erhöht sich um rund 1/3

Für Sachzuwendungen an Dritte kann sich durch die Pauschalsteuern eine Abgabenlast von bis zu 33,75 % ergeben, die den betrieblichen Geschenkeaufwand erhöht.

Gesamtaufwand für Geschenke an Arbeitnehmer

Bei den eigenen Arbeitnehmern und den Mitarbeitern von Konzernunternehmen sind darüber hinaus noch die Sozialabgaben mit einzurechnen, die allerdings auch beim normalen Lohnsteuerabzug nach den ELStAM anfallen. Die Belastung für das Unternehmen reduziert sich andererseits dadurch, dass die pauschalen Abgaben als Betriebsausgaben den steuerlichen Gewinn mindern und sich dadurch häufig auf die Hälfte reduzieren. Die sich tatsächlich ergebende Abgabenlast hängt von den steuerlichen Verhältnissen im Einzelfall ab, z. B. ob es sich beim zuwendenden Arbeitgeber um ein Einzelunternehmen oder eine Kapitalgesellschaft handelt oder wie hoch der jeweilige steuerliche Gewinn ist, der in die Einkommen- bzw. Körperschaftsteuer sowie in die Gewerbesteuer eingeht. Eine allgemeine Aussage lässt sich nicht treffen.

Tipp

Gewünschte Wirkung bei steuerfreien Geschenken erzielen

Egal, ob es sich um die eigenen Mitarbeiter oder um Geschäftsfreunde bzw. Geschäftskunden handelt, denen man ein betriebliches Geschenk zukommen lassen möchte, sollte man immer an die anfallenden (pauschalen) Abgaben denken. Dabei empfiehlt es sich, die Steuer nach § 37b EStG zu übernehmen, weil ansonsten der Zuwendungsempfänger (evtl. nachträglich) die erhaltenen Geschenke versteuern muss. Häufig erfolgt die Nachversteuerung im Rahmen von Betriebsprüfungen, was beim Beschenkten zu unliebsamen Überraschungen und Ärger führt. Dies zu vermeiden, war die gesetzliche Zielsetzung für die Pauschalierungsvorschrift des § 37b EStG. Der Beschenkte soll durch die Steuerübernahme des Schenkers die Geschenke steuerfrei vereinnahmen können.

Der Arbeitgeber sollte von vornherein die anfallenden Pauschalsteuern in die Finanzierung von Geschenken an Arbeitnehmer und Dritte einplanen. Es lässt sich viel Ärger ersparen, wenn das schenkende Unternehmen die Steuerübernahme nach § 37b EStG wählt. In diesem Fall kann es sich empfehlen, lieber etwas weniger zu schenken, damit die Pauschalsteuer von dem zur Verfügung stehenden Finanzbudget abgedeckt ist.

Sozialversicherung

Zugehörigkeit zum Arbeitsentgelt

Der weit gefasste Arbeitsentgeltbegriff hat zur Folge, dass bei jeglichen Zuwendungen des Arbeitgebers an seine Arbeitnehmer grundsätzlich von beitragspflichtigem Arbeitsentgelt[1] zur Sozialversicherung auszugehen ist. Im Umkehrschluss bedeutet dies aber auch, dass Sachzuwendungen, die Nichtarbeitnehmern (z. B. Kunden, Geschäftspartnern etc.) gewährt werden, kein beitragspflichtiges Entgelt dieser Personen darstellen.

Ausnahmen vom beitragspflichtigen Arbeitsentgelt

Des Weiteren ist zu berücksichtigen, dass nicht alle Zuwendungen eines Arbeitgebers an seine Arbeitnehmer beitragspflichtiges Arbeitsentgelt darstellen, da die Sozialversicherungsentgeltverordnung (SvEV) Ausnahmen von diesem Grundsatz trifft. So sieht § 1 Abs. 1 Satz 1 Nr. 1 SvEV vor, dass „einmalige Einnahmen, laufende Zulagen, Zuschläge, Zuschüsse sowie ähnliche Einnahmen, die zusätzlich zu Löhnen oder Gehältern gewährt werden, nicht dem sozialversicherungspflichtigen Arbeitsentgelt zuzurechnen sind, soweit sie lohnsteuerfrei sind…". Daher werden Zuwendungen, für die Steuerfreiheit als Streuwarenartikel besteht, und steuerfreie Aufmerksamkeiten an Arbeitnehmer aus persönlichen Anlässen nicht von der Beitragspflicht erfasst.

Außerdem verweist § 3 Abs. 1 Satz 4 SvEV auf die Vorschrift über die Steuerfreiheit der Sachzuwendungen im Rahmen der 50-EUR-Grenze. Entsprechend sind Sachzuwendungen an Arbeitnehmer, die im Rahmen der 50-EUR-Grenze steuerfrei zu behandeln sind, auch kein beitragsrechtlich relevantes Arbeitsentgelt in der Sozialversicherung.

Pauschalbesteuerte Sachzuwendungen an Mitarbeiter des Unternehmens

Tätigt ein Unternehmen aus betrieblicher Veranlassung Sachzuwendungen an seine Mitarbeiter, handelt es sich hierbei grundsätzlich um einen ⇗ geldwerten Vorteil.

Wichtig

Beitragspflicht trotz Pauschalversteuerung

Für die sozialversicherungsrechtliche Beurteilung sieht § 1 Abs. 1 Satz 1 Nr. 14 SvEV vor, dass nach § 37b Abs. 1 EStG pauschalbesteuerte Sachzuwendungen kein Arbeitsentgelt zur Sozialversicherung darstellen und damit beitragsfrei sind. Da für die eigenen Mitarbeiter des Unternehmens die Pauschalversteuerung allerdings nur nach § 37b Abs. 2 EStG zum Zuge kommen kann, sind diese Sachzuwendungen beitragspflichtig.

Pauschalbesteuerte Sachzuwendungen an fremde Mitarbeiter

Gewährt ein Arbeitgeber Sachzuwendungen an Arbeitnehmer von Geschäftskunden, handelt es sich aus Sicht dieser Arbeitnehmer um Einnahmen aus der Beschäftigung und damit um Arbeitsentgelt. Sachzuwendungen dieser Art sind beitragspflichtig zur Sozialversicherung. Es handelt sich um eine Arbeitsentgeltzahlung durch Dritte, wobei

1 § 14 SGB IV.

für die Berechnung der Sozialversicherungsbeiträge der geldwerte Vorteil der Sachzuwendung heranzuziehen ist.

Die sozialversicherungspflichtige Beschäftigung besteht hier aber nur zu dem Geschäftskunden. Daher kann die Zahlung der Sozialversicherungsbeiträge nur sichergestellt werden, wenn der betroffene Arbeitnehmer seinem Arbeitgeber – der die Beiträge zahlen muss – die Höhe der erhaltenen Sachzuwendungen unverzüglich mitteilt.[1]

Unter bestimmten Voraussetzungen können diese Sachzuwendungen nach § 37b Abs. 1 EStG pauschal besteuert werden. Für diesen Sachverhalt kommt in sozialversicherungsrechtlicher Hinsicht § 1 Abs. 1 Satz 1 Nr. 14 SvEV zum Zuge. Nach dieser Regelung stellt die pauschalversteuerte Sachzuwendung kein Arbeitsentgelt dar. Demzufolge ist sie beitragsfrei. Ein zeitlicher Zusammenhang zwischen dem Monat der Gewährung der Sachzuwendung und der Pauschalversteuerung ist nicht erforderlich. Dies bedeutet, dass die Entgelteigenschaft auch nicht besteht, wenn die Pauschalversteuerung erst nach der Ausstellung der Lohnsteuerbescheinigung bzw. nach dem Monatsletzten des Monats Februar des Folgejahres erfolgt.

Pauschalbesteuerte Sachzuwendungen an Mitarbeiter konzernverbundener Unternehmen

Für die nach § 37b Abs. 1 EStG pauschal besteuerten Sachzuwendungen, die an Mitarbeiter konzernverbundener Unternehmen gewährt werden, gilt das Gleiche wie für an eigene Mitarbeiter des Unternehmens geleistete Sachzuwendungen. Sie sind beitragspflichtig zur Sozialversicherung.

Beispiel

Sachzuwendungen an eigene und fremde Mitarbeiter

Die Müller AG lädt im Mai zu einer kulturellen Veranstaltung ein. Es handelt sich dabei nicht um eine Betriebsveranstaltung i. S. d. steuerlichen Regelungen. An der Veranstaltung nehmen u. a. die folgenden Personen teil:

Frau A	Arbeitnehmerin bei der Müller AG,
Herr B	Arbeitnehmer der Müller Logistik GmbH. Die Müller Logistik GmbH ist eine Tochtergesellschaft der Müller AG (Konzernunternehmen),
Herr C	Einzelunternehmer und langjähriger Geschäftspartner der Müller AG,
Frau D	Arbeitnehmerin des Einzelunternehmers C.

Der Wert der Sachzuwendungen beträgt pro Teilnehmer jeweils 200 EUR. Die Müller AG versteuert die Sachzuwendungen für alle Teilnehmer an der Veranstaltung im Rahmen des § 37b EStG pauschal.

Im Vorfeld der Veranstaltung wird Herrn E ein Geschenk im Wert von 50 EUR aus Anlass seiner 40-jährigen Betriebszugehörigkeit überreicht (steuerfreie Aufmerksamkeit aus persönlichem Anlass). Herr E ist Arbeitnehmer der Müller AG. Er nimmt nicht an der Veranstaltung teil.

Ergebnis:

Frau A und Herr B

Für eigene Arbeitnehmer und Arbeitnehmer von verbundenen Unternehmen handelt es sich trotz Pauschalversteuerung nach § 37b EStG um Arbeitsentgelt. Die Sachzuwendung in Höhe von 200 EUR ist daher in voller Höhe beitragspflichtig.

Herr C

Herr C steht in keinem Beschäftigungsverhältnis. Insoweit kann es sich – losgelöst von der Pauschalversteuerung – nicht um beitragspflichtiges Arbeitsentgelt handeln.

Frau D

Aufgrund der Pauschalversteuerung nach § 37b Abs. 1 EStG handelt es sich um kein beitragspflichtiges Arbeitsentgelt. Dies gilt auch, wenn die Pauschalversteuerung durch die Müller AG erst zu einem deutlich späteren Zeitpunkt – z. B. nach einer Betriebsprüfung im Folgejahr – vorgenommen wird.

Herr E

Aufgrund der Steuerfreiheit handelt es sich um kein beitragspflichtiges Arbeitsentgelt.

Verbeitragung des geldwerten Vorteils

Bei Sachzuwendungen an eigene Mitarbeiter und Mitarbeiter konzernverbundener Unternehmen, die der Arbeitgeber nach § 37b EStG pauschal versteuert, handelt es sich um beitragspflichtiges Arbeitsentgelt. Häufig handelt es sich dabei um Geschenke oder Einladungen zu Veranstaltungen. Die vorzunehmende Verbeitragung führt grundsätzlich dazu, dass der Arbeitnehmer über die Entgeltabrechnung mit den Arbeitnehmeranteilen am Gesamtsozialversicherungsbeitrag belastet wird. Aus diesem Grund übernehmen Arbeitgeber in diesen Fällen meistens die Arbeitnehmeranteile, die aufgrund der Verbeitragung zu entrichten sind. Dabei ist zu beachten, dass dies wiederum zu einem geldwerten Vorteil führt und entsprechend zusätzlich beitragspflichtiges Arbeitsentgelt darstellt.

Pauschale Lohn- und Kirchensteuer

Die Kirchenlohnsteuer wird zusammen mit der Lohnsteuer durch Steuerabzug vom Arbeitslohn erhoben.

Wird die Lohnsteuer pauschaliert, muss grundsätzlich auch die Kirchensteuer pauschal berechnet werden. Einzige Ausnahme ist die Lohnsteuer-Pauschalierung bei geringfügig beschäftigten Arbeitnehmern, bei denen die Pauschalierung mit 2 % vorgenommen wird: hier entfällt die Kirchensteuer-Pauschalierung, da mit der Pauschalsteuer Kirchensteuer und Solidaritätszuschlag abgegolten sind.

Bei der Kirchensteuer-Pauschalierung kann der Arbeitgeber zwischen dem vereinfachten Verfahren und dem Nachweisverfahren wählen. Diese Wahl kann der Arbeitgeber unterschiedlich treffen

- für jeden Lohnsteuer-Anmeldungszeitraum,
- für die jeweils angewandte Pauschalierungsvorschrift und
- für die in den einzelnen Rechtsvorschriften aufgeführten Pauschalierungstatbestände.

Im Rahmen des **vereinfachten Verfahrens** berechnet der Arbeitgeber für alle seine Arbeitnehmer einen pauschalen Kirchensteuersatz, unabhängig davon, ob der Arbeitnehmer Mitglied einer anerkannten Religionsgemeinschaft ist. Der Kirchensteuerpauschsatz in % der pauschalierten Lohnsteuer beträgt 4 % für Hamburg, 5 % für die Bundesländer Berlin, Brandenburg, Mecklenburg-Vorpommern, Sachsen, Sachsen-Anhalt und Thüringen, 5,5 % für Baden-Württemberg und 6 % für Niedersachsen und Schleswig-Holstein. Für alle anderen Bundesländer beträgt der Pauschsatz 7 % (Bayern, Bremen, Hessen, Nordrhein-Westfalen, Rheinland-Pfalz und Saarland).

Die im vereinfachten Verfahren ermittelten Kirchensteuern sind in der Lohnsteuer-Anmeldung unter der Kennzahl 47 gesondert anzugeben.

Beim **Nachweisverfahren** werden pauschal besteuerte Vergütungsbestandteile nur dann mit einer pauschalen Kirchensteuer berechnet, wenn der Arbeitnehmer tatsächlich Mitglied einer anerkannten Religionsgemeinschaft ist. In diesem Fall muss der reguläre Kirchensteuersatz von 8 % bzw. 9 % angewandt werden.

Die Höhe der Kirchensteuersätze ergibt sich sowohl bei Anwendung der Vereinfachungsregelung als auch im Nachweisverfahren aus den Kirchensteuerbeschlüssen der steuererhebenden Religionsgemeinschaften. Die geltenden Regelungen werden für jedes Kalenderjahr im Bundessteuerblatt Teil I veröffentlicht.

1 § 28o Abs. 1 SGB IV.

Gesetze, Vorschriften und Rechtsprechung

Lohnsteuer: Zur Pauschalierung der Kirchensteuer bei Minijobs im Rahmen der einheitlichen Pauschsteuer s. § 40a Abs. 2 EStG. Zur Auswahl zwischen Nachweisverfahren und vereinfachtem Verfahren s. Gleichlautende Erlasse der obersten Finanzbehörden der Länder vom 8.8.2016, BStBl 2016 I S. 773. Siehe z. B. für die Erhebung der Kirchensteuer in Hessen: OFD Frankfurt, Verfügung v. 2.9.2016, S 2444 A – 2 – St 212.

Pauschales Rohr-, Saiten- oder Blattgeld

Als Rohr-, Saiten- oder Blattgeld werden Arbeitgeberzuschüsse bezeichnet, die z. B. bei einem Orchester angestellte Musiker für die Instandhaltung und/oder Reparatur ihrer beruflich genutzten Musikinstrumente erhalten. Die Instrumente müssen Eigentum der Musiker sein.

Ersetzt der Arbeitgeber aufgrund einer tarifvertraglichen Verpflichtung dem als Orchestermusiker beschäftigten Arbeitnehmer die Instandsetzungskosten des Musikinstruments, handelt es sich dabei ebenfalls um steuerfreien Auslagenersatz.

Wird der Arbeitgeberzuschuss auf Grundlage der tatsächlich nachgewiesenen Kosten gezahlt, ist er weder steuer- noch beitragspflichtig.

Die pauschale Kostenerstattung ist ebenfalls möglich, aber nur dann lohnsteuer- und damit auch beitragsfrei, wenn die tatsächlichen Aufwendungen für einen repräsentativen Zeitraum von 3 Monaten nachgewiesen werden.

Gesetze, Vorschriften und Rechtsprechung

Lohnsteuer: Gemäß BFH, Urteil v. 21.8.1995, VI R 30/95, BStBl 1995 II S. 906 ist der pauschale Auslagenersatz möglich, wenn die Aufwendungen regelmäßig wiederkehren und im Großen und Ganzen dem tatsächlichen Aufwand entsprechen. Der steuerfreie Auslagenersatz aufgrund tarifvertraglicher Regelungen bei Orchestermusikern ergibt sich aus dem BFH-Urteil v. 28.3.2006, VI R 24/03, BStBl 2006 II S. 473.

Sozialversicherung: Die Beitragsfreiheit basiert auf der Lohnsteuerfreiheit und ist in § 1 Abs. 1 Satz 1 SvEV geregelt.

Entgelt	LSt	SV
Rohr-, Saiten- oder Blattgeld bei Einzelnachweis oder Nachweis für repräsentativen 3-Monatszeitraum	frei	frei

Pauschalierung der Lohnsteuer

Die Lohnsteuerberechnung muss nicht zwangsläufig nach den Lohnsteuermerkmalen (ELStAM) des Arbeitnehmers durchgeführt werden. Aus Vereinfachungsgründen kann der Arbeitgeber in bestimmten Fällen die Lohnsteuer mit gesetzlich bestimmten oder besonderen Pauschsteuersätzen erheben. Die Pauschalierung setzt voraus, dass sich der Arbeitgeber zur Übernahme der Lohnsteuer verpflichtet. Der Arbeitgeber wird dadurch zum Steuerschuldner der pauschalen Lohnsteuer. Die Lohnsteuerpauschalierung ist teilweise mit oder ohne Zustimmung des Finanzamts möglich.

Die Lohnsteuerpauschalierung (von Teilen) des Arbeitslohns löst grundsätzlich Beitragsfreiheit in der Sozialversicherung aus. Die Pauschalversteuerung muss auch tatsächlich vom Arbeitgeber für den jeweiligen Abrechnungszeitraum durchgeführt worden sein. Nur die Möglichkeit der Pauschalversteuerung ist nicht ausreichend für die Beitragsfreiheit in der Sozialversicherung. Eine Ausnahme stellt die geringfügig entlohnte Beschäftigung von Arbeitnehmern dar: Bei geringfügigen Beschäftigungsverhältnissen richtet sich die sozialversicherungsrechtliche Behandlung nach besonderen Vorschriften. Sachzuwendungen an eigene Arbeitnehmer, die mit 30 % pauschal versteuert werden, sind beitragspflichtig.

Gesetze, Vorschriften und Rechtsprechung

Lohnsteuer: Eine Übersicht über die häufigsten Pauschalierungsformen findet sich in § 40 EStG. Die weiteren Möglichkeiten der Pauschalbesteuerung mit festen Pauschsteuersätzen sind geregelt in § 40a EStG für Teilzeitbeschäftigte und geringfügig Beschäftigte, § 40b EStG für bestimmte Zukunftssicherungsleistungen, § 37a EStG für Kundenbindungsprogramme und § 37b EStG zur Pauschalierung von Geschenken.

Sozialversicherung: Die Beitragsfreiheit in der Sozialversicherung basiert auf der tatsächlich durchgeführten Pauschalversteuerung und ergibt sich aus § 1 Abs. 1 Satz 1 Nrn. 2-4a, 13, 14 und Satz 2 SvEV.

Lohnsteuer

Pauschalierung mit festen Pauschalierungssätzen

In aller Regel trägt der Arbeitnehmer die Lohnsteuer entsprechend der individuellen Lohnsteuerabzugsmerkmale. Unter bestimmten Voraussetzungen kann die Lohnsteuer jedoch pauschaliert werden. Zur pauschalen Lohnsteuer kommen dann noch die pauschale Kirchensteuer sowie der Solidaritätszuschlag hinzu.

Es wird unterschieden zwischen der Pauschalierung nach festen und besonders ermittelten Pauschsteuersätzen.

Hinweis

Getrennter Ausweis in der Entgeltbescheinigung

Die pauschal besteuerten Bezüge sind in der Entgeltbescheinigung getrennt nach §§ 37b, 40 Abs. 1–2, 40a Abs. 2 und 40b EStG aufzuzeichnen, weitere pauschal besteuerte Bezüge sind als sonstiges Pauschalsteuerbrutto aufzuzeichnen.[1]

Pauschalierungssätze nach § 40 Abs. 2 EStG

Zu den Möglichkeiten der Pauschalbesteuerung mit festen Pauschsteuersätzen gem. § 40 Abs. 2 EStG gehören:

- kostenlose oder verbilligte arbeitstägliche Mahlzeiten bzw. ↗ Essenszuschüsse (Pauschsteuersatz 25 %),
- Ersatz von Verpflegungsmehraufwendungen bei ↗ Reisekosten einer beruflich veranlassten Auswärtstätigkeit bis zu 100 % über die Höhe der Verpflegungspauschalen hinaus (Pauschsteuersatz 25 %),
- Zuwendungen aus Anlass einer ↗ Betriebsveranstaltung (Pauschsteuersatz 25 %),
- ↗ Erholungsbeihilfen in begrenzter Höhe (Pauschsteuersatz 25 %),
- die unentgeltliche oder verbilligte Übereignung von Datenverarbeitungsgeräten (z. B. PC-Übereignung) sowie Zuschüsse zur Internetnutzung des Arbeitnehmers (Pauschsteuersatz 25 %),
- die unentgeltliche oder verbilligte Übereignung von Ladevorrichtungen für Elektro- oder Hybridfahrzeuge (Pauschsteuersatz 25 %),
- die unentgeltliche oder verbilligte Übereignung eines betrieblichen Fahrrads oder E-Bikes zusätzlich zum ohnehin geschuldeten Arbeitslohn, sofern es sich verkehrsrechtlich nicht um ein Kfz handelt (Pauschsteuersatz 25 %)[2],

1 § 1 Abs. 2 Nr. 2 EBV, i. d. F. des 8. SGB IV-Änderungsgesetzes.
2 Neu eingeführt ab 1.1.2020 mit § 40 Abs. 2 Satz 1 Nr. 7 EStG i. d. F. des Gesetzes zur weiteren steuerlichen Förderung der Elektromobilität und zur Änderung weiterer steuerlicher Vorschriften.

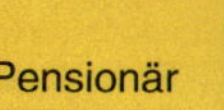

- ↗ Fahrtkostenzuschüsse für Fahrten zwischen Wohnung und erster Tätigkeitsstätte mit dem arbeitnehmereigenen Pkw (Pauschsteuersatz 15 %),
- ↗ Jobtickets im Wege der Barlohnumwandlung (Pauschsteuersatz 25 %),
- bei Jobtickets und Fahrtkostenzuschüssen (Pauschsteuersatz 25 %) anstelle der Steuerfreiheit mit der Folge der Nichtanrechnung auf die Entfernungspauschale.

Pauschalierung für Teilzeitkräfte und geringfügig Beschäftigte

Zu den Möglichkeiten der Pauschalbesteuerung mit festen Pauschsteuersätzen gem. § 40a EStG gehören:

- Arbeitslohn aus einer ↗ geringfügig entlohnten Beschäftigung mit 15 % pauschalem Rentenversicherungsbeitrag des Arbeitgebers (Pauschsteuersatz 2 %),
- Arbeitslohn aus geringfügig entlohnten Beschäftigungen ohne pauschalen Rentenversicherungsbeitrag des Arbeitgebers, bei Zusammenrechnung mehrerer geringfügig entlohnter Beschäftigungen (Pauschsteuersatz 20 %),
- Arbeitslohn aus einer ↗ kurzfristigen Beschäftigung (Pauschsteuersatz 25 %),
- Arbeitslohn bei kurzfristig (max. 18 zusammenhängende Arbeitstage) in Deutschland tätigen ausländischen Arbeitnehmern (Pauschsteuersatz 30 %),
- Arbeitslohn für Aushilfskräfte in der Landwirtschaft (Pauschsteuersatz 5 %).

Pauschalierung für bestimmte Zukunftssicherungsleistungen

Zu den Möglichkeiten der Pauschalbesteuerung mit festen Pauschsteuersätzen gem. § 40b EStG gehören:

- Beiträge zu einer ↗ Gruppenunfallversicherung (Pauschsteuersatz 20 %),
- Beiträge des Arbeitgebers zu nicht kapitalgedeckten Pensionskassen (Pauschsteuersatz 20 %),
- Beiträge des Arbeitgebers zu Direktversicherungen und Pensionskassen, die nach § 40b a. F. abgerechnet werden (Pauschsteuersatz 20 %).

Pauschalierungssätze nach § 37a und 37b EStG

Bei Sachprämien für ↗ Kundenbindungsprogramme ist die Pauschalierung mit dem festen Pauschalsteuersatz von 2,25 % möglich.[1]

Sachzuwendungen an Mitarbeiter und Geschäftsfreunde können mit einem Pauschsteuersatz von 30 % besteuert werden.[2]

Hinweis

Abwälzung der pauschalen Lohnsteuer

Der Arbeitgeber kann die pauschale Lohnsteuer in (fast) allen Fällen auf den Arbeitnehmer abwälzen. Nur bei der 30 %igen Pauschalbesteuerung von Sachzuwendungen nach § 37b EStG muss der zuwendende Steuerpflichtige die Pauschalsteuer übernehmen.

Pauschalierung mit betriebsindividuellem Pauschsteuersatz

Eine Pauschalierung der Lohnsteuer mit einem besonderen, betriebsindividuellen Pauschsteuersatz ist in 2 Fällen möglich[3]:

1. Auf Antrag des Arbeitgebers für ↗ sonstige Bezüge in einer größeren Zahl von Fällen bis 1.000 EUR jährlich und
2. bei Nacherhebung der Lohnsteuer im Anschluss an eine ↗ Lohnsteuer-Außenprüfung.

1 § 37a EStG.
2 § 37b EStG.
3 § 40 Abs. 1 Nr. 1 und 2 EStG.

Payback-Punkte

Das Payback-Punkte-Verfahren basiert auf einem Zusammenschluss verschiedener Warenhäuser und Einkaufsmärkte und verfolgt das Ziel, durch die Vergabe von Treue- bzw. Bonuspunkten die Kundenbindung zu erhöhen.

Das Verfahren wirkt sich auf die Entgeltabrechnung aus, wenn Arbeitnehmer im Rahmen ihrer beruflichen Tätigkeit am Payback-Verfahren teilnehmen, die gut geschriebenen Payback-Punkte jedoch privat nutzen bzw. verbrauchen können. In diesem Fall fließt dem Arbeitnehmer ein geldwerter Vorteil zu, der lohnsteuer- und beitragspflichtig ist.

Die 50-EUR-Sachbezugsfreigrenze ist ausdrücklich nicht anwendbar, da der Arbeitnehmer sich die Punkte in Bargeld auszahlen lassen kann. Außerdem findet weder die Steuerbefreiungsvorschrift des § 3 Nr. 38 EStG (Kundenbindungsprogramme) noch die Pauschalierungsmöglichkeit des § 37a EStG (Pauschalierung durch Dritte) Anwendung, da Payback die Lieferung von Waren (im Wesentlichen von Treibstoff) und nicht die Inanspruchnahme von Dienstleistungen begünstigt.

Die Steuer- und Beitragspflicht als geldwerter Vorteil kann nur vermieden werden, wenn dem Arbeitnehmer jede private Nutzung beruflich gesammelter Payback-Punkte untersagt ist.

Gesetze, Vorschriften und Rechtsprechung

Lohnsteuer: § 19 Abs. 1 EStG i. V. m. BMF, Schreiben v. 20.10.2006, IV C 5 – S 2334 – 68/06.

Sozialversicherung: Die Beitragspflicht in der Sozialversicherung ergibt sich aus § 14 Abs. 1 SGB IV.

Entgelt	LSt	SV
Geldwerter Vorteil aus privater Nutzung beruflich gesammelter Payback-Punkte	pflichtig	pflichtig

Pensionär

Bei Pensionären handelt es sich um Beamte, Richter und Berufssoldaten der Bundeswehr im Ruhestand, die eine Pension beziehen.

Gesetze, Vorschriften und Rechtsprechung

Lohnsteuer: Die Besteuerung der Ruhegehälter der Pensionäre erfolgt nach § 19 Abs. 2 EStG. Die Regelungen zur (höheren) Besteuerung beamtenrechtlicher Versorgungsbezüge sind verfassungsgemäß, vgl. BFH, Urteil v. 7.2.2013, VI R 83/10, BStBl 2013 II S. 573 und BFH, Beschluss v. 16.9.2013, VI R 67/12, BFH/NV 2014 S. 37: Der allgemeine Gleichheitssatz gebietet es nicht, nach beamtenrechtlichen Vorschriften gewährte Ruhegehälter wie Renten aus der gesetzlichen Sozialversicherung nur mit einem Besteuerungsanteil zu erfassen.

Sozialversicherung: Die Versicherungsfreiheit von beschäftigten Pensionären in der Krankenversicherung ist in § 6 Abs. 1 Nr. 6 i. V. m. Abs. 3 SGB V geregelt; die Rentenversicherungsfreiheit dieses Personenkreises, der eine Versorgung nach Erreichen einer Altersgrenze bezieht, findet sich in § 5 Abs. 4 Satz 1 Nr. 2 SGB VI. Auf die Rentenversicherungsfreiheit kann dieser Personenkreis seit 1.1.2017 nach § 5 Abs. 4 Satz 2 SGB VI verzichten. In der Arbeitslosenversicherung führt der Bezug einer Versorgung (Ruhegehalt) für beschäftigte Pensionäre generell nicht zur Versicherungsfreiheit. Hier kann Versicherungsfreiheit nach den allgemeinen Regelungen des SGB III eintreten, z. B. nach § 28 Abs. 1 Nr. 1 SGB III aufgrund des Lebensalters.

Lohnsteuer

Lohnsteuerabzug bei Pensionen

Pensionen (Ruhegehälter), die an Pensionäre gezahlt werden, beruhen meist auf einer arbeitsvertraglichen Versorgungszusage des Arbeitgebers. Sie werden damit aufgrund eines früheren Dienstverhältnisses als Entgelt für die frühere Dienstleistung gezahlt. Solche Zahlungen sind steuerpflichtiger Arbeitslohn. Es kann sich dabei um steuerbegünstigte ⇗ Versorgungsbezüge i. S. d. § 19 Abs. 2 EStG handeln[1], bei denen der Versorgungsfreibetrag zu berücksichtigen ist. Der BFH hat entschieden, dass die Besteuerung von Pensionen und Renten nach der Neuregelung durch das Alterseinkünftegesetz verfassungsgemäß ist[2], insbesondere bezüglich der Höhe der bei den Versorgungsbezügen zu berücksichtigenden Freibeträge.

Teilnahme am ELStAM-Verfahren

Zur Durchführung des Lohnsteuerabzugs muss der Arbeitgeber die ⇗ elektronischen Lohnsteuerabzugsmerkmale (ELStAM) des Pensionärs beim Bundeszentralamt für Steuern (BZSt) abrufen[3, 4] und in das Lohnkonto übernehmen.[5] Hierfür benötigt der Arbeitgeber einmalig das Geburtsdatum und die steuerliche Identifikationsnummer[6, 7] des Zahlungsempfängers.

Kein Zuschlag zum Versorgungsfreibetrag bei Steuerklasse VI

Wird ein Versorgungsbezug nach Steuerklasse VI versteuert, ist kein Zuschlag zum Versorgungsfreibetrag anzusetzen.[8] Dies betrifft in der Praxis meist die Pensionäre, die während des Ruhestands nebenher noch eine aktive Tätigkeit ausüben.

Altersentlastungsbetrag

Der Altersentlastungsbetrag kommt für Pensionäre bezüglich der Versorgungsbezüge i. S. d. § 19 Abs. 2 EStG nicht in Betracht.[9]

Bezug gesetzlicher Altersrente

Altersrenten aus der gesetzlichen Rentenversicherung sind kein Arbeitslohn, da sie auf früheren Beitragsleistungen des Rentners beruhen. Sie werden als sonstige Einkünfte i. R. d. Einkommensteuerveranlagung besteuert.[10]

Besteuerung mit Ertragsanteil

Bei Steuerpflichtigen, die in 2004 bereits eine Altersrente aus der gesetzlichen Rentenversicherung oder die ab 2005 erstmals eine solche Rente bezogen haben, unterliegen die Rentenbezüge mit einem Besteuerungsanteil von 50 % der Besteuerung.[11] Bei den Steuerpflichtigen, die in den Jahren 2006 bis 2020 erstmals eine Altersrente aus der gesetzlichen Rentenversicherung beziehen, erhöht sich der Besteuerungsanteil von 50 % für den jeweiligen Jahrgang um 2 % und von 2021 bis 2040 um 1 % (Kohortenbesteuerung).[12]

Wer 2023 in Rente geht, hat einen Besteuerungsanteil von 83 % für die gesamte Bezugszeit der Rente (ab VZ 2022: 82 %).[13] Dies erfolgt dadurch, dass für die Rentenbezüge nach Maßgabe des Besteuerungsanteils ein Freibetrag ermittelt wird, der sich grundsätzlich in den Folgejahren nicht verändert. Hierdurch werden etwaige Rentenerhöhungen in vollem Umfang in die Besteuerung einbezogen.

Die Erhöhung einer bereits laufenden gesetzlichen Altersrente durch einen Zuschlag an persönlichen Rentenentgeltpunkten für Kindererziehungszeiten („Mütterrente") führt zu einer Anpassung des bisherigen steuerfreien Teils der Rente (Rentenfreibetrag). Hierbei bleiben zwischenzeitliche regelmäßige Rentenanpassungen außer Betracht.[14]

Tipp

Renten-Urteile des BFH: Künftige Rentner sollten Beratung einholen

Im Mai 2021 hat der BFH in 2 Urteilen die derzeitige Rentenbesteuerung als verfassungsgemäß beurteilt. Dabei hat er erstmals genaue Berechnungsparameter für die Ermittlung einer doppelten Besteuerung von Renten festgelegt und ausgeführt, dass spätere Rentnerjahrgänge von einer doppelten Besteuerung ihrer Renten betroffen sein könnten. Mittlerweile haben die betroffenen Steuerpflichtigen gegen die BFH-Urteile Verfassungsbeschwerde eingelegt.[15]

Bund und Länder haben eine vorläufige Steuerfestsetzung wegen der Frage der Verfassungsmäßigkeit der Besteuerung von Renten beschlossen.[16]

Elektronische Rentenbezugsmitteilung

Zur Sicherstellung der Besteuerung übermitteln die Versicherungsträger die jeweiligen Rentenbezugsmitteilungen an die Finanzverwaltung.[17, 18] Über die Rentenbezugsmitteilung muss der Steuerpflichtige informiert werden.[19, 20]

Altersentlastungsbetrag

Der Altersentlastungsbetrag kommt für Rentner bezüglich deren Renten i. S. d. § 22 Nr. 1 Satz 3 Buchst. a EStG nicht in Betracht.[21]

Beschäftigung eines Pensionärs/Rentners

Pensionsbezug und Arbeitslohn

Eine ⇗ geringfügig entlohnte Beschäftigung eines Pensionärs/Rentners mit Lohnsteuerpauschalierung ist zulässig. Wird der Arbeitslohn pauschal besteuert[22], darf der Arbeitgeber keine ELStAM abrufen. Allerdings kann der Arbeitgeber geringfügig Beschäftigte auch im ELStAM-Verfahren anmelden und den Lohnsteuerabzug nach den individuellen Lohnsteuerabzugsmerkmalen durchführen, ggf. mit Steuerklasse VI.

Der als ⇗ Hinzuverdienst aus einem Dienstverhältnis bezogene Arbeitslohn eines Pensionärs ist grundsätzlich steuerpflichtig. Der Arbeitgeber muss den Lohnsteuerabzug nach den Lohnsteuerabzugsmerkmalen (ELStAM) des Arbeitnehmers vornehmen.

Der Pensionär kann in 2023, soweit er vor dem 2.1.1959 geboren ist, den Altersentlastungsbetrag bzgl. der Einkünfte aus nichtselbstständiger Tätigkeit[23] geltend machen.

Bei der Besteuerung des Arbeitslohns für die aktive Beschäftigung eines Beamtenpensionärs ist die Mindestvorsorgepauschale maßgebend, weil der Beamtenpensionär mit seiner Nebenbeschäftigung nicht sozialversicherungspflichtig ist.

Rentenbezug und Arbeitslohn

Eine ⇗ geringfügig entlohnte Beschäftigung mit Lohnsteuerpauschalierung ist zulässig.

1 BFH, Urteil v. 21.3.2013, VI R 5/12, BStBl 2013 II S. 611; BFH, Urteil v. 11.3.2020, VI R 26/18, BFH/NV 2020 S. 971.
2 BFH, Urteil v. 16.9.2013, VI R 67/12, BFH/NV 2014 S. 37; BVerfG, Beschluss v. 29.9.2015, 2 BvR 2683/11, BStBl 2016 II S. 310.
3 § 39e Abs. 3 Satz 1 EStG.
4 BMF, Schreiben v. 8.11.2018, IV C 5 – S 2363/13/10003 – 02, BStBl 2018 I S. 1137, geändert durch BMF, Schreiben v. 7.11.2019, IV C 5 – S 2363/19/10007:001, BStBl 2019 I S. 1087.
5 § 41 Abs. 1 Satz 2 EStG.
6 § 139a Abs. 1 AO.
7 BFH, Urteil v. 18.1.2012, II R 49/10, BStBl 2012 II S. 168.
8 § 39b Abs. 2 Satz 5 Nr. 1 EStG.
9 § 24a Abs. 1 Satz 2 Nr. 1 EStG.
10 § 22 Nr. 1 EStG.
11 BFH, Urteil v. 6.4.2016, X R 2/15, BStBl 2016 II S. 733.
12 Mit dem Wachstumschancengesetz war geplant, den Anstieg des Besteuerungsanteils von 2023 bis 2031 für jeden neuen Renteneintrittsjahrgang auf 0,5 % jährlich zu reduzieren. Da das Gesetzgebungsverfahren noch nicht abgeschlossen ist, kann es im Laufe des Jahres 2024 zu einer Änderung kommen. Bis zur Verabschiedung eines Gesetzes gelten weiterhin die bisherigen Werte.
13 § 22 Nr. 1 Satz 3 EStG.
14 BFH, Urteil v. 14.12.2022, X R 24/20, BFH/NV 2023 S. 881.
15 BFH, Urteil v. 19.5.2021, X R 20/19, BFH/NV 2021 S. 980, Az. beim BVerfG: 2 BvR 1143/21; BFH, Urteil v. 19.5.2021, X R 33/19, BFH/NV 2021 S. 992, Az. beim BVerfG: 2 BvR 1140/21.
16 BMF, Schreiben v. 30.8.2021, IV A 3 – S 0338/19/10006:001, BStBl 2021 I S. 1042.
17 § 22a EStG.
18 BMF, Schreiben v. 9.9.2019, IV C 5 – S 2378/19/10002 :001, BStBl 2019 I S. 911.
19 § 22 Nr. 5 Satz 7 EStG.
20 BMF, Schreiben v. 9.11.2020, IV C 3 – S 2257 – b/19/10005 :002, BStBl 2020 I S. 1061.
21 § 24a Abs. 1 Satz 2 Nr. 2 EStG.
22 § 40a EStG.
23 § 24a EStG i. V. m. § 19 EStG.

Der Rentner kann in 2023, soweit er vor dem 2.1.1959 geboren ist, den Altersentlastungsbetrag bzgl. der Einkünfte aus nichtselbstständiger Tätigkeit[1] geltend machen.

Der als Hinzuverdienst aus einem Dienstverhältnis bezogene Arbeitslohn eines Rentners ist grundsätzlich steuerpflichtig. Der Arbeitgeber muss den Lohnsteuerabzug nach den für den Arbeitnehmer gültigen ELStAM vornehmen. Lohnsteuer fällt für den weiterbeschäftigten Rentner nur an, soweit die für seine Steuerklasse geltenden Freibeträge überschritten werden. Freibeträge sind für die einzelnen Steuerklassen bei weiterbeschäftigten Rentnern, die Altersvollrente beziehen, weil sie das Regelrentenalter erreicht haben und nicht auf die Rentenversicherungsfreiheit verzichtet haben, im besonderen Lohnsteuertarif mit der gekürzten Vorsorgepauschale eingearbeitet.

Bei einem Verzicht auf die Rentenversicherungsfreiheit sind Arbeitnehmeranteile zur Rentenversicherung zu entrichten und der Teilbetrag der Vorsorgepauschale für die Rentenversicherung ist zu berücksichtigen.

Sozialversicherung

Kranken- und Pflegeversicherungsschutz von Pensionären

Krankenversicherung

Pensionäre haben nach beamtenrechtlichen Vorschriften Anspruch auf Beihilfe im Krankheitsfall. Sie ergänzen diesen Beihilfeanspruch regelmäßig durch eine ⇗ private Krankenversicherung, die lediglich die durch den Beihilfeanspruch nicht abgedeckten Kosten umfasst (= Teilversicherung).

Pensionäre können sich aber auch alternativ in der gesetzlichen Krankenversicherung freiwillig versichern, wobei in der gesetzlichen Krankenversicherung keine auf den Beihilfeanspruch abgestimmte Versicherung (Restkostenversicherung) abgeschlossen werden kann. Pensionäre erwerben daher dort den vollen Krankenversicherungsschutz.

Pflegeversicherung

Pensionäre haben nach beamtenrechtlichen Vorschriften auch Anspruch auf Beihilfe bei Pflegebedürftigkeit. Bei einem privaten Versicherungsunternehmen sind krankenversicherte Pensionäre zur Absicherung des Risikos der Pflegebedürftigkeit verpflichtet, eine private Pflegeversicherung abzuschließen. Diese muss die Beihilfeleistungen im Pflegefall bis zu der Höhe ergänzen, die insgesamt der Art und dem Umfang der Leistungen aus der sozialen Pflegeversicherung entspricht.[2]

In der gesetzlichen ⇗ Krankenversicherung sind freiwillig versicherte Pensionäre versicherungspflichtig in der sozialen Pflegeversicherung.[3] In diesen Fällen ist die o. g. Ergänzung durch eine zusätzliche Pflegeversicherung nicht erforderlich.

Nebenbeschäftigungen von Pensionären

Kranken- und Pflegeversicherung

Nehmen Pensionäre eine mehr als geringfügige abhängige Beschäftigung auf, sind sie kranken- und pflegeversicherungsfrei. Beiträge zur Kranken- und Pflegeversicherung fallen daher nicht an.

Renten- und Arbeitslosenversicherung

Vor Erreichen einer Altersgrenze

Pensionäre sind in der Rentenversicherung versicherungspflichtig, es sei denn, die Gewährleistung einer Versorgungsanwartschaft aus dem Beamtenverhältnis erstreckt sich auch auf die Nebenbeschäftigung. Diese Erstreckung der Gewährleistung einer Versorgungsanwartschaft tritt hin und wieder bei Beamten oder eben Pensionären vor Erreichen einer Altersgrenze ein, die eine Nebenbeschäftigung bei einem öffentlich-rechtlichen Arbeitgeber ausüben.

In der Arbeitslosenversicherung sind Pensionäre vor Erreichen der Altersgrenze für eine Regelaltersrente in der Nebenbeschäftigung versicherungspflichtig.

Nach Erreichen einer Altersgrenze

Pensionäre sind in der Rentenversicherung versicherungsfrei, sofern sie nach beamtenrechtlichen Vorschriften eine Versorgung nach Erreichen einer Altersgrenze beziehen.

Hinweis

Verzicht auf die Rentenversicherungsfreiheit

Die o. g. Personen können jedoch auf die Rentenversicherungsfreiheit verzichten, um zusätzliche Rentenanwartschaften zu erwerben. Der Verzicht auf die Rentenversicherungsfreiheit ist schriftlich gegenüber dem Arbeitgeber zu erklären und zu den Lohnunterlagen zu nehmen. Der Verzicht ist nur für die Zukunft möglich und für die Dauer der Beschäftigung bindend.[4] Die Versicherungspflicht beginnt mit dem Tag, der auf den Tag des Eingangs der schriftlichen Verzichtserklärung beim Arbeitgeber folgt, es sei denn, der Arbeitnehmer hat einen späteren Zeitpunkt bestimmt. Der Verzicht ist auf die Beschäftigung beschränkt, in der er erklärt wird, d. h. er wirkt nicht einheitlich für alle ausgeübten Beschäftigungen.

Der Arbeitgeber muss für beschäftigte Pensionäre den ⇗ Arbeitgeberanteil zur Rentenversicherung zahlen, auch wenn diese rentenversicherungsfrei sind. Dieser Arbeitgeberanteil ist nicht zu zahlen, wenn es sich um eine geringfügige Beschäftigung handelt.

In der Arbeitslosenversicherung sind Pensionäre versicherungsfrei, wenn sie das Lebensjahr für den Anspruch auf Regelaltersrente nach dem SGB VI vollenden. Die Versicherungsfreiheit tritt mit Ablauf des Monats ein, in dem sie das maßgebliche Lebensjahr vollenden. Die Regelaltersgrenze für den Anspruch auf eine Regelaltersrente wird für die Jahrgänge ab 1947 seit dem 1.1.2012 bis 2029 stufenweise auf das 67. Lebensjahr erhöht. Dabei wird pro Kalenderjahr jeweils ein Monat – später 2 Monate – auf das Rentenalter addiert.

In der Arbeitslosenversicherung muss der Arbeitgeberanteil in der Zeit vom 1.1.2017 bis zum 31.12.2021 nicht abgeführt werden.[5]

Beispiel

Pensionär nimmt mehr als geringfügige Beschäftigung auf

Herr W. ist als Soldat mit 53 Jahren in den regulären Altersruhestand getreten. Er erhält monatlich eine Pension i. H. v. 1.600 EUR. Im Falle von Krankheit hat er Anspruch auf Beihilfe nach beamtenrechtlichen Vorschriften.

Als Pensionär nimmt Herr W. bei der Firma A eine unbefristete Beschäftigung für 1.400 EUR/mtl. auf.

Ergebnis: Die von Herrn W. ausgeübte Beschäftigung ist versicherungsfrei in der Kranken-, Pflege- und Rentenversicherung, aber versicherungs- und beitragspflichtig zur Arbeitslosenversicherung.

Herr W. erhält eine Pension und hat im Falle der Krankheit Anspruch auf Beihilfe. Somit ist er krankenversicherungsfrei. Da die Pflegeversicherung der Krankenversicherung folgt, besteht auch Versicherungsfreiheit zur Pflegeversicherung. Versicherungsfreiheit in der Rentenversicherung besteht aufgrund des Bezugs einer Versorgung nach Erreichen einer Altersgrenze. Trotzdem hat die Firma A den Arbeitgeberanteil zur Rentenversicherung zu tragen. Herr W. kann jedoch auf die Rentenversicherungsfreiheit verzichten. Er unterliegt dann der Rentenversicherungspflicht und hat den Arbeitnehmeranteil zu tragen.

Herr W. hat noch nicht das Lebensjahr für den Anspruch auf Regelaltersrente i. S. d. Rentenversicherung vollendet. Deshalb ist er arbeitslosenversicherungspflichtig. Arbeitnehmer und Arbeitgeber haben jeweils die Hälfte des Beitrags zu tragen.

PGR: 119

BGR: 0310 bei Rentenversicherungsfreiheit

BGR: 0110 bei Verzicht auf die Rentenversicherungsfreiheit

---

1 § 24a EStG i. V. m. § 19 EStG.
2 § 22 Abs. 1 Satz 3 SGB XI, § 23 Abs. 3 SGB XI.
3 § 20 Abs. 3 SGB XI.
4 § 5 Abs. 4 Sätze 2 und 3 SGB VI.
5 § 346 Abs. 3 Satz 3 SGB III.

Pensionäre in Minijobs

Kurzfristige Beschäftigung

↗ Kurzfristig beschäftigte Pensionäre sind rentenversicherungsfrei.[6]

Geringfügig entlohnte Beschäftigung vor Erreichen einer Altersgrenze

↗ Geringfügig entlohnt beschäftigte Pensionäre, die z. B. eine Versorgung wegen Dienstunfähigkeit (keine Versorgung nach Erreichen einer Altersgrenze) beziehen, sind – abgesehen von Übergangsfällen[7] – rentenversicherungspflichtig. Sie können sich aber als Minijobber von der Rentenversicherungspflicht befreien lassen.[8]

Verzicht auf die Rentenversicherungsfreiheit

Der Verzicht ist auf die Beschäftigung beschränkt, in der er erklärt wird, d. h. er wirkt nicht einheitlich für alle ausgeübten Beschäftigungen.

Eine spätere Befreiung von der Rentenversicherungspflicht als geringfügig entlohnt beschäftigter Minijobber nach § 6 Abs. 1b SGB VI ist allerdings ausgeschlossen. Dies gilt auch, wenn der Verzicht in einer zunächst mehr als geringfügigen Beschäftigung erklärt wurde, die später auf eine geringfügig entlohnte Beschäftigung reduziert wird.

Geringfügig entlohnt Beschäftigte, die am 31.12.2012 rentenversicherungsfrei waren, bleiben in dieser Beschäftigung unter bestimmten Voraussetzungen weiterhin rentenversicherungsfrei.[9, 10]

Geringfügig entlohnte Beschäftigung ab Erreichen einer Altersgrenze

Rentenversicherungsfreiheit besteht für geringfügig entlohnt beschäftigte Pensionäre, die eine Versorgung nach Erreichen einer Altersgrenze beziehen. Sie können jedoch seit dem 1.1.2017 auf die Rentenversicherungsfreiheit verzichten, um (zusätzliche) Rentenanwartschaften zu erwerben. Der Verzicht auf die Rentenversicherungsfreiheit ist schriftlich gegenüber dem Arbeitgeber zu erklären und zu den Lohnunterlagen zu nehmen. Der Verzicht ist nur für die Zukunft möglich und für die Dauer der Beschäftigung bindend. Die Versicherungspflicht beginnt mit dem Tag, der auf den Tag des Eingangs der schriftlichen Verzichtserklärung beim Arbeitgeber folgt, es sei denn, der Arbeitnehmer hat einen späteren Zeitpunkt bestimmt.[11]

Versorgung wegen Dienstunfähigkeit

Für Pensionäre, die z. B. zunächst wegen Dienstunfähigkeit eine Versorgung beziehen, tritt Rentenversicherungsfreiheit ein, wenn die Altersgrenze für eine abschlagsfreie Versorgung wegen Alters erreicht wird. Auch sie können dann auf die Rentenversicherungsfreiheit verzichten, sofern sie sich in dieser Beschäftigung nicht zuvor als geringfügig entlohnt beschäftigte Minijobber von der Rentenversicherungspflicht nach § 6 Abs. 1b SGB VI haben befreien lassen.

Pauschalbeiträge für Minijobber

Rentenversicherung

Für in der Rentenversicherung von der Versicherungspflicht befreite bzw. versicherungsfreie geringfügig entlohnt Beschäftigte (Minijobber) muss der Arbeitgeber Pauschalbeiträge zur Rentenversicherung abführen. Hat der Pensionär auf die Rentenversicherungsfreiheit verzichtet, zahlt er einen eigenen Beitragsanteil zur Rentenversicherung.

Krankenversicherung

Zur Krankenversicherung ist der Pauschalbeitrag aber nur dann zu zahlen, wenn der Pensionär freiwillig in der gesetzlichen Krankenversicherung versichert ist. Das ist in der Praxis eher selten der Fall, da meist private Versicherungen bestehen.

Beispiel

Geringfügig entlohnte Beschäftigung eines Pensionärs

Herr A. ist seit Jahren privat krankenversichert. Nachdem er als früherer Beamter nach Erreichen einer Altersgrenze Pensionär wird, nimmt er einen Minijob bei einer Tankstelle auf. Er bekommt ein monatliches Entgelt in Höhe von 440 EUR.

Ergebnis: Die Beschäftigung wird kranken-, pflege-, renten- und arbeitslosenversicherungsfrei ausgeübt. Der Arbeitgeber zahlt den Pauschalbeitrag zur Rentenversicherung (15 % = 66 EUR). Herr A. kann jedoch auf die Rentenversicherungsfreiheit verzichten und zahlt dann einen eigenen Beitragsanteil zur Rentenversicherung (zzt. 3,6 % = 15,84 EUR). Zur Krankenversicherung ist kein Pauschalbeitrag zu zahlen, da Herr A. nicht gesetzlich krankenversichert ist.

Meldungen für beschäftigte Pensionäre

Beschäftigte Pensionäre sind im DEÜV-Meldeverfahren mit dem Personengruppenschlüssel (PGR) „119" für versicherungsfreie Altersvollrentner und Versorgungsbezieher wegen Alters zu schlüsseln. Für die ↗ Beitragsgruppe gelten die üblichen Schlüssel. Freiwillig in der gesetzlichen Krankenversicherung versicherte Pensionäre sind versicherungspflichtig in der sozialen Pflegeversicherung. Nehmen solche Pensionäre eine Beschäftigung in mehr als geringfügig entlohntem Umfang auf, besteht in dieser Beschäftigung keine Beitragspflicht zur Pflegeversicherung. Obwohl das Meldeverfahren dazu grundsätzlich die Verwendung des Schlüssels „1" für die Beitragsgruppe Pflegeversicherung vorsieht, wird auch die Verwendung der „0" als Beitragsgruppenschlüssel (BGR) PV für diesen Personenkreis akzeptiert.

Für den Fall, dass der Pensionär aus dem o. a. Beispiel noch weitere Beschäftigungen (insbesondere geringfügig entlohnte Beschäftigungen) ausüben würde, ergäbe sich bei Versicherung in der gesetzlichen Krankenversicherung und Rentenversicherungsfreiheit als Versorgungsbezieher wegen Alters folgende Beurteilung:

Fall	Art der Beschäftigung	PGR	BGR
	Hauptbeschäftigung, monatlich 1.400 EUR	119	0310
1 – 5	Mögliche Arten der Nebenbeschäftigungen		
1	Nebenbeschäftigung als Buchhalter monatlich 400 EUR	109	6500
2	Nebenbeschäftigung A als Programmierer monatlich 200 EUR ab 1.5.	109	6500
	Nebenbeschäftigung B als Buchhalter monatlich 150 EUR ab 1.8.	109	6500
3	Nebenbeschäftigung A als Buchhalter monatlich 350 EUR ab 1.5.	109	0500
	Nebenbeschäftigung B als Fahrer monatlich 150 EUR ab 1.8.	119	0300
4	Nebenbeschäftigung A als Programmierer monatlich 480 EUR	119	0310
	Nebenbeschäftigung B als Buchhalter monatlich 300 EUR	109	6500
5	Nebenbeschäftigung A als Buchhalter monatlich 500 EUR ab 1.4.	119	0310
	Nebenbeschäftigung B als Programmierer monatlich 400 EUR ab 1.5.	109	6500
	Nebenbeschäftigung C ebenfalls als Programmierer, monatlich 300 EUR ab 1.7.	119	0300

6 § 5 Abs. 2 Satz 1 Nr. 1 SGB VI.
7 § 231 Abs. 1 Satz 2 Nr. 3 SGB VI.
8 § 6 Abs. 1b SGB VI.
9 § 230 Abs. 8 Satz 1 SGB VI.
10 § 7 Abs. 1 SGB V, § 27 Abs. 2 Satz 1 SGB III.
11 § 5 Abs. 4 Satz 1 Nr. 2 SGB VI.

Beschäftigte Bezieher von Altersgeld

Nach Auffassung der Spitzenorganisationen der Sozialversicherung handelt es sich beim Altersgeld nach dem Altersgeldgesetz und bei vergleichbaren Alterssicherungsleistungen auf landesgesetzlicher Grundlage nicht um eine Versorgung nach beamtenrechtlichen Vorschriften oder Grundsätzen.

Kranken- und Pflegeversicherung

Die Ausübung einer abhängigen Beschäftigung neben dem Bezug von Altersgeld führt – im Gegensatz zu beschäftigten Pensionären – nicht zur Versicherungsfreiheit. Bezieher von Altersgeld haben keinen Anspruch auf Beihilfe im Krankheitsfall nach beamtenrechtlichen Vorschriften oder Grundsätzen, womit es an der Voraussetzung für die Versicherungsfreiheit fehlt.[1] In einer Beschäftigung sind Altersgeldbezieher deshalb krankenversicherungspflichtig. Das führt auch zur Versicherungspflicht in der Pflegeversicherung.

Rentenversicherung

In der Rentenversicherung sind Altersgeldbezieher grundsätzlich versicherungspflichtig. Eine Ausnahme gilt z. B. bei Ausübung einer kurzfristigen Beschäftigung.

Erreichen einer Altersgrenze

Wird neben dem Bezug von Altersgeld eine Beschäftigung ausgeübt, gilt für die Rentenversicherung Folgendes: In der Beschäftigung ist der Altersgeldbezieher nicht versicherungsfrei als Versorgungsbezieher nach Erreichen einer Altersgrenze. Bei dem Bezug von Altersgeld handelt es sich nicht um eine Versorgung nach beamtenrechtlichen Vorschriften oder Grundsätzen, womit es an einer Voraussetzung für die Versicherungsfreiheit fehlt.[2]

Hinweis

Versicherungsfreiheit für andere Rentner

Hiervon unberührt bleibt – soweit die Voraussetzungen erfüllt sind – die Versicherungsfreiheit z. B. von Personen,

- die nach Erreichen der Regelaltersgrenze eine Vollrente wegen Alters beziehen oder
- die bis zum Erreichen der Regelaltersgrenze nicht versichert waren oder nach Erreichen der Regelaltersgrenze eine Beitragserstattung aus ihrer Versicherung erhalten haben.

Arbeitslosenversicherung

Vor Erreichen des Regelrentenalters

In der Arbeitslosenversicherung sind Bezieher von Altersgeld, die daneben eine abhängige Beschäftigung ausüben, grundsätzlich versicherungspflichtig. Eine Ausnahme gilt z. B. bei Ausübung einer geringfügigen Beschäftigung.

Ab Erreichen des Regelrentenalters

Altersgeldbezieher sind versicherungsfrei, wenn sie das Lebensjahr für den Anspruch auf Regelaltersrente im Sinne des SGB VI vollenden. Versicherungsfreiheit tritt ein mit Ablauf des Monats, in dem sie das maßgebliche Lebensjahr vollenden.[3]

Pfändung von Lohn und Gehalt

Die Lohn- und Gehaltspfändung ist ein Spezialbereich der Zwangsvollstreckung eines Gläubigers in das Vermögen seines Schuldners. Da bei vielen Arbeitnehmern als Schuldner das Arbeitsentgelt die einzig vielversprechende Vollstreckungsmöglichkeit bietet, es andererseits aber regelmäßig die Existenzgrundlage des Schuldners und seiner Angehörigen darstellt, regelt die ZPO in den §§ 850 ff. die Lohnpfändung als einen Ausgleich zwischen dem Vollstreckungsinteresse des Gläubigers und dem (Lohn-)Pfändungsschutz des Schuldners. Drittbeteiligter ist der Arbeitgeber als sog. Drittschuldner, den im Lohnpfändungsverfahren vielfältige Mitwirkungspflichten treffen.

Die Einkommenspfändung erfolgt auf Gläubigerantrag durch das Vollstreckungsgericht. Dieses verbietet mit dem Pfändungsbeschluss dem Arbeitgeber als Drittschuldner, den gepfändeten Einkommensteil an den Schuldner zu zahlen.

Eine Lohn- und Gehaltspfändung zielt immer auf das Nettoarbeitsentgelt des Arbeitnehmers ab, sie wirkt sich daher beitragsrechtlich in der Sozialversicherung nicht aus.

Gesetze, Vorschriften und Rechtsprechung

- Zivilprozessordnung (ZPO), einschließlich der jeweils aktuell gültigen Pfändungsfreigrenzenbekanntmachung des BMJV, derzeit v. 20.3.2023, BGBl. 2023 I Nr. 79.
- Abgabenordnung (AO)
- Verwaltungsvollstreckungsgesetz (VwVG)
- Justizbeitreibungsordnung (JBeitrO)

Lohnsteuer

Besteuerung nach ELStAM

Auch wenn der Arbeitnehmer den Arbeitslohn an einen Dritten abgetreten hat oder der Arbeitslohn gepfändet wurde, hat er vom gezahlten steuerpflichtigen Bruttolohn die Lohnsteuer nach den individuellen elektronischen Lohnsteuerabzugsmerkmalen (ELStAM) zu erheben.[4] Die Pfändungsschutzvorschriften[5] sind für den Lohnsteuerabzug bedeutungslos. Hieraus folgt, dass der Steuerabzug vom Arbeitslohn auch dann zulässig ist, wenn sich hierdurch ein Nettolohn ergibt, der unter den Pfändungsfreigrenzen liegt.

Die Lohnsteuer ist vom gepfändeten Arbeitslohnteil in dem Zeitpunkt einzubehalten, in dem die Zahlung an den Pfändungsgläubiger geleistet wird oder der Arbeitgeber den gepfändeten Betrag nach § 853 ZPO hinterlegt. Für die Berechnung des pfändbaren Teils des Arbeitslohns wird regelmäßig der Nettolohn herangezogen.

Lässt der Arbeitnehmer den Arbeitslohn beim Arbeitgeber pfänden, hat er nur Anspruch auf Auszahlung des um die Steuerabzüge gekürzten Bruttolohns.

Vermögenswirksame Leistungen

Nicht pfändbar sind die vermögenswirksamen Leistungen des Arbeitnehmers.[6] Nach der herrschenden Meinung stellt der Anspruch auf die ⇗ Arbeitnehmersparzulage keinen Arbeitslohn dar und unterliegt damit auch nicht dem Pfändungsschutz.[7] Allerdings ist die Arbeitnehmersparzulage wegen des gesetzlichen Verbots der Übertragbarkeit nicht pfändbar.[8]

Hinweis

Pfändbarkeit der Arbeitnehmersparzulage strittig

Bezüglich der Pfändbarkeit der Arbeitnehmersparzulage wird teilweise in der Literatur die Meinung vertreten, dass diese pfändbar sei. Diese Auffassung wird regelmäßig damit begründet, dass es sich bei der Zulage um eine Steuervergünstigung handle, die unter Hinweis auf § 46 AO pfändbar sei. M.E. dürfte dieser Rechtsauffassung nicht zu folgen sein, weil die Arbeitnehmersparzulagen für Vermögensanlagen, die nach dem 31.12.1993 getätigt wurden, mangels Übertragbarkeit nicht pfändbar sind.

1 § 6 Abs. 1 Nr. 6 i. V. m. Abs. 3 SGB V.
2 § 5 Abs. 4 Satz 1 Nr. 2 SGB VI.
3 § 28 Abs. 1 Nr. 1 SGB III.
4 BFH, Urteil v. 16.3.1993, XI R 52/88, BStBl 1993 II S. 507.
5 §§ 850–850k ZPO.
6 § 2 Abs. 7 5. VermBG.
7 § 13 Abs. 3 Satz 1 VermBG.
8 § 13 Abs. 3 Satz 2 VermBG; § 851 Abs. 1 ZPO.

Berücksichtigung von Entgeltumwandlungen

Bietet der Arbeitgeber seinen Arbeitnehmern die Möglichkeit, Bar- in Sachlohn umzuwandeln, wie z. B. bei der Fahrrad- oder Pkw-Überlassung, liegen Sachbezüge vor. Diese sind als Naturalleistungen unpfändbar.[1] Solche Leistungen stellen aber für den Schuldner einen geldwerten Vorteil dar. Ihre Nichtberücksichtigung bei der Bemessung des unpfändbaren Grundfreibetrags wäre im Vergleich zu anderen Schuldnern ungerecht, die nur „bares" Arbeitseinkommen erhalten. Aufgrund dessen ist in einem solchen Fall der in Geld zahlbare Betrag beim Schuldner insoweit pfändbar, als der nach § 850c ZPO unpfändbare Teil des Gesamteinkommens durch den Wert der dem Schuldner verbleibenden Naturalleistungen gedeckt ist.[2] Im Ergebnis wird also der Wert der Naturalleistungen auf den unpfändbaren Betrag angerechnet. Insoweit kann dann ein um die Naturalleistung höherer Betrag beim Schuldner gepfändet werden.

1 § 851 ZPO.
2 § 850e Nr. 3 Satz 2 ZPO.

Pflegeversicherung

Die Pflegeversicherung ist ein Zweig der Sozialversicherung. Sie sichert das Risiko der Pflegebedürftigkeit ab. Der Beitragssatz zur sozialen Pflegeversicherung wird von Arbeitgeber und Arbeitnehmer zu gleichen Teilen getragen. Kinderlose Arbeitnehmer müssen nach Ablauf des Monats, in dem sie das 23. Lebensjahr vollendet haben, einen Beitragszuschlag bezahlen. Der Arbeitgeberanteil zur sozialen Pflegeversicherung ist, wie auch die übrigen Arbeitgeberanteile zur Sozialversicherung, kein lohnsteuerpflichtiger Arbeitslohn und kein sozialversicherungspflichtiges Arbeitsentgelt.

Gesetze, Vorschriften und Rechtsprechung

Lohnsteuer: Die Lohnsteuerfreiheit des Arbeitgeberbeitrags ergibt sich aus § 3 Nr. 62 EStG.

Sozialversicherung: Die Beitragsfreiheit des Arbeitgeberanteils in der Sozialversicherung ergibt sich aus § 14 Abs. 1 Satz 1 SGB IV i. V. m. § 1 Abs. 1 Satz 1 SvEV.

Pflegezeit

In der Pflegezeit wird der Beschäftigte von der Arbeit freigestellt, um einen pflegebedürftigen nahen Angehörigen zu pflegen. Möglich sind eine kurzzeitige Arbeitsbefreiung von 10 Tagen, die Freistellung von bis zu 6 Monaten als auch die Familienpflegezeit als bis zu 24-monatiger Anspruch auf Reduzierung der Arbeitszeit.

Gesetze, Vorschriften und Rechtsprechung

Lohnsteuer: Zahlungen an Pflegepersonen (Pflegegelder) sind nach § 3 Nr. 36 EStG steuerfrei. Die Aufzeichnungspflicht des Großbuchstaben „U" ergibt sich aus § 41 Abs. 1 EStG, Einzelheiten hierzu finden sich in R 41.2 LStR.

Sozialversicherung: Das Beschäftigungsverhältnis im Sinne der Sozialversicherung endet bei vollständiger Freistellung wegen Pflegezeit und bei Bezug von Pflegeunterstützungsgeld (§ 7 Abs. 3 Sätze 3 und 4 SGB IV).

Lohnsteuer

Pflegegeld ist steuerfrei

Leitet der Pflegebedürftige das von der (ggf. auch privaten) Pflegekasse gezahlte Pflegegeld[3] als Entschädigung für die Pflege weiter, sind diese Zahlungen beim Empfänger steuerfrei, wenn er

- Angehöriger des Pflegebedürftigen ist oder
- moralisch oder sittlich verpflichtet ist, die Pflegeleistungen zur Grundpflege oder hauswirtschaftlichen Versorgung zu erbringen.[4]

Steuerfrei sind nur Zahlungen bis zur Höhe des dem Pflegebedürftigen gewährten gesetzlichen Pflegegeldes.[5] Nicht erfasst von der Steuerbefreiung sind vom Pflegebedürftigen selbst zusätzlich gewährte Vergütungen. Dies gilt auch dann, wenn die Gesamtvergütung unterhalb des Pflegegeldes bleibt. Wer steuerrechtlich zu den Angehörigen zählt, richtet sich nach der Abgabenordnung.[6]

Von einer sittlichen Verpflichtung kann regelmäßig ausgegangen werden, wenn die Pflegeperson nur für einen Pflegebedürftigen tätig wird.

Die Zahlungen an die Pflegeperson sind auch dann steuerfrei, wenn der Pflegebedürftige anstelle des Pflegegeldes nach dem SGB XI folgende Leistungen erhält:

- Erstattungen von Krankenversicherungen für häusliche Pflege durch Privatpersonen[7], für selbst beschaffte Haushaltshilfen[8] und sog. Verhinderungspflege[9],
- Leistungen nach dem Recht der gesetzlichen Unfallversicherung,
- Leistungen aus öffentlichen Kassen aufgrund gesetzlicher Unfallversorgung oder Unfallfürsorge,
- Leistungen aus einer privaten Pflegeversicherung nach den Vorgaben des SGB XI,
- Leistungen im Sozialhilferecht[10],
- Leistungen der Beihilfe nach den Beihilfevorschriften des Bundes und der Länder sowie
- entsprechende Leistungen aus dem Ausland.

Das Pflegegeld ist steuerpflichtig, wenn es an Personen gezahlt wird, die weder zu den Angehörigen zählen noch sittlich oder moralisch dazu verpflichtet sind.

Arbeitsverhältnis besteht fort

Lohnsteuerlich ergeben sich keine Besonderheiten. Die ⇗ Lohnsteuer errechnet sich aus dem tatsächlich an den Arbeitnehmer gezahlten verminderten Arbeitsentgelt. Das lohnsteuerliche Arbeitsverhältnis besteht während der Pflegezeit fort. Ein ⇗ Teillohnzahlungszeitraum entsteht wegen des Fortbestands des Beschäftigungsverhältnisses nicht.

Zahlt der Arbeitgeber in der kurzzeitigen Arbeitsbefreiung zur Pflege naher Angehöriger oder der 6-monatigen Pflegezeit – ggf. auch freiwillig – den Arbeitslohn fort, oder leistet er Zuschüsse, gelten lohnsteuerrechtlich die allgemeinen Regelungen. Dies gilt insbesondere für die Steuerpflicht oder Steuerfreiheit von ⇗ Zulagen, ⇗ Zuschlägen und anderen Lohnbestandteilen.

Achtung

Steuerfreiheit von Zuschlägen nur bei tatsächlich erbrachter Arbeitsleistung

Zahlt der Arbeitgeber in der Freistellungsphase zur Pflege naher Angehöriger oder in der 6-monatigen Pflegezeit ⇗ Sonntags-, ⇗ Feiertags- oder ⇗ Nachtarbeitszuschläge fort, sind diese als pauschale Zahlungen steuerpflichtig.

3 Pflegegeld nach § 37 SGB XI.
4 § 3 Nr. 36 EStG.
5 § 37 Abs. 1 Satz 3 Nr. 1–4 SGB XI.
6 § 15 AO.
7 § 37 SGB V.
8 § 38 Abs. 4 SGB.
9 § 39 SGB V.
10 SGB XII.

Zuschläge sind nur steuerfrei, wenn sie für tatsächlich geleistete Sonntags-, Feiertags- oder Nachtarbeit gezahlt werden.

Aufzeichnung Großbuchstabe U

Fällt der Anspruch auf Arbeitslohn für mindestens 5 aufeinanderfolgende Arbeitstage im Wesentlichen weg, ist der Großbuchstabe U im Lohnkonto aufzuzeichnen.

Pauschsteuer von 2 % bei geringfügiger Beschäftigung

Übt der pflegende Arbeitnehmer während der teilweisen Arbeitsfreistellung sozialversicherungsrechtlich ein geringfügiges Beschäftigungsverhältnis[1] aus, kann die Lohnsteuer mit 2 % pauschaliert werden. Voraussetzung ist, dass der Arbeitgeber den Pauschalbeitrag von 15 % oder 5 % (in Privathaushalten) zahlt.

Versicherungsbeiträge bedingt abzugsfähig

Bei Vorliegen der Voraussetzungen nach dem Pflegezeitgesetz erhalten Beschäftigte auf Antrag Zuschüsse zu den Kranken- und Pflegeversicherungsbeiträgen. Zusätzlich entrichtet die Pflegekasse Beiträge zur Arbeitslosenversicherung.[2]

Die Versicherungsbeiträge des pflegenden Arbeitnehmers zu seiner Kranken-, Pflege- und Rentenversicherung sind nur insoweit als Vorsorgeaufwendungen im Rahmen der Höchstbeträge berücksichtigungsfähig, als sie nicht steuerfrei erstattet oder von der Pflegekasse bzw. dem privaten Pflegeversicherungsunternehmen des zu pflegenden Angehörigen unmittelbar (steuerfrei) gezahlt werden.

Sozialversicherung

Sozialversicherung während der Pflegezeit

Freistellung bis zu 10 Tage

Für Beschäftigte, die gegenüber ihrem Arbeitgeber für die Zeit der Freistellung[3] einen Anspruch auf Fortzahlung ihrer Vergütung haben, besteht die versicherungspflichtige Beschäftigung durchgehend fort.

Die Beschäftigung von Arbeitnehmern ohne Anspruch auf Fortzahlung des Entgelts gilt hingegen nicht als fortbestehend, wenn sie von der Pflegeversicherung als Ausgleich für das entgangene Arbeitsentgelt das Pflegeunterstützungsgeld erhalten.[4] Im Monat der Freistellung ist das tatsächlich gezahlte (geminderte) Arbeitsentgelt der Beitragsberechnung zugrunde zu legen. Die Tage, an denen Pflegeunterstützungsgeld bezogen wurde, gelten nicht als ⇗ Sozialversicherungstage.

Freistellung bis zu 24 Monate

Die Inanspruchnahme einer längeren ⇗ Familienpflegezeit und Pflegezeit[5] wirkt sich stärker auf das Versicherungsverhältnis der Pflegeperson aus, insbesondere dann, wenn ein Arbeitnehmer für die Pflegetätigkeit seine Arbeitsleistung vollständig einstellt, sie also nicht im eingeschränkten Umfang fortführt.

Die nachfolgenden Ausführungen beziehen sich auf die Freistellung bis zu 24 Monate.

Vollständige Freistellung von der Arbeit

Die vollständige Freistellung von der Arbeitsleistung hat zur Folge, dass die Beschäftigung im sozialversicherungsrechtlichen Sinne mit dem letzten Arbeitstag endet. Damit endet auch die Versicherungspflicht in der Kranken-, Pflege-, Renten- und Arbeitslosenversicherung als Arbeitnehmer.

1 § 8 Abs. 1 Nr. 1 SGB IV.
2 § 44a Abs. 1 SGB XI.
3 § 2 PflegeZG.
4 § 7 Abs. 3 Satz 3 SGB IV.
5 § 2 FPfZG und § 3 PflegeZG.

Hinweis

Kein Fortbestehen der Beschäftigung

Die Regelungen über das Fortbestehen der Beschäftigung ohne Entgeltzahlung für längstens einen Monat gelten nicht.[6]

Soziale Absicherung in der Kranken- und Pflegeversicherung

Mit Beginn der Freistellung stellt sich das Versicherungsverhältnis von Arbeitnehmern wie folgt dar:

Anspruch auf Familienversicherung

Häufig besteht für die pflegenden Angehörigen (Pflegepersonen) ab dem Beginn der Pflegezeit in der gesetzlichen Krankenversicherung und sozialen Pflegeversicherung die Möglichkeit der beitragsfreien ⇗ Familienversicherung. Regelmäßig dürfte hierbei die Familienversicherung über den Ehegatten oder Lebenspartner in Betracht kommen. Voraussetzung für das Zustandekommen einer Familienversicherung ist allerdings, dass der pflegende Angehörige kein Gesamteinkommen hat, das im Jahr 2024 regelmäßig 505 EUR (2023: 485 EUR) im Monat übersteigt. Für geringfügig entlohnt Beschäftigte (Minijobber) beträgt die Einkommensgrenze 538 EUR (bis 31.12.2023: 520 EUR). Das von der Pflegekasse gezahlte Pflegegeld für selbst beschaffte Pflegehilfen[7] zählt nicht zum Gesamteinkommen des pflegenden Angehörigen, auch dann nicht, wenn es von dem zu pflegenden Angehörigen an ihn als Entschädigung für die Pflege weitergeleitet wird. Ebenso gehört das zinslose Darlehen, das das Bundesamt für Familie und zivilgesellschaftliche Aufgaben (BAFzA) den Personen in einer pflegebedingten Freistellung von der Arbeitsleistung gewährt[8], nicht zum Gesamteinkommen, weil es nicht den Einkünften i. S. d. § 2 EStG zuzuordnen ist und damit nicht der Einkommensteuer unterliegt.

Freiwillige Krankenversicherung

Kommt für den pflegenden Angehörigen eine Familienversicherung nicht in Betracht (z. B. weil kein gesetzlich krankenversicherter Ehegatte vorhanden ist), besteht für ihn die Möglichkeit der ⇗ freiwilligen Krankenversicherung. Die freiwillige Versicherung beginnt vom ersten Tag der Freistellung an. Personen, die in der gesetzlichen Krankenversicherung freiwillig versichert sind, unterliegen in der sozialen Pflegeversicherung der Versicherungspflicht.[9]

Andere Versicherungspflichttatbestände

Endet die Versicherungspflicht der Beschäftigung aufgrund des Beginns der Pflegezeit, kann die Pflegeperson während der Freistellung aufgrund eines anderen Tatbestands krankenversicherungspflichtig sein. Infrage kommt dies z. B. bei Personen, die als Witwe oder Witwer bereits eine Rente der gesetzlichen Rentenversicherung beziehen und aufgrund dieses Rentenbezugs in der gesetzlichen Krankenversicherung pflichtversichert sind.

Versicherungsfreie Arbeitnehmer

Für die Dauer der vollständigen Freistellung von der Arbeitsleistung sind die Voraussetzungen der Krankenversicherungsfreiheit nicht mehr gegeben. Ein nur vorübergehendes Unterschreiten der Jahresarbeitsentgeltgrenze, das die Versicherungsfreiheit unbeschadet lässt, kann in diesen Fällen nicht angenommen werden. Diese Regelung entspricht der für die Arbeitsunterbrechung wegen der Elternzeit getroffenen Regelung.

Bei Arbeitnehmern, die vor Beginn der Pflegezeit wegen Überschreitens der Jahresarbeitsentgeltgrenze versicherungsfrei und freiwilliges Mitglied einer gesetzlichen Krankenkasse sind, kann die Mitgliedschaft während der Pflegezeit beitragsfrei fortgeführt werden. Dies gilt jedoch nur, wenn ohne die freiwillige Mitgliedschaft die Voraussetzungen für die Familienversicherung[10] vorliegen würden. Sind die Voraussetzungen für eine Familienversicherung nicht erfüllt, fallen Beiträge im Rahmen der freiwilligen Mitgliedschaft an.

6 § 7 Abs. 3 Satz 4 SGB IV.
7 § 37 SGB XI.
8 § 3 FPfZG.
9 § 20 Abs. 3 SGB XI.
10 § 10 SGB V.

Kranken- und Pflegeversicherungsbeiträge freiwilliger Mitglieder

Höhe der Beiträge

Für die Zeit der freiwilligen Krankenversicherung sind freiwillige Krankenversicherungsbeiträge an die Krankenkasse bzw. Pflichtbeiträge zur Pflegeversicherung zu zahlen. Die Höhe der Beiträge richtet sich dabei nach dem Einkommen des freiwillig Versicherten. Das Darlehen, das Arbeitnehmern vom Bundesamt für Familie und zivilgesellschaftliche Aufgaben bei einer pflegebedingten Freistellung von der Arbeitsleistung monatlich gezahlt wird[1], gehört nicht zu den beitragspflichtigen Einnahmen.[2] Verfügt der pflegende Angehörige während der Freistellung über keinerlei Einkünfte, sind die Beiträge nach dem sog. Mindesteinkommen[3] zu zahlen. Eine Ausnahme besteht jedoch, wenn der Ehegatte privat krankenversichert ist. In diesem Fall werden auch die Einkünfte des Ehegatten herangezogen. Die Mindestbeitragsbemessungsgrundlage beträgt im Kalendermonat ein Drittel der monatlichen Bezugsgröße (2024: 1.178,33 EUR; 2023: 1.131,67 EUR). Als ↗ Beitragssatz wird der gesetzlich festgelegte ermäßigte Beitragssatz der Krankenversicherung (14,0 %) sowie der kassenindividuelle Zusatzbeitragssatz herangezogen. In der sozialen Pflegeversicherung gilt

- der gesetzliche Beitragssatz i. H. v. 3,40 %[4];
- für Kinderlose ggf. zuzüglich der Beitragszuschlag i. H. v. 0,60 %[5];
- für Eltern ab dem 2. bis zum 5. Kind unter 25 Jahren ein Beitragsabschlag um jeweils 0,25 Beitragssatzpunkte.

Wichtig

Tragung der Beiträge

Die Beiträge zur freiwilligen Krankenversicherung und zur sozialen Pflegeversicherung sind von dem pflegenden Angehörigen in voller Höhe allein zu tragen. Der Arbeitgeber wird an den Beiträgen nicht beteiligt.

Beitragszuschuss durch die Pflegekasse

Um die Beitragsbelastung während der Pflegezeit finanziell abzufedern, erhalten die pflegenden Angehörigen auf Antrag einen Zuschuss zu den von ihnen zu zahlenden freiwilligen Krankenversicherungsbeiträgen und den Beiträgen zur sozialen Pflegeversicherung.[6] Die Höhe der Zuschüsse richtet sich nach der Höhe der Mindestbeiträge (in der Krankenversicherung unter Zugrundelegung des allgemeinen Beitragssatzes und des kassenindividuellen Zusatzbeitragssatzes), die der pflegende Angehörige zur freiwilligen Krankenversicherung bzw. zur sozialen Pflegeversicherung zu zahlen hat und übersteigt nicht die tatsächliche Höhe der Beiträge. Da die Krankenversicherungsbeiträge grundsätzlich unter Ansatz des ermäßigten Beitragssatzes ermittelt werden, wird der Zuschuss meist auf die tatsächliche Höhe des während der Inanspruchnahme der Pflegezeit zu zahlenden Krankenversicherungsbeitrags begrenzt. Die Beitragszuschüsse werden von der Pflegekasse des zu pflegenden Angehörigen an die Pflegeperson gezahlt. Der Arbeitgeber der Pflegeperson wird an den Beitragszuschüssen nicht beteiligt.

Beitragszuschuss für privat Versicherte

Arbeitnehmer, die bei einem privaten Krankenversicherungsunternehmen versichert sind, haben während der Pflegezeit den bisherigen Beitrag bzw. die bisherige Prämie weiterzuzahlen. Zu diesen Beiträgen zahlt die Pflegekasse des Pflegebedürftigen einen Beitragszuschuss. Für die Berechnung des Zuschusses zu den Krankenversicherungsbeiträgen werden der allgemeine Beitragssatz sowie der durchschnittliche Zusatzbeitragssatz zugrunde gelegt. Die zu zahlenden Zuschüsse dürfen die tatsächliche Beitragshöhe nicht übersteigen.

1 § 3 FPfZG.
2 § 3 Abs. 1 Satz 4 BVSzGs.
3 § 240 Abs. 4 Satz 1 SGB V.
4 Bis 30.6.2023: 3,05 %.
5 Bis 30.6.2023: 0,35 %.
6 § 44a Abs. 1 SGB XI.

Versicherungspflicht in der Rentenversicherung

Pflegepersonen unterliegen der Versicherungspflicht, wenn sie einen Pflegebedürftigen mit mindestens Pflegegrad 2 und einem Anspruch auf Leistungen aus der sozialen oder der privaten Pflegepflichtversicherung

- nicht erwerbsmäßig,
- wenigstens 10 Stunden wöchentlich,
- verteilt auf regelmäßig mindestens 2 Tage in der Woche,

in seiner häuslichen Umgebung pflegen.[7] Bis Ende 2016 wurde ein Pflegeaufwand der Pflegeperson von wenigstens 14 Stunden wöchentlich vorausgesetzt.

Hinweis

Nicht erwerbsmäßig tätige Pflegepersonen mit Beschäftigung von mehr als 30 Stunden

Nicht erwerbsmäßig tätige Pflegepersonen, die daneben regelmäßig mehr als 30 Stunden wöchentlich beschäftigt oder selbstständig tätig sind, werden nicht rentenversicherungspflichtig.[8] Der Ausschluss von der Rentenversicherungspflicht gilt jedoch grundsätzlich nicht für Pflegepersonen, die ihre Beschäftigung von mehr als 30 Stunden wöchentlich wegen der Inanspruchnahme der Pflegezeit unterbrechen. Außerdem muss die Pflegezeit mehr als 2 Monate in Anspruch genommen werden, damit davon auszugehen ist, dass die Pflegetätigkeit nicht nur vorübergehend durchgeführt wird.

Rentenversicherungsbeiträge

Die Höhe der zu zahlenden Rentenversicherungsbeiträge richtet sich nach dem Pflegegrad der pflegebedürftigen Person und nach der Art der gewährten Leistung (Pflegesachleistung, Pflegegeld oder Kombinationsleistung). Eine Differenzierung nach zeitlichem Pflegeaufwand erfolgt nicht mehr. Die Beitragsbemessungsgrundlage wird nach einem bestimmten Prozentsatz von der Bezugsgröße ermittelt[9]; bei Ausübung der Pflegetätigkeit im Rechtskreis Ost ist die dort geltende Bezugsgröße maßgebend. Die Beiträge werden nach einem Beitragssatz von 18,6 % aus den beitragspflichtigen Einnahmen (max. bis zur Beitragsbemessungsgrenze) erhoben.[10] Die Rentenversicherungsbeiträge werden in voller Höhe von der Pflegekasse bzw. dem privaten Pflegeversicherungsunternehmen des zu pflegenden Angehörigen getragen[11] und an die Rentenversicherungsträger gezahlt.[12]

Arbeitslosenversicherungspflicht

Pflegepersonen unterliegen der Versicherungspflicht, wenn sie einen Pflegebedürftigen mit mindestens Pflegegrad 2 und einem Anspruch auf Leistungen aus der sozialen oder der privaten Pflegepflichtversicherung

- nicht erwerbsmäßig,
- wenigstens 10 Stunden wöchentlich,
- verteilt auf regelmäßig mindestens 2 Tage in der Woche,

in seiner häuslichen Umgebung pflegen.[13] Die Versicherungspflicht tritt nur ein, wenn die Pflegeperson unmittelbar vor Beginn der Pflegetätigkeit arbeitslosenversicherungspflichtig war oder Anspruch auf eine laufende Entgeltersatzleistung nach SGB III hatte. Eine Beschäftigung, in der Arbeitslosenversicherungspflicht besteht, schließt die Versicherungspflicht als Pflegeperson aus.[14]

Arbeitslosenversicherungsbeiträge

Unabhängig vom Pflegegrad des Pflegebedürftigen und der Art der bezogenen Leistung gilt eine einheitliche beitragspflichtige Einnahme. Diese beträgt 50 % der monatlichen Bezugsgröße.[15] Eine Aufteilung der beitragspflichtigen Einnahmen in den Fällen der Mehrfachpflege findet

7 § 3 Satz 1 Nr. 1a SGB VI.
8 § 3 Satz 3 SGB VI.
9 § 166 Abs. 2 SGB VI.
10 § 157 SGB VI.
11 § 170 Abs. 1 Nr. 6 SGB VI.
12 § 173 SGB VI.
13 § 26 Abs. 2b SGB III.
14 § 26 Abs. 3 Satz 5 SGB III.
15 § 345 Nr. 8 SGB III.

nicht statt. Insoweit gilt die beitragspflichtige Einnahme für jede Pflegeperson in voller Höhe. Wird die Pflegetätigkeit in den neuen Bundesländern ausgeübt, ist die Bezugsgröße Ost maßgebend. Der Wohnsitz oder gewöhnliche Aufenthalt der Pflegeperson ist in diesem Zusammenhang unbeachtlich. Die Beiträge werden nach einem Beitragssatz von 2,6 % aus den beitragspflichtigen Einnahmen (max. bis zur Beitragsbemessungsgrenze) erhoben.

Die Beiträge werden ausschließlich von der Pflegekasse oder von dem privaten Versicherungsunternehmen des Pflegebedürftigen getragen[1] und an die Bundesagentur für Arbeit gezahlt.[2]

Hinweis

Pflegeperson trägt keine Beiträge

Weder die Pflegeperson selbst noch der Arbeitgeber der Pflegeperson werden an den Renten- und Arbeitslosenversicherungsbeiträgen beteiligt.

Teilweise Freistellung von der Arbeit

Nimmt der Arbeitnehmer nur eine teilweise Freistellung in Anspruch, kommt es darauf an, in welcher Höhe er weiterhin Arbeitsentgelt bezieht. Daraus ergeben sich verschiedene versicherungs- bzw. beitragsrechtliche Auswirkungen, wobei nur das monatliche Arbeitsentgelt während der Pflegezeit zu berücksichtigen ist. Die vor und nach der Pflegezeit erzielten Arbeitsentgelte sind in die Beurteilung nicht miteinzubeziehen.

Folgende 3 Fallgruppen sind zu unterscheiden:

- monatliches Arbeitsentgelt i. H. v. bis zu 538 EUR (Minijob)[3],
- monatliches Arbeitsentgelt i. H. v. 538,01 EUR bis 2.000 EUR (Midijob)[4] und
- monatliches Arbeitsentgelt i.. H. v. mehr als 2.000 EUR.

Bei Arbeitnehmern, die noch mindestens 15 Stunden wöchentlich in Teilzeit arbeiten, ist davon auszugehen, dass das monatliche Arbeitsentgelt die Geringfügigkeitsgrenze von 538 EUR übersteigt, sodass keine geringfügig entlohnte Beschäftigung vorliegt.

Hinweis

Darlehen des Bundes kein Arbeitsentgelt

Das Darlehen, das Arbeitnehmern bei einer pflegebedingten Freistellung von der Arbeitsleistung auf Antrag vom Bundesamt für Familie und zivilgesellschaftliche Aufgaben monatlich zusätzlich zum Lohn oder Gehalt gezahlt wird, stellt kein Arbeitsentgelt aus der Beschäftigung dar.[5] Vom Arbeitgeber sind aus dem Darlehen deshalb keine Beiträge abzuführen.

Arbeitsentgeltaufstockung aus Wertguthaben

Beschäftigte und Arbeitgeber können für die Dauer der Freistellung eine Aufstockung des Arbeitsentgelts durch eine Entnahme von Arbeitsentgelt aus einem Wertguthaben[6] vereinbaren. Die für die Dauer der Freistellung zu zahlenden Sozialversicherungsbeiträge bemessen sich in diesem Fall aus dem erzielten Teilzeit-Arbeitsentgelt und dem Aufstockungsbetrag.

Monatliches Arbeitsentgelt bis zur Höhe der Geringfügigkeitsgrenze

Erhält die Pflegeperson während der teilweisen Arbeitsfreistellung ein Arbeitsentgelt, welches regelmäßig monatlich nicht mehr als die Geringfügigkeitsgrenze beträgt, handelt es sich ab dem Beginn der Pflegezeit grundsätzlich um eine ⬀ geringfügig entlohnte Beschäftigung. Insoweit kommen für die weitere Beurteilung die versicherungs- und beitragsrechtlichen Regelungen für geringfügig entlohnt Beschäftigte in Betracht.

Monatliches Arbeitsentgelt in Höhe des Übergangsbereichs

Erhält die Pflegeperson während der teilweisen Arbeitsfreistellung ein regelmäßiges Arbeitsentgelt in Höhe von monatlich 538,01 EUR bis 2.000 EUR, ist die Regelung des ⬀ Übergangsbereichs anzuwenden.

Für die Arbeitnehmer besteht in allen Zweigen der Sozialversicherung grundsätzlich Versicherungspflicht.

Sofern die Pflegeperson in der gesetzlichen Rentenversicherung neben der Versicherungspflicht aufgrund der Beschäftigung auch die Voraussetzungen für die Versicherungspflicht als nicht erwerbsmäßig tätige Pflegeperson erfüllt[7], kommt es in diesem Versicherungszweig zu einer Doppelversicherung.

Achtung

Übergangsbereich bei Entgeltaufstockung durch Wertguthaben

Wird Arbeitsentgelt als Wertguthaben angespart, um es für Zeiten der Freistellung von der Arbeitsleistung oder der Verringerung der vereinbarten Arbeitszeit zu verwenden, und beträgt das fällige Arbeitsentgelt dadurch in der Ansparphase und/oder Entsparphase 538,01 EUR bis 2.000 EUR, ist die Regelung des Übergangsbereichs anzuwenden, selbst wenn das regelmäßige Arbeitsentgelt vorher außerhalb des Übergangsbereichs lag.

Monatliches Arbeitsentgelt in Höhe von mehr als 2.000 EUR

Erhält die Pflegeperson, die bisher in ihrer Beschäftigung der Versicherungspflicht in der Sozialversicherung unterlag, während der teilweisen Arbeitsfreistellung ein regelmäßiges Arbeitsentgelt i. H. v. mehr als 2.000 EUR, treten während der Pflegezeit keine Änderungen ein. Die Beschäftigung ist weiterhin nach den allgemeinen versicherungs- und beitragsrechtlichen Regelungen in der Sozialversicherung zu beurteilen.

Befreiung von der Krankenversicherungspflicht

Privat krankenversicherte Arbeitnehmer, die bisher krankenversicherungsfrei waren und während der Freistellung aufgrund der Herabsetzung der Wochenarbeitszeit und des dadurch geringeren Arbeitsentgelts krankenversicherungspflichtig werden, können sich von der Versicherungspflicht auf ihren Antrag hin befreien lassen. Ohne das Recht auf Befreiung von der Versicherungspflicht würden diese Personen gesetzlich krankenversichert und könnten erst nach Ablauf des Kalenderjahres, in dem nach Ende der Freistellung die Jahresarbeitsentgeltgrenze wieder überschritten wird, in die private Krankenversicherung zurückkehren. Dies allerdings nur dann, wenn ihr Jahresarbeitsentgelt auch die Versicherungspflichtgrenze des folgenden Jahres überschreitet. Die Befreiung von der Versicherungspflicht gilt, entsprechend der Regelung zur Elternzeit, nur für die Dauer der Freistellung.

Meldungen

Bei einer kurzzeitigen Freistellung von bis zu 10 Tagen ist weder eine Abmeldung noch eine Unterbrechungsmeldung notwendig. Gleiches gilt bei einer teilweisen Freistellung, während der die versicherungspflichtige Beschäftigung fortbesteht.

Bei einer längeren vollständigen Freistellung ist vom Arbeitgeber zum Tag vor Beginn der Pflegezeit eine ⬀ Abmeldung zu erstatten. Die Meldung ist innerhalb von 2 Wochen nach Ablauf des ersten Monats der Freistellung an die für die Pflegeperson zuständige Krankenkasse abzugeben (Abgabegrund „30").

Eine ⬀ Anmeldung (Abgabegrund „10") ist notwendig, sobald der Arbeitnehmer nach dem Ende der Freistellung wieder die Arbeit aufnimmt.

1 § 347 Nr. 10 Buchst. a und b SGB III.
2 § 349 Abs. 4a SGB III.
3 Bis 31.12.2023: 520 EUR.
4 Bis 31.12.2023: Von 520,01 EUR bis 2.000 EUR.
5 § 14 Abs. 1 SGB IV.
6 § 7b SGB IV.
7 § 3 Satz 1 Nr. 1a SGB VI.

Pkw Sicherheitstraining

Übernimmt der Arbeitgeber die Kosten für ein Pkw-Sicherheitstraining, handelt es sich grundsätzlich um lohnsteuerpflichtigen Arbeitslohn bzw. beitragspflichtiges Arbeitsentgelt im Sinne der Sozialversicherung.

Eine Ausnahme gilt, wenn die erhöhte Fahrsicherheit im überwiegend betrieblichen Interesse des Arbeitgebers liegt. Dies ist typischerweise bei Arbeitnehmern der Fall, die aus beruflichen Gründen mit dem Führen eines Pkw beauftragt sind, z. B.

- Fahrer von Rettungswagen,
- Kraftfahrer,
- Chauffeure,
- Kurierfahrer oder
- Fahrer von Pizzabringdiensten.

Um bei der Lohnsteuer-Außenprüfung die Steuerfreiheit des Pkw-Sicherheitstrainings nachzuweisen, sollte das überwiegend eigenbetriebliche Interesse entsprechend dokumentiert werden.

Gesetze, Vorschriften und Rechtsprechung

Lohnsteuer: Sofern die Übernahme der Kosten für das Sicherheitstraining steuerpflichtig ist, ergibt sich die Steuerpflicht aus § 19 Abs. 1 EStG. Gemäß R 19.7 Abs. 2 LStR liegt ein überwiegendes eigenbetriebliches Interesse vor, wenn das Sicherheitstraining die Einsatzfähigkeit des Arbeitnehmers im Betrieb erhöhen soll. In diesem Fall liegt kein Arbeitslohn vor.

Sozialversicherung: Die grundsätzliche Beitragspflicht ergibt sich aus § 14 Abs. 1 SGB IV. Sofern die Kostenübernahme im überwiegend betrieblichen Interesse liegt und somit keinen Arbeitslohn darstellt, liegt auch kein Arbeitsentgelt im sozialversicherungsrechtlichen Sinne vor.

Entgelt	LSt	SV
Pkw-Sicherheitstraining im betrieblichen Interesse bei Fahrtätigkeit	frei	frei

Polizeizulage

Beamte und Angestellte des öffentlichen Dienstes erhalten unter bestimmten Voraussetzungen eine Zulage im Zusammenhang mit ihrer Tätigkeit. Die Polizeizulage ist (ebenso wie die Feuerwehrzulage) eine Zahlung des Arbeitgebers, die das Risiko von besonders gefahrennahen Tätigkeiten kompensieren soll. Sie wird monatlich regelmäßig zusätzlich zum vereinbarten Grundlohn gewährt und ist steuerpflichtiger Arbeitslohn.

Da es sich bei den Beziehern um Beamte handelt, entfällt die Beitragspflicht aufgrund der Versicherungsfreiheit in der Sozialversicherung.

Gesetze, Vorschriften und Rechtsprechung

Lohnsteuer: Die Lohnsteuerpflicht der Polizeizulage ergibt sich aus § 19 Abs. 1 EStG i. V. m. R 19.3 Abs. 1 Nr. 1 LStR. Zur Steuerpflicht von Polizeizulagen für Dienste zu wechselnden Zeiten s. BFH, Urteil v. 15.2.2017, VI R 30/16, BStBl 2017 II S. 644, und BFH, Urteil v 15.2.2017, VI R 20/16, BFH/NV 2017 S. 1157.

Sozialversicherung: Die grundsätzliche Beitragspflicht des Arbeitsentgelts in der Sozialversicherung ergibt sich aus § 14 Abs. 1 SGB IV. Die Sozialversicherungsfreiheit der Beamten ergibt sich aus § 6 Abs. 1 Nr. 2 SGB V, § 27 Abs. 1 Nr. 1 SGB III und § 5 Satz 1 Abs. 1 Nr. 1 SGB VI.

Entgelt	LSt	SV
Polizeizulage	pflichtig	frei

Portokosten

Ersetzt der Arbeitgeber dem Arbeitnehmer Portokosten, die aus betrieblichen Gründen entstehen und aus Vereinfachungsgründen vom Arbeitnehmer vorgestreckt werden, handelt es sich um lohnsteuer- und beitragsfreien Auslagenersatz.

Auslagenersatz (durchlaufende Gelder) liegt vor, wenn der Arbeitnehmer die Ausgaben für Rechnung des Arbeitgebers durchführt. Dabei ist es gleichgültig, ob das im Namen des Arbeitgebers oder in eigenem Namen geschieht.

Pauschaler Auslagenersatz führt regelmäßig zu lohnsteuer- und sozialversicherungspflichtigem Entgelt. Ausnahmsweise kann pauschaler Auslagenersatz steuerfrei bleiben, wenn er regelmäßig wiederkehrt und der Arbeitnehmer die entstandenen Aufwendungen für einen repräsentativen Zeitraum von 3 Monaten im Einzelnen nachweist.

Erhält der Arbeitnehmer als Sachbezug eine Ware, die ihm von einer Fremdfirma zugesandt wird, sind die Porto- bzw. Versandkosten als zusätzlicher geldwerter Vorteil zu betrachten und damit – bei Überschreiten der 50-EUR-Freigrenze für geringfügige Sachbezüge – steuer- und beitragspflichtig.[1]

Gesetze, Vorschriften und Rechtsprechung

Lohnsteuer: Die Lohnsteuerfreiheit des Auslagenersatzes ergibt sich aus § 3 Nr. 50 EStG bzw. R 3.50 LStR.

Sozialversicherung: Die Beitragsfreiheit in der Sozialversicherung ergibt sich aus § 1 Abs. 1 Satz 1 Nr. 1 SvEV.

Entgelt	LSt	SV
Erstattung von Portokosten bei Einzelnachweis	frei	frei
Pauschale Erstattung von Portokosten ohne Einzelnachweis	pflichtig	pflichtig

Praktikant

In der Praxis wird der Begriff des Praktikanten relativ weit und unbestimmt verwendet. Ein Praktikant ist im allgemeinen Sprachgebrauch praktisch jede „günstige" Arbeitskraft, die noch in einer anderweitigen Ausbildung bzw. Studium ist, oder den Berufseinstieg nach einem Studium sucht. Rechtlich ist ein „Praktikant" äußerst unterschiedlich einzuordnen, je nachdem, ob das Praktikum ein sog. Pflichtpraktikum nach einer Prüfungsordnung ist, der Ausbildungszweck im Vordergrund steht oder doch das Geldverdienen. Echte Praktikanten im Sinne des Gesetzes sind grundsätzlich z. B. eingeschriebene Studenten an staatlichen bzw. staatlich anerkannten Hochschulen, bei denen die Studienordnung bzw. Prüfungsordnung eine fachpraktische Tätigkeit in einem Betrieb vorschreiben (Zwischenpraktikum). In Ausnahmefällen ist die Ableistung der Praktika auch vor bzw. nach dem Studium vorgeschrieben (Vor- bzw. Nachpraktika).

Diese verschiedenen Arten von Praktika lösen unterschiedliche Konsequenzen in der Sozialversicherung aus.

1 BFH, Urteil v. 6.6.2018, VI R 32/16, BStBl 2018 II S. 764.

Gesetze, Vorschriften und Rechtsprechung

Lohnsteuer: Der gezahlte Arbeitslohn gehört i. S. v. § 19 EStG zum steuerpflichtigen Arbeitslohn.

Sozialversicherung: Für die Sozialversicherung wird für Praktikanten die Krankenversicherungsfreiheit als Arbeitnehmer in § 6 Abs. 1 Nr. 3 SGB V sowie die Arbeitslosenversicherungsfreiheit in § 27 Abs. 4 Nr. 2 SGB III geregelt. Sofern keine Familienversicherung in der gesetzlichen Krankenversicherung besteht (§ 10 SGB V), kann eine Krankenversicherungspflicht als Praktikant eintreten (§ 5 Abs. 1 Nr. 10 SGB V).

Lohnsteuer

Praktikanten als Arbeitnehmer

Praktikanten sind regelmäßig ⇗ Arbeitnehmer, weshalb die Bezüge aus der Praktikantentätigkeit nach den allgemeinen Vorschriften dem Lohnsteuerabzug unterliegen. Der Praktikant kann einen Antrag auf Durchführung einer Einkommensteuerveranlagung stellen. Wird die Jahresarbeitslohngrenze nicht überschritten, fällt bei einer Veranlagung zur Einkommensteuer nach Ablauf des Kalenderjahres keine Einkommensteuer an. Die Jahresarbeitslohngrenze, bis zu der bei Praktikanten im Kalenderjahr 2024 keine Einkommensteuer anfällt, beträgt 12.870 EUR.[1]

Das gilt auch für Studentenpraktikanten aus dem Ausland. Eine Steuerbefreiung kann sich jedoch aus einem Doppelbesteuerungsabkommen ergeben. Die Aufwendungen des Praktikanten für das Dienstverhältnis sind als ⇗ Werbungskosten ansatzfähig.

Berücksichtigung als Kind

Ein Kind wird bei seinen Eltern steuerlich auch dann berücksichtigt, wenn es für einen künftigen Beruf ausgebildet wird und es sein Berufsziel noch nicht erreicht hat. Hierzu rechnen Maßnahmen zum Erwerb von Kenntnissen, Fähigkeiten und Erfahrungen, die als Grundlagen für die Ausübung des angestrebten Berufs geeignet sind. Ein Praktikum zur Erreichung des Berufsziels erfüllt regelmäßig diese Anforderungen; z. B. das Anwaltspraktikum eines Jurastudenten, auch wenn es weder gesetzlich noch durch die Studienordnung vorgeschrieben ist[2] oder ein Auslandspraktikum als Fremdsprachenassistent an einer Schule in Großbritannien, das ein Student der Anglistik, der einen Abschluss in diesem Studiengang anstrebt, während eines Urlaubssemesters absolviert.[3]

Sozialversicherung

Vorgeschriebene Praktika

Bei vorgeschriebenen Praktika handelt es sich um Praktika, deren Ableistung in einer Studien- oder Prüfungsordnung vorgeschrieben ist. Generell gilt, dass weder die Regelungen des ⇗ Übergangsbereichs bei einem regelmäßigen Arbeitsentgelt von 538,01 EUR bis 2.000 EUR im Monat (bis 31.12.2023: von 520,01 EUR bis 2.000 EUR)[4] noch die zur geringfügigen Beschäftigung angewandt werden dürfen.

Wichtig

Praktikum überschreitet vorgeschriebene Dauer

Überschreitet die Dauer des Praktikums die in der Studien- oder Prüfungsordnung vorgeschriebene Mindestdauer, ist auch für den die Mindestdauer überschreitenden Zeitraum von einem vorgeschriebenen Praktikum auszugehen, wenn ein Zusammenhang zwischen dem Praktikum und dem Studium besteht (z. B. wenn die Hochschule das Praktikum anerkennt). Sofern die Studien- oder Prüfungsordnung anstatt einer Mindestdauer einen festen Zeitraum (z. B. 3 Monate) für ein abzuleistendes Praktikum vorsieht, ist hingegen vom Zeitpunkt der Überschreitung des fest vorgeschriebenen Zeitraumes an nicht mehr von einem vorgeschriebenen Praktikum auszugehen.

Zwischenpraktikum

Ist der Student immatrikuliert, besteht unabhängig von der Höhe des erzielten Arbeitsentgelts und der wöchentlichen Arbeitszeit in dieser Beschäftigung als Praktikant Versicherungsfreiheit in der Kranken-, Pflege- und Arbeitslosenversicherung.[5] Deshalb ist der Praktikant weiterhin als Student in der studentischen Krankenversicherung nach § 5 Abs. 1 Nr. 9 SGB V krankenversicherungspflichtig; es sei denn, es besteht eine vorrangige ⇗ Familienversicherung. In der Rentenversicherung besteht ebenfalls Versicherungsfreiheit.[6]

Wichtig

Für vorgeschriebene Praktika während eines Urlaubssemesters gilt das Werkstudentenprivileg

Trotz Beurlaubung wird angenommen, dass der Student überwiegend für sein Studium tätig ist und daher seinem Erscheinungsbild nach ordentlich Studierender ist. Somit besteht während eines Urlaubssemesters Versicherungsfreiheit in der Kranken-, Pflege- und Arbeitslosenversicherung aufgrund des Werkstudentenprivilegs. Insofern ist während eines Urlaubssemesters das vorgeschriebene Praktikum anders zu bewerten als ein nicht vorgeschriebenes Praktikum oder eine reguläre Beschäftigung.

Vor- oder Nachpraktikum mit Entgelt

Einige Studienordnungen verpflichten zu einem Vorpraktikum, damit das Studium aufgenommen werden kann. Nach anderen Studienordnungen ist ein Praktikum im Anschluss an das Studium zu leisten. Liegt eine Immatrikulation noch nicht oder nicht mehr vor, sind die Praktikanten als Arbeitnehmer anzusehen und versicherungspflichtig zur Kranken-, Pflege-, Renten- und Arbeitslosenversicherung.[7] Versicherungspflicht tritt auch dann ein, wenn das Entgelt die Geringfügigkeitsgrenze nicht überschreitet oder das Praktikum innerhalb eines Kalenderjahres auf bis zu 3 Monate oder 70 Arbeitstage befristet ist. Übersteigen die monatlichen Bruttobezüge 325 EUR nicht, sind die Sozialversicherungsbeiträge vom Arbeitgeber allein zu tragen. Sofern ein Vorpraktikum über den Beginn des Studiums hinaus für nicht länger als 2 Wochen abgeleistet wird, besteht für die gesamte Praktikumszeit Versicherungspflicht aufgrund des Vorpraktikums. Anders ist es bei einer Überschneidung von mehr als 2 Wochen. In diesem Fall endet die Versicherungspflicht aufgrund des Vorpraktikums zum Beginn des Studiums, weil von da an Versicherungsfreiheit als Zwischenpraktikant besteht.

Vor- oder Nachpraktikum ohne Entgelt

Wird Arbeitsentgelt nicht gezahlt, tritt in der Kranken- und Pflegeversicherung keine Versicherungspflicht als Arbeitnehmer ein. Die Praktikanten sind aber dennoch in der Kranken- und Pflegeversicherung als Praktikanten[8] pflichtversichert; es sei denn, es besteht eine Vorrangversicherung, wie z. B. ⇗ Familienversicherung. Eine ⇗ Befreiung von der Versicherungspflicht ist auf Antrag möglich.

In der Renten- und Arbeitslosenversicherung besteht Versicherungspflicht.[9]

Hinweis

Meldungen zur Sozialversicherung

Bei der Abgabe der Meldungen zur Sozialversicherung ist vom Arbeitgeber zu berücksichtigen, dass für Studenten in einem vorgeschriebenen Vor- oder Nachpraktikum die Personengruppe mit „121" anzugeben ist, wenn das monatliche Arbeitsentgelt die Geringverdienergren-

1 11.604 EUR Grundfreibetrag (i. d. F. des Inflationsausgleichsgesetzes) + 1.230 EUR Arbeitnehmer-Pauschbetrag + 36 EUR Sonderausgaben-Pauschbetrag. Für den Grundfreibetrag wurde eine Erhöhung für das Jahr 2024 angekündigt, die rückwirkend ab 1.1.2024 gelten soll.
2 BFH, Urteil v. 9.6.1999, VI R 16/99, BStBl 1999 II S. 713.
3 BFH, Urteil v. 14.1.2000, VI R 11/99, BStBl 2000 II S. 199.
4 § 20 Abs. 2 SGB IV.
5 § 6 Abs. 1 Nr. 3 SGB V, § 27 Abs. 4 Nr. 2 SGB III.
6 § 5 Abs. 3 Nr. 1 SGB VI.
7 § 5 Abs. 1 Nr. 1 SGB V, § 1 Nr. 1 SGB VI, § 25 Abs. 1 SGB III, § 20 Abs. 1 Sätze 1 und 2 SGB XI.
8 § 5 Abs. 1 Nr. 10 SGB V, § 20 Abs. 1 Satz 2 Nr. 10 SGB XI.
9 § 1 Satz 1 Nr. 1 SGB VI, § 25 Abs. 1 SGB III.

ze von 325 EUR nicht übersteigt. Die Personengruppe „105" ist zu melden, wenn das monatliche Arbeitsentgelt mehr als 325 EUR beträgt oder kein Arbeitsentgelt gezahlt wird. Für Studenten in einem vorgeschriebenen Zwischenpraktikum, die in der Kranken-, Pflege-, Renten- und Arbeitslosenversicherung versicherungsfrei sind, hat der Arbeitgeber Meldungen mit der Beitragsgruppe „0000" und der Personengruppe „190" abzugeben.[1]

Nicht vorgeschriebene Praktika

Hierbei handelt es sich um Praktika, die freiwillig absolviert werden, ohne dass sie in einer Studien- oder Prüfungsordnung vorgeschrieben sind. Anders als bei den vorgeschriebenen Praktika sind die Regelungen des Übergangsbereichs bei einem regelmäßigen Arbeitsentgelt von 538,01 EUR bis 2.000 EUR[2] im Monat und die Regelungen zur geringfügigen Beschäftigung[3] anzuwenden.

Zwischenpraktikum

Kranken-, Pflege- und Arbeitslosenversicherung

In der Kranken-, Pflege- und Arbeitslosenversicherung besteht entsprechend den für Werkstudenten geltenden Regelungen in aller Regel Versicherungsfreiheit, sofern die wöchentliche Arbeitszeit nicht mehr als 20 Stunden beträgt. Die Höhe des monatlichen Arbeitsentgelts spielt dabei keine Rolle. Allerdings hat der Arbeitgeber für gesetzlich krankenversicherte Praktikanten Pauschalbeiträge zur Krankenversicherung abzuführen, wenn die Beschäftigung geringfügig entlohnt ist. Bei Überschreiten der 20-Stunden-Grenze tritt Versicherungspflicht in der Kranken-, Pflege- und Arbeitslosenversicherung ein; bei einem regelmäßigen monatlichen Arbeitsentgelt von 538,01 EUR bis zu 2.000 EUR sind die Regelungen des Übergangsbereichs anzuwenden.

Rentenversicherung

In der Rentenversicherung besteht Versicherungspflicht. Praktika sind auch im Rahmen einer ⇗ geringfügig entlohnten Beschäftigung versicherungspflichtig. Lässt sich der Praktikant von der Rentenversicherungspflicht als Minijobber befreien[4], sind keine Pauschalbeiträge zu zahlen.[5] Bei einem regelmäßigen monatlichen Arbeitsentgelt von 538,01 EUR bis zu 2.000 EUR sind die Regelungen des ⇗ Übergangsbereichs anzuwenden.

Vor- oder Nachpraktikum

Leistet der Student vor Aufnahme des Studiums oder im Anschluss daran ein in der Studien- oder Prüfungsordnung nicht vorgeschriebenes Praktikum, gilt er als abhängig Beschäftigter, sofern Arbeitsentgelt gezahlt wird. Er ist in allen Zweigen sozialversicherungspflichtig. Versicherungsfreiheit liegt vor, wenn der Praktikant eine geringfügig entlohnte Beschäftigung ausübt. Da es sich nicht um eine Beschäftigung im Rahmen betrieblicher Berufsbildung bzw. Berufsausbildung handelt, wird die ⇗ Geringverdienergrenze nicht angewendet.

Ausländische Praktikanten

Praktikanten, die an einer ausländischen Hochschule immatrikuliert sind und ihr Praktikum in Deutschland ableisten, sind kranken-, pflege-, renten- und arbeitslosenversicherungsfrei. Die Versicherungsfreiheit gilt allerdings nur, wenn und solange das Praktikum in der Studien- oder Prüfungsordnung der ausländischen Bildungseinrichtung vorgeschrieben ist. Sofern es sich um ein nicht vorgeschriebenes Praktikum handelt, sind die für sog. Werkstudenten geltenden Regelungen anzuwenden. Danach ist eine Beschäftigung, die insgesamt nicht mehr als 20 Wochenstunden ausgeübt wird, versicherungsfrei in der Kranken-, Pflege- und Arbeitslosenversicherung. In der Rentenversicherung besteht dem Grunde nach Versicherungspflicht.

1 § 28a Abs. 12 SGB IV.
2 Bis 31.12.2023: 520,01 EUR bis 2.000 EUR.
3 §§ 8, 8a SGB IV.
4 § 6 Abs. 1b SGB VI.
5 § 172 Abs. 3 Satz 2 SGB VI.

Schulpraktikum/Schnupperpraktikum

Auch das immer häufiger an allgemeinbildenden Schulen angebotene (Schnupper-)Praktikum für die Dauer von etwa 1–2 Wochen, das in Betrieben und anderen Einrichtungen durchgeführt wird, ist Bestandteil des schulischen Unterrichts und kein Beschäftigungsverhältnis. Es ist somit nicht kranken-, pflege-, renten- und arbeitslosenversicherungspflichtig. Dies gilt selbst dann, wenn der Betrieb dem Schülerpraktikanten ein kleines Taschengeld als Anerkennung zahlt.

Meldungen, Umlagen und Beiträge zur Unfallversicherung

Da Schnupperpraktika keinen beschäftigungsvorbereitenden bzw. -ähnlichen Charakter aufweisen, sind sie nicht als Praktikum im Sinne des Sozialversicherungsrechts zu sehen und ziehen deshalb auch – außer in der gesetzlichen Unfallversicherung des Praktikumsbetriebs – keine Meldepflicht nach sich. Selbstverständlich wirken sich die von den Schülern im Betrieb verbrachten Zeiten auch nicht familienversicherungsschädlich in der Kranken-/Pflegeversicherung aus. Vom Praktikumsbetrieb sind keine U1- und U2-Umlagen und keine Insolvenzgeldumlage zu zahlen. Nach der aktuellen Rechtsprechung sind jedoch Beiträge zur Unfallversicherung zu entrichten.[6]

Prämie

Mit der Zahlung einer Prämie wird – ähnlich wie beim Akkordlohn – meist eine überdurchschnittliche Leistung vergütet. Der Anspruch auf Zahlung einer Prämie kann sich aus einem Tarifvertrag, einer Betriebsvereinbarung oder einem Einzelarbeitsvertrag ergeben. Prämien aller Art, die einem Arbeitnehmer im Rahmen des Dienstverhältnisses zufließen, sind unabhängig von ihrer konkreten Bezeichnung grundsätzlich steuer- und beitragspflichtiger Arbeitslohn.

Gesetze, Vorschriften und Rechtsprechung

Lohnsteuer: Rechtsgrundlage für die Besteuerung ist § 19 EStG.

Sozialversicherung: Die Beitragspflicht des Arbeitsentgelts folgt aus § 14 SGB IV. Im Falle einer Steuerfreiheit oder pauschalen Versteuerung kann sich Beitragsfreiheit aufgrund der Sozialversicherungsentgeltverordnung (SvEV) ergeben.

Entgelt	LSt	SV
Prämie	pflichtig	pflichtig
Sachprämie aus Kundenbindungsprogramm bis 1.080 EUR/Jahr	frei	frei
Sachprämie aus Kundenbindungsprogramm über 1.080 EUR/Jahr bei Pauschalierung mit 2,25 %	pauschal	frei

Entgelt

Steuer- und Beitragspflicht

Lohnsteuerrechtlich handelt es sich bei sämtlichen Prämien, die der Arbeitgeber dem Arbeitnehmer im Rahmen eines bestehenden Dienstverhältnisses gewährt, unabhängig von ihrer konkreten Bezeichnung um steuerpflichtigen Arbeitslohn, der grundsätzlich als ⇗ sonstiger Bezug mit der Jahreslohnsteuertabelle zu versteuern ist. Für bestimmte Prämien kommt eine ermäßigte Besteuerung für Bezüge aus einer mehrjährigen Tätigkeit mit der Fünftelregelung in Betracht.

Sozialversicherungsrechtlich handelt es sich bei Prämien i. d. R. um beitragspflichtiges Arbeitsentgelt. Wird die Prämie nicht als Gegenleistung für in einem Abrechnungszeitraum geleistete Arbeit gewährt, handelt es sich um eine Einmalzahlung. Bei der Beitragsberechnung ist entsprechend die Bemessungsgrenze zu berücksichtigen. Wird die Prämie im ersten Quartal des Folgejahres gezahlt, muss die ⇗ Märzklausel beachtet werden.

6 BSG, Urteil v. 31.3.2022, B 2 U 13/20 R.

Prämien im Einzelnen

Eine klare Trennung der verschiedenen Prämien ist nicht möglich, da bestimmte Prämien mehr als einer Kategorie zuzuordnen sind. Sie wurden nachfolgend primär nach ihrem ursprünglichen Sinn gebündelt.

Prämien zur Mitarbeitergewinnung und -bindung

Solche Prämien dienen dazu, qualifizierte Fachkräfte zu gewinnen als auch bestehende Mitarbeiter an das Unternehmen zu binden. Dadurch wird die Mitarbeiterzufriedenheit- und loyalität gefördert.

Hierunter fallen folgende Prämien:

- ↗ Handgeld
- ↗ Signing Fee
- Retention-Bonus
- ↗ Jahresabschlussprämie
- ↗ Prämie zur Personalgewinnung
- ↗ Treueprämie

Leistungsbezogene Prämien

Durch diese Prämien werden Mitarbeiter für ihre erfolgreiche Arbeitsleistung belohnt, wodurch die Leistung und Produktivität im Unternehmen gesteigert werden kann.

Hierunter fallen folgende Prämien:

- ↗ Abschlussprämie
- ↗ Erfolgsprämie
- ↗ Prämie für Verbesserungsvorschläge
- ↗ Werbeprämie
- ↗ Sachprämie

Verhaltensbezogene Prämien

Mitarbeiter können in Form von Prämien für ihre Kooperationsbereitschaft und andere gewünschte Verhaltensweisen belohnt werden. Sie zielen darauf ab, die Unternehmenskultur und das Arbeitsklima zu verbessern, indem sie die Mitarbeitermotivation- und zufriedenheit steigern.

Hierunter fallen folgende Prämien:

- ↗ Anwesenheitsprämie
- ↗ Sicherheitsprämie
- ↗ Prämienrückvergütung bei geringer Unfallbelastung
- ↗ Prämie für unfallfreies Fahren

Prämie für unfallfreies Fahren

Wird dem Arbeitnehmer ein betriebliches Kraftfahrzeug zur Verfügung gestellt, zahlt grundsätzlich der Arbeitgeber die Kfz-Versicherungsprämie. Die Beitragshöhe richtet sich unter anderem nach der Anzahl von Unfällen (sog. Schadenfreiheitsrabatt). Eine Prämie für unfallfreies Fahren kann den Arbeitnehmer zu einer vorsichtigen Fahrweise motivieren. Dies begründet ein eigenbetriebliches Interesse des Arbeitgebers daran, dass der Arbeitnehmer möglichst unfallfrei fährt.

Da diese Prämie im Zusammenhang mit der Erbringung der Arbeitsleistung des Arbeitnehmers gewährt wird, stellt sie steuer- und beitragspflichtigen Arbeitslohn dar. Die Prämie ist wie laufendes Entgelt zu behandeln, wenn sie über einen längeren Zeitraum gezahlt wird. Wird sie einmalig gezahlt, stellt sie lohnsteuerrechtlich einen sonstigen Bezug und beitragsrechtlich einmalig gezahltes Arbeitsentgelt dar.

Gewährt der Arbeitgeber Sachprämien für Leistungen in der Unfallverhütung und im Arbeitsschutz und werden diese pauschal versteuert, so sind diese dennoch als einmalig gezahltes Entgelt beitragspflichtig. Für die Beitragsberechnung in der Sozialversicherung kann der Durchschnittswert der pauschal versteuerten Sachzuwendungen angesetzt werden. Voraussetzung ist, dass der Wert der einzelnen Prämie 80 EUR nicht übersteigt und der Arbeitgeber den Arbeitnehmeranteil zur Sozialversicherung übernimmt.

Gesetze, Vorschriften und Rechtsprechung

Lohnsteuer: Die Lohnsteuerpflicht ergibt sich aus § 19 Abs. 1 S. 1 Nr. 1 EStG in Zusammenhang mit § 8 Abs. 1 S. 1 EStG sowie § 2 LStDV und R 19.3 LStR. Die Möglichkeit der Pauschalversteuerung für Sachzuwendungen in einer größeren Anzahl von Fällen ergibt sich aus § 40 Abs. 1 S. 1 Nr. 1 EStG.

Sozialversicherung: Die Beitragspflicht in der Sozialversicherung ergibt sich aus § 14 Abs. 1 S. 1 SGB IV, die Verbeitragung als einmalig gezahltes Arbeitsentgelt aus § 23a SGB IV. Die Möglichkeit der vereinfachten Ermittlung der SV-Beiträge bei Sachzuwendungen anhand eines Durchschnittswertes bis 80 EUR jährlich ergibt sich aus § 3 Abs. 3 S. 4 SvEV.

Entgelt	LSt	SV
Prämie für unfallfreies Fahren	pflichtig	pflichtig
Prämie für unfallfreies Fahren als Sachzuwendung mit einem Durchschnittswert bis 80 EUR jährlich	pauschal	pauschal

Prämie für Verbesserungszuschläge

Erhält der Arbeitnehmer vom Arbeitgeber eine Prämie für einen Verbesserungsvorschlag, handelt es sich um steuer- und beitragspflichtigen Arbeitslohn. Die Prämie gilt als einmalige Zahlung und muss lohnsteuerrechtlich als sonstiger Bezug besteuert werden. Bei der Beitragsabrechnung ist sie als einmalig gezahltes Arbeitsentgelt zu berücksichtigen.

Hat die Erarbeitung des Verbesserungsvorschlags **mehrere Jahre** (mehr als 12 Monate) in Anspruch genommen und wird die Prämie nach dem Zeitaufwand des Arbeitnehmers berechnet, kann die Prämie nach der Fünftelregelung besteuert werden.[1] Die Prämie stellt in diesem Fall eine Entlohnung für eine mehrjährige Tätigkeit dar. Die Anwendung der Fünftelregelung hat keine Auswirkungen auf die Beitragspflicht als Einmalzahlung zur Sozialversicherung. Wird die dem Arbeitnehmer gewährte Prämie nicht nach dem Zeitaufwand des Arbeitnehmers, sondern ausschließlich nach der Kostenersparnis des Arbeitgebers in einem bestimmten künftigen Zeitraum berechnet, ist die Prämie jedoch keine Entlohnung für eine mehrjährige Tätigkeit, sodass die Fünftelregelung hier nicht zur Anwendung kommt.

Wird unter den Einsendern von Verbesserungsvorschlägen ein Preis verlost, ist der dem Gewinner zufließende geldwerte Vorteil steuer- und beitragspflichtig (Einmalzuwendung).

Gesetze, Vorschriften und Rechtsprechung

Lohnsteuer: Die Lohnsteuerpflicht ergibt sich aus § 19 Abs. 1 Satz 1 Nr. 1 EStG in Zusammenhang mit § 8 Abs. 1 Satz 1 EStG sowie § 2 LStDV und R 19.3 LStR. Die Anwendung der Fünftelregelung ist für diese Zahlung in § 34 Abs. 2 Nr. 4 EStG geregelt.

Sozialversicherung: Die Beitragspflicht in der Sozialversicherung ergibt sich aus § 14 Abs. 1 Satz 1 SGB IV, die Verbeitragung als einmalig gezahltes Arbeitsentgelt aus § 23a SGB IV.

Entgelt	LSt	SV
Prämie für Verbesserungsvorschäge	pflichtig	pflichtig

1 Ursprünglich war eine Abschaffung der Fünftelregelung im Lohnsteuerabzugsverfahren ab 2024 geplant. Das Gesetzgebungsverfahren ist noch nicht abgeschlossen.

Prämie zur Personalgewinnung

Qualifiziertes Personal zu finden kann für Arbeitgeber eine Herausforderung darstellen. Unternehmen setzen vermehrt auf Mitarbeiterempfehlungsprogramme. Bei diesen werden Mitarbeiter mit einer Prämie dafür belohnt, dass aufgrund ihrer Empfehlung ein geeigneter Bewerber eingestellt werden kann.

Die gezahlte Prämie ist steuer- und sozialversicherungspflichtig.

Gesetze, Vorschriften und Rechtsprechung

Lohnsteuer: Die Lohnsteuerpflicht ergibt sich aus § 19 Abs. 1 Satz 1 Nr. 1 EStG in Zusammenhang mit § 8 Abs. 1 Satz 1 EStG sowie § 2 LStDV und R 19.3 LStR.

Sozialversicherung: Die Beitragspflicht in der Sozialversicherung ergibt sich aus § 14 Abs. 1 S. 1 SGB IV, die Verbeitragung als einmalig gezahltes Arbeitsentgelt aus § 23a SGB IV.

Entgelt	LSt	SV
Prämie zur Personalgewinnung	pflichtig	pflichtig

Prämienrückvergütung bei geringer Unfallbelastung

Steuer- und beitragspflichtig sind auch Prämienrückvergütungen wegen geringer Unfallbelastung, die dem Arbeitgeber von Versicherungsunternehmen (z. B. Berufsgenossenschaften) gewährt werden und die dieser an diejenigen Arbeitnehmer weitergibt, die innerhalb eines bestimmten Zeitraums weder einen Unfall verschuldet noch einen selbstverschuldeten Unfall erlitten haben. Steuer- und beitragspflichtiger Arbeitslohn liegt auch in den Fällen vor, in denen solche Prämienrückvergütungen unter einer Vielzahl in Betracht kommender Arbeitnehmer verlost werden. Derartige Zuwendungen gelten sozialversicherungsrechtlich als Einmalbezug.

Gesetze, Vorschriften und Rechtsprechung

Lohnsteuer: Die Lohnsteuerpflicht ergibt sich aus § 19 Abs. 1 Satz 1 Nr. 1 EStG in Zusammenhang mit § 8 Abs. 1 Satz 1 EStG sowie § 2 LStDV und R 19.3 LStR.

Sozialversicherung: Die Beitragspflicht in der Sozialversicherung ergibt sich aus § 14 Abs. 1 Satz 1 SGB IV, die Verbeitragung als einmalig gezahltes Arbeitsentgelt aus § 23a SGB IV.

Entgelt	LSt	SV
Prämienrückvergütung bei geringer Unfallbelastung	pflichtig	pflichtig

Preisgeld

Preise können sonstige Einkünfte i. S. d. § 22 Nr. 3 EStG sein oder steuerlich auch gänzlich unbeachtlich, wenn sie in die private Vermögenssphäre des Steuerpflichtigen fallen. Anders verhält es sich mit Preisgeldern, die der Arbeitgeber als zusätzliche Entlohnung für besondere berufliche Leistungen gewährt, etwa im Rahmen eines betrieblichen Verbesserungswettbewerbs. Auch Preisgelder Dritter können Arbeitslohn sein, wenn ein beruflicher Bezug besteht. Der Lohnsteuerabzug richtet sich nach den für sonstige Bezüge geltenden Regeln.

Gesetze, Vorschriften und Rechtsprechung

Lohnsteuer: Die Besteuerung von geldwerten Vorteilen aus Preisgeldern ergibt sich aus der kasuistischen Rechtsprechung des BFH. Die Verwaltungsauffassung ist im BMF-Schreiben v. 5.9.1996, IV B 1 – S 2121 – 34/96, BStBl 1996 I S. 1150 zusammengefasst.

Sozialversicherung: Die beitragsrechtliche Beurteilung ergibt sich aus § 14 Abs. 1 SGB IV und § 1 Abs. 1 Satz 1 Nr. 1 SvEV.

Entgelt	LSt	SV
Preisgeld im Zusammenhang mit dem Dienstverhältnis	pflichtig	pflichtig

Lohnsteuer

Berufliche Veranlassung

Einnahmen aus Preisgeldern können unter bestimmten Voraussetzungen steuerpflichtig sein. Dies ist insbesondere der Fall, wenn ein untrennbarer wirtschaftlicher Zusammenhang zwischen dem Preisgeld und einer Einkunftsart besteht. Hierzu ist einzelfallbezogen zu prüfen, welcher Anlass zur Preisverleihung geführt hat.

Eine Preisverleihung an einen Arbeitnehmer, die nicht die Persönlichkeit des Empfängers, sondern eine konkrete fachliche Leistung im engen wirtschaftlichen Zusammenhang mit seiner Arbeit ehren soll, kann Arbeitslohn darstellen. Entscheidend ist hierbei, ob das Dienstverhältnis mit auslösend für die geehrte Leistung war. Dies ist unabhängig davon zu bewerten, ob der Arbeitnehmer zur Erbringung der konkreten Leistung verpflichtet war oder diese außerhalb seiner regulären Tätigkeit erbracht hat. Ein Zusammenhang zum Arbeitsverhältnis kann sich z. B. auch daraus ergeben, dass zum Berufsbild wissenschaftliche Forschungsarbeit gehört und das Forschungsergebnis prämiert wird.[1] Fehlt es an einem engen wirtschaftlichen Zusammenhang zwischen dem Arbeitsverhältnis und dem Preisgeld liegt kein Arbeitslohn vor. Allerdings ist dann im Einzelfall zu prüfen, ob Einnahmen aus sonstigen Leistungen vorliegen.[2] Preisgelder aus der Teilnahme an einer Radio- oder Fernsehshow führen zu sonstigen Einkünften, wenn der Auftritt des Kandidaten und das gewonnene Preisgeld in einem gegenseitigen Leistungsverhältnis stehen.[3]

Innerbetriebliche Verlosung

Es ist im Einzelfall zu prüfen, ob vom Arbeitgeber ausgeloste Preise, die der Arbeitnehmer gewinnen kann, steuerpflichtigen Arbeitslohn darstellen.

Wird die Verlosung im Rahmen einer Betriebsveranstaltung durchgeführt, ist zu prüfen, ob sie allen teilnehmenden Arbeitnehmern zugänglich ist. Steht die Verlosung nur einem bestimmten Personenkreis offen, ist anzunehmen, dass die Lose eine Gegenleistung für ein bestimmtes persönliches Verhalten darstellen sollen. Es liegt folglich Arbeitslohn vor. Gleiches gilt, wenn Lose außerhalb von Betriebsveranstaltungen an Arbeitnehmer vergeben werden, die bestimmte Umsatz- oder Gewinnziele erreicht haben.

Haben andere berufliche Umstände zur Teilnahmeberechtigung an einer Verlosung geführt, stehen auch die per Zufall erzielten Gewinne in einem beruflichen Zusammenhang. Eine Steuerpflicht ist in solchen Fällen nur bei Vorliegen eines ganz überwiegend eigenbetrieblichen Interesses zu verneinen.

1 FG Münster, Urteil v. 16.3.2022, 13 K 1398/20 E.
2 § 22 Nr. 3 EStG.
3 BMF, Schreiben v. 30.5.2008, IV C 3 – S 2257/08/10001, BStBl 2008 I S. 645.

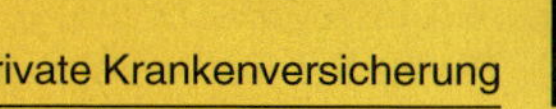

Preisverleihungen durch fremde Dritte

Arbeitslohn kann ausnahmsweise auch bei der Zuwendung eines Dritten[1] anzunehmen sein, wenn sie ein Entgelt „für" eine Leistung darstellt, die der Arbeitnehmer im Rahmen des Arbeitsverhältnisses für seinen Arbeitgeber erbringt, erbracht hat oder erbringen soll. Voraussetzung ist, dass sich die Leistung des Dritten für den Arbeitnehmer als Frucht seiner Arbeit für den Arbeitgeber darstellt und im Zusammenhang mit dem Arbeitsverhältnis steht. Dagegen liegt dann kein Arbeitslohn vor, wenn die Zuwendung wegen anderer Rechtsbeziehungen oder wegen sonstiger, nicht auf dem Arbeitsverhältnis beruhender Beziehungen zwischen Arbeitnehmer und Arbeitgeber gewährt wird.

So ist auch der von einem Dritten verliehene Nachwuchsförderpreis Arbeitslohn, wenn die Kriterien für die Preisvergabe sich auf die Fähigkeiten des Arbeitnehmers beziehen.[2]

Der in Bayern vergebene Meisterbonus i. H. v. 1.000 EUR, den jeder erfolgreiche Absolvent der beruflichen Weiterbildung zum Meister oder zu einem gleichwertigen Abschluss erhält, ist dagegen keine steuerbare Einnahme.[3]

Teilnahme an Lotterien fremder Dritter

Schenkt der Arbeitgeber dem Arbeitnehmer Lose und verschafft ihm somit die Teilnahme an einer von einem fremden Dritten durchgeführten Lotterie, ist diese Schenkung ein ⇗ geldwerter Vorteil für den Arbeitnehmer. Nach Verwaltungsauffassung führt bereits die unentgeltliche Zuwendung des Loses, das zur Teilnahme an einer von einem fremden Dritten durchgeführten Lotterie berechtigt, zum Zufluss von Arbeitslohn. Somit ist ein eventueller Gewinn nicht steuerpflichtig. Dem Arbeitnehmer entsteht insoweit ein Vorteil innerhalb seiner Beschäftigung, dass er sich den eigenen Aufwand für die Teilnahme an der Lotterie erspart. Dabei handelt es sich um einen Sachbezug. Dieser kann im Rahmen der 50-EUR-Freigrenze außer Ansatz bleiben.[4]

Der Lotteriegewinn aus dem Los führt demzufolge nicht zu lohnsteuerpflichtigem Arbeitslohn. Lotteriegewinne sind darüber hinaus grundsätzlich nicht steuerpflichtig.

Sozialversicherung

Beitragsrechtliche Bewertung

Die Gewinne aus einer betriebsintern veranstalteten Verlosung und der vom Arbeitgeber überlassenen Lotterielose werden beitragsrechtlich entsprechend ihrer steuerrechtlichen Beurteilung behandelt. Beitragspflichtiges Arbeitsentgelt liegt deshalb nicht vor, soweit die Einnahmen lohnsteuerfrei sind.[5] Mithin gehören die nicht lohnsteuerfreien Gewinne aus einer betriebsintern veranstalteten Verlosung in aller Regel zum beitragspflichtigen Arbeitsentgelt. Die vom Arbeitgeber überlassenen Lotterielose sind hingegen beitragsfrei, wenn ihr Wert die Freigrenze im Steuerrecht von 50 EUR (bis 2021: 44 EUR) im Kalendermonat nicht übersteigt und sie steuerrechtlich außer Ansatz bleiben.[6]

Preisnachlass

Gewährt der Arbeitgeber seinem Arbeitnehmer einen Preisnachlass (Belegschaftsrabatt), ist dies für den Arbeitnehmer grundsätzlich ein steuer- und beitragspflichtiger geldwerter Vorteil.

Für die Bewertung des geldwerten Vorteils ist zunächst zu prüfen, ob das Produkt vom Arbeitgeber typischerweise überwiegend an fremde Dritte verkauft wird, z. B. ein Kaufhausangestellter erhält verbilligt Waren, die das Kaufhaus regulär an Kunden verkauft. In diesen Fällen kann vom Rabattfreibetrag i. H. v. 1.080 EUR Gebrauch gemacht werden. Übersteigt der Wert des Rabatts pro Kalenderjahr 1.080 EUR, ist lediglich der darüber hinausgehende Betrag als geldwerter Vorteil zu versteuern bzw. beitragspflichtig.

Verkauft der Arbeitgeber die Waren nicht typischerweise an fremde Dritte, kann die Rabattregelung nicht angewendet werden. Allerdings kommt dann die Sachbezugsfreigrenze von 50 EUR monatlich (bis 2021: 44 EUR) in Betracht.

Gesetze, Vorschriften und Rechtsprechung

Lohnsteuer: Grundsätzliche Regelungen enthalten § 8 Abs. 3 EStG (Rabattfreibetrag) und § 8 Abs. 2 Satz 11 EStG (50-EUR-Freigrenze für Sachbezüge). Zum steuerlichen Wertansatz der Waren und Dienstleistungen vgl. R 8.2 Abs. 2 LStR. Die lohnsteuerlichen Aufzeichnungspflichten ergeben sich aus § 4 Abs. 2 Nr. 3 LStDV.

Sozialversicherung: Die grundsätzliche Beitragspflicht des Arbeitsentgelts ergibt sich aus § 14 Abs. 1 SGB IV. Die Beitragsfreiheit von Rabatten ist in der Sozialversicherung in § 1 Abs. 1 Satz 1 Nr. 1 SvEV geregelt. Der den Rabattfreibetrag übersteigende Teil des Sachbezugs ist sozialversicherungspflichtig.

Entgelt	LSt	SV
Preisnachlass auf Waren des eigenen Unternehmens bis 1.080 EUR jährlich	frei	frei
Preisnachlass bis 50 EUR monatlich	frei	frei

Private Krankenversicherung

Eine private Kranken-Vollversicherung (PKV) kann als Alternative zur gesetzlichen Krankenversicherung (GKV) abgeschlossen werden. Der Leistungsumfang in der PKV kann individuell vereinbart werden. Die Vollversicherung steht allerdings nur einem begrenzten Personenkreis offen. Private Kranken-Zusatzversicherungen können sowohl von privat als auch von gesetzlich Versicherten genutzt werden.

Für jedes privat versicherte Familienmitglied können die Beiträge steuerlich geltend gemacht werden.

Gesetze, Vorschriften und Rechtsprechung

Sozialversicherung: Für die PKV sind das Versicherungsvertragsgesetz und die entsprechenden Tarifbedingungen maßgeblich. Die Leistungen der GKV sind im SGB V, den Satzungen der gesetzlichen Kassen sowie in entsprechenden Rundschreiben des Spitzenverbandes Bund der gesetzlichen Krankenkassen festgelegt.

Privater Vollversicherungsschutz

Personenkreis

Privat krankenversichern können sich nur jene, die nicht der gesetzlichen Krankenversicherungspflicht unterliegen. Darüber hinaus darf auch kein Anspruch auf freie Heilfürsorge bzw. auf Leistungen für Asylbewerber bestehen.

Umfang

Standardmäßig umfasst die private Kranken-Vollversicherung ambulante und stationäre Leistungen sowie üblicherweise die Kostenerstattung von Zahnbehandlungen und -ersatz. Berufstätige können zudem Krankentagegeld bis zum vollen Nettoeinkommen mitversichern. In welchem Umfang die Kosten konkret erstattet werden sollen, kann bei bestimmten Positionen – wie etwa bei Zahnersatz – frei gewählt werden. Für Beamte und Pensionäre gelten Sonderregelungen.

Viele Tarife bieten Selbstbehalte an, um den Beitrag zu senken. Zahlreiche Versicherungsunternehmen bieten die Möglichkeit von Beitragsrückerstattungen entsprechend der vertraglichen Regelungen an.

1 § 38 Abs. 1 Satz 3 EStG
2 BFH, Urteil v. 23.4.2009, VI R 39/08, BStBl 2009 II S. 668.
3 FG München, Urteil v. 30.5.2016, 15 K 474/16; BayLfSt, Verfügung v. 6.7.2016, S 2324.2.1262/6 St32.
4 § 8 Abs. 2 Satz 11 EStG.
5 § 1 Abs. 1 Satz 1 Nr. 1 SvEV.
6 § 3 Abs. 1 Satz 4 SvEV.

Beitragsfestsetzung

Die Beiträge zur PKV werden nicht prozentual aus dem Arbeitsentgelt wie in der GKV berechnet, sondern werden entsprechend des versicherten Risikos erhoben.

Familienversicherung

In der PKV gibt es keine beitragsfreie ⇗ Familienversicherung. Für jedes privat versicherte Familienmitglied ist ein eigener Beitrag zu zahlen.

Beitragstragung/-zuschuss

Der Beitrag zur PKV muss vom Versicherten selbst an das Versicherungsunternehmen überwiesen werden. Im Unterschied zur GKV übernehmen das weder der Arbeitgeber noch der Rentenversicherungsträger. Diese zahlen aber – in Anlehnung an die Vorgaben für gesetzlich Versicherte – einen Zuschuss zum privaten Krankenversicherungsbeitrag. Der Zuschuss muss unter Vorlage des Beitragsbescheids beantragt werden. Privat versicherte ⇗ Selbstständige zahlen – wie in der GKV – ihren Beitrag immer allein.

Standardtarif

Der Standardtarif ist für privat Versicherte vorgesehen, die sich beispielsweise in einer finanziellen Notlage befinden. Er steht privat Versicherten zur Wahl, die vor 2009 eine private Kranken-Vollversicherung abgeschlossen hatten.

Der Beitrag für den Standardtarif ist begrenzt auf den Höchstbeitrag der gesetzlichen Krankenkassen. Allerdings werden beim Wechsel vom Normal- in den Standardtarif die bisher angesparten Alterungsrückstellungen angerechnet, sodass der Beitrag bei langjährig privat Versicherten in der Regel deutlich unter dem GKV-Höchstbeitrag liegt.

Der Leistungsumfang des PKV-Standardtarifs orientiert sich an dem der gesetzlichen Krankenkassen.

Achtung

Vorversicherungszeiten und Altersgrenzen

Für das Wechselrecht in den Standardtarif gelten unter anderem bestimmte Vorversicherungszeiten und Altersgrenzen.

Basistarif

Wechselrecht

Ein Wechselrecht vom Normal- in den ⇗ Basistarif haben privat Versicherte, die ab 2009 eine Privatversicherung abgeschlossen hatten. Auch hier ist der Höchstbeitrag auf den der gesetzlichen Krankenkassen begrenzt. Sollte ein Versicherter im Basistarif durch diesen Beitrag hilfebedürftig werden, ist der Beitrag zu halbieren. Würde auch dieser halbe Beitrag zur Hilfebedürftigkeit führen, übernimmt der Träger der Grundsicherung bzw. der Sozialhilfe den Restbetrag.

Nichtversicherte

Im Basistarif müssen u. a. auch Nichtversicherte aufgenommen werden, die nicht gesetzlich krankenversicherungspflichtig sind.

Eine Ablehnung des Antrags wegen Vorerkrankungen ist nicht zulässig, Risikozuschläge dürfen nicht verlangt werden.

Notlagentarif

Der Notlagentarif ist für Beitragsschuldner gedacht, die nicht hilfebedürftig sind. Weil die Leistungen auf Notfall- und Schmerzbehandlungen beschränkt sind, ist dieser Tarif mit ca. 120 EUR monatlich sehr günstig. Die aufgelaufenen Beitragsschulden werden mit dem Preis des Notlagentarifs rückwirkend bis max. zum 1.1.2009 neu berechnet. Sobald die Schulden beglichen sind, wird der ursprüngliche Privattarif reaktiviert.[1]

1 § 193 Abs. 4 VVG;
§ 12h VAG.

Kündigung des Versicherungsvertrags

Vertragliche Kündigungsrechte

Beim Wechsel von einem privaten Versicherer zu einem anderen ist in der Regel eine Kündigungsfrist bis zum Ende des Versicherungsjahres einzuhalten.[2] Die beim alten Versicherer angesparten Alterungsrückstellungen bleiben beim bisherigen Versichertenkollektiv und können nicht mitgenommen werden.

Hinweis

Mitführung von Alterungsrückstellungen

Wer seinen Vertrag nach dem 21.12.2012 abgeschlossen hat, kann bei einem Unternehmenswechsel Alterungsrückstellungen in bestimmtem Umfang mitnehmen.

Kündigungsrechte

Die vorzeitige Kündigung eines Versicherungsvertrags ist möglich, wenn

- ein privat versicherter Arbeitnehmer durch Erhöhung der Versicherungspflichtgrenze oder Verringerung des Einkommens versicherungspflichtig wird oder
- ein privat versicherter Selbstständiger vor dem 55. Lebensjahr durch Aufnahme einer abhängigen Beschäftigung versicherungspflichtig wird oder
- ein privat Krankenversicherter Anspruch auf beitragsfreie ⇗ Familienversicherung bei einem Mitglied der gesetzlichen Krankenversicherung hat, wenn seine monatlichen Gesamteinkünfte nicht mehr als 505 EUR (2023: 485 EUR) betragen.

Die bestehende private Krankenversicherung kann ab Eintritt der Krankenversicherungspflicht bzw. ab Beginn des Anspruchs auf Familienversicherung gekündigt werden. Sie wird nur dann wirksam, wenn innerhalb der Kündigungsfrist der Nachweis einer Mitgliedschaft in einer gesetzlichen Kasse beim bisherigen Versicherungsunternehmen vorgelegt wird.

Anwartschaftsversicherung

Eine ⇗ Anwartschaftsversicherung kann sinnvoll sein, wenn der private Krankenversicherungsschutz vorübergehend ruhen soll, um später ohne Verluste wieder aktiviert zu werden.

Auslandsaufenthalt

Die private Kranken-Vollversicherung gilt mindestens 1 Jahr lang weltweit. Bei längeren dienstlichen Aufenthalten im Ausland sind entsprechende Vereinbarungen möglich. Krankheitsbedingte Rücktransporte sind in der Regel allerdings nicht mit versichert.

Private Pflege-Pflichtversicherung

Wer sich für eine private Kranken-Vollversicherung entscheidet, muss zusätzlich eine private Pflege-Pflichtversicherung abschließen.

Bei Erwachsenen wird bei Verträgen, die vor dem 21.12.2012 abgeschlossen wurden, in der Kalkulation das Eintrittsalter und das Geschlecht berücksichtigt. Bei danach vereinbarten Pflege-Pflichtversicherungen spielt das Geschlecht kalkulatorisch keine Rolle mehr. Wie in der GKV sind Kinder in der privaten Pflege-Pflichtversicherung beitragsfrei mitversichert.

Die Leistungen der privaten Pflege-Pflichtversicherung unterscheiden sich nicht von denen der gesetzlichen Pflege-Pflichtversicherung.

Privat pflegeversicherte Arbeitnehmer erhalten zur Pflegepflichtversicherung einen Arbeitgeberzuschuss.

2 § 205 Abs. 1 VVG.

Probearbeitsverhältnis

Ein Probearbeitsverhältnis (oder Probezeitvereinbarung) wird in der Regel für die Anfangsphase eines neu begründeten Arbeitsverhältnisses zum Zwecke der Erprobung vereinbart. Im Zentrum solcher Vereinbarungen steht die Bestrebung, das Arbeitsverhältnis möglichst schnell und unproblematisch beenden zu können, falls die Erprobung negativ verläuft.

Gesetze, Vorschriften und Rechtsprechung

Sozialversicherung: § 7 Abs. 1 SGB IV definiert die Beschäftigung im Sinne der Sozialversicherung. Die Versicherungspflicht in der Kranken-, Pflege-, Renten- und Arbeitslosenversicherung ist in § 5 Abs. 1 Nr. 1 SGB V, § 20 Abs. 1 Satz 2 i. V. m. Satz 1 SGB XI, § 1 Satz 1 Nr. 1 SGB VI und § 25 Abs. 1 SGB III geregelt.

Sozialversicherung

Beschäftigung

Anders als das sog. ⇗ Einfühlungsverhältnis stellen bezahlte Probearbeitsverhältnisse bzw. Probezeitvereinbarungen vom ersten Tag an reguläre Arbeitsverhältnisse dar. Unabhängig davon, ob der Arbeitsvertrag befristet oder unbefristet abgeschlossen wurde, erfüllen diese Arbeitsverhältnisse die typischen Merkmale einer Beschäftigung wie Weisungsgebundenheit der Erwerbsperson und deren betriebliche Eingliederung.[1] Vom Tag der Aufnahme des Probearbeitsverhältnisses an liegt demnach eine Beschäftigung im Sinne der Sozialversicherung vor.

Versicherungsrechtliche Beurteilung

Die Probearbeitsverhältnisse sind nach den allgemeinen versicherungsrechtlichen Regelungen zu behandeln. Als gegen Arbeitsentgelt Beschäftigte sind die Arbeitnehmer grundsätzlich versicherungspflichtig in der Kranken-, Pflege-, Renten- und Arbeitslosenversicherung.[2] Beträgt das Arbeitsentgelt regelmäßig im Monat nicht mehr als die Geringfügigkeitsgrenze, liegt eine ⇗ geringfügig entlohnte Beschäftigung vor. Wird die Beschäftigung einschließlich der Probezeit innerhalb eines Kalenderjahres auf 3 Monate oder 70 Arbeitstage befristet ausgeübt, kommt – in Abhängigkeit von anrechenbaren Vorbeschäftigungszeiten – Versicherungsfreiheit infolge von Kurzfristigkeit in Betracht.

Meldungen

Für die Beschäftigten in Probearbeitsverhältnissen haben die Arbeitgeber die ⇗ Meldungen nach der DEÜV zu erstatten. Demzufolge sind die Beschäftigten zum Tag der Aufnahme ihres Probearbeitsverhältnisses bei der zuständigen Krankenkasse bzw. der Minijob-Zentrale anzumelden.

1 § 7 Abs. 1 SGB IV.
2 § 5 Abs. 1 Nr. 1 SGB V, § 20 Abs. 1 Satz 2 Nr. 1 i. V. m. Satz 1 SGB XI, § 1 Satz 1 Nr. 1 SGB VI und § 25 Abs. 1 SGB III.

Progressionsvorbehalt

Lohnersatzleistungen werden oft steuerfrei gezahlt und erhöhen so die steuerliche Leistungsfähigkeit. Um Bezieher von Lohnersatzleistungen finanziell nicht besser zu stellen als Steuerpflichtige, die in gleicher Höhe steuer- und abgabenpflichtige Einkünfte erhalten, wurde der Progressionsvorbehalt geschaffen, der zu einem erhöhten Steuersatz führt. Zuständig für die Berücksichtigung des Progressionsvorbehalts ist das Finanzamt.

Gesetze, Vorschriften und Rechtsprechung

Lohnsteuer: Grundlage für den Progressionsvorbehalt ist § 32b EStG; R 32b LStR und H 32b LStH ergänzen die Rechtsvorschrift.

Lohnsteuer

Steuerfreie Entgeltersatzleistungen

Bestimmte vom Arbeitgeber gezahlte Entgeltersatzleistungen sind steuerfrei und unterliegen dem Progressionsvorbehalt:

- ⇗ Kurzarbeitergeld einschließlich Saison-Kurzarbeitergeld[3],
- Aufstockungsbeträge nach dem Altersteilzeitgesetz[4],
- ⇗ Verdienstausfallentschädigung nach dem IfSG[5],
- Zuschüsse zum ⇗ Mutterschaftsgeld.[6]

Steuerfrei sind auch weitere Entgeltersatzleistungen, die nicht vom Arbeitgeber, sondern von der dafür zuständigen Stelle (z. B. Agentur für Arbeit, Krankenkasse) gezahlt werden, z. B.

- Arbeitslosengeld[7],
- Krankengeld aus den gesetzlichen Krankenversicherungen[8],
- Mutterschaftsgeld.[9]

Anwendung des Progressionsvorbehalts

Für die Anwendung des Progressionsvorbehaltes werden die o. a. Entgeltersatzleistungen sowie die weiteren zu berücksichtigenden Einkommensteile dem zu versteuernden Einkommen zugerechnet. Für das sich so ergebende fiktive Gesamteinkommen werden die Einkommensteuer und der Steuersatz berechnet. Mit diesem Steuersatz wird die Einkommensteuer für das tatsächlich zu versteuernde Einkommen ermittelt, also ohne die steuerfreien Entgeltersatzleistungen.

Diese Berechnungsmethode ist auch dann anzuwenden, wenn das zu versteuernde Einkommen niedriger ist als das steuerfreie Existenzminimum. Verfassungsrechtliche Bedenken gegen diese Regelung hat die Rechtsprechung zurückgewiesen.[10] Die Anwendung des Progressionsvorbehalts erhöht regelmäßig die Steuerbelastung, wodurch sich u. U. Steuernachforderungen ergeben.

Nicht dem Progressionsvorbehalt unterliegen folgende Entgeltersatzleistungen:

- Leistungen nach der Berufskrankheiten-Verordnung,
- das Krankentagegeld aus einer privaten Krankenversicherung,
- Leistungen zur Sicherung des Lebensunterhalts sowie
- das Bürgergeld nach § 19 Abs. 1 Satz 1 SGB II (bis 2022: Arbeitslosengeld II).

Negativer Progressionsvorbehalt

Muss der Arbeitnehmer ⇗ Kurzarbeitergeld oder vergleichbare Leistungen zurückzahlen und erfolgt die Rückzahlung über den Arbeitgeber, so wird auf Antrag ein negativer Progressionsvorbehalt vom Finanzamt durchgeführt. Dadurch mindert sich in aller Regel die Steuerbelastung in dem Kalenderjahr, in dem die Rückzahlung geleistet wird.

Aufzeichnungs- und Bescheinigungspflichten

Damit das Finanzamt den Progressionsvorbehalt berücksichtigen kann, hat der Arbeitgeber zusätzliche Aufzeichnungs- und Bescheinigungspflichten zu erfüllen:

3 § 3 Nr. 2 Buchst. a EStG.
4 § 3 Nr. 28 EStG.
5 § 3 Nr. 25 EStG
6 § 3 Nr. 1 Buchst. d EStG.
7 § 3 Nr. 2 Buchst. a EStG.
8 § 3 Nr. 1 Buchst. a EStG. Krankentagegeld aus einer privaten Krankenversicherung unterliegt nicht dem Progressionsvorbehalt, s. BFH, Urteil v. 13.11.2014, III R 36/13, BStBl 2015 II S. 563.
9 § 3 Nr. 1 Buchst. d EStG.
10 BFH, Urteil v. 9.8.2001, III R 50/00, BStBl 2001 II S. 778.

- Eintragung im Lohnkonto: Arbeitgeber, die (konjunkturelles) Kurzarbeitergeld (einschließlich Saison-Kurzarbeitergeld), Aufstockungsbeträge, ↗ Verdienstausfallentschädigung nach dem IfSG oder Zuschüsse zum Mutterschaftsgeld auszahlen oder zurückfordern, haben bei jeder Auszahlung oder Rückzahlung die Beträge im ↗ Lohnkonto des Arbeitnehmers einzutragen. Die Beträge sind im Lohnkonto des Kalenderjahres einzutragen, in dem der Entgeltzahlungszeitraum endet, für den die Entgeltersatzleistung gezahlt wird.

  Fordert der Arbeitgeber an den Arbeitnehmer ausgezahltes Kurzarbeitergeld oder andere steuerfreie Leistungen zurück, ist der zurückgezahlte Betrag im Lohnkonto des Kalenderjahres der Rückzahlung einzutragen.
- Eintragung in der Lohnsteuerbescheinigung: Bei Ausfertigung der (elektronischen) ↗ Lohnsteuerbescheinigung hat der Arbeitgeber in dem hierfür vorgesehenen Feld die Summe der von ihm gezahlten vorgenannten Entgeltersatzleistungen einzutragen.

  Ergibt die Verrechnung von ausgezahlten und zurückgeforderten Beträgen einen negativen Betrag, ist dieser Betrag in der Lohnsteuerbescheinigung anzugeben.
- Bescheinigung des Großbuchstabens U: Damit das Finanzamt auch von den Fällen Kenntnis erhält, in denen steuerfreie Entgeltersatzleistungen von anderen Stellen als vom Arbeitgeber gezahlt wurden, muss der Arbeitgeber Unterbrechungsfälle durch ein U im Lohnkonto kennzeichnen, wenn der Entgeltanspruch für mindestens 5 aufeinanderfolgende Arbeitstage im Wesentlichen weggefallen ist.

  In der Lohnsteuerbescheinigung ist die Summe der im Lohnkonto vermerkten Großbuchstaben U anzugeben; auf den Grund für den zeitweiligen Wegfall des Entgeltanspruchs kommt es nicht an.
- Verbot des Lohnsteuer-Jahresausgleichs: Soweit der Arbeitgeber die vorgenannten steuerfreien Entgeltersatzleistungen gezahlt hat, darf er für die in Betracht kommenden Arbeitnehmer keinen Lohnsteuer-Jahresausgleich durchführen; auch eine Berechnung der Lohnsteuer nach dem voraussichtlichen Jahresarbeitslohn ist nicht zulässig (permanenter Jahresausgleich).

Ob die steuerfreien Entgeltersatzleistungen dem Progressionsvorbehalt unterliegen, prüft das Finanzamt und nicht der Arbeitgeber.

Steuerfreier Arbeitslohn bei Auslandstätigkeit

Anzuwenden ist der Progressionsvorbehalt auch regelmäßig bei Bezug von steuerfreiem Arbeitslohn für eine Tätigkeit im Ausland, der nach einem

- ↗ Doppelbesteuerungsabkommen oder
- Auslandstätigkeitserlass.

von der inländischen Besteuerung freigestellt ist.

Ausnahme: Das Doppelbesteuerungsabkommen schließt den Progressionsvorbehalt aus.

Der steuerfrei belassene Arbeitslohn ist in der Lohnsteuerbescheinigung anzugeben, soweit er dem Grunde nach steuerpflichtig gewesen wäre. Die Nichtzulassung des permanenten Jahresausgleichs sowie das Verbot der Durchführung eines ↗ Lohnsteuer-Jahresausgleichs durch den Arbeitgeber gelten auch in diesen Fällen.

Pflichtveranlagung bei Anwendung des Progressionsvorbehalts

Arbeitnehmer müssen eine Einkommensteuererklärung abgeben, wenn die Leistungen, die dem Progressionsvorbehalt unterliegen, mehr als 410 EUR jährlich betragen, sofern die Veranlagung zur Einkommensteuer nicht bereits aus anderen Gründen durchzuführen ist.

Provision

Die Provision ist eine Entlohnung für Verkaufs- oder Vermittlungstätigkeiten. Sie drückt meist prozentual die Beteiligung des Arbeitnehmers am Wert der auf seine Tätigkeit zurückzuführenden oder von ihm abgeschlossenen Geschäfte aus.

Gesetze, Vorschriften und Rechtsprechung

Sozialversicherung: Die Beitragspflicht des Arbeitsentgelts in der Sozialversicherung ergibt sich aus § 14 Abs. 1 SGB IV. Die Beitragserhebung aus Einmalzahlungen regelt § 23a SGB IV.

Entgelt	LSt	SV
Provision, monatlich oder einmalig gezahlt	pflichtig	pflichtig

Lohnsteuer

Arbeitslohn

Provisionen, die Arbeitnehmer von ihrem Arbeitgeber erhalten, gehören i. d. R. zum steuerpflichtigen Arbeitslohn.

Das gilt auch für

- Verkaufs- und Vermittlungsprovisionen an Arbeitnehmer, die nicht hauptberuflich als Verkäufer tätig sind (z. B. im Bank- und Versicherungsgewerbe), sowie
- Provisionen, die Reisebüros von Versicherungsgesellschaften erhalten und an ihre Arbeitnehmer weitergeben, z. B. für die von diesen vermittelten Gepäck- oder ↗ Unfallversicherungen.

Werbungskosten

Arbeitnehmer, die auf Provisionsbasis tätig sind und leistungsabhängige Bezüge erhalten, können ihre Aufwendungen für ↗ Geschenke an Geschäftsfreunde des Arbeitgebers als ↗ Werbungskosten ansetzen, wenn die Aufwendungen letztlich zur Erzielung höherer Einnahmen getätigt werden.

Sozialversicherung

Zuordnung zum Arbeitsentgelt

Provisionen, die im Rahmen eines Beschäftigungsverhältnisses gezahlt werden, gehören zum ↗ Arbeitsentgelt und werden bei der versicherungsrechtlichen Beurteilung einer Beschäftigung ggf. berücksichtigt. Sie sind als laufendes oder als einmalig gezahltes Arbeitsentgelt beitragspflichtig in der Sozialversicherung.

Anrechnung von Provisionen

Provisionen sind bei der Beurteilung der Krankenversicherungspflicht höherverdienender Arbeitnehmer zu berücksichtigen, wenn sie üblicherweise Bestandteil des monatlich zufließenden laufenden Arbeitsentgelts sind und dieses insoweit mitprägen. Bei schwankender Höhe des variablen Arbeitsentgelts ist der maßgebende Betrag im Wege einer Prognose bzw. einer vorausschauenden Schätzung zu ermitteln. Provisionen sind auch bei der Frage zu berücksichtigen, ob es sich bei einer Beschäftigung um eine ↗ geringfügig entlohnte Beschäftigung handelt oder ob der ↗ Übergangsbereich anzuwenden ist.

Beitragsrechtliche Behandlung

Provisionen, die ohne Bezug auf bestimmte Entgeltabrechnungszeiträume gewährt werden, gehören zum einmalig gezahlten Arbeitsentgelt. Sie sind beitragsrechtlich als ↗ Einmalzahlung zu behandeln.

Provisionen, die für die Arbeit in einem bestimmten Entgeltabrechnungszeitraum gezahlt werden, zählen zum laufenden Arbeitsentgelt. Sie sind dem Entgeltabrechnungszeitraum zuzuordnen, in dem sie erzielt wurden. Bei späterer Auszahlung der Provisionen ist die Beitragsberechnung für den zutreffenden Entgeltabrechnungszeitraum zu korrigieren.

Tipp

Regelmäßig zeitversetzt ausgezahlte Provisionen

Es bestehen aber keine Bedenken, wenn Provisionen, die regelmäßig zeitversetzt ausgezahlt werden, dem Abrechnungszeitraum der Auszahlung zugeordnet werden. Diese Verwaltungsvereinfachung bezüglich der Beitragsberechnung gilt nur, wenn die Provisionen regelmäßig monatlich ausgezahlt werden.

Prozesskosten

Prozesskosten sind die Aufwendungen der an einem gerichtlichen Prozess beteiligten Parteien. Sie setzen sich gemäß Zivilprozessordnung zusammen aus:

- Anwaltskosten,
- Gerichtskosten und
- sonstigen außergerichtlichen Kosten.

Für die lohnsteuer- und sozialversicherungsrechtliche Beurteilung von vom Arbeitgeber übernommenen Prozesskosten ist entscheidend, ob der Prozess aus beruflichen oder privaten Gründen des Arbeitnehmers geführt wurde.

Übernimmt der Arbeitgeber Prozesskosten für einen beruflichen Rechtsstreit, ist von einem überwiegend betrieblichen Interesse des Arbeitgebers auszugehen. Die übernommenen Kosten stellen weder lohnsteuer- noch sozialversicherungsrechtlichen Arbeitslohn dar.

Übernimmt der Arbeitgeber die Kosten eines privaten Rechtsstreits des Arbeitnehmers, mangelt es am betrieblichen Interesse. Es liegt ein geldwerter Vorteil vor und die vom Arbeitgeber übernommenen Prozesskosten sind lohnsteuer- und sozialversicherungspflichtig.

Gesetze, Vorschriften und Rechtsprechung

Lohnsteuer: Zur Lohnsteuerpflicht s. § 19 Abs. 1 EStG.

Sozialversicherung: Die Beitragspflicht in der Sozialversicherung ergibt sich aus der Definition von Arbeitsentgelt in § 14 Abs. 1 SGB IV.

Entgelt	LSt	SV
Arbeitgebererstattung beruflich bedingter Prozesskosten	frei	frei
Arbeitgebererstattung privat veranlasster Prozesskosten	pflichtig	pflichtig

Rabatt

Rabatte, die der Arbeitgeber seinen Arbeitnehmern beim Bezug von Waren oder Dienstleistungen einräumt, sind steuerpflichtiger Arbeitslohn. Als Bemessungsgrundlage für den Vorteil der kostenlosen oder verbilligten Überlassung ist zunächst der Wert des Bezugs zu ermitteln. Erhält ein Arbeitnehmer unentgeltlich oder verbilligt Waren oder Dienstleistungen, die der Betrieb auch Fremden anbietet, liegt begrifflich Belegschaftsrabatt vor.

Die Bewertung solcher Mitarbeitervorteile gliedert sich in 2 Teile:

- Bei der kostenlosen oder verbilligten Abgabe von Waren oder Dienstleistungen an Mitarbeiter ist der Wert des Sachbezugs mit dem um 4 % geminderten Endpreis anzusetzen (Bewertungsabschlag), zu dem der Arbeitgeber die Waren oder Dienstleistungen fremden Letztverbrauchern anbietet.
- Darüber hinaus erhält der Arbeitnehmer einen Rabattfreibetrag von 1.080 EUR pro Kalenderjahr. Liegen die Voraussetzungen für den "großen Rabattfreibetrag" nicht vor, ist die Anwendung der Sachbezugsfreigrenze (kleiner Rabattfreibetrag) zu prüfen.

Gesetze, Vorschriften und Rechtsprechung

Lohnsteuer: Maßgebende Vorschriften zur Ermittlung des geldwerten Vorteils durch einen Rabatt des Arbeitgebers sind § 8 EStG sowie R 8.1 LStR (kleiner Rabattfreibetrag), R 8.2 LStR (großer Rabattfreibetrag) und H 8.1, H 8.2 LStH. Ergänzende Regelungen enthält das BMF-Schreiben v. 16.5.2013, IV C 5 – S 2334/07/0011, BStBl 2013 I S. 729, zuletzt geändert durch BMF-Schreiben v. 11.2.2021, IV C 5 – S 2334/19/10024 : 003, sowie zur Rabattgewährung durch Dritte das BMF-Schreiben v. 20.1.2015, IV C 5 – S 2360/12/10002, BStBl 2015 I S. 143.

Sozialversicherung: Beitragspflichtig sind grundsätzlich nur die lohnsteuerpflichtigen Rabattvorteile (§ 14 SGB IV, § 1 Abs. 1 SvEV). Bei pauschal versteuerten Rabatten kann sich Beitragsfreiheit ergeben (§ 1 Abs. 1 Nrn. 13 und 14 SvEV). Der beitragspflichtige Teil von geldwerten Vorteilen gilt als einmalige Einnahme.

Entgelt	LSt	SV
Sachbezug bei Belegschaftsrabatt bis 1.080 EUR jährlich	frei	frei
Sachbezug bis 50 EUR monatlich	frei	frei

Entgelt

Bewertung mit dem marktüblichen Preis

Üblicher Endpreis am Abgabeort

Die Bewertung des Vorteils für eine kostenlos oder verbilligt überlassene Ware oder Dienstleistung richtet sich nach dem Preis, der in der Mehrzahl der Verkaufsfälle, d. h. bei der umsatzstärksten Filiale, am Abgabeort von Letztverbrauchern tatsächlich gezahlt wird. Übliche Preisnachlässe werden deshalb bei der Bewertung einer Ware oder Dienstleistung berücksichtigt. Der um übliche Preisnachlässe geminderte übliche Endpreis schließt die Umsatzsteuer und sonstige Preisbestandteile ein.

Bietet der Arbeitgeber die zu bewertende Ware oder Dienstleistung unter gleichen Bedingungen in nicht unerheblichem Umfang fremden Letztverbrauchern zu einem niedrigeren als dem üblichen Preis an, ist dieser Preis anzusetzen. Für die Ermittlung dieses Werts kommt es nicht darauf an, zu welchem Preis funktionsgleiche und qualitativ gleichwertige Waren oder Dienstleistungen anderer Hersteller oder Dienstleister am Markt angeboten werden.[1] Maßgebend für die Preisfeststellung ist der Ort, an dem der Arbeitgeber dem Arbeitnehmer den Sachbezug anbietet. Der Endpreis kann auch der im Inland angebotene günstigste Marktpreis sein.[2]

Schätzung bei fehlendem Endpreis

Wird die konkrete Ware oder Dienstleistung nicht zu vergleichbaren Bedingungen an Endverbraucher am Markt angeboten, ist eine Schätzung des Werts des Sachbezugs i. H. der vom Arbeitgeber hierfür getragenen Aufwendungen zulässig.[3] Für Sachverhalte, bei denen eine vergleichbare Ware oder Dienstleistung fremden Endverbrauchern am Markt nicht angeboten wird und ein üblicher Endpreis nur im – zumeist sehr aufwendigen und streitanfälligen – Schätzungsweg ermittelt werden kann, ist der Wertansatz i. H. der Arbeitgeberkosten eine praktikable Bewertungsmöglichkeit. Die Aufwendungen des Arbeitgebers sind zuzüglich Umsatzsteuer und sämtlicher Nebenkosten (z. B. Verpackungs- oder Versandkosten) anzusetzen, da der Arbeitnehmer als Endverbraucher

1 BFH, Urteil v. 30.5.2001, VI R 123/00, BStBl 2002 II S. 230.
2 BFH, Urteil v. 26.7.2012, VI R 30/09, BStBl 2013 II S. 400; BFH, Urteil v. 26.7.2012, VI R 27/11, BStBl 2013 II S. 402.
3 BFH, Urteil v. 7.7.2020, VI R 14/18, BStBl 2021 II S. 232.

sowohl die Umsatzsteuer als auch sämtliche Nebenkosten tragen muss. Der pauschale Preisabschlag von 4 % ist bei dieser Bewertungsmethode nicht zulässig.[1]

Bewertungsabschlag von 4 %

Aus Vereinfachungsgründen kann auf die Ermittlung des um übliche Preisnachlässe geminderten üblichen Endpreises verzichtet und die Ware oder Dienstleistung mit 96 % des Endpreises bewertet werden, zu dem diese fremden Letztverbrauchern im allgemeinen Geschäftsverkehr angeboten wird.[2] Im Einzelhandel sind dies die Preise, mit denen die Waren ausgezeichnet werden.[3]

Bei der Gewährung von Versicherungsschutz sind es die Beiträge, die der Arbeitgeber als Versicherer von fremden Versicherungsunternehmen für diesen Versicherungsschutz verlangt. In den Fällen, in denen der Arbeitgeber seine Waren oder Dienstleistungen nicht fremden Letztverbrauchern im allgemeinen Geschäftsverkehr anbietet, sind die Endpreise seines nächstansässigen Abnehmers maßgebend.

Marktübliche Rabatte nicht lohnsteuerpflichtig

Personalrabatte führen nur dann zu steuerpflichtigem Arbeitslohn in Form eines ↗ geldwerten Vorteils, wenn der Arbeitgeberrabatt über das hinausgeht, was fremde Dritte für das gleiche Produkt am Markt als Rabatt erhalten. Für den Fremdvergleich darf der Arbeitgeber auf den günstigsten Preis am Markt abzustellen.[4] Der übliche Endpreis kann daher auch der nachgewiesene günstigste Preis inklusive sämtlicher Nebenkosten (z. B. Verpackungs- und Versandkosten bzw. Transportkosten[5]) sein, zu dem die Ware oder Dienstleistung mit vergleichbaren Bedingungen an Endverbraucher – ohne individuelle Preisverhandlungen im Zeitpunkt des Zuflusses bzw. Bestelltages – am Markt angeboten wird.

Für den Ansatz von Nebenkosten ist allerdings Voraussetzung, dass die zugrunde liegende Dienstleistung dem Arbeitnehmer auch tatsächlich erbracht wird. So bleiben nicht angefallene Überführungskosten bei Mitarbeitern in der Kfz-Branche außer Ansatz, da mangels erbrachter Leistung ein geldwerter Vorteil nicht zugeflossen ist.[6]

Wird als üblicher Endpreis der günstigste Preis am Markt angesetzt, darf der pauschale Abschlag von 4 % für Preisnachlässe nicht abgezogen werden.[7]

Bewertungswahlrecht: 4-%-Abschlag oder günstigster Marktpreis

Der Arbeitgeber ist im Lohnsteuerverfahren nicht verpflichtet den günstigsten Marktpreis zu ermitteln. Er kann den üblichen Endpreis unter Berücksichtigung des Bewertungsabschlags von 4 % für übliche Preisnachlässe der Ermittlung des geldwerten Vorteils aus der verbilligten Überlassung von ↗ Sachbezügen zugrunde legen. In diesem Fall hat der Arbeitnehmer die Möglichkeit bei seiner Einkommensteuererklärung den günstigeren Marktpreis durch geeignete Unterlagen nachzuweisen – etwa durch Ausdruck von Internetangeboten im Zuflusszeitpunkt.

Ermittlung des geldwerten Vorteils

Der mit dem üblichen Endpreis oder mit 96 % des Angebotspreises ermittelte Geldwert des Sachbezugs gehört als geldwerter Vorteil zum steuer- und beitragspflichtigen Arbeitslohn, wenn der Arbeitnehmer den Sachbezug unentgeltlich erhält. Erhält der Arbeitnehmer den Sachbezug nicht unentgeltlich, ist der Unterschiedsbetrag zwischen dem Geldwert und dem gezahlten Entgelt als geldwerter Vorteil zu versteuern. In dieser Höhe ist der Sachbezug dann auch beitragspflichtig.

Steuer- und beitragsfrei bleiben aber geldwerte Vorteile, wenn sie die monatliche Freigrenze von 50 EUR (bis 2021: 44 EUR) nicht übersteigen.

Achtung

Gehaltsumwandlung unzulässig

Geldwerte Vorteile, die anstelle von vertraglich vereinbartem Arbeitsentgelt gewährt werden, fallen nicht unter die steuerlichen Rabattregelungen und gehören in voller Höhe zum beitragspflichtigen Arbeitsentgelt i. S. d. Sozialversicherung.

Verbilligte Waren oder Dienstleistungen vom Arbeitgeber

Rabattfreibetrag von 1.080 EUR

Eine Sonderregelung gilt für Waren und Dienstleistungen des Arbeitgebers, die er nicht überwiegend für den Bedarf seiner Arbeitnehmer herstellt, vertreibt oder erbringt. In diesen Fällen ist der Preisvorteil nur lohnsteuer- und beitragspflichtig, soweit er den Rabattfreibetrag von 1.080 EUR jährlich übersteigt; die 50-EUR-Freigrenze (bis 2021: 44 EUR) ist nicht anwendbar. Der geldwerte Vorteil ist in vollem Umfang beitragspflichtig, wenn er anstelle von vertraglich vereinbartem Arbeitsentgelt gewährt wird.

Definition „arbeitsrechtlicher Arbeitgeber“

Die Gewährung des Sachbezugs muss nicht nur Ausfluss des Dienstverhältnisses sein. Begünstigt sind ausschließlich Waren oder Dienstleistungen, die vom Arbeitgeber hergestellt, vertrieben oder erbracht werden. Abzustellen ist auf den arbeitsrechtlichen Arbeitgeber, demgegenüber die arbeitsvertraglichen Beziehungen bestehen.[8] Hersteller einer Ware können gleichzeitig mehrere Arbeitgeber sein.

Bei Verlagserzeugnissen ist nicht nur der Herausgeber begünstigt, sondern auch die herstellende Druckerei.[9] Der Rabattfreibetrag kann deshalb insbesondere für die unentgeltliche Überlassung von Tageszeitungen und Zeitschriften von Arbeitnehmern in Anspruch genommen werden, die bei der Druckerei beschäftigt sind, die im Auftrag des Herausgebers die Zeitungen herstellt. Entsprechendes hat das Finanzgericht München für die Herstellung von Strom entschieden. Danach ist die Transformation durch den Netzbetreiber Teil der Stromherstellung, sodass die Arbeitnehmer des Netzbetreibers ebenfalls den Freibetrag von 1.080 EUR für den vom Tochterunternehmen verbilligt bezogenen Strom in Anspruch nehmen können.[10]

Der Rabattfreibetrag darf nicht auf Preisvorteile angewendet werden, die durch Konzernunternehmen gewährt werden. Damit erhalten Arbeitnehmer innerhalb eines Konzerns den Rabattfreibetrag nur für die Vorteile, die vom unmittelbaren Arbeitgeber gewährt werden.[11]

Ermittlung des Preisvorteils

Für die Berechnung des Preisvorteils werden nicht die üblichen Endpreise am Abgabeort, sondern die im allgemeinen Geschäftsverkehr vom Arbeitgeber selbst tatsächlich geforderten Endpreise zugrunde gelegt. Ausgangsgröße ist der vom Arbeitgeber angebotene Endpreis, der auch Preisnachlässe umfasst.[12] Von diesen Endpreisen kann in jedem Fall ein Preisabschlag von 4 % vorgenommen werden.

Beispiel

Möbelhausangestellter kauft verbilligte Schrankwand

Ein Möbelhandelsunternehmen überlässt einem Arbeitnehmer eine Schrankwand zum Preis von 3.000 EUR; der durch Preisauszeichnung angegebene Endpreis dieser Schrankwand beträgt 4.500 EUR.

Ergebnis: Zur Ermittlung des Sachbezugswerts ist der Endpreis um 180 EUR (4 %) zu kürzen, sodass sich nach Anrechnung des vom Arbeitnehmer gezahlten Entgelts ein Arbeitslohn von 1.320 EUR (4.500 EUR ./. 180 EUR ./. 3.000 EUR) ergibt. Dieser Betrag überschreitet den Rabatt-

1 BMF, Schreiben v. 11.2.2021, IV C 5 – S 2334/19/10024 : 003, BStBl 2021 I S. 311.
2 R 8.1 Abs. 2 Sätze 2, 9 LStR.
3 BFH, Urteil v. 4.6.1993, VI R 95/92, BStBl 1993 II S. 687.
4 BFH, Urteil v. 17.8.2005, IX R 10/05, BStBl 2006 II S. 71.
5 BFH, Urteil v. 6.6.2018, VI R 32/16, BStBl 2018 II S. 764.
6 BFH, Urteil v. 16.1.2020, VI R 31/17, BStBl 2020 II S. 591.
7 R 8.1 Abs. 2 LStR.
8 BFH, Urteil v. 8.11.1996, VI R 100/95, BStBl 1997 II S. 330.
9 BFH, Urteil v. 28.8.2002, VI R 88/99, BStBl 2003 II S. 154.
10 FG München, Urteil v. 30.5.2016, 7 K 428/15.
11 BFH, Urteil v. 4.4.2006, VI R 11/03, BStBl 2006 II S. 668; BFH, Urteil v. 10.05.2006, IX R 82/98, BStBl 2006 II S. 669.
12 BFH, Urteil v. 26.7.2012, VI R 30/09, BStBl 2013 II S. 400.

freibetrag von 1.080 EUR um 240 EUR; der übersteigende Betrag ist damit steuer- und beitragspflichtig.

Alternative: Würde der Arbeitnehmer im selben Kalenderjahr ein weiteres Möbelstück unter denselben Bedingungen beziehen, käme der Rabattfreibetrag nicht mehr in Betracht. Es würde sich dann ein steuer- und beitragspflichtiger Betrag von 1.320 EUR ergeben (Unterschiedsbetrag zwischen dem um 4 % = 180 EUR geminderten Endpreis von 4.500 EUR und dem Abgabepreis von 3.000 EUR).

Bewertungswahlrecht: Rabattfreibetrag oder günstigster Marktpreis

Arbeitnehmerwahlrecht im Veranlagungsverfahren

Ausgangsgröße für die Bewertung von Belegschafts- bzw. Personalrabatten ist nicht der „günstigste Marktpreis", sondern der Angebotspreis als Ergebnis von Verkaufsverhandlungen mit dem Arbeitgeber.[1] Dieser vom Arbeitgeber bestimmte Endpreis kann aber – auch nach Abzug des 4 %igen Bewertungsabschlags und des Rabattfreibetrags – über den tatsächlichen Marktverhältnissen liegen. Die Finanzverwaltung räumt deshalb dem Arbeitnehmer das Wahlrecht ein, den geldwerten Vorteil im Rahmen seiner Einkommensteuerveranlagung mit dem im Inland günstigsten Marktpreis zu bewerten[2] – dann allerdings ohne Bewertungsabschlag und ohne Rabattfreibetrag.[3]

Arbeitgeberwahlrecht im Lohnsteuerverfahren

Das Bewertungswahlrecht zwischen den beiden Bewertungsmethoden steht auch dem Arbeitgeber zu. Ähnlich wie bei der Einzelbewertung nach § 8 Abs. 2 EStG ist er dabei nicht an die für den Arbeitnehmer günstigere Regelung gebunden. Es bleibt dem Arbeitgeber unbenommen, im Lohnsteuerverfahren zunächst die besondere Bewertungsvorschrift für Belegschaftsrabatte anzuwenden[4], auch wenn sich hierdurch für den Arbeitnehmer ein höherer lohnsteuerpflichtiger geldwerter Vorteil ergibt. Er ist nicht verpflichtet, den Sachbezug als Differenz zwischen dem tatsächlichen Kaufpreis und dem günstigsten Angebot am Markt zu bewerten.[5] Arbeitgeber und Arbeitnehmer haben auch hier die bereits genannten Aufzeichnungs- und Nachweispflichten für die Anwendung der jeweiligen Bewertungsmethode zu beachten.

Beispiel

Ansatz des Rabattfreibetrags oder des günstigsten Marktpreises

Ein Möbelhandelsunternehmen überlässt einem Arbeitnehmer eine Schrankwand zum Preis von 3.000 EUR; der durch Preisauszeichnung angegebene Endpreis dieser Schrankwand beträgt 6.000 EUR. Im Internet wird diese Schrankwand für 4.300 EUR angeboten.

Ergebnis: Zur Ermittlung des Sachbezugswerts ist der Endpreis um 4 % = 240 EUR zu kürzen, sodass sich nach Anrechnung des vom Arbeitnehmer gezahlten Entgelts ein steuerpflichtiger geldwerter Vorteil von 2.760 EUR ergibt (6.000 EUR ./. 240 EUR ./. 3.000 EUR). Dieser Arbeitslohn überschreitet den Rabattfreibetrag von 1.080 EUR um 1.680 EUR. Der Arbeitgeber versteuert beim Lohnsteuerabzug den Sachbezug „Schrankwand" mit 1.680 EUR nach den für sonstige Bezüge geltenden Regeln.

Der Arbeitnehmer hat die Möglichkeit, im Rahmen seiner Einkommensteuerveranlagung die Besteuerung nach § 8 Abs. 2 EStG zu wählen, wenn er den günstigeren Marktpreis entsprechend belegen kann. Gleichzeitig muss er durch ein formloses Schreiben des Arbeitgebers den im Lohnsteuerverfahren als Arbeitslohn erfassten geldwerten Vorteil dem Finanzamt nachweisen. Unter Anrechnung des vom Arbeitnehmer gezahlten Entgelts und dem tatsächlich nachgewiesenen Marktpreis von 4.300 EUR ergibt sich ein steuerpflichtiger Sachbezug von 1.300 EUR. Der in der Lohnsteuerbescheinigung ausgewiesene steuerpflichtige Arbeitslohn ist durch das Finanzamt bei der Einkommensteuerveranlagung um 380 EUR zu ermäßigen.

1 BFH, Urteil v. 26.7.2012, VI R 30/09, BStBl 2013 II S. 400.
2 § 8 Abs. 2 EStG.
3 BMF, Schreiben v. 16.5.2013, IV C 5 – S 2334/07/0011, BStBl 2013 I S. 729.
4 § 8 Abs. 3 EStG.
5 § 8 Abs. 2 EStG.

Besonderheiten

Arbeitnehmer im Ruhestand

Unerheblich ist, ob der Personalrabatt aufgrund einer früheren oder gegenwärtigen Beschäftigung zufließt. Auch im Ruhestand befindliche Steuerzahler können von ihrem früheren Arbeitgeber Personalrabatte beziehen. Keine Rabatte aufgrund eines früheren Dienstverhältnisses sind Rabatte, die allein wegen einer gegenwärtigen Tätigkeit bei einem zum Konzernverbund gehörenden Tochterunternehmen gewährt werden.[6] Preisnachlässe eines vorangegangenen Arbeitgebers im Konzern dürfen deshalb in diesem Fall nicht bis zu 1.080 EUR steuerfrei bleiben.

Beschäftigung bei mehreren Arbeitgebern

Der Rabattfreibetrag kann für jedes einzelne Dienstverhältnis gesondert in Anspruch genommen werden. Ist ein Arbeitnehmer bei mehreren Arbeitgebern beschäftigt, kann der Rabattfreibetrag im Kalenderjahr mehrfach in Anspruch genommen werden. Dasselbe gilt bei einem Arbeitgeberwechsel während des Jahres.

Doppelter Rabattfreibetrag bei Ehe-/Lebenspartnern

Bei beiderseits berufstätigen Ehe-/Lebenspartnern ist der Freibetrag von 1.080 EUR entsprechend zu vervielfachen, auch wenn das Dienstverhältnis zum selben Arbeitgeber besteht.

Beispiel

Berufstätige Ehegatten: Gleicher Arbeitgeber ist gleich doppelter Freibetrag

Ein Automobilunternehmen überlässt einem Arbeitnehmer einen Jahreswagen zum Preis von 21.000 EUR. Der Endpreis des Pkw beträgt für den Endverbraucher 25.000 EUR.

Ergebnis: Zur Ermittlung des Sachbezugswerts ist der Endpreis um 1.000 EUR zu kürzen (4 % v. 25.000 EUR). Nach Anrechnung des vom Arbeitnehmer bezahlten verbilligten Kaufpreises ergibt sich ein geldwerter Vorteil von 3.000 EUR (25.000 EUR ./. 1.000 EUR ./. 21.000 EUR).

Die Vorteilszuwendung liegt über dem Rabattfreibetrag von 1.080 EUR, sodass der übersteigende Betrag von 1.920 EUR (3.000 EUR ./. 1.080 EUR) dem Lohnsteuer- und Beitragsabzug unterliegt.

Ist auch der Ehegatte bei demselben Automobilunternehmen beschäftigt, verdoppelt sich der Rabattfreibetrag auf 2.160 EUR. Voraussetzung ist allerdings, dass die beiden das Fahrzeug gemeinsam erwerben. In diesem Fall verringert sich der lohnsteuer- und beitragspflichtige geldwerte Vorteil um weitere 1.080 EUR auf 840 EUR.

Begünstigte Waren und Dienstleistungen

Begünstigte Waren

Begünstigt sind alle Waren, die wie Sachen[7] behandelt werden.

Beschäftigte von Energieversorgungsunternehmen können den Bewertungsabschlag und den Rabattfreibetrag auch für die unentgeltliche oder verbilligte Energielieferung erhalten. Der Rabattfreibetrag gilt außerdem für unentgeltliche Sachbezüge, wie z. B. für den Haustrunk im Brauereigewerbe oder für die Freitabakwaren in der Tabakwarenindustrie.

Begünstigte Dienstleistungen

Dienstleistungen sind alle persönlichen Leistungen, die üblicherweise gegen Entgelt erbracht werden. Dazu gehören z. B. Beförderungsleistungen, Beratung, Werbung oder Datenverarbeitung. Nicht mehr ausgenommen ist die leih- oder mietweise Überlassung von Grundstücken, Wohnungen, möblierten Zimmern oder von Kraftfahrzeugen, ebenso die Gewährung von Darlehen.[8]

6 BFH, Urteil v. 8.11.1996, VI R 100/95, BStBl 1997 II S. 330; FG München, Urteil v. 30.5.2016, 7 K 428/15.
7 § 90 BGB.
8 R 8.2 Abs. 1 Nr. 2 LStR.

Begriff der Dienstleistung

Der Begriff „Dienstleistung" ist danach nicht im bürgerlich-rechtlichen Sinne[1], sondern entsprechend seiner umgangssprachlichen Bedeutung als Synonym für alle möglichen Arbeitgebervorteile zu verstehen. Begünstigt ist damit allgemein die Nutzungsüberlassung. Im Normalfall wird sich diese Rechtsprechung zugunsten des Arbeitnehmers auswirken. Diese Bewertungsmethode kann allerdings auch mit Nachteilen für den Arbeitnehmer verbunden sein. Beispiele hierfür sind die verbilligte Darlehensgewährung im Bankengewerbe oder die freie Kost und Unterbringung im Hotel- und Gastronomiebereich.

Besonderheiten bei Arbeitgeberdarlehen

Bei ⇗ Arbeitgeberdarlehen ist der Rabattfreibetrag jedoch nicht anzusetzen, wenn der Arbeitgeber

- z. B. lediglich den Arbeitnehmern sowie verbundenen Unternehmen und nicht anderen natürlichen oder juristischen Personen Darlehen gewährt[2] oder
- Darlehen dieser Art nicht an Betriebsfremde vergibt, z. B. Arbeitgeberdarlehen einer Landeszentralbank.[3]

Veräußerung überwiegend an fremde Dritte

Ausgeschlossen von der Rabattregelung sind Waren oder Dienstleistungen, die überwiegend dem Bedarf der Arbeitnehmer dienen. Nicht erforderlich ist, dass das Produkt zum üblichen Geschäftsgegenstand gehört.[4]

- In Betracht kommt z. B. die Überlassung von ⇗ Dienstwohnungen durch Arbeitgeber, die ihre Wohnungen durch selbstständige Wohnungsgesellschaften verwalten lassen bzw. die nicht nur an Arbeitnehmer, sondern überwiegend an Dritte vermieten. Voraussetzung ist aber auch hier, dass die (verbilligte oder unentgeltliche) Abgabe der Waren bzw. Dienstleistungen nicht überwiegend oder gar ausschließlich an die eigenen Arbeitnehmer erfolgt.[5]
- Kantinenmahlzeiten sind keine Belegschaftsrabatte.
- Die Abgabe von Artikeln des medizinischen Bedarfs durch Krankenhausapotheken ist begünstigt, wenn der Arbeitgeber mit den Medikamenten am Markt in Erscheinung tritt, indem er diese bei der Behandlung der Patienten einsetzt, und der gleichzeitige Belegschaftshandel nicht den Marktumsatz überwiegt.[6]
- Auch auf Rohstoffe, Zutaten und Halbfertigerzeugnisse ist die Begünstigung anwendbar, wenn diese mengenmäßig überwiegend in die Produkte des Unternehmens eingehen.
- Für Betriebs- und Hilfsstoffe, z. B. Benzin, kann der Rabattfreibetrag ebenfalls nicht gewährt werden, wenn die mengenmäßige Abgabe an fremde Dritte nicht im Vordergrund steht. In gleicher Weise verhält es sich mit Waren, die der Arbeitgeber aufgrund geschäftlicher Beziehungen mit Kundenfirmen verbilligt an seine Arbeitnehmer abgeben kann.

Lohnsteuerpauschalierung schließt Rabattregelung aus

Werden Sachbezüge pauschal besteuert, findet die Rabattregelung keine Anwendung. Die Wertermittlung für pauschal besteuerte Sachbezüge ist nach der Einzelbewertungsmethode oder nach den gesetzlichen Sachbezugswerten vorzunehmen. Haben die obersten Landesfinanzbehörden hierfür Durchschnittswerte angesetzt, gelten diese Werte auch für den Bereich der Sozialversicherung. Die Wahl kann der Arbeitgeber für jeden einzelnen Sachbezug unterschiedlich ausüben, wenn dieser gleichzeitig die Voraussetzungen der pauschalen Lohnsteuer und der Rabattregelung erfüllt. Besondere Regelungen gelten bei der Überlassung beschädigter oder gebrauchter Waren.

1 § 611 BGB.
2 BFH, Urteil v. 18.9.2002, VI R 134/99, BFH/NV 2002 S. 1676, BStBl 2003 II S. 371.
3 BFH, Urteil v. 9.10.2002, VI R 164/01, BStBl 2003 II S. 373.
4 BFH, Urteil v. 7.2.1997, VI R 17/94, BStBl 1997 II S. 363.
5 § 8 Abs. 3 Satz 1 EStG.
6 BFH, Urteil v. 27.8.2002, VI R 63/97, BStBl 2002 II S. 881; BFH, Urteil v. 27.8.2002, VI R 158/98, BStBl 2003 II S. 95.

Tipp

Wahlrecht zwischen Rabattfreibetrag und Lohnsteuerpauschalierung nutzen

Für Belegschaftsrabatte, welche die Voraussetzungen der Rabattbesteuerung und der Pauschalbesteuerung erfüllen, empfiehlt es sich, solange die Besteuerung nach den ELStAM zu wählen, bis der Rabattfreibetrag von 1.080 EUR ausgeschöpft ist. Anschließend ist unter den gegebenen Voraussetzungen die Pauschalbesteuerung zu wählen.[7]

Besondere Bedeutung hat das gesonderte Wahlrecht für jeden einzelnen Sachbezug im Hotel- und Gastronomiegewerbe für die Überlassung von Mahlzeiten.

Rabattgewährung durch Dritte

Preisvorteile, die dem Arbeitnehmer im Hinblick auf sein Dienstverhältnis von Dritten eingeräumt werden, gehören nur dann zum lohnsteuerpflichtigen Arbeitslohn, wenn der Arbeitgeber in qualifizierter Form an der Verschaffung dieser Preisvorteile mitgewirkt hat. Eine solche Mitwirkung liegt vor, wenn

- aus dem Handeln des Arbeitgebers ein Anspruch des Arbeitnehmers auf den Preisvorteil entstanden ist (z. B. der Arbeitgeber hat mit einem anderen Unternehmen einen Vertrag über eine Rabattgewährung zugunsten seiner Arbeitnehmer abgeschlossen) oder
- der Arbeitgeber für den Dritten Verpflichtungen übernommen hat, z. B. Inkassotätigkeit oder Haftung, oder
- zwischen dem Arbeitgeber und dem Dritten eine enge wirtschaftliche oder tatsächliche Verflechtung oder enge Beziehung sonstiger Art besteht, z. B. Organverhältnis bzw. verbundene Unternehmen nach § 15 AktG, oder
- dem Arbeitnehmer Preisvorteile von einem Unternehmen eingeräumt werden, dessen Arbeitnehmer ihrerseits Preisvorteile vom Arbeitgeber erhalten.

Die Finanzverwaltung unterstellt in diesen Fällen, dass der Arbeitgeber weiß oder erkennen kann, dass der Arbeitnehmer Preisvorteile erhalten hat.[8]

Preisnachlässe, die ein Automobilhersteller aufgrund eines mit dem Arbeitgeber abgeschlossenen Großkunden-Rahmenabkommens dessen Außendienstmitarbeitern gewährt, stellen keinen Arbeitslohn dar. Das FG Rheinland-Pfalz geht insoweit von einem eigenwirtschaftlichen Interesse der Autofirma aus, das der erforderlichen Veranlassung durch das Dienstverhältnis entgegensteht, die für eine lohnsteuerpflichtige Vorteilsgewährung durch einen Dritten verlangt wird.[9]

Sozialversicherung

Steuerpflichtige Rabatte, die unmittelbar aus der Beschäftigung oder im Zusammenhang mit ihr gewährt werden, sind beitragspflichtiges Arbeitsentgelt. Werden diese Zuwendungen nach § 37b EStG pauschal versteuert, führt dies nicht zur Beitragsfreiheit, wenn es sich um eigene Arbeitnehmer oder um Arbeitnehmer verbundener Unternehmen handelt. Sie werden sozialversicherungsrechtlich wie Zuwendungen an eigene Arbeitnehmer behandelt und sind dem Arbeitsentgelt zuzurechnen. Die Pauschalversteuerung führt also nur bei Arbeitnehmern eines Dritten zur Beitragsfreiheit.

Rabatt bei Gruppen- und Sammelversicherung

Bei der Direktversicherung von Arbeitnehmern in Form von Gruppen- und Sammelversicherungen räumen die Versicherungsunternehmen Rabatte ein. Dabei werden die für Einzelversicherungen geltenden Tarifbeiträge ermäßigt und auch der Unterjährigkeitszuschlag wird abgesenkt. Beide Ermäßigungen sind lohnsteuerlich nicht als Arbeitslohn zu erfassen.

7 R 8.2 Abs. 1 Nr. 4 LStR.
8 BMF, Schreiben v. 20.1.2015, IV C 5 – S 2360/12/10002, BStBl 2015 I S. 143.
9 FG Rheinland-Pfalz, Urteil v. 9.9.2020, 2 K 1690/18, EFG 2021 S. 100, Nichtzulassungsbeschwerde beim BFH unter Az. VI B 86/20.

Anzeigepflichten

Arbeitnehmer gegenüber Arbeitgeber

Soweit der Arbeitgeber die lohnsteuerpflichtigen Rabatte nicht selbst ermitteln kann (z. B. in Organschaftsfällen oder bei wechselseitiger Gewährung von Rabattvorteilen), ist der Arbeitnehmer gesetzlich verpflichtet, dem Arbeitgeber die Höhe der steuerpflichtigen Preisvorteile am Ende des jeweiligen Lohnzahlungszeitraums schriftlich anzuzeigen und dabei die Richtigkeit seiner Angaben durch Unterschrift zu bestätigen.

Kommt der Arbeitnehmer dieser Angabepflicht nicht nach, ist der objektive Tatbestand der Steuerverkürzung[1] erfüllt. Kann der Arbeitgeber erkennen, dass von Dritten Vergütungen geleistet werden, ist er gehalten, seine Arbeitnehmer auf die Angabepflicht und die Folgen eines Pflichtverstoßes hinzuweisen.[2]

Arbeitgeber gegenüber Betriebsstättenfinanzamt

Macht der Arbeitnehmer keine oder erkennbar unrichtige Angaben, hat der Arbeitgeber dies dem Betriebsstättenfinanzamt anzuzeigen.[3] Eine solche Mitteilung an das Betriebsstättenfinanzamt hat unverzüglich zu erfolgen, wenn der Arbeitgeber bei der (sich aus seiner qualifizierten Mitwirkung oder der Unternehmensverbundenheit abzuleitenden) gebotenen Sorgfalt erkennen kann, dass die Angaben des Arbeitnehmers über von Dritten erhaltene Vergütungen unzutreffend sind.[4] Der Arbeitgeber muss die Anzeige bzw. den Hinweis auf die Angabepflicht und die Folgen des Pflichtverstoßes als Beleg zum ⇗ Lohnkonto aufbewahren und die steuerpflichtigen Rabattvorteile zusammen mit dem übrigen Arbeitslohn des Arbeitnehmers dem Lohnsteuerabzug unterwerfen.

Haftung des Arbeitgebers

Für Lohnsteuer, die durch unrichtige Angaben des Arbeitnehmers zu wenig einbehalten wird, kann der Arbeitgeber grundsätzlich nicht in Anspruch genommen werden. Anders verhält es sich jedoch, wenn der Arbeitgeber annehmen musste, dass dem Arbeitnehmer steuerpflichtige Preisvorteile zugeflossen sind (z. B. bei Organschaftsverhältnissen), und er den Arbeitnehmer nicht zu einer entsprechenden Anzeige veranlasst hat und er seiner gesetzlich auferlegten Anzeigeverpflichtung nicht nachgekommen ist.

Aufzeichnungs- und Bescheinigungspflichten

Bei jeder Lohnabrechnung sind Sachbezüge getrennt vom Barlohn im ⇗ Lohnkonto aufzuzeichnen. Dasselbe gilt für die einbehaltene Lohnsteuer und die Beiträge zur Sozialversicherung. Dabei sind die ⇗ Sachbezüge einzeln zu bezeichnen und unter Angabe des Abgabetages oder bei laufenden Bezügen des Abgabezeitraums, des Abgabeorts und des etwa gezahlten Entgelts mit dem steuerlich maßgebenden, also um Zuzahlungen des Arbeitnehmers gekürzten Wert anzusetzen.

Diese Einzelangaben gelten auch für die Erfassung von Belegschaftsrabatten. Zusätzlich ist die Eintragung als Personalrabatt kenntlich zu machen und ohne Kürzung um den Rabattfreibetrag aufzuzeichnen. Dadurch wird sichergestellt, dass geldwerte Vorteile aufgrund wiederholter Rabatte dem Lohnsteuer- und Beitragsabzug unterliegen, soweit sie im Laufe des Kalenderjahres 1.080 EUR übersteigen. Auf der Lohnsteuerbescheinigung ist dagegen nur der steuerpflichtige Teil der Sachbezüge zu bescheinigen.

Der Arbeitgeber hat die Grundlagen für den ermittelten und der Lohnversteuerung zugrunde gelegten Endpreis zu dokumentieren, als Belege zum Lohnkonto aufzubewahren, und dem Arbeitnehmer auf Verlangen formlos zur Verfügung zu stellen.

1 § 370 AO.
2 R 38.4 Abs. 2 Satz 3 LStR.
3 § 38 Abs. 4 Satz 3 2. Halbsatz EStG.
4 R 106 Abs. 2 Sätze 4, 5 LStR.

Rechtsbehelfe (Entgeltabrechnung)

Ein Rechtsbehelf ist jede rechtlich anerkannte und gesetzlich geregelte Möglichkeit, gegen eine behördliche Entscheidung oder einen nachteiligen Rechtszustand vorzugehen. Ziel ist eine Aufhebung oder Änderung. Es handelt sich um ein grundlegendes Menschenrecht nach Art. 8 Abs. 1 der Allgemeinen Erklärung der Menschenrechte. Eine Person hat „Anspruch auf einen wirksamen Rechtsbehelf bei den zuständigen innerstaatlichen Gerichten gegen Handlungen, durch die seine ihm nach der Verfassung oder nach dem Gesetz zustehenden Grundrechte verletzt werden".

Gesetze, Vorschriften und Rechtsprechung

Lohnsteuer: Als förmliche Rechtsbehelfe stehen nach den §§ 347 – 367 Abgabenordnung der Einspruch und nach der Finanzgerichtsordnung nachfolgend die Klage sowie Nichtzulassungsbeschwerde und Revision zur Verfügung.

Sozialversicherung: Die Verpflichtung, bestimmten Verwaltungsakten eine Rechtsbehelfsbelehrung beizufügen, enthält § 36 SGB X. Die Rechtsbehelfsbelehrung in Widerspruchsbescheiden ist in § 85 Abs. 3 Satz 4 SGG geregelt. Gegen einen Widerspruchsbescheid ist eine Klage möglich (§ 54 Abs. 1 SGG). Diese ist zulässig, wenn der Kläger durch den Verwaltungsakt beschwert ist.

Lohnsteuer

Einspruch

Als Rechtsbehelf gegen alle förmlichen Bescheide des Finanzamts kann Einspruch eingelegt werden. So kann der Arbeitgeber z. B. gegen einen Haftungsbescheid im Anschluss an eine ⇗ Lohnsteuer-Außenprüfung, einen Bescheid über eine verbindliche Auskunft oder eine ⇗ Lohnsteuer-Anmeldung Einspruch einlegen. Er kann mittels Einspruch aber auch geltend machen, dass über einen Antrag auf Erlass eines bestimmten Verwaltungsaktes ohne Mitteilung eines unzureichenden Grundes in einer angemessenen Frist sachlich nicht entschieden worden ist. Hat der Einspruch keinen Erfolg, kann das Finanzgericht und nachfolgend der Bundesfinanzhof angerufen werden.[5]

Einspruch hemmt nicht die Vollziehung

Durch die Einlegung des Einspruches wird die Vollziehung des angefochtenen Verwaltungsaktes i. d. R. nicht gehemmt. Soll dies erreicht werden, ist mit dem Einspruch auch der Antrag auf Aussetzung der Vollziehung zu stellen. Sofern diesem durch gesonderten Verwaltungsakt stattgegeben wird, ist die Vollziehung des Verwaltungsaktes unzulässig.

Einspruchsfrist

Der Einspruch muss innerhalb eines Monats nach Bekanntgabe des Steuerbescheids eingelegt werden.[6] Die Frist beginnt mit dem Ablauf des Tages der Bekanntgabe, also einen Tag nachdem der Steuerbescheid zugegangen sein. Als bekannt gegeben gilt ein Steuerbescheid am 3. Tag nach Aufgabe zur Post. Das Postaufgabedatum ist i. d. R. das Datum des Steuerbescheides.

Beispiel

Berechnung der Rechtsbehelfsfrist

Ein Arbeitgeber erhält am 13.4. einen Haftungsbescheid, der das Datum 12.4. trägt. Der Bescheid gilt als bekannt gegeben am 15.4. (3. Tag nach Aufgabe zur Post, unabhängig davon, wann der Arbeitgeber den Bescheid tatsächlich erhalten hat). Die Einspruchsfrist von einem Monat beginnt einen Tag nach Bekanntgabe zu laufen, also am 16.4., und endet mit Ablauf des 15.5. (Sonntag).

Ergebnis: Fällt das Ende der Frist wie im Beispiel auf einen Samstag, Sonntag oder Feiertag, läuft die Frist erst mit Ende des nächstfolgenden Werktags ab. Will der Arbeitgeber also fristgerecht Einspruch ein-

5 Klage beim Finanzgericht und Revision beim Bundesfinanzhof.
6 § 355 Abs. 1 AO.

legen, muss er diesen bis spätestens 16.5. 24 Uhr in den Hausbriefkasten des Finanzamts werfen. Es reicht nicht aus, den Einspruch lediglich am 16.5. zur Post zu geben.

Wiedereinsetzung in den vorigen Stand

Wird die Einspruchsfrist ohne Verschulden versäumt (z. B. im Falle plötzlicher Erkrankung oder Verzögerungen bei der Post), ist „Wiedereinsetzung in den vorigen Stand"[1] zu gewähren.

Der Antrag auf Wiedereinsetzung ist innerhalb eines Monats nach Wegfall des Hindernisses zu stellen; die Tatsachen zur Begründung sind glaubhaft zu machen.

Beginn der Einspruchsfrist in Sonderfällen

Ist ein Bescheid nicht mit einer Rechtsbehelfsbelehrung versehen oder ist die Rechtsbehelfsbelehrung unrichtig, verlängert sich die Einspruchsfrist auf ein Jahr. Bei ↗ Lohnsteuer-Anmeldungen beginnt die Einspruchsfrist mit dem Eingang beim Finanzamt, denn eine Steueranmeldung steht einer Steuerfestsetzung unter Vorbehalt der Nachprüfung gleich.[2] Führt die Anmeldung zu einer Herabsetzung der bisher zu entrichtenden Steuer oder zu einer Erstattung von Lohnsteuer, beginnt die Einspruchsfrist erst mit der Auszahlung der entsprechenden Beträge.[3]

Form und Inhalt des Einspruchs

Der Einspruch muss schriftlich eingereicht oder zur Niederschrift erklärt werden. Auch eine Einlegung durch Telefax oder Computerfax ist zulässig. Bei schriftlicher Einlegung muss aus dem Schriftstück hervorgehen, wer den Einspruch eingelegt hat. Außerdem soll der Verwaltungsakt angegeben werden, gegen den der Einspruch gerichtet ist und inwieweit er angefochten und seine Aufhebung beantragt wird. Ferner sollen die Tatsachen zur Begründung und die Beweismittel (z. B. Zeugen, Unterlagen) bezeichnet werden.

Zuständige Behörde

Der Einspruch ist grundsätzlich bei der Behörde (meist das Finanzamt) einzulegen, die den angefochtenen Verwaltungsakt erlassen oder den Antrag auf Erlass eines solchen abgelehnt hat. Wird der Einspruch bei einer anderen als der zuständigen Behörde eingelegt, so ist dies dann unschädlich, wenn er vor Ablauf der Einspruchsfrist der zuständigen Behörde übermittelt wird.

Einspruchsverzicht

Auf die Einlegung eines Einspruches kann auch verzichtet werden, allerdings erst nach Erlass eines Verwaltungsaktes (z. B. Steuer- oder Haftungsbescheid). Bei Steueranmeldungen kann der Verzicht jedoch bereits mit Abgabe der Anmeldung für den Fall ausgesprochen werden, dass die Steuer nicht abweichend von der Steueranmeldung festgesetzt wird. Durch den Verzicht wird der Einspruch unzulässig.[4]

Der Verzicht ist grundsätzlich schriftlich zu erklären. Er ist unwirksam, wenn

- das Finanzamt den Verzicht durch Drohung oder Täuschung oder sonstige unlautere Beeinflussung veranlasst hat,
- der Verzicht unter einer Bedingung abgegeben worden ist oder
- bei Steueranmeldungen die Steuer abweichend von der Steueranmeldung festgesetzt wird.

Der Verzicht muss ausdrücklich und eindeutig erklärt werden. Stimmt der Arbeitgeber z. B. dem Ergebnis einer Außenprüfung zu, so kann eine solche Erklärung darüber hinaus zu Ungunsten des Arbeitgebers gleichzeitig als Rechtsbehelfsverzicht ausgelegt werden. Daher ist auch die schriftliche Anerkennung der ↗ Lohnsteuernachforderung nach § 42d Abs. 4 Nr. 2 EStG nicht als Rechtsbehelfsverzicht zu werten.[5]

1 § 110 AO.
2 § 168 Satz 1 AO.
3 AEAO zu § 355 AO Nr. 1.
4 § 354 Abs. 1 AO.
5 BFH, Urteil v. 17.9.1974, VI R 71/72, BStBl 1975 II S. 49.

Ruhen des Verfahrens

Immer wieder sind auch Rechtsfragen streitig, die für viele Arbeitgeber und Arbeitnehmer von Bedeutung sind. Um den mit solchen Masseneinsprüchen verbundenen Verwaltungsaufwand in Grenzen zu halten, hat der Gesetzgeber eine Vereinfachungsregelung getroffen: Gem. § 363 Abs. 2 Satz 2 AO „ruhen" Einspruchsverfahren kraft Gesetzes, wenn man sich in seinem Einspruch auf ein beim Europäischen Gerichtshof, beim Bundesverfassungsgericht oder einem obersten Bundesgericht (in Steuersachen Bundesfinanzhof) anhängiges Verfahren beruft.

Achtung

Vorläufige Steuerfestsetzung

Ein Antrag auf Ruhen des Verfahrens ist nicht erforderlich, wenn die Steuer nach § 165 Abs. 1 Satz 2 Nr. 3 AO vorläufig festgesetzt wurde. Zur Vereinfachung gibt das Bundesministerium der Finanzen in Abstimmung mit dem Bundesfinanzhof eine „Verfahrensliste" heraus, die als Beilage zum Bundessteuerblatt Teil II veröffentlicht und vierteljährlich aktualisiert wird.

Daneben kann die Finanzverwaltung auch das Ruhenlassen von Einsprüchen durch Allgemeinverfügung anordnen. Dies wird insbesondere dann in Betracht kommen, wenn ein Verfahren noch bis zum Bundesverfassungsgericht oder Bundesfinanzhof gebracht werden soll, zunächst aber noch beim Finanzgericht anhängig ist.

Vorläufige Steuerfestsetzung

Um das massenhafte Einlegen von Einsprüchen bereits im Vorfeld zu vermeiden, erlässt die Finanzverwaltung in bestimmten Fällen vorläufige Steuerfestsetzungen und hat hierzu einen Vorläufigkeitskatalog aufgestellt. Diese Maßnahme hat sich in der Praxis bewährt und liegt auch im Interesse des Steuerpflichtigen.

Dienstaufsichtsverfahren

Unabhängig vom sog. förmlichen Rechtsbehelfsverfahren (Einspruch, Klage, Revision) kann sich der Steuerpflichtige bzw. der Arbeitgeber auch im Dienstaufsichtsweg (Dienstaufsichtsbeschwerde) an die vorgesetzten Behörden (Oberfinanzdirektion, Finanzministerium) oder auch mit einer Petition an den Deutschen Bundestag bzw. jeweiligen Landtag[6] wenden, um eine Entscheidung des Finanzamtes überprüfen zu lassen. Dies empfiehlt sich vor allem, wenn eine Frage von grundsätzlicher Bedeutung vorliegt, die noch nicht eindeutig geklärt ist oder zu der innerhalb des Bundesgebietes unterschiedliche Verwaltungsregelungen erlassen worden sind. Die obersten Finanzbehörden haben dann die Möglichkeit, eine bundeseinheitliche Regelung herbeizuführen, die im Bundessteuerblatt veröffentlicht wird und damit allgemein verbindlich ist.

Der Dienstaufsichtsweg kann auch parallel zu einem finanzgerichtlichen Verfahren zum Erfolg führen, wenn z. B. ein Finanzgericht eine für den Arbeitgeber/Arbeitnehmer günstige Verwaltungsregelung nicht anwenden will. Denn die Gerichte sind grundsätzlich nicht an Verwaltungsregelungen gebunden. Etwas anderes gilt nur bei Typisierungsregelungen sowie Übergangsregelungen, die aus Gründen des Vertrauensschutzes die Anpassung der Verwaltungspraxis an eine verschärfende Rechtsprechung oder an eine geänderte Rechtsauffassung erleichtern sollen. Selbst an die Lohnsteuer-Richtlinien sind die Finanzgerichte daher nur gebunden, soweit sie Typisierungsvorschriften enthalten. Eine Dienstaufsichtsbeschwerde oder Petition sollte aber nur zusätzlich zu einem Einspruch oder einer Klage eingelegt werden, weil andernfalls der Bescheid des Finanzamtes bestandskräftig wird und dann selbst bei einer positiven Entscheidung der Dienstaufsichtsbehörde nicht mehr geändert werden könnte.

Kosten

Einspruch und Dienstaufsichtsbeschwerde sind kostenlos. Im gerichtlichen Verfahren entstehen dem Steuerpflichtigen bzw. dem Arbeitgeber Kosten, wenn ihr Begehren keinen Erfolg hat. Die Kosten z. B. für einen Steuerberater werden im Einspruchsverfahren nicht erstattet. Lediglich

6 Art. 17 GG.

im finanzgerichtlichen Verfahren kann der Steuerpflichtige bzw. der Arbeitgeber den Ersatz seiner Kosten im Fall des Obsiegens verlangen.[1]

Schadensersatz durch Finanzverwaltung in bestimmten Fällen

Sind der Finanzverwaltung jedoch bei der Bearbeitung grobe Fehler unterlaufen, können erforderliche Rechtsverfolgungskosten im Wege des Schadensersatzes gegen das Land geltend gemacht werden.[2] Voraussetzung ist ein vorsätzliches oder zumindest fahrlässiges Verhalten des Finanzbeamten. Entscheidungsbefugte Sachbearbeiter der Finanzämter müssen aus diesem Grund z. B. zeitnah über die grundlegenden Entscheidungen des Bundesfinanzhofes informiert werden. Das gilt insbesondere für solche Entscheidungen, die der bisherigen Verwaltungspraxis widersprechen. Werden die Sachbearbeiter nicht oder nicht rechtzeitig informiert, so liegt ein Organisationsverschulden vor. Steuerpflichtige können in einem solchen Fall den Ersatz der Kosten für ein – eigentlich unnötiges – Einspruchsverfahren nach Amtshaftungsgrundsätzen verlangen.

Sozialversicherung

Sozialversicherung

Entscheidungen der Sozialversicherungsträger können mit einem Widerspruch angegriffen werden.[3] Der Sozialversicherungsträger führt daraufhin ein Widerspruchsverfahren durch (Vorverfahren).[4] Dem Widerspruch ist stattzugeben, wenn er zulässig und begründet ist.

Hinweis

Vorverfahrenszwang

Eine direkte Klage ist zulässig, wenn

- ein Gesetz dies für besondere Fälle bestimmt,
- der Verwaltungsakt von einer obersten Bundesbehörde, einer obersten Landesbehörde oder von dem Vorstand der Bundesagentur für Arbeit erlassen worden ist oder
- ein Land, ein Versicherungsträger oder einer seiner Verbände klagen will.[5]

In diesen Fällen ist ein Widerspruch nicht zulässig.

Gegen einen Widerspruchsbescheid ist eine Klage möglich.[6] Diese ist zulässig, wenn der Kläger durch den Verwaltungsakt in der Fassung des Widerspruchsbescheides beschwert ist.

Hinweis

Widerspruchsbescheid

Der ursprünglich mit dem Widerspruch angegriffene Verwaltungsakt ist weiterhin in der Form des Widerspruchsbescheids existent.

Aufschiebende Wirkung

Rechtsbehelfe haben eine aufschiebende Wirkung.[7] Damit wird die Wirksamkeit der angegriffenen Entscheidung zunächst ausgesetzt. In bestimmten Fällen ist die aufschiebende Wirkung ausgeschlossen (z. B. bei einem Widerspruch gegen einen Beitragsbescheid).[8]

Beispiel

Aufschiebende Wirkung

Gegen den Bescheid einer Krankenkasse, mit dem die Zahlung von Krankengeld eingestellt wird, wird ein Widerspruch eingelegt. Die aufschiebende Wirkung dieses Rechtsbehelfs verpflichtet die Krankenkasse, das Krankengeld über das festgestellte Anspruchsende hinaus weiter zu zahlen. Nach dem Abschluss des Widerspruchsverfahrens ist das ggf. zu Unrecht gezahlte Krankengeld vom Versicherten zu erstatten.[9]

Rechtsbehelfsbelehrung

Pflicht

Der Beteiligte ist über den zulässigen Rechtsbehelf zu belehren. Dabei ist zwischen einem Verwaltungsakt und einem Widerspruchsbescheid zu unterscheiden.

- Ein Verwaltungsakt ist mit einer Rechtsbehelfsbelehrung zu versehen, wenn er schriftlich erlassen oder bestätigt wird und der Beteiligte dadurch belastet ist.[10] Das ist der Fall, wenn seinem Antrag nicht in vollem Umfang entsprochen oder in seine Rechtsposition eingegriffen wird.
- Jeder Widerspruchsbescheid ist mit einer Rechtsbehelfsbelehrung zu versehen. Das gilt auch dann, wenn dem Widerspruch in vollem Umfang abgeholfen wird.[11]

Beispiel

Rechtsbehelfsbelehrung in einem Verwaltungsakt

Ein Versicherter erhält eine Kostenerstattung für ein selbst beschafftes Hilfsmittel.[12] Der begünstigende Verwaltungsakt enthält auch einen belastenden Teil, weil gleichzeitig über eine Zuzahlung entschieden wird.[13] Dadurch ist der Versicherte beeinträchtigt und der Verwaltungsakt ist mit einer Rechtsbehelfsbelehrung zu versehen.

Form

Die Rechtsbehelfsbelehrung ist schriftlich zu erteilen.[14] Sie kann mit dem Verwaltungsakt verbunden oder unabhängig davon erteilt werden. Beim Widerspruchsbescheid ist sie dessen Bestandteil.

Inhalt

Die Rechtsbehelfsbelehrung muss vollständig und richtig sein. Sie hat

- den Rechtsbehelf zu bezeichnen (Widerspruch, Klage),
- die Stelle oder das Gericht zu benennen, bei der oder dem der Rechtsbehelf einzulegen ist (einschl. der vollständigen Anschrift),
- die einzuhaltende Frist und die einzuhaltende Form (schriftlich oder zur Niederschrift) anzugeben.

Die Rechtsbehelfsbelehrung kann neben dem Pflichtinhalt weitere Angaben enthalten. Diese dürfen den Text aber nicht unübersichtlich oder verwirrend gestalten.

Hinweis

Verlauf der Rechtsbehelfsfrist

Beginn und Dauer der Frist sind mitzuteilen. Dazu ist es ausreichend, auf den Zeitpunkt der Bekanntgabe oder der Zustellung des Bescheids hinzuweisen. Ein konkretes Ende der Frist ist nicht anzugeben.

Klagen können auch elektronisch an ein Gericht übermittelt werden.[15] Die Teilnahme eines Gerichts am elektronischen Rechtsverkehr richtet sich nach Landes- bzw. Bundesrecht. In den spezifischen Vorschriften über Rechtsbehelfe ist die elektronische Form bisher nicht eingeführt worden. Ein Hinweis auf diese Möglichkeit in einer Rechtsbehelfsbelehrung ist deswegen nicht erforderlich.[16]

---

1 BFH, Beschluss v. 23.7.1996, BStBl 1996 II S. 501.
2 § 839 BGB i. V. m. Art. 34 GG.
3 § 62 SGB X, § 83 SGG.
4 § 78 SGG.
5 § 78 Abs. 1 Satz 2 SGG.
6 § 54 Abs. 1 SGG.
7 § 86a Abs. 1 Satz 1 SGG.
8 § 86a Abs. 2 SGG.
9 § 50 Abs. 1, 2 SGB X.
10 § 36 SGB X.
11 § 85 Abs. 3 SGG.
12 § 13 Abs. 3 SGB V.
13 § 33 Abs. 8 Satz 1 SGB V.
14 § 36 SGB X, § 66 Abs. 1 SGG.
15 § 65a Abs. 1 Satz 1 SGG.
16 BSG, Urteil v. 14.3.2013, B 13 R 19/12.

Tipp

Adressat des Widerspruchs

Ein Widerspruch ist immer bei der Stelle einzulegen, die den Verwaltungsakt erlassen hat. Das ist z. B. die Krankenkasse und nicht deren Widerspruchsstelle.

Frist/Rechtsfolgen

Ein Rechtsbehelf ist innerhalb eines Monats einzulegen. Diese Frist beginnt erst, wenn der Beteiligte über den Rechtsbehelf belehrt wurde. Weitere Folgen sind mit einer Rechtsbehelfsbelehrung nicht verbunden. Insbesondere hat eine fehlende, unvollständige oder unrichtige Rechtsbehelfsbelehrung keinen Einfluss auf die Rechtmäßigkeit des Verwaltungsakts.[1]

Hinweis

Beginn der Rechtsbehelfsfrist

Wenn eine Rechtsbehelfsbelehrung unabhängig vom Verwaltungsakt erteilt oder nachgereicht wird, beginnt die Frist mit der Bekanntgabe der Belehrung.

Achtung

Jahresfrist gilt

Wenn eine Rechtsbehelfsbelehrung unterlassen wurde oder unrichtig oder unvollständig ist, kann der Rechtsbehelf innerhalb eines Jahres seit der Bekanntgabe des Verwaltungsakts oder des Widerspruchsbescheids eingelegt werden.[2]

Eine Rechtsbehelfsbelehrung ist z. B. unrichtig oder unvollständig, wenn

- sie unverständlich abgefasst ist oder verwirrende Angaben enthält,
- der Hinweis fehlt, dass der Rechtsbehelf auch elektronisch eingelegt werden kann oder
- die Anschrift des zuständigen Sozialversicherungsträger oder des zuständigen Gerichts falsch ist.

Rechtskreis

Mit dem Begriff Rechtskreis werden in der Sozialversicherung die Sonder- und Übergangsregelungen für die neuen Bundesländer verknüpft. Es wird zwischen dem Rechtskreis Ost (neue Bundesländer einschließlich Ost-Berlin) und dem Rechtskreis West (alte Bundesländer einschließlich West-Berlin) unterschieden. Unter bestimmten Voraussetzungen gelten unterschiedliche Rechengrößen bzw. Regelungen in den beiden Rechtskreisen.

Gesetze, Vorschriften und Rechtsprechung

Sozialversicherung: Die Zuordnung der neuen Bundesländer einschließlich Ost-Berlin als „Beitrittsgebiet" ist in § 18 Abs. 3 SGB IV geregelt. In der gesetzlichen Krankenversicherung sowie in der sozialen Pflegeversicherung wird die Beitragsbemessungsgrenze über § 223 Abs. 3 i. V. m. § 6 Abs. 6 und 7 SGB V bzw. § 55 Abs. 2 SGB XI festgesetzt, in der gesetzlichen Rentenversicherung und für die Beiträge zur Bundesagentur für Arbeit in § 341 Abs. 4 SGB III. Für das Beitrittsgebiet werden nach § 275a SGB VI eigene Beitragsbemessungsgrenzen gebildet.

Sozialversicherung

Rechtskreisdefinition

Das „Beitrittsgebiet", das im sozialversicherungsrechtlichen Kontext häufig auch als „Rechtskreis/Ost" bezeichnet wird, umfasst die Bundesländer Brandenburg, Mecklenburg-Vorpommern, Sachsen, Sachsen-Anhalt und Thüringen sowie das Gebiet des ehemaligen Ost-Berlin.

Demgegenüber zählen zu den „alten" Bundesländern, die häufig als „Rechtskreis/West" bezeichnet werden, die Bundesländer Baden-Württemberg, Bayern, Bremen, Hamburg, Hessen, Niedersachsen, Nordrhein-Westfalen, Rheinland-Pfalz, Saarland, Schleswig-Holstein sowie das Gebiet des ehemaligen West-Berlin.

Zielsetzung der unterschiedlichen Rechtskreise

Nach dem Einigungsvertrag wurde im Wesentlichen die Situation der neuen Bundesländer im Anpassungsprozess an den Standard der alten Bundesländer berücksichtigt. Für eine Übergangszeit nach der Wiedervereinigung wurde das Vertrauen der Betroffenen in die Rechtslage der ehemaligen DDR geschützt, soweit nach diesem Recht höhere Leistungen gewährt wurden.

Sonderregelungen der ehemaligen DDR gelten noch im Bereich der Rentenversicherung und betreffen die Überleitung der Ansprüche ehemals Zusatz- oder Versorgungsberechtigter in der ehemaligen DDR in das bundesdeutsche Rentenrecht.

Schwerpunkte der Unterschiede

Sozialversicherungsrechtlich relevante, unterschiedliche Regelungen in den beiden Rechtskreisen Ost und West liegen ausschließlich im Recht der Rentenversicherung und der Arbeitsförderung. Hierfür ursächlich sind die nach wie vor unterschiedlichen Einkommensverhältnisse, die insbesondere bei leistungsrechtlichen (z. B. Rentenwert, Hochwertungsfaktor) und auch bei beitragsrechtlichen Regelungen (Bemessungsgrenzen, Bezugsgröße) noch ihren Niederschlag finden.

Kranken-/Pflegeversicherung

Zum 1.1.2001 wurden durch das „Gesetz zur Rechtsangleichung in der gesetzlichen Krankenversicherung" nahezu sämtliche Bestimmungen sowohl beitragsrechtlicher als auch leistungsrechtlicher Art in der Kranken- und Pflegeversicherung vereinheitlicht.

Renten-/Arbeitslosenversicherung

In der Renten- und Arbeitslosenversicherung ist der Anpassungsprozess derzeit noch nicht abgeschlossen. Hier sind noch bis einschließlich Ende 2024 unterschiedliche ⇗ Beitragsbemessungsgrenzen und ⇗ Bezugsgrößen zu beachten. Mit dem Rentenüberleitungs-Abschlussgesetz[3] wurde festgelegt, dass die Bezugsgröße (Ost) und die Beitragsbemessungsgrenze (Ost) mit Wirkung ab 2018 jedes Jahr entsprechend an die West-Werte angenähert werden, bis sie zum 1.1.2025 vollständig auf die entsprechenden West-Werte angehoben sein werden. Die Hochwertung der in den neuen Bundesländern erzielten Verdienste wird entsprechend abgesenkt und entfällt ab dem 1.1.2025 vollständig. Somit ist gewährleistet, dass es vom 1.1.2025 an in Deutschland in der Sozialversicherung nur noch einen einheitlichen Rechtskreis geben wird.

Versicherungsrecht

Die Versicherungspflicht ist für alle Bereiche der Sozialversicherung bundeseinheitlich geregelt. Für geringfügig Beschäftigte, ⇗ Geringverdiener, Beschäftigte im ⇗ Übergangsbereich oder mit Einkommen über der ⇗ Jahresarbeitsentgeltgrenze gelten in beiden Rechtskreisen die gleichen Verdienstgrenzen. Auch in der gesetzlichen ⇗ Unfallversicherung bestehen keine Unterschiede zwischen den beiden Rechtskreisen.

1 BSG, Urteil v. 20.10.2010, B 13 R 15/10 R.
2 § 66 Abs. 2 Satz 1 SGG.
3 Rentenüberleitungs-Abschlussgesetz v. 17.7.2017, BGBl 2017 I S. 2575.

Beitragsrecht

Rechengrößen

Die ⇗ Beitragsbemessungsgrenzen in der Renten- und Arbeitslosenversicherung sowie auch die ⇗ Bezugsgröße unterscheiden sich noch bis Ende 2024. Daraus folgen auch unterschiedliche Mindestbeitragsbemessungsgrenzen, z. B. für Auszubildende und ⇗ Praktikanten, ⇗ Menschen mit Behinderung, ⇗ Entwicklungshelfer und Mitglieder geistlicher Genossenschaften ohne Anwartschaft auf Versorgung.

Für das Jahr 2024 sind somit letztmals unterschiedliche Beitragsbemessungsgrenzen und Bezugsgrößen für die Renten- und Arbeitslosenversicherung festgelegt worden.

jährl. Werte in EUR	Rechtskreis West	Rechtskreis Ost
Bezugsgröße	42.420	41.580
Beitragsbemessungsgrenze – allgemein	90.600	89.400
Beitragsbemessungsgrenze – knappschaftl. RV	111.600	110.400

Für selbstständige Künstler und Publizisten gelten demgegenüber in der Rentenversicherung in beiden Rechtskreisen bereits die West-Werte.

Beschäftigungsort

Wegen der unterschiedlichen Beitragsbemessungsgrenzen in der Renten- und Arbeitslosenversicherung wird für diese Versicherungszweige eine Art „innerdeutsche Ein- und Ausstrahlung" praktiziert. Grundsätzlich sind für die Beiträge zu diesen Versicherungszweigen die Verhältnisse am ⇗ Beschäftigungsort maßgebend. Wird jedoch ein Beschäftigter aus dem Rechtskreis West für eine befristete Zeit in den Rechtskreis Ost entsandt, gelten weiterhin die Rechtsvorschriften West. Umgekehrt gilt Entsprechendes.

Bei Verlegung des Betriebssitzes gelten vom Zeitpunkt der Verlegung an die am Sitz des Unternehmens maßgebenden Werte, wenn sich hierdurch auch der Beschäftigungsort ändert.

Leistungsrecht

In der gesetzlichen Kranken- und Pflegeversicherung gelten bundeseinheitliche Regelungen. Das gilt sowohl für sämtliche Zuzahlungen und Eigenbeteiligungen als auch für die Befreiungsregelungen bei der Festlegung der Härtefallgrenzwerte.

Demgegenüber gibt es in der Renten-, Arbeitslosen- und Unfallversicherung noch Unterschiede bei den einkommensbezogenen Leistungen, insbesondere den Renten sowie dem Arbeitslosengeld.

Referendar im juristischen Vorbereitungsdienst

Die 2-stufige Juristenausbildung beginnt mit dem Jurastudium, das mit dem ersten Staatsexamen abgeschlossen ist. Anschließend folgt der juristische Vorbereitungsdienst als Referendar in Form eines Nachpraktikums. Arbeitgeber ist das jeweilige Bundesland. Die Vergütung des Referendars ist steuerpflichtig.

Gesetze, Vorschriften und Rechtsprechung

Lohnsteuer: Zur Lohnsteuerpflicht siehe § 19 Abs. 1 EStG.

Sozialversicherung: Die Beitragspflicht des Arbeitsentgelts in der Sozialversicherung ergibt sich aus § 14 Abs. 1 SGB IV. Die versicherungsrechtliche Beurteilung sowie die Beitragspflicht von zusätzlichen Entgelten der Ausbildungsstelle ist in der Verlautbarung zur versicherungsrechtlichen Beurteilung von beschäftigten Studenten und Praktikanten (GR v. 23.11.2016-II: Pkt. 3.10) geregelt.

Sozialversicherung

Öffentlich-rechtliches Ausbildungsverhältnis

Versicherungsrechtliche Beurteilung

Bei einer Ausbildung im Rahmen eines öffentlich-rechtlichen Ausbildungsverhältnisses ist der Rechtsreferendar als zur Berufsausbildung Beschäftigter sozialversicherungspflichtig. Die Einnahmen aus dem Vorbereitungsdienst sind beitragspflichtiges Arbeitsentgelt.

Besonderheit in der Rentenversicherung

In der Rentenversicherung besteht ggf. Versicherungsfreiheit[1], wenn den Rechtsreferendaren nach beamtenrechtlichen Vorschriften oder Grundsätzen Anwartschaft auf Versorgung bei verminderter Erwerbsfähigkeit und im Alter sowie auf Hinterbliebenenversorgung gewährleistet und die Erfüllung der Gewährleistung gesichert ist.

Die Gewährleistung von Anwartschaften führt von Beginn des Monats an zur Versicherungsfreiheit, in dem eine Anwartschaft tatsächlich vertraglich zugesichert wurde.

Andere Ausbildungsstelle

Wird der Vorbereitungsdienst in einer anderen Ausbildungsstelle durchgeführt, bleibt es dennoch bei der Arbeitgebereigenschaft des Dienstherrn. Das gilt grundsätzlich auch, wenn die andere Ausbildungsstelle eine zusätzliche Vergütung zahlt.

Zusätzliche Vergütung durch die andere Ausbildungsstelle

Dabei sind allerdings 2 Fallgestaltungen zu unterscheiden:

1. Die zusätzliche Vergütung wird ohne Rechtsgrund, also im Rahmen und aufgrund des Ausbildungsverhältnisses gezahlt.
2. Es handelt sich um eine gesonderte Vergütung für eine zusätzliche Leistung, die über das Ausbildungsverhältnis hinausgeht.

Im ersten Fall handelt es sich um ein einheitliches Beschäftigungsverhältnis, die Beiträge sind vom eigentlichen Arbeitgeber zu zahlen. Auch die auf das zusätzliche Entgelt entfallenden Beiträge sind vom Land als eigentlichem Arbeitgeber (Dienstherren) zu zahlen. Ausgenommen sind die Rentenversicherungsbeiträge, wenn aufgrund einer Versorgungsanwartschaft Rentenversicherungsfreiheit besteht.

Im zweiten Fall werden Zahlungen für eine über das Ausbildungsverhältnis hinausgehende Tätigkeit geleistet. Daher liegt eine – zweite – grundsätzlich versicherungspflichtige Beschäftigung vor, in der die Ausbildungsstelle der Arbeitgeber ist. Für Beiträge und Meldungen ist die externe Ausbildungsstätte verantwortlich. Es besteht auch Rentenversicherungspflicht, da sich die Versorgungszusage des Landes nicht auf die Nebentätigkeit erstreckt. Da es sich hierbei nicht um ein Ausbildungsverhältnis handelt, kann eine ⇗ geringfügige Beschäftigung vorliegen, wenn das daraus erzielte (zusätzliche) Entgelt regelmäßig nicht über der Geringfügigkeitsgrenze (ab 1.10.2022: 520 EUR[2]) liegt.

Beispiel

Zusätzliches Arbeitsentgelt

Herr A ist Referendar und steht in einem öffentlich-rechtlichen Ausbildungsverhältnis mit der Stadt Hamburg. Diese hat die Ausbildung auf die Anwaltskanzlei B übertragen. Herr A erstellt – außerhalb der Ausbildung – als zusätzliche Arbeit für die Kanzlei ein aufwendiges Rechtsgutachten. Hierfür erhält er von der Kanzlei für die Monate Januar bis April ein zusätzliches monatliches Honorar von 600 EUR überwiesen.

Ergebnis: Die Zahlung des zusätzlichen Entgelts erfolgt nicht für die Ausbildung und berührt daher nicht das Verhältnis zum Land Hamburg. Vielmehr besteht für die Zeit von Januar bis April ein zusätzliches, zweites Beschäftigungsverhältnis mit der Anwaltskanzlei. Für das von dort gezahlte Entgelt gilt die Kanzlei als Arbeitgeber. Da das Entgelt über der Geringfügigkeitsgrenze liegt und keine Befristung auf

1 § 5 Abs. 1 Satz 1 Nr. 2 i. V. m. Satz 2 Nr. 4 SGB VI.
2 Bis 30.9.2022: 450 EUR.

nicht mehr als 3 Monate vorliegt, handelt es sich um eine versicherungspflichtige Beschäftigung. Es besteht Versicherungspflicht zur Kranken-, Pflege-, Renten- und Arbeitslosenversicherung.

Rehabilitationsmaßnahmen, medizinische

Medizinische Rehabilitationsmaßnahmen sind bei einer Gefährdung der Arbeitskraft angezeigt, sodass diese wieder weitgehend bzw. voll hergestellt werden kann. Primär soll der Gefahr einer langfristigen Arbeitsunfähigkeit bzw. der Erwerbsminderung entgegengewirkt werden. Rehabilitation soll somit die Notwendigkeit von Geldleistungen (z. B. Krankengeld oder eine Verrentung) vermeiden oder verkürzen.

Gesetze, Vorschriften und Rechtsprechung

Lohnsteuer: Aufwendungen des Arbeitnehmers für Rehabilitationsmaßnahmen sind regelmäßig aus dem versteuerten Einkommen zu entrichten. Solche Aufwendungen können nach § 33 EStG, R 33.4 EStR und H 33.1–33.4 EStH als außergewöhnliche Belastung steuermindernd berücksichtigt werden. Steuerfreie Arbeitgeberleistungen sind ggf. nach § 3 Nr. 11 EStG, R 3.11 Abs. 2 LStR, H 3.11 LStH sowie § 3 Nr. 34 EStG möglich.

Sozialversicherung: § 40 Abs. 1 SGB V definiert die Voraussetzungen für ambulante Rehabilitationsleistungen, § 40 Abs. 2 SGB V für stationäre Maßnahmen. § 41 SGB V enthält Regelungen zu medizinischen Rehabilitationsmaßnahmen für Mütter und Väter. In § 40 Abs. 4 SGB V wird die nachrangige Zuständigkeit der Krankenkassen für medizinische Rehabilitationsmaßnahmen geregelt. In der gesetzlichen Rentenversicherung ist diese Leistung in § 15 Abs. 1 Satz 1 SGB VI normiert. Im Versorgungsrecht existiert in § 12 Abs. 1 Satz 2 BVG ebenfalls eine entsprechende Regelung.

Entgelt	LSt	SV
Übernahme von Reha-Kosten	pflichtig	pflichtig
Übernahme von Reha-Kosten im eigenbetrieblichen Interesse	frei	frei
Unterstützungsleistungen bis 600 EUR jährlich	frei	frei
Leistungen zur Verbesserung des Gesundheitszustands bis 600 EUR jährlich	frei	frei

Lohnsteuer

Bade- und Heilkuren

Zu den medizinischen Rehabilitationsmaßnahmen gehören typischerweise Bade- und Heilkuren. Die Kosten für eine solche Kurreise können als außergewöhnliche Belastung nur angesetzt werden, wenn die Kurreise zur Heilung oder Linderung einer Krankheit nachweislich notwendig ist und eine andere Behandlung nicht oder kaum erfolgversprechend erscheint.[1] Folglich werden notwendige Aufwendungen für Bade- und Heilkuren des Steuerpflichtigen nur dann als außergewöhnliche Belastung anerkannt, wenn die Kurbedürftigkeit amtlich nachgewiesen wird. Hierfür ist i. d. R. die Vorlage eines amtsärztlichen Zeugnisses erforderlich, sofern sich die Notwendigkeit der Kur nicht schon aus anderen Unterlagen ergibt, z. B. bei Pflichtversicherten aus einer Bescheinigung der Versicherungsanstalt. Wird die Kur wegen einer typischen Berufskrankheit bzw. zur Behandlung einer ⇗ Berufskrankheit durchgeführt, rechnen verbleibende Aufwendungen zu den Werbungskosten.[2]

Bei ⇗ Menschen mit Behinderungen werden die Kuraufwendungen – neben dem steuerfreien Behinderten-Pauschbetrag – als allgemeine außergewöhnliche Belastung anerkannt. Die Zwangsläufigkeit der Kur muss durch ein vor Kurantritt ausgestelltes amtsärztliches Zeugnis nachgewiesen werden.[3, 4]

Anerkennung als außergewöhnliche Belastung

Die steuerliche Berücksichtigung setzt grundsätzlich voraus, dass der Arbeitnehmer sich am Kurort in ärztliche Behandlung begibt, damit eine ärztliche Überwachung der Rehabilitationsmaßnahmen gewährleistet ist.

Als Aufwendungen sind steuerlich ansetzbar:

- Fahrtkosten zum Kurort mit den Kosten der öffentlichen Verkehrsmittel. Die eigenen Kfz-Kosten können nur ausnahmsweise berücksichtigt werden, wenn besondere persönliche Verhältnisse dies erfordern. Aufwendungen für Besuchsfahrten zu Angehörigen in Kur sind keine außergewöhnliche Belastung.
- Die bei einer Badekur anfallenden Verpflegungsaufwendungen sind um die sog. Haushaltsersparnis von 1/5 der Verpflegungskosten zu kürzen.

Im Übrigen ist die steuerliche Anerkennung der Kurkosten davon abhängig, dass die Aufwendungen außergewöhnlich sind. Das ist der Fall, wenn der Steuerpflichtige oder sein Angehöriger die Badekur neben einer sonst üblichen Erholungsreise durchführt. Wird die Kur jedoch anstelle einer Erholungsreise durchgeführt, so werden die Aufwendungen nur insoweit berücksichtigt, als sie die üblichen Kosten der Erholungsreise übersteigen; z. B. die am Kurort entstehenden Arzt- und Kurmittelkosten. Gegen eine Heilkur sprechen kann z. B. die Unterbringung in einem Hotel oder in einem Privatquartier anstatt in einem Sanatorium sowie die Vermittlung der Unterkunft durch ein Reisebüro.[5]

Die Kosten von Kuren im Ausland werden regelmäßig nur bis zu der Höhe anerkannt, die bei einer entsprechenden Kur im Inland entstehen würden.

Nachkuren steuerlich nicht begünstigt

Aufwendungen für Nachkuren werden im Allgemeinen nicht anerkannt, selbst wenn die Nachkur ärztlich verordnet ist. Ausnahmen gelten, wenn auch die Nachkur unter einer ständigen ärztlichen Aufsicht in einer besonderen Kranken- oder Genesungsanstalt durchgeführt wird.

Leistungen der Kranken- oder Unfallversicherungen für Rehabilitationsmaßnahmen sind steuerfrei.

Vorsorgekuren

Aufwendungen für Vorsorgekuren werden steuerlich nur anerkannt, wenn aus einer amtsärztlichen Bescheinigung zumindest die Gefahr einer Krankheit zu ersehen ist, die durch die Kur abgewendet werden soll, und wenn im Übrigen die Vorsorgekur unter ärztlicher Aufsicht und Anleitung durchgeführt wird. Bei Arbeitnehmern genügt – anstelle eines amtsärztlichen Attestes – die Bescheinigung

- eines Vertrauensarztes der DRV,
- eines Knappschaftsarztes oder
- eines vom staatlichen Gewerbeamt besonders ermächtigten Werksarztes.

Aufwendungen durch die Benutzung eines eigenen Kraftfahrzeugs für die Fahrt zum Kurort gehören nur dann zu den Kurkosten, wenn die Benutzung öffentlicher Verkehrsmittel nicht zumutbar war.

Steuerpflichtige Kurkosten

Ersetzt der Arbeitgeber dem Arbeitnehmer die entstandenen Kurkosten ganz oder teilweise, so gehören die ersetzten bzw. getragenen Beträge auch dann grundsätzlich zum steuerpflichtigen Arbeitslohn, wenn die Kurbedürftigkeit amtlich nachgewiesen wird.

Zuwendung im betrieblichen Eigeninteresse

Trägt der Arbeitgeber die dem Arbeitnehmer entstandenen Kurkosten, so liegt kein steuerpflichtiger geldwerter Vorteil vor, wenn die Kur im ganz überwiegenden betrieblichen Interesse zur Wiederherstellung

1 BFH, Urteil v. 12.6.1991, III R 102/89, BStBl 1991 II S. 763.
2 Zur Behandlung der durch eine Begleitperson entstehenden Aufwendungen s. H 33.1–33.4 EStH.
3 BFH, Urteil v. 11.12.1987, III R 95/85, BStBl 1988 II S. 275.
4 R 33.4 EStR.
5 BFH, Urteil v. 12.6.1991, III R 102/89, BStBl 1991 II S. 763.

oder Erhaltung der Arbeitsfähigkeit und in einer streng auf den Kurzweck abgestellten Weise durchgeführt wird.[1] Dies ist nicht der Fall bei freiwillig durchgeführten allgemeinen Kuren, die allen Arbeitnehmern ab einem bestimmten Alter angeboten werden.[2] Eine Aufteilung in Arbeitslohn und Zuwendung im betrieblichen Eigeninteresse scheidet grundsätzlich aus.[3] Allerdings rechnen Maßnahmen des Arbeitgebers zur Vorbeugung spezifisch berufsbedingter Beeinträchtigungen der Gesundheit nicht zum Arbeitslohn, wenn die Maßnahmen zur Verhinderung krankheitsbedingter Arbeitsausfälle notwendig ist und dies durch Auskünfte des medizinischen Dienstes einer Krankenkasse bzw. Berufsgenossenschaft oder durch Sachverständigengutachten bestätigt wird.[4]

Steuerfreie Arbeitgeberleistungen

Unterstützungsleistungen

Unterstützungen, die private Arbeitgeber an einzelne Arbeitnehmer zahlen, bleiben steuerfrei, wenn die Unterstützungsleistungen dem Anlass nach gerechtfertigt sind. In Betracht kommen z. B. Krankheits- oder Unglücksfälle. Voraussetzung für die Steuerfreiheit ist, dass die Unterstützungen

- aus einer mit eigenen Mitteln des Arbeitgebers geschaffenen, aber von ihm unabhängigen und mit ausreichender Selbständigkeit ausgestatteten Einrichtung gewährt werden (Unterstützungskasse) oder
- aus Beträgen gezahlt werden, die der Arbeitgeber den Arbeitnehmervertretern (z. B. Betriebsrat) zu dem Zweck überweist, davon Unterstützungen an die Arbeitnehmer ohne maßgebenden Einfluss des Arbeitgebers zu gewähren oder
- vom Arbeitgeber selbst erst nach Anhörung des Betriebsrats oder sonstiger Vertreter der Arbeitnehmer gewährt oder nach einheitlichen Grundsätzen bewilligt werden, denen der Betriebsrat oder sonstige Vertreter der Arbeitnehmer zugestimmt haben.[5]

Für Betriebe mit weniger als 5 Arbeitnehmern gelten Sonderregelungen. Für sie müssen diese 3 Voraussetzungen nicht erfüllt werden.

Solche Unterstützungen sind je Kalenderjahr bis zu einem Betrag von 600 EUR steuerfrei. Der übersteigende Betrag gehört nur dann nicht zum steuerpflichtigen Arbeitslohn, wenn er aus Anlass eines besonderen Notfalls gewährt wird. Bei der Beurteilung, ob ein solcher Notfall vorliegt, sind auch die Einkommensverhältnisse und der Familienstand des Arbeitnehmers zu berücksichtigen. Drohende oder bereits eingetretene Arbeitslosigkeit des Arbeitnehmers begründet für sich allein keinen besonderen Notfall.

Leistungen zur Verbesserung des Gesundheitszustands

Steuerfrei sind auch zusätzlich zum ohnehin geschuldeten Arbeitslohn erbrachte Leistungen des Arbeitgebers zur Verbesserung des allgemeinen Gesundheitszustands und zur ⇗ betrieblichen Gesundheitsförderung des Arbeitnehmers. Die Steuerfreiheit ist begrenzt auf 600 EUR jährlich.[6]

Grundlage für die steuerliche Förderung sind die arbeitgebergeförderten Präventions- und betrieblichen Gesundheitsförderungsleistungen. Hierzu gehören z. B. Vorbeugung und Reduzierung arbeitsbedingter Belastungen des Bewegungsapparats durch Pausengymnastik und Rückenkonzepte, Förderung der psychosozialen Belastung und Stressbewältigung am Arbeitsplatz sowie Einschränkung des Suchtmittelkonsums (wie Tabakentwöhnung).

Die Finanzverwaltung hat zur steuerlichen Einordnung solcher Programme eine Umsetzungshilfe veröffentlicht.[7] In dieser werden die begünstigten Maßnahmen sowie die erforderlichen Nachweise erläutert. So können vom Arbeitgeber bestimmte (teil-)finanzierte Leistungen zur betrieblichen Gesundheitsförderung nach § 3 Nr. 34 EStG steuerfrei bleiben. Danach gehören zum steuer- und sozialversicherungsfreien Arbeitslohn die zusätzlich zum ohnehin geschuldeten Arbeitslohn erbrachten Leistungen des Arbeitgebers zur Verhinderung und Verminderung von Krankheitsrisiken und zur Förderung der Gesundheit in Betrieben, die hinsichtlich Qualität, Zweckbindung, Zielgerichtetheit und Zertifizierung den Anforderungen des SGB V genügen.[8] Steuerfrei sind Maßnahmen zur individuellen verhaltensbezogenen Prävention, die nach § 20 Abs. 2 Satz 2 SGB V zertifiziert sind sowie gesundheitsfördernde Maßnahmen in Betrieben (betriebliche Gesundheitsförderung), die den vom GKV-Spitzenverband nach § 20 Abs. 2 Satz 1 und § 20b Abs. 1 SGB V festgelegten Kriterien entsprechen.

Die erforderlichen Bescheinigungen und Nachweise sind vom Arbeitgeber als Belege zum ⇗ Lohnkonto aufzubewahren.

Beispiel

Umfang der begünstigten Maßnahmen

Ein Arbeitnehmer besucht im Sommer einen Qigong-Kurs. Seinem Arbeitgeber legt er die Teilnahmebescheinigung sowie einen Zahlungsnachweis vor. Im Herbst nimmt er auch an einer Therapie zur Raucherentwöhnung teil. Diesen Kurs bietet der Arbeitgeber seinen Beschäftigten auf seinem Betriebsgelände im Rahmen der betrieblichen Gesundheitsprävention an.

Ergebnis: Die Maßnahmen sind grundsätzlich steuerfrei, soweit die angefallenen Kosten für beide Maßnahmen nicht mehr als 600 EUR betragen.

Bei dem Qigong-Kurs handelt es sich um eine zertifizierte Leistung zur individuellen verhaltensbezogenen Prävention. Damit dieser Kurs als begünstigte Maßnahme anerkannt werden kann, muss die Teilnahmebescheinigung vom Kursleiter unterschrieben sein. Neben der Unterschrift muss die Teilnahmebescheinigung auch den Kurstitel sowie die Kurs-Identifikationsnummer der jeweiligen Prüfstelle beinhalten.

Für den Präventionskurs im Herbst zur Raucherentwöhnung wird grundsätzlich kein Zertifizierungsnachweis benötigt, da der Kurs allein im Auftrag des Arbeitgebers, nicht jedoch von der gesetzlichen Krankenkasse, für seine Beschäftigten stattfindet.

Sozialversicherung

Anspruchsvoraussetzungen

Versicherte haben auch Anspruch auf Leistungen zur medizinischen Rehabilitation, die notwendig sind, um eine Behinderung oder Pflegebedürftigkeit abzuwenden, zu beseitigen, zu mindern, auszugleichen, ihre Verschlimmerung zu verhüten oder ihre Folgen zu mildern.[9]

Leistungen zur medizinischen Rehabilitation werden als

- ambulante Rehabilitationsleistungen oder
- stationäre Rehabilitation

gewährt.

Indikationen

Leistungen zur Rehabilitation sind nur dann indiziert, wenn bei Vorliegen einer Krankheit und deren Auswirkungen alle nachfolgenden Kriterien erfüllt sind:

- Rehabilitationsbedürftigkeit,
- Rehabilitationsfähigkeit,
- realistische alltagsrelevante Rehabilitationsziele und
- eine positive Rehabilitationsprognose.

Ambulante Rehabilitationsleistungen

Reicht die ambulante Krankenbehandlung nicht aus, um eine Behinderung oder Pflegebedürftigkeit abzuwenden, zu beseitigen, zu mindern, auszugleichen, ihre Verschlimmerung zu verhüten oder ihre Folgen zu mildern, kann die Krankenkasse eine ambulante Rehabilitationsleistung in einer Rehabilitationseinrichtung, mit der ein Versorgungsvertrag nach

1 BFH, Urteil v. 24.1.1975, VI R 242/71, BStBl 1975 II S. 340.
2 BFH, Urteil v. 31.10.1986, VI R 73/83, BStBl 1987 II S. 142.
3 BFH, Urteil v. 11.3.2010, VI R 7/08, BStBl 2010 II S. 763.
4 BFH, Urteil v. 30.5.2001, VI R 177/99, BStBl 2001 II S. 671.
5 R 3.11 Abs. 2 LStR.
6 § 3 Nr. 34 EStG.
7 BMF, Schreiben v. 20.4.2021, IV C 5 – S 2342/20/10003 :003, BStBl 2021 I S. 700.
8 §§ 20, 20b SGB V.
9 § 11 Abs. 2 Satz 1 SGB V.

§ 111c SGB V bestehen muss, erbringen. Dies schließt mobile Rehabilitationsleistungen durch geeignete wohnortnahe Einrichtung ein.

Leistungsdauer

Leistungen zur ambulanten Rehabilitation sollen für längstens 20 Behandlungstage erbracht werden. Eine Verlängerung ist möglich, wenn sie aus medizinischen Gründen dringend erforderlich ist.[1]

Einrichtungen

Ambulante Rehabilitationsleistungen können nur in den dafür von der Krankenkasse zugelassenen Rehabilitationseinrichtungen, mit denen ein Versorgungsvertrag nach § 111c SGB V besteht, durchgeführt werden oder im gewohnten oder ständigen Wohnumfeld des Patienten als mobile Rehabilitation, sofern hierfür die besonderen Voraussetzungen erfüllt sind.

Stationäre Rehabilitationsleistungen

Wenn ambulante Rehabilitationsmaßnahmen nicht ausreichen, ist von der Krankenkasse eine stationäre Maßnahme mit Unterkunft und Verpflegung in einer nach § 37 Abs. 3 SGB IX zertifizierten Rehabilitationseinrichtung zu erbringen.[2] Die Rehabilitationseinrichtung muss bestimmte Voraussetzungen erfüllen, insbesondere muss ein Versorgungsvertrag mit ihr abgeschlossen sein. Häufig kommt eine solche Maßnahme auch im Anschluss an eine Krankenhausbehandlung infrage (Anschlussrehabilitation).

Einrichtungen

Stationäre Rehabilitationsleistungen werden ausschließlich in Rehabilitationseinrichtungen mit einem Versorgungsvertrag nach § 111 SGB V durchgeführt. Für pflegende Angehörige kann die Krankenkasse unter denselben Voraussetzungen stationäre Rehabilitation mit Unterkunft und Verpflegung auch in einer zertifizierten Rehabilitationseinrichtung erbringen, mit der ein Versorgungsvertrag nach § 111a SGB V besteht.

Leistungsdauer/-intervall

Die Dauer beträgt grundsätzlich 3 Wochen bzw. umfasst die indikationsbezogene Regeldauer. Als Wartefrist für eine Wiederholungsmaßnahme gilt grundsätzlich ein Zeitraum von 4 Jahren, sofern nicht aus medizinischen Gründen eine vorzeitige Leistung dringend erforderlich ist.[3]

Medizinische Rehabilitation für Mütter/Väter

Um den speziellen Bedürfnissen und Lebenssituationen von Eltern gerecht werden zu können, haben die Krankenkassen die Möglichkeit, Leistungen der Rehabilitation in einer Einrichtung des Müttergenesungswerks (Mütterkur) oder einer gleichartigen Einrichtung (Väterkur) zu erbringen.[4] Sie können auch als Mutter-Kind-Maßnahme bzw. Vater-Kind-Maßnahme durchgeführt werden.

Leistungsintervall

Rehabilitationsmaßnahmen für Mütter und Väter können nicht vor Ablauf von 4 Jahren nach Durchführung solcher oder ähnlicher Leistungen erbracht werden, deren Kosten aufgrund öffentlich-rechtlicher Vorschriften getragen oder bezuschusst wurden, es sei denn, eine vorzeitige Leistung ist aus medizinischen Gründen dringend erforderlich.[5]

Leistungsdauer

Medizinische Rehabilitation für Mütter und Väter soll für längstens 3 Wochen erbracht werden, es sei denn, eine Verlängerung ist aus medizinischen Gründen dringend erforderlich.[6]

Zuzahlung

Versicherte, die das 18. Lebensjahr vollendet haben, haben eine Zuzahlung von 10 EUR pro Tag zu entrichten.

1 § 40 Abs. 3 Satz 1 SGB V.
2 § 40 Abs. 2 Satz 1 SGB V.
3 § 40 Abs. 3 Satz 4 SGB V.
4 § 41 SGB V.
5 § 41 Abs. 2 SGB V i. V. m. § 40 Abs. 3 Satz 4 SGB V.
6 § 41 Abs. 2 SGB V i. V. m. § 40 Abs. 3 Satz 2 SGB V.

Werden Leistungen zur medizinischen Rehabilitation in Anspruch genommen, deren unmittelbarer Anschluss an die Krankenhausbehandlung medizinisch notwendig ist (Anschlussrehabilitation), ist die Zuzahlung auf längstens 28 Kalendertage im Kalenderjahr begrenzt. Als unmittelbar gilt der Anschluss auch, wenn die Maßnahme innerhalb von 14 Tagen nach der Krankenhausbehandlung beginnt.

Auf die 28 Kalendertage werden vorherige Zuzahlungen, z. B. während einer Krankenhausbehandlung oder einer stationären Rehabilitationsmaßnahme der Rentenversicherung, angerechnet.[7]

Medizinischer Dienst

Die Krankenkassen haben durch den MDK die Notwendigkeit der medizinischen Rehabilitation nach §§ 40 und 41 SGB V, unter Zugrundelegung eines ärztlichen Behandlungsplans in Stichproben vor Bewilligung und regelmäßig bei beantragter Verlängerung prüfen zu lassen. Den Umfang und die Auswahl der Stichproben regelt der GKV-Spitzenverband in Richtlinien. Diese können Ausnahmen zulassen, wenn Prüfungen nach Indikation und Personenkreis nicht notwendig erscheinen.[8]

Leistungsabgrenzung

Die ambulanten bzw. stationären Rehabilitationsmaßnahmen werden von der Krankenkasse nur gewährt, wenn kein anderer Sozialleistungsträger (insbesondere die Rentenversicherung) zuständig ist.[9]

Maßnahmen der Rentenversicherung

Im Bereich der gesetzlichen Rentenversicherung werden bei medizinischen Rehabilitationsmaßnahmen nicht nur die Kosten für die medizinischen Leistungen, sondern auch Unterkunft und Verpflegung komplett übernommen.

Voraussetzungen

Die Rentenversicherungsträger erbringen medizinische Rehabilitationsmaßnahmen für Versicherte, deren Erwerbsfähigkeit wegen Krankheit oder Behinderung erheblich gefährdet oder gemindert ist und bei denen voraussichtlich

- bei erheblicher Gefährdung der Erwerbsfähigkeit eine Minderung der Erwerbsfähigkeit durch medizinische Leistungen abgewendet werden kann oder
- bei geminderter Erwerbsfähigkeit diese durch medizinische Leistungen wesentlich gebessert oder wiederhergestellt oder hierdurch deren wesentliche Verschlechterung abgewendet werden kann.[10]

Leistungsintervall

Eine Wiederholung der medizinischen Leistungen zur Rehabilitation ist grundsätzlich erst nach Ablauf von 4 Jahren, nach einer von einem Sozialleistungsträger voll finanzierten oder bezuschussten Kur möglich. Dies gilt nicht, wenn die vorzeitigen Leistungen aus medizinischen Gründen dringend erforderlich sind.

Zuzahlung

Zu den Kosten der medizinischen Rehabilitationsmaßnahme zahlt der Versicherte grundsätzlich für jeden Kalendertag 10 EUR zu. Eine Zuzahlung entfällt, wenn der Versicherte Übergangsgeld bezieht oder wenn sie den Versicherten unzumutbar belasten würde.

Bei Maßnahmen, die sich an eine Krankenhausbehandlung anschließen (Anschlussrehabilitation), ist die Zuzahlung längstens für 14 Tage und in Höhe von 10 EUR je Kalendertag für längstens 28 Tage im Kalenderjahr zu leisten. Hierbei ist eine innerhalb eines Kalenderjahres an einen Träger der gesetzlichen Krankenversicherung geleistete Zuzahlung anzurechnen.[11]

Kinder bis zum 18. Lebensjahr sind von der Zuzahlung grundsätzlich ausgenommen.

7 § 40 Abs. 6 i. V. m. § 61 Satz 2 SGB V.
8 § 275 Abs. 2 Nr. 1 SGB V.
9 § 40 Abs. 4 SGB V.
10 § 15 SGB VI.
11 § 32 Abs. 1 SGB VI.

Hinweis

Befreiung von der Zuzahlung

Neben diesen bereits im § 32 SGB VI geregelten Ausnahmen kann der Rentenversicherungsträger auf Antrag auf die Zuzahlung von 10 EUR je Kalendertag verzichten. Zur Beurteilung der Befreiung von den Zuzahlungen haben die Rentenversicherungsträger die Zuzahlungsrichtlinien[1] beschlossen.

Maßnahmen der Unfallversicherung

Die gesetzliche Unfallversicherung gewährt ebenfalls medizinische Rehabilitationsmaßnahmen, sofern sie der Heilbehandlung dienen.[2] Voraussetzung ist, dass ein Versicherter einen ⇗ Arbeitsunfall erlitten oder sich eine ⇗ Berufskrankheit zugezogen hat. Die Leistungen sind mit denen der Rentenversicherungsträger identisch. Allerdings ist keine Zuzahlung zu leisten.

Maßnahmen nach dem Bundesversorgungsgesetz

Stationäre Behandlung in einer Kureinrichtung (Badekur) nach dem Bundesversorgungsgesetz (BVG)[3] erhalten

- Beschädigte zur Behandlung der anerkannten Schädigungsfolgen. Andere Leiden, die den Kurerfolg beeinträchtigen könnten, werden dabei mitbehandelt.
- Schwerbeschädigte (Minderung der Erwerbsfähigkeit ab mindestens 50 %) darüber hinaus auch für versorgungsfremde Gesundheitsstörungen, sofern keine gesetzlichen Ausschließungsgründe vorliegen.
- Ehegatten/Lebenspartner und Eltern von Pflegezulageempfängern sowie Personen, die die unentgeltliche Wartung und Pflege eines Pflegezulageempfängers übernommen haben, wenn sie den Beschädigten mindestens seit 2 Jahren dauernd pflegen oder die Badekur zur Erhaltung ihrer Pflegefähigkeit erforderlich ist.

Begleitperson

Wenn der Berechtigte alleine nicht imstande wäre, die Badekur mit Erfolgsaussicht durchzuführen, so kann ihm für die ganze Kurdauer eine Begleitperson bewilligt werden.

Leistungsintervall

Die Zeitspanne, nach der erneut eine Badekur gewährt werden kann, beträgt 3 Jahre. Dabei sind auch die von anderen Leistungsträgern gewährten Kurbehandlungen anzurechnen, deren Kosten aufgrund öffentlich-rechtlicher Vorschriften getragen oder bezuschusst worden sind. Eine Badekur vor Ablauf dieser Wartezeit kann nur gewährt werden, wenn sie aus dringenden medizinischen Gründen erforderlich ist.

Zuzahlung

Für Kuren nach dem BVG entfällt die Zahlung eines Eigenbetrags zu den Kurkosten.

Beitragsrechtliche Bewertung der Kostenübernahme für Bade-, Heil- und Vorsorgekuren durch den Arbeitgeber

Es kommt vor, dass der Arbeitgeber die Durchführung einer Vorsorgekur seines Arbeitnehmers ganz oder teilweise (mit-)finanziert.

Dies kann dadurch geschehen, dass er

- die dem Arbeitnehmer entstandenen Kurkosten ganz oder teilweise ersetzt oder
- für den Zeitraum der Kurmaßnahme eine bezahlte Freistellung von der Arbeitsleistung einräumt.

Vollständige oder teilweise Übernahme von Kurkosten durch den Arbeitgeber

Wenn der Arbeitgeber die dem Arbeitnehmer entstandenen Kurkosten ganz oder teilweise ersetzt, gelten für die beitragsrechtliche Bewertung die für das Steuerrecht maßgeblichen Grundsätze. Zusätzlich zu Löhnen oder Gehältern gewährte einmalige Einnahmen oder Zuschüsse stellen kein beitragspflichtiges Arbeitsentgelt zur Sozialversicherung dar, wenn sie lohnsteuerfrei sind.[4] Hiernach sind die vom Arbeitgeber übernommenen Kosten zwar grundsätzlich steuer- und beitragspflichtiger Arbeitslohn, allerdings liegt kein steuerpflichtiger geldwerter Vorteil vor, wenn die Kur im ganz überwiegenden betrieblichen Interesse

- zur Wiederherstellung oder Erhaltung der Arbeitsfähigkeit und
- in einer streng auf den Zweck der Kur abgestellten Weise

durchgeführt wird. Das ganz überwiegend betriebliche Interesse zur Wiederherstellung oder Erhaltung der Arbeitsfähigkeit ist in aller Regel gegeben mit der Folge der Steuer- und Beitragsfreiheit.

Fortzahlung des Arbeitsentgelts während der Kurmaßnahme

Im Entgeltfortzahlungsgesetz ist festgelegt, dass die 6-wöchige ⇗ Entgeltfortzahlung gleichermaßen zu leisten ist für die Arbeitsverhinderung infolge einer Maßnahme der medizinischen Vorsorge oder Rehabilitation, die ein Träger der gesetzlichen Renten-, Kranken- oder Unfallversicherung, eine Verwaltungsbehörde der Kriegsopferversorgung oder ein sonstiger Sozialleistungsträger bewilligt hat und die in einer Einrichtung der medizinischen Vorsorge oder Rehabilitation durchgeführt wird. Es gilt somit der gleiche 6-wöchige Entgeltfortzahlungsanspruch wie bei einer ⇗ Arbeitsunfähigkeit.[5]

Das während der Kurmaßnahme auf dieser Grundlage fortgezahlte Arbeitsentgelt ist somit nach den üblichen Grundsätzen beitragspflichtig zur Sozialversicherung.

Sofern der Arbeitgeber das Entgelt auch über den gesetzlichen 6-wöchigen Entgeltfortzahlungsanspruch hinaus für die Dauer der Kurmaßnahme das Arbeitsentgelt weiterzahlt, ist dieses ebenfalls beitragspflichtig und führt zum Ruhen eines ggf. bestehenden Anspruchs auf ⇗ Krankengeld.[6]

Beiträge aus Leistungen zur Verbesserung des Gesundheitszustands

Vom Arbeitgeber über das ohnehin geschuldete Arbeitsentgelt erbrachte Leistungen zur Verbesserung des allgemeinen Gesundheitszustands des Arbeitnehmers sind – soweit sie steuerfrei sind – gleichermaßen beitragsfrei zur Sozialversicherung.[7]

Überschreiten die vom Arbeitgeber erbrachten Leistungen zur Verbesserung des Gesundheitszustands den für die Steuerfreiheit zulässigen Rahmen, unterliegen sie insoweit auch der Beitragspflicht zur Sozialversicherung.

Unterstützungsleistungen

Unterstützungen, die der Arbeitgeber an einen Arbeitnehmer zahlt (z. B. für Krankheits- oder Unglücksfälle) und die steuerfrei bleiben, sind gleichermaßen auch beitragsfrei zur Sozialversicherung.[8]

Überschreiten die vom Arbeitgeber erbrachten Unterstützungsleistungen den für die Steuerfreiheit zulässigen Rahmen, unterliegen sie insoweit auch der Beitragspflicht zur Sozialversicherung.

1 Richtlinien für die Befreiung von der Zuzahlung bei Leistungen zur medizinischen Rehabilitation und sonstigen Leistungen zur Teilhabe (Zuzahlungsrichtlinien).
2 § 33 Abs. 1 SGB VII.
3 § 11 Abs. 1 Satz 1 Nr. 6 i. V. m. Abs. 2 BVG.
4 § 1 Abs. 1 Satz 1 Nr. 1 SvEV.
5 § 9 EFZG.
6 § 49 Abs. 1 Nr. 1 SGB V.
7 § 1 Abs. 1 Satz 1 Nr. 1 SvEV.
8 § 1 Abs. 1 Satz 1 Nr. 1 SvEV.

Reisekosten, Ausland

Reisekosten sind Aufwendungen, die für beruflich oder betrieblich bedingte Reisetätigkeiten anfallen. Zu den Reisekosten zählen Fahrtkosten, Übernachtungskosten, Verpflegungsmehraufwendungen und Reisenebenkosten. Für die steuerliche Berücksichtigung von Auslandsreisekosten gilt dem Grundsatz nach dasselbe wie bei inländischen beruflichen Auswärtstätigkeiten.

Für den Werbungskostenabzug oder steuerfreien Arbeitgeberersatz der Verpflegungsmehraufwendungen bei Auslandsreisen gelten länderspezifische Pauschbeträge. Es ist nicht zulässig, diese Aufwendungen einzeln durch Rechnungsbelege nachzuweisen.

Übernachtungskosten können in Höhe der festgelegten, länderspezifischen Pauschbeträge erstattet werden oder nach tatsächlich entstandenen und durch Rechnungsbelege nachgewiesenen Aufwendungen. Der Werbungskostenabzug ist hingegen nur in Höhe der tatsächlich entstandenen und durch Rechnungsbelege nachgewiesenen Übernachtungskosten zulässig.

Gesetze, Vorschriften und Rechtsprechung

Lohnsteuer: Rechtliche Grundlage für die steuerfreie Erstattung von Reisekosten durch den Arbeitgeber ist § 3 Nr. 13 EStG (öffentlicher Dienst) und Nr. 16 EStG (Privatwirtschaft). Ein umfangreiches BMF-Schreiben gibt Auslegungshinweise für die seit 2014 geltenden lohnsteuerlichen Reisekostenvorschriften, s. BMF, Schreiben v. 25.11.2020, IV C 5 – S 2353/19/10011 :006, BStBl 2020 I S. 1228. Die für 2024 maßgebenden Auslandsreisekostensätze regelt das BMF-Schreiben v. 21.11.2023, IV C 5 – S 2353/19/10010 :005, BStBl 2023 I S. 2076.

Entgelt	LSt	SV
Auslandspauschale für Verpflegungsmehraufwand	frei	frei
Auslandsübernachtungspauschale	frei	frei

Lohnsteuer

Mehraufwand für Verpflegung

Pauschbeträge für Verpflegungsmehraufwendungen

Die gesetzliche Regelung der lohnsteuerlichen Verpflegungssätze gilt dem Prinzip nach auch für Reisen ins Ausland. Der Ansatz von Verpflegungskosten ist danach nur in Form von Pauschbeträgen begünstigt. Wie bei Inlandsreisen sind eine 3-Monatsfrist sowie zeitlich gestaffelte Auslandstagegelder zu beachten. Die Höhe der Pauschbeträge unterscheidet darüber hinaus, in welches Land die berufliche Auswärtstätigkeit bzw. Geschäftsreise führt. Das jeweils maßgebliche Auslandstagegeld wird in Länderübersichten durch das Bundesfinanzministerium festgelegt. Für Reisetage ab 1.1.2024 hat das BMF neue Auslandsreisekostensätze veröffentlicht.[1]

Pauschbeträge abhängig von der Abwesenheitsdauer

Die Zweistufigkeit der Verpflegungspauschbeträge gilt auch hinsichtlich der Auslandstagegelder. Die Auslandsreisekosten für Verpflegung berechnen sich mit 120 % und 80 % der Auslandstagegelder nach dem Bundesreisekostengesetz.[2] In Bezug auf die erforderliche Abwesenheitsdauer gelten dieselben Regelungen wie für Inlandsreisen. Für An- und Abreisetage sind 80 % des für das jeweilige Land maßgebenden Auslandstagegelds anzusetzen. Auch für ausländische An- und Abreisetage entfällt die zeitliche Prüfung, wie lange der Arbeitnehmer unterwegs ist. Wie bei Inlandsreisen ist für An- und Abreisetage bei mehrtägigen Auswärtstätigkeiten, die eine Übernachtung beinhalten, sowohl für den An- als auch für den Abreisetag, unabhängig von der zeitlichen Abwesenheit am einzelnen Reisetag, die Verpflegungspauschale für mehr als 8-stündige Abwesenheit maßgebend.

Der volle Pauschbetrag kommt nur bei einer Abwesenheit von 24 Stunden pro Kalendertag in Betracht. Bei einer Reisedauer pro Tag von mehr als 8 Stunden sind 2/3 des vollen Auslandstagegelds anzusetzen. Für Auslandsreisetage mit einer Abwesenheitsdauer von bis zu 8 Stunden ist der Ansatz von Verpflegungskosten generell ausgeschlossen.

Für die Abwesenheitsdauer ist auf den einzelnen Kalendertag abzustellen. Die für die Anwendung der gekürzten Beträge maßgebende Reisezeit des jeweiligen Kalendertags beginnt mit dem Verlassen der Wohnung bzw. der Firma, je nachdem, von wo die berufliche Auswärtstätigkeit bzw. Geschäftsreise aus angetreten wird. Das Entsprechende gilt für das Ende der Auslandsreise. Maßgeblich ist der Zeitpunkt, in dem der Arbeitnehmer oder der Unternehmer seine Wohnung bzw. Firma erreicht.

Wichtig

Arbeitgeberersatz richtet sich nach arbeitsrechtlich getroffenen Vereinbarungen

Die vom BMF festgelegten Auslandstagegelder stellen die steuerlich zulässigen Reisekosten dar. Welche steuerfreien Auslösungen für die Verpflegung und Unterbringung bei Auslandsreisen der Arbeitgeber seinen Arbeitnehmern zu zahlen hat, richtet sich aber ausschließlich nach den arbeitsrechtlich getroffenen Vereinbarungen. Maßgebend sind die im Tarifvertrag, in der Betriebsvereinbarung oder in dem Einzelarbeitsvertrag enthaltenen Bestimmungen.

Ergeben sich danach für den steuerfreien Arbeitgeberersatz geringere Beträge, kann der Arbeitnehmer den Unterschiedsbetrag zu den höheren lohnsteuerlichen Auslandsreisekostensätzen in seiner Einkommensteuererklärung als Werbungskosten geltend machen.

Tipp

Steuerfreie Erstattung des Mehraufwands schriftlich regeln

Um arbeitsrechtliche Streitigkeiten hinsichtlich der Höhe der steuerfreien Auslösungen zu vermeiden, sollten klare und eindeutige vertragliche Abmachungen getroffen werden. Wer dabei an die sich von Jahr zu Jahr ändernden lohnsteuerlichen Reisekostensätze anknüpfen möchte, dem ist zu empfehlen, die arbeitsrechtliche Übernahme schriftlich zu regeln.

Wird während einer Auslandsreise ausschließlich ein einziger ausländischer Staat aufgesucht, können die Reisekostensätze für das jeweilige Land unmittelbar aus der Auslandsreisekostentabelle abgelesen werden. Die in den Lohnsteuer-Richtlinien zur Bestimmung der Verpflegungspauschale bei Auslandsreisen festgelegten Sonderregelungen gelten weiter, z. B. wenn an einem Tag mehrere Länder aufgesucht werden oder für Flug- und Schiffsreisen.[3] Für die Frage, nach welchem Land die Auslandstagegelder zu bestimmen sind, wenn der Reisende an einem Tag gleich mehrere Länder aufsucht, ist zwischen eintägigen und mehrtägigen Auslandsreisen zu unterscheiden.[4] Im Übrigen gelten die in den Lohnsteuer-Richtlinien zur Bestimmung der Verpflegungspauschale bei Auslandsreisen festgelegten Sonderregelungen auch für 2024, z. B. für Flug- und Schiffsreisen.[5]

Pauschbetrag für eintägige Reisen

Bei eintägigen Auslandsreisen ist der Pauschbetrag für den letzten Tätigkeitsort im Ausland anzusetzen. Werden während einer eintägigen Auslandsreise mehrere Tätigkeitsstätten in verschiedenen Ländern aufgesucht, ist der Pauschbetrag für das Land der letzten ausländischen Tätigkeitsstätte maßgeblich. Werden an einem Kalendertag Auswärtstätigkeiten im In- und Ausland durchgeführt, ist für diesen Tag das entsprechende Auslandstagegeld maßgebend, selbst dann, wenn die überwiegende Zeit im Inland verbracht wird.[6]

1 BMF-Schreiben v. 21.11.2023, IV C 5 – S 2353/19/10010 :005, BStBl 2023 I S. 2076.
2 § 9 Abs. 4a Satz 5 EStG.
3 R 9.6 Abs. 3 Nr. 1 LStR.
4 § 9 Abs. 4a Satz 5 EStG.
5 R 9.6 Abs. 3 LStR.
6 R 9.6 Abs. 3 Satz 3 LStR.

Beispiel

Zusammentreffen von Auslands- und Inlandsreise am gleichen Kalendertag

Ein in Stuttgart beschäftigter Außendienstmitarbeiter hat am 20.3. eine Besprechung in Straßburg. Anschließend trifft er sich mit einem Geschäftspartner in Basel und nimmt auf der Rückreise einen Termin in Freiburg wahr. Der Arbeitnehmer beginnt die beruflich veranlasste Auswärtstätigkeit um 7 Uhr und kommt um 21 Uhr wieder in Stuttgart an.

Ergebnis: Die steuerfreie Vergütung und der Werbungskostenabzug für die anlässlich der eintägigen Auslandsreise entstandenen Verpflegungskosten bestimmen sich nach dem für die Schweiz (= Land der letzten ausländischen Tätigkeitsstätte) maßgebenden Auslandstagegeld. Der Arbeitgeber darf 43 EUR steuerfrei ausbezahlen (Abwesenheitsdauer mehr als 8 Stunden). Ersetzt der Arbeitgeber keine Spesen, kann der Arbeitnehmer diesen Betrag als Werbungskosten bei seiner Einkommensteuererklärung ansetzen.

Transitländer bleiben unberücksichtigt

Länder, die anlässlich der Auslandstätigkeit durchfahren werden, sind für die Bestimmung des zutreffenden Auslandstagegelds nicht zu berücksichtigen. Ausgenommen hiervon sind Berufskraftfahrer, bei denen die eigentliche Arbeitsleistung in der Fahrtätigkeit liegt. Anders als bei den übrigen Arbeitnehmern sind als letztes ausländisches Tätigkeitsland auch Durchreisestaaten zu berücksichtigen, weil bei diesem Personenkreis die Tätigkeit im Fahren besteht.

Beispiel

Bestimmung nach dem Durchreiseland bei Berufskraftfahrern

Ein Lkw-Fahrer, der bei einer Freiburger Spedition beschäftigt ist, muss am 6.5. ein Werkzeug zu einer österreichischen Maschinenherstellerfirma in Bregenz transportieren. Für die Rückreise seiner 11-stündigen Frachttour wählt er die Strecke über Basel.

Ergebnis: Der Umfang des steuerfreien Arbeitgeberersatzes sowie der abzugsfähigen Werbungskosten bestimmt sich nach dem „Durchreiseland Schweiz“, weil es in Bezug auf die Fahrtätigkeit gleichzeitig das Land der letzten ausländischen Tätigkeitsstätte darstellt. Der Lkw-Fahrer kann das für die Schweiz zulässige Verpflegungstagegeld von 43 EUR in Anspruch nehmen.

Pauschbetrag bei mehrtägigen Auslandsreisen

Bei einer mehrtägigen Auslandsreise richtet sich das jeweilige Auslandstagegeld nach dem Land, das der Arbeitnehmer vor 24 Uhr Ortszeit zuletzt erreicht. Liegt dieser Ort im Inland, weil es sich um den Rückreisetag einer mehrtägigen Auslandsreise handelt, ergibt sich das zutreffende Auslandstagegeld nach den für eintägige Reisen geltenden Regeln. Für Rückreisetage ist also auf den letzten Tätigkeitsort im Ausland abzustellen. Der Zeitpunkt des Grenzübertritts ist nicht entscheidend.

Bloße Übernachtung nicht ausreichend

Als Land der letzten Tätigkeitsstätte kommt dabei nur ein Land in Betracht, in dem der Arbeitnehmer tatsächlich beruflich tätig geworden ist. Die Übernachtung im Rahmen einer beruflich veranlassten Auswärtstätigkeit ist nicht ausreichend. Dadurch können das Auslandstagegeld für Verpflegung und das Auslandsübernachtungsgeld in bestimmten Fällen nach unterschiedlichen Ländern zu berechnen sein.

Beispiel

Pauschbetragsberechnung nach unterschiedlichen Ländern

Ein in Köln wohnhafter Kundendienstvertreter ist in einer Woche von Montag bis Freitag auf einer beruflich veranlassten Auswärtstätigkeit. Am Montag und Dienstag besucht er Kunden in den Niederlanden, wo er auch übernachtet, am Mittwochmorgen reist er nach Gent (Belgien). Noch am selben Tag kehrt er ins Inland zurück. Die restlichen Tage seiner Reise übernachtet er in verschiedenen Städten in Deutschland.

Ergebnis: Bis einschließlich Mittwoch liegt eine mehrtägige Auslandsreise vor. Für Montag und Dienstag sind die für die Niederlande maßgeblichen Auslandstagegelder (32 EUR bzw. 47 EUR) anzuwenden, für Mittwoch das für Belgien maßgebliche Auslandstagegeld (59 EUR). Erst ab Donnerstag gelten die für Inlandsreisen maßgeblichen Verpflegungssätze von 28 EUR bzw. 14 EUR, je nach Reisedauer des einzelnen Kalendertags.[1] Zu beachten ist, dass für Mittwoch noch das für Belgien maßgebende Auslandstagegeld von 59 EUR anzuwenden ist, während sich die Übernachtung nach den Inlandskosten richtet.

Mitternachtsregelung auch für Auslandsreisen anwendbar

Beginnt der Arbeitnehmer eine Auswärtstätigkeit an einem Tag und beendet er sie am darauffolgenden Tag ohne zu übernachten, darf die gesamte Abwesenheitsdauer zusammengerechnet werden und als eintägige Auslandsreise behandelt werden – sog. Mitternachtsregelung.[2]

Besonderheit bei Flugreisen

Bei Flugreisen gilt ein Land in dem Zeitpunkt als erreicht, in dem das Flugzeug dort landet. Für die Frage, welches Land der Flugreise während einer mehrtägigen Auslandsreise vor 24 Uhr Ortszeit zuletzt erreicht wird, ist deshalb auf den Zeitpunkt der Landung abzustellen; Zwischenlandungen bleiben hierbei unberücksichtigt.

Erstreckt sich eine Flugreise über mehr als 2 Kalendertage, so ist für die Tage, die zwischen dem Abflug und der Landung liegen, das für Österreich geltende Tagegeld von 40 EUR anzusetzen.

Beispiel

Verpflegungspauschale bei 2-tägiger Flugreise

Ein Firmeninhaber unternimmt eine mehrtägige Geschäftsreise nach Australien. Die Reise beginnt am ersten Tag um 14 Uhr in Frankfurt. Am übernächsten Tag kommt er in Australien (Sydney) an.

Ergebnis: Für den ersten Tag der Geschäftsreise kann er die inländische Verpflegungspauschale von 14 EUR (Anreisetag), für den zweiten Reisetag den für Österreich maßgebenden Pauschbetrag von 50 EUR und für den Ankunftstag in Australien sowie für die folgenden Aufenthaltstage das jeweils für Australien maßgebliche Auslandstagegeld (57 EUR/38 EUR) als Betriebsausgabe abziehen.

Mahlzeiten im Flugzeug

Im Flugzeug unentgeltlich angebotene Mahlzeiten kürzen die Verpflegungspauschale. Voraussetzung hierfür ist, dass es sich bei der Verpflegung um ein Frühstück, Mittag- oder Abendessen handelt. Keine Kürzung der steuerlichen Verpflegungsspesen wird durch die bei Kurzstreckenflügen gewährten Knabbereien bewirkt, da Chips, Salzstangen, Müsli- oder Schokoriegel keine Mahlzeit darstellen. Wer für seine Reise einen Billigflugtarif wählt, ist ohne weitere Prüfung auch künftig auf der sicheren Seite und braucht keine Kürzung vorzunehmen.[3]

Besonderheit bei Schiffsreisen

Die Verwaltung sieht für Auslandsreisen mit Schiffen besondere Regelungen vor.[4] Für Tage ohne Einschiffung bzw. Ausschiffung sind die für Luxemburg geltenden Tagegelder anzusetzen, sofern das Schiff einer ausländischen Reederei gehört. Bei Schiffen unter deutscher Flagge (Schiffe der Bundesmarine und der Handelsmarine) sind dagegen für Tage auf See Inlandspauschbeträge anzusetzen.[5, 6] Die geänderte Auslegung ist nach der Rechtsprechung geboten, die für Seetage bei Marinesoldaten die Inlandspauschalen ansetzt. Für die Tage der Ein- und Ausschiffung ist das für den Hafenort geltende Tagegeld maßgebend.

Bewirtung während Auslandsreisen

Erhält der Arbeitnehmer während einer beruflichen Auswärtstätigkeit übliche Mahlzeiten (Gesamtwert bis 60 EUR) vom Arbeitgeber oder auf dessen Veranlassung durch einen Dritten gestellt, ist hierfür ein geldwer-

1 Das Gesetzgebungsverfahren, das eine Änderung der Werte vorsieht, ist noch nicht abgeschlossen. Ggf. wird eine Änderung im Laufe des Jahres 2024 folgen.
2 § 9 Abs. 4a Nr. 3 2. Halbsatz EStG.
3 BMF, Schreiben v. 25.11.2020, IV C 5 – S 2353/19/10011 :006, BStBl 2020 I S. 1228, Rz. 24.
4 R 9.6 Abs. 3 Nr. 2 LStR.
5 R 9.6 Abs. 3 Nr. 2 LStR.
6 FG Düsseldorf, Urteil v. 28.9.2007, 18 K 638/06 E.

ter Vorteil anzusetzen, wenn der Arbeitnehmer keinen Anspruch auf Verpflegungsmehraufwand hat.

Im Rahmen der 60-EUR-Grenze ist die Arbeitnehmerbewirtung mit dem amtlichen Sachbezugswert zu bewerten. Dieser beträgt für 2024 je 4,13 EUR für das Mittag- bzw. Abendessen und 2,17 EUR für das Frühstück. Da für Auslandssachverhalte keine gesonderten amtlichen Sachbezugswerte festgelegt sind, sind die für Inlandsmahlzeiten geltenden Sachbezugswerte auch für Bewirtungsleistungen im Ausland anzusetzen.

Wichtig

Kürzung der Auslandstagegelder

Im Rahmen der 60-EUR-Grenze (übliche Bewirtung) wird auf die Besteuerung des hieraus resultierenden geldwerten Vorteils verzichtet, wenn der Arbeitnehmer seinerseits für die dienstliche Reisetätigkeit dem Grunde nach eine Verpflegungspauschale als Werbungskosten geltend machen kann.[1] Gleichzeitig erfolgt eine tageweise Kürzung des Werbungskostenabzugs für Verpflegungsmehraufwand, wenn dem Arbeitnehmer anlässlich oder während einer Auswärtstätigkeit vom Arbeitgeber oder auf dessen Veranlassung von einem Dritten eine Mahlzeit kostenlos oder verbilligt zur Verfügung gestellt wird. Die Kürzung erfolgt i. H. v.

- 20 % der Tagespauschale für ein Frühstück und
- 40 % der Tagespauschale jeweils für ein Mittag- oder Abendessen.

Für die Kürzung ist auf die volle Auslandstagespauschale abzustellen, die für den jeweiligen Ort bei einer 24-stündigen Abwesenheit gilt. Die Kürzung der Verpflegungspauschbeträge in den Fällen der Arbeitnehmerbewirtung ist auch beim steuerfreien Arbeitgeberersatz zu beachten. Zahlt der Arbeitnehmer für die gewährte Mahlzeit ein Entgelt (= verbilligte Verpflegung), mindert dieses den von der Verpflegungspauschale abzuziehenden Kürzungsbetrag.

Übernachtungskosten

Erstattung durch Arbeitgeber

Der Arbeitgeber darf dem Arbeitnehmer für jede Übernachtung im Ausland entweder eine Übernachtungspauschale des jeweiligen ausländischen Staates oder die tatsächlich angefallenen Kosten steuer- und beitragsfrei vergüten.

Der Werbungskosten- bzw. Betriebsausgabenabzug ist nur im Fall des Einzelnachweises zulässig. Der Abzug nach Pauschbeträgen ist nicht möglich.

Lohnsteuerverfahren: Wahlrecht zwischen Einzelnachweis und Pauschbeträgen

Beim Lohnsteuerverfahren kann der Arbeitgeber für den steuerfreien Ersatz der Übernachtungskosten bei Inlands- und Auslandsreisen zwischen dem Kostennachweis und den Übernachtungspauschbeträgen wählen. Auch der Selbstständige darf den Betriebsausgabenabzug nur beim Einzelnachweis der entstandenen Kosten in Anspruch nehmen. Nach Verwaltungsauffassung sind beide Personengruppen gleich zu behandeln, sodass auch bei der betrieblichen Gewinnermittlung der Ansatz der Übernachtungspauschalen ausscheidet.

Wechsel zwischen Einzelnachweis und Pauschbetrag zulässig

Ein Wechsel des steuerfreien Arbeitgeberersatzes zwischen Übernachtungspauschale und Einzelnachweis für einzelne Tage bei ein und derselben Reise ist zulässig.[2]

Der Arbeitgeber darf für einzelne Tage die steuerfreie Erstattung nach den vorgelegten Hotelrechnungen und für andere Tage nach den Auslandsübernachtungsgeldern vornehmen. Einem Wechsel des steuerfreien Arbeitgeberersatzes zwischen der Erstattung der tatsächlichen Übernachtungskosten und dem Ansatz der Pauschbeträge wird bei Inlandsreisen aufgrund der geringen Übernachtungspauschale von 20 EUR weitaus weniger praktische Bedeutung zukommen als bei beruflichen Reisen ins Ausland.

Beispiel

Mehrtägige Reise im In- und Ausland

Ein in Köln wohnhafter Kundendienstvertreter befindet sich die ganze Woche auf einer beruflich veranlassten Auswärtstätigkeit. Am Montag und Dienstag besucht er Kunden in den Niederlanden, wo er auch übernachtet. Ab Mittwoch ist er in verschiedenen Städten im Inland unterwegs. Für Mittwoch und Donnerstag legt er seinem Arbeitgeber Hotelrechnungen für Übernachtung ohne Frühstück i. H. v. jeweils 80 EUR vor.

Ergebnis: Für die Übernachtungen während der mehrtägigen Reise kann der Arbeitgeber für Montag und Dienstag das für die Niederlande geltende Auslandsübernachtungsgeld von 122 EUR je Übernachtung und für Mittwoch und Donnerstag die nachgewiesenen Inlandsübernachtungskosten i. H. v. jeweils 80 EUR steuerfrei ersetzen. Insgesamt ist damit eine steuerfreie Erstattung von Übernachtungskosten i. H. v. 404 EUR für die einwöchige Reise zulässig. Umfasst die Hotelrechnung auch die Kosten des Frühstücks, sind die Übernachtungskosten im Ausland um 20 % des vollen Auslandstagegelds zu kürzen. Für Inlandsübernachtungen ist als Folge der unterschiedlichen Umsatzsteuersätze die Kürzungsregelung auf solche Sachverhalte beschränkt, in denen die Hotelrechnung neben den Übernachtungskosten einen Sammelposten für Nebenleistungen inklusive Frühstück ausweist.

Erhält der Arbeitnehmer seine Reisekosten durch den Arbeitgeber nicht oder nicht in vollem Umfang steuerfrei ersetzt, kann er den entsprechenden Differenzbetrag in seiner Einkommensteuererklärung als Werbungskosten geltend machen. Der Arbeitnehmer darf jedoch in seiner Einkommensteuererklärung nur die anhand von Übernachtungsbelegen im Einzelfall nachgewiesenen Kosten steuerlich geltend machen. Ein höherer Werbungskostenabzug kommt daher nur in Betracht, wenn der Arbeitgeber nicht die vollen Auslandsübernachtungsrechnungsbeträge oder aber geringere Übernachtungspauschalen ersetzt hat. Ohne Beweisvorsorge scheidet der Werbungskostenabzug damit insgesamt aus.

Für den vorliegenden Sachverhalt bedeutet dies, dass der Kundendienstvertreter ohne steuerfreien Arbeitgeberersatz nur 160 EUR Übernachtungskosten steuerlich erhalten kann, wenn ihm für das Ausland keine Hotelrechnungen vorliegen. Etwaige steuerfreie Arbeitgebererstattungen sind auf die abzugsfähigen Werbungskosten anzurechnen.

Besonderheit bei Berufskraftfahrern

Arbeitnehmer, die ihre Tätigkeit nahezu ausschließlich auf Fahrzeugen ausüben, fallen ebenfalls unter den Reisekostenbegriff der beruflichen Auswärtstätigkeit. Auch wenn sie keine erste Tätigkeitsstätte im Betrieb begründen, gelten für ihre Auswärtstätigkeiten auf Fahrzeugen dieselben Reisekostenregelungen wie bei Arbeitnehmern, die am jeweiligen Betriebssitz eine erste Tätigkeitsstätte haben. Dementsprechend darf dieser Personenkreis für Fahrten, die nicht am selben Kalendertag enden, an dem sie angetreten worden sind, die Verpflegungsmehraufwendungen und ggf. Übernachtungskosten nach den für Reisekosten geltenden Regeln abrechnen. Es können die für das jeweilige Land maßgebenden Auslandsreisekostenbeträge angesetzt werden.

Keine steuerfreie Erstattung bei Übernachtung im eigenen Fahrzeug

Übernachtet ein Bus- oder Lkw-Fahrer in seinem Fahrzeug, ist eine steuerfreie Auslösung für die Übernachtung durch den Arbeitgeber ausgeschlossen. Der Ansatz eines Auslandsübernachtungsgelds setzt voraus, dass eine Fremdübernachtung nachgewiesen bzw. zumindest glaubhaft gemacht wird.[3] Die nachgewiesenen Kosten und Gebühren für die Benutzung von sanitären Einrichtungen (auf Rastplätzen) kann der Arbeitgeber als Reisenebenkosten steuerfrei ersetzen. Zum Nachweis reichen bei Berufskraftfahrern repräsentative Aufzeichnungen für einen 3-Monatszeitraum.[4]

1 § 8 Abs. 2 Satz 9 EStG.
2 R 9.7 Abs. 3 LStR.
3 BFH, Urteil v. 28.3.2012, VI R 48/11, BStBl 2012 II S. 926.
4 BMF, Schreiben v. 4.12.2012, IV C 5 – S 2353/12/10009, BStBl 2012 I S. 1249.

Hinweis

Übernachtungspauschale für Berufskraftfahrer

Ab 2020 wurde als Alternative für die bei einer Übernachtung im Kraftfahrzeug des Arbeitgebers tatsächlich entstehenden Mehraufwendungen eine „Übernachtungspauschale" von 8 EUR eingeführt.[1, 2] Der Pauschbetrag gilt für Übernachtungen im arbeitgebereigenen bzw. vom Arbeitgeber geleasten Kraftfahrzeug bei In- und Auslandsreisen in gleicher Weise. Der Arbeitnehmer erhält für die notwendigen Mehraufwendungen, die ihm durch eine Übernachtung während einer beruflichen Fahrtätigkeit entstehen, pro Kalendertag einen Pauschbetrag von 8 EUR. Die Pauschale ist an die Verpflegungspauschalen für mehrtägige Auswärtstätigkeiten geknüpft. Sie wird nur für solche Kalendertage gewährt, an denen der Arbeitnehmer Anspruch auf die Verpflegungspauschale für mindestens 24-stündige Abwesenheit oder für An- und Abreisetage hat. Der Nachweis höherer tatsächlicher Kosten für Übernachtungen im Fahrzeug auf Park- und Rastanlagen bleibt weiterhin möglich. Das Wahlrecht muss für das gesamte Kalenderjahr einheitlich ausgeübt werden.[3] Der Übernachtungspauschbetrag für Übernachtungen in betrieblichen Fahrzeugen gilt sowohl für den steuerfreien Arbeitgeberersatz als auch für den Abzug als Werbungskosten, wenn keine steuerfreien Erstattungen seitens des Arbeitgebers erfolgen.

Kosten des Frühstücks sind zu kürzen

Umfasst die Hotelrechnung für die Übernachtung auch das Frühstück, müssen die auf die Verpflegung entfallenden Kosten herausgerechnet werden. Die Kosten für das Frühstück sind mit 20 % des für den Unterkunftsort bei einer 24-stündigen Abwesenheit maßgebenden Pauschbetrags für Verpflegung anzusetzen.[4] Die Kürzungsregelungen für In- und Auslandsreisen sind vereinheitlicht worden. Im Prinzip gelten die Grundsätze der „Frühstücksregelung" auch für Übernachtungen im Ausland.[5] Die prozentuale Kürzungsregelung wird für Auslandsübernachtungen aber weiterhin der Hauptanwendungsfall sein.

Beispiel

Übernachtung mit Frühstück

Ein Arbeitnehmer unternimmt eine mehrtägige beruflich veranlasste Auswärtstätigkeit nach Japan (Tokio). Auf der Hotelrechnung ist pro Übernachtung Folgendes ausgewiesen: „Übernachtung und Frühstück: 110 EUR".

Ergebnis: Das Frühstück kann pauschal mit 20 % des für den Unterkunftsort maßgebenden Pauschbetrags für Verpflegungsmehraufwendungen bei einer Auswärtstätigkeit mit 24-stündiger Abwesenheit angesetzt werden.

Übernachtung und Frühstück	110 EUR
Abzgl. 20 % von 50 EUR (für Japan, Tokio maßgebendes Tagegeld)	– 10 EUR
Steuerfreie Erstattung von Übernachtungskosten pro Tag	100 EUR

Kein Zufluss von Sachbezügen durch Kostenersatz

Die Kürzung der Übernachtungsrechnung um das Frühstück bedeutet nicht, dass der Arbeitnehmer deshalb den amtlichen Sachbezugswert versteuern muss, wenn ihm der Arbeitgeber die Kosten der Auslandsreise steuerfrei ersetzt. Entgegen der häufig vertretenen Auffassung begründet der Kostenersatz keine Bewirtungsleistung des Arbeitgebers.[6]

Übernachtungskosten ohne Frühstück: Handschriftlicher Vermerk ausreichend

Nach der im Ausland üblichen Praxis der Rechnungsausstellung ist allerdings in den meisten Fällen in der Hotelrechnung der Preis für das Frühstück nicht enthalten. Dementsprechend hat das Bundesfinanzministerium darauf hingewiesen, von einer Kürzung der Übernachtungskosten um die Kosten für das Frühstück bei Auslandsreisen abzusehen, wenn der Arbeitnehmer auf der Hotelrechnung handschriftlich vermerkt, dass im Rechnungsbetrag der Frühstückspreis nicht inbegriffen ist. Diese Eigenbescheinigung ist von den Finanzämtern sowohl für den Werbungskostenabzug als auch für den steuerfreien Arbeitgeberersatz der Auslandsübernachtungskosten anzuerkennen.

Wichtig

Kürzung unabhängig vom Auslandstagegeld

Die Kürzung in Höhe der Frühstückskosten dient ausschließlich der Ermittlung der auf die reine Unterbringung entfallenden Aufwendungen, da nur diese im Rahmen des Einzelnachweises begünstigt sind. Die Korrektur um den fiktiven Frühstückspreis ist deshalb unabhängig davon vorzunehmen, ob der Arbeitnehmer für diesen Reisetag Anspruch auf steuerfreie Verpflegungssätze hat. Der Kürzungsbetrag von 20 % ist deshalb auch für solche Auslandsreisetage anzusetzen, an denen der Arbeitnehmer keine steuerlichen Verpflegungskosten erhalten kann, weil die Reise an diesem Tag nicht mehr als 8 Stunden gedauert hat.

Reisekosten, Inland

Reisekosten sind unter dem Oberbegriff „berufliche Auswärtstätigkeit" zusammengefasst. Zu den Reisekosten gehören Fahrtkosten, Verpflegungsmehraufwendungen, Übernachtungskosten und Reisenebenkosten, die durch eine beruflich veranlasste Auswärtstätigkeit des Arbeitnehmers entstehen. Die Kernfrage des Reisekostenrechts ist, ob ein Arbeitnehmer eine sog. erste Tätigkeitsstätte hat, welche die frühere regelmäßige Arbeitsstätte ersetzt hat. Die erste Tätigkeitsstätte entscheidet darüber, ob eine berufliche Auswärtstätigkeit vorliegt. Eine berufliche Auswärtstätigkeit ist jede berufliche Tätigkeit außerhalb der ersten Tätigkeitsstätte und außerhalb der Wohnung des Arbeitnehmers.

Gesetze, Vorschriften und Rechtsprechung

Lohnsteuer: Mit Wirkung zum 1.1.2014 wurde das Verwaltungsrecht in den Lohnsteuer-Richtlinien durch ein gesetzliches Regelwerk im Einkommensteuergesetz abgelöst. Reisekosten können vom Arbeitgeber in den Grenzen des § 3 Nrn. 16 und 13 EStG (öffentlicher Dienst) steuerfrei erstattet werden; ansonsten sind sie nach § 9 EStG als Werbungskosten ansatzfähig. In Betracht kommen Fahrtkosten gemäß § 9 Abs. 1 Nr. 4a EStG, Verpflegungsmehraufwendungen gemäß § 9 Abs. 4a EStG, Übernachtungskosten gemäß § 9 Abs. 1 Nr. 5a EStG und Reisenebenkosten gemäß H 9.8 LStH. Das BMF-Schreiben v. 25.11.2020, IV C 5 – S 2353/19/10011 :006, BStBl 2020 I S. 1228, gibt Auslegungshinweise zu den lohnsteuerlichen Reisekosten.

Sozialversicherung: § 14 Abs. 1 SGB IV definiert das zur Beitragspflicht in der Sozialversicherung heranzuziehende Arbeitsentgelt aus einer Beschäftigung. In § 1 Abs. 1 Satz 1 SvEV ist normiert, unter welchen Bedingungen bestimmte Entgeltbestandteile kein sozialversicherungspflichtiges Arbeitsentgelt darstellen. § 23a Abs. 1 SGB IV legt fest, unter welchen Voraussetzungen und mit welchen Auswirkungen Arbeitsentgelt als einmalig gezahltes Arbeitsentgelt zu betrachten ist.

Entgelt	LSt	SV
Arbeitgeberersatz von Fahrtkosten	frei	frei
Arbeitgeberersatz von Verpflegungsmehraufwendungen i. H. d. Inlandspauschalen	frei	frei
Arbeitgeberersatz von Übernachtungskosten in tatsächlicher Höhe oder i. H. d. Pauschale	frei	frei

1 § 9 Abs. 1 Satz 3 Nr. 5b EStG.
2 Das Gesetzgebungsverfahren, das eine Änderung des Werts vorsieht, ist noch nicht abgeschlossen. Ggf. wird eine Änderung im Laufe des Jahres 2024 folgen.
3 BMF, Schreiben v. 25.11.2020, IV C 5 – S 2353/19/10011 :006, BStBl 2020 I S. 1228, Rz. 131.
4 § 9 Abs. 4a Satz 8 EStG.
5 BMF, Schreiben v. 5.3.2010, IV D 2 – S 7210/07/10003/IV C 5 – S 2353/09/10008, BStBl 2010 I S. 263.
6 BMF, Schreiben v. 5.3.2010, IV D 2 – S 7210/07/10003/IV C 5 – S 2353/09/10008, BStBl 2010 I S. 263.

Lohnsteuer

Beruflich veranlasste Auswärtstätigkeit

Eine berufliche Auswärtstätigkeit (oder umgangssprachlich ↗ Dienstreise) liegt immer dann vor, wenn der Arbeitnehmer vorübergehend außerhalb seiner Wohnung und der ersten Tätigkeitsstätte tätig wird.

Auch Arbeitnehmer ohne erste Tätigkeitsstätte, die bei ihrer individuellen beruflichen Tätigkeit typischerweise nur an ständig wechselnden Einsatzstellen oder auf einem Fahrzeug tätig werden, fallen unter die reisekostenrechtlich relevante Auswärtstätigkeit.

Alle dienstlichen Reisetätigkeiten, die im Berufsleben möglich sind, werden mit denselben Fahrt- und Übernachtungskosten sowie Verpflegungspauschalen begünstigt, unabhängig von der jeweiligen auswärtigen Einsatz- und Tätigkeitsstätte.

Erste Tätigkeitsstätte

Kernpunkt des Reisekostenrechts

Die Reisekostendefinition ist untrennbar mit der Prüfung der ersten Tätigkeitsstätte des Arbeitnehmers verbunden. Nur wenn die tatsächliche Arbeitsstätte nicht zugleich auch die erste Tätigkeitsstätte des Arbeitnehmers darstellt, können Reisekosten gewährt werden.

Die erste Tätigkeitsstätte entscheidet darüber, ob der jeweilige berufliche Einsatz

- eine unter die Reisekosten fallende berufliche Auswärtstätigkeit darstellt, weil der Arbeitnehmer hierbei nicht an seiner ersten Tätigkeitsstätte tätig wird,
- oder unter die Regelung der Entfernungspauschale fällt, weil es sich um die Wege zwischen Wohnung und erster Tätigkeitsstätte handelt, für die der Ansatz von Reisekosten ausgeschlossen ist. Der Fahrtkostenersatz durch den Arbeitgeber ist in diesen Fällen lohnsteuerpflichtig.

Beispiel

Baustellentätigkeit eines Elektroinstallateurs

Ein Facharbeiter eines Elektroinstallationsbetriebs ist ausschließlich auf auswärtigen Baustellen eingesetzt, die er täglich von zuhause mit seinem Pkw aufsucht.

Ergebnis: Die Einsätze auf den Baustellen begründen eine berufliche Auswärtstätigkeit, da der Arbeitnehmer insoweit nicht an einer ersten Tätigkeitsstätte tätig ist. Sämtliche Fahrten fallen unter die Reisekostenvorschriften. Für die Gesamtstrecke darf der Kilometersatz von 0,30 EUR je gefahrenem Kilometer zugrunde gelegt werden.

Definition der ersten Tätigkeitsstätte

Der Gesetzgeber definiert die erste Tätigkeitsstätte als ortsfeste betriebliche Einrichtung

- des Arbeitgebers,
- eines verbundenen Unternehmens i. S. d. § 15 AktG oder
- eines vom Arbeitgeber bestimmten Dritten,

welcher der Arbeitnehmer dauerhaft zugeordnet ist.[1] Der Arbeitnehmer kann pro Dienstverhältnis maximal eine erste Tätigkeitsstätte haben.

Der reisekostenrechtliche Begriff der ersten Tätigkeitsstätte ist damit im Wesentlichen durch 2 Voraussetzungen gekennzeichnet:

1. das Vorhandensein einer ortsfesten betrieblichen Einrichtung und
2. die dauerhafte Zuordnung zu diesem Tätigkeitsort.

1 § 9 Abs. 4 EStG.

Arbeitsrechtliche Festlegung entscheidet vorrangig

Die Bestimmung der ersten Tätigkeitsstätte wird vorrangig durch den Arbeitgeber im Rahmen seines Direktionsrechts bestimmt und dient damit der Vereinheitlichung von arbeitsrechtlichen und steuerrechtlichen Reisekostenvergütungen.

Ortsfeste betriebliche Einrichtung

Grundsatz und Begriff

Nach der vom Gesetzgeber vorgenommenen Definition der ersten Tätigkeitsstätte kommen nur ortsfeste betriebliche Einrichtungen infrage. Der Gesetzgeber folgt insoweit dem vom BFH zum bisherigen Arbeitsstättenbegriff aufgestellten Grundsatz, dass nur ortsfeste Einrichtungen eine ausreichend sichere Abgrenzung gegenüber der beruflichen Auswärtstätigkeit gewährleisten können.[2] Ortsfeste Einrichtungen sind räumlich zusammengefasste Sachmittel, die der Tätigkeit des Arbeitgebers, eines verbundenen Unternehmens oder eines vom Arbeitgeber bestimmten Dritten dienen und mit dem Erdboden fest verbunden sind bzw. dazu bestimmt sind, überwiegend standortgebunden genutzt zu werden.[3]

Beispiel

Als erste Tätigkeitsstätte kommen z. B. in Betracht:

- der Betrieb,
- ein Zweigbetrieb,
- Bus- oder Straßenbahndepots,
- Fahrkartenverkaufsstellen,
- Postzustellzentren oder
- Rettungswachen.

Auch ein großflächiges, infrastrukturell erschlossenes Gebiet kann eine (großräumige) erste Tätigkeitsstätte sein, z. B.

- eine Werksanlage,
- ein Betriebsgelände,
- ein Bahnhof,
- ein Flughafen oder
- ein betriebliches Schienennetz einer Werksbahn.[4]

Dabei ist es unerheblich, wenn einzelne Teile davon für sich betrachtet selbstständige betriebliche Einrichtungen darstellen können, z. B. Werkshallen, Büro- oder Verkaufsgebäude. Sofern diese in einem organisatorischen, technischen oder wirtschaftlichen Zusammenhang mit der betrieblichen Tätigkeit des Arbeitgebers, des verbundenen Unternehmens oder eines vom Arbeitgeber bestimmten Dritten stehen, sind diese Betriebsmittel zu einer großräumigen ersten Tätigkeitsstätte zusammenzufassen.[5]

Keine ortsfeste betriebliche Einrichtung = keine erste Tätigkeitsstätte

Ein Hochseeschiff bzw. Marineboot kann danach keine Tätigkeitsstätte sein. Dasselbe gilt für andere Fahrzeuge, wie der Lkw eines Speditionsfahrers, der Reise- oder Linienbus, Züge, Straßenbahn u. a. Schienenfahrzeuge, aber auch Flugzeuge.

Keine ersten Tätigkeitsstätten i. S. d. § 9 Abs. 4 Satz 1 EStG sind öffentliche (Bus-)Haltestellen oder Schiffsanlegeplätze oder andere Tätigkeitsgebiete ohne weitere ortsfeste Arbeitgebereinrichtungen.

Arbeitgeberfremde Einrichtungen

Eine erste Tätigkeitsstätte kann nicht nur an einer betrieblichen Einrichtung des Arbeitgebers begründet werden, es kann auch eine betriebliche

2 BFH, Urteil v. 24.2.2011, VI R 66/10, BStBl 2012 II S. 27.
3 BFH, Urteil v. 4.4.2019, VI R 27/17, BStBl 2019 II S. 536.
4 BFH, Urteil v. 1.10.2020, VI R 36/18, BFH/NV 2021 S. 309.
5 BFH, Urteil v. 11.4.2019, VI R 40/16, BStBl 2019 II S. 546.

Einrichtung eines Konzernunternehmens (verbundenes Unternehmen i. S. d. § 15 AktG) oder eines vom Arbeitgeber bestimmten fremden Dritten sein, wenn der Arbeitnehmer diesem Einsatzort dauerhaft zugeordnet ist oder dort dauerhaft qualitativ tätig wird, also dort

- unbefristet oder
- für die Dauer des Dienstverhältnisses oder
- für einen Zeitraum von mehr als 4 Jahren

tätig werden soll. Dauerhaft kann danach auch die dienstliche Zuordnung zu einer betrieblichen Einrichtung über einen Zeitraum von mehr als 48 Monaten sein.[1]

Entsendung, Outsourcing und Leiharbeit

Langfristige Tätigkeiten an betriebsfremden ortsfesten Einrichtungen, etwa bei einem Kunden des Arbeitgebers, können damit zu einer ersten Tätigkeitsstätte führen. Das Entsprechende gilt für Entsendungen im Rahmen von Konzernunternehmen[2] oder Outsourcing-Fällen sowie den Einsatz von Zeitarbeitnehmern beim Entleiher, sofern es sich hierbei um dauerhafte Tätigkeiten an der fremden (nichtarbeitgebereigenen) Einrichtung im Sinne einer dauerhaften Zuordnung handelt.[3]

Ein Leiharbeitnehmer hat seine erste Tätigkeitsstätte bei der Entleiherfirma, wenn er laut Überlassungsvertrag einer ortsfesten betrieblichen Einrichtung der Entleiherfirma unbefristet zugeordnet ist.[4] Von einer unbefristeten Tätigkeit ist auch bei der vertraglichen Formulierung „bis auf Weiteres" in dem zwischen dem Verleiher und dem Entleiher geschlossenen Arbeitnehmerüberlassungsvertrag auszugehen.

Wichtig

Keine dauerhafte Zuordnung bei Leiharbeitnehmern mit mehreren Einsatzorten

Die Zuweisung eines Zeitarbeitnehmers in eine betriebliche Einrichtung des Entleihers mit der Maßgabe „bis auf Weiteres" kann eine unbefristete und damit dauerhafte Zuordnung im Sinne einer ersten Tätigkeitsstätte begründen, wenn es sich um die einzige Einsatzstelle im Rahmen des befristeten Leiharbeitsverhältnisses handelt.[5] Eine Zuordnung zu einer Tätigkeitsstäte ist unbefristet, wenn sie nicht von vornherein kalendermäßig bestimmt ist. Aber auch eine befristete Zuordnung zu einer Tätigkeitsstätte kann dauerhaft sein, wenn sie für die gesamte Dauer des Dienstverhältnisses gelten soll. Der arbeitsrechtliche Vorbehalt der jederzeitigen Versetzungsmöglichkeit steht dem nicht entgegen.

Wird der Leiharbeitnehmer allerdings im Verlauf eines befristeten Arbeitsverhältnisses an einen anderen Einsatzort versetzt, kann die Zuordnung nicht dauerhaft sein, weil sie dann nicht für die gesamte Dauer des (befristeten) Beschäftigungsverhältnisses Bestand hat. Der Arbeitnehmer war während des Beschäftigungsverhältnisses an 2 unterschiedlichen Tätigkeitsorten eingesetzt. Für die Frage der dauerhaften Zuordnung ist auf das einheitliche Beschäftigungsverhältnis und nicht nur auf den Verlängerungszeitraum abzustellen.[6]

Hingegen liegt laut BFH keine dauerhafte Zuordnung bei befristeten Einsätzen im Rahmen eines unbefristeten Leiharbeitsverhältnisses vor, auch wenn es sich um wiederholte Einsätze beim selben Entleiher handelt. Das Gesetz verlangt, dass die 48-Monatsfrist bei vorausschauender Betrachtung erfüllt ist. Beträgt die Einsatzdauer beim betreffenden Entleiher durch die Verlängerung allerdings erst aus der Rückschau mehr als 48 Monate, fällt der Leiharbeitnehmer mit seinen befristeten Einsätzen mangels erster Tätigkeitsstätte unter die lohnsteuerlichen Reisekostenregelungen.

1 Niedersächsisches FG, Urteil v. 15.6.2017, 10 K 139/16; BFH, Urteil v. 22.11.2022, VI R 6/21, BFH/NV 2023 S. 532, zur dauerhaften Zuordnung eines Zeitsoldaten.
2 BFH, Urteil v. 17.12.2020, VI R 21/18, BStBl 2021 II S. 506; BFH, Urteil v. 17.12.2020, VI R 22/18, BFH/NV 2021 S. 759; BFH, Urteil v. 17.12.2020, VI R 23/18, BFH/NV 2021 S. 763.
3 BMF, Schreiben v. 25.11.2020, IV C 5 – S 2353/19/10011 :006, BStBl 2020 I S. 1228, Rz. 21; BFH, Urteil v. 10.4.2019, VI R 6/17, BStBl 2019 II S. 539.
4 BFH, Urteil v. 10.4.2019, VI R 6/17, BStBl 2019 II S. 539; Niedersächsisches FG, Urteil v. 13.7.2021, 13 K 63/20.
5 BFH, Urteil v. 10.4.2019, VI R 6/17, BStBl 2019 II S. 539.
6 BFH, Urteil v. 12.5.2022, VI R 32/20, BStBl 2023 II S. 35.

Beispiel

Erste Tätigkeitsstätte durch dauerhaften Einsatz beim Kunden

Ein EDV-Systemberater ist nach den arbeitsvertraglichen Abmachungen mit seinem Arbeitgeber seit 10 Jahren ausschließlich für die EDV-Systembetreuung der Fa. Chemie AG zuständig, die er arbeitstäglich von zu Hause aufsucht.

Ergebnis: Der mehrjährige Einsatz bei der Fa. Chemie AG führt zur ersten Tätigkeitsstätte des Arbeitnehmers. Da eine dauerhafte Zuordnung zur betrieblichen Einrichtung des Kunden vorliegt, kann der Arbeitnehmer keine Reisekosten in Anspruch nehmen. Die Fahrtenkosten unterliegen den Regeln der ⇗ Entfernungspauschale. Ein steuerfreier Arbeitgeberersatz ist ausgeschlossen. Sofern dem Arbeitnehmer ein Firmenwagen zur Verfügung steht, entsteht ein geldwerter Vorteil für die Fahrten zum Kunden, der sich bei der 1-%-Methode mit 0,03 % des inländischen Bruttolistenpreises pro Entfernungskilometer berechnet.

Homeoffice und weiträumiges Tätigkeitsgebiet

Ein ⇗ Homeoffice stellt keine betriebliche Einrichtung dar und kann infolgedessen keine erste Tätigkeitsstätte begründen.

Dasselbe gilt für ein weiträumiges Tätigkeitsgebiet. Ist der Arbeitnehmer in einem weiträumigen Arbeitsgebiet tätig, übt er eine berufliche Auswärtstätigkeit aus. Die Gewährung von Reisekosten ist allerdings bezüglich der Fahrten in ein weiträumiges Arbeitsgebiet eingeschränkt. Für die arbeitstäglichen Fahrten in ein weiträumiges Tätigkeitsgebiet wird ausdrücklich die Anwendung der ⇗ Entfernungspauschale festgelegt, sodass bezüglich dieser Fahrtkosten eine Gleichstellung mit den Fahrten zwischen Wohnung und erster Tätigkeitsstätte erreicht wird.[7]

Tätigkeit auf Fahrzeugen oder an wechselnden Einsatzstellen

Die Beschränkung der ersten Tätigkeitsstätte auf ortsfeste Einrichtungen bedeutet nicht, dass der Personenkreis der ausschließlich auf Fahrzeugen eingesetzten Arbeitnehmer vom Reisekostenansatz ausgeschlossen ist.

Entscheidend für das Vorliegen einer begünstigten Auswärtstätigkeit ist, dass der Arbeitnehmer bei seiner konkreten Arbeitsausübung nicht an seiner ersten Tätigkeitsstätte tätig ist. Diese Voraussetzung wird aber gerade auch von Arbeitnehmern erfüllt, die keine ortsfeste Beschäftigungsstelle haben.

Ein entsprechender Hinweis findet sich im Anwendungsschreiben zu den lohnsteuerlichen Reisekosten[8]: „Ein Arbeitnehmer ohne erste Tätigkeitsstätte ist außerhalb seiner Wohnung immer im Rahmen einer beruflichen Auswärtstätigkeit unterwegs."

Bildungseinrichtung als erste Tätigkeitsstätte

Der Gesetzgeber legt kraft Fiktion auch eine Bildungseinrichtung als Tätigkeitsstätte fest, die außerhalb eines Dienstverhältnisses zum Zwecke eines Vollzeitstudiums oder einer vollzeitigen Bildungsmaßnahme aufgesucht wird.[9] Die Fahrten zur Bildungseinrichtung fallen damit unter die Regeln der Entfernungspauschale. Hier kommt eine weitergehende Berücksichtigung der Kosten nur im Rahmen einer doppelten Haushaltsführung in Betracht, wenn der Steuerpflichtige auswärts untergebracht ist.[10]

Ein Vollzeitstudium oder eine vollzeitige Bildungsmaßnahme liegt insoweit vor, wenn der Steuerpflichtige im Rahmen seines Studiums oder im Rahmen der Bildungsmaßnahme für einen Beruf ausgebildet wird und daneben entweder keiner Erwerbstätigkeit nachgeht oder während der gesamten Ausbildung nur eine Erwerbstätigkeit mit bis zu 20 Stunden regelmäßiger wöchentlicher Arbeitszeit oder einen Minijob ausübt.[11] Das Niedersächsische FG verneint auch bei einem Teilzeitstudium ohne

7 § 9 Abs. 1 Nr. 4a EStG.
8 BMF, Schreiben v. 25.11.2020, IV C 5 – S 2353/19/10011 :006, BStBl 2020 I S. 1228, Rz. 2.
9 § 9 Abs. 4 Satz 8 EStG.
10 BFH, Urteil v. 14.5.2020, VI R 24/18, BStBl 2020 II S. 770; Sächsisches FG, Urteil v. 13.12.2017, 5 K 133/17, die Nichtzulassungsbeschwerde wurde als unbegründet zurückgewiesen; BFH, Beschluss v. 31.1.2019, VI B 8/18, BFH/NV 2022 S. 101.
11 §§ 8, 8a SGB IV.

gleichzeitige Erwerbstätigkeit das Vorliegen eines Vollzeitstudiums bzw. einer vollzeitigen Bildungsmaßnahme. Dies hat zur Folge, dass Fahrtkosten nach Reisekostengrundsätzen und nicht mit der begrenzten Entfernungspauschale zu berücksichtigen sind.[1]

Die gesetzliche Fiktion der ersten Tätigkeitsstätte für vollzeitige Bildungsmaßnahmen gilt nach der Rechtsprechung auch dann, wenn die Bildungseinrichtung lediglich im Rahmen einer kurzzeitigen Bildungsmaßnahme (im Urteilsfall 4 Monate) besucht wird.[2] Die Dauer einer Bildungsmaßnahme ist für die Einordnung einer Bildungseinrichtung als erste Tätigkeitsstätte nach den gesetzlichen Reisekostenbestimmungen unerheblich, sofern es sich um eine vollzeitige Bildungsmaßnahme außerhalb eines Dienstverhältnisses handelt.

Sieht die Studienordnung vor, dass der Studierende einen Abschnitt an einer anderen Hochschule, etwa im Rahmen eines Auslandssemesters absolvieren kann bzw. muss, wird an der anderen (auswärtigen) Hochschule keine weitere erste Tätigkeitsstätte begründet.[3] Der Studierende kann die durch das Auslandssemester anfallenden Unterkunfts- und Verpflegungskosten nach den für Reisekosten geltenden Bestimmungen als Werbungskosten zum Abzug bringen. Das Entsprechende gilt für ein Praxissemester oder Praktikum, das der Studierende im Rahmen eines Dienstverhältnisses ableistet.

Dauerhafte Zuordnung

Zuordnungsprinzipien

Weitere Voraussetzung des Arbeitsortbegriffs „erste Tätigkeitsstätte“ ist, dass der Arbeitnehmer einer ortsfesten betrieblichen Einrichtung dauerhaft zugeordnet ist. Das Gesetz nennt dabei abschließend 2 Fallgruppen, die eine dauerhafte Zuordnung begründen können:

- Arbeitsrechtliches Zuordnungsprinzip: Dauerhafte Zuordnung des Arbeitnehmers nach dienst- oder arbeitsrechtlichen Festlegungen oder die diese ausfüllenden Absprachen und Weisungen zu einer der genannten ortsfesten betrieblichen Einrichtungen.
- Quantitatives Zuordnungsprinzip: Zeitliche Zuordnung des Arbeitnehmers zu einer der genannten ortsfesten betrieblichen Einrichtungen, wenn er dort
  - typischerweise arbeitstäglich,
  - 2 volle Arbeitstage pro Woche oder
  - 1/3 seiner vereinbarten regelmäßigen Arbeitszeit

tätig werden soll.

Prognoseentscheidung maßgeblich

Die Abgrenzung ist bei beiden Fallgruppen anhand einer im Voraus zu treffenden Prognoseentscheidung vorzunehmen, deren Grundlage die dienst- bzw. arbeitsrechtlichen Festlegungen zwischen Arbeitgeber und Arbeitnehmer sind. Diese sog. Ex-ante-Betrachtung hat regelmäßig zu Beginn eines Beschäftigungsverhältnisses zu erfolgen. Deshalb sind auch Zeiträume vor 2014 in die Prüfung der dauerhaften Zuordnung einzubeziehen.[4] Hat ein Arbeitnehmer nach den Weisungen seines Arbeitgebers seinen Dienst dauerhaft an 4 verschiedenen Einsatzorten zu leisten, wird durch die arbeitsvertragliche Regelung keine erste Tätigkeitsstätte begründet.

Ein Feuerwehrmann, der dienstrechtlich verpflichtet ist, seine dienstliche Tätigkeit an mehreren Einsatzorten in verschiedenen Gemeinden auszuüben, kann trotz seiner zeitlich unbefristeten Zuordnung zu einem Dienstort dort seine erste Tätigkeitsstätte haben. Dies gilt umso mehr, wenn der Feuerwehrmann während des gesamten Zeitraums nur in einer Feuerwache eingesetzt war. Das Finanzgericht Rheinland-Pfalz hatte die Feuerwache nicht als erste Tätigkeitsstätte anerkannt, da bei Anwendung der Ex-ante-Prognosebetrachtung auch die qualitativen (zeitlichen) Zuordnungskriterien für eine dauerhafte Zuordnung erfüllt sein müssen. Dieser Entscheidung konnte sich der BFH im Revisionsverfahren nicht anschließen. Nach der Urteilsbegründung sind bei der prognostischen Betrachtung der dauerhaften Zuordnung auch die in der Feuerwache verbrachten Bereitschaftszeiten zu berücksichtigen, da sie zum typischen Berufsbild eines Werkfeuerwehrmanns gehören. Der BFH hat das Verfahren an das Finanzgericht Rheinland-Pfalz zurückverwiesen, damit dieses im zweiten Rechtsgang die erforderlichen (Sachverhalts-)Feststellungen nachholen kann, die für eine dienstrechtliche bzw. qualitative Zuordnung erfüllt sein müssen.[5]

Vorrang der arbeitsrechtlichen Zuordnung

Vorrang hat nach dem eindeutigen Wortlaut des Gesetzes die arbeitsrechtliche Zuordnung. Die zeitliche Abgrenzung ist als subsidiäre Alternative festgelegt, die nur dann zur Anwendung kommt, wenn der Arbeitgeber keine dienst- bzw. arbeitsrechtliche Festlegung auf eine Tätigkeitsstätte getroffen hat oder diese nicht eindeutig ist.

Steuerrecht folgt Arbeitsrecht

Bei der arbeitsrechtlichen Zuordnung bestimmt der Arbeitgeber aufgrund seines Weisungsrechtes, wo der Arbeitnehmer tätig wird. Dieser arbeitsrechtlichen Zuordnung zu einer ortsfesten betrieblichen Einrichtung schließt sich das Steuerrecht an. Dies gilt unabhängig davon, ob die arbeitsrechtlichen Festlegungen schriftlich oder mündlich erteilt werden.

Merkmale der Dauerhaftigkeit

Diese Zuordnung durch den Arbeitgeber zu einer Tätigkeitsstätte muss nach der Prognoseeinschätzung auf Dauer angelegt sein. Das Merkmal der Dauerhaftigkeit ist erfüllt, wenn der Arbeitnehmer an der durch das Direktionsrecht des Arbeitgebers festgelegten betrieblichen Einrichtung tätig werden soll:

- unbefristet,
- für die Dauer des Dienstverhältnisses oder
- über einen Zeitraum von mehr als 48 Monaten

Die arbeitsvertragliche Festlegung der Beschäftigungsdauer mit „bis auf Weiteres“ kommt einer unbefristeten Einsatzdauer gleich. Bei Beamten ist eine Abordnung bis auf Weiteres wie bei einer Versetzung eine dauerhafte Zuordnung zum neuen Dienstort.[6]

Änderungen hinsichtlich der Zuordnung, z. B. weil sich die berufliche Tätigkeit beim Arbeitgeber inhaltlich ändert, sind nur mit Wirkung für die Zukunft zu berücksichtigen.

Beispiel

Keine rückwirkende Änderung der arbeitsrechtlichen Festlegung

Ein Bankmitarbeiter ist laut dienstlicher Anweisung an 3 Tagen in der Woche an der als erste Tätigkeitsstätte festgelegten Hauptstelle A beschäftigt, donnerstags und freitags an der Zweigstelle in B. Ab 1.7. legt der Arbeitgeber B als erste Tätigkeitsstätte fest.

Ergebnis: Bis 30.6. hat der Arbeitnehmer aufgrund der arbeitsrechtlichen Zuordnung seine erste Tätigkeitsstätte an der Hauptstelle A. Ab 1.7. wird die Zweigstelle B zur ersten Tätigkeitsstätte, obgleich die Tätigkeit an Hauptstelle A 3 der 5 Arbeitstage umfasst. Die zeitlichen Grenzen sind im Falle der dienstlichen Festlegung der ersten Tätigkeitsstätte nicht zu prüfen.

Qualitativer Tätigkeitsschwerpunkt ohne Bedeutung

Nach einer arbeitgeberseitigen dauerhaften Festlegung der ersten Tätigkeitsstätte des Arbeitnehmers kommt es nicht mehr darauf an, in welchem Umfang der Arbeitnehmer seine berufliche Tätigkeit an dieser oder auch an anderen Tätigkeitsstätten ausübt. Ebenso wenig ist erforderlich, dass der Arbeitnehmer diese Tätigkeitsstätte nachhaltig immer wieder aufsucht und an der vom Arbeitgeber als erste Tätigkeitsstätte festgelegten betrieblichen Einrichtung seinen qualitativen Schwerpunkt seiner Arbeit hat. So hat ein Polizeibeamter im Streifendienst seine erste Tätigkeitsstätte am Ort seiner dauerhaften dienstlichen Zuordnung, also an dem von seinem Dienstherrn bestimmten Polizeirevier.[7] Erste Tätig-

1 Niedersächsisches FG, Urteil v. 16.2.2022, 4 K 113/20, Rev. beim BFH unter Az. VI R 7/22.
2 BFH, Urteil v. 14.5.2020, VI R 24/18, BStBl 2020 II S. 770; Vorinstanz: FG Nürnberg, Urteil v. 9.5.2018, 5 K 133/17.
3 BFH, Urteil v. 14.5.2020, VI R 3/18, BStBl 2021 II S. 302.
4 BFH, Urteil v. 11.4.2019, VI R 40/16, BStBl 2019 II S. 546.
5 BFH, Urteil v. 26.10.2022, VI R 48/20, BStBl 2023 II S. 582; Vorinstanz FG Rheinland-Pfalz, Urteil v. 28.11.2019, 6 K 1475/18.
6 Hessisches FG, Urteil v. 15.7.2021, 7 K 603/19.
7 BFH, Urteil v. 4.4.2019, VI R 27/17, BStBl 2019 II S. 536.

keitsstätte ist auch das Bahnhofsgelände mit Dienstgebäude, dem ein Lok- oder Triebwagenführer dienstrechtlich dauerhaft zugeordnet ist, auch wenn er arbeitstäglich auf dem Zug und damit regelmäßig außerhalb des Bahnhofs eingesetzt ist. Aufgrund der arbeitsrechtlichen Zuordnung genügt es für die Begründung der ersten Tätigkeitsstätte auf dem Bahnhofsgelände, dass er dort in geringem Umfang Arbeiten zu verrichten hat, die zu seinem typischen Berufsbild gehören. Bei Vorliegen einer dauerhaften arbeits- oder dienstrechtlichen Zuordnung des Arbeitnehmers zu einer betrieblichen Einrichtung tritt das konkrete Gewicht der an dieser Einrichtung ausgeübten Tätigkeit zugunsten der arbeitgeberseitigen Zuordnung in den Hintergrund.[1]

Zuordnung erfordert Tätigwerden

Die arbeitsrechtliche Zuordnung findet dort ihre Grenze, wo der Arbeitnehmer in der festgelegten Einrichtung des Arbeitgebers keine Arbeiten verrichtet. Die erste Tätigkeitsstätte muss zumindest einen Bezug zu der tatsächlichen Tätigkeit aufweisen. Dies setzt voraus, dass der Arbeitnehmer dort auch persönlich erscheint.

Sofern der Arbeitnehmer in einer vom Arbeitgeber festgelegten Tätigkeitsstätte wenigstens in geringem Umfang seine Arbeitsleistung erbringt, ist der Zuordnung des Arbeitgebers zu dieser Tätigkeitsstätte zu folgen. Aufgrund des Vorrangs des arbeitsrechtlichen Zuordnungsprinzips dürften hierfür auch Tätigkeiten von untergeordneter Bedeutung ausreichend sein, etwa vorbereitende Außendiensttätigkeiten im Betrieb oder Material- bzw. Werkzeugfahrten zum Arbeitgeber.

Für Piloten und Flugbegleiter bestimmt sich deshalb die erste Tätigkeitsstätte nach dem arbeitsrechtlich bestimmten Heimatflughafen („Home base"), auch wenn die Zuordnungsentscheidung bereits vor 2014 erfolgte. Dasselbe gilt für das Verfassen von Protokollen oder Unfallberichten und anderen Schreibtischarbeiten bei einem Streifenpolizisten, weil diese zu seinen arbeits- bzw. dienstrechtlichen Aufgaben und damit zu dem von ihm ausgeübten Berufsbild gehören.[2] Ein Müllwerker, der vom Arbeitgeber dauerhaft dem Betriebshof seines Abfallbeseitigungsunternehmens zugeordnet worden ist, hat dort seine erste Tätigkeitsstätte, da er dort arbeitstäglich Hilfs- und Nebentätigkeiten seiner Haupttätigkeit ausübt, obgleich er seine eigentliche berufliche Tätigkeit und damit den Schwerpunkt seiner Arbeit auf dem Müllfahrzeug abzuleisten hat. Voraussetzung ist aber, dass er am Betriebshof zumindest in geringem Umfang Tätigkeiten erbringen muss, die er arbeitsvertraglich oder dienstrechtlich schuldet und die zu dem von ihm ausgeübten Berufsbild gehören, also einen inhaltlichen Bezug zur verrichteten Außendiensttätigkeit haben. Nicht ausreichend sind rein organisatorische Verrichtungen vor Ort, etwa das tägliche Umkleiden, das Abholen des Tourenbuchs, der Fahrzeugpapiere bzw. des Fahrzeugschlüssels oder die Kontrolle der Fahrzeugbeleuchtung.[3]

Da das Finanzgericht keine Feststellungen dazu getroffen hat, welche Arbeiten der Müllwerker tatsächlich am Betriebshof zu verrichten hatte, wurde das Verfahren mangels ausreichender Sachverhaltsermittlung zur nochmaligen Entscheidung an das FG zurückverwiesen. Das FG Berlin-Brandenburg kam auch im zweiten Rechtsgang zum Ergebnis, dass der Betriebshof eines Entsorgers keine erste Tätigkeitsstätte begründet, wenn der Müllwerker dort nur gelegentliche Verrichtungen wie die Veranlassung von Fahrzeugreparaturen oder die Reinigung des Müllfahrzeuges vornimmt.[4]

Hinweis

Faustregel: Monatliches Aufsuchen des Betriebs ausreichend?

Nicht abschließend geklärt ist, ob es ausreicht, wenn der Arbeitnehmer einmal pro Monat (Hilfs- oder Neben-)Tätigkeiten in der Firma verrichtet, um diese arbeitsrechtlich als erste Tätigkeitsstätte festzulegen. Diese Faustregel wird indes von den Finanzämtern anerkannt.

1 FG des Landes Sachsen-Anhalt, Urteil v. 26.2.2020, 1 K 629/19.
2 BFH, Urteil v. 4.4.2019, VI R 27/17, BStBl 2019 II S. 536 (Streifenpolizist); BFH, Urteil v. 11.4.2019, VI R 40/16, BStBl 2019 II S. 546 (Flugzeugführer); BFH, Urteil v. 11.4.2019 VI R 12/17, BStBl 2019 II S. 551 (Luftsicherheitskontrollkraft); BFH, Urteil v. 30.9.2020, VI R 10/19, BStBl 2021 II S. 306 (Postzusteller); BFH, Urteil v. 30.9.2020, VI R 11/19, BStBl 2021 II S. 308 (Rettungsassistent); BFH, Urteil v. 16.12.2020, VI R 35/18, BStBl 2021 II S. 525 (Gerichtsvollzieher); BFH, Urteil v. 12.7.2021, VI R 9/19, BFH/NV 2022 S. 11 (Mitarbeiter städt. Ordnungsamt); BFH, Urteil v. 26.10.2022, VI R 48/20, BStBl 2023 II S. 582 (Feuerwehrmann) .
3 BFH, Urteil v. 2.9.2021, VI R 25/19, BFH/NV 2022 S. 18; Vorinstanz FG Berlin-Brandenburg, Urteil v. 23.5.2019, 4 K 4259/17.
4 FG Berlin-Brandenburg, Urteil v. 16.6.2022, 16 K 4259/17.

Nachweis der arbeitsrechtlichen Zuordnung

Der Arbeitgeber muss seine Zuordnungsentscheidung dokumentieren, z. B. durch Regelungen im Arbeitsvertrag, im Tarifvertrag oder durch dienstrechtliche Verfügungen. Bei einem Rettungssanitäter kann die arbeitsrechtliche Zuordnung auch durch Verweis im Arbeitsvertrag auf den Bundesangestelltentarif erfolgen.[5] Die Angabe einer Stadt als Einstellungsort im Arbeitsvertrag ist nicht mit einer arbeitsrechtlichen Zuordnung zu einer ersten Tätigkeitsstätte gleichzusetzen. Die Zuordnung zu einer Stadt begründet keine erste Tätigkeitsstätte, wenn sich die Zuordnung zu einer ortsfesten betrieblichen Einrichtung in dieser Stadt nicht anderweitig (konkludent) durch betriebsbedingte Weisungen und Absprachen im Rahmen des Beschäftigungsverhältnisses ergibt. Eine konkludente Zuordnung kann z. B. bei einem Bauleiter nicht bejaht werden, der im Durchschnitt alle 14 Tage zu Besprechungen die Bauunternehmung aufsucht, dessen Schwerpunkt der Tätigkeit aber an den Einsatzorten der verschiedenen Baustellen liegt.[6] Um Zweifel zu beseitigen, inwieweit eine (organisatorische) Zuordnung keine arbeitsrechtliche Festlegung der ersten Tätigkeitsstätte begründen soll, sollte der Arbeitgeber zur Beweisvorsorge gegenüber dem Arbeitnehmer eine ausdrückliche schriftliche Erklärung abgeben, dass durch die organisatorische Bestimmung keine steuerliche Zuordnung im Sinne einer ersten Tätigkeitsstätte erfolgen soll. Die Arbeitgebererklärung ist als Beleg zum Lohnkonto zu nehmen.

Fehlt ein Nachweis oder die Glaubhaftmachung einer eindeutigen Zuordnung, gilt das quantitative Zuordnungsprinzip als subsidiäre Alternative.

Quantitative Zuordnungskriterien

Fehlt es an einer dauerhaften Zuordnung des Arbeitnehmers zu einer betrieblichen Einrichtung durch dienst- oder arbeitsrechtliche Festlegung nach den vorstehenden Kriterien oder ist die getroffene Festlegung nicht eindeutig, ist die dauerhafte Zuordnung nach der zeitlichen Zuordnungsregel zu prüfen. Die quantitative Bestimmung der ersten Tätigkeitsstätte ist immer erst an zweiter Stelle vorzunehmen. Der Tätigkeitsmittelpunkt wird beim Arbeitgeber begründet bei täglicher Arbeit vor Ort, 2 vollen Arbeitstagen pro Woche bzw. 1/3 der vereinbarten Arbeitszeit.

Ein Bauleiter, der nur gelegentlich den Standort des Bauunternehmens aufsucht, um an den einmal pro Woche stattfindenden Baubesprechungen teilzunehmen, hat dort keine erste Tätigkeitsstätte. Da der Schwerpunkt der Tätigkeit auf den verschiedenen zu betreuenden Baustellen liegt, sind die zeitlichen Grenzen der subsidiären Zuordnung nicht erfüllt. Bei Anwendung der zeitlichen Zuordnungsgrenzen muss der Arbeitnehmer an der jeweiligen Tätigkeitsstätte einen Teil seiner arbeitsrechtlichen Hauptleistung erbringen. Nur soweit der Arbeitnehmer dort seiner eigentlichen beruflichen Tätigkeit nachgeht, sind diese Arbeiten bei der Berechnung der erforderlichen Zeitgrenzen für das Vorliegen einer ersten Tätigkeitsstätte zu berücksichtigen.

Nicht ausreichend ist das Aufsuchen der Firma

- zum Abholen und zur Abgabe von Auftragsbestätigungen,
- zur Berichtsfertigung,
- zur Wartung und Pflege des Fahrzeugs,
- zur Übernahme des Werkstattwagens oder
- zur Materialaufnahme.[7]

Ebenso wenig können organisatorische Hilfstätigkeiten wie die Abgabe von Stundenzetteln, Urlaubs- oder Krankmeldungen zu einer zeitlichen Qualifizierung der aufgesuchten betrieblichen Einrichtung als erste Tätigkeitsstätte führen.

Maximal eine erste Tätigkeitsstätte pro Dienstverhältnis

Der Arbeitnehmer kann pro Dienstverhältnis maximal eine erste Tätigkeitsstätte haben.

Erfüllen aufgrund der zeitlichen Zuordnungsregel mehrere Tätigkeitsstätten in einem Dienstverhältnis die Voraussetzungen für die Annahme einer ersten Tätigkeitsstätte, weist der Gesetzgeber dem Arbeitgeber das Recht zu, die erste Tätigkeitsstätte zu bestimmen.[8] Dabei muss es sich

5 BFH, Urteil v. 30.9.2020, VI R 11/19, BStBl 2021 II S. 308; BMF, Schreiben v. 25.11.2020, IV C 5 – S 2353/19/10011 :006, BStBl 2020 I S. 1228, Rz. 11.
6 BFH, Urteil v. 14.9.2023, VI R 27/21.
7 FG Nürnberg, Urteil v. 8.7.2016, 4 K 1836/15.
8 § 9 Abs. 4 Satz 6 EStG.

nicht um die Tätigkeitsstätte handeln, an welcher der Arbeitnehmer den zeitlich überwiegenden oder qualitativ bedeutsameren Teil seiner beruflichen Tätigkeit ausübt.

Fehlt es an dieser Bestimmung oder ist sie nicht eindeutig, legt das Gesetz diejenige Tätigkeitsstätte als erste Tätigkeitsstätte fest, die der Wohnung des Arbeitnehmers örtlich am nächsten liegt.[1] Befinden sich auf einem Betriebsgelände mehrere ortsfeste betriebliche Einrichtungen, handelt es sich nur um eine Tätigkeitsstätte.

Fahrtkosten

Tatsächliche Aufwendungen

Aufwendungen, die nicht Fahrten zwischen Wohnung und erster Tätigkeitsstätte sind, können nach dem Wortlaut des Gesetzes in tatsächlicher Höhe angesetzt werden, z. B. für Fahrten

- zwischen Wohnung bzw. erster Tätigkeitsstätte und auswärtiger Tätigkeitsstätte einschließlich sämtlicher Zwischenheimfahrten;
- zwischen einer Unterkunft am Ort der auswärtigen Tätigkeitsstätte und auswärtiger Tätigkeitsstätte;
- zwischen mehreren auswärtigen Tätigkeitsstätten;
- innerhalb eines weiträumigen Tätigkeitsgebiets;
- zwischen Wohnung und ständig wechselnden Tätigkeitsstätten.

Öffentliche Verkehrsmittel

Benutzt der Arbeitnehmer für seine beruflichen Auswärtstätigkeiten öffentliche Verkehrsmittel, dürfen die tatsächlich angefallenen Kosten steuerfrei ersetzt werden.

Das Entsprechende gilt für den Betriebsausgabenabzug, wenn der Unternehmer Geschäftsreisen z. B. mit der Bahn oder dem Flugzeug unternimmt.

Die Aufwendungen müssen in beiden Fällen durch entsprechende Belege nachgewiesen werden. Die Unterlagen sind als Anlage zum ⇗ Lohnkonto bzw. als Beleg zur Buchführung aufzubewahren.

Arbeitnehmereigenes Fahrzeug

Wahl zwischen Einzelnachweis und Kilometerpauschale

Bei Benutzung eines eigenen Kfz hat der Arbeitnehmer die Möglichkeit, die pro Kilometer angefallenen Kosten entweder einzeln nachzuweisen oder die hierfür festgelegten, vom jeweils benutzen Fahrzeug abhängigen Kilometersätze in Anspruch zu nehmen. Beim Pkw beträgt der Kilometersatz 0,30 EUR pro gefahrenem Kilometer.

Einzelnachweis der tatsächlichen Aufwendungen

Der in der Praxis häufigste Fall ist, dass der Unternehmer bzw. Arbeitnehmer seine Reisen mit dem eigenen Pkw durchführt. Werden die hierbei anfallenden Aufwendungen nachgewiesen, sind die anteiligen Pkw-Kosten in tatsächlicher Höhe Betriebsausgaben bzw. durch den Arbeitgeber steuerfrei ersetzbar.

Zu den Gesamtkosten eines Fahrzeugs gehören die Betriebsstoffkosten, Wartungs- und Reparaturkosten, Garagenkosten am Wohnort, Kraftfahrzeugsteuer, Beiträge zu Halterhaftpflicht- und Fahrzeugversicherungen, Absetzungen für Abnutzung, Zinsen für ein Anschaffungsdarlehen, bei einem geleasten Fahrzeug die Leasingsonderzahlung sowie Aufwendungen infolge von Verkehrsunfällen. Nach Auffassung des FG München sind Leasingsonderzahlungen innerhalb eines 12-Monats-Zeitraums auch kalenderjahrübergreifend zu berücksichtigen.[2]

Nicht dazu gehören z. B. Park- und Straßenbenutzungsgebühren sowie Aufwendungen für Insassen- und Unfallversicherungen; diese Aufwendungen sind als Reisenebenkosten abziehbar. ⇗ Verwarnungs-, Ordnungs- und Bußgelder sind ebenso wenig berücksichtigungsfähig.

Für die Abschreibung ist bei Personenkraftwagen und Kombifahrzeugen grundsätzlich von einer Nutzungsdauer von 6 Jahren auszugehen; bei hoher Fahrleistung ggf. auch eine kürzere Nutzungsdauer. Für gebraucht erworbene Kraftfahrzeuge ist die entsprechende Restnutzungsdauer zu schätzen.

Wichtig

Kein Ansatz der Kilometersätze bei öffentlichen Verkehrsmitteln

Benutzt der Arbeitnehmer für seine beruflich Auswärtstätigkeit ein öffentliches Verkehrsmittel, dürfen ausschließlich die tatsächlich angefallen Kosten als Reisekosten angesetzt werden. Der bei Benutzung des eigenen Kfz alternativ im BRKG festgelegte reisekostenrechtliche Kilometersatz von 0,30 EUR pro gefahrenen Kilometer ist für berufliche Auswärtstätigkeiten mit Bus, Bahn, Flugzeug und Schiff nicht zulässig. Nach den eindeutigen gesetzlichen Reisekostenbestimmungen kann der Arbeitnehmer für regelmäßig verkehrende Beförderungsmittel ohne Wahlrecht nur die tatsächlich entstandenen Fahrtkosten in Anspruch nehmen.[3]

Ansatz der Kilometerpauschalen

Ohne Einzelnachweis dürfen anstelle der tatsächlich pro Kilometer nachgewiesenen Kosten für das Fahrzeug auch pauschale Kilometersätze angesetzt werden, die sich an der jeweils aktuellen Wegstreckenentschädigung des Bundesreisekostengesetzes (BRKG) orientieren. Hiernach kann der Arbeitnehmer folgende Pauschalbeträge in Anspruch nehmen:

Fahrzeug	Wegstreckenentschädigung
Pkw	0,30 EUR/km
Motorrad/Motorroller	0,20 EUR/km
Moped/Mofa	0,20 EUR/km
Fahrrad	5,00 EUR pro Monat

Die pauschalen Kilometersätze gelten nur für arbeitnehmereigene Fahrzeuge, also Fahrzeuge, die der Arbeitnehmer als Eigentümer oder Leasingnehmer für seine beruflichen Auswärtstätigkeiten nutzt. Aufwendungen für die Mitnahme von Gepäck sind durch die Kilometerpauschalen abgegolten. Neu ist der Reisekostenabzug, wenn der Arbeitnehmer für seine berufliche Auswärtstätigkeit ein Fahrrad benutzt. Nach dem Bundesreisekostengesetz wird eine Wegstreckenentschädigung von 5 EUR pro Monat gewährt, wenn der Arbeitnehmer das Fahrrad zu mindestens 2 Fahrstrecken pro Monat benutzt.[4] Für Dienstfahrten mit dem eigenen Fahrrad können wie beim Pkw aber auch die tatsächlich angefallenen Kosten nach dem individuell ermittelten Kilometersatz als Reisekosten angesetzt werden. Die Nachweisführung obliegt dem Arbeitnehmer. Bei Mieträdern dürfen auch die nachgewiesenen tatsächlichen Mietkosten abgezogen werden.

Hinweis

Keine Kilometerpauschalen für Mitfahrer

Das Bundesreisekostengesetz sieht Pauschbeträge als Wegstreckenentschädigung nur für Pkw und die anderen in der Übersicht genannten Fahrzeuge vor. Pauschsätze für die Mitnahme von Fahrgästen, wie sie früher einmal gewährt wurden, dürfen nicht angewendet werden.[5]

Außergewöhnliche Kosten

Neben den Kilometerpauschalen können außergewöhnliche Kosten angesetzt werden. Dies sind im Wesentlichen

- Unfallschäden
- Absetzungen für außergewöhnliche technische Abnutzung und
- Aufwendungen infolge eines Schadens, der durch den Diebstahl des Fahrzeugs entstanden ist;
- ⇗ Schadensersatzleistungen sind auf diese Kosten anzurechnen.

1 § 9 Abs. 4 Satz 7 EStG.
2 FG München, Urteil v. 12.10.2021, 2 K 667/21; Rev beim BFH unter Az. VI 9/22.
3 § 9 Abs. 1 Nr. 4a Satz 2 EStG; bestätigt durch BFH, Urteil v. 11.2.2021, VI R 50/18, BStBl 2021 II S. 440.
4 § 5 Abs. 3 BRKG i. V. m. der Allgemeinen Verwaltungsvorschrift zum BRKG.
5 FG Rheinland-Pfalz, Urteil v. 8.11.2016, 3 K 2578/14.

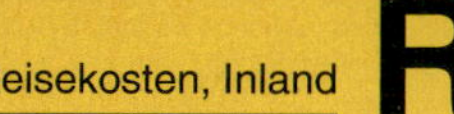

Steuerfreie Arbeitgebererstattung

Der Arbeitgeber kann dem Arbeitnehmer die Fahrtkosten bis zu den zuvor genannten Beträgen steuerfrei erstatten. Dazu muss der Arbeitnehmer dem Arbeitgeber Unterlagen vorlegen, aus denen die Voraussetzungen für die Steuerfreiheit der Erstattung und, soweit die Fahrtkosten bei Benutzung eines privaten Fahrzeugs nicht mit den pauschalen Kilometersätzen erstattet werden, auch die tatsächlichen Gesamtkosten des Fahrzeugs ersichtlich werden.

Wird dem Arbeitnehmer für die Auswärtstätigkeit ein Kraftfahrzeug zur Verfügung gestellt, darf der Arbeitgeber die pauschalen Kilometersätze nicht steuerfrei erstatten.

Besonderheit bei Sammel- und Treffpunktfahrten

Seit 2014 dürfen Arbeitnehmer, die keine erste Tätigkeitsstätte haben, aber aufgrund einer Anweisung des Arbeitgebers dauerhaft denselben Ort aufsuchen müssen, um von dort typischerweise die arbeitstägliche berufliche Tätigkeit aufzunehmen, für diese Fahrten nur noch die Entfernungspauschale anwenden.[1] Die Fahrten von Zuhause zum arbeitsrechtlich festgelegten Ort der täglichen Berufsaufnahme werden – aufgrund ihres vergleichbaren Typus – mit den begrenzt abzugsfähigen Fahrten zwischen Wohnung und erster Tätigkeitsstätte gleichgesetzt. Der Gesetzgeber hat den Ansatz der nachteiligen Entfernungspauschale deshalb daran geknüpft, dass der Arbeitnehmer diesen Ort typischerweise arbeitstäglich zur Arbeitsaufnahme aufsuchen muss.[2]

Die gesetzliche Fiktion der Entfernungspauschale gilt auch für die arbeitstäglichen Wege zum Sammelort bzw. Treffpunkt, wenn dieser von der weiter entfernt liegenden (Haupt-)Wohnung angetreten wird, sofern sich dort der Lebensmittelpunkt des Arbeitnehmers befindet. Dies gilt auch dann, wenn die Fahrten an einer näher zum Arbeitsplatz liegenden Wohnung des Arbeitnehmers unterbrochen werden.[3]

Was heißt „typisch arbeitstäglich"?

Die Finanzverwaltung wendet die gesetzlich fingierte Entfernungspauschale nur auf solche Sachverhalte an, in denen die Anfahrt des Arbeitnehmers zum Sammel-/Treffpunkt nahezu ausschließlich arbeitstäglich erfolgt. Ein Lkw-Fahrer, der lediglich an 2 bis 3 Tagen seine Fahrtätigkeit am Firmensitz des Arbeitgebers beginnt, ansonsten mehrtägige Fahrten unternimmt, sucht seinen Arbeitgeber nicht typischerweise arbeitstäglich auf.[4] Der BFH hat sich der Auffassung des BMF angeschlossen und macht die gesetzliche Fiktion der Entfernungspauschale ebenfalls davon abhängig, dass der Arbeitnehmer ohne erste Tätigkeitsstätte den arbeitgeberseitig bestimmten (Sammel-)Ort „typischerweise arbeitstäglich" aufsucht.[5]

Arbeitnehmer, die regelmäßig mehrtägige Auswärtstätigkeiten unternehmen, sind nach der arbeitstäglichen Rechtsauslegung des Begriffs „typischerweise Aufsuchen" von der gesetzlichen Fiktion ausgeschlossen, z. B. Arbeitnehmer mit Einsätzen auf mehrtägigen Fernbaustellen, Lkw-Fahrer im Güterfernverkehr oder Flugpersonal mit Langstreckenflügen. Die teilweise anders lautende Rechtsprechung der Finanzgerichte[6] ist durch das BFH-Urteil überholt. Ein typischerweise fahrtägliches Aufsuchen des vom Arbeitgeber bestimmten Treffpunkts reicht nicht aus. Die gesetzliche Wortwahl lässt zwar an einzelnen Arbeitstagen Ausnahmen zu, z. B. infolge des Besuchs einer Fortbildungsveranstaltung oder eines unvorhersehbaren Arbeitseinsatzes. Die gesetzlich fingierte Entfernungspauschale findet indes nur auf solche Sachverhalte Anwendung, in denen die arbeitstägliche Anfahrt des Arbeitnehmers zum Sammel-/Treffpunkt der Normalfall ist. Arbeitnehmer, die infolge ihres betrieblichen Aufgabenbereichs regelmäßig Auswärtstätigkeiten ohne tägliche Rückkehr unternehmen, sind daher von der gesetzlichen Fiktion nicht betroffen. Bei Bau- und Montagearbeitern mit mehrtägigen Übernachtungseinsätzen berechnet sich der Werbungskostenabzug für die jeweiligen Fahrten zum Sammelort weiterhin nach den Bestimmungen der lohnsteuerlichen Reisekosten.

1 § 9 Abs. 1 Nr. 4a Satz 3 EStG.
2 FG Nürnberg, Urteil v. 13.5.2016, 4 K 1536/15.
3 BFH, Beschluss v. 14.9.2020, VI B 64/19, BFH/NV 2021 S. 306.
4 BMF, Schreiben v. 25.11.2020, IV C 5 – S 2353/19/10011 :006, BStBl 2020 I S. 1228, Rz. 38; FG Nürnberg, Urteil v. 8.7.2016, 4 K 1836/15; Niedersächsisches FG, Urteil v. 15.6.2017, 10 K 139/16.
5 BFH, Urteil v. 19.4.2021, VI R 6/19, BStBl 2021 II S. 727; BFH, Urteil v. 2.9.2021, VI R 14/19, BFH/NV 2022 S. 15.
6 Sächsisches FG, Urteil v. 14.3.2017, 8 K 1870/16; Thüringer FG, Urteil v. 28.2.2019, 1 K 498/17.

Einschränkung betrifft nur die Fahrtkosten

Die gesetzliche Fiktion beschränkt sich auf die Fahrtkosten, für die der Ansatz der Reisekostensätze ausgeschlossen ist. Da der Gesetzgeber keine erste Tätigkeitsstätte fingiert, stellt die Fahrt dem Grunde nach gleichwohl eine berufliche Auswärtstätigkeit dar. Die übrigen Reisekostenregelungen bleiben daher insoweit anwendbar. Insbesondere berechnet sich die berufliche Abwesenheitsdauer für den Ansatz von Verpflegungsspesen bereits ab dem Verlassen der Wohnung.

Ein typisches Beispiel sind die arbeitstäglichen Fahrten von Berufskraftfahrern zum Fahrzeugübernahmedepot, insbesondere bei Fahrern im gewerblichen Güterverkehr zum Lkw-Standort[7], für die ebenfalls nur die nachteilige Entfernungspauschale gilt. Die arbeitgeberseitige Festlegung der arbeitstäglichen Fahrten zum „Sammelpunkt" kann sich auch aus der jeweiligen Eigenart der betrieblichen Tätigkeit ergeben, etwa wenn Fahrer im Zustelldienst jeden Morgen zunächst ihre auszuliefernden Waren im Paketdepot abholen müssen.

Von der nachteiligen Rechtsänderung sind außerdem Fahrten von Bauarbeitern zum betrieblich festgelegten Treffpunkt betroffen, die von dort im Rahmen der angeordneten Sammelbeförderung zur jeweiligen auswärtigen Einsatzstelle fahren.

Einschränkung gilt nicht für freiwillige Fahrtgemeinschaften

Eine andere Lösung ergibt sich für Treffpunktfahrten, die nicht vom Arbeitgeber angeordnet sind.

Verpflegungsmehraufwendungen

2-stufige Verpflegungspauschalen

Die steuerliche Berücksichtigung von Verpflegungsmehraufwendungen für berufliche Tätigkeiten außerhalb der Wohnung und außerhalb der ersten Tätigkeitsstätte ist nur in Form von Pauschbeträgen zulässig. Ein Einzelnachweis der Verpflegungskosten durch Rechnungsbelege ist ausgeschlossen.

Nach den Bestimmungen des Reisekostenrechts sind für die berufliche Auswärtstätigkeit zeitlich gestaffelte Verpflegungspauschalen anzuwenden.

Abwesenheitsdauer	Pauschbetrag je Kalendertag
24 Stunden	28 EUR
Mehr als 8 Stunden	14 EUR
Höchstens 8 Stunden	0 EUR
An- und Abreisetag bei Übernachtung	14 EUR

Hinweis

Anhebung der Verpflegungspauschalen geplant

Das Wachstumschancengesetz sah zum 1.1.2024 eine Erhöhung der Verpflegungspauschalen auf 16 EUR bzw. 32 EUR vor. Da das Gesetzgebungsverfahren noch nicht abgeschlossen ist, kann es im Laufe des Jahres 2024 zu einer Änderung kommen. Bis zur Verabschiedung eines Gesetzes gelten die Verpflegungspauschalen i. H. v. 14 EUR bzw. 28 EUR.

Bei mehrtägigen Auswärtstätigkeiten, die eine Übernachtung beinhalten, kann sowohl für den An- als auch für den Abreisetag eine Verpflegungspauschale von 14 EUR als steuerfreier Spesenersatz bzw. als Werbungskosten angesetzt werden, ohne dass es einer zeitlichen Mindestabwesenheit an diesen Tagen bedarf.[8] An- und Abreisetage einer mehrtägigen auswärtigen Tätigkeit werden gesetzlich als die Tage definiert, an denen der Arbeitnehmer nach der Anreise oder vor der Abreise außerhalb seiner Wohnung übernachtet. Die Anwendung der 14-EUR-Verpflegungspauschale für An- und Abreisetage setzt eine mehrtägige Auswärtstätigkeit mit einer Übernachtung des Arbeitnehmers außerhalb seiner Wohnung voraus.

7 FG Nürnberg, Urteil v. 13.5.2016, 4 K 1536/15.
8 § 9 Abs. 4a Nr. 2 EStG.

Beispiel

Verpflegungspauschale bei mehrtägigen Auswärtstätigkeiten

Ein Außendienstmitarbeiter unternimmt von Montag bis Mittwoch eine 3-tägige berufliche Auswärtstätigkeit. Die Reise beginnt am Montag um 20 Uhr und endet am Mittwoch um 13:30 Uhr in der Firma des Arbeitnehmers.

Ergebnis: Der Arbeitgeber darf dem Außendienstmitarbeiter für den vollen Reisetag, an dem die Abwesenheitsdauer 24 Stunden betragen hat, die volle Pauschale von 28 EUR und für den An- bzw. Rückreisetag jeweils die Pauschalen von 14 EUR für die während der Auswärtstätigkeit entstandenen Verpflegungskosten steuerfrei ersetzen. Unerheblich für die An- und Abreisepauschale von 14 EUR ist, wo die Dienstreise beginnt bzw. endet. Ebenso ist für diese Tage die zeitliche Abwesenheitsdauer nicht mehr zu prüfen.

Bei einer Übernachtung am auswärtigen Tätigkeitsort richtet sich die Höhe des Verpflegungsmehraufwands nach der Abwesenheit des Arbeitnehmers von seiner Wohnung am Ort des Lebensmittelpunkts. Nicht entscheidend ist die Abwesenheitsdauer von der Unterkunft am Einsatzort.

Mehrere Auswärtstätigkeiten an einem Kalendertag

Führt der Arbeitnehmer an einem Kalendertag mehrere Dienstreisen durch, können die Abwesenheitszeiten an diesem Kalendertag zusammengerechnet werden. Die Sonderregelung für berufliche Auswärtstätigkeiten, die sich ohne Übernachtung auf 2 Kalendertage verteilt, wurde gesetzlich festgeschrieben.[1]

Abwesenheitsdauer bei 2-tägigen Reisen ohne Übernachtung

Für auswärtige Tätigkeiten, die sich ohne Übernachtung über 2 Kalendertage erstrecken, bestimmt sich die zutreffende Verpflegungspauschale durch Zusammenrechnen der Abwesenheitszeit an beiden Tagen – sog. Mitternachtsregelung. Beträgt die gesamte Abwesenheitsdauer mehr als 8 Stunden, wird die Verpflegungspauschale von 14 EUR für den Kalendertag gewährt, auf den die überwiegende Abwesenheitszeit entfällt.[2]

Verpflegungspauschalen bei Auslandsreisen

Auch für Auslandsreisen wurde die Zweistufigkeit der Verpflegungspauschbeträge umgesetzt. Bezüglich der Abwesenheitsdauer gelten dieselben Regelungen wie für Inlandsreisen, insbesondere die Sonderregelung für An- und Abfahrtstage bei Auslandsreisen mit Übernachtung.

Die in den Lohnsteuer-Richtlinien zur Bestimmung der Verpflegungspauschalen bei Auslandsreisen festgelegten Sonderregelungen gelten weiter, etwa bei Flug- oder Schiffsreisen.[3]

3-Monatsfrist bei längerfristigen Auswärtstätigkeiten

Die gesetzliche 3-Monatsfrist die den Werbungskostenabzug von Verpflegungsmehraufwendungen bei einer längerfristigen Auswärtstätigkeit am selben auswärtigen Beschäftigungsort auf einen Zeitraum von längstens 3 Monaten begrenzt, hat weiterhin Gültigkeit.

Seit 2014 gilt eine rein zeitlich orientierte Unterbrechungsregelung, ohne dass ein beruflicher Anlass hierfür vorliegen muss. Danach führt eine Unterbrechung der beruflichen Tätigkeit an derselben Tätigkeitsstätte immer dann zu einem Neubeginn der 3-Monatsfrist, wenn sie mindestens 4 Wochen dauert. Der Unterbrechungsgrund ist unerheblich.

Gewährung von Mahlzeiten

Überblick zur Arbeitgeberbewirtung während Dienstreisen

Wird ein Arbeitnehmer während einer beruflichen Auswärtstätigkeit unentgeltlich oder verbilligt verpflegt, muss unterschieden werden, ob es sich um

- eine übliche Arbeitgeberbewirtung (Mahlzeiten bis 60 EUR) oder
- ein sog. lohnsteuerpflichtiges Belohnungsessen

handelt. Die Üblichkeitsgrenze von 60 EUR ist als Bruttobetrag inkl. Mehrwertsteuer zu verstehen, der sämtliche anlässlich der Bewirtung gewährten Speisen und Getränke umfasst. Zuzahlungen des Arbeitnehmers bleiben bei der Prüfung der 60-EUR-Grenze außer Ansatz.

Die Übersicht veranschaulicht die für Arbeitgeberbewirtung geltende Rechtslage mit ihren zahlreichen Fallvarianten.

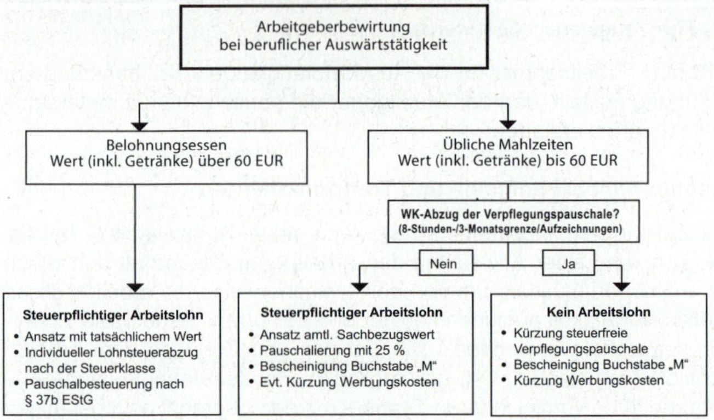

Mahlzeiten bis 60 EUR: Kürzung der Verpflegungspauschale

Beträgt der Gesamtwert der vom Arbeitgeber gewährten Speisen und Getränke brutto nicht mehr als 60 EUR, wird beim Arbeitnehmer auf die Besteuerung des geldwerten Vorteils verzichtet, wenn der Arbeitnehmer für die Dienstreise dem Grunde nach eine Verpflegungspauschale als Werbungskosten geltend machen kann.[4]

Gleichzeitig muss eine tageweise Kürzung des Werbungskostenabzugs für Verpflegungsmehraufwand vorgenommen werden, wenn dem Arbeitnehmer anlässlich oder während einer Auswärtstätigkeit vom Arbeitgeber oder auf dessen Veranlassung von einem Dritten eine Mahlzeit zur Verfügung gestellt wird. Die Kürzung erfolgt i. H. v.

- 20 % der Tagespauschale für ein Frühstück (im Inland: 5,60 EUR) bzw.
- 40 % der Tagespauschale für ein Mittag- oder Abendessen (im Inland: je 11,20 EUR).

Die Kürzung ist zwingend, vermeidet aber im Wege der gesetzlichen Saldierung die Besteuerung eines geldwerten Vorteils. Sie ist immer von der jeweiligen Verpflegungspauschale des Tages vorzunehmen, an dem die Gestellung der Mahlzeit durch den Arbeitgeber erfolgt. Unerheblich ist, ob der Arbeitnehmer die Mahlzeit tatsächlich einnimmt oder der Wert der Mahlzeit tatsächlich niedriger ist.[5]

Die Verpflegungspauschalen sind auch für Mahlzeiten zu kürzen, die der Arbeitnehmer anlässlich einer beruflichen Auswärtstätigkeit von seinem Arbeitgeber erhält, wenn der Arbeitnehmer über keine erste Tätigkeitsstätte verfügt.[6]

Auch ein vom Arbeitgeber zur Verfügung gestellter Snack oder Imbiss (z. B. belegte Brötchen, Kuchen, Obst), der während einer auswärtigen Tätigkeit gereicht wird, kann eine Mahlzeit sein, die zur Kürzung der Verpflegungspauschale führt.[7] Eine feste zeitliche Grenze für die Frage, ob ein Frühstück, Mittag- oder Abendessen zur Verfügung gestellt wird, gibt es nicht. Maßstab für die Einordnung ist, ob die zur Verfügung gestellte Verpflegung an die Stelle einer der genannten Mahlzeiten tritt, die üblicherweise zu der entsprechenden Zeit eingenommen wird.

Bescheinigungspflicht „Großbuchstabe M"

Damit das Finanzamt eine eventuelle. Kürzung der Verpflegungspauschalen bei der Einkommensteuerveranlagung erkennen kann, muss der Arbeitgeber im ↗ Lohnkonto und in der ↗ Lohnsteuerbescheinigung den Großbuchstaben M aufzeichnen bzw. bescheinigen, sofern der Arbeitnehmer im Rahmen einer beruflichen Auswärtstätigkeit vom Arbeit-

1 § 9 Abs. 4a Nr. 3 EStG.
2 § 9 Abs. 4a Nr. 3 2. Halbsatz EStG.
3 R 9.6 Abs. 3 LStR.

4 § 8 Abs. 2 Satz 9 EStG.
5 BFH, Urteil v. 7.7.2020, VI R 16/18, BFH/NV 2021 S. 68; BFH, Urteil v. 12.7.2021, VI R 27/19, BStBl 2021 II S. 642.
6 BFH, Urteil v. 12.7.2021, VI R 27/19, BStBl 2021 II S. 642.
7 BMF, Schreiben v. 25.11.2020, IV C 5 – S 2353/19/10011 :006, BStBl 2020 S. 1228, Rz. 74; zum Frühstück s. BFH, Urteil v. 3.7.2019, VI R 36/17, BFH/NV 2019 S. 1295.

geber oder auf dessen Veranlassung von einem Dritten im Rahmen der 60-EUR-Grenze unentgeltlich bzw. verbilligt verpflegt worden ist.[1]

Die Bescheinigungspflicht gilt ausschließlich für übliche Arbeitgeberbewirtung im Rahmen der 60-EUR-Grenze, unabhängig davon, ob hierfür im Einzelfall die Vorteilsbesteuerung oder Werbungskostenkürzung zum Tragen kommt. Die Bescheinigung ist deshalb auch in den Fällen vorzunehmen, in denen der geldwerte Vorteil in Höhe des amtlichen Sachbezugswerts pauschal oder individuell versteuert worden ist. Der Großbuchstabe M umfasst also auch Sachverhalte, bei denen eine Verpflegungspauschale von vornherein nicht gewährt werden kann und somit ihre Kürzung ausscheidet. Die Aufzeichnungs- und Bescheinigungspflicht gilt unabhängig von der Anzahl der vom Arbeitgeber unentgeltlich bzw. verbilligt gewährten üblichen Mahlzeiten im Kalenderjahr. Neben der Bescheinigung des Großbuchstabens M ist weder die Anzahl der gewährten Mahlzeiten noch sind sonstige die Mahlzeitengestellung erläuternde Arbeitgeberbescheinigungen neben den Reisekostenabrechnungen durch den Arbeitgeber auszustellen.

Achtung

Keine Befreiung mehr von der Bescheinigungspflicht des Buchstabens M

Bis 2018 galt eine Befreiung von der Bescheinigungspflicht des Großbuchstabens M, wenn das Betriebsstättenfinanzamt die gesonderte Aufzeichnung von steuerfreien Reisekostenerstattungen außerhalb des Lohnkontos zugelassen hat.[2] Die für die Bescheinigung von steuerfreien Verpflegungszuschüssen in der Lohnsteuerbescheinigung bestehende Befreiung galt entsprechend. Voraussetzung war, dass die Reisekostenabrechnung nicht Gegenstand der Lohnabrechnung ist, sondern separat außerhalb des Lohnkontos vorgenommen wurde und das Finanzamt diesem Verfahren ausdrücklich zugestimmt hat.

Arbeitgeber mit separater Reisekostenabrechnungsstelle, die früher von der Aufzeichnungs- und Bescheinigungspflicht ausgenommen waren, sind ungeachtet einer bisherigen Befreiung für Lohnzahlungszeiträume gesetzlich verpflichtet, den Großbuchstaben M in Nr. 2 der Lohnsteuerbescheinigung auszuweisen.

Ausnahme: Besteuerung mit amtlichem Sachbezugswert

Stehen dem Arbeitnehmer für die berufliche Auswärtstätigkeit bereits dem Grunde nach keine Verpflegungsmehraufwendungen zu, weil

- die 8-Stundengrenze nicht erreicht ist oder
- die 3-Monatsfrist überschritten ist,

und scheidet damit eine Kürzung des Werbungskostenabzugs beim Arbeitnehmer aus, muss der Arbeitgeber die unentgeltlich oder verbilligt gewährte Verpflegung bis zu einem Gesamtwert von 60 EUR (übliche Mahlzeit) lohnversteuern. Dasselbe gilt, wenn der Arbeitgeber keine Aufzeichnungen über die Reisekosten seiner Arbeitnehmer führt.

Der ⇗ geldwerte Vorteil der üblichen Mahlzeit ist zwingend mit dem amtlichen Sachbezugswert anzusetzen:

- 2,17 EUR für das Frühstück (2023: 2,00 EUR) bzw.
- 4,13 EUR für Mittag- und Abendessen (2023: 3,80 EUR).

Die nach dem alten Reisekostenrecht alternative Bewertung mit den tatsächlichen Kosten ist nicht mehr zulässig. Das vom BFH entschiedene Bewertungswahlrecht[3] ist durch die gesetzlichen Reisekostenbestimmungen überholt. Damit ist auch die Anwendung der Freigrenze für Sachbezüge von 50 EUR entfallen.

Lohnsteuerpauschalierung des geldwerten Vorteils

Der Arbeitgeber kann bei üblichen Mahlzeiten bis 60 EUR die Steuer auf den geldwerten Vorteil mit dem festen Pauschsteuersatz von 25 % sozialabgabenfrei übernehmen. Auch Verpflegungszuschüsse können pauschal besteuert werden.[4] Es handelt sich um eine Kann-Vorschrift. Das Lohnbüro kann stattdessen den lohnsteuerpflichtigen Sachbezug aus einer Arbeitgeberbewirtung während Dienstreisen bei der Lohnabrechnung des Arbeitnehmers dem individuellen Lohnsteuerabzug nach den ELStAM unterwerfen.

Mahlzeiten über 60 EUR: Belohnungsessen

Vom Arbeitgeber (unmittelbar oder mittelbar) anlässlich einer beruflichen Auswärtstätigkeit gewährte Mahlzeiten, deren Gesamtwert 60 EUR überschreitet, dürfen nicht mit den amtlichen Sachbezugswerten bewertet werden. Bei solchen sog. unüblichen Mahlzeiten wird von Gesetzes wegen unterstellt, dass es sich um sog. Belohnungsessen handelt. Der geldwerte Vorteil muss in Höhe der tatsächlichen Kosten der gewährten Speisen und Getränke lohnsteuerlich erfasst und individuell nach den persönlichen ⇗ ELStAM des Arbeitnehmers versteuert werden. Die Pauschalierungsmöglichkeit findet für Belohnungsessen keine Anwendung. Allerdings kann der geldwerte Vorteil aus dem Belohnungsessen nach § 37b Abs. 2 EStG mit 30 % pauschal versteuert werden.

Keine Kürzung der Verpflegungspauschale

Die Kürzung der Verpflegungspauschale beschränkt sich in ihrer praktischen Wirkung auf die Fälle der üblichen Arbeitgeberbewirtung. Nach dem Gesetzeswortlaut ist zwar auch die vom Arbeitgeber mit einem Gesamtpreis von mehr als 60 EUR gewährte Verpflegung von der Kürzungsvorschrift erfasst. Durch die gleichzeitig vorzunehmende individuelle Besteuerung in Höhe der tatsächlichen Kosten muss insoweit aber von einer Entgeltzahlung des Arbeitnehmers ausgegangen werden, die im Ergebnis die Kürzung in vollem Umfang wieder rückgängig macht.

Tipp

Keine Bescheinigung des Großbuchstabens M

Im Fall der Gewährung von Mahlzeiten über 60 EUR, die nicht mit dem amtlichen Sachbezugswert zu bewerten sind, besteht keine Pflicht im Lohnkonto, den Großbuchstaben M aufzuzeichnen und zu bescheinigen.

Für unübliche Arbeitgeberbewirtungen bleibt es damit bei der bisherigen Besteuerung der tatsächlichen Kosten nach den persönlichen ⇗ ELStAM des Arbeitnehmers.

Lohnsteuerpauschalierung steuerpflichtiger Zuschüsse

Die Pauschalierungsmöglichkeit für steuerpflichtige Verpflegungszuschüsse bleibt unverändert bestehen. Hat der Arbeitgeber nach den arbeitsrechtlichen Vereinbarungen höhere Reisekostensätze zu zahlen als dies lohnsteuerlich zulässig ist, besteht die Möglichkeit, die Lohnsteuer für die übersteigenden Beträge mit einem Pauschsteuersatz von 25 % zu übernehmen, soweit der Arbeitgeberersatz die dem Arbeitnehmer jeweils zustehende steuerfreie Pauschale um nicht mehr als 100 % übersteigt.[5]

Achtung

Ausnahme, wenn Voraussetzungen der Steuerfreiheit fehlen

Für Tage, an denen die 8-Stundengrenze nicht erreicht wird oder die 3-Monatsfrist abgelaufen ist, scheidet diese Möglichkeit der Pauschalbesteuerung aus. Vom lohnsteuerpflichtigen Spesenersatz ist der Steuerabzug nach der jeweiligen Lohnsteuerklasse des Arbeitnehmers vorzunehmen.

Hinweis

Mahlzeitenkürzung ohne Einfluss auf Pauschalierungsobergrenze

Während normalerweise der steuerfreie und der pauschalierungsfähige Betrag des Verpflegungszuschusses identisch sind, können diese in Fällen der Arbeitgeberbewirtung voneinander abweichen. Bei der Berechnung des möglichen Pauschalierungsbetrags bleibt die Kürzungsregelung für unentgeltlich gewährte Mahlzeiten durch den Arbeitgeber aus Vereinfachungsgründen außer Ansatz. Für die Pauschalbesteuerung steht die Verpflegungspauschale von 14 bzw. 28 EUR bzw. das Auslandstagegeld immer in voller Höhe zur Verfügung.[6]

1 § 41b Abs. 2 Satz 2 Nr. 8 EStG.
2 BMF, Schreiben v. 27.9.2017, IV C 5 – S 2378/17/10001, BStBl 2017 I S. 1339.
3 BFH, Beschluss v. 19.11.2008, VI R 80/06, BStBl 2009 II S. 547.
4 § 40 Abs. 2 Satz 1 Nr. 1a, 4 EStG.
5 § 40 Abs. 2 Satz 1 Nr. 4 EStG.
6 BMF, Schreiben v. 25.11.2020, IV C 5 – S 2353/19/10011 :006, BStBl 2020 S. 1228, Rz. 58.

Übernachtungskosten

Erstattung der tatsächlichen Kosten

Als Übernachtungskosten können die tatsächlichen Aufwendungen des Arbeitnehmers für die persönliche Inanspruchnahme einer Unterkunft zur Übernachtung steuerfrei gezahlt werden.

Bezieht der Arbeitnehmer eine Unterkunft an einer vorübergehenden beruflichen Tätigkeitsstätte, begründet dies keine ↗ doppelte Haushaltsführung. Die mit dieser Auswärtstätigkeit verbundenen Übernachtungskosten sind in vollem Umfang ohne zeitliche Begrenzung als Werbungskosten abziehbar.

Für den Werbungskostenansatz werden nur die nachgewiesenen Aufwendungen anerkannt. Dies gilt auch für Übernachtungen im Ausland.[1]

Erstattung nach Pauschalen

Der Arbeitgeber kann – anstelle der tatsächlichen Übernachtungskosten – für jede Übernachtung im Inland bis zu 20 EUR pauschal steuerfrei erstatten. Bei Übernachtungen im Ausland können Übernachtungskosten ohne Einzelnachweis der tatsächlichen Aufwendungen mit festgelegten Pauschbeträgen angesetzt und steuerfrei erstattet werden; deren Höhe ist vom Reiseland abhängig.

Ausschluss der pauschalen Erstattung

Die Pauschbeträge dürfen nicht steuerfrei erstattet werden, wenn

- dem Arbeitnehmer die Unterkunft vom Arbeitgeber oder aufgrund seines Dienstverhältnisses von einem Dritten unentgeltlich oder teilweise unentgeltlich zur Verfügung gestellt wurde;
- der Arbeitnehmer in einem Fahrzeug übernachtet[2];
- der Arbeitnehmer einen Schlafwagen oder eine Schiffskabine benutzt, es sei denn, dass die Übernachtung in einer anderen Unterkunft begonnen oder beendet worden ist.

1.000-EUR-Grenze nach 48 Monaten

Um eine Gleichstellung langfristiger beruflicher Auswärtstätigkeiten mit der doppelten Haushaltsführung für den Bereich der Unterbringungskosten zu erreichen, führt der Gesetzgeber nach Ablauf von 48 Monaten einer Reisekostentätigkeit am selben auswärtigen Beschäftigungsort im Inland eine Begrenzung der steuerlich begünstigten Unterbringungskosten ein. Es gilt dieselbe Obergrenze wie bei der doppelten Haushaltsführung, also 1.000 EUR pro Monat.

Eine berufliche Tätigkeit an derselben Tätigkeitsstätte liegt nur vor, wenn der Arbeitnehmer an dieser regelmäßig an mindestens 3 Tagen wöchentlich tätig wird.

Kürzung um Verpflegungskosten

Gesamtpreis für Unterkunft und Verpflegung

Enthält die Rechnung nur einen Gesamtpreis für Unterkunft und Verpflegung und lässt sich der Preis für die Verpflegung nicht feststellen, z. B. bei einer Tagungspauschale, ist für das In- und Ausland der Gesamtpreis zur Ermittlung der Übernachtungskosten wie folgt zu kürzen:

- für Frühstück um 20 %,
- für Mittag- und Abendessen um jeweils 40 %

des für den Unterkunftsort maßgebenden Pauschbetrages für Verpflegungsmehraufwendungen bei einer Auswärtstätigkeit mit einer Abwesenheitsdauer von 24 Stunden.

Sammelposten für Nebenleistungen inkl. Verpflegung

Ist in der Hotelrechnung die Übernachtungsleistung gesondert ausgewiesen und daneben ein Sammelposten für Nebenleistungen, ohne dass sich der Preis für die Verpflegung feststellen lässt, so ist die Kürzung sinngemäß auf den Sammelposten für Nebenleistungen anzuwenden. Der verbleibende Teil des Sammelpostens ist regelmäßig als Reisenebenkosten zu behandeln, wenn die Bezeichnung des Sammelpostens für die Nebenleistungen keinen Anlass gibt für die Vermutung, darin seien steuerlich nicht anzuerkennende Nebenleistungen enthalten.

Keine ansatzfähigen Reisenebenkosten sind z. B. die Aufwendungen für private Ferngespräche, Massagen, Minibar oder Pay-TV.

Übernachtungspauschale bei Berufskraftfahrern

Übernachtungspauschalen dürfen nicht angewendet werden, wenn eine Übernachtung im Fahrzeug (Schlafkoje usw.) stattfindet. Stattdessen kann der Arbeitnehmer die in diesen Fällen anfallenden Kosten, etwa die Gebühren für die Benutzung von Dusch- und Sanitäreinrichtungen auf Rastplätzen, als Reisenebenkosten in Anspruch nehmen. Voraussetzung ist, dass der Berufskraftfahrer den belegmäßigen Nachweis für einen repräsentativen 3-Monatszeitraum führen kann.

Seit 2020 gibt es als Alternative für die bei einer Übernachtung in dem Kraftfahrzeug des Arbeitgebers tatsächlich entstehenden Mehraufwendungen eine weitere „gesetzliche Übernachtungspauschale" von 8 EUR.[3] Die Pauschale wird nur bei Fahrzeugübernachtungen im Zusammenhang mit mehrtägigen Auswärtstätigkeiten gewährt. Der Übernachtungspauschbetrag ist an folgende Voraussetzungen geknüpft. Es muss

- sich um eine berufliche Auswärtstätigkeit mit einem betrieblichen (arbeitgebereigenen oder geleasten) Fahrzeug handeln;
- eine Übernachtung in dem betrieblichen Fahrzeug stattfinden;
- einen Kalendertag betreffen, für den der Arbeitnehmer Anspruch auf eine Verpflegungspauschale von 14 EUR für An- oder Abreisetage oder von 28 EUR für sog. Zwischentage einer mehrtägigen Auswärtstätigkeit hat.

Sind diese Anforderungen erfüllt, erhält der Arbeitnehmer zur Abgeltung der durch die Übernachtung im Fahrzeug entstandenen Mehraufwendungen pro Kalendertag einen Pauschbetrag von 8 EUR. Der Pauschbetrag gilt für Übernachtungen im arbeitgebereigenen Kraftfahrzeug bei beruflichen Auswärtstätigkeiten im Inland und im Ausland in gleicher Weise.

Hinweis

Anhebung der Übernachtungspauschale für Berufskraftfahrer geplant

Das Wachstumschancengesetz sah zum 1.1.2024 eine Erhöhung der Übernachtungspauschale für Berufskraftfahrer auf 9 EUR vor. Da das Gesetzgebungsverfahren noch nicht abgeschlossen ist, kann es im Laufe des Jahres 2024 zu einer Änderung kommen. Bis zur Verabschiedung eines Gesetzes gilt die Übernachtungspauschale i. H. v. 8 EUR.

Von der Regelung profitieren hauptsächlich Berufskraftfahrer. Sie erspart dem Arbeitnehmer den Nachweis der Gebühren für die Benutzung von sanitären Einrichtungen (Toiletten sowie Dusch- oder Waschgelegenheiten) auf Raststätten und Autohöfen, der Park- und Abstellkosten auf diesen Anlagen sowie der Reinigungskosten für die Schlafkabine. Übernachtungen auf Schiffen oder Schienenfahrzeugen sind von der Übernachtungspauschale ausgeschlossen, da es sich nicht um Kraftfahrzeuge handelt. Als Kraftfahrzeuge gelten Landfahrzeuge, die durch Maschinenkraft bewegt werden, ohne an Bahngleise gebunden zu sein.[4]

Der Übernachtungspauschbetrag für Übernachtungen in betrieblichen Fahrzeugen findet sowohl für den steuerfreien Arbeitgeberersatz als auch für den Abzug als Werbungskosten Anwendung, wenn keine steuerfreien Erstattungen seitens des Arbeitgebers erfolgen.

Hinweis

Wahlrecht zwischen Übernachtungspauschale und Einzelnachweis

Der Nachweis höherer tatsächlicher Kosten für Übernachtungen im Fahrzeug auf Park- und Rastanlagen bleibt möglich. Der Arbeitgeber hat ein Wahlrecht. Entscheidet er sich für die Übernachtungspauschale, ist er hieran das gesamte Kalenderjahr gebunden. Er muss sich einheitlich für sämtliche Reisetage eines Kalenderjahres für die Pauschale oder den Einzelnachweis festlegen. Dasselbe Wahlrecht gilt für den Arbeitnehmer beim

1 R 9.7 Abs. 3 LStR.
2 BFH, Urteil v. 28.3.2012, VI R 48/11, BStBl 2012 II S. 926.
3 § 9 Abs. 1 Nr. 5b EStG.
4 § 1 Abs. 2 StVG.

Werbungskostenabzug in seiner Steuererklärung, falls der Arbeitgeber hierfür keine steuerfreien Reisekosten gewährt. Er ist an das im Lohnsteuerverfahren gewählte Verfahren nicht gebunden und kann ggf. auf den für ihn günstigeren Nachweis der tatsächlichen Kosten in seiner Steuererklärung wechseln, allerdings dann für sämtliche Reisetage.

Reisenebenkosten

Als Reisenebenkosten kommen in Betracht:

- Beförderung, Versicherung und Aufbewahrung von Gepäck.
- Ferngespräche, Telegramme und Schriftverkehr beruflichen Inhalts mit dem Arbeitgeber oder mit Geschäftspartnern sowie Telefongespräche privaten Inhalts zur Kontaktaufnahme mit Angehörigen und Freunden bei mindestens einwöchiger beruflicher Auswärtstätigkeit.[1]

  Aufwendungen für Besuchsfahrten eines Ehe- bzw. Lebenspartners an den auswärtigen Einsatzort (umgekehrte Familienfahrten) sind dagegen auch bei einer längerfristigen Auswärtstätigkeit – anders als bei einer doppelten Haushaltsführung – keine Werbungskosten. Ihnen fehlt es an der beruflichen Veranlassung.[2]
- Gebühren für die Benutzung von Straßen, Brücken, Tunneln und Parkplätzen, sanitären Einrichtungen auf Rastplätzen[3], zum Nachweis reichen insbesondere bei Lkw-Fahrern repräsentative Aufzeichnungen für einen Zeitraum von 3 Monaten.[4] Das Sächsische FG schätzt die Reisekosten eines Lkw-Fahrers pauschal mit 5 EUR pro Tag.[5] Anstelle der Nachweisführung über die durch die Fahrzeugübernachtung angefallenen Kosten kommt bei mehrtägigen Auswärtstätigkeiten alternativ die 8-EUR-Übernachtungspauschale infrage.
- Schadensersatzleistungen bei Verkehrsunfällen, wenn sich der Unfall auf einer beruflichen Fahrt ereignet hat und nicht durch Alkoholeinfluss verursacht wurde.
- Unfallversicherungen und andere Versicherungen für die Reisezeit, insbesondere eine Reisegepäckversicherung, deren Versicherungsschutz sich auf Dienstreisen des Arbeitnehmers beschränkt.[6]
- Wertverluste, die durch Diebstahl, Beschädigung und dergleichen beim persönlichen Reisegepäck während der Dienstreise eintreten.[7]

Bei der zuletzt genannten Fallgruppe hat die Rechtsprechung ihre grundsätzliche Ablehnung zur Anerkennung von Schäden aufgegeben, die während einer Dienstreise durch Diebstahl oder Beschädigung an privaten Gegenständen entstehen. Der Werbungskostenabzug ist in diesem Bereich aber weiterhin an enge Voraussetzungen geknüpft.[8]

Aufzeichnungs- und Nachweispflicht

Die Steuerbefreiung der vom Arbeitgeber ersetzten Reisekosten setzt voraus, dass der Arbeitnehmer seinem Arbeitgeber Art und Anlass der beruflichen Tätigkeit, die Reisedauer und den Reiseweg aufzeichnet.

Bei Benutzung eines arbeitnehmereigenen Pkw ist darüber hinaus die Anzahl der gefahrenen Kilometer anzugeben.

Aufzeichnung im Lohnkonto

Der Arbeitnehmer hat seinem Arbeitgeber Unterlagen über die entstandenen Reisekosten vorzulegen, aus denen die Voraussetzungen für die steuerfreie Erstattung hervorgehen müssen. Der Arbeitgeber hat diese Unterlagen als Belege zum ⇗ Lohnkonto aufzubewahren. Auch wenn Reisekosten unstreitig entstanden sind und die hierfür seitens des Arbeitgebers geleisteten Zahlungen offensichtlich unter den gesetzlich zulässigen Kilometersätzen liegen, müssen sich aus den neben dem Lohnkonto zu führenden Unterlagen die konkrete Dienstreise und die hierfür geleisteten Fahrt-, Verpflegungs- und Übernachtungskosten ergeben.[9]

Sozialversicherung

Zuordnung zum Arbeitsentgelt

⇗ Zulagen, ⇗ Zuschüsse oder ähnliche Einnahmen, die zusätzlich gewährt werden und lohnsteuerfrei sind, sind nicht dem beitragspflichtigen Arbeitsentgelt in der Sozialversicherung zuzurechnen.[10] Hierunter fallen auch die Reisekostenvergütungen und Reisekostenentschädigungen, gleichgültig, in welcher Form sie gewährt werden.

Zu Reisekosten in diesem Sinne gehören

- die Fahrtkosten, die durch öffentliche Verkehrsmittel oder die Benutzung eines privaten Pkw entstanden sind,
- ⇗ Verpflegungsmehraufwand (Tagegelder),
- entstandene Übernachtungskosten (Hotelrechnung) und
- Nebenkosten (z. B. Parkgebühren, Telefonkosten für dienstlich veranlasste Telefonate).

Derartige Zahlungen sind nur dann beitragspflichtiges ⇗ Entgelt, wenn sie der Lohnsteuerpflicht unterliegen. Dies dürfte allerdings nur in Ausnahmefällen der Fall sein.

Beitragsrecht

Steuer- und damit beitragspflichtige Reisekosten stellen laufendes Arbeitsentgelt dar. Sie sind daher grundsätzlich dem Entgeltabrechnungszeitraum zuzuordnen, in dem die Dienstreise durchgeführt wurde. Die Spitzenverbände der Sozialversicherungsträger halten es aber auch für zulässig, diese beitragspflichtigen Reisekosten erst im nächsten oder übernächsten ⇗ Entgeltabrechnungszeitraum zu erfassen. Außerdem bestehen keine Bedenken, diese Beträge aus Vereinfachungsgründen wie ⇗ Einmalzahlungen zu behandeln.

Reisevergünstigung

Vergünstigungen und Rabatte von Reiseanbietern, die ein Arbeitnehmer aufgrund seiner beruflichen Auswärtstätigkeit für den Arbeitgeber erhält, sind geldwerte Vorteile, soweit er diese privat nutzt. Bekannte Kundenbindungsprogramme sind das Vielfliegerprogramm Miles & More und das Bonusprogramm bahn.bonus für Bahnfahrer.

Werden solche Prämien privat verwendet, liegt eine besondere Lohnzahlung durch Dritte vor. Der geldwerte Vorteil ist grundsätzlich lohnsteuer- und beitragspflichtig; er ist allerdings bis zur Höhe von 1.080 EUR pro Kalenderjahr steuer- und beitragsfrei. Die Pauschalbesteuerung des darüberhinausgehenden Betrages durch den Anbieter kann nach § 37a EStG erfolgen.

Übersteigt der Wert der Prämie den personenbezogenen Freibetrag, besteht für den Anbieter dieser Kundenbindungsprogramme, z. B. Lufthansa im Rahmen des Miles & More-Programms, die Möglichkeit der Lohnsteuerpauschalierung mit 2,25 %.

Gesetze, Vorschriften und Rechtsprechung

Lohnsteuer: Prämien aus Kundenbindungsprogrammen sind bis zur Höhe von 1.080 EUR nach § 3 Nr. 38 EStG steuerfrei. Die Pauschalbesteuerung des darüber hinausgehenden Betrags durch den Anbieter kann nach § 37a EStG erfolgen.

1 BFH, Urteil v. 5.7.2012, VI R 50/10, BStBl 2013 II S. 282.
2 BFH, Urteil v. 22.10.2015, VI R 22/14, BStBl 2016 II S. 179.
3 BFH, Urteil v. 28.3.2012, VI R 48/11, BStBl 2012 II S. 926.
4 BMF, Schreiben v. 4.12.2012, IV C 5 – S 2353/12/10009, BStBl 2012 I S. 1249.
5 Sächsisches FG, Urteil v. 26.2.2016, 4 K 987/14.
6 BFH, Urteil v. 19.2.1993, VI R 42/92, BStBl 1993 II S. 519.
7 BFH, Urteil v. 30.11.1993, VI R 21/92, BStBl 1994 II S. 256.
8 BFH, Urteil v. 30.11.1993, VI R 21/92, BStBl 1994 II S. 256; BFH, Urteil v. 30.6.1995, VI R 26/95, BStBl 1995 II S. 744.
9 FG des Saarlandes, Urteil v. 24.5.2017, 2 K 1082/14.
10 § 1 Abs. 1 Satz 1 Nr. 1 SvEV.

Sozialversicherung: Die Beitragspflicht ist in § 14 Abs. 1 SGB IV geregelt. Die Beitragsfreiheit als Konsequenz der Anwendung des lohnsteuerlichen Freibetrags ergibt sich aus § 1 Abs. 1 Satz 1 Nr. 1 SvEV. Die Beitragsfreiheit für pauschal versteuerte Sachprämien ergibt sich aus § 1 Abs. 1 S. 1 Nr. 13 SvEV.

Entgelt	LSt	SV
Reisevergünstigung	pflichtig	pflichtig
Sachprämie bis 1.080 EUR jährlich	frei	frei
Sachprämie über 1.080 EUR bei Pauschalierung des steuerpflichtigen Teils durch den Anbieter	pauschal	frei

Rentner

Rentner sind Personen, die eine Rente beziehen. Dies können Renten aus einer gesetzlichen Rentenversicherung, aus einem Versorgungswerk oder einer privaten Versicherung sein. Nachfolgend werden nur Rentner mit einer gesetzlichen Rente behandelt.

Für die gesetzliche Kranken- und Pflegeversicherung der Rentner muss eine Vorversicherungszeit nachgewiesen werden. Bei der Beschäftigung von Rentnern sind versicherungs- und beitragsrechtliche Besonderheiten zu beachten.

Gesetze, Vorschriften und Rechtsprechung

Lohnsteuer: Einzelheiten zur Lohnsteuererhebung regeln §§ 38 und 39b EStG sowie die zugehörigen R 38.1 bis 38.3 und R 39b.1 bis 39b.6 LStR; ferner H 38.1 bis 38.3 und H 39b.5 bis 39b.7 LStH. Die Voraussetzungen für die Berücksichtigung des Altersentlastungsbetrags sind in § 24a EStG sowie H 24a LStH geregelt.

Sozialversicherung: Die Krankenversicherung der Rentner ist in § 5 Abs. 1 Nrn. 11 und 12 SGB V geregelt. Hinsichtlich der Rentenantragsteller ist die Mitgliedschaft in § 189 SGB V definiert. Die Pflegeversicherung folgt der Krankenversicherung (§ 20 Abs. 1 Nr. 11 SGB XI). Bezüglich der Krankenkassenwahlrechte gelten die §§ 173–175 SGB V. Für die Beitragsberechnung und Beitragsentrichtung gelten die §§ 226, 228, 238, 239, 242, 247, 248 und 249a SGB V. Die rentenunschädlichen Hinzuverdienstgrenzen sind insbesondere in § 34 SGB VI geregelt.

Lohnsteuer

Hinzuverdienst unterliegt dem Lohnsteuerabzug

Altersrentner können trotz Rentenbezugs ein steuerliches Dienstverhältnis oder auch mehrere Dienstverhältnisse eingehen und daraus Arbeitslohn beziehen. Lohnsteuerlich hat dies keine besonderen Folgen, der Arbeitslohn unterliegt nach den allgemeinen Regelungen dem Lohnsteuerabzug. Gleiches gilt, wenn der Rentner daneben vom früheren Arbeitgeber eine ⇗ Betriebsrente oder eine Werkspension bezieht. Dem beschäftigten Altersrentner obliegen die üblichen Pflichten eines Arbeitnehmers. Danach hat er dem Arbeitgeber bei Beschäftigungsbeginn folgende Lohnsteuerabzugsmerkmale für einen Abruf der ELStAM bei der Finanzverwaltung mitzuteilen:

- Steuer-Identifikationsnummer,
- Geburtsdatum,
- Mitteilung, ob es sich um eine Hauptbeschäftigung (erstes Dienstverhältnis) oder um eine Nebenbeschäftigung (weiteres Dienstverhältnis) handelt.

Handelt es sich um eine Nebenbeschäftigung, muss der Arbeitgeber wissen, ob und ggf. in welcher Höhe ein vom Finanzamt festgestellter Freibetrag bei Steuerklasse VI abgerufen werden soll.

Der Arbeitgeber muss den Arbeitnehmer bei der Finanzverwaltung anmelden, die o. g. Angaben für die Lohnsteuererhebung sowie die abgerufenen ELStAM im Lohnkonto aufzeichnen und den Lohnsteuerabzug nach den abgerufenen ELStAM durchführen.

Liegen die Voraussetzungen für die Lohnsteuerpauschalierung vor, z. B. bei ⇗ geringfügig entlohnter Beschäftigung oder Aushilfstätigkeit im Rahmen einer ⇗ kurzfristigen Beschäftigung, kann der Arbeitgeber die Lohnsteuer pauschal erheben.

Altersentlastungsbetrag

Hat der Arbeitnehmer vor Beginn des jeweiligen Kalenderjahres das 64. Lebensjahr vollendet (für das Kalenderjahr 2024: vor dem 2.1.1960 geborene Steuerpflichtige), ist der steuerpflichtige Arbeitslohn zunächst um den ⇗ Altersentlastungsbetrag zu kürzen. Begünstigt sind sowohl unbeschränkt als auch beschränkt einkommensteuerpflichtige Arbeitnehmer. Auf die Steuerklasse kommt es nicht an.

Der Altersentlastungsbetrag ist ein lohnsteuerlicher Freibetrag, der anhand eines Prozentsatzes vom Arbeitslohn ermittelt wird. Er ist durch einen Höchstbetrag im Kalenderjahr begrenzt. Bei Anwendung der Lohnsteuertabelle muss der Arbeitgeber den Altersentlastungsbetrag berechnen und vor Anwendung der Lohnsteuertabelle vom Arbeitslohn abziehen.

Bemessungsgrundlage des Altersentlastungsbetrags ist der steuerpflichtige Bruttolohn ohne Kürzung um den Arbeitnehmer-Pauschbetrag oder einen als Lohnsteuerabzugsmerkmal vom Finanzamt mitgeteilten Freibetrag. Steuerfreie und pauschal besteuerte Arbeitslohnteile sind bei der Ermittlung des Altersentlastungsbetrags nicht zu berücksichtigen.

Wichtig

Kein Altersentlastungsbetrag für Werkspensionen und bei Lohnsteuerpauschalierung

Begünstigt ist nur der Arbeitslohn eines aktiven Dienstverhältnisses. Für Versorgungsbezüge, z. B. als Werkspension, ist kein Altersentlastungsbetrag anzusetzen.

Erhebt der Arbeitgeber die Lohnsteuer pauschal, darf ein evtl. in Betracht kommender Altersentlastungsbetrag nicht angesetzt werden.

Entlastungsbetrag anteilig zu berücksichtigen

Der Altersentlastungsbetrag ist grundsätzlich vorrangig vom laufenden Arbeitslohn des aktiven Dienstverhältnisses abzuziehen. Weil der maßgebende Entlastungsbetrag zunächst als Jahresbetrag (als Höchstbetrag) berechnet wird, darf der Höchstbetrag im jeweiligen Lohnzahlungszeitraum nur anteilig berücksichtigt werden. Dieser Anteil ist wie folgt zu ermitteln:

- 1/12 des Jahresbetrags bei monatlicher Lohnzahlung,
- 7/30 des Monatsbetrags bei wöchentlicher Lohnzahlung und
- 1/30 des Monatsbetrags bei täglicher Lohnzahlung.

Der sich ergebende Monatsbetrag kann auf den nächsten vollen EUR-Betrag, der Wochenbetrag auf den nächsten durch 10 teilbaren Cent-Betrag und der Tagesbetrag auf den nächsten durch 5 teilbaren Cent-Betrag aufgerundet werden.

Kein Rück- oder Vortrag

Kann der anteilige Altersentlastungsbetrag in einem Monat nicht in voller Höhe angesetzt werden, z. B. weil aufgrund des Beschäftigungsbeginns im Kalendermonat der Arbeitslohn zu gering ist, darf der verbleibende Höchstbetrag nicht mit dem Arbeitslohn der anderen Monate verrechnet werden.

Hinweis

Rückzahlung von Arbeitslohn mindert Altersentlastungsbetrag

Zahlt der Arbeitnehmer im laufenden Kalenderjahr erhaltenen Arbeitslohn zurück, mindert dies die Bemessungsgrundlage für den Altersentlastungsbetrag.

Anders verhält es sich, wenn Arbeitslohn für frühere Kalenderjahre zurückgezahlt wird. In diesem Fall ist der Altersentlastungsbetrag nicht vom geminderten, sondern vom gezahlten Arbeitslohn zu berechnen.

Entlastungsbetrag bei sonstigen Bezügen

Von ⬀ sonstigen Bezügen darf der Altersentlastungsbetrag nur abgezogen werden, soweit er bei der Feststellung des maßgebenden bzw. voraussichtlich laufenden Jahresarbeitslohns nicht bereits aufgebraucht ist. Dazu sind die beiden Jahresbeträge zu vergleichen.

Entlastungsbetrag bei mehreren Dienstverhältnissen

Erhält ein Altersrentner nebeneinander von mehreren Arbeitgebern Arbeitslohn, hat jeder Arbeitgeber den ermittelten Altersentlastungsbetrag in voller Höhe anzusetzen. Der Arbeitslohn eines weiteren Dienstverhältnisses wird nicht berücksichtigt.

Hierdurch kann sich im Vergleich zum tatsächlich zu berücksichtigenden Altersentlastungsbetrag insgesamt ein höherer Jahresbetrag ergeben. Deshalb ist der Arbeitnehmer verpflichtet, eine Einkommensteuererklärung abzugeben, wenn er mehrere Dienstverhältnisse gleichzeitig ausübt.[1] Im Rahmen einer Einkommensteuerveranlagung wird ein ggf. zu hoch berücksichtigter Altersentlastungsbetrag ausgeglichen.

Besondere Lohnsteuertabelle anwenden

Für die Auswahl der Lohnsteuertabellen hat der Arbeitgeber beim Lohnsteuerabzug stets zu prüfen, ob der Arbeitnehmer Beiträge zu entrichten hat

- zur Rentenversicherung,
- zur gesetzlichen Kranken- und sozialen Pflegeversicherung oder
- für eine private Basiskranken- und Pflegepflichtversicherung.

Danach richten sich die Höhe der steuermindernden Vorsorgepauschale und die anzuwendende Lohnsteuertabelle.

Die besondere Lohnsteuertabelle ist grundsätzlich bei nicht sozialversicherungspflichtigen Arbeitnehmern anzuwenden, auch bei weiterarbeitenden Altersrentnern.[2]

Wichtig

Arbeitgeberbeiträge zur Rentenversicherung sind lohnsteuerfrei

Die vom Arbeitgeber für den weiterbeschäftigten Rentner[3] entrichteten Beiträge zur gesetzlichen Rentenversicherung sind steuerfrei, sie gehören nicht zum steuerpflichtigen Arbeitslohn.

Rentenversicherungsbeiträge dürfen nicht bescheinigt werden

Arbeitgeberbeiträge zur gesetzlichen Rentenversicherung für weiterbeschäftigte Rentner[4] dürfen nicht in der Lohnsteuerbescheinigung bescheinigt werden.[5] Dies gilt auch, wenn dieser Arbeitnehmerkreis geringfügig beschäftigt ist. Hat der Beschäftigte jedoch auf die Versicherungsfreiheit[6] verzichtet, sind die Arbeitgeberanteile/-zuschüsse und Arbeitnehmeranteile nach den allgemeinen Regelungen zu bescheinigen.[7, 8]

Solche Beiträge dürfen nicht bescheinigt werden, weil sie beim Altersrentner im Rahmen der Einkommensteuerveranlagung nicht als Vorsorgeaufwendungen (Abzugsbetrag) abgezogen werden können.

Sozialversicherung

Rentenantrag

Die Renten der gesetzlichen Rentenversicherung umfassen Renten wegen Alters, verminderter Erwerbsfähigkeit und Hinterbliebenenrenten. Renten sind schriftlich oder mündlich (zur Niederschrift)

- beim Rentenversicherungsträger bzw. dessen Auskunfts- oder Beratungsstellen,
- bei den Versicherungsämtern der Gemeinden (unterschiedlich je nach Bundesland) oder
- bei einem Versichertenältesten

zu beantragen. Die Rentenantragstellung wird dabei von derjenigen Stelle, die den Antrag aufnimmt, auch an die Krankenkasse übermittelt. Die Krankenkasse prüft, ob die Versicherungspflicht als Rentner eintritt.

Sondermeldung des Arbeitgebers

Um dem Rentenversicherungsträger eine richtige Rentenberechnung zu ermöglichen, sind Arbeitgeber auf Verlangen des Arbeitnehmers zu einer Sondermeldung verpflichtet. Der Arbeitgeber meldet dem Rentenversicherungsträger mit der Sondermeldung die zeitnahen Entgeltdaten. Für die Meldung ist der Meldegrund „57" anzugeben.

Krankenversicherung der Rentner

Rentner sind in der gesetzlichen Krankenversicherung aufgrund des Rentenbezugs aus der gesetzlichen Rentenversicherung grundsätzlich pflichtversichert. Allerdings müssen sie dafür eine bestimmte Vorversicherungszeit in der gesetzlichen Krankenversicherung erfüllen. In dieser Krankenversicherung der Rentner („KVdR") wird jedoch nicht versicherungspflichtig, wer

- ⬀ hauptberuflich selbstständig erwerbstätig ist oder
- aufgrund eines anderen Tatbestands[9] gesetzlich krankenversichert ist.

Dagegen ist die KVdR-Versicherungspflicht vorrangig gegenüber einer Pflichtversicherung als Student oder Praktikant bzw. als zur Berufsausbildung Beschäftigter ohne Arbeitsentgelt/Auszubildender des Zweiten Bildungswegs.[10]

Beiträge zur Krankenversicherung der Rentner

Die Beiträge der pflichtversicherten Rentner berechnen sich aus dem

- Zahlbetrag der Rente der gesetzlichen Rentenversicherung,
- Zahlbetrag der ⬀ Versorgungsbezüge sowie
- Arbeitseinkommen.

⬀ Versorgungsbezüge sind insbesondere Renten der betrieblichen Altersversorgung sowie Leistungen aus Direktversicherungen. Beitragspflicht besteht nicht nur für laufende Bezüge, sondern auch, wenn ein laufend gezahlter Versorgungsbezug durch eine einmalige Zahlung abgefunden wird.

Beschäftigung von Rentnern

Nehmen Rentner eine Beschäftigung auf, kann sich dies auf die versicherungsrechtliche Beurteilung in der Kranken- und Pflegeversicherung und auch auf die Renten-Auszahlung auswirken. Die Rentenart ist ausschlaggebend dafür, in welcher Höhe ein ⬀ Hinzuverdienst neben dem Rentenbezug rentenunschädlich möglich ist.

1 § 46 Abs. 2 Nr. 2 EStG.
2 BMF, Schreiben v. 26.11.2013, IV C 5 – S 2367/13/10001, BStBl 2013 I S. 1532.
3 Beschäftigte nach § 172 Abs. 1 SGB VI.
4 Beschäftigte nach § 172 Abs. 1 SGB VI.
5 Kein Ausweis als steuerfreie Arbeitgeberanteile i. S. d. § 3 Nr. 62 EStG in den Angaben zu Nummer 22.
6 § 5 Abs. 4 Satz 2 SGB VI.
7 § 172 Abs. 3, 3a SGB VI.
8 BMF, Schreiben v. 9.9.2019, IV C 5 – S 2378/19/10002 :001, BStBl 2019 I S. 911, zum Umfang der Ausweispflichten auf der Lohnsteuerbescheinigung 2020; ergänzt durch BMF, Schreiben v. 8.9.2022, IV C 5 – S 2533/19/10030 :004, BStBl 2022 I S. 1397, zur Bekanntmachung des Vordruckmusters der elektronischen Lohnsteuerbescheinigung 2023.
9 § 5 Abs. 1 Nr. 1 bis 7 oder 8 SGB V.
10 § 5 Abs. 1 Nr. 9 oder 10 SGB V.

Tabellarische Übersicht zu Beiträgen und Beitragsgruppen

Die nachfolgende Übersicht stellt die Auswirkungen der verschiedenen Rentenarten auf die einzelnen Versicherungszweige, die ⇗ Beitragssätze sowie den sich daraus ergebenden Beitragsgruppenschlüssel dar:

Rentenart	KV	RV	ALV	PV	BGR
Altersvollrente vor Erreichen der Regelaltersgrenze, Rentenbeginn ab 1.1.2017 PGR[1] 120 (bis 30.6.2017 PGR 101)	Ermäßigter Beitragssatz	Voller Beitrag	Voller Beitrag	Voller Beitrag; ggf. Beitragszuschlag bei Kinderlosigkeit, wenn nach dem 31.12.1939 geboren und ggf. Beitragsabschlag vom 2. bis 5. Kind, sofern das 25. Lebensjahr nicht vollendet ist.	3 1 1 1
Altersvollrente vor Erreichen der Regelaltersgrenze, Renten- und Beschäftigungsbeginn vor dem 1.1.2017 PGR 119	Ermäßigter Beitragssatz	Arbeitgeberanteil	Voller Beitrag	Voller Beitrag; ggf. Beitragszuschlag bei Kinderlosigkeit, wenn nach dem 31.12.1939 geboren und ggf. Beitragsabschlag vom 2. bis 5. Kind, sofern das 25. Lebensjahr nicht vollendet ist.	3 3 1 1
Altersvollrente nach Vollendung der Regelaltersgrenze PGR 119	Ermäßigter Beitragssatz	Arbeitgeberanteil nach Ablauf des Monats, in dem die Regelaltersgrenze erreicht wird	Arbeitgeberanteil	Voller Beitrag; ggf. Beitragszuschlag bei Kinderlosigkeit, wenn nach dem 31.12.1939 geboren und ggf. Beitragsabschlag vom 2. bis 5. Kind, sofern das 25. Lebensjahr nicht vollendet ist.	3 3 2 1
Teilrente wg. Alters	Allgemeiner Beitragssatz	Voller Beitrag	Voller Beitrag	Voller Beitrag; ggf. Beitragszuschlag bei Kinderlosigkeit, wenn nach dem 31.12.1939 geboren und ggf. Beitragsabschlag vom 2. bis 5. Kind, sofern das 25. Lebensjahr nicht vollendet ist.	1 1 1 1
Rente wg. voller Erwerbsminderung	Ermäßigter Beitragssatz	Voller Beitrag	Kein Beitrag	Voller Beitrag; ggf. Beitragszuschlag bei Kinderlosigkeit, wenn nach dem 31.12.1939 geboren und ggf. Beitragsabschlag vom 2. bis 5. Kind sofern das 25. Lebensjahr nicht vollendet ist.	3 1 0 1
Rente wg. teilweiser Erwerbsminderung	Allgemeiner Beitragssatz	Voller Beitrag	Voller Beitrag	Voller Beitrag; ggf. Beitragszuschlag bei Kinderlosigkeit, wenn nach dem 31.12.1939 geboren und ggf. Beitragsabschlag vom 2. bis 5. Kind, sofern das 25. Lebensjahr nicht vollendet ist.	1 1 1 1
Renten wg. Todes (Hinterbliebenenrenten)	Allgemeiner Beitragssatz	Voller Beitrag	Voller Beitrag	Voller Beitrag; ggf. Beitragszuschlag bei Kinderlosigkeit, wenn nach dem 31.12.1939 geboren und das 23. Lebensjahr bereits vollendet und ggf. Beitragsabschlag vom 2. bis 5. Kind, sofern das 25. Lebensjahr nicht vollendet ist.	1 1 1 1

1 Personengruppenschlüssel.

Altersrente

Krankenversicherung

In der Krankenversicherung hat der Bezug einer Vollrente wegen Alters Auswirkungen auf den maßgebenden Beitragssatz. Wird eine versicherungspflichtige Beschäftigung ausgeübt, besteht für den Rentner kein Anspruch auf Krankengeld. Deshalb ist für die Dauer der Beschäftigung der ermäßigte ⇗ Beitragssatz für die Beiträge aus dem Arbeitsentgelt heranzuziehen (Beitragsgruppe 3 zur Krankenversicherung).

Bei Teilrenten wegen Alters ist für die Beiträge aus der Beschäftigung der allgemeine Beitragssatz maßgebend. Der Bezug der Teilrente schließt einen Krankengeldanspruch nicht aus.

Pflegeversicherung

Der Bezug einer Altersrente wirkt sich nicht auf das Versicherungsverhältnis oder den anzuwendenden Beitragssatz aus.

Rentenversicherung

Altersvollrentner vor Erreichen der Regelaltersgrenze ab 2017

Arbeitnehmer bleiben weiterhin versicherungspflichtig, wenn sie eine Altersvollrente vor dem Erreichen der Regelaltersgrenze beziehen. Sie können damit ihren Rentenanspruch steigern (Beitragsgruppe 1 zur Rentenversicherung).

Altersvollrentner vor Erreichen der Regelaltersgrenze nach der Übergangsregelung

Bis zum 31.12.2016 waren Bezieher einer Altersvollrente in einer daneben ausgeübten Beschäftigung in der Rentenversicherung versicherungsfrei. Der Arbeitgeber musste jedoch den Arbeitgeberanteil entrichten.

Im Rahmen einer Übergangsregelung bleiben Arbeitnehmer, die nach bisherigem Recht durch den Bezug einer Altersvollrente versicherungsfrei in der Rentenversicherung sind, weiterhin versicherungsfrei. Der Arbeitgeber hat weiterhin seinen Arbeitgeberanteil zur Rentenversicherung zu entrichten (Beitragsgruppe 3 zur Rentenversicherung).

Hinweis

Verzicht auf die Rentenversicherungsfreiheit im Rahmen der Übergangsregelung

Der Arbeitnehmer kann die Versicherungsfreiheit durch eine Erklärung abwählen. Die Erklärung ist dem Arbeitgeber abzugeben. Der Verzicht kann nur für die Zukunft erklärt werden und ist für die Dauer der Beschäftigung bindend. Werden die vollen Beiträge zur Rentenversicherung entrichtet, wirkt sich dies rentensteigernd aus.

Beschäftigte Altersvollrentner ab Erreichen der Regelaltersgrenze

In der Rentenversicherung sind beschäftigte Bezieher einer Altersvollrente mit Erreichen der Regelaltersgrenze versicherungsfrei. Allerdings ist nach Ablauf des Monats, in dem der Beschäftigte die Regelaltersgrenze erreicht, weiterhin der Arbeitgeberanteil zur Rentenversicherung aus dem Arbeitsentgelt zu zahlen (Beitragsgruppe 3 zur Rentenversicherung).[1]

Hinweis

Verzicht auf die Rentenversicherungsfreiheit nach Erreichen der Regelaltersgrenze

Arbeitnehmer, die die Regelaltersgrenze erreicht haben und über diesen Zeitpunkt hinaus arbeiten, können auf die Versicherungsfreiheit in der Rentenversicherung verzichten. Die Erklärung ist gegenüber dem Arbeitgeber abzugeben und von diesem zu den Entgeltunterlagen zu nehmen.

Beschäftigte Teilrentner wegen Alters

Beim Bezug einer Teilrente wegen Alters tritt keine Versicherungsfreiheit ein. Von dem Arbeitsentgelt sind Arbeitgeber- und Arbeitnehmeranteile zu zahlen.

Werden die genannten Personen zusätzlich wegen eines anderen Tatbestands versicherungsfrei in der Rentenversicherung, so hat der Arbeitgeber keinen Beitragsanteil zu entrichten.

Besteht jedoch Versicherungsfreiheit aufgrund einer geringfügigen Beschäftigung (auch im Privathaushalt), hat der Arbeitgeber zwar keinen Beitragsanteil nach § 172 Abs. 1 SGB VI zu entrichten. An die Stelle dieses Beitragsanteils tritt aber der Pauschalbeitrag zur Rentenversicherung bei ⇗ geringfügig entlohnter Beschäftigung i. H. v. 15 % bzw. 5 % des Arbeitsentgelts aus dieser Beschäftigung.

Arbeitslosenversicherung

In der Arbeitslosenversicherung bewirkt die Altersrente grundsätzlich keine Änderung der versicherungsrechtlichen Beurteilung. Hier wird der Arbeitnehmer erst mit Ablauf des Monats, in dem er die Regelaltersgrenze vollendet, versicherungsfrei. Nach Ablauf des Monats, in dem er die Regelaltersgrenze vollendet hat, muss er keine Beiträge zur Arbeitslosenversicherung mehr entrichten.

Arbeitgeberanteil zur Arbeitslosenversicherung ist zu entrichten

Der Arbeitgeber ist verpflichtet, auch nach Ablauf des Monats, in dem der Arbeitnehmer die Regelaltersgrenze vollendet hat, weiterhin den Arbeitgeberanteil des Beitrags zur Arbeitslosenversicherung zu entrichten.

Erwerbsminderungsrente

Krankenversicherung

In der Krankenversicherung hat der Bezug einer Rente wegen voller Erwerbsminderung (einschließlich einer Erwerbsunfähigkeitsrente) Auswirkungen auf den maßgebenden Beitragssatz. Wird eine versicherungspflichtige Beschäftigung ausgeübt, besteht für den Rentner kein Anspruch auf Krankengeld. Deshalb ist für die Dauer der Beschäftigung der ermäßigte Beitragssatz für die Beiträge aus dem Arbeitsentgelt heranzuziehen (Beitragsgruppe 3 zur Krankenversicherung).

Bei Renten wegen teilweiser Erwerbsminderung (einschließlich einer Berufsunfähigkeitsrente) ist für die Beiträge aus dem Beschäftigungsverhältnis der allgemeine Beitragssatz maßgebend (Beitragsgruppe 1 zur Krankenversicherung). Der Bezug der Rente wegen teilweiser Erwerbsminderung schließt einen Krankengeldanspruch nicht aus.

Pflege- und Rentenversicherung

Der Bezug einer Erwerbsminderungsrente wirkt sich in der Pflege- und Rentenversicherung nicht auf das Versicherungsverhältnis oder den anzuwendenden Beitragssatz aus.

Arbeitslosenversicherung

In der Arbeitslosenversicherung bewirkt der Bezug einer Rente wegen voller Erwerbsminderung (einschließlich einer Erwerbsunfähigkeitsrente) Versicherungsfreiheit in der Beschäftigung.

Bei Bezug einer Rente wegen teilweiser Erwerbsminderung (einschließlich einer Berufsunfähigkeitsrente) besteht weiterhin Versicherungspflicht in der Beschäftigung.

Hinterbliebenenrente (Rente wegen Todes)

Der Bezug einer Hinterbliebenenrente wirkt sich in keinem Versicherungszweig auf die Versicherungspflicht des Beschäftigungsverhältnisses aus. Eine mehr als geringfügig ausgeübte Beschäftigung ist neben einer Hinterbliebenenrente daher grundsätzlich sozialversicherungspflichtig. Die Beiträge müssen wie für alle anderen Arbeitnehmer berechnet und abgeführt werden.

Rentner in Minijobs

⇗ Geringfügige Beschäftigungen von Rentnern sind grundsätzlich versicherungsrechtlich nach den allgemein gültigen Grundsätzen zu beurteilen. Wie bei allen geringfügig entlohnt Beschäftigten sind ggf. Pauschalbeiträge zur Kranken- und Rentenversicherung zu zahlen. Eine Anrechnung des Arbeitsentgelts auf die Rente erfolgt nicht.

Achtung

Pauschalbeiträge zur Rentenversicherung

Der Pauschalbeitrag zur Rentenversicherung ist selbst dann zu zahlen, wenn grundsätzlich keine Rentenversicherungspflicht mehr vorliegt (z. B. auch nach Erreichen der Regelaltersgrenze).

Beispiel

Pauschalbeiträge auch für Rentner in Minijobs

Ein 70-jähriger Altersrentner arbeitet 6 Stunden wöchentlich bei einem Monatsentgelt unterhalb der Geringfügigkeitsgrenze. Der Arbeitnehmer ist in dieser Beschäftigung in der Kranken- und Rentenversicherung versicherungsfrei. Der Arbeitgeber hat für diesen geringfügig entlohnten Beschäftigten ungeachtet des Rentenbezugs und des Alters die Pauschalbeiträge zur Kranken- und Rentenversicherung an die Minijob-Zentrale abzuführen.

Beispiel

Minijob eines Rentners vor Vollendung des Regelrentenalters

Ein Rentner bezieht eine Altersvollrente vor Vollendung des Regelrentenalters und nimmt zum 1.7.2024 eine geringfügig entlohnte Beschäftigung auf.

Wie ist die Beschäftigung versicherungs- und beitragsrechtlich zu behandeln?

Ergebnis: Der Rentner ist in der geringfügig entlohnten Beschäftigung versicherungsfrei in der Kranken- und Arbeitslosenversicherung sowie in der Pflegeversicherung nicht versicherungspflichtig. Da das Regelrentenalter noch nicht erreicht ist, löst die geringfügig entlohnte Beschäftigung grundsätzlich Versicherungspflicht in der Rentenversicherung aus. Auf Antrag ist jedoch eine Befreiung von der Rentenversicherungspflicht möglich.

In der Krankenversicherung sind Pauschalbeiträge i. H. v. 13 % durch den Arbeitgeber zu zahlen. Sofern in der Rentenversicherung Versicherungspflicht besteht, sind im Jahr 2024 Rentenversicherungsbeiträge aus einem Beitragssatz von 18,6 % zu zahlen. Wobei der Arbeitgeber 15 % und der geringfügig beschäftigte Rentner 3,6 % aufbringen muss. Als Mindestbemessungsgrundlage gilt in diesen Fällen ein Betrag von 175 EUR/Kalendermonat.

1 § 172 Abs. 1 SGB VI.

Liegt eine Befreiung von der Versicherungspflicht in der Rentenversicherung vor, sind Pauschalbeiträge i. H. v. derzeit 15 % durch den Arbeitgeber zur Rentenversicherung zu zahlen.

Beitragszuschuss aus der Beschäftigung bei privat versicherten Arbeitnehmern und Rentenbezug

Für Beschäftigte, die

- wegen Überschreitung der ⬀ Jahresarbeitsentgeltgrenzen krankenversicherungsfrei,
- privat krankenversichert und
- bei Mitgliedschaft in einer Krankenkasse der gesetzlichen Krankenversicherung keinen Anspruch auf Krankengeld hätten (z. B. Bezieher einer Altersvollrente, Arbeitnehmer während der Altersteilzeitarbeit in der Freistellungsphase),

wird der Beitragszuschuss nach der Hälfte des ermäßigten Beitragssatzes berechnet.

Pflegeversicherungsbeitrag für Kinderlose

Auch beschäftigte Rentner haben den Beitragszuschlag für Kinderlose in der Pflegeversicherung in Höhe von 0,6 % zu tragen. Dieser Beitrag ist sowohl aus dem Arbeitsentgelt als auch aus der Rente zu zahlen.

Abschlag vom Pflegeversicherungsbeitrag

Abschläge von jeweils 0,25 % auf den Pflegeversicherungsbeitragssatz von 3,4 % gibt es für beschäftigte Rentner vom 2. bis 5. Kind bis zur Vollendung des 25. Lebensjahres.

Wichtig

Kein zusätzlicher Beitragsanteil ab Jahrgang 1939

Personen, die älter sind als Jahrgang 1940, müssen den Beitragsanteil zur Pflegeversicherung nicht zahlen.

Weniger bürokratische Hürden und Zeitersparnis

Der „Entwurf eines Gesetzes zur Zulassung virtueller Wohnungseigentümerversammlungen, zur Erleichterung des Einsatzes von Steckersolargeräten und zur Übertragbarkeit beschränkter persönlicher Dienstbarkeiten für Erneuerbare-Energien-Anlagen" sieht Änderungen des Wohnungseigentumsgesetzes (WEG) und des BGB vor.

So ist vorgesehen, dass die Steckersolargeräte in die Liste der nach § 20 Abs. 2 WEG privilegierten baulichen Veränderungen aufgenommen werden, auf die Wohnungseigentümer einen Anspruch haben. Im Mietrecht in § 554 Abs. 1 BGB soll die Aufzählung der baulichen Maßnahmen, auf deren Gestattung Mieter einen Anspruch haben, entsprechend ergänzt werden. Die Notwendigkeit, einen Antrag auf Installation beim Vermieter oder der Eigentümerversammlung zu begründen, würde damit entfallen.

Der Entwurf betont den geringeren Aufwand gegenüber den geltenden Regelungen: „Die Zeitersparnis wird im Fall von Wohnungseigentum typischerweise größer sein als bei Mietwohnungen, denn in Wohnungseigentümerversammlungen lösen Verlangen nach der Installation von Steckersolargeräten derzeit in der Regel erheblichen Erörterungsbedarf aus."

Rückzahlung von Arbeitslohn

Arbeitslohnrückzahlungen sind negative Einnahmen, die entweder tatsächlich zurückgezahlt oder mit noch zu zahlendem Arbeitslohn verrechnet werden. Rückzahlungen von Arbeitslohn lösen lohnsteuer- und sozialversicherungsrechtlich unterschiedliche Folgen aus: Während die Rückzahlung bei der Lohnsteuer erst im Zeitpunkt des tatsächlichen Abflusses berücksichtigt wird, erfolgt die Korrektur bei der Sozialversicherung rückwirkend.

Gesetze, Vorschriften und Rechtsprechung

Lohnsteuer: Arbeitslohnrückzahlungen sind negative Einnahmen aus § 19 EStG. § 11 Abs. 2 EStG bestimmt, wann die Rückzahlung wirksam ist; gem. BFH, Urteil v. 7.11.2006, VI R 2/05, BStBl 2007 II S. 315 ist die Rückzahlung von Arbeitslohn erst im Kalenderjahr des tatsächlichen Abflusses zu berücksichtigen. Zu beachten sind außerdem die vom BFH entwickelten Rechtsgrundsätze, dass auch irrtümliche Gehaltszahlungen zum Arbeitslohn gehören (BFH, Urteil v. 4.5.2006, VI R 17/03, BStBl 2006 II S. 830), ebenso Zahlungen, die der Arbeitgeber in Erfüllung einer vermeintlichen Rechtspflicht leistete (BFH, Urteil v. 4.5.2006, VI R 19/03, BStBl 2006 II S. 832).

Sozialversicherung: Die Regelungen für die Erstattung zu Unrecht entrichteter Beiträge finden sich in § 26 SGB IV.

Entgelt	LSt	SV
Zurückgezahlte Lohnbezüge	frei	frei
Rückzahlung von steuer- oder sozialversicherungspflichtigem Arbeitslohn (führt zu einer Lohnsteuerminderung oder negativer Lohnsteuer)	pflichtig	pflichtig

Lohnsteuer

Negative Einnahme im Rückzahlungsjahr

Zahlt der Arbeitnehmer versteuerten Arbeitslohn an den ⬀ Arbeitgeber zurück, stellt dies eine sog. „negative Einnahme" dar; sie mindert die positiven Einnahmen des Arbeitnehmers im Jahr der Rückzahlung. Der Grund für die Rückzahlung ist unbeachtlich. Es ist auch ohne Bedeutung, wie hoch die ursprüngliche steuerliche Belastung der nunmehr zurückgezahlten Bezüge war.

Achtung

Steuerliche Verhältnisse im Zeitpunkt der Rückzahlung maßgeblich

Lohnsteuerrechtlich sind die steuerlichen Verhältnisse im Zeitpunkt der Rückzahlung maßgeblich. Dadurch kann der Fall eintreten, dass die Steuerminderung durch die Lohnrückzahlung höher oder niedriger ist, als der ursprüngliche Lohnsteuereinbehalt.

Abwicklung der Rückzahlung

Arbeitsverhältnis besteht weiterhin

Steht der Arbeitnehmer im Zeitpunkt der Rückzahlung noch in einem Dienstverhältnis zum betroffenen Arbeitgeber, kann dieser

- den zurückgezahlten (bzw. einbehaltenen) Betrag vom laufenden Arbeitslohn absetzen und die Lohnsteuer dann von dem so gekürzten Arbeitslohn berechnen oder
- er kann alternativ die ⬀ Lohnsteuer für die abgelaufenen ⬀ Lohnzahlungszeiträume neu berechnen. Die sich hierbei in der Regel ergebenden Überzahlungen sind dem Arbeitnehmer zu erstatten (dieses Verfahren ist nur zulässig, wenn Arbeitslohn für abgelaufene Lohnzahlungszeiträume desselben Kalenderjahres zurückgezahlt wird) oder
- er kann die Rückzahlung im ⬀ Lohnsteuer-Jahresausgleich vom Jahresarbeitslohn abziehen, wenn der zurückgezahlte Betrag nicht im Laufe des Jahres berücksichtigt wurde.

Bei der elektronischen ⬀ Lohnsteuerbescheinigung ist als Jahresarbeitslohn jeweils der um den zurückgezahlten Betrag verminderte Arbeitslohn zu übermitteln. Als einbehaltene Lohnsteuer ist der Betrag zu bescheinigen, der sich nach Vornahme der Erstattung ergibt. Eine Arbeitslohnrückzahlung darf keine negative Lohnsteuer ergeben.

Arbeitsverhältnis besteht nicht mehr

Steht der Arbeitnehmer im Zeitpunkt der Rückzahlung nicht mehr im Dienst ↗ des betroffenen Arbeitgebers, der die Überzahlung geleistet hat, bleiben folgende Möglichkeiten:

- Der zurückgezahlte Betrag wird auf Antrag vom Finanzamt als Lohnsteuerabzugsmerkmal gebildet (in Form eines Freibetrags), damit ihn der neue Arbeitgeber berücksichtigen kann, oder
- der Arbeitnehmer kann alternativ den zurückgezahlten Betrag im Rahmen einer Veranlagung zur Einkommensteuer als negative Einnahme geltend machen.

Sozialversicherung

Beitragserstattungsanspruch

Für das Beitragsrecht der Sozialversicherung bedeutet die Rückzahlung von Arbeitsentgelt, dass der rechtliche Grund für die Beitragsleistung in bisheriger Höhe nachträglich entfallen ist. Die Beiträge, die auf das zurückgezahlte Arbeitsentgelt entfallen, wurden zu Unrecht entrichtet. Das ist auch dann der Fall, wenn ↗ Entgelt unter einer auflösenden Bedingung gezahlt worden ist und diese Bedingung später eintritt, z. B. ↗ Weihnachtsgeld. Arbeitgeber und Arbeitnehmer haben – jeder für sich – einen Erstattungsanspruch für ihren Beitragsanteil.[1]

Die Erstattung der Beiträge erfolgt im Regelfall durch eine Aufrechnung des Arbeitgebers. Sind die Beiträge in voller Höhe zu Unrecht entrichtet worden, ist eine Aufrechnung der Beiträge möglich, wenn seit dem Beginn des Zeitraums, seit dem die Beiträge zu Unrecht entrichtet wurden, höchstens sechs Monate vergangen sind.

Werden lediglich Teilbeiträge zu Unrecht entrichtet, kann eine Aufrechnung für die vergangenen 24 Kalendermonate erfolgen.

Hat der Arbeitgeber eine ↗ Aufrechnung vorgenommen, indem er den ↗ Arbeitnehmeranteil bereits ausgezahlt hat, kann er den Arbeitgeber- und Arbeitnehmeranteil zurückfordern.

Keine Erstattung zu Unrecht entrichteter Beiträge

Anträge auf Rückzahlung von Beiträgen sind bei der ↗ Einzugsstelle, an die die Beiträge entrichtet worden sind, zu stellen. Eine Erstattung zu Unrecht entrichteter Beiträge ist allerdings nicht möglich, wenn ein Versicherungsträger aufgrund dieser Beiträge bereits Leistungen erbracht hat. Dies gilt nicht für Teile von Beiträgen, die die Leistung nicht beeinflusst haben.

Korrektur des Lohnabrechnungszeitraums

Bei der Rückzahlung von Arbeitsentgelt und der sich hieraus ergebenden Erstattung von Beiträgen ist zu beachten, dass in jedem Fall der ↗ Lohnabrechnungszeitraum zu berichtigen ist, in dem das Entgelt gezahlt und für den die Beiträge berechnet worden sind. Im Rahmen des DEÜV-Meldeverfahrens bereits gemeldete Entgelte sind durch eine Stornierung und Neumeldung zu berichtigen.

Rufbereitschaft

Als Rufbereitschaft bezeichnet man die Zeit, in der ein Arbeitnehmer für seinen Arbeitgeber auf Abruf verfügbar ist, um schnell für diesen tätig zu werden.

Wird der Arbeitnehmer für die Rufbereitschaft entlohnt, handelt es sich grundsätzlich um steuer- und beitragspflichtigen Arbeitslohn. Da es sich typischerweise um eine regelmäßige Zulage handelt, ist diese als laufender Arbeitslohn bzw. als regelmäßiges Arbeitsentgelt zu behandeln.

Die Rufbereitschaft ist häufig kombiniert mit der Bereitschaft zur Erbringung der Arbeitsleistung an Sonn,- Feiertags- und Nachtstunden. Während die Entlohnung der Bereitschaft selbst nicht steuerfrei erfolgen kann, können Sonn-, Feiertags- oder Nachtzuschläge steuerfrei gewährt werden, wenn der Arbeitnehmer tatsächlich tätig wird.

Gesetze, Vorschriften und Rechtsprechung

Lohnsteuer: Die Lohnsteuerpflicht der Rufbereitschaft ergibt sich aus § 19 Abs. 1 EStG i. V. m. R 19.3 LStR. Die Steuerfreiheit der Sonntags-, Feiertags- und Nachtzuschläge ist in § 3b EStG geregelt.

Sozialversicherung: Die grundsätzliche Beitragspflicht des Arbeitsentgelts ergibt sich aus § 14 Abs. 1 SGB IV. Die Beitragsfreiheit von Sonntags-, Feiertags- und Nachtzuschlägen ist in § 1 Abs. 1 Satz 1 Nr. 1, 2. Halbsatz SvEV geregelt.

Entgelt	LSt	SV
Zuschlag für Rufbereitschaft	pflichtig	pflichtig
SFN-Zuschläge (bis zu bestimmten Höchstbeträgen)	frei	frei

Rundfunkhonorar

Honorare gehören zum steuerpflichtigen Arbeitslohn, wenn die Leistungen mit einem Dienstverhältnis im Zusammenhang stehen. Rundfunkhonorare im Kontext der Entgeltabrechnung können sich ergeben, wenn bei einem Rundfunksender angestellte Arbeitnehmer neben ihrer üblichen Tätigkeit Honorare für freiberufliche Tätigkeiten erhalten (z. B. Textrecherche, Manuskripterstellung, Erstellung von Kommentaren).

Rundfunkhonorare als Bestandteil einer einheitlichen Vergütung bei demselben Arbeitgeber sind lohnsteuer- und beitragspflichtig in der Sozialversicherung. Die Tätigkeit für denselben Auftraggeber, auch wenn sie in mehreren Leistungsbereichen durchgeführt wird, ist einheitlich zu betrachten. Es ist daher i. d. R. von einem einheitlichen abhängigen Beschäftigungsverhältnis auszugehen. Im Einzelfall kann auch eine freie Mitarbeit vorliegen. Klarheit hierüber erhält der Arbeitgeber über ein optionales Anfrageverfahren zur Statusfeststellung bei der Clearingstelle der Deutschen Rentenversicherung.

Gesetze, Vorschriften und Rechtsprechung

Lohnsteuer: Die Steuerpflicht für Rundfunkhonorare ergibt sich aus § 18 Abs. 1 Nr. 1 EStG. Sofern die Honorare Arbeitnehmern gezahlt werden gilt § 19 Abs. 1 EStG. Rundfunkhonorare, die für Leistungen gezahlt werden, die nicht im Rahmen eines Dienstverhältnisses zu erbringen sind, gehören zu den Einkünften aus selbstständiger Tätigkeit nach § 18 Abs. 1 Nr. 1 EStG.

Sozialversicherung: Die Beitragspflicht der Arbeitsentgelts in der Sozialversicherung ergibt sich aus § 14 Abs. 1 Satz 1 SGB IV. Die Beitragspflicht von nebenberuflich erzielten Honoraren von Rundfunkbeschäftigten ist im BSG-Urteil v. 22.6.1972, 12/3 RK 82/68, erläutert.

Entgelt	LSt	SV
Rundfunkhonorar	pflichtig	pflichtig

1 § 26 Abs. 3 SGB IV.

Sabbatical

Das sog. Sabbatical – früher auch „Sabbatjahr" – ist kein fest definierter Rechtsbegriff. In diesem Lexikonstichwort wird hierunter eine längere, meist mehrmonatige Unterbrechung des Arbeitslebens verstanden.

Gesetze, Vorschriften und Rechtsprechung

Lohnsteuer: Lohnsteuerlich sind die allgemeinen Grundsätze zum Lohnzufluss (§ 38 EStG) und zur Lohnsteuererhebung (§ 39b EStG) zu beachten.

Sozialversicherung: § 7 Abs. 1a SGB IV regelt die versicherungsrechtlichen, § 23b SGB IV die beitragsrechtlichen Auswirkungen eines Sabbatjahres im Rahmen flexibler Arbeitszeitregelungen.

Die Spitzenorganisationen der Sozialversicherung haben die versicherungs-, beitrags- und melderechtlichen Auswirkungen der flexiblen Arbeitszeitmodelle in einem Gemeinsamen Rundschreiben dargestellt (GR v. 31.3.2009).

Entgelt	LSt	SV
Weiter gezahlter Arbeitslohn aus Zeitwertguthaben	pflichtig	pflichtig

Lohnsteuer

Arbeitslohn ist steuerpflichtig

Unter einem Sabbatical versteht man einen bezahlten Langzeiturlaub, der je nach Vereinbarung mehrere Monate dauern kann. Der befristeten Freistellung von der Arbeitspflicht geht meist eine mehrjährige Voll- oder Teilzeitbeschäftigung voraus. Z. B. wird eine 3-jährige ⇗ Teilzeitbeschäftigung mit 2/3 des Entgelts vereinbart, davon 2 Jahre Voll-/Teilzeitbeschäftigung und anschließend ein Jahr Freistellung.

Die Besteuerung richtet sich nach den Lohnarten und Bezügen, die der Arbeitnehmer während des Sabbaticals erhält. Wird der Arbeitslohn über den gesamten Zeitraum ausbezahlt (in gleichmäßiger Höhe), ergeben sich keine Besonderheiten. Steuerpflichtig ist stets der gezahlte Arbeitslohn; davon hat der Arbeitgeber die Lohnsteuer nach den ELStAM einzubehalten.

Wichtig

Gutschrift auf Zeitwertkonto führt nicht zu Arbeitslohn

Bei einer steuerlich als Zeitwertkonto anzuerkennenden Vereinbarung wird nicht der Aufbau des Guthabens auf dem Zeitwertkonto besteuert, sondern erst die Auszahlung des Guthabens während der befristeten Freistellung.

Sonderzahlungen werden nicht ermäßigt besteuert

Wird – neben der Abwicklung über ein ⇗ Arbeitszeitkonto – weiterer Arbeitslohn gezahlt, kommt für solche Sonderzahlungen keine ermäßigte Besteuerung nach der Fünftelregelung in Betracht.

Hat der Arbeitgeber bei einer planwidrigen Beendigung des Sabbaticals zu viel in Anspruch genommene Freizeit auszugleichen, stellen die Arbeitslohnrückzahlungen negative Einnahmen dar.

Sonderzahlungen für die betriebliche Altersversorgung

Aufgrund des Sabbaticals werden regelmäßig weder Beiträge für die gesetzliche Rentenversicherung noch für eine betriebliche Altersversorgung gezahlt. Um die dadurch entstandenen „Versorgungslücken" schließen zu können, dürfen solche Arbeitnehmer Beiträge steuerfrei nachentrichten. Begünstigt sind Zeiten, in denen das Arbeitsverhältnis ruhte, in Deutschland kein steuerpflichtiger Arbeitslohn bezogen worden ist und auch keine steuerfreien Beiträge zur betrieblichen Altersversorgung entrichtet worden sind.

Das steuerfreie Volumen für die steuerfreie Nachzahlung von Beiträgen beträgt:

8 % der Beitragsbemessungsgrenze in der allgemeinen Rentenversicherung (West) × Anzahl der begünstigten Kalenderjahre.

Berücksichtigungsfähig sind jedoch höchstens 10 Kalenderjahre, für die eine steuerfreie Nachentrichtung in Betracht kommt.[1]

Sozialversicherung

Fortbestand des Beschäftigungsverhältnisses

Während eines Sabbaticals (Sabbatjahres) besteht das versicherungspflichtige Beschäftigungsverhältnis im Sinne der Sozialversicherung durchgehend fort, wenn die Freistellung von der Arbeitsleistung mit Bezug von Arbeitsentgelt aufgrund einer Wertguthabenvereinbarung nach § 7b SGB IV von flexiblen Arbeitszeitregelungen in Anspruch genommen wird.

Verwendung von angespartem Arbeitszeitguthaben

Erfolgt das Sabbatical nicht im Rahmen einer Wertguthabenvereinbarung, sondern verwendet der Arbeitnehmer für die Freistellung angespartes Arbeitszeitguthaben aus einer sonstigen Arbeitszeitregelung zur flexiblen Gestaltung der werktäglichen oder wöchentlichen Arbeitszeit oder zum Ausgleich von betrieblicher Produktions- oder Arbeitszyklen (z. B. Gleitzeitguthaben), endet das versicherungspflichtige Beschäftigungsverhältnis spätestens 3 Monate nach dem Beginn der Freistellung.[2] Diese 3-Monatsfrist gilt seit dem 1.1.2012. Bis zum 31.12.2011 wurde der Versicherungsschutz bei Freistellungen im Rahmen von solchen sonstigen Arbeitszeitregelungen max. für einen Monat aufrechterhalten.

Inanspruchnahme von unbezahltem Urlaub

Sofern der Arbeitnehmer für sein Sabbatical ⇗ unbezahlten Urlaub nimmt, da er weder auf eine Wertguthabenvereinbarung noch eine sonstige Arbeitszeitregelung zurückgreifen kann, endet das versicherungspflichtige Beschäftigungsverhältnis spätestens einen Monat nach Beginn der Freistellung.[3]

Beispiel

Ende der versicherungspflichtigen Beschäftigung bei Freistellung

Ein versicherungspflichtiger Arbeitnehmer lässt sich von seinem Arbeitgeber ab dem 1.6. für ein halbes Jahr beurlauben. Der Arbeitnehmer verwendet für die ersten 3 Monate der Freistellung ein vorhandenes Gleitzeitguthaben, ab Beginn des 4. Monats bis zum Ende seiner Freistellung erhält er keine Vergütung mehr.

Ergebnis: Das versicherungspflichtige Beschäftigungsverhältnis endet nach 4 Monaten am 30.9. Zunächst bleibt das Beschäftigungsverhältnis bis zum Ablauf der 3-Monatsfrist nach § 7 Abs. 1 Satz 2 SGB IV und anschließend noch für einen weiteren Monat wegen unbezahlten Urlaubs nach § 7 Abs. 3 SGB IV erhalten.

Versicherungsrechtliche Regelungen

In der Sozialversicherung gelten die in den einzelnen Versicherungszweigen allgemeinen Regelungen für ⇗ Arbeitnehmer. Im Regelfall ist der Arbeitnehmer daher während des Sabbaticals im Rahmen von flexiblen Arbeitszeitregelungen weiterhin versicherungspflichtig. Überschreitet das regelmäßige ⇗ Jahresarbeitsentgelt des Arbeitnehmers jedoch die Versicherungspflichtgrenze in der Krankenversicherung, sind die Arbeitnehmer hingegen krankenversicherungsfrei.[4]

1 § 3 Nr. 63 Satz 4 EStG.
2 § 7 Abs. 1 Satz 2 SGB IV.
3 § 7 Abs. 3 SGB IV.
4 § 6 Abs. 1 Nr. 1 SGB V.

Beitragsrechtliche Regelungen

Die Sozialversicherungsbeiträge werden während der Freistellung aus dem Arbeitsentgelt – konkret dem Wertguthaben – entrichtet. Fällig werden die Beiträge im Rahmen von flexiblen Arbeitszeitregelungen erst mit der Auszahlung des Arbeitsentgelts.[1] Sie werden mit den zum Zeitpunkt der Auszahlung maßgebenden Rechengrößen berechnet. Dazu zählen u. a. die ⇗ Beitragsbemessungsgrenzen und die ⇗ Beitragssätze. In der Krankenversicherung ist der allgemeine Beitragssatz anzuwenden. Hier ist davon auszugehen, dass der Arbeitnehmer nach dem Sabbatical die Beschäftigung wieder aufnehmen wird und er deshalb den Krankengeldanspruch nur vorübergehend nicht realisieren kann. Beiträge aus dem Wertguthaben fallen auch an, wenn das Wertguthaben aus Arbeitsentgelt herrührt, das zum Zeitpunkt seiner Erwirtschaftung in der Ansparphase die Beitragsbemessungsgrenze überschritten hat.[2]

Beitragsberechnung bei Störfällen

Sobald ein sog. Störfall eintritt und das Arbeitsentgelt nicht wie vereinbart für die (gesamte) Zeit der Freistellung verwendet werden kann, werden die Beiträge aus dem noch vorhandenen Wertguthaben fällig. Von einem Störfall spricht man beispielsweise, wenn das Arbeitsverhältnis vorzeitig beendet wird. Die Sozialversicherungsbeiträge sind dann aus dem beitragspflichtigen Teil des angesparten Wertguthabens abzuführen, sofern keine Übertragung auf die Deutsche Rentenversicherung Bund erfolgt.[3]

Melderechtliche Regelungen

Während des Sabbaticals sind vom Arbeitgeber dieselben ⇗ Meldungen nach der DEÜV abzugeben wie in einer laufenden Beschäftigung. Dazu gehören z. B. Jahresmeldungen. Besonderheiten sind zu berücksichtigen, wenn der Arbeitnehmer

- sowohl im ⇗ Rechtskreis Ost als auch im Rechtskreis West Wertguthaben gebildet hat und
- während des Sabbaticals ein Wechsel des Rechtskreis-Wertguthabens vorzunehmen ist.

In diesem Fall hat der Arbeitgeber den Wechsel des Wertguthabens taggenau zu melden. Er muss eine Abmeldung (Abgabegrund 33) und zum Folgetag eine Anmeldung (Abgabegrund 13) vornehmen. Werden Beiträge anlässlich des Eintritts eines Störfalls entrichtet, ist das beitragspflichtige Arbeitsentgelt gesondert zu melden (Abgabegrund 55).

Sachbezüge

Sachbezüge sind Zuwendungen des Arbeitgebers an den Arbeitnehmer, die nicht in Geld, sondern in Geldeswert bestehen und im Rahmen des Dienstverhältnisses zufließen. In Abgrenzung zum Barlohn bezeichnet man diese Form des Arbeitslohns auch als geldwerten Vorteil oder Sachlohn. Hierunter fällt insbesondere der Bezug von freier Kleidung, Wohnung, Kost und Logis oder Überlassung von Dienstfahrzeugen.

Für die Besteuerung von geldwerten Vorteilen gelten die allgemeinen Grundsätze, wie sie bei Einbehaltung und Abführung der Lohnsteuer von Barlohn zu beachten sind. Die Besonderheiten bei den Sachbezügen liegen in der zutreffenden Ermittlung des Wertansatzes, mit dem die Vorteilsgewährung dem Lohnsteuerabzug und der Verbeitragung in der Sozialversicherung zugrunde gelegt werden muss.

Gesetze, Vorschriften und Rechtsprechung

Lohnsteuer: Rechtsgrundlage für die lohnsteuerliche Erfassung von Sachbezügen als Arbeitslohn ist § 8 Abs. 1 EStG. Die Bewertungsregeln einschließlich der möglichen Steuerbefreiung sind in § 8 Abs. 2 EStG, für Belegschaftsrabatte in § 8 Abs. 3 EStG festgelegt. Liegen die gesetzlichen Voraussetzungen für den Rabattfreibetrag nicht vor, ist die 50-EUR-Freigrenze des § 8 Abs. 2 EStG (kleiner Rabattfreibetrag) zu prüfen, s. R 8.1 Abs. 3 LStR.

R 8.2 LStR enthält Anweisungen zum „großen Rabattfreibetrag". Ergänzende Regelungen enthält das BMF-Schreiben v. 16.5.2013, IV C 5 – S 2334/07/0011, BStBl 2013 I S. 729, zuletzt geändert durch BMF-Schreiben v. 11.2.2021, IV C 5 – S 2334/19/10024 : 003, BStBl 2021 I S. 311, sowie zur Rabattgewährung durch Dritte das BMF-Schreiben v. 20.1.2015, IV C 5 – S 2360/12/10002, BStBl 2015 I S. 143. Im Übrigen gelten die für bestimmte Sachbezüge festgelegten amtlichen Sachbezugswerte der Sozialversicherungsentgeltverordnung (SvEV) auch für das Steuerrecht (§ 8 Abs. 2 Satz 6 EStG). Die Abgrenzung zwischen Geld- und Sachleistung ist in § 8 Abs. 1 und 2 EStG gesetzlich geregelt. Hinweise und Auslegungsfragen zur gesetzlichen Unterscheidung zwischen Bar- und Sachlohn enthält das BMF-Schreiben v. 15.3.2022, IV C 5 – S 2334/19/10007 :007, BStBl 2022 I S. 242, das praktische Anwendungsgrundsätze zu den gesetzlich schwierigen Abgrenzungskriterien bei (digitalen) Gutscheinen und Geldkarten gibt

Sozialversicherung: Die Eigenschaft von Sachbezügen als Arbeitsentgelt i. S. d. Sozialversicherung ergibt sich aus § 14 SGB IV. Der Wert der Sachbezüge an sich wird von der Bundesregierung nach dem tatsächlichen Verkehrswert im Voraus für jedes Kalenderjahr festgesetzt (§ 17 Abs. 1 Satz 1 Nr. 4 SGB IV) und in der Sozialversicherungsentgeltverordnung (SvEV) dokumentiert. Die SvEV gilt gleichermaßen für die gesetzliche Kranken-, Pflege-, Renten- und Arbeitslosenversicherung sowie für die Unfallversicherung.

Entgelt	LSt	SV
Sachbezüge bis 50 EUR monatlich	frei	frei
Sachbezug bei Belegschaftsrabatt bis 1.080 EUR jährlich	frei	frei
Betriebliche Sachzuwendung nach § 37b Abs. 2 EStG an Arbeitnehmer	pauschal	pflichtig
Betriebliche Sachzuwendung nach § 37b Abs. 1 EStG an Dritte	pauschal	frei
Einkaufsvorteile und andere Rabatte von Dritten, soweit durch Dienstverhältnis veranlasst	pflichtig	pflichtig

Lohnsteuer

Bewertungsmethoden

Sachbezüge und andere geldwerte Vorteile, die einem Arbeitnehmer aus dem Dienstverhältnis zufließen, gehören zum steuerpflichtigen Arbeitslohn, sofern sie nicht als Aufmerksamkeit bzw. Leistungen im ganz überwiegend betrieblichen Interesse oder laut ausdrücklicher Regelung steuerfrei bleiben. Solche Bezüge und Vorteile sind für die Einbehaltung der Lohnsteuer zu bewerten und in einen Geldbetrag umzurechnen. Für die steuerliche Bewertung von Sachlöhnen sind 5 Möglichkeiten zulässig:

1. Einzelbewertung mit den üblichen Endpreisen am Abgabeort.[4]
2. Dienstwagenbesteuerung nach der sog. ⇗ 1-%-Regelung oder ⇗ Fahrtenbuchmethode.[5]
3. Ansatz von amtlichen Sachbezugswerten nach der Sachbezugsverordnung[6] oder aufgrund von Verwaltungsanweisungen.[7]
4. ⇗ Rabattregelung für Belegschaftsrabatte.[8]
5. Tatsächliche Aufwendungen einschließlich Umsatzsteuer bei Sachzuwendungen (30 % Pauschalsteuer nach § 37b EStG).

1 § 23b Abs. 1 SGB IV.
2 BSG, Urteil v. 20.3.2013, B 12 KR 7/11 R.
3 § 7f Abs. 1 Satz 1 Nr. 2 SGB IV.

4 § 8 Abs. 2 Satz 1 EStG.
5 § 8 Abs. 2 Satz 2 EStG.
6 § 8 Abs. 2 Satz 6 EStG.
7 § 8 Abs. 2 Satz 8 EStG.
8 § 8 Abs. 3 EStG.

Einzelbewertung und Sachbezugsfreigrenze

Grundsätzlich ist der geldwerte Vorteil unentgeltlicher oder verbilligter Sachbezüge durch Einzelbewertung zu ermitteln. Die Einzelbewertung ist durch 3 Faktoren bestimmt:

1. Zunächst ist der übliche Endpreis zu ermitteln.
2. In einem zweiten Schritt ist festzustellen, ob für die Waren oder Dienstleistungen allgemein übliche Preisnachlässe bestehen, die von der Ausgangsgröße abgezogen werden dürfen.
3. Für den danach verbleibenden geldwerten Vorteil gilt die Sachbezugsfreigrenze, nach der Sachbezüge bis zu 50 EUR monatlich steuerfrei bleiben.

Üblicher Endpreis einschließlich Umsatzsteuer

Ausgangsgröße für die Wertermittlung von Sachbezügen ist der übliche Endpreis am Abgabeort, also der Preis, der für die Ware oder Dienstleistung im allgemeinen Geschäftsverkehr gegenüber Endverbrauchern angegeben wird. Endpreis ist der nachgewiesene günstigste Preis einschließlich sämtlicher Nebenkosten.[1] Anzusetzen für die Bewertung des geldwerten Vorteils sind u. a. Verpackungs- und Versandkosten. Insbesondere im Versand- oder Online-Handel tritt der geldwerte Vorteil aus der Lieferung „frei Haus" zum Warenwert hinzu.[2] Ebenso dazu gehört immer die Umsatzsteuer. Für den Preis ist auf den Ort abzustellen, an dem der Arbeitgeber seinem Arbeitnehmer den Sachbezug anbietet.[3]

Beispiel

Maßgeblicher Abgabeort

Ein Mikrochip-Hersteller bezieht Computer, die er seinen Arbeitnehmern anlässlich der Weihnachtsfeier zuwenden will. Der Arbeitgeber kauft die PCs zu einem Stückpreis von 1.000 EUR einschließlich Umsatzsteuer. Das gleiche Gerät wird beim ortsansässigen Einzelhändler für 1.200 EUR einschließlich Umsatzsteuer angeboten. Im Nachbarort ist das Gerät um 100 EUR billiger.

Ergebnis: Die Arbeitnehmer erhalten mit den Computern einen geldwerten Vorteil, der sich nicht nach den Kosten des Arbeitgebers richtet. Entscheidend ist, was die Arbeitnehmer aufwenden müssten, wenn sie den Gegenstand am Abgabeort kaufen würden. Es ist daher der Preis des Endverbrauchers einschließlich Umsatzsteuer anzusetzen. Die Arbeitnehmer haben einen zusätzlichen Arbeitslohn von 1.200 EUR.

Minderung um Preisnachlässe

Steht der übliche Endpreis fest, ist zu prüfen, ob für die betreffenden Waren oder Dienstleistungen am Abgabeort Preisnachlässe üblich sind. Sachbezüge sind nur noch insoweit lohnsteuerpflichtig, wie es sich nicht um übliche Preisnachlässe handelt, die jedem im allgemeinen Geschäftsverkehr gewährt werden. Die üblichen Endpreise sind als Ausgangsgröße für die Ermittlung des geldwerten Vorteils um übliche Preisnachlässe zu mindern.[4]

Pauschaler Preisabschlag von 4 % zulässig

Wegen der im Einzelfall aufwendigen Ermittlung der üblichen Preisnachlässe am Abgabeort enthält R 8.1 LStR eine Vereinfachungsregelung. Wird als Ausgangsgröße für die Ermittlung des geldwerten Vorteils der jeweilige Angebotspreis am Abgabeort gewählt, zu dem der konkret Abgebende die Waren oder Dienstleistungen im Einzelhandel fremden Letztverbrauchern anbietet, können übliche Verkaufsrabatte durch einen pauschalen Abschlag von 4 % berücksichtigt werden. Die Waren oder Dienstleistungen dürfen dadurch mit 96 % des Angebotspreises des konkret Abgebenden angesetzt werden. Die Vereinfachungsregelung findet nur dort Anwendung, wo Preisnachlässe dem Grundsatz nach auch möglich sind.[5] Der 4-%-Abschlag ist wegen Bewertungsschwierigkeiten ausdrücklich ausgeschlossen, wenn

- als Endpreis der günstigste Preis am Inlandsmarkt angesetzt oder
- ein Warengutschein mit Betragsangabe hingegeben wird.

Auswirkungen durch die unterschiedlichen Bewertungsansätze können sich in Bezug auf die 50-EUR-Freigrenze ergeben.

Schätzung des üblichen Endpreises durch Ansatz der Arbeitgeberkosten

Wird die konkrete Ware oder Dienstleistung nicht zu vergleichbaren Bedingungen an Endverbraucher am Markt angeboten, lässt der BFH eine Schätzung des Werts des Sachbezugs in Höhe der vom Arbeitgeber hierfür getragenen Aufwendungen zu.[6] Die Finanzverwaltung folgt dieser Rechtsprechung in allen noch offenen Fällen.

Für Sachverhalte, bei denen eine vergleichbare Ware oder Dienstleistung fremden Endverbrauchern am Markt nicht angeboten wird und ein üblicher Endpreis nur im – zumeist sehr aufwändigen und streitanfälligen – Schätzungsweg ermittelt werden kann, ist der Wertansatz in Höhe der Arbeitgeberkosten eine praktikable Bewertungsmöglichkeit.[7] Die Aufwendungen des Arbeitgebers sind zuzüglich Umsatzsteuer und sämtlicher Nebenkosten (z. B. Verpackungs- oder Versandkosten) anzusetzen, da der Arbeitnehmer als Endverbraucher sowohl die Umsatzsteuer als auch sämtliche Nebenkosten zu tragen hat. Der pauschale Preisabschlag von 4 % ist bei dieser Bewertungsmethode nicht zulässig. Die Schätzung anhand der vom Arbeitgeber aufgewendeten Kosten ist bereits ein (günstiger) Wertansatz, mit dem Rabatte und Preisnachlässe abgegolten sind. Sofern einer der Beteiligten – etwa das Finanzamt im Rahmen einer ↗ Lohnsteuer-Außenprüfung – mit diesem geschätzten Wertansatz nicht einverstanden ist und eine abweichende Wertbestimmung vornimmt, muss er konkret darlegen, dass eine Schätzung des üblichen Endpreises am Abgabeort anhand der vom Arbeitgeber aufgewandten Kosten dem objektiven Wert des Sachbezugs nicht entspricht.

Ansatz des günstigsten Marktpreises im Inland

Personalrabatte führen nur dann zu steuerpflichtigem Arbeitslohn (geldwerter Vorteil), wenn der Rabatt vom Arbeitgeber über das hinausgeht, was fremde Dritte für das gleiche Produkt am Markt als Rabatt erhalten. Für den Fremdvergleich ist dabei auf den günstigsten Preis am Markt abzustellen. Versand- und Transportkosten sind in die Berechnung einzubeziehen.[8] Der übliche Endpreis kann daher auch der nachgewiesene günstigste Preis inklusive sämtlicher Nebenkosten sein, zu dem die Ware oder Dienstleistung mit vergleichbaren Bedingungen an Endverbraucher – ohne individuelle Preisverhandlungen im Zeitpunkt des Zuflusses bzw. Bestelltages – am Markt angeboten wird. Markt in diesem Sinne sind alle gewerblichen Anbieter, von denen der Steuerpflichtige die Ware oder Dienstleistung im Inland unter Einbeziehung allgemein zugänglicher Internetangebote oder auf sonstige Weise gewöhnlich beziehen kann. Bei Anwendung des „günstigsten Marktpreises im Inland" kann der Bewertungsabschlag von 4 % nicht angewendet werden.[9, 10] Ebenso scheidet der Abzug des pauschalen Preisnachlasses bei Warengutscheinen mit Betragsangaben aus.

Bewertungswahlrecht: Üblicher Endpreis oder günstigster Marktpreis

Der Arbeitgeber ist im Lohnsteuerverfahren nicht verpflichtet den günstigsten Marktpreis zu ermitteln. Er kann den üblichen Endpreis unter Berücksichtigung des Bewertungsabschlags von 4 % für übliche Preisnachlässe der Ermittlung des geldwerten Vorteils aus der verbilligten Überlassung von Sachbezügen zugrunde legen. In diesem Fall hat der Arbeitnehmer die Möglichkeit, bei seiner Einkommensteuererklärung den günstigeren Marktpreis durch geeignete Unterlagen nachzuweisen – etwa durch Ausdruck von Internetangeboten im Zuflusszeitpunkt.

Beispiel

Bewertungswahlrecht des Arbeitgebers

Die Arbeitnehmer erhalten zu Weihnachten ein Smartphone von ihrem Arbeitgeber geschenkt. Der Kaufpreis im örtlichen Fachgeschäft beträgt 499 EUR. Der Arbeitgeber erhält einen Großkundenrabatt und

1 BMF, Schreiben v. 16.5.2013, IV C 5 – S 2334/07/0011, BStBl 2013 I S. 729.
2 BFH, Urteil v. 6.6.2018, VI R 32/16, BStBl 2018 II S. 764.
3 R 8.1 Abs. 2 LStR.
4 § 8 Abs. 2 EStG.
5 R 8.1 Abs. 2 Satz 3 LStR.
6 BFH, Urteil v. 7.7.2020, VI R 14/18, BStBl 2021 II S. 232.
7 BMF, Schreiben v. 11.2.2021, IV C 5 – S 2334/19/10024 :003, BStBl 2021 I S. 311.
8 BFH, Urteil v. 17.8.2005, IX R 10/05, BStBl 2006 II S. 71.
9 R 8.1 Abs. 2 Satz 5 LStR 2023.
10 BMF, Schreiben v. 16.5.2013, IV C 5 – S 2334/07/0011, BStBl 2013 I S. 729.

zahlt 468 EUR. Im Internet ist das Smartphone für 458 EUR zzgl. 7 EUR Versandkosten erhältlich.

Ergebnis: Der Arbeitgeber kann der Besteuerung den üblichen Endpreis für die Smartphones unter Berücksichtigung des 4-%-Abschlags für übliche Preisnachlässe zugrunde legen. Dadurch ergibt sich für die Besteuerung ein lohnsteuerpflichtiger geldwerter Vorteil von 479 EUR. Er kann stattdessen bei entsprechender Nachweisführung auch den günstigsten Preis am inländischen Markt von 465 EUR (inkl. Nebenkosten) ansetzen. Berechnet der Arbeitgeber die Lohnsteuer nach der Ausgangsgröße des üblichen Endpreises, hat der Arbeitnehmer die Möglichkeit, bei seiner Einkommensteuererklärung den günstigeren Marktpreis durch geeignete Unterlagen nachzuweisen – etwa durch Ausdruck von Internetangeboten im Zuflusszeitpunkt.

Zulässig ist auch die Pauschalbesteuerung der Weihnachtsgeschenke mit 30 %. In diesem Fall sind die Smartphones mit den Bruttokosten des Arbeitgebers anzusetzen, also mit 468 EUR.

Anwendung der Sachbezugsfreigrenze

Begünstigte Sachbezüge

Eine weitere Vereinfachung bewirkt eine gesetzliche Kleinbetragsregelung.[1] Sachbezüge, die nach Anrechnung etwaiger vom Arbeitnehmer gezahlter Entgelte im Kalendermonat nicht mehr als 50 EUR betragen, sind lohnsteuerfrei.

Im Rahmen der Sachbezugsfreigrenze sind z. B. begünstigt:

- Rabatte, die der Arbeitnehmer im Rahmen seines Dienstverhältnisses von dritter Seite erhält,
- Gutscheine und Geldkarten bis 50 EUR, wenn bestimmte Voraussetzungen erfüllt sind,
- die unentgeltliche Bewirtung bei lohnsteuerpflichtigen Geschäftsleitungssitzungen,
- die Gewährung von Versicherungsschutz bei einer Kranken- oder freiwilligen Unfallversicherung,
- die Gewährung von ⇗ Jobtickets im Rahmen einer Barlohnumwandlung und
- Sachgeschenke des Arbeitgebers, etwa ein Buch oder eine CD, auch wenn diese ohne besonderes persönliches Ereignis des Arbeitnehmers gewährt werden.

Ausschluss von der Sachbezugsfreigrenze

Wie beim Bewertungsabschlag von 4 % sind geldwerte Vorteile von der Kleinbetragsregelung ausgenommen,

- die in der Überlassung eines Dienstwagens bestehen,
- für die amtliche Sachbezugswerte nach der Sachbezugsverordnung bestehen und
- für Belegschaftsrabatte, für die bereits bisher der günstigere Rabattfreibetrag von 1.080 EUR in Anspruch genommen werden darf.[2]

Abgrenzung von Geldleistung und Sachbezug

Die Anwendung der Sachbezugsfreigrenze setzt einen Sachbezug voraus. 2020 erfolgte eine gesetzliche Festlegung der Sachbezugsdefinition, insbesondere der Voraussetzungen für die Zuordnung zweckgebundener Sachleistungen und nachträglicher Kostenerstattungen zu den Sachbezügen.[3] Danach zählen zu den Einnahmen in Geld auch zweckgebundene Geldleistungen, nachträgliche Kostenerstattungen, Geldsurrogate und andere Vorteile, die auf einen Geldbetrag lauten. Sie können nicht mehr im Rahmen der Sachbezugsfreigrenze steuerfrei bleiben.

Aufgrund der gesetzlichen Vorgaben liegt kein Sachbezug, sondern eine Geldleistung vor, wenn der Arbeitgeber

- eine Zahlung an den Arbeitnehmer leistet und diese an die Auflage knüpft, damit Waren oder Dienstleistungen zu erwerben (= zweckgebunde Geldleistung),
- dem Arbeitnehmer die Kosten für Waren und Dienstleistungen erstattet, die er zuvor für seinen privaten Gebrauch erworben hat (= nachträgliche Kostenerstattung).

Zweckgebundene Geldleistungen sowie nachträgliche Kostenerstattungen des Arbeitgebers sind lohnsteuerpflichtig.

Gutscheine und Geldkarten

Unter bestimmten Voraussetzungen ist eine Behandlung von ⇗ Gutscheinen und Geldkarten als Sachbezug und damit verbunden die Anwendung der Sachbezugsfreigrenze weiterhin zulässig.[4] Die gesetzliche Definition als Sachbezug umfasst zweckgebundene Gutscheine (einschließlich entsprechender Gutscheinkarten, digitaler Gutscheine, Gutscheincodes oder Gutschein-Apps) oder entsprechende Geldkarten (einschließlich Wertguthabenkarten in Form von Prepaid-Karten).

Voraussetzungen für die Anerkennung als Sachbezug

Grundvoraussetzung für das Vorliegen einer als Sachbezug begünstigten Geldkarte ist, dass diese ausschließlich zum Bezug von Waren oder Dienstleistungen berechtigt. Dies bedeutet, dass eine Auszahlung des Guthabens in bar (technisch) ausgeschlossen sein muss.

Außerdem können nur noch Gutscheine und Geldkarten eine unter die Sachbezugsfreigrenze fallende Sachleistung begründen, die die Kriterien des § 2 Abs. 1 Nr. 10 des Zahlungsdiensteaufsichtsgesetzes (ZAG) erfüllen. Hierunter fallen Closed-Loop-Karten oder Controlled-Loop-Karten, die zum Bezug von Waren oder Dienstleistungen vom Aussteller des Gutscheins oder einem begrenzten Kreis von Akzeptanzstellen berechtigen, z. B. bei einer Ladenkette oder bei Einkaufs- und Dienstleistungsverbünden mit City-Cards bzw. Outlet-Cards oder im Internetshop der jeweiligen Akzeptanzstelle. Ebenso sind Gutscheine und Geldkarten weiter als Sachbezug anzuerkennen, die Waren und Dienstleistungen aus einer sehr begrenzten Waren- und Dienstleistungspalette zum Gegenstand haben, etwa Benzingutscheine einer bestimmten Mineralölgesellschaft bzw. Fahrberechtigungen bei öffentlichen Verkehrsanbietern. Die Anzahl der Akzeptanzstellen bzw. der Bezug im Inland sind in diesem Fall ohne Bedeutung.

Achtung

Geldkarten/Guthabenkreditkarten mit Barauszahlungsfunktion

Bei Geldkarten, bei denen eine funktionale Begrenzung auf den Bezug von Waren oder Dienstleistungen nicht sichergestellt ist, liegt eine Geldleistung vor. Das betrifft Geldkarten, die über eine Barauszahlungsfunktion oder über eine eigene IBAN verfügen, die für Überweisungen (z. B. PayPal) bzw. zum Erwerb ausländischer Währungen verwendet sowie als generelles Zahlungsmittel hinterlegt werden können.

Begünstigte Gutscheine und Geldkarten

Nach den Kriterien des ZAG ist von einem begünstigten Sachbezug auszugehen, wenn die Gutscheine und Geldkarten z. B. zum Erwerb von Waren und Dienstleistungen

- in den örtlichen Geschäftsräumen des Gutschein-Ausstellers,
- in den einzelnen Geschäften einer ausstellenden Ladenkette,
- in (inländischen) Shoppingcentern oder Outlet-Villages oder
- bei städtischen oder regionalen Einkaufs- und Dienstleistungsverbünden (sog. City-Karten oder Regio-Gutscheine)

berechtigen. Die begünstigten Gutscheine und Geldkarten können sowohl vor Ort bzw. für dasselbe Angebot an Waren und Dienstleistungen auch im Internet-Shop der jeweiligen Akzeptanzstelle eingesetzt werden.

Im Zuflusszeitpunkt (Hingabe des Gutscheins) muss die Auswahl der Ladenkette feststehen, ansonsten liegt kein eng begrenzter Kreis von Akzeptanzstellen vor (eine bestimmte Ladenkette).

1 § 8 Abs. 2 Satz 11 EStG.
2 § 8 Abs. 3 EStG.
3 § 8 Abs. 1 EStG.
4 § 8 Abs. 1 Satz 3 EStG.

Zuflusszeitpunkt

Der Zufluss erfolgt mit dem Aufladen bzw. der Hingabe der Guthabenkarte. Hat der Arbeitnehmer für den Einsatz seines Gutscheins oder seiner Guthabenkarte mehrere Ladenketten zur Auswahl, muss er sich vor der Hingabe des Gutscheins bzw. der Geldkarte für eine Ladenkette entscheiden, um die lohnsteuerlichen Kriterien des § 2 Abs. 1 Nr. 10a ZAG zu erfüllen. Auch bei Gutscheinportalen ist es erforderlich, dass die jeweilige Ladenkette im Zuflusszeitpunkt feststeht, damit der Bezug von Waren und Dienstleistungen nur einen begrenzten Kreis von Akzeptanzstellen umfasst.[1]

Evtl. anfallende und vom Arbeitgeber übernommene Gebühren bzw. Nebenkosten (monatliche Aufladegebühr, einmalige Setup-Gebühr) sind nicht lohnsteuerpflichtig, da diese keine Bereicherung für den Arbeitnehmer darstellen und dementsprechend nicht zum Zufluss von Arbeitslohn führen.

Bewertung von Versicherungsbeiträgen

Von der Sachbezugsfreigrenze ausgeschlossen sind Versicherungsbeiträge, die als Geldleistung gewertet werden. Keine Sachbezüge, sondern nicht begünstigte Geldleistungen sind Beiträge zu einer Krankenversicherung oder zu einer ⇗ Gruppenunfallversicherung, wenn der Arbeitnehmer keinen Versicherungsschutz, sondern in Form der Beitragskostenerstattung eine Geldleistung verlangen kann.

Krankenversicherungsschutz als Sachbezug

Der BFH hat in 2 Urteilen zur Krankenversicherung entschieden, dass die Gewährung von Versicherungsschutz in Höhe der vom Arbeitgeber als Versicherungsnehmer gezahlten Beiträge Sachlohn darstellt.[2] Die Finanzverwaltung folgt der Rechtsprechung. Die Gewährung von Versicherungsschutz stellt immer dann einen Sachbezug dar, wenn der Arbeitgeber Versicherungsnehmer und Beitragsschuldner ist.[3] Folglich kann dann die monatliche 50-EUR-Freigrenze zur Anwendung kommen.

Unfallversicherungsschutz als Sachbezug

Für Beiträge zu einer freiwilligen Unfallversicherung gilt eine besondere Regelung. Die Annahme eines Sachbezugs „Unfallversicherungsschutz" in Form der Beitragsleistung ist hier nicht nur an den Abschluss einer freiwilligen Unfallversicherung durch den Arbeitgeber als Versicherungsnehmer geknüpft, sondern darüber hinaus davon abhängig, dass der Arbeitnehmer den Versicherungsanspruch unmittelbar gegenüber dem Versicherungsunternehmen geltend machen kann. Die Leistungen (Beiträge) des Arbeitgebers sind somit als Sachbezug (Versicherungsschutz) zu werten, der unter die Sachbezugsfreigrenze fällt, wenn nach den vertraglich vereinbarten Unfallversicherungsbedingungen die Versicherungsleistung durch das Versicherungsunternehmen an den Arbeitnehmer auszubezahlen ist. Bei einer freiwilligen Unfallversicherung gilt dies jedoch nur, wenn die Pauschalierung nach § 40b Abs. 3 EStG nicht zum Ansatz kommt.[4] Kann der Arbeitnehmer dagegen die Auskehrung der Versicherungsleistung nur im Innenverhältnis verlangen, liegt ein Lohnzufluss erst bei Eintritt des Versicherungsfalls im Zeitpunkt Auszahlung vor.

Leistungen zur BAV sind kein Sachbezug

Die Finanzverwaltung geht außerdem davon aus, dass bei ⇗ Zukunftssicherungsleistungen (Beiträge zu einer Direktversicherung, Pensionskasse oder einem Pensionsfonds) des Arbeitgebers in den meisten Fällen Barlohn und kein Sachlohn gegeben ist. Die gesetzliche Spezialregelung für die Zuordnung zu den Einnahmen aus nichtselbstständiger Arbeit[5] schließt eine Bewertung dieser Beiträge und Zuwendungen nach den für Sachbezüge geltenden Regeln und damit die Anwendung der Sachbezugsfreigrenze aus.

1 BMF, Schreiben v. 15.3.2022, IV C 5 – S 2334/19/10007 :007, BStBl 2022 I S. 242, Rz. 24f.
2 BFH, Urteil v. 7.6.2018, VI R 13/16, BStBl 2019 II S. 371; BFH, Urteil v. 4.7.2018, VI R 16/17, BStBl 2019 II S. 373.
3 BMF, Schreiben v. 15.3.2022, IV C 5 – S 2334/19/10007 :007, BStBl 2022 I S. 242, Rz. 6.
4 BMF, Schreiben v. 15.3.2022, IV C 5 – S 2334/19/10007 :007, BStBl 2022 I S. 242, Rzn. 7, 29.
5 § 19 Abs. 1 Nr. 3 EStG.

Monatsbezogene Betrachtung

Für die Berechnung der Sachbezugsfreigrenze ist auf den einzelnen Kalendermonat abzustellen. Die Monatsgrenze darf nicht auf einen Jahresbetrag hochgerechnet werden. Mehrere geldwerte Vorteile, die unter die Kleinbetragsregelung fallen, sind zusammenzurechnen, auch soweit der Arbeitgeber von einzelnen Sachleistungen Lohnsteuer einbehält.

Macht der Arbeitgeber dagegen von der im Einzelfall zulässigen Pauschalbesteuerung Gebrauch, sind diese Sachverhalte mit Blick auf die Aufzeichnungserleichterungen ausgeschlossen. Übersteigt der sich danach ergebende Gesamtwert den Betrag von 50 EUR, unterliegen die einzelnen Sachbezüge insgesamt dem Lohnsteuerabzug.

Keine Aufsummierung nicht ausgenutzter Freigrenzen

Die monatsbezogene Betrachtung führt zwar im Ergebnis dazu, dass geldwerte Vorteile von insgesamt 600 EUR im Kalenderjahr steuerfrei bleiben können. Andererseits bringt sie demjenigen Arbeitnehmer Nachteile, der solche Vorteile nicht laufend, sondern als Einmalzuwendung erhält, etwa ein im Wege der ⇗ Barlohnumwandlung finanziertes lohnsteuerpflichtiges Jahres-Jobticket anstelle von monatlichen Fahrausweisen.[6] Ein Zusammenrechnen mit solchen Monaten, in denen die Sachbezugsfreigrenze nicht ausgeschöpft wird, ist nicht zulässig.[7]

Dienstwagenbesteuerung

Die Berechnung des geldwerten Vorteils bei unentgeltlicher oder verbilligter Überlassung eines ⇗ Dienstwagens für private Zwecke beschränkt sich auf 2 Bewertungsverfahren:

- 1-%-Methode oder
- Fahrtenbuch-Methode.

Amtliche Sachbezugswerte für Kost und Unterkunft

Für die Sozialversicherung wird der Wert bestimmter Sachbezüge jährlich durch die Sozialversicherungsentgeltverordnung (SvEV) festgelegt. Im Unterschied zur Einzelbewertung ist der geldwerte Vorteil nicht auf den einzelnen Abgabeort bezogen festzustellen, sondern wird mit dem amtlichen Sachbezugswert angesetzt. Dieses Verfahren dient der Vereinfachung des sozialversicherungsrechtlichen Entgelts. Die in der SvEV festgelegten Werte sind auch für den Lohnsteuerabzug anzuwenden.[8] Dies gilt auch für die Besteuerung von Arbeitnehmern, die nicht der Sozialversicherung unterliegen.

Beispiel

Freie Kost und Unterkunft

Ein Gesellschafter-Geschäftsführer erhält freie Kost und Unterkunft. Der Hotelpreis für die betreffende Suite beträgt monatlich 1.000 EUR.

Ergebnis: Nicht nur die Kost darf mit dem amtlichen Sachbezugswert (2024: 313 EUR monatlich) angesetzt werden, auch für die Unterbringung ist der amtliche Sachbezugswert für den Sachbezug „Unterkunft" (2024: 278 EUR monatlich) maßgebend, weil dem Gesellschafter-Geschäftsführer eine Suite überlassen wird, die keine Wohnung ist.[9]

Eine unzutreffende Besteuerung ist bei Arbeitnehmern, die nicht der gesetzlichen Rentenversicherung unterliegen, nicht mehr zu prüfen. Die Anwendung der ortsüblichen Vergleichsmiete ist auch bei diesem Personenkreis auf den Sachbezug „Wohnung" beschränkt.

Die SvEV regelt abschließend, welche Sachlöhne im Einzelnen begünstigt sind. Außer für Kost und Unterkunft gibt es amtliche Sachbezugswerte nur für die

- arbeitstäglichen Mahlzeiten in der Kantine oder auch
- außerhalb des Arbeitsplatzes, z. B. für Mahlzeiten in Gaststätten.

6 BMF, Schreiben v. 27.1.2004, IV C 5 – S 2000 – 2/04, BStBl 2004 I S. 173, Tz. II.1.
7 H 8.1 LStH.
8 § 8 Abs. 2 Satz 6 EStG.
9 R 8.1 Abs. 6 LStR.

Bewertung nach Durchschnittswerten

Neben den amtlichen Werten der SvEV kann die Verwaltung für bestimmte Sachbezüge weitere Durchschnittswerte festlegen.[1] Beispiele sind

- geldwerte Vorteile aus ↗ Arbeitgeberdarlehen
- ↗ Deputate in der Land- und Forstwirtschaft,
- unentgeltliche oder verbilligte Mitarbeiterflüge bei Fluggesellschaften
- Verköstigungen von Arbeitnehmern auf Schiffen.

Belegschaftsrabatte

Für Personalrabatte liegt eine besonders günstige Bewertungsmethode vor. Bei den Waren oder Dienstleistungen ist der Wert des Sachbezugs mit dem um 4 % geminderten Endpreis anzusetzen (Bewertungsabschlag), zu dem der Arbeitgeber oder der dem Abgabeort nächstansässige Abnehmer die Waren oder Dienstleistungen fremden Endverbrauchern anbietet. Maßgebend sind die Endpreise einschließlich der Umsatzsteuer, die der Arbeitgeber Fremden gegenüber verlangt bzw. die sein Abnehmer von Endverbrauchern fordert.

Der anzusetzende Sachbezugswert ist nur steuerpflichtig, wenn er 1.080 EUR jährlich übersteigt (Rabattfreibetrag). Der Rabattfreibetrag kann nur für Preisnachlässe des arbeitsrechtlichen Arbeitgebers in Anspruch genommen werden. Rabatte, die im Rahmen eines Konzerns die Konzernobergesellschaft einer Tochtergesellschaft gewährt, sind von der Anwendung des Rabattfreibetrags ausgeschlossen (sog. Konzernklausel).[2]

Wichtig

Rabattfreibetrag hat Vorrang vor Einzelbewertung

Die Bewertung von Belegschaftsrabatten hat vorrangig nach § 8 Abs. 3 EStG zu erfolgen. Allerdings haben Arbeitgeber und Arbeitnehmer ein Wahlrecht. Zulässig ist auch die Anwendung des nach § 8 Abs. 2 EStG ermittelten günstigsten Marktpreises im Inland.[3] Dieses Wahlrecht kann der Arbeitnehmer auch noch bei seiner persönlichen Einkommensteuererklärung anwenden, indem er den „günstigsten Marktpreis" seinem Finanzamt nachweist.[4]

Pauschalbesteuerung betrieblicher Sachzuwendungen

Für bestimmte betrieblich veranlasste Sachzuwendungen an Geschäftsfreunde, Kunden, fremde und eigene Arbeitnehmer wird die Pauschalbesteuerung durch den Unternehmer bzw. Arbeitgeber mit einem Pauschsteuersatz von 30 % zugelassen.

Als Bemessungsgrundlage für die Besteuerung der geldwerten Vorteile wird anstelle des üblichen Endpreises auf die Aufwendungen (tatsächlichen Kosten) des Zuwendenden zuzüglich der Umsatzsteuer abgestellt.[5, 6]

Aufzeichnungs- und Bescheinigungspflichten

Getrennte Aufzeichnungen

Bei jeder Lohnabrechnung sind Sachbezüge getrennt vom Barlohn im Lohnkonto aufzuzeichnen. Dasselbe gilt für die einbehaltene Lohnsteuer. Dabei sind die Sachbezüge

- einzeln zu bezeichnen und
- unter Angabe des Abgabetages oder bei laufenden Bezügen des Abgabezeitraums,
- des Abgabeorts und
- des etwa gezahlten Entgelts

mit dem steuerlich maßgebenden, also um Zuzahlungen des Arbeitnehmers gekürzten Wert anzusetzen.

1 § 8 Abs. 2 Satz 8 EStG.
2 BFH, Urteil v. 16.2.2022, VI R 53/18, BFH/NV 2022 S. 587.
3 H 8.2 LStH, „Wahlrecht".
4 BMF, Schreiben v. 16.5.2013, IV C 5 – S 2334/07/0011, BStBl 2013 I S. 729.
5 § 37b Abs. 2 EStG.
6 BMF, Schreiben v. 19.5.2015, IV C 6 – S 2297-b/14/10001, BStBl 2015 I S. 468, Rz. 14.

Achtung

Sachbezüge unter 50 EUR aufzeichnen

Sämtliche Sachbezüge sind im Lohnkonto aufzuzeichnen, und zwar auch dann, wenn sie infolge der Sachbezugsfreigrenze steuerfrei bleiben. Ausnahmen bestehen für steuerfreie geldwerte Vorteile aus der Privatnutzung betrieblicher Telekommunikationsgeräte, Fahrräder oder E-Bikes sowie von betrieblichen Ladestationen und für den steuerfreien Sachbezug von Ladestrom bei Elektrofahrzeugen.[7]

Beispiel

Preisnachlass innerhalb eines Konzerns

Ein Arbeitnehmer ist bei einer Fluggesellschaft beschäftigt, die zu einem Automobilkonzern gehört. Aus der Produktion der Konzernmutter erwirbt er über seinen Arbeitgeber am 16.1.2023 einen Pkw, dessen Endpreis beim Händler am Ort 25.000 EUR beträgt. Seinem Arbeitgeber zahlt er 20.000 EUR.

Ergebnis: Die Differenz von 5.000 EUR ist in vollem Umfang lohnsteuerpflichtig, da die Rabattregelung ausschließlich Waren des arbeitsrechtlichen Arbeitgebers begünstigt. Für Preisvorteile, die durch Konzernunternehmen gewährt werden, darf der Rabattfreibetrag nicht angewendet werden (sog. Konzernklausel). Allerdings kommt der Bewertungsabschlag von 4 % infrage, falls die Firma von der bei Fremdrabatten zulässigen Vereinfachungsregelung Gebrauch macht. Für den Monat Januar ist im Lohnkonto aufzuzeichnen:

Sachbezug Pkw, Abgabe am 16.1.2023, Entgelt 20.000 EUR, Sachwert 25.000 EUR, geldwerter Vorteil 5.000 EUR.

Kennzeichnung als Personalrabatt

Diese Einzelangaben gelten auch für die steuerliche Erfassung von Belegschaftsrabatten. Zusätzlich ist die Eintragung als Personalrabatt kenntlich zu machen und ohne Kürzung um den Rabattfreibetrag aufzuzeichnen. Dadurch wird sichergestellt, dass geldwerte Vorteile aufgrund wiederholter Rabatte dem Lohnsteuerabzug unterliegen, soweit sie im Laufe des Kalenderjahres 1.080 EUR übersteigen. Auf der ↗ Lohnsteuerbescheinigung ist dagegen nur der steuerpflichtige Teil der Sachbezüge zu bescheinigen.

Erleichterte Aufzeichnung

Unter bestimmten Voraussetzungen sind für ↗ Belegschaftsrabatte Aufzeichnungserleichterungen möglich. Der Arbeitgeber muss einen Antrag auf Befreiung von Aufzeichnungspflichten bei seinem ↗ Betriebsstättenfinanzamt stellen.

Beispiel

Preisnachlass für eigene Ware

Ein Warenhaus, dessen Warensortiment von Lebensmitteln über Elektrogeräte bis zu Möbeln reicht, gewährt seinen Beschäftigten auf alle Artikel einen Preisnachlass von 20 %. Sämtliche Arbeitnehmer erhalten jährlich eine Magnetkarte, die einen Rabattfreibetrag von 1.080 EUR aufweist. Beim Kauf wird an der Kasse der gewährte Preisnachlass auf der Magnetkarte registriert und vom Rabattguthaben abgebucht.

Ergebnis: Auf Antrag kann eine Aufzeichnung der Sachbezüge entfallen. Durch betriebliche Regelungen und entsprechende Überwachungsmaßnahmen ist gewährleistet, dass die Beschäftigten des Warenhauses den Freibetrag von 1.080 EUR nicht überschreiten. Auch ohne Überwachungsmaßnahmen kann u. U eine Befreiung von den Aufzeichnungspflichten erteilt werden.

7 § 4 Abs. 2 Nr. 4 LStDV.

Tipp

Antrag auf Befreiung von der Aufzeichnungspflicht

Ist erfahrungsgemäß so gut wie ausgeschlossen, dass nach den betrieblichen Gegebenheiten der Freibetrag von 1.080 EUR im Einzelfall nicht überschritten wird, sind Überwachungsmaßnahmen nicht erforderlich.

Mit dem Befreiungsantrag ist dem Finanzamt glaubhaft zu machen, dass im Hinblick auf die Höhe des Preisnachlasses sowie die Art des Warensortiments der Rabattfreibetrag mit an Sicherheit grenzender Wahrscheinlichkeit nicht ausgeschöpft werden kann.[1]

Sachbezüge Dritter

Die bisherigen Ausführungen behandeln ausschließlich Sachleistungen des arbeitsrechtlichen Arbeitgebers. Steuerpflichtiger Arbeitslohn kann indes auch in der Vorteilsgewährung liegen, die nicht unmittelbar durch den Arbeitgeber erfolgt. Einkaufsvorteile oder andere Preisnachlässe, die der Arbeitnehmer aufgrund seines individuellen Dienstverhältnisses von Dritten erhält, können ebenfalls steuerpflichtig sein. Hierzu rechnen Sachprämien aus Bonusprogrammen, zu denen als bekanntestes Beispiel die Vielfliegerprämien „⇗ Miles & More" zählen.

Entscheidend ist, dass die unentgeltliche oder verbilligte Überlassung von dritter Seite durch das Dienstverhältnis des Arbeitnehmers veranlasst ist.[2]

Nach der Rechtsprechung des BFH liegt bei einer Zuwendung durch einen Dritten Arbeitslohn auch dann vor, wenn der Dritte ein eigenes Interesse an der Vorteilsgewährung hat. Entscheidend ist, dass der Vorteil im Zusammenhang mit dem Arbeitsverhältnis steht und sich für den Arbeitnehmer als Frucht seiner Arbeit für den Arbeitgeber darstellt.[3] Preisnachlässe, die ein Automobilhersteller den Mitarbeitern eines Zulieferers gewährt, sind unter dieser Voraussetzung lohnsteuerpflichtiger Drittlohn.

Die Finanzgerichte verlangen teilweise für die Annahme von Arbeitslohn bei Drittrabatten darüber hinaus, dass mit dem Preisnachlass die für den Arbeitgeber erbrachte Arbeitsleistung konkret bezahlt werden soll.[4] Dies ist bei der Weitergabe von Preisnachlässen des Reiseveranstalters an Reisebüroangestellte nicht der Fall.[5] Ebenso kein Arbeitslohn sind Preisnachlässe, die ein Automobilhersteller aufgrund eines mit dem Arbeitgeber abgeschlossenen Großkunden-Rahmenabkommens dessen Außendienstmitarbeitern gewährt. Das FG Rheinland-Pfalz bejaht insoweit ein eigenwirtschaftliches Interesse der Autofirma an der Rabattgewährung. Die Veranlassung der Vorteilsgewährung durch das konkrete Dienstverhältnis, die für eine lohnsteuerpflichtige Sachbezüge von Dritten verlangt wird, tritt damit in den Hintergrund.[6]

Lohnsteuerabzug

Arbeitgeberpflichten

Der Arbeitgeber hat vom steuerpflichtigen Sachbezug die – ggf. pauschale – Lohnsteuer zu erheben. Diese Verpflichtung besteht auch, wenn im Rahmen des Dienstverhältnisses von einem Dritten Sachbezüge gewährt werden und der Arbeitgeber dies weiß oder erkennen kann. Dies gilt z. B. bei verbundenen Unternehmen[7] und wenn der Arbeitgeber an der Verschaffung von Preisvorteilen selbst mitgewirkt hat.

Arbeitnehmerpflichten

Ferner hat der Arbeitnehmer dem Arbeitgeber die von Dritten gewährten Sachbezüge am Ende des jeweiligen Lohnzahlungszeitraums anzugeben. Macht er für den Arbeitgeber erkennbar keine oder unrichtige Angaben, muss der Arbeitgeber dies dem ⇗ Betriebsstättenfinanzamt anzeigen.

1 R 41.1 Abs. 3 LStR.
2 BMF, Schreiben v. 20.1.2015, IV C 5 – S 2360/12/1002, BStBl 2015 I S. 143.
3 BFH, Urteil v. 16.2.2022, VI R 53/18, BFH/NV 2022 S. 587.
4 FG Hamburg, Urteil v. 29.11.2017, 1 K 111/16; FG Köln, Urteil v. 11.10.2018, 7 K 2053/17.
5 FG Düsseldorf, Urteil v. 21.12.2016, 5 K 2504/14 E.
6 FG Rheinland-Pfalz, Urteil v. 9.9.2020, 2 K 1690/18.
7 § 15 AktG.

Ausgleich von Fehlbeträgen

Der Arbeitnehmer hat dem Arbeitgeber den Betrag der zu erhebenden Lohnsteuer zu zahlen, wenn

- der Arbeitslohn teils aus Barlohn, teils aus Sachbezügen besteht und der Barlohn zur Entrichtung der Lohnsteuer nicht ausreicht, oder
- der Arbeitslohn nur aus Sachbezügen besteht.

Unterlässt der Arbeitnehmer die erforderliche Zuzahlung, so hat der Arbeitgeber einen entsprechenden Teil der Sachbezüge zurückzubehalten und die Lohnsteuer abzuführen. Kann der Arbeitgeber den Fehlbetrag nicht durch Zurückhaltung von Sachbezügen aufbringen, so hat er dies dem Betriebsstättenfinanzamt anzuzeigen.

Umsatzsteuer – Schnittstelle zwischen Lohn- und Finanzbuchhaltung

Sachbezüge, die der Arbeitnehmer von seinem Arbeitgeber erhält, haben auch umsatzsteuerrechtliche Auswirkungen. Es kann z. B. sein, dass ein Sachbezug im Rahmen der Freigrenze von 50 EUR lohnsteuerfrei bleibt, aber Umsatzsteuer auslöst. Der Umsatzsteuer unterliegen sämtliche Lieferungen und sonstige Leistungen, die ein Unternehmen gegenüber seinen Mitarbeitern gegen Entgelt erbringt. Dabei kann das Entgelt auch in einer arbeitsvertraglich vereinbarten Arbeitsleistung bestehen. Deshalb sind die von der Lohnbuchhaltung erfassten Sachzuwendungen auch der Finanzbuchhaltung zugänglich zu machen, um eine zutreffende umsatzsteuerliche Erfassung zu gewährleisten.

Bemessungsgrundlage ist das vereinbarte Entgelt. Steuerbefreiungen wie die Sachbezugsfreigrenze oder der Rabattfreibetrag von 1.080 EUR bleiben dabei unberücksichtigt.

Wichtig

Keine Umsatzsteuer bei Aufmerksamkeiten

⇗ Aufmerksamkeiten und Leistungen im ganz überwiegend betrieblichen Interesse des Arbeitgebers sind kein Arbeitslohn und damit lohnsteuerfrei. Hierunter fallen insbesondere

- Geschenke aus persönlichem Anlass des Arbeitnehmers, wenn deren Wert 60 EUR nicht überschreitet,
- Zuwendungen anlässlich einer ⇗ Betriebsveranstaltung, wenn die Zuwendungen nicht mehr als 110 EUR[8, 9] teilnehmendem Arbeitnehmer betragen.

Diese Sachleistungen, die lohnsteuerlich kein Arbeitslohn sind, können zu keinem umsatzsteuerbaren Leistungsaustausch führen und bleiben damit auch bei der Umsatzsteuer außer Ansatz.[10]

Kein Vorsteuerabzug bei Geschenken für private Zwecke

Gewährt der Arbeitgeber dem Arbeitnehmer Sachleistungen, ohne dass ein gesondertes Entgelt oder eine anteilige Arbeitsleistung hierfür berechnet wird, liegt zwar kein Leistungsaustausch vor, aber eine umsatzsteuerlich relevante unentgeltliche Wertabgabe

- i. S. d. § 3 Abs. 1b UStG (Zuwendung eines Gegenstands) oder
- i. S. d. § 3 Abs. 9a Nr. 1 UStG (unternehmensfremde Verwendung von Gegenständen des Unternehmensvermögens).

Diese beiden Fallgruppen werden im Umsatzsteuerrecht den entgeltlichen Lieferungen und sonstigen Leistungen gleich gestellt und unterliegen damit der Umsatzsteuer. Die Gleichstellung mit einer entgeltlichen Lieferung ist gesetzlich aber nur dort geboten, wo das Unternehmen für den Einkauf Vorsteuer abziehen konnte.

Eine Ausnahme gilt dann, wenn das Unternehmen für die Eingangsumsätze keinen Vorsteuerabzug geltend machen kann. Der Arbeitgeber kann für den Einkauf von Sachgeschenken keinen Vorsteuerabzug vornehmen, wenn diese für den Privatgebrauch des Arbeitnehmers bestimmt sind. Die Eingangsleistung erfolgt nicht an das Unternehmen des Arbeitgebers, da von vornherein eine Verwendung für betriebsfrem-

8 § 19 Abs. 1 Nr. 1a EStG.
9 Das Gesetzgebungsverfahren, das eine Änderung des Werts vorsieht, ist noch nicht abgeschlossen. Ggf. wird eine Änderung im Laufe des Jahres 2024 folgen.
10 Abschn. 1.8 Abs. 3, 4 UStAE i. V.m. R 19.6, 19.3 LStR.

de Zwecke vorgesehen ist. Erfolgt die Eingangsleistung unmittelbar für die Erbringung einer unentgeltlichen Wertabgabe, ist der Vorsteuerabzug ausgeschlossen. Gleichzeitig ist bei der Abgabe an den Arbeitgeber keine umsatzsteuerbare Wertabgabe anzusetzen, die zur Umsatzsteuer führt.

Sozialversicherung

Freie Verpflegung

Die Werte für Verpflegung werden nach den jeweils zu erwartenden Preissteigerungsraten fortgeschrieben. Der Wert der als Sachbezug zur Verfügung gestellten Verpflegung beträgt für das Jahr 2024 bundesweit monatlich 313 EUR (2023: 288 EUR).[1]

Wird Verpflegung nur teilweise zur Verfügung gestellt, sind

- für das Frühstück 65 EUR (2023: 60 EUR),
- für das Mittagessen 124 EUR (2023: 114 EUR) und
- für das Abendessen 124 EUR (2023: 114 EUR)

als monatlicher Wert festgesetzt.

Verpflegung für Familienangehörige, die nicht bei demselben Arbeitgeber beschäftigt sind

Sofern dem Beschäftigten Verpflegung auch für Familienangehörige, die nicht bei demselben Arbeitgeber beschäftigt sind, gewährt wird, erhöht sich der Verpflegungssatz für Familienangehörige,

- die das 18. Lebensjahr vollendet haben, um 100 % (= 313 EUR; 2023: 288 EUR),
- die das 14., aber noch nicht das 18. Lebensjahr vollendet haben, um 80 % (= 250,40 EUR; 2023: 230,40 EUR),
- die das 7., aber noch nicht das 14. Lebensjahr vollendet haben, um 40 % (= 125,20 EUR; 2023: 115,20 EUR),
- die das 7. Lebensjahr noch nicht vollendet haben, um 30 % (= 93,90 EUR; 2023: 86,40 EUR).

Bei der Berechnung des Werts für Verpflegung bleibt das Lebensalter des Familienangehörigen im ersten ⇗ Entgeltabrechnungszeitraum des Kalenderjahres für das ganze Jahr maßgebend.

Wenn die Verpflegung nicht für einen vollen Monat zur Verfügung gestellt wird, ist der anteilige Wert zu errechnen. Dabei wird die letzte Dezimalstelle um 1 erhöht, wenn sich in der folgenden Dezimalstelle eine der Zahlen 5 bis 9 ergibt.

Beispiel

Sachbezugswerte für Teilmonate

In einer Beschäftigung besteht im Mai 2024 für 19 Tage Beitragspflicht. Der Arbeitgeber gewährt freie Verpflegung im Wert von 313 EUR monatlich.

Ergebnis:

313 EUR : 30 = 10,43 EUR

19 × 10,43 EUR = 198,17 EUR

Als beitragspflichtiger Sachbezug für den Zeitraum von 19 Kalendertagen ist der Betrag von 198,17 EUR maßgebend.

Freie Unterkunft

Die Werte für Unterkunft werden ebenfalls nach den jeweils zu erwartenden Preissteigerungsraten fortgeschrieben. Der Wert der als Sachbezug zur Verfügung gestellten Unterkunft beträgt für das Jahr 2024 bundesweit monatlich 278 EUR (2023: 265 EUR).[2]

Er vermindert sich

- bei Aufnahme des Beschäftigten in den Haushalt des Arbeitgebers oder bei Unterbringung in einer Gemeinschaftsunterkunft um 15 % (= 236,30 EUR; 2023: 225,25 EUR),
- für Jugendliche bis zur Vollendung des 18. Lebensjahres und Auszubildende um 15 % (= 236,30 EUR; 2023: 225,25 EUR),
- bei der Belegung mit
  - 2 Beschäftigten um 40 % (= 166,80 EUR; 20: 159 EUR),
  - 3 Beschäftigten um 50 % (= 139 EUR; 2023: 132,50 EUR),
  - mehr als 3 Beschäftigten um 60 % (= 111,20 EUR; 2023: 106 EUR).

Eine Aufnahme in den Arbeitgeberhaushalt liegt vor, wenn der Arbeitnehmer sowohl in die Wohnungs- als auch in die Verpflegungsgemeinschaft des Arbeitgebers aufgenommen wird. Gemeinschaftsunterkünfte sind typischerweise z. B. Lehrlingswohnheime, Schwesternwohnheime u. Ä.

Wichtig

Im Einzelfall ortsübliche Miete ansetzen

Wäre es nach Lage des Einzelfalls unbillig, den Wert der Unterkunft nach den vorstehenden Werten zu bestimmen, kann die Unterkunft auch mit dem ortsüblichen Mietpreis bewertet werden.

Wohnung

Der Sachbezug Wohnung ist grundsätzlich mit dem ortsüblichen Mietpreis zu bewerten.

Im Steuerrecht bleibt ein geldwerter Vorteil außer Ansatz, wenn der Mietpreis des Arbeitnehmers mindestens 2/3 des ortsüblichen Mietpreises beträgt. Seit dem 1.1.2021 gilt die steuerrechtliche Regelung auch im Hinblick auf die Entgelteigenschaft in der Sozialversicherung.

Diese seit 2020 geltende Regelung wurde zunächst nicht für die Sozialversicherung übernommen. Die verbilligte Überlassung einer Wohnung stellte im Kalenderjahr 2020 daher in Höhe des Differenzbetrages zwischen dem ortsüblichen Mietpreis und dem vom Arbeitnehmer zu zahlendem Mietpreis in voller Höhe Arbeitsentgelt dar.

Für Wasser, Energie und sonstige Nebenkosten ist der am Abgabeort maßgebliche Preis maßgebend.

Verbilligte Verpflegung und Unterkunft

Werden Verpflegung oder Unterkunft als verbilligter Sachbezug gewährt, ist der Unterschiedsbetrag zwischen dem vereinbarten Preis und dem Wert, der sich aus der Sozialversicherungsentgeltverordnung ergibt, dem Arbeitsentgelt zuzurechnen.

Sonstige Sachbezüge

Bei anderen Sachbezügen als Verpflegung, Unterkunft oder Wohnung ist als Wert für diese Sachbezüge der um übliche Preisnachlässe geminderte übliche Endpreis am Abgabeort anzusetzen. Sind allerdings Durchschnittswerte nach § 8 Abs. 2 Satz 10 EStG festgestellt, sind diese maßgebend. Sofern der ermittelte ⇗ geldwerte Vorteil insgesamt 50 EUR im Monat nicht übersteigt, bleibt er beitragsrechtlich außer Ansatz. Dies gilt jedoch nur, soweit es sich bei den Zuwendungen in steuerlicher Hinsicht nicht um Barlohn, sondern um Sachlohn handelt.

Belegschaftsrabatte

Eine Sonderregelung besteht für ⇗ Belegschaftsrabatte. Der geldwerte Vorteil bleibt steuer- und beitragsfrei, wenn die Rabatte nicht übermäßig sind und allen Arbeitnehmern gleich hoch gewährt werden. Als geldwerter Vorteil ist pro Kalenderjahr der 1.080 EUR übersteigende Unterschiedsbetrag zwischen dem Kaufpreis, den der Arbeitnehmer zu entrichten hat, und dem um 4 % gekürzten Preis anzusetzen, der im allgemeinen Geschäftsverkehr zu erzielen ist. Der übersteigende Betrag unterliegt der Beitragspflicht.

1 § 2 Abs. 1 SvEV.
2 § 2 Abs. 3 SvEV.

Sachzuwendungen von Dritten

Wird die Sachzuwendung an Arbeitnehmer fremder Unternehmen gewährt, liegt eine ⇗ Lohnzahlung durch Dritte vor. Dies hat zur Folge, dass der tatsächliche Arbeitgeber des betreffenden Arbeitnehmers zur Berechnung und Abführung der aus der Sachzuwendung resultierenden Gesamtsozialversicherungsbeiträge verpflichtet ist[1] und zwar ungeachtet der Tatsache, dass er die Sachzuwendung gar nicht gewährt hat.

Pauschale Versteuerung von Sachbezügen

Bei der Gewährung von Sachbezügen ergeben sich unterschiedliche Möglichkeiten für eine Pauschalversteuerung durch den Arbeitgeber. Bei einer Pauschalversteuerung nach den folgenden Vorschriften können sich Auswirkungen in der Sozialversicherung ergeben:

- § 37a EStG
- § 37b EStG
- § 40 Abs. 1 Satz 1 Nr. 1 EStG
- § 40 Abs. 2 EStG

SV-Beiträge bei pauschaler Versteuerung nach § 37a EStG

Nach der Vorschrift des § 37a EStG können Sachprämien unter bestimmten Voraussetzungen pauschal versteuert werden. Für die Sozialversicherung bestimmt § 1 Abs. 1 Satz 1 Nr. 13 SvEV, dass die pauschalversteuerten Sachprämien kein zur Sozialversicherung beitragspflichtiges Arbeitsentgelt darstellen. Dabei spielt es keine Rolle, ob

- die Sachprämie eigenen Mitarbeitern oder
- Arbeitnehmern von Geschäftsfreunden (also fremden Arbeitnehmern)

gewährt wird. Dies gilt für die einen Wert von 1.080 EUR im Kalenderjahr übersteigenden Beträge. Prämien bis zu diesem Grenzwert sind ohnehin nach § 3 Nr. 38 EStG steuerfrei und damit nach § 1 Abs. 1 Satz 1 Nr. 1 SvEV beitragsfrei.

SV-Beiträge bei pauschaler Versteuerung nach § 37b EStG

Pauschale Versteuerung nach § 37b Abs. 1 EStG

Für die sozialversicherungsrechtliche Beurteilung von Sachzuwendungen sieht § 1 Abs. 1 Satz 1 Nr. 14 SvEV vor, dass diese bei einer Pauschalversteuerung nach § 37b Abs. 1 EStG kein Arbeitsentgelt zur Sozialversicherung darstellen. Diese Sachzuwendungen sind damit beitragsfrei. Die Arbeitnehmer dürfen aber nicht Arbeitnehmer eines mit dem Zuwendenden verbundenen Unternehmens sein.

Pauschale Versteuerung nach § 37b Abs. 2 EStG

Aus den Ausführungen oben folgt, dass für Konzernmitarbeiter solche pauschal versteuerten Sachzuwendungen beitragspflichtig sind. Dies gilt ebenso für die eigenen Mitarbeiter des die Sachzuwendung gewährenden Unternehmens. Die Möglichkeit der Pauschalversteuerung für eigene Arbeitnehmer ergibt sich aus § 37b Abs. 2 EStG und wird von der Regelung in der SvEV nicht erfasst.

SV-Beiträge bei pauschaler Versteuerung nach § 40 Abs. 1 Satz 1 Nr. 1 EStG

Die Vorschrift des § 40 Abs. 1 Satz 1 Nr. 1 EStG ermöglicht unter bestimmten Voraussetzungen die Pauschalversteuerung von sonstigen Bezügen. Diese pauschalversteuerten sonstigen Bezüge sind kein Arbeitsentgelt in der Sozialversicherung, wenn es sich nicht um einmalig gezahltes Arbeitsentgelt nach § 23a SGB IV handelt. Sonstige Sachbezüge gelten dabei nach § 23a Abs. 1 Satz 1 Nr. 3 SGB IV nicht als einmalig gezahltes Arbeitsentgelt, wenn sie monatlich gewährt werden.

Damit die Vorschrift angewendet werden kann, bedarf es eines Sachbezugs, der i. S. d. Steuerrechts einen sonstigen Bezug darstellt, aber monatlich gewährt wird. Diese Kombination wird nur selten erfüllt sein.

Pauschalversteuerung von Belegschaftsrabatten

Sofern der Arbeitgeber die Pauschalversteuerung nach dieser Vorschrift für Belegschaftsrabatte durchführt, hat er für die Sozialversicherung die Möglichkeit, dem einzelnen Arbeitnehmer den Durchschnittswert der insgesamt pauschal versteuerten Belegschaftsrabatte zuzuordnen.

Da der Durchschnittswert allerdings den tatsächlich erhaltenen geldwerten Vorteil im Einzelfall erheblich übersteigen kann, setzt die Anwendung der Vereinfachungsregel voraus, dass der Arbeitgeber insoweit auch den ⇗ Arbeitnehmeranteil an den Beiträgen übernimmt. Die eigentlich vom Arbeitnehmer zu tragenden Beiträge führen nicht zur Erhöhung des Arbeitsentgelts. Die mit einem Durchschnittswert angesetzten Sachbezüge gelten als einmalige Einnahme und werden für die Beitragsberechnung dem letzten Entgeltabrechnungszeitraum des Kalenderjahres, in dem die Belegschaftsrabatte angefallen sind, zugeordnet.[2]

SV-Beiträge bei pauschaler Versteuerung nach § 40 Abs. 2 EStG

Nach § 40 Abs. 2 EStG können bestimmte Bezüge unter bestimmten Voraussetzungen pauschal versteuert werden. Dazu zählen z. B. ⇗ Mahlzeiten oder Zuwendungen aus Anlass von ⇗ Betriebsveranstaltungen. Werden entsprechende Sachbezüge nach dieser Vorschrift pauschal versteuert, stellen sie kein Arbeitsentgelt i. S. d. Sozialversicherung dar.

Zeitpunkt der Pauschalversteuerung

Die Einnahmen nach

- § 37a EStG (Sachprämien),
- § 40 Abs. 1 Satz 1 Nr. 1 EStG (sonstige Bezüge) und
- § 40 Abs. 2 EStG (u. a. Mahlzeiten)

sind nur dann nicht dem Arbeitsentgelt zuzurechnen, soweit diese vom Arbeitgeber oder von einem Dritten mit der Entgeltabrechnung für den jeweiligen Abrechnungszeitraum pauschal besteuert werden.[3]

Achtung

Korrektur der beitragsrechtlichen Behandlung

Die beitragsrechtliche Behandlung kann noch so lange korrigiert werden, bis die ⇗ Lohnsteuerbescheinigung für das jeweilige Jahr an das Finanzamt abgeschickt wurde. Das muss spätestens bis zum letzten Tag des Monats Februar des Folgejahres erfolgen.[4]

Dies gilt, wenn die Entgeltbestandteile vom Arbeitgeber

- zunächst beitragspflichtig behandelt oder unzutreffend als steuer- und beitragsfrei beurteilt wurden und
- er die zulässige, zur Beitragsfreiheit führende, Pauschalbesteuerung noch bis zur Ausstellung der Lohnsteuerbescheinigung, also längstens bis zum letzten Tag des Monats Februar des Folgejahres, vornimmt.

Beispiel

Pauschalbesteuerung erfolgt nicht im Monat der Zuwendung

Der Arbeitgeber stellt seinem Arbeitnehmer die Fahrkarte für eine Urlaubsreise im Mai kostenlos zur Verfügung. Der geldwerte Vorteil beträgt 130 EUR. Der Arbeitgeber behandelt diese Zuwendung als steuerpflichtige Einnahme und entrichtet entsprechend auch Sozialversicherungsbeiträge.

Im November entscheidet er sich, diese Einnahme als Erholungsbeihilfe nach § 40 Abs. 2 EStG pauschal zu besteuern. Er berichtigt die im Mai vorgenommene steuerliche Behandlung entsprechend.

Ergebnis: Die im Mai entrichteten Sozialversicherungsbeiträge für die Erholungsbeihilfe sind zu erstatten bzw. werden vom Arbeitgeber verrechnet.

Erfolgt die Pauschalbesteuerung durch den Arbeitgeber erst nach der Ausstellung der Lohnsteuerbescheinigung für das betreffende Kalen-

1 § 28e Abs. 1 SGB IV.

2 § 3 Abs. 3 SvEV.

3 § 1 Abs. 1 Satz 2 SvEV.

4 § 41b Abs. 1 Satz 2 EStG i. V. m. § 93c Abs. 1 Nr. 1 AO.

derjahr, ist keine Beitragserstattung bzw. -verrechnung mehr zulässig. Hätte der Arbeitgeber im Mai die Zahlung irrtümlich als steuer- und sozialversicherungsfreie Einnahme behandelt, wären bei einer Pauschalbesteuerung nach der Ausstellung der Lohnsteuerbescheinigung die Sozialversicherungsbeiträge nachzuentrichten.

Beispiel

Pauschalbesteuerung im Rahmen einer Lohnsteuer-Außenprüfung

Der Arbeitgeber veranstaltet im August ein Sommerfest. Die Zuwendungen an die Arbeitnehmer betragen jeweils 200 EUR. Der Arbeitgeber belässt diesen Betrag steuer- und beitragsfrei. Im Sommer des folgenden Kalenderjahres wird dies vom Lohnsteuer-Außenprüfer beanstandet. Der den Steuerfreibetrag übersteigenden Teil der Zuwendung i. H. v. 90 EUR wird pauschal nach § 40 Abs. 2 Satz 1 Nr. 2 EStG versteuert.

Ergebnis: 90 EUR pro Arbeitnehmer sind beitragspflichtiges Arbeitsentgelt. Die Korrektur erfolgte nicht selbst durch den Arbeitgeber. Unabhängig davon war auch der Zeitpunkt für eine mögliche Korrektur durch den Arbeitgeber verstrichen.

Beispiel

Zuwendungen aus Anlass von mehreren Betriebsveranstaltungen

Der Arbeitgeber veranstaltet im Februar ein Winterfest. Die Kosten betragen pro Teilnehmer 20 EUR, die er als steuer- und beitragsfreie Zuwendung abrechnet. Das im Juli stattfindende Sommerfest, dessen Kosten pro Teilnehmer 80 EUR betragen, rechnet er ebenfalls als steuer- und beitragsfreie Zuwendung ab. Im Dezember veranstaltet der Arbeitgeber ein Weihnachtsfest, die Kosten dafür betragen pro Teilnehmer 100 EUR.

Ergebnis: Für die Arbeitnehmer, die bereits im Februar und Juli am Winter- und Sommerfest teilgenommen haben, bleibt für die Zuwendung im Rahmen des Weihnachtsfestes neben der individuellen Versteuerung nur die Möglichkeit der Pauschalversteuerung. Der Arbeitgeber kann auch rückwirkend die Kosten für das Winterfest im Februar pauschal besteuern und die Kosten des Weihnachtsfestes im Dezember steuerfrei belassen. Nimmt er diese Abwicklung bis zur Ausstellung der Lohnsteuerbescheinigung, also spätestens bis Ende Februar des folgenden Kalenderjahres vor, bleiben die Zuwendungen der 3 Betriebsveranstaltungen beitragsfrei.

Pauschalbesteuerte Sachzuwendungen nach § 37b Abs. 1 EStG

Für die nach § 37b Abs. 1 EStG pauschal besteuerten Sachzuwendungen ist kein zeitlicher Zusammenhang zwischen dem Monat der Entgeltabrechnung und der Pauschalversteuerung erforderlich.

Sachprämie

Sachprämien werden Arbeitnehmern insbesondere vor dem Hintergrund besonderer Leistungen einzelner oder bestimmter Leistungsgruppen gewährt. Eine ebenfalls weit verbreitete Form der Sachprämie ist die Prämie für den Verbesserungsvorschlag.

In jedem Fall gelten Sachprämien als Sachzuwendungen i. S. d. Einkommensteuerrechts und unterliegen in voller Höhe sowohl der Lohnsteuer als auch der Beitragspflicht in der Sozialversicherung.

Erhält der Arbeitnehmer Sachprämien im Zusammenhang mit Kundenbindungsprogrammen, kann der Rabattfreibetrag von 1.080 EUR angewendet werden. Übersteigt der Wert der Prämie den Rabattfreibetrag, besteht für den Zuwendenden die Möglichkeit der Lohnsteuerpauschalierung.

Bei Sachprämien vom Arbeitgeber kann auch der Rabattfreibetrag von 1.080 EUR angesetzt werden, wenn es sich bei der Sache um einen Gegenstand handelt, den der Arbeitgeber normalerweise an fremde Dritte veräußert.

Gesetze, Vorschriften und Rechtsprechung

Lohnsteuer: Die Steuerpflicht ergibt sich aus § 19 Abs. 1 Satz 1 Nr. 1 EStG. Zur Anwendung des Rabattfreibetrags s. § 8 Abs. 3 EStG. Die Steuerfreiheit von Sachprämien bei Kundenbindungsprogrammen bis 1.080 EUR ist geregelt in § 3 Nr. 38 EStG.

Sozialversicherung: Die Beitragspflicht in der Sozialversicherung ergibt sich aus § 14 Abs. 1 Satz 1 SGB IV. Die Beitragsfreiheit bei Anwendung des Rabattfreibetrags ergibt sich aus § 1 Absatz 1 Satz 1 Nr. 1 SvEV.

Entgelt	LSt	SV
Sachprämien	pflichtig	pflichtig
Sachprämien bis 1.080 EUR aus Kundenbindungsprogrammen	frei	frei

Saisonarbeitskraft

Für Saisonarbeitskräfte, die aus dem Ausland kommen, gibt es eine Reihe von Sonderregelungen in der Sozialversicherung. Die Auswirkungen sind unterschiedlich, je nach dem Herkunftsland des Arbeitnehmers. Ein Saisonarbeitnehmer ist ein Arbeitnehmer, der vorübergehend für eine versicherungspflichtige, auf bis zu 8 Monate befristete Beschäftigung in die Bundesrepublik Deutschland gekommen ist, um mit seiner Tätigkeit einen jahreszeitlich bedingten jährlich wiederkehrenden erhöhten Arbeitskräftebedarf des Arbeitgebers abzudecken.

Lohnsteuerlich ergibt sich regelmäßig eine beschränkte Steuerpflicht, ggf. kommt auch eine Pauschalbesteuerung in Betracht.

Gesetze, Vorschriften und Rechtsprechung

Lohnsteuer: Die regelmäßig beschränkte Steuerpflicht von Saisonarbeitskräften richtet sich nach § 1 Abs. 4 EStG. Grundlage für die Erhebung der besonderen Lohnsteuer von 5 % ist § 40a Abs. 3 EStG. Dort sind der Begriff „Aushilfskraft" sowie die typischen land- oder forstwirtschaftlichen Arbeiten beschrieben.

Sozialversicherung: Grundsätzlich gelten für Saisonarbeitskräfte die üblichen Regelungen zur Sozialversicherungspflicht und -freiheit. Bei Saisonarbeitskräften aus den EWR-Staaten (EU-Staaten sowie Island, Liechtenstein, Norwegen) und der Schweiz sind die Bestimmungen der EG-Verordnung 883/2004. Dabei handelt es sich jedoch nicht um spezifische Vorschriften für Saisonarbeitskräfte. Die Vorschriften gelten für alle Arbeitnehmer, die sich innerhalb der EU bewegen. Bei Arbeitnehmern aus Staaten, mit denen ein bilaterales Sozialversicherungsabkommen besteht, sind ggf. diese bilateralen Regelungen zu beachten. Sonderregelungen bestehen hinsichtlich des Meldeverfahrens und der sog. obligatorischen Anschlussversicherung.

Lohnsteuer

Beschränkte Steuerpflicht

Ausländische Arbeitnehmer, die vorübergehend in Deutschland tätig sind, sind beschränkt steuerpflichtig, wenn sie keinen Wohnsitz in Deutschland haben und sich auch nicht länger als 6 Monate hier aufhalten. In diesen Fällen muss der Arbeitslohn, der auf die in Deutschland ausgeübte Tätigkeit entfällt, in Deutschland versteuert werden. Dies geschieht durch den Lohnsteuerabzug vom Arbeitslohn. Damit ist der deutsche Steueranspruch grundsätzlich abgegolten.

Lohnsteuerabzug

Für den Lohnsteuerabzug durch den Arbeitgeber gelten die allgemeinen Vorschriften. Er muss die Lohnsteuer für den jeweiligen Lohnzahlungszeitraum nach der entsprechenden Tabelle (Tages-, Wochen- oder Monatstabelle) einbehalten.

Auch für Saisonarbeitskräfte können die ⇗ ELStAM in vielen Fällen elektronisch abgerufen werden. Hierzu benötigen die Arbeitgeber allerdings die Identifikationsnummer (IdNr) ihrer Arbeitnehmer. Sie ist direkt beim Betriebsstättenfinanzamt des Arbeitgebers zu beantragen. Die Zuteilung einer IdNr kann auch der Arbeitgeber beantragen, wenn ihn der Arbeitnehmer dazu bevollmächtigt. Nach dem Abruf hat der Arbeitgeber die Lohnsteuerabzugsmerkmale für beschränkt einkommensteuerpflichtige Arbeitnehmer entsprechend dem Verfahren bei Inländern im ELStAM-Verfahren anzuwenden.[1]

Bei den nicht meldepflichtigen Arbeitnehmern werden dem Arbeitgeber allerdings nur die Steuerklassen I (Hauptarbeitsverhältnis) oder VI (Nebenarbeitsverhältnis) bereitgestellt.

Eine Bereitstellung von ELStAM ist bisher noch nicht möglich, wenn Freibeträge im Lohnsteuerabzugsverfahren berücksichtigt werden sollen. Daher bleibt es für diesen Personenkreis zunächst bei der Ausstellung einer (papierbasierten) Bescheinigung.

Bei Eintragung eines Freibetrags ist die Abgabe einer Steuererklärung zwingend, wenn der in Deutschland verdiente Arbeitslohn die Pflichtveranlagungsgrenze i. H. v. 12.174 EUR (2022: 13.150 EUR)[2] übersteigt.

Beispiel

Polnischer Saisonarbeiter in Deutschland

Ein Saisonarbeiter aus Polen arbeitet vom 2.4.-29.6. auf einem Erdbeerfeld in Deutschland und erhält einen Bruttolohn von 6.000 EUR.

Ergebnis: Der Saisonarbeiter hält sich nur 3 Monate in Deutschland auf und ist somit beschränkt steuerpflichtig. Eine Bescheinigung seines polnischen Finanzamts über die Höhe seiner Einkünfte legt er nicht vor. Daher führt der Arbeitgeber Lohnsteuer nach der Steuerklasse I an das Finanzamt ab. Nach Ablauf des Jahres beantragt der Saisonarbeiter eine Veranlagung zur Einkommensteuer. Bei einem Jahresarbeitslohn von 6.000 EUR, von dem in der Veranlagung noch u. a. der Arbeitnehmer-Pauschbetrag von 1.230 EUR abgezogen wird, ergibt sich eine Einkommensteuer von 0 EUR. Er erhält die gezahlte Lohnsteuer komplett zurück.

Freiwillige Steuererklärung für EU/EWR-Bürger

Für EU-Bürger ist auch eine Veranlagung auf Antrag möglich. Sie führt zur Anwendung der Jahrestabelle und damit in vielen Fällen zur Erstattung der gezahlten Lohnsteuer.

Tipp

Unbeschränkte Steuerpflicht für Saisonarbeitskräfte auf Antrag

Beschränkt steuerpflichtige Arbeitnehmer, die einen Großteil ihres Jahreseinkommens in Deutschland erzielen (mindestens 90 %), können sich auf Antrag wie unbeschränkt Steuerpflichtige behandeln lassen und so in den Genuss personenbezogener Vorteile kommen. Dazu gehört auch die Möglichkeit der Beantragung von Kindergeld für die Monate der Tätigkeit. Der Antrag auf unbeschränkte Steuerpflicht kann bereits für das Lohnsteuerabzugsverfahren beim Betriebsstättenfinanzamt des Arbeitgebers gestellt werden. Erforderlich ist ein Nachweis über die Höhe der ausländischen Einkünfte durch die ausländische Steuerbehörde. In diesen Fällen ist später zwingend eine Steuererklärung abzugeben. Auch in diesen Fällen ist eine Einbeziehung in die ELStAM noch nicht möglich. Es bleibt beim bisherigen Antragsverfahren auf Erteilung einer Bescheinigung für den Lohnsteuerabzug.

1 BMF, Schreiben v. 7.11.2019, IV C 5 – S 2363/19/10007 :001, BStBl 2019 I S. 1087.
2 Summe aus Grundfreibetrag, Arbeitnehmer-Pauschbetrag und Sonderausgaben-Pauschbetrag nach § 46 Abs. 2 Nr. 4 EStG.

Erheben mehrere Staaten für denselben Arbeitslohn Anspruch auf Besteuerung, müssen Besonderheiten der jeweiligen DBA beachtet werden.[3]

Lohnsteuerpauschalierung

Alternativ besteht in vielen Fällen die Möglichkeit zur Pauschalierung der Lohnsteuer. Für Saisonarbeiter in der Land- und Forstwirtschaft kann der Arbeitslohn mit 5 % pauschaliert werden.[4] Die Pauschalierung ist aber nur zulässig, wenn die Aushilfskraft

- in einem land- und forstwirtschaftlichen Betrieb tätig ist,
- ausschließlich typische land- und forstwirtschaftliche Tätigkeiten ausübt,
- nicht mehr als 180 Tage im Kalenderjahr für den Arbeitgeber tätig wird,
- keine land- und forstwirtschaftliche Fachkraft ist,
- nur Arbeiten ausführt, die nicht ganzjährig anfallen und
- der Stundenlohn 19 EUR[5] (bis 2022: 15 EUR) nicht übersteigt.

Die Pauschalsteuer wird i. d. R. vom Arbeitgeber getragen, kann aber auf den Saisonarbeiter abgewälzt werden.

Für Aushilfskräfte und ⇗ Teilzeitbeschäftigte außerhalb der Land- und Forstwirtschaft kann unter bestimmten Voraussetzungen die Lohnsteuer mit 25 % (bei kurzfristiger Beschäftigung), 20 % oder 2 % (bei geringfügig entlohnter Beschäftigung) pauschaliert werden.

Steuerfreie Kost und Logis

Da Saisonarbeiter in der betrieblichen Einrichtung ihres Arbeitgebers eine erste Tätigkeitsstätte haben, kann der Arbeitgeber etwaige Auslösungen nach den Grundsätzen einer ⇗ doppelten Haushaltsführung steuerfrei ersetzen. Damit kann die Unterkunft lohnsteuerfrei gewährt werden. In den ersten 3 Monaten stehen dem Saisonbeschäftigten steuerfreie Verpflegungspauschalen zu (sog. 3-Monatsfrist). Diese sind aber bei Gestellung von Mahlzeiten ggf. bis auf 0 EUR zu kürzen. Soweit keine doppelte Haushaltsführung vorliegt und/oder die 3-Monatsfrist überschritten ist, handelt es sich bei der unentgeltlichen Mahlzeitengestellung gegenüber den ausländischen Saisonarbeitskräften um Arbeitslohn, der mit dem jeweiligen Sachbezugswert anzusetzen ist.[6]

Sozialversicherung

Saisonbeschäftigungen von ausländischen Arbeitnehmern

Ausländische Saisonarbeitskräfte aus den EWR-Staaten

Für ausländische Arbeitskräfte aus EWR-Staaten gelten die Regelungen der EU-Verordnungen. Danach ist für die Sozialversicherung immer nur ein Staat zuständig. Bei Arbeitnehmern, die gleichzeitig in 2 Staaten einer Beschäftigung nachgehen, ist in der Regel das Recht des Wohnstaates maßgebend, wenn sie dort einen wesentlichen Teil ihrer Tätigkeit ausüben.

So sind z. B. Erntehelfer, die in ihrem Heimatland in einem Beschäftigungsverhältnis stehen, dort auch hinsichtlich der in Deutschland ausgeübten Beschäftigung versicherungspflichtig. Dies gilt jedoch nur, sofern es in dem Heimatland keine Regelung analog der Versicherungsfreiheit wegen Kurzfristigkeit gibt. Der Arbeitgeber muss in diesen Fällen nach ausländischem Recht die dort fälligen Beiträge an den ausländischen Versicherungsträger entrichten. Als Nachweis, dass das Recht des Heimatstaates gilt, muss der Beschäftigte dem Arbeitgeber den Vordruck A1 seines heimischen Versicherungsträgers vorlegen.

3 Ausführliche Erläuterungen und Beispiele s. BMF, Schreiben v. 3.5.2018, IV B 2 – S 1300/08/10027, BStBl 2018 I S. 643.
4 § 40a Abs. 3 EStG.
5 § 40a Abs. 4 Nr. 1 EStG.
6 FG Köln, Urteil v. 27.11.2019, 13 K 927/16.

Arbeitnehmer aus Staaten mit bilateralen Sozialversicherungsabkommen

Sofern im bilateralen ↗ Sozialversicherungsabkommen eine mit der EU-Verordnung vergleichbare Regelung über die alleinige Zuständigkeit eines Vertragsstaates enthalten ist, gelten die oben beschriebenen Regelungen analog. Allerdings nur für die vom Abkommen erfassten Sozialversicherungszweige. Für die anderen Zweige gilt das ↗ Territorialitätsprinzip, sodass das deutsche Recht anzuwenden ist.

Als Nachweis über die Anwendung der ausländischen Rechtsvorschriften gilt in diesen Fällen die entsprechende Bescheinigung nach dem bilateralen Abkommen.

Eine Besonderheit gilt, wenn es sich nicht um die Beschäftigung bei einem deutschen Arbeitgeber, sondern um eine Entsendung aus dem Ausland handelt. In diesen Fällen kommt ggf. die Einstrahlung (§ 5 SGB IV) zum Tragen. In diesen Fällen gilt das deutsche Sozialversicherungsrecht nicht und es entsteht keine Sozialversicherungspflicht. Dieser Fall dürfte bei Saisonkräften aber nur die Ausnahme sein.

Sozialversicherungspflicht ausländischer Arbeitnehmer aus Drittstaaten

Ausländische Arbeitnehmer aus Drittstaaten, die in Deutschland beschäftigt sind, unterliegen grundsätzlich der inländischen Sozialversicherungspflicht.

Mit Ausnahme der Unfallversicherung besteht diese Versicherungspflicht aber dann nicht, wenn die Beschäftigung innerhalb eines Kalenderjahrs nicht mehr als 3 Monate oder 70 Arbeitstage umfasst und nicht berufsmäßig ausgeübt wird. Berufsmäßigkeit in diesem Sinne liegt nicht vor bei

- Schülern,
- Studenten,
- Hausfrauen,
- Rentnern.

Die entsprechenden Nachweise müssen in den Lohnunterlagen in deutscher Übersetzung vorgehalten werden.

Übt ein ausländischer Arbeitnehmer in seinem Heimatland eine hauptberufliche Beschäftigung aus, ist er in einer befristeten Beschäftigung in Deutschland nur versicherungsfrei, wenn er in dieser Zeit bezahlten Urlaub hat. Die Prüfer der Rentenversicherung erkennen bei einer ↗ Betriebsprüfung regelmäßig nur bezahlten Urlaub von maximal 4 Wochen an. Bei einer längeren Aushilfsbeschäftigung ist ggf. ein besonderer Nachweis (z. B. über den Urlaub von 2 Kalenderjahren) erforderlich.

Hinweis

Unbezahlter Urlaub

Arbeitnehmer mit unbezahltem Urlaub gelten immer als berufsmäßig beschäftigt und sind damit versicherungspflichtig.

Meldeverfahren

Sozialversicherung

Ist die Beschäftigung aufgrund der Kurzfristigkeit versicherungsfrei, sind die üblichen Meldungen an die Minijob-Zentrale abzugeben. Besteht hingegen Versicherungspflicht, geht die ↗ Anmeldung an die gewählte Krankenkasse. Dann ist die Eigenschaft als Saisonarbeiter bei der Anmeldung bzw. bei der kombinierten An- und Abmeldung entsprechend zu kennzeichnen. Hierfür ist ein besonderes Kennzeichenfeld vorgesehen.

Weitere Meldungen

Im Rahmen des Arbeitnehmerentsendegesetzes, der EU-Entsenderichtlinie und des Mindestlohngesetzes, sind für aus dem Ausland entsandte Arbeitnehmer zusätzlich Meldepflichten zur Kontrolle der vorgeschriebenen Mindeststandards vorgesehen.

Obligatorische Anschlussversicherung

Für Saisonarbeitnehmer kommt abweichend von der üblichen Regelung die obligatorische Anschlussversicherung nur nach einer ausdrücklichen Beitrittserklärung des Betroffenen zustande. Die Erklärung ist innerhalb von 3 Monaten nach dem Ende der Beschäftigung schriftlich oder zur Niederschrift abzugeben. Ein Wohnsitz oder der ständige Aufenthalt in der Bundesrepublik Deutschland muss nachgewiesen werden. Eine bestimmte Vorversicherungszeit ist nicht erforderlich. Die Mitgliedschaft beginnt im Anschluss an die zuvor beendete Versicherung. Zuständig ist die Krankenkasse, bei der die versicherungspflichtige Mitgliedschaft als Saisonarbeitnehmer durchgeführt wurde.

Diese Regelung wurde eingeführt, um größeren organisatorischen Aufwand bei den Krankenkassen zu vermeiden. Ansonsten müsste die obligatorische Anschlussversicherung durchgeführt und umfangreiche Ermittlungen angestellt werden. Zudem würden Beiträge erhoben werden, die aber nicht eingezogen werden können. Dies hatte in der Vergangenheit zu größeren Außenständen bei den Krankenkassen geführt.

Erhält die Krankenkasse eine Anmeldung mit der Kennzeichnung als Saisonarbeitskraft, muss sie das Mitglied über die Voraussetzungen und Fristen für eine anschließende freiwillige Krankenversicherung informieren.

Saison-Kurzarbeitergeld

Das Saison-Kurzarbeitergeld ist eine Entgeltersatzleistung der Arbeitslosenversicherung und zugleich die Kernleistung des Systems der Winterbauförderung. Es wird bei saisonbedingten Arbeitsausfällen in der Schlechtwetterzeit an Arbeitnehmer in Betrieben des Baugewerbes gezahlt. Es soll dazu beitragen, deren Arbeitsverhältnisse während der Wintermonate aufrechtzuerhalten.

Gesetze, Vorschriften und Rechtsprechung

Lohnsteuer: Die Steuerfreiheit für das Saison-Kurzarbeitergeld regelt § 3 Nr. 2 EStG, § 32b EStG den ↗ Progressionsvorbehalt.

Sozialversicherung: Das Saison-Kurzarbeitergeld ist als Sonderform des Kurzarbeitergeldes in § 101 SGB III geregelt. Daneben gelten die allgemeinen Regelungen des Kurzarbeitergeldes (§§ 95–100 SGB III und §§ 104–108 SGB III). Nähere Regelungen zu den in das Leistungssystem einbezogenen Baubetrieben enthält die Baubetriebe-Verordnung. Die ergänzenden Leistungen zum Saison-Kurzarbeitergeld richten sich nach der Winterbeschäftigungs-Verordnung des BMAS.

Entgelt	LSt	SV
Kurzlohn (= vermindertes Entgelt während saisonaler Kurzarbeit)	pflichtig	pflichtig
Saison-Kurzarbeitergeld (Sozialleistung) * Zur KV, PV und RV auf Basis 80 % des Ausfallentgelts.	frei	pflichtig*

Lohnsteuer

Das an einen Steuerpflichtigen gezahlte Saison-Kurzarbeitergeld ist als Entgeltersatzleistung der Arbeitsförderung steuerfrei.[1] Es unterliegt jedoch dem ↗ Progressionsvorbehalt.

1 § 3 Nr. 2 EStG.

Sozialversicherung

Leistungsvoraussetzungen

Arbeitnehmer haben in der Schlechtwetterzeit vom 1.12. bis zum 31.3. des Folgejahres Anspruch auf Saison-Kurzarbeitergeld, wenn sie in einem Betrieb beschäftigt sind, der

- dem Bauhauptgewerbe (Geltungsbereich des Bundesrahmentarifvertrags Bau – BRTV Bau) oder
- dem Baunebengewerbe (Dachdeckerhandwerk, Garten- und Landschaftsbau, Gerüstbauerhandwerk)

angehört.[1]

Weitere Kernvoraussetzung ist, dass ein Arbeitsausfall eintritt, der erheblich ist, d. h. auf wirtschaftlichen oder witterungsbedingten Gründen oder auf einem unabwendbaren Ereignis beruht. Der Arbeitsausfall muss zudem vorübergehend sein, d. h. in absehbarer Zeit muss wieder mit der Rückkehr zur Vollarbeit zu rechnen sein. Weiterhin müssen alle Maßnahmen ergriffen werden, um den Arbeitsausfall zu vermeiden. Hierzu gehört neben betrieblichen/organisatorischen Vorkehrungen insbesondere die Nutzung von Zeitguthaben im Rahmen flexibler Arbeitszeitregelungen.[2]

Persönliche Voraussetzung ist insbesondere, dass die Arbeitnehmer versicherungspflichtig beschäftigt und nicht gekündigt sind.[3]

Leistungsumfang

Arbeitnehmer, die Saison-Kurzarbeitergeld beziehen, bleiben in den Schutz der Sozialversicherung einbezogen. Für die Höhe des Saison-Kurzarbeitergeldes gelten die Regelungen des allgemeinen Kurzarbeitergeldes entsprechend.[4] Danach beträgt die Leistung

- für Arbeitnehmer mit mindestens einem Kind im Sinne des Steuerrechts 67 % und
- für die übrigen Arbeitnehmer 60 %

des pauschalierten Nettoentgeltausfalls im jeweiligen Kalendermonat.

Beginn

Das Saison-Kurzarbeitergeld wird grundsätzlich ab der ersten Ausfallstunde gezahlt, vorausgesetzt die vorrangig einzusetzenden Arbeitszeitguthaben sind aufgebraucht.

Dauer

Die Leistungsdauer entspricht maximal der Schlechtwetterzeit. Sofern in einem Baubetrieb Kurzarbeit aus wirtschaftlichen Gründen vor Beginn der Schlechtwetterzeit eingeführt wurde und in die Schlechtwetterzeit hineinreicht oder über die Schlechtwetterzeit hinaus andauert, wird die Zahlung des Saison-Kurzarbeitergeldes nicht auf die Bezugsdauer des allgemeinen Kurzarbeitergeldes angerechnet. Die Saison-Kurzarbeit wird allerdings auch nicht als Unterbrechung der durchgehenden Kurzarbeit gewertet.[5]

Beitragsberechnung/-tragung

Bei ↗ Kurzarbeit ist für die Beitragsberechnung und -tragung zwischen

- dem tatsächlich erzielten Bruttoarbeitsentgelt und
- dem Kurzarbeitergeld

zu unterscheiden:

Für das tatsächlich (noch) erzielte Bruttoarbeitsentgelt (den sog. Kurzlohn) gelten die allgemeinen Regelungen zur Sozialversicherungspflicht, d. h. die Beiträge sind grundsätzlich zur Hälfte vom Arbeitgeber und Arbeitnehmer zu tragen. Soweit Kurzarbeitergeld (allgemeines Kurzarbeitergeld, Saison-Kurzarbeitergeld oder ggf. Transferkurzarbeitergeld) gezahlt wird, richtet sich die Bemessung der Beiträge zur Kranken-, Pflege- und Rentenversicherung[6] nach einer fiktiven beitragspflichtigen Einnahme, die dem beitragspflichtigen Kurzlohn hinzuzurechnen ist. Dieses fiktive Entgelt beträgt 80 % des Unterschiedsbetrags zwischen dem ungerundeten Soll-Entgelt und dem ungerundeten Ist-Entgelt. Die Beiträge aus diesem fiktiven Entgelt trägt der Arbeitgeber grundsätzlich allein.[7]

Erstattung der Sozialversicherungsbeiträge

Bei Bezug von Saison-Kurzarbeitergeld haben Arbeitgeber jedoch Anspruch auf Erstattung der Sozialversicherungsbeiträge für gewerbliche Arbeitnehmer aus dem Vermögen der Winterbeschäftigungs-Umlage.

Hinweis

Vorrangige Beitragserstattung bei Weiterbildung

Für Sozialversicherungsbeiträge besteht neben der grundsätzlichen Erstattung aus Mitteln der Winterbauförderung derzeit eine vorrangige Regelung:

Die Agentur für Arbeit erstattet danach Arbeitgebern, die die Zeiten der Kurzarbeit für eine berufliche Weiterbildung ihrer Beschäftigten nutzen, 50 % der von ihnen allein zu tragenden Beiträge zur Sozialversicherung in pauschalierter Höhe.[8]

Voraussetzung ist, dass die Arbeitnehmer

- vor dem 31.7.2024 Kurzarbeitergeld beziehen und
- an einer während der Kurzarbeit begonnenen beruflichen Weiterbildungsmaßnahme teilnehmen, die insgesamt mehr als 120 Stunden dauert, oder an einer Maßnahme teilnehmen, die auf ein nach dem Aufstiegsfortbildungsförderungsgesetz förderfähiges Ziel vorbereitet. In beiden Fällen müssen die Maßnahmen und deren Träger nach den jeweiligen Regelungen zugelassen sein.

Durch die vorrangige Erstattungsregelung wird die von den Mitgliedern der Baubranche finanzierte Umlage geschützt und eine Gleichbehandlung aller Arbeitgeber, deren Beschäftigte Kurzarbeitergeld beziehen, gewährleistet.

Verfahren

Arbeitgeberpflichten

Im Leistungsverfahren legt das Gesetz dem Arbeitgeber besondere Pflichten auf. Er hat der Agentur für Arbeit die Voraussetzungen für die Kurzarbeit nachzuweisen, die Leistung kostenlos zu errechnen und an die Arbeitnehmer auszuzahlen.[9] Er hat zudem die Pflicht, die Leistung bei der Agentur für Arbeit unter Beifügung einer Stellungnahme der Betriebsvertretung zu beantragen.

Eine Anzeige des Arbeitsausfalls ist bei Saison-Kurzarbeit – im Unterschied zur allgemeinen Kurzarbeit – nicht erforderlich.

Neues elektronisches Verfahren KEA

Vielfach erstellen Betriebe und Lohnabrechnungsstellen die Anträge auf Kurzarbeitergeld und die Abrechnungslisten mithilfe einer Lohnabrechnungssoftware und übermitteln diese unterschrieben an die Agentur für Arbeit, bei der diese manuell erfasst werden. Im Portal „eServices Geldleistungen" stellt die Bundesagentur für Arbeit auch Onlineangebote für die Beantragung und Abrechnung des Kurzarbeitergeldes zur Verfügung. Zum 1.7.2021 sind Regelungen für ein weiteres optionales Verfahren bzw. einen weiteren digitalen Zugangskanal unter dem Kürzel „KEA" (Kurzarbeitergeld-Dokumente elektronisch annehmen) in Kraft getreten.[10] Das Verfahren KEA ermöglicht es Betrieben und Lohnabrechnungsstellen Anträge und Abrechnungslisten direkt aus der Lohnabrechnungssoftware an die Bundesagentur für Arbeit zu übergeben. Seit 1.1.2022 entfällt auch die Abgabe ergänzender Erklärungen in Papierform. Damit ist eine vollständige und medienbruchfreie Übertragung aus

1 § 101 Abs. 1 SGB III.
2 § 101 Abs. 5 SGB III.
3 § 98 SGB III.
4 §§ 105, 106 SGB III.
5 § 104 Abs. 4 SGB III.
6 Beiträge zur Arbeitslosenversicherung sind für das Kurzarbeitergeld nicht zu entrichten.
7 § 232a Abs. 5, § 249 Abs. 2 SGB V, § 57 Abs. 1 Satz 1, § 58 Abs. 1 Satz 2 SGB XI, § 163 Abs. 6, § 226 Abs. 1 Nr. 1a SGB VI.
8 § 106a SGB III.
9 § 320 Abs. 1 SGB III.
10 § 323 Abs. 2 Satz 6 SGB III, §§ 95b, 108 SGB IV.

systemgeprüften Programmen oder systemgeprüften Ausfüllhilfen verschlüsselt und über einen gesicherten Datenkanal direkt an die Agenturen für Arbeit möglich.

Das Verfahren umfasst auch das Zuschuss-Wintergeld und das Mehraufwands-Wintergeld als ergänzende Leistungen der Winterbauförderung.

Näheres zum KEA-Verfahren regeln dazu erlassene Grundsätze der Bundesagentur für Arbeit.[1]

Antragstellung

Der Antrag ist nachträglich für den jeweiligen Anspruchszeitraum (Kalendermonat) zu stellen. Er soll bis zum 15. des auf den Anspruchszeitraum folgenden Monats gestellt werden.[2] Der Antrag ist jedoch spätestens innerhalb einer Ausschlussfrist von 3 Monaten zu stellen. Diese Frist beginnt mit Ablauf des Anspruchszeitraums (Kalendermonats), in dem die Tage liegen, für die die Leistung beantragt wird.[3] Eine Zusammenfassung mehrerer Kalendermonate zur Wahrung der Ausschlussfrist ist nicht möglich.

Wichtig

Eine verspätete Antragstellung kann nicht geheilt werden

Bei verspäteter Antragstellung ist – unabhängig von den Gründen des Versäumnisses – eine Wiedereinsetzung in den vorherigen Stand[4] nicht möglich, d. h. die verauslagten Leistungen können dem Arbeitgeber nicht erstattet werden. Wird der Leistungsantrag fristgemäß bei einer unzuständigen Agentur für Arbeit eingereicht, gilt die Ausschlussfrist jedoch als gewahrt.[5]

Zur Fristwahrung ist eine formlose Antragstellung möglich. Dabei ist

- der Anspruchszeitraum,
- die Bezeichnung des Betriebs/der Betriebsabteilung,
- die voraussichtliche Zahl der Kurzarbeiter und
- ein geschätzter Gesamtbetrag des Kurzarbeitergeldes

mitzuteilen. Die personenbezogenen Abrechnungslisten können nachgereicht werden. Die Ausschlussfrist ist auch dann gewahrt, wenn innerhalb der Frist zunächst fehlerhafte Abrechnungslisten eingereicht und erst nach Ablauf der Frist korrigiert werden.

Fällt das Ende einer Frist auf einen Sonnabend oder Sonntag oder einen gesetzlichen Feiertag, endet die Frist mit Ablauf des nächstfolgenden Werktags. Für die Einhaltung der Frist ist der tatsächliche Eingang des Antrags bei der Agentur für Arbeit maßgebend; der Poststempel ist nicht von Bedeutung.

Beispiel

Ausschlussfristen für das Saison-Kurzarbeitergeld

Leistungsantrag für Monat	Ablauf der Ausschlussfrist
Dezember 2023	2.4.2024
Januar 2024	30.4.2024
Februar 2024	31.5.2024
März 2024	1.7.2024

Sammelbeförderung

Eine Sammelbeförderung ist der unentgeltliche oder verbilligte Transport von mindestens 2 Arbeitnehmern zwischen Wohnung und (erster) Tätigkeitsstätte mit einem vom Arbeitgeber zur Verfügung gestellten Beförderungsmittel. Die lohnsteuerliche Bedeutung der Sammelbeförderung liegt darin, dass der Gesetzgeber den geldwerten Vorteil einer Sammelbeförderung für den Arbeitnehmer steuerfrei stellt.

Gesetze, Vorschriften und Rechtsprechung

Lohnsteuer: Die Steuerfreiheit der Sammelbeförderung ergibt sich aus § 3 Nr. 32 EStG. Ergänzende Verwaltungsanweisungen enthalten die Lohnsteuer-Richtlinien in R 3.32 LStR.

Sozialversicherung: § 14 Abs. 1 SGB IV definiert den Arbeitsentgeltbegriff in der Sozialversicherung. § 1 Abs. 1 Satz 1 Nr. 1 SvEV grenzt die allgemeine Definition allerdings dahingehend ein, dass Arbeitsentgeltteile, die lohnsteuerfrei sind, nicht zum beitragspflichtigen Arbeitsentgelt gehören.

Entgelt	LSt	SV
Vom Arbeitgeber organisierte Beförderung mehrerer Arbeitnehmer	frei	frei

Lohnsteuer

Steuerfreie Sammelbeförderungen

Die unentgeltliche oder verbilligte Sammelbeförderung von mind. 2 Arbeitnehmern zwischen Wohnung und (erster) Tätigkeitsstätte oder einem festbleibenden, betrieblich geregelten Ort der täglichen Arbeitsaufnahme[6] mit einem vom Arbeitgeber gestellten Beförderungsmittel, z. B. Bus, Kleinbus, Schiff oder Flugzeug, ist steuerfrei.[7] Die Steuerbefreiungsvorschrift ist ebenfalls anzuwenden, wenn das Beförderungsmittel von einem Dritten im Auftrag des Arbeitgebers eingesetzt wird.

Voraussetzungen für Steuerfreiheit

Folgende Anforderungen müssen für die Steuerfreiheit erfüllt sein:

- Mindestens 2 Personen müssen mit einem vom Arbeitgeber zur Verfügung gestellten Bus, Kleinbus, Pkw oder sonstigen Verkehrsmittel zur Arbeit befördert werden.
- Die Sammelbeförderung muss für den betrieblichen Einsatz des Arbeitnehmers notwendig sein.

Die Notwendigkeit einer Sammelbeförderung[8] ist gegeben, wenn

- die Beförderung mit öffentlichen Verkehrsmitteln nicht oder nur mit unverhältnismäßig hohem Zeitaufwand durchgeführt werden könnte oder
- der Arbeitsablauf eine gleichzeitige Arbeitsaufnahme der beförderten Arbeitnehmer erfordert.

Dagegen ist die Notwendigkeit einer Sammelbeförderung nicht gegeben, wenn Arbeitnehmer an ständig wechselnden Tätigkeitsstätten oder verschiedenen Stellen eines weiträumigen Arbeitsgebiets eingesetzt werden.[9] Die Steuerfreiheit der Sammelbeförderung dieser Arbeitnehmer ohne erste Tätigkeitsstätte fällt unter die steuerfreien ↗ Reisekosten.

Freiwillige Fahrgemeinschaft keine steuerfreie Sammelbeförderung

Nimmt der Dienstwageninhaber auf seinem Weg zur ersten Tätigkeitsstätte einen oder mehrere Kollegen mit, liegt keine Sammelbeförderung vor. Der Begriff Sammelbeförderung verlangt, dass der Arbeitgeber die Beförderung mehrerer Arbeitnehmer organisiert und veranlasst. Sie darf nicht in die Entscheidungsbefugnis des Arbeitnehmers fallen.[10]

1 § 101 Abs. 7 SGB III.
2 § 323 Abs. 2 SGB III.
3 § 325 Abs. 3 SGB III.
4 § 27 SGB X.
5 § 16 Abs. 2 SGB I.
6 § 9 Abs. 1 Nr. 4a Satz 3 EStG.
7 § 3 Nr. 32 EStG.
8 R 3.32 LStR.
9 R 3.32 LStR.
10 BFH, Urteil v. 29.1.2009, VI R 56/07, BStBl 2010 II S. 1067.

Hinweis

Keine Sammelbeförderung bei privater Dienstwagennutzung

Ein Dienstwagen, der dem Arbeitnehmer auch zur privaten Nutzung zur Verfügung steht, kann keine steuerfreie Sammelbeförderung begründen, auch wenn der Arbeitgeber für die Fahrten zwischen Wohnung und erster Tätigkeitsstätte die Mitnahme von Arbeitskollegen angeordnet hat.[1]

Die Beförderung mit einem Dienstwagen oder Taxi auf Fahrten zwischen Wohnung und erster Tätigkeitsstätte führt zu steuerpflichtigem Arbeitslohn, der bis zu bestimmten Höchstbeträgen pauschal mit 15 % versteuert werden kann.[2]

Bescheinigungspflichten des Arbeitgebers

Die steuerfreie Sammelbeförderung ist betragsmäßig im ⇗ Lohnkonto einzutragen und mit dem Großbuchstaben F in der ⇗ Lohnsteuerbescheinigung auszuweisen. Das Finanzamt kann dadurch bei der Bearbeitung der Einkommensteuererklärung erkennen, ob ein Fall der steuerfreien Sammelbeförderung vorliegt, die den Werbungskostenabzug in der Einkommensteuererklärung ausschließt.

Kein Werbungskostenabzug

Für die Strecke einer steuerfreien Sammelbeförderung zwischen Wohnung und erster Tätigkeitsstätte steht dem Arbeitnehmer keine Entfernungspauschale zu.[3] Der Weg bis zum Ausgangspunkt der steuerfreien Sammelbeförderung fällt hingegen unter die Entfernungspauschale. Zwar stellt der Treffpunkt keine erste Tätigkeitsstätte dar. Ist die Fahrt jedoch Teilstrecke des Weges zwischen Wohnung und erster Tätigkeitsstätte, gilt die rechtliche Beurteilung, die der Gesamtstrecke zugrunde zu legen wäre.

Werbungskostenabzug bei entgeltlicher Sammelbeförderung

Bei entgeltlicher Sammelbeförderung durch den Arbeitgeber können die Aufwendungen des mitfahrenden Arbeitnehmers als Werbungskosten angesetzt oder in der entsprechenden Höhe durch den Arbeitgeber pauschal mit 15 % versteuert werden.[4]

Beispiel

Werbungskostenabzug bei entgeltlicher Sammelbeförderung

Die im Schichtdienst tätigen Arbeitnehmer einer Automobilherstellerfirma haben die Möglichkeit der täglichen Sammelbeförderung durch den Einsatz arbeitgebereigener Busse. Der Arbeitgeber verlangt einen monatlichen Fahrpreis von 40 EUR.

Ergebnis: Die steuerfreie Sammelbeförderung schließt bei den Arbeitnehmern den Ansatz der Entfernungspauschale im Rahmen der Einkommensteuererklärung aus. Allerdings besteht aufgrund der gesetzlichen Regelung die Möglichkeit, den Fahrpreis für die verbilligte Sammelbeförderung von insgesamt 480 EUR pro Jahr als Werbungskosten geltend zu machen.

Sozialversicherung

Keine Zuordnung zum Arbeitsentgelt

Die lohnsteuerfreie, unentgeltliche oder verbilligte Beförderung eines Arbeitnehmers zwischen Wohnung und Arbeitsstätte mit einem vom Arbeitgeber oder in dessen Auftrag von einem Dritten eingesetzten Beförderungsmittel ist kein beitragspflichtiges Arbeitsentgelt in der Kranken-, Pflege-, Renten- und Arbeitslosenversicherung.[5]

1 Hessisches FG, Urteil v. 15.7.2021, 7 K 603/19; FG Mecklenburg-Vorpommern, Urteil v. 14.7.2021, 1 K 65/15, rkr.
2 § 40 Abs. 2 Satz 2 EStG.
3 § 9 Abs. 1 Satz 1 Nr. 4 Satz 3 EStG.
4 R 40.2 Abs. 6 LStR.
5 § 14 Abs. 1 Satz 1 SGB IV i. V. m. § 1 Abs. 1 Nr. 1 SvEV.

Voraussetzung für die Beitragsfreiheit

Die Sammelbeförderung muss für den betrieblichen Einsatz des Arbeitnehmers notwendig sein. Sie erfüllt dieses Kriterium nur dann, wenn besondere Umstände vorliegen, z. B.

- ständig wechselnde Tätigkeitsstätten,
- Erfordernis einer gleichzeitigen Arbeitsaufnahme der Beschäftigten oder
- Schwierigkeiten, andere geeignete Verkehrsmittel benutzen zu können.

Säumniszuschläge

Der Säumniszuschlag ist eine zusätzliche Abgabe, die für den Fall einer verspäteten Zahlung einer Gebühr, eines Beitrags oder einer Steuer erhoben wird. Für Beiträge und Steuern entsteht der Säumniszuschlag kraft Gesetzes – und damit ohne Ermessensfreiheit seitens der festsetzenden Behörde. Säumniszuschläge sind von demjenigen zu entrichten, der die Beiträge oder Steuern zu zahlen hat. Neben einem gewissen Sanktionscharakter verfolgt der Säumniszuschlag auch das Ziel einer angemessenen Verzinsung der Forderung. Zusätzlich soll der Zuschlag die Mehrkosten der Verwaltung decken, die durch die Erinnerungs- und Mahnkosten sowie den Überwachungsaufwand entstehen.

Gesetze, Vorschriften und Rechtsprechung

Lohnsteuer: Einzelheiten zum Entstehen, zur Höhe und Festsetzung des Säumniszuschlags regeln § 240 AO sowie der Anwendungserlass (AEAO) zu § 240. Nach § 227 AO kann bei Unbilligkeit ein Erlassantrag gestellt werden.

Sozialversicherung: Die Berechnung von Säumniszuschlägen schreibt § 24 SGB IV für alle Zweige der Sozialversicherung vor. § 359 SGB III erklärt die Anwendbarkeit auf die Insolvenzgeldumlage, § 10 AAG für die Beiträge zu den Umlagekassen. Die Integrationsämter erheben Säumniszuschläge bei verspäteter Zahlung der Ausgleichsabgabe nach § 77 Abs. 2 SGB IX. Der Erlass von Säumniszuschlägen ist nur im Rahmen des § 76 Abs. 2 Nr. 3 SGB IV möglich.

Lohnsteuer

Erhebung

Säumniszuschläge werden kraft Gesetzes nach § 240 AO bei nicht rechtzeitiger Entrichtung der (Lohn-)Steuern erhoben, z. B. bei verspäteter oder versäumter Entrichtung eines Steuerbetrags. Hierfür ist allein der Zeitablauf und nicht etwa ein Verschulden des Steuerpflichtigen entscheidend.[6] Auf steuerliche Nebenleistungen, wie z. B. Verspätungszuschläge und Zinsen, werden keine Säumniszuschläge erhoben.

Höhe und Änderung des Säumniszuschlags

Der Säumniszuschlag beträgt für jeden angefangenen Monat der Säumnis 1 % des rückständigen Steuerbetrags, wobei der rückständige Steuerbetrag auf den nächsten durch 50 EUR teilbaren Betrag abgerundet wird. Folglich wird für verspätet gezahlte Steuerbeträge unter 50 EUR kein Säumniszuschlag erhoben. Erhebt das Finanzamt den Säumniszuschlag zusammen mit der zu entrichtenden Steuer, ist ein gesondertes Leistungsgebot nicht erforderlich.

Ein Säumniszuschlag entsteht auch bei nur geringfügiger Säumnis von wenigen Tagen in voller Höhe, d. h. der Zuschlag wird nicht taggenau berechnet. Die Säumnis beginnt mit Ablauf des Fälligkeitstags. Der Säumniszeitraum endet mit dem Erlöschen der Steuerschuld, also durch Zahlung, Aufrechnung, Erlass und Verjährung.[7] Nimmt der Arbeitgeber

6 BFH, Urteil v. 17.7.1985, I R 172/79, BStBl 1986 II S. 122.
7 § 47 AO.

am Lastschriftverfahren teil, wird der Säumniszuschlag mit der nächstfolgenden Steuerzahlung automatisch mit eingezogen. Überweist der Arbeitgeber die zu entrichtenden Steuern selbst, wird er gesondert zur Zahlung des Säumniszuschlags aufgefordert.

Beispiel

Berechnung der Frist

Der Arbeitgeber hat die Lohnsteuer-Anmeldung pünktlich zum 10.9. abgegeben. Die Lohnsteuerschuld wird am 10.9. fällig, aber erst am Montag, den 14.10. beglichen (keine Fristverschiebung).

Ergebnis: Ein zweiter Versäumnis-Monat hat noch nicht begonnen; der Säumniszuschlag beträgt 1 % der angemeldeten Steuer. Erstreckt sich die Säumnis über mehrere Monate, schließt jeder Folgemonat unmittelbar an den Ablauf des Vormonats an. Dabei ist es gleichgültig, ob dessen Ende auf einen Samstag, Sonntag oder Feiertag fällt.

Hinweis

Keine verfassungsrechtlichen Bedenken

Der Bundesfinanzhof hat geurteilt, dass keine ernstlichen Zweifel an der Verfassungsmäßigkeit von § 240 AO bestehen, wonach Säumniszuschläge i. H. v. 1 % pro Monat kraft Gesetzes entstehen. Die Höhe der Säumniszuschläge von 1 % ist auch nicht deshalb zu beanstanden, weil die Säumniszuschläge einen Zinsanteil enthalten und gegen die Höhe der gesetzlichen Zinsen schwerwiegende verfassungsrechtliche Bedenken bestehen.[1]

Fordert das Finanzamt Lohnsteuer nach, z. B. aufgrund einer ⇗ Lohnsteuer-Außenprüfung, werden für die bis zur Fälligkeit der Nachforderung verflossene Zeit keine Säumniszuschläge erhoben.

Im Falle der Aufhebung oder Änderung der Steuerfestsetzung oder ihrer Berichtigung wegen einer offenbaren Unrichtigkeit, bleiben die bis dahin verwirkten Säumniszuschläge bestehen. Das gilt auch, wenn die ursprüngliche, für die Bemessung der Säumniszuschläge maßgebende Steuer in einem Rechtsbehelfsverfahren herabgesetzt wird. Jedoch sind Säumniszuschläge nicht zu entrichten, soweit sie sich auf Steuerbeträge beziehen, die durch eine (nachträgliche) Anrechnung von Lohnsteuer (oder von Kapitalertrag- und Körperschaftsteuer) entfallen sind. In diesen Fällen hat insoweit keine rückständige Steuerschuld bestanden.[2]

Verspätete Abgabe der Lohnsteuer-Anmeldung

Auslöser für die Fälligkeit der Lohnsteuer ist die ⇗ Lohnsteuer-Anmeldung. Sie ist stets bis zum 10. Tag nach Ablauf des Lohnsteuer-Anmeldungszeitraums beim ⇗ Betriebsstättenfinanzamt einzureichen. Fällt dieser Tag auf ein Wochenende oder einen Feiertag, verschiebt sich die Frist auf den nächsten Werktag. Eine gesonderte Festsetzung und Anforderung der Lohnsteuer durch das Finanzamt ist nicht erforderlich. Soweit der Arbeitgeber in Einzelfällen die gesetzliche Frist für die Abgabe einer Lohnsteuer-Anmeldung nicht einhalten kann, besteht die Möglichkeit eines Antrags auf Fristverlängerung.[3]

Wird die Lohnsteuer-Anmeldung verspätet abgegeben, so werden die Säumniszuschläge nicht schon von dem üblichen Fälligkeitstag an, sondern erst von dem Tag an berechnet, der auf den Eingang der Lohnsteuer-Anmeldung folgt. Berichtigt der Arbeitgeber seine Lohnsteuer-Anmeldung, so werden Säumniszuschläge für den sich aus der Berichtigung ergebenden Mehrbetrag ebenfalls erst von dem auf die Abgabe der berichtigten Anmeldung folgenden Tag an gerechnet.

Für die verspätete Abgabe einer Steuererklärung oder einer Steuer-Anmeldung setzt das Finanzamt regelmäßig einen Verspätungszuschlag fest. Eine Abgabe-Schonfrist kennt das Steuerrecht nicht.

Nichtabgabe der Lohnsteuer-Anmeldung

Setzt das Finanzamt die Lohnsteuer wegen Nichtabgabe der Lohnsteuer-Anmeldung fest (sog. Schätzungsbescheid), so werden Säumniszuschläge für verspätet geleistete Zahlungen erst von dem Tag an erhoben, der auf den letzten Tag der vom Finanzamt gesetzten Zahlungsfrist folgt. Dieser Tag bleibt auch dann maßgebend, wenn der Arbeitgeber die Anmeldung zu einem späteren Zeitpunkt abgibt.

Im Fall der Aufhebung oder Änderung einer Steuerfestsetzung (z. B. aufgrund des Einspruchs gegen einen Lohnsteuerhaftungsbescheid) bleiben die bis dahin verwirkten Säumniszuschläge bestehen. Werden hingegen im Rahmen einer Steuerfestsetzung bereits entrichtete Steuern angerechnet und dadurch die zu entrichtende Steuer (nachträglich) herabgesetzt, so verringert dies die Höhe des Säumniszuschlags.

Erlassantrag bei Unbilligkeit

Beim Ermessensspielraum für die Frage, ob ein Verspätungszuschlag erlassen werden kann, wird nach sachlichen und privaten Gründen differenziert. Sachliche Gründe liegen z. B. bei einer Zahlungsunfähigkeit des Arbeitgebers vor. Unter die privaten Billigkeitsgründe fallen persönliche Gründe des Arbeitgebers, die zur versäumten Zahlung geführt haben.

Von der Erhebung von Säumniszuschlägen kann auf Antrag des Steuerpflichtigen (z. B. des Arbeitgebers) abgesehen werden,

- falls er plötzlich erkrankt ist und es ihm nicht möglich war, einen Vertreter mit der Zahlung zu beauftragen,
- falls ihm ein offenbares Versehen unterlaufen ist und er ansonsten ein „pünktlicher Steuerzahler" war,

Achtung

Definition des pünktlichen Steuerzahlers

Entrichtet der Steuerpflichtige seine Steuern laufend unter Ausnutzung der Zahlungsschonfrist, ist er nach Auffassung der Finanzverwaltung kein pünktlicher Steuerzahler.[4]

- falls in sonstigen Fällen die Steuerzahlung zu einer sachlichen oder persönlichen Härte führen würde.

Ein solcher Erlass im Billigkeitsverfahren kann jedoch nur gelingen, wenn den Steuerpflichtigen keine Schuld trifft. Denn Voraussetzung für einen solchen Erlass ist, dass der Steuerpflichtige gegenüber der Finanzbehörde alles getan hat, um z. B. eine Aussetzung der Vollziehung des Steuerbescheids zu erreichen.[5]

Da ein Säumniszuschlag kraft Gesetzes entsteht, ist es grundsätzlich notwendig, beim Finanzamt einen Erlassantrag nach § 227 AO zu stellen, um die festgesetzten Zuschläge zu vermindern.

Schonfrist von 3 Tagen

Von der Erhebung von Säumniszuschlägen wird stets abgesehen, wenn der durch eine Banküberweisung gezahlte Betrag der Finanzkasse bis zu 3 Tagen verspätet gutgeschrieben wird.[6]

Diese 3-tägige Zahlungsschonfrist gilt nicht für Scheck- oder Barzahlungen; mit solchen Zahlungsmitteln muss die Steuerschuld am Fälligkeitstag entrichtet werden. Für Scheckzahlungen ist die gesetzliche Fiktion zu beachten, wonach die Zahlung erst am dritten Tag nach dem Tag des Scheckeingangs als entrichtet gilt. Diese für die Finanzverwaltung vereinfachende 3-Tagesregelung ist nicht zu beanstanden.[7, 8]

Besonderheit für Steuer-Voranmeldung und Steuer-Anmeldungen

Für Steuer-Voranmeldung oder -Anmeldungen dürfen bei einer verspäteten Abgabe eventuelle Säumniszuschläge erst von dem auf den Tag des Eingangs der Voranmeldung oder Anmeldung folgenden Tag an berechnet werden (unter Berücksichtigung der Zahlungsschonfrist).[9] Folglich wird die abzuführende Lohnsteuer erst mit ihrer Anmeldung beim Finanzamt fällig; selbst dann, wenn die Lohnsteuer-Anmeldung verspätet beim Finanzamt eingegangen ist. Dasselbe gilt für den steuererhöhenden Mehrbetrag, der sich aufgrund einer (nachträglich) berichtigten Lohnsteuer-Anmeldung ergibt.

1 BFH, Beschluss v. 28.10.2022, VI B 15/22 (AdV), BStBl 2023 II S. 12.
2 BFH, Urteil v. 24.3.1992, VII R 39/91, BStBl 1992 II S. 956.
3 § 109 AO.
4 BFH, Urteil v. 15.5.1990, VII R 7/88, BStBl 1990 II S. 1007.
5 BFH, Urteil v. 18.9.2018, XI R 36/16, BStBl 2019 II S. 87.
6 § 240 Abs. 3 AO.
7 BFH, Urteil v. 28.8.2012, VII R 71/11, BStBl 2013 II S. 103.
8 § 224 Abs. 2 Nr. 1 AO.
9 § 240 Abs. 3 AO.

Abzug als Betriebsausgaben

Der Säumniszuschlag wird wie die steuerliche Hauptleistung eingestuft. Folglich kann ein Arbeitgeber die wegen verspätet abgeführter Lohnsteuer gezahlten Säumniszuschläge als Betriebsausgaben abziehen.

Sozialversicherung

Säumniszuschläge für Arbeitgeber

Die Arbeitgeber sind verpflichtet, die gesamten Sozialversicherungsbeiträge (Kranken-, Pflege-, Renten- und Arbeitslosenversicherung sowie die Insolvenzgeldumlage und die Beiträge zum Umlageverfahren (U1 und U2) ihrer versicherungspflichtigen Arbeitnehmer zu dem durch die Satzung der Krankenkasse festgesetzten Fälligkeitstag einzuzahlen. Für die Beiträge zur Unfallversicherung regelt die jeweilige ⇗ Berufsgenossenschaft die ⇗ Fälligkeit in ihrer Satzung. Arbeitgeber, die Beiträge nicht bis zum Ablauf des Fälligkeitstags gezahlt haben, müssen für jeden angefangenen Monat der Säumnis einen Säumniszuschlag zahlen. Säumniszuschläge werden allein durch Zeitablauf fällig. Sie sind schon zu erheben, wenn die Beiträge auch nur mit eintägiger Verspätung gezahlt werden. Werden Beitragsvorschüsse festgesetzt, wie z. B. häufig in der gesetzlichen Unfallversicherung, so gelten die Regelungen für den Säumniszuschlag auch bezogen auf den Fälligkeitstermin der Vorschusszahlung.

Hinweis

Höhe des Säumniszuschlags

Der Säumniszuschlag beträgt 1 % des ausstehenden Beitrags. Für die Berechnung wird der Beitragsrückstand auf 50 EUR abgerundet.[1]

Beitragsrückstände werden nur dann zusammengerechnet, wenn sie an demselben Tag fällig geworden sind.

Kein Verzicht auf Säumniszuschläge

Die Krankenkassen können auf die Säumniszuschläge grundsätzlich nicht nach eigenem Ermessen ohne Weiteres verzichten. Denn die so errechneten Säumniszuschläge stehen allen am Gesamtsozialversicherungsbeitrag beteiligten Versicherungsträgern zu. Sie werden entsprechend dem Anteil des einzelnen Versicherungsträgers am Gesamtsozialversicherungsbeitrag aufgeteilt.

Säumniszuschläge bei Teilzahlungen

Zahlt der Arbeitgeber einen Teilbeitrag, berechnet sich der Säumniszuschlag von dem nicht zum Fälligkeitstermin gezahlten Teil. Beiträge, die nach dem Arbeitsentgelt oder dem Arbeitseinkommen zu bemessen sind, sind in voraussichtlicher Höhe der Beitragsschuld spätestens am drittletzten Bankarbeitstag des laufenden Monats fällig. Ein verbleibender Rest wird zum drittletzten Bankarbeitstag des Folgemonats fällig. Eine Differenz zwischen der voraussichtlichen Beitragsschuld und dem später feststehenden tatsächlichen Beitragssoll führt nicht zu einer Erhebung von Säumniszuschlägen. Diese werden nur erhoben, wenn die voraussichtliche Höhe der Beitragsschuld schuldhaft zu gering bemessen wurde. Solange der Arbeitgeber einen regelmäßig gleichbleibenden Berechnungsmodus nutzt und damit dem Ziel einer möglichst genauen Ermittlung der voraussichtlichen Höhe der Beitragsschuld gerecht wird, entstehen daraus keine Säumniszuschläge.

Erlass von Säumniszuschlägen aufgrund Corona-Pandemie

Zahlungserleichterungen bei den Sozialversicherungsbeiträgen zählen ebenfalls zu den Liquiditätshilfen für Unternehmen während der Corona-Pandemie. Sie gelten für Unternehmen, die infolge der Corona-Pandemie in wirtschaftliche Turbulenzen geraten sind und sich in ernsthaften Zahlungsschwierigkeiten befinden. Bei den Beiträgen wird deshalb zunächst von Vollstreckungsmaßnahmen abgesehen. Hierzu zählt auch der Erlass von Säumniszuschlägen. Für den Erlass muss jedoch bei der jeweiligen Krankenkasse als zuständige Einzugsstelle ein Antrag gestellt werden. In diesem Antrag sollte dargestellt werden, dass die Corona-Pandemie der Auslöser für die wirtschaftlichen Schwierigkeiten ist. Die Regelung gilt zunächst für Beiträge bis Juni 2021.

Säumniszuschläge für freiwillige Mitglieder

Freiwillig Versicherte müssen für Beiträge, mit denen sie säumig sind, einen Säumniszuschlag zahlen. Der Säumniszuschlag beträgt 1 % des rückständigen, auf 50 EUR nach unten abgerundeten Beitrags.

Die Regelung des Säumniszuschlags für freiwillige Mitglieder gilt auch für den Personenkreis der zuvor Nichtversicherten.[2]

Verzicht und Erlass/Teilerlass

Bei einem rückständigen Beitrag unter 100 EUR ist der Säumniszuschlag nicht zu erheben, wenn er gesondert schriftlich anzufordern wäre.

Grundsätzlich sind die Krankenkassen zwingend gesetzlich verpflichtet, Säumniszuschläge zu erheben, sobald die Beiträge am Fälligkeitstag nicht gezahlt worden sind. Die Spitzenorganisationen der Sozialversicherung haben sich dennoch darauf verständigt, dass in besonderen Situationen von der Erhebung der Säumniszuschläge abgesehen werden kann.

Beitragsbescheide und Betriebsprüfungen

Die Krankenkasse kann auf die Forderung von Säumniszuschlägen verzichten, wenn

- Beitragsforderungen durch Bescheid der Einzugsstelle oder des Rentenversicherungsträgers (z. B. anlässlich von ⇗ Betriebsprüfungen) rückwirkend festgestellt werden und
- der Beitragsschuldner unverschuldet keine Kenntnis von seiner Zahlungspflicht hatte.

Eine unverschuldete Kenntnis liegt immer dann vor, wenn der Arbeitgeber keine ⇗ Arbeitnehmeranteile einbehalten hat. Damit dürften in der Praxis die meisten Situationen bereits abgedeckt sein. Ansonsten muss der Arbeitgeber die unverschuldete Kenntnis glaubhaft machen. Säumniszuschläge sind jedoch zu erheben, wenn der Arbeitgeber die Beitragsschuld bis zu dem im Beitragsbescheid genannten Fälligkeitstag nicht beglichen hat.

Verzicht im Einzelfall

Säumniszuschläge können auf Antrag erlassen werden, wenn deren Einziehung nach Lage des einzelnen Falls unbillig wäre.[3] Dazu muss die Krankenkasse in jedem Einzelfall entscheiden, ob eine solche „Unbilligkeit“ vorliegt. Der Erlass kann für Teile oder für die gesamten Säumniszuschläge erfolgen.

Wichtig

Für den Erlass muss ein Antrag gestellt werden

Für den Erlass wegen Unbilligkeit im Einzelfall benötigt die Einzugsstelle (Krankenkasse) einen Antrag. Dieser kann grundsätzlich auch mündlich gestellt werden, besser ist jedoch ein kurzes Anschreiben. Der Antrag sollte folgende Inhalte enthalten:

- die wesentlichen Gründe für die verspätete Zahlung und
- eine Begründung, warum die Erhebung der Säumniszuschläge in diesem Fall eine Härte darstellen würde.

Ein Erlass von Säumniszuschlägen kann insbesondere in den nachstehend geschilderten Situationen möglich sein. Die aufgeführten Sachverhalte sind als Anhaltspunkte zu werten. Es lässt sich kein „Anspruch auf Erlass“ daraus ableiten.

1 § 24 Abs. 1 SGB IV.

2 § 5 Abs. 1 Nr. 13 SGB V.

3 § 76 Abs. 2 Nr. 3 SGB IV.

Sachverhalt	Verfahren	Erlass/Teilerlass
1. Unabwendbares Ereignis Beispiel: Krankheit, Unfall	Die Gründe für die verspätete Zahlung sind glaubhaft zu machen	Erlass der Säumniszuschläge in voller Höhe
2. Bisher pünktlicher Beitragszahler Beispiel: offensichtliches Versehen bei der Banklaufzeit	Die Gründe für die verspätete Zahlung sind glaubhaft darzulegen	Erlass der Säumniszuschläge in voller Höhe
3. Zahlungsunfähigkeit/Überschuldung	Nachweis über die Zahlungsunfähigkeit/Überschuldung ist zu erbringen. Im Insolvenzverfahren ist eine schriftliche Erklärung des Insolvenzverwalters erforderlich	Erlass der Säumniszuschläge zur Hälfte
4. Gefährdung der wirtschaftlichen Existenz	Die Gefährdung ist glaubhaft zu machen	Erlass der Säumniszuschläge zur Hälfte
5. Vorliegen der Voraussetzungen für den Erlass der Hauptforderung (Beiträge)	Kein besonderer Antrag für Säumniszuschläge erforderlich. Der Antrag auf Erlass der Beiträge (Hauptforderung) erfasst auch die Säumniszuschläge	Erlass der Säumniszuschläge in voller Höhe

Ausgleichsabgabe nach dem SGB IX

Nach § 154 SGB IX haben private und öffentliche Arbeitgeber mit mindestens 20 Arbeitsplätzen auf wenigstens 5 % der Arbeitsplätze schwerbehinderte Menschen zu beschäftigen. Solange der Arbeitgeber die vorgeschriebene Zahl beschäftigter schwerbehinderter Menschen nicht erfüllt, hat er für jeden unbesetzten Arbeitsplatz eine Ausgleichsabgabe zu entrichten.

Bei nicht rechtzeitiger Zahlung erhebt das Integrationsamt Säumniszuschläge nach Maßgabe des § 24 SGB IV. Die Erhebung von Säumniszuschlägen steht grundsätzlich nicht im Ermessen der Integrationsämter. Anders jedoch als bisher haben die Integrationsämter nach § 160 Abs. 4 SGB IX die Möglichkeit, in begründeten Ausnahmefällen von der Erhebung der Säumniszuschläge abzusehen.

Schadensersatz

Unter Schadensersatz versteht man den Ausgleich eines Schadens, den jemand durch den Eingriff eines anderen an seinen Rechtsgütern erlitten hat. Sinn und Zweck des Schadensersatzes ist der Ausgleich entstandener Schäden. Ein Strafschadensersatz ist dem deutschen Recht weitgehend fremd, auch wenn einzelne Regelungen – z. B. als Entschädigungsanspruch im Allgemeinen Gleichbehandlungsgesetz (AGG) – zumindest einen Präventionsgedanken verfolgen. Als Schaden kommen Vermögens- und Nichtvermögensschaden in Betracht. Der Schadensersatz ist vorrangig auf Naturalrestitution, d. h. die Wiederherstellung des ursprünglichen Zustands gerichtet. Dabei wird das Zivil- und damit auch das Arbeitsrecht vom Grundsatz der „Totalreparation" beherrscht, d. h. es ist der gesamte entstandene Schaden zu ersetzen – insbesondere ohne Rücksicht auf die wirtschaftliche Leistungsfähigkeit des Schädigers. Dieser Grundsatz erfährt im Arbeitsrecht, insbesondere für die Arbeitnehmerhaftung, wichtige Ausnahmen.

Gesetze, Vorschriften und Rechtsprechung

Lohnsteuer: Zur Steuerfreiheit von Schadensersatzleistungen des Arbeitgebers s. H 19.3 LStH. Zur Steuerfreiheit bzw. -pflicht von Schadensersatz nach dem AGG s. OFD Nordrhein-Westfalen, 1.2.2018, Kurzinformation ESt Nr. 2/2018 und FG Rheinland-Pfalz, Urteil v. 21.3.2017, 5 K 1594/14.

Entgelt	LSt	SV
Echter Schadensersatz	frei	frei
Entschädigung für entgangene oder entgehende Bezüge	pflichtig	pflichtig

Lohnsteuer

Leistungen des Arbeitgebers

Schadensersatzleistungen an Arbeitnehmer gehören nicht zum Arbeitslohn, soweit der Arbeitgeber zur Leistung gesetzlich verpflichtet ist oder einen zivilrechtlichen Schadensersatzanspruch des Arbeitnehmers erfüllt.[1]

Steuerbefreiung

Steuerfrei sind Schadensersatzleistungen

- für Vermögensverluste (z. B. wenn Privateigentum des Arbeitnehmers im Betrieb beschädigt wird);
- für besondere Aufwendungen (z. B. Arzt- und Krankenhauskosten), die durch den Schadensersatzverpflichteten verursacht worden sind;
- für Schäden immaterieller Art (z. B. dauernde Gesundheitsschäden, Schmerzen); dies gilt auch für Entschädigungen, die ein Arbeitnehmer wegen Verletzung des Benachteiligungsverbots durch den Arbeitgeber für immaterielle Schäden (Diskriminierung wegen Geschlecht/Alter, Mobbing, sexuelle Belästigung) erhält; derartige Entschädigungen werden nicht „für eine Beschäftigung" gewährt;
- soweit der Arbeitgeber einen zivilrechtlichen Schadensersatzanspruch des Arbeitnehmers wegen schuldhafter Verletzung arbeitsvertraglicher Fürsorgepflichten erfüllt (z. B. wenn der Arbeitgeber eine fehlerhafte Lohnsteuerbescheinigung übermittelt hat und der Arbeitnehmer deshalb eine zu hohe Einkommensteuer zahlen musste).[2]

Die Steuerfreiheit ist auf die Höhe des zivilrechtlichen Schadensersatzanspruchs des Arbeitnehmers (z. B. Ersatz von Vermögensschäden) begrenzt; darüber hinausgehende Beträge sind steuerpflichtiger Arbeitslohn.

Schadensersatzrenten zum Ausgleich vermehrter Bedürfnisse[3] sowie Schmerzensgeldrenten[4] sind weder Arbeitslohn noch sonstige Einkünfte.

Unfallkosten

Bei Personen- oder Gesundheitsschäden haftet der Arbeitgeber aufgrund seiner Haftungsbeschränkung in der gesetzlichen Unfallversicherung[5] grundsätzlich nur bei Vorsatz. Deshalb gehören vom Arbeitgeber zusätzlich zu den Leistungen aus der gesetzlichen Unfallversicherung gezahlte Beträge für Personen- oder Gesundheitsschäden wegen eines Betriebsunfalls grundsätzlich nicht zum Schadensersatz. Diese Beträge unterliegen als Arbeitslohn dem Lohnsteuerabzug.

Ersetzt der Arbeitgeber Unfallkosten, die bei einem Unfall anlässlich einer

- Dienstreise,
- steuerlich anzuerkennenden Familienheimfahrt oder
- Fahrt im Rahmen eines beruflich veranlassten Umzugs

entstanden sind, sind diese neben den Kilometersätzen oder neben der Entfernungspauschale in dem Umfang steuerfrei, wie sie im Fall der

1 BFH, Urteil v. 20.9.1996, VI R 57/95, BStBl 1997 II S. 144.
2 BFH, Urteil v. 25.4.2018, VI R 34/16, BStBl 2018 II S. 600.
3 § 843 Abs. 1 2. Alternative BGB.
4 § 253 Abs. 2 BGB.
5 § 104 SGB VII.

Nichtersetzung beim Arbeitnehmer als Werbungskosten zu berücksichtigen wären. Dies gilt jedoch nicht, wenn der Unfall vom Arbeitnehmer vorsätzlich verursacht worden ist.

Werden Unfallkosten für Unfälle auf einer Fahrt zwischen Wohnung und Tätigkeitsstätte vom Arbeitgeber ersetzt, so gehören die Ersatzleistungen zum steuerpflichtigen Arbeitslohn. Eine Lohnsteuer-Pauschalierung mit 15 % ist nicht mehr möglich.

Erhebt der Arbeitgeber die Lohnsteuer von den Ersatzleistungen nach den individuellen Besteuerungsmerkmalen des Arbeitnehmers, kann dieser die versteuerten Ersatzleistungen als ⇗ Werbungskosten geltend machen.

Eine Todesfall-Versicherungssumme, die aufgrund einer vom Arbeitgeber nach dem Pauschalsystem für Betriebsfahrzeuge abgeschlossenen Autoinsassen-Unfallversicherung den Hinterbliebenen eines tödlich verunglückten Arbeitnehmers zufließt, ist nicht steuerbar.[1]

Schadensersatz für entgangenen oder entgehenden Arbeitslohn

⇗ Entschädigungen für entgangenen oder entgehenden Arbeitslohn sind lohnsteuerpflichtig. Die Lohnsteuer ist ermäßigt nach der ⇗ Fünftelregelung zu berechnen.[2]

Der Grundsatz, dass Entschädigungen aus Anlass der Auflösung eines Arbeitsverhältnisses einheitlich zu beurteilen sind, entbindet nicht von der Prüfung, ob die Entschädigung „als Ersatz für entgangene oder entgehende Einnahmen" i. S. d. § 24 Nr. 1 Buchst. a EStG gewährt worden ist.[3] Aus diesem Grund kann eine Aufteilung der Ausgleichszahlung in einen steuerbaren und einen nicht steuerbaren Teil erforderlich sein. Ist in diesen Fällen eine genaue Zuordnung nicht möglich, ist die Höhe der (nicht) steuerbaren Entschädigungen zu schätzen. Wird neben einer der Höhe nach üblichen Entschädigung für entgangene Einnahmen eine weitere Zahlung vereinbart, die den Rahmen des Üblichen in besonderem Maße überschreitet, spricht dies indiziell dafür, dass die weitere Zahlung keinen „Ersatz für entgangene oder entgehende Einnahmen" i. S. d. § 24 Nr. 1 Buchst. a EStG darstellt und mithin nicht steuerbar ist.[4]

Wird die Entschädigung von einem Dritten gezahlt, der vom Arbeitgeber unabhängig ist, bleibt die Entschädigung zwar Arbeitslohn, jedoch ist häufig der Steuerabzug nicht durchführbar. Es erfolgt dann eine Veranlagung zur Einkommensteuer. Auch die durch eine Versicherung nach einem Verkehrsunfall geleistete Verdienstausfallentschädigung stellt für den Arbeitnehmer steuerpflichtigen Arbeitslohn dar. Nicht steuerbar sind hingegen Entschädigungsleistungen, die als Ersatz sowohl für Arzt- und Heilungskosten als auch für Mehraufwendungen während der Krankheit sowie als Ausgleich für immaterielle Einbußen in Form eines Schmerzensgeldes gewährt werden.[5]

Wird die Entschädigung durch eine vom Arbeitnehmer abgeschlossene ⇗ Unfallversicherung geleistet, liegt kein Arbeitslohn vor, sondern eine Gegenleistung für die Versicherungsbeiträge. Wird eine Kapitalabfindung gezahlt, ist diese steuerfrei. Wird eine Rente gezahlt, ist diese regelmäßig mit dem sog. Ertragsanteil steuerpflichtig.

Werden Tagegelder aufgrund einer vom Arbeitgeber abgeschlossenen Reiseunfallversicherung an den Arbeitnehmer gezahlt, handelt es sich dem Grunde nach um steuerpflichtigen Arbeitslohn. Bei Schadensersatzleistungen aufgrund von Unfällen ist Arbeitslohn nur der Teil des Schadensersatzbetrags, der den Verdienstausfall abgelten soll, auch ein Tagegeld, das eine Versicherung an den Arbeitgeber auszahlt und das dieser an den Arbeitnehmer weiterleitet.[6]

Schadensersatz wegen Diskriminierung

Wird ein Arbeitnehmer diskriminiert, hat er Anspruch auf eine Entschädigung nach dem Allgemeinen Gleichbehandlungsgesetz (AGG). Ob die Entschädigung steuerfrei bleibt oder steuerpflichtigen Arbeitslohn darstellt, richtet sich danach, welche Art von Schaden ausgeglichen wird.

1 BFH, Urteil v. 22.4.1982, III R 135/79, BStBl 1982 II S. 496.
2 Ursprünglich war eine Abschaffung der Fünftelregelung im Lohnsteuerabzugsverfahren ab 2024 geplant. Da das Gesetzgebungsverfahren noch nicht abgeschlossen ist, kommt es vorerst zu keiner Änderung.
3 BFH, Urteil v. 11.7.2017, IX R 28/16,BStBl 2018 II S. 86.
4 BFH, Urteil v. 9.1.2018, IX R 34/16, BStBl 2018 II S. 582.
5 BFH, Urteil v. 11.10.2017, IX R 11/17, BStBl 2018 II S. 582.
6 BFH, Urteil v. 13.4.1976, VI R 216/72, BStBl 1976 II S. 694.

Ziel des AGG ist es, Benachteiligungen aus Gründen der Rasse, der ethnischen Herkunft, des Geschlechts, der Religion bzw. der Weltanschauung, einer Behinderung, des Alters oder der sexuellen Identität zu verhindern oder zu beseitigen. Bei einem Verstoß gegen das Benachteiligungsverbot sieht § 15 AGG als zentrale Rechtsfolge einen Anspruch auf Schadensersatz bzw. Entschädigung des Betroffenen vor.

I. d. R. resultiert die Entschädigung aus einem bestehenden oder einem künftigen Vertragsverhältnis zwischen einem Arbeitgeber und einem Mitarbeiter. Die steuerliche Behandlung der Zahlung hängt dabei regelmäßig von der Art des Schadens bzw. der vom Gericht zugrunde gelegten Rechtsgrundlage ab.

AGG-Entschädigung: Steuerfreiheit nur bei immateriellem Schadensersatz

Wegen eines Schadens, der nicht Vermögensschaden ist – immaterieller oder ideeller Schaden –, kann der oder die Beschäftigte eine angemessene Entschädigung in Geld verlangen.[7] Die zur Erfüllung eines solchen Anspruchs geleistete Entschädigung ist nicht Ausfluss aus dem Arbeitsverhältnis und führt nicht zu steuerpflichtigem Arbeitslohn. Solche Einnahmen haben keinen Lohncharakter und sind daher steuerfrei.

AGG-Entschädigung für materielle Schäden ist steuerpflichtiger Arbeitslohn

Der Arbeitgeber ist bei einem Verstoß gegen das Benachteiligungsverbot verpflichtet, den hierdurch entstandenen materiellen Schaden zu ersetzen, wenn er die Pflichtverletzung zu vertreten hat.[8] In diesem Fall liegt regelmäßig steuerpflichtiger Arbeitslohn vor, da der Ausgleich eines materiellen Schadens der steuerbaren Sphäre zuzurechnen ist.

Steuerpflichtiger Schadensersatz vs. steuerfreie Entschädigung

Die steuerliche Behandlung des Schadensersatzes nach AGG hängt also regelmäßig von der Art des Schadens bzw. der vom Gericht zugrunde gelegten Rechtsgrundlage ab[9]:

- Bei Schadensersatz nach § 15 Abs. 1 AGG liegt regelmäßig steuerpflichtiger Arbeitslohn vor, da der Ausgleich eines materiellen Schadens der steuerbaren Sphäre zuzurechnen ist.
- Eine Entschädigung nach § 15 Abs. 2 AGG ist nicht Ausfluss aus dem Arbeitsverhältnis und führt nicht zu steuerpflichtigem Arbeitslohn. Die Entschädigung bleibt grundsätzlich steuerfrei.

Schadensersatz vom eigenen Arbeitnehmer

Schadensersatzleistungen an den Arbeitgeber können ⇗ Werbungskosten sein, wenn sie ihren Ursprung in der beruflichen Tätigkeit oder Stellung des Arbeitnehmers haben. Das ist auch der Fall bei Schadensersatzleistungen wegen Verletzung eines ⇗ Wettbewerbsverbots oder schlechter Geschäftsführung.

Wird der Schadensersatz unmittelbar vom Arbeitslohn einbehalten, hat der Arbeitgeber die Lohnsteuer aus dem so gekürzten Arbeitslohn zu berechnen. Hierdurch entfällt für den Arbeitnehmer die Möglichkeit, diese Schadensersatzleitung als Werbungskosten geltend zu machen.

Bei Schwarzarbeitern kann die Verpflichtung zur Leistung von Schadensersatz für mangelhafte Ausführung als unternehmerisches Risiko gewertet werden, das u. U. ein Indiz für die Selbstständigkeit der Schwarzarbeiter bildet.

Schadensersatzleistungen des Arbeitnehmers an den Arbeitgeber sind keine Werbungskosten, wenn der Schaden durch einen Verstoß gegen Dienstvorschriften entstanden ist. Weitere Voraussetzung ist, dass der Arbeitnehmer die Pflichtverletzung begangen hat, um den Arbeitgeber bewusst zu schädigen oder um aus privaten Gründen Angehörigen einen Vorteil zu verschaffen. Daher sind die mit der Schadensbeseitigung verbundenen Aufwendungen auch dann Werbungskosten, wenn derartige private Gründe nicht ausschlaggebend für den Verstoß gegen Dienstvorschriften waren.[10]

7 § 15 Abs. 2 AGG.
8 § 15 Abs. 1 AGG.
9 FG Rheinland-Pfalz, Urteil v. 21.3.2017, 5 K 1594/14.
10 BFH, Urteil v. 6.2.1981, VI R 30/77, BStBl 1981 II S. 362.

Verzichtet der Arbeitgeber auf eine gegenüber seinem Arbeitnehmer bestehende Schadensersatzforderung, liegt ein lohnsteuerpflichtiger geldwerter Vorteil vor, wenn der Arbeitnehmer den Schaden

- an einem Firmenwagen,
- auf einer beruflichen Fahrt oder
- im Zustand der absoluten Fahruntüchtigkeit (z. B. durch Alkohol oder Drogen)

verursacht hat.[1]

Fehlgeldentschädigung bei Kassendifferenzen

Arbeitnehmer, die im Kassen- und Zähldienst beschäftigt sind, erhalten von ihren Arbeitgebern vielfach eine Entschädigung zum Ausgleich von Kassenverlusten, die auch bei Anwendung der gebotenen Sorgfalt auftreten können (Fehlgeldentschädigungen, Zählgelder, Mankogelder, Kassenverlustentschädigungen). Bei diesen Entschädigungen handelt es sich um steuerpflichtigen Arbeitslohn.

Pauschale Fehlgeldentschädigungen sind steuerfrei, soweit sie 16 EUR im Monat nicht übersteigen.[2]

Die Steuerbefreiung bis zu 16 EUR monatlich ist nach dem Wortlaut der Lohnsteuer-Richtlinien nicht auf Arbeitnehmer beschränkt, die ausschließlich oder im Wesentlichen im Kassen- und Zähldienst beschäftigt werden; sie gilt also auch für Arbeitnehmer, die nur im geringen Umfang im Kassen- und Zähldienst tätig sind.

Sozialversicherung

Beitragspflicht von Schadensersatzleistungen des Arbeitgebers

Soweit Steuerpflicht gegeben ist, sind Schadensersatzleistungen des ↗ Arbeitgebers an einen ↗ Arbeitnehmer auch beitragspflichtig. Das gilt auch bei einem Verzicht des Arbeitgebers auf die ihm zustehende Schadensersatzforderung.

Im Umkehrschluss bedeutet dies aber auch, soweit Schadensersatzleistungen des Arbeitgebers an einen Arbeitnehmer steuerfrei sind, sind diese entsprechend auch beitragsfrei.

Stornogebühren bei Stornierung eines Urlaubs

Es kommt vor, dass ein vom Arbeitgeber zunächst genehmigter Urlaub aufgrund dienstlicher Erfordernisse storniert werden muss. Wenn der Arbeitnehmer diesbezüglich bereits eine Reise oder Unterkunft fest gebucht hat, fallen bei einer Stornierung im Regelfall entsprechende Stornierungsgebühren an. Übernimmt der Arbeitgeber bei einem derartigen Sachverhalt die anfallenden Stornokosten, handelt es sich dabei nicht um sozialversicherungspflichtiges Arbeitsentgelt. Zwar stellen die übernommenen Stornokosten eine im Zusammenhang mit dem Arbeitsverhältnis stehende Zahlung des Arbeitgebers dar. Allerdings handelt es sich in diesem Fall nicht um eine zusätzlich zum Arbeitsentgelt gewährte Zahlung, sondern vielmehr um einen Ersatz des entstandenen Schadens, der dem Arbeitnehmer durch die prioritäre Wahrnehmung seiner dienstlichen Verpflichtungen entstanden ist.

Dies gilt unabhängig davon, ob es sich bei dem Arbeitnehmer um eine Funktionskraft oder um eine Führungskraft handelt.

Haftung bei Arbeitsunfall und Berufskrankheit

Erleidet ein Arbeitnehmer bei seiner Beschäftigung im Betrieb einen Unfall oder erkrankt er an einer Berufskrankheit, so könnte er aufgrund des Arbeitsvertrags vom Arbeitgeber Schadensersatz verlangen, wenn diesen ein Verschulden trifft. Diese Haftung des Arbeitgebers wird durch die ↗ Unfallversicherung abgelöst.

Der Arbeitgeber ist seinem Arbeitnehmer zum Schadensersatz verpflichtet, wenn dieser durch einen Arbeitsunfall, den der Arbeitgeber vorsätzlich verursacht hat, geschädigt worden ist oder wenn der Arbeitsunfall auf einem nach § 8 Abs. 2 Nr. 1–4 SGB VII versicherten Weg herbeigeführt wurde. Der Schadensersatzanspruch des Arbeitnehmers und seiner Hinterbliebenen vermindert sich jedoch um die Leistungen, die sie nach Gesetz oder Satzung infolge des Arbeitsunfalls von Trägern der Sozialversicherung erhalten.[3] Entsprechendes gilt bei Arbeitsunfällen, die von einem Betriebsangehörigen durch eine betriebliche Tätigkeit verursacht wurden.[4]

1 BFH, Urteil v. 27.3.1992, VI R 145/89, BStBl 1992 II S. 837.
2 R 19.3 Abs. 1 Nr. 4 LStR.

Scheinarbeit

Scheinarbeit bezeichnet ein Arbeitsverhältnis, das nur zum Schein begründet wurde. Ziel eines Scheinarbeitsverhältnisses ist, durch Manipulation einen gesetzlichen Sozialversicherungsschutz zu erlangen.

Gesetze, Vorschriften und Rechtsprechung

Sozialversicherung: Ein gesetzeskonformes entgeltliches Beschäftigungsverhältnis ist in § 7 SGB IV definiert. Die Anwendung der Rechtsfigur des missglückten Arbeitsversuchs hat die Rechtsprechung aufgehoben (BSG, Urteile v. 4.12.1997, 12 RK 46/94 und 12 RK 3/97).

Sozialversicherung

Versicherungspflicht entfällt bei fingierter Beschäftigung

Die Krankenversicherungspflicht von Arbeitnehmern beginnt mit der Aufnahme der Beschäftigung. Tritt bei einem Arbeitnehmer innerhalb kurzer Zeit nach Aufnahme der versicherungspflichtigen Beschäftigung Arbeitsunfähigkeit ein, ergibt sich ein Verdachtsmoment für Scheinarbeit. Ein Scheinarbeitsverhältnis führt dazu, dass die ursprünglich angenommene Sozialversicherungspflicht rückwirkend entfällt.

Das Bundessozialgericht[5] hat allerdings festgestellt, dass an den Nachweis der Sozialversicherungspflicht begründenden Tatsachen strenge Anforderungen zu stellen sind. Dies gilt insbesondere, wenn der Verdacht auf Manipulationen zulasten der Krankenversicherung besteht.

Hinweise auf eine Manipulation

Scheinarbeit kann vorliegen, wenn bereits bei Aufnahme der Beschäftigung oder kurz danach bestimmte Indizien zu einem Verdachtsfall führen. Eine Einzelfallprüfung sollte insbesondere dann erfolgen, wenn

- bei Beginn der Arbeitsaufnahme bereits Arbeitsunfähigkeit besteht,
- diese Arbeitsunfähigkeit bekannt ist und
- die Tätigkeit kurzfristig wieder aufgegeben wird.

Der Arbeitnehmer war folglich aus gesundheitlichen Gründen nicht in der Lage, die übernommene Tätigkeit in wirtschaftlich brauchbarer Weise zu leisten. Es wurde keine ernsthafte Arbeitsleistung erbracht.

Wichtig

Beweislast für den Eintritt von Versicherungspflicht liegt beim Arbeitnehmer

Die Feststellungslast für die Tatsachen, die Versicherungspflicht begründen, trägt nach Ansicht des Bundessozialgerichts derjenige, der sich auf sie beruft. Die Beweislast obliegt deshalb grundsätzlich dem Arbeitnehmer.

3 § 104 SGB VII.
4 § 105 SGB VII.
5 BSG, Urteile v. 4.12.1997, 12 RK 46/94 und 12 RK 3/97.

Prüfung der Versicherungspflicht bei Verdacht von Scheinarbeit

Das Erschleichen von Sozialleistungen soll vermieden werden. Daher werden an den Nachweis der die Versicherungspflicht begründenden Voraussetzungen strenge Anforderungen gestellt. Vor diesem Hintergrund ist bei Verdachtsmomenten insbesondere kritisch zu prüfen, ob die Versicherungspflicht aufgrund eines Scheinarbeitsverhältnisses ausgeschlossen ist.

Eine Versicherungspflicht auslösende Beschäftigung im Sinne des § 7 Abs. 1 SGB IV wird nicht ausgeübt, wenn tatsächlich

- eine familienhafte Mithilfe vorliegt oder
- eine Abgrenzung einer selbstständigen Tätigkeit von einer abhängigen Beschäftigung, insbesondere als Mitunternehmer oder ⇗ Mitgesellschafter, besteht oder
- ein Beschäftigungsverhältnis durch ein nach § 117 BGB nichtiges Scheingeschäft vorgetäuscht wird.

Statusklärungsverfahren

Wenn Zweifel darüber bestehen, ob eine sozialversicherungspflichtige Beschäftigung vorliegt, sieht § 7a SGB IV ein sog. „Statusklärungsverfahren" vor. Dieses Statusklärungsverfahren umfasst ein fakultatives Antragsverfahren zur Feststellung, ob

- eine Beschäftigung oder eine selbstständige Tätigkeit vorliegt sowie andererseits
- ein obligatorisches Anfrageverfahren bei der zuständigen Krankenkasse vorliegt, wenn aus der Meldung des Arbeitgebers zur Sozialversicherung hervorgeht, dass es sich bei dem Beschäftigten um einen Angehörigen des Arbeitgebers oder um den Gesellschafter-Geschäftsführer einer GmbH handelt.

Verhinderung von Scheinarbeit durch die Finanzkontrolle Schwarzarbeit

Nach dem Schwarzarbeitsbekämpfungsgesetz sind den Behörden der Zollverwaltung weitreichende Aufgabenstellungen und Befugnisse zur Bekämpfung von Schwarzarbeit und illegaler Beschäftigung übertragen worden. Hierin eingeschlossen sind auch Maßnahmen zur Verhinderung von Scheinarbeit und Sozialleistungsmissbrauch.

Mit dem „Gesetz gegen illegale Beschäftigung und Sozialleistungsmissbrauch"[1] wurden zusätzliche Prüf- und Ermittlungskompetenzen zur Bekämpfung von Sozialleistungsmissbrauch durch Scheinarbeit oder vorgetäuschte Selbständigkeit für die Finanzkontrolle Schwarzarbeit (FKS) geschaffen.

Scheinselbstständigkeit

Scheinselbstständige treten im Erwerbsleben als selbstständige Unternehmer auf, obwohl sie von der Art ihrer Tätigkeit her Arbeitnehmer sind. Scheinselbstständige gelten daher in der Sozialversicherung als versicherungspflichtige Arbeitnehmer. Arbeitsrechtlich sind Scheinselbstständige regelmäßig Arbeitnehmer. Die Abgrenzung zwischen einer selbstständigen und einer nichtselbstständigen Tätigkeit ist entscheidend für die Frage der Einkünfteermittlung, für den Lohnsteuereinbehalt sowie die Umsatzsteuerpflicht.

Gesetze, Vorschriften und Rechtsprechung

Sozialversicherung: Die Definition eines Beschäftigungsverhältnisses – auch in Abgrenzung zur selbstständigen Tätigkeit – wird im Sozialversicherungsrecht durch § 7 SGB IV vorgenommen. Die Möglichkeit der Statusfeststellung ist in § 7a SGB IV geregelt. Das Gemeinsame Rundschreiben der Sozialversicherungsträger vom 21.3.2019 (GR v. 21.3.2019-II) enthält zudem sehr ausführliche Aussagen rund um den Themenkomplex einer Abgrenzung zwischen Arbeitnehmerbeschäftigung und Selbstständigkeit. Dieses Rundschreiben löst ab 1.7.2019 das bisherige Rundschreiben vom 13.4.2010 ab.

Lohnsteuer

Steuerrechtliche Kriterien der Selbstständigkeit

Wer Arbeitnehmer ist, ist nach dem Gesamtbild der Verhältnisse zu beurteilen.[2] Dabei ist die Einordnung durch das Sozialversicherungsrecht nicht maßgebend. Folglich besteht die Möglichkeit, dass ein „Scheinselbstständiger" sozialversicherungsrechtlich ein Beschäftigter wird, steuerlich aber Unternehmer bleibt. Bei auseinanderfallenden Beurteilungen sind die steuerlichen Auswirkungen, z. B. auf die Rechnungsstellung (Umsatzsteuer), sehr sorgfältig zu prüfen und zu beachten.

Nach dem Steuerrecht kommt es nicht auf die wirtschaftliche und persönliche Abhängigkeit des Auftragnehmers (Steuerpflichtigen) an, sondern auf das unternehmerische Auftreten am Markt. Steuerlich selbstständig sind alle Steuerzahler, die unternehmerische Entscheidungsfreiheit haben und unternehmerische Chancen, aber eben auch Risiken haben (sog. Unternehmerinitiative und Unternehmerrisiko).

Folgende wichtige Gesichtspunkte sprechen immer für die steuerliche Selbstständigkeit:

- Die (Dienst-)Leistung wird vom Steuerzahler am Markt angeboten.

  Entscheidend kommt es darauf an, dass die Leistung grundsätzlich am Markt angeboten wird und der Steuerzahler nach außen als Selbstständiger in Erscheinung tritt. Folglich muss es möglich sein, dass ihn auch andere Kunden beauftragen könnten. In diesem Fall kann die Voraussetzung „Teilnahme am allgemeinen Marktgeschehen" auch dann vorliegen, wenn die Leistung nur an einen Abnehmer erbracht wird. Abgrenzungsprobleme können sich insbesondere dann ergeben, wenn der Steuerzahler lediglich seine bisherigen Aufgaben als Arbeitnehmer nunmehr selbstständig erbringt, weiterhin nur für seinen (ehemaligen) Arbeitgeber tätig ist und er weder andere Auftraggeber hat noch seine Dienstleistung bei anderen Kunden anbietet.

- Der Steuerzahler muss ein sog. „Entgeltrisiko" tragen.

  Das Risiko, bei Ausfallzeiten oder Schlechterfüllung der Leistung kein oder ein geringeres Honorar zu erhalten, ist ein wichtiges Indiz für die Selbstständigkeit. Mit anderen Worten: Wenn der Steuerzahler nur die Leistung vergütet bekommt, die er tatsächlich erbracht hat und er unter Umständen damit rechnen muss, dass der Auftraggeber bei Fehlern oder Mängeln keine Vergütung leistet, dann spricht vieles für die Selbstständigkeit und damit für die Unternehmereigenschaft.

In der Praxis ist die steuerliche Beurteilung mitunter deshalb schwierig, weil das „Gesamtbild der Umstände" entscheidend ist (Arbeits-/Werkvertrag). In Zweifelsfällen wird das Finanzamt weitere Kriterien heranziehen, um die Selbstständigkeit zu überprüfen. Dazu gehört auch die organisatorische Einbindung in den Betrieb des Auftraggebers, die Freiheit, Ort und Zeitpunkt der Leistung selbst zu bestimmen, die Vergütungsregelung im Urlaubs- und Krankheitsfall oder die Möglichkeit, daneben noch andere Auftraggeber zu bedienen.

Steuerrechtliche Einordnung eines Scheinselbstständigen

Ist ein Auftragnehmer sozialversicherungsrechtlich als „Scheinselbstständiger" beurteilt worden, müssen bei der Abrechnung mit Scheinselbstständigen steuerlich 2 Fallgruppen gebildet werden:

1. Der Scheinselbstständige gilt auch steuerlich als Arbeitnehmer und nicht mehr als Unternehmer

Kommt das Finanzamt zu dem Ergebnis, der „Scheinselbstständige" ist steuerlich als Arbeitnehmer einzustufen, wird es dem Betroffenen die steuerlichen Folgen für die Vergangenheit sowie für die Zukunft mitteilen.

1 BGBl 2019 I, S. 1066 ff.

2 Zu beachten sind die Vorschriften des § 19 EStG sowie § 1 LStDV.

Denn solch eine Bewertung wird typischerweise im Rahmen einer steuerlichen ⇗ Außenprüfung vorgenommen. Alternativ kommt eine Entscheidung im Rahmen einer verbindlichen Auskunft in Betracht. Soweit die vertraglichen Grundlagen keine „steuergestaltenden" Vereinbarungen enthalten, ergeben sich für den (bisherigen) Auftraggeber keine steuerlichen Nachteile. Abhängig von dem Zeitpunkt der Einstufung als Arbeitnehmer hat der Arbeitgeber den Lohnsteuerabzug vorzunehmen; ggf. auch rückwirkend für das laufende Kalenderjahr. Als Bruttolohn wird regelmäßig der gezahlte Rechnungsbetrag anzusetzen sein. Für die zurückliegenden Kalenderjahre kommt ein nachträglicher Lohnsteuereinbehalt nicht in Betracht, weshalb auch die Regelungen des § 41c EStG nicht anzuwenden sind.

In der Praxis sollte versucht werden, durch eine Rechnungsberichtigung die bisher ausgewiesene Umsatzsteuer rückgängig zu machen. Für den Auftraggeber ist wichtig, dass er die zu Unrecht an den Auftragnehmer gezahlte Umsatzsteuer von diesem zurückfordert. Die Rechnungsberichtigung durch den Auftragnehmer erfordert auch eine Berichtigung der Umsatzsteuer-Erklärungen bzw. Umsatzsteuer-Voranmeldungen, sowohl für den Auftragnehmer und den Auftraggeber.

2. Der Scheinselbstständige gilt weiterhin steuerlich als Unternehmer

In diesem Fall hat der Auftragnehmer seinem Kunden weiterhin Rechnungen mit Ausweis der Umsatzsteuer zu stellen. Allerdings wird der Auftraggeber (Kunde) nach dem Sozialversicherungsrecht nun Beitragsschuldner für die Sozialversicherungsbeiträge. Sofern er vom Rechnungsbetrag den Arbeitnehmeranteil zur gesetzlichen Sozialversicherung einzubehalten und an die Einzugsstellen abzuführen hat, ist davon Umsatzsteuer zu erheben, weil es sich um „Entgelt" handelt. Umsatzsteuerlich zählt all das zum steuerpflichtigen Entgelt, was der Leistungsempfänger (Kunde/Auftraggeber) aufwendet (bezahlt), um die Leistung zu erhalten.

Sozialversicherung

Notwendige Abgrenzungen

Zu Arbeitnehmern

Ob ein Auftragnehmer selbstständig tätig oder beim Auftraggeber abhängig beschäftigt ist, hat für beide Beteiligten weitreichende Folgen. Bei Beschäftigungsbeginn muss jeder Arbeitgeber prüfen, ob ein sozialversicherungspflichtiges Beschäftigungsverhältnis vorliegt.[1]

Dies gilt insbesondere dann, wenn ein selbstständiger Unternehmer eingesetzt wird, der vergleichbar einem Arbeitnehmer arbeitet. In derartigen Fällen sollte eine sorgsame Prüfung des versicherungsrechtlichen Status erfolgen. Denn ansonsten stellt sich die Frage, was den Unternehmer tatsächlich von einem Arbeitnehmer unterscheidet? Um diese Frage korrekt zu beantworten ist es wichtig zu wissen, wie Arbeitnehmer sozialversicherungsrechtlich definiert werden und welche Merkmale hingegen für eine Selbstständigkeit sprechen.

Definition von Arbeitnehmern nach dem BGB

Eine Legaldefinition des Begriffs Arbeitnehmer enthält § 611a BGB. Hierdurch soll eine missbräuchliche Gestaltung des Fremdpersonaleinsatzes durch vermeintlich selbstständige Tätigkeiten verhindert und die Rechtssicherheit der Verträge erhöht werden. § 611a BGB gibt hierbei die Leitsätze der höchstrichterlichen Rechtsprechung wieder, die zu den Merkmalen eines Arbeitnehmers festgelegt wurden. Andere Rechtsvorschriften, wie insbesondere in der Sozialversicherung der § 7 SGB IV, werden durch § 611a BGB in ihrer Rechtsauslegung bestätigt.

Arbeitnehmer gemäß § 611a BGB ist, wer aufgrund eines privatrechtlichen Vertrags im Dienste eines anderen zur Leistung weisungsgebundener, fremdbestimmter Arbeit in persönlicher Abhängigkeit verpflichtet ist. Weisungen des Arbeitgebers können sich auf Inhalt, Durchführung[2], Zeit, Dauer und Ort der Tätigkeit beziehen, soweit sich aus dem Arbeitsvertrag, den Bestimmungen einer Betriebs- oder Dienstvereinbarung, eines anwendbaren Tarifvertrags oder einer anderen gesetzlichen Vorschrift nichts anderes ergibt.

1 § 28o SGB IV.
2 BSG, Urteil v. 4.6.2017, B 12 R 11/18 R; BSG, Urteil v. 7.6.2019, B 12 R 6/18 R; Bayerisches LSG, Urteil v. 28.5.2013, L 5 R 863/12.

Überwiegende Merkmale

Liegen Merkmale sowohl einer Beschäftigung als auch einer Selbstständigkeit vor, entscheiden die überwiegenden Merkmale.

Zu anderen Vertragsverhältnissen

Die Abgrenzung des Arbeitsverhältnisses von anderen Vertragsverhältnissen ist im Wege einer Gesamtbetrachtung vorzunehmen. Dadurch wird den Besonderheiten des Einzelfalls Rechnung getragen.[3] Hierbei sind auch solche Besonderheiten oder Eigenarten einer Tätigkeit zu berücksichtigen, die sich etwa in Branchen und Bereichen ergeben, die Spezifika aufgrund grundrechtlich geschützter Werte aufweisen (z. B. aufgrund der Rundfunk-, Presse- oder Kunstfreiheit). Ist dies der Fall, folgen daraus umfangreiche Verpflichtungen für den Arbeitgeber. Ist der Arbeitgeber/Auftraggeber der Auffassung, dass im konkreten Fall keine abhängige Beschäftigung vorliegt, muss er formal nichts weiter veranlassen. Weist die zu bewertende Tätigkeit Merkmale einer Arbeitnehmerschaft als auch einer Selbstständigkeit auf, geht er jedoch das Risiko ein, dass z. B. bei einer ⇗ Betriebsprüfung durch den Rentenversicherungsträger der Sachverhalt anders beurteilt wird. Daraus resultiert meist eine Nachzahlung von Beiträgen und auch das Risiko der alleinigen Tragung der ⇗ Arbeitnehmeranteile. Ein unterbliebener Abzug der Arbeitnehmeranteile der Sozialversicherungsbeiträge darf nur für die letzten 3 Lohn- und Gehaltsperioden nachgeholt werden. Ansonsten gelten die allgemeinen Vorschriften der ⇗ Verjährung. Daher empfiehlt es sich sehr sorgfältig zu prüfen, ob eine sozialversicherungspflichtige Beschäftigung vorliegt.

Kriterien

Merkmale, die für eine abhängige Beschäftigung und gegen eine selbstständige Tätigkeit sprechen, sind:

- Der Erwerbstätige beschäftigt im Zusammenhang mit seiner Tätigkeit regelmäßig keinen Arbeitnehmer, dessen Arbeitsentgelt aus diesem Beschäftigungsverhältnis regelmäßig im Monat die Geringfügigkeitsgrenze übersteigt.
- Der Erwerbstätige ist auf Dauer und im Wesentlichen nur für einen Auftraggeber tätig.

  Aufgrund der Gesamtbetrachtung kann auch jemand selbstständig tätig sein, der nur für einen Auftraggeber arbeitet und keine Mitarbeiter beschäftigt. Dies ist insbesondere der Fall, wenn er für seine Unternehmung bzw. selbstständige Tätigkeit eine besondere amtliche Genehmigung oder Zulassung benötigt (z. B. die Eintragung in die Handwerksrolle).
- Der Auftraggeber oder ein vergleichbarer Auftraggeber lässt entsprechende Tätigkeiten regelmäßig durch von ihm beschäftigte Arbeitnehmer verrichten.
- Die Tätigkeit lässt typische Merkmale unternehmerischen Handelns nicht erkennen.
- Die Tätigkeit entspricht dem äußeren Erscheinungsbild nach der Tätigkeit, die der Erwerbstätige für denselben Auftraggeber zuvor aufgrund eines Beschäftigungsverhältnisses ausgeübt hatte.
- Die Vergütung entspricht dem Arbeitsentgelt eines vergleichbar beschäftigten Arbeitnehmers, sodass eine Eigenvorsorge (z. B. Kranken- und Rentenversicherung) einen erheblichen finanziellen Nachteil gegenüber einem Arbeitnehmer mit sich bringt.[4]

Diese Kriterien wurden durch die Rechtsprechung der Sozialgerichtsbarkeit entwickelt.

Tatsächliche Verhältnisse

Für die versicherungsrechtliche Beurteilung sind die tatsächlichen Verhältnisse entscheidend. Die vertraglichen Bezeichnungen spielen keine Rolle.[5] Der Abschluss eines Dienstvertrags, insbesondere in Form eines Arbeitsvertrags, deutet zwar auf eine Beschäftigung als Arbeitnehmer hin. Dies ist vergleichbar mit einem ⇗ Werkvertrag, der ebenso für eine selbstständige Tätigkeit spricht. Gleichwohl ist auch in diesen beiden

3 BSG, Urteil v. 30.6.1999, B 2 U 35/98 R.
4 BSG, Urteil v. 31.3.2017, B 12 R 7/15 R.
5 BSG, Urteil v. 18.11.2015, B 12 KR 16/13 R.

Fällen das Gesamtbild der jeweiligen Tätigkeit entscheidend. Dieses Gesamtbild wird z. B. dadurch geprägt, dass – obwohl ein Werkvertrag geschlossen wurde – andere Anhaltspunkte für eine Beschäftigung sprechen. „Andere Anhaltspunkte" stellen z. B. die ausschließliche Nutzung der (Betriebs-)Einrichtungen oder die Verwendung der Hard- und Software des Auftraggebers dar. Weitere Indizien gegen das Vorliegen einer selbstständigen Tätigkeit sind z. B. die Verpflichtung zur Abgabe von regelmäßigen Berichten oder die Abzeichnung von Verlaufsprotokollen.[1]

Ob jemand beschäftigt oder selbstständig tätig ist, richtet sich danach, welche Umstände das Gesamtbild der Arbeitsleistung prägen. Hierbei hängt es davon ab, welche Merkmale überwiegen. Die Zuordnung einer Tätigkeit nach deren Gesamtbild als Beschäftigung oder selbstständige Tätigkeit setzt voraus, dass alle nach Lage des Einzelfalls als Indizien in Betracht kommenden Umstände festgestellt, gewichtet und in der Gesamtschau gegeneinander abgewogen werden.[2]

Wichtig

Bedeutung und Bewertung von Indizien

Bestimmte Indizien sprechen zwar gegen eine Selbstständigkeit. Ausschlaggebend ist jedoch die Gesamtbetrachtung. So kann die Verpflichtung zur Abgabe von regelmäßigen Berichten bei einer Projektarbeit zwar grundsätzlich ein Indiz gegen das Vorliegen einer Selbstständigkeit sein. Soweit diese Berichte jedoch z. B. erforderlich sind, um die Abstimmung in einem Projektteam zu ermöglichen, muss die Verpflichtung nicht zwingend eine Selbstständigkeit ausschließen. Grundsätzlich ermöglicht nur die ganzheitliche Betrachtung der Tätigkeit die Zuordnung in den Personenkreis der Arbeitnehmer oder Selbstständigen.

Kapitalgesellschaft/Personengesellschaft als Auftragnehmer

Kapitalgesellschaft

Im Regelfall kann davon ausgegangen werden, dass ein Beschäftigungsverhältnis nur zwischen einem Arbeitgeber und einer natürlichen Person als Arbeitnehmer bestehen kann. Insofern scheidet ein Beschäftigungsverhältnis immer dann aus, wenn der Auftragnehmer eine Kapitalgesellschaft, also eine juristische Person, ist. Dies gilt folglich für Aufträge an

- eine Aktiengesellschaft (AG) mit der besonderen Form der Europäischen Gesellschaft (SE),
- die Kommanditgesellschaft auf Aktien (KGaA),
- die Gesellschaft mit beschränkter Haftung (GmbH) sowie
- die Unternehmergesellschaft (haftungsbeschränkt) als Unterform einer GmbH.

Sofern jedoch eine natürliche Person alleiniger Gesellschafter einer Kapitalgesellschaft ist, so kann diese Person in einem abhängigen Beschäftigungsverhältnis zu einem weiteren Auftraggeber stehen, wenn die jeweiligen konkreten tatsächlichen Umstände der Tätigkeit nach einer Gesamtabwägung für das Vorliegen einer sozialversicherungspflichtigen Beschäftigung überwiegen. Daran ändert auch der Umstand nichts, dass Verträge nur zwischen den Auftraggebern und den Kapitalgesellschaften geschlossen wurden.[3]

Personengesellschaft

Bei Personengesellschaften, insbesondere sofern die Geschäftsanteile vollständig in der Hand eines einzigen Gesellschafters liegen (Alleingesellschafter), kann hingegen ein Beschäftigungsverhältnis zwischen Auftraggeber und Auftragnehmer entstehen. Der Auftragnehmer wird dann in seiner eigenen Person zum Arbeitnehmer. Bei Personengesellschaften, bei denen die Geschäftsanteile bei mehreren Gesellschaftern liegen, tritt keine Beschäftigung ein, es besteht ein selbstständiges Auftragsverhältnis zwischen Auftraggeber und Auftragnehmer. Hierunter fallen insbesondere

- die Offene Handelsgesellschaft (OHG), auch als GmbH & Co. OHG,
- die Kommanditgesellschaft (KG) ebenso wie
- die GmbH & Co. KG sowie
- die Gesellschaft bürgerlichen Rechts (GbR), wenn sich mindestens 2 natürliche und/oder juristische Personen zu dieser Gesellschaft zusammengeschlossen haben.

Hinweis

Angabe im Statusfeststellungsverfahren

Im Rahmen eines Statusfeststellungsverfahrens sind Tätigkeiten als Auftragnehmer z. B. als Geschäftsführer oder Gesellschafter für eine der vorgenannten Kapital- bzw. Personengesellschaften unbedingt im Fragebogen zur versicherungsrechtlichen Beurteilung anzugeben.

Statusentscheidung

Antrag

Hat der Auftraggeber im Zusammenwirken mit dem Auftragnehmer Zweifel an dem Vorliegen von Versicherungspflicht oder wollen sich die Beteiligten rechtlich absichern, können sie bei der Clearingstelle der Deutschen Rentenversicherung Bund beantragen, den Status des Erwerbstätigen feststellen zu lassen.

Hierbei wird jedoch nur festgestellt, ob

- eine Beschäftigung im Sinne der Sozialversicherung vorliegt (Elementenfeststellung) oder
- die Tätigkeit im Rahmen einer Selbstständigkeit ausgeübt wird.

Nicht entschieden wird hingegen, inwieweit eine festgestellte Beschäftigung Versicherungspflicht in der Kranken-, Pflege-, Arbeitslosen- und/oder Rentenversicherung auslöst.

Hinweis

Zeitpunkt des Eintritts von Versicherungspflicht

Abhängig vom Zeitpunkt des Antrags auf Statusfeststellung tritt ggf. Versicherungspflicht als Arbeitnehmer bereits mit der Aufnahme der Tätigkeit ein.

Ausschluss

Eine ↗ Statusfeststellung wird nicht durchgeführt, wenn vor der Antragstellung bereits durch die ↗ Einzugsstelle oder einen Rentenversicherungsträger, z. B. durch Ankündigung einer ↗ Betriebsprüfung, ein Verwaltungsverfahren, in dem auch über das Bestehen einer versicherungspflichtigen Beschäftigung entschieden werden kann, eingeleitet wurde. Antragsberechtigt sind Arbeitgeber/Arbeitnehmer bzw. Auftraggeber/Auftragnehmer sowie Dritte, wenn die Tätigkeit für diese erbracht wird.

Andere Formen der Selbstständigkeit

Arbeitnehmerähnliche Selbstständige

Sind Selbstständige von ihrer Tätigkeit und den Einkommensmöglichkeiten her eher einem Arbeitnehmer als einem Unternehmer vergleichbar, kann Versicherungspflicht zur Rentenversicherung als ↗ arbeitnehmerähnlicher Selbstständiger bestehen. Die Beiträge zur Rentenversicherung müssen diese Personen selbst tragen.

Hauptberufliche Selbstständigkeit

Beschäftigen Arbeitgeber einen Arbeitnehmer, der darüber hinaus noch als Selbstständiger tätig ist, müssen weitere Prüfungen erfolgen. Sofern der Arbeitnehmer nebenher ↗ hauptberuflich selbstständig ist, die selbstständige Tätigkeit gegenüber der Tätigkeit als Arbeitnehmer also überwiegt, tritt in der Kranken- und Pflegeversicherung keine Versicherungspflicht aufgrund der Beschäftigung ein. Das gilt jedoch nicht für die Renten- und Arbeitslosenversicherung.

1 BSG, Urteil v. 14.3.2018, B 12 R 3/17 R.
2 BSG, Urteil v. 23.5.2017, B 12 KR 9/16 R; BSG, Urteil v. 4.6.2019, B 12 R 22/18 R.
3 BSG, Urteil v. 20.07.2023, B 12 BA 1/23 R, B 12 R 15/21 R, B 12 BA 4/22 R.

Tipp

Krankenkasse bewertet die Selbstständigkeit

Die Feststellung der hauptberuflichen Selbstständigkeit wird durch die Krankenkassen als Einzugsstelle festgestellt.

Vertrauensschutz aufgrund beanstandungsfreier Betriebsprüfung

Wurden in der Vergangenheit abgeschlossene beanstandungsfreie Betriebsprüfungen nicht durch einen entsprechenden Bescheid beendet, konnte für den sozialversicherungsrechtlichen Status kein Bestands- und Vertrauensschutz für die Vergangenheit begründet werden. Die Rechtsfolgen einer irrtümlich angenommenen Sozialversicherungspflicht bzw. von Versicherungsfreiheit traten somit trotz der Betriebsprüfung gleichwohl ein. Aufgrund einer Klage beschäftigte sich aber das Bundessozialgericht mit der dargestellten Rechtsfolge und nahm dies zum Anlass, hier mehr Rechtssicherheit zu schaffen.[1]

Als Folge daraus sind nun auch beanstandungsfreie Betriebsprüfungen abzuschließen. Die Betriebsprüfung erstreckt sich auch auf die im Betrieb tätigen Ehegatten, Lebenspartner, Abkömmlinge des Arbeitgebers sowie geschäftsführenden GmbH-Gesellschafter, sofern ihr sozialversicherungsrechtlicher Status nicht bereits durch einen Bescheid festgestellt ist. Der Umfang, die geprüften Personen und das Ergebnis der Betriebsprüfung sind festzuhalten. Für Personen und Sachverhalte, die nicht explizit im Prüfbericht erscheinen, besteht weiterhin auch kein Beanstandungsschutz.

Beiträge

Wird bei einem bislang als selbstständig eingeordneten Auftragnehmer ein sozialversicherungspflichtiges Beschäftigungsverhältnis festgestellt, gelten für die ⇗ Beitragsberechnung die allgemeinen Grundsätze wie für alle versicherungspflichtigen Arbeitnehmer. Die Beiträge sind aus den erzielten Einnahmen (= beitragspflichtiges Arbeitsentgelt) zu berechnen und vom Arbeitgeber und Arbeitnehmer jeweils zur Hälfte aufzubringen.

RV-Beitrag für Selbstständige nach dem Steuerrecht

Bei Erwerbstätigen, die nach dem Steuerrecht als Selbstständige beurteilt werden, gilt in der Rentenversicherung ein Betrag in Höhe der ⇗ Bezugsgröße als monatliches Arbeitsentgelt. Im Jahr 2024 beträgt sie monatlich 3.535 EUR/West (2023: 3.395 EUR/West) und 3.465 EUR/Ost (2023: 3.290 EUR/Ost). Bei Nachweis eines höheren oder niedrigeren Einkommens ist jedoch dieses Einkommen zu berücksichtigen, mindestens jedoch die am 1.1. des jeweiligen Jahres geltende monatliche Geringfügigkeitsgrenze.[2]

Hinweis

Reduzierte Bemessungsgrundlage in den ersten 3 Jahren

Für die ersten 3 Jahre nach Aufnahme der Tätigkeit gelten als beitragspflichtige Einnahme (ohne Nachweis der tatsächlichen Einnahmen) allerdings nur 50 % der monatlichen Bezugsgröße (2024: 1.767,50 EUR/West und 1.732,5 EUR/Ost, 2023: 1.697,50 EUR/West und 1.645 EUR/Ost). Der Versicherte kann allerdings beantragen, auch in den ersten 3 Jahren nach Aufnahme der Erwerbstätigkeit Beiträge nach einem Entgelt i. H. v. 100 % der monatlichen Bezugsgröße zu zahlen.

Diese Regelung gilt in der Rentenversicherung im Übrigen auch für diejenigen Personen, die als echte Selbstständige anzusehen sind und als solche der Rentenversicherungspflicht unterliegen.

Bestandsschutz

Die bis zum 31.12.2002 gültige Fassung des § 7 Abs. 4 SGB IV war durch das Gesetz zur Förderung der Selbstständigkeit vom 20.12.1999 grundsätzlich rückwirkend zum 1.1.1999 in Kraft getreten. Sozialversicherungsverhältnisse, die aufgrund einer Entscheidung nach § 7 Abs. 4 SGB IV (alter Fassung) bereits im Jahr 1999 unanfechtbar festgestellt worden sind, können nicht rückwirkend aufgehoben werden. Diese Bescheide können nur auf Antrag der Beteiligten und nur mit Wirkung für die Zukunft aufgehoben werden.

Schichtarbeit

Bei der Schichtarbeit dauert eine bestimmte Arbeitsaufgabe über einen erheblich längeren Zeitraum als die wirkliche Arbeitszeit eines Arbeitnehmers hinaus und wird daher von mehreren Arbeitnehmern (oder Arbeitnehmergruppen) in einer geregelten zeitlichen Reihenfolge erbracht. Bei der Schichtarbeit arbeitet ein Teil der Arbeitnehmer eines Betriebs, während der andere Teil arbeitsfreie Zeit hat. Beide Beschäftigungsgruppen lösen sich regelmäßig nach einem feststehenden und überschaubaren Plan ab.

Gesetze, Vorschriften und Rechtsprechung

Lohnsteuer: Die Besteuerung von Schichtarbeitszulagen richtetet sich nach § 39b EStG. Die Steuerfreiheit für Zulagen, die ungünstige Arbeitszeiten abdecken, ist in § 3b EStG geregelt.

Sozialversicherung: § 14 Abs. 1 Satz 1 SGB IV definiert das zur Beitragspflicht in der Sozialversicherung heranzuziehende Arbeitsentgelt aus einer Beschäftigung. § 1 Abs. 1 Satz 1 Nr. 1 SvEV legt fest, unter welchen Bedingungen bestimmte Entgeltbestandteile kein sozialversicherungspflichtiges Arbeitsentgelt darstellen.

Lohnsteuer

Steuerpflichtige Schichtzulagen

Zulagen für Schichtarbeit sind grundsätzlich lohnsteuerpflichtig. Sie verfolgen das Ziel, die mit dem Schichtdienst verbundenen Arbeitserschwernisse auszugleichen.

Muss der Arbeitnehmer wegen der Schichtarbeit eine auswärtige Zweitwohnung unterhalten, können die hierfür erforderlichen Mehraufwendungen nach den Regeln der ⇗ doppelten Haushaltsführung berücksichtigt werden. Auch bei Schichtarbeit kann jedoch maximal eine Fahrt zwischen Wohnung und Tätigkeitsstätte pro Arbeitstag angesetzt werden.

Sozialversicherung

Zuordnung zum laufenden Arbeitsentgelt

Schichtzulagen sind insoweit beitragspflichtiges Entgelt, als Lohnsteuerpflicht besteht. Sie gehören auch dann zum laufenden Arbeitsentgelt, wenn sie in größeren Zeitabständen ausgezahlt oder wenn sie pauschaliert werden. Beitragsrechtlich sind diese ⇗ Zulagen, da sie laufender Arbeitslohn sind. Deshalb sind sie dem Monat zuzuordnen, in dem sie erarbeitet wurden. Allerdings kann die Vereinfachungsregel angewandt werden.

Hinweis

Vereinfachungsregelung bei zeitversetzter Abrechnung

Die Zulagen können dann dem Monat der Zahlung zugeordnet werden, wenn die Abrechnung zu einem späteren Zeitpunkt vorgenommen wird. Die Vereinfachungsregelung muss dann jedoch ständig und für alle betroffenen Arbeitnehmer identisch angewandt werden. Ein monatlicher Wechsel nach dem Günstigkeitsprinzip ist nicht zulässig.

1 BSG, Urteile v. 19.9.2019, B 12 R 25/18 R, 12 KR 21/19 R, B 12 R 7/19 R, B 12 R 9/19 R.
2 § 162 Nr. 5 SGB VI.

Zuschläge für ⬀ Sonntags-, ⬀ Feiertags- oder ⬀ Nachtarbeit sind nur insoweit beitragspflichtiges Arbeitsentgelt, als sie aus einem Arbeitsentgelt berechnet werden, das 25 EUR je Stunde überschreitet.

Beitragsberechnung bei flexiblen Arbeitszeitmodellen

Bei flexiblen Arbeitszeitmodellen gilt: Die während eines Blockmodells in der Arbeitsphase erzielten steuer- und beitragsfreien Schichtzulagen bleiben auch dann beitragsfrei, wenn deren Auszahlung in anteiligem Umfang in die Freistellungsphase verschoben wird. Diese Beträge sind weder beim Aufstockungsbetrag noch bei dem zusätzlichen Rentenversicherungsbeitrag zu berücksichtigen.

Schichtzulage

Zulagen für Schichtarbeit sind grundsätzlich lohnsteuer- und beitragspflichtig. Sie verfolgen das Ziel, die mit dem Schichtdienst verbundenen Arbeitserschwernisse auszugleichen. Dies gilt auch für Schichtzulagen, soweit sie auf begünstigte Sonn-, Feiertags- oder Nachtarbeitszeiten (SFN-Zuschläge) entfallen.

Zahlt der Arbeitgeber Spätarbeitszulagen für Schichtarbeit, können diese aber innerhalb bestimmter Zeit- und Stundenlohngrenzen als Zuschläge für Sonntags-, Feiertags- oder Nachtarbeit steuer- und beitragsfrei bleiben. Voraussetzung ist, dass der Arbeitnehmer die Zulagen für Arbeiten in der Nacht, an Sonntagen oder Feiertagen als bloße Zeitzuschläge erhält.

Gesetze, Vorschriften und Rechtsprechung

Lohnsteuer: Die Besteuerung von Schichtarbeitszulagen richtetet sich nach § 39b EStG. Die Steuerfreiheit für Zulagen, die ungünstige Arbeitszeiten abdecken, ist in § 3b EStG geregelt.

Sozialversicherung: § 14 Abs. 1 Satz 1 SGB IV definiert das zur Beitragspflicht in der Sozialversicherung heranzuziehende Arbeitsentgelt aus einer Beschäftigung. § 1 Abs. 1 Satz 1 Nr. 1 SvEV legt fest, unter welchen Bedingungen bestimmte Entgeltbestandteile kein sozialversicherungspflichtiges Arbeitsentgelt darstellen.

Entgelt	LSt	SV
Schichtzulage	pflichtig	pflichtig
SFN-Zuschläge	frei (bis 50 EUR/ Stunde)	frei (bis 25 EUR/ Stunde)

Schifffahrt

See- und Binnenschiffer, die zu einem Schiffseigner oder einer Reederei in einem Dienstverhältnis stehen, sind Arbeitnehmer. Abhängig von der Art der Tätigkeit kann der Arbeitgeber steuerfreie und pauschal besteuerte Arbeitslohnteile zahlen und der Arbeitnehmer ggf. Werbungskosten ansetzen. Die tarifvertragliche Seefahrtszulage gehört zum steuerpflichtigen Arbeitslohn. Zu den See- und Binnenschiffern gehören Kapitäne, Schiffsoffiziere, sonstige Angestellte, Schiffsmannschaften, Schiffsjungen und sonstige Arbeitnehmer, die während der Reise im Rahmen des Schiffsbetriebs an Bord tätig sind.

Gesetze, Vorschriften und Rechtsprechung

Lohnsteuer: Die Ermäßigung der Lohnsteuer um 40 % ergibt sich aus § 41a Abs. 4 EStG. Seit 2016 ist das Lohnsteuerprivileg auf 100 % angehoben und ab Juni 2021 um weitere 6 Jahre verlängert worden (bis 31.5.2027). Die Steuerfreiheit der Verpflegungspauschbeträge für die berufliche Auswärtstätigkeit auf Schiffen hat ihre Rechtsgrundlage in § 3 Nr. 16 EStG (Privatwirtschaft) bzw. § 3 Nr. 13 EStG (öffentlicher Dienst).

Sozialversicherung: Für die in der Seeschifffahrt Beschäftigten gelten grundsätzlich die allgemeinen Krankenkassenwahlrechte nach § 173 SGB V; besondere Zuständigkeitsregelungen ergeben sich aus § 2 Abs. 3 SGB IV. Die beitragspflichtigen Einnahmen der Seeleute sind in § 344 Abs. 1 SGB III, § 233 SGB V, § 57 Abs. 1 Satz 1 SGB XI sowie in § 163 Abs. 2 SGB VI geregelt.

Entgelt	LSt	SV
Tarifvertragliche Seefahrtszulage	pflichtig	pflichtig

Lohnsteuer

Arbeitnehmereigenschaft

See- und Binnenschiffer, die zu einem Schiffseigner oder einer Reederei in einem Dienstverhältnis stehen, sind ⬀ Arbeitnehmer. Abhängig von der Art der Tätigkeit kann der Arbeitgeber steuerfreie und pauschal besteuerte Arbeitslohnteile zahlen und der Arbeitnehmer kann ggf. Werbungskosten ansetzen. Die tarifvertragliche Seefahrtszulage gehört zum steuerpflichtigen Arbeitslohn.

Lohnsteuerabzug

Seeschiffer mit Inlandswohnsitz

Seeschiffer, die im Bundesgebiet ihren Wohnsitz oder gewöhnlichen Aufenthalt haben, sind unbeschränkt einkommensteuerpflichtig, gleichgültig, ob sie unter deutscher oder ausländischer Flagge fahren.

Bei Beschäftigung für einen inländischen Reeder ist dieser zum Lohnsteuerabzug verpflichtet. Ist der Arbeitnehmer bei einem ausländischen Reeder beschäftigt, erfolgt eine Einkommensteuerveranlagung, sofern der Besteuerungsanspruch nach einem DBA nicht dem ausländischen Staat zusteht.

Seeschiffer ohne Inlandswohnsitz

Seeleute, die keinen inländischen Wohnsitz oder gewöhnlichen Aufenthalt haben, können unbeschränkt einkommensteuerpflichtig sein, wenn sie auf deutschen Handelsschiffen überwiegend auf hoher See oder in deutschen Küstengewässern fahren. Fahren sie nur vorübergehend auf deutschen Handelsschiffen, sind sie i. d. R. beschränkt einkommensteuerpflichtig.

Aufenthalt in einem ausländischen Hafen oder Küstenmeer

Vergütungen an Arbeitnehmer ohne inländischen Wohnsitz oder gewöhnlichen Aufenthalt für die Tätigkeit auf einem deutschen Schiff während dessen Aufenthalt in einem ausländischen Hafen oder Küstenmeer sind nicht steuerpflichtig.[1]

Lohnsteuerprivileg für Arbeitgeber mit Schiffen

Lohnsteuereinbehalt von 40 % durch den Arbeitgeber

Arbeitgeber, die eigene oder gecharterte Handelsschiffe betreiben, dürfen vom Gesamtbetrag der anzumeldenden und abzuführenden Lohnsteuer einen Betrag von 40 % der auf das Schiffspersonal entfallenden Lohnsteuer abziehen und behalten. Voraussetzung ist, dass

- das Besatzungsmitglied in einem zusammenhängenden Arbeitsverhältnis an mehr als 183 Tagen auf einem Handelsschiff des Arbeitgebers eingesetzt ist,
- die Handelsschiffe in einem inländischen Schiffsregister oder in das Schiffsregister eines anderen EU-/EWR-Staates eingetragen sind und unter deutscher Flagge oder unter EU-/EWR-Flagge fahren,
- die Handelsschiffe zur Beförderung von Personen oder Gütern im Verkehr zwischen ausländischen Häfen, innerhalb eines auslän-

1 R 39d Abs. 1 Satz 3 LStR.

dischen Hafens oder zwischen einem ausländischen Hafen und der hohen See betrieben werden und

- das Besatzungsmitglied über ein Seefahrtsbuch verfügt und im Inland beschränkt oder unbeschränkt einkommensteuerpflichtig ist.

Die Kürzung der einzubehaltenden Lohnsteuer ist nur in dem Lohnzahlungszeitraum zulässig, in dem das Schiff zu den im Gesetz genannten Zwecken tatsächlich eingesetzt worden ist.[1] Für das Schiffspersonal, das im regelmäßigen Personenverkehr im Hoheitsgebiet der EU-Staaten eingesetzt ist, gilt die Berechtigung für die Vereinnahmung der abgezogenen Lohnsteuer durch den inländischen Arbeitgeber nur, wenn dieses die Staatsangehörigkeit eines EU-/EWR-Mitgliedstaates besitzt. Da der Inhalt der Lohnsteuer-Anmeldung zeitraumbezogen zu erfassen ist, muss auch der Kürzungsbetrag für den jeweiligen Anmeldezeitraum, also regelmäßig monatlich ermittelt werden. Eine Kürzung der einbehaltenen Lohnsteuer kommt deshalb für solche Monate nicht in Betracht, in denen das Schiff nicht im internationalen Verkehr betrieben worden ist.

Besonderheit bei Steuerklassen V und VI

Ist die Lohnsteuer von begünstigten Seeleuten nach der Steuerklasse V oder VI zu berechnen, bemisst sich der 40-prozentige Entlastungsbetrag nach der Lohnsteuer der Steuerklasse I.

Befristete Anhebung des Lohnsteuereinbehalts auf 100 %

Der Lohnsteuereinbehalt wurde für einen befristeten Zeitraum von 40 % bis 31.5.2027 auf 100 % ausgedehnt.[2] Arbeitgeber, die eigene oder gecharterte „inländische" Handelsschiffe oder „EU-Handelsschiffe"[3] betreiben, dürfen während dieses Zeitraums vom Gesamtbetrag der anzumeldenden und abzuführenden Lohnsteuer den vollen Betrag der auf das Schiffspersonal entfallenden Lohnsteuer abziehen und behalten.

Hinweis

Lohnsteuerprivileg nicht mehr auf deutsche Flagge beschränkt

Da der Lohnsteuereinbehalt eine Subvention und damit eine Beihilfe i. S. d. europäischen Gemeinschaftsrechts darstellt, war die Wirksamkeit der Gesetzesänderung von der Genehmigung durch die EU abhängig. Die Europäische Kommission hat die Genehmigung am 22.6.2021 erteilt und die Zustimmung zur Verlängerung des erhöhten Lohnsteuereinbehalts davon abhängig gemacht, dass sie auch für Schiffe anderer EU-/EWR-Staaten Gültigkeit hat. Das „Verlängerungsgesetz" findet seit dem Lohnzahlungszeitraum Juni 2021 Anwendung. Der 6-Jahreszeitraum für die staatliche Zuschuss-Gewährung in Form der vollen Lohnsteuer des „inländischen Schiffspersonals" endet damit zum 31.5.2027.

An die Stelle der Eintragung in einem inländischen Seeschiffsregister ist der erweiterte Anwendungsbereich für sämtliche „EU-/EWR-Handelsschiffe" getreten. Das sind Schiffe, die in einem Seeschiffsregister eines Mitgliedstaats der Europäischen Union oder eines Staats, der unter das Abkommen über den Europäischen Wirtschaftsraum fällt, eingetragen sind und unter EU-/EWR-Flagge fahren.[4,5]

Für Arbeitgeber, die bereits bisher den Lohnsteuereinbehalt vornehmen durften, ändert sich dadurch nichts und sie können weiter von der Regelung Gebrauch machen. Bedeutung hat die Erweiterung auf EU-/EWR-Schiffe nur dann, wenn Arbeitnehmer auf diesen Schiffen beschäftigt sind, die im Inland ansässig und unbeschränkt einkommensteuerpflichtig sind. Ansonsten liegt mangels Lohnbezügen aus einer inländischen Tätigkeit keine beschränkte Steuerpflicht vor, weil bei Ausflaggung der Einsatz auf hoher See als Auslandstätigkeit im jeweiligen Flaggenland gilt.

Streichung der bisherigen 183-Tage-Regelung

Das Lohnsteuerprivileg für Arbeitgeber mit Schiffen setzte für den Lohnsteuereinbehalt i. H. v. 40 % ein zusammenhängendes Arbeitsverhältnis von mehr als 183 Tagen bei dem betreffenden Reeder voraus.[6] Die sog. 183-Tage-Regelung wird für die genannte Übergangszeit bis zum 31.5.2027 außer Kraft gesetzt. Der volle Lohnsteuerverzicht bei Besatzungsmitgliedern inländischer Handelsschiffe ist während dieses Zeitraums unabhängig von der Dauer ihres Dienstverhältnisses mit dem „Schiffsarbeitgeber".

Die übrigen Anforderungen bleiben für die Anwendung des Lohnsteuerprivilegs unberührt.

Hinweis

Rückkehr zur 40-%-Kürzung ab Juni 2027

Das Gesetz sieht eine Befristung des vollen Lohnsteuerverzichts bis zum 31.5.2027 vor.[7] Nach Ablauf der 72-Monatsfrist ist § 41a Abs. 4 Satz 1 EStG wieder in seiner bis 2015 geltenden Fassung anzuwenden. Der Lohnsteuereinbehalt berechnet sich dann wieder nach der 40-%-Kürzung.

Reisekosten

Berufliche Auswärtstätigkeit

Das Schiffspersonal fällt unter die reisekostenrechtliche Regelung der beruflichen Auswärtstätigkeit für Tage, an denen der Arbeitnehmer mit dem Schiff unterwegs ist. Eine doppelte Haushaltsführung liegt auch dann nicht vor, wenn auf dem Schiff eine Schlaf- und Kochmöglichkeit vorhanden ist. Weil das Schiff keine ortsfeste betriebliche Einrichtung des Arbeitgebers oder eines Dritten ist, stellt es keine erste Tätigkeitsstätte dar. Als erste Tätigkeitsstätte kommen nur ortsfeste betriebliche Einrichtungen in Betracht, die mit dem Erdboden verbunden sind bzw. dazu bestimmt sind, standortgebunden genutzt zu werden.[8] Dies kann (nur) der Betrieb des Arbeitgebers, eines verbundenen Unternehmens oder eines Dritten an Land sein. Deshalb können für die Tätigkeit auf dem Schiff steuerfreie Verpflegungspauschalen gezahlt werden.

Fahrten zur Schiffsanlegestelle

Seeleute, die während längerer Schiffsliegezeiten mit dem Pkw von der Wohnung zum Dienst auf dem Schiff fahren, können die Fahrtkosten als Reisekosten behandeln. Eine Schiffsanlegestelle ist keine ortsfeste betriebliche Einrichtung und damit keine erste Tätigkeitsstätte, sofern sich dort keine weiteren ortsfesten Arbeitgebereinrichtungen befinden. Hat der Arbeitgeber durch arbeitsrechtliche Festlegung seinen Betrieb zur ersten Tätigkeitsstätte bestimmt, sind dies Fahrten zwischen Wohnung und ↗ erster Tätigkeitsstätte.

Schiffspersonal ohne erste Tätigkeitsstätte

Arbeitnehmer, die keine erste Tätigkeitsstätte haben, aufgrund Anweisung des Arbeitgebers aber dauerhaft denselben Ort aufsuchen müssen, um von dort typischerweise die arbeitstägliche berufliche Tätigkeit aufzunehmen, dürfen für diese Fahrten nur die Entfernungspauschale anwenden.[9]

Während Seeleute vom Ansatz der Entfernungspauschale im Normalfall nicht betroffen sind, da sie den Hauptteil ihrer Arbeit auf See erbringen und damit ihre Tätigkeit nicht durch arbeitstägliche Fahrten zwischen Wohnung und Schiff geprägt ist, kann bei Binnenschiffern die gesetzliche Fiktion der Entfernungspauschale Anwendung finden, insbesondere wenn sie ihm Fährbetrieb eingesetzt sind.[10]

Beispiel

Entfernungspauschale für Fahrten zum Fährhafen

Ein auf einer Bodenseefähre beschäftigter Schiffskapitän übernimmt arbeitstäglich im Fährhafen Meersburg sein Fährschiff. Eine erste Tätigkeitsstätte ist arbeitsrechtlich nicht festgelegt. Die Fähranlagestelle stellt ohne arbeitsrechtliche Zuordnung keine erste Tätigkeitsstätte dar. Da er den Fährhafen ausschließlich zum Abholen des Fahrzeugs

1 BFH, Urteil v. 18.12.2019, VI R 30/17, BStBl 2020 II S. 289.
2 § 41a Abs. 4 EStG i. V. m. § 52 Abs. 40a Satz 3 EStG.
3 § 41a Abs. 4 Satz 2 EStG.
4 § 41a Abs. 4 Satz 2 EStG.
5 BMF, Information v. 9.6.2023.
6 R 41a.1 Abs. 5 LStR.
7 § 41a Abs. 4 Satz 1 EStG i. d. F. des Gesetzes zur Änderung des Einkommensteuergesetzes zur Erhöhung des Lohnsteuereinbehalts in der Seeschifffahrt.
8 BFH, Urteil v. 11.4.2019, VI R 36/16, BStBl 2019 II S. 543; BFH, Urteil v. 11.4.2019, VI R 12/17, BStBl 2019 II S. 551; BFH, Urteil v. 11.4.2019, VI R 40/16, BStBl 2019 II S. 546.
9 § 9 Abs. 1 Nr. 4a Satz 3 EStG.
10 § 9 Abs. 1 Nr. 4a Satz 3 EStG.

aufsucht, wird auch nach den alternativ geltenden ⇗ zeitlichen Zuordnungskriterien dort keine erste Tätigkeitsstätte begründet.

Ergebnis: Die täglichen Fahrten zum Schiffsliegeplatz fallen unter die Regelungen der Entfernungspauschale. Zahlt der Schifffahrtsbetrieb hierfür Fahrtkostenzuschüsse, liegt steuerpflichtiger Arbeitslohn vor, den der Arbeitgeber mit 15 % pauschal versteuern kann.[1]

Gleichwohl rechnet die berufliche Abwesenheitszeit für die Gewährung der Verpflegungspauschalen bereits ab dem Verlassen der Wohnung und endet auch dort. Da der Arbeitnehmer keine erste Tätigkeitsstätte hat, liegt insoweit eine berufliche Auswärtstätigkeit vor.

Keine 3-Monatsfrist bei Tätigkeit auf Fahrzeugen

Die gesetzliche 3-Monatsfrist für den Abzug der Verpflegungspauschalen findet bei einer ⇗ Fahrtätigkeit keine Anwendung – auch nicht, wenn sie auf einem Schiff ausgeübt wird. Die Begrenzung durch die 3-Monatsfrist gilt nur für Tätigkeiten an einer ortsfesten Einrichtung.[2] Fahrtätigkeiten nehmen aus diesem Grund eine Sonderstellung ein. Hier kann sich der Arbeitnehmer auch nicht nach einer Übergangszeit auf die auswärtige Verpflegungssituation einstellen. Marinesoldaten und Seeleute können für sämtliche Tage an Bord steuerfreie ⇗ Verpflegungspauschalen erhalten, bis sie wieder in den Heimathafen zurückkehren – auch wenn sie länger als 3 Monate unterwegs sind. Die Nichtanwendung der 3-Monatsfrist gilt nicht nur für Seeleute, sondern für sämtliche Fahrtätigkeiten.[3]

Die zeitlich gestaffelten Verpflegungspauschalen betragen

- bei einer beruflichen Abwesenheit von mehr als 8 Stunden 14 EUR,
- bei einer mehrtägigen Auswärtstätigkeit für An- und Abreisetage 14 EUR und
- für Tage mit einer Abwesenheitsdauer von mind. 24 Stunden 28 EUR.[4]

Beispiel

Keine 3-Monatsfrist für den Abzug von Verpflegungspauschalen

Ein Seemann ist auf einem Hochseefischkutter eingesetzt. Er war an 184 Tagen auf See.

Ergebnis: Der Seemann kann für sämtliche Tage an Bord steuerfreie Verpflegungspauschalen erhalten bzw. diese im Rahmen der Einkommensteuererklärung als Werbungskosten abziehen. Unbedeutend ist, wie oft das Schiff den Heimathafen anläuft, weil die 3-Monatsfrist nicht für Tätigkeiten auf Fahrzeugen gilt.

Verpflegungsmehraufwand bei Auslandsreisen

Die Verwaltung sieht für die Höhe der maßgebenden Verpflegungspauschbeträge bei Auslandsreisen mit Schiffen besondere Regelungen vor:[5]

- Für Tage ohne Ein- bzw. Ausschiffung sind die für Luxemburg geltenden Tagegelder anzusetzen, sofern das Schiff einer ausländischen Reederei gehört.
- Bei Schiffen unter deutscher Flagge (Schiffe der Bundes- und der Handelsmarine) sind für Tage auf See Inlandspauschbeträge anzusetzen.
- Für die Tage der Ein- und Ausschiffung ist das für den Hafenort geltende Tagegeld maßgebend.

Kürzung bei Mahlzeitengestellung

Werden die Mitglieder einer Schiffsbesatzung während einer Schiffsreise vom Arbeitgeber unentgeltlich oder verbilligt verpflegt, sind nach den aktuell geltenden Reisekostenvorschriften die Verpflegungspauschalen zu kürzen. Dabei ist es unerheblich, ob der geldwerte Vorteil aus der arbeitgeberseitigen Mahlzeitengestellung zum Arbeitslohn zählt. Dasselbe gilt, wenn sich das Schiffspersonal am Wareneinkauf finanziell beteiligt und die Mahlzeiten vom Schiffskoch, den der Arbeitgeber bezahlt, zubereitet werden.[6] Im Ergebnis zahlt das Schiffspersonal in Form der finanziellen Beteiligung ein Entgelt für die vom Arbeitgeber zur Verfügung gestellten Mahlzeiten. Das Entgelt mindert die nachfolgend dargestellten Kürzungsbeträge.

Die Kürzung beträgt

- 20 % der vollen Tagespauschale für ein Frühstück bzw.
- 40 % der vollen Tagespauschale für ein Mittag- oder Abendessen.

Für die Arbeitgeberbewirtung im Inland beträgt die Kürzung der maßgebenden Verpflegungspauschale im Jahr 2024 5,60 EUR für das Frühstück bzw. 11,20 EUR für das Mittag- bzw. Abendessen.[7] Bei Vollverpflegung sind dadurch die Verpflegungspauschbeträge aufgebraucht.

Unerheblich ist, ob der Arbeitnehmer die Mahlzeit tatsächlich einnimmt. Eine Kürzung ist bereits dann vorzunehmen, wenn der Arbeitgeber oder auf dessen Veranlassung ein Dritter während der beruflichen Auswärtstätigkeit eine Mahlzeit zur Verfügung stellt. Die Verpflegungspauschalen sind auch dann in vollem Umfang zu kürzen, wenn der Arbeitnehmer seine Mahlzeiten teilweise zu Hause einnimmt.[8]

Die Verpflegungspauschalen sind auch für Mahlzeiten zu kürzen, die der Arbeitnehmer anlässlich einer beruflichen Auswärtstätigkeit von seinem Arbeitgeber erhält, wenn der Arbeitnehmer über keine erste Tätigkeitsstätte verfügt.[9] Der gesetzlich angeordnete Verzicht auf die Versteuerung des Sachbezugs „Mahlzeit", der nach der gesetzgeberischen Zielsetzung durch eine gleichzeitige Kürzung der Verpflegungspauschalen auszugleichen ist, umfasst jede Form der beruflichen Auswärtstätigkeit, die nach den Reisekostenbestimmungen auch bei Arbeitnehmern ohne erste Tätigkeitsstätte vorliegen kann. Der Wegfall der Besteuerung des geldwerten Vorteils macht im Gegenzug eine Kürzung der Verpflegungspauschbeträge erforderlich. Nur auf diese Weise lässt sich eine doppelte Entlastung beim Arbeitnehmer vermeiden, ungeachtet dessen, dass der Wortlaut der Kürzungsvorschrift hierfür eine erste Tätigkeitsstätte verlangt. Die Kürzung der Verpflegungspauschale ist deshalb auch bei Schiffspersonal vorzunehmen, das von seinem Arbeitgeber Bordverpflegung erhält. Dabei ist es unerheblich, ob das Besatzungsmitglied die vom Arbeitgeber zur Verfügung gestellte Mahlzeit tatsächlich einnimmt.

Keine steuerfreien Übernachtungspauschalen

Übernachtungskosten im Inland darf der Arbeitgeber mit einem Pauschbetrag von 20 EUR pro Übernachtung bzw. bei Übernachtungen im Ausland mit dem jeweiligen Auslandsübernachtungsgeld steuerfrei ersetzen. Diese Möglichkeit scheidet jedoch aus, wenn der Arbeitgeber der Besatzung eine unentgeltliche bzw. verbilligte Unterkunft auf dem Schiff zur Verfügung stellt.[10, 11]

Sozialversicherung

Versicherungspflicht

Die Seeleute sind als Arbeitnehmer versicherungspflichtig in der Kranken-, Pflege-, Renten- und Arbeitslosenversicherung.[12] Wie bei anderen Arbeitnehmern auch, besteht aber Krankenversicherungsfreiheit, wenn ihr regelmäßiges Jahresarbeitsentgelt die ⇗ Jahresarbeitentgeltgrenze übersteigt.[13]

1 § 40 Abs. 2 EStG.
2 BFH, Urteil v. 24.2.2011, VI R 66/10, BStBl 2012 II S. 27.
3 BMF, Schreiben v. 25.11.2020, IV C 5 – S 2353/19/10011 :006, BStBl 2020 I S. 1228, Rz. 56.
4 § 9 Abs. 4a EStG.
5 R 9.6 Abs. 3 Nr. 2 LStR
6 Niedersächsisches FG, Urteil v. 27.11.2019, 1 K 167/17.
7 § 9 Abs. 4a EStG. Das Gesetzgebungsverfahren, das eine Änderung der Werte vorsieht, ist noch nicht abgeschlossen. Ggf. wird eine Änderung im Laufe des Jahres 2024 folgen.
8 BFH, Urteil v. 7.7.2020, VI R 16/18, BStBl 2020 II S. 783.
9 BFH, Urteil v. 12.7.2021, VI R 27/19, BStBl 2021 II S. 642.
10 R 9.7 Abs. 3 LStR.
11 BFH, Urteil v. 28.3.2012, VI R 48/11, BStBl 2012 II S. 926
12 § 5 Abs. 1 Nr. 1 SGB V, § 20 Abs. 1 Satz 1 Nr. 1 SGB XI, § 1 Satz 1 Nr. 1 SGB VI.und § 25 Abs. 1 Satz 1 SGB III.
13 § 6 Abs. 1 Nr. 1 SGB V.

Ausländische Besatzungsmitglieder deutscher Seeschiffe

Die Versicherungspflicht erstreckt sich auch auf die ausländischen Besatzungsmitglieder deutscher Seeschiffe. Sofern deren Wohnsitz oder gewöhnlicher Aufenthalt jedoch außerhalb des Geltungsbereichs des Sozialgesetzbuchs liegt, sind diese kranken-[1] und damit pflege- sowie arbeitslosenversicherungsfrei.[2] Von der Rentenversicherungspflicht können sie sich auf Antrag befreien lassen.[3]

Krankenkassenwahlrecht

Zum 1.1.2008 wurde die See-Krankenkasse als eigenständiger Träger der gesetzlichen Krankenversicherung aufgelöst und in die Deutsche Rentenversicherung Knappschaft-Bahn-See eingegliedert. Die Sonderregelung hinsichtlich der Kassenzuständigkeit der See-Krankenkasse ist damit entfallen. Die Knappschaft führt die Sonderzuständigkeit für Beschäftigte in der Seeschifffahrt nicht fort. Eine Ausnahme existiert für Seeleute i. S. v. § 2 Abs. 3 SGB IV. Seither gilt für Seeleute folglich das allgemeine ↗ Krankenkassenwahlrecht.

Beitragsberechnung

Für Seeleute, die auf einem Schiff unter deutscher Flagge beschäftigt werden, berechnen sich die Beiträge grundsätzlich nicht nach dem tatsächlichen Einkommen, sondern nach einer Durchschnittsheuer.[4] Zu beachten ist, dass ungeachtet der Fusion von Seekasse und Knappschaft für Seeleute nicht das Recht der knappschaftlichen, sondern das der allgemeinen Rentenversicherung gilt.

Schmerzensgeld

Erhält der Arbeitnehmer vom Arbeitgeber ein Schmerzensgeld, dessen Grundlage aus dem Arbeitsverhältnis selbst stammt (z. B. wegen Verletzung arbeitsrechtlicher Schutzvorschriften), stellt das Schmerzensgeld lohnsteuerrechtlich Arbeitslohn bzw. beitragspflichtiges Arbeitsentgelt dar.

Voraussetzung ist, dass das Schmerzensgeld als Ersatz für entgangenen oder entgehenden Arbeitslohn gezahlt wird. Dies gilt auch dann, wenn der Arbeitnehmer das Schmerzensgeld von einem Dritten im Zusammenhang mit der Durchführung seiner beruflichen Tätigkeit erhält, z. B. von einer Versicherung.

Handelt es sich allerdings um „echten Schadensersatz", z. B. für Vermögensverluste oder Schäden immaterieller Art, liegt kein Arbeitslohn vor.

Gesetze, Vorschriften und Rechtsprechung

Lohnsteuer: Die Steuerpflicht von Schmerzensgeld ergibt sich aus § 19 Abs. 1 EStG i. V. m. § 24 Nr. 1 Buchstabe a EStG. Für den Ersatz von entgehenden Einnahmen von einem Dritten s. BFH, Urteil v. 21.1.2004, XI R 40/02, BStBl 2004 II S. 716. Zur Steuerbarkeit von Schadensersatzleistungen, wenn der Arbeitgeber zur Leistung gesetzlich verpflichtet ist oder einen zivilrechtlichen Schadensersatzanspruch des Arbeitnehmers erfüllt s. BFH, Urteil v. 20.9.1996, VI R 57/95, BStBl 1997 II S. 144 und BMF-Schreiben v. 15.7.2009, BStBl 2009 I S. 836.

Sozialversicherung: Die Beitragspflicht des Schmerzensgelds als Arbeitsentgelt in der Sozialversicherung ergibt sich aus § 14 Abs. 1 Satz 1 SGB IV.

Entgelt	LSt	SV
Schmerzensgeld für entgangenen Arbeitslohn	pflichtig	pflichtig
Schmerzensgeld als echter Schadensersatz	frei	frei

1 § 6 Abs. 1 Nr. 1a SGB V.
2 § 28 Abs. 3 SGB III.
3 § 6 Abs. 1 Satz 1 Nr. 3 SGB VI.
4 § 344 Abs. 1 SGB III, § 233 SGB V, § 163 Abs. 2 SGB VI.

Schmutzzulage

Eine Schmutzzulage erhält ein Arbeitnehmer von seinem Arbeitgeber dafür, dass er in erhöhtem Ausmaß Schmutz, Staub oder ähnlichen Einflüssen ausgesetzt ist. Es handelt sich bei dieser Zulage um eine Zuwendung im Zusammenhang mit der Erbringung der Arbeitsleistung. Aus diesem Grund ist die Schmutzzulage sowohl als steuerpflichtiger Arbeitslohn als auch als beitragspflichtiges Arbeitsentgelt zu sehen.

Da Schmutzzulagen i. d. R. laufend gezahlt werden, handelt es sich sowohl um laufenden Arbeitslohn als auch um regelmäßiges Arbeitsentgelt im Sinne der Sozialversicherung.

Gesetze, Vorschriften und Rechtsprechung

Lohnsteuer: Die Lohnsteuerpflicht der Schmutzzulage ergibt sich aus § 19 Abs. 1 EStG i. V. m. R 19.3 LStR.

Sozialversicherung: Die Beitragspflicht der Schmutzzulage ergibt sich aus der Definition von Arbeitsentgelt in § 14 Abs. 1 SGB IV.

Entgelt	LSt	SV
Schmutzzulage	pflichtig	pflichtig

Schneezulage

Die Schneezulage ist eine besondere Form der Schmutz- bzw. Erschwerniszulage. Diese erhält der Arbeitnehmer von seinem Arbeitgeber dafür, dass er in erhöhtem Ausmaß Witterungsbedingungen wie Kälte, Schnee oder ähnlichen Einflüssen ausgesetzt ist. Es handelt sich bei dieser Zulage um eine Zuwendung im Zusammenhang mit der Erbringung der Arbeitsleistung. Aus diesem Grund ist die Schneezulage als lohnsteuerpflichtiger Arbeitslohn und beitragspflichtiges Arbeitsentgelt zu behandeln.

Da Schneezulagen i. d. R. laufend gezahlt werden, handelt es sich sowohl um laufenden Arbeitslohn als auch um regelmäßiges Arbeitsentgelt im Sinne der Sozialversicherung.

Gesetze, Vorschriften und Rechtsprechung

Lohnsteuer: Die Lohnsteuerpflicht der Schneezulage ergibt sich aus § 19 Abs. 1 EStG i. V. m. R 19.3 LStR.

Sozialversicherung: Die Beitragspflicht der Schneezulage als Bestandteil des Arbeitsentgelts ergibt sich aus § 14 Abs. 1 SGB IV.

Entgelt	LSt	SV
Schneezulage	pflichtig	pflichtig

Schulbeihilfe

Leistet der Arbeitgeber einen Zuschuss für die Aufwendungen im Zusammenhang mit dem Schulbesuch des Arbeitnehmers, ist grundsätzlich von steuerpflichtigem Arbeitslohn bzw. beitragspflichtigem Arbeitsentgelt auszugehen.

Eine Ausnahme von dieser grundsätzlichen Steuerpflicht ergibt sich dann, wenn der Besuch der Schule im Zusammenhang mit dem Beschäftigungsverhältnis steht bzw. ein überwiegendes betriebliches Interesse vorliegt. In diesen Fällen handelt es sich bei der Schulbeihilfe um Fortbildungskosten, die der Arbeitgeber dem Arbeitnehmer im Rahmen der Werbungskostenerstattung steuerfrei und damit auch sozialversicherungsfrei gewähren kann.

Dies setzt allerdings voraus, dass der Arbeitgeber die Übernahme bzw. den Ersatz allgemein oder für die besondere Bildungsmaßnahme zugesagt und der Mitarbeiter im Vertrauen auf diese zuvor erteilte Zusage den Vertrag über die Bildungsmaßnahme abgeschlossen hat. Dadurch erübrigt sich auch die Problematik, dass bei manchen Bildungsmaßnahmen eine Anmeldung durch den Teilnehmer vorgeschrieben ist.

Gesetze, Vorschriften und Rechtsprechung

Lohnsteuer: Die grundsätzliche Lohnsteuerpflicht der Schulbeihilfe ergibt sich aus § 19 Abs. 1 EStG i. V. m. R 19.3 LStR. Fort- und Weiterbildungsleistungen gem. R 19.7 LStR sind kein Arbeitslohn.

Sozialversicherung: Die grundsätzliche Beitragspflicht ergibt sich aus § 14 Abs. 1 SGB IV. Sofern die Schulbeihilfe als Fortbildungsleistung des Arbeitgebers nicht zum Arbeitslohn gehört, entsteht auch kein beitragspflichtiges Arbeitsentgelt nach § 1 Abs. 1 Satz 1 Nr. 1 SvEV.

Entgelt	LSt	SV
Schulbeihilfe zum Schulbesuch aus privatem Interesse	pflichtig	pflichtig
Schulbeihilfe zur Fortbildung aus betrieblichem Interesse	frei	frei

Schüler

Ein Schüler ist eine lernende Person, die von einer anderen Person (Lehrer), innerhalb eines organisierten Rahmens, wie z. B. der Schule, etwas lernt. Die Art des Schüler-Seins unterscheidet sich nach der Schulform (z. B. allgemeinbildende Schulen, Berufsschulen).

Bei der Beschäftigung von Schülern gelten besondere rechtliche Anforderungen. Dies trifft insbesondere im Arbeitsrecht für minderjährige Schüler, die das 18. Lebensjahr noch nicht vollendet haben, zu.

Gesetze, Vorschriften und Rechtsprechung

Lohnsteuer: Der gezahlte Arbeitslohn gehört i. S. v. § 19 EStG zum steuerpflichtigen Arbeitslohn.

Sozialversicherung: In der Sozialversicherung ergibt sich die Versicherungspflicht als Arbeitnehmer in der Krankenversicherung aus § 5 Abs. 1 Nr. 1 SGB V, in der Pflegeversicherung aus § 20 Abs. 1 Satz 2 Nr. 1 i. V. m. Satz 1 SGB XI und in der Rentenversicherung aus § 1 Satz 1 Nr. 1 SGB VI. Die Versicherungsfreiheit in der Arbeitslosenversicherung ist für beschäftigte Schüler in § 27 Abs. 4 Satz 1 Nr. 1 SGB III geregelt. Die Spitzenorganisationen der Sozialversicherung haben sich in ihrem Rundschreiben vom 23.11.2016 u. a. mit Schülern beschäftigt (GR v. 23.11.2016-II: Abschn. 4.1).

Lohnsteuer

Lohnsteuerabzug

Erhält ein Schüler im Rahmen eines Dienstverhältnisses Arbeitslohnzahlungen, richtet sich deren Besteuerung nach den allgemeinen Vorschriften. Der Arbeitgeber muss für die Zwecke des Lohnsteuerabzugs beim Abruf der elektronischen Lohnsteuerabzugsmerkmale (ELStAM) ein erstes Dienstverhältnis annehmen, sofern der Schüler dies erklärt. Ohne Vorlage findet der Lohnsteuerabzug nach Steuerklasse VI Anwendung.

Liegt eine ⇗ geringfügig entlohnte Beschäftigung oder eine ⇗ kurzfristige Beschäftigung vor, kann auch eine Pauschalversteuerung erfolgen.

Der Arbeitgeber darf den Lohnsteuerabzug nicht unterlassen, weil der Schüler für den Arbeitslohn auf das Jahr gesehen voraussichtlich keine Lohnsteuer zu zahlen hätte (z. B. wegen Ferientätigkeit).

Hinweis

Kein Lohnsteuer-Jahresausgleich für Schüler

Der Arbeitgeber darf für einen Schüler keinen ⇗ Lohnsteuer-Jahresausgleich durchführen, wenn er nicht ganzjährig beschäftigt ist.

Erstattung durch Einkommensteuererklärung

Der Schüler kann einen Antrag auf Durchführung einer Einkommensteuerveranlagung stellen. Wird die Jahresarbeitslohngrenze nicht überschritten, fällt bei einer Veranlagung zur Einkommensteuer nach Ablauf des Kalenderjahres keine Einkommensteuer an. Die Jahresarbeitslohngrenze, bis zu der bei Schülern im Kalenderjahr 2024 keine Einkommensteuer anfällt, beträgt 12.870 EUR.[1]

Schulprojekte

Vielfach werden von verschiedenen Bundesländern Schulprojekte wie z. B. „Der soziale Tag" durchgeführt. Im Rahmen dieser Projekte arbeiten Schüler einen Tag lang in Unternehmen oder Privathaushalten. Der erarbeitete Lohn wird im Einvernehmen mit den Schülern und den Arbeitgebern an die jeweilige Organisation gespendet. Grundsätzlich führen die Zahlungen im Rahmen dieser Arbeitsverhältnisse zwar zu Arbeitslohn. Vor dem Hintergrund, dass auf der Seite des Schülers regelmäßig steuerliche Auswirkungen nicht zu erwarten sind, wird es aber verwaltungsseitig in diesen Fällen nicht beanstandet, wenn vom Lohnsteuerabzug durch den Arbeitgeber abgesehen wird und bei Privatleuten auf die Führung eines Lohnkontos verzichtet wird. Die Schüler brauchen den im Rahmen der Projekte erzielten Arbeitslohn aus Billigkeitsgründen in einer eventuell durchzuführenden Einkommensteuerveranlagung nicht ansetzen.

Sozialversicherung

Eintritt von Versicherungspflicht

Schüler sind in einer Beschäftigung grundsätzlich versicherungspflichtig in der Kranken-, Pflege- und Rentenversicherung, sofern es sich um keine geringfügige Beschäftigung handelt. Die sozialversicherungsrechtliche Beurteilung von Schülern, die während des Schulbesuchs oder in den Ferien eine Beschäftigung ausüben, vollzieht sich damit grundsätzlich nach den Kriterien, die auch für alle anderen Beschäftigten gelten. Da die Ferienjobs der Schüler in aller Regel zeitlich befristet sind, müssen insbesondere die Regelungen zu den kurzfristigen Beschäftigungen beachtet werden.

Versicherungsfreiheit in der Arbeitslosenversicherung

Schüler an einer allgemeinbildenden Schule (z. B. Hauptschule, Realschule, Gymnasium, Gesamtschule, Sonderschule, Schule für Behinderte, Förderschule, Mittelschule) sind in einer Beschäftigung generell arbeitslosenversicherungsfrei.[2] Dies gilt jedoch nicht, wenn der Schüler schulische Einrichtungen besucht, die der Fortbildung außerhalb der üblichen Arbeitszeit dienen (z. B. Abendschule).

Berufsbildende Schulen (u. a. Berufsschule, Berufsfachschule, Fachoberschule, Berufsoberschule) vermitteln spezielles Wissen für die Ausübung eines Berufs und zählen daher nicht zu den allgemeinbildenden Schulen. Ihre Schüler werden daher nur in einer ⇗ geringfügig entlohnten Beschäftigung von der Arbeitslosenversicherungsfreiheit erfasst.

Kurzfristige Beschäftigungen

⇗ Kurzfristige Beschäftigungen sind versicherungsfrei, wenn sie von vornherein zeitlich befristet und nicht berufsmäßig ausgeübt werden. Die Beschäftigung der Schüler darf auf nicht mehr als 3 Monate bzw. 70 Arbeitstage befristet sein.

1 11.604 EUR Grundfreibetrag (i. d. F. des Inflationsausgleichsgesetzes) + 1.230 EUR Arbeitnehmer-Pauschbetrag + 36 EUR Sonderausgaben-Pauschbetrag. Für den Grundfreibetrag wurde eine Erhöhung für das Jahr 2024 angekündigt, die rückwirkend ab 1.1.2024 gelten soll.

2 § 27 Abs. 4 Satz 1 Nr. 1 SGB III.

Werden kurzfristige Beschäftigungen zwischen dem Ende der Schulausbildung und

- der Aufnahme einer Beschäftigung (ggf. Berufsausbildung oder dualer Studiengang) oder
- der Ableistung eines freiwilligen sozialen oder ökologischen Jahres bzw. eines ⇗ Bundesfreiwilligendienstes

ausgeübt, sind sie immer als berufsmäßige Beschäftigungen anzusehen. Daher sind sie stets versicherungspflichtig in der Kranken-, Pflege-, Renten- und Arbeitslosenversicherung, soweit das monatliche Arbeitsentgelt die Geringfügigkeitsgrenze von 538 EUR (bis 31.12.2023: 520 EUR) übersteigt. Wird die Beschäftigung für einen kürzeren Zeitraum als einen Monat ausgeübt, ist im jeweiligen Monat dennoch keine anteilige Entgeltgrenze, sondern der monatliche Grenzbetrag anzusetzen.

Hinweis

Kurzfristige Beschäftigung zwischen Schulabschluss und Studium

Eine kurzfristige Beschäftigung zwischen Schulabschluss und beabsichtigter Fachschulausbildung oder beabsichtigtem Studium ist von untergeordneter wirtschaftlicher Bedeutung und daher nicht als berufsmäßig anzusehen. Sie ist damit versicherungsfrei.[1]

Schutzbriefkosten

Als Schutzbrief bezeichnet man einen Service aus dem Kfz-Versicherungswesen, der den Versicherten vor wirtschaftlichen Schäden und Nachteilen im Zusammenhang mit einem Diebstahl, einem Unfall oder einer Panne seines Fahrzeugs schützt. In Deutschland am häufigsten verbreitet ist der ADAC-Schutzbrief.

Übernimmt der Arbeitgeber die Kosten des Arbeitnehmers für einen Schutzbrief, entsteht ein geldwerter Vorteil, wenn der Arbeitnehmer die Vorteile aus dem Schutzbrief auch privat nutzen kann. Von einem geldwerten Vorteil ist auch dann auszugehen, wenn der Arbeitnehmer einen Dienstwagen hat und der Arbeitgeber die Kosten des Schutzbriefs übernimmt. Der Wert des Schutzbriefs ist nicht mit der Durchführung der 1-%-Regelung abgegolten.

Kauft der Arbeitgeber einen Schutzbrief und überlässt diesen dem Arbeitnehmer als Sachzuwendung, gilt auch hier unbeschränkte Lohnsteuer- und Sozialversicherungspflicht. Allerdings können die Vorteile der 50-EUR-Freigrenze in Anspruch genommen werden.

Gesetze, Vorschriften und Rechtsprechung

Lohnsteuer: Die Steuerpflicht ergibt sich aus § 19 Abs. 1 Satz 1 Nr. 1 EStG. Der geldwerte Vorteil wird nicht durch die 1-%-Regelung abgegolten, BFH-Urteil v. 14.9.2005, VI R 37/03, BStBl 2006 II S. 72. Zur Rabattfreigrenze siehe § 8 Abs. 2 Satz 11 EStG.

Sozialversicherung: Die Beitragspflicht des geldwerten Vorteils in der Sozialversicherung ergibt sich aus § 14 Abs. 1 Satz 1 SGB IV. Die Beitragsfreiheit als Konsequenz der Anwendung der 50-EUR-Freigrenze ergibt sich aus § 1 Abs. 1 Satz 1 Nr. 1 SvEV.

Entgelt	LSt	SV
Schutzbriefkosten	pflichtig	pflichtig
Schutzbriefkosten im Rahmen der 50-EUR-Freigrenze	frei	frei

1 BSG, Urteil v. 11.6.1980, 12 RK 30/79.

Schwarzarbeit

Nach dem Schwarzarbeitsbekämpfungsgesetz (SchwarzArbG) leistet Schwarzarbeit, wer Dienst- oder Werkleistungen erbringt oder ausführen lässt und dabei als Arbeitgeber, Unternehmer oder versicherungspflichtiger Selbstständiger seine sich aufgrund der Dienst- oder Werkleistungen ergebenden sozialversicherungsrechtlichen Melde-, Beitrags- oder Aufzeichnungspflichten nicht erfüllt oder als Steuerpflichtiger seine sich aufgrund der Dienst- oder Werkleistungen ergebenden steuerlichen Pflichten nicht erfüllt.

Gesetze, Vorschriften und Rechtsprechung

Lohnsteuer: Sind die Bezüge steuerpflichtiger Arbeitslohn, ist der Arbeitnehmer Schuldner der Lohnsteuer (§ 38 Abs. 2 EStG), der Arbeitgeber haftet für die einzubehaltende und abzuführende Lohnsteuer (§ 42d Abs. 1 EStG); beide haften gesamtschuldnerisch (§ 42d Abs. 3 EStG). Die Nachentrichtung der Arbeitnehmeranteile zur Gesamtsozialversicherung nach Schwarzlohnzahlungen führt zum Zufluss eines zusätzlichen geldwerten Vorteils (BFH, Urteil v. 13.9.2007, VI R 54/03, BStBl 2008 II S. 58). § 50e Abs. 2 EStG regelt die Nichtverfolgung von Steuerstraftaten bei geringfügig Beschäftigten. Ergänzende Einzelnormen enthalten § 31a AO (kein Schutz durch das Steuergeheimnis) sowie § 153 AO (Anzeigeverpflichtung bei Steuerverkürzung).

Sozialversicherung: Zu den jeweiligen Versicherungszweigen gibt es Datenschutz-, Haftungs- und Bußgeldvorschriften wie etwa § 394 Abs. 1 Nr. 7 SGB III, § 306 SGB V, § 110 SGB VII sowie § 71 SGB X.

Lohnsteuer

Steuerpflichtige Schwarzarbeit

Die Begriffsdefinition der Schwarzarbeit nach dem Schwarzarbeitsbekämpfungsgesetz[2] ist auch für das Steuerrecht maßgebend. Schwarzarbeit schließt steuerliche Folgerungen nicht aus. Liegt ein Dienstverhältnis vor, gelten für den Schwarzarbeiter und seinen Auftraggeber (Arbeitgeber) die allgemeinen lohnsteuerlichen Regelungen.

Keine Schwarzarbeit

Schwarzarbeit im steuerrechtlichen Sinne liegt nicht vor, wenn es sich um eine gelegentliche Tätigkeit handelt, die nur aus bloßer Gefälligkeit geleistet wird, z. B. aus nachbarschaftlicher Verbundenheit. Ebenso rechnet die (Mit-)Hilfe durch Lebenspartner oder Angehörige regelmäßig nicht zur Schwarzarbeit, es sei denn, die Dienst- und Werkleistungen sind nachhaltig auf Gewinn ausgerichtet. Diese Grundsätze gelten – unbeschadet der Regelungen des Schwarzarbeitsbekämpfungsgesetzes vom 23.7.2004 – weiterhin fort.

Einkunftsarten aus Schwarzarbeit

Die Einnahmen und Einkünfte aus Schwarzarbeit werden nach dem Bekanntwerden zunächst einer Einkunftsart zugeordnet. Hierfür gelten die allgemeinen steuerlichen Grundsätze. Ob ein Schwarzarbeiter im steuerrechtlichen Sinne selbstständig oder nicht selbstständig tätig wird, hängt von den Umständen des Einzelfalls ab, z. B. ob mit dem Auftraggeber ein Arbeitsvertrag abgeschlossen wurde.

elbstständigkeit ist insbesondere dann anzunehmen, wenn der Auftragnehmer/Arbeiter in der Bestimmung seiner Arbeitszeit frei ist, letztlich nicht persönlich zur Arbeitsleistung verpflichtet ist und diese von Fall zu Fall auch von anderen Auftragnehmern/⇗ Arbeitnehmern erbracht werden könnte, und wenn der Auftragnehmer/Arbeiter außerdem ein gewisses unternehmerisches Risiko dadurch trägt, dass er eigene Fehlleistungen auch selbst zu vertreten hat.[3] Soweit die Schwarzarbeit hiernach selbstständig ausgeübt wird, liegt i. d. R. eine gewerbliche Tätigkeit vor, wenn eine gewisse Nachhaltigkeit gegeben ist. Diese Einkünfte werden durch eine Veranlagung zur Einkommensteuer der Besteuerung heran-

2 SchwarzArbG.
3 BFH, Urteil v. 21.3.1975, VI R 60/73, BStBl 1975 II S. 513.

gezogen, sofern sie 410 EUR im Kalenderjahr übersteigen oder wenn die Veranlagung zur Einkommensteuer bereits aus anderen Gründen in Betracht kommt.

Prüfung von Schwarzarbeit

Die Überprüfung von Firmen und wirtschaftlich Tätigen obliegt grundsätzlich der Zollverwaltung. Dazu ist die Finanzkontrolle Schwarzarbeit (FKS) eingerichtet worden. Zur Erfüllung ihrer Mitteilungspflicht prüft sie gegenüber den Länderfinanzbehörden, ob Steuerpflichtige den sich aus den Dienst- oder Werkleistungen ergebenden steuerlichen Pflichten nicht nachgekommen sind. Bei solchen Prüfungen wirken auch Finanzbeamte mit, z. B. im Rahmen der Lohnsteuer-Außenprüfung einer Lohnsteuer-Nachschau[1], oder einer koordinierten Lohnsteuer-Außenprüfung. Neben den Prüfungen durch die FKS kann die Finanzverwaltung auch bei der üblichen Lohnsteuer-Außenprüfung einer Lohnsteuer-Nachschau oder einer koordinierten Lohnsteuer-Außenprüfung prüfen, ob die vom Auftraggeber vergebenen bzw. abgeschlossenen (Werk-)Verträge sowie die eingegangenen Dienstverhältnisse ordnungsgemäß abgewickelt worden sind.

Folgen bei Aufdeckung

Haftungsrechtliche Folgen

Bezieht der Schwarzarbeiter aus einem Dienstverhältnis Arbeitslohn, und hat der Arbeitgeber die Lohnsteuer nicht vorschriftsmäßig einbehalten, haftet er für die nicht einbehaltenen und nicht abgeführten Beträge.

Hat der Arbeiter/Auftragnehmer bei einer gewerblichen Tätigkeit seinen Gewinn nicht versteuert, muss er die dafür fällige Einkommensteuer nachentrichten.

Strafrechtliche Folgen

Neben den Haftungsfolgen kommen auf den Arbeitgeber – ebenso wie auf den Arbeitnehmer bzw. auf den gewerblich Tätigen Schwarzarbeiter – ggf. steuerstrafrechtliche Folgerungen zu. Bei vorsätzlicher Steuerverkürzung liegt eine Steuerhinterziehung vor; bei einem leichtfertigen Vergehen handelt es sich regelmäßig um eine Steuerverkürzung, die als Ordnungswidrigkeit behandelt wird.

§ 50e Abs. 2 EStG stellt jedoch klar, dass eine Steuerhinterziehung bei einer unangemeldeten geringfügigen Beschäftigung in einem Privathaushalt als solche nicht verfolgt wird; sie ist als Steuerordnungswidrigkeit zu ahnden. Diese Freistellung von der Verfolgung als Steuerhinterziehung gilt für den Arbeitgeber und den Arbeitnehmer.

Sozialversicherung

Melde-, Beitrags- und Aufzeichnungspflichten

Arbeitgeberpflichten

Der ⇗ Arbeitgeber muss für versicherungspflichtig Beschäftigte verschiedene Meldepflichten gegenüber der Einzugsstelle erfüllen.[2] Gemäß § 28e SGB IV hat er den Gesamtsozialversicherungsbeitrag an die Einzugsstelle zu zahlen. Ihn treffen nach § 28f SGB IV verschiedene Aufzeichnungs- und Nachweispflichten, die für die Überwachung der ordnungsgemäßen Abführung der Sozialversicherungsbeiträge notwendig sind.

Der Arbeitgeber hat folglich zu allererst die Feststellung zu treffen, ob Sozialversicherungspflicht für die eingesetzten Arbeitnehmer besteht. Hegen Arbeitnehmer und/oder Arbeitgeber Zweifel oder wollen sich die Beteiligten rechtlich absichern, können sie den Status des Erwerbstätigen von der Deutschen Rentenversicherung Bund in Berlin feststellen lassen.[3]

1 BMF, Schreiben v. 16.10.2014, IV C 5 – S 2386/09/10002:001, BStBl 2014 I S. 1408.
2 § 198 SGB V, § 28a SGB IV.
3 § 7a SGB IV.

Sofortmeldung

In den besonders von Schwarzarbeit und illegaler Beschäftigung betroffenen Branchen (z. B. im Bau- und Gaststättengewerbe) müssen Arbeitgeber eine ⇗ Sofortmeldung abgeben.[4] Diese ist spätestens zur Beschäftigungsaufnahme mit Abgabegrund „20" elektronisch direkt an die Datenstelle der Deutschen Rentenversicherung zu übermitteln. Dort wird der Datensatz solange gespeichert, bis die „ordentliche" Anmeldung eingegangen ist. Eine fehlende Sofortmeldung wird als Indiz für Schwarzarbeit gewertet. Zur Klärung, ob im Leistungsfall ein Regressanspruch gegen den Arbeitgeber vorliegt, haben auch Berufsgenossenschaften Zugriff auf diese Daten.

Mitführungspflicht der Arbeitnehmer

Um das Prüfverfahren der Zollbehörden zur Identitätsfeststellung zu vereinfachen, sind Arbeitnehmer der betroffenen Branchen außerdem verpflichtet, Ausweispapiere (Bundespersonalausweis bzw. Reisepass oder entsprechende amtliche Ersatzdokumente) mitzuführen und auf Verlangen vorzuzeigen.[5] Der Arbeitgeber ist verpflichtet, seine Arbeitnehmer auf die Mitführungs- und Vorlagepflicht hinzuweisen. Diese Belehrung ist zudem aufbewahrungspflichtig und muss bei Betriebsprüfungen vorgelegt werden.

Achtung

Verstöße sind Ordnungswidrigkeiten

Verstöße gegen die Sofortmeldepflicht sowie gegen die Mitführungs-, Vorlage- und Belehrungspflicht sind Ordnungswidrigkeiten, die mit Bußgeldern bis zu 25.000 EUR geahndet werden können.

Beitragsforderungen bei illegaler Beschäftigung

Werden illegale Beschäftigungsverhältnisse aufgedeckt, so ist nach § 14 Abs. 2 Satz 2 SGB IV das gezahlte Arbeitsentgelt als Nettoentgelt zu bewerten und hieraus sind die Beiträge zur Sozialversicherung zu berechnen und abzuführen.

Unfallversicherung

Die Beiträge zur gesetzlichen ⇗ Unfallversicherung werden vom monatlich zu entrichtenden Gesamtsozialversicherungsbeitrag nicht erfasst. Der Unternehmer hat die Meldepflichten zu erfüllen, wenn er pflichtversicherte Personen einsetzt.[6] Dazu gehören insbesondere alle Beschäftigten im Sinne der Sozialversicherung. Die Beitragspflicht der Unternehmer erstreckt sich auch auf Versicherte, die wie Beschäftigte – arbeitnehmerähnlich – tätig werden.[7] Dies ist insbesondere im Bereich der privaten Bauherren von Bedeutung. Deswegen haben sowohl der gewerbliche Unternehmer als auch andere Personen (z. B. der private Bauherr oder der Arbeitgeber von Haushaltshilfen) gegenüber den Trägern der gesetzlichen Unfallversicherung Nachweispflichten nach § 165 SGB VII und § 192 SGB VII.

Mitteilungspflichten bei Sozialleistungsbezug

Empfänger von Leistungen sind verpflichtet, Änderungen in den wirtschaftlichen Verhältnissen, die für die Leistung erheblich sind, unverzüglich dem Leistungsträger mitzuteilen.[8] Dies gilt vor allem für während des Leistungsbezugs ausgeübte Erwerbstätigkeiten. Erfolgt diese Mitteilung nicht, kann es zur Überzahlung von Sozialleistungen kommen. In diesem Fall werden Leistungen missbräuchlich in Anspruch genommen.

Eine vergleichbare Verpflichtung trifft bereits den Antragsteller im Zeitpunkt der Antragstellung.[9] Er hat alle Tatsachen anzugeben, die für die Leistung erheblich sind.

In beiden Fallgestaltungen werden Zuwiderhandlungen als Ordnungswidrigkeit mit Bußgeld belegt. Schon die bloße Verletzung der Mitteilungspflichten kann mit Geldbußen bis zu 300.000 EUR geahndet werden.[10]

4 § 28a Abs. 4 SGB IV.
5 § 2a Abs. 1 SchwarzArbG.
6 § 165 SGB VII, § 192 SGB VII.
7 § 2 Abs. 2 Satz 1 SGB VII.
8 § 60 Abs. 1 Satz 1 Nr. 2 SGB I.
9 § 60 Abs. 1 Satz 1 Nr. 1 SGB I.
10 § 8 SchwarzArbG.

Ergänzung von Straftatbeständen

Melde-, Beitrags- und Aufzeichnungspflichten

Mit einer Freiheitsstrafe bis zu 5 Jahren oder mit Geldstrafe können Arbeitgeber bestraft werden, die

- der für den Einzug der Beiträge zuständigen Stelle über sozialversicherungsrechtlich erhebliche Tatsachen unrichtige oder unvollständige Angaben machen oder
- die für den Einzug der Beiträge zuständige Stelle pflichtwidrig über sozialversicherungsrechtlich erhebliche Tatsachen in Unkenntnis lassen.

Der Straftatbestand ist erfüllt, wenn dadurch den SV-Trägern vom Arbeitgeber zu tragende Beiträge zur Sozialversicherung vorenthalten werden.[1] Das gilt unabhängig davon, ob Arbeitsentgelt gezahlt wird.

Die erste Alternative gilt auf Tatsachen bezogen, die Grund und/oder Höhe des Sozialversicherungsbeitrags beeinflussen können. Das sind, z. B. Angaben des Arbeitgebers zu Zahl und/oder Lohnhöhe seiner Arbeitnehmer. Die zweite Alternative beschreibt die Tatbestandsverwirklichung durch Unterlassen. Ein solcher Verstoß liegt z. B. dann vor, wenn der Arbeitgeber entgegen der ihm auferlegten Mitteilungspflichten relevante Angaben hinsichtlich der Zahl der Mitarbeiter und/oder deren Lohnhöhe, die die Höhe des abzuführenden Sozialversicherungsbeitrags beeinflussen können, der zuständigen Stelle nicht übermittelt.

Haushaltsscheckverfahren

Für geringfügige Beschäftigungen im Privathaushalt[2] findet diese Regelung über die Ahndung als Ordnungswidrigkeit hinaus jedoch keine Anwendung.[3] Unberührt bleibt aber in diesen Fällen die Strafbarkeit wegen Betrugs nach § 263 StGB.

Erschleichen von Sozialleistungen

Der Leistungsmissbrauch (Erschleichen von Sozialleistungen im Zusammenhang mit der Erbringung von Dienst- oder Werkleistungen) stellt eine der häufigsten Erscheinungsformen der Schwarzarbeit durch Arbeitnehmer dar. Durch § 9 SchwarzArbG wird das Verhalten eines Leistungsempfängers nun unter Strafe gestellt, wenn er seinen gesetzlich vorgeschriebenen Mitteilungspflichten im Zusammenhang mit Einkommen aus Dienst- oder Werkleistungen nicht nachkommt und dadurch Sozialleistungen zu Unrecht bezieht. Das Strafmaß umfasst Geldstrafe oder aber Freiheitsstrafe bis zu 3 Jahren.

Selbstständige Tätigkeit

Selbstständig tätig sind Personen, die persönlich und wirtschaftlich bei der Erledigung der Dienst- oder Werkleistung unabhängig sind. Zu typischen Merkmalen des selbstständigen unternehmerischen Handelns gehört u. a., dass Leistungen im eigenen Namen und auf eigene Rechnung erbracht werden. Selbstständige können regelmäßig selbst über ihre Verkaufspreise entscheiden. Typisches Merkmal einer selbstständigen Tätigkeit ist, dass die betreffende Person sich ihre Arbeit nach ihrem Belieben einrichten kann. Das kommt zum Ausdruck durch die freie Bestimmung der Tätigkeit, des Arbeitsorts und der Arbeitszeit.

Gesetze, Vorschriften und Rechtsprechung

Sozialversicherung: Rechtsgrundlage bildet § 7 SGB IV. Diese Regelung definiert den Begriff der unselbstständigen Beschäftigung. Das Gemeinsame Rundschreiben der Sozialversicherungsträger vom 13.4.2010 (GR v. 13.4.2010-I)enthält ausführliche Aussagen zur Abgrenzung. Zusätzlich ist eine umfangreiche Rechtsprechung zu beachten.

1 § 266a StGB.
2 § 8a SGB IV.
3 § 111 Abs. 1 Satz 2 SGB IV, § 209 Abs. 1 Satz 2 SGB VII.

Seminarkosten

Seminarkosten entstehen im Zusammenhang mit einer Aus-, Fort- oder Weiterbildung. Erfolgt die Maßnahme aufgrund der beruflichen Tätigkeit des Arbeitnehmers, kann von einem überwiegend betrieblichen Interesse ausgegangen werden. Der Arbeitgeber kann die Seminarkosten dann ganz oder teilweise übernehmen, ohne dass diese Kostenübernahme zu Arbeitslohn führt.

Dies kommt selbst dann in Betracht, wenn der Arbeitnehmer das Seminar ohne Veranlassung des Arbeitgebers gebucht und durchgeführt hat. Der Arbeitgeber muss allerdings die Übernahme bzw. Erstattung der Kosten entweder allgemein oder für die bestimmte zugrundeliegende Bildungsmaßnahme im Vorfeld zugesagt haben. Somit hat der Mitarbeiter im Vertrauen auf die zuvor erteilte Zusage gebucht und teilgenommen. Der Arbeitgeber kann in diesem Fall dem Arbeitnehmer die Kosten anschließend steuer- und beitragsfrei erstatten.

Führt die Maßnahme zu einer persönlichen Bereicherung des Mitarbeiters und es ist kein überwiegend betriebliches Interesse anzunehmen, gehören die Seminarkosten zum steuerpflichtigen Arbeitslohn.

Gesetze, Vorschriften und Rechtsprechung

Lohnsteuer: § 3 Nr. 19 EStG regelt die Steuerfreiheit für berufliche Weiterbildungsleistungen im Rahmen eines bestehenden Arbeitsverhältnisses, die durch die Bundesagentur für Arbeit gefördert werden oder der allgemeinen Beschäftigungsfähigkeit des Arbeitnehmers dienen. Fort- und Weiterbildungsleistungen im eigenbetrieblichen Interesse des Arbeitgebers führen gem. H 19.3 LStH i. V. m. R 19.7 LStR nicht zum Arbeitslohn. Die Lohnsteuerfreiheit im Zusammenhang mit der Kostenerstattung ohne vorherige Buchung durch den Arbeitgeber ergibt sich aus OFD Rheinland, Verfügung v. 28.7.2009, S 2332–1014 – St 212.

Sozialversicherung: Für steuerfreie Zuwendungen gilt die Beitragsfreiheit gem. § 1 Abs. 1 Satz 1 Nr. 1 SvEV. Bei nicht steuerbaren Zuwendungen kann demnach auch keine Sozialversicherungspflicht entstehen.

Entgelt	LSt	SV
Seminarkosten (Fortbildung im betrieblichen Interesse)	frei	frei
Seminarkosten (zugunsten der allgemeinen Verbesserung der Beschäftigungsfähigkeit des Arbeitnehmers)	frei	frei
Seminarkosten (Fortbildung im überwiegend persönlichen Interesse des Arbeitnehmers)	pflichtig	pflichtig

Sicherheitsprämie

Eine Sicherheitsprämie zahlt der Arbeitgeber dem Arbeitnehmer für die Erhaltung oder Verbesserung der betrieblichen Sicherheit. Es handelt sich hierbei um eine Leistung im Zusammenhang mit der Erbringung der Arbeitsleistung des Arbeitnehmers. Daher ist die Sicherheitsprämie als steuerpflichtiger Arbeitslohn bzw. beitragspflichtiges Arbeitsentgelt zu bewerten.

Die Sicherheitsprämie gehört lohnsteuerrechtlich zu den sonstigen Bezügen und ist nach der Jahreslohnsteuertabelle zu versteuern.

Sozialversicherungsrechtlich gehört die Sicherheitsprämie zum einmalig gezahlten Arbeitsentgelt. Damit sind die Regeln für die Berechnung von Beiträgen aus einmalig gezahltem Arbeitsentgelt anzuwenden.

Darüber hinaus ist zu prüfen, ob die Sicherheitsprämie bei der Jahresarbeitsentgeltgrenze zu berücksichtigen ist. Dies kann beispielsweise dann der Fall sein, wenn ein arbeitsvertraglicher Anspruch auf die Prämie besteht.

Gesetze, Vorschriften und Rechtsprechung

Lohnsteuer: Die grundsätzliche Lohnsteuerpflicht der Sicherheitsprämie ergibt sich aus § 19 Abs. 1 Satz 1 Nr. 1 EStG i. V. m. R 19.3 Abs. 1 LStR. Für die Versteuerung sonstiger Bezüge s. § 39 b Abs. 3 EStG. Zur Abgrenzung laufender Arbeitslohn/sonstige Bezüge s. R 39b.2 Abs. 2 LStR.

Sozialversicherung: Die grundsätzliche Beitragspflicht der Sicherheitsprämie als Arbeitsentgelt ergibt sich aus § 14 Abs. 1 SGB IV. Die Beitragsberechnung aus einmalig gezahltem Arbeitsentgelt ist in § 23a SGB IV geregelt.

Entgelt	LSt	SV
Sicherheitsprämie	pflichtig	pflichtig

Sicherungseinrichtung

Trägt der Arbeitgeber die Kosten des Arbeitnehmers für Einrichtungen der Sicherheit (z. B. Alarmanlage der privaten Wohnung), ist dies eine Sachzuwendung. Dieser geldwerte Vorteil ist sowohl lohnsteuer- als auch beitragspflichtig.

In bestimmten Ausnahmefällen kann von einer Besteuerung bzw. der Beitragspflicht abgesehen werden. Dies trifft vor allem bei einer erhöhten und konkreten Gefährdung zu. Der Grad der Gefährdung ist in ein Stufensystem einzuordnen.

Zur Vermeidung lohnsteuerrechtlicher Konsequenzen, insbesondere nach erfolgter Lohnsteuer-Außenprüfung, empfiehlt sich im Vorfeld die konkrete Befragung des Betriebsstättenfinanzamts im Rahmen einer Anrufungsauskunft gemäß § 42e EStG.

Gesetze, Vorschriften und Rechtsprechung

Lohnsteuer: Die Lohnsteuerpflicht ergibt sich aus § 19 Abs. 1 EStG i. V. m. BFH, Urteil v. 5.4.2006, IX R 109/00, BFH/NV 2006 S. 1397, BStBl 2006 II S. 541. Die Lohnsteuerfreiheit ergibt sich aus H 19.3 LStH i. V. m. BMF, Schreiben v. 30.6.1997, IV B 6 – S 2334 – 148/97, BStBl 1997 I S. 696.

Sozialversicherung: Die Beitragspflicht von Arbeitsentgelt ergibt sich aus § 14 Abs. 1 SGB IV. Sofern die Sicherungseinrichtung nicht als Arbeitslohn anzusehen ist, entfällt die SV-Pflicht.

Entgelt	LSt	SV
Kostenübernahme für Sicherungseinrichtung bei konkreter erhöhter Gefährdung	frei	frei
Kostenübernahme für Sicherungsmaßnahmen bei abstrakter berufsbedingter Gefährdung	pflichtig	pflichtig

Signing Fee

Die Signing Fee – auch bekannt unter den Bezeichnungen Unterschriftsprämie, Wechselprämie oder Willkommensprämie – funktioniert im Prinzip wie das Handgeld. Der zukünftige Mitarbeiter oder Auszubildende erhält diese Prämie, wenn er seine Unterschrift unter den Arbeitsvertrag bzw. Ausbildungsvertrag setzt.

Angesichts des anhaltenden Fachkräftemangels versuchen Unternehmen mit der Signing Fee, qualifizierte Mitarbeiter von Konkurrenzunternehmen abzuwerben. Auch wenn sich vielleicht die Leistungen und die Bezahlung der Unternehmen nicht wesentlich unterscheiden, so kann doch die Signing Fee den Ausschlag für einen Wechsel geben.

Eine Unterschriftsprämie kommt aber auch dann in Betracht, wenn der Arbeitnehmer geänderten Arbeitsbedingungen zustimmen soll.

Die Signing Fee muss nicht zwingend eine Geldleistung sein. Der Arbeitgeber kann dem Mitarbeiter z. B. einen Firmenwagen zur Verfügung stellen oder den Führerschein bezahlen.

Wie Handgelder sind Signing Fees durch das einzugehende bzw. bestehende Arbeitsverhältnis veranlasst. Die Einnahme erfolgt im Hinblick auf das Arbeitsverhältnis und ist eine Gegenleistung für das Zurverfügungstellen der Arbeitskraft des jeweiligen Mitarbeiters. Deshalb handelt es sich auch hierbei um steuerpflichtigen Arbeitslohn.

Gesetze, Vorschriften und Rechtsprechung

Lohnsteuer: Die Lohnsteuerpflicht ergibt sich aus § 19 Abs. 1 Satz 1 Nr. 1 EStG in Zusammenhang mit § 8 Abs. 1 Satz 1 EStG sowie § 2 LStDV und R 19.3 LStR.

Sozialversicherung: Die Beitragspflicht in der Sozialversicherung ergibt sich aus § 14 Abs. 1 S. 1 SGB IV, die Verbeitragung als einmalig gezahltes Arbeitsentgelt aus § 23a SGB IV.

Entgelt	LSt	SV
Signing Fee	pflichtig	pflichtig

Sofortmeldung

Bei der Sofortmeldung handelt es sich um eine Meldung des Arbeitgebers, wenn der Arbeitnehmer in bestimmten Wirtschaftsbereichen beschäftigt wird. Die Sofortmeldung ist vom Arbeitgeber oder durch einen von ihm beauftragten Steuerberater oder einem Service-Rechenzentrum spätestens bei Beschäftigungsaufnahme mittels Datenübertragung direkt an die Datenstelle der Deutschen Rentenversicherung Bund DSRV zu übermitteln. Sie wird in der dort geführten Stammsatzdatei gespeichert. Dem Versicherten ist der Inhalt der Meldung in Textform mitzuteilen.

Gesetze, Vorschriften und Rechtsprechung

Sozialversicherung: Grundlage für die Erstellung der Sofortmeldung bildet § 28a Abs. 4 SGB IV i. V. m. § 7 DEÜV. Relevante Informationen enthält auch das Gemeinsame Rundschreiben „Meldeverfahren zur Sozialversicherung“ (GR v. 29.6.2016) in der jeweils aktuellen Fassung. Bei Verstößen gegen die Meldepflichten können nach § 8 SchwarzArbG Bußgelder verhängt werden.

Sozialversicherung

Inhalt der Sofortmeldung

Die Sofortmeldung ist in den betroffenen Wirtschaftsbereichen vor oder spätestens mit Beschäftigungsbeginn mit folgenden Inhalten abzugeben:

- Familien- und Vornamen,
- Versicherungsnummer,
- ↗ Betriebsnummer des Arbeitgebers und
- Tag der Beschäftigungsaufnahme.

Ist die Versicherungsnummer des Arbeitnehmers zum Zeitpunkt der Abgabe der Sofortmeldung nicht bekannt, sind zusätzlich

- die für die Vergabe einer Versicherungsnummer erforderlichen Daten (Tag und Ort der Geburt, Anschrift) und
- ggf. die Europäische Versicherungsnummer

mit der Sofortmeldung zu übermitteln. Die ermittelte oder neu vergebene Versicherungsnummer wird dem Arbeitgeber direkt von der DSRV im elektronischen Datenaustausch zurückgemeldet.

Wichtig

Sofortmeldung ersetzt nicht Anmeldung

Die Sofortmeldung ist mit dem Meldegrund 20 abzugeben. Sie ist unabhängig von der regulär nach der DEÜV abzugebenden ⇗ Anmeldung zusätzlich zu erstatten.

Welche Wirtschaftsbereiche müssen die Sofortmeldung erstatten?

Die Abgabe der Sofortmeldung ist für folgende Wirtschaftsbereiche vorgesehen:

- im Baugewerbe,
- im Gaststätten- und Beherbergungsgewerbe,
- im Personenbeförderungsgewerbe,
- im Speditions-, Transport- und damit verbundenen Logistikgewerbe,
- im Schaustellergewerbe,
- bei Unternehmen der Forstwirtschaft,
- im Gebäudereinigungsgewerbe,
- bei Unternehmen, die sich am Auf- und Abbau von Messen und Ausstellungen beteiligen,
- in der Fleischwirtschaft
- im Prostitutionsgewerbe
- im Wach- und Sicherheitsgewerbe.

In diesen Wirtschaftsbereichen sind der Anteil an Schwarzarbeit und das Gefährdungspotenzial für illegale Beschäftigungen besonders ausgeprägt.

Zu dem Personenbeförderungsgewerbe zählen u. a. Eisenbahnen und Personenbeförderung im Linien- und Gelegenheitsverkehr zu Land (Omnibusverkehr, Stadtschnellbahn und Straßenbahn).

Eigengesellschaften der Gemeinden

Gemeinden erfüllen diese Aufgaben durch Eigenbetriebe, überwiegend jedoch durch sog. Eigengesellschaften, die in den Rechtsformen des Privatrechts betrieben werden. Daneben werden in zunehmendem Maße private Unternehmer mit der Durchführung des öffentlichen Nahverkehrs beauftragt. Weil im Einzelfall im Rahmen einer Prüfung nicht ohne weiteres ersichtlich ist, welche Rechtsverhältnisse der Beförderungsleistung zugrunde liegen, ist es sachgerecht und ein Gebot des Gleichbehandlungsgrundsatzes für Mitarbeiter in allen Betrieben des öffentlichen Nahverkehrs die Pflicht zur Abgabe einer Sofortmeldung einzuführen.[1]

Wichtig

Sofortmeldung gilt für alle Beschäftigten

Die Meldepflicht gilt für alle Beschäftigten des Unternehmens der genannten Wirtschaftszweige. Auf die Art der Beschäftigung kommt es nicht an.

Frist und Form der Abgabe der Sofortmeldung

Die Sofortmeldung kann bereits vor Aufnahme der Beschäftigung abgegeben werden. Sie ist spätestens bei Beschäftigungsaufnahme zu erstatten. Die Sofortmeldung kann ausschließlich auf elektronischem Weg über

- eine elektronische Ausfüllhilfe (z. B. SV-Meldeportal) durch die einstellende Person vor Ort oder
- die EDV des Arbeitgebers (zertifiziertes Entgeltabrechnungsprogramm)

abgegeben werden.

Die Meldung kann nicht im Laufe des Tages nachgeholt werden.

1 Quelle: Deutsche Rentenversicherung Bund.

Sofern während einer Prüfung vor Ort keine Angabe zur Beschäftigung in der Betriebsprüfungsdatei der Rentenversicherung vom Prüfer gefunden wird, gilt die Tätigkeit als ⇗ Schwarzarbeit. Daraus resultieren entsprechend die strafrechtlichen Konsequenzen.

Mitführungspflicht von Personaldokumenten

Durch die Sofortmeldung ist die Mitführungspflicht des Sozialversicherungsausweises für Arbeitnehmer in den bisher mitführungspflichtigen Branchen entfallen.

Die Ausweispflicht ist jedoch nicht gänzlich entfallen. Arbeitnehmer müssen sich jetzt durch Personaldokumente (z. B. Personalausweis) ausweisen. Auch anderweitige behördliche Lichtbildausweise (z. B. Dienstausweis eines Beamten, Führerschein) reichen zur Personenidentifizierung aus.[2]

Führt der Arbeitnehmer die vorgeschriebenen Ausweispapiere nicht mit, darf er im Falle einer Kontrolle bis zur Klärung des Sachverhalts nicht beschäftigt werden. In einem solchen Fall hat der Beschäftigte für die Zeit des Nichteinsatzes keinen Anspruch auf Entgelt. Der Beschäftigte hat die Unmöglichkeit der Arbeitsleistung zu vertreten.

Beispiel

Nichtmitführung der Ausweispapiere

Der Arbeitgeber – der Eigenbetrieb „Verkehrsbetriebe" der Stadtverwaltung – hat den Beschäftigten ordnungsgemäß belehrt, dass er bestimmte Ausweispapiere während der Tätigkeit mit sich führen muss. Die Zollverwaltung bzw. die Finanzkontrolle Schwarzarbeit führt im Straßenbahndepot eine Kontrolle durch. Der Straßenbahnführer hat kein gültiges Ausweisdokument bei sich und darf deshalb zunächst nicht weiterarbeiten. Bis zum Abschluss der Klärung des Sachverhalts vergehen 3 Stunden. Der Beschäftigte hat keinen Anspruch auf Entgelt für die 3 Stunden. Das Entgelt wird entsprechend gekürzt.

Bußgelder

Der Arbeitgeber ist verpflichtet, seine Beschäftigten schriftlich über die Mitführungs- und Vorlagepflicht aufzuklären.[3] Kommt er dieser Verpflichtung nicht nach, kann gegen ihn ein Bußgeld in Höhe von bis zu 1.000 EUR verhängt werden.[4] Kommt der Beschäftigte seiner Mitführungspflicht nicht nach, kann gegen ihn ein Bußgeld von bis zu 5.000 EUR verhängt werden.[5]

Solidaritätszuschlag

Der Solidaritätszuschlag ist als Ergänzungsabgabe eine selbstständige, gesondert von der Lohnsteuer sowie der Einkommen- und Körperschaftsteuer zu erhebende Steuer. Sein Aufkommen fließt in vollem Umfang dem Bund zu. Abgabepflichtig sind alle Arbeitnehmer, von deren Arbeitslohn Lohnsteuer zu erheben ist sowie sämtliche einkommensteuerpflichtige Personen (und Körperschaften). Der Zuschlagssatz beträgt 5,5 %. Bemessungsgrundlage des Solidaritätszuschlags ist die festzusetzende Einkommensteuer und bei der Lohnsteuererhebung die zu erhebende Lohnsteuer. Als Besonderheit ist zu beachten, dass eventuelle Kinderfreibeträge stets steuermindernd angesetzt werden. Um geringe Arbeitslöhne und Einkünfte zu verschonen, wird innerhalb einer sog. Nullzone kein Solidaritätszuschlag festgesetzt. Eine anschließende Milderungszone vermeidet eine sofortige Erhebung des Zuschlags mit 5,5 %.

2 § 2 a Abs. 1 SchwarzArbG.
3 § 2 a Abs. 2 SchwarzArbG.
4 § 8 Abs. 2 Nr. 2 SchwarzArbG.
5 § 8 Abs. 2 Nr. 1 SchwarzArbG.

Gesetze, Vorschriften und Rechtsprechung

Lohnsteuer: Grundlage für die Erhebung und Festsetzung sind das Solidaritätszuschlaggesetz 1995 v. 23.6.1993 (BStBl 1993 I S. 510), zuletzt geändert am 10.12.2019 (BGBl. I 2019 S. 2115), sowie ein Merkblatt des BMF v. 20.9.1994, IV B 6 – S 2450 – 6/94, BStBl 1994 I S. 757. Der Solidaritätszuschlag wird als Zuschlag auf die Lohn-/Einkommensteuer festgesetzt. Für Zuschlagsteuern ergibt sich die Bemessungsgrundlage aus § 51a EStG. Seit der massiven Anhebung der Freigrenzen (sog. Nullzone) in § 3 Abs. 4 und 5 SolzG entfällt der Solidaritätszuschlag seit 2021 für etwa 90 % der bisherigen Solidaritätszuschlagszahler komplett.

Lohnsteuer

Zuschlagshöhe

Der Zuschlagssatz beträgt grundsätzlich 5,5 % der jeweiligen Lohnsteuer bzw. der im Veranlagungsverfahren ermittelten Einkommensteuer. Der Zuschlag wird auch von der pauschalen Lohnsteuer erhoben.

Die zutreffenden Solidaritätszuschlagsbeträge können der Lohnsteuertabelle entnommen werden.

Berechnung und Einbehalt

Abbau des Solidaritätszuschlags seit 2021

Zum Abbau des Solidaritätszuschlags wurden im Solidaritätszuschlagsgesetz die folgenden Maßnahmen beschlossen:

Durch das Gesetz zur Rückführung des Solidaritätszuschlags 1995 wurde seit dem Kalenderjahr 2021

1. die bestehende Freigrenze (= Nullzone) zur vollständigen Entlastung von ca. 90 % der Zahler des Solidaritätszuschlags zur Lohnsteuer und veranlagten Einkommensteuer angehoben und
2. die zusätzliche Grenzbelastung in der sog. Milderungszone von 20 % auf 11,9 % gesenkt.

In einem ersten Schritt hat der Zuschlag insbesondere niedrigere und mittlere Einkommen entlastet. Durch die Anpassung der Milderungszone sollte die Entlastung auch bis in den Mittelstand wirken.

Darüber hinaus ist eine Sonderregelung zur Berücksichtigung der Freigrenze bei der Erhebung des Solidaritätszuschlags von ⇗ sonstigen Bezügen (wie Urlaubs- und Weihnachtsgeld) im Lohnsteuerabzugsverfahren aufgenommen worden.

In einem zweiten Schritt werden zur Vermeidung zusätzlicher Belastungen die Freigrenze für die Lohn- und Einkommensteuerpflichtigen auch für die Kalenderjahre 2023 und 2024 angehoben und fortgeschrieben.[1]

Nullzone

Im Lohnsteuerabzugsverfahren hat der Arbeitgeber einen Solidaritätszuschlag nur zu erheben, wenn die tatsächliche Lohnsteuer folgende Werte übersteigt:

Steuerklasse	Jahresbetrag	Monatsbetrag	Wochenbetrag	Tagesbetrag
I, II, IV, V und VI	18.130,00 EUR (bis 2023: 17.543,00 EUR)	1.510,83 EUR (bis 2023: 1.461,92 EUR)	352,53 EUR (bis 2023: 341,11 EUR)	50,36 EUR (bis 2023: 48,73 EUR)
III	36.260,00 EUR (bis 2023: 35.086,00 EUR)	3.021,67 EUR (bis 2023: 2.923,83 EUR)	705,06 EUR (bis 2023: 682,23 EUR)	100,72 EUR (bis 2023: 97,46 EUR)

Führt der Arbeitgeber einen Lohnsteuer-Jahresausgleich durch, ist für die Steuerklassen I, II, IV, V und VI kein Solidaritätszuschlag zu erheben, wenn die Jahres-Lohnsteuer 18.130 EUR nicht übersteigt. Für die Steuerklasse III beträgt der Grenzbetrag 36.260 EUR.

1 § 3 Abs. 4–5 SolZG i. d. F. des Inflationsausgleichsgesetzes v. 25.11.2022.

Milderungszone / Übergangszone

Die Milderungszone soll einen Belastungssprung vermeiden, d. h. bei geringer Überschreitung der Freigrenzen wird der Solidaritätszuschlag nicht sofort in voller Höhe mit 5,5 % erhoben. Im sog. Milderungsbereich gilt eine besondere Berechnungsmethode: Danach darf der Zuschlag 11,9 % des Unterschiedsbetrags zwischen der Lohnsteuer und den Freigrenzen nicht übersteigen, wobei Bruchteile eines Cents außer Betracht bleiben. So wird eine stufenweise Überleitung auf die Vollbesteuerung mit 5,5 % erreicht.

Berücksichtigung von Kinderfreibeträgen

Bei der Ermittlung der Lohnsteuer werden keine Freibeträge für Kinder berücksichtigt. Stattdessen wird das einkommensunabhängige Kindergeld ausgezahlt. Anders verhält es sich beim Solidaritätszuschlag. Bei seiner Ermittlung wird stets eine in Betracht kommende Kinderentlastung gewährt: Ansatz sowohl des Freibetrags für das sächliche Existenzminimum des Kindes (Kinderfreibetrag) als auch des Freibetrags für den Betreuungs- und Erziehungs- oder Ausbildungsbedarf (sog. BEA-Freibetrag). Deshalb ist eine besondere Berechnung durchzuführen, wenn als Lohnsteuerabzugsmerkmal eine Kinderfreibetragszahl zu berücksichtigen ist. In diesem Fall wird als Bemessungsgrundlage eine „fiktive" Lohnsteuer berechnet, indem der Arbeitslohn um die Freibeträge für Kinder vermindert wird.

Sowohl im Lohnsteuerabzugsverfahren als auch in der Einkommensteuerveranlagung werden bei der Berechnung des Solidaritätszuschlags stets die ungekürzten Freibeträge für Kinder angesetzt, unabhängig davon, ob das Kind für das gesamte Kalenderjahr zu berücksichtigen ist, z. B. bei Geburt während des Kalenderjahres. Auch bei der Berücksichtigung von Freibeträgen für Kinder sind die Freigrenzen bzw. Nullzonen anzuwenden.

Besonderheiten

Lohnsteuerpauschalierung

Die Nullzone sowie die Regelung zur Milderungszone sind nicht anzuwenden, wenn der Solidaritätszuschlag für pauschal besteuerte Vergütungen bzw. Arbeitslöhne erhoben wird. Der Solidaritätszuschlag ist bei einer Pauschalierung der Lohnsteuer unverändert mit 5,5 % zu erheben.

Sonstige Bezüge

Die sonstigen Bezüge werden dem laufenden Arbeitslohn hinzugerechnet. Denn Grundlage ist die Jahreslohnsteuer. Prüft der Arbeitgeber, ob die Freigrenze überschritten wird, hat dieser auf die Jahreslohnsteuer abzustellen.[2] Dadurch soll sichergestellt werden, dass der Arbeitgeber von geringeren oder durchschnittlichen Arbeitslöhnen unterjährig keinen Solidaritätszuschlag einbehält, obgleich die jährliche Freigrenze nicht überschritten wird.

Deshalb hat der Arbeitgeber den Solidaritätszuschlag für den Steuerabzug vom laufenden Arbeitslohn – ggf. unter Einbeziehung eines sonstigen Bezugs – und für die Lohnsteuerpauschalierung jeweils gesondert zu ermitteln.

Hinweis

Solidaritätszuschlag für sonstige Bezüge seit 2021

Aufgrund der erheblichen Anhebung der Freigrenze werden seit 2021 sonstige Bezüge (wie Urlaubs-, Weihnachtsgeld oder Tantiemen) im Lohnsteuerabzugsverfahren mit einer Freigrenze berücksichtigt.[3]

Für die Prüfung, ob die Freigrenze überschritten wird, ist auf die Jahreslohnsteuer unter Einbeziehung des sonstigen Bezugs abzustellen.[4] Hier werden die Freibeträge für Kinder (Kinderfreibetrag und Freibetrag für den Betreuungs- und Erziehungs- oder Ausbildungsbedarf) für jedes Kind entsprechend der Vorgaben beim laufenden Arbeitslohn mindernd berücksichtigt.[5]

2 § 3 Abs. 4a Satz 1 SolzG 1995.
3 § 3 Abs. 4a SolzG 1995.
4 § 39b Abs. 3 Satz 5 EStG.
5 § 3 Abs. 2a SolzG 1995.

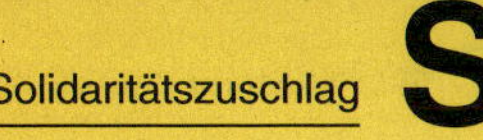

Solidaritätszuschlag bei Minijobs

Wird der Arbeitslohn aus einem geringfügigen Beschäftigungsverhältnis mit dem einheitlichen Pauschsteuersatz von 2 % versteuert, ist neben der Lohnsteuer kein gesonderter Solidaritätszuschlag zu berechnen, denn hier gilt die Besonderheit, dass in dem einheitlichen Pauschsteuersatz der Solidaritätszuschlag mit einem Anteil von 5 % bereits enthalten ist.[1]

Wird hingegen der Arbeitslohn für eine ⇗ geringfügig entlohnte Beschäftigung pauschal mit 20 % Lohnsteuer besteuert, ist der Solidaritätszuschlag zusätzlich mit 5,5 % von der pauschalen Lohnsteuer zu erheben, dem Finanzamt anzumelden und dorthin abzuführen.

Faktorverfahren für Ehe-/Lebenspartner

Haben sich Ehe-/Lebenspartner für das Faktorverfahren entschieden, ist für die Berechnung des Solidaritätszuschlags beim Steuerabzug die Lohnsteuer zugrunde zu legen, die sich bei Anwendung des entsprechenden Faktors ergibt. Dies gilt für laufenden Arbeitslohn, ggf. unter Einbeziehung von sonstigen Bezügen. Bei Verwendung der Lohnsteuertabelle ermittelt der Arbeitgeber den Zuschlag am besten, indem er den Solidaritätszuschlag zu der um den Faktor geminderten Lohnsteuer abliest.

Aufzeichnungspflichten, Anmeldung und Abführung

Der Arbeitgeber ist verpflichtet, den Solidaritätszuschlag zusätzlich zur Lohnsteuer vom Arbeitslohn des Arbeitnehmers einzubehalten. Der Zuschlag ist im ⇗ Lohnkonto gesondert aufzuzeichnen und jeweils zum selben Zeitpunkt wie die Lohnsteuer an das Betriebsstättenfinanzamt anzumelden und abzuführen.

Der Zuschlag ist in der Lohnsteuer-Anmeldung gesondert zu erklären und in der ⇗ Lohnsteuerbescheinigung gesondert auszuweisen.

Lohnsteuer-Jahresausgleich

Führt der Arbeitgeber für den Arbeitnehmer einen Lohnsteuer-Jahresausgleich durch, muss er auch für den Solidaritätszuschlag einen Jahresausgleich vornehmen. Darf er den Lohnsteuer-Jahresausgleich nicht durchführen, gilt dies ebenso für den Solidaritätszuschlag.

Ergibt der Jahresausgleich, dass die Summe der im Kalenderjahr einbehaltenen Abzugsbeträge den zu erhebenden Solidaritätszuschlag übersteigt, ist dem Arbeitnehmer der überzahlte Betrag zu erstatten. Übersteigt der im Jahresausgleich ermittelte Jahresbetrag die Summe des einbehaltenen Solidaritätszuschlags, ist der Fehlbetrag vom Arbeitgeber nicht nachzufordern. Anders verhält es sich, wenn der Arbeitgeber bemerkt, dass sich der Fehlbetrag durch eine unrichtige Zuschlagsberechnung ergeben hat.

Zu gering einbehaltener Solidaritätszuschlag kann im Rahmen einer Einkommensteuerveranlagung nachgefordert werden. Hat der Arbeitgeber keinen Lohnsteuer-Jahresausgleich durchgeführt oder mindern Abzugsbeträge die steuerliche Bemessungsgrundlage, wird ein zu viel einbehaltener Solidaritätszuschlag vom Finanzamt erstattet.

Körperschaftsteuer

Rechtliche Grundlagen

Zwar ist der Solidaritätszuschlag eine selbstständige Steuer (sog. Annexsteuer), gleichwohl ist er an die Körperschaftsteuer angeknüpft. Der Körperschaftsteuerbescheid ist Grundlagenbescheid für den Bescheid über den Solidaritätszuschlag. Aus diesem Grund wird es im Regelfall entbehrlich sein, den Bescheid über den Solidaritätszuschlag zur Körperschaftsteuer gesondert mit Einspruch anzufechten.

Bemessungsgrundlage

Bemessungsgrundlage ist die festgesetzte positive Körperschaftsteuer. Da die Körperschaftsteuer stets 15 % beträgt, werden für jeden zu versteuernden Euro 0,15 EUR Körperschaftsteuer und darauf 5,5 % (= 0,00825 EUR) Solidaritätszuschlag festgesetzt. Die steuerliche Gesamtbelastung beträgt somit 15,825 % des zu versteuernden Einkommens. Hinzu kommt noch die Belastung des Gewinns mit Gewerbesteuer.

Anders als bei der Einkommensteuer/Lohnsteuer gibt es bei der Festsetzung des Solidaritätszuschlags auf die Körperschaftsteuer keine Minderungs- bzw. Abzugsbeträge.

Hinweis

Entlastung ab 2021 nicht für Körperschaftsteuer

Die ab 2021 in Kraft getretene große Entlastung, die rund 90 % aller Steuerzahler betreffen soll, lässt Körperschaften völlig unberührt. Denn die mit dem Gesetz zur Rückführung des Solidaritätszuschlags 1995[2] deutlich angehobenen Freigrenzen in § 3 SolZG gelten nur für natürliche Personen mit einer tariflichen Einkommensteuer von bis zu 18.130 EUR bzw. 36.260 EUR (ab VZ 2024). Auch die sich anschließende Milderungszone greift bei Körperschaften nicht ein. Es wird weiterhin „vom ersten Euro an" Solidaritätszuschlag festgesetzt.

Festsetzung

Die Festsetzung des Solidaritätszuschlags erfolgt nicht nur bei der Steuerfestsetzung im Rahmen des Jahresbescheides, sondern auch bereits bei der Festsetzung der Steuervorauszahlungen. Bei einer Körperschaft kann es im Steuerabzugsverfahren zum Einbehalt von Steuern und damit auch von Solidaritätszuschlag kommen, z. B. bei erzielten Kapitalerträgen oder erhaltenen Dividendenzahlungen. Diese einbehaltenen Steuern werden im Rahmen der Anrechnung auf die Steuerschuld der Körperschaftsteuer berücksichtigt, mindern damit die zu entrichtende Steuer bzw. erhöhen eine Steuererstattung. Das gilt entsprechend auch für den zur Kapitalertragsteuer einbehaltenen Solidaritätszuschlag.

Gewinnausschüttungen

Da sich Gewinnausschüttungen nicht auf die Höhe des zu versteuernden Einkommens auswirken (§ 8 Abs. 3 Satz 1 KStG), haben diese auch keine mittelbare Auswirkung auf die Höhe des Solidaritätszuschlags. Damit ist es für die Steuerfestsetzung einer Körperschaft unerheblich, ob diese ihren Gewinn ausschüttet oder thesauriert.

Um eine echte doppelte Steuerbelastung – und damit auch deine Doppelbelastung mit Solidaritätszuschlag – zu vermeiden, wird auf Ebene des Gesellschafters die Gewinnausschüttung nur im Wege des Teileinkünfteverfahrens besteuert (§ 3 Nr. 40d EStG).

Vergütungen an Gesellschafter

Anders ist die Sachlage für vereinbarte und gezahlte Vergütungen an Gesellschafter, z. B. Geschäftsführergehalt. Diese stellen grundsätzlich Betriebsausgaben dar und mindern als solche die steuerliche Bemessungsgrundlage für die Festsetzung der Körperschaftsteuer und auch des Solidaritätszuschlags. Durch eine steuerlich anzuerkennende Gehaltserhöhung lassen sich die Steuerfestsetzung und damit auch der Solidaritätszuschlag bei der Körperschaft reduzieren.

Im Gegenzug sollte aber bedacht werden, dass die vom Gesellschafter dadurch erzielten höheren Einkünfte aus nichtselbstständiger Arbeit i. S. d. § 19 EStG bei ihm zu einer Erhöhung der Lohnsteuer bzw. Einkommensteuer führen; insofern erhöht sich beim Gesellschafter dann auch der festzusetzende Solidaritätszuschlag.

Verfassungsmäßigkeit

Die oben (unter Lohnsteuer) bereits erfolgten Ausführungen zu den verfassungsrechtlichen Bedenken gelten für den Solidaritätszuschlag auf die Körperschaftsteuer analog. Deshalb nimmt die Finanzverwaltung die Festsetzung des Solidaritätszuschlags zur Körperschaftsteuer insoweit nur noch vorläufig nach § 165 Abs. 1 AO vor.

1 § 40a Abs. 6 EStG.

2 Gesetz vom 10.12.2019, BGBl 2019 I S. 2115.

Exkurs: GmbH & Co. KG

Die GmbH & Co. KG unterliegt – wie auch andere Mitunternehmerschaften – nicht direkt der Besteuerung mit Einkommensteuer bzw. Körperschaftsteuer. Folglich wird bei der GmbH & Co. KG kein Solidaritätszuschlag festgesetzt. Lediglich die Gesellschafter (Mitunternehmer) sind Steuersubjekte (§ 1 EStG bzw. § 1 KStG). Deshalb wird bei den Gesellschaftern auf den jeweiligen Gewinnanteil aus der GmbH & Co. KG Einkommensteuer/Körperschaftsteuer und hierauf – jeweils entsprechend den obigen Ausführungen – auch Solidaritätszuschlag festgesetzt.

Sonderausgaben

Sonderausgaben sind laut Einkommensteuergesetz bestimmte Aufwendungen, die weder Betriebsausgaben noch Werbungskosten sind, aber aufgrund von Sondervorschriften steuerlich berücksichtigt werden können. Unterschieden wird zwischen unbeschränkt und beschränkt abzugsfähigen Sonderausgaben. Letztere können nur im Rahmen bestimmter Höchstbeträge abgezogen werden. Im Lohnsteuerabzugsverfahren werden nur der Sonderausgaben-Pauschbetrag sowie die sog. Vorsorgepauschale berücksichtigt. Tatsächlich höhere Sonderausgaben können grundsätzlich nur im Einkommensteuerveranlagungsverfahren geltend gemacht werden.

In der Sozialversicherung kann das beitragspflichtige Arbeitsentgelt nicht durch den Abzug von Sonderausgaben gemindert werden. Der in der Lohnsteuertabelle eingearbeitete Pauschbetrag für Vorsorgeaufwendungen ist demnach beitragspflichtiges Entgelt in der Sozialversicherung.

Gesetze, Vorschriften und Rechtsprechung

Lohnsteuer: Die Aufzählung der begünstigten Aufwendungen erfolgt in § 10 EStG. Für die Berücksichtigung beim Lohnsteuerabzug sind die Regelungen der §§ 39b Abs. 2 sowie 39a EStG maßgebend.

Sozialversicherung: Die Beitragspflicht des Arbeitsentgelts in der Sozialversicherung ergibt sich aus § 14 Abs. 1 SGB IV.

Lohnsteuer

Sonderausgaben im Lohnsteuerabzugsverfahren

Im Lohnsteuerabzugsverfahren werden lohnsteuermindernd berücksichtigt

- der Sonderausgaben-Pauschbetrag sowie
- die Vorsorgepauschale für die typischen Vorsorgeaufwendungen.

Die Vorsorgepauschale ist in den Lohnsteuertarif in unterschiedlicher Höhe eingearbeitet. In der Vorsorgepauschale wird auch ein Teilbetrag für die Rentenversicherung berücksichtigt, deshalb ist es wichtig zu unterscheiden, ob die Allgemeine oder die Besondere Lohnsteuertabelle anzuwenden ist.

Ob der Arbeitnehmer unbeschränkt oder beschränkt steuerpflichtig ist, ist für den Sonderausgabenabzug bei der Lohnsteuerberechnung unerheblich.

Sonderausgaben-Pauschbetrag von 36 EUR

Zur Abgeltung der nicht als Vorsorgeaufwendungen abziehbaren Sonderausgaben wird ein Pauschbetrag von 36 EUR pro Arbeitnehmer angesetzt. Er ist nur in die Lohnsteuertabellen der Steuerklassen I–V eingearbeitet.

Was zu den „anderen“ Sonderausgaben zählt

Durch den Sonderausgaben-Pauschbetrag sind folgende Aufwendungen des Arbeitnehmers abgegolten:

- Unterhaltsleistungen an den im Inland (ggf. auch in der EU und im EWR) wohnenden geschiedenen oder dauernd getrennt lebenden Ehegatten oder Lebenspartner,
- Renten und dauernde Lasten,
- bestimmte Zahlungen im Rahmen eines Versorgungsausgleichs,
- Kirchensteuer,
- Kinderbetreuungskosten,
- Aufwendungen für die eigene Berufsausbildung,
- Schulgeld,
- Aufwendungen für steuerbegünstigte Zwecke, wie Spenden und Mitgliedsbeiträge.

Antrag auf Lohnsteuer-Ermäßigung bei höheren Aufwendungen

Übersteigen die tatsächlichen Aufwendungen im Kalenderjahr voraussichtlich den Sonderausgaben-Pauschbetrag i. H. v. 36 EUR, kann der Arbeitnehmer beim Finanzamt einen Freibetrag für den Lohnsteuerabzug als ELStAM beantragen.

Vorsorgeaufwendungen als Sonderausgaben

Unter dem Begriff „Vorsorgeaufwendungen“ werden die folgenden als Sonderausgaben abzugsfähigen Beiträge zusammengefasst:

- Beiträge zur gesetzlichen Sozialversicherung,
- Beiträge zu privaten Kranken-, Unfall- und Haftpflichtversicherungen,
- Beiträge zu einer zusätzlichen freiwilligen Pflegeversicherung,
- Beiträge zu bestimmten Versicherungen auf den Erlebens- oder Todesfall.

Unbedeutend ist, ob es sich bei den Kranken- und Rentenversicherungsbeiträgen um Beiträge aufgrund gesetzlicher Verpflichtung (gesetzliche Arbeitnehmeranteile an den gesetzlichen Sozialversicherungsbeiträgen) oder um freiwillige Beiträge handelt.

Abzug der tatsächlichen Vorsorgeaufwendungen nur im Veranlagungsverfahren

Vorsorgeaufwendungen werden beim laufenden Lohnsteuerabzug ausschließlich durch die bereits in das Lohnsteuerberechnungsprogramm eingearbeitete Vorsorgepauschale berücksichtigt. Soweit die steuerlich abzugsfähigen Vorsorgeaufwendungen die Vorsorgepauschale übersteigen, können sie nur im Rahmen der maßgeblichen Höchstbeträge bei der Veranlagung zur Einkommensteuer geltend gemacht werden.

Um schon unterjährig weniger Lohnsteuer zu zahlen, können sich Arbeitnehmer für bestimmte Sonderausgaben einen Freibetrag in den ELStAM eintragen lassen. Vorsorgeaufwendungen können nicht als Freibetrag eingetragen werden, z. B. Beiträge zu privaten Unfall-, Haftpflicht- oder Lebensversicherungen; diese Aufwendungen werden im Lohnsteuerabzugsverfahren ausschließlich in Höhe der Vorsorgepauschale berücksichtigt.

Kein ELStAM-Freibetrag für Vorsorgeaufwendungen

Durch die Vorsorgepauschale sind die tatsächlichen Vorsorgeaufwendungen bereits weitgehend abgedeckt und werden teilweise sogar überschritten. Deshalb darf für Vorsorgeaufwendungen im Lohnsteuer-Ermäßigungsverfahren kein ↗ Freibetrag als Lohnsteuerabzugsmerkmal berücksichtigt bzw. gebildet werden.

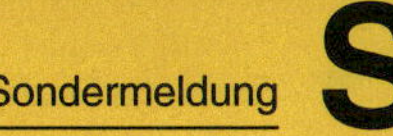

Vorsorgeaufwendungen im Lohnsteuerabzugsverfahren

Vorsorgepauschale

Für Arbeitnehmer werden die Vorsorgeaufwendungen beim laufenden Lohnsteuerabzug nur durch die ⇗ Vorsorgepauschale berücksichtigt. Sie ist in den Lohnsteuertarif eingearbeitet, wird ausschließlich beim Lohnsteuerabzug berücksichtigt und setzt sich aus 3 Teilbeträgen zusammen:

- Teilbetrag für die Rentenversicherung[1]
- Teilbetrag für die gesetzliche Kranken- und soziale Pflegeversicherung und
- Teilbetrag für die private Basiskranken- und Pflegepflichtversicherung.

Bemessungsgrundlage für die Berechnung dieser einzelnen Teilbeträge ist der Arbeitslohn ohne evtl. gezahlte ⇗ Entschädigungen.[2]

Teilbetrag für die Rentenversicherung

Für die Rentenversicherung wird der zu berücksichtigende Anteil ab dem Kalenderjahr 2023 mit 100 % des Arbeitnehmeranteils angesetzt (2022 mit 88 %).

Wichtig

Vollständiger Sonderausgabenabzug für Altersvorsorgeaufwendungen ab 2023

In den Kalenderjahren 2010 bis 2024 war früher der Sonderausgabenabzug für Altersvorsorgeaufwendungen begrenzt auf einen bestimmten Prozentsatz. Im Kalenderjahr 2010 betrug dieser 40 % und erhöhte sich grundsätzlich in jedem Jahr bis 2025 um 4 %.[3]

Seit dem Kalenderjahr 2023 beträgt der zu berücksichtigende Anteil jedoch bereits 100 % des Arbeitnehmeranteils. Damit wurde der vollständige Sonderausgabenabzug für Altersvorsorgeaufwendungen bereits ab dem Jahr 2023 vorgezogen.[4] Zu beachten sind auch die Folgewirkungen bei der Vorsorgepauschale. Damit ist seit 2023 der Sonderausgabenabzug nicht mehr begrenzt.

Teilbetrag für die gesetzliche Kranken- und Pflegeversicherung

Der Teilbetrag für die gesetzliche Krankenversicherung und die soziale Pflegeversicherung wird bei Arbeitnehmern angesetzt, die in der gesetzlichen Krankenversicherung versichert sind. Dies gilt für pflichtversicherte und freiwillig versicherte Arbeitnehmer. Der Teilbetrag orientiert sich an den gezahlten Beiträgen; angesetzt wird jedoch ein gesondert berechneter Arbeitnehmeranteil.

Tatsächliche Aufwendungen bei privat kranken- und pflegeversicherten Arbeitnehmern

Bei privat kranken- und pflegeversicherten Arbeitnehmern dürfen beim Lohnsteuerabzug die tatsächlich abziehbaren privaten Basiskranken- und Pflegepflichtversicherungsbeiträge berücksichtigt werden. Voraussetzung ist, dass der privat versicherte Arbeitnehmer dem Arbeitgeber eine entsprechende Bescheinigung des Versicherungsunternehmens vorlegt.[5] Berücksichtigungsfähig sind auch Beiträge für Kinder und den nicht erwerbstätigen Ehe-/Lebenspartner.

Die im Rahmen des ELStAM-Verfahrens geplante automatische Berücksichtigung der vom Versicherungsunternehmen übermittelten Beträge hat die Finanzverwaltung derzeit noch nicht umgesetzt; sie sollen ab dem Kalenderjahr 2026 berücksichtigt werden.[6]

1 Wenn und soweit Versicherungspflicht in der gesetzlichen Rentenversicherung oder aufgrund der Versicherung in einer berufsständischen Versorgungseinrichtung eine Befreiung von der gesetzlichen Rentenversicherung vorliegt.
2 § 39b Abs. 2 Satz 5 Nr. 3 EStG.
3 § 39b Abs. 4 EStG; aufgehoben durch Jahressteuergesetz 2022 v. 16.12.2022, aber noch anzuwenden von 2010 bis 2022.
4 § 10 Abs. 3 Satz 6 EStG.
5 BMF, Schreiben v. 26.11.2013, IV C 5 – S 2367/13/10001, BStBl 2013 I S. 1532.
6 BZSt, Mitteilung zur KV/PV.

Mindestvorsorgepauschale für Kranken- und Pflegeversicherungsbeiträge

Für die Beiträge zur Kranken- und Pflegeversicherung wird beim Lohnsteuerabzug eine Mindestvorsorgepauschale angesetzt. Sie beträgt 12 % des Arbeitslohns, höchstens 1.900 EUR in den Steuerklassen I, II, IV, V, VI und höchstens 3.000 EUR in der Steuerklasse III.[7]

Keine Berücksichtigung der tatsächlichen Aufwendungen im Lohnsteuerabzugsverfahren

Die tatsächlichen Vorsorgeaufwendungen können nur durch eine Veranlagung zur Einkommensteuer geltend gemacht werden. Dies gilt auch, wenn sie die Vorsorgepauschale übersteigen und ebenso bei nicht rentenversicherungspflichtigen Arbeitnehmern.

Sondermeldung

Eine Einmalzahlung ist mit dem Abgabegrund 54 gesondert zu melden (= Sondermeldung), wenn

- für das laufende Kalenderjahr keine weitere Meldung (Abmeldung, Unterbrechungsmeldung, Jahresmeldung) zu erstatten ist,
- die folgende Meldung innerhalb des laufenden Kalenderjahres kein laufendes beitragspflichtiges Arbeitsentgelt enthält oder
- zwischenzeitlich Veränderungen in den Beitragsgruppen eingetreten sind.

Außerdem ist seit dem 1.1.2016 eine Sondermeldung immer erforderlich, wenn für einmalig gezahltes Arbeitsentgelt die Märzklausel anzuwenden ist.

Gesetze, Vorschriften und Rechtsprechung

Sozialversicherung: Gesetzliche Grundlage der Sondermeldung ist § 28a Abs. 1 Nr. 12 SGB IV. In § 11 DEÜV sind weiter gehende Regelungen für die Abgabe der Sondermeldung enthalten.

Sozialversicherung

Abgabe einer Sondermeldung

Sondermeldung ist die Ausnahme

Für die Meldung beitragspflichtiger ⇗ Einmalzahlungen während eines fortbestehenden Beschäftigungsverhältnisses gilt grundsätzlich, dass sie in die nächste Entgeltmeldung (⇗ Abmeldung, ⇗ Jahresmeldung, ⇗ Unterbrechungsmeldung) einbezogen werden.

Gründe für eine Sondermeldung

In Fällen, in denen für das laufende Kalenderjahr keine Meldung zu erstellen ist, oder sich die Beitragsgruppen geändert haben, ist für die beitragspflichtige Einmalzahlung eine Sondermeldung zu erstellen. Dazu ist der Grund der Abgabe mit 54 anzugeben.

Die Abgabe der Sondermeldung ist auch zulässig, wenn die Einmalzahlung während einer gemeldeten Unterbrechungszeit ausgezahlt wird; dies gilt selbst dann, wenn anschließend noch eine Meldung mit denselben Beitragsgruppen folgt (z. B. Jahresmeldung).

Auswirkungen der Märzklausel

Wenn in den Monaten Januar bis März eines Jahres geleistete Einmalzahlungen dem letzten Abrechnungszeitraum des vorangegangenen Jahres zugeordnet werden müssen, ist der beitragspflichtige Teil der Einmalzahlung immer mit einer Sondermeldung mit dem Abgabegrund 54 zu erstatten.

7 § 39b Abs. 2 Satz 5 Nr. 3 EStG i. d. F. des Kreditzweitmarktförderungsgesetzes v. 15.12.2023.

Sonntagsarbeit

Lohnzuschläge, die zur Anerkennung besonderer Leistungen oder mit Rücksicht auf die Besonderheit der Arbeit gezahlt werden, sind lohnsteuerpflichtiger Arbeitslohn.

Abweichend hiervon gilt eine gesetzliche Steuerbefreiung für Zulagen, die der Arbeitgeber als Sonntags-, Feiertags- oder Nachtarbeitszuschläge gewährt. Die Steuerbefreiung ist der Höhe nach begrenzt. Sonntagsarbeit ist die Arbeit in der Zeit von 0:00 Uhr bis 24:00 Uhr am Sonntag.

Gesetze, Vorschriften und Rechtsprechung

Lohnsteuer: Voraussetzungen sowie die erforderliche Berechnung der Steuerfreiheit sind in § 3b EStG und R 3b LStR geregelt.

Sozialversicherung: § 14 Abs. 1 Satz 1 SGB IV definiert das beitragspflichtige Arbeitsentgelt in der Sozialversicherung. § 1 Abs. 1 Satz 1 Nr. 1 SvEV legt fest, unter welchen Bedingungen bestimmte Entgeltbestandteile kein sozialversicherungspflichtiges Arbeitsentgelt darstellen.

Entgelt	LSt	SV
Sonntagszuschläge bis zu 50 % des Grundlohns	frei (bis 50 EUR/ Stunde)	frei (bis 25 EUR/ Stunde)

Lohnsteuer

Zuschläge für Sonntagsarbeit

Steuerlich begünstigt ist die Sonntagsarbeit in der Zeit zwischen 0 Uhr und 24 Uhr des jeweiligen Tages. Zahlt der Arbeitgeber für diese Zeit gesonderte Zuschläge, sind diese steuerfrei, soweit sie 50 % des Grundlohns nicht übersteigen. Wird an einem Sonntag vor 24 Uhr eine Nachtarbeit begonnen, kann ein Sonntagszuschlag auch noch für die Zeit von 0 Uhr bis 4 Uhr des nachfolgenden Montags als steuerfrei anerkannt werden.

Als Grundlohn können lohnsteuerlich höchstens 50 EUR pro Stunde zugrunde gelegt werden. Für steuerfreie Sonntagszuschläge sind besondere Aufzeichnungspflichten zu beachten.

Die Steuerfreiheit kommt nur für Zuschläge in Betracht, die im Zusammenhang mit tatsächlich erbrachter Arbeitsleistung gewährt werden. Sonntagszuschläge können nicht pauschal steuerfrei gezahlt werden. Stellt ein Prüfer fest, dass Sonntagszuschläge für Zeiten gewährt wurden, an denen der Arbeitnehmer nicht tatsächlich seine Arbeitsleistung erbracht hat, wird die Steuerfreiheit rückwirkend verworfen.

Sozialversicherungsrechtliche Beurteilung

Wird der Stundengrundlohn von 25 EUR überschritten, sind die auf den übersteigenden Betrag entfallenden Feiertagszuschläge dem Arbeitsentgelt hinzuzurechnen und damit beitragspflichtig.

Sozialversicherung

Beitragsrechtliche Bewertung

Lohnsteuerfreie Zuschläge für Sonntagsarbeit sind nur insoweit kein Arbeitsentgelt im Sinne der Sozialversicherung und damit beitragsfrei, als das Arbeitsentgelt, aus dem sie berechnet werden (sog. „Grundlohn") 25 EUR je Stunde nicht übersteigt.[1] Übersteigt das dem Zuschlag für Sonntagsarbeit zugrunde liegende Arbeitsentgelt diesen Grenzbetrag, ist der darüber hinausgehende Anteil sozialversicherungspflichtiges Arbeitsentgelt und damit beitragspflichtig.

1 § 1 Abs. 1 Satz 1 Nr. 1 2. Halbsatz SvEV.

Sonstige Bezüge

Der lohnsteuerrechtliche Begriff „Sonstige Bezüge" umfasst alle Lohnzahlungen, die keinen laufenden Arbeitslohn darstellen. Neben einmaligen Zuwendungen fallen hierunter sämtliche Arbeitslohnzahlungen, die nicht regelmäßig anfallen. Die wohl häufigste und auch bekannteste Form sonstiger Bezüge sind Einmalzahlungen. Die Unterscheidung zwischen laufendem Arbeitslohn und sonstigen Bezügen ist für die Ermittlung der Lohnsteuer von Bedeutung. Während für den laufenden Arbeitslohn das Monatsprinzip gilt, erfolgt die Steuerberechnung für sonstige Bezüge nach dem Jahresprinzip, das im Normalfall zu einer geringeren Steuerbelastung führt. Eine besondere Steuerberechnung gilt für sonstige Bezüge in Form von steuerbegünstigten Entschädigungen oder Vergütungen für eine mehrjährige Tätigkeit. Der Gesetzgeber gewährt hier eine ermäßigte Steuerberechnung nach der Fünftelregelung.

Gesetze, Vorschriften und Rechtsprechung

Lohnsteuer: Der Lohnsteuerabzug für sonstige Bezüge ist vor allem in § 39b Abs. 3 EStG und R 39b.6 LStR geregelt. Anwendungsbeispiele enthält H 39b.6 LStH. Die Abgrenzung zwischen laufenden und sonstigen Bezügen ergibt sich aus § 38a Abs. 1 EStG sowie R 39b.2 LStR. Regelungen zur ermäßigten Besteuerung von sonstigen Bezügen als Entschädigungen oder Vergütungen für mehrjährige Tätigkeiten enthält § 34 EStG.

Entgelt	LSt	SV
Sonstiger Bezug * Berücksichtigung der (anteiligen) BBG und Regelungen zur Märzklausel.	pflichtig	pflichtig*

Lohnsteuer

Kennzeichen sonstiger Bezüge

Besondere Zuwendung

Sonstige Bezüge sind Bezüge, die nicht als laufender Arbeitslohn gezahlt werden. Zu den sonstigen Bezügen gehören insbesondere einmalige Arbeitslohnzahlungen, die neben dem laufenden Arbeitslohn gezahlt werden, z. B.

- ↗ 13. und 14. Monatsgehälter,
- einmalige ↗ Abfindungen und ↗ Entschädigungen,
- ↗ Gratifikationen und ↗ Tantiemen[2], die nicht fortlaufend gezahlt werden,
- ↗ Jubiläumszuwendungen,
- ↗ Urlaubsgelder und Abgeltungszahlungen für nicht genommenen Urlaub,
- ↗ Weihnachtszuwendungen,
- Ausgleichszahlungen für die in der Arbeitsphase einer ↗ Altersteilzeitbeschäftigung im Blockmodell erbrachten Vorleistungen bei vorzeitiger Beendigung des Blockmodells,
- Zahlungen innerhalb eines Kalenderjahres als viertel- oder halbjährliche Teilbeträge.

Zu beachten ist, dass auch in den oben genannten Fällen nur dann von einem sonstigen Bezug auszugehen ist, wenn keine regelmäßige fortlaufende Zahlung besteht.

2 BFH, Urteil v. 28.4.2020, VI R 44/17, BStBl 2021 II S. 392, bei Gesellschafter-Geschäftsführern von Kapitalgesellschaften.

Achtung

Monatlich gezahltes Weihnachtsgeld ist kein sonstiger Bezug

Erhalten Arbeitnehmer nach dem Arbeitsvertrag z. B. Weihnachtsgeld, Urlaubsgeld oder Tantiemen monatlich und nicht als zusätzliche Jahresvergütung, sind diese zusammen mit den übrigen regelmäßig zu beanspruchenden Lohnbestandteilen als laufender Arbeitslohn zu versteuern.

Abgrenzung durch Lohnzahlungszeitraum

Die Definition des laufenden Arbeitslohns ist vor dem Hintergrund der Steuerberechnungsmethode zu sehen, die auf den jeweiligen Lohnzahlungszeitraum abstellt.

Laufender Arbeitslohn ist deshalb der Lohn, der nach den arbeitsrechtlichen Vereinbarungen, dem Tarifvertrag, der Betriebsvereinbarung oder dem Einzelarbeitsvertrag für einen bestimmten Lohnzahlungszeitraum gewährt wird.

Sonstige Bezüge werden dagegen nicht für einen bestimmten Lohnzahlungszeitraum gezahlt, sondern für längere Abschnitte, weshalb das Gesetz hier die jahresbezogene progressionsmindernde Besteuerung vorsieht.[1]

Nach- oder Vorauszahlungen von Arbeitslohn

Nachzahlungen oder Vorauszahlungen von Arbeitslohn gehören zu den sonstigen Bezügen, wenn sich der Gesamtbetrag oder ein Teilbetrag der Nachzahlung oder Vorauszahlung auf Lohnzahlungszeiträume bezieht, die in einem anderen Jahr als dem der Zahlung enden.

Bezieht sich dagegen der Gesamtbetrag ausschließlich auf Lohnzahlungszeiträume, die im Kalenderjahr der Zahlung enden, handelt es sich um laufenden Arbeitslohn. Die Nachzahlung oder Vorauszahlung ist deshalb für die Berechnung der Lohnsteuer auf die Lohnzahlungszeiträume innerhalb des Jahres zu verteilen, für die sie geleistet wird.

Wichtig

Vereinfachungsregelung

Aus Vereinfachungsgründen können auch Lohnnachzahlungen und Lohnvorauszahlungen, die ausschließlich das laufende Kalenderjahr betreffen, als sonstige Bezüge behandelt werden. Voraussetzung ist, dass der Arbeitnehmer nicht die Besteuerung als laufenden Arbeitslohn verlangt.

Eine Pauschalierung der Lohnsteuer mit dem betrieblichen Durchschnittssteuersatz ist jedoch nicht zulässig.[2]

Zuflussprinzip bei sonstigen Bezügen

Der Arbeitgeber hat die Lohnsteuer von sonstigen Bezügen nach den Verhältnissen im Zeitpunkt des Zuflusses zu berechnen. Anders als beim laufenden Arbeitslohn, der auf die wirtschaftliche Zugehörigkeit der Lohnzahlung abstellt, wird durch diesen Grundsatz auch die zeitliche Zuordnung von Einmalzahlungen festgelegt. Ein sonstiger Bezug ist dem Arbeitslohn desjenigen Kalenderjahres zuzurechnen, in dem er dem Arbeitnehmer zufließt[3], unabhängig von seiner wirtschaftlichen Zugehörigkeit. Häufig wird die unterschiedliche Zuordnung des laufenden Gehalts und der Einmalzahlungen übersehen und der gesamte Dezemberlohn dem alten Jahr zugerechnet.

Beispiel

Tantiemezahlung für abgelaufenes Kalenderjahr

Der Geschäftsführer einer GmbH erhält mit dem Dezembergehalt, das Anfang Januar ausbezahlt wird, eine Tantiemezahlung für das abgelaufene Kalenderjahr.

Ergebnis: Die Tantieme und die hierauf entfallenden Steuerabzugsbeträge müssen – im Unterschied zu den laufenden Dezemberbezügen – dem neuen Kalenderjahr zugerechnet werden. Sie dürfen weder im Lohnkonto noch in der Lohnsteuerbescheinigung des alten Jahres ausgewiesen werden.

Unabhängig von der unterschiedlichen Zurechnung und dem unterschiedlichen Berechnungsverfahren muss die Lohnsteuer für den gesamten (laufenden und sonstigen) Dezemberlohn im Zeitpunkt seiner Zahlung einbehalten und mit der am 10.2. abzugebenden Januar-Anmeldung an das Finanzamt abgeführt werden.

Eine Besonderheit gilt für die lohnsteuerliche Erfassung von Tantiemen bei beherrschenden Gesellschafter-Geschäftsführern von Kapitalgesellschaften. Als Zufluss gilt der Zeitpunkt der Fälligkeit und nicht die spätere Zahlung durch den Arbeitgeber (= Zuflussfiktion).[4]

Maßgebende ELStAM für den Lohnsteuerabzug

Für sonstige Bezüge sind die Lohnsteuerabzugsmerkmale am Ende des Zuflussmonats maßgebend.[5] Dies gilt auch im Falle des Arbeitgeberwechsels.[6] Hierdurch wird die mehrfache Berücksichtigung der Steuerklasse III vermieden, wenn bei einem Arbeitgeberwechsel nach Beendigung des bisherigen Dienstverhältnisses Lohnnachzahlungen durch den „alten" Arbeitgeber erfolgen.

Bei ausgeschiedenen Arbeitnehmern ist im Normalfall ein erneuter Abruf der ELStAM erforderlich. Hat der ausgeschiedene Arbeitnehmer bereits ein neues Dienstverhältnis aufgenommen, erfolgt eine Anmeldung als Nebenarbeitgeber. Die Lohnversteuerung muss dann mit Steuerklasse VI erfolgen, weil am jeweiligen Monatsende die ELStAM für das erste Dienstverhältnis durch den neuen Arbeitgeber belegt ist.

Beispiel

Abfindungszahlung nach erfolgtem Arbeitgeberwechsel

Ein Arbeitnehmer mit Steuerklasse III scheidet im Oktober 2023 aus dem Unternehmen A aus. Im Februar 2024 zahlt das Unternehmen A dem Arbeitnehmer noch eine Abfindung. Bei der erneuten Anmeldung zur ELStAM-Datenbank ist Unternehmen A am 29.2.2024 der Hauptarbeitgeber.

Ergebnis: Der Lohnsteuerabzug für die Abfindung ist nach der Steuerklasse III vorzunehmen. Wäre Unternehmen A am 29.2.2024 der Nebenarbeitgeber, wäre die Abfindung nach der Steuerklasse VI zu versteuern.

Das Beispiel verdeutlicht, dass durch das Abstellen auf das Ende des Zuflussmonats die Anwendung der Steuerklasse VI für Lohnnachzahlungen nach Beendigung des bisherigen Dienstverhältnisses beim „alten Arbeitgeber" zu prüfen ist, während sich durch die Umstellung auf das Ende des Zuflussmonats für die Lohnsteuerberechnung von Einmalzahlungen im Rahmen eines (fort-)bestehenden Dienstverhältnisses keine Änderungen ergeben.

Hinweis

Anzahl der Kinder hat keine Auswirkung auf Lohnsteuerberechnung

Der in der ELStAM-Datenbank gespeicherte Kinderfreibetrag hat auf die Höhe der Lohnsteuer keine Auswirkung, allerdings wirkt er sich auf den Solidaritätszuschlag und die Kirchensteuer aus.

Besteuerung nach der Jahrestabelle

Die Lohnsteuer von sonstigen Bezügen ist unter Anwendung der Jahreslohnsteuertabelle zu ermitteln. Festzustellen ist die Lohnsteuer für

1. den voraussichtlichen Jahresarbeitslohn einschließlich des sonstigen Bezugs und
2. den voraussichtlichen Jahresarbeitslohn ohne sonstigen Bezug.

Der Unterschiedsbetrag zwischen den Jahreslohnsteuerbeträgen ergibt die Lohnsteuer für den sonstigen Bezug.

1 § 39b Abs. 3 EStG.
2 R 39b.5 Abs. 4 LStR.
3 § 38a Abs. 1 EStG.
4 BFH, Urteil v. 28.4.2020, VI R 44/17, BStBl 2021 II S. 392; BFH, Beschluss v. 20.12.2011, VIII B 46/11, BFH/NV 2012 S. 597.
5 R 39b.6 Abs. 1 LStR.
6 R 39b.6 Abs. 3 LStR.

Beispiel

Zahlung von Urlaubsgeld

Ein gesetzlich kranken- und rentenversicherungspflichtiger Arbeitnehmer mit Steuerklasse I erhält im Juli 2024 ein Urlaubsgeld von 1.400 EUR. Sein Zusatzbeitrag zur gesetzlichen Krankenkasse beträgt 1,3 %. Der Arbeitgeber ermittelt einen maßgebenden voraussichtlichen Jahresarbeitslohn von 32.500 EUR.

Jahreslohnsteuer vom maßgebenden voraussichtlichen Jahresarbeitslohn einschließlich des sonstigen Bezugs (32.500 EUR + 1.400 EUR = 33.900 EUR)	3.357 EUR
Abzgl. Lohnsteuer vom maßgebenden voraussichtlichen Jahresarbeitslohn (32.500 EUR)	– 3.051 EUR
Vom Urlaubsgeld an Lohnsteuer einzubehalten	306 EUR

Berechnung des maßgebenden Jahresarbeitslohns

Für die Feststellung des voraussichtlichen Jahresarbeitslohns sind folgende Beträge zusammenzurechnen:

- der in den abgelaufenen Lohnzahlungszeiträumen des Kalenderjahres bereits gezahlte laufende Arbeitslohn,
- die in diesem Kalenderjahr bereits gezahlten sonstigen Bezüge und
- der im laufenden Kalenderjahr voraussichtlich noch zu zahlende laufende Arbeitslohn.

Außer Betracht bleiben künftige sonstige Bezüge, deren Zahlung bis zum Ablauf des Kalenderjahres zu erwarten ist. Die im Kalenderjahr früher gezahlten sonstigen Bezüge, die bei ihrer Versteuerung nur mit 1/5 angesetzt worden sind, sind dem voraussichtlichen Jahresarbeitslohn nach dem vorstehenden Berechnungsschema ebenfalls in voller Höhe ihres Gesamtbetrags zuzurechnen. Der für den Rest des Kalenderjahres voraussichtlich noch zu zahlende laufende Arbeitslohn kann auch mit dem Betrag angesetzt werden, der sich bei Umrechnung des bisher zugeflossenen laufenden Arbeitslohns ergibt.

Wechsel von/zur beschränkten Steuerpflicht

Bei der Berechnung der Lohnsteuer für einen sonstigen Bezug, der einem (ehemaligen) Arbeitnehmer nach einem Wechsel von der unbeschränkten zur beschränkten Steuerpflicht in diesem Kalenderjahr zufließt, ist der während der unbeschränkten Steuerpflicht gezahlte Arbeitslohn laut BFH beim maßgebenden Jahresarbeitslohn ebenfalls zu berücksichtigen. Entsprechendes gilt für die umgekehrte Situation. Hier ist in die Ermittlung des Jahresarbeitslohns zur Berechnung der Lohnsteuer auf einen im Zeitraum der unbeschränkten Steuerpflicht zugeflossenen sonstigen Bezug der auf den vorherigen Zeitraum beschränkter Steuerpflicht entfallende Arbeitslohn einzubeziehen. Dies bedeutet in der Praxis eine oftmals nicht gering zu veranschlagende Steuermehrbelastung.[1]

Berechnung bei mehreren Dienstverhältnissen

Steht der Arbeitnehmer nacheinander in mehreren Dienstverhältnissen, ist für die Feststellung des voraussichtlichen Jahresarbeitslohns der Arbeitslohn aus all diesen Dienstverhältnissen, d. h. aus dem gegenwärtigen und aus den vorangegangenen Dienstverhältnissen, zu berücksichtigen. Steht der Arbeitnehmer gleichzeitig noch bei einem anderen Arbeitgeber in einem zweiten Dienstverhältnis, ist der Arbeitslohn aus dem zweiten Dienstverhältnis nicht mitzuzählen.

Beispiel

Sonstiger Bezug beim Arbeitgeberwechsel

Ein Arbeitgeber zahlt im September einen sonstigen Bezug von 800 EUR an seinen Arbeitnehmer. Nach den vorgelegten Lohnsteuerbescheinigungen für die Vorbeschäftigungen hat der Arbeitnehmer in diesem Kalenderjahr bislang folgende Lohnbezüge:

- Vom 1.1.–10.4.: Arbeitslohn 4.200 EUR,
- Vom 1.5.–15.5.: Arbeitslohn 900 EUR.

Beim jetzigen Arbeitgeber steht der Arbeitnehmer seit 1.6. in einem Dienstverhältnis. Er hat für die Monate Juni bis August ein Monatsgehalt von je 2.000 EUR bezogen, außerdem erhielt er am 20.8. einen sonstigen Bezug von 300 EUR. Vom 1.9. an erhält er ein Monatsgehalt von 2.300 EUR zuzüglich eines weiteren (13.) Monatsgehalts am 1.12.

Ergebnis: Der voraussichtliche Jahresarbeitslohn (ohne den sonstigen Bezug, für den die Lohnsteuer ermittelt werden soll) beträgt:

Arbeitslohn v. 1.1.-31.5. (4.200 EUR + 900 EUR)	5.100 EUR
Arbeitslohn v. 1.6.-31.8. (3 × 2.000 EUR + 300 EUR)	6.300 EUR
Arbeitslohn v. 1.9.-31.12. voraussichtlich (4 × 2.300 EUR)	9.200 EUR
	20.600 EUR

Das 13. Monatsgehalt ist ein zukünftiger sonstiger Bezug und bleibt daher außer Betracht.

Von dem voraussichtlichen Jahresarbeitslohn sind ein dem Arbeitgeber als Lohnsteuerabzugsmerkmal mitgeteilter Jahresfreibetrag sowie etwaige aufgrund des Alters des Arbeitnehmers zu berücksichtigende Freibeträge für ⇗ Versorgungsbezüge oder ein ⇗ Altersentlastungsbetrag abzuziehen. Ist ein Hinzurechnungsbetrag[2] als Lohnsteuerabzugsmerkmal festgestellt worden, ist der voraussichtliche Jahresarbeitslohn um den Hinzurechnungsbetrag zu erhöhen.

Übersteigt der zu berücksichtigende Jahresfreibetrag den voraussichtlichen Jahresarbeitslohn, ist der sonstige Bezug dem sich ergebenden negativen maßgebenden Jahresarbeitslohn hinzuzurechnen.

Beispiel

Jahresfreibetrag übersteigt den Jahresarbeitslohn

Ein gesetzlich kranken- und rentenversicherungspflichtiger Arbeitnehmer mit einem voraussichtlichen Jahresarbeitslohn von 22.700 EUR erhält im August einen sonstigen Bezug (Umsatzprovision für das Vorjahr) i. H. v. 18.000 EUR. Als Lohnsteuerabzugsmerkmale sind dem Arbeitgeber die Steuerklasse I und ein Jahresfreibetrag von 23.000 EUR bekannt. Nach Abzug des Jahresfreibetrags verbleibt ein maßgebender Jahresarbeitslohn von –300 EUR (22.700 EUR – 23.000 EUR).

Jahreslohnsteuer 2024 vom maßgebenden Jahresarbeitslohn einschließlich des sonstigen Bezugs (–300 EUR + 18.000 EUR = 17.700 EUR)	194 EUR
Abzgl. Lohnsteuer vom maßgebenden Jahresarbeitslohn	– 0 EUR
Vom sonstigen Bezug ist an Lohnsteuer einzubehalten	194 EUR

Der sonstige Bezug muss vor Hinzurechnung zum voraussichtlichen Jahresarbeitslohn ggf. um Freibeträge für Versorgungsbezüge oder den Altersentlastungsbetrag gekürzt werden, soweit diese Beträge nicht bereits bei der Feststellung des maßgebenden Jahresarbeitslohns berücksichtigt worden sind. Die Kürzung des sonstigen Bezugs um die Freibeträge für Versorgungsbezüge oder den Altersentlastungsbetrag ist nicht zulässig, wenn der sonstige Bezug nach der Fünftelregelung ermäßigt besteuert wird.

Vereinfachungsregelung: Frühere Lohnbezüge bleiben unberücksichtigt

Die dargestellte Berechnung des voraussichtlichen Jahresarbeitslohns ist nur möglich, wenn dem Arbeitgeber der während des Kalenderjahres bisher bezogene Arbeitslohn bekannt ist. Hat der Arbeitnehmer seinem neuen Arbeitgeber die Lohnsteuerbescheinigungen aus früheren Dienstverhältnissen nicht (freiwillig) vorgelegt, schreibt der Gesetzgeber eine vereinfachte Berechnung des voraussichtlichen Jahresarbeitslohns für den Lohnsteuerabzug von sonstigen Bezügen vor.

Der voraussichtliche Jahresarbeitslohn ist allein nach den Verhältnissen des neuen Dienstverhältnisses zu ermitteln, indem der Arbeitslohn für die Beschäftigungszeiten bei früheren Arbeitgebern durch Hochrechnung des aktuellen Arbeitslohns zu ermitteln ist. Der laufende Arbeitslohn des Monats, in dem der sonstige Bezug erfolgt, muss dazu entsprechend der im Kalenderjahr vorangegangenen Beschäftigungszeiten vervielfacht werden.

1 BFH, Urteil v. 25.8.2009, I R 33/08, BStBl 2010 II S. 150.

2 § 39a Abs. 1 Nr. 7 EStG.

Beispiel

Hochrechnung von Arbeitslohn

Ein Arbeitnehmer ist vom 1.1. bis 31.5. für monatlich 7.000 EUR beschäftigt und wechselt zum 1.6. den Arbeitgeber. Er legt der neuen Firma die Lohnsteuerbescheinigung seines früheren Arbeitgebers nicht vor. Von der neuen Firma erhält er mit dem Septembergehalt in Höhe von 5.000 EUR ein Urlaubsgeld von 1.000 EUR ausgezahlt.

Ergebnis: Die neue Firma legt für die Berechnung der Lohnsteuer auf das Urlaubsgeld einen Jahresarbeitslohn von 60.000 EUR (12 × 5.000 EUR) zugrunde. Dass der Arbeitnehmer in den ersten 5 Monaten tatsächlich monatlich 7.000 EUR verdient hatte, ist für den Lohnsteuerabzug durch den neuen Arbeitgeber unbeachtlich.

Wichtig

Vereinfachungsregelung führt zur Veranlagungspflicht

Wenn der Arbeitgeber von der vereinfachten Ermittlung des voraussichtlichen Jahresarbeitslohns Gebrauch macht, hat er dies im ⇗ Lohnkonto durch den Großbuchstaben S zu vermerken und in der ⇗ Lohnsteuerbescheinigung anzugeben.[1] Das Gesetz schreibt in diesen Fällen eine Pflichtveranlagung beim Arbeitnehmer vor, die das Finanzamt bei Abruf der ELStAM auf diese Weise erkennen kann.

Der Arbeitnehmer kann die Pflichtveranlagung bei sonstigen Bezügen dadurch vermeiden, dass er im Fall des Arbeitgeberwechsels seiner neuen Firma die Lohnsteuerbescheinigungen aus den vorangegangenen Beschäftigungen des laufenden Kalenderjahres vorlegt.

Berechnungsschema

1. Voraussichtlicher Jahresarbeitslohn ohne den sonstigen Bezug
– Versorgungsfreibetrag
– Zuschlag zum Versorgungsfreibetrag
– Altersentlastungsbetrag
– Freibetrag laut ELStAM am Ende des Zuflussmonats
\+ Hinzurechnungsbetrag laut ELStAM am Ende des Zuflussmonats
= Maßgeblicher Jahresarbeitslohn
Davon Lohnsteuer laut allgemeiner oder besonderer Jahrestabelle

2. Maßgeblicher Jahresarbeitslohn
\+ Sonstigen Bezug
– Restlichen Versorgungsfreibetrag
– Restlichen Zuschlag zum Versorgungsfreibetrag
– Restlichen Altersentlastungsbetrag
= Jahresarbeitslohn einschließlich sonstigen Bezugs
Davon Lohnsteuer laut allgemeiner oder besonderer Jahrestabelle

3. Berechnung der Lohnsteuer für den sonstigen Bezug
Lohnsteuer aus allgemeiner oder besonderer Jahrestabelle laut Ziffer 2.
– Lohnsteuer aus allgemeiner oder besonderer Jahrestabelle laut Ziffer 1.
= Lohnsteuer für den sonstigen Bezug

Die Lohnsteuer berechnet sich nach den Lohnsteuerabzugsmerkmalen, die am Ende des Zuflussmonats gelten.[2] Dies gilt auch im Falle des Arbeitgeberwechsels; ggf. ist der Lohnsteuerabzug nach der Steuerklasse VI vorzunehmen.

Ermäßigte Besteuerung (Fünftelregelung)

Zusammenballung von Einkünften

Handelt es sich bei dem sonstigen Bezug um den steuerpflichtigen Teil einer Entlassungsentschädigung oder um Arbeitslohn für eine Tätigkeit, die sich über mehr als 12 Monate erstreckt hat[3], ist der voraussichtliche Jahresarbeitslohn um ein Fünftel des Bezugs zu erhöhen. Die sich ergebende Lohnsteuer für den Teilbetrag des sonstigen Bezugs ist sodann mit dem 5-fachen Betrag zu erheben.

Hinweis

Vorerst keine Abschaffung der Fünftelregelung im Lohnsteuerabzugsverfahren

Das Wachstumschancengesetz sah zum 1.1.2024 eine Abschaffung der Fünftelregelung im Lohnsteuerabzugsverfahren vor. Die ermäßigte Besteuerung sollte nur noch im Rahmen der Einkommensteuerveranlagung des Arbeitnehmers durchgeführt werden. Da das Gesetzgebungsverfahren noch nicht abgeschlossen ist, kommt es vorerst zu keiner Änderung.

Voraussetzung für die ermäßigte Besteuerung nach der Fünftelregelung ist, dass eine Zusammenballung von Einkünften vorliegt. Diese Voraussetzung ist bei sonstigen Bezügen erfüllt, die zusätzlich zum laufenden Arbeitslohn an ganzjährig beschäftigte Arbeitnehmer oder an Arbeitnehmer gezahlt werden, die vom Arbeitgeber Versorgungsbezüge erhalten. In anderen Fällen (z. B. bei Auflösung des Dienstverhältnisses im Laufe des Kalenderjahres) ist das Merkmal der Zusammenballung von Einkünften erfüllt, wenn

- entweder der sonstige Bezug mindestens 1 EUR höher ist als der Arbeitslohn, den der Arbeitnehmer bei Fortsetzung des Dienstverhältnisses bis zum Ende des Kalenderjahres noch bezogen hätte, oder
- im Jahr des Zuflusses des sonstigen Bezugs weitere Einkünfte (z. B. Zinseinkünfte oder Arbeitslohn aus einem neuen Dienstverhältnis) erzielt werden und der Arbeitnehmer dadurch mehr erhält, als er bei normalem Ablauf der Dinge erhalten hätte.

Vergleichsberechnung

Bei der Berechnung der Einkünfte, die der Arbeitnehmer bei Fortbestand des Dienstverhältnisses im Kalenderjahr bezogen hätte, wird auf die Einkünfte des Vorjahres abgestellt. Die erforderliche Vergleichsberechnung wird grundsätzlich anhand der jeweiligen Einkünfte des Arbeitnehmers laut Einkommensteuerbescheid oder Einkommensteuererklärung vorgenommen. Bei Einkünften aus nichtselbstständiger Arbeit ist jedoch zugelassen worden, dass die Vergleichsberechnung anhand der Einnahmen aus nichtselbstständiger Arbeit durchgeführt wird.[4] In diese Vergleichsberechnung sind auch pauschal besteuerte Arbeitgeberleistungen (z. B. Direktversicherungsbeiträge) und dem Progressionsvorbehalt unterliegende steuerfreie ⇗ Lohnersatzleistungen einzubeziehen.

Die Vergleichsberechnung gilt auch für das Lohnsteuerverfahren. Der Arbeitgeber muss also feststellen, ob der sonstige Bezug zuzüglich anderer Leistungen einen Betrag ergibt, der höher ist als die wegfallenden Bezüge. Dabei kann der Arbeitgeber auch Arbeitslöhne oder andere Einkünfte berücksichtigen, die der Arbeitnehmer nach Beendigung des bestehenden Dienstverhältnisses erzielt. Kann der Arbeitgeber die erforderlichen Feststellungen nicht treffen, muss der Lohnsteuerabzug von dem sonstigen Bezug ohne Anwendung der Fünftelregelung vorgenommen werden. Der Arbeitnehmer kann die Steuerermäßigung dann im Rahmen seiner Einkommensteuererklärung geltend machen.[5]

Günstigerprüfung

Die nach der Fünftelregelung ermittelte Lohnsteuer kann höher sein als die Lohnsteuer, die sich ohne Anwendung der Fünftelregelung ergeben würde. In diesem Fall darf die Fünftelregelung nicht angewendet werden. Der Arbeitgeber muss daher eine Vergleichsrechnung durchführen (Günstigerprüfung) und darf die Fünftelregelung nur anwenden, wenn sie zu einer niedrigeren Lohnsteuer führt als die Besteuerung als nicht begünstigter sonstiger Bezug.[6]

1 §§ 41 Abs. 1, 41b Abs. 1 Nr. 3 EStG.
2 R 39b.6 Abs. 1 Satz 2 LStR.
3 BFH, Urteil v. 7.5.2015, VI R 44/13, BStBl 2015 II S. 890.
4 § 19 EStG.
5 § 46 Abs. 2 Nr. 8 EStG.
6 BMF, Schreiben v. 10.1.2000, IV C 5 – S 2330 – 2/00, BStBl 2000 I S. 138.

Beispiel

Durchführung einer Günstigerprüfung

Ein gesetzlich kranken- und rentenversicherungspflichtiger Arbeitnehmer mit der Steuerklasse I erhält aufgrund seiner 10-jährigen Betriebszugehörigkeit im Juli ein Jubiläumsgeschenk von 600 EUR. Für die Besteuerung dieses sonstigen Bezugs ermittelt der Arbeitgeber einen maßgebenden Jahresarbeitslohn von 31.000 EUR. Nach der Fünftelregelung wird der Jahresarbeitslohn um 1/5 der Jubiläumszuwendung (um 120 EUR) erhöht; es ergibt sich ein Betrag von 31.120 EUR.

Ergebnis: Für das Jahr 2024 ergibt sich folgende Lohnsteuer:

Jahreslohnsteuer von 31.120 EUR	2.807 EUR
Jahreslohnsteuer von 31.000 EUR	2.782 EUR
Differenzbetrag	25 EUR
Es ergibt sich eine Lohnsteuer von (25 EUR × 5)	125 EUR
Ohne Anwendung der Fünftelregelung ist der Jahresarbeitslohn um den Gesamtbetrag der Jubiläumszuwendung von 600 EUR zu erhöhen.	
Jahreslohnsteuer von 31.600 EUR	2.911 EUR
Jahreslohnsteuer von 31.000 EUR	2.782 EUR
Es ergibt sich eine Lohnsteuer von	129 EUR

Die Fünftelregelung wird angewandt, da diese zu einer niedrigeren Steuer führt. Würde die Anwendung der Fünftelregelung zu einer höheren Lohnsteuer führen, müsste der Arbeitgeber auf die Anwendung verzichten und die Lohnsteuer mit dem Betrag erheben, der sich bei Hinzurechnung des vollen Betrags des sonstigen Bezugs zum Jahresarbeitslohn nach der Jahreslohnsteuertabelle ergibt.

Negatives zu versteuerndes Einkommen

Das Gesetz sieht eine modifizierte Anwendung der Fünftelregelung für den Fall vor, dass das zu versteuernde Einkommen negativ ist und erst durch Hinzurechnung der außerordentlichen Einkünfte positiv wird. Der angefügte Halbsatz in § 39b Abs. 3 Satz 9 EStG n. F. stellt sicher, dass § 34 Abs. 1 Satz 3 EStG sinngemäß auch bei der Lohnsteuerberechnung angewendet wird. Dazu wird einem maßgebenden negativen Jahresarbeitslohn der volle sonstige Bezug hinzugerechnet. Der so erhöhte und deshalb positive Arbeitslohn wird durch 5 geteilt, die Lohnsteuer hiervon berechnet und mit 5 vervielfacht. Die Anpassung der Lohnsteuerberechnung an die Einkommensteuerberechnung vermeidet Nachzahlungen, die in diesen Sonderfällen bei der Einkommensteuerveranlagung auftreten können.

Beispiel

Negativer Jahresarbeitslohn

Ein Arbeitnehmer erhält bei einem durch die Rückzahlung einer Sonderzuwendung negativen Jahresarbeitslohn von 20.000 EUR eine tarifermäßigt zu besteuernde Entschädigung von 100.000 EUR.

Ergebnis: Für die Anwendung der Fünftelregelung auf den sonstigen Bezug ist von 16.000 EUR (1/5 von [- 20.000 EUR + 100.000 EUR =] 80.000 EUR) auszugehen. Die sich für 16.000 EUR nach der Jahreslohnsteuertabelle unter Berücksichtigung der maßgebenden Lohnsteuerklasse ergebende Lohnsteuer ist mit 5 zu multiplizieren und ergibt die auf die Entschädigung einzubehaltende Lohnsteuer.

Tipp

Keine Fünftelregelung in Zweifelsfällen

Kann der Arbeitgeber die erforderlichen Feststellungen nicht treffen, muss er im Zweifel im Lohnsteuerabzugsverfahren die Besteuerung ohne Tarifermäßigung durchführen, also zunächst die volle Lohnsteuer einbehalten. Die ermäßigte Besteuerung kann dann ggf. erst im Veranlagungsverfahren, z. B. nach § 46 Abs. 2 Nr. 8 EStG, durchgeführt werden.

Grundsätzlich sollte der Arbeitgeber mit Blick auf die mögliche Haftung nur in sicheren Fällen die ermäßigte Besteuerung bereits im Lohnsteuerverfahren zu berücksichtigen. Eindeutig sind solche Sachverhalte, in denen die Höhe der Entschädigung bzw. der Vergütung für mehrjährige Tätigkeit zusammen mit dem bereits bezahlten Arbeitslohn zu höheren Jahresbezügen führt als im Vorjahr.

Sozialversicherungsabkommen

Ein Sozialversicherungsabkommen ist ein völkerrechtlicher Vertrag, der zwischen Staaten geschlossen wird und das Sozialversicherungsrecht der beteiligten Staaten koordiniert. Bei den Sozialversicherungsabkommen wird zwischen

- bilateralen Abkommen, die zwischen 2 Staaten geschlossen werden, und
- multilateralen Abkommen, die zwischen mehreren Staaten geschlossen werden,

unterschieden.

Gesetze, Vorschriften und Rechtsprechung

Sozialversicherung: Mit verschiedenen Staaten wurden bilaterale Sozialversicherungsabkommen geschlossen. Für die von den Abkommen erfassten Personen gelten die jeweiligen Regelungen der Sozialversicherungsabkommen. In den EU-, EWR-Staaten und der Schweiz werden die Verordnung (EG) über soziale Sicherheit Nr. 883/2004 und die Durchführungsverordnung (EG) Nr. 987/2009 angewandt. Nur noch in wenigen Fällen gelten die von den EG-Verordnungen abgelöste Verordnung (EWG) Nr. 1408/71 sowie Verordnung (EWG) Nr. 574/72. Beide Verordnungen sind noch gültig. Welche Verordnung konkret anzuwenden ist, richtet sich nach dem gebietlichen und persönlichen Geltungsbereich. In einzelnen Fällen wird auch auf bilaterale Abkommen zurückgegriffen. Für das Vereinigte Königreich findet das Abkommen über den Austritt des Vereinigten Königreichs Großbritannien und Nordirland aus der Europäischen Union und der Europäischen Atomgemeinschaft (2019/C384I/01) Anwendung. Vom 1.1.2021 an findet das zwischen der EU und dem Vereinigten Königreich abgeschlossene Abkommen über Handel und Zusammenarbeit Anwendung. Dieses Abkommen regelt die Sachverhalte, die nach dem 31.12.2020 beginnen und in denen zu keinem vorherigen Zeitpunkt ein Bezug zwischen der EU und dem Vereinigten Königreich bestand.

Sozialversicherung

Bilaterale Abkommen

Bilaterale Abkommen werden zwischen 2 Staaten vereinbart und gelten in der Regel für die Bürger beider Staaten. Damit ein Abkommen angewendet werden kann, müssen der persönliche, gebietliche und sachliche Geltungsbereich des jeweiligen Abkommens erfüllt sein.

Persönlicher Geltungsbereich

Die Staatsangehörigkeit der betroffenen Personen spielt in der Regel keine Rolle. Lediglich das deutsch-marokkanische Abkommen und das deutsch-tunesische Abkommen sind auf die Staatsangehörigen der Vertragsparteien begrenzt. Im deutsch-moldauischen und im deutsch-philippinischen Abkommen gibt es Begrenzungen bei vereinzelten Personenkreisen. Eine weitere Ausnahme gibt es im deutsch-türkischen Abkommen beim Abschluss einer ⇗ Ausnahmevereinbarung.

Staatenlose und Flüchtlinge

In den Sozialversicherungsabkommen werden Flüchtlinge und Staatenlose, die sich im Staatsgebiet eines Abkommensstaates aufhalten, immer gleichgestellt.

Gebietlicher Geltungsbereich

Einschränkungen beim gebietlichen Geltungsbereich gibt es beim deutsch-chinesischen, deutsch-kanadischen und beim deutsch-amerikanischen Abkommen.

Sachlicher Geltungsbereich

Der nachfolgenden Übersicht kann der sachliche Geltungsbereich des jeweiligen Abkommens über Soziale Sicherheit entnommen werden. Hierbei ist zu beachten, dass das deutsch-jugoslawische Abkommen weiterhin auf Bosnien-Herzegowina, den Kosovo, Montenegro und Serbien Anwendung findet.

Abkommen über Soziale Sicherheit

Abkommensstaat	Krankenversicherung	Pflegeversicherung	Rentenversicherung	Unfallversicherung	Arbeitsförderung
Albanien			x		
Australien			x		x
Bosnien-Herzegowina	x		x	x	x
Chile			x		x
China			x		x
Indien			x		x
Israel	x		x	x	
Japan			x		x
Kanada			x		x
Korea			x		x
Kosovo	x		x		x
Marokko	x		x	x	x
Moldau			x	x	
Montenegro	x		x	x	x
Nordmazedonien	x	x	x	x	x
Philippinen			x		x
Quebec			x		x
Serbien	x		x	x	x
Türkei	x		x	x	x
Tunesien	x		x	x	
Uruguay			x		
Vereinigte Staaten			x		

Besonderheiten

Der Bereich der Arbeitsförderung ist in der Regel im Schlussprotokoll des jeweiligen Abkommens geregelt. Sobald auf eine Person die deutschen Rechtsvorschriften angewendet werden, gilt dies auch für den Bereich der Arbeitsförderung. Sind auf eine Person die deutschen Rechtsvorschriften nicht anzuwenden, dann gilt dies auch für den Bereich der Arbeitsförderung.

Im Bereich der Pflegeversicherung gibt es eine Besonderheit im deutsch-mazedonischen Abkommen. Finden auf eine Person die deutschen Rechtsvorschriften Anwendung, gelten auch die deutschen Rechtsvorschriften im Bereich der Pflegeversicherung.

Im deutsch-albanischen Abkommen ist geregelt, dass für Personen, auf die die deutschen Rechtsvorschriften im Bereich der Rentenversicherung angewendet werden, nicht die albanischen Rechtsvorschriften im Bereich Kranken-, Pflege- und Unfallversicherung sowie im Bereich der Arbeitsförderung gelten. Es gelten ausschließlich die deutschen Rechtsvorschriften weiter.

Im deutsch-amerikanischen Abkommen ist geregelt, dass für Personen, auf die die deutschen Rechtsvorschriften im Bereich der Rentenversicherung angewendet werden, nicht die amerikanischen Rechtsvorschriften im Bereich der Krankenversicherung gelten.

Im deutsch-moldauischen Abkommen ist geregelt, dass für Personen, auf die die deutschen Rechtsvorschriften im Bereich der Renten- und Unfallversicherung angewendet werden, nicht die moldauischen Rechtsvorschriften im Bereich der Kranken- und Pflegeversicherung sowie im Bereich der Arbeitsförderung gelten.

Im deutsch-uruguayischen Abkommen wurde im Schlussprotokoll festgelegt, dass sobald für eine in Uruguay beschäftigte Person die deutschen Rechtsvorschriften weitergelten, auch nur die deutschen Rechtsvorschriften in Bezug auf die Kranken-, Pflege- und Unfallversicherung sowie im Bereich der Arbeitsförderung angewendet werden. Gelten für eine in Deutschland beschäftigte Person die uruguayischen Rechtsvorschriften weiter, sind auch ausschließlich die uruguayischen Rechtsvorschriften im Bereich der Kranken-, Mutterschafts- und Arbeitslosenversicherung anzuwenden.

Regelungen in den Abkommen

Die Sozialversicherungsabkommen beinhalten Regelungen zum Erwerb von Rentenansprüchen und zur Zahlung von Renten in den jeweiligen Staaten sowie zur Anerkennung von Vorversicherungszeiten. Des Weiteren gibt es Regelungen für die Leistungserbringung bei vorübergehendem oder dauerhaftem Aufenthalt im anderen Staat. Damit Doppelversicherungen vermieden werden können, beinhalten die Abkommen Zuständigkeitsregelungen bei Entsendungen. Diese Regelungen führen dazu, dass für bestimmte Zeiträume die Rechtsvorschriften des Entsendestaates weiter angewendet werden.

Hinweis

Multilaterale Vertragsanwendung ist ausgeschlossen

In allen von der Bundesrepublik Deutschland abgeschlossenen Sozialversicherungsabkommen wird die multilaterale Vertragsanwendung ausgeschlossen. Dies bedeutet, dass bei der Anwendung eines Sozialversicherungsabkommens niemals zeitgleich die Regelungen aus einem anderen Abkommen oder aus dem überstaatlichen Recht angewendet werden dürfen.

Weitere Sozialversicherungsabkommen bestehen noch mit: Belgien, Bulgarien, Finnland, Frankreich, Griechenland, Italien, Kroatien, Liechtenstein, Luxemburg, Niederlande, Österreich, Polen, Portugal, Rumänien, Schweden, Schweiz, Spanien und dem Vereinigten Königreich.

Diese Abkommen können allerdings nur in den Sachverhalten angewendet werden, in denen die EU-Verordnungen keine Anwendung finden. Daher spielen sie eine sehr untergeordnete Rolle.

Mehrseitige Abkommen

Mehrseitige Abkommen werden zwischen einer Vielzahl von Staaten vereinbart. Zu den multilateralen Sozialversicherungsabkommen zählen die Verordnungen (EG) Nr. 883/2004 und (EG) Nr. 987/2009 über soziale Sicherheit, die die Verordnungen (EWG) Nr. 1408/1971 und (EWG) Nr. 574/1972 über soziale Sicherheit abgelöst haben.

Umfang der Abkommen

Die Verordnungen (EG) über soziale Sicherheit erfassen alle Sozialversicherungszweige. Einschränkungen gibt es bei vereinzelten Staaten im gebietlichen und im persönlichen Geltungsbereich.

Regelungen in den Verordnungen (EG) über soziale Sicherheit

Die Verordnungen (EG) über soziale Sicherheit beinhalten Regelungen für

- Leistungen bei Krankheit, Mutterschaft und Vaterschaft,
- Leistungen bei Invalidität,
- Leistungen bei Alter,
- Leistungen an Hinterbliebene,

- Leistungen bei Arbeitsunfällen und Berufskrankheiten,
- Sterbegeld,
- Leistungen bei Arbeitslosigkeit,
- Vorruhestandsleistungen,
- Familienleistungen.

Mit den Verordnungen (EG) über soziale Sicherheit soll verhindert werden, dass eine Person beim Wechsel in einen anderen Mitgliedsstaat seinen Krankenversicherungsschutz verliert. Zudem sollen auch die in einem Staat erworbenen Rentenansprüche fortgeführt werden können. Mit diesen Regelungen sollen mögliche Hindernisse für die Arbeitnehmerfreizügigkeit abgebaut werden. Des Weiteren sollen Doppelversicherungen vermieden werden. Dies gilt sowohl für entsandte Arbeitnehmer als auch für Rentner, die sich entweder vorübergehend oder dauerhaft in einem anderen als dem zuständigen Mitgliedsstaat aufhalten.

Weitere Abkommen

Zu den mehrseitigen Sozialversicherungsabkommen gehört auch das „Übereinkommen über die Soziale Sicherheit der Rheinschiffer", das zwischen Belgien, Deutschland, Frankreich, Luxemburg und den Niederlanden abgeschlossen wurde. Mit der Anwendung der ↗ Verordnung (EG) über soziale Sicherheit Nr. 883/2004 ist das Übereinkommen auf die Mitgliedsstaaten nicht mehr anwendbar. Es gilt dennoch für Personen, die ihren Wohnsitz außerhalb des Hoheitsgebiets der Europäischen Union haben.

Vereinigtes Königreich

Das Vereinigte Königreich hat am 29.3.2017 den offiziellen Austrittsantrag nach Art. 50 EU-Vertrag gestellt und am 1.2.2020 die EU verlassen. Mit dem Vereinigten Königreich wurde ein Austrittsabkommen geschlossen, das für sog. Bestandsfälle, also grenzüberschreitende Sachverhalte, die vor dem 1.1.2021 eingetreten sind und über diesen Zeitpunkt hinausgehen, beschlossen. Außerdem wurde zwischen der EU und dem Vereinigten Königreich das Abkommen über Handel und Zusammenarbeit geschlossen. Dieses Abkommen beinhaltet Regelungen für Sachverhalte, die nach dem 31.12.2020 eingetreten sind.

Hinweis

Ist das Vereinigte Königreich ein Abkommensstaat?

Auf das Vereinigte Königreich finden derzeit das Austrittsabkommen und das Abkommen über Handel und Zusammenarbeit Anwendung. Der Status des Vereinigten Königreichs ist noch nicht abschließend geklärt. Derzeit wird davon ausgegangen, dass das Vereinigte Königreich als Abkommensstaat angesehen werden kann.

Austrittsabkommen

Das zwischen der EU und dem Vereinigten Königreich ausgehandelte Austrittsabkommen findet vom 1.2.2020 an Anwendung.

Sozialversicherungsfreie Beschäftigung

In der gesetzlichen Sozialversicherung sind einige Personengruppen nicht versicherungspflichtig. Die Regelungen zur Versicherungsfreiheit gelten teilweise nur in einzelnen Sozialversicherungszweigen und teilweise für alle Sozialversicherungszweige.

Gesetze, Vorschriften und Rechtsprechung

Sozialversicherung: §§ 8 und 8a SGB IV definieren die geringfügigen Beschäftigungen. Zu den einzelnen Sozialversicherungszweigen sind darüber hinaus mit abweichenden Regelungen für unterschiedliche Personenkreise maßgebend § 6 SGB V in der Krankenversicherung, § 5 SGB VI in der Rentenversicherung sowie §§ 27, 28 SGB III für die Arbeitslosenversicherung.

Bezüglich der Versicherungsfreiheit weicht die Pflegeversicherung vom sonst üblichen Konstrukt „Pflegeversicherung folgt Krankenversicherung" ab: § 21 SGB XI definiert den pflegeversicherungspflichtigen Personenkreis, der nicht der Krankenversicherungspflicht unterliegt.

Sozialversicherung

Krankenversicherung

Überschreiten der Jahresarbeitsentgeltgrenze

Versicherungsfrei sind Arbeitnehmer, deren regelmäßiges Jahresarbeitsentgelt die allgemeine ↗ Jahresarbeitsentgeltgrenze (JAEG 2024: 69.300 EUR, 2023: 66.600 EUR) bzw. die besondere JAEG (2024: 62.100 EUR, 2023: 59.850 EUR)[1] überschreitet.[2] Wird die Jahresarbeitsentgeltgrenze im Laufe eines Kalenderjahres überschritten, endet die Krankenversicherungspflicht mit Ablauf dieses Kalenderjahres, vorausgesetzt, das regelmäßige Jahresarbeitsentgelt überschreitet auch die Jahresarbeitsentgeltgrenze des folgenden Kalenderjahres.

Beamte und vergleichbar abgesicherte Personen

Krankenversicherungsfrei sind ferner ↗ Beamte, Richter, Soldaten, Geistliche, Lehrer an privaten Ersatzschulen und Personen in beamtenähnlicher Stellung sowie ↗ Pensionäre, wenn sie nach beamtenrechtlichen Vorschriften oder Grundsätzen bei Krankheit Anspruch auf Fortzahlung der Bezüge und auf Beihilfe oder freie Heilfürsorge haben.[3]

Beschäftigte Studenten

Unter bestimmten Voraussetzungen sind Beschäftigungen von ↗ Studenten, die neben dem Studium ausgeübt werden, versicherungsfrei. Wird die Beschäftigung nicht nur in den Semesterferien ausgeübt, kommt es für die Versicherungsfreiheit darauf an, dass das Studium im Vordergrund steht. Das ist grundsätzlich der Fall, wenn die Beschäftigung wöchentlich an nicht mehr als 20 Stunden ausgeübt wird (Werkstudenten).[4]

Ausländische Seeleute

Krankenversicherungsfrei sind nicht-deutsche Besatzungsmitglieder auf unter deutscher Flagge fahrenden Seeschiffen.[5] Dies gilt, wenn die Seeleute ihren Wohnsitz oder gewöhnlichen Aufenthalt nicht in einem Mitgliedstaat der Europäischen Union, einem Vertragsstaat des Abkommens über den Europäischen Wirtschaftsraum oder der Schweiz haben. Diese Seeleute können sich im Übrigen von der Rentenversicherungspflicht befreien lassen.

Personen mit Ansprüchen nach dem EG-Krankheitsfürsorgesystem

Darüber hinaus sind Personen versicherungsfrei, die nach dem Krankheitsfürsorgesystem der EG bei Krankheit geschützt sind.[6]

Wirkung auf weitere Beschäftigungen

Die genannten Personenkreise sind auch dann versicherungsfrei, wenn sie neben ihrer versicherungsfreien Beschäftigung eine weitere, an sich versicherungspflichtige Beschäftigung aufnehmen.[7] Das gilt nur eingeschränkt für Studenten, die mehrere Beschäftigungen nebeneinander ausüben. Arbeitet ein Student in allen Beschäftigungen zusammengerechnet mehr als 20 Stunden in der Woche, gehört er vom Erscheinungsbild her zu den Arbeitnehmern. Versicherungsfreiheit bei Überschreiten der 20-Stunden-Grenze besteht nur in Ausnahmefällen. Grundsätzlich ist zunächst zu prüfen, ob ggf. bei einzelnen Beschäftigungen Geringfügigkeit vorliegt und der Student damit versicherungsfrei ist.

---

1 Für Arbeitnehmer, die am 31.12.2002 wegen Überschreitens der JAEG des Jahres 2002 (40.500 EUR) versicherungsfrei und PKV in einer substitutiven Krankenversicherung versichert waren.
2 § 6 Abs. 1 Nr. 1 SGB V.
3 § 6 Abs. 1 Nrn. 2, 4–7 SGB V.
4 § 6 Abs. 1 Nr. 3 SGB VI.
5 § 6 Abs. 1 Nr. 1a SGB V.
6 § 6 Abs. 1 Nr. 8 SGB V.
7 § 6 Abs. 3 SGB V.

Vollendung des 55. Lebensjahres

Personen, die nach Vollendung des 55. Lebensjahres krankenversicherungspflichtig werden, sind ebenfalls krankenversicherungsfrei. Voraussetzung ist, dass sie in den letzten 5 Jahren vor Eintritt der Versicherungspflicht nicht gesetzlich krankenversichert waren. Diese Situation tritt häufig ein durch den Übergang von einer Vollzeit- zur Teilzeitbeschäftigung oder den Wechsel von einer selbstständigen Tätigkeit in ein abhängiges Beschäftigungsverhältnis.

Weitere Voraussetzung ist, dass die Personen mindestens die Hälfte dieser Zeit

- krankenversicherungsfrei,
- von der Krankenversicherungspflicht befreit oder
- wegen einer hauptberuflichen selbstständigen Erwerbstätigkeit nicht versicherungspflichtig

waren. Gleiches gilt für Zeiten der Ehe oder Lebenspartnerschaft.

Beispiel

Keine Versicherungspflicht nach Vollendung des 55. Lebensjahres

Ein Arbeitnehmer war wegen Überschreiten der Jahresarbeitsentgeltgrenze in den letzten 10 Jahren seiner Beschäftigung versicherungsfrei und bei einem privaten Krankenversicherungsunternehmen versichert.

Während der vereinbarten Altersteilzeit reduziert sich sein Arbeitsentgelt. Die Jahresarbeitsentgeltgrenze wird nicht mehr überschritten. Ab dem Tag des Unterschreitens der Jahresarbeitsentgeltgrenze würde grundsätzlich Versicherungspflicht in der Krankenversicherung eintreten. In den letzten 5 Jahren vor Eintritt der Versicherungspflicht bestand jedoch keine Versicherung in der gesetzlichen Krankenversicherung. Der Arbeitnehmer war durchgehend krankenversicherungsfrei. Aus diesen Gründen tritt keine Versicherungspflicht ein und er bleibt krankenversicherungsfrei.

Achtung

Krankenversicherungspflicht für Nichtversicherte

Die Krankenversicherungspflicht von sog. ⇗ Nichtversicherten gilt auch für 55-jährige oder ältere Arbeitnehmer.

Darüber hinaus werden auch über 55-jährige Arbeitnehmer nach § 5 Abs. 1 Nr. 13 SGB V krankenversicherungspflichtig, die keinen anderweitigen Krankenversicherungsschutz haben und bisher nicht gesetzlich oder privat versichert waren, es sei denn, sie sind ⇗ Hauptberuflich Selbstständige oder aus anderen Gründen krankenversicherungsfrei.

Hier handelt es sich vorwiegend um Personen, die erstmals ihren Wohnsitz oder gewöhnlichen Aufenthalt in Deutschland haben und keinen anderweitigen Zugang zur gesetzlichen Krankenversicherung haben.

Hauptberuflich selbstständige Erwerbstätigkeit

Personen sind nicht krankenversicherungspflichtig, wenn sie neben ihrer Beschäftigung eine ⇗ hauptberufliche selbstständige Erwerbstätigkeit ausüben.

Pflegeversicherung

Für die Pflegeversicherung gelten in vielen Bereichen die gleichen Regelungen wie in der Krankenversicherung. Allerdings ist zu beachten, dass freiwillige Mitglieder der gesetzlichen Krankenversicherung versicherungspflichtig in der sozialen Pflegeversicherung sind. Freiwillig Krankenversicherte können sich innerhalb bestimmter Fristen von der Versicherungspflicht in der sozialen Pflegeversicherung befreien lassen. Sie müssen dafür nachweisen, dass sie bei einem privaten Versicherungsunternehmen gegen Pflegebedürftigkeit versichert sind.[1] In der Pflegeversicherung sind einige besondere Personenkreise zusätzlich versicherungspflichtig, für die keine Krankenversicherungspflicht besteht.[2]

Rentenversicherung

Versicherungsfreiheit durch anderweitige Absicherung

Versicherungsfrei sind Personengruppen, deren Altersversorgung bereits anderweitig gesichert ist und die deshalb einer Sicherung durch die Rentenversicherung nicht bedürfen. Hierzu gehören:

- ⇗ Beamte
- Richter,
- Berufssoldaten sowie
- sonstige Beschäftigte von Körperschaften, Anstalten oder Stiftungen des öffentlichen Rechts mit Anspruch auf eine Versorgung nach beamtenrechtlichen Vorschriften oder Grundsätzen oder entsprechenden kirchenrechtlichen Regelungen.

Außerdem zählen hierzu:

- satzungsmäßige Mitglieder geistlicher Genossenschaften,
- Diakonissen und
- Angehörige ähnlicher Gemeinschaften, wenn ihnen nach den Regeln der Gemeinschaft Anwartschaft auf die in der Gemeinschaft übliche lebenslängliche Versorgung zusteht.[3]

Wichtig

Beschränkung der Versicherungsfreiheit

Die Versicherungsfreiheit dieser Personen bezieht sich aber nur auf die genannten Beschäftigungen. Übt beispielsweise ein Beamter noch eine weitere Beschäftigung bei einem privaten Arbeitgeber aus, besteht in dieser Beschäftigung durchaus Versicherungspflicht in der Rentenversicherung.

Vorstandsmitglieder einer AG

Vorstandsmitglieder einer Aktiengesellschaft gehören nach § 1 Satz 3 SGB VI ebenfalls nicht zum versicherungspflichtigen Personenkreis in der gesetzlichen Rentenversicherung.

Bezieher einer Vollrente wegen Alters

Versicherungsfreiheit besteht auch für

- Bezieher einer Vollrente wegen Alters nach Ablauf des Monats, in dem die Regelaltersgrenze erreicht wurde sowie
- Bezieher einer Pension nach beamtenrechtlichen Vorschriften oder Grundsätzen und
- Bezieher einer berufsständischen Versorgungseinrichtung nach Erreichen einer Altersgrenze sowie für Personen, die bis zum Erreichen der Regelaltersgrenze nicht versichert waren oder nach Erreichen der Regelaltersgrenze eine Beitragserstattung aus ihrer Versicherung erhalten haben.[4]

Studenten/Praktikanten

Versicherungsfreiheit besteht auch für Personen, die während ihres Studiums ein Praktikum ableisten, das in ihrer Studien- oder Prüfungsordnung vorgeschrieben ist.[5]

Praktikanten, die ein nicht vorgeschriebenes Praktikum (Vor- bzw. Nachpraktikum oder Zwischenpraktikum) ableisten, sind nur versicherungsfrei, wenn das Praktikum die Voraussetzungen einer geringfügig entlohnten Beschäftigung erfüllt. Es muss sich dazu entweder um eine geringfügig entlohnte Beschäftigung oder eine kurzfristige Beschäftigung handeln.

1 § 20 Abs. 3 und § 22 SGB XI.

2 § 21 SGB XI.
3 § 5 Abs. 1 Nrn. 1–3 SGB VI.
4 § 5 Abs. 4 SGB VI.
5 § 5 Abs. 3 SGB VI.

Arbeitslosenversicherung

In der Arbeitslosenversicherung bleiben Arbeitnehmer versicherungsfrei

- die als ehrenamtliche ⬀ Bürgermeister oder ehrenamtliche Beigeordnete beschäftigt sind,
- in ⬀ unständigen Beschäftigungen
- die das Lebensjahr für den Anspruch auf Regelaltersrente im Sinne der gesetzlichen Rentenversicherung vollenden – mit Ablauf des Monats, in dem sie dieses maßgebliche Lebensjahr vollenden,
- denen eine Rente wegen voller Erwerbsminderung zuerkannt ist,
- deren Erwerbsfähigkeit so sehr gemindert ist, dass sie der Arbeitsvermittlung nicht zur Verfügung stehen,
- in einer Beschäftigung als Beamte, Richter, Berufssoldaten, Geistliche, satzungsmäßige Mitglieder von geistlichen Genossenschaften, Diakonissen und ähnlichen Personen,
- die während ihrer Schulausbildung an einer allgemein bildenden Schule oder ihres Studiums an einer Hochschule oder einer der fachlichen Ausbildung dienenden Schule beschäftigt sind. Der Besuch schulischer Einrichtungen zur Fortbildung außerhalb der üblichen Arbeitszeit führt hingegen nicht zur Versicherungsfreiheit.

Versicherungsfrei sind ferner ⬀ Heimarbeiter, die gleichzeitig Zwischenmeister sind und den überwiegenden Teil ihres Verdienstes aus ihrer Tätigkeit als Zwischenmeister erzielen sowie ausländische Arbeitnehmer, die im Rahmen der Entwicklungshilfe eine Beschäftigung zur Aus- oder Fortbildung ausüben und danach in ihre Heimat zurückkehren.[1]

Geringfügige Beschäftigungen

Bei geringfügigen Beschäftigungen wird zwischen ⬀ geringfügig entlohnten Beschäftigungen und ⬀ kurzfristigen Beschäftigungen unterschieden.

Kurzfristige Beschäftigungen sind in allen Versicherungszweigen versicherungsfrei. Für eine geringfügig entlohnte Beschäftigung besteht in der Kranken-, Pflege- und Arbeitslosenversicherung ebenfalls grundsätzlich Versicherungsfreiheit. Zur Rentenversicherung besteht Versicherungspflicht. Der Arbeitnehmer kann sich von der Versicherungspflicht in der Rentenversicherung befreien lassen.

Sozialversicherungstage

Zeiten, die sozialversicherungsrechtlich mit Beiträgen belegt sind, werden als Sozialversicherungstage bezeichnet. Die Anzahl der Sozialversicherungstage ist beispielsweise zu ermitteln, wenn Beiträge für einen Teillohnzahlungszeitraum oder die Höhe einer Entgeltersatzleistung berechnet wird. Auch bei der Beitragsberechnung aus Einmalzahlungen sind die Sozialversicherungstage bedeutsam. Aus diesem Grund muss für ein Versicherungsverhältnis beurteilt werden, ob es sich um Sozialversicherungstage handelt oder nicht. Besondere Regelungen gelten z. B. bei unbezahltem Urlaub, unentschuldigtem Fehlen oder Streik.

Gesetze, Vorschriften und Rechtsprechung

Sozialversicherung: Die Berechnung der Sozialversicherungsbeiträge für jeden Kalendertag der Mitgliedschaft ist für die Krankenversicherung in § 223 SGB V und für die Pflegeversicherung in § 57 Abs. 1 SGB XI geregelt. Für die Arbeitslosenversicherung ist dies in § 341 Abs. 2 SGB III definiert. Des Weiteren bestimmt die Beitragsverfahrensordnung die Berechnungsgrundsätze bei Bestehen einer versicherungspflichtigen Beschäftigung (§ 1 Abs. 1 Satz 1 BVV).

Sozialversicherung

Beitragsberechnung

Zeiten, die mit Beiträgen belegt sind, werden als Sozialversicherungstage berücksichtigt. Für die Berechnung der Beiträge sind

- die Woche mit 7 Tagen,
- der Kalendermonat mit 30 Tagen und
- das Kalenderjahr mit 360 Kalendertagen

zu berücksichtigen. Ein voller Kalendermonat ist immer mit 30 Tagen anzusetzen.

Umfasst der Zeitraum, für den die Beiträge zu berechnen sind, keinen vollen Kalendermonat, sind die tatsächlichen Beitragstage maßgebend.

Beispiel

Ermittlung der Sozialversicherungstage

Beitragspflicht	SV-Tage
1.2. bis 28.2.	30
2.2. bis 29.2.	28
1.7. bis 31.7.	30
2.7. bis 31.7.	30

Unentschuldigtes Fehlen/unbezahlter Urlaub/Arbeitskampf

Sozialversicherungstage sind auch Zeiten ohne Zahlung von Arbeitsentgelt, in denen die Mitgliedschaft in der Krankenversicherung nicht beitragsfrei weiter besteht, z. B. ⬀ unbezahlter Urlaub, Arbeitsbummelei, Streik oder Aussperrung. Kalendertage, an denen ein solcher Tatbestand vorliegt, sind bei der Ermittlung der Sozialversicherungstage mitzuzählen.

Beispiel

Bewertung von Tagen unentschuldigten Fehlens

Arbeitsentgelt	1.7. bis 8.7.	8 Tage
unentschuldigtes Fehlen	9.7. bis 16.7.	8 Tage
Arbeitsentgelt	17.7. bis 31.7.	15 Tage
SV-Tage für Juli		30 Tage

Bei der Berechnung der Beiträge wird der Arbeitnehmer so behandelt, als hätte er das für den Monat Juli um die Zeiten des unentschuldigten Fehlens gekürzte Arbeitsentgelt auch während dieser Zeit erhalten. Es werden 30 Sozialversicherungstage und nicht 23 Sozialversicherungstage (8 Tage + 15 Tage) berücksichtigt.

Da die Zeit eines unbezahlten Urlaubs jedoch zumeist nur einen Teil der Beitragsperiode umfasst, ist das noch in der Beitragsperiode erzielte Arbeitsentgelt, das während des unbezahlten Urlaubs anfällt, für die Beitragsberechnung nach den allgemeinen Bestimmungen in der jeweiligen Beitragsperiode zugrunde zu legen.

Beispiel

Bewertung von Tagen unbezahlten Urlaubs

Ein versicherungspflichtig beschäftigter Arbeitnehmer hat unbezahlten Urlaub vom 19.4. bis 12.7.2024. Für April erhält er ein anteiliges Gehalt von 1.230 EUR. Das anteilige Gehalt für Juli beträgt 1.640 EUR.

Ergebnis: Die Mitgliedschaft bleibt vom 19.4. bis 18.5.2024 erhalten. Das bis 18.4. erzielte Gehalt von 1.230 EUR ist für die Beitragsberechnung vom 1. bis 30. des Monats April zugrunde zu legen.

Obwohl die versicherungspflichtige Mitgliedschaft bis zum 18.5. fortbesteht, können für den Monat Mai Beiträge wegen fehlender Entgeltzahlung (Beitragsbemessungsgrundlage) nicht erhoben werden. Gleichwohl ist der Zeitraum 1.5. bis 18.5.2024 als Sozialversiche-

1 §§ 27, 28 SGB III.

rungstage zu bewerten. Versicherungspflicht tritt erst mit Wiederaufnahme der Beschäftigung am 13.7. ein. Das vom 13.7. an erzielte Gehalt von 1.640 EUR überschreitet die für 19 Tage in der Kranken- und Pflegeversicherung geltende anteilige Beitragsbemessungsgrenze von 3.277,50 EUR (2024) nicht. Somit beträgt das beitragspflichtige Arbeitsentgelt im Monat Juli 1.640 EUR.

Endet die Versicherungspflicht wegen einer ⇗ Arbeitsunterbrechung ohne Fortzahlung von Arbeitsentgelt im Laufe eines Monats, kann bei Wiedereintritt der Versicherungspflicht in dem gleichen Monat das dann erzielte Arbeitsentgelt nicht auf die Zeiten vor dem Wiederbeginn der Versicherungspflicht verlagert werden.

Beispiel

Keine Verringerung der monatlichen BBG durch unbezahlten Urlaub

Ein nur renten- und arbeitslosenversicherungspflichtiger Angestellter mit einem monatlichen Arbeitsentgelt von 7.850 EUR nimmt in der Zeit vom 11.3. bis 22.4.2024 unbezahlten Urlaub. Vom 1.3. bis 10.3.2024 erhält er ein anteiliges Arbeitsentgelt von 2.616,67 EUR, für den Zeitraum vom 23.4. bis 30.4.2024 einen Betrag von 2.093,33 EUR.

Ergebnis: Die Beschäftigung und damit die Versicherungspflicht gilt als fortbestehend für die Zeit vom 11.3. bis 10.4. Am 23.4. beginnt die Versicherungspflicht erneut. Die Beiträge sind wie folgt zu berechnen:

- Monat März

  Da die Versicherungspflicht trotz des unbezahlten Urlaubs für den gesamten Monat besteht, sind für die Beitragsberechnung 30 Kalendertage anzusetzen. Das bis zum 10.3. erzielte Arbeitsentgelt ist in voller Höhe beitragspflichtig.

- Monat April

  Zwar besteht die Versicherungspflicht auch für die Zeit vom 1.4. bis 10.4. fort, weil jedoch kein Arbeitsentgelt erzielt wird, können keine Beiträge erhoben werden. Die Beiträge für die Zeit vom 23.4. bis 30.4. wären aus dem Arbeitsentgelt von 2.093,33 EUR zu berechnen. Dieser Betrag überschreitet allerdings die anteilige für 8 Tage geltende Beitragsbemessungsgrenze von 2.013,33 EUR (2024). Somit können die Beiträge für diesen Zeitraum nur von 2.013,33 EUR erhoben werden.

  Die 10 SV-Tage aus der ersten Monatshälfte können wegen der Unterbrechung der Versicherungspflicht nicht berücksichtigt werden. Eine Zuordnung des restlichen Teils des Arbeitsentgelts in Höhe von (2.093,33 EUR – 2.013,33 EUR) 80 EUR zu dem Zeitraum vom 1.4. bis 10.4. scheidet ebenfalls aus.

Die vorstehenden Erläuterungen gelten auch für Fälle der Arbeitsbummelei, des Streiks und der Aussperrung.

Sozialversicherungstage sind auch für die Zeiträume anzusetzen, in denen zwar Krankengeld bezogen wird, aber aufgrund der Regelung des § 23c Abs. 1 SGB IV eine beitragspflichtige Einnahme anzusetzen ist. Eine solche beitragspflichtige Einnahme ergibt sich, wenn die während des Krankengeldbezugs durch den Arbeitgeber weitergezahlte Einnahme nach der Addition mit dem Krankengeld das sog. Vergleichsnetto um mehr als 50 EUR überschreitet.

Beitragsfreie Zeiten

Zeiten des Bezugs von (Kinderpflege-) Krankengeld, Mutterschaftsgeld, Elterngeld, Verletztengeld, Übergangsgeld oder Versorgungskrankengeld gelten nicht als Sozialversicherungstage. Es handelt sich dabei um beitragsfreie Zeiten. Diese beitragsfreien Zeiten werden bei der Ermittlung der anteiligen Beitragsbemessungsgrenzen nicht berücksichtigt.[1]

Ausfallzeiten im Zusammenhang mit dem Coronavirus

Arbeitsunfähigkeit wegen des Coronavirus

Erkranken Arbeitnehmer am Coronavirus und sind deshalb arbeitsunfähig, leisten die Arbeitgeber, wie bei jeder anderen Erkrankung auch, Entgeltfortzahlung bis zu 6 Wochen. Insofern handelt es sich bei dieser Zeit um Sozialversicherungstage.

Nach Ablauf der Entgeltfortzahlung haben die Arbeitnehmer Anspruch auf Krankengeld. Dies gilt natürlich auch für am Coronavirus erkrankte Mitarbeiter. Während des Bezugs von Krankengeld besteht Beitragsfreiheit, für diese Zeit liegen keine Sozialversicherungstage vor. Das gilt allerdings nicht, sollten Arbeitgeber einen beitragspflichtigen Zuschuss zum Krankengeld leisten. In solchen Fällen werden die Zeiten, in denen der Zuschuss gezahlt wird, als Sozialversicherungstage berücksichtigt.

Keine Arbeitsunfähigkeit wegen des Coronavirus

Auch wenn Arbeitnehmer nicht am Coronavirus erkranken, kann es dazu kommen, dass sie auf behördliche Anordnung ihre Beschäftigung nicht ausüben dürfen oder unter Quarantäne gestellt werden. Erleiden die Arbeitnehmer in solchen Fällen Verdienstausfälle, steht ihnen eine Entschädigung nach § 56 IfSG zu. Nach § 57 Abs. 1 Satz 1 IfSG besteht während des Bezugs der Entschädigungsleistung die Rentenversicherungspflicht fort. Insoweit liegen Sozialversicherungstage vor.

Differenzierter ist es in der Kranken-, Pflege- und Arbeitslosenversicherung zu betrachten. Hier besteht die Versicherungspflicht nach § 57 Abs. 2 IfSG ausschließlich bei Bezug einer Entschädigung für Arbeitnehmer in Quarantäne weiter fort. Es handelt sich dabei um Sozialversicherungstage. Für Arbeitnehmer mit einem Beschäftigungsverbot endet die sozialversicherungspflichtige Beschäftigung mit dem Tag vor Beginn des Beschäftigungsverbots. Sozialversicherungstage liegen in diesen Versicherungszweigen nicht vor.

Sollten Arbeitnehmer mit einem Beschäftigungsverbot von ihren Arbeitgebern einen Ersatzarbeitsplatz zugewiesen bekommen und somit weiter Arbeitsentgelt beziehen, besteht die Beschäftigung gegen Arbeitsentgelt auch in der Kranken-, Pflege- und Arbeitslosenversicherung fort. Diese Zeiten sind entsprechend als Sozialversicherungstage zu werten. Gleiches gilt, wenn Arbeitgeber Zuschüsse zu den Entschädigungsleistungen gewähren.

Sozialversicherungstage, an denen aus abrechnungstechnischen Gründen kein Arbeitsentgelt gezahlt wird

Unabhängig von den innerhalb eines Betriebs bestehenden Arbeitszeitregelungen (z. B. 5-Tage-Woche) ist bei teilweiser Beschäftigung während eines Entgeltabrechnungszeitraums für die Ermittlung der Beitragsbemessungsgrenzen bzw. anteiligen Jahresbeitragsbemessungsgrenzen sowie für die Beitragsberechnung die Zahl der Kalendertage maßgebend, an denen die versicherungspflichtige Beschäftigung tatsächlich bestanden hat (Sozialversicherungstage). Zu den Beschäftigungszeiten gehören auch Zeiten, für die zwar aus abrechnungstechnischen Gründen tatsächlich kein Arbeitsentgelt gezahlt wird, in denen aber dem Grunde nach ein Anspruch auf ⇗ Entgelt(fort)zahlung besteht.

Zusammentreffen von Kranken-/Kurzarbeitergeld

Zeiten, in denen Krankengeld anstelle von

- ⇗ Kurzarbeitergeld nach §§ 95 ff. SGB III
- ⇗ Saison-Kurzarbeitergeld nach §§ 101 ff. SGB III oder
- Transferkurzarbeitergeld nach §§ 110 ff. SGB III

gezahlt wird, sind nach Auffassung der Spitzenorganisationen der Sozialversicherung ebenfalls nicht als beitragspflichtige Sozialversicherungstage anzusetzen. Dies gilt allerdings nicht, wenn während der Zeit des Bezugs von Krankengeld Arbeitsentgelt im Rahmen der ⇗ Entgeltfortzahlung gezahlt wird.

1 § 224 Abs. 1 SGB V i. V. m. § 23a Abs. 3 Satz 2 2. Halbsatz SGB IV.

Sperrzeit

Die Sperrzeit ist Ausdruck des Versicherungsprinzips der Arbeitslosenversicherung. Sie dient der Abgrenzung des Versicherungsrisikos, das die Solidargemeinschaft der Beitragszahler zu tragen hat, von dem Risiko, für das der Arbeitslose aufgrund seines Verhaltens einzustehen hat. Wer den Versicherungsfall Arbeitslosigkeit schuldhaft herbeiführt, seine Beendigung verhindert oder sich in anderer Weise versicherungswidrig verhält, ohne dafür einen wichtigen Grund zu haben, verliert deshalb für einen begrenzten Zeitraum den Anspruch auf Arbeitslosengeld. Bei fortgesetztem versicherungswidrigem Verhalten erlischt der Leistungsanspruch ganz.

Gesetze, Vorschriften und Rechtsprechung

Sozialversicherung: Die Regelungen zum Ruhen des Anspruchs auf Arbeitslosengeld bei Sperrzeit sind in § 159 SGB III zusammengefasst. Das Erlöschen des Anspruchs auf Arbeitslosengeld infolge des Eintritts von Sperrzeiten ist in § 161 Abs. 1 Nr. 2 SGB III geregelt.

Sozialversicherung

Gründe für eine Sperrzeit

Das Gesetz unterscheidet Sperrzeiten bei

- Arbeitsaufgabe,
- Arbeitsablehnung,
- unzureichenden Eigenbemühungen,
- Ablehnung oder Abbruch einer beruflichen Eingliederungsmaßnahme,
- Ablehnung eines Integrationskurses oder einer berufsbezogenen Deutschsprachförderung,
- Meldeversäumnis und
- verspäteter Arbeitsuchendmeldung.

Arbeitsaufgabe

Eine Arbeitsaufgabe im Sinne der Sperrzeitregelung liegt vor, wenn der Arbeitnehmer seine Arbeitslosigkeit vorsätzlich oder grob fahrlässig herbeigeführt hat. Dies ist gegeben, wenn er sein Beschäftigungsverhältnis gelöst oder durch vertragswidriges Verhalten Anlass für die Lösung des Beschäftigungsverhältnisses gegeben hat. Auf die Art der Beschäftigung kommt es grundsätzlich nicht an. Auch die Auflösung eines Beschäftigungsverhältnisses während der Probezeit oder die Aufgabe eines Berufsausbildungsverhältnisses sind sperrzeitrelevant.

Die Aufgabe einer geringfügigen (versicherungsfreien) Beschäftigung oder einer selbstständigen Tätigkeit führt hingegen nicht zum Eintritt einer Sperrzeit. Letzteres gilt auch dann, wenn der Betreffende als Selbstständiger im Wege der ⇗ freiwilligen Weiterversicherung Beiträge zur Arbeitslosenversicherung entrichtet hat.

Ein Sperrzeitsachverhalt liegt außerdem nicht vor, bei Nichtannahme einer Änderungskündigung oder bei Nichtannahme eines neuen Arbeitsvertrags (z. B. nach Auslaufen einer Befristung).

Auch die bloße Hinnahme einer Arbeitgeberkündigung ist nicht sperrzeitrelevant.

Beispiel

Keine Sperrzeit bei Hinnahme einer rechtswidrigen Kündigung

Ein langjährig beschäftigter älterer Arbeitnehmer wird gekündigt, obwohl die Kündigung sozial nicht gerechtfertigt ist. Eine Abfindung oder ähnliche Leistung wird nicht gezahlt. Er nimmt die Kündigung hin und beantragt Arbeitslosengeld. Eine Sperrzeit tritt in diesem Fall nicht ein. Von dem Arbeitnehmer wird nicht verlangt, dass er (im Interesse der Versichertengemeinschaft) arbeitsrechtlich gegen eine rechtswidrige Kündigung vorgeht.

Hinweis

Rechts-/Sperrzeitfragen zur sog. „einrichtungsbezogenen Impfpflicht"

Für Personal in Gesundheits- oder Pflegeeinrichtungen gelten ab dem 15.3.2022 die Regelungen des Infektionsschutzgesetzes zur Immunitätsnachweispflicht, umgangssprachlich auch als „einrichtungsbezogene Impfpflicht" bezeichnet.[1] Damit stellen sich im Falle einer Kündigung oder einer Aufgabe des Arbeitsverhältnisses wegen der Verweigerung bzw. des Nichtvorliegens eines entsprechenden Immunitätsnachweises neben arbeitsrechtlichen Fragen im Fall der Arbeitslosigkeit auch Fragen zu den Rechtsfolgen für einen Anspruch auf Arbeitslosengeld.

Ob im Einzelfall die Voraussetzungen für eine Kündigung vorliegen, können letztlich nur die Gerichte für Arbeitssachen entscheiden. Wird eine Arbeitgeberkündigung auf die o. a. Regelung gestützt, dürften jedoch ungeachtet der arbeitsrechtlichen Bewertung die Voraussetzungen für den Eintritt einer Sperrzeit beim Arbeitslosengeld regelmäßig nicht vorliegen. Bei der Entscheidung über eine Sperrzeit haben die Agenturen für Arbeit nach gesetzlicher Vorgabe zu prüfen, ob ein wichtiger Grund für die Beendigung des Arbeitsverhältnisses vorliegt. Dabei haben sie die Interessen des Arbeitslosen mit den Interessen der Versichertengemeinschaft abzuwägen. Bei dieser Abwägung ist die Ablehnung einer Impfung auf der Grundlage der derzeit bestehenden Regelungen regelmäßig als wichtiger Grund anzuerkennen, da der Rechtsposition des Arbeitslosen Vorrang einzuräumen ist. Entsprechendes gilt, wenn Arbeitslose eine angebotene Beschäftigung in einer entsprechenden Einrichtung mit Blick auf die geforderte „Impfpflicht" ablehnen.

Auch im Falle einer Freistellung von der Arbeit (ohne Fortzahlung des Arbeitsentgelts) kann ein Anspruch auf Arbeitslosengeld bestehen. Voraussetzung ist, dass die Betroffenen arbeitslos i. S. d. Gesetzes sind, d. h. der Arbeitgeber auf das Direktionsrecht aus dem fortbestehenden Arbeitsverhältnis verzichtet hat und den Vermittlungsbemühungen der Agentur für Arbeit für eine anderweitige zumutbare Beschäftigung zur Verfügung stehen.

Ein fehlender Immunitätsausweis hat auf der Grundlage der derzeit geltenden Regelungen keine generellen negativen Folgen für die Zahlung des Arbeitslosengeldes, sofern ein Arbeitsloser den Vermittlungsbemühungen der Agentur für Arbeit zur Verfügung steht, d. h. in der Lage und bereit ist, alle sonstigen zumutbaren Beschäftigungen anzunehmen und sich auch selbst um eine neue zumutbare Beschäftigung bemüht.[2]

Lösung des Beschäftigungsverhältnisses

Anlass für eine Sperrzeitprüfung ist allein die Beendigung des (sozialversicherungsrechtlichen) Beschäftigungsverhältnisses, nicht des Arbeitsverhältnisses.

Beispiel

Beendigung des Arbeitsverhältnisses während der Beschäftigungslosigkeit

Ein Arbeitnehmer war wegen Elternzeit von der Arbeit freigestellt. Nach Ablauf der Elternzeit beendet er das Arbeitsverhältnis und meldet sich anschließend arbeitslos. Eine Sperrzeit wegen der Beendigung des Arbeitsverhältnisses ist nicht zu prüfen.

Eine Lösung des Beschäftigungsverhältnisses liegt immer dann vor, wenn der Arbeitnehmer selbst gekündigt bzw. die Beschäftigung faktisch aufgegeben oder einen Aufhebungsvertrag geschlossen hat. Aber auch eine formale Arbeitgeberkündigung kann zu einer Sperrzeit führen, wenn der Arbeitnehmer an der Lösung des Beschäftigungsverhältnisses beteiligt war.

1 § 20a IfSG.
2 § 138 Abs. 5 SGB III.

Arbeitgeberkündigung bei vertragswidrigem Verhalten

Ein vertragswidriges Verhalten im Sinne der Sperrzeitregelung liegt vor, wenn das Arbeitsverhältnis beendet wurde, weil der Arbeitnehmer schuldhaft eine sich aus dem Arbeitsvertrag ergebende Arbeits- oder Dienstpflicht oder eine erhebliche arbeitsvertragliche Nebenpflicht des persönlichen Vertrauensbereichs oder der betrieblichen Ordnung verletzt hat. Eine verhaltensbedingte arbeitgeberseitige Kündigung setzt in der Regel eine vorherige Abmahnung voraus. Eine Sperrzeit kann auch in Betracht kommen, wenn das vertragswidrige Verhalten mit dem Verlust einer an die Person gebundenen und für den Arbeitsplatz zentralen Eigenschaft verbunden ist, wie z. B. der Entzug der Fahrerlaubnis bei einem Berufskraftfahrer.

Hinweis

Gesonderte Ermittlungen zum vertragswidrigen Verhalten

Die Agentur für Arbeit erfragt aus datenschutzrechtlichen Gründen in der Arbeitsbescheinigung[1] zunächst keine detaillierten Angaben zu einem vertragswidrigen Verhalten. Bei einer entsprechenden Angabe des Arbeitgebers erfolgen jedoch im Nachgang entsprechende Ermittlungen.

Kausalität des Verhaltens zur Herbeiführung der Arbeitslosigkeit

Eine Sperrzeit wegen Arbeitsaufgabe setzt im Weiteren voraus, dass der Arbeitnehmer „durch" die Lösung des Beschäftigungsverhältnisses oder „durch" das vertragswidrige Verhalten die Arbeitslosigkeit herbeigeführt hat (Kausalitätserfordernis). Wäre Arbeitslosigkeit ohnehin zum gleichen Zeitpunkt eingetreten, fehlt es an dieser Kausalität und damit einem Sperrzeitsachverhalt.

Beispiel

Vertragswidriges Verhalten und Ablauf des befristeten Arbeitsverhältnisses

Ein Arbeitgeber weist einem Arbeitnehmer den Diebstahl von Betriebseigentum nach. Da das Arbeitsverhältnis aber ohnehin in wenigen Tagen durch Befristung endet, verzichtet der Arbeitgeber auf arbeitsrechtliche Konsequenzen und lässt die Beschäftigung auslaufen. In diesem Fall tritt keine Sperrzeit ein, da das Arbeitsverhältnis zum vorgesehenen Zeitpunkt geendet hat und die Arbeitslosigkeit nicht durch das vertragswidrige Verhalten verursacht ist.

Die Aufgabe einer Beschäftigung kann auch dann zu einer Sperrzeit führen, wenn eine Anschlussbeschäftigung aufgenommen wurde.

Beispiel

Aufgabe einer Dauerbeschäftigung für eine befristete Beschäftigung

Hat ein Arbeitnehmer eine Dauerbeschäftigung aufgegeben, um eine befristete Beschäftigung aufzunehmen, und wird er anschließend arbeitslos, so bleibt die Aufgabe der Dauerbeschäftigung ursächlich für die eingetretene Arbeitslosigkeit. In diesem Fall ist deshalb der Eintritt einer Sperrzeit im Anschluss an das befristete Beschäftigungsverhältnis zu prüfen.

Eine Ausnahme gilt, wenn bei der Aufnahme der neuen Beschäftigung die konkrete Aussicht (z. B. Zusage des neuen Arbeitgebers) bestand, dass diese später in eine Dauerbeschäftigung umgewandelt wird.[2]

Sperrzeitfolgen treten generell nicht mehr ein, wenn die Aufgabe der Dauerbeschäftigung bei Erfüllung der Voraussetzungen für einen Anspruch auf Arbeitslosengeld bereits länger als ein Jahr zurückliegt, d. h. die befristete Beschäftigung mehr als ein Jahr gedauert hat.[3]

Arbeitsablehnung

Der Tatbestand der Arbeitsablehnung ist verwirklicht, wenn der Arbeitslose trotz Belehrung über die Rechtsfolgen eine von der Agentur für Arbeit angebotene zumutbare Beschäftigung nicht angenommen oder nicht angetreten hat.[4] Eine Sperrzeit kommt auch in Betracht, wenn der Arbeitnehmer schon vor Eintritt der Arbeitslosigkeit (während der Zeit der frühzeitigen Arbeitsuche) ein zumutbares Arbeitsangebot der Agentur für Arbeit ablehnt. Dies gilt allerdings nur für Beschäftigungen, deren Beginn nach Eintritt der Arbeitslosigkeit liegt. Eine wiederholte Ablehnung des gleichen Stellenangebots kann nicht zu mehreren Sperrzeiten führen.

Eine sperrzeitrelevante Arbeitsablehnung liegt weiterhin vor, wenn der Arbeitslose durch sein Verhalten das Zustandekommen eines Beschäftigungsverhältnisses verhindert hat, etwa weil er nach einem Arbeitsangebot der Agentur für Arbeit nicht unverzüglich ein Vorstellungsgespräch mit dem potenziellen Arbeitgeber vereinbart, einen vereinbarten Vorstellungstermin versäumt oder sich im Vorstellungsgespräch so unangemessen verhält, dass der Arbeitgeber wegen dieses Verhaltens von einer Einstellung absieht.

Unzureichende Eigenbemühungen

Anspruch auf Arbeitslosengeld hat nur, wer sich selbst aktiv bemüht, seine Beschäftigungslosigkeit zu beenden. Das Gesetz fordert deshalb von einem Arbeitslosen, dass er im Rahmen seiner Eigenbemühungen alle zumutbaren Möglichkeiten zur beruflichen Eingliederung nutzt.[5] Arbeitslose, die die konkret vereinbarte Eigenbemühungen (z. B. bestimmte Bewerbungsaktivitäten bis zu einem festgelegten Termin) nach Aufforderung der Agentur für Arbeit und entsprechender Rechtsfolgenbelehrung nicht oder nur in unzureichendem Umfang nachweisen, müssen mit dem Eintritt einer Sperrzeit rechnen.

Ablehnung oder Abbruch einer Eingliederungsmaßnahme

Analog zur Aufgabe bzw. Ablehnung einer zumutbaren Beschäftigung sieht das Gesetz den Eintritt einer Sperrzeit vor, wenn der Arbeitslose ein zumutbares Angebot zur Teilnahme an einer beruflichen Eingliederungsmaßnahme (hierzu gehören Aktivierungsmaßnahmen, Maßnahmen zur Aus- und Weiterbildung oder Maßnahmen zur Teilhabe am Arbeitsleben) ablehnt, eine solche Maßnahme nicht antritt, abbricht oder durch maßnahmewidriges Verhalten Anlass für den Ausschluss aus der Maßnahme gibt.

Ablehnung/Abbruch eines Integrationskurses/einer berufsbezogenen Deutschsprachförderung

Arbeitslose, bei denen die Teilnahme an einem Integrationskurs[6] oder an einem Kurs der berufsbezogenen Deutschsprachförderung[7] für eine dauerhafte berufliche Eingliederung erforderlich ist, können für die Zeit der Teilnahme Arbeitslosengeld weiterbeziehen.[8] Im Gegenzug gehört es zu den versicherungsrechtlichen Obliegenheiten der Betroffenen, nach Aufforderung durch die Agentur für Arbeit, an einem solchen Kurs teilzunehmen und damit einen Beitrag zur Beendigung der Arbeitslosigkeit zu leisten. Die Weigerung an einem solchen Kurs teilzunehmen oder der Abbruch eines Kurses stellen deshalb grundsätzlich einen Sperrzeittatbestand dar. Eine Sperrzeit setzt in diesen Fällen voraus, dass der jeweilige Kurs nach Auffassung der Agentur für Arbeit für die dauerhafte berufliche Eingliederung notwendig ist und eine konkrete Rechtsfolgenbelehrung zu den Folgen einer Ablehnung bzw. eines Abbruchs erteilt worden ist.

Meldeversäumnis

Wer Arbeitslosengeld bezieht bzw. beantragt hat, unterliegt einer allgemeinen Meldepflicht.[9] Arbeitslose haben sich deshalb nach Aufforderung der Agentur für Arbeit bei dieser persönlich zu melden oder zu einem anberaumten ärztlichen oder psychologischen Untersuchungstermin zu erscheinen. Die Meldepflicht besteht auch dann, wenn über den Antrag auf Arbeitslosengeld noch nicht entschieden ist, oder wenn der Anspruch auf Arbeitslosengeld ruht, z. B. wegen einer Sperrzeit, wegen der Berücksichtigung einer Urlaubsabgeltung oder einer Abfindung.

1 §§ 312, 313a SGB III.
2 BSG, Urteil v. 26.10.2004, B 7 AL 98/03.
3 § 148 Abs. 2 Satz 2 SGB III.
4 § 140 SGB III.
5 § 138 SGB III.
6 § 43 AufenthG.
7 § 45a AufenthG.
8 § 139 Abs. 1 Satz 2 SGB III.
9 § 309 SGB III.

Die Versäumung eines Meldetermins stellt als versicherungswidriges Verhalten ebenfalls einen Sperrzeittatbestand dar. Im Falle mehrerer zeitlich eng zusammenhängender Meldeversäumnisse hat die Agentur für Arbeit zu prüfen, ob die Verfügbarkeit für die Arbeitsvermittlung – und damit die Grundvoraussetzung für den Anspruch auf Arbeitslosengeld – noch erfüllt ist.[1]

Verspätete Arbeitsuchendmeldung

Nach der Regelung zur frühzeitigen Arbeitsuche[2] sind Arbeitnehmer und Auszubildende in nicht betrieblicher Ausbildung, deren Arbeits- oder Ausbildungsverhältnis endet, verpflichtet, sich grundsätzlich spätestens 3 Monate vor dessen Beendigung bei der Agentur für Arbeit arbeitsuchend zu melden. Die Meldung ist (seit 1.1.2022) nicht mehr an eine bestimmte Form gebunden und kann persönlich, schriftlich, telefonisch oder auch elektronisch im IT-Portal der Bundesagentur für Arbeit erfolgen. Arbeitslose, die sich verspätet melden oder ihrer Meldepflicht nicht nachkommen, verhalten sich versicherungswidrig, weil sie das Risiko der Arbeitslosenversicherung durch unterlassene rechtzeitige Bemühungen zur Wiedereingliederung in den Arbeitsmarkt erhöhen

Die Agentur für Arbeit sieht von einer Sperrzeit ab, wenn ein Arbeitnehmer unverschuldet keine Kenntnis von der besonderen Pflicht zur Arbeitsuchendmeldung hatte. Davon geht die Agentur im Regelfall aus, wenn es sich um ein erstmaliges Versäumnis handelt. Wer die Regelung jedoch kennt, z. B. weil er im Kündigungsschreiben darauf hingewiesen wurde oder hätte kennen müssen, weil er z. B. im Zusammenhang mit einer früheren Arbeitslosigkeit durch ein Merkblatt der Agentur für Arbeit über die Obliegenheit informiert wurde, kann sich nicht mehr auf Unkenntnis berufen.

Kein Eintritt der Sperrzeit bei wichtigem Grund

Allein das Vorliegen eines der unter Abschn. 1 genannten Sperrzeittatbestände führt noch nicht zur Sperrzeit. Diese tritt nämlich dann nicht ein, wenn der Arbeitslose für sein Verhalten einen „wichtigen Grund" hat. Allgemein liegt ein wichtiger Grund vor, wenn dem Arbeitnehmer/Arbeitslosen unter Berücksichtigung aller Umstände des Einzelfalls und in Abwägung seiner Interessen mit den Interessen der Versichertengemeinschaft ein anderes Verhalten nicht zugemutet werden konnte.

Hinweis

Wichtiger Grund bei Sachverhalten im Zusammenhang mit der „COVID-19-Impfpflicht"

Siehe hierzu Hinweis Seite 812.

Der wichtige Grund ist von Amts wegen zu ermitteln/zu prüfen. Dies gilt jedoch dann nicht, wenn die für die Beurteilung maßgeblichen Tatsachen in der Sphäre oder im Verantwortungsbereich des Arbeitslosen liegen.[3]

Das Gesetz enthält keine näheren Regelungen dazu, was als wichtiger Grund anerkannt werden kann. Die Rechtspraxis der Agenturen für Arbeit bei der Beurteilung eines wichtigen Grundes stützt sich deshalb maßgeblich auf die sozialgerichtliche Rechtsprechung.

Achtung

Wichtiger Grund bei Altersteilzeit mit anschließender Arbeitslosigkeit

Das BSG[4] hat unter bestimmten Voraussetzungen einen wichtigen Grund für die Lösung eines Beschäftigungsverhältnisses durch eine Altersteilzeitvereinbarung anerkannt. Im maßgeblichen Fall hatte der Arbeitnehmer seine ursprüngliche Absicht, nach der Freistellungsphase der Altersteilzeit eine Altersrente zu beantragen, geändert, sich arbeitslos gemeldet und Arbeitslosengeld beantragt. Zwar sind in derartigen Fällen die Grundtatbestände für den Eintritt einer Sperrzeit – die Lösung des Beschäftigungsverhältnisses und eine zumindest grobfahrlässige Herbeiführung der Arbeitslosigkeit – im Regelfall erfüllt. Das Gericht geht jedoch von einem wichtigen Grund für die Lösung des Beschäftigungsverhältnisses aus, wenn der Arbeitnehmer vor Abschluss des Altersteilzeitvertrags den auf objektive Umstände gestützten Willen hatte, im Anschluss an die Altersteilzeit direkt in eine Altersrente überzugehen. Objektive Umstände in diesem Sinne liegen nach dieser Rechtsprechung beispielsweise vor, wenn der Betroffene sich vor Abschluss des Altersteilzeitvertrags bei einer Rentenstelle über die Möglichkeit des Rentenbezugs erkundigt hat, im Weiteren dazu ggf. auch Informationsgespräche mit seinem Arbeitgeber oder dem Personal-/Betriebsrat geführt hat. Die Tatsache, dass der Betroffene im Verlauf der Altersteilzeit ggf. seine Absicht ändern und statt der Inanspruchnahme einer Altersrente Arbeitslosengeld beantragen, ist nach Auffassung des Gerichts unbeachtlich.

Beginn

Die Sperrzeit beginnt unabhängig vom Zeitpunkt der Arbeitslosmeldung mit dem Tag nach Eintritt des Ereignisses, das die Sperrzeit begründet. Dies ist im Falle

- der Arbeitsaufgabe oder Kündigung grundsätzlich der Tag nach dem Ende des (faktischen) Beschäftigungsverhältnisses,
- der Ablehnung einer zumutbaren Arbeit, einer Eingliederungsmaßnahme, eines Integrationskurses oder eines Kurses der berufsbezogenen Deutschsprachförderung, der auf die Ablehnung folgende Tag,
- des Abbruchs einer Maßnahme oder eines Kurses der Folgetag,
- eines Meldeversäumnisses am Tag nach der versäumten Meldung,
- der verspäteten Arbeitsuchendmeldung am Tag nach dem Ende des Beschäftigungsverhältnisses und
- unzureichender Eigenbemühungen am Tag nach Feststellung der fehlenden Bemühungen.

Bei Aufgabe eines unbefristeten zugunsten eines befristeten Beschäftigungsverhältnisses beginnt die Sperrzeit im Anschluss an das befristete Beschäftigungsverhältnis.

Die Sperrzeit läuft kalendermäßig ab. Mehrere Sperrzeiten laufen grundsätzlich nicht parallel, sondern schließen sich aneinander an.

Wichtig

Laufendes arbeitsgerichtliches Verfahren hindert nicht die Sperrzeitentscheidung

Die Tatsache, dass die Beendigung eines Arbeitsverhältnisses Gegenstand eines Verfahrens beim Arbeitsgericht ist, hindert nicht die Entscheidung über den Eintritt einer Sperrzeit. Der Ausgang eines arbeitsgerichtlichen Verfahrens hat keine grundsätzlich bindende Wirkung für die Agentur für Arbeit. Diese hat jedoch die in dem Verfahren zu Tage gekommenen Fakten und Erkenntnisse in ihre Entscheidung über den Eintritt einer Sperrzeit einzubeziehen. Dies kann im Nachhinein zu einer Korrektur der Sperrzeitentscheidung führen.

Dauer

Die Dauer der Sperrzeiten ist grundsätzlich unabhängig von der Dauer der eingetretenen Arbeitslosigkeit, d. h. die Sperrzeit kann auch länger als die verursachte Arbeitslosigkeit dauern. Vielfach liegt in diesen Fällen jedoch eine sog. unbillige Härte vor, die zu einer Verkürzung der Sperrzeit führt.

Staffelung nach Sperrzeittatbeständen

Die Sperrzeitdauer ist unterschiedlich nach den jeweiligen Sperrzeittatbeständen gestaffelt.

- Die Sperrzeit wegen Arbeitsaufgabe beträgt regelmäßig 12 Wochen.
- Sofern die Umstände, die den Eintritt der Sperrzeit begründen, für den Arbeitslosen eine Härte bedeuten, beträgt die Sperrzeitdauer 6 Wochen (allein die finanziellen Folgen des Eintritts einer Sperrzeit stellen jedoch keine Härte in diesem Sinne dar).

1 § 138 Abs. 5 SGB III.
2 § 38 SGB III.
3 § 159 Abs. 1 Satz 2 SGB III.
4 BSG, Urteil v. 12.9.2017, B 11 AL 25/16 R sowie BSG, Urteil v. 12.10.2017, B 11 AL 17/16 R.

- Eine kürzere Sperrzeitdauer von 3 Wochen gilt, wenn das Arbeitsverhältnis ohnehin innerhalb der folgenden 6 Wochen geendet hätte.
- Die Dauer einer Sperrzeit bei unzureichenden Eigenbemühungen beträgt 2 Wochen.
- Die Dauer einer Sperrzeit bei Meldeversäumnis beträgt eine Woche.
- Die Dauer der Sperrzeit wegen verspäteter Arbeitsuchendmeldung beträgt ebenfalls eine Woche.

Mehrfach versicherungswidriges Verhalten

Bei der Festsetzung der Dauer einer Sperrzeit wegen Arbeitsablehnung, wegen Ablehnung oder Abbruchs einer beruflichen Eingliederungsmaßnahme, eines Integrationskurses oder einer berufsbezogenen Deutschsprachförderung, hat die Agentur für Arbeit zu berücksichtigen, wie oft sich der Betreffende zuvor (nach Entstehung des Anspruchs) bereits versicherungswidrig verhalten hat:

- bei einem ersten versicherungswidrigen Verhalten, z. B. einer unberechtigten Arbeitsablehnung, beträgt die Dauer der Sperrzeit 3 Wochen,
- beim zweiten Verstoß 6 Wochen,
- erst bei einem dritten und weiteren versicherungswidrigen Verhalten beträgt die Sperrzeitdauer 12 Wochen.

Bei mehrfachem versicherungswidrigem Verhalten stellt das BSG[1] hohe Anforderungen an den Eintritt einer 2. und 3. Sperrzeit. Danach können die besonderen Rechtsfolgen einer Sperrzeit von 6 und 12 Wochen nur dann eintreten, wenn dem Arbeitslosen zuvor konkrete Rechtsfolgenbelehrungen erteilt worden sind und zudem bereits ein Bescheid über die vorausgegangene Sperrzeit ergangen ist.

Folgen

Arbeitslosengeldanspruch

Der Eintritt einer Sperrzeit führt zum Ruhen des Anspruchs auf Arbeitslosengeld. Dies bedeutet, dass der Zahlungsbeginn der Leistung um die Dauer der Sperrzeit hinausgeschoben wird. Zusätzlich mindert sich die Dauer des Anspruchs auf Arbeitslosengeld um die Tage der Sperrzeit.[2] Im Falle einer Sperrzeit wegen Arbeitsaufgabe erfolgt grundsätzlich eine Minderung um ein Viertel der Gesamtanspruchsdauer. Eine Minderung der Anspruchsdauer unterbleibt jedoch generell, wenn das Ereignis, das die Sperrzeit begründet (z. B. die Beschäftigungsaufgabe), bei Entstehung des Anspruchs auf Arbeitslosengeld länger als ein Jahr zurückliegt.[3]

Erlöschen des Leistungsanspruchs bei mehreren Sperrzeiten

Hat der Arbeitslose nach der Entstehung des Anspruchs Anlass für Sperrzeiten mit einer Gesamtdauer von mindestens 21 Wochen gegeben, erlischt der Leistungsanspruch ganz. Dabei werden auch Sperrzeiten berücksichtigt, die in einem Zeitraum von 12 Monaten vor der Entstehung des Anspruchs eingetreten sind und nicht bereits ihrerseits zum Erlöschen eines Anspruchs geführt haben.[4]

Sozialversicherungsschutz

Im Interesse des sozialen Schutzes besteht auch während einer Sperrzeit Versicherungspflicht in der gesetzlichen Krankenversicherung.[5] Die in dieser Zeit zu zahlenden Beiträge werden von der Agentur für Arbeit getragen. Ein Anspruch auf Krankengeld bei Arbeitsunfähigkeit ruht allerdings während einer Sperrzeit, um insoweit eine „Umgehung" der Sperrzeitfolgen zu vermeiden.[6] Die Krankenversicherung während der Sperrzeit kommt jedoch nicht zum Zuge, wenn neben der Sperrzeit ein weiterer Tatbestand zum Ruhen des Arbeitslosengeldes führt, z. B. weil der Arbeitslose eine Entlassungsentschädigung erhalten hat. In derartigen Fällen muss der Arbeitslose die Kosten für den Krankenversicherungsschutz während des ruhenden Anspruchs aus eigenen Mitteln bestreiten.

Beiträge zur gesetzlichen Rentenversicherung werden während der Sperrzeit nicht entrichtet.

1 BSG v. 27.6.2019, B 11 AL 14/18 R; BSG v. 27.6.2019, B 11 AL 17/18 R.
2 § 148 Abs. 1 Nr. 4, Abs. 2 SGB III.
3 § 148 Abs. 2 S. 2 SGB III.
4 § 161 Abs. 1 Nr. 2 SGB III.
5 § 5 Abs. 1 Nr. 2 SGB V.
6 § 49 Abs. 1 Nr. 3a SGB V.

Spesen

Der umgangssprachliche Begriff „Spesen" ist gleichbedeutend mit dem steuerrechtlich korrekten Begriff „Verpflegungsmehraufwendungen". Spesenerstattungen, die der Arbeitgeber dem Arbeitnehmer bei beruflichen Auswärtstätigkeiten gewährt, dienen dem Ausgleich der dadurch entstehenden Mehraufwendungen. Es dürfen nicht die tatsächlichen Verpflegungskosten erstattet werden. Steuerfrei erstatten kann der Arbeitgeber die Reisekosten nur bis zu der Höhe, in der die Aufwendungen als Werbungskosten abzugsfähig wären. Für das Inland betragen die Verpflegungspauschalen seit 2020:

- bei eintägiger Auswärtstätigkeit und einer Abwesenheit von 8 Stunden oder weniger: 0 EUR,
- bei eintägiger Auswärtstätigkeit und einer Abwesenheit von mehr als 8 Stunden: 14 EUR,
- bei mehrtägiger Auswärtstätigkeit für den An- und Abreisetag: je 14 EUR,
- bei mehrtägiger Auswärtstätigkeit und kalendertäglicher Abwesenheit von 24 Stunden: 28 EUR.[7]

Der Erstattung der Spesen in Höhe der pauschalen Spesensätze erfolgt lohnsteuer- und beitragsfrei in der Sozialversicherung.

Die Spesensätze bemessen sich nach dem Zeitraum zwischen dem Verlassen und der Rückkehr in die Wohnung bzw. ersten Tätigkeitsstätte. Für den An- und Abreisetag einer mehrtägigen auswärtigen Tätigkeit mit Übernachtung außerhalb der Wohnung kann die Verpflegungspauschale von jeweils 14 EUR ohne Prüfung der Mindestabwesenheitszeit steuerfrei erstattet werden. Es ist unerheblich, ob der Arbeitnehmer die Auswärtstätigkeit von der Wohnung, der ersten oder einer anderen Tätigkeitsstätte aus antritt.

Nach der sog. Mitternachtsregelung werden bei einer Reise über Nacht, die zwar 2 Tage dauert, aber ohne Übernachtung durchgeführt wird, die Zeiten zusammengezählt. Dauert eine solche Reise mehr als 8 Stunden kann eine steuerfreie Verpflegungspauschale von 14 EUR angesetzt werden.

Grundlage ist die Aufzeichnung der Abwesenheiten im Reisekostenbericht des Arbeitnehmers. Im Lohnkonto müssen die steuerfrei erstatteten Beträge getrennt von der laufenden Lohnzahlung des Mitarbeiters aufgezeichnet werden.

Übt der Arbeitnehmer seine berufliche Tätigkeit im Ausland aus, gelten für die jeweiligen Länder ebenfalls vom Bundesministerium für Finanzen fest definierte Spesensätze.

Erstattet der Arbeitgeber dem Arbeitnehmer Verpflegungsmehraufwendungen bis zur doppelten Höhe der steuerfreien Verpflegungspauschalen, kann er den übersteigenden Teil mit 25 % pauschal versteuern. Dieser pauschalversteuerte Lohnbestandteil ist beitragsfrei (z. B. bei 10-stündiger Abwesenheit 14 EUR steuerfrei + 14 EUR pauschalversteuert).

Gesetze, Vorschriften und Rechtsprechung

Lohnsteuer: Die Steuerfreiheit der Verpflegungsmehraufwendungen ergibt sich aus § 3 Nr. 16 EStG i. V. m. § 4 Abs. 5 Satz 1 Nr. 5 EStG. Die Pauschalen für Verpflegungsmehraufwendungen sind in § 9 Abs. 4a EStG geregelt. Die Aufzeichnungspflichten bei Reisekostenerstattungen ergeben sich aus § 41 EStG und § 4 Abs. 2 Nr. 4 LStDV.

7 Das Gesetzgebungsverfahren, das eine Änderung der Werte vorsieht, ist noch nicht abgeschlossen. Ggf. wird eine Änderung im Laufe des Jahres 2024 folgen.

Sozialversicherung: Die Beitragsfreiheit der Verpflegungsmehraufwendungen (Spesen) ergibt sich aus der Lohnsteuerfreiheit und ist in § 1 Abs. 1 Satz 1 Nr. 1 SvEV geregelt.

Entgelt	LSt	SV
Spesen i. H. d. Verpflegungspauschalen	frei	frei
Spesen (Übersteigen der Verpflegungspauschalen um nicht mehr als 100 %)	pauschal	frei
Spesen (pauschal ohne Aufzeichnungen)	pflichtig	pflichtig

Sportanlage

Einige Arbeitgeber stellen ihren Arbeitnehmern die verbilligte oder unentgeltliche Nutzung von Sportanlagen und Sporteinrichtungen (Golfanlage, Tennisplatz, Squashplatz usw.) zur Verfügung, für die fremde Dritte normalerweise ein Entgelt entrichten müssen. Kann der Arbeitnehmer diese verbilligt oder unentgeltlich nutzen, handelt es sich um eine Sachzuwendung. Die Sachzuwendung unterliegt mit ihrem geldwerten Vorteil sowohl der Lohnsteuerpflicht als auch der Beitragspflicht in der Sozialversicherung.

Hingegen gehören Leistungen zur Verbesserung der Arbeitsbedingungen wie die unentgeltliche Bereitstellung von Fitnessraum, Betriebssportanlage oder Schwimmbad nicht zum Arbeitslohn. Hierbei ist das überwiegende betriebliche Interesse des Arbeitgebers gegeben.

Gesetze, Vorschriften und Rechtsprechung

Lohnsteuer: Die Lohnsteuerpflicht ergibt sich aus § 19 Abs. 1 Satz 1 Nr. 1 EStG i. V. m. R 19.3 LStR. S. auch BFH, Urteil v. 27.9.1996, VI R 44/96, BStBl II 1997 S. 146.

Sozialversicherung: Die Beitragspflicht des Arbeitsentgelts ergibt sich aus § 14 Abs. 1 SGB IV. Bei Aufwendungen im überwiegend betrieblichen Interesse des Arbeitsgebers kann keine Beitragspflicht entstehen.

Entgelt	LSt	SV
Sportanlagen (für Golf, Tennis, Squash usw.)	pflichtig	pflichtig
Fitnessraum, Betriebssportanlage, Schwimmbad usw.	frei	frei

Sportler

Sportler können grundsätzlich sowohl selbstständig Tätige wie auch Arbeitnehmer in einer abhängigen Beschäftigung sein. Bei Sportlern – egal ob Berufs- oder Amateursportler – sind steuer- und sozialversicherungsrechtliche Besonderheiten zu beachten. Berufssportler unterscheiden sich von Amateursportlern dadurch, dass sie ihren Sport überwiegend vor dem Hintergrund einer Erwerbstätigkeit ausführen. Im Leistungssport fließen vielfach Prämien und gleichzeitig regelmäßige Zahlungen. Wird eine Tätigkeit im Sport als abhängige Beschäftigung ausgeübt, besteht Lohnsteuer- und Sozialversicherungspflicht. Entscheidend sind die tatsächlichen Verhältnisse im Einzelfall.

Gesetze, Vorschriften und Rechtsprechung

Lohnsteuer: Die Einkünfte von Sportlern werden entweder als Arbeitslohn nach § 19 EStG oder als Einkünfte aus Gewerbebetrieb nach § 15 EStG behandelt. Sofern keine Einkünfteerzielungsabsicht besteht, sind die erhaltenen Leistungen wegen sog. Liebhaberei nicht steuerpflichtig.

Sozialversicherung: Die Merkmale für eine Beschäftigung im Sinne der Sozialversicherung definiert § 7 Abs. 1 SGB IV für alle Zweige der Sozialversicherung. Das Bundessozialgericht hat in 2 Urteilen (BSG, Urteil v. 27.10.2009, B 2 U 26/08 R und BSG, Urteil v. 13.8.2002, B 2 U 29/01 R) Grundsätze zur versicherungsrechtlichen Beurteilung aufgestellt. Begriffsdefinitionen zu Vertrags- und Amateursportlern finden sich im Berufsgruppenkatalog des Rundschreibens der Spitzenorganisationen der Sozialversicherung vom 21.3.2019 (GR v. 21.3.2019-II: Anlage 5) zur Statusfeststellung von Erwerbstätigen. Die Spitzenorganisationen der Sozialversicherung haben mit Besprechungsergebnis vom 13.3.2013 (BE v. 13.3.2013: TOP 2) Grundsätze zur Entgelteigenschaft von Zuwendungen an Amateursportler aufgestellt. Die Einführung des Mindestlohngesetzes (MiLoG) zum 1.1.2015 hat nach Auffassung der Spitzenorganisationen der Sozialversicherung keine unmittelbaren Auswirkungen auf die versicherungsrechtliche Beurteilung einer Beschäftigung von Amateursportlern (BE v. 18.11.2015: TOP 2).

Lohnsteuer

Steuerliche Beurteilung von Entgeltzahlungen

Bei Berufs- und Amateursportlern ist zu unterscheiden, ob die sportliche Tätigkeit mit dem Ziel der Einkünfteerzielung erfolgt oder ob es sich wegen des überwiegenden Privatinteresses doch eher um Liebhaberei handelt, also um nicht steuerbare Einkünfte. Dies ist stets nach den Gesamtumständen des Einzelfalles zu entscheiden, insbesondere nach den konkreten vertraglichen Vereinbarungen.

Arbeitnehmereigenschaft bei Amateursportlern

Sport wird meist zum Selbstzweck betrieben, also mehr oder weniger zur Freizeitgestaltung; regelmäßig steht die Stärkung der allgemeinen Leistungsfähigkeit im Vordergrund. Die Zahlung eines Entgelts spielt dann eine Nebenrolle. In diesen Fällen stellt das Entgelt lediglich Aufwendungsersatz und somit eine nicht steuerbare Leistung dar, sog. Liebhaberei; Lohnsteuer ist nicht einzubehalten.

Amateursportler im Mannschaftssport

Amateursportler gelten im Mannschaftssport als Arbeitnehmer, wenn die für den Trainings- und Spieleinsatz gezahlten Vergütungen nach dem Gesamtbild der Verhältnisse als Arbeitslohn zu beurteilen sind. Arbeitslohn liegt dann nicht vor, wenn die Vergütungen die mit der Tätigkeit zusammenhängenden Aufwendungen der Spieler nur unwesentlich übersteigen.[1]

Arbeitnehmereigenschaft bei Berufssportlern

Grundsätzlich kann auch die Ausübung von Sport Gegenstand eines Dienstverhältnisses sein. Soweit ein Berufssportler seine Tätigkeit nicht selbstständig ausübt, ist er als Arbeitnehmer anzusehen. Erhält ein Sportler im Zusammenhang mit seiner sportlichen Betätigung Zahlungen, die nicht nur unwesentlich höher sind, als die ihm hierbei entstandenen Aufwendungen, ist der Schluss gerechtfertigt, dass der Sport nicht mehr aus reiner Liebhaberei, sondern auch um des Entgelts willen betrieben wird. Steht die Erzielung von Einkünften im Vordergrund, ist zu unterscheiden zwischen Einkünften aus nichtselbstständiger Arbeit nach § 19 EStG und Einkünften aus Gewerbebetrieb nach § 15 EStG.

Fußballspieler werden als Arbeitnehmer i. S. d. § 19 EStG behandelt. Entschädigungen der Lizenzspieler der Bundesliga einschließlich Hand- und Treuegeld sind Arbeitslohn. Fußballtrainer sind Arbeitnehmer, wenn sie für mindestens eine Spielzeit verpflichtet werden.

Als Arbeitnehmer gelten ferner Berufsringer[2] und Catcher.[3] Dies gilt grundsätzlich auch bei Berufsboxern.[4] Ist jedoch die Vergütung eines Berufsboxers vom Ausgang des Wettkampfs abhängig und trägt er deshalb ein höheres unternehmerisches Risiko, ist er als Gewerbetreibender

1 BFH, Urteil v. 23.10.1992, VI R 59/91, BStBl 1993 II S. 303.
2 BFH, Urteil v. 16.3.1951, VI 197/50 U, BStBl 1951 III S. 97.
3 BFH, Urteil v. 29.11.1978, I R 159/76, BStBl 1979 II S. 182.
4 BFH, Urteil v. 22.1.1964, I 398/60 U, BStBl 1964 III S. 207.

i. S. d. § 15 EStG einzustufen, dies gilt ebenso für Berufsradrennfahrer einschließlich der Sechstagefahrer und Motorsportler.

Sofern Skilehrer in einen Betrieb (Skischule) eingegliedert und weisungsgebunden sind, beziehen sie Arbeitslohn.

Arbeitnehmereigenschaft bei ausländischen Sportlern

Berufssportler, die im Ausland ansässig sind, werden als beschränkt steuerpflichtig behandelt. Die Ansässigkeit hängt vom Wohnsitz oder gewöhnlichen Aufenthalt des Sportlers ab. Der Arbeitslohn ↗ beschränkt steuerpflichtiger Arbeitnehmer unterliegt dem Lohnsteuerabzug und ist – wenn nicht ausnahmsweise eine Freistellung aufgrund eines Doppelbesteuerungsabkommens in Betracht kommt – vom inländischen Arbeitgeber vorzunehmen.[1] Sofern kein inländischer Arbeitgeber vorhanden ist, der zum Lohnsteuerabzug verpflichtet ist, muss der Vergütungsschuldner[2] den Steuerabzug nach § 50a EStG vornehmen.

Liegt keine Arbeitnehmertätigkeit vor, muss ebenfalls der Vergütungsschuldner die Einkommensteuer im Wege des Steuerabzugs erheben.[3]

Werbeeinnahmen bei Berufssportlern

Sofern ein Berufssportler neben Gehalt und Prämien für seinen Einsatz zusätzlich ↗ Werbeeinnahmen erhält, ist zwischen Einkünften aus nichtselbstständiger Tätigkeit und Einkünften aus Gewerbebetrieb zu unterscheiden.

Ein Berufssportler wird als Arbeitnehmer tätig, wenn er auf Grundlage eines Arbeitsvertrags für seinen Verein oder dessen Sponsor wirbt. Dies ist der Fall, wenn der Sportler in eine Vermarktungsgesellschaft des Vereins, d. h. seines Arbeitgebers, eingegliedert ist, mit der Folge, dass die Entgelte für Werbetätigkeiten als ↗ Lohnzahlung durch Dritte einzuordnen sind.[4]

Ein Berufssportler übt eine gewerbliche Tätigkeit aus, wenn er insoweit selbstständig und nachhaltig sowie mit Gewinnerzielungsabsicht tätig wird und sich die Werbetätigkeit als Beteiligung am allgemeinen wirtschaftlichen Verkehr darstellt.[5]

Sozialversicherung

Sportler als Beschäftigte

Sportler können in einem abhängigen Beschäftigungsverhältnis stehen. Zur Beurteilung gelten die allgemeinen sozialversicherungsrechtlich relevanten Grundsätze für Beschäftigungen. Voraussetzung ist daher die Zahlung von Entgelt sowie der Grad der persönlichen Abhängigkeit. Beschäftigte unterliegen dem Direktionsrecht ihres Vertragspartners, welches Inhalt, Durchführung, Zeit, Dauer, Ort oder die Art der zu erbringenden Tätigkeit betreffen kann. Es gelten immer die tatsächlichen Verhältnisse.

Amateursportler

Grundsätzlich werden Amateursportler mit einer Vergütung bis zu 200 EUR monatlich sozialversicherungsrechtlich nicht als abhängig Beschäftigte eingestuft. Allerdings muss dies in jedem Einzelfall geprüft werden. Es gibt auch Konstellationen, in denen diese Annahme nicht greift.

Amateursportler üben den Sport regelmäßig nicht aus wirtschaftlichen Interessen, sondern zum Ausgleich oder zur Erholung aus. Sind sie ausschließlich aufgrund mitgliedschaftsrechtlicher Bindungen zu einem Sportverein tätig, um ihre Vereinspflichten zu erfüllen, sind sie nicht sozialversicherungspflichtig beschäftigt.[6] Das gilt auch, wenn ein Amateursportler für einen Verein an Wettkämpfen teilnimmt und Vergütungen zur sportlichen Motivation gewährt werden.

Zahlungen an einen Amateursportler

Unschädlich für den Amateurstatus sind gelegentliche Geld- und Sachzuwendungen oder Vergütungen aus Anlass von Aufwendungen des Sportlers.[7] Dabei gilt eine Grenze von 200 EUR monatlich. Bis zu diesem Wert wird grundsätzlich keine sozialversicherungsrechtlich relevante Beschäftigung ausgeübt. Dabei sind vorausschauend mögliche Prämien für besondere Leistungserfolge zu berücksichtigen. In Einzelfällen kann selbst bei höheren Zuwendungen kein Beschäftigungsverhältnis vorliegen, wenn Nachweise zu besonderen Gründen vorliegen (z. B. Aufwand aus besonderen, nicht regelmäßigen Anlässen). Umgekehrt kann in Einzelfällen eine Zahlung von weniger als 200 EUR monatlich zu einem Beschäftigungsverhältnis im Sinne der Sozialversicherung (ggf. als Minijob) führen. Das ist der Fall, wenn die Vergütung nicht lediglich zur sportlichen Motivation oder zur Vereinsbindung gewährt wird

Achtung

Grenzwert hat keine Freibetragsfunktion

Der Grenzwert von 200 EUR monatlich gilt hier – im Gegensatz zum steuerrechtlichen Freibetrag für ↗ Übungsleiter[8] – nicht als Freibetrag. Wird der Grenzwert überschritten, gilt die gesamte Zuwendung als Entgelt im Sinne der Sozialversicherung.

Abgrenzung zum Vertragsamateur

Bei der versicherungsrechtlichen Beurteilung eines Sportlers gelten für einen „Vertragsamateur" besondere Regelungen. Er nimmt eine Mischposition zwischen Amateursportler und Berufssportler ein. Kennzeichnend für einen Vertragsamateur ist neben einer Vereinsmitgliedschaft die zusätzliche vertragliche Vereinbarung über die Erbringung einer sportlichen Leistung gegen Entgelt. Daher gelten Vertragsamateure grundsätzlich als Beschäftigte im Sinne der Sozialversicherung. Nur in Einzelfällen stehen Vertragsamateure nicht in einem sozialversicherungsrechtlich relevanten Beschäftigungsverhältnis. Das kann der Fall bei einer fehlenden oder nur sehr geringfügigen Weisungsabhängigkeit des Sportlers vom Verein sein. Bei einer vertraglichen Vereinbarung ohne Entgelt sind Vertragsamateure nicht sozialversicherungspflichtig.

Mindestlohn gilt nicht für Vertragsamateure

Das Bundesministerium für Arbeit und Soziales (BMAS), der Deutsche Olympische Sportbund e. V. (DOSB) sowie der Deutsche Fußball-Bund e. V. (DFB) haben festgestellt, dass Vertragsamateure mit einer Vergütung bis zu 450 EUR monatlich nicht in einem Arbeitsverhältnis tätig werden. Damit fallen diese auch nicht in den Anwendungsbereich des Mindestlohngesetzes.

Nach Auffassung der Spitzenorganisationen der Sozialversicherung sind die von DOSB und DFB am 6.3.2015 protokollierten Ergebnisse allein für die Anwendung der Mindestlohnregelungen relevant. Es ergeben sich keine unmittelbaren Auswirkungen auf die sozialversicherungsrechtliche Beurteilung einer Beschäftigung. An dem Besprechungsergebnis vom 13.3.2013 zur versicherungsrechtlichen Beurteilung von Amateursportlern wird daher festgehalten.

Vertragssportler

Vertragssportler sind abhängig Beschäftigte. Sie üben den Sport primär zu wirtschaftlichen Zwecken aus und sind auch zwecks Erreichung eines bestimmten, vertraglich vereinbarten sportlichen Ziels weisungsgebunden. Das gilt auch, wenn Zahlungen durch Dritte erfolgen (z. B. bei Sponsorenverträgen).

Berufssportler

Berufssportler sind grundsätzlich sozialversicherungsrechtlich selbstständig tätig, wenn sie ihre Sportart allein betreiben (z. B. im Tennis, beim Skispringen oder beim Golf). Sie verfolgen wirtschaftliche Interessen mit der Ausübung des Sports und unterscheiden sich insoweit von den reinen Amateursportlern. Werden Berufssportler innerhalb einer Mannschaft tätig (z. B. Fußball, Eishockey), sind sie abhängig Beschäftigte und gelten als Arbeitnehmer. Das gilt auch bei sehr hohen Einkünf-

1 § 38 Abs. 1 Nrn. 1, 2 EStG.
2 Vergütungsschuldner ist, wer zivilrechtlich die Vergütung schuldet, für die der Steuerabzug vorzunehmen ist.
3 § 50a EStG.
4 § 38 Abs. 1 Satz 3 EStG.
5 BFH, Urteil v. 3.11.1982, I R 39/80, BStBl 1983 II S. 182.
6 BSG, Urteil v. 27.10.2009, B 2 U 26/08 R.
7 BFH, Urteil v. 23.10.1992, VI R 59/91.
8 § 3 Nr. 26 EStG.

ten. Voraussetzung ist die Erbringung einer fremdbestimmten Leistung bei persönlicher Abhängigkeit.

Ausländische Berufssportler

Handelt es sich um einen Fall der Einstrahlung bzw. Entsendung eines ausländischen Berufssportlers, gelten die entsprechenden Regelungen. Eine Entsendung im Sinne der Einstrahlung liegt vor, wenn die Beschäftigung im Rahmen eines im Ausland bestehenden Beschäftigungsverhältnisses in Deutschland vorübergehend ausgeübt wird und diese im Voraus zeitlich begrenzt ist.[1] Liegen die Voraussetzungen einer Einstrahlung vor, besteht keine Versicherungspflicht nach deutschem Recht. Wird ein Beschäftigungsverhältnis (vgl. „Berufssportler") in Deutschland begründet, spielt die Staatsangehörigkeit des Arbeitnehmers keine Rolle. Für ausländische Arbeitnehmer, die in Deutschland beschäftigt sind, gelten die normalen versicherungsrechtlichen Vorschriften. Bei einer abhängigen Beschäftigung gegen Entgelt besteht dann Versicherungspflicht in der Kranken-, Pflege-, Renten- und Arbeitslosenversicherung.

Berufsboxer

Bei Profiboxern steht die Erwerbstätigkeit im Vordergrund. Ein Berufsboxer ist grundsätzlich selbstständig, da er selbst über die Teilnahme an Wettkämpfen entscheidet. Berufsboxer erzielen regelmäßig Einkünfte aus Gewerbebetrieb.[2] Berufsboxer gelten daher grundsätzlich nicht als Arbeitnehmer.

Berufsmotorsportler

Berufsmotorsportler üben den Sport überwiegend zum Zweck der Erwerbstätigkeit aus. Sie gelten als selbstständig Tätige und Gewerbetreibende.[3] Bei entsprechenden arbeitsvertraglichen Regelungen können sie auch in einem abhängigen Beschäftigungsverhältnis stehen (s. Vertragssportler). Entscheidend sind die tatsächlichen Verhältnisse im Einzelfall. Liegt ein Beschäftigungsverhältnis vor, besteht grundsätzlich Versicherungspflicht zu allen Zweigen der Sozialversicherung.

Berufsradrennfahrer

Berufsradrennfahrer üben den Sport überwiegend zum Zweck der Erwerbstätigkeit aus. Sie gelten als selbstständig Tätige und Gewerbetreibende.[4] Sie können auch in einem abhängigen Beschäftigungsverhältnis stehen, wenn entsprechende Vereinbarungen zu einer persönlichen Abhängigkeit und Weisungsgebundenheit führen (s. Vertragssportler). Entscheidend sind die tatsächlichen Verhältnisse im Einzelfall. Liegt ein Beschäftigungsverhältnis vor, besteht grundsätzlich Versicherungspflicht zu allen Zweigen der Sozialversicherung.

Berufsringer

Berufsringer sind grundsätzlich Arbeitnehmer und stehen in einem abhängigen Beschäftigungsverhältnis.[5] Es besteht regelmäßig kein eigenes Unternehmerrisiko, hingegen liegt eine Eingliederung in die Organisation der Wettkampfveranstalter vor. Grundsätzlich besteht Versicherungspflicht zu allen Zweigen der Sozialversicherung.

Catcher

Siehe Berufsringer.

Fußballspieler

Fußballspieler sind grundsätzlich Vertragssportler, die als abhängig Beschäftigte gelten. Für sie besteht Versicherungspflicht zu allen Zweigen der Sozialversicherung. Amateurfußballspieler stehen dann nicht in einem Arbeitsverhältnis zu ihrem Verein, wenn die für den Trainings- und Spieleinsatz gezahlten Vergütungen die mit der Tätigkeit zusammenhängenden Aufwendungen der Spieler nur unwesentlich übersteigen.[6]

1 § 5 SGB IV.
2 BFH, Urteil v. 22.1.1964, I 398/60 U, BFHE 78, 543.
3 BFH, Urteil v. 15.7.1993, V R 61/89.
4 BFH, Urteil v. 8.2.1957, VI 13/54.
5 BFH, Urteil v. 19.11.1978, I R 159/76.
6 BFH, Urteil v. 23.10.1992 , VI R 59/91.

Sechstagerennfahrer

Siehe Berufsradrennfahrer.

Trainer

Sind Trainer bei einem Verein oder Verband fest gegen Entgelt angestellt, sind sie grundsätzlich sozialversicherungspflichtig abhängig Beschäftigte. Wenn aber die persönliche Abhängigkeit nicht sehr ausgeprägt ist und der Trainer weitestgehend in seinen Entscheidungen frei ist, handelt es sich um eine selbstständige Tätigkeit.

Fußballtrainer

Fußballtrainer sind in die Organisation des Vereins regelmäßig so weit eingebunden, dass von einer Weisungsgebundenheit und persönlichen Abhängigkeit auszugehen ist. Sie gelten daher grundsätzlich als Arbeitnehmer. Fußballtrainer sind dann versicherungspflichtig zu allen Zweigen der Sozialversicherung.

Skilehrer

Skilehrer sind selbstständig tätig, wenn sie für Sporthäuser an Wochenenden oder für einzelne Wochenkurse tätig werden.[7] Sie können auch in einem abhängigen Beschäftigungsverhältnis stehen, wenn entsprechende Vereinbarungen zu einer persönlichen Abhängigkeit und Weisungsgebundenheit führen. Entscheidend sind die tatsächlichen Verhältnisse im Einzelfall. Liegt ein Beschäftigungsverhältnis vor, besteht grundsätzlich Versicherungspflicht zu allen Zweigen der Sozialversicherung.

Sprachkurs

Teilnehmer an studienvorbereitenden Sprachkursen oder Studienkollegs oder sonstigen Vorbereitungskursen gelten nicht als Auszubildende des Zweiten Bildungsweges. Dieser Personenkreis unterliegt in keinem Sozialversicherungszweig der Versicherungspflicht. Bei Erfüllen der allgemeinen Anspruchsvoraussetzungen kann eine Familienversicherung durchgeführt werden.

Gesetze, Vorschriften und Rechtsprechung

Sozialversicherung: Der Anspruch auf Familienversicherung ist in § 10 SGB V geregelt.

Statusfeststellung

Das Statusfeststellungsverfahren im Bereich der gesetzlichen Sozialversicherung dient dazu, den Status von Personen als abhängig Beschäftigte oder selbstständig Tätige verbindlich festzustellen. Des Weiteren wird auch verbindlich über den Status als mithelfender Ehegatte (Familienhafte Mithilfe im Gegensatz zu einer abhängigen Beschäftigung) entschieden. Für die Durchführung des Statusfeststellungsverfahrens ist die Clearingstelle der Deutschen Rentenversicherung Bund (nachfolgend Clearingstelle genannt) zuständig. Es kann aber auch bei der Einzugsstelle oder ggf. bei der Minijob-Zentrale durchgeführt werden. Jedoch ist nur die Entscheidung der Clearingstelle für alle Träger der gesetzlichen Sozialversicherung bindend. Es wird zwischen dem sogenannten optionalen Anfrageverfahren und dem obligatorischen Statusfeststellungsverfahren unterschieden.

Gesetze, Vorschriften und Rechtsprechung

Sozialversicherung: Das Anfrageverfahren ist in § 7a SGB IV geregelt. Das Gemeinsame Rundschreiben der Sozialversicherungs-Spit-

7 BFH, Urteil v. 24.10.1974, IV R 101/72.

zenorganisationen erläutert detailliert, wie bei der Statusklärung bei welchen Personenkreisen vorzugehen ist (GR v. 13.4.2010-I). Die leistungsrechtliche Bindung der Bundesagentur für Arbeit (BA) an Statusentscheidungen nach § 7a Abs. 1 Satz 2 SGB IV ist in § 336 SGB III geregelt.

Sozialversicherung

Prüfung der versicherungsrechtlichen Stellung

Jeder Auftraggeber hat zu prüfen, ob ein Auftragnehmer bei ihm abhängig beschäftigt oder für ihn selbstständig tätig ist. Ist ein Auftraggeber der Auffassung, dass im konkreten Einzelfall keine abhängige Beschäftigung vorliegt, ist formal nichts zu veranlassen. Der Auftraggeber geht jedoch das Risiko ein, dass bei einer Prüfung durch einen Versicherungsträger und ggf. im weiteren Rechtsweg durch die Sozialgerichte der Sachverhalt anders bewertet und dadurch die Nachzahlung von Beiträgen erforderlich wird.

Tipp

In Zweifelsfällen optionales Anfrageverfahren einleiten

Bei Unsicherheiten zur versicherungsrechtlichen Beurteilung wird empfohlen, das Anfrageverfahren zur Statusklärung bei der Clearingstelle nach § 7a Abs. 1 Satz 1 SGB IV mit einem Antrag einzuleiten.

Demgegenüber löst die Beschäftigung von GmbH-Gesellschaftern/-Geschäftsführern oder Ehegatten, Lebenspartnern bzw. Abkömmlingen des Arbeitgebers das obligatorische Statusfeststellungsverfahren nach § 7a Abs. 1 Satz 2 SGB IV aus.

Optionales Anfrageverfahren

Die Beteiligten können bei der Clearingstelle beantragen, den Status des Erwerbstätigen feststellen zu lassen.[1] Dieses Verfahren tritt gleichwertig neben die Verfahren der Einzugsstellen[2] und der Rentenversicherungsträger als Prüfstellen.[3]

Die Clearingstelle stellt jedoch nur fest, ob es sich bei der zu bewertenden Tätigkeit

- um eine Beschäftigung im Sinne der Sozialversicherung handelt (Elementenfeststellung) oder
- die Tätigkeit im Rahmen einer Selbstständigkeit ausgeübt wird.

Sie stellt hingegen nicht fest, ob und wenn ja in welchen Versicherungszweigen eine festgestellte Beschäftigung Versicherungspflicht in der Kranken-, Pflege-, Arbeitslosen- und/oder Rentenversicherung auslöst.

Tipp

Optionales Anfrageverfahren sinnvoll nutzen

Ein optionales Anfrageverfahren ist immer dann zweckmäßig, wenn kein obligatorisches Anfrageverfahren im Rahmen des Meldeverfahrens ausgelöst wird, um eine verbindliche Statusentscheidung für alle Sozialversicherungsträger zu erlangen. Diese Notwendigkeit besteht z. B., wenn während eines bestehenden versicherungspflichtigen Beschäftigungsverhältnisses durch Eheschließung ein neuer Status als Ehegatte zum Tragen kommt, welcher jedoch nicht melderelevant ist.

Eine Statusfeststellung kann durch beide Vertragspartner oder durch Dritte (wenn die Tätigkeit für diese erbracht wird) beantragt werden (Auftragnehmer und Auftraggeber). Das Anfrageverfahren kann jedoch nicht durch andere Versicherungsträger angestoßen werden. Dies gilt auch für bereits beendete Vertragsverhältnisse. Es ist nicht erforderlich, dass sich die Beteiligten über die Einleitung eines Anfrageverfahrens einig sind, sondern ausreichend, wenn einer der Beteiligten das Anfrageverfahren beantragt. Die anderen Beteiligten werden dann zum Verfahren herangezogen. Aus Beweisgründen ist für das Anfrageverfahren bei der Clearingstelle die Schriftform vorgeschrieben.

1 § 7a Abs. 1 Satz 1 SGB IV.
2 § 28h Abs. 2 SGB IV.
3 § 28p SGB IV.

Ausschlusstatbestände für das Anfrageverfahren

Das Anfrageverfahren bei der Clearingstelle ist ausgeschlossen, wenn bereits durch eine ⇗ Einzugsstelle oder einen Rentenversicherungsträger ein Verfahren zur Feststellung des Status der Erwerbsperson durchgeführt oder eingeleitet wurde. Dies kann der Fall sein, wenn z. B. ein Fragebogen an die Beteiligten versandt oder eine ⇗ Betriebsprüfung angekündigt wurde.

Antragsformular zum Statusfeststellungsverfahren

Für die im Rahmen des Statusfeststellungsverfahrens erforderliche Prüfung, ob eine sozialversicherungspflichtige abhängige Beschäftigung vorliegt, müssen die Beteiligten einen Antrag in Form eines Fragebogens ausfüllen. Die geforderten Angaben sind notwendig, damit das Gesamtbild der Tätigkeit ermittelt werden kann. Außerdem soll so sichergestellt werden, dass die für die Entscheidung maßgeblichen Kriterien einheitlich erhoben werden. Der aktuelle Antrag auf Feststellung des sozialversicherungsrechtlichen Status kann von der für das Statusfeststellungsverfahren zuständigen Clearingstelle der DRV Bund angefordert werden.

Verwaltungsverfahren bei der Clearingstelle

Die für die Entscheidung der Clearingstelle notwendigen Angaben und Unterlagen werden von dort schriftlich bei den Beteiligten (Auftragnehmer, Auftraggeber, Dritte) unter Fristsetzung angefordert.[4] Die Frist zur Rückmeldung der erforderlichen Angaben wird jeweils angemessen festgesetzt. Nach Abschluss der Ermittlungen hat die Clearingstelle vor Erlass ihrer Entscheidung den Beteiligten Gelegenheit zu geben, sich zu der beabsichtigten Entscheidung zu äußern.[5] Die Clearingstelle teilt deshalb den Beteiligten mit, welche Entscheidung sie zu treffen beabsichtigt und bezeichnet die Tatsachen, auf die sie ihre Entscheidung stützen will. Dies ermöglicht den Beteiligten, vor Erlass des Statusbescheids, weitere Tatsachen und ergänzende rechtliche Gesichtspunkte vorzubringen. Eine Anhörung kann entfallen, wenn dem Antrag der Beteiligten entsprochen wird.

Bescheid zum Status der Erwerbsperson

Nach Abschluss des Anhörungsverfahrens erteilt die Clearingstelle den Beteiligten einen rechtsbehelfsfähigen begründeten Bescheid über den Status und die versicherungsrechtliche Beurteilung. Die zuständige Einzugsstelle erhält eine Durchschrift des Bescheids. Außerdem wird sie unverzüglich informiert, wenn gegen den Bescheid der Clearingstelle Widerspruch eingelegt wird. Über das weitere Verfahren wird die zuständige ⇗ Einzugsstelle regelmäßig unterrichtet.

Zuständige Einzugsstelle ist die Krankenkasse, die die Krankenversicherung durchführt oder die vom Beschäftigten gewählt wurde. Für Beschäftigte, die von Ihrem ⇗ Krankenkassenwahlrecht keinen Gebrauch machen, ist die Krankenkasse zuständig, der sie zuletzt angehörten; ansonsten die vom Arbeitgeber bestimmte Krankenkasse.

Wirkung der Statusentscheidung

Wird im Rahmen einer optionalen Statusentscheidung durch die Clearingstelle das Vorliegen einer Beschäftigung festgestellt, so treten die versicherungsrechtlichen Folgen – ggf. rückwirkend – mit dem Tag des Eintritts in die beurteilte Beschäftigung ein. Hierbei besteht jedoch die Möglichkeit, dass die Versicherungspflicht in der Sozialversicherung erst mit der Bekanntgabe der Statusentscheidung durch die Clearingstelle eintritt. Dazu müssen folgende Voraussetzungen erfüllt sein:

- Das optionale Statusfeststellungsverfahren wurde innerhalb eines Monats nach Aufnahme der nunmehr festgestellten Beschäftigung beantragt.
- Der Beschäftigte stimmt dem späteren Beginn der Sozialversicherungspflicht nach der Bekanntgabe der Statusentscheidung durch die Clearingstelle zu.
- Der Beschäftigte hat für den Zeitraum zwischen Aufnahme der Beschäftigung und der Bekanntgabe der Statusentscheidung bereits eine (private) Absicherung gegen das finanzielle Risiko von Krankheit und zur Altersvorsorge vorgenommen, welche den gesetzlichen Leistungsansprüchen vergleichbar sind.

4 § 7a Abs. 3 SGB IV.
5 § 24 SGB X.

Rechtsbehelfe gegen Statusentscheidungen

Widerspruch und Klage eines Beteiligten gegen die Entscheidung der Clearingstelle, haben aufschiebende Wirkung.[1] Von den angefochtenen Entscheidungen der Clearingstelle gehen somit zunächst keine Rechtswirkungen aus. Vom Auftraggeber sind zunächst keine Gesamtsozialversicherungsbeiträge zu zahlen und keine Meldungen zu erstatten. Von den Sozialversicherungsträgern sind zunächst keine Leistungen zu erbringen. Diese Rechtsfolgen treten auch dann ein, wenn nur einer der Beteiligten gegen den Bescheid der Clearingstelle Rechtsmittel eingelegt hat, selbst dann, wenn der andere Beteiligte mit dem Eintritt der Versicherungspflicht einverstanden war.

Pflichten des Auftraggebers

Der Auftraggeber hat zu prüfen, ob Versicherungspflicht als Arbeitnehmer vorliegt. Ist dies der Fall, hat er alle Pflichten, die sich für einen Arbeitgeber aus den Vorschriften des SGB ergeben, zu erfüllen.

Hierzu gehören insbesondere

- die Ermittlung des beitragspflichtigen Arbeitsentgelts,
- die Berechnung und Zahlung des Gesamtsozialversicherungsbeitrags,
- die Erstattung von Meldungen nach der DEÜV und
- die Führung von Entgeltunterlagen.

Dies gilt auch, wenn die Clearingstelle in einem Anfrageverfahren das Vorliegen einer Beschäftigung bindend festgestellt hat.

Die Entgeltunterlagen sind nach den Bestimmungen der Beitragsverfahrensverordnung (BVV) zu führen. Zu den Entgeltunterlagen sind auch zu nehmen:

- die Vereinbarung mit dem Arbeitnehmer bzw. eine Niederschrift der wesentlichen Vertragsbedingungen[2],
- der Antrag über die Einleitung eines Statusfeststellungsverfahrens,
- der Bescheid eines Versicherungsträgers über eine Statusentscheidung,
- Mitteilungen über Rechtsmittel gegen Statusfeststellungen.

Entscheidungen von Versicherungsträgern über das Bestehen einer selbstständigen Tätigkeit sollten aus Beweissicherungsgründen zu den Vertragsunterlagen genommen werden.

Meldewesen

Wird über das Vorliegen einer Beschäftigung im Rahmen des Statusfeststellungsverfahrens entschieden und beginnt die Versicherungspflicht in der Sozialversicherung erst mit dem Zeitpunkt der Bekanntgabe der Statusentscheidung, ist dieser Zeitpunkt einzutragen. Ansonsten gelten die Regelungen der DEÜV i. V. m. den gemeinsamen Grundsätzen der Spitzenorganisationen der Sozialversicherung nach § 28b Abs. 2 SGB IV.

Die Bundesagentur für Arbeit ist an eine getroffene Statusfeststellung bei der Beurteilung der Versicherungspflicht aufgrund eines Auftragsverhältnisses gebunden. Dies gilt auch, soweit die Versicherungspflicht Voraussetzung für einen Anspruch auf Leistungen der Arbeitsförderung ist.

Prognoseentscheidung

Aufraggeber und Auftragnehmer können auch bereits vor Aufnahme der Tätigkeit eine Feststellung des zu erwartenden Erwerbsstatus erlangen (Prognoseentscheidung). Dies verschafft bereits im Vorfeld Planungs- und Rechtssicherheit. Dabei ist es wichtig, dass sowohl ein schriftlicher Vertrag über das Auftragsverhältnis geschlossen wurde, als auch dass die Ausgestaltung der beabsichtigten Vertragsdurchführung feststeht.

Dritte können keine Prognoseentscheidung beantragen und sind nicht Beteiligte in diesem Verfahren.

Bei der Prognoseentscheidung stellt die Clearingstelle den Status des Erwerbstätigen für das spätere Auftragsverhältnis bindend fest. Eine spätere Bestätigung oder ein weiteres optionales Statusfeststellungsverfahren nach Aufnahme der Tätigkeit sind daher nicht notwendig.

Sofern sich die tatsächlichen oder vertraglichen Umstände bei Aufnahme der Tätigkeit oder innerhalb eines Monats danach anders darstellen als zuvor angegeben, haben die Beteiligten dies unverzüglich mitzuteilen. Die Clearingstelle prüft dann, ob sich die Änderung auf die Prognoseentscheidung auswirkt.

Sollte sich hierbei eine wesentliche Änderung in den der Entscheidung zu Grunde gelegten Verhältnissen ergeben, hebt die Clearingstelle ihre Entscheidung auf.

Gruppenfeststellung

Liegt für ein Auftragsverhältnis eine Statusentscheidung vor, kann der Auftraggeber für andere Auftragsverhältnisse dieser Art eine Gruppenentscheidung beantragen. Dabei handelt es sich um eine gutachterliche Stellungnahme der Clearingstelle. Die Gruppenentscheidung beurteilt Auftragnehmer in gleichen Auftragsverhältnissen. Sie ist jedoch kein abschließender Bescheid für die einzelnen Vertragsverhältnisse. Der Auftraggeber erhält aber Rechts- und Planungssicherheit, da die Feststellung für alle Auftragnehmer in gleichen Vertragsverhältnissen gilt. Das gilt nur, sofern die tatsächlichen Verhältnisse nicht voneinander abweichen.

Hinweis

Kein Antrag durch Dritte

Dritte sind nicht Beteiligte im Verwaltungsverfahren und können eine Gruppenfeststellung daher nicht beantragen.

Damit eine Gruppenfeststellung getroffen wird, muss zuvor für einen Einzelfall eine Statusentscheidung getroffen worden sein. Wenn diese Entscheidung im Sinne des Auftraggebers war, so kann er basierend auf dieser Entscheidung eine Gruppenentscheidung beantragen. Für diesen Fall werden alle gleichen Auftragsverhältnisse hiervon ebenso erfasst. Auftragsverhältnisse gelten dann als gleich, wenn die vereinbarten Tätigkeiten ihrer Art und den Umständen der Ausübung nach übereinstimmen und einheitliche Verträge geschlossen wurden.

Die Clearingstelle kann dann im Rahmen der Gruppenfeststellung gutachterlich feststellen, dass alle gleichen Auftragsverhältnisse bei einem Auftraggeber als selbstständige Tätigkeiten anzusehen sind.

Gleiche Auftragsverhältnisse liegen aber auch bei leichten Abweichungen vor. So können z. B. die Vergütungshöhe oder auch die Zahlungsmodalitäten in den einzelnen Verträgen unterschiedlich sein, auch geringe Abweichungen in der Art der Tätigkeit sind unschädlich.

Der Auftraggeber erhält von der Clearingstelle die gutachterlichen Ausführungen zur Gruppenfeststellung und kann diese dann an jeden Auftragnehmer der gleichen Gruppe in Kopie weitergeben. Dem einzelnen Auftragnehmer steht gleichwohl noch das Recht eines individuellen Statusfeststellungsverfahrens zu, wenn er dies beantragt.

Beispiel

Übereinstimmende Tätigkeiten

Ein Auftraggeber beantragt für einen selbstständigen Auslieferungsfahrer eine Statusentscheidung. Basierend auf der Entscheidung für den Auslieferungsfahrer beantragt er eine Gruppenfeststellung für seine anderen Auslieferungsfahrer. Die Clearingstelle stellt dann im Rahmen der Gruppenfeststellung gutachterlich fest, dass alle gleichen Auftragsverhältnisse der Auslieferungsfahrer bei diesem Auftraggeber als selbstständige Tätigkeiten anzusehen sind.

Der Auftraggeber erhält von der Clearingstelle die gutachterlichen Ausführungen zur Gruppenfeststellung. Er gibt diese Gruppenfeststellung an alle Auslieferungsfahrer in Kopie weiter.

Für die Gruppenfeststellung ist es unerheblich, dass unterschiedlich große Gebiete befahren werden oder dass es Unterschiede in der Menge des Stückguts und der Bezahlung gibt.

1 § 7a Abs. 7 Satz 1 SGB IV.
2 § 2 Abs. 1 NachwG.

Wirkungsdauer

Die Gruppenfeststellung hat eine Wirkung von 2 Jahren. Wird innerhalb dieser 2 Jahre durch die Clearingstelle im Rahmen einer Betriebsprüfung oder durch eine Krankenkasse eine Beschäftigung festgestellt, so tritt Versicherungspflicht in dieser Beschäftigung erst mit dem Tag der Bekanntgabe der Beschäftigung und somit nicht rückwirkend ein. Von daher bietet die Gruppenfeststellung Rechtssicherheit für die Vergangenheit.

Obligatorisches Anfrageverfahren

Durch die Anmeldung bei der Krankenkasse wird bei der Clearingstelle ein Statusfeststellungsverfahren ausgelöst, wenn der Arbeitgeber bei der Einzugsstelle die Beschäftigung eines Ehegatten/Lebenspartners, eines mitarbeitenden Abkömmlings oder eines GmbH-Gesellschafter-Geschäftsführers anzeigt.[1] Die Anmeldung dieser Personen ist daher im Meldeverfahren gesondert zu kennzeichnen.[2]

Abkömmlinge sind die Kinder oder weitere Nachkommen einer Person, die in gerader Linie voneinander abstammen. Hierzu gehören nicht nur die im ersten Grad verwandten Kinder, sondern auch Enkel, Urenkel usw. Zu den Abkömmlingen werden auch Adoptivkinder gerechnet, nicht dagegen Stief- oder Pflegekinder.

Angaben im Meldeverfahren

Der Arbeitgeber hat bei der Anmeldung anzugeben, ob zum Arbeitnehmer eine Beziehung als Ehegatte, Lebenspartner oder Abkömmling besteht oder ob es sich um eine Tätigkeit als geschäftsführender Gesellschafter einer GmbH handelt.[3] Dies gilt auch für geschäftsführende Gesellschafter der Unternehmergesellschaft (sog. „Mini-GmbH“) als Unterform der GmbH.

Bei der Anmeldung ist folgendes Statuskennzeichen anzugeben:

- „1“ bei dem Ehegatten, Lebenspartner oder Abkömmling des Arbeitgebers,
- „2“ bei dem geschäftsführenden Gesellschafter einer GmbH.

Die Angabe des Statuskennzeichens ist auch bei der Anmeldung eines geringfügigen Beschäftigten vorzunehmen.

Erstmalige Anmeldung mit Statuskennzeichen

Geht bei der Einzugsstelle eine entsprechende erstmalige Anmeldung (mit Meldegrund 10) ein, wird die Meldung an die Clearingstelle weitergeleitet. Diese leitet daraufhin mit dem Versand entsprechender Feststellungsbögen die Ermittlungen zur Statusfeststellung ein.

Dies gilt auch, wenn bereits eine Betriebsprüfung beim Arbeitgeber angekündigt worden ist. Über die abschließende Statusfeststellung erhalten die betroffenen Arbeitgeber/Auftraggeber und Arbeitnehmer/Auftragnehmer einen Bescheid innerhalb von 4 Wochen nach Eingang der vollständigen, für die Entscheidung erforderlichen Unterlagen. Die Einzugsstelle und die BA werden ebenfalls unterrichtet. Die Mitteilung erfolgt im maschinellen DEÜV-Meldeverfahren.

Spätere Meldungen mit Statuskennzeichen

Da lediglich bei der Aufnahme einer entsprechenden Beschäftigung ein Statusfeststellungsverfahren durchzuführen ist, wird bei anderweitigen Meldungen mit einem Statuskennzeichen ein Statusfeststellungsverfahren nicht eingeleitet. Ist eine Anmeldung unzutreffend mit Meldegrund 10 vorgenommen worden (z. B. bei der Umwandlung einer geringfügigen in eine mehr als geringfügige Beschäftigung), wird ein Statusfeststellungsverfahren ebenfalls nicht durchgeführt. Die Einzugsstelle erhält eine entsprechende maschinelle Information. Sie hat die Berichtigung der Meldung zu überwachen.

Fehlende Anmeldung oder Anmeldung ohne Statuskennzeichen

Das Statusfeststellungsverfahren ist durch die Clearingstelle auch dann durchzuführen, wenn die Einzugsstelle (Krankenkasse) nicht durch das Kennzeichen in der Meldung, sondern anders erfahren hat, dass der Erwerbstätige Ehegatte, Lebenspartner oder Abkömmling des Arbeitgebers oder geschäftsführender Gesellschafter einer GmbH ist. Liegen der Einzugsstelle bereits Unterlagen zur Feststellung des versicherungsrechtlichen Status vor, reicht sie diese an die Clearingstelle weiter.

Eintritt der Versicherungspflicht

Die Einzugsstellen führen das Versicherungsverhältnis entsprechend der Anmeldung[4] durch. Die Regelungen über den Beginn der Versicherungspflicht und die Fälligkeit der Beiträge[5] werden hier nicht angewandt. Dies gilt auch für die in § 7a Abs. 7 SGB IV vorgesehene aufschiebende Wirkung von Rechtsbehelfen gegen Statusentscheidungen über das Vorliegen einer Beschäftigung, da mit einer solchen Entscheidung die Einschätzung der Beteiligten bestätigt wird.

Fehlende Mitwirkung

Kann wegen fehlender Mitwirkung eine Entscheidung nicht getroffen werden, wird der Arbeitgeber mit dem ablehnenden Bescheid aufgefordert, die Meldung zu stornieren. Der Arbeitgeber wird darauf hingewiesen, dass

- eine Entscheidung über das Vorliegen/Nichtvorliegen einer Beschäftigung oder einer selbstständigen Tätigkeit mangels Mitwirkung nicht getroffen werden konnte und
- bei einer späteren Feststellung einer Beschäftigung Sozialversicherungsbeiträge nachzuzahlen sein werden.

Die Einzugsstelle und die BA erhalten eine entsprechende maschinelle Information. Die Einzugsstelle ist gehalten, die Stornierung der Meldung zu überwachen.

Bindung der Bundesagentur für Arbeit

Die Bundesagentur für Arbeit ist an eine getroffene Statusfeststellung bei der Beurteilung der Versicherungspflicht aufgrund eines Auftragsverhältnisses gebunden. Dies gilt auch, soweit die Versicherungspflicht Voraussetzung für einen Anspruch auf Leistungen der Arbeitsförderung ist.

Statusfeststellungen der Rentenversicherungsträger

Die BA ist nach § 336 SGB III an Statusentscheidungen der Clearingstelle nach § 7a Abs. 1 SGB IV leistungsrechtlich gebunden. Die Bindung erfolgt für Zeiten, für die das Bestehen eines Beschäftigungsverhältnisses festgestellt ist. Dies gilt für alle Entscheidungen im Rahmen des optionalen Anfrageverfahrens nach § 7a Abs. 1 Satz 1 SGB IV wie auch des obligatorischen Anfrageverfahrens nach § 7a Abs. 1 Satz 2 SGB IV.

Die BA akzeptiert darüber hinaus die leistungsrechtliche Bindung auch für Statusentscheidungen der Rentenversicherungsträger im Rahmen einer Betriebsprüfung nach § 28p SGB IV.

Für die Zukunft bindet der Feststellungsbescheid die BA so lange, wie er wirksam ist. Hinsichtlich der Wirksamkeit des Bescheids gilt § 39 SGB X.

Statusfeststellungen der Einzugsstellen

Stellt die Einzugsstelle im Rahmen des § 28h Abs. 2 SGB IV das Vorliegen eines versicherungspflichtigen Beschäftigungsverhältnisses fest, tritt grundsätzlich keine Bindungswirkung der BA ein.

Wird von der Einzugsstelle eine Statusfeststellung ausdrücklich im Hinblick auf die leistungsrechtliche Bindung der BA begehrt, wird diese,

- sofern über den Status in der ausgeübten Tätigkeit noch keine Entscheidung (nach den §§ 7a, 28h Abs. 2 oder 28p SGB IV) getroffen wurde und
- sie selbst die ausgeübte Tätigkeit unverbindlich als Beschäftigungsverhältnis qualifiziert,

den Vertragspartnern empfohlen, auf eine Entscheidung durch die Einzugsstellen im Rahmen von § 28h Abs. 2 SGB IV zu verzichten. Stattdessen soll bei der Clearingstelle zur Sicherstellung der leistungsrechtlichen Bindung der BA eine Statusfeststellung nach § 7a Abs. 1 Satz 1 SGB IV beantragt werden.

1 § 7a Abs. 1 Satz 2 SGB IV.
2 § 28a Abs. 3 Satz 2 Buchst. d und e SGB IV.
3 § 28a Abs. 3 Satz 2 Nr. 1 Buchst. d und e SGB IV.
4 § 28a Abs. 1 SGB IV.
5 § 7a Abs. 6 SGB IV.

Dies gilt auch für Ehegatten, Lebenspartner oder Abkömmlinge des Arbeitgebers oder geschäftsführende Gesellschafter einer Gesellschaft mit beschränkter Haftung, für die keine Meldung erstattet wurde, weil die Vertragsparteien bisher davon ausgingen, die Tätigkeit würde kein Beschäftigungsverhältnis begründen. Diese Einschätzung soll aber nunmehr überprüft werden.

Änderung in den Verhältnissen

Bei einer Änderung in den Verhältnissen, welche dazu führt, dass die Bindung der BA aufgehoben wird, ist Folgendes entscheidend: Der die Bindung bewirkende Bescheid über die Statusfeststellung muss aufgehoben werden. Der Bescheid über die Feststellung eines Beschäftigungsverhältnisses enthält deshalb einen ausdrücklichen Hinweis, dass sich die Adressaten bei einer Änderung in den Verhältnissen an die Stelle, die den Bescheid erlassen hat, zu wenden haben.

In einem erneuten Verfahren ist dann die Aufhebung des ursprünglichen Bescheids zu prüfen. Der ursprüngliche Bescheid ist unter den Voraussetzungen aufzuheben, nach denen ein rechtswidriger nicht begünstigender Verwaltungsakt aufgehoben werden kann.[1] Ein Überprüfungsverfahren ist auch durchzuführen, wenn entsprechende Änderungen angezeigt oder im Rahmen einer Betriebsprüfung festgestellt werden. Über das Ergebnis des Überprüfungsverfahrens werden die BA und die Einzugsstelle unterrichtet.

Die Statusentscheidung einer Einzugsstelle, welche keine leistungsrechtliche Bindung der BA bewirkt hatte, wird nicht in einem Anfrageverfahren erneut überprüft.

Stellenzulage

Insbesondere Beamte und Arbeitnehmer des öffentlichen Dienstes erhalten sog. Stellenzulagen (bzw. Amtszulagen). Die Stellenzulage dient der Bewertung von Funktionen, welche sich von den Anforderungen in den Ämtern der zutreffenden Besoldungsgruppen deutlich abheben. Treten hierbei gleichartige Aufgaben in den Ämtern auf, wird die Stellenzulage für mehrere Besoldungsgruppen oder für einen Verwaltungszweig zusammengefasst.

Per Gesetz sind sie dabei in den Besoldungsordnungen A und B aufgeführt. Da die Stellenzulage an die jeweilige und geltende Funktion gebunden ist, ist sie bei veränderter Tätigkeit widerruflich und nicht ruhegehaltfähig. Sollte es ausdrücklich gesetzlich festgelegt werden, dann kann die Stellenzulage auch an den allgemeinen Besoldungsanpassungen teilnehmen.

Bei den Stellenzulagen handelt es sich um Zuwendungen des Arbeitgebers, die eindeutig im Zusammenhang mit der Erbringung der Arbeitsleistung stehen. Damit unterliegen Stellenzulagen als steuerpflichtiger Arbeitslohn der Lohnsteuerpflicht. Soweit das Beschäftigungsverhältnis der Sozialversicherungspflicht unterliegt, gehört auch die Stellenzulage zum beitragspflichtigen Arbeitsentgelt im Sinne der Sozialversicherung. Da die Stellenzulage aber insbesondere Beamte und Arbeitnehmer des öffentlichen Dienstes erhalten und diese nicht versicherungspflichtig zur Sozialversicherung sind, bleibt die Stellenzulage in diesen Fällen beitragsfrei.

Gesetze, Vorschriften und Rechtsprechung

Lohnsteuer: Die Lohnsteuerpflicht ergibt sich aus § 19 Abs. 1 EStG i. V. m. R 19.3 LStR.

Sozialversicherung: Die Beitragspflicht der Stellenzulage als Arbeitsentgeltbestandteil ergibt sich aus § 14 Abs. 1 SGB IV.

Entgelt	LSt	SV
Stellenzulage	pflichtig	frei

Sterbegeld

Sterbegeld wird durch den Arbeitgeber an die Angehörigen eines verstorbenen Arbeitnehmers gezahlt.

Lohnsteuerrechtlich stellt das Sterbegeld trotz Tod des Arbeitnehmers den Zufluss von Arbeitslohn dar. Der Arbeitslohnbegriff schließt grundsätzlich auch die Lohnzahlung an Hinterbliebene ein. Wird Sterbegeld gewährt, handelt es sich hierbei um einen sonstigen Bezug, der nach der Jahreslohn-Steuertabelle zu besteuern ist.

Auch der BFH hat die Steuerpflicht des Sterbegelds festgestellt. Die Anwendung der Steuerbefreiung kommt nach seiner Auffassung nur für Bezüge in Betracht, die wegen Hilfsbedürftigkeit bewilligt worden sind. Dies sei bei der Zahlung von Sterbegeld nach beamtenrechtlichen Grundsätzen nicht der Fall.

Im Sinne der Sozialversicherung ist Sterbegeld jedoch kein Arbeitsentgelt, da kein Beschäftigungsverhältnis mehr besteht. Diese nach dem Tod des Arbeitnehmers geleistete Zahlung des Arbeitgebers ist beitragsfrei in der Sozialversicherung. Urlaubsabgeltung, die nach dem Tod des Arbeitnehmers an Hinterbliebene ausgezahlt wird, ist beitragspflichtig beim Verstorbenen.

Gesetze, Vorschriften und Rechtsprechung

Lohnsteuer: Die Lohnsteuerpflicht des Sterbegelds ergibt sich aus § 19 Abs. 2 EStG i. V. m. R 19.8 LStR. Laut BFH, Urteil v. 19.4.2021, VI R 8/19, BStBl 2021 II S. 909, besteht auch Steuerpflicht für ein beamtenrechtliches pauschales Sterbegeld.

Sozialversicherung: Die Beitragsfreiheit in der Sozialversicherung ergibt sich aus der Nichtzugehörigkeit des Sterbegelds zum Arbeitsentgelt-Begriff gemäß § 14 Abs. 1 SGB IV.

Entgelt	LSt	SV
Sterbegeld	pflichtig	frei

Steuerfreie Zuwendungen

Grundsätzlich sind alle Zuwendungen, die ein Arbeitnehmer von seinem Arbeitgeber im Rahmen eines Beschäftigungsverhältnisses erhält, steuerpflichtiger Arbeitslohn. Davon gibt es Ausnahmen, die überwiegend in § 3 EStG geregelt sind.

Im Sozialversicherungsrecht regelt die Sozialversicherungsentgeltverordnung, welche Zuwendungen beitragspflichtig und welche beitragsfrei sind. Grundsätzlich geht die Sozialversicherungsentgeltverordnung davon aus, dass steuerfreie Zuwendungen auch beitragsfrei in der Sozialversicherung sind.

Nicht zu verwechseln ist der Begriff der steuerfreien Zuwendung mit dem Begriff „kein Arbeitslohn". Obwohl in beiden Fällen weder Lohnsteuer noch Sozialversicherungsbeiträge zu erheben sind, besteht dennoch ein erheblicher Unterschied: Steuerfreie Zuwendungen des Arbeitgebers zählen grundsätzlich zum Arbeitslohn, sind aber aufgrund einer speziellen Vorschrift steuerbefreit. Liegt eine Zuwendung des Arbeitgebers an den Arbeitnehmer im überwiegenden betrieblichen Interesse, handelt es sich um eine nicht steuerbare Zuwendung. Begrifflich liegt „kein Arbeitslohn" vor. Typische Beispiele sind Aufmerksamkeiten bis zu einer Grenze von 60 EUR einschließlich Umsatzsteuer aus Anlass des Geburtstags, aber auch Getränke am Arbeitsplatz oder unter bestimmten Voraussetzungen Betriebsveranstaltungen zur Förderung des Betriebsklimas usw.

1 §§ 44 ff. SGB X.

Gesetze, Vorschriften und Rechtsprechung

Lohnsteuer: § 8 EStG definiert, was Einnahmen im steuerlichen Sinne sind. § 2 LStDV definiert den Begriff des Arbeitslohns. § 8 Abs. 2 Satz 11 EStG regelt die Steuerfreiheit geringfügiger Sachbezüge bis 50 EUR monatlich. Beispiele für steuerfreie Zuwendungen finden sich in § 3 Nr. 15 EStG (Zuschüsse und Jobtickets für Fahrten mit öffentlichen Verkehrsmitteln), § 3 Nr. 30 EStG (Werkzeuggeld), § 3 Nr. 31 EStG (Überlassung typischer Berufskleidung), § 3 Nr. 32 EStG (unentgeltliche oder verbilligte Sammelbeförderung eines Arbeitnehmers zwischen Wohnung und erster Tätigkeitsstätte), § 3 Nr. 33 EStG (Leistungen des Arbeitgebers zur Unterbringung und Betreuung nicht schulpflichtiger Kinder), § 3 Nr. 34 EStG (Leistungen des Arbeitgebers zur Gesundheitsförderung bis 600 EUR jährlich), § 3 Nr. 34a EStG (kurzfristige Betreuung von Kindern und pflegebedürftigen Familienangehörigen bis 600 EUR jährlich), § 3 Nr. 37 EStG (Überlassung eines betrieblichen Fahrrads), § 3 Nr. 45 EStG (private Nutzung betrieblicher Datenverarbeitungs- und Telekommunikationsgeräte durch Arbeitnehmer), § 3 Nr. 46 EStG (Arbeitgeberleistungen für das elektrische Aufladen eines Elektro- oder Hybridelektrofahrzeugs). Welche Aufmerksamkeiten kein Arbeitslohn sind, steht in R 19.6 LStR; weitere Ausnahmen, z. B. Leistungen zur Verbesserung der Arbeitsbedingungen, finden sich in R 19.3 LStR. Nicht zum Arbeitslohn gehörende Zuwendungen anlässlich von Betriebsveranstaltungen regelt § 19 Abs. 1 Nr. 1a Sätze 3 und 4 EStG.

Sozialversicherung: Die Beitragsfreiheit der steuerfreien Zuwendungen ergibt sich aus § 1 Abs. 1 Satz 1 Nr. 1 SvEV.

Steuerklassen

Für die Berücksichtigung der zutreffenden Besteuerungsmerkmale werden Arbeitnehmer nach deren persönlichen Verhältnissen in insgesamt 6 Lohnsteuerklassen (I–VI) eingeteilt. Doppelverdiener-Ehegatten bzw. Partner einer eingetragenen Lebenspartnerschaft können zwischen den Steuerklassen-Kombinationen IV/IV und III/V wählen. Außerdem kann bei der Steuerklassenkombination IV/IV beim Finanzamt die Anwendung des Faktorverfahrens beantragt werden. Aufgrund des Gesetzes zur Einführung des Rechts auf Eheschließung für Personen gleichen Geschlechts („Ehe für alle"), ist der Begriff Ehegatte auch für gleichgeschlechtliche Ehen anzuwenden, während die Bezeichnung Lebenspartner nur noch für bereits bestehende und noch nicht in eine Ehe umgewandelte eingetragene Lebenspartnerschaften von Bedeutung ist.

Gesetze, Vorschriften und Rechtsprechung

Lohnsteuer: Einzelheiten zur Einreihung in die verschiedenen Steuerklassen finden sich in § 38b EStG. Die damit verbundenen Pflichten zur Veranlagung beschreibt § 46 EStG. Die Verfahrensvorschriften zur Vergabe der Steuerklassen, insbesondere zur Anwendung der möglichen Steuerklassenkombinationen bei (gleichgeschlechtlichen) Ehen und Lebenspartnerschaften ergeben sich aus § 39 EStG. Ergänzende Ausführungen zur Bescheinigung der Steuerklassen und zum Steuerklassenwechsel enthalten R 39.2 LStR sowie H 39.1 LStH. Rechtsgrundlage für die ELStAM ist § 39 EStG. Das Faktorverfahren anstelle der Steuerklassenkombination III/V ist in § 39f EStG definiert. Die gesetzlichen Grundlagen für die Gewährung des Entlastungsbetrags für Alleinerziehende und damit der Steuerklasse II ergeben sich aus § 24b EStG und dem BMF-Schreiben v. 23.11.2022, IV C 8 – S 2265-a/22/10001 :001, BStBl 2022 I S. 1634. Für den Abruf der Steuerklasse bei der ELStAM-Datenbank s. BMF-Schreiben v. 8.11.2018, IV C 5 – S 2363/13/10003 – 02, BStBl 2018 I S. 1137. Die Besonderheiten bei der stufenweisen Einführung des ELStAM-Verfahrens für beschränkt steuerpflichtige ausländische Arbeitnehmer regelt das BMF-Schreiben v. 7.11.2019, IV C 5 – S 2363/19/10007 :001, BStBl 2019 I S. 1087. Das „Merkblatt zur Steuerklassenwahl bei Ehegatten oder Lebenspartnern, die beide Arbeitnehmer sind", erleichtert die Steuerklassenwahl und gibt weitere Hinweise (u. a. zum Faktorverfahren).

Lohnsteuer

Übersicht der Steuerklassen

Die persönlichen Verhältnisse bestimmen, welche Steuerklasse und welche Freibeträge beim Lohnsteuerabzug berücksichtigt werden. Daraus ergibt sich, ob für die Lohnsteuerberechnung der Grundtarif oder der Splittingtarif für verheiratete Arbeitnehmer zugrunde zu legen ist.

Steuerklassen und Freibeträge 2024

Die folgende Tabelle gibt für die jeweilige Steuerklasse an, welche Freibeträge (in EUR) in den entsprechenden Lohnsteuertarif 2024 eingearbeitet sind.[1]

Steuerklassen	I	II	III	IV	V	VI
Grundfreibetrag	11.6048	11.604	23.208	11.604	0	0
Arbeitnehmer-Pauschbetrag	1.230	1.230	1.230	1.230	1.230	0
Sonderausgaben-Pauschbetrag	36	36	36	36	36	0
Vorsorgepauschale	ja	ja	ja	ja	ja	ja
Entlastungsbetrag für Alleinerziehende	0	4.260	0	0	0	0

Die Vorsorgepauschale wird bei allen Steuerklassen berücksichtigt. Die Höhe der Vorsorgepauschale hängt von der Höhe des Arbeitslohns ab. Bei privat versicherten Arbeitnehmern außerdem davon, welche Beiträge (ggf. auch Zusatzbeiträge) zur Krankenversicherung und zur privaten Pflegepflichtversicherung für die Basisversorgung tatsächlich zu zahlen sind.

Achtung

Anhebung des Grundfreibetrags erwartet

Der Grundfreibetrag soll nochmals für 2024 erhöht werden. Das Gesetzgebungsverfahren ist zum jetzigen Zeitpunkt noch nicht abgeschlossen.

Einordnung in Lohnsteuerklassen

Steuerklasse I (alleinstehend, getrennt lebend)

Die Steuerklasse I gilt für alleinstehende Arbeitnehmer, z. B. ledige, dauernd getrennt lebende oder geschiedene Personen. Sie gilt auch für verwitwete Arbeitnehmer, wenn der Ehe-/Lebenspartner nicht erst im Vorjahr verstorben ist. Ebenso in die Steuerklasse I einzureihen sind ausländische Arbeitnehmer, deren Ehepartner im Ausland wohnen, sofern es sich nicht um EU- bzw. EWR-Staaten handelt.

Steuerklasse II (alleinerziehend)

In die Steuerklasse II sind Arbeitnehmer einzureihen, die den Entlastungsbetrag für Alleinerziehende erhalten.[2, 3] Dies sind die unter der Steuerklasse I bezeichneten Personen, wenn zu deren Haushalt mindestens ein Kind gehört, für das der Arbeitnehmer einen Kinderfreibetrag oder Kindergeld erhalten kann. Die Haushaltszugehörigkeit wird an die Wohnung des Alleinerziehenden geknüpft, in der das Kind gemeldet ist.[4] Sie ist anzunehmen, wenn das Kind in der Wohnung des allein erziehenden Arbeitnehmers mit Haupt- oder Nebenwohnsitz gemeldet ist.

1 Grundfreibetrag nach § 32a EStG i. d. F. des Inflationsausgleichsgesetzes v. 8.12.2022.
2 § 38b Abs. 1 Satz 2 Nr. 2 EStG.
3 BMF, Schreiben v. 23.11.2022, IV C 8 – S 2265-a/22/10001 :001, BStBl 2022 I S. 1634.
4 BFH, Urteil v. 5.2.2015, III R 9/13, BStBl 2015 II S. 926.

Erhöhungsbetrag für Alleinerziehende mit mehreren Kindern

Der Entlastungsbetrag für Alleinerziehende wird in Form eines Grundbetrags von 4.260 EUR[1] plus einem Erhöhungsbetrag ab dem zweiten Kind gewährt. Neben dem (Grund-)Entlastungsbetrag, der durch den Ansatz der Steuerklasse II im Lohnsteuerverfahren automatisch berücksichtigt wird, kommt für das zweite und jedes weitere Kind, das zum Haushalt des Alleinerziehenden gehört, ein zusätzlicher Freibetrag von je 240 EUR jährlich in Betracht.[2] Dieser reduziert sich um 1/12 für jeden vollen Kalendermonat, in dem die Voraussetzungen für den Erhöhungsbetrag nicht vorgelegen haben.

Wichtig

Erhöhungsbetrag für weitere Kinder nur im Lohnsteuer-Ermäßigungsverfahren

Über die Steuerklasse II wird nur der (Grund-)Entlastungsbetrag von 4.260 EUR für das erste Kind im Lohnsteuerverfahren berücksichtigt. Der Erhöhungsbetrag von 240 EUR für jedes weitere haushaltszugehörige Kind kann vom Arbeitnehmer nur als Freibetrag im Lohnsteuer-Ermäßigungsverfahren geltend gemacht werden.[3]

Der zusätzliche Entlastungsbetrag ab dem zweiten zum Haushalt gehörenden Kind wird als Freibetrag für bis zu 2 Jahre als ELStAM im elektronischen Datenpool gespeichert und bescheinigt.

Entlastungsbetrag nur für echte Alleinerziehende

Der Entlastungsbetrag soll ausschließlich echten Alleinerziehenden zugute kommen. Weitere Voraussetzung für die Steuerklasse II ist deshalb, dass neben den eigenen Kindern keine anderen volljährigen Personen zur Haushaltsführung in tatsächlicher oder finanzieller Hinsicht beitragen. Bezüglich des Ausschlusses nicht verheirateter, zusammenlebender Eltern vom Entlastungsbetrag bestehen keine verfassungsrechtlichen Bedenken.[4]

Unschädlich sind Haushaltsgemeinschaften mit über 18 Jahre alten eigenen Kindern, die

- in Form des Kinderfreibetrags oder Kindergelds beim Alleinerziehenden steuerlich zu berücksichtigen sind oder
- den Bundesfreiwilligendienst sowie
- einen bis zu 3-jährigen Dienst als Zeitsoldat leisten.

Steuerpflichtige, die eine Haushaltsgemeinschaft mit solchen Kindern bilden, werden als alleinstehend angesehen.[5]

Hinweis

Billigkeitsregelung bei Aufnahme von Ukraine-Flüchtlingen

Die Unterbringung von volljährigen Flüchtlingen aus der Ukraine durch Alleinerziehende in ihrem Haushalt im Jahr 2022 und 2023 stellt keine steuerschädliche Haushaltsaufnahme dar und führt daher auch nicht zum Verlust der Steuerklasse II. Die Regelung ist zunächst auf die Jahre 2022 und 2023 befristet. Aufgrund der unveränderten tatsächlichen Verhältnisse im Ukraine-Krieg ist davon auszugehen, dass die Regelung auch für 2024 weiterhin anwendbar bleibt. Um etwaige steuerliche Nachteile für Lohnzahlungszeiträume ab 1.1.2024 zu vermeiden, bleibt bis zu einer Verlängerung der Billigkeitsregelung die Möglichkeit, eine Anrufungsankunft beim örtlich zuständigen Betriebsstättenfinanzamt einzuholen.

Alleinerziehende Flüchtlinge aus der Ukraine, die in einem Haushalt in Deutschland untergebracht werden, können hingegen den Entlastungsbetrag für Alleinerziehende bzw. die Steuerklasse II nicht erhalten, wenn sie mit der aufnehmenden Person eine Haushaltsgemeinschaft bilden.

1 § 24b EStG.
2 § 24b Abs. 2 EStG.
3 § 39a Abs. 1 Satz 1 Nr. 4a EStG.
4 BFH, Urteil v. 19.10.2006, III R 4/05, BStBl 2007 II S. 637; BVerfG, Beschluss v. 22.5.2009, 2 BvR 310/07.
5 BFH, Urteil v. 25.10.2007, III R 104/06, BFH/NV 2008 S. 545; BVerfG, Beschluss v. 25.9.2009, 2 BvR 266/08.

Steuerklasse III (verheiratet, verwitwet)

Verheiratete Arbeitnehmer

In die Steuerklasse III gehören verheiratete Arbeitnehmer und Arbeitnehmer einer eingetragenen Lebenspartnerschaft, die nicht dauernd getrennt leben und im Inland ihren Wohnsitz oder gewöhnlichen Aufenthalt haben (Ehegattensplitting). Voraussetzung ist, dass die Ehe-/Lebenspartner die Steuerklasse III gemeinsam beantragen. Seit 2018 wurde die Steuerklassenkombination III/V zur Wahlkombination ausgestaltet, auch wenn nur einer der beiden Arbeitslohn als Arbeitnehmer bezieht. Zudem kann durch einen einseitigen Antrag eines Ehe-/Lebenspartners die Steuerklasse III abgewählt werden, mit der Folge, dass die Steuerklassenkombination IV/IV zur Anwendung kommt, die dadurch zum Regelfall für Ehe-/Lebenspartner wird.[6]

Bei der Steuerberechnung nach Steuerklasse III werden, mit Ausnahme der Vorsorgepauschale, die Steuerfreibeträge für beide Ehe-/Lebenspartner berücksichtigt, z. B. wird der Grundfreibetrag in Steuerklasse III verdoppelt und der Kinderfreibetrag in voller Höhe berücksichtigt. Der Ehe-/Lebenspartner mit der Steuerklasse V verzichtet auf diese Freibeträge. Deshalb wird in Steuerklasse III die geringste Lohnsteuer abgezogen.

Hinweis

Steuerliche Gleichstellung der eingetragenen Lebenspartnerschaft mit Ehegatten

Die steuerlichen Regeln des Splittingtarifs sind auch eingetragenen Lebenspartnerschaften zu gewähren.[7] Personen, mit dem melderechtlichen Familienstand „eingetragene Lebenspartnerschaft" können ebenfalls zwischen den Steuerklassenkombinationen III/V bzw. IV/IV wählen. Aufgrund des Gesetzes zur Einführung des Rechts auf Eheschließung für Personen gleichen Geschlechts („Ehe für alle") hat diese Regelung nur noch für bereits bestehende eingetragene Lebenspartnerschaften Bedeutung, solange die Lebenspartner nicht von der Möglichkeit der Umwandlung in eine (gleichgeschlechtliche) Ehe Gebrauch machen.

Ehe-/Lebenspartner lebt im EU-Ausland

Neben Arbeitnehmern mit gemeinsamem Wohnsitz im Inland können auch Arbeitnehmer mit Staatsangehörigkeit der EU/EWR-Staaten die Steuerklasse III erhalten. Dadurch kann auch bei Arbeitnehmern mit Staatsangehörigkeit dieser Staaten die erweiterte unbeschränkte Steuerpflicht für den Ehe-/Lebenspartner beantragt und daran anknüpfend der Splittingtarif bei der Steuerberechnung berücksichtigt werden, wenn der Ehe-/Lebenspartner in einem der EU-Mitgliedstaaten bzw. in der Schweiz den gemeinsamen Familienwohnsitz hat.

Begünstigte EU/EWR-Arbeitnehmer

Die Bescheinigung der Steuerklasse III bei EU/EWR-Arbeitnehmern ist im Einzelnen an folgende Voraussetzungen geknüpft:

1. Der Arbeitnehmer besitzt die Staatsangehörigkeit eines EU- bzw. EWR-Staates.
2. Der Familienwohnsitz, an dem der Ehe-/Lebenspartner wohnt, befindet sich im EU- bzw. EWR-Ausland oder in der Schweiz.[8] Die Finanzverwaltung folgt der EuGH-Rechtsprechung, durch die das Wohnsitzkriterium des Ehe-/Lebenspartners auf die Schweiz ausgedehnt wird. Anders als beim Arbeitnehmer ist die Staatsangehörigkeit des Ehe-/Lebenspartners ohne Bedeutung; es ist ausschließlich auf den Wohnsitz in dem genannten Gebiet abzustellen.[9]
3. Die Gesamteinkünfte unterliegen mindestens zu 90 % der deutschen Einkommensteuer. Dasselbe gilt, falls die nicht der deutschen Einkommensteuer unterliegenden Einkünfte nicht mehr als 23.208 EUR (2023: 21.816 EUR)[10] im Kalenderjahr betragen. Die unterschiedliche Behandlung von Inländern und EU/EWR-Staats-

6 § 38b Abs. 2 Nr. 3a i. V. m. Nr. 4 EStG.
7 BVerfG, Beschluss v. 7.5.2013, 2 BvR 909/06, 2 BvR1981/06, 2 BvR 288/07, BFH/NV 2013 S. 1374.
8 EuGH, Urteil v. 28.2.2013, C – 425/11, BStBl 2013 II S. 896.
9 BMF, Schreiben v. 16.9.2013, IV C 3 – S 1325/11710014, BStBl 2013 I S. 1325.
10 § 32a EStG i. d. F. des Inflationsausgleichsgesetzes v. 8.12.2022.

angehörigen verstößt nicht gegen das Gemeinschaftsrecht, indem das Einkommensteuergesetz bei EU/EWR-Grenzpendlern die Vorteile der Steuerklasse III von den genannten Einkommensgrenzen abhängig macht.[1]

Begünstigte Personengruppen

Die gesetzliche Regelung begünstigt 2 Personengruppen:

1. EU- bzw. EWR-Einpendler, die im Inland weder Wohnsitz noch gewöhnlichen Aufenthalt haben. Dieser Personenkreis bleibt für eine Übergangszeit bis voraussichtlich 2025 von der Abrufmöglichkeit der ELStAM ausgeschlossen. Hier bleibt das bisherige Bescheinigungsverfahren in Papierform in unveränderter Weise gültig. Als Ordnungsmerkmal darf nur noch die steuerliche Identifikationsnummer angebeben werden. Die eTin darf für Lohnzahlungszeiträume ab 1.1.2023 nicht mehr verwendet werden.[2]
2. Im Inland wohnhafte EU- bzw. EWR-Gastarbeiter, die den Familienwohnsitz am Wohnort des Ehe-/Lebenspartners in einem EU- bzw. EWR-Staat bzw. in der Schweiz haben. Für den Personenkreis der unbeschränkt steuerpflichtigen EU/EWR-Staatsangehörigen mit Wohnsitz oder gewöhnlichen Aufenthalt im Inland[3] sind keine Einkommensgrenzen für die Gewährung der Steuerklasse III zu beachten.[4]

Wichtig

Antragsabhängige Steuerklasse III bei Grenzpendlern

Die Eintragung der Steuerklasse III für EU/EWR-Arbeitnehmer kann nur das Finanzamt vornehmen. Einpendler haben nach amtlichem Vordruck (Anlage Grenzpendler EU/EWR) den Antrag beim jeweiligen ↗ Betriebsstättenfinanzamt zu stellen. Für im Inland wohnhafte Gastarbeiter ist das jeweilige Wohnsitzfinanzamt zuständig. Bei im Ausland lebenden ↗ Grenzpendlern muss dem Antrag als Anlage eine Bescheinigung der ausländischen Steuerbehörde auf amtlichem Vordruck beigefügt sein, aus der sich ergibt, dass die im Ausland erzielten Einkünfte nicht mehr als 10 % der Gesamteinkünfte bzw. nicht mehr als 23.208 EUR (2023: 21.816 EUR)[5] betragen (relative bzw. absolute Wesentlichkeitsgrenze). Hat der Arbeitnehmer für eines der beiden Vorjahre bereits eine ausländische Einkommensbescheinigung vorgelegt, ist auch die Abgabe einer Anlage Grenzpendler EU/EWR ohne amtliche Auslandsbestätigung ausreichend, wenn diese im späteren Veranlagungsverfahren nachgereicht wird.

Die Bescheinigung der Steuerklasse III bei verheirateten Arbeitnehmern ist nur zulässig, wenn der Ehe-/Lebenspartner auf gemeinsamen Antrag in die Steuerklasse V eingereiht ist. Ansonsten ist die Steuerklasse IV für die beiden verheirateten Arbeitnehmer als ELStAM zu bescheinigen, auch wenn der Ehe-/Lebenspartner keinen Arbeitslohn bezieht. Für Ehen und eingetragene Lebenspartnerschaften ist als Grundfall die Bescheinigung der Steuerklassenkombination IV/IV vorgesehen.[6]

Verwitwete Arbeitnehmer

Neben verheirateten Arbeitnehmern können auch verwitwete Arbeitnehmer unter die Steuerklasse III fallen. Bei einem verwitweten Arbeitnehmer wird die Steuerklasse III über das Todesjahr hinaus auch für das Folgejahr bescheinigt (sog. Witwensplitting). Voraussetzung hierfür ist, dass der Arbeitnehmer bzw. der verstorbene Ehe-/Lebenspartner im Zeitpunkt des Todes die Voraussetzungen für die Anwendung der Steuerklasse III nach dem Ehegattensplitting erfüllt hat. Für das Kalenderjahr 2024 bedeutet dies, dass die Anwendung des Witwensplittings und damit die Bescheinigung der Steuerklasse III bei einem verwitweten Arbeitnehmer nur dann möglich ist, wenn dessen Ehe-/Lebenspartner in 2023 verstorben ist und beide Ehe-/Lebenspartner im Zeitpunkt des Todes unbeschränkt einkommensteuerpflichtig waren und nicht dauernd getrennt lebten. Eine weitergehende Gewährung des Splittingtarifs über das auf den Tod folgende Kalenderjahr hinaus ist für den Personenkreis verwitweter Alleinerziehender verfassungsrechtlich nicht geboten.

Steuerklasse IV (verheiratet)

Unbeschränkt einkommensteuerpflichtige und nicht dauernd getrennt lebende Ehe-/ Lebenspartner sind grundsätzlich in die Steuerklasse IV einzuordnen. Der Grundfall der Steuerklassenkombination IV/IV gilt auch dann, wenn nur einer der beiden Arbeitslohn bezieht.[7]

Automatische Vergabe der Steuerklasse IV bei Heirat

Durch die Weiterleitung der melderechtlichen Daten „Eheschließung" wird beim Bundeszentralamt im ELStAM-Datenpool automatisch die Steuerklassenkombination IV/IV den beiden Ehegatten zugeordnet, auch wenn nur einer von beiden Arbeitnehmer ist. Für die Eheschließung ist als Grundfall die Bescheinigung der Steuerklassenkombination IV/IV vorgesehen.[8] Die programmgesteuerte, automatisierte Vergabe der Steuerklasse IV für beide Ehe-/Lebenspartner erfolgt auch dann, wenn nur ein Ehe-/Lebenspartner Arbeitslohn bezieht.[9] Die Abwahl der automatisch generierten Steuerklassenkombination IV/IV in III/V stellt keine Steuerklassenwahl i. S. d. § 39 Abs. 6 EStG dar.

Die Ehe-/Lebenspartner werden dann weitgehend wie Alleinstehende besteuert. Der Unterschied liegt darin, dass für ein vermerktes Kind bei der Steuerklasse I der volle Kinderfreibetrag, bei der Steuerklasse IV nur der halbe Kinderfreibetrag in die ↗ Lohnsteuertabelle eingearbeitet ist.

Steuerklasse V (verheiratet, in Kombination mit III)

Die Steuerklasse V erhält ein Ehe-/Lebenspartner, wenn der andere Ehe-/Lebenspartner auf gemeinsamen Antrag beider Ehe-/Lebenspartner in die Steuerklasse III eingeordnet ist. Seit 2018 ist die Steuerklassenkombination III/V zur Wahlkombination für Ehen und Lebenspartnerschaften umgestaltet worden. Die Lohnsteuer für die Steuerklasse V wird nach einem besonderen Verfahren errechnet. Dabei wird berücksichtigt, dass der andere Ehe-/Lebenspartner im Rahmen der Steuerklasse III so behandelt wird, als ob der Ehe-/Lebenspartner keinen Arbeitslohn erzielen würde. Dieser Ehe-/Lebenspartner erhält den doppelten Grundfreibetrag. Mit der Steuerklasse V wird deshalb kein Grundfreibetrag abgezogen.

Steuerklasse VI (Zweitjob, Nebenjob)

Die Steuerklasse VI ist nur erforderlich, wenn ein Arbeitnehmer in mehreren Dienstverhältnissen beschäftigt ist. Für das zweite und jedes weitere Dienstverhältnis gilt dann die Steuerklasse VI, bei der berücksichtigt ist, dass der Arbeitnehmer die üblichen Freibeträge bereits bei seinem ersten Arbeitsverhältnis in Anspruch nimmt.

Steuerklassenkombination bei Ehe-/Lebenspartnern

Mögliche Steuerklassenkombinationen

Ehe-/Lebenspartner können wählen zwischen

- der Steuerklassenkombination IV/IV (Grundfall, automatische ELStAM-Vergabe)
- der Steuerklassenkombination III/V (Wahl durch gemeinsamen Antrag) und
- dem Faktorverfahren bei der Steuerklassenkombination IV/IV (Wahl durch gemeinsamen Antrag).

Die Steuerklassenkombination IV/IV wird zum gesetzlichen Regelfall für Ehegatten und die Steuerklassenkombination III/V zur Wahlkombination. Die Steuerklassenwahl wirkt sich nicht auf die jährliche Einkommensteuerschuld aus, sondern nur auf die monatlichen Nettoauszahlungen im Lohnsteuerabzugsverfahren.

1 EuGH, Beschluss v. 14.9.1999, C-391/97, BB 2000 S. 25.
2 § 41b Abs. 2 Satz 1 EStG.
3 § 1 Abs. 1 EStG.
4 § 1a Abs. 1 Nr. 2 EStG.
5 Grundfreibetrag nach § 32a EStG i. d. F. des Inflationsausgleichsgesetzes v. 8.12.2022.
6 § 38b Abs. 1 Nr. 4 EStG.
7 § 38b Abs. 1 Nr. 4 EStG.
8 § 38b Abs. 1 Nr. 4 EStG.
9 § 39e Abs. 3 Satz 3 EStG.

Hinweis

Ausblick

Im Koalitionsvertrag ist eine Abschaffung der Steuerklassenkombination III/V zugunsten des sog. Faktorverfahrens vorgesehen. Diese wird allerdings frühestens für Kalenderjahre ab 2025 in die Lohnsteuerpraxis umgesetzt werden.

Bei Heirat automatisch Kombination IV/IV

Durch die Weiterleitung der melderechtlichen Daten „Eheschließung" wird beim Bundeszentralamt im ELStAM-Datenpool automatisch die Steuerklassenkombination IV/IV den beiden Ehe-/Lebenspartnern zugeordnet, auch wenn nur ein Ehe-/Lebenspartner Arbeitslohn erzielt.[1]

Hinweis

Mehrfacher Steuerklassenwechsel bei Ehe-/Lebenspartnern

Seit 2020 wird das Recht auf einen Steuerklassenwechsel bei Ehe-/Lebenspartnern nicht mehr auf einen Wechsel pro Kalenderjahr begrenzt. Ohne weitere Voraussetzungen ist eine mehrfache Änderung der Steuerklassenkombination bei Ehe-/Lebenspartnern möglich.[2] Arbeitnehmer-Ehegatten erhalten dadurch eine größere Flexibilität für die Wahl ihrer Steuerklassen. Die gesetzlichen Sonderregelungen, die eine Ausnahme vom einmaligen Wechsel zugelassen haben, wie die Abwahl der automatisch generierten Steuerklassenkombination IV/IV in III/V, sind für Lohnzahlungszeiträume ab 2020 entfallen.

Faktorverfahren

Das Ziel der zusätzlichen Alternative des ⇗ Faktorverfahrens als „dritte Steuerklassenkombination" liegt darin, die hohe Abgabenlast der Steuerklasse V zu beseitigen, die in der Praxis überwiegend Ehefrauen nachteilig trifft und der Aufnahme einer sozialversicherungspflichtigen Beschäftigung entgegenwirkt. Das Faktorverfahren beruht auf der Steuerklassenkombination IV/IV in Verbindung mit einem auf 3 Kommastellen berechneten Faktor 0,xxx. Die ELStAM-Datenbank übermittelt dem Arbeitgeber die Steuerklassenkombination IV/0,xxx für beide Ehe-/Lebenspartner. Das Faktorverfahren führt daher beim einzelnen Ehe-/Lebenspartner unterjährig zu einer geringeren Lohnsteuerbelastung als in Steuerklasse IV, aber zu einer höheren Belastung als in Steuerklasse III. Damit sollen die Nachteile der Steuerklassenkombination III/V bei Doppelverdienern beseitigt werden, deren Jahresbezüge sich der Höhe nach deutlich voneinander unterscheiden. Der Ehe-/Lebenspartner mit den höheren Lohneinkünften schneidet dabei jedoch deutlich schlechter ab als in Steuerklasse III.

Ehe-/Lebenspartner können die Kombination III/V abwählen, wenn beide (teilweise) zeitgleich Arbeitslohn beziehen und die Voraussetzungen für die Zusammenveranlagung erfüllen.

Wichtig

Faktor gilt für bis zu 2 Kalenderjahre

Steuerpflichtige, die sich für die Lohnsteuerklassen-Kombination IV/IV mit Faktor entschieden haben, müssen den Faktor nicht mehr jährlich eintragen lassen. Ein einmal berechneter Faktor kann seit 2019 für bis zu 2 Kalenderjahre gelten. Der Faktor gilt bis zum Ablauf des Kalenderjahres, das auf das Antragsjahr folgt.[3] Anders als bei der 2-jährigen Gültigkeit von Lohnsteuerfreibeträgen hat der Arbeitnehmer kein Wahlrecht und deshalb nicht die Möglichkeit, die Geltungsdauer auf ein Jahr zu begrenzen. Für 2024 bedeutet das 2-jährige Faktorverfahren, dass eine Antragstellung nur erforderlich ist, wenn die Ehegatten erstmals das Faktorverfahren anwenden wollen oder sich die für die Ermittlung des Faktors maßgebenden Jahresarbeitslöhne ändern. Wurde die 2-jährige Gültigkeit bereits für das Lohnsteuerverfahren 2023 in der ELStAM-Datenbank bis zum 31.12.2024 bescheinigt, ist eine erneute Antragstellung für den Lohnsteuerabzug 2024 nicht erforderlich.

Das Faktorverfahren ist nach Ablauf des Jahres an eine Pflichtveranlagung bei der Einkommensteuer geknüpft.[4]

Steuerklassenwechsel

Der Antrag auf Steuerklassenwechsel kann grundsätzlich nur bearbeitet werden, wenn beide Ehepartner ihn unterschreiben. Seit 2018 ist aber der Wechsel von der Steuerklasse III oder V in die Steuerklasse IV auf einseitigen Antrag nur eines Ehe-/Lebenspartners möglich. Dies hat zur Folge, dass beide Ehe-/Lebenspartner in die Steuerklasse IV eingereiht werden. Ein Steuerklassenwechsel oder die Anwendung des Faktorverfahrens konnte bis 2019 grundsätzlich nur einmal im Laufe eines Kalenderjahres beim Wohnsitzfinanzamt beantragt werden, spätestens bis 30.11. des laufenden Jahres. Die Begrenzung des Steuerklassenwechsels bzw. der Anwendung des Faktorverfahrens bei Ehegatten ist entfallen. Seit 2020 ist ein mehrfacher Wechsel ohne jährliche Begrenzung zulässig.[5]

Günstigste Steuerklassenkombination

Welche Steuerklassenwahl am günstigsten ist, d. h. zum höchsten Nettolohn führt, richtet sich nach der Höhe des Arbeitslohns, den die beiden Ehe-/Lebenspartner im jeweiligen Kalenderjahr zusammen beziehen.

Tipp

Faustregel für die günstigste Steuerklassenwahl

Die Steuerklassenkombination III/V ist aus steuerlicher Sicht gegenüber der Steuerklassenwahl IV/IV vorzuziehen, wenn auf den weniger verdienenden Ehe-/Lebenspartner weniger als 40 % der Gesamtbezüge entfallen, der Besserverdienende also mehr als 60 % des gesamten Bruttoarbeitslohns verdient.

Steuerklassenwahl beeinflusst Höhe der Lohnersatzleistungen

Die Steuerklassenwahl sollte nicht nur unter steuerlichen Gesichtspunkten getroffen werden. Auch ⇗ Lohnersatzleistungen sind vom zuletzt bezogenen Nettoarbeitslohn abhängig, z. B.

- Elterngeld,
- Arbeitslosengeld und Arbeitslosenhilfe,
- Unterhaltsgeld,
- ⇗ Krankengeld und Versorgungskrankengeld,
- ⇗ Verletztengeld,
- Kurzarbeitergeld,
- Übergangsgeld und
- ⇗ Mutterschaftsgeld.

Für Arbeitnehmer mit Steuerklasse V fallen diese Lohnersatzleistungen daher grundsätzlich geringer aus, da durch den höheren Lohnsteuerabzug weniger Nettolohn verbleibt als beim Lohnsteuerabzug nach den Steuerklassen III oder IV.

Tipp

Höheres Elterngeld durch frühzeitigen Steuerklassenwechsel

Bei Doppelverdienern kann durch einen frühzeitigen Steuerklassenwechsel das Elterngeld deutlich höher ausfallen, wenn derjenige Elternteil, der anschließend zu Hause bleibt, die günstigere Steuerklasse wählt. Das Bundessozialgericht hat entschieden, dass ein Steuerklassenwechsel mit dem Ziel, ein höheres Elterngeld zu erhalten, keinen Rechtsmissbrauch darstellt.[6] Dies gilt sowohl für den Wechsel von der Steuerklasse IV als auch von der Steuerklasse V, indem der Ehe-/Lebenspartner, der in den Monaten vor der Geburt deutlich weniger verdient, durch die Wahl der Steuerklasse III ein höheres Nettoentgelt bezieht.

1 § 52 Abs. 52 EStG.
2 § 39 Abs. 6 Satz 3 EStG.
3 § 39f EStG i. V. m. § 52 Abs. 37a EStG.
4 § 46 Abs. 2 Nr. 3a EStG.
5 § 39 Abs. 6 Satz 3 EStG.
6 BSG, Urteil v. 25.6.2009, B10 EG 3/08 R, B10 EG 4/08 R.

Ein Steuerklassenwechsel zum Erhalt höherer staatlicher Sozialleistungen ist nur möglich, wenn beide Ehe-bzw. Lebenspartner Arbeitslohn beziehen. Die Entscheidung betrifft die Rechtslage vor 2018. Die Steuerklassenkombinationen III/V und IV/IV sind nach aktuell geltender Rechtslage auch möglich, wenn nur einer der beiden Ehe-/Lebenspartner in einem Dienstverhältnis steht.[1]

Abruf, Anwendung und Änderung der ELStAM

Abruf und Anwendung der ELStAM

Der Arbeitgeber muss die für die Lohnsteuerberechnung erforderlichen persönlichen Besteuerungsmerkmale, also insbesondere die Steuerklasse seiner Arbeitnehmer aus der ELStAM-Datenbank des Bundeszentralamts für Steuern (BZSt) abrufen und anwenden.

Zum Abruf der ELStAM muss sich der Arbeitgeber bei der Finanzverwaltung einmalig über das Elster-Online-Portal registrieren.[2]

ELStAM-Abruf bei eingetragener Lebenspartnerschaft

Für die Partner einer eingetragenen Lebenspartnerschaft erfolgt die Bildung der für Ehegatten möglichen Steuerklassenkombinationen ebenfalls automatisch über die ELStAM-Datenbank. Die Familienstände „verheiratet" und „eingetragene Lebenspartnerschaft" werden in der ELStAM-Datenbank identisch behandelt. Über die Identifikationsnummer (IdNr) des Lebenspartners wird die Verknüpfung der Lebenspartnerschaft aufgebaut und die Steuerklassenkombinationen IV/IV und III/V elektronisch gewährt. Analog zur Verfahrensweise bei Ehegatten wird den beiden Arbeitnehmern einer Lebenspartnerschaft im elektronischen Abrufverfahren automatisch jeweils die Steuerklasse IV zur Verfügung gestellt.

Hinweis

Ungünstigere Steuerklasse bei eingetragener Lebenspartnerschaft oder gleichgeschlechtlicher Ehe

Der Arbeitnehmer konnte in Fällen einer eingetragenen Lebenspartnerschaft die Bescheinigung der ungünstigeren Steuerklasse I in der Datenbank beantragen (amtlicher Vordruck „Anträge zu den elektronischen Lohnsteuerabzugsmerkmalen"). Die Vergabe der Steuerklasse I anstelle der IV bewirkt, dass der Arbeitgeber den aktuellen Familienstand seines Arbeitnehmers nicht über den elektronischen Abruf der ELStAM herleiten kann. Ist für den Arbeitnehmer das Merkmal „ungünstige Steuerklasse" gespeichert, wird dadurch die automatische Vergabe der Steuerklassenkombination IV/IV ausgeschlossen. Die bescheinigte ungünstige Steuerklasse bleibt auch nach Umwandlung einer eingetragenen Lebenspartnerschaft in eine Ehe gültig.

Steuerklassenwechsel bei Ehe-/Lebenspartnern

Änderungen der ELStAM sind laufend vorzunehmen. Der Arbeitgeber muss die von der ELStAM-Datenbank mitgeteilten Steuerklassen so lange anwenden, bis sie programmgesteuert oder auf Antrag des Arbeitnehmers geändert und ihm elektronisch mitgeteilt werden. Die Änderung wird zum ersten Tag des Monats wirksam, an dem erstmals alle Voraussetzungen hierfür vorgelegen haben, ggf. auch für bereits abgelaufene Lohnzahlungszeiträume des aktuellen Lohnsteuerjahres.[3]

Eine förmliche Antragstellung für eine Änderung der Steuerklasse ist mit Ausnahme der Steuerklasse II (diese erfolgt über den „Lohnsteuer-Ermäßigungsantrag 2023, Anlage Kinder") sowie des Steuerklassenwechsels bei Ehegatten inklusive der Anwendung des Faktorverfahrens (diese erfolgt über den „Antrag auf Steuerklassenwechsel bei Ehegatten und Lebenspartnern") nicht vorgesehen.

Wichtig

Änderung der Steuerklasse nur durch Finanzamt

Die Zuständigkeit für die Bildung und Änderung der Lohnsteuerabzugsmerkmale liegt bei den Finanzämtern. Eine Steuerklassenänderung darf nur durch das Finanzamt vorgenommen werden, ggf. im Rahmen des ⇗ Lohnsteuer-Ermäßigungsverfahrens.[4]

Steuerklassenwechsel mehrfach pro Jahr möglich

Seit 2020 ist ein Steuerklassenwechsel zur Änderung der Steuerklassenkombination sowie die Anwendung des Faktorverfahrens bei Ehegatten ohne Einschränkung mehrfach möglich.[5] Die früheren Ausnahmeregelungen, nach denen in bestimmten Fällen die Steuerklasse bei Ehe-/Lebenspartnern mehr als einmal im Jahr gewechselt werden konnten, z. B. wenn ein Ehe-/Lebenspartner keinen Arbeitslohn mehr bezieht, ein Ehe-/Lebenspartner wieder ein Dienstverhältnis nach vorheriger Arbeitslosigkeit aufnimmt, die Ehe-/Lebenspartner auf Dauer getrennt leben, ein Ehe-/Lebenspartner verstirbt oder die Anpassung des Faktors sowie die Beendigung des Faktorverfahrens erforderlich werden[6], sind entfallen.

Wichtig

Antrag auf Steuerklassenwechsel bis 30.11.

Für den Steuerklassenwechsel bei Ehe-/Lebenspartnern ist eine formelle Antragstellung erforderlich. Dient die Änderung der Steuerklassen bei Ehegatten nicht der Korrektur der infolge der Heirat automatisch gebildeten Kombination IV/IV, wird diese erst ab Beginn des Monats wirksam, der auf die Antragstellung folgt.[7] Der Antrag auf Steuerklassenwechsel bei Ehegatten und Lebenspartnern ist an die Antragsfrist 30.11. des jeweiligen Jahres gebunden, um eine Berücksichtigung für das laufende Lohnsteuerabzugsverfahren zu erreichen. Eine rückwirkende Änderung ist nicht möglich. Weitere Einzelheiten zum Steuerklassenwechsel enthalten die Lohnsteuerrichtlinien.[8]

Auch für den Wechsel in die Steuerklasse II ist eine formelle Antragstellung beim Wohnsitzfinanzamt erforderlich.

- Für Kinder unter 18 Jahren ist eine Versicherungserklärung zum Entlastungsbetrag für Alleinerziehende ausreichend.
- Für weitere Kinder und für Kinder über 18 Jahren ist der „Lohnsteuerermäßigungsantrag 2024, Anlage Kinder" zu verwenden.

Mitteilungspflicht des Arbeitnehmers

Treten beim Arbeitnehmer die Voraussetzungen für eine ungünstigere Steuerklasse ein, d. h. eine höhere Steuerlast als bei der bisherigen Steuerklasse, muss er dies dem Finanzamt anzeigen. Das gilt insbesondere auch in den Fällen der Steuerklasse II, wenn die Anforderungen für die Berücksichtigung des ⇗ Entlastungsbetrags für Alleinerziehende nicht mehr vorliegen. Ergibt sich dagegen im umgekehrten Fall nach den geänderten tatsächlichen Verhältnissen eine günstigere Steuerklasse, ist der Arbeitnehmer berechtigt, aber nicht verpflichtet, die Änderung bei seinem Wohnsitzfinanzamt zu beantragen.

Steuerübernahme

Als Steuerübernahme bezeichnet man einen Vorgang in der Entgeltabrechnung, bei dem der Arbeitgeber dem Arbeitnehmer eine Nettolohnzahlung oder einen geldwerten Vorteil netto gewähren möchte. Dabei wird der Bruttobetrag so kalkuliert, dass der beabsichtigte Nettowert auf der Entgeltabrechnung ausgewiesen ist (Nettolohn-Hochrechnung).

Die Steuerübernahme ist ein geldwerter Vorteil und unterliegt sowohl der Lohnsteuerpflicht als auch der Beitragspflicht in der Sozialversicherung.

Die Steuerübernahme tritt häufig bei der Gewährung von Belohnungen oder bei Geschenken auf. Der Arbeitgeber möchte vermeiden, dass dem Arbeitnehmer durch das Geschenk bzw. die Belohnung gesetzliche Abzüge entstehen. Eine in der Regel günstigere Variante der Steu-

1 FG Berlin-Brandenburg, Urteil v. 28.2.2017, 13 K 8328/15.
2 www.elsteronline.de.
3 § 39 Abs. 6 Satz 2 EStG.
4 § 39 Abs. 6 Satz 6 EStG.
5 § 39 Abs. 6 Satz 3 EStG.
6 § 39f Abs. 3 Satz 1 EStG.
7 § 39 Abs. 6 Satz 5 EStG.
8 R 39.2 LStR.

erübernahme ist die Pauschalierung gemäß § 37b EStG. Das Anwendungsspektrum ist hierbei jedoch auf Sachzuwendungen begrenzt.

Gesetze, Vorschriften und Rechtsprechung

Lohnsteuer: Die Lohnsteuerpflicht ergibt sich aus § 19 Abs. 1 Satz 1 Nr. 1 EStG i. V. m. R 19.3 LStR. Dementsprechend ist jeweils der Bruttolohn zu versteuern.

Sozialversicherung: Die Beitragspflicht des Arbeitsentgelts in der Sozialversicherung ergibt sich grundsätzlich aus § 14 Abs. 1 SGB IV, bei einer Nettolohnvereinbarung ist § 14 Abs. 2 SGB IV anzuwenden. Beitragspflichtig ist dementsprechend das Bruttoentgelt.

Stipendium

Finanzielle Unterstützungen, z. B. an Studenten, werden als Stipendien bezeichnet. Es handelt sich dabei um wesentliche Mittel der Förderung von begabten Menschen.

Gesetze, Vorschriften und Rechtsprechung

Lohnsteuer: Die Steuerfreiheit von Stipendien aus öffentlichen Mitteln ist in § 3 Nr. 11 und 44 EStG geregelt. Die OFD Frankfurt fasst mit der Verfügung v. 23.7.2018, S 2121 A – 013 – St 213, zusammen, wie bestimmte Stipendienprogramme nach § 3 Nr. 44 EStG steuerlich einzuordnen sind und welche Zuständigkeitsregelungen bei in- und ausländischen Stipendiengebern beachtet werden müssen.

Sozialversicherung: Die Spitzenorganisationen der Sozialversicherung bewerten u. a. Stipendiaten in ihrem Rundschreiben vom 23.11.2016 (GR v. 23.11.2016-II: Abschn. 4.4). Weitere Regelungen finden sich in § 14 Abs. 1 SGB IV.

Entgelt	LSt	SV
Stipendium, uneigennützig vergeben	frei	frei
Stipendium der Firma	pflichtig	pflichtig

Lohnsteuer

Stipendien aus öffentlichen Mitteln

Die folgenden Stipendien und Studienbeihilfen können nach § 3 Nr. 11 EStG oder nach § 3 Nr. 44 EStG steuerfrei sein:

- Bezüge aus öffentlichen Mitteln oder aus Mitteln einer öffentlichen Stiftung, die als Beihilfe zu dem Zweck bewilligt werden, die Erziehung oder Ausbildung, die Wissenschaft oder Kunst unmittelbar zu fördern.

  Öffentliche Mittel sind Mittel des Bundes, der Länder, der Gemeinden und Gemeindeverbände, aber auch der als juristische Person des öffentlichen Rechts anerkannten Religionsgemeinschaften.

  Ist die Stiftung selbst eine juristische Person des öffentlichen Rechts oder wird die Stiftung von einer juristischen Person des öffentlichen Rechts verwaltet bzw. steht das Stiftungsvermögen im Eigentum einer juristischen Person des öffentlichen Rechts liegt eine öffentliche Stiftung vor.
- Stipendien, die entweder
  - unmittelbar aus öffentlichen Mitteln oder von zwischenstaatlichen oder überstaatlichen Einrichtungen, denen Deutschland als Mitglied angehört, oder
  - von einer Einrichtung, die von einer Körperschaft des öffentlichen Rechts getragen wird, oder von einer steuerbegünstigten Körperschaft, Personenvereinigung oder Vermögensmasse

  zur Förderung der Forschung, der wissenschaftlichen oder künstlerischen Ausbildung oder Fortbildung gewährt werden.

Die Steuerfreiheit kommt auch für mittelbar aus öffentlichen Mitteln geleistete Zahlungen in Betracht. Damit werden insbesondere indirekte Zahlungen aus EU-Förderprogrammen erfasst und ebenso steuerfrei gestellt.

Begünstigte Höhe des Stipendiums

Die Steuerfreiheit setzt voraus, dass die Stipendien einen für die Erfüllung der Forschungsaufgabe oder für die Bestreitung des Lebensunterhalts und die Deckung des Ausbildungsbedarfs erforderlichen Betrag nicht übersteigen (Angemessenheitserfordernis[1]) und nach den von dem Geber erlassenen Richtlinien vergeben werden.[2]

Achtung

Voraussetzung der Steuerfreiheit

Voraussetzung für die Steuerfreiheit ist stets, dass der Empfänger mit den Bezügen nicht zu einer bestimmten wissenschaftlichen oder künstlerischen Gegenleistung oder zu einer bestimmten Arbeitnehmertätigkeit verpflichtet wird.

Hinweis

Kürzung des Werbungskostenabzugs bei steuerfreien Leistungen aus einem Stipendium

Der BFH hat nun entschieden, in welcher Höhe als (vorweggenommene) Werbungskosten bei den Einkünften aus nichtselbstständiger Arbeit geltend gemachte Kosten für ein Masterstudium um erhaltene Stipendiumleistungen zu kürzen sind.[3] In seinem Urteil führt der BFH an, dass Werbungskosten eine Belastung mit Aufwendungen voraussetzen müssen. Davon könne ausgegangen werden, wenn in Geld oder Geldeswert bestehende Güter aus dem Vermögen des Steuerpflichtigen abfließen. Nicht hingegen verlangt der Werbungskostenbegriff eine endgültige Belastung. Vielmehr sind Ausgaben und Einnahmen getrennt zu beurteilen.

So führen Leistungen aus einem Stipendium zu Arbeitslohn, wenn das Stipendium dem Ersatz von Werbungskosten bei den Einkünften aus nichtselbstständiger Arbeit aus in der Erwerbssphäre liegenden Gründen dient. Ein unmittelbarer wirtschaftlicher Zusammenhang[4] besteht zwischen steuerfreien Stipendienleistungen[5] und beruflich veranlassten (Fort-)Bildungsaufwendungen, soweit das Stipendium dazu dient, die beruflich veranlassten Aufwendungen auszugleichen oder zu erstatten.

Stipendien privater Arbeitgeber

Andere Studienbeihilfen und Stipendien aus privaten Mitteln sind dagegen grundsätzlich als steuerpflichtiger Arbeitslohn zu behandeln. Allein die Bezeichnung „Stipendium“ lässt noch keine Rückschlüsse auf das Vorliegen eines Dienstverhältnisses oder auf die Arbeitsentgelteigenschaft zu. Abhängig von den Gesamtumständen des Einzelfalles liegen entweder Arbeitslohn oder sonstige Einkünfte vor. Leistungen aus einem Stipendium, die keiner gegenüber sonstigen Einkünften[6] vorrangigen Einkunftsart zuzuordnen sind, bleiben als wiederkehrende Bezüge steuerbar.[7] Voraussetzung ist, dass der Stipendiat für die Gewährung der Leistungen eine wirtschaftliche Gegenleistung erbringt. Ein aus öffentlicher und privater Hand gemeinsam finanziertes Stipendium ist insoweit nicht nach § 3 Nr. 44 EStG steuerbefreit, als es von einem privaten Unternehmen gezahlt wird, das nicht die Voraussetzungen von § 5 Abs. 1 Nr. 9 KStG erfüllt.[8] Ist ein Studium nicht Gegenstand des Beschäftigungsverhältnisses, liegt kein Ausbildungsdienstverhältnis vor, wenn das Studium von einem Dritten durch ein Stipendium gefördert wird. Wird das Stipendium jedoch z. B. im Hinblick auf ein künftiges Dienstverhältnis gewährt, ist von Arbeitslohn auszugehen.

1 BFH, Urteil v. 24.2.2015, VIII R 43/12, BStBl 2015 II S. 691.
2 § 3 Nr. 44 Satz 3 Buchst. a EStG.
3 BFH, Urteil v. 29.9.2022, VI R 34/20, BStBl 2023 II S. 142.
4 § 3c Abs. 1 EStG.
5 § 3 Nr. 44 EStG.
6 § 22 EStG.
7 § 22 Nr. 1 Satz 1, Satz 3 Buchst. b EStG.
8 BFH, Urteil v. 28.9.2022, X R 21/20, BFH/NV 2023 S. 417.

Sozialversicherung

Versicherungsrechtliche Bewertung des Stipendiums

Der Bezug eines Stipendiums begründet allein regelmäßig kein abhängiges und demzufolge versicherungspflichtiges Beschäftigungsverhältnis. Dabei spielt es keine Rolle, ob das Stipendium zur Bestreitung des Lebensunterhalts oder für den durch die Aus- oder Fortbildung verursachten Aufwand bestimmt ist. Voraussetzung ist jedoch, dass ein solches Stipendium uneigennützig gegeben wird, der Empfänger sich also nicht zu einer unmittelbaren Arbeitnehmertätigkeit verpflichten muss.

Unterschied zur Studienbeihilfe

Stipendien sind zu unterscheiden von sog. ⇗ Studienbeihilfen, mit denen Unternehmen ihre studierenden Arbeitnehmer im Rahmen eines bestehenden Beschäftigungsverhältnisses finanziell fördern.

Strafgefangener

Strafgefangene sind Personen, die im Vollzug von Untersuchungshaft, von Freiheitsstrafen und von freiheitsentziehenden Maßnahmen der Besserung und Sicherung stehen oder einstweilig in einem psychiatrischen Krankenhaus oder einer Entziehungsanstalt untergebracht sind.

Gesetze, Vorschriften und Rechtsprechung

Lohnsteuer: Gemäß FinMin Bayern, Erlass v. 31.7.1979, 32 – S 2392 – 1/16 – 73 539/78, ist die Tätigkeit der Strafgefangenen nicht als lohnsteuerpflichtiges Arbeitsverhältnis anzusehen.

Sozialversicherung: Nach § 41 StVollzG muss ein Gefangener eine seinem körperlichen Zustand entsprechende ihm zugewiesene Arbeit ausüben. Durch eine zugewiesene Arbeit tritt gemäß § 26 Abs. 1 Nr. 4 SGB III Arbeitslosenversicherungspflicht ein. Übt der Gefangene während seiner Haftstrafe aufgrund eines Arbeitsvertrags eine Beschäftigung aus, ist er nach § 5 Abs. 1 Nr. 1 SGB V, § 20 Abs. 1 Satz 1 Nr. 1 SGB XI, § 1 Satz 1 Nr. 1 SGB VI und § 25 Abs. 1 SGB III versicherungspflichtig in der Kranken-, Pflege-, Renten- und Arbeitslosenversicherung.

Entgelt	LSt	SV
Vergütung aus der zwangsweisen Arbeitsleistung * Nur Arbeitslosenversicherung	frei	pflichtig*
Vergütung aus einer aufgrund Arbeitsvertrag ausgeübten Beschäftigung	frei	pflichtig

Lohnsteuer

Vergütungen während der Haft

Vergütungen, die Strafgefangene für eine Arbeitsleistung während der Haft erhalten, gehören nicht zum steuerpflichtigen Arbeitslohn. Es liegt kein Dienstverhältnis i. S. d. Lohnsteuerrechts vor.[1]

Ausnahme: Reguläres Arbeitsverhältnis

Erhält der Strafgefangene eine Vergütung aus einer aufgrund Arbeitsvertrags ausgeübten Beschäftigung, handelt es sich – mangels Zuweisung i. S. d. StVollzG[2] – um ein Dienstverhältnis i. S. d. § 19 EStG. Das Arbeitsentgelt unterliegt in diesem Fall dem Lohnsteuerabzug.

Arbeitsaufnahme nach Haftende

Nimmt ein Arbeitnehmer nach Entlassung sein bisheriges Arbeitsverhältnis wieder auf, wird der Lohnsteuerabzug nach den allgemeinen Vorschriften vorgenommen.

Sozialversicherung

Beschäftigungsformen

Beschäftigung in der Haftanstalt

Gefangene sind nach § 41 StVollzG verpflichtet, ihnen zugewiesene und ihren körperlichen Fähigkeiten angemessene Arbeit auszuüben. Für diese zwangsweise zu erbringende Arbeitsleistung erhält der Gefangene ein Arbeitsentgelt, welches sich an der ⇗ Bezugsgröße orientiert. Als Tagessatz ist der 250. Teil der Eckvergütung[3] in Ansatz zu bringen.

Privat unterhaltene Betriebe in der Haftanstalt

Gefangene können in den von privaten Unternehmen in der Haftanstalt unterhaltenen Betrieben aufgrund eines Arbeitsvertrags tätig werden. Das in einer solchen Beschäftigung erzielte Arbeitsentgelt orientiert sich an den im Arbeitsvertrag getroffenen Regelungen.

Diese Differenzierung ist erforderlich, da sich hieraus unterschiedliche sozialversicherungsrechtliche Beurteilungen ergeben.[4]

„Verleih" von Strafgefangenen an private Unternehmen außerhalb der Haftanstalt

Neben der Arbeitsleistung in Eigenbetrieben des Strafvollzugs sind Strafgefangene oft auch in Betrieben privater Unternehmen tätig. Dabei werden Strafgefangene als Arbeitskräfte für Betriebe oder Arbeitgeber außerhalb der Anstalt bereitgestellt. Die Vollzugsanstalt zahlt den Strafgefangenen den Lohn und stellt den Betrieben, an die die Gefangenen „verliehen" wurden, eine Rechnung.

Verleih ist keine Arbeitnehmerüberlassung

Bei dieser Art der Bereitstellung handelt es sich jedoch nicht um eine Arbeitnehmerüberlassung im sozialversicherungsrechtlichen Sinne. Vielmehr ist für den Personenkreis der Strafgefangenen eine vollständige Überlagerung durch die öffentlich-rechtlichen Normen des Strafvollzugsgesetzes anzunehmen. In dieser Hinsicht kommt eine Gleichstellung der Strafgefangenen mit regulären Arbeitnehmern nicht in Betracht.[5]

Hinweis

Keine Beitragspflicht für freiwillige Trinkgelder an Strafgefangene

Sofern der „ausleihende" Betrieb dem Gefangenen freiwillig und ohne Rechtsanspruch ein Trinkgeld leistet, ist dieses steuerfrei und demzufolge auch beitragsfrei in der Sozialversicherung.

Versicherungsrechtliche Beurteilung der Beschäftigung

Verpflichtende Tätigkeit

Die aufgrund der gesetzlichen Verpflichtung im anstaltseigenen Betrieb ausgeübte Beschäftigung löst lediglich Versicherungspflicht zur Arbeitslosenversicherung aus.[6] Versicherungspflicht in der Kranken-, Pflege- und Rentenversicherung kommt nicht zum Zuge. Voraussetzung für die Arbeitslosenversicherungspflicht ist der Bezug von ⇗ Arbeitsentgelt, ⇗ Ausbildungsbeihilfe oder Ausfallentschädigung nach §§ 43–45, 176 und 177 StVollzG.

1 FinMin Bayern, Erlass v. 31.7.1979, 32 – S 2392 – 1/16 – 73 539/78, ESt-Kartei § 19 EStG Karte 22.
2 § 41 StVollZG i. V. m. § 43 Abs. 2 StVollZG.

3 § 43 Abs. 2 StVollzG.
4 BSG, Urteil v. 31.10.1967, 3 RK 84/65.
5 LSG Baden-Württemberg, Urteil v. 29.10.1993, L 4 Kr 1453/92.
6 § 26 Abs. 1 Nr. 4 SGB III.

Arbeitslosenversicherungspflicht als Gefangener hat Nachrang

Des Weiteren ist zu beachten, dass die Arbeitslosenversicherungspflicht als Gefangener gegenüber jedem anderen Tatbestand nachrangig ist, der ebenfalls Arbeitslosenversicherungspflicht auslöst.

Beitragspflichtige Zeit

Beiträge zur Arbeitslosenversicherung sind für den Gefangenen allerdings nur für die Zeiten der Beschäftigung zu entrichten, nicht hingegen für Zeiten, in denen keine Beschäftigung ausgeübt wurde.[1]

Tätigkeit aufgrund eines Arbeitsvertrags

Wenn der Gefangene in einem von privaten Unternehmen in der Haftanstalt unterhaltenen Betrieb aufgrund eines Arbeitsvertrags beschäftigt wird, ist er als ⇗ Arbeitnehmer versicherungspflichtig in der Kranken-, Pflege-, Renten- und Arbeitslosenversicherung.[2] Die arbeitsvertragliche Vergütung stellt uneingeschränkt sozialversicherungspflichtiges ⇗ Arbeitsentgelt dar.[3]

Fortbestand einer vor der Haft aufgenommenen Beschäftigung

Es ist denkbar, dass ein vor der Haft aufgenommenes Arbeitsverhältnis vom bisherigen Arbeitgeber nicht beendet, sondern nur ruhend gestellt wird. Dies kann insbesondere dann der Fall sein, wenn es sich nur um eine relativ kurze Haftstrafe handelt und der bisherige Arbeitgeber den Arbeitnehmer nach der Haftstrafe weiter beschäftigen will. Das Arbeitsverhältnis besteht folglich ohne Entgeltzahlung während der Haftstrafe fort.

Unterbrechung der Beschäftigung ohne Entgeltzahlung

Das sozialversicherungsrechtliche Beschäftigungsverhältnis bleibt für die Dauer eines Monats aufrechterhalten; vergleichbar der Situation bei ⇗ unbezahltem Urlaub.[4] Nach Ablauf eines vollen Monats der Unterbrechung endet die Sozialversicherungspflicht und der Arbeitgeber hat eine ⇗ Abmeldung zum Ende des ersten vollen Monats der Arbeitsunterbrechung ohne Entgeltzahlung vorzunehmen. Nimmt der Strafgefangene nach Ablauf seiner Haftstrafe die Beschäftigung wieder auf, tritt mit der Wiederaufnahme der Beschäftigung Sozialversicherungspflicht ein. Mit dem Tag der Wiederaufnahme der Beschäftigung ist dann eine ⇗ Anmeldung nach der DEÜV abzugeben.

Beispiel

Ende der Sozialversicherungspflicht nach Ablauf des ersten vollen Monats der durch Haftstrafe unterbrochenen Beschäftigung

Ein Arbeitnehmer, der seit Jahren bei einem Softwareunternehmen als Programmierer beschäftigt ist, wird aufgrund eines schweren Verkehrsdelikts zu einer Haftstrafe von 3 Monaten verurteilt. Die Haftstrafe beginnt am 15.3. und endet am 14.6.

Der Arbeitgeber möchte den Arbeitnehmer nach der Haft weiterbeschäftigen und stellt deshalb das Arbeitsverhältnis für die Dauer seiner Haftstrafe ohne Entgeltzahlung ruhend.

Ergebnis: Die Sozialversicherungspflicht des ohne Entgeltzahlung fortbestehenden Arbeitsverhältnisses des Arbeitnehmers endet zum 14.4. Der Arbeitgeber hat eine Abmeldung nach der DEÜV zum 14.4. vorzunehmen.

Mit der Aufnahme der Beschäftigung am 15.6. tritt erneut Sozialversicherungspflicht ein. Es ist eine Anmeldung nach der DEÜV vom Arbeitgeber zum 15.6. abzugeben.

Weiterzahlung des Arbeitsentgelts während der Haft

Sollte der Arbeitgeber im Rahmen eines bereits vor der Haft aufgenommenen Arbeitsverhältnisses dem Strafgefangenen das (bzw. ggf. ein vermindertes) Arbeitsentgelt für die Dauer der Haft weiterzahlen, bleibt auch die Sozialversicherungs- und Beitragspflicht während der Haftstrafe aufgrund des Fortbestands des entgeltlichen Beschäftigungsverhältnisses erhalten.

1 BSG, Urteil v. 11.9.1995, 12 RK 9/95.
2 § 5 Abs. 1 Nr. 1 SGB V, § 20 Abs. 1 Satz 1 Nr. 1 SGB XI, § 1 Satz 1 Nr. 1 SGB VI und § 25 Abs. 1 SGB III.
3 § 14 Abs. 1 SGB IV.
4 § 7 Abs. 3 Satz 1 SGB IV.

Stromlieferung

Liefert der Arbeitgeber dem Arbeitnehmer für den privaten Gebrauch unentgeltlich oder verbilligt Strom, ist dies eine Sachzuwendung. Diese stellt als geldwerter Vorteil sowohl lohnsteuerrechtlichen Arbeitslohn als auch beitragspflichtiges Arbeitsentgelt dar.

Handelt es sich bei der Stromlieferung um ein Produkt des Arbeitgebers, das er für gewöhnlich an fremde Dritte verkauft (z. B. Energieerzeuger, Stromkraftwerk, Kommunen), gilt der sog. große Rabattfreibetrag in Höhe von 1.080 EUR pro Kalenderjahr. Damit ist der Wert der unentgeltlichen oder verbilligten Stromlieferung bis zur Höhe des Rabattfreibetrags von 1.080 EUR sowohl lohnsteuer- als auch beitragsfrei.

Gesetze, Vorschriften und Rechtsprechung

Lohnsteuer: Die Lohnsteuerpflicht ergibt sich aus § 19 Abs. 1 EStG i. V. m. § 8 Abs. 1 EStG, die Lohnsteuerfreiheit infolge der Anwendung des Rabattfreibetrags aus § 8 Abs. 3 EStG.

Sozialversicherung: Die Beitragspflicht in der Sozialversicherung ist in § 14 Abs. 1 SGB IV geregelt. Die Beitragsfreiheit als Konsequenz der Anwendung des Rabattfreibetrags findet sich in § 1 Abs. 1 Satz 1 Nr. 1 SvEV.

Entgelt	LSt	SV
Stromlieferung	pflichtig	pflichtig
Stromlieferung (Wert bis 1.800 EUR / Arbeitgeber ist Stromlieferant)	frei	frei

Studenten

Student ist, wer an einer staatlichen oder staatlich anerkannten Hochschule (Universität, Fachhochschule) eingeschrieben (immatrikuliert) ist, um dort einem wissenschaftlichen Studium nachzugehen. Studenten stehen grundsätzlich unter dem Versicherungsschutz der gesetzlichen Kranken- und Pflegeversicherung. Zur Renten- und Arbeitslosenversicherung besteht keine Versicherungspflicht. Abweichungen und Besonderheiten gelten, sobald Studenten nebenbei oder überwiegend gegen Entgelt einer Beschäftigung, einer Diplomarbeit oder einem Praktikum nachgehen. Bei der versicherungsrechtlichen Beurteilung stellt sich auch die Frage, ob es sich um einen „ordentlich Studierenden" handelt.

Gesetze, Vorschriften und Rechtsprechung

Lohnsteuer: An Studenten gezahlte Vergütungen i. S. d. § 19 EStG gehören zum steuerpflichtigen Arbeitslohn.

Sozialversicherung: § 5 Abs. 1 Nr. 9 SGB V und § 20 Abs. 1 Satz 2 Nr. 9 SGB XI regeln die Voraussetzungen für die Kranken- und Pflegeversicherungspflicht der Studenten. Entsprechende Vorschriften enthält das KVLG (§§ 3 Abs. 1 und 2, 7 KVLG 1989) in Bezug auf die Sozialversicherung für Landwirtschaft, Forsten und Gartenbau. Mitgliedschaftsbeginn und Mitgliedschaftsende versicherungspflichtiger Studenten sind in § 186 Abs. 7 SGB V bzw. § 190 Abs. 9 SGB V geregelt. Die Befreiung von der Versicherungspflicht regelt § 8 Abs. 5 SGB V. Für die Beitragsberechnung sind § 236 Abs. 1 SGB V sowie § 245 SGB V bzw. § 55 Abs. 1 und Abs. 3 SGB XI für die Pflegeversicherung zu beachten. Die „Grundsätzlichen Hinweise des GKV-Spitzenverbands zur Kranken- und Pflegeversicherung von Studenten" datieren sich auf den 20.3.2020 (GR v. 20.3.2020).

Lohnsteuer

Studenten als Arbeitnehmer

Studenten sind Arbeitnehmer, wenn sie über einen längeren Zeitraum eine entgeltliche Tätigkeit ausüben, z. B. während der Semesterferien oder im Rahmen eines Praktikums. Es gelten keine steuerlichen Besonderheiten. Der gezahlte Arbeitslohn unterliegt dem Lohnsteuerabzug nach den allgemeinen Grundsätzen.

Lohnsteuerpauschalierung bei Aushilfen

Handelt es sich um einen Minijob, kann die Lohnsteuer pauschaliert werden.

Lohnsteuerabzug im ELStAM-Verfahren

Macht der Arbeitgeber von der Möglichkeit zur Pauschalbesteuerung keinen Gebrauch oder liegen die Voraussetzungen dafür nicht vor, muss der Arbeitnehmer dem Arbeitgeber für das ELStAM-Verfahren nur die Identifikationsnummer und seinen Geburtstag mitteilen. Im Übrigen muss er den Arbeitgeber auf abzurufende Freibeträge aufmerksam machen.[1]

Der Arbeitgeber darf nicht deswegen vom Lohnsteuerabzug absehen, weil aus Jahressicht keine Lohnsteuer einzubehalten ist[2], oder das Finanzamt dem Studenten nach Ablauf des Jahres die einbehaltene Lohnsteuer erstattet. Dazu muss der Student nach Ablauf des Kalenderjahres beim Finanzamt eine Einkommensteuerveranlagung beantragen.

Studienbeihilfe als Arbeitslohn

Zahlt ein Arbeitgeber ⇗ Studienbeihilfen im Hinblick auf ein späteres oder früheres Arbeitsverhältnis, handelt es sich ebenfalls um steuerpflichtigen Arbeitslohn.

Studentenwerk als Abrechnungszentrum

In einigen Städten vermitteln studentische Hilfswerke Aushilfsbeschäftigungen für Studenten und übernehmen für die Arbeitgeber die lohnsteuerlichen Pflichten. Dazu addieren sie die ausgezahlten Arbeitslöhne von sämtlichen Arbeitgebern des Studenten und ermitteln die Lohnsteuer nach der Monatstabelle. Dieses Verfahren ist zulässig und vermeidet regelmäßig einen Lohnsteuereinbehalt.

Steuerfreie öffentliche Beihilfen

Zahlungen aus öffentlichen Kassen ohne bestimmte Gegenleistung oder Arbeitnehmertätigkeit sind regelmäßig steuerfrei.[3]

Übernahme der Studiengebühren durch Arbeitgeber

Übernimmt der Arbeitgeber im Rahmen eines Ausbildungsdienstverhältnisses arbeitsvertraglich die vom studierenden Arbeitnehmer geschuldeten Studiengebühren, ist aufgrund des ganz überwiegenden betrieblichen Interesses des Arbeitgebers kein Vorteil mit Arbeitslohncharakter anzunehmen. Ist der Arbeitnehmer Schuldner der Studiengebühren und werden diese vom Arbeitgeber übernommen, gilt das jedoch nur, wenn den Studierenden bei Ausscheiden aus dem Ausbildungsunternehmen auf eigenen Wunsch eine Rückzahlungsverpflichtung trifft[4] und das ausbildende Unternehmen auf eigenen Wunsch frühestens innerhalb von 2 Jahren nach Studienabschluss verlässt.

Sozialversicherung

Studentische Kranken- und Pflegeversicherung

In der gesetzlichen Krankenversicherung und in der sozialen Pflegeversicherung besteht für Studenten, die an einer staatlichen oder staatlich anerkannten Hochschule (Universitäten oder Fachhochschulen) immatrikuliert sind, Versicherungspflicht.

1 § 39e Abs. 4 Satz 1 Nrn. 1–3 EStG.
2 BFH, Urteil v. 15.11.1974, VI R 167/73, BStBl 1975 II S. 297.
3 § 3 Nr. 11 EStG.
4 BMF, Schreiben v. 13.4.2012, IV C 5 – S 2332/07/0001, BStBl 2012 I S. 531.

Die Krankenversicherung der Studenten (KVdS) besteht grundsätzlich längstens bis zum Ablauf des Semesters, in dem das 30. Lebensjahr vollendet wird.[5]

Die Anzahl der Fachsemester ist für die KVdS seit 1.1.2020 nicht mehr relevant.

Über die Altersgrenze (Vollendung des 30. Lebensjahres) hinaus wird die studentische Kranken- und Pflegeversicherung fortgeführt, wenn

- die Art der Ausbildung,
- familiäre bzw. persönliche Gründe oder
- der Erwerb der Zugangsvoraussetzung für das Studium im Wege des Zweiten Bildungswegs

die Überschreitung der Altersgrenze rechtfertigen.

Wichtig

Keine KVdS für Promotionsstudenten

Personen, die nach erfolgreichem Abschluss eines Hochschulstudiums ein Promotionsstudium aufnehmen, unterliegen nicht der KVdS. Beim Promotionsstudium handelt es sich um kein „geregeltes Studium“, d. h. um einen Studiengang mit vorgegebenen Inhalten, der regelmäßig mit einem förmlichen Abschluss endet. Das Promotionsstudium dient vielmehr dem Nachweis der wissenschaftlichen Qualifikation nach Abschluss des Studiums.[6]

Verlängerungstatbestände für die KVdS

Art der Ausbildung

Als Verlängerungstatbestände aufgrund der „Art der Ausbildung“ werden neben dem Erwerb der Zugangsvoraussetzungen zum Studium in einer Ausbildungsstätte des Zweiten Bildungswegs auch die Teilnahme an einem studienvorbereitenden Sprachkurs (bei Abschluss mit der Deutschen Sprachprüfung für den Hochschulzugang – sog. DSH-Prüfung) sowie der Besuch eines Studienkollegs (mit abgelegter Feststellungsprüfung) anerkannt, sofern sie zwingende Voraussetzung für die Studienaufnahme sind.

Familiäre/persönliche Gründe

Als familiäre bzw. persönliche Gründe kommen z. B. in Betracht die Erkrankung oder Behinderung von Familienangehörigen oder des Studenten selbst, sofern dadurch das Studium nicht oder nur eingeschränkt möglich war. Ferner kann die Geburt und anschließende Betreuung eines Kindes, eine gesetzliche Dienstpflicht oder Dienstpflichtverlängerung als Zeitsoldat als Verlängerungstatbestand anerkannt werden.

Freiwilligendienste

Die Teilnahme am freiwilligen ⇗ Wehrdienst, ⇗ Bundesfreiwilligendienst und an vergleichbaren anerkannten Freiwilligendiensten (z. B. Internationaler Jugendfreiwilligendienst) kann zu einer Verlängerung der Krankenversicherung der Studenten – max. für 12 Monate – führen.

Anrechnung von Hinderungsgründen

Die Altersgrenze (Vollendung des 30. Lebensjahres) kann nur durch solche Hinderungsgründe überschritten werden, die vor Vollendung des 30. Lebensjahres liegen und ursächlich dafür waren, dass ein Studium bis zum Erreichen der Altersgrenze nicht abgeschlossen werden konnte. Erst danach auftretende oder noch fortbestehende Hinderungsgründe können eine Überschreitung der Altersgrenze nicht rechtfertigen.[7]

5 § 5 Abs. 1 Nr. 9 SGB V, § 190 Abs. 9 Satz 1 Nr. 2 SGB V.
6 BSG, Urteil v. 7.6.2018, B 12 KR 15/16 R.
7 BSG, Urteil v. 15.10.2014, B 12 KR 17/12 R.

Befreiung von der Versicherungspflicht

Studenten haben die Möglichkeit der ⇗ Befreiung von der Versicherungspflicht, um sich über ein privates Krankenversicherungsunternehmen zu versichern. Diese Möglichkeit für eine Befreiung besteht auch dann, wenn unmittelbar vor dem Eintritt der Versicherungspflicht als Student eine andere Krankenversicherungspflicht vorgelegen hat, z. B. als Arbeitnehmer.[1] Die Befreiung hat keine Auswirkungen auf die versicherungsrechtliche Beurteilung von Personen, die während des Studiums eine Beschäftigung ausüben und angesichts des Umfangs der Beschäftigung ihrem Erscheinungsbild nach nicht mehr ordentlich Studierende, sondern Arbeitnehmer sind. In diesen Fällen führt die Aufnahme bzw. Ausübung einer Beschäftigung, auch wenn sie im Rahmen eines nicht vorgeschriebenen Praktikums ausgeübt wird, grundsätzlich zur Versicherungspflicht als Arbeitnehmer.[2]

Die Befreiung wirkt, solange das Studium fortbesteht und ohne die Befreiung Versicherungspflicht bewirken würde. Sie erstreckt sich nicht auf ein nachfolgendes bzw. späteres Studium, es sei denn, die erneute Studienaufnahme und der damit einhergehende Versicherungspflichttatbestand schließt sich nahtlos oder nach einer kurzen Unterbrechung von bis zu einem Monat an das bisherige Studium und die Befreiung an.

Vorrang der Familienversicherung

Familienversicherte Studenten sind nicht in der studentischen Krankenversicherung versicherungspflichtig. Die ⇗ Familienversicherung ist der Versicherungspflicht als Student vorrangig.[3]

Studenten haben im Regelfall bis zur Vollendung des 25. Lebensjahres Anspruch auf Familienversicherung der gesetzlichen Krankenversicherung und der sozialen Pflegeversicherung des Vaters oder der Mutter. Die Familienversicherung verlängert sich ggf. noch um die Dauer von höchstens 12 Monaten aufgrund der Teilnahme am freiwilligen Wehrdienst, ⇗ Bundesfreiwilligendienst, ⇗ Jugendfreiwilligendienst oder an vergleichbaren anerkannten Freiwilligendiensten bzw. einer Tätigkeit als Entwicklungshelfer.[4] Als Ehegatte oder Lebenspartner eines Mitglieds besteht die Familienversicherung ohne Altersbegrenzung.

Versicherungsbeginn und -ende

Die Versicherungspflicht des Studenten im Rahmen der Kranken- und Pflegeversicherung der eingeschriebenen Studenten beginnt grundsätzlich mit Beginn des Semesters. Sofern die Einschreibung als Student erst nach Beginn des Semesters erfolgt, beginnt die Mitgliedschaft mit dem Tag der Einschreibung.[5]

Die Versicherungspflicht endet grundsätzlich mit Ablauf des Semesters, für das sich Studenten zuletzt eingeschrieben oder zurückgemeldet haben, wenn sie

- bis zum Ablauf oder mit Wirkung zum Ablauf dieses Semesters exmatrikuliert worden sind oder
- bis zum Ablauf dieses Semesters das 30. Lebensjahr vollendet haben.[6]

Beiträge der Studenten (KVdS)

Die Beiträge zur gesetzlichen Kranken- und Pflegeversicherung bemessen sich seit dem 1.10.2022 nach dem BAföG-Satz i. H. v. 812 EUR (vorher: 752 EUR).[7]

Für die Berechnung des monatlichen Krankenversicherungsbeitrags wird ein Beitragssatz i. H. v. 10,22 % (= $^7/_{10}$ von 14,6 %[8]) sowie der ⇗ Zusatzbeitragssatz der jeweiligen Krankenkasse zugrunde gelegt. Demnach ergibt sich ein monatlicher Krankenversicherungsbeitrag von 82,99 EUR (812 EUR × 10,22 %) zzgl. des kassenindividuellen Zusatzbeitrags. Der monatliche Pflegeversicherungsbeitrag ist bei allen Krankenkassen gleich. Seit dem 1.7.2023 beträgt er 27,61 EUR (812 EUR × 3,4 %). Kinderlose Studenten, die älter als 23 Jahre sind, zahlen in der Pflegeversicherung einen Beitragszuschlag i. H. v. 0,6 %.[9] Für sie ergibt sich damit seit 1.7.2023 ein monatlicher Pflegeversicherungsbeitrag i. H. v. 32,48 EUR (812 EUR × 4,0 %). Seit dem 1.7.2023 werden Studenten mit mehreren Kindern ab dem 2. bis 5. Kind mit einem Beitragsabschlag i. H. v. 0,25 Beitragssatzpunkte für jedes Kind entlastet. Die Beiträge sind von den versicherungspflichtigen Studenten allein zu tragen.

Beispiel

Studentenbeiträge

Ein Student, 28 Jahre alt, keine Kinder, ist bei Krankenkasse A in der Krankenversicherung der Studenten (KVdS) versichert. Die Krankenkasse A erhebt in der Krankenversicherung einen Zusatzbeitragssatz i. H. v. 1,5 %.

Ergebnis: Der Student hat monatlich folgende Beiträge zur Kranken- und Pflegeversicherung zu zahlen:

KV-Beitrag (812 EUR × 10,22 % = 82,99 EUR) + (812 EUR × 1,5 % = 12,18 EUR)	95,17 EUR
PV-Beitrag (812 EUR × 4,0 %)	32,48 EUR
Gesamtbeitrag:	127,65 EUR

Für Studenten, die weder familienversichert noch die Voraussetzungen zur KVdS erfüllen und deshalb freiwillig krankenversichert sind, gelten abweichende Regelungen zur Beitragsbemessung.

Beschäftigung von Studenten/Werkstudenten

Ordentlich Studierende

Ein Student ist ein „ordentlicher Studierender", wenn er

- an einer Hochschule oder einer sonstigen der wissenschaftlichen oder fachlichen Ausbildung dienenden Schule immatrikuliert ist und
- das Studium seine Zeit und Arbeitskraft überwiegend in Anspruch nimmt.

⇗ Ausländische Studenten gehören nicht zu den ordentlichen Studierenden, wenn sie neben dem Besuch eines Studienkollegs zum Erlernen der deutschen Sprache und zur Vorbereitung auf das Studium eine Beschäftigung ausüben.

Wichtig

Werkstudentenprinzip gilt nur für ordentlich Studierende

Die Anwendung des Werkstudentenprivilegs setzt immer voraus, dass die betreffende Person zu den ordentlich Studierenden gehört.

Immatrikulation

Die Immatrikulation, also die Einschreibung in das Mitgliederverzeichnis der Hochschule, ist Voraussetzung der Krankenversicherung der Studenten. Eine Immatrikulation ist im Regelfall nur an einer Hochschule möglich und führt neben der Eintragung in das Studentenverzeichnis zur Aushändigung des Studentenausweises und des Studienbuchs.

Die Rücknahme der Immatrikulation bzw. deren Annullierung beseitigen den Status des ordentlich Studierenden. Dasselbe gilt für den Widerruf der Einschreibung (z. B. bei Gewaltanwendung, Widerstand der Studenten) und natürlich bei Exmatrikulation. Studenten, die für ein oder mehrere Semester vom Studium beurlaubt werden, sind zwar weiterhin eingeschrieben, nehmen aber in dieser Zeit nicht am Studienbetrieb teil; sie erfüllen grundsätzlich nicht das Erscheinungsbild als Student.

Eingeschriebene Personen nach dem Hochschulabschluss

Personen, die nach ihrem Hochschulabschluss (z. B. Diplom, Staatsexamen, Master- bzw. Magistergrad) weiterhin eingeschrieben bleiben, gehören grundsätzlich nicht mehr zu den ordentlich Studierenden im Sinne der Sozialversicherung.

1 § 8 Abs. 1 Satz 2 SGB V.
2 § 5 Abs. 1 Nr. 1 SGB V.
3 § 5 Abs. 7 Satz 1 SGB V.
4 § 10 Abs. 2 Nr. 3 SGB V, § 25 Abs. 2 Nr. 3 SGB XI.
5 § 186 Abs. 7 SGB V.
6 § 190 Abs. 9 SGB V.
7 § 236 Abs. 1 SGB V, § 57 Abs. 1 Satz 1 SGB XI.
8 § 245 Abs. 1 SGB V.
9 Bis 30.6.2023: 0,35 %.

Aufbau-, Ergänzungs- und Zweitstudium

Zu den ordentlich Studierenden gehören auch solche Studenten, die bereits ein Diplom, Master- bzw. Magistergrad oder Staatsexamen abgelegt und damit einen berufsqualifizierenden Abschluss erreicht haben, das Studium aber in einem Aufbau- oder Ergänzungsstudium oder in einem Zweitstudium fortsetzen. Voraussetzung für die Zugehörigkeit zum Kreis der ordentlich Studierenden ist in diesem Fall jedoch, dass diese Studenten nicht lediglich eingeschrieben sind, sondern sich tatsächlich ihrem Studium widmen. Eine bloße Weiterbildung oder Spezialisierung reicht insofern nicht aus.

Hinweis

Bachelor- und Masterstudiengang

Bei Absolventen eines Bachelor- und Masterstudiengangs endet mit dem Bachelorabschluss nicht die Zugehörigkeit zum Personenkreis der ordentlich Studierenden. Auch Studenten in einem Masterstudiengang zählen unter den o. g. Voraussetzungen zu den ordentlich Studierenden. Nach dem Bachelorabschluss erfolgt die versicherungsrechtliche Beurteilung einer neben dem Studium ausgeübten Beschäftigung – deshalb also als „Werkstudent“ und nicht als „Arbeitnehmer“.

Übergang vom Bachelor- zum Masterstudium

Allerdings liegt beim Übergang vom Bachelor- zum Masterstudium grundsätzlich kein durchgehendes Fortbestehen der Zugehörigkeit zum Personenkreis der ordentlich Studierenden vor, wenn sich das Masterstudium nicht unmittelbar an das beendete Bachelorstudium anschließt. Für Beschäftigungen, die während eines solchen Unterbrechungszeitraums ausgeübt werden, kann daher keine Versicherungsfreiheit aufgrund des Werkstudentenprivilegs eingeräumt werden.

Hochschulabschluss und Ende des Werkstudentenprivilegs

Im Rahmen von Betriebsprüfungen wird unter Umständen geprüft, ob bei der Beschäftigung die Einstufung als Werkstudent noch korrekt war. Die Hochschulausbildung im Sinne der Anwendung des Werkstudentenprivilegs endet nicht mit dem Ablegen der nach den maßgebenden Prüfungsbestimmungen vorgesehenen Abschlussprüfung, sondern erst mit Ablauf des Monats, in dem der Studierende vom Gesamtergebnis der Prüfungsleistung offiziell unterrichtet worden ist.

Achtung

Dokumentation des Studentenstatus im Semester der Abschlussprüfung

Der Arbeitgeber muss nachweisen, dass zum Zeitpunkt der Beschäftigung der Arbeitnehmer ein ordentlich Studierender ist und die Voraussetzungen des Werkstudentenprivilegs noch erfüllt sind bzw. waren. In einem Semester, in dem die abschließende Prüfungsleistung erbracht wird, reicht eine Semester- oder Studienbescheinigung als Nachweis allein nicht aus. Zusätzlich ist die zeitlich erste Mitteilung des Prüfungsamtes an den Studenten über das Gesamtergebnis den Entgeltunterlagen beizufügen. Je nach Hochschule und Prüfungsamt werden die Studenten in unterschiedlicher Art und Weise über ihr Prüfungsergebnis unterrichtet:

- Ausstellung/Übermittlung eines vorläufigen Zeugnisses oder
- Information über die Abholmöglichkeit des Zeugnisses.

Maßgebend ist der jeweilige Eingang des Schreibens bzw. der E-Mail beim Studenten. Auf den Tag, an dem das endgültige Zeugnis überreicht wird, kommt es nicht an.

Sofern das Prüfungsamt nicht unaufgefordert über die Prüfungsentscheidung unterrichtet, sondern das Abschlusszeugnis nur auf Antrag des Studenten ausgestellt wird, ist auf den Ausfertigungszeitpunkt des Zeugnisses abzustellen; der Studentenstatus endet in diesem Fall aber spätestens mit dem Semesterende.

Promotionsstudium

Dies gilt auch für diejenigen, die nach ihrem Hochschulabschluss ein Promotionsstudium aufnehmen und daneben eine Beschäftigung ausüben. Das Bundessozialgericht hat dazu entschieden, dass das Promotionsstudium nicht mehr zur wissenschaftlichen Ausbildung gehört.[1]

Ergänzungs- oder Zweitstudium

Wird nach einem Hochschulabschluss eine Beschäftigung und daneben zur beruflichen Weiterbildung oder Spezialisierung ein Ergänzungs- oder Zweitstudium aufgenommen, ist das Kriterium „ordentlich Studierender“ regelmäßig ebenfalls nicht mehr gegeben.[2] In diesen Fällen erfolgt die versicherungsrechtliche Beurteilung bei einer nebenher ausgeübten oder neu aufgenommenen Beschäftigung nicht mehr nach dem „Werkstudentenprivileg“, sondern als „Arbeitnehmer“. Entsprechend müssen durch den Arbeitgeber ggf. Meldungen erstattet und Beiträge berechnet werden.

Immatrikulation für die Prüfungsvorbereitung bis zur Wiederholungsprüfung

Für Personen, die die Erste Juristische Staatsprüfung abgelegt haben, besteht die Möglichkeit, die Prüfung zur Notenverbesserung zu wiederholen. Für die Dauer der Prüfungsvorbereitung bis zum Ablauf des Monats, in dem der Studierende vom Ergebnis der wiederholten Prüfung offiziell schriftlich unterrichtet worden ist, bleiben diese Personen an der Hochschule immatrikuliert. Eine Beschäftigung in dieser Zeit ist versicherungsrechtlich als Beschäftigung während der Dauer des Studiums als ordentlich Studierender zu behandeln. Dies gilt jedoch nicht, wenn die betreffende Person den mit der Prüfung erreichten Abschluss benutzt, um eine entsprechend höher qualifizierte Beschäftigung aufzunehmen (z. B. Eintritt in den Vorbereitungsdienst nach dem ersten juristischen Staatsexamen) oder sie die Wiederholungsprüfung gar nicht ablegen möchte.

Langzeitstudenten

Ob ein Studium oder die Beschäftigung im Vordergrund steht, ist unter Beachtung der Rechtsprechung besonders sorgfältig zu prüfen bei solchen Studenten, die bereits die Regelstudienzeit überschritten haben. Um Arbeitgebern einen Anhaltspunkt für die versicherungsrechtliche Beurteilung solcher Personen zu geben, ist deshalb bei beschäftigten Studenten mit einer ungewöhnlich langen Studiendauer von der widerlegbaren Vermutung auszugehen, dass bei einer Studienzeit von bis zu 25 Fachsemestern – ungeachtet des Studiengangs – das Studium im Vordergrund steht und deshalb die für beschäftigte Studenten maßgebenden versicherungsrechtlichen Regelungen anzuwenden sind.

Geringfügig entlohnte Beschäftigung

Üben Studenten neben dem Studium eine ↗ geringfügig entlohnte Beschäftigung aus, ist diese kranken-, pflege- und arbeitslosenversicherungsfrei. In der Rentenversicherung gilt Versicherungspflicht. Der Arbeitnehmer kann aber gegenüber seinem Arbeitgeber die Befreiung von der Rentenversicherungspflicht beantragen.[3]

20-Stunden-Grenze

In der Kranken-, Pflege- und Arbeitslosenversicherung besteht für Studenten, die neben ihrem Studium eine mehr als geringfügige Beschäftigung ausüben, Versicherungsfreiheit, wenn sie ihrem Erscheinungsbild nach als Studenten anzusehen sind. Hiervon ist auszugehen, wenn die wöchentliche Arbeitszeit während der Vorlesungszeit nicht mehr als 20 Stunden beträgt. Diese Studenten werden auch als „Werkstudenten“ bezeichnet. Wird die Beschäftigung an mehr als 20 Stunden in der Woche ausgeübt, tritt die Eigenschaft als Student in den Hintergrund und die Arbeitnehmereigenschaft in den Vordergrund. Die Beschäftigung unterliegt dann der Versicherungspflicht in der Kranken-, Pflege- und Arbeitslosenversicherung.

In der Rentenversicherung wird die 20-Stunden-Grenze nicht angewendet. Beschäftigte Studenten sind demnach grundsätzlich rentenversicherungspflichtig, sofern es sich um keine kurzfristige Beschäftigung handelt.

1 BSG, Urteil v. 23.3.1993, 12 RK 45/92.
2 BSG, Urteil v. 29.9.1992, 12 RK 31/91.
3 § 6 Abs. 1b SGB VI.

Hinweis

Überschreitung der 20-Stunden-Grenze

Bei Beschäftigungen in den Abend- oder Nachtstunden, am Wochenende oder während der vorlesungsfreien Zeit (Semesterferien) besteht grundsätzlich Versicherungsfreiheit in der Kranken-, Pflege- und Arbeitslosenversicherung auch bei einer Wochenarbeitszeit von mehr als 20 Stunden. Allerdings ist Versicherungsfreiheit ausgeschlossen, wenn diese Beschäftigungen mit mehr als 20 Stunden in der Woche zeitlich unbefristet oder auf einen Zeitraum von mehr als 26 Wochen befristet sind.

Zusammenrechnung

Werden neben einer aufgrund der 20-Stunden-Regelung kranken-, pflege- und arbeitslosenversicherungsfreien Studentenbeschäftigung zusätzlich eine oder mehrere Beschäftigungen ausgeübt, findet eine Zusammenrechnung für die Beurteilung der 20-Stunden-Grenze statt.

Einfluss auf Familienversicherung

Auch wenn die Beschäftigung des Studenten selbst krankenversicherungsfrei ist, kann sie sich auf die kostenlose Familienversicherung des Studenten in der gesetzlichen Krankenversicherung auswirken. Um den Anspruch auf Familienversicherung nicht zu verlieren, dürfen die monatlichen Einnahmen im Jahr 2023 regelmäßig insgesamt 485 EUR (2022: 470 EUR) nicht übersteigen.

Tipp

Fortbestand der Familienversicherung

Ob die kostenfreie Familienversicherung weiterhin durchgeführt werden kann oder nicht, sollte der Student vor Beschäftigungsbeginn von seiner Krankenkasse überprüfen lassen. Unter Umständen kann es auch sinnvoll sein, die Beschäftigung so weit anzupassen, dass die Familienversicherung bestehen bleibt. Dies sollte vor oder zeitnah zum Beschäftigungsbeginn besprochen werden. Beitragskorrekturen lassen sich so unter Umständen vermeiden.

Auswirkungen auf die Mitgliedschaft bzw. studentische Krankenversicherung

In der studentischen Krankenversicherung sind in der Regel Studenten versichert, die keinen Anspruch (mehr) auf eine Familienversicherung haben. Die Kranken- und Pflegeversicherungsfreiheit einer neben dem Studium ausgeübten Beschäftigung bezieht sich nicht auf die studentische Krankenversicherung, sondern nur auf das Beschäftigungsverhältnis; eine bestehende Versicherungspflicht in der Kranken- und Pflegeversicherung aufgrund des Studiums bleibt unberührt.

Hinweis

Studentische Krankenversicherung

Die Beiträge für die studentische Versicherung werden durch den Studenten getragen und gezahlt. Der Arbeitgeber beteiligt sich daran nicht. Die KVdS endet allerdings immer dann, wenn die Voraussetzungen für die Versicherungsfreiheit der Beschäftigung nicht (mehr) erfüllt werden und Kranken- und Pflegeversicherungspflicht als Arbeitnehmer eintritt.[1]

Befristete Beschäftigung

Sofern ein Student während der Vorlesungszeit eine von vornherein auf max. 3 Monate oder 70 Arbeitstage im Kalenderjahr befristete sog. ⇗ kurzfristige Beschäftigung ausübt, besteht für diese Beschäftigung in allen Sozialversicherungszweigen Versicherungsfreiheit. Die Höhe des Arbeitsentgelts sowie die wöchentliche Arbeitszeit spielen dabei keine Rolle.

Mehrere befristete Beschäftigungen innerhalb eines Jahres

Übt ein Student mehrmals im Jahr eine befristete Beschäftigung mit einer wöchentlichen Arbeitszeit von mehr als 20 Stunden aus, ist zu prüfen, ob er seinem Erscheinungsbild nach noch als ordentlicher Student oder bereits als Arbeitnehmer anzusehen ist. Gleiches gilt, wenn der Student im Rahmen eines Dauerarbeitsverhältnisses zwar regelmäßig höchstens 20 Stunden in der Woche beschäftigt ist, jedoch zwischendurch die wöchentliche Arbeitszeit für einen befristeten Zeitraum auf mehr als 20 Stunden erhöht wird (z. B. in den Semesterferien).

26-Wochen-Regelung

Von der Studenteneigenschaft und damit von Versicherungsfreiheit in der Kranken-, Pflege- und Arbeitslosenversicherung ist auszugehen, wenn der Student im Laufe des Jahres nicht mehr als 26 Wochen (= 182 Kalendertage) in einem Umfang von mehr als 20 Stunden wöchentlich beschäftigt ist. Zu diesem Zweck ist vom voraussichtlichen Ende der befristeten Beschäftigung ein Jahr zurückzurechnen. Anzurechnen sind alle Beschäftigungen innerhalb dieses Jahreszeitraums, in denen die wöchentliche Arbeitszeit mehr als 20 Stunden beträgt.

Ergibt die Zusammenrechnung, dass insgesamt Beschäftigungszeiten von mehr als 26 Wochen vorliegen (einschließlich der zu beurteilenden), besteht für die zu beurteilende Beschäftigung von Anfang an Versicherungspflicht.

In der Rentenversicherung gilt diese Sonderregelung nicht. Versicherungsfreiheit aufgrund einer befristeten Beschäftigung kommt hier nur in Betracht, wenn es sich um eine ⇗ kurzfristige Beschäftigung handelt.

Vorgeschriebene Praktika

Üben Studenten vor, während oder im Anschluss an das Studium ein vorgeschriebenes Praktikum aus, gelten hierfür besondere versicherungsrechtliche Regelungen.

Studienbeihilfe

Mit der Zahlung von Studienbeihilfen fördern Unternehmen das Studium ihrer Mitarbeiter finanziell.

Gesetze, Vorschriften und Rechtsprechung

Lohnsteuer: Die Steuerfreiheit der Studienbeihilfe aus öffentlichen Mitteln ergibt sich aus § 3 Nr. 11 EStG. Daraus folgt, dass Studienbeihilfen aus privaten Mitteln vom Arbeitgeber steuerpflichtig sind.

Sozialversicherung: Die Beitragspflicht des Arbeitsentgelts in der Sozialversicherung ergibt sich aus § 14 Abs. 1 SGB IV.

Entgelt	LSt	SV
Studienbeihilfe des Arbeitgebers	pflichtig	pflichtig

Lohnsteuer

Beihilfen können steuerpflichtig oder steuerfrei sein

Studienbeihilfen gehören zum steuerpflichtigen Arbeitslohn, wenn sie aus privaten Mitteln geleistet werden, also z. B. von einem privaten Arbeitgeber.

Für Leistungen aus öffentlichen Mitteln kann eine der Steuerbefreiungen nach § 3 Nr. 2, 11 und 44 EStG in Betracht kommen.

1 § 5 Abs. 7 Satz 1 SGB V, § 20 Abs. 1 Satz 1 Nr. 1 SGB XI.

Sozialversicherung

Versicherungsrechtliche Behandlung der Empfänger von Studienbeihilfen

Personen, die eine beruflich weiterführende (berufsintegrierte bzw. berufsbegleitende), mit der Beschäftigung in einem prägenden oder engen inneren Zusammenhang stehende Ausbildung oder ein Studium absolvieren, sind ihrem Erscheinungsbild nach Arbeitnehmer und nicht Studierende. Hiervon ist auszugehen, wenn

- das Arbeitsverhältnis vom Umfang her den Erfordernissen der Ausbildung bzw. des Studiums angepasst wird und der Arbeitnehmer während der Ausbildungs- bzw. Studienzeiten vom Arbeitgeber von der Arbeitsleistung freigestellt ist,
- die Beschäftigung im erlernten Beruf (nicht berufsfremd) während der vorlesungsfreien Zeit grundsätzlich als Vollzeitbeschäftigung ausgeübt wird und
- während der Ausbildung bzw. des Studiums weiterhin Arbeitsentgelt, ggf. gekürzt oder in Form einer Ausbildungs- oder Studienförderung oder als Studienbeihilfe, (fort-)gezahlt wird; dabei wird die Arbeitsentgelteigenschaft durch eine Rückzahlungsklausel, die eine Erstattung der Ausbildungs- oder Studienförderung bei Ausscheiden aus dem Arbeitsverhältnis innerhalb bestimmter zeitlicher Grenzen nach dem Ende des Studiums zur Folge hat, nicht berührt.

Kranken-, Pflege-, Renten- und Arbeitslosenversicherung

Die Empfänger einer Studienbeihilfe sind unter diesen Voraussetzungen während der Dauer des geförderten Studiums (weiterhin) als gegen Arbeitsentgelt Beschäftigte anzusehen und sind als solche versicherungspflichtig in der Kranken-, Pflege-, Renten- und Arbeitslosenversicherung.[1] Dem Fortbestand der versicherungspflichtigen Beschäftigung steht auch nicht entgegen, dass die Beschäftigung nach einer vertraglichen Vereinbarung formal beendet wird.[2]

Hinweis

Keine Anwendung der Werkstudentenregelung

Die Empfänger einer Studienbeihilfe sind – unter den o. g. Voraussetzungen – in der Sozialversicherung ihrem Erscheinungsbild nach keine Studenten, sondern Arbeitnehmer. Neben dem Studium ausgeübte Beschäftigungen lösen bei ihnen daher – ungeachtet des Umfangs der Beschäftigung – keine Versicherungsfreiheit in der Kranken-, Pflege- und Arbeitslosenversicherung als Werkstudent aus.[3] Die betreffenden Personen sind als Arbeitnehmer kranken-, pflege-, renten- und arbeitslosenversicherungspflichtig, sofern es sich um keine versicherungsfreie geringfügige Beschäftigung handelt.

Beispiel

Ausübung einer Nebenbeschäftigung

Ein Student erhält von Arbeitgeber A eine monatliche Studienbeihilfe in Höhe von 1.000 EUR. Während des Studiums ist er von der Arbeitsleistung im Betrieb freigestellt. Seit dem 1.2. arbeitet er daneben bei Arbeitgeber B wöchentlich 8 Stunden gegen ein monatliches Arbeitsentgelt in Höhe von 580 EUR. Arbeitgeber B zahlt keine Studienbeihilfe.

Ergebnis: Bei Arbeitgeber A ist der Student kranken-, pflege-, renten- und arbeitslosenversicherungspflichtig als Arbeitnehmer. Für die Nebenbeschäftigung bei Arbeitgeber B kann das Werkstudentenprivileg ebenfalls nicht angewendet werden, auch wenn die wöchentliche Arbeitszeit in beiden Beschäftigungen insgesamt nicht mehr als 20 Stunden beträgt. Die Beschäftigung bei Arbeitgeber B ist mehr als geringfügig entlohnt und somit ab dem 1.2. ebenfalls kranken-, pflege-, renten- und arbeitslosenversicherungspflichtig.

1 § 5 Abs. 1 Nr. 1 SGB V, § 20 Abs. 1 Satz 2 Nr. 1 i. V. m. Satz 1 SGB XI, § 1 Satz 1 Nr. 1 SGB VI und § 25 Abs. 1 SGB III.
2 BSG, Urteile v. 18.4.1975, 3/12 RK 10/73; v. 12.11.1975, 3/12 RK 13/74 und v. 31.8.1976, 12/3/12 RK 20/74.
3 Urteile des BSG v. 11.11.2003, B 12 KR 24/03 R, und v. 10.12.1998, B 12 KR 22/97 R.

Beitragsrechtliche Behandlung der Studienbeihilfe

Sofern die Studienbeihilfe im Rahmen eines Beschäftigungsverhältnisses gewährt wird, stellt sie beitragspflichtiges Arbeitsentgelt dar. Hierzu gehören jegliche Vergütungen an die Arbeitnehmer, und zwar unabhängig davon, ob ein Rechtsanspruch auf die Einnahmen besteht, unter welcher Bezeichnung oder in welcher Form sie gewährt werden. Es gelten die allgemeinen beitragsrechtlichen Regelungen.

Achtung

Keine Beitragspflicht bei Übernahme von Studiengebühren

Vom Arbeitgeber getragene oder übernommene Studiengebühren sind kein beitragspflichtiges Arbeitsentgelt, soweit sie steuerrechtlich kein Arbeitslohn sind.[4]

Stundung

Die Stundung ist die Vereinbarung zwischen Gläubiger und Schuldner, die Fälligkeit einer Forderung über den Zeitpunkt hinauszuschieben, der sich ansonsten aus Vereinbarung oder Gesetz ergeben würde. Abgaberechtlich bedeutet Stundung, dass die Fälligkeit eines Steueranspruchs in die Zukunft verschoben wird. Dieser Vorgang stellt einen Verwaltungsakt dar.

Gesetze, Vorschriften und Rechtsprechung

Lohnsteuer: Im Steuerrecht kann gemäß § 222 AO die Steuerforderung gestundet werden, wenn die Einziehung der Forderung eine erhebliche Härte für den Schuldner wäre und der Anspruch durch die Forderung nicht gefährdet erscheint.

Sozialversicherung: Die gesetzlichen Regelungen der Stundung, deren Möglichkeiten und Voraussetzungen finden sich in § 76 SGB IV. Außerdem regeln die „Einheitlichen Grundsätze zur Erhebung von Beiträgen, zur Stundung, zur Niederschlagung und zum Erlass sowie zum Vergleich von Beitragsansprüchen (Beitragserhebungsgrundsätze) vom 17.2.2010“ Einzelheiten des Verfahrens.

Lohnsteuer

Stundung der Lohnsteuer

Eine Stundung der Lohnsteuer (deren Schuldner der Arbeitnehmer ist) in der Weise, dass der Arbeitnehmer beim Finanzamt einen Verwaltungsakt erwirkt, der den Arbeitgeber berechtigt, die Einbehaltung der Lohnsteuer für einen befristeten Zeitraum auszusetzen oder die Einbehaltung in Raten vorzunehmen, ist im Lohnsteuerverfahren gesetzlich ausgeschlossen.[5] Es ist auch grundsätzlich ausgeschlossen, dem Arbeitgeber die Abführung von bereits einbehaltener Lohnsteuer zu stunden oder Ratenzahlungen zu gewähren. Das ist nicht unbillig, denn bei der einbehaltenen Lohnsteuer handelt es sich um die Steuern der Arbeitnehmer. Eine Stundung oder die Einräumung von Ratenzahlungen ist aber möglich, soweit es sich um Lohnsteuerbeträge handelt, die vom Arbeitgeber durch einen Haftungsbescheid oder vom Arbeitnehmer durch einen Lohnsteuerbescheid angefordert werden, z. B. aufgrund einer ⇗ Lohnsteuer-Außenprüfung, oder die aufgrund einer pauschalen Lohnsteuererhebung vom Arbeitgeber abzuführen sind.

Wichtig

Antrag auf Stundung der Lohnsteuer

Für die Gewährung einer Stundung gelten die allgemeinen Grundsätze und Nachweispflichten, insbesondere zu den wirtschaftlichen Verhältnissen.

4 § 1 Abs. 1 Satz 1 Nr. 15 SvEV.
5 § 222 Satz 4 AO.

Bei einer Stundung können Ansprüche aus dem Steuerschuldverhältnis ganz oder teilweise gestundet werden. Dabei wird die Fälligkeit des Steueranspruchs hinausgeschoben. Damit eine Steuer gewährt werden kann ist u. a. Voraussetzung, dass der Steueranspruch durch die Stundung nicht gefährdet ist und die Einziehung der Steuer für den Schuldner im Zeitpunkt der Fälligkeit eine erhebliche Härte bedeutet.

Hat das Finanzamt einen Betrag gestundet, entstehen für diesen Zeitraum insoweit keine Säumniszuschläge. Die Stundung kann jedoch von einer Sicherheitsleistung abhängig gemacht werden. Für die Dauer der Stundung werden i. d. R. Stundungszinsen festgesetzt und erhoben. Das Finanzamt hat bei der Entscheidung, ob und wie gestundet wird, einen Ermessensspielraum. So werden alle Umstände, die für und gegen eine Stundung sprechen, berücksichtigt und sorgfältig abgewägt.

Darüber hinaus werden während der Stundung für diesen Steueranspruch keine Maßnahmen zur Vollstreckung getroffen. D.h. aber nicht, dass bisherige Vollstreckungsmaßnahmen aufgehoben werden. Diese bleiben bestehen, außer ihre Aufhebung wird verfügt.

Ein Antrag auf Stundung kann formlos gestellt werden. So bieten die Finanzämter jedoch auch vereinfachte Vordrucke an, deren Verwendung die Antragsbearbeitung beschleunigt.[1] Die Übersendung des Antrags ist auch per Post oder E-Mail möglich, hierbei kann sich jedoch die Bearbeitungszeit verlängern. Telefonisch kann keine Stundung beantragt werden.

Stundung der Einkommensteuer in besonderen Fällen

Wird ein Arbeitnehmer zur Einkommensteuer veranlagt und ergibt sich dabei eine Einkommensteuer-Nachforderung, kann diese gleichfalls gestundet werden, sofern die Voraussetzungen des § 222 Sätze 1, 2 AO erfüllt sind. Nach dieser Vorschrift kann eine Stundung dann in Betracht kommen, wenn die Einziehung einer Steuer mit erheblichen Härten für den Steuerpflichtigen verbunden ist und der Steueranspruch durch die Stundung nicht gefährdet wird.

Sozialversicherung

Pflicht der Krankenkasse als Einzugsstelle

Die Krankenkassen haben als ⇗ Einzugsstellen die Beiträge rechtzeitig und vollständig zu erheben. Dies gilt insbesondere für den Gesamtsozialversicherungsbeitrag.[2] Bei Zahlungsschwierigkeiten des Arbeitgebers haben Krankenkassen die Möglichkeit, Beitragsansprüche zu stunden. Durch die Stundung wird die Beitragsfälligkeit hinausgeschoben bzw. neu gesetzt.[3]

Voraussetzungen für eine Stundung

Die Stundung der Gesamtsozialversicherungsbeiträge ist vom Arbeitgeber oder einer von ihm beauftragten Stelle (z. B. Steuerberater) bei der Einzugsstelle (Krankenkasse) zu beantragen. Sind in einem Betrieb mehrere Krankenkassen vertreten, ist der Stundungsantrag bei jeder Krankenkasse zu stellen.

Ansprüche auf den Gesamtsozialversicherungsbeitrag darf die Einzugsstelle allerdings nur stunden, wenn

- die sofortige Einziehung mit erheblichen Härten für den Schuldner verbunden wäre,
- der Anspruch durch die Stundung nicht gefährdet wird und
- die Beitragsansprüche für alle Versicherungsträger gleichermaßen gestundet werden.[4]

Eine erhebliche Härte für den ⇗ Arbeitgeber liegt vor, wenn er sich aufgrund ungünstiger wirtschaftlicher Verhältnisse vorübergehend in ernsthaften Zahlungsschwierigkeiten befindet oder im Falle der sofortigen Einziehung der Gesamtsozialversicherungsbeiträge in diese geraten würde.[5]

1 https://www.elster.de.
2 § 76 Abs. 1 SGB IV.
3 § 76 Abs. 2 SGB IV.
4 § 76 Abs. 2 Nr. 1 i. V. m. Abs. 3 SGB IV.
5 § 3 BeiErhGS.

Wichtig

Sicherheiten und Verzinsung

Einzugsstellen dürfen die Gesamtsozialversicherungsbeiträge grundsätzlich nur gegen angemessene Verzinsung und gegen ausreichende Sicherheitsleistung stunden.

Die Stundung wird nur auf Antrag des Schuldners gewährt. Dieser hat darzulegen, aus welchen Gründen die fällige Zahlung nicht geleistet werden kann und wann mit der Zahlung zu rechnen ist.

Wenn die Einzugsstelle Beiträge für länger als 2 Monate gestundet hat, deren Höhe die jährliche ⇗ Bezugsgröße übersteigt, ist sie verpflichtet, die übrigen Sozialversicherungsträger (Rentenversicherungsträger, Bundesagentur für Arbeit) zu unterrichten. Eine weitere Stundung darf dann nur im Einvernehmen mit diesen Trägern erfolgen. Diese Verpflichtung der Einzugsstellen ist für erleichterte Stunden ausgesetzt.

Zinssatz

Der Stundungszinssatz beträgt 0,5 % des gestundeten und auf volle 50 EUR nach unten abgerundeten Stundungsbetrags.[6]

Keine Beitragsstundung für Zahlstellen

Beiträge aus Versorgungsbezügen werden allein vom Mitglied getragen und von den Zahlstellen lediglich an die Krankenkassen weitergeleitet. Daher ist eine Beitragsstundung für Zahlstellen nicht vorgesehen.

Summenbeitragsbescheid

Sozialversicherungsrechtlich kann der prüfende Rentenversicherungsträger die Beiträge zur Kranken-, Pflege-, Renten- und Arbeitslosenversicherung ohne individuelle Zuordnung auf die einzelnen Arbeitnehmer festsetzen. Man spricht dabei von einem Summenbeitragsbescheid. Dieser erfolgt auf der Basis der insgesamt gezahlten Arbeitsentgelte (Lohn- und Gehaltssumme).

Gesetze, Vorschriften und Rechtsprechung

Sozialversicherung: Die Möglichkeit des Erlasses eines Summenbeitragsbescheides ist in § 28f Abs. 2 SGB IV geregelt. § 175 Abs. 3 Satz 3 SGB V bestimmt die Festlegung der Regeln über die Krankenkassenzuständigkeit durch den GKV-Spitzenverband bei Nicht-Vorliegen einer letzten Krankenkasse.

Sozialversicherung

Verletzung der Aufzeichnungspflichten

Der Rentenversicherungsträger kann einen Summenbeitragsbescheid erteilen, wenn die

- personenbezogene Feststellung der Versicherungspflicht und
- Feststellung der Beitragspflicht oder der Beitragshöhe

wegen Verletzung der Aufzeichnungspflichten des Arbeitgebers nicht möglich ist.[7]

Ein Summenbeitragsbescheid kann nicht erlassen werden, wenn

- ohne unverhältnismäßig hohen Verwaltungsaufwand festgestellt werden kann, dass Beiträge nicht zu zahlen waren oder
- Arbeitsentgelt einem bestimmten Beschäftigten zugeordnet werden kann oder
- der Arbeitgeber den vorgenannten Nachweis (ggf. auch nachträglich) führt.

6 § 4 BeiErhGS.
7 § 28f Abs. 2 Satz 1 SGB IV.

Bedeutung der „Umkehr der Beweislast"

Die Beweispflicht obliegt nicht dem prüfenden Träger der Rentenversicherung, sondern dem Arbeitgeber (Umkehr der Beweislast), wenn

- ein Arbeitgeber durch Verletzung der ihm obliegenden Aufzeichnungspflicht vereitelt, dass der prüfende Träger der Rentenversicherung die für die versicherungsrechtliche Beurteilung sowie für die Beitragsberechnung erforderlichen Tatbestände nicht ohne unverhältnismäßigen Aufwand erfährt, und
- der Arbeitgeber die Versicherungspflicht der bei ihm Beschäftigten bzw. die Höhe der geltend gemachten Beiträge bestreitet.

Legt der Arbeitgeber oder ein Beschäftigter nachträglich Unterlagen vor, die die Feststellung der Versicherungspflicht sowie der Beitragshöhe für einzelne oder für alle Beschäftigten ermöglichen, sind die diesbezüglichen Gesamtsozialversicherungsbeiträge neu festzusetzen. Der Summenbeitragsbescheid ist in diesem Fall, ggf. nur teilweise, zu widerrufen. Es wird also nicht zwingend der gesamte Summenbeitragsbescheid aufgehoben, sondern nur der Teil, der die Arbeitnehmer betrifft, für die entsprechende Feststellungen nachgeholt werden können.

Gegebenenfalls zu viel oder zu wenig gezahlte Gesamtsozialversicherungsbeiträge sind zu erstatten oder zu verrechnen bzw. nachzuzahlen.

Schätzung der Arbeitsentgelte

Wenn die Höhe der Arbeitsentgelte nicht oder nicht ohne unverhältnismäßig großen Verwaltungsaufwand ermittelt werden kann, sind sie zu schätzen. Dabei sind ortsübliche Maßstäbe zu berücksichtigen (z. B. ortsüblicher Tariflohn, tarifliche Arbeitszeit). Die Schätzung kann sich auch am Umsatz des Arbeitgebers orientieren.

Summenbeitragsbescheid für gemeldete Arbeitnehmer

Bezieht sich ein Summenbeitragsbescheid auf Arbeitsentgelte gemeldeter Arbeitnehmer, ist eine Quotierung der beim Arbeitgeber vertretenen Krankenkassen vorzunehmen. Hierbei ist auf die vom Summenbeitragsbescheid erfassten Kalenderjahre Bezug zu nehmen. Die nachzufordernden Beiträge zur Sozialversicherung sind nicht geschäftsstellenbezogen auf die einzelnen Krankenkassen aufzuteilen. Für Bescheide ab 1.1.2011 erfolgt der Beitragseinzug der gesamten Nachforderungssumme ausschließlich durch die ⇗ Einzugsstelle, die anhand der Zuweisung analog nicht gemeldeter Arbeitnehmer zuständig ist.

Summenbeitragsbescheid für nicht gemeldete Arbeitnehmer

Wurde das Wahlrecht zur Krankenversicherung nicht ausgeübt, erfolgt eine Zuweisung des Arbeitnehmers zu der Krankenkasse, bei der zuletzt eine Versicherung bestand. Ist eine letzte Krankenkasse nicht vorhanden, erfolgt eine Zuweisung des Arbeitnehmers in Anlehnung an die beiden letzten Ziffern der ⇗ Betriebsnummer des Arbeitgebers.

Seit 1.1.2022 bis laufend gelten folgende Zuweisungen der Arbeitnehmer zu einer Krankenkasse:

Betriebsnummer-Endziffern	Krankenkasse
00–35	Allgemeine Ortskrankenkasse (AOK)
36–51	Betriebskrankenkasse (BKK) [BAHN-BKK, KompetenzCenter Vollstreckung]
52–59	Innungskrankenkasse (IKK)
60–61	KNAPPSCHAFT
62–77	Techniker Krankenkasse (TK)
78–88	BARMER
89–94	DAK-Gesundheit
95–96	KKH – Kaufmännische Krankenkasse
97–98	hkk – Handelskrankenkasse
99	HEK – Hanseatische Krankenkasse

Diese Zuordnung wird jährlich in Anlehnung an die zum Stichtag 1.7. im Bereich der allgemeinen Krankenversicherung bestehenden Mitgliedschaften krankenversicherter Arbeitnehmer überprüft. Sie wird durch den GKV-Spitzenverband vorbereitet und den Mitgliedskassen, der Deutschen Rentenversicherung Bund und der Bundesagentur für Arbeit bekannt gegeben. Die Quotierungsregelung gilt dann für das auf den jeweiligen Stichtag folgende Kalenderjahr.

Hinweis

Beitragszuschlag für Kinderlose in der Pflegeversicherung

Der ⇗ Beitragszuschlag für Kinderlose in der Pflegeversicherung nach § 55 Abs. 3 SGB XI wird beim Summenbeitragsbescheid generell berücksichtigt. Auch hier ist es Aufgabe der Arbeitgeber, ordnungsgemäße Aufzeichnungen zu dokumentieren.

Tagesmutter

Die Tagesmutter gehört zum Betreuungs-Spektrum der Kindertagespflege. Übernimmt der Arbeitgeber die Kosten des Arbeitnehmers für die Kindertagespflege (Tagesmutter), stellt dies steuerpflichtigen Arbeitslohn und beitragspflichtiges Arbeitsentgelt dar.

Der Zuschuss oder die Übernahme der Betreuungskosten für nicht schulpflichtige Kinder ist lohnsteuer- und beitragsfrei in der Sozialversicherung. Es gibt keinen Höchstbetrag für die Steuerfreiheit der Betreuungskosten. Er muss aber zusätzlich zum Entgelt gezahlt werden und darf die tatsächlichen Kosten nicht überschreiten.

Arbeitgeberleistungen, die den Unterricht eines Kindes ermöglichen, sind hingegen steuerpflichtig. Das Gleiche gilt für Leistungen, die nicht unmittelbar der Betreuung eines Kindes dienen, z. B. die Beförderung zwischen Wohnung und Kindergarten.

Für die Tagesmutter selbst handelt es sich nicht um Arbeitsentgelt, sondern ggf. um Arbeitseinkommen aus selbstständiger Tätigkeit.

Gesetze, Vorschriften und Rechtsprechung

Lohnsteuer: Die Lohnsteuerfreiheit ergibt sich aus § 3 Nr. 33 EStG i. V. m. R 3 Nr. 33 LStR.

Sozialversicherung: Die Beitragsfreiheit ergibt sich aus § 1 Abs. 1 Satz 1 SvEV.

Entgelt	LSt	SV
Zuschuss/Betreuungskosten an Tagesmutter für schulpflichtige Kinder	pflichtig	pflichtig
Zuschuss/Betreuungskosten an Tagesmutter für nicht schulpflichtige Kinder	frei	frei

Tageszeitung

Übernimmt der Arbeitgeber die Kosten des Arbeitnehmers für ein privates Zeitungsabonnement oder erstattet er die Kosten einer Fachzeitung ist dies ein geldwerter Vorteil. Dieser ist sowohl lohnsteuer- als auch beitragspflichtig. U. U. kann dafür die 50-EUR-Freigrenze für geringfügige Sachbezüge zur Anwendung kommen, wenn diese nicht schon durch andere sonstige Sachbezüge ausgeschöpft ist.

Für Arbeitnehmer eines Verlagshauses, Zeitungsverlags oder eines anderen Unternehmens, das Zeitungen oder Zeitschriften herstellt oder vertreibt, gilt der Rabattfreibetrag in Höhe von 1.080 EUR pro Kalenderjahr.

Gesetze, Vorschriften und Rechtsprechung

Lohnsteuer: Die Lohnsteuerpflicht ergibt sich aus § 19 Abs. 1 EStG i. V. m. § 8 Abs. 1 EStG. Die 50-EUR-Freigrenze ist in § 8 Abs. 2 Satz 11 EStG geregelt. Die Lohnsteuerfreiheit bei Anwendung des Rabattfreibetrags findet sich in § 8 Abs. 3 EStG i. V. m. R 8.2 LStR.

Sozialversicherung: Die Beitragspflicht ergibt sich aus § 14 Abs. 1 SGB IV. Die Beitragsfreiheit im Zusammenhang mit der Anwendung des Rabattfreibetrags ergibt sich aus § 1 Abs. 1 Satz 1 Nr. 1 SvEV.

Entgelt	LSt	SV
Tageszeitung	pflichtig	pflichtig
Tageszeitung im Rahmen der 50-EUR-Freigrenze	frei	frei

Tantieme

Als Tantieme wird eine ergebnisabhängige Beteiligung bezeichnet, die in einem Prozentsatz des Umsatzes oder Gewinns besteht und meistens neben einer festen Vergütung an Vorstandsmitglieder einer AG, an Geschäftsführer oder leitende Angestellte gezahlt wird.

Gesetze, Vorschriften und Rechtsprechung

Wichtige Rechtsprechung: BAG, Urteil v. 7.7.1969, 5 AZR 61/59 (richtet sich die Tantieme nach dem Gewinn, ist die Handelsbilanz Berechnungsgrundlage); BAG, Urteil v. 3.5.2006, 10 AZR 310/05 (ist keine anderweitige vertragliche Regelung getroffen, erhält der Arbeitnehmer keine Tantieme, wenn er das ganze Jahr über arbeitsunfähig erkrankt ist); BAG, Urteil v. 17.4.2013, 10 AZR 251/12 (der Anspruch auf die Tantieme kann sich aus jährlichen Zahlungen/konkludenter Abrede ergeben); BAG, Urteil v. 15.11.2016, 9 AZR 81/16 (kein Ansatz von Tantiemen bei der Berechnung von Vorruhestandsgeldern).

Lohnsteuer: Die Lohnsteuerpflicht von Tantiemen als Arbeitslohn ergibt sich aus § 19 Abs. 1 Nr. 1 EStG.

Sozialversicherung: Die Beitragspflicht des Arbeitsentgelts in der Sozialversicherung ergibt sich aus § 14 Abs. 1 SGB IV.

Entgelt	LSt	SV
Tantiemen	pflichtig	pflichtig

Lohnsteuer

Tantiemen als Arbeitslohn

Werden Tantiemen an Arbeitnehmer gezahlt, sind sie nach ausdrücklicher gesetzlicher Regelung steuerpflichtiger Arbeitslohn.[1]

Behandlung bei der Lohnabrechnung

Laufend gezahlte Tantiemen (z. B. eine monatlich zahlbare Umsatzbeteiligung) gehören zum laufenden Arbeitslohn. Sie sind dem jeweiligen Lohnzahlungszeitraum zuzuordnen und wie regulärer Arbeitslohn unter Anwendung der Monatslohnsteuertabelle zu besteuern.

Einmalige Tantiemen (z. B. eine jährlich nach Aufstellung der Bilanz zahlbare Gewinnbeteiligung) sind als ⇗ sonstige Bezüge bei Zufluss nach der Jahrestabelle zu versteuern.

Wird eine Tantieme als Einmalbetrag für mehrere Jahre gezahlt, ist die Lohnsteuer nach der sog. Fünftelregelung zu berechnen.[2, 3]

Die Tarifermäßigung setzt voraus, dass eine Zusammenballung von Einkünften vorliegt. Diese ist bei Tantiemen für mehrere Jahre erfüllt,

- die zusätzlich zum laufenden Arbeitslohn an ganzjährig beschäftigte Arbeitnehmer oder
- an Arbeitnehmer gezahlt werden, die vom Arbeitgeber Versorgungsbezüge erhalten.

Tantiemen an Gesellschafter-Geschäftsführer

Werden Tantiemen an Gesellschafter-Geschäftsführer von Kapitalgesellschaften gezahlt, stellt sich die Frage, ob eine sog. verdeckte Gewinnausschüttung vorliegt.

Dies ist der Fall, wenn eine Kapitalgesellschaft ihren Gesellschaftern

- außerhalb eines gesellschaftsrechtlich wirksamen Beschlusses
- einen Vermögensvorteil zuwendet und
- diese Zuwendung ihre Ursache im Gesellschaftsverhältnis hat.

Liegt eine verdeckte Gewinnausschüttung vor, werden die Einnahmen nicht mehr als Arbeitslohn, sondern als Kapitaleinkünfte besteuert.[4]

Eine verdeckte Gewinnausschüttung wird insbesondere bei unangemessen hohen Gewinntantiemen angenommen. Dies wird nach den angemessenen Jahresgesamtbeträgen geprüft. Sie dürfen sich im Allgemeinen zu 75 % aus einem festen und höchstens zu 25 % aus einem erfolgsabhängigen Bestandteil zusammensetzen.[5]

Bei beherrschenden Gesellschafter-Geschäftsführern ist der Zufluss von Tantiemen bereits mit Fälligkeit anzunehmen. Fällig wird der Anspruch auf Tantiemen regelmäßig mit der Feststellung des Jahresabschlusses. Eine verspätete Feststellung des Jahresabschlusses führt aber nicht zu einer Vorverlegung des Zuflusses einer Tantieme auf den Zeitpunkt, zu dem die Fälligkeit bei fristgerechter Aufstellung eingetreten wäre.[6]

Sozialversicherung

Tantiemen sind ebenso wie andere ⇗ Gewinnbeteiligungen lohnsteuerpflichtig und damit auch beitragspflichtiges ⇗ Arbeitsentgelt.

Tantiemen sind als ⇗ Einmalzahlung grundsätzlich dem Monat der Auszahlung zuzuordnen. Bei Überschreitung der monatlichen ⇗ Beitragsbemessungsgrenze ist eine anteilige Jahresbeitragsbemessungsgrenze zu berechnen. Bei Zahlung in der Zeit vom 1.1. bis 31.3. ist ggf. die ⇗ Märzklausel anzuwenden.

Rückzahlung von Tantiemen

Sind Tantiemen zurückzuzahlen, wenn das Arbeitsverhältnis bis zu einem vereinbarten Stichtag gekündigt wird oder durch Kündigung endet, so werden auch die entrichteten Beiträge erstattet, wenn die Tantiemen zurückgefordert werden. Dies gilt nicht, soweit die Tantiemen bereits für die Berechnung von Entgeltersatzleistungen berücksichtigt wurden.

Tätigkeitsschlüssel

In der Meldung zur Sozialversicherung müssen für jeden zu meldenden Arbeitnehmer Angaben zur Tätigkeit gemacht werden. Die Tätigkeitsmerkmale in den Meldungen zur Sozialversicherung werden verschlüsselt angegeben durch den Tätigkeitsschlüssel. Die Bundesagentur für Arbeit veröffentlicht hierfür ein Schlüsselverzeichnis.

Gesetze, Vorschriften und Rechtsprechung

Sozialversicherung: Die gesetzliche Grundlage für die Meldungen zur Sozialversicherung bildet § 28a SGB IV i. V. m. § 198 SGB V. Das Meldeverfahren wird durch die Datenerfassungs- und -übermittlungsverordnung (DEÜV) geregelt.

---

1 § 19 Abs. 1 Nr. 1 EStG.
2 § 39b Abs. 3 Satz 9 EStG.
3 Ursprünglich war eine Abschaffung der Fünftelregelung im Lohnsteuerabzugsverfahren ab 2024 geplant. Da das Gesetzgebungsverfahren noch nicht abgeschlossen ist, kommt es vorerst zu keiner Änderung.
4 § 20 Abs. 1 Nr. 1 EStG.
5 BFH, Urteil v. 5.10.1994, I R 50/94, BStBl 1995 II S. 549.
6 BFH, Urteil v. 28.4.2020, VI R 44/17, BStBl 2021 II S. 392

Sozialversicherung

Aufbau und Inhalt

Seit dem 1.12.2011 ist der Tätigkeitsschlüssel 9-stellig anzugeben. Er setzt sich aus 5 einzelnen Schlüsseln zusammen.

Folgende Inhalte sind zu melden:

- Ausgeübte Tätigkeit (Stellen 1 – 5)
  Anhand der im Betrieb ausgeübten Tätigkeit wird der gültige Schlüssel nach der Klassifikation der Berufe 2010 (KldB 2010) ermittelt.
- Höchster allgemein bildender Schulabschluss (Stelle 6)
  1 = ohne Schulabschluss
  2 = Haupt-/Volksschulabschluss
  3 = mittlere Reife oder gleichwertiger Abschluss
  4 = Abitur/Fachabitur
  9 = Abschluss unbekannt
- Höchster beruflicher Ausbildungsabschluss (Stelle 7)
  1 = ohne beruflichen Ausbildungsabschluss
  2 = Abschluss einer anerkannten Berufsausbildung
  3 = Meister-/Techniker- oder gleichwertiger Fachschulabschluss
  4 = Bachelor
  5 = Diplom/Magister/Master/Staatsexamen
  6 = Promotion
  9 = Abschluss unbekannt
- Handelt es sich um ein Leiharbeitsverhältnis? (Stelle 8)
  1 = nein
  2 = ja
- Vertragsform des Beschäftigungsverhältnisses (Stelle 9)
  1 = Vollzeit, unbefristet
  2 = Teilzeit, unbefristet
  3 = Vollzeit, befristet
  4 = Teilzeit, befristet

Wichtig

Verwendung 5-stelliger Tätigkeitsschlüssel

Für Meldungen mit einem Meldedatum bis 30.11.2011 war ein 5-stelliger Tätigkeitsschlüssel zu verwenden. Dieser Schlüssel ist auch weiterhin gültig, wenn bereits abgegebene Sozialversicherungsmeldungen (durch Storno- und Neumeldung) zu korrigieren sind.

Offizielle Arbeitshilfe der Bundesagentur für Arbeit

Zur Recherche des zutreffenden Tätigkeitsschlüssels kann die offizielle Arbeitshilfe Tätigkeitsschlüssel-Online der Bundesagentur für Arbeit genutzt werden. Durch Eingabe der für die Angaben zur Tätigkeit erforderlichen Eingaben wird der zutreffende Tätigkeitsschlüssel ermittelt.

Zweck des Tätigkeitsschlüssels

Die Angaben zur Tätigkeit in den Sozialversicherungsmeldungen dienen der Bundesagentur für Arbeit als Grundlage für statistische Zwecke. Sie erstellt jährlich eine Statistik über die Beschäftigung in der Bundesrepublik Deutschland, in der die Lage und Entwicklung des Arbeitsmarktes nach Berufen, Wirtschaftszweigen und Regionen aktuell abgebildet wird. Die Beschäftigungsstatistik ist in vielen Bereichen von Politik und Wirtschaft eine wichtige Entscheidungsgrundlage.

Taucherzulage

Beamte können unter bestimmten Voraussetzungen eine Taucherzulage erhalten. Als Tauchertätigkeiten gelten insbesondere Übungen und Arbeiten unter Wasser oder Arbeiten im Taucheranzug, diese auch ohne Tauchen oder Tauchgerät.

Die Taucherzulage ist gestaffelt. Sie wird in Abhängigkeit von Tauchtiefe und Tauchdauer bezahlt. Wie alle anderen Erschwerniszuschläge ist die Taucherzulage steuerpflichtiger Arbeitslohn.

Soweit es sich bei den Beschäftigten um einen sozialversicherungspflichtigen Arbeitnehmer handelt, unterliegt die Taucherzulage der Beitragspflicht in der Sozialversicherung.

Gesetze, Vorschriften und Rechtsprechung

Lohnsteuer: Die Steuerpflicht der Taucherzulage ergibt sich aus § 19 Abs. 1 EStG i. V. m. R 19.3 Abs. 1 Satz 1 Nr. 1 LStR.

Sozialversicherung: Die Beitragspflicht der Taucherzulage ergibt sich für sozialversicherungspflichtige Beschäftigte aus § 14 Abs. 1 SGB IV.

Entgelt	LSt	SV
Taucherzulage	pflichtig	pflichtig

Tauschring

Tauschringe sind Organisationen, deren Mitglieder eigene Waren oder Dienstleistungen auf Basis einer Verrechnungseinheit (Punkte o. Ä.) austauschen. Teilnehmer sind Privatpersonen, zunehmend aber auch Gewerbetreibende. Die Verrechnungseinheiten werden bargeldlos auf Guthabenkonten geführt. Angebote und Nachfragen werden durch Listen, Inserate oder persönliche Treffen zueinander geführt. Tauschringe werden regelmäßig in Form eines eingetragenen Vereins betrieben.

Gesetze, Vorschriften und Rechtsprechung

Lohnsteuer: Es gibt keine Sonderregelungen für Tauschringe, deren Beteiligung am wirtschaftlichen Verkehr sowie für die steuerlichen Folgerungen der von Tauschringen beschäftigten Personen. Rechtsgrundlage für die lohnsteuerliche Erfassung von Sachbezügen als Arbeitslohn ist § 8 Abs. 1 und 2 Satz 1 EStG.

Sozialversicherung: Für die Abgrenzung zur abhängigen Beschäftigung siehe § 7 SGB IV.

Entgelt	LSt	SV
Entgelt eines sozialversicherungspflichtigen Arbeitnehmers, der für einen Gewerbebetrieb Aufträge im Rahmen eines Tauschrings ausführt.	pflichtig	pflichtig

Lohnsteuer

Arbeitgebereigenschaft der Tauschring-Organisation

Für die Prüfung der steuerlichen Pflichten ist nach den allgemeinen steuerlichen Regelungen zu entscheiden, ob eine Eigenschaft als ↗ Arbeitgeber vorliegt, und ob in dieser Eigenschaft Personen als ↗ Arbeitnehmer beschäftigt werden. Hierbei sind die Rechtsbeziehungen des Vereins zu der Person zu prüfen, die ihm ihre Arbeitskraft schuldet. Auch Personenvereinigungen ohne eigene Rechtspersönlichkeit und nichtrechtsfähige Vereine können Arbeitgeber sein. Dabei muss das steuerliche Ergebnis nicht stets mit dem Arbeitgeberbegriff des Arbeits- oder Sozialversicherungsrechts übereinstimmen. Bei Personenvereinigungen und nichtrechtsfähigen Vereinen ist zu beachten, dass der Arbeitgeber und derjenige, der den Lohn auszahlt, u. U. verschiedene Personen sein können.

Wertgutschriften sind Sachbezüge

Wird der Arbeitslohn für die erbrachte Arbeitsleistung in Form von Verrechnungseinheiten der Tauschbörse (vereinseigene „Währung") oder als Sach- bzw. Warenwert gutgeschrieben, sind diese Wertgutschriften und Güter nach den Regeln des § 8 EStG zu bewerten.

Arbeitgebereigenschaft eines Vereinsmitglieds

Ein Mitglied des Tauschringes kann selbst als ⇗ Arbeitgeber auftreten, wenn es Personen mit der Erledigung von Arbeiten beauftragt und dafür ein Leistungsaustausch in Bargeld oder Sachwerten vorgenommen wird. Eine Arbeitgebereigenschaft liegt regelmäßig vor, wenn

- ohnehin, z. B. im Betrieb, beschäftigte ⇗ Arbeitnehmer für eine im Tauschring „eingekaufte" Tätigkeit entgeltlich bzw. gegen eine Zuwendung oder Gutschrift eingesetzt werden oder
- über den Tauschring Aushilfen angeworben werden, die im Betrieb als Arbeitnehmer eingesetzt werden.

Arbeitgeber kann auch sein, wer über einen Tauschring Personen anwirbt, die über einen längeren Zeitraum Arbeiten mit einem nicht zu vernachlässigenden Marktwert verrichten. Dies gilt insbesondere dann, wenn diese angeworbenen Personen durch ihre Tätigkeit den Lebensunterhalt bestreiten wollen.

Wichtig

Anrufungsauskunft einholen

In Zweifelsfragen sollte für eine bindende Klärung der lohnsteuerlichen Pflichten immer eine ⇗ Anrufungsauskunft beim Finanzamt eingeholt werden.

Sozialversicherung

Sind Mitglieder eines Tauschrings Gewerbetreibende?

Ob das Mitglied eines Tauschrings allein durch das Angebot bestimmter Dienstleistungen zu einem Gewerbetreibenden wird, richtet sich nach dem Umfang der Dienstleistungen. Das Tauschringmitglied betreibt nach der geltenden Rechtsprechung dann ein Gewerbe, wenn es die Leistungen

- selbstständig,
- planmäßig und
- auf Dauer mit Gewinnerzielungsabsicht anbietet.[1]

Entscheidend ist dabei das Gesamtbild der zu beurteilenden Tätigkeit. Die Mitglieder eines Tauschrings beteiligen sich i. d. R. mit einer Gewinnerzielungsabsicht an Angebot und Nachfrage. Dabei spielt es keine Rolle, dass die Vergütung in Form einer Gutschrift in imaginärer Währung erfolgt. Auch der möglicherweise im Vordergrund stehende soziale Zweck eines Tauschrings ändert daran nichts. Gewinnerzielung löst auch dann das Kriterium der Gewerbetätigkeit aus, wenn es nur als Nebenzweck betrieben wird.

Wichtig

Keine Nachhaltigkeit = keine Gewerbetätigkeit

Handelt es sich allerdings nur um Bagatellen und fehlt es an einer gewissen Nachhaltigkeit der Gewinnerzielungsabsicht, dürfen keine allzu strengen Maßstäbe angelegt werden.

Tauschringe und die Gefahr der Schwarzarbeit

Da es an einer konkreten gesetzlichen Regelung bzw. einem konkreten Grenzwert in EUR zur genauen Beurteilung im Gewerberecht fehlt, kann hilfsweise auf die Regelungen zur Schwarzarbeit zurückgegriffen werden: Um Schwarzarbeit handelt es sich, wenn ordnungswidrig Dienst- oder Werkleistungen in erheblichem Umfang ohne Meldung bei den SV-Trägern oder ohne Gewerbeanmeldung erbracht werden. Das Gesetz zur Bekämpfung der Schwarzarbeit gilt nicht für Gefälligkeiten und Nachbarschaftshilfe. Das schließt die Anwendung auf Tauschringe jedoch nicht aus, denn bei der Tätigkeit im Rahmen einer Tauschpartnerschaft handelt es sich nicht um Gefälligkeiten. Vielmehr wird eine Gegenleistung nach dem Tauschprinzip erwartet. Auch Nachbarschaftshilfe liegt nicht vor, da die Mitglieder meist gerade nicht in räumlich engen, als nachbarschaftlich geltenden Distanzen wohnen.

Geringes Entgelt ist Indiz für fehlende Nachhaltigkeit

Als „nicht nachhaltig" auf Gewinn ausgerichtet gilt eine Tätigkeit gegen ein geringes Entgelt.[2] Nach den entsprechenden Erlassen der dafür zuständigen Bundesländer wird entsprechend gemeinhin als Indiz für Schwarzarbeit die Geringfügigkeitsgrenze von Minijobs (ab 1.10.2022: 520 EUR[3]) als Maßstab herangezogen. Dementsprechend kann eine gelegentliche Tätigkeit von Mitgliedern eines Tauschrings im Rahmen eines Gegenwerts von bis zu rund 520 EUR monatlich als Bagatelle gelten, die nicht nachhaltig ausgeübt wird. Damit wäre die Mitgliedschaft im Tauschring nicht von Sanktionen wegen Schwarzarbeit bedroht und nicht gewerblich betrieben.

Wichtig

Arbeitsrechtliche Verbote beachten

Manche Berufe dürfen nur ausgeübt werden, wenn bestimmte formale Voraussetzungen erfüllt sind. Handwerkliche Tätigkeiten setzen z. B. die Eintragung in die Handwerksrolle voraus. Das Anbieten einer so geschützten Handwerkstätigkeit zwischen nichthandwerklichen Tauschpartnern kann einen Verstoß gegen das Gesetz gegen den unlauteren Wettbewerb darstellen, wenn die Tätigkeit über eine rein unterstützende handlangerische Hilfe hinausgeht. Ähnliche Einschränkungen müssen u. a. Steuerberater, Anwälte und Ärzte beachten. Auskünfte geben die entsprechenden standesrechtlichen Organisationen auf Anfrage.

Betriebe als Mitglieder eines Tauschrings

Mitgliedschaft

Obwohl Tauschpartner nicht generell als Gewerbetreibende anzusehen sind, können sich Betriebe (auch als juristische Personen) an einem Tauschring beteiligen. Dies gilt auch, wenn das Gewerbe schon vor Eintritt in den Tauschring betrieben wurde. In jedem Fall besteht für Gewerbetreibende dabei die Gewerbesteuerpflicht.

Achtung

Unternehmen sind auch in einem Tauschring gewerblich tätig

Betriebe können als Mitglieder eines Tauschrings keine steuerlichen oder sozialversicherungsrechtlichen Pflichten umgehen. Bei gewerblichen Leistungen gibt es grundsätzlich keine „Nachbarschaftshilfe" oder „Geringfügigkeit".

Losgelöst von der für den Tauschring geltenden Verrechnungseinheit muss der Betrieb seine Tätigkeit zu marktüblichen Preisen steuerlich und sozialversicherungsrechtlich berücksichtigen. Die Guthaben auf entsprechenden Verrechnungskonten müssen so umgerechnet und in die Buchhaltung des Betriebs übernommen werden, dass sie in der Region üblichen Marktpreisen entsprechen.

1 BVerwG, Urteil v. 1.7.1987, 1 C 25.85.

2 § 1 Abs. 3 SchwarzArbG.
3 Bis 30.9.2022: 450 EUR.

Einsatz eigener Mitarbeiter

Setzt ein Betrieb einen seiner abhängig beschäftigten Arbeitnehmer im Rahmen eines Tauschgeschäfts ein, ist der Arbeitnehmer dabei im Rahmen seines gewöhnlichen Arbeitsverhältnisses beschäftigt. Die Tätigkeit unterscheidet sich nicht von allen anderen Einsätzen des Mitarbeiters außerhalb von Tauschringen. Der Arbeitnehmer hat einen Anspruch auf Entgelt im Rahmen der arbeitsvertraglichen Regelungen gegen seinen Arbeitgeber, der hier ebenfalls wie bei allen außerhalb des Tauschrings zustande gekommenen Aufträgen handelt.

Verrechnungseinheiten sind Arbeitsentgelt

Auf das Entgelt sind die üblichen Steuern und SV-Beiträge zu entrichten. Erhält der Mitarbeiter auf einem Verrechnungskonto anstelle der Vergütung in EUR die Verrechnungseinheit der Tauschbörse gutgeschrieben, sind diese Teil des Arbeitsentgelts. Der Entgeltbegriff der Sozialversicherung umfasst alle Einnahmen aus der Beschäftigung, gleich in welcher Form sie geleistet werden und ob sie unmittelbar oder aus dem Zusammenhang der Beschäftigung heraus erzielt werden.[1]

Einsatz von Tauschring-Mitgliedern im Betrieb

Vielfach ist es gerade für kleinere Betriebe interessant, über den Tauschring vermittelte Aushilfen einzusetzen. Hier gilt ebenfalls: Aushilfe bleibt Aushilfe – egal ob über den freien Arbeitsmarkt oder eine Tauschbörse vermittelt. Liegen die entsprechenden Voraussetzungen einer geringfügig entlohnten oder einer kurzfristigen Beschäftigung vor[2], ist die Aushilfe an die Minijob-Zentrale zu melden und ggf. der Pauschalbeitrag zu entrichten. Zu beachten sind in jedem Fall die Regelungen zur Zusammenrechnung mehrerer geringfügiger Beschäftigungen.

Wichtig

Fragebogen zu den Entgeltunterlagen nehmen

Der Arbeitgeber sollte einen Fragebogen zu weiteren bestehenden Beschäftigungen oder kürzlich ausgeübten Beschäftigungen vom Arbeitnehmer ausfüllen lassen und zu den Entgeltunterlagen nehmen.

Technische Zulage

Erhält der Arbeitnehmer vom Arbeitgeber eine Zulage aufgrund besonderer technischer Anforderungen an die Ausbildung des Arbeitnehmers oder dessen Tätigkeit, spricht man von der technischen Zulage. Da sie im Zusammenhang mit der Erbringung der Arbeitsleistung des Arbeitnehmers steht, handelt es sich sowohl um lohnsteuerpflichtigen Arbeitslohn als auch um beitragspflichtiges Arbeitsentgelt im Sinne der Sozialversicherung.

Die technische Zulage wird typischerweise regelmäßig bezahlt und gehört somit lohnsteuerrechtlich zu den laufenden Bezügen und sozialversicherungsrechtlich zum laufenden Arbeitsentgelt.

Gesetze, Vorschriften und Rechtsprechung

Lohnsteuer: Die Steuerpflicht der technischen Zulage ergibt sich aus § 19 Abs. 1 EStG i. V. m. R 19.3 Abs. 1 Satz 1 Nr. 1 LStR.

Sozialversicherung: Die Beitragspflicht der technischen Zulage als Bestandteil des Arbeitsentgelts ergibt sich für sozialversicherungspflichtige Beschäftigte aus § 14 Abs. 1 SGB IV.

Entgelt	LSt	SV
Technische Zulage	pflichtig	pflichtig

1 § 14 SGB IV.
2 § 40a EStG, § 8 SGB IV.

Teillohnzahlungszeitraum

Wenn das Arbeitsentgelt bzw. der Arbeitslohn nicht für den vollen Kalendermonat gezahlt wird, entsteht ein Teillohnzahlungszeitraum. Teillohnzahlungszeiträume können auftreten bei: Einstellung des Arbeitnehmers im laufenden Monat, Entlassung des Arbeitnehmers im laufenden Monat, unentschuldigtem Fehlen des Arbeitnehmers, unbezahltem Urlaub, Ablauf der Entgeltfortzahlung bei fortdauernder Krankheit im laufenden Monat oder bei Beginn einer Pflegezeit (Pflegezeitgesetz).

Die Gründe eines Teillohnzahlungszeitraums sind steuerlich ohne Bedeutung. Es stellt sich eher die Frage nach der Höhe des Teilentgelts und nach dessen lohnsteuerlicher und beitragsrechtlicher Behandlung.

Gesetze, Vorschriften und Rechtsprechung

Lohnsteuer: Die gesetzliche Regelung findet sich in § 39b Abs. 2 EStG. Weitergehende Verwaltungsanweisungen sind in R 39b LStR geregelt.

Sozialversicherung: Das Sozialgesetzbuch regelt für den Bereich der Sozialversicherung nicht ausdrücklich die Zeitspannen für Entgeltabrechnungszeiträume. Lediglich § 23 SGB IV legt eine monatliche Fälligkeit der Beiträge fest, sodass von einem monatlichen Lohnabrechnungszeitraum auszugehen ist. Die Beitragsberechnung für Teilzahlungszeiträume ist in § 1 BVV definiert. § 2 BVV bestimmt die Berechnungsvorgänge. Die Beitragspflicht von Arbeitsentgelt bei rückwirkenden Entgelterhöhungen und deren Zuordnung zu Entgeltabrechnungszeiträumen ist im Gemeinsamen Rundschreiben der Sozialversicherungsträger vom 18.11.1983 dargestellt.

Lohnsteuer

Teilmonatsbeträge

Besteht ein Arbeitsverhältnis nicht während eines vollen Monats, sondern beginnt oder endet während des Monats, ist der während dieser Zeit bezogene Arbeitslohn auf die einzelnen Kalendertage umzurechnen. Die Lohnsteuer ergibt sich aus dem mit der Zahl der Kalendertage vervielfachten Betrag der Lohnsteuer-Tagestabelle.

Ein Teillohnzahlungszeitraum entsteht bei der Lohnsteuer stets bei Beginn oder Beendigung des Beschäftigungsverhältnisses während des Monats. Hiervon ist auszugehen, wenn der Arbeitnehmer während des Monats eingestellt oder entlassen wird.

Ein Teillohnzahlungszeitraum im lohnsteuerlichen Sinn entsteht ebenfalls bei Beginn oder Beendigung der Eltern- und Pflegezeit im Laufe eines Monats, wenn sich der Arbeitgeber für diese Zeit aus den ELStAM abmeldet und das Ende des Beschäftigungsverhältnisses vermerkt wird. Andernfalls entsteht kein Teillohnzahlungszeitraum und die Zeit der Eltern- und Pflegezeit ist bei der ⇗ Lohnsteuerbescheinigung mit einzubeziehen, im ⇗ Lohnkonto ist der Großbuchstabe U zu vermerken.

Ein Teillohnzahlungszeitraum entsteht außerdem bei Beginn oder Beendigung des Wehr- oder Bundesfreiwilligendienstes im Laufe eines Monats, wenn das Arbeitsverhältnis beendet wird.

Ab dem 1.1.2023 entsteht ein Teillohnzahlungszeitraum auch in den Fällen, in denen der Beginn oder das Ende einer Auslandstätigkeit eines Arbeitnehmers (für denselben Arbeitgeber) im Laufe eines Monats liegt und der Arbeitslohn, der auf die Auslandstätigkeit entfällt, nach einem ⇗ Doppelbesteuerungsabkommen oder nach dem Auslandstätigkeitserlass steuerfrei ist. Das Gleiche gilt, wenn ein ⇗ beschränkt steuerpflichtiger Arbeitnehmer nur tageweise im Inland beschäftigt ist.[3]

Wichtig

Kein Teillohnzahlungszeitraum bei Urlaub oder Krankheit

Steht ein Arbeitnehmer während eines Lohnzahlungszeitraums dauernd im Dienst eines Arbeitgebers, wird der Lohnzahlungszeitraum durch ausfallende Arbeitstage (z. B. wegen Krankheit, Mutterschutz oder unbezahltem Urlaub) nicht unterbrochen.[4]

3 R 39b.5 Abs. 2 Satz 4 LStR.
4 R 39b.5 Abs. 2 Satz 3 LStR.

Unterbrechungen, die lohnsteuerlich keinen Teillohnzahlungszeitraum auslösen

- Tod des Arbeitnehmers im Laufe des Monats.
- Ausfall von Arbeitstagen mit Bezug von ⇗ Krankengeld, Mutterschaftsgeld, Elterngeld, Verletztengeld, Übergangsgeld.
- Beginn der ⇗ Elternzeit im Laufe des Monats.
- Pflege des Kindes[1] ohne Anspruch auf Arbeitsentgelt.
- ⇗ Pflegezeit nach dem Pflegezeitgesetz.
- Beginn des freiwilligen ⇗ Wehrdienstes oder des ⇗ Bundesfreiwilligendienstes im Laufe des Monats, wenn das Dienstverhältnis zum Arbeitgeber bestehen bleibt.

Unterbrechungen, die lohnsteuerlich und sozialversicherungsrechtlich keinen Teillohnzahlungszeitraum auslösen

- Unbezahlter Urlaub, unrechtmäßiger Streik
- Rechtmäßiger Streik
- ⇗ Kurzarbeit (Arbeitsausfall an vollen Tagen)

Hier kann der Arbeitgeber die Monatstabelle auch dann anwenden, wenn der Arbeitnehmer in diesem Monat nur einige Tage tatsächlich gearbeitet hat.

Teilwochenbeträge

Besteht ein Beschäftigungsverhältnis nicht während einer vollen Arbeitswoche, sondern beginnt oder endet während der Woche, ist die Lohnsteuer unter Verwendung der Tagestabelle nach den einzelnen Kalendertagen zu berechnen.

Beispiel

Im Laufe der Woche aufgenommenes Beschäftigungsverhältnis

Eine Arbeitnehmerin hat einen Wochenlohn von 500 EUR. Sie beginnt das Beschäftigungsverhältnis am Dienstag der laufenden Woche und erhält für diese Woche entsprechend der geleisteten Arbeit 400 EUR (4/5 von 500 EUR).

Ergebnis: Der durchschnittliche Arbeitslohn für die Kalendertage der Woche, an der das Arbeitsverhältnis bestand (Dienstag bis Sonntag) beträgt 80 EUR (1/5 von 400 EUR). Die Lohnsteuer für einen Tageslohn von 80 EUR ist aus der Tagestabelle abzulesen und mit 5 zu vervielfachen.

Sozialversicherung

Beitragsberechnung für Teilmonate

Für Unterbrechungen der Beschäftigung ist es bezeichnend, dass sie überwiegend im Laufe eines Monats beginnen oder enden. Somit stellt sich die Frage, für welchen Zeitraum die Beiträge zu berechnen sind und welches Arbeitsentgelt der Beitragsberechnung zugrunde zu legen ist.

Beitragsberechnung bis zur Teil-BBG

Die Beiträge für Teilentgeltzahlungszeiträume sind höchstens bis zur ⇗ Beitragsbemessungsgrenze des Teilentgeltzeitraums (Teil-BBG) zu erheben.

Fälle dieser Art treten auf, weil

- das Arbeitsverhältnis im Laufe der Beitragsperiode begonnen oder geendet hat oder
- wegen beitragsfreier Zeiten (z. B. Krankengeldbezug) nur ein Teilentgelt gezahlt wird.

Liegt das erzielte Arbeitsentgelt unter der Teil-BBG, so werden die Sozialversicherungsbeiträge aus dem erzielten Arbeitsentgelt berechnet.

Liegt das erzielte Arbeitsentgelt über der Teil-BBG, ist für die Ermittlung des Beitrags die Teil-BBG maßgebend.

Ein höherer Betrag als die BBG für den maßgeblichen Teilentgeltzahlungszeitraum darf nicht zugrunde gelegt werden. Die Beitragsberechnungsrichtlinien sehen keine Beitragsbemessungsgrenzen für Arbeits- oder Werktage vor. Vielmehr ist bei Teillohnzahlungszeiträumen grundsätzlich nur mit Kalendertagen zu rechnen. Der auf den Kalendertag entfallende Teil der Jahresbeitragsbemessungsgrenze (1/360) wird ungerundet mit der Anzahl der auf den Teillohnzahlungszeitraum entfallenden Kalendertage multipliziert. Dabei ist der Wert auf 2 Dezimalstellen auszurechnen, wobei die zweite Stelle um 1 erhöht wird, wenn in der dritten Stelle eine der Zahlen 5 bis 9 erscheint.

Ermittlung der anteiligen Beitragsbemessungsgrenzen

Die Beitragsbemessungsgrenzen für den Teilentgeltzahlungszeitraum sind nach folgender Formel zu ermitteln:

$$\frac{\text{Jahresbeitragsbemessungsgrenze}}{360} = \text{Beitragsbemessungsgrenze für Kalendertag}$$

Wichtig

Beitragsbemessungsgrenze für Teilentgeltabrechnungszeiträume

Bei der Berechnung der Beitragsbemessungsgrenze für Teilentgeltabrechnungszeiträume sind die kalendertäglichen Beträge der Beitragsbemessungsgrenzen ungerundet mit der Anzahl der SV-Tage zu multiplizieren. Erst zum Schluss wird das Endergebnis kaufmännisch auf die zweite Stelle nach dem Komma gerundet.

Beispiel

Berücksichtigung der Beitragsbemessungsgrenzen bei Teilentgeltzahlungszeiträumen

Ein Arbeiter erhält in einem Monat für 16 Kalendertage einschließlich Überstunden ein Arbeitsentgelt von 4.200 EUR. Die Beitragsbemessungsgrenze für 16 Kalendertage im Jahr 2024 wird nach der oben aufgeführten Formel im Rechtskreis West wie folgt berechnet:

Kranken-/Pflegeversicherung

$$\frac{62.100}{360} = 172{,}50 \text{ EUR Beitragsbemessungsgrenze für Kalendertag}$$

172,50 EUR × 16 Kalendertage = 2.760 EUR

Renten-/Arbeitslosenversicherung

$$\frac{90.600}{360} = 251{,}67 \text{ EUR Beitragsbemessungsgrenze für Kalendertag}$$

251,67 EUR × 16 Kalendertage = 4.026,67 EUR

Ergebnis: Das Arbeitsentgelt für den Teilentgeltzahlungszeitraum übersteigt beide Beitragsbemessungsgrenzen. Der Beitrag zur Kranken- und Pflegeversicherung ist daher aus 2.760 EUR und der Beitrag zur Renten- und Arbeitslosenversicherung aus 4.026,67 EUR zu berechnen.

Kalendertägliche Berechnung

Die Beiträge sind für die tatsächliche Anzahl der Kalendertage des Berechnungszeitraums zu berechnen.

Die Zeit der tatsächlichen Entgeltzahlung ist für die Ermittlung des Beitragsbemessungszeitraums unerheblich. Wird der Beitragsberechnungszeitraum z. B. wegen einer Krankengeldzahlung unterbrochen und endet der Anspruch auf Krankengeld an einem Freitag, sind der folgende Samstag und Sonntag wegen der kalendertäglichen Berechnungsweise für die Beitragsberechnung heranzuziehen. Dies gilt auch, wenn die Entgeltzahlung erst montags wieder einsetzt.

1 § 45 SGB V.

Beispiel

Beitragsfreie Zeit endet freitags

Ein versicherungspflichtiger Arbeitnehmer (Ost) hat in der Zeit vom 16.1. bis 27.1.2024 Krankengeld bezogen. Für Januar 2024 steht ihm ein Arbeitslohn i. H. v. 4.500 EUR zu. 19 Kalendertage sind im Monat Januar 2024 beitragspflichtig.

Die Beitragsbemessungsgrenze liegt in der Kranken-/Pflegeversicherung für 19 Tage bei 3.277,5 EUR (172,5 EUR × 19) und in der Renten-/Arbeitslosenversicherung bei 4.718,33 EUR (= 7.450 EUR : 30 × 19). Beiträge sind nur bis zu diesen Grenzen zu erheben.

Teilzeitarbeit

Teilzeitarbeit liegt vor, wenn die regelmäßige Wochenarbeitszeit eines Arbeitnehmers kürzer ist als die eines vergleichbaren vollzeitbeschäftigten Arbeitnehmers. Ist eine regelmäßige Wochenarbeitszeit nicht vereinbart, so liegt Teilzeitarbeit vor, wenn die regelmäßige Arbeitszeit eines Arbeitnehmers im Jahresdurchschnitt maßgeblich unter der eines vergleichbaren vollzeitbeschäftigten Arbeitnehmers liegt.

Vergleichbar ist ein Arbeitnehmer, der mit derselben Art des Arbeitsverhältnisses und der gleichen oder einer ähnlichen Tätigkeit beschäftigt ist. Fehlen vergleichbare vollzeitbeschäftigte Arbeitnehmer im Betrieb, ist auf tarifvertragliche Festlegungen bzw. die Üblichkeit des Wirtschaftszweigs abzustellen.

Teilzeitarbeit liegt auch bei einer geringfügigen Beschäftigung vor.

Gesetze, Vorschriften und Rechtsprechung

Lohnsteuer: Die grundsätzliche Steuerpflicht des Arbeitslohns aus einer Teilzeitbeschäftigung ergibt sich aus § 19 Abs. 1 EStG i. V. m. R 19.3 LStR. Die Möglichkeiten zur Pauschalierung der Lohnsteuer ergeben sich für geringfügig Beschäftigte aus § 40a EStG.

Sozialversicherung: Sozialversicherungsrechtlich existieren für Teilzeitarbeit keine besonderen Regelungen. Möglich ist, dass die reduzierte Arbeitszeit zu einer geringfügigen Beschäftigung oder zu einer Beschäftigung im Übergangsbereich führt und die dann dafür geltenden Regelungen anzuwenden sind.

Lohnsteuer

Minijob bis 538 EUR

Lohnsteuerpauschalierung

Übt der Arbeitnehmer eine Teilzeitbeschäftigung aus, unterliegen die dafür bezogenen Vergütungen nach den allgemeinen Vorschriften dem vollen individuellen Lohnsteuerabzug. Der Arbeitgeber kann von der Versteuerung nach den ⇗ Elektronischen Lohnsteuerabzugsmerkmalen (ELStAM) absehen, wenn er die Lohnsteuer vom Arbeitslohn bzw. Arbeitsentgelt mit dem einheitlichen Pauschsteuersatz von 2 % pauschal erhebt. Dieser Pauschsteuersatz ist nur zulässig, wenn die Teilzeitkraft einen regelmäßigen Arbeitslohn von höchstens 538 EUR[1] monatlich erhält, eine geringfügig entlohnte Beschäftigung vorliegt und vom Arbeitgeber Pauschalbeiträge zur gesetzlichen Rentenversicherung (15 %) gezahlt werden.

Wenn keine Pauschalbeiträge zur Rentenversicherung durch den Arbeitgeber gezahlt werden, kommt die Besteuerung mit 20 % pauschaler Lohnsteuer zzgl. Solidaritätszuschlag und ggf. Kirchensteuer in Betracht.[2]

Abwälzung der pauschalen Lohnsteuer

Wird die pauschale Lohnsteuer bzw. die Pauschalsteuer im Innenverhältnis auf den Arbeitnehmer abgewälzt, sodass ihm ein entsprechend geringerer Betrag ausgezahlt wird, mindert die abgewälzte Pauschalsteuer den pauschal zu besteuernden Arbeitslohn nicht. Der Pauschalbesteuerung unterliegt somit stets der vereinbarte (Brutto-)Arbeitslohn einschließlich der ggf. übernommenen Pauschalsteuer.

Minijobs ohne versicherungspflichtige Hauptbeschäftigung

Hat ein Arbeitnehmer ohne versicherungspflichtige Hauptbeschäftigung 2 Minijobs, sind die Arbeitsentgelte zusammenzurechnen. Bei Überschreiten der Minijob-Grenze entfällt die Möglichkeit der Pauschbesteuerung mit 2 %. Der Arbeitnehmer muss beide Arbeitgeber ermächtigen, die ⇗ ELStAM abzurufen, alternativ besteht die Möglichkeit der Pauschalierung mit 20 % pauschaler Lohnsteuer nach § 40a Abs. 2a EStG. Eine Zusammenrechnung ist nicht vorzunehmen, wenn eine geringfügig entlohnte Beschäftigung mit einer ⇗ kurzfristigen Beschäftigung zusammentrifft.

Auswirkung des Mindestlohngesetzes

Der Mindestlohn stieg zum 1.1.2024 auf 12,41 EUR pro Stunde. Damit kann ein Minijobber 10 Stunden pro Woche arbeiten, um 538 EUR Monatslohn zu erhalten (12,41 EUR × 13[3] × 10 Stunden : 3[4] = 537,76 EUR, aufgerundet: 538 EUR)= 10 Std.).

Übergangsbereich von 538,01 EUR bis 2.000 EUR

Erhält der Arbeitnehmer einen Bruttoarbeitslohn von mehr als 538 EUR, aber weniger als 2.000 EUR, kann unter bestimmten Voraussetzungen die sozialversicherungsrechtliche Regelung im ⇗ Übergangsbereich (bis 30.6.2019: Gleitzone) angewendet werden.

Im Lohnsteuerrecht gibt es keine Regelung zum Übergangsbereich; der Arbeitslohn ist dem normalen Lohnsteuerabzug zu unterwerfen. Die Möglichkeit, die Lohnsteuer mit 2 % an die Minijob-Zentrale abführen zu können, entfällt.

Steuerklassenwahl bei verheirateten Arbeitnehmern

Übt ein Ehe-/Lebenspartner eine Teilzeitbeschäftigung mit dem Lohnsteuerabzug entsprechend der elektronischen Lohnsteuerabzugsmerkmale aus und ist der andere Ehe-/Lebenspartner gleichfalls berufstätig, können sie wählen, ob beide nach der Steuerklasse IV – ggf. mit „Faktor“ – oder ob einer nach der Steuerklasse III und der andere nach der Steuerklasse V besteuert werden will.

Liegt der Arbeitslohn des teilzeitbeschäftigten Ehe-/Lebenspartners unter dem Betrag, bei dem in Steuerklasse IV erstmals Lohnsteuer anfällt, empfiehlt sich zur Vermeidung größerer Überzahlungen die Steuerklassenkombination III und V; allerdings können sich daraus u. U. auch Steuernachforderungen ergeben, wenn die Einkünfte aus der Teilzeitbeschäftigung weniger als 40 % des Gesamteinkommens betragen.

Wird eine Teilzeitbeschäftigung gleichzeitig neben einer anderen solchen Beschäftigung oder (z. B. an den sonst arbeitsfreien Wochenenden) neben einer Vollzeitbeschäftigung für einen anderen Arbeitgeber ausgeübt, so ist nach Steuerklasse VI abzurechnen, sofern nicht das Pauschalierungsverfahren angewendet wird.

Berücksichtigung von Abzugsbeträgen

Der Arbeitnehmer-Pauschbetrag und der ⇗ Altersentlastungsbetrag werden bei einer Teilzeitbeschäftigung in voller Höhe gewährt. Wählt der Arbeitgeber jedoch die pauschale Lohnsteuererhebung, ist der Abzug dieser Freibeträge nicht möglich.

Teilzeitbeschäftigte können wie Vollzeitbeschäftigte die Zulagen (Vergünstigungen) des 5. Vermögensbildungsgesetzes in Anspruch nehmen.

Wird die Lohnsteuer vom Arbeitslohn pauschal erhoben, kann der Arbeitnehmer beruflich veranlasste Aufwendungen nicht als ⇗ Werbungskosten ansetzen.

1 Bis 30.9.2022: 450 EUR, vom 1.10.2022 bis 31.12.2023: 520 EUR.
2 § 40a Abs. 2, 2a EStG.
3 Entspricht der Wochenanzahl pro Vierteljahr.
4 Ergibt ein Vierteljahr.

Sozialversicherung

Versicherungsrechtliche Beurteilung

Teilzeitbeschäftigung

Der arbeitsrechtliche Begriff der Teilzeitarbeit findet sich im Sozialversicherungsrecht nicht wieder. Die versicherungs- und beitragsrechtliche Beurteilung von Beschäftigten in Teilzeit wird nach den grundsätzlich für Beschäftigte geltenden Regelungen vorgenommen. Wird eine Vollbeschäftigung in eine Teilzeitbeschäftigung umgewandelt oder umgekehrt, liegt kein neues Beschäftigungsverhältnis vor. Vom Zeitpunkt dieser Veränderung an ist eine erneute sozialversicherungsrechtliche Beurteilung vorzunehmen.

Jahresarbeitsentgelt

Eine Umwandlung einer Vollbeschäftigung in eine Teilzeitarbeit kann z.B. dazu führen, dass ein bisher – wegen Überschreitens der ⬀ Jahresarbeitsentgeltgrenze – krankenversicherungsfreier Arbeitnehmer mit Beginn der Teilzeit krankenversicherungspflichtig wird. Von dieser Krankenversicherungspflicht ist – unter bestimmten Voraussetzungen – eine Befreiung möglich. Wird eine Teilzeitbeschäftigung in eine Vollzeitbeschäftigung umgewandelt und wird dadurch die Jahresarbeitsentgeltgrenze überschritten, endet die Krankenversicherungspflicht erst mit Ablauf des Kalenderjahres, in dem die die Jahresarbeitsentgeltgrenze überschreitende Vergütung beansprucht werden kann.

Geringfügige Beschäftigung

Erfüllen Teilzeitbeschäftigungen die Voraussetzungen einer ⬀ geringfügig entlohnten Beschäftigung, sind sie kranken-, arbeitslosen- und pflegeversicherungsfrei, aber rentenversicherungspflichtig. Vom Arbeitgeber sind ggf. pauschale Beiträge zur Kranken- und Rentenversicherung, vom Arbeitnehmer Beitragsanteile zur Rentenversicherung zu entrichten.

Beschäftigung im Übergangsbereich

Bei Beschäftigungen mit einem Arbeitsentgelt zwischen 538,01 EUR und 2.000 EUR haben Arbeitnehmer lediglich einen reduzierten Arbeitnehmer-Beitragsanteil entsprechend den besonderen beitragsrechtlichen Regelungen des Übergangsbereichs zu zahlen. Der Arbeitgeberbeitrag beträgt im unteren Teil des Übergangsbereichs etwa 28 % und nimmt mit höherem Arbeitsentgelt gleitend ab. An der oberen Grenze des Übergangsbereichs erreicht der Beitragsanteil dann seine reguläre Höhe von derzeit etwa 20 %.

Arbeit auf Abruf

Teilzeitbeschäftigungen können auch in Form einer Arbeit auf Abruf gestaltet werden. Die entsprechende Vereinbarung muss eine bestimmte Dauer der wöchentlichen und täglichen Arbeitszeit festlegen. Wenn die Dauer der wöchentlichen Arbeitszeit nicht festgelegt ist, gilt kraft Gesetzes eine fiktive wöchentliche Arbeitszeit von 20 Stunden als vereinbart.[1]

Der auf Basis dieser fiktiven Wochenarbeitszeit bestehende Entgeltanspruch des Arbeitnehmers ist für die Feststellung der Versicherungs- und Beitragspflicht in den einzelnen Zweigen der Sozialversicherung zu berücksichtigen, unabhängig davon, ob in diesem Umfang tatsächlich Arbeit geleistet oder vergütet wurde.

Demnach würde unter Zugrundelegung lediglich des gesetzlichen Mindestlohns die entgeltliche Geringfügigkeitsgrenze[2] überschritten werden. Somit können Arbeitnehmer in entsprechenden Abrufarbeitsverhältnissen, in denen keine wöchentliche Arbeitszeit festgelegt ist, nicht geringfügig entlohnt beschäftigt sein, da der versicherungs- und beitragsrechtlichen Beurteilung seit dem 1.1.2024 mindestens ein monatliches Arbeitsentgelt i. H. v. (20 Std. × 12,41 EUR × 13 : 3 =) 1.075,53 EUR zugrunde zu legen ist.

In Arbeitsverhältnissen auf Abruf, die im Rahmen einer geringfügig entlohnten Beschäftigung vereinbart werden sollen, sollte daher immer eine entsprechende wöchentliche Mindestarbeitszeit festgelegt werden.

1 § 12 Abs. 1 Satz 3 TzBfG.
2 § 8 Abs. 1 Nr. 1 i. V. m. Abs. 1a SGB IV.

Meldungen

Der Arbeitgeber muss Teilzeitarbeit von Arbeitnehmern in der ⬀ Meldung zur Sozialversicherung im ⬀ Tätigkeitsschlüssel kenntlich machen. In Stelle 9 dieses Schlüssels wird die Vertragsform angegeben. Für eine Beschäftigung, die in Teilzeit ausgeübt wird, ist bei einer unbefristeten Beschäftigung der Schlüssel 2, bei einer befristeten Beschäftigung der Schlüssel 4 anzugeben.

Wird eine Vollzeitbeschäftigung in eine Teilzeitbeschäftigung umgewandelt, ist dies durch eine Änderungsmeldung[3] zu melden, wenn sich dadurch die bisherige Beitragsgruppe oder der Personengruppenschlüssel ändert.

Tipp

Veränderter Tätigkeitsschlüssel allein kein Meldegrund

In Fällen, in denen sich durch Umwandlung einer Vollzeit- in eine Teilzeitbeschäftigung keine sozialversicherungsrechtlichen Auswirkungen ergeben, ist der veränderte Tätigkeitsschlüssel alleine kein Meldegrund. Diese Änderung ist erst mit der nächsten fälligen Entgeltmeldung (Jahresmeldung, Abmeldung) zu berücksichtigen.

Stufenweise Wiedereingliederung

Arbeitsunfähigen Versicherten ist es nach ärztlicher Feststellung möglich, durch eine stufenweise Wiederaufnahme ihrer Tätigkeit wieder in das Erwerbsleben eingegliedert zu werden. Während dieser Wiedereingliederung wird in den meisten Fällen Krankengeld weiter gezahlt. Sollte für die stufenweise Wiedereingliederung Arbeitsentgelt gezahlt werden, gelten die Vorschriften über die Versicherungsfreiheit geringfügig Beschäftigter nicht. Deshalb besteht bei einer Beschäftigung in geringfügigem Umfang im Rahmen einer stufenweisen Wiedereingliederung in das Erwerbsleben Kranken-, Renten-, Arbeitslosen- und Pflegeversicherungspflicht. Das bei Teilarbeitsfähigkeit erzielte Arbeitsentgelt ist beitragspflichtig und auf das Krankengeld anzurechnen, soweit es zusammen mit dem kalendertäglichen Nettokrankengeld das bisherige Nettoarbeitsentgelt übersteigt.

Teilzeitbeschäftigung während Elternzeit

Während des Bezugs von Elterngeld bzw. während der ⬀ Elternzeit ist eine Teilzeitbeschäftigung bei demselben Arbeitgeber zulässig. Bei einem anderen Arbeitgeber nur mit Zustimmung des bisherigen Arbeitgebers.

Beschäftigungen können während der Elternzeit als geringfügig entlohnte Beschäftigungen gestaltet werden. Führt eine Beschäftigung bei privat Krankenversicherten zur Versicherungspflicht, ist eine Befreiung von der Kranken- und Pflegeversicherungspflicht auf Antrag für die Dauer der Elternzeit möglich.[4] Tritt während der versicherungspflichtigen Beschäftigung in der Elternzeit Arbeitsunfähigkeit ein, besteht nach Ablauf des ⬀ Entgeltfortzahlungsanspruchs Anspruch auf ⬀ Krankengeld aus dem Entgelt der Teilzeitbeschäftigung.

Aufwendungsausgleichsgesetz

Bei der Feststellung nach dem Aufwendungsausgleichsgesetz (AAG), welche Arbeitgeber an der Entgeltfortzahlungsversicherung zum Ausgleich der Arbeitgeberaufwendungen aus Anlass der Arbeitsunfähigkeit des Arbeitnehmers (U1) teilnehmen, werden Teilzeitkräfte bei der Zahl der beschäftigten Arbeitnehmer nicht voll, sondern entsprechend ihrer wöchentlichen Arbeitszeit nur anteilig berücksichtigt:

- bis 10 Stunden wöchentlich mit dem Faktor 0,25
- bis 20 Stunden mit dem Faktor 0,5
- bis 30 Stunden mit dem Faktor 0,75

Von dem Entgelt der Teilzeitbeschäftigten sind jedoch Umlagebeiträge (U1 und U2) zu berechnen.

3 § 12 Abs. 1 DEÜV.
4 § 8 Abs. 1 Nr. 2 SGB V.

Teilzeitausbildung

Bei der Teilzeitausbildung wird die tägliche oder wöchentliche Ausbildungszeit bei berechtigtem Interesse des Auszubildenden auf gemeinsamen Antrag der Auszubildenden und Ausbildenden verkürzt. Im Regelfall führt diese Verkürzung nicht zu einer verlängerten kalendarischen Gesamtausbildungsdauer.

Teilzeitauszubildende haben die gleichen Ansprüche auf Sozialleistungen wie Auszubildende in einer Vollzeitausbildung und können neben der unmittelbaren Ausbildungsförderung auch Leistungen der Grundsicherung für Arbeitsuchende beziehen.

Gesetze, Vorschriften und Rechtsprechung

Seit dem 1.1.2020 gelten die §§ 7a und 8 Berufsbildungsgesetz (BBiG) n. F. und §§ 27a und 27b Handwerksordnung (HwO) n. F. Für Altfälle, d. h. für Ausbildungsverhältnisse mit Vertragschluss vor dem 31.12.2019, gelten gemäß der Übergangsvorschrift des § 106 BBiG n. F. teilweise noch bisherige Regelungen – z. B. § 17 BBiG a. F. zur Ausbildungsvergütung – weiter.

Lohnsteuer: Rechtsgrundlage für die Einstufung von Auszubildenden als Arbeitnehmer ist § 1 LStDV. Ergänzende Hinweise zum Arbeitnehmerbegriff finden sich in H 19.0 LStH. Der Arbeitslohnbegriff nach § 2 LStDV ist maßgebend für die Frage, ob steuerpflichtige Einkünfte nach § 19 Abs. 1 Satz 1 und § 2 Abs. 2 Satz 1 Nr. 2 EStG vorliegen und von welchem Betrag die Lohnsteuer zu ermitteln ist.

Sozialversicherung: Der Anspruch auf Berufsausbildungsbeihilfe richtet sich nach §§ 56 ff. SGB III, Ansprüche auf Bürgergeld werden durch § 7 Abs. 5 und 6 SGB II bestimmt. Ein Anspruch auf Elterngeld ergibt sich über § 1 Abs. 6 BEEG. Den Anspruch auf Kindergeld regelt das Bundeskindergeldgesetz (BKGG). Der Kinderzuschlag ist in § 6a BKGG bestimmt.

Lohnsteuer

Ausbildungsvergütung ist steuerpflichtig

Die Ausbildungsvergütung ist steuerpflichtiger Arbeitslohn. Regelmäßig liegt die Ausbildungsvergütung unterhalb des Grundfreibetrags (Existenzminimum). Dieser beträgt ab dem Veranlagungszeitraum 2024 11.604 EUR.[1]

Auch Auszubildende in Teilzeit haben Anspruch auf eine angemessene Vergütung.[2] Der ausbildende Betrieb darf bei Reduzierung der täglichen oder wöchentlichen Ausbildungszeit auch die Ausbildungsvergütung entsprechend kürzen. Sachleistungen können in Höhe der festgesetzten Sachbezugswerte[3] auf die Ausbildungsvergütung angerechnet werden, jedoch nicht über 75 % der Bruttovergütung hinaus.[4]

Geringverdienergrenze beachten

Soweit Auszubildende nicht mehr als 325 EUR monatlich an Vergütungen bekommen, sind sie ⇗ Geringverdiener. Die Vereinfachungsregelungen für Minijobs gelten für Ausbildungsverhältnisse aber nicht.

ELStAM-Verfahren auch bei Azubis

Auch für (neue) Auszubildende benötigt der Arbeitgeber für den Abruf der ELStAM das Geburtsdatum und die steuerliche Identifikationsnummer (IdNr). Außerdem müssen Auszubildende ihrem Arbeitgeber etwaige steuerliche ⇗ Freibeträge mitteilen.

1 I. d. F. des Inflationsausgleichsgesetzes. Es wurde aber eine Erhöhung für das Jahr 2024 angekündigt, die rückwirkend ab 1.1.2024 gelten soll.
2 § 17 BBiG.
3 § 17 Abs. 1 Satz 1 Nr. 4 SGB IV.
4 § 17 Abs. 6 BBiG.

Steuerliche Besonderheiten

Fahrten Wohnung – erste Tätigkeitsstätte

Fahrtkostenzuschüsse

Fahrtkostenzuschüsse des Arbeitgebers für Fahrten des Auszubildenden zwischen Wohnung und erster Tätigkeitsstätte mit dem eigenen Pkw sind grundsätzlich steuerpflichtiger Arbeitslohn. Der Arbeitgeber kann diese Zuschüsse nach den ELStAM des Arbeitnehmers oder pauschal mit 15 % versteuern.[5]

Voraussetzung für die Lohnsteuerpauschalierung mit 15 % zuzüglich Solidaritätszuschlag i. H. v. 5,5 % der pauschalen Lohnsteuer und ggf. der (pauschalen) Kirchensteuer ist, dass die ⇗ Fahrtkostenzuschüsse zusätzlich zum ohnehin geschuldeten Arbeitslohn geleistet werden.

Die pauschal besteuerten Leistungen werden auf die Entfernungspauschale angerechnet.

Jobtickets

Arbeitgeberleistungen (Zuschüsse und Sachbezüge) an Arbeitnehmer, die für die Fahrten zwischen Wohnung und erster Tätigkeitsstätte öffentliche Verkehrsmittel nutzen, sind lohnsteuerfrei. Voraussetzung für die steuerfreie Gewährung von Jobtickets bzw. entsprechender Zuschüsse ist, dass sie zusätzlich zum ohnehin geschuldeten Arbeitslohn gewährt werden. Eine Barlohnumwandlung wird nicht begünstigt (anderenfalls gilt § 8 Abs. 2 Satz EStG).[6, 7]

Wenn der Arbeitgeber den Arbeitnehmern Jobtickets überlässt, und das vor allem dazu dienen soll, dass die Parkplatz-Not auf den vom Arbeitgeber unterhaltenen Parkplätzen beseitigt werden soll, führt das bei den Mitarbeitern auch nicht zu lohnsteuerpflichtigem Sachbezug.[8]

Die steuerfreien Leistungen werden auf die Entfernungspauschale angerechnet.

Die Ausgabe eines Jobtickets kann vom Arbeitgeber aber auch mit 25 % pauschal lohnversteuert werden. Dafür entfällt die Anrechnung auf die Entfernungspauschale.[9] Barlohnumwandlungen sind mit dieser Regelung möglich.

Fahrten zur Berufsschule als Reisekosten

Fahrten des Auszubildenden zur Berufsschule oder zu anderen Ausbildungseinrichtungen sind beruflich veranlasste Auswärtstätigkeiten. Der Arbeitgeber kann dem Auszubildenden Aufwendungen für diese Fahrten im Rahmen der Reisekostenregelung steuerfrei erstatten.[10] Die erste Tätigkeitsstätte des Auszubildenden befindet sich i. d. R. in der betrieblichen Einrichtung des Arbeitgebers.

Hinweis

Arbeitgeber grundsätzlich nicht erstattungspflichtig

Der Ausbildungsbetrieb muss für den Auszubildenden nicht die Fahrtkosten zu einer auswärtigen Berufsschule (duale Ausbildung) übernehmen. Er muss den Auszubildenden für den Schulbesuch lediglich freistellen und den Arbeitslohn für die Zeit des Schulbesuchs weiterzahlen.

Steuerfreier Tank-/Benzingutschein

Auch für den Auszubildenden kann der Ausbildungsbetrieb lohnsteuerfrei einen Benzingutschein i. H. v. 50 EUR monatlich zur Verfügung stellen, sofern dieser zusätzlich zum ohnehin geschuldeten Arbeitslohn gewährt wird.[11]

5 Lohnsteuerpauschalierung nach § 40 Abs. 2 Satz 2 EStG.
6 § 3 Nr. 15 EStG, § 8 Abs. 4 EStG.
7 BMF, Schreiben v. 15.8.2019, IV C 5 – S 2342/19/10007 :001, BStBl 2019 I S. 875.
8 Hessisches FG, Urteil v. 25.11.2020, 12 K 2283/17, Nichtzulassungsbeschwerde anhängig beim BFH unter Az. VI B 5/21.
9 § 40 Abs. 2 Satz 2–4 EStG.
10 R 9.5 LStR.
11 § 8 Abs. 2 Satz 11 EStG.

Betriebliche Gesundheitsförderung

Bis zu einem Freibetrag von 600 EUR im Jahr sind entsprechende Leistungen des Arbeitgebers zur ⇗ betrieblichen Gesundheitsförderung zusätzlich zum Lohn steuerfrei.[1, 2]

Weitere steuerfreie Arbeitgeberleistungen

Weitere Leistungen, wie z. B. ⇗ Inflationsausgleichsprämie[3], ⇗ Kindergartenzuschuss[4, 5] und Internetpauschale (50 EUR monatlich; pauschale Lohnsteuer von 25 %) sind nur begünstigt, wenn die Leistungen zusätzlich zum ohnehin geschuldeten Arbeitslohn gezahlt werden. Steuerfrei sind auch zusätzlich zum ohnehin geschuldeten Arbeitslohn erbrachte Leistungen des Arbeitgebers an ein Dienstleistungsunternehmen, das den Arbeitnehmer bei der Betreuung von Kindern oder pflegebedürftigen Angehörigen berät oder hierfür Betreuungspersonen vermittelt.[6]

Zu den lohnsteuerrechtlich begünstigten Sachzuwendungen gehören u. a. auch die unentgeltliche Überlassung typischer Berufskleidung (nicht die Reinigung)[7] oder die private Nutzung betrieblicher PCs, Telefone, Handys usw.[8] Das elektrische Aufladen eines Elektro- oder Hybridelektrofahrzeugs im Betrieb des Arbeitgebers ist aktuell bis Ende 2030 steuerfrei, wenn dies zusätzlich zum ohnehin geschuldeten Arbeitslohn erfolgt.[9]

Die Überlassung eines ⇗ betrieblichen Fahrrads durch den Arbeitgeber ist steuerfrei, wenn der geldwerte Vorteil zusätzlich zum ohnehin geschuldeten Arbeitslohn gewährt wird. Die bis Ende 2030 befristete Steuerbefreiung gilt sowohl für Elektrofahrräder (kein Kfz gem. § 6 Abs. 1 Nr. 4 Satz 2 EStG) als auch für herkömmliche Fahrräder.[10]

Elterngeld

Auch Auszubildende können ⇗ Elterngeld erhalten. Wird die Teilzeitausbildung in vollem Umfang fortgesetzt und die Ausbildungsvergütung unverändert fortgezahlt, erhält der Elternteil auf jeden Fall den Mindestbetrag an Elterngeld i. H. v. 300 EUR. Entgeltersatzleistungen[11], „die nach ihrer Zweckbestimmung das Einkommen aus Erwerbstätigkeit ganz oder teilweise ersetzen“, werden auf das Elterngeld angerechnet; dazu gehört z. B. die ⇗ Berufsausbildungsbeihilfe.[12, 13]

Auswirkungen für den Ausbildungsbetrieb

Der Ausbildungsbetrieb muss bei Zahlung des Elterngelds und einer etwaigen ⇗ Berufsausbildungsbeihilfe bei der Lohnabrechnung nichts beachten. Die Berufsausbildungsbeihilfe ist in vollem Umfang steuerfrei.[14] Das Elterngeld wird beim Auszubildenden im Rahmen des ⇗ Progressionsvorbehalts bei der Einkommensteuererklärung erfasst.[15]

Sozialversicherung

Leistungsumfang

Personen, die eine Teilzeitberufsausbildung absolvieren, haben grundsätzlich die gleichen Ansprüche auf Sozialleistungen wie Auszubildende in einer Vollzeitausbildung. Neben der unmittelbaren Ausbildungsförderung können in Sonderfällen auch Leistungen der Grundsicherung für Arbeitsuchende bezogen werden.

1 § 3 Nr. 34 EStG.
2 BMF, Schreiben v. 20.4.2021, IV C 5 – S 2342/20/10003 :003, BStBl 2021 I S. 700.
3 § 3 Nr. 11c EStG.
4 § 3 Nr. 33 EStG.
5 BFH, Beschluss v. 14.4.2021, III R 30/20, BStBl 2021 II S. 772: Anrechnung der steuerfreien Leistungen nach § 3 Nr. 33 EStG auf die Kinderbetreuungskosten nach § 10 Abs. 1 Nr. 5 EStG.
6 § 3 Nr. 34a EStG.
7 R 3.31 Abs. 2 Satz 4 LStR.
8 § 3 Nr. 45 EStG; R 45 LStR.
9 § 3 Nr. 46 EStG.
10 § 3 Nr. 37 EStG.
11 § 3 Abs. 2 BEEG.
12 § 56 SGB III.
13 BSG, Urteil v. 26.2.2019, B 11 AL 6/18 R.
14 § 3 Nr. 2 Buchst. a) EStG.
15 § 3 Nr. 67 Buchst. b) EStG; § 32b Abs. 1 Satz 1 Nr. 1 Buchst. j) EStG.

Berufsausbildungsbeihilfe

Als finanzielle Unterstützung während der Berufsausbildung kommt in erster Linie die Berufsausbildungsbeihilfe nach dem SGB III in Betracht. Dabei handelt es sich um eine – dem BAföG für ⇗ Schüler und ⇗ Studenten vergleichbare – Förderleistung. Für Menschen mit Behinderung steht mit dem Ausbildungsgeld[16] eine vergleichbare, in den Förderkonditionen aber verbesserte Unterstützungsleistung zur Verfügung.[17]

Voraussetzungen

Die Berufsausbildungsbeihilfe wird bei betrieblicher oder außerbetrieblicher Berufsausbildung in einem anerkannten Ausbildungsberuf gezahlt. Grundvoraussetzung ist, dass der Auszubildende außerhalb des Haushalts der Eltern wohnt und die Ausbildungsstätte nicht in angemessener Zeit erreichen kann. Ausnahmen von dieser Voraussetzung gelten, wenn die Auszubildenden

- das 18. Lebensjahr vollendet haben,
- verheiratet sind,
- mit mindestens einem Kind zusammenleben oder
- aus schwerwiegenden Gründen nicht auf die Wohnung der Eltern verwiesen werden können.

Bedarfsprinzip

Die Berufsausbildungsbeihilfe wird nach dem sog. Bedarfsprinzip berechnet, d. h. es wird ein gesetzlich bestimmter Bedarfssatz für Lebensunterhalt, Fahrkosten und sonstige Aufwendungen festgesetzt. Auf diesen Bedarf wird die Ausbildungsvergütung und – unter Berücksichtigung von Freibeträgen eigenes Einkommen – ggf. solches der Eltern oder des Ehegatten/Partners angerechnet. Ein sich ergebender Differenzbetrag wird als Zuschuss gezahlt. Wenn bei Teilzeitberufsausbildung eine gekürzte Ausbildungsvergütung gezahlt wird, ergibt sich dadurch ein geringeres anrechenbares Einkommen und dementsprechend eine höhere Berufsausbildungsbeihilfe.

Antragsfrist/Zuständigkeit

Berufsausbildungsbeihilfe sollte vor Beginn der Ausbildung, spätestens im Monat des Ausbildungsbeginns beantragt werden. Die Leistung wird rückwirkend längstens ab dem Antragsmonat gezahlt. Zuständig ist die Agentur für Arbeit.

Ausbildungsbegleitende Hilfen/Assistierte Ausbildung

Mit dem Instrument der Assistierten Ausbildung stehen spezielle Maßnahmen zur Verfügung, mit denen die Agenturen für Arbeit und die Jobcenter junge Menschen, die ohne Unterstützung eine Berufsausbildung nicht aufnehmen oder fortsetzen können, oder die voraussichtlich Schwierigkeiten haben, ihre Berufsausbildung abzuschließen, fördern können. Von dem Förderangebot profitieren gleichermaßen Ausbildungsbetriebe, die den jungen Menschen eine Qualifizierungs- oder Ausbildungschance geben.

Die Förderung erstreckt sich erforderlichenfalls zunächst auf die Vorphase einer Ausbildung von bis zu 6 Monaten, in Ausnahmefällen bis zu 8 Monaten, in der beispielsweise Praktika zur Berufswahlentscheidung gefördert werden können. Betriebe erhalten in dieser Phase individuelle Hilfestellung durch Information oder Unterstützung bei Schaffung der Ausbildungsvoraussetzungen.[18] In einer anschließenden begleitenden Phase erstreckt sich die Förderung auf Unterstützung während der Ausbildung, z. B. durch sozialpädagogische Begleitung sowie spezielle Maßnahmen zur Stabilisierung der Ausbildung oder zum Abbau von Sprach- und Bildungsdefiziten. Betriebe erhalten in dieser Phase Unterstützung, z. B. bei der Vorbereitung und Umsetzung der Ausbildung oder bei der Beantragung von Fördermitteln.[19] Der gemeinsame Arbeitgeberservice der Agenturen für Arbeit und der Jobcenter berät Betriebe zu den Förder- und Unterstützungsmöglichkeiten.

16 § 122 SGB III.
17 §§ 56 ff. SGB III.
18 § 75a SGB III.
19 § 75 SGB III.

Leistungen bei beruflicher Weiterbildung

Handelt es sich bei der Teilzeitausbildung um eine förderfähige berufliche Weiterbildung (z. B. Nachholen eines Berufsabschlusses)[1], können die Weiterbildungskosten, insbesondere Lehrgangskosten, Fahrkosten oder evtl. Kosten der Kinderbetreuung, durch die Agentur für Arbeit übernommen werden. Bei entsprechenden Vorversicherungszeiten kann zudem ein Anspruch auf Arbeitslosengeld bei beruflicher Weiterbildung[2] in Höhe von 60 % oder 67 % des maßgeblichen Nettoentgelts bestehen. Das Arbeitslosengeld wird dabei für die gesamte Dauer der Weiterbildungsmaßnahme gezahlt, ohne dass sich die Anspruchsdauer erschöpfen kann.[3]

Für Personen, die im Rahmen einer Beschäftigung unter Freistellung von der Arbeitsleistung/Fortzahlung des Entgelts einen fehlenden Berufsabschluss im Wege der Teilzeitausbildung nachholen, kann der Arbeitgeber einen Zuschuss zum Arbeitsentgelt und zu den Kosten der Maßnahme erhalten; besondere Förderkonditionen gelten dabei für Klein- und Mittelbetriebe.

Bei erfolgreicher Zwischenprüfung wird eine Prämie von 1.000 EU und bei erfolgreicher Abschlussprüfung eine Prämie von 1.500 EUR gezahlt.[4, 5]

Bürgergeld

Auszubildende bzw. junge Menschen, deren Berufsausbildung oder Berufsausbildungsvorbereitung grundsätzlich nach dem SGB III förderungsfähig ist[6], können aufstockend zu ihrer Ausbildungsvergütung und einer ggf. zu beanspruchenden Förderung mit Berufsausbildungsbeihilfe ergänzend Bürgergeld beanspruchen.

Elterngeld

Auch Eltern in einer Teilzeitausbildung können einen Anspruch auf ↗ Elterngeld haben, wenn sie mit ihrem Kind oder ihren Kindern im Haushalt leben und diese selbst betreuen und erziehen.

Die Teilzeitausbildung selbst ist dabei kein Hindernis.[7] Das Elterngeld wird dabei gezahlt, auch wenn die Ausbildung fortgesetzt wird oder wenn die Ausbildung wegen der Erziehung des Kindes unterbrochen wird.

Das Elterngeld beträgt i. d. R. 67 % des vorherigen bereinigten Einkommens (Durchschnitt aus 12 Monaten vor dem Geburtsmonat) aus der Erwerbstätigkeit. War das Einkommen vor der Geburt geringer als 1.000 EUR, steigt der Prozentsatz an; lag es über 1.200 EUR, sinkt der Prozentsatz auf bis zu 65 %. Wird die Ausbildungsvergütung weiter bezogen, wird sie angerechnet, jedoch beträgt das Elterngeld auch dann mindestens 300 EUR monatlich.[8] Das Elterngeld muss schriftlich bei den nach Landesrecht zuständigen Stellen (z. B. Jugendämter) beantragt werden.

Kinderbetreuungsplatz

Besonders wichtig für Teilzeitauszubildende ist die Sicherstellung der Kinderbetreuung. Interessant ist hier vor allem der Rechtsanspruch auf einen Betreuungsplatz für unter 3-Jährige ab August 2013.

Zuschüsse zur Kinderbetreuung können bei den jeweiligen Jugendämtern beantragt werden.

Kindergeld

Für Kinder, die sich in einer Berufsausbildung befinden, besteht Anspruch auf ↗ Kindergeld bis zur Vollendung des 25. Lebensjahres. Das Kindergeld wird in der Regel von den Eltern des in Berufsausbildung befindlichen Kindes bezogen.

Seit dem 1.1.2023 beträgt das Kindergeld für jedes Kind 250 EUR.

Kindergeld kann auch bezogen werden für eine Übergangszeit von jeweils 4 Monaten zwischen 2 Ausbildungsabschnitten.

Das Kindergeld kann auch von dem Kind selbst bezogen werden, wenn es Vollwaise ist oder den Aufenthalt der Eltern nicht kennt.

Natürlich kann Kindergeld auch bezogen werden, wenn die oder der Auszubildende selbst ein Kind hat.

Kinderzuschlag

Nach dem Bundeskindergeldgesetz (BKGG) können die Eltern des in Ausbildung befindlichen Kindes, das das 25. Lebensjahr noch nicht vollendet hat, ggf. einen Anspruch auf Kinderzuschlag haben. Der Kinderzuschlag hat die Funktion, Hilfebedürftigkeit zu vermeiden, wenn das Einkommen der Eltern zwar für ihren eigenen Bedarf, nicht aber für den Bedarf des Kindes ausreicht. Dafür muss eine Mindesteinkommensgrenze überschritten werden (900 EUR bei Paaren, 600 EUR bei Alleinerziehenden). Wird die Mindesteinkommensgrenze unterschritten, so steht der Familie kein Kinderzuschlag, sondern Grundsicherung nach dem SGB II zu. Der Kinderzuschlag mindert sich um 45 % des elterlichen Einkommens überhalb des Bedarfs der Eltern für den Lebensunterhalt. Einkommen des Kindes mindert den Kinderzuschlag ebenfalls um 45 %. Der volle Kinderzuschlag für ein Kind beträgt bis zu 250 EUR monatlich. Der Anspruch ist an den Anspruch auf Kindergeld gekoppelt und muss daher bei der Familienkasse beantragt werden.

Wohngeld

Während einer Teilzeitausbildung könnte auch ein Anspruch auf Wohngeld bestehen. Wenn jedoch alle Mitglieder des Haushalts einen Anspruch auf eine Förderung nach dem BAföG oder durch Berufsausbildungsbeihilfe haben, ist ein Wohngeldanspruch ausgeschlossen. Werden BAföG-Leistungen nur darlehensweise gezahlt, so kann dennoch ein Anspruch auf Wohngeld bestehen. Auch Bezieher von Bürgergeld haben keinen Anspruch auf Wohngeld, wenn die Wohnkosten schon in der Berechnung dieser Leistungen als Kosten der Unterkunft und Heizung berücksichtigt werden. Wohngeld kann bei der Wohngeldbehörde (Gemeinde-, Stadt- oder Kreisverwaltung) beantragt werden.

Unterhaltsleistungen

Auch während einer Teilzeitausbildung kann noch ein Unterhaltsanspruch gegen die Eltern bestehen. Dieser dürfte im Allgemeinen problemlos sein, solange es sich um eine Erstausbildung handelt, die zu einem berufsqualifizierenden Abschluss führt. Ein solcher Unterhaltsanspruch kann sich ggf. auch gegen den Ehegatten des oder der Auszubildenden richten. Hierzu können Informationen beim Jugendamt (bei Minderjährigkeit) oder bei der Geschäftsstelle des zuständigen Amtsgerichts eingeholt werden.

Hat der Auszubildende selbst Kinder, könnte ein Unterhaltsanspruch für das Kind gegen den anderen Elternteil des Kindes bestehen. In einem solchen Falle könnte auch ein Anspruch auf Unterhaltsvorschuss bestehen, wenn der andere Elternteil seiner Unterhaltspflicht nicht nachkommt. Ein Unterhaltsvorschuss müsste bei der zuständigen Stadt- oder Kreisverwaltung (Jugendamt) beantragt werden.

Telekommunikationsleistungen

Zu den Telekommunikationsleistungen gehören die private Nutzung betrieblicher Datenverarbeitungs- und Telekommunikationsgeräte einschließlich Zubehör, die Überlassung von System- und Anwendungsprogrammen, die der Arbeitgeber auch in seinem Betrieb einsetzt, zur privaten Nutzung durch den Arbeitnehmer sowie die Schenkung entsprechender Geräte und die Einrichtung eines arbeitnehmereigenen Internetzugangs durch den Arbeitgeber.

1 § 81 SGB III.
2 § 144 SGB III.
3 § 148 Abs. 2 Satz 3 SGB III.
4 § 131a Abs. 3 SGB III.
5 § 82 SGB III.
6 §§ 51, 57, 58 SGB III.
7 § 1 Abs. 6 BEEG.
8 § 2 Abs. 4 BEEG.

Gesetze, Vorschriften und Rechtsprechung

Lohnsteuer: Die Steuerfreiheit von Telekommunikationsleistungen ergibt sich aus § 3 Nr. 45 EStG; die Pauschalbesteuerung aus § 40 Abs. 2 Nr. 5 EStG.

Sozialversicherung: Die Beitragspflicht von Telekommunikationsleistungen ist in § 14 Abs. 1 Satz 1 SGB IV i. V. m. § 1 SvEV geregelt.

Entgelt	LSt	SV
Privatnutzung betrieblicher Kommunikationsmittel	frei	frei
Entgeltumwandlung zugunsten privater Nutzungsmöglichkeiten	frei	pflichtig
Internetzuschuss und PC-Schenkung, mit 25 % pauschalbesteuert	pauschal	frei

Lohnsteuer

Steuerfreie private Telefon- und Internetnutzung

Geldwerte Vorteile aus der unentgeltlichen oder verbilligten Nutzung des arbeitgebereigenen Telefonanschlusses, von Mobil- oder Autotelefon sowie von Internet- und sonstigen Onlinezugängen zu privaten Zwecken des Arbeitnehmers gehören grundsätzlich zum Arbeitslohn. Die Privatnutzung durch den Arbeitnehmer bleibt aber steuerfrei[1], wenn der Arbeitgeber das mindestens wirtschaftliche Eigentum an den zur Nutzung überlassenen Geräten behält.[2]

Umfang der steuerfreien Nutzungsüberlassung

Von der Steuerfreistellung[3] werden auch die durch die Nutzung entstehenden Grund- und Verbindungsentgelte erfasst und nicht bloß die anteiligen Aufwendungen für die Anschaffung bzw. für Miete oder Leasing, den Einbau und den Anschluss der Datenverarbeitungs- und Telekommunikationsgeräte (Gerätekosten).

Arbeitgeber muss Eigentümer sein

Voraussetzung für die Steuerbefreiung[4] ist, dass es sich um betriebliche Geräte handelt, die dem Arbeitnehmer zur Nutzung überlassen werden. Durch den Begriff „betriebliche Geräte" soll der Fall der Schenkung der Geräte an den Arbeitnehmer von der Steuerfreiheit ausgeschlossen werden. Von einem betrieblichen Gerät kann auch dann ausgegangen werden, wenn der Arbeitgeber das Mobiltelefon, durch dessen Nutzung die Telefonkosten entstehen, zunächst vom Arbeitnehmer zu einem niedrigen, auch unter dem Marktwert liegenden Preis erwirbt und direkt danach dem Arbeitnehmer wieder zur privaten Nutzung überlässt. Entscheidend ist, dass der Arbeitnehmer nach dem Verlust seines zivilrechtlichen Eigentums an dem Mobiltelefon weder wirtschaftlicher Eigentümer des Gerätes ist noch als Leasingnehmer oder aufgrund einer sonstigen, neben dem Arbeitsverhältnis bestehenden Sonderrechtsbeziehung weiter über das Mobiltelefon verfügen kann.[5, 6]

Nutzungsort ist unbedeutend

Die Steuerfreiheit ist nicht auf die private Nutzung der Datenverarbeitungs- oder Telekommunikationsgeräte im Betrieb des Arbeitgebers beschränkt, sondern erfasst auch die Vorteile, die sich durch die private Nutzung eines Geräts ergeben, welches sich im Besitz des Arbeitnehmers befindet. Typische Beispiele sind

- PC, Laptop, Telefon, Faxgerät in der Wohnung des Arbeitnehmers, der einen Telearbeitsplatz innehat,
- das Handy oder Smartphone eines Außendienstmitarbeiters,
- der betriebliche PC oder Laptop, der dem Arbeitnehmer leihweise zur privaten Nutzung überlassen wird.

Beispiel

Privatnutzung eines Laptops durch Ehepartner ebenfalls steuerfrei

Ein Arbeitgeber überlässt seinem Arbeitnehmer einen Laptop zur privaten Nutzung durch den Arbeitnehmer und dessen nicht berufstätigen Ehepartner. Der Arbeitnehmer nutzt das Gerät zu 40 % beruflich, sein Ehepartner ausschließlich privat.

Im Durchschnitt entstehen der Firma hierdurch monatliche Kosten von 200 EUR.

Ergebnis: Die Aufwendungen sind beim Arbeitnehmer steuer- und sozialversicherungsfreier Arbeitslohn.

Steuerfreie Nutzung betrieblicher Software

Steuerfrei sind auch die zur privaten Nutzung überlassenen System- und Anwendungsprogramme, die der Arbeitgeber auch in seinem Betrieb einsetzt.[7] Hierzu gehören z. B. Betriebssysteme und Virenscanner sowie Office-Lösungen für Smartphones. Typisch ist auch die unentgeltlich oder verbilligte Überlassung sog. Home-use-Programme, bei denen der Arbeitgeber mit einem Softwareanbieter eine Volumenlizenzvereinbarung für Software abschließt, die auch dem Arbeitnehmer eine private Nutzung der Software auf dem privaten PC oder Laptop ermöglicht.

Hinweis

Privatnutzung von Computerspielen nicht begünstigt

Da nur die Überlassung von System- und Anwendungssoftware begünstigt wird, die der Arbeitgeber auch in seinem Betrieb einsetzt, sind Computerspiele oder andere Unterhaltungssoftware und Social Life Games i. d. R. nicht begünstigt. Ebenso ist der Bereich der sog. „Apps" für Smartphones eher restriktiv zu sehen.

Barlohnumwandlung steuerrechtlich zulässig

Arbeitgeber und Arbeitnehmer können vereinbaren, dass auf einen bestimmten, künftigen Barlohnbetrag verzichtet wird, z. B. zugunsten der leihweisen Überlassung eines PCs, Notebooks oder Smartphones. Die Steuerfreiheit[8] hängt nicht davon ab, dass die Vorteile aus der privaten Nutzung der betrieblichen Datenverarbeitungs- oder Telekommunikationsgeräte sowie der Überlassung von System- und Anwendungsprogrammen dem Arbeitnehmer zusätzlich zum ohnehin geschuldeten Arbeitslohn gewährt werden.

Beispiel

Barlohnumwandlung zugunsten steuerfreier Handynutzung

Ein Arbeitgeber überlässt seinem Arbeitnehmer 2 Handys zur privaten Nutzung, ist jedoch nicht bereit, die damit verbundenen Kosten von monatlich 100 EUR zu tragen. Vereinbarungsgemäß werden diese Aufwendungen durch eine Herabsetzung des Barlohns des Arbeitnehmers von 3.000 EUR auf 2.900 EUR finanziert.

Ergebnis: Der Gehaltsverzicht ist steuerlich zulässig, sodass der steuerpflichtige Arbeitslohn künftig nur noch 2.900 EUR beträgt.

Steuerfreier Auslagenersatz aufgrund Einzelnachweis

Voraussetzung für die Steuerfreiheit von ⇗ Auslagenersatz ist grundsätzlich der Einzelnachweis der verauslagten Beträge. Ausnahmsweise kann auch ein pauschaler Auslagenersatz steuerfrei gezahlt werden. Voraussetzung ist, dass er regelmäßig geleistet wird und der Arbeitnehmer die entstandenen Aufwendungen für einen repräsentativen Zeitraum von 3 Monaten im Einzelnen nachweist.[9]

1 § 3 Nr. 45 EStG.
2 Sächsisches FG, Urteil v. 2.11.2017, 8 K 870/17.
3 § 3 Nr. 45 EStG.
4 § 3 Nr. 45 EStG.
5 BFH, Urteil v. 23.11.2022, VI R 50/20, BStBl 2023 II S. 584; gegen die im Amtlichen Lohnsteuer-Handbuch, H 3.45, Beispiele für die Anwendung des § 3 Nr. 45 EStG: in Beispiel 2 vertretene Auffassung.
6
7 § 3 Nr. 45 EStG.
8 § 3 Nr. 45 EStG.
9 § 3 Nr. 50 EStG; R 3.50 Abs. 2 LStR.

Erstattungsfähige Aufwendungen

Bei den Aufwendungen für Telekommunikation (z. B. Telefon, PC oder Notebook, Handy oder Smartphone und Internet) können neben den variablen Gesprächsgebühren auch die Aufwendungen für das Nutzungsentgelt der Telefonanlage sowie für den Grundpreis der Anschlüsse entsprechend dem beruflichen Anteil der Verbindungsentgelte an den gesamten Verbindungsentgelten (Telefon und Internet) steuerfrei ersetzt werden.

Ohne Einzelnachweis: pauschal 20 % – höchstens 20 EUR

Fallen erfahrungsgemäß beruflich veranlasste Telekommunikationsaufwendungen an, können ohne Einzelnachweis des beruflich veranlassten Anteils bis zu 20 % des Rechnungsbetrags, höchstens 20 EUR monatlich, steuerfrei erstattet werden. Zur weiteren Vereinfachung kann der monatliche Durchschnittsbetrag, der sich aus den Rechnungsbeträgen für einen repräsentativen Zeitraum von 3 Monaten ergibt, für den pauschalen Auslagenersatz fortgeführt werden. Dies gilt solange, bis sich die Verhältnisse wesentlich ändern. Eine solche Änderung kann sich insbesondere im Zusammenhang mit einer Änderung der Berufstätigkeit ergeben.[1]

Schenkung von Datenverarbeitungsgeräten

Pauschalbesteuerung mit 25 %

Übereignet der Arbeitgeber seinen Mitarbeitern zusätzlich zum ohnehin geschuldeten Arbeitslohn unentgeltlich oder verbilligt ein Datenverarbeitungsgerät, kann die Übereignung mit 25 % pauschal versteuert werden.[2] Das Gleiche gilt, wenn der Arbeitgeber seinem Arbeitnehmer dessen Aufwendungen für die Internetnutzung ganz oder teilweise ersetzt.

Steuerliche Bewertung des Sachbezugs

Der zu pauschalierende Wert bestimmt sich i. d. R. nach dem um die üblichen Preisnachlässe geminderten üblichen Endpreis am Abgabeort im Zeitpunkt der Abgabe.[3] Aus Vereinfachungsgründen kann der Wert mit 96 % des Endpreises bewertet werden, zu dem sie der Abgebende oder dessen Abnehmer fremden Letztverbrauchern im allgemeinen Geschäftsverkehr anbietet. Dies gilt nicht, wenn als Endpreis der günstigste Preis am Markt angesetzt oder ein Warengutschein i. S. d. § 8 Abs. 1 Satz 3 EStG mit Betragsangabe hingegeben wird.

Gehaltsumwandlung steuerschädlich

Voraussetzung für die Lohnsteuerpauschalierung ist, dass diese Zuwendungen des Arbeitgebers zusätzlich zum ohnehin geschuldeten Arbeitslohn gewährt werden.[4]

⇗ Barlohnumwandlungen schließen somit die Lohnsteuerpauschalierung aus.

Zubehör und Software ebenfalls begünstigt

Die Pauschalbesteuerung umfasst nicht nur die eigentliche Geräteübereignung, sondern auch die Übereignung von Hard- und Software einschließlich des technischen Zubehörs. Dies gilt für eine Erstausstattung ebenso wie für eine Ergänzung, Aktualisierung oder einen Austausch vorhandener Bestandteile. Die Pauschalbesteuerung ist sogar möglich, wenn der Arbeitgeber ausschließlich technisches Zubehör oder Software übereignet.[5]

Hinweis

Keine Lohnsteuerpauschalierung bei reinen Telekommunikationsgeräten

Telekommunikationsgeräte, die nicht Zubehör eines Datenverarbeitungsgerätes sind oder nicht für die Internetnutzung verwendet werden können, sind von der Lohnsteuerpauschalierung ausgeschlossen.[6]

1 R 3.50 Abs. 2 Sätze 3–7 LStR.
2 § 40 Abs. 2 Nr. 5 EStG.
3 § 8 Abs. 2 Satz 1 EStG.
4 § 8 Abs. 4 EStG.
5 R 40.2 Abs. 5 LStR.
6 R 40.2 Abs. 5 Satz 4 LStR.

Pauschalierungsfähige Zuwendungen

Zu den pauschalierungsfähigen Zuwendungen des Arbeitgebers für die Internetnutzung gehören sowohl die laufenden Kosten (z. B. Grundgebühr für den Internetzugang, laufende Gebühren für die Internetnutzung, Flatrate) als auch die Kosten der Einrichtung des Internetzugangs, z. B. Anschluss, Modem, PC.[7]

Internetpauschale bis zu 50 EUR im Monat

Aus Vereinfachungsgründen kann der Arbeitgeber den vom Arbeitnehmer angegebenen Betrag für die laufende Internetnutzung ohne weitere Prüfung pauschal besteuern, soweit dieser 50 EUR monatlich nicht übersteigt. Voraussetzung ist, dass der Arbeitnehmer erklärt, einen Internetzugang zu besitzen, für den im Kalenderjahr durchschnittlich Aufwendungen in der erklärten Höhe entstehen. Diese Erklärung ist als Beleg zum Lohnkonto aufzubewahren.[8] Hat der Arbeitnehmer die Unwahrheit gesagt, droht dem Arbeitgeber keine Haftung. Etwaige Mehrsteuern würden dann beim Arbeitnehmer nacherhoben.

Einzelnachweis bei Beträgen über 50 EUR

Will der Arbeitgeber mehr als 50 EUR monatlich erstatten und pauschal besteuern, muss der Arbeitnehmer für einen repräsentativen Zeitraum von 3 Monaten die entstandenen Aufwendungen im Einzelnen nachweisen.

Telefon und Internet als Werbungskosten

Aufwendungen für Telekommunikationsleistungen sind Werbungskosten, soweit sie beruflich veranlasst sind. Weist der Arbeitnehmer den Anteil der beruflich veranlassten Aufwendungen an den Gesamtaufwendungen für einen repräsentativen Zeitraum von 3 Monaten im Einzelnen nach, so kann dieser berufliche Anteil für das gesamte Jahr zugrunde gelegt werden.

Ohne Einzelnachweis: pauschal 20 % – höchstens 20 EUR

Fallen erfahrungsgemäß beruflich veranlasste Telekommunikationsaufwendungen an, können ohne Einzelnachweis bis zu 20 % des Rechnungsbetrags, höchstens jedoch 20 EUR monatlich, als Werbungskosten anerkannt werden. Zur weiteren Vereinfachung kann der monatliche Durchschnittsbetrag, der sich aus den Rechnungsbeträgen für einen repräsentativen Zeitraum von 3 Monaten ergibt, für den gesamten Veranlagungszeitraum zugrunde gelegt werden.

Steuerfreie Arbeitgebererstattung mindert Werbungskosten

Steuerfreier Auslagenersatz von Telekommunikationsaufwendungen mindert den als ⇗ Werbungskosten abziehbaren Betrag.[9]

Keine Werbungskostenkürzung bei Zuschüssen bis 50 EUR

Soweit pauschal besteuerte Zuschüsse auf beruflich veranlasste Aufwendungen entfallen, ist ein Werbungskostenabzug durch den Arbeitnehmer grundsätzlich ausgeschlossen. Zugunsten des Arbeitnehmers können die pauschal besteuerten Zuschüsse aber zunächst auf die privat veranlassten Internetkosten angerechnet werden. Darüber hinaus wird bei Zuschüssen von bis zu 50 EUR monatlich von einer Anrechnung der pauschal besteuerten Zuschüsse auf die Werbungskosten des Arbeitnehmers generell abgesehen.[10]

Sozialversicherung

Telefonbenutzung

Übernimmt ein Arbeitgeber die Kosten für private Gespräche im Betrieb bzw. für die private Nutzung eines betrieblichen Mobiltelefons, so stellt dieses kein Arbeitsentgelt im Sinne der Sozialversicherung dar. Denn alle Vorteile eines Arbeitnehmers aus der privaten Nutzung von betrieblichen Datenverarbeitungs- und Telekommunikationsgeräten sind steuerbefreit. Dies gilt sowohl für den Gebrauch der Geräte als auch für die vom Arbeitgeber getragenen Verbindungsentgelte.

7 R 40.2 Abs. 5 Satz 6 LStR.
8 R 40.2 Abs. 5 Sätze 7, 8 LStR.
9 R 9.1 Abs. 5 Sätze 4–6 LStR.
10 R 40.2 Sätze 10-12 LStR.

Telefonanschluss

Übernimmt ein Arbeitgeber den auf betrieblich veranlasste Gespräche, Faxe und Internetverbindungen des Arbeitnehmers entfallenden Kostenanteil eines Telefonanschlusses, so stellt dies kein Arbeitsentgelt im Sinne der Sozialversicherung dar.

Übereignung von PCs, Zubehör und Internetzugang

Der Arbeitgeber kann die Lohnsteuer pauschal erheben, soweit er den Arbeitnehmern zusätzlich zum ohnehin geschuldeten Arbeitslohn unentgeltlich oder verbilligt Datenverarbeitungsgeräte wie z. B. PC, Laptop, Smartphone oder Tablet PC übereignet. Dies gilt auch für Zubehör, Software und den Internetzugang sowie für Zuschüsse des Arbeitgebers zu den Aufwendungen des Arbeitnehmers für die Internetnutzung, soweit diese zusätzlich zum ohnehin geschuldeten Arbeitslohn gezahlt werden. Die Pauschalierung ist bei Sachzuwendungen des Arbeitgebers möglich. Sofern der Arbeitgeber von der Lohnsteuerpauschalierung Gebrauch macht, gehören die geldwerten Vorteile nicht zum Arbeitsentgelt in der Sozialversicherung.

Private Nutzung von Software

System- und Anwendungsprogramme, die der Arbeitgeber dem Arbeitnehmer überlässt und die dieser ausschließlich privat nutzt, sind steuer- und damit auch beitragsfrei. Dies gilt jedoch nur für Software, die der Arbeitgeber auch in seinem Betrieb einsetzt.

Keine Beitragsfreiheit bei Entgeltumwandlung

Für die Steuerfreiheit der Telekommunikationsleistungen kommt es nicht darauf an, ob die Vorteile zusätzlich zum ohnehin geschuldeten Arbeitslohn oder aufgrund einer Vereinbarung mit dem Arbeitgeber über die Herabsetzung von Arbeitslohn erbracht werden. Anders ist dies im Sozialversicherungsrecht. Beitragsfreiheit kommt nach § 1 SvEV für steuerfreie Einnahmen nur dann in Betracht, wenn es sich um zusätzliche Leistungen handelt. Bei einer ⇗ Entgeltumwandlung wird diese Voraussetzung nicht erfüllt. Durch eine Umwandlung von Arbeitsentgelt in Telekommunikationsleistungen kann demnach keine Beitragsfreiheit in der Sozialversicherung herbeigeführt werden.

Territorialitätsprinzip

Das Territorialitätsprinzip bestimmt, welches Recht auf welche Personen an welchem Ort anwendbar ist. Im Bereich der Sozialversicherung gelten die versicherungsrechtlichen Vorschriften des Staates in dem die Beschäftigung ausgeübt wird. Die Vorschriften gelten sowohl bei der versicherungsrechtlichen Zuordnung als auch bei der Leistungsgewährung. Auch in arbeitsrechtlicher Hinsicht ist der räumliche Geltungsbereich der deutschen Arbeitsrechtsgesetzen grundsätzlich auf das jeweilige Staatsgebiet beschränkt, da die Souveränität des Staates durch die Landesgrenzen begrenzt ist; gleichwohl können sich von diesem Grundsatz beschränkte Ausnahmen ergeben.

Gesetze, Vorschriften und Rechtsprechung

Sozialversicherung: Das Territorialitätsprinzip ist in § 3 SGB IV geregelt. Der Grundsatz wird durch die Ausstrahlung (§ 4 SGB IV), die Einstrahlung (§ 5 SGB IV) und das über- und zwischenstaatliche Recht (§ 6 SGB IV) durchbrochen.

Sozialversicherung

Umfang

Das Territorialitätsprinzip gilt für alle Personen, die in der Bundesrepublik Deutschland eine ⇗ Beschäftigung oder selbstständige Tätigkeit ausüben oder ihren gewöhnlichen Wohnort bzw. Aufenthalt in Deutschland haben. Jede Person, für die das Territorialitätsprinzip gilt, unterliegt den deutschen Rechtsvorschriften über die Versicherungspflicht in der Kranken-, Pflege-, Renten-, Unfallversicherung und im Bereich der Arbeitsförderung.

Abweichungen

Es gibt Ausnahmen vom Territorialitätsprinzip. In den nachfolgenden Fallgestaltungen wird dieses entweder erweitert oder beschränkt.

Ausstrahlung

Die ⇗ Ausstrahlung erweitert das Territorialitätsprinzip. Bei einer Ausstrahlung gelten die deutschen Rechtsvorschriften im Bereich der Sozialversicherung auch bei einer Beschäftigung im Ausland. Hierdurch wird gewährleistet, dass eine Auslandsbeschäftigung nicht zu Nachteilen beim betroffenen Arbeitnehmer führt.

Einstrahlung

Die ⇗ Einstrahlung begrenzt wiederum das Territorialitätsprinzip. Im Rahmen einer Einstrahlung sind die deutschen Rechtsvorschriften auf einen Arbeitnehmer, der für eine begrenzte Dauer in Deutschland tätig ist, nicht anzuwenden.

Über- und zwischenstaatliches Recht

Die Anwendung der deutschen Rechtsvorschriften wird sowohl durch die Verordnung (EG) über soziale Sicherheit Nr. 883/2004 als auch durch die jeweiligen Abkommen über soziale Sicherheit begrenzt oder ausgeschlossen. Hierbei ist zu beachten, dass der sachliche Geltungsbereich der Verordnung (EG) über soziale Sicherheit alle Sozialversicherungszweige umfasst. Die Abkommen hingegen gelten nur für einzelne Sozialversicherungszweige.

Ausnahmevereinbarungen

Neben den Regelungen des über- und zwischenstaatlichen Rechts kann auch eine ⇗ Ausnahmevereinbarung zu einer abweichenden Rechtsanwendung führen. Ziel einer Ausnahmevereinbarung ist immer die Weitergeltung der bisherigen Rechtsvorschriften.

Sachleistungen

Leistungen werden grundsätzlich nur innerhalb des Geltungsbereichs des eigenen Staates erbracht. Sowohl im Rahmen der Verordnung (EG) über soziale Sicherheit als auch im Rahmen der Regelungen der Abkommen über Soziale Sicherheit gibt es viele Ausnahmen. Wohnt eine in Deutschland versicherte Person im Ausland, kann diese Person Sachleistungen im Rahmen der Leistungsaushilfe im gleichen Umfang in Anspruch nehmen, wie die Staatsangehörigen des Mitgliedsstaates.

Geldleistungen

Im Rahmen der Verordnung (EG) über soziale Sicherheit Nr. 883/2004 werden Geldleistungen immer zulasten des zuständigen Staates erbracht. Gelten für einen Arbeitnehmer während einer Entsendung die deutschen Rechtsvorschriften, so wird beispielsweise bei Arbeitsunfähigkeit Krankengeld von der deutschen zuständigen Krankenkasse gezahlt.

Renten

Eine Rentenzahlung erfolgt grundsätzlich nur im Inland. Verlegt ein Rentner seinen Wohnort in einen anderen EU-, EWR-Staat, in die Schweiz oder in ein Land, mit dem ein Abkommen über Soziale Sicherheit im Bereich der Rentenversicherung besteht, wird die Rente in voller Höhe ausgezahlt. Sollte ein Rentner ausschließlich eine deutsche Rente erhalten und in einem Staat leben, in dem die Verordnung angewendet wird oder in dem ein Abkommen über Soziale Sicherheit gilt, das den Bereich der Krankenversicherung umfasst, erhält der Rentner Sachleistungen im Rahmen der Leistungsaushilfe zulasten des Renten zahlenden Staates.

Teuerungszulage

Der Begriff der Teuerungszulage wird in der Entgeltabrechnung gleichbedeutend mit dem Begriff des Inflationsausgleichs verwendet. Beide Zulagen kommen heute nur noch selten vor und haben ihren Ursprung im Beamtenrecht.

Da die Teuerungszulage im Zusammenhang mit der Erbringung der Arbeitsleistung gewährt wird, handelt es sich hierbei um laufenden lohnsteuerpflichtigen Arbeitslohn bzw. regelmäßiges beitragspflichtiges Arbeitsentgelt. Eine Teuerungszulage kann in seltenen Fällen auch einmalig ausbezahlt werden. In diesem Fall sind die entsprechenden Regeln für die Besteuerung sonstiger Bezüge bzw. für einmalig gezahltes Arbeitsentgelt in der Sozialversicherung anzuwenden.

Gesetze, Vorschriften und Rechtsprechung

Lohnsteuer: Die Steuerpflicht der Teuerungszulage ergibt sich aus § 19 Abs. 1 EStG i. V. m. R 19.3 Abs. 1 Satz 1 Nr. 1 LStR.

Sozialversicherung: Die Beitragspflicht der Teuerungszulage ergibt sich für sozialversicherungspflichtige Beschäftigte aus § 14 Abs. 1 SGB IV. Die Beitragsberechnung bei der Auszahlung als Einmalzahlung ist in § 23a SGB IV geregelt.

Entgelt	LSt	SV
Teuerungszulage	pflichtig	pflichtig

Theaterbetriebszuschlag

Der Theaterbetriebszuschlag ist ein Begriff aus dem Tarifrecht des öffentlichen Dienstes. Er wird für Arbeitnehmer bezahlt, die bei Theatern und öffentlichen Bühnen beschäftigt sind. Der Theaterbetriebszuschlag gilt als Ausgleich für den Arbeitnehmer, der seine Arbeitsleistung außerhalb der üblichen Arbeitszeiten erbringt.

Da der Theaterbetriebszuschlag im Zusammenhang mit der Erbringung der Arbeitsleistung des Arbeitnehmers gewährt wird, handelt es sich hierbei um laufenden lohnsteuerpflichtigen Arbeitslohn und regelmäßiges sozialversicherungspflichtiges Arbeitsentgelt.

Gesetze, Vorschriften und Rechtsprechung

Lohnsteuer: Die Steuerpflicht des Theaterbetriebszuschlags ergibt sich aus § 19 Abs. 1 EStG i. V. m. R 19.3 Abs. 1 Satz 1 Nr. 1 LStR.

Sozialversicherung: Die Beitragspflicht des Theaterbetriebszuschlags ergibt sich für sozialversicherungspflichtige Beschäftigte aus § 14 Abs. 1 SGB IV.

Entgelt	LSt	SV
Theaterbetriebszuschlag	pflichtig	pflichtig

Todesfall

Der **Tod des Arbeitnehmers** beendet das Arbeitsverhältnis und das Beschäftigungsverhältnis in jedem Fall. Daraus können sich jedoch Ansprüche für die Hinterbliebenen ergeben.

Der **Tod des Arbeitgebers** (als natürliche Person) führt grundsätzlich zum Übergang des Arbeitsverhältnisses auf den Erben.

Gesetze, Vorschriften und Rechtsprechung

Lohnsteuer: Die Zahlung von Arbeitslohn an Erben oder Hinterbliebene ist in R 19.9 LStR geregelt. Das Sterbegeld gesetzlicher Kranken- oder Unfallversicherungen ist steuerfrei nach § 3 Nr. 1 EStG. Zur Steuerermäßigung bei Versorgungsbezügen siehe § 19 Abs. 2 EStG und R 19.8 LStR.

Sozialversicherung: Das Ende der Mitgliedschaft bei Tod des Arbeitnehmers wird in § 190 Abs. 1 SGB V geregelt.

Entgelt	LSt	SV
Entgeltzahlung im Sterbemonat	pflichtig	pflichtig
Entgeltzahlung über den Tod hinaus	pflichtig	frei
Sterbegeld	pflichtig	frei
Sterbegeld aus Sterbekassen/-versicherungen oder Kranken-/Unfallversicherung	frei	frei

Lohnsteuer

Lohnsteuerabzug nach Todesfall

Lohnzahlung an Rechtsnachfolger

Einkünfte aus nichtselbstständiger Arbeit, die erst nach dem Tod des ursprünglich Bezugsberechtigten zufließen, sind – unabhängig vom Rechtsgrund der Zahlungen – als Einkünfte des Erben bzw. der Hinterbliebenen anzusehen und nach dessen ⇗ ELStAM zu versteuern. Das gilt z. B. auch für die sich bei Auszahlung des Gleitzeitguthabens des verstorbenen Arbeitnehmers ergebenden Lohnbestandteile.[1] Für die Entstehung der Steuerschuld bei den Einkünften aus nichtselbstständiger Arbeit kommt es nämlich allein auf den Zeitpunkt des Zuflusses an.[2,3] Soweit Arbeitslohn nach dem Tod des Arbeitnehmers gezahlt wird, darf dieser grundsätzlich nicht mehr nach den steuerlichen Merkmalen des Verstorbenen besteuert werden.

Hinweis

Lohnsteuerabzug nach Steuerklasse VI

Sofern keine ELStAM für den überlebenden Ehepartner abgerufen werden (können) bzw. keine entsprechende Bescheinigung vorgelegt wird, ist die ⇗ Steuerklasse VI anzuwenden.[4]

Unterscheidung laufender Arbeitslohn oder sonstiger Bezug

Bei diesen Zahlungen ist zwischen laufendem Arbeitslohn (z. B. Lohn für den Sterbemonat oder den Vormonat)[5] und ⇗ sonstigen Bezügen[6] zu unterscheiden, genauso wie es bei einer Zahlung an den verstorbenen Arbeitnehmer der Fall gewesen wäre.

Die zur Ermittlung der von einem sonstigen Bezug einzubehaltenden Lohnsteuer erforderliche Hochrechnung auf einen voraussichtlichen Jahresarbeitslohn ist im Todesfall nicht erforderlich, weil nach diesem Zeitpunkt dem Verstorbenen kein Arbeitslohn mehr zufließen kann.[7]

Lohnzahlung an mehrere Erben

Sind mehrere Erben anspruchsberechtigt und nimmt der Arbeitgeber gleichwohl die Auszahlung nur an einen der Erben vor, wird dies aus steuerlicher Sicht nicht beanstandet. Der Erbe kann die von ihm an die Miterben weitergegebenen Beträge bei der Einkommensteuerveranlagung als negative Einnahmen geltend machen.[8]

1 R 19.9 Abs. 1 Satz 1 LStR.
2 § 11 EStG.
3 BFH, Urteil v. 29.7.1960, VI 265/58, BStBl 1960 III S. 404.
4 §§ 39e Abs. 8 Satz 1 oder 39 Abs. 3 Satz 1 EStG.
5 R 39b.2 Abs. 1 LStR.
6 R 39b.2 Abs. 2 LStR.
7 R 39b.6 Abs. 3 Satz 4 LStR.
8 R 19.9 Abs. 2 LStR.

Versorgungsbezüge

Der nach dem Tod des Arbeitnehmers dem Hinterbliebenen (Witwe/r bzw. Kinder) zufließende Arbeitslohn aufgrund des früheren Dienstverhältnisses des Verstorbenen kann ein ⇗ Versorgungsbezug[1] sein, wenn er nach beamtenrechtlichen Vorschriften oder Grundsätzen oder in anderen Fällen als Hinterbliebenenbezug gezahlt wird.

Hinweis

Arbeitsrechtlicher Anspruch auf Arbeitslohn im Sterbemonat

Ist der Arbeitslohn arbeitsrechtlich oder tarifvertraglich für den gesamten Lohnzahlungszeitraum zu zahlen, stellt dieser Arbeitslohn keinen Versorgungsbezug dar. Besteht arbeitsrechtlich dagegen ein Anspruch auf Lohnzahlung nur bis zum Sterbetag, handelt es sich bei den darüber hinausgehenden Leistungen an die Hinterbliebenen um Versorgungsbezüge.

Vereinfachungsregelung im Sterbemonat

Kann der Arbeitgeber den laufenden Arbeitslohn nicht mehr an den Arbeitnehmer auszahlen, weil dieser verstorben ist, darf im bzw. für den Sterbemonat die Lohnsteuer aus Vereinfachungsgründen gleichwohl nach den ELStAM des Verstorbenen erhoben werden.[2]

Die so ausgezahlten Beträge sind jedoch in der ⇗ Lohnsteuerbescheinigung für die Erben oder Hinterbliebenen anzugeben.[3]

Sterbegeld

Sterbegelder werden regelmäßig von öffentlichen Arbeitgebern gezahlt. Private Arbeitgeber sind ggf. nach Tarifverträgen oder Betriebsvereinbarungen zur Zahlung verpflichtet. Zahlt der Arbeitgeber Sterbegeld an den überlebenden Ehepartner des Verstorbenen, ist dieses lohnsteuerpflichtig.

Hinweis

Lohnsteuerliche Behandlung von Sterbegeldern strittig

Nach der Rechtsprechung des FG Berlin-Brandenburg sind Sterbegelder an Hinterbliebene von Landesbeamten nach § 3 Nr. 11 EStG steuerfreier Arbeitslohn.[4]

Das FG Düsseldorf[5] vertritt hingegen weiterhin die bislang auch von der Finanzverwaltung vertretene Auffassung, dass Sterbegelder für Beschäftigte im öffentlichen Dienst steuerpflichtiger Arbeitslohn sind. Gegen beide Urteile sind beim BFH Revisionsverfahren anhängig. Hier bleibt die weitere Entwicklung abzuwarten.

Steuerbegünstigter Versorgungsbezug

Das Sterbegeld unterliegt als ⇗ sonstiger Bezug dem Lohnsteuerabzug nach der Jahreslohnsteuertabelle; es ist regelmäßig als ⇗ Versorgungsbezug zu behandeln.

Steuerfreie Sterbegelder

Leistungen (⇗ Sterbegelder) aus Sterbekassen oder Sterbeversicherungen, die aufgrund früherer Beitragsleistungen gezahlt werden, sind steuerfrei. Gleiches gilt für Sterbegelder, die eine gesetzliche Kranken- oder Unfallversicherung auszahlt.[6]

Aufzeichnungspflicht des Arbeitgebers

Der Arbeitgeber muss im ⇗ Lohnkonto die Zahlung des Sterbegeldes, die einbehaltenen Steuerabzugsbeträge usw. sowie die erforderlichen Angaben für die zutreffende Berechnung des Versorgungsfreibetrags und des Zuschlags zum Versorgungsfreibetrag aufzeichnen und in der elektronisch zu übermittelnden ⇗ Lohnsteuerbescheinigung angeben.

1 § 19 Abs. 2 EStG.
2 R 19.9 Abs. 1 Satz 2 LStR.
3 R 19.9 Abs. 1 Satz 2 LStR.
4 FG Berlin-Brandenburg, Urteil v. 16.1.2019, 11 K 11160/18, Rev. beim BFH unter Az. VI R 8/19.
5 FG Düsseldorf, Urteil v. 15.6.2020, 11 K 2024/18 E, Rev. beim BFH unter Az. VI R 33/20.
6 § 3 Nr. 1a EStG.

Arbeitgeberleistungen im Zusammenhang mit der Beerdigung

Für den Fall, dass der Arbeitgeber die Kosten für die Beerdigung eines verstorbenen Arbeitnehmers anstelle der Erben trägt, liegt ein geldwerter Vorteil vor, der grundsätzlich bei den Erben als Arbeitslohn zu versteuern ist.[7]

Diese Rechtsfolge tritt nur dann nicht ein, wenn die Erben nicht in der Lage gewesen sind, die Kosten der Beerdigung zu tragen und aufgrund dessen die Voraussetzungen für steuerfreie Unterstützungsleistungen vorliegen.[8]

Ausgaben des Arbeitgebers für Kränze, Blumen oder für eine Todesanzeige im Zusammenhang mit der Beerdigung eines verstorbenen Arbeitnehmers stellen von vornherein keine Zuwendungen dar. Insoweit resultiert hieraus kein Arbeitslohn.[9]

Sozialversicherung

Versicherung von bisher Familienversicherten nach Tod des Arbeitnehmers

Mit dem Tod des Versicherten endet auch seine Mitgliedschaft in der gesetzlichen Kranken- und Pflegeversicherung. Für die bisher familienversicherten Angehörigen[10] wird – nachrangig gegenüber einem anderweitigen Versicherungsschutz – eine ⇗ obligatorische Anschlussversicherung in Form einer freiwilligen Versicherung begründet. Durch eine möglichst rasche Antragstellung auf Hinterbliebenenrente kann ein anderweitiger Versicherungsschutz der Hinterbliebenen bestehen. In der Rentenversicherung besteht für die Hinterbliebenen des verstorbenen Versicherten bei Erfüllung der Wartezeit ein Anspruch auf Witwen-/Witwerrente bzw. Waisenrente.

Sterbegeld begründet keine Beitragspflicht

Zahlt der Arbeitgeber beim Tode eines Arbeitnehmers dem Ehegatten/Lebenspartner, den Kindern oder den Eltern des Verstorbenen als Sterbegeld das Gehalt für den Sterbemonat und ggf. für weitere Monate, so ist das Sterbegeld – ungeachtet der lohnsteuerrechtlichen Beurteilung – kein Arbeitsentgelt, weil es nicht als Gegenleistung für geleistete Arbeit gezahlt wird.

Beispiel

Beitragspflicht des Sterbegeldes

Der Arbeitnehmer verstirbt am 17.7.

Entsprechend der tariflichen Regelung erhält der überlebende Ehegatte am 25.8. Sterbegeld in Höhe des zweifachen letzten Monatsentgelts des verstorbenen Arbeitnehmers.

Das Sterbegeld ist beitragsfrei.

Zuschüsse zu Beerdigungskosten

Zuschüsse zu den Beerdigungskosten, die der Arbeitgeber des verstorbenen Arbeitnehmers an die Angehörigen zahlt, stellen ebenfalls kein beitragspflichtiges Arbeitsentgelt dar.

Arbeitsentgeltzahlung nach dem Tod des Arbeitnehmers

Arbeitsentgelt, das der verstorbene Arbeitnehmer bis zum Todestag erarbeitet hat, ist beitragsrechtlich der Beschäftigung des Arbeitnehmers zuzuordnen. Dies gilt unabhängig davon, ob und an wen (z. B. Erben) es ausgezahlt wird. Für die aus dem Arbeitsentgelt zu berechnenden Beiträge gelten die für die bisherige Beschäftigung maßgebenden Faktoren.

7 § 19 Abs. 1 Satz 1 Nr. 2 EStG.
8 § 3 Nr. 11 EStG.
9 BFH, Urteil v. 17.1.1956, I 77/55 U, BStBl 1956 III S. 94.
10 § 10 SGB V.

Beispiel

Beitragspflicht des nach dem Tod des Arbeitnehmers gezahlten Arbeitsentgelts

Der Arbeitnehmer verstirbt am 17.7.

Das bis zum 16.7. erarbeitete Arbeitsentgelt wird am 25.8. dem überlebenden Ehegatten ausgezahlt.

Das Arbeitsentgelt ist beitragspflichtig und dem Monat Juli zuzuordnen.

Zeitversetzt gezahltes Entgelt nach dem Tod des Arbeitnehmers
Die Beitragspflicht für erarbeitetes Arbeitsentgelt besteht auch, wenn noch ein Anspruch auf zeitversetzte Arbeitsentgeltbestandteile (z. B. Provisionen) besteht.

Beitragspflicht der Urlaubsabgeltung

Tarifverträge oder Betriebsvereinbarungen sehen zuweilen vor, dass an den Ehegatten/Lebenspartner bzw. die unterhaltsberechtigten Angehörigen des verstorbenen Arbeitnehmers noch ein Betrag in Höhe der Abgeltung für die verfallenen Urlaubsansprüche gezahlt wird. Die Höhe dieser Leistung bemisst sich nach dem bis zum Todestag entstandenen (aber mit dem Tod entfallenden) Urlaubsanspruch. Bei Beendigung des Arbeitsverhältnisses geht zwar der Freistellungsanspruch unter, die Vergütungskomponente des Urlaubsanspruchs bleibt jedoch als Abgeltungsanspruch bestehen. Dieser Vergütungsanspruch ist noch während des Arbeitsverhältnisses bei dem Arbeitnehmer entstanden und ist dementsprechend als einmalige Einnahme aus der Beschäftigung zu werten. Die geänderte Rechtsauffassung – aufgrund aktueller BAG Rechtsprechung[1] – ist bei den nach dem 22.1.2019 gezahlten Urlaubsabgeltungen anzuwenden. Die neue Rechtslage geht auf eine Entscheidung des EuGH[2] zurück.

Tod des Arbeitgebers

Das sozialversicherungsrechtliche Beschäftigungsverhältnis wird geprägt von der persönlichen Abhängigkeit des Arbeitnehmers vom Arbeitgeber, dem das Direktionsrecht zusteht. Fehlt es an der wechselseitigen Beziehung, weil der Arbeitgeber verstorben ist, endet auch das Beschäftigungsverhältnis. Dies gilt ungeachtet dessen, dass über den Tod hinaus bis zum rechtlichen Ende des Arbeitsverhältnisses ggf. noch Ansprüche auf Arbeitsentgelt (von den Erben) zu erfüllen sind. Treten die Erben in das Arbeitsverhältnis ein, entsteht zu diesen ein neues Beschäftigungsverhältnis.

Tombola

Eine Tombola ist eine Verlosung von Geschenkartikeln, die im Rahmen einer Betriebsveranstaltung des Arbeitgebers durchgeführt wird. Erhalten Arbeitnehmer im Rahmen einer Betriebsveranstaltung Lose, führt die bloße Gewinnchance nicht zum Lohnzufluss.

Bei einem tatsächlichen Gewinn gilt: Sind alle Arbeitnehmer teilnahmeberechtigt und ist die Teilnahme nicht an eine besondere Leistung des Arbeitnehmers geknüpft, gehören die Preise aus der Tombola zu den Gesamtkosten der Betriebsveranstaltung und stellen grundsätzlich keinen steuerpflichtigen Arbeitslohn bzw. beitragspflichtiges Arbeitsentgelt dar. Übersteigen die Kosten der Betriebsveranstaltung einschließlich der Tombolagewinne den 110-EUR-Freibetrag[3] pro Arbeitnehmer, kann der übersteigende Betrag mit 25 % pauschal lohnversteuert werden.

Eine Tombola kann auch nur für einen begrenzten Teilnehmerkreis durchgeführt werden, z. B. nur für Arbeitnehmer, die sich durch besonderes berufliches Verhalten hervorgehoben haben. In diesem Fall sind die Verlosungsgewinne als sonstige Sachbezüge jeweils steuer- und beitragspflichtig.

Bei einem entgeltlichen Loserwerb führt der Gewinn regelmäßig nicht zu Arbeitslohn bzw. Arbeitsentgelt.

Gesetze, Vorschriften und Rechtsprechung

Lohnsteuer: Die Lohnsteuerpflicht ergibt sich grundsätzlich aus § 19 Abs. 1 Satz 1 Nr. 1 EStG. Die Steuerfreiheit von Tombolagewinnen im Rahmen einer Betriebsveranstaltung ergibt sich aus § 19 Abs. 1 Satz 1 Nr. 1a Sätze 3 und 4 EStG sowie BMF-Schreiben v. 14.10.2015, IV C 5 – S 2332/15/10001, BStBl 2015 I S. 832. Zur Lohnsteuerpauschalierung von Tombolagewinnen im Rahmen einer Betriebsveranstaltung s. § 40 Abs. 2 Satz 1 Nr. 2 EStG. Die Nichtzulässigkeit der Lohnsteuerpauschalierung bei ausschließlich Gewinnerlosen findet sich in FG München, Urteil v. 17.2.2012, 8 K 3916/08, EFG 2012 S. 2313, rkr.

Sozialversicherung: Die Beitragspflicht ergibt sich aus § 14 Abs. 1 SGB IV. Die Beitragsfreiheit der steuerfreien Tombolagewinne ergibt sich aus § 1 Abs. 1 Satz 1 Nr. 1 SvEV, die Beitragsfreiheit der pauschalversteuerten Tombolagewinne dagegen aus § 1 Abs. 1 Satz 1 Nr. 3 SvEV.

Entgelt	LSt	SV
Tombolagewinn	pflichtig	pflichtig
Tombolagewinn bei Betriebsveranstaltungen i. R. d. 110-EUR-Freibetrags	frei	frei
Tombolagewinn bei Betriebsveranstaltungen mit Kosten über 110 EUR pro Arbeitnehmer	pauschal	frei

Trainee

Der Begriff Trainee ist nicht geschützt – es gibt hierzu auch keine gesetzlichen Vorgaben. Danach werden als Trainees in der Regel Hochschulabsolventen eingestellt, die das Unternehmen zur Fach- oder Führungskraft ausbildet. Hierfür durchlaufen Trainees im Rahmen einer praktischen Ausbildung, deren Länge in der Regel zwischen 6 Monaten und 2 Jahren variiert, sämtliche Abteilungen des Unternehmens.

Gesetze, Vorschriften und Rechtsprechung

Lohnsteuer: Der gezahlte Arbeitslohn gehört i. S. v. § 19 EStG zum steuerpflichtigen Arbeitslohn.

Sozialversicherung: § 7 Abs. 1 SGB IV definiert die Beschäftigung im Sinne der Sozialversicherung.

Lohnsteuer

Arbeitnehmereigenschaft

Der Trainee ist im Rahmen eines Dienstverhältnisses tätig, da er insbesondere hinsichtlich Art, Ort und Zeit in den Betrieb eingegliedert ist. Erhält er für seine Tätigkeit eine Vergütung, stellt diese Arbeitslohn dar.

Traineestudium

Ein Traineestudium ist in der betrieblichen Praxis relativ neu. Die Grenzen zu einem dualen Studium bzw. Unternehmensstipendium sind fließend. im Falle eines Traineestudiums bietet der Arbeitgeber dem Studenten für die Dauer des Studiums eine finanzielle Unterstützung in

1 BAG, Urteil v. 22.1.2019, 9 AZR 45/16; BAG, Urteil v. 22.1.2019, 9 AZR 328/16.
2 EuGH, Urteil v. 12.6.2014. C 118/13.
3 § 19 Abs. 1 Nr. 1a Satz 3 EStG. Das Gesetzgebungsverfahren, das eine Anhebung des Freibetrags vorsieht, ist noch nicht abgeschlossen. Ggf. wird eine Änderung im Laufe des Jahres 2024 folgen.

Form der Übernahme der Studiengebühren an. Als Gegenleistung hierfür verpflichtet sich der Studierende zu einer Praxis-/Traineetätigkeit im Unternehmen und nach Abschluss zum Eintritt in das Unternehmen.

Übernahme der Studienkosten im Rahmen eines Ausbildungsdienstverhältnisses

Ein berufsbegleitendes Studium findet im Rahmen eines Ausbildungsdienstverhältnisses statt, wenn die Ausbildungsmaßnahme Gegenstand des Dienstverhältnisses ist. Ist der Arbeitgeber in einem solchen Fall der Schuldner der Studiengebühren, wird ein eigenbetriebliches Interesse unterstellt und steuerrechtlich kein geldwerter Vorteil mit Arbeitslohncharakter angenommen.[1]

Lohnsteuerabzug

Soweit der Trainee für seine Tätigkeit entlohnt wird, richtet sich dessen Besteuerung nach den allgemeinen Vorschriften. Der Arbeitgeber muss für Zwecke des Lohnsteuerabzugs beim Abruf der elektronischen Lohnsteuerabzugsmerkmale (ELStAM) ein erstes Dienstverhältnis annehmen, sofern der Trainee dieses erklärt. Bei fehlenden Lohnsteuerabzugsmerkmalen hat der Arbeitgeber die Lohnsteuer nach der Steuerklasse VI einzubehalten.

Sozialversicherung

Versicherungsrechtliche Beurteilung

Für die versicherungsrechtliche Beurteilung ist maßgeblich, ob eine Beschäftigung besteht. Eine Beschäftigung ist die nichtselbstständige Arbeit, insbesondere in einem Arbeitsverhältnis. Typische Anhaltspunkte für eine Beschäftigung sind eine Tätigkeit nach Weisungen sowie eine Eingliederung in die Arbeitsorganisation des Weisungsgebers.[2] Trainees können ihre Tätigkeit nicht frei gestalten, sondern sind in einen fremden Betrieb eingegliedert und unterliegen dabei einem Zeit, Dauer, Ort und Art der Arbeitsausführung umfassenden Weisungsrecht des Arbeitgebers. Für Trainees besteht somit während ihrer Tätigkeit in einem Unternehmen eine Beschäftigung im Sinne der Sozialversicherung.

Dementsprechend sind die allgemeinen versicherungsrechtlichen Regelungen für Beschäftigte maßgebend. Daher besteht während einer mehr als geringfügigen Beschäftigung grundsätzlich Versicherungspflicht in der Kranken-, Pflege-, Renten- und Arbeitslosenversicherung als Arbeitnehmer.[3]

Sofern es sich bei den Trainees um Studierende handelt, sind für sie in der Kranken-, Pflege- und Arbeitslosenversicherung die Regelungen zur Versicherungsfreiheit von beschäftigten Studenten (sog. Werkstudentenregelung) zu berücksichtigen. In der Rentenversicherung unterliegen beschäftigte Studenten der Versicherungspflicht, wenn sie die Beschäftigung mehr als geringfügig ausüben.

Beiträge und Meldungen

Die Bemessung und Abführung der Beiträge und Umlagen sowie die Abgabe von Meldungen nach der DEÜV sind von den Arbeitgebern nach den allgemeinen Regelungen vorzunehmen, die für Beschäftigte gelten.

Transferleistungen

Mit Transferleistungen unterstützt die Bundesagentur für Arbeit Arbeitgeber, die infolge einer Betriebsänderung einen Personalabbau bewältigen müssen. Ziel der Leistungen ist es, den von Arbeitslosigkeit bedrohten Arbeitnehmern möglichst unmittelbar den Übergang in eine neue Beschäftigung oder selbstständige Tätigkeit zu ermöglichen. Transferleistungen umfassen die Förderung von Transfermaßnahmen und die Zahlung von Transferkurzarbeitergeld.

Transfermaßnahmen finden bis zum Ende des Beschäftigungsverhältnisses regelmäßig in der Kündigungsfrist statt. Sie sollen die Arbeitsmarktperspektiven der Arbeitnehmer verbessern und idealerweise den Eintritt von Arbeitslosigkeit vermeiden. Gelingt in dieser Zeit der Übergang in den Arbeitsmarkt nicht, besteht die Möglichkeit, für einen weiteren Übergangsprozess von bis zu 12 Monaten das Transferkurzarbeitergeld als Entgeltersatzleistung zu beziehen. Durch die Förderung einer Qualifizierung während des Bezugs von Transferkurzarbeitergeld können Arbeitgeber von Kosten entlastet werden.

Gesetze, Vorschriften und Rechtsprechung

Sozialversicherung: Die Regelungen zu Transfermaßnahmen sind in § 110 SGB III zusammengefasst. Das Transferkurzarbeitergeld ist in § 111 SGB III geregelt. Für die Höhe der Leistung werden die Regelungen des allgemeinen Kurzarbeitergeldes nach den §§ 105, 106 ff. SGB III angewendet. Die Fördermöglichkeiten zur beruflichen Weiterbildung bei Transferkurzarbeitergeld ergeben sich aus § 111a SGB III.

Sozialversicherung

Strukturen des Transfersystems

Transfermaßnahmen und Transferkurzarbeitergeld sind eigenständige Instrumente, in der Förderpraxis jedoch regelmäßig miteinander verknüpft. Die Durchführung beider Leistungen vollzieht sich organisatorisch außerhalb des bisherigen Beschäftigungsbetriebs. Vielfach werden deshalb externe, spezialisierte Dienstleister – Transferagenturen bzw. Transfergesellschaften – beauftragt, beschäftigungswirksame Unterstützungsmaßnahmen im Kontext von Betriebsänderungen umzusetzen.

Achtung

Zertifizierungserfordernis für Träger der Maßnahme

Träger von Arbeitsförderungsmaßnahmen – hierzu gehören auch Dritte, die Transfermaßnahmen durchführen, oder die im Rahmen des Transferkurzarbeitergeldes eine betriebsorganisatorisch eigenständige Einheit durchführen – bedürfen einer Zulassung (Zertifizierung) durch eine fachkundige Stelle.[4] In dem Zulassungsverfahren müssen sie nachweisen, dass die angebotene Dienstleistung in guter Qualität erbracht werden kann.

Transferagenturen

Transferagenturen sind Einrichtungen auf Zeit, die den zu entlassenden Arbeitnehmern bis zum Ende des Beschäftigungsverhältnisses Beratung, Betreuung und begleitende Vermittlungsunterstützung mit dem Ziel des unmittelbaren Übergangs in eine andere Erwerbstätigkeit anbieten. Individualarbeitsrechtlich bestehen bei Einschaltung einer Transferagentur keine Besonderheiten, da die betroffenen Arbeitnehmer diese während des noch bestehenden Arbeitsverhältnisses nutzen. Geregelt werden muss lediglich die Freistellung von der Arbeit zur Wahrnehmung angebotener Maßnahmen. Der Anspruch auf Arbeitsentgelt wird grundsätzlich nicht beeinträchtigt. Gelingt eine unmittelbare Eingliederung in den Arbeitsmarkt nicht, kommt vielfach der Übergang in eine Transfergesellschaft in Betracht.

Transfergesellschaften

Transfergesellschaften sind eigenständige Rechtspersönlichkeiten. Sie ermöglichen den von Entlassung betroffenen Arbeitnehmern eine befristete (Weiter-)Beschäftigung, um diese Zeit aktiv für eine Neuorientierung auf dem Arbeitsmarkt nutzen zu können. Zu dieser zählen ggf. auch eine Qualifizierung oder andere Eingliederungsmaßnahmen. Für die Transfergesellschaft wird deshalb häufig auch die Bezeichnung „Beschäftigungs- und/oder Qualifizierungsgesellschaft" verwendet. Der Einsatz von Transfergesellschaften stellt ein arbeitsrechtlich sinnvolles Hilfsmittel bei der Durchführung von Personalanpassungsmaßnahmen dar. Der

1 BMF, Schreiben v. 13.4.2012, IV C 5 S 2332/07/0001, BStBl 2012 I S. 531.
2 § 7 Abs. 1 SGB IV.
3 § 5 Abs. 1 Nr. 1 SGB V; § 20 Abs. 1 Satz 2 Nr. 1 i. V. m. Satz 1 SGB XI; § 1 Satz 1 Nr. 1 SGB VI; § 25 Abs. 1 Satz 1 SGB III.
4 §§ 176 ff. SGB III.

Übertritt in eine Transfergesellschaft erfolgt in der Regel dadurch, dass die Arbeitnehmer aufgrund eines 3-seitigen Vertrags mit dem bisherigen Arbeitgeber und der Transfergesellschaft aus ihrem bisherigen Arbeitsverhältnis ausscheiden und ein neues, befristetes Arbeitsverhältnis mit der Transfergesellschaft eingehen. Dieser Vertrag regelt die arbeitsrechtlichen Beziehungen bzw. die neuen Beschäftigungsbedingungen zwischen

- dem vormaligen Betrieb,
- der Transfergesellschaft und
- dem Arbeitnehmer.

Durch einen Wechsel der Beschäftigten in die Transfergesellschaft vermeidet der Arbeitgeber die Schwierigkeiten, die bei einer alternativen Kündigung bzw. dem Abschluss eines Aufhebungsvertrags auftreten können.

Förderstruktur der Transferleistungen

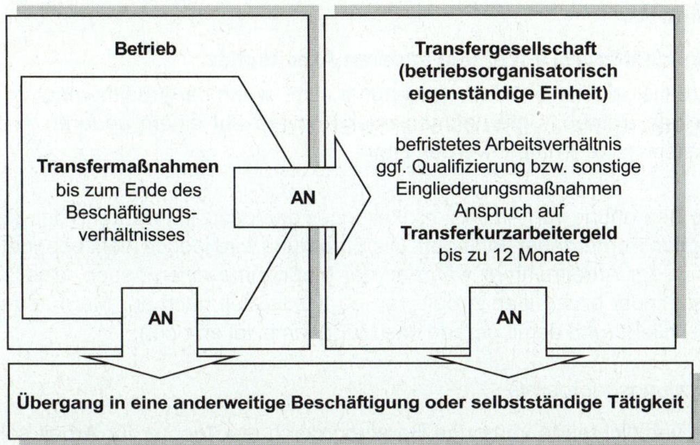

Beteiligung des Arbeitgebers

Das System der Transferleistungen bindet den Arbeitgeber in die Finanzierung ein. Er hat sich an der Finanzierung von Transfermaßnahmen angemessen zu beteiligen. Gelingt ein vorzeitiger Übergang des Arbeitnehmers in eine neue Erwerbstätigkeit, stehen diesen Aufwendungen Einsparungen bei den Entgeltkosten für die restliche Dauer des Arbeitsverhältnisses und durch Vermeidung des anschließenden Bezugs von Transferkurzarbeitergeld gegenüber.

Tipp

Anreize für den schnellen Übergang in eine neue Beschäftigung schaffen

Aus arbeitsmarktpolitischer Sicht sollte ein ggf. zu vereinbarender Interessenausgleich/Sozialplan nicht in erster Linie auf Abfindungsregelungen abstellen, sondern einen möglichst schnellen Übergang der Arbeitnehmer in eine neue Erwerbstätigkeit zum Ziel haben. Hierzu kann z. B. eine „Sprinterprämie" (für einen schnellen Übergang in eine neue Beschäftigung) oder eine degressive Staffelung von Abfindungen nach der Verweildauer in der Maßnahme beitragen.

Für Zeiten des Bezugs von Transferkurzarbeitergeld tragen die Arbeitgeber die sog. „Remanenzkosten". Hierzu gehören insbesondere

- die anfallenden Sozialversicherungsbeiträge,
- die Entgeltfortzahlung für Urlaubs- und gesetzliche Feiertage,
- ggf. eine Aufstockung des Transferkurzarbeitergeldes sowie
- die Kosten für die Transfergesellschaft und ggf. für eventuelle Qualifizierungs- oder Eingliederungsmaßnahmen.

Tipp

Informationen zu Transferleistungen

Die Agentur für Arbeit unterstützt Arbeitgeber durch Information und Beratung bei der Umsetzung eines unvermeidbaren Personalabbaus. Die Broschüre der Agentur für Arbeit „Qualitätskriterien für einen erfolgreichen Beschäftigungstransfer" gibt erste Hinweise zur Konzeptentwicklung, zur Vertragsgestaltung mit den Trägern der Transferleistungen und zur Durchführung von Transferleistungen.

Transfermaßnahmen

Gefördert werden können alle Maßnahmen zur Eingliederung der Arbeitnehmer in den Arbeitsmarkt, an deren Finanzierung sich der Arbeitgeber angemessen beteiligt. In Betracht kommen Maßnahmen zur

- Feststellung der Kenntnisse, Fähigkeiten und Eignung, der Arbeitsmarktchancen und des Qualifikationsbedarfs der Arbeitnehmer (sog. Profiling), ggf. ergänzt durch ein Bewerbertraining,
- Information über den Arbeitsmarkt,
- Fortsetzung einer bereits begonnenen Berufsausbildung oder zur beruflichen Weiterbildung,
- Aufnahme einer Beschäftigung, wie z. B. Mobilitätshilfen, zeitweise Probebeschäftigungen bei anderen Arbeitgebern, Entgeltzuschüsse für Einstellungen bei anderen Arbeitgebern oder
- Vorbereitung oder Förderung einer Existenzgründung und zur Begleitung der selbstständigen Tätigkeit.

Eine Förderung ist nur im Rahmen des bisherigen Beschäftigungsverhältnisses möglich. Die Teilnahme an Maßnahmen, die über das Ende des Beschäftigungsverhältnisses hinausgehen, wird deshalb von Beginn an nicht gefördert.

Achtung

Profiling ist zwingende Voraussetzung für den Bezug von Transferkurzarbeitergeld

Ein Profiling (Dauer in der Regel 2 Tage) sollte Bestandteil von Transfermaßnahmen sein. Es stellt zum einen die Weichen für eine weitere individuelle Förderung und ist zum anderen zwingende Voraussetzung für einen ggf. anschließenden Bezug von Transferkurzarbeitergeld.

Voraussetzungen für die Förderung

Die Förderung setzt voraus, dass

- die betreffenden Arbeitnehmer aufgrund einer Betriebsänderung oder im Anschluss an die Beendigung eines Berufsausbildungsverhältnisses von Arbeitslosigkeit bedroht sind,
- sich die Betriebsparteien im Vorfeld ihrer Entscheidung über die Einführung von Transfermaßnahmen durch die Agentur für Arbeit beraten lassen,
- die Maßnahme von einem Dritten durchgeführt wird,
- die Maßnahme der Eingliederung in den Arbeitsmarkt dienen soll und
- die Durchführung der Maßnahme gesichert ist.

Der Arbeitgeber hat der Agentur für Arbeit die Voraussetzungen für die Förderung nachzuweisen. Auf Anforderung der Agentur für Arbeit hat er auch das Ergebnis der Maßnahmen zur Feststellung der Eingliederungsaussichten mitzuteilen.[1]

1 § 320 Abs. 4a SGB III.

Betriebsänderung

Als Betriebsänderungen gelten alle in § 111 BetrVG aufgeführten Tatbestände:

- Einschränkung und Stilllegung des ganzen Betriebs oder von wesentlichen Betriebsteilen,
- Verlegung des ganzen Betriebs oder von wesentlichen Betriebsteilen,
- Zusammenschluss mit anderen Betrieben oder die Spaltung von Betrieben,
- grundlegende Änderungen der Betriebsorganisation, des Betriebszwecks oder der Betriebsanlagen sowie
- Einführung grundlegend neuer Arbeitsmethoden und Fertigungsverfahren.

Auf die Ursachen der Betriebsänderung (wirtschaftliche/innerbetriebliche Gründe) kommt es nicht an. Die Anknüpfung der Fördervoraussetzungen an den Tatbestand der Betriebsänderung gilt unabhängig von der Unternehmensgröße. Dadurch ist sichergestellt, dass Transfermaßnahmen auch in Kleinbetrieben (mit i. d. R. nicht mehr als 20 Arbeitnehmern) gefördert werden können. Die Fördermöglichkeit besteht weiterhin unabhängig davon, ob das Betriebsverfassungsgesetz in dem jeweiligen Betrieb Anwendung findet.

Erhebliche Auswirkungen durch geplante Betriebsänderungen

Grundvoraussetzung des § 111 BetrVG ist, dass die geplanten Betriebsänderungen erhebliche Auswirkungen auf

- die Belegschaft/den Gesamtbetrieb oder
- erhebliche Teile der Belegschaft/des Betriebs (z. B. auf eine wesentliche Betriebsabteilung)

haben.

Die Arbeitsverwaltung orientiert sich hierbei unter Bezug auf die arbeitsgerichtliche Rechtsprechung an den Schwellenwerten nach § 17 Abs. 1 KSchG. Bei Großbetrieben (mit mindestens 500 Arbeitnehmern) wird eine Betriebsänderung dann anerkannt, wenn mindestens 5 % der Beschäftigten von Arbeitslosigkeit bedroht sind. In Kleinbetrieben (bis zu 20 Arbeitnehmer) müssen mindestens 6 Beschäftigte betroffen sein. Maßgeblich für den Zeitpunkt der Berechnung der Schwellenwerte ist der Beginn der Gespräche zwischen den Betriebsparteien. Eine Unterschreitung der Schwellenwerte zu einem späteren Zeitpunkt ist nach den Geschäftsanweisungen der Bundesagentur für Arbeit für die Förderleistungen unerheblich.

Hinweis

Informations-/Anzeigepflichten bei Betriebsänderungen

Das Arbeitsförderungsrecht sieht Informationspflichten des Arbeitgebers gegenüber der Agentur für Arbeit vor. Danach sind Arbeitgeber verpflichtet, die Agenturen für Arbeit frühzeitig über betriebliche Änderungen, die Auswirkungen auf die Beschäftigung haben, zu unterrichten. Hierzu gehören auch Mitteilungen über geplante Betriebseinschränkungen oder Betriebsverlagerungen und infolge dessen Auswirkungen auf die Beschäftigung der Arbeitnehmer.[1] Das Kündigungsschutzgesetz sieht Anzeigepflichten gegenüber der Agentur für Arbeit vor, wenn eine größere Zahl von Arbeitnehmern entlassen werden soll (sog. Massenentlassungsverfahren).[2] In der Anzeige hat der Betrieb mindestens anzugeben:

- die Gründe für die geplanten Entlassungen,
- die Zahl und die Berufsgruppen der zu entlassenden Arbeitnehmer,
- den Zeitraum, in dem die Entlassungen vorgenommen werden sollen,
- die vorgesehenen Kriterien für die Auswahl der zu entlassenden Arbeitnehmer,
- die für die Berechnung etwaiger Abfindungen vorgesehenen Kriterien.

Drohende Arbeitslosigkeit

Von Arbeitslosigkeit bedroht sind Arbeitnehmer, die zwar noch versicherungspflichtig beschäftigt sind, aber alsbald mit der Beendigung ihrer Beschäftigung rechnen müssen (ausgesprochene Kündigung, abgeschlossener Aufhebungsvertrag) und voraussichtlich nach Beendigung der Beschäftigung bzw. im Anschluss an die Ausbildung arbeitslos werden. Von der Regelung sind auch vormalige Auszubildende erfasst, die überbetrieblich ausgebildet worden sind.

Für die Annahme einer drohenden Arbeitslosigkeit genügt nach Auffassung der Arbeitsverwaltung die „ernste Absicht des Arbeitgebers", die Betroffenen zu entlassen.[3] Indiz hierfür kann z. B. eine namentliche Kündigungsliste im Rahmen eines Interessenausgleichs sein. Dies erfasst auch ordentlich unkündbare Arbeitnehmer, insoweit kommt es auf die Wirksamkeit einer Kündigung nicht an. Der Zeitraum, in dem sich die Bedrohung von Arbeitslosigkeit realisiert, kann bis zu 24 Monate umfassen, wenn in dieser Zeit auch die Transferleistungen eingesetzt werden sollen.[4]

Hinweis

Beschäftigung auf einem anderen Arbeitsplatz

Arbeitslosigkeit droht demgegenüber nicht, wenn der Arbeitnehmer im selben Betrieb, Unternehmen oder Konzern auf einem anderen Arbeitsplatz beschäftigt werden kann.

Die Bedrohung von Arbeitslosigkeit muss grundsätzlich während der gesamten Förderdauer vorliegen. Die Förderung wird jedoch nicht beendet, wenn der Arbeitnehmer während der Maßnahme einen neuen Arbeitsplatz findet bzw. einen Arbeitsvertrag für die Zeit nach der Maßnahme abschließt (und damit gerade das Maßnahmeziel erreicht).

Beratungserfordernis

Die verpflichtende vorherige Beratung durch die Agentur für Arbeit soll dazu beitragen, dass die Betriebsparteien frühzeitig über arbeitsmarktpolitische Maßnahmen für die Arbeitnehmer informiert sind und entsprechende Zielsetzungen berücksichtigen können. Die Beratung erfolgt dahingehend, dass die Verhandlungen über einen die Integration der Arbeitnehmer fördernden Interessenausgleich oder Sozialplan vorsehen.

Die Nichtinanspruchnahme der Beratung stellt einen Ablehnungstatbestand für die Förderung dar. In der arbeitsrechtlichen Ausgestaltung eines Interessenausgleichs/Sozialplans bleiben die Betriebsparteien jedoch frei.

Sicherung der Durchführung

Die Transfermaßnahmen dürfen nicht vom Arbeitgeber selbst durchgeführt, sondern müssen einem Dritten übertragen werden. Bei der Auswahl des Dritten sind die betrieblichen Akteure frei. Mit Blick auf die mit einer Betriebsänderung verbundenen Unwägbarkeiten muss zu Beginn der Maßnahme jedoch mit hinreichender Sicherheit davon ausgegangen werden können, dass diese bis zum geplanten Ende fortgesetzt wird. Die Agenturen für Arbeiten fordern deshalb regelmäßig eine Erklärung des beauftragten Dritten, in der dieser die Sicherung der Durchführung darlegt und gewährleistet.

Zuschuss und Arbeitgeberbeteiligung

Bei Vorliegen der o. a. Voraussetzungen besteht ein Rechtsanspruch auf einen Zuschuss. Dieser beträgt 50 % der erforderlichen und angemessenen Maßnahmekosten, höchstens jedoch 2.500 EUR je Teilnehmer.[5] Die Zuschüsse zu den Maßnahmen bemessen sich teilnehmerbezogen nach den jeweiligen Maßnahmeinhalten.

1 § 2 Abs. 3 Nr. 4 und 5 SGB III.
2 § 17 KSchG.
3 BSG, Urteil v. 18.6.2013, B 11 AL 41/13 B.
4 § 17 SGB III.
5 § 110 Abs. 2 SGB III.

Beispiel

Berechnung des Zuschusses zu Transfermaßnahmen in einem Betrieb

Zahl der Teilnehmer	Kosten pro Teilnehmer	50 % der Kosten	Max. Zuschuss	Gesamtzuschuss
4	5.400	2.700	2.500	10.000
6	2.000	1.000	1.000	6.000
2	4.400	2.200	2.200	4.400
3	6.000	3.000	2.500	7.500
Gesamt				27.900

Die Arbeitsverwaltung legt in Ihren Geschäftsanweisungen für die einzelnen Maßnahmeelemente Förderhöchstbeträge fest. Beispielsweise gilt für ein Profiling ein förderungsfähiger Betrag von 50 % aus max. 400 EUR, für eine Transferberatung bei Maßnahmen bis zu 6 Monaten ein förderungsfähiger Betrag von 50 % aus max. 1.800 EUR und bei Maßnahmen von über 6 Monaten von 50 % aus max. 2.700 EUR. Für weitere kleinere Maßnahmen, wie die Erstellung von Transferunterlagen („Transfermappe") oder eine entsprechende Datenerfassung, gilt ein förderfähiger Betrag von 50 % aus max. 40 EUR.

Der Arbeitgeber hat sich an der Finanzierung der Maßnahme angemessen zu beteiligen. Hiervon ist auszugehen, wenn er die Maßnahmekosten zu mindestens 50 % trägt. Wird ein Teil der Kosten durch Leistungen von dritter Seite getragen, z. B. durch Länderprogramme oder Fonds, verringern sich die Kosten entsprechend.

Wichtig

Keine Anerkennung als Maßnahmekosten

Kosten des Arbeitgebers für die Bereitstellung von Räumen, für Verwaltungspersonal oder für Beiträge zur Unfallversicherung werden nicht als Maßnahmekosten anerkannt.

Förderungsausschluss

Eine Förderung ist ausgeschlossen, wenn sie im Eigeninteresse des Betriebs liegt, d. h. dazu dient, die Arbeitnehmer auf eine Anschlussbeschäftigung im gleichen Betrieb, Unternehmen oder Konzern vorzubereiten. Bei betriebsinternen beruflichen Qualifizierungen ist eine Förderung aber dann möglich, wenn die Maßnahmen auf eine Beschäftigungsaufnahme auf dem allgemeinen Arbeitsmarkt ausgerichtet sind.

Ein Ausschlusstatbestand liegt auch vor, wenn der Arbeitgeber durch die Förderung von ohnehin bestehenden Verpflichtungen entlastet würde. Dies ist z. B. dann der Fall, wenn er sich vertraglich, in einer Betriebsvereinbarung oder in einem Sozialplan zur alleinigen Finanzierung von Eingliederungsmaßnahmen verpflichtet hat.

Von einer Förderung generell ausgeschlossen sind Betriebe/Arbeitnehmer des öffentlichen Dienstes, mit Ausnahme der Beschäftigten in Unternehmen, die in selbstständiger Rechtsform erwerbswirtschaftlich betrieben werden und deshalb in einer Wettbewerbssituation mit privatwirtschaftlichen Unternehmen stehen.

Während der Teilnahme an Transfermaßnahmen sind andere gleichartige Leistungen der Arbeitsförderung ausgeschlossen, um eine Doppelförderung zu vermeiden. Wurde durch die Transfermaßnahme eine Eingliederung in den Arbeitsmarkt nicht erreicht, steht den Arbeitnehmern jedoch das gesamte Leistungsspektrum der Arbeitsförderung wieder offen.

Die Leistungen für die Arbeitnehmer sind grundsätzlich vor Eintritt des leistungsbegründenden Ereignisses (dem Eintritt in die Maßnahme) zu beantragen, andernfalls kann eine Förderung grundsätzlich nicht erfolgen.[1]

1 § 324 Abs. 1 Satz 1 SGB III.

Transferkurzarbeitergeld

Das Transferkurzarbeitergeld ist eine Sonderform des Kurzarbeitergeldes. Anders als das allgemeine (konjunkturelle) Kurzarbeitergeld oder das ⇗ Saison-Kurzarbeitergeld, dient es nicht dem Erhalt von Arbeitsplätzen, sondern einem sozialverträglichen Personalabbau.

Es ermöglicht den betroffenen Arbeitnehmern eine „längere Auslauffrist" in Form eines befristeten Anschluss-Arbeitsverhältnisses bei einer Transfergesellschaft mit dem Ziel, in dieser Zeit eine neue Erwerbstätigkeit aufzunehmen bzw. die gewonnene Zeit zur Verbesserung der Beschäftigungsfähigkeit (z. B. durch Abbau von Qualifizierungsdefiziten) zu nutzen.

Voraussetzungen für den Leistungsanspruch

Ein Anspruch auf Transferkurzarbeitergeld setzt voraus, dass

- die Arbeitnehmer von einem dauerhaften unvermeidbaren Arbeitsausfall mit Entgeltausfall betroffen sind,
- betriebliche Voraussetzungen erfüllt sind,
- persönliche Voraussetzungen erfüllt sind,
- sich die Betriebsparteien im Vorfeld ihrer Entscheidung über die Inanspruchnahme von Transferkurzarbeitergeld durch die Agentur für Arbeit beraten lassen und
- der dauerhafte Arbeitsausfall der Agentur für Arbeit angezeigt worden ist.[2]

Dauerhafter unvermeidbarer Arbeitsausfall

Ein dauerhafter Arbeitsausfall liegt vor, wenn infolge einer Betriebsänderung die Beschäftigungsmöglichkeiten für Arbeitnehmer nicht nur vorübergehend entfallen sind.[3] Eine Unvermeidbarkeit des Arbeitsausfalls besteht im Regelfall dann, wenn für die Arbeitnehmer im Betrieb keine Beschäftigungsmöglichkeiten mehr bestehen.

Betriebliche Voraussetzungen

Die betrieblichen Voraussetzungen sind erfüllt, wenn

- in einem Betrieb bzw. in einer eigenständigen Betriebsabteilung Personalanpassungsmaßnahmen aufgrund einer Betriebsänderung durchgeführt werden,
- die von dem Arbeitsausfall betroffenen Arbeitnehmer in einer betriebsorganisatorisch eigenständigen Einheit (beE) zusammengefasst werden,
- die Organisation und Mittelausstattung der betriebsorganisatorisch eigenständigen Einheit den angestrebten Integrationserfolg erwarten lassen und
- ein System zur Sicherung der Qualität angewendet wird.

Eine betriebsorganisatorisch eigenständige Einheit wird grundsätzlich nicht vom bisherigen Arbeitgeber, sondern von einer Transfergesellschaft gebildet. Wird sie jedoch im Ausnahmefall im bisherigen Beschäftigungsbetrieb gegründet, ist eine eindeutige Trennung zwischen den Arbeitnehmern des Betriebs und den Arbeitnehmern innerhalb der betriebsorganisatorisch eigenständigen Einheit zwingend notwendig. Die Beschäftigungsbedingungen der Arbeitnehmer in der betriebsorganisatorisch eigenständigen Einheit können (z. B. im Sozialplan) zwischen den Betriebsparteien geregelt werden.

Wichtig ist, dass die Arbeitnehmer unmittelbar aus dem Beschäftigungsverhältnis, d. h. während bzw. mit Ablauf der Kündigungsfrist, in die betriebsorganisatorisch eigenständige Einheit übergehen. Bei einem Übergang nach eingetretener Arbeitslosigkeit kann Transferkurzarbeitergeld nicht gezahlt werden.

2 § 111 Abs. 1 SGB III.
3 § 111 Abs. 2 SGB III.

Hinweis

Achtung im Insolvenzverfahren

Auch im Falle einer Insolvenz muss der Übergang in die betriebsorganisatorisch eigenständige Einheit unmittelbar aus dem bisherigen Beschäftigungsverhältnis heraus erfolgen. Sofern Beschäftigte durch den Insolvenzverwalter gekündigt und freigestellt werden, kann die Voraussetzung des unmittelbaren Übergangs nur erfüllt werden, solange die Entlassung noch nicht wirksam ist (bis zum Ablauf der Kündigungsfrist). In derartigen Fällen besteht deshalb nur dann ein Anspruch auf Transferkurzarbeitergeld, wenn sich die Arbeitsvertragsparteien vor dem Ausscheiden über die ungekündigte Fortsetzung des Arbeitsverhältnisses einigen und eine Rücknahme der Kündigung vereinbaren.

Soweit das frühere Arbeitsverhältnis durch Aufhebungsvertrag beendet worden ist, sollte die Verweildauer in der betriebsorganisatorisch eigenständigen Einheit den Zeitraum der ursprünglichen Kündigungsfrist übersteigen, um den Eintritt einer Sperrzeit[1] für den Fall einer anschließenden Arbeitslosigkeit zu vermeiden.

Bei unterschiedlichen Eintrittszeitpunkten für Beschäftigte sind auch Stufenmodelle möglich. Die Arbeitnehmer können z. B. in eine bestehende betriebsorganisatorische Einheit einmünden und erhalten dann Leistungen für die Restlaufzeit dieser Einheit. Sie können aber auch in eine neue (weitere) betriebsorganisatorische Einheit mit einer neuen Laufzeit einmünden, womit die Möglichkeit besteht, dass sie die maximale Bezugsdauer dann in dieser Einheit ausschöpfen können.

Persönliche Voraussetzungen

Die persönlichen Voraussetzungen für einen Anspruch auf Transferkurzarbeitergeld knüpfen an die Regelungen des allgemeinen Kurzarbeitergeldes an und fordern insbesondere, dass der Arbeitnehmer versicherungspflichtig beschäftigt und nicht vom Bezug des Kurzarbeitergeldes ausgeschlossen ist. Den Arbeitnehmer treffen damit auch Pflichten gegenüber der Agentur für Arbeit. So hat er bei einer Vermittlung in eine (anderweitige) Beschäftigung mitzuwirken und sich nach Aufforderung der Agentur für Arbeit an (arbeitsfreien) Tagen bei dieser zu melden. Andernfalls besteht kein Leistungsanspruch bzw. es tritt eine Sperrzeit bei Meldeversäumnis von einer Woche ein. Zusätzlich ist Voraussetzung, dass der von Arbeitslosigkeit bedrohte Arbeitnehmer sich vor der Überleitung in die betriebsorganisatorisch eigenständige Einheit bei der Agentur für Arbeit arbeitsuchend gemeldet und vorab an einem Profiling teilgenommen hat. In Ausnahmefällen, z. B. bei Erkrankung des Arbeitnehmers, kann das Profiling innerhalb eines Monats nachgeholt werden.

Hinweis

Vermittlung in eine andere Beschäftigung

Entsprechend dem Ziel des Transferkurzarbeitergeldes ist eine Vermittlung der Arbeitnehmer aus der Transfergesellschaft in ein anderes Arbeitsverhältnis (bei gleichzeitigem Ruhen des Arbeitsverhältnisses in der beE) möglich. Für die Zeit eines solchen Zweitarbeitsverhältnisses kann kein Transferkurzarbeitergeld gezahlt werden; bei Rückkehr in die betriebsorganisatorisch eigenständige Einheit kann das Transferkurzarbeitergeld aber im Rahmen der Bezugsfrist gezahlt werden. Ein entsprechendes Arbeitsangebot ist aber grundsätzlich nicht zumutbar, wenn die Beschäftigungsdauer kürzer ist als die angebotene Verbleibdauer in der betriebsorganisatorisch eigenständigen Einheit oder wenn das Arbeitsentgelt in der neuen Beschäftigung die Höhe des Arbeitsentgelts in der Transfergesellschaft unterschreitet. In diesen Fällen kann zwar ein Vermittlungsvorschlag unterbreitet werden, bei Ablehnung treten jedoch keine negativen Folgen für den Arbeitnehmer ein.

Eine direkte Arbeitnehmerüberlassung (Verleih der Betroffenen als Zeitarbeitnehmer) ist ausgeschlossen, weil sie mit dem Sinn und Zweck des Transferkurzarbeitergeldes, eine dauerhafte Integration zu unterstützen, nicht vereinbar wäre.

1 § 159 SGB III.

Beratungserfordernis/Anzeige

Vor einem Antrag auf Transferleistungen ist eine Beratung durch die Agentur für Arbeit verpflichtend.

Die Anzeige des Arbeitsausfalls hat bei der Agentur für Arbeit zu erfolgen, in deren Bezirk der personalabgebende Betrieb seinen Sitz hat: Im Übrigen gelten die Regelungen zum allgemeinen Kurzarbeitergeld entsprechend.

Dauer/Höhe der Leistung

Die Bezugsdauer des Transferkurzarbeitergeldes ist auf längstens 12 Monate begrenzt.

Zur Leistungshöhe sowie zur Sozialversicherung der Leistungsbezieher gelten die Regelungen des allgemeinen Kurzarbeitergeldes entsprechend.

Pflichten des Arbeitgebers

Während des Bezugs von Transferkurzarbeitergeld hat der Arbeitgeber den Arbeitnehmern Vermittlungsvorschläge zu unterbreiten. Damit kann der Arbeitgeber auch Dritte/eigenständige Dienstleister beauftragen.

Sofern sich in dem vorgeschalteten Profiling Hinweise auf Qualifizierungsdefizite ergeben, soll der Arbeitgeber geeignete Maßnahmen zur Verbesserung der Eingliederungsaussichten anbieten. Neben speziellen Qualifizierungsmaßnahmen kann hierzu auch eine bis zu 6-monatige Beschäftigung zum Zwecke der Qualifizierung bei einem anderen Arbeitgeber gehören.

Wichtig

Wegfall der Förderung bei Verletzung der Arbeitgeberpflichten

Sofern ein Arbeitgeber es unterlässt, den Beschäftigten geeignete Maßnahmen zur Verbesserung der Eingliederungsaussichten anzubieten, kann dies zu einer Aufhebung der Förderentscheidung führen.

Förderungsausschluss

Der Anspruch ist ausgeschlossen, wenn die Leistung vorwiegend betrieblichen Interessen dient. Dies ist insbesondere der Fall, wenn die Arbeitnehmer

- nur vorübergehend in einer betriebsorganisatorisch eigenständigen Einheit zusammengefasst werden und anschließend auf einen anderen Arbeitsplatz im gleichen Betrieb oder
- in einem anderen Betrieb des gleichen Unternehmens/Konzerns

übernommen bzw. auf eine entsprechende Beschäftigung vorbereitet werden sollen.

Wichtig

Ausnahme vom Förderungsausschluss

Eine Ausnahme erkennt die Arbeitsverwaltung an, wenn sich im Laufe der betrieblichen Umstrukturierung ein nicht vorhersehbarer und gesicherter (dauerhafter) Arbeitskräftebedarf im Betrieb ergibt und deshalb einzelne, bereits in die betriebsorganisatorisch eigenständige Einheit versetzte Arbeitnehmer wieder in den früheren Betrieb zurückkehren. Eine erneute Rückkehr in die betriebsorganisatorisch eigenständige Einheit ist in diesen Fällen jedoch ausgeschlossen.[2]

Förderung der beruflichen Weiterbildung bei Transferkurzarbeitergeld

Für Arbeitnehmer, die Anspruch auf Transferkurzarbeitergeld haben, gelten besondere Regelungen für die Förderung einer beruflichen Weiterbildung.[3] Ziel ist es durch eine möglichst früh einsetzende Qualifizierung den Wechsel in eine neue Beschäftigung zu erleichtern.

2 § 111 Abs. 8 SGB III.
3 § 111a SGB III.

Wichtig

Erweiterte Fördermöglichkeiten ab Mai 2020 entlasten Arbeitgeber

Mit dem „Gesetz zur Förderung der beruflichen Weiterbildung im Strukturwandel und zur Weiterentwicklung der Ausbildungsförderung" (sog. „Arbeit-von-Morgen-Gesetz") wurden die Fördermöglichkeiten deutlich erweitert. Die Beschränkung der Förderung auf ältere Arbeitnehmer und Personen ohne Berufsabschluss (sog. „Geringqualifizierte") ist entfallen. Durch die verbesserten Fördermöglichkeiten werden zugleich die Arbeitgeber von Kosten entlastet. Insbesondere soll es kleinen und mittelständischen Betrieben erleichtert werden, Transfergesellschaften einzurichten und dort eine Qualifizierung anzubieten.

Die Regelung unterscheidet 2 Fördersachverhalte:

Weiterbildung endet während des Bezugs von Transferkurzarbeitergeld

Personen, die Anspruch auf Transferkurzarbeitergeld haben, können bei einer beruflichen Weiterbildung[1], die während des Bezugs von Transferkurzarbeitergeld endet, durch die Übernahme der Weiterbildungskosten gefördert werden, wenn

- die Agentur für Arbeit die Betroffenen vor Beginn der Maßnahme beraten hat,
- der Träger der Maßnahme und die Maßnahme für die Förderung zugelassen sind und
- der Arbeitgeber mindestens 50 % der Lehrgangskosten trägt.[2]

Der Art nach kommen sowohl Maßnahmen der Anpassungsqualifizierung und der beruflichen Eingliederung als auch länger dauernde Qualifizierungen mit einem (Teil-)Abschluss in Betracht. Die Förderung der Agentur für Arbeit besteht in der Übernahme von höchstens 50 % der Lehrgangskosten und der vollständigen Übernahme der übrigen Weiterbildungskosten[3], wie z. B. Fahrkosten, ggf. Kosten für Unterkunft und Verpflegung oder Kinderbetreuungskosten. Der Lebensunterhalt während der Weiterbildungsmaßnahme ist durch die Fortzahlung des Transferkurzarbeitergeldes sichergestellt.

Weiterbildung endet nach dem Bezug von Transferkurzarbeitergeld

Eine Förderung ist auch dann möglich, wenn die Weiterbildungsmaßnahme erst nach dem Bezug des Transferkurzarbeitergeldes endet. In diesem Fall setzt die Förderung voraus, dass

- die Maßnahmen spätestens 3 Monate oder bei länger als ein Jahr dauernden Maßnahmen spätestens 6 Monate vor der Ausschöpfung des Anspruchs auf Transferkurzarbeitergeld beginnen und
- der Arbeitgeber während des Bezugs von Transferkurzarbeitergeld mindestens 50 % der Lehrgangskosten trägt.[4]

Mit dem Ende des Bezugs von Transferkurzarbeitergeld (der Transfermaßnahme) werden die Lehrgangskosten und die übrigen Weiterbildungskosten dann vollständig von der Agentur für Arbeit übernommen. Auch der Lebensunterhalt ist in diesen Fällen in der Regel nahtlos bis zum Ende der Qualifizierung durch das Arbeitslosengeld bei beruflicher Weiterbildung sichergestellt. Dieser Anspruch entsteht grundsätzlich bereits mit dem Eintritt in die Weiterbildungsmaßnahme während des Transferkurzarbeitergeldes. Er ruht jedoch, solange noch Anspruch auf Transferkurzarbeitergeld besteht und lebt anschließend auf.[5] Die Höhe dieses Arbeitslosengeldes bei beruflicher Weiterbildung richtet sich grundsätzlich nach dem Arbeitsentgelt, das der Arbeitnehmer in den letzten 12 Monaten vor Eintritt in die Weiterbildungsmaßnahme erzielt hat. Die Bemessungsgrundlage schließt damit im Regelfall noch teilweise Arbeitsentgelt aus Zeiten der Beschäftigung vor der Transfermaßnahme ein. Für Zeiten des Bezugs von Transferkurzarbeitergeld ist das fiktive Arbeitsentgelt zugrunde zu legen, das ohne die Kurzarbeit erzielt worden wäre.

1 § 81 SGB III.
2 § 111a Abs. 1 SGB III.
3 § 83 SGB III.
4 § 111a Abs. 2 SGB III.
5 § 144 SGB III.

Hinweis

Geringere Kostenbeteiligung bei Klein-/Mittelbetrieben und bei Insolvenz

Für Betriebe mit weniger als 250 Beschäftigten verringert sich der vom Arbeitgeber während des Bezugs von Transferkurzarbeitergeld zu tragende Kostenanteil an den Lehrgangskosten von 50 % auf 25 %. Wenn ein Insolvenzereignis vorliegt, steht es im Ermessen der Agentur für Arbeit eine niedrigere Kostenbeteiligung als 50 % festzulegen.[6]

Leistungsverfahren

Transferleistungen werden nur auf Antrag gezahlt. Der Antrag ist vom Arbeitgeber schriftlich unter Beifügung einer Stellungnahme der Betriebsvertretung zu stellen.[7] Für den Leistungsantrag gilt eine Ausschlussfrist von 3 Monaten nach Ende der Transfermaßnahme bzw. nach Ablauf des Kalendermonats, für den Anspruch auf Transferkurzarbeitergeld besteht.[8] Die Agenturen für Arbeit sind im Regelfall bereit, bei Transfermaßnahmen ab Förderbeginn Abschlagszahlungen zu leisten.

Die Leistungen zur beruflichen Weiterbildung während des Bezugs von Transferkurzarbeitergeld sind vom Arbeitnehmer zu beantragen.

Trennungsentschädigung

Arbeitnehmer, die im Rahmen einer vorübergehenden beruflich veranlassten Auswärtstätigkeit oder einer beruflich veranlassten doppelten Haushaltsführung außerhalb ihrer ersten Tätigkeitsstätte tätig sind, erhalten aus öffentlichen Kassen eine Trennungsentschädigung in Form eines Trennungsgeldes.

Gesetze, Vorschriften und Rechtsprechung

Lohnsteuer: Die Steuerfreiheit von Trennungsentschädigungen richtet sich nach § 3 Nr. 13 EStG.

Sozialversicherung: Trennungsentschädigungen werden beitragsrechtlich nach § 14 SGB IV i. V. m. § 3 Nr. 13 und 16 EStG, § 9 Abs. 4 EStG sowie R 14 und R 37 bis R 43 LStR beurteilt.

Entgelt	LSt	SV
Trennungsentschädigung aus öffentlichen Kassen bei befristeter Abordnung	frei	frei
Trennungsgeld bei Versetzung oder Abordnung mit Versetzungsabsicht bei doppelter Haushaltsführung innerhalb der 3-Monatsfrist	frei	frei

Lohnsteuer

Steuerliche Berücksichtigung

Trennungsgelder, die aus öffentlichen Kassen nach Maßgabe der umzugskosten- und reisekostenrechtlichen Vorschriften des Bundes und der Länder gezahlt werden, sind ebenso wie die Vergütungen für Reisekosten und ⇗ Umzugskosten steuerfrei.[9] Voraussetzung ist, dass sie die entsprechenden Pauschbeträge bzw. abziehbaren Aufwendungen nach § 9 EStG nicht übersteigen. Steuerfrei ist auch das Trennungsgeld, das bei täglicher Rückkehr zum Wohnort gezahlt wird.[10]

6 § 111a Abs. 3 SGB III.
7 § 323 SGB III.
8 § 325 Abs. 3, 5 SGB III.
9 § 3 Nr. 13 EStG
10 R 9.4–9.6 LStR.

Bei der Prüfung, ob ein Teil des Trennungsgelds steuerpflichtig ist oder nicht, ist zu unterscheiden zwischen

- vorübergehenden Abordnungen und
- Versetzungen oder Abordnungen mit dem Ziel der Versetzung.

Achtung

3-Monatsfrist und Höchstbeträge für Verpflegungsmehraufwand beachten

Die im öffentlichen Dienst gezahlten Trennungsgelder für Verpflegungsmehraufwand sind steuerpflichtig, wenn die 3-Monatsfrist abgelaufen ist. Außerdem ist ein Ersatz von Verpflegungsmehraufwendungen auch innerhalb der hierfür weiterhin geltenden 3-Monatsfrist dann steuerpflichtig, wenn die hierbei zu beachtenden steuerlichen Höchstbeträge überschritten sind.[1]

Vorübergehende Abordnung

Steuerrechtlich werden vorübergehende Abordnungen (ohne Versetzungsabsicht) und vergleichbare Maßnahmen von bis zu 48 Monaten für den gesamten Zeitraum wie beruflich veranlasste Auswärtstätigkeiten behandelt, da sie von vorübergehender Natur sind. Das gilt auch bei täglicher Rückkehr an den Wohnort. Der Ersatz von Fahrtkosten ist unabhängig vom benutzten Verkehrsmittel auf Dauer steuerfrei. Hierbei spielt es keine Rolle, ob der Bedienstete täglich an seinen Wohnort zurückkehrt oder am auswärtigen Tätigkeitsort bleibt.

Versetzung oder Abordnung mit dem Ziel der Versetzung

Bei einer Versetzung oder Abordnung mit dem Ziel der Versetzung handelt es sich nicht um eine vorübergehende Auswärtstätigkeit, da der Arbeitnehmer voraussichtlich nicht zurückkehren wird. Bei einer täglichen Rückkehr an den Wohnort richtet sich die steuerliche Behandlung der Fahrtkosten nach den Erstattungen wie bei Fahrten zwischen Wohnung und erster Tätigkeitsstätte. D. h., das Trennungsgeld ist unabhängig vom benutzten Verkehrsmittel steuerpflichtig.

Verpflegungsmehraufwendungen

Pauschalbeträge für Verpflegungsmehraufwendungen kommen wegen der Tätigkeit an der ersten Tätigkeitsstätte nicht in Betracht. Beim Verbleiben am auswärtigen Dienstort kann aber eine steuerlich anzuerkennende ⇗ doppelte Haushaltsführung vorliegen, wenn der Arbeitnehmer aufgrund einer Abordnung oder Versetzung außerhalb des Ortes, in dem er einen eigenen Hausstand unterhält, beschäftigt ist und auch am Beschäftigungsort wohnt. Für die ersten 3 Monate wäre dann der Ersatz von Verpflegungskosten wie bei Auswärtstätigkeiten steuerfrei.

Übernachtungskosten

In den ersten 3 Monaten ist das Trennungsgeld i. H. des steuerlich zulässigen Pauschbetrags von 20 EUR je Übernachtung steuerfrei. Nach Ablauf von 3 Monaten ist das Trennungsgeld i. H. des steuerlich zulässigen Pauschbetrags von 5 EUR je Übernachtung steuerfrei. Auch ein steuerfreier Ersatz der tatsächlichen Übernachtungskosten (ohne Frühstück) bis zu 1.000 EUR monatlich ist möglich.

Familienheimfahrten bei doppelter Haushaltsführung

In die Ermittlung des steuerpflichtigen Teils des Trennungsgelds sind auch die Fahrtkosten für Familienheimfahrten einzubeziehen. Der Ersatz für eine Familienheimfahrt wöchentlich ist i. H. der ⇗ Entfernungspauschale steuerfrei. Hierzu müssen die Bediensteten Angaben über jede wöchentlich durchgeführte Familienheimfahrt und über die kürzeste Straßenverbindung machen. Anstelle der Entfernungspauschale können auch die tatsächlichen Aufwendungen für die Benutzung öffentlicher Verkehrsmittel angesetzt werden, soweit sie den als Entfernungspauschale abziehbaren Betrag übersteigen.[2]

1 § 3 Nr. 13 Satz 2 letzter Halbsatz EStG.
2 § 9 Abs. 2 Satz 2 EStG.

Wichtig

Steuerfreier Kostenersatz bei doppelter Haushaltsführung

Der steuerfreie Ersatz von Übernachtungskosten und von Aufwendungen für eine Familienheimfahrt wöchentlich ist bei einer beruflich begründeten doppelten Haushaltsführung zeitlich unbefristet zulässig. Auf die Gründe für die Beibehaltung der doppelten Haushaltsführung kommt es nicht an.

Sozialversicherung

Beitragsrechtliche Beurteilung folgt der steuerrechtlichen

Trennungsentschädigungen, die im öffentlichen Dienst oder von einem privaten Arbeitgeber gezahlt werden, sind nicht dem Arbeitsentgelt zuzurechnen und damit beitragsfrei, soweit sie lohnsteuerfrei sind.[3]

Zahlungen, die nur in begrenztem Umfang lohnsteuerpflichtig sind, stellen demnach auch nur im begrenzten Umfang Arbeitsentgelt im Sinne der Sozialversicherung dar.

Treppengeld

Das Treppengeld stellt eine besondere Form der Erschwerniszulage für Arbeitnehmer im Kohlehandel dar. Es ist heute nur noch selten anzutreffen.

Das Treppengeld ist – wie alle anderen Formen der Erschwerniszulage – lohnsteuerpflichtiger Arbeitslohn bzw. beitragspflichtiges Arbeitsentgelt. Wird das Treppengeld regelmäßig gewährt, handelt es sich dabei um laufendes Arbeitsentgelt.

Gesetze, Vorschriften und Rechtsprechung

Lohnsteuer: Die Lohnsteuerpflicht ergibt sich aus § 19 Abs. 1 EStG i. V. m. R 19 Abs. 3 LStR.

Sozialversicherung: Die Beitragspflicht des Arbeitsentgelts in der Sozialversicherung ergibt sich aus § 14 Abs. 1 SGB IV.

Entgelt	LSt	SV
Treppengeld	pflichtig	pflichtig

Treueprämie

In manchen Unternehmen erhalten Arbeitnehmer ab einer bestimmten Dauer der Betriebszugehörigkeit eine Treueprämie. Da die Treueprämie im Zusammenhang mit der dauerhaften Erbringung der Arbeitsleistung gewährt wird, handelt es sich hierbei sowohl um steuerpflichtigen Arbeitslohn als auch beitragspflichtiges Arbeitsentgelt i. S. d. Sozialversicherung.

Treueprämien werden typischerweise nur einmalig gewährt, deshalb gelten für die Besteuerung die Regeln für ⇗ sonstige Bezüge. Werden Treueprämien für eine mehrjährige Tätigkeit gezahlt, ist zu prüfen, ob die Fünftelregelung anzuwenden ist.[4]

In der Sozialversicherung stellen Treueprämien einmalig gezahltes Arbeitsentgelt dar. Damit erfolgt die Beitragsberechnung nach den Regeln für ⇗ Einmalzahlungen.

Im umgangssprachlichen Gebrauch ist mit dem Begriff „Treueprämie" oft auch eine Treuerabatt-Aktion wie z. B. Payback, Miles & More oder Bahn-Bonus gemeint. Die steuer- und beitragsrechtliche Behandlung für solche Treuerabatte wird im Stichwort ⇗ Kundenbindungsprogramme dargestellt.

3 § 1 Abs. 1 Satz 1 Nr. 1 SvEV.
4 Ursprünglich war eine Abschaffung der Fünftelregelung im Lohnsteuerabzugsverfahren ab 2024 geplant. Da das Gesetzgebungsverfahren noch nicht abgeschlossen ist, kommt es vorerst zu keiner Änderung.

Gesetze, Vorschriften und Rechtsprechung

Lohnsteuer: Die Steuerpflicht der Treueprämie ergibt sich aus § 19 Abs. 1 EStG i. V. m. R 19.3 LStR. Zur Definition der sonstigen Bezüge im Lohnsteuerrecht s. § 38a Abs. 1 Satz 3 EStG. Zur Abgrenzung des Arbeitslohns zwischen laufenden und sonstigen Bezügen s. R 39b.2 Abs. 2 LStR.

Sozialversicherung: Die Beitragspflicht der Treueprämie ergibt sich für sozialversicherungspflichtige Beschäftigte aus § 14 Abs. 1 SGB IV. Die Regeln zur Beitragsberechnung aus einmalig gezahltem Arbeitsentgelt ergeben sich aus § 23a SGB IV.

Entgelt	LSt	SV
Treueprämie	pflichtig	pflichtig

Trinkgeld

Trinkgelder sind freiwillige Zahlungen Dritter – typischerweise von Gästen im Hotel- und Gastronomiegewerbe – für die Dienste des Arbeitnehmers zusätzlich zum vom Arbeitgeber gezahlten Entgelt. Sie sind zu unterscheiden von sonstigen Bedienungsgeldern, die als Preisbestandteil zwangsweise von Dritten (Kunden) gezahlt werden.

Erhält der Arbeitnehmer Trinkgelder, können diese steuer- und beitragsfrei sein. Steuerlich ist zu unterscheiden zwischen freiwilligen Trinkgeldern und Trinkgeldern, die arbeitsrechtlich als Lohnbestandteil vereinbart sind. Freiwillige Trinkgelder sind steuerfreie Zuwendungen, die der Arbeitnehmer für eine Arbeitsleistung im Rahmen seines Arbeitsverhältnisses von einem Dritten ohne Rechtsanspruch erhält.

Gesetze, Vorschriften und Rechtsprechung

Lohnsteuer: § 107 Abs. 3 GewO enthält den Begriff und das Verbot völligen Entgeltausschlusses bei gleichzeitiger Trinkgelderwartung. Für die Zurechnung der Trinkgelder zum Arbeitslohn sind die allgemeinen Grundsätze zu § 19 EStG maßgebend; § 3 Nr. 51 EStG stellt freiwillige Trinkgelder steuerfrei, siehe auch H 3.51 LStH.

Sozialversicherung: Die beitragsrechtliche Behandlung ergibt sich aus § 14 Abs. 1 SGB IV i. V. m. § 1 Abs. 1 Satz 1 Nr. 1 SvEV.

Entgelt	LSt	SV
Freiwillige Trinkgelder ohne Betragsgrenze	frei	frei

Lohnsteuer

Trinkgelder als Arbeitslohn von dritter Seite

Zum Arbeitslohn gehören alle Vorteile, die für eine Beschäftigung im öffentlichen oder privaten Dienst gewährt werden. Dies gilt auch für die Zuwendung eines Dritten, wenn diese ein Entgelt „für" eine Leistung bildet, die der Arbeitnehmer im Rahmen des Dienstverhältnisses für seinen Arbeitgeber erbringt, erbracht hat oder erbringen soll. Der Arbeitgeber ist zum Lohnsteuereinbehalt für von einem Dritten im Rahmen des Dienstverhältnisses gewährten Arbeitslohn verpflichtet.[1]

Der Arbeitnehmer ist verpflichtet dem Arbeitgeber den Arbeitslohn von dritter Seite anzuzeigen.[2]

Steuerfreie freiwillige Trinkgelder

Der BFH definiert Trinkgeld als eine dem dienstleistenden Arbeitnehmer vom Kunden oder Gast gewährte zusätzliche Vergütung. Es handelt sich um eine freiwillige und typischerweise persönliche Zuwendung, die eine Art honorierende Anerkennung in Form eines kleineren Geldgeschenks ausdrücken soll.[3] Freiwillige Trinkgeldzahlungen, die der Arbeitnehmer anlässlich von Dienstleistungen von Dritten erhält, stellen Entgelt für die erbrachte Leistung und damit Arbeitslohn dar. Diese sind aber ohne betragsmäßige Begrenzung in voller Höhe steuerfrei.[4] Nach herrschender Rechtsprechung wird Trinkgeld jedoch als kleineres Geldgeschenk definiert. Geldgeschenke, die einen hohen Wert haben oder quantitativ einem Arbeitsentgelt entsprächen, stellen damit i. d. R. kein Trinkgeld dar.[5] Eine „Poolung" (gemeinsame Einzahlung der Trinkgelder in eine Kasse) und spätere Aufteilung unter den Arbeitnehmern ist i. d. R. nicht schädlich (z. B. gemeinsame Trinkgeldkasse bei Friseur).[6]

Daher ist der Arbeitgeber nicht verpflichtet, Trinkgelder im Lohnkonto aufzuzeichnen. Der Arbeitnehmer muss steuerfreie Trinkgelder dem Arbeitgeber somit nicht anzeigen. Zu den steuerfreien Trinkgeldern gehören auch die üblichen Geldgeschenke zu Weihnachten und Neujahr, z. B. an Post- und Zeitungsboten, Arbeiter der Müllabfuhr, Hausmeister usw.

Wichtig

Keine Steuerfreiheit für Zahlungen aus einem Spielbanktronc

Steuerfreies Trinkgeld setzt ein Mindestmaß an persönlicher Beziehung zwischen Trinkgeldgeber und -nehmer voraus. Fehlt es an einer Kundenstellung des Trinkgeldgebers, scheidet eine Steuerbefreiung in jedem Fall aus.[7] Trinkgelder, die in Spielbanken von den Gästen in den sog. Tronc[8] gegeben werden, gehören aufgrund des Fehlens eines Mindestmaßes an persönlicher Beziehung zwischen Arbeitnehmer und Kunde nach der Verteilung an das Spielbankpersonal in voller Höhe zum steuerpflichtigen Arbeitslohn.[9]

Freiwillige Sonderzahlungen an Arbeitnehmer konzernverbundener Unternehmen sind ebenfalls keine steuerfreien Trinkgelder, sondern steuerpflichtige sonstige Bezüge. Es fehlt das für den Trinkgeldbegriff charakteristische Gast- bzw. Kunden-Dienstleistungsverhältnis.[10]

Steuerpflichtige Trinkgelder

Lohnsteuerpflichtig sind Trinkgelder, auf die der Arbeitnehmer einen Rechtsanspruch hat. Zu den steuerpflichtigen Trinkgeldern, auf die der Arbeitnehmer einen Rechtsanspruch hat, gehören z. B.

- der Bedienungszuschlag von 10 % oder 15 % im Gaststättengewerbe,
- das Metergeld im Möbeltransportgewerbe und
- das Treppengeld im Kohlehandel.

Sie sind zusammen mit dem übrigen Arbeitslohn des Lohnzahlungszeitraums zu besteuern.

Ist das Trinkgeld steuerpflichtig, haftet der Arbeitgeber für die richtige Ermittlung des Trinkgeldbetrags und demgemäß auch für die zutreffende Einbehaltung der Lohnsteuer. Ob der Arbeitnehmer Trinkgelder mit Rechtsanspruch oder freiwillige Trinkgelder erhält, muss von Fall zu Fall festgestellt werden. Nicht zulässig ist es, Pflichttrinkgelder in steuerfreie freiwillig gezahlte Trinkgelder umzudeuten. Geldgeschenke des Arbeitgebers an seinen Arbeitnehmer stellen keine Trinkgelder dar und sind steuerpflichtig.

Sozialversicherung

Beitragsrechtliche Bewertung

Trinkgelder, auf die der Arbeitnehmer einen Rechtsanspruch hat, sind beitragspflichtiges ⇗ Entgelt. Für Trinkgelder kann sich ein Rechtsanspruch z. B. durch Regelungen in einem Tarifvertrag, einer Betriebsvereinbarung oder einem Arbeitsvertrag ergeben. Freiwillig gezahlte Trinkgelder sind unabhängig von ihrer Höhe hingegen lohnsteuerfrei und unterliegen nicht der Beitragspflicht in der Sozialversicherung.[11]

1 § 38 Abs. 1 Satz 3 EStG.
2 § 38 Abs. 4 S. 3 EStG.
3 BFH, Urteil v. 3.5.2007, VI R 37/05, BStBl 2007 II S. 712.
4 § 3 Nr. 51 EStG.
5 FG Köln, Urteil v. 14.12.2022, K 2814/20, 9 K 2507/20.
6 BFH, Urteil v. 18.12.2008, VI R 49/06, BStBl 2009 II S. 820.
7 BFH, Urteil v. 10.3.2015, VI R 6/14, BStBl 2015 II S. 767.
8 Bezeichnung der Trinkgeldkasse beim Roulette.
9 BFH, Urteil v 18.12.2008, VI R 49/06, BStBl 2009 II S. 820.
10 BFH, Urteil v. 3.5.2007, VI R 37/05, BStBl 2007 II S. 713.
11 § 1 Abs. 1 Satz 1 Nr. 1 SvEV.

Überbrückungsbeihilfe

Überbrückungsbeihilfe bezeichnet insbesondere die Unterstützung für ehemalige Mitarbeiter des Militärs (Soldaten). Sie soll langjährig beschäftigten Arbeitnehmern der Stationierungsstreitkräfte, die ihren Arbeitsplatz infolge einer Verminderung der Truppenstärke oder infolge einer Auflösung oder Verlegung ihrer Dienststelle aus militärischen Gründen verlieren, die Wiedereingliederung in das Arbeitsleben erleichtern. In der Privatwirtschaft entspricht Überbrückungsbeihilfe der Abfindung.

Lohnsteuerrechtlich stellen alle Formen der ⬀ Abfindung lohnsteuerpflichtigen Arbeitslohn dar. Sie gelten als ⬀ sonstiger Bezug und sind nach der Jahreslohnsteuertabelle zu besteuern.

Sozialversicherungsrechtlich ist eine differenziertere Betrachtungsweise notwendig: Abfindungen, die wegen Beendigung des Beschäftigungsverhältnisses als Entschädigung für den Wegfall künftiger Verdienstmöglichkeiten durch den Verlust des Arbeitsplatzes gezahlt werden, stellen kein beitragspflichtiges Arbeitsentgelt dar. Um beitragspflichtiges Arbeitsentgelt (⬀ Einmalzahlung) handelt es sich hingegen bei Zahlungen von rückständigem Arbeitsentgelt anlässlich einer einvernehmlichen Beendigung von Arbeitsverhältnissen, arbeitsgerichtlicher Auflösung im Kündigungsschutzprozess oder Zahlung einer ⬀ Urlaubsabgeltung.

Gesetze, Vorschriften und Rechtsprechung

Lohnsteuer: Die Lohnsteuerpflicht ergibt sich aus § 19 Abs. 1 EStG i. V. m. R 19.3 LStR.

Sozialversicherung: Die Beitragspflicht in der Sozialversicherung ergibt sich aus § 14 Abs. 1 SGB IV. Zur Beitragsfreiheit s. BSG, Urteil v. 25.10.1990, 12 RK 40/89; BSG, Urteil v. 21.2.1990, 12 RK 20/88.

Entgelt	LSt	SV
Überbrückungsbeihilfe	pflichtig	pflichtig

Übergangsbereich

Für Arbeitsentgelte oberhalb der monatlichen Geringfügigkeitsgrenze gilt bei einem regelmäßigen monatlichen Arbeitsentgelt zwischen 538,01 EUR und 2.000 EUR ein Übergangsbereich. Die hierfür geltenden Sonderregelungen in der Sozialversicherung führen zu einer verminderten Beitragsbelastung der Arbeitnehmer. Bei der Beitragsberechnung wird von einem fiktiv ermittelten Arbeitsentgelt ausgegangen. Der Arbeitgeberanteil beträgt im unteren Teil des Übergangsbereichs 28 % und wird gleitend auf den regulären Sozialversicherungsbeitrag von zurzeit ca. 20,45 % abgeschmolzen.

Gesetze, Vorschriften und Rechtsprechung

Sozialversicherung: Die besonderen beitragsrechtlichen Regelungen sind anzuwenden, wenn das aus dem Beschäftigungsverhältnis erzielte regelmäßige Arbeitsentgelt im Übergangsbereich (§ 20 Abs. 2 und 2a SGB IV) liegt. Die Beitragsbemessung und Beitragstragung für die Beiträge zur Krankenversicherung bestimmt § 226 Abs. 4 i. V. m. § 249 Abs. 3 SGB V. Das gilt nach § 58 Abs. 3 Satz 3 und Abs. 5 SGB XI, § 163 Abs. 7 i. V. m. § 168 Abs. 1d SGB VI sowie § 344 Abs. 4 i. V. m. § 346 Abs. 1a SGB III auch für die Beiträge zur Pflege-, Renten- und Arbeitslosenversicherung.

Sozialversicherung

Anwendung

Voraussetzung

Voraussetzung für die Anwendung des Übergangsbereichs ist stets, dass

- Arbeitnehmer in der Beschäftigung – zumindest in einem Sozialversicherungszweig – versicherungspflichtig sind und
- das monatliche regelmäßige Arbeitsentgelt von 538,01 EUR bis 2.000 EUR[1] beträgt.

Ausnahmen

Die Regelung des Übergangsbereichs gilt ausdrücklich nicht, wenn die jeweilige Beschäftigung im Rahmen der ⬀ Berufsausbildung, eines in der Studienordnung vorgeschriebenen ⬀ Praktikums oder eines dualen Studiums ausgeübt wird. Sie gilt ferner nicht für Umschüler sowie Teilnehmer am freiwilligen sozialen oder freiwilligen ökologischen Jahr sowie am ⬀ Bundesfreiwilligendienst.

Für Beschäftigungen, die neben einer Beschäftigung zur Berufsausbildung, einer Teilnahme an einem freiwilligen sozialen bzw. ökologischen Jahr oder einem Bundesfreiwilligendienst ausgeübt werden, sind die Regelungen zum Übergangsbereich ebenfalls ausgeschlossen. Dabei ist es unerheblich, ob das Arbeitsentgelt aus der Beschäftigung allein oder zusammen mit dem Arbeitsentgelt aus der Berufsausbildung oder einem Freiwilligendienst in den Übergangsbereich fällt. Für eine Berücksichtigung des Arbeitsentgelts aus der Beschäftigung zur Berufsausbildung/einem Freiwilligendienst und der sich anschließenden Aufteilung der beitragspflichtigen Einnahmen, fehlen die eindeutigen gesetzlichen Regelungen. Insoweit würden bei einer Aufteilung erhebliche Unstimmigkeiten entstehen.

Die Regelung des Übergangsbereichs gilt ferner nicht für sonstige Versicherungsverhältnisse, bei denen ein fiktives Arbeitsentgelt oder eine fiktive Beitragsbemessungsgrundlage anzusetzen ist. Dazu gehören insbesondere:

- Menschen mit Behinderungen in Einrichtungen für Menschen mit Behinderungen,
- Versicherungspflichtige in Einrichtungen der Jugendhilfe,
- Personen, die ein freiwilliges soziales Jahr oder ein freiwilliges ökologisches Jahr ableisten,
- Teilnehmer am Bundesfreiwilligendienst und
- Bezieher von ⬀ Kurzarbeitergeld oder ⬀ Saison-Kurzarbeitergeld, wenn das regelmäßige Arbeitsentgelt ohne Kurzarbeit oder saisonalbedingten Arbeitsausfall den Übergangsbereich überschreitet.

Durch das besondere Beitragsverfahren innerhalb des Übergangsbereichs soll für Arbeitnehmer ein Anreiz zur Aufnahme von Teilzeitbeschäftigungen geschaffen werden, indem die Beitragsbelastung für Arbeitnehmer abgesenkt wird. Dieses mit der Regelung des Übergangsbereichs verfolgte Ziel trifft bei den genannten Personengruppen nicht zu.

Besonderheiten

Bei Wertguthabenvereinbarungen werden die Regelungen im Übergangsbereich hingegen angewendet. Das gilt auch dann, wenn das regelmäßige Arbeitsentgelt vor der Wertguthabenvereinbarung außerhalb des Übergangsbereichs lag. Wertguthabenvereinbarungen werden z. B. bei ⬀ Altersteilzeit im Blockmodell oder bei Inanspruchnahme einer ⬀ Familienpflegezeit nach dem Familienpflegezeitgesetz getroffen.

1 Bis 31.12.2023: 520,01 EUR bis 2.000 EUR.

Arbeitsentgelt

Regelmäßigkeit

Bei der Frage, ob das Arbeitsentgelt innerhalb des Übergangsbereichs liegt, kommt es auf die Regelmäßigkeit an. Für die Prüfung der Regelmäßigkeit sind dabei die gleichen Grundsätze, die bei der geringfügig entlohnten Beschäftigung oder der Ermittlung des Jahresarbeitsentgelts bei Höherverdienenden gelten, anzuwenden. Als Arbeitsentgelt ist mindestens das Arbeitsentgelt zugrunde zu legen, auf das der Arbeitnehmer einen Rechtsanspruch hat.

Ob die für den Übergangsbereich maßgebenden Entgeltgrenzen regelmäßig oder nur gelegentlich über- oder unterschritten werden, ist bei Beginn der Beschäftigung und erneut bei jeder dauerhaften Veränderung in den Verhältnissen im Wege einer vorausschauenden – auf einen Zeitraum von 12 Monaten gerichteten – Betrachtung zu beurteilen.

Einmalzahlungen

⇗ Einmalzahlungen, wie z. B. das Urlaubs- oder Weihnachtsgeld, sind bei der Ermittlung des regelmäßigen monatlichen Arbeitsentgelts mit einzubeziehen, soweit der Arbeitnehmer einen Rechtsanspruch hierauf hat (z. B. durch einen Tarifvertrag oder eine Betriebsvereinbarung) oder sie mit hinreichender Sicherheit mindestens einmal jährlich gezahlt werden. Sie sind nur dann beitragspflichtig, wenn sie auch tatsächlich gezahlt werden. Hat ein Arbeitnehmer auf eine ihm eigentlich zustehende Einmalzahlung schriftlich verzichtet, ist sie bei der vorausschauenden Durchschnittsberechnung nicht zu berücksichtigen. Auf die arbeitsrechtliche Zulässigkeit dieses Verzichts kommt es dabei nicht an. Die schriftliche Verzichtserklärung des Arbeitnehmers ist vom Arbeitgeber zu den Entgeltunterlagen zu nehmen.

Schwankendes Arbeitsentgelt

Schwankt das Arbeitsentgelt von Monat zu Monat, ist es zukunftsbezogen zu schätzen, z. B. durch einen Vergleich mit ähnlichen Arbeitsverhältnissen im Betrieb. Sollte sich die Schätzung im Nachhinein als nicht korrekt herausstellen, ist die Entscheidung über die Anwendbarkeit des Übergangsbereichs für die Zukunft zu korrigieren. Für die Vergangenheit bleibt es aber bei der ursprünglichen Feststellung – Korrekturen werden also immer nur für die Zukunft vorgenommen.

Steht die Höhe der schwankenden Arbeitsentgelte hingegen schon von vornherein fest (z. B. bei Saisonkräften), ist eine Durchschnittsberechnung vorzunehmen.

Mehrere Beschäftigungen

Werden mehrere Beschäftigungen ausgeübt, gilt die Regelung des Übergangsbereichs nur, wenn das insgesamt erzielte Arbeitsentgelt innerhalb des Übergangsbereichs liegt. Berücksichtigt werden allerdings nur Arbeitsentgelte aus versicherungspflichtigen Beschäftigungen.

Nicht berücksichtigt werden also z. B. Arbeitsentgelte aus versicherungsfreien ⇗ geringfügig entlohnten Beschäftigungen. Dies gilt auch dann, wenn die geringfügig entlohnte Beschäftigung Rentenversicherungspflicht begründet oder auf die Versicherungsfreiheit in der Rentenversicherung verzichtet wurde. Unberücksichtigt bleiben ferner Arbeitsentgelte aus ⇗ Beamtenbeschäftigungen.

Beispiel

Mehrere Minijobs führen zum Übergangsbereich

Ein Arbeitnehmer ist bei Arbeitgeber A gegen ein monatliches Arbeitsentgelt von regelmäßig 400 EUR und bei Arbeitgeber B gegen ein monatliches Arbeitsentgelt von regelmäßig 350 EUR beschäftigt.

Ergebnis: Beide Beschäftigungen sind zwar für sich betrachtet geringfügig entlohnt. Jedoch besteht aufgrund der Zusammenrechnung der Arbeitsentgelte in beiden Beschäftigungsverhältnissen Sozialversicherungspflicht. Die Summe der Arbeitsentgelte i. H. v. 750 EUR liegt innerhalb des Übergangsbereichs. Die besonderen Regelungen des Übergangsbereichs sind somit in beiden Beschäftigungen anzuwenden.

Ermittlung des beitragspflichtigen Arbeitsentgelts

Bei Arbeitnehmern, die ein regelmäßiges monatliches Arbeitsentgelt innerhalb des Übergangsbereichs erhalten, wird in der Kranken-, Pflege-, Renten- und Arbeitslosenversicherung für die Berechnung des jeweiligen Beitrags nicht das tatsächlich erzielte, sondern ein reduziertes Arbeitsentgelt zugrunde gelegt.

Das reduzierte, gesamte beitragspflichtige Arbeitsentgelt als Bemessungsgrundlage für die vom Arbeitgeber zu zahlenden Beiträge wird anders berechnet als das beitragspflichtige Arbeitsentgelt, das für die Ermittlung des vom Arbeitnehmer zu tragenden Beitragsanteils maßgebend ist. Grund dafür ist, dass der Belastungssprung bei den Arbeitnehmerbeiträgen aufgrund des Übergangs von einer geringfügig entlohnten in eine sozialversicherungspflichtige Beschäftigung vermieden werden soll. Arbeitgeber zahlen als Beitragsanteil die Differenz zwischen dem Gesamtbeitrag und dem Arbeitnehmeranteil.

Bei der Beitragsberechnung sind daher 2 verschiedene beitragspflichtige Einnahmen zu berücksichtigen, für die jeweils eine eigene Berechnungsformel anzuwenden ist. Es handelt sich um die beitragspflichtige Einnahme zur Berechnung des

- Gesamtsozialversicherungsbeitrags und des
- Arbeitnehmerbeitrags.

Beitragspflichtige Einnahme für den Gesamtsozialversicherungsbeitrag

Die beitragspflichtige Einnahme für die Berechnung des Gesamtsozialversicherungsbeitrags wird nach folgender Formel berechnet:

$$F \times G + ([2.000 / (2.000 - G)] - [G / (2.000 - G)] \times F) \times (AE - G)$$

Dabei bezeichnet „F“ den Faktor F, „G“ die Geringfügigkeitsgrenze und „AE“ das tatsächlich erzielte Arbeitsentgelt des Arbeitnehmers.

Wichtig

Definition des Faktors F

Der Faktor F wird ermittelt, indem 28 % durch den durchschnittlichen Gesamtsozialversicherungsbeitragssatz eines Kalenderjahres (2024 = 40,9 %, 2023 = 40,45 %) dividiert wird. Er wird grundsätzlich in jedem Kalenderjahr neu angepasst. Für die Zeit vom 1.1.2024 an beträgt der Faktor F 0,6846 (2023: 0,6922).

Hinweis

Vereinfachte Formel

Da in der betrieblichen Praxis die gekürzte Formel Anwendung findet, wird in den folgenden Beispielen die beitragspflichtige Einnahme für den Gesamtsozialversicherungsbeitrag nach dieser berechnet:

1,116063748 × Arbeitsentgelt – 232,12749658

Beitragspflichtige Einnahme des Arbeitnehmers

Die beitragspflichtige Einnahme, nach der der vom Arbeitnehmer zu tragende Kranken-, Pflege-, Renten- und Arbeitslosenversicherungsbeitrag, der individuelle Zusatzbeitrag und ggf. der Beitragszuschlag in der Pflegeversicherung berechnet wird, wird nach folgender Formal ermittelt:

$$[2.000 / (2.000 - G)] \times (AE - G)$$

Dabei bezeichnet „G“ wiederum die Geringfügigkeitsgrenze und „AE“ das tatsächlich erzielte Arbeitsentgelt des Arbeitnehmers.

Hinweis

Vereinfachte Formel

In den folgenden Beispielen wird die beitragspflichtige Einnahme des Arbeitnehmers nach der gekürzten Formel berechnet:

1,367989056 × Arbeitsentgelt – 735,9781122

Mit Anwendung dieser Formel bei der Berechnung der beitragspflichtigen Einnahme des Arbeitnehmers wird erreicht, dass der vom Arbeitnehmer zu tragende Beitragsanteil bei einem Entgelt in Höhe der Geringfügigkeitsgrenze (aktuell 538 EUR) 0 ist und bis zur Obergrenze (2.000 EUR) linear auf den regulären Sozialversicherungsbeitrag von ca. 20 % ansteigt.

Beitragsberechnung

Von der beitragspflichtigen Einnahme für den Gesamtsozialversicherungsbeitrag sind zunächst die vollen Beiträge je Versicherungszweig zu ermitteln. Hierzu wird die beitragspflichtige Einnahme mit dem halben Beitragssatz des jeweiligen Sozialversicherungszweigs (z. B. Krankenversicherung = 14,6 % : 2 = 7,3 %) multipliziert.

Beitragsanteil des Arbeitnehmers

Im nächsten Schritt wird der Arbeitnehmerbeitrag auf Basis der beitragspflichtigen Einnahme für den Arbeitnehmer berechnet. Hierzu wird die Bemessungsgrundlage mit dem halben Beitragssatz des jeweiligen Sozialversicherungszweigs (z. B. Krankenversicherung = 14,6 % : 2 = 7,3 %) multipliziert.

Beitragsanteil des Arbeitgebers

Der vom Arbeitgeber zu zahlende Beitrag ergibt sich dann durch folgende Berechnung:

Arbeitnehmerbeitragsanteil	=	Gesamtsozialversicherungsbeitrag auf Basis der reduzierten beitragspflichtigen Einnahme	–	Arbeitgeberbeitragsanteil auf Basis des tatsächlichen Arbeitsentgelts

Beispiel

Berechnung der Sozialversicherungsbeiträge am Beispiel Krankenversicherung

Ein sozialversicherungspflichtiger Arbeitnehmer (BGR 1111) erzielt ein regelmäßiges monatliches Arbeitsentgelt i. H. v. 1.400 EUR. Der Arbeitnehmer ist Mitglied einer Krankenkasse; es gilt der allgemeine Beitragssatz i. H. v. 14,6 %.

Ergebnis

Die Beitragsbemessungsgrundlage für den Gesamtsozialversicherungsbeitrag errechnet sich nach der vereinfachten Formel wie folgt:

1,116063748 × 1.400 EUR – 232,12749658 = 1.330,36 EUR

Die Beitragsbemessungsgrundlage für den Arbeitnehmer errechnet sich nach der vereinfachten Formel wie folgt:

1,367989056 × 1.400 EUR – 735,9781122 = 1.179,21 EUR

Berechnung der Krankenversicherungsbeiträge:

Gesamtbeitrag zur KV: 1.330,36 EUR × 7,3 % × 2 = 194,24 EUR

Arbeitnehmerbeitrag: 1.179,21 EUR × 7,3 % = 86,08 EUR

Arbeitgeberbeitrag: 194,24 EUR – 86,08 EUR = 108,16 EUR

Wird von der Krankenkasse des Arbeitnehmers ein kassenindividueller Zusatzbeitragssatz erhoben, gelten für die Berechnung der Zusatzbeiträge die oben erwähnten Regelungen.

Beispiel

Berechnung des individuellen Zusatzbeitrags

Der Zusatzbeitragssatz der Krankenkasse beträgt 1,1 %.

Monatliches Arbeitsentgelt: 900 EUR

Beitragspflichtige Einnahme für den Gesamtbeitrag:

1,116063748 × 900 EUR – 232,12749658 = 772,33 EUR

Beitragspflichtige Einnahme für den Arbeitnehmer:

1,367989056 × 900 EUR – 735,9781122 = 495,21 EUR

Zusatzbeitrag KV: 772,33 EUR × 0,55 % × 2 = 8,50 EUR

Arbeitnehmerbeitrag: 495,21 EUR × 0,55 % = 2,72 EUR

Arbeitgeberbeitrag: 8,50 EUR – 2,72 EUR = 5,78 EUR

Die Beiträge zur Pflege-, Renten- und Arbeitslosenversicherung berechnen sich auf die gleiche Weise. Hinsichtlich der Pflegeversicherung gilt ggf. zusätzlich ein Beitrag von 0,6 %[1] für kinderlose Mitglieder. Mitglieder mit Kindern erhalten seit dem 1.7.2023 einen Abschlag von 0,25 Beitragssatzpunkten je Kind. Dies gilt vom 2. bis zum 5. Kind und bis zum Ablauf des Monats, in dem das jeweilige Kind das 25. Lebensjahr vollendet hat. Auch der Zuschlag oder Abschlag berechnet sich von dem für den Arbeitnehmer reduzierten Arbeitsentgelt im Übergangsbereich.

Beitragszuschuss

Es gibt Konstellationen, in denen Beschäftigte trotz ihres Arbeitsentgelts im Übergangsbereich privat kranken- und pflegeversichert sind. Dabei kann es sich z. B. um weiterbeschäftigte Rentner oder um Teilzeit während Elternzeit mit Befreiung von der Versicherungspflicht handeln. Diese Arbeitnehmer haben Anspruch auf einen Arbeitgeberzuschuss zu ihrer privaten Kranken- und Pflegeversicherung.[2]

Der Zuschussberechnung ist – im Gegensatz zur Beitragsberechnung – das tatsächliche Arbeitsentgelt zugrunde zu legen. Eine besondere Regelung, die von § 257 Abs. 2 SGB V abweicht, sieht der Gesetzgeber in diesen Fällen nicht vor.

Beispiel

Berechnung des Beitragszuschusses

Eine wegen Überschreitens der Jahresarbeitsentgeltgrenze privat krankenversicherte Arbeitnehmerin übt während der Elternzeit eine Beschäftigung gegen ein monatliches Arbeitsentgelt von 1.500 EUR aus. Von der Krankenversicherungspflicht ist sie für die Dauer der Elternzeit befreit.

Ergebnis: Der Anspruch auf Beitragszuschuss besteht i. H. v. (7,3 % + 0,85 % von 1.500 EUR =) 122,25 EUR.

Über-/Unterschreiten des Entgelts im Übergangsbereich

Bei schwankenden Arbeitsentgelten kann es vorkommen, dass zwar das ermittelte regelmäßige Arbeitsentgelt innerhalb des Übergangsbereichs liegt, jedoch in einzelnen Monaten das erzielte Arbeitsentgelt die Grenzen des Übergangsbereichs über- oder unterschreitet. In diesem Fall gilt:

Übersteigt das Arbeitsentgelt die obere Grenze von 2.000 EUR (z. B. durch Einmalzahlungen), sind die Beiträge – wie üblich – grundsätzlich je zur Hälfte vom Arbeitgeber und Arbeitnehmer zu tragen.

Beträgt das Arbeitsentgelt weniger als 538,01 EUR, ist ein fiktives Arbeitsentgelt nach folgender Rechnung zu ermitteln:

Tatsächliches Arbeitsentgelt × Faktor F = beitragspflichtige Einnahme

In den Fällen des Unterschreitens der unteren Entgeltgrenze des Übergangsbereichs trägt der Arbeitgeber – mit Ausnahme des vom Arbeitnehmer zu tragenden Beitragszuschlags bei Kinderlosigkeit in der Pflegeversicherung – die Beiträge alleine.

Beispiel

Entgelt bei Arbeitsschwankungen

Eine Arbeitnehmerin hat ein regelmäßiges monatliches Arbeitsentgelt i. H. v. 800 EUR. Aufgrund von Arbeitsschwankungen erzielt sie im Monat Juli 2024 lediglich ein Arbeitsentgelt i. H. v. 300 EUR.

---

1 Bis 30.6.2023: 0,35 %.
2 § 257 Abs. 2 Satz 1 SGB V.

Ergebnis

Das beitragspflichtige Arbeitsentgelt wird für den Monat Juli 2024 wie folgt ermittelt:

300 EUR × F (2024 = 0,6846) = 205,38 EUR

Da das beitragspflichtige Arbeitsentgelt 538 EUR nicht übersteigt, trägt der Arbeitgeber den Beitrag alleine. Der Arbeitgeberbeitrag wird von der reduzierten beitragspflichtigen Einnahme (hier: 205,38 EUR) berechnet.

Teilmonate

Wird Arbeitsentgelt nur für einen Teilmonat erzielt (z. B. wegen Ende der Entgeltfortzahlung bei Arbeitsunfähigkeit oder bei Beginn oder Ende der Beschäftigung im Laufe des Kalendermonats), ist – ausgehend vom anteiligen Arbeitsentgelt – das monatliche Arbeitsentgelt zu errechnen. Dabei ist wie folgt vorzugehen:

$$\text{monatliches Arbeitsentgelt} = \frac{\text{anteiliges Arbeitsentgelt} \times 30}{\text{Kalendertage}}$$

Dass das anteilige Arbeitsentgelt evtl. unterhalb des Übergangsbereichs liegt, ist ohne Bedeutung. Für die Anwendung der besonderen Regelungen des Übergangsbereichs ist in diesen Fällen allein auf das regelmäßige monatliche Arbeitsentgelt abzustellen.

Hinweis

Abweichende Berechnung durch Arbeitgeber möglich

Sofern Arbeitgeber aufgrund arbeits- oder tarifvertraglicher Regelungen das Teilarbeitsentgelt auf andere Weise berechnen (beispielsweise unter Zugrundelegung der tatsächlichen Arbeitstage im Verhältnis zu den Werktagen eines Kalendermonats), ist dies bei der Berechnung der reduzierten beitragspflichtigen Einnahme zu berücksichtigen.

Auf der Grundlage des monatlichen Arbeitsentgelts ist die beitragspflichtige Einnahme zu ermitteln. Anschließend ist diese beitragspflichtige Einnahme entsprechend der Anzahl der Kalendertage, für die eine versicherungspflichtige Beschäftigung besteht, zu reduzieren.

Sonderfall: Unbezahlter Urlaub

Bei einem unbezahlten Urlaub gilt eine Beschäftigung als fortbestehend, solange das Beschäftigungsverhältnis ohne Anspruch auf Arbeitsentgelt fortdauert, jedoch nicht länger als einen Monat. Die Regelung über den Fortbestand des Beschäftigungsverhältnisses hat mittelbar auch Auswirkungen auf die Berechnung der Beiträge zur Kranken-, Pflege-, Renten- und Arbeitslosenversicherung, denn die Zeiten der Arbeitsunterbrechung ohne Anspruch auf Arbeitsentgelt sind keine beitragsfreien, sondern dem Grunde nach beitragspflichtige Zeiten. Dies bedeutet, dass für Zeiträume von Arbeitsunterbrechungen wegen unbezahlten Urlaubs bis zu einem Monat SV-Tage anzusetzen sind.

Eine Hochrechnung zur Ermittlung der anteiligen beitragspflichtigen Einnahme ist nicht erforderlich, wenn keine Kürzung der SV-Tage vorgenommen wird. Das tatsächlich erzielte (Rest-)Arbeitsentgelt ist als monatliches Arbeitsentgelt anzusehen.

Mehrfachbeschäftigung

Werden mehrere versicherungspflichtige Beschäftigungen ausgeübt, sind die Regelungen des Übergangsbereichs auch dann anzuwenden, wenn die einzelnen Arbeitsentgelte zwar unter der Grenze von 538,01 EUR, jedoch insgesamt innerhalb des Übergangsbereichs liegen. In diesen Fällen wird die jeweilige beitragspflichtige Einnahme auf der Grundlage des Gesamtentgelts ermittelt und im Verhältnis der jeweiligen Arbeitsentgelte zum Gesamtarbeitsentgelt aufgeteilt.

Besteht die Mehrfachbeschäftigung während des kompletten Kalendermonats ist die jeweilige beitragspflichtige Einnahme ist aufgrund des Gesamtarbeitsentgelts wie folgt zu berechnen:

- Beitragspflichtige Einnahme zur Berechnung des Gesamtsozialversicherungsbeitrags

$$\frac{[F \times G + ([2.000 / (2.000 - G)] - [G / (2.000 - G)] \times F) \times (GAE - G)] \times AE}{GAE}$$

- Beitragspflichtige Einnahme zur Berechnung des Arbeitnehmerbeitrags

$$\frac{[2.000 / (2.000 - G) \times (GAE - G)] \times AE}{GAE}$$

Dabei bezeichnet „F" den Faktor F, „G" die Geringfügigkeitsgrenze, „AE" das tatsächlich erzielte Arbeitsentgelt des Arbeitnehmers und „GAE" das Gesamtarbeitsentgelt.

Bemessungsgrundlage für Umlagebeträge

Umlagen nach dem Aufwendungsausgleichsgesetz

Die Umlagen zum Ausgleichsverfahren der Arbeitgeberaufwendungen bei Entgeltfortzahlung (U1) und Mutterschaft (U2) sind nach dem Aufwendungsausgleichsgesetz von dem Arbeitsentgelt zu berechnen, von dem auch die Beiträge zur gesetzlichen Rentenversicherung bemessen werden oder bei Versicherungspflicht zu bemessen wären (Beitragsbemessungsgrundlage).

In Übergangsbereichsfällen sind die für die Berechnung des Gesamtsozialversicherungsbeitrags reduzierten Arbeitsentgelte die Beitragsbemessungsgrundlage für die Umlage U1 und U2.

Dabei ist zu beachten, dass die Berechnung der Umlagen U1 und U2 nur auf Basis des laufenden Arbeitsentgelts erfolgt. Dies bedeutet, dass in Monaten, in denen auch mit Einmalzahlungen das abzurechnende Arbeitsentgelt im Übergangsbereich liegt, nur der auf das laufende Arbeitsentgelt entfallende Anteil des reduzierten Gesamtarbeitsentgelts umlagepflichtig ist. In Monaten, in denen durch Einmalzahlungen die obere Grenze des Übergangsbereichs überschritten wird und sich daher kein reduziertes beitragspflichtiges Arbeitsentgelt ergibt, ist das tatsächliche laufende Arbeitsentgelt umlagepflichtig.

Wichtig

Erstattung der Arbeitgeberaufwendungen

Die Höhe der Erstattungen nach dem Aufwendungsausgleichsgesetz (AAG), z. B. im Fall der Entgeltfortzahlung bei Arbeitsunfähigkeit, richtet sich nach dem tatsächlich fortgezahlten Arbeitsentgelt. Dies ist abweichend zu der Berechnung der Umlagebeträge!

Insolvenzgeldumlage

Für Beschäftigungen im Übergangsbereich ist für die Berechnung der ⇗ Insolvenzgeldumlage das Arbeitsentgelt maßgebend, nach dem die Rentenversicherungsbeiträge zu bemessen sind. Dies bedeutet, dass die Insolvenzgeldumlage aus dem für die Berechnung des Gesamtsozialversicherungsbeitrags reduzierten Arbeitsentgelt zu berechnen ist.

Meldeverfahren

Hinsichtlich der Beschäftigung im Übergangsbereich gelten die allgemeinen Meldegrundsätze. Einen besonderen Meldetatbestand für den Eintritt in eine oder den Austritt aus einer Beschäftigung im Übergangsbereich gibt es nicht. Aus diesem Grund sind bei einem Eintritt oder Austritt einer Beschäftigung in oder aus dem Übergangsbereich auch keine Meldungen durch den Arbeitgeber abzugeben.

Kennzeichnung im Feld „Midijob"

Da in der gesetzlichen Rentenversicherung bei der Anwendung der Hinzuverdienstregelungen und bei der Durchführung von Beitragserstattungen das tatsächliche Arbeitsentgelt bzw. die tatsächlich vom Versicherten getragenen Beiträge maßgebend sind, ist die Meldung mit folgenden Kennzeichen zu versehen, sofern Arbeitsentgelt durch eine ⇗ Jahresmeldung, ⇗ Abmeldung oder ⇗ Unterbrechungsmeldung gemeldet wird:

1 = monatliches Arbeitsentgelt durchgehend innerhalb des Übergangsbereichs

2 = monatliches Arbeitsentgelt sowohl innerhalb als auch außerhalb des Übergangsbereichs.

Für diese Kennzeichnung ist das Feld „Midijob" zu benutzen.

In die Meldungen ist als beitragspflichtiges Bruttoarbeitsentgelt die reduzierte beitragspflichtige Einnahme für die Berechnung des Gesamtsozialversicherungsbeitrags einzutragen. Damit die Rentenversicherungsträger die Rentenanwartschaften aus dem tatsächlichen Arbeitsentgelt berechnen können, ist zusätzlich das tatsächlich erzielte Arbeitsentgelt anzugeben.

Wichtig

Jahresmeldung der Unfallversicherung

In die für die Unfallversicherung zu erstellende Jahresmeldung ist das zur Unfallversicherung beitragspflichtige (= tatsächliche) Arbeitsentgelt einzutragen. Die Regelungen des Übergangsbereichs werden in diesem Versicherungszweig nicht angewendet.

Leistungsrechtliche Auswirkungen

Krankengeld

Der reduzierte Arbeitnehmerbeitrag zur Krankenversicherung aufgrund einer Beschäftigung im Übergangsbereich hat auf die Höhe des Krankengeldanspruchs keinen Einfluss. Bei der Berechnung des Regelentgelts und des Nettoarbeitsentgelts für die Ermittlung der Höhe des ⇗ Krankengeldes sind die für die Beitragsbemessung und Beitragstragung im Übergangsbereich geltenden besonderen Regelungen nicht zu berücksichtigen.[1]

Arbeitslosengeld

Gleiches gilt sinngemäß für die Arbeitslosenversicherung. Bei der Ermittlung des dem Arbeitslosengeld zugrunde zu legenden Leistungsentgelts sind die besonderen Regelungen zu den verminderten Entgeltabzügen des Übergangsbereichs nicht zu berücksichtigen.

Rentenansprüche

In der Rentenversicherung richtet sich die Höhe der Rentenansprüche grundsätzlich nach dem beitragspflichtigen Arbeitsentgelt. Für die Rentenberechnung wird für Beschäftigte im Übergangsbereich allerdings das tatsächlich erzielte Arbeitsentgelt zugrunde gelegt. D. h., dass sich aufgrund des reduzierten Arbeitnehmerbeitrags keine reduzierten Rentenanwartschaften ergeben.

Übernachtungskosten

Übernachtungskosten sind Aufwendungen, die dem Arbeitnehmer aufgrund einer beruflich bedingten Auswärtstätigkeit tatsächlich entstehen. Übernimmt der Arbeitgeber die Übernachtungskosten anlässlich einer Auswärtstätigkeit, sind diese als Reisekosten steuer- und beitragsfrei.

Wird der Arbeitnehmer z. B. durch den Ehepartner begleitet und nutzt ein Mehrbettzimmer, sind die Aufwendungen maßgebend, die für ein Einzelzimmer entstanden wären.

Erstattet der Arbeitgeber die Kosten für eine privat veranlasste Übernachtung, ist dies ein geldwerter Vorteil für den Arbeitnehmer. Der Betrag ist in diesem Fall steuer- und beitragspflichtig.

Davon zu unterscheiden sind Unterkunftskosten aufgrund einer doppelten Haushaltsführung. Während Übernachtungskosten immer in tatsächlich entstandener Höhe erstattet werden dürfen, sind Unterkunftskosten auf einen Betrag von 1.000 EUR monatlich begrenzt.

Gesetze, Vorschriften und Rechtsprechung

Lohnsteuer: Die Lohnsteuerfreiheit ergibt sich aus § 9 Abs. 1 Satz 3 Nr. 5a EStG (Übernachtungskosten) und § 9 Abs. 1 Satz 5 EStG (Unterkunftskosten) i. V. m. R 9.7 LStR.

Sozialversicherung: Die Beitragsfreiheit ergibt sich aus § 1 Abs. 1 Satz 1 Nr. 1 SvEV.

Entgelt	LSt	SV
Übernachtungskosten bei Auswärtstätigkeit	frei	frei
Übernachtungskosten aus privatem Anlass	pflichtig	pflichtig
Unterkunftskosten bei doppelter Haushaltsführung bis mtl. 1.000 EUR (bzw. jährl. 12.000 EUR)	frei	frei

Überstunden

Unter Überstunden wird die Arbeitszeit verstanden, die der Arbeitnehmer über die für sein Beschäftigungsverhältnis individuell geltende Arbeitszeit hinaus arbeitet. Vergleichsmaßstab ist die regelmäßige Arbeitszeit, wie sie für den Arbeitnehmer aufgrund Tarifvertrag, Betriebsvereinbarung oder Arbeitsvertrag geregelt ist.

Begrifflich davon zu unterscheiden ist die Mehrarbeit, die ein Überschreiten der allgemeinen gesetzlichen Arbeitszeitgrenzen (regelmäßig 8 Stunden werktäglich) bezeichnet. So können z. B. Teilzeitbeschäftigte in erheblichem Umfang Überstunden leisten, ohne dass es sich dabei um arbeitszeitgesetzlich relevante Mehrarbeit handelt.

Gesetze, Vorschriften und Rechtsprechung

Lohnsteuer: Grundlage für die Besteuerung der Überstunden als Arbeitslohn ist § 19 Abs. 1 EStG. Zur Abgrenzung zwischen laufendem Arbeitslohn und sonstigen Bezügen s. R 39b.2 LStR. Zur Bewertung von Überstundenvergütungen des Gesellschafter-Geschäftsführers als verdeckte Gewinnausschüttung s. BFH, Urteil v. 24.2.2009, I B 208/08 (NV).

Sozialversicherung: Die Beitragspflicht des Arbeitsentgelts in der Sozialversicherung ergibt sich aus § 14 Abs. 1 SGB IV.

Entgelt	LSt	SV
Überstundenvergütung	pflichtig	pflichtig

Lohnsteuer

Überstundenvergütung ist Arbeitslohn

Die Überstundenvergütung gehört zum steuerpflichtigen laufenden Arbeitslohn und ist dem Abrechnungsmonat zuzuordnen, in dem sie geleistet wurde. Bei regelmäßig anfallenden Überstunden darf die Vergütung auch zeitversetzt in dem Monat abgerechnet und versteuert werden, in dem sie gezahlt wird. Nur in Ausnahmefällen, wenn die Auszahlung der Überstundenvergütung nach Beendigung des Arbeitsverhältnisses erfolgt, kommt eine Versteuerung als ⇗ sonstiger Bezug in Betracht.

1 § 47 Abs. 1 Satz 7 SGB V.

Wichtig

Fünftelregelung bei nachträglicher Überstundenvergütung

Nachgezahlte Überstundenvergütungen, die für einen Zeitraum von mehr als 12 Monaten veranlagungszeitraumübergreifend geleistet werden, können ermäßigt mit der Fünftelregelung besteuert werden.[1,2]

Gutschrift auf Zeitwertkonto

Gewährt der Arbeitgeber für Überstunden einen späteren Freizeitausgleich, entstehen keine lohnsteuerlichen Folgerungen; lediglich die Zeitgutschrift wird aufgelöst.

Überstundenvergütung bei Gesellschafter-Geschäftsführern

Eine Besonderheit bei der Vergütung von Überstunden ergibt sich für Gesellschafter-Geschäftsführer einer GmbH. Hier ist die Überstundenvergütung stets dem Verdacht einer sog. verdeckten Gewinnausschüttung ausgesetzt.

Vergütungen von Überstunden an beherrschende Gesellschafter-Geschäftsführer führen regelmäßig zu verdeckten Gewinnausschüttungen, da eine Vereinbarung über Überstundenvergütung laut Rechtsprechung nicht zum Aufgabenbild eines Geschäftsführers passt. Dies gilt auch für Minderheitsgesellschafter.[3]

Sozialversicherung

Zuordnung zum Arbeitsentgelt

Überstundenvergütungen sind beitragspflichtiges ⇗ Arbeitsentgelt im Sinne der Sozialversicherung.[4]

Beitragsrechtliche Zuordnung

Überstundenvergütungen gehören zum laufenden Arbeitsentgelt und sind in dem Monat für die Beitragsberechnung heranzuziehen, in dem die Überstunden geleistet wurden.

Vereinfachungsregelung

Eine Vereinfachungsregelung gilt für die Fälle, in denen die Überstundenvergütungen regelmäßig mit dem laufenden Entgelt des nächsten oder übernächsten Monats abgerechnet werden.[5] Eine solche Verfahrensweise ist mit der Einzugsstelle abzustimmen. Werden z. B. die Überstundenvergütungen des Monats März zusammen mit dem laufenden Entgelt des Monats April abgerechnet, können die Überstundenvergütungen zeitversetzt auch im April beitragsrechtlich erfasst werden. Eine Günstigkeitsberechnung ist jedoch nicht zulässig.

Beitragsrechtliche Behandlung von angesammelten Überstunden

Vergütungen für Überstunden werden häufig von den Arbeitgebern auch nicht im nächsten oder übernächsten Entgeltabrechnungszeitraum abgerechnet, sondern über mehrere Monate angespart und erst zu einem späteren Zeitpunkt in einem Betrag kumuliert ausgezahlt. Diese angesammelten Arbeitsentgelte können aus Vereinfachungsgründen grundsätzlich beitragsrechtlich wie ⇗ einmalig gezahltes Arbeitsentgelt behandelt werden. Dabei ist die anteilige Beitragsbemessungsgrenze des Nachzahlungszeitraums zugrunde zu legen.

1 BFH, Urteil v. 2.12.2021, VI R 23/19, BStBl 2022 II S. 442.
2 Ursprünglich war eine Abschaffung der Fünftelregelung im Lohnsteuerabzugsverfahren ab 2024 geplant. Da das Gesetzgebungsverfahren noch nicht abgeschlossen ist, kommt es vorerst zu keiner Änderung.
3 BFH, Urteil v. 27.3.2001, I R 40/00, BStBl 2001 II S. 655; BFH, Urteil v. 19.3.1997, I R 75/96, BStBl 1997 II S. 577.
4 § 14 Abs. 1 SGB IV.
5 BE v. 16./17.1.1979.

Wichtig

Auszahlung spätestens bis März des Folgejahres

Die angesammelten Überstundenvergütungen müssen noch im selben Kalenderjahr oder spätestens bis März des Folgejahres tatsächlich ausgezahlt werden, damit die vereinfachte Beitragsabrechnung als einmalig gezahltes Arbeitsentgelt im Rahmen von Betriebsprüfungen durch die Rentenversicherungsträger nicht beanstandet wird.

Anstatt Überstunden auszuzahlen, kann die anfallende Mehrarbeit auch in Arbeitszeitkonten eingestellt werden. Auf Grundlage von sonstigen flexiblen Arbeitzeitregelungen (Gleitzeit- oder Jahreszeitkonten) oder Wertguthabenvereinbarungen werden (längerfristige) Freistellungen von der Arbeitsleistung ermöglicht.

Abrechnung von Umlagen

Auch wenn die angesammelten Überstundenvergütungen wie einmalig gezahltes Arbeitsentgelt verbeitragt werden, bleiben sie dem Grunde nach dennoch laufendes Arbeitsentgelt. Es handelt sich um kein „richtiges" einmalig gezahltes Arbeitsentgelt, von dem keine Umlagen zu entrichten sind.[6] Folglich sind von den angesammelten Überstundenvergütungen neben den Sozialversicherungsbeiträgen auch U1- und U2-Umlagen zu berechnen und abzuführen.

Anrechnung auf die Jahresarbeitsentgeltgrenze

Bei Ermittlung des regelmäßigen ⇗ Jahresarbeitsentgelts sind Überstundenvergütungen als unregelmäßig gewährtes ⇗ Entgelt anzusehen und bleiben deshalb unberücksichtigt. Das gilt aber nicht, wenn feste Pauschalen zur Abgeltung für Überstunden regelmäßig zum laufenden Arbeitsentgelt gewährt werden.

Übungsleiter

Die nebenberuflich ausgeübte Tätigkeit als Übungsleiter wird steuerlich gefördert.

Rein rechtlich wird für die begünstigten nebenberuflichen Tätigkeiten keine steuerfreie Aufwandsentschädigung gewährt, mit der entstandene Werbungskosten oder Betriebsausgaben in Höhe des Pauschalbetrags abgegolten sind. Die Einnahmen sind bis zu einem Betrag von 3.000 EUR jährlich steuerfrei und gleichermaßen beitragsfrei in der Sozialversicherung. Somit können monatlich 250 EUR an den begünstigten Personenkreis steuerfrei ausbezahlt werden.

Gesetze, Vorschriften und Rechtsprechung

Lohnsteuer: Die gesetzliche Grundlage für die Steuerfreistellung regelt § 3 Nr. 26 EStG. Die dazu gehörenden Verwaltungsregelungen sind in R 3.26 LStR, H 3.26 LStH, BMF-Schreiben v. 25.11.2008, IV C 4 – S 2121/07/0010, BStBl 2008 I S. 985 und BMF-Schreiben v. 14.10.2009, IV C 4 – S 2121/07/0010, BStBl 2009 I S. 445 festgelegt.

Sozialversicherung: § 1 Abs. 1 Satz 1 Nr. 16 SvEV bestimmt, dass die in § 3 Nr. 26 und 26a EStG genannten steuerfreien Einnahmen nicht dem sozialversicherungspflichtigen Arbeitsentgelt zuzurechnen sind.

Entgelt	LSt	SV
Übungsleitervergütung bis 3.000 EUR jährlich	frei	frei

6 § 7 Abs. 2 Satz 2 AAG.

Lohnsteuer

Freibetrag bei Nebentätigkeit

Die Einnahmen aus einer nebenberuflichen Tätigkeit als Übungsleiter werden bis zu einem Jahresbetrag von 3.000 EUR als steuerfreie Aufwandsentschädigung behandelt. Der Übungsleiterfreibetrag kann nur angewendet werden, wenn die nebenberufliche Tätigkeit im Dienst oder Auftrag

- für eine im Inland oder EU-/EWR-Ausland gelegene juristische Person des öffentlichen Rechts oder
- für eine Körperschaft ausgeübt wird, die wegen ihrer Gemeinnützigkeit von der Körperschaftsteuer befreit ist.[1]

Ohne Bedeutung für den Freibetrag ist es, ob die Nebentätigkeit selbstständig oder unselbstständig ausgeübt wird.

Zu den begünstigten Auftraggebern gehören

- die Gebietskörperschaften Bund, Länder und Gemeinden und
- die als Körperschaften des öffentlichen Rechts anerkannten Kirchengemeinden.

Für die Steuerbefreiung bei nebenberuflicher Vereinstätigkeit ist darauf abzustellen, dass das Finanzamt eine Freistellungsbescheinigung wegen Gemeinnützigkeit erteilt hat.

Hinweis

Übungsleiter in anderen EU-Mitgliedstaaten und der Schweiz

Sämtliche unter § 3 Nr. 26 EStG fallenden Nebentätigkeiten sind begünstigt, die im Dienst oder Auftrag einer Körperschaft des öffentlichen Rechts ausgeübt werden. Das betrifft auch diejenigen, die in einem anderen Mitgliedstaat der Europäischen Union oder in einem Staat gelegen sind, auf die das Abkommen über den Europäischen Wirtschaftsraum angewendet wird.[2] Daher können z. B. auch Tätigkeiten an europäischen Universitäten mit dem Übungsleiterfreibetrag begünstigt sein. Ab 1.1.2019 hat der Gesetzgeber den Anwendungsbereich für den Übungsleiterfreibetrag als Reaktion auf die Rechtsprechung des EuGH[3] rückwirkend auf begünstigte nebenberufliche Tätigkeiten ausgedehnt, die in der Schweiz ausgeübt werden.[4]

Typische Beispiele sind folgende Tätigkeiten:

- Trainer bei Fußballvereinen,
- Dirigenten oder Chorleiter bei Gesangs- oder Musikvereinen sowie
- Lehr- oder Vortragstätigkeit an Volksbildungswerken, einschließlich der Leitung von Volkshochschulen.[5]

Übersteigende Einnahmen sind steuerpflichtig

Soweit die Einnahmen den steuerfreien Höchstbetrag von 3.000 EUR übersteigen, sind sie nach den allgemeinen Regelungen steuerpflichtig (Einkünfte aus selbstständiger oder nichtselbstständiger Arbeit).

Berücksichtigung beim Lohnsteuerabzug

Beim Lohnsteuerabzug kann der steuerfreie Höchstbetrag ab Beginn des Kalenderjahres bzw. der Beschäftigung in voller Höhe berücksichtigt werden, z. B. durch Anrechnung auf die Vergütung. Eine zeitanteilige Aufteilung ist selbst dann nicht erforderlich, wenn feststeht, dass das Dienstverhältnis nicht bis zum Jahresende besteht.

Der Arbeitnehmer muss dem Arbeitgeber schriftlich bestätigen, dass die Steuerbefreiung nicht bereits in einem anderen Dienst- oder Auftragsverhältnis berücksichtigt worden ist oder berücksichtigt wird. Diese Erklärung muss vom Arbeitgeber zum Lohnkonto genommen werden.[6]

1 § 5 Abs. 1 Nr. 9 EStG.
2 § 52 Abs. 4b EStG.
3 EuGH, Urteil v. 21.9.2016, C-478/15.
4 § 3 Nr. 26 EStG.
5 BFH, Urteil v. 23.1.1986, IV R 24/84, BStBl 1986 II S. 398.
6 R 3.26 Abs. 10 LStR.

Zeitlicher Umfang entscheidet über Nebenberuflichkeit

Die Annahme einer nebenberuflichen Tätigkeit setzt keinen Hauptberuf voraus. Für die Steuerbefreiung ist der zeitliche Umfang der Tätigkeit maßgebend. Die Tätigkeit ist – unabhängig von der Höhe der Vergütung – als nebenberuflich einzustufen, wenn sie nicht mehr als 1/3 der Arbeitszeit eines vergleichbaren Vollerwerbs in Anspruch nimmt.[7]

Für die Drittelgrenze ist die Arbeitszeit bei verschiedenartigen Tätigkeiten jeweils getrennt zu prüfen. Dagegen sind die Arbeitszeiten mehrerer gleichartiger Tätigkeiten zusammenzurechnen, wenn sie als solche auch als Hauptberuf ausgeübt werden könnten.

Übungsleitertätigkeit neben Minijob

Der Freibetrag von 3.000 EUR hat auch Auswirkungen in der Sozialversicherung. Er führt zu einer erweiterten Freistellung von der Sozialversicherungspflicht. Für Minijobs, die unter den ⇗ Übungsleiterfreibetrag fallen, ergibt sich hieraus, dass eine monatliche Entlohnung bis zu 770 EUR[8] einer ⇗ geringfügigen Beschäftigung i. S. d. § 8 Abs. 1 Nr. 1 SGB IV und damit der 2 %igen Pauschalsteuer nach § 40a Abs. 2 EStG nicht entgegensteht.

Dasselbe gilt für die Lohnsteuerpauschalierung mit 20 % nach der Vorschrift des § 40a Abs. 2a EStG, falls für den Arbeitslohn aus dem Minijob keine pauschalen Arbeitgeberbeiträge von 15 % zur Rentenversicherung anfallen (bzw. 5 % bei einer Beschäftigung im Privathaushalt).

Alternative: Freibetrag für ehrenamtliche Tätigkeit

Für andere nebenberufliche Tätigkeiten im öffentlichen oder gemeinnützigen Dienst gewährt der Gesetzgeber den Ehrenamtsfreibetrag. Der ⇗ Ehrenamtsfreibetrag ist ein „allgemeiner Freibetrag", der – im Gegensatz zum Übungsleiterfreibetrag – nicht auf bestimmte Tätigkeiten beschränkt ist. Ein umfassendes Anwendungsschreiben regelt die Voraussetzungen für die Anwendung des Ehrenamtsfreibetrags.[9]

Sozialversicherung

Voraussetzungen für Versicherungspflicht

Die Versicherungspflicht in der Kranken-, Pflege-, Renten- und Arbeitslosenversicherung setzt grundsätzlich ein Beschäftigungsverhältnis im Sinne der Sozialversicherung voraus.

Übungsleiter, die in Sportvereinen und dergleichen regelmäßig tätig sind, verrichten ihre Tätigkeit grundsätzlich weisungsgebunden und sind in das Unternehmen (hier z. B. den Sportverein) eingegliedert. Sie gehören daher in aller Regel zu den abhängig Beschäftigten.

Steuerfreie Übungsleiterpauschale

Sofern Übungsleiter nur Einkünfte im Rahmen der steuerfreien ⇗ Aufwandsentschädigung erhalten (seit 2021: 3.000 EUR jährlich), liegt kein beitragspflichtiges Arbeitsentgelt vor.[10] Es tritt keine Versicherungspflicht ein.

Geringfügig entlohnte Beschäftigung

Wird der steuerfreie Betrag (seit 2021: jährlich 3.000 EUR, monatlich 250 EUR) allerdings überschritten, ist zu prüfen, ob es sich um eine sozialversicherungsfreie ⇗ geringfügig entlohnte Beschäftigung handelt. Dies ist grundsätzlich dann der Fall, wenn das regelmäßige Arbeitsentgelt 538 EUR monatlich nicht übersteigt. Insgesamt ergibt sich also eine Entgeltgrenze von 788 EUR monatlich (250 EUR steuerfreie Aufwandsentschädigung + 538 EUR Geringfügigkeitsgrenze). Der Arbeitgeber (also der Sportverein) muss Pauschalbeiträge zur Krankenversicherung i. H. v. 13 % des Arbeitsentgelts zahlen, sofern der Arbeitnehmer in der gesetzlichen Krankenversicherung versichert ist. Außerdem fallen Pauschalbeiträge zur Rentenversicherung i. H. v. 15 % aus dem Arbeitsent-

7 BFH, Urteil v. 30.3.1990, VI R 188/87, BStBl 1990 II S. 854.
8 3.000 EUR / 12 Monate = 250 EUR + 520 EUR Minijob = 770 EUR.
9 BMF, Schreiben v. 21.11.2014, IV C 4 – S 2121/07/0010 :032, BStBl 2014 I S. 1581.
10 § 1 Abs. 1 Satz 1 Nr. 16 SvEV.

gelt an, sofern sich der Arbeitnehmer von der Rentenversicherungspflicht hat befreien lassen. Andernfalls ist der Arbeitnehmer auch in der geringfügig entlohnten Übungsleiter-Beschäftigung rentenversicherungspflichtig mit der Konsequenz, dass Beiträge zur Rentenversicherung in Höhe des regulären Beitragssatzes von 18,6 % zu zahlen sind; von denen der Arbeitgeber allerdings 15 % und der Arbeitnehmer nur 3,6 % zu übernehmen hat.

Werden mehrere Tätigkeiten als Übungsleiter nebeneinander ausgeübt, sind diese Tätigkeiten für die sozialversicherungsrechtliche Beurteilung zusammenzurechnen.

Unfallversicherung

Der gesetzliche Unfallversicherungsträger (⇗ Berufsgenossenschaft) für nahezu alle Sportvereine, Sportverbände und sonstige Organisationen des Sports ist die Verwaltungs-Berufsgenossenschaft (VBG). Die Beschäftigten im Sport sind bei der VBG gegen die Folgen von ⇗ Arbeitsunfällen und Berufskrankheiten versichert.

Selbstständige Übungsleiter

Bei der versicherungsrechtlichen Beurteilung der Übungsleiter ist der Grad der Abhängigkeit vom Verein zu beachten. Findet die Durchführung des Trainings in eigener Verantwortung statt, handelt es sich nicht um ein abhängiges Beschäftigungsverhältnis. Merkmale dazu sind:

- Der Übungsleiter legt überwiegend selbst Dauer, Lage und Inhalte des Trainings fest, und
- stimmt sich wegen der Nutzung der Sportanlagen selbst mit anderen Beauftragten des Vereins ab.

Je geringer der zeitliche Aufwand des Übungsleiters und je geringer seine Vergütung ist, desto mehr spricht für seine Selbstständigkeit. Je größer dagegen der zeitliche Aufwand und je höher die Vergütung (Entgelt) des Übungsleiters ist, desto mehr spricht für eine Eingliederung in den Verein und für eine abhängige Beschäftigung. Für ein abhängiges Beschäftigungsverhältnis sprechen auch vertraglich vereinbarte Ansprüche auf durchgehende Bezahlung bei Urlaub oder Krankheit sowie Ansprüche auf Weihnachtsgeld oder vergleichbare Leistungen. Die Entscheidung ist jeweils nach den Merkmalen des Einzelfalls unter Gesamtwürdigung aller vorliegenden Umstände zu treffen. Die Spitzenorganisationen der Sozialversicherung haben sich auch zur Statusfeststellung von Übungsleitern im GR v. 1.4.2022 positioniert.

In der Praxis sind Übungsleiter im Regelfall nicht selbstständig. Sie erfüllen die Kriterien einer abhängigen Beschäftigung sehr häufig im Rahmen einer ⇗ geringfügig entlohnten Beschäftigung.

Übungsleiterfreibetrag

Der Übungsleiterfreibetrag hat große praktische Bedeutung. Die Bezeichnung Übungsleiterfreibetrag ist irreführend, weil er für alle nebenberuflich ausgeübten unterrichtenden Tätigkeiten sowie für nebenberufliche künstlerische oder pflegerische Tätigkeiten im öffentlichen oder gemeinnützigen Bereich gilt. Er wird somit für Einnahmen aus Nebentätigkeiten als Übungsleiter oder Ausbilder sowie für andere Tätigkeiten im öffentlichen oder gemeinnützigen Bereich gewährt.

Rein rechtlich wird für die begünstigten nebenberuflichen Tätigkeiten keine steuerfreie Aufwandsentschädigung gewährt, mit der entstandene Werbungskosten oder Betriebsausgaben in Höhe des Pauschalbetrags abgegolten sind. Die Einnahmen sind bis zu einem Betrag von 3.000 EUR jährlich steuerfrei. Der Steuerfreibetrag ist gleichermaßen nicht beitragspflichtig in der Sozialversicherung.

Gesetze, Vorschriften und Rechtsprechung

Lohnsteuer: Die gesetzliche Grundlage für die Steuerfreistellung regelt § 3 Nr. 26 EStG. Die dazu gehörenden Verwaltungsregelungen sind in R 3.26 LStR, H 3.26 LStH, BMF-Schreiben v. 25.11.2008, IV C 4 – S 2121/07/0010, BStBl 2008 I S. 985 und BMF-Schreiben v. 14.10.2009, IV C 4 – S 2121/07/0010, BStBl 2009 I S. 1318 festgelegt.

Sozialversicherung: § 1 Abs. 1 Satz 1 Nr. 16 SvEV bestimmt, dass die in § 3 Nr. 26 und 26a EStG genannten steuerfreien Einnahmen nicht dem sozialversicherungspflichtigen Arbeitsentgelt zuzurechnen sind.

Lohnsteuer

Freibetrag bei bestimmten Nebentätigkeiten

Die Einnahmen aus einer nebenberuflichen Tätigkeit als

- ⇗ Übungsleiter
- Ausbilder,
- Erzieher,
- Betreuer oder aus vergleichbaren Tätigkeiten,
- aus nebenberuflichen künstlerischen Tätigkeiten oder
- aus der nebenberuflichen Pflege alter, kranker Menschen oder Menschen mit Behinderungen

werden bis zu 3.000 EUR jährlich[1] (bis 2020: 2.400 EUR) als steuerfreie Aufwandsentschädigung behandelt, wenn die nebenberufliche Tätigkeit im Dienst oder Auftrag

- einer inländischen juristischen Person des öffentlichen Rechts oder
- einer gemeinnützigen, mildtätigen oder kirchlichen Zwecken dienenden Einrichtung

erfolgt.

Ohne Bedeutung für den Freibetrag ist es, ob die Nebentätigkeit selbstständig oder unselbstständig ausgeübt wird.

Hinweis

Auch Einnahmen aus anderen EU-Mitgliedstaaten und Schweiz begünstigt

Sämtliche unter § 3 Nr. 26 EStG fallenden Nebentätigkeiten sind begünstigt, die im Dienst oder Auftrag einer Körperschaft des öffentlichen Rechts ausgeübt werden. Das betrifft auch diejenigen, die in einem anderen Mitgliedstaat der Europäischen Union oder in einem Staat gelegen sind, auf die das Abkommen über den Europäischen Wirtschaftsraum angewendet wird.[2] Daher können z. B. auch Tätigkeiten an europäischen Universitäten mit dem Übungsleiterfreibetrag begünstigt sein. Eine weitere Ausdehnung hat sich durch die Rechtsprechung des EuGH zum Freizügigkeitsabkommen mit der Schweiz ergeben.[3] Der Gesetzgeber hat den Anwendungsbereich für den Übungsleiterfreibetrag zum 1.1.2019 rückwirkend auf begünstigte nebenberufliche Tätigkeiten ausgedehnt, die in der Schweiz ausgeübt werden.[4]

Soweit die Einnahmen den steuerfreien Höchstbetrag von 3.000 EUR (bis 2020: 2.400) übersteigen, sind sie nach den allgemeinen Regelungen steuerpflichtig (Einkünfte aus selbstständiger oder nichtselbstständiger Arbeit).

Begünstigte Nebentätigkeiten

Bei den begünstigten Tätigkeiten sind 3 Gruppen zu unterscheiden.

Übungsleiter, Ausbilder, Erzieher, Betreuer

Unter die Steuerbefreiungsvorschrift fallen zunächst ⇗ Übungsleiter, Ausbilder, Erzieher, Betreuer sowie Personen, die eine vergleichbare Tätigkeit ausüben. Entscheidend ist, dass andere Menschen ausgebildet oder unterrichtet werden. Dementsprechend ist der in den Katalog der begünstigten Tätigkeiten nach § 3 Nr. 26 EStG aufgenommene Begriff des Betreuers nur im Sinne einer pädagogisch ausgerichteten Betreuung zu verstehen.

1 § 3 Nr. 26 EStG.
2 § 52 Abs. 4b EStG.
3 EuGH, Urteil v. 21.9.2016, C-478/15.
4 § 3 Nr. 26 EStG.

Typische Beispiele sind folgende Tätigkeiten:

- Trainer bei Fußballvereinen,
- Dirigenten oder Chorleiter bei Gesangs- oder Musikvereinen sowie
- Lehr- oder Vortragstätigkeit an Volksbildungswerken, einschließlich der Leitung von Volkshochschulen.[1]

Pflege alter, kranker Menschen oder Menschen mit Behinderungen

Der Übungsleiterfreibetrag umfasst auch die nebenberufliche Pflege alter, kranker Menschen oder Menschen mit Behinderungen. Gefördert wird nicht nur die Dauerpflege, sondern auch kurzfristige Hilfeleistungen sind begünstigt.

In Betracht kommen nebenberufliche Hilfsdienste

- bei der häuslichen Betreuung durch ambulante Pflegedienste
- bei der Altenhilfe[2] und
- bei Sofortmaßnahmen gegenüber Schwerkranken und Verunglückten, etwa durch Rettungssanitäter und Ersthelfer.

Tipp

Übungsleiterfreibetrag für Ärzte und Pfleger im Ruhestand oder in Elternzeit und für freiwillige Helfer in Impf- oder Testzentren

Grundsätzlich können Ärzte oder Pfleger im Ruhestand, die für ein Gesundheitsamt oder ein staatliches oder gemeinnütziges Krankenhaus Patienten versorgen, ebenfalls den Übungsleiterfreibetrag in Anspruch nehmen. Dasselbe gilt für Ärzte oder Pfleger, deren Beschäftigungsverhältnis z. B. wegen Elternzeit oder unbezahltem Urlaub ruht. Aktuell ist diese Regelung auch interessant in Verbindung mit der Corona-Pandemie.

Auch freiwillige Helfer in Impf- oder Testzentren können die Übungsleiterpauschale in Anspruch nehmen, sofern sie nebenberuflich direkt an der Impfung oder Testung beteiligt sind (in Aufklärungsgesprächen oder beim Impfen bzw. Testen selbst). Wer sich dagegen in der Verwaltung und der Organisation von Impf- oder Testzentren engagiert, kann die ⇗ Ehrenamtspauschale in Anspruch nehmen.[3] Die Erleichterungen gelten auch, wenn das Impfzentrum von einem privaten Dienstleister betrieben wird oder die Helferinnen und Helfer in den Zentralen Impfzentren und den Kreisimpfzentren über einen privaten Personaldienstleister angestellt sind.[4]

Die Regelungen wurden erneut verlängert und gelten auch für das Kalenderjahr 2022.[5] Eine weitere Verlängerung der Sonderregelung für Test- und Impfzentren für 2023 ist bislang nicht erfolgt. Zur weiteren Entwicklung wird auf die vom BMF veröffentlichten FAQ hingewiesen.[6]

Nebenberufliche künstlerische Tätigkeiten

Der Steuerfreibetrag von max. 3.000 EUR (bis 2020: 2.400 EUR) kommt auch für nebenberufliche künstlerische Tätigkeiten infrage. Zu den begünstigten Personen zählen z. B. Kirchenorganisten sowie Komparsen und Statisten bei Theater- bzw. Opernaufführungen.[7] Nicht begünstigt sind Musiker, die bei Kirmesveranstaltungen oder auf Schützen- oder Volksfesten auftreten.

Freibetrag für ehrenamtliche Tätigkeiten

Für andere nebenberufliche Tätigkeiten im öffentlichen oder gemeinnützigen Dienst gewährt der Gesetzgeber den Ehrenamtsfreibetrag von 840 EUR (bis 2020: 720 EUR)[8] und für ehrenamtliche rechtliche Betreuer und Pfleger ebenfalls einen Jahresfreibetrag von 3.000 EUR.[9] Der ⇗ Ehrenamtsfreibetrag ist ein „allgemeiner Freibetrag", der – im Gegensatz zum Übungsleiterfreibetrag – nicht auf bestimmte Tätigkeiten beschränkt ist. Ein umfassendes Anwendungsschreiben regelt die Voraussetzungen für die Anwendung des Ehrenamtsfreibetrags bzw. die Steuerfreiheit der Einnahmen aus einer rechtlichen Betreuer- bzw. Pflegetätigkeit.[10]

Nur Tätigkeiten für öffentlich-rechtliche oder gemeinnützige Körperschaften

Der Übungsleiterfreibetrag kann nur angewendet werden, wenn die Nebentätigkeit für eine im Inland oder EU-/EWR-Ausland gelegene juristische Person des öffentlichen Rechts oder für eine Körperschaft ausgeübt wird, die wegen ihrer Gemeinnützigkeit von der Körperschaftsteuer befreit ist.[11]

Zu den begünstigten Auftraggebern gehören die

- die Gebietskörperschaften Bund, Länder und Gemeinden und
- die als Körperschaften des öffentlichen Rechts anerkannten Kirchengemeinden.

Für die Steuerbefreiung bei nebenberuflicher Vereinstätigkeit ist darauf abzustellen, dass das Finanzamt eine Freistellungsbescheinigung wegen Gemeinnützigkeit erteilt hat. Keine Tätigkeit für eine inländische juristische Person des öffentlichen Rechts oder steuerbegünstigte (gemeinnützige, mildtätige oder kirchliche) Einrichtung liegt regelmäßig bei Vorträgen für Verlage oder Verbänden vor.[12]

Zeitumfang der Nebenberuflichkeit

Das erforderliche Merkmal der Nebenberuflichkeit der ausgeübten Tätigkeit ist beim Übungsleiterfreibetrag nach anderen Kriterien zu beurteilen als die Abgrenzung von Haupt- und Nebentätigkeit für die Frage der Arbeitnehmertätigkeit. So setzt hier die Annahme einer nebenberuflichen Tätigkeit keinen Hauptberuf voraus. Für die Anwendung der Steuerbefreiungsvorschrift ist der zeitliche Umfang der Tätigkeit maßgebend. Die Tätigkeit ist – unabhängig von der Höhe der Vergütung – als nebenberuflich einzustufen, wenn sie nicht mehr als 1/3 der Arbeitszeit eines vergleichbaren Vollerwerbs in Anspruch nimmt.[13]

Zusammenfassung mehrerer gleichartiger Tätigkeiten

Für die Drittelgrenze ist die Arbeitszeit bei verschiedenartigen Tätigkeiten jeweils getrennt zu prüfen. Dagegen sind die Arbeitszeiten mehrerer gleichartiger Tätigkeiten zusammenzurechnen, wenn sie als solche auch als Hauptberuf ausgeübt werden könnten.

Beispiel

Zeitliche Abgrenzung der Nebenberuflichkeit

Ein Pfleger ist bei einem öffentlich-rechtlichen Krankenhaus mit 20 Wochenstunden beschäftigt. Gleichzeitig hilft er 5 Wochenstunden bei einer gemeinnützigen Organisation der Alten- und Krankenpflege.

Ergebnis: Die gleichartigen Tätigkeiten sind zusammenzurechnen. Bei 25 Wochenstunden ist die Drittelgrenze deutlich überschritten. Der Pfleger kann den Freibetrag von 3.000 EUR für seine gemeinnützige Nebentätigkeit in der Alten- und Krankenpflege nicht erhalten. Verschiedenartige Tätigkeiten wären getrennt zu werten, z. B. wenn zusätzlich zu einer Pflegetätigkeit an einer Fachschule für Pflegekräfte unterrichtet werden würde. Da die Unterrichtstätigkeit im Unterschied zur Pflegetätigkeit weniger als 1/3 der Arbeitszeit eines vergleichbaren Vollzeiterwerbs in Anspruch nimmt, würde diese nebenberuflich ausgeübt. Der Übungsleiterfreibetrag könnte dann angewendet werden.

Berücksichtigung beim Lohnsteuerabzug

Beim Lohnsteuerabzug kann der steuerfreie Höchstbetrag ab Beginn des Kalenderjahres bzw. der Beschäftigung in voller Höhe berücksichtigt werden (keine Zwölftelung des Höchstbetrags), z. B. durch Anrechnung auf die Vergütung. Eine zeitanteilige Aufteilung ist selbst dann nicht erforderlich, wenn feststeht, dass das Dienstverhältnis nicht bis zum Jahresende besteht.

1 BFH, Urteil v. 23.1.1986, IV R 24/84, BStBl 1986 II S. 398.
2 § 65 Bundessozialhilfegesetz.
3 BMF, FAQ „Corona" (Steuern).
4 FinMin Baden-Württemberg, Meldung v. 20.8.2021.
5 FinMin Baden-Württemberg, Meldung v. 7.2.2022.
6 BMF, FAQ „Corona" (Steuern).
7 BFH, Urteil v. 18.4.2007, XI R 21/06, BStBl 2007 II S. 702.
8 § 3 Nr. 26a EStG.
9 § 3 Nr. 26b EStG.
10 BMF, Schreiben v. 21.11.2014, IV C 4 – S 2121/0010:032, BStBl 2014 I S. 1581.
11 § 5 Abs. 1 Nr. 9 EStG.
12 FG Köln, Urteil v. 20.1.2022, 15 K 1317/19.
13 BFH, Urteil v. 30.3.1990, VI R 188/87, BStBl 1990 II S. 854.

Der Arbeitnehmer hat dem Arbeitgeber schriftlich zu bestätigen, dass die Steuerbefreiung nicht bereits in einem anderen Dienst- oder Auftragsverhältnis berücksichtigt worden ist oder berücksichtigt wird. Diese Erklärung muss der Arbeitgeber zum Lohnkonto nehmen.[1]

Übungsleiterfreibetrag neben Minijob möglich

Der Freibetrag von 3.000 EUR hat auch Auswirkungen bei der Sozialversicherung. Für Minijobs, die unter den Übungsleiterfreibetrag fallen, ergibt sich hieraus, dass ab 1.10.2022 eine monatliche Entlohnung bis zu 770 EUR[2] einer geringfügigen Beschäftigung i. S. d. § 8 Abs. 1 Nr. 1 SGB IV und damit der 2 %igen Pauschalsteuer nach § 40a Abs. 2 EStG nicht entgegensteht.

Dasselbe gilt für die Lohnsteuerpauschalierung mit 20 % nach der Vorschrift des § 40a Abs. 2a EStG, falls für den Arbeitslohn aus dem Minijob keine pauschalen Arbeitgeberbeiträge zur Rentenversicherung von 15 % anfallen (bzw. 5 % bei einer Beschäftigung im Privathaushalt).

Abziehbarkeit von Verlusten

Zur Abziehbarkeit von Verlusten hat die Finanzverwaltung bislang die Auffassung vertreten, dass der Abzug von Werbungskosten bzw. Betriebsausgaben nur zulässig ist, wenn die Einnahmen für diese Tätigkeit den steuerfreien Betrag von 3.000 EUR überschreiten. Eine hiervon abweichende Auffassung vertritt die Rechtsprechung. Gleich in 2 Urteilen lässt der BFH eine Verlustberücksichtigung auch dann zu, wenn die Einnahmen unterhalb des Freibetrags liegen.[3] Voraussetzung ist allerdings, dass sich die nebenberufliche Tätigkeit nicht als Liebhaberei darstellt, sondern mit Einkunftserzielungsabsicht ausgeübt wird. Das BMF hat sich dieser Rechtsauffassung in den Lohnsteuer-Richtlinien 2023 angeschlossen.[4]

Übungsleiter können damit ihre Aufwendungen auch insoweit in ihrer Steuererklärung abziehen, als sie die unter dem Übungsleiterfreibetrag liegenden Einnahmen übersteigen. Bei Einnahmen von weniger als 3.000 EUR, ist der zu einem Verlust führende Kostenabzug bei der Einkommensteuerveranlagung zulässig, sofern die begünstigte nebenberufliche Tätigkeit mit Gewinnerzielungsabsicht ausgeübt wird.

Sozialversicherung

Sozialversicherungsrechtliche Bewertung

Sofern ⇗ Übungsleiter, Ausbilder, Erzieher, Betreuer sowie Personen, die eine vergleichbare Tätigkeit ausüben, Einkünfte im Rahmen der steuerfreien Aufwandsentschädigung erhalten (seit 2021: 3.000 EUR jährlich), liegt kein beitragspflichtiges Arbeitsentgelt vor. Werden aus der Tätigkeit darüber hinaus keine weiteren Einkünfte bezogen, ist die Tätigkeit nicht versicherungspflichtig in der Sozialversicherung.[5]

Geringfügig entlohnte Beschäftigung

Wird der steuerfreie Betrag (seit 2021: 3.000 EUR jährlich, 250 EUR monatlich) überschritten, ist zu prüfen, ob es sich um eine sozialversicherungsfreie ⇗ geringfügig entlohnte Beschäftigung handelt. Das ist grundsätzlich der Fall, wenn das regelmäßige Arbeitsentgelt ab dem 1.1.2024 538 EUR[6] monatlich nicht übersteigt. Insgesamt ergibt sich also eine Entgeltgrenze ab dem 1.1.2024 von 788 EUR[7] monatlich (250 EUR steuerfreie Aufwandsentschädigung + 538 EUR Geringfügigkeitsgrenze).

1 R 3.26 Abs. 10 LStR.
2 3.000 EUR / 12 Monate = 250 EUR + 520 EUR = 770 EUR.
3 BFH, Urteil v. 20.12.2017, III R 23/15, BStBl 2019 II S. 469; BFH, Urteil v. 20.11.2018, VIII R 17/16, BStBl 2019 II S. 422.
4 R 3.26 Abs. 9 LStR 2023.
5 § 1 Abs. 1 Satz 1 Nr. 16 SvEV.
6 Bis 31.12.2023: 520 EUR.
7 Bis 31.12.2023: 770 EUR.

Umlageverfahren, Krankheit

Das Umlageverfahren bei Krankheit wurde geschaffen, um gerade kleineren und mittleren Betrieben zu helfen. Es soll die nicht unerhebliche finanzielle Belastung für Aufwendungen der Entgeltfortzahlung im Krankheitsfall auffangen.

Gesetze, Vorschriften und Rechtsprechung

Sozialversicherung: Gesetzliche Grundlage des Umlageverfahrens ist das Aufwendungsausgleichsgesetz (AAG), das in Ergänzung zum Entgeltfortzahlungsgesetz (EFZG) zu sehen ist. Der GKV-Spitzenverband hat sich in „Grundsätzlichen Hinweisen" (GR v. 19.11.2019) mit dem Ausgleich der Arbeitgeberaufwendungen bei Entgeltfortzahlung im Detail beschäftigt. Die „Grundsätze für das maschinelle Antragsverfahren auf Erstattung nach dem Aufwendungsausgleichsgesetz (AAG)" in der vom 1.1.2020 an geltenden Fassung (GR v. 18.6.2019-III) sowie die Verfahrensbeschreibung für das maschinelle Antragsverfahren auf Erstattung nach dem Aufwendungsausgleichsgesetz (AAG) in der vom 1.1.2021 an geltenden Fassung (GR v. 22.10.2019) wurden durch den GKV-Spitzenverband neu gefasst.

Sozialversicherung

Durchführung

Krankenkassen

Das U1-Verfahren wird von allen Krankenkassenarten mit Ausnahme der landwirtschaftlichen Krankenkasse durchgeführt. Die Krankenkassen können die Durchführung des U1-Verfahrens auch auf andere Stellen übertragen. Zuständig für die Durchführung des U1-Verfahrens ist die Krankenkasse, bei der der Arbeitnehmer versichert ist. Ist der Arbeitnehmer nicht gesetzlich krankenversichert, führt die Krankenkasse das U1-Verfahren durch, die für den Arbeitnehmer auch die Beiträge zur gesetzlichen Rentenversicherung und zur Bundesagentur für Arbeit einzieht. Ergibt sich auch danach keine zuständige Krankenkasse, wählt der Arbeitgeber nach den Regelungen des allgemeinen Krankenkassenwahlrechts eine Krankenkasse.

Achtung

Geringfügig Beschäftigte

Eine Sonderregelung gilt für alle geringfügig beschäftigten Arbeitnehmer. Für sie wird das U1-Verfahren – unabhängig davon, bei welcher Krankenkasse der Arbeitnehmer versichert ist – stets von der Minijob-Zentrale bei der Deutschen Rentenversicherung Knappschaft-Bahn-See durchgeführt.

Feststellung der teilnehmenden Arbeitgeber

Grundsätzlich ist für die Feststellung der Teilnahme des Arbeitgebers die Krankenkasse zuständig, die das U1-Verfahren durchführt. Für die Teilnahme am U1-Verfahren ist kein förmlicher Feststellungsbescheid einer Krankenkasse notwendig. Die Voraussetzungen für die Teilnahme am U1-Verfahren ergeben sich unmittelbar aus dem AAG. Deshalb kann der Arbeitgeber in eigener Regie prüfen, ob er berechtigt ist, am U1-Verfahren teilzunehmen.

Feststellungsbescheid der Krankenkasse

Der Arbeitgeber kann von einer zuständigen Krankenkasse einen Feststellungsbescheid für die Teilnahme am U1-Verfahren verlangen (z. B. bei Betriebsserrichtung). In diesem Fall gilt der Bescheid gegenüber allen anderen beteiligten Krankenkassen.

Prüfung zu Beginn eines Kalenderjahres

Die zuständige Krankenkasse prüft die Zugehörigkeit des Arbeitgebers zum U1-Verfahren jeweils zum Beginn eines Kalenderjahres. Dabei wird auf die Verhältnisse des Vorjahres zurückgegriffen.

Wichtig

Veränderungen im laufenden Kalenderjahr

Die Feststellung gilt für das gesamte Kalenderjahr. Sie bleibt auch maßgebend, wenn sich im Laufe des Kalenderjahres die Beschäftigtenzahl erheblich verändert.

Teilnahme

Arbeitnehmeranzahl teilnehmender Betriebe

Betriebe nehmen am Umlageverfahren teil, wenn sie in der Regel nicht mehr als 30 Arbeitnehmer beschäftigen.[1] Hierbei handelt es sich um eine gesetzlich festgelegte Grenze.

Als Arbeitgeber im Sinne des AAG gilt auch, wer in seinem Privathaushalt Arbeitnehmer beschäftigt. Hat ein Arbeitgeber mehrere Betriebe oder Betriebsteile, ist die Zahl der in den verschiedenen Betrieben beschäftigten Arbeitnehmer zusammenzurechnen. Dies gilt selbst dann, wenn der Betrieb seinen Sitz im Ausland hat.

Hinweis

Keine Umlagepflicht für exterritoriale Arbeitgeber

Exterritoriale Arbeitgeber müssen grundsätzlich keine Beiträge zum Umlageverfahren U1 zahlen. Sie sind vom Erstattungsverfahren ausgenommen. Dazu zählen Dienststellen und diesen gleichgestellte Einrichtungen der in der Bundesrepublik Deutschland stationierten ausländischen Truppen und der dort aufgrund des Nordatlantikpakts errichteten internationalen militärischen Hauptquartiere.[2]

Bestimmte Arbeitgeber nehmen nicht am U1-Verfahren teil.

Ermittlung der Arbeitnehmeranzahl

Zu berücksichtigende Arbeitnehmer

Bei der Prüfung, ob der Arbeitgeber nicht mehr als 30 Arbeitnehmer beschäftigt, ist von der Gesamtzahl der im Betrieb beschäftigten Arbeitnehmer auszugehen. Dabei sind grundsätzlich alle Beschäftigten mit Anspruch auf Entgeltfortzahlung zu berücksichtigen. Dazu zählen auch Beschäftigte im Arbeitsbereich der Werkstatt oder Arbeitnehmer der Werkstatt.

Teilzeitbeschäftigte

↗ Teilzeitbeschäftigte werden nur entsprechend ihrer Arbeitszeit wie folgt berücksichtigt:

- bei einer regelmäßigen wöchentlichen Arbeitszeit von nicht mehr als 10 Stunden mit dem Faktor 0,25,
- bei einer regelmäßigen wöchentlichen Arbeitszeit von mehr als 10 Stunden, aber nicht mehr als 20 Stunden, mit dem Faktor 0,5,
- bei einer regelmäßigen wöchentlichen Arbeitszeit von mehr als 20 Stunden, aber nicht mehr als 30 Stunden, mit dem Faktor 0,75,
- bei einer regelmäßigen Arbeitszeit von mehr als 30 Stunden mit dem Faktor 1.

Schwankt die wöchentliche Arbeitszeit, ist die regelmäßige wöchentliche Arbeitszeit im Wege einer Durchschnittsberechnung zu ermitteln.[3]

1 § 1 Abs. 1 AAG.
2 § 11 Abs. 2 Nr. 2 AAG.
3 § 3 Abs. 1 Satz 6 AAG.

Beispiel

Feststellung der maßgebenden Mitarbeiterzahl

Die Fa. K. beschäftigt folgende Arbeitnehmer:

Beschäftigte	Wöchentliche Arbeitszeit pro Beschäftigtem	Anrechenbare Arbeitnehmer
4 Meister	40 Stunden	4
8 Angestellte	40 Stunden	8
11 gewerbliche Mitarbeiter	40 Stunden	11
7 Auszubildende	40 Stunden	–
3 schwerbehinderte Arbeitnehmer	40 Stunden	–
1 Teilzeitbeschäftigter	32 Stunden	1
2 Teilzeitbeschäftigte	24 Stunden	1,5
3 Teilzeitbeschäftigte	18 Stunden	1,5
1 Teilzeitbeschäftigter	8 Stunden	0,25
40 Beschäftigte insgesamt		27,25

Da der Arbeitgeber K. insgesamt 27,25 anrechenbare Mitarbeiter beschäftigt, nimmt er an dem Ausgleichsverfahren zur Erstattung der Arbeitgeberaufwendungen im Krankheitsfall (U1) teil.

Nicht zu berücksichtigende Arbeitnehmer

Einige Personengruppen sind bei der Berechnung der Gesamtzahl der im Betrieb beschäftigten Arbeitnehmer nicht zu berücksichtigen. Dies sind:

- Auszubildende, einschließlich Personen, die ein in einer Ausbildungs-, Studien- oder Prüfungsordnung vorgeschriebenes Praktikum ausüben, und Volontäre,
- Teilnehmer an einem Freiwilligendienst nach dem Jugendfreiwilligendienstegesetz (freiwilliges soziales Jahr/freiwilliges ökologisches Jahr) oder an einem Bundesfreiwilligendienst nach dem Bundesfreiwilligendienstgesetz
- ins Ausland entsandte Arbeitnehmer, deren Arbeitsverhältnis zum Stammarbeitgeber im Inland aufgelöst und ein neuer Arbeitsvertrag mit dem ausländischen Arbeitgeber begründet wurde, oder deren Arbeitsvertrag zum Stammarbeitgeber im Inland ruht und daneben ein zusätzlicher Arbeitsvertrag mit dem ausländischen Arbeitgeber abgeschlossen wird (dadurch keine Entgeltzahlung bzw. Entgeltfortzahlung durch inländischen Arbeitgeber),
- schwerbehinderte Menschen i. S. d. SGB IX[4]; hierunter fallen auch die ihnen nach § 2 Abs. 3 SGB IX gleichgestellten Personen,
- Menschen mit Behinderungen im Arbeitsbereich von anerkannten Werkstätten für Menschen mit Behinderung in arbeitnehmerähnlichen Rechtsverhältnissen,
- Personen im Eingangsverfahren oder im Berufsbildungsbereich von anerkannten Werkstätten für Menschen mit Behinderung,
- Heimarbeiter nach § 1 Abs. 1 Buchst. a HAG, es sei denn, durch Tarifvertrag ist bestimmt, dass sie anstelle der Zuschläge nach § 10 Abs. 1 Satz 2 Nr. 1 EFZG im Falle der Arbeitsunfähigkeit wie Arbeitnehmer Entgeltfortzahlung im Krankheitsfall erhalten,
- Vorstandsvorsitzende, Vorstandsmitglieder sowie GmbH-Geschäftsführer (auch Gesellschafter-Geschäftsführer und Fremdgeschäftsführer),
- Ordensangehörige, deren Beschäftigung nicht in erster Linie ihrem Erwerb dient, sondern vorwiegend durch Beweggründe religiöser oder karitativer Art bestimmt ist (insbesondere Mitglieder von Orden,

4 § 3 Abs. 1 Satz 5 AAG.

Kongregationen der katholischen Kirche, evangelische Diakonissen sowie Novizen und Postulanten),

- ausländische Saisonarbeitskräfte, die im Besitz einer Bescheinigung über die anzuwendenden Rechtsvorschriften des Wohn- oder Herkunftsstaates sind (A1) und im Rahmen dessen auch Anspruch auf Geldleistungen im Krankheitsfall und bei Mutterschaft nach Maßgabe der Verordnung (EG) Nr. 883/2004 haben,
- Beschäftigte in der Freistellungsphase der Altersteilzeit sowie in sonstigen Freistellungen von der Arbeitsleistung unter Fortzahlung von Bezügen (einschließlich Freistellungen, die auf einer Wertguthabenvereinbarung entsprechend § 7b SGB IV beruhen), wenn mit dem Ende der Freistellung ein Ausscheiden aus dem Erwerbsleben verbunden ist,
- bei Insolvenz des Unternehmens von der Arbeit freigestellte Arbeitnehmer,
- Bezieher von Vorruhestandsgeld,
- Personen in Elternzeit oder Pflegezeit bei vollständiger Freistellung sowie
- mitarbeitende Familienangehörige eines landwirtschaftlichen Unternehmers.

Wichtig

Beitragszahlung für nicht berücksichtigte Personen am Teilnahmeverfahren

Die Zählung der im Betrieb beschäftigten Arbeitnehmer für die Teilnahme am U1-Verfahren erfolgt lediglich für die Feststellung, ob der Betrieb am Umlageverfahren teilnimmt oder nicht. Die Zahlung der Umlage fällt mitunter auch für Personen an, die in der Zählung nicht berücksichtigt werden.

Erstattungsfähige Aufwendungen

Im Rahmen des U1-Verfahrens erstattet die Krankenkasse dem Arbeitgeber

- das während einer Arbeitsunfähigkeit[1] oder einer medizinischen Vorsorge- oder Rehabilitationsmaßnahme[2] fortgezahlte Arbeitsentgelt sowie
- die darauf entfallenden Arbeitgeberbeitragsanteile zur Kranken-, Pflege-, Renten- und Arbeitslosenversicherung, die Arbeitgeberbeitragsanteile zu einer berufsständischen Versorgungseinrichtung[3] und die Beitragszuschüsse zur freiwilligen oder privaten Krankenversicherung[4] und Pflegeversicherung.[5]

Fortgezahltes Arbeitsentgelt

Arbeitnehmer

Zu den erstattungsfähigen Aufwendungen gehört das nach § 3 Abs. 1 und 2 und § 9 Abs. 1 EFZG an Arbeitnehmer fortgezahlte Arbeitsentgelt.[6]

Minijobber

Bezüglich der erstattungsfähigen Aufwendungen kommt es nicht auf die sozialversicherungsrechtliche Beurteilung der Beschäftigung an. So werden z. B. auch für Arbeitnehmer in sozialversicherungsfreien bzw. -befreiten kurzfristigen Beschäftigungen von mehr als 4 Wochen Dauer oder in geringfügig entlohnten Beschäftigungen die Arbeitgeberaufwendungen im Krankheitsfall erstattet.

1 § 3 Abs. 1 und 2 EFZG.
2 § 9 Abs. 1 EFZG.
3 § 172 Abs. 2 SGB VI.
4 § 257 SGB V.
5 § 61 SGB X.
6 § 1 Abs. 1 Nr. 1 AAG.

Auszubildende/Praktikanten

Nach § 1 Abs. 1 Satz 1 AAG ist auch das an Auszubildende fortgezahlte Arbeitsentgelt erstattungsfähig. Dazu gehört auch das an Praktikanten bzw. Volontäre fortgezahlte Arbeitsentgelt.

Eine Erstattung kommt auch für Arbeitgeber in Betracht, die nur Auszubildende beschäftigen.[7]

Erstattungsfähig ist auch das an solche Praktikanten fortgezahlte Entgelt, die ein vorgeschriebenes Zwischenpraktikum im Rahmen der Hochschul- oder Fachschulausbildung ableisten. Bei diesen Personen steht der Erwerb beruflicher Kenntnisse im Vordergrund. Sie haben deshalb Anspruch auf angemessene Vergütung[8] und grundsätzlich Anspruch auf Fortzahlung der Vergütung im Krankheitsfall. Unerheblich ist, dass dieser Personenkreis bei der Feststellung zur Teilnahme am Umlageverfahren nicht berücksichtigt wird.

Bruttoentgelt

Bei der Erstattung ist vom Bruttoarbeitsentgelt auszugehen. Auch gepfändete, verpfändete, abgetretene oder auf Dritte übergeleitete Entgeltbestandteile sind erstattungsfähig. Die Höhe des zu erstattenden Arbeitsentgelts wird nicht durch die ⇗ Beitragsbemessungsgrenzen beschränkt, es sei denn, die Satzung der Krankenkasse enthält anderweitige Regelungen. Dies ist oft der Fall.

Erstattungshöhe

Nach § 1 Abs. 1 AAG sind dem Arbeitgeber 80 % der erstattungsfähigen Aufwendungen zu erstatten. Die Krankenkassen haben allerdings die Möglichkeit, in ihren Satzungen eine niedrigere Erstattungshöhe festzulegen. Die meisten Krankenkassen haben davon Gebrauch gemacht und bieten wahlweise gestaffelte Erstattungshöhen an.

Beispiel

Erstattungsbetrag bei einem Arbeitsentgelt unterhalb der Beitragsbemessungsgrenze

Arbeitsunfähigkeit: vom 1.8. bis 22.9.

Entgeltfortzahlung: vom 1.8. bis 1.9.

Höhe der Entgeltfortzahlung: 3.180 EUR (inkl. Steuern und SV-AN-Beiträge)

Erstattungssatz U1: 80 %

Erstattungsbetrag: 3.180 EUR × 80 % = 2.544 EUR

Die Berechnung der Beitragsbemessungsgrenze erfolgt unter Berücksichtigung der sozialversicherungspflichtigen Tage. Es bleiben z. B. Zeiten des Bezugs von Krankengeld als beitragsfreie Zeiten unberücksichtigt.

Beispiel

Beschränkung der erstattungsfähigen Aufwendungen auf die Beitragsbemessungsgrenze

Bezug von Krankengeld: vom 11.3. bis 23.3.2024

Regelmäßiges Arbeitsentgelt: 7.550 EUR

Vermindertes Arbeitsentgelt aufgrund Bezug von Krankengeld: 4.600 EUR

Berechnung des umlagepflichtigen Arbeitsentgelts:

SV-Tage im März: 18; 7.550 EUR : 30 Tage × 18 SV-Tage = 4.530 EUR. Das Arbeitsentgelt von 4.600 EUR ist i. H. v. 4.530 EUR für die Erstattung zu berücksichtigen. Bei einem Erstattungssatz U1 von 80 % beträgt der Erstattungsbetrag 3.624 EUR.

7 § 1 Abs. 3 AAG.
8 §§ 26, 10 BBiG.

Arbeitgeberbeitragsanteile

Zu den erstattungsfähigen Aufwendungen gehören grundsätzlich auch die auf das an Arbeiternehmer fortgezahlte Arbeitsentgelt entfallenden Arbeitgeberanteile an den Kranken-, Pflege-, Renten- und Arbeitslosenversicherungsbeiträgen. Jedoch sehen die meisten Kassen per Satzungsbestimmung gar keine bzw. nur eine pauschale Erstattung der Arbeitgeberbeitragsanteile vor. Im Zweifel ist die betreffende Krankenkasse vorab zu befragen. Ebenfalls grundsätzlich erstattungsfähig sind die vom Arbeitgeber nach § 172 Abs. 2 SGB VI zu tragenden Beitragsanteile zu einer berufsständischen Versorgungseinrichtung sowie die nach § 257 SGB V bzw. § 61 SGB XI zu tragenden Beitragszuschüsse zur gesetzlichen bzw. privaten Krankenversicherung und zur Pflegeversicherung.[1] Hat der Arbeitgeber die Beiträge in voller Höhe getragen (z. B. bei Geringverdienern), ist der Gesamtbetrag der Sozialversicherungsbeiträge in die Erstattung einzubeziehen.

Die auf ↗ Einmalzahlungen beruhenden Arbeitgeberbeitragsanteile sind nicht erstattungsfähig.

Beschränkung der Erstattungsansprüche im U1-Verfahren

Die Ausgleichskassen können durch Satzungsbestimmung den Umfang der Erstattung im U1-Verfahren (80 %) beschränken und verschiedene Erstattungssätze vorsehen. Diese dürfen 40 % nicht unterschreiten. Für jeden Erstattungssatz gibt es auch einen eigenen Beitragssatz.

Tipp

Günstigste Kombination für den Arbeitgeber

Der Arbeitgeber kann auf die individuellen Krankheitszeiten einzelner Arbeitnehmer Rücksicht nehmen. Je höher der Krankenstand, umso günstiger ist die Wahl einer hohen Erstattung. In diesen Fällen gilt allerdings auch ein höherer Beitrag. Fallen weniger Arbeitnehmer wegen Arbeitsunfähigkeit aus, ist es sinnvoll, die niedrigste Erstattung mit dem geringeren Beitrag zu wählen.

Nicht erstattungsfähige Aufwendungen

Einmalig/ohne Rechtsgrund gezahltes Arbeitsentgelt

Einmalig gezahltes Arbeitsentgelt sowie ohne Rechtsgrund weitergezahltes Arbeitsentgelt bleibt bei den erstattungsfähigen Aufwendungen außer Betracht. Arbeitsentgelt, das für einen Zeitraum von mehr als 6 Wochen fortgezahlt wird oder Arbeitsentgelt, das in den ersten 4 Wochen eines Beschäftigungsverhältnisses gezahlt wird, ist gleichfalls nicht erstattungsfähig. Auch nicht abgerechnet werden kann der durch den Arbeitgeber fortgezahlte Aufstockungsbetrag nach dem Altersteilzeitgesetz, da die Verpflichtung zur Fortzahlung nicht auf dem Entgeltfortzahlungsgesetz, sondern auf dem Altersteilzeitgesetz beruht. Außerdem stellt das bei krankheitsbedingter Einstellung der Arbeitsleistung im Laufe eines Arbeitstages weitergezahlte Arbeitsentgelt für die ausgefallenen Arbeitsstunden dieses Tages keine Entgeltfortzahlung im Sinne des EFZG dar, deshalb ist es nicht erstattungsfähig.

Betriebliche Altersversorgung

Zu den Aufwendungen des Arbeitgebers für die betriebliche Altersversorgung des Arbeitnehmers gehören Zuwendungen an Pensionskassen, Pensionsfonds oder Direktversicherungen. Zu den erstattungsfähigen Aufwendungen (z. B. ZVK- oder VBL-Umlagen) zählen zwar auch Zuwendungen an eine Pensionskasse zum Aufbau einer nicht kapitalgedeckten betrieblichen Altersversorgung. Die sich ergebenden beitragsrechtlich relevanten Hinzurechnungsbeträge nach § 1 Sätze 3 und 4 SvEV bleiben jedoch unberücksichtigt.

Fälligkeit/Verrechnung des Erstattungsanspruchs

Das Datenaustauschverfahren ist für die Arbeitgeber verpflichtend. Dieses baut auf der betrieblichen Entgeltabrechnung auf bzw. wird daraus generiert. Der Regelung über die Fälligkeit des Erstattungsanspruchs[2] kommt hierbei eine besondere Bedeutung zu. Die Erstattung wird auf Antrag gewährt.

1 § 1 Abs. 1 Nr. 2 AAG.
2 § 2 Abs. 2 AAG.

Der maschinelle Erstattungsantrag wird in aller Regel im Nachgang zur Entgeltabrechnung des Arbeitgebers erstellt. Eine Erstattung kann hierbei für zurückliegende Zeiträume, also für Zeiträume vor dem Antragsdatum, gewährt werden.

Es ist aber auch zulässig, wenn in die Erstattung das Arbeitsentgelt für die Zeit nach Eingang des Erstattungsantrags einfließt. Voraussetzung ist, dass das Arbeitsentgelt abgerechnet und für den laufenden Abrechnungsmonat bereits gezahlt ist oder das Beschäftigungsverbot für die Dauer des Erstattungszeitraums ärztlich bescheinigt ist.

Eine analoge Anwendung gilt für die Erstattung des Zuschusses zum Mutterschaftsgeld.

Eine Verrechnung des Erstattungsanspruchs mit zu zahlenden Gesamtsozialversicherungsbeiträgen und Umlagen ist auch unter den Bedingungen des maschinellen Erstattungsverfahrens möglich.

Finanzierung

Die Mittel zur Durchführung des U1-Verfahrens werden durch eine Umlage von den am Ausgleich beteiligten Arbeitgebern aufgebracht, die sich nach einem Prozentsatz des Bruttoarbeitsentgelts der Arbeitnehmer berechnet.[3] Die Prozentsätze für das U1-Verfahren sind von den Krankenkassen in den Satzungen festzulegen. Krankenkassen, die gestaffelte Erstattungssätze anbieten, verfügen entsprechend über mehrere Beitragssätze zur Umlage 1.[4]

Umlagepflichtiges/nicht umlagepflichtiges Arbeitsentgelt

Umlagepflichtiges Arbeitsentgelt

Die Umlagen sind grundsätzlich vom rentenversicherungspflichtigen Bruttoarbeitsentgelt der im Betrieb beschäftigten Arbeitnehmer zu berechnen. Umlagebeträge zum U1-Verfahren sind nur vom laufenden Arbeitsentgelt zu berechnen.

- Für Arbeitnehmer, die rentenversicherungsfrei oder von der Rentenversicherung befreit sind, werden die Umlagen aus dem Arbeitsentgelt berechnet, das bei Rentenversicherungspflicht beitragspflichtig wäre. Dies gilt z. B. für Arbeitnehmer in kurzfristigen Beschäftigungen von mehr als 4 Wochen Dauer oder in geringfügig entlohnten Beschäftigungen.
- Praktikanten, die ein Zwischenpraktikum aufgrund einer Fachschul- bzw. Hochschulausbildung gegen Entgelt ableisten, gelten als zur Berufsausbildung Beschäftigte.[5] Sofern ihnen vom Betrieb ein Entgelt gezahlt wird, ist dieses auch umlagepflichtig zur U1. Die Umlage muss auch für Praktikanten gezahlt werden, die ein Vor- oder Nachpraktikum leisten und dafür ein Entgelt erzielen.

Hinweis

Umlage für Praktikanten

Praktikanten, die ein Zwischenpraktikum aufgrund einer Fachschul- bzw. Hochschulausbildung gegen Entgelt ableisten, gelten als zur Berufsausbildung Beschäftigte.[6] Sofern ihnen vom Betrieb ein Entgelt gezahlt wird, ist dieses auch umlagepflichtig zur U1. Die Umlage muss auch für Praktikanten gezahlt werden, die ein Vor- oder Nachpraktikum leisten und dafür ein Entgelt erzielen.

Nicht umlagepflichtig dagegen ist das Arbeitsentgelt von Arbeitnehmern, deren Beschäftigungsverhältnis auf nicht mehr als 4 Wochen begrenzt ist, da für diese Personen kein Anspruch auf Entgeltfortzahlung im Krankheitsfall besteht.[7]

- Das Arbeitsentgelt von Arbeitnehmern ist umlagepflichtig, wenn deren Beschäftigungsverhältnis von vornherein auf länger als 4 Wochen befristet ist, das Beschäftigungsverhältnis aber dennoch vor Ablauf der 4 Wochen endet.

3 § 7 Abs. 1 AAG.
4 § 9 Abs. 1 Nr. 1 AAG.
5 §§ 26, 10 BBiG.
6 §§ 26, 10 BBiG.
7 § 3 Abs. 3 EFZG.

- Für Arbeitnehmer im sog. ⇗ Übergangsbereich erfolgt die Berechnung der Umlage auf der Grundlage der verminderten beitragspflichtigen Einnahmen.
- Für die Zeit des Bezugs von Kurzarbeitergeld oder Saison-Kurzarbeitergeld erfolgt die Berechnung der Umlage nach dem tatsächlich erzielten Arbeitsentgelt bis zur Beitragsbemessungsgrenze der gesetzlichen Rentenversicherungen.[1]

Nicht umlagepflichtiges Arbeitsentgelt

Einmalig gezahltes Arbeitsentgelt[2] ist bei der Berechnung der Umlage nicht zu berücksichtigen, es ist demnach auch nicht erstattungsfähig.

- Nicht umlagepflichtig ist das Arbeitsentgelt von Arbeitnehmern, deren Beschäftigungsverhältnis auf nicht mehr als 4 Wochen begrenzt ist, da für diese Personen kein Anspruch auf Entgeltfortzahlung im Krankheitsfall besteht.[3]
- Zuschüsse des Arbeitgebers zum Kranken-, Verletzten-, Übergangs-, Pflegeunterstützungs- oder Krankentagegeld und sonstige Einnahmen aus einer Beschäftigung, die für die Zeit des Bezugs von Kranken-, Krankentage-, Versorgungskranken-, Verletzten-, Übergangs-, Pflegeunterstützungs- oder Mutterschaftsgeld oder während einer Elternzeit weiter erzielt werden, bleiben bei der Umlageberechnung außer Betracht, soweit sie zusammen mit den genannten Sozialleistungen das Nettoarbeitsentgelt[4] um nicht mehr als 50 EUR monatlich übersteigen.
- Für ⇗ beitragsfreie Zeiten in der Sozialversicherung (z. B. bei Bezug von Kranken-, Mutterschafts- oder Übergangsgeld) wird grundsätzlich keine Umlage erhoben. Dies gilt auch in den Fällen, in denen Übergangsgeld während einer Rehabilitationsmaßnahme gezahlt wird.

Beitragsnachweis

Die Umlage ist vom Arbeitgeber vom tatsächlich erzielten laufenden Arbeitsentgelt zu berechnen. Die Umlagebeträge für das U1-Verfahren sind im Datensatz für den Beitragsnachweis als Beitragsgruppe U1 zu übermitteln.

Mitwirkungspflichten des Arbeitgebers

Der Arbeitgeber ist verpflichtet, der Krankenkasse alle für die Durchführung des U1-Verfahrens notwendigen Angaben zu machen. Hierzu zählt insbesondere die Feststellung, dass die Voraussetzungen für die Teilnahme am U1-Verfahren vorliegen. Solange der Arbeitgeber die für die Feststellung der Umlagepflicht erforderlichen Angaben[5] nicht oder nur unvollständig macht, kann die Krankenkasse die Erstattung nach eigenem Ermessen versagen.

Macht der Arbeitgeber vorsätzlich oder grob fahrlässig falsche Angaben, ist die Krankenkasse ggf. berechtigt, bereits geleistete Erstattungen vom Arbeitgeber zurückzufordern.

Umlagenverfahren, Mutterschaft

Der Schutz der Familie ist eine gesamtgesellschaftliche Aufgabe. Die damit verbundenen Kosten sollen nicht nur einzelne Personen tragen, sondern sie sollen auf möglichst viele Schultern verteilt werden. Zu diesen Kosten zählen auch die Aufwendungen der Arbeitgeber, die im Zusammenhang mit Arbeitsausfällen von Frauen aufgrund Schwangerschaft und Mutterschaft entstehen. Arbeitgeber erhalten in diesen Fällen finanzielle Entlastung durch das Umlageverfahren U2 (Erstattungsverfahren bei Mutterschaft).

Gesetze, Vorschriften und Rechtsprechung

Sozialversicherung: Der Gesetzgeber regelt das U2-Verfahren im Aufwendungsausgleichsgesetz (AAG) und weitet damit den gesetzlichen Schutz für Frauen durch das Mutterschutzgesetz (MuSchG) und das SGB V auf die betroffenen Arbeitgeber aus. Der GKV-Spitzenverband hat sich in „Grundsätzlichen Hinweisen" (GR v. 19.11.2019) mit dem Ausgleich der Arbeitgeberaufwendungen für Mutterschaftsleistungen genauer auseinandergesetzt. Die „Grundsätze und die Verfahrensbeschreibung für das maschinelle Antragsverfahren auf Erstattung nach dem Aufwendungsausgleichsgesetz (AAG)" in der vom 1.1.2020 bzw. 1.1.2021 an geltenden Fassung wurden durch den GKV-Spitzenverband am 18.6.2019 (GR v. 18.6.2018-III) sowie am 22.10.2019 (GR v. 22.10.2019) neu gefasst.

Sozialversicherung

Ausgleichsverfahren für Mutterschaftsleistungen (U2-Verfahren)

Im Rahmen des U2-Verfahrens erstattet die Krankenkasse dem Arbeitgeber

- den nach § 20 Abs. 1 MuSchG gezahlten Zuschuss zum ⇗ Mutterschaftsgeld,
- das nach § 18 MuSchG bei Beschäftigungsverboten gezahlte Arbeitsentgelt sowie
- die auf das während der Beschäftigungsverbote nach § 18 MuSchG gezahlte Arbeitsentgelt entfallenden Arbeitgeberbeitragsanteile zur Kranken-, Pflege-, Renten- und Arbeitslosenversicherung, die Arbeitgeberbeitragsanteile zu einer berufsständischen Versorgungseinrichtung[6] und die Beitragszuschüsse zur freiwilligen oder privaten Kranken-[7] und Pflegeversicherung.[8]

Zuständige Krankenkasse

Mit Ausnahme der Landwirtschaftlichen Krankenkasse führen alle Krankenkassen das U2-Verfahren durch. Es besteht die Möglichkeit, die Durchführung auf eine andere Stelle zu übertragen. Im Einzelfall ist immer die Krankenkasse zuständig, bei der die Arbeitnehmerin krankenversichert ist. Liegt keine gesetzliche Krankenkasse vor, führt diejenige Kasse das Verfahren durch, die für die Arbeitnehmerin die Aufgaben der Einzugsstelle übernimmt. Ist auch eine solche nicht vorhanden, wählt der Arbeitgeber eine mögliche Krankenkasse nach den Regelungen des Krankenkassenwahlrechts.

Achtung

Geringfügig Beschäftigte

Für geringfügig beschäftigte Arbeitnehmerinnen spielt es keine Rolle, bei welcher Krankenkasse sie versichert sind. Für sie gilt immer die Minijob-Zentrale der Deutschen Rentenversicherung Knappschaft-Bahn-See als zuständige Krankenkasse für die Durchführung des U2-Verfahrens.

Teilnehmende Betriebe

Unabhängig von der Beschäftigtenzahl nehmen alle Arbeitgeber am U2-Verfahren teil. Am U2-Verfahren nehmen auch solche Arbeitgeber teil, die beispielsweise nur Teilzeitbeschäftigte, Auszubildende oder schwerbehinderte Menschen beschäftigen.

Erstattungsfähige Aufwendungen

Zu den erstattungsfähigen Aufwendungen gehört der vom Arbeitgeber gezahlte Zuschuss zum ⇗ Mutterschaftsgeld. Erstattet werden kann allerdings nur der Zuschuss des Arbeitgebers aufgrund des § 20 Abs. 1 MuSchG. Hierbei handelt es sich um den Zuschuss zum Mutterschaftsgeld für die Dauer von 6 Wochen vor und 8 bzw. 12 Wochen (bei Früh-

1 § 7 Abs. 2 Satz 3 AAG.
2 § 23a SGB IV.
3 § 3 Abs. 3 EFZG.
4 § 47 SGB V.
5 § 3 Abs. 2 AAG.
6 § 172 Abs. 2 SGB VI.
7 § 257 SGB V.
8 § 61 SGB X.

geburten evtl. noch darüber hinaus) nach der Entbindung sowie für den Entbindungstag. Die Höhe des Zuschusses bemisst sich nach dem durchschnittlichen Nettoarbeitsentgelt (je Kalendertag), abzüglich des von der Krankenkasse gezahlten Mutterschaftsgeldes (max. 13 EUR je Kalendertag). Die Erstattung wird nicht durch die ↗ Beitragsbemessungsgrenze begrenzt.

Beispiel

Ermittlung des Erstattungsbetrags

Die Schutzfrist einer Arbeitnehmerin läuft vom 14.3. bis 20.6. = 99 Tage

Kalendertägliches Nettoentgelt: 25 EUR

Mutterschaftsgeld der Krankenkasse: Kalendertäglich: 13 EUR

Zuschuss zum Mutterschaftsgeld durch den Arbeitgeber: 99 Tage × 12 EUR = 1.188 EUR

Erstattungsbetrag (100 %) = 1.188 EUR

Das vom Arbeitgeber bei Beschäftigungsverboten[1] gezahlte Arbeitsentgelt wird ebenfalls erstattet. Hierbei handelt es sich um Beschäftigungsverbote nach §§ 13 Abs. 3 Nr. 1 und 16 MuSchG oder wegen eines Mehr-, Nacht- oder Sonntagsarbeitsverbots. Erstattungsfähig ist das vom Arbeitgeber fortgezahlte Bruttoarbeitsentgelt, unabhängig von den geltenden Beitragsbemessungsgrenzen. Es werden auch die Entgeltbestandteile ersetzt, die der Arbeitgeber für die Arbeitnehmerin an Dritte gezahlt hat, beispielsweise vermögenswirksame Leistungen oder Beiträge für betriebliche Versorgungseinrichtungen.

Achtung

Einmalzahlungen

Einmalzahlungen, die während eines Beschäftigungsverbots ausgezahlt werden, sind nicht erstattungsfähig.

Zu den erstattungsfähigen Aufwendungen gehören auch die auf das während der Beschäftigungsverbote an die Arbeitnehmerinnen fortgezahlte Arbeitsentgelt entfallenden Arbeitgeberanteile an den Kranken-, Pflege-, Renten- und Arbeitslosenversicherungsbeiträgen, die vom Arbeitgeber nach § 172 Abs. 2 SGB VI zu tragenden Beitragsanteile zu einer berufsständischen Versorgungseinrichtung sowie die nach § 257 SGB V bzw. § 61 SGB XI zu tragenden Beitragszuschüsse zur gesetzlichen bzw. privaten Kranken- bzw. Pflegeversicherung. Hat der Arbeitgeber die Beiträge in voller Höhe getragen (z. B. bei Geringverdienern), ist der Gesamtbetrag der Sozialversicherungsbeiträge in die Erstattung einzubeziehen.

Für die Erstattung des von den Arbeitgebern zu tragenden Teils des Gesamtsozialversicherungsbeitrags für das nach § 18 MuSchG gezahlte Arbeitsentgelt können die Krankenkassen in ihren Satzungen auch Regelungen für eine pauschale Erstattung vorsehen.

Achtung

Nicht erstattungsfähige Beitragsanteile

Die auf Einmalzahlungen beruhenden Arbeitgeberbeitragsanteile sind nicht erstattungsfähig.

Erstattungshöhe aus der U2

Im Rahmen des U2-Verfahrens sind dem Arbeitgeber die erstattungsfähigen Aufwendungen in voller Höhe (100 %) zu erstatten. Eine Begrenzung auf einen niedrigeren Betrag ist weder im Gesetz vorgesehen noch durch eine entsprechende Satzungsregelung zulässig.

Fälligkeit des Erstattungsanspruchs

Für das Umlageverfahren gilt das maschinelle Meldeverfahren. Dies bezieht sich auch auf die Erstattungsanträge. Da die Erstattung nur auf Antrag vorgenommen wird, bedeutet es, dass die Fälligkeit des Erstattungsanspruchs erst zu dem Zeitpunkt eintritt, in dem im Entgeltabrechnungsprogramm der Anspruch geltend gemacht wird. Eine Erstattung für zurückliegende Zeiträume ist möglich.

Der Arbeitgeber kann seinen Erstattungsanspruch gegen fällige Gesamtsozialversicherungsbeiträge verrechnen.

Finanzierung

Da die Arbeitgeber die einzigen sind, die Leistungen aus dem Umlageverfahren erhalten, werden die Mittel zur Durchführung des Verfahrens auch ausschließlich von den am Umlageverfahren beteiligten Arbeitgebern aufgebracht. Sie berechnen sich nach einem Prozentsatz aus dem umlagepflichtigen Arbeitsentgelt. Der Prozentsatz wird in der Satzung der zuständigen Krankenkasse festgelegt.

Umlagepflichtiges Arbeitsentgelt

Die Umlagen sind grundsätzlich vom rentenversicherungspflichtigen Bruttoarbeitsentgelt aller im Betrieb beschäftigten Arbeitnehmer, Arbeitnehmerinnen und Auszubildenden zu berechnen.[2] Einbezogen in die Umlagepflicht wird also auch das Arbeitsentgelt der männlichen Arbeitnehmer. Anders als im U1-Verfahren ist auch das Arbeitsentgelt der Arbeitnehmer umlagepflichtig, deren Beschäftigungsverhältnis auf nicht mehr als 4 Wochen begrenzt ist. Umlagebeiträge sind ferner aus dem Arbeitsentgelt der in Heimarbeit Beschäftigten zu entrichten, da für sie das Mutterschutzgesetz gilt und auch bezüglich der entsprechenden Arbeitgeberaufwendungen ein Erstattungsanspruch besteht.

Achtung

Nur laufendes Entgelt umlagepflichtig

Umlagebeträge zum U2-Verfahren sind nur vom laufenden Arbeitsentgelt zu berechnen. Einmalig gezahltes Arbeitsentgelt[3] ist bei der Berechnung der Umlage nicht zu berücksichtigen, es ist ebenfalls von der Erstattung ausgeschlossen.

Praktikanten

Praktikanten, die ein vorgeschriebenes Zwischenpraktikum aufgrund einer Fachschul- bzw. Hochschulausbildung ableisten, gelten als zur Berufsausbildung Beschäftigte.[4] Sofern ihnen vom Betrieb ein Entgelt gezahlt wird, ist dieses auch umlagepflichtig zur U2.

Arbeitnehmerinnen im Übergangsbereich

Für sog. Arbeitnehmerinnen im ↗ Übergangsbereich erfolgt die Berechnung der Umlage auf der Grundlage des tatsächlich erzielten Arbeitsentgelts.

Kurzarbeitergeld und Saison-Kurzarbeitergeld

Für die Zeit des Bezugs von Kurzarbeitergeld oder Saison-Kurzarbeitergeld erfolgt die Berechnung der Umlage nach dem tatsächlich erzielten Arbeitsentgelt bis zur Beitragsbemessungsgrenze der gesetzlichen Rentenversicherungen.[5]

Arbeitgeberzuschuss zu Entgeltersatzleistungen

Zuschüsse des Arbeitgebers zum Kranken-, Verletzten-, Übergangs-, Pflegeunterstützungs- oder Krankentagegeld und sonstige Einnahmen aus einer Beschäftigung, die für die Zeit des Bezugs von Kranken-, Krankentage-, Versorgungskranken-, Verletzten-, Übergangs-, Pflegeunterstützungs- oder Mutterschaftsgeld oder während einer Elternzeit weiter erzielt werden, bleiben bei der Umlageberechnung außen vor, soweit sie zusammen mit den genannten Sozialleistungen das Nettoarbeitsentgelt um nicht mehr als 50 EUR im Monat übersteigen.

Geringfügig entlohnt Beschäftigte

Die Umlage zum U2-Verfahren ist für rentenversicherungspflichtig geringfügig entlohnt Beschäftigte aus dem tatsächlich erzielten Arbeitsentgelt zu berechnen.

1 § 18 MuSchG.

2 § 7 Abs. 2 AAG.
3 § 23a SGB IV.
4 §§ 26, 10 BBiG.
5 § 7 Abs. 2 Satz 3 AAG.

Nachweis der Umlage

Für das Umlageverfahren sind nach § 10 AAG die für die gesetzliche Krankenversicherung geltenden Vorschriften entsprechend anzuwenden. Die Beträge für das U2-Verfahren werden zusammen mit den Beiträgen zur Krankenversicherung im Beitragsnachweisdatensatz als Beitragsgruppe U2 übermittelt.

Mitwirkungspflichten des Arbeitgebers

Der Arbeitgeber ist verpflichtet, der Krankenkasse alle für die Durchführung des U2-Verfahrens notwendigen Angaben zu machen. Solange der Arbeitgeber die erforderlichen Angaben nicht oder nur unvollständig macht, kann die Krankenkasse die Erstattung nach eigenem Ermessen versagen.

Macht der Arbeitgeber vorsätzlich oder grob fahrlässig falsche Angaben, ist die Krankenkasse ggf. berechtigt, bereits geleistete Erstattungen vom Arbeitgeber zurückzufordern.

Umschulung

Umschulungen zu einer anderen Qualifikation gibt es in 2 verschiedenen Ausprägungen: Die **berufliche** Umschulung und die **schulische Umschulung**. Der Begriff der „Um"-Schulung setzt in beiden Fällen voraus, dass es nicht um eine erstmalige berufliche Qualifikation geht. Vielmehr wird vorausgesetzt, dass der Umschüler schon in einem anderen Beruf tätig war, unabhängig davon, ob hierfür bereits eine Berufsausbildung absolviert wurde.[1] Das bedeutet: Soll kurze Zeit nach einem Berufsabschluss ein weiterer Ausbildungsberuf erlernt werden, ist dies nur über eine zweite Berufsausbildung möglich.[2] Hat man dagegen schon länger in einem bestimmten Beruf gearbeitet, kommt neben einer „normalen" Berufsausbildung, die theoretisch immer möglich ist, auch eine Umschulung in Betracht.

Gesetze, Vorschriften und Rechtsprechung

Lohnsteuer: Der gezahlte Arbeitslohn im Rahmen eines Dienstverhältnisses gehört i. S. v. § 19 EStG zum steuerpflichtigen Arbeitslohn.

Lohnsteuer

Vorbemerkung

Im Rahmen einer Umschulung wird i. d. R. ein (weiterer) beruflicher Abschluss vermittelt. Die Umschulung ist abzugrenzen von einer reinen Fortbildungsmaßnahme.

Umschulung im Rahmen eines Dienstverhältnisses

Findet die Umschulung im Rahmen eines Dienstverhältnisses statt, rechnen die gezahlten Vergütungen während der Umschulungszeit zu den steuerpflichtigen Einnahmen aus nichtselbstständiger Tätigkeit. Der Arbeitgeber kann im Rahmen des Dienstverhältnisses auch lohnsteuerfreie Vergütungsbestandteile zahlen (z. B. steuerfreie Reisekosten).

Nicht vom Arbeitgeber erstattete Aufwendungen, die durch das Dienstverhältnis veranlasst sind, (z. B. Fahrtkosten für Wege zwischen der Wohnung und der ersten Tätigkeitsstätte und Arbeitsmittel), können als ⇗ Werbungskosten abgezogen werden. Hinsichtlich der Fahrten zwischen Wohnung und Betrieb ist zu beachten, dass der Betrieb des Arbeitgebers (Ausbildungsbetrieb) i. d. R. als erste Tätigkeitsstätte anzusehen ist. Die Fahrten zwischen der Wohnung und dem Betrieb stellen daher Fahrten zwischen der Wohnung und der ersten Tätigkeitsstätte dar, die mit der sog. Entfernungspauschale als Werbungskosten geltend gemacht werden können.[3]

Schulische Umschulung

Die schulische Umschulung wird u. a. erforderlich, weil der Arbeitnehmer erkrankt ist und seinen bisherigen Beruf nicht mehr ausüben kann bzw. um den Arbeitnehmer vor Arbeitslosigkeit zu schützen. Sie findet nicht im Rahmen eines Dienstverhältnisses statt, sondern regelmäßig in entsprechenden Bildungseinrichtungen. Diese Maßnahmen werden bei Vorliegen weiterer Voraussetzungen von der Bundesagentur für Arbeit finanziell gefördert. Die Leistungen der Bundesagentur in diesem Zusammenhang sind steuerfrei.

Umzugskosten

Ein Arbeitnehmer, der aus dienstlichen Gründen an einen weit entfernten Ort versetzt wird, hat einen gesetzlichen Anspruch auf Erstattung der dadurch entstandenen Umzugskosten. Die durch einen beruflich veranlassten Umzug entstandenen tatsächlichen Umzugskosten sowie die dadurch anfallenden Mehraufwendungen kann der Arbeitgeber steuerfrei erstatten. Verbleibende Aufwendungen werden den vom Arbeitnehmer ansetzbaren Werbungskosten zugeordnet.

Gesetze, Vorschriften und Rechtsprechung

Lohnsteuer: Die Steuerfreiheit von Umzugskostenvergütungen durch öffentliche oder private Arbeitgeber regeln § 3 Nr. 13 bzw. 16 EStG. Die entsprechenden Verwaltungsanweisungen enthalten R 3.13 und 3.16 LStR sowie H 3.13 und 3.16 LStH; außerdem R 9.9 LStR und H 9.9 LStH. Die steuerfreien Pauschalvergütungen für Umzugskosten enthält das BMF-Schreiben v. 21.7.2021, IV C 5 – S 2353/20/10004 :002, BStBl 2021 I S. 1021.

Die Beitragsfreiheit der Umzugskosten ergibt sich aus § 1 Abs. 1 Satz 1 Nr. 1 SvEV.

Entgelt	LSt	SV
Arbeitgebererersatz für Umzugskosten	frei	frei

Lohnsteuer

Steuerfreie Arbeitgebererstattung

Umzugskosten kann der Arbeitgeber seinem Arbeitnehmer steuerfrei ersetzen, wenn der Umzug beruflich veranlasst ist und die durch den Umzug tatsächlich entstandenen Aufwendungen nicht überschritten werden.[4] Die steuerfrei erstattungsfähigen Aufwendungen sind auf den Betrag begrenzt, den ein Bundesbeamter nach dem Bundesumzugskostengesetz als höchstmögliche Umzugskostenvergütung erhalten könnte.[5]

Leistet der Arbeitgeber keinen steuerfreien Ersatz, kann der Arbeitnehmer seine Aufwendungen als Werbungskosten geltend machen.

Berufliche Veranlassung

Ein beruflicher Anlass für den Umzug liegt vor, wenn er bedingt ist durch

- eine Versetzung,
- einen Arbeitsplatz-/Stellenwechsel,
- einen Wohnungswechsel aufgrund der erstmaligen Aufnahme einer beruflichen Tätigkeit oder
- zur Begründung oder Beendigung einer ⇗ doppelten Haushaltsführung des Arbeitnehmers.[6]

Weiterhin gilt der Umzug als beruflich veranlasst, wenn er im ganz überwiegenden betrieblichen Interesse des Arbeitgebers durchgeführt oder von ihm gefordert wird. Hierzu rechnen das Beziehen oder die Aufgabe

1 Taubert, BBiG, § 1, Rz. 64.
2 BAG, Urteil v. 3.6.1987, 5 AZR 285/86.
3 § 9 Abs. 1 Satz 3 Nr. 4 EStG.
4 § 3 Nr. 16 EStG.
5 R 9.9 Abs. 3 Satz 1 i. V. m. Abs. 2 LStR.
6 H 9.9 Nrn. 2–3 LStH „Berufliche Veranlassung".

einer Dienstwohnung, die aus betrieblichen Gründen bestimmten Arbeitnehmern vorbehalten ist (z. B. Hausmeisterwohnung).[1]

Hinweis

Vergeblicher Umzugsaufwand ebenfalls steuerfrei

Wird vom Arbeitgeber eine vorgesehene Versetzung rückgängig gemacht, sind die dem Arbeitnehmer durch die Aufgabe seiner Umzugsabsicht entstandenen vergeblichen Aufwendungen steuerfrei erstattungsfähig oder als Werbungskosten abziehbar.[2]

Erhebliche Fahrzeitverkürzung

Ist der Umzug nicht mit einem Wechsel des Wohnorts oder des Arbeitsplatzes verbunden, wird ein beruflicher Anlass anerkannt, wenn eine näher am Arbeitsplatz gelegene Wohnung bezogen wird, um die Entfernung zwischen Wohnung und Tätigkeitsstätte erheblich zu verkürzen. Hiervon ist auszugehen, wenn sich dadurch die Zeitspanne für die Fahrten zur Tätigkeitsstätte um mindestens eine Stunde täglich vermindert.[3] Hieran hält der BFH fest.[4] Die Fahrzeitverkürzung ist bei der Abwägung der beruflichen und privaten Gründe für den Umzug jedoch nicht allein ausschlaggebend. Sucht ein Arbeitnehmer seinen Arbeitsplatz vergleichsweise selten von einer Wohnung aus auf, die er aus überwiegend privaten Gründen innehat, z. B. aufgrund ihres Erwerbs im Rahmen der vorweggenommenen Erbfolge, spricht diese private Motivation dagegen, dass die durch den Umzug entstandene Zeitersparnis den maßgeblichen Gesichtspunkt für die Wahl des Wohnorts darstellte. In einem solchen Fall liegt kein beruflich veranlasster Umzug vor.[5] Eine arbeitstägliche Fahrtzeitverkürzung um 20 Minuten ist selbst dann nicht ausreichend, wenn die neue Wohnung die Einrichtung eines häuslichen Arbeitszimmers ermöglicht.[6]

Keine Saldierung bei Ehegatten

Sind von einem Umzug beiderseits berufstätige Ehe-/Lebenspartner betroffen, ist zu beachten, dass deren Fahrzeitersparnisse weder zusammenzurechnen noch zu saldieren sind.

Private Motive schließen berufliche Veranlassung nicht aus

Steht bei einem Umzug eine arbeitstägliche Fahrzeitersparnis von mindestens einer Stunde fest, sind private Gründe für den Umzug grundsätzlich ohne Bedeutung. Dies gilt dann, wenn als private Motive eine Eheschließung oder erhöhter Wohnbedarf (z. B. wegen Geburt eines Kindes) eine Rolle gespielt haben.[7]

Umfang der steuerfreien Vergütung

Steuerfreier Höchstbetrag für beruflich veranlassten Umzug

Ist der Umzug des Arbeitnehmers beruflich veranlasst, kann der Arbeitgeber beruflich veranlasste Umzugskosten grundsätzlich bis zu den Höchstbeträgen steuerfrei ersetzen, die ein vergleichbarer Bundesbeamter als Umzugskostenvergütung erhalten würde. Werden umzugsrechtliche Pauschbeträge angesetzt, ist ein Nachweis der Aufwendungen nicht erforderlich.

Erstattungsfähige Umzugskosten

Als Umzugskosten anzusetzen und steuerfrei erstattungsfähig sind insbesondere:

- Beförderungsauslagen: tatsächliche Auslagen für die Beförderung des Umzugsguts von der bisherigen zur neuen Wohnung (einschließlich Autobahnmaut und Transportversicherung).
- ⇗ Reisekosten des Arbeitnehmers und der zu seiner häuslichen Gemeinschaft gehörenden Personen (z. B. Kinder) zum neuen Wohnort – jedoch höchstens mit einer Begleitperson – sowie zur Suche und Besichtigung der neuen Wohnung, nicht jedoch für Informationsreisen zum neuen Wohnort.
- Mietentschädigung bei 2 Mietverhältnissen für längstens 6 Monate, wenn die Miete für die alte Wohnung wegen bestehender Kündigungsfristen neben der Miete für die neue Wohnung weitergezahlt werden muss.
- Mietentschädigung für die neue Wohnung längstens für 3 Monate, wenn die neue Wohnung noch nicht genutzt werden kann.
- Wohnungsvermittlungsgebühren: ortsübliche Maklergebühren für Wohnung und Garage (die bei einem Grundstücks- oder Wohnungskauf angefallenen Maklergebühren können jedoch nicht angesetzt werden).
- Zusätzliche Unterrichtskosten: Auslagen für einen durch den Umzug bedingten zusätzlichen Unterricht der Kinder des Umziehenden.

  Die Steuerfreiheit der umzugsbedingten Unterrichtskosten je Kind ist auf folgende Höchstbeträge begrenzt:

  – ab 1.4.2021 auf 1.160 EUR
  – ab 1.4.2022 auf 1.181 EUR.[8]

  Maßgeblich ist der Tag vor dem Einladen des Umzugsguts.
- Sonstige Umzugsauslagen in nachgewiesener Höhe, z. B. Trinkgelder an das Umzugspersonal, Aufwendungen für die Renovierung der alten Wohnung, Anzeigen zur Wohnungssuche, Auslagen für die notwendige Anschaffung von Vorhängen, Rollos, Vorhangstangen usw., Aufwendungen für Elektrokochgeschirre bei unvermeidbarem Übergang auf elektrische Kochart, Abbau- und Anschlusskosten von Herden, Öfen oder wiederverwendeten hauswirtschaftlichen Geräten, Anschluss oder Übernahme eines Fernsprechanschlusses, Auslagen für das Umschreiben von Personalausweisen und Personenkraftfahrzeugen einschließlich der Auslagen für das Anschaffen und Anbringen der amtlichen Kennzeichen.

  Nicht erstattungsfähig sind Renovierungsaufwendungen für die in der neuen Wohnung privat genutzten Räume bei einem beruflich veranlassten Umzug.[9]

Aufbewahrungspflicht

Der Arbeitnehmer muss Nachweise über die tatsächlichen Aufwendungen vorlegen. Diese sind vom Arbeitgeber als Belege zum ⇗ Lohnkonto aufzubewahren.

Pauschalen für Umzugskosten ohne Nachweis

Sonstige Umzugsauslagen ohne Nachweis können in pauschaler Höhe steuerfrei erstattet werden.

Der Pauschbetrag für sonstige Umzugskosten beträgt beim Berechtigten

- ab 1.4.2021: 870 EUR,
- ab 1.4.2022: 886 EUR.[10]

Für jede andere Person (Ehegatte, Lebenspartner sowie Kinder, Stief- und Pflegekinder, die auch nach dem Umzug mit dem Berechtigten in häuslicher Gemeinschaft leben), beträgt der Pauschbetrag für sonstige Umzugskosten

- ab 1.4.2021: 580 EUR,
- ab 1.4.2022: 590 EUR.[11]

Für Berechtigte, die am Tage vor dem Einladen des Umzugsguts keine Wohnung hatten oder nach dem Umzug keine eigene Wohnung eingerichtet haben, beträgt die Pauschvergütung

- ab 1.4.2021: 174 EUR,
- ab 1.4.2022: 177 EUR.[12]

Wird ein beruflich veranlasster Umzug in mehreren Etappen und über einen längeren Zeitraum hinweg durchgeführt, können die Pauschbeträge für Umzugsauslagen nur einmal angesetzt werden.

1 H 9.9 Nr. 2 LStH „Berufliche Veranlassung".
2 BFH, Urteil v. 24.5.2000, VI R 17/96, BStBl 2000 II S. 584.
3 H 9.9 Nr. 1 LStH „Berufliche Veranlassung".
4 BFH, Beschluss v. 15.10.2012, VI B 22/12, BFH/NV 2013 S. 198.
5 BFH, Urteil v. 7.5.2015, VI R 73/13, n. v.
6 BFH, Urteil v. 16.10.1992, VI R 132/88, BStBl 1993 II S. 610.
7 BFH, Urteil v. 23.3.2001, VI R 189/97, BStBl 2002 II S. 56.
8 BMF, Schreiben v. 21.7.2021, IV C 5 – S 2353/20/10004 :002, BStBl 2021 I S. 1021.
9 BFH, Beschluss v. 3.8.2012, X B 153/11, BFH/NV S. 1956.
10 BMF, Schreiben v. 21.7.2021, IV C 5 – S 2353/20/10004 :002, BStBl 2021 I S. 1021.
11 BMF, Schreiben v. 21.7.2021, IV C 5 – S 2353/20/10004 :002, BStBl 2021 I S. 1021.
12 BMF, Schreiben v. 21.7.2021, IV C 5 – S 2353/20/10004 :002, BStBl 2021 I S. 1021.

Wichtig

Doppelter Mietaufwand zeitlich nur begrenzt erstattungsfähig

Der Aufwand für doppelt geleistete Mietzahlungen ist der Höhe nach unbegrenzt als Werbungskosten abzugsfähig. Jedoch ist er zeitlich auf die Umzugsphase beschränkt. Diese beginnt mit der Kündigung der bisherigen Familienwohnung und endet mit dem Ablauf der ordentlichen Kündigungsfrist.

Bis zum tatsächlichen Umzug der Familie ist die Miete der neuen und danach die der bisherigen Familienwohnung als Werbungskosten abziehbar.

Keine Pauschalen bei doppelter Haushaltsführung

Begründet, beendet oder verlegt der Arbeitnehmer einen ⇗ doppelten Haushalt, ist ein pauschaler Ansatz von Umzugskosten als steuerfreier Arbeitgeberersatz bzw. sind ⇗ Werbungskosten nicht möglich.[1]

Besondere Vorschriften bei Auslandsumzügen

Bei Auslandsumzügen sind besondere Regelungen zu beachten. Eine steuerfreie Umzugskostenerstattung ist zulässig, wenn der Arbeitnehmer vorübergehend im Ausland tätig ist, z. B. bei einer ausländischen Niederlassung eines deutschen Unternehmens. Hier sind grundsätzlich die Umzugskosten nach den Regelungen und Höchstbeträgen der Auslandsumzugskostenverordnung (AUV)[2] steuerfrei erstattungsfähig.

Steuerermäßigung für private Umzugskosten

Werden Umzugskosten vom Arbeitgeber nicht steuerfrei ersetzt und scheidet ein Werbungskostenabzug wegen fehlender beruflicher Veranlassung aus, kann für bestimmte Umzugsleistungen eine Steuerermäßigung für haushaltsnahe Dienstleistungen nach § 35a EStG in Betracht kommen.

Sozialversicherung

Beitragsrechtliche Behandlung

Umzugskostenvergütungen gehören nicht zum beitragspflichtigen Arbeitsentgelt in der Sozialversicherung, soweit sie lohnsteuerfrei sind.[3] Der steuerpflichtige Teil der Umzugskostenvergütung ist demnach auch beitragspflichtig in der Sozialversicherung. Er ist als einmalig gezahltes Arbeitsentgelt zu verbeitragen, da er nicht der Arbeit in einem einzelnen Entgeltabrechnungszeitraum zugerechnet werden kann.[4]

Nachweis der tatsächlich entstandenen Aufwendungen

Der Arbeitnehmer hat seinem Arbeitgeber Unterlagen vorzulegen, aus denen die tatsächlich entstandenen Aufwendungen hervorgehen müssen. Der Arbeitgeber hat diese Unterlagen als Belege zum ⇗ Lohnkonto zu nehmen.

Unbeschränkt steuerpflichtige Arbeitnehmer

Unbeschränkt steuerpflichtig sind Personen, die im Inland einen Wohnsitz oder ihren gewöhnlichen Aufenthalt haben. Die Steuerpflicht beginnt mit der Geburt und endet mit dem Tod. Der Besteuerung im Inland unterliegen alle inländischen und alle ausländischen Einkünfte des Steuerpflichtigen. Zur Vermeidung einer Doppelbesteuerung ausländischer Einkünfte können Doppelbesteuerungsabkommen zur Anwendung kommen.

Der unbeschränkten Steuerpflicht unterliegen auch deutsche Staatsangehörige, die im Inland weder ihren Wohnsitz noch ihren gewöhnlichen Aufenthalt haben, wenn sie in einem Dienstverhältnis zu einer inländischen juristischen Personen des öffentlichen Rechts stehen und hierfür Arbeitslohn aus inländischen öffentlichen Kassen beziehen. Hierzu gehören z. B. deutsche Staatsangehörige, die bei deutschen Vertretungen (Botschaft, Konsulat) im Ausland tätig sind.

Von der unbeschränkten Steuerpflicht ist die ⇗ beschränkte Steuerpflicht abzugrenzen. Diese kommt zur Anwendung, wenn der gewöhnliche Aufenthalt bzw. der Wohnsitz des Steuerpflichtigen nicht im Inland liegt.

Gesetze, Vorschriften und Rechtsprechung

Lohnsteuer: Die unbeschränkte Steuerpflicht von Arbeitnehmern richtet sich nach den §§ 1, 1a sowie 49 Abs. 1 Nr. 4 EStG.

Lohnsteuer

Unbeschränkte Steuerpflicht

Das deutsche Steuerrecht unterscheidet zwischen unbeschränkt steuerpflichtigen Personen und ⇗ beschränkt steuerpflichtigen Personen. Arbeitnehmer, die im Inland einen Wohnsitz[5] oder gewöhnlichen Aufenthalt[6] haben oder sich länger als 6 Monate im Inland aufhalten, sind grundsätzlich mit ihrem Welteinkommen in Deutschland unbeschränkt einkommensteuerpflichtig.[7] Die Staatsangehörigkeit des Arbeitnehmers spielt dabei keine Rolle.

Ausländische Arbeitnehmer begründen im Inland meist keinen Wohnsitz, wenn sie sich nur vorübergehend hier aufhalten, d. h. nicht länger als 6 Monate. Bei Arbeitnehmern, die sich länger als 6 Monate im Bundesgebiet aufhalten, erstreckt sich die unbeschränkte Steuerpflicht auf den gesamten Inlandsaufenthalt. Dazu gehören auch die ersten 6 Monate des Inlandsaufenthalts.

Wohnsitz im Inland

Einen Wohnsitz hat jemand dort, wo er eine Wohnung unter den Umständen innehat, die darauf schließen lassen, dass er die Wohnung beibehalten und benutzen wird. Ein mehrfacher Wohnsitz ist möglich. Zur Begründung der unbeschränkten Steuerpflicht ist ein Wohnsitz im Inland ausreichend. Die deutsche unbeschränkte Steuerpflicht besteht daher auch dann, wenn der Steuerpflichtige je eine Wohnung im Inland und im Ausland hat.

Hinweis

Definition „Wohnung"

Als Wohnung gelten alle Räumlichkeiten, die zum Wohnen geeignet sind. Eine abgeschlossene Wohnung mit Küche und separater Waschgelegenheit ist nicht erforderlich. Als Wohnung gelten daher auch

- möblierte Zimmer,
- Gemeinschaftsbaracken,
- feststehende Campingwagen, sofern sie ständig zu Wohnzwecken und nicht nur vorübergehend zu Erholungszwecken genutzt werden.

Wohnsitz und gewöhnlicher Aufenthalt

Eine Person kann neben einem Wohnsitz an einem anderen Ort einen gewöhnlichen Aufenthalt haben. Es ist jedoch nicht möglich, gleichzeitig 2 gewöhnliche Aufenthalte zu haben.

1 R 9.11 Abs. 9 LStR.
2 S. Verordnung über Umzugskostenvergütung bei Auslandsumzügen.
3 § 1 Abs. 1 Satz 1 Nr. 1 SvEV.
4 § 23a Abs. 1 SGB IV.
5 § 8 AO.
6 § 9 AO.
7 § 1 Abs. 1 EStG.

Wohnsitz bei Ehegatten und deren Kindern

Bei Ehe-/Lebenspartnern besteht die Besonderheit, dass sie ihren jeweiligen Wohnsitz an verschiedenen Orten haben können. Ein Ehe-/Lebenspartner, der nicht dauernd getrennt lebt, hat seinen Wohnsitz (auch) dort, wo seine Familie lebt.

Kinder behalten regelmäßig ihren Wohnsitz bei den Eltern, auch wenn sie sich vorübergehend zu Ausbildungszwecken im Ausland aufhalten. Gastarbeiterkinder, die bei Verwandten im Heimatland leben, haben aber regelmäßig ihren Wohnsitz im Ausland.

Wohnsitz bei zeitlicher Begrenzung

Ein Wohnsitz wird auch dann begründet, wenn die Verfügungsmacht über die Wohnung zwar zeitlich von vornherein begrenzt ist, sich jedoch mindestens auf einen Zeitraum von mehr als 6 Monaten erstreckt. Dies gilt selbst dann, wenn die Wohnung aufgrund eines späteren Entschlusses vorzeitig aufgegeben wird. Das Innehaben einer Wohnung auf unbestimmte Zeit mit jederzeitiger Kündigungsmöglichkeit kann nur zur Begründung eines Wohnsitzes genügen, wenn andere Umstände den Schluss zulassen, dass der Inhaber die Wohnung für mehr als 6 Monate beibehalten wird (z. B. Dauer des befristeten Arbeitsvertrags).

Wird eine Wohnung von vornherein in der Absicht angemietet, sie weniger als 6 Monate beizubehalten und zu nutzen, wird dort kein Wohnsitz begründet.

Wichtig

Ein „Wohnsitz" setzt keinen Mindestaufenthalt voraus

Ein Wohnsitz setzt nicht voraus, dass der Steuerpflichtige von dort aus seiner täglichen Arbeit nachgeht. Ebenso ist es nicht erforderlich, dass der Steuerpflichtige sich während einer Mindestzahl von Tagen oder Wochen im Jahr in der Wohnung aufhält.

Aufhebung des Wohnsitzes

Nach Aufgabe der inländischen Wohnung besteht kein Wohnsitz mehr. Der Wohnsitz endet im Übrigen auch dann mit dem Wegzug, wenn die inländische Wohnung zur bloßen Vermögensverwaltung zurückgelassen wird. Hiervon ist auszugehen, wenn ein ins Ausland verzogener Arbeitnehmer sein Haus/seine Wohnung verkaufen oder langfristig vermieten will und dies in absehbarer Zeit auch tatsächlich verwirklicht.

Keine Wohnsitzbegründung durch bloßen Aufenthalt

Nicht zur Begründung eines Wohnsitzes im Inland führen:

- Besuchsaufenthalte im Inland,
- die bloße Absicht, einen Wohnsitz zu begründen oder aufzugeben,
- die An- oder Abmeldung bei der Ordnungsbehörde.

Die An- oder Abmeldung bei der Ordnungsbehörde kann im Allgemeinen als Indiz dafür gewertet werden, dass der Steuerpflichtige seinen Wohnsitz unter der von ihm angegebenen Anschrift begründet bzw. aufgegeben hat.

Gewöhnlicher Aufenthalt im Inland

Im Unterschied zum Wohnsitz muss zur Begründung des gewöhnlichen Aufenthalts keine Wohnung als fester Lebensmittelpunkt unterhalten werden. Es muss nicht einmal ein gleichbleibender Aufenthaltsort bestehen. Den gewöhnlichen Aufenthalt hat jemand dort, wo er sich unter Umständen aufhält, die erkennen lassen, dass er an diesem Ort oder in diesem Gebiet nicht nur vorübergehend verweilt.

Kalenderjahrübergreifende Betrachtung

Als gewöhnlicher Aufenthalt im Geltungsbereich dieses Gesetzes ist stets und von Beginn an ein zeitlich zusammenhängender Aufenthalt von mehr als 6 Monaten anzusehen. Hierbei bleiben kurzfristige Unterbrechungen (z. B. wegen eines Urlaubs) unberücksichtigt. Die Prüfung des 6-Monatszeitraums erfolgt durch eine kalenderjahrübergreifende Betrachtung.

Achtung

Kein gewöhnlicher Aufenthalt bei täglicher Rückkehr ins Ausland

⇗ Grenzpendler, die täglich ins Ausland zurückkehren, begründen keinen gewöhnlichen Aufenthalt, da sie nicht im Inland übernachten. Grenzpendler, die hingegen nur zum Wochenende heimfahren, begründen einen gewöhnlichen Aufenthalt im Inland.

Der gewöhnliche Aufenthalt im Inland gilt grundsätzlich als aufgegeben, wenn der Steuerpflichtige zusammenhängend mehr als 6 Monate im Ausland lebt.

Ausschluss des gewöhnlichen Aufenthalts

Von vornherein wird kein gewöhnlicher Aufenthalt begründet, wenn der Aufenthalt nicht länger als ein Jahr dauert und ausschließlich zu

- Besuchszwecken,
- Erholungszwecken,
- Kur- oder ähnlichen Zwecken

stattfindet.

Beispiel

Gewöhnlicher Aufenthalt bei Urlaubsunterbrechung

Ein ausländischer Arbeitnehmer reist am 12.10.01 nach Deutschland ein, um bei einer Versicherungsgesellschaft tätig zu werden. Seine Aufenthaltsdauer ist zunächst unbestimmt; er wohnt im Hotel. Am 22.12.01 verlässt er das Inland zu einem Weihnachtsurlaub in Griechenland. Er kehrt am 3.1.02 nach Deutschland zurück, wo er bis zum 29.4.02 bleibt (Ausreisetag).

Ergebnis: Das Wohnen im Hotelzimmer begründet weder eine Wohnung noch einen Wohnsitz. Trotz der Urlaubsreise ins Ausland ist jedoch ein einheitlicher Aufenthalt im Inland anzunehmen.

Nach der Abgabenordnung[1] gelten für die Fristberechnung die §§ 187–193 BGB. Die 6-Monatsfrist ist abhängig vom Ereignis der Einreise: der Einreisetag wird nicht mitgerechnet.[2] Bei einem unterbrochenen Inlandsaufenthalt wird die Frist nach Tagen berechnet.[3] Es zählen nur volle Tage.

Die Zeit des Auslandsaufenthaltes zählt nicht mit (hier: der Weihnachtsurlaub in Griechenland):

13.10.-21.12.01 = 70 Tage

4.1.-28.4.02 = 115 Tage

= gesamt 185 Tage (> als 180 Tage)

Durch den Aufenthalt von mehr als 6 Monaten in Deutschland erstreckt sich die unbeschränkte Steuerpflicht auf den gesamten Inlandsaufenthalt.

Tipp

Indizwirkung der Arbeitserlaubnis

Zur Beurteilung der Frage, ob sich ein ausländischer Arbeitnehmer voraussichtlich länger als 6 Monate im Inland aufhalten wird, ist grundsätzlich auf die dem Arbeitnehmer erteilte Arbeitserlaubnis abzustellen:

- Hat die Arbeitserlaubnis eine Gültigkeit von mehr als 6 Monaten, ist der Arbeitnehmer auch dann als unbeschränkt steuerpflichtig zu behandeln, wenn er aus unvorhersehbaren Gründen (Krankheit, Tod in der Familie) vor Ablauf von 6 Monaten in sein Heimatland zurückkehrt.
- Ist die Arbeitserlaubnis zunächst für eine Zeit von weniger als 6 Monaten erteilt worden und wird sie während des Aufenthalts verlängert, wird der Arbeitnehmer ebenfalls von Anfang an unbeschränkt steuerpflichtig. Der Arbeitgeber hat den bisher vorgenommenen Lohnsteuerabzug zu korrigieren.[4]

1 § 108 Abs. 1 AO.
2 § 187 Abs. 1 BGB.
3 § 191 BGB.
4 § 41c EStG.

Erweiterte unbeschränkte Steuerpflicht

Unbeschränkt einkommensteuerpflichtig sind im Rahmen der erweiterten unbeschränkten Steuerpflicht[1] auch Personen,

- die deutsche Staatsangehörige sind,
- im Inland weder einen Wohnsitz noch ihren gewöhnlichen Aufenthalt haben und
- zu einer inländischen juristischen Person des öffentlichen Rechtes in einem Dienstverhältnis stehen und
- dafür Arbeitslohn aus einer inländischen öffentlichen Kasse beziehen;

sowie die zu ihrem Haushalt gehörenden Angehörigen, die

- die deutsche Staatsangehörigkeit besitzen oder
- keine Einkünfte oder
- nur Einkünfte beziehen, die ausschließlich im Inland einkommensteuerpflichtig sind.

Weitere Voraussetzung ist, dass diese Personen in dem Staat, in dem sie ihren Wohnsitz oder gewöhnlichen Aufenthalt haben, lediglich in einem der beschränkten Einkommensteuerpflicht ähnlichen Umfang zu einer Steuer vom Einkommen herangezogen werden.

Unbeschränkte Steuerpflicht auf Antrag

↗ Grenzpendler sind Arbeitnehmer, die im Inland arbeiten, aber im Ausland wohnen. Für diese Personen enthält das Einkommensteuergesetz aus verfassungs- und EU-rechtlichen Gründen eine Sonderregelung. Auf Antrag können sich diese als unbeschränkt einkommensteuerpflichtig behandeln lassen, obwohl sie im Inland weder einen Wohnsitz noch ihren gewöhnlichen Aufenthalt haben.

Antragsvoraussetzungen

Voraussetzung ist, dass die Grenzpendler

- Einkünfte beziehen, die im Kalenderjahr zu mindestens 90 % der deutschen Einkommensteuer unterliegen (relative Grenze) oder
- nur geringfügige, nicht der deutschen Einkommensteuer unterliegende Einkünfte haben (2024: ausländische Einkünfte i. H. v. max. 11.604 EUR[2] jährlich; 2023: 10.908 EUR jährlich).

Dieser Betrag ist ggf. zu kürzen, soweit dies nach den Verhältnissen im Wohnsitzstaat des Steuerpflichtigen notwendig und angemessen ist.[3, 4]

Nachweis der ausländischen Einkünfte

Die Höhe der nicht der deutschen Einkommensteuer unterliegenden Einkünfte muss durch eine Bescheinigung der zuständigen ausländischen Steuerbehörde nachgewiesen werden. Unberücksichtigt bleiben bei der Ermittlung der Einkünfte die nicht der deutschen Einkommensteuer unterliegenden Einkünfte, die im Ausland nicht besteuert werden, soweit vergleichbare Einkünfte im Inland steuerfrei wären.[5]

Zusammenveranlagung bei Ehegatten auf Antrag

Unabhängig von der Einkunftsgrenze kann der auf Antrag als unbeschränkt steuerpflichtig zu behandelnde Arbeitnehmer die Zusammenveranlagung mit dem im EU/EWR-Ausland lebenden Ehegatten wählen.

Nur inländische Einkünfte steuerpflichtig

Anders als die normale unbeschränkte Steuerpflicht erfasst die unbeschränkte Steuerpflicht auf Antrag bei Grenzpendlern nur die inländischen Einkünfte i. S. d. § 49 EStG.[6]

1 § 1 Abs. 2 EStG.
2 § 32a Abs. 1 EStG i. d. F. des Inflationsausgleichsgesetzes. Es wurde aber eine Erhöhung für das Jahr 2024 angekündigt, die rückwirkend ab 1.1.2024 gelten soll.
3 § 1 Abs. 3 Satz 2 2. Halbsatz EStG.
4 Zur Ländergruppeneinteilung vgl. BMF, Schreiben v. 11.11.2020, IV C 8 – S 2285/19/10001 :002, BStBl 2020 I S. 1212.
5 § 1 Abs. 3 Satz 4 EStG.
6 § 1 Abs. 3 EStG.

Ein Arbeitnehmer hat z. B. inländische Einkünfte aus nichtselbstständiger Tätigkeit, wenn diese im Inland[7]

- ausgeübt oder verwertet wird oder verwertet worden ist,
- aus inländischen öffentlichen Kassen einschließlich der Kassen des Bundeseisenbahnvermögens und der Deutschen Bundesbank mit Rücksicht auf ein gegenwärtiges oder früheres Dienstverhältnis gewährt werden, ohne dass ein Zahlungsanspruch gegenüber einer inländischen Kasse bestehen muss,
- als Vergütung für eine Tätigkeit als Geschäftsführer, Prokurist oder Vorstandsmitglied einer Gesellschaft mit Geschäftsleitung im Inland bezogen werden.

ELStAM-Verfahren für Grenzpendler

Seit 2020 kann erstmals auf Antrag unbeschränkt steuerpflichtigen Grenzpendlern eine Identifikationsnummer zugewiesen werden. Damit können auf Antrag unbeschränkt steuerpflichtige Grenzpendler grundsätzlich in das automatisierte ELStAM-Verfahren integriert werden. Der Antrag auf Zuweisung einer Identifikationsnummer erfolgt entweder durch den Arbeitnehmer selbst oder durch dessen Arbeitgeber. Der Antrag ist beim Betriebsstättenfinanzamt des Arbeitgebers zu stellen.[8]

In diesen Fällen entfällt das Erfordernis einer besonderen Bescheinigung für den Lohnsteuerabzug. Nur im Ausnahmefall, wenn dem Arbeitnehmer keine Identifikationsnummer zugewiesen werden kann, wird auf Antrag ggü. dem Betriebsstättenfinanzamt weiterhin eine besondere Bescheinigung für den Lohnsteuerabzug ausgestellt[9]; auf dieser sind alle für den Lohnsteuerabzug erforderlichen Eintragungen enthalten.

Achtung

Ausschluss vom ELStAM-Verfahren

Bis auf Weiteres können auf Antrag unbeschränkt steuerpflichtige Grenzpendler entgegen der gesetzlichen Neuregelung nicht in das elektronische Lohnsteuerabzugsverfahren integriert werden.[10] Das Betriebsstättenfinanzamt des Arbeitgebers hat daher wie bisher auf Antrag eine Papierbescheinigung für den Lohnsteuerabzug auszustellen und den Arbeitgeberabruf zu sperren. Dies gilt auch dann, wenn für diesen Arbeitnehmerkreis bereits steuerliche Identifikationsnummern vorliegen. Der Arbeitnehmer hat dem Arbeitgeber die Papierbescheinigung unverzüglich vorzulegen.

Fiktive Steuerpflicht für Staatsangehörige eines EU-Mitgliedstaates

Staatsangehörige eines EU-Mitgliedstaates oder EWR-Staates können in beschränktem Maße die Vorteile der Abzugsfähigkeit von Unterhaltsleistungen an den geschiedenen oder dauernd getrennt lebenden Ehe-/Lebenspartner oder der Zusammenveranlagung von Ehe-/Lebenspartnern (Splitting) in Anspruch nehmen; obwohl es an der dafür erforderlichen unbeschränkten Steuerpflicht des Ehe-/Lebenspartners bzw. der Kinder mangelt. Diese wird soweit erforderlich fingiert.[11]

Folgende Voraussetzungen müssen erfüllt sein: Der Steuerpflichtige ist

- unbeschränkt einkommensteuerpflichtig[12] und seine Einkünfte im Kalenderjahr unterliegen mindestens zu 90 % der deutschen Einkommensteuer oder die ausländischen Einkünfte betragen nicht mehr als 11.604 EUR[13] (2023: 10.908 EUR)[14];
- auf Antrag als unbeschränkt steuerpflichtig zu behandeln.[15]

7 § 49 Abs. 1 Nr. 4 EStG.
8 § 39 Abs. 3 Satz 1 EStG.
9 § 39 Abs. 3 Satz 5 EStG.
10 BMF, Schreiben v. 7.11.2019, IV C 5 – S 2363/19/10007 :001, BStBl 2019 I S. 1087.
11 § 1a EStG.
12 § 1 Abs. 1 EStG.
13 § 32a Abs. 1 EStG i. d. F. des Inflationsausgleichsgesetzes. Es wurde aber eine Erhöhung für das Jahr 2024 angekündigt, die rückwirkend ab 1.1.2024 gelten soll.
14 § 1 Abs. 3 Satz 2-4 EStG.
15 § 1 Abs. 3 EStG.

Unbezahlter Urlaub

Unbezahlter Urlaub ist eine vom Arbeitnehmer mit dem Arbeitgeber vereinbarte Freistellung von der Arbeit, jedoch ohne Fortzahlung der Bezüge. Eine Beschäftigung gegen Arbeitsentgelt gilt arbeitsrechtlich als fortbestehend, solange das Beschäftigungsverhältnis ohne Anspruch auf Arbeitsentgelt fortdauert. Sozialversicherungsrechtlich besteht das Arbeitsverhältnis bei unbezahltem Urlaub längstens für einen Monat weiter.

Gesetze, Vorschriften und Rechtsprechung

Lohnsteuer: Unbezahlter Urlaub hat gemäß R 39b.5 Abs. 2 Satz 3 LStR grundsätzlich keinen Einfluss auf den Lohnzahlungszeitraum.

Sozialversicherung: Der Fortbestand eines Versicherungsverhältnisses bei Fortbestehen der Beschäftigung ohne Entgeltzahlung ist in § 7 Abs. 3 Satz 1 SGB IV geregelt. Die Spitzenorganisationen der Sozialversicherung haben zu dieser Thematik am 12.3.2013 eine gemeinsame Verlautbarung (GR v. 12.03.2013-II) veröffentlicht. In dem Besprechungsergebnis vom 8.11.2017 wird auf die Unterbrechung eines unbezahlten Urlaubs eingegangen (BE v. 8.11.2017: TOP 4).

Lohnsteuer

Berechnung der Lohnsteuer

Lohnsteuerlich ergeben sich bei unbezahltem Urlaub eines Arbeitnehmers keine Besonderheiten. Wichtig ist, dass aufgrund des unbezahlten Urlaubs kein Teillohnzahlungszeitraum[1] entsteht. Solange das Dienstverhältnis fortbesteht, wird der Lohnzahlungszeitraum auch nicht unterbrochen, dann sind auch solche in den Lohnzahlungszeitraum fallende Arbeitstage mitzuzählen, für die der Arbeitnehmer keinen steuerpflichtigen Arbeitslohn bezogen hat.[2]

Bei einem monatlich entlohnten Arbeitnehmer entsteht ein ⇗ Teillohnzahlungszeitraum nur dann, wenn der Anspruch auf Arbeitslohn nicht für einen vollen Monat besteht, also dann, wenn das Beschäftigungsverhältnis während eines Monats beginnt oder endet. Wird einem Arbeitnehmer unbezahlter Urlaub gewährt, ist der für die verbleibenden Arbeitstage eines monatlichen Lohnzahlungszeitraums gezahlte (geringere) Arbeitslohn nach der Monatslohnsteuertabelle zu besteuern.

Erstattung im Lohnsteuer-Jahresausgleich durch den Arbeitgeber

Im Übrigen kommt unbezahlter Urlaub, auf das Jahr gesehen, einem schwankenden Arbeitslohn gleich und führt deshalb i. d. R. im ⇗ Lohnsteuer-Jahresausgleich durch den Arbeitgeber zu einer Lohnsteuererstattung.[3]

Aufzeichnungspflicht Großbuchstabe U

Unbezahlter Urlaub von mindestens 5 zusammenhängend verlaufenden Arbeitstagen im Kalenderjahr muss auf der ⇗ elektronischen Lohnsteuerbescheinigung und im ⇗ Lohnkonto durch Eintragung des Großbuchstabens U vermerkt werden („U" = Unterbrechung).[4] Ebenso muss die Anzahl der Unterbrechungen auf der ⇗ Lohnsteuerbescheinigung eingetragen werden, z. B. bei 2 Unterbrechungen die Zahl „2". Der Zeitraum der Unterbrechung ist nicht einzutragen.

Sozialversicherung

Fortbestehen des Beschäftigungsverhältnisses

Die Regelung des Fortbestehens des Beschäftigungsverhältnisses für längstens einen Monat ist einheitlich für alle Zweige der Sozialversicherung anzuwenden.

1 BAG, Urteil v. 6.5.2014, 9 AZR 678/12.
2 R 39b.5 Abs. 2 Satz 3 LStR.
3 § 41 Abs. 1 Satz 5 EStG; § 4 Abs. 2 Nr. 2 LStDV.
4 § 41 Abs. 1 Satz 5 EStG; § 4 Abs. 2 Nr. 2 LStDV.

Voraussetzungen

Die Versicherungspflicht der Arbeitnehmer in den einzelnen Sozialversicherungszweigen setzt eine Beschäftigung gegen Arbeitsentgelt voraus. Eine Beschäftigung gegen Arbeitsentgelt gilt als fortbestehend, solange das Beschäftigungsverhältnis ohne Anspruch auf Arbeitsentgelt fortdauert, jedoch nicht länger als einen Monat.[5] Es wird nicht vorausgesetzt, dass die Dauer der Arbeitsunterbrechung von vornherein befristet ist. Die Versicherungspflicht bleibt daher auch für einen Monat erhalten, wenn

- die Dauer der Arbeitsunterbrechung nicht absehbar oder
- die Unterbrechung von vornherein auf einen Zeitraum von mehr als einem Monat befristet ist.

Frist

Beginn und Ende

Die Monatsfrist beginnt mit dem ersten Tag der Arbeitsunterbrechung. Sie endet mit dem Ablauf desjenigen Tages des nächsten Monats, der dem Tag vorhergeht, der durch seine Zahl dem Anfangstag der Frist entspricht. Fehlt dem nächsten Monat der für den Ablauf der Frist maßgebende Tag, dann endet die Frist mit Ablauf des letzten Tages dieses Monats.

Beispiel

Berechnung der Monatsfrist

Letzter Tag der entgeltlichen Beschäftigung: 3.6.

Beginn der Monatsfrist: 4.6.

Ende der Monatsfrist: 3.7.

Beendigung des Arbeitsverhältnisses

Bei Beendigung des Arbeitsverhältnisses endet jedoch die Fortdauer der Beschäftigung gegen Arbeitsentgelt bereits vor Ablauf der Monatsfrist.

Beispiel

Beschäftigungsende während der Monatsfrist

Ein versicherungspflichtiger Arbeitnehmer kündigt sein Beschäftigungsverhältnis zum 30.6. Vom 19.6. vereinbart er mit seinem Arbeitgeber unbezahlten Urlaub bis zum Beschäftigungsende.

Ergebnis: Die versicherungspflichtige Beschäftigung endet mit dem 30.6.

Unterbrechungen des unbezahlten Urlaubs

Bei einem längeren unbezahlten Urlaub endet für den Arbeitnehmer u. a. der Versicherungsschutz in der Kranken- und Pflegeversicherung. Da in diesen Versicherungszweigen eine lückenlose Absicherung erforderlich ist, wird durch „künstliche" Unterbrechungen des unbezahlten Urlaubs versucht, die Beendigung des Versicherungsschutzes zu verhindern. Dafür wird der unbezahlte Urlaub unmittelbar mit dem Ende der Monatsfrist durch einen bezahlten Urlaubstag unterbrochen.

Mit diesem Sachverhalt haben sich die Spitzenorganisationen der Sozialversicherung befasst. Sie vertreten die Auffassung, dass die Inanspruchnahme eines bezahlten Urlaubstages die Monatsfrist – nach einer vorangegangenen Phase des fiktiven Fortbestands des Beschäftigungsverhältnisses – nicht erneut auslöst. Sinn und Zweck dieser Regelung spricht gegen eine (erneute) Anwendung im Falle einer „unechten Unterbrechung" des unbezahlten Urlaubs durch Inanspruchnahme eines bezahlten Urlaubstages, also ohne dass tatsächlich eine Arbeitsleistung stattgefunden hat. Eine andere Auslegung würde eine beliebige Aneinanderreihung von bezahltem und unbezahltem Urlaub ermöglichen und damit zu einer unzulässigen Ausweitung der dem Grunde nach auf einen Monat beschränkten Fiktionsregelung führen.

5 § 7 Abs. 3 Satz 1 SGB IV.

Beispiel

Keine Verlängerung der Monatsfrist bei „unechten Unterbrechungen" des unbezahlten Urlaubs

Der Arbeitnehmer ist seit Jahren versicherungspflichtig beschäftigt. Er vereinbart mit seinem Arbeitgeber vom 5.4. an unbezahlten Urlaub. Der unbezahlte Urlaub ist bis zum 31.5. vorgesehen. Der unbezahlte Urlaub soll durch einen bezahlten Urlaubstag am 5.5 unterbrochen werden.

Ergebnis: Ausgehend vom 5.4. endet die Monatsfrist des § 7 Abs. 3 Satz 1 SGB IV am 4.5. Der bezahlte Urlaubstag am 5.5. löst keine neue Monatsfrist aus. Die versicherungspflichtige Beschäftigung endet daher am 5.5. und beginnt erneut mit der Wiederaufnahme der Beschäftigung am 1.6.

Ende der Versicherungsfreiheit eines höherverdienenden Arbeitnehmers

Wird die Beschäftigung eines wegen Überschreitens der ↗ Jahresarbeitsentgeltgrenze versicherungsfreien Arbeitnehmers ohne Entgeltzahlung unterbrochen, gilt die Beschäftigung gegen Arbeitsentgelt ebenfalls als fortbestehend, längstens jedoch für einen Monat. Dies führt dazu, dass die Versicherungsfreiheit bei einem fortbestehenden Beschäftigungsverhältnis mit unterbrochener Arbeitsentgeltzahlung zunächst fortwirkt, spätestens jedoch nach Ablauf eines Monats endet.

Freiwillige Versicherung

Die freiwillige Kranken- und Pflegeversicherung bleibt durch einen unbezahlten Urlaub jedoch unberührt. Auch bei einem längeren unbezahlten Urlaub bleibt die freiwillige Versicherung bestehen. Gleiches gilt für eine private Krankenversicherung.

Familienversicherung über den Ehegatten möglich

Verheiratete Arbeitnehmer, deren Ehegatte selbst Mitglied einer gesetzlichen Krankenkasse ist, können bei einem längeren unbezahlten Urlaub ggf. in die kostenlose ↗ Familienversicherung wechseln. Während des ersten Monats eines unbezahlten Urlaubs schließt jedoch die weiterhin bestehende Versicherungsfreiheit eine Familienversicherung aus.[1]

Nach Ablauf eines Monats des unbezahlten Urlaubs ist jedoch eine Familienversicherung für die weitere Zeit des unbezahlten Urlaubs möglich, sofern die übrigen Voraussetzungen (insbesondere kein eigenes Einkommen über 505 EUR monatlich) erfüllt sind. Ist dies der Fall, kann die freiwillige Krankenversicherung oder die private Krankenversicherung im Regelfall ohne Einhaltung einer Kündigungsfrist beendet werden.

Beispiel

Familienversicherung bei längerem unbezahlten Urlaub

Arbeitnehmer A und Arbeitnehmer B sind jeweils als höherverdienende Arbeitnehmer krankenversicherungsfrei. Arbeitnehmer A ist freiwilliges Mitglied der gesetzlichen Krankenkasse A. Der Arbeitnehmer B ist privat krankenversichert. Beide Arbeitnehmer sind verheiratet. Ihre Ehefrauen sind jeweils Mitglied der gesetzlichen Krankenkasse B.

Beide Arbeitnehmer vereinbaren jeweils mit ihrem Arbeitgeber vom 1.6. bis zum 31.8. unbezahlten Urlaub. In der Zeit verfügen beide Arbeitnehmer über keine anderweitigen Einkünfte.

Ergebnis: Bei beiden Arbeitnehmern ist aufgrund der Fortdauer der Krankenversicherungsfreiheit bis zum 30.6. eine Familienversicherung ausgeschlossen. Vom 1.7. an sind bei beiden Arbeitnehmern die Voraussetzungen für eine Familienversicherung aufgrund der Mitgliedschaft der Ehefrau bei der gesetzlichen Krankenkasse B erfüllt.

Sofern die Satzung der Krankenkasse A einen Verzicht auf die Einhaltung der Kündigungsfrist bei Eintritt einer Familienversicherung vorsieht (Regelfall), beginnt die Familienversicherung bei Krankenkasse B am 1.7. Mit Wiederaufnahme der entgeltlichen Beschäftigung endet die Familienversicherung zum 31.8. Der Arbeitnehmer ist wieder sofort krankenversicherungsfrei und wird erneut freiwilliges Mitglied. Er kann zur Krankenkasse A zurückkehren, die freiwillige Krankenversicherung jetzt bei der Krankenkasse B oder bei einer anderen wählbaren Krankenkasse durchführen.

Der privat krankenversicherte Arbeitnehmer kann ebenfalls ab 1.7. aufgrund der Mitgliedschaft seiner Ehefrau bei der Krankenkasse B dort familienversichert werden. Dies gilt auch, wenn er bereits das 55. Lebensjahr vollendet hat. Seine private Krankenversicherung kann er ohne Einhaltung einer Kündigungsfrist zum 30.6. beenden.[2] Die Familienversicherung endet ebenfalls zum 31.8. Vom 1.9. an kann er weiterhin freiwilliges Mitglied der Krankenkasse B bleiben.[3] Eine freiwillige Mitgliedschaft bei einer anderen gesetzlichen Krankenkasse ist zum 1.9. nicht möglich.

1 § 10 Abs. 1 Satz 1 Nr. 3 SGB V.
2 § 205 Abs. 2 VVG.

Meldungen

Bei einem unbezahlten Urlaub bis zu einem Monat ergeben sich keine Auswirkungen auf das entgeltliche Beschäftigungsverhältnis. Bei einem längeren unbezahlten Urlaub endet die entgeltliche Beschäftigung nach einem Monat.

Hinweis

Keine Meldungen bei unbezahltem Urlaub bis zu einem Monat

Soweit die Monatsfrist nicht überschritten wird, sind aus Anlass des unbezahlten Urlaubs keinerlei Meldungen erforderlich.

Abmeldung

Wird die Monatsfrist überschritten, ist eine ↗ Abmeldung zur Kranken-, Pflege-, Renten- und Arbeitslosenversicherung an die Einzugsstelle zu senden. Dafür ist ein eigenständiger Abgabegrund vorgesehen (GDA „34" – Abmeldung wegen Ende des Fortbestehens eines sozialversicherungsrechtlichen Beschäftigungsverhältnisses nach § 7 Abs. 3 Satz 1 SGB IV). Diese Abmeldung ist mit der nächsten folgenden Lohn- und Gehaltsabrechnung, spätestens innerhalb von 6 Wochen nach ihrem Ende, zu melden.

Anmeldung

Nach Ende des unbezahlten Urlaubs ist der Arbeitnehmer neu anzumelden. Die ↗ Anmeldung ist dabei mit der ersten folgenden Lohn- und Gehaltsabrechnung, spätestens innerhalb von 6 Wochen nach Wiederaufnahme der Beschäftigung, mit dem Meldegrund „13" (Anmeldung wegen sonstiger Gründe: Anmeldung nach unbezahltem Urlaub) zu erstatten.

Beispiel

Unbezahlter Urlaub über einen Monat und Meldungen

Beschäftigung mit Versicherungspflicht in allen Versicherungszweigen seit Jahren.

Unbezahlter Urlaub vom 8.8. bis zum 20.9.

Wiederaufnahme der Beschäftigung am 21.9.

Ergebnis: Es sind folgende Meldungen zu erstellen:

Abmeldung 1.1.bis 7.9. mit Abgabegrund „34" und dem in diesem Zeitraum erzielten beitragspflichtigen Entgelt

Anmeldung 21.9. mit Abgabegrund „13"

Beitragsberechnung

Unbezahlter Urlaub bis zu einem Monat

Während des unbezahlten Urlaubs wird kein Arbeitsentgelt gezahlt. Die Zeit des unbezahlten Urlaubs wird – soweit die Monatsfrist nicht überschritten wird – jedoch als ↗ Sozialversicherungstage (SV-Tage) berücksichtigt.

3 § 188 Abs. 4 SGB V.

Beispiel

Unbezahlter Urlaub bis zu einem Monat und Beitragsberechnung

Beschäftigung mit Versicherungspflicht in allen Versicherungszweigen seit Jahren. Unbezahlter Urlaub vom 12.9. bis zum 7.10.

Ergebnis: Der unbezahlte Urlaub überschreitet die Monatsfrist (hier: 12.9. bis 11.10.) nicht. Die Beschäftigung gegen Arbeitsentgelt besteht in dieser Zeit fort. Für die Beitragsberechnung sind im September und Oktober jeweils 30 SV-Tage und das erzielte Teilentgelt anzusetzen.

Wichtig

Keine Kürzung der Sozialversicherungstage

Solange der Zeitraum des unbezahlten Urlaubs nicht mehr als einen Monat umfasst, kommt es zu keiner Kürzung der SV-Tage.

Unbezahlter Urlaub länger als ein Monat

Kommt es zu einem Ende der entgeltlichen Beschäftigung, weil der unbezahlte Urlaub den Zeitraum von einem Monat überschreitet, sind auch die SV-Tage entsprechend zu reduzieren.

Beispiel

Unbezahlter Urlaub länger als einen Monat

Beschäftigung mit Versicherungspflicht in allen Versicherungszweigen seit Jahren. Unbezahlter Urlaub vom 12.9. bis zum 11.11.

Ergebnis: Der unbezahlte Urlaub überschreitet die Monatsfrist 12.9. bis 11.10. Die Beschäftigung gegen Arbeitsentgelt besteht nur bis zum 11.10. fort. In den betroffenen Monaten ergeben sich folgende Anzahl von SV-Tagen:

September	30 Tage	Versicherungspflicht besteht in diesem Monat durchgehend
Oktober	11 Tage	Die Tage bis zum Ende der Monatsfrist gelten auch ohne Entgeltzahlung als SV-Tage
November	19 Tage	Nur der Zeitraum ab Wiederbeginn der Versicherungspflicht wird berücksichtigt

Auswirkungen auf die Beitragsberechnung aus dem laufenden Arbeitsentgelt

Eine Besonderheit gilt für die Beitragsberechnung, wenn der unbezahlte Urlaub über einen Monat andauert, aber im selben Monat die Beschäftigung wieder aufgenommen wird. Hier soll das laufende Arbeitsentgelt dieses Monats nicht auf die SV-Tage, die aus dem unbezahlten Urlaub resultieren, verteilt werden. Daher wird die Beitragsbemessungsgrenze dann nicht aus allen SV-Tagen dieses Monats, sondern nur aus den SV-Tagen mit Arbeitsentgelt berechnet.

Beispiel

Unbezahlter Urlaub mit Ende und Wiederbeginn der Versicherungspflicht im selben Monat

Beschäftigung im Rechtskreis West mit Versicherungspflicht in allen Versicherungszweigen seit Jahren.

Unbezahlter Urlaub vom 8.8.2024 bis zum 22.9.2024.

Wiederaufnahme der Beschäftigung am 23.9.2024.

Das laufende Arbeitsentgelt für September 2024 beträgt 1.500 EUR.

Ergebnis: Im August werden für die Beitragsberechnung 30 SV-Tage angesetzt. Die versicherungspflichtige Beschäftigung endet am 7.9.2024. Sie beginnt wieder nach dem unbezahlten Urlaub am 23.9.2024. Im September besteht Beitragspflicht vom 1.9. bis 7.9.2024 (7 SV-Tage) und vom 23.9. bis 30.9.2024 (8 SV-Tage).

Die Beitragsbemessungsgrenzen (BBG) für September 2024 sind anteilig für 8 Tage nur aus der Zeit der Entgeltzahlung zu berechnen.

Die BBG für die Kranken- und Pflegeversicherung beträgt 1.380 EUR (5.175 EUR : 30 × 8) und die BBG für die Renten- und Arbeitslosenversicherung 2.013,33 EUR (7.550 EUR : 30 × 8).

Beitragspflichtig in der Kranken- und Pflegeversicherung sind 1.380 EUR, in der Renten- und Arbeitslosenversicherung dagegen das volle Entgelt i. H. v. 1.500 EUR. Soweit bei einer später gewährten Einmalzahlung eine anteilige Jahres-Beitragsbemessungsgrenze gebildet werden muss, wird der September 2024 mit 15 SV-Tagen berücksichtigt.

Auswirkungen auf die Beitragsberechnung einer späteren Einmalzahlung

Durch die Berücksichtigung des ersten Monats des unbezahlten Urlaubs als Beitragszeit, kann eine spätere Einmalzahlung ggf. höher verbeitragt werden als dies ohne unbezahlten Urlaub erfolgen würde.

Beispiel

Einmalzahlung nach einem unbezahlten Urlaub

Der Arbeitnehmer ist in allen Versicherungszweigen versicherungspflichtig. Er erhält ein monatliches Arbeitsentgelt i. H. v. 5.200 EUR. Zusätzlich hat er Anspruch auf ein Weihnachtsgeld i. H. v. 4.000 EUR, das im November ausgezahlt wird.

Er vereinbart mit seinem Arbeitgeber vom 1. bis zum 31.8.2024 unbezahlten Urlaub.

Ergebnis: Während der Zeit des unbezahlten Urlaubs besteht die versicherungspflichtige Beschäftigung fort. Für August sind 30 SV-Tage zu berücksichtigen. Da jedoch kein Arbeitsentgelt gezahlt wird, sind auch keine Beiträge zu entrichten.

Das monatliche Arbeitsentgelt überschreitet die Beitragsbemessungsgrenze der Kranken- und Pflegeversicherung (2024: 5.175 EUR). Ohne unbezahlten Urlaub wäre in diesen Versicherungszweigen für den Arbeitnehmer bereits in jedem Monat vom laufenden Arbeitsentgelt der Höchstbetrag verbeitragt worden. Aus dem einmalig gezahlten Arbeitsentgelt wären dann keine Beiträge zur Kranken- und Pflegeversicherung entrichtet worden. Aufgrund der höheren Beitragsbemessungsgrenze in der Renten- und Arbeitslosenversicherung (2024: 7.550 EUR) wäre das Weihnachtsgeld dort voll beitragspflichtig.

Durch den unbezahlten Urlaub im August 2024 ergibt sich in der Kranken- und Pflegeversicherung jetzt eine SV-Luft i. H. v. 5.175 EUR, da den 30 SV-Tagen im August kein verbeitragtes Arbeitsentgelt gegenübersteht. Daher ist das Weihnachtsgeld auch in der Kranken- und Pflegeversicherung voll beitragspflichtig.

Unbezahlter Urlaub im Anschluss an eine beitragsfreie Zeit

Die Mitgliedschaft von Versicherungspflichtigen bleibt für einen Monat aufgrund des bestehenden Beschäftigungsverhältnisses ohne Arbeitsentgelt auch im Anschluss an beitragsfreie Zeiten (z. B. Elternzeit, Elterngeld, Krankengeld) erhalten.[1] Eine Zusammenrechnung der Zeiten des Bezugs einer Geldleistung von einem gesetzlichen Sozialversicherungsträger und einer unbezahlten Freistellung vom Arbeitgeber erfolgt nicht.

Beispiel

Unbezahlter Urlaub im Anschluss an die Elternzeit und Meldungen

Bezug von Mutterschaftsgeld vom 10.3.2023 bis 16.6.2023.

Elternzeit vom 17.6.2023 bis 17.4.2024.

Unbezahlter Urlaub vom 18.4.2024 bis zum 31.7.2024.

Ergebnis: Die Mitgliedschaft bleibt bis zum 17.5.2024 erhalten.

Unterbrechungsmeldung: 1.1.2023 bis 9.3.2023 mit Abgabegrund „51“ und dem erzielten beitragspflichtigen Entgelt.

Abmeldung: 18.4.2024 bis 17.5.2024 mit Abgabegrund „34“ und einem Entgelt von 0 EUR.

1 BSG, Urteil v. 17.2.2004, B 1 KR 7/02 R.

Für den Zeitraum des unbezahlten Urlaubs sind bis zum Ablauf des ersten Monats Sozialversicherungstage (April: 13 SV-Tage, Mai: 17 SV-Tage) anzusetzen. Diese werden bei der Ermittlung der Jahres-BBG wegen einer ggf. noch folgenden Einmalzahlung berücksichtigt.

Unbezahlter Urlaub bei freiwilligen Mitgliedern

Für Arbeitnehmer, die wegen Überschreitens der Jahresarbeitsentgeltgrenze versicherungsfrei sind, werden die Beiträge zu einer freiwilligen Kranken- und Pflegeversicherung von der monatlichen Beitragsbemessungsgrenze berechnet. Dies gilt ebenfalls im Falle eines unbezahlten Urlaubs für die Dauer eines Monats.[1]

Dauert der unbezahlte Urlaub länger als einen Monat, besteht die freiwillige Versicherung weiter, es sei denn, es besteht die Möglichkeit einer Familienversicherung aufgrund einer Mitgliedschaft des Ehegatten bei einer gesetzlichen Krankenkasse und die freiwillige Mitgliedschaft wird entsprechend gekündigt.

Bei einer weiter bestehenden freiwilligen Versicherung richtet sich der zu zahlende Beitrag nach Ablauf des ersten Monats des unbezahlten Urlaubs nach dem Einkommen des freiwilligen Mitglieds. Dabei ist jedoch die Mindestbemessungsgrundlage (2024: 1.178,33 EUR; 2023: 1.131,67 EUR) zu beachten.

Beitragszuschuss für freiwillige Mitglieder

Freiwillig in der gesetzlichen Krankenversicherung versicherte Beschäftigte, die nur wegen Überschreitens der Jahresarbeitsentgeltgrenze versicherungsfrei sind, erhalten von ihrem Arbeitgeber als ⇗ Beitragszuschuss den Betrag, den der Arbeitgeber bei Versicherungspflicht des Beschäftigten zu tragen hätte.

Für den ersten Zeitmonat ist weiterhin der bisherige Beitrag zu entrichten. Da der Arbeitnehmer kein Arbeitsentgelt erhält, entfällt in dieser Zeit der Anspruch auf einen Beitragszuschuss durch den Arbeitgeber. Allerdings ist in dem Monat des Beginns der Monatsfrist der Beitragszuschuss nicht anteilig zu zahlen, sondern auf der Basis des Teilarbeitsentgelts neu zu ermitteln.

Beispiel

Beitragszuschuss während des unbezahlten Urlaubs

Der Arbeitnehmer erhält ein monatliches Gehalt i. H. v. 8.000 EUR. Er ist freiwilliges Mitglied einer gesetzlichen Krankenkasse, deren Zusatzbeitrag 1,6 % beträgt. Der Arbeitnehmer hat ein Kind.

Sein monatlich zu entrichtender Beitrag zur Krankenversicherung beträgt auf der Basis der monatlichen Beitragsbemessungsgrenze 838,35 EUR (5.175 EUR × 14,6 % + 5.175 EUR × 1,6 %) und zur Pflegeversicherung 175,95 EUR (5.175 EUR × 3,4 %), insgesamt also 1.014,30 EUR. Dazu gewährt der Arbeitgeber einen Beitragszuschuss zur Krankenversicherung i. H. v. 419,18 EUR (5.175 EUR × 7,3 % + 5.175 EUR × 0,8 %) und zur Pflegeversicherung i. H. v. 87,98 EUR (5.175 EUR × 1,7 %), insgesamt also 507,16 EUR.

Vom 16.7.2024 an vereinbart er mit seinem Arbeitgeber unbezahlten Urlaub bis zum 30.9.2024. Sein anteiliges Gehalt für Juli 2024 beträgt 4.000 EUR.

Ergebnis: Die freiwillige Krankenversicherung und die daraus resultierende Pflegeversicherungspflicht bleiben durch den unbezahlten Urlaub unberührt. Bis zum 15.8.2024 hat der Arbeitnehmer weiterhin den Höchstbeitrag zu entrichten. Für Juli 2024 sind dies 1.014,30 EUR und für August 2024 anteilig 507,16 EUR. Da sein monatliches Arbeitsentgelt im Juli 2024 die Beitragsbemessungsgrenze nicht überschreitet, wird der Beitragszuschuss auf Basis von 4.000 EUR berechnet.

Daraus resultiert ein Beitragszuschuss für Juli 2024 zur Krankenversicherung i. H. v. 324 EUR (4.000 EUR × 7,3 % + 4.000 EUR × 0,8 %) und zur Pflegeversicherung i. H. v. 68 EUR (4.000 EUR × 1,7 %). Da der Arbeitnehmer im August 2024 kein Arbeitsentgelt erhält, entfällt in diesem Monat der Beitragszuschuss.

1 § 7 Abs. 1 Beitragsverfahrensgrundsätze Selbstzahler.

Hinweis: Sofern der Beitrag des Arbeitnehmers zur Pflegeversicherung geringer ist, weil er mindestens zwei Kinder hat, die das 25. Lebensjahr noch nicht vollendet haben, ändert sich nichts an der Höhe des zuvor berechneten Beitragszuschusses.

Außerdem kann eine spätere Einmalzahlung ebenfalls Auswirkungen auf den Beitragszuschuss haben.

Beispiel

Erhöhter Beitragszuschuss bei späterer Einmalzahlung

Fortsetzung des Beispiels zuvor.

Aus der Berücksichtigung der SV-Tage bis zum 15.8.2024 ergibt sich für den Beitragszuschuss eine SV-Luft i. H. v. 3.762,50 EUR.

Berechnung:

- Juli 2024: Differenz zwischen der Beitragsbemessungsgrenze und der Berechnungsgrundlage für den Beitragszuschuss i. H. v. 1.175 EUR (BBG 5.175 EUR – anteiliges Entgelt 4.000 EUR).
- August 2024: Beitragsbemessungsgrenze auf der Basis von 15 SV-Tagen 2.587,50 EUR (5.175 EUR : 30 × 15 Kalendertage)
- SV-Luft: 1.175 EUR (Juli) + 2.587,50 EUR (August) = 3.762,50 EUR

Erhält der Arbeitnehmer von Oktober bis Dezember 2024 neben seinem monatlichen Arbeitsentgelt eine Einmalzahlung, hat der Arbeitgeber zusätzlich zum monatlichen Beitragszuschuss einen Beitragszuschuss auf Basis der Einmalzahlung, höchstens jedoch von 3.762,50 EUR zu leisten. Dies gilt gleichermaßen, wenn eine Einmalzahlung in der Zeit vom 1.1. bis zum 31.3.2025 gezahlt wird, die im Rahmen der März-Klausel dem Vorjahr zuzuordnen ist.

Unbezahlter Urlaub bei privat krankenversicherten Arbeitnehmern

Die Beitragshöhe in der privaten Krankenversicherung ist weitgehend unabhängig von der Einkommenssituation des Versicherten. Der unbezahlte Urlaub hat keine Auswirkungen auf die Höhe der Beiträge. Dies gilt unabhängig von der Dauer des unbezahlten Urlaubs.

Hinsichtlich des Beitragszuschusses des Arbeitgebers gelten die vorherigen Ausführungen entsprechend.

Unfallkosten

Unfallkosten, die vom Arbeitgeber getragen werden, entstehen in der betrieblichen Praxis im Wesentlichen durch den Einsatz von Fahrzeugen. Während bei Fahrzeugen des betrieblichen Fuhrparks lohnsteuerlich relevante Sachverhalte ausschließlich bei der Firmenwagenüberlassung in Betracht kommen, ist bei Nutzung arbeitnehmereigener Fahrzeuge durch den Arbeitnehmer zu prüfen, ob durch die Erstattung von Unfallkosten durch den Arbeitgeber ein lohnsteuerpflichtiger geldwerter Vorteil entsteht. Hierbei sind 3 Fallgruppen zu unterscheiden, je nachdem ob sich der Unfall auf einer

- privaten Fahrt,
- Fahrt zwischen Wohnung und erster Tätigkeitsstätte oder
- dienstlichen Reisetätigkeit

ereignet.

Gesetze, Vorschriften und Rechtsprechung

Lohnsteuer: Der steuerfreie Ersatz von Unfallkosten richtet sich nach § 3 Nrn. 13 und 16 EStG. Die Besteuerung eines steuerpflichtigen Ersatzes von Unfallkosten erfolgt nach §§ 38, 38a, 38b und 39 EStG (Abrechnung nach ELStAM) oder nach § 40 Abs. 2 Satz 2 EStG (Pauschalierung der Lohnsteuer).

Sozialversicherung: Die beitragsrechtliche Bewertung von Unfallkosten, die der Arbeitgeber dem Arbeitnehmer ersetzt, erfolgt nach § 14 SGB IV und § 23a Abs. 1 Satz 2 SGB IV i. V. m. § 1 SvEV.

Entgelt	LSt	SV
Unfallkostenerstattung anlässlich Privatfahrt	pflichtig	pflichtig
Arbeitgebererstattung anlässlich Dienstreise	frei	frei
Unfallkostenerstattung anlässlich Fahrt Whg. – erste Tätigkeitsstätte bei Pauschalierung mit 15 %	pauschal	frei

Lohnsteuer

Erstattung von Unfallkosten

Unfallkosten eines Arbeitnehmers mit seinem eigenen Pkw können durch den Arbeitgeber nur dann steuerfrei erstattet werden, wenn sich der Unfall auf einer beruflichen Fahrt ereignet hat.

Alkohol am Steuer

Zu beachten ist, dass nach der Rechtsprechung auch Fahrten aus beruflichem Anlass zu einer Privatfahrt werden, wenn der Unfall unter Alkoholeinfluss zustande kommt.[1]

Unfall auf einer Privatfahrt

Sofern der Arbeitgeber Unfallkosten anlässlich einer Privatfahrt mit dem arbeitnehmereigenen Fahrzeug ersetzt, liegt hierin steuerpflichtiger Arbeitslohn, der nach den für ⇗ sonstige Bezüge geltenden Grundsätzen dem Lohnsteuerabzug unterliegt.

Unfall auf dem Weg zur Arbeit

Ungeachtet der Abzugsmöglichkeit durch den Arbeitnehmer ist der Arbeitgeberersatz für Unfallkosten mangels Steuerbefreiung lohnsteuerpflichtig, wenn der Verkehrsunfall auf einer ⇗ Fahrt zwischen Wohnung und erster Tätigkeitsstätte oder während einer zweiten oder weiteren Familienheimfahrt pro Woche eingetreten ist. Der Werbungskostenersatz durch den Arbeitgeber ist – abgesehen von den gesetzlichen Ausnahmefällen Berufskleidung und Werkzeuggeld – grundsätzlich lohnsteuerpflichtig.

Unfallkosten als Werbungskosten abzugsfähig

Die Fahrtkosten zwischen Wohnung und erster Tätigkeitsstätte kann der Arbeitnehmer aufgrund ausdrücklicher gesetzlicher Regelung nur i. H. d. Entfernungspauschale pro Entfernungskilometer als Werbungskosten ansetzen. Grundsätzlich sind mit dem Ansatz der Entfernungspauschale alle Aufwendungen für das Fahrzeug abgegolten, die durch die Wege zwischen Wohnung und erster Tätigkeitsstätte anfallen.

Eine Sonderstellung nehmen außergewöhnliche Fahrzeugkosten ein, zu denen auch die Unfallkosten zählen.[2] Unfallkosten werden durch die Abgeltungswirkung der Entfernungspauschale nicht erfasst. Der Arbeitnehmer kann diese Kosten zusätzlich als Werbungskosten abziehen, wenn sich der Unfall auf einer Fahrt zwischen Wohnung und erster Tätigkeitsstätte ereignet. Hierzu gehören auch Umwege zum Tanken. Unerheblich ist, ob der Arbeitnehmer den Unfall schuldhaft herbeigeführt hat – sofern dieser nicht unter Alkoholeinfluss zustande kam. Dies gilt auch für die unfallbedingten Krankheitskosten, die durch einen beruflichen Wegeunfall zwischen Wohnung und erster Tätigkeitsstätte entstehen.[3]

Unfall während beruflicher Auswärtstätigkeit

Der Arbeitgeber kann dem Arbeitnehmer Unfallkosten steuerfrei ersetzen, wenn diese durch einen Verkehrsunfall während einer beruflich veranlassten Auswärtstätigkeit entstanden sind.[4]

Gleiches gilt für Unfallkosten, die entstanden sind

- auf der wöchentlichen Familienheimfahrt im Rahmen einer ⇗ doppelten Haushaltsführung oder
- während einer Fahrt im Rahmen eines beruflich veranlassten Umzugs.

Es ist unerheblich, ob die Fahrtkosten für die dienstliche Reisetätigkeit pauschal mit 0,30 EUR pro Kilometer oder individuell mit einem durch Einzelnachweis ermittelten Kilometersatz abgerechnet werden. Auch hier ist die Voraussetzung, dass der Unfall vom Arbeitnehmer nicht absichtlich oder unter Alkoholeinfluss verursacht wurde.

Schadensersatzleistungen von Dritten sind abzuziehen

Steuerfrei ersetzbar sind die Unfallkosten, die dem Arbeitnehmer auf den genannten Fahrten entstehen und die vom Arbeitnehmer selbst getragen werden müssen, d. h. mögliche Schadenersatz- oder Versicherungsleistungen Dritter sind vom Erstattungsbetrag abzuziehen. Auf die Höhe der Unfallkosten kommt es nicht an.

Schadensersatzleistungen an Dritte können steuerfrei erstattet werden

Zu den steuerfrei ersetzbaren Unfallkosten gehören auch Schadenersatzleistungen, die der Arbeitnehmer tragen muss, weil er seine gesetzliche Haftpflichtversicherung nicht in Anspruch genommen hat.

Pauschalierung bei steuerpflichtiger Arbeitgebererstattung

Die (lohnsteuerpflichtige) Arbeitgebererstattung ist nach den ELStAM des Arbeitnehmers individuell zu besteuern. Zulässig ist es, die Lohnsteuer mit 15 % zu pauschalieren – allerdings nur bis zur Höhe des Betrags, den der Arbeitnehmer für die ⇗ Fahrten zwischen Wohnung und erster Tätigkeitsstätte bzw. bei Familienheimfahrten als Werbungskosten geltend machen könnte.[5]

Nicht abschließend geklärt ist, ob die Pauschalierungsmöglichkeit auch Unfallkosten erfasst, die auf dem Weg zur täglichen Arbeit zum Arbeitgeber angefallen sind. Der BFH hatte nicht zuletzt wegen der großzügigen Besteuerungspraxis durch die Finanzämter bislang keine Gelegenheit, hierüber zu entscheiden. Für die Einbeziehung in die Pauschalbesteuerung spricht die Anknüpfung des Pauschalierungsvolumens an den Umfang des Werbungskostenabzugs, den der Arbeitnehmer ohne die Steuerübernahme durch den Arbeitgeber geltend machen könnte.[6] Unfallkosten fallen nicht unter die Abgeltungswirkung der Entfernungspauschale. Sie sind als außergewöhnliche Kosten neben der Entfernungspauschale zu berücksichtigen[7] und damit wohl auch pauschalierungsfähige Fahrtkosten im weiteren Sinne, falls sie von Arbeitgeberseite getragen werden.

Beispiel

Lohnsteuerpauschalierung bei Arbeitgebererstattung der Unfallkosten

Ein Arbeitnehmer erhält von seiner Firma einen Fahrtkostenzuschuss für die Fahrten zwischen Wohnung und erster Tätigkeitsstätte i. H. v. 0,30 EUR je Entfernungskilometer. Im November hat er auf der Fahrt zur Arbeitsstätte einen Unfall. Die Kosten zur Beseitigung des Schadens am Pkw belaufen sich auf 5.000 EUR, wovon der Arbeitgeber die Hälfte übernimmt.

Ergebnis: Der Arbeitnehmer kann die Entfernungspauschale von 0,30 EUR je Entfernungskilometer zzgl. der Unfallkosten i. H. v. 5.000 EUR dem Grunde nach als Werbungskosten geltend machen.

Ersetzt der Arbeitgeber Unfallkosten nach einem Verkehrsunfall auf der Fahrt zwischen Wohnung und erster Tätigkeitsstätte, ist diese Erstattung lohnsteuerpflichtig. Die Lohnsteuer kann insoweit neben den Kilometersätzen mit dem Pauschsteuersatz von 15 % erhoben werden. Pauschaliert der Arbeitgeber die Lohnsteuer mit 15 %, mindert sich der Werbungskostenabzug um die pauschal besteuerten Bezüge.

1 BFH, Urteil v. 6.4.1984, VI R 103/79, BStBl 1994 II S. 434.
2 BFH, Urteil v. 24.5.2007, VI R 73/04, BStBl 2007 II S. 766.
3 BFH, Urteil v. 19.12.2019, VI R 8/18, BStBl 2020 II S. 291.
4 § 3 Nr. 13, 16 EStG.
5 § 40 Abs. 2 Satz 2 EStG.
6 R 40.2 Abs. 6 LStR.
7 BMF, Schreiben v. 31.10.2013, IV C 5 – S 2351/09/10002 :002, BStBl 2013 I S. 1376, Tz. 4.

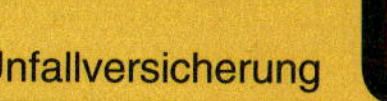

Hinweis

Arbeitgebererstattung für Absetzung für außergewöhnliche Abnutzung

Wird das Fahrzeug nicht repariert, kann der Arbeitnehmer eine Absetzung für außergewöhnliche technische Abnutzung als Werbungskosten geltend machen bzw. als pauschalierungsfähigen Arbeitgeberersatz ansetzen; eine Teilwertabschreibung ist dagegen nicht zulässig.[1]

Aufzeichnungspflichten

Die pauschalbesteuerten Arbeitgeberleistungen für Fahrten zwischen Wohnung und erster Tätigkeitsstätte sind in Nummer 18 der ⇗ Lohnsteuerbescheinigung gesondert auszuweisen. Durch die Bescheinigungspflicht wird die Anrechnung bei der Einkommensteuerveranlagung sichergestellt.

Sozialversicherung

Zuordnung zu den Reisekosten bei beruflicher Auswärtstätigkeit

Soweit der Arbeitgeber dem Arbeitnehmer Unfallkosten steuerfrei ersetzt, die durch einen Unfall während

- einer beruflich veranlassten Auswärtstätigkeit,
- einer Fahrt im Rahmen eines beruflich bedingten Umzugs

entstanden sind, gehören diese Kosten als zusätzliche Einnahme aus dem Arbeitsverhältnis nicht zum ⇗ Arbeitsentgelt in der Sozialversicherung.[2]

Die dem Arbeitnehmer zur Beseitigung eines Unfallschadens an seinem privaten Kraftfahrzeug entstehenden Kosten, kann der Arbeitgeber allerdings nur dann steuer- und damit beitragsfrei ersetzen, wenn die Unfallkosten bei der Ausübung einer beruflichen Reisetätigkeit entstanden sind. Wesentliche Voraussetzung ist somit, dass die Unfallkosten begrifflich den ⇗ Reisekosten zuzurechnen sind. Dies ist immer dann der Fall, wenn die Unfallkosten anlässlich einer vorübergehenden beruflich veranlassten Auswärtstätigkeit entstanden sind.

Zuordnung zum beitragspflichtigen Arbeitsentgelt

Erstattet der Arbeitgeber seinem Arbeitnehmer die Kosten, die anlässlich eines Unfalls auf dem Weg von der Wohnung zur Arbeitsstätte bzw. zurück entstanden sind, handelt es sich grundsätzlich um lohnsteuerpflichtigen Arbeitslohn, der gleichzeitig auch beitragspflichtiges Arbeitsentgelt im Sinne der Sozialversicherung darstellt.

Wichtig

Pauschale Besteuerung der ersetzten Unfallkosten

Lediglich dann, wenn der Arbeitgeber die erstatteten Kosten nach § 40 Abs. 2 EStG mit einem Steuersatz von 15 % pauschal besteuert, sind die erstatteten Kosten beitragsfrei in der Sozialversicherung.[3]

Unfallkosten, die dem Arbeitnehmer nach § 3 Nr. 13 oder 16 EStG steuerfrei ersetzt werden, wenn diese

- durch einen Verkehrsunfall während einer beruflich veranlassten Auswärtstätigkeit oder
- im Rahmen einer beruflich veranlassten doppelten Haushaltsführung oder
- während einer Fahrt im Zusammenhang mit einem beruflich veranlassten Umzug

entstehen, sind diese auch beitragsfrei in der Sozialversicherung.[4]

1 BFH, Urteil v. 31.1.1992, VI R 57/88, BStBl 1992 II S. 401.
2 § 1 SvEV.
3 § 1 Abs. 1 Nr. 3 SvEV.
4 § 1 Abs. 1 Satz 1 Nr. 1 SvEV.

Dies gilt allerdings nicht für die Erstattung von Unfallkosten durch den Arbeitgeber, wenn diese bei einer Privatfahrt entstanden sind. In diesem Falle handelt es sich um beitragspflichtiges Arbeitsentgelt.

Unfallversicherung

Die gesetzliche Unfallversicherung ist ein Versicherungszweig der Sozialversicherung. Die Träger der gesetzlichen Unfallversicherung sind nach Wirtschaftszweigen gegliedert. Grundsätzlich ist jeder Arbeitnehmer in Deutschland gesetzlich unfallversichert. Die Beitragszahlung erfolgt ausschließlich durch den Arbeitgeber, der hierdurch Versicherungsschutz seiner Beschäftigten bei Arbeitsunfällen und Berufskrankheiten erhält. Außerdem übernimmt die gesetzliche Unfallversicherung die Haftung der Arbeitgeber. Sie müssen also grundsätzlich keine Schadensersatzansprüche fürchten, wenn ihre Beschäftigten einen Arbeits- oder Wegeunfall erleiden oder an einer Berufskrankheit erkranken. Das Leistungsspektrum besteht aus der Vorbeugung (Prävention) von Arbeitsunfällen, Berufskrankheiten und arbeitsbedingten Gesundheitsgefahren, der Wiederherstellung der Gesundheit (Rehabilitation) nach einem Unfall sowie ggf. der Entschädigung des Verletzten und seiner Hinterbliebenen durch Geldleistungen.

Gesetze, Vorschriften und Rechtsprechung

Lohnsteuer: Die Steuerfreiheit der Beiträge des Arbeitgebers beruht auf § 3 Nr. 62 EStG. Die lohnsteuerrechtliche Behandlung freiwilliger Unfallversicherungen von Arbeitnehmern ist im BMF-Schreiben v. 28.10.2009, IV C 5 – S 2332/09/10004, BStBl 2009 I S. 1275 geregelt. Für Leistungen aus der gesetzlichen Unfallversicherung gilt die Steuerbefreiung nach § 3 Nr. 1a EStG.

Sozialversicherung: Die gesetzlichen Grundlagen für die gesetzliche Unfallversicherung sind im SGB VII geregelt.

Lohnsteuer

Beiträge zur gesetzlichen Unfallversicherung

Beiträge an die ⇗ Berufsgenossenschaften als Träger der gesetzlichen Unfallversicherung gehören zu den Aufwendungen des Arbeitgebers für die Zukunftssicherung der Arbeitnehmer.[5] Sie sind steuerfrei, da der Arbeitgeber die Berufsgenossenschaftsbeiträge aufgrund einer eigenen gesetzlichen Verpflichtung entrichtet.[6]

Freiwillig versicherte Gesellschafter-Geschäftsführer

Gesellschafter-Geschäftsführer einer GmbH sind meist freiwillig in der gesetzlichen Unfallversicherung versichert. Bei freiwilliger Versicherung sind die Beitragszahlungen nicht steuerfrei, weil der Arbeitgeber keine gesetzlich geschuldete Zukunftssicherungsleistung erbringt. Die Beiträge des Arbeitgebers unterliegen daher dem Lohnsteuerabzug.[7]

Beiträge zu Gesamtunfallversicherungen

Der Teilbetrag, der auf das Unfallrisiko bei beruflichen Auswärtstätigkeiten entfällt, bleibt als Reisenebenkostenvergütung steuerfrei.[8] Für das berufliche Risiko können 40 % des Gesamtbeitrags steuerfrei belassen werden. Dem Lohnsteuerabzug unterliegen die verbleibenden 60 % des Gesamtbeitrags, der vom Arbeitnehmer in gleicher Höhe im Rahmen der Einkommensteuerveranlagung als Werbungskosten abgezogen werden kann.[9] Eine Saldierung der steuerpflichtigen Beiträge mit den abzugsfähigen Werbungskosten durch den Arbeitgeber im Lohnsteuerabzugsverfahren ist nicht zulässig.

5 § 2 Abs. 2 Nr. 3 LStDV.
6 § 3 Nr. 62 Satz 1 EStG.
7 § 3 Nr. 62 Satz 1 EStG.
8 § 3 Nr. 13 oder 16 EStG.
9 BMF, Schreiben v. 17.7.2000, IV C 5 – S 2332 – 67/00, BStBl 2000 I S. 1204.

Leistungen aus gesetzlichen Unfallversicherungen

Leistungen aus der gesetzlichen Unfallversicherung sind für Pflichtversicherte und freiwillig Versicherte i. d. R. steuerfrei. Dies gilt unabhängig davon, ob es sich um Bar- oder Sachleistungen handelt und ob sie dem ursprünglich Berechtigten oder seinen Hinterbliebenen zufließen.[1]

Die Steuerfreiheit kann auch für Leistungen aus einer ausländischen gesetzlichen Unfallversicherung in Betracht kommen.[2]

Ersatz für entgangene Einnahmen

Versicherungsleistungen, die als Ersatz für entgangene oder entgehende Einnahmen[3] gezahlt werden, z. B. Leistungen wegen einer Körperverletzung, soweit sie den Verdienstausfall ersetzen, sind als steuerpflichtiger Arbeitslohn zu erfassen. Sie unterliegen dem Lohnsteuerabzug.

Lohnzahlung durch Dritte

Wickelt das Versicherungsunternehmen die Auszahlung der Versicherungsleistung unmittelbar mit dem Arbeitnehmer ab, hat der Arbeitgeber den Lohnsteuerabzug vorzunehmen, wenn er weiß oder erkennen kann, dass derartige Zahlungen erbracht wurden (sog. Arbeitslohn von dritter Seite).[4] Andernfalls ist der steuerpflichtige Arbeitslohn im Rahmen der Einkommensteuerveranlagung des Arbeitnehmers zu erfassen.

Sozialversicherung

Unfallversicherungsträger

Träger der gesetzlichen Unfallversicherung sind die gewerblichen ⇗ Berufsgenossenschaften, die landwirtschaftliche Berufsgenossenschaft (als Träger der Unfallversicherung innerhalb der Sozialversicherung für Landwirtschaft, Forsten und Gartenbau), die Unfallversicherung Bund und Bahn, die Unfallkassen der Länder, die Gemeindeunfallversicherungsverbände und die Unfallkassen der Gemeinden, die Feuerwehr-Unfallkassen sowie die gemeinsamen Unfallkassen für den Landes- und den kommunalen Bereich.[5]

Die gewerblichen Berufsgenossenschaften sind für alle Unternehmen der gewerblichen Wirtschaft zuständig, soweit sich nicht eine Zuständigkeit der landwirtschaftlichen Berufsgenossenschaft oder der Unfallversicherungsträger der öffentlichen Hand ergibt. Im Einzelnen ist die Zuständigkeit in den §§ 121ff. SGB VII geregelt. Unternehmer können sich ihre Berufsgenossenschaft nicht frei aussuchen. Die Zuständigkeit einer bestimmten Berufsgenossenschaft ergibt sich aus der Branche.

Versicherter Personenkreis

Versicherte kraft Gesetzes

In der Unfallversicherung sind alle Beschäftigten[6] kraft Gesetzes versichert,[7] darüber hinaus noch zahlreiche andere Personengruppen wie z. B.

- Lernende bei der beruflichen Aus- und Fortbildung,
- Unternehmer in der Landwirtschaft und deren Ehegatten/Lebenspartner,
- ehrenamtlich Tätige, die für Körperschaften, Anstalten, Stiftungen des öffentlichen Rechts, deren Verbände und Arbeitsgemeinschaften oder für öffentlich-rechtliche Religionsgemeinschaften und deren Einrichtungen oder für privatrechtliche Einrichtungen unter bestimmten Voraussetzungen tätig sind,
- Schüler, Studenten, Kinder in Kindergärten und beim Besuch aller Tageseinrichtungen für Kinder (Kinderkrippen, -horte, Tagesmütter),
- Kinder während der Teilnahme an Sprachförderkursen,
- Helfer in Unglücksfällen, Blut- und Organspender,
- Teilnehmer an satzungsgemäßen Veranstaltungen der Nachwuchsförderung in Unternehmen zur Hilfeleistung und im Zivilschutz,
- Personen, die eine einer Straftat verdächtige Person verfolgen oder festnehmen bzw. sich zum Schutz eines widerrechtlich Angegriffenen einsetzen,
- Pflegepersonen – auch bei nicht erwerbsmäßiger Pflege – sofern die Pflegebedürftigen bestimmte Voraussetzungen erfüllen,
- Personen, bei denen der Gesetzgeber im Rahmen des § 2 Abs. 2 SGB VII die Wertung getroffen hat, dass auch sie – obwohl nicht Beschäftigte – unter dem Schutz der gesetzlichen Unfallversicherung stehen sollen, sowie
- Personen in sog. „Ein-Euro-Jobs“, obwohl es sich hier weder arbeitsrechtlich noch sozialversicherungsrechtlich um echte Beschäftigungsverhältnisse handelt.

Auch geringfügig Beschäftigte (Minijobber) sind gesetzlich unfallversichert.

Geringfügig Beschäftigte in Privathaushalten

Geringfügig Beschäftigte in Privathaushalten sind ebenfalls kraft Gesetzes unfallversichert. Unter den Begriff der sog. „Haushaltshilfen“ fallen u. a. Reinigungskräfte, Babysitter, Küchen- und Gartenhilfen sowie Kinder- und Erwachsenenbetreuer. Auch Pflegepersonen bei häuslicher Pflege sind unfallversichert. Für diese Versicherung muss der Beschäftigte selbst keine Beiträge entrichten; hierfür ist ausschließlich der haushaltsführende Arbeitgeber zuständig.

Träger der gesetzlichen Unfallversicherung für Haushaltshilfen ist jeweils die Unfallkasse oder der Gemeindeversicherungsverband des Wohngebiets. Die Deutsche Gesetzliche Unfallversicherung hilft bei der Suche nach dem richtigen Träger. Die Anmeldung der geringfügig beschäftigten Haushaltshilfen erfolgt über die Minijob-Zentrale.

Der Beitrag zur gesetzlichen Unfallversicherung für Haushaltshilfen im Rahmen von Minijobs beträgt bundeseinheitlich 1,6 % des Arbeitsentgelts. Für alle anderen Haushaltshilfen variieren die Beiträge je nach zuständiger Unfallkasse und Zahl der Beschäftigungsmonate oder -tage pro Jahr zwischen 20 EUR und rund 85 EUR. Die Anmeldung der Haushaltshilfen kann auch online beim örtlich zuständigen Träger erfolgen. Sofern Haushaltshilfen sowohl im privaten Haushalt eines Unternehmers als auch in dessen Gewerbebetrieb tätig sind, sind sie nur dann bei der Unfallkasse versichert, wenn die Tätigkeit im Privathaushalt überwiegt.

Freiwillig Versicherte

Freiwillig versichern können sich Unternehmer, die weder kraft Gesetzes noch kraft Satzung versichert sind. Zu diesen Unternehmern gehören nach § 6 SGB VII:

- Unternehmer und ihre im Unternehmen mitarbeitenden Ehegatten/Lebenspartner; ausgenommen sind Haushaltsführende, Unternehmer von nicht gewerbsmäßig betriebenen Binnenfischereien oder Imkereien, von nicht gewerbsmäßig betriebenen landwirtschaftlichen Unternehmen und ihre Ehegatten/Lebenspartner sowie Fischerei- und Jagdgäste.
- Personen, die in Kapital- oder Personenhandelsgesellschaften regelmäßig wie Unternehmer selbstständig tätig sind.

Daneben können sich gewählte oder besonders beauftragte Ehrenamtsträger in gemeinnützigen Vereinen, Personen, die ehrenamtlich für Parteien tätig sind, sowie Vertreter von Arbeitgeber- oder Arbeitnehmerorganisationen freiwillig versichern.

Anders als die Pflichtversicherung ist die freiwillige Versicherung nur auf Antrag möglich. Sie beginnt frühestens am Tag nach dem Eingang des Antrags bei der Berufsgenossenschaft. Die freiwillige Unfallversicherung erlischt bei Zahlungsrückstand.[8]

1 § 3 Nr. 1a EStG.
2 BFH, Urteil v. 7.8.1959, VI 299/57 U, BStBl 1959 III S. 463.
3 § 24 Nr. 1a EStG.
4 § 38 Abs. 1 Satz 3 EStG.
5 § 114 Abs. 1 SGB VII.
6 § 7 Abs. 1 SGB IV.
7 § 2 Abs. 1 Nr. 1 SGB VII.
8 § 6 Abs. 2 Satz 2 SGB VII.

Aufgaben/Leistungen

Prävention

Die Unfallversicherungsträger haben mit allen geeigneten Mitteln für die Verhütung von ⇗ Arbeitsunfällen, ⇗ Berufskrankheiten und arbeitsbedingten Gesundheitsgefahren und für eine wirksame erste Hilfe zu sorgen.[1] Dabei sollen sie den Ursachen von arbeitsbedingten Gefahren für Leben und Gesundheit nachgehen. Bei der Beratung und Überwachung der Unternehmen arbeiten sie im Rahmen der Gemeinsamen Deutschen Arbeitsschutzstrategie (GDA) mit allen Stellen zusammen, die ebenfalls Unfallverhütung betreiben. Diese Zusammenarbeit hat das Ziel, Sicherheit und Gesundheit der Beschäftigten durch einen abgestimmten und systematisch wahrgenommenen Arbeitsschutz – ergänzt durch Maßnahmen der ⇗ betrieblichen Gesundheitsförderung und Präventionsmaßnahmen der gesetzlichen Rentenversicherung – zu erhalten, zu verbessern und zu fördern.

Arbeitsbedingte Gesundheitsgefahren

Bei der Verhütung arbeitsbedingter Gesundheitsgefahren arbeiten die Unfallversicherungsträger mit den Krankenkassen zusammen.[2] Dabei gewinnen Fragen rund um die psychische Gesundheit der Arbeitnehmer zunehmend an Bedeutung. Die Berufsgenossenschaften beraten heute nicht mehr nur zu Fragen des Arbeitsschutzes im engeren Sinne, sondern zu allen Themen der Gesundheit im Zusammenhang mit der Arbeit und helfen mit Konzepten zur Reduzierung psychischer Belastungen bei der Arbeit.

Die gesetzliche Kranken-, Unfall-, Renten- und Pflegeversicherung arbeiten an einem gemeinsamen Konzept zur Prävention und Gesundheitsförderung. Rahmenempfehlungen sollen dabei die Qualität von Gesundheitsförderung und Prävention sichern.

Unfallverhütungsvorschriften

Die Berufsgenossenschaften haben das (autonome) Recht, eigene Vorschriften zur Unfallverhütung – sog. DGUV-Vorschriften – zu erlassen.[3] Nach dem Erlass der Rahmenvorschrift „Grundsätze der Prävention“ (DGUV-Vorschrift 1) machen die Berufsgenossenschaften kaum noch von diesem Recht Gebrauch.

Hinweis

Prüfung ausländischer Unternehmen

Im Rahmen der Unfallverhütung dürfen die Unfallversicherungsträger auch ausländische Unternehmen, die eine Tätigkeit im Inland ausüben, überwachen. Die ausländischen Unternehmen dürfen auch dann überwacht werden, wenn diese keinem Unfallversicherungsträger angehören.

Aufsichtspersonen der Unfallversicherungsträger

Zur Überwachung setzen die Unfallversicherungsträger Aufsichtspersonen (früher: Technische Aufsichtsbeamte) ein. Sie sind befugt, die Geschäfts- und Wohnräume zu jeder Tages- und Nachtzeit zu betreten, wenn dies zur Gefahrenabwehr erforderlich ist.[4]

Das Grundrecht der Unverletzlichkeit der Wohnung ist insoweit eingeschränkt. Die Unfallversicherungsträger beschränken sich aber nicht nur auf Überwachung, sondern bieten viele Leistungen an, mit denen sich Fragen der Prävention im Vorfeld klären lassen. Hierzu gehören die Beratung z. B. beim Bau von Produktionsstätten, bei der Büroeinrichtung und die Schulung.

Rehabilitation

Die Unfallversicherungsträger haben mit allen geeigneten Mitteln möglichst frühzeitig darauf hinzuwirken, dass Personen, die einen ⇗ Arbeitsunfall, ⇗ Wegeunfall oder eine ⇗ Berufskrankheit erlitten haben, wieder gesund werden. Damit unterscheidet sich die Unfallversicherung im Leistungsspektrum von der Krankenversicherung. Der Gesundheitsschaden soll beseitigt oder gebessert, seine Verschlimmerung verhütet und seine Folgen gemildert werden.[5] Es gilt der Grundsatz: Rehabilitation vor Rente.

Die Heilbehandlung umfasst ambulante, teilstationäre und stationäre Behandlung – ggf. bei dazu besonders ermächtigten Ärzten (den sog. Durchgangsärzten) und in den berufsgenossenschaftlichen Kliniken – sowie die Versorgung mit Arzneien, Heil- und Hilfsmitteln.

Tipp

Keine Zuzahlungen nach einem Arbeitsunfall

Eigenanteile – wie in der gesetzlichen Krankenversicherung – sind bei den Leistungen der Unfallversicherung vom Versicherten nicht zu tragen. Soweit für Arznei- und Verbandmittel in der Krankenversicherung Festbeträge bestimmt sind, übernimmt der Unfallversicherungsträger die Kosten nur bis zur Höhe des Festbetrags. Benötigt der Verletzte Zahnersatz, so übernimmt die Unfallversicherung die vollen Kosten.

Die weiteren Aufgaben der Unfallversicherung neben der Heilbehandlung sind unter Beachtung des SGB IX

- Leistungen zur Teilhabe am Arbeitsleben,
- Leistungen zur Teilhabe in der Gemeinschaft,
- ergänzende Leistungen,
- Leistungen bei Pflegebedürftigkeit.

Verletztengeld

Ist der Verletzte arbeitsunfähig, gewährt der Unfallversicherungsträger ⇗ Verletztengeld. Es beträgt 80 % des Brutto-Arbeitsentgelts, darf jedoch das Nettoarbeitsentgelt nicht übersteigen. Steuerfreie Nacht-, Sonntags- und Feiertagszuschläge sowie Einmalzahlungen werden bei der Berechnung berücksichtigt.

Kann der Arbeitnehmer keine Entgeltfortzahlung beanspruchen, weil die Arbeitsunfähigkeit aufgrund eines Arbeitsunfalles in den ersten 4 Wochen des Arbeitsverhältnisses eingetreten ist oder der Arbeitsunfall durch grob fahrlässiges Verschulden des Arbeitnehmers verursacht wurde, wird dem Arbeitnehmer Verletztengeld in voller Höhe gezahlt.

Leistet der Arbeitgeber ⇗ Entgeltfortzahlung nur in Höhe von 80 %, weil der Arbeitsunfall in einem anderen Arbeitsverhältnis oder bei Ausübung einer unfallversicherten gemeinnützigen Tätigkeit (z. B. als Blutspender) eingetreten ist, erhält der Arbeitnehmer die Differenz zum vollen Arbeitsentgelt als Verletztengeld-Spitzbetrag. Verletztengeld wird für die Dauer von höchstens 78 Wochen gezahlt, es sei denn, der Verletzte befindet sich zu diesem Zeitpunkt in stationärer Behandlung.

Übergangsgeld bei Umschulung

Sofern die Schwere der Verletzung zur weiteren Teilhabe am Arbeitsleben eine Umschulung erfordert, trägt der Unfallversicherungsträger alle hiermit in Zusammenhang stehenden Aufwendungen und zahlt für die Dauer der Umschulung Übergangsgeld.[6]

Unfallrenten

Ist die Erwerbsfähigkeit des Versicherten infolge eines Arbeitsunfalls gemindert, wird Verletztenrente gezahlt. Sie wird gewährt, wenn die Minderung der Erwerbsfähigkeit um mindestens 20 % über die 26. Woche hinaus nach dem Unfall andauert. Die Minderung wird nicht individuell festgestellt, sondern richtet sich nach den Arbeitsmöglichkeiten auf dem gesamten Gebiet des Erwerbslebens (abstrakte Schadensbemessung). Bemessungsgrundlage ist der Jahresarbeitsverdienst des Verletzten in den 12 Monaten vor dem Unfall. Bei einer Minderung der Erwerbsfähigkeit um 100 % beträgt die Rente $^2/_3$ des vor dem Arbeitsunfall oder der Berufskrankheit erzielten Jahresarbeitsverdienstes (Vollrente), bei teilweiser Minderung der Erwerbsfähigkeit den Teil der Vollrente, der dem Grad der Minderung der Erwerbsfähigkeit entspricht (Teilrente).

Schwerverletzte – das sind Unfallrentenbezieher, deren Erwerbsfähigkeit um 50 % oder mehr gemindert ist – erhalten eine Erhöhung um 10 %, wenn keine Erwerbstätigkeit mehr ausgeübt werden kann und kei-

1 § 1 Ziff. 1 SGB VII.
2 § 14 Abs. 2 SGB VII.
3 § 15 SGB VII.
4 § 19 Abs. 2 Satz 3 SGB VII.
5 § 26 SGB VII.
6 § 49 SGB VII.

ne Rente aus der gesetzlichen Rentenversicherung bezogen wird. Werden mehrere Renten bezogen, so dürfen sie zusammen $^{2}/_{3}$ des höchsten der den Renten zugrunde liegenden Jahresarbeitsverdienstes ohne Schwerbeschädigtenzulage nicht übersteigen.

Die Unfallversicherung gewährt auf Antrag beim Bezug von Verletztenrente Abfindungen in Höhe des voraussichtlichen Rentenaufwands.

Vom 1.7. jeden Jahres an werden die Unfallrenten und das Pflegegeld angepasst.

Hinterbliebenenrenten

Vom Todestag an besteht Anspruch auf Hinterbliebenenrente für den hinterbliebenen Ehegatten/überlebenden Lebenspartner und die Waisen. Für die ersten 3 Monate nach dem Tod erhält der hinterbliebene Ehegatte/überlebende Lebenspartner $^{2}/_{3}$ des Jahresarbeitsverdienstes. Danach beträgt die Witwenrente regelmäßig $^{3}/_{10}$ des Jahresarbeitsverdienstes. Sie wird auf 40 % erhöht, wenn der hinterbliebene Ehegatte/überlebende Lebenspartner das 45. Lebensjahr vollendet hat oder solange er mindestens ein waisenrentenberechtigtes Kind erzieht oder teilweise erwerbsunfähig oder (vollständig) erwerbsunfähig ist. Bei Wiederverheiratung erhält der Ehegatte/Lebenspartner eine Abfindung.

Halbwaisenrente

Die Rente für Halbwaisen beträgt $^{1}/_{5}$ des Jahresarbeitsverdienstes. Vollwaisen erhalten eine Rente in Höhe von $^{3}/_{10}$ des Jahresarbeitsverdienstes.

Alle Hinterbliebenenrenten dürfen zusammen höchstens 80 % des Jahresarbeitsverdienstes des Verstorbenen betragen.

Einkommensanrechnung

Auch wenn ein waisenrentenberechtigtes Kind eigenes Einkommen bezieht, erhält die Waise die Hinterbliebenenrente in voller Höhe. Das gilt auch für Rentenbescheide, die vor dem 1.7.2015 ergangen sind. Zudem besteht ein Anspruch auf Waisenrente über das 18. Lebensjahr hinaus bis zur Vollendung des 27. Lebensjahres, wenn die Waise einen freiwilligen Dienst im Sinne des § 32 Abs. 4 Satz 1 Nr. 2 EStG leistet.

Sterbegeld

Bei Tod durch Arbeitsunfall haben die Hinterbliebenen Anspruch auf

- Sterbegeld,
- Erstattung der Kosten der Überführung an den Ort der Bestattung[1]
- Hinterbliebenenrenten und
- Beihilfe.

Das Sterbegeld beträgt $^{1}/_{7}$ der im Zeitpunkt des Todes geltenden jährlichen ⇗ Bezugsgröße.

Finanzierung

Die Mittel für die Unfallversicherung werden bei den Berufsgenossenschaften durch Beiträge der Unternehmer aufgebracht. Die Versicherten, mit Ausnahme der freiwillig Versicherten, sind an der Finanzierung nicht beteiligt. Die Höhe der Beiträge richtet sich nach dem Arbeitsentgelt der im Betrieb beschäftigten Arbeitnehmer bis zu einer Beitragsbemessungsgrenze und nach dem Grad der Unfallgefahr in dem Unternehmen. Der Beitrag kann – individuell bei besonders vielen oder schweren Unfällen oder bei einer besonders geringen Unfallbelastung – durch Zuschläge bzw. Nachlässe erhöht oder reduziert werden.

Für die Beitragsberechnung müssen die Unternehmen der Berufsgenossenschaft nach Ablauf des Geschäftsjahres die UV-Jahresmeldung abgeben. Spätestens bis zum 16.2. des Folgejahres ist mittels eines elektronischen Meldeverfahrens (Lohnnachweis Digital) diese Meldung einzureichen.

1 § 64 Abs. 2 SGB VII.

Unständig Beschäftigte

Unständig Beschäftigte sind Personen, die berufsmäßig nur entgeltliche Beschäftigungen von kurzer Dauer ausüben. Unständig ist eine Beschäftigung, die auf weniger als eine Woche entweder nach der Natur der Sache beschränkt zu sein pflegt oder im Voraus durch den Arbeitsvertrag beschränkt ist.

Gesetze, Vorschriften und Rechtsprechung

Lohnsteuer: Der gezahlte Arbeitslohn gehört i. S. v. § 19 EStG zum steuerpflichtigen Arbeitslohn. Die Lohnsteuerpauschalierung für den Arbeitslohn bei kurzfristiger Beschäftigung regeln § 40a Abs. 1 EStG, R 40a.1 LStR sowie H 40a.1 LStH.

Sozialversicherung: Unständige Beschäftigungen sind in § 27 Abs. 3 Satz 2 SGB III definiert. Die Versicherungspflicht für unständig Beschäftigte ist wie bei Arbeitnehmern geregelt in § 5 Abs. 1 Nr. 1 SGB V, § 20 Abs. 1 Nr. 1 SGB XI und § 1 Nr. 1 SGB VI. Die Arbeitslosenversicherungsfreiheit findet man in § 27 Abs. 3 Nr. 1 SGB III. Zur Mitgliedschaft in der Krankenversicherung treffen § 186 Abs. 2 Satz 2 SGB V und § 190 Abs. 4 SGB V Aussagen. Meldepflichten sind in § 199 SGB V geregelt. § 232 SGB V, § 163 Abs. 1 SGB VI und § 57 Abs. 1 SGB XI treffen Bestimmungen zu den beitragspflichtigen Einnahmen. Ergänzende Ausführungen enthält das Gemeinsame Rundschreiben der Spitzenverbände der Sozialversicherung vom 21.11.2018-I.

Lohnsteuer

Lohnsteuerabzug im ELStAM-Verfahren

Den Begriff des unständig Beschäftigten kennt das Steuerrecht nicht. Diese Personen sind grundsätzlich Arbeitnehmer und unterliegen mit ihrem Verdienst dem regulären Lohnsteuerabzug nach den ELStAM. Eine nur stundenweise Tätigkeit schließt die Arbeitnehmereigenschaft nicht aus, wenn die übrigen für ein Arbeitsverhältnis sprechenden Merkmale (z. B. Bindung an Ort und Zeit) überwiegen.

Arbeitgeber ist zum Lohnsteuerabzug verpflichtet

Der Arbeitgeber darf den Lohnsteuerabzug nicht etwa deshalb unterlassen, weil der Arbeitnehmer – auf das Jahr gesehen – voraussichtlich keine Lohnsteuer zu zahlen hätte.

Gefälligkeitsleistungen begründen kein Arbeitsverhältnis

Eine Arbeitnehmereigenschaft ist zu verneinen, wenn es sich um eine bloße Gefälligkeit oder gelegentliche Hilfeleistung handelt, die als Ausfluss persönlicher Verbundenheit und nicht zu Erwerbszwecken geleistet wird.

Kein Lohnsteuer-Jahresausgleich bei nicht ganzjähriger Beschäftigung

Ist der Arbeitslohn durch Abruf der ⇗ ELStAM besteuert worden, darf der Arbeitgeber den ⇗ Lohnsteuer-Jahresausgleich für einen nicht ganzjährig unständig Beschäftigten nicht durchführen.[2]

Der Arbeitnehmer hat die Möglichkeit, zur Erstattung zu viel einbehaltener Lohnsteuer beim Finanzamt eine Veranlagung zur Einkommensteuer zu beantragen.

Lohnsteuerpauschalierung bei kurzfristiger Beschäftigung

Die Lohnsteuer kann mit 25 % pauschaliert werden, wenn:

- die Aushilfstätigkeit über 18 zusammenhängende Arbeitstage nicht hinausgeht und
- dabei der durchschnittliche Stundenlohn 19 EUR (bis 2022: 15 EUR) und
- der durchschnittliche Tagesverdienst 150 EUR (bis 2022: 120 EUR) nicht übersteigt.[3]

2 § 42b Abs. 1 Satz 1 EStG.
3 § 40a Abs. 1 Satz 2 Nrn. 1 und 2, Abs. 4 Nr. 1 EStG

Prüfung der Lohngrenzen

Bei einem unvorhersehbaren, plötzlich erforderlich gewordenen Einsatz dürfen innerhalb des 18-Tagezeitraums auch höhere Löhne gezahlt werden. Die Höchstbeträge beziehen sich nur auf das jeweils zu bewertende Dienstverhältnis.

Bei der Prüfung der maßgebenden Lohngrenzen, sind alle steuerpflichtigen Vergütungen einschließlich der etwa vom Arbeitgeber übernommenen Arbeitnehmeranteile an den gesetzlichen Sozialversicherungsbeiträgen anzusetzen.

Wichtig

Sozialversicherungsrechtliche Beurteilung unerheblich

Der steuerrechtliche Begriff der „Kurzfristigkeit" unterliegt hier anderen Kriterien als der sozialversicherungsrechtliche Begriff. Ob sozialversicherungsrechtlich eine ⇗ kurzfristige Beschäftigung vorliegt, ist für die Pauschalbesteuerung mit 25 % unbedeutend.

Steuerfreie Extras auch für kurzfristig beschäftigte Arbeitnehmer

Steuerfreie Bezüge werden nicht in die Bemessungsgrundlage für die pauschale Lohnsteuer einbezogen, z. B. Reisekosten oder Kindergartenzuschüsse. Hierdurch kann dem Arbeitnehmer, ohne Verlust des Rechts auf Pauschalierung, ein über der Pauschalierungsgrenze[1] liegender Arbeitslohn ausbezahlt werden.

Pauschal mit 15 % besteuerte Zuschüsse des Arbeitgebers zu den Kosten für Fahrten zwischen Wohnung und erster Tätigkeitsstätte bleiben ebenfalls außer Ansatz.

Der Pauschalsteuersatz ist auf die Gesamtsumme der steuerpflichtigen Vergütungen anzuwenden; eine Kürzung um den ⇗ Altersentlastungsbetrag und um den Arbeitnehmer-Pauschbetrag ist nicht zulässig.

Es bleibt dem Arbeitgeber überlassen, ob er das Pauschalierungsverfahren auf alle unständig Beschäftigten oder nur auf einen oder einzelne Arbeitnehmer anwenden will.

Achtung

Keine Pauschalversteuerung bei wiederholtem Einsatz

Ist von Beginn an ein wiederholter Einsatz des Beschäftigten geplant oder vereinbart, ist die Lohnsteuerpauschalierung nicht zulässig.

Aufzeichnungspflichten bei Lohnsteuerpauschalierung

Bei Anwendung der Lohnsteuerpauschalierung ist der Abruf der ELStAM und die Führung eines ⇗ Lohnkontos nicht erforderlich.

Der Arbeitgeber muss aber Aufzeichnungen führen, aus denen sich für den einzelnen Arbeitnehmer folgende Angaben ergeben:

- Name und Anschrift des Beschäftigten,
- Beschäftigungsdauer,
- Lohnhöhe,
- Tag der Zahlung.

Sozialversicherung

Sozialversicherungsrechtliche Definition

Unständig ist eine Beschäftigung, die

- auf weniger als eine Woche entweder nach der Natur der Sache beschränkt zu sein pflegt oder
- im Voraus durch den Arbeitsvertrag beschränkt ist.

Die besonderen Regelungen für unständig Beschäftigte gelten in der Kranken-, Pflege- und Arbeitslosenversicherung nur, wenn die Beschäftigung berufsmäßig ausgeübt wird. Für die Rentenversicherung fehlt eine solche Bedingung.

1 § 40a Abs. 1 EStG.

Unständige Beschäftigungen, die immer nur von sehr kurzer Dauer sind, unterscheiden sich voneinander hinsichtlich Inhalt und Zweck. Das Rechtsverhältnis zwischen Arbeitgeber und unständig beschäftigtem Arbeitnehmer entsteht von unständiger zu unständiger Beschäftigung immer wieder neu, ohne auf aufeinanderfolgende Beschäftigungen abzuzielen oder diese zur Folge zu haben.

Unständige Beschäftigung nicht bei Rahmenarbeitsvertrag möglich

Unständig sind Beschäftigungen nur dann, wenn es sich nicht um regelmäßig wiederkehrende Beschäftigungen handelt. Eine Dauerbeschäftigung liegt vor, wenn sich einzelne Arbeitseinsätze vereinbarungsgemäß wiederholen. Dies kann auch der Fall sein, wenn ein Rahmenvertrag abgeschlossen wurde, der über einen längeren Zeitraum mehrere befristete Arbeitseinsätze vorsieht. Die einzelnen Beschäftigungszeiten werden dabei nicht zusammengerechnet.

Diese Regelung gilt nicht für Beschäftigungen, die sich vereinbarungsgemäß in regelmäßigen zeitlichen Abständen wiederholen und auf Dauer ausgerichtet sind – insbesondere Kettenverträge, mit denen eine ständige Beschäftigung vermieden werden soll.

Abgrenzung zu ständig Beschäftigten

Wenn eine Beschäftigung nur bei einem Arbeitgeber und nicht bei verschiedenen Arbeitgebern jeweils weniger als eine Woche ausgeübt wird, weil die Beschäftigung nach der Natur der Sache oder im Voraus durch Arbeitsvertrag befristet ist, schließt dies die Annahme einer unständigen Beschäftigung nicht aus.[2] Selbst die Tatsache, dass die Beschäftigungszeiten des jeweiligen Beschäftigten insgesamt mehr als 12 Werktage im Monat betragen hatten, machten sie nicht zu ständig Beschäftigten. Nur wenn sich bei Arbeitnehmern die einzelnen Arbeitseinsätze nach einer vorher getroffenen Vereinbarung mit dem Arbeitgeber regelmäßig wiederholen, scheidet eine unständige Beschäftigung aus. Daher sind die sog. Ultimo-Aushilfen der Banken und Sparkassen keine unständig Beschäftigten.

Befristung auf weniger als eine Woche

Die Unterbrechung der Arbeit in einer Woche durch Sonn- und Feiertage wird für die Berechnung der Frist von weniger als einer Woche mitgerechnet. Es wird daher sogar die Auffassung vertreten, dass Beschäftigungen von Montag bis Freitag in Betrieben mit 5-Tage-Woche keine unständigen Beschäftigungen sind, weil sie der vollen Arbeitswoche des Betriebs entsprechen und daher nicht „weniger als eine Woche" ausgeübt werden. Gleiches gilt in Betrieben mit 6-Tage-Woche, wenn die Beschäftigung an allen 6 Arbeitstagen der Woche ausgeübt wird.

Wichtig

Wöchentliche Arbeitstage des Betriebs sind maßgebend

Als unständige Beschäftigung wird nur eine Beschäftigung angesehen, die an weniger Arbeitstagen einer Woche als die der ständig Beschäftigten des Betriebs ausgeübt wird.

Befristung nach der Natur der Sache

Nach der Natur der Sache ist eine Beschäftigung befristet, wenn nicht die Arbeitsdauer, sondern eine bestimmte Arbeitsleistung vertraglich vereinbart worden ist (z. B. Be- und Entladen von Fahrzeugen oder Schiffen). Bereits das Reichsversicherungsamt (RVA) hatte eine unständige Beschäftigung – unter bestimmten Voraussetzungen – auch in Fällen bejaht, in denen ein Arbeitnehmer jeweils kurzfristige Arbeitsleistungen gleicher Art bei demselben Arbeitgeber verrichtet hat, weil die Aneinanderreihung unständiger Beschäftigungen bei demselben Arbeitgeber noch kein ständiges Beschäftigungsverhältnis ergibt.[3] Sogar eine Beschäftigung, die über eine Woche hinausging, ist als unständige Beschäftigung anzuerkennen, wenn eine gleichartige Beschäftigung in der Regel in weniger als einer Woche zu erledigen ist.[4]

2 BSG, Urteil v. 16.2.1983, 12 RK 23/81.
3 RVA, Entscheidung Nr. 4246 v. 11.11.1931.
4 RVA, Entscheidung Nr. 3167 v. 11.1.1928.

Befristung im Voraus durch Arbeitsvertrag

Eine Beschäftigung ist im Voraus durch Arbeitsvertrag befristet, wenn sich Arbeitgeber und Beschäftigter bei Abschluss des Arbeitsvertrags bewusst sind, dass dieser weniger als eine Woche andauern soll. Dabei genügt es, wenn diese Auffassung aus den Umständen des Falles zu folgern ist. Ist diese Voraussetzung nicht gegeben und ist die Beschäftigung auch nicht nach der Natur der Sache auf weniger als eine Woche befristet, so ist auch dann keine unständige Beschäftigung anzunehmen, wenn das Arbeitsverhältnis vor Ablauf einer Woche endet.

Arbeitgeber

Arbeitgeber ist derjenige, der den unständig Beschäftigten tatsächlich beschäftigt, der also den Nutzen aus der Tätigkeit zieht. Der Arbeitgeber hat auch die sozialversicherungsrechtlichen Pflichten (Melde- und Beitragspflicht) zu erfüllen. Gesamtbetriebe, in denen regelmäßig unständig Beschäftigte beschäftigt werden, haben die Pflichten eines Arbeitgebers zu erfüllen.

Versicherungsrechtliche Beurteilung der unständig Beschäftigten

Unständig Beschäftigte sind kranken-, pflege- und rentenversicherungspflichtig; sie sind jedoch in der Arbeitslosenversicherung versicherungsfrei, wenn die unständige Beschäftigung berufsmäßig ausgeübt wird.[1]

In der gesetzlichen Rentenversicherung wird das Kriterium der Berufsmäßigkeit bei der Ausübung der unständigen Beschäftigung nicht verlangt.[2] Hier besteht demnach auch Versicherungspflicht, wenn die unständige Beschäftigung nicht berufsmäßig, sondern nur gelegentlich ausgeübt wird.

Berufsmäßigkeit

Berufsmäßigkeit liegt vor, wenn die Tätigkeit den wirtschaftlichen und zeitlichen Schwerpunkt der Erwerbstätigkeit darstellt. Dabei wird auf den jeweiligen Kalendermonat abgestellt.

Beginn der Versicherungspflicht

Die Mitgliedschaft als unständig Beschäftigter beginnt bei der Krankenkasse mit dem Tag der Aufnahme der unständigen Beschäftigung, für die die – vom Beschäftigten oder Arbeitgeber – gewählte Krankenkasse erstmalig Versicherungspflicht in der Krankenversicherung festgestellt hat.[3] Mit der Krankenversicherungspflicht beginnt auch die Versicherungspflicht in der Pflege- und Rentenversicherung.

Der Begriff „Feststellung“ ist dabei in dem Sinne zu verstehen, dass die Krankenkasse von der Aufnahme einer versicherungspflichtigen unständigen Beschäftigung Kenntnis erhält. Diese Kenntnis wird sie in aller Regel entweder durch die Anmeldung des Arbeitgebers oder aber durch die Mitteilung des unständig Beschäftigten erhalten. Als Tag der Feststellung ist der Tag anzusehen, an dem eine entsprechende Meldung bei der Krankenkasse eingeht. Bei jeder folgenden unständigen Beschäftigung ist für das Fortbestehen der Mitgliedschaft bei der Krankenkasse keine erneute Feststellung der Versicherungspflicht erforderlich.

Fortbestehen der Mitgliedschaft auch an Tagen ohne Beschäftigung

Die Mitgliedschaft des unständig Beschäftigten bei der Krankenkasse besteht auch an den Tagen fort, an denen der unständig Beschäftigte vorübergehend nicht beschäftigt war.

Ende der Mitgliedschaft

Die Mitgliedschaft als unständig Beschäftigter bei der Krankenkasse endet, wenn das unständig beschäftigte Mitglied die unständige Beschäftigung nicht nur vorübergehend aufgibt; die Mitgliedschaft endet jedoch spätestens nach Ablauf von 3 Wochen nach dem Ende der letzten unständigen Beschäftigung.[4]

1 § 27 Abs. 3 Nr. 1 SGB III.
2 BSG, Urteil v. 31.3.2017, B 12 KR 16/14 R.
3 § 186 Abs. 2 SGB V.
4 § 190 Abs. 4 SGB V.

Wird innerhalb des 3-Wochenzeitraums eine versicherungspflichtige Beschäftigung aufgenommen, die keine unständige Beschäftigung ist, endet grundsätzlich der Erhalt der Mitgliedschaft. Für den Fall, dass diese Beschäftigung aber nach kurzer Zeit wieder beendet wird, kommt es für die restliche Zeit der ursprünglichen 3 Wochen wieder zu einem Erhalt der ursprünglichen Mitgliedschaft als unständig Beschäftigter.

Wenn die Mitgliedschaft als unständig Beschäftigter bei der Krankenkasse geendet hat, muss bei erneuter Aufnahme einer unständigen Beschäftigung die Mitgliedschaft als unständig Beschäftigter bei der Krankenkasse erneut festgestellt werden.

Endet die Mitgliedschaft als unständig Beschäftigter, schließt sich eine freiwillige Mitgliedschaft in Form der ⇗ obligatorischen Anschlussversicherung an, soweit kein anderweitiger ausreichender Krankenversicherungsschutz (z. B. als Familienversicherter) besteht.

Beispiel

Mitgliedschaftsende zum 21. Tag

Ein Arbeitnehmer übt folgende unständigen Beschäftigungen aus:

- vom 8.5. bis 11.5.
- vom 17.5. bis 21.5.
- vom 15.6. bis 20.6.

Die Mitgliedschaft in der Krankenversicherung beginnt am 8.5. Die Mitgliedschaft endet allerdings am 11.6., weil zwischen der zweiten und dritten Beschäftigung ein Zeitraum von mehr als 3 Wochen liegt. Mit Aufnahme der dritten Beschäftigung am 15.6. beginnt die Mitgliedschaft wieder. Für die Zwischenzeit kommt ggf. die obligatorische Anschlussversicherung zum Tragen, sodass trotz der Unterbrechungen in der unständigen Beschäftigung ein durchgehender Krankenversicherungsschutz besteht.

Beispiel

Ende der Mitgliedschaft bei weiterer Beschäftigung

Ein Arbeitnehmer übt vom 2.1. bis 5.1. beim Arbeitgeber A eine unständige Beschäftigung aus. Er gibt keine Meldung über das Ende der berufsmäßigen Ausübung von unständigen Beschäftigungen ab. Vom 10.1. bis 13.1. übt er eine versicherungspflichtige Beschäftigung bei Arbeitgeber B aus. Dabei handelt es sich nicht um eine unständige Beschäftigung.

Ergebnis: Die Mitgliedschaft aufgrund der Ausübung der unständigen Beschäftigung bei Arbeitgeber A besteht vom 2.1. bis 5.1. und bleibt darüber hinaus vom 6.1. bis 9.1. und vom 14.1. bis 26.1. (Ablauf des 3-Wochenzeitraums) erhalten.

Beitragsberechnung für unständig Beschäftigte

Die Beiträge zur Kranken-, Pflege- und Rentenversicherung sind anteilig vom Arbeitgeber und unständig Beschäftigten zu tragen. Weil unständig Beschäftigte in der Arbeitslosenversicherung versicherungsfrei sind[5], fallen keine Beiträge zur Arbeitslosenversicherung an. Für die Beitragsberechnung ist von dem innerhalb eines Kalendermonats erzielten Arbeitsentgelt auszugehen, ohne Rücksicht darauf, an wie vielen Tagen im Monat eine Beschäftigung ausgeübt wurde. Maßgebend ist auch die monatliche Beitragsbemessungsgrenze.

Mehrere unständige Beschäftigungen innerhalb eines Kalendermonats

Bestanden innerhalb eines Kalendermonats mehrere unständige Beschäftigungen, deren Arbeitsentgelt insgesamt die monatliche BBG übersteigt, gilt Folgendes: Bei der Beitragsberechnung sind die einzelnen Arbeitsentgelte anteilsmäßig nur so weit zu berücksichtigen, dass der Gesamtbetrag die monatliche BBG nicht übersteigt.[6] In der Praxis kann die ggf. erforderliche Kürzung erst vorgenommen werden, wenn das in dem jeweiligen Kalendermonat erzielte Gesamtarbeitsentgelt der Höhe nach feststeht. Daher sind die Arbeitsentgelte aus den einzelnen unständigen

5 § 27 Abs. 3 Nr. 1 SGB III.
6 § 22 Abs. 2 SGB IV.

Beschäftigungen zunächst jeweils bis zur anteiligen Jahres-BBG für die Beitragsberechnung heranzuziehen. Im Nachhinein berechnet die Krankenkasse auf Antrag des Versicherten oder eines Arbeitgebers die korrekten Beiträge. Sie werden nach anrechenbarem Arbeitsentgelt verteilt. Zu viel gezahlte Beiträge (und entsprechende Beitragsanteile des Arbeitgebers) werden an Arbeitgeber und/oder den unständig Beschäftigten erstattet. Die erforderlichen Anträge können nach Ablauf eines Kalenderjahres, ggf. auch bereits nach Ablauf eines jeden Kalendermonats, gestellt werden.

Wichtig

Nachweis der Verdienstbescheinigungen bei Antrag auf Beitragserstattung

Bei Antrag auf Beitragserstattung durch den Arbeitnehmer sind Verdienstbescheinigungen aller Arbeitgeber vorzulegen. Diese sind nach Kalendermonaten getrennt, für alle Monate mit einer Beschäftigung im beantragten Erstattungszeitraum, vorzulegen.

Bei Antragstellung durch den Arbeitgeber hat dieser der Krankenkasse eine nach Kalendermonaten getrennte Liste über die an unständig Beschäftigte gezahlten Entgelte einzureichen.

Beitragszuschuss

Unständig Beschäftigte, die wegen Überschreitens der ⇗ Jahresarbeitsentgeltgrenze nicht der Krankenversicherungspflicht unterliegen und freiwillig in der gesetzlichen Krankenversicherung oder bei einem privaten Versicherungsunternehmen versichert sind, haben Anspruch auf den ⇗ Arbeitgeberzuschuss zum Krankenversicherungsbeitrag.

Beitragssatz

Für die Beitragsberechnung ist der ermäßigte Beitragssatz in der Krankenversicherung anzuwenden. Dies deshalb, weil unständig Beschäftigte aufgrund gesetzlicher Vorgabe[1] keinen Anspruch auf Krankengeld haben. Hat der Beschäftigte die Versicherung mit Krankengeld gewählt, ist der allgemeine Beitragssatz maßgebend.

Meldungen für unständig Beschäftigte

Meldepflicht der unständig Beschäftigten und Arbeitgeber

Unständig Beschäftigte haben ihrer Krankenkasse den Beginn und das Ende der berufsmäßig ausgeübten unständigen Beschäftigungen unverzüglich zu melden.[2] Der Arbeitgeber hat die unständig Beschäftigten auf ihre Meldepflicht hinzuweisen. Die unständig Beschäftigten haben nicht den Beginn und das Ende jeder einzelnen unständigen Beschäftigung zu melden, sondern lediglich die erstmalige Aufnahme, die nicht nur vorübergehende Unterbrechung und die endgültige Aufgabe. Arbeitgeber, die erstmalig oder voraussichtlich letztmalig eine Person unständig beschäftigen, haben dies der zuständigen Kasse formlos zu melden.

Unabhängig von den persönlichen Meldepflichten der unständig Beschäftigten hat der Arbeitgeber die gleichen Meldungen zu erstatten wie bei den übrigen Beschäftigten. Um für die einzelnen Versicherungszweige die problemlose Differenzierung zwischen berufsmäßiger und nicht berufsmäßiger unständiger Beschäftigung sicherzustellen, stehen 2 Personengruppenschlüssel zur Verfügung: 117 und 118. Die Schlüssel haben folgende Bedeutung:

- 117 Nicht berufsmäßig unständig Beschäftigte: Es handelt sich um Personen, die einer unständigen Beschäftigung nicht berufsmäßig nachgehen, in der sie versicherungspflichtig sind.
- 118 Berufsmäßig unständig Beschäftigte: Es handelt sich um Personen, die einer unständigen Beschäftigung berufsmäßig nachgehen, in der sie versicherungspflichtig sind.

Einrichtung von Gesamtbetrieben für mehrere Einzelbetriebe

Werden für mehrere Einzelbetriebe Gesamtbetriebe errichtet, um einen Teil der Arbeitgeberfunktion der Einzelbetriebe zu übernehmen (beispielsweise damit die unständig Beschäftigten den einzelnen Firmen auf Anforderung durch den Gesamtbetrieb zur Arbeitsleistung zugeteilt werden), haben diese für die unständig Beschäftigten die Arbeitgeberpflichten zu übernehmen. Dazu zählen die Melde- und Beitragspflichten sowie die Pflicht, die unständig Beschäftigten auf deren Meldepflicht hinzuweisen.

In diesem Fall wird demnach der eigentliche Arbeitgeber – also der Einzelbetrieb, dem der Wert der geleisteten Arbeit zugutekommt, – von seinen Arbeitgeberpflichten freigestellt.

An den Gesamtbetrieb sind bestimmte Voraussetzungen geknüpft: Er muss auf die Beschäftigung unständig Beschäftigter in steter Wiederkehr ausgerichtet und eingerichtet sein. Welche Betriebe den Gesamtbetrieben im Einzelnen zuzurechnen sind, richtet sich nach dem in dem jeweiligen Land geltenden Recht bzw. nach Bundesrecht.

Ausgleichsverfahren nach dem Aufwendungsausgleichsgesetz

Am Ausgleichsverfahren U1 nehmen nur solche Arbeitgeber teil, die in der Regel ausschließlich der zu ihrer Berufsausbildung Beschäftigten nicht mehr als 30 Arbeitnehmer beschäftigen. In das Ausgleichsverfahren U2 werden hingegen alle Arbeitgeber einbezogen. Bei der Feststellung der Arbeitnehmerzahl im Rahmen des Ausgleichsverfahrens U1 sind unständig Beschäftigte zu berücksichtigen. Umlagebeträge zur U1 fallen jedoch mangels Entgeltfortzahlungsanspruchs nach dem EFZG nicht an, sodass auch keine Erstattung erfolgt.

Im Rahmen des Ausgleichsverfahrens U2 sind für unständig Beschäftigte hingegen Umlagebeträge zu zahlen, und der Arbeitgeber erhält seine Aufwendungen bei Mutterschaft erstattet.

Insolvenzgeldumlage

Auch unständig Beschäftigte gehören zum Personenkreis derjenigen, die Ansprüche auf Insolvenzgeld geltend machen können. Deshalb ist für diesen Personenkreis auch die Insolvenzgeldumlage zu entrichten.

Zuständige Krankenkasse

Unständig Beschäftigte haben die Möglichkeit, eine der gesetzlichen Krankenkassen zu wählen.

Leistungen

Unständig Beschäftigte haben Leistungsansprüche im gleichen Umfang wie alle anderen Arbeitnehmer auch. Ausgenommen davon ist das Krankengeld. Dieser Personenkreis wird grundsätzlich ohne Anspruch auf Krankengeld versichert. Der Versicherte kann aber die Mitgliedschaft mit Krankengeldanspruch ab der siebten Woche der Arbeitsunfähigkeit wählen. Darüber hinaus bieten die meisten Krankenkassen zusätzlich Wahltarife zur Absicherung des Arbeitsunfähigkeitsrisikos an.

Unterbrechungsmeldung

Die Unterbrechungsmeldung stellt sicher, dass Zeiten der Unterbrechung der Entgeltzahlung für mindestens einen vollen Kalendermonat von der Kranken-, Pflege-, Renten- und Arbeitslosenversicherung erkannt werden. Voraussetzung für die Unterbrechungsmeldung ist, dass während dieser Unterbrechung das Beschäftigungsverhältnis fortbesteht und bestimmte Sozialleistungen bezogen werden oder Elternzeit in Anspruch genommen wird.

Gesetze, Vorschriften und Rechtsprechung

Sozialversicherung: Gesetzliche Grundlage der Unterbrechungsmeldung ist § 28a SGB IV. Unter welchen Voraussetzungen und innerhalb welcher Fristen Unterbrechungsmeldungen zu erstellen sind, ist in § 9 Abs. 1 DEÜV geregelt.

1 § 44 Abs. 2 Satz 1 Nr. 3 1. Halbsatz SGB V.
2 § 199 SGB V.

Sozialversicherung

Gründe für die Abgabe einer Unterbrechungsmeldung

Eine Unterbrechungsmeldung ist immer dann zu erstellen, wenn

- die versicherungspflichtige Beschäftigung ohne Zahlung von Entgelt unterbrochen ist,
- die Unterbrechung mindestens einen vollen Kalendermonat dauert,
- das Beschäftigungsverhältnis trotz der Unterbrechung fortbesteht und bei demselben Arbeitgeber wieder aufgenommen wird und
- der Versicherte nach Wegfall der Zahlung von Entgelt
  - entweder Kranken-, Verletzten-, Versorgungskranken-, Übergangs- oder Mutterschaftsgeld bezieht oder
  - Elternzeit genommen oder freiwilliger Wehrdienst geleistet wird.

Daraus ergibt sich, dass bei Arbeitnehmern, die arbeitsunfähig sind, aber Entgeltfortzahlung erhalten, eine Unterbrechungsmeldung nicht erforderlich ist. Erst dann, wenn die Arbeitsunfähigkeit so lange dauert, dass ein voller Kalendermonat nicht mit Arbeitsentgelt belegt ist, kann eine Unterbrechungsmeldung unter den oben genannten Voraussetzungen erforderlich sein.

Beispiel

Arbeitsunfähigkeit

Beispiel 1

Arbeitsunfähigkeit vom 25.2. bis 10.4.

Entgeltfortzahlung vom 25.2. bis 6.4.

Krankengeld vom 7.4. bis 10.4.

Ergebnis: Keine Unterbrechungsmeldung

Beispiel 2

Arbeitsunfähigkeit vom 25.2. bis 10.6.

Entgeltfortzahlung vom 25.2. bis 6.4.

Krankengeld vom 7.4. bis 10.6.

Ergebnis: Unterbrechungsmeldung erforderlich

Hinweis

Gesonderte Elternzeit-Meldung ab 1.1.2024

Seit dem 1.1.2024 hat der Arbeitgeber für gesetzlich Krankenversicherte zusätzlich zu der Unterbrechungsmeldung den Beginn und das Ende der Elternzeit bei der zuständigen Krankenkasse zu melden. Eine Meldepflicht besteht jedoch nur, wenn die Elternzeit nach dem 31.12.2023 begonnen hat.

Der Beginn der Elternzeit ist mit dem Abgabegrund „17" und das Ende mit dem Abgabegrund „37" zu melden. Darüber hinaus gehende Meldungen sind auch dann nicht erforderlich, wenn die Elternzeit über den 31.12. eines Jahres fortbesteht. Die Meldungen sind jeweils mit der nächsten Entgeltabrechnung spätestens jedoch 6 Wochen nach dem Beginn bzw. dem Ende der Elternzeit vorzunehmen.

Eine gesonderte Elternzeit-Meldung ist nicht erforderlich für geringfügig beschäftigte und privat krankenversicherte Arbeitnehmer.

Hinweis

Freiwilliger Wehrdienst

Wird freiwilliger Wehrdienst geleistet, muss der Arbeitgeber zusätzlich zu der Unterbrechungsmeldung den Dienst auf einem besonderen Vordruck melden. Dieser Vordruck wurde dem Dienstverpflichteten zusammen mit dem Einberufungsbescheid zugesandt.

Empfänger und Form der Unterbrechungsmeldung

Die Unterbrechungsmeldung ist an die zuständige ⇗ Einzugsstelle zu senden.

Die Unterbrechungsmeldung entspricht in ihrem Aufbau einer ⇗ Abmeldung. Die Schlüsselzahlen „51 – 53" des Meldeschlüssels weisen jedoch darauf hin, dass

- der Versicherte nicht abgemeldet wird,
- das Beschäftigungsverhältnis fortbesteht und
- lediglich die Entgeltzahlung für mindestens einen vollen Kalendermonat unterbrochen worden ist.

Hinweis

Keine Anmeldung nach Unterbrechungsmeldung

Weil es sich bei der Unterbrechungsmeldung um keine Abmeldung handelt, ist nach dem Ende der Unterbrechung der Entgeltzahlung keine ⇗ Anmeldung vorzunehmen.

Seit dem 1.1.2021 ist das Kennzeichen „Mehrfachbeschäftigung" nicht mehr in den DEÜV-Meldungen anzugeben.

Versicherungsrechtlicher Hintergrund für die Abgabe einer Unterbrechungsmeldung

In der Kranken- und Pflegeversicherung bleibt die Mitgliedschaft Versicherungspflichtiger auch ohne Zahlung von Arbeitsentgelt erhalten, solange

- Anspruch auf eine ⇗ Entgeltersatzleistung (z. B. Kranken-, Verletzten-, Übergangs- oder Mutterschaftsgeld) besteht,
- ⇗ Elternzeit in Anspruch genommen oder ⇗ Elterngeld bezogen wird,
- freiwilliger ⇗ Wehrdienst geleistet wird,
- das Beschäftigungsverhältnis infolge eines rechtmäßigen ⇗ Arbeitskampfes fortbesteht oder
- Anspruch auf ⇗ Kurzarbeitergeld besteht.

Renten- und Arbeitslosenversicherung

In der Renten- und Arbeitslosenversicherung besteht das versicherungspflichtige Beschäftigungsverhältnis nicht weiter, wenn die Mitgliedschaft in der Kranken- und Pflegeversicherung weiter besteht (z. B. durch den Bezug einer Entgeltersatzleistung). Dieses unterschiedliche Recht macht die Abgabe von Unterbrechungsmeldungen dann erforderlich, wenn eine versicherungspflichtige Beschäftigung ohne Zahlung von Arbeitsentgelt von mindestens einem Kalendermonat unterbrochen wird.

Hinweis

Privat krankenversicherte Arbeitnehmer

Eine Verlängerung der Versicherungspflicht in der Renten- und Arbeitslosenversicherung ist im Anschluss an das Ende der Entgeltfortzahlung auch bei privat krankenversicherten Arbeitnehmern ausgeschlossen, wenn der Arbeitnehmer Krankentagegeld bezieht. Daher hat der Arbeitgeber für privat krankenversicherte Beschäftigte, die Krankentagegeld beziehen, zum Ende der Entgeltfortzahlung eine Unterbrechungsmeldung mit dem Grund „51" abzugeben.

Beziehen arbeitsunfähige privat krankenversicherte Arbeitnehmer nach dem Ende der Entgeltfortzahlung kein Krankentagegeld, besteht die Versicherungspflicht für einen Monat nach dem Ende der Entgeltfortzahlung fort. In diesen Fällen ist keine Unterbrechungsmeldung, sondern eine Abmeldung mit dem Abgabegrund „30" zu erstellen.

Wie werden verschiedene Unterbrechungstatbestände hintereinander bewertet?

Das Bundessozialgericht[1] hat entschieden, dass eine fortbestehende Mitgliedschaft in der Krankenversicherung rechtlich dieselbe Qualität hat wie die ursprünglich durch das entgeltliche Beschäftigungsverhältnis begründete.

Treffen mehrere Unterbrechungstatbestände unterschiedlicher Art aufeinander, sind die Zeiten der einzelnen Arbeitsunterbrechungen nicht zusammenzurechnen. Bei aufeinanderfolgenden Unterbrechungstatbeständen kann es sich z. B. um unbezahlten Urlaub oder rechtmäßigen Arbeitskampf im Anschluss an den Bezug von Krankengeld, Mutterschaftsgeld, Elternzeit oder freiwilligen Wehrdienst handeln.

Kurzfristige Beschäftigung

Wird bei ⇗ kurzfristig Beschäftigten eine Rahmenvereinbarung geschlossen, hat eine Anmeldung mit dem ersten Tag der Aufnahme und eine Abmeldung mit dem letzten Tag der Beschäftigung zu erfolgen. Bei Unterbrechung der Beschäftigung von mehr als 1 Monat sind bei Rahmenvereinbarungen keine Unterbrechungsmeldungen vorzunehmen. Es ist zulässig, eine Anmeldung (Abgabegrund „10") zu Beginn und eine Abmeldung (Abgabegrund „30") zum Ende der Rahmenvereinbarung abzugeben.

Angaben in der Unterbrechungsmeldung

Abgabegründe

Für eine Unterbrechungsmeldung stehen folgende Meldeschlüssel zur Verfügung:

51	Unterbrechung wegen Bezug von bzw. Anspruch auf Entgeltersatzleistungen
52	Unterbrechung wegen Elternzeit
53	Unterbrechung wegen gesetzlicher Dienstpflicht oder freiwilligem Wehrdienst

Achtung

Meldungen bei unbezahltem Urlaub, Arbeitskampf oder unentschuldigtem Fernbleiben

Bei einer Arbeitsunterbrechung wegen unbezahlten Urlaubs, unentschuldigten Fernbleibens von der Arbeit oder wegen eines Arbeitskampfes von länger als 1 Monat ist zum Ablauf des Monats eine Abmeldung zu erstatten; bei unbezahltem Urlaub oder unentschuldigtem Fernbleiben mit dem Abgabegrund „34", bei Arbeitskampf mit dem Abgabegrund „35".

Meldefrist

Die Frist für die Abgabe der Unterbrechungsmeldung ist für den Normalfall so bemessen, dass die Meldung erst dann abgegeben werden muss, wenn feststeht, dass die Voraussetzungen für die Abgabe der Unterbrechungsmeldung vorliegen. Erst wenn die Beschäftigung einen vollen Kalendermonat ohne Entgeltzahlung unterbrochen worden ist und in dieser Zeit eine Entgeltersatzleistung bezogen wird oder einer der genannten anderen Sachverhalte vorliegt, muss die Unterbrechungsmeldung erstattet werden.

Die Unterbrechungsmeldung ist innerhalb von 2 Wochen nach Ablauf des Kalendermonats zu erstatten, der dem Wegfall des Anspruchs auf Arbeitsentgelt folgt.

Ist nach Unterbrechung der Entgeltzahlung bis zur Beendigung des Beschäftigungsverhältnisses noch kein voller Kalendermonat vergangen, liegen aber die übrigen Voraussetzungen für die Unterbrechungsmeldung nach Wegfall des Arbeitsentgelts vor, gelten besondere Regelungen.

1 BSG, Urteil v. 17.2.2004, B 1 KR 7/02 R, USK 2004-18.

Unterstützungsleistung

Unterstützungsleistungen des Arbeitgebers an Arbeitnehmer sind grundsätzlich steuerpflichtiger Arbeitslohn. Ausnahmen bestehen für Zuwendungen bei Krankheit, in Unglücksfällen, bei Naturkatastrophen oder in anderen Notfällen. Auch Leistungen, die wegen Hilfsbedürftigkeit aus öffentlichen Mitteln gewährt werden, sind regelmäßig steuerfrei.

Gesetze, Vorschriften und Rechtsprechung

Lohnsteuer: Die Voraussetzungen für die Gewährung steuerfreier Unterstützungsleistungen privater Arbeitgeber sind in R 3.11 Abs. 2 LStR, H 3.11 LStH sowie in Verwaltungsanweisungen anlässlich nationaler und internationaler Naturkatastrophen geregelt. Die Steuerbefreiung für entsprechende Leistungen aus öffentlichen Mitteln beruht auf § 3 Nr. 11 EStG, R 3.11 Abs. 1 LStR und H 3.11 LStH.

Sozialversicherung: Die beitragsrechtliche Behandlung ergibt sich aus § 14 Abs. 1 SGB IV i. V. m. § 1 Abs. 1 Satz 1 Nr. 1 SvEV.

Entgelt	LSt	SV
Unterstützungsleistungen an Arbeitnehmer im privaten Dienst bis 600 EUR	frei	frei
Unterstützungen wegen Hilfsbedürftigkeit aus öffentlichen Mitteln	frei	frei

Lohnsteuer

Leistungen an Arbeitnehmer im privaten Dienst

Unterstützungen und Beihilfen, die an Arbeitnehmer anlässlich einer Notlage gezahlt werden, sind bis zu einem Betrag von 600 EUR je Arbeitnehmer im Kalenderjahr steuerfrei, wenn ein hinreichender Anlass für die Unterstützung vorliegt , z. B. bei

- Krankheit oder Unglücksfall,
- Tod naher Angehöriger oder
- Vermögensverlust durch höhere Gewalt wie Hochwasser, Feuer oder Diebstahl.

Auch höhere Zuwendungen als 600 EUR jährlich können steuerfrei bleiben, wenn ein akuter Notfall vorliegt.[2] Bei der Beurteilung eines solchen Notfalls ist auch zu prüfen, ob der Arbeitnehmer bedürftig ist. Die Einkommens- und Familienverhältnisse des Arbeitnehmers sind in diesem Fall von entscheidender Bedeutung. Drohende oder bereits eingetretene Arbeitslosigkeit begründet für sich keinen besonderen Notfall.[3] Abzugrenzen sind laufend gezahlte Unterstützungen, die als Beitrag zur Bestreitung des Lebensunterhalts zum steuerpflichtigen Arbeitslohn gehören.

Weitere Voraussetzungen

Die Steuerbefreiung knüpft daran an, dass die Zahlung aus einer vom Arbeitgeber unabhängigen selbstständigen Einrichtung (z. B. Unterstützungskasse) oder aus Beträgen erfolgt, die den Arbeitnehmervertretern (z. B. Betriebsrat) zweckgebunden vom Arbeitgeber zur Verfügung gestellt werden. Unmittelbare Leistungen des Arbeitgebers an einen Arbeitnehmer sind nur nach vorheriger Anhörung des Betriebsrats oder sonstiger Arbeitnehmervertreter lohnsteuerfrei. Diese Zahlungswege müssen allerdings nur dann eingehalten werden, wenn der Betrieb mindestens 5 Arbeitnehmer beschäftigt.[4]

Leistungen an Arbeitnehmer im öffentlichen Dienst

Unterstützungszahlungen, die aus öffentlichen Kassen in besonderen Notfällen und als Beihilfe in Krankheits-, Geburts- und Todesfällen nach den Beihilfevorschriften des Bundes oder der Länder an Arbeitnehmer des Bundes, der Länder oder an Arbeitnehmer von Körperschaften, An-

2 R 3.11 Abs. 2 Satz 5 LStR.
3 R 3.11 Abs. 2 Satz 6 LStR.
4 R 3.11 Abs. 2 Sätze 1–3 LStR.

stalten oder Stiftungen des öffentlichen Rechts gezahlt werden, sind in vollem Umfang steuerfrei.[1]

Für Arbeitnehmer in Verwaltungen, Unternehmen und Betrieben, die sich überwiegend in öffentlicher Hand befinden (= private Beteiligung weniger als 50 %), besteht Steuerfreiheit, wenn

- bei der Entlohnung sowie der Gewährung von Beihilfen und Unterstützungen ausschließlich nach den Regelungen verfahren wird, die für Arbeitnehmer des öffentlichen Dienstes gelten und
- die Verwaltungen, Unternehmen und Betriebe einer staatlichen oder kommunalen Aufsicht und Prüfung bezüglich der Entlohnung und der Gewährung der Beihilfen unterliegen.[2]

In Unternehmen, die sich nicht überwiegend in öffentlicher Hand befinden, können Arbeitnehmer steuerfreie Beihilfen und Unterstützungen nur dann beziehen, wenn

- hinsichtlich der Entlohnung, der Reisekostenvergütungen sowie der Gewährung von Beihilfen und Unterstützungen nach den Regelungen verfahren wird, die für den öffentlichen Dienst gelten,
- die für die Bundesverwaltung oder eine Landesverwaltung maßgeblichen Vorschriften über die Haushalts-, Kassen- und Rechnungsführung und über die Rechnungsprüfung beachtet werden und
- das Unternehmen der Prüfung durch den Bundesrechnungshof oder einen Landesrechnungshof unterliegt.[3]

Hierzu zählen z. B. staatlich anerkannte Privatschulen.

Sozialversicherung

Beitragsrechtliche Bewertung

Unterstützungen sind kein beitragspflichtiges Arbeitsentgelt, soweit sie lohnsteuerfrei sind.[4] Das gilt auch für Unterstützungen, die von privaten Arbeitgebern an einzelne Arbeitnehmer aus bestimmten Anlässen gezahlt werden (z. B. in Krankheits- oder Unglücksfällen).

Urlaub

Urlaub ist die zeitweilige Freistellung des Arbeitnehmers von der vertraglichen Arbeitsverpflichtung. Dabei unterscheidet man zwischen dem Erholungsurlaub und den sonstigen Freistellungen. Beim Erholungsurlaub handelt es sich um eine Freistellung gegen Fortzahlung des Arbeitsentgelts zum Zwecke der Erholung. Daneben existieren sonstige Freistellungen, z. B. Sonderurlaub, mit oder ohne Entgeltfortzahlung. Im Folgenden geht es allein um den Urlaubsanspruch an sich. Urlaubsvergütungsaspekte werden dagegen in den entsprechenden Stichworten Urlaubsabgeltung, Urlaubsentgelt und Urlaubsgeld dargestellt.

Gesetze, Vorschriften und Rechtsprechung

Lohnsteuer: Der gezahlte Arbeitslohn gehört i. S. v. § 19 EStG zum steuerpflichtigen Arbeitslohn.

Sozialversicherung: Die Beitragspflicht in der Sozialversicherung ergibt sich aus § 14 Abs. 1 SGB IV.

Lohnsteuer

Zahlt der Arbeitgeber während des Urlaubs den Arbeitslohn fort oder leistet er Sonderzahlungen, liegt regelmäßig steuerpflichtiger Arbeitslohn vor. Verringert sich der Arbeitslohn aufgrund unbezahlten Urlaubs, führt dies zu schwankenden Arbeitslöhnen, wodurch aus Jahressicht die Lohnsteuer mit einem zu hohen Betrag einbehalten wird. Durch den ⇗ Lohnsteuer-Jahresausgleich des Arbeitgebers kann die Überzahlung ermittelt und durch eine Lohnsteuererstattung ausgeglichen werden; ansonsten muss der Arbeitnehmer eine Einkommensteuerveranlagung beantragen.

Kann der Urlaub z. B. wegen Beendigung des Arbeitsverhältnisses (teilweise) nicht gewährt werden, zahlt der Arbeitgeber als Entschädigung für nicht genommenen Urlaub eine ⇗ Urlaubsabgeltung.

Sozialversicherung

Bezahlter Urlaub

Bezahlter Urlaub wirkt sich in der Sozialversicherung nicht aus. Eine bestehende Versicherung wird nicht beendet oder unterbrochen. Die Beiträge werden aus dem Arbeitsentgelt und ggf. dem ⇗ Urlaubsgeld berechnet. Die Regelungen zur Beitragsberechnung aus ⇗ Einmalzahlungen sind dabei zu berücksichtigen.

Muss ein zunächst durch den Arbeitgeber genehmigter Urlaub aufgrund dienstlicher Belange storniert werden, fallen meist Stornogebühren an. Übernimmt der Arbeitgeber diese Stornogebühren für den Arbeitnehmer, handelt es sich dabei nicht um beitragspflichtiges Arbeitsentgelt.

Unbezahlter Urlaub

⇗ Unbezahlter Urlaub hält dagegen die Versicherungspflicht längstens bis zur Dauer von einem Monat aufrecht[5], sofern das Arbeitsverhältnis noch fortbesteht. Mangels Entgeltzahlung fallen für diese Zeit auch keine Beiträge an. Dauert der unbezahlte Urlaub länger, besteht in der Krankenversicherung für bisher Versicherungspflichtige noch ein nachgehender Leistungsanspruch für einen weiteren Monat, solange in dieser Zeit keine Erwerbstätigkeit ausgeübt wird.[6] Wird auch der nachgehende Leistungsanspruch ausgeschöpft, ohne dass sich ein anderweitiger Anspruch auf Absicherung im Krankheitsfall anschließt, kommt es zur obligatorischen Anschlussversicherung.[7] Ein ggf. bestehender Anspruch auf Familienversicherung hat jedoch Vorrang. Der Arbeitgeber muss zum Ende der Monatsfrist eine ⇗ Abmeldung vornehmen. Bei einem späteren Wiederbeginn ist eine erneute ⇗ Anmeldung erforderlich.

Beurlaubung von Schwangeren

Wird eine Schwangere unter Wegfall des Arbeitsentgelts beurlaubt, bleibt die Krankenversicherungspflicht ohne Rücksicht auf die Dauer bis zum Beginn des Anspruchs auf ⇗ Mutterschaftsgeld bestehen. Für den ersten Monat nach § 7 Abs. 3 SGB IV und danach durch § 192 Abs. 2 SGB V bis zum Beginn des Bezugs von Mutterschaftsgeld. Für die Zeit des Erhalts der Mitgliedschaft nach § 192 Abs. 2 SGB V hat die Schwangere die Krankenversicherungsbeiträge in voller Höhe allein zu tragen. Für die Dauer der Mitgliedschaft nach § 7 Abs. 3 SGB IV fallen keine Beiträge an. Werden aus Anlass der Beendigung des Arbeitsverhältnisses oder aus sonstigen Gründen ⇗ Urlaubsabgeltungen während des unbezahlten Urlaubs gezahlt, sind sie beitragspflichtig.

Urlaubsabgeltung

Urlaubsabgeltung ist der monetäre Ersatz von zustehendem, jedoch nicht gewährtem Erholungsurlaub eines Arbeitnehmers und neben dem ⇗ Urlaubsgeld und dem ⇗ Urlaubsentgelt eine von 3 Leistungsarten in Verbindung mit dem Erholungsurlaub eines Arbeitnehmers. Während das Urlaubsentgelt als Entgeltfortzahlung für die Zeit des Urlaubs und Urlaubsgeld als freiwillige Leistung im Zusammenhang mit dem Urlaub gezahlt werden, kommt die Urlaubsabgeltung ausschließlich bei Beendigung der Beschäftigung in Betracht.

1 § 3 Nr. 11 EStG; R 3.11 Abs. 1 Nr. 1, 2 LStR.
2 R 3.11 Abs. 1 Nr. 3 LStR.
3 R 3.11 Abs. 1 Nr. 4 LStR.
4 § 1 Abs. 1 Satz 1 Nr. 1 SvEV.
5 § 7 Abs. 3 SGB IV.
6 § 19 Abs. 2 SGB V.
7 § 188 Abs. 4 SGB V.

Gesetze, Vorschriften und Rechtsprechung

Lohnsteuer: Die Urlaubsabgeltung gehört i. S. v. § 19 EStG zum steuerpflichtigen Arbeitslohn. Die Vorschriften zur Feststellung eines sonstigen Bezugs und für die besondere Berechnung der Lohnsteuer enthält § 39b Abs. 3 EStG.

Sozialversicherung: Für die sozialversicherungsrechtliche Bewertung wird die Rechtsprechung des BAG berücksichtigt (BAG, Urteil v. 22.1.2019, 9 AZR 45/16 und BAG, Urteil v. 22.1.2019, 9 AZR 328/16). Ursprung war ein Urteil des Europäischen Gerichtshofs (EuGH, Urteil v. 12.6.2014, C-118/13).

Entgelt	LSt	SV
Auszahlung des Urlaubsabgeltungsanspruchs	pflichtig	pflichtig
Urlaubsabgeltung wegen Beendigung der Beschäftigung	pflichtig	pflichtig
Zinsen aus Urlaubsabgeltung	frei	frei

Lohnsteuer

Besteuerung als sonstiger Bezug

Beträge, die der Arbeitgeber als Entschädigung für nicht genommenen Urlaub zahlt, sind steuerpflichtiger Arbeitslohn und als ⇗ sonstige Bezüge zu versteuern.

Soweit in eine Urlaubsabgeltung auch Zuschläge für ⇗ Sonntags-, ⇗ Feiertags- und ⇗ Nachtarbeit einbezogen sind, ist auch dieser Teil der Urlaubsabgeltung steuerpflichtig, weil die Zuschläge nicht für tatsächlich geleistete Arbeit zu den begünstigten Zeiten gezahlt werden.

Zinsen aus Urlaubsabgeltung

Die Urlaubsabgeltung wird in der Praxis oft verzögert gewährt, z. B. nach Rechtsstreit bei Kündigungsschutzklage. In einem solchen Fall hat der Arbeitnehmer zusätzlich Anspruch auf einen vom Gericht festgesetzten Verzugszins. Dieser Verzugszins stellt im Vergleich zur Urlaubsabgeltung keinen lohnsteuerrechtlichen Arbeitslohn dar. Die Zinsen sind daher lohnsteuerfrei.

Urlaubsabgeltung im Baugewerbe

Die Zahlungen der Urlaubs- und Lohnausgleichskasse der Bauwirtschaft (ULAK) rechnen zum Arbeitslohn. Das Besondere ist, dass diese ⇗ Lohnzahlungen durch einen Dritten im Auftrag des Arbeitgebers erfolgen, und dieser Dritte die Pflichten des Arbeitgebers übernommen hat.[1]

Die Lohnsteuer für diese Zahlungen (sonstige Bezüge) wird regelmäßig mit dem festen Steuersatz von 20 % erhoben. Weil dies keine pauschale Lohnsteuer ist, werden die Bezüge und die einbehaltene Lohnsteuer i. d. R. bei einer Einkommensteuerveranlagung des Arbeitnehmers berücksichtigt. Voraussetzung für die Steuererhebung mit 20 % ist, dass der vom Dritten gezahlte Jahresarbeitslohn 10.000 EUR nicht übersteigt.[2]

Die ULAK teilt dem Finanzamt sowohl den Arbeitslohn als auch die einbehaltenen Lohnzahlungen durch eine elektronische ⇗ Lohnsteuerbescheinigung mit.

Sozialversicherung

Beitragsrechtliche Behandlung

Urlaubsabgeltungen, die Arbeitnehmer für nicht in Anspruch genommenen Urlaub erhalten, gelten als Arbeitsentgelt. Beitragsrechtlich stellen sie eine ⇗ Einmalzahlung dar und sind im Monat der Auszahlung der Beitragspflicht zu unterwerfen. Urlaubsabgeltungen, die wegen Beendigung des Arbeitsverhältnisses gezahlt werden, sind beitragsrechtlich ebenfalls als Einmalzahlung zu behandeln und dem letzten ⇗ Lohnabrechnungszeitraum zuzuordnen.

Abgeltungen wegen Todes

Der Anspruch auf bezahlten Jahresurlaub geht mit dem Tod des Arbeitnehmers nicht unter. Dies gilt unabhängig davon, ob der Tod im laufenden Arbeitsverhältnis oder aber erst nach seinem rechtlichen Ende eingetreten ist. Nach der Rechtsprechung des BAG[3] geht bei Beendigung des Arbeitsverhältnisses zwar der Freistellungsanspruch unter, die Vergütungskomponente des Urlaubsanspruchs bleibt jedoch als Abgeltungsanspruch bestehen. Dieser Vergütungsanspruch ist noch während des Arbeitsverhältnisses bei dem Arbeitnehmer entstanden und ist dementsprechend als einmalige Einnahme aus der Beschäftigung zu werten. Die Entscheidung des BAG geht auf eine Entscheidung des EuGH[4] zurück.

Abgeltungen im Baugewerbe

Arbeitnehmer des ⇗ Baugewerbes haben Anspruch auf Urlaubsabgeltungen sowie Entschädigungsansprüche nach dem Bundesrahmentarifvertrag für das Baugewerbe. Urlaubsabgeltungen nach § 8 BRTV-Bau sind Arbeitsentgelt und beitragsrechtlich als Einmalzahlung zu behandeln. Das gilt auch für Urlaubsabgeltungen, die erst nach einer 3-monatigen branchenfremden Tätigkeit ausgezahlt werden.[5] Die Urlaubs- und Lohnausgleichskasse (ULAK) berechnet den Arbeitnehmer-Beitragsanteil, der auf die Urlaubsabgeltung entfällt, und behält diesen ein. An den anspruchsberechtigten Arbeitnehmer wird eine Nettoabgeltung von der ULAK gezahlt. Den einbehaltenen Arbeitnehmer-Beitragsanteil überweist die ULAK an den Arbeitgeber, der den Gesamtbeitrag an die zuständige Einzugsstelle abführt.

⇗ Entschädigungen nach § 8 Nr. 8 BRTV-Bau sind kein Arbeitsentgelt, da der Anspruch hierauf erst entsteht, wenn die Urlaubsansprüche verfallen sind und es sich nicht um einen Anspruch aus dem Arbeitsverhältnis, sondern um einen originären Anspruch gegen die Urlaubs- und Lohnausgleichskasse handelt.

Anrechnung auf das regelmäßige Jahresarbeitsentgelt

Zahlungen des Arbeitgebers zur Abgeltung von nicht in Anspruch genommenem Urlaub sind bei der Ermittlung des regelmäßigen ⇗ Jahresarbeitsentgelts nicht anzurechnen. Grund dafür ist, dass es sich hierbei um Bezüge handelt, welche nicht mit hinreichender Sicherheit erwartet werden können.[6]

Urlaubsentgelt

Urlaubsentgelt bezeichnet die Lohn- und Gehaltsfortzahlung während des Urlaubs eines Arbeitnehmers. Im Gegensatz dazu ist ⇗ Urlaubsgeld ein freiwilliges zusätzliches Entgelt, das einen Beitrag zu den urlaubsbedingten Aufwendungen des Arbeitnehmers darstellen soll. Abzugrenzen ist das Urlaubsentgelt außerdem von der ⇗ Urlaubsabgeltung. Diese stellt den monetären Ersatz nach Beendigung der Beschäftigung von zustehendem, jedoch nicht gewährtem Erholungsurlaub eines Arbeitnehmers dar.

Gesetze, Vorschriften und Rechtsprechung

Lohnsteuer: Der gezahlte Arbeitslohn gehört i. S. v. § 19 EStG zum **steuerpflichtigen** Arbeitslohn.

Sozialversicherung: Das für die Dauer eines Urlaubs gewährte Entgelt ist nach § 14 SGB IV laufendes Arbeitsentgelt.

1 § 38 Abs. 3a EStG.
2 § 39c Abs. 3 EStG.
3 BAG, Urteil v. 22.1.2019, 9 AZR 45/16; BAG, Urteil v. 22.1.2019, 9 AZR 328/16.
4 EUGH, Urteil v. 12.6.2014, C 118/13.
5 § 8 Nr. 6.1 BRTV-Bau.
6 BSG, Urteil v. 9.2.1993, 12 RK 26/90.

Entgelt	LSt	SV
Urlaubsentgelt	pflichtig	pflichtig

Lohnsteuer

Der während des Urlaubs weitergezahlte Arbeitslohn (Urlaubsentgelt) gehört zum steuerpflichtigen Arbeitslohn i. S. v. § 19 EStG und ist zusammen mit dem übrigen Arbeitslohn des ⇗ Lohnzahlungszeitraums zu versteuern. Pauschale Zahlungen für während des Urlaubs nicht geleistete Arbeit während der Nacht sind steuerpflichtig.

Sozialversicherung

Beitragsrechtliche Bewertung

Das für die Dauer eines Urlaubs gewährte ⇗ Entgelt (Urlaubsentgelt) ist Arbeitsentgelt im Sinne der Sozialversicherung[1] und unterliegt damit auch der Beitragspflicht. Beim Urlaubsentgelt handelt es sich um laufendes Arbeitsentgelt. Es ist dem Abrechnungszeitraum zuzurechnen, in dem es erzielt wird, und bis zur jeweiligen Beitragsbemessungsgrenze der Beitragsberechnung zu unterwerfen.

Urlaubsgeld

Urlaubsgeld ist eine zusätzliche, für die Dauer des Urlaubs gezahlte Vergütung. Dagegen bezeichnet ⇗ Urlaubsentgelt die Lohn- und Gehaltsfortzahlung während des Erholungsurlaubs. Zuweilen wird das Urlaubsgeld als zusätzliches 13. Monatsgehalt oder als Zuschussbetrag gezahlt. Teilweise wird es als prozentuale Erhöhung des Urlaubsentgelts ausgewiesen. Abzugrenzen sind die Leistungen Urlaubsgeld und Urlaubsentgelt, die während einer bestehenden Beschäftigung bezahlt werden, von der ⇗ Urlaubsabgeltung. Dabei handelt es sich um den monetären Ersatz von zustehendem, jedoch nicht gewährtem Erholungsurlaub eines Arbeitnehmers. Die Urlaubsabgeltung ist nur nach Beendigung der Beschäftigung möglich

Gesetze, Vorschriften und Rechtsprechung

Lohnsteuer: Das zusätzlich gezahlte Urlaubsgeld gehört zum steuerpflichtigen Arbeitslohn i. S. v. § 19 EStG. Nicht fortlaufend gezahltes Urlaubsgeld stellt gem. R 39b.2 LStR einen sonstigen Bezug dar.

Sozialversicherung: Die beitragsrechtliche Berücksichtigung von Urlaubsgeld (Einmalzahlung) in der Kranken-, Pflege-, Renten- und Arbeitslosenversicherung regelt einheitlich § 23a SGB IV.

Entgelt	LSt	SV
Urlaubsgeld	pflichtig	pflichtig

Lohnsteuer

Urlaubsgeld ist sonstiger Bezug

Das zusätzlich gezahlte Urlaubsgeld gehört zum steuerpflichtigen Arbeitslohn. Zum steuerpflichtigen Arbeitslohn rechnen grundsätzlich sämtliche Zahlungen, die der Arbeitgeber aufgrund des Dienstverhältnisses leistet. Dabei spielt es keine Rolle, ob die Vergütung bzw. Sonderzahlung auf tarifvertraglicher, betrieblicher oder einzelvertraglicher Regelung beruht oder als freiwillige Leistung des Arbeitgebers gewährt wird. Lohnsteuerlich stellt zusätzlich gezahltes Urlaubsgeld – bei einmaliger oder auch bei Zahlung nach den genommenen Urlaubstagen – einen ⇗ sonstigen Bezug dar; die Lohnsteuer ist nach der Jahreslohnsteuertabelle zu ermitteln.

Anders verhält es sich bei fortlaufend gezahltem Urlaubsgeld, z. B. wenn der Arbeitgeber über das Jahr verteilt monatlich 1/12 auszahlt. Diese Zahlungen stellen laufenden Arbeitslohn dar.

Hat der Arbeitgeber für den Arbeitslohn eines teilzeitbeschäftigten Arbeitnehmers die Lohnsteuerpauschalierung gewählt, ist das Urlaubsgeld ebenfalls als Einmalzahlung anzusetzen. Für die Prüfung von Entgeltgrenzen ist das Urlaubsgeld regelmäßig auf die maßgebende Beschäftigungsdauer zu verteilen.

Sozialversicherung

Urlaubsgeld gilt als Einmalzahlung

Urlaubsgeld wird nicht für die Arbeit in einem einzelnen Entgeltabrechnungszeitraum gezahlt. Es handelt sich um eine ⇗ Einmalzahlung, die nicht zum laufenden Arbeitsentgelt zählt.

Beitragsrecht

Für die beitragsrechtliche Berücksichtigung von Einmalzahlungen in der Kranken-, Pflege-, Renten- und Arbeitslosenversicherung gelten einheitliche Regelungen.[2]

Einmalig gezahltes Arbeitsentgelt ist nur dann beitragspflichtig, wenn es tatsächlich ausgezahlt wird: Es gilt das Zuflussprinzip. Grundsätzlich ist die Einmalzahlung dem Entgeltabrechnungszeitraum zuzuordnen, in dem sie gezahlt wird.

Wird Urlaubsgeld allerdings als Zuschlag zu den in einem Arbeitsmonat geleisteten Arbeitsstunden gezahlt und auch zusammen mit dem erzielten Entgelt monatlich ausgezahlt, liegt keine Einmalzahlung vor.[3]

Im Baugewerbe teilt sich das Urlaubsentgelt in eine Urlaubsvergütung und ein zusätzliches Urlaubsgeld auf. Das zusätzliche Urlaubsgeld gilt dabei als einmalig gezahltes Arbeitsentgelt.

Anrechnung auf das Jahresarbeitsentgelt

Urlaubsgeld wird nur dann bei der Ermittlung des regelmäßigen ⇗ Jahresarbeitsentgelts berücksichtigt, wenn es regelmäßig gezahlt wird. Diese Regelmäßigkeit liegt nur dann vor, wenn es mindestens einmal jährlich mit hinreichender Sicherheit zur Auszahlung kommt.

Verbindungsstellen

Mit verschiedenen Staaten bestehen Regelungen im über- und zwischenstaatlichen Recht sowie Abkommen über Soziale Sicherheit. Für die Durchführung der bestehenden Regelungen wurden sowohl in den einzelnen Staaten, mit denen Regelungen im über- und zwischenstaatlichen Recht bestehen, als auch in den Staaten, mit denen ein Abkommen über Soziale Sicherheit besteht, Verbindungsstellen eingerichtet. Die Verbindungsstellen sind Ansprechpartner untereinander und stellen den Informationsaustausch mit den ausländischen Trägern sicher. Für die einzelnen Sozialversicherungszweige gibt es separate Verbindungsstellen.

Gesetze, Vorschriften und Rechtsprechung

Sozialversicherung: Für den Bereich der EU-, EWR-Staaten und die Schweiz wurden die Verbindungsstellen im Rahmen der Verordnung (EG) über soziale Sicherheit Nr. 883/2004 und der Verordnung (EWG) über soziale Sicherheit Nr. 1408/1971 sowie in den jeweiligen Durchführungsverordnungen geregelt. Im Rahmen der bestehenden bilateralen Abkommen sind die Verbindungsstellen in der Regel im Abkommen direkt oder in den entsprechenden Durchführungsvereinbarungen genannt. Im Rahmen des deutschen Rechts finden sich Vorschriften zu den Verbindungsstellen in den einzelnen Titeln des Sozialgesetzbuches.

1 § 14 SGB IV.

2 § 23a SGB IV.

3 BSG, Urteil v. 3.3.1994, 1 RK 17/93.

Sozialversicherung

Aufgaben

Die Verbindungsstellen kooperieren mit den deutschen gesetzlichen Trägern und verschiedenen internationalen Organisationen in über 40 Staaten. Dies sind die ausländischen Träger in den EU-, EWR-Staaten und der Schweiz sowie den Staaten, mit denen Deutschland ein bilaterales ⇗ Sozialversicherungsabkommen geschlossen hat. Die Verbindungsstellen sind Ansprechpartner für andere Sozialversicherungsträger, Versicherte, Arbeitgeber, Verbände. Die Verbindungsstellen beraten in versicherungs- und leistungsrechtlichen Fragen zu den im über- und zwischenstaatlichen Bereich geltenden Regelungen. Für die verschiedenen Zweige der Sozialversicherung gibt es separate Verbindungsstellen, die auf die jeweiligen Bedürfnisse und Aufgaben spezialisiert sind.

Vereinbarungen und Vordrucke

Die Verbindungsstellen schließen mit den ausländischen Verbindungsstellen Vereinbarungen, in denen insbesondere die Details für die Umsetzung der über- und zwischenstaatlichen Regelungen und den Abkommen in der Praxis geregelt sind. Hierzu gehören insbesondere Verwaltungsvereinbarungen, in denen das zwischenstaatliche Verfahren geregelt ist. Ebenso werden in der Regel zweisprachige Vordrucke vereinbart. Mit diesen Vordrucken werden unter anderem die anzuwendenden Rechtsvorschriften festgelegt, Informationen ausgetauscht, Sachleistungsansprüche gewährt sowie Änderungen mitgeteilt. Weiterhin können mit diesen Vordrucken auch Versicherungszeiten bestätigt werden. Weitere Aufgaben der Verbindungsstellen sind die Gewährung und Abrechnung von Leistungen.

Zuständigkeiten

Für die verschiedenen Sozialversicherungszweige sowie einzelne spezielle Bereiche gibt es einzelne Verbindungsstellen. Hierbei sind insbesondere die verschiedenen Zuständigkeitsabgrenzungen zu beachten.

Kranken- und Pflegeversicherung

Der GKV-Spitzenverband, DVKA, ist die Verbindungsstelle für die Kranken- und Pflegeversicherung.

Arbeitsförderung

Die Deutsche Verbindungsstelle der Arbeitsförderung – Ausland sowie für Familienleistungen ist die Bundesagentur für Arbeit.

Kontaktdaten
Homepage: www.arbeitsagentur.de
Telefonnummer: 0911 179-0
E-Mail: zentrale@arbeitsagentur.de

Rentenversicherung

Im Bereich der deutschen Rentenversicherung gibt es verschiedene Verbindungsstellen. Die Zuständigkeit der jeweiligen Rentenversicherungsträger richtet sich nach dem Land, in dem in der Vergangenheit die Beiträge entrichtet wurden.

Die Deutsche Rentenversicherung Bund und die Deutsche Rentenversicherung Knappschaft-Bahn-See sind immer zuständige Verbindungsstellen, wenn Beiträge dorthin entrichtet wurden.

Kontaktdaten
Deutsche Rentenversicherung Bund
Homepage: www.deutsche-rentenversicherung.de
Telefonnummer: 0800 1000 480 70

Deutsche Rentenversicherung Knappschaft-Bahn-See
Homepage: www.kbs.de
Telefonnummer: 0800 1000 48080
E-Mail: rentenversicherung@kbs.de

Für andere Staaten sind folgende Zweigstellen zuständig:

Verbindungsstellen Rentenversicherung	
Staaten	**Rentenversicherungsträger**
Australien	Oldenburg-Bremen
Belgien	Rheinland
Bosnien-Herzegowina	Bayern Süd
Brasilien	Nordbayern
Bulgarien	Mitteldeutschland
Chile	Rheinland
Dänemark	Nord
Estland	Nord
Finnland	Nord
Frankreich	Rheinland-Pfalz (in Ausnahmefällen Saarland)
Griechenland	Baden-Württemberg
Irland	Nord
Island	Westfalen
Israel	Rheinland
Italien	Schwaben (in Ausnahmefällen Saarland)
Japan	Braunschweig-Hannover
Kanada	Nord
Korea	Braunschweig-Hannover
Kosovo	Bayern Süd
Kroatien	Bayern Süd
Lettland	Nord
Liechtenstein	Baden-Württemberg
Litauen	Nord
Luxemburg	Rheinland-Pfalz (in Ausnahmefällen Saarland)
Malta	Schwaben
Marokko	Schwaben
Mazedonien	Bayern Süd
Montenegro	Bayern Süd
Niederlande	Westfalen
Norwegen	Nord
Österreich	Bayern Süd
Polen	Berlin-Brandenburg
Portugal	Nordbayern
Rumänien	Nordbayern
Schweden	Nord
Schweiz	Baden-Württemberg
Serbien	Bayern Süd
Slowakei	Bayern Süd
Slowenien	Bayern Süd
Spanien	Rheinland
Tschechien	Bayern Süd
Türkei	Nordbayern
Tunesien	Schwaben
Ungarn	Mitteldeutschland
Uruguay	Rheinland
USA	Nord
Vereinigtes Königreich	Nord
Zypern	Baden-Württemberg

Unfallversicherung

Die Deutsche Gesetzliche Unfallversicherung ist die Verbindungsstelle für den Bereich der Unfallversicherung.

Kontaktdaten	
Homepage:	www.dguv.de
Telefonnummer:	0800 60 50 404

Die DGUV ist für Grundsatzfragen zuständig. Für die Gewährung der Sachleistungsaushilfe im Rahmen der Unfallversicherung sind die nachfolgenden Berufsgenossenschaften zuständig. Die Zuständigkeit richtet sich nach den einzelnen Ländern.

Verbindungsstellen Unfallversicherung

Staaten	Verbindungsstelle
Belgien	Berufsgenossenschaft Rohstoffe und chemische Industrie, Bochum
Bosnien-Herzegowina	Berufsgenossenschaft Handel und Warenlogistik
Brasilien	Berufsgenossenschaft Nahrungsmittel- und Gastgewerbe
Bulgarien	Berufsgenossenschaft BAU, München
Chile	
Dänemark	Berufsgenossenschaft für Transport und Verkehrswirtschaft
Estland	Berufsgenossenschaft für Transport und Verkehrswirtschaft
Finnland	Berufsgenossenschaft für Transport und Verkehrswirtschaft
Frankreich	Berufsgenossenschaft Nahrungsmittel- und Gastgewerbe
Griechenland	Berufsgenossenschaft Energie Textil Elektro Medienerzeugnisse
Irland	Berufsgenossenschaft für Transport und Verkehrswirtschaft
Island	Berufsgenossenschaft für Transport und Verkehrswirtschaft
Israel	Berufsgenossenschaft für Transport und Verkehrswirtschaft
Italien	Berufsgenossenschaft Rohstoffe und chemische Industrie, Heidelberg
Kanada	DGUV
Kosovo	Berufsgenossenschaft Handel und Warenlogistik
Kroatien	Berufsgenossenschaft Handel und Warenlogistik
Lettland	Berufsgenossenschaft für Transport und Verkehrswirtschaft
Liechtenstein	Berufsgenossenschaft BAU, München
Litauen	Berufsgenossenschaft für Transport und Verkehrswirtschaft
Luxemburg	Berufsgenossenschaft für Transport und Verkehrswirtschaft
Malta	DGUV
Marokko	Berufsgenossenschaft Energie Textil Elektro Medienerzeugnisse
Mazedonien	Berufsgenossenschaft Handel und Warenlogistik
Montenegro	Berufsgenossenschaft Handel und Warenlogistik
Niederlande	Berufsgenossenschaft für Transport und Verkehrswirtschaft
Norwegen	Berufsgenossenschaft für Transport und Verkehrswirtschaft
Österreich	Berufsgenossenschaft BAU, München
Polen	Berufsgenossenschaft für Transport und Verkehrswirtschaft
Portugal	Berufsgenossenschaft Nahrungsmittel- und Gastgewerbe
Rumänien	Berufsgenossenschaft BAU, München
Schweden	Berufsgenossenschaft für Transport und Verkehrswirtschaft
Schweiz	Berufsgenossenschaft Nahrungsmittel- und Gastgewerbe
Serbien	Berufsgenossenschaft Handel und Warenlogistik
Slowakei	Berufsgenossenschaft für Transport und Verkehrswirtschaft
Slowenien	Berufsgenossenschaft Handel und Warenlogistik
Spanien	Berufsgenossenschaft Nahrungsmittel- und Gastgewerbe
Tschechien	Berufsgenossenschaft für Transport und Verkehrswirtschaft
Türkei	Berufsgenossenschaft Energie Textil Elektro Medienerzeugnisse
Tunesien	Berufsgenossenschaft Energie Textil Elektro Medienerzeugnisse
Ungarn	Berufsgenossenschaft BAU, München
Vereinigtes Königreich	Berufsgenossenschaft für Transport und Verkehrswirtschaft
Zypern	DGUV

Alterssicherung der Landwirte

Die Sozialversicherung für Landwirtschaft, Forsten und Gartenbau ist die Verbindungsstelle für den Bereich der Alterssicherung der Landwirte.

Kontaktdaten	
Homepage:	www.svlfg.de
Telefonnummer:	0561 9359-0

Beamtenversorgung

Die Deutsche Rentenversicherung Bund ist die Verbindungsstelle für die Beamtenversorgung.

Berufsständische Versorgungseinrichtungen

Die Arbeitsgemeinschaft berufsständischer Versorgungseinrichtungen e. V. ist die Verbindungsstelle für die Berufsständischen Versorgungseinrichtungen.

Kontaktdaten	
Homepage:	www.abv.de
Telefonnummer:	030 8009310-0
E-Mail:	info@abv.de

Vereinsbeitrag

Übernimmt der Arbeitgeber Mitglieds- oder Vereinsbeiträge des Arbeitnehmers von Vereinen, Vereinigungen oder Versorgungseinrichtungen, stellt dies einen lohnsteuer- und beitragspflichtigen geldwerten Vorteil dar. Eine Aufteilung in einen privaten und einen beruflichen Anteil kommt nicht in Betracht.

So ist etwa die arbeitgeberseitige Übernahme der Beiträge des Arbeitnehmers zum Anwaltsverein typischerweise Arbeitslohn, weil das Eigeninteresse des Arbeitnehmers dem betrieblichen Interesse des Arbeitgebers nicht nachsteht.

Liegt der Arbeitgebererstattung ein eigenbetriebliches bzw. überwiegend eigenbetriebliches Interesse zugrunde, liegt kein steuerpflichtiger Arbeitslohn vor. Erstattet z. B. eine GmbH ihrem Geschäftsführer Mitgliedsbeiträge für einen Industrieclub, handelt es sich nicht um steuerpflichtigen Arbeitslohn, wenn der Clubbeitritt im ganz überwiegenden betrieblichen Interesse des Arbeitgebers erfolgt und die GmbH nicht selbst Clubmitglied werden kann.

Die Übernahme oder Bezuschussung von Mitgliedsbeiträgen des Arbeitnehmers, z. B. in einem Sport- oder Fitnessclub, fällt nicht unter die 50-EUR-Grenze für geringfügige Sachbezüge. Auch die Steuerbefreiungsvorschrift für Gesundheitsleistungen von 600 EUR jährlich greift hier nicht.

Gesetze, Vorschriften und Rechtsprechung

Lohnsteuer: Die Lohnsteuerpflicht ergibt sich aus § 19 Abs. 1 EStG i. V. m. R 19.3 LStR. Zur Frage, ob die Arbeitgebererstattung im überwiegend eigenbetrieblichen Interesse erfolgt s. BFH, Urteil v. 1.4.2009, VI R 32/08, BStBl 2009 II S. 462, BFH, Urteil v. 20.9.1985, VI R 120/82, BStBl 1985 II S. 718 sowie BFH, Urteil v. 21.3.2013, VI R 31/10, BStBl. 2013 II S. 700.

Sozialversicherung: Die Beitragspflicht ergibt sich aus § 14 Abs. 1 SGB IV.

Entgelt	LSt	SV
Arbeitgeberersatz eines Mitglieds- oder Vereinsbeitrags	pflichtig	pflichtig
Arbeitgeberersatz eines Mitglieds- oder Vereinsbeitrags im überwiegend eigenbetrieblichen Interesse	frei	frei

Verjährung

Die Erhebung der Verjährungseinrede gibt dem Schuldner ein dauerndes Leistungsverweigerungsrecht gegen den vom Gläubiger geltend gemachten Anspruch; der Anspruch bleibt jedoch bestehen (Aufrechnungsmöglichkeit!). Die Einrede der Verjährung ist vom Schuldner geltend zu machen, sie wird vom Gericht nicht von Amts wegen berücksichtigt. Diese Grundsätze gelten auch im Arbeitsrecht. Für die überwiegende Zahl arbeitsrechtlicher Ansprüche gilt die Regelverjährung von 3 Jahren. Die Verjährung ist zu unterscheiden von den arbeitsrechtlichen Ausschlussfristen.

Steuerlich ist zwischen der Zahlungsverjährung und der Festsetzungsverjährung zu unterscheiden. Beide Fristen können unterbrochen oder deren Ablauf gehemmt werden.

Beitragsansprüche im Sozialversicherungsrecht verjähren grundsätzlich nach Ablauf von 4 Kalenderjahren nach Entstehen des Anspruchs.

Gesetze, Vorschriften und Rechtsprechung

Lohnsteuer: Die Zahlungsverjährung ist in § 228 AO geregelt; die Festsetzungsverjährung in § 169 AO.

Sozialversicherung: Für die Sozialversicherungsbeiträge, die Insolvenzgeldumlage und die Umlagebeiträge für Entgeltfortzahlung regelt § 25 SGB IV bzw. § 10 AAG die Verjährung von Beitragsforderungen. Die Verjährung von Rückerstattungsansprüchen auf alle genannten Beiträge ist in § 27 SGB IV vorgeschrieben. Erstattungsansprüche wegen Entgeltfortzahlung und Mutterschaft verjähren in 4 Jahren nach Ablauf des Kalenderjahres, in dem sie entstanden sind (§ 6 AAG). Ansonsten gelten die Vorschriften des BGB sinngemäß.

Lohnsteuer

Zahlungsverjährung nach 5 Jahren

Die Verjährungsfrist für die Lohnsteuerschuld (Zahlungsverjährung) beträgt 5 Jahre.[1] Diese Verjährung beginnt mit Ablauf des Kalenderjahres, in dem der Anspruch erstmals fällig geworden ist.

Weil für die Lohnsteuer eine ⇗ Lohnsteuer-Anmeldung erst die Voraussetzung für die Durchsetzung des Anspruchs schafft, beginnt die Verjährung auch bei früherer Fälligkeit des Anspruchs nicht vor Ablauf des Kalenderjahres, in dem die Lohnsteuer-Anmeldung (Steuerbescheid) wirksam geworden ist.

Festsetzungsverjährung nach 4 Jahren

Die sog. Festsetzungsverjährung, nach deren Ablauf eine (Lohn-)Steuerfestsetzung, ihre Aufhebung oder Änderung nicht mehr zulässig ist, beträgt im Allgemeinen 4 Jahre, bei hinterzogenen Steuern 10 Jahre und bei leichtfertig verkürzten Steuern 5 Jahre.[2] Die Festsetzungsfrist beginnt mit Ablauf des Kalenderjahres, in dem die Steuer entstanden ist bzw. mit Ablauf des Kalenderjahres, in dem die Lohnsteuer-Anmeldung eingereicht wird.

Zahlungsverjährung und Festsetzungsverjährung sind in ihrem Ablauf gehemmt, solange der Anspruch wegen höherer Gewalt innerhalb der letzten 6 Monate der Frist nicht verfolgt werden kann.

Beispiel

Festsetzungsfrist bei einer Lohnsteuer-Außenprüfung

Bei dem Unternehmen A soll im Kalenderjahr 2024 eine ⇗ Lohnsteuer-Außenprüfung durchgeführt werden. Die letzte Lohnsteuer-Außenprüfung bei A fand im Jahr 2018 statt.

Die monatlichen Lohnsteuer-Anmeldungen wurden durch A stets fristgerecht abgegeben:

a) November 2019 ist am 10.12.2019 eingereicht worden,

b) Dezember 2019 wurde bis zum 10.1.2020 eingereicht.

Ergebnis: Die Festsetzungsfrist beginnt mit Ablauf des Kalenderjahres, in dem die Lohnsteuer-Anmeldung eingereicht wurde.

Damit beginnt die Festsetzungsfrist für die Lohnsteuer mit Ablauf des

a) 31.12.2019,

b) 31.12.2020.

Die Festsetzungsfrist beträgt 4 Jahre und endet mit Ablauf des

a) 31.12.2023 bzw.

b) 31.12.2024.

Bei A kann daher im Kalenderjahr 2024 für die Lohnsteuer-Anmeldungszeiträume November 2019 und früher grds. keine Lohnsteuer-Außenprüfung mehr durchgeführt werden. Anders für den Anmeldezeitraum Dezember 2019, dieser kann im Kalenderjahr 2024 noch geprüft werden.

Maßnahmen zur Unterbrechung der Verjährung

Die Finanzverwaltung kann die Zahlungsverjährung unterbrechen durch

- schriftliche Zahlungsaufforderung,
- Zahlungsaufschub oder ⇗ Stundung sowie
- Aussetzung der Vollziehung der fälligen Steuer,
- Einforderung einer Sicherheitsleistung,
- Vollstreckungsmaßnahme oder Vollstreckungsaufschub,
- Anmeldung des Insolvenzverfahrens oder
- Ermittlungen des Finanzamts über Wohnsitz oder Aufenthalt des Zahlungspflichtigen.

1 § 228 AO.
2 § 169 AO.

Weist das Finanzamt den Arbeitgeber durch Versendung von Merkblättern lediglich auf die Lohnsteuerpflicht bestimmter Beträge hin, unterbricht dies nicht die Verjährung von Lohnsteueransprüchen.

Mit Ablauf des Kalenderjahres, in dem eine Unterbrechung endet, beginnt die Verjährungsfrist erneut zu laufen.

Ablaufhemmung durch Lohnsteuer-Außenprüfung

Eine ⇗ Lohnsteuer-Außenprüfung hemmt den Ablauf der Festsetzungsverjährung. Wird mit der Außenprüfung vor Ablauf der Verjährungsfrist begonnen oder wird deren Beginn auf Antrag des Arbeitgebers hinausgeschoben, verjähren die Steueransprüche, auf die sich die Prüfung erstreckt, oder im Fall der Hinausschiebung der Prüfung erstrecken sollte, nicht,

- bevor die dazu erlassenen Haftungsbescheide bestandskräftig geworden sind oder
- bevor 3 Monate verstrichen sind, nachdem dem Arbeitgeber die Mitteilung des Finanzamts zugegangen ist, dass von einer Steuerfestsetzung abgesehen wird bzw. sie unterbleibt.

Eine Außenprüfung hemmt nicht nur die Verjährung des Lohnsteuer-Haftungsanspruchs gegenüber dem Arbeitgeber, sondern auch die Verjährung eines Anspruchs gegen den Arbeitnehmer. Ist der Steueranspruch gegen den Arbeitnehmer verjährt, kann auch der Arbeitgeber nicht mehr als Haftender in Anspruch genommen werden, es sei denn, es ist ihm zuvor ein Haftungsbescheid zugegangen oder ihm selbst wird eine Steuerhinterziehung angelastet.

Sozialversicherung

Verjährungsfristen

Allgemeine Verjährungsfrist von 4 Jahren

Ansprüche auf Beiträge zur Kranken-, Pflege-, Renten- und Arbeitslosenversicherung, die ⇗ Insolvenzgeldumlage und die Umlagen nach dem AAG für die Erstattung der Arbeitgeberaufwendungen bei ⇗ Entgeltfortzahlung und Mutterschaft verjähren in 4 Jahren nach Ablauf des Kalenderjahres, in dem sie fällig geworden sind.

Fällig geworden sind die Beiträge mit dem Tag, von dem an die Einzugsstelle ihre Zahlung fordern kann.

Beispiel

Beiträge für Januar 2014

Fälligkeit 29.1.2014, Ablauf des Fälligkeitsjahres 31.12.2014, Ende der Verjährungsfrist 31.12.2018. Die Beiträge sind am 1.1.2019 verjährt.

Beiträge für Dezember 2014

Fälligkeit 23.12.2014, Ablauf des Fälligkeitsjahres 31.12.2014, Ende der Verjährungsfrist 31.12.2018. Die Beiträge sind am 1.1.2019 verjährt.

Beiträge zur Unfallversicherung werden erst durch den Beitragsbescheid fällig.

Verjährungsfrist von 30 Jahren

Vorsätzlich vorenthaltene Beiträge verjähren in 30 Jahren nach Ablauf des Kalenderjahres, in dem sie fällig geworden sind.[1] Vorsatz ist dann anzunehmen, wenn der Arbeitgeber die ⇗ Arbeitnehmeranteile zwar vom Bruttoentgelt einbehalten, aber nicht an die Einzugsstelle abgeführt hat. Der bedingte Vorsatz reicht für die lange Verjährungsfrist aber auch schon aus. Wenn die Sozialversicherungsträger im Einzelfall einen Vorsatz oder bedingten Vorsatz anwenden wollen, müssen sie auch den Beweis dafür erbringen.

1 § 25 Abs. 1 SGB IV.

Achtung

Bedingter Vorsatz kann schnell eintreten

Bedingter Vorsatz liegt bereits vor, wenn sich der Arbeitgeber nicht ausreichend um seine Aufgaben und Verpflichtungen kümmert und ihm die Folgen egal sind (er sie „billigend in Kauf" nimmt).

Wirkung der Verjährung

Die Verjährung ist von Amts wegen zu berücksichtigen.[2] Die Verjährung tritt damit auch ein, ohne dass sie beantragt oder verlangt werden muss. Vielmehr darf die ⇗ Einzugsstelle verjährte Beiträge weder einziehen noch annehmen, selbst wenn der Arbeitgeber oder der jeweilige Beitragsschuldner sie zur Zahlung anbietet. Diese Regelung betrifft nur die von der Krankenkasse als Einzugsstelle einzuziehenden Gesamtsozialversicherungsbeiträge sowie Beiträge zur Unfallversicherung, die Insolvenzgeldumlage und die Umlagen zur Erstattung der Aufwendungen bei Entgeltfortzahlung und Mutterschaft. Sie gilt nicht für die Möglichkeiten und Fristen bei der Nachentrichtung von Rentenversicherungsbeiträgen.

Hemmung und Unterbrechung

Für die Hemmung und die Unterbrechung gelten die Vorschriften des Bürgerlichen Gesetzbuchs für die Sozialversicherung einschließlich der Beiträge zur Unfallversicherung, der Insolvenzgeldumlage und der Umlagen zur Erstattung der Aufwendungen bei Entgeltfortzahlung und Mutterschaft sinngemäß. Wird die Verjährung durch Mahnung an den Arbeitgeber oder durch Bereiterklärung des Arbeitgebers zur Nachentrichtung der rückständigen Beiträge unterbrochen, so beginnt eine neue Frist von 4 Jahren – gerechnet von der Unterbrechung an. Durch ein Beitragsstreitverfahren wird die Verjährungsfrist lediglich gehemmt; sie verlängert sich damit um die Dauer des Streitverfahrens. Das gilt auch, wenn Beitragsforderungen durch eine ⇗ Stundung ausgesetzt werden. Die Verjährungsfrist verlängert sich um die Zeit der Stundung. Wird die Stundung abgelehnt, unterbricht der Stundungsantrag die Verjährungsfrist.

Hemmung und Unterbrechung bei Betriebsprüfung

Für die Dauer einer ⇗ Betriebsprüfung durch einen Sozialversicherungsträger beim Arbeitgeber wird die Verjährung gehemmt.[3]

Die Hemmung beginnt mit dem Tag des Beginns der Prüfung beim Arbeitgeber oder bei der vom Arbeitgeber mit der Lohn- und Gehaltsabrechnung beauftragten Stelle (Steuerberater). Sie endet mit der Bekanntgabe des Beitragsbescheids, spätestens aber nach Ablauf von 6 Kalendermonaten nach Abschluss der Prüfung.

Hinweis

Keine Hemmung der Verjährung bei unterbrochener Betriebsprüfung

Wird eine Betriebsprüfung unmittelbar nach ihrem Beginn für die Dauer von mehr als 6 Monaten unterbrochen, wird die Verjährung nicht gehemmt. Dies gilt jedoch nur, wenn die prüfende Stelle die Unterbrechung zu vertreten hat.

Die Rentenversicherungsträger führen Betriebsprüfungen nach Möglichkeit spätestens im 4-jährigen Rhythmus durch. Dadurch soll der Eintritt einer Verjährung von vornherein vermieden werden.

Verjährung bei Beitragserstattung

Beanstandung von Beiträgen durch den Arbeitgeber

Der Anspruch auf Rückerstattung von Beiträgen zur Kranken-, Pflege-, Renten- und Arbeitslosenversicherung verjährt innerhalb von 4 Jahren nach Ablauf des Kalenderjahres der Entrichtung. Diese Regelung betrifft Beiträge, die in der irrtümlichen Annahme der Versicherungspflicht oder -berechtigung zu Unrecht entrichtet worden sind. Zu Unrecht entrichtete Beiträge darf die Einzugsstelle auch dann erstatten, wenn sie verjährt sind. Die Verjährung wirkt in diesen Fällen nur dann, wenn die Einzugsstelle die Verjährung anwenden will.

2 BSG, Urteil v. 17.12.1964, 3 RK 65/62.
3 § 25 Abs. 2 SGB IV.

Für die Erstattung von Beiträgen, in denen die ihnen zugrunde liegende Versicherungspflicht förmlich durch Verwaltungsakt festgestellt wurde, beginnt die Verjährungsfrist erst mit Beginn der formalen Aufhebung des feststellenden Verwaltungsakts. Dies ist beschränkt auf Fälle, in denen der Arbeitgeber die Entscheidung zur Versicherungspflicht nicht allein getroffen hat. Es muss ein Bescheid zur Feststellung der Versicherungspflicht durch einen Versicherungsträger vorliegen.

Beanstandung von Beiträgen durch den Versicherungsträger

Beanstandet der Versicherungsträger die Rechtswirksamkeit von Beiträgen, so beginnt die 4-jährige Frist erst mit dem Schluss des Kalenderjahres der Beanstandung.[1] Die Verjährungsfrist solcher Beitragsrückzahlungsansprüche wird i. Ü. durch eine Beitragsstreitigkeit im Vorverfahren oder im Verfahren vor den Sozialgerichten sowie durch ein Verfahren über einen Rentenanspruch gehemmt. Nach Wegfall der Hemmung läuft die Frist weiter mit ihrem bei Eintritt der Hemmung noch nicht abgelaufenen Teil. I. Ü. gelten für die Hemmung, die Unterbrechung und die Wirkung der Verjährung die Vorschriften des BGB entsprechend.

Verletztengeld

Das Verletztengeld ist eine Leistung der gesetzlichen Unfallversicherung. Es gleicht als Entgeltersatzleistung nach dem Eintritt eines Versicherungsfalls den Ausfall an Arbeitsentgelt oder Arbeitseinkommen aus.

Gesetze, Vorschriften und Rechtsprechung

Lohnsteuer: Das Verletztengeld ist nach § 3 Nr. 1a EStG steuerfrei, unterliegt jedoch gem. § 32b EStG dem Progressionsvorbehalt.

Sozialversicherung: Der Anspruch auf Verletztengeld ist in den §§ 45 bis 48 SGB VII geregelt. Die Berechnung und Zahlung des Verletztengeldes ist im GR v. 7.9.2022 erläutert. Arbeitgeber müssen nach § 23c Abs. 2 Satz 1 SGB IV und § 98 Abs. 1 SGB X dem Leistungsträger Auskunft über die Art und Dauer der Beschäftigung und das Arbeitsentgelt erteilen, wenn dies für die Erbringung von Sozialleistungen notwendig ist.

Entgelt

Lohnsteuerliche Betrachtung

Das Verletztengeld ist als Lohnersatzleistung steuerfrei, unterliegt jedoch dem Progressionsvorbehalt.

Arbeitgeberbeiträge zur Sozialversicherung

Der Arbeitgeber zahlt während des Bezugs von Verletztengeld nach Ende der Entgeltfortzahlung aufgrund der Arbeitsunfähigkeit des Arbeitnehmers kein Arbeitsentgelt und entrichtet folglich auch keine Sozialversicherungsbeiträge.

Versichertenanteile

Vom Verletztengeld selbst sind Sozialversicherungsbeiträge zu entrichten. Der Versichertenanteil zur Renten- und Arbeitslosenversicherung wird vom Verletztengeld (vor Auszahlung) abgezogen. Der Bezieher von Verletztengeld muss zudem auch den Kinderlosenzuschlag zur Pflegeversicherung tragen.

Beitragstragung

Die Beiträge zur Kranken- und Pflegeversicherung aus dem Verletztengeld trägt und zahlt grundsätzlich der zuständige Unfallversicherungsträger, ebenso den Zusatzbeitrag zur Krankenversicherung in Höhe des durchschnittlichen Zusatzbeitrags. Soweit den Krankenkassen die Berechnung und Auszahlung des Verletztengeldes aufgrund der GenAuftrVGVV obliegt, übernehmen sie auch die Feststellung der Beitragspflicht und die Berechnung und Abführung der vom Unfallversicherungsträger zu entrichtenden Beiträge.

Meldeverfahren für die Berechnung

Die für die Berechnung des Verletztengeldes erforderlichen Angaben, werden von der Krankenkasse elektronisch beim Arbeitgeber angefordert. Dieser meldet die Daten im Rahmen des üblichen Meldeverfahrens (DEÜV) ebenfalls auf elektronischem Weg zurück. Wird die Berechnung und Auszahlung ausnahmsweise nicht von der Krankenkasse, sondern von der gesetzlichen Unfallversicherung direkt vorgenommen, kann die Anforderung der Daten auf postalischem Weg erfolgen.

Verlosung

Bei betrieblich veranlassten Verlosungen, stellt sich die Frage, ob etwaige Losgewinne eine Entlohnung oder eine steuerfreie Aufmerksamkeit für den Arbeitnehmer darstellen. Auch die Kostenübernahme für Lose einer außerbetrieblichen Lotterie kann zu einem steuerpflichtigen geldwerten Vorteil führen, wenn die Loskosten die 50-EUR-Freigrenze überschreiten.

Erhalten Arbeitnehmer im Rahmen einer betrieblichen Veranstaltung Lose, führt die bloße Gewinnchance noch nicht zum Lohnzufluss. Anders verhält es sich mit den gewonnenen Preisen. Hierbei unterscheidet die Rechtsprechung, ob die Teilnahme an der Verlosung an bestimmte Bedingungen geknüpft ist, oder ob alle Arbeitnehmer teilnahmeberechtigt sind.

Gesetze, Vorschriften und Rechtsprechung

Lohnsteuer: Die Besteuerung von Losgewinnen ergibt sich aus dem BFH-Urteil v. 25.11.1993, VI R 45/93, BStBl 1994 II S. 254. Die Verwaltungsauffassung ist im BMF, Schreiben v. 5.9.1996, IV B 1 – S 2121 – 34/96, BStBl 1996 I S. 1150 zusammengefasst. Die Steuerfreiheit von Losgewinnen bis 50 EUR ergibt sich aus § 8 Abs. 2 Satz 11 EStG und bei steuerfreien Betriebsveranstaltungen aus R 19.5 LStR.

Sozialversicherung: Die beitragsrechtliche Behandlung in der Sozialversicherung ergibt sich aus § 1 Abs. 1 Satz 1 Nr. 1 SvEV.

Entgelt	LSt	SV
Sachpreise bei einer betrieblichen Verlosung mit eingeschränktem Teilnehmerkreis	pflichtig	pflichtig
Sachpreise anlässlich einer Betriebsveranstaltung im Rahmen des 110-EUR-Freibetrags	frei	frei
(Fremd-)Lotterielos im Rahmen der 50-EUR-Freigrenze	frei	frei

Lohnsteuer

Verlosungen mit Teilnahmebedingungen

Verlosungsgewinne sind steuerpflichtig, wenn an einer betrieblichen Verlosung nur diejenigen Arbeitnehmer teilnehmen dürfen, die bestimmte Voraussetzungen erfüllen. Dies ist z. B. der Fall, wenn an einer Verlosung nur diejenigen Arbeitnehmer teilnahmeberechtigt sind, die im Rahmen eines Unternehmenswettbewerbs Verbesserungsvorschläge eingereicht haben oder in bestimmten Zeiträumen nicht wegen Krankheit gefehlt haben. Die Gewinne stellen dann die Gegenleistung für ein bestimmtes berufliches Verhalten des Arbeitnehmers dar.[2] Gewinne und Verlosungen, die Arbeitnehmer aus Preisausschreiben von Geschäftspartnern erhalten

1 § 27 Abs. 2 SGB IV.

2 BFH, Urteil v. 25.11.1993, VI R 45/93, BStBl 1994 II S. 254.

oder Prämien aus Kundenwerbungsprogrammen, sind steuerpflichtig und können nach § 37b EStG pauschal versteuert werden.

Hinweis

Möglichkeit der Pauschalbesteuerung nach § 37b EStG

Für Verlosgewinne, die der Arbeitgeber seinen Arbeitnehmern zusätzlich zum ohnehin geschuldeten Arbeitslohn gewährt, besteht die Möglichkeit der Pauschalbesteuerung mit 30 % nach § 37b EStG.[1] Wählt der Arbeitgeber die Steuerübernahme, ergibt sich eine vom individuellen Lohnsteuerabzug abweichende Bemessungsgrundlage. Die pauschale Lohnsteuer berechnet sich nach den entstandenen Bruttokosten, die Arbeitgeber für die Lospreise inkl. Mehrwertsteuer aufzuwenden hatte.

Die Steuerpflicht solcher Verlosungsgewinne wird auch nicht dadurch beseitigt, dass für die Verlosung der Rahmen einer ⇗ Betriebsveranstaltung genutzt wird.

Sachpreise anlässlich Betriebsveranstaltungen

Kein Arbeitslohn und damit steuerfrei ist ein Verlosungsgewinn nur dann, wenn die Verlosung im ganz überwiegenden eigenbetrieblichen Interesse des Arbeitgebers stattfindet. Dies ist der Fall, wenn anlässlich einer ⇗ Betriebsveranstaltung Gewinne von geringem Wert unter allen teilnehmenden Arbeitnehmern verlost werden. Voraussetzungen für die Steuerfreiheit ist also, dass

- alle Arbeitnehmer, die an der Betriebsveranstaltung teilnehmen, Lose erhalten und
- der Freibetrag von 110 EUR[2] pro Teilnehmer durch die Sachpreise nicht überschritten wird.

Geschenke oder Losgewinne anlässlich von Betriebsveranstaltungen sind – unabhängig von ihrem Wert – stets auf den Freibetrag anzurechnen. Wird der Freibetrag durch Losgewinne überschritten, kann die Lohnsteuer für den übersteigenden Betrag mit 25 % pauschaliert werden. Geschenke unter 60 EUR (inkl. MwSt) sind ohne weitere Prüfung als Zuwendungen in die Berechnung der Gesamtkosten einzubeziehen. Bei Sachgeschenken über 60 EUR je Arbeitnehmer muss im Einzelfall geprüft werden, ob sie anlässlich oder nur bei Gelegenheit der Betriebsveranstaltung den Arbeitnehmern zugewendet worden sind.[3]

Beispiel

Tombola-Gewinne erhöhen Bemessungsgrundlage für Freibetrag

Eine Firma führt anlässlich der jährlichen Weihnachtsfeier eine betriebliche Verlosung durch, an der alle 100 beschäftigten Arbeitnehmer teilnahmeberechtigt sind. Der Pro-Kopf-Anteil der Aufwendungen für die Weihnachtsfeier beträgt 90 EUR (ohne die Losgewinne). Es kommen ausschließlich 3 Sachpreise zur Verlosung:

- ein Fernseher (Wert 500 EUR),
- ein Fahrrad (Wert 300 EUR) sowie
- eine Digitalkamera (Wert 200 EUR).

Ergebnis: Die Sachpreise im Gesamtwert von 1.000 EUR sind in die Berechnung des 110-EUR-Freibetrags einzubeziehen. Der Pro-Kopf-Anteil erhöht sich dadurch um 10 EUR (= 1.000 EUR : 100 Teilnehmer) auf 100 EUR. Die Losgewinne sind steuerfrei, da der Freibetrag von 110 EUR durch die zum äußeren Rahmen zählenden Sachpreise nicht überschritten wird.

Hinweis: Für Geschenke bis 60 EUR ergibt sich dasselbe Ergebnis, auch wenn feststeht, dass die Weihnachtsfeier nur als Rahmen für die Geschenkeverteilung gewählt wird. Aufgrund der Vereinfachungsregelung muss der Sachgrund der Zuwendung bis 60 EUR nicht geprüft werden.

Umgekehrt als im Beispielsfall können wertmäßig geringere Sachpreise steuerpflichtig sein, wenn der Freibetrag von 110 EUR bei der jeweiligen Betriebsveranstaltung bereits durch die übrigen Kostenbestandteile ausgeschöpft worden ist. Aber auch bei Losgewinnen bis zu 60 EUR ist die gesetzliche Freibetragsregelung von Vorteil, weil auch hier nur der 110 EUR überschreitende Betrag und nicht etwa der Gesamtbetrag der Betriebsveranstaltung steuerpflichtig wird. Tombola-Preise aus einer Betriebsveranstaltung können insoweit ebenfalls mit 25 % pauschal besteuert werden, als die 110-EUR-Grenze überschritten ist.[4]

Teilnahme an Lotterien fremder Dritter

Verschafft der Arbeitgeber seinem Arbeitnehmer mit einem Geschenklos die Möglichkeit der Teilnahme an einer von einem Dritten durchgeführten Lotterie, stellt die Schenkung des Loses einen ⇗ geldwerten Vorteil dar. Bereits die unentgeltliche Zuwendung des Geschenkloses (und nicht erst der Lotteriegewinn), das zur Teilnahme an einer von einem fremden Dritten durchgeführten Lotterie berechtigt, führt zum Zufluss von Arbeitslohn. Dem Arbeitnehmer wird insoweit ein Vorteil für die Beschäftigung eingeräumt. Er erspart sich den eigenen Aufwand für die Teilnahme an der Lotterie. Dabei handelt es sich um einen Sachbezug, der unbesteuert bleiben kann, wenn er – ggf. zusammen mit anderen Vorteilen – die Sachbezugsfreigrenze von 50 EUR monatlich nicht übersteigt.

Ein etwaiger Lotteriegewinn ist somit unabhängig von der Höhe nicht mehr zu versteuern, weil das Los durch die Lohnbesteuerung der steuerlich unbeachtlichen Vermögenssphäre des Arbeitnehmers zuzurechnen ist. Der Lotteriegewinn steht nicht mehr im Zusammenhang mit dem Dienstverhältnis. Ein Veranlassungszusammenhang zwischen dem Gewinn aus einer von einem fremden Dritten veranstalteten Lotterie und dem Arbeitsverhältnis besteht nicht. Der Gewinn ist kein Vorteil, der „für" die Beschäftigung geleistet wird. Soweit ein Arbeitnehmer aufgrund des Loses einen Lotteriegewinn erhält, führt dies demzufolge nicht zu lohnsteuerpflichtigem Arbeitslohn.

Sozialversicherung

Die beitragsrechtliche Behandlung folgt der steuerrechtlichen Beurteilung. Demnach sind die Gewinne aus Verlosungen für Arbeitnehmer nicht dem beitragspflichtigen ⇗ Arbeitsentgelt zuzurechnen, soweit sie lohnsteuerfrei sind.[5] Unterliegen die Gewinne der Lohnsteuerpflicht, sind sie auch beitragspflichtig.

Vermächtnis

Als Vermächtnis wird das Hinterlassen von Vermögensgegenständen nach dem Tod bezeichnet.

Vermacht der Arbeitgeber dem Arbeitnehmer nach seinem Tod Vermögensgegenstände, steht diese Erbschaft nicht in unmittelbarem Zusammenhang mit der erbrachten Arbeitsleistung des Arbeitnehmers. Die Zuwendung ist nicht steuerbar. Damit liegt weder lohnsteuerpflichtiger Arbeitslohn noch beitragspflichtiges Arbeitsentgelt vor.

Gesetze, Vorschriften und Rechtsprechung

Lohnsteuer: Verneinung als Arbeitslohn ergibt sich aus BFH, Urteil v. 15.5.1986, IV R 119/84.

Sozialversicherung: Da die Zuwendung nicht steuerbar ist, kann auch keine SV-Pflicht entstehen.

Entgelt	LSt	SV
Vermächtnis	frei	frei

1 BMF, Schreiben v. 28.6.2018, IV C 6 – S 2297 – b/14/10001, BStBl 2018 I S. 814, Rz. 9e.
2 § 19 Abs. 1 Nr. 1a EStG
3 BMF, Schreiben v. 7.12.2016, IV C 5 – S 2332/15/10001.
4 BMF, Schreiben v. 14.10.2015, IV C 5 – S 2332/15/10001, BStBl 2015 I S. 832, Tz. 5.
5 § 1 Abs. 1 Satz 1 Nr. 1 SvEV.

Vermittlungsprovision

Arbeitnehmer erhalten eine Vermittlungsprovision, wenn sie am Abschluss eines Geschäfts maßgeblich beteiligt sind. Vermittlungsprovisionen sind lohnsteuer- und beitragspflichtiges Arbeitsentgelt. Das Gleiche gilt für Provisionen, die ein Dritter an den Arbeitgeber zahlt und die dieser an den Arbeitnehmer weiterleitet.

Provisionen einer Bausparkasse oder Versicherung an Arbeitnehmer von Kreditinstituten für während der Arbeitszeit vermittelte Vertragsabschlüsse sind als Lohnzahlungen Dritter lohnsteuerpflichtig. Für Kunden- oder Anlageberater gilt dies auch für Provisionen der Vertragsabschlüsse außerhalb der Arbeitszeit.

Gesetze, Vorschriften und Rechtsprechung

Lohnsteuer: Die Lohnsteuerpflicht ergibt sich aus § 19 Abs. 1 EStG i. V. m. R 19.4 LStR.

Sozialversicherung: Die Beitragspflicht in der Sozialversicherung ergibt sich aus § 14 Abs. 1 SGB IV.

Entgelt	LSt	SV
Vermittlungsprovision	pflichtig	pflichtig

Vermögensbeteiligung

Unter Mitarbeiterkapitalbeteiligung versteht man die vertragliche, i. d. R. dauerhafte Beteiligung der Mitarbeiter am Kapital des Arbeit gebenden Unternehmens. Im Gegensatz zu einer Erfolgsbeteiligung trägt der Arbeitnehmer damit – sofern das Kapital keiner Insolvenzsicherung unterliegt – auch das Risiko des Kapitalverlustes. Die Wahl der jeweiligen Beteiligungsform ist i. d. R. davon abhängig, welche Ziele und welche Motive der Arbeitgeber mit der Beteiligung erreichen möchte.

Die unentgeltliche oder verbilligte Überlassung von Vermögensbeteiligungen am Unternehmen des Arbeitgebers an Arbeitnehmer wird steuerlich gefördert. Der geldwerte Vorteil, den der Arbeitnehmer als Sachbezug erhält, wenn ihm sein Arbeitgeber unentgeltlich oder verbilligt Vermögensbeteiligungen überlässt, ist bis zu einer Höhe von 2.000 EUR steuerfrei. Soweit der eingeräumte Vorteil steuerfrei ist und zusätzlich gewährt wird, gehört er nicht zum Arbeitsentgelt in der Sozialversicherung.

Gesetze, Vorschriften und Rechtsprechung

Lohnsteuer: Vermögensbeteiligungen werden definiert in § 2 Abs. 1 Nr. 1 und Abs. 2–5 des 5. Vermögensbeteiligungsgesetzes. Rechtsgrundlagen für die Besteuerung der Überlassung von Vermögensbeteiligungen finden sich in § 3 Nr. 39 EStG sowie in § 11 BewG. Die Finanzverwaltung hat mit BMF-Schreiben v. 16.11.2021, IV C 5 – S 2347/21/10001 :006, zur steuerlichen Behandlung von Vermögensbeteiligungen Stellung genommen.

Sozialversicherung: Die beitragsrechtliche Beurteilung von Mitarbeiterbeteiligungen ergibt sich aus § 14 SGB IV i. V. m. § 1 Abs. 1 Satz 1 Nr. 1 SvEV.

Entgelt	LSt	SV
Unentgeltliche oder verbilligte Überlassung von Vermögensbeteiligungen	pflichtig	pflichtig
Unentgeltliche oder verbilligte Überlassung von Vermögensbeteiligungen am eigenen Unternehmen bis 2.000 EUR * zusätzlich geleistetes Entgelt	frei	frei*

Lohnsteuer

Vermögensbeteiligung ist steuerpflichtiger Arbeitslohn

Zu den Einkünften aus nichtselbstständiger Arbeit gehören neben Gehältern und Löhnen auch andere Bezüge und Vorteile, die „für" eine Beschäftigung gewährt werden, unabhängig davon, ob ein Rechtsanspruch auf sie besteht und ob es sich um laufende oder einmalige Bezüge handelt.[1] Diese Bezüge oder Vorteile gelten dann als für eine Beschäftigung gewährt, wenn sie durch das individuelle Dienstverhältnis veranlasst sind, ohne dass ihnen eine Gegenleistung für eine konkrete (einzelne) Dienstleistung des Arbeitnehmers zugrunde liegen muss. Eine Veranlassung durch das individuelle Dienstverhältnis liegt vielmehr vor, wenn die Einnahmen dem Empfänger

- mit Rücksicht auf das Dienstverhältnis zufließen und
- sich als Ertrag der nichtselbstständigen Arbeit darstellen,

wenn sich die Leistung des Arbeitgebers also im weitesten Sinne als Gegenleistung für das Zurverfügungstellen der Arbeitskraft des Arbeitnehmers erweist.

Dagegen liegt kein Arbeitslohn vor, wenn die Zuwendung wegen anderer Rechtsbeziehungen oder wegen sonstiger, nicht auf dem Dienstverhältnis beruhender Sonderrechtsbeziehungen zwischen Arbeitnehmer und Arbeitgeber gewährt wird. Gleiches gilt, wenn die Zuwendung auf anderen Rechtsbeziehungen zwischen dem Arbeitnehmer und einem Dritten gründet.[2]

Der Umstand, dass eine bestimmte Form der Kapitalbeteiligung nur Arbeitnehmern des Unternehmens angeboten wird, hat für sich alleine nicht zwingend zur Folge, dass die hieraus resultierenden Erträge dem Arbeitsverhältnis zuzuordnen sind. Kein Arbeitslohn liegt insbesondere dann vor, wenn eine Mitarbeiterbeteiligung weder zu einem verbilligten Preis erworben noch rückübertragen wird und der Preisfindung ein vereinfachtes Bewertungsverfahren mit marktgerechten Ergebnissen zugrunde liegt und der Steuerpflichtige ein Verlustrisiko trägt.[3]

Die persönlichen Auffassungen und Einschätzungen der Zuwendungsbeteiligten sind unerheblich. Entscheidend sind die vorgefundenen objektiven Tatumstände.[4]

Verbilligter Erwerb von GmbH-Beteiligungen

Steuerpflichtiger Arbeitslohn kann auch dann vorliegen, wenn dieser von einem Dritten gewährt wird. Der verbilligte Erwerb einer GmbH-Beteiligung durch einen leitenden Arbeitnehmer des Arbeitgebers kann daher auch dann zu Arbeitslohn führen, wenn nicht der Arbeitgeber selbst, sondern ein Gesellschafter des Arbeitgebers die Beteiligung veräußert.[5]

Auch der verbilligte Erwerb einer GmbH-Beteiligung durch eine vom Geschäftsführer des Arbeitgebers beherrschte GmbH kann zu Arbeitslohn führen, wenn nicht der Arbeitgeber selbst, sondern ein Gesellschafter des Arbeitgebers die Beteiligung veräußert.[6]

Beteiligung am Veräußerungserlös

Soll ein Arbeitnehmer an einem künftigen Veräußerungserlös des Unternehmens, für das er tätig ist, beteiligt werden, stellt die Zahlung im Zeitpunkt des Zuflusses Arbeitslohn dar. Der Einordnung einer Zahlung als Arbeitslohn steht nicht entgegen, dass sie der Arbeitnehmer nicht von seinem Arbeitgeber, sondern von einem Dritten erhält, wenn die mit der Zahlung verfolgten Ziele im Zusammenhang mit dem Dienstverhältnis des Arbeitnehmers stehen, sodass sich die Zahlungen für ihn als Frucht seiner Arbeit für den Arbeitgeber darstellen.[7]

1 § 19 Abs. 1 Satz 2 EStG.
2 BFH, Urteil v. 17.7.2014, VI R 69/13, BStBl 2015 II S. 41.
3 FG Düsseldorf, Urteil v. 22.10.2020, 14 K 2209/17 E.
4 BFH, Urteil v. 26.6.2014, VI R 94/13, BStBl 2014 II S. 864.
5 BFH, Urteil v. 15.3.2018, VI R 8/16, BStBl 2018 II S. 550.
6 BFH, Urteil v. 1.9.2016, VI R 67/14, BStBl 2017 II S. 69.
7 BFH, Urteil v. 3.7.2019, VI R 12/16, BFH/NV 2020 S. 12.

Steuerfreier Höchstbetrag von 2.000 EUR

Freibetrag für unentgeltliche oder verbilligte Überlassung von Vermögensbeteiligungen

Die unentgeltliche oder verbilligte Überlassung von Vermögensbeteiligungen am Unternehmen des Arbeitgebers an den Arbeitnehmer führt regelmäßig zu Arbeitslohn. Dies gilt auch für den Fall, dass der ⇗ geldwerte Vorteil im Hinblick auf eine spätere Beschäftigung als Geschäftsführer gewährt wird.[1]

Der Gesetzgeber fördert die unentgeltliche oder verbilligte Überlassung von Vermögensbeteiligungen am Unternehmen des Arbeitgebers. Der geldwerte Vorteil hieraus ist bis zu einer Höhe von 2.000 EUR[2] (2023: 1.440 EUR) steuerfrei.

Im Rahmen eines Konzerns gilt nach der sog. Konzernklausel jedes konzernzugehörige Unternehmen als Arbeit gebendes Unternehmen.

Freibetrag bei Arbeitgeberwechsel oder mehreren Dienstverhältnissen

Die Steuerbefreiung kann bei einem unterjährigen Arbeitgeberwechsel oder bei parallelen Dienstverhältnissen mehrfach in Anspruch genommen werden. Bei einem Arbeitgeberwechsel oder bei parallelen Dienstverhältnissen hat die steuerliche Behandlung beim anderen Arbeitgeber keine Bedeutung.

Barlohnumwandlung ist zulässig

Für die Steuerbefreiung kommt es nicht darauf an, ob die Vermögensbeteiligung zusätzlich zum ohnehin geschuldeten Arbeitslohn aus freiwilligen Leistungen des Arbeitgebers oder im Rahmen einer ⇗ Barlohnumwandlung gewährt wird.

Beispiel

Barlohnumwandlung

Ein Arbeitnehmer vereinbart mit seinem Arbeitgeber, dass er auf die Auszahlung des arbeitsvertraglich zustehenden 13. Monatsgehalts i. H. v. 2.600 EUR verzichtet und dafür vom Arbeitgeber Aktien am Unternehmen des Arbeitgebers mit gleichem Wert erhält.

Ergebnis: Es liegt ein begünstigter Sachbezug vor, da es steuerlich nicht darauf ankommt, ob die Vermögensbeteiligung zusätzlich zum ohnehin geschuldeten Arbeitslohn oder aufgrund einer Vereinbarung mit dem Arbeitnehmer über die Herabsetzung des individuell zu versteuernden Arbeitslohns überlassen wird. Der geldwerte Vorteil ist i. H. v. 2.000 EUR steuerfrei und i. H. v. 600 EUR (= 2.600 EUR – 2.000 EUR) steuerpflichtig.

Einzubeziehende Arbeitnehmer

Voraussetzung für die Steuerbefreiung bis 2.000 EUR (2023: 1.440 EUR) ist, dass die Beteiligung mindestens allen Arbeitnehmern offensteht, die im Zeitpunkt der Bekanntgabe des Angebots ein Jahr oder länger ununterbrochen in einem gegenwärtigen Dienstverhältnis zum Arbeitgeber stehen. Hierzu zählen auch Arbeitnehmer, deren Dienstverhältnis ruht, z. B. während der Mutterschutzfristen oder der Elternzeit.

Bei einem Konzernunternehmen müssen die Beschäftigten der übrigen Konzernunternehmen nicht einbezogen werden.

Die Begünstigung gilt darüber hinaus auch für

- Aushilfskräfte,
- ⇗ geringfügig entlohnte Beschäftigte,
- Teilzeitbeschäftigte,
- Auszubildende,
- weiterbeschäftigte Rentner und
- steuerlich anzuerkennende ⇗ Ehegatten-Arbeitsverhältnisse.

Nicht begünstigt ist hingegen die unentgeltliche oder verbilligte Überlassung von Vermögensbeteiligungen an frühere Arbeitnehmer, die ausschließlich ⇗ Versorgungsbezüge vom Arbeitgeber beziehen. An ausgeschiedene Arbeitnehmer (Betriebsrentner, Werkspensionäre) kann deshalb keine steuerfreie Vermögensbeteiligung gewährt werden. Die unentgeltliche oder verbilligte Überlassung der Vermögensbeteiligung ist jedoch begünstigt, wenn sie im Rahmen einer Abwicklung des früheren Dienstverhältnisses noch als Arbeitslohn für die tatsächliche Arbeitsleistung anzusehen ist.

Die Begünstigung kann ausnahmsweise auch für ein zukünftiges Dienstverhältnis gewährt werden, wenn die Mitarbeiterkapitalbeteiligung deshalb gewährt wurde.[3]

Bei direkten Beteiligungen können sämtliche Rahmenbedingungen zwischen Belegschaft und Unternehmen frei verhandelt und vertraglich festgelegt werden, wie z. B.

- Höhe der Beteiligung,
- Höhe der Gewinn- und Verlustbeteiligung,
- Laufzeit,
- Sperrfristen,
- Kündigungsbedingungen,
- Informations- und Kontrollrechte,
- Verwaltung der Beteiligungen.

Die Beteiligung muss mindestens allen Beschäftigten des Unternehmens offenstehen, die im Zeitpunkt der Bekanntgabe des Angebots ein Jahr oder länger ununterbrochen in einem gegenwärtigen Dienstverhältnis zum Unternehmen stehen. In einem Konzern ist die Voraussetzung, dass die Beteiligung allen Beschäftigten offenstehen muss, auch dann erfüllt, wenn die Beschäftigten der übrigen Konzernunternehmen nicht beteiligt werden. Es ist zulässig, dass auch Arbeitnehmer steuerbegünstigt Vermögensbeteiligungen erhalten, die kürzer als ein Jahr in einem Dienstverhältnis zum Unternehmen stehen.

Hinweis

Ausschluss bestimmter Personengruppen zulässig

Die Finanzverwaltung beanstandet nicht, wenn aus Vereinfachungsgründen bestimmte Personengruppen nicht einbezogen werden, z. B.

- ins Ausland entsandte Arbeitnehmer (sog. Expatriates),
- Organe von Körperschaften,
- Mandatsträger,
- Arbeitnehmer mit einem gekündigten Dienstverhältnis oder
- Arbeitnehmer, die zwischen dem Zeitpunkt des Angebots und dem Zeitpunkt der Überlassung der Vermögensbeteiligung aus sonstigen Gründen aus dem Unternehmen ausscheiden.

Ebenso bleibt die Steuerfreiheit erhalten, wenn ein Arbeitgeber begründet davon ausgegangen war, dass ein bestimmter Arbeitnehmer oder eine bestimmte Gruppe von Arbeitnehmern nicht einzubeziehen ist und sich diese Annahme im Nachhinein als falsch herausstellt.

Ist der Arbeitgeber mit guten Gründen davon ausgegangen, dass ein bestimmter Arbeitnehmer oder eine bestimmte Gruppe von Arbeitnehmern nicht einzubeziehen ist und stellt sich dies im Nachhinein als unzutreffend heraus, bleibt die Steuerfreiheit für die übrigen Arbeitnehmer dennoch erhalten.

Beispiel

Nicht einbezogene Arbeitnehmer

Der Arbeitgeber hat vor 2 Jahren seinen Arbeitnehmern ein Angebot zum verbilligten Erwerb einer Vermögensbeteiligung unterbreitet. Er ging davon aus, die Vermögensbeteiligung allen Arbeitnehmern angeboten zu haben. Bei einer nicht einbezogenen Person stellte sich jedoch im Rahmen einer Lohnsteuer-Außenprüfung heraus, dass es sich nicht um einen selbstständigen Mitarbeiter, sondern um einen Arbeitnehmer handelt.

1 BFH, Urteil v. 26.6.2014, VI R 94/13, BStBl 2014 II S. 864.
2 § 3 Nr. 39 EStG i. d. F. des Zukunftsfinanzierungsgesetzes.
3 BFH, Urteil v. 26.6.2014, VI R 94/13, BStBl 2014 II S. 864.

Ergebnis: Die Feststellung des Lohnsteuer-Außenprüfers hat keine Auswirkung auf die Steuerfreiheit der übrigen Arbeitnehmer, da der Arbeitgeber zunächst mit gutem Grund davon ausgegangen war, dass die betroffene Person als vermeintlich Selbstständiger nicht einzubeziehen war und sich diese Annahme erst im Rahmen der Lohnsteuer-Außenprüfung als unzutreffend herausgestellt hat.

Beherrschende Gesellschafter-Geschäftsführer

Fehlt es an einer ausdrücklichen Regelung im Anstellungsvertrag, scheidet eine Steuerfreiheit der Beiträge zugunsten beherrschender Gesellschafter-Geschäftsführer aus, wenn körperschaftsteuerlich verdeckte Gewinnausschüttungen vorliegen und somit keine Einkünfte aus nichtselbstständiger Arbeit gegeben sind.

Begünstigte Beteiligungsformen

Die Steuerbefreiung gilt für Vermögensbeteiligungen am eigenen Unternehmen des Arbeitgebers.

Folgende Vermögensbeteiligungen am eigenen Unternehmen des Arbeitgebers sind begünstigt:

- Aktien,
- Wandelschuldverschreibungen,
- Gewinnschuldverschreibungen,
- Namensschuldverschreibungen,
- Genussscheine,
- Genossenschaftsanteile,
- GmbH-Anteile,
- stille Beteiligungen,
- privatrechtlich gesicherte Darlehensforderungen und
- Genussrechte.

Es muss sich um Beteiligungen am Arbeit gebenden Unternehmen handeln. Unternehmen, die demselben Konzern i. S. d. § 18 AktG angehören, gelten als Arbeit gebendes Unternehmen in diesem Sinne.[1] Außerbetriebliche Beteiligungen sind dagegen nicht begünstigt.

Achtung

Aktienoptionen und Investmentanteile sind nicht begünstigt

Bei ⇗ Aktienoptionen handelt es sich nicht um begünstigte Vermögensbeteiligungen. Für sie wird daher kein steuer- und sozialversicherungsfreier Höchstbetrag von 2.000 EUR[2] (2023: 1.440 EUR) gewährt.

Ebenso wenig können inländische und ausländische Investmentanteile steuerbegünstigt überlassen werden.

Überlassung der Vermögensbeteiligung durch einen Dritten

Voraussetzung für die Steuerbegünstigung ist nicht, dass der Arbeitgeber Rechtsinhaber der zu überlassenden Vermögensbeteiligung am Unternehmen des Arbeitgebers ist. Die Steuerbegünstigung gilt deshalb auch für den geldwerten Vorteil, der bei Überlassung der Vermögensbeteiligung durch einen Dritten entsteht, sofern die Überlassung durch das gegenwärtige Dienstverhältnis veranlasst ist. Eine steuerbegünstigte Überlassung von Vermögensbeteiligungen durch Dritte liegt z. B. vor, wenn der Arbeitnehmer die Vermögensbeteiligung unmittelbar erhält von einem

- Beauftragten des Arbeitgebers (z. B. einem Kreditinstitut) oder
- Unternehmen, das mit dem Unternehmen des Arbeitgebers in einem Konzern[3] verbunden ist.

Soweit der Arbeitnehmer die Beteiligung von einem verbundenen Unternehmen erhält, kann die Ausgabe von Aktien oder anderen Vermögensbeteiligungen durch eine Konzernobergesellschaft an Arbeitnehmer der Konzernuntergesellschaft oder zwischen anderen Konzerngesellschaften erfolgen. Hierbei ist unerheblich, ob der Arbeitgeber in die Überlassung eingeschaltet ist oder ob der Arbeitgeber dem Dritten den Preis der Vermögensbeteiligung oder die durch die Überlassung entstehenden Kosten ganz oder teilweise ersetzt.

Abgrenzung Sachbezug und Geldleistung

Die Steuerbegünstigung erstreckt sich nur auf den ⇗ geldwerten Vorteil, den der Arbeitnehmer durch die unentgeltliche oder verbilligte Überlassung der Vermögensbeteiligung selbst erhält. Nicht steuerbegünstigt sind deshalb

- Geldleistungen des Arbeitgebers an den Mitarbeiter zur Begründung oder zum Erwerb einer Vermögensbeteiligung oder
- für den Arbeitnehmer vereinbarte ⇗ vermögenswirksame Leistungen, die zur Begründung oder zum Erwerb der Vermögensbeteiligung angelegt werden.

Wichtig

Abgrenzung von Sachbezug und Geldleistung

Die Steuerbegünstigung gilt nur für den geldwerten Vorteil, den der Arbeitnehmer durch die unentgeltliche oder verbilligte Überlassung der Vermögensbeteiligung erhält. Nicht steuerbegünstigt sind deshalb Geldleistungen des Arbeitgebers an den Mitarbeiter zur Begründung oder zum Erwerb der Vermögensbeteiligung.

Bewertung des geldwerten Vorteils

Bewertung mit dem gemeinen Wert

Als Wert der Vermögensbeteiligung ist ausschließlich der gemeine Wert zum Zeitpunkt der Überlassung anzusetzen. Ob der Arbeitnehmer das Wirtschaftsgut verbilligt erwirbt oder sich Leistung und Gegenleistung entsprechen, ist deshalb grundsätzlich anhand der Wertverhältnisse bei Abschluss des für beide Seiten verbindlichen Veräußerungsgeschäfts zu bestimmen.[4]

Bei einer verbilligten Überlassung von Vermögensbeteiligungen ist es unerheblich, ob der Arbeitgeber einen prozentualen Abschlag auf den Wert der Vermögensbeteiligung oder einen Preisvorteil in Form eines Festbetrags gewährt.

Ein Bewertungsabschlag von 4 %[5] ist nicht vorzunehmen. Auch die 50-EUR-Grenze für ⇗ Sachbezüge[6] ist nicht anwendbar.[7] Gleiches gilt für die unentgeltliche oder verbilligte Einräumung von Genussrechten.[8]

Bewertung börsennotierter Wertpapiere

Bei Wertpapieren (Aktien, Wandel- und Gewinnschuldverschreibungen, Genussscheinen mit Wertpapiercharakter), die am Tag der Beschlussfassung über die Überlassung an einer deutschen Börse zum regulierten Markt zugelassen sind, werden mit dem niedrigsten an diesem Tag für sie im regulierten Markt notierten Kurswert angesetzt, wenn seither nicht mehr als 9 Monate vergangen sind. Bei Fristüberschreitung ist der Börsenkurs am Tag der Überlassung maßgeblich; aus Vereinfachungsgründen der Tag vor der Ausbuchung beim Überlassenden oder dessen Erfüllungsgehilfen.

Bei erworbenen Aktien ist der Zeitpunkt des Zuflusses (regelmäßig die Erlangung der wirtschaftlichen Verfügungsmacht über die Aktien) für die Frage unbeachtlich, ob und in welcher Höhe ein verbilligter Erwerb von Wirtschaftsgütern vorliegt.[9]

1 § 3 Nr. 39 Satz 3 EStG.
2 § 3 Nr. 39 EStG i. d. F. des Zukunftsfinanzierungsgesetzes.
3 § 18 AktG.

4 § 3 Nr. 39 Satz 4 EStG.
5 R 8.1 Abs. 2 Satz 9 LStR.
6 § 8 Abs. 2 Satz 11 EStG.
7 Aber: BFH, Urteil v. 15.1.2015, VI R 16/12, BFH/NV 2015 S. 672 (Gratisaktie in einem Kalendermonat).
8 BFH, Urteil v. 6.7.2011, VI R 35/10, BFH/NV 2011 S. 1683.
9 BFH, Urteil v. 7.5.2014, VI R 73/12, BStBl 2014 II S. 904.

Bewertung nicht börsennotierter Aktien

Der gemeine Wert nicht börsennotierter Aktien lässt sich grundsätzlich aus nicht weniger als ein Jahr zurückliegenden und im gewöhnlichen Geschäftsverkehr erzielten Verkäufen ableiten.[1]

Dies gilt insbesondere dann nicht, wenn nach den Veräußerungen, aber vor dem Bewertungsstichtag weitere Umstände eintreten, die dafür sprechen, dass

- die Verkäufe nicht mehr den gemeinen Wert der Aktien repräsentieren und
- es an objektiven Maßstäben für Zu- oder Abschläge fehlt.[2]

In diesen Fällen ist ggf. zu schätzen, welchen Kaufpreis ein gedachter Erwerber unter Berücksichtigung der Ertragsaussichten und des Substanzwerts zahlen würde. Das gilt auch, wenn es sich bei Anteilsveräußerungen zwischen Arbeitgeber (oder einer diesem nahestehenden Person) und Arbeitnehmern nicht um Veräußerungen im gewöhnlichen Geschäftsverkehr handelt. In diesen Fällen ist regelmäßig davon auszugehen, dass das Arbeitsverhältnis einen Einfluss auf die Verkaufsmodalitäten hat. Eine Ableitung des gemeinen Werts aus solchen Verkäufen kommt in diesem Fall daher regelmäßig nicht in Betracht.[3]

Veräußerungssperren mindern den Wert der Vermögensbeteiligung nicht.[4]

Kaufpreis ist höher als Kurswert

Muss der Arbeitnehmer aufgrund der getroffenen Vereinbarung einen höheren Kaufpreis zahlen als z. B. den Kurswert der Vermögensbeteiligung, betrifft dies die private Vermögenssphäre des Arbeitnehmers und führt nicht zu negativem Arbeitslohn; ebenso wenig liegen Werbungskosten vor. Entsprechendes gilt für Kursrückgänge nach dem Zeitpunkt des Zuflusses. Steuerliche Auswirkungen können sich daher lediglich im Bereich der Einkünfte aus Kapitalvermögen ergeben.[5]

Wichtig

Nachträgliche Kursänderungen bleiben unberücksichtigt

Veränderungen des Werts der Vermögensbeteiligung nach dem Zuflusszeitpunkt haben auf die Lohnbesteuerung keinen Einfluss und wirken sich lediglich bei den Einkünften aus Kapitalvermögen aus. Insbesondere rechtfertigen Verschlechterungen des Werts nach dem Zuflusszeitpunkt nach Auffassung der Finanzverwaltung keine sachlichen Billigkeitsmaßnahmen. Hier kann es also durchaus zur Lohnbesteuerung von „Buchgewinnen" kommen, was von den Betroffenen oftmals nicht verstanden wird. Der Grund liegt darin, dass sich die erworbenen Vermögensbeteiligungen nach dem Erwerb in der Vermögenssphäre des Arbeitnehmers befinden. Wertschwankungen nach dem Erwerbszeitpunkt „nach unten" wie „nach oben" haben daher auf die Lohnbesteuerung keinen Einfluss.[6]

Bewertung bei fehlgeschlagenen Mitarbeiteraktienprogrammen

Bei einem fehlgeschlagenen Mitarbeiteraktienprogramm, bei dem zuvor vom Arbeitnehmer vergünstigt erworbene Aktien an den Arbeitgeber zurückgegeben werden, liegen negative Einnahmen bzw. Werbungskosten nur i. H. d. bei Ausgabe versteuerten geldwerten Vorteils vor. Zwischenzeitlich eingetretene Wertveränderungen der Aktien sind unbeachtlich und können damit nicht steuermindernd berücksichtigt werden, da lediglich der zuvor gewährte geldwerte Vorteil rückgängig gemacht wurde.[7]

1 § 11 Abs. 2 BewG.
2 BFH, Urteil v. 29.7.2010, VI R 30/07, BStBl 2011 II S. 68; BFH, Urteil v. 1.9.2016, VI R 16/15, BStBl 2017 II S. 149.
3 BFH, Urteil v. 15.3.2018, VI R 8/16, BStBl 2018 II S. 550.
4 BFH, Urteil v. 7.4.1989, VI R 47/88, BStBl 1989 II S. 608; BFH, Urteil v. 30.9.2008, VI R 67/05, BStBl 2009 II S. 282.
5 Ermittlung der Einkünfte bei Veräußerungsvorgängen nach § 20 Abs. 2 EStG.
6 So auch BFH, Urteil v. 1.12.2020, VIII R 40/18, BFH/NV 2021 S. 970.
7 BFH, Urteil v. 17.9.2009, VI R 17/08, BStBl 2010 II S. 299.

Zuflusszeitpunkt

Zufluss bei Erlangen der Verfügungsmacht

Der Zuflusszeitpunkt bestimmt sich nach dem Tag der Erfüllung des Anspruchs des Arbeitnehmers auf die Verschaffung der wirtschaftlichen Verfügungsmacht über die Vermögensbeteiligung.[8] Bei Aktien ist dies der Zeitpunkt der Einbuchung der Aktien in das Depot des Arbeitnehmers.[9]

Unbeachtlich sind positive wie negative Wertveränderungen zwischen schuldrechtlichem Veräußerungsgeschäft und dinglichem Erfüllungsgeschäft, mithin im Zeitraum zwischen Abschluss des verbindlichen Veräußerungsgeschäfts und Zuflusszeitpunkt.

Ein Zufluss von Arbeitslohn liegt nicht vor, solange dem Arbeitnehmer eine Verfügung über die Vermögensbeteiligung rechtlich unmöglich ist, z. B. bei vinkulierten Namensaktien, bei denen eine Eigentumsübertragung von der satzungsgemäßen Zustimmung der jeweiligen Aktiengesellschaft abhängig ist.[10] Sperr- und Haltefristen stehen dagegen einem Zufluss nicht entgegen.[11]

Vereinfachungsregelung

Als Tag der Überlassung kann beim einzelnen Arbeitnehmer vom Tag der Ausbuchung beim Überlassenden oder dessen Erfüllungsgehilfen ausgegangen werden. Alternativ kann auch auf den Vortag der Ausbuchung abgestellt werden. Bei sämtlichen begünstigten Arbeitnehmern kann auch der durchschnittliche Wert der Vermögensbeteiligungen angesetzt werden, wenn das Zeitfenster der Überlassung nicht mehr als einen Monat beträgt. Dies gilt jeweils im Lohnsteuerabzugs- und Veranlagungsverfahren.

Eine weitere Bewertungsoption besteht darin, die Wertverhältnisse bei Abschluss des für beide Seiten verbindlichen Veräußerungsgeschäfts heranzuziehen.[12]

Je nach Wertentwicklung kann der Arbeitnehmer die Höhe des geldwerten Vorteils durch geschickte Wahl des Bewertungszeitpunkts günstig beeinflussen.

Beispiel

Vereinfachungsregelung zum Bewertungszeitpunkt

Ein Arbeitnehmer erhält von seinem Arbeitgeber 100 Belegschaftsaktien, deren Schlusskurs am Tag der Ausbuchung beim Arbeitgeber 50 EUR beträgt. Im Lohnsteuerabzugsverfahren berücksichtigt der Arbeitgeber einen geldwerten Vorteil von 3.000 EUR (100 Aktien à 50 EUR = 5.000 EUR abzüglich Freibetrag von 2.000 EUR). Die einzelne Aktie hat am Tag der Einbuchung in das Depot des Arbeitnehmers einen Schlusskurs von 48 EUR.

Ergebnis: Der Arbeitnehmer kann in seiner Einkommensteuererklärung den niedrigeren geldwerten Vorteil von 2.800 EUR (100 Aktien à 48 EUR = 4.800 EUR abzüglich Freibetrag von 2.000 EUR) geltend machen.

Alternative: Beträgt der Schlusskurs 52 EUR, kann der Arbeitnehmer in seiner Einkommensteuererklärung von der Vereinfachungsregel Gebrauch machen. Ein um 200 EUR höherer geldwerter Vorteil (100 Aktien à 52 EUR = 5.200 EUR abzüglich Freibetrag von 2.000 EUR) ist dann insoweit nicht zu versteuern.

Vorläufige Nichtbesteuerung bei Start-ups und KMU

Aufgeschobene Besteuerung

Vorteile aus der unentgeltlichen oder verbilligten Übertragung von bestimmten Vermögensbeteiligungen an sog. Start-up-Unternehmen, Kleinstunternehmen sowie kleine und mittlere Unternehmen (KMU), die zusätzlich zum ohnehin geschuldeten Arbeitslohn geleistet werden[13],

8 BFH, Urteil v. 23.6.2005, VI R 10/03, BStBl 2005 II S. 770.
9 BFH, Urteil v. 20.11.2008, VI R 25/05, BStBl 2009 II S. 382.
10 BFH, Urteil v. 30.6.2011, VI R 37/09, BStBl 2011 II S. 923.
11 BFH, Urteil v. 30.9.2008, VI R 67/05, BStBl 2009 II S. 282.
12 BFH, Urteil v. 7.5.2014, VI R 73/12, BStBl 2014 II S. 904.
13 § 8 Abs. 4 EStG.

werden auf Antrag des Arbeitnehmers nicht im Jahr der Übertragung, sondern erst zu einem späteren Zeitpunkt versteuert (= vorläufige Nichtbesteuerung).[1, 2] Begünstigt sind grundsätzlich dieselben Vermögensbeteiligungen, für die auch eine Steuerbefreiung[3] bis 2.000 EUR in Betracht kommt, wobei besondere Anforderungen an das Unternehmen des Arbeitgebers gestellt werden.[4]

Wichtig

Freistellung nur auf Antrag im Lohnsteuerabzugsverfahren

Die Freistellung kann nur im Lohnsteuerabzugsverfahren auf Antrag des Arbeitnehmers erfolgen. Eine Nachholung im Veranlagungsverfahren ist ausgeschlossen.[5]

Das Betriebsstättenfinanzamt hat nach der Übertragung einer Vermögensbeteiligung im Rahmen einer Anrufungsauskunft den vom Arbeitgeber vorläufig nicht besteuerten Vorteil zu bestätigen.[6]

Begünstigte Arbeitnehmer

Die vorläufige Nichtbesteuerung findet nur dann Anwendung, wenn es sich bei dem Arbeitgeber um ein sog. Start-up-Unternehmen handelt, welches die Voraussetzungen des § 19a Abs. 3 EStG erfüllt. Hierunter fallen insbesondere Kleinstunternehmen sowie kleine und mittlere Unternehmen (KMU[7]), deren Gründung nicht mehr als 20 Jahre zurückliegt. Die Besteuerung des geldwerten Vorteils erfolgt erst dann, wenn

- die Beteiligung ganz oder teilweise entgeltlich oder unentgeltlich (z. B. durch Schenkung oder Erbschaft) übertragen oder in ein Betriebsvermögen eingelegt wird,
- seit der Übertragung der Vermögensbeteiligung 15 Jahre vergangen sind oder
- das Dienstverhältnis zu dem bisherigen Arbeitgeber beendet wird.[8]

Übernimmt der Arbeitgeber in diesem Fall die Lohnsteuer, ist der übernommene Abzugsbetrag nicht Teil des zu besteuernden Arbeitslohns.[9]

Eine Besteuerung nach Ablauf von 15 Jahren oder bei Beendigung des Dienstverhältnisses ohne Anteilsübertragung unterbleibt, wenn der Arbeitgeber gegenüber der Finanzverwaltung erklärt, im Falle einer späteren Anteilsübertragung[10] für die betreffende Lohnsteuer zu haften.[11]

Bemessungsgrundlage im Zeitpunkt der Nachversteuerung

Der steuerpflichtige Arbeitslohn bemisst sich grundsätzlich aus dem Unterschied zwischen dem gemeinen Wert im Zeitpunkt der Übertragung abzüglich der tatsächlich geleisteten Zuzahlungen des Arbeitnehmers und eines etwaig im Jahr der Übertragung noch nicht in Anspruch genommenen Freibetrags nach § 3 Nr. 39 EStG.[12] Sollte der gemeine Wert der Vermögensbeteiligung bis zum Zeitpunkt der tatsächlichen Besteuerung gesunken sein, unterliegt nur der gemeine Wert der Vermögensbeteiligung abzüglich geleisteter Zuzahlungen der Besteuerung, wenn dieser Wert geringer ist, als der vorläufig nicht besteuerte Arbeitslohn.[13, 14]

Besteuerung nach der Fünftelregelung

Der vorläufig nicht besteuerte Arbeitslohn unterliegt im Zeitpunkt der Nachversteuerung der sog. ⇗ Fünftelregelung, wenn seit der Übertragung der Vermögensbeteiligung mindestens 3 Jahre vergangen sind.[15]

1 § 19a Abs. 1 EStG.
2 BMF, Schreiben v. 16.11.2021, IV C 5 – S 2347/21/10001 :006, BStBl 2021 I S. 2308.
3 nach § 3 Nr. 39 EStG.
4 § 19a Abs. 3 EStG.
5 § 19a Abs. 2 Satz 2 EStG.
6 § 19a Abs. 5 EStG.
7 Schwellenwerte: Weniger als 1.000 Mitarbeiter und Jahresumsatz max. 100 Mio. EUR oder Jahresbilanzsumme max. 86 Mio. EUR.
8 § 19a Abs. 4 EStG.
9 § 19a Abs. 4 Satz 1 Nr. 3 Satz 2 EStG.
10 § 19a Abs. 4 Satz 1 Nr. 1 EStG.
11 § 19a Abs. 4a EStG.
12 § 19a Abs. 1 Satz 1 und 3 EStG.
13 § 19a Abs. 4 Satz 4 EStG.
14 Beispiel s. BMF, Schreiben v. 16.11.2021, IV C 5 – S 2347/21/10001 :006, BStBl 2021 I S. 2308, Rz. 51.
15 § 19a Abs. 4 Satz 2 EStG.

Grundsätzlich stellt der gemeine Wert der Vermögensbeteiligung im Zeitpunkt der Übertragung die maßgeblichen Anschaffungskosten der Anteile für Zwecke der Besteuerung nach §§ 17 und 20 EStG dar. Im Fall der Anwendung der Fünftelregelung gilt neben den geleisteten Zuzahlungen nur der tatsächlich besteuerte Arbeitslohn als Anschaffungskosten i. S. d. §§ 17 und 20 EStG.[16]

Beispiel

Vorläufige Nichtbesteuerung bei einem Start-up

Ein Arbeitnehmer erhält im Jahr 01 von seinem Arbeitgeber (= Start-up-Unternehmen) zusätzlich zu seinem ohnehin geschuldeten Arbeitslohn Belegschaftsaktien im Wert von 100.000 EUR. Als Gegenleistung leistet er 20.000 EUR an seinen Arbeitgeber. Der Arbeitnehmer ist danach zu weniger als 1 % am Unternehmen des Arbeitgebers beteiligt. Im Lohnsteuerabzugsverfahren wird der geldwerte Vorteil mit Zustimmung des Arbeitnehmers vorläufig nicht besteuert. Im Jahr 08 veräußert er sämtliche Belegschaftsaktien für 300.000 EUR.

Abwandlung: Der Arbeitnehmer behält die Belegschaftsaktien langfristig. Im Jahr 16 beträgt der gemeine Wert nur noch 50.000 EUR.

Ergebnis:

Der geldwerte Vorteil aus der Übertragung von Belegschaftsaktien bleibt auf Antrag des Arbeitnehmers im Jahr der Übertragung (01) vorläufig unbesteuert. Die Besteuerung wird erst im Jahr der tatsächlichen Veräußerung der Belegschaftsaktien (08) nachgeholt. Der vorläufig nicht besteuerte geldwerte Vorteil berechnet sich wie folgt:

Gemeiner Wert der erhaltenen Belegschaftsaktien	100.000 EUR
Abzgl. geleisteter Zuzahlung	– 20.000 EUR
Abzgl. Freibetrag	– 2.000 EUR
Geldwerter Vorteil	78.000 EUR

Der vorläufig nicht besteuerte geldwerte Vorteil i. H. v. 78.000 EUR unterliegt im Jahr der Veräußerung der Belegschaftsaktien (08) der Besteuerung. Daneben erzielt der Arbeitnehmer aus der Veräußerung der Aktien steuerpflichtige Einkünfte aus Kapitalvermögen nach § 20 Abs. 2 Satz 1 Nr. 1 EStG. Der Veräußerungsgewinn beträgt 200.000 EUR (Veräußerungserlös i. H. v. 300.000 EUR abzgl. gemeiner Wert im Zeitpunkt der Zuteilung i. H. v. 100.000 EUR).

Ergebnis Abwandlung: Der vorläufig nicht besteuerte geldwerte Vorteil unterliegt spätestens nach 15 Jahren der Besteuerung. Da der gemeine Wert der Belegschaftsaktien im Zeitpunkt der Nachversteuerung (= 50.000 EUR) abzgl. der tatsächlich geleisteten Zuzahlung (= 20.000 EUR) geringer ist als der im Jahr 01 nicht besteuerte Gewinn (= 78.000 EUR), unterliegt nur der Differenzbetrag zwischen dem gemeinen Wert im Zeitpunkt der Besteuerung und der tatsächlich geleisteten Zuzahlung (= 30.000 EUR) der Besteuerung.

Der versteuerte Betrag i. H. v. 30.000 EUR und die tatsächlich geleistete Zuzahlung i. H. v. 20.000 EUR stellen zugleich die maßgeblichen Anschaffungskosten (= 50.000 EUR) für Zwecke des § 20 EStG dar.[17]

In beiden Varianten unterliegt der steuerpflichtige Betrag im Jahr der tatsächlichen Besteuerung der sog. Fünftelregelung, da zwischen der Übertragung und der tatsächlichen Besteuerung des geldwerten Vorteils mehr als 3 Jahre liegen.

Beispiel

Nachgeholte Besteuerung

Im März 2023 und im März 2024 überlässt der Arbeitgeber seinem Arbeitnehmer unentgeltlich jeweils 100 Aktien. Für das Jahr 2023 beträgt der nicht besteuerte Vorteil 2.000 EUR, für das Jahr 2024 2.500 EUR. Der Arbeitnehmer stimmt der Besteuerung in einem späteren Zeitpunkt zu. Im August 2027 veräußert der Arbeitnehmer 150 Aktien.

Ergebnis: Im August 2027 unterliegen folgende Vorteile unter Anwendung der sog. Fünftelungsregelung als sonstiger Bezug dem Lohnsteuerabzug:

16 § 19a Abs. 4 Satz 5 EStG.
17 § 19a Abs. 4 Satz 5 EStG.

2022:	100/100 Aktien × 2.000 EUR =	2.000 EUR
2023:	50/100 Aktien × 2.500 EUR =	1.250 EUR
Summe		3.250 EUR

Im März 2039 (15 Jahre nach Übertragung im Jahr 2024) unterliegen die Vorteile i. H. d. Restbetrags von 1.250 EUR (2.000 EUR nicht besteuert in 2023 + 2.500 EUR nicht besteuert in 2024 abzgl. der in 2027 besteuerten Vorteile von 3.250 EUR) unter Anwendung der Fünftelungsregelung als sonstiger Bezug dem Lohnsteuerabzug.

Nebenkosten sind kein Arbeitslohn

Die Übernahme der mit der Überlassung von Vermögensbeteiligungen verbundenen Nebenkosten durch den Arbeitgeber, z. B. Notariatsgebühren, Eintrittsgelder im Zusammenhang mit Geschäftsguthaben bei einer Genossenschaft und Kosten für Registereintragungen, ist kein Arbeitslohn.

Ebenfalls kein Arbeitslohn sind vom Arbeitgeber übernommene Depotgebühren, die durch die Festlegung der Wertpapiere für die Dauer einer vertraglich vereinbarten Sperrfrist entstehen; dies gilt entsprechend bei der kostenlosen Depotführung durch den Arbeitgeber.

Rückforderungsrecht des Arbeitgebers

Werden Vermögensbeteiligungen mit der Maßgabe überlassen, dass der Arbeitgeber unter bestimmten Voraussetzungen die überlassenen Vermögensbeteiligungen vom Arbeitnehmer zurückfordern kann, z. B. bei vorzeitigem Ausscheiden aus dem Unternehmen, und kommt es tatsächlich zu einer Rückforderung, liegt bei Rückgabe der überlassenen Vermögensbeteiligungen negativer Arbeitslohn in Höhe des Börsenkurses zum Zeitpunkt der Rückgabe vor. Dieser Betrag ist begrenzt auf die Summe, die bei der Überlassung als Arbeitslohn versteuert wurde. Zwischenzeitlich eingetretene Wertsteigerungen der Aktien sind für die Höhe des negativen Arbeitslohns unbeachtlich.[1]

Der nach Auflösung des Dienstverhältnisses vom Arbeitgeber erklärte unentgeltliche Verzicht auf Rückübertragung der zuvor verbilligt dem Arbeitnehmer überlassenen Aktien führt nicht zu weiteren Einnahmen bei den Einkünften aus nichtselbstständiger Arbeit.[2]

Aufzeichnungspflichten des Arbeitgebers

Die steuerbegünstigte Überlassung von Vermögensbeteiligungen muss der Arbeitgeber im ⬀ Lohnkonto des Arbeitnehmers oder in einem Sammellohnkonto aufzeichnen. Dies gilt auch für die erforderlichen Angaben zur Bewertung der Vermögensbeteiligung.

Keine Pauschalbesteuerung nach § 37b EStG

Sämtliche Vermögensbeteiligungen sind von der Anwendung der Pauschalbesteuerung nach § 37b EStG ausgeschlossen.[3] Steuerpflichtige geldwerte Vorteile aus der Überlassung von Vermögensbeteiligungen sind danach individuell zu besteuern. Hierbei kann es sich z. B. handeln um

- den geldwerten Vorteil, der den steuerfreien Höchstbetrag von 2.000 EUR jährlich übersteigt, oder
- Fälle, in denen die Steuerfreistellung bereits dem Grunde nach nicht greift, z. B. Vermögensbeteiligungen an fremden Unternehmen.

Sozialversicherung

Formen

Vermögensbeteiligungen gehören grundsätzlich zu den ⬀ geldwerten Vorteilen, von denen Sozialversicherungsbeiträge zu zahlen sind.

Zu den verschiedenen Formen von Vermögensbeteiligungen gehören u. a.

- ⬀ Aktienoptionen (Stock Options),
- Aktienüberlassung und sonstige Vermögensbeteiligung,
- ⬀ Tantiemen (Einmalzahlungen) und
- ⬀ Provisionen (Einmalzahlungen).

Vermögensbeteiligungen oder Mitarbeiterkapitalbeteiligungen können unter bestimmten Voraussetzungen und in beschränktem Umfang beitragsfrei sein.

Voraussetzungen für die Beitragsfreiheit

Eine Mitarbeiterbeteiligung ist seit dem 1.1.2024 bis zu einer Höhe von 2.000 EUR jährlich (bis 31.12.2023: 1.440 EUR) beitragsfrei in der Sozialversicherung, wenn sie

- als freiwillige Leistung,
- zusätzlich zum ohnehin vom Arbeitgeber geschuldeten Arbeitslohn gewährt wird und
- nicht auf bestehende oder künftige Ansprüche angerechnet wird.

Besondere Provisionsformen

Beschäftigte in Kaufhäusern

Einige Kaufhäuser zahlen ihren Verkäufern für ihren Anteil am Geschäftserfolg eine „Partnerschaftsvergütung". Die Vergütung wird vorwiegend halbjährlich in „Partnerschaftsvergütungs-Perioden" abgerechnet. Diese Partnerschaftsvergütung gehört zum beitragspflichtigen Arbeitsentgelt. Es handelt sich um einmalig gezahltes Arbeitsentgelt.

Beschäftigte in Krankenhäusern

Nach den in einzelnen Bundesländern vorgesehenen Regelungen sind die ärztlichen Mitarbeiter eines Krankenhauses an den Liquidationseinnahmen der zur privaten Liquidation berechtigten Ärzte angemessen zu beteiligen. Zu diesem Zweck wird bei den Krankenhäusern ein Mitarbeiterfonds eingerichtet, an den die liquidationsberechtigten Ärzte einen bestimmten Betrag ihrer Liquidationseinnahmen abzuführen haben. Zur Beitragspflicht von Liquidationseinnahmen sind besondere Regelungen zu berücksichtigen.

Finanzierung von Mitarbeiterkapitalbeteiligungen durch Entgeltumwandlung

Mitarbeiterbeteiligungen sind nur dann bis zu einer Höhe von 2.000 EUR (bis 31.12.2023: 1.440 EUR) jährlich beitragsfrei, wenn es sich um freiwillige, zusätzliche Leistungen des Arbeitgebers handelt. Beim Zusätzlichkeitserfordernis ist dabei nicht zwischen laufendem und einmalig gezahlten Arbeitsentgelt zu unterscheiden.

Eine Mitarbeiterbeteiligung aus einer Entgeltumwandlung, also aus Entgeltbestandteilen, die dem Beschäftigten ohnehin – arbeitsvertraglich oder tarifvertraglich – zustehen, ist nicht zulässig. Hier besteht also keine Übereinstimmung zwischen Steuerrecht und Beitragsrecht in der Sozialversicherung.

Startups/Kleine und mittlere Unternehmen

Im Steuerrecht unterliegt der geldwerte Vorteil einer Vermögensbeteiligung, die ein Arbeitnehmer von seinem Arbeitgeber zusätzlich erhält, im Kalenderjahr der Übertragung nicht der Besteuerung.[4]

Im Sozialversicherungsrecht hat diese Regelung keine Auswirkungen. Die dort geltende Sozialversicherungsentgeltverordnung (SvEV) regelt ausdrücklich[5], dass dem „Steueraufschub" kein „Beitragsaufschub" folgt. Dies hat für die Praxis den – aufwendigen – Effekt, dass mit dem Zufluss der Zuwendung eine sofortige Beitragspflicht, aber – zunächst – keine Steuerpflicht entsteht.

1 BFH, Urteil v. 17.9.2009, VI R 17/08, BStBl 2010 II S. 299.
2 BFH, Urteil v. 30.9.2008, VI R 67/05, BStBl 2009 II S. 282.
3 § 37b Abs. 2 Satz 2 EStG.
4 § 19a Abs. 1 Satz 1 EStG.
5 § 1 Abs. 1 Satz 1 SvEV.

Vermögenswirksame Leistungen

Vermögenswirksame Leistungen (VL) sind Geldleistungen des Arbeitgebers, die er für den Arbeitnehmer nach den im Fünften Gesetz zur Förderung der Vermögensbildung der Arbeitnehmer (5. VermBG) aufgeführten Anlageformen erbringt. Regelmäßig erfolgt die Anlage aus zusätzlichen Leistungen des Arbeitgebers. Die Verwendung von Teilen des üblichen Arbeitslohns ist auch zulässig. Grundsätzlich dürfen die vermögenswirksamen Leistungen nicht an den Arbeitnehmer ausgezahlt werden. Für solche Leistungen kann die staatliche Arbeitnehmersparzulage gewährt werden.

Gesetze, Vorschriften und Rechtsprechung

Lohnsteuer: Näheres zu den Anlageformen für vermögenswirksame Leistungen regelt das 5. Vermögensbildungsgesetz (5. VermBG). Zu den begünstigten Anlageformen s. § 2 Abs. 1 Nr. 1–8 5. VermBG. Weitere Vorschriften finden sich in der Verordnung zum 5. VermBG, der VermBDV sowie im BMF-Schreiben v. 29.11.2017, IV C 5 – S 2430/17/10001, BStBl 2017 I S. 1626. Der Zeitpunkt der erstmaligen Anwendung des Verfahrens der elektronischen Vermögensbildungsbescheinigung ist geregelt im BMF-Schreiben v. 16.12.2016, IV C 5 – S 2439/16/10001, BStBl 2016 I S. 1435 sowie im BMF-Schreiben v. 17.4.2018, IV C 5 – S 2439/12/10001, BStBl. 2018 I S. 630. Die Voraussetzungen und Höhe der Arbeitnehmersparzulage regelt § 13 5. VermBG. Zur wahlweisen Verwendung von vermögenswirksamen Leistungen zum Zweck der betrieblichen Altersversorgung und in diesem Zusammenhang gewährte Erhöhungsbeträge des Arbeitgebers (steuerliche Förderung der betrieblichen Altersversorgung) nimmt BMF-Schreiben v. 8.8.2019, IV C 5 – S 2333/19/10001, BStBl 2019 I S. 834 Stellung.

Sozialversicherung: Die Beitragspflicht des Arbeitsentgelts in der Sozialversicherung ergibt sich aus § 14 Abs. 1 SGB IV. Die Beitragsfreiheit der vermögenswirksamen Leistungen bei Bezug einer Entgeltersatzleistung regelt § 23c Abs. 1 Satz 1 SGB IV.

Entgelt	LSt	SV
Arbeitgeberzuschüsse für VWL	pflichtig	pflichtig

Lohnsteuer

Begünstigte Arbeitnehmer

Die Anlage vermögenswirksamer Leistungen erfolgt regelmäßig mit dem Ziel, die steuerfreien ↗ Arbeitnehmersparzulagen zu erhalten. Diese Förderung setzt voraus, dass die Leistungen für eine Dauer von 6 bzw. 7 Jahren angelegt werden (Sperrfrist). Begünstigt sind

- unbeschränkt und
- beschränkt einkommensteuerpflichtige Arbeitnehmer (einschl. Aushilfskräfte) im arbeitsrechtlichen Sinne – auch wenn der Arbeitslohn pauschal besteuert wird,
- Auszubildende,
- in Heimarbeit Beschäftigte,
- Beamte,
- Berufssoldaten,
- Soldaten auf Zeit,
- freiwillig Wehrdienstleistende mit einem ruhenden Arbeitsverhältnis, aus dem sie noch Arbeitslohn erhalten, und
- Menschen mit Behinderungen im Arbeitsbereich anerkannter Werkstätten für Menschen mit Behinderungen, wenn sie zu den Werkstätten in einem arbeitnehmerähnlichen Rechtsverhältnis stehen.

Zahlt der Arbeitgeber keinen gesonderten Betrag für die vermögenswirksame Leistung, hat der Arbeitnehmer ihn aus steuerpflichtigem oder steuerfreiem Arbeitslohn zu leisten. Nicht zulässig ist es, steuerfreie Einnahmen zu verwenden, die lediglich den Ersatz von Aufwendungen des Arbeitnehmers (z. B. Reisekosten) oder steuerfreie Lohnersatzleistungen darstellen (z. B. Kurzarbeitergeld, Mutterschaftsgeld). Diese Zahlungen sind kein begünstigter Arbeitslohn. Unbeachtlich ist die Besteuerungsform des Arbeitslohns nach den ELStAM oder pauschal.

Anlagearten

Sparvertrag über Wertpapiere oder andere Vermögensbeteiligungen

Der Sparvertrag (z. B. Fondssparplan) ist abzuschließen

- mit einer inländischen Bank oder Sparkasse,
- einer Kapitalverwaltungsgesellschaft oder
- einem Kreditinstitut oder einer Verwaltungsgesellschaft in EU-Mitgliedstaaten i. S. d. Richtlinie 2009/65/EG.

Der Arbeitnehmer verpflichtet sich darin, vom Arbeitgeber begünstigte vermögenswirksame Leistungen einzahlen zu lassen.

Der Sparvertrag kann über eine einmalige oder die laufende Einzahlung vermögenswirksamer Leistungen abgeschlossen werden. Bei Verträgen über laufende Einzahlungen läuft die Einzahlungsfrist 6 Jahre. Die Sperrfrist endet für alle Einzahlungen einheitlich nach Ablauf von 7 Jahren ab Beginn der ersten Einzahlung.

Achtung

VL-Fähigkeit des Fonds beachten

Nicht jeder Fonds ist VL-fähig. Dies muss vor Abschluss mit dem jeweiligen Kreditinstitut durch den Arbeitnehmer geklärt werden.

Wertpapierkaufvertrag

Der Wertpapierkaufvertrag[1] ist zwischen dem Arbeitnehmer und dem Arbeitgeber abzuschließen. Aufgrund dieses Kaufvertrags kann der Arbeitnehmer vom Arbeitgeber mit vermögenswirksamen Leistungen Wertpapiere erwerben, und zwar sowohl Wertpapiere, die vom Arbeitgeber ausgegeben werden, z. B. Belegschaftsaktien, als auch Wertpapiere (Aktien) fremder Unternehmen.

Es gilt eine Sperrfrist von 6 Jahren. Die Sperrfrist beginnt am 1.1. des Kalenderjahres, in dem der Arbeitnehmer die Wertpapiere erhält.

Beteiligungsvertrag und Beteiligungskaufvertrag mit dem Arbeitgeber

Der Beteiligungsvertrag unterscheidet sich vom Beteiligungskaufvertrag hauptsächlich dadurch, dass der Beteiligungsvertrag nicht verbriefte Vermögensbeteiligungen erstmals begründet, während aufgrund eines Beteiligungskaufvertrags bereits bestehende nicht verbriefte Vermögensbeteiligungen erworben werden.[2] Mit einem Beteiligungsvertrag und aufgrund eines Beteiligungskaufvertrags werden vermögenswirksame Leistungen in nicht verbrieften betrieblichen Vermögensbeteiligungen angelegt, z. B. Genossenschaftsanteile, GmbH-Geschäftsanteile, stille Beteiligungen, Darlehensforderungen oder Genussrechte.

Über die erhaltenen Beteiligungen darf der Arbeitnehmer bis zum Ablauf einer Frist von 6 Jahren nicht verfügen. Die 6-jährige Sperrfrist beginnt am 1.1. des Kalenderjahres, in dem der Arbeitnehmer die nicht verbriefte Beteiligung erhält.

Beteiligungsvertrag und Beteiligungskaufvertrag mit fremden Unternehmen

Mit einem Beteiligungsvertrag und aufgrund eines Beteiligungskaufvertrags zwischen dem Arbeitnehmer und einem Dritten können außerbetriebliche Genossenschaftsanteile, außerbetriebliche GmbH-Geschäftsanteile oder stille Beteiligungen an verbundenen Unternehmen oder an sog. Mitarbeiterbeteiligungsgesellschaften erworben werden.[3]

Es gelten dieselben Sperrfristen wie bei Verträgen mit dem Arbeitgeber.

---

1 § 5 5. VermBG.
2 §§ 6 Abs. 1, 7 Abs. 1 5. VermBG.
3 § 6 Abs. 2, § 7 Abs. 2 VermBG.

Bausparvertrag

Zu dieser Anlageart gehören alle Verträge, die nach den Vorschriften des Wohnungsbau-Prämiengesetzes abgeschlossen worden sind[1], z. B. Bausparverträge mit einer Bausparkasse, einem Kreditinstitut oder mit einem gemeinnützigen Wohnungsunternehmen. Für Bausparkassenbeiträge gilt eine Sperrfrist von 7 Jahren. Voraussetzung ist stets, dass die (Spar-)Beiträge und Prämien zum Bau oder Erwerb selbstgenutzten Wohneigentums oder Erwerb eines eigentumsrechtlichen Dauerwohnrechts verwendet werden.

Anlage zum Wohnungsbau

Der Arbeitnehmer kann die vermögenswirksamen Leistungen auch zum Erwerb von Bauland, eigentumsähnlichen Dauerwohnrechten, eines Wohngebäudes oder einer Eigentumswohnung sowie zum Bau oder zur Erweiterung von Wohngebäuden verwenden. Auch die Rückzahlung von Darlehen wegen der genannten Vorhaben mit vermögenswirksamen Leistungen ist möglich.[2] Zur Verwendung der vermögenswirksamen Leistungen für Baumaßnahmen gibt es 2 Möglichkeiten:

1. Zum einen kann der Arbeitnehmer den Arbeitgeber bitten, die vermögenswirksamen Leistungen an den Gläubiger zu überweisen, dem der Arbeitnehmer den Kaufpreis schuldet oder dessen Handwerkerrechnung zu bezahlen ist oder der dem Arbeitnehmer das Baudarlehen gegeben hat.
2. Zum anderen kann der Arbeitnehmer verlangen, dass die für die genannten Baumaßnahmen oder die für die Rückzahlung des Baudarlehens bestimmten vermögenswirksamen Leistungen an ihn ausbezahlt werden. Hierfür ist die vorherige Vorlage einer schriftlichen Bestätigung des Gläubigers erforderlich, dass die Voraussetzungen für die Anlageart erfüllt sind, z. B. dass der Kaufpreis für Bauland oder das Wohngebäude zu begleichen ist. Der Arbeitgeber braucht die Richtigkeit der Bestätigung nicht zu prüfen.[3]

Geldsparvertrag

Bei diesem Sparvertrag[4] handelt es sich um eine typische Geldsparform. Der Sparvertrag kann mit inländischen Kreditinstituten oder mit Kreditinstituten in EU-Mitgliedstaaten abgeschlossen werden. Es können sowohl einmalige als auch laufende vermögenswirksame Leistungen angelegt werden. Die Einzahlungsfrist läuft 6 Jahre; die Sperrfrist endet für alle Einzahlungen einheitlich nach Ablauf von 7 Jahren.

Für vermögenswirksame Leistungen, die in Geldsparverträgen angelegt werden, wird keine Sparzulage gewährt.

Lebensversicherungsvertrag

Zu den Anlagearten vermögenswirksamer Leistungen gehört auch die Kapitalversicherung (Lebens- und Aussteuerversicherung).[5] Für vermögenswirksame Leistungen, die in Lebensversicherungsverträgen angelegt werden, wird keine Sparzulage gewährt.

Unschädliche Verfügungsmöglichkeiten

Will der Arbeitnehmer vorzeitig über die vermögenswirksam angelegten Leistungen verfügen, bleibt die Zulagenbegünstigung trotz Verletzung von Sperrfristen oder Verwendungsfristen in folgenden Fällen bestehen:

- Der Arbeitnehmer oder sein von ihm nicht dauernd getrennt lebender Ehegatte oder Lebenspartner ist nach Vertragsabschluss gestorben oder bei einem von ihnen ist ein Grad der Behinderung von mindestens 95 eingetreten.
- Der Arbeitnehmer hat nach Vertragsabschluss, aber vor der vorzeitigen Verfügung geheiratet oder eine Lebenspartnerschaft begründet und im Zeitpunkt der vorzeitigen Verfügung sind mindestens 2 Jahre seit Beginn der Sperrfrist vergangen.
- Der Arbeitnehmer ist nach Vertragsabschluss arbeitslos geworden, und die Arbeitslosigkeit besteht im Zeitpunkt der Verfügung ununterbrochen mindestens ein Jahr.
- Der Arbeitnehmer hat nach Vertragsabschluss sein Arbeitsverhältnis gekündigt und eine selbstständige Erwerbstätigkeit aufgenommen.
- Die Sperrfrist wurde nicht eingehalten, weil die Vermögensbeteiligung ohne Mitwirkung des Arbeitnehmers wertlos geworden ist.[6] Dabei nimmt die Finanzverwaltung Wertlosigkeit an, wenn der Arbeitnehmer höchstens 33 % der angelegten vermögenswirksamen Leistungen zurückerhält.

Elektronische Vermögensbescheinigung

Der Arbeitnehmer hat nur dann einen Anspruch auf die Arbeitnehmersparzulage, wenn er der elektronischen Datenübermittlung durch das Anlageinstitut zustimmt.

Einwilligung zur elektronischen Datenübermittlung

Der Anleger hat gegenüber dem Anlageinstitut die Einwilligung zur elektronischen Datenübermittlung zu geben und seine Identifikationsnummer mitzuteilen. Die Einwilligung muss bis spätestens zum Ablauf des zweiten Kalenderjahres, das auf das Jahr der Anlage der vermögenswirksamen Leistung folgt, erteilt werden.

Das Anlageinstitut muss dem Finanzamt jeweils bis zum 28.2. des auf das Zulagejahr folgenden Kalenderjahres die elektronische Vermögensbildungsbescheinigung per amtlichem Datensatz übermitteln.

Die elektronische Vermögensbildungsbescheinigung umfasst folgende Daten:

- Name, Vorname, Geburtsdatum, Anschrift und Steuer-Identifikationsnummer des Anlegers,
- Anlageart und den jeweils zulagebegünstigt angelegten Jahresbetrag der vermögenswirksamen Leistung,
- das Kalenderjahr, dem diese vermögenswirksamen Leistungen zuzuordnen sind,
- das Ende der für die gewählte Anlageform vorgeschriebenen Sperrfrist.

Anzeigepflichten des Arbeitgebers

Hat der Arbeitgeber die vermögenswirksamen Leistungen selbst angelegt (im Betrieb), muss er der Finanzverwaltung unverzüglich anzeigen, wenn der Arbeitnehmer

- vor Ablauf der Sperrfrist über Wertpapiere, die der Arbeitgeber verwahrt oder von einem Dritten verwahren lässt oder die die Hausbank des Arbeitnehmers verwahrt, durch Veräußerung, Abtretung oder Beleihung verfügt oder die Wertpapiere endgültig aus der Verwahrung genommen hat;
- die Verwahrungsbescheinigung dem Arbeitgeber nicht innerhalb von 3 Monaten nach dem Erwerb der Wertpapiere vorgelegt hat;
- für die aufgrund eines Wertpapierkaufvertrags, Beteiligungsvertrags oder Beteiligungskaufvertrags angezahlten (vorausgezahlten) Beträge bis zum Ablauf des auf die Zahlung folgenden Kalenderjahres weder Wertpapiere noch betriebliche Beteiligungen erhalten hat;
- vor Ablauf der Sperrfrist über nicht verbriefte betriebliche Beteiligungen verfügt hat.

Zentrale Verwaltung der Arbeitnehmersparzulage

Die Anzeigen sind nach amtlich vorgeschriebenem Datensatz an die Zentralstelle für Arbeitnehmersparzulage und Wohnungsbauprämie beim Technischen Finanzamt Berlin (ZPS ZANS, Klosterstr. 59, 10179 Berlin) zu übermitteln und ohne Rücksicht darauf zu erstatten, ob unschädliche Verfügungen vorliegen; diese werden ausschließlich vom Finanzamt geprüft.

1 § 2 Abs. 1 Nr. 4 5. VermBG.
2 § 2 Abs. 1 Nr. 5 5. VermBG.
3 § 3 Abs. 3 5. VermBG.
4 § 8 5. VermBG.
5 § 9 5. VermBG.
6 § 13 Abs. 5 Nr. 2 5. VermBG.

Höhe der Arbeitnehmersparzulage und Einkommensgrenzen

Für Anlagen zum Wohnungsbau (z. B. Einzahlungen in einen Bausparvertrag) beträgt die ⇗ Arbeitnehmersparzulage 9 % bei einem Förderhöchstbetrag von 470 EUR pro Jahr, maximal 43 EUR (gerundet). Für Anlagen in Vermögensbeteiligungen (z. B. Sparvertrag über Wertpapiere) beträgt die Arbeitnehmersparzulage 20 % bei einem Förderhöchstbetrag von 400 EUR pro Jahr, maximal 80 EUR. Die Förderungen für Anlagen zum Wohnungsbau und Vermögensbeteiligungen können nebeneinander in Anspruch genommen werden, sodass jährlich eine maximale Arbeitnehmersparzulage i. H. v. 123 EUR (gerundet) erzielt werden kann.

Die Arbeitnehmersparzulage muss zwar jährlich im Rahmen der Einkommensteuererklärung beantragt werden. Sie wird jedoch erst nach Ablauf der 6- bzw. 7-jährigen Sperrfrist in einer Summe ausgezahlt. Die Gewährung der Arbeitnehmersparzulage ist an Einkommensgrenzen gebunden. Entscheidend ist dabei das zu versteuernde Einkommen im Kalenderjahr der Anlage der vermögenswirksamen Leistungen. Bei der Ermittlung des maßgeblichen zu versteuernden Einkommens werden die Freibeträge für Kinder auch dann zum Abzug gebracht, wenn die Gewährung von Kindergeld für den Arbeitnehmer günstiger ist.[1] Die Einkommensgrenze beträgt für Ledige 40.000 EUR. Im Fall der Zusammenveranlagung verdoppelt sich die Einkommensgrenze auf 80.000 EUR.[2]

Grenzgänger

Für Arbeitnehmer mit Wohnsitz im Inland, die als Grenzgänger bei Arbeitgebern im benachbarten Ausland beschäftigt sind, kann der ausländische Arbeitgeber vermögenswirksame Leistungen auch dadurch erbringen, dass er eine andere Person mit der Überweisung oder Einzahlung in seinem Namen und für seine Rechnung beauftragt. Lehnt es der ausländische Arbeitgeber ab, mit dem bei ihm beschäftigten Grenzgänger eine Vereinbarung über vermögenswirksame Leistungen abzuschließen, kann ein inländisches Kreditinstitut oder eine Kapitalverwaltungsgesellschaft insoweit die Funktionen des Arbeitgebers übernehmen.

Voraussetzung ist, dass der ausländische Arbeitgeber den Arbeitslohn auf ein Konto des Arbeitnehmers bei dem inländischen Kreditinstitut oder der Kapitalverwaltungsgesellschaft überweist und diese die vermögenswirksam anzulegenden Beträge zulasten dieses Kontos unmittelbar an das betreffende Unternehmen, Institut oder den Gläubiger leistet. Diese Regelung gilt auch für Arbeitnehmer, die bei diplomatischen und konsularischen Vertretungen ausländischer Staaten im Inland beschäftigt sind, wenn das Arbeitsverhältnis deutschem Arbeitsrecht unterliegt.

Vorruheständler

Da zum persönlichen Geltungsbereich des Vermögensbildungsgesetzes nur Arbeitnehmer gehören, die in einem aktiven Dienstverhältnis stehen, können für Arbeitnehmer nach Eintritt in den Vorruhestand keine vermögenswirksamen Leistungen mehr erbracht werden.

Etwas anderes gilt jedoch, wenn der im Vorruhestand lebende Arbeitnehmer daneben noch eine Arbeitnehmertätigkeit ausübt. In diesem aktiven Dienstverhältnis kann der Arbeitnehmer vermögenswirksame Leistungen erhalten.

Betriebliche Altersversorgung

Vermögenswirksame Leistungen können grundsätzlich auch zum Aufbau einer betrieblichen Altersversorgung verwendet werden. Unter den Voraussetzungen des § 3 Nr. 63 EStG sind diese Beiträge steuerfrei. In diesem Fall bestehen für den Arbeitnehmer jedoch keine (zusätzlichen) Ansprüche auf Arbeitnehmersparzulage. Der Arbeitgeber hat in diesen Fällen auch keinen Anspruch auf den sog. BAV-Förderbetrag.[3]

1 § 2 Abs. 5 Satz 2 EStG
2 § 13 Abs. 1 Satz 1 5. VermBG i. d. F. des Zukunftsfinanzierungsgesetzes.
3 BMF, Schreiben v. 12.8.2021, IV C 5 – S 2333/19/10008:017, BStBl 2021 I S. 1050, Rz. 26a und 111a.

Sozialversicherung

Allgemeine beitragsrechtliche Bewertung

Vom ⇗ Arbeitgeber an den ⇗ Arbeitnehmer zusätzlich zum Grundgehalt gezahlte vermögenswirksame Leistungen, sind in voller Höhe beitragspflichtiges ⇗ Arbeitsentgelt im Sinne der Sozialversicherung. Die Sozialversicherungsbeiträge des Arbeitnehmers werden demnach aus seinem laufenden Arbeitsentgelt und dem Arbeitgeberanteil zu den vermögenswirksamen Leistungen bemessen. Aufwendungen, die der Arbeitnehmer zur Finanzierung der vermögenswirksamen Leistungen aus seinem Nettoarbeitsentgelt selbst beisteuert, gehören nicht zum beitragspflichtigen Arbeitsentgelt.

Beispiel

Beitragspflicht von vermögenswirksamen Leistungen

Ein Arbeitnehmer hat einen VL-Vertrag mit einem monatlichen Beitrag in Höhe von 40 EUR abgeschlossen. Sein monatliches Grundgehalt beträgt 1.500 EUR. Der Arbeitgeber zahlt ihm gemäß Tarifvertrag monatlich vermögenswirksame Leistungen in Höhe von 10 EUR. Die restlichen 30 EUR bringt der Arbeitnehmer selbst auf.

Die vermögenswirksame Leistung unterliegt mit 10 EUR der Beitragspflicht. Sozialversicherungsbeiträge sind daher insgesamt aus einem Brutto-Arbeitsentgelt in Höhe von 1.510 EUR abzuführen.

Vermögenswirksame Leistungen während des Bezugs von Sozialleistungen

In Zeit des Bezugs von Sozialleistungen (z. B. Kranken- oder Mutterschaftsgeld) gezahlte vermögenswirksame Leistungen gelten nicht als beitragspflichtiges Arbeitsentgelt. Dies gilt, soweit die Einnahmen zusammen mit den Sozialleistungen das Nettoarbeitsentgelt um nicht mehr als 50 EUR übersteigen.[4] Anders gesagt: Für die Zeit des Bezugs von Sozialleistungen laufend gezahlte vermögenswirksame Leistungen unterliegen bis zum maßgeblichen Nettoarbeitsentgelt nicht der Beitragspflicht. Alle darüber hinausgehenden Beträge sind erst dann als beitragspflichtige Einnahmen zu berücksichtigen, wenn sie die Freigrenze in Höhe von 50 EUR übersteigen.

Vorbehaltlich arbeits- oder tarifrechtlicher Regelungen, entspricht das Vergleichs-Nettoarbeitsentgelt dem Nettoarbeitsentgelt, das der Arbeitgeber z. B. der Krankenkasse zur Berechnung der Sozialleistung bescheinigt hat.

Teilmonate

Sofern nur für einen Teil des Entgeltabrechnungszeitraums Versicherungspflicht besteht, sind dennoch die gesamten vermögenswirksamen Leistungen diesem Teilzeitraum zuzuordnen. Dies gilt selbst dann, wenn dieser Zeitraum nicht mit Arbeitsentgelt belegt ist, z. B. bei ⇗ unbezahltem Urlaub.

Beitragsfreiheit bei Pauschalversteuerung

Vermögenswirksame Leistungen gelten ausdrücklich nicht als ⇗ Einmalzahlung.[5] Als laufendes Arbeitsentgelt sind sie somit im Fall einer Pauschalversteuerung nach § 40 Abs. 1 Satz 1 Nr. 1 EStG nicht dem beitragspflichtigen Arbeitsentgelt zuzurechnen.[6]

Vermögenswirksame Leistungen als Vorschuss

Vermögenswirksame Leistungen des Arbeitgebers werden im Allgemeinen nur für solche Zeiten gewährt, für die auch ein Anspruch auf Lohn oder Gehalt besteht. Sofern ein Arbeitnehmer keinen Anspruch auf Arbeitsentgelt hat, entfällt daher regelmäßig auch die vermögenswirksame Leistung des Arbeitgebers. Damit die Arbeitnehmer in Zeiten ohne Bezug von Arbeitsentgelt ihren Zahlungsverpflichtungen hinsichtlich des Anlagevertrags nachkommen können, kann ihnen der Arbeitgeber einen Vorschuss gewähren. Dieser ⇗ Vorschuss wird mit späteren Lohn- bzw. Gehaltsansprüchen des Arbeitnehmers verrechnet.

4 § 23c Abs. 1 Satz 1 SGB IV.
5 § 23a Abs. 1 Satz 2 SGB IV.
6 § 1 Abs. 1 Satz 1 Nr. 2 SvEV.

Von den Vorschüssen sind im Zeitpunkt der Zahlung keine Beiträge zu erheben. Die Beiträge fallen erst an, wenn der Arbeitgeber die Vorschüsse mit dem Lohn bzw. Gehalt des Arbeitnehmers verrechnet. Der Beitragsberechnung ist dann nicht das um die Vorschüsse verminderte Arbeitsentgelt, sondern das volle bzw. ungekürzte Arbeitsentgelt zugrunde zu legen.

Verpflegungsmehraufwand

Der Verpflegungsmehraufwand gehört zu den Reisekosten. Mehrkosten für die Verpflegung, die dem Arbeitnehmer aufgrund seiner Reisetätigkeit bzw. Abwesenheit von zu Hause entstehen, sollen damit ausgeglichen werden.

Verpflegungsmehraufwand kann steuerfrei gewährt werden, abhängig von der täglichen Abwesenheit des Arbeitnehmers von seiner Wohnung und seiner ersten Tätigkeitsstätte.

Für das Inland gelten seit 2020 folgende Sätze:

- 14 EUR bei einer Abwesenheit über 8 Stunden sowie jeweils für den An- und Abreisetag bei mehrtägigen Reisen.
- 28 EUR bei einer Abwesenheit von 24 Stunden.[1]

Für beruflich veranlasste Auslandsreisen gelten für jedes Land spezielle Verpflegungspauschalen, die vom Bundesministerium für Finanzen festgesetzt werden.

Verpflegungsmehraufwand kann für längstens 3 Monate an derselben Tätigkeitsstätte gewährt werden. Der Arbeitgeber kann neben dem steuerfreien Höchstbetrag zusätzlich einen mit 25 % pauschal versteuerten Betrag in gleicher Höhe gewähren.

Gesetze, Vorschriften und Rechtsprechung

Lohnsteuer: Die Lohnsteuerfreiheit der Verpflegungsmehraufwendungen ergibt sich aus § 3 Nrn. 13, 16 EStG. Dazu erläuternde Hinweise stehen in R 9.6 LStR. Die Pauschalen für Verpflegungsmehraufwendungen sind in § 9 Abs. 4a EStG geregelt.

Sozialversicherung: Die Beitragsfreiheit in der Sozialversicherung ergibt sich aus § 1 Abs. 1 Satz 1 Nrn. 1, 3 SvEV.

Entgelt	LSt	SV
Verpflegungsmehraufwand bis zu bestimmten Höchstbeträgen	frei	frei
Verpflegungsmehraufwand bis zum Doppelten der Pauschalen	pauschal	frei

Versicherungspflicht

Liegen die Voraussetzungen für die Versicherungspflicht in der Kranken-, Pflege-, Renten-, Arbeitslosen- und der Unfallversicherung vor, bedarf es zum Entstehen der Versicherungspflicht weder eines Versicherungsvertrages noch einer besonderen Entscheidung des zuständigen Versicherungsträgers. Versicherungspflicht entsteht grundsätzlich unabhängig von der Anmeldung und von der Beitragszahlung. Ansprüche in den Zweigen der Sozialversicherung begründen sich regelmäßig aus einer Versicherungspflicht heraus, welche grundsätzlich mit Beitragspflichten verbunden ist.

Gesetze, Vorschriften und Rechtsprechung

Sozialversicherung: Die Versicherungspflicht ist geregelt für die Krankenversicherung in § 5 SGB V, Rentenversicherung in §§ 1 bis 4 SGB VI (Übergangsrecht in §§ 229 und 229a SGB VI), Pflegeversicherung in §§ 20 und 21 SGB XI (Übergangsregelung in § 141 SGB XI), Arbeitslosenversicherung (Arbeitsförderung) in §§ 25, 26 und 28a SGB III (Übergangsrecht u. a. in § 444, § 446 SGB III), Unfallversicherung in §§ 2 und 3 SGB VII (Übergangsrecht in § 213 SGB VII), Alterssicherung der Landwirte in § 1 ALG und Krankenversicherung der Landwirte in § 2 KVLG 1989 (Übergangsrecht in § 84 ALG und in § 63 KVLG 1989), Künstlersozialversicherung in § 1 KSVG (Übergangsrecht in § 56a KSVG).

Sozialversicherung

Entstehen der Versicherungspflicht

Versicherungspflicht kraft Gesetzes

Der Eintritt von Versicherungspflicht richtet sich ausschließlich nach den im Gesetz aufgeführten Voraussetzungen. Versicherungspflicht tritt unabhängig davon ein, dass der Beteiligte diese will und die gesetzlichen Voraussetzungen kennt oder kennen müsste.

Dieser Grundsatz ergibt sich aus § 22 Abs. 1 SGB IV. Hiernach entstehen die Beitragsansprüche der Versicherungsträger, sobald ihre im Gesetz oder aufgrund eines Gesetzes bestimmten Voraussetzungen vorliegen. Für die Feststellung der Versicherungspflicht und der Beitragshöhe gilt das Entstehungsprinzip.[2]

So führt eine Beschäftigung gegen Arbeitsentgelt in allen Zweigen der Sozialversicherung zur Versicherungspflicht. Solange diese Voraussetzungen vorliegen und nicht etwa Versicherungsfreiheit (z. B. als ⇗ Beamter) besteht, bleibt die Versicherungspflicht erhalten. Im Recht der Arbeitsförderung ist das „Versicherungspflichtverhältnis" allgemein in § 24 SGB III definiert.

Versicherungspflicht kraft Satzung

Soweit das Gesetz dies zulässt kann die Versicherungspflicht kraft Gesetzes und auch durch Satzungsbestimmung entstehen. Eine kraft Satzung bestehende Versicherungspflicht hat dieselben Rechtsfolgen wie die kraft Gesetzes bestehende Versicherungspflicht.

Versicherungspflicht auf Antrag

Versicherungspflicht kann auch auf Antrag begründet werden, wie z. B. in der Renten- und Unfallversicherung oder nach dem Recht der Arbeitsförderung.[3]

Eine auf Antrag bestehende Versicherungspflicht hat dieselben Rechtsfolgen wie die kraft Gesetzes bestehende Versicherungspflicht.

Vertraglicher Ausschluss der Versicherungspflicht ist nichtig

Die Versicherungspflicht kann

- durch eine Vereinbarung zwischen dem Versicherungspflichtigen, seinem ⇗ Arbeitgeber oder der Stelle, die wegen der Versicherungspflicht an der Beitragszahlung beteiligt ist oder
- durch eine Vereinbarung mit dem Versicherungsträger, der die Versicherungspflicht durchzuführen hat,

nicht beseitigt werden. Das gilt entsprechend für eine auf Antrag zustande gekommene Versicherungspflicht, wenn die Entscheidung über den Antrag unanfechtbar geworden ist.

Wichtig

Ausnahmen von der Versicherungspflicht

Ausnahmen von der Versicherungspflicht müssen im Gesetz ausdrücklich geregelt sein.

Die Versicherungspflicht auf Antrag unterscheidet sich von einer freiwilligen Versicherung dadurch, dass letztere jederzeit beliebig beendet werden kann. Die Antragspflichtversicherung kann in der Regel nur

1 Das Gesetzgebungsverfahren, das eine Änderung der beiden Werte vorsieht, ist noch nicht abgeschlossen. Ggf. wird eine Änderung im Laufe des Jahres 2024 folgen.

2 BSG, Urteil v. 26.10.1982, 12 RK 8/81; BSG, Urteil v. 14.7.2004, B 12 KR 7/04 R.

3 § 28a SGB III.

dann beendet werden, wenn die jeweiligen Voraussetzungen entfallen sind. In der Rentenversicherung haben freiwillige Beiträge nicht die gleiche „Qualität" wie Pflichtbeiträge, da durch freiwillige Beiträge allein z. B. kein Anspruch auf eine Erwerbsminderungsrente begründet werden kann.

Beginn der Versicherungspflicht

Die Versicherungspflicht beginnt bei Vorliegen der jeweiligen Voraussetzungen mit Beginn dieses Tages. Die Anmeldung durch den Arbeitgeber bei einer Beschäftigung hat nur formelle Bedeutung. Der vollwertige Versicherungsschutz der Pflichtmitglieder besteht vom ersten Tag der Versicherungspflicht an. In der Krankenversicherung ist sie mit der Mitgliedschaft verbunden.

Beschäftigte sind grundsätzlich ab dem Tag versicherungspflichtig, an dem die Beschäftigung gegen Arbeitsentgelt beginnt. Nicht zwingend entscheidend ist, ob der Arbeitnehmer die Beschäftigung auch tatsächlich – z. B. wie in einem Arbeitsvertrag vereinbart – aufgenommen hat. Die Versicherungspflicht kann somit auch bestehen, wenn der Arbeitnehmer vor dem vereinbarten Arbeitsbeginn erkrankt oder einen Unfall auf dem Weg zur Arbeit hatte.

Beispiel

Verspätete Arbeitsaufnahme wegen Erkrankung

Ereignis	Laufendes Jahr
Arbeitsvertraglicher Beschäftigungsbeginn	1.7.
Eintritt von Arbeitsunfähigkeit	28.6.
Ende der Arbeitsunfähigkeit	5.8.
Arbeitsaufnahme	6.8.

Ergebnis: Die Sozialversicherungspflicht (SV-Pflicht) beginnt am 1.7., sofern der Arbeitnehmer Anspruch auf Entgeltfortzahlung aufgrund tarifvertraglicher Regelung ab diesem Zeitpunkt hat. Besteht kein Anspruch auf Entgeltfortzahlung und zahlt der Arbeitgeber auch nicht freiwillig ein Arbeitsentgelt, beginnt die Entgeltfortzahlung i. S. d. § 3 Abs. 3 EFZG (längstens 6 Wochen) nach einer Wartezeit von 4 Wochen am 29.7. Auch SV-Pflicht besteht dann erst ab 29.7.

Beschäftigungsbeginn fällt auf arbeitsfreien Tag

Fällt ein vertraglich vereinbarter Beschäftigungsbeginn auf einen arbeitsfreien Tag (Wochenende, Feiertag), liegt Versicherungspflicht bereits mit Beginn des arbeitsfreien Tages vor, wenn Anspruch auf Arbeitsentgelt besteht. Bei Beschäftigten mit festem Monatsentgelt beginnt die Versicherungspflicht mit dem arbeitsfreien Tag, bei Vergütung nach tatsächlichen Arbeitsstunden beginnt die Versicherungspflicht am ersten entgeltlichen Arbeitstag.

Beispiel

Beginn der Sozialversicherungspflicht

Arbeitsvertraglicher Beschäftigungsbeginn	1.5. (Feiertag)
Arbeitsaufnahme	2.5.
mtl. vereinbartes Brutto-Arbeitsentgelt (Monatsgehalt)	3.000 EUR

Ergebnis: Die SV-Pflicht beginnt am 1.5. Es gilt somit nichts anderes, als würde ein bestehendes Beschäftigungsverhältnis von einem arbeitsfreien Tag umschlossen und auch für diesen Monat der vereinbarte Verdienst gezahlt.

Ende der Versicherungspflicht

Die Versicherungspflicht endet, wenn die Voraussetzungen für ihr Entstehen nicht mehr vorliegen. In bestimmten Ausnahmefällen – meist im Zusammenhang mit dem Übergangsrecht – können Versicherte über die Beendigung der Versicherungspflicht bestimmen. Ein Beispiel dafür stellt die Regelung in § 229 Abs. 1b SGB VI für die Rentenversicherung dar.

Die Versicherungspflicht Beschäftigter endet, wenn die Beschäftigung gegen Arbeitsentgelt endet. Bei bestimmten Sachverhalten kann für längstens einen Monat auch ohne Entgeltzahlung eine Beschäftigung gegen Arbeitsentgelt als fortbestehend gelten[1] und somit die Versicherungspflicht erhalten bleiben.

Begrifflich abzugrenzen von der Versicherungspflicht ist die Mitgliedschaft in der gesetzlichen Kranken- und Pflegeversicherung.

Die Versicherungspflicht endet auch, wenn Versicherungsfreiheit eintritt oder es zu einer ⇗ Befreiung von der Versicherungspflicht kommt.

Versicherungsprämie

Mit „Versicherungsprämie" werden oft unterschiedliche Sachverhalte bezeichnet. Es handelt sich um keinen feststehenden Begriff. Beispiele hierfür sind u. a.

- die Prämienrückvergütung bei geringer Unfallbelastung des Arbeitgebers, die dem Arbeitgeber z. B. durch Berufsgenossenschaften gezahlt werden,
- vom Arbeitgeber gezahlte Versicherungsbeiträge zur betrieblichen Altersversorgung,
- Prämien im Zusammenhang mit einem Dienstwagen, z. B. Autoinsassen-Unfallversicherung,
- Prämien des Arbeitgebers für eine betriebliche Krankenversicherung, die über die Leistungen der gesetzlichen Krankenversicherung hinausgeht,
- die Prämie zu einer Berufshaftpflichtversicherung, z. B. bei angestellten Rechtsanwälten,
- die Prämie als Bezeichnung für den Beitrag zur privaten Kranken- und Pflegeversicherung oder auch
- die Sozialversicherungsbeiträge zu den jeweils zutreffenden Sozialversicherungszweigen.

Alle genannten Sachverhalte werden vielfach als „Versicherungsprämie" bezeichnet, obwohl sie ganz unterschiedliche Themen betreffen.

Bei der Beurteilung von Versicherungsprämien im Kontext mit der Entgeltabrechnung ist entscheidend, welche Versicherung zugrunde liegt.

Vom Arbeitgeber übernommene Versicherungsbeiträge des Arbeitnehmers, die nicht im Zusammenhang mit dem Beschäftigungsverhältnis stehen, sind steuer- und beitragspflichtig.

Gesetze, Vorschriften und Rechtsprechung

Lohnsteuer: Die Lohnsteuerfreiheit für Beiträge zur betrieblichen Altersversorgung ergibt sich aus § 3 Nr. 63 EStG. Die Lohnsteuerfreiheit der Arbeitgeberzuschüsse zur Sozialversicherung sowie zur privaten Kranken- und Pflegeversicherung ergibt sich aus § 3 Nr. 62 EStG.

Sozialversicherung: Die Versicherungsprämien der Berufsgenossenschaften sind in § 162 Abs. 2 SGB VII geregelt. § 28d SGB IV regelt, welche Beiträge Teil des Gesamtsozialversicherungsbeitrags sind. Für die Bestimmungen der privaten Krankenvesicherung gilt der Versicherungsvertragsgesetz.

Entgelt	LSt	SV
Versicherungsprämie ohne Zusammenhang mit der Beschäftigung	pflichtig	pflichtig
Versicherungsprämie zur betrieblichen Altersversorgung * Bis 8 % der BBG/RV (West) ** Bis 4 % der BBG/RV (West)	frei*	frei**
Versicherungsprämie als Zuschuss zur privaten Kranken- und Pflegeversicherung bis zum Höchstzuschuss	frei	frei
Autoinsassen-Unfallversicherung	frei	frei

1 § 7 Abs. 3 SGB IV.

Versorgungsbezüge

Versorgungsbezüge sind der Rente vergleichbare Einnahmen, die vom Arbeitgeber bzw. einer betrieblichen Pensions- oder Versorgungseinrichtung gezahlt werden. Betriebs- oder Werksrenten werden zur Alters- oder Hinterbliebenenversorgung bzw. wegen einer Einschränkung der Erwerbsfähigkeit gezahlt. Hierzu gehören auch alle Renten- bzw. Kapitalzahlungen im Rahmen der betrieblichen Altersversorgung. Versorgungsbezüge gehören grundsätzlich zu den Einnahmen aus nichtselbstständiger Arbeit und sind in der Regel lohnsteuer- und sozialversicherungspflichtig. Versorgungsbezüge bleiben bis zur Höhe des Versorgungsfreibetrags und des Werbungskosten-Pauschbetrags steuerfrei.

Gesetze, Vorschriften und Rechtsprechung

Lohnsteuer: Versorgungsbezüge gehören nach § 19 Abs. 1 Nr. 2 EStG zu den Einkünften aus nichtselbstständiger Arbeit; was zu den Versorgungsbezügen gehört, definiert § 19 Abs. 2 Satz 2 EStG. Ansatz, Ermittlung und Höhe des Versorgungsfreibetrags und des Zuschlags zum Versorgungsfreibetrag regelt § 19 Abs. 2 Satz 3 ff. EStG. Einzelheiten zur Gesetzesregelung enthalten R 19.8 LStR und H 19.8 LStH und das BMF-Schreiben v. 19.8.2013, IV C 3 – S 2221/12/10010 :004, BStBl 2013 I S. 1087, zuletzt geändert durch BMF-Schreiben v. 10.1.2022, IV C 3 – S 2221/19/10050 :002, BStBl 2022 I S. 36. Bezieher von Versorgungsbezügen erhalten einen Werbungskosten-Pauschbetrag nach § 9a Nr. 1 Buchst. b EStG; der Arbeitnehmer-Pauschbetrag gemäß § 9a Satz 1 Nr. 1 Buchst. a EStG darf nicht abgezogen werden.

Sozialversicherung: Die Beitragspflicht von Versorgungsbezügen ist in § 229 SGB V beschrieben. In § 202 SGB V werden die Meldepflichten bei Zahlung von Versorgungsbezügen geregelt. Für die maschinelle Datenübermittlung sind vom GKV-Spitzenverband Grundsätze zum Zahlstellen-Meldeverfahren aufgestellt worden. Erläuterungen enthalten die „Grundsätzlichen Hinweise" zu dieser Thematik vom 29.6.2022 (GR v. 29.6.2022).

Entgelt	LSt	SV
Versorgungsbezüge im öffentlichen und privaten Dienst	pflichtig	pflichtig

Lohnsteuer

Lohnsteuerabzug

Zahlt der Arbeitgeber steuerpflichtige Versorgungsbezüge[1] aus, muss er vor der Lohnsteuerermittlung den Versorgungsfreibetrag sowie einen Zuschlag zum Versorgungsfreibetrag als steuerfreie Teile berücksichtigen.[2]

Begünstigte Versorgungsbezüge sind z. B.

- Werksrenten an Arbeitnehmer ab dem 63. Lebensjahr,
- Werksrenten bei Schwerbehinderung ab dem 60. Lebensjahr,
- Ruhegehälter im öffentlichen Dienst (Beamtenpensionen),
- Witwen- oder Waisengelder aufgrund von Betriebsrenten und Beamtenpensionen,
- Sterbegeld nach dem BeamtVG und entsprechende Bezüge im privaten Dienst[3, 4],
- die Übergangsversorgung nach dem BAT oder nach den diesen ergänzenden, ändernden oder ersetzenden Tarifverträgen sowie Übergangszahlungen nach § 47 Nr. 3 des Tarifvertrags für den öffentlichen Dienst der Länder (TV-L)[5] sowie
- die Emeritenbezüge.[6]

1 § 19 Abs. 2 Satz 2 EStG.
2 § 19 Abs. 2 Satz 1 EStG.
3 R 19.8 Abs. 1 Nr. 1 LStR.
4 BFH, Urteil v. 19.4.2021, VI R 8/19, BStBl 2021 II S. 909.
5 R 19.8 Abs. 1 Nr. 2 LStR.
6 BFH, Urteil v. 5.11.1993, VI R 24/93, BStBl 1994 II S. 238.

Eine Versorgung nach beamtenrechtlichen Grundsätzen gem. § 19 Abs. 2 Satz 2 Nr. 1 Buchst. b EStG liegt vor, wenn dem Arbeitnehmer nach einer Ruhelohnordnung, Satzung, Dienstordnung oder einem (Tarif-)Vertrag von einer öffentlich-rechtlichen Körperschaft eine lebenslängliche Alters- oder Dienstunfähigkeits- und Hinterbliebenenversorgung auf der Grundlage seines Arbeitsentgelts und der Dauer seiner Dienstzeit gewährt wird. Voraussetzung ist, dass die zugesagte Versorgung trotz gewisser Abweichungen einer beamtenrechtlichen Versorgung in wesentlichen Grundzügen gleichsteht.[7] Versorgungsbezüge nach § 19 Abs. 2 Satz 2 Nr. 1 Buchst. b EStG setzen nicht voraus, dass auch das vorangegangene Dienstverhältnis beamtenrechtlichen Grundsätzen entsprach.[8] An nichtbeamtete Versorgungsempfänger gezahlte Beihilfen im Krankheitsfall sind Bezüge aus früheren Dienstleistungen i. S. d. § 19 Abs. 2 Satz 2 Nr. 2 EStG.[9] Die Regelungen zur Besteuerung beamtenrechtlicher Versorgungsbezüge sind verfassungsmäßig.[10]

Renten aus der gesetzlichen Rentenversicherung sind nicht begünstigt, da es sich nicht um Versorgungsbezüge handelt.

Der BFH hat geklärt, dass Fahrvergünstigungen (Jahresnetzkarte), welche die Deutsche Bahn AG Ruhestandsbeamten des Bundeseisenbahnvermögens gewährt, Versorgungsbezüge i. S. d. § 19 Abs. 2 Satz 2 Nr. 2 EStG sind.[11] Dagegen sind Bezüge, die ein Beamter im Rahmen der ⇗ Altersteilzeit während der Zeit der sog. Freistellungsphase erhält, regelmäßig keine begünstigten Versorgungsbezüge.[12, 13]

Versorgungsfreibetrag mit Zuschlag

Maßgebend für die Berechnung des Versorgungsfreibetrags ist das Jahr des Versorgungsbeginns. Der Freibetrag ist mit dem dafür maßgebenden Prozentsatz von einer gesondert zu ermittelnden Bemessungsgrundlage zu berechnen und ggf. auf einen Höchstbetrag zu begrenzen. Durch Ansatz des Zuschlags zum Versorgungsfreibetrag darf sich kein negativer Versorgungsbezug (Betrag) ergeben.

Prozentsatz, Höchstbetrag und Zuschlag zum Versorgungsfreibetrag sind gesetzlich festgelegt.[14] Der Versorgungsfreibetrag und der Zuschlag zum Versorgungsfreibetrag betragen je nach Versorgungsbeginn[15]:

Jahr des Versorgungsbeginns	Versorgungsfreibetrag		Zuschlag zum Versorgungsfreibetrag in EUR
	in % der Versorgungsbezüge	Höchstbetrag in EUR	
bis 2005	40,0	3.000	900
ab 2006	38,4	2.880	864
...	...	...	...
2020	16,0	1.200	360
2021	15,2	1.140	342
2022	14,4	1.080	324
2023	13,6	1.020	306
2024	12,8	960	288

Hinweis

Streckung der Abschmelzung des Versorgungsfreibetrags

Durch das Wachstumschancengesetz sollte der Zeitraum, in dem ein Versorgungsfreibetrag sowie der Zuschlag zum Versorgungsfreibetrag angesetzt werden können, bis 2058 verlängert werden. Die langsamere Abschmelzung war rückwirkend ab 2023 vorgesehen. Das Gesetzgebungsverfahren ist jedoch noch nicht abgeschlossen. Ggf. wird die Änderung im Laufe des Jahres 2024 folgen.

7 BFH, Urteil v. 16.12.2020, VI R 29/18, BStBl 2021 II S. 399; BFH, Urteil v. 15.12.2021, X R 2/20, BFH/NV 2022 S. 767.
8 BFH, Urteil v. 16.12.2020, VI R 29/18, BStBl 2021 II S. 399.
9 BFH, Urteil v. 6.2.2013, VI R 28/11, BStBl 2013 II S. 572.
10 BFH, Beschluss v. 16.9.2013, VI R 67/12, BFH/NV 2014 S. 37.
11 BFH, Urteil v. 11.3.2020, VI R 26/18, BStBl 2020 II S. 565.
12 § 19 Abs. 2 Satz 2 Nr. 1 Buchst. a EStG.
13 BFH, Urteil v. 21.3.2013, VI R 5/12, BStBl 2013 II S. 611.
14 § 19 Abs. 2 Satz 3 EStG.
15 Zum Zeitpunkt des Versorgungsbeginns für die Berechnung der Freibeträge für Versorgungsbezüge: BMF, Schreiben v. 10.4.2015, IV C 5 – S 2345/08/10001 :006, BStBl 2015 I S. 256, Rz. 171a.

Die vollständige Tabelle mit allen Versorgungsfreibeträgen, Höchstbeträgen und Zuschlägen von 2005 bis 2040 ist in den Arbeitshilfen unter dem Titel „Versorgungsfreibetrag" zu finden.

Die Bemessungsgrundlage für Versorgungsbezüge ist wie folgt zu ermitteln[1]:

- Bei Versorgungsbeginn vor 2005: Brutto-Versorgungsbezug für Januar 2005 × 12 + voraussichtliche Sonderzahlungen, auf die zu diesem Zeitpunkt ein Rechtsanspruch besteht.
- Bei Versorgungsbeginn ab 2005: Brutto-Versorgungsbezug für den ersten vollen Monat bei Versorgungsbeginn × 12 + voraussichtliche Sonderzahlungen, auf die zu diesem Zeitpunkt ein Rechtsanspruch besteht.

Die Sonderzahlungen, z. B. Urlaubs- oder Weihnachtsgeld, sind mit dem (ungekürzten) Jahresbetrag anzusetzen. Bei Versorgungsempfängern, die schon vor dem 1.1.2005 in Ruhestand gegangen sind, können aus Vereinfachungsgründen die Sonderzahlungen 2004 berücksichtigt werden. Wird der Versorgungsbezug insgesamt nicht für einen vollen Monat gezahlt, z. B. wegen Todes des Versorgungsempfängers, ist der Bezug des Teilmonats auf einen Monatsbetrag hochzurechnen.

Versorgungsbeginn bei nachträglicher Festsetzung von Versorgungsbezügen

Bei einer nachträglichen Festsetzung von Versorgungsbezügen ist als Versorgungsbeginn der Monat und das Jahr maßgebend, für den die Versorgungsbezüge erstmals festgesetzt werden; auf den Zahlungstermin kommt es nicht an. Für Werksrenten, die wegen Erreichens einer Altersgrenze gezahlt werden, ist der Monat maßgebend, in dem der Steuerpflichtige das 63. Lebensjahr oder, wenn er schwerbehindert ist, das 60. Lebensjahr vollendet hat. Grund hierfür ist, dass die Bezüge erst mit Erreichen dieser Altersgrenzen als Versorgungsbezüge gelten.

Versorgungsfreibetrag wird für die gesamte Laufzeit festgeschrieben

Der ermittelte Versorgungsfreibetrag und der Zuschlag zum Versorgungsfreibetrag gelten grundsätzlich für die gesamte Laufzeit des Versorgungsbezugs.[2] Regelmäßige Anpassungen des Versorgungsbezugs, z. B. Pensionserhöhung, führen nicht zu einer Neuberechnung der Freibeträge.[3]

Neuberechnung des Versorgungsfreibetrags nur in Ausnahmefällen

Zu einer Neuberechnung führen nur Änderungen durch Anrechnungs-, Ruhens-, Erhöhungs- oder Kürzungsregelungen für den Versorgungsbezug, z. B. Wegfall, Hinzutreten oder betragsmäßige Änderungen durch Erwerbs- oder Erwerbsersatzeinkommen, andere Versorgungsbezüge oder wenn ein Witwen- oder Waisengeld nach einer Unterbrechung der Zahlung wieder bewilligt wird.[4]

In den Fällen einer Neuberechnung ist der geänderte Versorgungsbezug einschließlich zwischenzeitlicher Anpassungen Bemessungsgrundlage für die Berechnung der Freibeträge für Versorgungsbezüge.[5]

Zeitanteilige Berücksichtigung des Versorgungsfreibetrags

Werden Versorgungsbezüge nur für einen Teil des Kalenderjahres gezahlt, ermäßigen sich der Versorgungsfreibetrag und der Zuschlag für jeden vollen Kalendermonat, für den keine Versorgungsbezüge geleistet werden, um 1/12.[6] Bei Zahlung mehrerer Versorgungsbezüge erfolgt eine Kürzung nur für Monate, in denen keinerlei Versorgungsbezüge geleistet werden.

Ändern sich der Versorgungsfreibetrag und/oder der Zuschlag zum Versorgungsfreibetrag im Laufe des Kalenderjahres aufgrund einer Neuberechnung, sind in diesem Kalenderjahr die höchsten Freibeträge für Versorgungsbezüge maßgebend; eine zeitanteilige Aufteilung erfolgt nicht.

1 § 19 Abs. 2 Satz 4 EStG.
2 § 19 Abs. 2 Satz 8 EStG.
3 § 19 Abs. 2 Satz 9 EStG.
4 § 19 Abs. 2 Satz 10 EStG.
5 § 19 Abs. 2 Satz 11 EStG.
6 § 19 Abs. 2 Satz 12 EStG.

Besonderheiten

Mehrere Versorgungsbezüge

Erhält der Arbeitnehmer mehrere Versorgungsbezüge, sind sie gesondert zu behandeln. Pro Versorgungsbezug wird jeweils ein eigenständiger Prozentsatz, Höchstbetrag und Zuschlag ermittelt. In der Einkommensteuerveranlagung wird die Summe aus den jeweiligen Freibeträgen für sämtliche Versorgungsbezüge auf den Höchstbetrag des Versorgungsfreibetrags und des Zuschlags nach dem Beginn des ersten Versorgungsbezugs begrenzt. Fällt der maßgebende Beginn mehrerer laufender Versorgungsbezüge in dasselbe Kalenderjahr, sind die Bemessungsgrundlagen aller Versorgungsbezüge zusammenzurechnen, da in diesen Fällen für sie jeweils dieselben Höchstbeträge gelten. Diese Regelung hat der Arbeitgeber für den Lohnsteuerabzug zu berücksichtigen.

Beispiel

Begrenzung des Versorgungsfreibetrags (Höchstbetrag)

2 Ehepartner erhalten jeweils eigene Versorgungsbezüge. Der Versorgungsbeginn des einen Ehepartners liegt im Jahr 2005 (monatlich 250 EUR + Sonderzahlung von 400 EUR = Jahresbetrag 3.400 EUR), der des anderen im Jahr 2010 (monatlich 2.000 EUR + Sonderzahlung von 400 EUR = Jahresbetrag 24.400 EUR).

Ergebnis: Für die Versorgungsbezüge der Ehepartner berechnen sich die Freibeträge für Versorgungsbezüge nach dem Jahr des Versorgungsbeginns:

2005: Der Versorgungsfreibetrag beträgt 40 % der Bemessungsgrundlage von 3.400 EUR = 1.360 EUR; der Zuschlag zum Versorgungsfreibetrag beträgt 900 EUR. Da der Höchstbetrag für den Versorgungsfreibetrag (2005: 3.000 EUR) nicht überschritten wird, ist eine Begrenzung nicht erforderlich.

2010: Der Versorgungsfreibetrag für die Kohorte 2010 beträgt 32 %, höchstens 2.400 EUR, der Zuschlag zum Versorgungsfreibetrag beträgt 720 EUR.

Ermittlung des Freibetrags:

32 % von 24.400 EUR = 7.808 EUR; höchstens anzusetzen sind 2.400 EUR.

Der zunächst ermittelte Betrag übersteigt den Höchstbetrag, deshalb greift die Begrenzung. Der anzusetzende Versorgungsfreibetrag beträgt 2.400 EUR; hinzu kommt der Zuschlag zum Versorgungsfreibetrag i. H. v. 720 EUR.

Erhält ein Steuerpflichtiger mehrere Versorgungsleistungen – auch aus unterschiedlichen Einkunftsarten – ist der Versorgungsfreibetrag quotal auf alle Versorgungsbezüge aufzuteilen, soweit § 19 Abs. 2 EStG auf die Versorgungsbezüge anwendbar ist.[7]

Hinterbliebenenversorgung

Bei Bezug von ⇗ Witwen-/Witwerrente oder ⇗ Waisenrente als Hinterbliebenenversorgung ist für die Berechnung des Prozentsatzes, des Höchstbetrags des Versorgungsfreibetrags und des Zuschlags zum Versorgungsfreibetrag für den Hinterbliebenenbezug das Jahr des Versorgungsbeginns des Verstorbenen maßgebend, der diesen Versorgungsanspruch zuvor begründete.[8]

Beispiel

Versorgungsfreibetrag bei Hinterbliebenenversorgung

Im Oktober 2024 verstirbt ein Ehepartner, der seit dem 63. Lebensjahr (2010) Versorgungsbezüge erhalten hat. Der überlebende Ehepartner erhält ab November 2024 Hinterbliebenenbezüge.

Ergebnis: Für den verstorbenen Ehepartner sind die Freibeträge für Versorgungsbezüge bereits mit der Pensionsabrechnung für Januar 2010 (32,0 % der voraussichtlichen Versorgungsbezüge 2010, max. 2.400 EUR zuzüglich 720 EUR Zuschlag) festgeschrieben worden.

7 Hessisches FG, Urteil v. 6.5.2021, 8 K 1565/19.
8 § 19 Abs. 2 Satz 7 EStG.

Im Jahr 2024 sind die Freibeträge für Versorgungsbezüge des verstorbenen Ehepartners mit 10/12 zu berücksichtigen.

Für den überlebenden Ehepartner sind mit der Pensionsabrechnung für November 2024 eigene Freibeträge für Versorgungsbezüge zu ermitteln. Zugrunde gelegt werden dabei die hochgerechneten Hinterbliebenenbezüge (einschl. Sonderzahlungen). Darauf sind der maßgebliche Prozentsatz, der Höchstbetrag und der Zuschlag zum Versorgungsfreibetrag des verstorbenen Ehegatten (32,0 %, max. 2.400 EUR zuzüglich 720 EUR Zuschlag) anzuwenden. Im Jahr 2024 sind die Freibeträge für Versorgungsbezüge des überlebenden Ehegatten mit 2/12 zu berücksichtigen.

Hinterbliebenenversorgung und Sterbegeld

Erhält ein Hinterbliebener des Arbeitnehmers ↗ Sterbegeld, ist dies ebenfalls ein Versorgungsbezug.[1] Für das Sterbegeld gelten zur Berechnung der Freibeträge für Versorgungsbezüge ebenfalls der Prozentsatz, der Höchstbetrag und der Zuschlag zum Versorgungsfreibetrag des Verstorbenen. Das Sterbegeld darf als Leistung aus Anlass des Todes die Berechnung des Versorgungsfreibetrags für etwaige sonstige Hinterbliebenenbezüge nicht beeinflussen und ist daher nicht in deren Berechnungsgrundlage einzubeziehen. Das Sterbegeld ist vielmehr als eigenständiger zusätzlicher Versorgungsbezug zu behandeln. Die Zwölftelungsregelung ist für das Sterbegeld nicht anzuwenden.

Als Bemessungsgrundlage der Freibeträge für Versorgungsbezüge ist die Höhe des Sterbegeldes im Kalenderjahr anzusetzen, unabhängig von der Zahlungsweise und Berechnungsart. Der für das Sterbegeld berechnete Versorgungsfreibetrag wird nicht festgeschrieben, da das Sterbegeld kein laufender Versorgungsbezug ist.

Für die Berechnung des Versorgungsfreibetrags und des Zuschlags zum Versorgungsfreibetrag ist auf jeden Versorgungsbezug gesondert abzustellen. Bei Zusammenrechnung der Versorgungsfreibeträge ist jedoch die Begrenzung auf die berücksichtigungsfähigen Höchstbeträge des ältesten Versorgungsbezugs zu beachten. Der Arbeitnehmer erhält durch Sterbegeld und laufenden Versorgungsbezug insgesamt keine höheren Freibeträge als bei Bezug nur eines Versorgungsbezugs.

Beispiel

Versorgungsfreibetrag bei Hinterbliebenenbezug und Sterbegeld

Im April 2024 verstirbt ein Ehepartner, der zuvor seit 2005 Versorgungsbezüge i. H. v. 1.500 EUR monatlich erhalten hat. Der überlebende Ehepartner erhält ab Mai 2024 laufende Hinterbliebenenbezüge i. H. v. 1.200 EUR monatlich. Daneben wird ihm einmalig Sterbegeld i. H. v. 2 Monatsbezügen des verstorbenen Ehepartners, also 3.000 EUR gezahlt.

Laufender Hinterbliebenenbezug:

Monatsbetrag 1.200 EUR × 12 = 14.400 EUR, keine Sonderzahlung. Auf den so hochgerechneten Jahresbetrag werden der für den Verstorbenen maßgebende Prozentsatz und Höchstbetrag des Versorgungsfreibetrags (2005), zuzüglich des Zuschlags von 900 EUR angewandt: 14.400 EUR × 40 % = 5.760 EUR, höchstens 3.000 EUR.

Da der laufende Hinterbliebenenbezug nur für 8 Monate gezahlt wird, erhält der überlebende Ehepartner 8/12 dieses Versorgungsfreibetrags, 3.000 EUR: 12 = 250 EUR × 8 = 2.000 EUR. Der Versorgungsfreibetrag für den laufenden Hinterbliebenenbezug beträgt somit 2.000 EUR, der Zuschlag zum Versorgungsfreibetrag 600 EUR (8/12 von 900 EUR).

Sterbegeld:

Gesamtbetrag des Sterbegeldes (2 × 1.500 EUR = 3.000 EUR). Auf diesen Gesamtbetrag von 3.000 EUR werden ebenfalls der für den Verstorbenen maßgebende Prozentsatz und Höchstbetrag des Versorgungsfreibetrags (2005), zuzüglich des Zuschlags von 900 EUR angewandt, 3.000 EUR × 40 % = 1.200 EUR. Der Versorgungsfreibetrag für das Sterbegeld beträgt 1.200 EUR, der Zuschlag zum Versorgungsfreibetrag 900 EUR.

Beide Versorgungsfreibeträge ergeben zusammen einen Betrag von 3.200 EUR, auf den der insgesamt berücksichtigungsfähige Höchstbetrag nach dem maßgebenden Jahr 2005 anzuwenden ist (Begrenzung). Der Versorgungsfreibetrag für den laufenden Hinterbliebenenbezug und das Sterbegeld zusammen beträgt damit 3.000 EUR. Dazu kommt der Zuschlag zum Versorgungsfreibetrag von insgesamt 900 EUR.

Kapitalauszahlung bzw. Abfindung

Wird anstelle eines monatlichen Versorgungsbezugs eine Kapitalauszahlung oder Abfindung an den Versorgungsempfänger gezahlt, handelt es sich um einen ↗ sonstigen Bezug. Für die Ermittlung der Freibeträge für Versorgungsbezüge ist das Jahr des Versorgungsbeginns zugrunde zu legen, die Zwölftelungsregelung ist für diesen ↗ sonstigen Bezug nicht anzuwenden. Bemessungsgrundlage ist der Betrag der Kapitalauszahlung bzw. Abfindung im Kalenderjahr.

Beispiel

Versorgungsfreibetrag bei Kapitalauszahlung/Abfindung

Ein Versorgungsempfänger erhält 2024 anstelle eines monatlichen Versorgungsbezugs eine Abfindung i. H. v. 10.000 EUR.

Ergebnis: Der Versorgungsfreibetrag beträgt 12,8 % von 10.000 EUR = 1.280 EUR, höchstens 960 EUR; der Zuschlag zum Versorgungsfreibetrag beträgt 288 EUR.[2]

Bei Zusammentreffen mit laufenden Bezügen darf der Höchstbetrag, der sich nach dem Jahr des Versorgungsbeginns bestimmt, nicht überschritten werden. Die gleichen Grundsätze gelten auch, wenn Versorgungsbezüge in einem späteren Kalenderjahr nachgezahlt oder berichtigt werden.

Aufzeichnungs- und Bescheinigungspflichten

Der Arbeitgeber muss bei der Zahlung von Versorgungsbezügen im ↗ Lohnkonto des Arbeitnehmers die für die zutreffende Berechnung des Versorgungsfreibetrags und des Zuschlags zum Versorgungsfreibetrag erforderlichen Angaben aufzeichnen.[3] Diese sind:

- die Bemessungsgrundlage für den Versorgungsfreibetrag (Jahreswert),
- das Jahr des Versorgungsbeginns und
- bei unterjähriger Zahlung der erste und der letzte Monat, für den die Versorgungsbezüge gezahlt wurden.

Bei mehreren Versorgungsbezügen sind die Angaben für jeden Versorgungsbezug getrennt aufzuzeichnen, soweit die maßgebenden Versorgungsbeginne in unterschiedliche Kalenderjahre fallen. Demnach können z. B. alle Versorgungsbezüge mit Versorgungsbeginn bis zum Jahr 2005 zusammengefasst werden. Aus diesen Aufzeichnungen hat der Arbeitgeber die von der Finanzverwaltung benötigten Angaben zu bescheinigen.

Die Versorgungsbezüge sind in der ↗ Lohnsteuerbescheinigung auszuweisen.

Weitergabe des Versorgungsbezugs an Miterben

Erhält ein Miterbe nach dem Tod des Arbeitnehmers die für mehrere Erben bestimmten Versorgungsbezüge, sind die weitergegebenen Beträge im Kalenderjahr negative Einnahmen. Für die Berechnung der negativen Einnahmen ist zunächst vom Bruttobetrag der an die anderen Anspruchsberechtigten weitergegebenen Beträge auszugehen; anschließend ist dieser Bruttobetrag zu kürzen um den Unterschied zwischen dem beim Lohnsteuerabzug berücksichtigten Versorgungsfreibetrag und dem Zuschlag zum Versorgungsfreibetrag und den auf den verbleibenden Anteil des Zahlungsempfängers entfallenden Freibeträgen für Versorgungsbezüge.[4]

1 R 19.8 Abs. 1 Nr. 1 und 19.9 Abs. 3 Nr. 3 LStR.

2 § 19 Abs. 3 Satz 2 EStG.
3 § 4 Abs. 1 Nr. 1 LStDV.
4 H 19.9 LStH.

Beispiel

Weitergabe des Versorgungsbezugs an Miterben in 2024

Nach dem Tod einer Arbeitnehmerin erhalten der Witwer und die 3 Kinder ein Sterbegeld von insgesamt 2.000 EUR. Der Arbeitgeber zahlt den Versorgungsbezug an den Witwer aus und versteuert diesen nach dessen ELStAM. Der Witwer gibt an jedes Kind 500 EUR des Sterbegelds weiter. Für das Jahr 2024 ergibt sich für den Witwer folgender steuerpflichtiger Versorgungsbezug:

Versorgungsbezüge	2.000 EUR
Abzgl. Versorgungsfreibetrag (12,8 % v. 2.000 EUR)	– 256 EUR
Abzgl. Zuschlag zum Versorgungsfreibetrag	– 288 EUR
Lohnsteuerpflichtige Versorgungsbezüge	1.456 EUR

Ergebnis: Durch die Weitergabe des Sterbegelds an die Kinder verbleibt dem Witwer ein Anteil an den Versorgungsbezügen von 500 EUR. Hierauf entfällt ein Versorgungsfreibetrag von 64 EUR (12,8 % v. 500 EUR) zuzüglich eines Zuschlags zum Versorgungsfreibetrag von 288 EUR.

Versorgungsbezüge	500 EUR
Abzgl. Versorgungsfreibetrag (12,8 % v. 500 EUR)	–64 EUR
Abzgl. Zuschlag zum Versorgungsfreibetrag i. H. v. 288 EUR	– 288 EUR
Lohnsteuerpflichtige Versorgungsbezüge	148 EUR

Bei dem Witwer sind in 2024 negative Einnahmen aus Versorgungsbezügen von 1.308 EUR (1.456 EUR – 148 EUR) anzusetzen.

Das nach beamtenrechtlichen Grundsätzen gezahlte pauschale, nach den Dienstbezügen bzw. dem Ruhegehalt des Verstorbenen bemessene Sterbegeld ist nicht nach § 3 Nr. 11 EStG steuerfrei.[1]

Sozialversicherung

Versorgungsbezüge als beitragspflichtige Einnahme

Für die der Rente vergleichbaren Einnahmen wird im Gesetz der Begriff Versorgungsbezüge verwendet. Diese haben gemeinsam, dass sie an eine (frühere) Erwerbstätigkeit anknüpfen. Einkünfte, die nicht im Zusammenhang mit dem Erwerbsleben stehen, z. B. aus betriebsfremder privater Eigenvorsorge, stellen keine Versorgungsbezüge dar.

Des Weiteren werden Versorgungsbezüge nur insoweit für die Beitragsbemessung herangezogen, insofern sie wegen

- einer Einschränkung der Erwerbsfähigkeit oder
- zur Alters- oder Hinterbliebenenversorgung

erzielt werden. Der Grad der Erwerbsminderung sowie die Altersgrenze(n) spielen dabei keine Rolle.

Problematisch kann die Abgrenzung werden, wenn mit der Leistung neben der Einkommens- bzw. Unterhaltsersatzfunktion auch andere Ziele verfolgt werden. Das Wesensmerkmal von Versorgungsbezügen besteht darin, dass die Zahlung einen Versorgungszweck erfüllt, d. h. auf eine Verbesserung der Versorgung des Betroffenen gerichtet ist.

Einschränkung der Erwerbsfähigkeit

Von einer Einschränkung der Erwerbsfähigkeit in diesem Sinne kann bei Rentenleistungen ausgegangen werden,

- die ihren Grund in einer nicht nur vorübergehend bestehenden körperlichen oder geistigen Einschränkung haben,
- die (jedenfalls teilweise) zum Wegfall des Leistungsvermögens führt, und
- einem rententypischen Versorgungszweck dienen.

1 BFH, Urteil v. 19.4.2021, VI R 8/19, BStBl 2021 II S. 909.

Hingegen kommt es nicht darauf an, dass der Versicherungsfall der eingeschränkten Erwerbsfähigkeit in gleicher Weise wie nach dem SGB VI definiert wird oder im Einzelfall zugleich die Tatbestandsvoraussetzungen einer Erwerbsminderungsrente der gesetzlichen Rentenversicherung erfüllt. Unerheblich ist ebenfalls, wenn die Leistung/Rente auf das Leistungsvermögen in einem bestimmten Berufsfeld und nicht auf die Bedingungen des allgemeinen Arbeitsmarkts abstellt. Dem Versorgungszweck steht schließlich nicht entgegen, wenn die Zahlung der Leistung z. B. mit dem vollendeten 63. Lebensjahr endet. Eine Leistungsbefristung kann zwar einem Altersversorgungszweck entgegenstehen, schließt aber den Leistungsgrund der Einschränkung der Erwerbsfähigkeit nicht aus.[2]

Form der Auszahlung

Als Versorgungsbezüge kommen laufende und einmalige Bezüge sowie Abfindungen und originär vereinbarte ⇗ Kapitalleistungen in Betracht. Nicht zu den Versorgungsbezügen gehören Nutzungsrechte und Sachleistungen bzw. Deputate; dies gilt selbst dann, wenn diese Sachbezüge in Geldeswert abgegolten werden. Übernimmt der ehemalige Arbeitgeber Versicherungsprämien (z. B. zur Kfz-Versicherung) oder Kontoführungsgebühren des Arbeitnehmers, stellen diese Leistungen jedenfalls dann keinen Versorgungsbezug dar, wenn sie bereits während der aktiven Beschäftigung gewährt worden und damit nicht an das Erreichen einer Altersgrenze gekoppelt sind.

Zu den Versorgungsbezügen gehören auch ⇗ Einmalzahlungen (z. B. Weihnachtsgeld) sowie sonstige laufend gewährte Zulagen, und zwar unabhängig von ihrer Bezeichnung. In diesem Zusammenhang ist nicht relevant, ob die Einmalzahlung regelmäßig gewährt wird. Von der Beitragspflicht werden auch Nachzahlungen von Versorgungsbezügen erfasst.[3]

Zahlbetrag

Versorgungsbezüge werden mit ihrem Zahlbetrag bei der Ermittlung der beitragspflichtigen Einnahmen berücksichtigt.[4]

Unter Zahlbetrag ist dabei der unter Anwendung aller Versagens-, Kürzungs- und Ruhensvorschriften zur Auszahlung gelangende Betrag zu verstehen. Eventuell anfallende Steuern dürfen ebenso wenig abgezogen werden wie eventuelle Abzweigungsbeträge infolge einer Aufrechnung, Verrechnung, Abtretung oder Pfändung.

Unterhaltszahlungen an den geschiedenen Ehegatten mindern ebenfalls nicht den Zahlbetrag der Versorgungsbezüge. Eine Kürzung der Versorgungsbezüge nach § 57 BeamtVG nach der Ehescheidung reduziert hingegen den Zahlbetrag der Versorgungsbezüge.

Die Teilung von Anwartschaften auf Versorgung und Ansprüchen auf laufende Versorgungen im Rahmen des Versorgungsausgleichs führen beim Ausgleichspflichtigen zu einer entsprechenden Minderung des Zahlbetrages der Versorgungsbezüge.

Bei der Ermittlung der beitragspflichtigen Einnahmen bleiben im Gegensatz zu Renten der gesetzlichen Rentenversicherung Kinderzuschüsse oder Erhöhungsbeträge für Kinder bei Versorgungsbezügen nicht außer Betracht.[5]

Für die Beitragspflicht ist nicht maßgebend, ob und inwieweit die Versorgungsleistung auf Einzahlungen beruht, die die betroffene Person aus bereits mit Kranken- oder Pflegeversicherungsbeiträgen belastetem Einkommen geleistet hat.[6]

Aufzählung der beitragspflichtigen Versorgungsbezüge

Eine abschließende Aufzählung der zur Beitragspflicht herangezogenen Versorgungsbezüge enthält § 229 SGB V:

- Versorgungsbezüge aus einem öffentlich-rechtlichen Dienst- oder Arbeitsverhältnis mit Anspruch auf Versorgung nach beamtenrechtlichen Grundsätzen,
- Bezüge aus der Versorgung der Abgeordneten, Parlamentarischen Staatssekretäre und Minister,

2 BSG, Urteil v. 1.2.2022, B 12 KR 39/19 R; BSG, Urteil v. 1.2.2022, B 12 KR 40/19 R.
3 § 229 Abs. 2 SGB V.
4 § 226 Abs. 1 Satz 1 Nr. 3 SGB V.
5 BSG, Urteil v. 25.10.1988, 12 RK 10/87.
6 BSG, Urteil v. 25.4.2007, B 12 KR 25/05 R; BSG, Urteil v. 25.4.2007, B 12 KR 26/05 R.

- Renten der Versicherungs- und Versorgungseinrichtungen, die für Angehörige bestimmter Berufe eingerichtet sind,
- Renten- und Landabgabenrenten nach dem Gesetz über die Altershilfe für Landwirte mit Ausnahme einer Übergangshilfe,
- Renten der betrieblichen Altersversorgung einschließlich der Zusatzversorgung im öffentlichen Dienst und der hüttenknappschaftlichen Zusatzversorgung.

Für die Versorgungsbezüge aus einer ⇗ betrieblichen Altersversorgung gelten allerdings einige besondere Regelungen, die nicht auf die übrigen Versorgungsbezüge übertragen werden können.

Versorgungsbezüge aus dem Ausland

Auch Versorgungsbezüge aus dem Ausland oder solche, die von einer zwischenstaatlichen oder überstaatlichen Einrichtung bezogen werden, sind beitragspflichtig. Voraussetzung dafür ist, dass sie mit den inländischen Versorgungsbezügen vergleichbar sind. Rentenleistungen ausländischer Rentensysteme sind keine Versorgungsbezüge in diesem Sinne.

Einkommens- und Unterhaltsersatzfunktion

Die Bezüge müssen die Funktionen der entsprechenden Renten aus der gesetzlichen Rentenversicherung vom Grundsatz erfüllen. D. h. sie müssen wie bei Renten wegen verminderter Erwerbsfähigkeit und Renten wegen Alters eine Einkommensersatzfunktion sowie bei Renten wegen Todes eine Unterhaltsersatzfunktion haben (Versorgungscharakter). Leistungen mit z. B. Entschädigungscharakter sind nicht vergleichbar mit Renten der gesetzlichen Rentenversicherung. Diese sind deshalb nicht beitragspflichtig.

> **Hinweis**
>
> **Auszahlung vor Eintritt des vertraglich vereinbarten Versicherungsfalls**
>
> Der Charakter einer Leistung als Versorgungsbezug geht nicht dadurch – nachträglich – verloren, dass die Auszahlung vor Eintritt des vertraglich vereinbarten Versicherungsfalls erfolgt. Das kann z. B. wegen Beendigung des Arbeitsverhältnisses der Fall sein.

Problematisch kann die Abgrenzung werden, wenn mit der Leistung neben der Einkommens- bzw. Unterhaltsersatzfunktion auch andere Ziele verfolgt werden. Das Wesensmerkmal von Versorgungsbezügen besteht darin, dass die Zahlung einen Versorgungszweck erfüllt, d. h. auf eine Verbesserung der Versorgung des Betroffenen gerichtet ist.[1]

Hinterbliebenenversorgung

Als Versorgungsbezüge gelten auch Leistungen, soweit sie zur Hinterbliebenenversorgung erzielt werden. Nicht definiert ist in diesem Zusammenhang, welche Personen als Hinterbliebene von dieser Regelung erfasst sind. So kann es vorkommen, dass eine Leistung, insbesondere aus einer bAV, nicht unbedingt an die Witwe, den Witwer oder die Waisen, sondern z. B. auch an die Eltern des Verstorbenen oder an dritte begünstigte Personen gezahlt werden.

Die Vorschrift des § 229 SGB V verfolgt im Kern die Absicht, Leistungen der Altersversorgung, die ihrem Wesen nach den Renten der gesetzlichen Rentenversicherung vergleichbar sind, als Versorgungsbezug der Beitragspflicht zu unterwerfen. Diesem Grundgedanken folgend gelten in diesem Sinne Personen als Hinterbliebene, wenn sie unter den Personenkreis subsumiert werden können, der Anspruch auf eine Rente wegen Todes aus der gesetzlichen Rentenversicherung nach den §§ 46 oder 48 SGB VI hat (Witwen, Witwer und Waisen). Ob im Einzelfall tatsächlich Anspruch auf eine derartige Rente der gesetzlichen Rentenversicherung besteht, ist in diesem Zusammenhang ohne Belang.

Die Zuordnung einer Versorgungsleistung an einen Hinterbliebenen zu den Versorgungsbezügen nach § 229 SGB V setzt im Übrigen nicht voraus, dass der Verstorbene zum Todeszeitpunkt gesetzlich krankenversichert war.

1 BSG, Urteil v. 26.3.1996, 12 RK 44/94.

Die Systeme der Alterssicherung, aus denen Renten bzw. Bezüge nach § 229 Abs. 1 Satz 1 Nr. 1 – 4 SGB V gewährt werden, stellen dem Grunde nach – anders als die Renten der betrieblichen Altersversorgung – einen Ersatz für die – unter Umständen zeitweise – nicht vorhandene Absicherung in der gesetzlichen Rentenversicherung dar. Bei den Leistungen an Hinterbliebene aus diesen Systemen kann unterstellt werden, dass sie per se „zur Hinterbliebenenversorgung" erzielt werden. Außerdem ist davon auszugehen, dass der anspruchsberechtigte Personenkreis der Hinterbliebenen dem Grunde nach (Witwen, Witwer, Waisen – ohne Berücksichtigung weiterer Anspruchsvoraussetzungen wie z. B. Altersgrenzen) denen der gesetzlichen Rentenversicherung entspricht.

Sterbegeldzahlungen

Wird an Hinterbliebene eines Arbeitnehmers/Beamten oder eines Versorgungsbeziehers für einen begrenzten Zeitraum ein Sterbegeld gezahlt, ist das Sterbegeld nur dann als Versorgungsbezug beitragspflichtig, wenn es anstelle einer laufenden Hinterbliebenenversorgung gewährt wird.

Sterbegeld und Hinterbliebenenversorgung

Beginnt die laufende Hinterbliebenenversorgung erst nach Ablauf eines begrenzten Zeitraums der Zahlung von Sterbegeld, erfolgt keine getrennte Betrachtung. Damit ist auch das – monatlich oder einmalig gezahlte – Sterbegeld als Versorgungsbezug anzusehen. Das Gleiche gilt, wenn für die Zeit des Sterbegeldes bereits ein Anspruch auf die laufende Hinterbliebenenversorgung besteht, der für diese Zeit jedoch ruht.

Erhält der Hinterbliebene für einen Übergangszeitraum nach dem Tod eine erhöhte Versorgung, handelt es sich nicht um eine separate Zahlung neben der laufenden Hinterbliebenenversorgung. Die erhöhte Versorgung ist vielmehr Bestandteil der laufenden Hinterbliebenenversorgung und damit ein Teil des Versorgungsbezugs.

Wird die Hinterbliebenenversorgung ab dem Todestag oder ab Beginn des darauffolgenden Monats gezahlt und zusätzlich ein Sterbegeld gewährt, kann dem Sterbegeld kein Versorgungscharakter zugeschrieben werden. Insoweit handelt es sich auch nicht um einen Versorgungsbezug. Dabei ist unerheblich, ob es sich um eine monatliche oder einmalige Zahlung handelt.

Sterbegeld ohne Anspruch auf eine laufende Hinterbliebenenversorgung

Wird ein Sterbegeld ohne Anspruch auf eine laufende Hinterbliebenenversorgung gezahlt, handelt es sich mangels Versorgungscharakter der Zahlung nicht um einen Versorgungsbezug.

Sterbegeld als Abfindung einer laufenden Hinterbliebenenversorgung

Wird mit der möglicherweise als „Sterbegeld" bezeichneten Leistung ein Anspruch auf eine laufende Hinterbliebenenversorgung abgefunden (ohne oder mit anschließender laufender Hinterbliebenenversorgung), handelt es sich um einen Versorgungsbezug in Form einer ⇗ Kapitalabfindung.

Beitragsberechnung

Die Versorgungsbezüge werden – ebenso wie die Renten der gesetzlichen Rentenversicherung – mit ihrem Zahlbetrag bei der Ermittlung der beitragspflichtigen Einnahmen berücksichtigt.

Mindesteinnahmegrenze

Beiträge aus Versorgungsbezügen und Arbeitseinkommen sind nur zu entrichten, wenn die monatlichen beitragspflichtigen Einnahmen aus Versorgungsbezügen (ggf. unter Berücksichtigung von Arbeitseinkommen) insgesamt $^{1}/_{20}$ der monatlichen Bezugsgröße übersteigen.[2]

Für das Kalenderjahr 2024 beträgt der Grenzwert 176,75 EUR (2023: 169,75 EUR).

Übersteigt der Versorgungsbezug diesen Grenzwert, sind Einnahmen aus der betrieblichen Altersversorgung nur mit dem die Mindesteinnah-

2 § 226 Abs. 2 SGB V, § 18 Abs. 1 SGB IV.

megrenze übersteigenden Anteil zu verbeitragen. Die übrigen Versorgungsbezüge sind bei Überschreitung der Mindesteinnahmegrenze in voller Höhe beitragspflichtig.

Beitragssätze und Beitragstragung

Bei der Berechnung der Krankenversicherungsbeiträge von Versorgungsbezügen wird der allgemeine Beitragssatz zuzüglich des kassenindividuellen Zusatzbeitragssatzes zugrunde gelegt. Bei der Berechnung der Pflegeversicherungsbeiträge gelten keine Besonderheiten.

Die Beiträge zur Kranken- und Pflegeversicherung werden jeweils vom Mitglied allein getragen.

Zu berücksichtigende Einnahmen

Krankenversicherungspflichtige Rentner

Für die Beitragsberechnung ist bei krankenversicherungspflichtigen Rentnern nach dem Zahlbetrag der Rente ein Versorgungsbezug und ggf. ein daneben erzieltes Arbeitseinkommen beitragspflichtig. Arbeitseinkommen in diesem Sinne ist der nach den Vorschriften des Einkommensteuerrechts ermittelte Gewinn aus einer selbstständigen Tätigkeit.

Krankenversicherungspflichtige Beschäftigte

Bei krankenversicherungspflichtig Beschäftigten werden neben dem Arbeitsentgelt der Zahlbetrag der Rente, die Versorgungsbezüge und eventuelle Arbeitseinkommen der Beitragsberechnung zugrunde gelegt. Dabei ist das Arbeitseinkommen nur dann beitragspflichtig, wenn Rente oder Versorgungsbezüge gewährt werden. Versorgungsbezüge unterliegen auch dann der Beitragspflicht, wenn keine Rente bezogen wird.

Freiwillig Versicherte

Bei freiwillig krankenversicherten Mitgliedern ergeben sich die Beiträge aus der gesamten wirtschaftlichen Leistungsfähigkeit des Mitglieds. Dies bedeutet, dass Versorgungsbezüge immer in voller Höhe beitragspflichtig sind. Dies gilt auch, wenn der Versorgungsbezug die Mindesteinnahmegrenze nicht überschreitet.

Vielfliegerprämie

Fluggesellschaften gewähren Kundenrabatte in Form von Vielfliegerprämien oder Bonusmeilen (z. B. Miles & More).

Bonusmeilen aus Vielfliegerprogrammen, die ein Arbeitnehmer aufgrund beruflicher Auswärtstätigkeit erhält und privat nutzt, sind Sachzuwendungen. Es handelt sich um Arbeitslohnzahlungen durch Dritte aus sog. Kundenbindungsprogrammen. Grundsätzlich entsteht ein steuerpflichtiger geldwerter Vorteil. Die Sachprämien können aber steuerfrei bleiben, wenn der Wert der Prämien 1.080 EUR jährlich nicht überschreitet.

Übersteigt der Wert der Vielfliegerprämien den Freibetrag, kann der Anbieter des Programms, z. B. die Deutsche Lufthansa, die Steuern hierauf mit einem Pauschalsteuersatz von 2,25 % übernehmen.

Gesetze, Vorschriften und Rechtsprechung

Lohnsteuer: Prämien aus Bonusmeilen im Rahmen von Vielfliegerprogrammen sind bis zu 1.080 EUR jährlich gem. § 3 Nr. 38 EStG steuerfrei. Die Pauschalierung des darüberhinausgehenden Betrags durch die Airline ist in § 37a EStG geregelt.

Sozialversicherung: Die Beitragsfreiheit basiert auf der Lohnsteuerfreiheit gem. § 1 Abs. 1 Satz 1 Nr. 1 SvEV. Die Beitragsfreiheit für pauschal versteuerte Flugmeilen ergibt sich aus § 1 Abs. 1 Satz 1 Nr. 13 SvEV.

Entgelt	LSt	SV
Vielfliegerprämie bis 1.080 EUR jährlich	frei	frei
Vielfliegerprämie über 1.080 EUR bei Pauschalierung des steuerpflichtigen Teils durch den Anbieter	pauschal	frei

Volontär

Das Volontariat ist kein feststehender Begriff und gesetzlich nicht geregelt. Volontäre sind Arbeitnehmer, welche i. d. R. für einen befristeten Zeitraum einen Einblick in ein bestimmtes Fachgebiet erhalten und darin ausgebildet werden.

Eine **überholte** Definition für kaufmännische Volontäre befindet sich in § 82a HGB: Personen, die, ohne als Lehrlinge angenommen zu sein, zum Zwecke ihrer Ausbildung unentgeltlich mit kaufmännischen Diensten beschäftigt werden. Nach § 82h a. F. HGB hatte ein kaufmännischer Volontär keinerlei Anspruch auf ein Entgelt. Diese Vorschrift ist heute außer Kraft.

Gesetze, Vorschriften und Rechtsprechung

Lohnsteuer: Der gezahlte Arbeitslohn gehört i. S. v. § 19 EStG zum steuerpflichtigen Arbeitslohn.

Sozialversicherung: § 7 Abs. 1 SGB IV definiert die Beschäftigung im Sinne der Sozialversicherung.

Lohnsteuer

Volontäre als Arbeitnehmer

Volontäre sind regelmäßig ↗ Arbeitnehmer, weshalb die Bezüge aus der Volontärstätigkeit nach den allgemeinen Vorschriften dem Lohnsteuerabzug unterliegen.

Erstattung durch Einkommensteuererklärung

Der Volontär kann einen Antrag auf Durchführung einer Einkommensteuerveranlagung stellen. Wird die Jahresarbeitslohngrenze nicht überschritten, fällt bei einer Veranlagung zur Einkommensteuer nach Ablauf des Kalenderjahres keine Einkommensteuer an. Die Jahresarbeitslohngrenze, bis zu der im Kalenderjahr 2024 keine Einkommensteuer anfällt, beträgt 12.870 EUR.[1]

Sozialversicherung

Versicherungsrechtliche Beurteilung

Für die versicherungsrechtliche Beurteilung ist maßgeblich, ob eine Beschäftigung besteht. Volontäre gelten als zur Berufsausbildung beschäftigt. Während des Volontariats liegt demnach eine Beschäftigung im Sinne der Sozialversicherung vor.

Volontäre unterliegen als zur Berufsausbildung Beschäftigte der Versicherungspflicht in der Kranken-, Pflege-, Renten- und Arbeitslosenversicherung.[2] Als Auszubildende ist für sie die Versicherungsfreiheit aufgrund einer geringfügigen Beschäftigung ausgeschlossen.[3]

Wird ihnen kein Arbeitsentgelt gezahlt, sind die Volontäre nur in der Renten- und Arbeitslosenversicherung als Arbeitnehmer versicherungspflichtig; in der Kranken- und Pflegeversicherung unterliegen sie als zur

1 11.604 EUR Grundfreibetrag (i. d. F. des Inflationsausgleichsgesetzes) + 1.230 EUR Arbeitnehmer-Pauschbetrag + 36 EUR Sonderausgaben-Pauschbetrag. Für den Grundfreibetrag wurde eine Erhöhung für das Jahr 2024 angekündigt, die rückwirkend ab 1.1.2024 gelten soll.
2 § 5 Abs. 1 Nr. 1, 10 SGB V; § 20 Abs. 1 Satz 2 Nr. 1, 10 i. V. m. Satz 1 SGB XI; § 1 Satz 1 Nr. 1 SGB VI, § 25 Abs. 1 Satz 1 SGB III.
3 § 7 Abs. 1 Satz 1 Nr. 1 SGB V; § 5 Abs. 2 Satz 4 SGB VI; § 27 Abs. 2 Satz 2 Nr. 1 SGB III.

Berufsausbildung ohne Arbeitsentgelt Beschäftigte der Versicherungspflicht, wenn keine Familienversicherung besteht.

Beiträge und Meldungen

Die in den einzelnen Versicherungszweigen für Arbeitnehmer geltenden beitragsrechtlichen Regelungen finden Anwendung. Die besonderen Regelungen des Übergangsbereichs gelten dabei jedoch nicht.[1] Die Arbeitgeber haben die regulären Meldungen nach der DEÜV für Arbeitnehmer abzugeben.

Vollziehungsgebühr

Bei der Vollziehungsgebühr handelt es sich um eine an Vollzugsbeamte im öffentlichen Dienst gezahlte Gebühr. Soweit der Arbeitnehmer gebührenpflichtig ist und der Arbeitgeber diese Gebühren übernimmt, handelt es sich um lohnsteuerpflichtigen Arbeitslohn bzw. beitragspflichtiges Arbeitsentgelt.

Keine Lohnsteuer- bzw. Beitragspflicht in der Sozialversicherung im Zusammenhang mit Vollziehungsgebühren entsteht dann, wenn der Arbeitnehmer die Kosten von Vollziehungsgebühren lediglich im Rahmen des Auslagenersatzes vom Arbeitgeber erstattet bekommt.

Gesetze, Vorschriften und Rechtsprechung

Lohnsteuer: Zur Lohnsteuerpflicht übernommener Vollziehungsgebühren s. § 19 Abs. 1 EStG i. V. m. R 19 Abs. 3 LStR. Zur Lohnsteuerfreiheit des Auslagenersatzes s. § 3 Nr. 50 EStG.

Sozialversicherung: Die Beitragspflicht in der Sozialversicherung ergibt sich aus § 14 Abs. 1 Satz 1 SGB IV. Die Beitragsfreiheit der Vollziehungsgebühren im Zusammenhang mit dem Auslagenersatz ergibt sich aus § 1 Abs. 1 Satz 1 Nr. 1 SvEV.

Entgelt	LSt	SV
Vollziehungsgebühr	pflichtig	pflichtig
Vollziehungsgebühr als Auslagenersatz	frei	frei

Vorarbeiterzulage

Bei der Vorarbeiterzulage handelt es sich um eine regelmäßige und laufende Zuwendung des Arbeitgebers an Arbeitnehmer, die typischerweise im Baugewerbe mitarbeiterverantwortliche Positionen einnehmen.

Die Vorarbeiterzulage steht im Zusammenhang mit der Erbringung der Arbeitsleistung. Sie ist sowohl als laufender steuerpflichtiger Arbeitslohn als auch als laufendes beitragspflichtiges Arbeitsentgelt zu behandeln. Aufgrund des arbeitsvertraglichen Anspruchs ist die Vorarbeiterzulage bei der Berechnung der Jahresarbeitsentgeltgrenze zu berücksichtigen.

Gesetze, Vorschriften und Rechtsprechung

Lohnsteuer: Die Steuerpflicht der Vorarbeiterzulage ergibt sich aus § 19 Abs. 1 EStG i. V. m. R 19.3 Abs. 1 Satz 1 Nr. 1 LStR.

Sozialversicherung: Die Beitragspflicht der Vorarbeiterzulage als Bestandteil des Arbeitsentgelts ergibt sich aus § 14 Abs. 1 SGB IV.

Entgelt	LSt	SV
Vorarbeiterzulage	pflichtig	pflichtig

1 § 20 Abs. 2a Satz 9 SGB IV.

Vorruhestand

Vorruhestand ist eine Überbrückungszeit bis zum frühesten möglichen Beginn der individuellen Alterssicherung. Es handelt sich dabei um ein Instrument zum Personalabbau. Ältere Arbeitnehmer werden vor Erreichen der Regelaltersgrenze für einen Rentenanspruch zur Auflösung des Dienstverhältnisses veranlasst. Dem Arbeitnehmer wird im Rahmen eines Sozialplans oder durch Einzelvertrag vom Arbeitgeber ein bestimmtes Nettoeinkommen im Vorruhestand garantiert.

Der wesentliche Unterschied des Vorruhestands zur Altersteilzeit besteht darin, dass der Arbeitnehmer keine Arbeitsleistung mehr erbringt. Er erhält Geldleistungen bis zum Bezug einer Vollrente wegen Alters oder Rente bei voller Erwerbsminderung. Deshalb ist die Altersteilzeit kein Modell des Vorruhestands.

Die staatliche Förderung durch das Vorruhestandsgesetz ist zwar bereits zum 31.12.1988 ausgelaufen. Trotzdem werden immer noch Vorruhestandsregelungen (auch in Tarifverträgen) getroffen, um den Arbeitnehmern den Übergang in den Ruhestand zu erleichtern.

Gesetze, Vorschriften und Rechtsprechung

Lohnsteuer: Rechtsgrundlage für die Besteuerung sind insbesondere die §§ 38 ff. EStG. Vorruhestandsgeld führt zu Versorgungsbezügen i. S. d. § 19 Abs. 2 EStG. Einzelheiten regelt das BMF-Schreiben v. 19.8.2013, IV C 3 – S 2221/12/10010:004/IV C 5 – S 2345/08/0001, BStBl 2013 I S. 1087, zuletzt verlängert durch BMF-Schreiben v. 28.9.2021, IV C 3 – S 2221/19/10050 :002, BStBl 2021 I S. 1831.

Sozialversicherung: Die Bezieher von Vorruhestandsgeld werden nach § 5 Abs. 3 SGB V und § 20 Abs. 2 SGB XI in der Kranken- und Pflegeversicherung den entgeltlichen Beschäftigten gleichgestellt. Die Versicherungspflicht als sonstige Versicherte in der Rentenversicherung ergibt sich aus § 3 Abs. 1 Nr. 4 SGB VI. Bei der Zahlung des Gesamtsozialversicherungsbeitrags gelten die Vorschriften in § 253 SGB V i. V. m. § 174 Abs. 2 SGB IV und § 60 SGB XI. Rechtsprechung ergibt sich u. a. wie folgt: BSG, Urteil v. 26.11.1992, 7 RAr 46/92.

Entgelt	LSt	SV
Vorruhestandsgeld * Aber keine Beitragspflicht in der ALV	pflichtig	pflichtig*

Lohnsteuer

Vorruhestandsregelungen

Vorruhestandsregelungen werden außerhalb der Regelungen des Altersteilzeitgesetzes in Tarifverträgen, Betriebsvereinbarungen oder Einzelarbeitsverträgen getroffen, um den Arbeitnehmern den Übergang in den Ruhestand zu erleichtern. Durch Vorruhestandsregelungen werden ältere Arbeitnehmer veranlasst, bereits vor Bezug von Altersrente aus dem Dienstverhältnis auszuscheiden.

Vorruhestandsgeld

Die vereinbarten Vorruhestandsleistungen gelten steuerlich als Einnahmen aus einem früheren Dienstverhältnis. Sie sind lohnsteuerpflichtig und unterliegen deshalb dem Lohnsteuerabzug nach den allgemeinen Vorschriften. Vorruhestandsgelder sind als ↗ Versorgungsbezüge steuerpflichtig.

Lohnsteuerabzug vom Vorruhestandsgeld

Für den Lohnsteuerabzug muss der in den Vorruhestand getretene Arbeitnehmer dem Arbeitgeber die notwendigen Daten für den Abruf der ELStAM vorlegen. Der Arbeitgeber hat auch für den in den Vorruhestand getretenen Arbeitnehmer ein Lohnkonto zu führen und ggf. den ↗ Lohnsteuer-Jahresausgleich vorzunehmen.

Hat der frühere Arbeitnehmer in dem betreffenden Lohnzahlungszeitraum das 63. Lebensjahr oder als schwerbehinderter Mensch das 60. Lebensjahr vollendet[1], kann vom Arbeitgeber vor Berechnung der Lohnsteuer

- der Versorgungsfreibetrag und
- der Zuschlag zum Versorgungsfreibetrag

vom Vorruhestandsgeld abgezogen werden.

Bei einem Versorgungsbeginn in 2024 beträgt der Freibetrag 12,8 % der Bezüge, max. 960 EUR und der Zuschlag 288 EUR.[2] Erfolgte der Versorgungsbeginn in 2023, betragen die Vergünstigungen 13,6 %, max. 1.020 EUR bzw. 306 EUR für den Zuschlag.

Bei der Berechnung der Lohnsteuer ist die ungekürzte Vorsorgepauschale für sozialversicherungspflichtige Arbeitnehmer anzusetzen. Außerdem erhalten Versorgungsempfänger – ebenso wie Rentner – nur einen Werbungskosten-Pauschbetrag von 102 EUR.

Auszahlende Stelle gilt als zuständiger Arbeitgeber

Die Lohnsteuer wird von der Stelle einbehalten, die das Vorruhestandsgeld an den Arbeitnehmer auszahlt. In der Regel ist das der bisherige Arbeitgeber des berechtigten Arbeitnehmers. Wird das Vorruhestandsgeld nicht von dem früheren Arbeitgeber, sondern von einer gemeinsamen Einrichtung oder einer überbetrieblichen Ausgleichskasse gezahlt, gelten diese Institute für den Lohnsteuerabzug als Arbeitgeber.

Zukunftssicherungsleistungen für Vorruheständler

Die vom Arbeitgeber zusätzlich zu leistenden Beitragsanteile zur Pflichtversicherung des Vorruheständlers in der gesetzlichen Kranken- und Rentenversicherung sind als Zukunftssicherungsleistungen steuerfrei. Dasselbe gilt für die den gesetzlichen Pflichtbeiträgen gleichgestellten Arbeitgeberzuschüsse zu Lebens- und Rentenversicherungen sowie für Pflichtzuschüsse des Arbeitgebers zu Kranken- und Pflegeversicherungen.

Hinweis

Direktversicherungen

Die Pauschalversteuerung von Direktversicherungsbeiträgen und Zuwendungen an Pensionskassen mit 20 % ist seit 2005 für Beiträge zu einer Direktversicherung nur noch in sog. Altfällen möglich.[3] Für diese Altfälle ist die Pauschalbesteuerung[4] ohne Einschränkung auch weiterhin anwendbar. Dies gilt auch, wenn die Beiträge für Versorgungszusagen für frühere Arbeitnehmer erbracht werden. Deshalb können Direktversicherungsbeiträge, die der Arbeitgeber erbringt, nachdem der Arbeitnehmer in den Vorruhestand getreten ist, ebenfalls pauschal besteuert werden.

Sozialversicherung

Vorruhestandsgeld

Nach aktueller Rechtsprechung[5] ist der Begriff des Vorruhestandsgeldes unverändert in Anlehnung an das Vorruhestandsgesetz zu verstehen. Dies gilt, obwohl das Gesetz seit dem 1.1.1989 nur noch anzuwenden ist, wenn die Voraussetzungen für einen öffentlich-rechtlichen Anspruch auf Förderung vor diesem Zeitpunkt vorgelegen haben. Notwendiges Element eines Vorruhestandsgeldes im Rechtssinne ist unabhängig von der Bezeichnung der konkreten Leistung, dass der Arbeitnehmer gleichermaßen aus seiner letzten Beschäftigung wie auch endgültig aus dem Erwerbsleben ausgeschieden ist. Das muss der Vereinbarung über die Zahlung der Leistung unzweifelhaft zu entnehmen sein. Sie ergibt sich nicht mittelbar allein aus einer Verpflichtung des Arbeitnehmers, sich nicht arbeitslos zu melden.

1 § 19 Abs. 2 Satz 2 Nr. 2 EStG.
2 Mit dem Wachstumschancengesetz war gelant, den Versorgungsfreibetrag und den Zuschalag zu ändern. Da das Gesetzgebungsverfahren noch nicht abgeschlossen ist, kann es im Laufe des Jahres 2024 zu einer Änderung kommen. Bis zur Verabschiedung eines Gesetzes gelten weiterhin die bisherigen Werte.
3 § 52 Abs. 4 Satz 16 i. V. m. Abs. 40 EStG.
4 § 40b EStG in der bis zum 31.12.2004 geltenden Fassung.
5 BSG, Urteil v. 24.9.2008, B 12 KR 10/07 R.

Versicherungsrechtliche Beurteilung von Vorruhestandsgeldbezieher

Bei dem Vorruhestandsgeld handelt es sich um eine tarifvertragliche Leistung des Arbeitgebers an Arbeitnehmer,

- in der Regel ab Vollendung des 58. Lebensjahres,
- die ihre Erwerbstätigkeit endgültig beendet haben.

Obwohl die Einführung der Versicherungspflicht von Beziehern von Vorruhestandsgeld in einem engen Zusammenhang mit dem Vorruhestandsgesetz (VRG) stand, ist diese für diesen Personenkreis erhalten geblieben, obwohl die Vorschriften des VRG inzwischen außer Kraft getreten sind.

Hinweis

Vorschriften zur Kranken- und Rentenversicherung unbefristet

Die Vorschriften über die Versicherungspflicht in der Krankenversicherung[6] und in der Rentenversicherung[7] der Bezieher von Vorruhestandsgeld sind nicht befristet. In die Pflegeversicherung sind Vorruhestandsgeldbezieher unter denselben Voraussetzungen wie in der Krankenversicherung einbezogen.[8]

Voraussetzungen in der Kranken-/Pflege-/Rentenversicherung

Die Versicherungspflicht der Vorruhestandsgeldbezieher in der Kranken-, Pflege- und Rentenversicherung setzt voraus, dass unmittelbar vor Bezug des Vorruhestandsgelds Versicherungspflicht bestanden hat. Die Voraussetzung liegt dann noch vor, wenn zwischen dem Ende der Versicherungspflicht und dem Beginn des Vorruhestandsgelds kein voller Kalendermonat liegt.

Ferner wird vorausgesetzt, dass sie das Vorruhestandsgeld bis zum frühesten möglichen Beginn der ↗ Altersrente oder ähnlicher Bezüge öffentlich-rechtlicher Art beziehen. Wenn keine dieser beiden Leistungen beansprucht werden kann, muss das Vorruhestandsgeld bis zum Ablauf des Monats gewährt werden, in dem der Arbeitnehmer die Regelaltersgrenze erreicht.

Die Spitzenorganisationen der Sozialversicherung sind der Auffassung, dass ein sozialversicherungsrechtlich relevanter Bezug von Vorruhestandsgeld auch dann noch vorliegt, wenn dieser auf den frühesten möglichen abschlagsfreien Renteneintritt befristet ist. Der Abschluss einer Vorruhestandsvereinbarung, die den Bezug des Vorruhestandsgeldes über diesen Zeitpunkt hinaus vorsieht, steht der Kranken-, Pflege- und Rentenversicherungspflicht nicht entgegen. Die Versicherungspflicht endet ab dem Zeitpunkt, ab dem eine vorgezogene Altersrente (unabhängig davon, ob diese mit oder ohne Abschläge) bezogen wird, spätestens jedoch mit Erreichen der Regelaltersgrenze bzw. dem Anspruch auf Regelaltersrente. Denn letztlich kann kein Arbeitnehmer gezwungen werden, zu einem Zeitpunkt in Rente zu gehen, mit dem wegen der Inanspruchnahme vor der maßgeblichen Altersgrenze ein Rentenabschlag in Kauf zu nehmen wäre.

Kranken-/Pflegeversicherung

Für die Versicherungspflicht in der Krankenversicherung muss das Vorruhestandsgeld mindestens i. H. v. 65 % des Bruttoarbeitsentgelts gezahlt werden, das der ausgeschiedene Arbeitnehmer vor Beginn der Vorruhestandsleistung erzielt hat. Er muss dies in den letzten abgerechneten insgesamt 6 Monate umfassenden Entgeltabrechnungszeiträumen durchschnittlich erzielt haben (soweit es die Beitragsbemessungsgrenze nicht überschreitet[9]).[10]

In der Kranken- und Pflegeversicherung gilt der Vorruhestandsgeldbezieher als gegen Arbeitsentgelt beschäftigter Arbeitnehmer. Die für die Krankenversicherung getroffenen Regelungen gelten für die Pflegeversicherung nach dem SGB XI entsprechend.

6 § 5 Abs. 3 und 4 SGB V.
7 § 3 Satz 1 Nr. 4 SGB VI.
8 § 20 Abs. 2 SGB XI.
9 § 3 Abs. 2 VRG.
10 § 5 Abs. 3 SGB V.

Wohnsitz/gewöhnlicher Aufenthalt im Ausland

Bei Wohnsitz oder gewöhnlichem Aufenthalt im Ausland entsteht eine Versicherungspflicht nach § 5 Abs. 4 SGB V nur, wenn der Vorruhestandsgeldbezieher seinen Wohnsitz oder gewöhnlichen Aufenthalt in einem Mitgliedstaat der EU (Europäische Union) bzw. in einem dem EWR angeschlossenen Staat (Europäischer Wirtschaftsraum) oder in einem Staat hat, mit dem ein Sozialversicherungsabkommen besteht, das Sachleistungsaushilfe im Bereich der Krankenversicherung vorsieht (u. a. Türkei, Tunesien).

Krankenversicherungsfreie Arbeitnehmer

Beschäftigte, die wegen Überschreitens der ⇗ Jahresarbeitsentgeltgrenze krankenversicherungsfrei waren, werden durch den Bezug von Vorruhestandsgeld auch dann nicht krankenversicherungspflichtig, wenn das Vorruhestandsgeld die Jahresarbeitsentgeltgrenze unterschreitet. Diese Bezieher von Vorruhestandsgeld bleiben in der Krankenversicherung weiterhin versicherungsfrei. Soweit sie bei einer Krankenkasse freiwillig versichert sind, bleibt die dadurch ausgelöste Versicherungspflicht zur sozialen Pflegeversicherung allerdings erhalten.

Rentenversicherung

Die Voraussetzungen für die Versicherungspflicht in der Rentenversicherung weichen von denen der Krankenversicherung ab. Sie ist nicht von der Höhe des Vorruhestandsgeldes abhängig. Versicherungspflicht besteht somit auch, wenn das Vorruhestandsgeld 65 % des Bruttoarbeitsentgelts i. S. v. § 3 Abs. 2 VRG unterschreitet.[1]

Vorruhestandsgeldbezieher, die unmittelbar vor dem Vorruhestandsgeldbezug nicht rentenversicherungspflichtig waren, werden nicht versicherungspflichtig.

Beitragszuschuss zu anderweitiger Alterssicherung

Vorruhestandsgeldbezieher haben, wenn der für sie maßgebende Tarifvertrag Entsprechendes vorsieht, einen Anspruch auf einen Beitragszuschuss zu einer anderweitigen Alterssicherung.

Wohnsitz/gewöhnlicher Aufenthalt im Ausland

Der Wohnsitz oder gewöhnliche Aufenthalt des Vorruhestandsgeldbeziehers im Ausland steht der Versicherungspflicht in der Rentenversicherung nicht entgegen.[2] Anders als in der Krankenversicherung sind Besonderheiten nicht zu beachten.

Arbeitslosenversicherung

Zur Arbeitslosenversicherung besteht keine Versicherungspflicht. Vorruhestandsgeldbezieher sind aus dem Erwerbsleben ausgeschieden.

Für die Zeit, für die ein Arbeitsloser Vorruhestandsgeld bezieht, das mindestens 65 % des Bemessungsentgelts entspricht, ruht das Arbeitslosengeld.[3] Bei dem Betrag i. H. v. 65 % des Bemessungsentgelts handelt es sich um das Bruttoarbeitsentgelt, das der ausgeschiedene Arbeitnehmer vor Beginn der Vorruhestandsleistung in den letzten abgerechneten Entgeltabrechnungszeiträumen durchschnittlich erzielt hat. Es muss konkret in den letzten 6 Monaten erzielt worden sein und darf die Beitragsbemessungsgrenze nicht überschritten haben.[4]

Unfallversicherung

Vorruhestandsgeldbezieher sind nicht gesetzlich unfallversichert.

Beiträge

Kranken-/Pflegeversicherung

Beitragssatz

Bezieher von Vorruhestandsgeld haben keinen Anspruch auf Krankengeld.[5] Ihre Krankenversicherungsbeiträge sind daher nach dem bundeseinheitlich geltenden maßgebenden ermäßigten ⇗ Beitragssatz zu berechnen. Dieser beträgt 14,0 %. Außerdem fällt ggf. der kassenindividuelle Zusatzbeitragssatz der Krankenkasse des Vorruhestandsgeldempfängers an. Der Beitragssatz zur Pflegeversicherung beträgt seit dem 1.7.2023 3,4 %[6] zuzüglich eines etwaigen Beitragszuschlags für Kinderlose bzw. eines etwaigen Beitragsabschlags für mehrere Kinder unter 25 Jahren.[7]

Beitragszuschuss

Bezieher von Vorruhestandsgeld erhalten einen ⇗ Beitragszuschuss, wenn sie

- bis unmittelbar vor Beginn der Vorruhestandsleistungen Anspruch auf den vollen oder anteiligen Beitragszuschuss hatten und
- in der gesetzlichen Krankenversicherung freiwillig oder bei einem privaten Krankenversicherungsunternehmen gegen Krankheit versichert sind.

Freiwillige Krankenversicherte

Freiwillige Mitglieder in der gesetzlichen Krankenversicherung erhalten als Beitragszuschuss einen Betrag in Höhe des Betrags, den der Arbeitgeber bei Versicherungspflicht des Vorruhestandsgeldbeziehers zu tragen hätte. Der Beitragszuschuss beläuft sich damit auf die hälftigen Krankenversicherungsbeiträge einschließlich des kassenindividuellen Zusatzbeitrags. Daher beträgt der Zuschuss die Hälfte des ermäßigten Beitragssatzes – für das Jahr 2024 also 7,0 % (14,0 % : 2). Für das Kalenderjahr 2024 ergibt sich daher ein Beitragszuschuss von 362,25 EUR (7 % von 5.175 EUR). Außerdem wird die Hälfte des kassenindividuellen Zusatzbeitrags bezuschusst.

Privat Krankenversicherte

Bei der Berechnung des Beitragszuschusses zu einer privaten Krankenversicherung erhalten die Vorruhestandsgeldempfänger von dem Arbeitgeber den Betrag als Beitragszuschuss, den der Arbeitgeber entsprechend bei Versicherungspflicht des Vorruhestandsgeldempfängers zu tragen hätte. Zusätzlich erhalten privat Krankenversicherte die Hälfte des durchschnittlichen Zusatzbeitrags. Daraus ergibt sich für das Jahr 2024 ein maximaler Beitragszuschuss i. H. v. 406,24 EUR (7 % von 5.175 EUR + 0,85 % von 5.175 EUR).

Der Beitragszuschuss beträgt die Hälfte des Betrags, der sich bei Multiplikation dieses Beitragssatzes mit dem Zahlbetrag des Vorruhestandsgelds ergibt. Das monatliche Vorruhestandsgeld ist bis zur jeweiligen ⇗ Beitragsbemessungsgrenze der Krankenversicherung zu berücksichtigen. In der Praxis wird der Beitragszuschuss unter Zugrundelegung des jeweils halben Beitragssatzes ermittelt. Der Beitragszuschuss beträgt höchstens die Hälfte des Beitrags zur privaten Krankenversicherung.

Beispiel

Berechnung der Beiträge aus dem Vorruhestandsgeld

Das monatliche Vorruhestandsgeld beträgt 3.000 EUR. Der Beitragszuschuss errechnet sich wie folgt:

$$\frac{3.000 \text{ EUR} \times 14}{100 \times 2} = 210 \text{ EUR}$$

$$\frac{3.000 \text{ EUR} \times 1{,}7}{100 \times 2} = 25{,}50 \text{ EUR}$$

Der Beitragszuschuss beträgt höchstens 235,50 EUR, jedoch nicht mehr als die Hälfte des insgesamt für die private Krankenversicherung aufgewendeten Betrags.

Wichtig

Beitragsrückerstattung hat keinen Einfluss auf Beitragszuschuss

Gewährt das private Krankenversicherungsunternehmen dem Beschäftigten eine Beitragsrückerstattung wegen nicht in Anspruch genommener Leistungen, so verbleibt es dennoch bei dem gezahlten Beitragszuschuss.

1 § 3 Satz 1 Nr. 4 SGB VI.
2 § 3 Abs. 4 SGB VI.
3 § 142 Abs. 4 SGB III.
4 § 3 Abs. 2 VRG.
5 § 50 Abs. 1 Satz 1 Nr. 3 SGB V.
6 Bis 30.6.2023: 3,05 %.
7 § 55 SGB XI.

Nicht Krankenversicherungspflichtige

Vorruhestandsgeldbezieher, die in der Krankenversicherung nicht versicherungspflichtig sind und unmittelbar vor Beginn der Vorruhestandsleistung einen Anspruch auf den Beitragszuschuss zu ihren Krankenversicherungsbeiträgen hatten, erhalten den Beitragszuschuss zu einer freiwilligen Krankenversicherung oder einer privaten Krankenversicherung weiterhin von dem zur Zahlung des Vorruhestandsgelds Verpflichteten.[1] Auch für diese Personen wird der kassenindividuelle Zusatzbeitrag bezuschusst.

Kranken-/Pflege-/Rentenversicherung

Beitragspflichtige Einnahme

Beitragspflichtige Einnahme und damit Beitragsbemessungsgrundlage in der Kranken-, Pflege- und Rentenversicherung ist das Vorruhestandsgeld.[2] Der Zahlbetrag des Vorruhestandsgelds ist maßgebend. Unerheblich ist, ob für seine Berechnung auch Gehaltsteile berücksichtigt wurden, die kein beitragspflichtiges Arbeitsentgelt in der Sozialversicherung sind (Arbeitsentgelt). Für während des Vorruhestandsgeldbezugs gezahlte einmalige Bezüge gelten die Regelungen für ⇗ Einmalzahlungen entsprechend.

> **Hinweis**
>
> **Anwendung der Regelungen des Übergangsbereichs**
>
> Für Vorruhestandsgeldbezieher werden die Regelungen des Übergangsbereichs angewendet, wenn das Vorruhestandsgeld in den Übergangsbereich fällt.

Beitragstragung

Die Beiträge für versicherungspflichtige Vorruhestandsgeldbezieher sind je zur Hälfte zu tragen vom Vorruhestandsgeldbezieher und von der Stelle, die das Vorruhestandsgeld zahlt.[3] Die Pflicht der Zahlstelle, den Krankenversicherungsbeitrag zur Hälfte zu tragen, ergibt sich aus § 249 Abs. 1 i. V. m. § 226 Abs. 1 Satz 2 SGB V. Das Vorruhestandsgeld steht dem Arbeitsentgelt gleich.

In der knappschaftlichen Rentenversicherung pflichtversicherte Bezieher von Vorruhestandsgeld tragen den Beitrag aus dem Vorruhestandsgeld nur in Höhe des Beitragssatzes, den sie zu tragen hätten, wenn sie in der allgemeinen Rentenversicherung versichert wären.[4]

Beitragszahlung

Bei Vorruhestandsgeldbezug gelten die Vorschriften über den Gesamtsozialversicherungsbeitrag entsprechend.[5] Somit hat die das Vorruhestandsgeld zahlende Stelle

- die Arbeitgeberpflichten in der Sozialversicherung wahrzunehmen,
- den Beitragsanteil des Vorruhestandsgeldbeziehers vom Vorruhestandsgeld einzubehalten (Lohnabzug),
- den Gesamtsozialversicherungsbeitrag (hier: Kranken-, Pflege- und Rentenversicherung) an die zuständige Einzugsstelle abzuführen und
- die ⇗ Meldungen zur Sozialversicherung zu erstatten.

Mitgliedschaft in der Kranken-/Pflegeversicherung

Beginn

Die Mitgliedschaft beginnt mit dem Tag, für den erstmals das Vorruhestandsgeld beansprucht werden kann.

> **Hinweis**
>
> **Krankenkassenwahlrecht des Vorruhestandsgeldbeziehers**
>
> Zuständig ist regelmäßig die Krankenkasse, bei der sie vor Beginn des Vorruhestandsgeldbezugs versichert waren. Sie können aber auch – sofern die dafür notwendigen Voraussetzungen erfüllt werden – die Mitgliedschaft bei einer Krankenkasse wählen.

Ende

Die Versicherungspflicht und daraus folgend die Mitgliedschaft endet mit dem Ende des Bezugs von Vorruhestandsgeld. Wird im unmittelbaren Anschluss keine Rente aus der gesetzlichen Rentenversicherung gewährt, wird der Versicherungsschutz in der Kranken- und Pflegeversicherung grundsätzlich durch eine freiwillige Versicherung aufrechterhalten.

Meldungen

Alle Meldungen nach der DEÜV für Bezieher von Vorruhestandsgeld sind wie für beschäftigte Arbeitnehmer zu erstatten.

> **Hinweis**
>
> **Änderung des Personengruppenschlüssels ist zu melden**
>
> Bis zum Tag vor Beginn des Vorruhestandsgeldbezugs muss eine Abmeldung mit dem bisherigen Personengruppenschlüssel erfolgen. Eine Neuanmeldung mit dem Personengruppenschlüssel „108" zum Beginn des Vorruhestandsgeldbezugs ist ebenfalls zu erstellen. Der Meldegrund für eine Abmeldung ist „32", der für die Anmeldung „12", sofern das Vorruhestandsgeld vom bisherigen Arbeitgeber gezahlt wird.

Vorschuss

Vorschüsse sind Vorauszahlungen des Arbeitgebers auf eine noch nicht verdiente Vergütung. Auf Vorschusszahlungen hat der Arbeitnehmer grundsätzlich keinen Rechtsanspruch, außer Gesetz, Tarifvertrag, Betriebsvereinbarung oder die Fürsorgepflicht des Arbeitgebers gebietet dies.

Gesetze, Vorschriften und Rechtsprechung

Wichtige Rechtsprechung: BAG, Urteil v. 11.7.1961, 3 AZR 216/60 (beide Vertragspartner müssen sich bei Auszahlung darüber einig sein, dass es sich um einen Vorschuss handelt); BAG, Urteil v. 25.2.1993, 6 AZR 334/91 (ist der Vorschuss von dem später abgerechneten Lohn nicht gedeckt, ist der Arbeitnehmer zur Rückzahlung der überzahlten Beträge verpflichtet).

Lohnsteuer: Die Lohnsteuererhebung für im Voraus gezahlten Arbeitslohn regelt R 39b.5 Abs. 4 LStR.

Sozialversicherung: Bei einem Vorschuss auf die monatliche Vergütung handelt es sich nach § 14 Abs. 1 SGB IV um „normales" beitragspflichtiges Arbeitsentgelt. Die Vorschussverpflichtung eines Sozialversicherungsträgers auf Geldleistungen regelt § 42 SGB I.

Entgelt	LSt	SV
Vorschuss auf den Monatslohn	pflichtig	pflichtig

Lohnsteuer

Lohnsteuerliche Behandlung

Der Arbeitgeber hat grundsätzlich bei jeder Lohnzahlung die ⇗ Lohnsteuer für Rechnung des Arbeitnehmers einzubehalten (Zuflussprinzip). Zu den Lohnzahlungen gehören auch Vorschüsse oder ⇗ Abschlagszahlungen, die zu einem späteren Termin abgerechnet werden.

1 § 257 Abs. 3 SGB V.
2 § 226 Abs. 1 Satz 2 SGB V; § 166 Abs. 1 Nr. 3 SGB VI.
3 § 249 Abs. 1 SGB V; § 170 Abs. 1 Nr. 3 SGB VI; § 58 Abs. 1 SGB XI.
4 § 170 Abs. 2 Satz 3 SGB VI.
5 § 253 SGB V; § 174 Abs. 2 SGB VI; § 60 SGB XI.

Vorschüsse sind Vorauszahlungen des Arbeitgeberes auf Arbeitslohn, der künftig noch erdient werden muss. (Abschlagszahlungen hingegen werden für bereits geleistete Arbeit in einer geschätzten Höhe gezahlt.)

Grundsätzlich hat der Arbeitgeber einen Vorschuss als laufenden Arbeitslohn zu behandeln und von diesem Lohnsteuer einzubehalten (Zuflussprinzip). Es wird jedoch nicht beanstandet, wenn die Vorauszahlung als ⇗ sonstiger Bezug behandelt und nach der Lohnsteuer-Jahrestabelle versteuert wird.[1]

Ausnahmen vom Zuflussprinzip

Dauert der ⇗ Lohnabrechnungszeitraum nicht länger als 5 Wochen und wird die endgültige Lohnabrechnung spätestens innerhalb von 3 Wochen nach dem Ende des Lohnabrechnungszeitraums vorgenommen, unterliegt die Abschlagszahlung nicht dem Lohnsteuerabzug im Zeitraum der Zahlung.[2] In diesem Fall ist bei der Lohnabrechnung die Lohnsteuer vom Gesamtbruttolohn zu berechnen, auch wenn wegen des bereits gezahlten Vorschusses nur noch ein Teilbetrag zur Auszahlung kommt.[3]

Vorschüsse als Arbeitgeberdarlehen

Wird ein Vorschuss ohne Lohnsteuerabzug ausgezahlt und ohne förmlichen Darlehensvertrag wie ein zinsloses ⇗ Arbeitgeberdarlehen behandelt, ist darauf zu achten, dass ein Zinsvorteil zu besteuern ist, wenn der Vorschuss bzw. die Restforderung 2.600 EUR übersteigt.[4]

Vorschüsse auf Reisekosten

Leistet der Arbeitgeber eine Vorschusszahlung für ⇗ Reisekosten, ist keine Lohnsteuer zu erheben, falls diese Zahlung nachweisbar für eine oder mehrere bestimmte Auswärtstätigkeiten geleistet wird, in etwa den vom Arbeitnehmer zu tragenden Aufwendungen entspricht und eine spätere Abrechnung mit den tatsächlichen Reisespesen vorgenommen wird.

Sozialversicherung

Arbeitgebervorschüsse

Vorschusszahlungen des Arbeitgebers auf zukünftiges Arbeitsentgelt stellen beitragspflichtiges Arbeitsentgelt im Sinne der Sozialversicherung dar.[5] Das vorausgezahlte Arbeitsentgelt ist allerdings erst in dem Monat mit Beiträgen zu belegen, in dem die Arbeit, der dieses Arbeitsentgelt gegenübersteht, geleistet wird.

Vorschuss durch einen Sozialversicherungsträger

Die Leistungsträger sind verpflichtet darauf hinzuwirken, dass jeder Berechtigte die ihm zustehenden Leistungen umfassend und schnell erhält.[6] Zur näheren Konkretisierung schreibt § 42 SGB I vor, dass in den Fällen, in denen ein Anspruch auf Geldleistungen besteht und zur Feststellung der genauen Höhe der Geldleistungen längere Zeit erforderlich ist, ein Vorschuss gezahlt werden kann. Der Leistungsträger ist zur Vorschusszahlung verpflichtet, wenn der Berechtigte dies beantragt.

Die Vorschusszahlung beginnt spätestens nach Ablauf eines Kalendermonats nach Eingang des Antrags. Die Höhe hat der Leistungsträger nach pflichtgemäßem Ermessen selbst zu bestimmen. War der Vorschuss zu hoch bemessen, ist der zu Unrecht bezogene Vorschuss zu erstatten.

Neben dem Vorschuss auf Geldleistungen kann auch eine vorläufige Leistungsgewährung für Sach- und Dienstleistungen in Betracht kommen, wenn die Zuständigkeit des Leistungsträgers noch nicht feststeht. Vorleistungspflichtig ist dann der zuerst angegangene Leistungsträger.

1 R 39b.4 Abs. 4 LStR.
2 § 39b Abs. 5 EStG.
3 R 39b.5 Abs. 5 Satz 1 LStR.
4 BMF, Schreiben v. 19.5.2015, IV C 5 – S 2334/07/0009, BStBl 2015 I S. 484.
5 § 14 SGB IV.
6 § 17 Abs. 1 Nr. 1 SGB I.

Vorsorgepauschale

Eine Vorsorgepauschale wird ausschließlich im Lohnsteuerabzugsverfahren berücksichtigt. Sie ist in der maschinellen Lohnsteuerberechnung ebenso wie in den Lohnsteuertabellen hinterlegt. Die tatsächlichen Vorsorgeaufwendungen können nur im Rahmen der Einkommensteuerveranlagung berücksichtigt werden. Für Vorsorgeaufwendungen kann deshalb kein Freibetrag als Lohnsteuersteuerabzugsmerkmal gebildet werden. Sie werden bei der Lohnsteuerberechnung nur pauschal im Rahmen bestimmter Höchstbeträge berücksichtigt.

Gesetze, Vorschriften und Rechtsprechung

Lohnsteuer: Rechtsgrundlage für die Vorsorgepauschale im Lohnsteuerabzugsverfahren ist § 39b Abs. 2 Satz 5 Nr. 3 EStG. Einzelheiten regelt das BMF, Schreiben v. 26.11.2013, IV C 5 – S 2367/13/10001, BStBl 2013 I S. 1532. Zur Vorsorgepauschale bei Beitragszahlern an ausländische Sozialversicherungsträger und Versicherungsunternehmen s. OFD Nordrhein-Westfalen, Verfügung v. 15.8.2018, S 2367 – 2017/0004 – St 213/S 1301 – 2017/0058 – St 126/St 127, Tz. 15.2 zur Vorsorgepauschale bei Beitragszahlungen an ausländische Sozialversicherungsträger und Versicherungsunternehmen.

Lohnsteuer

Vorsorgepauschale im Lohnsteuerabzugsverfahren

Berechnung und Bemessungsgrundlage

Eine Vorsorgepauschale wird ausschließlich im Lohnsteuerabzugsverfahren berücksichtigt.[7] Die beim Lohnsteuerabzug zu berücksichtigende Vorsorgepauschale setzt sich zusammen aus

- einem Teilbetrag für die Rentenversicherung[8, 9]
- einem Teilbetrag für die gesetzliche Kranken- und soziale Pflegeversicherung[10, 11] und
- einem Teilbetrag für die private Basiskranken- und Pflege-Pflichtversicherung.[12, 13]

Berechnung und Bemessungsgrundlage

Ob die Voraussetzungen für den Ansatz der einzelnen Teilbeträge vorliegen, ist jeweils gesondert zu prüfen. Dabei ist immer der Versicherungsstatus des Arbeitnehmers am Ende des jeweiligen Lohnzahlungszeitraums maßgebend. Über die Vorsorgepauschale hinaus darf der Arbeitgeber im Lohnsteuerabzugsverfahren keine weiteren Vorsorgeaufwendungen berücksichtigen. Das Dienstverhältnis darf nicht auf Teilmonate aufgeteilt werden. Die einzelnen Teilbeträge sind getrennt zu berechnen; die auf volle Euro aufgerundete Summe der Teilbeträge ergibt die anzusetzende Vorsorgepauschale.

Bemessungsgrundlage für die Berechnung der Teilbeträge für die Rentenversicherung und die gesetzliche Kranken- und soziale Pflegeversicherung ist der Arbeitslohn. Entschädigungen gehören nicht dazu.[14]

Wichtig

Steuerfreier Arbeitslohn bleibt unberücksichtigt

Steuerfreier Arbeitslohn gehört nicht zur Bemessungsgrundlage für die Berechnung der entsprechenden Teilbeträge. Dies gilt auch bei der Mindestvorsorgepauschale für die Kranken- und Pflegeversicherung.[15]

7 § 39b Abs. 2 Satz 5 Nr. 3 EStG.
8 § 39b Abs. 2 Satz 5 Nr. 3 Buchst. a EStG.
9 BMF, Schreiben v. 26.11.2013, IV C 5 – S 2367/13/10001, BStBl 2013 I S. 1532, Ziffer 3.
10 § 39b Abs. 2 Satz 5 Nr. 3 Buchst. b, c EStG.
11 BMF, Schreiben v. 26.11.2013, IV C 5 – S 2367/13/10001, BStBl 2013 I S. 1532, Ziffern 4, 5.
12 § 39b Abs. 2 Satz 5 Nr. 3 Buchst. d EStG.
13 BMF, Schreiben v. 26.11.2013, IV C 5 – S 2367/13/10001, BStBl 2013 I S. 1532, Ziffer 6.
14 § 39b Abs. 2 Satz 5 Nr. 3 EStG, zweiter Teilsatz.
15 § 39b Abs. 2 Satz 5 Nr. 3 EStG, dritter Teilsatz.

Der Arbeitslohn ist für die Berechnung der Vorsorgepauschale und der Mindestvorsorgepauschale nicht um den Versorgungsfreibetrag[1] und den ⇗ Altersentlastungsbetrag[2] zu vermindern. Die jeweilige Beitragsbemessungsgrenze ist bei allen Teilbeträgen der Vorsorgepauschale zu beachten.

Bescheinigungspflicht des Arbeitgebers

Der Arbeitgeber muss unter Nr. 28 der elektronischen ⇗ Lohnsteuerbescheinigung den tatsächlich im Lohnsteuerabzugsverfahren berücksichtigten Teilbetrag der Vorsorgepauschale bescheinigen.[3] Wurde beim Lohnsteuerabzug die Mindestvorsorgepauschale berücksichtigt – ggf. auch nur in einzelnen Lohnzahlungszeiträumen –, ist diese zu bescheinigen.

Bei ⇗ geringfügig Beschäftigten, bei denen die Lohnsteuer nach den ELStAM erhoben wird und kein Arbeitnehmeranteil für die Krankenversicherung zu entrichten ist, wird anstelle des Teilbetrags für die gesetzliche Krankenversicherung die Mindestvorsorgepauschale berücksichtigt und unter Nr. 28 der Lohnsteuerbescheinigung bescheinigt. Entsprechendes gilt für andere Arbeitnehmer, z. B. ⇗ Praktikanten, ⇗ Schüler, ⇗ Studenten.[4]

Keine Vorsorgepauschale im Veranlagungsverfahren

Bei der Einkommensteuerveranlagung wird keine Vorsorgepauschale berücksichtigt. Entstehen einem Steuerzahler im Vergleich zu der beim Lohnsteuerabzug berücksichtigten Vorsorgepauschale höhere Aufwendungen, können diese in der Einkommensteuererklärung geltend gemacht werden. Das betrifft die Beiträge zu einer Basis-Krankenversicherung sowie zur Pflegeversicherung. Diese können in vollem Umfang als Sonderausgaben geltend gemacht werden. Altersvorsorgeaufwendungen werden seit 2023 i. H. v. 100 % (2022: 94 %) der tatsächlichen Aufwendungen als Sonderausgaben berücksichtigt.[5] Sonstige Vorsorgeaufwendungen können nur noch in Ausnahmefällen, d. h. im Rahmen einer Günstigerprüfung[6] berücksichtigt werden.

Pflicht zur Abgabe einer Steuererklärung

Übersteigt die beim Lohnsteuerabzug berücksichtigte Vorsorgepauschale die als Sonderausgaben abziehbaren tatsächlichen Vorsorgeaufwendungen, ist der Steuerzahler zur Abgabe einer Einkommensteuererklärung verpflichtet.[7] Unter diese Regelung fällt auch die Fallgestaltung, dass die beim Lohnsteuerabzug berücksichtigte Mindestvorsorgepauschale höher ist als die bei der Einkommensteuerveranlagung als Sonderausgaben abziehbaren Vorsorgeaufwendungen.

Achtung

Keine Pflichtveranlagung bei geringem Arbeitslohn

Trotz einer möglicherweise zu hohen Vorsorgepauschale wird auf die Durchführung einer Einkommensteuer-Pflichtveranlagung bei niedrigen Arbeitslöhnen verzichtet[8], bei denen die Durchführung einer Veranlagung grundsätzlich nicht zur Festsetzung einer Einkommensteuerschuld führen würde.

Dies gilt für alle Arbeitnehmer, die im Laufe des Kalenderjahres aus sämtlichen Arbeitsverhältnissen insgesamt lediglich Arbeitslohn in einer Höhe erzielt haben, die in der Summe die in der Steuerklasse I enthaltenen, gesetzlich zu gewährenden Frei- und Pauschbeträge nicht überschreitet. Bei Ehe-/Lebenspartnern, welche die Voraussetzungen für eine Zusammenveranlagung erfüllen, gilt der erhöhte Arbeitslohnbetrag, der den in der Steuerklasse III enthaltenen gesetzlichen Frei- und Pauschbeträgen entspricht. Bei der Prüfung der Grenze genügt es, wenn die Summe der Arbeitslöhne beider Ehe-/Lebenspartner insgesamt die Bagatellgrenze nicht übersteigt, unabhängig davon, welcher der Partner welchen Anteil hieran erzielt.

1 § 19 Abs. 2 EStG.
2 § 24a EStG.
3 BMF, Schreiben v. 9.9.2019, IV C 5 – S 2378/19/10002:001, BStBl 2019 I S. 911.
4 Für Abrechnungszeiträume ab 2020: BMF, Schreiben v. 9.9.2019, IV C 5 – S 2378/19/10002:001, BStBl 2019 I S. 911.
5 § 10 Abs. 3 EStG.
6 Gem. § 10 Abs. 4 EStG.
7 § 46 Abs. 2 Nr. 3 EStG.
8 § 46 Abs. 2 Nr. 3 EStG.

Teilbetrag für Rentenversicherung

Bei Arbeitnehmern, die in der gesetzlichen Rentenversicherung pflichtversichert oder aufgrund der Mitgliedschaft in einer berufsständischen Versorgungseinrichtung von der gesetzlichen Rentenversicherung befreit sind[9], wird im Rahmen der Vorsorgepauschale ein Teilbetrag für die Rentenversicherung berücksichtigt. Dieser Teilbetrag beträgt 2024 – unter Beachtung der Beitragsbemessungsgrenze – 100 % des Arbeitnehmeranteils zur gesetzlichen Rentenversicherung, d. h. insgesamt 9,3 % (= hälftiger Beitragssatz zur gesetzlichen Rentenversicherung) vom gesamten Arbeitslohn.[10]

Sonderregelungen der Beitragsberechnung im Übergangsbereichs der Sozialversicherung[11] sind für die Ermittlung der Vorsorgepauschale ohne Bedeutung.

Der Teilbetrag der Vorsorgepauschale für die Rentenversicherungsbeiträge wird in allen Steuerklassen berücksichtigt.

Teilbetrag für gesetzliche Kranken- und soziale Pflegeversicherung

Bei gesetzlich Krankenversicherten wird in allen Steuerklassen ein Teilbetrag zur Vorsorgepauschale berücksichtigt, der bezogen auf den Arbeitslohn – unter Berücksichtigung der Beitragsbemessungsgrenze – dem Arbeitnehmeranteil eines pflichtversicherten Arbeitnehmers entspricht. Für diese Berechnung wird aber lediglich der ermäßigte Beitragssatz von 14 % zugrunde gelegt.[12] Damit können in 2024 7,0 % des Arbeitslohns (Arbeitnehmeranteil) im Rahmen der Vorsorgepauschale angesetzt werden.

Ein abweichender Arbeitnehmeranteil – z. B. im Übergangsbereich der Sozialversicherung- bleibt im Lohnsteuerabzugsverfahren unberücksichtigt.

Zusatzbeitrag wirkt sich auf Vorsorgepauschale aus

Bei der Ermittlung der einzubehaltenden Lohnsteuer muss auch der einkommensbezogene Zusatzbeitrag der gesetzlichen Krankenkasse[13] berücksichtigt werden. Dafür wird der Zusatzbeitragssatz in die Berechnung des Teilbetrags für die gesetzliche Krankenversicherung der Vorsorgepauschale einbezogen.[14]

Der durchschnittliche Zusatzbeitragssatz[15] in der gesetzlichen Krankenversicherung beträgt für 2024 1,7 %.

Den Zusatzbeitrag zahlen Arbeitgeber und Arbeitnehmer je zur Hälfte.[16]

Die Lohnsteuertabellen berücksichtigen über die Vorsorgepauschale bei der Ermittlung der Lohnsteuer den durchschnittlichen Zusatzbeitragssatz. In der maschinellen Lohnsteuerberechnung[17] kann der individuelle Zusatzbeitragssatz für die Berechnung angegeben werden.

Teilbetrag für soziale Pflegeversicherung

Darüber hinaus wird bei gesetzlich Versicherten bei der Vorsorgepauschale auch ein Teilbetrag für die Pflegeversicherungsbeiträge berücksichtigt, der bezogen auf den Arbeitslohn – unter Berücksichtigung der Beitragsbemessungsgrenze – dem Arbeitnehmeranteil entspricht. Dabei ist ggf. auch der Beitragszuschlag für Kinderlose zu berücksichtigen.[18]

Dies wirkt sich über die Vorsorgepauschale auch auf die Höhe der Lohnsteuer aus. Je höher die Pflegeversicherungsbeiträge sind und je höher damit auch die Vorsorgepauschale ist, desto weniger Lohnsteuer muss der Arbeitnehmer entrichten.

Den Beitragszuschlag tragen die Beschäftigten allein.[19] Er wird vom Arbeitgeber als Bestandteil des Gesamtsozialversicherungsbeitrags abgeführt.[20]

Seit 1.7.2023 werden Eltern mit mehreren Kindern bei den Beiträgen zur Pflegeversicherung entlastet.[21] Die Abschläge von 0,25 % pro Kind ab

9 Fall des § 6 Abs. 1 Nr. 1 SGB VI.
10 § 39b Abs. 2 Satz 5 Nr. 3 Buchst. a EStG.
11 § 20 Abs. 2 2a SGB IV.
12 § 39b Abs. 2 Satz 5 Nr. 3 Buchst. b EStG; § 243 SGB V.
13 § 242 SGB V.
14 § 39b Abs. 2 Satz 5 Nr. 3 Buchst. b EStG.
15 § 242a SGB V.
16 § 249 Abs. 1 SGB V.
17 § 39b Abs. 6 EStG.
18 § 39b Abs. 2 Satz 5 Nr. 3 Buchst. c EStG; § 55 Abs. 3 Satz 1 SGB XI.
19 §§ 58, 59 SGB XI.
20 § 60 Abs. 5 SGB XI.
21 § 55 Abs. 3 Satz 4 SGB XI.

dem 2. bis zum 5. Kind sind im Jahr 2023 noch nicht in die Programmablaufpläne für den Lohnsteuerabzug ab 1.7.2023 aufgenommen worden.[1] Neben Vereinfachungsgründen ist dies auch dadurch begründet, dass § 39b Abs. 2 Satz 5 Buchst. c EStG bis 2023 bei der Berechnung der Vorsorgepauschale in der Lohnsteuer zwar einen Beitragszuschlag vorsah, jedoch nicht die Berücksichtigung von Beitragsabschlägen.

Die erforderliche Gesetzesänderung zur Berücksichtigung der kindbedingten Abschläge in der sozialen Pflegeversicherung im Lohnsteuerabzugsverfahren erfolgte mit dem Kreditzweitmarktförderungsgesetz.[2] Ab 2024 wirken sich daher die Beitragsabschläge für Kinder – wie auch bisher schon der Beitragszuschlag für Kinderlose – auf die Höhe der Vorsorgepauschale aus. Im aktuellen Lohnsteuertarif wird dies noch nicht berücksichtigt.[3] Das BMF wird diesbezüglich einen neuen Programmablaufplan im Jahr 2024 veröffentlichen.

Teilbetrag für private Basiskranken- und Pflege-Pflichtversicherung

Der Teilbetrag für die private Basiskranken- und Pflege-Pflichtversicherung wird bei Arbeitnehmern angesetzt, die nicht in der gesetzlichen Krankenversicherung und sozialen Pflegeversicherung versichert sind (z. B. privat versicherte Beamte, beherrschende Gesellschafter-Geschäftsführer und höher verdienende Arbeitnehmer).

Der Arbeitgeber muss in den Steuerklassen I bis V eine Vorsorgepauschale i. H. d. ihm vom Arbeitnehmer mitgeteilten Beiträge für die private Basiskranken- und Pflege-Pflichtversicherung berücksichtigen, einschließlich der Beitragsanteile für Kinder und den nicht erwerbstätigen Ehe-/Lebenspartner.[4, 5]

Leistet der Arbeitgeber aufgrund eigener gesetzlicher Verpflichtung steuerfreie Zuschüsse zu einer privaten Kranken- und Pflegeversicherung[6], können im Rahmen der Vorsorgepauschale nur die um die steuerfreien Zuschussleistungen verminderten Beitragsleistungen berücksichtigt werden. Aus Vereinfachungsgründen wird dieser Kürzungsbetrag in der Höhe angesetzt, der dem Arbeitgeberanteil bei einem pflichtversicherten Arbeitnehmer entspricht, wobei auch hier für die Krankenversicherung auf den ermäßigten Beitragssatz abzustellen ist.

Tipp

Berücksichtigung der Beiträge eines selbst versicherten Ehe-/Lebenspartners

Über diesen Weg sind auch private Versicherungsbeiträge eines selbst versicherten Ehe-/Lebenspartners des Arbeitnehmers zu berücksichtigen, sofern dieser keine Einkünfte aus einer eigenen Tätigkeit erzielt. Der Arbeitgeber muss nicht prüfen, ob die Voraussetzungen für die Berücksichtigung der Versicherungsbeiträge des selbst versicherten Ehe-/Lebenspartners erfüllt sind. Eine ggf. erforderliche Korrektur bleibt der Einkommensteuerveranlagung vorbehalten.

Versicherungsbeiträge selbst Versicherter sind nicht zu berücksichtigen.

Will der Privatversicherte seinem Arbeitgeber – z. B. wegen seines Gesundheitszustands oder dem seines Ehe-/Lebenspartners und/oder seiner Kinder – die Beiträge zur privaten Kranken- und Pflegeversicherung nicht mitteilen, greift die Mindestvorsorgepauschale.[7]

Beitragsbescheinigungen ausländischer Versicherungsunternehmen darf der Arbeitgeber nicht berücksichtigen.

Mindestvorsorgepauschale für Kranken- und Pflegeversicherungsbeiträge

Für die Beiträge zur gesetzlichen Kranken- und Pflegeversicherung oder zur privaten Kranken- und Pflege-Pflichtversicherung ist eine arbeitslohnabhängige Mindestvorsorgepauschale vorgesehen.[8] Sie ist zu berücksichtigen, wenn der Arbeitnehmer dem Arbeitgeber die abziehbaren privaten Basiskranken- und Pflege-Pflichtversicherungsbeiträge nicht mitteilt. Die Mindestvorsorgepauschale ist auch dann anzusetzen, wenn für den entsprechenden Arbeitslohn kein Arbeitnehmeranteil zur inländischen gesetzlichen Kranken- und sozialen Pflegeversicherung zu entrichten ist (z. B. bei geringfügig beschäftigten Arbeitnehmern, deren Arbeitslohn nicht nach § 40a EStG pauschaliert wird, und bei Arbeitnehmern, die Beiträge zu einer ausländischen Kranken- und Pflegeversicherung leisten). Ist der Arbeitnehmer gesetzlich kranken- und pflegeversichert, kommt die Mindestvorsorgepauschale zum Ansatz, wenn sie höher liegt als die zu berücksichtigenden eigenen Beiträge.

Hinweis

Ausblick: Abschaffung der Mindestvorsorgepauschale ab 2026

Die ursprünglich mit dem Jahressteuergesetz 2020 ab 2024 vorgesehene Abschaffung der Mindestvorsorgepauschale und die Einführung eines Teilbetrags für die Arbeitslosenversicherung wurde mit dem Kreditzweitmarktförderungsgesetz vom 22.12.2023 um 2 Jahre auf den 1.1.2026 verschoben.

Berechnung der Mindestvorsorgepauschale

Die Mindestvorsorgepauschale beträgt 12 % des Arbeitslohns, höchstens 1.900 EUR (in Steuerklasse III höchstens 3.000 EUR). Hinzu kommt der Teilbetrag der Vorsorgepauschale für die Beiträge zur gesetzlichen Rentenversicherung.

Die Finanzverwaltung hat mit einem umfassenden Schreiben u. a. zur Berücksichtigung der Mindestvorsorgepauschale Stellung genommen.[9] In der Praxis besteht Handlungsbedarf vor allem bei den Beiträgen zur privaten Basiskranken- und Pflege-Pflichtversicherung.

Ausländische Sozialversicherungsträger

In Fällen, in denen die Verpflichtung besteht, Beiträge zur Alterssicherung an ausländische Sozialversicherungsträger abzuführen, muss der Arbeitgeber bei der Berechnung der Vorsorgepauschale einen Teilbetrag für die Rentenversicherung nur berücksichtigen, wenn der abzuführende Beitrag – zumindest teilweise – einen Arbeitnehmeranteil enthält und dem Grunde nach zu einem Sonderausgabenabzug[10] führen kann.

Der Teilbetrag für die gesetzliche Krankenversicherung und für die soziale Pflegeversicherung ist nur zu berücksichtigen, wenn der Arbeitnehmer Beiträge zur inländischen gesetzlichen Krankenversicherung bzw. sozialen Pflegeversicherung leistet; anderenfalls ist für Kranken- und Pflegeversicherungsbeiträge immer die Mindestvorsorgepauschale anzusetzen.[11]

Wahltarife

In der gesetzlichen Krankenversicherung (GKV) können die Krankenkassen ihren Versicherten sog. Wahltarife anbieten. Hierzu gehören z. B. Selbstbehalttarife, bei denen sich der Versicherte verpflichtet, bis zu einer bestimmten Grenze Kosten für medizinische Behandlung zunächst selbst zu tragen. Die Wahltarife gelten unabhängig vom Versichertenstatus. Sie können grundsätzlich von allen Versicherten in Anspruch genommen werden. Wer sich für eine bestimmte Form der Versicherung entscheidet (z. B. Kostenerstattung, Selbstbehalttarif), kann im Rahmen der Wahltarife über Prämienauszahlungen seiner Kasse profitieren. Alternativ kann der Leistungsanspruch durch eigene Prämienzahlungen erweitert werden.

1 BMF, Schreiben v. 19.6.2023, IV C 5 – S 2361/19/10008 :009, BStBl 2023 I S. 1014.
2 § 39b Abs. 2 Satz 5 Nr. 3 Buchst. c EStG.
3 BMF, Schreiben v. 3.11.2023, IV C 5 – S 2361/19/10008 :010, BStBl 2023 I S. 1879.
4 §§ 39 Abs. 4 Nr. 4, 39b Abs. 2 Satz 5 Nr. 3 Buchst. d und 10 Abs. 1 Nr. 3 EStG.
5 BMF, Schreiben v. 24.5.2017, IV C 3 – S 2221/16/10001 :004, BStBl 2017 I S. 820, Tz. 2.2.
6 § 3 Nr. 62 EStG; R 3.62 LStR.
7 § 39b Abs. 2 Satz 5 Nr. 3, dritter Teilsatz EStG.
8 § 39b Abs. 2 Satz 5 Nr. 3, dritter Teilsatz EStG.
9 BMF, Schreiben v. 26.11.2013, IV C 5 – S 2367/13/10001, BStBl 2013 I S. 1532, Ziffer 7.
10 § 10 Abs. 1 Nr. 2 Buchst. a EStG.
11 OFD Nordrhein-Westfalen, Verfügung v. 15.8.2018, S 2367 – 2017/0004 – St 213/S 1301 – 2017/0058 – St 126/St 127, Tz. 15.2.

Gesetze, Vorschriften und Rechtsprechung

Sozialversicherung: Die Möglichkeiten der Krankenkassen Wahltarife anzubieten ist in § 53 SGB V geregelt.

Sozialversicherung

Arten

Für die Krankenkassen sind folgende Tarifgestaltungsmöglichkeiten vorgesehen, die jeweils in der Satzung der einzelnen Krankenkasse geregelt werden müssen:

- Selbstbehalttarife
  Wenn Mitglieder in einem Jahr einen Teil ihrer Krankheitskosten selber tragen (Selbstbehalt), hat die Krankenkasse im Gegenzug an diese Mitglieder Prämien auszuzahlen.[1]
- Nichtinanspruchnahme von Leistungen
  Nehmen Mitglieder und Familienversicherte in einem Kalenderjahr keine Leistungen der Krankenkasse in Anspruch, so kann die Krankenkasse Prämienzahlungen an das Mitglied vorsehen.[2]
- Besondere Versorgungsformen
  Für die Teilnahme von Versicherten an besonderen Versorgungsformen (Modellvorhaben, hausarztzentrierte Versorgung, strukturierte Behandlungsprogramme bei chronischen Erkrankungen, integrierte Versorgung) hat die Krankenkasse spezielle Tarife anzubieten. In diesen Fällen können Prämienzahlungen an die Versicherten oder Zuzahlungsermäßigungen vorgesehen werden. Für Tarife für die Inanspruchnahme einer hausarztzentrierten Versorgung (HzV) muss die Krankenkasse zwingend Prämienzahlungen oder Zuzahlungsermäßigungen vorsehen, wenn sich aus diesen Tarifen Effizienzsteigerungen ergeben.[3]
- Kostenerstattungstarife
  Wenn Krankenkassen in ihren Satzungen flexible Kostenerstattungstarife anbieten, haben diejenigen Mitglieder, die sich für solche Tarife entscheiden, entsprechende Prämien zu entrichten.[4]
- Leistungserweiterungstarife bei Krankengeld
  Hauptberuflich Selbstständige und unständig und kurzzeitig Beschäftigte, die keinen Krankengeldanspruch haben, können einen Krankengeldtarif wählen. Die Kasse hat solche Tarife in den Satzungen vorzusehen. Wählt ein Mitglied einen solchen Tarif, so hat es entsprechend der Leistungserweiterung eine Prämie zu entrichten.[5]
- Leistungsbeschränkungstarife
  Wenn eine Krankenkasse durch Satzungsregelung für bestimmte Personengruppen Leistungen beschränkt, wird an die Mitglieder eine entsprechende Prämie ausgezahlt.[6]

Begrenzung der Prämienzahlungen

Die Prämienzahlung an Versicherte darf in allen Fällen von Wahltarifen bestimmte gesetzlich festgelegte Höchstgrenzen nicht überschreiten. Die Prämienzahlungen der Kasse an das Mitglied dürfen nicht mehr als 20 % der vom Mitglied in einem Kalenderjahr getragenen Beiträge umfassen. Die Prämienzahlung ist in diesen Fällen auf 600 EUR im Jahr begrenzt. Bei einem oder mehreren Tarifen darf sie bis zu 30 % umfassen. In diesen Fällen ist die Prämienzahlung auf höchstens 900 EUR jährlich begrenzt. Die Prämien werden an die Mitglieder bzw. Versicherten gezahlt. Der Arbeitgeber erhält keine (auch nicht anteilige) Prämie. Bei Wahltarifen mit Prämienzahlung bei Nichtinanspruchnahme von Leistungen beträgt die Höchstgrenze der Prämienzahlung abweichend $^1/_{12}$ des Jahresbeitrags inklusive des Arbeitgeberanteils. Aber auch hierbei gilt, dass die Prämie an das Mitglied ausgezahlt wird. Der Arbeitgeber erhält keine Prämie.

1 § 53 Abs. 1 SGB V.
2 § 53 Abs. 2 SGB V.
3 § 53 Abs. 3 SGB V.
4 § 53 Abs. 4 SGB V.
5 § 53 Abs. 6 SGB V.
6 § 53 Abs. 7 SGB V.

Prämienkalkulation

Die Kalkulation der Prämien ist Aufgabe der Krankenkasse. Sie kann in ihrer Satzung die Höhe des Betrags festlegen, der an die Versicherten ausgezahlt wird. Dabei hat sie zum einen die bereits erwähnten Höchstgrenzen zu beachten. Zum anderen ist aber auch Folgendes von Bedeutung:

Die Vorschrift zur Prämienkalkulation von Wahltarifen ist in § 53 Abs. 9 SGB V näher definiert. Die Vorschrift sieht vor, dass die Aufwendungen der Kasse für jeden Wahltarif aus

- Einnahmen,
- Einsparungen und
- Effizienzsteigerungen,

die durch die jeweiligen Wahltarife resultieren, auf Dauer finanziert werden müssen. Jeder Tarif muss sich also selbst tragen. Quersubventionierungen mit anderen Tarifen oder sogar aus dem allgemeinen Haushalt der Krankenkasse sind nicht zulässig. Bei der Prämienkalkulation dürfen zudem kalkulatorische Einnahmen, die den Krankenkassen nur

- durch die Neugewinnung von Mitgliedern entstehen, oder
- deshalb entstehen, weil Versicherte nicht zu einer anderen Krankenkasse oder in die private Krankenversicherung wechseln (sog. Halteeffekte),

nicht berücksichtigt werden.

Prüfung/Genehmigung neuer Wahltarife durch die Aufsichtsbehörde

Die zuständigen Aufsichtsbehörden haben die für neue Wahltarife erforderlichen Satzungsregelungen der Krankenkassen zu genehmigen und dabei zu prüfen, ob die gesetzlichen Vorgaben eingehalten werden. Zudem sieht § 53 Abs. 9 Satz 3 SGB V eine Berichtspflicht der Kassen vor. Die Krankenkassen haben regelmäßig, mindestens alle 3 Jahre, über die Berechnung und die aus den Tarifen resultierenden Einsparungen gegenüber der Aufsichtsbehörde Rechenschaft abzulegen.

Vorlage von versicherungsmathematischen Gutachten bei der Aufsichtsbehörde

Die Krankenkassen haben mit ihren Rechenschaftsberichten den Aufsichtsbehörden auch versicherungsmathematische Gutachten vorzulegen. In diesen Gutachten werden die wesentlichen versicherungsmathematischen Annahmen dargelegt, die der Berechnung der Beiträge und der versicherungstechnischen Rückstellungen der Wahltarife zugrunde liegen. Die Gesetzesformulierung orientiert sich dabei an der Regelung in § 17 BerVersV, nach der die Prüfung durch versicherungsmathematische Sachverständige (Aktuare) zu erfolgen hat.

Bindungsfrist

Mitglieder müssen sich für eine bestimmte Mindestzeit an einen Wahltarif binden.[7]

Die Mindestbindungsfrist beträgt in Abhängigkeit der jeweiligen Art des Wahltarifs entweder 1 Jahr oder 3 Jahre. Für Wahltarife für die Teilnahme an besonderen Versorgungsformen besteht keine Mindestbindungsfrist. Für Wahltarife mit eingeschränktem Leistungsumfang für bestimmte Personenkreise, die Teilkostenerstattung gewählt haben, hat der Gesetzgeber ebenfalls keine ausdrückliche Mindestbindungsfrist geregelt.

Für die folgenden Wahltarife gilt eine Mindestbindungsfrist von einem Jahr:

- Tarife für Nichtinanspruchnahme von Leistungen,[8]
- Variable Kostenerstattungstarife,[9]
- Tarife, die die Übernahme der Kosten für von der Regelversorgung ausgeschlossene Arzneimittel der besonderen Therapierichtungen beinhalten.[10]

7 § 53 Abs. 8 SGB V.
8 § 53 Abs. 2 SGB V.
9 § 53 Abs. 4 SGB V.
10 § 53 Abs. 5 SGB V.

Für folgende Wahltarife gilt eine Mindestbindungsfrist von 3 Jahren:

- Selbstbehalttarife,[1]
- Wahltarife mit Anspruch auf Krankengeld für bestimmte Personenkreise, die in der Regelversorgung keinen oder einen eingeschränkten Anspruch auf Krankengeld haben.[2]

Waisengelder

Waisengelder aus dem früheren Dienstverhältnis des Verstorbenen sind als Versorgungsbezüge steuerpflichtiger Arbeitslohn.

Davon zu unterscheiden sind Waisenrenten als Leistungen der Sozialversicherung für hinterbliebene Kinder, die längstens bis zum 27. Lebensjahr des Kindes gezahlt werden.

Gesetze, Vorschriften und Rechtsprechung

Lohnsteuer: Die Einkommensteuerpflicht der Versorgungsbezüge ergibt sich aus § 19 Abs. 2 Satz 2 Nr. 1 EStG.

Sozialversicherung: Waisengelder werden nicht im Zusammenhang mit einer Beschäftigung gezahlt und sind daher kein Arbeitsentgelt nach § 14 Abs. 1 SGB IV.

Waisenrente

Zu den Renten wegen Todes bzw. an Hinterbliebene gehört auch die Waisenrente. Eine Waisenrente kann – sofern die Voraussetzungen hierfür erfüllt sind – aus der gesetzlichen Rentenversicherung oder auch aus der gesetzlichen Unfallversicherung gezahlt werden.

Gesetze, Vorschriften und Rechtsprechung

Sozialversicherung: Die relevanten Vorschriften zur Waisenrente sind für die Rentenversicherung in § 48 SGB VI (Anspruchsvoraussetzungen) und in §§ 78, 87 SGB VI (Zuschlag bei Waisenrenten) enthalten.

Weitere Regelungen ergeben sich aus § 99 Abs. 2 und § 100 Abs. 3 SGB VI (Beginn und Ende) sowie aus § 102 Abs. 4 SGB VI (Befristung). § 92 SGB VI schränkt die Zahlung des Zuschlags zur Waisenrente ein, wenn die Waise auch Anspruch auf Waisengeld hat. Für die Unfallversicherung gelten die §§ 67, 68 SGB VII. Kommt es zu einem Zusammentreffen einer Waisenrente aus der Unfall- und der Rentenversicherung, ist für die Anrechnung auf die Rente aus der Rentenversicherung § 93 SGB VI zu beachten. Die Versicherungspflicht für Waisenrentner in der Kranken-/Pflegeversicherung ergibt sich aus § 5 Abs. 1 Nr. 11b SGB V.

Lohnsteuer

Leistungen der gesetzlichen Rentenversicherung

Erhält das Kind eines verstorbenen Versicherten aus der gesetzlichen Rentenversicherung eine Waisenrente, unterliegt diese nicht dem Lohnsteuerabzug. Sie wird im Rahmen einer Einkommensteuerveranlagung mit dem im Kalenderjahr des Rentenbeginns maßgebenden gesetzlichen Besteuerungsanteil für Leibrenten nach § 22 Nr. 1 Satz 3 Buchst. a Doppelbuchst. aa EStG als steuerpflichtige Einnahme angesetzt und nicht mehr mit dem sog. Ertragsanteil.

Leistungen Dritter

Zahlt der frühere Arbeitgeber eines verstorbenen Arbeitnehmers an dessen Kind eine Waisenrente, handelt es sich um Einnahmen aus einem früheren Dienstverhältnis des Rechtsvorgängers, die als Arbeitslohn lohnsteuerpflichtig sind. Für die Lohnsteuererhebung muss der Arbeitgeber das Kind (Empfänger der Waisenrente) als Arbeitnehmer bei der Finanzverwaltung anmelden und dessen ELStAM abrufen. Zur zutreffenden Lohnsteuerermittlung hat der Arbeitgeber den ⇗ Versorgungsfreibetrag sowie den Zuschlag zum Versorgungsfreibetrag anzusetzen. Maßgebend für die Berechnung dieser Freibeträge für Versorgungsbezüge ist das Jahr des Versorgungsbeginns des Verstorbenen, der diesen Versorgungsanspruch zuvor begründete. Leistungen aus privaten Lebensversicherungen werden steuerlich mit dem Ertragsanteil nach § 22 Nr. 1 Satz 3 Buchst. a Doppelbuchst. bb EStG erfasst.

Sozialversicherung

Rentenversicherung

Anspruchsvoraussetzungen

Nach dem Tod einer versicherten Person erhalten dessen Kinder Waisenrente, wenn der Versicherte zum Zeitpunkt des Todes die allgemeine Wartezeit erfüllt hat.

Als Kinder der verstorbenen versicherten Person gelten Kinder nach dem BGB, d. h.

- leibliche Kinder und
- angenommene (adoptierte) Kinder.

Darüber hinaus gehören auch

- Stiefkinder und Pflegekinder, die der Verstorbene in seinen Haushalt aufgenommen hat,
- Enkel und Geschwister, die der Verstorbene in seinen Haushalt aufgenommen oder überwiegend unterhalten hatte,

zu den Kindern im Sinne des Waisenrentenrechts.[3]

Bis zur Vollendung des 18. Lebensjahres des Waisen ist die Waisenrente an keine weiteren Voraussetzungen gebunden.

Über das 18. Lebensjahr hinaus bis zur Vollendung des 27. Lebensjahres wird die Rente gezahlt, solange die Waisen

- sich in Schul- oder Berufsausbildung befinden,
- einen Freiwilligendienst im Sinne des § 32 Abs. 4 Satz 1 Nr. 2 Buchst. d EStG ableisten (z. B. ein freiwilliges soziales bzw. ökologisches Jahr oder den Bundesfreiwilligendienst),
- sich in einer Übergangszeit von max. 4 Kalendermonaten befinden, die zwischen 2 Ausbildungsabschnitten oder zwischen einem Ausbildungsabschnitt und der Ableistung des gesetzlichen Wehrdienstes oder eines o. g. Freiwilligendienstes liegt.

Können sich die Waisen wegen einer körperlichen, geistigen oder seelischen Behinderung nicht selbst unterhalten, wird die Waisenrente ebenfalls bis zur Vollendung des 27. Lebensjahres gezahlt.

Tipp

Verlängerung des Waisenrentenbezugs über das 27. Lebensjahr hinaus

Haben die Waisen ihren gesetzlichen Wehr- oder Zivildienst bzw. einen gleichgestellten Dienst geleistet, wurde nach Vollendung des 18. Lebensjahres während dieser Zeit die Rente nicht gezahlt. Dafür verlängert sich die Zeit für die Waisenrente über das 27. Lebensjahr hinaus um die Anzahl an Monaten, um die die Rente aufgrund der Dienstpflichtzeit unterbrochen war, sofern sich die Waisen auch während des Verlängerungszeitraums in Schul- oder Berufsausbildung befinden.

Ein geleisteter freiwilliger Wehrdienst nach § 58b SG kann den Anspruch auf Waisenrente über das 27. Lebensjahr hinaus für max. 6 Monate (Probezeit) verlängern.

1 § 53 Abs. 1 SGB V.
2 § 53 Abs. 6 SGB V.
3 § 56 Abs. 2 Nr. 1 bis 3 SGB I.

Höhe der Rente

Waisenrenten werden als Halb- oder Vollwaisenrenten geleistet (ein Elternteil bzw. alle Elternteile versterben). Als Hinterbliebenenrenten berechnen sie sich aus dem Versicherungsstamm des verstorbenen Versicherten, unter Berücksichtigung der Zurechnungszeit.

Halbwaisenrente

Die Halbwaisenrente hat den Rentenartfaktor 0,1 und beträgt daher – vereinfacht ausgedrückt – 10 % einer Altersrente des verstorbenen Elternteils. Sie erhöht sich um einen aus den rentenrechtlichen Zeiten des verstorbenen Elternteils individuell ermittelten Zuschlag.

Vollwaisenrente

Die Vollwaisenrente wird aus den Versicherungen beider verstorbenen Elternteile berechnet. Sie hat den Rentenartfaktor 0,2 und beträgt daher – vereinfacht ausgedrückt – 20 % des Betrags, den der Elternteil mit der höheren Rente als Altersrente erhalten hätte. Auch die Vollwaisenrente erhöht sich um einen individuell zu ermittelnden Zuschlag.

Abschläge

Eine Waisenrente wird – unabhängig von der Inanspruchnahme der Rente – über den Zugangsfaktor gekürzt, wenn die versicherte Person vor Vollendung des 63. Lebensjahres verstorben ist. Die Kürzung beträgt für jeden Monat, den die versicherte Person vor dem 63. Lebensjahr verstorben ist, 0,3 %. Der Höchstsatz, um den die Rente gekürzt wird, beträgt 10,8 %. Dieser Höchstsatz kommt zustande, wenn Versicherte mit vollendeten 60. Lebensjahr versterben (Zeitraum 60. bis 63. Lebensjahr = 36 Monate, 36 × 0,3 % = 10,8 %). Versterben Versicherte früher, wird bei der Ermittlung des Kürzungsfaktors so getan, als wären sie mit 60 Jahren verstorben.

Für die Ermittlung der Rentenkürzung wird bei einem Tod des Versicherten ab dem Jahr 2012 schrittweise das 63. Lebensjahr auf das 65. Lebensjahr und das 60. Lebensjahr auf das 62. Lebensjahr angehoben.[1] Die maximal mögliche Kürzung beträgt unverändert 10,8 %.

Die Anhebung des Lebensalters unterbleibt, wenn 40 Jahre mit Zeiten vorhanden sind, die auch auf die Wartezeit von 45 Jahren angerechnet werden. Bei einem Tod des Versicherten im Übergangszeitraum 2012 bis 2023 müssen es dafür „nur“ 35 Jahre mit entsprechend anrechenbaren Zeiten sein.

Zurechnungszeit

Die Waisenrente berechnet sich aus den bis zum Tod des Versicherten zurückgelegten rentenrechtlichen Zeiten. Je früher Versicherte versterben, umso geringer wäre bei reiner Berücksichtigung der tatsächlich zurückgelegten (Beitrags-)Zeiten die zu berechnende Rente. Hier setzt die Zurechnungszeit als ein besonderes Element des solidarischen Ausgleichs in der Rentenversicherung an. Durch die Zurechnungszeit, die selbst beitragsfrei ist, werden im Rahmen der Rentenberechnung bei der sog. Gesamtleistungsbewertung – vereinfacht ausgedrückt – Versicherte fiktiv so gestellt, als wären sie (gerechnet vom Todestag an) bis zum Ende der Zurechnungszeit entsprechend dem Durchschnitt ihres bisherigen Erwerbslebens weiterhin erwerbstätig gewesen.

Rentenbeginn vor 2019

Bei Tod des Versicherten vor dem 1.1.2019 umfasst die Zurechnungszeit einen kürzeren Zeitraum; bei Tod ab 1.7.2014 bis zum 62. Lebensjahr und bei Tod im Jahr 2018 bis zum 62. Lebensjahr und 3 Monaten.

Ab dem 1.7.2024 werden Waisenrenten um einen pauschalen Zuschlag erhöht, der einen gewissen Ausgleich für die spätere Verlängerung der Zurechnungszeit darstellt, von der der Rentenbestand bis 2018 nicht profitiert hat. Der Zuschlag beträgt

- 7,5 %, soweit die Rente im Zeitraum vom 1.1.2001 bis 30.6.2014 begann und
- 4,5 %, soweit die Rente im Zeitraum vom 1.7.2014 bis 31.12.2018 begann.

1 § 264d SGB VI.

Beginnt die Waisenrente in der Zeit vom 1.1.2019 bis 30.6.2024 im Anschluss an eine Erwerbsminderungsrente mit einem Rentenbeginn von 2001 bis 2018, so bestimmt sich der Zuschlag in der Waisenrente in Abhängigkeit vom Beginn der Erwerbsminderungsrente.

Rentenbeginn ab 2019

Bei Tod des Versicherten im Jahr 2019 endet die Zurechnungszeit mit Vollendung des 65. Lebensjahres und 8 Monaten. Für alle Waisenrenten, bei denen der Versicherte nach dem Jahr 2019 verstorben ist, wird die Zurechnungszeit stufenweise in Abhängigkeit vom Jahr des Todes des Versicherten auf das 67. Lebensjahr angehoben.[2] Aktuell endet die Zurechnungszeit einer Waisenrente bei Tod von Versicherten im Jahr 2024 mit Vollendung des 66. Lebensjahres und 1 Monat. Bei Tod des Versicherten nach dem Jahr 2030 umfasst die Zurechnungszeit in der Waisenrente die Zeit bis zur Vollendung des 67. Lebensjahres.

Achtung

Verstorbener war Erwerbsminderungs- oder Altersrentner

Hatten verstorbene Versicherte eine Erwerbsminderungsrente bezogen und war in dieser eine Zurechnungszeit enthalten, kann die Zurechnungszeit in einer Waisenrente maximal die Zurechnungszeit aus der Erwerbsminderungsrente umfassen. Waren verstorbene Versicherte Altersrentner, wird keine Zurechnungszeit berücksichtigt.

Beispiel

Beschränkungen bei der Zurechnungszeit

a) Ein am 2.5.1963 geborener und im Januar 2024 verstorbener Versicherter bezog seit Juli 2019 bis zu seinem Tod eine Erwerbsminderungsrente mit einer Zurechnungszeit bis zur Vollendung des 65. Lebensjahres und 8 Monaten.

b) Ein am 2.5.1959 geborener und im Januar 2024 verstorbener Versicherter bezog seit Juni 2021 bis zu seinem Tod eine Altersrente für langjährig Versicherte nach Vollendung des 63. Lebensjahres.

In beiden Fällen ist ein waisenberechtigtes Kind vorhanden.

Ergebnis:

zu a) In der Waisenrente ist eine Zurechnungszeit – wie in der im Jahr 2019 begonnenen Erwerbsminderungsrente – bis zur Vollendung des 65. Lebensjahres und 8 Monaten des Versicherten zu berücksichtigen (Januar 2024 bis Januar 2029). Wäre keine Erwerbsminderungsrente bezogen worden, wäre in der Waisenrente eine Zurechnungszeit bis zum 66. Lebensjahr und 1 Monat zu berücksichtigen (Januar 2024 bis Juni 2029).

zu b) In der Waisenrente ist keine Zurechnungszeit zu berücksichtigen, weil der verstorbene Versicherte bereits Altersrentner war. Wäre die Altersrente nicht bezogen worden, wäre in der Waisenrente eine Zurechnungszeit bis zum 66. Lebensjahr und 1 Monat zu berücksichtigen (Januar 2024 bis Juni 2029).

Anrechnung anderer Waisenleistungen auf den Zuschlag

Wird neben einer Waisenrente auch eine andere Leistung an eine Waise geleistet, wird diese Leistung ggf. auf den Zuschlag zur Waisenrente angerechnet. Die Anrechnung erfolgt, wenn sich die andere Leistung an Waisen von einem verstorbenen Elternteil ableitet, für den keine Halbwaisenrente aus der Rentenversicherung gezahlt wird oder – bezogen auf eine Vollwaisenrente – sich die Leistung von dem verstorbenen Elternteil mit der zweithöchsten Rente ableitet. Eine anzurechnende andere Waisenleistung stammt aufgrund des Todes eines Elternteils aus der Beamtenversorgung (z. B. Waisengeld), einer beamtenähnlichen Versorgung oder aus einer berufsständischen Versorgungseinrichtung.

Liegt hingegen Personenidentität zwischen dem Versicherungsstamm, aus dem sich die Waisenrente berechnet, und des (Versicherungs-)Stammes, aus dem die Waisenleistung stammt, erfolgt keine Anrechnung auf den Zuschlag zur Waisenrente.

2 § 253a SGB VI.

Antragstellung/Rentenbeginn

Wird die Rente rechtzeitig beantragt, beginnt sie entweder mit dem Tag des Todes des Versicherten oder wenn dieser Rentenbezieher war, mit dem Beginn des Folgemonats nach dem Tod des Versicherten.

Die Waisenrente wird – wie bei allen Sozialleistungen – auf Antrag gewährt. Den Antrag stellt regelmäßig der gesetzliche Vertreter der Waisen. Allerdings können Waisen den Antrag auch selbst stellen, sofern sie das 15. Lebensjahr vollendet haben (Handlungsfähigkeit). Jeder, der das 15. Lebensjahr vollendet hat, kann Anträge auf Sozialleistungen stellen und verfolgen sowie Sozialleistungen entgegennehmen.[1] Der Leistungsträger soll jedoch den gesetzlichen Vertreter über die Antragstellung und die erbrachten Sozialleistungen unterrichten.

Hinweis

Gesetzlicher Vertreter muss zustimmen

Bei Rücknahme von Anträgen, Verzicht auf Sozialleistungen und die Entgegennahme von Darlehen ist die Zustimmung des gesetzlichen Vertreters notwendig.

Befristung/Wegfall

Waisenrenten werden auf das Ende des Kalendermonats befristet, in dem voraussichtlich der Anspruch auf die Waisenrente entfällt. Dies ist zunächst das Ende des Kalendermonats, in dem das 18. Lebensjahr vollendet wird oder – zeitlich danach – der Ablauf des Kalendermonats des voraussichtlichen Endes der Schul-/Berufsausbildung oder eines Freiwilligendienstes.

Unabhängig von der Befristung ist nach Vollendung des 18. Lebensjahres des Kindes regelmäßig zu prüfen, ob die Anspruchsvoraussetzungen schon vorher entfallen sind. Die Waisen sind zudem verpflichtet, maßgebliche Änderungen in den Verhältnissen (z. B. das Ende einer Berufsausbildung) dem Rentenversicherungsträger mitzuteilen.

Eine Befristung kann mehrfach verlängert werden.

Mit Ablauf der Befristung entfällt der Anspruch auf die Waisenrente. Er kann auch bereits vorher mit Ablauf des Kalendermonats des Wegfalls der Anspruchsvoraussetzungen entfallen (z. B. bei vorzeitigem Abbruch einer Berufsausbildung).

Einkommensanrechnung

Auf eine Waisenrente wird kein Einkommen angerechnet.

Nach dem bis zum 30.6.2015 geltenden Recht, konnten Waisen nur bis zu dem Monat der Vollendung des 18. Lebensjahres unbegrenzt zu einer Waisenrente hinzuverdienen. Bestand auch nach Vollendung des 18. Lebensjahres ein Anspruch auf Waisenrente, z. B. weil sich die Waise in einer Berufsausbildung befand, wurden die Einkünfte der Waise (z. B. Ausbildungsvergütung) im Rahmen der Einkommensanrechnung bei der Rente berücksichtigt.

Paralleler Rentenanspruch

Besteht für denselben Zeitraum Anspruch auf mehrere Halbwaisenrenten, wird nach § 89 Abs. 3 SGB VI nur die höchste Waisenrente geleistet.

Zusammentreffen mit Waisenrente aus der Unfallversicherung

Besteht im selben Zeitraum Anspruch auf Waisenrente aus der gesetzlichen Rentenversicherung und auf Waisenrente aus der gesetzlichen Unfallversicherung, wird die Rente der Rentenversicherung ggf. gemindert. Eine Minderung setzt in dem Umfang ein, in dem beide Renten in Summe den sog. Grenzbetrag nach § 93 Abs. 3 SGB VI überschreiten. Dieser Grenzbetrag beträgt 70 % des auf Monatsbasis umgerechneten – und laufend dynamisierten – Jahresarbeitsverdienstes, der der Unfallrente zugrunde liegt, vervielfältigt bei einer Halbwaisenrente mit 0,1 und bei einer Vollwaisenrente mit 0,2 (zutreffender Rentenartfaktor).

1 § 36 SGB I.

Unfallversicherung

Bei Tod durch Arbeitsunfall oder einer zum Tode führenden Berufskrankheit steht den Kindern des Versicherten vom Todestag an Waisenrente zu.

Der anspruchsberechtigte Personenkreis ist mit dem der Rentenversicherung identisch. Die Waisenrente wird bis zum 18. Lebensjahr gezahlt, darüber hinaus bis grundsätzlich längstens zum 27. Lebensjahr bei Schul- oder Berufsausbildung.

Die Waisenrente beträgt für jedes Kind als

- Halbwaisenrente $^{2}/_{10}$
- Vollwaisenrente $^{3}/_{10}$

des ↗ Jahresarbeitsverdienstes. Stehen mehrere Waisenrenten zu, wird nur die höchste gezahlt.

Für Unfälle im Beitrittsgebiet vor 1992 und Unfallrenten, auf die am 31.12.1991 nach Beitrittsgebietsrecht Anspruch bestand, gelten Besonderheiten.[2]

Beiträge aus der Waisenrente zur Kranken-/Pflegeversicherung

Waisenrentner sind ab 1.1.2017 in der gesetzlichen Kranken-/Pflegeversicherung grundsätzlich versicherungspflichtig. Eine Ausnahme kann gelten, wenn zuletzt vor Stellung des Rentenantrags eine private Krankenversicherung bestand. Bei Versicherungspflicht sind die auf die Waisenrente entfallenden Beiträge zur Kranken- und Pflegeversicherung zur Hälfte von der Waise und vom Rentenversicherungsträger zu tragen. Der Rentenversicherungsträger behält den Beitragsanteil der Waise ein und zahlt die Gesamtbeiträge an die Kranken-/Pflegeversicherung.

Beitragsfreiheit bis zum 25. Lebensjahr

Für Waisen bis zur Vollendung des 25. Lebensjahres besteht seit 1.1.2017 Beitragsfreiheit, d. h. es fällt auf die Waisenrente nur der Beitragsanteil des Rentenversicherungsträgers an.

Besteht für eine Waise vorrangig Versicherungspflicht aufgrund einer Beschäftigung, so besteht keine Beitragsfreiheit für die Waisenrente. In diesem Fall wird auch die Waise mit Beiträgen aus ihrer Waisenrente belastet. Der Sachverhalt tritt beispielsweise ein, wenn sich die Waise in einer Berufsausbildung befindet.

Studentenversicherung

Seit 1.1.2017 sind kranken-/pflegeversicherungspflichtige Waisenrentner nach Vollendung des 25. Lebensjahres, die daneben studieren, vorrangig als Studierende/Praktikanten versicherungspflichtig. Dies bedeutet, dass neben dem Studentenbeitrag auch der Beitrag aus der Waisenrente anfällt. Allerdings sind in diesen Fällen auf Antrag die Beiträge aus der Waisenrente zu erstatten, soweit sie – zusammen mit evtl. Arbeitseinkommen und Versorgungsbezügen zu bemessenden Beiträgen – den Studentenbeitrag nicht übersteigen.[3]

Beitragszuschuss bei privater Krankenversicherung

Besteht in Ausnahmefällen eine private Krankenversicherung für die Waise, kann ihr auf Antrag ein Beitragszuschuss vom Rentenversicherungsträger gezahlt werden. Die Höhe beläuft sich max. auf 7,3 % von der Waisenrente.[4]

Wasserzuschlag

Der Wasserzuschlag gehört zu den Erschwerniszulagen. Er wird Arbeitnehmern gewährt, die eine Tätigkeit unter erschwerten, durch Wasser beeinflussten Bedingungen ausführen müssen. Da der Wasserzuschlag im Zusammenhang mit der Erbringung der Arbeitsleistung

2 § 215 SGB VII i. V. m. §§ 1150 ff. RVO i. d. F. v. 31.12.1996.
3 BSG, Urteil v. 19.12.1995, 12 RK 74/94.
4 § 106 SGB VI.

gewährt wird, handelt es sich hierbei sowohl um lohnsteuerpflichtigen Arbeitslohn als auch sozialversicherungspflichtiges Arbeitsentgelt.

Gesetze, Vorschriften und Rechtsprechung

Lohnsteuer: Die Steuerpflicht des Wasserzuschlags ergibt sich aus § 19 Abs. 1 EStG i. V. m. R 19.3 Abs. 1 Satz 1 Nr. 1 LStR.

Sozialversicherung: Die Sozialversicherungspflicht des Wasserzuschlags ergibt sich aus der Definition von Arbeitsentgelt in § 14 Abs. 1 SGB IV.

Entgelt	LSt	SV
Wasserzuschlag	pflichtig	pflichtig

Wechselschichtzulage

Die Wechselschichtzulage wird Arbeitnehmern mit wechselnden Schichten gewährt. Hier kommen sowohl 2-Schicht-Modelle (Frühschicht/Spätschicht) als auch 3-Schicht-Modelle (Frühschicht, Mittelschicht, Spätschicht) in Betracht. Aufgrund der besonderen Belastung für den Arbeitnehmer, zählt die Wechselschichtzulage zu den Erschwerniszulagen.

Da die Wechselschichtzulage im Zusammenhang mit der Arbeitsleistung erbracht wird, handelt es sich hierbei sowohl um laufenden lohnsteuerpflichtigen Arbeitslohn als auch um laufendes sozialversicherungspflichtiges Arbeitsentgelt. Dies gilt auch für im Wechseldienst eingesetzte Polizisten.[1] Mit der Zulage für den Dienst zu wechselnden Zeiten[2] soll der Belastung des Biorhythmus durch häufig wechselnde Arbeitszeiten, die auch mit Nachtdienst verbunden sind, Rechnung getragen werden.

Gesetze, Vorschriften und Rechtsprechung

Lohnsteuer: Die Steuerpflicht der Wechselschichtzulage ergibt sich aus § 19 Abs. 1 EStG i. V. m. R 19.3 Abs. 1 Satz 1 Nr. 1 LStR.

Sozialversicherung: Die Sozialversicherungspflicht der Wechselschichtzulage ergibt sich aus der Definition von Arbeitsentgelt in § 14 Abs. 1 SGB IV.

Entgelt	LSt	SV
Wechselschichtzulage	pflichtig	pflichtig

Wegegeld

Wegegeld ist eine Erstattung des Arbeitgebers an den Arbeitnehmer, die für angefallene Fahrtkosten oder als Wegezeitentschädigung gezahlt wird. Dies kommt insbesondere in den Branchen Straßenbau, Waldwirtschaft und Wasserbau vor.

Wird Wegegeld (pauschal) als Prämie für zurückzulegende Wege im Rahmen der Arbeitstätigkeit gezahlt, handelt es sich grundsätzlich um lohnsteuerpflichtigen Arbeitslohn und beitragspflichtiges Arbeitsentgelt. Fahrtkostenzuschüsse des Arbeitgebers zu den Aufwendungen des Arbeitnehmers für die Fahrten zwischen Wohnung und erster Tätigkeitsstätte sind ebenfalls steuerpflichtiger Arbeitslohn. Bis zur Höhe der Entfernungspauschale können sie pauschal mit 15 % lohnversteuert werden; diese Zuschüsse sind dann auch beitragsfrei. Erstattet der Arbeitgeber die Kosten für öffentliche Verkehrsmittel, sind diese steuer- und beitragsfrei.

Im Zusammenhang mit einer beruflichen Auswärtstätigkeit gilt das Wegegeld als Fahrtkostenerstattung und ist im Rahmen steuerlicher Höchstgrenzen ebenfalls lohnsteuer- bzw. beitragsfrei.

Gesetze, Vorschriften und Rechtsprechung

Lohnsteuer: Wegegeld, das als pauschale „Erschwernisprämie" gezahlt wird, ist grundsätzlich lohnsteuerpflichtig nach § 19 Abs. 1 EStG i. V. m. R 19.3 LStR. Wegegeld, das als Fahrtkostenersatz gewährt wird, ist lohnsteuerfrei nach § 9 Abs. 1 S. 3 Nr. 4a EStG i. V. mit R 9.5 LStR. Zur Lohnsteuerfreiheit von Fahrtkostenzuschüssen für öffentliche Verkehrsmittel s. § 3 Nr. 15 EStG. Zur Steuerfreiheit von Reisekostenerstattungen s. BMF, Schreiben v. 25.11.2020, IV C 5 – S 2353/19/10011 :006, BStBl 2020 I S. 1228. Zur Lohnsteuerpauschalierung von Fahrtkostenzuschüssen vgl. § 40 Abs. 2 Satz 2 EStG.

Sozialversicherung: Die Beitragspflicht in der Sozialversicherung ergibt sich aus § 14 Abs. 1 SGB IV. Die Beitragsfreiheit des Wegegelds im Zusammenhang mit der pauschalversteuerten Fahrtkostenerstattung für Fahrten zwischen Wohnung und erster Tätigkeitsstätte ergibt sich aus § 1 Abs. 1 S. 1 Nr. 3 SvEV, in Zusammenhang mit Erstattung von Reisekosten und Fahrtkostenerstattungen für öffentliche Verkehrsmittel aus § 1 Abs. 1 Satz 1 Nr. 1 SvEV.

Entgelt	LSt	SV
Wegegeld als pauschale Prämie	pflichtig	pflichtig
Wegegeld als Reisekostenerstattung	frei	frei
Wegegeld für Fahrten Wohnung – erste Tätigkeitsstätte	pauschal	frei
Wegegeld für Fahrten Wohnung – erste Tätigkeitsstätte mit öffentlichen Verkehrsmitteln	frei	frei

Wegeunfall

Der Wegeunfall ist in der gesetzlichen Unfallversicherung eine Form des Arbeitsunfalls. Wegeunfälle sind Unfälle auf dem Weg von oder zu dem Ort der versicherten Tätigkeit, also typischerweise zwischen der Wohnung und der Arbeitsstätte. Versichert sind auch Wege abseits der direkten Strecke, wenn Kinder wegen der beruflichen Tätigkeit der Eltern zur Kinderbetreuung gebracht werden. Ferner sind Umwege im Rahmen von Fahrgemeinschaften versichert.

Das SGB VII definiert die Wege nach und von dem Ort der gesetzlich unfallversicherten Tätigkeit bereits als eine versicherte Tätigkeit. Deshalb handelt es sich bei Unfällen während eines solchen Weges um Arbeitsunfälle.

Gesetze, Vorschriften und Rechtsprechung

Sozialversicherung: Der Arbeitsunfall ist in § 8 Abs. 1 Satz 1 SGB VII definiert.

Sozialversicherung

Versicherungsschutz

Der Versicherungsschutz in der ↗ Unfallversicherung gilt auch für Wegeunfälle. Wer auf dem Weg zur oder von der Arbeit verunglückt und dabei einen Körperschaden erleidet, hat Anspruch auf Leistungen aus der gesetzlichen Unfallversicherung.

Der Versicherungsschutz für ↗ Arbeitsunfälle existiert für

- den „normalen" Wegeunfall,
- den Wegeunfall in Verbindung mit der Unterbringung von Kindern wegen Berufstätigkeit,

1 BFH, Urteil v. 15.2.2017, VI R 30/16, DB 2017 S. 1003.
2 § 17a Erschwerniszulagenverordnung v. 13.8.2013, BGBl 2013 I S. 3286.

- den Wegeunfall bei Fahrgemeinschaften,
- den Wegeunfall beim Aufsuchen der Familienwohnung und
- Unfälle beim Umgang mit Arbeitsgeräten außerhalb des betrieblichen Bereichs.

Der Unfall auf dem Weg zur Arbeit muss in engem zeitlichen und inneren Zusammenhang mit der versicherten Tätigkeit stehen. Versichert sind alle Tätigkeiten, für die Unfallversicherungsschutz

- kraft Gesetzes,
- kraft Satzung oder
- aufgrund einer freiwilligen Versicherung

besteht.

Verbotswidriges Handeln schließt die Annahme eines Wegeunfalls nicht aus.[1] Der Unfallversicherungsschutz auf dem Weg zur Arbeitsstelle wird nicht dadurch ausgeschlossen, dass der Arbeitnehmer aufgrund seiner Fahrweise wegen vorsätzlicher Straßenverkehrsgefährdung bestraft wird, auch wenn der Unfall auf dieser Verhaltensweise beruht.[2]

Weg

Versichert ist stets der unmittelbare Weg von der Wohnung zum Ort der Tätigkeit. Der unmittelbare Weg muss nicht der kürzeste, der direkte Weg sein. Es muss sich um einen Weg handeln, der in unmittelbarem Zusammenhang mit der Tätigkeit steht und durch sie veranlasst worden ist. Versichert ist in der Regel der Weg, der nach den Vorstellungen des Versicherten unter Berücksichtigung des benutzten Verkehrsmittels der günstigste Weg oder auch der sicherste Weg ist.

Grundsätzlich ist es für den Unfallversicherungsschutz nicht von Bedeutung, ob der Weg zur und von der Arbeitsstätte mit einem Verkehrsmittel zurückgelegt wird. Es ist auch unwichtig, ob dieses Verkehrsmittel für die gesamte Wegstrecke benützt wird.

Voraussetzung für die Anerkennung eines Unfalls als Wegeunfall ist immer, dass der Versicherte mit der Zurücklegung des Weges keine andere Absicht verfolgt, als nach Hause bzw. zur Arbeitsstätte zu gelangen.

Versichert ist nicht nur der Weg von oder zur Arbeit, sondern überhaupt jeder Weg von oder zu einer versicherten Tätigkeit. Deshalb sind auch Wege vom oder zum Spenden von Blut, Organen oder Gewebe unfallversichert. Das gilt z. B. auch für den Weg zu oder von der Ausübung eines Ehrenamtes, der Weg zu oder von der Schule oder zum bzw. vom Kindergarten.

Beginn

Der Weg zur versicherten Tätigkeit beginnt mit dem Verlassen der Wohnung, bei Mehrfamilienhäusern unmittelbar nach dem Verlassen des Hauses. Unfälle auf dem Weg zur Arbeit, die sich vor dem Durchschreiten der Haustür ereignen, sind nicht versichert, weil sie dem privaten Bereich zuzuordnen sind. Zum versicherten Weg gehört damit auch das Aufsuchen einer Garage, die nicht ohne Verlassen des Wohnhauses zu erreichen ist. Der Weg endet mit dem Erreichen der Arbeitsstätte, d. h. mit dem Betreten des Betriebsgeländes. Wird die versicherte Tätigkeit nicht von der Wohnung, sondern von einem anderen Ort aufgesucht, ist der Weg zur Arbeit nur dann versichert, wenn der Aufenthalt an diesem Ort im Wesentlichen nicht eigenwirtschaftlichen Interessen diente, somit im Vordergrund stand, die versicherte Tätigkeit von diesem Ort aus aufzunehmen.

Unterbrechung

Eine Unterbrechung des Weges ist als geringfügig anzusehen, wenn sie auf einer Verrichtung beruht, die ohne nennenswerte zeitliche Verzögerung „im Vorbeigehen" oder „ganz nebenher" zu erledigen ist. Das ist nicht der Fall, wenn der öffentliche Verkehrsraum der zur Arbeitsstätte führenden Straße verlassen wird.

In einer Entscheidung des BSG[3] ging es um eine Arbeitnehmerin, die sich auf dem Weg zu ihrer Arbeitsstelle befand und dabei eine Brotzeit kaufte. Der Kauf fand vor dem Fahrantritt statt. Sie ging zu ihrem PKW zurück, den sie für die Fahrt zur Arbeit benutzen wollte. Auf diesem Weg rutschte sie bei Glatteis aus und zog sich eine Fraktur des rechten Schien- und Wadenbeines zu. Das BSG stellte fest, dass ein Arbeitsunfall nicht vorlag. Nach seiner Ansicht änderte daran auch der Umstand nichts, dass sich der Unfall nur wenige Meter neben dem Bürgersteig ereignet habe. Trotzdem – so das BSG – lag eine Unterbrechung des Wegs zum Betrieb vor und der Unfall ereignete sich während der Unterbrechung auf dem Abweg und nicht auf dem „normalen" Weg zum Betrieb.

Eine Unterbrechung des Weges tritt nicht ein, wenn lediglich die Straßenseite gewechselt und deshalb die Fahrbahn überquert wird. Es kommt hier der von der Rechtsprechung entwickelte Grundsatz zum Ausdruck, dass nur eine bedeutsame Unterbrechung den Zusammenhang zwischen der versicherten Tätigkeit und dem betreffenden Weg löst. Die Rechtsprechung sieht deshalb den Unfallversicherungsschutz während betriebsfremder Tätigkeit, die zeitlich und räumlich nur einen geringen Bewegungsaufwand erfordern, als erhalten an.

Damit der Versicherungsschutz nach einem Abweg wieder aufleben kann, ist es erforderlich, dass der Versicherte den öffentlichen Verkehrsraum, in dem er sich bei der Zurücklegung des Weges zu oder von dem Ort der Tätigkeit bewegte, wieder erreicht hat. An einer solchen Stelle beginnt im Übrigen auch die Unterbrechung.

Das Aufsuchen eines Hausarztes auf dem Weg zur Arbeit stellt eine eigenwirtschaftliche und damit unversicherte Tätigkeit dar.[4]

Um-/Abwege

Bei Umwegen oder Abwegen vom Arbeitsweg oder Unterbrechungen des Arbeitsweges ist die Versicherung des weiteren Weges grundsätzlich ausgeschlossen. Wird allerdings ein Umweg eingeschlagen, um eine bessere Wegstrecke oder eine schnellere befahrbare oder weniger verkehrsreiche Straße zu benutzen, besteht Versicherungsschutz.

Wird der Weg zu oder vom Betrieb unterbrochen, ist lediglich für den Abweg Versicherungsschutz nicht gegeben. Nach der Unterbrechung kann Versicherungsschutz wieder eintreten, wenn der Versicherte wieder den „üblichen" Weg erreicht hat. Allgemein wird davon ausgegangen, dass bei einer Unterbrechung des Heimweges von mehr als 2 Stunden die Verbindung zum Betrieb gelöst worden ist. In einem solchen Fall kommt es auch nach Rückkehr zum „üblichen" Weg nicht zu einem Aufleben des Versicherungsschutzes.

Weicht ein Arbeitnehmer bei der Fahrt zur Arbeit vom eigentlich notwendigen Weg ab, um Brötchen für eine Brotzeit zu kaufen, steht er nicht unter Unfallversicherungsschutz. Das gilt selbst dann, wenn es zu dem beabsichtigten Einkaufs wegen eines großen Kundenandrangs nicht kommt und sich auf dem Weg zurück zum eigentlichen Weg ein Unfall ereignet.[5]

Versicherungsschutz von Kindern

Unter Versicherungsschutz stehen auch Kinder auf einem Abweg von dem unmittelbaren Weg zur versicherten „Tätigkeit" (z. B. Kindergarten- oder Schulbesuch), wenn sie wegen der beruflichen Tätigkeit der Eltern/des Lebenspartners in fremde Obhut gegeben werden müssen.

Längere Unterbrechungen des Arbeitsweges aus privaten Gründen oder größere Umwege oder Abwege führen dazu, dass der Zusammenhang zwischen dem Weg und der versicherten Tätigkeit gelöst wird, sofern nicht Ausnahmen (erforderliche Kinderbetreuung, Fahrgemeinschaft) vorliegen. Ob bei einem Wegeunfall noch ein innerer Zusammenhang zwischen der versicherten Tätigkeit und dem weiteren regulären Arbeitsweg vorliegt, wenn es zu Unterbrechungen, Um- und Abwegen kam, hängt entscheidend von den Umständen des Einzelfalls ab. Unterbrechungen von mehr als 2 Stunden aus eigenwirtschaftlicher Veranlassung beenden den Versicherungsschutz für den noch verbleibenden Weg von der versicherten Tätigkeit.

1 § 7 Abs. 2 SGB VII.
2 BSG, Urteil v. 4.6.2002, B 2 U 11/01 R.
3 BSG, Urteil v. 2.12.2008, B 2 U 15/07 R.
4 BSG, Urteil v. 5.7.2016, B 2 U 16/14 R.
5 BSG, Urteil v. 31.8.2017, B 2 U 1/16 R.

Familienheimfahrten

Hat ein Versicherter wegen der räumlichen Entfernung seiner Familienwohnung zum Ort der Tätigkeit an diesem oder in dessen Nähe eine Unterkunft, stehen Familienheimfahrten, auch in das Ausland, unter Unfallversicherungsschutz. Familienwohnung ist die Wohnung, die den ständigen Mittelpunkt der Lebensverhältnisse des Versicherten bildet. Familienwohnung ist auch die Wohnung des Lebensgefährten, wenn der Versicherte dort seinen Lebensmittelpunkt hat.

Verletzung bei Reparatur eines Beförderungsmittels

In der Praxis kommt es immer wieder vor, dass sich Arbeitnehmer bei der Wiederherstellung der Betriebsfähigkeit ihres Beförderungsmittels (z. B. privateigener PKW) verletzen. Hier bleibt der Versicherungsschutz erhalten, wenn die Reparatur unvorhergesehen während des Zurücklegens eines Weges zu oder vom Betrieb erforderlich wird.

Der Versicherungsschutz erlischt auch dann nicht, wenn der Versicherte wieder in seinen häuslichen Bereich (z. B. Garage) zurückkehrt, um dort die Reparaturarbeiten auszuführen. Dies gilt insbesondere dann, wenn Wetter- oder Straßenverhältnisse eine Reparatur im Freien nicht zulassen und der Weg zurück relativ kurz ist.

Dritter Ort

Das BSG[1] beschäftigte sich am 12.5.2009 mit dem Fall eines Arbeitnehmers, der als Nachtschichtler tätig war. Er hatte seine Nachtschicht beendet und war anschließend in die gemeinsam mit der Ehefrau bewohnte Wohnung gefahren. Dort hatte er sich geduscht und gefrühstückt und war nach weniger als einer Stunde weiter zur knapp 30 km entfernt liegenden Wohnung seines Bruders gefahren, um dort zu schlafen. In seiner eigenen Wohnung konnte er tagsüber nicht schlafen, weil er dort Bauarbeiten durchführen ließ. Auf dem Weg zum Bruder erlitt er einen Verkehrsunfall, an dessen Folgen er kurze Zeit darauf starb. Das BSG verneinte das Vorliegen eines Arbeitsunfalls. Der Verunglückte hatte keine in der gesetzlichen Unfallversicherung versicherte Tätigkeit verrichtet, als es zu dem Verkehrsunfall kam. Deshalb hatte er dadurch keinen Versicherungsfall im Sinne des Unfallversicherungsrechts erlitten. Das Zurücklegen des Weges zur Wohnung des Bruders war nicht nach § 8 Abs. 2 Nr. 1 SGB VII (Wegeunfall) versichert. Der mit seiner versicherten Tätigkeit zusammenhängende unmittelbare Weg von dem Ort der Tätigkeit war mit seiner Ankunft in der von ihm und seiner Ehefrau bewohnten Wohnung beendet. Der später Verunglückte hätte zwar die Wohnung des Bruders als „Dritten Ort" zum Endpunkt seines Heimweges bestimmen können, dann aber nicht zuvor seine eigene Wohnung aufsuchen dürfen.

Endpunkt des Heimweges kann nach Auffassung des BSG nur entweder die Wohnung (oder Familienwohnung) oder der „Dritte Ort" sein. Die eigene Wohnung kann nicht als „Zwischenort" für eine Unterbrechung des Heimweges bestimmt werden. Wird sie erreicht, ist der versicherte Heimweg beendet.

Gemischte Tätigkeit

In Zusammenhang mit Wegeunfällen wird auch der Begriff der „gemischten Tätigkeit" verwendet. Dabei geht es um Tätigkeiten, die sowohl den Interessen des Unternehmens als auch privaten Interessen des Versicherten dienen. Tätigkeiten dieser Art lassen sich nicht eindeutig in einem unternehmensbedingten und einen unternehmensfremden Teil zerlegen.

Dienen solche Tätigkeiten (insbesondere Besorgungen) dem Unternehmen zwar nicht überwiegend aber doch wesentlich, so ist der Versicherungsschutz gegeben. Allerdings stellt z. B. das Einwerfen von Geschäftspost in den Briefkasten während des Abendspazierganges lediglich einen unwesentlichen Nebenzweck des privaten Handelns dar und begründet deshalb keinen Unfallversicherungsschutz.

1 BSG, Urteil v. 12.5.2009, B 2 U 11/08 R.

Fahrgemeinschaft

Ein Abweichen vom unmittelbaren Weg ist unschädlich und steht damit unter Versicherungsschutz, wenn Grund dafür ist, dass der Versicherte mit anderen berufstätigen oder versicherten Personen eine Fahrgemeinschaft bildet.

Weg zum Betrieb aufgrund arbeitsvertraglicher Pflichten

Unfallversicherungsschutz kann auch in Fällen bestehen, in denen der Betrieb nicht zum Zwecke der Verrichtung der Arbeit aufgesucht wird. Vielmehr ist ein Weg zum Betrieb der Tätigkeit zuzurechnen, wenn der Arbeitnehmer den Betrieb aufsucht, um arbeitsvertragliche Pflichten zu erfüllen.

In einem Urteil nennt das BSG[2] als Beispiele die Anzeige und den Nachweis der Arbeitsunfähigkeit. Es führt ferner an, dass ein Versicherungsschutz dann besteht, wenn die Fahrt zum Betrieb unternommen wird, um eine drohende Kündigung des Arbeitsverhältnisses abzuwenden bzw. gegen sie beim Betriebsrat Einspruch zu erheben.

Versicherungsschutz besteht demnach auch dann, wenn der Weg zum Personalbüro, also nicht etwa zum Produktionsbereich, in dem der Betreffende beschäftigt ist, führt. Voraussetzung ist aber, dass die Fahrt nicht nur den eigenen Interessen des Arbeitnehmers, sondern auch den Interessen des Unternehmens dient. Letzteres kann (z. B.) vorliegen, wenn die Fahrt wegen der Behebung von Unklarheiten über die Art der Beschäftigung oder die Höhe der Vergütung erfolgt.

Ausnahmen vom Versicherungsschutz

Kein Versicherungsschutz besteht für den Arbeitsweg, wenn der Versicherte wegen Konsums von Alkohol, Drogen oder Medikamenten fahruntüchtig ist und die Fahruntüchtigkeit die allein wesentliche Unfallursache ist. Das BSG[3] hat in diesem Zusammenhang festgestellt, dass die Wegeunfallversicherung nicht gegen Gefahren schützt, die sich erst und allein aus einem Alkoholkonsum ergeben. Im zu entscheidenden Fall lag eine Blutalkoholkonzentration von 2,2 Promille vor.

Auch ohne Alkohol- oder Drogeneinfluss gilt: Lässt sich nicht feststellen, welche konkrete Verrichtung mit welcher Handlungstendenz der Verletze im Moment des Unfalls ausübt, liegt kein Arbeits- und damit auch kein Wegeunfall vor.[4]

Fahruntüchtigkeit kann i. Ü. auch bei einer Blutalkoholkonzentration von weniger als 0,8 Promille gegeben sein, wenn dafür entsprechende beweiskräftige Indizien bestehen. Allerdings genügt nach der Rechtsprechung die Wahrscheinlichkeit für das Vorliegen alkoholbedingter Verkehrsuntüchtigkeit nicht, um den Versicherungsschutz auszuschließen.

Auch ein Fußgänger kann infolge Alkoholgenuss verkehrsuntüchtig sein. Das gilt auch bei anderen Verkehrsteilnehmern, wie z. B. Radfahrern und bei Mofafahrern.

Sonderfälle

Tanken vor oder bei Antritt des Wegs zur Arbeitsstelle ist grundsätzlich eigenwirtschaftlich und vom Unfallversicherungsschutz ausgeschlossen. Eine andere rechtliche Beurteilung ist allerdings dann gerechtfertigt, wenn das Nachtanken während der Fahrt unvorhergesehen notwendig wird, damit die restliche Wegstrecke zurückgelegt werden kann.[5]

Unfälle auf dem Weg zur und von der Agentur für Arbeit in Erfüllung der Meldepflicht sowie zu und von einer anderen Stelle (Vorstellung bei einem Arbeitgeber, Untersuchung) auf Veranlassung der Arbeitsagentur sind keine Wegeunfälle, sondern Unfälle bei einer versicherten Tätigkeit (Arbeitsunfall).

Versicherungsschutz besteht auch für Unfälle, die beim Umgang mit Arbeitsgeräten (z. B. beim Verwahren, Instandhalten, Erneuern) oder bei der Erstbeschaffung solcher „Geräte" (z. B. Maschinen, Werkzeuge, auch Schulbücher für neue Unterrichtsfächer) geschehen.

2 BSG, Urteil v. 23.10.1970, 2 RU 162/68.
3 BSG, Urteil v. 13.11.2012, B 2 U 19/11 R.
4 BSG, Urteil v. 17.12.2015, B 2 U 8/14 R.
5 BSG, Urteil v. 30.1.1968, 2 RU 51/65.

Will eine Versicherte auf dem Weg von ihrer Arbeitsstelle nach Hause einen Brief einwerfen, handelt es sich um eine private Verrichtung und keinen Wegeunfall. Der Unfall ereignete sich, als die Frau beim Aussteigen aus ihrem Kraftfahrzeug, um den Brief einzuwerfen, stürzte, während sie sich mit der rechten Hand noch am Lenkrad festhielt. Das Fahrzeug rollte dabei über ihren linken Fuß.[1]

Eine Arbeitnehmerin, die auf dem Weg zu ihrem „Homeoffice" auf einer Stufe stürzt und sich dabei verletzt, hat einen Arbeitsunfall erlitten.[2]

Eine Hauswirtschafterin, die nach dem Urlaub zuerst den bei ihren Eltern deponierten Schlüssel für ihre Arbeitsstätte holt und sich dabei verletzt (Sturz auf einer Treppenstufe) hat einen Arbeitsunfall erlitten. Da die Arbeitnehmerin direkt nach Abholen des Schlüssels für ihren Arbeitnehmer zum Einkaufen fahren wollte, hat sie allerdings keinen Wegeunfall, sondern einen Unfall auf einem Betriebsweg, also einen Betriebsunfall (Arbeitsunfall) erlitten.[3]

Übernachtet ein Arbeitnehmer in der Wohnung seiner Freundin und tritt von dort aus den Weg zu seiner Arbeitsstelle an und verunglückt bei dieser Fahrt, liegt ein versicherter Wegeunfall vor.[4] Tritt ein Arbeitnehmer die Fahrt zur Arbeitsstätte von der Wohnung eines Freundes aus an und erleidet dabei einen Verkehrsunfall, so liegt ein versicherter Wegeunfall vor.[5]

Unfallanzeige

Auch Wegeunfälle sind dem zuständigen Unfallversicherungsträger durch den Arbeitgeber in Form einer Unfallanzeige zu melden. Im Gegensatz zu reinen Betriebsunfällen wirken sich Wegeunfälle aber nicht auf die Höhe der vom Unternehmen zu zahlenden Unfallversicherungsbeiträge aus.

Das Bundesministerium für Gesundheit ist ermächtigt, Einzelheiten der Unfallanzeige durch Rentenverordnung zu regeln. Zurzeit gilt die Verordnung (UVAV) vom 22.12.2016.

Wegezeitvergütung

Wegezeitvergütung erhalten Arbeitnehmer, die beruflich veranlasst Wegstrecken zurücklegen müssen. Sie werden i. d. R. im Zusammenhang mit der Durchführung einer beruflichen Auswärtstätigkeit gewährt.

Die Wegezeitvergütung bleibt steuer- und beitragsfrei, wenn sie die steuerfrei erstattungsfähigen Reisekosten nicht übersteigt.

Liegt keine berufliche Auswärtstätigkeit vor, führt sie grundsätzlich zu steuerpflichtigem Arbeitslohn und beitragspflichtigem Arbeitsentgelt. Wegezeitvergütungen, die nicht als tatsächlich entstandener Fahrtkostenersatz gelten, sondern als Entlohnung für die aufgewendete Wegezeit gezahlt werden, sind grundsätzlich dem laufenden steuerpflichtigen Arbeitslohn und dem beitragspflichtigen Arbeitsentgelt zuzurechnen.

Zuschüsse zu Fahrtkosten zwischen Wohnung und erster Tätigkeitsstätte kann der Arbeitgeber in der Höhe, die der Arbeitnehmer als Werbungskosten geltend machen könnte, pauschal mit 15 % versteuern. Erstattet der Arbeitgeber die Kosten für öffentliche Verkehrsmittel, sind diese steuerfrei. Diese Zuschüsse sind jeweils sozialversicherungsfrei.

Gesetze, Vorschriften und Rechtsprechung

Lohnsteuer: Wird die Wegezeitvergütung pauschal als „Erschwernisprämie" gezahlt, besteht grundsätzlich Lohnsteuerpflicht gemäß § 19 Abs. 1 Satz 1 Nr. 1 EStG i. V. m. R 19.3 LStR. Wird eine Wegezeitvergütung als Fahrtkostenersatz gewährt, ist sie lohnsteuerfrei nach § 9 Abs. 1 Satz 3 Nr. 4a EStG i. V. m. R 9.5 LStR. Zur Lohnsteuerfreiheit von Fahrtkostenzuschüssen für öffentliche Verkehrsmittel s. § 3 Nr. 15 EStG. Reisekosten können in den Grenzen des § 3 Nr. 16 EStG steuerfrei erstattet werden. Zur Lohnsteuerpauschalierung von Fahrtkostenzuschüssen zwischen Wohnung und erster Tätigkeitsstätte s. § 40 Abs. 2 Satz 2 EStG.

Sozialversicherung: Die Beitragspflicht in der Sozialversicherung ergibt sich aus § 14 Abs. 1 SGB IV. Die Beitragsfreiheit der Wegezeitvergütung ergibt sich bei Steuerfreiheit aus § 1 Abs. 1 Satz 1 Nr. 1 SvEV, bei Pauschalversteuerung aus § 1 Abs. 1 Satz 1 Nr. 3 SvEV.

Entgelt	LSt	SV
Wegezeitvergütung als Pauschale	pflichtig	pflichtig
Wegezeitvergütung als Reisekostenerstattung	frei	frei
Wegezeitvergütung für Fahrten Wohnung – erste Tätigkeitsstätte bei Lohnsteuerpauschalierung mit 15 %	pauschal	frei

Wehrdienst

Der Wehrdienst dient der Erfüllung der Wehrpflicht. Das dadurch begründete Rechtsverhältnis unterliegt nicht dem Arbeitsrecht, sondern dem besonderen Dienstrecht des Wehr- und Soldatenrechts samt seinen Nebengesetzen. Mit Wirkung ab 1.7.2011 ist die Wehrpflicht ausgesetzt. Der in der Wehrpflicht liegende Grundrechtseingriff ist angesichts der geänderten sicherheits- und verteidigungspolitischen Lage der Bundesrepublik nicht mehr zu rechtfertigen. Die Wehrpflicht bleibt jedoch im Grundgesetz verankert; sie kann mit einfacher Mehrheit vom Bundestag wieder eingeführt werden. An die Stelle der Wehrpflicht tritt der freiwillige, maximal 23-monatige Wehrdienst, der sich aus einem 6-monatigen Wehrdienst als Grundwehrdienst und einem bis zu 17 Monaten andauernden zusätzlichen Wehrdienst zusammensetzt. Durch den freiwilligen Wehrdienst wird kein Arbeitsverhältnis begründet.

Gesetze, Vorschriften und Rechtsprechung

Lohnsteuer: Ab 2020 ist der Wehrsold der freiwilligen Wehrdienstleistenden steuerpflichtig.

Sozialversicherung: Die Rechtsgrundlagen für den Erhalt der Versicherungspflicht bzw. der Mitgliedschaft in der Sozialversicherung regeln § 193 SGB V für die Krankenversicherung, § 49 SGB XI für die Pflegeversicherung, § 3 SGB VI für die Rentenversicherung und § 26 SGB III für die Arbeitslosenversicherung. Die beitragsrechtlichen Regelungen finden sich in § 244 SGB V (Krankenversicherung), § 57 SGB XI (Pflegeversicherung), § 166 SGB VI (Rentenversicherung) und § 345 SGB III (Arbeitslosenversicherung).

Lohnsteuer

Steuerfreie Bezüge

Die Vorteile aus einer unentgeltlichen truppenärztlichen Versorgung, die Soldaten nach § 16 Wehrsoldgesetz erhalten, bleiben steuerfrei.[6]

Bezüge von Reservisten bleiben steuerfrei

Ebenfalls steuerfrei bleiben an Reservisten der Bundeswehr gezahlte Bezüge i. S. d. § 1 Reservistinnen- und Reservistengesetz. Diese Bezüge von Reservisten sind unabhängig vom Dienstantritt vollständig steuerfrei.[7]

1 BSG, Urteil v. 7.5.2019, B 2 U 31/17 R.
2 BSG, Urteil v. 27.11.2018, B 2 U 28/17 R.
3 BSG, Urteil v. 27.11.2018, B 2 U 7/17 R.
4 BSG, Urteil v. 30.1.2020, B 2 U 2/18 R.
5 BSG, Urteil v. 30.1.2020, B 2 U 29/19 R.

6 § 3 Nr. 5 Buchst. c EStG.
7 § 3 Nr. 48 EStG.

Steuerpflichtige Bezüge

Ab 2020 wurde der Wehrsold an das Soldniveau für Zeitsoldaten angepasst. Soweit jemand einen freiwilligen Wehrdienst leistet, ist der Wehrsold steuerpflichtig.

In diesem Fall sind auch alle weiteren Bezüge steuerpflichtig, wie

- Wehrdienstzuschlag (ca. 500 EUR–800 EUR pro Monat),
- besondere Zuwendungen (z. B. Entlassungsgeld, Weihnachtsgeld) sowie
- unentgeltliche Verpflegung und Gemeinschaftsunterkunft.

Lohnsteuerabzug durch Einsatzstelle

Zuständig für die Erfüllung der Arbeitgeberpflichten (u. a. Abruf der ELStAM, Lohnsteuerabzug und -anmeldung und Ausstellen der elektronischen Lohnsteuerbescheinigung) ist die jeweilige Einsatzstelle.

Hinweis

Besteuerung trifft nur einen Teil der Freiwilligendienstler

In vielen Fällen kommt es aufgrund der steuerlichen Frei- und Pauschbeträge nicht zu einem Lohnsteuereinbehalt.

Sozialversicherung

Versicherungsrechtliche Auswirkungen

Bei versicherungspflichtig Beschäftigten, denen nach § 1 Abs. 2 ArbPlSchG Entgelt weiterzugewähren ist (Arbeitnehmer im öffentlichen Dienst), gilt das Beschäftigungsverhältnis als durch den freiwilligen Wehrdienst bzw. eine Wehrübung nicht unterbrochen. In diesen Fällen bleibt auch die Krankenkassenmitgliedschaft erhalten.

Bei anderen versicherungspflichtig Beschäftigten, die nicht im öffentlichen Dienst beschäftigt sind, und bei freiwilligen Mitgliedern berührt der Wehrdienst nach § 4 Abs. 1 und § 6b Abs. 1 WPflG eine bestehende Mitgliedschaft in der Kranken- und Pflegeversicherung nicht.[1] Eine entsprechende Anwendung auf die Personen, die sich im freiwilligen Wehrdienst befinden, ergibt sich bereits unmittelbar aus der Generalklausel des § 56 WPflG. Nach der Gesetzesbegründung ist der freiwillige Wehrdienst dem in § 6b WPflG geregelten freiwilligen zusätzlichen Wehrdienst nachgebildet.

Fortbestand der Kranken- und Pflegeversicherungspflicht

Krankenversicherung

Die versicherungspflichtige Mitgliedschaft gilt als fortbestehend. Dies gilt auch, wenn

- die Krankenversicherungspflicht am Tag vor dem Beginn des freiwilligen Wehrdienstes oder der Wehrübung endet oder
- wenn zwischen dem letzten Tag der Mitgliedschaft und dem Beginn des freiwilligen Wehrdienstes oder der Wehrübung ein Samstag, Sonntag oder gesetzlicher Feiertag liegt.

Damit ist zusätzlich klargestellt, dass die Mitgliedschaft in der Krankenversicherung auch dann fortbesteht, wenn das Arbeitsverhältnis infolge

- Kündigung oder
- Zeitablaufs bei Befristung des Arbeitsverhältnisses

vor dem Beginn des freiwilligen Wehrdienstes oder der Wehrübung endet.

Pflegeversicherung

Auch wenn das Mitgliedschaftsrecht der Pflegeversicherung[2] die krankenversicherungsrechtliche Regelung nicht erwähnt, ist davon auszugehen, dass dieses entsprechend angewendet wird. Insofern besteht auch die Pflichtmitgliedschaft in der sozialen Pflegeversicherung fort.

1 § 193 Abs. 2 SGB V, § 49 Abs. 2 SGB XI.
2 § 49 Abs. 2 SGB XI.

Beitragsrechtliche Bestimmungen

Bei Einberufung zu einem Wehrdienst werden die Kranken- und Pflegeversicherungsbeiträge auf ein Drittel (Personen nach § 193 Abs. 1 SGB V) oder ein Zehntel (Personen nach § 193 Abs. 2 SGB V) des zuletzt zu entrichtenden Beitrags ermäßigt.[3] Für den zuletzt genannten Personenkreis regelt die KV-/PV-Pauschalbeitragsverordnung eine pauschale Beitragsberechnung. Die Beiträge werden vom Bundesamt für Wehrverwaltung an den Gesundheitsfonds der gesetzlichen Krankenversicherung bzw. an den Ausgleichsfonds der sozialen Pflegeversicherung gezahlt.

Achtung

Keine Beitragspflicht des bisherigen Arbeitgebers

Der bisherige Arbeitgeber und der Wehrdienstleistende zahlen aus dem Wehrsold keine Beiträge.

Ruhen des Leistungsanspruchs

Für die Dauer des Wehrdienstes ruht der Anspruch auf Leistungen der gesetzlichen Krankenversicherung.[4] Bundeswehrangehörige erhalten ihre Leistungen im Rahmen der unentgeltlichen truppenärztlichen Versorgung (UTV). Gesetzlich versicherte Familienangehörige werden von der Ruhensvorschrift allerdings nicht erfasst; sie erhalten weiterhin Leistungen der Krankenkasse.

Rentenversicherung

In der Rentenversicherung sind Personen, die freiwilligen Wehrdienst leisten, versicherungspflichtig.[5] Der Bund zahlt für die Dauer des Wehrdienstes pauschalierte Beiträge. Der bisherige Arbeitgeber und der Wehrdienstleistende zahlen aus dem Wehrsold keine Beiträge.

Hinweis

Sonderregelung für Beiträge zu einer Alters- und Hinterbliebenenversorgung

Die Beiträge zu einer zusätzlichen Alters- und Hinterbliebenenversorgung hat der Arbeitgeber allerdings weiterzuzahlen. Sie werden ihm nach dem Ende des Dienstes durch die Wehrbereichsverwaltung seines Wohnsitzes auf Antrag erstattet.

Arbeitslosenversicherung

In der ⇗ Arbeitslosenversicherung sind Personen versicherungspflichtig, die

- unmittelbar vor Beginn des Wehrdienstes versicherungspflichtig waren oder
- eine Entgeltersatzleistung nach dem SGB III bezogen oder
- eine Beschäftigung gesucht haben, die Arbeitslosenversicherungspflicht begründet.[6]

Die Beiträge zur Arbeitslosenversicherung werden für die Zeit des Wehrdienstes vom Bund gezahlt. Der bisherige Arbeitgeber und der Wehrdienstleistende zahlen aus dem Wehrsold keine Beiträge.

Unfallversicherung

Vor dem Hintergrund der sog. Beschädigtenversorgung besteht während eines freiwilligen Wehrdienstes kein gesetzlicher Unfallversicherungsschutz und somit auch keine Beitragspflicht.

Nebenbeschäftigung während des Wehrdienstes

Eine Nebenbeschäftigung während des Wehrdienstes ist nur dann versicherungsfrei, wenn es sich um eine ⇗ geringfügig entlohnte Beschäftigung handelt. Dabei kommt es nicht darauf an, ob sie beim bisherigen oder einem anderen Arbeitgeber ausgeübt wird. Werden mehrere geringfügig entlohnte Beschäftigungen ausgeübt, sind diese zusammen-

3 § 244 Abs. 1 SGB V, § 57 Abs. 1 SGB XI.
4 § 16 Abs. 1 SGB V.
5 § 3 Satz 1 Nr. 2 SGB VI.
6 § 26 Abs. 1 Nr. 2 SGB III.

zurechnen. Auch Versicherungsfreiheit im Rahmen einer ↗ kurzfristigen Beschäftigung ist möglich. Kurzfristige Beschäftigungen, die neben dem freiwilligen Wehrdienst ausgeübt werden, gelten grundsätzlich nicht als berufsmäßig.

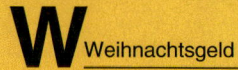

Meldungen

Beginn und Ende des Wehrdienstes hat der Arbeitgeber der Krankenkasse auf besonderen Vordrucken zu melden, die mit der Einberufung zum Wehrdienst übersandt werden. Wird durch den Dienst die Beschäftigung ohne Entgeltzahlung für mindestens einen Kalendermonat unterbrochen, so ist außerdem eine Unterbrechungsmeldung nach der DEÜV vom Arbeitgeber an die Krankenkasse zu erstatten. Bei Arbeitslosen erfolgt die ↗ Meldung durch die Agentur für Arbeit. Freiwillig Krankenversicherte erstatten die Meldung bei ihrer Krankenkasse selbst.

Wird während des Wehrdienstes bei ruhendem Arbeitsverhältnis eine ↗ Einmalzahlung (z. B. Weihnachtsgeld) gewährt, so ist diese grundsätzlich beitragspflichtig. Die Beitragspflicht entfällt, wenn der Wehrdienst während des gesamten Kalenderjahres ausgeübt wurde und die Zahlung nicht im ersten Quartal erfolgt.

Wehrübung

Die Wehrübung ist eine der gesetzlich vorgesehenen Wehrdienstarten. Auch nach Aussetzen der Wehrpflicht zum 1.7.2011 können sich ehemalige Soldaten (Berufssoldaten, Soldaten auf Zeit oder Soldaten, die freiwilligen Wehrdienst nach dem bis 30.6.2011 geltenden Recht geleistet haben) freiwillig zu einer Wehrübung melden. Durch das Gesetz über den Schutz des Arbeitsplatzes bei einer Einberufung zum Wehrdienst (ArbPlSchG) soll sichergestellt werden, dass dem Arbeitnehmer auch durch die Ableistung einer Wehrübung hinsichtlich seines beruflichen Fortkommens keine Nachteile entstehen. Dabei unterscheidet das Gesetz zwischen Wehrübungen bis zu 3 Tagen Dauer und längeren Wehrübungen. Die Heranziehung von Arbeitnehmern zu Wehrübungen bleibt auch über den 1.7.2011 (Inkrafttreten des Wehrdienständerungsgesetzes 2011 mit Aussetzung der Wehrpflicht) grundsätzlich bestehen.

Gesetze, Vorschriften und Rechtsprechung

Lohnsteuer: Die Leistungen sind nach § 3 Nr. 48 EStG steuerfrei und unterliegen dem Progressionsvorbehalt gemäß § 32b Abs. 1 Nr. 1 Buchst. h EStG.

Entgelt	LSt	SV
Wehrsold und Entlassungsgeld	frei	frei

Lohnsteuer

Weitergezahlter Arbeitslohn

Für die Zeit der Einberufung des Arbeitnehmers zu einer Wehrübung besteht das Dienstverhältnis steuerlich fort.

Zahlt der Arbeitgeber während einer Wehrübung weiterhin Arbeitslohn, unterliegt dieser dem Lohnsteuerabzug nach den allgemeinen Vorschriften.

Verdienstausfallentschädigung

Bei einer Wehrübung von mehr als 3 Tagen erhält der Arbeitnehmer regelmäßig eine steuerfreie Verdienstausfallentschädigung nach den Vorschriften des Unterhaltssicherungsgesetzes, die aber dem ↗ Progressionsvorbehalt unterliegt.[1]

In diesen Fällen entsteht lohnsteuerlich kein ↗ Teillohnzahlungszeitraum. Auf den Monatslohn, der nach Abzug des Lohnausfalls für die Tage der Wehrübung verbleibt, kann deshalb die Monats-Lohnsteuertabelle angewendet werden.

1 §§ 3 Nr. 48, 32b Abs. 1 Nr. 1 Buchst. h EStG.

Aufzeichnung Großbuchstabe U

Bei einer Wehrübung von mehr als 5 Arbeitstagen ist im Lohnkonto der Großbuchstabe U einzutragen. In der ↗ Lohnsteuerbescheinigung ist die Summe der aufgezeichneten Großbuchstaben U zu bescheinigen.

Sozialversicherung

Kranken- und Pflegeversicherung

Zu den gesetzlichen Wehrdienstarten gehören auch Wehrübungen.[2]

Wird ein Arbeitnehmer des öffentlichen Dienstes zu einer Wehrübung einberufen, hat der Arbeitgeber das Arbeitsentgelt weiterzuzahlen.[3] Das Beschäftigungsverhältnis gilt als durch die Wehrübung nicht unterbrochen. Die Mitgliedschaft in der Krankenversicherung besteht in diesen Fällen weiter.[4] Das gilt auch für die Pflegeversicherung.

Wird hingegen ein Arbeitnehmer, der bei einem privaten Arbeitgeber beschäftigt ist, zu einer Wehrübung einberufen, so ruht das Arbeitsverhältnis für die Dauer der Wehrübung. Die Dauer der Wehrübung spielt hierbei keine Rolle. Der Arbeitgeber ist nicht zur Weiterzahlung des Arbeitsentgelts verpflichtet. Gleichwohl bleibt eine bestehende Mitgliedschaft in der Kranken- und Pflegeversicherung erhalten.[5]

Der Fortbestand der Mitgliedschaft in der Kranken- und Pflegeversicherung gilt auch für solche Personen, die als Soldat auf Zeit oder als Berufssoldat bereits aus der Bundeswehr ausgeschieden sind, danach freiwillig Dienstleistungen oder Übungen erbringen.[6]

Renten- und Arbeitslosenversicherung

In der Rentenversicherung besteht bei der Teilnahme an einer Wehrübung ebenfalls weiterhin Versicherungspflicht.[7] Auch hier kommt es auf die Dauer der Wehrübung nicht an. Die Beiträge zahlt wie beim Wehrdienst der Bund. Für die Arbeitslosenversicherung gilt eine entsprechende Regelung.[8] Die Beiträge werden auch hier vom Bund getragen.

Bei versicherungspflichtig Beschäftigten hat der Arbeitgeber den Beginn und das Ende der Wehrübung der für den Arbeitnehmer zuständigen Krankenkasse zu melden. War der Versicherte vor der Wehrübung arbeitslos, muss die Agentur für Arbeit die Meldungen an die Krankenkasse erstatten.

Weihnachtsgeld

Das Weihnachtsgeld, auch Weihnachtsgratifikation, ist als Sondervergütung mit Entgeltcharakter anzusehen. Es wird vom Arbeitgeber an den Arbeitnehmer zusätzlich zum vereinbarten Entgelt gezahlt. Der Name und der Zahlungszeitpunkt, meist November oder Dezember, lehnen sich an das christliche Weihnachtsfest an. Der Anspruch und die Höhe des Weihnachtsgeldes können sich aus vertraglichen Regelungen oder aus wiederholter freiwilliger Leistung des Arbeitgebers (ohne Vorbehalt der Freiwilligkeit und Widerruflichkeit) ergeben.

Gesetze, Vorschriften und Rechtsprechung

Lohnsteuer: Die Lohnsteuerpflicht des Weihnachtsgelds ergibt sich aus § 19 Abs. 1 EStG i. V. m. § 39b EStG. Zur Umwandlung des Weihnachtsgelds in pauschalversteuerte Vergütungsbausteine s. BFH, Urteil v. 1.10.2009, VI R 41/07, BStBl 2010 II S. 487.

2 § 4 i. V. m. § 6 WPflG.
3 § 1 Abs. 2 ArbPlSchG.
4 § 193 Abs. 1 SGB V.
5 § 193 Abs. 2 SGB V.
6 § 193 Abs. 4 SGB V.
7 § 3 Abs. 1 Nr. 2 SGB VI.
8 § 26 Abs. 1 Nr. 2 SGB III.

Entgelt	LSt	SV
Weihnachtsgeld	pflichtig	pflichtig*
* Berücksichtigung der (anteiligen) BBG		

Entgelt

Abrechnung von Weihnachtsgeld

Beim Weihnachtsgeld handelt es sich aus lohnsteuer- und sozialversicherungsrechtlicher Sicht um einmalig gezahlten Arbeitslohn. Dieser ist als ⇗ sonstiger Bezug nach der Jahreslohn-Steuertabelle zu versteuern. Beitragsrechtlich sind die Regelungen zu ⇗ Einmalzahlungen zu berücksichtigen.

Gehaltsumwandlung in steuerbegünstigte Zuschüsse

Im Zusammenhang mit der Entgeltoptimierung kann man Weihnachtsgeldzahlungen in steuerfreie oder pauschal versteuerte Vergütungsbausteine umwandeln. Voraussetzung ist, dass das Weihnachtsgeld zusätzlich zum ohnehin geschuldeten Arbeitslohn gezahlt wird. Somit können nur solche Weihnachtsgelder in steuerfreie oder pauschalversteuerte Vergütungsbausteine umgewandelt werden, die ausdrücklich unter Freiwilligkeitsvorbehalt geleistet werden.

Beispiel

Umwandlung von Weihnachtsgeld in Warengutschein

Die Arbeitnehmer erhalten vom Arbeitgeber statt des Weihnachtsgelds in bar Gutscheine zum Erwerb von Waren aus seinem eigenen Sortiment an.

Ergebnis: Die Umwandlung von Weihnachtsgeld in Sachbezüge bleibt in diesem Fall bis zur Höhe von 1.080 EUR jährlich steuerfrei. Unter Berücksichtigung des Bewertungsabschlags von 4 % können somit Waren im Wert von 1.125 EUR steuer- und beitragsfrei überlassen werden. Allerdings gilt dies nur, sofern der Arbeitnehmer kein Wahlrecht zwischen Barlohn und Sachbezug hat.

Werbeeinnahmen

Profisportler, die bei einem Verein als Arbeitnehmer beschäftigt sind, erhalten oftmals Werbeeinnahmen. Erhalten diese Arbeitnehmer die Werbeeinnahmen neben dem Arbeitslohn, ist dies ein Lohnzufluss von Dritten. Es besteht Lohnsteuer- und Beitragspflicht.

Einmalig gezahlte Werbeeinnahmen werden als sonstige Bezüge versteuert. Sozialversicherungsrechtlich sind einmalige Werbeeinnahmen Einmalzahlungen.

Erhalten Sportler regelmäßig Werbeeinnahmen, sind sie als laufender Arbeitslohn zu versteuern und vom laufenden Arbeitsentgelt werden Sozialversicherungsbeiträge berechnet.

Gesetze, Vorschriften und Rechtsprechung

Lohnsteuer: Die Lohnsteuerpflicht ergibt sich aus § 19 Abs. 1 EStG i. V. m. BMF, Schreiben v. 25.8.1995, IV B 6 – S 2331 – 9/95.

Sozialversicherung: Die Beitragspflicht des Arbeitsentgelts in der Sozialversicherung ergibt sich aus § 14 Abs. 1 SGB IV. Die Beitragserhebung aus Einmalzahlungen regelt § 23a SGB IV.

Entgelt	LSt	SV
Werbeeinnahmen	pflichtig	pflichtig

Werbeprämie

Zahlt der Arbeitgeber dem Arbeitnehmer eine Prämie dafür, dass dieser aktiv und erfolgreich im Bereich der Akquise von Kunden oder Aufträgen tätig war, spricht man von einer Werbeprämie.

Die Werbeprämie wird im Zusammenhang mit der Erbringung der Arbeitsleistung des Arbeitnehmers gewährt. Sie stellt damit sowohl lohnsteuerpflichtigen Arbeitslohn als auch beitragspflichtiges Arbeitsentgelt dar.

Da Werbeprämien i. d. R. einmalig ausbezahlt werden, handelt es sich hierbei lohnsteuerrechtlich um sonstige Bezüge und sozialversicherungsrechtlich um einmalig gezahltes Arbeitsentgelt.

Gesetze, Vorschriften und Rechtsprechung

Lohnsteuer: Die Steuerpflicht der Werbeprämie ergibt sich aus § 19 Abs. 1 EStG i. V. m. R 19.3 LStR. Zur Erhebung der Lohnsteuer auf sonstige Bezüge s. § 38a Abs. 1 Satz 3 EStG. Zur Abgrenzung des Arbeitslohns zwischen laufenden und sonstigen Bezügen s. R 39b.2 Abs. 2 LStR.

Sozialversicherung: Die Beitragspflicht der Prämien ergibt sich für sozialversicherungspflichtige Beschäftigte aus § 14 Abs. 1 SGB IV. Die Beitragserhebung aus Einmalzahlungen regelt § 23a SGB IV.

Entgelt	LSt	SV
Werbeprämie	pflichtig	pflichtig

Werbungskosten

Werbungskosten sind alle Aufwendungen, die dem Erwerb, der Sicherung und Erhaltung der Einnahmen dienen und die durch die Ausübung der beruflichen Tätigkeit entstehen. Eine berufliche Veranlassung setzt voraus, dass objektiv ein Zusammenhang mit dem Beruf besteht und i. d. R. subjektiv die Aufwendungen zur Förderung des Berufs gemacht werden. Aufwendungen, die durch die allgemeine Lebensführung bedingt sind, rechnen nicht zu den Werbungskosten. Grundsätzlich ist eine Aufteilung von Aufwendungen möglich, die sowohl dem beruflichen Bereich als auch dem der privaten Lebensführung zuzurechnen sind.

Gesetze, Vorschriften und Rechtsprechung

Lohnsteuer: Die steuerliche Berücksichtigung von Werbungskosten regelt § 9 EStG; Verwaltungsanweisungen hierzu enthalten R 9.1–9.13 LStR sowie H 9.1–9.14 LStH. Grundsätze zum Vorliegen einer beruflichen Veranlassung nennt der BFH im Urteil v. 28.11.1980, VI R 193/77, BStBl 1981 II S. 368. Zur steuerlichen Behandlung von gemischt veranlassten Aufwendungen s. BFH-Beschluss v. 21.9.2009, GrS 1/06, BStBl 2010 II S. 672 und BMF-Schreiben v. 6.7.2010, IV C 3 – S 2227/07/10003 :002, BStBl 2010 I S. 614.

Sozialversicherung: Die Beitragspflicht zur Sozialversicherung bestimmt sich nach der Zugehörigkeit zum Arbeitsentgelt nach § 14 Abs. 1 SGB IV. Für die Beitragspflicht maßgebliche lohnsteuerliche Regelungen definiert § 1 SvEV.

Lohnsteuer

Arbeitnehmer-Pauschbetrag

Zur Abgeltung der Werbungskosten wird bei den Einkünften aus nichtselbstständiger Arbeit ein Arbeitnehmer-Pauschbetrag von 1.230 EUR jährlich angesetzt, soweit sich dadurch kein negativer Betrag ergibt.[1]

1 § 9a Satz 1 Nr. 1 Buchst. a EStG.

Der Arbeitnehmer-Pauschbetrag ist in den Lohnsteuertabellen für die Steuerklassen I–V berücksichtigt.

Keine Vervielfachung bei mehreren Arbeitsverhältnissen

Jeder Arbeitnehmer erhält den Arbeitnehmer-Pauschbetrag insgesamt nur einmal jährlich, auch wenn er gleichzeitig bei mehreren Arbeitgebern beschäftigt ist. Deshalb wird der Pauschbetrag zur Ermittlung der Lohnsteuer nach der für ein zweites oder weiteres Dienstverhältnis geltenden ⇗ Steuerklasse VI nicht berücksichtigt.

Sind beide Ehegatten berufstätig, hat jeder Anspruch auf den Arbeitnehmer-Pauschbetrag.

Pauschbetrag darf nicht gekürzt werden

Der Arbeitnehmer-Pauschbetrag ist ein Jahresbetrag, der auch dann in voller Höhe gewährt wird, wenn der Arbeitnehmer nicht ganzjährig beschäftigt ist. Beim Lohnsteuerabzug wird er jeweils anteilig berücksichtigt; z. B. in der Monatstabelle zu 1/12. Beim ⇗ Lohnsteuer-Jahresausgleich des Arbeitgebers und in der Einkommensteuerveranlagung des Arbeitnehmers wird stets der Jahresbeitrag angesetzt.

Werbungskostenabzug

Tatsächliche Aufwendungen

Werbungskosten führen nur insoweit zu einer Minderung der Lohn- bzw. Einkommensteuer, als sie den Pauschbetrag von 1.230 EUR übersteigen.[1] Um einen zu hohen Lohnsteuerabzug zu vermeiden, können sie als ⇗ Freibetrag eingetragen werden, wenn die geltend gemachten Werbungskosten zusammen mit den weiteren abziehbaren Beträgen insgesamt 600 EUR übersteigen. Übt der Arbeitnehmer nebeneinander mehrere Beschäftigungen aus, können die entstehenden Werbungskosten nur dann berücksichtigt werden, wenn sie insgesamt den Betrag von 1.230 EUR übersteigen.

Zweijährige Geltungsdauer der Lohnsteuer-Freibeträge

Freibeträge im ⇗ Lohnsteuer-Ermäßigungsverfahren können auf Antrag des Arbeitnehmers für 2 Jahre gelten.[2] Eingetragene Freibeträge gelten dann z. B. mit Wirkung ab dem 1.1.2024 und längstens bis Ende 2025.

Erhöht sich der eintragungsfähige Freibetrag innerhalb des 2-Jahreszeitraums, kann der Arbeitnehmer bei seinem zuständigen Wohnsitzfinanzamt einen Antrag auf Anpassung der Freibeträge stellen. Ändern sich die steuerlichen Verhältnisse, so dass geringere Freibeträge gelten, ist der Steuerzahler verpflichtet, dies seinem Wohnsitzfinanzamt mitzuteilen. Dieses verringert die Freibeträge in der ELStAM-Datenbank entsprechend.

Verzicht auf Aufwandsersatz

Ein Arbeitnehmer kann Werbungskosten auch dann geltend machen, wenn er für seine Aufwendungen gegen seinen Arbeitgeber einen Anspruch auf Kostenersatz hat, auf die Durchsetzung des Ersatzanspruchs jedoch verzichtet, oder wenn er auf angebotene Sachleistungen verzichtet (z. B. Arbeitnehmer benutzt für Dienstfahrten eigenen Pkw anstelle eines Firmenwagens).

Betriebsausgabe oder Werbungskosten

Stehen Werbungskosten mit mehreren Einkunftsarten in wirtschaftlichem Zusammenhang, sind sie i. d. R. bei der Einkunftsart zu berücksichtigen, zu der die engere Beziehung besteht.

Werbungskosten sind insbesondere

- Beiträge zu Berufsständen und Berufsverbänden,
- Aufwendungen für ⇗ Fahrten zwischen Wohnung und erster Tätigkeitsstätte
- notwendige Mehraufwendungen aus Anlass einer ⇗ doppelten Haushaltsführung
- Aufwendungen für Werkzeuge und übliche ⇗ Arbeitskleidung
- Kosten der ⇗ Berufsfortbildung/Umschulung.

1 § 9a Satz 1 Nr. 1 Buchst. a EStG.
2 BMF, Schreiben v. 21.5.2015, IV C 5 – S 2365/15/10001, BStBl 2015 I S. 488.

Gemischt veranlasste Aufwendungen

Aufwendungen für ein Wirtschaftsgut, das sowohl privat als auch beruflich genutzt wird (z. B. PC oder Notebook), dürfen aufgeteilt werden, wenn die Trennung nach objektiven Merkmalen oder Unterlagen zutreffend vorgenommen werden kann und leicht nachprüfbar ist, und der berufliche Nutzungsteil nicht von untergeordneter Bedeutung ist. Dabei schließt allein die theoretische Möglichkeit einer privaten Nutzung die Berücksichtigung eines Wirtschaftsguts als Arbeitsmittel nicht aus.[3]

Nach diesen Grundsätzen kann auch ein privat angeschafftes, aber beruflich genutztes Wirtschaftsgut ein Arbeitsmittel sein. Die private Mitbenutzung ist grundsätzlich unschädlich, soweit sie einen Nutzungsanteil von etwa 10 % nicht übersteigt.[4]

Aufteilungsmaßstab

Gemischte veranlasste Aufwendungen können nach Zeit-, Mengen-, Flächenanteilen oder Köpfen in Werbungskosten und nicht abziehbare Kosten der privaten Lebensführung aufgeteilt werden. Voraussetzung ist, dass eine sachgerechte Aufteilung nach objektiven Kriterien möglich ist.

Auch Aufwendungen für Fachliteratur (Fachbücher, Fachzeitschriften) gehören zu den Werbungskosten. Betreffen derartige Aufwendungen sowohl den beruflichen als auch den privaten Bereich des Arbeitnehmers, ist nur der den beruflichen Bereich betreffende Teil der Aufwendungen abzugsfähig, soweit er nicht über das übliche Maß hinausgeht.

Aufwendungen für ein Arbeitszimmer

Aufwendungen für ein häusliches ⇗ Arbeitszimmer können ab dem VZ 2023 nur noch dann als Werbungskosten geltend gemacht werden, wenn das Arbeitszimmer den Mittelpunkt der gesamten betrieblichen und beruflichen Betätigung bildet. Der Abzug ist in diesen Fällen der Höhe nach nicht beschränkt. Anstelle des Ansatzes der tatsächlichen Aufwendungen können Arbeitnehmer einen pauschalen Abzugsbetrag i. H. v. 1.260 EUR (sog. Jahrespauschale) geltend machen. Für jeden Kalendermonat, in dem die Voraussetzungen für den Ansatz der Jahrespauschale nicht vorliegen, ermäßigt sich der Betrag von 1.260 EUR um 1/12 (= 105 EUR/Monat).[5]

Wichtig

Mittelpunkt der beruflichen Tätigkeit im häuslichen Arbeitszimmer

Aufwendungen für ein häusliches ⇗ Arbeitszimmer sind als Werbungskosten abzugsfähig, wenn es den Mittelpunkt der gesamten betrieblichen und beruflichen Betätigung bildet. Hiervon ist regelmäßig auszugehen, wenn der Arbeitnehmer nach Würdigung des Gesamtbildes der Verhältnisse und der Tätigkeitsmerkmale dort diejenigen Handlungen vornimmt und Leistungen erbringt, die für den konkret ausgeübten Beruf (oder Betrieb) wesentlich und prägend sind.

Der Tätigkeitsmittelpunkt bestimmt sich nach dem inhaltlichen (qualitativen) Schwerpunkt der betrieblichen und beruflichen Betätigung des Arbeitnehmers. Dies verlangt, dass der Arbeitnehmer an keinem anderen Ort dauerhaft tätig sein darf. Der unbegrenzte Abzug kann deshalb für Heimarbeiter und Arbeitnehmer mit Reise- oder Einsatzwechseltätigkeit in Betracht kommen, nicht dagegen bei Lehrern, die ihren Tätigkeitsmittelpunkt in der Schule haben.

Wird eine in qualitativer Hinsicht gleichwertige Arbeitsleistung wöchentlich an 3 Tagen im Homeoffice und an 2 Tagen im Betrieb des Arbeitgebers erbracht, liegt der Mittelpunkt der gesamten beruflichen Betätigung im häuslichen Arbeitszimmer.[6]

Alternativ: Tagespauschale (sog. Homeoffice-Pauschale)

Liegen die o. g. Voraussetzungen für den Abzug der Aufwendungen für ein häusliches Arbeitszimmer nicht vor, kann für jeden Kalendertag, an dem die berufliche Tätigkeit überwiegend in der häuslichen Wohnung ausgeübt und keine außerhalb der häuslichen Wohnung gelegene erste

3 BFH, Beschluss v. 19.10.1970, GrS 2/70, BStBl 1971 II S. 17.
4 BFH, Urteil v. 19.2.2004, VI R 135/01, BStBl 2004 II S. 958; BFH, Urteil v. 2.10.2003, IV R 13/03, BStBl 2004 II S. 985.
5 § 4 Abs. 5 Satz 1 Nr. 6b EStG.
6 BFH, Urteil v. 23.5.2006, VI R 21/03, BStBl 2006 II S. 600.

Tätigkeitsstätte aufgesucht wird, eine Tagespauschale von 6 EUR, höchstens 1.260 EUR pro Jahr abgezogen werden.

Steht für die berufliche Tätigkeit dauerhaft kein anderer Arbeitsplatz zur Verfügung, ist ein Abzug der Tagespauschale auch dann zulässig, wenn die Tätigkeit am gleichen Kalendertag auch auswärts oder an der ersten Tätigkeitsstätte ausgeübt wird. Der Abzug der Tagespauschale ist jedoch ausgeschlossen, soweit für die Wohnung Unterkunftskosten im Rahmen einer steuerlich anzuerkennenden Auswärtstätigkeit oder einer beruflich veranlassten doppelten Haushaltsführung abgezogen werden können oder wenn ein Abzug in Höhe der Jahrespauschale bzw. in Höhe der tatsächlichen Aufwendungen vorgenommen wird.[1]

Aufwendungen für Einrichtungsgegenstände sind abzugsfähig

Aufwendungen für Einrichtungsgegenstände des ⇗ Arbeitszimmers wie z. B. Bücherschränke, Bürostühle, Schreibtische oder Schreibtischlampen, die wegen ihrer ausschließlichen oder nahezu ausschließlichen beruflichen Nutzung als ⇗ Arbeitsmittel gelten, fallen nicht unter die Abzugsbeschränkung. Diese Aufwendungen können daher unabhängig von den o. g. Voraussetzungen als Werbungskosten abgezogen werden.

Abschreibung für Arbeitsmittel

Werden Gegenstände für berufliche Zwecke beschafft, deren Nutzungsdauer erfahrungsgemäß mehr als ein Jahr beträgt, so kann jeweils nur die auf ein Jahr entfallende Absetzung für Abnutzung als Werbungskosten berücksichtigt werden. Die Berücksichtigung einer außergewöhnlichen technischen Abnutzung (z. B. wenn der Gegenstand durch Beschädigung oder Zerstörung vorzeitig entwertet worden ist) oder einer außergewöhnlichen wirtschaftlichen Abnutzung (z. B. wenn der Gegenstand durch Sinken der Marktpreise während der Nutzungsdauer an Wert verliert) ist auch bei Arbeitnehmern möglich.

Geringwertige Wirtschaftsgüter bis 800 EUR

Die Anschaffungskosten für Arbeitsmittel können im Jahr der Anschaffung in voller Höhe als Werbungskosten abgesetzt werden, wenn die Anschaffungskosten für das einzelne Arbeitsmittel 800 EUR ohne Umsatzsteuer nicht übersteigen.[2] Bei höheren Anschaffungskosten ist die Absetzung für Abnutzung im Jahr der Anschaffung monatsgenau anteilig zu ermitteln und als Werbungskosten anzusetzen.

Digitale Wirtschaftsgüter

Die Nutzungsdauer für Computerhard- und -software (insbesondere PCs, Notebooks, Drucker und Scanner sowie Betriebs- und Anwendersoftware) beträgt seit 2021 nur noch ein Jahr.[3] Darüber hinaus wird es nicht beanstandet, wenn die Abschreibung im Jahr der Anschaffung nicht zeitanteilig, sondern in voller Höhe in Anspruch genommen wird.[4] Somit unterliegen diese Wirtschaftsgüter im Grunde nicht mehr der Abschreibung für Abnutzung, da sie bereits im Jahr der Anschaffung vollständig als Werbungskosten berücksichtigt werden.

Vorweggenommene Werbungskosten

Werbungskosten können bereits entstehen, bevor Einnahmen aus einem Dienstverhältnis erzielt werden. Mit den Aufwendungen darf aber nicht eine noch unsichere Einkommensquelle angestrebt werden. Sie müssen vielmehr in einem hinreichend konkreten, objektiv feststellbaren Zusammenhang mit künftig steuerbaren Einnahmen aus der angestrebten beruflichen Tätigkeit stehen. Das ist bei Aufwendungen zur Vorbereitung einer beruflichen Tätigkeit (z. B. Reisekosten zur Vorstellung bei einem Arbeitgeber) i. d. R. stets gegeben (ggf. erfolglose Werbungskosten). Das gilt aber nicht, wenn die Vorbereitungen für die künftige Tätigkeit bereits in einem frühen Stadium eingestellt werden, sodass ein Bezug zu einer angestrebten Tätigkeit nicht zu erkennen ist. Der Anerkennung als Werbungskosten steht nicht entgegen, dass der Arbeitnehmer Arbeitslosengeld oder sonstige für seinen Unterhalt bestimmte steuerfreie Leistungen erhält.

1 § 4 Abs. 5 Satz 1 Nr. 6c EStG.
2 § 9 Abs. 1 Satz 3 Nr. 7 EStG i. V. m. § 6 Abs. 2 Satz 1 EStG. Das Gesetzgebungsverfahren, das eine Anhebung der Grenze vorsieht, ist noch nicht abgeschlossen. Ggf. wird eine Änderung im Laufe des Jahres 2024 folgen.
3 BMF, Schreiben v. 26.2.2021, IV C 3 – S 2190/21/10002 :013, BStBl 2021 I S. 298.
4 BMF, Schreiben v. 22.2.2022, IV C 3 – S 2190/21/10002 :025, BStBl I 2022 I S. 187.

Nachträgliche Werbungskosten

Werbungskosten können auch nachträgliche Aufwendungen sein, wenn die frühere Einkunftsquelle nicht mehr besteht.

Prozesskosten

Prozesskosten sind als Werbungskosten nur abzugsfähig, wenn sie in einem unmittelbaren Zusammenhang mit dem Dienstverhältnis stehen. Von der Rechtsprechung als Werbungskosten anerkannt werden vor allem Prozesskosten in einem Rechtsstreit, in dem es um die Zahlung von Arbeitslohn, um die Rechtsgültigkeit einer Kündigung oder um das Fortbestehen eines Dienstverhältnisses ging. Prozesskosten i. V. m. einer Schadensersatzklage können Werbungskosten sein, wenn der Schadensersatz aus der beruflichen Tätigkeit des Arbeitnehmers hergeleitet wird oder wenn es sich um Schadensersatz aus einem bei einer Dienstfahrt eingetretenen Kraftwagenunfall handelt. Kosten in einem Beleidigungsprozess können als Werbungskosten nur berücksichtigt werden, wenn die Abwehr der Beleidigung für das Fortbestehen des Dienstverhältnisses unerlässlich ist.

Strafverteidigungskosten als Werbungskosten

Strafverteidigungskosten und Prozesskosten werden auch bei einem rechtskräftig verurteilten Arbeitnehmer als Werbungskosten anerkannt, wenn die zur Last gelegte Tat eindeutig aus der beruflichen Tätigkeit heraus erklärbar ist.[5] Insoweit kommt es nicht darauf an, ob der Vorwurf zu Recht oder zu Unrecht erhoben wurde.[6] Kosten eines Zivilprozesses sind i. d. R. steuerlich nicht berücksichtigungsfähig.

Geldbußen sind nicht abzugsfähige Lebenshaltungskosten

Geldbußen, Ordnungsgelder und Verwarnungsgelder, die von einem inländischen Gericht oder einer inländischen Behörde gegen einen Arbeitnehmer verhängt werden, sind als Werbungskosten auch dann nicht abzugsfähig, wenn die Tat ihren Ursprung im beruflichen Bereich hatte. Geldstrafen jeglicher Art, die von einem Gericht festgesetzt worden sind, gehören stets zu den nicht abzugsfähigen Lebenshaltungskosten; das gilt auch für von ausländischen Gerichten verhängte Strafen, sofern die Bestrafung der deutschen Rechtsordnung entspricht. Die Abzugsfähigkeit sog. Betriebsbußen und der oben erwähnten Strafverteidigungs- und Prozesskosten bleibt unberührt.

Abzugsverbot

Ausgaben dürfen nicht als Werbungskosten angesetzt werden, soweit sie mit steuerfreien Einnahmen in unmittelbarem wirtschaftlichem Zusammenhang stehen.[7] Deshalb können die für eine Auslandstätigkeit mit steuerfreiem Arbeitslohn anfallenden Werbungskosten nicht angesetzt werden. Zu einer Kürzung des Arbeitnehmer-Pauschbetrags führt diese Gesetzesregelung jedoch nicht. Die vom Arbeitnehmer geleisteten Beiträge zur Winterbeschäftigungsumlage fallen nicht unter das Abzugsverbot.

Sozialversicherung

Werbungskosten sind ein steuerrechtlicher Begriff. Es handelt sich um vom Arbeitgeber nicht ersetzte Aufwendungen des Arbeitnehmers, welche dazu dienen, Einnahmen aus beruflicher Tätigkeit zu erwerben, zu sichern oder zu erhalten.

Keine Auswirkung auf den Sozialversicherungsbeitrag

Bei der Beitragsberechnung zur Sozialversicherung aus dem Arbeitsentgelt der Arbeitnehmer bleiben Werbungskosten grundsätzlich unberücksichtigt. Das gilt für steuerlich berücksichtigte Werbungskosten in tatsächlicher Höhe ebenso wie für den Arbeitnehmer-Pauschbetrag sowie beim monatlichen Steuerabzug berücksichtigte Freibeträge für Werbungskosten.

5 BFH, Urteil v. 19.2.1982, VI R 31/78, BStBl 1982 II S. 467.
6 BFH, Beschluss v. 10.6.2015, VI B 133/14, BFH/NV 2015 S. 1247.
7 § 3c Abs. 1 EStG.

Werbungskostenabzug bei der Familienversicherungsprüfung

Bei der Ermittlung des ⇗ Gesamteinkommens für die ⇗ Familienversicherung in der Kranken- und Pflegeversicherung werden Werbungskosten jedoch mindernd berücksichtigt.

Werkvertrag

Bei einem Werkvertrag verpflichtet sich ein Partner zur Herstellung des vereinbarten Werkes. Geschuldet wird nicht der Arbeitseinsatz an sich, sondern der vereinbarte Arbeitserfolg, z. B. die Erstellung einer Website. Dadurch grenzt sich der Werkvertrag vom Dienstvertrag ab, bei dem nur das Bemühen um den Erfolg geschuldet wird. Der andere Partner eines Werkvertrages verpflichtet sich mit der Abnahme des Werkes zur Entrichtung der vereinbarten Vergütung. Die Vergütung kann dabei auch als Stundenlohn oder Stücklohn vereinbart sein.

Kennzeichnend für einen Werkvertrag ist außerdem die wirtschaftliche Selbstständigkeit des Auftragnehmers. Er steht grundsätzlich nicht in einem abhängigen Beschäftigungsverhältnis zum Besteller, sondern gilt arbeits-, steuer- und sozialversicherungsrechtlich als selbstständig. Dabei kommt es allerdings nicht auf die Bezeichnung, sondern auf die tatsächlichen Verhältnisse an. Handelt es sich um eine Scheinselbstständigkeit, drohen dem Auftraggeber empfindliche Beitragsnachforderungen.

Gesetze, Vorschriften und Rechtsprechung

Lohnsteuer: Die zur Abgrenzung vom lohnsteuerrechtlichen Arbeitnehmerbegriff erforderliche Definition findet sich in § 1 LStDV.

Sozialversicherung: Die Abgrenzung zum sozialversicherungsrechtlichen Beschäftigungsbegriff ist in § 7 SGB IV geregelt.

Werkzeuggeld

Der Arbeitgeber ist arbeitsrechtlich verpflichtet, dem Arbeitnehmer die zur Arbeitsausübung erforderlichen Werkzeuge zur Verfügung zu stellen. Zwischen Arbeitgeber und Arbeitnehmer kann aber vereinbart werden, dass der Arbeitnehmer für seine Arbeitsmittel (Handwerkszeug) selbst zu sorgen hat. Der Arbeitgeber zahlt dem Arbeitnehmer dann ein Werkzeuggeld.

Soweit das Werkzeuggeld den tatsächlichen Kosten des angeschafften Werkzeugs entspricht, ist es **Aufwendungsersatz** und kein Lohn. Das Werkzeuggeld stellt steuerfreien Werbungskostenersatz durch den Arbeitgeber dar.

Gesetze, Vorschriften und Rechtsprechung

Lohnsteuer: Die Voraussetzungen für die Steuerfreiheit werden durch § 3 Nr. 30 EStG festgelegt. Verwaltungsanweisungen hierzu enthält R 3.30 LStR.

Sozialversicherung: Die Beitragspflicht des Arbeitsentgelts in der Sozialversicherung ergibt sich aus § 14 Abs. 1 SGB IV. Die Beitragsfreiheit als Konsequenz der Steuerfreiheit ergibt sich aus § 1 Abs. 1 Satz 1 SvEV.

Entgelt	LSt	SV
Arbeitgeberersatz für beruflich genutztes Werkzeug	frei	frei

Lohnsteuer

Steuerfreiheit ausschließlich für Handwerkszeug

Entschädigungen des Arbeitgebers an den Arbeitnehmer für die betriebliche Benutzung arbeitnehmereigener Werkzeuge (Werkzeuggeld) stellen grundsätzlich Ersatz für Werbungskosten dar. Sie erfüllen damit den Arbeitslohnbegriff. Das Werkzeuggeld kann jedoch unter gewissen Voraussetzungen steuerfrei gestellt werden.[1] Als Werkzeuge werden nur Handwerkszeuge (Werkzeuge, die mit Hand- und Muskelkraft bedient werden) angesehen, die verwendet werden zur

- leichteren Handhabung,
- Herstellung oder
- Bearbeitung eines Gegenstands.[2]

Keine Handwerkzeuge

Datenverarbeitungs- und Telekommunikationsgeräte sowie deren Zubehör, Musikinstrumente und deren Einzelteile werden nicht als Werkzeuge angesehen. Daher stellen die an Musiker gezahlten Instrumenten-, Saiten-, Rohr- und Blattgelder steuerpflichtigen Arbeitslohn dar.[3]

Es ist ggf. zu prüfen, ob eine Einordnung als ⇗ Auslagenersatz in Betracht kommt.[4] Steuerfreier Auslagenersatz kann beispielsweise aufgrund tariflicher Vereinbarung vorliegen.

So stellt bei einem Orchestermusiker der Kostenersatz für die Instandsetzung seines Musikinstruments steuerfreien Auslagenersatz dar, wenn die Arbeitgeberleistung auf einer tarifvertraglichen Verpflichtung beruht.[5]

Beispiel

Tarifvertraglicher Anspruch auf Instrumentengeld

Ein Berufsmusiker erhält aufgrund tarifvertraglicher Vereinbarung die Kosten für Saite und Bogen seiner Geige ersetzt.

Ergebnis: Es liegt steuerfreier Auslagenersatz vor. Das pauschal tarifvertraglich vereinbarte Instrumentengeld stellt im Unterschied hierzu steuerpflichtigen Werbungskostenersatz dar.

Umfang der Steuerfreiheit

Die Steuerfreiheit ist auf die Höhe der durch die betriebliche Benutzung des Werkzeugs entstehenden tatsächlichen Aufwendungen beschränkt. Ohne Einzelnachweis der tatsächlichen Aufwendungen sind pauschale Entschädigungen steuerfrei[6], soweit sie die

- regelmäßigen Absetzungen für Abnutzung der Werkzeuge,
- üblichen Betriebs-, Instandhaltungs- und Instandsetzungskosten der Werkzeuge sowie
- Kosten der Beförderung der Werkzeuge zwischen Wohnung und Tätigkeitsstätte

abgelten. Im Rahmen der für pauschale Entschädigungen zu beachtenden Grenzen ist die Kostenübernahme für das arbeitnehmerseitig eingesetzte Werkzeug lohnsteuer- und sozialabgabenfrei.

Steuerfreier Ersatz der Beförderungskosten

Im Übrigen liegt eine betriebliche Benutzung der Werkzeuge auch dann vor, wenn die Werkzeuge im Rahmen des Dienstverhältnisses außerhalb einer Tätigkeitsstätte eingesetzt werden, z. B. auf einer Baustelle oder in einem Waldrevier. In diesen Fällen gehört auch der Kostenersatz für die Beförderung der Werkzeuge zwischen Wohnung und Tätigkeitsstätte zum steuerfreien Werkzeuggeld.[7]

1 § 3 Nr. 30 EStG.
2 R 3.30 LStR.
3 BFH, Urteil v. 21.8.1995, VI R 30/95, BStBl 1995 II S. 906.
4 S. Abschn. 3.
5 BFH, Urteil v. 28.3.2006, VI R 24/03, BStBl 2006 II S. 473.
6 R 3.30 LStR.
7 R 3.30 LStR.

Hinweis

Steuerpflichtiger Ersatz des Zeitaufwands

Werden Entschädigungen für den Zeitaufwand des Arbeitnehmers gezahlt, z. B. für die Reinigung und Wartung der Werkzeuge, gehören diese stets zum steuerpflichtigen Arbeitslohn.

Für Waldarbeiter sind bestimmte Pauschsätze je Maschinenarbeitsstunde als Werkzeuggeld steuerfrei[1] gestellt.[2]

Auslagenersatz

Liegt kein Werkzeuggeld i. S. d. § 3 Nr. 30 EStG vor, kann eine Entschädigung für die betriebliche Benutzung von Werkzeugen eines Arbeitnehmers (Werkzeuggeld) nach § 3 Nr. 50 EStG steuerfrei sein.[3]

Grundsätzlich ist zwischen durchlaufenden Geldern, Auslagenersatz und Werbungskostenersatz abzugrenzen.

Durchlaufende Gelder oder ↗ Auslagenersatz liegen vor, wenn

- der Arbeitnehmer die Ausgaben für Rechnung des Arbeitgebers macht, wobei es gleichgültig ist, ob das im Namen des Arbeitgebers oder im eigenen Namen geschieht, und
- über die Ausgaben im Einzelnen abgerechnet wird.

Pauschaler Auslagenersatz führt regelmäßig zu Arbeitslohn. Ausnahmsweise kann pauschaler Auslagenersatz steuerfrei bleiben, wenn er regelmäßig wiederkehrt und der Arbeitnehmer die entstandenen Aufwendungen für einen repräsentativen Zeitraum von 3 Monaten im Einzelnen nachweist.[4]

Hinweis

Pauschaler Auslagenersatz

Damit die Entschädigung steuerfrei anerkannt wird, muss der Arbeitnehmer über die Kosten für einen Zeitraum von 3 Monaten im Einzelnen die Belege und Kosten dokumentieren. Hierunter fällt auch die Instandhaltung.[5]

Der in diesem Wege ermittelte Durchschnittswert kann solange steuerfrei erstattet werden, wie sich die Umstände nicht wesentlich ändern. Es empfiehlt sich dies als Arbeitgeber regelmäßig anzufragen (z. B. jährlich).

Sozialversicherung

Werkzeuggeld ist beitragsfrei

Zahlt ein Arbeitgeber einem Arbeitnehmer für die Benutzung von eigenem Werkzeug bei der Berufsausübung ein Werkzeuggeld, ist dieses beitragsfrei. Dies gilt nur, soweit es lediglich die Aufwendungen des Arbeitnehmers für Werkzeug ersetzt und dessen Wert nicht offensichtlich übersteigt.[6]

Hinweis

Was zählt zum Werkzeug?

Die Steuer- und Beitragsfreiheit bezieht sich grundsätzlich nur auf Handwerkzeuge im klassischen Sinne, die zur leichteren Handhabung, zur Herstellung oder zur Bearbeitung eines Gegenstands verwendet werden. Musikinstrumente, Schreibmaschinen und Computer o. Ä. zählen nicht dazu.

Beitragspflicht bei Lohnsteuerpflicht

Soweit Werkzeuggeld steuerpflichtig ist, zählt es auch zum beitragspflichtigen ↗ Entgelt.

Wettbewerbsverbot

Das Wettbewerbsverbot bezeichnet die Einschränkung der wirtschaftlichen Betätigung mit Rücksicht auf ein bestehendes oder vergangenes Vertragsverhältnis.

Während eines bestehenden Arbeitsverhältnisses ist es dem Arbeitnehmer untersagt, seinem Arbeitgeber ohne dessen Einverständnis Konkurrenz zu machen (sog. vertragliches Wettbewerbsverbot). Der Arbeitnehmer darf insbesondere keine Geschäfte im gleichen Tätigkeitsbereich des Arbeitgebers machen, und zwar weder auf eigene Rechnung noch für andere Personen.

Nach Beendigung des Arbeitsverhältnisses muss ein sog. nachvertragliches Wettbewerbsverbot gesondert vereinbart werden. Die Vereinbarung eines nachvertraglichen Wettbewerbsverbots nennt man Konkurrenzklausel. Wenn die Person aufgrund der getroffenen Konkurrenzklausel gehindert ist, eine gleichartige Tätigkeit aufzunehmen, ist eine Karenzentschädigung zu bezahlen.

Gesetze, Vorschriften und Rechtsprechung

Sozialversicherung: Der Begriff des sozialversicherungsrechtlichen Entgelts ist in § 14 SGB IV definiert.

Lohnsteuer

Entschädigung ist steuerpflichtiger Arbeitslohn

Verpflichtet sich ein Arbeitnehmer, während der Dauer des Dienstverhältnisses eine Konkurrenztätigkeit nicht auszuüben oder zu unterlassen, gehört eine vom Arbeitgeber für den Abschluss dieses Wettbewerbsverbots gezahlte Entschädigung zum steuerpflichtigen Arbeitslohn.

Fünftelregelung bei Zusammenballung der Einkünfte

Der Arbeitgeber hat die Entschädigung im Zeitpunkt des Zuflusses zu besteuern, regelmäßig als sonstigen Bezug. In diesem Fall ist die auf die Entschädigung entfallende Lohnsteuer nach der Fünftelregelung zu ermitteln, wenn eine Zusammenballung von Einkünften vorliegt.

Für die Anwendung der Fünftelregelung kommt es nicht darauf an, ob der Arbeitnehmer die Möglichkeit hatte, die ihm untersagte Tätigkeit tatsächlich auszuüben und hierdurch Einnahmen zu erzielen. Unerheblich ist ebenfalls, ob die Entschädigung bereits beim Abschluss des Arbeitsvertrags vereinbart worden ist. Steuerpflichtig ist auch der Betrag, den der Arbeitgeber dem Arbeitnehmer dafür ersetzt, dass der Arbeitnehmer eine Vergütung (Vertragsstrafe) wegen Verletzung eines Wettbewerbsverbots an einen Dritten zu zahlen hat.[7]

Werbungskostenabzug

Der Arbeitnehmer kann die wegen Verletzung des Wettbewerbsverbots gezahlten Beträge als ↗ Werbungskosten geltend machen, z. B. eine Vertragsstrafe.

1 § 3 Nr. 30 EStG.
2 FinMin Baden-Württemberg, Erlass v. 4.5.1995, S 2342/26.
3 BFH, Urteil v. 21.8.1995, VI R 30/95, BStBl II 1995 S. 906.
4 R 3.50 Abs. 2 LStR.
5 FG des Saarlandes, Urteil v. 2.9.2013, 2 K 1425/11.
6 § 1 SvEV.
7 Ursprünglich war eine Abschaffung der Fünftelregelung im Lohnsteuerabzugsverfahren ab 2024 geplant. Da das Gesetzgebungsverfahren noch nicht abgeschlossen ist, kommt es vorerst zu keiner Änderung.

Sozialversicherung

Karenzentschädigung bei Wettbewerbsverbot

Eine Karenzentschädigung wird für die Dauer des Wettbewerbsverbots gezahlt. Sie dient als Ausgleich für die aus dem Wettbewerbsverbot resultierenden Nachteile. Für die Beurteilung der Beitragspflicht ist entscheidend, ob die Wettbewerbsverbots- oder Karenzentschädigung während einer laufenden Beschäftigung oder im Anschluss daran gezahlt wird.

Auszahlung während der Beschäftigung

Eine Wettbewerbsverbots- oder Karenzentschädigung, die dem Arbeitnehmer während einer laufenden Beschäftigung gezahlt wird, ist als ⬀ Einmalzahlung beitragspflichtig in der Sozialversicherung. Sie ist beitragsrechtlich dem Entgeltabrechnungsmonat der Auszahlung zuzuordnen.

Auszahlung nach Ende der Beschäftigung

Wird eine Wettbewerbsverbots- oder Karenzentschädigung erst nach dem Ausscheiden aus der Beschäftigung fällig, ist sie nicht beitragspflichtig in der Sozialversicherung. Hier gilt der Grundsatz, dass Leistungen kein beitragspflichtiges Arbeitsentgelt darstellen, wenn sie für Zeiten nach dem Ende der Beschäftigung gezahlt werden.[1]

Winterbauförderung

Die Winterbauförderung ist eine Leistung des Arbeitsförderungsrechts. Sie soll dazu beitragen, die Beschäftigung von Arbeitnehmern im Baugewerbe in den Wintermonaten aufrechtzuerhalten und damit die Winterarbeitslosigkeit zu reduzieren. Kernleistung ist das Saison-Kurzarbeitergeld. Es wird durch das Wintergeld an Arbeitnehmer und durch die Erstattung der Sozialversicherungsbeiträge für Zeiten der Saison-Kurzarbeit an Arbeitgeber ergänzt. Diese ergänzenden Leistungen werden aus einer gesonderten Winterbeschäftigungs-Umlage finanziert.

Gesetze, Vorschriften und Rechtsprechung

Lohnsteuer: Das an den Arbeitnehmer gezahlte Wintergeld ist steuerfrei nach § 3 Nr. 2 EStG. Es unterliegt nicht dem Progressionsvorbehalt nach § 32b EStG. Trägt der Arbeitnehmer Umlagebeiträge selbst, sind sie nach § 9 EStG als Werbungskosten abzugsfähig.

Sozialversicherung: Die Winterbauförderung ist in das Recht des Kurzarbeitergeldes (§§ 95 ff. SGB III) integriert. Das Saison-Kurzarbeitergeld ist in § 101 SGB III geregelt. Die ergänzenden Leistungen an Arbeitnehmer und Arbeitgeber sind in § 102 SGB III zusammengefasst. Die Abgrenzung der in das Leistungssystem einbezogenen Baubetriebe bestimmt sich maßgeblich nach der Baubetriebe-Verordnung des Bundesministeriums für Arbeit und Soziales (BMAS). Die Winterbeschäftigungs-Umlage ist in den §§ 354 bis 357 SGB III geregelt. Näheres bestimmt die Winterbeschäftigungs-Verordnung des BMAS.

Lohnsteuer

Steuerfreie Leistungen

Durch Zahlung des Wintergelds sollen weitere Anreize zur Vermeidung von Entlassungen in den Wintermonaten gesetzt werden. Diese ergänzenden Leistungen an Arbeitnehmer sind zur Förderung des Winterbaus wie folgt zu unterteilen:

- Zuschuss-Wintergeld, zur Überbrückung von Ausfallstunden mit Arbeitszeitguthaben.
- Mehraufwands-Wintergeld, zur Abgeltung der Mehraufwendungen bei einer Arbeitsleistung.

Diese steuerfrei[2] ausgezahlten Leistungen werden, im Falle einer verpflichtenden Einkommensteuerveranlagung, in die Berechnung des Steuersatzes einbezogen und einem besonderen Steuersatz unterworfen. Der ⬀ Progressionsvorbehalt wird ausschließlich im Rahmen der Einkommensteuerveranlagung berücksichtigt.[3] Werden dem Arbeitgeber Sozialversicherungsbeiträge erstattet, sind sie steuerrechtlich als Betriebseinnahmen zu behandeln. Sie gleichen zuvor getätigte Ausgaben aus.

Betriebsausgaben, Werbungskosten

Leistet der Arbeitgeber selbst Beiträge zur Winterbeschäftigungsumlage seiner Arbeitnehmer, sind diese Betriebsausgaben.

Dementsprechend sind Umlagebeiträge des Arbeitnehmers den Werbungskosten zuzurechnen. Die aus versteuertem und verbeitragtem Arbeitsentgelt gezahlten Umlagebeiträge dienen nach der Gesetzesbegründung zur Erhaltung der Arbeitsplätze. Folglich trägt der Arbeitnehmer diese Aufwendungen zur Erwerbung, Sicherung und Erhaltung seiner Einnahmen. Zudem fehlt zwischen den Umlagebeiträgen des Arbeitnehmers und den möglichen späteren steuerfreien Einnahmen der für das Abzugsverbot erforderliche unmittelbare wirtschaftliche Zusammenhang.[4] Zu diesen Aufwendungen verpflichtet sich der Arbeitnehmer aufgrund gesetzlicher Regelungen bereits bei Abschluss des Arbeitsvertrags, um den Arbeitsplatz zu erhalten. Ob er später (steuerfreie) tatsächlich Leistungen erhält, entzieht sich seinem Einfluss. Demnach wirken sich die Arbeitnehmerbeiträge zur Umlage in vollem Umfang steuermindernd aus, wenn der ⬀ Arbeitnehmer-Pauschbetrag überschritten wird.

Aufzeichnungs- und Bescheinigungspflichten

Damit das Finanzamt den Progressionsvorbehalt steuerlich berücksichtigen kann, muss der Arbeitgeber zusätzliche Aufzeichnungs- und Bescheinigungspflichten erfüllen:

- Eintragung in der Lohnsteuerbescheinigung: Bei Ausfertigung der (elektronischen) ⬀ Lohnsteuerbescheinigung hat der Arbeitgeber in der hierfür vorgesehenen Nummer 15 die Summe des von ihm gezahlten Zuschuss-Wintergelds und des Mehraufwands-Wintergelds einzutragen.[5]

  Wichtig

  Negatives Ergebnis ist anzugeben

  Ergibt die Verrechnung von ausgezahlten und zurückgeforderten Beträgen einen negativen Betrag, ist dieser in der Lohnsteuerbescheinigung anzugeben.

- Eintragung im Lohnkonto: Arbeitgeber, die Wintergeld auszahlen oder zurückfordern, haben bei jeder Auszahlung oder Rückzahlung die Beträge im Lohnkonto des Arbeitnehmers einzutragen. Die Beträge sind im Lohnkonto des Kalenderjahres einzutragen, in dem der Zeitraum endet, in dem das Wintergeld gezahlt wird.
- Verbot des Lohnsteuer-Jahresausgleichs: Soweit der Arbeitgeber das Zuschuss-Wintergeld und/oder das Mehraufwands-Wintergeld gezahlt hat, darf er für die in Betracht kommenden Arbeitnehmer keinen ⬀ Lohnsteuer-Jahresausgleich durchführen; auch eine Berechnung der Lohnsteuer nach dem voraussichtlichen Jahresarbeitslohn ist nicht zulässig (permanenter Jahresausgleich).

  Das Finanzamt, nicht der Arbeitgeber, prüft ob die steuerfreien Wintergelder dem Progressionsvorbehalt unterliegen.

1 BSG, Urteil v. 21.2.1990, 12 RK 20/88.

2 § 3 Nr. 2 EStG.
3 § 32b Abs. 1 Satz 1 Nr. 1. a) EStG.
4 § 3 c Abs. 1 EStG.
5 Einzelheiten zur Ausstellung der elektronischen Lohnsteuerbescheinigung und zur Besonderen Lohnsteuerbescheinigung für Kalenderjahre ab 2020 enthält das BMF-Schreiben v. 9.9.2019, IV C 5 – S 2378/19/10002 :001, BStBl 2019 I S. 911, ergänzt durch BMF, Schreiben v. 18.8.2021, IV C 5 – S 2533/19/10030 :003, BStBl 2021 I S. 1079 sowie durch BMF, Schreiben v. 15.7.2022, IV C 5 – S 2533/19/10030 :003, BStBl 2022 I S. 1203 und geändert durch BMF, Schreiben v. 8.9.2022, IV C 5 – S 2533/19/10030 :004, BStBl 2022 I S. 1397 zur Lohnsteuerbescheinigung für das Kalenderjahr 2023.

Sozialversicherung

Saison-Kurzarbeitergeld

Saison-Kurzarbeitergeld wird bei Arbeitsausfällen in der Schlechtwetterzeit vom 1.12. bis zum 31.3. an Arbeitnehmer gezahlt. Für diese Sonderform des Kurzarbeitergeldes gelten eigenständige Anspruchsvoraussetzungen. Die Höhe der Leistung folgt jedoch den allgemeinen Regelungen des Kurzarbeitergeldes (60 % des ausfallenden Nettoentgelts für Kurzarbeiter ohne Kind und 67 % für Kurzarbeiter mit Kind/Kindern im Sinne des Steuerrechts).[1]

Wintergeld

Das Wintergeld wird an gewerbliche Arbeitnehmer in Baubetrieben gezahlt. Dabei ist zwischen dem Zuschuss-Wintergeld und dem Mehraufwands-Wintergeld zu unterscheiden.

Zuschuss-Wintergeld

Das Zuschuss-Wintergeld soll Anreize geben, zur Kompensation von Arbeitsausfällen Arbeitszeitguthaben in der Schlechtwetterzeit einzusetzen. Zuschuss-Wintergeld wird in Höhe von bis zu 2,50 EUR je ausgefallener Arbeitsstunde gezahlt, wenn zu deren Ausgleich Arbeitszeitguthaben aufgelöst und dadurch die Inanspruchnahme Saison-Kurzarbeitergeld vermieden wird.[2]

Mehraufwands-Wintergeld

Das Mehraufwands-Wintergeld soll die Mehrkosten, die durch die Arbeit in der witterungsungünstigen Zeit entstehen, ausgleichen. Es wird in Höhe von 1 EUR für jede berücksichtigungsfähige Arbeitsstunde erbracht, die in der Zeit vom 15.12. bis zum letzten Tag des Februars auf einem witterungsabhängigen Arbeitsplatz geleistet wird. Im Dezember sind bis zu 90 Stunden, im Januar und Februar jeweils bis zu 180 Stunden berücksichtigungsfähig.[3]

Erstattung der Sozialversicherungsbeiträge

Arbeitgeber haben Anspruch auf die Erstattung der von ihnen zu tragenden Sozialversicherungsbeiträge für Zeiten des Bezugs von ⬀ Saison-Kurzarbeitergeld. Die Erstattung betrifft gewerbliche Arbeitnehmer und wird aus dem Vermögen der Winterbeschäftigungs-Umlage finanziert.

Hinweis

Vorrangige Beitragserstattung bei Weiterbildung

Für Sozialversicherungsbeiträge besteht neben der grundsätzlichen Erstattung aus Mitteln der Winterbauförderung derzeit eine vorrangige Regelung:

Die Agentur für Arbeit erstattet danach Arbeitgebern, die die Zeiten der Kurzarbeit für eine berufliche Weiterbildung ihrer Beschäftigten nutzen, 50 % der von ihnen allein zu tragenden Beiträge zur Sozialversicherung in pauschalierter Höhe.[4]

Voraussetzung ist, dass die Arbeitnehmer

- vor dem 31.7.2024 Kurzarbeitergeld beziehen und
- an einer während der Kurzarbeit begonnenen beruflichen Weiterbildungsmaßnahme teilnehmen, die insgesamt mehr als 120 Stunden dauert, oder an einer Maßnahme teilnehmen, die auf ein nach dem Aufstiegsfortbildungsförderungsgesetz förderfähiges Ziel vorbereitet. In beiden Fällen müssen die Maßnahmen und deren Träger nach den jeweiligen Regelungen zugelassen sein.

Durch die vorrangige Erstattungsregelung wird die von den Mitgliedern der Baubranche finanzierte Umlage geschützt und eine Gleichbehandlung aller Arbeitgeber, deren Beschäftigte Kurzarbeitergeld beziehen, gewährleistet.

1 § 101 Abs. 1 SGB III.
2 § 102 Abs. 2 SGB III; § 1 Abs. 2 WinterbeschV.
3 § 102 Abs. 3 SGB III.
4 § 106a SGB III.

Leistungsübersicht

Übersicht zu den Leistungen der Winterbauförderung nach Tarifbereichen

Tarifbereich	Saison-Kurzarbeitergeld	Erstattung der SV-Beiträge	Mehraufwands-Wintergeld	Zuschuss-Wintergeld
Bauhauptgewerbe	ja	ja	1,00 EUR	2,50 EUR
Dachdeckerhandwerk	ja	ja	1,00 EUR	2,50 EUR
Garten- und Landschaftsbau	ja	ja	1,00 EUR	2,50 EUR
Gerüstbaugewerbe	ja	ja	1,00 EUR	2,50 EUR

Winterbeschäftigungs-Umlage

Die Winterbeschäftigungs-Umlage wird grundsätzlich von Arbeitgebern und Arbeitnehmern gemeinsam, im Gerüstbaugewerbe allein von den Arbeitgebern finanziert. Die Umlage wird nach einem Prozentsatz der Bruttolöhne der gewerblichen Arbeitnehmer erhoben und von der Bundesagentur für Arbeit verwaltet. In den einzelnen Zweigen der Bauwirtschaft wird folgende Umlage erhoben:

Bereich des Baugewerbes	Umlagesatz	davon tragen Arbeitgeber	davon tragen Arbeitnehmer
Bauhauptgewerbe	2,0 %	1,2 %	0,8 %
Dachdeckerhandwerk	1,6 %	1,0 %	0,6 %
Garten- und Landschaftsbau	1,85 %	1,05 %	0,8 %
Gerüstbauerhandwerk	1,9 %	1,9 %	keine Beteiligung

Wissenschaftliche Mitarbeiter

Wissenschaftliche Mitarbeiter gehören nach dem Hochschulrahmengesetz den Fachbereichen, wissenschaftlichen Einrichtungen oder Betriebseinheiten der Hochschulen an.

Einstellungsvoraussetzung für einen wissenschaftlichen Mitarbeiter ist ein abgeschlossenes Hochschulstudium. Er ist daher kein Student mehr und als Arbeitnehmer in allen Zweigen der Sozialversicherung versicherungspflichtig, wenn ein Arbeitsentgelt gezahlt wird. Die Vergütung wissenschaftlicher Mitarbeiter ist lohnsteuer- und sozialversicherungspflichtig. In Ausnahmefällen werden studentische Aushilfskräfte als wissenschaftliche Mitarbeiter beschäftigt. Bei diesen beschäftigten Studenten sind die Werkstudentenregelungen zu beachten, sodass das Arbeitsentgelt dann lediglich rentenversicherungspflichtig ist.

Gesetze, Vorschriften und Rechtsprechung

Lohnsteuer: Die Lohnsteuerpflicht ergibt sich aus § 19 Abs. 1 EStG i. V. m. R 19.3 LStR.

Sozialversicherung: Die Beitragspflicht des Arbeitsentgelts in der Sozialversicherung ergibt sich aus § 14 Abs. 1 SGB IV.

Entgelt	LSt	SV
Vergütung an den Wissenschaftlichen Mitarbeiter	pflichtig	pflichtig

Witwen-/Witwerrente

Zu den Renten an Hinterbliebene gehören auch die Witwen- oder Witwerrenten. Eine solche Rente kann – sofern die Voraussetzungen hierfür erfüllt sind – aus der gesetzlichen Rentenversicherung oder auch aus der gesetzlichen Unfallversicherung gezahlt werden.

Gesetze, Vorschriften und Rechtsprechung

Lohnsteuer: Witwen- und Witwerrenten gehören nach § 19 Abs. 1 Nr. 2 EStG zu den Einkünften aus nichtselbstständiger Arbeit. Die Definition als Versorgungsbezug findet sich in § 19 Abs. 2 Satz 2 EStG. Ansatz, Ermittlung und Höhe des Versorgungsfreibetrags und des Zuschlags zum Versorgungsfreibetrag regelt § 19 Abs. 2 Satz 3 ff. EStG.

Sozialversicherung: Maßgebliche Anspruchsnormen für die Rentenversicherung sind § 46 SGB VI (Witwen-/Witwerrenten) und § 243 SGB VI (Witwen-/Witwerrenten an geschiedene Ehegatten). Sonderregelungen zum Anspruch befinden sich noch im Übergangsrecht in §§ 242a, 303 und 303a SGB VI. Weitere Regelungen ergeben sich aus §§ 99 Abs. 2, 101 Abs. 2, 268 und 100 Abs. 3 SGB VI (Beginn und Ende) sowie aus § 102 Abs. 2, 2a und 3 SGB VI (Befristung). Der Zuschlag an persönlichen Entgeltpunkten wegen Kindererziehung ist in §§ 78a, 88a, 264c SGB VI geregelt. Regelungen zum Zusammentreffen von Renten und Einkommen befinden sich in § 89 Abs. 2 SGB VI (Anspruch auf große und kleine Witwen-/Witwerrenten), §§ 90, 314 Abs. 3 SGB VI (Witwen-/Witwerrente nach dem vorletzten Ehegatten mit Ansprüchen aus der letzten Ehe), § 91 SGB VI (Aufteilung auf mehrere Berechtigte) und §§ 97, 314, § 314a SGB VI (Einkommensanrechnung). Anspruch auf Witwen-/Witwerrenten besteht nicht für die Personen, die den Tod vorsätzlich herbeigeführt haben (§ 105 SGB VI). Für die Unfallversicherung gelten die §§ 65, 66 und 218a SGB VII. Kommt es zu einem Zusammentreffen einer Witwen-/Witwerrenten aus der Unfall- und der Rentenversicherung, sind für die Anrechnung § 93 SGB VI zu beachten.

Lohnsteuer

Werksrenten

Witwenrenten, die von früheren Arbeitgebern des Verstorbenen gezahlt werden, sind lohnsteuerpflichtig. Zur zutreffenden Lohnsteuerermittlung hat die verwitwete Person ihre steuerliche Identifikationsnummer dem Arbeitgeber mitzuteilen. Damit kann der Arbeitgeber die verwitwete Person bei der Finanzverwaltung als Arbeitnehmer anmelden und für sie die ELStAM abrufen. Bei der Lohnsteuerberechnung ist der Versorgungsfreibetrag sowie der Zuschlag zum Versorgungsfreibetrag zu berücksichtigen. Maßgebend für die Berechnung dieser Freibeträge ist das Jahr des Versorgungsbeginns des Verstorbenen, der diesen Versorgungsanspruch begründete; Bemessungsgrundlage ist die jeweils gezahlte Witwenrente.

Leistungen der Rentenversicherung

Die aus der gesetzlichen Rentenversicherung oder aus einem Versorgungswerk gezahlte Witwenrente unterliegt nicht dem Lohnsteuerabzug. Gleiches gilt für Renten aus einer privaten Lebensversicherung. Sie wird im Rahmen der Veranlagung zur Einkommensteuer mit dem im Kalenderjahr des Rentenbeginns maßgebenden gesetzlichen Besteuerungsanteil für Leibrenten[1] als steuerpflichtige Einnahme angesetzt.

Sozialversicherung

Rentenversicherung

Nach dem Tode des versicherten Ehegatten/Lebenspartners haben Witwen/Witwer bzw. überlebende Lebenspartner, die nicht wieder geheiratet bzw. keine neue Lebenspartnerschaft begründet haben, Anspruch auf eine kleine oder große Witwen-/Witwerrente.

Die eingetragene Lebenspartnerschaft für gleichgeschlechtliche Personen ist seit 1.1.2005 in die Hinterbliebenenversorgung der gesetzlichen Rentenversicherung einbezogen. Folglich besteht seit diesem Zeitpunkt bei Tod eines eingetragenen Lebenspartners ein Anspruch auf Witwen-/Witwerrente für den überlebenden Lebenspartner.

Andererseits führt die Begründung einer eingetragenen Lebenspartnerschaft seit dem Jahr 2005 auch zum Wegfall eines bestehenden Anspruchs auf Witwen-/Witwerrente.

Seit dem 1.10.2017 können gleichgeschlechtliche Personen keine Lebenspartnerschaft mehr begründen, dafür aber die Ehe schließen. Bestand am 30.9.2017 bereits eine eingetragene Lebenspartnerschaft, besteht diese fort oder die Lebenspartner entscheiden sich für eine Umwandlung in eine Ehe.

Kleine Witwen-/Witwerrente

Anspruchsvoraussetzungen

Anspruch auf die kleine Witwen-/Witwerrente besteht für Witwen und Witwer, die nicht wieder geheiratet haben, wenn der Verstorbene die allgemeine Wartezeit von 5 Jahren erfüllt hat. Der Anspruch auf die kleine Witwen-/Witwerrente besteht längstens für 2 Jahre.

Besteht auch Anspruch auf die große Witwen-/Witwerrente, wird ausschließlich diese Rente geleistet.

Höhe der Rente

Kleine Witwen-/Witwerrenten werden aus der Versicherung des Verstorbenen berechnet, unter Berücksichtigung der Zurechnungszeit. Die kleine Witwen-/Witwerrente hat den Rentenartfaktor 0,25 und beträgt daher – vereinfacht ausgedrückt – 25 % einer Altersrente des verstorbenen Versicherten.

Große Witwen-/Witwerrente

Anspruchsvoraussetzungen

Auf die große Witwen-/Witwerrente besteht Anspruch für Witwen und Witwer, die nicht wieder geheiratet haben, wenn der Verstorbene die allgemeine Wartezeit von 5 Jahren erfüllt hat und der hinterbliebene Ehegatte/überlebende Lebenspartner

- bereits das 47. Lebensjahr vollendet hat oder
- ein eigenes Kind oder ein Kind des Verstorbenen erzieht oder
- erwerbsgemindert ist.

Altersgrenze

Für Todesfälle bis zum 31.12.2011 gilt für die große Witwen-/Witwerrente weiterhin die Vollendung des 45. Lebensjahres als maßgebende Altersgrenze. Für Todesfälle ab 1.1.2012 wird diese Altersgrenze in Abhängigkeit vom Jahr des Todes des Versicherten nach Maßgabe des § 242 Abs. 5 SGB VI auf das 47. Lebensjahr angehoben. Für Todesfälle ab dem Jahr 2029 gilt die Vollendung des 47. Lebensjahres als maßgebende Altersgrenze für einen Anspruch auf große Witwen-/Witwerrente.

Höhe der Rente

Auch große Witwen-/Witwerrenten werden aus der Versicherung des Verstorbenen berechnet, ebenfalls unter Berücksichtigung der Zurechnungszeit. Die große Witwen-/Witwerrente hat den Rentenartfaktor 0,55 und beträgt daher – vereinfacht ausgedrückt – 55 % einer Altersrente des verstorbenen Versicherten. Greift die Vertrauensschutzregelung, sind es 60 %.

1 § 22 Nr. 1 Satz 3 Buchst. a Doppelbuchst. aa EStG

Befristung

Große Witwen-/Witwerrenten wegen Kindererziehung sind auf das Ende des Kalendermonats zu befristen, in dem die Kindererziehung voraussichtlich endet, d. h. grundsätzlich auf die Vollendung des 18. Lebensjahres des jüngsten Kindes. Ist die große Witwen-/Witwerrente für die Sorge um ein Kind mit Behinderung zu leisten, das nicht imstande ist, sich selbst zu unterhalten, ist eine Befristung nur vorzunehmen, wenn die begründete Aussicht besteht, dass die Behinderung entfallen wird.

Große Witwen-/Witwerrenten wegen Minderung der Erwerbsfähigkeit sind ebenfalls zu befristen, wenn eine zeitlich befristete Leistungsminderung vorliegt.

Beginn der Rentenzahlung wegen Minderung der Erwerbsfähigkeit

Eine befristete große Witwen-/Witwerrente wegen Minderung der Erwerbsfähigkeit beginnt frühestens mit Beginn des 7. Kalendermonats nach Eintritt der Erwerbsminderung. Lag beim Hinterbliebenen eine Erwerbsminderung z. B. bereits zum Zeitpunkt des Todes des Versicherten vor und ist diese sogar schon vor über 7 Kalendermonaten vorher eingetreten, beginnt die Rente vom Todestag oder Folgemonat des Todestages.

Höhe der Rente im Sterbevierteljahr

Für die auf den Sterbemonat bzw. für die auf den Todestag folgenden 3 Kalendermonate (Sterbevierteljahr) erhält die Witwe/der Witwer eine Geldleistung in Höhe der – auf den Todeszeitpunkt berechneten – Altersrente.

Dabei spielt es keine Rolle, ob Anspruch auf die kleine oder die große Witwen-/Witwerrente besteht.

Hat die verstorbene Person bereits eine Rente erhalten, dann kann die Witwe/der Witwer innerhalb von 30 Tagen nach dem Tode ihres/seines Ehegatten/Lebenspartners einen Vorschuss auf die Leistung des Sterbevierteljahres beim Renten-Service der Deutschen Post AG beantragen. Der Vorschuss beträgt das 3-Fache der von der verstorbenen Person zuletzt bezogenen Monatsrente und wird auf die Rentenansprüche der Witwe/des Witwers für die ersten 3 Monate angerechnet. Der Antrag auf Zahlung des Vorschusses gilt bereits als Rentenantrag.

Rentenabschläge

Eine Witwen-/Witwerrente wird – unabhängig von der Inanspruchnahme der Rente – über den Zugangsfaktor gekürzt, wenn die versicherte Person vor Vollendung des 63. Lebensjahres verstorben ist. Die Kürzung beträgt für jeden Monat, den die versicherte Person vor dem 63. Lebensjahr verstorben ist, 0,3 %. Der Höchstsatz, um den die Rente gekürzt wird, beträgt 10,8 %. Dieser Höchstsatz kommt zustande, wenn Versicherte mit vollendeten 60. Lebensjahr versterben (Zeitraum 60. bis 63. Lebensjahr = 36 Monate, 36 × 0,3 % = 10,8 %). Versterben Versicherte früher, wird bei der Ermittlung des Kürzungsfaktors so getan, als wären sie mit 60 Jahren verstorben.

Für die Ermittlung der Rentenkürzung wird bei einem Tod des Versicherten ab dem Jahr 2012 schrittweise das 63. Lebensjahr auf das 65. Lebensjahr und das 60. Lebensjahr auf das 62. Lebensjahr angehoben.[1] Die maximal mögliche Kürzung beträgt unverändert 10,8 %.

Die Anhebung des Lebensalters unterbleibt, wenn 40 Jahre mit Zeiten vorhanden sind, die auch auf die Wartezeit von 45 Jahren angerechnet werden; bei einem Tod des Versicherten im Übergangszeitraum 2012 bis 2023 müssen es dafür „nur" 35 Jahre mit entsprechend anrechenbaren Zeiten sein.

Zurechnungszeit

Die Witwen-/Witwerrenten berechnen sich aus den bis zum Tod des Versicherten zurückgelegten rentenrechtlichen Zeiten. Je früher Versicherte versterben, umso geringer wäre bei reiner Berücksichtigung der tatsächlich zurückgelegten (Beitrags-)Zeiten die zu berechnende Rente. Hier setzt die Zurechnungszeit als ein besonderes Element des solidarischen Ausgleichs in der Rentenversicherung an. Durch die Zurechnungszeit, die selbst beitragsfrei ist, werden im Rahmen der Rentenberechnung bei der sog. Gesamtleistungsbewertung – vereinfacht ausgedrückt – Versicherte fiktiv so gestellt, als wären sie (gerechnet vom Todestag an) bis zum Ende der Zurechnungszeit entsprechend dem Durchschnitt ihres bisherigen Erwerbslebens weiterhin erwerbstätig gewesen.

Rentenbeginn vor 2019

Bei Tod des Versicherten vor dem 1.1.2019 umfasst die Zurechnungszeit einen kürzeren Zeitraum; bei Tod ab 1.7.2014 bis zum 62. Lebensjahr und bei Tod im Jahr 2018 bis zum 62. Lebensjahr und 3 Monaten.

Ab dem 1.7.2024 werden Witwen-/Witwerrenten um einen pauschalen Zuschlag erhöht, der einen gewissen Ausgleich für die spätere Verlängerung der Zurechnungszeit darstellt, von der der Rentenbestand bis 2018 nicht profitiert hat. Der Zuschlag beträgt

- 7,5 %, soweit die Rente im Zeitraum vom 1.1.2001 bis 30.6.2014 begann und
- 4,5 %, soweit die Rente im Zeitraum vom 1.7.2014 bis 31.12.2018 begann.

Beginnt die Witwen-/Witwerrente in der Zeit vom 1.1.2019 bis 30.6.2024 im Anschluss an eine Erwerbsminderungsrente mit einem Rentenbeginn von 2001 bis 2018, so bestimmt sich der Zuschlag in der Witwen-/Witwerrente in Abhängigkeit vom Beginn der Erwerbsminderungsrente.

Rentenbeginn ab 2019

Bei Tod des Versicherten im Jahr 2019 endet die Zurechnungszeit mit Vollendung des 65. Lebensjahres und 8 Monaten. Für alle Witwen-/Witwerrenten, bei denen der Versicherte nach dem Jahr 2019 verstorben ist, wird die Zurechnungszeit stufenweise in Abhängigkeit vom Jahr des Todes des Versicherten auf das 67. Lebensjahr angehoben.[2]

Aktuell endet die Zurechnungszeit einer Witwen-/Witwerrenten bei Tod von Versicherten im Jahr 2024 mit Vollendung des 66. Lebensjahres und 1 Monat. Bei Tod des Versicherten nach dem Jahr 2030 umfasst die Zurechnungszeit in der Witwen-/Witwerrente die Zeit bis zur Vollendung des 67. Lebensjahres.

Achtung

Verstorbener war Erwerbsminderungs- oder Altersrentner

Hatten verstorbene Versicherte eine Erwerbsminderungsrente bezogen und war in dieser eine Zurechnungszeit enthalten, kann die Zurechnungszeit in einer Witwen-/Witwerrente maximal die Zurechnungszeit aus der Erwerbsminderungsrente umfassen. Waren verstorbene Versicherte Altersrentner, wird keine Zurechnungszeit berücksichtigt.

Beispiel

Beschränkungen bei der Zurechnungszeit

a) Ein am 2.5.1963 geborener und im Januar 2024 verstorbener Versicherter bezog seit Juli 2019 bis zu seinem Tod eine Erwerbsminderungsrente mit einer Zurechnungszeit bis zur Vollendung des 65. Lebensjahres und 8 Monaten.

b) Ein am 2.5.1959 geborener und im Januar 2024 verstorbener Versicherter bezog seit Juni 2021 bis zu seinem Tod eine Altersrente für langjährig Versicherte nach Vollendung des 63. Lebensjahres.

In beiden Fällen ist eine Witwe vorhanden.

Ergebnis:

zu a) In der Witwenrente ist eine Zurechnungszeit – wie in der im Jahr 2019 begonnenen Erwerbsminderungsrente – bis zur Vollendung des 65. Lebensjahres und 8 Monaten des Versicherten zu berücksichtigen (Januar 2024 bis Januar 2029). Wäre keine Erwerbsminderungsrente bezogen worden, wäre in der Witwenrente eine Zurechnungszeit bis zum 66. Lebensjahr und 1 Monat zu berücksichtigen (Januar 2024 bis Juni 2029).

zu b) In der Witwenrente ist keine Zurechnungszeit zu berücksichtigen, weil der verstorbene Versicherte bereits Altersrentner war. Wäre die Altersrente nicht bezogen worden, wäre in der Witwenrente eine Zurechnungszeit bis zum 66. Lebensjahr und 1 Monat zu berücksichtigen (Januar 2024 bis Juni 2029).

1 § 264d SGB VI.

2 § 253a SGB VI.

Zuschlag wegen Kindererziehung

Witwen-/Witwerrenten erhalten einen Zuschlag für Zeiten, in denen die Witwe oder der Witwer Kinder erzogen hat. Maßgeblicher Zeitraum für die Kindererziehung ist die Zeit vom Monat nach der Geburt des Kindes bis zum Monat, in dem es sein 3. Lebensjahr vollendet hat. Für jeden Monat in diesem Zeitraum, in dem das Kind erzogen wurde, werden 0,0505 persönliche Entgeltpunkte gutgeschrieben. Erfolgte die Erziehung in dem gesamten Zeitraum durch die Witwe oder den Witwer, ergeben sich 36 Monate × 0,0505 persönliche Entgeltpunkte = 1,8180 persönliche Entgeltpunkte. Die so ermittelten persönlichen Entgeltpunkte sind mit dem für die Rente gültigen Rentenartfaktor zu vervielfältigen. Er beträgt bei einer großen Witwen-/Witwerrente 0,55. Der Zuschlag an persönlichen Entgeltpunkten beträgt bei einer solchen Rente also pro Kind maximal 1,8180 × 0,55 = 0,9999 persönliche Entgeltpunkte.

Sterbevierteljahr

In den ersten 3 Kalendermonaten nach dem Tod der versicherten Person wird der Zuschlag nicht gewährt. Während dieser Zeit wird die Witwen-/Witwerrente bereits in Höhe einer vollen Versichertenrente gezahlt.

Begrenzung

Durch den Zuschlag an persönlichen Entgeltpunkten darf der Monatsbetrag der Witwen-/Witwerrente nicht den (fiktiven) Monatsbetrag der Versichertenrente, aus der der Hinterbliebenenrentenanspruch resultiert, nicht überschritten werden. Sollte es zu einer Überschreitung kommen, wird der Zuschlag an persönlichen Entgeltpunkten entsprechend begrenzt.

Alt-Fälle

Greift die Vertrauensschutzregelung, d. h. es gilt das „alte" Recht weiter, wird kein Zuschlag an persönlichen Entgeltpunkten wegen Kindererziehung gewährt.

Antrag/Beginn/Wegfall

Die Witwen-/Witwerrente wird grundsätzlich nur auf Antrag gezahlt. Bezog der verstorbene Ehegatte/Lebenspartner bereits zu Lebzeiten eine Rente, so beginnt die Witwen-/Witwerrente mit dem 1. des auf den Sterbemonat folgenden Kalendermonats, wenn die Rente innerhalb von 12 Kalendermonaten nach dem Tod des Versicherten beantragt wird. Für den Sterbemonat wird noch die volle Versichertenrente gezahlt. Stand der versicherten Person zur Zeit ihres Todes noch keine Rente zu, wird die Witwen-/Witwerrente grds. vom Todestag an gewährt, wenn die Rente innerhalb von 12 Kalendermonaten nach dem Tod des Versicherten beantragt wird.

Erfolgt die Antragstellung später als 12 Kalendermonate nach dem Tod des Versicherten, wird die Witwen-/Witwerrente längstens für 12 Kalendermonate rückwirkend gezahlt.

Ist der Anspruch auf die kleine Witwen-/Witwerrente für Todesfälle ab dem Jahr 2012 auf 2 Jahre begrenzt, entfällt die Rente nach dem 24. Monat.

Die Witwen-/Witwerrente an vor dem 1.7.1977 geschiedene Ehegatten wird vom Ablauf des Monats an geleistet, in dem die Rente beantragt wird.

Die Witwen-/Witwerrente fällt mit dem Ablauf des Monats weg, in dem der hinterbliebene Ehegatte/überlebende Lebenspartner wieder heiratet[3] oder selbst verstirbt.

Auf Zeit geleistete große Witwen-/Witwerrenten entfallen mit Ablauf der Befristung (z. B. bei Kindererziehung oder befristet vorliegender Erwerbsminderung). Dies gilt nicht, wenn der Anspruchsberechtigte vor Ablauf der Befristung das 45./47. Lebensjahr vollendet hat und deshalb nach der Rentenumwandlung weiterhin Anspruch auf eine große Witwen-/Witwerrente besteht.

Rentenumwandlung

Erreichen Witwen/Witwer die maßgebende Altersgrenze von 45 bzw. 47 Jahren für eine große Witwen-/Witwerrente und wurde bis zu diesem Zeitpunkt eine kleine Witwen-/Witwerrente bezogen, ist die große Witwen-/Witwerrente von Amts wegen zu leisten.[4]

Abfindung bei Wiederheirat

Die Witwen-/Witwerrente fällt bei Wiederheirat mit Ablauf des Monats der Eheschließung bzw. Begründung einer eingetragenen Lebenspartnerschaft (längstens bis 30.9.2017) weg. Dabei wird die rentenberechtigte Person einer großen Witwen-/Witwerrente mit dem 24-fachen Monatsbetrag der Rente bzw. einer kleinen Witwen-/Witwerrente mit den bis zum Ende der ursprünglichen Befristung (auf 2 Jahre) zustehenden Beträgen abgefunden.

Einkommensanrechnung

Eigene Einkünfte der Witwe/des Witwers werden, soweit diese einen Freibetrag überschreiten, zu 40 % auf die Rente angerechnet. Der Freibetrag ist dynamisch und wird jeweils zum 1.7. eines Jahres durch die Rentenanpassung angeglichen. Angerechnet werden grundsätzlich alle Einkommensarten, wie z. B. Erwerbseinkommen (Arbeitsentgelt und Arbeitseinkommen), Erwerbsersatzeinkommen (z. B. Krankengeld, Arbeitslosengeld) und Vermögenseinkommen. Lediglich Einnahmen aus bestimmten steuerlich nach § 10a oder Abschnitt XI des EStG geförderten Altersvorsorgeverträgen („Riester-Rente") und einige gesetzlich bestimmte Einnahmen, wie

- steuerfreie Leistungen nach § 3 EStG, ausgenommen Aufstockungsbeträge und Zuschläge für Altersteilzeitarbeit,
- Arbeitsentgelt, das eine Pflegeperson von dem Pflegebedürftigen erhält, wenn das Entgelt das dem Umfang der Pflegetätigkeit entsprechende Pflegegeld nach § 37 SGB XI nicht übersteigt,
- Renten, die an Verfolgte im Sinne des § 1 BEG gezahlt werden und die Zeiten aufgrund der Verfolgung enthalten[5]
- Arbeitsentgelt, das ein Mensch mit Behinderung von einem Träger einer in § 1 Satz 1 Nr. 2 SGB VI genannten Einrichtung erhält,

bleiben außen vor. Während des Sterbevierteljahres findet keine Einkommensanrechnung statt.

Witwen-/Witwerrente nach dem vorletzten Ehegatten/Lebenspartner (Wiederauflebensrente)

Eine Witwen-/Witwerrente, die wegen Heirat/Begründung einer Lebenspartnerschaft weggefallen ist, kann wieder aufleben, wenn der neue Ehegatte/Lebenspartner verstirbt bzw. die neue Ehe/Lebenspartnerschaft aufgelöst oder für nichtig erklärt wird. Bei einer nochmaligen Heirat/Begründung einer Lebenspartnerschaft (längstens bis 30.9.2017) entfällt diese Rente endgültig. Sie kann nicht mehr wieder aufleben.

Entsteht durch den Tod des neuen Ehegatten/Lebenspartners ebenfalls ein Witwen-/Witwerrentenanspruch oder ein Anspruch auf Versorgung, werden diese Leistungen auf die Witwen-/Witwerrente nach dem vorletzten Ehegatten angerechnet.

Witwen-/Witwerrente an frühere Ehegatten (Geschiedenenrente)

Auch der frühere Ehegatte erhält Witwen-/Witwerrente nach dem Tode des Versicherten, wenn

- die Ehe vor dem 1.7.1977 geschieden, für nichtig erklärt oder aufgehoben wurde und
- der Verstorbene zur Zeit seines Todes Unterhalt zu leisten hatte oder wenigstens während des letzten Jahres vor dem Tod tatsächlich Unterhalt geleistet hat.

Ist die unterhaltsrechtliche Voraussetzung nicht erfüllt und ist keine Witwen-/Witwerrente an eine(n) «echte(n)» Witwe(r) zu gewähren, kann dem früheren Ehegatten eine große Witwen-/Witwerrente zugebilligt werden, wenn und solange die Voraussetzungen nach § 243 Abs. 3 SGB VI vorliegen.

3 Lebenspartnerschaften können seit 1.10.2017 nicht mehr neu begründet werden, dafür können gleichgeschlechtliche Personen nun die Ehe schließen.

4 § 115 Abs. 3 Satz 2 SGB VI.

5 § 3 Nr. 8a EStG.

Sind mehrere Anspruchsberechtigte vorhanden (z. B. Witwe und frühere Ehefrau), so erhält jeder Berechtigte einen der Dauer der Ehe mit dem Versicherten entsprechenden Teil der Rente.

Rentenausschluss wegen Versorgungsehe/Rentensplitting

Witwen-/Witwerrente wird nicht gezahlt, wenn eine nach dem 31.12.2001 geschlossene Ehe mit der verstorbenen Person – von Ausnahmen abgesehen – nicht mindestens ein Jahr bestanden hat (sog. Versorgungsehe), oder wenn die während der Ehezeit erworbenen Rentenanwartschaften zu gleichen Teilen partnerschaftlich aufgeteilt wurden (sog. Rentensplitting). Erziehen die Witwen/Witwer ein Kind, kann durch das Rentensplitting zudem ein Anspruch auf Erziehungsrente entstehen.

Besteht kein Anspruch auf Witwen-/Witwerrente wegen einer vermuteten Versorgungsehe, bietet sich ggf. die Durchführung des Rentensplittings an. Ein Rentensplitting könnte sich z. B. lohnen, wenn der Verstorbene in der Ehezeit/Lebenspartnerschaftszeit die höheren Rentenanwartschaften erworben hat und sich dadurch die eigene Rente erhöhen lässt.

Vertrauensschutzregelung

Das Hinterbliebenenrentenrecht in der gesetzlichen Rentenversicherung wurde durch das Altersvermögensergänzungsgesetz ab 1.1.2002 neu geordnet. Dieses neue Recht gilt jedoch nur, wenn

- die Ehe/Lebenspartnerschaft nach dem 31.12.2001 geschlossen/ begründet wurde oder
- die Ehe/Lebenspartnerschaft am 31.12.2001 bestand und beide Ehegatten/Lebenspartner nach dem 1.1.1962 geboren sind.

Das am 31.12.2001 gültige Recht gilt für Ehepaare, die vor dem 1.1.2002 geheiratet haben und der ältere Partner an diesem Tage bereits 40 Jahre alt ist, und für Fälle, in denen ein Ehegatte vor dem 1.1.2002 verstirbt, unverändert weiter. Ist das alte Recht anzuwenden, bedeutet dies, dass

- die kleine Witwen-/Witwerrente nicht nur für maximal 2 Jahre geleistet wird,
- die große Witwen-/Witwerrente nicht 55 %, sondern 60 % einer Versichertenrente beträgt,
- ein Zuschlag wegen Kindererziehung nicht geleistet wird,
- kein Rentensplitting durchgeführt werden kann, das zum Ausschluss der Witwen-/Witwerrente führt und
- nur Erwerbs- und Erwerbsersatzeinkommen bei der Einkommensanrechnung berücksichtigt werden. Andere Einkunftsarten, wie z. B. Vermögenseinkommen, werden außer Acht gelassen.

Zusammentreffen mit Witwen-/Witwerrente aus der Unfallversicherung

Besteht im selben Zeitraum Anspruch auf Witwen-/Witwerrente aus der gesetzlichen Rentenversicherung und auf Witwen-/Witwerrente aus der gesetzlichen Unfallversicherung, wird die Rente der Rentenversicherung ggf. gemindert. Eine Minderung setzt in dem Umfang ein, in dem beide Renten in Summe den sog. Grenzbetrag nach § 93 Abs. 3 SGB VI überschreiten. Dieser Grenzbetrag beträgt bei einer großen Witwen-/Witwerrente 70 % des auf Monatsbasis umgerechneten – und laufend dynamisierten – ⇗ Jahresarbeitsverdienstes, der der Unfallrente zugrunde liegt, nach Ablauf des Sterbevierteljahres vervielfältigt bei einer kleinen Witwen-/Witwerrente 0,25 und bei einer großen Witwen-/Witwerrente mit 0,55 bzw. 0,6 (zutreffender Rentenartfaktor).

Unfallversicherung

Witwen-/Witwerrente wird in der Unfallversicherung bei Tod oder Verschollenheit eines Versicherten infolge eines ⇗ Arbeitsunfalls gewährt.

Höhe der Rente

Die Witwen-/Witwerrente wird ohne Vorliegen weiterer besonderer Voraussetzungen in Höhe von 30 % des Jahresarbeitsverdienstes der verstorbenen Person gezahlt. Sie erhöht sich auf 40 %, wenn Witwen/der Witwer bzw. überlebende Lebenspartner

- das 45./47. Lebensjahr vollendet haben oder
- mindestens ein waisenrentenberechtigtes Kind erziehen oder
- erwerbsgemindert, berufs- oder erwerbsunfähig im Sinne der Rentenversicherung sind.

Bis zum Ablauf von 3 Kalendermonaten nach dem Tod des Versicherten beträgt die Witwen-/Witwerrente des Jahresarbeitsverdienstes.

Ab dem 4. Kalendermonat nach dem Tod des Versicherten werden eigene Einkünfte der Witwe/des Witwers auf die Rente angerechnet. Trifft eine Unfallwitwen-/-witwerrente mit einer entsprechenden Rente aus der gesetzlichen Rentenversicherung zusammen, wird das Einkommen vorrangig auf die Unfallrente angerechnet. Die Unfallrente wiederum wird nach der Einkommensanrechnung auf die gesetzliche Rente angerechnet.

Rentenausschluss wegen Versorgungsehe

Witwen/Witwer und Lebenspartner haben grundsätzlich keinen Anspruch, wenn die Ehe erst nach dem Versicherungsfall geschlossen worden und der Tod innerhalb des ersten Jahres dieser Ehe eingetreten ist (sog. Versorgungsehe). Ist die Annahme einer Versorgungsehe, d. h. die Eheschließung sei nur erfolgt, um einen Anspruch auf Hinterbliebenenversorgung zu begründen, nicht gerechtfertigt und wird widerlegt, kann die Rente gezahlt werden.

Witwen-/Witwerrente an frühere Ehegatten (Geschiedenenrente)

Witwen-/Witwerrente erhält auf Antrag auch der frühere Ehegatte des verstorbenen Versicherten, wenn dieser zurzeit des Todes Unterhalt zu leisten hatte oder den verstorbenen Versicherten während des letzten Jahres vor dem Tod geleistet hat. Sind mehrere Anspruchsberechtigte vorhanden, werden die Renten gesplittet.

Witwen-/Witwerrente nach dem vorletzten Ehegatten/Lebenspartner (Wiederauflebensrente)

Auch in der gesetzlichen Unfallversicherung kann eine wegen Wiederheirat bzw. Begründung einer Lebenspartnerschaft weggefallene Witwen-/Witwerrente wieder aufleben, wenn der neue Ehegatte/Lebenspartner verstirbt bzw. die neue Ehe/Lebenspartnerschaft aufgelöst oder für nichtig erklärt wird.

Wohnungsbeschaffungszuschuss

Der Wohnungsbeschaffungszuschuss ist ein finanzieller Zuschuss des Arbeitgebers zum Erwerb eines Grundstücks oder einer Immobilie. Der Zuschuss ist grundsätzlich lohnsteuer- und sozialversicherungspflichtig.

Wohnungsbeschaffungszuschüsse stellen aufgrund ihres unregelmäßigen Charakters in der Lohnsteuer sonstige Bezüge dar und sind entsprechend nach der Jahreslohnsteuertabelle zu versteuern.

Sozialversicherungsrechtlich handelt es sich bei den Wohnungsbeschaffungszuschüssen um einmalig gezahltes Arbeitsentgelt.

Gesetze, Vorschriften und Rechtsprechung

Lohnsteuer: Die Lohnsteuerpflicht ergibt sich aus § 19 Abs. 1 EStG i. V. m. R 19.3 LStR. Zur Abgrenzung zwischen laufendem Arbeitslohn und sonstigen Bezügen s. R 39b.2 LStR.

Sozialversicherung: Arbeitsentgelt wird in § 14 Abs. 1 SGB IV definiert. Die Beitragsberechnung für einmalig gezahltes Arbeitsentgelt ist in § 23a SGB IV geregelt.

Entgelt	LSt	SV
Wohnungsbeschaffungszuschuss	pflichtig	pflichtig

Wohnungsgeldzuschuss

Wohnungsgeldzuschuss ist eine finanzielle Unterstützung des Arbeitgebers für die Kosten einer Mietwohnung des Arbeitnehmers. Die Unterstützung leitet sich mittelbar aus der Bereitstellung der Arbeitsleistung des Arbeitnehmers für den Arbeitgeber ab. Das öffentlich-rechtliche Pendant zum Wohnungsgeldzuschuss ist die Wohnungszulage.

Der Wohnungsgeldzuschuss ist steuerpflichtiger Arbeitslohn bzw. beitragspflichtiges Arbeitsentgelt. Wohnungsgeldzuschüsse können in laufender Form gewährt werden. Sie gelten dann als laufendes Arbeitsentgelt. Wird ein Wohnungsgeldzuschuss nur einmalig gewährt, ist dieser als sonstiger Bezug nach der Jahreslohnsteuertabelle zu versteuern. Beiträge zur Sozialversicherung werden als Einmalzahlung berechnet.

Gesetze, Vorschriften und Rechtsprechung

Lohnsteuer: Die Lohnsteuerpflicht ergibt sich aus § 19 Abs. 1 EStG i. V. m. R 19.3 LStR. Zur Abgrenzung zwischen laufendem Arbeitslohn und sonstigen Bezügen s. R 39b.2 LStR.

Sozialversicherung: Arbeitsentgelt wird in § 14 Abs. 1 SGB IV definiert. Die Beitragsberechnung für einmalig gezahltes Arbeitsentgelt ist in § 23a SGB IV geregelt.

Entgelt	LSt	SV
Wohnungsgeldzuschuss	pflichtig	pflichtig

Wohnungszulage

Die Wohnungszulage ist das öffentlich-rechtliche Pendant zum Wohnungsgeldzuschuss. Zur Wohnungszulage gehören Ortszuschläge und andere im öffentlichen Dienst mit Rücksicht auf den Familienstand gewährten Zuschläge.

Eine besondere Form der Wohnungszulage ist die Ballungsraumzulage. Diese wird wegen überdurchschnittlich hoher Lebenshaltungskosten in Ballungsräumen (z. B. Berlin, München) zusätzlich gewährt.

Die Wohnungszulage ist laufendes Arbeitsentgelt. Sie ist beitragspflichtig in der Sozialversicherung und wird nach der Monatslohnsteuertabelle besteuert.

Gesetze, Vorschriften und Rechtsprechung

Lohnsteuer: Die Lohnsteuerpflicht ergibt sich aus § 19 Abs. 1 EStG i. V. m. R 19.3 LStR.

Sozialversicherung: Die Beitragspflicht der Wohnungszulage ergibt sich aus § 14 Abs. 1 SGB IV.

Entgelt	LSt	SV
Wohnungszulage	pflichtig	pflichtig

Zählgelder

Der Begriff Zählgeld ist gleichbedeutend mit den Begriffen Fehlgeldentschädigung oder Mankogeld.

Arbeitnehmer, die in den Zahlungsverkehr des Arbeitgebers involviert sind, erhalten Zählgeld. Es gleicht den Nachteil des Arbeitnehmers aus, der für einen Kassenfehlbetrag haften bzw. aufkommen muss.

Zählgelder werden in der Regel als laufender Arbeitslohn gewährt und sind bis zu einem Betrag von 16 EUR im Monat lohnsteuer- und beitragsfrei. Der 16 EUR übersteigende Betrag ist steuer- und beitragspflichtiges Arbeitsentgelt.

Es ist ratsam dem Lohnkonto eine schriftliche Bestätigung des Arbeitnehmers über die Höhe des Zählgelds beizufügen.

Gesetze, Vorschriften und Rechtsprechung

Lohnsteuer: Die Lohnsteuerfreiheit ergibt sich aus R 19.3 Abs. 1 Nr. 4 LStR.

Sozialversicherung: Die Beitragsfreiheit in der Sozialversicherung ergibt sich aus § 1 Abs. 1 Satz 1 Nr. 1 SvEV.

Entgelt	LSt	SV
Zählgelder bis 16 EUR mtl.	frei	frei

Zahlstellenverfahren (Versorgungsbezüge)

Beim Zahlstellenverfahren handelt es sich um ein Beitrags- und Meldeverfahren zwischen den gesetzlichen Krankenkassen und den Zahlstellen von Versorgungsbezügen. Es stellt sicher, dass die Kranken- und Pflegeversicherungsbeiträge aus Versorgungsbezügen – hierzu zählen u. a. Betriebsrenten, Pensionen und Leistungen aus Direktversicherungen – korrekt und vollständig erhoben werden. Die Zahlstellen sind verpflichtet, die Kranken- und Pflegeversicherungsbeiträge aus den auszuzahlenden Bezügen einzubehalten und monatlich an die jeweiligen Krankenkassen abzuführen.

Gesetze, Vorschriften und Rechtsprechung

Sozialversicherung: Die Verpflichtung zur Durchführung des Zahlstellenverfahrens ergibt sich aus § 256 SGB V. Die Meldepflichten der Zahlstellen und Krankenkassen sind in § 202 SGB V beschrieben.

Den Aufbau der Datensätze für die Meldungen, die notwendigen Schlüsselzahlen und Angaben hat der GKV-Spitzenverband in den Gemeinsamen Grundsätzen zum Zahlstellen-Meldeverfahren (GR v. 13.2.2020) festgelegt. Darüber hinaus dient die Verfahrensbeschreibung: Zahlstellen-Meldeverfahren (ZMV) (GR v. 18.3.2020) den Zahlstellen als Handlungshilfe.

Sozialversicherung

Aufgaben der Zahlstellen

Die Zahlstellen von ⇗ Versorgungsbezügen haben gegenüber den Krankenkassen Meldepflichten zu erfüllen. Darüber hinaus sind sie in aller Regel verpflichtet, die Beiträge aus den Versorgungsbezügen an die Krankenkasse abzuführen. Die Beiträge aus ⇗ Kapitalleistungen oder Kapitalabfindungen müssen nicht von den Zahlstellen abgeführt werden. Insoweit besteht nur eine Meldepflicht.

Meldungen der Zahlstellen

Datenübermittlung an die Krankenkasse des Versorgungsempfängers

Die Zahlstellen haben der Krankenkasse des Versorgungsempfängers

- Beginn,
- Höhe,
- Veränderungen sowie
- Ende

der Versorgungsbezüge unverzüglich zu melden.

Ferner ist im Falle des § 5 Abs. 1 Nr. 11b SGB V von den Zahlstellen der Tag der Antragstellung unverzüglich mitzuteilen. Dabei handelt es sich um Anträge auf eine der Waisenrente entsprechende Leistung einer berufsständischen Versorgungseinrichtung, wenn der verstorbene Elternteil zuletzt als Beschäftigter von der Versicherungspflicht in der gesetzlichen Rentenversicherung wegen einer Pflichtmitgliedschaft in einer ⇗ berufsständischen Versorgungseinrichtung nach § 6 Abs. 1 Satz 1 Nr. 1 SGB VI befreit war.

Im Falle eines Versorgungsbezuges

- aus einem öffentlich-rechtlichen Dienstverhältnis,
- aus einem Arbeitsverhältnis mit Anspruch auf Versorgung nach beamtenrechtlichen Vorschriften,
- Renten der Versicherungs- und Versorgungseinrichtungen, die für Angehörige bestimmter Berufe (z. B. Ärzte oder Apotheker) oder
- bei Renten und Landabgaberenten nach dem Gesetz über die Alterssicherung der Landwirte

hat die Zahlstelle zusätzlich anzugeben, ob es sich um eine den ⇗ Waisenrenten[1] entsprechende Leistung handelt.

Ferner hat die Zahlstelle der Krankenkasse im Meldeverfahren mitzuteilen, ob der Versorgungsbezug die Kriterien nach § 229 Abs. 1 Satz 1 Nr. 5 1. Halbsatz SGB V erfüllt. Dabei handelt es sich um Versorgungsbezüge aus einer ⇗ betrieblichen Altersversorgung, einschließlich der Zusatzversorgung im öffentlichen Dienst und der hüttenknappschaftlichen Zusatzversorgung. Hintergrund dafür ist der Freibetrag bei der Beitragsberechnung für diese Versorgungsbezüge. In der Meldung ist auch anzugeben, ob der Versorgungsempfänger nach dem Ende des Arbeitsverhältnisses als alleiniger Versicherungsnehmer Leistungen aus nicht durch den Arbeitgeber finanzierten Beiträgen erworben hat (= Weiterfinanzierung durch eigene Beiträge). In diesen Sachverhalten ist nicht der komplette Zahlbetrag beitragspflichtig.[2]

Die Meldungen sind darüber hinaus nicht nur für die monatlich zu zahlenden Bezüge, sondern auch für Einmalauszahlungen (z. B. Kapitalleistungen aus einer Direktversicherung) zu erstatten.

Laufende Versorgungsbezüge einschließlich etwaiger Einmalzahlungen (Sonderzahlungen) sind nur bis zur monatlichen Beitragsbemessungsgrenze (BBG) zu melden. Darüber liegende Beträge bleiben für Meldezeiträume ab dem 1.1.2020 unberücksichtigt.

Wichtig

Meldeverpflichtungen bestehen auch für freiwillige Mitglieder und Familienversicherte

Die Meldeverpflichtung gilt auch für freiwillig versicherte Mitglieder und Familienversicherte, weil im Gegensatz zur Regelung der Beitragszahlung ausschließlich die Bewilligung des Versorgungsbezugs die Meldepflicht auslöst. Dies ergibt sich aus dem Sinn und Zweck der umfassenden Meldeverpflichtung der Zahlstelle. Es soll eine rechtzeitige, korrekte und vollständige Erfassung der Versorgungsbezüge sichergestellt werden.

Die Zahlstellen haben die Meldungen unverzüglich abzugeben.

Meldetatbestände

Einzelheiten zu den von der Zahlstelle vorzunehmenden Meldungen regeln die Grundsätze zum Zahlstellen-Meldeverfahren und die dazugehörende Verfahrensbeschreibung. Daraus ergeben sich folgende Meldetatbestände für die Zahlstellen:

- Bewilligung/Beginn des Versorgungsbezugs
- Änderung des laufenden Versorgungsbezugs
- Ende des laufenden Versorgungsbezugs
- Vorabbescheinigung (optionales Verfahren)

1 Gem. § 48 SGB VI.
2 § 202 Abs. 1 SGB V.

Bewilligung/Beginn des Versorgungsbezugs

Bewilligung/Beginn steht für den erstmaligen Zeitpunkt oder die Wiederaufnahme der Zahlung eines laufenden Versorgungsbezugs nach vorherigem Wegfall.

Ferner ergibt sich diese Meldeverpflichtung bei einem sog. „Schlüsselwechsel“. Jede Meldung beinhaltet eine Schlüsselkombination, die u. a. die Zahlstellennummer und das Aktenzeichen des Versorgungsbezugs bei der Zahlstelle beinhaltet. Ändern sich durch entsprechende Vorgänge oder Umstellungen ein oder mehrere Schlüsselteile der Zahlstelle, kann dies nur durch ein Meldepaar „Ende“ und „Bewilligung/Beginn“ übermittelt werden.

Leistungen der betrieblichen Altersversorgung sind ungeachtet der monatlichen Beitragsbemessungsgrenze in unbegrenzter Höhe zu melden, damit die Krankenkassen die Anwendung des Freibetrags prüfen und feststellen können.

Bei Bewilligung/Beginn einer Kapitalleistung oder der Kapitalisierung eines laufenden Versorgungsbezugs müssen der Zeitpunkt der Auszahlung, der Beginn und das Ende des Zeitraums sowie die Höhe der Kapitalleistung gemeldet werden.

Außerdem hat die Zahlstelle in den Meldungen an die Krankenkasse anzugeben, ob in der Betriebsrente ein Leistungsanteil enthalten ist, den der Versorgungsbezieher nach dem Ende des Beschäftigungsverhältnisses als alleiniger Versicherungsnehmer erworben hat. Dieser Anteil stellt keinen Versorgungsbezug dar.

Änderung des laufenden Versorgungsbezugs

Bei laufenden Beitragszahlungen aus Versorgungsbezügen sind nur Veränderungen zu melden. Als Veränderung gilt jede Änderung des Zahlbetrags, auch soweit sich die Änderung auf einen in der Vergangenheit liegenden Zeitraum bezieht.

Überschreitet der monatliche Versorgungsbezug die Beitragsbemessungsgrenze, ist i. d. R. zum Januar eines jeden Jahres eine Änderungsmeldung erforderlich, da sich die Beitragsbemessungsgrenze und damit der beitragspflichtige Teil des Versorgungsbezugs verändert.

Änderungsmeldungen sind auch dann zu erstatten, wenn sich der Zahlbetrag der Versorgungsbezüge erhöht, weil eine Einmalzahlung gewährt wurde. In diesen Fällen ist einmal für den Monat, in dem die Einmalzahlung gewährt wird, eine Meldung abzugeben; darüber hinaus muss für die anschließende Zeit wiederum der laufende Versorgungsbezug gemeldet werden. Die Meldung der Einmalzahlung entfällt, wenn bereits der laufende Versorgungsbezug die Beitragsbemessungsgrenze übersteigt.

Soweit nichts Abweichendes vereinbart wird, ist die Änderungsmeldung unabhängig davon zu erstatten, ob

- die auf die Versorgungsbezüge entfallenden Beiträge von der Zahlstelle einbehalten oder
- sie unmittelbar von der Krankenkasse eingezogen

werden.

Ende des laufenden Versorgungsbezugs

Das Ende des laufenden Versorgungsbezugs steht nicht nur für den letztmaligen Zeitpunkt eines laufenden Versorgungsbezugs, sondern auch für einen bedingten Wegfall (z. B. bei Ruhen in voller Höhe des Bezugs) und bei einem sog. Schlüsselwechsel. Kein Wegfall ist die Änderung des Zahlungsempfängers z. B. wegen Pfändung oder Abtretung. Dies stellt keinen Meldesachverhalt dar.

Vorabbescheinigung

Das Meldeverfahren beginnt grundsätzlich mit der Mitteilung der Zahlstelle an die Krankenkasse über den Beginn und die Höhe des Versorgungsbezugs. Einige Zahlstellen fordern von den Krankenkassen allerdings schon vor der erstmaligen Bewilligung eines Versorgungsbezugs eine Bestätigung des bestehenden Versicherungsverhältnisses und der grundsätzlichen Beitragspflicht des Versorgungsbezugs. Die Abgabe dieser Vorabbescheinigung ist als optionales Verfahren im maschinellen Meldeverfahren integriert. Die Zahlstelle ist zur Abgabe der Vorabbescheinigung nicht verpflichtet.

Die Vorabbescheinigung ist nur für die Meldung von laufenden Versorgungsbezügen – nicht bei Kapitalleistungen oder Kapitalisierungen – zulässig.

Meldungen der Krankenkasse

Datenübermittlung an die Zahlstelle des Versorgungsempfängers

Die Krankenkasse hat der Zahlstelle von Versorgungsbezügen und dem Bezieher von Versorgungsbezügen unverzüglich die Beitragspflicht des Versorgungsempfängers und deren Umfang mitzuteilen. Letzteres gilt, soweit die Summe der beitragspflichtigen Einnahmen aus dem Zahlbetrag der Rente und den Versorgungsbezügen die Beitragsbemessungsgrenze überschreitet.[1]

Meldetatbestände

Die Krankenkassen übermitteln in dem Meldeverfahren u. a. folgende Meldungen:

- Rückmeldung zu Bewilligung/Beginn des laufenden Versorgungsbezugs,
- Änderung zum laufenden Versorgungsbezug,
- Rückmeldung zur Vorabbescheinigung.

Daneben meldet die Krankenkasse der Zahlstelle das Ende der Meldeverpflichtung in folgenden Fällen:

- Krankenkassenwechsel,
- Ende der gesetzlichen Rente,
- Ende der Mitgliedschaft in der gesetzlichen Krankenversicherung,
- Tod des Versorgungsbezugsempfängers.

Rückmeldung zu Bewilligung/Beginn des laufenden Versorgungsbezugs

Zur Zahlstellenmeldung „Bewilligung/Beginn" eines laufenden Versorgungsbezugs muss die Krankenkasse zurückmelden, wie mit diesem Versorgungsbezug bezüglich der Abrechnung verfahren werden soll. Die Zahlstelle muss die Rückmeldung überwachen. Die Rückmeldung enthält Angaben für welche Versicherungszweige (Kranken- und/oder Pflegeversicherung) der laufende Versorgungsbezug der Beitragspflicht unterliegt.

Bei der Beitragsberechnung aus Versorgungsbezügen der betrieblichen Altersversorgung besteht eine Beitragspflicht nur, wenn der Versorgungsbezug die Mindestgrenze (2024: 176,75 EUR; 2023: 169,75 EUR) übersteigt.

Bezieht das Mitglied nur eine laufende Betriebsrente, hat die Zahlstelle den Freibetrag im Rahmen der Beitragsabrechnung zu berücksichtigen, sofern für die Zahlstelle eine Beitragsabführungspflicht besteht. Es erfolgt in den Meldungen der Krankenkassen keine Feststellung zur Anwendung des Freibetrags.

Sofern die Summe aus monatlichem Versorgungsbezug/monatlichen Versorgungsbezügen und Monatsbetrag der gesetzlichen Rente die Beitragsbemessungsgrenze übersteigt, meldet die Krankenkasse der Zahlstelle den Umfang der Beitragspflicht. In diesen Fällen wird in der Rückmeldung der sog. „maximal beitragspflichtige Versorgungsbezug" (VBmax) angegeben.

Eine Anpassung des VBmax erfolgt durch die Krankenkasse grundsätzlich zum 1.1. eines Jahres (Änderung der monatlichen Beitragsbemessungsgrenze) und zum 1.7. eines Jahres (Erhöhung der gesetzlichen Rente).

Änderung zum laufenden Versorgungsbezug

Sofern der gemeldete VBmax keine Anwendung mehr findet, wird dies von der Krankenkasse durch eine Änderungsmeldung mit dem Wert VBmax 0,00 EUR angezeigt, in der kein VBmax mehr angegeben wird. Dies gilt z. B. in den Fällen, in denen aufgrund des Wegfalls eines zweiten Versorgungsbezugs der erste Versorgungsbezug in voller Höhe beitragspflichtig wird.

Daneben werden Änderungen, z. B. bei der Versicherungsnummer oder dem Aktenzeichen der Krankenkassen über eine Änderungsmeldung übermittelt.

Rückmeldung zur Vorabbescheinigung

Auf die Zahlstellenmeldung „Vorabbescheinigung" eines laufenden Versorgungsbezugs muss die Krankenkasse mit den Angaben zum Versicherungsverhältnis und zur grundsätzlichen Beitragspflicht des Versorgungsbezugs antworten.

Meldungen bei Mehrfachbezug

Bezieht das Mitglied

- mehrere laufende Betriebsrenten,
- mehrere einmalig gezahlte Betriebsrenten,
- eine laufende Betriebsrente und eine einmalig gezahlte Betriebsrente,
- eine laufende Betriebsrente und einen laufenden/einmalig gezahlten anderen Versorgungsbezug oder
- eine laufende/einmalig gezahlte Betriebsrente und Arbeitseinkommen

ist der Status „Mehrfachbezug" erfüllt und die Krankenkasse trifft die Entscheidung, ob und inwiefern ein Freibetrag zu berücksichtigen ist.

Die Krankenkasse stellt den Anspruch auf den Freibetrag dem Grunde und der Höhe nach fest und übermittelt das Ergebnis den Zahlstellen in der Rückmeldung. Die Krankenkasse trifft die Entscheidung nach eigenem Ermessen, welche Zahlstelle den Freibetrag in welcher Höhe zu berücksichtigen hat.[2]

Meldungen des Versorgungsempfängers

Empfänger von Versorgungsbezügen haben der Zahlstelle ihre Krankenkasse anzugeben, einen Krankenkassenwechsel mitzuteilen sowie die Aufnahme einer versicherungspflichtigen Beschäftigung anzuzeigen.[3] Dadurch wird die Zahlstelle in die Lage versetzt, ihre Meldepflicht gegenüber der zuständigen Krankenkasse zu erfüllen.

Auch gegenüber der Krankenkasse haben Versorgungsempfänger Melde- bzw. Mitteilungspflichten zu erfüllen. Für Versicherungspflichtige, die eine Rente der gesetzlichen Rentenversicherung beziehen, resultiert diese Meldepflicht – hinsichtlich Beginn, Höhe und Veränderungen – aus der dafür geschaffenen Spezialvorschrift des § 205 Nr. 2 SGB V. Für die anderen Versorgungsempfänger, insbesondere für freiwillig Versicherte, resultieren diese Mitteilungspflichten aus der allgemeinen Vorschrift des § 206 SGB V. Grundlage für die insoweit bestehende Meldepflicht für die Durchführung der Familienversicherung stellt § 10 Abs. 6 SGB V sowie die darauf basierenden Einheitlichen Grundsätze des GKV-Spitzenverbandes zum Meldeverfahren bei Durchführung der Familienversicherung („Fami-Meldegrundsätze") in der jeweils geltenden Fassung dar.

Maschineller Datenaustausch

Datenübertragung

Der maschinelle Datenaustausch zwischen den Zahlstellen und den Krankenkassen ist verpflichtend. Zwischen Zahlstellen und Krankenkassen müssen die Meldungen auf maschinellem Weg durch gesicherte und verschlüsselte Datenübertragung aus systemgeprüften Programmen oder mittels maschineller Ausfüllhilfen ausgetauscht werden.

Das führende Ordnungskriterium im Zahlstellen-Meldeverfahren ist die Zahlstellennummer. Sie dient der eindeutigen Identifikation der Zahlstelle im Zahlstellen-Meldeverfahren und besteht wie die Betriebsnummer aus 8 Ziffern, wobei die ersten 3 Stellen in der Zahlstellennummer mit den Ziffern 106 bis 108 beginnen.

1 § 202 Abs. 1 Satz 4 SGB V.

2 § 202 Abs. 1 Satz 5 SGB V.
3 § 202 Abs. 1 Satz 3 SGB V.

Ermittlung der Versicherungsnummer

Die Versicherungsnummer des Versorgungsbeziehers ist mit dem Abrechnungsprogramm oder einer elektronischen Ausfüllhilfe (z. B. über das SV-Meldeportal) vor Abgabe der ersten Meldung bei der Datenstelle der Rentenversicherung elektronisch abzufragen. Eine manuelle Eingabe der Versicherungsnummer in das Abrechnungsprogramm ist grundsätzlich nicht mehr zulässig. Eine Ausnahme besteht, sofern im Einzelfall die Datenstelle der Rentenversicherung keine Versicherungsnummer zurückmeldet. In diesen Fällen hat der Versorgungsbezieher den Versicherungsnummernnachweis der Zahlstelle vorzulegen. Dann erfolgt eine manuelle Eingabe der Versicherungsnummer.

Sofern auch kein Versicherungsnummernnachweis vorgelegt werden kann, ist die Vorabbescheinigung oder die Beginn-Meldung ohne Versicherungsnummer abzugeben. In diesen Fällen erhält die Zahlstelle die Versicherungsnummer mit der Rückmeldung der Krankenkasse zur Feststellung der Beitragsabführungspflicht.

Beantragung einer Zahlstellennummer

Die Zahlstellen haben für die Durchführung der Meldeverfahren eine Zahlstellennummer beim Spitzenverband Bund der Krankenkassen elektronisch zu beantragen. Die Zahlstellennummern und alle Angaben, die zur Vergabe der Zahlstellennummer notwendig sind, werden in einer gesonderten elektronischen Datei beim Spitzenverband Bund der Krankenkassen gespeichert.[1]

Die Zahlstellennummer ist von der Zahlstelle ausschließlich elektronisch zu beantragen. Hierfür benötigt die Zahlstelle einen Zugang zum SV-Meldeportal.[2] Damit erfasst sie die notwendigen Angaben, welche anschließend durch die ITSG GmbH geprüft werden. Sofern alle Angaben korrekt sind, wird eine Zahlstellennummer vergeben und die Zahlstelle darüber informiert.

Beitragszahlung

Für Versicherungspflichtige haben die Zahlstellen die Beiträge zur Kranken- und Pflegeversicherung aus den Versorgungsbezügen einzubehalten und an die zuständige Krankenkasse zu zahlen. Dies gilt unabhängig davon, ob der Betroffene zusätzlich eine Rente aus der gesetzlichen Rentenversicherung bezieht.[3]

Das gilt sowohl für

- die Krankenversicherungsbeiträge, einschließlich des in der Krankenversicherung zu zahlenden Zusatzbeitrags,
- für die Pflegeversicherungsbeiträge und
- den ggf. zu zahlenden Beitragszuschlag wegen Kinderlosigkeit in der Pflegeversicherung.

Sind bei der Zahlung der Versorgungsbezüge die darauf entfallenden Beiträge nicht einbehalten worden, sind die rückständigen Beiträge von der Zahlstelle von den zukünftig zu zahlenden Versorgungsbezügen einzubehalten.[4] Beim Aufrechterhalten des Beitragsanspruchs kommt es weder auf das fehlende Verschulden der Zahlstelle noch auf das Fehlverhalten der Krankenkasse an.[5] Es gibt keine Bestimmungen, nach denen die Zahlstellen eine Vergütung für die Einbehaltung und Abführung der Beiträge von den Krankenkassen erhalten. Auch eine Schadensersatzpflicht ist nicht vorgesehen.

Wichtig

Nachträglicher Einbehalt von Beiträgen aus Versorgungszügen

Anders als beim Gesamtsozialversicherungsbeitrag aus dem Arbeitsentgelt[6] können Beiträge aus Versorgungsbezügen nachträglich zeitlich unbegrenzt einbehalten werden. Diese Differenzierung zwischen Beiträgen aus Arbeitsentgelt und Beiträgen aus Versorgungsbezügen verstößt nicht gegen den verfassungsrechtlichen Gleichheitssatz.[7, 8]

Beitragseinzug durch Krankenkasse bei nicht mehr gezahlten Versorgungsbezügen

Werden die Versorgungsbezüge nicht mehr gezahlt, sind die rückständigen Beiträge von der zuständigen Krankenkasse einzuziehen. Die Kasse zieht auch die Beiträge aus nachgezahlten Versorgungsbezügen ein.

Dies gilt nicht für Beiträge aus Nachzahlungen aufgrund von Anpassungen der Versorgungsbezüge an die wirtschaftliche Entwicklung. Hinsichtlich der Beiträge aus anderen Nachzahlungen können die Krankenkasse und die Zahlstellen abweichende, auf die Erfordernisse der einzelnen Zahlstellen abgestimmte Verfahren vereinbaren. Die Zahlstellen haben der Krankenkasse die einbehaltenen Beiträge nachzuweisen.

Beitragsabführung bei mehreren Zahlstellen

Bei dem Bezug von mehreren Versorgungsbezügen durch unterschiedliche Zahlstellen übernimmt jede Zahlstelle für den von ihr gezahlten Versorgungsbezug die Beitragsabführung. Die Krankenkasse verteilt auf Antrag des Mitglieds oder einer Zahlstelle die Beiträge, wenn ein Mitglied Versorgungsbezüge von mehreren Zahlstellen bezieht und die Versorgungsbezüge die Beitragsbemessungsgrenze übersteigen.

Dies gilt ebenso, wenn die Beitragsbemessungsgrenze nur zusammen mit dem Zahlbetrag der Rente aus der gesetzlichen Rentenversicherung überschritten wird.

Dies bedeutet nicht, dass Beiträge nach einer Verhältniszahl aufzuteilen sind, sondern einer Zahlstelle mitgeteilt wird, dass nur aus einem bestimmten Betrag der Versorgungsbezüge noch Beiträge einzubehalten und zu zahlen sind. Einer Beitragsaufteilung, wie bei mehreren Arbeitsentgelten bedarf es nicht, da der Versicherte ohnehin die Beiträge allein trägt. Eine solche Beitragsaufteilung ist erst auf Antrag des Versicherten oder einer der Zahlstellen vorzunehmen.

Die Krankenkasse kann entscheiden, welche Zahlstelle sie vorrangig mit dem Beitragseinbehalt beauftragt.

Eine der beteiligten Zahlstellen kann nicht verpflichtet werden, einen höheren Betrag als den von ihr gezahlten Versorgungsbezug einzubehalten.

Beitragsnachweise

Von den Zahlstellen sind die einbehaltenen Beiträge nachzuweisen. Die Zahlstellen müssen ihre Beitragsnachweise durch gesicherte und verschlüsselte Datenübertragung aus systemgeprüften Programmen oder mittels maschineller Ausfüllhilfen an die Krankenkassen übermitteln.[9] Der zusammen mit den übrigen Beiträgen von der Zahlstelle abzuführende Zusatzbeitrag der Krankenkasse[10] ist im Beitragsnachweis gesondert aufzuführen.[11]

Hinweis

Abgabetermin

Die Beitragsnachweise sind von den Zahlstellen spätestens 2 Arbeitstage vor Fälligkeit der Beiträge an die Krankenkassen zu übermitteln.[12] Wird die Einreichungsfrist versäumt, kann die Krankenkasse – wie im Arbeitgeberverfahren – die zu zahlenden Beiträge schätzen.

Der Aufbau der Datensätze für die Übermittlung von Beitragsnachweisen ist in der Datensatzbeschreibung mit Fehlerkatalog für die Datenübermittlung des Beitragsnachweises dargestellt.

Fälligkeit der Beiträge/Verjährung

Die Kranken- und Pflegeversicherungsbeiträge aus Versorgungsbezügen sind am 15. des Folgemonats der Auszahlung fällig.[13]

1 § 202 Abs. 3 Satz 1, 2 SGB V.
2 https://www.sv-meldeportal.de.
3 § 256 Abs. 1 Satz 1 SGB V; § 60 Abs. 1 Satz 2 SGB XI.
4 § 256 Abs. 2 Satz 1 SGB V.
5 BSG, Urteil v. 23.3.1993, 12 RK 62/92.
6 § 28g SGB IV.
7 Art. 3 GG.
8 BAG, Urteil v. 12.12.2006, 3 AZR 806/05.
9 § 256 Abs. 1 Satz 4 SGB V.
10 § 242 SGB V.
11 § 271 Abs. 1a Satz 2 SGB V.
12 § 256 Abs. 1 Satz 3 SGB V.
13 § 256 Abs. 1 Satz 2 SGB V, § 60 Abs. 1 Satz 2 SGB XI.

Achtung

Nachträglicher Beitragseinbehalt

Die Beiträge aus Versorgungsbezügen trägt allein der Versorgungsempfänger. Versäumt ein zahlstellenpflichtiger Arbeitgeber die Beiträge von seinen Versorgungsempfängern einzubehalten, so kann er nach der Rechtsprechung des Bundesarbeitsgerichts die nachzuentrichtenden Beiträge von seinen Versorgungsempfängern zurückfordern.[1]

Für die Beitragsansprüche gelten die Verjährungsregelungen entsprechend. Dies bedeutet, dass Beitragsansprüche in 4 Jahren nach Ablauf des Kalenderjahres verjähren, in dem die Beiträge fällig geworden sind.[2]

Besonderheit bei Nachzahlungen

Da Beiträge aus einer Nachzahlung erst am 15. des Folgemonats nach der Auszahlung fällig werden, ist im Zusammenhang mit der ↗ Verjährung ohne Bedeutung, für welchen Zeitraum die Versorgungsbezüge nachgezahlt werden. Dies bedeutet, dass bei einer Nachzahlung eines Versorgungsbezugs für z. B. 6 Jahre, die Beitragsansprüche aus der Nachzahlung zum Zeitpunkt der Auszahlung nicht, auch nicht teilweise, verjährt sind.

Sind durch die Bewilligung von Versorgungsbezügen aus weiteren Versorgungsbezügen Beiträge zu berechnen, weil durch Zusammenrechnung mit dem nachgezahlten Versorgungsbezug die Mindesteinnahmegrenze rückwirkend überschritten wird, sind Beiträge aus den bereits bestehenden Versorgungsbezügen nur im Rahmen der Verjährung nachzuerheben.

Beispiel

Überschreitung der Mindesteinnahmegrenze durch eine Nachzahlung

Ein versicherungspflichtiges Mitglied erhält seit dem 1.7.2018 einen Versorgungsbezug i. H. v. zurzeit 100 EUR monatlich. Bisher sind keine Beiträge aufgrund der höheren Mindesteinnahmegrenze entrichtet worden. Im Februar 2024 wird ihm ein Versorgungsbezug i. H. v. 200 EUR monatlich vom 1.1.2019 an nachgezahlt.

Ergebnis: Für den nachgezahlten Versorgungsbezug werden rückwirkend vom 1.1.2019 an Beiträge erhoben. Durch diesen Versorgungsbezug wird rückwirkend die Mindestgrenze des bisher allein gezahlten Versorgungsbezugs überschritten. Die Beiträge dafür werden im Rahmen der Verjährungsvorschriften für die seit dem 1.12.2019 (Fälligkeit der Beiträge = 15.1.2020) ausgezahlten Versorgungsbezüge nachberechnet.

Zehrgeld im Brauereigewerbe

Der Begriff Zehrgeld kommt im Brauereigewerbe und der Getränkeindustrie vor. Es soll Arbeitnehmern die Mehrkosten durch ihre ausgedehnte Fahrtätigkeit („Bierfahrer") ausgleichen.

Zehrgeld als pauschale Zahlung stellt steuerpflichtigen Arbeitslohn bzw. beitragspflichtiges Arbeitsentgelt dar.

Zehrgeld kann als Verpflegungsmehraufwendung lohnsteuer- und sozialversicherungsfrei sein. Verpflegungsmehraufwendungen sind steuer- und sozialversicherungsfrei, wenn die berufliche Auswärtstätigkeit, d. h. die Abwesenheit von der Wohnung oder der ersten Tätigkeitsstätte mehr als 8 Stunden andauert.

Gesetze, Vorschriften und Rechtsprechung

Lohnsteuer: Die Lohnsteuerpflicht des Zehrgelds ergibt sich aus § 19 Abs. 1 EStG i. V. m. R 19.3 Abs. 1 LStR. Die Lohnsteuerfreiheit des Zehrgelds in Form von Verpflegungsmehraufwendungen ergibt sich aus § 3 Nr. 16 EStG i. V. mit § 9 Abs. 4a Satz 3 Nr. 3 EStG ; s. auch R 9.6 LStR.

Sozialversicherung: Die Beitragspflicht des Zehrgelds ergibt sich aus § 14 Abs. 1 SGB IV. Die Beitragsfreiheit der Verpflegungsmehraufwendungen in der Sozialversicherung ergibt sich aus § 1 Abs. 1 Satz 1 Nr. 1 SvEV.

Entgelt	LSt	SV
Zehrgeld als pauschale Zahlung	pflichtig	pflichtig
Zehrgeld als Reisekostenerstattung	frei	frei

Zeitungen

Erhält ein Arbeitnehmer von seinem Arbeitgeber Zeitungen, Fachmagazine oder andere Printmedien kostenlos oder verbilligt zur Verfügung gestellt, ist diese Sachzuwendung grundsätzlich steuer- und beitragspflichtig.

Ausnahmen:

- Für Mitarbeiter von Zeitung herstellenden oder vertreibenden Unternehmen, kann der große Rabattfreibetrag angewendet werden. Ist der geldwerte Vorteil aus der kostenlosen oder vergünstigten Bereitstellung nicht höher als 1.080 EUR pro Kalenderjahr, besteht weder Lohnsteuer- noch Beitragspflicht.
- Zeitungen, die der Arbeitgeber dem Arbeitnehmer aus überwiegend betrieblichem Interesse zur Verfügung stellt (Fachzeitschriften) sind steuer- und beitragsfrei.

Gesetze, Vorschriften und Rechtsprechung

Lohnsteuer: Die grundsätzliche Lohnsteuerpflicht ergibt sich aus § 19 Abs. 1 Satz 1 Nr. 1 EStG i. V. m. § 8 Abs. 1 EStG. Die Lohnsteuerfreiheit bei Anwendung des Rabattfreibetrags ergibt sich aus § 8 Abs. 3 EStG.

Sozialversicherung: Die Beitragspflicht der Arbeitgeberzuwendung ergibt sich aus § 14 Abs. 1 SGB IV. Die Beitragsfreiheit infolge der Anwendung des Rabattfreibetrags ergibt sich aus § 1 Abs. 1 Satz 1 Nr. 1 SvEV.

Entgelt	LSt	SV
Überlassung von Zeitungen zur privaten Nutzung	pflichtig	pflichtig
Überlassung von Fachzeitschriften	frei	frei
Überlassung von Zeitungen durch Verlage und Druckereien zur privaten Nutzung bis zu 1.080 EUR jährlich	frei	frei

Zinsen aus Urlaubsabgeltung

Wird Urlaub ausgezahlt (Urlaubsabgeltung) ist dies lohnsteuerpflichtiger Arbeitslohn bzw. beitragspflichtiges Arbeitsentgelt.

In der Praxis wird eine Urlaubsabgeltung oft verzögert gewährt, z. B. nach Rechtsstreit bei Kündigungsschutzklage. In einem solchen Fall hat der Arbeitnehmer zusätzlich zur Urlaubsabgeltung Anspruch auf einen vom Gericht festgesetzten Verzugszins.

Der Verzugszins ist kein lohnsteuerrechtlicher Arbeitslohn und kein beitragspflichtiges Arbeitsentgelt. Die Zinsen sind daher lohnsteuer- und sozialversicherungsfrei.

1 BAG, Urteil v. 12.12.2006, 3 AZR 806/05.
2 § 25 Abs. 1 SGB IV.

Gesetze, Vorschriften und Rechtsprechung

Lohnsteuer: Der Verzugszins stellt lohnsteuerrechtlich keinen Arbeitslohn dar.

Sozialversicherung: Zinsen sind nicht dem sozialversicherungspflichtigen Arbeitsentgelt zuzuordnen nach § 1 Abs. 1 Satz 1 Nr. 1 SvEV.

Entgelt	LSt	SV
Zinsen aus Urlaubsabgeltung	frei	frei

Zukunftssicherungsleistungen

Zukunftssicherungsleistungen sind Aufwendungen des Arbeitgebers, um einen Arbeitnehmer oder diesem nahestehende Personen für den Fall der Krankheit, des Unfalls, der Invalidität, des Alters oder des Todes abzusichern. Klassischer Fall ist der gesetzliche Arbeitgeberanteil zur Sozialversicherung. Aber auch freiwillige Beiträge des Arbeitgebers, z. B. zu einer Lebensversicherung oder einer betrieblichen Kranken- oder Unfallversicherung, rechnen zu den Zukunftssicherungsleistungen. Lohnsteuerlich ist zu klären, ob die Aufwendungen des Arbeitgebers zum Zufluss von Arbeitslohn führen, steuerfrei bleiben oder ob ein Lohnsteuerabzug vorzunehmen ist.

Gesetze, Vorschriften und Rechtsprechung

Lohnsteuer: Der Zufluss von Arbeitslohn bei Ausgaben des Arbeitgebers für die Zukunftssicherung seiner Arbeitnehmer ist in § 2 Abs. 2 Nr. 3 LStDV geregelt. In welchem Umfang Zukunftssicherungsleistungen steuerfrei geleistet werden können, ergibt sich aus § 3 Nr. 62 EStG. Weitere Einzelheiten zur Anwendung der Steuerbefreiung sind in R 3.62 LStR und H 3.62 LStH erläutert. Zur Abgrenzung zwischen Geldleistung und Sachbezug bei Zukunftssicherungsleistungen s. BMF, Schreiben v. 15.3.2022, IV C 5 – S 2334/19/10007 :007, BStBl 2022 I S. 242.

Lohnsteuer

Steuerbefreiung für gesetzliche Zukunftssicherung

Aufwendungen des Arbeitgebers für die Zukunftssicherung des Arbeitnehmers führen zu einem Zufluss von Arbeitslohn, wenn dem Arbeitnehmer im Zeitpunkt der Beitragszahlung ein eigener Rechtsanspruch auf Auskehrung der Versicherungsleistung eingeräumt wird.[1] Dies gilt unabhängig davon, ob der Arbeitnehmer die Leistungen lediglich stillschweigend zur Kenntnis nimmt oder ihnen ausdrücklich zustimmt. Erfüllt der Arbeitgeber mit der Beitragsleistung eine sozialversicherungsrechtliche oder andere gesetzliche Verpflichtung, liegt steuerfreier Arbeitslohn vor. Ein Lohnsteuerabzug ist in diesem Fall nicht vorzunehmen.[2] Zukunftssicherungsleistungen, die vom Arbeitgeber freiwillig entrichtet werden, sind i. d. R. steuerpflichtig. Abweichend davon sind die Beiträge des Arbeitgebers zur betrieblichen Altersversorgung je nach Ausgestaltung steuerfrei.

Entscheidung des Sozialversicherungsträgers maßgeblich

Für die Frage, ob die Ausgaben des Arbeitgebers auf einer gesetzlichen Verpflichtung beruhen, ist der Entscheidung des Sozialversicherungsträgers zu folgen, wenn sie nicht offensichtlich rechtswidrig ist.[3] Selbst bei einer Änderung der Rechtsansicht des Versicherungsträgers hin zum Wegfall der Versicherungspflicht entfällt die Steuerfreiheit erst ab dem Zeitpunkt der Entscheidung.[4]

1 § 2 Abs. 2 Nr. 3 LStDV.
2 § 3 Nr. 62 Satz 1 EStG.
3 BFH, Urteil v. 6.6.2002, VI R 178/97, BStBl 2003 II S. 34; BFH, Urteil v. 21.1.2010, VI R 52/08, BStBl 2010 II S. 703.
4 BFH, Beschluss v. 30.4.2002, VI B 237/01, BFH/NV 2002 S. 1029.

Ausländische Sozialversicherungsträger

Zu den steuerfreien Zukunftssicherungsleistungen gehören auch die Arbeitgeberbeiträge, die aufgrund einer nach ausländischen Gesetzen bestehenden Verpflichtung an ausländische Sozialversicherungsträger, die den inländischen Sozialversicherungsträgern vergleichbar sind, geleistet werden. Die Höhe der vom Arbeitgeber zu leistenden und somit nach § 3 Nr. 62 EStG steuerfreien Beiträge bestimmt sich nach den ausländischen gesetzlichen Vorschriften. Die inländische Beitragsbemessungsgrenze zur gesetzlichen Sozialversicherung ist nicht zu beachten.[5]

Danach kann ein inländischer Arbeitgeber insbesondere Zuschüsse an einen Arbeitnehmer für dessen Versicherung in einer ausländischen gesetzlichen Krankenversicherung zumindest innerhalb der Europäischen Union und des Europäischen Wirtschaftsraums sowie im Verhältnis zur Schweiz steuerfrei leisten.[6, 7] Eine freiwillige Mitgliedschaft in einer ausländischen gesetzlichen Krankenversicherung ist dabei so zu behandeln, als ob eine freiwillige Mitgliedschaft bei einer inländischen gesetzlichen Krankenkasse begründet worden wäre. Nicht steuerbegünstigt sind Zukunftssicherungsleistungen eines Arbeitgebers, die auf einem ausländischen Tarifvertrag beruhen, der nur zwischen den Parteien des Tarifvertrags besteht, oder vom Arbeitgeber freiwillig geleistet werden.

Steuerpflicht für freiwillige Leistungen

Freiwillige Leistungen sowie Beiträge, die aufgrund einer freiwillig begründeten Rechtspflicht erbracht werden, gehören zum steuerpflichtigen Arbeitslohn.[8]

Freiwillige Versicherung eines Vorstandsmitglieds einer AG in der gesetzlichen Rentenversicherung

Zuschüsse des Arbeitgebers zur freiwilligen Versicherung eines Vorstandsmitglieds einer AG in der gesetzlichen Rentenversicherung gehören zum steuerpflichtigen Arbeitslohn.[9] Mitglieder des Vorstands einer AG sind in der gesetzlichen Rentenversicherung nicht versicherungspflichtig[10], können sich jedoch freiwillig versichern.[11] Als freiwillig Versicherte haben sie ihre Beiträge als Versicherungsnehmer selbst zu tragen.[12] Ein steuerfreier Arbeitgeberzuschuss scheidet somit aus.

Betriebliche Krankenversicherung/Private Pflegezusatzversicherung/Krankentagegeldversicherung

Auch freiwillige Leistungen des Arbeitgebers für eine betriebliche Krankenversicherung, für eine private Pflegezusatzversicherung oder eine Krankentagegeldversicherung sind i. d. R. nicht steuerfrei. Voraussetzung für das Vorliegen von steuerpflichtigem Arbeitslohn im Zeitpunkt der Beitragsleistung durch den Arbeitgeber ist allerdings, dass die Arbeitnehmer im Leistungsfall die Versicherungsleistung unmittelbar gegenüber dem Versicherungsunternehmen geltend machen können (Auskehrung der Versicherungsleistung). Leistungen aus der Versicherung führen bei Eintritt des Versicherungsfalls nicht nochmals zu Arbeitslohn, wenn die Beiträge, die der Arbeitgeber an die Versicherung erbracht hat, bereits als Arbeitslohn versteuert wurden.[13] Anders verhält es sich, wenn die Beiträge nicht zum Zufluss von Arbeitslohn führen, weil die Arbeitnehmer keinen eigenen Rechtsanspruch auf die Versicherungsleistung haben. In diesem Fall muss erst im Zeitpunkt der Zahlung der Versicherungsleistung geprüft werden, in welchem Umfang steuerpflichtiger Arbeitslohn vorliegt.

5 BMF, Schreiben v. 27.7.2016, IV C 3 – S 2255/07/10005 :004, BStBl 2016 I S. 759.
6 Die gesetzliche Verpflichtung des Arbeitgebers zur Leistung eines Zuschusses beruht in diesen Fällen auf § 257 Abs. 1 SGB V i. V. m. Art. 5b der Verordnung (EG) Nummer 883/2004 des Europäischen Parlaments und des Rates v. 29.4.2004. Die entgegenstehende Rechtsprechung des BFH v. 12.1.2011, I R 49/10, BStBl 2011 II S. 446, ist nicht allgemein anzuwenden.
7 BMF, Schreiben v. 30.1.2014, IV C 5 – S 2333/13/10004, BStBl 2014 I S. 210.
8 BFH, Urteil v. 18.5.2004, VI R 11/01, BStBl 2004 II S. 1014; BFH, Urteil v. 22.7.2008, VI R 56/05, BStBl 2008 II S. 894.
9 BFH, Urteil v. 24.9.2013, VI R 6/11, BStBl 2014 II S. 124. Im Urteilsfall wurden die Rentenzahlungen auf die betriebliche Altersversorgung in Form einer Direktzusage angerechnet. Der BFH sah in den geleisteten Zuschüssen trotz Anrechnung auf die betriebliche Altersversorgung auch keine Leistung im überwiegenden betrieblichen Interesse des Arbeitgebers und behandelte die Zahlungen als steuerpflichtigen Arbeitslohn.
10 § 1 Satz 4 SGB VI.
11 § 7 Abs. 1 SGB VI.
12 § 171 SGB VI.
13 BFH, Beschluss v. 6.10.2010, VI R 15/08, BFH/NV 2011 S. 39.

Beispiel

Steuerbefreiung für Krankenversicherung ausländischer Saisonarbeitskräfte

In einem landwirtschaftlichen Betrieb werden Saisonarbeitskräfte aus dem Ausland beschäftigt. Der Arbeitgeber schließt eine private Gruppenkrankenversicherung ab und entrichtet die Beiträge. Die monatlichen Beiträge übersteigen 50 EUR.

Ergebnis: Zunächst ist zu prüfen, ob die Beiträge den Arbeitnehmern im Zeitpunkt der Beitragsleistung durch den Arbeitgeber als Arbeitslohn zufließen. Dies ist dann der Fall, wenn die Arbeitnehmer einen eigenen unmittelbaren und unentziehbaren Rechtsanspruch gegen das Versicherungsunternehmen erlangen. Daran schließt sich die Frage an, ob die Beiträge dem Lohnsteuerabzug zu unterwerfen sind oder steuerfrei bleiben. Die Beiträge für die inländische Krankenversicherung bleiben steuerfrei, wenn der Arbeitgeber nach einer zwischenstaatlichen Verwaltungsvereinbarung, die ihrerseits auf einer gesetzlichen Ermächtigung beruht, zur Leistung verpflichtet ist. Andernfalls ist die Anwendung der 50-EUR-Freigrenze bzw. die Pauschalierung der Beiträge mit 30 % nach § 37b Abs. 2 EStG zu prüfen.[1]

Vermeidung von Versorgungslücken bei Arbeitnehmerentsendung steuerpflichtig

Tätigt ein inländischer Arbeitgeber Zahlungen an Zusatzversorgungseinrichtungen zur Sicherstellung der Altersversorgung von Arbeitnehmern der ausländischen Konzernmutter, die vorübergehend im Inland beschäftigt werden, sind diese steuerpflichtig.[2] Ein Verstoß gegen EU-Recht liegt nicht vor.[3]

Arbeitgeberleistungen zum Versicherungsschutz

Leistungen des Arbeitgebers für den Versicherungsschutz der Arbeitnehmer fallen unter bestimmten Voraussetzungen unter die Sachbezugsfreigrenze von monatlich 50 EUR. Für die Anwendung der Freigrenze ist zwischen Barlohn und Sachlohn abzugrenzen:

- Sofern der Arbeitgeber als Versicherungsnehmer für die Arbeitnehmer seines Unternehmens eine Zusatzversicherung abschließt, handelt es sich um Sachlohn und die Sachbezugsfreigrenze ist anzuwenden.
- Leistet der Arbeitgeber dagegen lediglich einen Barzuschuss zu einer vom Arbeitnehmer abgeschlossenen (privaten) Zusatzversicherung, liegt (steuerpflichtiger) Barlohn vor und die Sachbezugsfreigrenze gilt nicht.

Dementsprechend ist für die lohnsteuerliche Behandlung zwischen der steuerbegünstigten Gewährung von Versicherungsschutz durch den Arbeitgeber und der steuerpflichtigen Zahlung eines Zuschusses zur privaten Versicherung des Arbeitnehmers zu unterscheiden.

Gewährung von Versicherungsschutz (Arbeitgeber ist Versicherungsnehmer)

Bei der Gewährung von Kranken-, Krankentagegeld- oder Pflegeversicherungsschutz liegt bei Abschluss einer Kranken-, Krankentagegeld- oder Pflegeversicherung und Beitragszahlung durch den Arbeitgeber ein Sachbezug vor, für den die Freigrenze von 50 EUR gilt. In diesem Fall schließt der Arbeitgeber zugunsten des Arbeitnehmers eine betriebliche Versicherung ab und leistet die Beiträge unmittelbar an das Versicherungsunternehmen. Der Arbeitgeber ist Versicherungsnehmer, der Arbeitnehmer ist Bezugsberechtigter.[4]

Wichtig

Sachbezugsfreigrenze nur bei monatlichem Zufluss

Die als Sachbezug anzusehenden Leistungen des Arbeitgebers sind im Rahmen der Freigrenze nur steuerfrei, wenn dem Arbeitnehmer der Sachbezug monatlich zufließt und dieser – einschließlich weiterer gewährter Sachbezüge[5] – im Monat 50 EUR nicht übersteigt.

Für den lohnsteuerlichen Zufluss ist nicht maßgebend, wann der Arbeitgeber den Beitrag an die Versicherung leistet, sondern der Zeitpunkt, zu dem der Arbeitgeber dem Arbeitnehmer den Versicherungsschutz (rechtlich gesehen) gewährt. Dies bedeutet, dass die Leistungen des Arbeitgebers im Rahmen der monatlichen Sachbezugsfreigrenze[6] begünstigt sind, wenn der Arbeitgeber den Versicherungsschutz auch monatlich erbringt.

Ob der Versicherungsschutz monatlich (laufend) oder jährlich (einmalig) gewährt wird, müssen Arbeitgeber im Einzelfall, z. B. anhand der Regelungen in den (allgemeinen) Versicherungsbedingungen oder des jeweiligen Versicherungsvertrags, entscheiden. Auch wenn der Arbeitgeber den Beitrag jährlich an die Versicherung leistet, kann ein monatlicher Lohnzufluss, der im Rahmen der Sachbezugsfreigrenze begünstigt ist, vorliegen, wenn der Arbeitgeber dem Arbeitnehmer den Versicherungsschutz monatlich einräumt. Dementsprechend fließt Arbeitnehmern der Krankenversicherungsschutz (trotz jährlicher Zahlung des Versicherungsbeitrags durch den Arbeitgeber) als laufender Arbeitslohn[7] monatlich zu, wenn

- gemäß den Versicherungsbedingungen Voraussetzung für den Versicherungsschutz ein bestehendes Arbeitsverhältnis zum Arbeitgeber ist,
- die Versicherung die Beiträge monatlich kalkuliert und im Versicherungsschein als monatliche Beiträge ausweist,
- der Arbeitgeber den Beitrag nur (aus dem Grund) jährlich im Voraus leistet, um einen Rabatt auf den Gesamtversicherungsbeitrag zu erhalten.

In diesem Fall stellt die jährliche Zahlung lediglich eine Vereinbarung im Verhältnis Arbeitgeber und Versicherung dar, die jedoch (lohnsteuerlich) keinen jährlichen Zufluss des Versicherungsschutzes gegenüber den Arbeitnehmern zur Folge hat. Die (monatlichen) Leistungen des Arbeitgebers fallen daher unter die Sachbezugsfreigrenze.[8]

Zuschuss zum Versicherungsschutz (Arbeitnehmer ist Versicherungsnehmer)

Es liegt kein Sachbezug, sondern eine steuerpflichtige Geldleistung des Arbeitgebers vor, wenn bei Abschluss einer Kranken-, Krankentagegeld- oder Pflegeversicherung und Beitragszahlung durch den Arbeitnehmer der Arbeitgeber hierzu lediglich einen Zuschuss leistet. Dies gilt auch dann, wenn die Zahlung des Arbeitgebers an den Arbeitnehmer mit der Auflage verbunden ist, dass der Arbeitnehmer die Geldleistung für seine private Versicherung verwenden soll (zweckgebundene Geldleistung). Selbst wenn der Arbeitnehmer mit einem vom Arbeitgeber benannten Unternehmen den (privaten) Versicherungsvertrag abgeschlossen hat, liegt Barlohn vor.[9]

Wichtig

Arbeitgeberleistungen zur freiwilligen Unfallversicherung

Die Unterscheidung zwischen Barlohn und Sachlohn gilt auch bei Abschluss einer freiwilligen Unfallversicherung, sofern der Arbeitnehmer den Versicherungsanspruch unmittelbar gegenüber dem Versicherungsunternehmen geltend machen kann und die Pauschalierung für Gruppenunfallversicherungen nicht zum Ansatz kommt. Dies bedeutet, dass es sich in den Fällen, in denen der Arbeitgeber

1 § 3 Nr. 62 Satz 1 EStG.
2 BFH, Urteil v. 28.5.2009, VI R 27/06, BStBl 2009 II S. 857.
3 Arbeitnehmerfreizügigkeit i. S. v. Art. 39 EG, Niederlassungsfreiheit i. S. v. Art. 43 EG und Dienstleistungsfreiheit i. S. v. Art. 49 EG.
4 BMF, Schreiben v. 15.3.2022, IV C 5 – S 2334/19/10007 :007, BStBl 2022 I S. 242.
5 R 8.1 Abs. 3 Satz 2 LStR
6 § 8 Abs. 2 Satz 11 EStG.
7 § 38a Abs. 1 Satz 2 EStG.
8 FG Baden-Württemberg, Urteil v. 21.10.2022, 10 K 262/22.
9 BMF, Schreiben v. 15.3.2022, IV C 5 – S 2334/19/10007 :007, BStBl 2022 I S. 242.

- als Versicherungsnehmer für die Arbeitnehmer seines Unternehmens eine freiwillige Unfallversicherung abschließt, um Sachlohn handelt und die Sachbezugsfreigrenze anzuwenden ist;
- lediglich einen Barzuschuss zu einer vom Arbeitnehmer abgeschlossenen Unfallversicherung leistet, um Barlohn handelt und die Sachbezugsfreigrenze nicht anzuwenden ist.

Die Finanzverwaltung verdeutlicht im BMF-Schreiben v. 15.3.2022[1], dass die Sachbezugsfreigrenze für den Bereich der betrieblichen Altersversorgung und bei Anwendung der Pauschalierung für ⇗ Gruppenunfallversicherungen nicht anzuwenden ist.

Zukunftssicherungsleistungen im Einzelnen

Arbeitgeberanteil zur Sozialversicherung

Als gesetzliche Zukunftssicherungsleistung gehört insbesondere der Arbeitgeberanteil zur Sozialversicherung (Rentenversicherung, Krankenversicherung, Pflegeversicherung und Arbeitsförderung) zum steuerfreien Arbeitslohn.[2] Nach der Rechtsprechung kommt der gesetzlichen Steuerbefreiung allerdings nur deklaratorische Bedeutung zu. Die Leistung des Arbeitgebers zum Gesamtsozialversicherungsbeitrag wird nicht als Gegenleistung für die vom Arbeitnehmer zur Verfügung gestellte Arbeitsleistung beurteilt, sondern als eine eigene öffentliche Verpflichtung des Arbeitgebers im Rahmen des Generationenvertrags.[3] Diese kann nach Auffassung des BFH bereits dem Grunde nach nicht dem (steuerbaren) Arbeitslohn zugeordnet werden.

Beitragsanteile am Gesamtsozialversicherungsbeitrag, die der Arbeitgeber ohne gesetzliche Verpflichtung rechtsirrtümlich übernommen hat, sind nur dann kein Arbeitslohn, wenn sie dem Arbeitgeber zurückgezahlt worden sind und der Arbeitnehmer keine Versicherungsleistung erhalten hat.[4]

Wichtig

Zukunftssicherung bei Kommanditisten und Gesellschafter-Geschäftsführern

Die Steuerbefreiung gilt ausschließlich für Zukunftssicherungsleistungen des Arbeitgebers zugunsten seines Arbeitnehmers. Sie findet daher nur Anwendung, wenn aus der Beschäftigung Einkünfte aus nichtselbstständiger Tätigkeit erzielt werden. Ein Kommanditist einer KG ist steuerlich als Mitunternehmer zu beurteilen und steht in keinem Dienstverhältnis. Arbeitgeberanteile zur Sozialversicherung eines Kommanditisten sind daher steuerpflichtig.[5] Die von der KG übernommenen Beiträge zur Sozialversicherung erhöhen den Gewinnanteil des Kommanditisten und rechnen zu den Einkünften aus Gewerbebetrieb.[6]

Die Frage, ob bei GmbH-Gesellschafter-Geschäftsführern Sozialversicherungspflicht besteht, ist allein nach sozialversicherungsrechtlichen Vorschriften durch den Sozialversicherungsträger zu beurteilen. Der Entscheidung des zuständigen Sozialversicherungsträgers ist zu folgen, wenn sie nicht offensichtlich rechtwidrig ist.[7] GmbH-Gesellschafter-Geschäftsführer haben maßgebenden Einfluss auf die Willensbildung der Gesellschaft. Aufwendungen für die Zukunftssicherung von GmbH-Gesellschafter-Geschäftsführern rechnen daher i. d. R. zum steuerpflichtigen Arbeitslohn.

Arbeitnehmeranteil zur Sozialversicherung

Der Arbeitnehmeranteil zur gesetzlichen Sozialversicherung gehört zum steuerpflichtigen Arbeitslohn.[8] Übernimmt der Arbeitgeber über seine gesetzliche Verpflichtung hinaus freiwillig auch den Arbeitnehmeranteil am Gesamtsozialversicherungsbeitrag, liegt ebenfalls steuerpflichtiger Arbeitslohn vor. Der Beitragszuschlag für Kinderlose in der sozialen Pflegeversicherung von 0,6 % (bis 30.6.2023: 0,35 %) ist vom Arbeitnehmer allein zu tragen und kann daher vom Arbeitgeber nicht steuerfrei erstattet werden. Ab dem 2. bis zum 5. Kind werden Arbeitnehmer mit einem Abschlag i. H. v. 0,25 Beitragssatzpunkten pro Kind (bis zum 25. Geburtstag) entlastet.[9]

Den kassenindividuellen Zusatzbeitrag zur gesetzlichen Krankenversicherung des Arbeitnehmers tragen jeweils hälftig Arbeitgeber und Arbeitnehmer. Der gesetzliche Anteil des Arbeitgebers ist steuerfrei.[10] Übernimmt der Arbeitgeber auch den Arbeitnehmeranteil, liegt insoweit steuerpflichtiger Arbeitslohn vor.

Übernommene Beiträge nach einer Betriebsprüfung

Die vom Arbeitgeber im Anschluss an eine Betriebsprüfung durch den Rentenversicherungsträger zu übernehmenden Arbeitnehmeranteile am Gesamtsozialversicherungsbeitrag unterliegen nicht der Besteuerung, soweit der Arbeitgeber die übernommenen Beiträge an den Arbeitnehmer nicht weiterbelasten darf.[11, 12] Verzichtet jedoch ein Arbeitgeber nach einer Prüfung auf sein für 3 Gehaltszahlungen bestehendes Rückgriffsrecht gegenüber dem Arbeitnehmer, liegt in Höhe der übernommenen Arbeitnehmeranteile steuerpflichtiger Arbeitslohn vor.[13] Steuerpflichtiger Arbeitslohn liegt stets vor, wenn Arbeitgeber und Arbeitnehmer eine ⇗ Nettolohnvereinbarung getroffen haben oder der Arbeitgeber zwecks Steuer- und Beitragshinterziehung die Unmöglichkeit einer späteren Rückbelastung beim Arbeitnehmer bewusst in Kauf genommen hat.[14] Der Zufluss ist im Fall einer Nettolohnvereinbarung im Zeitpunkt der Lohnzahlung und im Fall einer „Schwarzlohnzahlung" im Zeitpunkt der Nachentrichtung der Beiträge anzunehmen.

Freiwillige und private Kranken- und Pflegeversicherung

Besser verdienende Arbeitnehmer, welche die Jahresarbeitsentgeltgrenze überschreiten, müssen sich freiwillig in der gesetzlichen Krankenversicherung versichern oder eine private Krankenversicherung abschließen. Gleiches gilt für die Versicherung in der sozialen Pflegeversicherung bzw. für den Abschluss einer privaten Pflege-Pflichtversicherung. In allen Fällen besteht unter bestimmten Voraussetzungen ein gesetzlicher Anspruch auf einen Beitragszuschuss durch den Arbeitgeber. Soweit der Arbeitgeber zur Zuschussleistung gesetzlich verpflichtet ist, bleibt der Arbeitgeberzuschuss steuerfrei.[15] Beiträge zu einer privaten Krankenversicherung sind grundsätzlich auch dann zuschussfähig, wenn der Krankenversicherungsvertrag Leistungserweiterungen enthält. Hierfür ist entscheidend, dass die Höhe des Arbeitgeberzuschusses[16] nicht leistungsbezogen begrenzt wird.[17]

Berufsständische Versorgungseinrichtung

Steuerfrei geleistet werden können auch Zuschüsse des Arbeitgebers nach § 172a SGB VI zu einer berufsständischen Versorgungseinrichtung für Arbeitnehmer, die nach § 6 Abs. 1 Nr. 1 SGB VI auf Antrag von der Versicherungspflicht in der gesetzlichen Rentenversicherung befreit worden sind.[18]

Maßgebender Versicherungsstatus

Für Arbeitnehmer, die kraft Gesetzes in der gesetzlichen Rentenversicherung versicherungsfrei sind (z. B. Vorstandsmitglieder einer AG), gilt die Steuerbefreiung nach § 3 Nr. 62 Satz 2 EStG nicht. Sie kommt nur zur Anwendung, wenn der Arbeitnehmer von der Versicherungspflicht in der gesetzlichen Rentenversicherung auf Antrag nach den in R 3.62 Abs. 3 LStR genannten Vorschriften befreit wurde.

Die Steuerbefreiung gilt jedoch nach Ansicht der Finanzverwaltung auch dann, wenn Arbeitgeberzuschüsse wegen der unterschiedlichen Altersgrenzen in der gesetzlichen Rentenversicherung und einem berufsständischen Versorgungswerk weiterhin zu zahlen sind. Außerdem bleiben entsprechende Zuschüsse steuerfrei, wenn durch den gleichzeitigen Bezug einer Vollrente wegen Alters aus der gesetzlichen Rentenversicherung dort Versicherungsfreiheit eintritt.[19] Steuerpflichtiger Arbeitslohn

1 BMF, Schreiben v. 15.3.2022, IV C 5 – S 2334/19/10007 :007, BStBl 2022 I S. 242.
2 § 3 Nr. 62 Satz 1 EStG.
3 BFH, Urteil v. 6.6.2002, VI R 178/97, BStBl 2003 II S. 34.
4 BFH, Urteil v. 27.3.1992, VI R 35/89, BStBl 1992 II S. 663.
5 § 3 Nr. 62 Satz 1 EStG.
6 BFH, Urteil v. 6.6.2002, VI R 178/97, BStBl 2003 II S. 34.
7 BFH, Urteil v. 6.6.2002, VI R 178/97, BStBl 2003 II S. 34.
8 BFH, Urteil v. 16.1.2007, IX R 69/04, BStBl 2007 II S. 579.
9 § 55 Abs. 3 SGB XI.
10 § 3 Nr. 62 Satz 1 EStG.
11 § 28g Satz 3 SGB IV.
12 BFH, Urteil v. 29.10.1993, VI R 4/87, BStBl 1994 II S. 194.
13 § 28g Satz 3 SGB IV.
14 BFH, Urteil v. 13.9.2007, VI R 54/03, BStBl 2008 II S. 58.
15 § 3 Nr. 62 Satz 1 EStG.
16 § 257 Abs. 2 Satz 2 SGB V.
17 R 3.62 Abs. 2 Nr. 3 LStR.
18 § 3 Nr. 62 Satz 2 Buchst. c EStG.
19 § 172 SGB IV.

liegt dagegen vor, wenn der Arbeitnehmer in einem berufsständischen Versorgungswerk pflichtversichert ist, jedoch als Vorstandsmitglied einer AG kraft Gesetzes in der gesetzlichen Rentenversicherung versicherungsfrei ist.[1]

Befreiende Lebensversicherung

Rentenversicherungspflicht besteht für alle Arbeitnehmer grundsätzlich erst seit 1968. Vor diesem Zeitpunkt bestand eine bestimmte Versicherungspflichtgrenze. Danach waren besser verdienende Arbeitnehmer nicht rentenversicherungspflichtig. Die Altersvorsorge wurde von diesen Arbeitnehmern durch eigene Maßnahmen aufgebaut, z. B. durch den Abschluss einer Lebensversicherung. Dieser Personenkreis konnte sich auf Antrag von der Versicherungspflicht in der gesetzlichen Rentenversicherung befreien lassen und die eigene Altersvorsorge (sog. „Befreiende Lebensversicherung") fortführen, wenn aufgrund einer Erhöhung der Versicherungspflichtgrenze wieder Versicherungspflicht bestand. Arbeitnehmer, die noch heute in einem aktiven Dienstverhältnis stehen, können von ihrem Arbeitgeber einen Zuschuss zur eigenen Altersvorsorge erhalten. Die Zuschüsse werden den gesetzlichen Pflichtbeiträgen gleichgestellt und sind deshalb steuerfrei.[2]

Umfang der Steuerbefreiung

Ein steuerfreier Arbeitgeberzuschuss ist in der Höhe möglich, der als Arbeitgeberanteil bei Versicherungspflicht in der allgemeinen Rentenversicherung zu zahlen wäre. Die Steuerfreiheit ist jedoch stets auf die Hälfte der tatsächlichen Gesamtaufwendungen des Arbeitnehmers begrenzt.

Für Arbeitnehmer, die unter die knappschaftliche Rentenversicherung fallen, ist der Betrag steuerfrei, der als Arbeitgeberanteil in der knappschaftlichen Rentenversicherung zu entrichten wäre, höchstens jedoch 2/3 der Gesamtaufwendungen des Arbeitnehmers. Werden Zuschüsse nach Wegfall der Lohnfortzahlung (z. B. im Krankheitsfall oder bei unbezahltem Urlaub) weiter gewährt, sind sie steuerpflichtig.

Nachweispflicht des Arbeitnehmers

Der Arbeitgeber kann die steuerfreien Zuschüsse unmittelbar an den Versicherungsträger oder an den Arbeitnehmer auszahlen. Zahlt der Arbeitgeber die steuerfreien Zuschüsse unmittelbar an den Arbeitnehmer aus, hat dieser die zweckentsprechende Verwendung durch eine Bescheinigung des Versicherungsträgers bis zum 30. April des Folgejahres nachzuweisen. Die Bescheinigung ist als Unterlage zum Lohnkonto zu nehmen.

Maßgebender Versicherungsstatus

Für Arbeitnehmer, die kraft Gesetzes in der gesetzlichen Rentenversicherung versicherungsfrei sind (z. B. Vorstandsmitglieder einer AG), gilt diese Steuerbefreiungsvorschrift nicht. Die Steuerbefreiung nach § 3 Nr. 62 Satz 2 EStG kommt nur dann zur Anwendung, wenn der Arbeitnehmer von der Versicherungspflicht in der gesetzlichen Rentenversicherung auf Antrag befreit wurde. Dies gilt auch dann, wenn der Arbeitnehmer sich ursprünglich auf eigenen Antrag von der Rentenversicherungspflicht hatte befreien lassen, und erst nachträglich kraft Gesetzes rentenversicherungsfrei wurde. Für die Steuerfreiheit von Arbeitgeberzuschüssen zu einer Lebensversicherung ist der gegenwärtige Versicherungsstatus des Arbeitnehmers maßgebend.[3]

Weitere gesetzliche Zukunftssicherungsleistungen

Steuerfrei bleiben auch

- Beiträge des Arbeitgebers, die aufgrund einer Verpflichtung nach einer Rechtsverordnung geleistet werden[4]
- pauschale Beiträge des Arbeitgebers zur Krankenversicherung[5] und zur Rentenversicherung[6] bei ⬀ geringfügig Beschäftigten. Insoweit ist ohne Bedeutung, ob der Arbeitnehmer in der gesetzlichen Rentenversicherung versicherungspflichtig beschäftigt ist oder auf die Versicherungspflicht verzichtet. Die Übernahme des Arbeitnehmeranteils zur Rentenversicherung zählt jedoch als steuerpflichtiger Arbeitslohn.
- Beiträge des Arbeitgebers zur gesetzlichen Unfallversicherung.

1 BFH, Beschluss v. 20.5.2010, VI B 111/09, BFH/NV 2010 S. 1445.
2 § 3 Nr. 62 Satz 2 EStG.
3 BFH, Urteil v. 10.10.2002, VI R 95/99, BStBl 2002 II S. 886.
4 Z. B. übernommene Arbeitnehmeranteile am Gesamtsozialversicherungsbeitrag nach § 3 Abs. 3 Satz 3 SvEV oder erstattete Krankenversicherungsbeiträge nach § 9 Mutterschutz- und Elternzeitverordnung oder nach entsprechenden Rechtsvorschriften der Länder.
5 5 % bzw. 13 % des Arbeitsentgelts nach § 249b SGB V
6 5 % bzw. 15 % des Arbeitsentgelts nach § 168 Abs. 1 Nrn. 1b oder 1c, § 172 Abs. 3 oder 3a, § 276a Abs. 1 SGB VI.

Betriebliche Berufsunfähigkeitsversicherung des Arbeitgebers

Bei einer betrieblichen Berufsunfähigkeitsversicherung leistet der Arbeitgeber Beiträge zu einer von ihm abgeschlossenen Gruppenversicherung und die begünstigten Arbeitnehmer erhalten im Versicherungsfall (teilweise oder vollumfängliche Berufsunfähigkeit) eine entsprechende Versicherungsleistung. Für die steuerliche Behandlung der Arbeitgeberbeiträge ist zu unterscheiden, ob dem Arbeitnehmer im Zeitpunkt der Beitragszahlung ein eigener Rechtsanspruch auf Auskehrung der späteren Versicherungsleistung eingeräumt wird oder nur der Arbeitgeber die Leistung gegenüber der Versicherung geltend machen kann.

Erwirbt der Arbeitnehmer gegen die Versicherung einen eigenen Rechtsanspruch auf die späteren Leistungen, führen bereits die laufenden Beiträge des Arbeitgebers zu Arbeitslohn. Die Beiträge des Arbeitgebers unterliegen i. d. R. dem individuellen Lohnsteuerabzug. Insbesondere eine Lohnsteuerpauschalierung der Beiträge mit 20 %[7] ist nicht zulässig, da keine „Unfallversicherung" im Sinne der Vorschrift vorliegt. Sofern die Beiträge des Arbeitgebers einen Sachbezug darstellen, ist die Anwendung der 50-EUR-Freigrenze bzw. die Pauschalierung der Beiträge mit 30 %[8] zu prüfen. Die späteren Versicherungsleistungen an den Arbeitnehmer führen nicht nochmals zu Arbeitslohn, wenn der Arbeitgeber diese im Zeitpunkt der Beitragsleistung bereits lohnversteuert hat.

Hat nur der Arbeitgeber gegenüber der Versicherung einen Rechtsanspruch auf die späteren Versorgungsleistungen, führen die Beiträge des Arbeitgebers zur Berufsunfähigkeitsversicherung nicht zu steuerpflichtigem Arbeitslohn. Ein Lohnsteuerabzug im Zeitpunkt der Beitragsleistung scheidet somit aus. In diesem Fall stellen jedoch die späteren Versicherungsleistungen Arbeitslohn dar. Sie sind bei Auszahlung nach den individuellen Lohnsteuerabzugsmerkmalen des Arbeitnehmers zu versteuern. Zahlt die Versicherung die Leistungen unmittelbar an den Arbeitnehmer, liegt eine sog. ⬀ Lohnzahlung durch Dritte vor, bei dem der Arbeitgeber ebenfalls zum Lohnsteuerabzug verpflichtet ist.

Abgrenzung zur betrieblichen Altersversorgung

Freiwillige Zuwendungen im Rahmen der ⬀ betrieblichen Altersversorgung (Direktversicherung, Pensionskasse, Pensionsfonds) sind von den gesetzlichen Zukunftssicherungsleistungen zu unterscheiden. Der steuerfreie Aufbau der Basisversorgung, also insbesondere der gesetzlichen Rentenversicherung, erfolgt über § 3 Nr. 62 EStG, während der Aufbau einer Zusatzversorgung über § 3 Nr. 56 EStG oder § 3 Nr. 63 EStG gefördert wird. Die Steuerbefreiung nach § 3 Nr. 62 EStG gilt nicht im Bereich der betrieblichen Altersversorgung. Die Freistellung der Beiträge erfolgt in diesem Fall nach § 3 Nr. 56 und 63 EStG.

Wichtig

Rangfolge der Steuerbefreiungen beachten

Im Einzelfall – insbesondere bei Versorgung in einer Pensionskasse – können beide Voraussetzungen für eine Steuerbefreiung der Arbeitgeberbeiträge erfüllt sein:

1. die Steuerbefreiung nach § 3 Nr. 62 EStG (Basisversorgung) und
2. die Steuerfreiheit nach § 3 Nrn. 56 und 63 EStG (Betriebliche Altersversorgung).

Vorrangig gelten in diesem Fall die für die betriebliche Altersversorgung geltenden Vorschriften.[9] Im Unterschied zu § 3 Nr. 62 EStG sind die Steuerbefreiungen nach § 3 Nrn. 56 und 63 EStG nur begrenzt steuerfrei. Die Steuerbefreiung nach § 3 Nr. 62 EStG ist allerdings auch insoweit ausgeschlossen, als die Höchstbeträge nach § 3 Nrn. 56 und 63 EStG bereits voll ausgeschöpft sind.

7 § 40b Abs. 3 EStG.
8 § 37b Abs. 2 EStG.
9 § 3 Nr. 62 Satz 1 EStG.

Zulagen

Zulagen sind Zahlungen des Arbeitgebers, die zusätzlich zum vereinbarten Lohn aufgrund einer tarifvertraglichen Regelung, einer Betriebsvereinbarung oder aufgrund des Einzelarbeitsvertrags gezahlt werden. Grundsätzlich sind alle Zulagen, die einem Arbeitnehmer im Rahmen des Dienstverhältnisses zufließen, unabhängig von ihrer konkreten Bezeichnung, steuer- und beitragspflichtiger Arbeitslohn.

Gesetze, Vorschriften und Rechtsprechung

Lohnsteuer: Der Begriff des Arbeitslohns und die damit verbundene Lohnsteuerpflicht ergibt sich aus § 19 Abs. 1 EStG i. V. m. R 19.3 LStR.

Sozialversicherung: § 14 SGB IV regelt, welche Einnahmen aus einer Beschäftigung zum Arbeitsentgelt zählen. Die Beitragspflicht des Arbeitsentgelts in der Sozialversicherung ergibt sich aus § 14 Abs. 1 SGB IV. Die Beitragsfreiheit als Konsequenz der Anwendung des Steuerfreibetrags ergibt sich aus § 1 Abs. 1 Satz 1 SvEV.

Entgelt	LSt	SV
Zulage	pflichtig	pflichtig
Stellenzulage (Beamte)	pflichtig	frei

Entgelt

Steuer- und Beitragspflicht

Sämtliche Zulagen, die der Arbeitgeber dem Arbeitnehmer im Rahmen des bestehenden Arbeitsverhältnisses gewährt, sind – unabhängig von ihrer konkreten Bezeichnung – steuerpflichtiger Arbeitslohn. Ausnahmeregelungen bestehen insoweit nicht. Alle Zulagen gehören sozialversicherungsrechtlich zu den variablen Arbeitsentgeltbestandteilen. Sie sind beitragspflichtiges Arbeitsentgelt, soweit sie im Rahmen eines versicherungspflichtigen Beschäftigungsverhältnisses gewährt werden.

Zulagen sind von Zuschlägen i. S. v. § 3b EStG für tatsächlich geleistete ⬀ Sonntagsarbeit, ⬀ Feiertagsarbeit oder ⬀ Nachtarbeit zu unterscheiden.

Zulagen im Einzelnen

Erschwerniszulage

Erschwerniszulagen sind Lohnzulagen, die wegen der Besonderheit der Arbeit gezahlt werden. Die Besonderheit der Arbeit kann darin bestehen, dass sie entweder besondere technische Fertigkeiten erfordert oder unter ungünstigen Arbeitsbedingungen verrichtet werden muss oder für den Arbeitnehmer eine erhöhte Unfallgefahr mit sich bringt.

Entsendezulage

Entsendezulagen sind Zulagen, die wegen der vorübergehenden Beschäftigung in einem anderen Land gezahlt werden. Regelmäßig sollen hiermit die höheren Lebenshaltungskosten in dem anderen Land ausgeglichen werden (z. B. Miete, Verpflegung etc.). Die zusätzlich zum Grundlohn gezahlte Zulage ist grundsätzlich steuer- und beitragspflichtiger Arbeitslohn. Es ist jedoch im Einzelfall zu prüfen, ob die Zulage (teilweise) nach § 3 Nr. 16 EStG steuerfrei bleiben kann, wenn die Voraussetzungen für eine Auswärtstätigkeit oder doppelte Haushaltsführung erfüllt sind.

Kraftfahrerzulage

Eine Kraftfahrerzulage wird Arbeitnehmern gewährt, zu deren Aufgaben insbesondere die Personentransportbeförderung, Besorgungs- und Kurierfahrten sowie das Führen der Fahrtenbücher und das Überwachen und Reinigen der Dienstfahrzeuge gehört. Die Kraftfahrerzulage ist eine Erschwerniszulage, die wegen der Besonderheit der Arbeit gezahlt wird. Die zusätzlich zum Grundlohn gezahlte Zulage ist steuer- und beitragspflichtiger Arbeitslohn.

Technische Zulage

Die technische Zulage ist eine Erschwerniszulage, die wegen der Besonderheit der Arbeit gezahlt wird. Die zusätzlich zum Grundlohn gezahlte Zulage ist steuer- und beitragspflichtiger Arbeitslohn. Da sie typischerweise regelmäßig bezahlt wird, gehört sie zum laufenden Arbeitslohn und sozialversicherungsrechtlich zum laufenden Arbeitsentgelt.

Schneezulage

Eine Schneezulage wird regelmäßig gezahlt, wenn die Arbeitsverrichtung durch besondere Witterungsverhältnisse erheblich erschwert wird. Die Schneezulage ist eine Erschwerniszulage, die wegen der Besonderheit der Arbeit gezahlt wird. Die zusätzlich zum Grundlohn gezahlte Zulage ist steuer- und beitragspflichtiger Arbeitslohn. Da sie i. d. R. laufend gezahlt wird, handelt es sich sowohl um laufenden Arbeitslohn als auch um regelmäßiges Arbeitsentgelt in der Sozialversicherung.

Frostzulage

Eine Frostzulage wird gezahlt, wenn die Arbeitsverrichtung durch besondere Witterungsverhältnisse erheblich erschwert wird. Die Gewährung der Zulage hängt von der Unterschreitung einer definierten Temperatur ab. Die Frostzulage ist eine Erschwerniszulage, die wegen der Besonderheit der Arbeit gezahlt wird. Die zusätzlich zum Grundlohn gezahlte Zulage ist steuer- und beitragspflichtiger Arbeitslohn.

Schmutzzulage/Staubzulage

Die Schmutzzulage ist eine Erschwerniszulage, die wegen der Besonderheit der Arbeit gezahlt wird. Die zusätzlich zum Grundlohn gezahlte Zulage ist steuer- und beitragspflichtiger Arbeitslohn. In gleicher Weise ist die ebenfalls als Erschwerniszulage geleistete Staubzulage steuer- und beitragspflichtig. Da diese Zulagen i. d. R. laufend gezahlt werden, handelt es sich sowohl um laufenden Arbeitslohn als auch um regelmäßiges Arbeitsentgelt in der Sozialversicherung.

Gefahrenzulage

Bei der Gefahrenzulage handelt es sich um eine Gehaltszulage, die dem Arbeitnehmer aufgrund erheblich erschwerter oder gesundheitsgefährdender Arbeitsbedingungen gewährt wird. Die Gefahrenzulage ist eine Erschwerniszulage, die wegen der Besonderheit der Arbeit gezahlt wird. Die zusätzlich zum Grundlohn gezahlte Zulage ist steuer- und beitragspflichtiger Arbeitslohn.[1] Gefahrenzulagen werden typischerweise für einen längeren Zeitraum bezahlt und als laufender Arbeitslohn bzw. regelmäßiges Arbeitsentgelt ausgezahlt.

Taucherzulage

Die Taucherzulage ist eine Erschwerniszulage, die wegen der Besonderheit der Arbeit gezahlt wird. Die zusätzlich zum Grundlohn gezahlte Zulage ist steuer- und beitragspflichtiger Arbeitslohn.

Wechselschichtzulage

Eine Wechselschichtzulage erhalten Arbeitnehmer, die ständig nach einem Schichtplan bzw. Dienstplan eingesetzt werden, der einen regelmäßigen Wechsel der täglichen Arbeitszeit vorsieht, z. B. Arbeitsschichten am Tag, in der Nacht, werktags, sonntags und feiertags. Die Wechselschichtzulage ist eine Erschwerniszulage, die wegen der Besonderheit der Arbeit gezahlt wird. Die zusätzlich zum Grundlohn gezahlte Zulage ist steuer- und beitragspflichtiger Arbeitslohn.

Montagezulage

Montagezulagen sind Gehaltszuschläge, die üblicherweise in der Baubranche geleistet werden. Sie werden vom Arbeitgeber i. d. R. dann gewährt, wenn der Arbeitnehmer im Rahmen einer beruflichen Auswärtstätigkeit an einer Baustelle oder Maschine tätig wird. Montagezulagen stellen eine Erschwerniszulage dar, die wegen der Besonderheit der Arbeit gezahlt wird. Die zusätzlich zum Grundlohn gezahlte Zulage ist steuer- und beitragspflichtiger Arbeitslohn.

1 BFH, Urteil v. 15.9.2011, VI R 6/09, BStBl II 2012 S. 144.

Nachtdienstzulage

Die Nachtdienstzulage ist eine Gehaltszulage, welche die besonderen Erschwernisse der zu verrichtenden Arbeitsleistung während der Nachtzeit – von 23 bis 6 Uhr, in Bäckereien und Konditoreien die Zeit von 22 bis 5 Uhr[1]- abgelten soll. Wird mit einer Nachtdienstzulage nur die Rufbereitschaft während der Nachtzeit abgegolten, handelt es sich um eine Bereitschaftsdienstzulage. Die pauschal gezahlte Zulage ist steuer- und beitragspflichtiger Arbeitslohn.

Hinweis

Unterschied zwischen Nachtdienstzulage und Nachtarbeitszuschlag

Die Nachtdienstzulage ist begrifflich eng verwandt mit dem ⇗ Nachtarbeitszuschlag. Beide Vergütungsformen werden als Kompensation für den Einsatz des Arbeitnehmers in den Nachtstunden gewährt. Im Unterschied zur steuerpflichtigen Nachtdienstzulage sind Nachtarbeitszuschläge innerhalb bestimmter Grenzen steuer- und beitragsfrei.

Schichtzulage

Die Schichtzulage soll mit dem Schichtdienst verbundene Arbeitserschwernisse ausgleichen. Sie gehört als Zeitzuschlag zum laufenden steuerpflichtigen Arbeitslohn bzw. beitragspflichtigen Arbeitsentgelt. Da die Zulage i. d. R. laufend gezahlt wird, handelt es sich sowohl um laufenden Arbeitslohn als auch um laufendes Arbeitsentgelt in der Sozialversicherung. Sonderregelungen gelten für Sonn-, Feiertags- und Nachtzuschläge.

Spätarbeitszulage

Spätarbeitszuschläge, die ausschließlich eine arbeitszeitbedingte Erschwernis abgelten, sind innerhalb der Grenzen des § 3b EStG steuerbefreit. Zahlt der Arbeitgeber Spätarbeitszulagen für Schichtarbeit, können diese als Zuschläge für ⇗ Sonn-, ⇗ Feiertags- oder ⇗ Nachtarbeit behandelt werden, soweit der Arbeitnehmer die Zulagen für Arbeiten zu den begünstigten Zeiten erhält.

Die beitragsrechtlichen Regelungen zur Sozialversicherung stimmen hier nicht vollständig mit dem Steuerrecht überein: Sonn-, Feiertags- und Nachtarbeitszuschläge sind nur beitragsfrei, soweit das Arbeitsentgelt, aus dem sie berechnet werden, nicht mehr als 25 EUR je Stunde beträgt.

Beispiel

Steuerfreie Spätarbeitszulage

Die Arbeitnehmer eines Betriebs erhalten aufgrund tarifvertraglicher Vereinbarungen für die Arbeit von 18–22 Uhr einen Spätarbeitszuschlag und für gefahrenträchtige Arbeiten eine Gefahrenzulage. Der Arbeitnehmer erhält an einem Tag von 18–22 Uhr einen Spätarbeitszuschlag und in der Zeit von 19–21 Uhr eine Gefahrenzulage.

Ergebnis: Der Spätarbeitszuschlag für die Zeit von 20–22 Uhr ist ein begünstigter Zuschlag für Nachtarbeit und kann i. S. d. § 3b EStG steuerfrei bleiben. Anders als der Spätarbeitszuschlag wird die Gefahrenzulage nicht für die Arbeit zu einer bestimmten Zeit gezahlt und ist deshalb auch nicht steuerbegünstigt – auch dann nicht, wenn sie für die Arbeit in der Zeit von 20–21 Uhr gewährt wird.

Funktionszulage

Funktionszulagen werden gewährt, wenn besondere Anforderungen an Qualifikation und Verantwortung vorliegen, die über die Einstufung oder Eingruppierung nicht genügend erfasst werden können. Voraussetzung für die Gewährung einer an die Funktion gebundene Zulage ist, dass die Funktion überwiegend ausgeübt wird. Die zusätzlich zum Grundlohn gezahlte Zulage ist steuer- und beitragspflichtiger Arbeitslohn. Da sie typischerweise regelmäßig bezahlt wird, stellt sie laufenden Arbeitslohn bzw. regelmäßiges Arbeitsentgelt dar.

1 § 2 Abs. 3 ArbzG

Bereitschaftsdienstzulage

Für den Bereitschaftsdienst außerhalb der regulären Arbeitszeit kann eine Bereitschaftsdienstzulage vom Arbeitgeber gezahlt werden. Sie wird im Zusammenhang mit der Arbeitsleistung des Arbeitnehmers gewährt und ist damit steuer- und beitragspflichtiger Arbeitslohn. Da es sich typischerweise um eine pauschale Zulage handelt, ist sie als laufender Arbeitslohn bzw. als regelmäßiges Arbeitsentgelt zu behandeln.

Achtung

Bereitschaftsdienstzulagen vergüten meist nicht tatsächlich geleistete Stunden

In der Praxis werden Bereitschaftsdienstzulagen häufig pauschal vergütet, weshalb sie keine steuerfreien Zuschläge sind.

Eine Bereitschaftsdienstzulage kann nur dann im Rahmen von steuerfreien Zuschlägen für Sonntags-, Feiertags- und Nachtarbeit gewährt werden, wenn betragsmäßig genau feststeht, dass sie nur für die Sonntags-, Feiertags- oder Nachtarbeit gezahlt werden und keine allgemeinen Gegenleistungen für die Arbeitsleistung darstellen sowie grundsätzlich Einzelaufstellungen der tatsächlich erbrachten Arbeitsstunden geführt werden.[2] Es reicht nicht, aus den geleisteten Bereitschaftsdienstzeiten lediglich im Nachhinein die Stunden zu begünstigten Zeiten herauszurechnen.

Hausmeisterzulage

Die Hausmeisterzulage ist eine Funktionszulage, die Hausmeister und Arbeitnehmer mit hausmeisterähnlichen Tätigkeiten aufgrund der besonderen Anforderung an die Tätigkeit und die damit verbundene Verantwortung erhalten können. Sie wird gewährt, wenn die mit dieser Funktion einhergehenden Besonderheiten der zu verrichtenden Tätigkeiten nicht in ausreichendem Maß über die Eingruppierung in die gesamte Beschäftigungsgruppe berücksichtigt werden kann. Die zusätzlich zum Grundlohn gezahlte Zulage ist steuer- und beitragspflichtiger Arbeitslohn.

Erhält ein Hausmeister weitere ⇗ Zuschläge, z. B. für außergewöhnliche Arbeitszeiten wie Sonntags-, Nacht- oder Feiertagsarbeit, können diese steuerfrei gewährt werden.

Lehrzulage

Üblicherweise erhalten Arbeitnehmer, die neben ihrer hauptamtlichen Tätigkeit in der Aus- und Fortbildung tätig sind, als Ausgleich für die zusätzliche Belastung eine Lehrvergütung. Die Lehrzulage ist eine Funktionszulage, die den besonderen Anforderungen und Qualifikationen der zu verrichtenden Tätigkeit Rechnung trägt. Sie ist steuer- und beitragspflichtiger Arbeitslohn. Da sie typischerweise regelmäßig bezahlt wird, stellt sie laufenden Arbeitslohn bzw. regelmäßiges Arbeitsentgelt dar.

Leistungszulagen

Die Leistungszulage ist eine Sonderzahlung für besondere Arbeitsleistungen für Mitarbeiter innerhalb eines betrieblichen Organisationsprozesses. Sie wird an im Zeitlohn beschäftigte Mitarbeiter gezahlt, die eine Arbeitsleistung erbringen, die über der Normalleistung liegt. Sie ist darauf ausgerichtet, Leistungsanreize zu setzen und somit dem Prinzip einer leistungsgerechten Entlohnung Rechnung zu tragen. Die Leistungszulage ist steuer- und beitragspflichtiger Arbeitslohn.

Facharbeiterzulage

Mitarbeiter mit einer besonderen Qualifikation oder fachlichen Ausbildung können unter bestimmten Umständen eine Facharbeiterzulage erhalten. Da die Facharbeiterzulage im Zusammenhang mit der Bereitstellung der Arbeitsleistung des Arbeitnehmers gewährt wird, handelt es sich hierbei um steuerpflichtigen Arbeitslohn und beitragspflichtiges Arbeitsentgelt. Da sie typischerweise regelmäßig monatlich wiederkehrend gewährt wird, handelt es sich hierbei um laufenden Arbeitslohn bzw. regelmäßiges Arbeitsentgelt.

2 BFH, Urteil v. 29.11.2016, VI R 61/14, BStBl 2017 II S. 718; BFH, Urteil v. 27.8.2002, VI R 64/96, BStBl 2002 II S. 883.

Sozialzulage

Sollen die sozialen Bedürfnisse der Arbeitnehmer unterstützt werden, empfiehlt sich die Gewährung von Sozialzulagen. Den Arbeitnehmern soll dadurch ermöglicht werden ihren sozialen Verpflichtungen nachzukommen.

Teuerungszulage

Bei der Teuerungszulage handelt es sich um eine wegen des Anstiegs der Lebenshaltungskosten gezahlte Zulage zum Lohn oder Gehalt. Der Begriff der Teuerungszulage wird in der Entgeltabrechnung gleichbedeutend mit dem Begriff des Inflationsausgleichs verwendet. Beide Zulagen kommen heute nur noch selten vor und haben ihren Ursprung im Beamtenrecht. Die zusätzlich zum Grundlohn gezahlte Zulage ist steuer- und beitragspflichtiger Arbeitslohn.

Wohnungszulage

Die Wohnungszulage ist das öffentlich-rechtliche Pendant zum Wohnungsgeldzuschuss. Sie wird gewährt für Arbeitnehmer, die trotz Residenzpflicht noch keine Wohnung als Dienstwohnung von ihrem Arbeitgeber zur Verfügung gestellt bekommen haben. Zur Wohnungszulage gehören Ortszuschläge und andere im öffentlichen Dienst mit Rücksicht auf den Familienstand gewährten Zuschläge.

Ballungsraumzulage

Eine besondere Form der Wohnungszulage ist die Ballungsraumzulage. Diese wird wegen überdurchschnittlich hoher Lebenshaltungskosten in Ballungsräumen (z. B. München) zusätzlich gewährt. Die zusätzlich zum Grundlohn gezahlten Zulagen sind steuer- und beitragspflichtiger Arbeitslohn.

Stellenzulage

Insbesondere Beamte und Arbeitnehmer des öffentlichen Dienstes erhalten sog. Stellenzulagen (bzw. Amtszulagen). Stellenzulagen dienen der Bewertung von Funktionen, die sich von den Anforderungen in den Ämtern der betreffenden Besoldungsgruppen deutlich abheben. Häufig werden sie bei gleichartigen Aufgaben in den Ämtern mehrerer Besoldungsgruppen oder für einen Verwaltungszweig zusammengefasst. Per Gesetz sind sie in den Besoldungsordnungen A und B aufgeführt. Aufgrund ihres Funktionsbezugs sind sie bei veränderter Tätigkeit widerruflich und mit Ausnahme der allgemeinen Stellenzulage inzwischen nicht mehr ruhegehaltfähig. Stellenzulagen sind steuerpflichtiger Arbeitslohn.

Beitragsrechtliche Bewertung

Beamte sind aufgrund ihrer beruflichen Tätigkeit nicht versicherungspflichtig zur Sozialversicherung. Beiträge sind aus Stellenzulagen daher nicht zu entrichten. Soweit das Beschäftigungsverhältnis jedoch der Sozialversicherungspflicht unterliegt, gehört auch die Stellenzulage zum beitragspflichtigen Arbeitsentgelt.

Polizeizulage

Die Polizeizulage ist (ebenso wie die Feuerwehrzulage) eine Zahlung des Arbeitgebers, die das Risiko von besonders gefahrennahen Tätigkeiten kompensieren soll. Sie wird monatlich zusätzlich zum vereinbarten Grundlohn gewährt und ist als Stellenzulage steuerpflichtig.[1] Da Polizisten im sog. Vollzugsdienst als Beamte tätig sind, sind sie aufgrund ihrer beruflichen Tätigkeit nicht versicherungspflichtig zur Sozialversicherung. Beiträge sind aus der Polizeizulage daher nicht zu entrichten.

Theaterbetriebszulage

Einige Tarifverträge sehen Sonderregelungen für Beschäftigte an Theatern und Bühnen vor. Eine pauschale Theaterbetriebszulage (z. B. ein gewisser Prozentsatz des Bruttogehalts), die unabhängig vom Umfang der geleisteten Sonntags-, Feiertags- oder Nachtarbeit gezahlt wird, ist steuer- und beitragspflichtiger Arbeitslohn.[2] Soweit die Zulage jedoch auf tatsächlich an Sonn- und Feiertagen oder zur Nachtzeit geleistete Arbeit entfällt und Einzelabrechnungen erstellt werden, ist die Zulage insoweit steuerfrei.[3]

1 BFH, Urteil v. 15.2.2017, VI R 30/16, BStBl 2017 II S. 644; BFH, Urteil v. 15.2.2017, VI R 20/16, BFH/NV 2017 S. 1157.

2 Hessisches FG, Urteil v. 14.1.2019, 2 K 1434/17, Rev. beim BFH unter Az. VI R 30/19.

Beitragsberechnung bei variablen Entgeltbestandteilen

Bei der Ermittlung der voraussichtlichen Höhe der Beitragsschuld sind grundsätzlich auch die genannten Zulagen zu berücksichtigen. Schwankt die Höhe der Zulage, muss der Arbeitgeber diese sog. variablen Arbeitsentgeltbestandteile schätzen.

Zeitversetzte Auszahlung der Zulage

Sofern variable Arbeitsentgeltbestandteile zeitversetzt gezahlt werden und dem Arbeitgeber eine Berücksichtigung dieser Arbeitsentgeltteile bei der Beitragsberechnung für den ⬀ Entgeltabrechnungszeitraum, in dem sie erzielt wurden, nicht möglich ist, gilt Folgendes: Die Zulagen können zur Beitragsberechnung dem Arbeitsentgelt des nächsten oder übernächsten Entgeltabrechnungszeitraums hinzugerechnet werden (Vereinfachungsregelung). Diese Vereinfachungsregelung kann der Arbeitgeber nur anwenden, sofern die Entgeltabrechnung in seinem Betrieb regelmäßig durch die Zahlung von variablen Entgeltbestandteilen geprägt ist.

Berücksichtigung bei der Ermittlung des regelmäßigen Jahresarbeitsentgelts

Bei Ermittlung des regelmäßigen ⬀ Jahresarbeitsentgelts sind Zulagen nur zu berücksichtigen, wenn der Arbeitnehmer die zulagenbegünstigte Tätigkeit mit an Sicherheit grenzender Wahrscheinlichkeit dauerhaft ausübt und die Zulage als regelmäßiges Entgelt erhält. Ist dies der Fall, muss die Zulage auf das Jahresarbeitsentgelt angerechnet werden.

Zusätzlichkeitsvoraussetzung

Zahlreiche Steuerbefreiungen und Pauschalierungsvorschriften setzen voraus, dass der Arbeitgeber zusätzliche Leistungen gewährt. Lange streitig war die Frage, ob dieses Kriterium auch bei vorheriger Entgeltumwandlung erfüllbar sein kann. Die Rechtsprechung hat entsprechende Modelle im Grundsatz anerkannt. Eine gesetzliche Definition der Zusätzlichkeitsvoraussetzung sorgt mittlerweile für Klarheit, dass es sich immer um zusätzliche Leistungen handeln muss. Da die Berücksichtigung in der Sozialversicherung von der Steuerfreiheit eines Bezugs abhängig ist, hat dies auch unmittelbar Auswirkungen für diesen Bereich.

Gesetze, Vorschriften und Rechtsprechung

Lohnsteuer: Die Zusätzlichkeitsvoraussetzung selbst ist in § 8 Abs. 4 EStG geregelt. Pauschalierungsvorschriften mit Zusätzlichkeitskriterium finden sich in § 40 Abs. 2 EStG. Steuerfreie Einnahmen mit entsprechender Klausel finden sich in § 3 EStG. Daneben taucht die Zusätzlichkeitsvoraussetzung bei Gutscheinen in § 8 Abs. 2 EStG und bei der Altersversorgung für Geringverdiener in § 100 EStG auf.

Sozialversicherung: Bei der versicherungsrechtlichen Beurteilung und der Beitragsberechnung ist jeweils das Arbeitsentgelt aus einer Beschäftigung zu berücksichtigen. Dieses umfasst nach § 14 SGB IV grundsätzlich alle Einnahmen aus der Beschäftigung. Ausnahmen regelt die Sozialversicherungsentgeltverordnung (SvEV) für steuerfreie Bezüge, die zusätzlich zu Löhnen und Gehältern gezahlt werden.

Lohnsteuer

Begriff der Zusätzlichkeit

Viele Vergütungsbestandteile werden nur dann steuerlich begünstigt (durch Steuerfreiheit, Pauschalbesteuerung und ggf. Sozialversicherungsfreiheit), wenn sie tatsächlich zusätzlich zum ohnehin geschuldeten

3 BFH, Urteil v. 9.6.2021, VI R 16/19, BStBl 2021 II S. 936.

Arbeitslohn erbracht werden. Der ohnehin geschuldete Arbeitslohn ist der Arbeitslohn, den der Arbeitgeber arbeitsrechtlich schuldet.[1]

Kriterien der Zusätzlichkeit

Gesetzesregelung ab 2020

Leistungen des Arbeitgebers oder auf seine Veranlassung von Dritten erbrachte Leistungen (Sachbezüge oder Zuschüsse) für eine Beschäftigung werden nur dann zusätzlich zum ohnehin erbrachten Arbeitslohn erbracht, wenn

1. die Leistung nicht auf den Anspruch auf Arbeitslohn angerechnet wird,
2. der Anspruch auf Arbeitslohn nicht zugunsten der Leistung herabgesetzt wird,
3. die verwendungs- oder zweckgebundene Leistung nicht anstelle einer bereits vereinbarten künftigen Erhöhung des Arbeitslohns gewährt wird und
4. bei Wegfall der Leistung der Arbeitslohn nicht erhöht wird.[2]

Unter den vorstehenden Voraussetzungen ist von einer zusätzlich zum ohnehin geschuldeten Arbeitslohn erbrachten Leistung aber ausdrücklich auch dann auszugehen, wenn der Arbeitnehmer arbeitsvertraglich oder aufgrund einer anderen arbeits- oder dienstrechtlichen Rechtsgrundlage (wie Einzelvertrag, Betriebsvereinbarung, Tarifvertrag, Gesetz) einen Anspruch auf diese hat.

Anwendungszeitpunkt

Die Regelung ist erstmals auf nach dem 31.12.2019 zugewendete Bezüge anzuwenden.

Keine Tarifbindung

Die vorstehende Gesetzesregelung gilt unabhängig davon, ob der Arbeitslohn tarifgebunden ist. Tarifgebundener verwendungsfreier Arbeitslohn kann nicht zugunsten bestimmter anderer steuerbegünstigter verwendungs- oder zweckgebundener Leistungen herabgesetzt oder zugunsten dieser umgewandelt werden, weil der tarifliche Arbeitslohn nach Wegfall der steuerbegünstigten Leistungen wiederauflebt. Das wäre auch nach der Rechtsprechung begünstigungsschädlich.[3]

Altfälle aus Zeiträumen bis einschließlich 2019

Der BFH hatte – für Zeiträume vor der Gesetzesänderung – verneint, dass bestimmte Steuervergünstigungen für Sachverhalte mit Gehaltsverzicht oder -umwandlung (je nach arbeitsvertraglicher Ausgestaltung) durch die Zusätzlichkeitsvoraussetzung ausgeschlossen werden. Voraussetzung sei nur, dass der verwendungsfreie Arbeitslohn zugunsten verwendungs- oder zweckgebundener Leistungen des Arbeitgebers arbeitsrechtlich wirksam herabgesetzt wird (sog. Lohnformwechsel). Ansonsten liege eine begünstigungsschädliche Anrechnung oder Verrechnung vor.[4]

Nach Auffassung des BFH ist das Zusätzlichkeitserfordernis auf den Zeitpunkt der Lohnzahlung zu beziehen. Ein arbeitsvertraglich vereinbarter Lohnformenwechsel sei deshalb nicht begünstigungsschädlich.

Durch die gesetzliche Neuregelung ist diese Rechtsprechung mit Wirkung ab 2020 überholt. Für noch offene Lohnzahlungszeiträume des Jahres 2019 oder früher kommt eine Anwendung jedoch in Betracht.

Die Zusätzlichkeitsvoraussetzung ist in diesen Fällen erfüllt, wenn der verwendungsfreie Arbeitslohn zugunsten verwendungs- oder zweckgebundener Leistungen des Arbeitgebers arbeitsrechtlich wirksam herabgesetzt wird. Die Verwaltung wendet diese Rechtsprechung für Altfälle entsprechend an.[5] Tarifgebundener verwendungsfreier Arbeitslohn kann jedoch auch für Altfälle nicht zugunsten bestimmter anderer steuerbegünstigter verwendungs- oder zweckgebundener Leistungen herabgesetzt oder zugunsten dieser umgewandelt werden.

1 R 3.33 Abs. 5 Satz 1 LStR.
2 § 8 Abs. 4 EStG.
3 Vgl. BFH, Urteil v. 1.8.2019, VI R 32/18, BStBl 2020 II S. 106.
4 BFH, Urteil v. 1.8.2019, VI R 32/18, BStBl 2020 II S. 106.
5 BMF, Schreiben v. 5.1.2022, IV C 5 – S 2334/19/10017 :004, BStBl 2022 I S. 61.

Änderung des Arbeitsvertrags

Werden unbefristete Arbeitsverträge geändert bzw. Änderungskündigungen ausgesprochen, ist das Tatbestandsmerkmal „zusätzlich zum ohnehin geschuldeten Arbeitslohn" nicht erfüllt, da durch die im gegenseitigen Einvernehmen abgeschlossenen Änderungsverträge arbeitsrechtlich geschuldeter Arbeitslohn lediglich umgewandelt wird.

Sofern beim Auslaufen befristeter Arbeitsverträge in neuen Arbeitsverträgen entsprechende Regelungen getroffen werden, kann das Tatbestandsmerkmal „zusätzlich zum ohnehin geschuldeten Arbeitslohn" jedoch nach Verwaltungsauffassung erfüllt sein, wenn und soweit keine Rückfallklauseln vereinbart werden.[6]

Keine Freiwilligkeit erforderlich

Die Zusätzlichkeitsvoraussetzung ist bereits erfüllt, wenn die zweckbestimmte Leistung zu dem Arbeitslohn hinzukommt, den der Arbeitgeber arbeitsrechtlich schuldet.[7] Das Tatbestandsmerkmal „zusätzlich zum ohnehin geschuldeten Arbeitslohn" kann auch dann erfüllt sein, wenn der Arbeitnehmer arbeitsvertraglich einen Anspruch auf die zweckbestimmte Leistung hat.

Der BFH hat seine frühere Rechtsprechung aufgegeben, nach der nur freiwillige Arbeitgeberleistungen – also Leistungen, die der Arbeitgeber arbeitsrechtlich nicht schuldet – zusätzlich in diesem Sinne erbracht werden konnten.[8]

Eine Anpassung der Verwaltungsauffassung war insoweit nicht erforderlich, die Freiwilligkeit ist keine Tatbestandsvoraussetzung für die Zusätzlichkeit.

Tipp

Aber Freiwilligkeit kann die Umwandlung ermöglichen

Eine zusätzliche Leistung liegt nach bisheriger Verwaltungsauffassung vor, wenn sie unter Anrechnung auf eine andere freiwillige Sonderzahlung, z. B. freiwillig geleistetes Weihnachtsgeld, erbracht wird. Unschädlich ist es auch, wenn der Arbeitgeber verschiedene zweckgebundene Leistungen zur Auswahl anbietet oder die übrigen Arbeitnehmer die freiwillige Sonderzahlung erhalten.[9]

Vergütungsbestandteile mit Zusätzlichkeitsvoraussetzung

Zu den Vergütungsbestandteilen, die zusätzlich zum ohnehin geschuldeten Arbeitslohn zu erbringen sind, gehören beispielsweise:

- steuerfreie ⇗ Jobtickets[10],
- steuerfreie ⇗ Kindergartenzuschüsse für nicht schulpflichtige Kinder[11],
- steuerfreie ⇗ Zuschüsse zur Gesundheitsvorsorge[12],
- steuerfreie Vorteile für die Überlassung von ⇗ Dienstfahrrädern inklusive Pedelecs[13],
- pauschal zu versteuernde ⇗ Fahrtkostenzuschüsse für Fahrten zwischen der Wohnung und der ersten Tätigkeitsstätte[14],
- pauschal zu versteuernde Beträge für das Schenken/Übereignen von Computern, Tablets und anderen Datenverarbeitungsgeräten samt Zubehör und Zuschüssen für die Internetnutzung[15],
- die pauschal zu versteuernde Übereignung von Ladevorrichtungen für Elektroautos[16],

6 OFD Nordrhein-Westfalen v. 9.7.2015, Kurzinfo LSt 05/2015.
7 BMF, Schreiben v. 22.5.2013, IV C 5 – S 2388/11/10001 – 02, BStBl 2013 I S. 728.
8 BFH, Urteil v. 1.8.2019, VI R 32/18, BStBl 2020 II S. 106.
9 R 3.33 Abs. 5 Sätze 3, 4 LStR.
10 § 3 Nr. 15 EStG.
11 § 3 Nr. 33 EStG.
12 § 3 Nr. 34 EStG.
13 § 3 Nr. 37 EStG.
14 § 40 Abs. 2 Satz 2 EStG.
15 § 40 Abs. 2 Nr. 5 EStG.
16 § 40 Abs. 2 Nr. 6 EStG.

- die pauschal zu versteuernde Übereignung von ↗ (Elektro-)Diensträdern[1],
- die Anwendung der 50-EUR-Sachbezugsfreigrenze bei Geldkarten und ↗ Gutscheinen[2],
- der Arbeitgeber-Förderbetrag zur betrieblichen Altersvorsorge für Geringverdiener (↗ BAV-Förderbetrag)[3],
- die Inflationsausgleichprämie.[4]

Sozialversicherung

Sozialversicherungsrechtliche Voraussetzung

Nach der Sozialversicherungsentgeltverordnung gehören bestimmte Einnahmen, Beiträge und Zuwendungen des Arbeitgebers nicht zum sozialversicherungsrechtlichen Arbeitsentgelt, sofern sie nach den Regelungen des Steuerrechts lohnsteuerfrei belassen oder pauschalbesteuert werden. Bei einigen Einnahmen gilt dies jedoch nur, wenn sie zusätzlich zu Löhnen und Gehältern gewährt werden.[5]

Dazu zählen z. B. folgende Zuwendungen:

- Werkzeuggeld
- Überlassung von Berufskleidung
- unentgeltliche oder verbilligte Sammelbeförderung zur Arbeitsstätte
- Mitarbeiterbeteiligung
- private Nutzung betrieblicher Datenverarbeitungs- und Telekommunikationsgeräte sowie Zubehör und Software
- durchlaufende Gelder und Auslagenersatz

Für die Beitragsfreiheit kommt es in diesen Fällen allein auf das sozialversicherungsrechtliche Zusätzlichkeitserfordernis und damit auf einen wirksamen Entgeltverzicht an. Ohne einen solchen Entgeltverzicht kann der Arbeitgeber daher das beitragspflichtige Arbeitsentgelt nicht mindern.

Frühere Auffassung der Sozialversicherungsträger

Die Sozialversicherungsträger sind bis zum 31.12.2021 davon ausgegangen, dass nach der Rechtsprechung des Bundessozialgerichts das Zusätzlichkeitserfordernis im Steuerrecht begrenzender auszulegen war als im Beitragsrecht der Sozialversicherung. Im Steuerrecht kann das Zusätzlichkeitserfordernis grundsätzlich nicht durch Entgeltumwandlungen erfüllt werden. Im Beitragsrecht der Sozialversicherung wurde hingegen davon ausgegangen, dass ein Entgeltverzicht bzw. eine Entgeltumwandlung zur Beitragsfreiheit der Arbeitgeberleistung führt, wenn der Verzicht

- ernsthaft gewollt und nicht nur vorübergehend war sowie
- auf künftig fällig werdende Arbeitsentgeltbestandteile gerichtet und arbeitsrechtlich zulässig war.

BSG Rechtsprechung zur Zusätzlichkeit

Ein Urteil des Bundessozialgerichts steht der früheren Auffassung der Sozialversicherungsträger entgegen. Danach begründet allein bereits ein arbeitsrechtlich wirksamer Verzicht auf Arbeitsentgelt die Zusätzlichkeit der daraus resultierenden Arbeitgeberleistung.[6] Arbeitgeberleistungen werden nicht zusätzlich gewährt, wenn sie einen teilweisen Ersatz für den vorherigen Entgeltverzicht bilden. Davon ist auszugehen, wenn

- sie kausal mit der Beschäftigung verknüpft sind, indem sie fester Bestandteil der Entgeltvereinbarung und somit des aus der Beschäftigung resultierenden Entgeltanspruchs werden.
- die Vor- und Nachteilseinräumung durch Entgeltverzicht auf der einen und ergänztes Leistungsspektrum auf der anderen Seite im Zusammenhang stehen und eine einheitliche Vereinbarung bilden, die insgesamt im Rahmen des gegenseitigen Austausches zustande gekommen und nicht trennbar ist.
- aus objektiver Sicht der Vertragsparteien die neue Vergütung nur dann vollständig erfasst ist, wenn sämtliche Entgeltbestandteile zusammengenommen betrachtet werden.

Dies gilt insbesondere dann, wenn

- ein unwiderruflicher Anspruch auf die den Entgeltverzicht kompensierenden „neuen" Leistungen besteht,
- die „neuen" Leistungen als Bestandteil der Bruttovergütung für künftige Entgeltansprüche – wie z. B. Entgelterhöhungen, Prämienzahlungen, Urlaubsgeld, Ergebnisbeteiligung oder Abfindungsansprüche berücksichtigt werden und
- die „neuen" Leistungen in der monatlichen Entgeltabrechnung als gesonderte Entgeltbestandteile im Zusammenhang mit der regelmäßig ausgewiesenen Summe des vertraglichen Entgeltverzichts ausgewiesen werden.

Diese Kriterien entsprechen im Wesentlichen den gesetzlichen Kriterien des steuerlichen Zusätzlichkeitserfordernisses.

Angesichts der inhaltlich weitgehend deckungsgleichen Merkmale für die Erfüllung des Zusätzlichkeitserfordernisses im Steuerrecht einerseits und im Beitragsrecht andererseits sind nach Ansicht der Spitzenorganisationen der Sozialversicherung grundsätzlich die Kriterien des steuerrechtlichen Zusätzlichkeitserfordernisses nach § 8 Abs. 4 EStG in Ansatz zu bringen. Die steuerrechtlichen Regelungen sind also auch dann zu prüfen, wenn allein das Beitragsrecht der Sozialversicherung – nicht aber das Steuerrecht – für bestimmte Tatbestände ein Zusätzlichkeitserfordernis verlangt.

Im Zweifelsfall hat aber das eigenständig auszulegende Beitragsrecht Vorrang. Die steuerrechtliche Beurteilung ist für das Beitragsrecht nicht maßgebend oder im vorhinein entscheidend. Insofern kann es im Einzelfall auch unabhängig von der steuerrechtlichen Beurteilung (z. B. aufgrund einer fragwürdigen oder offensichtlich fehlerhaften Anrufungsauskunft) an der Zusätzlichkeit der aus einem Entgeltverzicht hervorgehenden „neuen" Leistungen des Arbeitgebers fehlen, wenn diese einen Ersatz für den Bruttolohnverzicht und damit nicht abtrennbare, ergänzende Bestandteile der insgesamt vereinbarten neuen Vergütung darstellen.

Wichtig

Zusätzlichkeit in der Sozialversicherung

Für das beitragsrechtliche Zusätzlichkeitserfordernis gelten grundsätzlich die Kriterien des steuerrechtlichen Zusätzlichkeitserfordernisses. Bei Entgeltumwandlungen durch einen vorherigen Entgeltverzichts und der daraus resultierenden neuen Zuwendungen für den Arbeitnehmer fehlt es insofern an der Zusätzlichkeit der neuen Leistung. Die Beitragsfreiheit ist insofern ausgeschlossen.

Beispiel

Abweichung vom Steuerrecht

Der Arbeitnehmer erhält ein monatliches Gehalt i. H. v. 4.500 EUR. Die Tochter des Arbeitnehmers besucht den Kindergarten. Ab 1.11. erhält der Arbeitnehmer von seinem Arbeitgeber zusätzlich zum Gehalt einen Zuschuss i. H. v. 100 EUR zu den anfallenden Kindergartengebühren. Außerdem verzichtet der Arbeitnehmer vom selben Zeitpunkt an auf monatlich 120 EUR zum Erwerb von Aktienanteilen seines Arbeitgebers. Die Voraussetzungen der Steuerfreiheit nach § 3 Nr. 39 EStG sind erfüllt (Mitarbeiterbeteiligung).

Ergebnis: Der Zuschuss zu den Kindergartengebühren ist als zusätzliche Zahlung zum Gehalt nach § 3 Nr. 33 EStG steuerfrei und stellt auch kein Arbeitsentgelt in der Sozialversicherung dar. Die Entgeltumwandlung für die Mitarbeiterbeteiligung führt ebenfalls zur Steuerfreiheit. Dabei handelt es sich jedoch weiterhin um beitragspflichtiges Arbeitsentgelt, da die Voraussetzungen für die Zusätzlichkeit nicht erfüllt sind.

1 § 40 Abs. 2 Nr. 7 EStG.
2 § 8 Abs. 2 Satz 11 EStG.
3 § 100 EStG.
4 § 3 Nr. 11c EStG
5 § 1 Abs. 1 Satz 1 Nr. 1, 4 und 4a SvEV.
6 BSG, Urteil v. 23.2.2021, B 12 R21/18 R.

Die geänderte Auffassung gilt – auch in Bestandsfällen – spätestens für Entgeltabrechnungszeiträume ab dem 1.1.2022.

Eine Unterscheidung zwischen Entgeltverzicht für laufendes und einmalig gezahltes Arbeitsentgelt besteht nicht. Die Entgelteigenschaft in der Sozialversicherung besteht bei einer Entgeltumwandlung unabhängig davon, ob die Finanzierung aus laufendem oder einmalig gezahltem Arbeitsentgelt erfolgt. Aus Bestandsschutzgründen bleibt die beitragsfreie Verwendung von Einmalzahlungen für zusätzlich zu Löhnen und Gehältern gewährte Direktversicherungsbeiträge zur betrieblichen Altersversorgung, die nach § 40b EStG a. F. pauschal versteuert werden, jedoch weiterhin zulässig.

Enthält weder das Steuerrecht noch das Beitragsrecht ein Zusätzlichkeitserfordernis, führt ein wirksam vereinbarter Entgeltverzicht oder eine Entgeltumwandlung für die daraus resultierende steuerfreie bzw. pauschalbesteuerte Arbeitgeberleistung im Rahmen der Sozialversicherungsentgeltverordnung – wie bislang – zur Beitragsfreiheit.

Entgeltumwandlung und Tarifvorbehalt

Wann tariflich rechtswirksam Ansprüche bestehen, richtet sich nach den arbeitsrechtlichen Bestimmungen. Ein für allgemeinverbindlich erklärter Tarifvertrag kann nie rechtswirksam unterschritten werden. Das gilt selbst dann, wenn sich beide Parteien (Arbeitgeber und Arbeitnehmer) darüber einig sind. Aus sozialversicherungsrechtlicher Sicht muss daher unbedingt der Vorbehalt eines Tarifvertrags beachtet werden. Bei einem bindenden Tarifvertrag ist der Gehaltsverzicht nur zulässig, soweit eine Öffnungsklausel besteht. Wenn man trotz Tarifvertrag ohne Öffnungsklausel eine Barlohnumwandlung durchführt, bleibt diese zwar ggf. steuerlich zulässig (reines Zuflussprinzip), sozialversicherungsrechtlich werden die Beiträge aber aus dem eigentlich geschuldeten Arbeitsentgelt berechnet (Entstehungsprinzip).

Hinweis

Beiträge aus Phantomlohn

In diesem Zusammenhang wurde der Begriff „Phantomlohn" geprägt. Nicht ausgezahltes Entgelt ist beitragspflichtig, wenn der Arbeitnehmer einen gesetzlichen oder tarifvertraglichen Anspruch hat. Geschieht dies nicht, werden die Beiträge im Rahmen der Beitragsprüfung nacherhoben.

Zusatzbeitrag

Kann die einzelne Krankenkasse mit den ihr vom Gesundheitsfonds zur Verfügung gestellten Zuweisungen ihren Finanzbedarf nicht decken, ist sie gezwungen, von ihren Mitgliedern einen einkommensabhängigen Zusatzbeitrag zu erheben. Dieser wird als Prozentsatz der beitragspflichtigen Einnahmen (kassenindividueller Zusatzbeitragssatz) angesetzt. Sofern eine Krankenkasse einen Zusatzbeitrag erhebt, ist dieser grundsätzlich für alle Mitglieder dieser Krankenkasse zu berechnen.

Gesetze, Vorschriften und Rechtsprechung

Sozialversicherung: Die für den Zusatzbeitrag maßgeblichen Regelungen sind in § 242 SGB V festgelegt. Der durchschnittliche Zusatzbeitragssatz der gesetzlichen Krankenversicherung ist in § 242a SGB V definiert. Für das im Rahmen der Zusatzbeitragserhebung bestehende Sonderkündigungsrecht ist § 175 Abs. 4 Sätze 5 und 6 SGB V maßgeblich. Der GKV-Spitzenverband hat ein Gemeinsames Rundschreiben zum Zusatzbeitragssatz (GR v. 19.6.2014) veröffentlicht.

Sozialversicherung

Zuweisungen aus dem Gesundheitsfonds

Die Krankenkassen müssen die von ihnen eingezogenen Beiträge an den beim Bundesamt für Soziale Sicherung eingerichteten Gesundheitsfonds abführen. Sie erhalten dann aus diesem Topf Zuweisungen, mit denen sie ihre Ausgaben bestreiten. Die Zuweisungen an die Krankenkassen sind nach Alter, Geschlecht und Krankheitszustand der Versicherten berechnete Durchschnittsbeträge. Dadurch kann es sein, dass die einzelne Krankenkasse damit ihre tatsächlichen Ausgaben nicht vollständig decken kann. In diesem Fall ist sie gezwungen, von ihren Versicherten Zusatzbeiträge zu verlangen.[1] Die Krankenkassen haben den einkommensabhängigen Zusatzbeitrag als Prozentsatz der beitragspflichtigen Einnahmen jedes Mitglieds zu erheben (kassenindividueller Zusatzbeitragssatz). Der Zusatzbeitragssatz ist so zu bemessen, dass die Einnahmen aus dem Zusatzbeitrag zusammen mit den Zuweisungen aus dem Gesundheitsfonds und den sonstigen Einnahmen die voraussichtlich zu leistenden Ausgaben und die vorgeschriebene Höhe der Rücklage decken.

Wichtig

Einfluss von Gesundheitsfonds und Zusatzbeitrag auf die Entgeltabrechnung

Die Entgeltabrechnung hat keine Berührungspunkte mit dem Gesundheitsfonds. Die Beiträge zur Kranken- und Pflegeversicherung sind an die Krankenkassen zu leisten. Alle sonstigen Rechtsfragen, die sich aus dem Beschäftigungsverhältnis ergeben, sind mit der zuständigen ⇗ Einzugsstelle zu klären. Der kassenindividuelle Zusatzbeitragssatz ist originärer Bestandteil des Krankenversicherungsbeitrags und vom Arbeitgeber zusammen mit den übrigen Krankenversicherungsbeiträgen einzubehalten und an die Einzugsstelle abzuführen.

Bemessung

Der Zusatzbeitrag ist in der Satzung der Krankenkasse festzulegen. Er wird als Prozentsatz der beitragspflichtigen Einnahmen jedes Mitglieds erhoben.

Die Bemessung des Zusatzbeitrags ist in § 242 SGB V definiert. Hiernach muss er so festgelegt werden, dass er zusammen mit

- den Zuweisungen aus dem Gesundheitsfonds und
- den sonstigen Einnahmen der Krankenkasse

die im Haushaltsjahr voraussichtlich zu leistenden Ausgaben und die vorgeschriebene Auffüllung der Rücklage deckt.

Eine Obergrenze für den Zusatzbeitrag gibt es nicht. Die Krankenkassen melden die Zusatzbeiträge dem Spitzenverband Bund der Krankenkassen. Dieser führt eine laufend aktualisierte Übersicht, welche Krankenkassen in welcher Höhe einen Zusatzbeitrag erheben. Diese Übersicht wird im Internet veröffentlicht.

Die Krankenkassen dürfen ihren Zusatzbeitrag nicht mehr anheben, wenn sie über Finanzreserven von mehr als einer Monatsausgabe verfügen.

Übersicht der Zusatzbeitragssätze

Der GKV-Spitzenverband ist verpflichtet, eine laufend aktualisierte Übersicht der Zusatzbeitragssätze der Krankenkassen zu führen und allgemein zugänglich im Internet zu veröffentlichen. Arbeitgeber und Versicherte können sich unter www.gkv-spitzenverband.de über die Höhe der kassenindividuellen Zusatzbeiträge informieren.

Personenkreis

Sofern eine Krankenkasse einen Zusatzbeitrag erhebt, ist dieser grundsätzlich für alle Mitglieder dieser Krankenkasse zu erheben. Keine Personengruppe ist kraft gesetzlicher Regelung ausgenommen. Somit werden für alle Personen Zusatzbeiträge erhoben, die auch Krankenversicherungsbeiträge nach dem allgemeinen oder ermäßigten Beitrags-

1 § 242 Abs. 1 SGB V.

satz zahlen bzw. für die diese Beiträge von Dritten getragen und gezahlt werden. Arbeitnehmer, die ↗ Krankengeld oder eine andere Entgeltersatzleistung nach dem SGB beziehen, zahlen keinen Zusatzbeitrag. Die sich aus dem Bezug der Entgeltersatzleistung ergebende Beitragsfreiheit gilt auch für den Zusatzbeitrag. Solange aber beitragspflichtige Einnahmen im Sinne von § 23c Abs. 1 SGB IV erzielt werden, ist auch der Zusatzbeitrag zu entrichten.

Von Versicherten, die als Familienangehörige beitragsfrei mitversichert sind, ist kein Zusatzbeitrag zu erheben.

Achtung

Von der Zahlung des Zusatzbeitrags befreite Mitglieder

Für folgende Mitgliedergruppen, deren Beiträge regelmäßig von Dritten getragen werden, ist die Besonderheit zu berücksichtigen, dass grundsätzlich nur der ↗ durchschnittliche Zusatzbeitragssatz zu zahlen ist:[1]

- Bezieher von Bürgergeld und Kurzarbeitergeld;
- Personen, die in Einrichtungen der Jugendhilfe für eine Erwerbstätigkeit befähigt werden sollen;
- Teilnehmer an Leistungen zur Teilhabe am Arbeitsleben sowie an beruflichen Eingliederungs- und Erprobungsmaßnahmen;
- Menschen mit Behinderungen in anerkannten Werkstätten, Einrichtungen usw., wenn das tatsächliche Arbeitsentgelt den nach § 235 Abs. 3 SGB V maßgeblichen Mindestbetrag (2024: 707 EUR/mtl.; 2023: 679 EUR/mtl.) nicht übersteigt;
- Bezieher von Verletzten-, Versorgungskranken- oder Übergangsgeld während einer medizinischen Rehabilitationsmaßnahme;
- Arbeitnehmer, deren Mitgliedschaft bei einem Wehrdienst fortbesteht;
- Auszubildende mit einem monatlichen Arbeitsentgelt von bis zu 325 EUR, auch dann, soweit die Geringverdienergrenze ausschließlich durch eine Sonderzahlung überschritten wird, sowie
- Versicherte in einem freiwilligen sozialen oder ökologischen Jahr im Sinne des Jugendfreiwilligendienstgesetzes und Teilnehmer, die einen Bundesfreiwilligendienst nach dem Bundesfreiwilligendienstgesetz leisten.

Tragung/Zahlung

Der Zusatzbeitrag wird paritätisch von Arbeitnehmer und Arbeitgeber finanziert. Er ist Bestandteil des Krankenversicherungsbeitrags. Für die Berechnung werden die für die sonstigen Beiträge maßgeblichen beitragsrechtlichen Regelungen angewandt. Der Zusatzbeitrag ist durch den Arbeitgeber in der Beitragsberechnung separat auszuweisen.

Soweit die sonstigen Krankenversicherungsbeiträge von Dritten getragen werden, schließt dies auch die Übernahme des Zusatzbeitrags mit ein. Im Wesentlichen betrifft dies die Personengruppen, für die § 242 Abs. 3 SGB V die Erhebung des durchschnittlichen Zusatzbeitrags vorsieht. Dies gilt insbesondere auch für Bezieher von Kurzarbeitergeld. Für sie sind die Beiträge einschließlich des kassenindividuellen Zusatzbeitrags vom Arbeitgeber zu tragen. Auch für ↗ Geringverdiener trägt der Arbeitgeber den Zusatzbeitrag.

Sonderkündigungsrecht

Erhebt die Krankenkasse erstmals einen Zusatzbeitrag oder nimmt sie eine Erhöhung des Zusatzbeitrags vor, löst dies für die Mitglieder der Krankenkasse ein Sonderkündigungsrecht aus.

Initialmeldung durch neu gewählte Krankenkasse

Die Abwicklung des Sonderkündigungsrechts wird in das elektronische Meldeverfahren zwischen den Krankenkassen einbezogen. An die Stelle der bisherigen Kündigungserklärung des Mitglieds tritt die Wahlerklärung des Mitglieds gegenüber der neu gewählten Krankenkasse. Für die Einhaltung der Kündigungsfrist ist das Datum maßgebend, an dem die Wahlerklärung bei der neu gewählten Krankenkasse eingeht.

Hinweispflicht der Krankenkasse

Die Krankenkasse hat spätestens einen Monat vor Ablauf des Monats, für den der Zusatzbeitrag erstmals erhoben oder für den der Zusatzbeitragssatz erhöht wird, ihre Mitglieder in einem gesonderten Schreiben auf das Sonderkündigungsrecht, auf die Höhe des durchschnittlichen Zusatzbeitragssatzes sowie auf die Übersicht des GKV-Spitzenverbandes zu den Zusatzbeitragssätzen hinzuweisen.

Beispiel

Fristgerechte Wahl der neuen Krankenkasse und Zeitpunkt des Krankenkassenwechsels

Zusatzbeitrag wird erhöht ab	1.1.2024
Hinweispflicht der Krankenkasse spätestens am	31.12.2023
Frist zur Ausübung des Sonderwahlrechts bis	31.1.2024
Wahlerklärung gegenüber der neu gewählten Krankenkasse am	10.1.2024
Mitgliedschaft endet am	31.3.2024

Die Wahlerklärung des Mitglieds gegenüber der neu gewählten Krankenkasse muss spätestens bis zum 31.1.2023 erfolgen.

Wirkung der Kündigung auf die Erhebung des Zusatzbeitrags

Der erstmalig erhobene bzw. der erhöhte Zusatzbeitrag ist auch bei der Ausübung des Sonderkündigungsrechts bis zur Beendigung der Mitgliedschaft zu zahlen.

Zuschläge

Mit einem Zuschlag zum Grundlohn will der Arbeitgeber die Leistungserbringung eines Arbeitnehmers honorieren, der zu Zeiten arbeitet, an denen die Mehrheit der Beschäftigten arbeitsfrei hat, oder über die betriebliche Arbeitszeit hinaus arbeitet. Zuschläge werden im Regelfall gezahlt für Sonn- und Feiertagsarbeit, Nachtarbeit und Überstunden.

Nur die Zuschläge für Sonn-, Feiertags- und Nachtarbeit sind innerhalb bestimmter Grenzen steuer- und beitragsfrei. Neben den genannten Zuschlägen hat ein Arbeitnehmer teilweise noch Anspruch auf Zulagen, die an andere Tatbestandsmerkmale anknüpfen: Lohnzuschläge für Mehrarbeit, Erschwerniszulagen (z. B. Hitze- oder Wasserzuschläge) sowie Gefahren- und Schmutzzulagen.

Zum Arbeitslohn gehören sämtliche Bezüge, die sich zumindest im weitesten Sinne als Gegenleistung für das Zurverfügungstellen der individuellen Arbeitskraft erweisen. Werden solche Lohnzulagen zur Anerkennung besonderer Leistungen oder mit Rücksicht auf die Besonderheit der Arbeit gezahlt, sind sie lohnsteuerpflichtig.

Gesetze, Vorschriften und Rechtsprechung

Lohnsteuer: Das Einkommensteuergesetz enthält in § 19 Abs. 1 EStG nur eine beispielhafte Aufzählung, welche Bezüge zum Arbeitslohn gehören. Eine Definition des Arbeitslohnbegriffs findet sich in § 2 Abs. 1 LStDV, der in Abs. 2 Nr. 6 und 7 LStDV beispielhaft besondere Entlohnungen für Mehrarbeit bzw. Lohnzuschläge nennt, die wegen der Besonderheit der Arbeit gewährt werden. Schließlich enthält R 19.3 Abs. 1 Nr. 1 LStR den Hinweis, dass zum Arbeitslohn auch Lohnzuschläge für Mehrarbeit sowie Erschwerniszuschläge zählen. Die Besteuerung von steuerpflichtigen Lohnzuschlägen richtet sich nach § 39b EStG. Anforderungen und Umfang der Steuerfreiheit von Sonntags-, Feiertags- und Nachtzuschlägen sind in § 3b EStG festgelegt. Ergänzende Hinweise unter Berücksichtigung der von der Rechtsprechung aufgestellten Rechtsgrundsätze finden sich in R 3b LStR.

1 § 242a SGB V.

Sozialversicherung: Die Beitragspflicht von Lohnzuschlägen ist in § 14 Abs. 1 Satz 1 SGB IV i. V. m. § 1 SvEV geregelt. Die hiervon abweichende beitragsrechtliche Beurteilung von Zuschlägen für Sonntags-, Feiertags- und Nachtarbeit wurde durch das Haushaltsbegleitgesetz 2006 v. 29.6.2006 (BGBl I 2006 S. 1402) mit Wirkung zum 1.7.2006 festgelegt. Die Spitzenverbände der Sozialversicherungsträger haben zu dieser Thematik am 22.6.2006 ein Gemeinsames Rundschreiben (GR v. 22.6.2006-I) veröffentlicht.

Entgelt	LSt	SV
Zuschläge für besondere Leistungen oder Belastungen	pflichtig	pflichtig
Zuschläge für Sonn-, Feiertags- und Nachtarbeit	frei (bis 50 EUR/ Stunde)	frei (bis 25 EUR/ Stunde)

Lohnsteuer

Zuschläge für besondere Leistungen oder Belastungen

Steuerpflichtiger Arbeitslohn

Zuschläge, die vom Arbeitgeber wegen der Besonderheit der ausgeübten Tätigkeit zusätzlich zum üblichen Arbeitslohn gezahlt werden, gehören zum steuerpflichtigen Arbeitslohn (z. B. Erschwerniszulagen). Ebenso lohnsteuerpflichtig sind Lohnzuschläge für ⇗ Überstunden und Zuschläge nach dem Familienstand, z. B. im öffentlichen Dienst. Unabhängig von der Bezeichnung bestimmt sich die Zurechnung zum lohnsteuerpflichtigen Arbeitslohn bei den Lohnzuschlägen danach, ob sie ausschließlich eine arbeitszeitbedingte Erschwernis abgelten.

Typische Beispiele für lohnsteuerpflichtige Zuschläge sind

- Hitze- und Wasserzuschläge für gesundheitsschädliche Arbeiten,
- Schmutzzuschläge für besonders schmutzige Arbeit, z. B. Tank- oder Toilettenreinigung,
- Gefahrenzuschläge für besonders gefahrgeneigte Arbeit, z. B. auf Maschinen,
- Schichtzuschläge für Erschwernisse der ⇗ Schichtarbeit
- Offshore-Zulagen zur pauschalen Abgeltung der dortigen erschwerten Arbeitsbedingungen.

Lohnsteuerpflichtig sind aber auch andere Lohnzuschläge, die nicht für besondere Belastungen bei der Erbringung der Arbeitsleistung vorgesehen sind. Zu nennen sind Leistungszuschläge oder Funktionszuschläge, für deren Besteuerung dieselben Grundsätze gelten, wie für Erschwerniszuschläge.[1]

Steuerfrei sind nur echte Zeitzuschläge

Zuschläge wegen Mehrarbeit oder wegen anderer als durch die Arbeitszeit bedingter Anforderungen oder Zulagen, die lediglich nach bestimmten Zeiträumen bemessen werden, sind – auch soweit sie bei Sonn-, Feiertags- oder Nachtarbeit anfallen – lohnsteuerpflichtiger Arbeitslohn. Werden Überstundenvergütungen und Zuschläge für Überstunden an Feiertagen, Sonntagen oder in der Nacht gezahlt, rechnen diese Beträge grundsätzlich nicht zu den steuerfreien Zuschlägen für Sonn-, Feiertags- oder Nachtarbeit. Dasselbe gilt für pauschale Bereitschaftsdienstzuzahlungen, die (teilweise) Sonn-, Feiertags- und Nachtarbeiten vergüten.[2] Nach § 3b EStG steuerfrei bleiben können nur echte Zeitzuschläge; anders aber bei sog. Mischzuschlägen.

1 Niedersächsisches FG, Urteil v. 24.9.2015, 14 K 232/14.
2 BFH, Urteil v. 29.11.2016, VI R 61/14, BStBl 2017 II S. 718.

Hinweis

Steuerbefreiter Spätarbeitszuschlag

Spätarbeitszuschläge, die ausschließlich eine arbeitszeitbedingte Erschwernis abgelten, können innerhalb der Grenzen des § 3b EStG steuerfrei bleiben. Sie können als Zuschläge für Sonntags-, Feiertags- oder Nachtarbeit steuerfrei bleiben, soweit der Arbeitnehmer die Zulagen für Arbeiten zu den begünstigten Zeiten als bloße Zeitzuschläge erhält.

Lohnsteuerabzug

Für die Besteuerung ist es unerheblich, ob die Zahlung auf der arbeitsrechtlichen Grundlage eines gesetzlichen Anspruchs, eines Tarifvertrags, einer Betriebsvereinbarung oder einzelvertraglicher Regelungen erfolgt. Der Lohnsteuerabzug bestimmt sich nach den für laufenden Arbeitslohn geltenden Grundsätzen, wenn die Erschwerniszuschläge regelmäßig neben dem Grundlohn bezahlt werden.

Steuerfreie Sonn-, Feiertags- und Nachtarbeitszuschläge (SFN-Zuschläge)

Voraussetzungen für Steuerfreiheit

Eine Sonderstellung nehmen Zuschläge ein, die für tatsächlich geleistete Sonntags-, Feiertags- oder Nachtarbeit gezahlt werden (SFN-Zuschläge). Solche Zeitzuschläge für ungünstige Arbeitszeiten können bis zu bestimmten Höchstbeträgen steuerfrei bleiben.[3] Für die Steuerbefreiung ist eine zusätzliche Lohnzahlung erforderlich. Deshalb sind nur die Zuschläge steuerfrei, die neben dem Grundlohn für tatsächlich geleistete Sonntags-, Feiertags- oder Nachtarbeit gezahlt werden. Wird nur ein Teil der (einheitlichen) Entlohnung für die sonntags, feiertags oder nachts geleistete Arbeit gezahlt, kann dies keinen begünstigten Zuschlag begründen.[4]

Hinweis

Keine Übereinstimmung zwischen Steuer- und Sozialversicherungsrecht

Für die Beiträge zur Sozialversicherung besteht keine Übereinstimmung mit dem Steuerrecht.

Umfang der Steuerfreiheit

Die Steuerfreiheit der Sonn-, Feiertags- und Nachtarbeit für alle arbeitsrechtlich möglichen Zuschläge ist einheitlich wie folgt begrenzt:

1. für Nachtarbeit auf 25 %,
2. für Sonntagsarbeit auf 50 % – vorbehaltlich der Nrn. 3 u. 4,
3. für Arbeit am 31.12. ab 14 Uhr und an gesetzlichen Feiertagen auf 125 % – vorbehaltlich der Nr. 4,
4. für Arbeit am 24.12. ab 14 Uhr, am 25. und 26.12. sowie am 1.5. auf 150 %

des Grundlohns.

Hinweis

Erhöhter Zuschlag für Nachtarbeit

Wird die Nachtarbeit vor 0 Uhr aufgenommen, erhöht sich der Zuschlag für Nachtarbeit auf 40 %. In diesem Fall können die Zuschläge für Sonn- und Feiertagsarbeit auch für Arbeit von 0 Uhr bis 4 Uhr an dem darauffolgenden Tag bezahlt werden. Höhere Sätze sind möglich, falls Nachtzulagen mit Zuschlägen für Sonn- und Feiertagsarbeit zusammenfallen.

Nachtarbeit

Nachtarbeitszuschläge werden vom Arbeitgeber an den Arbeitnehmer gewährt, wenn die tatsächliche Arbeitsleistung in der Nacht erfolgt. Das Lohnsteuerrecht unterscheidet 2 Nachtarbeitszuschlagssätze:

3 § 3b EStG.
4 BFH, Urteil v. 29.11.2016, VI R 61/14, BStBl 2017 II S. 718.

- 25 % steuerfreier Zuschlag für Nachtarbeit von 20 Uhr bis 6 Uhr und
- 40 % steuerfreier Zuschlag für Nachtarbeit von 0 Uhr bis 4 Uhr, wenn der Arbeitsbeginn vor 0 Uhr lag.

Sonntagsarbeit

Steuerlich begünstigt ist die ↗ Sonntagsarbeit in der Zeit zwischen 0 Uhr und 24 Uhr des jeweiligen Tages. Zahlt der Arbeitgeber für diese Zeit gesonderte Zuschläge, sind diese steuerfrei, soweit sie 50 % des Grundlohns nicht übersteigen. Wird an einem Sonntag vor 24 Uhr eine Nachtarbeit begonnen, kann ein Sonntagszuschlag auch noch für die Zeit von 0 Uhr bis 4 Uhr des nachfolgenden Montags als steuerfrei anerkannt werden.

Feiertagsarbeit

Folgende Zuschläge für tatsächlich geleistete ↗ Feiertagsarbeit bleiben bei den Einkünften aus nichtselbstständiger Arbeit steuerfrei, soweit sie

- für Arbeit an gesetzlichen Feiertagen von 0 Uhr bis 24 Uhr sowie für Arbeit am 31.12. ab 14 Uhr: 125 %
- für Arbeit am 24.12. ab 14 Uhr und am 25. und 26.12. sowie am 1.5. von 0 Uhr bis 24 Uhr: 150 %

des Grundlohns, der auf höchstens 50 EUR begrenzt ist, nicht übersteigen.

Als Feiertagsarbeit gilt die Zeit von 0 Uhr bis 24 Uhr an diesen Tagen. Die Zuschläge für die Arbeit an Silvester und an Heiligabend werden jeweils ab 14 Uhr als Feiertagszuschläge anerkannt.

Welche Tage gesetzliche Feiertage sind, richtet sich nach den am Ort der Arbeitsstätte maßgebenden landesrechtlichen Bestimmungen.[1]

Nachtarbeit an Sonntagen und Feiertagen

Ein Nachtarbeitszuschlag kann zusätzlich für an Feiertagen geleistete Nachtarbeit neben dem Zuschlag für Feiertagsarbeit beitrags- und steuerfrei bezahlt werden.[2] Die beiden Zuschläge können auch dann zusammengerechnet werden, wenn nur ein Zuschlag gezahlt wird.

Nachtarbeit am Sonntag

von 0 bis 4 Uhr, wenn die Nachtarbeit vor 0 Uhr aufgenommen wurde:	50 % + 40 % =	90 %
von 20 bis 24 Uhr:	50 % + 25 % =	75 %
von 0 bis 4 Uhr des dem Sonntag folgenden Tags, wenn die Nachtarbeit vor 0 Uhr aufgenommen wurde:	50 % + 40 % =	90 %

Nachtarbeit an Feiertagen

Die Zuschläge für Feiertagsarbeit können auch für Arbeit von 0 Uhr bis 4 Uhr an dem darauffolgenden Tag bezahlt werden, wenn die Arbeit vor 0 Uhr aufgenommen wurde. Daraus ergeben sich folgende Kombinationen:

Nachtarbeit am Feiertag	125 % + 25 % =	150 %
oder	150 % + 25 % =	175 %
Nachtarbeit an einem Feiertag von 0 Uhr bis 4 Uhr, aufgenommen vor 0 Uhr	125 % + 40 % =	165 %
oder	150 % + 40 % =	190 %
Nachtarbeit für die Arbeit zwischen 0 Uhr und 4 Uhr an einem auf einen Feiertag folgenden Tag, wenn die Arbeit vor 0 Uhr aufgenommen wurde (also noch am Feiertag)	125 % + 40 % =	165 %
oder	150 % + 40 % =	190 %

Feiertagsarbeit an Sonntagen

Ist ein Sonntag zugleich Feiertag, kann ein Zuschlag nur bis zur Höhe des jeweils in Betracht kommenden Feiertagszuschlags steuerfrei gezahlt werden.[3]

Stundengrundlohn-Höchstgrenze von 50 EUR

Der für die steuerfreie Zuschlagsberechnung maßgebende Stundengrundlohn ist begrenzt auf max. 50 EUR, d. h.

- für Nachtarbeit von 20 Uhr bis 24 Uhr kann steuerfrei pro Stunde höchstens ein Zuschlag von 12,50 EUR gezahlt werden,
- für Sonntagsarbeit höchstens 25 EUR pro Stunde, auch wenn sich aufgrund der vereinbarten Lohnbezüge ein Stundengrundlohn von mehr als 50 EUR ergibt.

Betroffen von der Obergrenze sind Arbeitnehmer mit einem durchschnittlichen Monatslohn von mindestens 8.000 EUR bzw. einem Jahresverdienst ab 100.000 EUR.

Grundlohn

Als Grundlohn ist der auf einen Stundenlohn umgerechnete laufende Arbeitslohn anzusetzen, den der Arbeitnehmer für den jeweiligen Lohnzahlungszeitraum aufgrund seiner regelmäßigen Arbeitszeit erhält (z. B. auch laufend bezogene Sachbezüge, vermögenswirksame Leistungen, Fahrtkostenzuschüsse). Regelmäßige Arbeitszeit ist die für das jeweilige Dienstverhältnis vereinbarte Normalarbeitszeit.

Für die Berechnung des Stundengrundlohns ist der Grundlohn des Lohnzahlungszeitraums durch die Stunden der regelmäßigen Arbeitszeit im jeweiligen Lohnzahlungszeitraum zu teilen.

$$\text{Stundengrundlohn} = \frac{\text{Grundlohn}}{\text{Stunden der regelmäßigen Arbeitszeit}}$$

Bei einem monatlichen Lohnzahlungszeitraum sind die tarifvertraglich bzw. vertraglich vereinbarten Wochenarbeitsstunden × 4,35 als Gesamtstundenzahl anzusetzen. Arbeitsausfälle, z. B. durch Urlaub oder Krankheit, werden nicht berücksichtigt.

Begünstigte Arbeitszeiten

Begünstigt sind nur die im Gesetz genannten Arbeitszeiten[4]:

- Nachtarbeit in der Zeit von 20 Uhr bis 6 Uhr und
- Sonn- und Feiertagsarbeit von 0 Uhr bis 24 Uhr des jeweiligen Tages.

Entsprechend der tarifvertraglichen Praxis, die im Regelfall auch die Arbeitszeit ab 14 Uhr am 24. und 31.12. begünstigt, sind zu diesen Zeiten geleistete Arbeitsstunden ebenfalls in die gesetzliche Regelung einbezogen. Dabei ist die begünstigte Silvesterarbeit der gesetzlichen Feiertagsarbeit (125 %) gleichgestellt und die begünstigte Arbeitszeit an Heiligabend der Weihnachtsfeiertagsarbeit (150 %).

Mischzuschläge sind aufzuteilen

Häufig ist auch der Fall anzutreffen, in dem für Mehrarbeit, die mit Nachtarbeit zusammentrifft, ein einheitlicher Zuschlag (sog. Mischzuschlag) gezahlt wird.

Hat ein Arbeitnehmer arbeitsrechtlich Anspruch auf SFN-Zuschläge und auf Zuschläge für Mehrarbeit und wird Mehrarbeit als Sonntags-, Feiertags- oder Nachtarbeit geleistet, bleibt in diesen Fällen von den gezahlten Zuschlägen der Betrag steuerfrei, der den arbeitsrechtlich jeweils in Betracht kommenden SFN-Zuschlägen entspricht. Für Mischzuschläge, für die arbeitsrechtlich keine ausdrückliche Aufteilung in begünstigten Zuschlag und Mehrarbeitszuschlag vorgesehen ist, ist für die Frage, welcher Zuschlag arbeitsrechtlich in Betracht kommt, das Verhältnis der beiden Einzelzuschläge maßgebend.[5]

1 § 3b Abs. 2 Satz 4 EStG; R 3b Abs. 3 Satz 3 LStR.
2 R 3b Abs. 3 LStR
3 R 3b Abs. 4 LStR.
4 § 3b Abs. 2 Satz 2 EStG.
5 BFH, Urteil v. 13.10.1989, VI R 79/86, BStBl 1991 II S. 8.

Beispiel

Aufteilung von Mischzuschlägen

Tariflich vereinbart ist ein Nachtzuschlag i. H. v. 30 % und ein Mehrarbeitszuschlag i. H. v. 50 %. Tatsächlich wird ein Mischzuschlag von 100 % gezahlt.

Ergebnis: Der steuer- und beitragsfreie Teil des Mischzuschlags ist nach dem Verhältnis der Einzelzuschläge zu bemessen (3/8). Hier sind also 37,5 % des Mischzuschlags als Nachtzuschlag anzusetzen, der bis zu 25 % (bzw. 40 %) des Grundlohns steuer- und beitragsfrei bleibt.

Eine Aufteilung im Verhältnis der Einzelzuschläge ist auch anzuwenden, wenn die Höhe des Mischzuschlags hinter der Summe der Einzelzuschläge zurückbleibt.

Pauschale Zuschläge

Zahlt der Arbeitgeber SFN-Zuschläge als laufende Pauschale und verrechnet die für die tatsächlich geleistete Sonn-, Feiertags-, oder Nachtarbeit steuerfreien Zuschläge erst später, sind die Pauschalen nur unter den nachfolgend genannten Voraussetzungen steuerfrei:

- Es ist erkennbar, dass es sich um Abschlagszahlungen oder Vorauszahlungen auf die spätere Einzelabrechnung handelt. Dies wiederum setzt voraus, dass sich der Arbeitgeber und der Arbeitnehmer darüber einig sind, dass die Höhe der für ein Kalenderjahr insgesamt zu zahlenden SFN-Zuschläge durch die Jahresabrechnung bestimmt wird und dass in Höhe der Differenz zwischen dem laut Jahresabrechnung geschuldeten Gesamtbetrag und den bislang erfolgten Monatszahlungen ein Zahlungsanspruch begründet wird.[1]
- Die Verrechnung mit den einzeln ermittelten Zuschlägen muss jeweils vor der Erstellung der Lohnsteuerbescheinigung – also zum Ende des Kalenderjahres bzw. beim Ausscheiden des Arbeitnehmers – erfolgen. Zu viel oder zu wenig berechnete Lohnsteuer muss ausgeglichen werden. Die Endabrechnung setzt einen Einzelnachweis für die einzelnen Monate voraus. Eine Abrechnung nach dem durchschnittlichen Jahresergebnis ist nicht zulässig.
- Bei der Pauschalzahlung muss erkennbar sein, welche Zuschläge im Einzelnen abgegolten sein sollen und nach welchen Prozentsätzen des Grundlohns die Zuschläge bemessen worden sind.
- Die Pauschale muss den voraussichtlich im Durchschnitt des Jahres tatsächlich anfallenden steuerfreien Zuschlägen entsprechen.
- Bei der Pauschale muss es sich um einen echten Zuschlag handeln; eine Herausrechnung der Pauschalzahlung aus dem Arbeitslohn führt nicht zur Steuer- und Beitragsfreiheit.
- Der steuerfreie Pauschalbetrag darf höchstens nach den Sätzen des § 3b EStG berechnet werden.

Stimmt die Summe der Pauschalzahlungen nicht mit der Summe der tatsächlich steuerfreien Zuschläge überein, so gilt Folgendes:

- Hat der Arbeitnehmer weniger zuschlagspflichtige Stunden geleistet, als durch die Pauschale abgegolten sind, ist die Differenz steuer- und beitragspflichtiges Arbeitsentgelt.
- Wurden vom Arbeitnehmer mehr zuschlagspflichtige Stunden geleistet, führt eine Verrechnung mit dem laufenden Arbeitsentgelt nicht zur Steuer- und Beitragsfreiheit.

Der über die Pauschale hinausgehende Teil ist nur dann steuerfrei, wenn der Zuschlag tatsächlich gezahlt wird.[2]

1 FG Düsseldorf, Urteil v. 27.11.2020, 10 K 410/17 H (L).
2 BFH, Urteil v. 29.11.2016, VI R 61/14, BStBl 2017 II S. 718.

Sozialversicherung

Zuschläge für besondere Leistungen oder Belastungen

Beitragspflicht in der Sozialversicherung

Lohnzuschläge, die der Arbeitgeber zusätzlich zum Arbeitslohn zahlt, sind grundsätzlich beitragspflichtig.[3] Dabei spielt es keine Rolle, ob diese als Zuschläge oder Zulagen bezeichnet werden. Es ist auch nicht entscheidend, ob die Lohnzuschläge gezahlt werden aufgrund

- eines gesetzlichen Anspruchs,
- eines Tarifvertrags,
- einer Betriebsvereinbarung,
- einer einzelvertraglichen Regelung oder
- einer freiwilligen Zahlung.

Beitragsrechtliche Bewertung von Familienzuschlägen

Familienzuschläge (Sozialzuschläge) sind Einnahmen aus der Beschäftigung, die der Arbeitgeber mit Rücksicht auf den Familienstand seines Arbeitnehmers zahlt. Dazu gehören z. B. Kinderzuschläge oder familienbedingte erhöhte Ortszuschläge im öffentlichen Dienst. Die Familienzuschläge sind ebenfalls beitragspflichtiges Arbeitsentgelt.

Bei der Prüfung der Frage, ob die ⇗ Jahresarbeitsentgeltgrenze überschritten wird, sind Familienzuschläge nicht zu berücksichtigen.[4] Solche Zuschläge knüpfen an das Bestehen einer Ehe oder Lebenspartnerschaft bzw. an das Vorhandensein von Kindern an, d. h. sie sind arbeitsrechtlich davon dem Grunde oder der Höhe nach abhängig. Dies gilt unabhängig davon, ob diese Zuschläge laufend oder unregelmäßig (einmalig) gezahlt werden.

Beitragsrechtliche Bewertung von Sonn-, Feiertags- und Nachtarbeitszuschlägen

Keine Übereinstimmung zwischen Steuer- und Sozialversicherungsrecht

Für die Beiträge zur Sozialversicherung besteht keine vollständige Übereinstimmung mit dem Steuerrecht. Es gilt eine abweichende Regelung: Sonn-, Feiertags- und Nachtarbeitszuschläge sind beitragsfrei, soweit das Arbeitsentgelt, aus dem sie berechnet werden, nicht mehr als 25 EUR je Stunde beträgt. Bei dieser Grenze handelt es sich um einen Freibetrag. Liegt der Stundengrundlohn über 25 EUR, sind die Zuschläge nur teilweise beitragspflichtig.[5] Durch die Anbindung an den Grundlohn wird jedoch deutlich, dass für die beitragsrechtliche Beurteilung auf die steuerlichen Tatbestände abzustellen ist. Die gewährten Zuschläge müssen deshalb auch die Voraussetzung erfüllen, dass sie zusätzlich zum Grundlohn und für tatsächlich geleistete Arbeit gezahlt werden.

Hinweis

Unfallversicherung kennt keine Beitragsfreiheit

Für die gesetzliche Unfallversicherung sind solche Zuschläge jedoch immer in voller Höhe dem Arbeitsentgelt zuzurechnen.[6] Das gilt auch dann, wenn sie lohnsteuerfrei sind. Der Grenzwert von 25 EUR ist für die Unfallversicherung nicht maßgebend.

Maßgeblicher Grundlohn

Beim Grundlohn im Sinne von § 3b EStG handelt es sich um den laufenden lohnsteuerpflichtigen Arbeitslohn (laufendes Arbeitsentgelt), der dem Arbeitnehmer bei der für ihn maßgebenden regelmäßigen Arbeitszeit für den jeweiligen Entgeltabrechnungszeitraum zusteht. Der Grundlohn ist für die Berechnung des steuerfreien Anteils nur insoweit maßgebend, als er 50 EUR in der Stunde nicht übersteigt. Lohnsteuerfreier Arbeitslohn gehört in keinem Fall zum Grundlohn.

3 § 14 Abs. 1 Satz 1 SGB IV.
4 § 6 Abs. 1 Nr. 1 SGB V.
5 § 1 Abs. 1 Satz 1 Nr. 1 SvEV.
6 § 1 Abs. 2 SvEV.

Achtung

Nach § 3 Nr. 63 EStG steuerfreie Beiträge für eine betriebliche Altersversorgung zählen ebenfalls zum Grundlohn

Zum laufenden Arbeitslohn, der in die Grundlohnberechnung miteinzubeziehen ist, zählen allerdings auch die nach § 3 Nr. 63 EStG steuerfreien Beiträge für eine Direktversicherung, für eine Pensionskasse oder für einen Pensionsfonds. Somit sind in die Grundlohnberechnung auch die Beträge einzubeziehen, die den Betrag von 8 % der Beitragsbemessungsgrenze der allgemeinen Rentenversicherung (2024: 7.248 EUR; 2023: 7.008 EUR) nicht übersteigen, soweit es sich dabei um laufendes Arbeitsentgelt handelt. Insoweit ist es unerheblich, dass im Sozialversicherungsrecht die Beitragsfreiheit von Beiträgen für eine Direktversicherung, für eine Pensionskasse oder für einen Pensionsfonds auf den Betrag von 4 % der Beitragsbemessungsgrenze der allgemeinen Rentenversicherung (2024: 3.624 EUR; 2023: 3.504 EUR) begrenzt ist.

Ermittlung des maßgeblichen Grundlohns (Stundenlohns)

Der laufende Arbeitslohn bzw. das laufende Arbeitsentgelt im Entgeltabrechnungszeitraum ist in einen Stundengrundlohn umzurechnen. Hierbei ist entsprechend den Ausführungen in R 3b Abs. 2 Nr. 3 LStR zu verfahren. Danach ist das Arbeitsentgelt grundsätzlich durch die Zahl der Stunden der regelmäßigen Arbeitszeit im jeweiligen Entgeltabrechnungszeitraum zu dividieren. Bei einem Arbeitsentgelt, das als Monatsentgelt gezahlt wird, ist ein Divisor anzusetzen, der sich durch Multiplikation der wöchentlichen Arbeitszeit mit dem Faktor 4,35 ergibt. Es gilt die individuelle regelmäßige wöchentliche Arbeitszeit des Arbeitnehmers.

Beispiel

Ermittlung des Stundengrundlohns eines Vollzeitbeschäftigten

Ein Arbeitnehmer erhält ein laufendes monatliches Arbeitsentgelt von 4.611 EUR. Die regelmäßige individuelle Wochenarbeitszeit des Arbeitnehmers beträgt 40 Stunden.

Der Stundengrundlohn wird folgendermaßen ermittelt:

Umrechnung der regelmäßigen wöchentlichen Arbeitszeit:

40 Stunden × 4,35 = 174 Stunden monatlich

Ermittlung des Stundengrundlohns:

4.611 EUR : 174 Stunden = 26,50 EUR

Ergebnis: Der Stundengrundlohn beträgt mehr als 25 EUR. Deshalb können die auf der Basis von über 25 EUR berechneten SFN-Zuschläge nicht beitragsfrei bleiben. Da der in § 1 Abs. 1 Satz 1 Nr. 1 SvEV genannte Grenzbetrag überschritten wird, bleibt nur der Zuschuss auf Basis von 25 EUR beitragsfrei, während der von den überschreitenden 1,50 EUR berechnete Zuschuss beitragspflichtig ist.

Beispiel

Ermittlung des Stundengrundlohns eines Teilzeitbeschäftigten

Ein Arbeitnehmer erhält ein laufendes monatliches Arbeitsentgelt von 2.150 EUR. Die regelmäßige individuelle Wochenarbeitszeit des Arbeitnehmers beträgt 20 Stunden.

Der Stundengrundlohn wird folgendermaßen ermittelt:

Umrechnung der regelmäßigen wöchentlichen Arbeitszeit:
20 Stunden × 4,35 = 87 Stunden monatlich

Ermittlung des Stundengrundlohns:
2.150 EUR : 87 Stunden = 24,71 EUR

Ergebnis: Der Stundengrundlohn beträgt 24,71 EUR und überschreitet somit nicht die Grenze von 25 EUR. Deshalb können die SFN-Zuschläge weiterhin beitragsfrei gewährt werden, soweit sie die in § 3b EStG genannten Grenzbeträge nicht überschreiten, d. h. steuerfrei sind.

Beitragspflichtiger Anteil der SFN-Zuschläge bei Überschreiten des Stundengrundlohns von 25 EUR

Wird der Stundengrundlohn von 25 EUR überschritten, sind die auf den übersteigenden Betrag entfallenden SFN-Zuschläge dem Arbeitsentgelt hinzuzurechnen und damit beitragspflichtig. Der Höchstbetrag für die Beitragsfreiheit wird wie folgt ermittelt: Die Anzahl der SFN-Arbeitsstunden des Mitarbeiters wird mit dem Verhältnis des für die entsprechend begünstigte SFN-Arbeit zu berücksichtigenden Werts nach § 3b EStG zum Betrag von 25 EUR vervielfältigt. Der sich daraus maximal ergebende beitragsfreie Anteil der SFN-Zuschläge ist aus der nachstehenden Tabelle ersichtlich:

Zuschlag	steuerfrei	beitragsfrei max.
Nachtarbeit von 20 Uhr bis 0 Uhr: 25 %[1, 2, 3]	12,50 EUR	6,25 EUR
Nachtarbeit von 0 Uhr bis 4 Uhr: 40 %[4]	20,00 EUR	10,00 EUR
Sonntagsarbeit: 50 %[5]	25,00 EUR	12,50 EUR
Feiertagsarbeit: 125 %[6]	62,50 EUR	31,25 EUR
Arbeit an Weihnachten und am 1.5.: 150 %[7]	75,00 EUR	37,50 EUR

Beispiel

Zuschläge bleiben nicht beitragsfrei

Ein in der gesetzlichen Krankenversicherung und in der Pflegeversicherung versicherter Arbeitnehmer erhält ein laufendes monatliches Arbeitsentgelt von 5.289,60 EUR. Die regelmäßige individuelle Wochenarbeitszeit des Arbeitnehmers beträgt 38 Stunden. Dieser Arbeitnehmer arbeitet 20 Stunden im Monat in der Nacht in der Zeit von 20 Uhr bis 0 Uhr.

Der Stundengrundlohn wird folgendermaßen ermittelt:

a) Umrechnung der regelmäßigen wöchentlichen Arbeitszeit:

   38 Stunden × 4,35 = 165,3 Stunden monatlich

b) Ermittlung des Stundengrundlohns:

   5.289,60 EUR : 165,3 Stunden = 32 EUR

Der Stundengrundlohn beträgt mehr als 25 EUR. Deshalb können die SFN-Zuschläge nicht mehr in vollem Umfang beitragsfrei gewährt werden.

Ermittlung des beitragsfreien Anteils des Nachtarbeitszuschlags:

20 Stunden begünstigte Nachtarbeit × 6,25 EUR = 125 EUR.

Der Arbeitgeber kann einen maximalen beitragsfreien Nachtarbeitszuschlag i. H. v. 125 EUR zahlen.

Ermittlung des beitragspflichtigen Arbeitsentgelts bei einem SFN-Zuschlag von 25 %:

32 EUR × 25 % = 8 EUR

20 Stunden begünstigte Nachtarbeit × 8 EUR = 160 EUR

160 EUR – 125 EUR = 35 EUR

Ergebnis: Der beitragspflichtige Teil des SFN-Zuschlags beträgt 35 EUR. Wegen der in der Kranken- und Pflegeversicherung zu berücksichtigenden Beitragsbemessungsgrenze (2024: 5.175 EUR) sind Beiträge nur zur Renten- und Arbeitslosenversicherung zu berechnen.

Problem bei Lohnersatzleistungen und beim Urlaubsentgelt

Häufig wird im Rahmen von ⬀ Betriebsprüfungen festgestellt, dass die Berechnungen für die Entgeltfortzahlung im Krankheitsfalle bzw. für das

1 Zuschlag nach § 3b Abs. 1 Nr. 1 EStG.
2 Berechnung auf Grundlage des steuerlichen Maximalbetrags von 50 EUR.
3 § 3b Abs. 2 EStG.
4 Zuschlag nach § 3b Abs. 3 Nr. 1 EStG.
5 Zuschlag nach § 3b Abs. 1 Nr. 2 EStG.
6 Zuschlag nach § 3b Abs. 1 Nr. 3 EStG.
7 Zuschlag nach § 3b Abs. 1 Nr. 4 EStG.

Urlaubsentgelt zu gering ausgefallen sind. Ein möglicher Grund ist dabei die Nichtberücksichtigung von Nachtarbeitszuschlägen. Da die Zuschläge dann nicht für tatsächlich geleistete Nachtarbeit gezahlt werden, kommt keine Steuerfreiheit und damit auch keine Beitragsfreiheit in der Sozialversicherung in Betracht. Beiträge werden dann für die nichtgezahlten Zuschläge nacherhoben.

Pauschale Zuschläge

Zahlt der Arbeitgeber Sonn-, Feiertags- oder Nachtarbeitszuschläge als laufende Pauschale und verrechnet die für die tatsächlich geleistete Sonn-, Feiertags-, oder Nachtarbeit steuerfreien Zuschläge erst später, sind die Pauschalen nur unter bestimmten Voraussetzungen steuer- und damit auch beitragsfrei.

Wichtig

Beitragsfreiheit von tatsächlicher Zahlung abhängig

Der über die Pauschale hinausgehende Teil ist nur dann beitragsfrei, wenn der Zuschlag tatsächlich gezahlt wird.

Zuschüsse

Der Begriff Zuschuss (oder auch Zuwendung) bezeichnet Vergütungsbestandteile, die zusätzlich zum ohnehin geschuldeten Arbeitslohn gewährt werden. Für die korrekte Berechnung der Lohnsteuer und der Sozialversicherungsbeiträge ist es wichtig, den Zuschuss als laufenden oder einmalig gezahlten Arbeitslohn einzuordnen. Außerdem ist zwischen steuerpflichtigen und steuerfreien Zuschüssen zu unterscheiden.

Gesetze, Vorschriften und Rechtsprechung

Lohnsteuer: Sofern es sich bei Zuschüssen um steuerpflichtigen Arbeitslohn handelt, bildet die Rechtsgrundlage § 19 Abs. 1 EStG i. V. m. R 19.3 LStR. Zur Abgrenzung von laufendem Arbeitslohn von sonstigen Bezügen siehe R 39b.2 Abs. 2 LStR. Zur Abgrenzung von Arbeitgeberleistungen, die als zusätzlicher Arbeitslohn erbracht werden müssen, siehe § 8 Abs. 4 EStG.

Sozialversicherung: § 14 Abs. 1 SGB IV definiert den Arbeitsentgeltbegriff in der Sozialversicherung. § 1 Abs. 1 Satz 1 SvEV grenzt die allgemeine Definition allerdings dahingehend ein, dass Arbeitsentgeltteile, die lohnsteuerfrei sind, nicht zum beitragspflichtigen Arbeitsentgelt gehören. Außerdem sind hier Detailregelungen für bestimmte Zuwendungen des Arbeitgebers festgelegt, die nicht als beitragspflichtiges Arbeitsentgelt zu betrachten sind.

Entgelt	LSt	SV
Zuschuss	pflichtig	pflichtig
Betreuungsleistung für Kinder und pflegedürftige Angehörige bis 600 EUR jährlich	frei	frei
Essenszuschuss bis 7,23 EUR arbeitstäglich	pauschal	frei
Kindergartenzuschuss	frei	frei
Zuschuss zum Kranken-/Verletztengeld und Mutterschaftsgeld *Soweit der Zuschuss zusammen mit der Entgeltersatzleistung das Nettoarbeitsentgelt nicht um mehr als 50 EUR übersteigt.	pflichtig	frei*
Kurzarbeitergeldzuschuss *Soweit der Zuschuss zusammen mit dem Kurzarbeitergeld 80 % des Unterschiedsbetrags zwischen Soll- und Ist-Entgelt nach § 179 SGB III nicht übersteigt.	pflichtig	frei*

Entgelt

Steuerpflichtige Zuschüsse

Lohnsteuer

Leistet der Arbeitgeber Zuschüsse an den Arbeitnehmer, die in mittel- oder unmittelbarem Zusammenhang mit der Erbringung der Arbeitsleistung des Arbeitnehmers stehen, handelt es sich bei diesen Zuschüssen – unabhängig von der konkreten Bezeichnung – grundsätzlich um steuerpflichtigen Arbeitslohn. Typische Formen der Zuschussgewährung sind witterungsbedingte Zuschüsse (⇗ Saison-Kurzarbeitergeld), Zuschüsse zum Krankengeld oder Zuschüsse zum Kurzarbeitergeld. Zuschüsse können auch sozialen Charakter haben, z. B. steuerfreie Kindergartenzuschüsse[1] und steuerfreie Fahrtkostenzuschüsse.[2] Möglich ist auch die Zahlung von Zulagen, die aufgrund einer besonderen Beanspruchung des Arbeitnehmers infolge seines Arbeitsplatzes entstehen (Erschwerniszulagen usw.).

Besteuerung als laufender Arbeitslohn oder sonstiger Bezug

Erfolgt die Zahlung von Zuschüssen als laufender Arbeitslohn erfolgt die Besteuerung auch entsprechend als laufender Bezug nach der Monatslohnsteuertabelle. Stellt der Zuschuss eine ⇗ Einmalzahlung dar, gelten die Regeln für die Besteuerung von ⇗ sonstigen Bezügen.

Steuerpflichtig sind z. B. folgende vom Arbeitgeber gezahlten Zuschüsse:

- ⇗ Krankengeldzuschuss
- Wohngeldzuschuss,
- Dienstkleidungszuschuss
- Wohnungsbeschaffungszuschuss.

Sozialversicherung

Steuerpflichtige Zuschüsse des Arbeitgebers sind gemäß § 14 Abs. 1 SGB IV als Einnahmen aus der Beschäftigung auch beitragspflichtiges Arbeitsentgelt zur Sozialversicherung. Allerdings treffen die in § 1 Abs. 1 Satz 1 SvEV enthaltenen Regelungen im Einzelfall Ausnahmen von diesem Grundsatz.

Steuerfreie Zuschüsse

Lohnsteuer

Der Arbeitgeber kann seinem Arbeitnehmer bestimmte Zuschüsse gewähren, die steuerfrei bleiben. Hierzu gehören z. B. folgende Zuschüsse:

- Betreuungszuschuss für Kinder bis zum 14. Lebensjahr und pflegebedürftige Angehörige,
- ⇗ Essenszuschuss (bis 3,10 EUR steuerfrei, darüber hinaus bis 4,13 EUR pauschal versteuert),
- Zuschuss zum ⇗ Mutterschaftsgeld,
- ⇗ Kindergartenzuschuss,
- Fahrtkostenzuschuss für öffentliche Verkehrsmittel.

1 § 3 Nr. 33 EStG.
2 § 3 Nr. 15 EStG.

Sozialversicherung

Steuerfreie Zuschüsse des Arbeitgebers stellen gemäß § 1 Abs. 1 Satz 1 Nr. 1 SvEV grundsätzlich auch kein beitragspflichtiges Arbeitsentgelt zur Sozialversicherung dar, soweit sie zusätzlich zum Lohn oder Gehalt gewährt werden. Soweit von diesem Grundsatz im Einzelfall Ausnahmen bestehen, wird hierauf in den folgenden Ausführungen hingewiesen.

Zuschüsse von A bis Z

Nachfolgend werden die meist verwendeten Zuschussarten im Hinblick auf ihre steuer- und beitragsrechtliche Beurteilung aufgeführt.

Apothekerzuschuss

Der Apothekerzuschuss wird von der Gehaltsausgleichskasse der Apothekerkammern (GAK) an pharmazeutische Angestellte gezahlt. Hierzu gehören insbesondere

- Kinderzulage,
- Frauenzulage,
- Dienstalterszulage sowie
- Diebstahlzulage.

Alle Zahlungen werden im Zusammenhang mit der Erbringung einer Arbeitsleistung gewährt und stellen somit grundsätzlich steuer- und beitragspflichtigen Arbeitslohn dar.

Die Gehaltsausgleichskasse der Apothekerkammern muss dem Arbeitgeber die ausgezahlten Beträge mitteilen, damit dieser die zutreffenden Steuerabzugsbeträge und Sozialversicherungsbeiträge abführen kann.

Betreuungszuschuss für Kinder und pflegebedürftige Angehörige

Der Arbeitgeber kann steuerfreie Zuschüsse gewähren für die kurzfristige Betreuung von

- schulpflichtigen Kindern bis zum 14. Lebensjahr,
- pflegebedürftigen Angehörigen, wenn die Betreuung aus zwingenden und beruflich veranlassten Gründen notwendig ist, und
- Kindern, die wegen einer vor Vollendung des 25. Lebensjahres eingetretenen körperlichen, geistigen oder seelischen Behinderung außerstande sind, sich selbst zu unterhalten.

Denkbar sind kurzfristige berufliche Sondereinsätze oder die kurzfristige Betreuung von Kindern und Angehörigen bei Krankheit. Die Steuerfreiheit der Betreuungsleistungen ist auf maximal 600 EUR pro Jahr begrenzt.[1] Diese Steuerbefreiung ergänzt die für nicht schulpflichtige Kinder bestehende Möglichkeit zu steuerfreien ⇗ Kindergartenzuschüssen.[2]

Steuerfrei sind außerdem Leistungen des Arbeitgebers zu Beratungsleistungen und/oder die Vermittlung einer Betreuungsleistung bei der Betreuung von Kindern und Angehörigen, wenn diese zusätzlich zum ohnehin geschuldeten Arbeitslohn erbracht werden. Eine betragsmäßige Obergrenze ist hierfür nicht vorgesehen.[3] Die beitragsrechtliche Behandlung ist an das Steuerrecht geknüpft.[4]

Dienstkleidungszuschuss

Zuschüsse des Arbeitgebers zur ⇗ Arbeitskleidung in Form von Barlohn an seine Arbeitnehmer sind stets steuer- und beitragspflichtiger Arbeitslohn.[5] Hingegen kann die Überlassung von Dienstkleidung steuer- und beitragsfrei bleiben, sofern ein überwiegend betriebliches Interesse anzunehmen ist.[6]

Essenszuschuss

Beteiligt sich ein Arbeitgeber durch die Gewährung von ⇗ Essenszuschüssen an den Kosten der Lebenshaltung eines Arbeitnehmers, stellen diese Zuschüsse grundsätzlich steuer- und beitragspflichtigen Arbeitslohn dar. Unter bestimmten Voraussetzungen kann die Gewährung eines Zuschusses jedoch auch steuerfrei gestaltet werden oder durch den Arbeitgeber mit 25 % pauschal versteuert werden.[7] Hierbei kommen typischerweise 3 Anwendungsformen in Betracht:

- ⇗ Essenmarken
- Kantinenmahlzeiten und
- Geldzuschüsse des Arbeitgebers.

Hinweis

Pauschalbesteuerung führt zu Beitragsfreiheit

Soweit Essenszuschüsse pauschal versteuert werden können, bleiben sie beitragsfrei.

Essenmarke

Beträgt der Wert der ⇗ Essenmarke nicht mehr als 7,23 EUR (2023: 6,90 EUR), ist der geldwerte Vorteil höchstens mit dem amtlichen Sachbezugswert zu bewerten, im Jahr 2024 also mit 4,13 EUR. Zuzahlungen des Mitarbeiters zu seinem Essen mindern den geldwerten Vorteil.[8] Für die Beurteilung, ob vom Arbeitgeber zur Verfügung gestellte Essenmarken beitragspflichtig zur Sozialversicherung sind, gelten uneingeschränkt die für die steuerliche Bewertung maßgeblichen Grundsätze.

Kantinenmahlzeit

Ermöglicht der Arbeitgeber dem Arbeitnehmer eine verbilligte oder kostenlose Mahlzeit innerhalb einer Kantine, ist diese Leistung zwar grundsätzlich steuer- und beitragspflichtig, kann aber mit den amtlichen Sachbezugswerten angesetzt werden. Darüber hinaus besteht die Möglichkeit im Rahmen der Pauschalbesteuerung, die Kosten für die Steuer auf den Arbeitgeber zu übertragen.[9] Soweit hiernach eine Pauschalbesteuerung möglich ist, besteht auch Beitragsfreiheit zur Sozialversicherung.[10]

Arbeitstäglicher Essenszuschuss

Die Regelungen zu Essenmarken und Kantinenmahlzeiten gelten in gleicher Weise, wenn der Arbeitgeber dem Arbeitnehmer an deren Stelle einen arbeitsrechtlichen Anspruch auf einen arbeitstäglichen Zuschuss zu Mahlzeiten einräumt.[11] Auch in diesem Fall ist als Arbeitslohn nicht der Zuschuss, sondern die Mahlzeit des Arbeitnehmers mit dem amtlichen Sachbezugswert anzusetzen (2024: 4,13 EUR für Mittagessen). Der arbeitstägliche Zuschuss darf den amtlichen Sachbezugswert einer Mittagsmahlzeit um nicht mehr als 3,10 EUR übersteigen, also 2024 insgesamt nicht mehr als 7,23 EUR betragen. Außerdem darf der Essenszuschuss nicht an Arbeitnehmer während der ersten 3 Monate einer beruflichen Auswärtstätigkeit am selben Einsatzort gewährt werden. Eine Ausnahme gilt für Arbeitnehmer, die eine längerfristige Auswärtstätigkeit an derselben Tätigkeitsstätte nach Ablauf der 3-Monatsfrist ausüben.[12]

Zahlt der Arbeitnehmer mindestens den geltenden Sachbezugswert für das Essen selbst, entsteht kein steuerpflichtiger geldwerter Vorteil.

Der Ansatz der amtlichen Sachbezugswerte für arbeitstägliche Essenszuschüsse ist unabhängig davon, ob zwischen dem Arbeitgeber und der Gaststätte oder vergleichbaren Einrichtung vertragliche Beziehungen bestehen. Der Arbeitgeber muss die Voraussetzungen für die Bewertung der Essenszuschüsse mit dem amtlichen Sachbezugswert nachweisen.

Hinweis

Digitale Essenmarke zulässig

Laut BMF ist der günstige Mahlzeitenansatz mit dem Sachbezugswert auch möglich, wenn statt Papier-Essenmarken ein vollelektronisches

1 § 3 Nr. 34b EStG.
2 § 3 Nr. 33 EStG.
3 § 3 Nr. 34a EStG.
4 § 1 Abs. 1 Satz 1 Nr. 1 SvEV.
5 § 19 Abs. 1 EStG.
6 § 1 Abs. 1 Satz 1 Nr. 1 SvEV.
7 § 40 Abs. 2 EStG.
8 R 8.1 Abs. 4, 7 LStR; H 8.1 Abs. 7 LStH.
9 § 40 Abs. 2 EStG.
10 § 1 Abs. 1 Satz 1 Nr. 3 SvEV.
11 BMF, Schreiben v. 13.4.2021, IV C 5 – S 2334/19/10007 :002, BStBl 2021 I S. 624, Rz. 8.
12 BMF, Schreiben v. 5.1.2015, IV C 5 – S 2334/08/10006, BStBl 2015 I S. 119.

System verwendet wird.[1] Demnach ist es zulässig, wenn durch entsprechende Smartphone-Apps die Belege vollautomatisiert erfasst und geprüft werden können.

Kindergartenzuschuss

Beteiligt sich der Arbeitgeber durch einen Zuschuss an den Kosten für die Unterbringung der Kinder des Arbeitnehmers in einem Kindergarten, kann dieser Zuschuss dann steuer- und beitragsfrei bleiben, wenn es sich um einen Zuschuss für ein noch nicht schulpflichtiges Kind handelt.[2] Der Kostenzuschuss muss nicht auf reine Unterbringungskosten begrenzt sein, er kann auch die Kosten der Verpflegung des Kindes beinhalten.

Kurzarbeitergeldzuschuss

In einer Reihe von Tarifverträgen, aber auch in individualvertraglichen Vereinbarungen ist geregelt, dass der Arbeitgeber dem Arbeitnehmer für Zeiten der ↗ Kurzarbeit unter bestimmten Voraussetzungen Zuzahlungen zum Kurzarbeitergeld bzw. Arbeitslosengeld bei beruflicher Weiterbildung gewährt. Da die Zuschüsse im Zusammenhang mit der Erbringung der früheren Arbeitsleistung gewährt werden, handelt es sich hierbei grundsätzlich um steuerpflichtigen Arbeitslohn.[3]

Beitragsrechtliche Regelung

Zuschüsse des Arbeitgebers zum Kurzarbeitergeld und Saison-Kurzarbeitergeld sind beitragsfrei zur Sozialversicherung, soweit sie zusammen mit dem Kurzarbeitergeld 80 % des Unterschiedsbetrags zwischen dem Soll-Entgelt und dem Ist-Entgelt nach § 106 SGB III nicht übersteigen.[4]

Lohnersatzleistungen

Lohnsteuer

Erhält ein Arbeitnehmer eine Lohnersatzleistung, z. B.

- ↗ Krankengeld
- ↗ Mutterschaftsgeld oder
- Verletztengeld

ist diese grundsätzlich lohnsteuerfrei, sie unterliegt aber dem ↗ Progressionsvorbehalt.

Zuschüsse zum Krankengeld sowie zum Verletztengeld sind hingegen lohnsteuerpflichtig[5], während Zuschüsse zum Mutterschaftsgeld nach dem Mutterschutzgesetz lohnsteuerfrei bleiben.[6]

Hintergrund der steuerlichen Behandlung ist das Lebensstandardprinzip: Der Arbeitnehmer verfügt während des Bezugs der Lohnersatzleistung über ein geringeres Nettoeinkommen. Deshalb gewähren viele Arbeitgeber dem Arbeitnehmer einen Zuschuss, dessen Zweck darin besteht, das vorherige Nettoeinkommensniveau zu erreichen oder wenigstens anzunähern.

Beitragsrechtliche Bewertung

Zuschüsse zum Krankengeld und zu sonstigen Lohnersatzleistungen gehören gemäß § 23c Abs. 1 SGB IV dem Grunde nach zum beitragspflichtigen Arbeitsentgelt in der Sozialversicherung. Dies gilt aber nur dann, wenn die Lohnersatzleistung zusammen mit dem Zuschuss das Vergleichsnettoarbeitsentgelt um 50 EUR im Monat überschreitet. Beitragspflichtig ist nur der Betrag des Zuschusses, der das sog. Vergleichsnettoarbeitsentgelt überschreitet.

Zuschüsse zu Entgeltersatzleistungen, die gezahlt werden, um dem Arbeitnehmer lediglich die aus der Lohnersatzleistung angefallenen Beitragsanteile zur Pflege-, Renten- und Arbeitslosenversicherung zu ersetzen, sind kein beitragspflichtiges Arbeitsentgelt zur Sozialversicherung.

1 BMF, Schreiben v. 18.1.2019, IV C 5 – S 2334/08/10006-01, BStBl 2019 I S. 66.
2 § 3 Nr. 33 EStG.
3 § 19 Abs. 1 EStG.
4 § 1 Abs. 1 Satz 1 Nr. 8 SvEV.
5 § 2 Abs. 2 Nr. 3 LStDV.
6 § 3 Nr. 1d EStG.

Miet- und Wohngeldzuschuss

Zahlt der Arbeitgeber einen monatlichen pauschalen Betrag als Miet- und Wohngeldzuschuss, handelt es sich hierbei um einen Teil der Vergütung und somit grundsätzlich um steuer- und beitragspflichtigen Arbeitslohn.[7]

Wohnungsbeschaffungszuschuss

Zu den Kosten der Wohnungsbeschaffung gehören insbesondere die Gebühren von Immobilienmaklern. Übernimmt der Arbeitgeber diese Maklergebühren ganz oder teilweise stellt diese Übernahme steuer- und beitragspflichtigen Arbeitslohn dar, da sie im Rahmen des Beschäftigungsverhältnisses gewährt wird.[8]

Zinszuschuss

Unterstützt der Arbeitgeber den Arbeitnehmer finanziell bei der Rückzahlung eines Darlehens durch die Gewährung von Zuschüssen, werden diese Zuschüsse im Zusammenhang mit der Erbringung der Arbeitsleistung des Arbeitnehmers gewährt und stellen somit steuer- und beitragspflichtigen Arbeitslohn dar.

Zuschuss zu Sozialleistungen (Beitragsrechtliche Beurteilung)

Zuschüsse sind arbeitgeberseitige Leistungen (auch Sachbezüge), die während des Bezugs von Sozialleistungen gezahlt werden. Zu den Sozialleistungen gehören u. a. das Krankengeld, Krankengeld bei Erkrankung des Kindes oder Mutterschaftsgeld.

Gesetze, Vorschriften und Rechtsprechung

Sozialversicherung: § 23c SGB IV erläutert die Voraussetzungen der Beitragsfreiheit der arbeitgeberseitigen Leistungen.

Mit dem „Gesetz zur Änderung des SGB IV und anderer Gesetze v. 19.12.2007" wurde u. a. das Erziehungs- sowie das Elterngeld anstelle der Elternzeit als Sozialleistung aufgenommen und eine Freigrenze von 50 EUR pro Monat eingeführt.

Die Spitzenorganisationen der Sozialversicherung haben am 13.11.2007 ein „Gemeinsames Rundschreiben zur Thematik der sonstigen nicht beitragspflichtigen Einnahmen nach § 23c SGB IV" mit den Rechtsänderungen zum 1.1.2008 (GR v. 13.11.2007-I) herausgegeben.

Sozialversicherung

Beitragspflicht der Zuschüsse

Arbeitgeberseitige Leistungen, die während des Bezugs von

- Krankengeld,
- Versorgungskrankengeld,
- Übergangsgeld,
- Mutterschaftsgeld,
- Krankentagegeld oder
- Eltern- oder Erziehungsgeld

erzielt werden, gelten nicht als Arbeitsentgelt. Zu diesen arbeitgeberseitigen Leistungen gehören auch Sachbezüge. Voraussetzung hierfür ist, dass sie zusammen mit der Sozialleistung das ↗ Nettoarbeitsentgelt um nicht mehr als 50 EUR im Monat übersteigen.[9]

Um prüfen zu können, ob die (weiter-) gewährte arbeitgeberseitige Leistung beitragspflichtig ist, muss zunächst der SV-Freibetrag ermittelt werden. Es handelt sich hierbei um die Differenz zwischen dem Vergleichs-Nettoarbeitsentgelt und der Nettosozialleistung.

7 § 19 Abs. 1 EStG.
8 § 19 Abs. 1 EStG.
9 § 47 SGB V.

Der über den SV-Freibetrag hinausgehende Teil des Zuschusses ist in vollem Umfang beitragspflichtig, wenn er die Grenze von monatlich 50 EUR überschreitet.

(Netto-) Sozialleistungen

Zu den Sozialleistungen i. S. d. § 23c SGB IV zählen insbesondere folgende Leistungen:

- Krankengeld und Krankengeld bei Erkrankung des Kindes (Krankenkassen),
- Verletztengeld und Verletztengeld bei Verletzung des Kindes (Unfallversicherungsträger),
- Übergangsgeld (Rentenversicherungsträger/Bundesagentur für Arbeit/Kriegsopferfürsorge),
- Versorgungskrankengeld (Träger der Kriegsopferversorgung),
- Mutterschaftsgeld (Krankenkassen/Bund),
- Krankentagegeld (private Krankenversicherungsunternehmen),
- Eltern- und Erziehungsgeld.

Bei gesetzlichen Leistungsträgern errechnet sich die Nettosozialleistung aus der Bruttosozialleistung abzüglich der vom Versicherten zu tragenden Beitragsanteile zur Sozialversicherung. Bei privaten Leistungsträgern sind Brutto- und Nettoleistung identisch. Die maßgebliche Nettosozialleistung bleibt während des gesamten Zeitraums des Sozialleistungsbezugs unverändert. Dies gilt auch bei der Dynamisierung und Kürzung der Bemessungsgrundlagen für die Sozialleistung, nicht jedoch bei einem Wechsel der Leistungsart (z. B. Wechsel von Kranken- zu Übergangsgeld).

Vergleichs-Nettoarbeitsentgelt

In der Regel entspricht das Vergleichs-Nettoarbeitsentgelt dem Nettoarbeitsentgelt, das in der Entgeltbescheinigung (Ziffer 2.2) zur Berechnung von Krankengeld einzutragen ist. Bei privat krankenversicherten Arbeitnehmern kann beim Abzug des ⇗ Beitragszuschusses vom Gesamtbeitrag zur Kranken- und Pflegeversicherung max. der Höchstbeitragszuschuss berücksichtigt werden (2024: 421,76 EUR/KV und 87,98 EUR/PV bundeseinheitlich außer Sachsen und 62,10 EUR/PV im Bundesland Sachsen; 2023: 403,99 EUR/KV und 76,06 EUR/PV bundeseinheitlich außer Sachsen und 51,12 EUR/PV im Bundesland Sachsen).

Wenn arbeits- oder tarifrechtliche Regelungen für die Berechnung des Zuschusses des Arbeitgebers zur Sozialleistung ein abweichendes Nettoarbeitsentgelt vorsehen, kann auch dieses als Vergleichs-Nettoarbeitsentgelt herangezogen werden. Es kann auch das Nettoentgelt angesetzt werden, das im Fall der tatsächlichen Beschäftigung erzielt würde.

Beispiel

Ermittlung des Nettoentgelts bei tarifrechtlicher Regelung für die Berechnung des Zuschusses

Aufgrund mangelnden Auftragsvolumens seines Arbeitgebers erzielt ein Arbeitnehmer im gewerblichen Bereich vor Beginn seiner Arbeitsunfähigkeit folgendes Entgelt:

Bruttoarbeitsentgelt	3.000 EUR mtl.
Vergleichs-Nettoarbeitsentgelt	2.100 EUR mtl.

Für den Fall einer Arbeitsunfähigkeit vereinbarte der Arbeitgeber mit dem Arbeitnehmer vertraglich ein Nettoarbeitsentgelt von 2.300 EUR monatlich. Dieses wird für die Berechnung des Zuschusses des Arbeitgebers zur Sozialleistung (Krankengeld) zugrunde gelegt.

Das so festgelegte Vergleichs-Nettoarbeitsentgelt bleibt für die Dauer des Bezugs der Sozialleistung unverändert. Dies gilt auch im Fall der tarifvertraglichen Erhöhung einer arbeitgeberseitigen Leistung. Etwas anderes gilt nur dann, wenn eine arbeitgeberseitige Leistung hinzukommt oder von mehreren Leistungen eine wegfällt.

Ermittlung der beitragspflichtigen Einnahmen

Zur Berechnung der Beiträge ist zunächst der SV-Freibetrag zu ermitteln. Dieser ergibt sich aus der Differenz aus dem Vergleichs-Nettoarbeitsentgelt und der Nettosozialleistung. Der den SV-Freibetrag übersteigende Teil der arbeitgeberseitigen Leistung ist beitragspflichtig, soweit gleichzeitig die Bagatellgrenze von monatlich 50 EUR überschritten wird.

Beispiel

Ermittlung SV-Freibetrag

	EUR monatlich	EUR kalendertäglich
Bruttoarbeitsentgelt	3.000,00	
Vergleichs-Nettoarbeitsentgelt	2.100,00	
Brutto-Zahlungen des Arbeitgebers	500,00	
Nettokrankengeld	1.628,10	54,27
SV-Freibetrag (2.100 EUR – 1.628,10 EUR)	471,90	15,73

Der SV-Beitrag wird durch die Brutto-Zahlungen des Arbeitgebers monatlich um 28,10 EUR überschritten. Dieser Betrag übersteigt jedoch nicht die Freigrenze von 50 EUR. Es liegt keine beitragspflichtige Einnahme vor.

Bagatellgrenze

Bei dem Betrag von 50 EUR handelt es sich nicht um eine echte Freigrenze. Dies bedeutet, dass vom ersten Cent an Beiträge zu entrichten sind, wenn die Nettosozialleistung und die arbeitgeberseitige Leistung das Vergleichsnettoarbeitsentgelt zuzüglich der Bagatellgrenze von 50 EUR überschreiten.

Beispiel

Überschreiten der Bagatellgrenze

	EUR monatlich	EUR kalendertäglich
Bruttoarbeitsentgelt	3.000,00	
Vergleichs-Nettoarbeitsentgelt	2.100,00	
Brutto-Zahlungen des Arbeitgebers	600,00	
Nettokrankengeld	1.654,50	55,15
SV-Freibetrag (2.100 EUR – 1.654,50 EUR)	445,50	14,85

Der SV-Beitrag von monatlich 445,50 EUR wird durch den Zuschuss von monatlich 600 EUR um 154,50 EUR überschritten. Dieser Betrag überschreitet die Bagatellgrenze von 50 EUR. Daher sind Beiträge aus 154,50 EUR zu entrichten.

Besonderheiten

Arbeitsentgelt innerhalb des Übergangsbereichs

Für Arbeitnehmer innerhalb des ⇗ Übergangsbereichs ist in der Entgeltbescheinigung das tatsächliche Bruttoarbeitsentgelt einzutragen. Aus diesem Betrag wird ein fiktives Nettoarbeitsentgelt auf der Basis der allgemeinen Beitragsermittlungsgrundsätze unter Außerachtlassung der Besonderheiten der Berechnung im Übergangsbereich ermittelt. Sofern für einen Beschäftigten, dessen regelmäßiges Entgelt innerhalb des Übergangsbereichs liegt, die beitragspflichtigen Einnahmen den Betrag von 538,01 EUR[1] unterschreiten, errechnen sich die beitragspflichtigen Einnahmen durch Multiplikation mit dem Faktor F (2024: 0,6846[2]).

1 Bis 31.12.2023: 520,01 EUR.
2 Bis 31.12.2023: 0,6922

Mutterschaftsgeld

Zuschüsse zum ⇗ Mutterschaftsgeld nach § 20 MuSchG sind dem Arbeitsentgelt nicht zuzurechnen.[1]

Zu einem Überschreiten des SV-Freibetrags kann es nur kommen, wenn der Arbeitgeber neben dem Zuschuss[2] weitere arbeitgeberseitige Leistungen erbringt. Für die beitragsrechtliche Beurteilung der Zuschüsse ist dann neben der Freigrenze von 50 EUR[3] die Regelung zu den Zuschüssen zum Mutterschaftsgeld[4] zu berücksichtigen. Aus Gründen der Praktikabilität kann auf eine stufenweise Prüfung (zunächst Feststellung der beitragspflichtigen Einnahme nach § 23c SGB IV und anschließend Anwendung von § 1 Abs. 1 Satz 1 Nr. 6 SvEV) verzichtet werden. Der beitragsfreie Zuschuss zum Mutterschaftsgeld kann von vornherein als Arbeitsentgelt ausgeschlossen werden.

Das auszugleichende Nettoarbeitsentgelt nach dem MuSchG entspricht bei versicherungspflichtigen Arbeitnehmerinnen dem Vergleichs-Nettoarbeitsentgelt.

Elternzeit

Beschäftigte haben gegenüber ihrem Arbeitgeber Anspruch auf ⇗ Elternzeit, wenn sie das in ihrem Haushalt lebende Kind selbst betreuen und erziehen.

Für die beitragsrechtliche Beurteilung ist das Erziehungs- oder Elterngeld maßgebend. Das Mutterschaftsgeld wird auf diese beiden Leistungen angerechnet. Der Bezug von Eltern- oder Erziehungsgeld reduziert den SV-Freibetrag nicht. Bei einer Elternzeit ohne Erziehungs-/Elterngeld wird § 23c SGB IV nicht angewendet.

Beiträge und Zuwendungen für die betriebliche Altersvorsorge

Die während des Bezugs von Sozialleistungen übernommenen Beiträge zur ⇗ betrieblichen Altersvorsorge, können als Arbeitsentgelt ausgenommen werden, wenn sie nicht dem Arbeitsentgelt[5] zuzurechnen sind. Einer weiteren Prüfung bedarf es nicht.

Für Zeiten seit 1.1.2008 gilt eine geänderte Beitragsfreiheit für Zuwendungen bei zusatzversorgungspflichtigen Arbeitnehmern des öffentlichen Dienstes[6]:

- Der steuerfreie und pauschal versteuerte Teil der Umlage, höchstens monatlich 100 EUR, ist bis zur Höhe von 2,5 % des für seine Bemessung maßgebenden Entgelts dem Arbeitsentgelt zuzurechnen, abzüglich eines Freibetrags von monatlich 13,30 EUR.
- Der in der Summe von monatlich 100 EUR übersteigende Teil der Umlage ist dem Arbeitsentgelt zuzurechnen, wird im Rahmen des § 23c SGB IV aber nicht berücksichtigt.
- Bei Zahlung weiterer arbeitgeberseitigen Leistungen neben dem Zuschuss zur Sozialleistung und den Aufwendungen für die Zusatzversorgung darf das Vergleichs-Nettoarbeitsentgelt um nicht mehr als 50 EUR überstiegen werden; der das gesamte Vergleichs-Nettoarbeitsentgelt übersteigende Betrag zzgl. des Hinzurechnungsbetrags, ist beitragspflichtig.

Beispiel

Beiträge zur betrieblichen Altersvorsorge während eines Krankengeldbezugs

Bruttoarbeitsentgelt	monatlich	3.837,55 EUR
Vergleichs-Nettoarbeitsentgelt	monatlich	1.972,92 EUR
Brutto-Zahlungen des Arbeitgebers		
Krankengeldzuschuss	monatlich	289,45 EUR
Vermögenswirksame Leistung	monatlich	39,88 EUR
gesamt	monatlich	329,33 EUR
Nettokrankengeld	monatlich	1.683,47 EUR
SV-Freibetrag (1.972,92 EUR – 1.683,47 EUR)		289,45 EUR
Arbeitgeberumlage (8,45 % v. 3.837,55 EUR)		324,27 EUR
Steuerfreibetrag nach § 3 Nr. 56 EStG (3 % v. 7.550 EUR)		– 226,50 EUR
Pauschalbesteuerungsbetrag § 40b EStG		– 92,03 EUR
SV-pflichtige Umlage (individuell versteuert)		5,74 EUR
SV-Hinzurechnungsbetrag § 1 Abs. 1 Satz 3 SvEV (2,5 % v. 1.183,43 EUR[7] – 13,30 EUR)		16,29 EUR
beitragspflichtige Einnahme nach § 1 Abs. 1 Satz 4 SvEV seit 1.1.2008 226,50 EUR + 92,03 EUR = 318,53 EUR – 100 EUR		218,53 EUR

Der SV-Freibetrag wird durch die Zahlungen des Arbeitgebers mtl. mit 280,44 EUR (39,88 EUR [329,33 EUR – 289,45 EUR] + 5,74 EUR + 16,29 EUR + 218,53 EUR) um mehr als 50 EUR überschritten. Bei diesem Betrag handelt es sich um die monatliche beitragspflichtige Einnahme.

Altersteilzeit

Der steuer- und beitragsfreie Aufstockungsbetrag ist nicht zu den (ggf.) beitragspflichtigen Arbeitgeberzuschüssen und sonstigen Einnahmen während einer Entgeltersatzleistung zu zählen.[8]

Unabhängig davon, ob während des Bezugs von Entgeltersatzleistungen zusätzliche Arbeitgeberleistungen i. S. d. § 23c Abs. 1 SGB IV gewährt werden, sind der Aufstockungsbetrag und die zusätzlichen Rentenversicherungsbeiträge weiterhin auf der Basis des Regelarbeitsentgelts nach § 6 Abs. 1 AltTZG zu berechnen, das vor Beginn der Entgeltersatzleistung gezahlt wurde. Das maßgebende Regelarbeitsentgelt wird demnach nicht durch die sich aus § 23c Abs. 1 SGB IV ergebenden beitragspflichtigen Einnahmen ersetzt.

Melderecht

Eine ⇗ Unterbrechungsmeldung bzw. eine ⇗ Abmeldung ist nur zu erstatten, wenn während des Sozialleistungsbezugs keine beitragspflichtigen Zuschüsse gewährt werden.

Mitteilungsverfahren zwischen Arbeitgeber und Sozialleistungsträger

Die Arbeitgeber müssen den zuständigen gesetzlichen Sozialleistungsträgern das Nettoarbeitsentgelt und die beitragspflichtigen Brutto- und Nettoeinnahmen mitteilen. Die Mitteilungen der Arbeitgeber erfolgen mit den jeweiligen Entgeltbescheinigungen durch gesicherte und verschlüsselte Datenübertragung aus systemgeprüften Programmen oder mittels maschinell erstellter Ausfüllhilfen.

1 § 1 Abs. 1 Satz 1 Nr. 6 SvEV.
2 § 20 Abs. 1 MuSchG.
3 § 23c SGB IV.
4 § 1 Abs. 1 Satz 1 Nr. 6 SvEV.
5 § 1 Abs. 1 Satz 1 Nr. 4a oder Nr. 9 SvEV.
6 § 1 Abs. 1 SvEV.
7 Das fiktive zusatzversorgungspflichtige Arbeitsentgelt für die Berechnung des Hinzurechnungsbetrags beträgt seit 1.1.2008 1.183,43 EUR (=100 EUR × 100 : 8,45).
8 § 3 Abs. 1 Nr. 1 Buchst. a AltTZG.

Zweiter Bildungsweg

Als Zweiter Bildungsweg wird bezeichnet, wenn Personen erst nach Besuch der allgemeinbildenden Schule und (meist) einer berufsbedingten Unterbrechung einen höheren allgemeinen Bildungsabschluss anstreben. Der Besuch berufsbildender Schulen zur Berufsausbildung (Fachschulen) oder zur Erlangung einer höheren beruflichen Qualifikation (Meisterschulen) zählen nicht dazu, selbst wenn sie nach dem BAföG gefördert werden.

Gesetze, Vorschriften und Rechtsprechung

Sozialversicherung: Die Ausbildungsförderung zur Erlangung eines höheren allgemeinen Bildungsabschlusses wird nach § 7 Abs. 2 Nr. 4 BAföG geleistet. Die Spitzenverbände der Krankenversicherungen haben im GR v. 20.3.2020-I die Kranken- und Pflegeversicherung der Studenten, Praktikanten und Auszubildenden des Zweiten Bildungsweges festgelegt.

Lohnsteuer

Die Erlangungen eines Bildungsabschlusses gehört zur Ausbildung eines Steuerpflichtigen. Die Aufwendungen dafür sind im Rahmen der Einkommensteuererklärung zumindest teilweise abzugsfähig. Soweit der Absolvent das 25. Lebensjahr noch nicht vollendet hat, erhalten die Eltern ⇗ Kindergeld bzw. einen ⇗ Kinderfreibetrag. Leistet ein Arbeitgeber im Rahmen eines evtl. bereits oder weiter bestehenden Arbeitsverhältnisses Zuschüsse zur Erlangung eines Schulabschlusses, handelt es sich regelmäßig um steuerpflichtigen Arbeitslohn. Es handelt sich nicht um eine ⇗ Fortbildung durch den Arbeitgeber. Erhält der Absolvent hingegen eine Förderung nach dem BAföG, so handelt es sich insoweit nicht um steuerpflichtige Einnahmen.

Sozialversicherung

Voraussetzung für die Förderung nach dem Bundesausbildungsförderungsgesetz

Ausbildungsförderung nach dem BAföG wird geleistet

- zur Erlangung eines höheren allgemeinen Bildungsabschlusses (Zweiter Bildungsweg)
- in der Regel nach Abschluss einer Berufsausbildung oder nach Besuch einer allgemeinbildenden Schule mit niedrigerem Bildungsabschluss durch Besuch einer
  - Fachoberschulklasse,
  - Abendhauptschule,
  - Berufsaufbauschule,
  - Abendrealschule oder
  - eines Abendgymnasiums oder Kollegs.

Grundsätzlich ist nur der Besuch einer öffentlichen Schuleinrichtung oder einer genehmigten Ersatzschule förderungsfähig. Der Besuch einer Ergänzungsschule ist ebenfalls förderungsfähig, wenn die zuständige Landesbehörde deren Gleichwertigkeit anerkannt hat.

Altersgrenze: Vollendung des 45. Lebensjahres

Eine Ausbildungsförderung wird nur unter folgender Voraussetzung geleistet:

- Der Auszubildende hat das 45. Lebensjahr bei Beginn des Ausbildungsabschnitts, für den die Förderung beantragt wird, noch nicht vollendet.[1]

Keine Altersgrenze

Eine Altersgrenze für die Förderungsfähigkeit besteht allerdings nicht, wenn der Auszubildende

- die Zugangsvoraussetzungen für die zu fördernde Ausbildung in einer Fachoberschulklasse, an einer Abendhauptschule, einer Berufsaufbauschule, einer Abendrealschule, einem Abendgymnasium, einem Kolleg oder durch eine Nichtschülerprüfung oder eine Zugangsprüfung zur Hochschule erworben hat;
- ohne Hochschulzugangsberechtigung aufgrund seiner beruflichen Qualifikation an der Hochschule eingeschrieben worden ist;
- aus persönlichen oder familiären Gründen gehindert war, den Ausbildungsabschnitt rechtzeitig zu beginnen oder
- infolge einer einschneidenden Veränderung seiner persönlichen Verhältnisse bedürftig geworden ist und noch keine Ausbildung berufsqualifizierend abgeschlossen hat.[2]

Voraussetzung ist dabei jeweils, dass der Auszubildende die Ausbildung unverzüglich nach Erreichen der Zugangsvoraussetzungen, dem Wegfall der Hinderungsgründe oder dem Eintritt einer Bedürftigkeit infolge einschneidender Veränderungen seiner persönlichen Verhältnisse aufnimmt.

Dauer eines förderungsfähigen Ausbildungsabschnittes

Förderungsfähig in diesem Sinne ist ein Ausbildungsabschnitt, der mindestens ein Schul- oder Studienhalbjahr dauert und die Arbeitskraft des Auszubildenden im Allgemeinen voll in Anspruch nimmt.[3] Als Ausbildungsabschnitt wird die Zeit berücksichtigt, die an Ausbildungsstätten einer Ausbildungsstättenart einschließlich der im Zusammenhang hiermit geforderten Praktika bis zum Abschluss der Ausbildung oder deren Abbruch verbracht wird. Dabei gilt ein Masterstudiengang im Verhältnis zu dem Studiengang, auf den er aufbaut, in jedem Fall als eigener Ausbildungsabschnitt.

Sozialversicherung

Auszubildende des Zweiten Bildungsweges sind wie ⇗ Praktikanten in der Krankenversicherung[4] und in der ⇗ Pflegeversicherung[5] versicherungspflichtig, wenn sie sich im förderungsfähigen Teil ihrer Ausbildung befinden. Die Förderungswürdigkeit des Ausbildungsabschnitts ist durch eine Bescheinigung der Bildungseinrichtung nachzuweisen. Für den Eintritt der Versicherungspflicht ist nicht von Bedeutung, dass der Auszubildende Leistungen nach dem BAföG bezieht. Vielmehr ist ausreichend, dass die Ausbildung förderungsfähig im Sinne des BAföG ist. Eine weitere Voraussetzung für die Versicherungspflicht ist, dass der Auszubildende des Zweiten Bildungsweges einen Wohnsitz oder gewöhnlichen Aufenthalt in der Bundesrepublik Deutschland hat.[6] Auszubildende des Zweiten Bildungsweges haben die Möglichkeit, sich von der Versicherungspflicht in der Krankenversicherung befreien zu lassen.

Wichtig

Familienversicherung ist vorrangig

Die Versicherungspflicht als Auszubildender des Zweiten Bildungsweges ist gegenüber einer Familienversicherung nachrangig. Besteht Anspruch auf ⇗ Familienversicherung in der Kranken- und Pflegeversicherung, wird die Versicherungspflicht als Auszubildender des Zweiten Bildungsweges verdrängt.

In der Renten- und Arbeitslosenversicherung sind Auszubildende des Zweiten Bildungsweges nicht versicherungspflichtig.

1 § 10 Abs. 3 Satz 1 BAföG.

2 § 10 Abs. 3 Satz 2 BAföG.
3 § 2 Abs. 5 BAföG.
4 § 5 Abs. 1 Nr. 10 SGB V.
5 § 20 Abs. 1 Satz 2 Nr. 10 SGB XI.
6 § 3 Nr. 2 SGB IV.

Beginn und Ende der Versicherungspflicht

Die Versicherungspflicht beginnt mit dem Tag der Aufnahme des förderungsfähigen Ausbildungsabschnitts[1] und endet mit Ablauf des Tages, an dem der förderungsfähige Ausbildungsabschnitt beendet wird.[2]

Zuständige Krankenkasse

Auszubildende des Zweiten Bildungsweges können eine Krankenkasse nach den Bestimmungen des allgemeinen ⬀ Krankenkassenwahlrechts wählen. Die Mitgliedschaft der landwirtschaftlichen Krankenkasse kann gewählt werden[3], wenn sie zuletzt im Rahmen einer Mitgliedschaft oder Familienversicherung dort versichert waren.

Meldeverfahren

Das Meldeverfahren für die Auszubildenden des Zweiten Bildungswegs ist in einem Rundschreiben des GKV-Spitzenverbands geregelt.

Der Auszubildende des Zweiten Bildungswegs muss der Ausbildungsstätte eine Bescheinigung der zuständigen Krankenkasse vorlegen. In dieser ist anzugeben, ob er als Auszubildender gesetzlich versichert oder versicherungsfrei, von der Versicherungspflicht befreit oder nicht versicherungspflichtig ist. Die Ausbildungsstätte teilt der zuständigen Krankenkasse unverzüglich nach Vorlage der Versicherungsbescheinigung den Beginn der Ausbildung in einem förderungsfähigen Teil eines Ausbildungsabschnitts nach dem BAföG mit der „Mitteilung über den Beginn der Ausbildung“ mit. Je nach Gestaltung der Versicherungsbescheinigung kann hierfür auch die Rückseite der Versicherungsbescheinigung genutzt werden. Gleichermaßen teilt die Ausbildungsstätte der Krankenkasse das Ende der Ausbildung mit der „Mitteilung über das Ende der Ausbildung“ mit. Je nach Gestaltung der Versicherungsbescheinigung kann hierfür auch die Rückseite der Versicherungsbescheinigung genutzt werden. Das skizzierte Mitteilungsverfahren vollzieht sich in Papierform.

Beiträge

Beitragszahlung

Auszubildende des Zweiten Bildungsweges zahlen bei Versicherungspflicht in der Kranken- und Pflegeversicherung ihre Beiträge selbst. Sie haben vor der Einschreibung oder Rückmeldung die Beiträge im Voraus zu zahlen.[4] Die Satzungen der Kranken- und Pflegekassen können eine monatliche Beitragszahlung vorsehen, wenn ein SEPA-Mandat erteilt wird.

Beitragsbemessung

Bemessungsgrundlage für die Beiträge ist der monatliche Bedarfsbetrag nach dem BAföG für ⬀ Studenten, die nicht bei ihren Eltern wohnen. Dieser beträgt ab dem Wintersemester 2022 812 EUR.[5]

Der Beitragssatz zur Krankenversicherung berechnet sich aus $^{7}/_{10}$ des bundesweit einheitlichen allgemeinen Beitragssatzes[6] (seit dem 1.1.2015 10,22 %). Soweit eine Krankenkasse einen kassenindividuellen Zusatzbeitrag erhebt, ist dieser zusätzlich vom Auszubildenden des Zweiten Bildungsweges zu tragen.

Der Beitragssatz zur Pflegeversicherung beträgt seit dem 1.7.2023 3,4 % (ggf. zzgl. 0,6 % Beitragszuschlag für Kinderlose nach Vollendung des 23. Lebensjahres). Abschläge von jeweils 0,25 % auf den Pflegeversicherungsbeitragssatz von 3,4 % gibt es für Versicherte vom 2. bis 5. Kind bis zur Vollendung des 25. Lebensjahres.

1 § 186 Abs. 8 SGB V.
2 § 190 Abs. 10 SGB V.
3 § 21 Abs. 1 Nr. 2 KVLG 1989.
4 § 254 SGB V.
5 § 236 Abs. 1 Satz 1 SGB V i. V. m. § 13 Abs. 1 Nr. 2 und Abs. 2 BAföG.
6 § 245 Abs. 1 SGB V.